Bayerische Staatsbibliothek

Personal Names of the Middle Ages
Nomina Scriptorum Medii Aevi
PMA

Names of 13, 000 Persons
according to the »Regeln für die Alphabetische Katalogisierung (RAK)«

Compiled by
Claudia Fabian

2nd augmented Edition

K · G · Saur
München 2000

Bayerische Staatsbibliothek

Personennamen des Mittelalters
Nomina Scriptorum Medii Aevi

PMA

Namensformen für 13 000 Personen
gemäß den Regeln für die Alphabetische Katalogisierung (RAK)

Redaktionelle Bearbeitung
Claudia Fabian

Zweite erweiterte Ausgabe

K · G · Saur
München 2000

Erarbeitet in der Bayerischen Staatsbibliothek
von Claudia Fabian, Ute Klier und Gabriele Meßmer

unter Mitarbeit von
Helga Rebhan (Arabische Namen)
Renate Stephan-Bahle (Chinesische Namen)
Paul Gerhard Dannhauer (Hebräische Namen)
Günter Grönbold (Indische und tibetische Namen)
Sonja Ott (Japanische Namen)
Winfried Riesterer (Persische und türkische Namen)
Nadia Cholawka, Sigrid Richter (Slawische Namen)
Lioba Tafferner (Ungarische Namen)

Die Deutsche Bibliothek – CIP-Einheitsaufnahme

Personennamen des Mittelalters : PMA ; Namensformen für 13 000 Personen gemäß den Regeln für die Alphabetische Katalogisierung (RAK) = Nomina scriptorum medii aevi / Bayerische Staatsbibliothek. Red. Bearb.: Claudia Fabian [Unter Mitarb. von Helga Rebhan ...]. – 2., erw. Ausg. – München: Saur, 2000

ISBN 3-598-11400-1

∞

Gedruckt auf säurefreiem Papier

Printed in the Federal Republic of Germany

Datenübernahme und Satz: Microcomposition, München
Druck: Strauss Offsetdruck, Mörlenbach
Binden: Buchbinderei Schaumann, Darmstadt

ISBN 3-598-11400-1

Inhalt / Contents

Vorwort ... vii
Preface ... viii

Einführung ... ix
Introduction ... xvii

Verzeichnis der vollständig ausgewerteten Nachschlagewerke / List of completely exploited Reference Works ... xxiii

Verzeichnis der Namen / Dictionary of Names ... 1 – 696

Vorwort

Seit 1978 fördert die Deutsche Forschungsgemeinschaft die einheitliche Ansetzung der Personennamen des Mittelalters. Als Personen des Mittelalters werden solche Personen gerechnet, die nach 500 und vor 1501 gestorben sind. Die Deutsche Bibliothek und die Bayerische Staatsbibliothek hatten zuvor auf die fehlende Normierung der Namensansetzung für die Druck- und Handschriftenkatalogisierung eindringlich hingewiesen. Personen des Mittelalters sind unter vielerlei Namensformen bekannt, nennen sich mit vielfältigen Varianten in ihren Werken und sind in verschiedener Weise in den einschlägigen Nachschlagewerken der Neuzeit verzeichnet. Bibliotheken und wissenschaftliche Projekte werden immer wieder mit dieser Vielfalt konfrontiert, aber auch mit dem Anspruch, eine standardisierte Verzeichnung zu gewährleisten.

Nach einigen Unterbrechungen des an der Bayerischen Staatsbibliothek angesiedelten DFG-Projekts für die Personennamen des Mittelalters (PMA) konnte im Jahr 1989 eine erste Buchausgabe mit normierten Ansetzungen für 3.528 Personen erscheinen, gefolgt 1992 von einem Supplement mit weiteren 758 Namen. Die wichtigsten Verfasser des Mittelalters waren damit bearbeitet und angesetzt, jedoch bei weitem nicht alle, die für die Erschließung in den Katalogen benötigt werden. Im gleichen Jahr wurde dieser Namensfundus auch als einer der ersten Bestände in die nationale Personennamendatei (PND) übernommen. Seither werden die Namen im Kontext dieser epochen- und projektübergreifenden Normdatei bereitgehalten und gepflegt.

Die Buchausgabe der PMA 1989/1992 erwies sich sehr bald als so effizient, dass eine systematische Ergänzung dringend gewünscht wurde, um auch seltenere Namen, wie sie im allgemeinen nur bei der Handschriftenkatalogisierung anfallen, abdecken zu können. Durch die systematische Auswertung der einschlägigen Nachschlagewerke konnte die Zahl der Namen erheblich erweitert werden. Die DFG förderte auch die Fortführung der PMA in großzügiger Weise. So kann jetzt zu Beginn des Jahres 2000 die Bayerische Staatsbibliothek mit der zweiten, erheblich erweiterten Ausgabe der PMA ein Werk vorlegen, das mehr als 13.200 Personen des Mittelalters verzeichnet und erschließt.

Der Wert der Buchausgabe liegt in der Möglichkeit, die Namenseintragungen vergleichend und überblickend zu erfassen. Damit erschließt sich personenorientiert ein fachlich und geographisch universales Panorama des Mittelalters in Bezug auf wissenschaftliche, theologische, schriftstellerische, künstlerische und gesetzgeberische Aktivitäten. Für die Erschließungsarbeit in Bibliotheken bieten die PMA eine hervorragende Arbeitserleichterung, da sie die Identifizierung der Person erlauben und eine nach den "Regeln für die Alphabetische Katalogisierung" (RAK) im deutschsprachigen Gebiet genormte, aber auch international akzeptable Ansetzungsform für diese schwierigen Namen festlegen. Die PMA werden im bibliothekarischen Bereich über die Personennamendatei (PND) und die im Aufbau befindliche Handschriftendatenbank genutzt. Sie sind ferner für alle geeignet, die sich in wissenschaftlichem Kontext - von der Handschriftenkatalogisierung bis zur Erarbeitung von Lexika und Registern - mit dem schriftlich fixierten kulturellen Erbe des Mittelalters umfassend beschäftigen.

Für den jahrelangen, engagierten und kompetenten Einsatz für das PMA-Projekt sei an erster Stelle Frau Dr. Claudia Fabian, der Leiterin der Formalerschließung, herzlich gedankt, in deren Händen die fachliche Aufsicht und die organisatorische Durchführung lagen. Es ist ihr gelungen, die Fachreferenten in der Bayerischen Staatsbibliothek sowie die zahlreichen Hilfskräfte für das Auswerten der Nachschlagewerke und die Online-Erfassung in der PND für die Arbeit zu motivieren und zusammenzuhalten. Stellvertretend für alle am Projekt Beteiligten möchte ich namentlich Frau Gabriele Meßmer (Schwerpunkt lateinische Namen) und Frau Ute Klier (Schwerpunkt nichtlateinische Namen; Korrekturlesen) danken. Nicht zuletzt ist der Verlag K. G. Saur in den Dank einzuschließen. Er war - trotz der zu erwartenden besonderen Anforderungen - sofort bereit, dieses Werk zu veröffentlichen. Die verantwortlichen Mitarbeiter haben keine Mühe gescheut, die auftretenden Schwierigkeiten anzupacken und zu meistern.

Dr. Hermann Leskien
Generaldirektor der Bayerischen Staatsbibliothek

Preface

The standardization of personal names of the Middle Ages has been supported by the Deutsche Forschungsgemeinschaft (DFG, German Research Society) since 1978. The Bayerische Staatsbibliothek (BSB, Bavarian State Library) and Die Deutsche Bibliothek (DDB, German Library) had jointly identified the need for standardization in this area as paramount for the cataloguing of manuscripts and printed books. Persons who died after 500 and before 1501 are considered as medieval. They are known under various forms of names and are quoted differently in modern reference works. Libraries and research projects have to cope with these differences and have to standardize the names for their purposes.

After a few interruptions, the first phase of the project, carried out by the BSB under the sponsorship of the DFG, resulted in the publication of the first edition of Personennamen des Mittelalters (PMA) in 1989. It was published in two volumes containing the names of 3,528 persons, followed in 1992 by a supplement containing a further 758 persons. The names of the most important authors of the Middle Ages had thus been standardized, but that was only a beginning in view of the many names of authors encountered in cataloguing. In the same year this file of names of medieval authors became one of the first files to be contributed to the comprehensive national online name authority file, "Personennamendatei" (PND). Since then these names have been maintained and edited within the PND.

However, the book edition of the PMA 1989/1992 soon proved to be so useful that a further supplement was requested, paying particular regard to the needs of manuscript cataloguing. This was achieved through the systematic exploitation of reference works. The compilation of this supplement was again generously supported by the DFG, and at the beginning of the year 2000 the BSB is proud to publish this second augmented edition of the PMA which now comprises the names of more than 13,200 authors of the Middle Ages.

The value of the edition in book form lies in the possibility of reading the name entries for this defined period in a sequence which facilitates comparisons and contextual survey. Structured by names of persons, the book presents a geographically and thematically universal panorama of the scientific, theological, literary, artistic and legislative activities of the medieval world. For all cataloguing activities in libraries the PMA is an excellent tool as it identifies persons and proposes for these difficult names a heading which is standardized according to the national cataloguing rules Regeln für die alphabetische Katalogisierung (RAK), but which is also internationally acceptable. The PMA is used in the German library world through the PND and is integrated into the national manuscript database in progress. Moreover, the PMA may be used as a guideline by those involved in research, such as the cataloguing of manuscripts or the preparation of encyclopedias, registers and indexes, and in general by everyone working in a global context with the written cultural heritage of the Middle Ages.

Thanks are due above all to Dr. Claudia Fabian, Head of Descriptive Cataloguing, for her advice and dedicated and competent organization and management of the PMA project over many years. She has succeeded in motivating and keeping together the language specialists as well as the various participants in the project, working for the exploitation of the reference works and the keyboarding of the names in the PND. They are too many to list individually, but our thanks are due to them all. We gratefully mention as representatives of them Frau Gabriele Meßmer (responsible for Latin names) and Frau Ute Klier (responsible for non-Latin, European names and proofreading). Last but not least we express our gratitude to our publisher K. G. Saur. He did not hesitate to publish this book despite the particular demands involved. None of the participants in the project has ever shrunk from dealing and coping with the difficulties involved in creating this authority file for persons of the Middle Ages.

Dr. Hermann Leskien
Director General of Bayerische Staatsbibliothek

Einführung

Verfasser des Mittelalters werden in der handschriftlichen Überlieferung (im Zusammenhang mit Titeln, Incipits und Explicits) und in den Drucken unter verschiedensten orthographischen Formen (z.B. Matthaeus, Mathäus und Mateus), in unterschiedlichen Sprachformen, mit verschiedenen Beinamen oder ohne solche, schließlich in verschiedenen Sprachen genannt. Infolgedessen sind sie in unterschiedlicher Weise in den einschlägigen Nachschlagewerken verzeichnet. Bibliotheken und wissenschaftliche Projekte werden immer wieder mit dieser Vielfalt der Namensformen konfrontiert und sind aufgefordert, eine standardisierte Verzeichnung zu gewährleisten. Die Kommunikationsmöglichkeiten des ausgehenden 20. Jahrhunderts erlauben darüber hinaus eine projekt- und institutionenübergreifende einheitliche Erschließung. Dieser Herausforderung stellt sich das hier vorliegende Werk im Sinn einer epochenspezifischen Normdatei. Ihre Hauptaufgabe ist, die Personen zu identifizieren und sicherzustellen, daß sie in Katalogen unter einer einheitlichen Form aufgefunden werden können. Die unterschiedlichen Namensformen für eine Person werden in einer Namenseintragung zusammengetragen, aufgelistet und einer standardisierten Ansetzungsform zugeordnet.

Profil der Personennamen des Mittelalters (PMA)

Die Grundprinzipien der PMA sind gegenüber der ersten Ausgabe unverändert geblieben.

Zum „Mittelalter" und damit zum Berichtszeitraum der PMA gehören Personen, die nach 500[1] und vor 1501 gestorben sind. Das entspricht der Grobdatierung der „Mediävistik" wie sie z.B. die Monumenta Germaniae Historica vornehmen. Das Lexikon des Mittelalters[2] benennt als seine „thematische Berichtszeit" den Zeitraum von 300 bis 1500. Es ist unstrittig, daß diese „Epochengrenze" formalistisch gesetzt und angewendet wird, und für manche in den PMA aufgeführte Personen die Zuordnung zum „Mittelalter" fachlich unzutreffend ist. Wie in der ersten Ausgabe weisen die PMA vorrangig „Verfasser" nach. Gemeint sind Personen, von denen Texte jeder Art, jeder Sprache und jeder Fachrichtung erhalten sind, und darüber hinaus Personen, die im Rahmen der Regeln für die Alphabetische Katalogisierung mit Eintragungen in Katalogen zu berücksichtigen sind, also Künstler, Komponisten und Adressaten von Werken. Dargestellte Personen, z.B. von Heiligenlegenden, oder Herrscher, die keine Schriften hinterlassen haben, gehören nicht zu diesem Personenkreis. Dank der Unterstützung und Mitarbeit einschlägiger Fachwissenschaftler der Bayerischen Staatsbibliothek war es möglich, auch Namen jenseits des europäischen Kulturraums anzusetzen. Die PMA verzeichnen eine erhebliche Anzahl von Verfassern, die nicht in lateinischer Schrift geschrieben haben, vor allem arabische, hebräische, persische, indische, slawische, türkische, georgische, armenische, chinesische, japanische und tibetische Namen.

Auswertung von Nachschlagewerken

Die anzusetzenden Namen wurden im wesentlichen durch die systematische Auswertung einschlägiger Nachschlagewerke ermittelt. Welche Nachschlagewerke vorrangig heranzuziehen seien, wurde im Juni 1992 in einem von der DFG einberufenen Expertengespräch des Unterausschusses für Handschriftenkatalogisierung festgelegt[3]. Dabei standen die Bedürfnisse bei der Katalogisierung mittelalterlicher Handschriften im Vordergrund. Vollständige Auswertung heißt, daß die Nachschlagewerke in Gänze durchgesehen und an der ersten Ausgabe der PMA abgeglichen wurden. War die Person noch nicht nachgewiesen, wurde sie für die zweite Ausgabe redaktionell bearbeitet. Anders als in der ersten Ausgabe wurden für die zweite Ausgabe die Quellenangaben, zumindest das Nachschlagewerk, aufgrund dessen die Person aufgenommen wurde, verzeichnet. Dennoch finden sich nicht alle in diesen Nachschlagewerken aufgeführten Personen in der vorliegenden Buchausgabe. Dabei ist das Profil der PMA zu berücksichtigen: Personen, die vor 500 oder nach 1500 gestorben sind, sind in der Regel nicht enthalten; Personen, die ohne eine Verfasserqualität im weitesten Sinn im Lexikon des Mittelalters genannt waren, wurden nicht verzeichnet. Leider konnten nicht mehr übergreifende Nachschlagewerke, z.B. das Lexikon für Theologie und Kirche[4], ausgewertet werden, da sich die Durchsicht dieser Werke auf der Suche nach Personen, die in das Spektrum der PMA passen, außerordentlich zeitaufwendig gestaltet. In seltenen Fällen wurden auch solche Personen weggelassen, die in einem der älteren Nachschlagewerke ohne Zuordnung von Titeln, Lebensdaten oder eindeutigen Beinamen genannt sind, bei denen oft noch Zweifel zur Identität mit einer wesentlich bekannteren Person festgehalten sind, und die in keiner anderen herangezogenen Quelle auffindbar waren. Solche Namen würden in der Nutzung der PMA nicht zur Klärung der Verhältnisse sondern zu weiteren Problemen führen.

Die aus den ausgewerteten Nachschlagewerken ermittelten Personen wurden an weiteren Nachschlagewerken überprüft, die in der Regel nicht als Quelle verzeichnet sind, doch für die Ansetzung des Namens und die Identifikation der Person wertvolle Informationen lieferten. Hier wurden vor allem herangezogen Chevalier[5], die Mikroficheausgabe des Institut de Recherche et d'Histoire des Textes (Paris)[6], das Lexikon für Theologie und Kirche, Fabricius[7], Jöcher[8], Tanner[9], ADB[10],

---

1 Personen, die bis einschließlich 500 nach Christus gestorben sind, sind in den PAN veröffentlicht: Personennamen der Antike : PAN ; Ansetzungs- und Verweisungsformen gemäß den RAK / Erarbeitet von der Bayerischen Staatsbibliothek. - Wiesbaden : Reichert, 1993. - (Regeln für die alphabetische Katalogisierung ; 7)

2 Lexikon des Mittelalters. - München u.a. : Artemis, 1980-1998. Bd. 1 bis 10 . Zitierform: LMA

3 Das Verzeichnis der vollständig ausgewerteten Nachschlagewerke findet sich im Anschluß an diese Einleitung, S. xxiii

4 Lexikon für Theologie und Kirche / begründet von Michael Buchberger. - 2., völlig neu bearb. Aufl. (bzw. 3., völlig neu bearb. Aufl.). - Freiburg : Herder. - Bd. 1 bis 10. 1957 - 1965 (bzw. 1993 ff.).- Zitierform: LThK (2) bzw. (3)

5 Chevalier, Ulysse: Répertoire des sources historiques du Moyen-Age : Bio-bibliographie.- Nouvelle éd. refondue, corr. et considérablement augm. - Paris : Picard. - Bd. 1. 1905. Bd. 2. 1907. - Dieses Werk verzeichnet Namen dieser Zeit in einer umfassenden Vielfalt und mit bewundernswerter Präzision.

6 Répertoire bio-bibliographique des auteurs latins, patristiques et médiévaux / Institut de Recherche et d'Histoire des Textes, I.R.H.T. - Paris : Chadwyck-Healey France. - 1987. - Mikroficheausgabe. - Zitierform: IRHT

7 Fabricius, Johann A.: Bibliotheca Graeca. - Hamburg. - Bd. 1 bis 14. 1708 - 1728; Bibliotheca Latina. - Hamburg. - Bd. 1 bis 3. 1721 - 1722

CSGL[11] sowie mitunter ordenseigene biographische Verzeichnisse.

Gegenüber der ersten Ausgabe erfuhren die PMA auch Zuwachs durch die sukzessive Bearbeitung all der Namen, die im Rahmen der alphabetischen Katalogisierung in deutschen Bibliotheken (vor allem bei der Deutschen Bibliothek und der Bayerischen Staatsbibliothek, aber etwa auch im Projekt „Verzeichnis der deutschen Drucke des 17. Jahrhunderts") anfielen. Auch aus der Handschriftenkatalogisierung wurden neue Namen gemeldet.

Der europäische Kulturkreis dürfte mit den veröffentlichten Namen im wesentlichen erschlossen sein, obwohl die erstmalige Edition entlegenerer Texte, vor allem auch Archivmaterialien, immer wieder neue Personen ans Tageslicht bringt. Auch fehlt die Auswertung eines medizinisch-naturwissenschaftlich einschlägigen Nachschlagewerks. Die Bayerische Staatsbibliothek wird die Arbeit für die PMA fortsetzen und neue Namen des Mittelalters, die für die Katalogisierung benötigt werden, kontinuierlich in der Personennamendatei verzeichnen. Bereits in dem Jahr der Drucklegung dieser Ausgabe hat sich ein Supplement von über 400 Namen angesammelt, die zum Teil noch aus der Auswertung der 1998 erschienenen letzten Bände des Verfasserlexikons (VL)[12] und des Lexikons des Mittelalters sowie des sechsten Bands von Repertorium Fontium[13] stammen.

Anwendung der „Regeln für die Alphabetische Katalogisierung" (RAK)[14]

Die Anwendung der RAK bestimmt die formale und inhaltliche Ansetzung der Namen und die Ordnung der Eintragungen.

Formal RAK-spezifisch ist die Angabe der Beinamen in spitzen Klammern als sogenannte Ordnungshilfen, die Verwendung von Nichtsortierzeichen sowie die Transliteration nach den vorgeschriebenen Transliterationstabellen für Namen aus nichtlateinischen Schriften. In diesem Zusammenhang ist vor allem die Darstellung des arabischen Hamzah als Apostroph zu erwähnen. Einen Apostroph gibt es bei diesen Namen nur bei der Elision eines Vokals vor den Artikeln (al, at, z.B. Abu-'l für Abu-al), in allen anderen Fällen handelt es sich um den Hamzah. Besonderheiten in der Ansetzung gegenüber international üblichen Verfahren zeigen die RAK vor allem bei der Behandlung der zum Familiennamen gehörenden Präfixe, die mit dem Familiennamen ein Ordnungswort bilden.

Namenseintragungen

Ansetzungsform

Für jede Person ist eine möglichst umfassende Namenseintragung vorhanden. Sie besteht aus der standardisierten Form des Namens, der Ansetzungsform, die nach den RAK festgelegt wurde. Die Grundregel für Namen des Mittelalters lautet entsprechend den internationalen Empfehlungen der IFLA: „Die Namen und die Beinamen werden in der Sprache angesetzt, in der die Person überwiegend geschrieben hat, im Zweifelsfall in der Sprache des Landes, in dem sie überwiegend gewirkt hat" (§ 332,2). Byzantinische Namen werden in latinisierter Form angesetzt (§ 331,2). Personen, für die keine Werke nachgewiesen sind, wurden in deutscher Sprache (nach den „Regeln für den Schlagwortkatalog" RSWK[15]) oder in der Sprache ihres Landes angesetzt, sofern dies aufgrund der Nachschlagewerke möglich war.

Neben dieser Grundregel des „Sprachprinzips" sind bei der Ansetzung der Namen weitere Regeln und - im Sinn einer gewissen Einheitlichkeit - nicht auf Regelwerksstand fixierte Verfahrensprinzipien zu berücksichtigen. Eine Normdatei ist das beste Mittel, um eine einheitliche Ansetzung zu gewährleisten, weit geeigneter als das noch so präzise Formulieren von Regeln, die legitimerweise in der Anwendung zu unterschiedlichen Ergebnissen führen können, und in ihrer Komplexität und Kasuistik kaum zu überblicken wären. Einige Problemkreise und Richtlinien für die Ansetzung sind im folgenden festgehalten:

1. Persönlicher Name mit Beinamen oder Familienname mit Vorname

Es gilt festzulegen, ob eine Person des Mittelalters unter ihrem Beinamen bzw. Familiennamen „bekannter" ist, mit der Konsequenz, sie unter diesem Namen anzusetzen (§ 333,1). Diese Festlegung ist in vielen Fällen willkürlich und die Nachschlagewerke divergieren hier stark. Es ist eine wesentliche Funktion der PMA, diese Festlegung zu treffen, und damit eine einheitliche Ansetzung der Namen zu gewährleisten, auch wenn es gute Argumente für die andere Form gibt. Die Entscheidung in den PMA stützt sich im wesentlichen auf die Vorgabe in den neueren ausgewerteten Nachschlagewerken (vor allem Lexikon des Mittelalters, Lexikon für Theologie und Kirche, Verfasserlexikon, Repertorium fontium, Thieme-Becker[16]). Aufgrund dieses Verfahrens kann es auch zur unterschiedlichen Behandlung von Mitgliedern der gleichen Familie kommen:

Dante <Alighieri>
aber:
Alighieri, Jacopo
Alighieri, Pietro

Von der Form „Persönlicher Name mit Beiname" wird grundsätzlich verwiesen:

Jacopo <Alighieri>
→ ***Alighieri, Jacopo***

---

[8] Jöcher, Christian Gottlieb: Allgemeines Gelehrten-Lexicon. - Nachdruck der Ausg. Leipzig 1750 - 1897. - Hildesheim : Olms, 1960 - 1961. Band 1 bis 11

[9] Tanner, Thomas: Bibliotheca Britannico-Hibernica. - London, 1748

[10] Allgemeine deutsche Biographie. - 2., unveränd. Aufl. - Berlin : Duncker & Humblot, 1967 - 1971. Bd. 1 bis 55

[11] Clavis Scriptorum Graecorum et Latinorum = Répertoire des auteurs grecs et latins / Rodrigue LaRue.- Trois-Rivières : Université du Québec. - Bd. 1 bis 3. 1985. - Zitierform: CSGL

[12] Die deutsche Literatur des Mittelalters, Verfasserlexikon. - 2., völlig neu bearb. Aufl.- Berlin, 1978-1998. Band 1 bis 10. - Zitierform: VL (2)

[13] Repertorium fontium historiae medii aevi : Fontes. - Rom, 1962 - 1997. Bd. 2 bis 7 (A - M) (mehr bislang nicht erschienen). - Zitierform: Rep.Font.

[14] Regeln für die Alphabetische Katalogisierung in wissenschaftlichen Bibliotheken : RAK-WB. - 2., überarb. Ausg. - Berlin : Deutsches Bibliotheksinstitut. - Loseblattausg. - Derzeitiger Stand: 1998. - Die folgenden Paragraphenangaben beziehen sich immer auf die RAK (gemeint: RAK-WB).

[15] Regeln für den Schlagwortkatalog : RSWK. - 3., überarb. u. erw. Aufl. - Berlin : Deutsches Bibliotheksinstitut, 1998 (Loseblattausgabe).

[16] Allgemeines Lexikon der bildenden Künstler von der Antike bis zur Gegenwart / hrsg. von Ulrich Thieme und Felix Becker. - Leipzig : Engelmann. - Bd. 1 bis 37. 1907 - 1950

Zu beachten ist ferner, daß Personen des byzantinischen Kulturkreises unabhängig von der Vorgabe im Nachschlagewerk, wo sie zumeist unter ihrem Beinamen als Familiennamen verzeichnet sind, nach den RAK unter ihrem persönlichen Namen (und in lateinischer Sprache) anzusetzen sind (§ 331,1):

Theodorus <Prodromus>

2. Beinamen
Laut § 332,5 ist der gebräuchlichste Beiname für die Ansetzung zu wählen. Die Beinamen und als Beinamen verwendeten Familiennamen dienen der klaren Individualisierung der Person. Daher werden, sofern keine anderen Beinamen bekannt sind, auch erläuternde Zusätze zu einem persönlichen Namen als Beinamen verwendet, etwa Berufs- oder Ordensbezeichnungen. In der ersten Ausgabe der PMA wurden diese Substantive meist mit einem Artikel eingeleitet:

Berthold <Bruder>
Berthold <der Priester>

Die Beinamen sind so kurz wie möglich gehalten. Nur wenn mehrere Personen mit gleichem Beinamen zu unterscheiden sind, werden weitere Elemente als Beinamen hinzugefügt. Im Rahmen der PMA wird jede Person mit einem eigenen, sie individualisierenden Namen, angesetzt, wobei die Individualisierung über die Beinamen gewährleistet wird:

Bernardus <Compostellanus>
Bernardus <Compostellanus, Iunior>
Bernardus <Compostellanus Thesaurarius>

Es ist zu beachten, daß eine zweite Person mit gleichem Beinamen auch im Rahmen der Personennamen der Antike angesetzt sein kann, oder sich die Namen in Verwendung eines adjektivischen oder substantivisch formulierten Beinamens nur formal unterscheiden:

Aegidius <Aurelianensis> (von Orléans)
Aegidius <de Aureliano, OP> (von Orléans)

Substantive und Adjektive in Beinamen werden stets großgeschrieben. Die lateinischen Substantive, die eine Herkunft bezeichnen, können im Ablativ oder Genitiv stehen. Von einem Beinamen in substantivischer Form bzw. als Adjektiv auf -us ist stets eine Verweisung als Familienname vorhanden, nicht jedoch von den Beinamen in adjektivischer Form auf - sis:

Aimonus <Sancti Germani de Pratis> = Ansetzungsform
Richardus <de Sancto Germano> = Ansetzungsform
Usuardus <Sangermanensis> = Ansetzungsform

Verweisungen:
Sancti Germani de Pratis, Aimonus
→ ***Aimonus <Sancti Germani de Pratis>***

*Sancto Germano, Richardus ¬**de**¬*
→ ***Richardus <de Sancto Germano>***

Keine Verweisung von *Sangermanensis, Usuardus*

Die lateinischen adjektivischen Beinamen sind in gewissem Umfang orthographisch normiert:

<Metensis> statt *„Mettensis"*
<Cantuariensis> statt *„Cantuarensis"*
<Cartusianus> statt *„Carthusianus"*

Im Lateinischen ist darauf zu achten, daß eine Schreibung mit „I" in der Regel einer Schreibung mit „J" vorgezogen wurde:

Bernardus <de Iuzico> Latinisierte Form des Ortes „Juzic"
aber:
Johannes <de Jastrzabije> Der Ortsname ist nicht lateinisch.

3. Persönliche Namen
Die persönlichen Namen sind entsprechend § 332,4 innerhalb einer Sprache auf die heute gebräuchlichste Form normiert:

Guilelmus statt *Gulielmus, Guillelmus etc.*
Johannes statt *Joannes, Ioannes etc.*

Von den nicht gewählten sprachlichen Varianten sind Verweisungen vorhanden:

Baldwinus <...>
→ Balduinus <...>

In Zweifelsfällen wurde die Normierung nicht vollständig durchgeführt (§ 332,4: „Im Zweifelsfall wird angenommen, daß es sich um verschiedene Namen handelt"), weil gewisse Personen unter der von der Normierung betroffenen Namensform wesentlich bekannter sind. In diesen Fällen findet man neben der (pauschalen) Verweisung Einzeleinträge für die Personen, auf die die Normierung nicht angewendet werden konnte. Von der normierten Form wird zusätzlich verwiesen:

Walter <von der Vogelweide> = Verweisung
→ ***Walther <von der Vogelweide>***
...
Walther <...> = Pauschalverweisung
→ Walter <...>
und:
Walther <von der Vogelweide> = Namenseintragung

Jehan <...> = Pauschalverweisung
→ ***Jean <...>***
und:
Jehan <la Gougue> = Namenseintragung

Im Lateinischen wird zwischen I und J in der Form unterschieden, daß aus der Bibel stammende Namen einheitlich mit J, alle anderen mit I anzusetzen sind (§ 327,4):

Jacobus, Jeremias, Jesus, Joachim, Job, Joel, Johann, Johannes, Jonas, Josephus, Josue, Judas, Judith
aber:
Iulius (trotz Apg 27,1)
Iodocus (lateinischer Name)
aber:
Jodocus <von Prag> (deutscher Name)

4. Vornamen in Verbindung mit Familiennamen
Alle gebräuchlichen Vornamen einer Person werden ohne Abkürzung angesetzt (§ 320,1; mit der Ausnahme für abgekürzte Vatersnamen bei slawischen Sprachen in § 322,5). Hier hat sich der Regelwerksstand der RAK gegenüber der ersten Ausgabe der

PMA verändert und dem internationalen Gebrauch angeglichen, so daß es bei solchen Namen zu Ansetzungsänderungen gekommen ist:

Poggio Bracciolini, Gian F. (1. Aufl. der PMA)
heute:
Poggio Bracciolini, Gian Francesco

5. Präfixe (Präpositionen, Artikel, Verschmelzungen aus Präposition und Artikel)

In der Behandlung der Präfixe sind verschiedene Fallgruppen zu unterscheiden. In Beinamen werden Präfixe in der Regel als eigene Ordnungswörter behandelt. Hier wurde einer absehbaren RAK-Änderung vorgegriffen, auch dadurch unterscheiden sich gewisse Ansetzungen von der ersten Auflage:

Adam <de laHalle> (1. Aufl. der PMA)
heute:
Adam <de La Halle>

Besteht der Name aus Familienname und Vorname, so gilt es nach den RAK zu prüfen, ob die Präfixe dem Familiennamen voranzustellen sind mit der Konsequenz, daß ein Ordnungswort gebildet wird (§ 313,3). Das ist z.B. bei gewissen italienischen (dal, del, della, dello) und französischen (le, la, du) Präfixen der Fall:

DalCampo, Luchino
DellaScala, Cangrande
DuBernis, Michel
LaTour Landry, Geoffroy ¬de¬
aber:
Jacopo <della Quercia> (Die Präposition steht vor dem Beinamen als eigenes Ordnungswort.)
Mote, Bernardus ¬de la¬ (Es handelt sich um einen lateinischen Namen.)

Von der Namensform ohne das Präfix und von der Form „Persönlicher Name mit Beiname" wird verwiesen. In diesem Fall wird der Beiname wie der Familienname geschrieben:

Campo, Luchino ¬dal¬
→ ***DalCampo, Luchino***

Luchino <DalCampo>
→ ***DalCampo, Luchino***

Alle Präfixe, die nicht in die Ordnungsgruppe des Familiennamens gehören, werden den Vornamen nachgestellt (§ 314,4). Nach den RAK stehen sie als nicht ordnungsrelevante Bestandteile in Nichtsortierzeichen:

Conti, Niccolo ¬dei¬

Eine Sonderform sind Notnamen des Typs „Der Stricker". Hier wird nach den RAK der Artikel nach Komma invertiert, ohne jedoch zu sortieren:

Stricker, ¬Der¬ = Ansetzungsform
Verweisung von:
Der Stricker

Ein ähnliches Phänomen gibt es auch bei arabischen Namen. Aufgrund des neuen Regelwerksstands[17] sind bei Namen, die nur aus einer Ordnungsgruppe bestehen, die nichtsortierenden Präfixe dem Namen (in Nichtsortierzeichen) voranzustellen (RAK-ISL § 3,1). In der vorliegenden Ausgabe der PMA war das aus technischen Gründen nicht möglich. Daß es sich um ein voranzustellendes, nichtsortierendes Präfix handelt, ist nur daran zu erkennen, daß der Name kein Komma enthält:

Ḥasan al-Baṣrī ¬al-¬ = PMA
kein Komma vorhanden, also:
¬al-¬ Ḥasan al-Baṣrī = Formkorrekte Ansetzung nach RAK-ISL

aber:
Muqammiṣ, Dāwūd Ibn-Marwān ¬al-¬
Formkorrekte Ansetzung nach den RAK-ISL § 3,3, da Komma vorhanden

7. Fürstennamen

Regierende Fürsten sind nach § 337 im allgemeinen in der Sprache des regierten Territoriums anzusetzen unabhängig von der Sprache, in der sie geschrieben haben. Wenn das nicht möglich war, wurden sie in den PMA in deutscher Sprache angesetzt, die byzantinischen Herrscher in lateinischer Sprache:

Alexius <Imperium Byzantinum, Imperator, I.>
Alfonso <Castilla, Rey, VIII.>
Amalrich <Jerusalem, König, I.>

Die Abgrenzung zwischen regierenden Fürsten im Sinn der RAK und einem einfachen Beinamen war nicht immer einfach. Der Beiname wurde im Zweifelsfall bevorzugt, da er gegenüber der formalisierten Ansetzung der regierenden Fürsten gebräuchlicher erscheint.

8. Geistliche Würdenträger

Nach § 341 werden nur die Päpste mit dem normierten Beinamen „Papa" angesetzt. Alle anderen geistlichen Würdenträger, auch die Patriarchen, werden wie Personen ihrer Zeit behandelt (§ 342,1), was dazu führt, daß in der Regel nur der Ort des Patriarchats, nicht der Patriarchentitel als Beiname verwendet wird:

Alexander <Papa, V.> = Ansetzungsform
Athanasius <Constantinopolitanus> = Ansetzungsform
Verweisung von:
Athanasius <Patriarcha, I.>

Aleksij <Moskovskij i Vseja Rusi> = Ansetzungsform
Verweisung von:
Aleksij <Mitropolit>

9. Notnamen und Anonymi

Die Grenze zwischen Werktiteln und Notnamen (§ 310) ist im Fall der „Anonymi" nicht immer klar zu ziehen. In die PMA wurden nur solche Notnamen aufgenommen, bei denen ein Element der Herkunft, nicht ein Werktitel, zur Zitierweise des Namens gehört und die in den ausgewerteten Nachschlagewerken als Personen verzeichnet sind. Bei der Ansetzung der Namen

[17] Anlage 20 der RAK, Regeln für die Ansetzung von Personennamen in Staaten mit außereuropäischen Sprachen, 20.1 Regeln für die Ansetzung von Personennamen in Staaten mit arabischer, persischer und türkischer Sprache (RAK-ISL), 3. Ergänzungslieferung, 1998

werden nach Möglichkeit die gleichen Formvorschriften berücksichtigt wie bei richtigen Namen (§ 310,2):

Burggraf <von Lienz>
Barfüßer <von Basel>
Arth, Meister ¬von¬
Anonymus Basiliensis Poeta
Barfüßer-Lesemeister

Auf die Verwendung des Notnamens als Werktitel wird, soweit bekannt, in der Bemerkung hingewiesen:

Anonymus <Valesianus> = Ansetzungsform
Bemerkung:
Laut LMA handelt es sich bei Anonymus Valesianus um einen Titel, unter dem zwei spätantike historiograph. Texte zusammengefaßt sind.

Greculus = Ansetzungsform
Bemerkung:
Name für den Verf. einer Sammlung von Sonntagspredigten, die mit dem Titel „Greculus" ... überliefert ist.

10. Pseudo-Namen
Nach § 310,3 sind „Personen, deren Namen unbekannt sind, die aber mit Namen anderer Personen und dem Vorsatz 'Pseudo' bezeichnet werden" unter dem Namen dieser anderen Person anzusetzen. Das bedeutet im Einzelfall, daß entgegen den allgemeinen Prinzipien der PMA hier auf die Individualisierung von Personen verzichtet wird:

Pseudo-Bonaventura
→ ***Bonaventura <Sanctus>***
Laut LMA,VII,306/307 firmieren unter „Pseudo-Bonaventura" jedoch 184 Werke mehrerer Personen.

Lebens- bzw. Wirkungsdaten

Auf die Ansetzungsform folgen die Lebensangaben. Sie wurden den Nachschlagewerken entnommen und nicht speziell überprüft oder gegenseitig abgeglichen. Auffällig auseinanderliegende Datierungen wurden mit „bzw." verbunden angegeben. Die Daten sollen lediglich der zeitlichen Zuordnung der Person dienen. Die Angabe „ca." besagt, daß Geburts- oder Sterbedatum nicht genau bekannt sind. Zur Einleitung eines Wirkungsdatums wird die Formulierung „um" verwendet. War nur eine Jahrhundertangabe möglich, so wurde diese ohne weitere Spezifizierung übernommen, also 12. Jh. statt frühes, spätes, Mitte 12. Jh. In Fällen, in denen keine Datierung vorhanden war, wurde die Formulierung „Lebensdaten nicht ermittelt" gesetzt. In Einzelfällen kann es sich dabei um Personen handeln, die nicht dem Mittelalter in der Definition der PMA zuzuordnen sind. Sie wurden aufgenommen, wenn sie in den ausgewerteten Nachschlagewerken wie Personen des Mittelalters verzeichnet waren. Personen, die nach 1500 gestorben sind, sind nur in Ausnahmefällen in der Druckausgabe vorhanden. Dabei handelt es sich zumeist um Personen, deren genaue Lebensdaten erst relativ spät präzisiert werden konnten, d.h. die in gewissen Nachschlagewerken mit einer ungefähren Zeit, die vor 1501 lag, angegeben sind. Für alle Personen, die um 1500 gelebt haben, aber in den PMA nicht enthalten sind, empfiehlt es sich, die Personennamendatei (PND) zu konsultieren.

Ordensbezeichnung

Auf die Lebensangaben kann eine Ordensbezeichnung in der üblichen Abkürzung folgen. Diese Ordensbezeichnung wurde jedoch nicht systematisch erfaßt. Das Fehlen einer Ordensbezeichnung besagt also nicht, daß die Person keinem Orden angehörte. Folgende normierte Ordensbezeichnungen wurden u.a. verwendet:

OCarm	Karmeliten	OP	Dominikaner
OCart	Kartäuser	OPraem	Prämonstratenser
OCist	Zisterzienser	OSB	Benediktiner
OESA	Augustinereremiten	OST	Trinitarier
OFM	Franziskaner		

Auch Ordensbezeichnungen, die als Beinamen verwendet werden, sind in dieser Form angesetzt.

Bemerkungen zur Person

Es folgen weitere knappe Identifikationshinweise, zumeist auf Werke der Person, mitunter aber auch biographische Informationen. Man darf davon ausgehen, daß es sich bei Personen, bei denen keine solchen Angaben vorhanden sind, um bekanntere Personen handelt. Auch diese Informationen sind den Nachschlagewerken unüberprüft entnommen; es war nicht die Absicht der PMA, hier eine Kurzbiographie zu geben. Wichtig sind an dieser Stelle alle Informationen zur Identität von Personen. Unter der in der Bemerkung genannten Namensform findet sich ein eigener, zweiter Eintrag in den PMA, wenn davon auszugehen ist, daß es sich um zwei Personen handelt. Sonst ist die in der Bemerkung genannte Namensform bei den übrigen Namensformen dieser Person aufgeführt. Sollte sich herausstellen, daß es sich doch um eine eigene Person handelt, ist die in der Bemerkung genannte Namensform als Ansetzungsform zu verwenden:

Adenulphus <de Anagnia> = Namenseintragung
Bemerkung:
Identität mit Albertus <Sancti Odomari> umstritten
Der Name Albertus <Sancti Odomari> taucht bei den weiteren Namensformen nicht auf.

Albertus <Sancti Odomari> = Namenseintragung
Bemerkung:
Identität mit Adenulphus <de Anagnia> umstritten

Anselmus <Magister> = Namenseintragung
Bemerkung:
Identität mit Anshelmis <Maister> wahrscheinlich
Der Name Anshelmis <Maister> taucht bei den weiteren Namensformen auf.

Anshelmis <Maister> = Verweisung
→ ***Anselmus <Magister>***

Alanus <ab Insulis> = Namenseintragung
Bemerkung:
Identität mit Alanus <de Podio> (Verf. von „Contra haereticos") und Alanus <Porretanus> („Regulae iuris caelestis) umstritten.

Beide Namensformen tauchen bei den weiteren Namensformen auf.

Alanus <de Podio> = Verweisung
→ ***Alanus <ab Insulis>***

Alanus <Porretanus> = Verweisung
→ ***Alanus <ab Insulis>***

Quellen

In Kursivschrift können Quellenangaben vorhanden sein. Im wesentlichen werden die ausgewerteten Nachschlagewerke hier genannt, besonders das Werk, aufgrund dessen die Person angesetzt wurde. Quellenangaben stehen also hauptsächlich bei Personen, die für die zweite Ausgabe neu angesetzt wurden. Der Hinweis auf das Lexikon des Mittelalters wurde bei allen dort nachgewiesenen Namen gesetzt. Die Quellen sind nicht vollständig und systematisch aufgeführt. Diesen wissenschaftlichen Nachschlagewerken sind weitere Informationen zu der Person und weiterführende Literaturangaben zu entnehmen. Die Person muß nicht in der Ansetzungsform der PMA dort verzeichnet sein.

Weitere Namensformen

Schließlich werden abweichende Namensformen aufgelistet, die die Person verwendet oder unter denen sie ebenfalls nachgewiesen ist. Diese Aufzählung ist eine ganz wichtige Identifizierungs- und Zuordnungshilfe. Die Namen sind alphabetisch aufgeführt. Hier findet man auch alle Verweisungsformen, die gemäß den RAK zu machen sind bzw. im Rahmen der Konventionen für die PMA systematisch erstellt wurden.

Verweisungen

Als Auffindehilfe für die Namenseintragung ist eine Vielzahl von Verweisungen vorhanden. Anders als in der ersten Ausgabe ist jedoch nicht mehr von jeder in der Namenseintragung aufgeführten abweichenden Namensform verwiesen worden, sondern nur noch von solchen Formen, die im alphabetischen Umfeld das Auffinden eines Namens erleichtern. Es ist also wichtig, gerade bei selteneren Namen, die Namenseintragung vollständig zu lesen und inhaltlich zu würdigen. Grundsätzlich wurden bei Namen des europäischen Kulturkreises Verweisungen gemacht unter persönlichem Namen mit Beinamen, wenn die Person in der Form „Familienname mit Vornamen" angesetzt wurde, so daß all diese Personen unter ihrem persönlichen Namen gesucht werden können, grundsätzlich wurde von der Form ohne Präfix im Familiennamen auf die Form mit Präfix verwiesen, grundsätzlich wurde von einem substantivischen Beinamen als Familiennamen verwiesen:

Antonius <Caxal>
→ ***Caxal, Antonius***

Aquasparta, Matthaeus - de -
→ ***Matthaeus <de Aquasparta>***

Aquicinctinus, Alexander
→ ***Alexander <Aquicinctinus>***

Die Verweisungen unter anderen sprachlichen Formen des Namens sind eher zufälliger Art. Wer also z.B. einen lateinisch schreibenden Autor mit einer italienischen Namensform sucht, wird ihn nicht in jedem Fall finden. Es empfiehlt sich auf jeden Fall eine zweite Suche, z.B. unter der lateinischen Namensform, die durch die Lektüre des Umfelds ermittelt werden kann:

Guglielmo <da Firenze> ? kein Eintrag
Im Umfeld:
Guglielmo <da Cremona>
→ ***Guilelmus <de Cremona>***
Guglielmo <da Lucca>
→ ***Guilelmus <Lucensis>***

Zweite Suche unter:
Guilelmus <de Florentia>
oder
Guilelmus <Florentinus>

Wird eine Person mit ihrem Beinamen in adjektivischer Form nicht gefunden, ist stets eine Suche mit dem Beinamen als Substantiv, unter Berücksichtigung der Sortierrelevanz der Präpositionen, angezeigt:

Hugo <Croyndonensis> ? kein Eintrag
Zweite Suche:
Hugo <de Croyndon> = Namenseintragung

Ordnung und Darstellung der Eintragungen

Alle Eintragungen (Namenseintragungen und Namensverweisungen) sind in einem Alphabet gemäß den RAK (§§ 801 - 823) geordnet. Als Ordnungswort gilt jede Buchstabenfolge, die durch Spatium von dem nächsten Wort getrennt ist. Bindestriche und Apostrophe haben eine „bindende" Wirkung und führen zur Bildung eines Ordnungsworts:

Johannes-Antonius ordnet als *JOHANNESANTONIUS*

Auch die Präfixe in den Ordnungshilfen haben Sortierwert:

Ludwig <der Strenge>
Ludwig <von Preußen>

Bei Gleichnamigkeit ordnet die Verweisung vor der Namenseintragung:

Anastasius <Monachus> Verweisung
→ ***Anastasius <Cluniacensis>***

Anastasius <Monachus> Namenseintragung
7. Jh.

Wird von derselben Verweisungsform auf verschiedene Ansetzungsformen verwiesen, so steht vor jeder ein Verweisungspfeil:

Anastasius <Sanctus>
→ ***Anastasius <Antiochenus>***
→ ***Anastasius <Apocrisiarius>***
→ ***Anastasius <Cluniacensis>***

Persönliche Namen (mit Beinamen in Ordnungshilfen) ordnen vor gleichlautenden Familiennamen (mit Vornamen):

Albertus
Albertus <a Sarthiano>
Albertus <Alemannus>
...
Albertus <de Albolapide>
...
Albertus <de Weissenstein>
Albertus <Diaconus>
...
Albertus <Warentrappe>
Albertus, Arnaldus

Anonymus <Altahensis>
...
Anonymus <Zwetlensis>
Anonymus Basiliensis Poeta
Anonymus Clericus Normannus

In der Druckausgabe wird die Ansetzungsform jeweils fettgedruckt, die Verweisungsform ist normal gedruckt. Die fünfspaltige Druckaufbereitung bringt es mit sich, daß eine Namensform sich mitunter auf zwei (oder mehr) Zeilen erstreckt. Grundsätzlich wurde bis auf wenige Fälle das Trennen innerhalb eines Namens vermieden. Die Ansetzungsform wird bündig auf zwei (oder mehr) Zeilen geschrieben, die anderen Namensformen (auch als Verweisungsformen) werden auf zweiter (und weiterer Zeile) eingerückt wiedergegeben.

ʿAbd-al-ʿAzīz Ibn-ʿUṯmān Ibn-
  ʿAlī al-Qabīṣī
→ **Qabīṣī, Abu-'ṣ-Ṣaqr**
  ʿAbd-al-ʿAzīz
  Ibn-ʿUṯmān ¬al-¬

= ʿAbd-al-ʿAzīz Ibn-ʿUṯmān Ibn-ʿAlī al-Qabīṣī
→ **Qabīṣī, Abu-'ṣ-Ṣaqr ʿAbd-al-ʿAzīz Ibn-ʿUṯmān** ¬al-¬

Verbindlichkeit der Ansetzungsformen

Ziel der PMA ist es, eine normierte Ansetzungsform für die Personen des Mittelalters vorzulegen. Daher sind die Ansetzungen der ersten Ausgabe der PMA in diese Ausgabe im wesentlichen unverändert übernommen worden. Es wurden ganz wenige sachliche Fehler bereinigt und in drei Fällen auf heftigen Widerspruch reagiert (Abaelardus, Petrus; Walther <von der Vogelweide> und Johannes <von Saaz>). Personen, die nach 1501 gestorben sind und in der Erstausgabe enthalten sind, wurden in der Regel nicht in die zweite Ausgabe übernommen.

Introduction

Authors of the Middle Ages are quoted by names which may vary according to spelling, language and epithets both in the manuscript and the printing traditions. As a result, they are also found under different entries in the various encyclopedias and reference works. As libraries and research have had to cope with these differences over and over again, they have been encouraged to standardize these names for their purposes. Due to modern communication technology, different projects and institutions are in a position to share this effort of standardization. This publication intends to contribute to this effort by presenting an authority file for the period in question. The name records bring together different name forms of particular identified persons under a single, standardized heading for the purpose of introducing a standard form mainly for alphabetical cataloguing and, subsequently, consistent retrieval.

Scope of the "Personal Names of the Middle Ages" (PMA)

The basic principles underlying the PMA have not been changed since the publication of the first edition. Persons included in the PMA are defined by their year of death, that is, they have died between the years 501 and 1501[1]. This corresponds to the period definition of the Middle Ages given by the Monumenta Germaniae Historica, which, however, differs from the period definition of 300 to 1500 applied by the modern German encyclopedia "Lexikon des Mittelalters" (LMA). These definitions must be regarded as purely formal. There is no doubt that some authors included in the PMA have from a literary or cultural point of view nothing to do with the Middle Ages. As for the first edition, the PMA mainly contains names of "authors" , that is persons having left texts of all sorts, in different languages and about various subjects and, in a wider sense, all names of persons needed for an access point according to the rules for alphabetical cataloguing. Therefore artists, composers and persons as recipients of letters are also included. Excluded are persons who are subjects of literature, such as saints in *vitae* or legends, or historic persons like kings who have not left any texts. Thanks to the help and initiative of language specialists among the BSB staff it was possible to include names stemming from non-European cultures. The PMA contains a great number of authors who did not write in Latin script, for instance, Arabic, Hebrew, Persian, Indian, Slavic, Turkish, Georgian, Armenian, Chinese, Japanese and Tibetan names.

Use of reference works

The names included in the PMA have mainly been extracted from reference works, which were selected according to the recommendations of the expert group for manuscript cataloguing (Unterausschuß für Handschriftenkatalogisierung) of the DFG. The reference works were exhaustively exploited, which means that every name entry was checked against the first edition of the PMA. If the name was not found there, it was edited for, and added to, the second edition. The reference for the name is mentioned in the record. Missing names in the PMA can mainly be explained by the chronological definition which excludes persons who died before 501 or after 1500. From the "Lexikon des Mittelalters" only persons were chosen who may be considered as authors. Other more comprehensive reference works like the "Lexikon für Theologie und Kirche" were not exploited systematically because it would have been too time-consuming to single out persons to be included in the PMA. In a few cases persons listed in the reference works were omitted, such as persons who in the older reference works were quoted without a distinctive name, without indication of any title or dates and who were not found in any other source. In the context of the PMA, these kinds of names would be more confusing than helpful.

All names were checked against other reference works which are not indicated in the source field. We generally used Chevalier, the Microfiche edition of Institut de Recherche et d'Histoire du Texte (Paris), Lexikon für Theologie und Kirche, Fabricius, Jöcher, Tanner, ADB, CSGL[2] and biographical reference works of the religious orders.

The PMA has also grown by the integration of all the names used throughout Germany for alphabetical cataloguing (mainly in the Deutsche Bibliothek and BSB) and the Bibliography of German Imprints of the 17th Century (VD 17). New names from manuscript cataloguing were partly contributed.

The names published in this volume cover the European cultural background of the Middle Ages more or less comprehensively, although the publication of more remote texts, especially archival sources, always brings to light new authors, and moreover no reference work specializing in medical and scientific literature has been used. The BSB will continue work on the PMA and continuously add new names belonging to this period to the national name authority file (Personennamendatei, PND). During the year of print a supplement of more than 400 names has been gathered, mainly from the last fascicles of the Verfasserlexikon, Lexikon des Mittelalters and the sixth Volume of the Repertorium Fontium published after the deadline for the book edition.

Application of "Regeln für die alphabetische Katalogisierung" (RAK)

The names of the PMA are edited according to the German cataloguing rules "Regeln für die alphabetische Katalogisierung" (RAK)[3]. This determines their formal presentation, the language of the heading and the alphabetical sequence of the names.

Formal specifics of RAK are the use of pointed brackets (<...>) around epithets, the use of non-sorting signs (¬) and the transliteration schemes applied for names of non-Latin scripts. In

[1] Persons who died before 501 are subject of a separately published authority file: Personennamen der Antike : PAN ; Ansetzungs- und Verweisungsformen gemäß den RAK / Erarbeitet von der Bayerischen Staatsbibliothek. - Wiesbaden : Reichert, 1993. - (Regeln für die alphabetische Katalogisierung ; 7)

[2] The exact references are found in nrs. 2 to 11 of the German introduction and in the List of completely exploited reference works which follows this introduction p. xxiii

[3] Regeln für die Alphabetische Katalogisierung in wissenschaftlichen Bibliotheken : RAK-WB. - 2., überarb. Ausg. - Berlin : Deutsches Bibliotheksinstitut. - Loseblattausg. - Last edition 1998.

this context the use of the apostroph for the hamzah in Islamic names of Arabic script must be observed. In Arabic and Persian names an apostroph only appears as elision of a vowel in the beginning of an article, e.g. Abu-'l for Abu-al, in all other cases the apostroph stands for the hamzah. A major particularity of RAK compared to international cataloguing rules is that prefixes belonging to the surname form one word with the surname.

Name records

Heading

For each person the name record is as complete as possible. The first element is the heading, a standardized form of the name, established according to the German rules for alphabetical Cataloguing. According to the international IFLA recommendations as a principal rule names and epithets of medieval persons are to be formulated in the language in which the person has mostly written, in cases of doubt in the language of the country where he or she has mainly worked (RAK § 332,2). Byzantine names are to be formulated in Latin (RAK § 331,2). Persons for whom no work has been traced are formulated in German language according to the German cataloguing rules for subject cataloguing (Regeln für den Schlagwortkatalog, RSWK)[4] or, as far as possible, in the language of their country.

Apart from this general rule for the choice of language, more rules and practices had to be established to ensure a uniform approach to the treatment of these names. An authority file is by far the best means to guarantee uniform headings in catalogues, and much preferable to introducing more rules which may lead to different results when applied and anyway would be difficult, complex and after all casuistic.

Some problems and guidelines for the choice of headings are listed below:

1. "Personal name with epithet" or "surname with first name"
It has to be decided whether a medieval person is better known by the "epithet" which then must be considered as a surname, so that the heading is to be composed of the surname followed by the first name(s) (RAK § 333,1). This decision is somehow arbitrary and works of reference show an important divergence in this respect. It is one of the main functions of the PMA to make this decision and to guarantee a uniform heading for this person even if good reasons would speak for the other form. The decision made by the PMA is mainly based on the choice made by modern reference works such as the Lexikon des Mittelalters, Lexikon für Theologie und Kirche, Repertorium fontium, Verfasserlexikon, Thieme-Becker[5]. This procedure may cause members of one family to be treated differently:

Dante <Alighieri>
but:
Alighieri, Jacopo
Alighieri, Pietro

In all cases there is a reference given from the form "personal name with epithet":

Jacopo <Alighieri>
→ ***Alighieri, Jacopo***

It is to be noted that Byzantine persons are always to be entered under their personal name with an epithet according to RAK § 331,1, although this usage does not conform to most of the reference works:

Theodorus <Prodromus>

2. Epithets
The most common epithet has to be chosen for the heading. The epithets and surnames used as epithets must guarantee a clear individualisation of the person, who can be unequivocally identified by the name itself. If there are no other epithets, explaining elements are used as epithets, such as a profession, a religious order, etc. Some of these epithets may begin with an article:

Berthold <Bruder>
Berthold <der Priester>

The epithets should be as short as possible. Only if more than one person bearing the same name must be differentiated, more elements are added as epithets. The individualisation of the person is ensured by the name itself. No further elements, such as dates, have to be added:

Bernardus <Compostellanus>
Bernardus <Compostellanus, Iunior>
Bernardus <Compostellanus Thesaurarius>

It is to be noted that a second person with the same epithet may be entered in the name authority file for persons of Antiquity or that epithets may differ in grammatical form but not in content:

Aegidius <Aurelianensis>	(of Orléans)
Aegidius <de Aureliano, OP>	(of Orléans)

Nouns and adjectives in epithets are always spelt with a capital first letter. Latin nouns of provenance of a person may be in ablativ or genitiv. There is always a reference form from a noun-epithet (and an adjective on -us) treated as a surname, whereas there is never one from an adjective form (on -sis) of an epithet:

Aimonus <Sancti Germani de Pratis>
Richardus <de Sancto Germano>
Usuardus <Sangermanensis>
Sancti Germani de Pratis, Aimonus
→ ***Aimonus <Sancti Germani de Pratis>***

Sancto Germano, Richardus ¬de¬
→ ***Richardus <de Sancto Germano>***

No reference from
Sangermanensis, Usuardus

The spelling of Latin adjectives is standardized to a certain extent:

<Metensis>	instead of	*"Mettensis"*
<Cantuariensis>	instead of	*"Cantuarensis"*
<Cartusianus>	instead of	*"Carthusianus"*

In Latin words used as epithets "I" is preferred to "J" in spelling:

Bernardus <de Iuzico>	Latin name of the place "Juzic"
but:	
Johannes <de Jastrzabije>	The place name is not Latin

4 Regeln für den Schlagwortkatalog : RSWK. - 3., überarb. u. erw. Aufl. - Berlin : Deutsches Bibliotheksinstitut, 1998 (Loseblattausgabe).
5 Allgemeines Lexikon der bildenden Künstler von der Antike bis zur Gegenwart / hrsg. von Ulrich Thieme und Felix Becker. - Leipzig : Engelmann. - Bd. 1 bis 37. 1907 - 1950

3. Personal names
According to RAK § 332,4 personal names in the same language are standardized in spelling, choosing the currently most common form:

Guilelmus	instead of	*Gulielmus, Guillelmus etc.*
Johannes	instead of	*Joannes, Ioannes etc.*

General references are made from the form(s) not chosen:

Baldwinus <...>
→ ***Balduinus <...>***

In a few cases of doubt the standardization is not completely carried through because some persons are much better known under the non-standardized form of spelling. In this case you will find a general reference form and name records for the persons to whom the standardization was not applied:

Walter <von der Vogelweide> → ***Walther <von der Vogelweide>***	Reference
Walther <...> → ***Walter <...>*** and:	General reference
Walther <von der Vogelweide>	Name entry
Jehan <...> → ***Jean <...>*** and:	General reference
Jehan <la Gougue>	Name entry

In Latin names "I" and "J" are to be distinguished. Names of Biblical origin are spelled with J (RAK § 327,4), whereas all other names are spelled with "I":

Jacobus, Jeremias, Jesus, Joachim, Job, Joel, Johann, Johannes, Jonas, Josephus, Josue, Judas, Judith
but:
Iulius (despite Acts 27:1)
Iodocus (Latin name)
but:
Jodocus <von Prag> (German name)

4. First name with surname
All first names of a person which are commonly used are part of the heading without any abbreviations (RAK § 320,1, with the exception of Slavic patronymics, which have to be abbreviated according to § 322,5). In this point the German cataloguing rules have significantly changed since the first edition of PMA and now conform to international use. Headings for these names have been edited and differ from those of the first edition:

Poggio Bracciolini, Gian F. (1st ed. of the PMA)
now:
Poggio Bracciolini, Gian Francesco

5. Prefixes (prepositions, articles, combination of the two)
In the treatment of prefixes several cases are to be distinguished. In epithets prefixes are always single words with their own right in filing. Here too a change has been made compared to the first edition of the PMA:

Adam <de laHalle> (1st ed. of the PMA)
now:
Adam <de LaHalle>

If the name consists of surname and first name(s), the prefix may belong to the surname according to RAK § 313,3, which implies that it forms a single word with the surname. This mainly applies to certain Italian and French prefixes (dal, del, della, dello, le, la, du):

DalCampo, Luchino
DellaScala, Cangrande
DuBernis, Michel
LaTour Landry, Geoffroy ¬de¬
but:

Jacopo <della Quercia>	The prefix introduces the epithet and is considered as separate filing word.
Mote, Bernardus ¬de la¬	Latin name

References are always made from the surname without the prefix and from the form "personal name with surname as an epithet". In these cases the spelling of the epithet is identical with the one of the surname, in one single word:

Campo, Luchino ¬dal¬
→ ***DalCampo, Luchino***

Luchino <DalCampo>
→ ***DalCampo, Luchino***

Most prefixes do not belong to the surname. They are placed behind the first name and surrounded by non-sorting signs:

Conti, Niccolo ¬dei¬

Special cases are names of the type "Der Stricker". According to the RAK the article is inverted and put after a comma. It is also considered as non-sorting. A reference is made from "Der Stricker" without inversion:

Stricker, ¬Der¬	= Heading
Der Stricker	= Reference form

A similar phenomenon is found in Arabic names. According to the new state of rules for names of Arabic, Persian and Turkish language[6], non-sorting prefixes should be placed in the beginning of the name if the name is entered in its original, Arabic sequence without inversion of the first name. In this edition of the PMA this could not be achieved for technical reasons. The fact to the prefix must be put in front of the name can be recognized and inferred from the fact that the name does not contain a comma:

Ḥasan al-Baṣrī ¬al-¬ = PMA
No comma in the name
Formally correct heading according to RAK-ISL:
¬al-¬ Ḥasan al-Baṣrī
but:
Muqammiṣ, Dāwūd Ibn-Marwān ¬al-¬ = PMA
Formally correct heading according to RAK-ISL § 3,3, because there is a comma.

[6] Anlage 20 der RAK, Regeln für die Ansetzung von Personennamen in Staaten mit außereuropäischen Sprachen, 20.1 Regeln für die Ansetzung von Personennamen in Staaten mit arabischer, persischer und türkischer Sprache (RAK-ISL), 3. Ergänzungslieferung, 1998

7. Names of sovereigns
Names of ruling sovereigns are to be formulated in the language of the territory they ruled over regardless of the language which they used in their writings (RAK § 337):

Alexius <Imperium Byzantinum, Imperator, I.>
Alfonso <Castilla, Rey, VIII.>
Amalrich <Jerusalem, König, I.>

Sometimes the differentiation between ruling sovereigns and persons with epithets was difficult. In case of doubt the epithet was preferred as it seems more common than the standardized form of the sovereigns with territory and epithet.

8. Names of ecclesiastical hierarchy
According to RAK § 341 names of popes are formulated in Latin with the epithet "Papa" and the number. All other dignitaries of the church, even the patriarchs, are treated as all other persons of the period (§ 342,1), which means that the names are usually formulated with the place of the patriarchat as epithet and without the title of patriarch which only serves as a reference form.

Alexander <Papa, V.> = Heading

Athanasius <Constantinopolitanus> = Heading
Reference from:
Athanasius <Patriarcha, I.>

Aleksij <Moskovskij i Vseja Rusi> = Heading
Reference from:
Aleksij <Mitropolit>

9. Names that consist of a phrase or appellation and anonymi
The limit between title of a work and name is not easily drawn in the case of anonymi. In the PMA only those names are listed which have an element of provenance, not only a title part of the anonymous name and where this name appears as the name of a person in the reference works. The same formal conventions were applied to these names (§ 310):

Burggraf <von Lienz>
Barfüßer <von Basel>
Arth, Meister ¬von¬
Anonymus Basiliensis Poeta
Barfüßer-Lesemeister

Sometimes doubt remains whether it is the name of a person or a title. This is commented on in the note of the entry:

Anonymus <Valesianus> = Name entry
Note:
Laut LMA handelt es sich bei Anonymus Valesianus um einen Titel, unter dem zwei spätantike historiograph. Texte zusammengefaßt sind.

Greculus = Name entry
Note:
Name für den Verf. einer Sammlung von Sonntagspredigten, die mit dem Titel "Greculus"... überliefert ist.

10. Pseudo-Names
According to the RAK § 310,3 persons whose names are unknown but who are quoted using the name of another person with the prefix "pseudo-" are to be entered under the name of that other person. This may mean that in contradiction to the general claim of the PMA these persons are not individualized in the heading:

Pseudo-Bonaventura
→ ***Bonaventura <Sanctus>***
According to LMA,VII,306/307 184 works of several authors are published under the name "Pseudo-Bonaventura".

Dates

The entry form of the name is followed by dates. They are taken from the reference works without having been checked in more detail or compared in case of difference. Significantly distinct dates are linked with the indication "bzw." which means "or". The dates only give some chronological classification. "Ca." indicates that the date of birth or death is not exactly known. "Um" (which corresponds to "fl." - floruit) introduces a date which is linked to the person without more precise specification. If only the century was known, this is indicated without any further specification like early or late. If no dates were found the standard formula "Lebensdaten nicht ermittelt" (dates not found) was introduced. In some cases these may be persons who according to the definition of the PMA do not belong to the Middle Ages but were kept in the authority file because they are extracted from the reference works pertaining to the Middle Ages. Persons who died after 1500 are only exceptionally found in the PMA. For all persons who lived or died around 1500 and which are not found in the PMA it is advisable to consult the Personennamendatei (name authority file).

Religious order

After the date a religious order may be indicated by the customary abbreviation. This indication is not given consistently which means that if there is no such indication the person may nevertheless have been the member of a religious order. The following standardized abbreviations are used:

OCarm	Carmelites
OCart	Carthusians
OCist	Cistercians
OESA	Augustinians
OFM	Franciscans
OP	Dominicans
OPraem	Premonstratensians
OSB	Benedictines
OST	Trinitarians

In the epithets the religious orders are indicated in the same way.

Notes identifying the person

Further very short notes on the person may follow, mostly referring to titles of the work by the person but also giving biographical information. Where no such indication is found, the person is usually rather important and well-known. All these informations are again taken from reference works without further investigation. The PMA has no intention to redo or repeat the work of the biographical source books. In the notes of the PMA all information about the identity of the person is important. Under the name quoted in the note another second entry may be found in PMA, if persons are to be differentiated. Otherwise the different name is listed among the alternative forms of names. If later it is found that it is a distinct person, the form used in the note should be used as heading for the second person.

Adenulphus <de Anagnia> = Name entry
Note:
Identität mit Albertus <Sancti Odomari> umstritten
The name "Albertus <Sancti Odomari>" does not appear among the other forms of the name

Albertus <Sancti Odomari> = Name entry
Note:
Identität mit Adenulphus <de Anagnia> umstritten

Anselmus <Magister> = Name entry
Note:
Identität mit Anshelmis <Maister> wahrscheinlich
The name "Anshelmis <Maister>" appears among the other forms of the name.

Anshelmis <Maister> = Reference form
→ ***Anselmus <Magister>***

Alanus <ab Insulis> = Name entry
Note:
Identität mit Alanus <de Podio> (Verf. von "Contra haereticos") und Alanus <Porretanus> ("Regulae iuris caelestis") umstritten.
Both names appear among the other forms of the name.

Alanus <de Podio> = Reference form
→ ***Alanus <ab Insulis>***

Alanus <Porretanus> = Reference form
→ ***Alanus <ab Insulis>***

Sources

Reference works may be quoted in italics. Here the reference work in which the name was found first is usually indicated, the reference to "Lexikon des Mittelalters" is always given. The sources are not comprehensively and exhaustively indicated. Their main purpose is to give further reference for this person. The entry form of the person in the reference work may differ from the one chosen in the PMA.

Other forms of name

Finally all other forms of name which are used by or for this person are listed as well as all alternative forms which are to be established according to RAK or which have been systematically introduced in the context of the PMA.

References

To facilitate the identification of the name entry, multiple references are given from the variants of the name listed in the name entry. Contrary to the first edition of the PMA, however, not every alternative form is used as a reference but only necessary or helpful references are made. So it may be useful especially for rare personal names to read the whole name entry to identify a particular person.

Some reference forms were systematically introduced in order to facilitate retrieval. For European names there is always a reference form from the personal name with epithet if the person is entered under the surname with first name, there is always a reference form from a surname without prefix if the prefix is to be considered as a part of the surname, and there is always a reference from an epithet being a noun or an adjective on -us being used as a surname with a first name:

Antonius <Caxal>
→ ***Caxal, Antonius***
Aquasparta, Matthaeus ¬de¬
→ ***Matthaeus <de Aquasparta>***
Aquicinctinus, Alexander
→ ***Alexander <Aquicinctinus>***

References under different language forms of a name are not systematically given. If you look for an author of a Latin text under an Italian name you may not always find him. So a second search under a Latin form of the name is advisable.

Guglielmo <da Firenze>? no entry
In the alphabetical sequence:
Guglielmo <da Cremona>
→ ***Guilelmus <de Cremona>***
Guglielmo <da Lucca>
→ ***Guilelmus <Lucensis>***
Second search under:
Guilelmus <de Florentia>
or:
Guilelmus <Florentinus>

If a person with an adjective as epithet is not found, remember that the epithet can be a noun and that a preposition has an impact on the filing order:

Hugo <Croyndonensis> ? no entry
Second search:
Hugo <de Croyndon> name entry

Sequence of entries and presentation

All entries - name entries and references - are listed in one alphabetical sequence according to RAK (§§ 801 - 823). One word consists of a sequence of letters separated from the next by a blank. Hyphen and apostroph are omitted for filing and do not interrupt the sequence of letters:

Johannes-Antonius files as *JOHANNESANTONIUS* (one word)

The prefixes in the epithets function as normal filing elements:

Ludwig <der Strenge>
Ludwig <von Preußen>

If names are identical, the reference precedes the name entry in the sequence:

Anastasius <Monachus> Reference
→ ***Anastasius <Cluniacensis>***

Anastasius <Monachus> Name entry
7. Jh.

If references are made from one name form to several headings, each of the headings is preceded by an arrow:

Anastasius <Sanctus>
→ ***Anastasius <Antiochenus>***
→ ***Anastasius <Apocrisiarius>***
→ ***Anastasius <Cluniacensis>***

Personal names with epithets precede identical surnames (with forenames):

Albertus
Albertus <a Sarthiano>
Albertus <Alemannus>
...
Albertus <de Albolapide>
...
Albertus <de Weissenstein>
Albertus <Diaconus>
...
Albertus <Warentrappe>
Albertus, Arnaldus

Anonymus <Altahensis>
...
Anonymus <Zwetlensis>
Anonymus Basiliensis Poeta
Anonymus Clericus Normannus

In the printed edition, the heading appears in bold type, the reference form (and the other forms of the name) in normal print. Due to the subdivision of the page into five columns, a name sometimes stretches over two or more lines. As a rule we tried to avoid hyphenation within names. The heading is left adjusted, the other name forms (including references) are indented in the second and following lines:

‘Abd-al-‘Azīz Ibn-‘Uṯmān Ibn-
 ‘Alī al-Qabīṣī
→ **Qabīṣī, Abu-’ṣ-Ṣaqr**
 ‘Abd-al-‘Azīz
 Ibn-‘Uṯmān ¬**al-**¬

= ‘Abd-al-‘Azīz Ibn-‘Uṯmān Ibn-‘Alī al-Qabīṣī
→ **Qabīṣī, Abu-’ṣ-Ṣaqr ‘Abd-al-‘Azīz Ibn-‘Uṯmān** ¬al-¬

Choice of the heading

The aim of the PMA is to offer standardized forms of heading for names of medieval persons for the purpose of alphabetical cataloguing. So most headings of the first edition of the PMA have remained unchanged in this edition. Some faults have been amended and in three cases strong objections have been taken into account. Persons who died after 1500 and were contained in the first edition are excluded from the second edition.

Verzeichnis der vollständig ausgewerteten Nachschlagewerke
List of completely exploited Reference Works [1]

Die Liste ist nach den in den Quellen genannten Abkürzungen alphabetisch geordnet.

The list is in alphabetical sequence of the abbreviations used in the sources.

CC Clavis, Auct. Gall.
Corpus Christianorum, Clavis scriptorum latinorum Medii Aevi, Auctores Galliae. - Turnhout, 1994 ff. (Bd. 1 vollständig; mehr bislang nicht erschienen)

Cpg
Clavis patrum Graecorum / cura et studio Mauritii Geerard.- Turnhout, 1974-1987. Bd. 1 bis 5

Cpl
Clavis patrum Latinorum / recludit Eligius Dekkers. - Ed. altera, aucta et emendata. - Brügge u.a., 1961

Kaeppeli
Kaeppeli, Thomas: Scriptores Ordinis Praedicatorum Medii Aevi. - Roma, 1970 - 1993. Bd. 1 bis 4

LMA
Lexikon des Mittelalters. - München u.a. : Artemis, 1980-1998. Bd. 1 bis 10

Lohr
Lohr, Charles H.: Medieval Latin Aristotle Commentaries : authors. - In: Traditio 23 (1967) - 30 (1974)

Potth.
Potthast, August: Wegweiser durch die Geschichtswerke des europäischen Mittelalters bis 1500. - 2., verb. u. vermehrte Aufl. - Berlin 1896 (ab L, im Anschluß an das Repertorium fontium). Bd. 1 und 2

Rep.Font.
Repertorium fontium historiae medii aevi : Fontes. - Rom, 1962 - 1997. Bd. 2 bis 7 (A - M) (mehr bislang nicht erschienen)

Schneyer
Schneyer, Johannes Baptist: Repertorium der lateinischen Sermones des Mittelalters für die Zeit von 1150 - 1350 : Autoren. - Münster, 1969-1974. Bd. 1 bis 5

Schneyer, Winke
Schneyer, Johannes Baptist: Winke für die Sichtung und Zuordnung spätmittelalterlicher lateinischer Predigtreihen. - In: Scriptorium 32 (1978), S. 231 - 248

Schönberger/Kible, Repertorium
Repertorium edierter Texte des Mittelalters aus dem Bereich der Philosophie und angrenzender Gebiete / hrsg. von Rolf Schönberger und Brigitte Kible. - Berlin, 1994

Stegmüller, Repert.bibl.
Stegmüller, Friedrich: Repertorium biblicum medii aevi. - Madrid, 1950-1955. Band 2 bis 5: Commentaria, auctores

Stegmüller, Repert.sentent.
Stegmüller, Friedrich: Repertorium commentariorum in Sententias Petri Lombardi. - Würzburg, 1947. Bd. 2: Indices

Tusculum-Lexikon
Tusculum-Lexikon griechischer und lateinischer Autoren des Altertums und des Mittelalters / Wolfgang Buchwald ; Arnim Hohlweg ; Otto Prinz. - 3., neu bearb. u. erw. Aufl. - München [u.a.], 1982

VL(2)
Die deutsche Literatur des Mittelalters, Verfasserlexikon. - 2., völlig neu bearb. Aufl.- Berlin, 1978-1998. Band 1 bis 10

[1] Weitere in den Quellen genannte Nachschlagewerke können über die "Liste der fachlichen Nachschlagewerke zu den Normdateien (GKD, PND, SWD). - Frankfurt am Main : Die Deutsche Bibliothek (ISSN 1438-1133). - Neueste Ausgabe: Oktober 1999" ermittelt werden. Further reference works quoted in the "source field" can be specified in the "Liste der fachlichen Nachschlagewerke zu den Normdateien (GKD, PND, SWD). - Frankfurt am Main : Die Deutsche Bibliothek (ISSN 1438-1133). - Neueste Ausgabe: Oktober 1999"

A. ⟨Floriacensis⟩
→ **Adalgaudus ⟨Floriacensis⟩**

Aachen, Arnold ¬von¬
→ **Arnold ⟨von Aachen⟩**

Aage ⟨von Dänemark⟩
→ **Augustinus ⟨de Dacia⟩**

Aagesøn, Sueno
→ **Sueno ⟨Aggonis Filius⟩**

Aaron ⟨Coloniensis⟩
gest. 1052
De utilitate cantus vocalis; De modo psallendi; etc.
Aaron ⟨Abbas⟩
Aaron ⟨Abbé⟩
Aaron ⟨de Cologne⟩
Aaron ⟨de Saint-Martin⟩
Aaron ⟨de Saint-Pantaléon⟩
Aaron ⟨Ecossais⟩

Aaron Ben-Āšēr
→ **Ben-Āšēr, Aharon**

Aaron Ben-Elijah
→ **Aharon Ben-Eliyyāhū**

Abaelardus, Petrus
1079 – 1142
Epistula ad amicum; Theologia christiana
LThK(2),I,5; LMA,I,7-10
Abaelard
Abaelard, Peter
Abaelard, Pierre
Abaelardus, Petrus
Abaelardus, Pierre
Abailard
Abailard, Peter
Abailard, Pierre
Abailardus, Petrus
Abeilard, Pierre
Abeillard, Peter
Abelard
Abelard, Peter
Abélard, Pierre
Abelardo, Pedro
Peter ⟨Abaeland⟩
Peter ⟨Abaelard⟩
Peter ⟨Abälard⟩
Petrus ⟨Abaelardi⟩
Petrus ⟨Abaelardus⟩
Petrus ⟨Baiolardus⟩
Petrus ⟨Baiolensis⟩
Petrus ⟨Baliardus⟩
Petrus ⟨Palatinus⟩
Petrus ⟨Peripateticus⟩
Pierre ⟨Abailand⟩
Pierre ⟨Abélard⟩
Pierre ⟨de Palais⟩
Pietro ⟨Abelardo⟩
Pseudo-Abaelardus, Petrus

Abagliatis, Bartholomaeus ¬de¬
→ **Bartholomaeus ⟨de Abagliatis⟩**

Abān al-Lāḥiqī, Ibn-ʻAbd-al-Ḥamīd
gest. ca. 815
Abān Ibn-ʻAbd-al-Ḥamīd al-Lāḥiqī
Ibn-ʻAbd-al-Ḥamīd, Abān al-Lāḥiqī
Lāḥiqī, Abān Ibn-ʻAbd-al-Ḥamīd ¬al-¬

Abano, Petrus ¬de¬
→ **Petrus ⟨de Abano⟩**

Abas ⟨Albanorum Episcopus⟩
gest. 596
„Epistula ad Abatem episcopum Albanorum" des Johannes IV Hierosolymitanus (armeniace)
Cpg 7021
Abas ⟨Aġvanic Katʼoġikosi⟩
Abas ⟨Episcopus⟩
Abas ⟨Katholikos⟩

Abas ⟨Katholikos⟩
→ **Abas ⟨Albanorum Episcopus⟩**

Abas ⟨Mar⟩
→ **Mar Abā**

Abas Katina
→ **Mar Abā**

Abbaco, Paolo ¬dell'¬
→ **Paolo ⟨dell'Abbaco⟩**

Abbandus ⟨Abbas⟩
→ **Abbaudus ⟨Abbas⟩**

Abbano, Petrus ¬de¬
→ **Petrus ⟨de Abano⟩**

Abbas ⟨Antiquus⟩
→ **Bernardus ⟨de Montemirato⟩**

Abbas ⟨Beatus⟩
→ **Abbas ⟨Fundanus⟩**

Abbas ⟨Fundanus⟩
6. Jh.
Epistula ad Simplicium abbatem Casinensem
Cpl 1855
Abbas ⟨Beatus⟩
Abbas ⟨Monasterii apud Fundanum⟩
Fundanus, Abbas

Abbas ⟨Modernus⟩
→ **Nicolaus ⟨de Tudeschis⟩**

Abbas ⟨Monasterii apud Fundanum⟩
→ **Abbas ⟨Fundanus⟩**

Abbas ⟨Panormitanus⟩
→ **Nicolaus ⟨de Tudeschis⟩**

Abbas ⟨Siculus⟩
→ **Nicolaus ⟨de Tudeschis⟩**

Abbas Abbaudus
→ **Abbaudus ⟨Abbas⟩**

Abbas Antiquus ⟨Bononiensis⟩
→ **Bernardus ⟨de Montemirato⟩**

Abbas Benedictinus, Theodoricus
→ **Theodoricus ⟨Abbas Benedictinus⟩**

Abbas Bertegyselus
→ **Bertegyselus ⟨Abbas⟩**

Abbas Cuthbertus
→ **Cuthbertus ⟨Abbas⟩**

Abbas Eugippius
→ **Eugippius ⟨Abbas⟩**

Abbas Gausbertus
→ **Gausbertus ⟨Abbas⟩**

ʻAbbās Ibn-al-Aḥnaf
ca. 750 – 804/809
Ibn-al-Aḥnaf, ʻAbbās

ʻAbbās Ibn-Bakkār ¬al-¬
746 – 837
Ibn-Bakkār, al-ʻAbbās

Abbas Isaias
→ **Isaias ⟨Abbas⟩**

Abbas Johannes
→ **Johannes ⟨Abbas⟩**

Abbas Leo
→ **Leo ⟨Abbas⟩**

Abbas Menko
→ **Menko ⟨Abbas⟩**

Abbas Odo
→ **Odo ⟨Abbas⟩**

Abbas Recesvindus
→ **Recesvindus ⟨Abbas⟩**

Abbas Zosimus
→ **Zosimus ⟨Abbas⟩**

Abbatia, Antonius ¬de¬
→ **Antonius ⟨de Abbatia⟩**

Abbatibus, Franciscus ¬de¬
→ **Franciscus ⟨de Abbatibus⟩**

Abbatissa Adolana
→ **Adolana ⟨Abbatissa⟩**

Abbatissa Bugga
→ **Bugga ⟨Abbatissa⟩**

Abbatisvilla, Gerardus ¬de¬
→ **Gerardus ⟨de Abbatisvilla⟩**

Abbatisvilla, Hugo ¬de¬
→ **Hugo ⟨de Abbatisvilla⟩**

Abbaudus ⟨Abbas⟩
12. Jh.
De fractione corporis Christi
Abband ⟨Théologien Français⟩
Abbandus ⟨Abbas⟩
Abbas Abbaudus
Abbaud ⟨Abbé⟩

Abbickh ⟨von Hohenstein⟩
Lebensdaten nicht ermittelt
Abenteure des Herzog Heinrich von Teiferbruck
VL(2),1,6
Hohenstein, Abbickh ¬von¬

Abbo ⟨Cermius⟩
→ **Abbo ⟨de Sancto Germano⟩**

Abbo ⟨Cernuus⟩
→ **Abbo ⟨de Sancto Germano⟩**

Abbo ⟨de Sancto Germano⟩
ca. 850 – ca. 923
Flores evangeliorum (PL 132,761-778)
LMA,I,15-16; Stegmüller, Repert. bibl. 857; CSGL; Potth.; DLF(MA),2
Abbo ⟨Cermius⟩
Abbo ⟨Cernuus⟩
Abbo ⟨de Saint-Germain-des-Prés⟩
Abbo ⟨Humilis⟩
Abbo ⟨Levita⟩
Abbo ⟨Monachus⟩
Abbo ⟨of Neustria⟩
Abbo ⟨of Saint Germain⟩
Abbo ⟨Parisiensis⟩
Abbo ⟨Presbyter⟩
Abbo ⟨Sancti Germani a Pratis⟩
Abbo ⟨Sangermanensis⟩
Abbo ⟨von Saint Germain⟩
Abbo ⟨von Saint-Germain-des-Prés⟩
Abbo ⟨von Sanct Germano⟩
Abbon ⟨de Saint-Germain-des-Prés⟩
Abbon ⟨le Courbe⟩
Abbon ⟨l'Humble⟩
Cermius, Abbo
Cernuus ⟨Abbas⟩
Cernuus, Abbo
Pseudo-Abbo ⟨de Sancto Germano⟩
Sancto Germano, Abbo ¬de¬

Abbo ⟨Floriacensis⟩
ca. 945 – 1004
Tusculum-Lexikon; LThK; CSGL; DLF(MA),1; LMA,I,15
Abbo ⟨Saint⟩
Abbo ⟨Sanctus⟩
Abbo ⟨von Fleury⟩
Abbon ⟨de Fleury⟩
Albo ⟨Floriacensis⟩

Abbo ⟨Goericus⟩
→ **Abbo ⟨Metensis⟩**

Abbo ⟨Humilis⟩
→ **Abbo ⟨de Sancto Germano⟩**

Abbo ⟨Levita⟩
→ **Abbo ⟨de Sancto Germano⟩**

Abbo ⟨Metensis⟩
ca. 627 – 643
Abbo ⟨Goericus⟩
Abbo ⟨Goerig⟩
Abbo ⟨Gury⟩
Abbo ⟨Sanctus⟩
Abbo ⟨von Metz⟩
Goericus, Abbo
Goerig, Abbo
Gury, Abbo

Abbo ⟨Monachus⟩
→ **Abbo ⟨de Sancto Germano⟩**

Abbo ⟨of Neustria⟩
→ **Abbo ⟨de Sancto Germano⟩**

Abbo ⟨of Saint Germain⟩
→ **Abbo ⟨de Sancto Germano⟩**

Abbo ⟨Parisiensis⟩
→ **Abbo ⟨de Sancto Germano⟩**

Abbo ⟨Presbyter⟩
→ **Abbo ⟨de Sancto Germano⟩**

Abbo ⟨Sancti Germani a Pratis⟩
→ **Abbo ⟨de Sancto Germano⟩**

Abbo ⟨Sanctus⟩
→ **Abbo ⟨Floriacensis⟩**
→ **Abbo ⟨Metensis⟩**

Abbo ⟨von Fleury⟩
→ **Abbo ⟨Floriacensis⟩**

Abbo ⟨von Metz⟩
→ **Abbo ⟨Metensis⟩**

Abbo ⟨von Saint Germain⟩
→ **Abbo ⟨de Sancto Germano⟩**

Abbo, Petrus
→ **Petrus ⟨ad Boves⟩**

Abbon ⟨de Fleury⟩
→ **Abbo ⟨Floriacensis⟩**

Abbon ⟨de Saint-Germain-des-Prés⟩
→ **Abbo ⟨de Sancto Germano⟩**

Abbon ⟨le Courbe⟩
→ **Abbo ⟨de Sancto Germano⟩**

Abbon ⟨l'Humble⟩
→ **Abbo ⟨de Sancto Germano⟩**

ʻAbd al Jabbar ibn Hamdis
→ **Ibn-Ḥamdīs, ʻAbd-al-Ǧabbār Ibn-Abī-Bakr**

ʻAbd al Karīm
→ **Samʻānī, Abū-Saʻd ʻAbd-al-Karīm Ibn-Muḥammad ¬as-¬**

ʼAbd al Karim al Gili
→ **Ǧīlānī, ʻAbd-al-Karīm Ibn-Ibrāhīm ¬al-¬**

ʻAbd al-Djabbār Ibn Aḥmad
→ **ʻAbd-al-Ǧabbār Ibn-Aḥmad**

ʻAbd al-Ghanī al-Azdī, Ibn Saʻīd
→ **ʻAbd-al-Ġanī al-Azdī, Ibn-Saʻīd**

ʻAbd al-Ḥaiy Gardīzī
→ **Gardīzī, ʻAbd-al-Ḥaiy Ibn-aḍ-Ḍaḥḥāk**

ʻAbd al-Ḥamīd Ibn Yaḥyā
→ **ʻAbd-al-Ḥamīd Ibn-Yaḥyā**

ʻAbd al-Jabbār Ibn Aḥmad
→ **ʻAbd-al-Ǧabbār Ibn-Aḥmad**

ʻAbd Allāh al-Kūfī
→ **Ǧābir Ibn-Ḥaiyān**

ʻAbd Allāh b. Buluġġīn b. Bādīs b. Ḥabbūs b. Zīrī
→ **ʻAbdallāh Ibn-Buluġġīn**

ʻAbd Allāh Ben-Wahb
→ **ʻAbdallāh Ibn-Wahb**

ʻAbd Allāh Ibn Aḥmad Ibn Ḥanbal
→ **ʻAbdallāh Ibn-Aḥmad Ibn-Ḥanbal**

ʻAbd Allāh Ibn ʻAlāʼ al-Dīn al-Anṣārī
→ **ʻAbdallāh Ibn-ʻAlāʼ-ad-Dīn al-Anṣārī**

ʻAbd Allāh Ibn al-Zubayr
→ **ʻAbdallāh Ibn-az-Zubair**

ʻAbd Allāh ibn Asād, al-Yāfiʻī
→ **Yāfiʻī, ʻAbdallāh Ibn-Asʻad ¬al-¬**

ʻAbd Allāh Ibn Maymūn
→ **ʻAbdallāh Ibn-Maimūn**

ʻAbd Allāh Ibn Rawāḥa
→ **ʻAbdallāh Ibn-Rawāḥa**

ʻAbd Allāh ibn Wahb
→ **ʻAbdallāh Ibn-Wahb**

Abd al-Latif
→ **ʻAbd-al-Laṭīf al-Baġdādī**

ʻAbd al-Laṭīf al-Baghdādī, Muwaffak al-Dīn Abū Muḥammad b. Yūsuf
→ **ʻAbd-al-Laṭīf al-Baġdādī**

ʻAbd al-Qādir al-Jīlānī
→ **ʻAbd-al-Qādir al-Ǧīlānī, Ibn-Abī-Ṣāliḥ**

ʻAbd al-Qādir al-Jīlī, Ibn Abī Ṣāliḥ
→ **ʻAbd-al-Qādir al-Ǧīlānī, Ibn-Abī-Ṣāliḥ**

ʻAbd al-Raḥmān al-Ṣūfī, Ibn ʻUmar
→ **ʻAbd-ar-Raḥmān aṣ-Ṣūfī, Ibn-ʻUmar**

ʻAbd al-Razzāq al-Qāshānī
→ **ʻAbd-ar-Razzāq al-Qāšānī**

ʻAbd al-Razzāq Ibn Hammām
→ **ʻAbd-ar-Razzāq Ibn-Hammām**

ʻAbd al-Wāḥid al-Marrākushī
→ **ʻAbd-al-Wāḥid al-Marrākušī**

ʻAbd al-Wāḥid Ibn-Muḥammad Ibn-aṭ-Ṭauwāḥ
→ **Ibn-aṭ-Ṭauwāḥ, ʻAbd al-Wāḥid Ibn-Muḥammad**

Abd ar Rahman as Sufi
→ **ʻAbd-ar-Raḥmān aṣ-Ṣūfī, Ibn-ʻUmar**

ʻAbd Ibn-Ḥamīd
gest. 863
Ibn-Ḥamīd, ʻAbd

ʻAbd-al-ʻAẓīm Ibn-ʻAbd-al-Qawī al-Munḏirī
→ **Munḏirī, ʻAbd-al-ʻAẓīm Ibn-ʻAbd-al-Qawī ¬al-¬**

ʻAbd-al-ʻAzīz Ibn-ʻAbd-as-Salām as-Sulamī
→ **Sulamī, ʻAbd-al-ʻAzīz Ibn-ʻAbd-as-Salām ¬as-¬**

ʻAbd-al-ʻAzīz Ibn-ʻUṯmān al-Qabīṣī, Abu-ʼṣ-Ṣaqr
→ **Qabīṣī, Abu-ʼṣ-Ṣaqr ʻAbd-al-ʻAzīz Ibn-ʻUṯmān ¬al-¬**

ʻAbd-al-ʻAzīz Ibn-ʻUṯmān Ibn-ʻAlī al-Qabīṣī
→ **Qabīṣī, Abu-ʼṣ-Ṣaqr ʻAbd-al-ʻAzīz Ibn-ʻUṯmān ¬al-¬**

ʻAbd-al-ʻAzīz Ibn-Yaḥyā al-Kinānī
→ **Kinānī, ʻAbd-al-ʻAzīz Ibn-Yaḥyā ¬al-¬**

ʻAbd-al-Bāqī Ibn-ʻAbd-al-Maǧīd al-Yamānī
→ **Yamānī, ʻAbd-al-Bāqī Ibn-ʻAbd-al-Maǧīd ¬al-¬**

ʻAbd-al-Bāqī Ibn-Qāniʻ
→ **Ibn-Qāniʻ, ʻAbd-al-Bāqī**

ʻAbd-al-Ǧabbār ⟨al-Qāḍī⟩
→ **ʻAbd-al-Ǧabbār Ibn-Aḥmad**

ʻAbd-al-Ǧabbār al-Hamaḏānī
→ **Asadābādī, ʻAbd-al-Ǧabbār Ibn-Aḥmad ¬al-¬**

‘Abd-al-Ǧabbār al-Mu‘tazilī
→ **‘Abd-al-Ǧabbār Ibn-Aḥmad**

‘Abd-al-Ǧabbār Ibn-Abī-Bakr
Ibn-Ḥamdīs
→ **Ibn-Ḥamdīs, ‘Abd-al-Ǧabbār Ibn-Abī-Bakr**

‘Abd-al-Ǧabbār Ibn-Aḥmad
ca. 936 – 1025
‘Abd al-Djabbār Ibn Aḥmad
‘Abd al-Jabbār Ibn Aḥmad
‘Abd-al-Ǧabbār ⟨al-Qāḍī⟩
‘Abd-al-Ǧabbār al-Mu‘tazilī
‘Abd-al-Ǧabbār Ibn-Muḥammad
‘Abdel-Gabbar el-Hamadany
Abu-’l-Ḥasan ‘Abd-al-Ǧabbār Ibn-Aḥmad
Hamaḏānī, ‘Abd-al-Ǧabbār Ibn-Aḥmad ¬al-¬
Ibn-Aḥmad, ‘Abd-al-Ǧabbār
Qāḍī ‘Abd-al-Ǧabbār ¬al-¬

‘Abd-al-Ǧabbār Ibn-Aḥmad al-Asadābādī
→ **Asadābādī, ‘Abd-al-Ǧabbār Ibn-Aḥmad ¬al-¬**

‘Abd-al-Ǧabbār Ibn-Muḥammad
→ **‘Abd-al-Ǧabbār Ibn-Aḥmad**

‘Abd-al-Ġāfir Ibn-Ismā‘īl al-Fārisī
→ **Fārisī, ‘Abd-al-Ġāfir Ibn-Ismā‘īl ¬al-¬**

‘Abd-al-Ǧalīl Ibn-Mūsā al-Qaṣrī
→ **Qaṣrī, ‘Abd-al-Ǧalīl Ibn-Mūsā ¬al-¬**

‘Abd-al-Ǧalīl Ibn-Mūsā Ibn-‘Abd-al-Ǧalīl al-Andalusī
→ **Qaṣrī, ‘Abd-al-Ǧalīl Ibn-Mūsā ¬al-¬**

‘Abd-al-Ġanī al-Azdī, Ibn-Sa‘īd
944 – 1018
‘Abd al-Ghanī al-Azdī, Ibn Sa‘īd
Azdī, ‘Abd-al-Ġanī Ibn-Sa‘īd ¬al-¬
Azdī, Ibn-Sa‘īd ¬al-¬
Ibn-Sa‘īd, ‘Abd-al-Ġanī al-Azdī

‘Abd-al-Ġanī al-Maqdisī
→ **Ǧammā‘īlī, ‘Abd-al-Ġanī Ibn-‘Abd-al-Wāḥid ¬al-¬**

‘Abd-al-Ġanī Ibn-‘Abd-al-Wāḥid al-Ǧammā‘īlī
→ **Ǧammā‘īlī, ‘Abd-al-Ġanī Ibn-‘Abd-al-Wāḥid ¬al-¬**

‘Abd-al-Ḥaiy Gardīzī
→ **Gardīzī, ‘Abd-al-Ḥaiy Ibn-aḍ-Ḍaḥḥāk**

‘Abd-al-Ḥaiy Ibn-aḍ-Ḍaḥḥāk Gardīzī
→ **Gardīzī, ‘Abd-al-Ḥaiy Ibn-aḍ-Ḍaḥḥāk**

‘Abdalḥamīd b.-Yaḥyā
→ **‘Abd-al-Ḥamīd Ibn-Yaḥyā**

‘Abd-al-Ḥamīd Ibn-‘Abd-al-Maǧīd al-Aḫfaš, Abu-’l-Ḫaṭṭāb
→ **Abu-’l-Ḫaṭṭāb al-Aḫfaš, ‘Abd-al-Ḥamīd Ibn-‘Abd-al-Maǧīd**

‘Abd-al-Ḥamīd Ibn-Hibatallāh Ibn-Abi-’l-Ḥadīd
→ **Ibn-Abi-’l-Ḥadīd, ‘Abd-al-Ḥamīd Ibn-Hibatallāh**

‘Abd-al-Ḥamīd Ibn-Wāsi‘ Ibn-Turk
→ **Ibn-Turk, ‘Abd-al-Ḥamīd Ibn-Wāsi‘**

‘Abd-al-Ḥamīd Ibn-Yaḥyā
gest. 750
‘Abd al-Ḥamīd Ibn Yaḥyā
‘Abdalḥamīd b.-Yaḥyā
Ibn-Yaḥyā, ‘Abd-al-Ḥamīd

‘Abd-al-Ḥaqq Ibn-‘Abd-ar-Raḥmān Ibn-al-Ḫarrāṭ
→ **Ibn-al-Ḫarrāṭ, ‘Abd-al-Ḥaqq Ibn-‘Abd-ar-Raḥmān**

‘Abd-al-Ḥaqq Ibn-Ġālib Ibn-‘Aṭīya
→ **Ibn-‘Aṭīya, ‘Abd-al-Ḥaqq Ibn-Ġālib**

‘Abd-al-Ḥaqq Ibn-Ibrāhīm Ibn-Sab‘īn
→ **Ibn-Sab‘īn, ‘Abd-al-Ḥaqq Ibn-Ibrāhīm**

‘Abd-al-Ḳādir al-Djīlānī
→ **‘Abd-al-Qādir al-Ǧīlānī, Ibn-Abī-Ṣāliḥ**

‘Abd-al-Ḳādir Ibn Mūsā ⟨al-Jilani⟩
→ **‘Abd-al-Qādir al-Ǧīlānī, Ibn-Abī-Ṣāliḥ**

‘Abd-al-Karīm
→ **Sam‘ānī, Abū-Sa‘d ‘Abd-al-Karīm Ibn-Muḥammad ¬as-¬**

‘Abd-al-Karīm al-Andalusī
→ **Qaisī, ‘Abd-al-Karīm Ibn-Muḥammad ¬al-¬**

‘Abd-al-Karīm al-Ǧīlānī
→ **Ǧīlānī, ‘Abd-al-Karīm Ibn-Ibrāhīm ¬al-¬**

‘Abd-al-Karīm al-Ǧīlī
→ **Ǧīlānī, ‘Abd-al-Karīm Ibn-Ibrāhīm ¬al-¬**

‘Abd-al-Karīm al-Qaisī
→ **Qaisī, ‘Abd-al-Karīm Ibn-Muḥammad ¬al-¬**

‘Abd-al-Karīm Ibn-‘Abd-an-Nūr al-Ḥalabī
→ **Ḥalabī, ‘Abd-al-Karīm Ibn-‘Abd-an-Nūr ¬al-¬**

‘Abd-al-Karīm Ibn-‘Abd-aṣ-Ṣamad al-Qaṭṭān aṭ-Ṭabarī
→ **Qaṭṭān aṭ-Ṭabarī, ‘Abd-al-Karīm Ibn-‘Abd-aṣ-Ṣamad ¬al-¬**

‘Abd-al-Karīm Ibn-Hawāzin al-Qušairī
→ **Qušairī, ‘Abd-al-Karīm Ibn-Hawāzin ¬al-¬**

‘Abd-al-Karīm Ibn-Ibrāhim al-Ǧīlānī
→ **Ǧīlānī, ‘Abd-al-Karīm Ibn-Ibrāhīm ¬al-¬**

‘Abd-al-Karīm Ibn-Ibrāhīm an-Nahšalī
→ **Nahšalī, ‘Abd-al-Karīm Ibn-Ibrāhīm ¬an-¬**

‘Abd-al-Karīm Ibn-Muḥammad al-Qaisī
→ **Qaisī, ‘Abd-al-Karīm Ibn-Muḥammad ¬al-¬**

‘Abd-al-Karīm Ibn-Muḥammad ar-Rāfi‘ī
→ **Rāfi‘ī, ‘Abd-al-Karīm Ibn-Muḥammad ¬ar-¬**

‘Abd-al-Karīm Ibn-Muḥammad as-Sam‘ānī, Abū-Sa‘d
→ **Sam‘ānī, Abū-Sa‘d ‘Abd-al-Karīm Ibn-Muḥammad ¬as-¬**

Abdalla Beidavaeus
→ **Baiḍāwī, ‘Abdallāh Ibn-‘Umar ¬al-¬**

‘Abdallāh Ibn-‘Abd-ar-Raḥmān
→ **Ibn-‘Aqīl, ‘Abdallāh Ibn-‘Abd-ar-Raḥmān**

‘Abdallāh Abu-’l-Faraǧ
→ **Ibn-aṭ-Ṭaiyib, Abu-’l-Faraǧ ‘Abdallāh**

‘Abdallāh Ašraf Rūmī
→ **Eşrefoğlu Rumi**

‘Abdallāh aṯ-Ṯaqafī, Abū-Miḥǧan
→ **Abū-Miḥǧan aṯ-Ṯaqafī, ‘Abdallāh**

‘Abdallāh b. ‘Abdallāh at-Tarǧumān al-Mayurqī al-Muhtadī
→ **Mayurqī, ‘Abdallāh Ibn-‘Abdallāh ¬al-¬**

‘Abd-Allāh Ben-Wahb
→ **‘Abdallāh Ibn-Wahb**

Abdallah Ibn Almocaffa
→ **Ibn-al-Muqaffa‘, ‘Abdallāh**

Abdallah Ibn Almocaffa‘, Rouzbeh
→ **Ibn-al-Muqaffa‘, ‘Abdallāh**

‘Abdallāh Ibn-‘Abbās
→ **Ibn-‘Abbās, ‘Abdallāh**

‘Abdallāh Ibn-‘Abd-al-‘Azīz al-Bakrī
→ **Abū-‘Ubaid al-Bakrī, ‘Abdallāh Ibn-‘Abd-al-‘Azīz**

‘Abdallāh Ibn-‘Abdallāh al-Mayurqī
→ **Mayurqī, ‘Abdallāh Ibn-‘Abdallāh ¬al-¬**

‘Abdallāh Ibn-‘Abd-ar-Raḥmān ad-Dārimī
→ **Dārimī, ‘Abdallāh Ibn-‘Abd-ar-Raḥmān ¬ad-¬**

‘Abdallāh Ibn-‘Abd-ar-Raḥmān Ibn-‘Aqīl
→ **Ibn-‘Aqīl, ‘Abdallāh Ibn-‘Abd-ar-Raḥmān**

‘Abdallāh Ibn-Abī-Zaid al-Qairawānī
→ **Ibn-Abī-Zaid al-Qairawānī, ‘Abdallāh**

‘Abdallāh Ibn-‘Adī Ibn-al-Qaṭṭān
→ **Ibn-al-Qaṭṭān, ‘Abdallāh Ibn-‘Adī**

‘Abdallāh Ibn-Aḥmad al-Ibbiyānī
→ **Ibbiyānī, ‘Abdallāh Ibn-Aḥmad ¬al-¬**

‘Abdallāh Ibn-Aḥmad Ibn-al-Baiṭār
→ **Ibn-al-Baiṭār, ‘Abdallāh Ibn-Aḥmad**

‘Abdallāh Ibn-Aḥmad Ibn-Ḥanbal
828 – 903
‘Abd Allāh Ibn Aḥmad Ibn Ḥanbal
Ibn-Aḥmad, ‘Abdallāh Ibn-Ḥanbal
Ibn-Ḥanbal, ‘Abdallāh Ibn-Aḥmad

‘Abdallāh Ibn-Aḥmad Ibn-Qudāma al-Maqdisī
→ **Ibn-Qudāma al-Maqdisī, ‘Abdallāh Ibn-Aḥmad**

‘Abdallāh Ibn-al Muqaffa‘ Rūzbih
→ **Ibn-al-Muqaffa‘, ‘Abdallāh**

‘Abdallāh Ibn-‘Alā’-ad-Dīn al-Anṣārī
gest. 1378
‘Abd Allāh Ibn ‘Alā’ al-Dīn al-Anṣārī
Anṣārī, ‘Abdallāh Ibn-‘Alā’-ad-Dīn ¬al-¬
Ibn-‘Alā’-ad-Dīn, ‘Abdallāh al-Anṣārī
Ibn-‘Alā’-ad-Dīn al-Anṣārī, ‘Abdallāh

‘Abdallāh Ibn-al-Ḥusain al-‘Ukbarī
→ **‘Ukbarī, ‘Abdallāh Ibn-al-Ḥusain ¬al-¬**

‘Abdallāh Ibn-al-Ḥusain Ibn-Ḥasnūn
→ **Ibn-Ḥasnūn, ‘Abdallāh Ibn-al-Ḥusain**

‘Abdallāh Ibn-‘Alī ar-Rušāṭī
→ **Rušāṭī, Abū-Muḥammad ‘Abdallāh Ibn-‘Alī ¬ar-¬**

‘Abdallāh Ibn-al-Mubārak
→ **Ibn-al-Mubārak, ‘Abdallāh**

‘Abdallāh Ibn-al-Muḫāriq an-Nābiġa aš-Šaibānī
→ **Nābiġa aš-Šaibānī, ‘Abdallāh Ibn-al-Muḫāriq ¬an-¬**

‘Abdallāh Ibn-al-Muqaffa‘
→ **Ibn-al-Muqaffa‘, ‘Abdallāh**

‘Abdallāh Ibn-al-Mu‘tazz
→ **Ibn-al-Mu‘tazz, ‘Abdallāh**

‘Abdallāh Ibn-As‘ad al-Yāfi‘ī
→ **Yāfi‘ī, ‘Abdallāh Ibn-As‘ad ¬al-¬**

‘Abdallāh Ibn-aṭ-Ṭaiyib
→ **Ibn-aṭ-Ṭaiyib, Abu-’l-Faraǧ ‘Abdallāh**

‘Abdallāh Ibn-az-Zubair
624 – 692
‘Abd Allāh Ibn al-Zubayr
Ibn-az-Zubair, ‘Abdallāh

‘Abdallāh Ibn-az-Zubair al-Ḥumaidī
→ **Ḥumaidī, ‘Abdallāh Ibn-az-Zubair ¬al-¬**

‘Abdallāh Ibn-Barrī
→ **Ibn-Barrī, ‘Abdallāh**

‘Abdallāh Ibn-Buluġġīn
geb. 1056
Rep.Font. II,101
‘Abd Allāh b. Buluġġīn b. Bādīs b. Ḥabbūs b. Zīrī
Ibn-Buluġġīn, ‘Abdallāh

‘Abdallāh Ibn-Ǧa‘far al-Ḥimyarī al-Qummī
→ **Ḥimyarī al-Qummī, ‘Abdallāh Ibn-Ǧa‘far ¬al-¬**

‘Abdallāh Ibn-Ḫulaid, Abu-’l-‘Amaiṯal
→ **Abu-’l-‘Amaiṯal ‘Abdallāh Ibn-Ḫulaid**

‘Abdallāh Ibn-Ḥusain Ibn-‘Āṣim
→ **Ibn-‘Āṣim, ‘Abdallāh Ibn-Ḥusain**

‘Abdallah Ibn-Ibrāhīm al-Ḫabrī
→ **Ḫabrī, ‘Abdallah Ibn-Ibrāhīm ¬al-¬**

‘Abdallāh Ibn-Ismā‘īl Waḍḍāḥ al-Yaman
→ **Waḍḍāḥ al-Yaman**

‘Abdallāh Ibn-Lahī‘a
→ **Ibn-Lahī‘a, ‘Abdallāh**

‘Abdallāh Ibn-Maimūn
um 1300
‘Abd Allāh Ibn Maymūn
Ibn-Maimūn, ‘Abdallāh

‘Abdallāh Ibn-Mas‘ūd
→ **Ibn-Mas‘ūd, ‘Abdallāh**

‘Abdallāh Ibn-Muḥammad, Abu-’š-Šaiḫ
→ **Abu-’š-Šaiḫ, ‘Abdallāh Ibn Muḥammad**

‘Abdallāh Ibn-Muḥammad al-Aḥwas
→ **Aḥwas, ‘Abdallāh Ibn-Muḥammad ¬al-¬**

Abdallah Ibn-Muhammad al-Ansari al-Harawi
→ **Anṣārī al-Harawī, ‘Abdallāh Ibn-Muḥammad ¬al-¬**

‘Abdallāh Ibn-Muḥammad al-Baġawī
→ **Baġawī, ‘Abdallāh Ibn-Muḥammad ¬al-¬**

‘Abdallāh Ibn-Muḥammad al-Baṭalyausī
→ **Baṭalyausī, ‘Abdallāh Ibn-Muḥammad ¬al-¬**

‘Abdallāh Ibn-Muḥammad al-Harawī
→ **Anṣārī al-Harawī, ‘Abdallāh Ibn-Muḥammad ¬al-¬**

‘Abdallāh Ibn-Muḥammad at-Tauwazī
→ **Tauwazī, ‘Abdallāh Ibn-Muḥammad ¬at-¬**

‘Abdallāh Ibn-Muḥammad Dāya
→ **Dāya, ‘Abdallāh Ibn-Muḥammad**

‘Abdallāh Ibn-Muḥammad Ibn-Abī-‘Atīq
→ **Ibn-Abī-‘Atīq, ‘Abdallāh Ibn-Muḥammad**

‘Abdallāh Ibn-Muḥammad Ibn-Abi-’d-Dunyā
→ **Ibn-Abi-’d-Dunyā, ‘Abdallāh Ibn-Muḥammad**

‘Abdallāh Ibn-Muḥammad Ibn-Abī-Šaiba
→ **Ibn-Abī-Šaiba, ‘Abdallāh Ibn-Muḥammad**

‘Abdallāh Ibn-Muḥammad Ibn-al-Faraḍī
→ **Ibn-al-Faraḍī, ‘Abdallāh Ibn-Muḥammad**

‘Abdallāh Ibn-Musallam Ibn-Qutaiba, Abū-Muḥammad
→ **Ibn-Qutaiba, ‘Abdallāh Ibn-Muslim**

‘Abdallāh Ibn-Muslim Ibn-Qutaiba
→ **Ibn-Qutaiba, ‘Abdallāh Ibn-Muslim**

‘Abdallāh Ibn-Qāsim al-Ḥarīrī
→ **Ḥarīrī, ‘Abdallāh Ibn-Qāsim ¬al-¬**

‘Abdallāh Ibn-Rašīd-ad-Dīn Ibn-‘Abd-aẓ-Ẓāhir
→ **Ibn-‘Abd-aẓ-Ẓāhir, Muḥyi-’d-Dīn ‘Abdallāh Ibn-Rašīd-ad-Dīn**

‘Abdallāh Ibn-Rawāḥa
gest. 629
‘Abd Allāh Ibn Rawāḥa
Ibn-Rawāḥa, ‘Abdallāh

‘Abdallāh Ibn-Sa‘d Ibn-Abī-Ǧamra
→ **Ibn-Abī-Ǧamra, ‘Abdallāh Ibn-Sa‘d**

'Abdallāh Ibn-Sulaimān
as-Siǧistānī
→ **Siǧistānī, 'Abdallāh Ibn-Sulaimān ¬as-¬**

'Abdallāh Ibn-'Umar ad-Dabūsī
→ **Dabūsī, 'Abdallāh Ibn-'Umar ¬ad-¬**

'Abdallāh Ibn-'Umar al-'Arǧī
→ **'Arǧī, 'Abdallāh Ibn-'Umar ¬al-¬**

'Abdallāh Ibn-'Umar al-Baiḍāwī
→ **Baiḍāwī, 'Abdallāh Ibn-'Umar ¬al-¬**

'Abdallāh Ibn-Wahb
743 – 812
'Abd Allāh Ben-Wahb
'Abd Allāh ibn Wahb
'Abdallāh b. Wahb
'Abd-Allāh Ben-Wahb
Ibn-Wahb, 'Abdallāh
Wahb, 'Abd-Allāh B.

'Abdallāh Ibn-Yūsuf al-Ǧuwainī
→ **Ǧuwainī, 'Abdallāh Ibn-Yūsuf ¬al-¬**

'Abdallāh Ibn-Yūsuf Ibn-Hišām
→ **Ibn-Hišām, 'Abdallāh Ibn-Yūsuf**

'Abdallāh Ibn-Yūsuf Ibn-Hišām al-Anṣārī
→ **Ibn-Hišām, 'Abdallāh Ibn-Yūsuf**

Abdallatif
→ **'Abd-al-Laṭīf al-Baġdādī**

'Abd-al-Laṭīf al-Baġdādī
1162 – 1231
Abd al-Latif
'Abd al-Laṭīf al-Baġdādī
'Abd al-Laṭīf al-Baghdādī, Muwaffaḳ al-Dīn Abū Muḥammad b. Yūsuf
Abdallatif
'Abd-al-Laṭīf al-Baġdādī, Muwaffaq-ad-Dīn
'Abd-al-Laṭīf ibn Yūsuf
'Abd-al-Laṭīf Ibn-Yūsuf al-Baġdādī
Abdollatiph
Abdollatiphus
Baġdādī, 'Abdallaṭīf al-
Baġdādī, 'Abd-al-Laṭīf Ibn-Yūsuf ¬al-¬
Ibn-al-Labbād, 'Abd-al-Laṭīf Ibn-Yūsuf

'Abd-al-Laṭīf al-Baġdādī, Muwaffaq-ad-Dīn
→ **'Abd-al-Laṭīf al-Baġdādī**

'Abd-al-Laṭīf ibn Yūsuf
→ **'Abd-al-Laṭīf al-Baġdādī**

'Abd-al-Laṭīf Ibn-Abī-Bakr az-Zabīdī
→ **Zabīdī, 'Abd-al-Laṭīf Ibn-Abī-Bakr ¬az-¬**

'Abd-al-Laṭīf Ibn-Yūsuf al-Baġdādī
→ **'Abd-al-Laṭīf al-Baġdādī**

'Abd-al-Maǧīd Ibn-'Abdallāh Ibn-'Abdūn
→ **Ibn-'Abdūn, 'Abd-al-Maǧīd Ibn-'Abdallāh**

'Abd-al-Malik, Ibn-Zuhr Zuhr
→ **Abu-'l-A'lā Zuhr Ibn-'Abd-al-Malik**

'Abd-al-Malik Ibn-'Abd-al-'Azīz Ibn-Ǧuraiǧ
→ **Ibn-Ǧuraiǧ, 'Abd-al-Malik Ibn-'Abd-al-'Azīz**

'Abd-al-Malik Ibn-'Abdallāh al-Ǧuwainī
→ **Ǧuwainī, 'Abd-al-Malik Ibn-'Abdallāh ¬al-¬**

'Abd-al-Malik Ibn-'Abdallāh Ibn-Badrūn
→ **Ibn-Badrūn, 'Abd-al-Malik Ibn-'Abdallāh**

'Abd-al-Malik Ibn-'Abdallāh Ibn-Badrūn, Abu-'l-Qāsim
→ **Ibn-Badrūn, 'Abd-al-Malik Ibn-'Abdallāh**

'Abd-al-Malik Ibn-Abi-'l-'Alā' Ibn-Zuhr
→ **Ibn-Zuhr, Abū-Marwān 'Abd-al-Malik Ibn-Abi-'l-'Alā' Zuhr**

'Abd-al-Malik Ibn-Ḥabīb as-Sulamī
790 – 852
Rep.Font. VI,174
Ibn Ḥabīb, Abū Marwān 'Abd al-Malik b. Ḥabīb b. Ṣulaymān b. Hārūn b. Ǧāhima b. al-'Abbās b. Mirdās b. Ḥabīb al-Sulamī al-Ilbirī al-Qurṭubī
Ibn-Ḥabīb, 'Abd-al-Malik as-Sulamī
Sulamī, 'Abd-al-Malik Ibn-Ḥabīb ¬as-¬

'Abd-al-Malik Ibn-Hišām
→ **Ibn-Hišām, 'Abd-al-Malik**

'Abd-al-Malik Ibn-Idrīs al-Ǧazīrī
gest. 1004
Abū-Marwān 'Abd-al-Malik Ibn-Idrīs al-Ǧazīrī
Ǧazīrī, 'Abd-al-Malik Ibn-Idrīs
Ǧazīrī, 'Abd-al-Malik Ibn-Idrīs ¬al-¬
Ibn-Idrīs, 'Abd-al-Malik al-Ǧazīrī

'Abd-al-Malik Ibn-Muḥammad Al-Tha'ālibī, Abū Manṣūr
→ **Ṯa'ālibī, 'Abd-al-Malik Ibn-Muḥammad ¬aṯ-¬**

'Abd-al-Malik Ibn-Muḥammad aṯ-Ṯa'ālibī
→ **Ṯa'ālibī, 'Abd-al-Malik Ibn-Muḥammad ¬aṯ-¬**

'Abd-al-Malik Ibn-Quraib al-Aṣma'ī
→ **Aṣma'ī, 'Abd-al-Malik Ibn-Quraib ¬al-¬**

'Abd-al-Muḥsin Ibn-Ġalbūn aṣ-Ṣūrī
→ **Ibn-Ġalbūn aṣ-Ṣūrī, 'Abd-al-Muḥsin Ibn-Muḥammad**

'Abd-al-Muḥsin Ibn-Muḥammad aṣ-Ṣūrī
→ **Ibn-Ġalbūn aṣ-Ṣūrī, 'Abd-al-Muḥsin Ibn-Muḥammad**

'Abd-al-Mu'min Ibn-Abi-'l-Ḥasan ad-Dimyāṭī
→ **Dimyāṭī, 'Abd-al-Mu'min Ibn-Abi-'l-Ḥasan ¬ad-¬**

'Abd-al-Mu'min Ibn-Yūsuf al-Armawī
→ **Armawī, 'Abd-al-Mu'min Ibn-Yūsuf ¬al-¬**

'Abd-al-Mun'im al-Ǧilyānī
→ **Ǧilyānī, 'Abd-al-Mun'im Ibn-'Umar ¬al-¬**

'Abd-al-Mun'im Ibn-'Ubaidallāh Ibn-Ġalbūn
→ **Ibn-Ġalbūn, 'Abd-al-Mun'im Ibn-'Ubaidallāh**

'Abd-al-Mun'im Ibn-'Umar al-Ǧilyānī
→ **Ǧilyānī, 'Abd-al-Mun'im Ibn-'Umar ¬al-¬**

'Abd-al-Qādir al-Gīlānī
→ **'Abd-al-Qādir al-Ǧīlānī, Ibn-Abī-Ṣāliḥ**

'Abd-al-Qādir al-Ǧīlānī, Ibn-Abī-Ṣāliḥ
1078 – 1166
'Abd al-Qādir al-Jīlānī
'Abd al-Qādir al-Jīlī, Ibn Abī Ṣāliḥ
'Abd-al-Ḳādir al-Djīlānī
'Abd-al-Ḳādir Ibn Mūsā ⟨al-Jilani⟩
'Abd-al-Qādir al-Gīlānī
'Abd-al-Qādir al-Ǧīlī, Ibn-Abī-Ṣāliḥ
Ǧīlānī, 'Abd-al-Qādir Ibn-Abī-Ṣāliḥ ¬al-¬
Ǧīlī, 'Abd-al-Qādir Ibn-Abī-Ṣāliḥ ¬al-¬
Ibn-Abī-Ṣāliḥ, 'Abd-al-Qādir al-Ǧīlānī

'Abd-al-Qādir al-Ǧīlī, Ibn-Abī-Ṣāliḥ
→ **'Abd-al-Qādir al-Ǧīlānī, Ibn-Abī-Ṣāliḥ**

Abdalqahir al-Curcani
→ **Ǧurǧānī, 'Abd-al-Qāhir Ibn-'Abd-ar-Raḥmān ¬al-¬**

'Abd-al-Qāhir at-Tamīmī
→ **Baġdādī, 'Abd-al-Qāhir Ibn-Ṭāhir ¬al-¬**

'Abd-al-Qāhir Ibn-'Abdallāh as-Suhrawardī
→ **Suhrawardī, 'Abd-al-Qāhir Ibn-'Abdallāh ¬as-¬**

'Abd-al-Qāhir Ibn-'Abd-ar-Raḥmān al-Ǧurǧānī
→ **Ǧurǧānī, 'Abd-al-Qāhir Ibn-'Abd-ar-Raḥmān ¬al-¬**

'Abd-al-Qāhir Ibn-Ṭāhir al-Baġdādī
→ **Baġdādī, 'Abd-al-Qāhir Ibn-Ṭāhir ¬al-¬**

'Abd-al-Wahhāb Ibn-'Alī as-Subkī
→ **Tāǧ-ad-Dīn as-Subkī, 'Abd-al-Wahhāb Ibn-'Alī**

'Abd-al-Wahhāb Ibn-Ibrāhīm az-Zanǧānī
→ **Zanǧānī, 'Abd-al-Wahhāb Ibn-Ibrāhīm ¬az-¬**

'Abd-al-Wāḥid al-Marrākušī
um 1185/1227
Al-Mu'ǧib fī talḫīṣ aḫbār al-Maġrib
LMA,VI,323
'Abd al-Wāḥid al-Marrākushī
Marrākushī, 'Abd al Wāḥid
Marrākušī, 'Abd-al-Wāḥid ¬al-¬

Abd-al-Wāḥid Ibn-'Alī Abu-'ṭ-Ṭaiyib al-Luġawī
→ **Abu-'ṭ-Ṭaiyib al-Luġawī, 'Abd-al-Wāḥid Ibn-'Alī**

'Abd-al-Wāḥid Ibn-Naṣr al-Babbaġā', Abu-'l-Faraǧ
→ **Abu-'l-Faraǧ al-Babbaġā', 'Abd-al-Wāḥid Ibn-Naṣr**

'Abdarī, Abū-Muḥammad ¬al-¬
um 1289
Rep.Font. II,101
Abū-Muḥammad al-'Abdarī
Al-'Abdarī, Abū Muḥammad

'Abd-ar-Raḥīm Ibn-Aḥmad al-Qinā'ī
→ **Qinā'ī, 'Abd-ar-Raḥīm Ibn-Aḥmad ¬al-¬**

'Abd-ar-Raḥīm Ibn-al-Ḥasan al-Asnawī
→ **Asnawī, 'Abd-ar-Raḥīm Ibn-al-Ḥasan ¬al-¬**

'Abd-ar-Raḥīm Ibn-al-Ḥusain al-'Irāqī
→ **'Irāqī, 'Abd-ar-Raḥīm Ibn-al-Ḥusain ¬al-¬**

'Abd-ar-Raḥīm Ibn-'Alī al-Qāḍī al-Fāḍil
→ **Qāḍī al-Fāḍil, 'Abd-ar-Raḥīm Ibn-'Alī ¬al-¬**

'Abd-ar-Raḥīm Ibn-Muḥammad al-Ḫaiyāṭ
→ **Ḫaiyāṭ, 'Abd-ar-Raḥīm Ibn-Muḥammad ¬al-¬**

'Abd-ar-Raḥīm Ibn-Muḥammad al-Mauṣilī
→ **Mauṣilī, 'Abd-ar-Raḥīm Ibn-Muḥammad ¬al-¬**

'Abd-ar-Raḥmān ⟨Spanien, Emir, I.⟩
um 756/88
'Abd-ar-Raḥmān Ibn-Mu'āwiya Ibn-Hišām

'Abd-ar-Raḥmān ⟨Spanien, Kalif, I.⟩
um 912/961
'Abd-ar-Raḥmān Ibn-Muḥammad Ibn 'Abdallāh

'Abd-ar-Raḥmān al-Ḫāzinī
→ **Ḫāzinī, 'Abd-ar-Raḥmān ¬al-¬**

'Abd-ar-Raḥmān aṣ-Ṣūfī, Ibn-'Umar
903 – 986
LMA,VIII,291
'Abd al-Raḥmān al-Ṣūfī, Ibn 'Umar
Abd Ar Rahman as Sufi
Ibn-'Umar, 'Abd-ar-Raḥmān aṣ-Ṣūfī
Sufi, Abd Ar Rahman ¬as-¬
Ṣūfī, 'Abd-ar-Raḥmān Ibn-'Umar ¬aṣ-¬

'Abd-ar-Raḥmān Ǧāmī
→ **Ǧāmī, Nūr-ad-Dīn 'Abd-ar-Raḥmān Ibn-Aḥmad**

'Abd-ar-Raḥmān Ibn-'Abdallāh as-Suhailī
→ **Suhailī, 'Abd-ar-Raḥmān Ibn-'Abdallāh ¬as-¬**

'Abd-ar-Raḥmān Ibn-'Abdallāh Ibn-'Abd-al-Ḥakam
→ **Ibn-'Abd-al-Ḥakam, 'Abd-ar-Raḥmān Ibn-'Abdallāh**

'Abd-ar-Raḥmān Ibn-'Abd-ar-Razzāq Ibn-Makānis
→ **Ibn-Makānis, 'Abd-ar-Raḥmān Ibn-'Abd-ar-Razzāq**

'Abd-ar-Raḥmān Ibn-'Abd-as-Salām aṣ-Ṣaffūrī
→ **Ṣaffūrī, 'Abd-ar-Raḥmān Ibn-'Abd-as-Salām ¬aṣ-¬**

'Abd-ar-Raḥmān Ibn-Abī-'Umar Ibn-Qudāma al-Maqdisī
→ **Ibn-Qudāma al-Maqdisī, 'Abd-ar-Raḥmān Ibn-Abī-'Umar**

'Abd-ar-Raḥmān Ibn-Aḥmad ar-Rāzī
→ **Rāzī, 'Abd-ar-Raḥmān Ibn-Aḥmad ¬ar-¬**

'Abd-ar-Raḥmān Ibn-Aḥmad ar-Rāzī, Abū-'l-Faḍl
→ **Abū-'l-Faḍl ar-Rāzī, 'Abd-ar-Raḥmān Ibn-Aḥmad**

'Abd-ar-Raḥmān Ibn-Aḥmad Ibn-Raǧab
→ **Ibn-Raǧab, 'Abd-ar-Raḥmān Ibn-Aḥmad**

'Abd-ar-Raḥmān Ibn-'Alī Ibn-al-Ǧauzī
→ **Ibn-al-Ǧauzī, 'Abd-ar-Raḥmān Ibn-'Alī**

'Abd-ar-Raḥmān Ibn-'Amr al-Auzā'ī
→ **Auzā'ī, 'Abd-ar-Raḥmān Ibn-'Amr ¬al-¬**

'Abdarraḥman Ibn-Ḫaldun
→ **Ibn-Ḫaldūn, 'Abd-ar-Raḥmān Ibn-Muḥammad**

'Abd-ar-Raḥmān Ibn-Isḥāq az-Zaǧǧāǧī
→ **Zaǧǧāǧī, 'Abd-ar-Raḥmān Ibn-Isḥāq ¬az-¬**

'Abd-ar-Raḥmān Ibn-Ismā'īl, Abū-Šāma
→ **Abū-Šāma, 'Abd-ar-Raḥmān Ibn-Ismā'īl**

'Abd-ar-Raḥmān Ibn-Ismā'īl Waḍḍāḥ al-Yaman
→ **Waḍḍāḥ al-Yaman**

'Abd-ar-Raḥmān Ibn-Mu'āwiya
→ **'Abd-ar-Raḥmān ⟨Spanien, Emir, I.⟩**

'Abd-ar-Raḥmān Ibn-Muḥammad
→ **'Abd-ar-Raḥmān ⟨Spanien, Kalif, I.⟩**

'Abd-ar-Raḥmān Ibn-Muḥammad al-Anbārī
→ **Anbārī, 'Abd-ar-Raḥmān Ibn-Muḥammad ¬al-¬**

'Abd-ar-Raḥmān Ibn-Muḥammad al-Labīdī
→ **Labīdī, 'Abd-ar-Raḥmān Ibn-Muḥammad ¬al-¬**

'Abd-ar-Raḥmān Ibn-Muḥammad aṯ-Ṯa'ālibī
→ **Ṯa'ālibī, 'Abd-ar-Raḥmān Ibn-Muḥammad ¬aṯ-¬**

'Abd-ar-Raḥmān Ibn-Muḥammad Ibn-'Asākir
→ **Ibn-'Asākir, 'Abd-ar-Raḥmān Ibn-Muḥammad**

'Abd-ar-Raḥmān Ibn-Muḥammad Ibn-Ḫaldūn
→ **Ibn-Ḫaldūn, 'Abd-ar-Raḥmān Ibn-Muḥammad**

'Abd-ar-Raḥmān Ibn-Muḥammad Ibn-Ḥubaiš
→ **Ibn-Ḥubaiš, 'Abd-ar-Raḥmān Ibn-Muḥammad**

'Abd-ar-Raḥmān Ibn-Muḥammad Ibn-Wāfid
→ **Ibn-Wāfid, 'Abd-ar-Raḥmān Ibn-Muḥammad**

'Abd-ar-Raḥmān Ibn-Naṣr aš-Šaizarī
→ **Šaizarī, 'Abd-ar-Raḥmān Ibn-Naṣr ¬aš-¬**

'Abd-ar-Raḥmān Ibn-Naṣr aš-Šīrāzī
→ **Šīrāzī, 'Abd-ar-Raḥmān Ibn-Naṣr ¬aš-¬**

'Abd-ar-Raḥmān Ibn-Yaḫlaftan al-Fāzāzī
→ **Fāzāzī, 'Abd-ar-Raḥmān Ibn-Yaḫlaftan ¬al-¬**

'Abd-ar-Raḥmān Ibn-Yūsuf Ibn-aṣ-Ṣā'iġ
→ **Ibn-aṣ-Ṣā'iġ, 'Abd-ar-Raḥmān Ibn-Yūsuf**

'Abd-ar-Rašīd Ibn-Ṣāliḥ al-Bākuwī
→ **Bākuwī, 'Abd-ar-Rašīd Ibn-Ṣāliḥ ¬al-¬**

'Abd-ar-Razzāq al-Kāšānī
→ **'Abd-ar-Razzāq al-Qāšānī**

'Abd-ar-Razzāq al-Qāšānī
gest. ca. 1330
'Abd al-Razzāq al-Qāshānī
'Abd-ar-Razzāq al-Kāšānī
Kāsānī, 'Abd-ar-Razzāq ¬al-¬
Kāšī, 'Abd-ar-Razzāq ¬al-¬
Qāšānī, 'Abd-ar-Razzāq ¬al-¬

'Abd-ar-Razzāq Ibn-Aḥmad Ibn-al-Fuwaṭī
→ **Ibn-al-Fuwaṭī, 'Abd-ar-Razzāq Ibn-Aḥmad**

'Abd-ar-Razzāq Ibn-Hammām
744 – 827
'Abd al-Razzāq Ibn Hammām
Ibn-Hammām, 'Abd-ar-Razzāq

'Abd-as-Salām Ibn-Aḥmad Ibn-Ġānim al-Maqdisī
→ **Ibn-Ġānim al-Maqdisī, 'Abd-as-Salām Ibn-Aḥmad**

'Abd-as-Salām Ibn-Raġbān, Dīk al-Ǧinn al-Ḥimṣī
→ **Dīk al-Ǧinn al-Ḥimṣī, 'Abd-as-Salām Ibn-Raġbān**

'Abd-as-Salām Ibn-Sa'īd Saḥnūn
→ **Saḥnūn, 'Abd-as-Salām Ibn-Sa'īd**

'Abd-aṣ-Ṣamad Ibn-'Alī aṭ-Ṭastī
→ **Ṭastī, 'Abd-aṣ-Ṣamad Ibn-'Alī ¬aṭ-¬**

'Abdel-Gabbar el-Hamadany
→ **'Abd-al-Ǧabbār Ibn-Aḥmad**

'Abdī, al-Mutaqqib ¬al-¬
→ **Mutaqqib al-'Abdī, 'Ā'id Ibn-Miḥṣan**

Abdias ⟨Apostolicus⟩
→ **Abdias ⟨Babylonius⟩**

Abdias ⟨Apostolorum Discipulus⟩
→ **Abdias ⟨Babylonius⟩**

Abdias ⟨Babylonius⟩
2. bzw. 5. bzw. 6. Jh. n. Chr.
Angebl. Verf. der „Historia apostolica", die von Iulius Africanus, Sextus ins Lat. übersetzt wurde
Potth. 944
Abdias ⟨Apostelschüler⟩
Abdias ⟨Apostolicus⟩
Abdias ⟨Apostolorum Discipulus⟩
Abdias ⟨Babylon, Bishop⟩
Abdias ⟨Babylonia, Episcopus⟩
Abdias ⟨Babyloniae⟩
Abdias ⟨Babyloniae Episcopus⟩
Abdias ⟨Bischof⟩
Abdias ⟨de Babylonia⟩
Abdias ⟨Episcopus⟩
Abdias ⟨von Babylon⟩
Pseudo-Abdias ⟨Babylonius⟩

Abdias ⟨Episcopus⟩
→ **Abdias ⟨Babylonius⟩**

Abdilazi, 'Abd-al-'Aziz Ibn-'Utmān Ibn-'Alī
→ **Qabīṣī, Abu-'ṣ-Ṣaqr 'Abd-al-'Azīz Ibn-'Uṯmān ¬al-¬**

Abdollatiph
→ **'Abd-al-Laṭīf al-Baġdādī**

Abdul-Hassan Achmed, al-Koduri
→ **Qudūrī, Aḥmad Ibn-Muḥammad ¬al-¬**

'Abdullāh Anṣārī ⟨of Herāt⟩
→ **Anṣārī al-Harawī, 'Abdallāh Ibn-Muḥammad ¬al-¬**

Abdullah Rumî, Eşrefoğlu
→ **Eşrefoğlu Rumi**

Abdurahmon Žmoij
→ **Ǧāmī, Nūr-ad-Dīn 'Abd-ar-Raḥmān Ibn-Aḥmad**

'Abd-ur-Raḥmān Ǧāmī
→ **Ǧāmī, Nūr-ad-Dīn 'Abd-ar-Raḥmān Ibn-Aḥmad**

Abedoc ⟨Hibernus⟩
8. Jh.
Capitula selecta ex antiqua canonum collectione; Adnotatio de synodis
Abedoc ⟨Abbas⟩
Abedoc ⟨Clerc Irlandais⟩
Abedoc ⟨Irish Abbot⟩
Abedoc ⟨Moine Irlandais⟩
Aubedoc
Hibernus, Abedoc

Abeilard, Pierre
→ **Abaelardus, Petrus**

Abel
14./15. Jh.
De imaginibus

Abel ⟨de Sancto Brioco⟩
um 1473/78 · OP
Stegmüller, Repert. bibl. 858
Abel ⟨de Saint-Brieuc⟩
Abel ⟨de Sancto Briocho⟩
Sancto Brioco, Abel ¬de¬

Abelard
→ **Abaelardus, Petrus**

Abella, Ferrarius ¬de¬
→ **Ferrarius ⟨de Abella⟩**

Aben Esra
→ **Ibn-'Ezrâ, Avrāhām**

Aben Ionah
→ **Binyāmîn Ben-Yônā ⟨Tudela⟩**

Aben Nufit
→ **Ibn-Wāfid, 'Abd-ar-Raḥmān Ibn-Muḥammad**

Aben Sina
→ **Avicenna**

Aben Tybbon, Jehudah
→ **Ibn-Tibbôn, Yehûdā Ben-Šā'ûl**

Abencenif
→ **Ibn-Wāfid, 'Abd-ar-Raḥmān Ibn-Muḥammad**

Abendon, Hotricus
→ **Hotricus ⟨Abendon⟩**

Abenguefit
→ **Ibn-Wāfid, 'Abd-ar-Raḥmān Ibn-Muḥammad**

Abenragel
→ **Ibn-Abi-'r-Riǧāl, Abu-'l-Ḥasan 'Alī**

Abenrust
→ **Averroes**

Aben-Verga
→ **Ibn-Wîrgā, Šelomo**

Abernon, Pierre ¬de¬
→ **Pierre ⟨d'Abernon⟩**

Abertus ⟨de Siegburg⟩
→ **Albertus ⟨de Siegburg⟩**

Abhenguefit Arabe
→ **Ibn-Wāfid, 'Abd-ar-Raḥmān Ibn-Muḥammad**

Abhinavagupta
um 1000
Poetiker und Begründer der kaschmirischen Śaiva-Philosophie
Abhinavagupta ⟨Rājānaka⟩
Abhinavagupt-ac-arya
Abhinavagupt-ach-arya

Abhomeron Abynzohar
→ **Ibn-Zuhr, Abū-Marwān 'Abd-al-Malik Ibn-Abi-'l-'Alā' Zuhr**

Abi Bakr ⟨Mohammadi Filii Zachariae Raghensis⟩
→ **Rāzī, Muḥammad Ibn-Zakarīyā ¬ar-¬**

Abū Ḥāmid Muḥibb-ad-Dīn Muḥammad Ibn-Ḫalīl al-Qudsī aš-Šāfi'ī
→ **Qudsī, Muḥammad Ibn-Ḫalīl ¬al-¬**

'Abīd Ibn-al-Abraṣ
um 500/550
Ibn-al-Abraṣ, 'Abīd

Abilwalidi ibn Zeiduni
→ **Ibn-Zaidūn, Aḥmad Ibn-'Abdallāh**

Abingdon, Guilelmus ¬de¬
→ **Guilelmus ⟨de Abingdon⟩**

Abitianus
→ **Avicenna**

Ablang, Arnulfus ¬de¬
→ **Arnulfus ⟨de Ablang⟩**

Ableiges, Jacques ¬d'¬
→ **Jacques ⟨d'Ableiges⟩**

Abner ⟨de Burgos⟩
→ **Alfonso ⟨de Valladolid⟩**

Aboali
→ **Abu-'l-A'lā Zuhr Ibn-'Abd-al-Malik**

Aboali ⟨Abinscenus⟩
→ **Avicenna**

Abolant, Robert
→ **Robertus ⟨Altissiodorensis⟩**

Aboo Ismail Mohammad
→ **Abū-Ismā'īl al-Azdī al-Baṣrī, Muḥammad Ibn-'Abdallāh**

Aboo 'Omar Minháj al-Dín 'Othmán Ibn Siráj al-Dín al-Jawzjani
→ **Minhāǧ Ibn-Sirāǧ Ǧuzǧānī**

Abou Bakr Aḥmad Ibn Thâbit al-Khatîb al-Bagdâdhî
→ **Ḫaṭīb al-Baġdādī, Aḥmad Ibn-'Alī ¬al-¬**

Abou Bekr
→ **Abū-Bakr ⟨Kalif⟩**

Abou Djàfar Ahmad
→ **Ibn-al-Ǧazzār, Aḥmad Ibn-Ibrāhīm**

Abou Dja'far Mohammed Ben Alhoccain
→ **Abū-Ǧa'far Muḥammad Ibn-al-Ḥusain**

Abou l'Khayr ⟨de Seville⟩
→ **Abu-'l-Ḫair al-Išbīlī**

Aboul Hacan Ali Ben Mohammed Alkalcadi
→ **Qalaṣādī, 'Alī Ibn-Muḥammad ¬al-¬**

Aboulcasis
→ **Zahrāwī, Ḫalaf Ibn-'Abbās ¬az-¬**

Abou'lfaradj, Grégoire
→ **Barhebraeus**

Aboulfeda
→ **Abu-'l-Fidā Ismā'īl Ibn-'Alī**

Abou-'l-Walid Merwan Ibn-Djanah
→ **Ibn-Ǧanāḥ, Yônā**

Abou-Obeid el-Bekri
→ **Abū-'Ubaid al-Bakrī, 'Abdallāh Ibn-'Abd-al-'Azīz**

Aboves, Petrus
→ **Petrus ⟨ad Boves⟩**

Abraam Bar Hiia
→ **Avrāhām Bar-Ḥiyyâ han-Nāśî'**

Abraam Iudeus ⟨Tortuosiensis⟩
→ **Abraham ⟨Iudaeus⟩**

Abraamius ⟨Suzdaliensis⟩
→ **Avraamij ⟨Suzdal'skij⟩**

Abraham ⟨Abulafia⟩
→ **Abûl'afiyā, Avrāhām**

Abraham ⟨Avenaris⟩
→ **Ibn-'Ezrâ, Avrāhām**

Abraham ⟨bar Samuel bar Abraham Zacut⟩
→ **Avrāhām Ben-Semû'ēl Zakkût**

Abraham ⟨Baṣra⟩
10. Jh.
Abraham ⟨of Bassora⟩
Baṣra, Abraham
Bassora, Abraham ¬of¬

Abraham ⟨ben Chiya⟩
→ **Avrāhām Bar-Ḥiyyâ han-Nāśî'**

Abraham ⟨Ben David⟩
→ **Avrāhām Ben-Dawid**

Abraham ⟨Ben Meir Ibn Esra⟩
→ **Ibn-'Ezrâ, Avrāhām**

Abraham ⟨ben Moses ben Maimon⟩
→ **Avrāhām Ben-Moše Ben-Maymôn**

Abraham ⟨Ben Schem Tob⟩
→ **Abraham ⟨Iudaeus⟩**

Abraham ⟨Ben-Ezra⟩
→ **Ibn-'Ezrâ, Avrāhām**

Abraham ⟨Boleslaviensis⟩
um 1499 · OP
Rapsodus per modum quodlibeti diversarum materiarum praedicabilium
Kaeppeli,I,3

Abraham ⟨de Marseille⟩
→ **Abraham ⟨Iudaeus⟩**

Abraham ⟨der Meister⟩
→ **Abraham ⟨von Memmingen⟩**

Abraham ⟨Ebn Esra⟩
→ **Ibn-'Ezrâ, Avrāhām**

Abraham ⟨Edler von Lambspring⟩
→ **Lamspring**

Abraham ⟨Ephesius⟩
6. Jh.
LMA,I,50
Abraham ⟨Ephesinus⟩
Abraham ⟨Episcopus⟩
Abraham ⟨Sanctus⟩
Abramios ⟨von Ephesos⟩
Abramius ⟨Ephesius⟩
Abramius ⟨Sanctus⟩
Ephesius, Abraham

Abraham ⟨ha Levi⟩
→ **Avrāhām Ibn-Dā'ûd**

Abraham ⟨Hispanus⟩
→ **Avrāhām Bar-Ḥiyyâ han-Nāśî'**

Abraham ⟨Ibn Esra⟩
→ **Ibn-'Ezrâ, Avrāhām**

Abraham ⟨Ibn-Daud⟩
→ **Avrāhām Ibn-Dā'ûd**

Abraham ⟨Iudaeus⟩
→ **Abraham ⟨von Worms⟩**
→ **Avrāhām Bar-Ḥiyyâ han-Nāśî'**
→ **Ibn-'Ezrâ, Avrāhām**

Abraham ⟨Iudaeus⟩
12. Jh.
Übers. von „De plantis" vom Arab. ins Lat.
Abraam Iudeus ⟨Tortuosiensis⟩
Abraham ⟨Ben Schem Tob⟩
Abraham ⟨Ben Shem-Tobh⟩
Abraham ⟨de Marseille⟩
Abraham ⟨Judaeus⟩
Abraham ⟨of Tortosa⟩
Abraham ⟨Tortuensis⟩
Abraham ⟨Tortuosiensis⟩
Abraham ⟨Traducteur⟩
Abrahamus ⟨Iudaeus⟩
Iudaeus, Abraham

Abraham ⟨Jakobsen⟩
→ **Ibrāhīm Ibn-Ya'qūb**

Abraham ⟨Maimonides⟩
→ **Avrāhām Ben-Moše Ben-Maymôn**

Abraham ⟨Meister⟩
→ **Abraham ⟨von Memmingen⟩**

Abraham ⟨Narbonnensis⟩
→ **Avrāhām Ben-Yiṣḥāq ⟨Narbonne⟩**

Abraham ⟨Natperayā⟩
ca. 6./7. Jh.
Vita
Abraham ⟨Nepterayā⟩
Abraham ⟨Netperayā⟩
Abraham ⟨of Nephtar⟩
Natperayā, Abraham
Nephtar, Abraham ¬of¬

Abraham ⟨Nepterayā⟩
→ **Abraham ⟨Natperayā⟩**

Abraham ⟨of Bassora⟩
→ **Abraham ⟨Baṣra⟩**

Abraham ⟨of Nephtar⟩
→ **Abraham ⟨Natperayā⟩**

Abraham ⟨of Tortosa⟩
→ **Abraham ⟨Iudaeus⟩**

Abraham ⟨Ordinis Praedicatorum⟩
→ **Abraham ⟨Waldensis⟩**

Abraham ⟨Patriarcha⟩
um 836
Abraham ⟨Patriarche des Nestoriens⟩
Abraham ⟨Syrien⟩
Patriarcha Abraham

Abraham ⟨Sanctus⟩
→ **Abraham ⟨Ephesius⟩**

Abraham ⟨Savasorda⟩
→ **Avrāhām Bar-Ḥiyyâ han-Nāśî'**

Abraham ⟨Sudaeus⟩
→ **Avrāhām Bar-Ḥiyyâ han-Nāśî'**

Abraham ⟨Syrien⟩
→ **Abraham ⟨Patriarcha⟩**

Abraham ⟨Tortuensis⟩
→ **Abraham ⟨Iudaeus⟩**

Abraham ⟨Traducteur⟩
→ **Abraham ⟨Iudaeus⟩**

Abraham ⟨von Memmingen⟩
15. Jh.
VL(2),1,11/12
Abraham ⟨der Meister⟩
Abraham ⟨Meister⟩
Memmingen, Abraham ¬von¬

Abraham ⟨von Toledo⟩
→ **Avrāhām Ibn-Dā'ûd**

Abraham ⟨von Worms⟩
ca. 14. Jh.
Fiktiver Autor e. Zauberbuchs „Die egypt. großen Offenbarungen"
Abraham ⟨Iudaeus⟩
Abraham ⟨Judaeus⟩
Abraham BenSimeon
Abramelin
Abramelin ⟨the Mage⟩
Worms, Abraham ¬von¬

Abraham ⟨Waldensis⟩
um 1300 · OP
Commentarius super libros Aristotelis de logica, physicorum et de anima
Lohr
Abraham ⟨Ordinis Praedicatorum⟩
Abrahamus ⟨Waldensis⟩

Abraham ⟨Zacutus⟩
→ **Avrāhām Ben-Šemû'ēl Zakkût**

Abraham, Ibn'Ezra
→ **Ibn-'Ezrâ, Avrāhām**

Abraham Bar Hayya
→ **Avrāhām Bar-Ḥiyyâ han-Nāśî'**

Abrāhām bar Hiyyā, ha-Nasi
→ **Ibn-'Ezrâ, Avrāhām**

Abraham Bar Ḥiyya ha-Bargeloni
→ **Avrāhām Bar-Ḥiyyâ han-Nāśî'**

Abraham Bar-Chasdai
→ **Ibn-Ḥasdây, Avrāhām hal-Lēwī Ben-Šemû'ēl**

Abraham Ben Chiya
→ **Avrāhām Bar-Ḥiyyâ han-Nāśî'**

Abraham ben Isaac ⟨of Narbonne⟩
→ **Avrāhām Ben-Yiṣḥāq ⟨Narbonne⟩**

Abraham Ben Mē'īr Ibn Ezra
→ **Ibn-'Ezrâ, Avrāhām**

Abraham ben Samuel Abulafia
→ **Abûl'afiyā, Avrāhām**

Abraham Ben-David Ha-Levi
→ **Avrāhām Ibn-Dā'ûd**

Abraham BenSimeon
→ **Abraham ⟨von Worms⟩**

Abraham ibn Hasday
→ **Ibn-Ḥasdây, Avrāhām hal-Lēwī Ben-Šemû'ēl**

Abraham Ibn-Esra
→ **Ibn-'Ezrâ, Avrāhām**

Abrahamus ⟨...⟩
→ **Abraham ⟨...⟩**

Abramelin
→ **Abraham ⟨von Worms⟩**

Abramius ⟨Filius Esrae⟩
→ **Ibn-'Ezrâ, Avrāhām**

Abramius ⟨Suzdaliensis⟩
→ **Avraamij ⟨Suzdal'skij⟩**

Abranus ⟨Scotus⟩
um 520
Stegmüller, Repert. bibl. 858,4
Abranus ⟨Frater Sancti Gibrini⟩
Scotus, Abranus

Abrincis, Henricus ¬de¬
→ **Henricus ⟨de Abrincis⟩**

Absalo ⟨...⟩
→ **Absalon ⟨...⟩**

Absalon ⟨Abbas⟩
→ **Absalon ⟨Sprinckirsbacensis⟩**

Absalon ⟨Archbishop⟩
→ **Absalon ⟨Lundensis⟩**

Absalon ⟨de Saint-Amand⟩
→ **Absalon ⟨Sancti Amandi⟩**

Absalon ⟨de Saint-Victor⟩
→ **Absalon ⟨Sprinckirsbacensis⟩**

Absalon ⟨de Springiersbach⟩
→ **Absalon ⟨Sprinckirsbacensis⟩**

Absalon ⟨Lundensis⟩
1128 – 1201
LThK; CSGL; Potth.; LMA,I,55
Absalon ⟨Archbishop⟩
Absalon ⟨of Lund⟩
Absalon ⟨von Lund⟩
Axel ⟨von Lund⟩

Absalon ⟨Sancti Amandi⟩
1123 – 1145
Epistula ad canonicos traiectenses
Absalon ⟨Abbé⟩
Absalon ⟨de Saint-Amand⟩
Sancti Amandi, Absalon

Absalon ⟨Sprinckirsbacensis⟩
um 1190/96 · OESA
Sermones; Identität mit dem Abt von St. Viktor (1198-1203) bzw. Werkzuordnung umstritten
LMA,I,55; VL(2),1,17ff.; LThk(3),1,74
Absalon ⟨Abbas⟩
Absalon ⟨de Saint-Victor⟩
Absalon ⟨de Sancto Victore⟩
Absalon ⟨de Springiersbach⟩
Absalon ⟨de Springkirsbach⟩
Absalon ⟨Springkirsbacensis⟩
Absalon ⟨von Sankt Viktor⟩
Absalon ⟨von Springiersbach⟩

Absalon ⟨von Lund⟩
→ **Absalon ⟨Lundensis⟩**

Absalon ⟨von Sankt Viktor⟩
→ **Absalon ⟨Sprinckirsbacensis⟩**

Abselius, Guilelmus
→ **Guilelmus ⟨Abselius de Breda⟩**

Absolo ⟨...⟩
→ **Absalon ⟨...⟩**

Absolon ⟨...⟩
→ **Absalon ⟨...⟩**

Abt ⟨von Mariazell⟩
15. Jh.
Stein- und Grießrezept
VL(2),1,22
Abt von Mariazell
Mariazell, Abt ¬von¬

Abt, Jakob
→ **Appet, Jakob**

Abu 'Abd Allāh Muḥammad ibn Mu'ādh al-Djajjani
→ **Ǧaiyānī, Abū-'Abdallāh Muḥammad Ibn-Mu'āḏ ¬al-¬**

Abū 'Abd al-Raḥmān al-Sulamī
→ **Sulamī, Muḥammad Ibn-al-Ḥusain ¬as-¬**

Abū al-'Abbās Ibn 'Aṭā'
→ **Abu-'l-'Abbās Ibn-'Aṭā'**

Abū al-'Alā' al-Ma'arrī
→ **Abu-'l-'Alā' al-Ma'arrī, Aḥmad Ibn-'Abdallāh**

Abū al-A'lā Zuhr Ibn 'Abd al-Malik
→ **Abu-'l-A'lā Zuhr Ibn-'Abd-al-Malik**

Abū al-'Alā Zuhr ibn 'Abd al-Malik ibn Zuhr al-Ishbili
→ **Abu-'l-A'lā Zuhr Ibn-'Abd-al-Malik**

Abū al-'Amaythal 'Abd Allāh Ibn Khulayd
→ **Abu-'l-'Amaital 'Abdallāh Ibn-Ḫulaid**

Abū al-'Atāhiya Ismā'īl ibn al-Qāsim
→ **Abu-'l-'Atāhiya Ismā'īl Ibn-al-Qāsim**

Abū al-'Ayna' Muḥammad Ibn al-Qāsim
→ **Abu-'l-'Ainā' Muḥammad Ibn-al-Qāsim**

Abū al-Barakāt al-Baghdādī, Hibat Allāh Ibn Malkā
→ **Abu-'l-Barakāt al-Baġdādī, Hibatallāh Ibn-Malkā**

Abū al-Faḍl al-Rāzī, 'Abd al-Raḥmān Ibn Aḥmad
→ **Abū-'l-Faḍl ar-Rāzī, 'Abd-ar-Raḥmān Ibn-Aḥmad**

Abū al-Faraj 'Abd Allāh ibn al-Tayyib al-'Irāqī
→ **Ibn-aṭ-Ṭaiyib, Abu-'l-Faraǧ 'Abdallāh**

Abu al-Faraj al-Babbaghā', 'Abd al-Wāḥid ibn Naṣr
→ **Abu-'l-Faraǧ al-Babbaġā', 'Abd-al-Wāḥid Ibn-Naṣr**

Abū al-Faraj al-Iṣbahānī
→ **Abu-'l-Faraǧ al-Iṣfahānī, 'Alī Ibn-al-Ḥusain**

Abū al-Faraj al-Iṣfahānī, 'Alī Ibn al-Ḥusayn
→ **Abu-'l-Faraǧ al-Iṣfahānī, 'Alī Ibn-al-Ḥusain**

Abū al-Ḥasan al-Harawī, 'Alī Ibn Muḥammad
→ **Abu-'l-Ḥasan al-Harawī, 'Alī Ibn-Muḥammad**

Abū al-Ḥasan al-Ṭabarī, Aḥmad Ibn Muḥammad
→ **Abu-'l-Ḥasan aṭ-Ṭabarī, Aḥmad Ibn-Muḥammad**

Abū al-Ḥasan ibn Ṭabāṭabā, Muḥammad ibn Aḥmad
→ **Abu-'l-Ḥasan Ibn-Ṭabāṭabā, Muḥammad Ibn-Aḥmad**

Abū al-Hudhayl al-'Allāf, Muḥammad Ibn al-Hudhayl
→ **Abu-'l-Huḏail al-'Allāf, Muḥammad Ibn-al-Huḏail**

Abu Ali ⟨Filius Sinae⟩
→ **Avicenna**

Abū 'Alī al-Djubbā'ī
→ **Ǧubbā'ī, Muḥammad Ibn-'Abd-al-Wahhāb ¬al-¬**

Abū 'Alī al-Fārisī, al-Ḥasan Ibn Aḥmad
→ **Abū-'Alī al-Fārisī, al-Ḥasan Ibn-Aḥmad**

Abū 'Alī al-Jubbā'ī
→ **Ǧubbā'ī, Muḥammad Ibn-'Abd-al-Wahhāb ¬al-¬**

Abū 'Alī al-Khaiyāt
→ **Abū-'Alī al-Ḫaiyāṭ, Yaḥyā Ibn-Ġālib**

Abū 'Alī al-Khayyāṭ, Yaḥyā Ibn Ghālib
→ **Abū-'Alī al-Ḫaiyāṭ, Yaḥyā Ibn-Ġālib**

Abū al-Khaṭṭāb al-Akhfash, 'Abd al-Ḥamīd ibn 'Abd al-Majīd
→ **Abu-'l-Ḫaṭṭāb al-Aḫfaš, 'Abd-al-Ḥamīd Ibn-'Abd-al-Maǧīd**

Abū al-Khayr al-Ishbīlī
→ **Abu-'l-Ḫair al-Išbīlī**

Abū al-Najm al-'Ijlī
→ **Abu-'n-Naǧm al-'Iǧlī**

Abū al-Ṣalt Umayya Ibn Abī al-Ṣalt
→ **Abu-'ṣ-Ṣalt Umaiya Ibn-Abi-'ṣ-Ṣalt**

Abū al-Shamaqmaq Marwān Ibn Muḥammad
→ **Abu-š-Šamaqmaq Marwān Ibn-Muḥammad**

Abū al-Shaykh, 'Abd Allāh Ibn Muḥammad
→ **Abu-'š-Šaiḫ, 'Abdallāh Ibn Muḥammad**

Abū al-Ṭayyib al-Lughawī, 'Abd al-Wāḥid Ibn 'Alī
→ **Abu-'ṭ-Ṭaiyib al-Luġawī, 'Abd-al-Wāḥid Ibn-'Alī**

Abū al-Wafā' al-Būzajānī, Muḥammad ibn Muḥammad
→ **Abu-'l-Wafā' al-Būzaǧānī, Muḥammad Ibn-Muḥammad**

Abū 'Amr ibn al-'Alā'
→ **Abū-'Amr Ibn-al-'Alā'**

Abū Bakr
→ **Abū-Bakr ⟨Kalif⟩**

Abu Bakr al Kalabadhi
→ **Kalabāḏī, Muḥammad Ibn-Isḥāq ¬al¬**

Abū Bakr al-Khwārizmī, Muḥammad ibn al-'Abbās
→ **Abū-Bakr al-Ḫwārizmī, Muḥammad Ibn-al-'Abbās**

Abū Bakr al-Mālikī, 'Abd Allāh Ibn Muḥammad
→ **Abū-Bakr al-Mālikī, 'Abdallāh Ibn-Muḥammad**

Abū Bakr al-Marwazī, Aḥmad Ibn 'Alī
→ **Abū-Bakr al-Marwazī, Aḥmad Ibn-'Alī**

Abū Bakr al-Ṣiddīq
→ **Abū-Bakr ⟨Kalif⟩**

Abū Bakr b. Fūrak
→ **Ibn-Fūrak, Muḥammad Ibn-al-Ḥasan**

Abū Bakr Ibn Shuqayr, Aḥmad Ibn al-Ḥusayn
→ **Abū-Bakr Ibn-Šuqair, Aḥmad Ibn-al-Ḥusain**

Abū Bakr Ibn-Mardawaih, Aḥmad Ibn-Muḥammad
→ **Ibn-Mardawaih, Aḥmad Ibn-Muḥammad**

Abu Bekr
→ **Abū-Bakr ⟨Kalif⟩**

Abū Bishr al-Dūlābī, Muḥammad Ibn Aḥmad
→ **Dūlābī, Abū-Bišr Muḥammad Ibn-Aḥmad ¬ad-¬**

Abu Daud
→ **Abū-Dāwūd as-Siǧistānī, Sulaimān Ibn-al-Aš'aṯ**

Abū Dā'ūd al-Ṭayālisī, Sulaymān Ibn al-Jārūd
→ **Abū-Dāwūd aṭ-Ṭayālisī, Sulaimān Ibn-al-Ǧārūd**

Abu Dawud
→ **Abū-Dāwūd as-Siǧistānī, Sulaimān Ibn-al-Aš'aṯ**

Abū Dāwud al-Sijistāni, Sulaymān Ibn al-Ash'ath
→ **Abū-Dāwūd as-Siǧistānī, Sulaimān Ibn-al-Aš'aṯ**

Abu Dschafar Muhammad Ibn Al Hasan
→ **Abū-Ǧa'far Muḥammad Ibn-al-Ḥusain**

Abū Dulaf Mis'ar Ibn al-Muhalhil al-Khazrajī
→ **Abū-Dulaf Mis'ar Ibn-al-Muhalhil al-Ḫazraǧī**

Abū Dulāma Zand Ibn al-Jawn
→ **Abū-Dulāma Zand Ibn-al-Ǧaun**

Abu Firas Al Hamdani
→ **Abū-Firās al-Ḥamdānī, al-Ḥāriṯ Ibn-Sa'īd**

Abū Firās al-Ḥamdānī, al-Ḥārith Ibn Sa'īd
→ **Abū-Firās al-Ḥamdānī, al-Ḥāriṯ Ibn-Sa'īd**

Abū Ga'far Muḥammad Ibn Mūsā al-Ḫwārizmī
→ **Ḫwārizmī, Muḥammad Ibn-Mūsā ¬al-¬**

Abū Ḥāmid al-Ġarnāṭī al-Māzinī
→ **Māzinī, Muḥammad Ibn-'Abd-ar-Raḥīm ¬al-¬**

Abu Hamid al-Qudsi
→ **Qudsī, Muḥammad Ibn-Ḫalīl ¬al-¬**

Abu Hanifa
→ **Abū-Ḥanīfa an-Nu'mān Ibn-Ṯābit**

Abū Ḥanīfa al-Nu'mān Ibn Thābit
→ **Abū-Ḥanīfa an-Nu'mān Ibn-Ṯābit**

Abū Hārūn Mūsā
→ **Ibn-'Ezrâ, Moše Ben-Ya'aqov**

Abū Ḥātim al-Rāzī, Aḥmad ibn Ḥamdān
→ **Abū-Ḥātim ar-Rāzī, Aḥmad Ibn-Ḥamdān**

Abū Ḥātim al-Sijistānī, Sahl Ibn Muḥammad
→ **Abū-Ḥātim as-Siǧistānī, Sahl Ibn-Muḥammad**

Abū Ḥayyān al-Andalusī, Muḥammad Ibn Yūsuf
→ **Abū-Ḥaiyān al-Andalusī, Muḥammad Ibn-Yūsuf**

Abū Ḥayyān al-Tawḥīdī, 'Alī Ibn Muḥammad
→ **Abū-Ḥaiyān at-Tauḥīdī, 'Alī Ibn-Muḥammad**

Abū Hilāl al-'Askarī, al-Ḥasan Ibn 'Abd Allāh
→ **Abū-Hilāl al-'Askarī, al-Ḥasan Ibn-'Abdallāh**

Abū 'Īsā al-Warrāq
→ **Abū-'Īsā al-Warrāq**

Abu Jacub Isaak ben Honein ben Isaak el Ibadi et-Tabib
→ **Ḥunain Ibn-Isḥāq**

Abū Ja'far al-Idrīsī
→ **Idrīsī, Muḥammad Ibn-'Abd-al-'Azīz ¬al-¬**

Abū Ja'far ibn Qiba al-Rāzī
→ **Ibn-Qiba, Abū-Ğa'far Muḥammad Ibn-'Abd-ar-Raḥmān**

Abū Ja'far Muḥammad Ibn al-Ḥuṣayn
→ **Abū-Ğa'far Muḥammad Ibn-al-Ḥusain**

Abū Kāmil Shujā' ibn Aslam
→ **Abū-Kāmil Šuğā' Ibn-Aslam**

Abu Kurra, Theodore
→ **Theodor Abū-Qurra**

Abû 'l-'Alâ' Zohr
→ **Abu-'l-A'lā Zuhr Ibn-'Abd-al-Malik**

Abu l-Atahija, Abu Ishak ibn al-Kasim
→ **Abu-'l-'Atāhīya Ismā'īl Ibn-al-Qāsim**

Abu 'l-Barakāt Hibat Allāh B. Malka al-Baghdādī
→ **Abu-'l-Barakāt al-Baġdādī, Hibatallāh Ibn-Malkā**

Abū l-Faḍl Ibn al-'Amīd
→ **Ibn-al-'Amīd, Muḥammad Ibn-al-Ḥusain**

Abu l-Faradj al-Isfahani
→ **Abu-'l-Farağ al-Iṣfahānī, 'Alī Ibn-al-Ḥusain**

Abu lFaradsch
→ **Abu-'l-Farağ al-Iṣfahānī, 'Alī Ibn-al-Ḥusain**

Abū 'l-Farağ 'Abdallāh ibn al-Ṭayyib al-'Irāqī
→ **Ibn-aṭ-Ṭaiyib, Abu-'l-Farağ 'Abdallāh**

Abu l-Feda, Ismail
→ **Abu-'l-Fidā Ismā'īl Ibn-'Alī**

Abu l-Fida, Ismail
→ **Abu-'l-Fidā Ismā'īl Ibn-'Alī**

Abu 'l-Hassan Ibn Al-Bahlul
→ **Ḥasan Ibn-al-Bahlūl ¬al-¬**

Abu 'l-Ḥusayn Muslim b. al-Ḥadjdjādj b. Muslim al-Ḳushayrī al-Naysābūrī
→ **Muslim Ibn-al-Ḥağğāğ al-Qušairī**

Abu l-Kasim
→ **Zahrāwī, Ḫalaf Ibn-'Abbās ¬az-¬**

Abū l-Ḳāsim Ibn Ḥauḳal al-Naṣībī
→ **Ibn-Ḥauqal, Abu-'l-Qāsim Ibn-'Alī**

Abu 'l-Khayr al-Ishbīlī
→ **Abu-'l-Ḫair al-Išbīlī**

Abū 'l-Mu'īn Maimūn B.
→ **Nasafī, Maimūn Ibn-Muḥammad ¬an-¬**

Abû l-Qâsim al-Labîdî
→ **Labīdī, 'Abd-ar-Raḥmān Ibn-Muḥammad ¬al-¬**

Abû l-Qāsim az-Zahrāwī
→ **Zahrāwī, Ḫalaf Ibn-'Abbās ¬az-¬**

Abû l-Ṭahir al-Fârisî
→ **Fārisī, Muḥammad Ibn-al-Ḥusain ¬al-¬**

Abû l-Wafâ' al-Būzağānī
→ **Abu-'l-Wafā' al-Būzağānī, Muḥammad Ibn-Muḥammad**

Abu 'l-Yusr Muḥammad al-Bazdawī
→ **Bazdawī, Abu-'l-Yusr Muḥammad ¬al-¬**

Abu Maschar
→ **Abū-Ma'šar Ğa'far Ibn-Muḥammad**

Abu Maschar, Dschafar Al Balchi
→ **Abū-Ma'šar Ğa'far Ibn-Muḥammad**

Abū Ma'shar Ja'far Ibn Muḥammad
→ **Abū-Ma'šar Ğa'far Ibn-Muḥammad**

Abū Miḥjan al-Thaqafī, 'Abd Allāh
→ **Abū-Miḥğan aṯ-Ṯaqafī, 'Abdallāh**

Abū Muḥammad al-Rušāṭī
→ **Rušāṭī, Abū-Muḥammad 'Abdallāh Ibn-'Alī ¬ar-¬**

Abū Mūsa Ğābir ibn-Ḥayyān aṣ-Ṣūfī al-Azdī al-Umawī
→ **Ğābir Ibn-Ḥaiyān**

Abū Nu'aym al-Iṣfahāni, Aḥmad Ibn 'Abd Allāh
→ **Abū-Nu'aim al-Iṣfahānī, Aḥmad Ibn-'Abdallāh**

Abu Nuwas
→ **Abū-Nuwās al-Ḥasan Ibn-Hāni'**

Abu Obeid Abdallah ben Abd al-Aziz al-Bakri
→ **Abū-'Ubaid al-Bakrī, 'Abdallāh Ibn-'Abd-al-'Azīz**

Abu Raschid
→ **Abū-Rašīd an-Nīsābūrī, Sa'īd Ibn-Muḥammad**

Abū Rashīd al-Nīsābūrī, Sa'īd ibn Muḥammad
→ **Abū-Rašīd an-Nīsābūrī, Sa'īd Ibn-Muḥammad**

Abu Sa'd ⟨Samanense⟩
→ **Sam'ānī, Abū-Sa'd 'Abd-al-Karīm Ibn-Muḥammad ¬as-¬**

Abū Sa'd al-'Alā' ibn Sahl
→ **Abū-Sa'd al-'Alā' Ibn-Sahl**

Abū Sahl al-Kūhī, Wayjan ibn Rustam
→ **Abū-Sahl al-Kūhī, Waiğan Ibn-Rustam**

Abū Sa'īd al-Naqqāsh, Muḥammad Ibn 'Alī
→ **Abū-Sa'īd an-Naqqāš, Muḥammad Ibn-'Alī**

Abū Sa'īd Faẓl Allāh ibn Abū al-Khayr
→ **Abū-Sa'īd Ibn-Abi-'l-Ḫair**

Abū Sa'īd ibn Abī al-Khayr
→ **Abū-Sa'īd Ibn-Abi-'l-Ḫair**

Abū Sa'īd Ibn Abi l-Ḫair
→ **Abū-Sa'īd Ibn-Abi-'l-Ḫair**

Abu Shama
→ **Abū-Šāma, 'Abd-ar-Raḥmān Ibn-Ismā'īl**

Abū Shāma, 'Abd al-Raḥmān Ibn Ismā'īl
→ **Abū-Šāma, 'Abd-ar-Raḥmān Ibn-Ismā'īl**

Abû Ṭâlib
→ **'Alī ⟨Kalif⟩**

Abu Tammam
→ **Abū-Tammām Ḥabīb Ibn-Aus aṭ-Ṭā'ī**

Abū Tammām Ḥabīb Ibn Aws al-Ṭā'ī
→ **Abū-Tammām Ḥabīb Ibn-Aus aṭ-Ṭā'ī**

Abu Temmâm
→ **Abū-Tammām Ḥabīb Ibn-Aus aṭ-Ṭā'ī**

Abū 'Ubayd al-Bakrī, 'Abd Allāh Ibn 'Abd al-'Azīz
→ **Abū-'Ubaid al-Bakrī, 'Abdallāh Ibn-'Abd-al-'Azīz**

Abū 'Ubayd al-Qāsim ibn Sallām
→ **Abū-'Ubaid al-Qāsim Ibn-Sallām**

Abū 'Ubayda Ma'mar ibn al-Muthannā
→ **Abū-'Ubaida Ma'mar Ibn-al-Muṯannā**

Abū Ya'lā al-Mawṣilī, Aḥmad Ibn 'Alī
→ **Abū-Ya'lā al-Mauṣilī, Aḥmad Ibn-'Alī**

Abū Ya'qūb al-Sidjzī, Isḥaḳ B. Aḥmad
→ **Abū-Ya'qūb as-Siğistānī, Isḥāq Ibn-Aḥmad**

Abū Ya'qūb al-Sijzī, Isḥāq ibn Aḥmad
→ **Abū-Ya'qūb as-Siğistānī, Isḥāq Ibn-Aḥmad**

Abū Ya'qūb as-Sidjistānī, Isḥaq B. Aḥmad
→ **Abū-Ya'qūb as-Siğistānī, Isḥāq Ibn-Aḥmad**

Abū Ya'qūb as-Sijistānī, Isḥāq Ibn Aḥmad
→ **Abū-Ya'qūb as-Siğistānī, Isḥāq Ibn-Aḥmad**

Abū Yazīd al-Bisṭāmī, Ṭayfūr Ibn 'Īsā
→ **Abū-Yazīd al-Bisṭāmī, Ṭaifūr Ibn-'Īsā**

Abū Zayd ad-Dabūsī, 'Abd Allāh Ibn 'Umar
→ **Dabūsī, 'Abdallāh Ibn-'Umar ¬ad-¬**

Abū-'Abbās Ṯa'lab
→ **Ṯa'lab, Aḥmad Ibn-Yaḥyā**

Abū-'Abdallāh al-Ğaiyānī, Muḥammad Ibn-Mu'āḏ
→ **Ğaiyānī, Abū-'Abdallāh Muḥammad Ibn-Mu'āḏ ¬al-¬**

Abū-'Abdallāh al-Muqaddamī, Muḥammad Ibn-Aḥmad ¬al-¬
→ **Muqaddamī, Abū-'Abdallāh Muḥammad Ibn-Aḥmad ¬al-¬**

Abū-'Abdallāh Ğa'far Rūdakī
→ **Rūdakī, Abū-'Abdallāh Ğa'far**

Abū-'Abdallāh Ibn-Bukair, al-Ḥusain Ibn-Aḥmad
938 – 998
Ḥusain Ibn-Aḥmad Ibn-Bukair, Abū-'Abdallāh ¬al-¬
Ibn-Bukair, Abū-'Abdallāh al-Ḥusain Ibn-Aḥmad
Ibn-Bukair, al-Ḥusain Ibn-Aḥmad

Abū-'Abdallāh Muḥammad
→ **Ibn-al-'Arabī, Muḥyi-'d-Dīn Muḥammad Ibn-'Alī**

Abū-'Abdallāh Muḥammad Ibn-'Alī Ibn-al-Ḥasan al-Ḥakīm at-Tirmiḏī
→ **Ḥakīm at-Tirmiḏī, Muḥammad Ibn-'Alī ¬al-¬**

Abū-'Abdallāh Muḥammad Ibn-Ğābir ⟨al-Battānī⟩
→ **Battānī, Muḥammad Ibn-Ğābir ¬al-¬**

Abū-'Abdallāh Muḥammad Ibn-Mu'āḏ al-Ğaiyānī
→ **Ğaiyānī, Abū-'Abdallāh Muḥammad Ibn-Mu'āḏ ¬al-¬**

Abū-'Abdallāh Muḥammad Ibn-Mūsā ⟨al-Ḫwārizmī⟩
→ **Ḫwārizmī, Muḥammad Ibn-Mūsā ¬al-¬**

Abū-'Abd-ar-Raḥmān as-Sulamī, Muḥammad Ibn-al-Ḥusain
→ **Sulamī, Muḥammad Ibn-al-Ḥusain ¬as-¬**

Abu-Aḥmad al-Ġiṭrīfī, Muḥammad Ibn-Aḥmad
→ **Ġiṭrīfī, Abū-Aḥmad Muḥammad Ibn-Aḥmad ¬al-¬**

Abū-Aḥmad al-Ḥākim al-Kabīr Muḥammad Ibn-Muḥammad
→ **Ḥākim al-Kabīr, Abū-Aḥmad Muḥammad Ibn-Muḥammad ¬al-¬**

Abū-Aḥmad Muḥammad Ibn-Aḥmad al-Ġiṭrīfī
→ **Ġiṭrīfī, Abū-Aḥmad Muḥammad Ibn-Aḥmad ¬al-¬**

Abū-'Alī al-Fārisī, al-Ḥasan Ibn-Aḥmad
901 – 987
Abū 'Alī al-Fārisī, al-Ḥasan Ibn Aḥmad
Fārisī, Abū-'Alī al-Ḥasan Ibn-Aḥmad ¬al-¬
Fārisī, al-Ḥasan Ibn-Aḥmad ¬al-¬
Ibn-Aḥmad, Abū-'Alī al-Ḥasan al-Fārisī
Ibn-Aḥmad al-Fārisī, Abū-'Alī al-Ḥasan

Abū-'Alī al-Ğubbā'ī, Muḥammad Ibn-'Abd-al-Wahhāb ¬al-¬
→ **Ğubbā'ī, Muḥammad Ibn-'Abd-al-Wahhāb ¬al-¬**

Abū-'Alī al-Hağrī, Hārūn Ibn-Zakarīyā
→ **Hağrī, Hārūn Ibn-Zakarīyā ¬al-¬**

Abū-'Alī al-Ḫaiyāṭ, Yaḥyā Ibn-Ġālib
gest. ca. 835
Kitāb al-mawālid
VL(2),1,156/157
Abū 'Alī al-Khaiyāt
Abū 'Alī al-Khayyāṭ, Yaḥyā Ibn Ghālib
Albohali
Albuac
Albuatyn
Albuehali
Ḫaiyāṭ, Abū-'Alī Yaḥyā Ibn-Ġālib ¬al-¬
Ibn-Ġālib, Abū-'Alī Yaḥyā al-Ḫaiyāṭ
Yaḥyā Ibn-Ġālib al-Ḫaiyāṭ, Abū-'Alī

Abū-'Alī al-Ḥātimī
→ **Ḥātimī, Muḥammad Ibn-al-Ḥasan ¬al-¬**

Abū-'Alī al-Muḥassin Ibn-'Alī at-Tanūḫī
→ **Tanūḫī, al-Muḥassin Ibn-'Alī ¬at-¬**

Abū-'Alī al-Qālī, Ismā'īl Ibn-al-Qāsim
893 – 967
Ismā'īl Ibn-al-Qāsim al-Qālī, Abū-'Alī
Qālī, Abū-'Alī Ismā'īl Ibn-al-Qāsim ¬al-¬
Qālī, Ismā'īl Ibn-al-Qāsim ¬al-¬

Abū-'Alī aš-Šalaubīn, 'Umar Ibn-Muḥammad ¬aš-¬
→ **Šalaubīnī, 'Umar Ibn-Muḥammad ¬aš-¬**

Abū-'Alī aš-Šāmūḫī, al-Ḥasan Ibn-'Alī
→ **Šāmūḫī, al-Ḥasan Ibn-'Alī ¬aš-¬**

Abū-'Alī Ibn-Zur'a, Abū-'Alī Ibn-Isḥāq
→ **Ibn-Zur'a, Abū-'Alī 'Īsā Ibn-Isḥāq**

Abū-'Alī 'Īsā Ibn-Isḥāq Ibn-Zur'a
→ **Ibn-Zur'a, Abū-'Alī 'Īsā Ibn-Isḥāq**

Abū-'Alī 'Īsā Ibn-Isḥāq Ibn-Zur'a 'Īsā
→ **Ibn-Zur'a, Abū-'Alī 'Īsā Ibn-Isḥāq**

Abū-'Alī Sīnā
→ **Avicenna**

Abū-'Amr Aḥmad Ibn-Muḥammad al-Madīnī
→ **Madīnī, Abū-'Amr Aḥmad Ibn-Muḥammad ¬al-¬**

Abū-'Amr al-Madīnī, Aḥmad Ibn-Muḥammad
→ **Madīnī, Abū-'Amr Aḥmad Ibn-Muḥammad ¬al-¬**

Abū-'Amr Ibn-al-'Alā'
ca. 684 – 771/74
Abū 'Amr ibn al-'Alā'
Abū-'Amr Ibn-al-'Alā', Zabbān Ibn-'Ammār
Abū-'Amr Ibn-al-'Alā', Zaiyān Ibn-'Ammār
Ibn-al-'Alā', Abū-'Amr Zabbān Ibn-'Ammār Abū-'Amr Ibn-al-'Alā'

Abū-'Amr Ibn-al-'Alā', Zabbān Ibn-'Ammār
→ **Abū-'Amr Ibn-al-'Alā'**

Abū-'Amr Ibn-al-'Alā', Zaiyān Ibn-'Ammār
→ **Abū-'Amr Ibn-al-'Alā'**

Abū-'Arūba al-Ḥarrānī, al-Ḥusain Ibn-Muḥammad
835 – 930
Abū-'Arūba al-Ḥusain Ibn-Muḥammad al-Ḥarrānī
Ḥarrānī, Abū-'Arūba al-Ḥusain Ibn-Muḥammad ¬al-¬
Ḥarrānī, al-Ḥusain Ibn-Muḥammad ¬al-¬
Ḥusain Ibn-Muḥammad al-Ḥarrānī, Abū-'Arūba

Abū-ʿArūba al-Ḥusain
Ibn-Muḥammad al-Ḥarrānī
→ **Abū-ʿArūba al-Ḥarrānī, al-Ḥusain Ibn-Muḥammad**

Abū-ʿAwāna al-Isfarayīnī, Yaʿqūb Ibn-Isḥāq
gest. 928
Abū-ʿAwāna Yaʿqūb Ibn-Isḥāq
Abū-ʿAwāna Yaʿqūb Ibn-Isḥāq al-Isfarayīnī
Isfarāyīnī, Abū-ʿAwāna Yaʿqūb Ibn-Isḥāq ¬al-¬
Yaʿqūb Ibn-Isḥāq al-Isfarayīnī, Abū-ʿAwāna

Abū-ʿAwāna Yaʿqūb Ibn-Isḥāq
→ **Abū-ʿAwāna al-Isfarayīnī, Yaʿqūb Ibn-Isḥāq**

Abū-ʿAwāna Yaʿqūb Ibn-Isḥāq al-Isfarayīnī
→ **Abū-ʿAwāna al-Isfarayīnī, Yaʿqūb Ibn-Isḥāq**

Abubacer
→ **Ibn-Ṭufail, Muḥammad Ibn-ʿAbd-al-Malik**

Abū-Bakr ⟨Kalif⟩
ca. 573 – 634
Abou Bekr
Abū Bakr
Abū Bakr al-Ṣiddīq
Abu Bekr
Abū-Bakr aṣ-Ṣiddīq
Abū-Bekr

Abū-Bakr Aḥmad Ibn-ʿAbd-al-ʿAzīz al-Ǧauharī
→ **Abū-Bakr al-Ǧauharī, Aḥmad Ibn-ʿAbd-al-ʿAzīz**

Abū-Bakr al-Ǧauharī, Aḥmad Ibn-ʿAbd-al-ʿAzīz
10. Jh.
Abū-Bakr Aḥmad Ibn-ʿAbd-al-ʿAzīz al-Ǧauharī
Aḥmad Ibn-ʿAbd-al-ʿAzīz al-Ǧauharī, Abū-Bakr
Djauharī, Abū Bakr Aḥmad b. ʿAbd al-ʿAzīz
Ǧauharī, Abū-Bakr Aḥmad Ibn-ʿAbd-al-ʿAzīz ¬al-¬
Ǧauharī, Aḥmad Ibn-ʿAbd-al-ʿAzīz ¬al-¬
Jawharī, Abū Bakr Aḥmad Ibn ʿAbd al-ʿAzīz

Abū-Bakr al-Ḫwārizmī, Muḥammad Ibn-al-ʿAbbās
gest. 993/1003
Abū Bakr al-Khwārizmī, Muḥammad ibn al-ʿAbbās
Ḫwārizmī, Abū-Bakr Muḥammad Ibn-al-ʿAbbās ¬al-¬
Ḫwārizmī, Muḥammad Ibn-al-ʿAbbās ¬al-¬
Khuwarazmi ¬al-¬
Muḥammad Ibn-al-ʿAbbās Abū-Bakr al-Ḫwārizmī

Abū-Bakr al-Kalabāḏī, Muḥammad Ibn-Isḥāq
→ **Kalābāḏī, Muḥammad Ibn-Isḥāq ¬al-¬**

Abū-Bakr al-Mālikī, ʿAbdallāh Ibn-Muḥammad
11. Jh.
Abū Bakr al-Mālikī, ʿAbd Allāh Ibn Muḥammad
Ibn-Muḥammad, Abū-Bakr ʿAbdallāh al-Mālikī
Ibn-Muḥammad al-Mālikī, Abū-Bakr ʿAbdallāh
Mālikī, ʿAbdallāh Ibn-Muḥammad ¬al-¬
Mālikī, Abū-Bakr ʿAbdallāh Ibn-Muḥammad ¬al-¬

Abū-Bakr al-Marwazī, Aḥmad Ibn-ʿAlī
ca. 815 – 905
Abū Bakr al-Marwazī, Aḥmad Ibn ʿAlī
Aḥmad Ibn-ʿAlī al-Marwazī, Abū-Bakr
Ḫallāl ¬al-¬
Ibn-ʿAlī al-Marwazī, Abū-Bakr Aḥmad
Marwazī, Abū-Bakr Aḥmad Ibn-ʿAlī ¬al-¬
Marwazī, Aḥmad Ibn-ʿAlī ¬al-¬

Abū-Bakr aṣ-Ṣiddīq
→ **Abū-Bakr ⟨Kalif⟩**

Abū-Bakr Ibn-ʿAbdallāh ad-Dawādārī
→ **Dawādārī, Abū-Bakr Ibn-ʿAbdallāh ¬ad-¬**

Abū-Bakr Ibn-Aḥmad Ibn-Qāḍī Šuhba
→ **Ibn-Qāḍī Šuhba, Abū-Bakr Ibn-Aḥmad**

Abū-Bakr Ibn-al-ʿArabī, Muḥammad Ibn-ʿAbdallāh
→ **Ibn-al-ʿArabī, Abū-Bakr Muḥammad Ibn-ʿAbdallāh**

Abū-Bakr Ibn-ʿAlī al-Baiḏaq
→ **Baiḏaq, Abū-Bakr Ibn-ʿAlī ¬al-¬**

Abū-Bakr Ibn-ʿAlī aš-Šaibānī
→ **Šaibānī, Abū-Bakr Ibn-ʿAlī ¬aš-¬**

Abū-Bakr Ibn-ʿAlī Ibn-Ẓuhaira
→ **Ibn-Ẓuhaira, Abū-Bakr Ibn-ʿAlī**

Abū-Bakr Ibn-al-Muqriʾ, Muḥammad Ibn-Ibrāhīm
→ **Ibn-al-Muqriʾ, Abū-Bakr Muḥammad Ibn-Ibrāhīm**

Abū-Bakr Ibn-as-Sarrāǧ
→ **Ibn-as-Sarrāǧ, Muḥammad Ibn-as-Sarī**

Abu-Bakr Ibn-at-Tufail
→ **Ibn-Ṭufail, Muḥammad Ibn-ʿAbd-al-Malik**

Abū-Bakr Ibn-Badr Ibn-al-Munḏir al-Baiṭār
→ **Ibn-al-Munḏir al-Baiṭār, Abū-Bakr Ibn-Badr**

Abū-Bakr Ibn-Šuqair, Aḥmad Ibn-al-Ḥusain
gest. 927
Abū Bakr Ibn Shuqayr, Aḥmad Ibn al-Ḥusayn
Aḥmad Ibn-al-Ḥusain Ibn-Šuqair, Abū-Bakr
Ibn-al-Ḥusain, Abū-Bakr Aḥmad Ibn-Šuqair
Ibn-Šuqair, Abū-Bakr Aḥmad Ibn-al-Ḥusain
Ibn-Šuqair, Aḥmad Ibn-al-Ḥusain

Abū-Bakr Muḥammad Ibn-Ibrāhīm Ibn-al-Muqriʾ
→ **Ibn-al-Muqriʾ, Abū-Bakr Muḥammad Ibn-Ibrāhīm**

Abū-Bakr Muḥammad Ibn-Yaḥyā ⟨Ibn-Bāǧǧa⟩
→ **Ibn-Bāǧǧa, Muḥammad Ibn-Yaḥyā**

Abu-Bekr
→ **Abū-Bakr ⟨Kalif⟩**

Abûbekr al Rhâsî
→ **Rāzī, Muḥammad Ibn-Zakarīyā ¬ar-¬**

Abū-Bišr ad-Dūlābī, Muḥammad Ibn-Aḥmad
→ **Dūlābī, Abū-Bišr Muḥammad Ibn-Aḥmad ¬ad-¬**

Abū-Bisr Muḥammad Ibn-Aḥmad ad-Dūlābī
→ **Dūlābī, Abū-Bišr Muḥammad Ibn-Aḥmad ¬ad-¬**

Abucara, Theodorus
→ **Theodor Abū-Qurra**

Abū-Ḍarr Aḥmad Ibn-Ibrāhīm Sibṭ-Ibn-al-ʿAǧamī
→ **Sibṭ-Ibn-al-ʿAǧamī, Abū-Ḍarr Aḥmad Ibn-Ibrāhīm**

Abū-Dāʾūd as-Siǧistānī, Sulaimān Ibn-al-Ašʿaṯ
→ **Abū-Dāwūd as-Siǧistānī, Sulaimān Ibn-al-Ašʿaṯ**

Abū-Dāʾūd aṭ-Ṭayālisī, Sulaimān Ibn-al-Ǧārūd
→ **Abū-Dāwūd aṭ-Ṭayālisī, Sulaimān Ibn-al-Ǧārūd**

Abū-Dāwūd as-Siǧistānī, Sulaimān Ibn-al-Ašʿaṯ
817 – 888
Abu Daud
Abu Dawud
Abū Dāwud al-Sijistāni, Sulaymān Ibn al-Ashʿath
Abū-Dāwūd Sulaimān Ibn-al-Ašʿaṯ as-Siǧistānī
Abū-Dāʾūd as-Siǧistānī, Sulaimān Ibn-al-Ašʿaṯ
Ibn-al-Ašʿaṯ as-Siǧistānī, Abū-Dāwūd Sulaimān
Siǧistānī, Abū-Dāwūd Sulaimān Ibn-al-Ašʿaṯ ¬as-¬
Siǧistānī, Sulaimān Ibn-al-Ašʿaṯ ¬as-¬

Abū-Dāwūd aṭ-Ṭayālisī, Sulaimān Ibn-al-Ǧārūd
750 – 818
Abū Dāʾūd al-Ṭayālisī, Sulaymān Ibn al-Jārūd
Abū-Dāʾūd aṭ-Ṭayālisī, Sulaimān Ibn-al-Ǧārūd
Ibn-al-Ǧārūd, Sulaimān aṭ-Ṭayālisī
Ibn-al-Ǧārūd aṭ-Ṭayālisī, Sulaimān Ibn-Dāʾūd
Sulaimān Ibn-al-Ǧārūd Abū-Dāwūd aṭ-Ṭayālisī
Ṭayālisī, Abū-Dāwūd Sulaimān Ibn-al-Ǧārūd ¬aṭ-¬
Ṭayālisī, Sulaimān Ibn-al-Ǧārūd ¬aṭ-¬

Abū-Dāwūd Sulaimān Ibn-al-Ašʿaṯ as-Siǧistānī
→ **Abū-Dāwūd as-Siǧistānī, Sulaimān Ibn-al-Ašʿaṯ**

Abū-Dulaf Misʿar Ibn-al-Muhalhil al-Ḫazraǧī
10. Jh.
Abū Dulaf Misʿar Ibn al-Muhalhil al-Khazrajī
Abū-Dulaf Misʿar Ibn-al-Muhalhil al-Ḫazraǧī al-Yanbūʿ
Ḫazraǧī, Abū-Dulaf Misʿar Ibn-al-Muhalhil ¬al-¬
Ibn-al-Muhalhil al-Ḫazraǧī, Abū-Dulaf Misʿar
Misʿar Ibn-al-Muhalhil al-Ḫazraǧī, Abū-Dulaf

Abū-Dulaf Misʿar Ibn-al-Muhalhil al-Ḫazraǧī al-Yanbūʿ
→ **Abū-Dulaf Misʿar Ibn-al-Muhalhil al-Ḫazraǧī**

Abū-Dulāma Zaid Ibn-al-Ǧaun
→ **Abū-Dulāma Zand Ibn-al-Ǧaun**

Abū-Dulāma Zand Ibn-al-Ǧaun
gest. ca. 778
Abū Dulāma Zand Ibn al-Jawn
Abū-Dulāma Zaid Ibn-al-Ǧaun
Ibn-al-Ǧaun, Abū-Dulāma Zand
Zand Ibn-al-Ǧaun, Abū-Dulāma

Abueli
→ **Abu-ʾl-Aʿlā Zuhr Ibn-ʿAbd-al-Malik**

Abufaragius, Gregorius
→ **Barhebraeus**

Abu-Firas
→ **Abū-Firās al-Ḥamdānī, al-Ḥāriṯ Ibn-Saʿīd**

Abū-Firās al-Ḥamdānī, al-Ḥāriṯ Ibn-Saʿīd
932 – 968
LMA,I,67
Abu Firas Al Hamdani
Abū Firās al-Ḥamdānī, al-Ḥārith Ibn Saʿīd
Abu-Firas
Ḥamdānī, Abū-Firās al-Ḥāriṯ Ibn-Saʿīd
Ḥāriṯ Ibn-Saʿīd, Abū-Firās al-Ḥamdānī ¬al-¬
Harith Said Ibn-Hamdan ¬al-¬
Ibn-Saʿīd, Abū-Firās al-Ḥāriṯ al-Ḥamdānī

Abū-Ǧaʿfar al-Ḫāzinī
→ **Ḫāzinī, ʿAbd-ar-Raḥmān ¬al-¬**

Abū-Ǧaʿfar al-Idrīsī
→ **Idrīsī, Muḥammad Ibn-ʿAbd-al-ʿAzīz ¬al-¬**

Abū-Ǧaʿfar an-Naḥḥās, Aḥmad Ibn-Muḥammad Ibn-Ismāʿīl
→ **Naḥḥās, Aḥmad Ibn-Muḥammad ¬an-¬**

Abū-Ǧaʿfar ar-Ruʿainī, Aḥmad Ibn-Yūsuf
→ **Ruʿainī, Aḥmad Ibn-Yūsuf ¬ar-¬**

Abū-Ǧaʿfar aṭ-Ṭabarī
→ **Ṭabarī, Muḥammad Ibn-Ǧarīr ¬aṭ-¬**

Abū-Ǧaʿfar aṭ-Ṭaḥāwī
→ **Ṭaḥāwī, Aḥmad Ibn-Muḥammad ¬aṭ-¬**

Abū-Ǧaʿfar Ibn-Qiba ar-Rāzī
→ **Ibn-Qiba, Abū-Ǧaʿfar Muḥammad Ibn-ʿAbd-ar-Raḥmān**

Abū-Ǧaʿfar Muḥammad Ibn-ʿAbd-ar-Raḥmān Ibn-Qiba
→ **Ibn-Qiba, Abū-Ǧaʿfar Muḥammad Ibn-ʿAbd-ar-Raḥmān**

Abū-Ǧaʿfar Muḥammad Ibn-al-Ḥusain
1201 – 1274
Abou Dja'far Mohammed Ben Alhoccain
Abu Dschafar Muhammad Ibn Al Hasan
Abū Jaʿfar Muḥammad Ibn al-Ḥusayn
Ibn-al-Ḥusain, Abū-Ǧaʿfar Muḥammad

Abū-Ǧaʿfar Muḥammad Ibn-ʿAlī ar-Riḍā
→ **Ǧawād, Muḥammad ¬al-¬**

Abū-Ǧaʿfar Muḥammad Ibn-Yasīr ar-Riyāšī
→ **Muḥammad Ibn-Yasīr ar-Riyāšī**

Abū-Ġānim Bišr Ibn-Ġānim
→ **Bišr Ibn-Ġānim**

Abū-Ḥafṣ ʿUmar as-Suhrawardī
→ **Suhrawardī, ʿUmar Ibn-Muḥammad ¬as-¬**

Abū-Ḥafṣ ʿUmar Ibn-al-Farruḫān aṭ-Ṭabarī
→ **ʿUmar Ibn-al-Farruḫān aṭ-Ṭabarī**

Abū-Ḥaiyān al-Andalusī, Muḥammad Ibn-Yūsuf
1256 – 1345
Abū Ḥayyān al-Andalusī, Muḥammad Ibn Yūsuf
Andalusī, Abū-Ḥaiyān Muḥammad Ibn-Yūsuf ¬al-¬
Andalusī, Muḥammad Ibn-Yūsuf ¬al-¬
Ibn-Yūsuf al-Andalusī, Abū-Ḥaiyān Muḥammad
Muḥammad Ibn-Yūsuf al-Andalusī, Abū-Ḥaiyān

Abū-Ḥaiyān at-Tauḥīdī, ʿAlī Ibn-Muḥammad
gest. 1009
Abū Ḥayyān al-Tawḥīdī, ʿAlī Ibn Muḥammad
ʿAlī Ibn-Muḥammad at-Tauḥīdī, Abū-Ḥaiyān
Ibn-Muḥammad at-Tauḥīdī, Abū-Haiyān ʿAlī
Tauḥīdī, ʿAlī Ibn-Muḥammad ¬at-¬
Tauḥīdī, Abū-Ḥaiyān ʿAlī Ibn-Muḥammad ¬at-¬

Abū-Ḥāmid al-Andalusī
→ **Māzinī, Muḥammad Ibn-ʿAbd-ar-Raḥīm ¬al-¬**

Abū-Ḥāmid al-Ġarnāṭī
→ **Māzinī, Muḥammad Ibn-ʿAbd-ar-Raḥīm ¬al-¬**

Abū-Ḥāmid al-Ġazzālī
→ **Ġazzālī, Abū-Ḥāmid Muḥammad Ibn-Muḥammad ¬al-¬**

Abū-Ḥāmid Muḥammad Ibn-Muḥammad ⟨al Ġazzālī⟩
→ **Ġazzālī, Abū-Ḥāmid Muḥammad Ibn-Muḥammad ¬al-¬**

Abū-Ḥāmid Muḥammad Ibn-Muḥammad aṭ-Ṭūsī al-Ġazzālī
→ **Ġazzālī, Abū-Ḥāmid Muḥammad Ibn-Muḥammad ¬al-¬**

Abū-Ḥanīfa ad-Dīnawarī, Aḥmad Ibn-Dāwūd
gest. ca. 895
Abū-Ḥanīfa Aḥmad Ibn-Dāwūd ad-Dīnawarī
Aḥmad Ibn-Dāwūd ad-Dīnawarī, Abū-Ḥanīfa
Dīnawarī, Abū-Ḥanīfa Aḥmad Ibn-Dāwūd ¬ad-¬

Abū-Ḥanīfa Aḥmad Ibn-Dāwūd ad-Dīnawarī
→ **Abū-Ḥanīfa ad-Dīnawarī, Aḥmad Ibn-Dāwūd**

Abū-Ḥanīfa an-Nuʿmān Ibn-Ṯābit
699 – 767
Abu Hanifa
Abū Ḥanīfa al-Nuʿmān Ibn Thābit

Ibn-Ṯābit, Abū-Ḥanīfa an-Nuʿmān
Nuʿmān Ibn-Ṯābit
Nuʿmān Ibn-Ṯābit, Abū-Ḥanīfa ¬an-¬

Abū-Ḥātim ar-Rāzī, Aḥmad Ibn-Ḥamdān
gest. 933
Abū Ḥātim al-Rāzī, Aḥmad ibn Ḥamdān
Aḥmad Ibn-Ḥamdān Abū-Ḥātim ar-Rāzī
Rāzī, Abū-Ḥātim Aḥmad Ibn-Ḥamdān ¬ar-¬
Rāzī, Aḥmad Ibn-Ḥamdān ¬ar-¬

Abū-Ḥātim as-Siǧistānī, Sahl Ibn-Muḥammad
gest. 869
Abū Ḥātim al-Sijistānī, Sahl Ibn Muḥammad
Abū-Ḥātim Sahl Ibn-Muḥammad as-Siǧistānī
Sahl Ibn-Muḥammad as-Siǧistānī, Abū-Ḥātim
Siǧistānī, Abū-Ḥātim Sahl Ibn-Muḥammad ¬as-¬
Siǧistānī, Sahl Ibn-Muḥammad ¬as-¬

Abū-Ḥātim Sahl Ibn-Muḥammad as-Siǧistānī
→ **Abū-Ḥātim as-Siǧistānī, Sahl Ibn-Muḥammad**

Abū-Hilāl al-ʿAskarī, al-Ḥasan Ibn-ʿAbdallāh
um 1010
Abū Hilāl al-ʿAskarī, al-Ḥasan Ibn ʿAbd Allāh
ʿAskarī, Abū-Hilāl ¬al-¬
ʿAskarī, Abū-Hilāl al-Ḥasan Ibn-ʿAbdallāh ¬al-¬
ʿAskarī, al-Ḥasan Ibn-ʿAbdallāh ¬al-¬
Ibn-ʿAbdallāh, Abū-Hilāl al-Ḥasan al-ʿAskarī

Abū-ʿImrān Mūsā Ibn-Maimūn Ubaidallāh
→ **Maimonides, Moses**

Abū-ʿĪsā al-Warrāq
gest. 909
Abū ʿĪsā al-Warrāq
Warrāq, Abū-ʿĪsā ¬al-¬

Abū-ʿĪsā at-Tirmiḏī
→ **Tirmiḏī, Muḥammad Ibn-ʿĪsā ¬at-¬**

Abū-Isḥāq al-Ilbīrī al-Andalusī
→ **Ilbīrī, Ibrāhīm Ibn-Masʿūd ¬al-¬**

Abū-Isḥāq aš-Šāṭibī
→ **Šāṭibī, Ibrāhīm Ibn-Mūsā ¬aš-¬**

Abū-Isḥāq Ibrāhīm Ibn-ʿAlī aš-Šīrāzī
→ **Šīrāzī, Abū-Isḥāq Ibrāhīm Ibn-ʿAlī ¬aš-¬**

Abū-Ismāʿīl al-Azdī al-Baṣrī, Muḥammad Ibn-ʿAbdallāh
gest. ca. 800
Aboo Isma'ail Mohammad Bin 'Abd Allāh al-Azdi al-Baçrī
Aboo Ismail Mohammad
Abū-Ismāʿīl Muḥammad Ibn-ʿAbdallāh al-Azdī al-Baṣrī
Azdī, Abū-Ismāʿīl Muḥammad Ibn-ʿAbdallāh ¬al-¬
Azdī al-Baṣrī, Abū-Ismāʿīl Muḥammad Ibn-ʿAbdallāh ¬al-¬
Azdī al-Baṣrī, Muḥammad Ibn-ʿAbdallāh ¬al-¬
Baṣrī, Abū-Ismāʿīl Muḥammad Ibn-ʿAbdallāh ¬al-¬

Abū-Ismāʿīl Muḥammad Ibn-ʿAbdallāh al-Azdī al-Baṣrī
→ **Abū-Ismāʿīl al-Azdī al-Baṣrī, Muḥammad Ibn-ʿAbdallāh**

Abū-Jaʿfar al-Naḥḥās, Aḥmad Ibn-Muḥammad Ibn-Ismāʿīl
→ **Naḥḥās, Aḥmad Ibn-Muḥammad ¬an-¬**

Abū-Kāmil Šuǧāʿ ibn Aslam ibn Muḥammad ibn Šuǧāʿ
→ **Abū-Kāmil Šuǧāʿ Ibn-Aslam**

Abū-Kāmil Šuǧāʿ Ibn-Aslam
ca. 850 – 930
LMA,I,67
Abū Kāmil Shujāʿ ibn Aslam
Abū-Kāmil Šuǧāʿ ibn Aslam ibn Muḥammad ibn Šuǧāʿ
Abū-Kāmil Šuǧāʿ Ibn-Aslam Ibn-Muḥammad Ibn-Šuǧāʿ
Abū-Kāmil Šuǧāʿ Ibn-Muḥammad
Abū-Kāmil Šuǧāʿ Ibn-Šuǧāʿ
Ibn-Aslam, Abū-Kāmil Šuǧāʿ
Šuǧāʿ Ibn-Aslam, Abū-Kāmil

Abū-Kāmil Šuǧāʿ Ibn-Aslam Ibn-Muḥammad Ibn-Šuǧāʿ
→ **Abū-Kāmil Šuǧāʿ Ibn-Aslam**

Abū-Kāmil Šuǧāʿ Ibn-Muḥammad
→ **Abū-Kāmil Šuǧāʿ Ibn-Aslam**

Abū-Kāmil Šuǧāʿ Ibn-Šuǧāʿ
→ **Abū-Kāmil Šuǧāʿ Ibn-Aslam**

Abul Ala Al Maarri
→ **Abu-'l-ʿAlāʾ al-Maʿarrī, Aḥmad Ibn-ʿAbdallāh**

Abul Casim Chalaf
→ **Zahrāwī, Ḫalaf Ibn-ʿAbbās ¬az-¬**

Abul Faradsch, Al Isfahani
→ **Abu-'l-Faraǧ al-Iṣfahānī, ʿAlī Ibn-al-Ḥusain**

Abū-l-ʿAbbās Aḥmad b. Muḥammad b. Kaṯīr al-Farġānī
→ **Farġānī, Aḥmad Ibn-Muḥammad ¬al-¬**

Abu-'l-ʿAbbās Aḥmad Ibn-Ṯabāt
→ **Ibn-Ṯabāt, Aḥmad**

Abu-'l-ʿAbbās al-Ǧurǧānī, Aḥmad Ibn-Muḥammad
→ **Ǧurǧānī, Aḥmad Ibn-Muḥammad ¬al-¬**

Abu-'l-ʿAbbās al-Ibbiyānī
→ **Ibbiyānī, ʿAbdallāh Ibn-Aḥmad ¬al-¬**

Abu-'l-ʿAbbās Ibn-ʿAṭāʾ
9. Jh.
Abū al-ʿAbbās Ibn ʿAṭāʾ
Aḥmad Ibn-Muḥammad Ibn-ʿAṭāʾ, Abu-'l-ʿAbbās
Ibn-ʿAṭāʾ, Abu-'l-ʿAbbās
Ibn-ʿAṭāʾ, Aḥmad Ibn-Muḥammad

Abū-l-ʿAbbās Muḥammad b. Kaṯīr
→ **Farġānī, Aḥmad Ibn-Muḥammad ¬al-¬**

Abulafia, Abraham
→ **Abûlʿafiyā, Avrāhām**

Abulafia, Todros Ben-Judah
→ **Abûlʿāfiyā, Ṭôdrôs Ben-Yehûdā**

Abûlʿafiyā, Avrāhām
1240 – 1291
LMA,I,50-51
Abraham ⟨Abulafia⟩
Abraham ben Samuel Abulafia
Abulafia, Abraham
Abu-'l-ʿĀfiya, Ibrāhīm
Avrāhām ⟨Abûlʿafiyā⟩

Abu-'l-ʿĀfiya, Ibrāhīm
→ **Abûlʿafiyā, Avrāhām**

Abûlʿāfiyā, Ṭôdrôs Ben-Yehûdā
1247 – ca. 1296
Abulafia, Todros Ben-Judah
Ṭôdrôs Ben-Yehûdā ⟨Abûlʿāfiyā⟩

Abu-'l-ʿAināʾ Muḥammad Ibn-al-Qāsim
→ **Abu-'l-ʿAināʾ Muḥammad Ibn-al-Qāsim**

Abu-'l-ʿAināʾ Muḥammad Ibn-al-Qāsim
gest. ca. 896
Abū al-ʿAynaʾ Muḥammad Ibn al-Qāsim
Abu-'l-ʿAināʾ Muḥammad Ibn-al-Qāsim
Ibn-al-Qāsim, Abu-'l-ʿAināʾ Muḥammad
Muḥammad Ibn-al-Qāsim, Abu-'l-ʿAināʾ

Abu-'l-Aʿlā
→ **Abu-'l-Aʿlā Zuhr Ibn-ʿAbd-al-Malik**

Abu-'l-ʿAlāʾ al-Maʿarrī, Aḥmad Ibn-ʿAbdallāh
973 – 1057
LMA,I,68
Abū al-ʿAlāʾ al-Maʿarrī
Abul Ala Al Maarri
Aḥmad Ibn-ʿAbdallāh, Abu-'l-ʿAlāʾ al-Maʿarrī
Maʿarrī, Abu-'l-ʿAlāʾ Aḥmad Ibn-ʿAbdallāh ¬al-¬

Abu-'l-ʿAlāʾ Saʿīd
→ **Gabriel ⟨Bābā, II.⟩**

Abu-'l-Aʿlā Zuhr Ibn-ʿAbd-al-Malik
gest. 1131
ʿAbd-al-Malik, Ibn-Zuhr Zuhr
Aboali
Abū al-Aʿlā Zuhr Ibn ʿAbd al-Malik
Abū al-ʿAlā Zuhr ibn ʿAbd al-Malik ibn Zuhr al-Ishbili
Abû 'l-ʿAlāʾ Zohr
Abueli
Abu-'l-Aʿlā
Abu-'l-Aʿlā Zuhr Ibn-ʿAbd-al-Malik Ibn-Zuhr
Abulelizor
Albuleizor
Ebilule
Ibn-ʿAbd-al-Malik, Abu-'l-Aʿlā Zuhr
Ibn-Zuhr, Abu-'l-ʿAlāʾ Zuhr Ibn-ʿAbd-al-Malik
Ibn-Zuhr, Zuhr Ibn-ʿAbd-al-Malik
Ibn-Zuhr al-Išbīlī, Zuhr Ibn-ʿAbd-al-Malik
Zuhr Ibn-ʿAbd-al-Malik, Abu-'l-Aʿlā
Zuhr Ibn-ʿAbd-al-Malik Ibn-Zuhr

Abu-'l-Aʿlā Zuhr Ibn-ʿAbd-al-Malik Ibn-Zuhr
→ **Abu-'l-Aʿlā Zuhr Ibn-ʿAbd-al-Malik**

Abu-'l-ʿAmaiṯal ʿAbdallāh Ibn-Ḫulaid
gest. 854
ʿAbdallāh Ibn-Ḫulaid, Abu-'l-ʿAmaiṯal
Abū al-ʿAmaythal ʿAbd Allāh Ibn Khulayd
Ibn-Ḫulaid, Abu-'l-ʿAmaiṯal ʿAbdallāh

Abu-'l-Aṣbaġ ʿĪsā Ibn-Sahl
→ **Ibn-Sahl, Abu-'l-Aṣbaġ ʿĪsā**

Abu-'l-Aswad ad-Duʾalī, Ẓālim Ibn-ʿAmr
gest. ca. 688
Abu-'l-Aswad Ẓālim Ibn-ʿAmr ad-Duʾalī
Duʾalī, Abu-'l-Aswad Ẓālim Ibn-ʿAmr ¬ad-¬
Ẓālim Ibn-ʿAmr ad-Duʾalī, Abu-'l-Aswad

Abu-'l-Aswad Ẓālim Ibn-ʿAmr ad-Duʾalī
→ **Abu-'l-Aswad ad-Duʾalī, Ẓālim Ibn-ʿAmr**

Abūʾl-ʿAtāhija
→ **Abu-'l-ʿAtāhīya Ismāʿīl Ibn-al-Qāsim**

Abu-'l-ʿAtāhiya Ismāʿīl Ibn-al-Qāsim
748 – 825
Abū al-ʿAtāhiya Ismāʿīl ibn al-Qāsim
Abu l-Atahija, Abu Ishak ibn al-Kasim
Abūʾl-ʿAtāhija
Ibn-al-Qāsim, Abu-'l-ʿAtāhiya Ismāʿīl
Ismāʿīl Ibn-al-Qāsim, Abu-'l-ʿAtāhiya

Abu-'l-Barakāt al-Baġdādī, Hibatallāh Ibn-Malkā
ca. 1077 – ca. 1165
Abū al-Barakāt al-Baghdādī, Hibat Allāh Ibn Malkā
Abu 'l-Barakāt Hibat Allāh B. Malka al-Baghdādī
Baġdādī, Abu-'l-Barakāt Hibatallāh Ibn-Malkā ¬al-¬
Baġdādī, Hibatallāh Ibn-Malkā ¬al-¬
Baġdādī Hibatallāh Ibn-Malkā al-Baġdādī
Hibatallāh Ibn-Malkā al-Baġdādī, Abu-'l-Barakāt
Ibn-Malkā, Abu-'l-Barakāt Hibatallāh al-Baġdādī
Ibn-Malkā, Hibatallāh al-Baġdādī

Abuʾl-Bishr Ibn-al-Muqaffaʿ
→ **Severus Ibn-al-Muqaffaʿ**

Abul-Casim Chalaf Ben Abbas es-Zahrawi
→ **Zahrāwī, Ḫalaf Ibn-ʿAbbās ¬az-¬**

Abulcasis ⟨al-Zahrāwī⟩
→ **Zahrāwī, Ḫalaf Ibn-ʿAbbās ¬az-¬**

Abulelizor
→ **Abu-'l-Aʿlā Zuhr Ibn-ʿAbd-al-Malik**

Abu-'l-Faḍāʾil al-Ḥamawī
→ **Ḥamawī, Muḥammad Ibn-ʿAlī ¬al-¬**

Abu-'l-Faḍāʾil aṣ-Ṣāfī Ibn-al-ʿAssāl
→ **Ibn-al-ʿAssāl, aṣ-Ṣāfī Abu-'l-Faḍāʾil**

Abū-'l-Faḍl ʿAbd-ar-Raḥmān Ibn-Aḥmad ar-Rāzī
→ **Abū-'l-Faḍl ar-Rāzī, ʿAbd-ar-Raḥmān Ibn-Aḥmad**

Abū-'l-Faḍl al-Muqriʾ
→ **Abū-'l-Faḍl ar-Rāzī, ʿAbd-ar-Raḥmān Ibn-Aḥmad**

Abu-'l-Faḍl al-Qāḍī ʿIyāḍ as-Sabtī
→ **ʿIyāḍ Ibn-Mūsā**

Abū-'l-Faḍl ar-Rāzī, ʿAbd-ar-Raḥmān Ibn-Aḥmad
gest. 1062
ʿAbd-ar-Raḥmān Ibn-Aḥmad ar-Rāzī, Abū-'l-Faḍl
Abū al-Faḍl al-Rāzī, ʿAbd al-Raḥmān Ibn Aḥmad
Abū-'l-Faḍl ʿAbd-ar-Raḥmān Ibn-Aḥmad ar-Rāzī
Abū-'l-Faḍl al-Muqriʾ
Muqriʾ, Abū-'l-Faḍl ʿAbd-ar-Raḥmān Ibn-Aḥmad ¬al-¬
Rāzī, Abū-'l-Faḍl ʿAbd-ar-Raḥmān Ibn-Aḥmad ¬ar-¬

Abu-'l-Faḍl Ibn-al-ʿAmīd
→ **Ibn-al-ʿAmīd, Muḥammad Ibn-al-Ḥusain**

Abu-'l-Faḍl Muḥammad Ibn-Ḥusain ⟨Baihaqī⟩
→ **Baihaqī, Abu-'l-Faḍl Muḥammad Ibn-Ḥusain**

Abu-'l-Faḍl Ṣāliḥ Ibn-Aḥmad Ibn-Ḥanbal
→ **Ṣāliḥ Ibn-Aḥmad Ibn-Ḥanbal**

Abu-l-Faradsch
→ **Abu-'l-Faraǧ al-Iṣfahānī, ʿAlī Ibn-al-Ḥusain**

Abûʾlfaradsch Muḥammad BenIsḥaḳ al-Warrâḳ
→ **Ibn-an-Nadīm, Muḥammad Ibn-Isḥāq**

Abu-'l-Faraǧ ʿAbdallāh Ibn-aṭ-Ṭaiyib
→ **Ibn-aṭ-Ṭaiyib, Abu-'l-Faraǧ ʿAbdallāh**

Abuʾl-Farag al Isfahani
→ **Abu-'l-Faraǧ al-Iṣfahānī, ʿAlī Ibn-al-Ḥusain**

Abu-'l-Faraǧ al-Babbaġāʾ, ʿAbd-al-Wāḥid Ibn-Naṣr
gest. 1008
ʿAbd-al-Wāḥid Ibn-Naṣr al-Babbaġāʾ, Abu-'l-Faraǧ
Abu al-Faraj al-Babbaghāʾ, ʿAbd al-Wāḥid ibn Naṣr
Abulfaragius ⟨Babbagha⟩
Babbaġāʾ, Abu-'l-Faraǧ ʿAbd-al-Wāḥid Ibn-Naṣr ¬al-¬
Babbagha, Abulfaragius

Abu-'l-Faraǧ al-Iṣbahānī, ʿAlī Ibn-al-Ḥusain
→ **Abu-'l-Faraǧ al-Iṣfahānī, ʿAlī Ibn-al-Ḥusain**

Abu-'l-Faraǧ al-Iṣfahānī, ʿAlī Ibn-al-Ḥusain
897 – 967
Abū al-Faraj al-Iṣbahānī
Abū al-Faraj al-Iṣfahānī, ʿAlī Ibn al-Ḥusayn
Abu l-Faradj al-Isfahani
Abu lFaradsch
Abul Faradsch, Al Isfahani
Abu-l-Faradsch

Abu'l-Farag al Isfahani
Abu-'l-Faraǧ al-Iṣbahānī, 'Alī Ibn-al-Ḥusain
'Alī Ibn-al-Ḥusain, Abu-'l-Faraǧ al-Iṣfahānī
Husain, Ali ibn
Iṣfahānī, Abu-'l-Faraǧ 'Alī Ibn-al-Ḥusain ¬al-¬
Iṣfahānī, 'Alī Ibn-al-Ḥusain ¬al-¬
Iṣfahānī, 'Alī Ibn-al-Ḥusain Abu-'l-Faraǧ ¬al-¬

Abu-'l-Faraǧ Gregorios Ibn-al-'Ibrī
→ **Barhebraeus**

Abu-'l-Faraǧ Muḥammad Ibn-Muḥammad Ibn-'Alī Ibn-Humām Ibn-al-Imām
→ **Ibn-al-Imām, Muḥammad Ibn-Muḥammad**

Abulfaragius
→ **Ibn-aṭ-Ṭaiyib, Abu-'l-Faraǧ 'Abdallāh**

Abulfaragius ⟨Babbagha⟩
→ **Abu-'l-Faraǧ al-Babbaġā', 'Abd-al-Wāḥid Ibn-Naṣr**

Abulfaragius, Gregorius
→ **Barhebraeus**

Abu-'l-Fatḥ al-Bustī, 'Alī Ibn-Muḥammad
946 – ca. 1010
'Alī Ibn-Muḥammad, Abu-'l-Fatḥ al-Bustī
Bustī, Abu-'l-Fatḥ 'Alī Ibn-Muḥammad ¬al-¬
Bustī, 'Alī Ibn-Muḥammad ¬al-¬

Abu-'l-Fatḥ al-Iskandarī, Naṣr Ibn-'Abd-ar-Raḥmān
gest. 1166
Abu-'l-Fatḥ Naṣr Ibn-'Abd-ar-Raḥmān
Abu-'l-Fatḥ Naṣr Ibn-'Abd-ar-Raḥmān al-Iskandarī
Fatḥ al-Iskandarī, Naṣr Ibn-'Abd-ar-Raḥmān Abu-'l-Iskandarī, Abu-'l-Fatḥ Naṣr Ibn-'Abd-ar-Raḥmān ¬al-¬
Iskandarī, Naṣr Ibn-'Abd-ar-Raḥmān Abu-'l-Fatḥ al-
Naṣr Ibn-'Abd-ar-Raḥmān, Abu-'l-Fatḥ al-Iskandarī

Abu-'l-Fatḥ Naṣr Ibn-'Abd-ar-Raḥmān
→ **Abu-'l-Fatḥ al-Iskandarī, Naṣr Ibn-'Abd-ar-Raḥmān**

Abu-'l-Fatḥ Naṣr Ibn-'Abd-ar-Raḥmān al-Iskandarī
→ **Abu-'l-Fatḥ al-Iskandarī, Naṣr Ibn-'Abd-ar-Raḥmān**

Abu-'l-Fatḥ 'Uṯmān Ibn-Ǧinnī
→ **Ibn-Ǧinnī, Abu-'l-Fatḥ 'Uṯmān**

Abulfeda
→ **Abu-'l-Fidā Ismā'īl Ibn-'Alī**

Abulfeda, Ismael
→ **Abu-'l-Fidā Ismā'īl Ibn-'Alī**

Abulfeda, Ismail
→ **Abu-'l-Fidā Ismā'īl Ibn-'Alī**

Abu-'l-Fidā Ismā'īl Ibn-'Alī
1273 – 1331
Aboulfeda
Aboul-Fédá, ...
Abu l-Feda, Ismail
Abu l-Fida, Ismail
Abulfeda
Abulfeda, Ismael
Abulfeda, Ismail
Abulpheda
Abu'l-Feda, Ismael
Abu-'l-Fidā' Ismā'il Ibn-'Alī al-Aijūbī
Ampulpheda, Ismaēl
Fédá, Aboul
Ibn-'Alī, Ismā'īl Abu-'l-Fidā
Ismael Abu'l-Feda
Ismā'īl Ibn-'Alī, Abu-'l-Fidā

Abu-'l-Fidā' Ismā'il Ibn-'Alī al-Aijūbī
→ **Abu-'l-Fidā Ismā'īl Ibn-'Alī**

Abu-'l-Ḥaǧǧāǧ Yūsuf Ibn-Sulaimān al-A'lam aš-Šantamarī
→ **A'lam aš-Šantamarī, Yūsuf Ibn-Sulaimān ¬al-¬**

Abu-'l-Ḫair al-Išbīlī
12. Jh.
Abou l'Khayr ⟨de Seville⟩
Abū al-Khayr al-Ishbīlī
Abu 'l-Khayr al-Ishbīlī
Abu'l-Khayr ach-Chadjdjar al-Ichbili
Išbīlī, Abu-'l-Ḫair ¬al-¬
Saǧǧar ¬as-¬
Sajjār

Abu-'l-Ḥasan ⟨Ibn-Abī-Riǧāl⟩
→ **Ibn-Abi-'r-Riǧāl, Abu-'l-Ḥasan 'Alī**

Abu-'l-Ḥasan 'Abd-al-Ǧabbār Ibn-Aḥmad
→ **'Abd-al-Ǧabbār Ibn-Aḥmad**

Abu-'l-Ḥasan al-'Āmirī
→ **'Āmirī, Abu-'l-Ḥasan Muḥammad Ibn-Yūsuf ¬al-¬**

Abu-'l-Ḥasan al-'Āmirī, Muḥammad Ibn-Yūsuf
→ **'Āmirī, Abu-'l-Ḥasan Muḥammad Ibn-Yūsuf ¬al-¬**

Abu-'l-Ḥasan al-Harawī, 'Alī Ibn-Muḥammad
gest. ca. 1019
Abū al-Ḥasan al-Harawī, 'Alī Ibn Muḥammad
Abu-'l-Ḥasan 'Alī Ibn-Muḥammad al-Harawī
Harawī, Abu-'l-Ḥasan 'Alī Ibn-Muḥammad ¬al-¬
Harawī, 'Alī Ibn-Muḥammad ¬al-¬
Naḥwī, 'Alī Ibn-Muḥammad ¬an-¬

Abu-'l-Ḥasan 'Alī Ibn Khalaf Ibn 'Alī ibn 'Abd al-Wahhāb
→ **'Alī Ibn-Ḫalaf al-Kātib**

Abu-'l-Ḥasan 'Alī Ibn-Ismā'īl al-Aš'arī
→ **Aš'arī, Abu-'l-Ḥasan 'Alī Ibn-Ismā'īl ¬al-¬**

Abu-'l-Ḥasan 'Alī Ibn-Muḥammad al-Hādī
→ **'Alī al-Hādī**

Abu-'l-Ḥasan 'Alī Ibn-Muḥammad al-Harawī
→ **Abu-'l-Ḥasan al-Harawī, 'Alī Ibn-Muḥammad**

Abu-'l-Ḥasan aš-Šāḏilī
→ **Šāḏilī, 'Alī Ibn-'Abdallāh ¬aš-¬**

Abu-'l-Ḥasan aṭ-Ṭabarī, Aḥmad Ibn-Muḥammad
gest. ca. 985
Abū al-Ḥasan al-Ṭabarī, Aḥmad Ibn Muḥammad
Aḥmad Ibn-Muḥammad, Abu-'l-Ḥasan aṭ-Ṭabarī
Ṭabarī, Abu-'l-Ḥasan Aḥmad Ibn-Muḥammad ¬aṭ-¬
Ṭabarī, Aḥmad Ibn-Muḥammad ¬aṭ-¬

Abu-'l-Ḥasan Ibn-Ṭabāṭabā, Muḥammad Ibn-Aḥmad
gest. 934
Abū al-Ḥasan ibn Ṭabāṭabā, Muḥammad ibn Aḥmad
Ibn-Aḥmad, Muḥammad Ibn-Ṭabāṭabā
Ibn-Ṭabāṭabā, Abu-'l-Ḥasan Muḥammad Ibn-Aḥmad
Ibn-Ṭabāṭabā, Muḥammad Ibn-Aḥmad
Ibn-Ṭabāṭabā al-'Alawī, Muḥammad Ibn-Aḥmad
Muḥammad Ibn-Aḥmad Ibn-Ṭabāṭabā

Abu'l-Hassan al-Lawi
→ **Yehûdā hal-Lēwî**

Abu-'l-Ḫaṭṭāb al-Aḫfaš, 'Abd-al-Ḥamīd Ibn-'Abd-al-Maǧīd
gest. 793
'Abd-al-Ḥamīd Ibn-'Abd-al-Maǧīd al-Aḫfaš, Abu-'l-Ḫaṭṭāb
Abū al-Khaṭṭāb al-Akhfash, 'Abd al-Ḥamīd ibn 'Abd al-Majīd
Aḫfaš, 'Abd-al-Ḥamīd Ibn-'Abd-al-Maǧīd ¬al-¬
Aḫfaš al-Akbar, Abu-'l-Ḫaṭṭāb 'Abd-al-Ḥamīd Ibn-'Abd-al-Maǧīd ¬al-¬
Aḫfaš al-Kabīr, Abu-'l-Ḫaṭṭāb 'Abd-al-Ḥamīd Ibn-'Abd-al-Maǧīd ¬al-¬

Abu-'l-Huḏail al-'Allāf, Muḥammad Ibn-al-Huḏail
ca. 752 – ca. 840
Abū al-Hudhayl al-'Allāf, Muḥammad Ibn al-Hudhayl
Abu-'l-Huḏail Muḥammad Ibn-al-Huḏail
'Allāf, Abu-'l-Huḏail Muḥammad Ibn-al-Huḏail ¬al-¬
'Allāf, Muḥammad Ibn-al-Huḏail ¬al-¬
Ibn-al-Huḏail, Abu-'l-Huḏail al-'Allāf
Muḥammad Ibn-al-Huḏail, Abu-'l-Huḏail al-'Allāf

Abu-'l-Huḏail Muḥammad Ibn-al-Huḏail
→ **Abu-'l-Huḏail al-'Allāf, Muḥammad Ibn-al-Huḏail**

Abu-'l-Ḥusain ⟨al-Qāḍī⟩
→ **Ibn-al-Farrā', Muḥammad Ibn-Muḥammad**

Abu-'l-Ḥusain Aḥmad Ibn-Fāris ar-Rāzī
→ **Ibn-Fāris al-Qazwīnī, Aḥmad**

Abu-'l-Ḥusain Ibn-aṭ-Ṭarāwa
→ **Ibn-aṭ-Ṭarāwa, Sulaimān Ibn-Muḥammad**

Abu-'l-Ḥusain Ibn-Kaškarīya
→ **Ya'qūb al-Kaškarī**

Abu'l-Khayr ach-Chadjdjar al-Ichbili
→ **Abu-'l-Ḫair al-Išbīlī**

Abu-'l-Ma'ālī Naṣrallāh Munšī
→ **Munšī, Naṣrallāh**

Abu-'l-Maḥāsin at-Tanūḫī, al-Mufaḍḍal Ibn-Muḥammad
→ **Tanūḫī, Abu-'l-Maḥāsin al-Mufaḍḍal Ibn-Muḥammad ¬at-¬**

Abu-'l-Maḥāsin Yūsuf Ibn-'Abdallāh Ibn-Taġrībirdī
→ **Ibn-Taġrībirdī, Abu-'l-Maḥāsin Yūsuf Ibn-'Abdallāh**

Abu-'l-Mu'īn an-Nasafī
→ **Nasafī, Maimūn Ibn-Muḥammad ¬an-¬**

Abu'l-Muṭarrif, 'Abd-ar-Raḥmān Ibn-Muḥammad
→ **Ibn-Wāfid, 'Abd-ar-Raḥmān Ibn-Muḥammad**

Abu-'l-Muṭarrif Aḥmad Ibn-'Abdallāh al-Maḫzūmī
→ **Maḫzūmī, Aḥmad Ibn-'Abdallāh ¬al-¬**

Abulpheda
→ **Abu-'l-Fidā Ismā'īl Ibn-'Alī**

Abu-'l-Qāsim al-Fazārī
→ **Fazārī, Ibrāhīm Ibn-Ḥabīb ¬al-¬**

Abu-'l-Qāsim al-Maǧrīṭī, Maslama Ibn-Aḥmad
→ **Maǧrīṭī, Abu-'l-Qāsim Maslama Ibn-Aḥmad ¬al-¬**

Abu-'l-Qāsim at-Tanūḫī, 'Alī Ibn-al-Muḥassin
→ **Tanūḫī, 'Alī Ibn-al-Muḥassin ¬at-¬**

Abu-'l-Qāsim Firdausī Ṭūsī
→ **Firdausī**

Abu-'l-Qāsim Ǧunaid Ibn-Muḥammad
→ **Ǧunaid Ibn-Muḥammad ¬al-¬**

Abu-'l-Qāsim Ibn-Ḥauqal
→ **Ibn-Ḥauqal, Abu-'l-Qāsim Ibn-'Alī**

Abu-'l-Qāsim Ibn-Riḍwān
→ **Ibn-Riḍwān, Abu-'l-Qāsim**

Abu-'l-Qāsim Manṣūr Firdausī
→ **Firdausī**

Abu-'l-Qāsim Maslama Ibn-Aḥmad al-Maǧrīṭī
→ **Maǧrīṭī, Abu-'l-Qāsim Maslama Ibn-Aḥmad ¬al-¬**

Abu-'l-Salt Umayya b. abū 'l-Ṣalt 'Abd al-'Azīz al-Andalusī
→ **Abu-'ṣ-Ṣalt Umaiya Ibn-Abi-'ṣ-Ṣalt**

Abu-'l-Wafā' al-Būzaǧānī, Muḥammad Ibn-Muḥammad
940 – 997/998
LMA,I,68-69
Abū al-Wafā' al-Būzajānī, Muḥammad ibn Muḥammad
Abū l-Wafā' al-Būzaǧānī
Būzaǧānī, Abu-'l-Wafā' Muḥammad Ibn-Muḥammad
Muḥammad ibn Muḥammad ibn Yaḥyā
Muḥammad Ibn-Muḥammad Abu-'l-Wafā' al-Būzaǧānī

Abu-'l-Wafā' 'Alī Ibn-'Aqīl
→ **Ibn-'Aqīl, Abu-'l-Wafā' 'Alī**

Abu-'l-Walīd al-Bāǧī
→ **Bāǧī, Sulaimān Ibn-Ḫalaf ¬al-¬**

Abū-l-Walīd Ibn-Rušd
→ **Averroes**

Abu-'l-Walīd Ismā'īl Ibn-Yūsuf Ibn-al-Aḥmar
→ **Ibn-al-Aḥmar, Ismā'īl Ibn-Yūsuf**

Abu-'l-Walid Marwān Ibn-Ǧanāḥ ⟨al-Qurṭubī⟩
→ **Ibn-Ǧanāḥ, Yônā**

Abu-'l-Walīd Marwān Ibn-Janāh
→ **Ibn-Ǧanāḥ, Yônā**

Abulwalîd Merwân Ibn Ganâh
→ **Ibn-Ǧanāḥ, Yônā**

Abu-'l-Walīd Muḥammad Ibn-Aḥmad Ibn-Rušd
→ **Ibn-Rušd, Abu-'l-Walīd Muḥammad Ibn-Aḥmad**

Abu-'l-Yusr Muḥammad al-Bazdawī
→ **Bazdawī, Abu-'l-Yusr Muḥammad ¬al-¬**

Abū-Manṣūr aṯ-Ṯa'ālibī
→ **Ṯa'ālibī, 'Abd-al-Malik Ibn-Muḥammad ¬aṯ-¬**

Abū-Manṣūr Muḥammad Ibn-Aḥmad Daqīqī
→ **Daqīqī, Abū-Manṣūr Muḥammad Ibn-Aḥmad**

Abū-Marwān 'Abd-al-Malik Ibn-Abi-'l-'Alā' Zuhr Ibn-Zuhr
→ **Ibn-Zuhr, Abū-Marwān 'Abd-al-Malik Ibn-Abi-'l-'Alā' Zuhr**

Abū-Marwān 'Abd-al-Malik Ibn-Idrīs al-Ǧazīrī
→ **'Abd-al-Malik Ibn-Idrīs al-Ǧazīrī**

Abū-Marwān Ibn-Zuhr
→ **Ibn-Zuhr, Abū-Marwān 'Abd-al-Malik Ibn-Abi-'l-'Alā' Zuhr**

Abu-Mašar
→ **Abū-Ma'šar Ǧa'far Ibn-Muḥammad**

Abū-Ma'šar Ǧa'far Ibn-Muḥammad
787 – 886
LMA,I,69
Abu Maschar
Abu Maschar, Dschafar Al Balchi
Abū Ma'shar Ja'far Ibn Muḥammad
Abū-Ma'šar
Abū-Mašar
Abū-Mašar Gafar IbnMuhammad al-Bali
Abū-Mašar Gafar IbnMuhammad al-Bali
Alboassar
Albumasar
Apomasar
Balhī, Abū-Ma'šar Ǧa'far Ibn-Muḥammad ¬al-¬
Gafar
Ǧa'far Ibn-Muḥammad, Abū-Ma'šar
Ibn-Muḥammad, Abū-Ma'šar Ǧa'far
Ja'far IbnMuhammad

Abū-Mašar Gafar IbnMuhammad al-Bali
→ **Abū-Ma'šar Ǧa'far Ibn-Muḥammad**

Abū-Maslama al-Maǧrīṭī, Muḥammad Ibn-Ibrāhīm
→ **Maǧrīṭī, Abū-Maslama Muḥammad Ibn-Ibrāhīm ¬al-¬**

Abū-Maslama Muḥammad Ibn-Ibrāhīm al-Maǧrīṭī
→ **Maǧrīṭī, Abū-Maslama Muḥammad Ibn-Ibrāhīm ¬al-¬**

Abū-Miḥǧan ʿAbdallāh at-Ṯaqafī
→ **Abū-Miḥǧan at-Ṯaqafī, ʿAbdallāh**

Abū-Miḥǧan at-Ṯaqafī, ʿAbdallāh
7. Jh.
ʿAbdallāh at-Ṯaqafī, Abū-Miḥǧan
Abū Miḥjan al-Thaqafī, ʿAbd Allāh
Abū-Miḥǧan ʿAbdallāh at-Ṯaqafī
Abū-Miḥǧan at-Ṯaqafī, ʿAmr
Abū-Miḥǧan at-Ṯaqafī, Mālik
Ṯaqafī, Abū-Miḥǧan ʿAbdallāh

Abū-Miḥǧan at-Ṯaqafī, ʿAmr
→ **Abū-Miḥǧan at-Ṯaqafī, ʿAbdallāh**

Abū-Miḥǧan at-Ṯaqafī, Mālik
→ **Abū-Miḥǧan at-Ṯaqafī, ʿAbdallāh**

Abū-Muḥammad ʿAbdallāh Ibn-ʿAlī ar-Rušāṭī
→ **Rušāṭī, Abū-Muḥammad ʿAbdallāh Ibn-ʿAlī ¬ar-¬**

Abū-Muḥammad al-ʿAbdarī
→ **ʿAbdarī, Abū-Muḥammad ¬al-¬**

Abū-Muḥammad al-Rušāṭī
→ **Rušāṭī, Abū-Muḥammad ʿAbdallāh Ibn-ʿAlī ¬ar-¬**

Abū-Muẓaffar as-Samʿānī
→ **Samʿānī, Manṣūr Ibn-Muḥammad ¬as-¬**

Abū-Naṣr ʿAbdallāh Ibn-ʿAlī as-Sarrāǧ
→ **Sarrāǧ, Abū-Naṣr ʿAbdallāh Ibn-ʿAlī ¬as-¬**

Abū-Naṣr as-Sarrāǧ
→ **Sarrāǧ, Abū-Naṣr ʿAbdallāh Ibn-ʿAlī ¬as-¬**

Abū-Naṣr as-Sarrāǧ, ʿAbdallāh Ibn-ʿAlī
→ **Sarrāǧ, Abū-Naṣr ʿAbdallāh Ibn-ʿAlī ¬as-¬**

Abū-Naṣr Ibn-ʿIrāq, Manṣūr Ibn-ʿAlī
gest. 1018/1036
Abū-Naṣr Manṣūr Ibn-ʿAlī Ibn-ʿIrāq
Ibn-ʿIrāq, Abū-Naṣr Manṣūr Ibn-ʿAlī
Ibn-ʿIrāq, Manṣūr Ibn-ʿAlī
Manṣūr Ibn-ʿAlī Ibn-ʿIrāq, Abū-Naṣr

Abū-Naṣr Manṣūr Ibn-ʿAlī Ibn-ʿIrāq
→ **Abū-Naṣr Ibn-ʿIrāq, Manṣūr Ibn-ʿAlī**

Abū-Naṣr Muḥammad Ibn-Muḥammad ⟨al-Fārābī⟩
→ **Fārābī, Abū-Naṣr Muḥammad Ibn-Muḥammad ¬al-¬**

Abu-'n-Naǧm al-ʿIǧlī
ca. 675 – ca. 743
Abū al-Najm al-ʿIjlī
ʿIglī, Abu-'n-Naǧm ¬al-¬

Abu-Nowas
→ **Abū-Nuwās al-Ḥasan Ibn-Hāni'**

Abū-Nuʿaim al-Faḍl Ibn-Dukain
→ **Faḍl Ibn-Dukain ¬al-¬**

Abū-Nuʿaim al-Iṣfahānī, Aḥmad Ibn-ʿAbdallāh
gest. 1038
Abū Nuʿaym al-Iṣfahāni, Aḥmad Ibn ʿAbd Allāh
Aḥmad Ibn-ʿAbdallāh, Abū-Nuʿaim al-Iṣfahānī
Iṣfahānī, Abū-Nuʿaim Aḥmad Ibn-ʿAbdallāh ¬al-¬
Iṣfahānī, Aḥmad Ibn-ʿAbdallāh ¬al-¬

Abū-Nuwās
→ **Abū-Nuwās al-Ḥasan Ibn-Hāni'**

Abū-Nuwās al-Ḥasan Ibn-Hāni'
757 – 815
Abu Nuwas
Abu-Nowas
Abū-Nuwās
Ḥasan Ibn-Hāni' ¬al-¬
Ḥasan Ibn-Hāni', Abū-Nuwās ¬al-¬
Ibn-Hāni', Abū-Nuwās al-Ḥasan

Abū-Qurra, Theodor
→ **Theodor Abū-Qurra**

Abū-Rā'iṭa, Ḥabīb Ibn-Ḫidma
9. Jh.
Abū-Rā'iṭa at-Takrītī
Ḥabīb Ibn-Ḫidma, Abū-Rā'iṭa
Ibn-Ḫidma, Abū-Rā'iṭa Ḥabīb
Takrītī, Abū-Rā'iṭa ¬at-¬

Abū-Rā'iṭa at-Takrītī
→ **Abū-Rā'iṭa, Ḥabīb Ibn-Ḫidma**

Abū-Rašīd an-Nīsābūrī, Saʿīd Ibn-Muḥammad
11. Jh.
Abu Raschid
Abū Rashīd al-Nīsābūrī, Saʿīd ibn Muḥammad
Abū-Rašīd Saʿīd Ibn-Muḥammad
Nīsābūrī, Abū-Rašīd Saʿīd Ibn-Muḥammad ¬an-¬
Nīsābūrī, Saʿīd Ibn-Muḥammad Abū-Rašīd an-
Rašīd an-Nīsābūrī, Saʿīd Ibn-Muḥammad Abū-
Saʿīd Ibn-Muḥammad an-Nīsābūrī, Abū-Rašīd

Abū-Rašīd Saʿīd Ibn-Muḥammad
→ **Abū-Rašīd an-Nīsābūrī, Saʿīd Ibn-Muḥammad**

Abu-'r-Raiḥān Muḥammad Ibn-Aḥmad ⟨al-Bīrūnī⟩
→ **Bīrūnī, Abu-'r-Raiḥān Muḥammad Ibn-Aḥmad ¬al-¬**

Abū-Saʿd ʿAbd-al-Karīm Ibn-Muḥammad as-Samʿānī
→ **Samʿānī, Abū-Saʿd ʿAbd-al-Karīm Ibn-Muḥammad ¬as-¬**

Abū-Saʿd al-ʿAlā' Ibn-Sahl
10. Jh.
Abū Saʿd al-ʿAlā' ibn Sahl
ʿAlā' Ibn-Sahl, Abū-Saʿd ¬al-¬
Ibn-Sahl, Abū-Saʿd al-ʿAlā'

Abū-Saʿd as-Samʿānī, ʿAbd-al-Karīm Ibn-Muḥammad
→ **Samʿānī, Abū-Saʿd ʿAbd-al-Karīm Ibn-Muḥammad ¬as-¬**

Abū-Sahl al-Kūhī, Waiǧan Ibn-Rustam
10. Jh.
Beschreibung des vollkommenen Zirkels; Schriften zu Astrologie und Mechanik
LMA,V,1560/61
Abū Sahl al-Kūhī, Wayjan ibn Rustam
Ibn-Rustam, Abū-Sahl al-Kūhī Waiǧan
Kūhī, Abū-Sahl Waiǧan Ibn-Rustam ¬al-¬
Kūhī, Waiǧan Ibn-Rustam ¬al-¬
Qūhī, Abū-Sahl Waiǧan Ibn-Rustam ¬al-¬
Waiǧan Ibn-Rustam Abū-Sahl al-Kūhī

Abū-Saʿīd ad-Dārimī, ʿUṯmān Ibn-Saʿīd
→ **Dārimī, Abū-Saʿīd ʿUṯmān Ibn-Saʿīd ¬ad-¬**

Abū-Saʿīd an-Naqqāš, Muḥammad Ibn-ʿAlī
gest. 1023
Abū Saʿīd al-Naqqāsh, Muḥammad Ibn ʿAlī
Muḥammad Ibn-ʿAlī, Abū-Saʿīd an-Naqqāš
Naqqāš, Abū-Saʿīd Muḥammad Ibn-ʿAlī ¬an-¬
Naqqāš, Muḥammad Ibn-ʿAlī ¬an-¬

Abū-Saʿīd as-Sīrāfī
→ **Sīrāfī, al-Ḥasan Ibn-ʿAbdallāh ¬as-¬**

Abū-Saʿīd as-Sīrāfī, al-Ḥasan Ibn-ʿAbdallāh
→ **Sīrāfī, al-Ḥasan Ibn-ʿAbdallāh ¬as-¬**

Abū-Saʿīd as-Sukkarī, al-Ḥasan Ibn-al-Ḥusain
→ **Sukkarī, al-Ḥasan Ibn-al-Ḥusain ¬as-¬**

Abu-Said Ebn-Abel-Chair
→ **Abū-Saʿīd Ibn-Abi-'l-Ḫair**

Abū-Saʿīd Faḍlallāh Ibn-Abi-'l-Ḫair
→ **Abū-Saʿīd Ibn-Abi-'l-Ḫair**

Abū-Saʿīd Ibn-Abi'l-Ḫair
967 – 1049
Persischer Mystiker
Abū Saʿīd Fazl Allāh ibn Abū al-Khayr
Abū Saʿīd ibn Abī al-Khayr
Abū Saʿīd Ibn Abi l-Ḫair
Abu-Said Ebn-Abel-Chair
Abū-Saʿīd Faḍlallāh Ibn-Abi-'l-Ḫair
Shaykh Abī Saʿīd

Abū-Ṣāliḥ ⟨der Armenier⟩
→ **Abū-Ṣāliḥ al-Armanī**

Abû-Ṣâliḥ ⟨the Armenian⟩
→ **Abū-Ṣāliḥ al-Armanī**

Abū-Ṣāliḥ al-Armanī
12./13. Jh.
Abū-Ṣāliḥ ⟨der Armenier⟩
Abū-Ṣāliḥ ⟨the Armenian⟩
Abū-Ṣulḥ al-Armanī
Armanī, Abū-Ṣāliḥ ¬al-¬

Abusalt
→ **Abu-'ṣ-Ṣalt Umaiya Ibn-Abi-'ṣ-Ṣalt**

Abusalt ⟨de Denia⟩
→ **Abu-'ṣ-Ṣalt Umaiya Ibn-Abi-'ṣ-Ṣalt**

Abū-Šāma, ʿAbd-ar-Raḥmān Ibn-Ismāʿīl
1202 – 1267
Rep.Font., II,104
ʿAbd-ar-Raḥmān Ibn-Ismāʿīl, Abū-Šāma
Abu Shama
Abū Shāma, ʿAbd al-Raḥmān Ibn Ismāʿīl
Abū-Šāma al-Maqdisī
Ibn-Ismāʿīl, Abū-Šāma Abd-ar-Raḥmān

Abū-Šāma al-Maqdisī
→ **Abū-Šāma, ʿAbd-ar-Raḥmān Ibn-Ismāʿīl**

Abu-'š-Šaiḫ, ʿAbdallāh Ibn Muḥammad
887 – 979
ʿAbdallāh Ibn-Muḥammad, Abu-'š-Šaiḫ
Abū al-Shaykh, ʿAbd Allāh Ibn Muḥammad
Ibn-Ḥaiyān al-Iṣbahānī, ʿAbdallāh Ibn-Ǧafār
Ibn-Muḥammad, Abu-'š-Šaiḫ ʿAbdallāh
Iṣbahānī, ʿAbdallāh Ibn-Ǧafār ¬al-¬

Abu-'ṣ-Ṣalt Umaiya Ibn-Abi-'ṣ-Ṣalt
1068 – 1134
Rep.Font. II,103/04
Abū al-Ṣalt Umayya Ibn Abī al-Ṣalt
Abusalt
Abusalt ⟨de Denia⟩
Abu-'l-Salt Umayya b. abū 'l-Ṣalt ʿAbd al-ʿAzīz al-Andalusī
Ibn-Abi-'ṣ-Ṣalt, Abu-'ṣ-Ṣalt Umaiya
Umaiya Ibn-Abi-'ṣ-Ṣalt, Abu-'ṣ-Ṣalt

Abu-š-Šamaqmaq Marwān Ibn-Muḥammad
gest. ca. 806
Abū al-Shamaqmaq Marwān Ibn Muḥammad
Marwān Ibn-Muḥammad, Abu-š-Šamaqmaq

Abu'ṣ-Ṣaqr ʿAbd-al-ʿAzīz al-Qabīṣī
→ **Qabīṣī, Abu-'ṣ-Ṣaqr ʿAbd-al-ʿAzīz Ibn-ʿUṯmān ¬al-¬**

Abu-'ṣ-Ṣaqr al-Qabīṣī, ʿAbd-al-ʿAzīz Ibn-ʿUṯmān
→ **Qabīṣī, Abu-'ṣ-Ṣaqr ʿAbd-al-ʿAzīz Ibn-ʿUṯmān ¬al-¬**

Abū-Ṣulḥ al-Armanī
→ **Abū-Ṣāliḥ al-Armanī**

Abū-Ṭāhir al-Bazzār
→ **Abū-Ṭāhir Ibn-Abī-Hāšim al-Baġdādī**

Abū-Ṭāhir as-Silafī
→ **Silafī, Aḥmad Ibn-Muḥammad ¬as-¬**

Abū-Ṭāhir Ibn-Abī-Hāšim al-Baġdādī
893 – 960
Abū-Ṭāhir al-Bazzār
Baġdādī, Abū-Ṭāhir Ibn-Abī-Hāšim ¬al-¬
Bazzār, Abū-Ṭāhir ʿAbd-al-Wāḥid Ibn-Abī-Hāšim ¬al-¬
Ibn-Abī-Hāšim, ʿAbd-al-Wāḥid Ibn-ʿUmar
Ibn-Abī-Hāšim, Abū-Ṭāhir ʿAbd-al-Wāḥid

Abū-Ṭālib al-Makkī, Muḥammad Ibn-Alī
gest. 996
Makkī, Abū-Ṭālib Muḥammad Ibn-ʿAlī ¬al-¬
Muḥammad Ibn-ʿAlī al-Makkī, Abū-Ṭālib
Wāʿiẓ al-Makkī, Muḥammad Ibn-ʿAlī ¬al-¬

Abū-Tammām
→ **Abū-Tammām Ḥabīb Ibn-Aus aṭ-Ṭā'ī**

Abū-Tammām Ḥabīb Ibn-Aus aṭ-Ṭā'ī
gest. ca. 843
Abu Tammam
Abū Tammām Ḥabīb Ibn Aws al-Ṭā'ī
Abu Temmâm
Abū-Tammām
Ḥabīb Ibn-Aus, Abū-Tammām
Ibn-Aus, Abū-Tammām Ḥabīb
Ṭā'ī, Abū-Tammām Ḥabīb Ibn-Aus ¬aṭ-¬

Abu-'ṭ-Ṭāhir al-Fārisī, Muḥammad Ibn-al-Ḥusain
→ **Fārisī, Muḥammad Ibn-al-Ḥusain ¬al-¬**

Abu-'ṭ-Ṭāhir as-Silafī, Aḥmad Ibn-Muḥammad
→ **Silafī, Aḥmad Ibn-Muḥammad ¬as-¬**

Abu-'ṭ-Ṭaiyib ʿAbd-al-Wāḥid Ibn-ʿAlī al-Luġawī
→ **Abu-'ṭ-Ṭaiyib al-Luġawī, ʿAbd-al-Wāḥid Ibn-ʿAlī**

Abu-'ṭ-Ṭaiyib Aḥmad Ibn-al-Ḥusain al-Mutanabbī
→ **Mutanabbī, Abu-'ṭ-Ṭaiyib Aḥmad Ibn-al-Ḥusain ¬al-¬**

Abu-'ṭ-Ṭaiyib al-Luġawī, ʿAbd-al-Wāḥid Ibn-ʿAlī
gest. 962
Abd-al-Wāḥid Ibn-ʿAlī
Abu-'ṭ-Ṭaiyib al-Luġawī
Abū al-Ṭayyib al-Lughawī, ʿAbd al-Wāḥid Ibn ʿAlī
Abu-'ṭ-Ṭaiyib ʿAbd-al-Wāḥid Ibn-ʿAlī al-Luġawī
Luġawī, Abu-'ṭ-Ṭaiyib ʿAbd-al-Wāḥid Ibn-ʿAlī ¬al-¬

Abū-ʿUbaid ʿAbdallāh Ibn-ʿAbd-al-ʿAzīz al-Bakrī
→ **Abū-ʿUbaid al-Bakrī, ʿAbdallāh Ibn-ʿAbd-al-ʿAzīz**

Abū-ʿUbaid al-Bakrī, ʿAbdallāh Ibn-ʿAbd-al-ʿAzīz
gest. 1094
Geograph; Muʿǧam mā 'staʿǧam; al-Mamālik wa-l-masālik
LMA,I,1359; Rep.Font., II,436
ʿAbdallāh Ibn-ʿAbd-al-ʿAzīz al-Bakrī
Abou-Obeid el-Bekri
Abu Obeid Abdallah ben Abd al-Aziz al-Bakri
Abū ʿUbayd al-Bakrī, ʿAbd Allāh Ibn ʿAbd al-ʿAzīz
Abū-ʿUbaid ʿAbdallāh Ibn-ʿAbd-al-ʿAzīz al-Bakrī
Abu-Ubayd Abdullah ben Abd-al-Azīz al-Bakri
Abu-Ubayd al-Bakrī
Bakrī, ʿAbdallāh Ibn-ʿAbd-al-ʿAzīz ¬al-¬
Bakrī, ʿAbdallāh Ibn-Muḥammad ¬al-¬
Bakrī, Abū ʿUbayd Allāh ¬al-¬

Bakrī, Abū-'Ubaid 'Abdallāh
Ibn-'Abd-al-'Azīz
Bakrī, 'Ubaidallāh ¬al-¬
Ibn-'Abd-al-'Azīz, 'Abdallāh
al-Bakrī

Abū-'Ubaid al-Qāsim Ibn-Sallām
gest. 883
Abū 'Ubayd al-Qāsim ibn Sallām
Ibn-Sallām, Abū-'Ubaid al-Qāsim
Qāsim Ibn-Sallām ¬al-¬
Qāsim Ibn-Sallām, Abū-'Ubaid ¬al-¬

Abū-'Ubaida Ma'mar Ibn-al-Mutannā
738 – 822/828
Abū 'Ubayda Ma'mar ibn al-Muthannā
Ibn-al-Mutannā, Abū-'Ubaida Ma'mar
Ibn-al-Mutannā, Ma'mar
Ma'mar Ibn-al-Mutannā, Abū-'Ubaida

Abu-Ubayd Abdullah ben Abd-al-Azīz al-Bakri
→ **Abū-'Ubaid al-Bakrī, 'Abdallāh Ibn-'Abd-al-'Azīz**

Abu-Ubayd al-Bakrī
→ **Abū-'Ubaid al-Bakrī, 'Abdallāh Ibn-'Abd-al-'Azīz**

Abū-'Umar az-Zāhid
→ **Ġulām Ta'lab, Muḥammad Ibn-'Abd-al-Wāḥid**

Abū-'Umar Muḥammad Ibn-Yūsuf al-Kindī
→ **Kindī, Muḥammad Ibn-Yūsuf ¬al-¬**

Abū-'Utmān al-Māzinī
→ **Māzinī, Bakr Ibn-Muḥammad ¬al-¬**

'Abū-'Utmān 'Amr Ibn-Baḥr al-Ǧāḥiẓ
→ **Ǧāḥiẓ, 'Amr Ibn-Baḥr ¬al-¬**

Abū-'Utmān Sahl Ibn-Bišr
→ **Sahl Ibn-Bišr**

Abuwalid Merwan Ibn-Ganach
→ **Ibn-Ǧanāḥ, Yônā**

Abū-Yaḥyā az-Zaǧǧālī
→ **Zaǧǧālī, 'Ubaidallāh Ibn-Aḥmad ¬az-¬**

Abū-Ya'lā Aḥmad Ibn-'Alī al-Mauṣilī
→ **Abū-Ya'lā al-Mauṣilī, Aḥmad Ibn-'Alī**

Abū-Ya'lā al-Farrā', Muḥammad Ibn-al-Ḥusain
gest. 1065
Abū-Ya'lā Muḥammad Ibn-al-Ḥusain al-Farrā'
Farrā', Abū-Ya'lā Muḥammad Ibn-al-Ḥusain ¬al-¬
Farrā', Muḥammad Ibn-al-Ḥusain
Qāḍī Abū-Ya'lā ¬al-¬

Abū-Ya'lā al-Mauṣilī, Aḥmad Ibn-'Alī
825 – 919
Abū Ya'lā al-Mawṣilī, Aḥmad Ibn 'Alī
Abū-Ya'lā Aḥmad Ibn-'Alī al-Mauṣilī
Mauṣilī, Abū-Ya'lā Aḥmad Ibn-'Alī ¬al-¬
Mauṣilī, Aḥmad Ibn-'Alī ¬al-¬

Abū-Ya'lā al-Qazwīnī
→ **Halīlī, al-Halīl Ibn-'Abdallāh ¬al-¬**

Abū-Ya'lā Muḥammad Ibn-al-Ḥusain al-Farrā'
→ **Abū-Ya'lā al-Farrā', Muḥammad Ibn-al-Ḥusain**

Abū-Ya'qūb as-Siǧazī, Isḥāq Ibn-Aḥmad
→ **Abū-Ya'qūb as-Siǧistānī, Isḥāq Ibn-Aḥmad**

Abū-Ya'qūb as-Siǧistānī, Isḥāq Ibn-Aḥmad
10. Jh.
Abū Ya'qūb al-Sidjzī, Isḥaḳ B. Aḥmad
Abū Ya'qūb al-Sijzī, Iṣḥāq ibn Aḥmad
Abū Ya'qūb as-Sidjistānī, Isḥaq B. Aḥmad
Abū Ya'qūb as-Sijistānī, Isḥāq Ibn Aḥmad
Abū-Ya'qūb as-Siǧazī, Isḥāq Ibn-Aḥmad
Abū-Ya'qūb as-Siǧzī, Isḥāq Ibn-Aḥmad
Isḥāq Ibn-Aḥmad as-Siǧistānī, Abū-Ya'qūb
Siǧazī Bandāna, Aḥmad
Siǧistānī, Abū-Ya'qūb Isḥāq Ibn-Aḥmad ¬as-¬
Siǧistānī, Isḥāq Ibn-Aḥmad ¬as-¬
Siǧzi, Abū-Ya'qūb Isḥāq Ibn-Aḥmad ¬as-¬

Abū-Ya'qūb as-Siǧzī, Isḥāq Ibn-Aḥmad
→ **Abū-Ya'qūb as-Siǧistānī, Isḥāq Ibn-Aḥmad**

Abū-Yazīd al-Bisṭāmī, Ṭaifūr Ibn-'Īsā
gest. ca. 876
Abū Yazīd al-Bisṭāmī, Ṭayfūr Ibn 'Īsā
Abū-Yazīd Ṭaifūr Ibn-'Īsā al-Bisṭāmī
Bastâmi, Bayezid
Bāyazīd al-Bisṭāmī
Bayezid Bastâmi
Bayezid-i Bistami
Bisṭāmī, Abū-Yazīd Ṭaifūr Ibn-'Īsā
Bisṭāmī, Bāyazīd ¬al-¬
Ṭaifūr Ibn-'Īsā Abū-Yazīd al-Bisṭāmī

Abū-Yazīd Ṭaifūr Ibn-'Īsā al-Bisṭāmī
→ **Abū-Yazīd al-Bisṭāmī, Ṭaifūr Ibn-'Īsā**

Abū-Yūsuf Ya'qūb Ibn-Ibrāhīm
731 – 798
Ibn-Ibrāhīm, Abū-Yūsuf Ya'qūb
Ya'qūb Ibn-Ibrāhīm, Abū-Ya'qūb
Ya'qūb Ibn-Ibrāhīm, Abū-Yūsuf

Abū-Zaid ad-Dabūsī, 'Abdallāh Ibn-'Umar
→ **Dabūsī, 'Abdallāh Ibn-'Umar ¬ad-¬**

Abū-Zaid al-Fāzāzī
→ **Fāzāzī, 'Abd-ar-Raḥmān Ibn-Yaḥlaftan ¬al-¬**

Abū-Zakarīyā Yaḥyā Ibn-Abī-Bakr
→ **Warǧalānī, Yaḥyā Ibn-Abī-Bakr ¬al-¬**

Abū-Zakarīyā' Yūḥannā Ibn-Māsawaih
→ **Ibn-Māsawaih, Abū-Zakarīyā' Yūḥannā**

Abū-Zayd al-Balkhī
→ **Balḫī, Aḥmad Ibn-Sahl ¬al-¬**

Abū-Zur'a ar-Rāzī, 'Ubaidallāh Ibn-'Abd-al-Karīm
815 – 878
Abū-Zur'a 'Ubaidallāh Ibn-'Abd-al-Karīm ar-Rāzī
Rāzī, Abū-Zur'a 'Ubaidallāh Ibn-'Abd-al-Karīm ¬ar-¬
'Ubaidallāh Ibn-'Abd-al-Karīm ar-Rāzī, Abū-Zur'a

Abū-Zur'a 'Ubaidallāh Ibn-'Abd-al-Karīm ar-Rāzī
→ **Abū-Zur'a ar-Rāzī, 'Ubaidallāh Ibn-'Abd-al-Karīm**

Abynzoar
→ **Ibn-Zuhr, Abū-Marwān 'Abd-al-Malik Ibn-Abi-'l-'Alā' Zuhr**

Abynzohar
→ **Ibn-Zuhr, Abū-Marwān 'Abd-al-Malik Ibn-Abi-'l-'Alā' Zuhr**

Acacius ⟨Apamensis⟩
6. Jh.
„Ad Acacium philosophum et presbyterum Apameensem“ des Ephraem ⟨Amidenus⟩
Cpg 6906
Acacius ⟨Philosophus⟩
Acacius ⟨Presbyter⟩

Acardus ⟨...⟩
→ **Achardus ⟨...⟩**

Acart de Hesdin, Jean
→ **Jean ⟨Acart de Hesdin⟩**

Acarya Tsonkhapa
→ **Tsoṅ-kha-pa**

Acca ⟨Hagustaldensis⟩
gest. 740
Epistula ad Bedam
LMA,I,71
Acca ⟨Bischof⟩
Acca ⟨d'Hagustald⟩
Acca ⟨Episcopus⟩
Acca ⟨Sanctus⟩
Acca ⟨von Hexham⟩
Accas ⟨Hagustaldensis⟩

Accanamosali ⟨de Baldach⟩
→ **'Ammār al-Mauṣilī**

Accardus ⟨...⟩
→ **Achardus ⟨...⟩**

Acciaiolus, Donatus
→ **Donatus ⟨Acciaiolus⟩**

Acciaiolus, Petrus
geb. 1426
Rep.Font. II,105
Acciaiuoli, Piero
Acciajuoli, Pierre
Acciajuoli, Pierre ⟨di Neri⟩
Acciajuoli, Pierre ⟨Frère de Donat⟩
Acciajuoli di Neri, Pierre
Petrus ⟨Acciaiolus⟩
Piero ⟨Acciaiuoli⟩
Pierre ⟨Acciajuoli⟩

Acciaiuoli, Alamanno
um 1378
Il caso o tumulto de'ciompi dell'anno 1378 (wurde früher Neri Capponi zugeschrieben)
Rep.Font. II,104/105
Alamanno ⟨Acciaiuoli⟩

Acciaiuoli, Donato
→ **Donatus ⟨Acciaiolus⟩**

Acciaiuoli, Piero
→ **Acciaiolus, Petrus**

Accievolus, Donatus
→ **Donatus ⟨Acciaiolus⟩**

Accoldus ⟨de Monte Crucis⟩
→ **Ricoldus ⟨de Monte Crucis⟩**

Accoldus ⟨Florentinus⟩
→ **Ricoldus ⟨de Monte Crucis⟩**

Accolti, Benedetto
→ **Accoltus, Benedictus**

Accolti, Francesco
→ **Accoltus, Franciscus**

Accoltus, Benedictus
1415 – 1464
Dialogus de praestantia virorum sui aevi; De bello a christianis contra barbaros gesto
LMA,I,74
Accolti, Benedetto
Accolti, Benedetto ⟨il Vecchio⟩
Accolti, Benoît
Accolti Aretino, Benedetto
Accoltis, Benedictus ¬de¬
Accoltus Aretinus, Benedictus
Acolti, Benedictus ¬de¬
Acoltis, Benedictus ¬de¬
Aretinus, Benedictus
Benedetto ⟨Accolti⟩
Benedictus ⟨Accolti⟩
Benedictus ⟨Accolti Aretinus⟩
Benedictus ⟨Aretinus⟩
Benedictus ⟨de Acoltis⟩
Benoît ⟨Accolti⟩
Benoît ⟨Accolti d'Arezzo⟩
Benoît ⟨d'Arezzo⟩

Accoltus, Franciscus
1416 – 1483
LMA,I,75
Accolti, Francesco
Accoltis, Franciscus ¬de¬
Accoltis de Arezzo, Franc.
Accolto, Francesco
Acoltis de Aratis, Franciscus ¬de¬
Aretinus, Franciscus
Aretinus, Franciscus de A.
Aretio, Francesco
Aretius, Francesco de A.
Arezzo, Franc. A. ¬de¬
Arezzo, Francesco de A.
Francesco ⟨d'Arezzo⟩
Franciscus ⟨Accoltus⟩
Franciscus ⟨Aretinus⟩
Franciscus ⟨de Accoltis⟩
François ⟨Accolti⟩
Franz ⟨von Accolti⟩

Accorre, Renier
gest. ca. 1297
Urkundenbuch
LMA,I,75
Accorre, Rainier
Accursi, Ranieri
Ranieri ⟨Accursi⟩
Renier ⟨Accorre⟩

Accorsi, Francesco
→ **Accursius, Franciscus ⟨...⟩**

Accorso, Guilelmus
→ **Accursius, Guilelmus**

Accurse ⟨de Parme⟩
→ **Accursius ⟨Parmensis⟩**

Accurse ⟨de Pistoie⟩
→ **Accursius ⟨Pistoriensis⟩**

Accurse ⟨le Glossateur⟩
→ **Accursius, Franciscus ⟨Senior⟩**

Accurse, Bon
→ **Bonus ⟨Accursius⟩**

Accurse, François
→ **Accursius, Franciscus ⟨...⟩**

Accurse, Guillaume
→ **Accursius, Guilelmus**

Accursi, Ranieri
→ **Accorre, Renier**

Accursino ⟨da Pistoia⟩
→ **Accursius ⟨Pistoriensis⟩**

Accursius ⟨Azonius⟩
→ **Accursius, Franciscus ⟨Senior⟩**

Accursius ⟨de Parma⟩
→ **Accursius ⟨Parmensis⟩**

Accursius ⟨Doctor Legum⟩
→ **Accursius, Franciscus ⟨Senior⟩**

Accursius ⟨Florentinus⟩
→ **Accursius, Franciscus ⟨Senior⟩**

Accursius ⟨Glossator⟩
→ **Accursius, Franciscus ⟨Senior⟩**

Accursius ⟨Parmensis⟩
um 1303
De astrolabio spherico
Accurse ⟨de Parme⟩
Accursius ⟨de Parma⟩

Accursius ⟨Pistoriensis⟩
um 1300
Übers. von Galen, „Liber regiminis vel de virtutibus ciborum“, vom Arab. ins Lat.
Accurse ⟨de Pistoie⟩
Accursino ⟨da Pistoia⟩
Accursio ⟨da Pistoia⟩

Accursius, Bonus
→ **Bonus ⟨Accursius⟩**

Accursius, Franciscus ⟨Iunior⟩
ca. 1225 – 1293
Sohn von Accursius, Franciscus ⟨Senior⟩; Casus digesti novus
LMA,I,75
Accurse, François
Accursio, Francesco ¬di¬
Francesco ⟨di Accursio⟩
Franciscus ⟨Accursius⟩
Franciscus ⟨Accursius, Iunior⟩
François ⟨Accurse⟩

Accursius, Franciscus ⟨Senior⟩
ca. 1185 – 1263
Glossenapparate zu allen Teilen des „Corpus iuris“; Summae autenticorum et feudorum
LMA,I,75/76
Accorsi, Francesco
Accorsio, Francesco
Accorso, Francesco
Accurse ⟨le Glossateur⟩
Accursius ⟨Azonius⟩
Accursius ⟨Doctor Legum⟩
Accursius ⟨Florentinus⟩
Accursius ⟨Glossator⟩
Accursius, Franciscus
Francesco ⟨Accorso⟩
Franciscus ⟨Accorso⟩
Franciscus ⟨Accursius⟩
Franciscus ⟨Accursius, Senior⟩
François ⟨Accurse⟩

Accursius, Guilelmus
1246 – ca. 1314
Casus longi super institutis
Accorso, Guilelmus
Accurse, Guillaume
Accursii, Guillermus
Accursio, Guglielmo ¬d'¬
Accursio, Guiglielmo
Accursio, Guilelmus
Accursius, Guilielmus
Accursius, Guillelmus
Accursius, Guillermus
Accursius, Gulielmus
Accursius, Wilhelmus
Guglielmo ⟨d'Accursio⟩
Guilelmus ⟨Accursii⟩
Guilelmus ⟨Accursius⟩
Guillaume ⟨Accurse⟩

Guillermus ⟨Accursii⟩
Guillermus ⟨Accursius⟩

Accursius Pisanus, Bonus
→ **Bonus ⟨Accursius⟩**

Accursu ⟨di Cremona⟩
14./15. Jh.
Sizilian. Übersetzer des Valerius Maximus
Accursus ⟨Cremonensis⟩
Cremona, Accursu ¬di¬

Acephalus, Severus
→ **Severus ⟨Antiochenus⟩**

Acerbis, Bartholomaeus ¬de¬
→ **Bartholomaeus ⟨de Acerbis⟩**

Acerbus ⟨Morena⟩
gest. 1167
Historia Frederici I imperatoris; Historia rerum Laudensium
Potth. 796; LMA,I,76; DOC,1,8
Acerbo ⟨Morena⟩
Acerbus ⟨Filius Ottonis Morenae⟩
Acerbus ⟨Murena⟩
Acerbus ⟨Notarius Laudensis⟩
Morena, Acerbo
Morena, Acerbus
Murena, Acerbus

Acerbus ⟨Notarius Laudensis⟩
→ **Acerbus ⟨Morena⟩**

Acgerii, Raimundus
→ **Raimundus ⟨Acgerii⟩**

Achard ⟨d'Arrouaise⟩
→ **Achardus ⟨de Arroasia⟩**

Achard ⟨de Saint-Victor⟩
→ **Achardus ⟨de Sancto Victore⟩**

Achard ⟨von Bridlington⟩
→ **Achardus ⟨de Sancto Victore⟩**

Achardus ⟨Abrincensis⟩
→ **Achardus ⟨de Sancto Victore⟩**

Achardus ⟨Arroasiensis⟩
→ **Achardus ⟨de Arroasia⟩**

Achardus ⟨Bridlingtonensis⟩
→ **Achardus ⟨de Sancto Victore⟩**

Achardus ⟨de Arroasia⟩
12. Jh.
CSGL; LMA,I,70-71
Accardus ⟨de Arroasia⟩
Achard ⟨d'Arrouaise⟩
Achardus ⟨Arroasiensis⟩
Arroasia, Achardus ¬de¬

Achardus ⟨de Bridlington⟩
→ **Achardus ⟨de Sancto Victore⟩**

Achardus ⟨de Sancto Victore⟩
gest. 1172
Tusculum-Lexikon; LThK; DLF(MA),6; LMA,I,78
Achard ⟨de Saint-Victor⟩
Achard ⟨von Bridlington⟩
Achard ⟨von Sankt Viktor⟩
Achardus ⟨Abrincensis⟩
Achardus ⟨Bridlingtonensis⟩
Achardus ⟨de Bridlington⟩
Achardus ⟨of Avranches⟩
Achardus ⟨Sancti Victoris⟩
Sancto Victore, Achardus ¬de¬

Achardus ⟨of Avranches⟩
→ **Achardus ⟨de Sancto Victore⟩**

Achardus ⟨Sancti Victoris⟩
→ **Achardus ⟨de Sancto Victore⟩**

Achedunus ⟨Anglus⟩
→ **Johannes ⟨Acton⟩**

Achedunus, Johannes
→ **Johannes ⟨de Actona⟩**

Achedunus, Radulfus
→ **Radulfus ⟨Acton⟩**

Achenheim ⟨Bazfuoze⟩
→ **Achenheim, Der von**

Achenheim, ¬Der von¬
Lebensdaten nicht ermittelt
Dictum über „guote erkanntnisse"
VL(2),1,22
Achenheim ⟨Bazfuoze⟩
Bazfuoze, Achenheim
Der von Achenheim

Achfasch
→ **Aḫfaš al-Ausaṭ, Sa'īd Ibn-Mas'ada ¬al-¬**

Achilles ⟨Astensis⟩
→ **Ascensius ⟨de Sancto Columba⟩**

Achilles ⟨Germanicus⟩
→ **Albrecht Achilles ⟨Brandenburg, Kurfürst, III.⟩**

Achimaaz ⟨von Oria⟩
→ **Aḥîma'aṣ Ben-Palṭî'ēl**

Achimaaz ben Paltiel
→ **Aḥîma'aṣ Ben-Palṭî'ēl**

Achler, Elisabeth
→ **Elisabeth ⟨von Reute⟩**

Achmed Teifaschi
→ **Tīfāšī, Aḥmad Ibn-Yūsuf ¬at-¬**

Achmet ⟨Onirocrites⟩
→ **Muḥammad Ibn-Sīrīn**

Achmet Ben-Sirin
→ **Muḥammad Ibn-Sīrīn**

Achrida, Clemens ¬de¬
→ **Kliment ⟨Ochridski⟩**

Achrida, Leo ¬de¬
→ **Leo ⟨de Achrida⟩**

Achrida, Theophylactus ¬de¬
→ **Theophylactus ⟨de Achrida⟩**

Achridenus, Basilius
→ **Basilius ⟨Achridenus⟩**

Achtspalt, Petrus ¬von¬
→ **Peter ⟨von Aspelt⟩**

Achy, Berthaud ¬d'¬
→ **Berthaud ⟨d'Achy⟩**

Acindynus ⟨Monachus⟩
→ **Gregorius ⟨Acindynus⟩**

Acindynus, Gregorius
→ **Gregorius ⟨Acindynus⟩**

Ackermann, Jacobus
ca. 1460/74
Stadtchronik von Köln
Rep.Font. II,107
Ackermann, Jacob
Jacob ⟨Ackermann⟩
Jacobus ⟨Ackermann⟩

Ackoy, Christianus ¬de¬
→ **Christianus ⟨de Ackoy⟩**

Acoltis, Benedictus ¬de¬
→ **Accoltus, Benedictus**

Acoltis de Aratis, Franciscus ¬de¬
→ **Accoltus, Franciscus**

Acominatus, Michael
→ **Michael ⟨Choniates⟩**

Acominatus, Nicetas
→ **Nicetas ⟨Choniates⟩**

Acoretori ab Ymola, Jacopo
→ **Jacopo ⟨da Imola⟩**

Acrimonte, Dominicus ¬de¬
→ **Dominicus ⟨de Agramunt⟩**

Acropolita, Constantinus
→ **Constantinus ⟨Acropolita⟩**

Acropolita, Georgius
→ **Georgius ⟨Acropolita⟩**

Acton, Johannes ¬de¬
→ **Johannes ⟨de Actona⟩**

Acton, Johannes
→ **Johannes ⟨Acton⟩**

Acton, Radulfus
→ **Radulfus ⟨Acton⟩**

Actona, Johannes ¬de¬
→ **Johannes ⟨de Actona⟩**

Actuarius, Johannes
→ **Johannes Zacharias ⟨Actuarius⟩**

Actuarius, Zacharias
→ **Johannes Zacharias ⟨Actuarius⟩**

Adae, Guilelmus
→ **Guilelmus ⟨Adae⟩**

Adalaldus ⟨Remensis⟩
→ **Adeloldus ⟨Remensis⟩**

Adalard ⟨ de Blandin⟩
→ **Adalhardus ⟨Blandiniensis⟩**

Adalard ⟨of Bath⟩
→ **Adelardus ⟨Bathensis⟩**

Adalard ⟨of Corbie⟩
→ **Adalhardus ⟨Corbiensis⟩**

Adalbaldus ⟨Traiectensis⟩
→ **Adelboldus ⟨Traiectensis⟩**

Adalberht ⟨of York⟩
→ **Aethelbertus ⟨Eboracensis⟩**

Adalbero ⟨Archiepiscopus⟩
→ **Adalbero ⟨Treverensis⟩**

Adalbero ⟨Augustanus⟩
887 – 909
Vita
LMA,I,93
Adalbero ⟨Bischof⟩
Adalbero ⟨Seliger⟩
Adalbero ⟨von Augsburg⟩
Adalbéron ⟨Abbé⟩
Adalbéron ⟨de Dillingen⟩
Adalbéron ⟨d'Ellwangen⟩
Adalbéron ⟨Evêque⟩
Adalpero ⟨von Augsburg⟩
Adhalbero ⟨Augustanus⟩
Athalbero ⟨Augustanus⟩
Augustanus, Adalbero

Adalbero ⟨Episcopus⟩
→ **Adalbero ⟨Laudunensis⟩**
→ **Adalbero ⟨Metensis, ...⟩**
→ **Adalbero ⟨Virdunensis⟩**

Adalbero ⟨Heiliger⟩
→ **Adalbero ⟨von Würzburg⟩**

Adalbero ⟨Herbipolensis⟩
→ **Adalbero ⟨von Würzburg⟩**

Adalbero ⟨Laudunensis⟩
ca. 947 – 1030
Epistula ad Godefridum de Bulione
Tusculum-Lexikon; CSGL; Potth.; DLF(MA),7; LMA,I,92
Adalbero ⟨Episcopus⟩
Adalbero ⟨of Laon⟩
Adalbero ⟨Sancti Vincentii⟩
Adalbero ⟨von Laon⟩
Adalbéron ⟨Abbé de Saint-Vincent⟩
Adalberon ⟨de Laon⟩
Adalberon ⟨of Laon⟩
Ascelin ⟨von Laon⟩
Ascelius ⟨Laudunensis⟩
Aselinus ⟨Laudunensis⟩
Azelinus ⟨Laudunensis⟩
Azzelin ⟨von Laon⟩

Adalbero ⟨Metensis, I.⟩
gest. 964
LMA,I,93-94
Adalbero ⟨Bischof⟩
Adalbero ⟨Episcopus⟩
Adalbero ⟨von Metz⟩
Adalbero ⟨von Saint-Trond⟩
Adalbero ⟨Oberlothringen, Herzog⟩
Adalbéron ⟨de Metz⟩
Adalbéron ⟨Evêque⟩

Adalbero ⟨Metensis, II.⟩
955/62 – 1005
Epitaphium; Vita
LMA,I,94
Adalbero ⟨Bischof⟩
Adalbero ⟨Episcopus⟩
Adalbero ⟨von Metz⟩
Adalbero ⟨Oberlothringen, Herzog⟩
Adalbéron ⟨de Metz⟩
Adalbéron ⟨Evêque⟩

Adalbero ⟨Metensis, III.⟩
gest. 1072
LMA,I,94
Adalbero ⟨Bischof⟩
Adalbero ⟨Episcopus⟩
Adalbero ⟨von Metz⟩
Adalbéron ⟨de Metz⟩
Adalbéron ⟨Evêque⟩

Adalbero ⟨Oberlothringen, Herzog⟩
→ **Adalbero ⟨Metensis, ...⟩**

Adalbero ⟨of Laon⟩
→ **Adalbero ⟨Laudunensis⟩**

Adalbero ⟨of Reims⟩
→ **Adalbero ⟨Remensis⟩**

Adalbero ⟨Remensis⟩
ca. 925 – 989
LThK; CSGL; Potth.; LMA,I,92
Adalbero ⟨of Reims⟩
Adalberon ⟨of Reims⟩
Adelbero ⟨Remensis⟩
Adelberon ⟨d'Ardenne⟩

Adalbero ⟨Sancti Vincentii⟩
→ **Adalbero ⟨Laudunensis⟩**

Adalbero ⟨Sanctus⟩
→ **Adalbero ⟨von Würzburg⟩**

Adalbero ⟨Seliger⟩
→ **Adalbero ⟨Augustanus⟩**

Adalbero ⟨Treverensis⟩
ca. 1080 – 1152
Epistulae; Gesta
Adalbero ⟨Archiepiscopus⟩
Adalbéron ⟨Archevêque⟩
Adalbéron ⟨de Montreuil⟩
Adalbéron ⟨de Trèves⟩
Adalbéron ⟨Erzbischof⟩
Adalbéron ⟨von Trier⟩
Alberius ⟨von Trier⟩
Albero ⟨de Montreuil⟩
Albero ⟨Treverensis⟩
Albero ⟨von Trier⟩
Albéron ⟨de Montreuil⟩

Adalbero ⟨Virdunensis⟩
gest. ca. 1158
Epistula ad Innocentium papam
Adalbero ⟨Episcopus⟩
Adalbéron ⟨de Chiny⟩
Adalbéron ⟨de Verdun⟩
Adalbéron ⟨Evêque⟩
Albéron ⟨de Chiny⟩

Adalbero ⟨von Augsburg⟩
→ **Adalbero ⟨Augustanus⟩**

Adalbero ⟨von Lambach-Wels⟩
→ **Adalbero ⟨von Würzburg⟩**

Adalbero ⟨von Laon⟩
→ **Adalbero ⟨Laudunensis⟩**

Adalbero ⟨von Metz, ...⟩
→ **Adalbero ⟨Metensis, ...⟩**

Adalbero ⟨von Saint-Trond⟩
→ **Adalbero ⟨Metensis, I.⟩**

Adalbero ⟨von Würzburg⟩
ca. 1010 – 1090
Keine Schriften
LMA,I,94
Adalbero ⟨Bischof⟩
Adalbero ⟨Heiliger⟩
Adalbero ⟨Herbipolensis⟩
Adalbero ⟨Herbipolitani Episcopus⟩
Adalbero ⟨Herbipolitanus⟩
Adalbero ⟨Sanctus⟩
Adalbero ⟨von Lambach-Wels⟩

Adalbéron ⟨Abbé⟩
→ **Adalbero ⟨Augustanus⟩**

Adalbéron ⟨Abbé de Saint-Vincent⟩
→ **Adalbero ⟨Laudunensis⟩**

Adalbéron ⟨Archevêque⟩
→ **Adalbero ⟨Treverensis⟩**

Adalbéron ⟨de Chiny⟩
→ **Adalbero ⟨Virdunensis⟩**

Adalbéron ⟨de Dillingen⟩
→ **Adalbero ⟨Augustanus⟩**

Adalberon ⟨de Laon⟩
→ **Adalbero ⟨Laudunensis⟩**

Adalbéron ⟨de Lorraine⟩
→ **Adalbero ⟨Metensis⟩**

Adalbéron ⟨de Metz⟩
→ **Adalbero ⟨Metensis, ...⟩**

Adalbéron ⟨de Montreuil⟩
→ **Adalbero ⟨Treverensis⟩**

Adalbéron ⟨de Trèves⟩
→ **Adalbero ⟨Treverensis⟩**

Adalbéron ⟨de Verdun⟩
→ **Adalbero ⟨Virdunensis⟩**

Adalbéron ⟨d'Ellwangen⟩
→ **Adalbero ⟨Augustanus⟩**

Adalbéron ⟨Erzbischof⟩
→ **Adalbero ⟨Treverensis⟩**

Adalbéron ⟨Evêque⟩
→ **Adalbero ⟨Augustanus⟩**
→ **Adalbero ⟨Metensis, ...⟩**
→ **Adalbero ⟨Virdunensis⟩**

Adalberon ⟨of Laon⟩
→ **Adalbero ⟨Laudunensis⟩**

Adalberon ⟨of Reims⟩
→ **Adalbero ⟨Remensis⟩**

Adalbéron ⟨von Trier⟩
→ **Adalbero ⟨Treverensis⟩**

Adalbert ⟨Abbé⟩
→ **Adalbertus ⟨Heidenheimensis⟩**

Adalbert ⟨Archbishop⟩
→ **Adalbertus ⟨Magdeburgensis⟩**
→ **Adalbertus ⟨Moguntinensis, ...⟩**
→ **Adalbertus ⟨Salisburgensis⟩**

Adalbert ⟨Bohème, III.⟩
→ **Adalbertus ⟨Salisburgensis⟩**

Adalbert ⟨Chancelier⟩
→ **Adalbertus ⟨Moguntinensis, ...⟩**

Adalbert ⟨de Bologne⟩
→ **Adalbertus ⟨Samaritanus⟩**

Adalbert ⟨de Capione⟩
→ **Aldebertus ⟨Mimatensis⟩**

Adalbert ⟨de Heidenheim⟩
→ **Adalbertus ⟨Heidenheimensis⟩**

Adalbert ⟨de Mayence⟩
→ **Adalbertus ⟨Moguntinensis, ...⟩**

Adalbert ⟨de Mende⟩
→ **Aldebertus ⟨Mimatensis⟩**

Adalbert ⟨de Saint Ulric⟩
→ **Albertus ⟨Augustanus⟩**

Adalbert ⟨de Salzbourg⟩
→ **Adalbertus ⟨Salisburgensis⟩**

Adalbert ⟨de Sarrebruck, ...⟩
→ **Adalbertus ⟨Moguntinensis, ...⟩**

Adalbert ⟨de Spire⟩
→ **Adalbertus ⟨Spirensis⟩**

Adalbert ⟨de Tournel⟩
→ **Aldebertus ⟨Mimatensis⟩**

Adalbert ⟨Diakon⟩
→ **Adalbert ⟨Heiliger⟩**

Adalbert ⟨Ecolâtre de Saint-Vincent⟩
→ **Adalbertus ⟨Levita⟩**

Adalbert ⟨Erzbischof⟩
→ **Adalbertus ⟨Moguntinensis, ...⟩**
→ **Adalbertus ⟨Salisburgensis⟩**

Adalbert ⟨Heiliger⟩
um 705
Keine Schriften
Adalbert ⟨Diakon⟩
Adalbertus ⟨Diaconus⟩
Adalbertus ⟨Egmondae Diaconus⟩
Adalbertus ⟨Egmondanus⟩
Adalbertus ⟨Heiliger⟩
Adalbertus ⟨Sanctus⟩

Adalbert ⟨le Samaritain⟩
→ **Adalbertus ⟨Samaritanus⟩**

Adalbert ⟨of Fleury⟩
→ **Adrevaldus ⟨Floriacensis⟩**

Adalbert ⟨of Hamburg-Bremen⟩
→ **Adamus ⟨Bremensis⟩**

Adalbert ⟨of Magdeburg⟩
→ **Adalbertus ⟨Magdeburgensis⟩**

Adalbert ⟨of Mainz⟩
→ **Adalbertus ⟨Moguntinensis, ...⟩**

Adalbert ⟨of Salzburg⟩
→ **Adalbertus ⟨Salisburgensis⟩**

Adalbert ⟨Prévôt⟩
→ **Adalbertus ⟨Spirensis⟩**

Adalbert ⟨Rankonis de Ericinio⟩
→ **Adalbertus ⟨Ranconis de Ericinio⟩**

Adalbert ⟨Saint⟩
→ **Adalbertus ⟨Magdeburgensis⟩**
→ **Adalbertus ⟨Pragensis⟩**

Adalbert ⟨Vojtěch⟩
→ **Adalbertus ⟨Pragensis⟩**

Adalbert ⟨von Augsburg⟩
→ **Albertus ⟨Augustanus⟩**

Adalbert ⟨von Bamberg⟩
→ **Adalbertus ⟨Bambergensis⟩**

Adalbert ⟨von Magdeburg⟩
→ **Adalbertus ⟨Magdeburgensis⟩**

Adalbert ⟨von Mainz⟩
→ **Adalbertus ⟨Moguntinensis, ...⟩**

Adalbert ⟨von Metz⟩
→ **Adalbertus ⟨Levita⟩**

Adalbert ⟨von Prag⟩
→ **Adalbertus ⟨Pragensis⟩**

Adalbert ⟨von Saarbrücken⟩
→ **Adalbertus ⟨Moguntinensis, ...⟩**

Adalbert ⟨von Salzburg⟩
→ **Adalbertus ⟨Salisburgensis⟩**

Adalbert ⟨von Spalding⟩
→ **Adalbertus ⟨Levita⟩**

Adalbertus ⟨Abbas⟩
→ **Adalbertus ⟨Heidenheimensis⟩**

Adalbertus ⟨Aquensis⟩
→ **Albericus ⟨Aquensis⟩**

Adalbertus ⟨Archiepiscopus⟩
→ **Adalbertus ⟨Moguntinensis, ...⟩**
→ **Adalbertus ⟨Salisburgensis⟩**

Adalbertus ⟨Babenbergensis⟩
→ **Adalbertus ⟨Bambergensis⟩**

Adalbertus ⟨Bambergensis⟩
13. Jh.
Vita Heinrici II.; Identität mit Adalbertus ⟨Bambergensis⟩ (scholasticus und magister), um 1170 - 1184 umstritten
VL(2),1,29/30
Adalbert ⟨von Bamberg⟩
Adalbertus ⟨Babenbergensis⟩
Adalbertus ⟨Diaconus⟩
Adelbertus ⟨Diaconus⟩
Pseudo-Adalbertus ⟨Bambergensis⟩

Adalbertus ⟨Bremensis⟩
→ **Adamus ⟨Bremensis⟩**

Adalbertus ⟨Canonicus⟩
→ **Albericus ⟨Aquensis⟩**

Adalbertus ⟨de Heituno⟩
→ **Adalbertus ⟨Ranconis de Ericinio⟩**

Adalbertus ⟨de Montemarsico⟩
9. Jh.
De translatione S. Martini de Montemarsico
Adalbertus ⟨Diaconus et Monachus⟩
Adalbertus ⟨Diaconus in Montemarsico⟩
Montemarsico, Adalbertus ¬de¬

Adalbertus ⟨de Ronsberg⟩
11. Jh.
Mutmaßl. Verf. von „Epistulae"
Ronsberg, Adalbertus ¬de¬

Adalbertus ⟨Diaconus⟩
→ **Adalbert ⟨Heiliger⟩**
→ **Adalbertus ⟨Bambergensis⟩**

Adalbertus ⟨Diaconus et Monachus⟩
→ **Adalbertus ⟨de Montemarsico⟩**

Adalbertus ⟨Diaconus Metensis⟩
→ **Adalbertus ⟨Levita⟩**

Adalbertus ⟨Egmondae Diaconus⟩
→ **Adalbert ⟨Heiliger⟩**

Adalbertus ⟨Floriacensis⟩
→ **Adrevaldus ⟨Floriacensis⟩**

Adalbertus ⟨Haereticus⟩
8. Jh.
Epistula Domini nostri Jesu Christi
CC Clavis, Auct. Gall. 1,10/12
Adalbertus ⟨Pseudo-Episcopus⟩
Adlabertus
Aldeberctus
Ardobertus
Eldebertus
Haereticus Adalbertus

Adalbertus ⟨Hamburgensis⟩
→ **Adamus ⟨Bremensis⟩**

Adalbertus ⟨Heidenheimensis⟩
um 1150/60
Relatio de monasterio Heidenheimensi renovato
Rep.Font. II,123
Adalbert ⟨Abbé⟩
Adalbert ⟨de Heidenheim⟩
Adalbertus ⟨Abbas⟩
Adelbertus ⟨Heidenheimensis⟩

Adalbertus ⟨Heiliger⟩
→ **Adalbert ⟨Heiliger⟩**

Adalbertus ⟨Levita⟩
gest. ca. 968
Speculum moralium Gregorii; Identität mit Adalbertus ⟨Spaldingensis⟩ umstritten
VL(2),1,31/32
Adalbert ⟨Ecolâtre de Saint-Vincent⟩
Adalbert ⟨von Metz⟩
Adalbert ⟨von Spalding⟩
Adalbertus ⟨Diaconus Metensis⟩
Adalbertus ⟨Metensis⟩
Adalbertus ⟨Monachus⟩
Adalbertus ⟨Monachus atque Sacerdos⟩
Adalbertus ⟨Sacerdos⟩
Adalbertus ⟨Spaldingensis⟩
Adalbertus ⟨von Metz⟩
Albert ⟨von Metz⟩
Levita, Adalbertus

Adalbertus ⟨Magdeburgensis⟩
gest. 981 · OSB
Forts. der Chronik von Regino ⟨Prumiensis⟩
Tusculum-Lexikon; LThK; LMA,I,98-99; VL(2),1,32/35
Adalbert ⟨Archbishop⟩
Adalbert ⟨of Magdeburg⟩
Adalbert ⟨Saint⟩
Adalbert ⟨von Magdeburg⟩
Adalbertus ⟨Sanctus⟩
Adalbertus ⟨Treverensis⟩
Magdeburg, Adalbert ¬von¬

Adalbertus ⟨Metensis⟩
→ **Adalbertus ⟨Levita⟩**

Adalbertus ⟨Moguntinensis, I.⟩
gest. 1137
Epistolae
LMA,I,99/100; Rep.Font. II,114
Adalbert ⟨Archbishop⟩
Adalbert ⟨Archevêque⟩
Adalbert ⟨Chancelier⟩
Adalbert ⟨de Mayence⟩
Adalbert ⟨de Sarrebruck, I.⟩
Adalbert ⟨Erzbischof⟩
Adalbert ⟨of Mainz⟩
Adalbert ⟨von Mainz⟩
Adalbert ⟨von Saarbrücken⟩
Adalbertus ⟨Archiepiscopus⟩
Adalbertus ⟨Moguntinensis⟩
Adalbertus ⟨Moguntinus⟩
Adelbert ⟨von Mainz⟩
Albrecht ⟨Erzbischof⟩
Albrecht ⟨von Saarbrücken⟩

Adalbertus ⟨Moguntinensis, II.⟩
gest. 1141
LMA,I,100
Adalbert ⟨Archevêque⟩
Adalbert ⟨Chancelier⟩
Adalbert ⟨de Mayence⟩
Adalbert ⟨de Sarrebruck, II.⟩
Adalbert ⟨Erzbischof⟩
Adalbert ⟨von Mainz⟩
Adalbertus ⟨Episcopus⟩
Adalbertus ⟨Moguntinensis⟩
Adelbert ⟨Archbishop⟩
Adelbert ⟨of Mainz⟩
Adelbert ⟨von Mainz⟩

Adalbertus ⟨Monachus⟩
→ **Adalbertus ⟨Levita⟩**

Adalbertus ⟨of Prague⟩
→ **Adalbertus ⟨Pragensis⟩**

Adalbertus ⟨Praepositus⟩
→ **Adalbertus ⟨Spirensis⟩**

Adalbertus ⟨Pragensis⟩
956 – 997
Tusculum-Lexikon; LThK; CSGL; LMA,I,101-102
Adalbert ⟨Saint⟩
Adalbert ⟨Vojtěch⟩
Adalbert ⟨von Prag⟩
Adalbertus ⟨of Prague⟩
Adalbertus ⟨Sanctus⟩
Vojtěch ⟨von Prag⟩
Vojtěch, Adalbert

Adalbertus ⟨Pseudo-Episcopus⟩
→ **Adalbertus ⟨Haereticus⟩**

Adalbertus ⟨Ranconis de Ericinio⟩
1320 – 1388
Notulae receptae de libro Bonaventurae super Johannem
Stegmüller, Repert. bibl. 1065; LThK; LMA,I,103; VL(2),1,35/41
Adalbert ⟨Ranko de Ericinio⟩
Adalbert ⟨Rankonis de Ericinio⟩
Adalbertus ⟨de Heituno⟩
Adalbertus ⟨Ranco de Ericinio⟩
Adalbertus ⟨Ranconis de Heituno⟩
Ericinio, Adalbertus Ranconis ¬de¬
Ranco, Adalbertus
Ranco de Ericinio, Adalbertus
Ranconis, Adalbertus
Ranconis de Ericinio, Adalbertus
Rankův z Ericinia, Vojtěch
Vojtěch ⟨Rankův z Ježova⟩

Adalbertus ⟨Sacerdos⟩
→ **Adalbertus ⟨Levita⟩**

Adalbertus ⟨Salisburgensis⟩
gest. 1200
LMA,I,100
Epistulae ad Cardinales
Adalbert ⟨Archbishop⟩
Adalbert ⟨Archevêque⟩
Adalbert ⟨Bohème, III.⟩
Adalbert ⟨de Salzbourg⟩
Adalbert ⟨Erzbischof⟩
Adalbert ⟨of Salzburg⟩
Adalbert ⟨von Salzburg⟩
Adalbertus ⟨Archiepiscopus⟩
Albo ⟨Evêque⟩

Adalbertus ⟨Samaritanus⟩
11./12. Jh.
Tusculum-Lexikon; CSGL; LMA,I,103
Adalbert ⟨de Bologne⟩
Adalbert ⟨le Samaritain⟩
Albert ⟨de Samarie⟩
Albert ⟨von Samaria⟩
Samaritanus, Adalbertus

Adalbertus ⟨Sanctae Rufinae Cardinalis⟩
um 1098
Epistula ad universos
Adalbertus ⟨Sancti Rufinae Cardinalis⟩

Adalbertus ⟨Sancti Udalrici⟩
→ **Albertus ⟨Augustanus⟩**

Adalbertus ⟨Sanctus⟩
→ **Adalbert ⟨Heiliger⟩**
→ **Adalbertus ⟨Magdeburgensis⟩**
→ **Adalbertus ⟨Pragensis⟩**

Adalbertus ⟨Spaldingensis⟩
→ **Adalbertus ⟨Levita⟩**

Adalbertus ⟨Spirensis⟩
gest. 1079
Epistulae ad Bernoldum de S. Blasio
Adalbert ⟨de Spire⟩
Adalbert ⟨Prévôt⟩
Adalbertus ⟨Praepositus⟩

Adalbertus ⟨Treverensis⟩
→ **Adalbertus ⟨Magdeburgensis⟩**

Adalbertus ⟨von Metz⟩
→ **Adalbertus ⟨Levita⟩**

Adalbold ⟨von Utrecht⟩
→ **Adelboldus ⟨Traiectensis⟩**

Adalchardus
→ **Adalhardus ⟨Corbiensis⟩**

Adalgar ⟨Moine Bénédictin⟩
→ **Adalgerus ⟨Episcopus⟩**

Adalgar ⟨von Corbie⟩
→ **Adalhardus ⟨Corbiensis⟩**

Adalgardus
→ **Adalgaudus ⟨Floriacensis⟩**

Adalgarius
→ **Adalgaudus ⟨Floriacensis⟩**

Adalgaudus ⟨Floriacensis⟩
9. Jh.
„Epistula ad Reginbertum", 22. Sept. 837, zusammen mit Lupus ⟨Ferrariensis⟩
CC Clavis, Auct. Gall. 1,15f.
A. ⟨Floriacensis⟩
Adalgardus
Adalgarius

Adalgerus ⟨Augustensis⟩
→ **Adalgerus ⟨Episcopus⟩**

Adalgerus ⟨Episcopus⟩
nach 636 vor 1000 · OSB
Commonitiuncula ad sororem (Ps.-Isidor) (=Admonitio ad Nonsuindam reclusam); Identität mit Adalgerus ⟨Augustensis⟩ (gest. 964) umstritten
Cpl 1219; VL(2),1,42; CC Clavis, Auct. Gall. 1,16ff.
Adalgar ⟨Moine Bénédictin⟩
Adalger
Adalger ⟨d'Augsbourg⟩
Adalgerus ⟨Augustensis⟩
Adalgerus ⟨Bishop⟩
Adalgerus ⟨of Augsburg⟩
Adelaire ⟨d'Augsbourg⟩
Adelher
Adelherus ⟨Augustensis⟩
Algerus
Lulgerus
Pseudo-Adalgerus

Adalgisus ⟨de Saint-Thierry⟩
→ **Adalgisus ⟨Sancti Theoderici⟩**

Adalgisus ⟨Diaconus⟩
um 634
Testament
LMA,I,104
Adalgise ⟨de Verdun⟩
Adalgise ⟨Deacon⟩
Adalgise ⟨Diacre⟩
Adalgisel-Grimo ⟨Diakon⟩
Diaconus Adalgisus

Adalgisus ⟨Sancti Theoderici⟩
um 1150 · OSB
Miracula
Adalgise ⟨Abbé⟩
Adalgise ⟨Bénédictin⟩

Adalgisus ⟨de Saint-Thierry⟩
Sancti Theoderici, Adalgisus

Adalgott ⟨von Veltheim⟩
→ **Adalgotus ⟨Magdeburgensis⟩**

Adalgotus ⟨Magdeburgensis⟩
gest. 1119
Vielleicht Verfasser der Epistula pro auxilio adversus paganos; Commentationes in Epistulam ...; Adalgotus ⟨Magdeburgensis⟩ oder Anonymus ⟨Clericus Flandrensis⟩ werden als Verf. betrachtet
Rep.Font. II,116; 360
Adalgott ⟨von Veltheim⟩
Adalgoz ⟨von Magdeburg⟩
Adelgorius
Adelgot
Adelgot ⟨de Magdebourg⟩
Adelgot ⟨de Veltheim⟩
Adelgott
Adelgott ⟨von Veltheim⟩
Adelgotus ⟨Archiepiscopus⟩
Adelgozus
Anonymus ⟨Clericus Flandrensis⟩
Anonymus ⟨Flandrensis⟩

Adalhard ⟨von Corvei⟩
→ **Adalhardus ⟨Corbiensis⟩**

Adalhardus ⟨Blandiniensis⟩
um 1010 · OSB
Officium S. Dunstani; Epistola ad Elfegum Archiepiscopum
Adalard ⟨de Blandin⟩
Adalard ⟨Bénédictin⟩
Adalard ⟨de Saint-Pierre de Grand⟩
Adalard ⟨Moine⟩
Adalardus ⟨Blandiniensis⟩
Adalardus ⟨of Blandinium⟩
Adalhardus ⟨Monachus⟩

Adalhardus ⟨Corbiensis⟩
751 – 826
Capitula de admonitionibus in congregatione
LThK; CSGL; Potth.; DLF(MA),8; LMA,I,105
Adalard ⟨of Corbie⟩
Adalchardus
Adalgar ⟨von Corbie⟩
Adalhard ⟨de Corbie⟩
Adalhard ⟨of Corbie⟩
Adalhard ⟨von Corbie⟩
Adalhard ⟨von Corvei⟩
Adalhardus ⟨Corbeiensis⟩
Adalhardus ⟨of Corbie⟩
Adalhardus ⟨Sanctus⟩
Adelardus ⟨Corbiensis⟩
Adelart
Adelhardus
Adlard ⟨of Corbie⟩

Adalhardus ⟨Monachus⟩
→ **Adalhardus ⟨Blandiniensis⟩**

Adalhardus ⟨of Corbie⟩
→ **Adalhardus ⟨Corbiensis⟩**

Adalhardus ⟨Sanctus⟩
→ **Adalhardus ⟨Corbiensis⟩**

Adaloldus ⟨Remensis⟩
→ **Adeloldus ⟨Remensis⟩**

Adalpero ⟨...⟩
→ **Adalbero ⟨...⟩**

Adalpretus ⟨Episcopus⟩
gest. 1177
Sacramentarium Adalpretianum
Adalpret ⟨de Trente⟩
Adalpret ⟨Evêque⟩
Adalpreto
Adalpretus ⟨Bishop⟩
Adalpretus ⟨of Trent⟩
Adalpretus ⟨Saint⟩
Adelpreto ⟨Vescovo⟩
Episcopus Adalpretus

Adalricus ⟨Onsorg⟩
→ **Onsorgius, Udalricus**

Adam ⟨Abbas⟩
→ **Adamus ⟨de Dore⟩**
→ **Adamus ⟨Eberacensis⟩**

Adam ⟨Abbas Perseniae⟩
→ **Adamus ⟨de Persenia⟩**

Adam ⟨af Bremen⟩
→ **Adamus ⟨Bremensis⟩**

Adam ⟨Alderspacensis⟩
→ **Adamus ⟨Alderspacensis⟩**

Adam ⟨Anglais⟩
→ **Adamus ⟨Cartusianus⟩**

Adam ⟨Anglicus⟩
→ **Adamus ⟨Scotus⟩**

Adam ⟨Aurelianensis⟩
→ **Adamus ⟨Ferrarius⟩**

Adam ⟨Balsamiensis⟩
→ **Adamus ⟨de Parvo Ponte⟩**

Adam ⟨Beatus⟩
→ **Adamus ⟨Eberacensis⟩**

Adam ⟨Bénédictin⟩
→ **Adamus ⟨Easton⟩**

Adam ⟨Berchingensis⟩
→ **Adamus ⟨de Barking⟩**

Adam ⟨Blunt⟩
→ **Adamus ⟨Blunt⟩**

Adam ⟨Bochermefort⟩
→ **Adamus ⟨Bucfeldus⟩**

Adam ⟨Bockingfold⟩
→ **Adamus ⟨Bucfeldus⟩**

Adam ⟨Bouchermefort⟩
→ **Adamus ⟨Bucfeldus⟩**

Adam ⟨Bremensis⟩
→ **Adamus ⟨Bremensis⟩**

Adam ⟨Breton⟩
→ **Adamus ⟨de Sancto Victore⟩**

Adam ⟨Burley⟩
→ **Adamus ⟨Burley⟩**

Adam ⟨Cardinal⟩
→ **Adamus ⟨Easton⟩**

Adam ⟨Caroliloci Abbas⟩
→ **Adamus ⟨de Caroliloco⟩**

Adam ⟨Cartusiensis⟩
→ **Adamus ⟨Scotus⟩**

Adam ⟨Chanoine de Saint-Victor⟩
→ **Adamus ⟨de Sancto Victore⟩**

Adam ⟨Chartreux⟩
→ **Adamus ⟨Cartusianus⟩**

Adam ⟨Cisterciensis⟩
→ **Adamus ⟨de Dore⟩**
→ **Adamus ⟨Eberacensis⟩**

Adam ⟨Claromontanus⟩
→ **Adamus ⟨Claromontanus⟩**

Adam ⟨Clerc⟩
→ **Adamus ⟨Claromontanus⟩**

Adam ⟨Coloniensis⟩
→ **Adamus ⟨Coloniensis⟩**

Adam ⟨Cremonensis⟩
→ **Adamus ⟨Cremonensis⟩**

Adam ⟨d'Arras⟩
→ **Adam ⟨de laHalle⟩**

Adam ⟨de Bassea⟩
→ **Adamus ⟨de Bassea⟩**

Adam ⟨de Bockfeld⟩
→ **Adamus ⟨Bucfeldus⟩**

Adam ⟨de Bodman⟩
→ **Adamus ⟨de Bodman⟩**

Adam ⟨de Bodromo⟩
→ **Adamus ⟨de Bodman⟩**

Adam ⟨de Bouchermefort⟩
→ **Adamus ⟨Bucfeldus⟩**

Adam ⟨de Buckfeld⟩
→ **Adamus ⟨Bucfeldus⟩**

Adam ⟨de Caithness⟩
→ **Adamus ⟨de Caithness⟩**

Adam ⟨de Chaalis⟩
→ **Adamus ⟨de Caroliloco⟩**

Adam ⟨de Clermont⟩
→ **Adamus ⟨Claromontanus⟩**

Adam ⟨de Cobsam⟩
→ **Adam ⟨of Cobsam⟩**

Adam ⟨de Cologne⟩
→ **Adamus ⟨Coloniensis⟩**

Adam ⟨de Courtlandon⟩
→ **Adamus ⟨de Curtilandonis⟩**

Adam ⟨de Crene⟩
→ **Adamus ⟨de Crene⟩**

Adam ⟨de Curtilandonis⟩
→ **Adamus ⟨de Curtilandonis⟩**

Adam ⟨de Domerham⟩
→ **Adamus ⟨Domerhamensis⟩**

Adam ⟨de Dore⟩
→ **Adamus ⟨de Dore⟩**

Adam ⟨de Dryburgh⟩
→ **Adamus ⟨Scotus⟩**

Adam ⟨de Gladbach⟩
→ **Adamus ⟨Coloniensis⟩**

Adam ⟨de Glastonbury⟩
→ **Adamus ⟨Domerhamensis⟩**

Adam ⟨de Gulyn⟩
→ **Adamus ⟨de Gulyn⟩**

Adam ⟨de Henton⟩
→ **Adamus ⟨Cartusianus⟩**

Adam ⟨de la Bassée⟩
→ **Adamus ⟨de Bassea⟩**

Adam ⟨de la Halle⟩
ca. 1238 – 1289
Jeu de la feuillée
Potth.; DLF(MA),9; LMA,I,108/09
Adam ⟨de la Hale⟩
Adam ⟨de LaHale⟩
Adam ⟨de LaHalle⟩
Adam ⟨de LeHale⟩
Adam ⟨d'Arras⟩
Adam ⟨le Bossu⟩
Arras, Adam ¬d'¬
Halle, Adam ¬de la¬
LaHalle, Adam ¬de¬

Adam ⟨de la Vacherie⟩
→ **Adamus ⟨de Gulyn⟩**

Adam ⟨de Marsh⟩
→ **Adamus ⟨de Marisco⟩**

Adam ⟨de Massevaux⟩
→ **Adamus ⟨Masunvilariensis⟩**

Adam ⟨de Melrose⟩
→ **Adamus ⟨de Caithness⟩**

Adam ⟨de Mirimouth⟩
→ **Adamus ⟨Murimuthensis⟩**

Adam ⟨de Montaldo⟩
→ **Adamus ⟨de Montaldo⟩**

Adam ⟨de Morimond⟩
→ **Adamus ⟨Eberacensis⟩**

Adam ⟨de Nemosio⟩
→ **Adamus ⟨de Nemosio⟩**

Adam ⟨de Orleton⟩
→ **Adamus ⟨de Orleton⟩**

Adam ⟨de Oxford⟩
→ **Adamus ⟨Burley⟩**

Adam ⟨de Paris, Hagiographe⟩
→ **Adamus ⟨Parisiensis, Hagiographus⟩**

Adam ⟨de Paris, Maître de Théologie⟩
→ **Adamus ⟨Parisiensis, Praedicator⟩**

Adam ⟨de Parvo Ponte⟩
→ **Adamus ⟨de Parvo Ponte⟩**

Adam ⟨de Perseigne⟩
→ **Adamus ⟨de Persenia⟩**

Adam ⟨de Pontigny⟩
→ **Adamus ⟨de Persenia⟩**

Adam ⟨de Puchville⟩
→ **Adamus ⟨de Puteorum Villa⟩**

Adam ⟨de Ross⟩
12. Jh.
Vision de Saint Paul
DLF(MA),15; 1483
Ross, Adam ¬de¬

Adam ⟨de Roxburgh⟩
→ **Adamus ⟨Blunt⟩**

Adam ⟨de Saint-Martin⟩
→ **Meyer, Adamus**

Adam ⟨de Saint-Matthias⟩
→ **Meyer, Adamus**

Adam ⟨de Saint-Victor⟩
→ **Adamus ⟨de Sancto Victore⟩**

Adam ⟨de Sherborne⟩
→ **Adamus ⟨de Barking⟩**

Adam ⟨de Usk⟩
→ **Adamus ⟨de Usk⟩**

Adam ⟨de Whitby⟩
→ **Adamus ⟨de Whitby⟩**

Adam ⟨de Witham⟩
→ **Adamus ⟨Cartusianus⟩**

Adam ⟨de Wodeham⟩
→ **Adamus ⟨Goddamus⟩**

Adam ⟨de Wyteby⟩
→ **Adamus ⟨de Whitby⟩**

Adam ⟨d'Ebrach⟩
→ **Adamus ⟨Eberacensis⟩**

Adam ⟨d'Evesham⟩
→ **Adamus ⟨Eveshamensis⟩**

Adam ⟨Domerhamensis⟩
→ **Adamus ⟨Domerhamensis⟩**

Adam ⟨Dominicain⟩
→ **Adamus ⟨Coloniensis⟩**

Adam ⟨Dorensis⟩
→ **Adamus ⟨de Dore⟩**

Adam ⟨d'Oxford⟩
→ **Adamus ⟨Burley⟩**

Adam ⟨du Petit Pont⟩
→ **Adamus ⟨de Parvo Ponte⟩**

Adam ⟨Easton⟩
→ **Adamus ⟨Easton⟩**

Adam ⟨Eberacensis⟩
→ **Adamus ⟨Eberacensis⟩**

Adam ⟨Eckstein⟩
→ **Eckstein, Adam**

Adam ⟨Einsidlensis⟩
→ **Adamus ⟨Einsidlensis⟩**

Adam ⟨Evêque de Caithness⟩
→ **Adamus ⟨de Caithness⟩**

Adam ⟨Ferrarius⟩
→ **Adamus ⟨Ferrarius⟩**

Adam ⟨Ferrarius Aurelianensis⟩
→ **Adamus ⟨Ferrarius⟩**

Adam ⟨Goddam⟩
→ **Adamus ⟨Goddamus⟩**

Adam ⟨Iordani⟩
→ **Adamus ⟨Iordani⟩**

Adam ⟨Iunior⟩
→ **Adamus ⟨Iunior⟩**

Adam ⟨Jordaens⟩
→ **Adamus ⟨Iordani⟩**

Adam ⟨le Bossu⟩
→ **Adam ⟨de la Halle⟩**

Adam ⟨le Breton⟩
→ **Adamus ⟨de Sancto Victore⟩**

Adam ⟨le Chartreux⟩
→ **Adamus ⟨Scotus⟩**

Adam ⟨le Ménestrel⟩
→ **Adenet ⟨le Roi⟩**

Adam ⟨le Roi⟩
→ **Adenet ⟨le Roi⟩**

Adam ⟨l'Ecossais⟩
→ **Adamus ⟨Scotus⟩**

Adam ⟨Magister⟩
→ **Adamus ⟨Bucfeldus⟩**
→ **Adamus ⟨de Barking⟩**
→ **Adamus ⟨Easton⟩**
→ **Adamus ⟨Magister⟩**
→ **Adamus ⟨Magister, Auctor Defensorii Ecclesiae⟩**
→ **Adamus ⟨Pulchrae Mulieris⟩**

Adam ⟨Maître en Théologie⟩
→ **Adamus ⟨de Puteorum Villa⟩**

Adam ⟨Masunvilariensis⟩
→ **Adamus ⟨Masunvilariensis⟩**

Adam ⟨Mayer⟩
→ **Meyer, Adamus**

Adam ⟨Merimouth⟩
→ **Adamus ⟨Murimuthensis⟩**

Adam ⟨Meyer⟩
→ **Meyer, Adamus**

Adam ⟨Mönch⟩
→ **Adamus ⟨Eberacensis⟩**

Adam ⟨Moine⟩
→ **Adamus ⟨Domerhamensis⟩**

Adam ⟨Moine Bénédictin⟩
→ **Adamus ⟨de Barking⟩**

Adam ⟨Monachus⟩
→ **Adamus ⟨Einsidlensis⟩**

Adam ⟨of Balsham⟩
→ **Adamus ⟨de Parvo Ponte⟩**

Adam ⟨of Buckfield⟩
→ **Adamus ⟨Bucfeldus⟩**

Adam ⟨of Cobsam⟩
um 1460
The wright's chaste wife
Adam ⟨de Cobsam⟩
Cobsam, Adam ¬of¬

Adam ⟨of Cremona⟩
→ **Adamus ⟨Cremonensis⟩**

Adam ⟨of Domerham⟩
→ **Adamus ⟨Domerhamensis⟩**

Adam ⟨of Dryburgh⟩
→ **Adamus ⟨Scotus⟩**

Adam ⟨of Easton⟩
→ **Adamus ⟨Easton⟩**

Adam ⟨of Evesham⟩
→ **Adamus ⟨Eveshamensis⟩**

Adam ⟨of Eynsham⟩
→ **Adamus ⟨de Einesham⟩**

Adam ⟨of Hamptonshire⟩
→ **Adamus ⟨de Orleton⟩**

Adam ⟨of Murimuth⟩
→ **Adamus ⟨Murimuthensis⟩**

Adam ⟨of Rottweil⟩
→ **Adamus ⟨Rotwilensis⟩**

Adam ⟨of Saint-Victor⟩
→ **Adamus ⟨de Sancto Victore⟩**

Adam ⟨of Usk⟩
→ **Adamus ⟨de Usk⟩**

Adam ⟨of Whithorn⟩
→ **Adamus ⟨Scotus⟩**

Adam ⟨of Winchester⟩
→ **Adamus ⟨de Orleton⟩**

Adam ⟨Orleton⟩
→ **Adamus ⟨de Orleton⟩**

Adam ⟨Parisiensis⟩
→ **Adamus ⟨Parisiensis, Hagiographus⟩**

Adam ⟨Parvipontanus⟩
→ **Adamus ⟨de Parvo Ponte⟩**

Adam ⟨Picardus⟩
→ **Adamus ⟨de Gulyn⟩**

Adam ⟨Poète Liturgique⟩
→ **Adamus ⟨de Sancto Victore⟩**

Adam ⟨Praemonstratensis⟩
→ **Adamus ⟨Scotus⟩**

Adam ⟨Prédicateur Bénédictin⟩
→ **Meyer, Adamus**

Adam ⟨Prieur⟩
→ **Adamus ⟨Cartusianus⟩**

Adam ⟨Pulchrae Mulieris⟩
→ **Adamus ⟨Pulchrae Mulieris⟩**

Adam ⟨Scotus⟩
→ **Adamus ⟨Scotus⟩**

Adam ⟨Villicus⟩
→ **Meyer, Adamus**

Adam ⟨von Aldersbach⟩
→ **Adamus ⟨Alderspacensis⟩**

Adam ⟨von Bocfeld⟩
→ **Adamus ⟨Bucfeldus⟩**

Adam ⟨von Bouchermefort⟩
→ **Adamus ⟨Bucfeldus⟩**

Adam ⟨von Bremen⟩
→ **Adamus ⟨Bremensis⟩**

Adam ⟨von Cremona⟩
→ **Adamus ⟨Cremonensis⟩**

Adam ⟨von Dryburgh⟩
→ **Adamus ⟨Scotus⟩**

Adam ⟨von Ebrach⟩
→ **Adamus ⟨Eberacensis⟩**

Adam ⟨von Fulda⟩
1445 – 1505
LThK; VL(2),1,54/61
Adamus ⟨de Fulda⟩
Fulda, Adam ¬von¬

Adam ⟨von Gladbach⟩
→ **Adamus ⟨Coloniensis⟩**

Adam ⟨von Hamburg-Bremen⟩
→ **Adamus ⟨Bremensis⟩**

Adam ⟨von Köln⟩
→ **Adamus ⟨Coloniensis⟩**

Adam ⟨von Marisco⟩
→ **Adamus ⟨de Marisco⟩**

Adam ⟨von Marsh⟩
→ **Adamus ⟨de Marisco⟩**

Adam ⟨von Masmünster⟩
→ **Adamus ⟨Masunvilariensis⟩**

Adam ⟨von Montaldo⟩
→ **Adamus ⟨de Montaldo⟩**

Adam ⟨von Morimond⟩
→ **Adamus ⟨Eberacensis⟩**

Adam ⟨von Rottweil⟩
→ **Adamus ⟨Rotwilensis⟩**

Adam ⟨von Sankt Viktor⟩
→ **Adamus ⟨de Sancto Victore⟩**

Adam ⟨von Vsk⟩
→ **Adamus ⟨de Vsk⟩**

Adam ⟨Wodeham⟩
→ **Adamus ⟨Goddamus⟩**

Adam ⟨Wyntoniensis⟩
→ **Adamus ⟨de Orleton⟩**

Adam, Guillaume
→ **Guilelmus ⟨Adae⟩**

Adamannus ⟨de Iona⟩
→ **Adamnanus ⟨de Iona⟩**

Adamannus ⟨Scotohibernus⟩
→ **Adamnanus ⟨de Iona⟩**

Adamanus ⟨Hyensis⟩
→ **Adamnanus ⟨de Iona⟩**

Adamar
→ **Odomar**

Adaminus ⟨de Crene⟩
→ **Adamus ⟨de Crene⟩**

Adamnan ⟨of Iona⟩
→ **Adamnanus ⟨de Iona⟩**

Adamnanus ⟨de Iona⟩
ca. 624 – 704
Tusculum-Lexikon; LThK; CSGL; LMA,I,117/18
Adamannus ⟨de Iona⟩
Adamannus ⟨Scotohibernus⟩
Adamanus ⟨Hyensis⟩
Adamnan ⟨of Iona⟩
Adamnan ⟨von Hy⟩
Adamnanus ⟨Hiiensis⟩
Adamnanus ⟨Hyensis⟩
Adamnanus ⟨Scotohibernus⟩
Adamnanus ⟨von Hy⟩
Adomnan ⟨MacRónáin⟩
Adomnan ⟨of Iona⟩
Adomnan ⟨von Hy⟩
Adomnanus ⟨Hyensis⟩
Iona, Adamnanus ¬de¬

Adamo ⟨da Montaldo⟩
→ **Adamus ⟨de Montaldo⟩**

Adamo ⟨de Gênes⟩
→ **Adamus ⟨de Montaldo⟩**

Adamo ⟨di Brema⟩
→ **Adamus ⟨Bremensis⟩**

Adamo ⟨di Marsh⟩
→ **Adamus ⟨de Marisco⟩**

Adamus ⟨a Spina Candida⟩
→ **Adamus ⟨Scotus⟩**

Adamus ⟨Abbas⟩
→ **Adamus ⟨de Dore⟩**
→ **Adamus ⟨Eveshamensis⟩**

Adamus ⟨Alderspacensis⟩
gest. ca. 1260 · OCist
Summula de Summa Raymundi (vgl. LMA,I,109; laut VL(2) ist Adamus ⟨Magister⟩ als ihr Verfasser anzunehmen)
VL(2); CSGL
Adam ⟨Alderspacensis⟩
Adam ⟨von Aldersbach⟩
Adamus ⟨de Aldersbach⟩

Adamus ⟨Anglicus⟩
→ **Adamus ⟨Cartusianus⟩**
→ **Adamus ⟨de Parvo Ponte⟩**
→ **Adamus ⟨Goddamus⟩**
→ **Adamus ⟨Scotus⟩**

Adamus ⟨Anglus Theologus⟩
→ **Adamus ⟨Cartusianus⟩**

Adamus ⟨Balsamiensis⟩
→ **Adamus ⟨de Parvo Ponte⟩**

Adamus ⟨Berchingensis⟩
→ **Adamus ⟨de Barking⟩**

Adamus ⟨Blunt⟩
um 1296 · OFM
Schneyer,I,42
Adam ⟨Blunt⟩
Adam ⟨de Roxburgh⟩
Adamus ⟨Roxburgensis Coenobii Guardianus⟩
Adamus ⟨Scotus⟩
Blunt, Adam
Blunt, Adamus

Adamus ⟨Bocfeldius⟩
→ **Adamus ⟨Bucfeldus⟩**

Adamus ⟨Bremensis⟩
gest. ca. 1081
VL(2),1,50/54; LThK; CSGL; Potth.; LMA,I,107
Adalbert ⟨of Hamburg-Bremen⟩
Adalbertus ⟨Bremensis⟩
Adalbertus ⟨Hamburgensis⟩
Adam ⟨af Bremen⟩
Adam ⟨Bremensis⟩
Adam ⟨von Bremen⟩
Adam ⟨von Hamburg-Bremen⟩
Adamo ⟨di Brema⟩
Adamus ⟨Bremius⟩
Adamus ⟨Hamburgensis⟩

Adamus ⟨Bucfeldus⟩
ca. 1220 – 1278/94
Identität mit Adamus ⟨de Bouchermefort⟩ wahrscheinlich
LMA,I,106/07
Adam ⟨Bochennefort⟩
Adam ⟨Bochermefort⟩
Adam ⟨Bockingfold⟩
Adam ⟨Bouchermefort⟩
Adam ⟨de Bocfeld⟩
Adam ⟨de Bockfeld⟩
Adam ⟨de Bouchermefort⟩
Adam ⟨de Buckfeld⟩
Adam ⟨de Buckfield⟩
Adam ⟨Magister⟩
Adam ⟨of Bocfeld⟩
Adam ⟨of Buckfield⟩
Adam ⟨von Bocfeld⟩
Adam ⟨von Bouchermefort⟩
Adamus ⟨Bocfeldius⟩
Adamus ⟨Buccefeldus⟩
Adamus ⟨de Buckfield⟩
Bucfeldus, Adamus
Buckfeld, Adam ¬de¬

Adamus ⟨Burley⟩
gest. 1328
Quaestiones de VI Principiis; Quaestiones super libros [I-II] De anima
Lohr
Adam ⟨Burley⟩
Adam ⟨de Oxford⟩
Adam ⟨d'Oxford⟩
Adamus ⟨Burlaeus⟩
Adamus ⟨de Burleye⟩
Burley, Adamus

Adamus ⟨Cantor Ecclesiae⟩
→ **Adamus ⟨Cremonensis⟩**

Adamus ⟨Capellanus Hugonis⟩
→ **Adamus ⟨de Einesham⟩**

Adamus ⟨Cartusianus⟩
→ **Adamus ⟨Scotus⟩**

Adamus ⟨Cartusianus⟩
um 1340 · OCart
De patientia tribulationum; De sumptione sanctae Eucharistiae; Scala caeli attingendi; etc.; viell. Verf. von „Vita S. Hugonis"
Adam ⟨Anglais⟩
Adam ⟨Chartreux⟩
Adam ⟨Chartreux à Londres⟩
Adam ⟨de Henton⟩
Adam ⟨de Witham⟩
Adam ⟨Prieur⟩
Adamus ⟨Anglicus⟩
Adamus ⟨Anglus Theologus⟩
Adamus ⟨Carthusianus⟩
Adamus ⟨Cartusiensis⟩
Cartusianus, Adamus

Adamus ⟨Cathanesius⟩
→ **Adamus ⟨de Caithness⟩**

Adamus ⟨Chodam⟩
→ **Adamus ⟨Goddamus⟩**

Adamus ⟨Cisterciensis⟩
→ **Adamus ⟨de Dore⟩**

Adamus ⟨Claromontanus⟩
um 1276
Flores historiarum
Rep.Font. II,117
Adam ⟨Claromontanus⟩
Adam ⟨Claromontensis⟩
Adam ⟨Clerc⟩
Adam ⟨de Clermont⟩
Adamus ⟨Claromontensis⟩
Adamus ⟨Clericus⟩
Claromontanus, Adamus

Adamus ⟨Clericus⟩
→ **Adamus ⟨Claromontanus⟩**
→ **Adamus ⟨de Barking⟩**

Adamus ⟨Coloniensis⟩
→ **Adamus ⟨Alderspacensis⟩**

Adamus ⟨Coloniensis⟩
gest. 1408 · OP
LMA,I,109
Angebl. Verf. der „Summula pauperum", deren mutmaßl. Verf. Adamus ⟨Magister⟩ bzw. Adamus ⟨Alderspacensis⟩ ist; Sentenzenlektor
Adam ⟨Coloniensis⟩
Adam ⟨de Cologne⟩
Adam ⟨de Gladbach⟩
Adam ⟨Dominicain⟩
Adam ⟨von Gladbach⟩
Adam ⟨von Köln⟩
Adamus ⟨de Gladbach⟩
Adamus ⟨Dominikaner⟩
Gladbach, Adamus ¬de¬
Pseudo-Adam ⟨de Gladbach⟩

Adamus ⟨Cremonensis⟩
um 1227
Tractatus de regimine iter agentium vel peregrinantium
Adam ⟨Cremonensis⟩
Adam ⟨of Cremona⟩
Adam ⟨von Cremona⟩
Adamus ⟨Cantor Ecclesiae⟩

Adamus ⟨de Aldersbach⟩
→ **Adamus ⟨Alderspacensis⟩**

Adamus ⟨de Barking⟩
gest. ca. 1217 · OSB
Carmina; mutmaßl. Verf. von „Carmen contra feminas"; De natura humana et divina carmen
Stegmüller, Repert. bibl. 860
Adam ⟨Berchingensis⟩
Adam ⟨de Sherborne⟩
Adam ⟨Magister⟩
Adam ⟨Moine Bénédictin⟩
Adamus ⟨Berchingensis⟩
Adamus ⟨Clericus⟩
Adamus ⟨Magister⟩
Adamus ⟨Monachus⟩
Barking, Adamus ¬de¬

Adamus ⟨de Bassea⟩
gest. 1286
CSGL; DLF(MA),9; LMA,I,106
Adam ⟨de Bassea⟩
Adam ⟨de la Bassée⟩
Adam ⟨de LaBassée⟩
Adamus ⟨de Bassée⟩
Adamus ⟨de Basseia⟩
Adamus ⟨de Basseya⟩
Adamus ⟨Insulensis⟩
Bassea, Adamus ¬de¬

Adamus ⟨de Bodman⟩
gest. ca. 1350 · OCarm
Determinationes theologicae
Adam ⟨de Bodman⟩
Adam ⟨de Bodromo⟩
Bodman, Adamus ¬de¬

Adamus ⟨de Buckfield⟩
→ **Adamus ⟨Bucfeldus⟩**

Adamus ⟨de Burleye⟩
→ **Adamus ⟨Burley⟩**

Adamus ⟨de Caithness⟩
gest. 1222 · OCist
Excerpta Bibliae
Stegmüller, Repert. bibl.
Adam ⟨de Caithness⟩
Adam ⟨de Melrose⟩
Adam ⟨Evêque de Caithness⟩
Adamus ⟨Cathanesius⟩
Adamus ⟨Episcopus⟩
Caithness, Adamus ¬de¬

Adamus ⟨de Caroliloco⟩
gest. 1217 · OCist
Identität mit Adamus ⟨de Chambly⟩, Bischof von Senlis, umstritten
Schneyer,I,42
Adam ⟨Caroliloci Abbas⟩
Adam ⟨de Chaalis⟩
Adamus ⟨de Chaalis⟩
Adamus ⟨de Chambly⟩
Adamus ⟨de Chamilli⟩
Adamus ⟨de Senlis⟩
Caroliloco, Adamus ¬de¬

Adamus ⟨de Chaalis⟩
→ **Adamus ⟨de Caroliloco⟩**

Adamus ⟨de Chambly⟩
→ **Adamus ⟨de Caroliloco⟩**

Adamus ⟨de Courlandon⟩
→ **Adamus ⟨de Curtilandonis⟩**

Adamus ⟨de Crene⟩
14. Jh.
Verfasser eines Teils (1300-1383) des "Chronicon Bergomense„
Rep.Font. II,117
Adam ⟨de Crene⟩
Adaminus ⟨de Crene⟩
Crene, Adam ¬de¬
Crene, Adaminus ¬de¬
Crene, Adamus ¬de¬

Adamus ⟨de Curtilandonis⟩
gest. ca. 1232
Allegoriae morales; Commentarius in Matthaeum, in Pentateuchum; etc.
Stegmüller, Repert. bibl. 861-869
Adam ⟨de Courlandon⟩
Adam ⟨de Courtlandon⟩
Adam ⟨de Curtilandonis⟩
Adamus ⟨de Cortlandon⟩
Adamus ⟨de Courlandon⟩
Curtilandonis, Adamus ¬de¬

Adamus ⟨de Domerham⟩
→ **Adamus ⟨Domerhamensis⟩**

Adamus ⟨de Dore⟩
um 1200 · OCist
Speculum ecclesiae; Pictor in carmine; Rudimenta musices etc.
Stegmüller, Repert. bibl. 870
Adam ⟨Abbas⟩
Adam ⟨Cisterciensis⟩
Adam ⟨de Dore⟩
Adam ⟨Dorensis⟩
Adamus ⟨Abbas⟩
Adamus ⟨Cisterciensis⟩
Adamus ⟨Dorensis⟩
Dore, Adamus ¬de¬
Pseudo-Adamus ⟨Dorensis⟩

Adamus ⟨de Dryburgh⟩
→ **Adamus ⟨Scotus⟩**

Adamus ⟨de Einesham⟩
um 1196 – 1232
Vita Hugonis Lincolniensis
Potth.
Adam ⟨of Eynsham⟩
Adamus ⟨Capellanus Hugonis⟩
Adamus ⟨Eynshamensis⟩
Einesham, Adamus ¬de¬

Adamus ⟨de Eston⟩
→ **Adamus ⟨Easton⟩**

Adamus ⟨de Fulda⟩
→ **Adam ⟨von Fulda⟩**

Adamus ⟨de Fulgineo⟩
→ **Arnaldus ⟨de Fulgineo⟩**

Adamus ⟨de Gulyn⟩
um 1282/83 · OP
Sermones
Schneyer,I,48
Adam ⟨de Gulyn⟩
Adam ⟨de la Vacherie⟩
Adam ⟨de la Vachery⟩
Adam ⟨Picardus⟩
Adamus ⟨de la Vacherie⟩
Adamus ⟨Picardus⟩
Gulyn, Adamus ¬de¬
Pseudo-Adamus ⟨de Gulyn⟩

Adamus ⟨de Howden⟩
um 1290/1303 · OFM
Schneyer,I,45
Adamus ⟨de Haudene⟩
Adamus ⟨de Hofdene⟩
Adamus ⟨de Houdene⟩
Adamus ⟨de Hoveden⟩
Howden, Adamus ¬de¬

Adamus ⟨de la Vacherie⟩
→ **Adamus ⟨de Gulyn⟩**

Adamus ⟨de Lincolnia⟩
gest. 1334 · OFM
Schneyer,I,46
Lincolnia, Adamus ¬de¬

Adamus ⟨de Marisco⟩
gest. 1258
LThK; CSGL; Potth.; LMA,I,109
Adam ⟨de Marisco⟩
Adam ⟨de Marsh⟩
Adam ⟨von Marisco⟩
Adam ⟨von Marsh⟩
Adamo ⟨di Marsh⟩
Adamus ⟨de Mariso⟩
Adamus ⟨de Marsh⟩
Adamus ⟨Eliensis⟩
Adamus ⟨Mariscus⟩
Adamus ⟨Marsh⟩
Marisco, Adamus ¬de¬

Adamus ⟨de Marsh⟩
→ **Adamus ⟨de Marisco⟩**

Adamus ⟨de Montaldo⟩
um 1480 · OESA
De laudibus familiae de Auria; De Constantinopolitano excidio; Identität mit Adamus ⟨Genuensis⟩ umstritten
Rep.Font. II,122
Adam ⟨de Montaldo⟩
Adam ⟨von Montaldo⟩
Adamo ⟨da Montaldo⟩
Adamo ⟨de Gênes⟩
Adamo ⟨di Montaldo⟩
Adamus ⟨de Montaldo, Genuensis⟩
Adamus ⟨Genuensis⟩
Montaldo, Adamus ¬de¬

Adamus ⟨de Nemosio⟩
gest. 1377 · OP
Litterae Adami de Nemosio ep., receptoris decimae biennalis regi Carolo V ab Urbano V concessae
Kaeppeli,I,5
Adam ¬de Nemosio¬
Nemosio, Adam ¬de¬

Adamus ⟨de Orleton⟩
gest. 1345
CSGL; LMA,VI,1467
Adam ⟨de Orleton⟩
Adam ⟨of Hamptonshire⟩
Adam ⟨of Winchester⟩
Adam ⟨Orleton⟩
Adam ⟨Wyntoniensis⟩
Adamus ⟨Orleton⟩
Adamus ⟨Wintoniensis⟩
Orleton, Adamus ¬de¬

Adamus ⟨de Parvo Ponte⟩
ca. 1105 – 1181
Tusculum-Lexikon; CSGL; DLF(MA),14; LMA,I,109/10
Adam ⟨Balsamiensis⟩
Adam ⟨de Parvo Ponte⟩
Adam ⟨du Petit Pont⟩
Adam ⟨of Balsham⟩
Adam ⟨Parvipontanus⟩
Adamus ⟨Anglicus⟩
Adamus ⟨Balsamiensis⟩
Adamus ⟨de Ponte Parvo⟩
Adamus ⟨Parvipontanus⟩
Adamus ⟨Parvus⟩
Adamus ⟨Peripateticus⟩
Adamus ⟨Pontuaius⟩
Adamus ⟨Scholasticus⟩
Parvo Ponte, Adamus ¬de¬

Adamus ⟨de Persenia⟩
ca. 1145 – 1221
LThK; CSGL; Potth.; DLF(MA),13; LMA,I,110
Adam ⟨Abbas Perseniae⟩
Adam ⟨de Perseigne⟩
Adam ⟨de Pontigny⟩
Adamus ⟨de Perseigne⟩
Adamus ⟨Perseniae⟩
Adamus ⟨Persenniae⟩
Adamus ⟨Pontiniacensis⟩
Persenia, Adamus ¬de¬

Adamus ⟨de Ponte Parvo⟩
→ **Adamus ⟨de Parvo Ponte⟩**

Adamus ⟨de Puteorum Villa⟩
um 1244
Identität mit Adamus ⟨Pulchrae Mulieris⟩ umstritten
Stegmüller, Repert. sentent. 38
Adam ⟨de Puchville⟩
Adam ⟨de Puteorum Villa⟩
Adam ⟨de Puteorumvilla⟩
Adam ⟨Maître en Théologie⟩
Adamus ⟨de Puchville⟩
Adamus ⟨Pulchrae Mulieris⟩

Adamus ⟨de Rodvila⟩
→ **Adamus ⟨Rotwilensis⟩**

Adamus ⟨de Sancto Victore⟩
ca. 1110 – 1192
Pseudo-Adamus ⟨de Sancto Victore⟩: Summa de vocabulis Bibliae; in Wirklichkeit Werk des Guilelmus ⟨Brito⟩
Tusculum-Lexikon; LThK; CSGL; DLF(MA),15; LMA,I,110/11
Adam ⟨Breton⟩
Adam ⟨Chanoine de Saint-Victor⟩
Adam ⟨de Saint-Victor⟩
Adam ⟨le Breton⟩
Adam ⟨of Saint-Victor⟩
Adam ⟨Poète Liturgique⟩
Adam ⟨von Sankt Viktor⟩
Adamus ⟨Parisiensis, Praecantor⟩
Adamus ⟨Praecantor Parisiensis⟩
Adamus ⟨Sancti Victoris Parisiensis⟩
Adamus ⟨Victorinus⟩
Pseudo-Adamus ⟨de Sancto Victore⟩
Saint Victor, Adam ¬de¬
Saint-Victor, Adam ¬de¬
Sancto Victore, Adamus ¬de¬

Adamus ⟨de Senlis⟩
→ **Adamus ⟨de Caroliloco⟩**

Adamus ⟨de Spina Candida⟩
→ **Adamus ⟨Scotus⟩**

Adamus ⟨de Usk⟩
ca. 1352 – 1430
CSGL: Potth.; LMA,I,111
Adam ⟨de Usk⟩
Adam ⟨of Usk⟩
Adam ⟨von Usk⟩
Usk, Adamus ¬de¬

Adamus ⟨de Vodronio⟩
→ **Adamus ⟨Goddamus⟩**

Adamus ⟨de Whitby⟩
13. Jh.
Glossa super librum De sensu et sensato
Lohr
Adam ⟨de Whitby⟩
Adam ⟨de Wyteby⟩
Whitby, Adamus ¬de¬

Adamus ⟨de Whithorn⟩
→ **Adamus ⟨Scotus⟩**

Adamus ⟨de Wodeham⟩
→ **Adamus ⟨Goddamus⟩**

Adamus ⟨Domerhamensis⟩
gest. 1291
Historia de rebus gestis Glastoniensibus
Rep.Font. II,117
Adam ⟨de Domerham⟩
Adam ⟨de Glastonbury⟩
Adam ⟨Domerhamensis⟩
Adam ⟨Moine⟩
Adam ⟨of Domerham⟩
Adamus ⟨de Domerham⟩
Adamus ⟨Glastoniensis⟩
Adamus ⟨Monachus⟩

Adamus ⟨Dominikaner⟩
→ **Adamus ⟨Coloniensis⟩**

Adamus ⟨Dorensis⟩
→ **Adamus ⟨de Dore⟩**

Adamus ⟨Easton⟩
gest. 1397 · OSB
Defensorium ecclesiae potestatis; Defensorium S. Brigittae; etc.
Stegmüller, Repert. bibl.
Adam ⟨Bénédictin⟩
Adam ⟨Cardinal⟩
Adam ⟨Easton⟩
Adam ⟨Magister⟩
Adam ⟨of Easton⟩
Adamus ⟨de Eston⟩
Easton, Adamus

Adamus ⟨Eberacensis⟩
gest. 1161 · OCist
LMA,I,108
Adam ⟨Abbas⟩
Adam ⟨Abbé⟩
Adam ⟨Beatus⟩
Adam ⟨Cisterciensis⟩
Adam ⟨de Morimond⟩
Adam ⟨d'Ebrach⟩
Adam ⟨Eberacensis⟩
Adam ⟨Mönch⟩
Adam ⟨von Ebrach⟩
Adam ⟨von Morimond⟩

Adamus ⟨Einsidlensis⟩
ca. 12. Jh.
Carmen: Scribere fert animi calamus
Adam ⟨Einsidlensis⟩
Adam ⟨Monachus⟩
Adamus ⟨Monachus⟩

Adamus ⟨Eliensis⟩
→ **Adamus ⟨de Marisco⟩**

Adamus ⟨Episcopus⟩
→ **Adamus ⟨de Caithness⟩**

Adamus ⟨Eveshamensis⟩
gest. 1191
CSGL
Adam ⟨d'Evesham⟩
Adam ⟨of Evesham⟩
Adamus ⟨Abbas⟩

Adamus ⟨Eynshamensis⟩
→ **Adamus ⟨de Einesham⟩**

Adamus ⟨Ferrarius⟩
um 1383 · OP
Quaestiones in metaphysicam; In libros De caelo et mundo
Lohr
Adam ⟨Aurelianensis⟩
Adam ⟨Ferrarius⟩
Adam ⟨Ferrarius Aurelianensis⟩
Ferrarius, Adamus

Adamus ⟨Genuensis⟩
→ **Adamus ⟨de Montaldo⟩**

Adamus ⟨Glastoniensis⟩
→ **Adamus ⟨Domerhamensis⟩**

Adamus ⟨Goddamus⟩
ca. 1298 – 1385
LMA,I,111
Adam ⟨de Woddeham⟩
Adam ⟨de Wodeham⟩
Adam ⟨Goddam⟩
Adam ⟨Woddheam⟩
Adam ⟨Wodeham⟩
Adam ⟨Woodham⟩
Adamus ⟨Anglicus⟩
Adamus ⟨Chodam⟩
Adamus ⟨de Vodronio⟩
Adamus ⟨de Wodeham⟩
Adamus ⟨de Wodham⟩
Adamus ⟨Goddam⟩
Adamus ⟨Odohamus⟩
Adamus ⟨Wodehamensis⟩
Adamus ⟨Wodheamensis⟩
Goddamus, Adamus
Wodeham, Adam

Adamus ⟨Hamburgensis⟩
→ **Adamus ⟨Bremensis⟩**

Adamus ⟨Insulensis⟩
→ **Adamus ⟨de Bassea⟩**

Adamus ⟨Iordani⟩
gest. 1494
Super gubernatione et doctrinatione scolarium in monasterio Sancti Martini commorantium
Adam ⟨Iordani⟩
Adam ⟨Jordaens⟩
Iordani, Adamus
Jordaens, Adam

Adamus ⟨Iunior⟩
um 1336/41
Commentarius in sententias; Identität mit Adamus ⟨Eliensis⟩ umstritten
Adam ⟨Iunior⟩
Iunior, Adamus

Adamus ⟨Magister⟩
→ **Adamus ⟨de Barking⟩**
→ **Adamus ⟨Parisiensis, Praedicator⟩**
→ **Adamus ⟨Pulchrae Mulieris⟩**

Adamus ⟨Magister⟩
13. Jh.
Summula de Summa Raymundi (=Summula Raymundi metrice compilata; Summula Pauperum); Zuweisung an Adamus ⟨Alderspacensis⟩ (vgl. LMA,I,109) bzw. Adamus ⟨Coloniensis⟩ (LThK, Kaeppeli, NDB) von VL(2) abgelehnt
VL(2),1,47/50
Adam ⟨Magister⟩
Magister Adam

Adamus ⟨Magister, Auctor Defensorii Ecclesiae⟩
ca. 14. Jh.
Defensorium ecclesiae
Rep.Font. II,119
Adam ⟨Magister⟩
Adamus ⟨Magister⟩

Adamus ⟨Mariscus⟩
→ **Adamus ⟨de Marisco⟩**

Adamus ⟨Marsh⟩
→ **Adamus ⟨de Marisco⟩**

Adamus ⟨Masunvilariensis⟩
um 750/80
Dum mundus centum
CC Clavis, Auct. Gall. 1,27f.
Adam ⟨de Massevaux⟩
Adam ⟨Masunvilariensis⟩
Adam ⟨Masunvillariensis⟩
Adam ⟨von Masmünster⟩

Adamus ⟨Merimuth⟩
→ **Adamus ⟨Murimuthensis⟩**

Adamus ⟨Monachus⟩
→ **Adamus ⟨de Barking⟩**
→ **Adamus ⟨Domerhamensis⟩**
→ **Adamus ⟨Einsidlensis⟩**

Adamus ⟨Murimuthensis⟩
ca. 1275 – 1347
LThK; CSGL; Potth.
Adam ⟨de Mirimouth⟩
Adam ⟨Merimouth⟩
Adam ⟨of Murimuth⟩
Adamus ⟨Merimuth⟩
Adamus ⟨Myrimuth⟩
Murimuth, Adam

Adamus ⟨Odohamus⟩
→ **Adamus ⟨Goddamus⟩**

Adamus ⟨Orleton⟩
→ **Adamus ⟨de Orleton⟩**

Adamus ⟨Parisiensis, Hagiographus⟩
11. Jh.
Vita, passio et translatio Sancti Domnii Salonitani
Rep.Font. II,119
Adam ⟨de Paris, de Spalato⟩
Adam ⟨de Paris, Hagiographe⟩
Adam ⟨Parisiensis⟩
Adamus ⟨Parisiensis⟩
Adamus ⟨Parisiensis Spalatii⟩

Adamus ⟨Parisiensis, Praecantor⟩
→ **Adamus ⟨de Sancto Victore⟩**

Adamus ⟨Parisiensis, Praedicator⟩
um 1273
Schneyer,I,46
Adam ⟨de Paris, Maître de Théologie⟩
Adam ⟨de Paris, Prédicateur⟩
Adam ⟨de Paris, Sermonnaire⟩
Adam ⟨de Parisiis⟩
Adamus ⟨de Paris⟩
Adamus ⟨Magister⟩
Adamus ⟨Parisiensis⟩
Adamus ⟨Parisiensis, Magister⟩
Adamus ⟨Parisiensis, Prédicateur⟩

Adamus ⟨Parisiensis Spalatii⟩
→ **Adamus ⟨Parisiensis, Hagiographus⟩**

Adamus ⟨Parvipontanus⟩
→ **Adamus ⟨de Parvo Ponte⟩**

Adamus ⟨Parvus⟩
→ **Adamus ⟨de Parvo Ponte⟩**

Adamus ⟨Peripateticus⟩
→ **Adamus ⟨de Parvo Ponte⟩**

Adamus ⟨Perseniae⟩
→ **Adamus ⟨de Persenia⟩**

Adamus ⟨Picardus⟩
→ **Adamus ⟨de Gulyn⟩**

Adamus ⟨Pontiniacensis⟩
→ **Adamus ⟨de Persenia⟩**

Adamus ⟨Pontuaius⟩
→ **Adamus ⟨de Parvo Ponte⟩**

Adamus ⟨Praecantor Parisiensis⟩
→ **Adamus ⟨de Sancto Victore⟩**

Adamus ⟨Praemonstratensis⟩
→ **Adamus ⟨Scotus⟩**

Adamus ⟨Pulchrae Mulieris⟩
→ **Adamus ⟨de Puteorum Villa⟩**

Adamus ⟨Pulchrae Mulieris⟩
um 1210
Angebl. Verf. von „De intelligentiis“
Schneyer,I,49
Adam ⟨Maître⟩
Adam ⟨Pulchrae Mulieris⟩
Adamus ⟨Magister⟩
Pulchrae Mulieris, Adamus

Adamus ⟨Rotwilensis⟩
um 1470/80
Adam ⟨of Rottweil⟩
Adam ⟨von Rottweil⟩
Adamus ⟨de Rodvila⟩
Rottveil, Adam ¬de¬
Rottweil, Adam ¬von¬
Rotwil, Adam ¬de¬
Rotwyl, Adam ¬de¬

Adamus ⟨Roxburgensis Coenobii Guardianus⟩
→ **Adamus ⟨Blunt⟩**

Adamus ⟨Sancti Victoris Parisiensis⟩
→ **Adamus ⟨de Sancto Victore⟩**

Adamus ⟨Scholasticus⟩
→ **Adamus ⟨de Parvo Ponte⟩**

Adamus ⟨Scotus⟩
→ **Adamus ⟨Blunt⟩**

Adamus ⟨Scotus⟩
ca. 1150 – 1212
OPraem, später OCart
Tusculum-Lexikon; LThK; CSGL; LMA,I,107/08
Adam ⟨Anglicus⟩
Adam ⟨Cartusiensis⟩
Adam ⟨de Dryburgh⟩
Adam ⟨le Chartreux⟩
Adam ⟨l'Ecossais⟩
Adam ⟨of Dryburgh⟩
Adam ⟨of Whithorn⟩
Adam ⟨Praemonstratensis⟩
Adam ⟨Scotus⟩
Adam ⟨von Dryburgh⟩
Adamus ⟨a Spina Candida⟩
Adamus ⟨Anglicus⟩
Adamus ⟨Carthusianus⟩
Adamus ⟨Carthusiensis⟩
Adamus ⟨Cartusiensis⟩
Adamus ⟨de Dryburgh⟩
Adamus ⟨de Spina Candida⟩
Adamus ⟨de Whithorn⟩
Adamus ⟨Praemonstratensis⟩
Adamus ⟨Whithorniensis⟩
Dryburgh, Adam ¬of¬
Scotus, Adamus

Adamus ⟨Victorinus⟩
→ **Adamus ⟨de Sancto Victore⟩**

Adamus ⟨Whithorniensis⟩
→ **Adamus ⟨Scotus⟩**

Adamus ⟨Wintoniensis⟩
→ **Adamus ⟨de Orleton⟩**

Adamus ⟨Wodehamensis⟩
→ **Adamus ⟨Goddamus⟩**

Adelaire ⟨d'Augsbourg⟩
→ **Adalgerus ⟨Episcopus⟩**

Adelardus
→ **Adalhardus ⟨Corbiensis⟩**

Adelardus ⟨Badunensis⟩
→ **Adelardus ⟨Bathensis⟩**

Adelardus ⟨Barthoniensis⟩
→ **Adelardus ⟨Bathensis⟩**

Adelardus ⟨Bathensis⟩
ca. 1090 – ca. 1160
Quaestiones naturales; De eodem et diverso
LThK; CSGL; DLF(MA),15; LMA,I,144
Adalard ⟨of Bath⟩
Adélard ⟨de Bath⟩
Adelard ⟨von Bath⟩
Adelardus ⟨Badunensis⟩
Adelardus ⟨Barthoniensis⟩
Adelardus ⟨Bathoniensis⟩
Adelardus ⟨de Bath⟩
Aelradus ⟨Bathensis⟩
Aethelardus ⟨Bathensis⟩
Aethelhard ⟨of Bath⟩
Alard ⟨of Bath⟩
Alardus ⟨Bathensis⟩
Athelradus ⟨Bathensis⟩

Adelardus ⟨Corbiensis⟩
→ **Adalhardus ⟨Corbiensis⟩**

Adelbero ⟨...⟩
→ **Adalbero ⟨...⟩**

Adelberon ⟨d'Ardenne⟩
→ **Adalbero ⟨Remensis⟩**

Adelberonus ⟨of Utrecht⟩
→ **Adelboldus ⟨Traiectensis⟩**

Adelbert ⟨Archbishop⟩
→ **Adalbertus ⟨Moguntinensis, ...⟩**

Adelbert ⟨d'Augsbourg⟩
→ **Albertus ⟨Augustanus⟩**

Adelbert ⟨de Tournel⟩
→ **Aldebertus ⟨Mimatensis⟩**

Adelbertus ⟨...⟩
→ **Adalbertus ⟨...⟩**

Adelbold ⟨of Utrecht⟩
→ **Adelboldus ⟨Traiectensis⟩**

Adelboldus ⟨de Selfingen⟩
um 1337 · OCist
Wahrscheinl. Verf. des Tractatus super statu monasterii Salem 1134-1137
Rep.Font. II,123
Selfingen, Adelboldus ¬de¬

Adelboldus ⟨Traiectensis⟩
ca. 970 – 1026
Tusculum-Lexikon; LThK; CSGL; LMA,I,103-104; VL(2),1,41/42
Adalbaldus ⟨Traiectensis⟩
Adalbold ⟨von Utrecht⟩
Adalboldus ⟨Traiectensis⟩
Adalboldus ⟨Utricensis⟩
Adelberonus ⟨of Utrecht⟩
Adelbode ⟨of Utrecht⟩
Adelbold ⟨of Utrecht⟩
Adelboldus ⟨Ultraiectensis⟩
Athalbaldus ⟨von Utrecht⟩
Pseudo-Adelboldus ⟨Traiectensis⟩

Adelboldus ⟨Ultraiectensis⟩
→ **Adelboldus ⟨Traiectensis⟩**

Adelbrecht ⟨Priester⟩
um 1131
Legende von Johannes dem Täufer
VL(2),1,62/63
Priester Adelbrecht

Adelchis ⟨Princeps⟩
gest. 878
Gesetzesnovellen zum „Edictus Rothari“
LMA,I,145
Adelchis ⟨Princeps von Benevent⟩
Adelgise ⟨Duc de Bénévent⟩
Adelgise, Théodore

Adelerius ⟨Floriacensis⟩
→ **Adrevaldus ⟨Floriacensis⟩**

Adelferius
11. Jh.
De S. Nicolai Peregrini adventu Tranum, et obitu eumque secutis miraculis
Rep.Font. II,123
Adelferius ⟨de Trani⟩
Adelferius ⟨Famulus⟩

Adelfonsus
→ **Petrus ⟨Alfonsi⟩**

Adelgerus ⟨Cluniacensis⟩
→ **Algerus ⟨Leodiensis⟩**

Adelgise ⟨Duc de Bénévent⟩
→ **Adelchis ⟨Princeps⟩**

Adelgise, Théodore
→ **Adelchis ⟨Princeps⟩**

Adelgorius
→ **Adalgotus ⟨Magdeburgensis⟩**

Adelgot ⟨de Magdebourg⟩
→ **Adalgotus ⟨Magdeburgensis⟩**

Adelgott ⟨von Veltheim⟩
→ **Adalgotus ⟨Magdeburgensis⟩**

Adelgozus
→ **Adalgotus ⟨Magdeburgensis⟩**

Adelhardus ⟨...⟩
→ **Adelardus ⟨...⟩**

Adelheid ⟨Langmann⟩
→ **Langmann, Adelheid**

Adelheid ⟨zu Engeltal⟩
→ **Langmann, Adelheid**

Adelhelmus ⟨Schireburnensis⟩
→ **Aldhelmus ⟨Schireburnensis⟩**

Adelherus ⟨Augustensis⟩
→ **Adalgerus ⟨Episcopus⟩**

Adelinus ⟨Schireburnensis⟩
→ **Aldhelmus ⟨Schireburnensis⟩**

Adelmannus ⟨Brixianus⟩
→ **Adelmannus ⟨Leodiensis⟩**

Adelmannus ⟨Leodiensis⟩
gest. 1061
Epistola ad Berengarium; Rhythmi alphabetici de viris illustribus sui temporis
Rep.Font. II,123
Adelman ⟨de Brescia⟩
Adelman ⟨de Liège⟩
Adelman ⟨Ecolâtre⟩
Adelmann ⟨von Lüttich⟩
Adelmannus ⟨Brixianus⟩
Adelmannus ⟨Scholasticus Leodiensis⟩

Adelme ⟨de Sherborne⟩
→ **Aldhelmus ⟨Schireburnensis⟩**

Adelmus ⟨Balduinus⟩
Lebensdaten nicht ermittelt
Pentat. et alios libros, metrice
Stegmüller, Repert. bibl.
Adelmus ⟨Anglus⟩
Balduinus, Adelmus

Adelmus ⟨Malmesburiensis⟩
→ **Aldhelmus ⟨Schireburnensis⟩**

Adelmus ⟨Schireburnensis⟩
→ **Aldhelmus ⟨Schireburnensis⟩**

Adelnburg, Engelhart ¬von¬
→ **Engelhart ⟨von Adelnburg⟩**

Adeloldus ⟨Remensis⟩
9. Jh.
Titulus Remensis
CC Clavis, Auct. Gall. 1,29f.
Adalaldus ⟨Remensis⟩
Adaloldus ⟨Remensis⟩
Adeloldus ⟨Monachus⟩

Adelpreto ⟨Vescovo⟩
→ **Adalpretus ⟨Episcopus⟩**

Adelredus ⟨von Rievaulx⟩
→ **Aelredus ⟨Rievallensis⟩**

Ademar
→ **Odomar**

Ademar ⟨d'Angoulême⟩
→ **Ademarus ⟨Cabannensis⟩**

Adémar ⟨de Chabannes⟩
→ **Ademarus ⟨Cabannensis⟩**

Adémar ⟨de Monteuil⟩
→ **Ademarus ⟨de Podio⟩**

Ademar ⟨de Saint-Ruf⟩
→ **Ademarus ⟨de Sancto Rufo⟩**

Adémar ⟨du Puy⟩
→ **Ademarus ⟨de Podio⟩**

Adémar ⟨lo Negre⟩
→ **Azémar ⟨le Noir⟩**

Ademar ⟨of Saint Cybard⟩
→ **Ademarus ⟨Cabannensis⟩**

Ademar ⟨of Saint Martial⟩
→ **Ademarus ⟨Cabannensis⟩**

Ademarius ⟨Parisiensis⟩
→ **Aldemarus ⟨Parisiensis⟩**

Ademarus ⟨Cabannensis⟩
ca. 988 – 1034
Tusculum-Lexikon; LThK; CSGL; DLF(MA),16; LMA,I,148/49
Adémar ⟨de Chabannes⟩
Ademar ⟨de Chabannes⟩
Ademar ⟨d'Angoulême⟩
Ademar ⟨of Saint Cybard⟩
Ademar ⟨of Saint Martial⟩
Ademarus ⟨d'Angoulême⟩
Ademarus ⟨Engolismensis⟩
Ademarus ⟨Sancti Cibardi⟩
Ademarus ⟨Sancti Cibardi Engolismensis⟩
Ademarus ⟨Sancti Cybardi⟩
Adhemarus ⟨Cabannensis⟩
Autmarus ⟨Cabannensis⟩

Ademarus ⟨d'Angoulême⟩
→ **Ademarus ⟨Cabannensis⟩**

Ademarus ⟨de Monteil⟩
→ **Ademarus ⟨de Podio⟩**

Ademarus ⟨de Podio⟩
gest. 1098
Epistula Simeonis patriarchae Hierosolymitani et Ademari de Podio S. Mariae episcopi ad fideles partium septentrionalium
Rep.Font. II,126; LMA,I,151/52
Adémar ⟨de Monteuil⟩
Adémar ⟨du Puy⟩
Ademarus ⟨de Monteil⟩
Ademarus ⟨Podiensis⟩
Ademarus ⟨Sanctae Mariae Episcopus⟩
Adhemar ⟨de Monteil⟩
Adhemar ⟨of Puy⟩
Podio, Ademarus ¬de¬

Ademarus ⟨de Sancto Rufo⟩
um 1180
Collatio auctoritatum; Defensio doctrinae Giberti Porretani; Tractatus de Trinitate
Schönberger/Kible, Repertorium, 10070
Ademar ⟨de Saint-Ruf⟩
Adhémar ⟨de Saint-Ruf⟩
Adhemar ⟨von Saint-Ruf in Valence⟩
Adhemarius ⟨Canonicus⟩
Adhemarus ⟨de Sancto Rufo⟩
Sancto Rufo, Ademarus ¬de¬

Ademarus ⟨Engolismensis⟩
→ **Ademarus ⟨Cabannensis⟩**

Ademarus ⟨Podiensis⟩
→ **Ademarus ⟨de Podio⟩**

Ademarus ⟨Sanctae Mariae Episcopus⟩
→ **Ademarus ⟨de Podio⟩**

Ademarus ⟨Sancti Cibardi Engolismensis⟩
→ **Ademarus ⟨Cabannensis⟩**

Adenet ⟨le Roi⟩
ca. 1240 – ca. 1300
Meyer; DLF(MA),18; LMA,I,149
Adam ⟨le Ménestrel⟩
Adam ⟨le Roi⟩
Adenés ⟨li Rois⟩
Adenès ⟨li Rois⟩
LeRoi, Adam
LeRoi, Adenet
Roi, Adenet ¬le¬

Adenulphus ⟨de Anagnia⟩
gest. 1289
Neffe Gregors IX.; Summa causarum de facto et usu curiae; Notulae topicorum; Identität mit Albertus ⟨Sancti Odomari⟩ umstritten
Lohr; Stegmüller, Repert. bibl.; Schneyer,I,49; LMA,I,149
Adenulf ⟨Probst⟩
Adenulf ⟨von Anagni⟩
Adénulphe ⟨Chanoine⟩
Adénulphe ⟨de Paris⟩
Adénulphe ⟨de Saint-Omer⟩
Adénulphe ⟨d'Anagni⟩
Adénulphe ⟨Evêque⟩
Adenulphus ⟨Anagni⟩
Adenulphus ⟨de Anagni⟩
Adenulphus ⟨de Anania⟩
Anagni, Adénulphe ¬d'¬
Anagnia, Adenulphus ¬de¬
Pseudo-Adenulphus ⟨de Anagnia⟩

Adeodatus ⟨Papa, I.⟩
→ **Deusdedit ⟨Papa, I.⟩**

Adeodatus ⟨Papa, II.⟩
gest. 676
CSGL; LMA,I,149
Adéodat ⟨Fils de Jovinien⟩
Adéodat ⟨Pape, II.⟩
Adeodato ⟨Papa, II.⟩
Deusdedit ⟨Papa, II.⟩
Dieudonné ⟨Pape, II.⟩
Pseudo-Adeodatus ⟨Papa⟩

Adeodatus ⟨Sancti Taurini⟩
→ **Deodatus ⟨Sancti Taurini⟩**

Adfuwī, Ǧaʿfar Ibn-Ṯaʿlab ¬al-¬
gest. 1347
Adfuwī, Jaʿfar ibn Thaʿlab
Ǧaʿfar Ibn-Ṯaʿlab al-Adfuwī
Ibn-Ṯaʿlab, Ǧaʿfar al-Adfuwī

Adgar
12./13. Jh.
Marienlegenden
DLF(MA),20
Adgar ⟨dit Willame⟩
Adgar, Willame
Adgar, Williame

Adhalbero ⟨...⟩
→ **Adalbero ⟨...⟩**

Adhemar ⟨de Monteil⟩
→ **Ademarus ⟨de Podio⟩**

Adhémar ⟨de Saint-Ruf⟩
→ **Ademarus ⟨de Sancto Rufo⟩**

Adhemar ⟨lo Negre⟩
→ **Azémar ⟨le Noir⟩**

Adhemar ⟨of Puy⟩
→ **Ademarus ⟨de Podio⟩**

Adhemarius ⟨Canonicus⟩
→ **Ademarus ⟨de Sancto Rufo⟩**

Adhemarus ⟨Cabannensis⟩
→ **Ademarus ⟨Cabannensis⟩**

Adhemarus ⟨de Sancto Rufo⟩
→ **Ademarus ⟨de Sancto Rufo⟩**

'Adī Ibn-ar-Riqā'
gest. ca. 714
'Adī Ibn al-Riqā'
Ibn-ar-Riqā', 'Adī

'Adī Ibn-Rabī'a Muhalhil
→ **Muhalhil, 'Adī Ibn-Rabī'a**

Adifonsus ⟨Toletanus⟩
→ **Ildephonsus ⟨Toletanus⟩**

Adilbert ⟨von Augsburg⟩
→ **Albertus ⟨Augustanus⟩**

Adilredus ⟨von Rievaulx⟩
→ **Aelredus ⟨Rievallensis⟩**

Adilvulfus ⟨Lindisfarnensis⟩
→ **Aethelwulfus ⟨Lindisfarnensis⟩**

Adjurrī, Muḥammad Ibn al-Ḥusayn
→ **Āǧurrī, Muḥammad Ibn-al-Ḥusain ¬al-¬**

Adlabertus
→ **Adalbertus ⟨Haereticus⟩**

Adlard ⟨of Corbie⟩
→ **Adalhardus ⟨Corbiensis⟩**

Adler, Heinrich
→ **Henricus ⟨de Aquila⟩**

'Adlī ¬al-¬
ca. 9.Jh.

Adman, Petrus
→ **Petrus ⟨Adman⟩**

Ado ⟨Viennensis⟩
ca. 800 – 875
Chronicon
Tusculum-Lexikon; LThK; Potth.; LMA,I,157
Ado ⟨von Vienne⟩
Adon ⟨de Vienne⟩
Adonis ⟨Viennensis⟩

Adolana ⟨Abbatissa⟩
6./7. Jh.
Adressatin eines Briefs von Aelffled
Cpl 1341b
Abbatissa Adolana

Adolf ⟨von Essen⟩
→ **Adolfus ⟨de Assindia⟩**

Adolf ⟨von Wien⟩
→ **Adolfus ⟨Viennensis⟩**

Adolfonsus
→ **Petrus ⟨Alfonsi⟩**

Adolfus ⟨de Assindia⟩
1372 – 1439
CSGL; VL(2),1,66/68
Adolf ⟨von Essen⟩
Adolfus ⟨de Essindia⟩
Assindia, Adolfus ¬de¬

Adolfus ⟨Viennensis⟩
ca. 1315
Fabulae
Tusculum-Lexikon; CSGL; VL(2),1,68/71
Adolf ⟨von Wien⟩
Adolfus ⟨von Wien⟩

Adomar
→ **Odomar**

Adomarus ⟨Parisiensis⟩
→ **Aldemarus ⟨Parisiensis⟩**

Adomnan ⟨MacRónáin⟩
→ **Adamnanus ⟨de Iona⟩**

Adomnan ⟨of Iona⟩
→ **Adamnanus ⟨de Iona⟩**

Adomnan ⟨von Hy⟩
→ **Adamnanus ⟨de Iona⟩**

Adorni, Caterina
→ **Caterina ⟨da Genova⟩**

Adrabald
→ **Adrevaldus ⟨Floriacensis⟩**

Adravold
→ **Adrevaldus ⟨Floriacensis⟩**

Adrebaldus ⟨von Fleury⟩
→ **Adrevaldus ⟨Floriacensis⟩**

Adrēt, Šelomo Ben-Avrāhām
ca. 1235 – 1310
Responsae; Torat ha-Bajit; 'Abodat ha-Kodesch
LMA,VII,1316
Salomon ⟨Ben Adret⟩
Salomon Ben Adret ⟨von Barcelona⟩
Šelomo Ben-Avrāhām ⟨Adrēt⟩

Adrevaldus ⟨Floriacensis⟩
814/820 – ca. 878
Translatio Sancti Benedicti
LThK; Potth.; LMA,I,165/66
Adalbert ⟨of Fleury⟩
Adalbertus ⟨Floriacensis⟩
Adelerius ⟨Floriacensis⟩
Adrabald
Adravold
Adrebaldus
Adrebaldus ⟨von Fleury⟩
Adrebaud
Adrevald ⟨von Fleury⟩
Adrewaldus ⟨Floriacensis⟩
Adrewaldus ⟨Monachus⟩
Adrewaldus ⟨von Fleury⟩
Albertus ⟨Floriacensis⟩

Adrian ⟨Pope, ...⟩
→ **Hadrianus ⟨Papa, ...⟩**

Adriano ⟨Papa, ...⟩
→ **Hadrianus ⟨Papa, ...⟩**

Adrianopolitanus, Johannes
→ **Johannes ⟨Diaconus⟩**

Adrianus ⟨But⟩
→ **But, Adrianus ¬de¬**

Adrianus ⟨Cartusianus⟩
gest. ca. 1410 · OCart
Adrianus ⟨Carthusianus⟩
Adrianus ⟨Carthusiensis⟩
Adrien ⟨le Chartreux⟩
Cartusianus, Adrianus

Adrianus ⟨de But⟩
→ **But, Adrianus ¬de¬**

Adrianus ⟨de Oudenbosch⟩
→ **Adrianus ⟨de Veteribusco⟩**

Adrianus ⟨de Sancto Laurentio⟩
→ **Adrianus ⟨de Veteribusco⟩**

Adrianus ⟨de Veteribusco⟩
gest. ca. 1482
Brevis historia collegiatae Sancti Petri Eyncurtensis ecclesiae ad Lovaniensem Sancti Jacobi parochialem ecclesiam translatae
Rep.Font. II,129
Adrianus ⟨de Oudenbosch⟩
Adrianus ⟨de Sancto Laurentio⟩
Adrianus ⟨de Veteri Busco⟩
Adrianus ⟨Sancti Laurentii Leodiensis⟩
Adrien ⟨de Liège⟩
Adrien ⟨de Saint-Laurent⟩
Adrien ⟨de Veteri Busco⟩
Adrien ⟨d'Oudenbosch⟩
Veteribusco, Adrianus ¬de¬

Adrianus ⟨Dunensis⟩
→ **But, Adrianus ¬de¬**

Adrianus ⟨Episcopus Scotorum⟩
→ **Adrianus ⟨Scotus⟩**

Adrianus ⟨Papa, ...⟩
→ **Hadrianus ⟨Papa, ...⟩**

Adrianus ⟨Praepositus Malbodii⟩
gest. 1170
Historia Aldegundis translationis
Rep.Font. II,129
Adrien ⟨de Maubeuge⟩
Adrien ⟨Prévôt⟩

Adrianus ⟨Sancti Laurentii Leodiensis⟩
→ **Adrianus ⟨de Veteribusco⟩**

Adrianus ⟨Scotus⟩
gest. 875
Commentaria in Sacras Scripturas
Stegmüller, Repert. bibl.
Adrianus ⟨Episcopus Scotorum⟩
Adrianus ⟨Scotus Episcopus⟩
Adrien ⟨de Clonfert⟩
Adrien ⟨Evêque⟩
Scotus, Adrianus

Adrichomia, Cornelia
→ **Cornelia ⟨Adrichomia⟩**

Adrien ⟨But⟩
→ **But, Adrianus ¬de¬**

Adrien ⟨de Clonfert⟩
→ **Adrianus ⟨Scotus⟩**

Adrien ⟨de Liège⟩
→ **Adrianus ⟨de Veteribusco⟩**

Adrien ⟨de Maubeuge⟩
→ **Adrianus ⟨Praepositus Malbodii⟩**

Adrien ⟨de Saint-Laurent⟩
→ **Adrianus ⟨de Veteribusco⟩**

Adrien ⟨de Veteri Busco⟩
→ **Adrianus ⟨de Veteribusco⟩**

Adrien ⟨d'Oudenbosch⟩
→ **Adrianus ⟨de Veteribusco⟩**

Adrien ⟨Evêque⟩
→ **Adrianus ⟨Scotus⟩**

Adrien ⟨Fils de Talare⟩
→ **Hadrianus ⟨Papa, II.⟩**

Adrien ⟨Fils de Théodore⟩
→ **Hadrianus ⟨Papa, I.⟩**

Adrien ⟨le Chartreux⟩
→ **Adrianus ⟨Cartusianus⟩**

Adrien ⟨Pape, ...⟩
→ **Hadrianus ⟨Papa, ...⟩**

Adrien ⟨Prévôt⟩
→ **Adrianus ⟨Praepositus Malbodii⟩**

Adrumetanus, Primasius
→ **Primasius ⟨Hadrumetinus⟩**

Adso ⟨Dervensis⟩
ca. 910 – ca. 992
LThK; CSGL; Potth.; DLF(MA),21; LMA,I,169/170
Adso ⟨Abbas⟩
Adso ⟨Hemericus⟩
Adso ⟨Hermiricus⟩
Adso ⟨Luxoviensis⟩
Adso ⟨of Montier-en-Der⟩
Adso ⟨Philosophus⟩
Adso ⟨von Montier-en-Der⟩
Adson ⟨Abbas Dervensis⟩
Adson ⟨de Montier-en-Der⟩
Adsone ⟨Emerico⟩
Arson
Asso
Asso ⟨Hemericus⟩
Asson ⟨Dervensis⟩
Azo ⟨Dervensis⟩
Azo ⟨Hemericus⟩
Azon
Azon ⟨Dervensis⟩
Azzone ⟨di Montier-en-Der⟩
Hermiricus

Adso ⟨Doctor Legum⟩
→ **Azo ⟨Porcius⟩**

Adso ⟨Hemericus⟩
→ **Adso ⟨Dervensis⟩**

Adso ⟨Luxoviensis⟩
→ **Adso ⟨Dervensis⟩**

Adso ⟨of Montier-en-Der⟩
→ **Adso ⟨Dervensis⟩**

Adso ⟨Philosophus⟩
→ **Adso ⟨Dervensis⟩**

Adso ⟨von Bologna⟩
→ **Azo ⟨Porcius⟩**

Adso ⟨von Montier-en-Der⟩
→ **Adso ⟨Dervensis⟩**

Adson ⟨de Montier-en-Der⟩
→ **Adso ⟨Dervensis⟩**

Adsone ⟨Emerico⟩
→ **Adso ⟨Dervensis⟩**

Adventius ⟨Metensis⟩
gest. 875
Carmen; Adnuntiationes; De Waldrada
CC Clavis, Auct. Gall. 1,54ff.; DOC,1,21; Rep.Font. II,131
Advence ⟨de Metz⟩
Adventius ⟨de Metz⟩
Adventius ⟨Episcopus⟩
Adventius ⟨Mettensis⟩
Adventus ⟨Metensis⟩
Aventin ⟨de Metz⟩

Aeddius ⟨Stephanus⟩
um 700/31
Vita Wilfridi
Tusculum-Lexikon; Potth.
Aedde
Aeddus ⟨de Kent⟩
Eddi
Eddius ⟨Stephanus⟩
Stephanus ⟨Aeddius⟩
Stephanus ⟨de Kent⟩
Stephanus ⟨Eddius⟩
Stephanus, Aeddius

Aedeluald ⟨Bishop⟩
→ **Aethelwaldus ⟨Lichfeldensis⟩**

Aedelwaldus ⟨Episcopus⟩
→ **Aethelwoldus ⟨Wintoniensis⟩**

Aedelwaldus ⟨Monachus⟩
→ **Aethelwoldus ⟨Wintoniensis⟩**

Aedelwaldus ⟨Sanctus⟩
→ **Aethelwoldus ⟨Wintoniensis⟩**

Aedelwulfus ⟨Lindisfarnensis⟩
→ **Aethelwulfus ⟨Lindisfarnensis⟩**

Aedilberga
→ **Aethelburga ⟨Sancta⟩**

Aedilbert
→ **Aethelberht ⟨Kent, King, I.⟩**

Aedilvulfius ⟨Lindisfarnensis⟩
→ **Aethelwulfus ⟨Lindisfarnensis⟩**

Aedilvulfus ⟨Abbot⟩
→ **Aethelwaldus ⟨Lindisfarnensis⟩**

Aedilvulfus ⟨Lindisfarnensis⟩
→ **Aethelwulfus ⟨Lindisfarnensis⟩**

Aedilwulf ⟨Lindisfarnensis⟩
→ **Aethelwulfus ⟨Lindisfarnensis⟩**

Aedilwulfus ⟨Bernicius⟩
→ **Aethelwulfus ⟨Lindisfarnensis⟩**

Aedituus, Theodoricus
→ **Theodoricus ⟨Tuitensis⟩**

Aegelberhtus
→ **Aethelberht ⟨East Anglia, King⟩**

Aegidii, Jacobus
→ **Jacobus ⟨Aegidii⟩**

Aegidio-Carillo ⟨de Albornoz⟩
→ **Aegidius ⟨Albornoz⟩**

Aegidius ⟨a Lescinia⟩
→ **Aegidius ⟨de Lessinia⟩**

Aegidius ⟨Albornoz⟩
ca. 1300 – 1367
Hrsg. und Fortsetzer der Constitutiones Aegidianae (= Constitutiones S. Matris Ecclesiae; Constitutiones Marchiae Anconitanae)
Rep.Font. II,178
Aegidio-Carillo ⟨de Albornoz⟩
Aegidius ⟨Albornotius⟩
Aegidius ⟨Álvarez Albornoz⟩
Aegidius ⟨de Albornoz⟩
Albornotius, Aegidius
Albornoz, Aegidio-Carillo ¬de¬
Albornoz, Aegidius
Albornoz, Carillo ¬d'¬
Albornoz, Egidio
Albornoz, Gil
Albornoz, Gilles-Alvarez Carillo ¬d'¬
Álvarez Albornoz, Aegidius
Álvarez Albornoz, Gil
Carillo ⟨d'Albornoz⟩
Egidio ⟨Albornoz⟩
Egidio ⟨de Albornoz⟩
Egidio ⟨d'Albornoz⟩
Gil ⟨Albornoz⟩
Gil ⟨Álbornoz⟩
Gil ⟨Álvarez Albornoz⟩
Gil ⟨de Albornoz⟩
Gilles-Alvarez Carillo ⟨d'Albornoz⟩

Aegidius ⟨Alexandrinus⟩
→ **Aegidius ⟨Ferrariensis⟩**

Aegidius ⟨Álvarez Albornoz⟩
→ **Aegidius ⟨Albornoz⟩**

Aegidius ⟨Aniciensis⟩
→ **Aegidius ⟨de Bellamera⟩**

Aegidius ⟨Assisias⟩
1190 – 1262
LThK; VL(2),1,76/78
Aegidius ⟨Assisiensis⟩
Aegidius ⟨de Assisi⟩
Aegidius ⟨Frater⟩
Aegidius ⟨of Assisi⟩

Aegidius ⟨von Assisi⟩
Assisias, Aegidius
Egidio ⟨d'Assisi⟩
Giles ⟨of Assisi⟩
Gilles ⟨of Assisi⟩

Aegidius ⟨Atheniensis⟩
→ **Aegidius ⟨Corbeiensis⟩**

Aegidius ⟨Aureaevallensis⟩
gest. 1251
Tusculum-Lexikon; LThK; CSGL; LMA,I,177/178
Aegidius ⟨Aureae Vallis⟩
Aegidius ⟨Leodiensis⟩
Aegidius ⟨Orvallensis⟩
Aegidius ⟨von Orval⟩

Aegidius ⟨Aurelianensis⟩
13. Jh.
Quaestiones super libro De generatione et corruptione; Identität mit dem Prediger Aegidius ⟨de Aureliano, OP⟩ umstritten
Lohr
Aegidius ⟨von Orléans⟩
Gilles ⟨d'Orléans⟩

Aegidius ⟨Aurelianensis, OP⟩
→ **Aegidius ⟨de Aureliano, OP⟩**

Aegidius ⟨Aurifaber⟩
→ **Faber, Aegidius**

Aegidius ⟨Bellamera⟩
→ **Aegidius ⟨de Bellamera⟩**

Aegidius ⟨Bituricensis⟩
→ **Aegidius ⟨Romanus⟩**

Aegidius ⟨Bon Clerc⟩
→ **Aegidius ⟨de Baysi⟩**

Aegidius ⟨Bononiensis⟩
→ **Aegidius ⟨de Fuscarariis⟩**
→ **Aegidius ⟨de Gallutiis⟩**

Aegidius ⟨Bonus Clericus⟩
→ **Aegidius ⟨de Baysi⟩**

Aegidius ⟨Bruder⟩
→ **Aegidius ⟨Flamingus⟩**

Aegidius ⟨Cardinalis⟩
→ **Gilo ⟨Tusculanus⟩**

Aegidius ⟨Carlerii⟩
ca. 1390 – 1472
Liber de legationibus Concilii Basiliensis pro reductione Bohemorum; Narratio vetus de morte Iuliani Caesarini; Sporta fragmentorum; etc.
Stegmüller, Repert. sentent. 42; Rep.Font. V,127; LMA,I,175
Aegidius ⟨Carlerius⟩
Aegidius ⟨Carlier⟩
Carlerius, Aegidius
Carlier, Gilles
Charlier, Gilles
Gilles ⟨Carlier⟩
Gilles ⟨Charlier⟩
Gillis ⟨Carlier⟩
Pseudo-Aegidius ⟨Carlerii⟩

Aegidius ⟨Carlier⟩
→ **Aegidius ⟨Carlerii⟩**

Aegidius ⟨Cluniacensis⟩
→ **Gilo ⟨Tusculanus⟩**

Aegidius ⟨Columna⟩
→ **Aegidius ⟨Romanus⟩**

Aegidius ⟨Commilito Balduini IV.⟩
→ **Chyn, Aegidius ¬de¬**

Aegidius ⟨Corbeiensis⟩
1140 – 1224
Tusculum-Lexikon; LThK; LMA,I,175
Aegidius ⟨Atheniensis⟩
Aegidius ⟨Corboliensis⟩
Aegidius ⟨Parisinus⟩
Aegidius ⟨von Corbeil⟩
Aegidius, Johannes
Gilles ⟨Corbolien⟩
Gilles ⟨de Corbeil⟩
Johannes ⟨Aegidius⟩
Johannes ⟨de Sancto Aegidio⟩

Aegidius ⟨Cordonnier⟩
→ **Aegidius ⟨Sutoris⟩**

Aegidius ⟨de Albornoz⟩
→ **Aegidius ⟨Albornoz⟩**

Aegidius ⟨de Assisi⟩
→ **Aegidius ⟨Assisias⟩**

Aegidius ⟨de Aureliano, OP⟩
um 1272/73 · OP
Identität mit dem Aristoteleskommentator Aegidius ⟨Aurelianensis⟩ umstritten
Schneyer,I,53
Aegidius ⟨Aurelianensis, OP⟩
Aegidius ⟨de Aurelianis⟩
Aegidius ⟨de Aureliano⟩
Aegidius ⟨d'Orléans⟩
Aureliano, Aegidius ¬de¬
Gilles ⟨Dominicain⟩
Gilles ⟨Dominicain, Prédicateur⟩
Gilles ⟨d'Orléans⟩
Gilles ⟨d'Orléans, Prédicateur⟩

Aegidius ⟨de Balliolo⟩
1422 – 1482
Aristoteleskommentator; Epistulae ad Antonium Gratiadei; Professor der Theologie in Leuwen
Stegmüller, Repert. bibl. 881-902; LMA,I,175
Aegidius ⟨de Bailleul⟩
Aegidius ⟨de Baillioeul⟩
Aegidius ⟨de Lilio⟩
Aegidius ⟨von Bailleul⟩
Balliolo, Aegidius ¬de¬
Gilles ⟨de Bailleul⟩

Aegidius ⟨de Baysi⟩
um 1283/85 · OFM
Stegmüller, Repert. sentent. 676,3; Schneyer,I,51
Aegidius ⟨Bon Clerc⟩
Aegidius ⟨Bonus Clericus⟩
Aegidius ⟨de Bensa⟩
Baysi, Aegidius ¬de¬
Gilles ⟨Bonclerc⟩
Gilles ⟨de Baysi⟩
Gilles ⟨de Bensa⟩

Aegidius ⟨de Bellamera⟩
1337 – ca. 1407
LThK; CSGL; Meyer
Aegidius ⟨Aniciensis⟩
Aegidius ⟨Bellamera⟩
Aegidius ⟨de Bellemara⟩
Aegidius ⟨Episcopus⟩
Aegidius ⟨Vaurensis⟩
Bellamera, Aegidius
Bellamera, Aegidius ¬de¬
Bellemera, Aegidius
Bellemère, Gilles ¬de¬
Gilles ⟨Bellemère⟩
Gilles ⟨de Bellemère⟩

Aegidius ⟨de Bensa⟩
→ **Aegidius ⟨de Baysi⟩**

Aegidius ⟨de Bono Fonte⟩
um 1280 · OCist
Schneyer,I,51
Aegidius ⟨de Bonnefontaine⟩
Bono Fonte, Aegidius ¬de¬
Gilles ⟨de Bonne-Fontaine⟩

Aegidius ⟨de Braga⟩
13. Jh.
Commentarius in Canticum canticorum
Stegmüller, Repert. bibl. 903
Aegidius ⟨de Brago⟩
Braga, Aegidius ¬de¬
Gilles ⟨de Braga⟩

Aegidius ⟨de Campis⟩
gest. 1413
Regulae de suppositione nominum
Schönberger/Kible, Repertorium, 10084
Campis, Aegidius ¬de¬
Champs, Gilles ¬des¬
DesChamps, Gilles
Gilles ⟨de Campis⟩
Gilles ⟨des Champs⟩

Aegidius ⟨de Chyn⟩
→ **Chyn, Aegidius ¬de¬**

Aegidius ⟨de Columna⟩
→ **Aegidius ⟨Romanus⟩**

Aegidius ⟨de Dammis⟩
→ **Aegidius ⟨de Damnis⟩**

Aegidius ⟨de Damnis⟩
gest. 1463 · OCist
In diversos Sanctae Scripturae libros
Stegmüller, Repert. bibl. 904/05
Aegidius ⟨de Dammis⟩
Aegidius ⟨de Dunis⟩
Aegidius ⟨de Sancta Maria de Dunis⟩
Aegidius ⟨de Sancta Sabina⟩
Aegidius ⟨Monachus Dunensis Coenobii⟩
Damnis, Aegidius ¬de¬
Gilles ⟨de Damme⟩
Gilles ⟨de Damne⟩
Gilles ⟨de Notre-Dame-des-Dunes⟩

Aegidius ⟨de Dunis⟩
→ **Aegidius ⟨de Damnis⟩**

Aegidius ⟨de Foeno⟩
um 1350
Sermo ad populum; Penitenciam agite; De vegetabilibus et plantis
Schönberger/Kible, Repertorium, 10085
Aegidius ⟨de Feno⟩
Aegidius ⟨de Ferro⟩
Aegidius ⟨Doyen de Courtrai⟩
Foeno, Aegidius ¬de¬
Gilles ⟨de Foeno⟩
Gilles ⟨de Oxford⟩
Gilles ⟨de Paris⟩

Aegidius ⟨de Fuscarariis⟩
gest. 1289
Quaestiones; Consilia; Lectura in decretales etc.
LMA,I,176
Aegidius ⟨Bononiensis⟩
Aegidius ⟨de Fuscariis⟩
Aegidius ⟨Foscherarius⟩
Aegidius ⟨Fuscararius⟩
Aegidius ⟨Magister⟩
DeFuscarari, Egidio
Foscarari, Egidio
Foscarari, Gilles
Fuscarari, Egidio ¬de¬
Fuscarariis, Aegidius ¬de¬
Fuscararius, Aegidius
Gilles ⟨de Foscarari⟩
Gilles ⟨Juriste⟩

Aegidius ⟨de Gallutiis⟩
gest. 1340 · OP
Litterae indulgentiarum pro societate B. Mariae V. de Imola; Tractatus de Christi et apostolorum paupertate; Summa casuum conscientiae ad formam sacrorum canonum et S. Thomae Aquinatis principia; etc.
Kaeppeli,I,10/11
Aegidius ⟨Bononiensis⟩
Aegidius ⟨de Gallutiis Bononiensis⟩
Gallucci, Gilles ¬de¬
Gallutiis, Aegidius ¬de¬
Galluzzi, Gilles ¬de¬
Galuzzi, Gilles
Gilles ⟨de Gallucci⟩
Gilles ⟨de Galluzzi⟩
Gilles ⟨Galuzzi⟩
Gilles ⟨Galuzzi de Bologne⟩

Aegidius ⟨de Grado⟩
→ **Aegidius ⟨Ferrariensis⟩**

Aegidius ⟨de Legio⟩
→ **Aegidius ⟨de Orpio⟩**

Aegidius ⟨de Lessinia⟩
1230 – 1304
LMA,I,176
Aegidius ⟨a Lescinia⟩
Aegidius ⟨a Letinis⟩
Aegidius ⟨de Lascinis⟩
Aegidius ⟨de Lessimia⟩
Aegidius ⟨de Lessines⟩
Aegidius ⟨de Lessiniis⟩
Aegidius ⟨de Letinis⟩
Aegidius ⟨de Liscinis⟩
Aegidius ⟨de Lisciviis⟩
Aegidius ⟨Luscinus⟩
Aegidius ⟨von Lessines⟩
Gilles ⟨de Lessines⟩
Lessinia, Aegidius ¬de¬

Aegidius ⟨de Liège⟩
→ **Aegidius ⟨de Orpio⟩**

Aegidius ⟨de Lilio⟩
→ **Aegidius ⟨de Balliolo⟩**

Aegidius ⟨de Liscinis⟩
→ **Aegidius ⟨de Lessinia⟩**

Aegidius ⟨de Muñoz⟩
→ **Clemens ⟨Papa, VIII., Antipapa⟩**

Aegidius ⟨de Murino⟩
um 1360 · OSA
Tractatus cantus mensurabilis
LMA,I,177
Egidius ⟨de Murino⟩
Gilles ⟨de Murino⟩

Aegidius ⟨de Orpio⟩
um 1272/73 · OP
Schneyer,I,51
Aegidius ⟨de Legio⟩
Aegidius ⟨de Liège⟩
Aegidius ⟨d'Orp⟩
Aegidius ⟨Leodiensis⟩
Aegidius ⟨Orpius⟩
Gilles ⟨de Liège⟩
Gilles ⟨d'Orp⟩
Orpio, Aegidius ¬de¬

Aegidius ⟨de Parma⟩
→ **Aegidius ⟨Prosperi de Parma⟩**

Aegidius ⟨de Perusio⟩
→ **Aegidius ⟨Spiritalis de Perusio⟩**

Aegidius ⟨de Pruvinis⟩
um 1273 · OFM
Schneyer,I,57
Aegidius ⟨de Provinis⟩
Aegidius ⟨de Provins⟩
Gilles ⟨de Provins⟩
Pruvinis, Aegidius ¬de¬

Aegidius ⟨de Roma⟩
→ **Aegidius ⟨Romanus⟩**

Aegidius ⟨de Roya⟩
gest. 1478
Annales rerum Belgicarum
Aegidius ⟨Dunensis⟩
Aegidius ⟨Montis Regali⟩
Gilles ⟨de Royaumont⟩
Gilles ⟨de Roye⟩
Roya, Aegidius ¬de¬
Roye, Gilles ¬de¬

Aegidius ⟨de Sancta Maria de Dunis⟩
→ **Aegidius ⟨de Damnis⟩**

Aegidius ⟨de Sancta Sabina⟩
→ **Aegidius ⟨de Damnis⟩**

Aegidius ⟨de Sancto Severino⟩
→ **Aegidius ⟨de Sancto Severino, Iunior⟩**

Aegidius ⟨de Sancto Severino, Iunior⟩
14. Jh. · OP
Rationes super tractatus mag. Petri Hispani
Kaeppeli,I,17
Aegidius ⟨de Sancto Severino⟩
Aegidius ⟨Iunior⟩
Egidius ⟨de Sancto Severino⟩
Sancto Severino, Aegidius ¬de¬

Aegidius ⟨de Santarem⟩
→ **Aegidius ⟨de Scalabis⟩**

Aegidius ⟨de Scalabis⟩
1185 – 1265
Homilien
Aegidius ⟨de Santarem⟩
Aegidius ⟨de Vaosela⟩
Aegidius ⟨Lusitanus⟩
Aegidius ⟨von Santarém⟩
Gil ⟨de Santarém⟩
Gilles ⟨de Santárem⟩
Gilles ⟨de Valladares⟩
Gilles ⟨Lusitanus⟩
Scalabis, Aegidius ¬de¬

Aegidius ⟨de Valentia⟩
15. Jh. · OP
Kaeppeli,I,19
Aegidius ⟨Valentinus⟩
Gilles ⟨de Valence⟩
Valentia, Aegidius ¬de¬

Aegidius ⟨de Valle Scholarum⟩
um 1267/73
Schneyer,I,58
Aegidius ⟨de Valle Scolarium⟩
Gilles ⟨du Val des Ecoliers⟩
Gilles ⟨du Val-des-Ecoliers⟩
Valle Scholarum, Aegidius ¬de¬

Aegidius ⟨de Vaosela⟩
→ **Aegidius ⟨de Scalabis⟩**

Aegidius ⟨de Villari⟩
12./14. Jh. · OCist
Schneyer,I,60
Villari, Aegidius ¬de¬

Aegidius ⟨de Wissekerke⟩
→ **Guilelmus ⟨Gilliszoon de Wissekerke⟩**

Aegidius ⟨Decanus⟩
→ **Aegidius ⟨Parisiensis⟩**

Aegidius ⟨Diaconus⟩
→ **Aegidius ⟨Parisiensis⟩**

Aegidius ⟨d'Orléans⟩
→ **Aegidius ⟨de Aureliano, OP⟩**

Aegidius ⟨d'Orp⟩
→ **Aegidius ⟨de Orpio⟩**

Aegidius ⟨Doyen de Courtrai⟩
→ **Aegidius ⟨de Foeno⟩**

Aegidius ⟨Dunensis⟩
→ **Aegidius ⟨de Roya⟩**

Aegidius ⟨Episcopus⟩
→ **Aegidius ⟨de Bellamera⟩**

Aegidius ⟨Faber⟩
→ **Faber, Aegidius**

Aegidius ⟨Ferrariensis⟩
gest. 1323 · OP
Consilium de paupertate Christi et apostolorum, datum rogatu Iohannis XXII
Kaeppeli,I,10
Aegidius ⟨Alexandrinus⟩
Aegidius ⟨de Grado⟩
Aegidius ⟨Gradensis⟩
Gilles ⟨de Ferrare⟩
Gilles ⟨de Grado⟩
Gilles ⟨Patriarche⟩
Grado, Aegidius ¬de¬

Aegidius ⟨Flamingus⟩
um 1466 · OP
Een sermoen op die hoghe feeste vanden heileghen sacramente ghepredict vanden eerwerdeghen brueder Egidius predicaer inden cloester te lerico anno dusent CCCC end LXVI (lat.)
Kaeppeli,I,10
Aegidius ⟨Bruder⟩
Egidius ⟨Flamingus⟩
Egidius ⟨Predicaer⟩
Flamingus, Aegidius

Aegidius ⟨Foscherarius⟩
→ **Aegidius ⟨de Fuscarariis⟩**

Aegidius ⟨Frater⟩
→ **Aegidius ⟨Assisias⟩**

Aegidius ⟨Frater⟩
Lebensdaten nicht ermittelt
Expositio super librum praedicamentorum; Identität mit Aegidius ⟨Romanus⟩ umstritten
Lohr
Frater Aegidius

Aegidius ⟨Fuscararius⟩
→ **Aegidius ⟨de Fuscarariis⟩**

Ägidius ⟨Goudsmid⟩
→ **Faber, Aegidius**

Aegidius ⟨Gradensis⟩
→ **Aegidius ⟨Ferrariensis⟩**

Aegidius ⟨Iamsin⟩
15. Jh.
Chronica
Rep.Font. II,133
Aegidius ⟨Jamsin⟩
Gilles ⟨Jamsin⟩
Iamsin, Aegidius
Jamsin, Aegidius
Jamsin, Gilles

Aegidius ⟨Iunior⟩
→ **Aegidius ⟨de Sancto Severino, Iunior⟩**

Aegidius ⟨Jamsin⟩
→ **Aegidius ⟨Iamsin⟩**

Aegidius ⟨Le Muisit⟩
→ **Gilles ⟨le Muisit⟩**

Aegidius ⟨Leodiensis⟩
→ **Aegidius ⟨Aureaevallensis⟩**
→ **Aegidius ⟨de Orpio⟩**

Aegidius ⟨Luscinus⟩
→ **Aegidius ⟨de Lessinia⟩**

Aegidius ⟨Lusitanus⟩
→ **Aegidius ⟨de Scalabis⟩**

Aegidius ⟨Magister⟩
→ **Aegidius ⟨de Fuscarariis⟩**

Aegidius ⟨Magister⟩
13. Jh.
Summa
Egidio ⟨Magistro⟩
Egidius
Giles ⟨Master⟩
Gilles ⟨Magister⟩
Magister Aegidius

Aegidius ⟨Monachus Dunensis Coenobii⟩
→ **Aegidius ⟨de Damnis⟩**

Aegidius ⟨Montis Regali⟩
→ **Aegidius ⟨de Roya⟩**

Aegidius ⟨Mucidus⟩
→ **Gilles ⟨le Muisit⟩**

Aegidius ⟨of Assisi⟩
→ **Aegidius ⟨Assisias⟩**

Aegidius ⟨of Frascati⟩
→ **Gilo ⟨Tusculanus⟩**

Aegidius ⟨Orpius⟩
→ **Aegidius ⟨de Orpio⟩**

Aegidius ⟨Orvallensis⟩
→ **Aegidius ⟨Aureaevallensis⟩**

Aegidius ⟨Parisiensis⟩
→ **Gilo ⟨Tusculanus⟩**

Aegidius ⟨Parisiensis⟩
1162 – ca. 1220
LMA,I,178
Aegidius ⟨Decanus⟩
Aegidius ⟨Diaconus⟩
Aegidius ⟨Sancti Marcelli⟩
Aegidius ⟨von Paris⟩
Gilles ⟨de Paris⟩
Gilles ⟨de Saint-Marcel⟩

Aegidius ⟨Parisinus⟩
→ **Aegidius ⟨Corbeiensis⟩**

Aegidius ⟨Predicaer⟩
→ **Aegidius ⟨Flamingus⟩**

Aegidius ⟨Prosperi de Parma⟩
um 1450 · OP
Sermo in conversione S. Pauli
Kaeppeli,I,17
Aegidius ⟨de Parma⟩
Aegidius ⟨Prosperi⟩
Gilles ⟨de Prosperi⟩
Gilles ⟨Prosperi⟩
Gilles ⟨Prosperi de Parme⟩
Prosperi, Gilles ¬de'¬
Prosperi de Parma, Aegidius ¬de¬

Aegidius ⟨Romanus⟩
ca. 1243 – 1316 · OESA
Der Name Columna, Colonna wird fälschlich verwendet
Tusculum-Lexikon; LThK; CSGL; LMA,I,178
Aegidius ⟨Bituricensis⟩
Aegidius ⟨Columna⟩
Aegidius ⟨de Columna⟩
Aegidius ⟨de Roma⟩
Aegidius ⟨von Rom⟩
Aegidus ⟨de Columna⟩
Colonna, Egidio
Colonna, Egidius
Colonna, Guido
Columna, Aegidius
Columna, Aegidus ¬de¬
Columna, Egidius
Columna, Guido ¬de¬
Egidio ⟨Romano⟩
Egidius ⟨Romanus⟩
Giles ⟨of Rome⟩
Gilles ⟨de Colonne⟩
Guido ⟨de Columna⟩
Guido ⟨de Plantis⟩
Guido ⟨Romanus⟩
Pseudo-Aegidius ⟨Romanus⟩
Romano, Egidio
Romanus, Aegidius
Romanus, Egidius

Aegidius ⟨Sancti Marcelli⟩
→ **Aegidius ⟨Parisiensis⟩**

Aegidius ⟨Schwertmann⟩
→ **Schwertmann, Egidius**

Aegidius ⟨Spiritalis de Perusio⟩
um 1327/54 · OP
Libellus contra infideles et inobedientes et rebelles etc.
Schönberger/Kible, Repertorium, 12606; Rep.Font. II,135
Aegidius ⟨de Perusio⟩
Aegidius ⟨Spiritalis⟩
Gilles ⟨Spiritalis⟩
Perusio, Aegidius ¬de¬
Spiritalis, Aegidius
Spiritalis, Gilles

Aegidius ⟨Sutoris⟩
gest. 1494 · OP
Liber de viris illustribus conv. Autissiodorensis (Verfasserschaft nicht gesichert)
Kaeppeli,I,18
Aegidius ⟨Cordonnier⟩
Gilles ⟨Sutor⟩
Sutor, Gilles
Sutoris, Aegidius

Aegidius ⟨Tusculanus⟩
→ **Gilo ⟨Tusculanus⟩**

Aegidius ⟨Valentinus⟩
→ **Aegidius ⟨de Valentia⟩**

Aegidius ⟨Vaurensis⟩
→ **Aegidius ⟨de Bellamera⟩**

Aegidius ⟨von Assisi⟩
→ **Aegidius ⟨Assisias⟩**

Aegidius ⟨von Bailleul⟩
→ **Aegidius ⟨de Balliolo⟩**

Aegidius ⟨von Corbeil⟩
→ **Aegidius ⟨Corbeiensis⟩**

Aegidius ⟨von Lessines⟩
→ **Aegidius ⟨de Lessinia⟩**

Aegidius ⟨von Orleans⟩
→ **Aegidius ⟨Aurelianensis⟩**

Aegidius ⟨von Orval⟩
→ **Aegidius ⟨Aureaevallensis⟩**

Aegidius ⟨von Paris⟩
→ **Aegidius ⟨Parisiensis⟩**

Aegidius ⟨von Rom⟩
→ **Aegidius ⟨Romanus⟩**

Aegidius ⟨von Santarém⟩
→ **Aegidius ⟨de Scalabis⟩**

Aegidius ⟨Zamorensis⟩
→ **Johannes Aegidius ⟨de Zamora⟩**

Aegidius ⟨Zeghers⟩
Lebensdaten nicht ermittelt
Fläm. Übersetzer des Bernardus ⟨Claraevallensis⟩
Stegmüller, Repert. bibl. 938
Zeghers, Aegidius

Aegidius, Guillermus
→ **Guilelmus ⟨Gilliszoon de Wissekerke⟩**

Aegidius, Johannes
→ **Aegidius ⟨Corbeiensis⟩**

Aegidus ⟨de Columna⟩
→ **Aegidius ⟨Romanus⟩**

Aegil
→ **Eigil ⟨Fuldensis⟩**

Aeginardus
→ **Einhardus**

Aegineta, Paulus
→ **Paulus ⟨Aegineta⟩**

Aeginitus ⟨Medicus⟩
→ **Paulus ⟨Aegineta⟩**

Aegyptius, Iulianus
→ **Iulianus ⟨Aegyptius⟩**

Aegyptius, Johannes
→ **Johannes ⟨Aegyptius⟩**

Aelberht ⟨of York⟩
→ **Aethelbertus ⟨Eboracensis⟩**

Aelbert ⟨Coena⟩
→ **Aethelbertus ⟨Eboracensis⟩**

Aeleranus
→ **Aileranus ⟨Sapiens⟩**

Aelffled ⟨Abbatissa⟩
gest. 713
Epistula ad Adolanam abbatissam
Cpl 1341b
Aelffled ⟨Streaneshalchensis⟩

Aelfred ⟨England, King⟩
→ **Alfred ⟨England, King⟩**

Aelfric
ca. 955 – ca. 1022
Nicht identisch mit Aelfricus ⟨Cantuariensis⟩
LMA,I,180/181
Aelfric ⟨Grammaticus⟩
Aelfric ⟨von Eynsham⟩
Aelfricus
Aelfricus ⟨Abbas⟩
Aelfricus ⟨Egneshamii⟩
Aelfricus ⟨Egneshammensis⟩
Aelfricus ⟨Eynshamensis⟩
Aelfricus ⟨Grammaticus⟩
Aelfrik
Alfricus ⟨Grammaticus⟩
Alfricus ⟨Monachus⟩

Aelfricus ⟨Abbas⟩
→ **Aelredus ⟨Rievallensis⟩**

Aelfricus ⟨Cantuariensis⟩
gest. 1005
Albricius ⟨Cantuariensis⟩
Alfricus ⟨Cantuariensis⟩
Elfricus ⟨Cantuariensis⟩
Oelfricus ⟨Cantuariensis⟩

Aelfricus ⟨Eynshamensis⟩
→ **Aelfric**

Aelia ⟨Augusta⟩
→ **Euphemia ⟨Augusta⟩**

Aelius Quintus ⟨Aemilianus Cimbriacus⟩
→ **Aemilianus, Johannes Stephanus**

Aelnothus ⟨Cantuariensis⟩
12. Jh.
Gesta Swenomagni Regis et filiorum eius et passio gloriosissimi Canuti regis et martyris
Rep.Font. II,156; LMA,I,239/240
Aelnod ⟨Monk⟩
Aelnoth ⟨Monk⟩
Aelnoth ⟨of Canterbury⟩
Aelnoth ⟨of Saint Augustine⟩
Aenold
Ailnoth
Ailnothus ⟨Othoniensis⟩
Ailnothus ⟨Presbyter⟩

Aelradus ⟨Bathensis⟩
→ **Adelardus ⟨Bathensis⟩**

Aelredus ⟨Rievallensis⟩
1109 – 1166
Tusculum-Lexikon; LThK; DLF(MA),21; LMA,I,181/182
Adelredus ⟨von Rievaulx⟩
Adilredus ⟨Abbas⟩
Adilredus ⟨von Rievaulx⟩
Aelfricus ⟨Abbas⟩
Aelred ⟨de Rievaux⟩
Aelred ⟨von Hexham⟩
Aelred ⟨von Rieval⟩
Aelred ⟨von Rievaulx⟩
Aelredo ⟨di Rievaulx⟩
Aelredus ⟨de Rievalle⟩
Aelredus ⟨de Rivalle⟩
Aelredus ⟨of Rievaulx⟩
Aelredus ⟨Rhievallus⟩
Aethelredus ⟨Abbas⟩
Ailred ⟨de Rivaulx⟩
Ailredus ⟨Rievallensis⟩
Ailredus ⟨von Rievaulx⟩
Alfredus ⟨von Rievaulx⟩
Alnred ⟨de Rivaulx⟩
Alredus ⟨von Rievaulx⟩
Ealredus ⟨von Rievaulx⟩
Edilredus ⟨Abbas⟩
Eitelredus ⟨Abbas⟩
Eleredus ⟨von Rievaulx⟩
Elfricus ⟨Abbas⟩
Elredus ⟨Abbas⟩
Ethelred ⟨de Rievaulx⟩
Ethelred ⟨Saint⟩
Ethelredus ⟨de Rievalle⟩

Aemilianus ⟨Cimbriacus⟩
→ **Aemilianus, Johannes Stephanus**

Aemilianus ⟨Cucullatus⟩
gest. 574
Aemilianus ⟨Sanctus⟩
Cucullatus, Aemilianus
Emilien ⟨de Tarazona⟩
Emilien ⟨d'Aragon⟩
Emilien ⟨Moine⟩
Emilien ⟨Saint⟩
Millan ⟨Aragonès⟩
Millan ⟨de la Cogolla⟩
Millan ⟨de la Cuculle⟩
Millan ⟨Saint⟩

Aemilianus ⟨de Spoleto⟩
→ **Milianus ⟨de Spoleto⟩**

Aemilianus ⟨Sanctus⟩
→ **Aemilianus ⟨Cucullatus⟩**

Aemilianus, Aelius Quintus
→ **Aemilianus, Johannes Stephanus**

Aemilianus, Johannes Stephanus
ca. 1449 – 1499
Encomiastica ad Divos Caesares Fridericum Imperatorem et Maximilianum Regem Romanorum
Rep.Font. IV,317
Aelius Quintus ⟨Aemilianus Cimbriacus⟩
Aemilianus ⟨Cimbriacus⟩
Aemilianus, Aelius Quintus
Aemilianus, Quintus
Emiliano, Giovanni Stefano
Emiliano, Jean-Etienne
Giovanni Stefano ⟨Emiliano⟩
Jean-Etienne ⟨Emiliano⟩
Johannes Stephanus ⟨Aemilianus⟩
Quintus ⟨Aemilianus⟩
Quintus ⟨Aemilianus Cimber⟩

Aemilianus, Quintus
→ **Aemilianus, Johannes Stephanus**

Aemilius ⟨Macer⟩
→ **Odo ⟨Magdunensis⟩**

Aemilius ⟨Stoke⟩
→ **Melis ⟨Stoke⟩**

Aemonius ⟨Abbas⟩
→ **Aimonus ⟨Divensis⟩**

Aemonus ⟨Episcopus⟩
→ **Haimo ⟨Halberstadensis⟩**

Aeneas ⟨de Tolomeis⟩
gest. 1348 · OP
Tractatus de paupertate Christi
Kaeppeli,I,19
Aeneas ⟨Senensis⟩
Aeneas ⟨Tolomei⟩
Enée ⟨Tolomei⟩
Enée ⟨Tolomei de Sienne⟩
Tolomei, Enée
Tolomeis, Aeneas ¬de¬

Aeneas ⟨Gazaeus⟩
5./6. Jh.
CSGL; LMA,I,243/244
Aeneas ⟨Platonicus⟩
Aeneas ⟨Sophistes⟩
Aeneas ⟨von Gaza⟩
Aineas ⟨von Gaza⟩
Aineias ⟨aus Gaza⟩
Enée ⟨de Gaza⟩
Gacaeus, Aeneas
Gazaeus, Aeneas
Gazeus, Aeneas

Aeneas ⟨Parisiensis⟩
gest. 870
Tusculum-Lexikon; LThK; CSGL
Aeneas ⟨von Paris⟩
Enée ⟨de Paris⟩

Aeneas ⟨Platonicus⟩
→ **Aeneas ⟨Gazaeus⟩**

Aeneas ⟨Senensis⟩
→ **Aeneas ⟨de Tolomeis⟩**

Aeneas ⟨Sophistes⟩
→ **Aeneas ⟨Gazaeus⟩**

Aeneas ⟨Sylvius⟩
→ **Pius ⟨Papa, II.⟩**

Aeneas ⟨Tolomei⟩
→ **Aeneas ⟨de Tolomeis⟩**

Aeneas ⟨von Gaza⟩
→ **Aeneas ⟨Gazaeus⟩**

Aeneas ⟨von Paris⟩
→ **Aeneas ⟨Parisiensis⟩**

Aeneas ⟨Vulpes⟩
15. Jh.
Historiae adversus Paganos
Vulpes, Aeneas

Aeneas Silvius ⟨Piccolomini⟩
→ **Pius ⟨Papa, II.⟩**

Aengus ⟨the Culdee⟩
→ **Oengus ⟨the Culdee⟩**

Aenold
→ **Aelnothus ⟨Cantuariensis⟩**

Aequivocus, Salernus
→ **Salernus ⟨Aequivocus⟩**

Aert ⟨de Flandria⟩
15. Jh.
Sermones selecti
Kaeppeli,I,19
Aert ⟨Broeder⟩
Arnoldus ⟨de Flandria⟩
Baert ⟨Broeder⟩
Baert ⟨de Flandria⟩
Beraert ⟨Broeder⟩
Beraert ⟨de Flandria⟩
Flandria, Aert ¬de¬

Aesculapius
7. Jh.
Epistula ad Octavianum Augustum imperatorem (Einleitungsbrief von Placitus, Sextus), 4./5. Jh., Arzt)
IRHT
Esculape

Aesculo, Jacobus ¬de¬
→ **Jacobus ⟨de Aesculo⟩**

Aesmar
→ **Azémar ⟨le Noir⟩**

Aethelardus ⟨Bathensis⟩
→ **Adelardus ⟨Bathensis⟩**

Aethelberchtus
→ **Aethelberht ⟨East Anglia, King⟩**

Aethelberht ⟨East Anglia, King⟩
gest. 794
Decretum de rebus Dei et ecclesiae non abstrahendis; Donationes ad diversas ecclesias; Passio; etc.
Aegelberhtus
Aethelberchtus
Aethelberhtus
Ethelbert ⟨East Anglia, King⟩
Ethelbert ⟨King⟩
Ethelbert ⟨Roi d'Est-Anglie⟩
Ethelbert ⟨Saint⟩
Ethelbertus ⟨Sanctus⟩
Pseudo-Ethelbert

Aethelberht ⟨Erzbischof⟩
→ **Aethelbertus ⟨Eboracensis⟩**

Aethelberht ⟨Kent, King, I.⟩
ca. 552 – ca. 616
Cpl 1724; 1827; LMA,I,187
Aedilbert
Aethelberht ⟨von Kent⟩
Aethelbertus ⟨Rex⟩
Aethelbryth
Aethilberhtus
Ethelbert ⟨Angleterre, Roi⟩
Ethelbert ⟨Bretwalda⟩
Ethelbert ⟨Kent, King⟩
Ethelbert ⟨Kent, Roi⟩
Ethelbert ⟨King and Martyr⟩
Ethelbert ⟨von Kent⟩
Ethelbertus ⟨Anglorum Rex⟩

Aethelberht ⟨Kent, King, II.⟩
um 725/762
Brief an den Hl. Bonifatius
Aethelbirht ⟨Kent, King⟩
Ethelbert ⟨Kent, King⟩
Ethelbert ⟨König⟩
Ethelbertus ⟨Kent, King⟩

Aethelberht ⟨von York⟩
→ **Aethelbertus ⟨Eboracensis⟩**

Aethelberhtus
→ **Aethelberht ⟨East Anglia, King⟩**

Aethelbertus ⟨Eboracensis⟩
gest. ca. 780
Epistula ad Lullum Moguntinum
Adalberht ⟨of York⟩
Aelberht ⟨of York⟩
Aelbert ⟨Coena⟩
Aethelberht ⟨Erzbischof⟩
Aethelberht ⟨von York⟩
Alberht ⟨of York⟩
Ethelbert ⟨Archevêque⟩
Ethelbert ⟨de York⟩
Ethelbert ⟨Maître d'Alcuin⟩
Ethelbertus ⟨Eboracensis⟩

Aethelbertus ⟨Rex⟩
→ **Aethelberht ⟨Kent, King, ...⟩**

Aethelburga ⟨Sancta⟩
gest. ca. 676
Vita et translatio
Aedilberga
Ethelburga ⟨Abbesse⟩
Ethelburga ⟨de Barking⟩
Ethelburga ⟨Saint⟩
Ethelburga ⟨Sancta⟩
Ethelburge ⟨de Barking⟩
Sancta Aethelburga

Aetheldrythe
→ **Etheldreda ⟨Eliensis⟩**

Aethelhard ⟨of Bath⟩
→ **Adelardus ⟨Bathensis⟩**

Aethelred ⟨England, King, II.⟩
968 – 1016
Diplomata; Leges ecclesiasticae
LMA,IV,53/54
Aethelred ⟨King⟩
Aethelred ⟨the Unready⟩
Aethelred ⟨Unraed⟩
Aethelredus ⟨England, King, II.⟩
Aethelredus ⟨Rex Anglorum, II.⟩
Ethelred
Ethelred ⟨Angleterre, Roi, II.⟩
Ethelred ⟨der Unberatene⟩
Ethelred ⟨England, King, II.⟩

Aethelred ⟨King⟩
→ **Aethelred ⟨England, King, II.⟩**

Aethelred ⟨Mercia, King⟩
um 675/704
Mitadressat eines Briefes von Johannes ⟨Papa, VI.⟩
Cpl 1742
Aethelred ⟨von Mercia⟩
Aethelredus ⟨Rex⟩
Aethelredus et Alfridus ⟨Reges⟩
Ethelred ⟨de Mercie⟩
Ethelred ⟨King⟩

Aethelred ⟨the Unready⟩
→ **Aethelred ⟨England, King, II.⟩**

Aethelred ⟨Unraed⟩
→ **Aethelred ⟨England, King, II.⟩**

Aethelred ⟨von Mercia⟩
→ **Aethelred ⟨Mercia, King⟩**

Aethelredus ⟨Abbas⟩
→ **Aelredus ⟨Rievallensis⟩**

Aethelredus et Alfridus ⟨Reges⟩
→ **Aethelred ⟨Mercia, King⟩**
→ **Aldfrith ⟨Northumbria, King⟩**

Aethelwaeld ⟨Altmercischer König⟩
→ **Aethilwaldus ⟨Mercia, King⟩**

Aethelwaldus ⟨Lichfeldensis⟩
um 818
Book of Cerne
Cpl 2019
Aedeluald ⟨Bishop⟩
Aethelwaldus ⟨Episcopus⟩
Aethelweald ⟨Bishop⟩
Aethelweald ⟨of Lichfield⟩
Aethilwaldus ⟨Episcopus⟩
Aethilwaldus ⟨Lichfeldensis⟩

Aethelwaldus ⟨Lindisfarnensis⟩
um 721/40
LMA,I,192
Aedilvulfus ⟨Abbot⟩
Aethelwaldus ⟨Episcopus⟩
Aethilwald ⟨von Lindisfarne⟩
Ethelwold ⟨Abbé⟩
Ethelwold ⟨de Lindisfarne⟩
Ethelwold ⟨de Melrose⟩
Ethelwold ⟨Evêque⟩
Ethelwolf ⟨Monte⟩
Ethelwolf ⟨of Lindisfarne⟩
Ethelwulf

Aethelwalfus
→ **Aethelwoldus ⟨Wintoniensis⟩**

Aethelweald ⟨of Lichfield⟩
→ **Aethelwaldus ⟨Lichfeldensis⟩**

Aethelwerdus
gest. ca. 998
Aethelweard
Eitelwerdus
Elfwardus
Elswardus
Elwardus
Elwerd
Ethelverdus
Ethelwardus
Ethelwerd
Ethelwerdus
Ethelwerdus ⟨Historicus⟩
Ethelwerdus, Fabius
Etheveardus
Fabius ⟨Ethelwerdus⟩

Aethelwoldus ⟨Sanctus⟩
→ **Aethelwoldus ⟨Wintoniensis⟩**

Aethelwoldus ⟨Wintoniensis⟩
ca. 908 – 984 · OSB
Regula
CSGL; Meyer; LMA,I,190/191
Aedelwaldus ⟨Episcopus⟩
Aedelwaldus ⟨Monachus⟩
Aedelwaldus ⟨Sanctus⟩
Aethelwalfus
Aethelwold ⟨Episcopus⟩
Aethelwold ⟨von Winchester⟩
Aethelwoldus ⟨of Winchester⟩
Aethelwoldus ⟨Sanctus⟩
Aethelwoldus ⟨Vintoniae⟩
Aethelwolfus ⟨Episcopus⟩
Aethelwulphus ⟨of Winchester⟩
Aethelwulsus ⟨of Winchester⟩
Athelwoldus ⟨Episcopus⟩
Edilnulphus ⟨Episcopus⟩
Eitelwodus ⟨Episcopus⟩
Ethelwold ⟨Episcopus⟩
Ethelwold ⟨of Winchester⟩
Ethelwoldus ⟨Abbendoniensis⟩
Ethelwoldus ⟨Sanctus⟩
Ethelwoldus ⟨Wintoniensis⟩

Aethelwulfus ⟨Lindisfarnensis⟩
um 805
Carmen de abbatibus
LMA,I,174/175
Adilvulfus ⟨Lindisfarnensis⟩
Aedelwulfus ⟨Lindisfarnensis⟩
Aedilvulfius ⟨Lindisfarnensis⟩
Aedilvulfus ⟨Lindisfarnensis⟩
Aedilwulf ⟨Lindisfarnensis⟩
Aedilwulfus ⟨Bernicius⟩
Aethelweard ⟨Lindisfarnensis⟩
Aethelwulf ⟨Lindisfarnensis⟩
Aethelwulfius ⟨Lindisfarnensis⟩
Ethelulfus ⟨Lindisfarnensis⟩
Ethelvolfus ⟨Hibernus⟩
Ethelwodus ⟨Monachus⟩
Ethelwoldus ⟨Monachus⟩
Ethelwolfius ⟨Lindisfarnensis⟩
Ethelwolfus ⟨Lindisfarnensis⟩
Ethelwolfus ⟨Monachus⟩
Ethelwulf ⟨Lindisfarnensis⟩
Ethelwulfus ⟨Lindisfarnensis⟩

Aetherianus, Hugo
→ **Eterianus, Hugo**

Aetherius ⟨Uxamensis⟩
→ **Etherius ⟨Uxamensis⟩**

Aethicus ⟨Ister⟩
5./6. Jh.
Cosmographia (Verfasserschaft nicht gesichert; Verf. vielleicht Virgilius ⟨Salisburgensis⟩)
CSGL; LMA,I,192
Aethicus
Aethicus ⟨Hister⟩
Aethicus ⟨Istricus⟩
Ethicus
Ethicus ⟨Cosmographer⟩
Ethicus ⟨Ister⟩
Ethicus ⟨the Cosmographer⟩
Hister, Aeticus
Ister, Aethicus
Istricus, Aeticus

Aethilberhtus
→ **Aethelberht ⟨Kent, King, ...⟩**

Aethilwald ⟨von Lindisfarne⟩
→ **Aethelwaldus ⟨Lindisfarnensis⟩**

Aethilwaldus ⟨Aldhelmi Discipulus⟩
→ **Aethilwaldus ⟨Mercia, King⟩**

Aethilwaldus ⟨Lichfeldensis⟩
→ **Aethelwaldus ⟨Lichfeldensis⟩**

Aethilwaldus ⟨Mercia, King⟩
8. Jh.
Carmina; Epistula ad Aldhelmum
Cpl 1340, 1341
Aethelwaeld ⟨Altmercischer König⟩
Aethilwaldus ⟨Aldhelmi Discipulus⟩
Aethilwaldus ⟨Rex Merciae⟩

Aetius ⟨Constantinopolitanus⟩
7. Jh.
Laudatio Johannis Baptistae
Cpg 7908
Aetius ⟨Presbyter⟩
Constantinopolitanus, Aetius

Aetius ⟨Presbyter⟩
→ **Aetius ⟨Constantinopolitanus⟩**

Aetius ⟨Sicamius⟩
→ **Aetius ⟨Amidenus⟩**

Afanasij ⟨Nikitin⟩
→ **Nikitin, Afanasij N.**

Afḍal-ad-Dīn Ibrāhīm Ibn-ʿAlī Ḫāqānī
→ **Ḫāqānī, Afḍal-ad-Dīn Ibrāhīm Ibn-ʿAlī**

Afer, Fabius Planciades
→ **Fulgentius, Fabius Planciades**

Afer, Possessor
→ **Possessor ⟨Afer⟩**

Affenschmalz
15./16. Jh.
Pseudonym für: 1. Ambrosius ⟨Huber⟩, Satirischer Aderlaßbrief (um 1500); 2. Affenschmaltz ⟨der Synger⟩, Gereimter Spruch; 3. Affenschmalz, Bericht; 4. Kaspar u. Wilhelm von Ringenstein (Edelknappen)
VL(2),1,71/72
Affenschmaltz ⟨der Synger⟩
Ambrosius ⟨Huber⟩
Huber, Ambrosius
Kaspar ⟨von Ringenstein⟩
Ringenstein, Kaspar ¬von¬
Ringenstein, Wilhelm ¬von¬
Wilhelm ⟨von Ringenstein⟩

Afflighem, Guilelmus ¬de¬
→ **Guilelmus ⟨de Afflighem⟩**

Afflighem, Simon ¬de¬
→ **Simon ⟨de Afflighem⟩**

Affonso Henriques ⟨Portugal, Rey, I.⟩
→ **Alfonso ⟨Portugal, Rei, I.⟩**

Afonso ⟨Sanches⟩
→ **Sanches, Afonso**

Africanus, Columbus
→ **Columbus ⟨Africanus⟩**

Africanus, Constantinus
→ **Constantinus ⟨Africanus⟩**

Africanus, Gulosus
→ **Gulosus ⟨Africanus⟩**

Africanus, Iunilius
→ **Iunilius ⟨Africanus⟩**

Africanus, Leo
→ **Leo ⟨Africanus⟩**

Africanus, Pontianus
→ **Pontianus ⟨Africanus⟩**

Africanus, Stephanus
→ **Stephanus ⟨Africanus⟩**

Afwah al-Audī, Ṣalā'a Ibn-'Amr ¬al-¬
gest. ca. 570
Afwah al-Awdī, Ṣalā'a ibn 'Amr
Audī, al-Afwah Ṣalā'a Ibn-'Amr ¬al-¬
Ibn-'Amr, Ṣalā'a al-Afwah al-Audī
Ṣalā'a Ibn-'Amr al-Afwah al-Audī

Agafangil ⟨Ieromonah⟩
→ **Agathangelos Hieronymos**

Agallianus, Theodorus
→ **Theodorus ⟨Agallianus⟩**

Agalsius
9. Jh.
Epitaphium
CC Clavis, Auct. Gall. 1,64ff.
Algasius
Egalsius

Aganafat
Lebensdaten nicht ermittelt
Tractatus de modo opponendi et respondendi; Argumentum et Prologus; Thesaurus philosophorum
Schönberger/Kible, Repertorium, 10218

Agano ⟨Carnotensis⟩
gest. ca. 941
Praefatio metrica in Bedae De ratione temporum
CC Clavis, Auct. Gall. 1,67
Agano ⟨Episcopus⟩
Aganon ⟨de Chartres⟩
Aganus ⟨Carnotensis⟩
Hagano ⟨Carnotensis⟩
Haganus ⟨Carnotensis⟩

Agape ⟨de Mabug⟩
→ **Maḥbūb Ibn-Qusṭanṭīn**

Agapet ⟨d'Ancône⟩
→ **Agapitus ⟨de Rusticis⟩**

Agapet ⟨Diaconus⟩
→ **Agapetus ⟨Constantinopolitanus⟩**

Agapet ⟨Evêque⟩
→ **Agapitus ⟨de Rusticis⟩**

Agapet ⟨Fils de Gordien⟩
→ **Agapetus ⟨Papa, I.⟩**

Agapet ⟨Papst, ...⟩
→ **Agapetus ⟨Papa, ...⟩**

Agapet ⟨Rustici-Cenci⟩
→ **Agapitus ⟨de Rusticis⟩**

Agapētos ⟨Diakonos⟩
→ **Agapetus ⟨Constantinopolitanus⟩**

Agapetus ⟨Cencius de Rusticis⟩
→ **Agapitus ⟨de Rusticis⟩**

Agapetus ⟨Constantinopolitanus⟩
6. Jh.
LMA,I,202
Agapet ⟨Diaconus⟩
Agapetos
Agapētos ⟨Diakonos⟩
Agapetus
Agapetus ⟨Diaconus⟩
Constantinopolitanus, Agapetus

Agapetus ⟨Papa, I.⟩
gest. 536
CSGL; LMA,I,201/202
Agapet ⟨Fils de Gordien⟩
Agapet ⟨Papst, I.⟩
Agapetus ⟨Sanctus⟩
Agapito ⟨Papa, I.⟩
Agapitus ⟨Papa, I.⟩

Agapetus ⟨Papa, II.⟩
gest. 955
LMA,I,202
Agapet ⟨Papst, II.⟩
Agapito ⟨Papa, II.⟩
Agapitus ⟨Papa, II.⟩

Agapetus ⟨Romanus⟩
→ **Agapitus ⟨de Rusticis⟩**

Agapetus ⟨Sanctus⟩
→ **Agapetus ⟨Papa, I.⟩**

Agapetus, Johannes
→ **Johannes ⟨Agapetus⟩**

Agapios ⟨von Hierapolis⟩
→ **Maḥbūb Ibn-Qusṭanṭīn**

Agapios ⟨von Membig⟩
→ **Maḥbūb Ibn-Qusṭanṭīn**

Agapit ⟨Fils de Benoît⟩
→ **Hadrianus ⟨Papa, III.⟩**

Agapito ⟨Colonna⟩
→ **Agapitus ⟨de Columna⟩**

Agapito ⟨de'Rustici⟩
→ **Agapitus ⟨de Rusticis⟩**

Agapito ⟨Papa, ...⟩
→ **Agapetus ⟨Papa, ...⟩**

Agapitus ⟨Cardinal⟩
→ **Agapitus ⟨de Columna⟩**

Agapitus ⟨Cencius de Rusticis⟩
→ **Agapitus ⟨de Rusticis⟩**

Agapitus ⟨d'Ascoli-Piceno⟩
→ **Agapitus ⟨de Columna⟩**

Agapitus ⟨de Columna⟩
gest. 1380
Sermo
Agapito ⟨Colonna⟩
Agapitus ⟨Cardinal⟩
Agapitus ⟨d'Ascoli-Piceno⟩
Agapitus ⟨Evêque⟩
Colonna, Agapito
Columna, Agapitus ¬de¬

Agapitus ⟨de Rusticis⟩
gest. 1464
Hymnus de capite S. Andreae; Bischof von Ancona, später Caverino, Sohn des Cencius ⟨de Rusticis⟩
Agapet ⟨d'Ancône⟩
Agapet ⟨Evêque⟩
Agapet ⟨Rustici-Cenci⟩
Agapetus ⟨Cencius⟩
Agapetus ⟨Cencius de Rusticis⟩
Agapetus ⟨Romanus⟩
Agapito ⟨de'Rustici⟩
Agapitus ⟨Cencius⟩
Agapitus ⟨Cencius de Rusticis⟩
Agapitus ⟨Romanus⟩
Rustici-Cenci, Agapet
Rusticis, Agapetus ¬de¬
Rusticis, Agapitus ¬de¬

Agapitus ⟨Evêque⟩
→ **Agapitus ⟨de Columna⟩**

Agapitus ⟨Papa, ...⟩
→ **Agapetus ⟨Papa, ...⟩**

Agapius ⟨de Menbidj⟩
→ **Maḥbūb Ibn-Qusṭanṭīn**

Agapius ⟨Episcopus⟩
7. Jh.
Epistula cuiusdam ad Agapium Episcopum
Cpl 1295
Episcopus Agapius

Agapius ⟨Hierapolitanus⟩
→ **Maḥbūb Ibn-Qusṭanṭīn**

Agapius ⟨Mabbugensis⟩
→ **Maḥbūb Ibn-Qusṭanṭīn**

Agapius ⟨von Menbiğ⟩
→ **Maḥbūb Ibn-Qusṭanṭīn**

Agathangelos Hieronymos
13. Jh.
Agafangil ⟨Ieromonah⟩
Agatanghel Ieronim
Agathangelos ⟨Brother⟩
Agathangelos ⟨Ieromonahos⟩
Agathangelos Hieronymus
Agathangelus Hieronymus

Agathias ⟨Myrenaeus⟩
→ **Agathias ⟨Scholasticus⟩**

Agathias ⟨Scholasticus⟩
536 – 582
Tusculum-Lexikon; LThK; CSGL; LMA,I,203
Agathias
Agathias ⟨Asianus⟩
Agathias ⟨Myrenaeus⟩
Agathias ⟨Myrinaeus⟩
Agathias ⟨Myrinensis⟩
Agathias ⟨von Myrina⟩
Agathius ⟨Myrinensis⟩
Scholasticus, Agathias

Agatho ⟨Diaconus⟩
7./8. Jh.
Epilogus
Diaconus Agatho

Agatho ⟨Papa⟩
gest. 681
CSGL; LMA,I,203
Agatho ⟨Sanctus⟩
Agathon ⟨de Palerme⟩
Agathon ⟨Pape⟩
Agatone ⟨Papa⟩

Agazzari, Filippo
→ **Agazzari, Philippus**

Agazzari, Giovanni
→ **Agazzarius, Johannes**

Agazzari, Philippus
ca. 1339 – 1422 · OESA
Assempri; Vita b. Johannis Chisii
Rep.Font. II,143
Agazzari, Filippo
Agazzari, Philippe
Filippo ⟨Agazzari⟩
Filippo ⟨da Siena⟩
Philippe ⟨Agazzari⟩
Philippe ⟨de Sienne⟩
Philippus ⟨Agazzari⟩

Agazzarius, Johannes
geb. ca. 1413
Chronica civitatis Placentiae
Rep.Font. II,143
Agazzari, Giovanni
Agazzari, Jean
Giovanni ⟨Agazzari⟩
Jean ⟨Agazzari⟩
Johannes ⟨Agazzarius⟩

Agello, Antonius ¬de¬
→ **Antonius ⟨de Agello⟩**

Agenardus
→ **Einhardus**

Aggesøn, Sven
→ **Sueno ⟨Aggonis Filius⟩**

Aggsbach, Vincentius ¬de¬
→ **Vincentius ⟨de Aggsbach⟩**

Aghoraśivācārya
12. Jh.
Tamil. Sivait; Tattvaprakāśavṛtti
LoC-NA
Aghora Sivāchārya
Aghoraśivācārya
Akōracivācāriyar

Agicus ⟨Corbeiensis⟩
→ **Agius ⟨Corbeiensis⟩**

Agilaeus, Raimundus
→ **Raimundus ⟨Agilaeus⟩**

Agilmarus
gest. 891
Epistula formata ad Remigium archiepiscopum Lugdunensem
CC Clavis, Auct. Gall. 1,67 f.
Agilmar ⟨de Clermont-Ferrand⟩
Agilmar ⟨Evêque⟩
Aglimarus ⟨Alvernensis⟩
Aglimarus ⟨Arvernensis⟩
Aimarus

Agilolf ⟨Bischof⟩
→ **Agilulfus ⟨Coloniensis⟩**

Agilolf ⟨von Köln⟩
→ **Agilulfus ⟨Coloniensis⟩**

Agilulfus
6./7. Jh.
„Epistula ad Agilulfum" des Johannes ⟨Aquileiensis⟩
Cpl 1174
Agilulfo
Agilulphus

Agilulfus ⟨Coloniensis⟩
um 745/53
Passio
Agilolf ⟨Bischof⟩
Agilolf ⟨von Köln⟩
Agiluf ⟨Bischof⟩
Agiluf ⟨von Köln⟩

Agilus, Gualterus
→ **Gualterus ⟨Agulinus⟩**

Agimo ⟨Episcopus⟩
→ **Egino ⟨Veronensis⟩**

Agimundus ⟨Presbyter⟩
8. Jh.
Homiliarium Agimundi (Sermones)
Cpl 1996
Agimundus ⟨Romanus⟩
Presbyter, Agimundus

Agio ⟨Narbonensis⟩
gest. 924 bzw. 927
Historia fundationis Vabrensis abbatiae
DOC,1,40; CC Clavis, Auct. Gall. 1,68f.
Agio ⟨Abbas⟩
Agio ⟨Abbas⟩
Agio ⟨Vabrensis⟩
Agion ⟨de Narbonne⟩
Agion ⟨de Vabres⟩
Agius ⟨Narbonensis⟩
Aidagius
Aigo

Agius ⟨Corbeiensis⟩
gest. ca. 870
Vita et obitus Hathumodae; Dialogus de morte Hathumodae
LMA,I,210; VL(2),1,78/82; Rep.Font. II,144
Agicus
Agicus ⟨Corbeiensis⟩
Agius ⟨Bruder⟩
Agius ⟨de Corvey⟩
Agius ⟨Frater⟩
Agius ⟨Frater Hathumodae Abbatissae⟩
Agius ⟨Moine⟩
Agius ⟨Monachus⟩
Agius ⟨of Corvei⟩
Agius ⟨Prêtre⟩
Agius ⟨von Corvey⟩
Agius ⟨von Korvey⟩
Wicbertus ⟨Monachus⟩
Wiho

Aglimarus ⟨Alvernensis⟩
→ **Agilmarus**

Agnadius ⟨Patriarcha⟩
→ **Gennadius ⟨Scholarius⟩**

Agnania, Johannes ¬de¬
→ **Johannes ⟨de Anania⟩**

Agnel ⟨Basilien⟩
→ **Agnellus ⟨Neapolitanus⟩**

Agnel ⟨d'Acci⟩
→ **Agnellus ⟨Acciensis⟩**

Agnel ⟨de Pise⟩
→ **Agnellus ⟨Pisanus⟩**

Agnel ⟨de Ravenne⟩
→ **Agnellus ⟨Sanctus⟩**

Agnel ⟨Evêque⟩
→ **Agnellus ⟨Acciensis⟩**

Agnel ⟨Franciscain⟩
→ **Agnellus ⟨Pisanus⟩**

Agnel ⟨Saint⟩
→ **Agnellus ⟨Neapolitanus⟩**

Agnelli, Johannes
→ **Johannes ⟨Agnelli⟩**

Agnellus ⟨Abbas⟩
→ **Agnellus ⟨de Ravenna⟩**
→ **Agnellus ⟨Neapolitanus⟩**

Agnellus ⟨Acciensis⟩
gest. 1441 · OCarm
In quosdam sacrae scripturae libros commentaria; In magistrum sententiarum elucidationes
Agnel ⟨d'Acci⟩
Agnel ⟨Evêque⟩
Agnellus ⟨Episcopus⟩

Agnellus ⟨Archiepiscopus⟩
→ **Agnellus ⟨Sanctus⟩**

Agnellus ⟨de Ravenna⟩
ca. 805 – 850
LThK; CSGL; Potth.; LMA,I,211
Agnello ⟨of Ravenna⟩
Agnello ⟨Ravennate⟩
Agnello, Andrea
Agnellus
Agnellus ⟨Abbas⟩
Agnellus ⟨Episcopus Ravennas⟩
Agnellus ⟨of Ravenna⟩
Agnellus ⟨Ravennas⟩
Agnellus ⟨Ravennatis⟩
Agnellus ⟨von Ravenna⟩
Agnellus, Andreas
Andreas
Andreas ⟨de Ravenna⟩
Andreas ⟨Ravennas⟩
Andreas ⟨Sanctae Mariae ad Blachernas⟩
Ravenna, Agnellus ¬de¬
Ravenna, Andreas ¬de¬

Agnellus ⟨Episcopus⟩
→ **Agnellus ⟨Acciensis⟩**

Agnellus ⟨Episcopus Ravennas⟩
→ **Agnellus ⟨de Ravenna⟩**

Agnellus ⟨Episcopus Ravennatensis⟩
→ **Agnellus ⟨Sanctus⟩**

Agnellus ⟨Franciscan Provincial⟩
→ **Agnellus ⟨Pisanus⟩**

Agnellus ⟨Heiliger⟩
→ **Agnellus ⟨Neapolitanus⟩**

Agnellus ⟨Medicus⟩
ca. 6. Jh.
Lectura super de sectis Galeni
Agnellus ⟨of Ravenna⟩
Agnellus ⟨Ravennatensis⟩
Medicus, Agnellus

Agnellus ⟨Metropolit⟩
→ **Agnellus ⟨Sanctus⟩**

Agnellus ⟨Neapolitanus⟩
gest. 596
Miracula S. Agnelli
Agnel ⟨Abbé⟩
Agnel ⟨Basilien⟩
Agnel ⟨Saint⟩
Agnello ⟨Abbate⟩

Agnello ⟨di Sorrento⟩
Agnello ⟨San⟩
Agnellus ⟨Abbas⟩
Agnellus ⟨Abt⟩
Agnellus ⟨Heiliger⟩
Agnellus ⟨Sanctus⟩
Agnellus ⟨von San Gaudioso⟩
Neapolitanus, Agnellus

Agnellus ⟨of Pisa⟩
→ **Agnellus ⟨Pisanus⟩**

Agnellus ⟨of Ravenna⟩
→ **Agnellus ⟨de Ravenna⟩**
→ **Agnellus ⟨Medicus⟩**
→ **Agnellus ⟨Sanctus⟩**

Agnellus ⟨Pisanus⟩
1194 – 1232 · OFM
Agnel ⟨de Pise⟩
Agnel ⟨Franciscain⟩
Agnello ⟨da Pisa⟩
Agnellus ⟨Franciscan Provincial⟩
Agnellus ⟨of Pisa⟩
Agnellus ⟨von Pisa⟩
Pisanus, Agnellus

Agnellus ⟨Ravennas⟩
→ **Agnellus ⟨de Ravenna⟩**

Agnellus ⟨Ravennatensis⟩
→ **Agnellus ⟨Medicus⟩**
→ **Agnellus ⟨Sanctus⟩**

Agnellus ⟨Sanctus⟩
→ **Agnellus ⟨Neapolitanus⟩**

Agnellus ⟨Sanctus⟩
487 – 570
Epistula de ratione fidei
Agnel ⟨Archevêque⟩
Agnel ⟨de Ravenne⟩
Agnello ⟨Arcivescovo⟩
Agnello ⟨di Ravenna⟩
Agnello ⟨Metropolita⟩
Agnellus ⟨Archbishop⟩
Agnellus ⟨Archiepiscopus⟩
Agnellus ⟨Bischof⟩
Agnellus ⟨Episcopus Ravennatensis⟩
Agnellus ⟨Metropolit⟩
Agnellus ⟨of Ravenna⟩
Agnellus ⟨Ravennatensis⟩
Agnellus ⟨Saint⟩
Agnellus ⟨von Ravenna⟩
Sanctus Agnellus

Agnellus ⟨von Pisa⟩
→ **Agnellus ⟨Pisanus⟩**

Agnellus ⟨von Ravenna⟩
→ **Agnellus ⟨de Ravenna⟩**
→ **Agnellus ⟨Medicus⟩**
→ **Agnellus ⟨Sanctus⟩**

Agnellus ⟨von San Gaudioso⟩
→ **Agnellus ⟨Neapolitanus⟩**

Agnellus, Andreas
→ **Agnellus ⟨de Ravenna⟩**

Agnellus, Johannes
→ **Johannes ⟨Agnellus⟩**

Agnellus, Thomas
→ **Thomas ⟨Agnellus⟩**

Agnes ⟨Assisias⟩
1198 – ca. 1254
LThK; CSGL
Agnès ⟨d'Assise⟩
Agnes ⟨Sancta⟩
Agnes ⟨von Assisi⟩
Agnese ⟨di Assisi⟩
Assisias, Agnes

Agnes ⟨Blannbeckin⟩
→ **Blannbeckin, Agnes**

Agnès ⟨d'Assise⟩
→ **Agnes ⟨Assisias⟩**

Agnes ⟨Sampach⟩
→ **Sampach, Agnes**

Agnes ⟨Sancta⟩
→ **Agnes ⟨Assisias⟩**

Agni, Johannes
→ **Johannes ⟨Agnelli⟩**

Agnola ⟨da Foligno⟩
→ **Angela ⟨de Fulginio⟩**

Agnolo ⟨Coppi⟩
→ **Coppi, Agnolo**

Agnolo ⟨di Tura⟩
14. Jh.
Cronaca senese detta la maggiore und Forts. der Cronica senese wurden ihm fälschlicherweise zugeschrieben; in Wirklichkeit handelt es sich um ein anonymes Werk
Rep.Font. II,146
Agnolo ⟨Detto il Grasso⟩
Agnolo ⟨di Tura il Grasso⟩
Agnolo ⟨il Grasso⟩
Grasso, Il
Tura, Agnolo ¬di¬

Agnus, Thomas
→ **Thomas ⟨Agnus⟩**

Agobaldus ⟨von Lyon⟩
→ **Agobardus ⟨Lugdunensis⟩**

Agobardus ⟨Lugdunensis⟩
769 – 840
LThK; CSGL; Potth.; DLF(MA),23; LMA,I,216
Agobaldus ⟨von Lyon⟩
Agobard ⟨de Lyon⟩
Agobard ⟨Saint⟩
Agobard ⟨von Lyon⟩
Agobardo ⟨di Lione⟩
Agobardus ⟨Archiepiscopus⟩
Agobardus ⟨Episcopus⟩
Agobardus ⟨Sanctus⟩
Agobertus ⟨von Lyon⟩

Agobertus ⟨von Lyon⟩
→ **Agobardus ⟨Lugdunensis⟩**

Agorius Basilius Mavortius, Flavius Vettius
→ **Mavortius**

Agostino ⟨da Ferrara⟩
→ **Augustinus ⟨de Ferrara⟩**

Agostino ⟨da Firenze⟩
→ **Agostino ⟨di Duccio⟩**

Agostino ⟨da Roma⟩
→ **Augustinus ⟨Favaroni⟩**

Agostino ⟨d'Antonio di Duccio⟩
→ **Agostino ⟨di Duccio⟩**

Agostino ⟨de Bugella⟩
→ **Augustinus ⟨Fangi⟩**

Agostino ⟨dei Favaroni⟩
→ **Augustinus ⟨Favaroni⟩**

Agostino ⟨de'Patrizzi⟩
→ **Augustinus ⟨Patricius⟩**

Agostino ⟨di Duccio⟩
1418 – ca. 1481
Ital. Bildhauer und Baumeister
Agostino ⟨da Firenze⟩
Agostino ⟨Ducci⟩
Agostino ⟨d'Antonio di Duccio⟩
Agostino ⟨d'Antonio di Guccio⟩
DiDuccio, Agostino
Duccio, Agostino ¬di¬

Agostino ⟨Fangio⟩
→ **Augustinus ⟨Fangi⟩**

Agostino ⟨Favaroni⟩
→ **Augustinus ⟨Favaroni⟩**

Agostino ⟨Kazotić⟩
→ **Augustinus ⟨Gazothus⟩**

Agostino ⟨Patrizi⟩
→ **Augustinus ⟨Patricius⟩**

Agostino ⟨Piccolomini⟩
→ **Augustinus ⟨Patricius⟩**

Agostino ⟨Trionfo⟩
→ **Augustinus ⟨Triumphus⟩**

Agostino, Giovanni ¬d'¬
→ **Giovanni ⟨d'Agostino⟩**

Agostino Cegia, Francesco ¬di¬
→ **Cegia, Francesco di Agostino**

Agostino di Duccio, Antonio ¬di¬
→ **Antonio ⟨di Agostino di Duccio⟩**

'Aǧrad, Ḥammād Ibn-'Umar
→ **Ḥammād 'Aǧrad, Ibn-'Umar**

Agramunt, Dominicus ¬de¬
→ **Dominicus ⟨de Agramunt⟩**

Agrefenij ⟨Archimandrit⟩
um 1370
Choždenie vo svjatuju zemlju Agrefenija ... (Peregrinatio in terram sanctam Agrippini Mon. Deiparae sacrosanctae archimandritae Smolensis); anonymes Werk, um 1370 zusammengestellt
Rep.Font. II,152; III,246
Agrippinus ⟨Archimandrita⟩
Agrippinus ⟨Smolensis⟩
Gréfène ⟨Archimandrite⟩

Agricola, Rudolf
1444 – 1485
LThK; CSGL; Potth.; LMA,I,220/221; VL(2),1,84/93
Agricola, Rodolphus
Agricola, Rudolf ⟨der Ältere⟩
Agricola, Rudolfus
Agricola, Rudolph
Agricola, Rudolphus
Huismann, Rudolf
Huusman, Roelof
Huysmans, Roelof
Rodolfo ⟨Agricola⟩
Rodolphus ⟨Agricola⟩
Roelof ⟨Huesman⟩
Roelof ⟨Huusman⟩
Roelof ⟨Huysmans⟩
Rudolf ⟨Agricola⟩
Rudolfus ⟨Agricola⟩
Rudolfus ⟨Agricola Frisius⟩
Rudolphus ⟨Agricola⟩
Rudolphus ⟨Agricola Frisius⟩

Agrigentinus, Gerlandus
→ **Gerlandus ⟨Agrigentinus⟩**

Agrigento, Gregorius ¬de¬
→ **Gregorius ⟨de Agrigento⟩**

Agrippinus ⟨Archimandrita⟩
→ **Agrefenij ⟨Archimandrit⟩**

Agrippinus ⟨Smolensis⟩
→ **Agrefenij ⟨Archimandrit⟩**

Agrius ⟨von Brune⟩
um 1462
Hormontherapie (Mitverfasser)
VL(2),1,93/94
Brune, Agrius ¬von¬

Agulinus, Gualterus
→ **Gualterus ⟨Agulinus⟩**

Āǧurrī, Muḥammad Ibn-al-Ḥusain ¬al-¬
gest. 970
Adjurrī, Muḥammad Ibn al-Ḥusayn
Ājurrī, Muḥammad Ibn al-Ḥusayn
Ibn-al-Ḥusain, Muḥammad al-Āǧurrī
Muḥammad Ibn-al-Ḥusain al-Āǧurrī

Agustin ⟨Favaroni⟩
→ **Augustinus ⟨Favaroni⟩**

Aharon ⟨Ben-Āšēr⟩
→ **Ben-Āšēr, Aharon**

Aharon Ben-Eliyyāhū
ca. 1328 – 1369
Aaron Ben-Elijah
Aharon ben Elihu
Aharon Ben-Elia
Aharôn Ben-Ēlīhū
Aharon Ben-Elîhû ⟨haq-Qārā'ī⟩
Ahron Ben-Elia ⟨Karäer⟩
Ben-Eliyyāhū, Aharon

Aḫfaš, 'Abd-al-Ḥamīd Ibn-'Abd-al-Maǧīd ¬al-¬
→ **Abu-'l-Ḫaṭṭāb al-Aḫfaš, 'Abd-al-Ḥamīd Ibn-'Abd-al-Maǧīd**

Aḫfaš al-Ausaṭ, Sa'īd Ibn-Mas'ada ¬al-¬
gest. 830
Achfasch
Akhfash al-Awsaṭ, Sa'īd Ibn Mas'ada
Ausaṭ, Sa'īd Ibn-Mas'ada ¬al-¬
Ibn-Mas'ada, al-Aḫfaš al-Ausaṭ
Sa'īd Ibn-Mas'ada, al-Aḫfaš al-Ausaṭ

Aḫfaš al-Kabīr, Abu-'l-Ḫaṭṭāb 'Abd-al-Ḥamīd Ibn-'Abd-al-Maǧīd ¬al- ¬
→ **Abu-'l-Ḫaṭṭāb al-Aḫfaš, 'Abd-al-Ḥamīd Ibn-'Abd-al-Maǧīd**

Ahi Evran
1169 – 1261
Begründer des Achitums
AnaBritannica
Akhī Ewrān
Evran, Ahi
Evren, Ahi
Ewrān, Akhī

Aḥîma'aṣ Ben-Palṭî'ēl
1017 – ca. 1054
Sefer Yuhasin
Potth.II,152/53; LMA,I,78
Achimaaz ⟨d'Oria⟩
Achimaaz ⟨von Oria⟩
Achimaaz ben Paltiel
Ben-Palṭî'ēl, Aḥîma'aṣ

Ahistulfus ⟨Rex⟩
→ **Aistulf ⟨Langobardenreich, König⟩**

Ahitho
→ **Hatto ⟨Basiliensis⟩**

Ahlen, Bertramus ¬de¬
→ **Bertramus ⟨de Ahlen⟩**

Aḥmad al-Badawī
→ **Badawī, Aḥmad Ibn-'Alī ¬al-¬**

Aḥmad ar-Rāzī
→ **Rāzī, Abū-Bakr Aḥmad Ibn-Muḥammad ¬ar-¬**

Aḥmad ar-Rifā'ī al-Ḥusainī
→ **Rifā'ī, Aḥmad Ibn-'Alī ¬ar-¬**

Aḥmad B. 'Alī B. Mas'ūd
→ **Ibn-Mas'ūd, Aḥmad Ibn-'Alī**

Aḥmad b. Muḥammad al-Farghānī
→ **Farġānī, Aḥmad Ibn-Muḥammad ¬al-¬**

Aḥmad Ibn Al-Ḥusain
→ **Mutanabbī, Abu-'ṭ-Ṭaiyib Aḥmad Ibn-al-Ḥusain ¬al-¬**

Aḥmad Ibn Ḥanbal
→ **Aḥmad Ibn-Ḥanbal**

Aḥmad ibn Yaḥya ibn Salmān ibn 'Ashik Pāshā
→ **Aşikpaşazade**

Aḥmad ibn Yūsuf ibn Ibrāhīm ibn ad-Dāya
→ **Ibn-ad-Dāya, Aḥmad Ibn-Yūsuf**

Aḥmad Ibn-'Abbād al-Qinā'ī
→ **Qinā'ī, Aḥmad Ibn-'Abbād ¬al-¬**

Aḥmad Ibn-'Abd-al-'Azīz al-Fihrī
→ **Fihrī, Aḥmad Ibn-'Abd-al-'Azīz ¬al-¬**

Aḥmad Ibn-'Abd-al-'Azīz al-Ġauharī, Abū-Bakr
→ **Abū-Bakr al-Ġauharī, Aḥmad Ibn-'Abd-al-'Azīz**

Aḥmad Ibn-'Abd-al-Ḥalīm Ibn-Taimīya
→ **Ibn-Taimīya, Aḥmad Ibn-'Abd-al-Ḥalīm**

Aḥmad Ibn-'Abdallāh, Abu-'l-'Alā' al-Ma'arrī
→ **Abu-'l-'Alā' al-Ma'arrī, Aḥmad Ibn-'Abdallāh**

Aḥmad Ibn-'Abdallāh, Abū'l-Walīd
→ **Ibn-Zaidūn, Aḥmad Ibn-'Abdallāh**

Aḥmad Ibn-'Abdallāh, Abū-Nu'aim al-Iṣfahānī
→ **Abū-Nu'aim al-Iṣfahānī, Aḥmad Ibn-'Abdallāh**

Aḥmad Ibn-'Abdallāh al-Kirmānī
→ **Kirmānī, Ḥamīd-ad-Dīn Aḥmad Ibn-'Abdallāh ¬al-¬**

Aḥmad Ibn-'Abdallāh al-Maḫzūmī
→ **Maḫzūmī, Aḥmad Ibn-'Abdallāh ¬al-¬**

Aḥmad Ibn-'Abdallāh aṭ-Ṭabarī
→ **Ṭabarī, Aḥmad Ibn-'Abdallāh ¬aṭ¬**

Aḥmad Ibn-'Abdallāh Ḥabaš
→ **Ḥabaš, Aḥmad Ibn-'Abdallāh**

Aḥmad Ibn-'Abdallāh Ibn-'Abd-ar-Ra'ūf
→ **Ibn-'Abd-ar-Ra'ūf, Aḥmad Ibn-'Abdallāh**

Aḥmad Ibn-'Abdallāh Ibn-Zaidūn
→ **Ibn-Zaidūn, Aḥmad Ibn-'Abdallāh**

Aḥmad Ibn-'Abd-al-Wahhāb an-Nuwairī
→ **Nuwairī, Aḥmad Ibn-'Abd-al-Wahhāb ¬an-¬**

Aḥmad Ibn-'Abd-ar-Raḥīm al-'Irāqī
→ **'Irāqī, Aḥmad Ibn-'Abd-ar-Raḥīm ¬al-¬**

Aḥmad Ibn-'Abd-as-Salām al-Ǧurāwī
→ **Ǧurāwī, Aḥmad Ibn-'Abd-as-Salām ¬al-¬**

Aḥmad Ibn-Abī-Bakr Ibn-Qaimāz al-Būṣīrī
→ **Ibn-Qaimāz al-Būṣīrī, Aḥmad Ibn-Abī-Bakr**

Aḥmad Ibn-Abī-Marwān Ibn-Šuhaid
→ **Ibn-Šuhaid al-Andalusī, Aḥmad Ibn-Abī-Marwān**

Aḥmad Ibn-Abī-Ya'qūb
al-Ya'qūbī
→ **Ya'qūbī, Aḥmad Ibn-Abī-Ya'qūb ¬al-¬**

Aḥmad Ibn-Aḥmad aš-Šarğī
→ **Šarğī, Aḥmad Ibn-Aḥmad ¬aš-¬**

Aḥmad Ibn-Aḥmad az-Zarrūq
→ **Zarrūq, Aḥmad Ibn-Aḥmad ¬az-¬**

Aḥmad Ibn-al-'Abbās Ibn-Faḍlān
→ **Ibn-Faḍlān, Aḥmad Ibn-al-'Abbās**

Aḥmad Ibn-al-Ḥusain al-Baihaqī
→ **Baihaqī, Aḥmad Ibn-al-Ḥusain ¬al-¬**

Aḥmad Ibn-al-Ḥusain al-Hārūnī
→ **Mu'aiyad Billāh Aḥmad Ibn-al-Ḥusain ¬al-¬**

Aḥmad Ibn-al-Ḥusain
al-Mutanabbī
→ **Mutanabbī, Abu-'ṭ-Ṭaiyib Aḥmad Ibn-al-Ḥusain ¬al-¬**

Aḥmad Ibn-al-Ḥusain
Badī'-az-Zamān
al-Hamaḏānī
→ **Badī'-az-Zamān al-Hamaḏānī, Aḥmad Ibn-al-Ḥusain**

Aḥmad Ibn-al-Ḥusain
Ibn-al-Qunfuḏ
→ **Ibn-al-Qunfuḏ, Aḥmad Ibn-al-Ḥusain**

Aḥmad Ibn-al-Ḥusain
Ibn-Mihrān
→ **Ibn-Mihrān, Aḥmad Ibn-al-Ḥusain**

Aḥmad Ibn-al-Ḥusain
Ibn-Šuqair, Abū-Bakr
→ **Abū-Bakr Ibn-Šuqair, Aḥmad Ibn-al-Ḥusain**

Aḥmad Ibn-'Alī al-Badawī
→ **Badawī, Aḥmad Ibn-'Alī ¬al-¬**

Aḥmad Ibn-'Alī al-Ğaṣṣāṣ
→ **Ğaṣṣāṣ, Aḥmad Ibn-'Alī ¬al-¬**

Aḥmad Ibn-'Alī al-Ḫaṭīb
al-Baġdādī
→ **Ḫaṭīb al-Baġdādī, Aḥmad Ibn-'Alī ¬al-¬**

Aḥmad Ibn-'Alī al-Maqrīzī
→ **Maqrīzī, Aḥmad Ibn-'Alī ¬al-¬**

Aḥmad Ibn-'Alī al-Marwazī,
Abū-Bakr
→ **Abū-Bakr al-Marwazī, Aḥmad Ibn-'Alī**

Aḥmad Ibn-'Alī al-Qalqašandī
→ **Qalqašandī, Aḥmad Ibn-'Alī ¬al-¬**

Aḥmad Ibn-'Alī an-Nağāšī
→ **Nağāšī, Aḥmad Ibn-'Alī ¬an-¬**

Aḥmad Ibn-'Alī an-Nasā'ī
→ **Nasā'ī, Aḥmad Ibn-'Alī ¬an-¬**

Aḥmad Ibn-'Alī ar-Rifā'ī
→ **Rifā'ī, Aḥmad Ibn-'Alī ¬ar-¬**

Aḥmad Ibn-'Alī Ibn-Ḥağar
al-'Asqalānī
→ **Ibn-Ḥağar al-'Asqalānī, Aḥmad Ibn-'Alī**

Aḥmad Ibn-'Alī Ibn-Ḫātima
→ **Ibn-Ḫātima, Aḥmad Ibn-'Alī**

Aḥmad Ibn-'Alī Ibn-Mas'ūd
→ **Ibn-Mas'ūd, Aḥmad Ibn-'Alī**

Aḥmad Ibn-'Alī Ibn-Waḥšīya
→ **Ibn-Waḥšīya, Aḥmad Ibn-'Alī**

Aḥmad Ibn-al-Qāsim
Ibn-Abī-Uṣaibi'a
→ **Ibn-Abī-Uṣaibi'a, Aḥmad Ibn-al-Qāsim**

Aḥmad Ibn-'Ammār al-Mahdawī
→ **Mahdawī, Aḥmad Ibn-'Ammār ¬al-¬**

Aḥmad Ibn-'Amr al-Bazzār
→ **Bazzār, Aḥmad Ibn-'Amr ¬al-¬**

Aḥmad Ibn-'Amr an-Nabīl
→ **Nabīl, Aḥmad Ibn-'Amr ¬an-¬**

Aḥmad Ibn-Dāwūd ad-Dīnawarī,
Abū-Ḥanīfa
→ **Abū-Ḥanīfa ad-Dīnawarī, Aḥmad Ibn-Dāwūd**

Aḥmad Ibn-Faḍlān
→ **Ibn-Faḍlān, Aḥmad Ibn-al-'Abbās**

Aḥmad Ibn-Fāris al-Qazwīnī
→ **Ibn-Fāris al-Qazwīnī, Aḥmad**

Aḥmad Ibn-Ğa'far Ğaḥẓa
al-Barmakī
→ **Ğaḥẓa al-Barmakī, Aḥmad Ibn-Ğa'far**

Aḥmad Ibn-Ğa'far Ibn-Mālik
al-Qaṭī'ī
→ **Ibn-Mālik al-Qaṭī'ī, Aḥmad Ibn-Ğa'far**

Aḥmad Ibn-Ḫalīl Ibn-al-Labbūdī
→ **Ibn-al-Labbūdī, Aḥmad Ibn-Ḫalīl**

Aḥmad Ibn-Ḥamdān Abū-Ḥātim
ar-Rāzī
→ **Abū-Ḥātim ar-Rāzī, Aḥmad Ibn-Ḥamdān**

Aḥmad Ibn-Ḥanbal
780 – 855
Aḥmad Ibn Ḥanbal
Ibn Hanbal, Ahmed
Ibn-Ḥanbal, Aḥmad Ibn-Muḥammad
Šaibānī, Abū-'Abdallāh Aḥmad Ibn-Ḥanbal ¬aš-¬
Šaibānī, Abū-'Abdallāh Aḥmad Ibn-Muḥammad ¬aš-¬
Šaibānī, Aḥmad Ibn-Ḥanbal ¬aš-¬

Aḥmad Ibn-Hārūn al-Bardīğī
→ **Bardīğī, Aḥmad Ibn-Hārūn ¬al-¬**

Aḥmad Ibn-Ibrāhīm ad-Dauraqī
→ **Dauraqī, Aḥmad Ibn-Ibrāhīm ¬ad-¬**

Aḥmad Ibn-Ibrāhīm ad-Dimyāṭī
→ **Dimyāṭī, Aḥmad Ibn-Ibrāhīm ¬ad¬**

Aḥmad Ibn-Ibrāhīm al-Ḥanbalī
gest. 1471
Ḥanbalī, Aḥmad Ibn-Ibrāhīm ¬al-¬
Ibn-Ibrāhīm, Aḥmad al-Ḥanbalī

Aḥmad Ibn-Ibrāhīm al-Ismā'īlī
→ **Ismā'īlī, Aḥmad Ibn-Ibrāhīm ¬al-¬**

Aḥmad Ibn-Ibrāhīm
Ibn-al-Ğazzār
→ **Ibn-al-Ğazzār, Aḥmad Ibn-Ibrāhīm**

Aḥmad Ibn-'Iḏārī al-Marrākušī
→ **Ibn-'Iḏārī 'l-Marrākušī, Aḥmad Ibn-Muḥammad**

Aḥmad Ibn-Idrīs al-Qarāfī
→ **Qarāfī, Aḥmad Ibn-Idrīs ¬al-¬**

Aḥmad Ibn-'Imād-ad-Dīn
al-Aqfahsī
→ **Aqfahsī, Aḥmad Ibn-'Imād-ad-Dīn ¬al-¬**

Aḥmad Ibn-'Īsā
773 – 861
Ibn-'Īsā, Aḥmad

Aḥmad Ibn-Māğid as-Sa'dī
→ **Ibn-Māğid as-Sa'dī, Aḥmad**

Aḥmad Ibn-Marwān
ad-Dīnawarī
→ **Dīnawarī, Aḥmad Ibn-Marwān ¬ad-¬**

Aḥmad Ibn-Muḥammad,
Abu-'l-Ḥasan aṭ-Ṭabarī
→ **Abu-'l-Ḥasan aṭ-Ṭabarī, Aḥmad Ibn-Muḥammad**

Aḥmad Ibn-Muḥammad
al-'Arūḍī
→ **'Arūḍī, Aḥmad Ibn-Muḥammad ¬al-¬**

Aḥmad Ibn-Muḥammad al-Aš'arī
→ **Aš'arī, Aḥmad Ibn-Muḥammad ¬al-¬**

Aḥmad Ibn-Muḥammad al-Basīlī
→ **Basīlī, Aḥmad Ibn-Muḥammad ¬al-¬**

Aḥmad Ibn-Muḥammad
al-Faiyūmī
→ **Faiyūmī, Aḥmad Ibn-Muḥammad ¬al-¬**

Aḥmad Ibn-Muḥammad
al-Ġāfiqī
→ **Ġāfiqī, Aḥmad Ibn-Muḥammad ¬al-¬**

Aḥmad Ibn-Muḥammad
al-Ġazzālī
→ **Ġazzālī, Aḥmad Ibn-Muḥammad ¬al-¬**

Aḥmad Ibn-Muḥammad
al-Ğurğānī
→ **Ğurğānī, Aḥmad Ibn-Muḥammad ¬al-¬**

Aḥmad Ibn-Muḥammad
al-Ḥaddādī
→ **Ḥaddādī, Aḥmad Ibn-Muḥammad ¬al-¬**

Aḥmad Ibn-Muḥammad al-Ḫallāl
→ **Ḫallāl, Aḥmad Ibn-Muḥammad ¬al-¬**

Aḥmad Ibn-Muḥammad
al-Kalābāḏī
→ **Kalābāḏī, Aḥmad Ibn-Muḥammad ¬al-¬**

Aḥmad Ibn-Muḥammad
al-Laḫmī al-Išbīlī
→ **Ibn-Faraḥ, Aḥmad Ibn-Muḥammad**

Aḥmad Ibn-Muḥammad
al-Madīnī, Abū-'Amr
→ **Madīnī, Abū-'Amr Aḥmad Ibn-Muḥammad ¬al-¬**

Aḥmad Ibn-Muḥammad
al-Maidānī
→ **Maidānī, Aḥmad Ibn-Muḥammad ¬al-¬**

Aḥmad Ibn-Muḥammad
al-Mālīnī
→ **Mālīnī, Aḥmad Ibn-Muḥammad ¬al-¬**

Aḥmad Ibn-Muḥammad
al-Marwazī
→ **Marwazī, Aḥmad Ibn-Muḥammad ¬al-¬**

Aḥmad Ibn-Muḥammad
al-Marzūqī
→ **Marzūqī, Aḥmad Ibn-Muḥammad ¬al-¬**

Aḥmad Ibn-Muḥammad
al-Qudūrī
→ **Qudūrī, Aḥmad Ibn-Muḥammad ¬al-¬**

Aḥmad Ibn-Muḥammad
an-Naḥḥās
→ **Naḥḥās, Aḥmad Ibn-Muḥammad ¬an-¬**

Aḥmad Ibn-Muḥammad ar-Rāzī
→ **Rāzī, Abū-Bakr Aḥmad Ibn-Muḥammad ¬ar-¬**
→ **Rāzī, Aḥmad Ibn-Muḥammad ¬ar-¬**

Aḥmad Ibn-Muḥammad
aṣ-Ṣanaubarī
→ **Ṣanaubarī, Aḥmad Ibn-Muḥammad ¬aṣ-¬**

Aḥmad Ibn-Muḥammad as-Silafī
→ **Silafī, Aḥmad Ibn-Muḥammad ¬as-¬**

Aḥmad Ibn-Muḥammad
as-Simnānī
→ **Simnānī, Aḥmad Ibn-Muḥammad ¬as-¬**

Aḥmad Ibn-Muḥammad
aṭ-Ṭaḥāwī
→ **Ṭaḥāwī, Aḥmad Ibn-Muḥammad ¬aṭ-¬**

Aḥmad Ibn-Muḥammad
Ibn-'Abd-Rabbihī
→ **Ibn-'Abd-Rabbihī, Aḥmad Ibn-Muḥammad**

Aḥmad Ibn-Muḥammad
Ibn-al-'Arīf
→ **Ibn-al-'Arīf, Aḥmad Ibn-Muḥammad**

Aḥmad Ibn-Muḥammad
Ibn-al-Bannā'
→ **Ibn-al-Bannā', Aḥmad Ibn-Muḥammad**

Aḥmad Ibn-Muḥammad
Ibn-al-Faqīh al-Hamaḏānī
→ **Ibn-al-Faqīh al-Hamaḏānī, Aḥmad Ibn-Muḥammad**

Aḥmad Ibn-Muḥammad
Ibn-al-Ḥāğğ
→ **Ibn-al-Ḥāğğ, Aḥmad Ibn-Muḥammad**

Aḥmad Ibn-Muḥammad
Ibn-al-Hā'im
→ **Ibn-al-Hā'im, Aḥmad Ibn-Muḥammad**

Aḥmad Ibn-Muḥammad
Ibn-al-Maḥāmilī
→ **Ibn-al-Maḥāmilī, Aḥmad Ibn-Muḥammad**

Aḥmad Ibn-Muḥammad
Ibn-al-Munaiyir
→ **Ibn-al-Munaiyir, Aḥmad Ibn-Muḥammad**

Aḥmad Ibn-Muḥammad
Ibn-'Arabšāh
→ **Ibn-'Arabšāh, Aḥmad Ibn-Muḥammad**

Aḥmad Ibn-Muḥammad
Ibn-as-Sarī
→ **Ibn-as-Sarī, Aḥmad Ibn-Muḥammad**

Aḥmad Ibn-Muḥammad
Ibn-as-Sunnī
→ **Ibn-as-Sunnī, Aḥmad Ibn-Muḥammad**

Aḥmad Ibn-Muḥammad
Ibn-'Aṭā', Abu-'l-'Abbās
→ **Abu-'l-'Abbās Ibn-'Aṭā'**

Aḥmad Ibn-Muḥammad
Ibn-'Aṭā'allāh
→ **Ibn-'Aṭā'allāh, Aḥmad Ibn-Muḥammad**

Aḥmad Ibn-Muḥammad
Ibn-aẓ-Ẓāhirī
→ **Ibn-aẓ-Ẓāhirī, Ğamāl-ad-Dīn Aḥmad Ibn-Muḥammad**

Aḥmad Ibn-Muḥammad
Ibn-Darrāğ al-Qasṭallī
→ **Ibn-Darrāğ al-Qasṭallī, Aḥmad Ibn-Muḥammad**

Aḥmad Ibn-Muḥammad
Ibn-Faraḥ
→ **Ibn-Faraḥ, Aḥmad Ibn-Muḥammad**

Aḥmad Ibn-Muḥammad
Ibn-Mardawaih
→ **Ibn-Mardawaih, Aḥmad Ibn-Muḥammad**

Aḥmad Ibn-Muḥammad
Ibn-Wallād
→ **Ibn-Wallād, Aḥmad Ibn-Muḥammad**

Aḥmad Ibn-Muḥammad
Miskawaih
→ **Miskawaih, Aḥmad Ibn-Muḥammad**

Aḥmad Ibn-Muḥyi-'d-Dīn
Ibn-Ġahbal
→ **Ibn-Ġahbal, Aḥmad Ibn-Muḥyi-'d-Dīn**

Aḥmad Ibn-Munīr aṭ-Ṭarābulusī
→ **Ṭarābulusī, Aḥmad Ibn-Munīr ¬aṭ-¬**

Aḥmad Ibn-Mūsā Ibn-Ṭā'ūs
→ **Ibn-Ṭā'ūs, Aḥmad Ibn-Mūsā**

Aḥmad Ibn-Sahl al-Balḫī
→ **Balḫī, Aḥmad Ibn-Sahl ¬al-¬**

Aḥmad Ibn-Sa'īd ad-Darğīnī
→ **Darğīnī, Aḥmad Ibn-Sa'īd ¬ad-¬**

Aḥmad Ibn-Ṯabāt
→ **Ibn-Ṯabāt, Aḥmad**

Aḥmad Ibn-'Umar, Nizami
→ **Niẓāmī 'Arūḍī, Aḥmad Ibn-'Umar**

Aḥmad Ibn-'Umar al-Ḫaṣṣāf
→ **Ḫaṣṣāf, Aḥmad Ibn-'Umar ¬al-¬**

Aḥmad Ibn-'Umar al-Qurṭubī
→ **Qurṭubī, Aḥmad Ibn-'Umar ¬al-¬**

Aḥmad Ibn-'Umar Ibn-Rustah
→ **Ibn-Rustah, Aḥmad Ibn-'Umar**

Aḥmad Ibn-Yaḥyā al-Balāḏurī
→ **Balāḏurī, Aḥmad Ibn-Yaḥyā ¬al-¬**

Aḥmad Ibn-Yaḥyā al-Wanšarīsī
→ **Wanšarīsī, Aḥmad Ibn-Yaḥyā ¬al-¬**

Aḥmad Ibn-Yaḥyā
Ibn-Abī-Ḥağala
→ **Ibn-Abī-Ḥağala, Aḥmad Ibn-Yaḥyā**

Aḥmad Ibn-Yaḥyā Ibn-Faḍlallāh
al-'Umarī
→ **Ibn-Faḍlallāh al-'Umarī, Aḥmad Ibn-Yaḥyā**

Aḥmad Ibn-Yaḥyā Ṯa'lab
→ **Ṯa'lab, Aḥmad Ibn-Yaḥyā**

Aḥmad Ibn-Yūsuf ar-Ru'ainī
→ **Ru'ainī, Aḥmad Ibn-Yūsuf ¬ar-¬**

Aḥmad Ibn-Yūsuf as-Samīn al-Ḥalabī
→ **Samīn al-Ḥalabī, Aḥmad Ibn-Yūsuf ¬as-¬**

Aḥmad Ibn-Yūsuf at-Tīfāšī
→ **Tīfāšī, Aḥmad Ibn-Yūsuf ¬at-¬**

Aḥmad Ibn-Yūsuf Ibn-ad-Dāya
→ **Ibn-ad-Dāya, Aḥmad Ibn-Yūsuf**

Aḥmad Ibn-Yūsuf Ibn-Fairūz
→ **Ibn-Fairūz, Aḥmad Ibn-Yūsuf**

Aḥmad Ibn-Zakarīyā' Ibn-Fāris
→ **Ibn-Fāris, Aḥmad Ibn-Zakarīyā'**

Aḥmad Pāshā
→ **Ahmed Paşa**

Aḥmar, Ḫalaf ¬al-¬
→ **Ḫalaf al-Aḥmār**

Ahmed ⟨Derwisch⟩
→ **Aşikpaşazade**

Ahmed ⟨Paşa⟩
→ **Ahmed Paşa**

Ahmed Gülşehri
→ **Gülşehri**

Ahmed ibn Jusuf
→ **Ibn-ad-Dāya, Aḥmad Ibn-Yūsuf**

Ahmed Paşa
gest. 1496/1497
Osmanischer Dichter
LMA,I,232
Aḥmad Pāshā
Ahmed ⟨Paşa⟩
Ahmet Paşa

Ahmedî
1334/35 – 1412
Osmanischer Dichter u. Arzt
Taceddin İbrahim ibn Hızır
Tadsch-ad-Din Ibrahim
Tāğ-ad-Dīn Ibrāhīm Ibn-Ḫiḍr

Ahmet Ben-Sirin
→ **Muḥammad Ibn-Sīrīn**

Ahmet Paşa
→ **Ahmed Paşa**

Ahron Ben Moscheh ben Ascher
→ **Ben-Āšēr, Aharon**

Ahron Ben-Elia ⟨Karäer⟩
→ **Aharon Ben-Eliyyāhū**

Aḥsā'ī, Muḥammad Ibn-'Alī ¬al-¬
15. Jh.
Ibn-Alī-Ğumhūr al-Aḥsā'ī
Muḥammad Ibn-'Alī al-Aḥsā'ī

Aḫṭal, Ġiyāṯ Ibn-Ġauṯ ¬al-¬
ca. 640 – ca. 710
Akhṭal, Ghiyāth Ibn Ghawth
Ġiyāṯ Ibn-Ġauṯ al-Aḫṭal
Ibn-Ġauṯ, Ġiyāṯ al-Aḫṭal
Ibn-Ġauṯ al-Aḫṭal, Ġiyāṯ

Aḥwaṣ, 'Abdallāh Ibn-Muḥammad ¬al-¬
ca. 655 – ca. 728
'Abdallāh Ibn-Muḥammad al-Aḥwaṣ
Aḥwaṣ al-Anṣārī, 'Abdallāh Ibn-Muḥammad ¬al-¬
Anṣārī, 'Abdallāh Ibn-Muḥammad al-Aḥwaṣ ¬al-¬
Ibn-Muḥammad, 'Abdallāh al-Aḥwaṣ

Aḥwaṣ al-Anṣārī, 'Abdallāh Ibn-Muḥammad ¬al-¬
→ **Aḥwaṣ, 'Abdallāh Ibn-Muḥammad ¬al-¬**

Ahwāzī, al-Ḥusain Ibn-Sa'īd ¬al-¬
um 913
Ḥusain Ibn-Sa'īd al-Ahwāzī
Ibn-Sa'īd, al-Ḥusain al-Ahwāzī

Ahyto ⟨...⟩
→ **Hatto ⟨...⟩**

Aicardus ⟨...⟩
→ **Eccardus ⟨...⟩**

Aichaidus
→ **Eccardus ⟨Sangallensis, I.⟩**

Aichenfeld, Johannes
um 1497
Rezepte
VL(2),1,94
Aychfeld, Johannes
Eichenfeld, Johannes
Johannes ⟨Aichenfeld⟩
Johannes ⟨Aychfeld⟩
Johannes ⟨Eichenfeld⟩

Aichmann, Iodocus
→ **Eichmann, Iodocus**

Aichstetten, Johannes ¬von¬
→ **Johannes ⟨von Aichstetten⟩**

'Ā'iḏ Ibn-Miḥṣan al-Muṯaqqib al-'Abdī
→ **Muṯaqqib al-'Abdī, 'Ā'iḏ Ibn-Miḥṣan**

Aidagius
→ **Agio ⟨Narbonensis⟩**

Aidamur, Muḥammad Ibn-Saif-ad-Dīn
→ **Ibn-Saif-ad-Dīn, Muḥammad Aidamur**

Aidamur Ibn-'Alī al-Ğildakī
→ **Ğildakī, Aidamur Ibn-'Alī ¬al-¬**

Aidanus ⟨Lindisfarnensis⟩
gest. 651
Comm. in sacram Scripturam
LMA,I,234; Stegmüller, Repert. bibl.
Aidan ⟨Arvinas⟩
Aidan ⟨de Lindisfarne⟩
Aidan ⟨Evêque⟩
Aidan ⟨Missionar⟩
Aidan ⟨Scotus⟩
Aidan ⟨von Lindisfarne⟩
Aidanus ⟨Avuinas⟩
Aidanus ⟨Episcopus⟩
Aidanus ⟨Northumbriorum Episcopus⟩
Aidanus ⟨Sanctus⟩
Aide ⟨de Holy-Island⟩
Aide ⟨de Hy⟩
Aide ⟨de Iona⟩
Aide ⟨de Lindisfarne⟩
Aide ⟨Saint⟩

Aiginitus ⟨Medicus⟩
→ **Paulus ⟨Aegineta⟩**

Aigo
→ **Agio ⟨Narbonensis⟩**

Aigradus
9. Jh.
Vita S. Ansberti
Cpl 2089
Pseudo-Aigradus

Aiguani de Bononia, Michael
→ **Michael ⟨Aiguani de Bononia⟩**

Aigueblanche, Pierre ¬d'¬
→ **Petrus ⟨de Aqua Blanca⟩**

Aileranus ⟨Sapiens⟩
gest. 665
LMA,I,238
Aeleranus
Aileran ⟨le Sage⟩
Aileran ⟨the Wise⟩
Aileranus ⟨Clonardensis⟩
Aileranus ⟨Scoto-Hibernus⟩
Aileranus ⟨Scottorum Sapientissimus⟩
Aireran ⟨Sapiens⟩
Eleranus
Sapiens, Aileranus

Ailly, Pierre ¬d'¬
→ **Petrus ⟨de Alliaco⟩**

Ailnothus ⟨Othoniensis⟩
→ **Aelnothus ⟨Cantuariensis⟩**

Ailred ⟨de Rivaulx⟩
→ **Aelredus ⟨Rievallensis⟩**

Aimars
→ **Azémar ⟨le Noir⟩**

Aimarus
→ **Agilmarus**

Aimé ⟨Béarnais⟩
→ **Amatus ⟨Ellorensis⟩**

Aimé ⟨de Bordeaux⟩
→ **Amatus ⟨Ellorensis⟩**

Aimé ⟨de Mont-Cassin⟩
→ **Amatus ⟨Casinensis⟩**

Aimé ⟨d'Oléron⟩
→ **Amatus ⟨Ellorensis⟩**

Aimé ⟨du Mont-Cassin⟩
→ **Amatus ⟨Casinensis⟩**

Aimeric ⟨de Belenoi⟩
ca. 1217 – ca. 1264
Troubadour; Liebeskanzone „Pos Dieus nos a restaurat"
DLF(MA),25; LMA,I,241
Aimeric ⟨de Belenuei⟩
Aimeric ⟨de Bellinoi⟩
Belenoi, Aimeric ¬de¬
Bellinoi, Aimeric ¬de¬

Aiméric ⟨de Gatine⟩
→ **Americus ⟨de Gastine⟩**

Aimeric ⟨de Giuliani⟩
→ **Aimericus ⟨de Placentia⟩**

Aimeric ⟨de Peguilhan⟩
1201 – 1255
Troubadour
DLF(MA),25; LMA,I,241
Aimeric ⟨de Péguilain⟩
Péguilain, Aimeric ¬de¬
Peguilhan, Aimeric ¬de¬

Aimeric ⟨de Peyrac⟩
→ **Peyrac, Aimericus ¬de¬**

Aimeric ⟨de Plaisance⟩
→ **Aimericus ⟨de Placentia⟩**

Aiméric ⟨de Saintonge⟩
→ **Aimericus ⟨de Gastine⟩**

Aimeric ⟨de Vaires⟩
→ **Haimericus ⟨de Vari⟩**

Aimeric ⟨d'Ellwangen⟩
→ **Amalricus ⟨Spirensis⟩**

Aimeric ⟨Erzbischof⟩
→ **Aimericus ⟨Lugdunensis⟩**

Aimerich, Nicolaus
→ **Nicolaus ⟨Eymericus⟩**

Aimerici, Arnoldus
→ **Arnoldus ⟨Aimerici⟩**

Aimericus ⟨de Gastine⟩
geb. 1086
Ars lectoria
LMA,I,242
Aiméric ⟨de Gatine⟩
Aiméric ⟨de Saintonge⟩
Aimeric ⟨von Gastine⟩
Aimericus ⟨von Gastine⟩
Gastine, Aimericus ¬de¬

Aimericus ⟨de Moissac⟩
→ **Peyrac, Aimericus ¬de¬**

Aimericus ⟨de Peyrac⟩
→ **Peyrac, Aimericus ¬de¬**

Aimericus ⟨de Placentia⟩
um 1280/1310 · OP
Schneyer,I,69
Aimeric ⟨de Giuliani⟩
Aiméric ⟨de Plaisance⟩
Aimeric ⟨de Plaisance⟩
Aimerico ⟨de Plaisance⟩
Aimerico ⟨Giliani⟩
Aimericus ⟨de Plaisance⟩
Aimericus ⟨Placentinus⟩
Hemericus ⟨Placentinus⟩
Placentia, Aimericus ¬de¬

Aimericus ⟨Lugdunensis⟩
gest. 1257
Aimeric ⟨Erzbischof⟩
Aimeric ⟨von Lyon⟩
Aymeri ⟨de Lyon⟩
Aymericus ⟨de Ripis⟩
Aymericus ⟨Lugdunensis⟩
Hemericus ⟨Lugdunensis⟩
Henri ⟨de Lyon⟩
Henricus ⟨Lugdunensis⟩

Aimericus ⟨Pinnatensis⟩
Lebensdaten nicht ermittelt
Vermutl. Verf. von „Bellum Acorazense apud Oscam ab illustri rege Petro Sanctio Aragonensium et Pampilonensium"
Rep.Font. II,431
Aimerico ⟨Abad Pinatense⟩
Aymericus ⟨Abbas Monasterii Sancti Johannis Pinnatensis⟩
Aymericus ⟨Pinnatensis⟩

Aimericus ⟨Placentinus⟩
→ **Aimericus ⟨de Placentia⟩**

Aimericus ⟨von Gastine⟩
→ **Aimericus ⟨de Gastine⟩**

Aimo ⟨de Faversham⟩
→ **Haimo ⟨de Faversham⟩**

Aimo ⟨Monachus⟩
→ **Emmo ⟨Monachus⟩**

Aimo ⟨of Auxerre⟩
→ **Haimo ⟨Altissiodorensis⟩**

Aimo ⟨von Halberstadt⟩
→ **Haimo ⟨Halberstadensis⟩**

Aimo ⟨von Saint-Pierre-sur-Dive⟩
→ **Aimonus ⟨Divensis⟩**

Aimoinus ⟨...⟩
→ **Aimonus ⟨...⟩**

Aimon ⟨d'Auxerre⟩
→ **Haimo ⟨Altissiodorensis⟩**

Aimon ⟨de Bamberg⟩
→ **Haimo ⟨Bambergensis⟩**

Aimon ⟨de Cantorbéry⟩
→ **Haimo ⟨Cantuariensis⟩**

Aimon ⟨de Faversham⟩
→ **Haimo ⟨de Faversham⟩**

Aimon ⟨de Hirschau⟩
→ **Haimo ⟨Hirsaugiensis⟩**

Aimon ⟨de Saint-Denys⟩
→ **Haimo ⟨Sancti Dionysii⟩**

Aimon ⟨de Saint-Jacques⟩
→ **Haimo ⟨Bambergensis⟩**

Aimon ⟨de Saint-Pierre-sur-Dives⟩
→ **Aimonus ⟨Divensis⟩**

Aimon ⟨de Varennes⟩
um 1188
Florimont
DLF(MA),27
Aimon ⟨Varennes⟩
Varennes, Aimon ¬de¬

Aimon ⟨de Verdun⟩
→ **Haimo ⟨de Verdun⟩**

Aimon ⟨d'Hirschau⟩
→ **Haimo ⟨Hirsaugiensis⟩**

Aimon ⟨Evêque⟩
→ **Haimo ⟨de Verdun⟩**

Aimon ⟨of Saint-Germain-des-Prés⟩
→ **Aimonus ⟨Sancti Germani de Pratis⟩**

Aimon ⟨Praemonstratensis⟩
→ **Emo ⟨Werumensis⟩**

Aimon ⟨Prieur d'Hirschau⟩
→ **Haimo ⟨Hirsaugiensis⟩**

Aimon ⟨Varennes⟩
→ **Aimon ⟨de Varennes⟩**

Aimon ⟨von Fleury⟩
→ **Aimonus ⟨Floriacensis⟩**

Aimon ⟨von Saint-Pierre-sur-Dives⟩
→ **Aimonus ⟨Divensis⟩**

Aimone ⟨da Faversham⟩
→ **Haimo ⟨de Faversham⟩**

Aimone ⟨de Auxerre⟩
→ **Haimo ⟨Altissiodorensis⟩**

Aimonus ⟨Divensis⟩
gest. ca. 1148 · OSB
Epistola ad fratres Totesberiae in Anglia degentes
CSGL; Rep.Font. V,371
Aemonius ⟨Abbas⟩
Aimo ⟨von Saint-Pierre-sur-Dive⟩
Aimon ⟨de Saint-Pierre-sur-Dives⟩
Aimon ⟨von Saint-Pierre-sur-Dives⟩
Aimonus ⟨Sancti Petri Divensis⟩
Haimo ⟨Abbas Sancti Petri Divensis⟩
Haimo ⟨Divensis⟩
Haimo ⟨Sancti Petri Divensis⟩
Haymo ⟨Divensis⟩
Haymon ⟨von Saint-Pierre-sur-Dives⟩

Aimonus ⟨Floriacensis⟩
gest. ca. 1008
Historia Francorum; Vita Abbonis; Miracula Sancti Benedicti
Tusculum-Lexikon; LThK; CSGL; DLF(MA),26; LMA,I,242/243
Aimoin ⟨de Fleury⟩
Aimoin ⟨von Fleury⟩
Aimoinus ⟨Floriacensis⟩
Aimoinus ⟨of Fleury⟩
Aimon ⟨von Fleury⟩
Annonius ⟨Floriacensis⟩

Aimonus ⟨Halberstadensis⟩
→ **Haimo ⟨Halberstadensis⟩**

Aimonus ⟨Parisiensis⟩
→ **Aimonus ⟨Sancti Germani de Pratis⟩**

Aimonus ⟨Sancti Germani de Pratis⟩
gest. ca. 896
Translatio S. Germani et miracula
LMA,I,242; LThK(3),1,275; CSGL
Aimoin ⟨von Saint-Germain⟩
Aimoinus ⟨Sancti Germani de Pratis⟩
Aimon ⟨of Saint-Germain-des-Prés⟩
Aimonus ⟨Monachus⟩

Aimonus ⟨Parisiensis⟩
Aimonus ⟨Sangermanensis⟩
Sancti Germani de Pratis, Aimonus

Aimonus ⟨Sancti Petri Divensis⟩
→ **Aimonus ⟨Divensis⟩**

Ainard ⟨de Toul⟩
→ **Aynardus ⟨Sancti Apri Tullensis⟩**

Aineas ⟨von Gaza⟩
→ **Aeneas ⟨Gazaeus⟩**

'Ainī, Badr-ad-Dīn Maḥmūd Ibn-Aḥmad ¬al-¬
1360 – 1451
'Ainī, Maḥmūd Ibn-Aḥmad ¬al-¬
Badr-ad-Dīn al-'Ainī, Maḥmūd Ibn-Aḥmad
Badr-ad-Dīn Maḥmūd Ibn-Aḥmad al-'Ainī
Maḥmūd Ibn-Aḥmad al-'Ainī

'Ainī, Maḥmūd Ibn-Aḥmad ¬al-¬
→ **'Ainī, Badr-ad-Dīn Maḥmūd Ibn-Aḥmad ¬al-¬**

Ainstetten, Petrus ¬von¬
→ **Petrus ⟨von Ainstetten⟩**

'Aintābī al-Amšāṭī, Maḥmūd Ibn-Aḥmad ¬al-¬
ca. 1407 – 1492
Amšāṭī, Maḥmud Ibn-Aḥmad al-'Aintābī
'Ayntābī al-Amshāṭī, Maḥmūd Ibn Aḥmad
Ibn-Aḥmad, Maḥmud al-'Aintābī al-Amšāṭī
Maḥmūd Ibn-Aḥmad al-'Aintābī al-Amšāṭī

Ainwick ⟨von Sankt Florian⟩
→ **Einwicus ⟨Weizlan⟩**

Airas ⟨Nunes⟩
→ **Nunes, Airas**

Airas, Joan
→ **Joan ⟨Airas⟩**

Airbertach ⟨MacCoisse Dobráin⟩
gest. 1016
Mittelirischer Lektor von Ros Ailithir
LMA,I,243
Dobráin, Airbertach Mac Coisse
MacCoisse Dobráin, Airbertach

Aire, Guillaume ¬de l'¬
→ **L'Aire, Guillaume ¬de¬**

Aireran ⟨Sapiens⟩
→ **Aileranus ⟨Sapiens⟩**

Aist, Dietmar ¬von¬
→ **Dietmar ⟨von Aist⟩**

Aistulf ⟨Langobardenreich, König⟩
gest. 756
Leges Langobardorum
Cpl 1812; LMA,I,246/247
Ahistulfus ⟨Rex⟩
Aistulf ⟨König⟩
Astolphe ⟨Roi⟩

Aitinger, Wolfgang
→ **Aytinger, Wolfgang**

Aitonus
→ **Het'owm ⟨Patmič'⟩**

'Aiyāḍ Ibn-Mūsā
→ **'Iyāḍ Ibn-Mūsā**

Ājurrī, Muḥammad Ibn al-Ḥusayn
→ **Āǧurrī, Muḥammad Ibn-al-Ḥusain ¬al-¬**

Akakios ⟨von Konstantinopel⟩
→ **Athanasius ⟨Constantinopolitanus⟩**

'Akbarī, 'Abdallāh Ibn-al-Ḥusain ¬al-¬
→ **'Ukbarī, 'Abdallāh Ibn-al-Ḥusain ¬al-¬**

Aken, Hein ¬van¬
→ **Hein ⟨van Aken⟩**

Akhfash al-Awsaṭ, Sa'īd Ibn Mas'ada
→ **Aḫfaš al-Ausaṭ, Sa'īd Ibn-Mas'ada ¬al-¬**

Akhī Ewrān
→ **Ahi Evran**

Akhṭal, Ghiyāth Ibn Ghawth
→ **Aḫṭal, Ġiyāṯ Ibn-Ġauṯ ¬al-¬**

Akindin ⟨Tverskij⟩
um 1312/15
Poslanie k tverskomu velikomu knjazju Michailu Aleksandroviču o postavljajuščich mzdy radi
Rep.Font. II,161
Akindin ⟨Inok⟩
Akindin ⟨Monachus Monasterii Assumptionis apud Tver'⟩
Inok, Akindin
Inok Akindin

Akindynos, Gregorios
→ **Gregorius ⟨Acindynus⟩**

Akōminatos, Nikētas
→ **Nicetas ⟨Choniates⟩**

Akominatos Choniates, Michael
→ **Michael ⟨Choniates⟩**

Akop ⟨Krymeci⟩
→ **Hakob ⟨Ġrimec'i⟩**

Akōracivācāriyar
→ **Aghoraśivācārya**

Akropolites, Georgios
→ **Georgius ⟨Acropolita⟩**

Akropolites, Konstantinos
→ **Constantinus ⟨Acropolita⟩**

Aksak Timur
→ **Tīmūr ⟨Timuridenreich, Amir⟩**

Aktuarios, Johannes
→ **Johannes Zacharias ⟨Actuarius⟩**

'Alā' al-Dīn 'Alī 'Āshıq Pasha
→ **Aşık Paşa**

'Alā' Ibn-Sahl, Abū-Sa'd ¬al-¬
→ **Abū-Sa'd al-'Alā' Ibn-Sahl**

'Alā'-ad-Daula as-Simnānī, Aḥmad Ibn-Muḥammad
→ **Simnānī, Aḥmad Ibn-Muḥammad ¬as-¬**

'Alā'-ad-Dīn 'Aṭā-Malik Ibn-Muḥammad Ǧuwainī
→ **Ǧuwainī, 'Alā'-ad-Dīn**

'Alā'-ad-Dīn 'Aṭā-Malik Juvaini
→ **Ǧuwainī, 'Alā'-ad-Dīn**

'Alā'-ad-Dīn Ǧuwainī
→ **Ǧuwainī, 'Alā'-ad-Dīn**

Al-'Abdarī, Abū Muḥammad
→ **'Abdarī, Abū-Muḥammad ¬al-¬**

Alaeddin Ali Âşık Paşa
→ **Aşık Paşa**

Alaeddin Ali Kuşçu
→ **Ali Kuşçu**

Alaffranco ⟨di Milano⟩
→ **Lanfrancus ⟨Mediolanensis⟩**

Alagherii, Dante
→ **Dante ⟨Alighieri⟩**

Alagus ⟨Altissiodorensis⟩
9. Jh.
Gesta pontificum Autissiodorensium
CC Clavis, Auct. Gall. 1,94f.
Alag ⟨Chanoine⟩
Alag ⟨d'Auxerre⟩
Alagus ⟨Autissiodorensis⟩
Alagus ⟨Canonicus⟩

'Alā'ī, Ḫalīl Ibn-Kaikaldī ¬al-¬
→ **Ibn-Kaikaldī al-'Alā'ī, Ṣalāḥ-ad-Dīn Ḫalīl**

'Alā'ī, Ṣalāḥ-ad-Dīn Ḫalīl ¬al-¬
→ **Ibn-Kaikaldī al-'Alā'ī, Ṣalāḥ-ad-Dīn Ḫalīl**

Alain ⟨Abbé⟩
→ **Alanus ⟨de Farfa⟩**

Alain ⟨Anglais⟩
→ **Alanus ⟨Anglicus⟩**

Alain ⟨Aquitain⟩
→ **Alanus ⟨de Farfa⟩**

Alain ⟨Beckley⟩
→ **Alanus ⟨Belloclivus⟩**

Alain ⟨Beuclif⟩
→ **Alanus ⟨Belloclivus⟩**

Alain ⟨Canoniste⟩
→ **Alanus ⟨Anglicus⟩**

Alain ⟨Chartier⟩
→ **Chartier, Alain**

Alain ⟨d'Auxerre⟩
→ **Alanus ⟨Altissiodorensis⟩**

Alain ⟨de Beckle⟩
→ **Alanus ⟨Belloclivus⟩**

Alain ⟨de Beverley⟩
→ **Alanus ⟨de Melsa⟩**

Alain ⟨de Farfa⟩
→ **Alanus ⟨de Farfa⟩**

Alain ⟨de Flandre⟩
→ **Alanus ⟨Altissiodorensis⟩**

Alain ⟨de Galles⟩
→ **Alanus ⟨Anglicus⟩**

Alain ⟨de la Roche⟩
→ **Alanus ⟨de Rupe⟩**

Alain ⟨de la Rue⟩
→ **Alanus ⟨de Vico⟩**

Alain ⟨de Lille⟩
→ **Alanus ⟨ab Insulis⟩**

Alain ⟨de Lynn⟩
→ **Alanus ⟨de Lynn⟩**

Alain ⟨de Melsa⟩
→ **Alanus ⟨de Melsa⟩**

Alain ⟨de Montpellier⟩
→ **Alanus ⟨ab Insulis⟩**

Alain ⟨de Rennes⟩
→ **Alanus ⟨Redonensis⟩**

Alain ⟨de Saint-Brieuc⟩
→ **Alanus ⟨de Vico⟩**

Alain ⟨de Saint-Jacques⟩
→ **Alanus ⟨Wurceburgensis⟩**

Alain ⟨de Tewkesbury⟩
→ **Alanus ⟨Cantuariensis⟩**

Alain ⟨de Wurtzbourg⟩
→ **Alanus ⟨Wurceburgensis⟩**

Alain ⟨du Puy⟩
→ **Alanus ⟨ab Insulis⟩**

Alain ⟨du Val⟩
→ **Alanus ⟨de Valle⟩**

Alain ⟨Evêque⟩
→ **Alanus ⟨de Vico⟩**
→ **Alanus ⟨Redonensis⟩**

Alain ⟨Gontier⟩
→ **Alanus ⟨Gonterii⟩**

Alain ⟨Maître⟩
→ **Chartier, Alain**

Alain ⟨Moine⟩
→ **Alanus ⟨de Farfa⟩**
→ **Alanus ⟨de Melsa⟩**

Alakiya Maṇavāḷaṉ
→ **Maṇavāḷamāmuni**

A'lam aš-Šantamarī, Yūsuf Ibn-Sulaimān ¬al-¬
1019 – 1083
Abu-'l-Ḥaǧǧāǧ Yūsuf Ibn-Sulaimān al-A'lam aš-Šantamarī
Šantamarī, Yūsuf Ibn-Sulaimān ¬aš-¬
Yūsuf Ibn-Sulaimān al-A'lam aš-Šantamarī

Alamanno ⟨Acciaiuoli⟩
→ **Acciaiuoli, Alamanno**

Alamanno ⟨Rinuccini⟩
→ **Rinuccinus, Alemannus**

Alamanus
→ **Almannus ⟨Altivillarensis⟩**

Alan ⟨of Canterbury⟩
→ **Alanus ⟨Cantuariensis⟩**

Alan ⟨of Lille⟩
→ **Alanus ⟨ab Insulis⟩**

Alan ⟨of Meaux⟩
→ **Alanus ⟨de Melsa⟩**

Alan ⟨of Tewkesbury⟩
→ **Alanus ⟨Cantuariensis⟩**

Alanfranc ⟨de Milan⟩
→ **Lanfrancus ⟨Mediolanensis⟩**

Alano ⟨di Farfa⟩
→ **Alanus ⟨de Farfa⟩**

Alanus
Lebensdaten nicht ermittelt
Tractatus in Aristotelis de praedicamentis
Lohr

Alanus ⟨ab Insulis⟩
ca. 1128 – 1202
Identität mit Alanus ⟨de Podio⟩ (Verf. von „Contra haereticos") und Alanus ⟨Porretanus⟩ („Regulae iuris caelestis") umstritten
Tusculum-Lexikon; LThK; CSGL; LMA,I,268/269; VL(2),1,97/102
Alain ⟨de Lille⟩
Alain ⟨de Montpellier⟩
Alain ⟨du Puy⟩
Alan ⟨of Lille⟩
Alanus ⟨Anglicus⟩
Alanus ⟨de Insulis⟩
Alanus ⟨de Lille⟩
Alanus ⟨de Monte Pessulano⟩
Alanus ⟨de Podio⟩
Alanus ⟨de Ryssel⟩
Alanus ⟨Insulensis⟩
Alanus ⟨Magister⟩
Alanus ⟨Magnus⟩
Alanus ⟨Maistre⟩
Alanus ⟨Porretanus⟩
Alanus ⟨van Ryssel⟩
Insulis, Alanus ¬ab¬
Pseudo-Alanus ⟨ab Insulis⟩

Alanus ⟨Abbas⟩
→ **Alanus ⟨Cantuariensis⟩**
→ **Alanus ⟨de Farfa⟩**
→ **Alanus ⟨Wurceburgensis⟩**

Alanus ⟨Altissiodorensis⟩
gest. um 1182
Häufig mit Alanus ⟨ab Insulis⟩ verwechselt
Alain ⟨de Flandre⟩
Alain ⟨d'Auxerre⟩
Alanus ⟨Autissiodorensis⟩
Alanus ⟨Flandrensis⟩
Alanus ⟨von Auxerre⟩

Alanus ⟨Anglicus⟩
→ **Alanus ⟨ab Insulis⟩**

Alanus ⟨Anglicus⟩
um 1201/10
Collectio decretalium; Glossae in compilationem primam
LMA,I,267/266
Alain ⟨Anglais⟩
Alain ⟨Canoniste⟩
Alain ⟨de Galles⟩
Anglicus, Alanus

Alanus ⟨Anglus⟩
→ **Alanus ⟨Belloclivus⟩**

Alanus ⟨Auriga⟩
→ **Chartier, Alain**

Alanus ⟨Autissiodorensis⟩
→ **Alanus ⟨Altissiodorensis⟩**

Alanus ⟨Belloclivus⟩
um 1230/45 · OCarm
Stegmüller, Repert. bibl.
Alain ⟨Beckley⟩
Alain ⟨Belloclivus⟩
Alain ⟨Beuclif⟩
Alain ⟨de Beckle⟩
Alanus ⟨Anglus⟩
Alanus ⟨Beuclif⟩
Alanus ⟨Beucliffus⟩
Belloclivus, Alanus
Beuclif, Alain

Alanus ⟨Brito⟩
→ **Alanus ⟨de Rupe⟩**

Alanus ⟨Cantuariensis⟩
gest. 1202
CSGL; Potth.
Alain ⟨de Tewkesbury⟩
Alan ⟨of Canterbury⟩
Alan ⟨of Tewkesbury⟩
Alanus ⟨Abbas⟩
Alanus ⟨Teskesberiensis⟩
Alanus ⟨Tewkesberiensis⟩
Alanus ⟨Tewkesburiensis⟩
Alanus ⟨Theocicurianus⟩

Alanus ⟨de Farfa⟩
gest. ca. 770
Homiliarium
Cpl 220; LMA,I,268
Alain ⟨Abbé⟩
Alain ⟨Aquitain⟩
Alain ⟨de Farfa⟩
Alain ⟨Moine⟩
Alano ⟨di Farfa⟩
Alanus ⟨Abbas⟩
Alanus ⟨Farfensis⟩
Alanus ⟨von Farfa⟩

Alanus ⟨de Fifedale⟩
gest. 1321 · OESA
In Parva naturalia
Lohr
Fifedale, Alanus ¬de¬

Alanus ⟨de Insulis⟩
→ **Alanus ⟨ab Insulis⟩**

Alanus ⟨de la Roche⟩
→ **Alanus ⟨de Rupe⟩**

Alanus ⟨de Lille⟩
→ **Alanus ⟨ab Insulis⟩**

Alanus ⟨de Lynn⟩
1349 – ca. 1420 · OCarm
Elucidationes Aristotelis
Lohr; Stegmüller, Repert. bibl. 952-968
Alain ⟨de Lynn⟩
Alain ⟨de Lynn-Regis⟩
Alanus ⟨de Linna⟩
Alanus ⟨Linensis⟩
Alanus ⟨Linnensis⟩
Lynn, Alan ¬de¬
Lynn, Alanus ¬de¬

Alanus ⟨de Melsa⟩
13. Jh.
De sancta Susanna
LMA,I,270
Alain ⟨de Beverley⟩
Alain ⟨de Melsa⟩
Alain ⟨Moine⟩
Alan ⟨of Meaux⟩
Melsa, Alanus ¬de¬

Alanus ⟨de Monte Pessulano⟩
→ **Alanus ⟨ab Insulis⟩**

Alanus ⟨de Podio⟩
→ **Alanus ⟨ab Insulis⟩**

Alanus ⟨de Roma⟩
13. Jh.
Carmen „qui vadis Romam"
Roma, Alanus ¬de¬

Alanus ⟨de Rupe⟩
1428 – 1475 · OP
Tractatus apologeticus
VL(2),1,102/106; DLF(MA),32
Alain ⟨de la Roche⟩
Alanus ⟨Brito⟩
Alanus ⟨de la Roche⟩
Alanus ⟨de Rupe Brito⟩
Alanus ⟨Rupensis⟩
Alanus ⟨van den Klip⟩
Alanus ⟨van der Clip⟩
Alanus ⟨von der Clip⟩
Rupe, Alanus ¬de¬

Alanus ⟨de Ryssel⟩
→ **Alanus ⟨ab Insulis⟩**

Alanus ⟨de Valle⟩
14. Jh.
Lectura super Clementinis
Alain ⟨du Val⟩
Valle, Alanus ¬de¬

Alanus ⟨de Vico⟩
gest. 1424
Bischof von León und St. Brieuc; Statuta synodalia (1421)
Alain ⟨de la Rue⟩
Alain ⟨de Saint-Brieuc⟩
Alain ⟨Evêque⟩
Vico, Alanus ¬de¬

Alanus ⟨Doctor Parisinus⟩
Lebensdaten nicht ermittelt
Quaestiones totius libri De anima
Lohr

Alanus ⟨Episcopus⟩
→ **Alanus ⟨Redonensis⟩**

Alanus ⟨Farfensis⟩
→ **Alanus ⟨de Farfa⟩**

Alanus ⟨Flandrensis⟩
→ **Alanus ⟨Altissiodorensis⟩**

Alanus ⟨Gonterii⟩
gest. ca. 1335
Quaestiones disputatae
Schönberger/Kible, Repertorium, 10477
Alain ⟨Gontier⟩
Alanus ⟨Gontier⟩
Gonterii, Alanus
Gontier, Alain

Alanus ⟨Insulensis⟩
→ **Alanus ⟨ab Insulis⟩**

Alanus ⟨Linnensis⟩
→ **Alanus ⟨de Lynn⟩**

Alanus ⟨Magister⟩
→ **Alanus ⟨ab Insulis⟩**

Alanus ⟨Magnus⟩
→ **Alanus ⟨ab Insulis⟩**

Alanus ⟨Maistre⟩
→ **Alanus ⟨ab Insulis⟩**

Alanus ⟨Porretanus⟩
→ **Alanus ⟨ab Insulis⟩**

Alanus ⟨Redonensis⟩
gest. 1156
Epistula ad Sugerium
Alain ⟨de Rennes⟩
Alain ⟨Evêque⟩
Alanus ⟨Episcopus⟩

Alanus ⟨Rupensis⟩
→ **Alanus ⟨de Rupe⟩**

Alanus ⟨Tewkesburiensis⟩
→ **Alanus ⟨Cantuariensis⟩**

Alanus ⟨Theocicurianus⟩
→ **Alanus ⟨Cantuariensis⟩**

Alanus ⟨van den Klip⟩
→ **Alanus ⟨de Rupe⟩**

Alanus ⟨van Ryssel⟩
→ **Alanus ⟨ab Insulis⟩**

Alanus ⟨von Auxerre⟩
→ **Alanus ⟨Altissiodorensis⟩**

Alanus ⟨von der Clip⟩
→ **Alanus ⟨de Rupe⟩**

Alanus ⟨von Farfa⟩
→ **Alanus ⟨de Farfa⟩**

Alanus ⟨Wurceburgensis⟩
gest. 1455
Alain ⟨de Saint-Jacques⟩
Alain ⟨de Wurtzbourg⟩
Alanus ⟨Abbas⟩

Alard ⟨de Cambrai⟩
13. Jh.
Le livre de philosophie et de moralité
Schönberger/Kible, Repertorium, 10478; DLF(MA),35
Alardus ⟨Cameracensis⟩
Cambrai, Alard ¬de¬

Alard ⟨de Genillé⟩
→ **Alardus ⟨Signiacensis⟩**

Alard ⟨de Signy⟩
→ **Alardus ⟨Signiacensis⟩**

Alard ⟨of Bath⟩
→ **Adelardus ⟨Bathensis⟩**

Alardus ⟨Anglus⟩
→ **Alardus ⟨Prior Provincialis in Anglia⟩**

Alardus ⟨Bathensis⟩
→ **Adelardus ⟨Bathensis⟩**

Alardus ⟨Cameracensis⟩
→ **Alard ⟨de Cambrai⟩**

Alardus ⟨de Dyeden⟩
14. Jh.
Sententia [conclusiones] metaphysicae
Lohr
Dyeden, Alardus ¬de¬

Alardus ⟨de Gennilaco⟩
→ **Alardus ⟨Signiacensis⟩**

Alardus ⟨de Signy⟩
→ **Alardus ⟨Signiacensis⟩**

Alardus ⟨Frater, OP⟩
→ **Alardus ⟨Prior Provincialis in Anglia⟩**

Alardus ⟨OP⟩
→ **Alardus ⟨Prior Provincialis in Anglia⟩**

Alardus ⟨Prior Provincialis in Anglia⟩
um 1235/36 · OP
Identität von Alardus ⟨Prior Provincialis in Anglia⟩ mit Alardus ⟨Anglus⟩ lt. Kaeppeli umstritten
Schneyer,I,84; Kaeppeli,I,25/26
Alardus ⟨Anglus⟩
Alardus ⟨Frater, OP⟩
Alardus ⟨OP⟩
Alardus ⟨Prieur Provincial Anglais⟩

Alardus ⟨Signiacensis⟩
Lebensdaten nicht ermittelt
Chronicon Maceriense (800-1200; Werk wurde ihm fälschlicherweise zugeschrieben, stammt in Wirklichkeit aus dem 17./18. Jh.)
Rep.Font. II,165
Alard ⟨de Genillé⟩
Alard ⟨de Signy⟩
Alardus ⟨de Gennilaco⟩
Alardus ⟨de Signy⟩

Alarich ⟨Westgotenreich, König, II.⟩
gest. 507
Lex Romana Visigothorum
Cpl 708; LMA,I,271
Alaric ⟨King of the Visigoths⟩
Alarich ⟨König⟩
Alaricus ⟨Rex⟩

al-Asṭurlābī
→ **ʿAlī Ibn-ʿĪsā**

Al-Athir, Ibn
→ **Ibn-al-Aṯīr, ʿIzz-ad-Dīn Abu-'l-Ḥasan ʿAlī**

Alatre, Johannes ¬de¬
→ **Johannes ⟨de Alatre⟩**

Alatus
9. Jh.
Epistolae Alati (=Formularum collectio Pataviensis)
Rep.Font II,165
Alatus ⟨Auteur de Formules⟩

Alaudae, Eustachius
→ **Eustachius ⟨Alaudae⟩**

Alaülmillet ve Din Ali el-Kuşçu
→ **Ali Kuşçu**

Alaunodunus, Robert
→ **Robertus ⟨de Alyngton⟩**

Alaunovicanus, Guilelmus
→ **Guilelmus ⟨Alaunovicanus⟩**

Alaunovicanus, Martinus
→ **Martinus ⟨Alaunovicanus⟩**

ʿAlawī, Abū-ʿAlī Muḥammad Ibn-ʿAlī ¬al-¬
→ **ʿAlawī, Muḥammad Ibn-ʿAlī ¬al-¬**

ʿAlawī, Muḥammad Ibn-ʿAlī ¬al-¬
gest. 1053
ʿAlawī, Abū-ʿAlī Muḥammad Ibn-ʿAlī ¬al-¬
Ibn-ʿAlī, Muḥammad al-ʿAlawī
Muḥammad Ibn-ʿAlī al-ʿAlawī

Alba Ripa, Guilelmus ¬de¬
→ **Guilelmus ⟨de Alba Ripa⟩**

Al-Bahlul, Hassan
→ **Ḥasan Ibn-al-Bahlūl ¬al-¬**

Al-Bajchaki
→ **Baihaqī, ʿAlī Ibn-Zaid ¬al-¬**

Albalat, Gerardus ¬de¬
→ **Gerardus ⟨de Albalat⟩**

Albalat, Petrus ¬de¬
→ **Petrus ⟨Tarraconensis⟩**

Albalate, Andreas ¬de¬
→ **Andreas ⟨de Albalate⟩**

Albano, Franciscus ¬de¬
→ **Franciscus ⟨de Albano⟩**

Albano, Petrus ¬de¬
→ **Petrus ⟨de Abano⟩**

Albanus, Edmundus
→ **Edmundus ⟨Albanus⟩**

Albanus, Petrus
→ **Petrus ⟨de Abano⟩**

Albanus, Rogerus
→ **Rogerus ⟨Albanus⟩**

Albanzani, Donato ¬degli¬
ca. 1328 – 1411
Albanzani di Casentino, Donato
Albanzani DiCasentino, Donato ¬degli¬
Casentino, Donato ¬da¬
DegliAlbanzani, Donato
DegliAlbanzani DiCasentino, Donato
Donato ⟨da Casentino⟩
Donato ⟨da Pratovecchio⟩
Donato ⟨degli Albanzani⟩
Donato ⟨l'Apenninigena⟩

Albarus ⟨Cordubensis⟩
→ **Paulus ⟨Albarus⟩**

Albarus, Paulus
→ **Paulus ⟨Albarus⟩**

Al-Baṣīr, Yūsuf
→ **Yūsuf ⟨al-Baṣīr⟩**

Albasthî
→ **Qalaṣādī, ʿAlī Ibn-Muḥammad ¬al-¬**

Albategnius
→ **Battānī, Muḥammad Ibn-Ǧābir ¬al-¬**

Albeitar
→ **Ibn-al-Baiṭār, ʿAbdallāh Ibn-Aḥmad**

Albenga, Jacobus ¬de¬
→ **Jacobus ⟨de Albenga⟩**

Alber
gest. ca. 1200
VL(2),1,108/111
Alberus

Alberht ⟨of York⟩
→ **Aethelbertus ⟨Eboracensis⟩**

Alberic
→ **Albericus ⟨Magister⟩**

Albéric ⟨d'Aix⟩
→ **Albericus ⟨Aquensis⟩**

Albéric ⟨de Besançon⟩
12. Jh.
DLF(MA),35
Albéric ⟨de Briançon⟩
Albéric ⟨de Pisançon⟩
Besançon, Albéric ¬de¬

Albéric ⟨de Bourges⟩
→ **Albericus ⟨Remensis⟩**

Albéric ⟨de Briançon⟩
→ **Albéric ⟨de Besançon⟩**

Albéric ⟨de Dijon⟩
→ **Albericus ⟨Lingonensis⟩**

Albéric ⟨de Humbert⟩
→ **Albericus ⟨de Humbert⟩**

Albéric ⟨de la Porte de Ravenne⟩
→ **Albericus ⟨de Porta Ravennate⟩**

Albéric ⟨de Mont-Cassin⟩
→ **Albericus ⟨Casinensis⟩**
→ **Albericus ⟨de Settefrati⟩**

Albéric ⟨de Pisançon⟩
→ **Albéric ⟨de Besançon⟩**

Albéric ⟨de Porta Ravennate⟩
→ **Albericus ⟨de Porta Ravennate⟩**

Albéric ⟨de Reims⟩
→ **Albericus ⟨Remensis⟩**

Albéric ⟨de Rosciate⟩
→ **Albericus ⟨de Rosate⟩**

Albéric ⟨de Saint-Etienne⟩
→ **Albericus ⟨Lingonensis⟩**

Albéric ⟨de Trois-Fontaines⟩
→ **Albericus ⟨de Tribus Fontibus⟩**

Albéric ⟨de Vitry⟩
→ **Albericus ⟨de Vitriaco⟩**

Albéric ⟨du Mont Cassin⟩
→ **Albericus ⟨Casinensis⟩**

Albéric ⟨Frère⟩
→ **Albericus ⟨de Settefrati⟩**

Albéric ⟨Moine⟩
→ **Albericus ⟨de Settefrati⟩**

Alberic ⟨of London⟩
→ **Albericus ⟨Londoniensis⟩**

Alberic ⟨Veer⟩
→ **Albericus ⟨Veerus⟩**

Alberich ⟨Schüler Anselms von Laon⟩
→ **Albericus ⟨Remensis⟩**

Alberich ⟨von Bourges⟩
→ **Albericus ⟨Remensis⟩**

Alberich ⟨von Châlons-sur-Marne⟩
→ **Albericus ⟨Remensis⟩**

Alberich ⟨von Monte Cassino⟩
→ **Albericus ⟨Casinensis⟩**
→ **Albericus ⟨de Settefrati⟩**

Alberich ⟨von Ostia⟩
→ **Albericus ⟨Hostiensis⟩**

Alberich ⟨von Reims⟩
→ **Albericus ⟨Remensis⟩**

Alberich ⟨von Rosate⟩
→ **Albericus ⟨de Rosate⟩**

Alberich ⟨von Settefrati⟩
→ **Albericus ⟨de Settefrati⟩**

Alberich ⟨von Trois-Fontaines⟩
→ **Albericus ⟨de Tribus Fontibus⟩**

Alberico ⟨da Rosciate⟩
→ **Albericus ⟨de Rosate⟩**

Alberico ⟨di Montecassino⟩
→ **Albericus ⟨Casinensis⟩**
→ **Albericus ⟨de Settefrati⟩**

Albericus ⟨Aquensis⟩
1060 – 1120
Tusculum-Lexikon; LThK; CSGL; LMA,I,286/287; VL(2),1,111/114
Adalbertus ⟨Aquensis⟩
Adalbertus ⟨Canonicus⟩
Albéric ⟨d'Aix⟩
Albert ⟨d'Aix⟩
Albert ⟨von Aachen⟩
Alberto ⟨d'Aquisgrana⟩
Albertus ⟨Aquensis⟩
Albertus ⟨Canonicus⟩

Albericus ⟨Bergomensis⟩
→ **Albericus ⟨de Rosate⟩**

Albericus ⟨Casinensis⟩
→ **Albericus ⟨de Settefrati⟩**
→ **Albericus ⟨Monachus Casinensis⟩**

Albericus ⟨Casinensis⟩
ca. 1030 – ca. 1105
Breviarium de dictamine; Flores rhetorici; De barbarismo et solecismo, tropo et scemate; etc.
Tusculum-Lexikon; LThK; CSGL; LMA,I,281
Albéric ⟨du Mont Cassin⟩
Alberich ⟨von Monte Cassino⟩
Alberico ⟨di Montecassino⟩
Albericus ⟨de Monte Cassino⟩
Albericus ⟨of Monte Cassino⟩

Albericus ⟨Casinensis, Iunior⟩
→ **Albericus ⟨de Settefrati⟩**

Albéricus ⟨de Bourges⟩
→ **Albericus ⟨Remensis⟩**

Albéricus ⟨de Châlons-sur-Marne⟩
→ **Albericus ⟨Remensis⟩**

Albericus ⟨de Humbert⟩
gest. 1218
Schneyer,I,84
Albéric ⟨de Humbert⟩
Albericus ⟨de Humberto⟩
Albericus ⟨Humbert⟩
Albericus ⟨Laudunensis⟩
Albericus ⟨Remensis Archiepiscopus⟩
Aubri ⟨de Humbert⟩
Humbert, Albericus ¬de¬

Albericus ⟨de Porta Ravennate⟩
gest. um 1194
Glossen zum Corpus iuris
LMA,I,282
Albéric ⟨de la Porte de Ravenne⟩
Albéric ⟨de Porta Ravennate⟩
Porta Ravennate, Albericus ¬de¬

Albericus ⟨de Rosate⟩
ca. 1290 – 1360
Tusculum-Lexikon; LThK; CSGL; LMA,I,282/283
Albéric ⟨de Rosciate⟩
Alberich ⟨von Rosate⟩
Alberich ⟨von Roxiate⟩
Alberico ⟨da Rosciate⟩
Albericus ⟨Bergomensis⟩
Albericus ⟨de Roxiate⟩
Albericus ⟨Roxiatus⟩
DeRosate, Albericus
Rosate, Alberico
Rosate, Albericus ¬de¬
Roxiate, Albericus ¬de¬

Albericus ⟨de Settefrati⟩
um 1127 · OSB
Visio Alberici (verfaßt von Guido ⟨Casinensis⟩, revidiert von Albericus ⟨de Settefrati⟩)
DOC,1,46; Rep.Font. II,167
Albéric ⟨de Mont-Cassin⟩
Albéric ⟨Frère⟩
Albéric ⟨Moine⟩
Alberich ⟨von Montecassino⟩
Alberich ⟨von Settefrati⟩
Albericus ⟨Casinensis⟩
Albericus ⟨Casinensis, Iunior⟩
Albericus ⟨Casinensis Monachus⟩
Albericus ⟨Monachus⟩
Settefrati, Albericus ¬de¬

Albericus ⟨de Tribus Fontibus⟩
gest. 1240
Tusculum-Lexikon; LThK; CSGL; LMA,I,282
Albéric ⟨de Trois-Fontaines⟩
Alberich ⟨von Trois-Fontaines⟩
Albericus ⟨de Trois-Fontaines⟩
Albericus ⟨Trium Fontium⟩
Aubry ⟨de Trois-Fontaines⟩
Tribus Fontibus, Albericus ¬de¬

Albericus ⟨de Vitriaco⟩
12. Jh.
In Psalmos Davidicos; De computo lunae
Stegmüller, Repert. bibl.
Albéric ⟨de Vitry⟩
Vitriaco, Albericus ¬de¬

Albericus ⟨Hostiensis⟩
11./12. Jh.
LThK; CSGL
Alberich ⟨von Ostia⟩
Albericus ⟨of Ostia⟩
Albericus ⟨Ostiensis⟩

Albericus ⟨Humbert⟩
→ **Albericus ⟨de Humbert⟩**

Albericus ⟨Laudunensis⟩
→ **Albericus ⟨de Humbert⟩**

Albericus ⟨Lingonensis⟩
gest. 838
Charta; Epistulae ad Frotharium Tullensem Episcopum
CC Clavis, Auct. Gall. 1,95ff.; DOC,1,46
Albéric ⟨de Dijon⟩
Albéric ⟨de Saint-Etienne⟩
Aubri ⟨de Dijon⟩
Aubri ⟨de Saint-Etienne⟩

Albericus ⟨Londoniensis⟩
12./13. Jh.
Alberic ⟨of London⟩
Albericus ⟨Londonensis⟩
Albericus ⟨Philosophus⟩
Albricius ⟨Philosophus⟩
Albricus ⟨Londoniensis⟩
Albricus ⟨Philosophus⟩
Albrizzi ⟨Philosophus⟩
Albucius ⟨Philosophus⟩

Albericus ⟨Magister⟩
12. Jh.
Porph.; Praed.; Perih.; etc.
Lohr
Alberic
Magister A.
Magister Al.
Magister Albericus

Albericus ⟨Monachus⟩
→ **Albericus ⟨de Settefrati⟩**

Albericus ⟨Monachus Casinensis⟩
13. Jh.
Verfasser der Chronologia nicht des Sammelwerks "Annales Casinenses„ (1000-1212)
Rep.Font. II,167
Albericus ⟨Casinensis⟩
Albericus ⟨Praepositus Sanctae Mariae de Albaneta⟩
Anonymus ⟨Casinensis⟩
Anonymus ⟨Monachus Casinensis⟩

Albericus ⟨of Monte Cassino⟩
→ **Albericus ⟨Casinensis⟩**

Albericus ⟨Ostiensis⟩
→ **Albericus ⟨Hostiensis⟩**

Albericus ⟨Philosophus⟩
→ **Albericus ⟨Londoniensis⟩**

Albericus ⟨Praepositus Sanctae Mariae de Albaneta⟩
→ **Albericus ⟨Monachus Casinensis⟩**

Albericus ⟨Remensis⟩
→ **Aubricius ⟨Remensis⟩**

Albericus ⟨Remensis⟩
gest. 1141
Brief über die rechtlichen Wirkungen des Eheversprechens
LMA,I,281
Albéric ⟨de Bourges⟩
Albéric ⟨de Reims⟩
Alberich ⟨Frühscholastiker⟩
Alberich ⟨Schüler Anselms von Laon⟩
Alberich ⟨von Bourges⟩
Alberich ⟨von Châlons-sur-Marne⟩
Alberich ⟨von Reims⟩
Albéricus ⟨de Bourges⟩
Albéricus ⟨de Châlons-sur-Marne⟩
Albericus ⟨Remensis an Walter von Mortagne Scholasticus⟩

Albericus ⟨Remensis Archiepiscopus⟩
→ **Albericus ⟨de Humbert⟩**

Albericus ⟨Roxiatus⟩
→ **Albericus ⟨de Rosate⟩**

Albericus ⟨Trium Fontium⟩
→ **Albericus ⟨de Tribus Fontibus⟩**

Albericus ⟨Veerus⟩
um 1250 · OESA
Vita S. Osithae
Potth. 1084
Alberic ⟨Veer⟩
Alberic ⟨Vere⟩
Veer, Alberic
Veerus, Albericus
Vere, Alberic

Alberius ⟨von Trier⟩
→ **Adalbero ⟨Treverensis⟩**

Albero ⟨de Montreuil⟩
→ **Adalbero ⟨Treverensis⟩**

Albero ⟨Treverensis⟩
→ **Adalbero ⟨Treverensis⟩**

Albéron ⟨de Chiny⟩
→ **Adalbero ⟨Virdunensis⟩**

Albéron ⟨de Montreuil⟩
→ **Adalbero ⟨Treverensis⟩**

Albert ⟨Autriche, Duc, II.⟩
→ **Albrecht ⟨Österreich, Herzog, II.⟩**

Albert ⟨Avogadro⟩
→ **Albertus ⟨Hierosolymitanus⟩**

Albert ⟨Bavière, Duc, I.⟩
→ **Albrecht ⟨Bayern, Herzog, III.⟩**

Albert ⟨Behaim⟩
→ **Albertus ⟨Bohemus⟩**

Albert ⟨Bienheureux⟩
→ **Albertus ⟨Hierosolymitanus⟩**

Albert ⟨Birchtel⟩
→ **Birchtel, Albert**

Albert ⟨Böheim⟩
→ **Albertus ⟨Bohemus⟩**

Albert ⟨Brandenbourg, Prince-Electeur, III.⟩
→ **Albrecht Achilles ⟨Brandenburg, Kurfürst, III.⟩**

Albert ⟨Brudzewski⟩
→ **Albertus ⟨de Brudzewo⟩**

Albert ⟨Chartreux⟩
→ **Albertus ⟨Pragensis⟩**

Albert ⟨Chronist⟩
→ **Albertus ⟨Metensis⟩**

Albert ⟨Curé⟩
→ **Albertus ⟨de Waldkirchen⟩**

Albert ⟨d'Aix⟩
→ **Albericus ⟨Aquensis⟩**

Albert ⟨d'Aversa⟩
→ **Albertus ⟨Papa, Antipapa⟩**

Albert ⟨de Albo Lapide⟩
→ **Albertus ⟨de Albolapide⟩**

Albert ⟨de Brescia, Dominicain⟩
→ **Albertus ⟨de Brixia⟩**

Albert ⟨de Brescia, Franciscain⟩
→ **Albertus ⟨de Brixia, OFM⟩**

Albert ⟨de Brudzewo⟩
→ **Albertus ⟨de Brudzewo⟩**

Albert ⟨de Burtscheidt⟩
→ **Albertus ⟨de Porceto⟩**

Albert ⟨de Chiavari⟩
→ **Albertus ⟨de Ianua⟩**

Albert ⟨de Cluny⟩
→ **Albertus ⟨de Cluny⟩**

Albert ⟨de Cologne⟩
→ **Albertus ⟨Mediolanensis⟩**

Albert ⟨de Gênes⟩
→ **Albertus ⟨de Ianua⟩**

Albert ⟨de Harlem⟩
→ **Johannes ⟨Albertus⟩**

Albert ⟨de Helmstede⟩
→ **Albertus ⟨de Saxonia⟩**

Albert ⟨de Jérusalem⟩
→ **Albertus ⟨Hierosolymitanus⟩**

Albert ⟨de Kemenaten⟩
→ **Albrecht ⟨von Kemenaten⟩**

Albert ⟨de Lodi⟩
→ **Albertus ⟨de Lauda⟩**

Albert ⟨de Metz⟩
→ **Albertus ⟨Metensis⟩**

Albert ⟨de Metz, Docteur Franciscain⟩
→ **Albertus ⟨Metensis, OFM⟩**

Albert ⟨de Milan⟩
→ **Albertus ⟨Mediolanensis⟩**

Albert ⟨de Montdidier⟩
→ **Albertus ⟨de Cluny⟩**

Albert ⟨de Mora⟩
→ **Gregorius ⟨Papa, VIII.⟩**

Albert ⟨de Padoue⟩
→ **Albertus ⟨de Padua⟩**

Albert ⟨de Pise⟩
→ **Albertus ⟨de Pisa⟩**

Albert ⟨de Porceto⟩
→ **Albertus ⟨de Porceto⟩**

Albert ⟨de Porlezza⟩
→ **Albertus ⟨Porlesiensis⟩**

Albert ⟨de Prague⟩
→ **Albertus ⟨Pragensis⟩**

Albert ⟨de Pulta⟩
→ **Albertus ⟨de Pulta⟩**

Albert ⟨de Reggio⟩
→ **Albertus ⟨de Galinganis⟩**

Albert ⟨de Reim⟩
→ **Albertus ⟨de Remis⟩**

Albert ⟨de Rome⟩
→ **Albertus ⟨de Roma⟩**

Albert ⟨de Saint-Laurent⟩
→ **Albertus ⟨Papa, Antipapa⟩**

Albert ⟨de Samarie⟩
→ **Adalbertus ⟨Samaritanus⟩**

Albert ⟨de Saxe⟩
→ **Albertus ⟨de Saxonia⟩**

Albert ⟨de Siegberg⟩
→ **Albertus ⟨Monachus⟩**

Albert ⟨de Siegburg⟩
→ **Albertus ⟨de Siegburg⟩**

Albert ⟨de Stade⟩
→ **Albertus ⟨Stadensis⟩**

Albert ⟨de Tegernse⟩
→ **Albertus ⟨de Diessen⟩**

Albert ⟨de Utino⟩
→ **Albertus ⟨de Utino⟩**

Albert ⟨de Verceil⟩
→ **Albertus ⟨Hierosolymitanus⟩**

Albert ⟨de Waldkirchen⟩
→ **Albertus ⟨de Waldkirchen⟩**

Albert ⟨der Böhme⟩
→ **Albertus ⟨Bohemus⟩**

Albert ⟨der Große⟩
→ **Albertus ⟨Magnus⟩**

Albert ⟨d'Erfurt⟩
→ **Albertus ⟨Erfordiensis⟩**
→ **Albrecht ⟨von Treffurt⟩**

Albert ⟨d'Halberstadt⟩
→ **Albrecht ⟨von Halberstadt⟩**

Albert ⟨Diaconus⟩
→ **Albertus ⟨Monachus⟩**

Albert ⟨Dominicain⟩
→ **Cabertus ⟨Sabaudus⟩**

Albert ⟨d'Orlamide⟩
→ **Albertus ⟨de Orlamunda⟩**

Albert ⟨Engelschale⟩
→ **Albertus ⟨Engelschalk⟩**

Albert ⟨Fils de Jean⟩
→ **Johannes ⟨Albertus⟩**

Albert ⟨Galingani⟩
→ **Albertus ⟨de Galinganis⟩**

Albert ⟨Grognolini⟩
→ **Albertus ⟨Grognolini⟩**

Albert ⟨Kanoniker⟩
→ **Albert ⟨Pere⟩**

Albert ⟨Krummendiek⟩
→ **Albertus ⟨de Krummendik⟩**

Albert ⟨Kuel⟩
→ **Suho, Albertus**

Albert ⟨l'Achille⟩
→ **Albrecht Achilles ⟨Brandenburg, Kurfürst, III.⟩**

Albert ⟨le Boiteux⟩
→ **Albrecht ⟨Österreich, Herzog, II.⟩**

Albert ⟨le Courageux⟩
→ **Albrecht ⟨Sachsen, Herzog⟩**

Albert ⟨le Grand⟩
→ **Albertus ⟨Magnus⟩**

Albert ⟨le Pieux⟩
→ **Albrecht ⟨Bayern, Herzog, III.⟩**

Albert ⟨le Sage⟩
→ **Albrecht ⟨Österreich, Herzog, II.⟩**

Albert ⟨Lesch⟩
→ **Lesch, Albrecht**

Albert ⟨Lubeck⟩
→ **Lubeck, Albertus**

Albert ⟨l'Ulysse⟩
→ **Albrecht Achilles ⟨Brandenburg, Kurfürst, III.⟩**

Albert ⟨Mecklembourg, Duc, I.⟩
→ **Albrecht ⟨Mecklenburg, Herzog, I.⟩**

Albert ⟨Mecklembourg, Duc, II.⟩
→ **Albrecht ⟨Mecklenburg, Herzog, II.⟩**

Albert ⟨Mecklembourg, Duc, III.⟩
→ **Albrekt ⟨Sverige, Konung⟩**

Albert ⟨Milioli⟩
→ **Albertus ⟨Milioli⟩**

Albert ⟨Mönch⟩
→ **Albertus ⟨Monachus⟩**

Albert ⟨of Bohemia⟩
→ **Albertus ⟨Bohemus⟩**

Albert ⟨of Halberstadt⟩
→ **Albertus ⟨de Saxonia⟩**

Albert ⟨of Mici⟩
→ **Albertus ⟨Miciacensis⟩**

Albert ⟨of Saint Mary's at Stade⟩
→ **Albertus ⟨Stadensis⟩**

Albert ⟨Papst, Gegenpapst⟩
→ **Albertus ⟨Papa, Antipapa⟩**

Albert ⟨Pere⟩
13. Jh.
Commemoraciones
LMA,III,80
Albert ⟨Kanoniker⟩
Albertus ⟨Barchinonensis⟩
Albertus ⟨Canonicus⟩
Pere, Albert

Albert ⟨Pfister⟩
→ **Pfister, Albrecht**

Albert ⟨Prieur de la Chartreuse⟩
→ **Albertus ⟨Pragensis⟩**

Albert ⟨Prieur de Montdidier⟩
→ **Albertus ⟨de Cluny⟩**

Albert ⟨Saxe, Duc⟩
→ **Albrecht ⟨Sachsen, Herzog⟩**

Albert ⟨Siegebergensis⟩
→ **Albertus ⟨Monachus⟩**

Albert ⟨Snavel⟩
→ **Snavel, Albertus**

Albert ⟨Stuten von Unna⟩
→ **Albertus ⟨Monachus⟩**

Albert ⟨Suède, Roi⟩
→ **Albrekt ⟨Sverige, Konung⟩**

Albert ⟨Suho⟩
→ **Suho, Albertus**

Albert ⟨the Great⟩
→ **Albertus ⟨Magnus⟩**

Albert ⟨von Aachen⟩
→ **Albericus ⟨Aquensis⟩**

Albert ⟨von Augsburg⟩
→ **Albertus ⟨Augustanus⟩**

Albert ⟨von Bardewik⟩
→ **Albertus ⟨de Bardewic⟩**

Albert ⟨von Beham⟩
→ **Albertus ⟨Bohemus⟩**

Albert ⟨von Bezanis⟩
→ **Albertus ⟨de Bezanis⟩**

Albert ⟨von Brescia⟩
→ **Albertus ⟨de Brixia⟩**

Albert ⟨von Dießen⟩
→ **Albertus ⟨de Diessen⟩**

Albert ⟨von Erford⟩
15. Jh.
Proprietates et virtutes vini
Alberto ⟨von Errfford⟩
Albertus ⟨von Errfford⟩
Erford, Albert ¬von¬

Albert ⟨von Haigerloch⟩
→ **Albrecht ⟨von Hohenberg⟩**

Albert ⟨von Hohenberg⟩
→ **Albrecht ⟨von Hohenberg⟩**

Albert ⟨von Jerusalem⟩
→ **Albertus ⟨Hierosolymitanus⟩**

Albert ⟨von Metz⟩
→ **Adalbertus ⟨Levita⟩**
→ **Albertus ⟨Metensis⟩**

Albert ⟨von Oberaltaich⟩
→ **Albertus ⟨Oberaltahensis⟩**

Albert ⟨von Orlamünde⟩
→ **Albertus ⟨de Orlamunda⟩**

Albert ⟨von Prag⟩
→ **Albertus ⟨Pragensis⟩**

Albert ⟨von Ricmestorp⟩
→ **Albertus ⟨de Saxonia⟩**

Albert ⟨von Rotenburg⟩
→ **Albrecht ⟨von Hohenberg⟩**

Albert ⟨von Sachsen⟩
→ **Albertus ⟨de Saxonia⟩**

Albert ⟨von Samaria⟩
→ **Adalbertus ⟨Samaritanus⟩**

Albert ⟨von Sankt Symphorian⟩
→ **Albertus ⟨Metensis⟩**

Albert ⟨von Sankt Vinzentius⟩
→ **Albertus ⟨Metensis⟩**

Albert ⟨von Sarteano⟩
→ **Albertus ⟨de Sartiana⟩**

Albert ⟨von Siegburg⟩
→ **Albertus ⟨de Siegburg⟩**
→ **Albertus ⟨Monachus⟩**

Albert ⟨von Stade⟩
→ **Albertus ⟨Stadensis⟩**

Albert ⟨von Tegernsee⟩
→ **Albertus ⟨de Diessen⟩**

Albert ⟨von Unna⟩
→ **Albertus ⟨Monachus⟩**

Albert, Jean
→ **Johannes ⟨Albertus⟩**

Albert, Leo Baptista
→ **Alberti, Leon Battista**

Albertanus ⟨Brixiensis⟩
gest. 1246
Tusculum-Lexikon; CSGL; LMA,I,290/291; VL(2),1,151/154
Albertan ⟨de Brescia⟩
Albertano ⟨da Brescia⟩
Albertanus
Albertanus ⟨Causidicus⟩
Albertanus ⟨de Albertanis⟩
Albertanus ⟨de Briscia⟩
Albertanus ⟨de Ora Sanctae Agathae⟩
Albertanus ⟨Iudex⟩
Albertanus ⟨Judex⟩
Albertanus ⟨Mandugasinus⟩
Albertanus ⟨von Brescia⟩

Alberti, Antonio
→ **Antonio ⟨da Ferrara⟩**

Alberti, Arnaldus
→ **Arnaldus ⟨Alberti⟩**

Alberti, Baptista
→ **Alberti, Leon Battista**

Alberti, Johannes
→ **Johannes ⟨Alberti de Brixia⟩**

Alberti, Leon Battista
1404 – 1472
LThK; CSGL; Potth.; LMA,I,292/293
Albert, Leo Baptista
Alberti, Baptista
Alberti, Leo Baptista
Alberti, Leonbattista
Alberti, Leone Battista
Albertis, Baptista
Albertus, Leo
Albertus, Leo Baptista
Leo Baptista ⟨Albertus⟩
Leon Battista ⟨Alberti⟩

Alberti, Vercellinus
→ **Vercellinus ⟨de Vercellis⟩**

Alberti de Brixia, Johannes
→ **Johannes ⟨Alberti de Brixia⟩**

Albertin
→ **Albrant ⟨der Meister⟩**

Albertin ⟨de Mantoue⟩
→ **Albertinus ⟨de Mantua⟩**

Albertini, Nicolas
→ **Nicolaus ⟨Pratensis⟩**

Albertino ⟨de Mantoue⟩
→ **Albertinus ⟨de Mantua⟩**

Albertino ⟨Mussato⟩
→ **Mussatus, Albertinus**

Albertinus ⟨de Mantua⟩
um 1400 · OESA
Lectiones Scripturarum (Possevinus)
Stegmüller, Repert. bibl.
Albertin ⟨de Mantoue⟩
Albertino ⟨de Mantoue⟩
Albertinus ⟨Mantuanus⟩
Mantua, Albertinus ¬de¬

Albertinus ⟨Dertonensis⟩
um 1228 · OCist,OP
Ars praedicandi; Aurea regula dictandi; Sermones
Schneyer,I,86
Albertin ⟨de Piémont⟩
Albertin ⟨de Tortona⟩
Albertinus ⟨Terdonensis⟩

Albertinus ⟨Mantuanus⟩
→ **Albertinus ⟨de Mantua⟩**

Albertinus ⟨Mussatus⟩
→ **Mussatus, Albertinus**

Albertinus ⟨Terdonensis⟩
→ **Albertinus ⟨Dertonensis⟩**

Albertinus ⟨Veronensis⟩
um 1250 · OFM
Schneyer,I,91
Albertin ⟨de Vérone⟩

Albertis, Baptista
→ **Alberti, Leon Battista**

Albertis, Johannes ¬de¬
→ **Johannes ⟨de Albertis⟩**

Alberto ⟨d'Aquisgrana⟩
→ **Albericus ⟨Aquensis⟩**

Alberto ⟨de Morra⟩
→ **Gregorius ⟨Papa, VIII.⟩**

Alberto ⟨de Pergamo⟩
→ **Albertus ⟨Vacetta de Bergamo⟩**

Alberto ⟨de Sajonia⟩
→ **Albertus ⟨de Saxonia⟩**

Alberto ⟨dei Gandini⟩
→ **Albertus ⟨de Gandino⟩**

Alberto ⟨di Sabina⟩
→ **Albertus ⟨Papa, Antipapa⟩**

Alberto ⟨Mandugasino⟩
→ **Albertus ⟨de Brixia⟩**

Alberto ⟨Milioli⟩
→ **Albertus ⟨Milioli⟩**

Alberto ⟨Mussato⟩
→ **Mussatus, Albertinus**

Alberto ⟨Papa, Antipapa⟩
→ **Albertus ⟨Papa, Antipapa⟩**

Alberto ⟨von Errford⟩
→ **Albert ⟨von Erford⟩**

Alberto Cantelmi, Cambio ¬di¬
→ **Cantelmi, Cambio**

Albertucci, Hieronymus
→ **Hieronymus ⟨Albertucci⟩**

Albertus
→ **Albertus ⟨Stadensis⟩**

Albertus
um 1150
Lombarda-Commentare
Albertus ⟨Lombardakommentator⟩

Albertus ⟨a Sarthiano⟩
→ **Albertus ⟨de Sartiana⟩**

Albertus ⟨Alemannus⟩
→ **Albertus ⟨Magnus⟩**

Albertus ⟨Aquensis⟩
→ **Albericus ⟨Aquensis⟩**

Albertus ⟨Astensis⟩
um 1150/71
Flores dictandi
LMA,I,293
Albertus ⟨de Sancto Martino⟩
Albertus ⟨von Asti⟩

Albertus ⟨Augustanus⟩
gest. 1235
De SS. Afro et Dionysio
CSGL; Potth.; VL(2),1,63/64,114/116
Adalbert ⟨de Saint Ulric⟩
Adalbert ⟨von Augsburg⟩
Adalbertus ⟨Sancti Udalrici⟩
Adalbertus ⟨Sancti Udalrici Prior⟩
Adelbert ⟨d'Augsbourg⟩
Adilbert ⟨von Augsburg⟩
Adilbertus ⟨Augustanus⟩
Adilbertus ⟨Augustensis⟩
Albert ⟨von Augsburg⟩
Albertus ⟨Augustensis⟩
Albertus ⟨von Augsburg⟩
Augustanus, Albertus

Albertus ⟨Austria, Dux, II.⟩
→ **Albrecht ⟨Österreich, Herzog, II.⟩**

Albertus ⟨Barchinonensis⟩
→ **Albert ⟨Pere⟩**

Albertus ⟨Behaimus⟩
→ **Albertus ⟨Bohemus⟩**

Albertus ⟨Belga⟩
→ **Johannes ⟨Albertus⟩**

Albertus ⟨Berdinus a Sarthiano⟩
→ **Albertus ⟨de Sartiana⟩**

Albertus ⟨Bickmersdorf⟩
→ **Albertus ⟨de Saxonia⟩**

Albertus ⟨Birchtel⟩
→ **Birchtel, Albert**

Albertus ⟨Blar de Brudzewo⟩
→ **Albertus ⟨de Brudzewo⟩**

Albertus ⟨Bohemus⟩
ca. 1180 – 1259
LMA,I,288; VL(2),1,116/119
Albert ⟨Behaim⟩
Albert ⟨Behaim von Behaiming⟩
Albert ⟨Böheim⟩
Albert ⟨der Böhme⟩
Albert ⟨of Bohemia⟩
Albert ⟨von Beham⟩
Albertus ⟨Behaimus⟩
Beham, Albert ¬von¬
Bohemus, Albertus

Albertus ⟨Brandenburgensis Elector, III.⟩
→ **Albrecht Achilles ⟨Brandenburg, Kurfürst, III.⟩**

Albertus ⟨Bremensis⟩
→ **Albertus ⟨Stadensis⟩**

Albertus ⟨Brixiensis⟩
→ **Albertus ⟨de Brixia⟩**

Albertus ⟨Brudzevius⟩
→ **Albertus ⟨de Brudzewo⟩**

Albertus ⟨Cancellarius⟩
→ **Albertus ⟨de Bardewic⟩**

Albertus ⟨Canonicus⟩
→ **Albericus ⟨Aquensis⟩**
→ **Albert ⟨Pere⟩**

Albertus ⟨Canonicus Regularis⟩
→ **Albertus ⟨de Diessen⟩**

Albertus ⟨Clavarus⟩
→ **Albertus ⟨de Ianua⟩**

Albertus ⟨Cluniacensis Monachus⟩
→ **Albertus ⟨de Cluny⟩**

Albertus ⟨Colonus⟩
→ **Albertus ⟨Magnus⟩**

Albertus ⟨Cremonensis⟩
→ **Albertus ⟨de Bezanis⟩**

Albertus ⟨Crummendiek⟩
→ **Albertus ⟨de Krummendik⟩**

Albertus ⟨de Albolapide⟩
um 1450/79 · OP
Laus, commendatio et exhortatio de punctis et notabilibus circa indulgentias, gratias et facultates ecclesiis Thuricen. Constancien dyocesis a sanctiss. d. Sixto papa moderno concessas; Laus et commendatio illius suavissimi cantici Slave regina.
Kaeppeli,I,27
Albert ⟨de Albo Lapide⟩
Albertus ⟨de Albo Lapide⟩
Albertus ⟨de Weissenstein⟩
Albolapide, Albertus ¬de¬
Albrecht ⟨von Weissenstein⟩
Weissenstein, Albertus ¬de¬

Albertus ⟨de Bardewic⟩
gest. 1333
VL(2),1,174/175
Albert ⟨von Bardewik⟩
Albertus ⟨Cancellarius⟩
Albertus ⟨de Bardevic⟩
Albertus ⟨de Bardewik⟩
Albrecht ⟨Cancelere⟩
Albrecht ⟨van Bardewic⟩
Albrecht ⟨von Bardewik⟩
Bardevic, Albertus ¬de¬
Bardewic, Albertus ¬de¬
Bardewik, Albert ¬von¬
Bardewik, Albert ¬von¬

Albertus ⟨de Bergamo⟩
→ **Albertus ⟨Vacetta de Bergamo⟩**

Albertus ⟨de Bezanis⟩
gest. 1363
Tusculum-Lexikon; LThK; CSGL
Albert ⟨von Bezanis⟩
Albertus ⟨Cremonensis⟩
Bezanis, Albertus ¬de¬

Albertus ⟨de Bickmersdorp⟩
→ **Albertus ⟨de Saxonia⟩**

Albertus ⟨de Bollstadt⟩
→ **Albertus ⟨Magnus⟩**

Albertus ⟨de Bononia⟩
→ **Rambertus ⟨de Bononia⟩**

Albertus ⟨de Bonstetten⟩
→ **Bonstetten, Albrecht ¬von¬**

Albertus ⟨de Brescia⟩
→ **Albertus ⟨de Brixia⟩**

Albertus ⟨de Brixia⟩
gest. 1314 · OP
De officio sacerdotis sive summa casuum conscientia
LMA,I,288; Schneyer,I,91
Albert ⟨de Brescia⟩
Albert ⟨de Brescia, Dominicain⟩
Albert ⟨von Brescia⟩
Alberto ⟨Mandugasino⟩
Albertus ⟨Brixiensis⟩
Albertus ⟨de Brescia⟩
Albertus ⟨de Briscia⟩
Albertus ⟨Mandugasinus⟩
Brixia, Albertus ¬de¬

Albertus ⟨de Brixia, OFM⟩
um 1334
Schneyer,I,91
Albert ⟨de Brescia, Franciscain⟩
Albertus ⟨de Brixia⟩
Brixia, Albertus ¬de¬

Albertus ⟨de Brudzewo⟩
1442 – 1495
Commentarius in Theoricas novas planctarum Georgii Putbachii
LMA,II,265
Albert ⟨Brudzewski⟩
Albert ⟨de Brudzewo⟩
Albertus ⟨Blar de Brudzewo⟩
Albertus ⟨Brudzevius⟩
Blar, Albert
Blar z Brudzewa, Wojciech
Blarer, Albert
Brudzevius, Albertus
Brudzewo, Albertus ¬de¬
Brudzewski, Albert
Wojciech ⟨Blar z Brudzewa⟩
Wojciech ⟨z Brudzewa⟩

Albertus ⟨de Burreto⟩
→ **Albertus ⟨de Porceto⟩**

Albertus ⟨de Clavaro⟩
→ **Albertus ⟨de Ianua⟩**

Albertus ⟨de Cluny⟩
um 1282 · OSB
Schneyer,I,91
Albert ⟨de Cluny⟩
Albert ⟨de Montdidier⟩
Albert ⟨Prieur de Montdidier⟩
Albertus ⟨Cluniacensis Monachus⟩
Cluny, Albertus ¬de¬

Albertus ⟨de Colonia⟩
→ **Albertus ⟨Magnus⟩**

Albertus ⟨de Crummendyck⟩
→ **Albertus ⟨de Krummendik⟩**

Albertus ⟨de Diessen⟩
um 1365/76
Speculum clericorum; Epytaphium Prelatorum in Dyezzen; gilt fälschlich auch als Verfasser des Chronicon Eberspergense posterius
VL(2),1,119/122; Rep.Font. II,176
Albert ⟨de Tegernse⟩
Albert ⟨von Diessen⟩
Albert ⟨von Dießen⟩
Albert ⟨von Tegernsee⟩
Albertus ⟨Canonicus Regularis⟩
Albertus ⟨Diessensis⟩
Albertus ⟨Dyessensis⟩
Albertus ⟨Tegernseensis⟩
Albertus ⟨Teuto⟩
Diessen, Albertus ¬de¬

Albertus ⟨de Eyb⟩
→ **Albrecht ⟨von Eyb⟩**

Albertus ⟨de Galinganis⟩
um 1442 · OP
Adaptiones sacrae Scripturae
Stegmüller, Repert. bibl.
Albert ⟨de Reggio⟩
Albert ⟨Galingani⟩
Albertus ⟨de Galinganis de Regio⟩
Albertus ⟨de Regio⟩
Albertus ⟨Galinganus⟩
Galingani, Albert
Galinganis, Albertus ¬de¬

Albertus ⟨de Gandino⟩
ca. 1245 – 1310
CSGL; LMA,I,294
Alberto ⟨dei Gandini⟩
Albertus ⟨Gandinus⟩
Gandini, Alberto ¬dei¬
Gandino, Alberto ¬da¬
Gandino, Albertus ¬de¬
Gandinus, Albertus

Albertus ⟨de Gênes⟩
→ **Albertus ⟨de Ianua⟩**

Albertus ⟨de Haarlem⟩
→ **Johannes ⟨Albertus⟩**

Albertus ⟨de Ianua⟩
gest. 1300 · OP
Porph.; Praed.; Perih., etc.
Lohr; Schneyer,I,92; Kaeppeli,I,29
Albert ⟨de Chiavari⟩
Albert ⟨de Gênes⟩
Albertus ⟨Clavarus⟩
Albertus ⟨de Clavaro⟩
Albertus ⟨de Clavaro Ianuensis⟩
Albertus ⟨de Gênes⟩
Albertus ⟨de Janua⟩
Albertus ⟨Ianuensis⟩
Ianua, Albertus ¬de¬

Albertus ⟨de Jahenstorff⟩
→ **Albrecht ⟨von Johannsdorf⟩**

Albertus ⟨de Janua⟩
→ **Albertus ⟨de Ianua⟩**

Albertus ⟨de Johanstorf⟩
→ **Albrecht ⟨von Johannsdorf⟩**

Albertus ⟨de Kcikmersdor⟩
→ **Albertus ⟨de Saxonia⟩**

Albertus ⟨de Kemenaten⟩
→ **Albrecht ⟨von Kemenaten⟩**

Albertus ⟨de Krummendik⟩
gest. 1489
Auftraggeber für das „Chronicon episcoporum Lubecensium"
Rep.Font. II,174
Albert ⟨Krummediek⟩
Albert ⟨Krummendiek⟩
Albert ⟨Krummendyk⟩
Albert ⟨Krummendyk du Holstein⟩
Albertus ⟨Crummendiek⟩
Albertus ⟨de Crummendyck⟩
Albertus ⟨Episcopus Lubecensis⟩
Crummendyck, Albertus ¬de¬
Crummendyckius, Albertus
Krummendiek, Albert
Krummendik, Albertus ¬de¬
Krummendyk, Albert

Albertus ⟨de Lauda⟩
um 1360/93 · OP
Lectura super totam Bibliam
Stegmüller, Repert. bibl.
Albert ⟨de Lauda⟩
Albert ⟨de Lodi⟩
Albertus ⟨de Lodi⟩
Albertus ⟨Laudensis⟩
Albertus ⟨Lombardus⟩
Lauda, Albertus ¬de¬

Albertus ⟨de Lauging⟩
→ **Albertus ⟨Magnus⟩**

Albertus ⟨de Lodi⟩
→ **Albertus ⟨de Lauda⟩**

Albertus ⟨de Metz⟩
→ **Albertus ⟨Metensis, ...⟩**

Albertus ⟨de Monasterio⟩
→ **Albertus ⟨Varentrappe de Monasterio⟩**

Albertus ⟨de Morra⟩
→ **Gregorius ⟨Papa, VIII.⟩**

Albertus ⟨de Orlamunda⟩
13. Jh. · OP
Summa naturalium
Lohr
Albert ⟨d'Orlamide⟩
Albert ⟨von Orlamünde⟩
Albertus ⟨de Orlamide⟩
Albertus ⟨de Orlamunde⟩
Albertus ⟨de Orlamünde⟩
Albertus ⟨d'Orlamide⟩
Orlamunda, Albertus ¬de¬

Albertus ⟨de Padua⟩
1283/1293 – 1323/1328 · OESA
Schneyer,I,124; CSGL
Albert ⟨de Padoue⟩
Albertus ⟨Patavinus⟩
Padua, Albertus ¬de¬
Patavinus, Albertus

Albertus ⟨de Pisa⟩
gest. 1240 · OFM
Schneyer,I,150
Albert ⟨de Pise⟩
Albertus ⟨Pisanus⟩
Pisa, Albertus ¬de¬

Albertus ⟨de Pisis⟩
→ **Albertus ⟨de Pulta⟩**

Albertus ⟨de Porceto⟩
um 1427/49 · OCarm
Identität mit Albert ⟨de Burtscheidt⟩ umstritten
Stegmüller, Repert. bibl.
Albert ⟨de Burtscheidt⟩
Albert ⟨de Porceto⟩
Albertus ⟨de Burreto⟩
Porceto, Albertus ¬de¬

Albertus ⟨de Pulta⟩
um 1271/74 · OP
Postillae super Ezechielem; In cena Domini. Sermo fratris Alberti de Pise; Postillae s. Psalmos
Stegmüller, Repert. bibl.; Kaeppeli,I,33
Albert ⟨de Pulta⟩
Albert ⟨de Pulta, Prieur de Pise⟩
Albertus ⟨de Pisis⟩
Albertus ⟨Pisanus⟩
Albertus ⟨Pultae⟩
Albertus ⟨Pultae Pisanus⟩
Pulta, Albertus ¬de¬

Albertus ⟨de Ramslo⟩
→ **Albertus ⟨Stadensis⟩**

Albertus ⟨de Regio⟩
→ **Albertus ⟨de Galinganis⟩**

Albertus ⟨de Remis⟩
um 1260 · OP
Sermones
Schneyer,I,150
Albert ⟨de Reims, Dominicain⟩
Albert ⟨de Reims, Prédicateur⟩
Albertus ⟨Remensis, OP⟩
Remis, Albertus ¬de¬

Albertus ⟨de Rickmersdorf⟩
→ **Albertus ⟨de Saxonia⟩**

Albertus ⟨de Riggensdorf⟩
→ **Albertus ⟨de Saxonia⟩**

Albertus ⟨de Roma⟩
13./14. Jh. · OP
Fälschlich identifizierter Verfasser des Scriptum super Sententias Petri Lombardi, dessen wirklicher Verfasser Hannibaldus ⟨de Hannibaldis⟩ ist
Kaeppeli,I,34
Albert ⟨de Rome⟩
Roma, Albertus ¬de¬

Albertus ⟨de Sancto Homero⟩
→ **Albertus ⟨Sancti Odomari⟩**

Albertus ⟨de Sancto Martino⟩
→ **Albertus ⟨Astensis⟩**

Albertus ⟨de Sartiana⟩
1385 – 1450
LThK; CSGL
Albert ⟨von Sarteano⟩
Albertus ⟨a Sarthiano⟩
Albertus ⟨Berdinus a Sarthiano⟩
Albertus ⟨Sarthianensis⟩
Albertus ⟨von Sarziano⟩
Sartiana, Albertus ¬de¬

Albertus ⟨de Saxonia⟩
1316 – 1390
Tusculum-Lexikon; LThK; CSGL; LMA,I,289/290
Albert ⟨de Helmstede⟩
Albert ⟨de Saxe⟩
Albert ⟨of Halberstadt⟩
Albert ⟨von Ricmestorp⟩
Albert ⟨von Sachsen⟩
Alberto ⟨de Sajonia⟩
Alberto ⟨di Sassonia⟩
Albertus ⟨Bickmersdorf⟩
Albertus ⟨de Bickmersdorp⟩
Albertus ⟨de Kcikmersdor⟩
Albertus ⟨de Rickmersdorf⟩
Albertus ⟨de Riggensdorf⟩
Albertus ⟨Halberstadensis⟩
Albertus ⟨Rickmestrop⟩
Albertus ⟨Saxo⟩
Albrecht ⟨of Halberstadt⟩
Alertutius ⟨Saxo⟩
Saxonia, Albertus ¬de¬

Albertus ⟨de Siegburg⟩
→ **Albertus ⟨Monachus⟩**

Albertus ⟨de Siegburg⟩
12. Jh. · OSB
Glossarium super vetus et novum testamentum; nicht identisch mit Albertus ⟨Monachus⟩ (um 1461)
VL(2),1,141/42; Stegmüller, Repert. bibl. 1066-1071
Abertus ⟨de Siegburg⟩
Albert ⟨de Siegbourg⟩
Albert ⟨de Siegburg⟩
Albert ⟨von Siegburg⟩
Albertus ⟨de Siegbourg⟩
Albertus ⟨Sigebergensis⟩
Albertus ⟨Sigebertensis⟩
Siegburg, Albertus ¬de¬

Albertus ⟨de Stuttgart⟩
→ **Birchtel, Albert**

Albertus ⟨de Treffurt⟩
→ **Albrecht ⟨von Treffurt⟩**

Albertus ⟨de Utino⟩
15. Jh. · OESA
Stegmüller, Repert. bibl. 1080
Albert ⟨de Utino⟩
Utino, Albertus ¬de¬

Albertus ⟨de Waldkirchen⟩
um 1283/1332
Auctarium Alberti Plebani de Waldkirchen
Rep.Font. II,176
Albert ⟨Curé⟩
Albert ⟨de Waldkirchen⟩
Albertus ⟨Plebanus⟩
Albertus ⟨Plebanus de Waldkirchen⟩
Waldkirchen, Albert ¬de¬
Waldkirchen, Albertus ¬de¬

Albertus ⟨de Weissenstein⟩
→ **Albertus ⟨de Albolapide⟩**

Albertus ⟨Diaconus⟩
→ **Albertus ⟨Monachus⟩**

Albertus ⟨Diessensis⟩
→ **Albertus ⟨de Diessen⟩**

Albertus ⟨Divus⟩
→ **Algerus ⟨Leodiensis⟩**

Albertus ⟨Doctor Lovaniensis⟩
→ **Johannes ⟨Albertus⟩**

Albertus ⟨d'Orlamide⟩
→ **Albertus ⟨de Orlamunda⟩**

Albertus ⟨Dyessensis⟩
→ **Albertus ⟨de Diessen⟩**

Albertus ⟨Engelschalk⟩
um 1407
Identität mit Matthias ⟨Engelschalk⟩ (15. Jh.) nicht gesichert
Stegmüller, Repert. sentent. 49
Albert ⟨Engelschale⟩
Engelschale, Albert
Engelschalk, Albertus

Albertus ⟨Episcopus Lubecensis⟩
→ **Albertus ⟨de Krummendik⟩**

Albertus ⟨Erfordiensis⟩
14. Jh. · OP
Super Porphyrium; Super Praedicamenta; Super Perihermenias; etc.
Lohr; VL(2),1,123
Albert ⟨d'Erfurt⟩
Albertus ⟨Erfordensis⟩

Albertus ⟨Fantini⟩
→ **Rambertus ⟨de Bononia⟩**

Albertus ⟨Floriacensis⟩
→ **Adrevaldus ⟨Floriacensis⟩**

Albertus ⟨Galinganus⟩
→ **Albertus ⟨de Galinganis⟩**

Albertus ⟨Gandinus⟩
→ **Albertus ⟨de Gandino⟩**

Albertus ⟨Genuensis⟩
→ **Obertus ⟨Ianuensis⟩**

Albertus ⟨Grognolini⟩
um 1302 · OP
Sermones 9 de tempore; Sermones 4
Kaeppeli,I,30
Albert ⟨Grognolini⟩
Grognolini, Albert
Grognolini, Albertus

Albertus ⟨Grotus⟩
→ **Albertus ⟨Magnus⟩**

Albertus ⟨Halberstadensis⟩
→ **Albertus ⟨de Saxonia⟩**

Albertus ⟨Harlemius⟩
→ **Johannes ⟨Albertus⟩**

Albertus ⟨Hierosolymitanus⟩
ca. 1149 – 1214
Epistula ad Brocardum; Regula Carmelitarum
Rep.Font. II,176
Albert ⟨Avogadro⟩
Albert ⟨Bienheureux⟩
Albert ⟨de Jérusalem⟩
Albert ⟨de Verceil⟩
Albert ⟨von Jerusalem⟩
Albertus ⟨Leontius⟩
Albertus ⟨Patriarcha⟩
Albertus ⟨Sanctus⟩
Albertus ⟨Vercellensis⟩

Albertus ⟨Ianuensis⟩
→ **Albertus ⟨de Ianua⟩**

Albertus ⟨Johannis⟩
→ **Johannes ⟨Albertus⟩**

Albertus ⟨Laudensis⟩
→ **Albertus ⟨de Lauda⟩**

Albertus ⟨Lauingensis⟩
→ **Albertus ⟨Magnus⟩**

Albertus ⟨Lector Coloniae⟩
→ **Albertus ⟨Mediolanensis⟩**

Albertus ⟨Leidensis⟩
→ **Albertus ⟨Petri⟩**

Albertus ⟨Leontius⟩
→ **Albertus ⟨Hierosolymitanus⟩**

Albertus ⟨Lombardakommentator⟩
→ **Albertus**

Albertus ⟨Lombardus⟩
→ **Albertus ⟨de Lauda⟩**

Albertus ⟨Lubeck⟩
→ **Lubeck, Albertus**

Albertus ⟨Magister⟩
→ **Albertus ⟨Sancti Odomari⟩**

Albertus ⟨Magnus⟩
ca. 1193 – 1280
Tusculum-Lexikon; LThK; VL(2),1,124/138; LMA,I,294/299
Albert ⟨der Grosse⟩
Albert ⟨der Große⟩
Albert ⟨le Grand⟩
Albert ⟨the Great⟩
Albertus ⟨Alemannus⟩
Albertus ⟨Colonus⟩
Albertus ⟨de Bollstadt⟩
Albertus ⟨de Colonia⟩
Albertus ⟨de Lauging⟩
Albertus ⟨Grotus⟩
Albertus ⟨Lauingensis⟩
Albertus ⟨Teutonicus⟩
Magnus, Albertus
Petrus ⟨Teutonicus⟩
Petrus ⟨Theoctonicus⟩
Pseudo-Albertus ⟨Magnus⟩

Albertus ⟨Mandugasinus⟩
→ **Albertus ⟨de Brixia⟩**

Albertus ⟨Mediolanensis⟩
gest. 1308 · OFM
Schneyer,I,123
Albert ⟨de Cologne⟩
Albert ⟨de Milan⟩
Albertus ⟨Lector Coloniae⟩

Albertus ⟨Metensis⟩
gest. ca. 1021/24
Chronist; De diversitate temporum; viell. Verf. von Miracula S. Walburgae
Tusculum-Lexikon; LThK; CSGL; LMA,I,289; VL(2),1,256/258
Albert ⟨Chronist⟩
Albert ⟨von Metz⟩
Albert ⟨von Sankt Symphorian⟩
Albert ⟨von Sankt Vinzentius⟩
Albertus ⟨Sancti Symphoriani⟩
Alpert ⟨von Metz⟩
Alpertus ⟨Mettensis⟩
Alpertus ⟨Monachus Sancti Symphoriani⟩
Alpertus ⟨von Metz⟩

Albertus ⟨Metensis, OFM⟩
um 1302/03 · OFM
Schneyer,I,124
Albert ⟨de Metz⟩
Albert ⟨de Metz, Docteur Franciscain⟩
Albertus ⟨de Metis⟩
Albertus ⟨de Metz⟩
Albertus ⟨Metensis⟩

Albertus ⟨Miciacensis⟩
10./11. Jh.
CSGL
Albert ⟨of Mici⟩

Albertus ⟨Milioli⟩
um 1286
Chronica imperatorum
Albert ⟨Milioli⟩
Alberto ⟨Milioli⟩
Albertus ⟨Notarius⟩
Albertus ⟨Notarius Reginus⟩
Albertus ⟨Reginus⟩
Milioli, Albertus

Albertus ⟨Monachus⟩
um 1461 · OCist oder OSB
Chronica pontificum; Chronica imperatorum; Identität mit Albert ⟨Stuten von Unna⟩ (gest. 1456) unwahrscheinlich; Identität mit Albert ⟨de Siberg, Diaconus⟩ (gest. 1493) möglich; Herkunft des Chronisten aus Siegburg üblicherweise angenommen
Rep.Font. II,175
Albert ⟨de Siberg⟩
Albert ⟨de Siberg, Diaconus⟩
Albert ⟨de Siegberg⟩
Albert ⟨de Sigeberg⟩
Albert ⟨de Sigebergen⟩
Albert ⟨Diaconus⟩
Albert ⟨Moine⟩
Albert ⟨Mönch⟩
Albert ⟨Mönch in Siegburg⟩
Albert ⟨Siegebergensis⟩
Albert ⟨Stuten⟩
Albert ⟨Stuten von Unna⟩
Albert ⟨von Siegburg⟩
Albert ⟨von Unna⟩
Albertus ⟨de Siegburg⟩
Albertus ⟨Diaconus⟩
Albertus ⟨Sigebergensis⟩
Stuten, Albert

Albertus ⟨Notarius⟩
→ **Albertus ⟨Milioli⟩**

Albertus ⟨Oberaltahensis⟩
1239 – 1311
Potth.; VL(2),1,139/141
Albert ⟨von Oberaltaich⟩
Albertus ⟨of Oberaltaich⟩

Albertus ⟨Papa, Antipapa⟩
um 1102
Albert ⟨de Saint-Laurent⟩
Albert ⟨d'Aversa⟩
Albert ⟨Papst, Gegenpapst⟩
Alberto ⟨di Sabina⟩
Alberto ⟨Papa, Antipapa⟩

Albertus ⟨Patavinus⟩
→ **Albertus ⟨de Padua⟩**

Albertus ⟨Patriarcha⟩
→ **Albertus ⟨Hierosolymitanus⟩**

Albertus ⟨Petri⟩
gest. 1484 · OP
Epistula ad Gerhardum de Schüren; Acrostichon de utilitate ac salubritate psalterii B. Virginis
Kaeppeli,I,32/33
Albertus ⟨Leidensis⟩
Albertus ⟨Pietersz⟩
Petri, Albertus
Pietersz, Albertus

Albertus ⟨Pisanus⟩
→ **Albertus ⟨de Pisa⟩**
→ **Albertus ⟨de Pulta⟩**

Albertus ⟨Plebanus de Waldkirchen⟩
→ **Albertus ⟨de Waldkirchen⟩**

Albertus ⟨Porlesiensis⟩
um 1500 · OP
In commendationem singularium partium Summae moralis S. Antonini de Florentia epistulae et carmina
Kaeppeli,I,33
Albert ⟨de Porlezza⟩
Porlezza, Albert ¬de¬

Albertus ⟨Praepositus de Sancto Homero⟩
→ **Albertus ⟨Sancti Odomari⟩**

Albertus ⟨Pragensis⟩
gest. 1392 · OCart
Scala caeli
Albert ⟨Chartreux⟩
Albert ⟨de Prague⟩
Albert ⟨Prieur⟩
Albert ⟨Prieur de la Chartreuse⟩
Albert ⟨von Prag⟩
Albertus ⟨Prior⟩

Albertus ⟨Propositus Sancti Odomari⟩
→ **Albertus ⟨Sancti Odomari⟩**

Albertus ⟨Pultae⟩
→ **Albertus ⟨de Pulta⟩**

Albertus ⟨Reginus⟩
→ **Albertus ⟨Milioli⟩**

Albertus ⟨Remensis⟩
→ **Albertus ⟨de Remis⟩**
→ **Aubricius ⟨Remensis⟩**

Albertus ⟨Rickmestrop⟩
→ **Albertus ⟨de Saxonia⟩**

Albertus ⟨Sancti Odomari⟩
1268/1300
Predigten; Identität mit Adenulphus ⟨de Anagnia⟩ umstritten
Schneyer,I,91
Albertus ⟨de Sancto Homero⟩
Albertus ⟨Magister⟩
Albertus ⟨Praepositus de Sancto Homero⟩
Albertus ⟨Propositus Sancti Odomari⟩
Aubert ⟨de Saint-Omer⟩
Aubert ⟨Maître⟩
Aubert ⟨Prévôt de Saint-Omer⟩
Sancti Odomari, Albertus

Albertus ⟨Sancti Symphoriani⟩
→ **Albertus ⟨Metensis⟩**

Albertus ⟨Sanctus⟩
→ **Albertus ⟨Hierosolymitanus⟩**

Albertus ⟨Sapiens⟩
→ **Albrecht ⟨Österreich, Herzog, II.⟩**

Albertus ⟨Sarthianensis⟩
→ **Albertus ⟨de Sartiana⟩**

Albertus ⟨Saxo⟩
→ **Albertus ⟨de Saxonia⟩**

Albertus ⟨Scholasticus⟩
→ **Albrecht ⟨von Halberstadt⟩**

Albertus ⟨Sigebergensis⟩
→ **Albertus ⟨de Siegburg⟩**

Albertus ⟨Sigebergensis⟩
→ **Albertus ⟨Monachus⟩**

Albertus ⟨Snavel⟩
→ **Snavel, Albertus**

Albertus ⟨Socius Intimus⟩
um 1322
4 Strophen: Maria; 1 Minneliedstrophe
VL(2),1,142/143

Albertus ⟨Stadensis⟩
gest. 1264
Tusculum-Lexikon; LThK; VL(2),1,143/151
Albert ⟨de Stade⟩
Albert ⟨of Saint Mary's at Stade⟩
Albert ⟨von Stade⟩
Albertus
Albertus ⟨Bremensis⟩
Albertus ⟨de Ramesloh⟩
Albertus ⟨de Ramslo⟩
Albrecht ⟨of Saint Mary's at Stade⟩

Albertus ⟨Suho⟩
→ **Suho, Albertus**

Albertus ⟨Swebelinus⟩
→ **Swebelinus, Albertus**

Albertus ⟨Tegernseensis⟩
→ **Albertus ⟨de Diessen⟩**

Albertus ⟨Teuto⟩
→ **Albertus ⟨de Diessen⟩**

Albertus ⟨Teutonicus⟩
→ **Albertus ⟨Magnus⟩**

Albertus ⟨Vacetta de Bergamo⟩
13. Jh. · OFM
Summa super libro De generatione
Lohr
Alberto ⟨de Pergamo⟩
Albertus ⟨de Bergamo⟩
Albertus ⟨Vacetta⟩
Bergamo, Albertus ¬de¬
Vacetta, Albertus
Vacetta de Bergamo, Albertus

Albertus ⟨Varentrappe de Monasterio⟩
um 1400/08
Disputata librorum physicorum
Lohr
Albertus ⟨de Monasterio⟩
Albertus ⟨Varentrappe⟩
Albertus ⟨Warentrappe⟩
Monasterio, Albertus ¬de¬
Varentrappe, Albertus
Varentrappe de Monasterio, Albertus
Warentrappe, Albertus

Albertus ⟨Vercellensis⟩
→ **Albertus ⟨Hierosolymitanus⟩**

Albertus ⟨von Asti⟩
→ **Albertus ⟨Astensis⟩**

Albertus ⟨von Augsburg⟩
→ **Albertus ⟨Augustanus⟩**

Albertus ⟨von Erfford⟩
→ **Albert ⟨von Erford⟩**

Albertus ⟨von Sarziano⟩
→ **Albertus ⟨de Sartiana⟩**

Albertus ⟨Warentrappe⟩
→ **Albertus ⟨Varentrappe de Monasterio⟩**

Albertus, Arnaldus
→ **Arnaldus ⟨Alberti⟩**

Albertus, Johannes
→ **Johannes ⟨Albertus⟩**

Albertus, Leo Baptista
→ **Alberti, Leon Battista**

Alberuni
→ **Bīrūnī, Abu-'r-Raiḥān Muḥammad Ibn-Aḥmad ¬al-¬**

Alberus
→ **Alber**

Albia, Guilelmus ¬de¬
→ **Guilelmus ⟨de Albia⟩**

Albich, Siegmund
ca. 1358 – 1426
Meyer; LMA,I,302; VL(2),1,154/155
Albicus ⟨de Uničov⟩
Albicus ⟨de Unicow⟩
Albicus ⟨Pragensis⟩
Siegmund ⟨Albich⟩
Unicow, Albicus ¬de¬

Albicius, Bartholomaeus
→ **Bartholomaeus ⟨Albicius⟩**

Albicus ⟨de Uničov⟩
→ **Albich, Siegmund**

Albicus ⟨Pragensis⟩
→ **Albich, Siegmund**

Albin ⟨Evêque de Bréchin⟩
→ **Albinus ⟨Scotus⟩**

Albin ⟨Historien⟩
→ **Albinus ⟨Cardinalis⟩**

Albin ⟨Préchantre⟩
→ **Albinus ⟨Scotus⟩**

Albin ⟨Scholaris⟩
→ **Albinus ⟨Cardinalis⟩**

Albin ⟨von Clairvaux⟩
→ **Albuinus ⟨Claraevallensis⟩**

Albini, Giacomo
→ **Albinus, Jacobus**

Albini, Jean
→ **Albinus, Johannes**

Albiniaco, Johannes ¬de¬
→ **Johannes ⟨de Albiniaco⟩**

Albino, Giovanni
→ **Albinus, Johannes**

Albinus
→ **Alcuinus, Flaccus**

Albinus ⟨Abbas⟩
→ **Alcuinus, Flaccus**

Albinus ⟨Brechinensis⟩
→ **Albinus ⟨Scotus⟩**

Albinus ⟨Cardinalis⟩
um 1182/89
Eglogarum digesta pauperis scholaris Albini
Rep.Font. II,177
Albin ⟨Historien⟩
Albin ⟨Scholaris⟩
Albinus ⟨of Albano⟩
Albinus ⟨Pauper Scholaris⟩
Cardinalis, Albinus

Albinus ⟨Episcopus⟩
→ **Albinus ⟨Scotus⟩**

Albinus ⟨Eremita⟩
→ **Albuinus ⟨Claraevallensis⟩**

Albinus ⟨of Albano⟩
→ **Albinus ⟨Cardinalis⟩**

Albinus ⟨Pauper Scholaris⟩
→ **Albinus ⟨Cardinalis⟩**

Albinus ⟨Platonicus⟩
→ **Alcuinus, Flaccus**

Albinus ⟨Praecentor in Cathedrali Brechinensi⟩
→ **Albinus ⟨Scotus⟩**

Albinus ⟨Scotus⟩
um 1246
Comment. in Sacram Scripturam
Stegmüller, Repert. bibl.
Albin ⟨Evêque de Bréchin⟩
Albin ⟨Préchantre⟩
Albinus ⟨Brechinensis⟩
Albinus ⟨Episcopus⟩
Albinus ⟨Praecentor in Cathedrali Brechinensi⟩
Scotus, Albinus

Albinus, Flaccus
→ **Alcuinus, Flaccus**

Albinus, Jacobus
ca. 1300 – ca. 1348
De sanitatis custodia; Memoria pro auro potabili
Rep.Font. VI,106; LMA,I,307
Albini, Giacomo
Giacomo ⟨Albini⟩
Giacomo ⟨Chirurgo⟩
Giacomo ⟨di Moncalieri⟩
Giacomo ⟨Maestro⟩
Jacobo ⟨Maestro⟩
Jacobus ⟨Albini⟩
Jacobus ⟨Albinis⟩
Jacobus ⟨Albinus⟩
Jacobus ⟨Chirurgicus⟩
Jacobus ⟨de Montecaliero⟩
Jacobus ⟨Magister⟩

Albinus, Johannes
um 1490
De gestis regum Neapolitanorum ab Aragonia
Rep.Font. II,176
Albini, Jean
Albino, Giovanni
Giovanni ⟨Albino⟩
Giovanni ⟨Albino Lucano⟩
Jean ⟨Albini⟩
Johannes ⟨Albinus⟩

Albinus Flaccus, Alcuinus
→ **Alcuinus, Flaccus**

Al-Bīrūnī
→ **Bīrūnī, Abu-'r-Raiḥān Muḥammad Ibn-Aḥmad ¬al-¬**

Albisius, Bartholomaeus
→ **Bartholomaeus ⟨Albicius⟩**

Al-Bitruji
→ **Biṭrūǧī, Nūr-ad-Dīn ¬al-¬**

Albiziis, Humbertus ¬de¬
→ **Humbertus ⟨de Albiziis⟩**

Albizzeschi, Bernardino ¬degli¬
→ **Bernardinus ⟨Senensis⟩**

Albizzi, Bartolommeo
→ **Bartholomaeus ⟨Albicius⟩**

Albizzi, Humbertus ¬de¬
→ **Humbertus ⟨de Albiziis⟩**

Albizzi, Luca ¬degli¬
1382 – 1458
Albizzi, Luc
Albizzi, Luca di Maso ¬degli¬
DegliAlbizzi, Luca
DegliAlbizzi, Luca di Maso

DiMaso degli Albizzi, Luca
Luc ⟨Albizzi⟩
Luca ⟨degli Albizzi⟩
Luca ⟨di Maso degli Albizzi⟩
Luca ⟨DiMaso degli Albizzi⟩
Luca ⟨DiMaso DegliAlbizzi⟩
Maso degli Albizzi, Luca ¬di¬
Maso DegliAlbizzi, Luca ¬di¬

Albizzi, Rinaldo ¬degli¬
1370 – 1442
LMA,I,308/309
Albizzi, Renaud
DegliAlbizzi, Rinaldo
Renaud ⟨Albizzi⟩
Rinaldo ⟨degli Albizzi⟩

Albizzotto Guidi, Jacobo ¬d'¬
→ **Jacopo ⟨d'Albizzotto Guidi⟩**

Alblin
14./15. Jh.
Lied (dreistrophig)
VL(2),1,155/56

Albo ⟨Evêque⟩
→ **Adalbertus ⟨Salisburgensis⟩**

Albo ⟨Floriacensis⟩
→ **Abbo ⟨Floriacensis⟩**

Albô, Yôsēf
ca. 1365 – 1444
Sefer ha-ʿiqqarim
LMA,V,630
Albo, José
Albo, Joseph
José ⟨Albo⟩
Joseph ⟨Albo⟩
Josephus ⟨Albo⟩
Yôsēf ⟨Albô⟩

Alboassar
→ **Abū-Maʿšar Ǧaʿfar Ibn-Muḥammad**

Albohali
→ **Abū-ʿAlī al-Ḫaiyāṭ, Yaḥyā Ibn-Ġālib**

Albohazen
→ **Ibn-Abi-'r-Riǧāl, Abu-'l-Ḥasan ʿAlī**

Alboin ⟨de Gorze⟩
→ **Albuinus ⟨Claraevallensis⟩**

Alboin ⟨Priester⟩
→ **Alboinus ⟨Presbyter⟩**

Alboinis, Petrus ¬de¬
→ **Petrus ⟨Mantuanus⟩**

Alboinus ⟨Presbyter⟩
um 1075/76
De incontinentia sacerdotum altercatio; Epistolae ad Bernoldum
Rep.Font. II,177
Alboin ⟨Prêtre⟩
Alboin ⟨Priester⟩
Alboinus
Albuin ⟨Priester⟩
Albuinus ⟨Presbyter⟩
Presbyter Alboinus

Albolapide, Albertus ¬de¬
→ **Albertus ⟨de Albolapide⟩**

Albon, Eadmundus
→ **Edmundus ⟨Albanus⟩**

Albon, Guilelmus
gest. 1476
Registrum
Rep.Font. II,178
Albon, William
Guilelmus ⟨Albon⟩
William ⟨Albon⟩

Albornotius, Aegidius
→ **Aegidius ⟨Albornoz⟩**

Albornoz, Carillo ¬d'¬
→ **Aegidius ⟨Albornoz⟩**

Albornoz, Pedro Carrillo ¬de¬
→ **Carrillo de Huete, Pedro**

Al-Boukhari
→ **Buḫārī, Muḥammad Ibn-Ismāʿīl ¬al-¬**

Albrant ⟨der Meister⟩
13. Jh.
Roßarzneibuch
VL(2),1,154,157/158
Albertin
Albrant ⟨Meister⟩
Albrecht
Albrecht ⟨der Meister⟩
Albrecht ⟨Meister⟩
Albrecht ⟨von Constantinopel⟩
Albrecht, Andreas
Albret
Alebrant
Hilbrant
Hildebrant
Meister, Albrant ¬der¬

Albrecht ⟨Achilles⟩
→ **Albrecht Achilles ⟨Brandenburg, Kurfürst, III.⟩**

Albrecht ⟨Baumholz⟩
→ **Baumholz, Albrecht**

Albrecht ⟨Bayern, Herzog, III.⟩
1401 – 1460
Hertzog Albrechts rennen
VL(2),1,175/76
Albert ⟨Bavière, Duc, I.⟩
Albert ⟨le Pieux⟩
Albrecht ⟨der Fromme⟩

Albrecht ⟨Brandenburg, Kurfürst, III.⟩
→ **Albrecht Achilles ⟨Brandenburg, Kurfürst, III.⟩**

Albrecht ⟨Bruder⟩
→ **Albrecht ⟨der Lesemeister⟩**

Albrecht ⟨Cancelere⟩
→ **Albertus ⟨de Bardewic⟩**

Albrecht ⟨de Scharfenberg⟩
→ **Albrecht ⟨von Scharfenberg⟩**

Albrecht ⟨der Ältere⟩
→ **Albrecht Achilles ⟨Brandenburg, Kurfürst, III.⟩**

Albrecht ⟨der Beherzte⟩
→ **Albrecht ⟨Sachsen, Herzog⟩**

Albrecht ⟨der Fromme⟩
→ **Albrecht ⟨Bayern, Herzog, III.⟩**

Albrecht ⟨der Lahme⟩
→ **Albrecht ⟨Österreich, Herzog, II.⟩**

Albrecht ⟨der Lesemeister⟩
Lebensdaten nicht ermittelt
Predigt (Auslegung: Speisung der Fünftausend (Joh.)); Identität des Bruders Albrecht mit Albrecht dem Lesemeister wahrscheinlich
VL(2),1,199 bzw. VL(2),1,173/74
Albrecht ⟨Bruder⟩
Bruder Albrecht
Lesemeister Albrecht, ¬Der¬

Albrecht ⟨der Meister⟩
→ **Albrant ⟨der Meister⟩**

Albrecht ⟨der Weise⟩
→ **Albrecht ⟨Österreich, Herzog, II.⟩**

Albrecht ⟨Dichter des Jüngeren Titurel⟩
→ **Albrecht ⟨von Scharfenberg⟩**

Albrecht ⟨Fleischmann⟩
→ **Fleischmann, Albrecht**

Albrecht ⟨Friesland, Gubernator⟩
→ **Albrecht ⟨Sachsen, Herzog⟩**

Albrecht ⟨Lesch⟩
→ **Lesch, Albrecht**

Albrecht ⟨Mecklenburg, Herzog, I.⟩
gest. 1375
Albert ⟨Mecklembourg, Duc, I.⟩

Albrecht ⟨Mecklenburg, Herzog, II.⟩
1318 – 1379
LMA,I,320/21
Albert ⟨Mecklembourg, Duc, II.⟩

Albrecht ⟨Mecklenburg, Herzog, III.⟩
→ **Albrekt ⟨Sverige, Konung⟩**

Albrecht ⟨Mecklenburg, Herzog, V.⟩
1438 – 1483
Europ. Stammtaf.,I,121
Albrecht ⟨Mecklenburg-Schwerin, Herzog, V.⟩

Albrecht ⟨Meister⟩
→ **Albrant ⟨der Meister⟩**

Albrecht ⟨Österreich, Herzog, II.⟩
1298 – 1358
LMA,I,321
Albert ⟨Autriche, Duc, II.⟩
Albert ⟨le Boiteux⟩
Albert ⟨le Sage⟩
Albertus ⟨Austria, Dux, II.⟩
Albertus ⟨Sapiens⟩
Albrecht ⟨der Lahme⟩
Albrecht ⟨der Weise⟩

Albrecht ⟨of Halberstadt⟩
→ **Albertus ⟨de Saxonia⟩**

Albrecht ⟨of Saint Mary's at Stade⟩
→ **Albertus ⟨Stadensis⟩**

Albrecht ⟨Paumholcz⟩
→ **Baumholz, Albrecht**

Albrecht ⟨Pfister⟩
→ **Pfister, Albrecht**

Albrecht ⟨Sachsen, Herzog⟩
1443 – 1500
LMA,I,322
Albert ⟨le Courageux⟩
Albert ⟨Saxe, Duc⟩
Albrecht ⟨der Beherzte⟩
Albrecht ⟨Friesland, Gubernator⟩
Albrecht ⟨Sachsen, Kurfürst⟩

Albrecht ⟨Schweden, König⟩
→ **Albrekt ⟨Sverige, Konung⟩**

Albrecht ⟨van Bardewic⟩
→ **Albertus ⟨de Bardewic⟩**

Albrecht ⟨van Borgunnien⟩
um 1400
VL(2),1,179/180
Borgunnien, Albrecht ¬van¬

Albrecht ⟨von Bardewik⟩
→ **Albertus ⟨de Bardewic⟩**

Albrecht ⟨von Bonstetten⟩
→ **Bonstetten, Albrecht ¬von¬**

Albrecht ⟨von Constantinopel⟩
→ **Albrant ⟨der Meister⟩**

Albrecht ⟨von Eyb⟩
1420 – 1475
LThK; CSGL; VL(2),1,180/186
Albertus ⟨de Eiib⟩
Albertus ⟨de Eyb⟩
Eyb, Albertus ¬de¬
Eyb, Albrecht ¬von¬
Eybe, Albertus ¬de¬
Eybe, Albrecht ¬von¬

Albrecht ⟨von Haigerloch⟩
→ **Albrecht ⟨von Hohenberg⟩**

Albrecht ⟨von Halberstadt⟩
um 1210/1218
Erster deutscher Bearbeiter der Metamorphosen Ovids; wahrscheinlich identisch mit Albertus ⟨Scholasticus⟩
VL(2),1,187; LMA,I,325
Albert ⟨d'Halberstadt⟩
Albertus ⟨Scholasticus⟩
Albertus ⟨Scolasticus⟩
Halberstadt, Albrecht ¬von¬
Halberstatt, Albrecht ¬von¬

Albrecht ⟨von Hohenberg⟩
ca. 1235 – 1298
2 Liedstrophen
VL(2),1,186/187
Albert ⟨von Haigerloch⟩
Albert ⟨von Hohenberg⟩
Albert ⟨von Hohenberg und Haigerloch, II.⟩
Albert ⟨von Rotenburg⟩
Albrecht ⟨Hohenberg, Graf, II.⟩
Albrecht ⟨von Haigerloch⟩
Albrecht ⟨von Heigerlor⟩
Albrecht ⟨von Heigerlov⟩
Heigerlov, Albrecht ¬von¬
Hohenberg, Albrecht ¬von¬

Albrecht ⟨von Johannsdorf⟩
um 1200
Meyer; VL(2),1,191/195
Albertus ⟨de Jahenstorff⟩
Albertus ⟨de Janestorf⟩
Albertus ⟨de Johanstorf⟩
Albrecht ⟨von Johannesdorf⟩
Johannsdorf, Albrecht ¬von¬

Albrecht ⟨von Kemenaten⟩
ca. 1219 – ca. 1241
Goldemar
VL(2),1,195/98; LMA,I,326
Albert ⟨de Kemenaten⟩
Albertus ⟨de Kemenaten⟩
Albertus ⟨de Kemenaten Eckium⟩
Kemenaten, Albrecht ¬von¬

Albrecht ⟨von Lannenberg⟩
um 1453
Her Albrecht von Lannenbergks Kunst (Abschnitt)
VL(2),1,198
Albrecht ⟨von Lannenbergk⟩
Lannenberg, Albrecht ¬von¬

Albrecht ⟨von Saarbrücken⟩
→ **Adalbertus ⟨Moguntinensis, ...⟩**

Albrecht ⟨von Scharfenberg⟩
13. Jh.
Identität mit Albrecht ⟨Dichter des Jüngeren Titurel⟩ umstritten
Meyer; LMA,I,326; VL(2),1,158/173,200/206
Albrecht ⟨de Scharfenberg⟩
Albrecht ⟨Dichter des Jüngeren Titurel⟩
Albrecht ⟨von Scharffenberg⟩
Scharfenberg, Albrecht ¬von¬

Albrecht ⟨von Treffurt⟩
um 1300
2 Predigten
VL(2),1,207; Kaeppeli,I,34/35
Albert ⟨d'Erfurt⟩
Albertus ⟨de Treffurt⟩
Treffurt, Albrecht ¬von¬

Albrecht ⟨von Weissenstein⟩
→ **Albertus ⟨de Albolapide⟩**

Albrecht, Andreas
→ **Albrant ⟨der Meister⟩**

Albrecht Achilles ⟨Brandenburg, Kurfürst, III.⟩
1414 – 1486
Dispositio Achillea
LMA,I,317/18
Achilles ⟨Germanicus⟩
Albert ⟨Brandenbourg, Prince-Electeur, III.⟩
Albert ⟨l'Achille⟩
Albert ⟨l'Ulysse⟩
Albertus ⟨Brandenburgensis Elector, III.⟩
Albrecht ⟨Achilles⟩
Albrecht ⟨Brandenburg, Kurfürst, III.⟩
Albrecht ⟨der Ältere⟩
Albrecht Achilles ⟨Brandenburg, Markgraf⟩
Brandenburgischer Ulysses

Albrekt ⟨Sverige, Konung⟩
1338 – 1412
LMA,I,314/15
Albert ⟨Mecklembourg, Duc, III.⟩
Albert ⟨Suède, Roi⟩
Albrecht ⟨Mecklenburg, Herzog, III.⟩
Albrecht ⟨Schweden, König⟩

Albret
→ **Albrant ⟨der Meister⟩**

Albricius ⟨Cantuariensis⟩
→ **Aelfricus ⟨Cantuariensis⟩**

Albricius ⟨Philosophus⟩
→ **Albericus ⟨Londoniensis⟩**

Albricus
→ **Helpericus ⟨Altissiodorensis⟩**

Albricus ⟨Londoniensis⟩
→ **Albericus ⟨Londoniensis⟩**

Albricus ⟨Philosophus⟩
→ **Albericus ⟨Londoniensis⟩**

Albrizzi ⟨Philosophus⟩
→ **Albericus ⟨Londoniensis⟩**

Albuac
→ **Abū-ʿAlī al-Ḫaiyāṭ, Yaḥyā Ibn-Ġālib**

Albuatyn
→ **Abū-ʿAlī al-Ḫaiyāṭ, Yaḥyā Ibn-Ġālib**

Albucasis
→ **Zahrāwī, Ḫalaf Ibn-ʿAbbās ¬az-¬**

Albucius ⟨Philosophus⟩
→ **Albericus ⟨Londoniensis⟩**

Albuehali
→ **Abū-ʿAlī al-Ḫaiyāṭ, Yaḥyā Ibn-Ġālib**

Albuin ⟨of Gorze⟩
→ **Albuinus ⟨Claraevallensis⟩**

Albuin ⟨Priester⟩
→ **Alboinus ⟨Presbyter⟩**

Albuin ⟨von Brixen⟩
→ **Albuinus ⟨Brixiensis⟩**

Albuin ⟨von Säben⟩
→ **Albuinus ⟨Brixiensis⟩**

Albuinus
→ **Alcuinus, Flaccus**

Albuinus ⟨Brixiensis⟩
gest. 1006
Stegmüller, Repert. bibl.
Albuin ⟨von Brixen⟩
Albuin ⟨von Säben⟩
Albuinus ⟨Sanctus⟩
Alpuinus ⟨de Carantania⟩
Alpuinus ⟨von Kärnten⟩

Albuinus ⟨Claraevallensis⟩
10. Jh.
CSGL

Albin ⟨von Clairvaux⟩
Albinus ⟨Eremita⟩
Alboin ⟨de Gorze⟩
Albuin ⟨of Gorze⟩
Albuinus ⟨Eremita⟩
Albuinus ⟨Gorzianus⟩
Albwinus ⟨Gorziensis⟩

Albuinus ⟨Gorzianus⟩
→ **Albuinus ⟨Claraevallensis⟩**

Albuinus ⟨Presbyter⟩
→ **Alboinus ⟨Presbyter⟩**

Albuinus ⟨Sanctus⟩
→ **Albuinus ⟨Brixiensis⟩**

Albukerque, Alfonsus ¬de¬
→ **Alfonsus ⟨de Albukerque⟩**

Albuleizor
→ **Abu-'l-A'lā Zuhr Ibn-'Abd-al-Malik**

Albumasar
→ **Abū-Ma'šar Ǧa'far Ibn-Muḥammad**

Albuquerque, Beltrán de la Cueva ¬de¬
→ **Cueva, Beltrán ¬de la¬**

Alburwic, Robertus ¬de¬
→ **Robertus ⟨de Alburwic⟩**

Albus, Cummineus
→ **Cummineus ⟨Albus⟩**

Albwinus ⟨Gorziensis⟩
→ **Albuinus ⟨Claraevallensis⟩**

Alcabitius ⟨der Lateiner⟩
→ **Qabīṣī, Abu-'ṣ-Ṣaqr 'Abd-al-'Azīz Ibn-'Uṯmān ¬al-¬**

Alcadinus ⟨Siculus⟩
ca. 1160 – ca. 1212/34
De balneis Puteolanis
Alcadino ⟨de Siracusa⟩
Alcadino ⟨de Syracuse⟩
Alcadinus ⟨Garsini Syracusani Filius⟩
Alcadinus ⟨Medicus⟩
Alcadinus ⟨Poeta⟩
Alcadinus ⟨Syracusanus⟩
Siculus, Alcadinus

Alcamo, Cielo ¬d'¬
→ **Cielo ⟨d'Alcamo⟩**

Alchabitius
→ **Qabīṣī, Abu-'ṣ-Ṣaqr 'Abd-al-'Azīz Ibn-'Uṯmān ¬al-¬**

Al-Chakin
→ **Makīn Ibn-al-'Amīd, Ǧirǧīs ¬al¬**

Alchbinus
→ **Alcuinus, Flaccus**

Alchemist Martin
→ **Martin ⟨Alchemist⟩**

Alchemista Heliodorus
→ **Heliodorus ⟨Alchemista⟩**

Alcherius
14./15. Jh.
Geomantia

Alcherus ⟨Claraevallensis⟩
12. Jh. · OCist
De spiritu et anima
Alcher ⟨Cistercian Monk⟩
Alcher ⟨Cistercien⟩
Alcher ⟨de Clairvaux⟩
Alcher ⟨Moine⟩
Alcherius ⟨Claraevallensis⟩
Alcherus ⟨Cistercien⟩
Alcherus ⟨de Clairvaux⟩
Aucher ⟨de Clairvaux⟩

Alcherus, Thomas
→ **Thomas ⟨Alcherus⟩**

Alchimista Johannes
→ **Johannes ⟨Alchimista⟩**

Alchiran
→ **Angelramnus ⟨Centulensis⟩**

Alchuine
→ **Alcuinus, Flaccus**

Alciati, Benedictus
→ **Benedictus ⟨Alciati⟩**

Alcidus
12. Jh.
De immortalitate animae
Alcibidio
Alcides
Alcidius
Alcido
Alcydus
Altidio
Altividius ⟨Philosophus⟩
Altividus

Alcimus Ecdicius ⟨Avitus⟩
→ **Avitus, Alcimus Ecdicius**

Alciso ⟨Nicopolitanus⟩
6. Jh.
Epistula monachorum Palaestinensium ad Alcisonem Nicopolitanum
Cpg 9176
Nicopolitanus, Alciso

Alcoatin
um 1159
Alcoatî
Alcoatim
Alkoatim
Sulaimān Ibn al-Hārith al-Ḳūlī

Alcobaca, Johannes ¬de¬
→ **Johannes ⟨de Alcobaca⟩**

Alcock, Johannes
→ **Johannes ⟨Alcock⟩**

Alcuinus, Flaccus
732 – 804
LThK; CSGL; Potth.; LMA,I,417/420; VL(2),1,241/253
Albinus
Albinus ⟨Abbas⟩
Albinus ⟨Platonicus⟩
Albinus ⟨Theologus⟩
Albinus, Flaccus
Albinus Flaccus, Alcuinus
Albuinus
Alchbinus
Alchuine
Alchuinus ⟨Abbas⟩
Alchuinus ⟨Puplius⟩
Alchvine
Alchwinus
Alcuin
Alcuin ⟨of York⟩
Alcuin, Flaccus
Alcuinus ⟨Albinus⟩
Alcuinus ⟨Flaccus⟩
Alcuinus ⟨Turonensis⟩
Alcuinus, Albinus
Alcuinus, Albinus Flaccus
Alcwinus, Albinus Flaccus
Alcwinus, Flaccus
Alkuin
Alquinus
Ealhwine
Flaccus ⟨Alcuinus⟩
Pseudo-Alcuinus
Pseudo-Alcuinus, Flaccus

Alcydus
→ **Alcidus**

Aldebaldus ⟨Lerinensis⟩
10./11. Jh.
S. Maiolis abbatis Cluniacensis Vita
Rep.Font. II,184
Aldebald ⟨de Lérins⟩
Aldebald ⟨Moine à Cluny⟩
Aldebaldus

Aldeberctus
→ **Adalbertus ⟨Haereticus⟩**

Aldebert, Antoine
→ **Antoine ⟨Aldebert⟩**

Aldeberti, Petrus
→ **Petrus ⟨Aldeberti⟩**

Aldebertus ⟨Lavardinensis⟩
→ **Hildebertus ⟨Lavardinensis⟩**

Aldebertus ⟨Mimatensis⟩
um 1187/88
De inventione et translatione corporis S. Privati et de miraculis libelli sex.
Rep,Font II,185
Adalbert ⟨de Capione⟩
Adalbert ⟨de Mende⟩
Adalbert ⟨de Tournel⟩
Adelbert ⟨de Tournel⟩
Aldebertus ⟨Episcopus Mimatensis, III.⟩

Aldebrandin ⟨de Sienne⟩
→ **Aldobrandino ⟨da Siena⟩**

Aldemarus ⟨Parisiensis⟩
um 1331 · OCart
Ademarius ⟨Parisiensis⟩
Adomarus ⟨Parisiensis⟩

Alderotti, Thaddaeus
→ **Thaddaeus ⟨Alderotti⟩**

Aldfrith ⟨Northumbria, King⟩
um 685/705
Mitadressat eines Briefes von Johannes ⟨Papa, VI.⟩
Cpl 1742; LMA,I,345/346
Aethelredus et Alfridus ⟨Reges⟩
Alfridus ⟨Rex⟩

Aldhelmus ⟨Schireburnensis⟩
ca. 640 – 709
Tusculum-Lexikon; CSGL; Potth.; LMA,I,346/347
Adelhelmus ⟨Schireburnensis⟩
Adelinus ⟨Schireburnensis⟩
Adelme ⟨de Sherborne⟩
Adelmus ⟨Malmesburiensis⟩
Adelmus ⟨Schireburnensis⟩
Aldhelm ⟨of Malmesbury⟩
Aldhelm ⟨of Sherborne⟩
Aldhelm ⟨von Malmesbury⟩
Aldhelm ⟨von Sherborne⟩
Aldhelmus ⟨Sanctus⟩
Aldhelmus ⟨Scireburnensis⟩
Aldhelmus ⟨Sherbornensis⟩
Althelmus ⟨Schireburnensis⟩
Anthelmus ⟨Schireburnensis⟩
Ealdhelm ⟨of Sherborne⟩

Aldigerio ⟨de Zevio⟩
→ **Altichiero ⟨da Zevio⟩**

Al-Djajjani
→ **Gaiyānī, Abū-'Abdallāh Muḥammad Ibn-Mu'āḏ ¬al-¬**

Aldobrandin ⟨Cavalcanti⟩
→ **Cavalcanti, Aldobrandinus**

Aldobrandin ⟨de Ferrare⟩
→ **Aldobrandinus ⟨de Ferraria⟩**

Aldobrandin ⟨de Florence⟩
→ **Cavalcanti, Aldobrandinus**

Aldobrandin ⟨de Sienne⟩
→ **Aldobrandino ⟨da Siena⟩**

Aldobrandin ⟨de Toscanella⟩
→ **Aldobrandinus ⟨de Tuscanella⟩**

Aldobrandin ⟨Papparoni⟩
→ **Aldobrandinus ⟨de Paparonis⟩**

Aldobrandino ⟨Cavalcanti⟩
→ **Cavalcanti, Aldobrandinus**

Aldobrandino ⟨da Siena⟩
13. Jh.
Ital. Dichter
LMA,I,348
Aldebrandin ⟨de Sienne⟩
Aldobraldino ⟨il Filosofo⟩
Aldobrandin ⟨de Sienne⟩
Aldobrandin ⟨Poète Italien⟩
Aldobrandino ⟨il Maestro⟩
Siena, Aldobrandino ¬da¬

Aldobrandino ⟨da Toscanella⟩
→ **Aldobrandinus ⟨de Tuscanella⟩**

Aldobrandino ⟨de Ferrare⟩
→ **Aldobrandinus ⟨de Ferraria⟩**

Aldobrandino ⟨del Garbo⟩
→ **Garbo, Dinus ¬de¬**

Aldobrandino ⟨il Maestro⟩
→ **Aldobrandino ⟨da Siena⟩**

Aldobrandinus ⟨Cavalcanti⟩
→ **Cavalcanti, Aldobrandinus**

Aldobrandinus ⟨de Callegariis⟩
→ **Aldobrandinus ⟨de Ferraria⟩**

Aldobrandinus ⟨de Cavalcanti⟩
→ **Cavalcanti, Aldobrandinus**

Aldobrandinus ⟨de Cavalcantibus⟩
→ **Cavalcanti, Aldobrandinus**

Aldobrandinus ⟨de Ferraria⟩
um 1378 · OP
Officium rythmicum et sequentia in Missa pro festo Translationis S. Thomae de Aquino
Kaeppeli,I,38/39
Aldobrandin ⟨de Ferrare⟩
Aldobrandino ⟨de Ferrare⟩
Aldobrandinus ⟨de Callegariis⟩
Aldobrandinus ⟨de Collegariis⟩
Aldobrandinus ⟨Ferrariensis⟩
Aldobrando ⟨de Ferrare⟩
Ferraria, Aldobrandinus ¬de¬

Aldobrandinus ⟨de Foscanella⟩
→ **Aldobrandinus ⟨de Tuscanella⟩**

Aldobrandinus ⟨de Paparonis⟩
gest. 1286
Legendae b. Ambrosii Sansedonii epistola praemissa, prolog. et capita octo; Lamento de novo Ambrosio; Epistula ad Christinam Stumbelensem
Potth. 893; Schönberger/Kible, Repertorium, 10710/11; Kaeppeli,I,39
Aldobrandin ⟨Papparoni⟩
Aldobrandin ⟨Papparoni de Sienne⟩
Aldobrandinus ⟨de Paparonis Senensis⟩
Aldobrandinus ⟨Paparoni⟩
Aldobrandinus ⟨Paparonus⟩
Aldobrandinus ⟨Paparonus Senensis⟩
Aldobrandinus ⟨Papparonus⟩
Paparonis, Aldobrandinus ¬de¬
Paparonus, Aldobrandinus
Papparoni, Aldobrandin
Papparonus, Aldobrandinus

Aldobrandinus ⟨de Tuscanella⟩
um 1314 · OP
Stegmüller, Repert. bibl. 1105/06; Schneyer,I,222
Aldobrandin ⟨de Toscanella⟩
Aldobrandino ⟨da Toscanella⟩
Aldobrandinus ⟨de Foscanella⟩
Aldobrandinus ⟨de Toscanella⟩
Aldobrandinus ⟨de Toscanota⟩
Aldobrandinus ⟨Lector Pisanus⟩
Aldobrando ⟨de Toscanella⟩
Aldobrando ⟨de Tuscanella⟩
Aldobrandus ⟨de Tuscanella⟩
Hildebrandus ⟨de Tuscanella⟩
Tuscanella, Aldobrandinus ¬de¬

Aldobrandinus ⟨Ferrariensis⟩
→ **Aldobrandinus ⟨de Ferraria⟩**

Aldobrandinus ⟨Florentinus⟩
→ **Cavalcanti, Aldobrandinus**

Aldobrandinus ⟨Italus⟩
→ **Cavalcanti, Aldobrandinus**

Aldobrandinus ⟨Lector Pisanus⟩
→ **Aldobrandinus ⟨de Tuscanella⟩**

Aldobrandinus ⟨Paparoni⟩
→ **Aldobrandinus ⟨de Paparonis⟩**

Aldobrando ⟨de Ferrare⟩
→ **Aldobrandinus ⟨de Ferraria⟩**

Aldobrando ⟨de Tuscanella⟩
→ **Aldobrandinus ⟨de Tuscanella⟩**

Aldowin ⟨von Rouen⟩
→ **Audoenus ⟨Rothomagensis⟩**

Aldric ⟨de Ferrières⟩
→ **Aldricus ⟨Senonensis⟩**

Aldric ⟨de Metz⟩
→ **Aldricus ⟨Cenomanensis⟩**

Aldric ⟨de Sens⟩
→ **Aldricus ⟨Senonensis⟩**

Aldric ⟨du Mans⟩
→ **Aldricus ⟨Cenomanensis⟩**

Aldric ⟨Saint⟩
→ **Aldricus ⟨Senonensis⟩**

Aldrich ⟨Bischof⟩
→ **Aldricus ⟨Cenomanensis⟩**

Aldrich ⟨Scholaster von Metz⟩
→ **Aldricus ⟨Cenomanensis⟩**

Aldrich ⟨von LeMans⟩
→ **Aldricus ⟨Cenomanensis⟩**

Aldrich ⟨von Sens⟩
→ **Aldricus ⟨Senonensis⟩**

Aldricus ⟨Archiepiscopus⟩
→ **Aldricus ⟨Senonensis⟩**

Aldricus ⟨Cenomanensis⟩
800 – 857
Gesta domini Aldrici
LMA,I,349; CC Clavis, Auct. Gall. 1,97 ff.
Aldric ⟨de Metz⟩
Aldric ⟨du Mans⟩
Aldric ⟨of LeMans⟩
Aldrich ⟨Bischof⟩
Aldrich ⟨Scholaster von Metz⟩
Aldrich ⟨von LeMans⟩
Aldricus ⟨Cenomannensis⟩
Aldricus ⟨Cenomannicae Urbis Episcopus⟩
Aldricus ⟨Episcopus⟩

Aldricus ⟨Senonensis⟩
775 – 841
Vita Anno 775; Epistulae
CC Clavis, Auct. Gall. 1,99ff.; DOC,1,69; Rep.Font. II,185
Aldric ⟨de Ferrières⟩
Aldric ⟨de Sens⟩
Aldric ⟨Saint⟩
Aldrich ⟨von Sens⟩
Aldricus ⟨Archiepiscopus⟩
Aldricus ⟨Ferrariensis⟩

Aldricus ⟨Sanctus⟩
Audri ⟨de Ferrières⟩
Audri ⟨de Sens⟩
Audri ⟨Saint⟩

Aleardus ⟨Veronensis⟩
→ **Franciscus ⟨Aleardus⟩**

Aleardus, Franciscus
→ **Franciscus ⟨Aleardus⟩**

Alebrant
→ **Albrant ⟨der Meister⟩**

Alecapini, Georgius
→ **Georgius ⟨Lacapenus⟩**

Aledris, Xerif
→ **Idrīsī, Muḥammad Ibn-Muḥammad ¬al-¬**

Alegrinus, Johannes
→ **Johannes ⟨Algrinus⟩**

Alejandro ⟨de Alejandria⟩
→ **Alexander ⟨Bonini de Alexandria⟩**

Alejandro, ⟨de Villadei⟩
→ **Alexander ⟨de Villa Dei⟩**

Aleksander ⟨Mazowsze, Książę⟩
1400 – 1444
Alessandro ⟨di Masovia⟩
Alessandro ⟨di Mazovia⟩
Alessandro ⟨Trento, Vescovo-Principe⟩
Alessandro ⟨Vescovo Tridentino⟩
Alexander ⟨Masowien, Fürst⟩
Alexander ⟨Mazovia, Dux⟩
Alexander ⟨Tridentinus⟩
Alexander ⟨von Masowien⟩
Alexander ⟨von Trient⟩
Masovia, Alessandro ¬di¬
Masowien, Alexander ¬von¬

Aleksandr ⟨Litva, Velikij Knjaz'⟩
→ **Vytautas ⟨Lietuva, Did-Kunigaikštis⟩**

Aleksandr ⟨Nevskij⟩
1220 –1263
Nevskij, Aleksandr
Nevskij, Aleksandr J.

Aleksij ⟨Moskovskij i Vseja Rusi⟩
ca. 1292 – 1378
Alekšej ⟨Metropolit⟩
Alekšej ⟨von Moskau⟩
Aleksij ⟨Čudotvorec⟩
Aleksij ⟨Kiev, Mitropolit⟩
Aleksij ⟨Kievskij i Vseja Rusi⟩
Aleksij ⟨Mitropolit⟩
Aleksij ⟨Moskva, Mitropolit⟩
Aleksij ⟨Pleščeev⟩
Aleksij ⟨Rossija, Mitropolit⟩
Aleksij ⟨Saint⟩
Aleksij ⟨Svjatoj⟩
Aleksij ⟨Vseja Rusi⟩
Alexei ⟨Pleschtschejew⟩
Simeon ⟨Elevferij⟩

Alemania, Gerardus ¬de¬
→ **Gerardus ⟨Hamond de Alemania⟩**

Alemanicus, Alexander
→ **Alexander ⟨Alemanicus⟩**

Alemannus ⟨Rinuccinus⟩
→ **Rinuccinus, Alemannus**

Alemannus, Eberhardus
→ **Eberhardus ⟨Bremensis⟩**

Alemannus, Hermannus
→ **Hermannus ⟨Alemannus⟩**

Alepertus ⟨...⟩
→ **Albertus ⟨...⟩**

Alerio, Johannes ¬de¬
→ **Johannes ⟨de Alerio⟩**

Alertutius ⟨Saxo⟩
→ **Albertus ⟨de Saxonia⟩**

Ales, Alexander ¬ab¬
→ **Alexander ⟨Halensis⟩**

Ales, Thomas ¬de¬
→ **Thomas ⟨Halensis⟩**

Alessandro ⟨Bonino⟩
→ **Alexander ⟨Bonini de Alexandria⟩**

Alessandro ⟨Bracci⟩
→ **Bracci, Alessandro**

Alessandro ⟨Cortesi⟩
→ **Cortesius, Alexander**

Alessandro ⟨d'Alessandria⟩
→ **Alexander ⟨Bonini de Alexandria⟩**

Alessandro ⟨de Ritiis⟩
→ **Ritiis, Alexander ¬de¬**

Alessandro ⟨di Filippo Rinuccini⟩
1431 – 1494
Sanctissimo peregrinaggio del Sancto Sepolcro
Alessandro ⟨DiFilippo Rinuccini⟩
Alessandro ⟨Rinuccini⟩
DiFilippo Rinuccini, Alessandro
DiFilippo-Rinuccini, Alessandro
Filippo Rinuccini, Alessandro ¬di¬
Rinuccini, Alessandro
Rinuccini, Alessandro di Filippo
Rinuccini, Alexandre di Filippo

Alessandro ⟨di Masovia⟩
→ **Aleksander ⟨Mazowsze, Książę⟩**

Alessandro ⟨Monaco⟩
→ **Alexander ⟨Cyprius⟩**

Alessandro ⟨Papa, ...⟩
→ **Alexander ⟨Papa, ...⟩**

Alessandro ⟨Rinuccini⟩
→ **Alessandro ⟨di Filippo Rinuccini⟩**

Alessandro ⟨Sermoneta⟩
→ **Alexander ⟨Sermoneta⟩**

Alessandro ⟨Sforza⟩
→ **Sforza, Alessandro**

Alessandro ⟨Vescovo Tridentino⟩
→ **Aleksander ⟨Mazowsze, Książę⟩**

Alessio ⟨Aristeno⟩
→ **Alexius ⟨Aristenus⟩**

Alessio ⟨Comneno⟩
→ **Alexius ⟨Imperium Byzantinum, Imperator, I.⟩**

Aleviantus, Galfredus
→ **Galfredus ⟨Aleviantus⟩**

Alewaigne, Petrus ¬de¬
→ **Petrus ⟨de Alewaigne⟩**

Alexander
→ **Alexander ⟨Telesinus⟩**

Alexander ⟨Abbas⟩
→ **Alexander ⟨Gemeticensis⟩**

Alexander ⟨Abbas Monasterii Aquicinctini⟩
→ **Alexander ⟨Aquicinctinus⟩**

Alexander ⟨Alemanicus⟩
um 1400 · OFM
In Sententias
Stegmüller, Repert. bibl.
Alemanicus, Alexander
Alexander ⟨Alemannicus⟩
Alexander ⟨Allemanicus⟩
Alexander ⟨de Saxonia⟩
Alexander ⟨Doctor Illibatus⟩
Alexander ⟨Franciscain⟩
Alexander ⟨Saxo⟩
Alexander ⟨Saxon⟩
Alexandre ⟨l'Allemand⟩

Alexander ⟨Alesius⟩
→ **Alexander ⟨Halensis⟩**

Alexander ⟨Anglicanus⟩
→ **Alexander ⟨Halensis⟩**

Alexander ⟨Anglicus⟩
→ **Alexander ⟨Carpentarius⟩**

Alexander ⟨Anglus⟩
→ **Alexander ⟨Carpentarius⟩**

Alexander ⟨Aquicinctinus⟩
gest. ca. 1175
Vielleicht Verfasser von Fundatio monasterii Aquicinctini; Historia monasterii Aquicinctini; Goswini Vita
Rep.Font. II,186
Alexander ⟨Abbas Monasterii Aquicinctini⟩
Alexandre ⟨de Saint-Sauveur⟩
Alexandre ⟨d'Anchin⟩
Alexandre ⟨d'Arras⟩
Aquicinctinus, Alexander

Alexander ⟨bei Rhein, Pfalzgraf⟩
um 1495
Descriptio navigationis ad sanctum sepulchrum; Reyssbuch des Heyligen Landes
Rep.Font. II,187
Alexander ⟨Comes Palatinus⟩
Alexander ⟨Comes Palatinus Rheni⟩
Alexander ⟨Pfalzgraf bei Rhein⟩

Alexander ⟨Bonini de Alexandria⟩
1270 – 1314 · OFM
In libros De anima
Lohr; Stegmüller Repert. sentent. 55-58, 122; LMA,I,376/377
Alejandro ⟨de Alejandria⟩
Alessandro ⟨Bonino⟩
Alessandro ⟨d'Alessandria⟩
Alexander ⟨Bonini⟩
Alexander ⟨Bonini de Alessandria⟩
Alexander ⟨Bonini von Alessandria⟩
Alexander ⟨de Alexandria⟩
Alexander ⟨von Alessandria⟩
Alexandre ⟨de Alexandrie⟩
Alexandria, Alexander ¬de¬
Bonini, Alexander
Bonini de Alexandria, Alexander
Bonino, Alessandro
Pseudo-Alexander ⟨de Alexandria⟩

Alexander ⟨Bononiensis⟩
→ **Alexander ⟨de Bononia⟩**

Alexander ⟨Bremensis⟩
gest. 1271 · OM
Stegmüller, Repert. bibl. 1115; LThK; CSGL; LMA,I,377; VL(2),1,220/222
Alexander ⟨de Bekeshövde⟩
Alexander ⟨de Bexhövede⟩
Alexander ⟨de Bokeshövede⟩
Alexander ⟨de Bremen⟩
Alexander ⟨Laicus⟩
Alexander ⟨Minorita⟩
Alexander ⟨Stadensis⟩
Alexander ⟨von Bexhövede⟩
Alexander ⟨von Bremen⟩
Alexander ⟨von Stade⟩
Alexandre ⟨de Bexhövede⟩
Alexandre ⟨de Bokeshövede⟩
Alexandre ⟨de Brême⟩

Alexander ⟨Britannicus⟩
→ **Alexander ⟨Halensis⟩**

Alexander ⟨Carpentarius⟩
gest. 1430 (?)
Alexander ⟨Anglicus⟩
Alexander ⟨Anglus⟩
Alexander ⟨Fabricius⟩
Alexandre ⟨le Charpentier⟩
Carpentarius, Alexander

Alexander ⟨Carpinetanus⟩
12. Jh. · OCist
Chronica monasterii S. Bartholomaei de Carpineto
Rep.Font II,187
Alexander ⟨Monachus⟩
Alexander ⟨Monachus Casae Novae⟩
Alexandre ⟨de Carpineto⟩
Alexandre ⟨de Saint-Barthélemy⟩
Alexandre ⟨Moine Bénédictin⟩
Carpinetanus, Alexander

Alexander ⟨Celesinus⟩
→ **Alexander ⟨Telesinus⟩**

Alexander ⟨Cestriensis⟩
→ **Alexander ⟨Wendock⟩**

Alexander ⟨Chronographus⟩
→ **Alexander ⟨Essebiensis⟩**

Alexander ⟨Coenobii Telesini⟩
→ **Alexander ⟨Telesinus⟩**

Alexander ⟨Comes Palatinus⟩
→ **Alexander ⟨bei Rhein, Pfalzgraf⟩**

Alexander ⟨Comes Palatinus Rheni⟩
→ **Alexander ⟨bei Rhein, Pfalzgraf⟩**

Alexander ⟨Cortesius⟩
→ **Cortesius, Alexander**

Alexander ⟨Cyprius⟩
6. Jh.
Inventio Crucis; Laudatio Barnabae
Cpg 7398-7400
Alessandro ⟨Monaco⟩
Alexander ⟨Monachus⟩
Alexandre ⟨de Chypre⟩
Alexandre ⟨Moine⟩
Cyprius, Alexander

Alexander ⟨de Ales⟩
→ **Alexander ⟨Halensis⟩**

Alexander ⟨de Alexandria⟩
→ **Alexander ⟨Bonini de Alexandria⟩**

Alexander ⟨de Ashby⟩
→ **Alexander ⟨Essebiensis⟩**

Alexander ⟨de Bekeshövde⟩
→ **Alexander ⟨Bremensis⟩**

Alexander ⟨de Bononia⟩
um 1440/81 · OP
Sermones
Kaeppeli,I,46/47
Alexander ⟨Bononiensis⟩
Alexandre ⟨de Bologne⟩
Bononia, Alexander ¬de¬

Alexander ⟨de Bremen⟩
→ **Alexander ⟨Bremensis⟩**

Alexander ⟨de Essebi⟩
→ **Alexander ⟨Essebiensis⟩**

Alexander ⟨de Hales⟩
→ **Alexander ⟨Halensis⟩**

Alexander ⟨de Imola⟩
1424 – 1477
LMA,I,380
Alexander ⟨de Tartaginis⟩
Alexander ⟨Forocorneliensis⟩
Alexander ⟨Imolensis⟩
Alexander ⟨Tartaginus⟩
Imola, Alexander ¬de¬
Tartaginus, Alexander
Tartagna, Alessandro
Tartagni, Alessandro
Tartagni, Alexander
Tartagni de Imola, Alexander
Tartagnus, Alexander

Alexander ⟨de Jumièges⟩
→ **Alexander ⟨Gemeticensis⟩**

Alexander ⟨de Nevo⟩
gest. 1484
CSGL
Alexander ⟨Vicentinus⟩
Naevo, Alexander ¬de¬
Nevo, Alexander ¬de¬
Nievo, Alessandro

Alexander ⟨de Padula⟩
um 1329/53 · OP
Wohl keine Werke
Kaeppeli,I,47
Alexandre ⟨de Padula⟩
Padula, Alexander ¬de¬

Alexander ⟨de Ritiis⟩
→ **Ritiis, Alexander ¬de¬**

Alexander ⟨de Roes⟩
gest. 1288
CSGL; LMA,I,379; VL(2),1,222/226
Alexander ⟨von Roes⟩
Roes, Alexander ¬de¬

Alexander ⟨de Sancto Albano⟩
→ **Alexander ⟨Neckam⟩**

Alexander ⟨de Sancto Elpidio⟩
1269 – 1326
LThK; CSGL; Potth.; LMA,I,380
Alexander ⟨de Sancto Elpido⟩
Alexander ⟨Fasitellus⟩
Alexander ⟨Fassitelli⟩
Fassitelli, Alexander
Sancto Elpidio, Alexander ¬de¬

Alexander ⟨de Saxonia⟩
→ **Alexander ⟨Alemanicus⟩**

Alexander ⟨de Somerset⟩
→ **Alexander ⟨Essebiensis⟩**

Alexander ⟨de Stafford⟩
→ **Alexander ⟨Essebiensis⟩**

Alexander ⟨de Tartaginis⟩
→ **Alexander ⟨de Imola⟩**

Alexander ⟨de Trebovia⟩
15. Jh.
Quaestiones super libr. Arist. De anima sec. quaest. Ioannis Buridani, 1.3, q.3: utr. intellectus humanus sit forma substantialis inhaerens corpori humano; 1.3, q.6: utr. intellectus humanus sit perpetuus
Schönberger/Kible, Repertorium, 10722
Alexander ⟨de Trebov⟩
Trebovia, Alexander ¬de¬

Alexander ⟨de Villa Dei⟩
ca. 1170 – 1250
LThK; CSGL; LMA,I,381
Alejandro ⟨de Villadei⟩
Alexander ⟨Dolensis⟩
Alexander ⟨Gallus⟩
Alexander ⟨Grammaticus⟩
Alexander ⟨the Grammarian⟩
Alexander ⟨Villadeus⟩
Alexander ⟨von Villedieu⟩
Alexandre ⟨de Villedieu⟩
Villa Dei, Alexander ¬de¬

Alexander ⟨der Meister⟩
→ **Alexander ⟨Hispanus⟩**

Alexander ⟨der Wilde⟩
→ **Alexander ⟨Meister⟩**

Alexander ⟨Doctor Illibatus⟩
→ **Alexander ⟨Alemanicus⟩**

Alexander ⟨Dolensis⟩
→ **Alexander ⟨de Villa Dei⟩**

Alexander ⟨Essebiensis⟩
um 1200 · OESA
Ars de modo praedicandi; Vita S. Bertellini; De sanctorum miraculis
LMA,IV,21; Stegmüller, Repert. bibl. 1114
Alexander ⟨Chronographus⟩
Alexander ⟨de Ashby⟩
Alexander ⟨de Essebi⟩
Alexander ⟨de Somerset⟩
Alexander ⟨de Sommerset⟩
Alexander ⟨de Stafford⟩
Alexander ⟨d'Ashby⟩
Alexander ⟨Prior⟩
Alexander ⟨Staffordiensis⟩
Alexander ⟨Staffordiensis Chronographus⟩
Alexander ⟨Stasfordiensis⟩
Alexander ⟨von Ashby⟩
Alexandre ⟨de Somerset⟩
Alexandre ⟨de Stafford⟩
Alexandre ⟨d'Ashby⟩
Alexandre ⟨Essebiensis⟩

Alexander ⟨Excestriensis⟩
→ **Alexander ⟨Neckam⟩**

Alexander ⟨Fabricius⟩
→ **Alexander ⟨Carpentarius⟩**

Alexander ⟨Fasitellus⟩
→ **Alexander ⟨de Sancto Elpidio⟩**

Alexander ⟨Fassitelli⟩
→ **Alexander ⟨de Sancto Elpidio⟩**

Alexander ⟨Forocorneliensis⟩
→ **Alexander ⟨de Imola⟩**

Alexander ⟨Franciscain⟩
→ **Alexander ⟨Alemanicus⟩**

Alexander ⟨Gallus⟩
→ **Alexander ⟨de Villa Dei⟩**

Alexander ⟨Gemeticensis⟩
gest. 1213 · OSB
Schneyer,I,271
Alexander ⟨Abbas⟩
Alexander ⟨de Jumièges⟩
Alexander ⟨Gemmeticensis⟩
Alexandre ⟨de Jumièges⟩
Pseudo-Alexander ⟨Gemeticensis⟩

Alexander ⟨Grammaticus⟩
→ **Alexander ⟨de Villa Dei⟩**

Alexander ⟨Halensis⟩
1185 – 1245
Stegmüller, Repert. sentent. 63;1079; Tusculum-Lexikon; LThK; LMA,I,377/378; VL(2),1,218/220
Ales, Alexander ¬de¬
Ales, Alexander ¬ab¬
Alexander ⟨Alesius⟩
Alexander ⟨Anglicanus⟩
Alexander ⟨Britannicus⟩
Alexander ⟨de Ales⟩
Alexander ⟨de Hales⟩
Alexander ⟨Irrefragabilis⟩
Alexander ⟨von Hales⟩
Alexandre ⟨de Hales⟩
Hales, Alexander
Hales, Alexander ¬de¬
Parthenopeus, Ambrosius
Pseudo-Alexander ⟨de Hales⟩

Alexander ⟨Hartmann⟩
→ **Hartmann, Alexander**

Alexander ⟨Hecham⟩
→ **Alexander ⟨Neckam⟩**

Alexander ⟨Hegius⟩
→ **Hegius, Alexander**

Alexander ⟨Helmschmid⟩
→ **Helmschmid, Alexander**

Alexander ⟨Hispanus⟩
14. Jh.
Alexander ⟨der Meister⟩
Alexander ⟨Hyspanus⟩
Alexander ⟨Klerikerarzt⟩
Alexander ⟨Magister⟩
Alexander ⟨Meister⟩
Hispanus, Alexander

Alexander ⟨Huno⟩
→ **Huno, Alexander**

Alexander ⟨Hyspanus⟩
→ **Alexander ⟨Hispanus⟩**

Alexander ⟨Imolensis⟩
→ **Alexander ⟨de Imola⟩**

Alexander ⟨Irrefragabilis⟩
→ **Alexander ⟨Halensis⟩**

Alexander ⟨Irwin⟩
um 1377
Stegmüller, Repert. bibl.
Alexander ⟨Scotus⟩
Alexandre ⟨Irwin⟩
Alexandre ⟨Prêtre Ecossais⟩
Irwin, Alexander
Irwin, Alexandre

Alexander ⟨Klerikerarzt⟩
→ **Alexander ⟨Hispanus⟩**

Alexander ⟨Laicus⟩
→ **Alexander ⟨Bremensis⟩**

Alexander ⟨Lithuania, Supremus Princeps⟩
→ **Vytautas ⟨Lietuva, Did-Kunigaikštis⟩**

Alexander ⟨Lydus⟩
→ **Alexander ⟨Trallianus⟩**

Alexander ⟨Magister⟩
→ **Alexander ⟨Hispanus⟩**

Alexander ⟨Maranta⟩
Lebensdaten nicht ermittelt
Stegmüller, Repert. sentent. 64
Alexander ⟨Marante⟩
Maranta, Alexander
Marante, Alexander

Alexander ⟨Mazovia, Dux⟩
→ **Aleksander ⟨Mazowsze, Książę⟩**

Alexander ⟨Medicus⟩
→ **Alexander ⟨Trallianus⟩**

Alexander ⟨Meister⟩
→ **Alexander ⟨Hispanus⟩**

Alexander ⟨Meister⟩
13. Jh.
Oberdeutscher Spruch- und Liederdichter
VL(2),1,213/18; LMA,I,381
Alexander ⟨der Wilde⟩
Alexander ⟨Schriftsteller⟩
Alexandre ⟨le Sauvage⟩
Meister Alexander

Alexander ⟨Minorita⟩
→ **Alexander ⟨Bremensis⟩**

Alexander ⟨Monachus⟩
→ **Alexander ⟨Carpinetanus⟩**
→ **Alexander ⟨Cyprius⟩**

Alexander ⟨Monachus⟩
12. Jh.
Historia de inventione Crucis
Jöcher,1,254
Alexander ⟨Mönch⟩
Monachus, Alexander

Alexander ⟨Monachus Casae Novae⟩
→ **Alexander ⟨Carpinetanus⟩**

Alexander ⟨Neckam⟩
1157 – 1217
Tusculum-Lexikon; LThK; CSGL; LMA,I,378/379
Alexander ⟨de Sancto Albano⟩
Alexander ⟨Excestriensis⟩
Alexander ⟨Hecham⟩
Alexander ⟨Nechamus⟩
Alexander ⟨Neckham⟩
Alexander ⟨Nequam⟩
Neckam, Alexander
Nequam, Alexander
Pseudo-Alexander ⟨Neckam⟩

Alexander ⟨Papa, II.⟩
gest. 1073
CSGL; LMA,I,371/372
Alessandro ⟨Papa, II.⟩
Alexandre ⟨Pape, II.⟩
Anselm ⟨von Baggio⟩
Anselme ⟨de Baggio⟩
Anselme ⟨de Lucques⟩
Anselmo ⟨da Baggio⟩
Anselmus ⟨de Baggio⟩

Alexander ⟨Papa, III.⟩
gest. 1181
Summa zum Decretum Gratiani; Sententiae
LThK; LMA,I,372/73
Alessandro ⟨Papa, III.⟩
Alexandre ⟨Pape, III.⟩
Bandinelli, Orlando
Bandinelli, Rolando
Bandinelli, Rolandus
Orlando ⟨Bandinelli⟩
Roland ⟨Bandinelli⟩
Rolando ⟨Bandinelli⟩
Rolandus ⟨Bandinellus⟩
Rolandus ⟨Bononiensis⟩
Rolandus ⟨de Bononia⟩
Rolandus ⟨Magister⟩

Alexander ⟨Papa, IV.⟩
gest. 1261
CSGL; LMA,I,372/373
Alessandro ⟨Papa, IV.⟩
Alexandre ⟨Pape, IV.⟩
Rainald ⟨von Segni⟩
Raynaud ⟨de Segni⟩
Rinaldo ⟨di Segni⟩

Alexander ⟨Papa, V.⟩
1340 – 1410
LMA,I,373/74; CSGL
Alessandro ⟨Papa, V.⟩
Alexandre ⟨Pape, V.⟩
Peter ⟨of Candia⟩
Petros ⟨Philargis⟩
Petrus ⟨de Candia⟩
Petrus ⟨Philaretus⟩
Petrus ⟨Philargis⟩
Petrus ⟨Philargus⟩
Petrus ⟨von Candia⟩
Philargos, Petros
Pierre ⟨de Candie⟩
Pierre ⟨Filargo⟩
Pierre ⟨Philargès⟩
Pietro ⟨Filargo⟩

Alexander ⟨Papa, VI.⟩
gest. 1503
CSGL; LMA,I,374
Alessandro ⟨Papa, VI.⟩
Alexandre ⟨Pape, VI.⟩
Borgia, Roderico Lenzuolo
Borgia, Rodrigo ¬de¬
Borja, Rodrigo ¬de¬
Lenzuolo, Rodrigue
Rodrigo ⟨de Borgia⟩
Rodrigo ⟨de Borja⟩
Rodrigue ⟨Lenzuolo⟩

Alexander ⟨Pfalzgraf bei Rhein⟩
→ **Alexander ⟨bei Rhein, Pfalzgraf⟩**

Alexander ⟨Prior⟩
→ **Alexander ⟨Essebiensis⟩**

Alexander ⟨Saxo⟩
→ **Alexander ⟨Alemanicus⟩**

Alexander ⟨Schriftsteller⟩
→ **Alexander ⟨Meister⟩**

Alexander ⟨Scotus⟩
→ **Alexander ⟨Irwin⟩**

Alexander ⟨Sermoneta⟩
15. Jh.
Commentariolus in consequentias Strodi; Quaestio utrum definitio accidentis sit bene data
Schönberger/Kible, Repertorium, 10761/62
Alessandro ⟨Sermoneta⟩
Alexander ⟨Sermonetha⟩
Alexandre ⟨Sermoneta⟩
Alexandre ⟨Sermoneta de Sienne⟩
Alexandro ⟨Sermoneta⟩
Sermoneta, Alexander
Sermoneta, Alexandre

Alexander ⟨Stadensis⟩
→ **Alexander ⟨Bremensis⟩**

Alexander ⟨Staffordiensis⟩
→ **Alexander ⟨Essebiensis⟩**

Alexander ⟨Tartaginus⟩
→ **Alexander ⟨de Imola⟩**

Alexander ⟨Telesinus⟩
gest. 1143
Tusculum-Lexikon; CSGL; Potth.; LMA,I,380/381
Alexander
Alexander ⟨Celesinus⟩
Alexander ⟨Coenobii Telesini⟩
Alexander ⟨von Telese⟩
Telesinus, Alexander

Alexander ⟨the Grammarian⟩
→ **Alexander ⟨de Villa Dei⟩**

Alexander ⟨Trallianus⟩
6. Jh.
Tusculum-Lexikon; LMA,I,381
Alexander ⟨Lydus⟩
Alexander ⟨Medicus⟩
Alexander ⟨von Tralleis⟩
Alexander ⟨von Tralles⟩
Alexandre ⟨de Tralles⟩
Alexandros ⟨von Tralleis⟩
Trallianus, Alexander

Alexander ⟨Tridentinus⟩
→ **Aleksander ⟨Mazowsze, Książę⟩**

Alexander ⟨Vicentinus⟩
→ **Alexander ⟨de Nevo⟩**

Alexander ⟨Villadeus⟩
→ **Alexander ⟨de Villa Dei⟩**

Alexander ⟨von Alessandria⟩
→ **Alexander ⟨Bonini de Alexandria⟩**

Alexander ⟨von Ashby⟩
→ **Alexander ⟨Essebiensis⟩**

Alexander ⟨von Bexhövede⟩
→ **Alexander ⟨Bremensis⟩**

Alexander ⟨von Bremen⟩
→ **Alexander ⟨Bremensis⟩**

Alexander ⟨von Hales⟩
→ **Alexander ⟨Halensis⟩**

Alexander ⟨von Masowien⟩
→ **Aleksander ⟨Mazowsze, Książę⟩**

Alexander ⟨von Roes⟩
→ **Alexander ⟨de Roes⟩**

Alexander ⟨von Stade⟩
→ **Alexander ⟨Bremensis⟩**

Alexander ⟨von Telese⟩
→ **Alexander ⟨Telesinus⟩**

Alexander ⟨von Tralles⟩
→ **Alexander ⟨Trallianus⟩**

Alexander ⟨von Trient⟩
→ **Aleksander ⟨Mazowsze, Książę⟩**

Alexander ⟨von Villedieu⟩
→ **Alexander ⟨de Villa Dei⟩**

Alexander ⟨Wendock⟩
gest. 1238
Stegmüller,Repert. bibl.
Alexander ⟨Cestriensis⟩
Alexander ⟨Wendocus⟩
Alexander ⟨Wenedotius⟩
Alexandre ⟨de Coventry⟩
Alexandre ⟨de Lichfield⟩
Alexandre ⟨Stavensby⟩
Alexandre ⟨Wendoc⟩
Alexandre ⟨Wendock⟩
Alexandre ⟨Wenedotius⟩
Wendock, Alexander

Alexander ⟨zu Franckfurtt⟩
→ **Hartmann, Alexander**

Alexander Benedictus ⟨Pacantius⟩
→ **Pacantius, Alexander Benedictus**

Alexandre ⟨Cortese⟩
→ **Cortesius, Alexander**

Alexandre ⟨d'Anchin⟩
→ **Alexander ⟨Aquicinctinus⟩**

Alexandre ⟨d'Arras⟩
→ **Alexander ⟨Aquicinctinus⟩**

Alexandre ⟨d'Ashby⟩
→ **Alexander ⟨Essebiensis⟩**

Alexandre ⟨de Alexandrie⟩
→ **Alexander ⟨Bonini de Alexandria⟩**

Alexandre ⟨de Bernai⟩
12. Jh.
Alexandre ⟨de Bernay⟩
Alexandre ⟨de Paris⟩
Alixandre ⟨de Bernay⟩
Bernai, Alexandre ¬de¬
Bernay, Alexandre ¬de¬

Alexandre ⟨de Bexhövede⟩
→ **Alexander ⟨Bremensis⟩**

Alexandre ⟨de Bokeshövede⟩
→ **Alexander ⟨Bremensis⟩**

Alexandre ⟨de Bologne⟩
→ **Alexander ⟨de Bononia⟩**

Alexandre ⟨de Brême⟩
→ **Alexander ⟨Bremensis⟩**

Alexandre ⟨de Carpineto⟩
→ **Alexander ⟨Carpinetanus⟩**

Alexandre ⟨de Chypre⟩
→ **Alexander ⟨Cyprius⟩**

Alexandre ⟨de Coventry⟩
→ **Alexander ⟨Wendock⟩**

Alexandre ⟨de Hales⟩
→ **Alexander ⟨Halensis⟩**

Alexandre ⟨de Heck⟩
→ **Hegius, Alexander**

Alexandre ⟨de Jumièges⟩
→ **Alexander ⟨Gemeticensis⟩**

Alexandre ⟨de Lichfield⟩
→ **Alexander ⟨Wendock⟩**

Alexandre ⟨de Padula⟩
→ **Alexander ⟨de Padula⟩**

Alexandre ⟨de Paris⟩
→ **Alexandre ⟨de Bernai⟩**

Alexandre ⟨de Saint-Barthélemy⟩
→ **Alexander ⟨Carpinetanus⟩**

Alexandre ⟨de Saint-Sauveur⟩
→ **Alexander ⟨Aquicinctinus⟩**

Alexandre ⟨de Somerset⟩
→ **Alexander ⟨Essebiensis⟩**

Alexandre ⟨de Stafford⟩
→ **Alexander ⟨Essebiensis⟩**

Alexandre ⟨de Tralles⟩
→ **Alexander ⟨Trallianus⟩**

Alexandre ⟨de Villedieu⟩
→ **Alexander ⟨de Villa Dei⟩**

Alexandre ⟨du Pont⟩
13. Jh.
Alixandre ⟨der Pont⟩
Alixandre ⟨dou Pont⟩
Alixandre ⟨du Pont⟩
DuPont, Alexandre
Pont, Alexandre ¬du¬

Alexandre ⟨Irwin⟩
→ **Alexander ⟨Irwin⟩**

Alexandre ⟨l'Allemand⟩
→ **Alexander ⟨Alemanicus⟩**

Alexandre ⟨le Charpentier⟩
→ **Alexander ⟨Carpentarius⟩**

Alexandre ⟨le Sauvage⟩
→ **Alexander ⟨Meister⟩**

Alexandre ⟨Moine⟩
→ **Alexander ⟨Cyprius⟩**

Alexandre ⟨Moine Bénédictin⟩
→ **Alexander ⟨Carpinetanus⟩**

Alexandre ⟨Pape, ...⟩
→ **Alexander ⟨Papa, ...⟩**

Alexandre ⟨Prêtre Ecossais⟩
→ **Alexander ⟨Irwin⟩**

Alexandre ⟨Ricci⟩
→ **Ritiis, Alexander ¬de¬**

Alexandre ⟨Sermoneta⟩
→ **Alexander ⟨Sermoneta⟩**

Alexandre ⟨Stavensby⟩
→ **Alexander ⟨Wendock⟩**

Alexandre ⟨Wendock⟩
→ **Alexander ⟨Wendock⟩**

Alexandria, Alexander ¬de¬
→ **Alexander ⟨Bonini de Alexandria⟩**

Alexandria, Anselmus ¬de¬
→ **Anselmus ⟨de Alexandria⟩**

Alexandria, Jacobus ¬de¬
→ **Jacobus ⟨de Alexandria⟩**

Alexandriae Episcopus, Theodorus
→ **Theodorus ⟨Alexandriae Episcopus⟩**

Alexandrinus, Benjamin
→ **Benjamin ⟨Alexandrinus⟩**

Alexandrinus, Bentius
→ **Bentius ⟨Alexandrinus⟩**

Alexandrinus, Christophorus
→ **Christophorus ⟨Alexandrinus⟩**

Alexandrinus, Cyrus
→ **Cyrus ⟨Alexandrinus⟩**

Alexandrinus, Damianus
→ **Damianus ⟨Alexandrinus⟩**

Alexandrinus, Eulogius
→ **Eulogius ⟨Alexandrinus⟩**

Alexandrinus, Eutychius
→ **Eutychius ⟨Alexandrinus⟩**

Alexandrinus, Georgius
→ **Georgius ⟨Alexandrinus⟩**
→ **Georgius ⟨Merula⟩**

Alexandrinus, Johannes
→ **Johannes ⟨Alexandrinus⟩**

Alexandrinus, Marcus
→ **Marcus ⟨Alexandrinus⟩**

Alexandrinus, Nicolaus
→ **Nicolaus ⟨Myrepsus⟩**

Alexandrinus, Olympiodorus
→ **Olympiodorus ⟨Alexandrinus⟩**

Alexandrinus, Petrus
→ **Petrus ⟨Alexandrinus, IV.⟩**

Alexandrinus, Stephanus
→ **Stephanus ⟨Alexandrinus⟩**

Alexandrinus, Themistius
→ **Themistius ⟨Alexandrinus⟩**

Alexandrinus, Theodosius
→ **Theodosius ⟨Alexandrinus⟩**

Alexandrinus, Timotheus
→ **Timotheus ⟨Alexandrinus, IV.⟩**

Alexandrinus Myrepsus, Nicolaus
→ **Nicolaus ⟨Myrepsus⟩**

Alexandrinus Patriarcha, Sophronius
→ **Sophronius ⟨Alexandrinus Grammaticus⟩**

Alexei ⟨Pleschtschejew⟩
→ **Aleksij ⟨Moskovskij i Vseja Rusi⟩**

Alexios ⟨ho Aristēnos⟩
→ **Alexius ⟨Aristenus⟩**

Alexios ⟨Imperium Byzantinum, Imperator, I.⟩
→ **Alexius ⟨Imperium Byzantinum, Imperator, I.⟩**

Alexios ⟨Komnenos⟩
→ **Alexius ⟨Imperium Byzantinum, Imperator, I.⟩**

Alexios ⟨Makrembolites⟩
→ **Alexius ⟨Macrembolita⟩**

Alexis ⟨Aristène⟩
→ **Alexius ⟨Aristenus⟩**

Alexis, Guillaume
→ **Guillaume ⟨Alexis⟩**

Alexius ⟨Aristenus⟩
gest. ca. 1150
LMA,I,934
Alessio ⟨Aristeno⟩
Alexios ⟨ho Aristēnos⟩
Alexis ⟨Aristène⟩
Alexius ⟨Nomophylax⟩
Aristenos, Alexios
Aristenus, Alexius

Alexius ⟨Imperium Byzantinum, Imperator, I.⟩
1041 – 1118
Tusculum-Lexikon; CSGL; LMA,I,384/385
Alessio ⟨Comneno⟩
Alexios ⟨Imperium Byzantinum, Imperator, I.⟩
Alexios ⟨Komnenos⟩
Alexius ⟨Comnenus⟩
Comnenus, Alexius
Komnenos, Alexios

Alexius ⟨Macrembolita⟩
14. Jh.
Tusculum-Lexikon; CSGL; LMA,VI,156/157
Alexios ⟨Makrembolites⟩
Macrembolita, Alexius
Makrembolites, Alexios

Alexius ⟨Nomophylax⟩
→ **Alexius ⟨Aristenus⟩**

Alexius, Athanasius
→ **Athanasius ⟨Constantinopolitanus⟩**

al-Faḍl Ibn-al-Ḥasan aṭ-Ṭabarsī
→ **Ṭabarsī, al-Faḍl Ibn-al-Ḥasan ¬aṭ-¬**

Alfani ⟨di Perugia⟩
→ **Alphanus, Tyndarus**

Alfani, Gianni
geb. ca. 1272/83
Dolce stil nuovo
Alfani, Jean
DegliAlfani, Gianni
Forese degli Alfani, Gianni ¬di¬
Gianni ⟨Alfani⟩
Gianni ⟨degli Alfani⟩

Alfani, Tindaro
→ **Alphanus, Tyndarus**

Alfano ⟨di Salerno⟩
→ **Alphanus ⟨Salernitanus⟩**

Alfanus ⟨von Salerno⟩
→ **Alphanus ⟨Salernitanus⟩**

Alfanus, Tyndarus
→ **Alphanus, Tyndarus**

Alfarabi
→ **Fārābī, Abū-Naṣr Muḥammad Ibn-Muḥammad ¬al-¬**

Alfardus, Petrus
um 1200
Vita Tellonis archidiaconi notitiaque fundationis coenobii Sanctae Crucis Conimbricensis
Rep.Font. II,191
Alfarde, Pierre
Alfardo, Pedro
Pedro ⟨Alfardo⟩
Petrus ⟨Alfardus⟩
Pierre ⟨Alfarde⟩
Pierre ⟨Alfarde de Coïmbre⟩
Pierre ⟨Alfarde de Viseu⟩

al-Farġānī
→ **Farġānī, Aḥmad Ibn-Muḥammad ¬al-¬**

Alfasî, Yiṣḥāq Ben-Ya'aqov
1013 – 1103
Sefer ha-Halākôt
LMA,I,390
Alfasi, Isaak b. Jakob gen. Rif
Alfasi, Yitsḥak
Alphes, Isaac

Alferius, Ogerius
gest. ca. 1294
Codex Astensis
LMA,I,391; Rep.Font. II,191
Alfieri, Oger
Alfieri, Ogerio
Oger ⟨Alfieri⟩
Oger ⟨Alfieri⟩
Oger ⟨d'Asti⟩
Ogerio ⟨Alfieri⟩
Ogerius ⟨Alferius⟩
Ogerus ⟨Alferius⟩

Alfons ⟨Asturien, König, III.⟩
→ **Alfonso ⟨Asturia, Rey, III.⟩**

Alfons ⟨Bischof⟩
→ **Alfonsus ⟨de Carthagena⟩**

Alfons ⟨de Borja⟩
→ **Callistus ⟨Papa, III.⟩**

Alfons ⟨de Palencia⟩
→ **Alfonsus ⟨de Palencia⟩**

Alfons ⟨de Spina⟩
→ **Alfonsus ⟨de Spina⟩**

Alfons ⟨der Edle⟩
→ **Alfonso ⟨Castilla, Rey, VIII.⟩**

Alfons ⟨der Eroberer⟩
→ **Alfonso ⟨Portugal, Rei, I.⟩**

Alfons ⟨der Gesetzgeber⟩
→ **Alfonso ⟨Castilla, Rey, XI.⟩**

Alfons ⟨der Große⟩
→ **Alfonso ⟨Asturia, Rey, III.⟩**

Alfons ⟨d'Espina⟩
→ **Alfonsus ⟨de Spina⟩**

Alfons ⟨Fernandez⟩
→ **Alfonsus ⟨de Palencia⟩**

Alfons ⟨Kastilien, König, ...⟩
→ **Alfonso ⟨Castilla, Rey, ...⟩**

Alfons ⟨Kastilien und Leon, König, ...⟩
→ **Alfonso ⟨Asturia, Rey, ...⟩**

Alfons ⟨Portugal, König, I.⟩
→ **Alfonso ⟨Portugal, Rei, I.⟩**

Alfons ⟨von Asturien⟩
→ **Alfonso ⟨Asturia, Rey, III.⟩**

Alfons ⟨von Burgos⟩
→ **Alfonsus ⟨de Carthagena⟩**

Alfons ⟨von Cartagena⟩
→ **Alfonsus ⟨de Carthagena⟩**

Alfons ⟨von Jaén⟩
→ **Alfonsus ⟨Giennensis⟩**

Alfons ⟨von Poitiers⟩
→ **Alfonse ⟨Poitou, Comte⟩**

Alfonse ⟨Poitou, Comte⟩
1220 – 1271
Brockhaus; LMA,I,407/408
Alfons ⟨von Poitiers⟩
Alfonse ⟨of Poitiers and Toulouse⟩
Alfonse ⟨Poitou et Toulouse, Comte⟩
Alphonse ⟨de Poitiers⟩
Alphonso ⟨of Poitou and Toulouse⟩
Poitiers, Alphonse ¬de¬

Alfonsi ⟨von Segovia⟩
→ **Johannes ⟨de Segovia⟩**

Alfonsi, Johannes
→ **Johannes ⟨de Segovia⟩**

Alfonsi, Petrus
→ **Petrus ⟨Alfonsi⟩**

Alfonso ⟨Álvarez de Villasandino⟩
→ **Álvarez de Villasandino, Alfonso**

Alfonso ⟨Asturia, Rey, III.⟩
ca. 838 – 912
Meyer; LMA,I,394/395
Alfons ⟨Asturien, König, III.⟩
Alfons ⟨Asturien, Leon und Kastilien, König, III.⟩
Alfons ⟨der Große⟩
Alfons ⟨Kastilien und Leon, König, III.⟩
Alfons ⟨von Asturien⟩
Alfonso ⟨Asturias and Leon, King, III.⟩
Alfonso ⟨Castilla y Leon, Rey, III.⟩

Alfonso ⟨Buenhombre⟩
→ **Alfonsus ⟨Bonihominis⟩**

Alfonso ⟨Canonista⟩
→ **Benavente, Johannes Alfonsus ¬de¬**

Alfonso ⟨Castilla, Rey, VIII.⟩
1155 – 1214
Epistola ad Papam Innocentium III.
Rep.Font. II,192
Alfons ⟨der Edle⟩
Alfons ⟨Kastilien, König, VIII.⟩
Alfonso ⟨Castella, Rex, VIII.⟩
Alfonso ⟨Castiglia, Re, VIII.⟩
Alfonso ⟨Castile, King, VIII.⟩
Alonso ⟨Castille, Rey, VIII.⟩
Alonso ⟨el Bueno⟩
Alonso ⟨el Noble⟩
Alphonse ⟨Castille, Roi, VIII.⟩
Alphonse ⟨le Noble-Bon⟩

Alfonso ⟨Castilla, Rey, X.⟩
1221 – 1284
LMA,I,396/397
Alfons ⟨Kastilien, König, X.⟩
Alfons ⟨Kastilien und León, König, X.⟩
Alfonso ⟨Castiglia, Re, X.⟩
Alfonso ⟨Castile and Leon, King, X.⟩
Alfonso ⟨Castilla y León, Rey, X.⟩
Alfonso ⟨el Sabio⟩
Alfonso ⟨Kastilien, König, X.⟩
Alfonso ⟨Rex Romanus⟩
Alfonsus ⟨Castilia, Rex, X.⟩
Alfonsus ⟨Decem⟩
Alfonsus ⟨Sapiens⟩
Alonso ⟨el Sabio⟩
Alphonsus ⟨Castilla y Leon, Rey, X.⟩

Alfonso ⟨Castilla, Rey, XI.⟩
1312 – 1350
Alfons ⟨der Gesetzgeber⟩
Alfons ⟨Kastilien und León, König, XI.⟩
Alfonso ⟨Castile and León, King, XI.⟩
Alonso ⟨de Castilla⟩
Alphonso ⟨Castilla y León, Rey, XI.⟩

Alfonso ⟨Castilla y Leon, Rey, III.⟩
→ **Alfonso ⟨Asturia, Rey, III.⟩**

Alfonso ⟨Castilla y León, Rey, X.⟩
→ **Alfonso ⟨Castilla, Rey, X.⟩**

Alfonso ⟨de Benavente⟩
→ **Benavente, Johannes Alfonsus ¬de¬**

Alfonso ⟨de Cartagena⟩
→ **Alfonsus ⟨de Carthagena⟩**

Alfonso ⟨de Cordoba⟩
→ **Alfonsus ⟨de Cordoba⟩**

Alfonso ⟨de Espina⟩
→ **Alfonsus ⟨de Spina⟩**

Alfonso ⟨de Jaén⟩
→ **Alfonsus ⟨Giennensis⟩**

Alfonso ⟨de la Torre⟩
→ **Torre, Alfonso ¬de la¬**

Alfonso ⟨de Madrigal⟩
→ **Tostado Ribera, Alfonso**

Alfonso ⟨de San Cristobal⟩
um 1391/92 · OP
Libro de la Caballeria de Vegecio
Kaeppeli,I,55/56
Alfonsus ⟨de Sancto Christophoro⟩
Alphonsus ⟨de San Cristobal⟩
Alphonsus ⟨de Sancto Christoforo⟩
Alphonsus ⟨de Sancto Christophoro Hispanus⟩
Alphonsus ⟨Hispanus⟩
San Christophoro, Alphonsus ¬de¬
San Cristobal, Alfonso ¬de¬
San-Cristobal, Alfonso ¬de¬

Alfonso ⟨de Toledo⟩
um 1467
Invencionario
Toledo, Alfonso ¬de¬

Alfonso ⟨de Vadaterra⟩
→ **Alfonsus ⟨Giennensis⟩**

Alfonso ⟨de Valladolid⟩
ca. 1265/1270 – ca. 1346
Abner ⟨aus Burgos⟩
Abner ⟨de Burgos⟩
Abner ⟨von Burgos⟩
Alfonso ⟨Maestre⟩
Alfonsus ⟨Valla⟩
Alphonso ⟨de Valladolid⟩
Avner ⟨de Burgos⟩
Āvnēr ⟨von Burgos⟩
Burgos, Abner
Valladolid, Alfonso ¬de¬

Alfonso ⟨el Sabio⟩
→ **Alfonso ⟨Castilla, Rey, X.⟩**

Alfonso ⟨Maestre⟩
→ **Alfonso ⟨de Valladolid⟩**

Alfonso ⟨of Jaén⟩
→ **Alfonsus ⟨Giennensis⟩**

Alfonso ⟨Portugal, Rei, I.⟩
1107/11 – 1185
De expugnatione Scalabis
(Verfasserschaft umstritten)
LMA,I,404
Affonso Henriques ⟨Portugal, Rey, I.⟩
Affonso-Henriques ⟨Portugal, Rei, I.⟩
Alfons ⟨der Eroberer⟩
Alfons ⟨Portugal, König, I.⟩
Alfonso Enriches ⟨Portogallo, Re, I.⟩
Alfonsus ⟨Rex Portugalensium, I.⟩
Alfonsus Henricus ⟨Portugallia, Rex, I.⟩
Alphonse ⟨Portugal, Roi, I.⟩
Alphonse Henriques ⟨Portugal, Roi, I.⟩

Alfonso ⟨Rex Romanus⟩
→ **Alfonso ⟨Castilla, Rey, X.⟩**

Alfonso ⟨Tostado⟩
→ **Tostado Ribera, Alfonso**

Alfonso Enriches ⟨Portogallo, Re, I.⟩
→ **Alfonso ⟨Portugal, Rei, I.⟩**

Alfonso Fernandez ⟨de Palencia⟩
→ **Alfonsus ⟨de Palencia⟩**

Alfonsus ⟨a Sancta Maria⟩
→ **Alfonsus ⟨de Carthagena⟩**

Alfonsus ⟨Bonihominis⟩
gest. 1339 · OP
LMA,II,411; VL(2),1,236/237
Alfonso ⟨Buenhombre⟩
Alfonsus ⟨Bonihominis Hispanus⟩
Alfonsus ⟨Hispanus⟩
Alphonse ⟨Bonhomme⟩
Bonhome, Alfonso
Bonhomini, Alphonsus
Bonihominis, Alfonsus
Buenhombre, Alphonse

Alfonsus ⟨Borgia⟩
→ **Callistus ⟨Papa, III.⟩**

Alfonsus ⟨Burgensis⟩
→ **Alfonsus ⟨de Carthagena⟩**

Alfonsus ⟨Castilia, Rex, ...⟩
→ **Alfonso ⟨Castilla, Rey, ...⟩**

Alfonsus ⟨Cordubensis⟩
um 1348
Epistula et regimen de pestilentia
Alfonsus ⟨Magister Artis Medicinae⟩

Alfonsus ⟨de Albukerque⟩
15. Jh.
Commentaria in Parva naturalia Aristotelis
Lohr
Albukerque, Alfonsus ¬de¬
Alphonse ⟨d'Albuquerque⟩
Alphonsus ⟨de Albukerque⟩

Alfonsus ⟨de Benavente⟩
→ **Benavente, Johannes Alfonsus ¬de¬**

Alfonsus ⟨de Burgos⟩
→ **Alfonsus ⟨de Carthagena⟩**

Alfonsus ⟨de Carthagena⟩
1384 – 1456
Liber contra Leonardum invehentem contra libros Ethicorum Aristotelis; Anacephaleosis; Defensorium unitatis christianae; etc.
Lohr; Rep.Font. II,196; LMA,I,408
Alfons ⟨Bischof⟩
Alfons ⟨von Burgos⟩
Alfons ⟨von Cartagena⟩
Alfonso ⟨de Cartagena⟩
Alfonsus ⟨a Sancta Maria⟩
Alfonsus ⟨Burgensis⟩
Alfonsus ⟨de Burgos⟩
Alfonsus ⟨de Sancta Maria⟩
Alfonsus ⟨de Santa-Maria⟩
Alonso ⟨Bishop⟩
Alonso ⟨de Cartagena⟩
Alonso ⟨of Burgos⟩
Alonso ⟨von Cartagena⟩
Alphonse ⟨de Carthagène⟩
Alphonsus ⟨de Cartagena⟩
Alphonsus ⟨de Carthagena⟩
Alvar Garcia ⟨de Santa Maria⟩
Cartagena, Alfonso ¬de¬
Cartagena, Alonso ¬de¬
Carthagena, Alfonsus ¬de¬
Garcia ⟨de Santa Maria⟩
Garcia de Cartagena, Alonso
García de Santa María, Alfonso

Alfonsus ⟨de Cordoba⟩
um 1498
Tabulae astronomicae
Alfonso ⟨de Cordoba⟩
Alfonso ⟨de Corduba⟩
Alonso ⟨de Córdoba⟩
Alphonse ⟨de Cordoue⟩
Cordoba, Alfonso ¬de¬
Cordoba, Alfonsus ¬de¬

Alfonsus ⟨de Deo⟩
15. Jh.
Stegmüller, Repert. sentent. 65
Alfonsus sive Johannes ⟨de Deo⟩
Alphonsus ⟨de Deo⟩
Johannes ⟨de Deo⟩

Alfonsus ⟨de Jaén⟩
→ **Alfonsus ⟨Giennensis⟩**

Alfonsus ⟨de Madrigal⟩
→ **Tostado Ribera, Alfonso**

Alfonsus ⟨de Oropesa⟩
gest. 1468
Lumen ad revelationem gentium et gloriam plebis suae Israel
LMA,VI,1474
Alonso ⟨de Oropesa⟩
Alphonse ⟨d'Oropesa⟩
Oropesa, Alfonsus ¬de¬
Oropesa, Alonso ¬de¬

Alfonsus ⟨de Palencia⟩
1423 – 1492
Alfons ⟨de Palencia⟩
Alfons ⟨Fernandez⟩
Alfonso ⟨de Palencia⟩
Alfonso Fernandez ⟨de Palencia⟩
Alfonsus ⟨Palentinus⟩
Alonso ⟨de Palencia⟩
Alphonse ⟨de Palencia⟩
Alphonsus ⟨Palentinus⟩
Fernandez, Alfonso
Fernandez de Palencia, Alfonso
Palencia, Alfonso Fernandez ¬de¬
Palencia, Alfonsus ¬de¬
Palencia, Alonso ¬de¬

Alfonsus ⟨de Sancta Maria⟩
→ **Alfonsus ⟨de Carthagena⟩**

Alfonsus ⟨de Sancto Christophoro⟩
→ **Alfonso ⟨de San Cristobal⟩**

Alfonsus ⟨de Spina⟩
1412 – 1495 · OFM
Fortalitium fidei; Tractatus de fortuna; Sermones XX de nomine Jesu
LMA,I,408 und IV,17
Alfons ⟨de Spina⟩
Alfons ⟨d'Espina⟩
Alfonso ⟨de Espina⟩
Alfonso ⟨de Spina⟩
Alfonsus ⟨d'Espina⟩
Alonso ⟨de Espina⟩
Alphonse ⟨de Espina⟩
Alphonse ⟨de Spina⟩
Alphonse ⟨Evêque des Thermopyles⟩
Espina, Alfonso ¬de¬
Espina, Alonso ¬de¬
Spina, Alfonsus ¬de¬
Spina, Alphonse ¬de¬

Alfonsus ⟨de Toledo⟩
→ **Alfonsus ⟨Vargas Toletanus⟩**

Alfonsus ⟨Decem⟩
→ **Alfonso ⟨Castilla, Rey, X.⟩**

Alfonsus ⟨d'Espina⟩
→ **Alfonsus ⟨de Spina⟩**

Alfonsus ⟨Franciscan⟩
→ **Alfonsus ⟨Giennensis⟩**

Alfonsus ⟨Giennensis⟩
1329/30 – ca. 1388/90 · OFM
Epistula Solitarii; Epistula Servi Christi; Informationes
Alfons ⟨von Jaén⟩
Alfonso ⟨de Jaén⟩
Alfonso ⟨de Vadaterra⟩
Alfonso ⟨of Jaén⟩
Alfonsus ⟨de Jaén⟩
Alfonsus ⟨Franciscan⟩
Alfonsus ⟨Pecha⟩
Alonso ⟨Pecha⟩
Alphonse ⟨of Pecha⟩
Pecha, Alonso
Pecha, Alphonse

Alfonsus ⟨Hispanus⟩
→ **Alfonso ⟨de San Cristobal⟩**
→ **Alfonsus ⟨Bonihominis⟩**

Alfonsus ⟨Hispanus⟩
um 1378/79 · OP
Kaeppeli,I,55
Alphonse ⟨Hispanus⟩
Alphonse ⟨l'Espagnol⟩
Hispanus, Alfonsus

Alfonsus ⟨Magister Artis Medicinae⟩
→ **Alfonsus ⟨Cordubensis⟩**

Alfonsus ⟨Martinus⟩
→ **Martinus ⟨Alphonsi⟩**

Alfonsus ⟨Palentinus⟩
→ **Alfonsus ⟨de Palencia⟩**

Alfonsus ⟨Pecha⟩
→ **Alfonsus ⟨Giennensis⟩**

Alfonsus ⟨Rex Portugalensium, I.⟩
→ **Alfonso ⟨Portugal, Rei, I.⟩**

Alfonsus ⟨Sapiens⟩
→ **Alfonso ⟨Castilla, Rey, X.⟩**

Alfonsus ⟨Stupor Mundi⟩
→ **Tostado Ribera, Alfonso**

Alfonsus ⟨Toletanus⟩
→ **Alfonsus ⟨Vargas Toletanus⟩**
→ **Ildephonsus ⟨Toletanus⟩**

Alfonsus ⟨Tostatus⟩
→ **Tostado Ribera, Alfonso**

Alfonsus ⟨Valla⟩
→ **Alfonso ⟨de Valladolid⟩**

Alfonsus ⟨Vargas Toletanus⟩
gest. 1366 · OESA
Quaestiones in libros De anima
Lohr; LMA,VIII,1412
Alfonsus ⟨de Toledo⟩
Alfonsus ⟨Toletanus⟩
Alfonsus ⟨Vargas⟩
Alfonsus ⟨Vargas de Toledo⟩
Alonso ⟨de Toledo y Vargas⟩
Alphonse ⟨Vargas⟩
Alphonsus ⟨Vargas Toletanus⟩
Toletanus, Alfonsus Vargas
Vargas, Alfonsus
Vargas, Alfonsus Toletanus
Vargas, Alphonse
Vargas Toletanus, Alfonsus

Alfonsus ⟨von Avila⟩
→ **Tostado Ribera, Alfonso**

Alfonsus Henricus ⟨Portugallia, Rex, I.⟩
→ **Alfonso ⟨Portugal, Rei, I.⟩**

Alfonsus sive Johannes ⟨de Deo⟩
→ **Alfonsus ⟨de Deo⟩**

Alfraganus
→ **Farġānī, Aḥmad Ibn-Muḥammad ¬al-¬**

Alfred ⟨England, King⟩
849 – 901
Rep.Font. II,197; LThK; CSGL; LMA,I,409/410
Aelfred ⟨England, King⟩
Aelfredus ⟨Anglia, Rex⟩
Aelfredus ⟨England, Rex⟩
Alfred ⟨der Grosse⟩
Alfred ⟨der Große⟩
Alfred ⟨England, König⟩
Alfred ⟨England, König, I.⟩
Alfred ⟨the Great⟩
Alfredus ⟨Anglia, Rex⟩
Alfredus ⟨Anglo-Saxonia, Rex⟩
Alfredus ⟨Magnus⟩
Alfredus ⟨Rex Saxonum⟩

Alfred ⟨of Beverley⟩
→ **Alfredus ⟨Beverlacensis⟩**

Alfred ⟨of Sareshel⟩
→ **Alfredus ⟨Sereshalensis⟩**

Alfred ⟨the Great⟩
→ **Alfred ⟨England, King⟩**

Alfred ⟨von Sareshel⟩
→ **Alfredus ⟨Sereshalensis⟩**

Alfred ⟨von Serechel⟩
→ **Alfredus ⟨Sereshalensis⟩**

Alfredus ⟨Anglia, Rex⟩
→ **Alfred ⟨England, King⟩**

Alfredus ⟨Anglicus⟩
→ **Alfredus ⟨Sereshalensis⟩**

Alfredus ⟨Anglus⟩
→ **Alfredus ⟨Sereshalensis⟩**

Alfredus ⟨Beverlacensis⟩
gest. 1143
Historia de gestis regum Britanniae (a Bruto usque ad 1129)
Rep.Font. II,203; CSGL; Potth.
Alfred ⟨of Beverley⟩
Aluredus ⟨Beverlacensis⟩
Aluredus ⟨Canonicus⟩

Alfredus ⟨de Sareshel⟩
→ **Alfredus ⟨Sereshalensis⟩**

Alfredus ⟨de Sarewel⟩
→ **Alfredus ⟨Sereshalensis⟩**

Alfredus ⟨Magnus⟩
→ **Alfred ⟨England, King⟩**

Alfredus ⟨Rex Saxonum⟩
→ **Alfred ⟨England, King⟩**

Alfredus ⟨Sereshalensis⟩
gest. 1215
LThK; CSGL; LMA,I,410
Alfred ⟨of Sareshel⟩
Alfred ⟨von Sareshel⟩
Alfred ⟨von Serechel⟩
Alfredus ⟨Anglicus⟩
Alfredus ⟨Anglus⟩
Alfredus ⟨de Sareshel⟩
Alfredus ⟨de Sarewel⟩

Alfredus ⟨von Rievaulx⟩
→ **Aelredus ⟨Rievallensis⟩**

Alfricus ⟨Cantuariensis⟩
→ **Aelfricus ⟨Cantuariensis⟩**

Alfricus ⟨Grammaticus⟩
→ **Aelfric**

Alfricus ⟨Monachus⟩
→ **Aelfric**

Alfridus ⟨...⟩
→ **Alfredus ⟨...⟩**

Alfridus ⟨Rex⟩
→ **Aldfrith ⟨Northumbria, King⟩**

Algarnati, Johann A.
→ **Leo ⟨Africanus⟩**

Algasius
→ **Agalsius**

Algazel
→ **Ġazzālī, Abū-Ḥāmid Muḥammad Ibn-Muḥammad ¬al-¬**

Algerus ⟨Leodiensis⟩
ca. 1055 – 1131
LThK; CSGL; LMA,I,410/411
Adelgerus ⟨Cluniacensis⟩
Albertus ⟨Divus⟩
Alger ⟨de Liège⟩
Alger ⟨de Lüttich⟩
Alger ⟨of Liège⟩
Alger ⟨von Lüttich⟩
Algerus ⟨Canonicus⟩
Algerus ⟨Cluniacensis⟩
Algerus ⟨Scholasticus⟩
Pseudo-Algerus

Al-Ghazālī
→ **Ġazzālī, Abū-Ḥāmid Muḥammad Ibn-Muḥammad ¬al-¬**

Algoarizmi, Mahumed
→ **Ḫwārizmī, Muḥammad Ibn-Mūsā ¬al-¬**

Algotsson, Brynolf
→ **Brynolphus ⟨Scarensis⟩**

Algrinus ⟨ab Abbatisvilla⟩
→ **Johannes ⟨Algrinus⟩**

Algrinus, Johannes
→ **Johannes ⟨Algrinus⟩**

Al-Ǧunaid
→ **Ǧunaid Ibn-Muḥammad ¬al-¬**

Al-Halladsch
→ **Ḥallāǧ, al-Ḥusain Ibn-Manṣūr ¬al-¬**

al-Ḥarīrī, Abū Muḥammad al-Qāsim
→ **Ḥarīrī, al-Qāsim Ibn-ʿAlī ¬al-¬**

Alḥarīzī, Yehûdā Ben-Šelomo
ca. 1165 – ca. 1235
Sefer Tachkemoni
LMA,V,346
Charisi, Jehuda
Harizi, Jehuda B.
Harizi, Judah ben Solomon ¬al-¬
Jehuda al-Ḥarisi

Jehudah ben Salomon ben Charizi
Yehûdā Ben-Šelomo Ḥarîzî

Alhart
13./14. Jh.
Plataeae tuae (Predigt)
VL(2),1,239/40

Al-Ḥasan Ibn-ʿAlī Niẓām-ul-Mulk
→ **Niẓām-al-Mulk, Abū-ʿAlī al-Ḥasan Ibn-ʿAlī**

Al-Hassan ibn-Mohammed Al-Wegaz Al-Fazi
→ **Leo ⟨Africanus⟩**

Alhazen
→ **Ibn-al-Haiṯam, al-Ḥasan Ibn-al-Ḥasan**

Al-Ḥāzimī
→ **Ḥāzimī, Muḥammad Ibn-Mūsā ¬al¬**

ʿAlī ⟨Kalif⟩
gest. 661
LMA,I,411
Abû Ṭâlib
Ali
Ali ⟨Imperator⟩
Ali ben Abi Taleb
Ali Ben Abi Talib
Ali Ebn Abi Taleb
ʿAlī Ibn-Abī-Ṭālib
Haly ⟨Filius Abbas⟩
Ibn-Abī-Ṭālib, ʿAlī
Imam Ali

Ali ⟨Kuşçu⟩
→ **Ali Kuşçu**

ʿAlī, Ibn-Riḍwān
→ **Ibn-Riḍwān, ʿAlī**

Ali Abbas
→ **ʿAlī Ibn-al-ʿAbbās al-Maǧūsī**

ʿAlī ʿAlāʾ-ad-Dīn
→ **Ali Kuşçu**

Ali Alaeddin
→ **Ali Kuşçu**

ʿAlī al-Hādī
gest. 868
Abu-ʾl-Ḥasan ʿAlī Ibn-Muḥammad al-Hādī
ʿAlī al-Hādī an-Naqī
ʿAlī Ibn-Muḥammad al-Hādī
Hādī, ʿAlī ¬al-¬
Hādī, ʿAlī Ibn-Muḥammad ¬al-¬
Hādīu¬al-¬⟨Schiitenimam⟩

ʿAlī ar-Riḍā
→ **Riḍā, ʿAlī Ibn-Mūsā ¬ar-¬**

Ali Ben Abi Talib
→ **ʿAlī ⟨Kalif⟩**

Ali ben Kūšǧī
→ **Ali Kuşçu**

Ali Ben Mohammed Ben Mohammed Ben Ali ⟨le Koraïchite⟩
→ **Qalaṣādī, ʿAlī Ibn-Muḥammad ¬al-¬**

Ali Ebn Abi Taleb
→ **ʿAlī ⟨Kalif⟩**

ʿAlī ibn al-ʿAbbās al-Maǧūsī
→ **ʿAlī Ibn-al-ʿAbbās al-Maǧūsī**

ʿAlī ibn al-ʿAbbās al-Majūsī
→ **ʿAlī Ibn-al-ʿAbbās al-Maǧūsī**

ʿAlī ibn ʿĪsā
→ **ʿAlī Ibn-ʿĪsā**

ʿAlī ibn ʿĪsā al-Asṭurlābī
→ **ʿAlī Ibn-ʿĪsā**

ʿAlī ibn Khalaf al-Kātib
→ **ʿAlī Ibn-Ḫalaf al-Kātib**

ʿAlī ibn Muḥammad ibn ʿAbd al-Karīm ⟨ʿIzzal-Dīn Abū al-Hasan⟩
→ **Ibn-al-Aṯīr, ʿIzz-ad-Dīn Abu-ʾl-Ḥasan ʿAlī**

ʿAlī Ibn-ʿAbdallāh al-Madīnī
→ **Madīnī, ʿAlī Ibn-ʿAbdallāh ¬al-¬**

ʿAlī Ibn-ʿAbdallāh aš-Šāḏilī
→ **Šāḏilī, ʿAlī Ibn-ʿAbdallāh ¬aš-¬**

ʿAlī Ibn-ʿAbdallāh Ibn-Abī-Zarʿ
→ **Ibn-Abī-Zarʿ, ʿAlī Ibn-ʿAbdallāh**

ʿAlī Ibn-ʿAbd-ar-Raḥmān Ibn-Huḏail al-Andalusī
→ **Ibn-Huḏail al-Andalusī, ʿAlī Ibn-ʿAbd-ar-Raḥmān**

ʿAlī Ibn-ʿAbd-ar-Raḥmān Ibn-Huḏail al-Fazārī al-Andalusī, Abu'l-Ḥasan
→ **Ibn-Huḏail al-Andalusī, ʿAlī Ibn-ʿAbd-ar-Raḥmān**

ʿAlī Ibn-Abī-ʿAlī al-Āmidī
→ **Āmidī, ʿAlī Ibn-Abī-ʿAlī ¬al-¬**

ʿAlī Ibn-Abī-Bakr Ibn-Ḥaǧar al-Haiṯamī
→ **Ibn-Ḥaǧar al-Haiṯamī, ʿAlī Ibn-Abī-Bakr**

ʿAlī Ibn-Abī-Saʿīd Ibn-Yūnis
→ **Ibn-Yūnis, ʿAlī Ibn-Abī-Saʿīd**

ʿAlī Ibn-Abī-Ṭālib
→ **ʿAlī ⟨Kalif⟩**

ʿAlī Ibn-Aḥmad al-Wāḥidī
→ **Wāḥidī, ʿAlī Ibn-Aḥmad ¬al-¬**

ʿAlī Ibn-Aḥmad an-Nasawī
→ **Nasawī, ʿAlī Ibn-Aḥmad ¬an-¬**

ʿAlī Ibn-Aḥmad Ibn-al-Buḫārī
→ **Ibn-al-Buḫārī, Faḫr-ad-Dīn ʿAlī Ibn-Aḥmad**

ʿAlī Ibn-Aḥmad Ibn-Ḥazm al-Andalusī
→ **Ibn-Ḥazm, ʿAlī Ibn-Aḥmad**

ʿAlī Ibn-al-ʿAbbās al-Maǧūsī
gest. ca. 994
Kitāb al-Malakī
LMA,VI,104; IV,1882
Ali Abbas
ʿAlī ibn al-ʿAbbās, al-Majūsī al-Arrājanī
ʿAlī ibn al-ʿAbbās al-Maǧūsī
ʿAlī ibn al-ʿAbbās al-Majūsī
Haly ⟨Filius Abbas⟩
Haly Abbas
Halyabatis
Ibn-Abbas al-Madschusi
Abbas
Ibn-al-ʿAbbas, ʿAlī al-Maǧūsī
Madjūsī, ʿAlī B. al-ʿAbbās
Maǧūsī, ʿAlī Ibn-al-ʿAbbas ¬al-¬
Majūsī, ʿAlī Ibn al-ʿAbbās

ʿAlī Ibn-al-ʿAbbās Ibn-ar-Rūmī
→ **Ibn-ar-Rūmī, ʿAlī Ibn-al-ʿAbbās**

ʿAlī Ibn-al-Aṯīr, ʿIzz-ad-Dīn Abu-ʾl-Ḥasan
→ **Ibn-al-Aṯīr, ʿIzz-ad-Dīn Abu-ʾl-Ḥasan ʿAlī**

ʿAlī Ibn-al-Ḥasan Ibn-ʿAsākir
→ **Ibn-ʿAsākir, ʿAlī Ibn-al-Ḥasan**

ʿAlī Ibn-al-Ḥasan Kurāʿ an-Naml
→ **Kurāʿ an-Naml, ʿAlī Ibn-al-Ḥasan**

ʿAlī Ibn-al-Ḥazm Ibn-an-Nafīs
→ **Ibn-an-Nafīs, ʿAlī Ibn-al-Ḥazm**

ʿAlī Ibn-al-Ḥusain, Abu-ʾl-Faraǧ al-Iṣfahānī
→ **Abu-ʾl-Faraǧ al-Iṣfahānī, ʿAlī Ibn-al-Ḥusain**

ʿAlī Ibn-al-Ḥusain al-Masʿūdī
→ **Masʿūdī, ʿAlī Ibn-al-Ḥusain ¬al-¬**

ʿAlī Ibn-al-Ḥusain aš-Šarīf al-Murtaḍā
→ **Šarīf al-Murtaḍā, ʿAlī Ibn-al-Ḥusain ¬aš-¬**

ʿAlī Ibn-al-Ḥusain Ibn-Bābawaih
→ **Ibn-Bābawaih, ʿAlī Ibn-al-Ḥusain**

ʿAlī Ibn-al-Ḥusain Zain-al-ʿĀbidīn
→ **Zain-al-ʿĀbidīn, ʿAlī Ibn-al-Ḥusain**

ʿAlī Ibn-al-Mufaḍḍal al-Maqdisī
→ **Maqdisī, ʿAlī Ibn-al-Mufaḍḍal ¬al-¬**

ʿAlī Ibn-al-Muḥassin at-Tanūḫī
→ **Tanūḫī, ʿAlī Ibn-al-Muḥassin ¬at-¬**

ʿAlī Ibn-Anǧab as-Sāʿī
→ **Sāʿī, ʿAlī Ibn-Anǧab ¬as-¬**

ʿAlī Ibn-Anǧab Ibn-as-Sāʿī
→ **Ibn-as-Sāʿī, ʿAlī Ibn-Anǧab**

ʿAlī Ibn-ʿAqīl, Abu-ʾl-Wafāʾ
→ **Ibn-ʿAqīl, Abu-ʾl-Wafāʾ ʿAlī**

ʿAlī Ibn-Faḍḍāl al-Muǧāšiʿī
→ **Muǧāšiʿī, ʿAlī Ibn-Faḍḍāl ¬al-¬**

ʿAlī Ibn-Ǧaʿfar Ibn-al-Qaṭṭāʿ
→ **Ibn-al-Qaṭṭāʿ, ʿAlī Ibn-Ǧaʿfar**

ʿAlī Ibn-Ḫalaf al-Kātib
11. Jh.
Abu-ʾl-Ḥasan ʿAlī Ibn Khalaf Ibn ʿAlī ibn ʿAbd al-Wahhāb
ʿAlī ibn Khalaf al-Kātib
Ibn-Ḫalaf al-Kātib, ʿAlī
Kātib, ʿAlī Ibn-Ḫalaf ¬al-¬

ʿAlī Ibn-Ḫalaf Ibn-Baṭṭāl
→ **Ibn-Baṭṭāl, ʿAlī Ibn-Ḫalaf**

ʿAlī Ibn-Ḥasan Ibn-Muʿāwiya
→ **Ibn-Muʿāwiya, ʿAlī Ibn-Ḥasan**

ʿAlī Ibn-Hibatallāh Ibn-Mākūlāʾ
→ **Ibn-Mākūlāʾ, ʿAlī Ibn-Hibatallāh**

ʿAlī Ibn-Ibrāhīm Ibn-al-ʿAṭṭār
→ **Ibn-al-ʿAṭṭār, ʿAlī Ibn-Ibrāhīm**

ʿAlī Ibn-Ibrāhīm Ibn-aš-Šāṭir
→ **Ibn-aš-Šāṭir, ʿAlī Ibn-Ibrāhīm**

ʿAlī Ibn-Ibrāhīm Ibn-Buḫtīšūʿ
→ **Ibn-Buḫtīšūʿ, ʿAlī Ibn-Ibrāhīm**

ʿAlī Ibn-ʿĪsā
→ **ʿAlī Ibn-ʿĪsā al-Kaḥḥāl**

ʿAlī Ibn-ʿĪsā
um 843
Mathematiker und Astronom; dt. Tit. seines Werkes: Über die Kenntnis der Wiss. vom Astrolabium
LMA,I,1156
al-Asṭurlābī
ʿAlī ibn ʿĪsā
ʿAlī ibn ʿĪsā al-Asṭurlābī
Asṭurlābī, ʿAlī Ibn-ʿĪsā ¬al-¬
Ḥarrānī, ʿAlī Ibn-ʿĪsā ¬al-¬
Ibn-ʿĪsā, ʿAlī
ʿĪsā Ibn-ʿAlī

ʿAlī Ibn-ʿĪsā al-Irbilī
→ **Irbilī, ʿAlī Ibn-ʿĪsā ¬al-¬**

ʿAlī Ibn-ʿĪsā al-Kaḥḥāl
gest. nach 1010
ʿAlī Ibn-ʿĪsā
Ibn-ʿĪsā, ʿAlī al-Kaḥḥāl
Jesus ⟨Halus⟩
Kaḥḥāl, ʿAlī Ibn-ʿĪsā ¬al-¬

ʿAlī Ibn-ʿĪsā ar-Rummānī
→ **Rummānī, ʿAlī Ibn-ʿĪsā ¬ar-¬**

ʿAlī Ibn-Ismāʿīl al-Ašʿarī, Abu-ʾl-Ḥasan
→ **Ašʿarī, Abu-ʾl-Ḥasan ʿAlī Ibn-Ismāʿīl ¬al-¬**

ʿAlī Ibn-Ismāʿīl Ibn-Sīda
→ **Ibn-Sīda, ʿAlī Ibn-Ismāʿīl**

ʿAlī Ibn-Maǧd-ad-Dīn Muṣannifak
→ **Muṣannifak, ʿAlī Ibn-Maǧd-ad-Dīn**

ʿAlī Ibn-Manṣūr Ibn-Muqrib
→ **Ibn-Muqrib, ʿAlī Ibn-Manṣūr**

ʿAlī Ibn-Muḥammad, Abu-ʾl-Fatḥ al-Bustī
→ **Abu-ʾl-Fatḥ al-Bustī, ʿAlī Ibn-Muḥammad**

ʿAlī Ibn-Muḥammad al-Faḫrī
→ **Faḫrī, ʿAlī Ibn-Muḥammad ¬al-¬**

ʿAlī Ibn-Muḥammad al-Ǧurǧānī
→ **Ǧurǧānī, ʿAlī Ibn-Muḥammad ¬al-¬**

ʿAlī Ibn-Muḥammad al-Hādī
→ **ʿAlī al-Hādī**

ʿAlī Ibn-Muḥammad al-Harawī
→ **Abu-ʾl-Ḥasan al-Harawī, ʿAlī Ibn-Muḥammad**

ʿAlī Ibn-Muḥammad al-Māwardī
→ **Māwardī, ʿAlī Ibn-Muḥammad ¬al-¬**

ʿAlī Ibn-Muḥammad al-Muʿāfirī
→ **Muʿāfirī, ʿAlī Ibn-Muḥammad ¬al-¬**

ʿAlī Ibn-Muḥammad al-Qalaṣādī
→ **Qalaṣādī, ʿAlī Ibn-Muḥammad ¬al-¬**

ʿAlī Ibn-Muḥammad al-Qūščī
→ **Ali Kuşçu**

ʿAlī Ibn-Muḥammad al-Qūšǧī
→ **Ali Kuşçu**

ʿAlī Ibn-Muḥammad al-Ubbadī
→ **Ubbadī, ʿAlī Ibn-Muḥammad ¬al-¬**

ʿAlī Ibn-Muḥammad as-Saḫāwī
→ **Saḫāwī, ʿAlī Ibn-Muḥammad ¬as-¬**

ʿAlī Ibn-Muḥammad at-Tauḥīdī, Abū-Ḥaiyān
→ **Abū-Ḥaiyān at-Tauḥīdī, ʿAlī Ibn-Muḥammad**

ʿAlī Ibn-Muḥammad Ibn-al-Qaṭṭān al-Fāsī
→ **Ibn-al-Qaṭṭān al-Fāsī, ʿAlī Ibn-Muḥammad**

ʿAlī Ibn-Muḥammad Ibn-an-Nabīh
→ **Ibn-an-Nabīh, ʿAlī Ibn-Muḥammad**

ʿAlī Ibn-Muḥammad Ibn-as-Saʿātī
→ **Ibn-as-Saʿātī, ʿAlī Ibn-Muḥammad**

ʿAlī Ibn-Muḥammad Ibn-Duraihim
→ **Ibn-Duraihim, ʿAlī Ibn-Muḥammad**

ʿAlī Ibn-Muḥammad Ibn-Ḫarūf
→ **Ibn-Ḫarūf, ʿAlī Ibn-Muḥammad**

ʿAlī Ibn-Muʾmin Ibn-ʿUṣfūr
→ **Ibn-ʿUṣfūr, ʿAlī Ibn-Muʾmin**

ʿAlī Ibn-Munǧib Ibn-aṣ-Ṣairafī
→ **Ibn-aṣ-Ṣairafī, ʿAlī Ibn-Munǧib**

ʿAlī Ibn-Mūsā aṭ-Ṭāʾūsī
→ **Ṭāʾūsī, ʿAlī Ibn-Mūsā ¬aṭ-¬**

ʿAlī Ibn-Mūsā Ibn-Saʿīd
→ **Ibn-Saʿīd, ʿAlī Ibn-Mūsā**

ʿAlī Ibn-Rabban aṭ-Ṭabarī
ca. 800 – ca. 864
ʿAlī Ibn-Sahl Rabban aṭ-Ṭabarī
Ibn-Rabban, ʿAlī aṭ-Ṭabarī
Ṭabarī, ʿAlī Ibn-Rabban ¬aṭ-¬

ʿAlī Ibn-Sahl Rabban aṭ-Ṭabarī
→ **ʿAlī Ibn-Rabban aṭ-Ṭabarī**

ʿAlī Ibn-Sulaimān Ibn-Abi-ʾr-Riqāʿ
→ **Ibn-Abi-ʾr-Riqāʿ, ʿAlī Ibn-Sulaimān**

ʿAlī Ibn-ʿUbaid Ibn-al-Ǧaʿd
→ **Ibn-al-Ǧaʿd, ʿAlī Ibn-ʿUbaid**

ʿAlī Ibn-ʿUbaidallāh Ibn-Bābūya al-Qummī
→ **Ibn-Bābūya al-Qummī, ʿAlī Ibn-ʿUbaidallāh**

ʿAlī Ibn-ʿUbaidallāh Ibn-Bābūya ar-Rāzī
→ **Ibn-Bābūya al-Qummī, ʿAlī Ibn-ʿUbaidallāh**

ʿAlī Ibn-ʿUmar ad-Dāraquṭnī
→ **Dāraquṭnī, ʿAlī Ibn-ʿUmar ¬ad-¬**

ʿAlī Ibn-ʿUmar al-Batanūnī
→ **Batanūnī, ʿAlī Ibn-ʿUmar ¬al-¬**

ʿAlī Ibn-ʿUmar al-Kātibī
→ **Kātibī, ʿAlī Ibn-ʿUmar ¬al-¬**

ʿAlī Ibn-Yūsuf al-Qifṭī
→ **Qifṭī, ʿAlī Ibn-Yūsuf ¬al-¬**

ʿAlī Ibn-Yūsuf az-Zarandī
→ **Zarandī, ʿAlī Ibn-Yūsuf ¬az-¬**

ʿAlī Ibn-Ẓāfir al-Azdī
→ **Azdī, ʿAlī Ibn-Ẓāfir ¬al-¬**

ʿAlī Ibn-Zaid al-Baihaqī
→ **Baihaqī, ʿAlī Ibn-Zaid ¬al-¬**

Ali Kuşçu
gest. 1474
Türk. Astronom und Mathematiker
LMA,I,411/412
Alaeddin Ali Kuşçu
Alaülmillet ve-'d-Din Ali el-Kuşçu
Ali ⟨Kuşçu⟩
Ali Alaeddin
ʿAlī ʿAlāʾ-ad-Dīn
Ali ben Kūšǧī
ʿAlī Ibn-Muḥammad al-Qūščī
ʿAlī Ibn-Muḥammad al-Qūšǧī
Kuşçu, Ali
Qūščī, ʿAlī ¬al-¬
Qūšǧī, ʿAlī Ibn-Muḥammad ¬al¬

Alibert ⟨de Milan⟩
→ **Odilbertus ⟨Mediolanensis⟩**

Aliberti, Arnaldus
→ **Arnaldus ⟨Alberti⟩**

Alibertus ⟨...⟩
→ **Albertus ⟨...⟩**

Alich, Johannes
→ **Johannes ⟨Alich⟩**

Aliénor ⟨de Poitiers⟩
um 1484/91
Les honneurs de la cour
Rep.Font. II,199
Eléonore ⟨de Poitiers⟩
Eléonore ⟨Furne, Vicomtesse⟩
Eléonore ⟨Vicomtesse de Furne⟩
Poitiers, Aliénor ¬de¬
Poitiers, Eléonore ¬de¬

Alifonsus ⟨...⟩
→ **Alfonsus ⟨...⟩**

Alighieri ⟨da Zevio⟩
→ **Altichiero ⟨da Zevio⟩**

Alighieri, Dante
→ **Dante ⟨Alighieri⟩**

Alighieri, Jacopo
ca. 1330 – ca. 1358
Capitolo; Il dottrinale; Chiose alla Cantica dell'Inferno
Rep.Font. VI,145; LMA,I,413
Alighieri, Jacopo di Dante
Alighieri, Jacques
Dante Alighieri, Jacopo ¬di¬
Jacopo ⟨Alighieri⟩

Alighieri, Pietro
gest. 1364
2 lateinische Kommentare zum Werk von Dante ⟨Alighieri⟩
LMA,I,413
Aligerus, Petrus
Alighieri, Piero
Alighieri, Piero di Dante
Alighieri, Pierre
Dante Alighieri, Pietro ¬di¬
Pietro ⟨Alighieri⟩

Alignano, Benedictus ¬de¬
→ **Benedictus ⟨de Alignano⟩**

Al-ʿImād
→ **Kātib al-Iṣfahānī, Muḥammad Ibn-Muḥammad ¬al-¬**

Alington, Robert
→ **Robertus ⟨de Alyngton⟩**

Aliphonsus ⟨...⟩
→ **Alfonsus ⟨...⟩**

Aliprandi, Bonamente
ca. 1350 – 1417
Cronica de Mantua
Rep.Font. II,199; LMA,I,414
Aliprandi ⟨de Mantoue⟩
Aliprandi ⟨di Mantova⟩
Aliprandi, Buonamente
Bonamente ⟨Aliprandi⟩
Buonamente, Aliprandi

Aliprandus
→ **Ariprandus**

Al-Istahri
→ **Iṣṭaḫrī, Ibrāhīm Ibn-Muḥammad ¬al-¬**

Al-Istakhri, Abu Ishak al-Farisi
→ **Iṣṭaḫrī, Ibrāhīm Ibn-Muḥammad ¬al-¬**

Alixandre ⟨...⟩
→ **Alexandre ⟨...⟩**

Al-Jubbāʾī, Abū ʿAlī
→ **Ǧubbāʾī, Muḥammad Ibn-ʿAbd-al-Wahhāb ¬al-¬**

Alkabitius
→ **Qabīṣī, Abu-'ṣ-Ṣaqr ʿAbd-al-ʿAzīz Ibn-ʿUṯmān ¬al-¬**

Alkalçâdî
→ **Qalaṣādī, ʿAlī Ibn-Muḥammad ¬al-¬**

Alkama Ibn Abada
→ **ʿAlqama Ibn-ʿAbada**

Al-Kashī
→ **Kāšī, Ǧamšīd Ibn-Masʿūd ¬al-¬**

Al-Kāsim b. Ibrāhīm
→ **Qāsim Ibn-Ibrāhīm ar-Rassī ¬al-¬**

Al-Khazini
→ **Ḫāzinī, ʿAbd-ar-Raḥmān ¬al-¬**

Al-Khwārizmī
→ **Ḫwārizmī, Muḥammad Ibn-Mūsā ¬al-¬**

Alkmar, Heinrich ¬von¬
→ **Hendrik ⟨van Alkmaar⟩**

Alkmaria, Andreas ¬de¬
→ **Andreas ⟨de Alkmaria⟩**

Alkoatim
→ **Alcoatin**

Alkoch, Johannes
→ **Johannes ⟨Alcock⟩**

Alkuin
→ **Alcuinus, Flaccus**

ʿAllāf, Abu-'l-Huḏail Muḥammad Ibn-al-Huḏail ¬al-¬
→ **Abu-'l-Huḏail al-ʿAllāf, Muḥammad Ibn-al-Huḏail**

ʿAllāf, Muḥammad Ibn-al-Huḏail ¬al-¬
→ **Abu-'l-Huḏail al-ʿAllāf, Muḥammad Ibn-al-Huḏail**

Allafranco ⟨di Milano⟩
→ **Lanfrancus ⟨Mediolanensis⟩**

ʿAllāma al-Ḥillī
→ **Ḥillī, al-Ḥasan Ibn-Yūsuf ¬al-¬**

Allanfrancus ⟨Mediolanensis⟩
→ **Lanfrancus ⟨Mediolanensis⟩**

Allegretti, Allegretto
1429 – 1497
Diarii delle cose sanesi del suo tempo
Rep.Font. II,200
Allegret ⟨Allegretti de Sienne⟩
Allegretti, Allegret
Allegretti, Allegretto ¬degli¬
Allegretto ⟨Allegretti⟩
Allegretto ⟨degli Allegretti⟩
Allegretto ⟨DegliAllegretti⟩
DegliAllegretti, Allegretto

Alleus, Jacobus ¬des¬
→ **Jacobus ⟨des Alleus⟩**

Allhallowgate, Johannes ¬de¬
um 1365/80
Verf. der V. 1-124 des „Chronicon metricum ecclesiae Eboracensis aliud"
Rep.Font III,324
Allhallowgate, John ¬de¬
Johannes ⟨de Allhallowgate⟩
John ⟨Capellanus⟩
John ⟨Chantry Priest in Ripon⟩
John ⟨de Allhallowgate⟩

Alliaco, Gualterus ¬de¬
→ **Gualterus ⟨de Alliaco⟩**

Alliaco, Petrus ¬de¬
→ **Petrus ⟨de Alliaco⟩**

Alliata, Gerardo
1420 – 1478
Consilia; Allegationes
LMA,I,431
Gerardo ⟨Alliata⟩

Allodiis, Johannes ¬de¬
→ **Johannes ⟨de Allodiis⟩**

Allucingoli, Ubaldo
→ **Lucius ⟨Papa, III.⟩**

Almadel
15. Jh.
De firmitate sex scientiarium. trans lat. ex lingua arab. a Ioanne Hispalensi; Liber intelligentiarum; Pyromania
Schönberger/Kible, Repertorium, 10770
Almadel ⟨Auctor Pseudonymus⟩

Almannus ⟨Altivillarensis⟩
ca. 830 – 889
Verf. mehrerer Heiligenlegenden und Translationsberichte
LMA,I,445; CC Clavis, Auct. Gall. 1,102 ff.
Alamanus
Almanne ⟨de Hautvillers⟩
Almanne ⟨Moine⟩
Almannus ⟨de Hautvillers⟩
Almannus ⟨Monachus Altivillarensis⟩
Almannus ⟨von Hautvillers⟩
Almantius
Almantius ⟨Altivillarensis⟩
Almanus
Altmannus
Altmanus ⟨von Hautevillers⟩
Atlmanus

Almanus, Paulus
→ **Paulus ⟨Almanus⟩**

Al-Maqrīzī
→ **Maqrīzī, Aḥmad Ibn-ʿAlī ¬al-¬**

Almarico ⟨di Bena⟩
→ **Amalricus ⟨de Bena⟩**

Almeida, Fernando ¬de¬
1459 – 1500
Ad Alexandrum VI Pontificem Maximum oratio
Rep.Font. II,200
Almeida, Ferdinandus ¬de¬
Almeida, Fernand ¬d'¬
Ferdinandus ⟨de Almeida⟩
Fernand ⟨d'Almeida⟩
Fernando ⟨de Almeida⟩

Almeida, Lopo ¬de¬
gest. 1486
Cartas que Lopo de Almeida enviou de Roma e outras terras a el rey D. Alfonso Quinto quando foi em companhia da emperatriz D. Leonor, irmão do ditto rey
Rep.Font. II,200
Lopo ⟨Abrantès, Comte, I.⟩
Lopo ⟨Abrantes, Conde, I.⟩
Lopo ⟨de Almeida⟩

Al-Minhag
→ **Minhāǧ Ibn-Sirāǧ Ǧuzǧānī**

Almoinus, Guilelmus
→ **Guilelmus ⟨Almoinus⟩**

Almorò ⟨Barbaro⟩
→ **Barbarus, Hermolaus ⟨Iunior⟩**

Almotenabbius
→ **Mutanabbī, Abu-'ṭ-Ṭaiyib Aḥmad Ibn-al-Ḥusain ¬al-¬**

Al-Mowaffaq Abu Muhammad Abdullah Bin Muhammad
→ **Ibn-Qudāma al-Maqdisī, ʿAbdallāh Ibn-Aḥmad**

Al-Muqaddasi
→ **Muqaddasī, Muḥammad Ibn-Aḥmad ¬al-¬**

Al Muqaffaʿ Rūzbih A.-
→ **Ibn-al-Muqaffaʿ, ʿAbdallāh**

Al-Mutalammis
→ **Mutalammis ¬al-¬**

Alna, Reginaldus ¬de¬
→ **Reginaldus ⟨de Alna⟩**

Al-Narizius
→ **Nairīzī, al-Faḍl Ibn-Ḥātim ¬an-¬**

Al-Nāṣir Muḥammad Ibn Qalāwūn
→ **Nāṣir Muḥammad Ibn-Qalāwūn ⟨Ägypten, Sultan⟩**

Alneto, Johannes ¬de¬
→ **Johannes ⟨de Alneto⟩**

Alnpeke, Ditleb ¬von¬
um 1286/90
„Livländische Reimchronik" wurde ihm früher zugeschrieben, heute ist die Verfasserschaft umstritten
VL(2),1,256; Rep.Font. II,201
Alnpecke, Ditleb ¬von¬
Dietleb ⟨von Alnpecke⟩
Dietleb ⟨von Alnpeke⟩
Ditleb ⟨von Alnpecke⟩
Ditleb ⟨von Alnpeke⟩

Alnred ⟨de Rivaulx⟩
→ **Aelredus ⟨Rievallensis⟩**

Alnwick, Guilelmus ¬de¬
→ **Guilelmus ⟨Alaunovicanus⟩**

Aloisi, Jacques-Baptiste
→ **Jacobus Baptista ⟨Aloisi⟩**

Alonso ⟨Abulensis⟩
→ **Tostado Ribera, Alfonso**

Alonso ⟨Bishop⟩
→ **Alfonsus ⟨de Carthagena⟩**

Alonso ⟨Castille, Rey, VIII.⟩
→ **Alfonso ⟨Castilla, Rey, VIII.⟩**

Alonso ⟨de Borja⟩
→ **Callistus ⟨Papa, III.⟩**

Alonso ⟨de Cartagena⟩
→ **Alfonsus ⟨de Carthagena⟩**

Alonso ⟨de Castilla⟩
→ **Alfonso ⟨Castilla, Rey, XI.⟩**

Alonso ⟨de Córdoba⟩
→ **Alfonsus ⟨de Cordoba⟩**

Alonso ⟨de Espina⟩
→ **Alfonsus ⟨de Spina⟩**

Alonso ⟨de Madrigal⟩
→ **Tostado Ribera, Alfonso**

Alonso ⟨de Oropesa⟩
→ **Alfonsus ⟨de Oropesa⟩**

Alonso ⟨de Palencia⟩
→ **Alfonsus ⟨de Palencia⟩**

Alonso ⟨de Palma⟩
um 1450
Alphonse ⟨de Palma⟩
Palma ⟨el Bachiller⟩
Palma, Alonso ¬de¬

Alonso ⟨de Toledo y Vargas⟩
→ **Alfonsus ⟨Vargas Toletanus⟩**

Alonso ⟨Díaz de Montalvo⟩
→ **Díaz de Montalvo, Alonso**

Alonso ⟨el Bueno⟩
→ **Alfonso ⟨Castilla, Rey, VIII.⟩**

Alonso ⟨el Noble⟩
→ **Alfonso ⟨Castilla, Rey, VIII.⟩**

Alonso ⟨el Sabio⟩
→ **Alfonso ⟨Castilla, Rey, X.⟩**

Alonso ⟨el Tostado⟩
→ **Tostado Ribera, Alfonso**

Alonso ⟨Fernández de Madrigal⟩
→ **Tostado Ribera, Alfonso**

Alonso ⟨of Burgos⟩
→ **Alfonsus ⟨de Carthagena⟩**

Alonso ⟨Pecha⟩
→ **Alfonsus ⟨Giennensis⟩**

Alonso ⟨Torre⟩
→ **Torre, Alfonso ¬de la¬**

Alonso ⟨von Cartagena⟩
→ **Alfonsus ⟨de Carthagena⟩**

Alonso, Martín
→ **Martín ⟨de Córdoba⟩**

Alonsus ⟨Toletanus⟩
→ **Ildephonsus ⟨Toletanus⟩**

Alou, Johannes
→ **Johannes ⟨Alou⟩**

Aloysius ⟨de Marsiliis⟩
→ **Marsiliis, Ludovicus ¬de¬**

Alpart, Johannes
→ **Alphart, Johannes**

Alpartil, Martinus ¬de¬
→ **Martinus ⟨de Alpartil⟩**

Alpertus ⟨...⟩
→ **Albertus ⟨...⟩**

Alpetragius
→ **Biṭrūǧī, Nūr-ad-Dīn ¬al-¬**

Alphanus ⟨de Perusio⟩
→ **Alphanus, Tyndarus**

Alphanus ⟨Salernitanus⟩
ca. 1020 – 1085
LThK; CSGL; Potth.
Alfano ⟨di Salerno⟩
Alfanus ⟨de Salerno⟩
Alfanus ⟨von Salerno⟩
Alphanus ⟨von Salerno⟩
Salernitanus, Alphanus

Alphanus, Tyndarus
um 1445
Alfani ⟨di Perugia⟩
Alfani, Tindaro
Alfano, Tindaro
Alfano, Tyndaro
Alfanus, Tyndarus
Alphanus ⟨de Perusio⟩
Tindaro ⟨de Pérouse⟩
Tindaro ⟨di Perugia⟩
Tindarus, Alphanus
Tyndarus
Tyndarus ⟨Alphanus⟩
Tyndarus ⟨de Perusio⟩

Alpharabius
→ **Fārābī, Abū-Naṣr Muḥammad Ibn-Muḥammad ¬al-¬**

Alphart, Johannes
gest. ca. 1492 · OFM
Sermo
VL(2),1,261
Alpart, Johannes
Johannes ⟨Alpart⟩
Johannes ⟨Alphart⟩

Alpherganus
→ **Farġānī, Aḥmad Ibn-Muḥammad ¬al-¬**

Alphes, Isaac
→ **Alfasī, Yiṣḥāq Ben-Yaʿaqov**

Alphidius
15. Jh.
Alchemist. Autor; Identität mit Asfidus unsicher
LMA,I,458
Asfidus

Alphonse ⟨Bonhomme⟩
→ **Alfonsus ⟨Bonihominis⟩**

Alphonse ⟨Borgia⟩
→ **Callistus ⟨Papa, III.⟩**

Alphonse ⟨Castille, Roi, ...⟩
→ **Alfonso ⟨Castilla, Rey, ...⟩**

Alphonse ⟨d'Albuquerque⟩
→ **Alfonsus ⟨de Albukerque⟩**

Alphonse ⟨de Carthagène⟩
→ **Alfonsus ⟨de Carthagena⟩**

Alphonse ⟨de Cordoue⟩
→ **Alfonsus ⟨de Cordoba⟩**

Alphonse ⟨de Espina⟩
→ **Alfonsus ⟨de Spina⟩**

Alphonse ⟨de Palencia⟩
→ **Alfonsus ⟨de Palencia⟩**

Alphonse ⟨de Palma⟩
→ **Alonso ⟨de Palma⟩**

Alphonse ⟨de Poitiers⟩
→ **Alfonse ⟨Poitou, Comte⟩**

Alphonse ⟨de Spina⟩
→ **Alfonsus ⟨de Spina⟩**

Alphonse ⟨d'Oropesa⟩
→ **Alfonsus ⟨de Oropesa⟩**

Alphonse ⟨Evêque des Thermopyles⟩
→ **Alfonsus ⟨de Spina⟩**

Alphonse ⟨Hispanus⟩
→ **Alfonsus ⟨Hispanus⟩**

Alphonse ⟨le Noble-Bon⟩
→ **Alfonso ⟨Castilla, Rey, VIII.⟩**

Alphonse ⟨l'Espagnol⟩
→ **Alfonsus ⟨Hispanus⟩**

Alphonse ⟨of Pecha⟩
→ **Alfonsus ⟨Giennensis⟩**

Alphonse ⟨Portugal, Roi, I.⟩
→ **Alfonso ⟨Portugal, Rei, I.⟩**

Alphonse ⟨Sanchez⟩
→ **Sanches, Afonso**

Alphonse ⟨Tostat⟩
→ **Tostado Ribera, Alfonso**

Alphonse ⟨Vargas⟩
→ **Alfonsus ⟨Vargas Toletanus⟩**

Alphonse, Martin
→ **Martinus ⟨Alphonsi⟩**

Alphonse, Pierre
→ **Petrus ⟨Alfonsi⟩**

Alphonse Bernard ⟨de Calonne⟩
→ **Lefèvre de Saint-Rémy, Jean**

Alphonse Henriques ⟨Portugal, Roi, I.⟩
→ **Alfonso ⟨Portugal, Rei, I.⟩**

Alphonsi, Martinus
→ **Martinus ⟨Alphonsi⟩**

Alphonsi, Petrus
→ **Petrus ⟨Alfonsi⟩**

Alphonso ⟨Castilla y León, Rey, XI.⟩
→ **Alfonso ⟨Castilla, Rey, XI.⟩**

Alphonso ⟨de Valladolid⟩
→ **Alfonso ⟨de Valladolid⟩**

Alphonso ⟨of Poitou and Toulouse⟩
→ **Alfonse ⟨Poitou, Comte⟩**

Alphonsos ⟨Abulensis⟩
→ **Tostado Ribera, Alfonso**

Alphonsus ⟨...⟩
→ **Alfonsus ⟨...⟩**

Alphonsus, Petrus
→ **Petrus ⟨Alfonsi⟩**

Alpuinus ⟨von Kärnten⟩
→ **Albuinus ⟨Brixiensis⟩**

Al-Qadi al Fadl
→ **Qāḍī al-Fāḍil, 'Abd-ar-Raḥīm Ibn-'Alī ¬al-¬**

'Alqama Ibn-'Abada
6. Jh.
Alkama Ibn Abada
Faḥl, 'Alqama Ibn-'Abada ¬al-¬
Ibn-'Abada, 'Alqama

Al-Qaysī, 'Abd al-Karim
→ **Qaisī, 'Abd-al-Karīm Ibn-Muḥammad ¬al-¬**

Al-Qudsi, Abu Hamid
→ **Qudsī, Muḥammad Ibn-Ḫalīl ¬al-¬**

Al-Qudsī, Muḥammad Ibn-Ḫalīl
→ **Qudsī, Muḥammad Ibn-Ḫalīl ¬al-¬**

Alquezar, Dominicus ¬de¬
→ **Dominicus ⟨de Alquezar⟩**

Alquinus
→ **Alcuinus, Flaccus**

Alredus ⟨von Rievaulx⟩
→ **Aelredus ⟨Rievallensis⟩**

Al-Ṣāfī Ibn-al-'Assāl
→ **Ibn-al-'Assāl, aṣ-Ṣāfī Abu-'l-Faḍā'il**

Alsaharavius
→ **Zahrāwī, Ḫalaf Ibn-'Abbās ¬az-¬**

Alsentia, Nicolaus ¬de¬
→ **Nicolaus ⟨de Alsentia⟩**

Al-Shayzarī, Abū-'l-Ghanā'im Muslim Ibn Maḥmūd
→ **Šaizarī, Muslim Ibn-Maḥmūd ¬aš-¬**

Al-Sulami
→ **Sulamī, Muḥammad Ibn-al-Ḥusain ¬as-¬**

Alta Silva, Johannes ¬de¬
→ **Johannes ⟨de Alta Silva⟩**

Alta Villa, Johannes ¬de¬
→ **Johannes ⟨de Alta Villa⟩**

Al-Tanūkhī, Abu Ali al-Muhassin
→ **Tanūḫī, al-Muḥassin Ibn-'Alī ¬at-¬**

Altavilla, Jacobus ¬de¬
→ **Jacobus ⟨de Altavilla⟩**

Alte, Reinmar ¬der¬
→ **Reinmar ⟨der Alte⟩**

Alte Meißner, ¬Der¬
→ **Meißner ⟨der Alte⟩**

Alte Moringer
→ **Heinrich ⟨der Teichner⟩**

Alte Stolle, ¬Der¬
→ **Stolle ⟨der Alte⟩**

Altenburga, Caspar ¬de¬
→ **Caspar ⟨de Altenburga⟩**

Alter Schulmeister
15. Jh.
Bearbeitung von „Vokabular des alten Schulmeisters", (schwäb.-alemann. Raum)
VL(2),1,271/272
Schulmeister ⟨Alter⟩

Altfridus ⟨Monasteriensis⟩
gest. 849
Tusculum-Lexikon
Altfrid ⟨von Münster⟩
Altfried ⟨von Münster⟩
Altfridus ⟨Mimegardefordensis⟩
Altfridus ⟨of Münster⟩

Althelmus ⟨Schireburnensis⟩
→ **Aldhelmus ⟨Schireburnensis⟩**

Altichiero ⟨da Zevio⟩
ca. 1320 – ca. 1385
Ital. Maler
LMA,I,474
Aldigerio ⟨de Zevio⟩
Alighieri ⟨da Zevio⟩
Altichiero
Zevio, Altichiero ¬da¬

Altidio
→ **Alcidus**

Altissiodoro, Herbertus ¬de¬
→ **Herbertus ⟨de Altissiodoro⟩**

Altissiodoro, Johannes ¬de¬
→ **Johannes ⟨de Altissiodoro⟩**

Altividius ⟨Philosophus⟩
→ **Alcidus**

Altmann ⟨Bischof⟩
→ **Altmannus ⟨Pataviensis⟩**

Altmann ⟨von Passau⟩
→ **Altmannus ⟨Pataviensis⟩**

Altmann ⟨von Sankt Florian⟩
→ **Altmannus ⟨Sancti Floriani⟩**

Altmannus
→ **Almannus ⟨Altivillarensis⟩**

Altmannus ⟨Bishop⟩
→ **Altmannus ⟨Pataviensis⟩**

Altmannus ⟨de Passau⟩
→ **Altmannus ⟨Pataviensis⟩**

Altmannus ⟨der Ältere⟩
→ **Altmannus ⟨Sancti Floriani⟩**

Altmannus ⟨der Jüngere⟩
→ **Altmannus ⟨Sancti Floriani⟩**

Altmannus ⟨Iunior⟩
→ **Altmannus ⟨Sancti Floriani⟩**

Altmannus ⟨Pataviensis⟩
1015 – 1091
LMA,I,477/479
Altmann ⟨Bischof⟩
Altmann ⟨von Passau⟩
Altmannus ⟨Bishop⟩
Altmannus ⟨de Passau⟩
Altmannus ⟨Sanctus⟩

Altmannus ⟨Sancti Floriani⟩
ca. 1150 – 1223
Passio S. Floriani; Passio S. Blasii; Versus decretales; etc.; laut VL handelt es sich bei Altmannus ⟨Senior⟩ und Altmannus ⟨Iunior⟩ um dieselbe Person
VL(2),308/310; Rep.Font. II,202/203; LMA,I,479
Altmann ⟨de Sankt-Florian⟩
Altmann ⟨von Sankt Florian⟩
Altmannus ⟨der Ältere⟩
Altmannus ⟨der Jüngere⟩
Altmannus ⟨Iunior⟩
Altmannus ⟨Senior⟩
Sancti Floriani, Altmannus

Altmannus ⟨Sanctus⟩
→ **Altmannus ⟨Pataviensis⟩**

Altmannus ⟨Senior⟩
→ **Altmannus ⟨Sancti Floriani⟩**

Altmanus ⟨von Hautevillers⟩
→ **Almannus ⟨Altivillarensis⟩**

Altona, Guilelmus ¬de¬
→ **Guilelmus ⟨de Altona⟩**

Altrichius ⟨Argentinensis⟩
→ **Erchenbaldus ⟨Argentinensis⟩**

Altricuria, Nicolaus ¬de¬
→ **Nicolaus ⟨de Altricuria⟩**

Altstetten, Konrad ¬von¬
→ **Konrad ⟨von Altstetten⟩**

Altswert ⟨d'Alsace⟩
→ **Altswert ⟨Meister⟩**

Altswert ⟨Meister⟩
14. Jh.
4 Minnereden: Altswert; Der Kittel; Der Tugenden Schatz; Der Spiegel
VL(2),1,319/320
Altswert ⟨d'Alsace⟩
Altswert ⟨Poète⟩
Meister Altswert
Nieman

al-Tugrā'ī
→ **Ṭuġrā'ī, al-Ḥasan Ibn-'Alī ¬aṭ-¬**

Altzelle, Ludgerus ¬de¬
→ **Ludgerus ⟨de Altzelle⟩**

Altzeya, Conradus ¬de¬
→ **Conradus ⟨de Altzeya⟩**

Altzeya, Johannes ¬de¬
→ **Johannes ⟨de Altzeya⟩**

Alulphus ⟨Tornacensis⟩
gest. 1141 · OSB
Stegmüller, Repert. bibl. 1201-1225
Alulf ⟨Armarius⟩
Alulf ⟨Kantor⟩
Alulf ⟨von Saint-Martin⟩
Alulf ⟨von Tournai⟩
Alulfus ⟨de Tornaco⟩
Alulfus ⟨Tornacensis⟩
Alulphe ⟨Bibliothécaire⟩
Alulphe ⟨de Saint-Martin⟩
Alulphe ⟨de Tournai⟩
Alulphe ⟨Moine⟩
Alulphus ⟨Monachus Sancti Martini Tornacensis⟩
Alulphus ⟨Sancti Martini Tornacensis Monachus⟩
Paterius ⟨Alulfus Tornacensis⟩
Pseudo-Paterius ⟨C⟩
Pseudo-Paterius C

Aluredus ⟨...⟩
→ **Alfredus ⟨...⟩**

Āḻvār ⟨der Śrivaiṣṇavas⟩
→ **Nammāḻvār**

Alvar ⟨García de Santa María⟩
→ **García de Santa María, Alvar**

Alvar ⟨Paez⟩
→ **Alvarus ⟨Pelagius⟩**

Alvar Garcia ⟨de Santa Maria⟩
→ **Alfonsus ⟨de Carthagena⟩**

Alvare ⟨de Luna⟩
→ **Luna, Alvaro ¬de¬**

Alvare ⟨de Mota⟩
→ **Alvaro ⟨de Mota⟩**

Alvare ⟨de Oviedo⟩
→ **Alvarus ⟨Toletanus⟩**

Alvare ⟨de Tolède⟩
→ **Alvarus ⟨Toletanus⟩**

Alvare ⟨de Torre⟩
→ **Alvaro ⟨da Torre⟩**

Alvare ⟨di Pietro⟩
→ **Alvaro ⟨di Piero⟩**

Alvare ⟨Garcia⟩
→ **García de Santa María, Alvar**

Alvare ⟨Pélage⟩
→ **Alvarus ⟨Pelagius⟩**

Alvare ⟨Velho⟩
→ **Velho, Alvaro**

Alvare, Paul
→ **Paulus ⟨Albarus⟩**

Alvares, João
→ **Alvares, Johannes**

Alvares, Johannes
1410/25 – 1490 · OSB
Cartas aos monges do monastério P. de S.; Martirium et gesta inf. dom. Fernandi apud Fez; etc.
LMA,I,497; Rep.Font. II,203
Alvares, João
João ⟨Alvares⟩
Johannes ⟨Alvares⟩

Álvarez Albornoz, Aegidius
→ **Aegidius ⟨Albornoz⟩**

Álvarez Albornoz, Gil
→ **Aegidius ⟨Albornoz⟩**

Álvarez de Villasandino, Alfonso
ca. 1350 – ca. 1424
Kastil. Dichter; 200 Gedichte im „Cancionero de Baena"
LMA,I,497
Alfonso ⟨Álvarez de Villasandino⟩
Villasandino, Alfonso Álvarez ¬de¬

Alvarius ⟨Cordubensis⟩
→ **Paulus ⟨Albarus⟩**

Alvaro ⟨da Torre⟩
um 1480/90 · OP
Tractado da Spera do mundo; A cartta que enuiou Hieronimo Monetario, doutor alemã da çidade de Norumberga em Alemania, ao sereniss. rey d. Joham o segundo de Portugall, sobre o descobrimento do maar, oçeano e prouença do grande cam de Catay
Kaeppeli,I,56/57
Aluaro ⟨da Torre⟩
Alvare ⟨de Torre⟩
Alvarus ⟨de Torre⟩
Alvarus ⟨de Torre Lusitanus⟩
Alvarus ⟨Lusitanus⟩
Torre, Alvare ¬de¬
Torre, Alvaro ¬da¬

Alvaro ⟨de Cordoba⟩
→ **Paulus ⟨Albarus⟩**

Alvaro ⟨de Luna⟩
→ **Luna, Alvaro ¬de¬**

Alvaro ⟨de Mota⟩
um 14355/55 · OP
Vida de D. Telo e Noticia de Fundação do mosteiro de S. Cruz de Coimbra; Chrónica da Fundação do mosteiro de S. Vicente de Lixboa
Kaeppeli,I,56
Alvare ⟨de Mota⟩
Alvarus ⟨de Mota⟩
Alvarus ⟨de Mota Lusitanus⟩
Alvarus ⟨Lusitanus⟩
Mota, Alvaro ¬de¬

Alvaro ⟨de Pedro⟩
→ **Alvaro ⟨di Piero⟩**

Alvaro ⟨de Toledo⟩
→ **Alvarus ⟨Toletanus⟩**

Alvaro ⟨di Piero⟩
um 1450
Portugiesischer Maler
Alvare ⟨di Pietro⟩
Alvaro ⟨de Pedro⟩
Álvaro ⟨Pires⟩
Álvaro ⟨Pires de Évora⟩
Álvaro ⟨Pires de Portugali⟩
Álvaro ⟨Pires d'Évora⟩
DiPiero, Alvaro
Piero, Alvaro ¬di¬

Pires, Álvaro
Pirez, Alvaro

Alvaro ⟨Don⟩
→ **Luna, Alvaro ¬de¬**

Alvaro ⟨Paes⟩
→ **Alvarus ⟨Pelagius⟩**

Alvaro ⟨Pelayo⟩
→ **Alvarus ⟨Pelagius⟩**

Álvaro ⟨Pires⟩
→ **Alvaro ⟨di Piero⟩**

Alvaro ⟨Velho⟩
→ **Velho, Alvaro**

Alvaro, Paolo
→ **Paulus ⟨Albarus⟩**

Alvarotis, Petrus ¬de¬
gest. ca. 1405
Oratio coram Ruperto rege Romanorum MCDI habita
Rep.Font II,205
Alvarotto, Pierre
Petrus ⟨de Alvarotis⟩
Pierre ⟨Alvarotto⟩

Alvarus ⟨Cordubensis⟩
→ **Paulus ⟨Albarus⟩**

Alvarus ⟨de Mota⟩
→ **Alvaro ⟨de Mota⟩**

Alvarus ⟨de Tolède⟩
→ **Alvarus ⟨Toletanus⟩**

Alvarus ⟨de Torre⟩
→ **Alvaro ⟨da Torre⟩**

Alvarus ⟨Lusitanus⟩
→ **Alvaro ⟨da Torre⟩**
→ **Alvaro ⟨de Mota⟩**

Alvarus ⟨Pelagius⟩
1280 – 1352
De planctu ecclesiae
Tusculum-Lexikon; VL(2); LMA,I,497/498
Alvar ⟨Paez⟩
Alvare ⟨Pélage⟩
Alvaro ⟨Paes⟩
Álvaro ⟨Pais⟩
Alvaro ⟨Pelayo⟩
Alvarus ⟨Pelagii⟩
Alvarus ⟨Silvensis in Algarbia⟩
Paez, Alvar
Pelagius, Alvarus
Pelayo, Alvaro

Alvarus ⟨Thomas⟩
15. Jh.
Liber de triplici motu proportionibus annexis magistri Alvari Thome Ulixbonensis philosophicas Suiseth calculationes ex parte declarans
Schönberger/Kible, Repertorium, 10779/10780
Alvarus ⟨Thomas Ulixbonensis⟩
Alvarus, Thomas
Thomas, Alvarus

Alvarus ⟨Toletanus⟩
um 1280/1300
In tractatum Averrois De substantia orbis
Lohr
Alvare ⟨de Oviedo⟩
Alvare ⟨de Tolède⟩
Alvaro ⟨de Toledo⟩
Alvarus ⟨de Tolède⟩

Alvarus, Paulus
→ **Paulus ⟨Albarus⟩**

Alvarus, Petrus
→ **Paulus ⟨Albarus⟩**

Alvarus, Thomas
→ **Alvarus ⟨Thomas⟩**

Alvarus Cordubensis, Paulus
→ **Paulus ⟨Albarus⟩**

Alvastra, Pierre ¬d'¬
→ **Petrus ⟨Alvastrensis⟩**

Alven, Johannes ¬von¬
→ **Johannes ⟨von Alven⟩**

Alverna, Bartholomaeus ¬de¬
→ **Bartholomaeus ⟨de Alverna⟩**

Alvernha, Dalfin ¬d'¬
→ **Dalfin ⟨d'Alvernha⟩**

Alvernha, Peire ¬d'¬
→ **Peire ⟨d'Alvernha⟩**

Alvernia, Johannes ¬de¬
→ **Johannes ⟨de Alvernia⟩**

Alvernia, Petrus ¬de¬
→ **Petrus ⟨de Arvernia⟩**

Alvernus, Wilhelmus
→ **Guilelmus ⟨Arvernus⟩**

Alvinus ⟨Magister⟩
um 1400
Tractatus
Rep.Font. II,206
Alvin ⟨Frison⟩
Alvin ⟨Recteur de l'Ecole de Sneek⟩
Alvinus ⟨de Thabor⟩
Alvinus ⟨Monachus⟩
Magister Alvinus

Alvise ⟨da Mosto⟩
→ **Cà da Mosto, Alvise ¬da¬**

Alvredus ⟨...⟩
→ **Alfredus ⟨...⟩**

'Aly ben Abderrahman ben Hodeïl el Andalusy
→ **Ibn-Hudail al-Andalusī, 'Alī Ibn-'Abd-ar-Raḥmān**

Alyngton, Robertus ¬de¬
→ **Robertus ⟨de Alyngton⟩**

Alzaharavius
→ **Zahrāwī, Halaf Ibn-'Abbās ¬az-¬**

Alzahravi
→ **Zahrāwī, Halaf Ibn-'Abbās ¬az-¬**

Alzano, Bartholomaeus ¬de¬
→ **Bartholomaeus ⟨de Alzano⟩**

Alzbeta ⟨Landhrabenska Durinska⟩
→ **Elisabeth ⟨Thüringen, Landgräfin⟩**

Alzbeta ⟨Svata⟩
→ **Elisabeth ⟨Thüringen, Landgräfin⟩**

Alzernouchus, Borhaneddinus
→ **Zarnūǧī, Burhān-ad-Dīn ¬az-¬**

Amadeo ⟨Meneses da Silva⟩
→ **Amadeus ⟨Menesius de Silva⟩**

Amadeus ⟨de Lausanne⟩
→ **Amadeus ⟨Lausanensis⟩**

Amadeus ⟨de Silva⟩
→ **Amadeus ⟨Menesius de Silva⟩**

Amadeus ⟨Hispanus⟩
→ **Amadeus ⟨Menesius de Silva⟩**

Amadeus ⟨Lausanensis⟩
1110 – 1159
Tusculum-Lexikon
Amadeus ⟨de Lausanne⟩
Amadeus ⟨de Losanna⟩
Amadeus ⟨von Lausanne⟩
Amédée ⟨de Lausanne⟩
Amedeus ⟨Lausaniensis⟩

Amadeus ⟨Lusitanus⟩
→ **Amadeus ⟨Menesius de Silva⟩**

Amadeus ⟨Menesius de Silva⟩
ca. 1422 – 1482 · OFM
Apocalypsis nova
LMA,I,503; Stegmüller, Repert. bibl. 1276
Amadeo ⟨Meneses da Silva⟩
Amadeo ⟨Menezes da Silva⟩
Amadeus ⟨da Silva e Menezes⟩
Amadeus ⟨de Silva⟩
Amadeus ⟨Hispanus⟩
Amadeus ⟨Lusitanus⟩
Amadeus ⟨Menesius⟩
Amadeus ⟨Menez de Silva⟩
Amadeus, João
Amédée ⟨de Guadalupe⟩
Amédée ⟨de Menez Silva⟩
Amédée ⟨de Portugal⟩
Amedeo ⟨de Menez Silva⟩
Amedeus ⟨Lusitanus⟩
Amodeus ⟨de Menez Silva⟩
Jean ⟨de Menezes de Silva⟩
João ⟨Amadeus⟩
Johannes ⟨Menesius⟩
Johannes ⟨Menesius de Sylva⟩
Juan ⟨Menez de Silva⟩
Menesius, Amadeus
Silva, Amadeus ¬de¬

Amadeus ⟨von Lausanne⟩
→ **Amadeus ⟨Lausanensis⟩**

Amadeus ⟨von Savoyen⟩
→ **Felix ⟨Papa, V., Antipapa⟩**

Amadeus, João
→ **Amadeus ⟨Menesius de Silva⟩**

Amalaire ⟨de Metz⟩
→ **Amalarius ⟨Metensis⟩**

Amalaire ⟨de Trèves⟩
→ **Amalarius ⟨Metensis⟩**

Amalar ⟨von Metz⟩
→ **Amalardus ⟨Hornbacensis⟩**
→ **Amalarius ⟨Metensis⟩**

Amalardus ⟨Hornbacensis⟩
8./9. Jh.
Epistula ad Riculfum Moguntinum archiepiscopum
DOC,1,96; CC Clavis, Auct. Gall. 1,114
Amalar ⟨von Metz⟩
Amalardus ⟨Orbacensis⟩
Amalhart
Amalradus

Amalardus ⟨Orbacensis⟩
→ **Amalardus ⟨Hornbacensis⟩**

Amalarius ⟨Abbas⟩
→ **Amalarius ⟨Metensis⟩**

Amalarius ⟨Fortunatus⟩
→ **Amalarius ⟨Metensis⟩**

Amalarius ⟨Lugdunensis⟩
→ **Amalarius ⟨Metensis⟩**

Amalarius ⟨Metensis⟩
ca. 775 – 850
LMA,I,505
Amalaire ⟨de Metz⟩
Amalaire ⟨de Trèves⟩
Amalar ⟨von Metz⟩
Amalarius ⟨Abbas⟩
Amalarius ⟨Fortunatus⟩
Amalarius ⟨Lugdunensis⟩
Amalarius ⟨Mettensis⟩
Amalarius ⟨of Metz⟩
Amalarius ⟨of Treves⟩
Amalarius ⟨Symphosius⟩
Amalarius ⟨Treverensis⟩
Amalarius ⟨von Metz⟩
Amalarius ⟨von Trier⟩
Amalarius, Symphosius Fortunatus
Amalarus ⟨Symphosius⟩
Amalarus ⟨von Metz⟩
Amalharius
Amalhart
Amalherius ⟨Abbas⟩
Amilarius
Amulharius
Fortunatus ⟨Treverensis⟩
Hamalart
Hamelarius
Hamularius ⟨Abbas⟩
Symphosius ⟨von Metz⟩
Symphosius Fortunatus ⟨Amalarius⟩

Amalarius ⟨of Treves⟩
→ **Amalarius ⟨Metensis⟩**

Amalarius ⟨Symphosius⟩
→ **Amalarius ⟨Metensis⟩**

Amalarius ⟨Treverensis⟩
→ **Amalarius ⟨Metensis⟩**

Amalarius ⟨von Metz⟩
→ **Amalarius ⟨Metensis⟩**

Amalarius ⟨von Trier⟩
→ **Amalarius ⟨Metensis⟩**

Amalarius, Symphosius Fortunatus
→ **Amalarius ⟨Metensis⟩**

Amalarus ⟨Symphosius⟩
→ **Amalarius ⟨Metensis⟩**

Amalasuntha ⟨Ostgotenreich, Regentin⟩
gest. 535
Briefe in den Variae des Cassiodor
Cpl 896; LMA,I,506
Amalasuintha
Amalasvintha
Amalaswintha

Amalbertus ⟨Augustodunensis⟩
→ **Ansbertus ⟨Augustodunensis⟩**

Amalfitanus, Johannes
→ **Johannes ⟨Amalfitanus⟩**

Amalfitanus, Petrus
→ **Petrus ⟨Amalfitanus⟩**

Amalfitanus, Ursus
→ **Ursus ⟨Amalfitanus⟩**

Amalharius
→ **Amalarius ⟨Metensis⟩**

Amalhart
→ **Amalardus ⟨Hornbacensis⟩**

Amalhart
→ **Amalarius ⟨Metensis⟩**

Amalherius ⟨Abbas⟩
→ **Amalarius ⟨Metensis⟩**

Amalo
→ **Amulo ⟨Lugdunensis⟩**

Amalradus
→ **Amalardus ⟨Hornbacensis⟩**

Amalric ⟨Augier⟩
→ **Amalricus ⟨Augerius⟩**

Amalrich ⟨Jerusalem, König, I.⟩
1136 – 1174
Assise sur la ligece
LMA,I,508/509
Amalric ⟨Jerusalem, King, I.⟩
Amalrich ⟨König⟩
Amalrich ⟨von Jerusalem⟩
Amaury ⟨de Jérusalem⟩
Amaury ⟨d'Anjou⟩
Amaury ⟨of Jerusalem⟩

Amalrich ⟨von Bène⟩
→ **Amalricus ⟨de Bena⟩**

Amalrich ⟨von Jerusalem⟩
→ **Amalrich ⟨Jerusalem, König, I.⟩**

Amalrici, Arnaldus
→ **Arnaldus ⟨Amalrici⟩**

Amalricus ⟨a Bena⟩
→ **Amalricus ⟨de Bena⟩**

Amalricus ⟨Augerius⟩
Lebensdaten nicht ermittelt · OESA
Actus pontificum Romanorum ad a. 1321
Rep.Font. II,209
Amalric ⟨Augier⟩
Amalricus ⟨Augerii⟩
Amaury ⟨Augier⟩
Amaury ⟨d'Augier⟩
Augerius, Amalricus
Augier, Amalric
Augier, Amaury ¬d'¬

Amalricus ⟨Carnotensis⟩
→ **Amalricus ⟨de Bena⟩**

Amalricus ⟨de Barbello⟩
gest. 1312 · OCist
Schneyer,I,279
Amalricus ⟨Cisterciensis⟩
Amalricus ⟨de Barbeau⟩
Amarricus ⟨de Barbeau⟩
Amarricus ⟨de Barbello⟩
Amaury ⟨de Barbeau⟩
Amaury ⟨Moine Cistercien⟩
Barbello, Amalricus ¬de¬

Amalricus ⟨de Bena⟩
gest. 1205/07
LMA,I,509/510
Almarico ⟨di Bena⟩
Amalrich ⟨von Bène⟩
Amalricus ⟨a Bena⟩
Amalricus ⟨Carnotensis⟩
Amanricus ⟨von Bena⟩
Amauricus ⟨de Bena⟩
Amaury ⟨de Bène⟩
Amaury ⟨de Chartres⟩
Bena, Amalricus ¬de¬
Elmericus ⟨Carnotensis⟩
Elmericus ⟨de Bena⟩

Amalricus ⟨Spirensis⟩
um 891/92 · OSB
Pentat.
Stegmüller, Repert. bibl. 1226
Aimeric ⟨d'Ellwangen⟩
Aimeric ⟨Moine Bénédictin⟩
Amalricus ⟨Episcopus⟩
Amalricus ⟨Monachus Benedictinus⟩
Amalricus ⟨Weissenburgensis⟩

Amand ⟨de Bisceglie⟩
→ **Amandus ⟨de Vigiliis⟩**

Amand ⟨de Maestricht⟩
→ **Amandus ⟨Traiectensis⟩**

Amand ⟨de Saint-Quentin⟩
→ **Amandus ⟨de Sancto Quintino⟩**

Amand ⟨de Worms⟩
→ **Amandus ⟨von Worms⟩**

Amand ⟨d'Elnon⟩
→ **Amandus ⟨Traiectensis⟩**

Amand ⟨Saint⟩
→ **Amandus ⟨Traiectensis⟩**

Amand ⟨Secrétaire de l'Empereur Frédéric I.⟩
→ **Amandus ⟨Secretarius Friderici I.⟩**

Amandus
→ **Seuse, Heinrich**

Amandus ⟨de Bisceglie⟩
→ **Amandus ⟨de Vigiliis⟩**

Amandus ⟨de Sancto Quintino⟩
um 1273/1301 · OP
Sermones
Schneyer,I,279
Amand ⟨de Saint-Quentin⟩
Amandus ⟨de Saint Quentin⟩
Amandus ⟨Gallicus⟩

Amandus ⟨Gallus⟩
Sancto Quintino, Amandus ¬de¬

Amandus ⟨de Swebia⟩
→ **Seuse, Heinrich**

Amandus ⟨de Vigiliis⟩
um 1153
De sancti Nicolai canonizatione et translatione; Historia inventionis primae sanctorum Mauri episcopi, Pantaleemonis et Sergii, Vigiliis in Apulia
Rep.Font. II,210
Amand ⟨de Bisceglie⟩
Amandus ⟨de Bisceglie⟩
Amandus ⟨Episcopus Vigiliensis⟩
Amandus ⟨Vigiliensis⟩
Vigiliis, Amandus ¬de¬

Amandus ⟨Episcopus⟩
→ **Amandus ⟨Traiectensis⟩**
→ **Amandus ⟨von Worms⟩**

Amandus ⟨Episcopus Vigiliensis⟩
→ **Amandus ⟨de Vigiliis⟩**

Amandus ⟨Frater⟩
→ **Seuse, Heinrich**

Amandus ⟨Gallus⟩
→ **Amandus ⟨de Sancto Quintino⟩**

Amandus ⟨Sanctus⟩
→ **Amandus ⟨Traiectensis⟩**
→ **Amandus ⟨von Worms⟩**

Amandus ⟨Secretarius Friderici I.⟩
12. Jh.
De primis actis a Friderico in imperio peractis
Rep.Font. II,210
Amand ⟨Secrétaire de l'Empereur Frédéric I.⟩

Amandus ⟨Teutonicus⟩
→ **Seuse, Heinrich**

Amandus ⟨Traiectensis⟩
gest. ca. 679
Sermo legendus in transitu
Cpl 1733; 2080; LMA,I,510/511
Amand ⟨de Maestricht⟩
Amand ⟨d'Elnon⟩
Amand ⟨Saint⟩
Amandus ⟨Episcopus⟩
Amandus ⟨Sanctus⟩

Amandus ⟨Vigiliensis⟩
→ **Amandus ⟨de Vigiliis⟩**

Amandus ⟨von Worms⟩
um 628/675
LThK 1,486
Amand ⟨de Worms⟩
Amandus ⟨Episcopus⟩
Amandus ⟨Sanctus⟩
Amandus ⟨Wormaciensis⟩
Amandus ⟨Wormatiensis⟩
Worms, Amandus ¬von¬

Amandus ⟨Wormaciensis⟩
→ **Amandus ⟨von Worms⟩**

Amanieu ⟨de Sescas⟩
um 1278/1304
Enssenhamen de la donzela; Enssenhamen del escudier
Rep.Font. II,210
Sescas, Amanieu ¬de¬

Amanricus ⟨von Bena⟩
→ **Amalricus ⟨de Bena⟩**

Amans, Nicolaus
→ **Nicolaus ⟨Amantis⟩**

'Am'aq al-Buḫārī
gest. ca. 1148
Buḫārī, 'Am'aq ¬al-¬

Amarcius
11. Jh.
Pseudonym, Sermones
Tusculum-Lexikon; LMA,I,511; VL(2),1,322/23
Amarcius ⟨Gallus Piosistratus⟩
Amarcius, Sextus
Amarcius Gallus Piosistratus, Sextus
Gallus Piosistratus, Sextus Amarcius
Piosistratus, Sextus Amarcius

Amaretto ⟨Mannelli⟩
→ **Mannelli, Amaretto**

Amaretto Manelli, Francesco ¬d'¬
→ **Mannelli, Francesco**

Amarricus ⟨de Barbeau⟩
→ **Amalricus ⟨de Barbello⟩**

A'maš, Sulaimān Ibn-Mihrān ¬al-¬
gest. 765
A'mash, Sulaymān ibn Mihrān ¬al-¬
Ibn-Mihrān, Sulaimān al-A'maš
Sulaimān Ibn-Mihrān al-A'maš

A'mash, Sulaymān ibn Mihrān ¬al-¬
→ **A'maš, Sulaimān Ibn-Mihrān ¬al-¬**

Amasia, Amirtovlath ¬von¬
→ **Amirdowlat' ⟨Amasiaci'i⟩**

Amasiaci'i, Amirdowlat
→ **Amirdowlat' ⟨Amasiaci'i⟩**

Amat ⟨d'Oloron⟩
→ **Amatus ⟨Ellorensis⟩**

Amato ⟨di Monte Cassino⟩
→ **Amatus ⟨Casinensis⟩**

Amator ⟨Minner⟩
→ **Minner, Hans**

Amatus ⟨Bischof⟩
→ **Amatus ⟨Ellorensis⟩**

Amatus ⟨Burdegalensis⟩
→ **Amatus ⟨Ellorensis⟩**

Amatus ⟨Casinensis⟩
ca. 1010 – ca. 1078
Historia Normannorum
Tusculum-Lexikon; LThK; CSGL; DLF/MA),24; LMA,I,513
Aimé ⟨de Mont-Cassin⟩
Aimé ⟨du Mont-Cassin⟩
Amato ⟨di Monte Cassino⟩
Amato ⟨di Montecassino⟩
Amatus ⟨von Monte Cassino⟩
Azzo ⟨von Monte Cassino⟩

Amatus ⟨Ellorensis⟩
gest. 1101
Epistulae ad Radulfum Turonensem archiepiscopum; Epistula ad Goffridum Vindocinensem abbatem (Verfasserschaft der beiden Briefe umstritten)
LMA,I,512; Rep.Font. II,212
Aimé ⟨Béarnais⟩
Aimé ⟨de Bordeaux⟩
Aimé ⟨d'Oléron⟩
Amat ⟨d'Oloron⟩
Amatus ⟨Bischof⟩
Amatus ⟨Burdegalensis⟩
Amatus ⟨Elleronensis⟩
Amatus ⟨Episcopus⟩
Amatus ⟨Erzbischof⟩
Amatus ⟨von Bordeaux⟩
Amatus ⟨von Oloron⟩

Amatus ⟨Episcopus⟩
→ **Amatus ⟨Ellorensis⟩**

Amatus ⟨von Bordeaux⟩
→ **Amatus ⟨Ellorensis⟩**

Amatus ⟨von Monte Cassino⟩
→ **Amatus ⟨Casinensis⟩**

Amatus ⟨von Oloron⟩
→ **Amatus ⟨Ellorensis⟩**

Amatus, Nicolaus
→ **Nicolaus ⟨Amantis⟩**

Amauricus ⟨de Bena⟩
→ **Amalricus ⟨de Bena⟩**

Amaury ⟨Augier⟩
→ **Amalricus ⟨Augerius⟩**

Amaury ⟨d'Anjou⟩
→ **Amalrich ⟨Jerusalem, König, I.⟩**

Amaury ⟨d'Augier⟩
→ **Amalricus ⟨Augerius⟩**

Amaury ⟨de Barbeau⟩
→ **Amalricus ⟨de Barbello⟩**

Amaury ⟨de Bène⟩
→ **Amalricus ⟨de Bena⟩**

Amaury ⟨de Chartres⟩
→ **Amalricus ⟨de Bena⟩**

Amaury ⟨de Jérusalem⟩
→ **Amalrich ⟨Jerusalem, König, I.⟩**

Amaury ⟨Moine Cistercien⟩
→ **Amalricus ⟨de Barbello⟩**

Amaury ⟨of Jerusalem⟩
→ **Amalrich ⟨Jerusalem, König, I.⟩**

Amaury, Arnaldus
→ **Arnaldus ⟨Amalrici⟩**

Ambasia, Bernardus ¬de¬
→ **Bernardus ⟨de Ambasia⟩**

Amberg, Fridericus ¬de¬
→ **Fridericus ⟨de Amberg⟩**

Amberg, Georg ¬von¬
→ **Mayr von Amberg, Georg**

Amberg, Johannes ¬de¬
→ **Mendel, Johannes**

Amberg, Martin ¬von¬
→ **Martin ⟨von Amberg⟩**

Ambianis, Hugo ¬de¬
→ **Hugo ⟨Ambianensis⟩**

Ambrogini, Angelo
→ **Politianus, Angelus**

Ambrogio ⟨Autperto⟩
→ **Ambrosius ⟨Autpertus⟩**

Ambrogio ⟨Camaldolese⟩
→ **Traversarius, Ambrosius**

Ambrogio ⟨Contarini⟩
→ **Contarini, Ambrogio**

Ambrogio ⟨Migli⟩
→ **Ambrosius ⟨de Miliis⟩**

Ambrogio ⟨Sansedoni da Siena⟩
→ **Ambrosius ⟨Sansedoni⟩**

Ambrogio ⟨Spiera⟩
→ **Ambrosius ⟨Spiera⟩**

Ambrogio ⟨Traversari⟩
→ **Traversarius, Ambrosius**

Ambroise
um 1190
Estoire de la Guerre Sainte
Rep.Font. II,212; LMA,I,521
Ambroise ⟨Chroniqueur⟩
Ambroise ⟨the Crusader⟩

Ambroise ⟨Autpert⟩
→ **Ambrosius ⟨Autpertus⟩**

Ambroise ⟨Bienheureux⟩
→ **Ambrosius ⟨Sansedoni⟩**

Ambroise ⟨Chroniqueur⟩
→ **Ambroise**

Ambroise ⟨Cistercien⟩
→ **Ambrosius ⟨de Sancta Cruce⟩**

Ambroise ⟨Contarini⟩
→ **Contarini, Ambrogio**

Ambroise ⟨Coriolano⟩
→ **Ambrosius ⟨de Cori⟩**

Ambroise ⟨de Bergame⟩
→ **Ambrosius ⟨Martinengus⟩**

Ambroise ⟨de Brescia⟩
→ **Ambrosius ⟨Martinengus⟩**

Ambroise ⟨de Camaldule⟩
→ **Traversarius, Ambrosius**

Ambroise ⟨de Cora⟩
→ **Ambrosius ⟨de Cori⟩**

Ambroise ⟨de Heiligenkreuz⟩
→ **Ambrosius ⟨de Sancta Cruce⟩**

Ambroise ⟨de Sienne⟩
→ **Ambrosius ⟨Sansedoni⟩**

Ambroise ⟨le Camaldule⟩
→ **Traversarius, Ambrosius**

Ambroise ⟨Martinengo⟩
→ **Ambrosius ⟨Martinengus⟩**

Ambroise ⟨Massari⟩
→ **Ambrosius ⟨de Cori⟩**

Ambroise ⟨Sansedoni⟩
→ **Ambrosius ⟨Sansedoni⟩**

Ambroise ⟨the Crusader⟩
→ **Ambroise**

Ambroise ⟨Zeebout⟩
→ **Ambrosius ⟨Zeebout⟩**

Ambros
um 1466
Rezept für Pferderäude
VL(2),1,327

Ambrose ⟨of Camaldoli⟩
→ **Traversarius, Ambrosius**

Ambrose ⟨Traversari⟩
→ **Traversarius, Ambrosius**

Ambrosii, Dimius
→ **Dimius ⟨Ambrosii⟩**

Ambrosio ⟨Spiera⟩
→ **Ambrosius ⟨Spiera⟩**

Ambrosio, Giovanni
→ **Guglielmo ⟨Ebreo⟩**

Ambrosius ⟨Autpertus⟩
gest. 784
LThK; CSGL; Potth.; LMA,I,525
Ambrogio ⟨Autperto⟩
Ambroise ⟨Autpert⟩
Ambrosius ⟨Ansbertus⟩
Ambrosius ⟨Antbertus⟩
Ansbertus ⟨Presbyter⟩
Ansbertus, Ambrosius
Antpertus, Ambrosius
Autbertus ⟨Presbyter⟩
Autpert, Ambroise
Autpertus ⟨Presbyter⟩
Autpertus, Ambrosius

Ambrosius ⟨Bergomensis⟩
→ **Ambrosius ⟨Martinengus⟩**

Ambrosius ⟨Bitschin⟩
→ **Ambrosius ⟨de Byczyna⟩**

Ambrosius ⟨Cadurcensis⟩
8. Jh.
LThK; CSGL; Potth.
Ambrosius ⟨Cadureus⟩
Ambrosius ⟨of Cahors⟩

Ambrosius ⟨Camaldulensis⟩
→ **Traversarius, Ambrosius**

Ambrosius ⟨Coranus⟩
→ **Ambrosius ⟨de Cori⟩**

Ambrosius ⟨Coriolanus⟩
→ **Ambrosius ⟨de Cori⟩**

Ambrosius ⟨de Byczyna⟩
15. Jh.
Brevis continuatio Chronici principum Polonorum
Rep.Font. II,213
Ambrosius ⟨Bitschen⟩
Ambrosius ⟨Bitschin⟩
Byczyna, Ambrosius ¬de¬

Ambrosius ⟨de Cori⟩
gest. 1485 · OESA
Super artem veterem; Commentarii in librum sex principiorum; Super libros Posteriorum
Lohr
Ambroise ⟨Coriolano⟩
Ambroise ⟨de Cora⟩
Ambroise ⟨Massari⟩
Ambrosius ⟨Choriolanus⟩
Ambrosius ⟨Coranus⟩
Ambrosius ⟨Coriolanus⟩
Ambrosius ⟨de Chora⟩
Ambrosius ⟨de Cora⟩
Ambrosius ⟨Massarius⟩
Ambrosius ⟨von Cori⟩
Cora, Ambrosius ¬de¬
Cori, Ambrosius ¬de¬
Coriolano, Ambroise
Coriolanus, Ambrosius
Massari, Ambroise
Massarius, Ambrosius

Ambrosius ⟨de Miliis⟩
14./15. Jh.
Der lateinische Text von Chartier, Alain, „De vita curiali", wurde ihm fälschlich von Heuckenkamp zugeschrieben; Epistula ad Gonterium Colli; Carmina
Rep.Font. II,214
Ambrogio ⟨Migli⟩
Migli, Ambrogio
Miliis, Ambrosius ¬de¬
Pseudo-Ambrosius ⟨de Miliis⟩

Ambrosius ⟨de Sancta Cruce⟩
um 1310 · OCist
De actis Judaeorum sub duce Rudolfo; Tractatus de hostia mirifica
Rep.Font. II,214
Ambroise ⟨Cistercien⟩
Ambroise ⟨de Heiligenkreuz⟩
Ambroise ⟨de Sancta Cruce⟩
Ambrosius ⟨Monachus de Sancta Cruce⟩
Ambrosius ⟨von Heiligenkreuz⟩
Sancta Cruce, Ambrosius ¬de¬

Ambrosius ⟨Episcopus Bergomensis⟩
→ **Ambrosius ⟨Martinengus⟩**

Ambrosius ⟨Florentinus⟩
→ **Traversarius, Ambrosius**

Ambrosius ⟨Huber⟩
→ **Affenschmalz**

Ambrosius ⟨Magister⟩
→ **Ambrosius ⟨Spiera⟩**

Ambrosius ⟨Martinengus⟩
um 1023/57
Stegmüller, Repert. bibl.
Ambroise ⟨de Bergame⟩
Ambroise ⟨de Brescia⟩
Ambroise ⟨Martinengo⟩
Ambrosius ⟨Bergomensis⟩
Ambrosius ⟨Episcopus Bergomensis⟩
Martinengus, Ambrosius

Ambrosius ⟨Massarius⟩
→ **Ambrosius ⟨de Cori⟩**

Ambrosius ⟨Monachus⟩
→ **Traversarius, Ambrosius**

Ambrosius ⟨Monachus de Sancta Cruce⟩
→ **Ambrosius ⟨de Sancta Cruce⟩**

Ambrosius ⟨of Cahors⟩
→ **Ambrosius ⟨Cadurcensis⟩**

Ambrosius ⟨Sansedoni⟩
1220 – 1286 · OP
Schneyer,I,280
Ambrogio ⟨Sansedoni da Siena⟩
Ambroise ⟨Bienheureux⟩
Ambroise ⟨de Sienne⟩
Ambroise ⟨Sansedoni⟩
Ambrosius ⟨Sansedoni de Sienne⟩
Ambrosius ⟨Sansedonius⟩
Ambrosius ⟨Sansedonius Senensis⟩
Ambrosius ⟨Senensis⟩
Sansedoni, Ambrosius

Ambrosius ⟨Senensis⟩
→ **Ambrosius ⟨Sansedoni⟩**

Ambrosius ⟨Spera⟩
→ **Ambrosius ⟨Spiera⟩**

Ambrosius ⟨Spiera⟩
gest. 1454 · OSM
Logica; Metaph.
Lohr
Ambrogio ⟨Spiera⟩
Ambrosio ⟨Spiera⟩
Ambrosius ⟨Magister⟩
Ambrosius ⟨Spera⟩
Ambrosius ⟨Spiera Tarvisinus⟩
Ambrosius ⟨Tarvisinus⟩
Spera, Ambrosius
Spiera, Ambrogio
Spiera, Ambrosius
Spiera, Ambrosius ¬de¬
Spira, Ambrosius ¬de¬

Ambrosius ⟨Tarvisinus⟩
→ **Ambrosius ⟨Spiera⟩**

Ambrosius ⟨Traversarius⟩
→ **Traversarius, Ambrosius**

Ambrosius ⟨von Cori⟩
→ **Ambrosius ⟨de Cori⟩**

Ambrosius ⟨von Heiligenkreuz⟩
→ **Ambrosius ⟨de Sancta Cruce⟩**

Ambrosius ⟨Zeebout⟩
um 1481 – 1485
Auctor narrationis itineris quod Joos van Ghistele miles Gandavensis fecit in Oriente
Rep.Font II,214
Ambroise ⟨Zeebout⟩
Zeebout, Ambroise
Zeebout, Ambrosius

Amédée ⟨de Guadalupe⟩
→ **Amadeus ⟨Menesius de Silva⟩**

Amédée ⟨de Lausanne⟩
→ **Amadeus ⟨Lausanensis⟩**

Amédée ⟨de Menez Silva⟩
→ **Amadeus ⟨Menesius de Silva⟩**

Amédée ⟨de Portugal⟩
→ **Amadeus ⟨Menesius de Silva⟩**

Amédée ⟨de Savoie⟩
→ **Felix ⟨Papa, V., Antipapa⟩**

Amédée ⟨le Pacifique⟩
→ **Felix ⟨Papa, V., Antipapa⟩**

Amédée ⟨Savoie, Duc⟩
→ **Felix ⟨Papa, V., Antipapa⟩**

Amedeo ⟨de Menez Silva⟩
→ **Amadeus ⟨Menesius de Silva⟩**

Amedeo ⟨Savoyen, Herzog, VIII.⟩
→ **Felix ⟨Papa, V., Antipapa⟩**

Amedeus ⟨Lausaniensis⟩
→ **Amadeus ⟨Lausanensis⟩**

Amedeus ⟨Lusitanus⟩
→ **Amadeus ⟨Menesius de Silva⟩**

Amedeus ⟨Pacificus⟩
→ **Felix ⟨Papa, V., Antipapa⟩**

Amedeus ⟨Savoyen, Herzog, VIII.⟩
→ **Felix ⟨Papa, V., Antipapa⟩**

Amedo ⟨di Savoia⟩
→ **Felix ⟨Papa, V., Antipapa⟩**

Ameer Khusrau
→ **Amīr Ḫusrau**

Amelii, Petrus
→ **Petrus ⟨Amelii ...⟩**

Amerigo ⟨Monaco dei Corbizzi⟩
→ **Haymarus ⟨Florentinus⟩**

Amersford, Eberhard ¬d'¬
→ **Eberhardus ⟨Stiger de Amersfordia⟩**

Amersfordia, Jacobus ¬de¬
→ **Jacobus ⟨Tymaeus de Amersfordia⟩**

Amerus
um 1271
Practica artis musicae
LMA,I,532
Amerus ⟨Musicien⟩
Aumerus

Amerutzes, Georgios
→ **Georgius ⟨Amyrutza⟩**

Ametus ⟨Filius Josephi⟩
→ **Ibn-ad-Dāya, Aḥmad Ibn-Yūsuf**

Amidani, Guglielmo
→ **Guilelmus ⟨de Cremona⟩**

Amidenus, Ephraem
→ **Ephraem ⟨Amidenus⟩**

Āmidī, al-Ḥasan Ibn-Bišr ¬al-¬
gest. 981
Ḥasan Ibn-Bišr al-Āmidī ¬al-¬
Ibn-Bišr, al-Ḥasan al-Āmidī

Āmidī, ʻAlī Ibn-Abī-ʻAlī ¬al-¬
1156 – 1233
ʻAlī Ibn-Abī-ʻAlī al-Āmidī
Āmidī, Saif-ad-Dīn ʻAlī Ibn-Abī-ʻAlī ¬al-¬
Ibn-Abī-ʻAlī, ʻAlī al-Āmidī
Saif-ad-Dīn al-Āmidī
Sayf al-Dīn al-Āmidī

Āmidī, Saif-ad-Dīn ʻAlī Ibn-Abī-ʻAlī ¬al-¬
→ **Āmidī, ʻAlī Ibn-Abī-ʻAlī ¬al-¬**

Amiel, Pierre
→ **Petrus ⟨Amelii ...⟩**

Amiens, Gérard ¬d'¬
→ **Gérard ⟨d'Amiens⟩**

Amiens, Guillaume ¬d'¬
→ **Guillaume ⟨d'Amiens⟩**

Amiens, Thibaut ¬de¬
→ **Thibaut ⟨d'Amiens⟩**

Amilarius
→ **Amalarius ⟨Metensis⟩**

Amir Chosrau Dehlawi
→ **Amīr Ḫusrau**

Amīr Ḫusrau
1253 – 1325
EI(2),I,444
Ameer Khusrau
Amir Chosrau Dehlawi
Amīr Husrau Dihlawī
Amīr Khusraw
Amir Khusraw Dihlavi
Amir Khusru
Dihlavi, Amir Khusraw
Dihlawī, Amīr Ḫusrau
Dihlawī, Amīr Ḫusrau
Emir Khosrau
Ḫusrau, Amīr
Ḫusrau Dihlawī, Amīr
Khosrau, Emir
Khusrau, Ameer
Khusraw, Amīr
Khusru, Amir

ʻĀmir Ibn al-Ṭufail
→ **ʻĀmir Ibn-aṭ-Ṭufail**

ʻĀmir Ibn-al-Ḥāriṯ Ǧirān al-ʻAud
→ **Ǧirān al-ʻAud, ʻĀmir Ibn-al-Ḥāriṯ**

ʻĀmir Ibn-aṭ-Ṭufail
gest. 632
ʻĀmir Ibn al-Ṭufail
Ibn-aṭ-Ṭufail, ʻĀmir

Amir Khusraw Dihlavi
→ **Amīr Ḫusrau**

Amīr Tīmūr
→ **Tīmūr ⟨Timuridenreich, Amir⟩**

Amirdowlat' ⟨Amasiaci'i⟩
1420/1425 – 1496
Amasia, Amirtovlath ¬von¬
Amasiaci'i, Amirdowlat'
Amirdovlat
Amirtovlath ⟨von Amasia⟩

ʻĀmirī, Abu-'l-Ḥasan Muḥammad Ibn-Yūsuf ¬al-¬
gest. 991
Abu-'l-Ḥasan al-ʻĀmirī
Abu-'l-Ḥasan al-ʻĀmirī, Muḥammad Ibn-Yūsuf
ʻĀmirī, Muḥammad Ibn-Yūsuf ¬al-¬
Muḥammad Ibn-Yūsuf al-ʻĀmirī, Abu-'l-Ḥasan

ʻĀmirī, Abū-Zakarīyā Yaḥyā Ibn-Abī-Bakr ¬al-¬
→ **ʻĀmirī, Yaḥyā Ibn-Abī-Bakr ¬al-¬**

ʻĀmirī, Ḥidāš Ibn-Zuhair ¬al-¬
→ **Ḥidāš Ibn-Zuhair al-ʻĀmirī**

ʻĀmirī, Muḥammad Ibn-Yūsuf ¬al-¬
→ **ʻĀmirī, Abu-'l-Ḥasan Muḥammad Ibn-Yūsuf ¬al-¬**

ʻĀmirī, Yaḥyā Ibn-Abī-Bakr ¬al-¬
gest. 1488
ʻĀmirī, Abū-Zakarīyā Yaḥyā Ibn-Abī-Bakr ¬al-¬
Ibn-Abī-Bakr, Yaḥyā al-ʻĀmirī
Yaḥyā Ibn-Abī-Bakr al-ʻĀmirī

Amirtovlath ⟨von Amasia⟩
→ **Amirdowlat' ⟨Amasiaci'i⟩**

Amirutzes, Georgios
→ **Georgius ⟨Amyrutza⟩**

Ammanati, Giacomo
→ **Ammannati, Jacobus**

Ammanati, Jacopo
→ **Ammannati, Jacobus**

Ammannati, Jacobus
1422 – 1479
Commentarii rerum memorabilium, quae temporibus suis contigerunt; Diario concistoriale; Epistulae; Rerum suo tempore gestarum commentarii cum eiusdem Epistolis (1464-1469); Narratio historica de Hussitis et de Georgio Pogiebrachio Bohemorum rege; etc.
Potth. 926; LMA,I,537; Rep.Font. II,216
Ammanati, Giacomo
Ammanati, Iacopo
Ammanati, Jacopo
Ammanati, Jacques
Ammanati Piccolomini, Giacomo
Ammannati de' Piccolomini, Jacopo
Ammannati-Piccolomini, Jacopo
Giacomo ⟨Ammanati⟩
Giacomo ⟨Ammanati Piccolomini⟩
Giacomo ⟨Piccolomini⟩
Iacopo ⟨Ammanati⟩
Jacobus ⟨Ammanati⟩
Jacobus ⟨Ammanati dit Piccolomini⟩
Jacobus ⟨Ammanatus⟩
Jacobus ⟨Ammannati⟩
Jacobus ⟨Cardinalis Papiensis⟩
Jacobus ⟨Piccolomineus⟩
Jacobus ⟨Piccolomini⟩
Jacopo ⟨Ammanati⟩
Jacopo ⟨Ammannati-Piccolomini⟩
Jacques ⟨Ammanati⟩
Jacques ⟨dit Piccolomini⟩
Piccolomini, Giacomo Ammanati
Piccolomini, Jacobus

ʻAmmār al-Mauṣilī
11. Jh.
Übers. von „De oculis“
Accanamosali ⟨de Baldach⟩
Canamusali ⟨de Baldach⟩
Canamusalus
Canamusalus ⟨de Baldac⟩
Mauṣilī, ʻAmmār Ibn-ʻAlī ¬al-¬
ʻUmar Ibn-ʻAlī al-Mauṣilī

Ammenhausen, Konrad ¬von¬
→ **Konrad ⟨von Ammenhausen⟩**

Ammonius ⟨Hermiae⟩
5./6. Jh.
Tusculum-Lexikon; CSGL
Ammonij ⟨Syn Germija⟩
Ammonios
Ammonios ⟨Exeget⟩
Ammonios ⟨Hermeiu⟩
Ammonius
Ammonius ⟨Alexandrinus⟩
Ammonius ⟨Hermias⟩
Ammonius ⟨Iunior⟩
Ammonius, Hermias
Amonio ⟨Ermisi⟩
Hermeion ⟨Alexandrinus⟩
Hermiae, Ammonius
Hermias, Ammonius
Pseudo-Ammonios
Pseudo-Ammonius

Ammorianus, Theodosius
→ **Theodosius ⟨Ammorianus⟩**

Amodeus ⟨de Menez Silva⟩
→ **Amadeus ⟨Menesius de Silva⟩**

Amoirutzes, Georgios
→ **Georgius ⟨Amyrutza⟩**

Amolo ⟨Lugdunensis⟩
→ **Amulo ⟨Lugdunensis⟩**

Amonio ⟨Ermisi⟩
→ **Ammonius ⟨Hermiae⟩**

Amoruso, Gilio ¬de¬
→ **Gilio ⟨de Amoruso⟩**

Amoruso, Sergio
→ **Sergius ⟨de Amuruczo⟩**

Amphiator, Sergius
→ **Sergius ⟨Amphiator⟩**

Ampulpheda, Ismaēl
→ **Abu-'l-Fidā Ismāʻīl Ibn-ʻAlī**

Amr ibn Kulthum
→ **ʻAmr Ibn-Kulṯūm**

ʻAmr Ibn-Baḥr al-Ǧāḥiẓ
→ **Ǧāḥiẓ, ʻAmr Ibn-Baḥr ¬al-¬**

ʻAmr Ibn-Barrāqa al-Hamdānī
7. Jh.
ʻAmr Ibn-Barrāq
Hamdānī, ʻAmr Ibn-Barrāqa ¬al-¬
Ibn-Barrāq, ʻAmr
Ibn-Barrāqa, ʻAmr

ʻAmr Ibn-Barrāq
→ **ʻAmr Ibn-Barrāqa al-Hamdānī**

ʻAmr Ibn-Kulṯūm
6. Jh.
ʻAmr b. Kulthūm
Amr ibn Kulthum
Ibn-Kulṯūm, ʻAmr

ʻAmr Ibn-Maʻdīkarib, Abū-Ṯaur
7. Jh.
Ibn-Maʻdīkarib, Abū-Ṯaur ʻAmr
Ibn-Maʻdīkarib, ʻAmr

ʻAmr Ibn-Mālik aš-Šanfarā
→ **Šanfarā ¬aš-¬**

ʻAmr Ibn-Qamīʻa
ca. 480 – ca. 570
Ibn-Qamīʻa, ʻAmr

ʻAmr Ibn-ʻUṯmān Sībawaih
→ **Sībawaih, ʻAmr Ibn-ʻUṯmān**

Amralkeis
→ **Imra'-al-Qais**

Amrī
→ **Yunus Emre**

Amṛtacandra
10. Jh.

Amšāṭī, Maḥmud Ibn-Aḥmad al-ʻAintābī
→ **ʻAintābī al-Amšāṭī, Maḥmūd Ibn-Aḥmad ¬al-¬**

Amsterdam, Nicolaus ¬de¬
→ **Nicolaus ⟨de Amsterdam⟩**

Amularius ⟨Lugdunensis⟩
→ **Amulo ⟨Lugdunensis⟩**

Amulharius
→ **Amalarius ⟨Metensis⟩**

Amulo ⟨Lugdunensis⟩
gest. 852
Epistola ad Gothescalcum De gratia et praescientia Dei; Liber contra Judaeos
CC Clavis, Auct. Gall. 1,143 ff.; Rep.Font. II,217
Amalo
Amolo
Amolo ⟨Archbishop⟩
Amolo ⟨Episcopus⟩
Amolo ⟨Lugdunensis⟩
Amolo ⟨of Lyons⟩
Amolon ⟨de Lyon⟩
Amolon ⟨Evêque⟩

Amularius
Amularius ⟨Lugdunensis⟩
Amulo ⟨Archbishop⟩
Amulo ⟨Archiepiscopus⟩
Amulo ⟨of Lyons⟩
Amulon ⟨de Lyon⟩
Ernulons
Hamularius
Hamulus
Hamulus ⟨Episcopus⟩
Pseudo-Amulo ⟨Lugdunensis⟩

Amundesham, Johannes
gest. 1450 · OSB
Annales monasteri Sancti Albani (1423-1440)
Rep.Font. II,218
Amundesham, Jean
Amundesham, John
Jean ⟨Amundesham⟩
Johannes ⟨Amundesham⟩
Johannes ⟨Amundishamus⟩
John ⟨Amundesham⟩

Amuruczo, Sergius ¬de¬
→ **Sergius ⟨de Amuruczo⟩**

Amyrutza, Georgius
→ **Georgius ⟨Amyrutza⟩**

Anachoreta Marcus
→ **Marcus ⟨Anachoreta⟩**

Anacletus ⟨Papa, II.⟩
um 1130/38
CSGL; LMA,I,568/569
Anaclet ⟨Pape, II.⟩
Anacleto ⟨Papa, II.⟩
Anaklet ⟨Papst, II.⟩
Petrus ⟨a Leon⟩
Petrus ⟨Pierleone⟩
Pierleone, Petrus
Pierre ⟨de Léon⟩
Pietro ⟨Pietri Leonis⟩

Anagnia, Adenulphus ¬de¬
→ **Adenulphus ⟨de Anagnia⟩**

Anagnostes, Konstantinos
→ **Constantinus ⟨Anagnosta⟩**

Anagnostes, Theodoros
→ **Theodorus ⟨Anagnosta⟩**

Anaklet ⟨Papst, II.⟩
→ **Anacletus ⟨Papa, II.⟩**

Anamodus ⟨Ratisbonensis⟩
gest. ca. 899
Anamod ⟨von Regensburg⟩
Anamode ⟨de Ratisbonne⟩
Anamodus ⟨de Ratisbonne⟩
Anamodus ⟨of Ratisbon⟩
Anamodus ⟨Ratisponensis⟩
Anamodus ⟨Sous-Diacre⟩
Anamodus ⟨Subdiaconus⟩
Anamotus ⟨of Ratisbon⟩

Ānandagiri
→ **Madhva**

Ānandagiri
13. Jh.
Ind. Kommentator der Vedānta-Schule
Potter
Ānandajñāna
A'nanda Giri'
Janārdana

Ānandajñāna
→ **Ānandagiri**
→ **Madhva**

Ānandajñānagiri
→ **Madhva**

Ānandatīrtha
→ **Madhva**

Anania ⟨Širakac'i⟩
ca. 620 – 685
Rep.Font. II,219
Anania ⟨Shirakatsí⟩
Ananias ⟨of Shirak⟩
Ananias ⟨of Širak⟩
Ananiya ⟨von Schirak⟩
Ananiya, Širakac'i
Schirak, Ananiya ¬von¬
Schirakatsí, Anania
Širakac'i, Anania
Širakac'i, Ananiya
Sirakazi, Ananija

Anania, Benedictus ¬de¬
→ **Benedictus ⟨de Anania⟩**

Anania, Johannes ¬de¬
→ **Johannes ⟨de Anania⟩**

Ananias ⟨of Shirak⟩
→ **Anania ⟨Širakac'i⟩**

Ananiya ⟨von Schirak⟩
→ **Anania ⟨Širakac'i⟩**

Anantānandagiri
→ **Madhva**

Anaritius
→ **Nairīzī, al-Faḍl Ibn-Ḥātim ¬an-¬**

Anastase ⟨Apocrisaire⟩
→ **Anastasius ⟨Apocrisiarius⟩**

Anastase ⟨de Césarée⟩
→ **Anastasius ⟨Caesariensis⟩**

Anastase ⟨de Doydes⟩
→ **Anastasius ⟨Cluniacensis⟩**

Anastase ⟨Empereur d'Orient⟩
→ **Anastasius ⟨Imperium Byzantinum, Imperator, I.⟩**

Anastase ⟨Ermite⟩
→ **Anastasius ⟨Cluniacensis⟩**

Anastase ⟨le Bibliothécaire⟩
→ **Anastasius ⟨Bibliothecarius⟩**

Anastase ⟨le Sinaite⟩
→ **Anastasius ⟨Sinaita⟩**

Anastase ⟨Moine⟩
→ **Anastasius ⟨Cluniacensis⟩**
→ **Anastasius ⟨Monachus⟩**

Anastase ⟨Pape, ...⟩
→ **Anastasius ⟨Papa, ...⟩**

Anastase ⟨Prêtre⟩
→ **Anastasius ⟨Apocrisiarius⟩**

Anastase ⟨Saint⟩
→ **Anastasius ⟨Apocrisiarius⟩**
→ **Anastasius ⟨Cluniacensis⟩**

Anastasia ⟨Augusta⟩
um 519
Adressatin der Epistula 165 von Hormisdas ⟨Papa⟩; Epistula ad Hormisdam papam
Cpg 9220; Cpl 1620
Anastasia ⟨Uxor Pompei⟩

Anastasia ⟨Uxor Pompei⟩
→ **Anastasia ⟨Augusta⟩**

Anastasio ⟨il Bibliotecario⟩
→ **Anastasius ⟨Bibliothecarius⟩**

Anastasio ⟨Papa, ...⟩
→ **Anastasius ⟨Papa, ...⟩**

Anastasios ⟨Apokrisiar⟩
→ **Anastasius ⟨Apocrisiarius⟩**

Anastasios ⟨Bischof⟩
→ **Anastasius ⟨Caesariensis⟩**

Anastasios ⟨ho Apokrisiarios⟩
→ **Anastasius ⟨Apocrisiarius⟩**

Anastasios ⟨ho Monachos⟩
→ **Anastasius ⟨Monachus⟩**

Anastasios ⟨ho Sinaitēs⟩
→ **Anastasius ⟨Sinaita⟩**

Anastasios ⟨Kaiser⟩
→ **Anastasius ⟨Imperium Byzantinum, Imperator, I.⟩**

Anastasios ⟨Kirchendichter⟩
→ **Anastasius ⟨Poeta⟩**

Anastasios ⟨Sinaites⟩
→ **Anastasius ⟨Sinaita⟩**

Anastasios ⟨von Antiocheia⟩
→ **Anastasius ⟨Antiochenus⟩**

Anastasios ⟨von Käsarea⟩
→ **Anastasius ⟨Caesariensis⟩**

Anastasius ⟨Abbas⟩
→ **Anastasius ⟨Bibliothecarius⟩**

Anastasius ⟨Andegavensis⟩
→ **Anastasius ⟨Cluniacensis⟩**

Anastasius ⟨Antiochenus⟩
6. Jh.
Tusculum-Lexikon; CSGL
Anastasios ⟨von Antiocheia⟩
Anastasius ⟨Antiochenus, I.⟩
Anastasius ⟨Patriarch, I.⟩
Anastasius ⟨Patriarcha⟩
Anastasius ⟨Sanctus⟩
Anastasius ⟨Sinaita⟩
Anastasius ⟨Theopolitanus⟩
Anastasius ⟨von Antiochien⟩
Antiochenus, Anastasius

Anastasius ⟨Apocrisiarius⟩
gest. 662 bzw. 666
Vielleicht 2 Personen; Epistula ad Theodosium Gangrensem; Acta Maximi Confessoris; Verfasserschaft von „Doctrina patrum" umstritten
Rep.Font. II,220; LMA,I,573
Anastase ⟨Apocrisaire⟩
Anastase ⟨Prêtre⟩
Anastase ⟨Saint⟩
Anastasios ⟨Apokrisiar⟩
Anastasios ⟨ho Apokrisiarios⟩
Anastasius ⟨Apokrisiar⟩
Anastasius ⟨Disciple of Saint Maximus⟩
Anastasius ⟨Discipulus Maximi Confessoris⟩
Anastasius ⟨Mönch⟩
Anastasius ⟨Presbyter⟩
Anastasius ⟨Saint and Confessor⟩
Anastasius ⟨Sanctus⟩
Apocrisiarius Anastasius

Anastasius ⟨Augustus⟩
→ **Anastasius ⟨Imperium Byzantinum, Imperator, I.⟩**

Anastasius ⟨Bibliothecarius⟩
811 – ca. 879
Tusculum-Lexikon; LThK; LMA,I,573
Anastase ⟨le Bibliothécaire⟩
Anastase ⟨Pape, III., Antipape⟩
Anastasio ⟨il Bibliotecario⟩
Anastasio ⟨Papa, III., Antipapa⟩
Anastasius ⟨Abbas⟩
Anastasius ⟨Papa, III., Antipapa⟩
Bibliothecarius, Anastasius

Anastasius ⟨Caesariensis⟩
um 1090
De ieiunio deiparae
Anastase ⟨de Césarée⟩
Anastasios ⟨Bischof⟩
Anastasios ⟨von Kaisareia⟩
Anastasios ⟨von Käsarea⟩
Anastasius ⟨of Caesarea⟩

Anastasius ⟨Cluniacensis⟩
gest. 1085 · OSB
Epistula ad abbatem Geraldum; Identität mit Anastasius ⟨Andegavensis⟩ (Mönch von St. Serge) umstritten
Anastase ⟨de Doydes⟩
Anastase ⟨Ermite⟩
Anastase ⟨Moine⟩
Anastase ⟨Saint⟩
Anastasius ⟨Andegavensis⟩
Anastasius ⟨Eremita⟩
Anastasius ⟨Frater⟩
Anastasius ⟨Monachus⟩
Anastasius ⟨Sancti Sergii⟩
Anastasius ⟨Sanctus⟩
Anastasius ⟨von Cluny⟩

Anastasius ⟨der Dichter⟩
→ **Anastasius ⟨Poeta⟩**

Anastasius ⟨Dicorus⟩
→ **Anastasius ⟨Imperium Byzantinum, Imperator, I.⟩**

Anastasius ⟨Discipulus Maximi Confessoris⟩
→ **Anastasius ⟨Apocrisiarius⟩**

Anastasius ⟨Dogmaticus⟩
→ **Anastasius ⟨Sinaita⟩**

Anastasius ⟨Emperor⟩
→ **Anastasius ⟨Imperium Byzantinum, Imperator, I.⟩**

Anastasius ⟨Eremita⟩
→ **Anastasius ⟨Cluniacensis⟩**

Anastasius ⟨Frater⟩
→ **Anastasius ⟨Cluniacensis⟩**

Anastasius ⟨Hygoumenus⟩
→ **Anastasius ⟨Sinaita⟩**

Anastasius ⟨Imperium Byzantinum, Imperator, I.⟩
431 – 518
Epistulae ad Hormisdam papam; Epistula ad senatum urbis Romae
Cpl 1553, 1620, 1678
Anastase ⟨Empereur d'Orient⟩
Anastasios ⟨Byzantinischer Kaiser⟩
Anastasios ⟨Kaiser⟩
Anastasios ⟨Oströmischer Kaiser⟩
Anastasius ⟨Augustus⟩
Anastasius ⟨Dicorus⟩
Anastasius ⟨Emperor⟩
Anastasius ⟨Imperator⟩
Flavius ⟨Anastasius⟩

Anastasius ⟨Mönch⟩
→ **Anastasius ⟨Apocrisiarius⟩**

Anastasius ⟨Monachus⟩
→ **Anastasius ⟨Cluniacensis⟩**

Anastasius ⟨Monachus⟩
7. Jh.
Diēgēsis diaphoroi
Rep.Font. II,220; LMA,I,574
Anastase ⟨Moine⟩
Anastasios ⟨ho Monachos⟩
Monachus, Anastasius

Anastasius ⟨of Caesarea⟩
→ **Anastasius ⟨Caesariensis⟩**

Anastasius ⟨Papa, III.⟩
gest. 913
Anastase ⟨Pape, III.⟩
Anastasio ⟨Papa, III.⟩

Anastasius ⟨Papa, III., Antipapa⟩
→ **Anastasius ⟨Bibliothecarius⟩**

Anastasius ⟨Papa, IV.⟩
gest. 1154
CSGL; LMA,I,572/573
Anastase ⟨Pape, IV.⟩
Anastasio ⟨Papa, IV.⟩
Conrad ⟨della Suburra⟩
Corrado ⟨della Suburra⟩
DellaSuburra, Corrado
Konrad ⟨von Suburra⟩
Suburra, Corrado ¬della¬

Anastasius ⟨Patriarcha⟩
→ **Anastasius ⟨Antiochenus⟩**

Anastasius ⟨Poeta⟩
7./9. Jh.
Euchologion; Trauergesang; Identität mit Anastasius ⟨Sinaita⟩ umstritten
LMA,I,574
Anastasios ⟨Kirchendichter⟩
Anastasius ⟨der Dichter⟩

Anastasius ⟨Presbyter⟩
→ **Anastasius ⟨Apocrisiarius⟩**

Anastasius ⟨Saint and Confessor⟩
→ **Anastasius ⟨Apocrisiarius⟩**

Anastasius ⟨Sancti Sergii⟩
→ **Anastasius ⟨Cluniacensis⟩**

Anastasius ⟨Sanctus⟩
→ **Anastasius ⟨Antiochenus⟩**
→ **Anastasius ⟨Apocrisiarius⟩**
→ **Anastasius ⟨Cluniacensis⟩**

Anastasius ⟨Sinaita⟩
→ **Anastasius ⟨Antiochenus⟩**

Anastasius ⟨Sinaita⟩
um 640/700
Viae dux; Quaestiones exegeticae; Narratio brevis de haeresibus; Identität mit Anastasius ⟨Poeta⟩ umstritten
LMA,I,574; Tusculum-Lexikon; Rep.Font. II,220
Anastase ⟨le Sinaite⟩
Anastasios ⟨ho Sinaitēs⟩
Anastasios ⟨Sinaites⟩
Anastasius ⟨Dogmaticus⟩
Anastasius ⟨Hygoumenus⟩
Anastasius ⟨Sinaita Dogmaticus⟩
Anastasius ⟨Sinaiticus⟩
Sinaita, Anastasius

Anastasius ⟨Theopolitanus⟩
→ **Anastasius ⟨Antiochenus⟩**

Anastasius ⟨von Antiochien⟩
→ **Anastasius ⟨Antiochenus⟩**

Anastasius ⟨von Cluny⟩
→ **Anastasius ⟨Cluniacensis⟩**

Anatole ⟨de Thessalonique⟩
→ **Anatolius ⟨Thessalonicensis⟩**

Anaṭôlî, Ya'aqov Ben-Abbâ Mārî
13. Jh.
Malmad ha-talmidim
LMA,V,290
Jakob Ben Abba Mari Anatoli
Jakob Ben Anatoli
Ya'aqov Ben-Abbâ Mārî ⟨Anaṭôlî⟩

Anatolios ⟨von Thessalonike⟩
→ **Anatolius ⟨Thessalonicensis⟩**

Anatolius ⟨Scholasticus⟩
6. Jh.
„Responsio ad Anatolium scholasticum" des Ephraem ⟨Amidenus⟩
Cpg 6908
Scholasticus, Anatolius

Anatolius ⟨Thessalonicensis⟩
9. Jh.
Mutmaßl. Verf. von „In saltationem Herodiadis", deren angebl. Verf. Johannes ⟨Chrysostomus⟩ ist.
Cpg 4578;4600
Anatole ⟨de Thessalonique⟩
Anatole ⟨Métropolitain⟩
Anatolios ⟨Erzbischof⟩
Anatolios ⟨Homiletiker⟩
Anatolios ⟨von Thessalonike⟩
Anatolius ⟨Episcopus⟩

Anatolius ⟨Hagiographus⟩
Anatolius ⟨Praedicator⟩

Anba Severus Ibn-al-Muqaffaʿ
→ **Severus Ibn-al-Muqaffaʿ**

Anbārī, ʿAbd-ar-Raḥmān Ibn-Muḥammad ¬al-¬
1119 – 1181
ʿAbd-ar-Raḥmān Ibn-Muḥammad al-Anbārī
Ibn-Muḥammad, ʿAbd-ar-Raḥmān al-Anbārī
Ibn-Muḥammad al-Anbārī, ʿAbd-ar-Raḥmān

Anbārī, Muḥammad Ibn-al-Qāsim ¬al-¬
→ **Ibn-al-Anbārī, Muḥammad Ibn-al-Qāsim**

Ancharano, Petrus ¬de¬
→ **Petrus ⟨de Ancharano⟩**

Anchialus, Michael
→ **Michael ⟨Anchialus⟩**

Anchora, Theobaldus ¬de¬
→ **Theobaldus ⟨de Anchora⟩**

Ancona, Antonius ¬de¬
→ **Antonius ⟨de Ancona⟩**

Ancona, Guido ¬de¬
→ **Guido ⟨de Ancona⟩**

Ancona, Johannes ¬de¬
→ **Johannes ⟨de Ancona⟩**

Anconitanus, Cyriacus
→ **Cyriacus ⟨Anconitanus⟩**

Ancyranus, Basilius
→ **Basilius ⟨Ancyranus, Iunior⟩**

Ancyranus, Domitianus
→ **Domitianus ⟨Ancyranus⟩**

Ancyranus, Macarius
→ **Macarius ⟨Ancyranus⟩**

Ancyranus, Nicetas
→ **Nicetas ⟨Ancyranus⟩**

Andal
→ **Āṇṭāḷ**

Andalusī, ʿAbd-al-Ġalīl Ibn-Mūsā ¬al-¬
→ **Qaṣrī, ʿAbd-al-Ġalīl Ibn-Mūsā ¬al-¬**

Andalusī, ʿAbd-al-Ḥaqq Ibn-ʿAbd-ar-Raḥmān ¬al-¬
→ **Ibn-al-Ḫarrāṭ, ʿAbd-al-Ḥaqq Ibn-ʿAbd-ar-Raḥmān**

Andalusī, Abū-Ḥaiyān Muḥammad Ibn-Yūsuf ¬al-¬
→ **Abū-Ḥaiyān al-Andalusī, Muḥammad Ibn-Yūsuf**

Andalusī, Aḥmad Ibn-Abī-Marwān ¬al-¬
→ **Ibn-Šuhaid al-Andalusī, Aḥmad Ibn-Abī-Marwān**

Andalusī, ʿAlī Ibn-ʿAbd-ar-Raḥmān ¬al-¬
→ **Ibn-Huḏail al-Andalusī, ʿAlī Ibn-ʿAbd-ar-Raḥmān**

Andalusī, Ibn-Ḥazm ¬al-¬
→ **Ibn-Ḥazm, ʿAlī Ibn-Aḥmad**

Andalusī, Ibrāhīm Ibn-Sahl ¬al-¬
→ **Ibn-Sahl al-Andalusī, Ibrāhīm**

Andalusī, Muḥammad Ibn-Hāniʾ ¬al-¬
→ **Ibn-Hāniʾ al-Andalusī, Muḥammad**

Andalusī, Muḥammad Ibn-Yūsuf ¬al-¬
→ **Abū-Ḥaiyān al-Andalusī, Muḥammad Ibn-Yūsuf**

Andalusī, Ṣāʿid Ibn-Aḥmad ¬al-¬
1029 – 1070
Ibn-Ṣāʿid, Ṣāʿid Ibn-Aḥmad
Ibn-Ṣāʿid al-Andalusī, Ṣāʿid Ibn-Aḥmad
Qurṭubī, Ṣāʿid Ibn-Aḥmad ¬al-¬
Ṣāʿid al-Andalusī
Ṣāʿid Ibn-Aḥmad al-Andalusī

Andeli, Henri ¬d'¬
→ **Henri ⟨d'Andeli⟩**

Andeli, Roger ¬d'¬
→ **Roger ⟨d'Andeli⟩**

Andernach, Tenxwind ¬von¬
→ **Tenxwindis ⟨Magistra⟩**

Anders ⟨Sunesøn⟩
→ **Sunesøn, Anders**

Andlo, Petrus ¬de¬
→ **Petrus ⟨de Andlo⟩**

Andonije Rafail ⟨Epaktit⟩
um 1420
Pohvala srpskom knezu Lazaru (= Eulogium comitis Lazari)
Rep.Font. II,224
Epaktit, Andonije Rafail

András ⟨Ungarn, König, ...⟩
→ **Endre ⟨Magyarország, Király, ...⟩**

André ⟨Barbazza⟩
→ **Andreas ⟨Barbatius⟩**

André ⟨Bellone⟩
→ **Bellunello, Andrea**

André ⟨Boncirus⟩
→ **Andreas ⟨Boncirus⟩**

André ⟨Boucher⟩
→ **Andreas ⟨Carnificis⟩**

André ⟨Brenta⟩
→ **Brentius, Andreas**

André ⟨Carnifex⟩
→ **Andreas ⟨Carnificis⟩**

André ⟨Chapelain de Robert d'Arbrissel⟩
→ **Andreas ⟨Fontis Ebraldi Monachus⟩**

André ⟨Chrysobergès⟩
→ **Andreas ⟨Chrysoberges⟩**

André ⟨Cione⟩
→ **Orcagna, Andrea**

André ⟨Corsini⟩
→ **Andreas ⟨Corsini⟩**

André ⟨d'Albalate⟩
→ **Andreas ⟨de Albalate⟩**

André ⟨Dalmatie et Croatie, Duc⟩
→ **Endre ⟨Magyarország, Király, II.⟩**

André ⟨d'Anchin⟩
→ **Andreas ⟨de Monte Sancti Eligii⟩**
→ **Andreas ⟨Marchienensis⟩**

André ⟨d'Andros⟩
→ **Andreas ⟨Doria⟩**

André ⟨d'Arras⟩
→ **Andreas ⟨Marchienensis⟩**

André ⟨de Barletta⟩
→ **Andreas ⟨de Barulo⟩**

André ⟨de Brod⟩
→ **Andreas ⟨de Broda⟩**

André ⟨de Charlieu⟩
→ **Andreas ⟨de Caroloco⟩**

André ⟨de Corsin⟩
→ **Andreas ⟨Corsini⟩**

André ⟨de Coutances⟩
12./13. Jh.
Coutances, André ¬de¬

André ⟨de Crète⟩
→ **Andreas ⟨Cretensis⟩**

André ⟨de Dubé⟩
→ **Ondřeje ¬z Dubé¬**

André ⟨de Fabriano⟩
→ **Andreas ⟨de Fabriano⟩**

André ⟨de Fiesole⟩
→ **Andreas ⟨Corsini⟩**

André ⟨de Fleury⟩
→ **Andreas ⟨Floriacensis⟩**

André ⟨de Florence⟩
→ **Andreas ⟨Corsini⟩**
→ **Andreas ⟨Florentinus⟩**

André ⟨de Fontevrault⟩
→ **Andreas ⟨Fontis Ebraldi Monachus⟩**

André ⟨de' Franchi-Boccagni⟩
→ **Franchi, Andreas**

André ⟨de Gravina⟩
→ **Andreas ⟨Perusinus⟩**

André ⟨de Grosseto⟩
→ **Andrea ⟨da Grosseto⟩**

André ⟨de Hongrie⟩
→ **Andreas ⟨Pannonius⟩**

André ⟨de Kokorzyn⟩
→ **Andreas ⟨de Kokorzyn⟩**

André ⟨de Lisbonne⟩
→ **Andreas ⟨de Escobar⟩**

André ⟨de Lonciumel⟩
→ **Andreas ⟨de Longiumello⟩**

André ⟨de Longjumeau⟩
→ **Andreas ⟨de Longiumello⟩**

André ⟨de Lontumel⟩
→ **Andreas ⟨de Longiumello⟩**

André ⟨de Losimer⟩
→ **Andreas ⟨de Longiumello⟩**

André ⟨de Lucques⟩
→ **Andreas ⟨de Lucca⟩**
→ **Andreas ⟨Lucensis⟩**

André ⟨de Marchiennes⟩
→ **Andreas ⟨Marchienensis⟩**

André ⟨de Milan⟩
→ **Andreas ⟨de Modoetia⟩**

André ⟨de Mirandola⟩
→ **Corvus, Andreas**

André ⟨de Modoetia⟩
→ **Andreas ⟨de Modoetia⟩**

André ⟨de Monte Viridi⟩
→ **Andreas ⟨Lucensis⟩**

André ⟨de Monza⟩
→ **Andreas ⟨de Modoetia⟩**

André ⟨de Négrepont⟩
→ **Andreas ⟨Doto⟩**

André ⟨de Neufchâteau⟩
→ **Andreas ⟨de Novo Castro⟩**

André ⟨de Palazzuolo⟩
→ **Andreas ⟨Lucensis⟩**

André ⟨de Pérouse⟩
→ **Andreas ⟨Perusinus⟩**

André ⟨de Pistoie⟩
→ **Franchi, Andreas**

André ⟨de Ratisbonne⟩
→ **Andreas ⟨Ratisbonensis⟩**

André ⟨de Saint-Eustorge⟩
→ **Andreas ⟨de Modoetia⟩**

André ⟨de Saint-Victor⟩
→ **Andreas ⟨de Sancto Victore⟩**

André ⟨de Scutari⟩
→ **Andreas ⟨Praevalitanus⟩**

André ⟨de Turre⟩
→ **Andreas ⟨de Turri⟩**

André ⟨de Valence⟩
→ **Andreas ⟨de Albalate⟩**

André ⟨de Venise⟩
→ **Andreas ⟨Venetus⟩**

André ⟨Dei⟩
→ **Andreas ⟨Dei⟩**

André ⟨del Castagno⟩
→ **DelCastagno, Andrea**

André ⟨della Torre⟩
→ **Andreas ⟨de Turri⟩**

André ⟨d'Escobar⟩
→ **Andreas ⟨de Escobar⟩**

André ⟨Dominicain⟩
→ **Andreas ⟨Gallus⟩**

André ⟨Doria⟩
→ **Andreas ⟨Doria⟩**

André ⟨Doto⟩
→ **Andreas ⟨Doto⟩**

André ⟨du Bois⟩
→ **Andreas ⟨Marchienensis⟩**

André ⟨du Mont-Saint-Eloi⟩
→ **Andreas ⟨de Monte Sancti Eligii⟩**

André ⟨Evêque⟩
→ **Andreas ⟨de Albalate⟩**
→ **Andreas ⟨Doria⟩**

André ⟨Français⟩
→ **Andreas ⟨Gallus⟩**

André ⟨Galka⟩
→ **Andreas ⟨Galka de Dobschin⟩**

André ⟨Gallus⟩
→ **Andreas ⟨Gallus⟩**

André ⟨Gatari⟩
→ **Gatari, Andrea**

André ⟨Geppi⟩
→ **Andreas ⟨Geppi⟩**

André ⟨Grand-Prieur de Fontevrault⟩
→ **Andreas ⟨Fontis Ebraldi Monachus⟩**

André ⟨Hagiographe⟩
→ **Andreas ⟨Lucensis⟩**

André ⟨Hongrie, Roi, ...⟩
→ **Endre ⟨Magyarország, Király, ...⟩**

André ⟨Kurzmann⟩
→ **Kurzmann, Andreas**

André ⟨Lancia⟩
→ **Lancia, Andrea**

André ⟨Lascary⟩
→ **Lascharius, Andreas**

André ⟨le Chapelain⟩
→ **Andreas ⟨Capellanus⟩**

André ⟨le Hongrois⟩
→ **Andreas ⟨Hungarus⟩**

André ⟨le Jérosolymitain⟩
→ **Endre ⟨Magyarország, Király, II.⟩**

Andre ⟨Nadler⟩
→ **Nadler, Andre**

André ⟨Nicolai⟩
→ **Andreas ⟨Nicolai⟩**

André ⟨Notaire à Florence⟩
→ **Andreas ⟨Florentinus⟩**

André ⟨Praevalitanus⟩
→ **Andreas ⟨Praevalitanus⟩**

André ⟨Prieur⟩
→ **Andreas ⟨Marchienensis⟩**

André ⟨Schivenoglia⟩
→ **Schivenoglia, Andrea**

André ⟨Sylvius⟩
→ **Andreas ⟨Marchienensis⟩**

André ⟨Turriani⟩
→ **Andreas ⟨de Turri⟩**

Andre ⟨von Esperdingen⟩
Lebensdaten nicht ermittelt
Neujahrsrede (gereimt)
VL(2),1,339
Andreas ⟨von Esperdingen⟩
Esperdingen, Andre ¬von¬
Esprdingen, Andreas ¬von¬

André, Jean
→ **Johannes ⟨Andreae⟩**

Andrea ⟨Barbazza⟩
→ **Andreas ⟨Barbatius⟩**

Andrea ⟨Bellunello⟩
→ **Bellunello, Andrea**

Andrea ⟨Billia⟩
→ **Biglia, Andreas**

Andrea ⟨Bonaiuti⟩
→ **Andrea ⟨di Bonaiuto⟩**

Andrea ⟨Bortholoti⟩
→ **Bellunello, Andrea**

Andrea ⟨Cione⟩
→ **DelVerrocchio, Andrea**

Andrea ⟨Corsini⟩
→ **Andreas ⟨Corsini⟩**

Andrea ⟨Corvo della Mirandola⟩
→ **Corvus, Andreas**

Andrea ⟨da Barberino⟩
→ **Andreas ⟨Barbatius⟩**

Andrea ⟨da Barberino⟩
geb. 1370
Andrea ⟨de Magnabotti⟩
Andrea ⟨de'Magnabotti⟩
Barberino, Andrea ¬da¬
De'Magnabotti, Andrea
Magnabotti, Andrea ¬dei¬
Magnabotti, Andrea ¬de¬
Magnabotti da Barbarino, Andrea ¬dei¬

Andrea ⟨da Bergamo⟩
→ **Andreas ⟨Bergamensis⟩**

Andrea ⟨da Escobar⟩
→ **Andreas ⟨de Escobar⟩**

Andrea ⟨da Firenze⟩
→ **Andrea ⟨di Bonaiuto⟩**

Andrea ⟨da Grosseto⟩
um 1268
Ital. Bearbeiter des Albertanus ⟨Brixiensis⟩
André ⟨de Grosseto⟩
Grosseto, Andrea ¬da¬

Andrea ⟨Dandolo⟩
→ **Dandolo, Andrea**

Andrea ⟨de Barulo⟩
→ **Andreas ⟨de Barulo⟩**

Andrea ⟨de' Bassi⟩
→ **Bassi, Andrea ¬de'¬**

Andrea ⟨de Foro Bellunensis⟩
→ **Bellunello, Andrea**

Andrea ⟨de Magnabotti⟩
→ **Andrea ⟨da Barberino⟩**

Andrea ⟨Dei⟩
→ **Andreas ⟨Dei⟩**

Andrea ⟨del Castagno⟩
→ **DelCastagno, Andrea**

Andrea ⟨DelVerrocchio⟩
→ **DelVerrocchio, Andrea**

Andrea ⟨di Barletta⟩
→ **Andreas ⟨de Barulo⟩**

Andrea ⟨di Bartolo⟩
→ **DelCastagno, Andrea**

Andrea ⟨di Bartolommeo⟩
→ **DelCastagno, Andrea**

Andrea ⟨di Bonaiuto⟩
1343 – ca. 1377
LUI
Andrea ⟨Bonaiuti⟩
Andrea ⟨Bonaiuti⟩

Andrea ⟨da Firenze⟩
Andrea ⟨di Bonajuto⟩
Bonaiuti, Andrea
Bonaiuto, Andrea ¬di¬
Bonajuto, Andrea ¬di¬

Andrea ⟨di Cesarea⟩
→ **Andreas ⟨Caesariensis⟩**

Andrea ⟨di Cione⟩
→ **Orcagna, Andrea**

Andrea ⟨di Niccolo d'Ungheria⟩
→ **Andreas ⟨Nicolai⟩**

Andrea ⟨di Perugia⟩
→ **Andreas ⟨Perusinus⟩**

Andrea ⟨di Pistoia⟩
→ **Franchi, Andreas**

Andrea ⟨di Santo Vittore⟩
→ **Andreas ⟨de Sancto Victore⟩**

Andrea ⟨d'Isernia⟩
→ **Andreas ⟨de Isernia⟩**

Andrea ⟨Fiorentino⟩
→ **Andreas ⟨Corsini⟩**

Andrea ⟨Franchi⟩
→ **Franchi, Andreas**

Andrea ⟨Gatari⟩
→ **Gatari, Andrea**

Andrea ⟨Lancia⟩
→ **Lancia, Andrea**

Andrea ⟨Lascharius⟩
→ **Lascharius, Andreas**

Andrea ⟨Libadeno⟩
→ **Andreas ⟨Libadenus⟩**

Andrea ⟨Lopadiote⟩
→ **Andreas ⟨Lopadiota⟩**

Andrea ⟨Milanese⟩
→ **Biglia, Andreas**

Andrea ⟨Orcagna⟩
→ **Orcagna, Andrea**

Andrea ⟨Sant'⟩
→ **Andreas ⟨Corsini⟩**

Andrea ⟨Schivenoglia⟩
→ **Schivenoglia, Andrea**

Andrea ⟨Ungaro⟩
→ **Andreas ⟨Hungarus⟩**

Andrea ⟨von Pistoia⟩
→ **Franchi, Andreas**

Andrea, Antoine
→ **Antonius ⟨Andreas⟩**

Andrea, Antonio ¬di¬
→ **Antonio ⟨di Andrea⟩**

Andrea, Francesco ¬di¬
→ **Francesco ⟨di Andrea⟩**

Andrea, Giovanni ¬d'¬
→ **Johannes ⟨Andreae⟩**

Andrea, Giuliano
→ **Iulianus ⟨Andrea⟩**

Andrea Domenico ⟨Fiocco⟩
→ **Floccus, Andreas**

Andreae, Antonius
→ **Antonius ⟨Andreas⟩**

Andreae, Carolus
→ **Carolus ⟨Andreae⟩**

Andreae, Guilelmus
→ **Guilelmus ⟨Andreae⟩**

Andreae, Johannes
→ **Johannes ⟨Andreae⟩**

Andreas
→ **Agnellus ⟨de Ravenna⟩**

Andreas
um 1300
Die väterlichen Lehren
VL(2),1,337/338

Andreas ⟨Andrensis⟩
→ **Andreas ⟨Doria⟩**

Andreas ⟨Archiepiscopus Colossensis⟩
→ **Andreas ⟨Chrysoberges⟩**

Andreas ⟨Archiepiscopus Latinus Rhodiensis⟩
→ **Andreas ⟨Chrysoberges⟩**

Andreas ⟨Assertor Libertatis⟩
→ **Endre ⟨Magyarország, Király, II.⟩**

Andreas ⟨Atrebatensis⟩
→ **Andreas ⟨Marchienensis⟩**

Andreas ⟨Barbatius⟩
gest. ca. 1482
In Decretales; Consilia; De legatis a latere
CSGL; LMA,I,599/600
André ⟨Barbazza⟩
Andrea ⟨Barbatius⟩
Andrea ⟨Barbazza⟩
Andrea ⟨da Barberino⟩
Andreas ⟨Barbatius Siculus⟩
Andreas ⟨de Bartholomaeis⟩
Andreas ⟨de Bartholomaeo⟩
Andreas ⟨de Sicilia⟩
Andreas ⟨Siculus⟩
Barbacia, Andrea
Barbacia, Andreas
Barbacius, Andreas
Barbatia, Andreas
Barbatius, Andreas
Barbazza, André
Barbazza, Andrea
Bartholomaeis, Andreas ¬de¬
Bartholomeus, Andreas ¬de¬
Siculus, Andreas

Andreas ⟨Beez⟩
→ **Beez, Andreas**

Andreas ⟨Bergamensis⟩
9. Jh.
LMA,I,603
Andrea ⟨da Bergamo⟩
Andreas ⟨Bergomas⟩
Andreas ⟨Italus⟩
Andreas ⟨Presbyter⟩
Andreas ⟨von Bergamo⟩
Bergamo, Andrea ¬da¬
Nelli, Pietro

Andreas ⟨Biglia⟩
→ **Biglia, Andreas**

Andreas ⟨Boncirus⟩
um 1335 · OP
Kaeppeli,I,61
André ⟨Boncirus⟩
Boncirus, André
Boncirus, Andreas

Andreas ⟨Bonellus de Barulo⟩
→ **Andreas ⟨de Barulo⟩**

Andreas ⟨Boucher⟩
→ **Andreas ⟨Carnificis⟩**

Andreas ⟨Brentius⟩
→ **Brentius, Andreas**

Andreas ⟨Broda⟩
→ **Andreas ⟨de Broda⟩**

Andreas ⟨Brunner⟩
→ **Brunner, Andreas**

Andreas ⟨Brusen⟩
15. Jh.
In Priora
Lohr
Brusen, Andreas

Andreas ⟨Caesariensis⟩
ca. 563 – 614
Tusculum-Lexikon; CSGL
Andrea ⟨di Cesarea⟩
Andreas ⟨Cappadox⟩
Andreas ⟨Sanctus⟩
Andreas ⟨von Kaisareia⟩

Andreas ⟨Canonicus⟩
→ **Andreas ⟨Ratisbonensis⟩**

Andreas ⟨Capellanus⟩
→ **Andreas ⟨Hungarus⟩**

Andreas ⟨Capellanus⟩
1174 – 1238
CSGL; LMA,I,604
André ⟨le Chapelain⟩
Capellanus, Andreas
Drouart ⟨la Vache⟩

Andreas ⟨Cappadox⟩
→ **Andreas ⟨Caesariensis⟩**

Andreas ⟨Carnensis⟩
→ **Zamometic, Andreas**

Andreas ⟨Carnificis⟩
gest. 1486 · OP
Rationes contra transsubstantionem corporis S. Joannis Evangelistae
Kaeppeli,I,61/62; Schönberger/ Kible, Repertorium, 10819
André ⟨Boucher⟩
André ⟨Carnifex⟩
Andreas ⟨Boucher⟩
Boucher, André
Carnifex, André
Carnificis, André
Carnificis, Andreas

Andreas ⟨Caroli⟩
→ **Andreas ⟨de Caroloco⟩**

Andreas ⟨Cathuniensis⟩
→ **Andreas ⟨Nicolai⟩**

Andreas ⟨Chartophylax⟩
→ **Andreas ⟨Libadenus⟩**

Andreas ⟨Chrysoberges⟩
gest. 1451 · OP
Sermones; Tractatus brevis de censuris
Tusculum-Lexikon; CSGL
André ⟨Chrysobergès⟩
Andreas ⟨Archiepiscopus Colossensis⟩
Andreas ⟨Archiepiscopus Latinus Rhodiensis⟩
Andreas ⟨Chrysoberges de Constantinopoli⟩
Andreas ⟨de Constantinopoli⟩
Andreas ⟨de Pera⟩
Andreas ⟨de Petra⟩
Andreas ⟨ho Chrysobergēs⟩
Andreas ⟨Rhodius⟩
Andreas ⟨von Rhodos⟩
Chrysoberges, Andreas

Andreas ⟨Cirkenbach⟩
→ **Cirkenbach, Andreas**

Andreas ⟨Corsini⟩
1301 – 1373 · OCarm
Stegmüller, Repert. bibl.
André ⟨Corsini⟩
André ⟨de Corsin⟩
André ⟨de Fiesole⟩
André ⟨de Florence⟩
Andrea ⟨Corsini⟩
Andrea ⟨Fiorentino⟩
Andrea ⟨Sant'⟩
Andreas ⟨Corsinus⟩
Andreas ⟨Fesulanus⟩
Andreas ⟨Florentinus⟩
Andreas ⟨Sanctus⟩
Andrew ⟨Corsini⟩
Andrew ⟨Saint⟩
Corsini, Andreas

Andreas ⟨Corsinus⟩
→ **Andreas ⟨Corsini⟩**

Andreas ⟨Corvinus⟩
→ **Corvus, Andreas**

Andreas ⟨Corvus von Mirandula⟩
→ **Corvus, Andreas**

Andreas ⟨Craynensis⟩
→ **Zamometic, Andreas**

Andreas ⟨Cretensis⟩
ca. 660 – ca. 720
Tusculum-Lexikon; CSGL; Potth.; LMA,I,609
André ⟨de Crète⟩
Andreas ⟨Creticus⟩
Andreas ⟨Damascenus⟩
Andreas ⟨Hierosolymitanus⟩
Andreas ⟨Ierosolymitanus⟩
Andreas ⟨of Crete⟩
Andreas ⟨von Kreta⟩

Andreas ⟨Crossin⟩
15. Jh.
Exercitium circa VIII libros physicorum; Exercitium super De anima
Lohr
Andreas ⟨Crossen⟩
Crossin, Andreas

Andreas ⟨Damascenus⟩
→ **Andreas ⟨Cretensis⟩**

Andreas ⟨d'Anchi⟩
→ **Andreas ⟨de Monte Sancti Eligii⟩**

Andreas ⟨Dandulus⟩
→ **Dandolo, Andrea**

Andreas ⟨de Albalate⟩
gest. 1276 · OP
Constitutiones synodales
Kaeppeli,I,60/61
Albalate, Andreas ¬de¬
André ⟨de Albalate⟩
André ⟨de Valence⟩
André ⟨d'Albalate⟩
André ⟨Evêque⟩

Andreas ⟨de Alkmaria⟩
15. Jh.
Perih.; Priora; Posteriora
Lohr
Alkmaria, Andreas ¬de¬

Andreas ⟨de Aurea⟩
→ **Andreas ⟨Doria⟩**

Andreas ⟨de Baro⟩
12./13. Jh.
Consuetudines Barenses
Rep.Font. II,225
Baro, Andreas ¬de¬

Andreas ⟨de Bartholomaeis⟩
→ **Andreas ⟨Barbatius⟩**

Andreas ⟨de Barulo⟩
um 1250/71
Differentiae inter ius Romanum et ius Langobardorum; Summa de successione ab intestato; Commentaria in leges Langobardorum; etc.
Rep.Font. II,225; LMA,I,603
André ⟨de Barletta⟩
André ⟨de Barulo⟩
Andrea ⟨de Barulo⟩
Andrea ⟨di Barletta⟩
Andreas ⟨Bonellus de Barulo⟩
Barletta, Andrea ¬di¬
Barulo, Andreas ¬de¬
Bonelli, André
Bonellus, Andreas
DiBarletta, Andrea

Andreas ⟨de Biglia⟩
→ **Andreas ⟨de Mediolano⟩**
→ **Biglia, Andreas**

Andreas ⟨de Bocagnis⟩
→ **Franchi, Andreas**

Andreas ⟨de Broda⟩
gest. 1427
De origine Hussitarum; Oratio synodalis
Rep.Font. II,586
André ⟨de Brod⟩
Andreas ⟨Broda⟩
Andreas ⟨Magister⟩
Andreas ⟨von Böhmisch-Brod⟩
Andreas ⟨von Brod⟩
Andreas ⟨von Prag⟩
Brod, Andreas ¬von¬
Broda, Andreas
Broda, Andreas ¬von¬
Ondrej ⟨z Brodu⟩

Andreas ⟨de Buk⟩
gest. 1439
Stegmüller, Repert. bibl. 1287
Buk, Andreas ¬de¬

Andreas ⟨de Caroloco⟩
um 1272/73 · OP
Schneyer,I,286
André ⟨de Charlieu⟩
Andreas ⟨Caroli⟩
Andreas ⟨de Caro Loco⟩
Andreas ⟨de Chaalis⟩
Caroloco, Andreas ¬de¬

Andreas ⟨de Chaalis⟩
→ **Andreas ⟨de Caroloco⟩**

Andreas ⟨de Constantinopoli⟩
→ **Andreas ⟨Chrysoberges⟩**

Andreas ⟨de Cornubia⟩
13. Jh.
Quaestiones super librum Porphyrii; Quaestiones super librum Sex principiorum
Lohr
Andreas ⟨Cornubiensis⟩
Cornubia, Andreas ¬de¬

Andreas ⟨de Costen⟩
→ **Andreas ⟨Ruczel⟩**

Andreas ⟨de Craina⟩
→ **Zamometic, Andreas**

Andreas ⟨de Curtili⟩
Lebensdaten nicht ermittelt · OFM
Concordantiae Originalium
Stegmüller, Repert. bibl. 1288
Curtili, Andreas ¬de¬

Andreas ⟨de Duba⟩
→ **Ondřeje ⟨z Dubé⟩**

Andreas ⟨de Escobar⟩
ca. 1348 – ca. 1439
LThK; CSGL
André ⟨de Lisbonne⟩
André ⟨d'Escobar⟩
Andrea ⟨da Escobar⟩
Andreas ⟨de Randuf⟩
Andreas ⟨Dias⟩
Andreas ⟨Didaci⟩
Andreas ⟨Escobar⟩
Andreas ⟨Hispanus⟩
Andreas ⟨Hispanus de Escobar⟩
Andreas ⟨Megarensis⟩
Andreas ⟨Rendufensis⟩
Andreas ⟨Ulissobonensis⟩
Andreas ⟨von Escobar⟩
Andreas ⟨von Lissabon⟩
Andreas ⟨von Randulphi⟩
Andreas ⟨von Randuph⟩
Andrés ⟨de Escobar⟩
Dias, Andreas
Escobar, Andreas ¬von¬
Escobar, Andreas ¬de¬
Escobar, Andrés ¬de¬
Escobar, Andres ¬de¬
Hispanus, Andreas

Andreas ⟨de Fabriano⟩
gest. ca. 1326 · OSB
Vita B. Johannis a Baculo; Vita Sancti Silvestri abbatis
Rep.Font. II,227
André ⟨de Fabriano⟩
Andreas ⟨Fabrianensis⟩

Andreas ⟨Jacobi de Fabriano⟩
Fabriano, Andreas ¬de¬

Andreas ⟨de Florentia⟩
→ **Floccus, Andreas**

Andreas ⟨de Franchis⟩
→ **Franchi, Andreas**

Andreas ⟨de Goerlitz⟩
15. Jh.
Quaestiones in decem libros Ethicorum
Stegmüller, Repert. bibl. 1291; Lohr
Andreas ⟨Goliciensis⟩
Andreas ⟨Lusatus⟩
Andreas ⟨Rudiger⟩
Andreas Rudiger ⟨de Goerlitz⟩
Andrzej ⟨ze Zgorzelca⟩
Goerlitz, Andreas ¬de¬

Andreas ⟨de Gravina⟩
→ **Andreas ⟨Perusinus⟩**

Andreas ⟨de Isernia⟩
1220 – 1316
CSGL; LMA,I,608
Andrea ⟨d'Isernia⟩
Andreas ⟨de Rampinimis⟩
Andreas ⟨de Rampinis⟩
Andreas ⟨de Rampinis Iserniensis⟩
Andreas ⟨d'Isernia⟩
Isernia, Andrea ¬de¬
Isernia, Andreas ¬de¬
Isernia, Andreas Rampinus ¬de¬
Rampini, Andrea ¬de¬
Rampinis, Andreas ¬de¬
Rampinus, Andreas

Andreas ⟨de Kokorzyn⟩
gest. ca. 1435
Puncta physicorum
Lohr
André ⟨de Kokorzyn⟩
Andreas ⟨de Kokorzino⟩
Andrzej ⟨z Kokorzyna⟩
Kokorzyn, Andreas ¬de¬

Andreas ⟨de Kościan⟩
→ **Andreas ⟨Ruczel⟩**

Andreas ⟨de Longiumello⟩
gest. 1253 · OP
Epistola ad regem Ludovicum
Kaeppeli,I,70
André ⟨de Lonciumel⟩
André ⟨de Longjumeau⟩
André ⟨de Lontumel⟩
André ⟨de Losimer⟩
Andreas ⟨de Longjumeau⟩
Longiumello, Andreas ¬de¬

Andreas ⟨de Lucca⟩
gest. 1416 · OCarm
Stegmüller, Repert. bibl. 1292
André ⟨de Lucques⟩
Andreas ⟨de Luca⟩
Andreas ⟨de Lucha⟩
Lucca, Andreas ¬de¬

Andreas ⟨de Lucha⟩
→ **Andreas ⟨de Lucca⟩**

Andreas ⟨de Lunda⟩
→ **Sunesøn, Anders**

Andreas ⟨de Marologio⟩
→ **Andreas ⟨de Marvegio⟩**

Andreas ⟨de Marvegio⟩
14. Jh. · OP
Sermones novem super Pater noster; Sermones novem super Ave Maria
Kaeppeli,I,60
Andreas ⟨de Marologio⟩
Andreas ⟨de Marvejols⟩
Andreas ⟨ex Provincia Provinciae⟩
Marvegio, Andreas ¬de¬

Andreas ⟨de Marvejols⟩
→ **Andreas ⟨de Marvegio⟩**

Andreas ⟨de Mediolano⟩
Lebensdaten nicht ermittelt · OESA
Identität mit Andreas ⟨de Biliis⟩ umstritten; Michael de Massa I, abbreviatus a magistro Andrea de Mediolano
Stegmüller, Repert. sentent., 541,1
Andreas ⟨de Biglia⟩
Andreas ⟨de Biliis⟩
Mediolano, Andreas ¬de¬

Andreas ⟨de Modoetia⟩
um 1227/70 · OP
Commentarii in logicam et physicam
Lohr; Stegmüller, Repert. bibl. 1293; Schneyer,I,287
André ⟨de Milan⟩
André ⟨de Modoetia⟩
André ⟨de Modoetia⟩
André ⟨de Modoutia⟩
André ⟨de Monza⟩
André ⟨de Saint-Eustorge⟩
Andreas ⟨de Modoutia⟩
Andreas ⟨de Monza⟩
Andreas ⟨Mediolanensis⟩
Andreas ⟨Modoetiensis⟩
Andreas ⟨Sancti Eustorgii⟩
Modoetia, Andreas ¬de¬

Andreas ⟨de Monte Sancti Eligii⟩
um 1295/1303
Schneyer,I,287
André ⟨du Mont-Saint-Eloi⟩
André ⟨du Mont-Saint-Eloy⟩
André ⟨d'Anchin⟩
Andreas ⟨du Mont Saint Eloi⟩
Andreas ⟨d'Anchi⟩
Monte Sancti Eligii, Andreas ¬de¬

Andreas ⟨de Monza⟩
→ **Andreas ⟨de Modoetia⟩**

Andreas ⟨de Novo Castro⟩
14. Jh. · OFM
LThK
André ⟨de Neufchâteau⟩
Andreas ⟨Novocastrensis⟩
Andreas ⟨von Neufchâteau⟩
Andrew ⟨of Neufchateau⟩
Neufchâteau, André ¬de¬
Neufchateau, Andrew ¬of¬
Novo Castro, Andreas ¬de¬

Andreas ⟨de Padoue⟩
→ **Brentius, Andreas**

Andreas ⟨de Palatiolo⟩
→ **Andreas ⟨Lucensis⟩**

Andreas ⟨de Pera⟩
→ **Andreas ⟨Chrysoberges⟩**

Andreas ⟨de Perusio⟩
→ **Andreas ⟨Iannis⟩**
→ **Andreas ⟨Perusinus⟩**

Andreas ⟨de Petra⟩
→ **Andreas ⟨Chrysoberges⟩**

Andreas ⟨de Pisis⟩
→ **Andreas ⟨Geppi⟩**

Andreas ⟨de Pistorio⟩
→ **Franchi, Andreas**

Andreas ⟨de Pottenbrunn⟩
um 1440
Positiones
Stegmüller, Repert. sentent. 82; 1147
Pottenbrunn, Andreas ¬de¬

Andreas ⟨de Quero⟩
→ **Andreas ⟨de Reduxiis de Quero⟩**

Andreas ⟨de Rampinis⟩
→ **Andreas ⟨de Isernia⟩**

Andreas ⟨de Randuf⟩
→ **Andreas ⟨de Escobar⟩**

Andreas ⟨de Ravenna⟩
→ **Agnellus ⟨de Ravenna⟩**

Andreas ⟨de Reduxiis de Quero⟩
1368 – 1428
Chronicon Tarvisinum
Rep.Font. II,234
Andreas ⟨de Quero⟩
Andreas ⟨de Redusiis⟩
Andreas ⟨de Redusiis de Quero⟩
Reduxiis de Quero, Andreas ¬de¬

Andreas ⟨de Rode⟩
um 1274/81
Lehrgedicht „Filius de moribus"; Verfasserschaft umstritten
LMA,I,610
Andreas ⟨Magister⟩
Andreas ⟨von Rode⟩
Rode, Andreas ¬de¬

Andreas ⟨de Sancto Victore⟩
gest. 1175
LMA,I,610
André ⟨de Saint-Victor⟩
Andrea ⟨di Santo Vittore⟩
Andreas ⟨Victorinus⟩
Andreas ⟨von Sankt Viktor⟩
Andrew ⟨of Saint Victor⟩
Andrew ⟨of Wigmore⟩
Sancto Victore, Andreas ¬de¬

Andreas ⟨de Saxonia⟩
um 1440 · OESA
Stegmüller, Repert. sentent. 68

Andreas ⟨de Schärding⟩
15. Jh.
Quaestiones super V libros Ethicorum; Commentum super libro Oeconomicorum
Lohr; Stegmüller, Repert. sentent. 1150
Andreas ⟨de Scherding⟩

Andreas ⟨de Sicilia⟩
→ **Andreas ⟨Barbatius⟩**

Andreas ⟨de Strumis⟩
gest. 1097
CSGL; Potth.
Andreas ⟨of San Fidele⟩
Andreas ⟨of Strumi⟩
Andreas ⟨Strumensis⟩
Andreas ⟨Vallumbrosanus⟩
Strumis, Andreas ¬de¬

Andreas ⟨de Turri⟩
um 1363/77 · OP
Summa casuum conscientiae; Concordantiae locorum doctrinae S. Thomae de Aquino; Quaestiones quodlibetales theologales; etc.
Kaeppeli,I,72
André ⟨de Turre⟩
André ⟨della Torre⟩
André ⟨Turriani⟩
Andreas ⟨de Turre⟩
Andreas ⟨della Torre⟩
Andreas ⟨Turrianus⟩
Turri, Andreas ¬de¬

Andreas ⟨de Walczhaym⟩
→ **Andreas ⟨Wall de Walczhaym⟩**

Andreas ⟨Dei⟩
um 1328
„Cronica sanese" ihm mitunter fälschlich zugeschrieben
Rep.Font. II,224
André ⟨Dei⟩
Andrea ⟨Dei⟩
Dei, André
Dei, Andrea
Dei, Andreas

Andreas ⟨della Torre⟩
→ **Andreas ⟨de Turri⟩**

Andreas ⟨der Liegnitzer⟩
→ **Liegnitzer, Andreas**

Andreas ⟨Dias⟩
→ **Andreas ⟨de Escobar⟩**

Andreas ⟨Didaci⟩
→ **Andreas ⟨de Escobar⟩**

Andreas ⟨d'Isernia⟩
→ **Andreas ⟨de Isernia⟩**

Andreas ⟨Doria⟩
gest. 1436 · OP
Sermones varii; Tractatus brevis de censuris; Opuscula
Kaeppeli,I,67/68
André ⟨Doria⟩
André ⟨Doria de Gênes⟩
André ⟨d'Andros⟩
André ⟨Evêque⟩
Andreas ⟨Andrensis⟩
Andreas ⟨de Aurea⟩
Doria, André
Doria, Andreas

Andreas ⟨Doto⟩
um 1334 · OP
Kaeppeli,I,68
André ⟨de Négrepont⟩
André ⟨Doto⟩
André ⟨Doto de Négrepont⟩
Doto, André
Doto, Andreas

Andreas ⟨Drechsel⟩
→ **Drechsel, Andreas**

Andreas ⟨du Mont Saint Eloi⟩
→ **Andreas ⟨de Monte Sancti Eligii⟩**

Andreas ⟨Episcopus⟩
→ **Andreas ⟨Praevalitanus⟩**

Andreas ⟨Escobar⟩
→ **Andreas ⟨de Escobar⟩**

Andreas ⟨ex Provincia Provinciae⟩
→ **Andreas ⟨de Marvegio⟩**

Andreas ⟨Fabrianensis⟩
→ **Andreas ⟨de Fabriano⟩**

Andreas ⟨Fesulanus⟩
→ **Andreas ⟨Corsini⟩**

Andreas ⟨Filius Sunonis⟩
→ **Sunesøn, Anders**

Andreas ⟨Floccus⟩
→ **Floccus, Andreas**

Andreas ⟨Florentinus⟩
→ **Andreas ⟨Corsini⟩**
→ **Floccus, Andreas**

Andreas ⟨Florentinus⟩
15. Jh.
Opusculum; Identität mit Lancia, Andrea (ca. 1280-1360) nicht gesichert
Rep.Font. II,227
André ⟨Notaire à Florence⟩
André ⟨de Florence⟩
Andreas ⟨Notarius Florentinus⟩
Florentinus, Andreas

Andreas ⟨Floriacensis⟩
11. Jh.
CSGL; Potth.; LMA,I,608
André ⟨de Fleuri⟩
André ⟨de Fleury⟩
Andreas ⟨of Fleury⟩
Andreas ⟨von Fleury⟩

Andreas ⟨Fontis Ebraldi Monachus⟩
gest. ca. 1119
De beati Roberti de Arbrissello ultimis diebus et obitu
Rep.Font. II,228
André ⟨Chapelain de Robert d'Arbrissel⟩
André ⟨de Fontevrault⟩
André ⟨Grand-Prieur de Fontevrault⟩
Andreas ⟨Fontebraldensis⟩

Andreas ⟨Franchi⟩
→ **Franchi, Andreas**

Andreas ⟨Galka de Dobschin⟩
gest. ca. 1454
Carmen de Viceflo; Epistola ad professores Universitatis Cracoviensis; Epistola ad quendam magnatum Regni Poloniae; etc.
Rep.Font. IV
André ⟨Galka⟩
Galka, André
Galka, Andreas de Dobczyn
Galka, Andreas de Dobschin

Andreas ⟨Gall von Gallenstein⟩
→ **Gall von Gallenstein, Andreas**

Andreas ⟨Gallus⟩
um 1298 · OP (?)
Stegmüller, Repert. bibl. 1289-1290
André ⟨Dominicain⟩
André ⟨Français⟩
André ⟨Gallus⟩
Gallus, Andreas

Andreas ⟨Geppi⟩
gest. 1445 · OP
Regula Societatis S. Petri mart. de Verona ord. fratrum Predicatorum
Kaeppeli,I,69
André ⟨Geppi⟩
André ⟨Geppi de Pise⟩
Andreas ⟨de Pisis⟩
Geppi, André
Geppi, Andreas

Andreas ⟨Goliciensis⟩
→ **Andreas ⟨de Goerlitz⟩**

Andreas ⟨Grammaticus⟩
→ **Andreas ⟨Lopadiota⟩**

Andreas ⟨Hierosolymitanus⟩
→ **Andreas ⟨Cretensis⟩**
→ **Endre ⟨Magyarország, Király, II.⟩**

Andreas ⟨Hispanus⟩
→ **Andreas ⟨de Escobar⟩**

Andreas ⟨ho Chrysobergēs⟩
→ **Andreas ⟨Chrysoberges⟩**

Andreas ⟨Hungaria, Rex, ...⟩
→ **Endre ⟨Magyarország, Király, ...⟩**

Andreas ⟨Hungarus⟩
→ **Andreas ⟨Nicolai⟩**

Andreas ⟨Hungarus⟩
um 1272
Descriptio victoriae quam habuit Ecclesia Romana
Rep.Font. II,236; LMA,I,611
André ⟨le Hongrois⟩
Andrea ⟨Ungaro⟩
Andreas ⟨Capellanus⟩
Andreas ⟨Magister⟩

Andreas ⟨Ungarus⟩
Hungarus, Andreas
Ungarus, Andreas

Andreas ⟨Hungarus Carthusiensis⟩
→ **Andreas ⟨Pannonius⟩**

Andreas ⟨Hungary, King, ...⟩
→ **Endre ⟨Magyarország, Király, ...⟩**

Andreas ⟨Iannis⟩
gest. ca. 1319/22 · OP
Sermones de tempore et de festis; Regula Fraternitatis B. Mariae Virg. insulae Pulvensis
Kaeppeli,I,70
Andreas ⟨de Perusio⟩
Andreas ⟨Jannis⟩
Andreas ⟨Perusinus⟩
Iannis, Andreas
Jannis, Andreas

Andreas ⟨Ierosolymitanus⟩
→ **Andreas ⟨Cretensis⟩**

Andreas ⟨Italus⟩
→ **Andreas ⟨Bergamensis⟩**

Andreas ⟨Jacobi de Fabriano⟩
→ **Andreas ⟨de Fabriano⟩**

Andreas ⟨Jannis⟩
→ **Andreas ⟨Iannis⟩**

Andreas ⟨Kurzmann⟩
→ **Kurzmann, Andreas**

Andreas ⟨Lascharius⟩
→ **Lascharius, Andreas**

Andreas ⟨Laskarz de Goslawice⟩
→ **Lascharius, Andreas**

Andreas ⟨Libadenus⟩
geb. ca. 1314
Tusculum-Lexikon; CSGL
Andrea ⟨Libadeno⟩
Andreas ⟨Chartophylax⟩
Andreas ⟨Libadenos⟩
Andreas ⟨Libadinarius⟩
Libadenus, Andreas
Libadinarius, Andreas

Andreas ⟨Liegnitzer⟩
→ **Liegnitzer, Andreas**

Andreas ⟨Lopadiota⟩
13./14. Jh.
Tusculum-Lexikon; CSGL
Andrea ⟨Lopadiote⟩
Andreas ⟨Grammaticus⟩
Andreas ⟨Lopadiotes⟩
Lopadiota, Andreas
Lopadiotes, Andreas

Andreas ⟨Lucensis⟩
8./9. Jh. · OSB
Vita S. Walfridi abbatis
Rep.Font. II,231
André ⟨de Lucques⟩
André ⟨de Monte Viridi⟩
André ⟨de Palatiolo⟩
André ⟨de Palazzuolo⟩
André ⟨Hagiographe⟩
Andreas ⟨de Palatiolo⟩
Andreas ⟨Sancti Petri de Monte Viridi⟩

Andreas ⟨Lundensis⟩
→ **Sunesøn, Anders**

Andreas ⟨Lusatus⟩
→ **Andreas ⟨de Goerlitz⟩**

Andreas ⟨Magister⟩
→ **Andreas ⟨de Broda⟩**
→ **Andreas ⟨de Rode⟩**
→ **Andreas ⟨Hungarus⟩**
→ **Andreas ⟨Ratisbonensis⟩**

Andreas ⟨Marchienensis⟩
ca. 1115/20 – 1202
Genealogiae Aquicinctinae; Continuatio Aquicinctinae; Chronicon Marchianense; Historia succincta de gestis et successione regum Francorum
Rep.Font. II,231; LMA,I,609
André ⟨de Marchiennes⟩
André ⟨du Bois⟩
André ⟨d'Anchin⟩
André ⟨d'Arras⟩
André ⟨Prieur⟩
André ⟨Sylvius⟩
André Sylvius ⟨du Bois⟩
Andreas ⟨Atrebatensis⟩
Andreas ⟨Marcianensis⟩
Andreas ⟨Marchianensis⟩
Andreas ⟨Martianensis⟩
Andreas ⟨Sylvius⟩
Andreas ⟨von Marchiennes⟩
Andreas Sylvius ⟨Marchienensis⟩
Sylvius, Andreas

Andreas ⟨Martens⟩
→ **Andreas**

Andreas ⟨Mediolanensis⟩
→ **Andreas ⟨de Modoetia⟩**
→ **Biglia, Andreas**

Andreas ⟨Megarensis⟩
→ **Andreas ⟨de Escobar⟩**

Andreas ⟨Meister⟩
Lebensdaten nicht ermittelt
Vorlage zur Katharinenlegende
VL(2),1,338
Endres ⟨Mayster⟩
Endres ⟨Meister⟩
Meister Andreas

Andreas ⟨Modoetiensis⟩
→ **Andreas ⟨de Modoetia⟩**

Andreas ⟨Monachus Monasterii Deiparae prope Novgorod⟩
→ **Andrej ⟨Inok⟩**

Andreas ⟨Muler⟩
→ **Muler, Andreas**

Andreas ⟨Nicolai⟩
um 1464 · OP
Stegmüller, Repert. bibl. 1294
André ⟨Nicolai⟩
Andrea ⟨di Niccolo d'Ungheria⟩
Andreas ⟨Cathuniensis⟩
Andreas ⟨Hungarus⟩
Andreas ⟨Nicolai de Hungaria⟩
Andreas ⟨Nicolai Hungaris⟩
Nicolai, André
Nicolai, Andreas

Andreas ⟨Notarius Florentinus⟩
→ **Andreas ⟨Florentinus⟩**

Andreas ⟨Novocastrensis⟩
→ **Andreas ⟨de Novo Castro⟩**

Andreas ⟨of Carniola⟩
→ **Zamometic, Andreas**

Andreas ⟨of Crete⟩
→ **Andreas ⟨Cretensis⟩**

Andreas ⟨of Fleury⟩
→ **Andreas ⟨Floriacensis⟩**

Andreas ⟨of Ratisbon⟩
→ **Andreas ⟨Ratisbonensis⟩**

Andreas ⟨of San Fidele⟩
→ **Andreas ⟨de Strumis⟩**

Andreas ⟨of Strumi⟩
→ **Andreas ⟨de Strumis⟩**

Andreas ⟨Pannonius⟩
um 1445/67
Expositio super Cantica canticorum; Libellus de virtutibus
Rep.Font. II,232; LMA,I,609
André ⟨de Hongrie⟩
Andreas ⟨Hungarus Carthusiensis⟩
Pannonius, Andreas

Andreas ⟨Perusinus⟩
→ **Andreas ⟨Iannis⟩**

Andreas ⟨Perusinus⟩
um 1345 · OFM
Tractatus contra edictum Ludovici Bavari
Stegmüller, Repert. bibl.1330-31; Rep.Font. II,233
André ⟨de Gravina⟩
André ⟨de Pérouse⟩
Andrea ⟨di Perugia⟩
Andreas ⟨de Gravina⟩
Andreas ⟨de Perusio⟩
Andreas ⟨Peruzinus⟩
Pérouse, André ¬de¬
Perusinus, Andreas
Perusio, Andreas ¬de¬

Andreas ⟨Pistoriensis⟩
→ **Franchi, Andreas**

Andreas ⟨Praevalitanus⟩
um 519
Epistula ad Hormisdam papam
Cpl 1620
André ⟨de Scutari⟩
André ⟨Praevalitanus⟩
Andreas ⟨Episcopus⟩
Andreas ⟨Praevalitani Episcopus⟩
Praevalitanus, Andreas

Andreas ⟨Presbyter⟩
→ **Andreas ⟨Ratisbonensis⟩**
→ **Andreas ⟨Bergamensis⟩**

Andreas ⟨Ratisbonensis⟩
ca. 1380 – 1438
LThK; VL(2); CSGL; LMA,I,609/610
André ⟨de Ratisbonne⟩
Andreas ⟨Canonicus⟩
Andreas ⟨Magister⟩
Andreas ⟨of Ratisbon⟩
Andreas ⟨Presbyter⟩
Andreas ⟨Ratisponensis⟩
Andreas ⟨Reginoburgensis⟩
Andreas ⟨Sancti Magni⟩
Andreas ⟨von Regensburg⟩

Andreas ⟨Ravennas⟩
→ **Agnellus ⟨de Ravenna⟩**

Andreas ⟨Reginoburgensis⟩
→ **Andreas ⟨Ratisbonensis⟩**

Andreas ⟨Reichlin⟩
→ **Reichlin, Andreas**

Andreas ⟨Rendufensis⟩
→ **Andreas ⟨de Escobar⟩**

Andreas ⟨Rhodius⟩
→ **Andreas ⟨Chrysoberges⟩**

Andreas ⟨Ruczel⟩
um 1445
Quaestiones super libros De anima
Lohr
Andreas ⟨de Costen⟩
Andreas ⟨de Kościan⟩
Andreas ⟨Ruczel de Costen⟩
Andreas ⟨Ruczel de Kościan⟩
Andreas ⟨von Kosten⟩
Andrzej ⟨z Kościana⟩
Kościan, Andreas ¬de¬
Ruczel, Andreas
Ruczel, Andrzej

Andreas ⟨Rudiger⟩
→ **Andreas ⟨de Goerlitz⟩**

Andreas ⟨Sanctae Mariae ad Blachernas⟩
→ **Agnellus ⟨de Ravenna⟩**

Andreas ⟨Sancti Eustorgii⟩
→ **Andreas ⟨de Modoetia⟩**

Andreas ⟨Sancti Magni⟩
→ **Andreas ⟨Ratisbonensis⟩**

Andreas ⟨Sancti Petri de Monte Viridi⟩
→ **Andreas ⟨Lucensis⟩**

Andreas ⟨Sanctus⟩
→ **Andreas ⟨Caesariensis⟩**
→ **Andreas ⟨Corsini⟩**

Andreas ⟨Sandberg⟩
→ **Sandberg, Andreas**

Andreas ⟨Schweidnitz⟩
→ **Schweidnitz, Andreas**

Andreas ⟨Sclengia⟩
15. Jh.
Tusculum-Lexikon
Andreas ⟨Sklentzas⟩
Sclengia, Andreas
Sklengias, Andreas
Sklentzas, Andreas

Andreas ⟨Siculus⟩
→ **Andreas ⟨Barbatius⟩**

Andreas ⟨Sklentzas⟩
→ **Andreas ⟨Sclengia⟩**

Andreas ⟨Stadtwundarzt⟩
→ **Andreas ⟨von Stuttgart⟩**

Andreas ⟨Strumensis⟩
→ **Andreas ⟨de Strumis⟩**

Andreas ⟨Sunonis⟩
→ **Sunesøn, Anders**

Andreas ⟨Sylvius⟩
→ **Andreas ⟨Marchienensis⟩**

Andreas ⟨Turrianus⟩
→ **Andreas ⟨de Turri⟩**

Andreas ⟨Ulissobonensis⟩
→ **Andreas ⟨de Escobar⟩**

Andreas ⟨Ungarn, König, ...⟩
→ **Endre ⟨Magyarország, Király, ...⟩**

Andreas ⟨Ungarus⟩
→ **Andreas ⟨Hungarus⟩**

Andreas ⟨Vallumbrosanus⟩
→ **Andreas ⟨de Strumis⟩**

Andreas ⟨Venetus⟩
um 1474 · OSM
Epistula ad Robertum de Valle
Stegmüller, Repert. bibl. 1333
André ⟨de Venise⟩
Andreas ⟨Verginis Venetus⟩
Venetus, Andreas

Andreas ⟨Victorinus⟩
→ **Andreas ⟨de Sancto Victore⟩**

Andreas ⟨von Bergamo⟩
→ **Andreas ⟨Bergamensis⟩**

Andreas ⟨von Böhmisch-Brod⟩
→ **Andreas ⟨de Broda⟩**

Andreas ⟨von Dubá⟩
→ **Ondřeje ⟨z Dubé⟩**

Andreas ⟨von Escobar⟩
→ **Andreas ⟨de Escobar⟩**

Andreas ⟨von Esperdingen⟩
→ **Andre ⟨von Esperdingen⟩**

Andreas ⟨von Fleury⟩
→ **Andreas ⟨Floriacensis⟩**

Andreas ⟨von Kaisareia⟩
→ **Andreas ⟨Caesariensis⟩**

Andreas ⟨von Kolmar⟩
14. Jh.
Maler aus dem Elsaß; Malerbüchlein
VL(2),1,339/340
Kolmar, Andreas ¬von¬

Andreas ⟨von Kosten⟩
→ **Andreas ⟨Ruczel⟩**

Andreas ⟨von Krain⟩
→ **Zamometic, Andreas**

Andreas ⟨von Kreta⟩
→ **Andreas ⟨Cretensis⟩**

Andreas ⟨von Lissabon⟩
→ **Andreas ⟨de Escobar⟩**

Andreas ⟨von Lund⟩
→ **Sunesøn, Anders**

Andreas ⟨von Marchiennes⟩
→ **Andreas ⟨Marchienensis⟩**

Andreas ⟨von Neufchâteau⟩
→ **Andreas ⟨de Novo Castro⟩**

Andreas ⟨von Prag⟩
→ **Andreas ⟨de Broda⟩**

Andreas ⟨von Randuph⟩
→ **Andreas ⟨de Escobar⟩**

Andreas ⟨von Regensburg⟩
→ **Andreas ⟨Ratisbonensis⟩**

Andreas ⟨von Rhodos⟩
→ **Andreas ⟨Chrysoberges⟩**

Andreas ⟨von Rode⟩
→ **Andreas ⟨de Rode⟩**

Andreas ⟨von Sankt Viktor⟩
→ **Andreas ⟨de Sancto Victore⟩**

Andreas ⟨von Stuttgart⟩
Lebensdaten nicht ermittelt
3 chirurgische Verfahren
VL(2),1,350/51
Andreas ⟨Stadtwundarzt⟩
Stuttgart, Andreas ¬von¬

Andreas ⟨von Überlingen⟩
→ **Reichlin, Andreas**

Andreas ⟨Wall de Walczhaym⟩
15. Jh.
Quaestiones quinque librorum Ethicorum
Lohr
Andreas ⟨de Walczhaym⟩
Andreas ⟨Wall⟩
Walczhaym, Andreas ¬de¬
Wall, Andreas
Wall de Walczhaym, Andreas

Andreas ⟨Wanszyk⟩
→ **Serpens**

Andreas ⟨Weiss⟩
um 1476/77 · OP
Duae sermones
Kaeppeli,I,73
Andreas ⟨Weys⟩
Andreas ⟨Weysz⟩
Weiss, Andreas

Andreas ⟨Wężyk⟩
→ **Serpens**

Andreas ⟨Zamometic⟩
→ **Zamometic, Andreas**

Andreas, Antonius
→ **Antonius ⟨Andreas⟩**

Andreas, Johannes
→ **Johannes ⟨Andreae⟩**
→ **Johannes ⟨Andreas⟩**

Andreas Dominicus ⟨Floccus⟩
→ **Floccus, Andreas**

Andreas Rudiger ⟨de Goerlitz⟩
→ **Andreas ⟨de Goerlitz⟩**

Andreas Sylvius ⟨Marchienensis⟩
→ **Andreas ⟨Marchienensis⟩**

Andreatius ⟨de Camereno⟩
→ **Andreucius ⟨de Camerino⟩**

Andrej ⟨Inok⟩
um 1147/57
Žitie Antonija Rimljanina
Rep.Font. II,224

Andreas ⟨Monachus⟩
Andreas ⟨Monachus Monasterii Deiparae prope Novgorod⟩
Inok Andrej

Andrej ⟨iz Duby⟩
→ **Ondřeje ⟨z Dubé⟩**

Andrej ⟨Jur'ev⟩
um 1450
Žitie Feodora Rostislaviča Černogo
Rep.Font. II,237
Jur'ev, Andrej

Andrentius ⟨de Camerino⟩
→ **Andreucius ⟨de Camerino⟩**

Andreoccius ⟨de Chinutiis⟩
→ **Chinutiis, Andreoccius ¬de¬**

Andreoccius ⟨Petruccius⟩
ca. 1400 – 1449
Epistulae
Andreoccio ⟨Petrucci⟩
Andreoccius ⟨Senensis⟩
Petrucci, Andreoccio
Petruccius, Andreoccius

Andreolo ⟨Giustiniani⟩
→ **Giustiniani, Andreolo**

Andreopulus, Michael
→ **Michael ⟨Andreopulus⟩**

Andrés ⟨de Escobar⟩
→ **Andreas ⟨de Escobar⟩**

Andres ⟨der Lignitzer⟩
→ **Liegnitzer, Andreas**

Andreuccio ⟨Ghinucci⟩
→ **Chinutiis, Andreoccius ¬de¬**

Andreucius ⟨de Camerino⟩
um 1307 · OP
Super libros Physicorum
Kaeppeli,I,75; Lohr
Andreatius ⟨de Camereno⟩
Andrentius ⟨de Camerino⟩
Andreutius ⟨de Camerino⟩
Camerino, Andreucius ¬de¬

Andrew ⟨Corsini⟩
→ **Andreas ⟨Corsini⟩**

Andrew ⟨Hungary, King, ...⟩
→ **Endre ⟨Magyarország, Király, ...⟩**

Andrew ⟨of Neufchateau⟩
→ **Andreas ⟨de Novo Castro⟩**

Andrew ⟨of Saint Victor⟩
→ **Andreas ⟨de Sancto Victore⟩**

Andrew ⟨of Wigmore⟩
→ **Andreas ⟨de Sancto Victore⟩**

Andrew ⟨Saint⟩
→ **Andreas ⟨Caesariensis⟩**
→ **Andreas ⟨Corsini⟩**

Andries ⟨de Smet⟩
→ **Smet, Andries ¬de¬**

Andrieu ⟨Contredit⟩
13. Jh.
Andrieu ⟨d'Arras⟩
Contredit, Andrieu

Andrieu ⟨d'Arras⟩
→ **Andrieu ⟨Contredit⟩**

Andronic ⟨Camatère⟩
→ **Andronicus ⟨Camaterus⟩**

Andronic ⟨Comnène⟩
→ **Andronicus ⟨Imperium Byzantinum, Imperator, I.⟩**

Andronic ⟨Empereur de Constantinople, ...⟩
→ **Andronicus ⟨Imperium Byzantinum, Imperator, ...⟩**

Andronic ⟨le Vieux⟩
→ **Andronicus ⟨Imperium Byzantinum, Imperator, II.⟩**

Andronic ⟨Paléologue⟩
→ **Andronicus ⟨Imperium Byzantinum, Imperator, II.⟩**

Andronicus ⟨Camaterus⟩
1143 – 1180
Tusculum-Lexikon; CSGL
Andronic ⟨Camatère⟩
Andronico ⟨Camatero⟩
Andronikos ⟨Kamateros⟩
Camaterus, Andronicus
Kamateros, Andronikos

Andronicus ⟨Comnenus⟩
→ **Andronicus ⟨Imperium Byzantinum, Imperator, I.⟩**

Andronicus ⟨Constantinopolitanus⟩
→ **Andronicus ⟨Imperium Byzantinum, Imperator, I.⟩**

Andronicus ⟨Imperium Byzantinum, Imperator, I.⟩
1122 – 1185
Dialogus contra Iudaeos
Andronic ⟨Comnène⟩
Andronic ⟨Empereur de Constantinople, I.⟩
Andronicus ⟨Comnenus⟩
Andronicus ⟨Constantinopolitanus⟩
Andronicus ⟨Emperor of the East, I.⟩
Andronikos ⟨Komnenos⟩
Comnenus, Andronicus
Constantinopolitanus, Andronicus
Komnenos, Andronikos

Andronicus ⟨Imperium Byzantinum, Imperator, II.⟩
1259/60 – 1332
Aurea bulla...; Novellae constitutiones
Andronic ⟨Empereur de Constantinople, II.⟩
Andronic ⟨le Vieux⟩
Andronic ⟨Paléologue⟩
Andronicus ⟨Emperor of the East, II.⟩
Andronicus ⟨Imperator Constantinopolitanus, II.⟩
Andronicus ⟨Palaeologus⟩
Andronikos ⟨Palaiologos⟩
Palaeologus, Andronicus
Palaiologos, Andronikos

Andronicus ⟨Palaeologus⟩
→ **Andronicus ⟨Imperium Byzantinum, Imperator, II.⟩**

Andronikos ⟨Kamateros⟩
→ **Andronicus ⟨Camaterus⟩**

Andronikos ⟨Komnenos⟩
→ **Andronicus ⟨Imperium Byzantinum, Imperator, I.⟩**

Andronikos ⟨Palaiologos⟩
→ **Andronicus ⟨Imperium Byzantinum, Imperator, II.⟩**

Andrzej ⟨Laskarz z Goslawic⟩
→ **Lascharius, Andreas**

Andrzej ⟨z Kokorzyna⟩
→ **Andreas ⟨de Kokorzyn⟩**

Andrzej ⟨z Kościana⟩
→ **Andreas ⟨Ruczel⟩**

Andrzej ⟨ze Zgorzelca⟩
→ **Andreas ⟨de Goerlitz⟩**

Andwil, Burchardus ¬de¬
→ **Burchardus ⟨de Andwil⟩**

Anechini, Gerardus
→ **Gerardus ⟨Anechini⟩**

Aneirin
um 580/600
Aneurin
Neirin

Anelier, Guilhem
→ **Guilhem ⟨Anelier⟩**

Anesiaco, Nicolaus ¬de¬
→ **Nicolaus ⟨de Anesiaco⟩**

Aneurin
→ **Aneirin**

Anfredus ⟨Gonteri⟩
→ **Aufredus ⟨Gonteri⟩**

Anfredus ⟨Skotist⟩
→ **Aufredus ⟨Gonteri⟩**

Angalram
→ **Angelramnus ⟨Centulensis⟩**

Ange ⟨Arétin⟩
→ **Angelus ⟨de Gambilionibus⟩**

Ange ⟨Bienheureux⟩
→ **Angelus ⟨Sinesius⟩**

Ange ⟨Carletti⟩
→ **Angelus ⟨Carletus⟩**

Ange ⟨Corraro⟩
→ **Gregorius ⟨Papa, XII.⟩**

Ange ⟨d'Assise⟩
→ **Angelus ⟨Frater⟩**

Ange ⟨de Bari⟩
→ **Angelus ⟨de Bario⟩**

Ange ⟨de Bibiena⟩
→ **Angelus ⟨Feducci⟩**

Ange ⟨de Bitetto⟩
→ **Angelus ⟨de Bario⟩**

Ange ⟨de Bologne⟩
→ **Angelus ⟨de Bononia⟩**

Ange ⟨de Brunswick⟩
→ **Becker, Engelinus**

Ange ⟨de Camerino⟩
→ **Angelus ⟨de Camerino⟩**

Ange ⟨de Catane⟩
→ **Angelus ⟨Sinesius⟩**

Ange ⟨de Chivasso⟩
→ **Angelus ⟨Carletus⟩**

Ange ⟨de Cingoli⟩
→ **Angelus ⟨Clarenus⟩**

Ange ⟨de Clareno⟩
→ **Angelus ⟨Clarenus⟩**

Ange ⟨de Lemposa⟩
→ **Angelus ⟨de Lemposa⟩**

Ange ⟨de Pérouse⟩
→ **Angelus ⟨de Porta Solis⟩**

Ange ⟨de Pesaro⟩
→ **Angelus ⟨Feducci⟩**

Ange ⟨de Portasole⟩
→ **Angelus ⟨de Porta Solis⟩**

Ange ⟨de Pouille⟩
→ **Angelus ⟨de Bario⟩**

Ange ⟨de Sainte-Marie Manjacis⟩
→ **Angelus ⟨Sinesius⟩**

Ange ⟨de Saint-Martin de Scalis⟩
→ **Angelus ⟨Sinesius⟩**

Ange ⟨de San Gimignano⟩
→ **Coppi, Agnolo**

Ange ⟨de Stargard⟩
→ **Angelus ⟨de Stargardia⟩**

Ange ⟨de Sulcis⟩
→ **Angelus ⟨de Porta Solis⟩**

Ange ⟨Evêque⟩
→ **Angelus ⟨de Camerino⟩**

Ange ⟨Feducci⟩
→ **Angelus ⟨Feducci⟩**

Ange ⟨Politien⟩
→ **Politianus, Angelus**

Ange ⟨Sinesius⟩
→ **Angelus ⟨Sinesius⟩**

Ange ⟨Tafuri⟩
→ **Tafurus, Angelus**

Ange Cneo ⟨Sabino⟩
→ **Angelus Cneus ⟨Sabinus⟩**

Angel ⟨de Clavasio⟩
→ **Angelus ⟨Carletus⟩**

Angel ⟨Erland⟩
→ **Israel ⟨Erlandi⟩**

Angela ⟨de Fulginio⟩
ca. 1249 – 1309
CSGL; LMA,I,617/618
Agnola ⟨da Foligno⟩
Angela ⟨Beata⟩
Angela ⟨da Foligno⟩
Angela ⟨de Foligno⟩
Angela ⟨de Fulginis⟩
Angela ⟨Fulginatensis⟩
Angela ⟨von Foligno⟩
Angèle ⟨de Foligno⟩
Angiola ⟨da Foligno⟩
Fulginio, Angela ¬de¬

Angela ⟨Nogarola⟩
15. Jh.
Angela ⟨Nogarola Veronensis⟩
Angiola ⟨Nogarola⟩
Nogarola, Angela
Nogarola, Angiola

Angelbertus ⟨...⟩
→ **Angilbertus ⟨...⟩**

Angèle ⟨de Foligno⟩
→ **Angela ⟨de Fulginio⟩**

Angeli, Jacob
→ **Jacobus ⟨Angelus de Scarperia⟩**

Angeli Corradi, Petrutius
→ **Petrutius ⟨Angeli Corradi⟩**

Angelico ⟨Fra⟩
1387 – 1455
LMA,I,618
Angelico ⟨Beato⟩
DaFiesole, Giovanni
DaFiesole, Giovanni Angelico
DaMugello, Guido
Fiesole, Giovanni ¬da¬
Fiesole, Giovanni Angelico ¬da¬
Fra Angelico
Giovanni ⟨Angelico⟩
Giovanni ⟨Angelico da Fiesole⟩
Giovanni ⟨da Fiesole⟩
Giovanni Angelico ⟨da Fiesole⟩
Guido ⟨da Mugello⟩
Guido ⟨di Pietro⟩
Mugello, Guido ¬da¬

Angelicudes, Callistus
→ **Callistus ⟨Angelicudes⟩**

Angelier, Cecco
→ **Angiolieri, Cecco**

Angelinus ⟨Colae⟩
um 1272 · OP
Contra Manicheos, unum solum esse universitatis principium
Kaeppeli,I,75
Angelinus ⟨Colae Veiuzzi de Viterbio⟩
Angelinus ⟨Veiuzzi de Viterbio⟩
Angelus ⟨Colae Veiuzzi⟩
Colae, Angelinus

Angelinus ⟨Veiuzzi de Viterbio⟩
→ **Angelinus ⟨Colae⟩**

Angelirannus
→ **Angelramnus ⟨Centulensis⟩**

Angelo ⟨Ambrogini Poliziano⟩
→ **Politianus, Angelus**

Angelo ⟨Carletti⟩
→ **Angelus ⟨Carletus⟩**

Angelo ⟨Clareno⟩
→ **Angelus ⟨Clarenus⟩**

Angelo ⟨Correr⟩
→ **Gregorius ⟨Papa, XII.⟩**

Angelo ⟨Crassullo⟩
→ **Crassullus, Angelus**

Angelo ⟨da Chiarino⟩
→ **Angelus ⟨Clarenus⟩**

Angelo ⟨da Chivasso⟩
→ **Angelus ⟨Carletus⟩**

Angelo ⟨Decembrio⟩
→ **Angelus ⟨Decembrius⟩**

Angelo ⟨Gambiglioni⟩
→ **Angelus ⟨de Gambilionibus⟩**

Angelo ⟨Poliziano⟩
→ **Politianus, Angelus**

Angelo ⟨Portasole⟩
→ **Angelus ⟨de Porta Solis⟩**

Angelo ⟨Sabino⟩
→ **Angelus Cneus ⟨Sabinus⟩**

Angelo ⟨Sinesio⟩
→ **Angelus ⟨Sinesius⟩**

Angelo, Jacopo ¬d'¬
→ **Jacobus ⟨Angelus de Scarperia⟩**

Angelo Cneo ⟨de Corese⟩
→ **Angelus Cneus ⟨Sabinus⟩**

Angelomus ⟨Luxoviensis⟩
gest. 855
LThK; CSGL; LMA,I,619
Angélome ⟨de Luxeuil⟩
Angelomus ⟨de Luxovio⟩
Angelomus ⟨Monachus⟩
Angelomus ⟨of Luxeuil⟩
Angelomus ⟨von Luxeuil⟩

Angelramnus ⟨Centulensis⟩
ca. 975 – 1045 · OSB
Catalogus abbatum S. Richardii Centulensium; Vita et miracula s. Richardii abbatis Centulensis
Rep.Font II,239; Rep.Font. VI,239
Alchiran
Angalram
Angelirannus
Angelram
Angelramn
Angelramne ⟨du Ponthieu⟩
Angelramne ⟨le Sage⟩
Angelramnus ⟨Abbas⟩
Angelramnus ⟨Abbas Sancti Richardii⟩
Angelramnus ⟨Abbé⟩
Angelramnus ⟨de Saint Riquier⟩
Angelramnus ⟨Sancti Richardii⟩
Angelrannus ⟨Abbot⟩
Angelrannus ⟨Centule⟩
Angelrannus ⟨of Saint-Riquier⟩
Engilram
Enguerran ⟨Abbé⟩
Enguerran ⟨de Saint-Riquier⟩
Enguerran ⟨le Sage⟩
Ingelram
Ingelramnus ⟨Abbas⟩
Ingelramnus ⟨Centulensis⟩
Ingelrann

Angelramnus ⟨Metensis⟩
→ **Angilramnus ⟨Metensis⟩**

Angelramnus ⟨Sancti Richardii⟩
→ **Angelramnus ⟨Centulensis⟩**

Angeluccio, Francesco ¬d'¬
→ **Francesco ⟨d'Angeluccio⟩**

Angelus ⟨Apulus⟩
→ **Angelus ⟨de Bario⟩**

Angelus ⟨Aretinus⟩
→ **Angelus ⟨de Gambilionibus⟩**

Angelus ⟨Assisias⟩
→ **Angelus ⟨Frater⟩**

Angelus ⟨Beatus⟩
→ **Angelus ⟨Carletus⟩**

Angelus ⟨Becker⟩
→ **Becker, Engelinus**

Angelus ⟨Bitectensis⟩
→ **Angelus ⟨de Bario⟩**

Angelus ⟨Bononiensis⟩
→ **Angelus ⟨de Bononia⟩**

Angelus ⟨Bruder⟩
→ **Angelus ⟨Frater⟩**

Angelus ⟨Carletus⟩
gest. 1485/95
LThK; CSGL
Ange ⟨Carletti⟩
Ange ⟨de Chivasso⟩
Angel ⟨de Clavasio⟩
Angelo ⟨Carletti⟩
Angelo ⟨da Chivasso⟩
Angelo ⟨de Clavasio⟩
Angelo ⟨di Chiavasco⟩
Angelus ⟨Beatus⟩
Angelus ⟨Carleti⟩
Angelus ⟨de Clavasio⟩
Angelus ⟨von Chivasso⟩
Carletti, Angelo
Carletti, Beatus Angelus
Carlettus, Angelus
Carletus, Angelus
Chivasso, Angelo
Clarettus, Angelus
Claretus, Angelus
Clavasio, Angelus ¬de¬

Angelus ⟨Cerretani⟩
um 1334/49
Schneyer,I,287
Angelus ⟨de Grosseto⟩
Angelus ⟨Episcopus⟩
Cerretani, Angelus

Angelus ⟨Clarenus⟩
1245 – 1337 · OFM
Expositio regulae fratrum minorum; Historia septem tribulationum ordinis minorum; Epistula excusatoria ad papam de falso impositis, et fratrum calumniis
Rep.Font. II,239; LMA,I,627
Ange ⟨de Cingoli⟩
Ange ⟨de Cingulo⟩
Ange ⟨de Clareno⟩
Ange ⟨de Clarino⟩
Angelo ⟨Clareno⟩
Angelo ⟨da Chiarino⟩
Angelo ⟨da Clareno⟩
Angelus ⟨de Cingoli⟩
Angelus ⟨de Cingulo⟩
Angelus ⟨de Clareno⟩
Angelus ⟨de Clarino⟩
Angelus ⟨e Cingulo⟩
Angelus ⟨von Chiarino⟩
Angelus ⟨von Cingoli⟩
Angelus ⟨von Mark Ancona⟩
Clarenus, Angelus
Petrus ⟨a Foro Semproniano⟩
Petrus ⟨a Foro Semprono⟩
Pierre ⟨de Fossombrone⟩
Pietro ⟨da Fossombrone⟩

Angelus ⟨Colae Veiuzzi⟩
→ **Angelinus ⟨Colae⟩**

Angelus ⟨Crassullus⟩
→ **Crassullus, Angelus**

Angelus ⟨de Aretio⟩
→ **Angelus ⟨de Gambilionibus⟩**

Angelus ⟨de Assisi⟩
→ **Angelus ⟨Frater⟩**

Angelus ⟨de Bario⟩
gest. 1407 · OP
Stegmüller, Repert. bibl. 1341
Ange ⟨de Bari⟩
Ange ⟨de Bitetto⟩
Ange ⟨de Pouille⟩
Angelus ⟨Apulus⟩
Angelus ⟨Bitectensis⟩
Angelus ⟨de Bitetto⟩
Bario, Angelus ¬de¬

Angelus ⟨de Bibiena⟩
→ **Angelus ⟨Feducci⟩**

Angelus ⟨de Bitetto⟩
→ **Angelus ⟨de Bario⟩**

Angelus ⟨de Bononia⟩
um 1402/44 · OP
Commentarii in Sententias Petri Lombardi; Sermones
Kaeppeli,I,77
Ange ⟨de Bologne⟩
Angelus ⟨Bononiensis⟩
Angelus ⟨Novellus de Bononia⟩
Bononia, Angelus ¬de¬

Angelus ⟨de Brunswico⟩
→ **Becker, Engelinus**

Angelus ⟨de Camerino⟩
gest. ca. 1314 · OESA
Expositio in artem veterem; Sententia totius libri Topicorum; etc.
Lohr; Stegmüller, Repert. bibl. 1343, 1344
Ange ⟨de Camerino⟩
Ange ⟨Evêque⟩
Camerino, Angelus ¬de¬

Angelus ⟨de Cingulo⟩
→ **Angelus ⟨Clarenus⟩**

Angelus ⟨de Clareno⟩
→ **Angelus ⟨Clarenus⟩**

Angelus ⟨de Clavasio⟩
→ **Angelus ⟨Carletus⟩**

Angelus ⟨de Curribus⟩
→ **Angelus Cneus ⟨Sabinus⟩**

Angelus ⟨de Dobelin⟩
gest. ca. 1420 · OESA
Stegmüller, Repert. sentent. 69
Angelus ⟨Dobelinus⟩
Angelus ⟨von Döbeln⟩
Dobelin, Angelus ¬de¬

Angelus ⟨de Gambilionibus⟩
gest. 1469
Ange ⟨Arétin⟩
Angelo ⟨Gambiglioni⟩
Angelus ⟨Aretinus⟩
Angelus ⟨de Aretio⟩
Angelus ⟨de Gambellionibus⟩
Angelus ⟨de Gambiglionibus⟩
Angelus ⟨de Gambilonibus⟩
Angelus ⟨Gambellona⟩
Angelus ⟨Gambiglioni⟩
Angelus ⟨Gambilionus⟩
Angelus ⟨Gambillioni⟩
Aretinus, Angelus
Aretinus Gambiglioni, Angelus
Aretio, Angelo ¬de¬
Aretio, Angelus de Gambelionibus
Arezzo, Angelo ¬de¬
DeGambilionibus, Angelus
De'Gambiglioni, Angelo
Gambelionibus de Aretio, Angelus ¬de¬
Gambellionibus, Angelus ¬de¬
Gambellona, Angelus
Gambiglioni, Angelo ¬de'¬
Gambiglioni, Angelo ¬de¬
Gambiglioni, Angelus Aretinus
Gambilioni, Angelo ¬dei¬
Gambilionibus, Angelus ¬de¬
Gambilionibus, Angelus ¬a¬
Gambilionus, Angelus

Angelus ⟨de Grosseto⟩
→ **Angelus ⟨Cerretani⟩**

Angelus ⟨de Lemposa⟩
14. Jh. · OFM
De concordia Veteris et Novi Testamenti
Stegmüller, Repert. bibl. 1346
Ange ⟨de Lemposa⟩
Lemposa, Angelus ¬de¬

Angelus ⟨de' Nigri⟩
→ **Angelus ⟨Niger⟩**

Angelus ⟨de Perusio⟩
→ **Angelus ⟨de Ubaldis⟩**

Angelus ⟨de Porta Solis⟩
gest. 1334 · OP
Regula confraternitatis Disciplinatorum de Perusio; Sermones de tempore, de sanctis, de mortuis; Litterae indulgentiarum pro fraternitate B. Mariae V. de Perusio; etc.
Kaeppeli,I,77/78
Ange ⟨de Pérouse⟩
Ange ⟨de Portasole⟩
Ange ⟨de Sulcis⟩
Angelo ⟨Portasole⟩
Angelus ⟨Perusinus⟩
Angelus ⟨Perusinus⟩
Angelus ⟨Portasole⟩
Porta Solis, Angelus ¬de¬

Angelus ⟨de Roma⟩
14. Jh.
Positio fratris Angeli de Roma... Discipulus Huguelini. Utrum ineffabile primum esse ab aeterno humanum esse potuerit assumpsisse.
Schönberger/Kible, Repertorium, 10841
Angelus ⟨de Sanguineis⟩
Roma, Angelus ¬de¬

Angelus ⟨de Sanguineis⟩
→ **Angelus ⟨de Roma⟩**

Angelus ⟨de Stargardia⟩
um 1345 · OESA
Protocollum sive Notula satis notabilis de Pomeranorum Stetinensium ac Rugie principatu
Rep.Font. II,240
Ange ⟨de Stargard⟩
Angelus ⟨de Stargard⟩
Stargardia, Angelus ¬de¬

Angelus ⟨de Ubaldis⟩
ca. 1328 – ca. 1400/07
Meyer
Angelus ⟨de Perusio⟩
Angelus ⟨Perusinus⟩
Baldeschi, Angelo
Periglis, Angelus ¬de¬
Perusinus, Angelus
Perusio, Angelus ¬de¬
Ubaldi, Angelo ¬degli¬
Ubaldis, Angelus
Ubaldis, Angelus ¬de¬
Ubaldis de Perusio, Angelus ¬de¬
Ubaldus, Angelus

Angelus ⟨de Velluleto⟩
→ **Angelus ⟨Niger⟩**

Angelus ⟨de Viterbio⟩
→ **Angelus ⟨Niger⟩**

Angelus ⟨Decembrius⟩
ca. 1418 – ca. 1466
LMA,III,615/16
Angelo ⟨Decembrio⟩
December, Angelus
Decembrio, Angelo
Decembrius, Angelus

Angelus ⟨Dobelinus⟩
→ **Angelus ⟨de Dobelin⟩**

Angelus ⟨e Cingulo⟩
→ **Angelus ⟨Clarenus⟩**

Angelus ⟨Episcopus⟩
→ **Angelus ⟨Cerretani⟩**

Angelus ⟨Feducci⟩
gest. ca. 1385 · OFM
Stegmüller, Repert. bibl. 1345
Ange ⟨de Bibiena⟩
Ange ⟨de Pesaro⟩
Ange ⟨Feducci⟩
Angelus ⟨de Bibiena⟩
Angelus ⟨Feduccius⟩
Feducci, Ange
Feducci, Angelus

Angelus ⟨Frater⟩
12. Jh. · OFM
Angebl. Verf. der „Legenda trium sociorum"
Ange ⟨d'Assise⟩
Angelus ⟨Assisias⟩
Angelus ⟨Assisiensis⟩
Angelus ⟨Bruder⟩
Angelus ⟨de Assisi⟩
Angelus ⟨Gefährte des Heiligen Franziskus⟩
Angelus ⟨Socius Sancti Francisci⟩
Frater Angelus

Angelus ⟨Gambilionus⟩
→ **Angelus ⟨de Gambilionibus⟩**

Angelus ⟨Gefährte des Heiligen Franziskus⟩
→ **Angelus ⟨Frater⟩**

Angelus ⟨Negronius⟩
→ **Angelus ⟨Niger⟩**

Angelus ⟨Neritonensis Tafurus⟩
→ **Tafurus, Angelus**

Angelus ⟨Niger⟩
um 1290/97 · OP
Liber de potestate papae ad instantiam Bonifacii VIII; Sermones
Schneyer,I,288
Angelus ⟨de Velluleto⟩
Angelus ⟨de Viterbio⟩
Angelus ⟨de' Nigri⟩
Angelus ⟨Negronius⟩
Angelus ⟨Niger de Viterbio⟩
Niger, Angelus

Angelus ⟨Novellus de Bononia⟩
→ **Angelus ⟨de Bononia⟩**

Angelus ⟨Panaretus⟩
→ **Matthaeus Angelus ⟨Panaretus⟩**

Angelus ⟨Perusinus⟩
→ **Angelus ⟨de Porta Solis⟩**
→ **Angelus ⟨de Ubaldis⟩**

Angelus ⟨Politianus⟩
→ **Politianus, Angelus**

Angelus ⟨Portasole⟩
→ **Angelus ⟨de Porta Solis⟩**

Angelus ⟨Sabinus⟩
→ **Angelus Cneus ⟨Sabinus⟩**

Angelus ⟨Sabinus⟩
→ **Sabellicus, Marcus Antonius**

Angelus ⟨Sinesius⟩
gest. 1368 · OSB
Stegmüller, Repert. bibl. 1348
Ange ⟨Bienheureux⟩
Ange ⟨de Catane⟩
Ange ⟨de Sainte-Marie Manjacis⟩
Ange ⟨de Saint-Martin de Scalis⟩
Ange ⟨Sinesius⟩
Angelo ⟨Sinesio⟩
Angelus ⟨Senesius⟩
Angelus ⟨Senisius⟩
Senisius, Angelus
Sinesius, Angelus

Angelus ⟨Socius Sancti Francisci⟩
→ **Angelus ⟨Frater⟩**

Angelus ⟨Tafurus⟩
→ **Tafurus, Angelus**

Angelus ⟨Vadius⟩
→ **Vadius, Angelus**

Angelus ⟨Viterbiensis⟩
→ **Angelus Cneus ⟨Sabinus⟩**

Angelus ⟨von Braunschweig⟩
→ **Becker, Engelinus**

Angelus ⟨von Chiarino⟩
→ **Angelus ⟨Clarenus⟩**

Angelus ⟨von Chivasso⟩
→ **Angelus ⟨Carletus⟩**

Angelus ⟨von Cingoli⟩
→ **Angelus ⟨Clarenus⟩**

Angelus ⟨von Döbeln⟩
→ **Angelus ⟨de Dobelin⟩**

Angelus ⟨von Mark Ancona⟩
→ **Angelus ⟨Clarenus⟩**

Angelus, Jacobus
→ **Jacobus ⟨Angelus de Scarperia⟩**

Angelus, Johannes
→ **Johannes ⟨Angelus⟩**

Angelus Cneus ⟨Sabinus⟩
um 1468/76
De excidio civitatis Leodiensis libri VI
Rep.Font. II,240
Ange Cneo ⟨Sabino⟩
Angelo ⟨Sabino⟩
Angelo Cneo ⟨de Corese⟩
Angelo Cneo ⟨Sabino⟩
Angelus ⟨de Curribus⟩
Angelus ⟨de Curribus Sabinis⟩
Angelus ⟨Sabinus⟩
Angelus ⟨Sabinus de Roma⟩
Angelus ⟨Viterbiensis⟩
Angelus Cneus ⟨de Curibus⟩
Angelus Cneus ⟨de Roma⟩
Sabino, Ange C.
Sabino, Ange Cneo
Sabinus, Angelus

Angelus de Scarperia, Jacobus
→ **Jacobus ⟨Angelus de Scarperia⟩**

Angelus de Ulma, Jacobus
→ **Engelin, Jakob**

Ange-Philippe ⟨Crasullo⟩
→ **Crassullus, Angelus**

Angerand
→ **Aniorrandus**

Angicourt, Perrin ¬d'¬
→ **Perrin ⟨d'Angicourt⟩**

Angilbald ⟨Kanzler des Erzbischofs Poppo⟩
→ **Angilbaldus ⟨Cancellarius Popponis⟩**

Angilbaldus ⟨Cancellarius Popponis⟩
um 1030/45
Einer der mutmaßl. Verf. der „Vita S. Agritii episcopi Treverensis et Helenae"
Rep.Font. II,241

Angilbald ⟨Kanzler des Erzbischofs Poppo⟩
Angilbaldus ⟨Cancellarius Popponis Archiepiscopi Trevirensis⟩

Angilbert ⟨de Corvie⟩
→ **Angilbertus ⟨Corbeiensis⟩**

Angilbert ⟨Hofkapellan⟩
→ **Angilbertus ⟨Centulensis⟩**

Angilbert ⟨of Saint Riquier⟩
→ **Angilbertus ⟨Centulensis⟩**

Angilbertus ⟨Abbas⟩
→ **Angilbertus ⟨Centulensis⟩**
→ **Angilbertus ⟨Corbeiensis⟩**

Angilbertus ⟨Centulensis⟩
ca. 745 – 814
LThK; VL(2); CSGL; LMA,I,634
Angilbert ⟨Hofkapellan⟩
Angilbert ⟨of Saint Riquier⟩
Angilbertus ⟨Abbas⟩
Angilbertus ⟨Homerus⟩
Angilbertus ⟨Sancti Richarii⟩
Angilbertus ⟨von Saint Riquier⟩
Engelbertus ⟨Centulensis⟩
Flavius ⟨Homerus⟩
Homerus
Inglevert

Angilbertus ⟨Corbeiensis⟩
gest. 890
Versus ad Ludovicum regem Francorum (wirkl. Verf. vermutl. Angilbertus ⟨Centulensis⟩)
CC Clavis, Auct. Gall. 1, 179; Potth.
Angilbert ⟨de Corvie⟩
Angilbertus ⟨Abbas⟩
Angilbertus ⟨of Corvei⟩

Angilbertus ⟨Homerus⟩
→ **Angilbertus ⟨Centulensis⟩**

Angilbertus ⟨Miles⟩
gest. 841
Ritmus (= Versus de bello Fontanetico)
VL(2),1,356/58; CSGL; Potth.
Angelbertus
Engelbert ⟨Poète sur la Bataille de Fontenay⟩
Engelbertus ⟨Miles⟩
Englebert
Hangelbertus
Miles, Angilbertus

Angilbertus ⟨of Corvei⟩
→ **Angilbertus ⟨Corbeiensis⟩**

Angilbertus ⟨von Saint Riquier⟩
→ **Angilbertus ⟨Centulensis⟩**

Angilmod ⟨de Soissons⟩
→ **Engelmodus ⟨Suessionensis⟩**

Angilramnus ⟨Metensis⟩
gest. 791
LMA,I,635
Angelramnus ⟨Metensis⟩
Angilram ⟨of Metz⟩
Angilrammus ⟨von Metz⟩
Angilramnus ⟨Mettensis⟩
Angilramnus ⟨von Metz⟩
Angilrannus ⟨von Metz⟩

Angilu ⟨di Capua⟩
14. Jh.
La istoria di Eneas
Rep.Font. IV,192
Capua, Angilu ¬di¬

Angiola ⟨da Foligno⟩
→ **Angela ⟨de Fulginio⟩**

Angiola ⟨Nogarola⟩
→ **Angela ⟨Nogarola⟩**

Angiolieri, Cecco
1266 – 1312
LMA,I,636
Angelier, Cecco
Angolieri, Cecco
Cecco
Cecco ⟨Angelier⟩
Cecco ⟨Angiolieri⟩
Cecco ⟨Angolieri⟩
Cecco Angolieri ⟨da Siena⟩

Angiolo ⟨de'Ambrosini⟩
→ **Politianus, Angelus**

Angiolo ⟨Tafuro⟩
→ **Tafurus, Angelus**

Anglès, Guilelmus
→ **Guilelmus ⟨Anglès⟩**

Angleterre, Thomas ¬d'¬
→ **Thomas ⟨d'Angleterre⟩**

Anglia, Henricus ¬de¬
→ **Henricus ⟨de Anglia⟩**

Anglia, Nicolaus ¬de¬
→ **Nicolaus ⟨de Anglia⟩**

Anglia, Petrus ¬de¬
→ **Petrus ⟨de Anglia⟩**
→ **Petrus ⟨Sutton⟩**

Anglic ⟨de Grimoard⟩
→ **Anglicus ⟨Grimoardus⟩**

Anglico ⟨Cardinale⟩
→ **Anglicus ⟨Grimoardus⟩**

Anglico, Gualtiero
→ **Gualterus ⟨Anglicus⟩**

Anglicus ⟨Albanensis⟩
→ **Anglicus ⟨Grimoardus⟩**

Anglicus ⟨Avenionensis⟩
→ **Anglicus ⟨Grimoardus⟩**

Anglicus ⟨Grimoardus⟩
ca. 1320 – 1388
Descriptio civitatis Bononiae eiusque comitatus; Descriptio provinciae Romandiolae
Anglic ⟨de Grimoard⟩
Anglic ⟨Grimoard di Grisac⟩
Anglico ⟨Cardinale⟩
Anglicus ⟨Albanensis⟩
Anglicus ⟨Avenionensis⟩
Grimoard, Anglic ¬de¬
Grimoardus, Anglicus
Grisac, Anglic Grimoard ¬di¬

Anglicus, Alanus
→ **Alanus ⟨Anglicus⟩**

Anglicus, Bartholomaeus
→ **Bartholomaeus ⟨Anglicus⟩**

Anglicus, Galfredus
→ **Galfredus ⟨Grammaticus⟩**

Anglicus, Gilbertus
→ **Gilbertus ⟨Anglicus⟩**
→ **Gilbertus ⟨Anglicus, Canonista⟩**

Anglicus, Godefridus
→ **Godefridus ⟨Anglicus⟩**

Anglicus, Gregorius
→ **Gregorius ⟨Magister Anglicus⟩**

Anglicus, Gualterus
→ **Gualterus ⟨Anglicus⟩**

Anglicus, Hugo
→ **Hugo ⟨Anglicus⟩**

Anglicus, Jacobus
→ **Jacobus ⟨Anglicus⟩**

Anglicus, Johannes
→ **Johannes ⟨Anglicus⟩**
→ **Johannes ⟨Anglicus, OFM⟩**
→ **Johannes ⟨de Gadesden⟩**

Anglicus, Laurentius
→ **Laurentius ⟨Anglicus⟩**
→ **Laurentius ⟨Anglicus, OP⟩**

Anglicus, Leulyn
→ **Leulyn ⟨Anglicus⟩**

Anglicus, Osbertus
→ **Osbertus ⟨Anglicus⟩**

Anglicus, Oswaldus
→ **Oswaldus ⟨Anglicus⟩**

Anglicus, Paulus
→ **Paulus ⟨Anglicus⟩**

Anglicus, Richardus
→ **Richardus ⟨Anglicus⟩**
→ **Richardus ⟨Anglicus, OP⟩**
→ **Richardus ⟨Anglicus Medicus⟩**

Anglicus, Robertus
→ **Robertus ⟨Anglicus⟩**

Anglicus, Rogerus
→ **Rogerus ⟨Anglicus⟩**

Anglicus, W.
→ **W. ⟨Anglicus⟩**

Anglicus, Watecumbe
→ **Watecumbe ⟨Anglicus⟩**

Anglonormannus, Osbernus
→ **Osbernus ⟨Anglonormannus⟩**

Anglus, Robertus
→ **Robertus ⟨Anglus⟩**

Anglus, Sigwolfus
→ **Sigwolfus ⟨Anglus⟩**

Anglus, Thomas
→ **Thomas ⟨Anglus⟩**

Angolieri, Cecco
→ **Angiolieri, Cecco**

Angriani, Michel
→ **Michael ⟨Aiguani de Bononia⟩**

Anhalt, Heinrich ¬von¬
→ **Heinrich ⟨von Anhalt⟩**

Anhausen, Oswaldus ¬de¬
→ **Oswaldus ⟨de Anhausen⟩**

Ani, Samuel ¬de¬
→ **Samuel ⟨Aniensis⟩**

Anianus
→ **Anianus ⟨Magister⟩**

Anianus
um 506
Lex Romana Visigothorum seu Breviarium Alaricianum vel Liber Aniani
Cpl 1800
Anianus ⟨Visigothic Chancellor⟩
Anien ⟨Jurisconsulte d'Alaric II.⟩

Anianus ⟨Assavensis⟩
→ **Anianus ⟨de Nanneu⟩**

Anianus ⟨de Nanneu⟩
um 1268/93 · OP
Epistula ad capitulum provinciale Ord. Praed. Londinii a. 1277 celebratum; Epistula ad Martinum IV de transferenda ecclesia cathedraliAssavensi ad civitatem Rotulanensem
Kaeppeli,I,78/79
Anian ⟨of Nanneu⟩
Anianus ⟨Assavensis⟩
Anianus ⟨de Schonavia⟩
Anianus ⟨de Schonaw⟩
Anianus ⟨Schonovius⟩
Anien ⟨de Saint-Asaph⟩
Anien ⟨de Schönau⟩
Anien ⟨de Schonavia⟩
Anien ⟨de Schoonhoven⟩
Nanneu, Anianus ¬de¬
Schonaw, Anianus

Anianus ⟨de Schonavia⟩
→ **Anianus ⟨de Nanneu⟩**

Anianus ⟨Magister⟩
13. Jh.
Computus manualis
Anianus
Anien
Magister, Anianus

Anianus ⟨Schonovius⟩
→ **Anianus ⟨de Nanneu⟩**

Anianus ⟨Visigothic Chancellor⟩
→ **Anianus**

Anianus, Benedictus
→ **Benedictus ⟨Anianus⟩**

Anibaldus ⟨de Roma⟩
→ **Hannibaldus ⟨de Hannibaldis⟩**

Anicia, Iuliana
→ **Iuliana ⟨Anicia⟩**

Anicius Manlius Severinus ⟨Boethius⟩
→ **Boethius, Anicius Manlius Severinus**

Anien
→ **Anianus ⟨Magister⟩**

Anien ⟨de Saint-Asaph⟩
→ **Anianus ⟨de Nanneu⟩**

Anien ⟨de Schönau⟩
→ **Anianus ⟨de Nanneu⟩**

Anien ⟨de Schoonhoven⟩
→ **Anianus ⟨de Nanneu⟩**

Anien ⟨Jurisconsulte d'Alaric II.⟩
→ **Anianus**

Aniorrandus
um 1272
Schneyer,I,288
Angerand
Angerond
Aniorandus
Aniorandus ⟨Magister⟩
Anjorran
Anjorrand
Anjorrandus

Anjou, René ¬d'¬
→ **René ⟨Anjou, Duc, I.⟩**

Anker
15. Jh.
4 Sprüchlieder
VL(2),1,363/64

Anmāṭī Šu'lā, Muḥammad Ibn-Aḥmad ¬al-¬
→ **Su'lā, Muḥammad Ibn-Aḥmad**

Anna ⟨Comnena⟩
1083 – 1147
Alexias
Rep.Font. VI,629; LThK; CSGL; LMA,I,654/655
Anna ⟨hē Komnēnē⟩
Anna ⟨Komnena⟩
Anna ⟨Komnene⟩
Anna ⟨Porphyrogenita⟩
Anne ⟨Comnène⟩
Annē ⟨hē Komnēnē⟩
Comnena, Anna
Comnène, Anne
Komnena, Anna
Komnene, Anna
Komnēnē, Annē

Anna ⟨Ebin⟩
→ **Ebin, Anna**

Anna ⟨hē Komnēnē⟩
→ **Anna ⟨Comnena⟩**

Anna ⟨Porphyrogenita⟩
→ **Anna ⟨Comnena⟩**

Anna ⟨Priorin⟩
→ **Anna ⟨von Munzingen⟩**

Anna ⟨Pröpstin⟩
→ **Ebin, Anna**

Anna ⟨von Adelhausen⟩
→ **Anna ⟨von Munzingen⟩**

Anna ⟨von Munzingen⟩
gest. 1327 · OP
Chronik von Adelhausen (Klosterbericht)
VL(2),1,365/66; Rep.Font. II,243
Anna ⟨Priorin⟩
Anna ⟨von Adelhausen⟩
Munzingen, Anna ¬von¬

Anna ⟨von Pillenreuth⟩
→ **Ebin, Anna**

Annalista ⟨Saxo⟩
→ **Arnoldus ⟨de Nienburg⟩**

Annē ⟨hē Komnēnē⟩
→ **Anna ⟨Comnena⟩**

Annibal ⟨de Ceccano⟩
→ **Hannibaldus ⟨de Ceccano⟩**

Annibal ⟨de Tusculum⟩
→ **Hannibaldus ⟨de Ceccano⟩**

Annibal ⟨Gaetani⟩
→ **Hannibaldus ⟨de Ceccano⟩**

Annibaldeschi, Annibal ¬degli¬
→ **Hannibaldus ⟨de Hannibaldis⟩**

Annibaldis, Elias ¬de¬
→ **Elias ⟨de Annibaldis⟩**

Annibaldus ⟨de Ceccano⟩
→ **Hannibaldus ⟨de Ceccano⟩**

Annio, Giovanni
→ **Nanni, Giovanni**

Annius ⟨Viterbiensis⟩
→ **Nanni, Giovanni**

Annius, Johannes
→ **Nanni, Giovanni**

Anno ⟨Coloniensis⟩
gest. 1075
Epistola ad monachos Malmundarienses; Epistola ad Alexandrum II papam
Rep.Font. II,354; LMA,I,666/668
Anno ⟨Archiepiscopus⟩
Anno ⟨Archiepiscopus Coloniensis⟩
Anno ⟨Coloniensis, Archiepiscopus, II.⟩
Anno ⟨der Heilige⟩
Anno ⟨Erzbischof, II.⟩
Anno ⟨Erzbischof von Köln⟩
Anno ⟨II.⟩
Anno ⟨Köln, Erzbischof⟩
Anno ⟨Köln, Erzbischof, II.⟩
Anno ⟨Sanctus⟩
Anno ⟨Sankt⟩
Anno ⟨von Köln⟩
Annon ⟨de Cologne⟩

Annoniaco, Johannes Porta ¬de¬
→ **Johannes ⟨Porta de Annoniaco⟩**

Annonius ⟨Floriacensis⟩
→ **Aimonus ⟨Floriacensis⟩**

Annosio, Johannes ¬de¬
→ **Johannes ⟨de Annosio⟩**

Anonim ⟨Gall⟩
→ **Anonymus ⟨Gallus⟩**

Anonimo ⟨di Jumièges⟩
→ **Anonymus ⟨Gemeticensis⟩**

Anonimo ⟨di Lodi⟩
→ **Anonymus ⟨Laudensis⟩**

Anonimo ⟨Genovese⟩
gest. 1311
Rime e ritmi latini
Anonimo Genovese
Genovese, Anonimo

Anonimo ⟨Ravennate⟩
→ **Anonymus ⟨Ravennas⟩**

Anonimo ⟨Romano⟩
ca. 1320 – ca. 1360
Cronica ; Vita di Cola di Rienzo; Historiae Romanae fragment ab anno 1327 usque ad a. 1354 (röm. Volkssprache)
LMA,I,674
Anonimo Romano
Anonymus ⟨Romanus⟩
Romanus, Anonymus

Anonimo ⟨Salernitano⟩
→ **Monachus ⟨Salernitanus⟩**

Anonimo ⟨Valesiano⟩
→ **Anonymus ⟨Valesianus⟩**

Anonyme ⟨Amoureux de Ripoll⟩
→ **Anonymus ⟨Rivipullensis⟩**

Anonyme ⟨de Caen⟩
→ **Anonymus ⟨Cadomensis⟩**

Anonyme ⟨de Cordoue⟩
→ **Isidorus ⟨Pacensis⟩**

Anonyme ⟨de Fribourg⟩
→ **Anonymus ⟨Friburgensis⟩**

Anonyme ⟨de Ravenne⟩
→ **Anonymus ⟨Ravennas⟩**

Anonyme ⟨d'York⟩
→ **Anonymus ⟨Normannus⟩**

Anonymer Notar
→ **Anonymus ⟨Belae Regis Notarius⟩**

Anonymous ⟨of York⟩
→ **Anonymus ⟨Normannus⟩**

Anonymus ⟨Altahensis⟩
→ **Monachus ⟨Altahensis⟩**

Anonymus ⟨Antibarensis⟩
→ **Dukljanin**

Anonymus ⟨Barensis⟩
um 1149
Annales Barenses 855-1149
Rep.Font. II, 251/357
Anonymus Barensis
Monachus ⟨Barensis⟩
Monachus Barensis

Anonymus ⟨Basiliensis⟩
um 1451/52
De pestilentia; nicht identisch mit Anonymus Basiliensis Poeta
Rep.Font. II,357
Anonymus ⟨Basileensis⟩
Anonymus Basiliensis

Anonymus ⟨Basiliensis Poeta⟩
→ **Anonymus Basiliensis Poeta**

Anonymus ⟨Bavarus⟩
→ **Anonymus Monachus ⟨Bavarus⟩**

Anonymus ⟨Bavarus⟩
um 1418
Chronicon breve, a. 1396-1418; nicht identisch mit Anonymus Monachus ⟨Bavarus⟩ (14. Jh.)
Rep.Font. II,357; III,257
Anonymus Bavarus
Bavarus Anonymus

Anonymus ⟨Beccensis⟩
→ **Monachus ⟨Beccensis⟩**

Anonymus ⟨Belae Regis Notarius⟩
um 1196/1203
Gesta Hungarorum
Rep.Font. II,357; LMA,I,675
Anonymer Notar
Anonymus ⟨Notarius⟩
Anonymus ⟨Ungarus⟩
Anonymus Belae Regis Notarius
Notar des Königs Bela
Ungarischer Anonymus

Anonymus ⟨Benedictinus-Buranus⟩
um 1160
Historia Fontis Salutis seu Legenda de Hailprunne
Rep.Font. II,357; V,521
Anonymus ⟨Benedictoburanus⟩
Anonymus Benedictinus-Buranus
Benedictinus-Buranus Anonymus
Monachus ⟨Benedictoburanus⟩
Monachus ⟨Monasterii Benedictoburani⟩

Anonymus ⟨Blandiniensis⟩
um 1152
Appendicula ad Sigebertum Gemblacensem
Rep.Font. II,359/382
Anonymus Blandiniensis
Monachus ⟨Gandensis⟩
Monachus ⟨Sancti Petri Gandensis⟩

Anonymus ⟨Cadomensis⟩
um 1343
Chronicon Cadomensis anonymi
Rep.Font. II,359; III,304
Anonyme ⟨de Caen⟩
Anonymus Cadomensis

Anonymus ⟨Canonicus Leodiensis⟩
→ **Canonicus ⟨Leodiensis⟩**

Anonymus ⟨Casinensis⟩
→ **Albericus ⟨Monachus Casinensis⟩**

Anonymus ⟨Clericus Flandrensis⟩
→ **Adalgotus ⟨Magdeburgensis⟩**

Anonymus ⟨Corbeiensis⟩
→ **Poeta ⟨Saxo⟩**

Anonymus ⟨de Asane⟩
um 1237
Duo carmina
Rep.Font. II,357
Anonymus de Asane
Asane, Anonymus ¬de¬

Anonymus ⟨de Rebus Laudensibus⟩
→ **Anonymus ⟨Laudensis⟩**

Anonymus ⟨de Situ Civitatis Mediolanensis⟩
→ **Anonymus ⟨Mediolanensis⟩**

Anonymus ⟨Dervensis⟩
→ **Monachus ⟨Dervensis⟩**

Anonymus ⟨Eboracensis⟩
→ **Anonymus ⟨Normannus⟩**

Anonymus ⟨Elsäßischer⟩
→ **Elsäßischer Anonymus**

Anonymus ⟨Emmerammensis⟩
→ **Monachus ⟨Emmeramensis⟩**

Anonymus ⟨Erfordiensis⟩
um 1430 · OP
Chronica Thuringorum auctore Praedicatore Isenacensi
Rep.Font. II,360; III,457
Anonymus ⟨Erphesfordensis⟩
Anonymus ⟨Erphesfordensis⟩
Frater ⟨Praedicator Isenacensis⟩
Monachus ⟨OP⟩
Praedicator ⟨Isenacensis⟩

Anonymus ⟨Erphesfordensis⟩
→ **Anonymus ⟨Erfordiensis⟩**

Anonymus ⟨Flandrensis⟩
→ **Adalgotus ⟨Magdeburgensis⟩**

Anonymus ⟨Florinensis⟩
12. Jh.
Narratio brevis belli sacri 1097-1122
Rep.Font. II,360
Anonymus Florinensis

Anonymus ⟨Friburgensis⟩
14. Jh.
De bello Friburgensium contra Bernenses (1386-1389)
Rep.Font. II, 360; IV,129
Anonyme ⟨de Fribourg⟩
Anonymus Friburgensis

Anonymus ⟨Fürstenfeldensis⟩
14. Jh.
Notae Fuerstenfeldenses de ducibus Bavariae (1211-1304)
Rep.Font. II,360
Anonymus Fürstenfeldensis

Anonymus ⟨Gallus⟩
→ **Gallus ⟨Anonymus⟩**

Anonymus ⟨Gallus⟩
um 1110/17 · OSB
Chronica et gesta ducum sive principum Polonorum anonymi Galli
Rep.Font. II,360; III,416
Anonim ⟨Gall⟩
Anonymus Gallus
Gall-Anonim
Gallus Anonymus
Monachus ⟨Gallus⟩
Monachus ⟨OSB⟩

Anonymus ⟨Gemeticensis⟩
13. Jh.
„Dialogi Gregorii Magni"
Anonimo ⟨di Jumièges⟩
Monachus ⟨Gemeticensis⟩

Anonymus ⟨Haserensis⟩
→ **Heysso ⟨de Haserieth⟩**

Anonymus ⟨Haserensis⟩
um 1080
Potth.; LMA,I,672
Anonymus ⟨von Herrieden⟩

Anonymus ⟨Italus⟩
→ **Battaglia, Marcus ¬de¬**

Anonymus ⟨Latinus⟩
15. Jh.
Chronica de Traiecto et eius episcopatu; Chronica de Hollant et eius comitatu
Rep.Font. II,360
Anonymus ⟨Neerlandicus⟩
Anonymus Latinus

Anonymus ⟨Laudensis⟩
12. Jh.
Fortsetzer der Chronik des Otto und Acerbus Morena von 1165 bis 1168 (Historia rerum Laudensium)
Potth. 796; Rep.Font. II,360; LMA,I,672/673
Anonimo ⟨di Lodi⟩
Anonymus ⟨de Rebus Laudensibus⟩
Anonymus Laudensis

Anonymus ⟨Laudunensis⟩
13. Jh. · OPraem
Chronicon universale 1154-1219
LMA,I,671
Anonymus ⟨von Laon⟩
Anonymus Laudunensis

Anonymus ⟨Leidensis⟩
um 848/73
De situ orbis
CC Clavis, Auct. Gall. 1,181f.
Anonymus Leidensis

Anonymus ⟨Leobiensis⟩
14. Jh. · OP
Chronica a. Chr. nat. usque ad a. 1343
Rep.Font. II,360; VL(2),1,371/372
Anonymus ⟨von Leoben⟩
Anonymus Leobiensis

Anonymus ⟨Mediolanensis⟩
um 536
Libellus de situ civitatis Mediolani (=Datiana historia ecclesiae Mediolanensis ab a. Chr. 51-304)
Potth. 364; Rep.Font. II, 361
Anonymus ⟨de Situ Civitatis Mediolanensis⟩
Anonymus Mediolanensis

Anonymus ⟨Mellicensis⟩
→ **Wolfgerus ⟨Pruveningensis⟩**

Anonymus ⟨Monachus Casinensis⟩
→ **Albericus ⟨Monachus Casinensis⟩**

Anonymus ⟨Murensis⟩
12. Jh.
Acta Murensia
Rep.Font. II,110; II,361
Anonymus ⟨von Muri⟩
Anonymus Murensis

Anonymus ⟨Neerlandicus⟩
→ **Anonymus ⟨Latinus⟩**

Anonymus ⟨Nestvediensis⟩
um 1300
Annales Nestvedienses majores 821-1300
Rep.Font. II,309 u. 361
Anonymus ⟨Sancti Petri Nestvediensis⟩
Anonymus ⟨von Nestvede⟩
Anonymus Nestvediensis

Anonymus ⟨Normannus⟩
um 1100
Libellorum collectio de rationibus inter Ecclesiam et regiam potestatem (vermutlich in Rouen verfaßt, nicht in York)
LThK; Rep.Font. II,359; LMA,I,673/74
Anonyme ⟨d'York⟩
Anonyme ⟨d'York⟩
Anonymous ⟨of York⟩
Anonymus ⟨Eboracensis⟩
Anonymus ⟨von Rouen⟩
Anonymus ⟨von York⟩
Anonymus Eboracensis
Anonymus Normannus
Norman Anonymous
Normannischer Anonymus

Anonymus ⟨Notarius⟩
→ **Anonymus ⟨Belae Regis Notarius⟩**

Anonymus ⟨Novocomensis⟩
um 1118/27
Liber Cumanus de bello Mediolanensium adversus Comenses
Potth. 109; Rep.Font. II,361
Anonymus Novocomensis

Anonymus ⟨Passauer⟩
→ **Anonymus ⟨Pataviensis⟩**

Anonymus ⟨Passaviensis⟩
→ **Anonymus ⟨Pataviensis⟩**

Anonymus ⟨Pataviensis⟩
um 1260/66 · OP (?)
Sammelwerk über die Juden, den Antichrist, die Ketzer (lat.)
VL(2),7,320/324; Rep.Font. II,361; IV,161; LMA,II,1759/60
Anonymus ⟨Passauer⟩
Anonymus ⟨Passaviensis⟩
Anonymus Passaviensis
Anonymus Pataviensis
Passauer Anonymus

Anonymus ⟨Placentinus⟩
→ **Antoninus ⟨Placentinus⟩**

Anonymus ⟨Ratisbonensis⟩
12. Jh. · OSB
Chronicon Ratisponense; nicht identisch mit Monachus ⟨Emmerammensis⟩
Rep.Font. II,361; III,425
Anonymus ⟨von Regensburg⟩
Anonymus Ratisbonensis
Monachus ⟨OSB⟩
Monachus ⟨Sancti Emmerami Ratisponensis⟩

Anonymus ⟨Ravennas⟩
um 667/70
Cosmographia
Rep.Font. II,361; LMA,IV,1270/71
Anonimo ⟨Ravennate⟩
Anonyme ⟨de Ravenne⟩
Anonymus ⟨von Ravenna⟩
Chorographus ⟨Ravennas⟩
Geograph ⟨von Ravenna⟩
Geographus ⟨Ravennas⟩
Kosmograph ⟨von Ravenna⟩
Ravennas, Anonymus
Ravennas, Geographus

Anonymus ⟨Reichenbacensis⟩
→ **Monachus ⟨Reichenbacensis⟩**

Anonymus ⟨Reinhardsbrunnensis⟩
→ **Monachus ⟨Reinhardsbrunnensis⟩**

Anonymus ⟨Rivipullensis⟩
um 1150/80
Carmina erotica; nicht identisch mit Monachus ⟨Rivipullensis⟩
Anonyme ⟨Amoureux⟩
Anonyme ⟨Amoureux de Ripoll⟩
Anonymus Rivipullensis

Anonymus ⟨Romanus⟩
→ **Anonimo ⟨Romano⟩**

Anonymus ⟨Rotensis⟩
15. Jh.
Chronicon breve, a. 1460-1486
Rep.Font. II,362; III,258
Anonymus Rotensis
Monachus ⟨Rotensis in Bavaria⟩

Anonymus ⟨Salernitanus⟩
→ **Monachus ⟨Salernitanus⟩**

Anonymus ⟨Salernitanus⟩
12. Jh.
Liber minor de coitu
Pseudo-Constantinus
Salernitanus Anonymus

Anonymus ⟨Sancti Dionysii⟩
→ **Monachus ⟨Sancti Dionysii⟩**

Anonymus ⟨Sancti Petri Nestvediensis⟩
→ **Anonymus ⟨Nestvediensis⟩**

Anonymus ⟨Schweizer⟩
→ **Schweizer Anonymus**

Anonymus ⟨Scotus⟩
7. Jh.
Commentarius in epistolas catholicas
LMA,I,674/75
Anonymus ⟨Scottus⟩
Anonymus Scottus
Anonymus Scotus
Scottus Anonymus
Scotus Anonymus

Anonymus ⟨Spalatensis⟩
14./15. Jh.
De actibus Zuonimiri regis
Rep.Font. II,362; IV,125
Anonymus Spalatensis
Splitski Anonim

Anonymus ⟨Spervogel⟩
→ **Herger**

Anonymus ⟨Suessionensis⟩
um 1205/06
De terra Iherosolimitana et quomodo ab urbe Constantinopolitana ad Ecclesiam Suessionensem allate sunt reliquie
Rep.Font. II,362; IV,179
Anonymus Suessionensis
Canonicus ⟨Ecclesiae Suessionensis⟩
Canonicus ⟨Suessionensis⟩
Clericus ⟨Ecclesiae Suessionensis⟩
Clericus ⟨Suessionensis⟩

Anonymus ⟨Theologus⟩
→ **Anonymus Theologus in Concilio Constantiensi**

Anonymus ⟨Ticinensis⟩
→ **Opicinus ⟨de Canistris⟩**

Anonymus ⟨Ungarus⟩
→ **Anonymus ⟨Belae Regis Notarius⟩**

Anonymus ⟨Valesianus⟩
ca. 6. Jh.
Excerpta Valesiana; laut LMA handelt es sich bei Anonymus Valesianus um einen Titel, unter dem zwei spätantike historiograph. Texte zusammengefaßt sind
Tusculum-Lexikon; CSGL; Rep.Font. II,362; LMA,I,675
Anonimo ⟨Valesiano⟩
Anonymus ⟨Valesii⟩
Anonymus ⟨Valesius⟩
Anonymus Valesianus
Valesianus, Anonymus
Valesius, Anonymus

Anonymus ⟨Valesii⟩
→ **Anonymus ⟨Valesianus⟩**

Anonymus ⟨Vaticanus⟩
13. Jh.
Historia Sicula (zu Unrecht Amatus ⟨Casinensis⟩ bzw. Galfredus ⟨Malaterra⟩ zugeschrieben)
Rep.Font. IV,363; V,541
Anonymus Vaticanus

Anonymus ⟨Viennensis⟩
um 1443
Chronicon Austriacum, breve, 1402-1443
Rep.Font. II,363; III,277
Anonymus ⟨Vindobonensis⟩
Anonymus Viennensis

Anonymus ⟨Vindobonensis⟩
→ **Anonymus ⟨Viennensis⟩**

Anonymus ⟨von Eichstätt⟩
→ **Heysso ⟨de Haserieth⟩**

Anonymus ⟨von Herrieden⟩
→ **Anonymus ⟨Haserensis⟩**

Anonymus ⟨von Hradisch⟩
→ **Monachus ⟨Gradicensis⟩**

Anonymus ⟨von Laon⟩
→ **Anonymus ⟨Laudunensis⟩**

Anonymus ⟨von Leoben⟩
→ **Anonymus ⟨Leobiensis⟩**

Anonymus ⟨von Muri⟩
→ **Anonymus ⟨Murensis⟩**

Anonymus ⟨von Nestvede⟩
→ **Anonymus ⟨Nestvediensis⟩**

Anonymus ⟨von Piacenza⟩
→ **Antoninus ⟨Placentinus⟩**

Anonymus ⟨von Ravenna⟩
→ **Anonymus ⟨Ravennas⟩**

Anonymus ⟨von Regensburg⟩
→ **Anonymus ⟨Ratisbonensis⟩**

Anonymus ⟨von Reichenbach⟩
→ **Monachus ⟨Reichenbacensis⟩**

Anonymus ⟨von Reinhardsbrunn⟩
→ **Monachus ⟨Reinhardsbrunnensis⟩**

Anonymus ⟨von Rouen⟩
→ **Anonymus ⟨Normannus⟩**

Anonymus ⟨von Sankt Quirin⟩
→ **Tegernseer Anonymus**

Anonymus ⟨von Sankt Stephan zu Hradisst⟩
→ **Monachus ⟨Gradicensis⟩**

Anonymus ⟨von Tegernsee⟩
→ **Tegernseer Anonymus**

Anonymus ⟨von York⟩
→ **Anonymus ⟨Normannus⟩**

Anonymus ⟨Zwetlensis⟩
12. Jh. · OCist
Historia Romanorum Pontificum; nicht identisch mit Anonymus Coenobita Zwetlensis
Rep.Font. II,363
Anonymus Zwetlensis

Anonymus Basiliensis Poeta
13. Jh.
Carmina anonymi Basileensis; nicht identisch mit Anonymus ⟨Basiliensis⟩ (15. Jh.)
Rep.Font. II,357; III,138
Anonymus ⟨Basiliensis⟩
Anonymus ⟨Basiliensis Poeta⟩
Anonymus Basileensis Poeta
Basler Kleriker
Clericus Curiae Episcopalis Basileensis

Anonymus Clericus ⟨Normannus⟩
um 1328
De Bavari apostasia; Verfasser kam aus der Normandie nach Konstanz
Rep.Font. II,361; IV,128
Anonymus Clericus Normannus
Monachus ⟨Normannus⟩

Anonymus Coenobita Zwetlensis
14. Jh.
Annales Zwetlenses a. 1348-1362, 1386 (=Continuatio Zwetlenses IV); nicht identisch mit Anonymus ⟨Zwetlensis⟩
Rep.Font. II,353 u. 363
Anonymus Coenobita ⟨Zwetlensis⟩

Anonymus Monachus ⟨Bavarus⟩
14. Jh.
Compilatio chronologica rerum Boicarum 1000-1388; nicht identisch mit Anonymus ⟨Bavarus⟩ (um 1418)
Rep.Font. II,357; III,524
Anonymus ⟨Bavarus⟩
Anonymus Bavarus
Anonymus Monachus Bavarus
Monachus ⟨Bavarus⟩
Monachus Bavarus

Anonymus Monachus ⟨Emmerammensis⟩
→ **Monachus ⟨Emmeramensis⟩**

Anonymus Monachus ⟨Reichenbacensis⟩
→ **Monachus ⟨Reichenbacensis⟩**

Anonymus Monachus ⟨Reinhardsbrunnensis⟩
→ **Monachus ⟨Reinhardsbrunnensis⟩**

Anonymus Spervogel
→ **Herger**

Anonymus Theologus in Concilio Constantiensi
um 1415/22
Epistola ad Jacobum de Misa; Tractatus a. 1415; Epistola Eloquenti viro domino N., verbi Dei seminatori in Praga
Rep.Font. II,362; IV,343
Anonymus ⟨Theologus⟩
Anonymus ⟨Theologus in Concilio Constantiensi⟩
Anonymus Theologus

Ansari
→ **Anṣārī al-Harawī, 'Abdallāh Ibn-Muḥammad ¬al-¬**

Anṣārī, 'Abdallāh Ibn-'Alā'-ad-Dīn ¬al-¬
→ **'Abdallāh Ibn-'Alā'-ad-Dīn al-Anṣārī**

Anṣārī, 'Abdallāh Ibn-Muḥammad al-Aḥwas ¬al-¬
→ **Aḥwas, 'Abdallāh Ibn-Muḥammad ¬al-¬**

Anṣārī, 'Abdallāh Ibn-Yūsuf ¬al-¬
→ **Ibn-Hišām, 'Abdallāh Ibn-Yūsuf**

Anṣārī, 'Abdullāh
→ **Anṣārī al-Harawī, 'Abdallāh Ibn-Muḥammad ¬al-¬**

Anṣārī, Aḥmad Ibn-'Alī ¬al-¬
→ **Ibn-Ḫātima, Aḥmad Ibn-'Alī**

Anṣārī, Ka'b Ibn-Mālik
→ **Ka'b Ibn-Mālik al-Anṣārī**

Anṣārī, Muḥammad b. al-Ḳāsim b. Muḥammad b. Aḥmad b. 'Abd-al-Malik ¬al-¬
→ **Anṣārī, Muḥammad Ibn-al-Qāsim ¬al-¬**

Anṣārī, Muḥammad Ibn-al-Qāsim ¬al-¬
14./15. Jh.
Rep.Font. II,363
Anṣārī, Muḥammad b. al-Ḳāsim b. Muḥammad b. Aḥmad b. 'Abd-al-Malik ¬al-¬
Ibn-al-Qāsim, Muḥammad al-Anṣārī
Muḥammad Ibn-al-Qāsim al-Anṣārī

Anṣārī, Muḥammad Ibn-Muḥammad ¬al-¬
→ **Ibn-al-Ǧannān, Muḥammad Ibn-Muḥammad**

Anṣārī al-Harawī, 'Abdallāh Ibn-Muḥammad ¬al-¬
1006 – 1089
Abdallah Ibn-Muhammad al-Ansari al-Harawi
'Abdallāh Ibn-Muḥammad al-Harawī
'Abdullāh Anṣārī ⟨of Herāt⟩
Ansari
Anṣārī, 'Abdullāh
Anṣārī al-Harawī, 'Abdallāh Ibn-Muḥammad ¬al¬
Harawī, 'Abdallāh Ibn-Muḥammad al-Anṣārī ¬al-¬
Ibn-Muḥammad, 'Abdallāh al-Harawī

Anṣārī ar-Raṣṣā', Muḥammad Ibn-al-Qāsim ¬al-¬
→ **Raṣṣā', Muḥammad Ibn-al-Qāsim ¬ar-¬**

Ansbert ⟨de Fontenelle⟩
→ **Ansbertus ⟨Rothomagensis⟩**

Ansbert ⟨de Rouen⟩
→ **Ansbertus ⟨Rothomagensis⟩**

Ansbert ⟨le Clerc Autrichien⟩
→ **Ansbertus ⟨Austriensis⟩**

Ansbert ⟨of Autun⟩
→ **Ansbertus ⟨Augustodunensis⟩**

Ansbert ⟨Saint⟩
→ **Ansbertus ⟨Rothomagensis⟩**

Ansbert ⟨von Rouen⟩
→ **Ansbertus ⟨Rothomagensis⟩**

Ansbertus ⟨Augustodunensis⟩
7. Jh.
Amalbertus ⟨Augustodunensis⟩
Ansbert ⟨of Autun⟩
Ansbertus ⟨Episcopus⟩
Ansebertus ⟨Augustodunensis⟩
Autbertus ⟨Augustodunensis⟩

Ansbertus ⟨Austriensis⟩
um 1189/95
Ansbert ⟨le Clerc Autrichien⟩
Ansbertus ⟨Clericus⟩

Ansbertus ⟨Clericus⟩
→ **Ansbertus ⟨Austriensis⟩**

Ansbertus ⟨Episcopus⟩
→ **Ansbertus ⟨Augustodunensis⟩**

Ansbertus ⟨Fontanellensis⟩
→ **Ansbertus ⟨Rothomagensis⟩**

Ansbertus ⟨of Rouen⟩
→ **Ansbertus ⟨Rothomagensis⟩**

Ansbertus ⟨Presbyter⟩
→ **Ambrosius ⟨Autpertus⟩**

Ansbertus ⟨Rothomagensis⟩
gest. 693
LMA,I,676
Ansbert ⟨de Fontenelle⟩
Ansbert ⟨de Rouen⟩
Ansbert ⟨Saint⟩
Ansbert ⟨von Rouen⟩
Ansbertus ⟨Fontanellensis⟩
Ansbertus ⟨of Rouen⟩
Ansbertus ⟨Sanctus⟩
Ansebertus ⟨Archiepiscopus⟩
Ansebertus ⟨Rothomagensis⟩

Ansbertus ⟨Sanctus⟩
→ **Ansbertus ⟨Rothomagensis⟩**

Ansbertus, Ambrosius
→ **Ambrosius ⟨Autpertus⟩**

Anscharius ⟨Hamburgensis⟩
801 – 865
LMA,I,690/691
Anscarius ⟨Episcopus⟩
Anschaire ⟨Saint⟩
Anscharius ⟨Bremensis⟩
Anscharius ⟨of Hamburg⟩
Anscharius ⟨Sanctus⟩
Ansgar ⟨der Apostel des Nordens⟩
Ansgar ⟨Heiliger⟩
Ansgar ⟨von Hamburg-Bremen⟩
Ansgarius ⟨Hamburgensis⟩
Ansger ⟨Heiliger⟩
Anskarius ⟨Bremensis⟩
Anskarius ⟨Hamburgensis⟩

Ansebertus ⟨...⟩
→ **Ansbertus ⟨...⟩**

Ansegisus ⟨Fontanellensis⟩
ca. 770 – 833
Capitularium collectio
LMA,I,677/678
Ansegis ⟨von Fontenelle⟩
Ansegisus ⟨Abbas⟩
Ansegisus ⟨Luxoviensis⟩
Ansegisus ⟨Sanctus⟩

Ansellus ⟨de Buciaco⟩
→ **Anselmus ⟨de Buciaco⟩**

Ansellus ⟨de Ribémont⟩
→ **Anselmus ⟨de Ribodimonte⟩**

Anselm ⟨Belley, Bischof⟩
→ **Anthelmus ⟨Cartusianus⟩**

Anselm ⟨der Peripatetiker⟩
→ **Anselmus ⟨de Bisatis⟩**

Anselm ⟨Meister⟩
→ **Anselmus ⟨Magister⟩**

Anselm ⟨of Aosta⟩
→ **Anselmus ⟨Cantuariensis⟩**

Anselm ⟨of Bec⟩
→ **Anselmus ⟨Cantuariensis⟩**

Anselm ⟨of Canterbury⟩
→ **Anselmus ⟨Cantuariensis⟩**

Anselm ⟨of Laon⟩
→ **Anselmus ⟨Laudunensis⟩**

Anselm ⟨of Lucca⟩
→ **Anselmus ⟨Lucensis⟩**

Anselm ⟨of Marsico⟩
→ **Anselmus ⟨Marsicanus⟩**

Anselm ⟨of Reims⟩
→ **Anselmus ⟨Remensis⟩**

Anselm ⟨Saint⟩
→ **Anselmus ⟨Cantuariensis⟩**

Anselm ⟨Turmeda⟩
→ **Mayurqī, 'Abdallāh Ibn-'Abdallāh ¬al-¬**

Anselm ⟨von Baggio⟩
→ **Alexander ⟨Papa, II.⟩**

Anselm ⟨von Besate⟩
→ **Anselmus ⟨de Bisatis⟩**

Anselm ⟨von Canterbury⟩
→ **Anselmus ⟨Cantuariensis⟩**

Anselm ⟨von Eyb⟩
1444 – 1477
Pilgerbuch für das Morgenland
VL(2),1,381/382
Eyb, Anselm ¬von¬

Anselm ⟨von Frankenstein⟩
um 1381/1404
Briefemuster
VL(2),1,382/84
Frankenstein, Anselm ¬von¬

Anselm ⟨von Gembloux⟩
→ **Anselmus ⟨Gemblacensis⟩**

Anselm ⟨von Havelberg⟩
→ **Anselmus ⟨Havelbergensis⟩**

Anselm ⟨von Laon⟩
→ **Anselmus ⟨Laudunensis⟩**

Anselm ⟨von Lucca⟩
→ **Alexander ⟨Papa, II.⟩**
→ **Anselmus ⟨Lucensis⟩**

Anselm ⟨von Lüttich⟩
→ **Anselmus ⟨Leodiensis⟩**

Anselm ⟨von Mainz⟩
→ **Anselmus ⟨Moguntinensis⟩**

Anselm ⟨von Saint-Remi⟩
→ **Anselmus ⟨Remensis⟩**

Anselme ⟨de Baggio⟩
→ **Alexander ⟨Papa, II.⟩**

Anselme ⟨de Bec⟩
→ **Anselmus ⟨Cantuariensis⟩**

Anselme ⟨de Besate⟩
→ **Anselmus ⟨de Bisatis⟩**

Anselme ⟨de Boissy⟩
→ **Anselmus ⟨de Buciaco⟩**

Anselme ⟨de Canterbury⟩
→ **Anselmus ⟨Cantuariensis⟩**

Anselme ⟨de Côme⟩
→ **Anselmus ⟨de Cumis⟩**

Anselme ⟨de Gênes⟩
→ **Anselmus ⟨de Alexandria⟩**

Anselme ⟨de Laon⟩
→ **Anselmus ⟨Laudunensis⟩**

Anselme ⟨de Lucques⟩
→ **Alexander ⟨Papa, II.⟩**
→ **Anselmus ⟨Lucensis⟩**

Anselme ⟨de Marsico⟩
→ **Anselmus ⟨Marsicanus⟩**

Anselme ⟨de Reims⟩
→ **Anselmus ⟨Remensis⟩**

Anselme ⟨de Ribémont⟩
→ **Anselmus ⟨de Ribodimonte⟩**

Anselme ⟨le Péripatéticien⟩
→ **Anselmus ⟨de Bisatis⟩**

Anselme ⟨of Gembloux⟩
→ **Anselmus ⟨Gemblacensis⟩**

Anselme ⟨of Liège⟩
→ **Anselmus ⟨Leodiensis⟩**

Anselme ⟨Saint⟩
→ **Anselmus ⟨Cantuariensis⟩**

Anselmo ⟨da Baggio⟩
→ **Alexander ⟨Papa, II.⟩**

Anselmo ⟨da Vairano⟩
→ **Anselmus ⟨de Vairano⟩**

Anselmo ⟨d'Aosta⟩
→ **Anselmus ⟨Cantuariensis⟩**

Anselmo ⟨di Marsico⟩
→ **Anselmus ⟨Marsicanus⟩**

Anselmo ⟨of Lucca⟩
→ **Alexander ⟨Papa, II.⟩**
→ **Anselmus ⟨Lucensis⟩**

Anselmus ⟨a Besate⟩
→ **Anselmus ⟨de Bisatis⟩**

Anselmus ⟨Alexandrinus⟩
→ **Anselmus ⟨de Alexandria⟩**

Anselmus ⟨Anglicus⟩
→ **Anselmus ⟨Laudunensis⟩**

Anselmus ⟨Badegius⟩
→ **Anselmus ⟨Lucensis⟩**

Anselmus ⟨Baggio⟩
→ **Anselmus ⟨Lucensis⟩**

Anselmus ⟨Beccensis⟩
→ **Anselmus ⟨Cantuariensis⟩**

Anselmus ⟨Canonicus⟩
→ **Anselmus ⟨Laudunensis⟩**

Anselmus ⟨Cantuariensis⟩
1033 – 1109
Stegmüller, Repert. sentent. 679; LThK; VL(2); LMA,I,680/687
Anselm ⟨of Aosta⟩
Anselm ⟨of Bec⟩
Anselm ⟨of Canterbury⟩
Anselm ⟨Saint⟩
Anselm ⟨von Canterburg⟩
Anselm ⟨von Canterbury⟩
Anselme ⟨de Bec⟩
Anselme ⟨de Canterbury⟩
Anselme ⟨de Cantorbery⟩
Anselme ⟨Saint⟩
Anselmo ⟨d'Aosta⟩
Anselmus ⟨Beccensis⟩
Anselmus ⟨Sanctus⟩
Anselmus ⟨von Canterbury⟩
Pseudo-Anselmus ⟨Cantuariensis⟩
Pseudo-Anselmus ⟨de Canterbury⟩

Anselmus ⟨Comes Valentianuensis⟩
→ **Anselmus ⟨de Ribodimonte⟩**

Anselmus ⟨de Alexandria⟩
um 1262/95 · OP
Tractatus de haereticis; Identität mit Anselmus ⟨de Ianua⟩ nicht gesichert
Kaeppeli,I,79; DOC,1,144; Schönberger/Kible, Repertorium, 11430; Rep.Font. II,365
Alexandria, Anselmus ¬de¬
Anselme ⟨de Gênes⟩
Anselmus ⟨Alexandrinus⟩
Anselmus ⟨de Ianua⟩
Anselmus ⟨Inquisitor Genuae⟩

Anselmus ⟨de Baggio⟩
→ **Alexander ⟨Papa, II.⟩**

Anselmus ⟨de Besate⟩
→ **Anselmus ⟨de Bisatis⟩**

Anselmus ⟨de Bisatis⟩
11. Jh.
Tusculum-Lexikon; LThK; CSGL; LMA,I,680
Anselm ⟨der Peripatetiker⟩
Anselm ⟨von Besate⟩
Anselme ⟨de Besate⟩
Anselme ⟨le Péripatéticien⟩
Anselmus ⟨a Besate⟩
Anselmus ⟨de Besate⟩
Anselmus ⟨Peripateticus⟩
Bisatis, Anselmus ¬de¬

Anselmus ⟨de Boissy⟩
→ **Anselmus ⟨de Buciaco⟩**

Anselmus ⟨de Bouchy⟩
→ **Anselmus ⟨de Buciaco⟩**

Anselmus ⟨de Buciaco⟩
gest. ca. 1280
Schneyer,I,288
Ansellus ⟨de Buciaco⟩
Anselme ⟨de Boissy⟩
Anselme ⟨de Buchiaco⟩
Anselmus ⟨de Boissy⟩
Anselmus ⟨de Bouchy⟩
Anselmus ⟨de Buchiaco⟩
Anselmus ⟨du Mesnil⟩
Buciaco, Anselmus ¬de¬

Anselmus ⟨de Cumis⟩
um 1335/44
GCorr.
Lohr
Anselme ⟨de Côme⟩
Anselme ⟨de Cumis⟩
Anselmus ⟨de Guittis⟩
Anselmus ⟨Guittus⟩
Cumis, Anselmus ¬de¬
Guittis, Anselmus ¬de¬

Anselmus ⟨de Guittis⟩
→ **Anselmus ⟨de Cumis⟩**

Anselmus ⟨de Havelberg⟩
→ **Anselmus ⟨Havelbergensis⟩**

Anselmus ⟨de Ianua⟩
→ **Anselmus ⟨de Alexandria⟩**

Anselmus ⟨de Lucca⟩
→ **Alexander ⟨Papa, II.⟩**
→ **Anselmus ⟨Lucensis⟩**

Anselmus ⟨de Mantua⟩
→ **Anselmus ⟨Lucensis⟩**

Anselmus ⟨de Mauleon⟩
→ **Anselmus ⟨Laudunensis⟩**

Anselmus ⟨de Monte Lauduno⟩
→ **Anselmus ⟨Laudunensis⟩**

Anselmus ⟨de Monte Leonis⟩
→ **Anselmus ⟨Laudunensis⟩**

Anselmus ⟨de Ribodimonte⟩
gest. 1099
Epistulae duae ad Manassem archiepiscopum Remensem
Rep.Font. II,369
Ansellus ⟨de Ribémont⟩
Anselme ⟨de Ribémont⟩
Anselme ⟨Ribemont, Comte⟩
Anselmus ⟨Comes Valentianuensis⟩
Ribodimonte, Anselmus ¬de¬

Anselmus ⟨de Vairano⟩
13. Jh.
Cronaca
Rep.Font. II,369
Anselmo ⟨da Vairano⟩
Vairano, Anselmus ¬de¬

Anselmus ⟨du Mesnil⟩
→ **Anselmus ⟨de Buciaco⟩**

Anselmus ⟨Episcopus⟩
→ **Anselmus ⟨Lucensis⟩**

Anselmus ⟨Gemblacensis⟩
gest. 1137
CSGL; Potth.
Anselm ⟨von Gembloux⟩
Anselme ⟨of Gembloux⟩

Anselmus ⟨Guittus⟩
→ **Anselmus ⟨de Cumis⟩**

Anselmus ⟨Havelbergensis⟩
ca. 1099 – 1158
LThK; VL(2); Potth.; LMA,I,678
Anselm ⟨von Havelberg⟩
Anselmus ⟨de Havelberg⟩
Anselmus ⟨of Havelberg⟩
Anselmus ⟨of Ravenna⟩
Anselmus ⟨Ravennatis⟩

Anselmus ⟨Inquisitor Genuae⟩
→ **Anselmus ⟨de Alexandria⟩**

Anselmus ⟨Laudunensis⟩
ca. 1050 – 1117
Anselmus ⟨Anglicus⟩ ist eine irrtüml. Benennung in Ms. Reg. 246
Stegmüller, Repert. bibl. 1371,1-1371,3 und 1349; LThK; CSGL; LMA,I,687/688
Anselm ⟨of Laon⟩
Anselm ⟨von Laon⟩
Anselme ⟨de Laon⟩
Anselmus ⟨Anglicus⟩
Anselmus ⟨Canonicus⟩
Anselmus ⟨de Mauleon⟩
Anselmus ⟨de Monte Lauduno⟩
Anselmus ⟨de Monte Leonis⟩
Anselmus ⟨of Laon⟩
Anselmus ⟨Scholasticus⟩
Pseudo-Anselm
Pseudo-Anselmus ⟨Laudunensis⟩

Anselmus ⟨Leodiensis⟩
ca. 1005 – 1056
Gesta episcoporum Leodiensium
LThK; CSGL; LMA,I,688/689
Anselm ⟨von Lüttich⟩
Anselme ⟨of Liège⟩

Anselmus ⟨Lucensis⟩
1036 – 1086 (2. Bischof)
LThK; CSGL; Potth.; LMA,I,679/680
Anselm ⟨of Lucca⟩
Anselm ⟨von Lucca⟩
Anselme ⟨de Lucques⟩
Anselmo ⟨of Lucca⟩
Anselmus ⟨Badagio⟩
Anselmus ⟨Badegius⟩
Anselmus ⟨Baggio⟩
Anselmus ⟨de Lucca⟩
Anselmus ⟨de Mantua⟩
Anselmus ⟨Episcopus⟩
Anselmus ⟨of Lucca⟩

Anselmus ⟨Magister⟩
um 1461
Contra pestilenciam; Identität mit Anshelmis ⟨Maister⟩ wahrscheinlich
VL(2),1,379
Anselm ⟨Meister⟩
Anselmus ⟨Meister⟩
Anselmus ⟨Meyster⟩
Anselmus ⟨Wundarzt⟩
Anshelmis ⟨Maister⟩
Magister Anselmus
Maister Anshelmis

Anselmus ⟨Marsicanus⟩
gest. 1210
CSGL
Anselm ⟨of Marsico⟩
Anselme ⟨de Marsico⟩
Anselmo ⟨de Marsico⟩
Anselmo ⟨di Marsico⟩
Marsicanus, Anselmus

Anselmus ⟨Meister⟩
→ **Anselmus ⟨Magister⟩**

Anselmus ⟨Moguntinensis⟩
12. Jh.
Tusculum-Lexikon; VL(2); CSGL
Anselm ⟨von Mainz⟩

Anselmus ⟨of Havelberg⟩
→ **Anselmus ⟨Havelbergensis⟩**

Anselmus ⟨of Laon⟩
→ **Anselmus ⟨Laudunensis⟩**

Anselmus ⟨of Lucca⟩
→ **Alexander ⟨Papa, II.⟩**
→ **Anselmus ⟨Lucensis⟩**

Anselmus ⟨of Ravenna⟩
→ **Anselmus ⟨Havelbergensis⟩**

Anselmus ⟨of Reims⟩
→ **Anselmus ⟨Remensis⟩**

Anselmus ⟨Peripateticus⟩
→ **Anselmus ⟨de Bisatis⟩**

Anselmus ⟨Ravennatis⟩
→ **Anselmus ⟨Havelbergensis⟩**

Anselmus ⟨Remensis⟩
gest. 1056
LMA,I,689
Anselm ⟨of Reims⟩
Anselm ⟨von Saint-Remi⟩
Anselme ⟨de Reims⟩
Anselmus ⟨of Reims⟩
Anselmus ⟨Sancti Remigii Remensis⟩

Anselmus ⟨Sancti Remigii Remensis⟩
→ **Anselmus ⟨Remensis⟩**

Anselmus ⟨Sanctus⟩
→ **Anselmus ⟨Cantuariensis⟩**

Anselmus ⟨Scholasticus⟩
→ **Anselmus ⟨Laudunensis⟩**

Anselmus ⟨von Canterbury⟩
→ **Anselmus ⟨Cantuariensis⟩**

Anselmus ⟨Wundarzt⟩
→ **Anselmus ⟨Magister⟩**

Anselmus, Flavius
→ **Flavius ⟨Anselmus⟩**

Ansgar ⟨Heiliger⟩
→ **Anscharius ⟨Hamburgensis⟩**

Ansgar ⟨von Hamburg-Bremen⟩
→ **Anscharius ⟨Hamburgensis⟩**

Anshelmis ⟨Maister⟩
→ **Anselmus ⟨Magister⟩**

Anshelmus ⟨Meister⟩
um 1417
Anweisung zur Anwendung eines „Pflasters" u. ä.
VL(2),1,395/96
Meister Anshelmus

Ansileubus
8./10. Jh.
Vielleicht Verf. des „Liber glossarum"
Rep.Font. II,369
Ansileub ⟨Evêque Goth⟩
Ansileub ⟨Lexicographe⟩
Ansileube ⟨Evêque Goth⟩
Ansileubus ⟨Gothicus Episcopus⟩

Anskarius ⟨Bremensis⟩
→ **Anscharius ⟨Hamburgensis⟩**

Anskarius ⟨Hamburgensis⟩
→ **Anscharius ⟨Hamburgensis⟩**

Anso ⟨Lobiensis⟩
gest. 800 · OSB
Vita Sancti Ermini; Vita Sancti Ursmari
Rep.Font. II,370
Anso ⟨Abbas Lobiensis⟩
Anso ⟨von Lobbes⟩
Anson ⟨de Lobbes⟩
Ansus ⟨Lobiensis⟩

Āṇṭāḷ
9. Jh.
Ind.-tamil. Mystikerin
Andal
Gōdā
Kōtai

'Antara Ibn-Šaddād
6. Jh.
Antara
Antara, Ibn Schaddad
'Antara Ibn Shaddād
Falḥā', 'Antara Ibn-Šaddād ¬al-¬
Ibn-Šaddād al-Falḥā', 'Antara

Antecessor, Dorotheus
→ **Dorotheus ⟨Antecessor⟩**

Antecessor, Iulianus
→ **Iulianus ⟨Antecessor⟩**

Antecessor, Stephanus
→ **Stephanus ⟨Antecessor⟩**

Antecessor, Theophilus
→ **Theophilus ⟨Antecessor⟩**

Antegnatis, Gasapinus ¬de¬
→ **Gasapinus ⟨de Antegnatis⟩**

Antella, Guido Filippi ¬dell'¬
→ **Filippi dell'Antella, Guido**

Antemio ⟨di Tralle⟩
→ **Anthemius ⟨Trallianus⟩**

Anthelmus ⟨Cartusianus⟩
1107 – 1178 · OCart
De institutionibus Ordinis Carthusiensis
Rep.Font. II,370
Anselm ⟨Belley, Bischof⟩
Antelm ⟨Kartäuser⟩

Antelme ⟨de Belley⟩
Antelme ⟨de Chignin⟩
Antelme ⟨de Portes⟩
Antelme ⟨Evêque⟩
Antelme ⟨Saint⟩
Antelmus ⟨Bellicensis⟩
Antelmus ⟨Cartusiensis⟩
Antelmus ⟨Episcopus⟩
Antelmus ⟨Sanctus⟩
Anthelm ⟨Bishop⟩
Anthelm ⟨de Chignin⟩
Anthelme ⟨Chartreux⟩
Anthelme ⟨de Belley⟩
Anthelme ⟨de Chignin⟩
Anthelme ⟨Evêque⟩
Anthelme ⟨of Belley⟩
Anthelme ⟨Saint⟩
Anthelmus ⟨Bellicensis⟩
Anthelmus ⟨Bischof⟩
Anthelmus ⟨Carthusianus⟩
Anthelmus ⟨Carthusiensis⟩
Anthelmus ⟨Episcopus⟩
Anthelmus ⟨Heiliger⟩
Anthelmus ⟨Kartäuser⟩
Anthelmus ⟨Prior⟩
Anthelmus ⟨Sanctus⟩
Anthelmus ⟨von Belley⟩
Anthelmus ⟨von Chignin⟩
Cartusianus, Anthelmus

Anthelmus ⟨Schireburnensis⟩
→ **Aldhelmus ⟨Schireburnensis⟩**

Anthemius ⟨Trallianus⟩
gest. 534
Tusculum-Lexikon; CSGL
Antemio ⟨di Tralle⟩
Anthemios
Anthemios ⟨von Tralleis⟩
Anthemius
Anthemius ⟨aus Tralleis⟩
Anthemius ⟨Bruder des Alexandros von Tralleis⟩
Anthemius ⟨Mathematicus⟩
Anthemius ⟨Mathematiker⟩
Anthemius ⟨Mechanicus⟩
Anthemius ⟨Mechanicus et Mathematicus⟩
Anthemius ⟨of Tralles⟩
Anthemius ⟨Paradoxographus⟩
Anthemius ⟨Sohn des Stephanos⟩
Anthemius ⟨Trallensis⟩
Trallianus, Anthemius

Anthimus
→ **Anthimus ⟨Medicus⟩**

Anthimus ⟨Constantinopolitanus⟩
um 533/36
Epistula ad Jacobum Baradaeum; Sermo ad Iustinianum; Epistula ad Severum; etc.
Cpg 7085-7088; Rep.Font. II,370
Anthime ⟨de Trébisonde⟩
Anthime ⟨Evêque⟩
Anthimos ⟨of Constantinople⟩
Anthimos ⟨Patriarch⟩
Anthimos ⟨von Konstantinopel⟩
Anthimus ⟨Patriarcha⟩
Anthimus ⟨Trapezuntinus⟩
Anthimus ⟨Trapezuntius⟩
Constantinopolitanus, Anthimus

Anthimus ⟨Medicus⟩
um 511/34
Tusculum-Lexikon; CSGL; LMA,I,695
Anthime
Anthimos
Anthimos ⟨Byzantinischer Arzt⟩
Anthimus
Anthimus ⟨Greek Physician⟩
Anthimus ⟨Griechischer Arzt⟩
Medicus, Anthimus

Anthimus ⟨Patriarcha⟩
→ **Anthimus ⟨Constantinopolitanus⟩**

Anthimus ⟨Trapezuntinus⟩
→ **Anthimus ⟨Constantinopolitanus⟩**

Anthis ⟨von Lambsheim⟩
→ **Antonius ⟨von Lambsheim⟩**

Anthoine ⟨...⟩
→ **Antoine ⟨...⟩**

Anthon ⟨Sorg⟩
→ **Sorg, Anton**

Anthonis ⟨de Roovere⟩
ca. 1430 – 1482
Verfasser der Cronike van Vlaenderen, Dits die excellente, von 1467-1482
Rep.Font. II,380; LMA,VII,1025
Antoine ⟨de Roovere⟩
Antonius ⟨de Roovere⟩
Roovere, Anthonis ¬de¬

Anthonius ⟨Geraldinus⟩
→ **Geraldinus, Antonius**

Anthonius ⟨Haneron⟩
→ **Haneron, Anthonius**

Anthony ⟨of Parma⟩
→ **Antonius ⟨de Parma⟩**

Anthonyus ⟨...⟩
→ **Antonius ⟨...⟩**

Antiochenus, Anastasius
→ **Anastasius ⟨Antiochenus⟩**

Antiochenus, Antoninus
→ **Antoninus ⟨Antiochenus⟩**

Antiochenus, Dionysius
→ **Dionysius ⟨Antiochenus⟩**

Antiochenus, Gregorius
→ **Gregorius ⟨Antiochenus⟩**

Antiochenus, Job
→ **Job ⟨Antiochenus⟩**

Antiochenus, Johannes
→ **Johannes ⟨Antiochenus⟩**
→ **Johannes ⟨Antiochenus, Chronista⟩**

Antiochenus, Petrus
→ **Petrus ⟨Antiochenus⟩**

Antiochenus, Severus
→ **Severus ⟨Antiochenus⟩**

Antiochenus, Theodorus
→ **Theodorus ⟨Antiochenus⟩**

Antiochenus, Theodosius
→ **Theodosius ⟨Antiochenus⟩**

Antiochenus, Timotheus
→ **Timotheus ⟨Antiochenus⟩**

Antiochenus, Victor
→ **Victor ⟨Antiochenus⟩**

Antiochos ⟨Pandektes⟩
→ **Antiochus ⟨Sancti Sabae⟩**

Antiochos ⟨von Mar Saba⟩
→ **Antiochus ⟨Sancti Sabae⟩**

Antiochos, Gregorios
→ **Gregorius ⟨Antiochus⟩**

Antiochus ⟨de Medosaga⟩
→ **Antiochus ⟨Sancti Sabae⟩**

Antiochus ⟨de Saint-Sabas⟩
→ **Antiochus ⟨Sancti Sabae⟩**

Antiochus ⟨Laureae Sabae⟩
→ **Antiochus ⟨Sancti Sabae⟩**

Antiochus ⟨Monachus⟩
→ **Antiochus ⟨Sancti Sabae⟩**

Antiochus ⟨Palaestinensis⟩
→ **Antiochus ⟨Sancti Sabae⟩**

Antiochus ⟨Sancti Sabae⟩
7. Jh.
Pandecta Scripturae sacrae; De Persica captivitate
LMA,I,719; DOC,1,254/255 und DOC,2,1668; Tusculum-Lexikon
Antiochos ⟨Pandektes⟩
Antiochos ⟨von Mar Saba⟩
Antiochus ⟨de Medosaga⟩
Antiochus ⟨de Saint-Sabas⟩
Antiochus ⟨de Saint-Sabba⟩
Antiochus ⟨Laureae Sabae⟩
Antiochus ⟨Moine⟩
Antiochus ⟨Monachus⟩
Antiochus ⟨Palaestinensis⟩
Antiochus ⟨Palestinensis⟩
Antiochus ⟨Strategius⟩
Antioco ⟨di San Saba⟩
Antioco ⟨Strategio⟩
Eustratius
Sancti Sabae, Antiochus
Strategio ⟨di Mar Saba⟩
Strategio ⟨Monaco⟩
Strategius
Stratego

Antiochus ⟨Strategius⟩
→ **Antiochus ⟨Sancti Sabae⟩**

Antiochus, Gregorius
→ **Gregorius ⟨Antiochus⟩**

Antioco ⟨di San Saba⟩
→ **Antiochus ⟨Sancti Sabae⟩**

Antioco ⟨Strategio⟩
→ **Antiochus ⟨Sancti Sabae⟩**

Antoine ⟨ab Ecclesia⟩
→ **Antonius ⟨de Ecclesia⟩**

Antoine ⟨Abbé Olivétain⟩
→ **Antonius ⟨de Bargio⟩**

Antoine ⟨Aldebert⟩
um 1457/79
Journal (Historia monasterii S. Felicis, 1457 - 1479)
Rep.Font. II,372
Aldebert, Antoine

Antoine ⟨André⟩
→ **Antonius ⟨Andreas⟩**

Antoine ⟨Astesan⟩
→ **Antonius ⟨Astesanus⟩**

Antoine ⟨Astrologue⟩
→ **Antonius ⟨de Monte Ulmi⟩**

Antoine ⟨Averulino⟩
→ **Filarete**

Antoine ⟨Balotto⟩
→ **Antonius ⟨de Vercellis⟩**

Antoine ⟨Busnois⟩
→ **Busnois, Antoine**

Antoine ⟨Canobio⟩
→ **Canobius, Antonius**

Antoine ⟨Cassimatas⟩
→ **Antonius ⟨Cassimatas⟩**

Antoine ⟨Caxal⟩
→ **Caxal, Antonius**

Antoine ⟨Cermisone⟩
→ **Cermisonus, Antonius**

Antoine ⟨Chozébite⟩
→ **Antonius ⟨Chozibita⟩**

Antoine ⟨Clerc à Breslau⟩
→ **Antonius ⟨de Ihringen⟩**

Antoine ⟨Commentateur⟩
→ **Antonius ⟨de Ancona⟩**

Antoine ⟨Cortese⟩
→ **Cortesius, Antonius**

Antoine ⟨Coste⟩
→ **Antonius ⟨Coste⟩**

Antoine ⟨dall'Abazia⟩
→ **Antonius ⟨de Abbatia⟩**

Antoine ⟨d'Ancone⟩
→ **Antonius ⟨de Ancona⟩**

Antoine ⟨d'Assise⟩
→ **Antonius ⟨de Assisi⟩**

Antoine ⟨d'Asti⟩
→ **Antonius ⟨Astesanus⟩**
→ **Antonius ⟨de Aste⟩**

Antoine ⟨d'Azario⟩
→ **Antonius ⟨de Parma⟩**

Antoine ⟨de Balocco⟩
→ **Antonius ⟨de Vercellis⟩**

Antoine ⟨de Barcelone⟩
→ **Caxal, Antonius**

Antoine ⟨de Barge⟩
→ **Antonius ⟨de Bargio⟩**

Antoine ⟨de Bitonto⟩
→ **Antonius ⟨de Bitonto⟩**

Antoine ⟨de Bologne⟩
→ **Antonius ⟨de Bononia⟩**

Antoine ⟨de Budrio⟩
→ **Antonius ⟨de Butrio⟩**

Antoine ⟨de Busnes⟩
→ **Busnois, Antoine**

Antoine ⟨de Carlenis⟩
→ **Antonius ⟨de Carlenis⟩**

Antoine ⟨de Chozébite⟩
→ **Antonius ⟨Chozibita⟩**

Antoine ⟨de Constantinople⟩
→ **Antonius ⟨Constantinopolitanus⟩**

Antoine ⟨de Crémone⟩
→ **Antonius ⟨de Cremona⟩**

Antoine ⟨de Faenza⟩
→ **Antonius ⟨Macco⟩**

Antoine ⟨de Florence⟩
→ **Antonius ⟨de Medicis⟩**

Antoine ⟨de Itela⟩
→ **Antonius ⟨de Vercellis⟩**

Antoine ⟨de la Cerda⟩
→ **Antonius ⟨Cerda⟩**

Antoine ⟨de la Merci⟩
→ **Caxal, Antonius**

Antoine ⟨de la Sale⟩
ca. 1385 – ca. 1460
Franz. Dichter; La Salade; La Sale; Histoire et plaisante cronicque du petit Jehan de Saintré et de la jeune dame des Belles Cousines
Rep.Font. II,373; LMA,I,727/728
Anthoine ⟨de laSale⟩
Antoine ⟨de LaSale⟩
Antonius ⟨Lasalle⟩
LaSale, Anthoine ¬de¬
LaSale, Antoine ¬de¬
LaSalle, Anthoine ¬de¬
LaSalle, Antoine ¬de¬
Sale, Antoine ¬de la¬
Salle, Antoine ¬de la¬

Antoine ⟨de la Taverne⟩
gest. 1448
Journal de la paix d'Arras
Rep.Font. II,374
LaTaverne, Antoine ¬de¬
Taverne, Antoine ¬de la¬

Antoine ⟨de Lucques⟩
→ **Antonius ⟨Lucensis⟩**

Antoine ⟨de Marsico⟩
→ **Antonius ⟨de Medicis⟩**

Antoine ⟨de Monte dell'Olmo⟩
→ **Antonius ⟨de Monte Ulmi⟩**

Antoine ⟨de Montoro⟩
→ **Montoro, Antón ¬de¬**

Antoine ⟨de Nazario⟩
→ **Antonius ⟨de Nazario⟩**

Antoine ⟨de Padoue⟩
→ **Antonius ⟨de Padua⟩**

Antoine ⟨de Parme⟩
→ **Antonius ⟨de Parma⟩**

Antoine ⟨de Pera⟩
→ **Antonius ⟨de Pera⟩**

Antoine ⟨de Raude⟩
→ **Antonius ⟨Raudensis⟩**

Antoine ⟨de Rho⟩
→ **Antonius ⟨Raudensis⟩**

Antoine ⟨de Rodo⟩
→ **Antonius ⟨Raudensis⟩**

Antoine ⟨de Roovere⟩
→ **Anthonis ⟨de Roovere⟩**

Antoine ⟨de Saint-Georges⟩
→ **Antonius ⟨Chozibita⟩**

Antoine ⟨de Schnackenbourg⟩
→ **Schnackenburg, Antonius**

Antoine ⟨de Tarragone⟩
→ **Caxal, Antonius**

Antoine ⟨de Verceil⟩
→ **Antonius ⟨de Nazario⟩**
→ **Antonius ⟨de Vercellis⟩**

Antoine ⟨de Weringen⟩
→ **Antonius ⟨de Ihringen⟩**

Antoine ⟨della Chiesa⟩
→ **Antonius ⟨de Ecclesia⟩**

Antoine ⟨de'Medici⟩
→ **Antonius ⟨de Medicis⟩**

Antoine ⟨di Aquila⟩
→ **Antonio ⟨di Buccio⟩**

Antoine ⟨di Boezio⟩
→ **Antonio ⟨di Buccio⟩**

Antoine ⟨di Buccio⟩
→ **Antonio ⟨di Buccio⟩**

Antoine ⟨di Niccolò⟩
→ **Antonio ⟨di Niccolò⟩**

Antoine ⟨di San Vittorino⟩
→ **Antonio ⟨di Buccio⟩**

Antoine ⟨d'Ihringen⟩
→ **Antonius ⟨de Ihringen⟩**

Antoine ⟨du Val⟩
ca. 14./15. Jh.
DuVal, Anthoine
DuVal, Antoine
Val, Anthoine ¬du¬
Val, Antoine ¬du¬

Antoine ⟨Geraldini⟩
→ **Geraldinus, Antonius**

Antoine ⟨Ghislandi⟩
→ **Antonius ⟨de Gislandis⟩**

Antoine ⟨Ginebreda⟩
→ **Antonio ⟨Ginebreda⟩**

Antoine ⟨Godi⟩
→ **Antonius ⟨Godi⟩**

Antoine ⟨Haneron⟩
→ **Haneron, Anthonius**

Antoine ⟨Ivano⟩
→ **Antonius ⟨Hyvanus⟩**

Antoine ⟨Lollio⟩
→ **Antonius ⟨Lollius⟩**

Antoine ⟨Lotieri⟩
→ **Lotieri, Antonio**

Antoine ⟨Macchi⟩
→ **Antonius ⟨Macco⟩**

Antoine ⟨Manetti⟩
→ **Manetti, Antonio**

Antoine ⟨Pastor⟩
→ **Antonius ⟨Pastor⟩**

Antoine ⟨Patriarche⟩
→ **Antonius ⟨Constantinopolitanus⟩**

Antoine ⟨Pucci⟩
→ **Pucci, Antonio**

Antoine ⟨Raudensis⟩
→ **Antonius ⟨Raudensis⟩**

Antoine ⟨Rossellino⟩
→ **Rossellino, Antonio**

Antoine ⟨Saint⟩
→ **Antonius ⟨de Padua⟩**

Antoine ⟨Schiattosi⟩
→ **Antonio ⟨Schiattosi⟩**

Antoine ⟨Sorg⟩
→ **Sorg, Anton**

Antoine ⟨Steinhuser⟩
→ **Steinhuser, Töni**

Antoine ⟨Valotto⟩
→ **Antonius ⟨de Vercellis⟩**

Antoine, Jacques
→ **Jacobus ⟨Antonii⟩**

Antón ⟨de Montoro⟩
→ **Montoro, Antón ¬de¬**

Anton ⟨Etzel⟩
→ **Etzel, Anton**

Anton ⟨Schnackenburg⟩
→ **Schnackenburg, Antonius**

Anton ⟨Sorg⟩
→ **Sorg, Anton**

Anton ⟨von Ihringen⟩
→ **Antonius ⟨de Ihringen⟩**

Antonello ⟨Carleni⟩
→ **Antonius ⟨de Carlenis⟩**

Antonello ⟨da Messina⟩
1430 – 1479
Antonello
Antonello ⟨di Giovanni degli Antoni⟩
Messina, Antonello ¬da¬

Antonello ⟨di Giovanni degli Antoni⟩
→ **Antonello ⟨da Messina⟩**

Antonellus ⟨de Neapoli⟩
→ **Antonius ⟨de Carlenis⟩**

Antoni ⟨Andreu⟩
→ **Antonius ⟨Andreas⟩**

Antoni ⟨Canals⟩
→ **Canals, Antoni**

Antonii, Jacobus
→ **Jacobus ⟨Antonii⟩**

Antonii, Johann
→ **Campanus, Johannes Antonius**

Antonii, Petrus
→ **Petrus ⟨Antonii⟩**

Antonij ⟨Archiepiskop⟩
→ **Antonij ⟨Novgorodskij⟩**

Antonij ⟨Igumen⟩
→ **Antonij ⟨Rimljanin⟩**

Antonij ⟨Inok⟩
→ **Antonij ⟨Jaroslavskij⟩**

Antonij ⟨Jaroslavskij⟩
um 1471/73
Žitie svjatogo Feodora Rostislaviča Černogo
Rep.Font. II,374
Antonij ⟨Inok⟩
Antonij ⟨Monachus⟩
Antonius ⟨Iaroslavensis⟩
Antonius ⟨Monachus⟩
Inok Antonij

Antonij ⟨Monachus⟩
→ **Antonij ⟨Jaroslavskij⟩**

Antonij ⟨Novgorodskij⟩
gest. 1231
Choždenie v Car'grad
Rep.Font. II,375
Antonij ⟨Archiepiskop⟩
Antonij ⟨Pskovskij⟩
Antonius ⟨Episcopus⟩
Antonius ⟨Novgodoriensis⟩
Dobrynja ⟨Andrejkovič⟩
Dobrynja ⟨Jadrejkovič⟩

Antonij ⟨Prepodobnyj⟩
→ **Antonij ⟨Rimljanin⟩**

Antonij ⟨Pskovskij⟩
→ **Antonij ⟨Novgorodskij⟩**

Antonij ⟨Rimljanin⟩
um 1131/47
Dannaja gramota monastyrju Bogorodicy na zemlju u reki Volchova; Duchovnaja gramota
Rep.Font. II,375/376
Antonij ⟨Igumen⟩
Antonij ⟨Prepodobnyj⟩
Antonius ⟨Fundator Monasterii Nativitatis Deiparae prope Novgorod⟩
Antonius ⟨Hegumenus⟩
Antonius ⟨Romanus⟩
Rimljanin, Antonij

Antonin ⟨Archimandrit⟩
→ **Antoninus ⟨Antiochenus⟩**

Antonin ⟨de Florence⟩
→ **Antoninus ⟨Florentinus⟩**

Antonin ⟨de Plaisance⟩
→ **Antoninus ⟨Placentinus⟩**

Antonino ⟨de Campulo⟩
um 1468
Campulo, Antonino ¬de¬

Antonino ⟨Forciglioni⟩
→ **Antoninus ⟨Florentinus⟩**

Antoninus
Lebensdaten nicht ermittelt
Compendiosum memoriale secundum Antoninum
Stegmüller, Repert. sentent. 70

Antoninus ⟨Antiochenus⟩
5./6. Jh.
„Ad Antoninum episcopum“ des Severus ⟨Antiochenus⟩
Cpg 7071.4
Antiochenus, Antoninus
Antonin ⟨Archimandrit⟩
Antoninus ⟨Episcopus⟩

Antoninus ⟨Archiepiscopus⟩
→ **Antoninus ⟨Florentinus⟩**

Antoninus ⟨de Florentia⟩
→ **Antoninus ⟨Florentinus⟩**

Antoninus ⟨de Plaisance⟩
→ **Antoninus ⟨Placentinus⟩**

Antoninus ⟨de Toscane⟩
→ **Antoninus ⟨Florentinus⟩**

Antoninus ⟨Episcopus⟩
→ **Antoninus ⟨Antiochenus⟩**

Antoninus ⟨Etruscus⟩
→ **Antoninus ⟨Florentinus⟩**

Antoninus ⟨Florentinus⟩
1389 – 1456 · OP
Summa moralis; Tractatus de decimis; Tractatus de restitutione; etc.
CSGL; LMA,I,728
Antonin ⟨de Florence⟩
Antonino ⟨Forciglioni⟩
Antoninus ⟨Archiepiscopus⟩
Antoninus ⟨de Florentia⟩
Antoninus ⟨de Toscane⟩
Antoninus ⟨Etruscus⟩
Antoninus ⟨Forciglioni⟩
Antoninus ⟨Nicolai⟩
Antoninus ⟨Nicolai de Florentia⟩
Antoninus ⟨Nicolai Pierozzi⟩
Antoninus ⟨Nicolai Pierozzi de Florentia⟩
Antoninus ⟨Pierozzi⟩
Antonio ⟨de Forciglioni⟩
Antonio ⟨di Pierozzo⟩
Antonius ⟨di Pierozzo⟩
Antonius ⟨Fidei⟩
Antonius ⟨Florentinus⟩
Florentinus, Antoninus
Forciglioni, Antonio
Pierozzi, Antonio

Antoninus ⟨Forciglioni⟩
→ **Antoninus ⟨Florentinus⟩**

Antoninus ⟨Martyr⟩
→ **Antoninus ⟨Placentinus⟩**

Antoninus ⟨Nicolai⟩
→ **Antoninus ⟨Florentinus⟩**

Antoninus ⟨Nicolai Pierozzi⟩
→ **Antoninus ⟨Florentinus⟩**

Antoninus ⟨Pierozzi⟩
→ **Antoninus ⟨Florentinus⟩**

Antoninus ⟨Placentinus⟩
um 570
Itinerarium
Rep.Font. II,361; 376; LMA,I,728/729
Anonymus ⟨Placentinus⟩
Anonymus ⟨von Piacenza⟩
Antonin ⟨de Plaisance⟩
Antoninus ⟨de Plaisance⟩
Antoninus ⟨Martyr⟩
Antoninus ⟨Sanctus⟩
Antoninus ⟨von Piacenza⟩
Antoninus ⟨von Placentia⟩
Placentinus, Antoninus

Antoninus ⟨Sanctus⟩
→ **Antoninus ⟨Placentinus⟩**

Antoninus ⟨von Piacenza⟩
→ **Antoninus ⟨Placentinus⟩**

Antonio ⟨Astesano⟩
→ **Antonius ⟨Astesanus⟩**

Antonio ⟨Averlino⟩
→ **Filarete**

Antonio ⟨Azaro⟩
→ **Antonius ⟨de Parma⟩**

Antonio ⟨Beccadelli⟩
→ **Beccadelli, Antonio**

Antonio ⟨Beccari da Ferrara⟩
1315 – 1371/74
Ital. Dichter; Canzoniere
LMA,I,729
Antonio ⟨da Ferrara⟩
Beccaio, Antonio ¬del¬
Beccari, Antonio
Ferrara, Antonio ¬da¬

Antonio ⟨Benacelli⟩
→ **Beccadelli, Antonio**

Antonio ⟨Benivieni⟩
→ **Benivieni, Antonio**

Antonio ⟨Cajal⟩
→ **Caxal, Antonius**

Antonio ⟨Canobio⟩
→ **Canobius, Antonius**

Antonio ⟨Carleni⟩
→ **Antonius ⟨de Carlenis⟩**

Antonio ⟨Caxal⟩
→ **Caxal, Antonius**

Antonio ⟨Cermisone⟩
→ **Cermisonus, Antonius**

Antonio ⟨Cornazzano⟩
→ **Cornazzano, Antonio**

Antonio ⟨Corraro⟩
→ **Corrarius, Antonius**

Antonio ⟨Correr⟩
→ **Corrarius, Antonius**

Antonio ⟨Cortesi⟩
→ **Cortesius, Antonius**

Antonio ⟨Costanzo⟩
→ **Antonius ⟨Constantius⟩**

Antonio ⟨da Barga⟩
→ **Antonius ⟨de Bargio⟩**

Antonio ⟨da Bitonto⟩
→ **Antonius ⟨de Bitonto⟩**

Antonio ⟨da Brescia⟩
→ **Antonius ⟨de Brixia⟩**

Antonio ⟨da Budrio⟩
→ **Antonius ⟨de Butrio⟩**

Antonio ⟨da Crema⟩
1435 – 1489
Itinerario al santo sepolcro 1486
Crema, Antonio ¬da¬

Antonio ⟨da Fano⟩
→ **Antonius ⟨Constantius⟩**

Antonio ⟨da Ferrara⟩
→ **Antonio ⟨Beccari da Ferrara⟩**

Antonio ⟨da Ferrara⟩
um 1425
Ital. Maler
LMA,I,729
Alberti, Antoine
Alberti, Antonio
Alberti, Antonio ¬degli¬
Antonio ⟨degli Alberti⟩
Antonio ⟨di Guido Alberti⟩
DegliAlberti, Antonio
Ferrara, Antonio ¬da¬

Antonio ⟨da Lucca⟩
→ **Antonius ⟨de Luca⟩**

Antonio ⟨da Montefalco⟩
→ **Berengario ⟨da Sant'Africano⟩**

Antonio ⟨da Padova⟩
→ **Antonius ⟨de Padua⟩**

Antonio ⟨da Rho⟩
→ **Antonius ⟨Raudensis⟩**

Antonio ⟨da Vercelli⟩
→ **Antonius ⟨de Vercellis⟩**

Antonio ⟨d'Asti⟩
→ **Antonius ⟨Astesanus⟩**

Antonio ⟨de Boetio⟩
→ **Antonio ⟨di Buccio⟩**

Antonio ⟨de Cerda⟩
→ **Antonius ⟨Cerda⟩**

Antonio ⟨de Cividate⟩
→ **Antonius ⟨de Civitato⟩**

Antonio ⟨de Forciglioni⟩
→ **Antoninus ⟨Florentinus⟩**

Antonio ⟨de'Guarneglie⟩
→ **Guarneglie, Antonio ¬de'¬**

Antonio ⟨de'Guarnelli⟩
→ **Guarneglie, Antonio ¬de'¬**

António ⟨de Lisboa⟩
→ **Antonius ⟨de Padua⟩**

Antonio ⟨de Medici⟩
→ **Antonius ⟨de Medicis⟩**

Antonio ⟨de Rampegolo⟩
→ **Antonius ⟨de Rampegollis⟩**

Antonio ⟨degli Alberti⟩
→ **Antonio ⟨da Ferrara⟩**

Antonio ⟨del Pollaiuolo⟩
→ **DelPollaiuolo, Antonio**

Antonio ⟨della Chiesa⟩
→ **Antonius ⟨de Ecclesia⟩**

Antonio ⟨de'Mazinghi⟩
14. Jh.
Antonio ⟨de'Mazinghi of Peretola⟩
De'Mazinghi, Antonio
Mazinghi, Antonio ¬de'¬
Peretola, Antonio de'Mazinghi

Antonio ⟨di Agostino di Duccio⟩
geb. ca. 1422
Istoria dell'assedio di Piombino del 1448
Rep.Font. II,377
Agostino di Duccio, Antonio ¬di¬
Duccio, Antonio di Agostino ¬di¬

Antonio ⟨di Andrea⟩
um 1490
Diario seu memorie de Perugia dall'anno 1423 al 1491
Rep.Font. II,377
Andrea, Antonio ¬di¬
Antonio ⟨di Ser Angiolo dei Veghi⟩
Antonio ⟨di Ser Angiolo dei Veglie⟩
Antonio ⟨di Ser Angiolo dei Veli⟩

Antonio ⟨di Buccio⟩
ca. 1350 – 1390
Della venuta del re Cario di Durazzo nel regno; Delle cose dell'Aquila
Rep.Font. II,377
Antoine ⟨di Aquila⟩
Antoine ⟨di Boezio⟩
Antoine ⟨di Buccio⟩
Antoine ⟨di San Vittorino⟩
Antonio ⟨de Boetio⟩
Boezio, Antoine /di Buccio ⟨di San Vittorino⟩
Buccio, Antoine ¬di¬
Buccio, Antonio ¬di¬
DiBuccio, Antonio

Antonio ⟨di Guido Alberti⟩
→ **Antonio ⟨da Ferrara⟩**

Antonio ⟨di Niccolò⟩
15. Jh.
Chronica Firmana
Rep.Font. II,377
Antoine ⟨di Niccolò⟩
Niccolò, Antoine ¬di¬
Niccolò, Antonio ¬di¬

Antonio ⟨di Padova⟩
→ **Antonius ⟨de Padua⟩**

Antonio ⟨di Pierozzo⟩
→ **Antoninus ⟨Florentinus⟩**

Antonio ⟨di Pietro Averlino⟩
→ **Filarete**

Antonio ⟨di Pietro dello Schiavo⟩
→ **DelloSchiavo, Antonio di Pietro**

Antonio ⟨di Puccio Pisano Pisanello⟩
→ **Pisanello**

Antonio ⟨di Ser Angiolo dei Veglie⟩
→ **Antonio ⟨di Andrea⟩**

Antonio ⟨Francescano⟩
→ **Antonius ⟨de Padua⟩**

Antonio ⟨Geraldini⟩
→ **Geraldinus, Antonius**

Antonio ⟨Ginebreda⟩
gest. ca. 1394/95 · OP
Libre de Boeci de consolació (Petro Saplana OP interprete, Antonio Ginebreda castigante et complente); Continuatio operis cui tit. „Compendi historial“ a Iacobo Dominici OP incoepti
Kaeppeli,I,113
Antoine ⟨Ginebreda⟩
Antoine ⟨Ginebreda de Barcelone⟩
Antonius ⟨Genebrada⟩
Antonius ⟨Ginebreda⟩
Ginebreda, Antoine
Ginebreda, Antonio

Antonio ⟨Godi⟩
→ **Antonius ⟨Godi⟩**

Antonio ⟨Ivani⟩
→ **Antonius ⟨Hyvanus⟩**

Antonio ⟨Lollio⟩
→ **Antonius ⟨Lollius⟩**

Antonio ⟨Loschi⟩
→ **Luschus, Antonius**

Antonio ⟨Lotieri⟩
→ **Lotieri, Antonio**

Antonio ⟨Lusco⟩
→ **Luschus, Antonius**

Antonio ⟨Manetti⟩
→ **Manetti, Antonio**

Antonio ⟨Moreto⟩
→ **Antonius ⟨Moretus⟩**

Antonio ⟨Panormita⟩
→ **Beccadelli, Antonio**

Antonio ⟨Pisanello⟩
→ **Pisanello**

Antonio ⟨Pisano⟩
→ **Pisanello**

Antonio ⟨Pucci⟩
→ **Pucci, Antonio**

Antonio ⟨Rampazoli⟩
→ **Antonius ⟨de Rampegollis⟩**

Antonio ⟨Rampegolo⟩
→ **Antonius ⟨de Rampegollis⟩**

Antonio ⟨Raudense⟩
→ **Antonius ⟨Raudensis⟩**

Antonio ⟨Roselli⟩
→ **Antonius ⟨de Rosellis⟩**

Antonio ⟨Rossellino⟩
→ **Rossellino, Antonio**

Antonio ⟨Santo⟩
→ **Antonius ⟨de Padua⟩**

Antonio ⟨Schiattosi⟩
gest. 1482 · OP
Breviloquio di contemplatione sopra el paternostro
Kaeppeli,I,119
Antoine ⟨Schiattosi⟩
Antoine ⟨Schiattosi de Florence⟩
Antonius ⟨Schiattesi⟩
Antonius ⟨Schiattesi de Florentia⟩
Schiattesi, Antonius
Schiattosi, Antoine
Schiattosi, Antonio

Antonio ⟨Urceo⟩
→ **Antonius ⟨Urceus⟩**

Antonio, Pietro
→ **Petrus ⟨Antonii⟩**

Antonio, Thomas
→ **Caffarini, Thomas**

Antonio di Jacopo d'Antonio ⟨del Pollaiuolo⟩
→ **DelPollaiuolo, Antonio**

Antonio Giovanni ⟨Petrucci⟩
→ **Giovanni Antonio ⟨Petrucci⟩**

Antoniolus ⟨Partinus⟩
→ **Partinus ⟨de Brembilla⟩**

Antonios ⟨Bischof von Syläon⟩
→ **Antonius ⟨Cassimatas⟩**

Antonios ⟨Kassymatas⟩
→ **Antonius ⟨Cassimatas⟩**

Antonios ⟨Melissa⟩
→ **Antonius ⟨Melissa⟩**

Antonios ⟨Patriarch⟩
→ **Antonius ⟨Cassimatas⟩**

Antonios ⟨Patriarch, IV.⟩
→ **Antonius ⟨Constantinopolitanus⟩**

Antonios ⟨von Konstantinopel⟩
→ **Antonius ⟨Cassimatas⟩**
→ **Antonius ⟨Constantinopolitanus⟩**

Antonios ⟨von Syläon⟩
→ **Antonius ⟨Cassimatas⟩**

Antonius ⟨a Vercellis⟩
→ **Antonius ⟨de Vercellis⟩**

Antonius ⟨ab Ecclesia⟩
→ **Antonius ⟨de Ecclesia⟩**

Antonius ⟨Ampigolius⟩
→ **Antonius ⟨de Rampegollis⟩**

Antonius ⟨Andreas⟩
ca. 1280 – ca. 1320 · OFM
Scriptum in artem veterem; Quaestiones super XII libros Metaphysicae; In novam logicam; etc.
Lohr; Stegmüller, Repert. sentent. 71; LMA,I,731
Andrea, Antoine
Andreae, Antonio
Andreae, Antonius
Andreas, Antonius
Andree, Antonius
Antoine ⟨André⟩
Antoni ⟨Andreu⟩
Antonius ⟨Andreae⟩
Antonius ⟨Andreas de Aragonia⟩
Antonius ⟨de Aragonia⟩
Pseudo-Antonius ⟨Andreas⟩

Antonius ⟨Apulus⟩
→ **Antonius ⟨de Rocca⟩**

Antonius ⟨Archbishop⟩
→ **Antonius ⟨de Carlenis⟩**

Antonius ⟨Archiepiscopus Sultaniensis⟩
→ **Antonius ⟨de Sultanea⟩**

Antonius ⟨Aretinus⟩
→ **Antonius ⟨de Rosellis⟩**

Antonius ⟨Assisias⟩
→ **Antonius ⟨de Assisi⟩**

Antonius ⟨Astesanus⟩
ca. 1412 – 1461/68
Dichter und Chroniker; Carmen de varietate fortunae; De origine et vario regimine civitatis Mediolani ex diversis cronicis extractus
Rep.Font. II,414
Antoine ⟨Astésan⟩
Antoine ⟨Astesan⟩
Antoine ⟨Astesano⟩
Antoine ⟨d'Asti⟩
Antonio ⟨Astesano⟩
Antonio ⟨d'Asti⟩
Antonius ⟨Astensis⟩
Astésan, Antoine
Astesan, Antoine
Astesano, Antonio
Astesanus, Antonius

Antonius ⟨Averlinus Filarete⟩
→ **Filarete**

Antonius ⟨Azario⟩
→ **Antonius ⟨de Nazario⟩**

Antonius ⟨Azarus⟩
→ **Antonius ⟨de Parma⟩**

Antonius ⟨Baloccus Vercellensis⟩
→ **Antonius ⟨de Vercellis⟩**

Antonius ⟨Beccatellus⟩
→ **Beccadelli, Antonio**

Antonius ⟨Benivenius⟩
→ **Benivieni, Antonio**

Antonius ⟨Betontinus⟩
→ **Antonius ⟨de Bitonto⟩**

Antonius ⟨Bituntinus⟩
→ **Antonius ⟨de Bitonto⟩**

Antonius ⟨Bolonianus⟩
→ **Beccadelli, Antonio**

Antonius ⟨Bononiensis⟩
→ **Antonius ⟨de Bononia⟩**

Antonius ⟨Byzantinus⟩
→ **Antonius ⟨Melissa⟩**

Antonius ⟨Cajal⟩
→ **Caxal, Antonius**

Antonius ⟨Campanus⟩
→ **Campanus, Johannes Antonius**

Antonius ⟨Canals⟩
→ **Canals, Antoni**

Antonius ⟨Canobius⟩
→ **Canobius, Antonius**

Antonius ⟨Cassimatas⟩
gest. 837
Mitverf. einer ikonoklast. Schrift
LMA,I,729
Antoine ⟨Cassimatas⟩
Antonios ⟨Bischof von Syläon⟩
Antonios ⟨Kassimatas⟩
Antonios ⟨Kassymatas⟩
Antonios ⟨Patriarch⟩
Antonios ⟨Patriarch von Konstantinopel⟩
Antonios ⟨von Konstantinopel, Patriarch⟩
Antonios ⟨von Syläon⟩
Antony ⟨Kassymatas⟩
Antony ⟨of Constantinople⟩
Antony ⟨Patriarch⟩
Cassimatas, Antonius

Antonius ⟨Caxal⟩
→ **Caxal, Antonius**

Antonius ⟨Cerda⟩
ca. 1390 – 1459
Commentarius in IV sententiarum; De educatione principum
LMA,II,1628
Antoine ⟨de la Cerda⟩
Antonio ⟨de Cerda⟩
Antonius ⟨Cerdanus⟩
Antonius ⟨della Cerda⟩
Cerda, Antoine ¬de la¬
Cerdá, Antonio ¬de¬
Cerda, Antonius
DellaCerda, Antonius
LaCerda, Antoine ¬de¬

Antonius ⟨Cerdanus⟩
→ **Antonius ⟨Cerda⟩**

Antonius ⟨Cermisonus⟩
→ **Cermisonus, Antonius**

Antonius ⟨Chozebita⟩
→ **Antonius ⟨Chozibita⟩**

Antonius ⟨Chozibita⟩
7. Jh.
Vita Georgii monachi Chozibae; Miracula Beatae Virginis Mariae in Choziba
Cpg 7985-7986
Antoine ⟨Chozébite⟩
Antoine ⟨de Chozébite⟩
Antoine ⟨de Saint-Georges⟩
Antonius ⟨Chozebita⟩
Antonius ⟨Chozibites⟩
Antony of ⟨Choziba⟩
Chozibita, Antonius

Antonius ⟨Clericus Wratislaviensis⟩
→ **Antonius ⟨de Ihringen⟩**

Antonius ⟨Codrus⟩
→ **Antonius ⟨Urceus⟩**

Antonius ⟨Constantinopolitanus⟩
gest. 1397
Briefe
LMA,I,730
Antoine ⟨de Constantinople⟩
Antoine ⟨Patriarche⟩
Antonios ⟨Patriarch, IV.⟩
Antonios ⟨von Konstantinopel⟩
Antonius ⟨Patriarcha, IV.⟩
Constantinopolitanus, Antonius

Antonius ⟨Constantius⟩
1436 – 1490
Anconitana Chronica
Rep.Font. III,659
Antonio ⟨Costanzo⟩
Antonio ⟨da Fano⟩
Antonius ⟨Constantinus Fanensis⟩
Antonius ⟨Constantius Fanensis⟩
Antonius ⟨de Fano⟩
Antonius ⟨Fanensis⟩
Constantinus, Antonius
Constantius ⟨Fanensis⟩
Constantius, Antonius
Costanzo, Antoine
Costanzo, Antonio

Antonius ⟨Contis⟩
gest. 1434 · OP
Contestatio sive litterae de sanctitate b. Catharinae de Senis
Kaeppeli,I,111/112; Schönberger/Kible, Repertorium, 11512
Antonius ⟨Contis de Senis⟩
Antonius ⟨de Conti d'Elci⟩
Antonius ⟨de'Conti d'Elci⟩
Contis, Antonius

Antonius ⟨Cornazzanus⟩
→ **Cornazzano, Antonio**

Antonius ⟨Corrarius⟩
→ **Corrarius, Antonius**

Antonius ⟨Cortesius⟩
→ **Cortesius, Antonius**

Antonius ⟨Coste⟩
um 1395/1424 · OP
Iudicium doctrinale de IX propositionibus Iohannis Parvi a Gersonio in concilio Constantiensi denuntiatis
Kaeppeli,I,112; Schönberger/ Kible, Repertorium, 11513
Antoine ⟨Coste⟩
Coste, Antoine
Coste, Antonius

Antonius ⟨Crossen⟩
→ **Krossen, Antonius**

Antonius ⟨d'Asti⟩
→ **Antonius ⟨de Aste⟩**

Antonius ⟨de Abbatia⟩
14. Jh.
LMA,I,731
Abbatia, Antonius ¬de¬
Antoine ⟨dall'Abazia⟩

Antonius ⟨de Agello⟩
um 1434 · OP
Oratio ad universitatem civitatis Syracusane pro quibusdam emolumentis habendis
Kaeppeli,I,100
Agello, Antonius ¬de¬
Antonius ⟨Syracusanus⟩

Antonius ⟨de Ancona⟩
15. Jh. · OESA
Quaestiones in Epistolam Jacobi
Stegmüller, Repert. bibl. 1376
Ancona, Antonius ¬de¬
Antoine ⟨Commentateur⟩
Antoine ⟨d'Ancone⟩

Antonius ⟨de Aragonia⟩
→ **Antonius ⟨Andreas⟩**

Antonius ⟨de Aretio⟩
→ **Antonius ⟨de Rosellis⟩**

Antonius ⟨de Assisi⟩
um 1466 · OFM
Carmen
Stegmüller, Repert. bibl. 1377
Antoine ⟨d'Assise⟩
Antonius ⟨Assisias⟩
Antonius ⟨Assisiensis⟩
Antonius ⟨Magister⟩
Assisi, Antonius ¬de¬

Antonius ⟨de Aste⟩
um 1473/98 · OESA
Professor in Pavia
Stegmüller, Repert. bibl. 1378
Antoine ⟨d'Asti⟩
Antonius ⟨d'Asti⟩
Aste, Antonius ¬de¬
Asti, Antonius ¬d'¬

Antonius ⟨de Azaro⟩
→ **Antonius ⟨de Parma⟩**

Antonius ⟨de Balocho⟩
→ **Antonius ⟨de Vercellis⟩**

Antonius ⟨de Bargio⟩
gest. ca. 1450/52
Chronicon Montis Oliveti
Rep.Font. II,377
Antoine ⟨Abbé Olivétain⟩
Antoine ⟨de Barge⟩
Antoine ⟨de Bargio⟩
Antonio ⟨da Barga⟩
Bargio, Antonius ¬de¬

Antonius ⟨de Bitonto⟩
ca. 1385 – 1465 · OFM
Commentarium in I. libr. Sententiarum; Speculum animae; Sermones dominicales
Stegmüller, Repert. sentent. 72;73; LMA,I,731
Antoine ⟨de Bitonto⟩
Antonio ⟨da Bitonto⟩
Antonius ⟨Betontinus⟩
Antonius ⟨Bettontinus⟩
Antonius ⟨Bituntinus⟩
Antonius ⟨von Bitonto⟩
Betontinus, Antonius
Bitontinus, Antonius
Bitonto, Antonius ¬de¬
Bituntinus, Antonius

Antonius ⟨de Bonetis⟩
→ **Antonius ⟨de Brixia⟩**

Antonius ⟨de Bononia⟩
→ **Beccadelli, Antonio**

Antonius ⟨de Bononia⟩
um 1401/12 · OP
Sermones dominicales totius anni; Sermones quadragesimales, vulgo nuncupati "Anima fidelis„; Sermones de sanctis
Kaeppeli,I,104
Antoine ⟨de Bologne⟩
Antonius ⟨Bononiensis⟩
Antonius ⟨Parvus⟩
Bononia, Antonius ¬de¬

Antonius ⟨de Brixia⟩
um 1500 · OP
Semones
Antonio ⟨da Brescia⟩
Antonius ⟨de Bonetis⟩
Antonius ⟨de Bonetis de Brixia⟩
Brixia, Antonius ¬de¬

Antonius ⟨de Budrio⟩
→ **Antonius ⟨de Butrio⟩**

Antonius ⟨de Butrio⟩
ca. 1338 – 1408
LThK; CSGL; LMA,I,731
Antoine ⟨de Budrio⟩
Antonio ⟨da Budrio⟩
Antonio ⟨da Butrio⟩
Antonius ⟨de Budrio⟩

Budrio, Antonio ¬da¬
Butrio, Antonius ¬de¬

Antonius ⟨de Carlenis⟩
gest. 1460 · OP
Quaestiones super libros metaphysicae
Stegmüller, Repert. sentent. 74; Lohr
Antoine ⟨de Carlenis⟩
Antonello ⟨Carleni⟩
Antonellus ⟨de Neapoli⟩
Antonio ⟨Carleni⟩
Antonius ⟨Archbishop⟩
Antonius ⟨de Carlenis de Neapoli⟩
Antonius ⟨de Carlensis⟩
Antonius ⟨de Neapoli⟩
Antonius ⟨Erzbischof⟩
Antonius ⟨of Amalfi⟩
Antonius ⟨von Amalfi⟩
Antonius ⟨von Neapel⟩
Carlenis, Antonius ¬de¬

Antonius ⟨de Castro⟩
um 1455/96 · OP
Impugnatorium M. Antonii de Castro OP, contra epistolam M. Wesselii Groningensis ad M. Iacobum Hoeck, de indulgentiis
Kaeppeli,I,110; Schönberger/Kible, Repertorium, 11516
Castro, Antonius ¬de¬

Antonius ⟨de Celano⟩
um 1263/68 · OP
Sermones quadragesimales
Kaeppeli,I,110
Celano, Antonius ¬de¬

Antonius ⟨de Ciscandis⟩
→ **Antonius ⟨de Gislandis⟩**

Antonius ⟨de Civitato⟩
um 1392/1423 · OP
Notis musicis instruxit moteta quinque, missarum partes tres, cantus profanos quinque
Kaeppeli,I,110/111
Antonio ⟨de Cividate⟩
Antonius ⟨de Cividal⟩
Antonius ⟨de Civitate Austriae⟩
Civitato, Antonius ¬de¬

Antonius ⟨de Conti d'Elci⟩
→ **Antonius ⟨Contis⟩**

Antonius ⟨de Cremona⟩
→ **Antonius ⟨de Cremona, Secretarius⟩**

Antonius ⟨de Cremona⟩
um 1330
Itinerarium ad Sepulchrum Domini ad Montem Sinai
Rep.Font. II,379
Antoine ⟨de Crémone⟩
Antonius ⟨de Reboldis⟩
Cremona, Antonius ¬de¬
Crémone, Antoine ¬de¬

Antonius ⟨de Cremona, Secretarius⟩
um 1433
Epistula ad Antonium Beccadellum Panormitam; Epistula ad Antonium Pessinam; Epistula ad Arlunum Melchionem; Epistula ad Caucinum; etc.
Antonius ⟨de Cremona⟩
Antonius ⟨Secrétaire de F. M. Visconti⟩

Antonius ⟨de Ecclesia⟩
1395 – 1459 · OP
Sermones varii de sanctis, de tempore, de festis
Kaeppeli,I,111; LMA,III,672
Antoine ⟨ab Ecclesia⟩
Antoine ⟨della Chiesa⟩
Antonio ⟨della Chiesa⟩
Antonius ⟨ab Ecclesia⟩
Antonius ⟨de Sancto Germano⟩
Antonius ⟨de Vercellis⟩
Antonius ⟨della Chiesa⟩
Chiesa, Antonio ¬della¬
DellaChiesa, Antonio
Ecclesia, Antonius ¬de¬

Antonius ⟨de Fano⟩
→ **Antonius ⟨Constantius⟩**

Antonius ⟨de Faventia⟩
→ **Antonius ⟨Macco⟩**

Antonius ⟨de Florentia⟩
→ **Antonius ⟨Johannis⟩**

Antonius ⟨de Gislandis⟩
um 1489 · OP
Stegmüller, Repert. bibl. 1379
Antoine ⟨Ghislandi⟩
Antonius ⟨de Ciscandis⟩
Antonius ⟨de Geslandis⟩
Antonius ⟨de Ghislandis⟩
Antonius ⟨de Ghislandis de Iaveno⟩
Antonius ⟨Gislandius⟩
Antonius ⟨Lombardus⟩
Ghislandi, Antoine
Gislandis, Antonius ¬de¬

Antonius ⟨de Godis⟩
→ **Antonius ⟨Godi⟩**

Antonius ⟨de Guardavalle⟩
um 1378 · OP
Kaeppeli,I,113/114
Antonius ⟨Senensis⟩
Guardavalle, Antonius ¬de¬

Antonius ⟨de Ianua⟩
um 1376/80 · OCarm
In Metaphysicam commentaria, quae in Curia Romana publice dictavit anno 1386
Lohr; Stegmüller, Repert. bibl. 1380
Antonius ⟨de Janua⟩
Antonius ⟨Milanta⟩
Antonius ⟨Milanta de Ianua⟩
Ianua, Antonius ¬de¬
Milanta, Antonius

Antonius ⟨de Ihringen⟩
15. Jh.
Annales
Rep.Font. II,380
Antoine ⟨Clerc à Breslau⟩
Antoine ⟨de Weringen⟩
Antoine ⟨d'Ihringen⟩
Anton ⟨von Ihringen⟩
Antonius ⟨Clericus Wratislaviensis⟩
Antonius ⟨Plebanus Ihringen⟩
Antonius ⟨Plebanus in Wringen⟩
Antonius ⟨Slesita⟩
Ihringen, Antonius ¬de¬

Antonius ⟨de Janua⟩
→ **Antonius ⟨de Ianua⟩**

Antonius ⟨de Leno⟩
15. Jh.
Ital. Musiktheoretiker; Regulae de contrapuncto
LMA,I,732
Leno, Antonius ¬de¬

Antonius ⟨de Luca⟩
→ **Antonius ⟨Lucensis⟩**

Antonius ⟨de Luca⟩
15. Jh. · OSM
Ars cantus figurati
LMA,I,729
Antonio ⟨da Lucca⟩
Luca, Antonius ¬de¬

Antonius ⟨de Luscis⟩
→ **Luschus, Antonius**

Antonius ⟨de Macchis⟩
→ **Antonius ⟨Macco⟩**

Antonius ⟨de Medicis⟩
gest. 1485 · OFM
Adnotationes ad universam Bibliam; Auctoritates allegabiles totius Philosophiae; Sermo pro S. Cruce
Stegmüller, Repert. bibl. 1381
Antoine ⟨de Florence⟩
Antoine ⟨de Marsico⟩
Antoine ⟨de'Medici⟩
Antonio ⟨de Medici⟩
Antonius ⟨Medices⟩
Medici, Antoine ¬de'¬
Medicis, Antonius ¬de¬

Antonius ⟨de Monte Ulmi⟩
14. Jh.
Antoine ⟨Astrologue⟩
Antoine ⟨de Monte dell'Olmo⟩
Antonius ⟨de Montulmo⟩
Antonius ⟨de Ulmi Monte⟩
DiMontulmo, Antonio
Monte Ulmi, Antonius ¬de¬
Montulmo, Antonio ¬di¬
Montulmo, Antonius ¬de¬
Ulmi Monte, Antonius ¬de¬

Antonius ⟨de Naseriis⟩
→ **Antonius ⟨de Nazario⟩**

Antonius ⟨de Nazario⟩
um 1262 · OP
Commentaria in universam Aristotelis philosophiam; Identität mit Antonius ⟨de Parma⟩ umstritten
Lohr; Schneyer,I,314
Antoine ⟨de Naseriis⟩
Antoine ⟨de Nazario⟩
Antoine ⟨de Verceil⟩
Antonius ⟨Azario⟩
Antonius ⟨de Naseriis⟩
Antonius ⟨de Sancto Nazario⟩
Antonius ⟨de Verceil⟩
Antonius ⟨Italus⟩
Antonius ⟨Vercellensis⟩
Nazario, Antonius ¬de¬

Antonius ⟨de Neapoli⟩
→ **Antonius ⟨de Carlenis⟩**

Antonius ⟨de Padua⟩
1195 – 1231 · OFM
Sermones
Schneyer,I,314; LMA,I,732/33
Antoine ⟨de Padoue⟩
Antoine ⟨Saint⟩
Antonio ⟨da Padova⟩
António ⟨de Lisboa⟩
Antonio ⟨di Padova⟩
Antonio ⟨Francescano⟩
Antonio ⟨San⟩
António ⟨Santo⟩
Antonio ⟨Santo⟩
Antonius ⟨Franciscan⟩
Antonius ⟨Heiliger⟩
Antonius ⟨Lusitanus⟩
Antonius ⟨Paduanus⟩
Antonius ⟨Patavinus⟩
Antonius ⟨Sanctus⟩
Antonius ⟨von Padua⟩
Antony ⟨of Padua⟩
Padua, Antonius ¬de¬
Pseudo-Antonius ⟨de Padua⟩

Antonius ⟨de Palavisino⟩
→ **Antonius ⟨Pallavicinus⟩**

Antonius ⟨de Parma⟩
um 1310/23 · OP
Quaestiones super De generatione et corruptione; Quaestiones super III librum meteororum; In librum Ethicorum
Lohr; Schneyer,I,290
Anthony ⟨of Parma⟩
Antoine ⟨de Parme⟩
Antoine ⟨d'Azario⟩
Antoine ⟨d'Azaro⟩
Antonio ⟨Azaro⟩
Antonio ⟨Azaro Parmense⟩
Antonius ⟨Azaro de Parma⟩
Antonius ⟨Azarus⟩
Antonius ⟨de Azaro⟩
Antonius ⟨Parmensis⟩
Antonius ⟨Permensis⟩
Azarus ⟨Parmensis⟩
Parma, Antonius ¬de¬

Antonius ⟨de Pera⟩
gest. ca. 1440 · OP
Bonifacii de Calabria (de Amendolara) Hippiatria et opuscula De unguentis, De diebus criticis, De aqua vitae, interprete Antonio de Pera
Kaeppeli,I,117
Antoine ⟨de Pera⟩
Pera, Antonius ¬de¬

Antonius ⟨de Peravissino⟩
→ **Antonius ⟨Pallavicinus⟩**

Antonius ⟨de Pernesio⟩
Lebensdaten nicht ermittelt · OP
Kaeppeli,I,118
Pernesio, Antonius ¬de¬

Antonius ⟨de Rampegollis⟩
ca. 1360 – ca. 1423 · OESA
LThK; CSGL
Antonio ⟨de Rampegolo⟩
Antonio ⟨Rampazoli⟩
Antonio ⟨Rampegolo⟩
Antonio ⟨Rampelogi⟩
Antonius ⟨Ampigolius⟩
Antonius ⟨Ampigollus⟩
Antonius ⟨de Rampelogis⟩
Antonius ⟨de Rampigollis⟩
Antonius ⟨de Rampigollis⟩
Antonius ⟨Genuensis⟩
Antonius ⟨Ianuensis⟩
Antonius ⟨Rampegolus⟩
Antonius ⟨Rampelogus⟩
Rampazoli, Antonio
Rampegollis, Antonius ¬de¬
Rampegolo, Antonio
Rampelogi, Antonio
Rampelogis, Antonius ¬de¬
Rampigolis, Antonius ¬de¬

Antonius ⟨de Reboldis⟩
→ **Antonius ⟨de Cremona⟩**

Antonius ⟨de Rho⟩
→ **Antonius ⟨Raudensis⟩**

Antonius ⟨de Rocca⟩
um 1411/48 · OP
Contestatio de sanctitate Catharinae Senensis; Legenda B. Catharinae Senensis
Kaeppeli,I,118; Schönberger/Kible, Repertorium, 11518
Antonius ⟨Apulus⟩
Antonius ⟨de Rocca Apulus⟩
Rocca, Antonius ¬de¬

Antonius ⟨de Roovere⟩
→ **Anthonis ⟨de Roovere⟩**

Antonius ⟨de Rosellis⟩
ca. 1380 – 1466
LThK; LMA,VII,1033
Antonio ⟨Roselli⟩
Antonius ⟨Aretinus⟩
Antonius ⟨de Aretio⟩
Antonius ⟨de Roxellis⟩
Antonius ⟨Monarcha Sapientiae⟩
Roselli, Antonio
Rosellis, Antonio
Rosellis, Antonius ¬de¬

Antonius ⟨de Sancto Germano⟩
→ **Antonius ⟨de Ecclesia⟩**

Antonius ⟨de Sancto Nazario⟩
→ **Antonius ⟨de Nazario⟩**

Antonius ⟨de Saviliano⟩
→ **Antonius ⟨de Septo⟩**

Antonius ⟨de Schnackenburg⟩
→ **Schnackenburg, Antonius**

Antonius ⟨de Septo⟩
um 1387/1413 · OP
Processus contra Valdenses seu Pauperes de Lugduno aliosque haereticos in Lombardia superiori
Kaeppeli,I,119/120
Antonius ⟨de Saviliano⟩
Septo, Antonius ¬de¬

Antonius ⟨de Sultanea⟩
14. Jh. · OP
Kaeppeli,I,100
Antonius ⟨Archiepiscopus Sultaniensis⟩
Antonius ⟨Sultaniensis⟩
Sultanea, Antonius ¬de¬

Antonius ⟨de Ulmi Monte⟩
→ **Antonius ⟨de Monte Ulmi⟩**

Antonius ⟨de Verceil⟩
→ **Antonius ⟨de Nazario⟩**

Antonius ⟨de Vercellis⟩
→ **Antonius ⟨de Ecclesia⟩**

Antonius ⟨de Vercellis⟩
gest. 1483 · OFM
Tractatus de virtutibus; De fructibus Spiritus Sancti
Rep.Font. II,378
Antoine ⟨Balotto⟩
Antoine ⟨de Balocco⟩
Antoine ⟨de Itela⟩
Antoine ⟨de Verceil⟩
Antoine ⟨Valotto⟩
Antonio ⟨da Vercelli⟩
Antonius ⟨a Vercellis⟩
Antonius ⟨Balocchus⟩
Antonius ⟨Balocco⟩
Antonius ⟨Baloccus Vercellensis⟩
Antonius ⟨de Balocho⟩
Antonius ⟨Vercellensis⟩
Antonius ⟨von Vercelli⟩
Balocco, Antonius
Balocho, Antonius ¬de¬
Vercellis, Antonius ¬de¬

Antonius ⟨de'Conti d'Elci⟩
→ **Antonius ⟨Contis⟩**

Antonius ⟨della Cerda⟩
→ **Antonius ⟨Cerda⟩**

Antonius ⟨della Chiesa⟩
→ **Antonius ⟨de Ecclesia⟩**

Antonius ⟨di Pierozzo⟩
→ **Antoninus ⟨Florentinus⟩**

Antonius ⟨Episcopus⟩
→ **Antonij ⟨Novgorodskij⟩**

Antonius ⟨Erzbischof⟩
→ **Antonius ⟨de Carlenis⟩**

Antonius ⟨Fanensis⟩
→ **Antonius ⟨Constantius⟩**

Antonius ⟨Ferulanus⟩
→ **Antonius ⟨Lanteri⟩**

Antonius ⟨Fidei⟩
→ **Antoninus ⟨Florentinus⟩**

Antonius ⟨Florentinus⟩
→ **Antoninus ⟨Florentinus⟩**

Antonius ⟨Franciscan⟩
→ **Antonius ⟨de Padua⟩**

Antonius ⟨Fundator Monasterii Nativitatis Deiparae prope Novgorod⟩
→ **Antonij ⟨Rimljanin⟩**

Antonius ⟨Genebrada⟩
→ **Antonio ⟨Ginebreda⟩**

Antonius ⟨Genuensis⟩
→ **Antonius ⟨de Rampegollis⟩**

Antonius ⟨Geraldinus⟩
→ **Geraldinus, Antonius**

Antonius ⟨Ginebreda⟩
→ **Antonio ⟨Ginebreda⟩**

Antonius ⟨Gislandius⟩
→ **Antonius ⟨de Gislandis⟩**

Antonius ⟨Gnomologus⟩
→ **Antonius ⟨Melissa⟩**

Antonius ⟨Godi⟩
gest. 1438
Chronicon rerum Vicentinarum (1194-1260)
Rep.Font. V,173
Antoine ⟨Godi⟩
Antoine ⟨Godi de Vicence⟩
Antonio ⟨Godi⟩
Antonio ⟨Godi Vicentino⟩
Antonius ⟨de Godis⟩
Godi, Antoine
Godi, Antonio
Godi, Antonius

Antonius ⟨Haneron⟩
→ **Haneron, Anthonius**

Antonius ⟨Harena⟩
→ **Antonius ⟨Raudensis⟩**

Antonius ⟨Hegumenus⟩
→ **Antonij ⟨Rimljanin⟩**

Antonius ⟨Heiliger⟩
→ **Antonius ⟨de Padua⟩**

Antonius ⟨Hyvanus⟩
gest. 1482
Historia de Volaterrana calamitate; Epistolae; Orationes
Rep.Font. VI,491
Antoine ⟨Ivano⟩
Antonio ⟨Ivani⟩
Antonio ⟨Ivani Sarzanese⟩
Antonio ⟨Ivano⟩
Antonius ⟨Hyvanus Sarzanensis⟩
Antonius ⟨Ivanus⟩
Antonius ⟨Ivanus Sarzanensis⟩
Hyvanus, Antonius
Ivani, Antonio
Ivano, Antoine
Ivano, Antonio

Antonius ⟨Ianuensis⟩
→ **Antonius ⟨de Rampegollis⟩**

Antonius ⟨Iaroslavensis⟩
→ **Antonij ⟨Jaroslavskij⟩**

Antonius ⟨Iohannis⟩
→ **Antonius ⟨Johannis⟩**

Antonius ⟨Italus⟩
→ **Antonius ⟨de Nazario⟩**

Antonius ⟨Ivanus⟩
→ **Antonius ⟨Hyvanus⟩**

Antonius ⟨Johannis⟩
gest. 1447 · OP
Praedicationes
Kaeppeli,I,114
Antonius ⟨de Florentia⟩
Antonius ⟨Iohannis⟩
Antonius ⟨Johannis de Florentia⟩
Johannis, Antonius

Antonius ⟨Krossen⟩
→ **Krossen, Antonius**

Antonius ⟨Lanteri⟩
um 1451 · OP
Sermo
Kaeppeli,I,114/115
Antonius ⟨Ferulanus⟩
Antonius ⟨Siculus⟩
Lanteri, Antonius

Antonius ⟨Lasalle⟩
→ **Antoine ⟨de la Sale⟩**

Antonius ⟨Lollius⟩
gest. 1486
Epistula ad Angelum Politianum; Oratio habita in funere...; Oratio circumcisionus dominice...
Antoine ⟨Lollio⟩
Antonio ⟨Lollio⟩
Antonius ⟨Lollius de San Gimignano⟩
Antonius ⟨Lollius Geminianensis⟩
Lollio ⟨de San-Gimignano⟩
Lollio, Antoine
Lollio, Antonio
Lollius ⟨Geminianensis⟩
Lollius, Antonius
Lollius de San Gimignano, Antonius

Antonius ⟨Lombardus⟩
→ **Antonius ⟨de Gislandis⟩**

Antonius ⟨Lucensis⟩
gest. ca. 1299 · OFM
Quadragesimalia
Schneyer,I,314
Antoine ⟨de Lucques⟩
Antonius ⟨de Luca⟩
Antonius ⟨Provincial de Toscane⟩
Antonius ⟨Provincial d'Ancône⟩

Antonius ⟨Luschus⟩
→ **Luschus, Antonius**

Antonius ⟨Lusitanus⟩
→ **Antonius ⟨de Padua⟩**

Antonius ⟨Macco⟩
gest. ca. 1457 · OP
Litterae ad fr. Vulcanum de Austria; Quadragesimale vulgo Sertum fidei nuncupatum
Kaeppeli,I,115/116; Schönberger/Kible, Repertorium, 11520
Antoine ⟨de Faenza⟩
Antoine ⟨Macchi⟩
Antoine ⟨Macchi de Faenza⟩
Antonius ⟨de Faventia⟩
Antonius ⟨de Macchis⟩
Antonius ⟨Macco de Faventia⟩
Antonius ⟨Maccus⟩
Antonius ⟨Macho⟩
Macchi, Antoine
Macco, Antonius

Antonius ⟨Magister⟩
→ **Antonius ⟨de Assisi⟩**

Antonius ⟨Medices⟩
→ **Antonius ⟨de Medicis⟩**

Antonius ⟨Melissa⟩
11./12. Jh.
Tusculum-Lexikon; CSGL; LMA,VI,496/97
Antonios ⟨Melissa⟩
Antonius ⟨Byzantinus⟩
Antonius ⟨Gnomologus⟩
Melissa, Antonius

Antonius ⟨Milanta⟩
→ **Antonius ⟨de Ianua⟩**

Antonius ⟨Monachus⟩
→ **Antonij ⟨Jaroslavskij⟩**

Antonius ⟨Monarcha Sapientiae⟩
→ **Antonius ⟨de Rosellis⟩**

Antonius ⟨Moretus⟩
15. Jh.
Antonio ⟨Moreto⟩
Moreto, Antonio
Moretus, Antonius

Antonius ⟨Novgodoriensis⟩
→ **Antonij ⟨Novgorodskij⟩**

Antonius ⟨of Amalfi⟩
→ **Antonius ⟨de Carlenis⟩**

Antonius ⟨Ostiensis⟩
→ **Corrarius, Antonius**

Antonius ⟨Paduanus⟩
→ **Antonius ⟨de Padua⟩**

Antonius ⟨Pallavicinus⟩
um 1372/73 · OP
Herausgeber eines „Tractatus"
Kaeppeli,I,116
Antonius ⟨de Palavisino⟩
Antonius ⟨de Peravissino⟩
Antonius ⟨Paravicinus⟩
Pallavicinus, Antonius

Antonius ⟨Panormitanus⟩
→ **Beccadelli, Antonio**

Antonius ⟨Paravicinus⟩
→ **Antonius ⟨Pallavicinus⟩**

Antonius ⟨Parmensis⟩
→ **Antonius ⟨de Parma⟩**

Antonius ⟨Parvus⟩
→ **Antonius ⟨de Bononia⟩**

Antonius ⟨Pastor⟩
um 1473
Libellus (Narratio defensionis urbis Perpiniani a. 1473 adversus Francos Latine scripta)
Rep.Font. II,374
Antoine ⟨Pastor⟩
Pastor, Antonius

Antonius ⟨Patavinus⟩
→ **Antonius ⟨de Padua⟩**

Antonius ⟨Patriarcha, IV.⟩
→ **Antonius ⟨Constantinopolitanus⟩**

Antonius ⟨Petri⟩
→ **DelloSchiavo, Antonio di Pietro**

Antonius ⟨Plebanus Ihringen⟩
→ **Antonius ⟨de Ihringen⟩**

Antonius ⟨Provincial d'Ancône⟩
→ **Antonius ⟨Lucensis⟩**

Antonius ⟨Provincial de Toscane⟩
→ **Antonius ⟨Lucensis⟩**

Antonius ⟨Puccius⟩
→ **Pucci, Antonio**

Antonius ⟨Raettidensis⟩
→ **Antonius ⟨Raudensis⟩**

Antonius ⟨Rampegolus⟩
→ **Antonius ⟨de Rampegollis⟩**

Antonius ⟨Raudensis⟩
gest. ca. 1450 · OFM
Apologia, Philippica
Rep.Font. II,377
Antoine ⟨de Raude⟩
Antoine ⟨de Rho⟩
Antoine ⟨de Ro⟩
Antoine ⟨de Rodo⟩
Antoine ⟨Raudensis⟩
Antonio ⟨da Rho⟩
Antonio ⟨Raudense⟩
Antonius ⟨de Rho⟩
Antonius ⟨de Ro⟩
Antonius ⟨Harena⟩
Antonius ⟨Raettidensis⟩
Antonius ⟨Raudinus⟩
Antonius ⟨Raudo⟩
Antonius ⟨Ravidensis⟩
Antonius ⟨Rho⟩
Antonius ⟨Rhodensis⟩
Antonius ⟨Rò⟩
Antonius ⟨Rodo⟩
Antonius ⟨Rundensis⟩
Raudinus, Antonius

Antonius ⟨Rò⟩
→ **Antonius ⟨Raudensis⟩**

Antonius ⟨Romanus⟩
→ **Antonij ⟨Rimljanin⟩**

Antonius ⟨Romanus⟩
15. Jh.
Ital. Komponist
LMA,I,734
Romanus, Antonius

Antonius ⟨Rundensis⟩
→ **Antonius ⟨Raudensis⟩**

Antonius ⟨Sanctus⟩
→ **Antonius ⟨de Padua⟩**

Antonius ⟨Schiattesi⟩
→ **Antonio ⟨Schiattosi⟩**

Antonius ⟨Schnackenburg⟩
→ **Schnackenburg, Antonius**

Antonius ⟨Secrétaire de F. M. Visconti⟩
→ **Antonius ⟨de Cremona, Secretarius⟩**

Antonius ⟨Senensis⟩
→ **Antonius ⟨de Guardavalle⟩**

Antonius ⟨Siculus⟩
→ **Antonius ⟨Lanteri⟩**

Antonius ⟨Slesita⟩
→ **Antonius ⟨de Ihringen⟩**

Antonius ⟨Sultaniensis⟩
→ **Antonius ⟨de Sultanea⟩**

Antonius ⟨Syracusanus⟩
→ **Antonius ⟨de Agello⟩**

Antonius ⟨Urceus⟩
1446 – 1500
Antonio ⟨Urceo⟩
Antonius ⟨Codrus⟩
Codro, Urceo
Codrus, Antonio U.
Codrus, Antonius
Codrus, Antonius U.
Codrus Urceus, Antonius
Urceo, Antonio
Urceo, Codro
Urceus, Ant-Codrus
Urceus, Antonius
Urceus, Antonius C.
Urceus, Antonius Codrus
Urceus, Codrus

Antonius ⟨Venetus⟩
→ **Corrarius, Antonius**

Antonius ⟨Vercellensis⟩
→ **Antonius ⟨de Nazario⟩**
→ **Antonius ⟨de Vercellis⟩**

Antonius ⟨Vincentinus⟩
→ **Luschus, Antonius**

Antonius ⟨von Amalfi⟩
→ **Antonius ⟨de Carlenis⟩**

Antonius ⟨von Bitonto⟩
→ **Antonius ⟨de Bitonto⟩**

Antonius ⟨von Lambsheim⟩
gest. 1458
6 Briefe (erbaulichen Inhalts)
VL(2),1,401/02
Anthis ⟨von Lambsheim⟩
Lambsheim, Antonius ¬von¬

Antonius ⟨von Neapel⟩
→ **Antonius ⟨de Carlenis⟩**

Antonius ⟨von Padua⟩
→ **Antonius ⟨de Padua⟩**

Antonius ⟨von Pforr⟩
gest. 1483
VL(2); LMA,I,733/734
Anthonyus ⟨von Pfor⟩
Pfore, Antonius ¬von¬
Pforr, Anton ¬von¬
Pforr, Antonius ¬von¬

Antonius ⟨von Vercelli⟩
→ **Antonius ⟨de Vercellis⟩**

Antonius, Jacobus
→ **Jacobus ⟨Antonii⟩**

Antony ⟨Kassymatas⟩
→ **Antonius ⟨Cassimatas⟩**

Antony ⟨of Constantinople⟩
→ **Antonius ⟨Cassimatas⟩**

Antony ⟨of Padua⟩
→ **Antonius ⟨de Padua⟩**

Antony ⟨Patriarch⟩
→ **Antonius ⟨Cassimatas⟩**

Antony of ⟨Choziba⟩
→ **Antonius ⟨Chozibita⟩**

Antpertus, Ambrosius
→ **Ambrosius ⟨Autpertus⟩**

Antwerpe, Henricus ¬de¬
→ **Henricus ⟨de Antwerpe⟩**

Antworter, Georg
ca. 1430 – 1499
Belehrung über die Beschwörung von Geistern
VL(2),1,405
Georg ⟨Antworter⟩

Anuruddha
8./12. Jh.
Singhales. Theravāda-Gelehrter

Anwil, Hans ¬von¬
→ **Hans ⟨von Anwil⟩**

Anyaġt', Dawit
→ **Dawit ⟨Anyaġt'⟩**

Aosta, Bernhard ¬von¬
→ **Bernhard ⟨von Aosta⟩**

Apameia, Yoḥannan
→ **Yoḥannan ⟨Apameia⟩**

Apchier, Garin ¬d'¬
→ **Garin ⟨d'Apchier⟩**

Apfentaler, Georgius ¬de¬
→ **Georgius ⟨de Apfentaler⟩**

ApGwilym, David
→ **David ⟨ApGwilym⟩**

Apocaucus, Johannes
→ **Johannes ⟨Apocaucus⟩**

Apocrisiarius Anastasius
→ **Anastasius ⟨Apocrisiarius⟩**

Apolda, ¬Der von¬
→ **Thomas ⟨de Apolda⟩**

Apolda, Dietrich ¬von¬
→ **Theodoricus ⟨de Apolda⟩**

Apolda, Thomas ¬de¬
→ **Thomas ⟨de Apolda⟩**

Apollinaris ⟨Offredi⟩
15. Jh.
Expositio in librum primum Posteriorum; Quaestiones super primum librum Posteriorum; Expositio et quaestiones in libros De anima
Lohr
Apollinaire ⟨Offredi⟩
Apollinaris ⟨Cremonensis⟩
Apollinaris ⟨Offredus⟩
Apollinaris ⟨Offredus Cremonensis⟩
Offredi, Apollinaire
Offredi, Apollinaris
Offredus, Apollinaris

Apoln, ¬Der von¬
→ **Thomas ⟨de Apolda⟩**

Apomasar
→ **Abū-Ma'šar Ğa'far Ibn-Muḥammad**

Aponius
→ **Apponius**

Apono, Petrus ¬de¬
→ **Petrus ⟨de Abano⟩**

Apostolius, Michael
→ **Michael ⟨Apostolius⟩**

Appenwiler, Erhard ¬von¬
→ **Erhard ⟨von Appenwiler⟩**

Appet, Jakob
13. Jh.
Ritter unter dem Zuber
VL(2),1,413/414
Abt, Jakob
Appet, Jacob
Jakob ⟨Abt⟩
Jakob ⟨Appet⟩

Apponius
5. bzw. 7. oder 9. Jh. n. Chr.
In Cantico Canticorum explanatio
Aponio
Aponius
Apponius ⟨Syrus⟩

Apponius, Petrus
→ **Petrus ⟨de Abano⟩**

Appulus, Guilelmus
→ **Guilelmus ⟨Apuliensis⟩**

Apringius ⟨Pacensis⟩
um 531/48
Stegmüller, Repert. bibl. 1422; LMA,I,811
Apringio ⟨de Beja⟩
Apringius
Apringius ⟨de Bega⟩
Apringius ⟨de Béja⟩
Apringius ⟨Episcopus⟩
Apringius ⟨Hispanus⟩

Apuleius ⟨Minor⟩
11./13. Jh.
De diphtongis; De nota aspirationis; nicht identisch mit Ricchieri, Lodovico, der sich in seinem Werk „De orthographia" Lucius Caecilius Minutianus Apuleius nennt

Apuleius ⟨Platonicus⟩
Lebensdaten nicht ermittelt
Sphaera pythagora; Herbarium Apuleii Platonici
Pseudo-Apuleius

Aqfahsī, Aḥmad Ibn-ʿImād-ad-Dīn ¬al-¬
ca. 1349 – 1405
Aḥmad Ibn-ʿImād-ad-Dīn al-Aqfahsī
Ibn-al-ʿImād, Aḥmad Ibn-ʿImād-ad-Dīn
Ibn-ʿImād-ad-Dīn, Aḥmad al-Aqfahsī

Aqsarā'ī, Karīm-ad-Dīn Maḥmūd Ibn-Muḥammad
→ **Aqsarāyī, Karīm-ad-Dīn Maḥmūd Ibn-Muḥammad**

Aqsarāyī, Karīm ad-Dīn Maḥmūd b. Muḥammad
→ **Aqsarāyī, Karīm-ad-Dīn Maḥmūd Ibn-Muḥammad**

Aqsarāyī, Karīm-ad-Dīn Maḥmūd Ibn-Muḥammad
14. Jh.
Musāmarat al-aḫbar wa-musāyarat al-aḫyār
LMA,I,811
Aqsarāyī, Karīm ad-Dīn Maḥmūd b. Muḥammad
Aqsarā'ī, Karīm-ad-Dīn Maḥmūd Ibn-Muḥammad
Karīm Aqsarā'ī ¬al-¬

Aqua Blanca, Petrus ¬de¬
→ **Petrus ⟨de Aqua Blanca⟩**

Aquae Villa, Nicolaus ¬de¬
→ **Nicolaus ⟨de Aquaevilla⟩**

Aquasparta, Matthaeus ¬de¬
→ **Matthaeus ⟨de Aquasparta⟩**

Aquicinctinus, Alexander
→ **Alexander ⟨Aquicinctinus⟩**

Aquila ⟨von Saint-Amand⟩
→ **Arno ⟨Salisburgensis⟩**

Aquila, Giovanni
→ **Johannes ⟨Aquilanus⟩**

Aquila, Henricus ¬de¬
→ **Henricus ⟨de Aquila⟩**

Aquila, Johannes ¬de¬
→ **Johannes ⟨Aquilanus⟩**
→ **Johannes ⟨de Aquila⟩**
→ **Johannes ⟨de Aquila, Eboracensis⟩**

Aquila, Matthaeus ¬de¬
→ **Matthaeus ⟨de Aquila⟩**

Aquila, Petrus ¬de¬
→ **Petrus ⟨de Aquila⟩**

Aquila, Seraphinus
→ **Serafino ⟨Aquilano⟩**

Aquila Eboracensis, Johannes ¬de¬
→ **Johannes ⟨de Aquila Eboracensis⟩**

Aquilano, Serafino
→ **Serafino ⟨Aquilano⟩**

Aquilanus, Bernardinus
→ **Bernardinus ⟨Aquilanus⟩**

Aquilanus, Johannes
→ **Johannes ⟨Aquilanus⟩**

Aquilar, Gonsalvus ¬de¬
→ **Gonsalvus ⟨de Aquilar⟩**

Aquilegia, Laurentius ¬de¬
→ **Laurentius ⟨de Aquilegia⟩**

Aquin, Thomas ¬von¬
→ **Thomas ⟨de Aquino⟩**

Aquinas, Thomas
→ **Thomas ⟨de Aquino⟩**

Aquino, Thomas ¬de¬
→ **Thomas ⟨de Aquino⟩**

Aquinus ⟨Suevus⟩
→ **Haquinus ⟨Suecanus⟩**

Aquis, Jacobus ¬de¬
→ **Jacobus ⟨de Aquis⟩**

Aquisgrano, Tilmannus ¬de¬
→ **Tilmannus ⟨de Aquisgrano⟩**

Aquitania, Gualterus ¬de¬
→ **Gualterus ⟨de Aquitania⟩**

'Aqūlī ¬al-¬
→ **Ibn-al-ʿĀqūlī, Muḥammad Ibn-Muḥammad**

Arabius ⟨Epigrammaticus⟩
6. Jh.
Arabios
Arabius ⟨Scholasticus⟩
Epigrammaticus Arabius

Arabus ⟨Callinicensis⟩
5./6. Jh.
Brieffragment „Ad Arabum Callinicensem" des Severus ⟨Antiochenus⟩
Cpg 7071.5

Arachiel ⟨Archevêque⟩
→ **Aṙak'el ⟨Syownec'i⟩**

Arachiel ⟨de Siunia⟩
→ **Aṙak'el ⟨Syownec'i⟩**

Aragiya-Maṇavāḷa Perumāḷ
→ **Maṇavāḷamāmuni**

Aragón, Carlos ¬d'¬
→ **Viana, Carlos ¬de¬**

Aragón, Enrique ¬de¬
→ **Enrique ⟨de Villena⟩**

Aragon y Anjou, Juan ¬de¬
→ **Johannes ⟨de Aragonia⟩**

Aragonia, Guilelmus ¬de¬
→ **Guilelmus ⟨de Aragonia⟩**

Aragonia, Gundisalvus ¬de¬
→ **Gundisalvus ⟨de Aragonia⟩**

Aragonia, Johannes ¬de¬
→ **Johannes ⟨de Aragonia⟩**
→ **Johannes ⟨de Aragonia, Cardinalis⟩**

Aragonia, Petrus ¬de¬
→ **Petrus ⟨de Aragonia⟩**

Aragonia, Sebastianus ¬de¬
→ **Sebastianus ⟨de Aragonia⟩**

Aṙak'el ⟨Syownec'i⟩
1350 – 1425
Armen. Bischof, Schriftsteller
Arachiel ⟨Archevêque⟩
Arachiel ⟨de Siunia⟩
Arakel ⟨Sjuneci⟩
Arakhel ⟨von Siunikh⟩
Aṙak'el ⟨Siwnec'i⟩
A'rak'el ⟨von Siwnik'⟩
Syownec'i, Aṙak'el

'Arâmâ, Yiṣḥāq
ca. 1420 – 1494
'Aqêdat Yiṣḥāq
Arama, Isaac
Erama, Isaac
Isaac ⟨Arama⟩
Isaac ⟨Erama⟩
Yiṣḥāq ⟨'Arâmâ⟩
Yiṣḥāq Ben-Arama

Arator ⟨Diaconus⟩
um 513/44
LThK; CSGL
Arator
Arator ⟨Dichter⟩
Arator ⟨Notarius Athalarici Regis⟩
Arator ⟨Subdiaconus⟩
Aratore
Diaconus Arator

Arausicanus, Verus
→ **Verus ⟨Arausicanus⟩**

Arbela, Georgius ¬de¬
→ **Georgius ⟨de Arbela⟩**

Arbeo ⟨Frisingensis⟩
gest. 784
LThK; VL(2); CSGL
Arbeo ⟨of Frisingen⟩
Arbeo ⟨von Freising⟩
Arbio ⟨Frisingensis⟩
Aribo ⟨of Freising⟩
Aribon ⟨de Freising⟩
Arpio ⟨Frisingensis⟩

Arbeo ⟨Scholasticus⟩
→ **Aribo ⟨Scholasticus⟩**

Arberg, Peter ¬von¬
→ **Peter ⟨von Arberg⟩**

Arbogastus ⟨Argentinensis⟩
um 550 bzw. gest. 678
Stegmüller, Repert. bibl. 1426
Arbogast ⟨Bischof⟩
Arbogast ⟨de Strasbourg⟩
Arbogast ⟨Evêque⟩
Arbogast ⟨Heiliger⟩
Arbogast ⟨Saint⟩
Arbogast ⟨von Straßburg⟩
Arbogaste ⟨Aquitain⟩
Arbogaste ⟨Evêque de Strasbourg⟩
Arbogaste ⟨Saint⟩
Arbogastus ⟨Argentoratensis⟩
Arbogastus ⟨Episcopus⟩
Arbogastus ⟨Sanctus⟩
Arbogastus ⟨Scotus⟩
Argobastus ⟨Argentoratensis⟩
Argobastus ⟨Episcopus⟩
Argobastus ⟨Scotus⟩

Arbon
→ **Aribo ⟨Scholasticus⟩**

Arborea, Eleonora ¬d'¬
→ **Eleonora ⟨d'Arborea⟩**

Arbrissello, Robertus ¬de¬
→ **Robertus ⟨de Arbrissello⟩**

Arcadius ⟨Constantiensis⟩
um 600/38
Fragmenta ex vita Simeonis Stylitis iunioris; Laudatio S. Georgii
Cpg 7983
Arcade ⟨de Constantia⟩
Arcade ⟨Evêque⟩
Arcadius ⟨Cypriensis Episcopus⟩
Arcadius ⟨Episcopus⟩
Arcadius ⟨Episcopus Cypri⟩

Arcadius ⟨Cypriensis Episcopus⟩
→ **Arcadius ⟨Constantiensis⟩**

Archanaldus ⟨Turonensis⟩
9./10. Jh.
Vita sancti Maurilii Andegavensis episcopi
CC Clavis, Auct. Gall. 1,183f.
Archanaldus ⟨Andegavensis⟩
Archanaldus ⟨Sancti Martini Diaconus⟩
Arnachaldus ⟨Turonensis⟩

Archardus ⟨...⟩
→ **Achardus ⟨...⟩**

Archempertus
→ **Erchembertus ⟨Casinensis⟩**

Archevêque, Hue ¬l'¬
→ **Hue ⟨l'Archevêque⟩**

Archicantor, Johannes
→ **Johannes ⟨Archicantor⟩**

Archidiaconus ⟨Gneznensis⟩
→ **Johannes ⟨de Czarnkow⟩**

Archidiaconus, Petrus
→ **Petrus ⟨Archidiaconus⟩**

Archidiaconus, Theodosius
→ **Theodosius ⟨Archidiaconus⟩**

Archiepiscopus Petrus
→ **Petrus ⟨Archiepiscopus⟩**

Archilaus
15. Jh.
Von der Kunst alchimi
VL(2),1,423

Archipoeta
um 1130/40
VL(2); CSGL; LMA,I,899
Erzpoet

Archipresbyter Iustus
→ **Iustus ⟨Archipresbyter⟩**

Archiprêtre ⟨de Hita⟩
→ **Ruiz, Juan**

Arcilibelli ⟨Tifernas⟩
→ **Tifernas, Lilius**

Arcipreste ⟨de Hita⟩
→ **Ruiz, Juan**

Arcoid
um 1132/42
Arcoid ⟨the Canon of Saint Paul's⟩

Arcrowni, T'ovma
→ **T'ovma ⟨Arcrowni⟩**

Arculfus ⟨Gallus⟩
um 674/85
Verf. des Gedankenguts von „De locis sanctis" des Adamnanus ⟨de Iona⟩
Cpl 2332; LMA,I,911
Arculf ⟨Bischof⟩
Arculfe ⟨Evêque⟩
Arculfus ⟨Episcopus⟩
Arculfus ⟨Galliarum Episcopus⟩
Arculfus ⟨Sanctus⟩
Arculphe ⟨Evêque⟩
Arculphe ⟨Pèlerin en Terre-Sainte⟩
Arculphus ⟨Gallus⟩
Gallus, Arculfus

Ardabīlī, Abū-Ḥafṣ ʿUmar Ibn-Muḥammad ¬al-¬
→ **Ardabīlī, ʿUmar Ibn-Muḥammad ¬al-¬**

Ardabīlī, ʿUmar Ibn-Muḥammad ¬al-¬
14./15. Jh.
Ardabīlī, Abū-Ḥafṣ ʿUmar Ibn-Muḥammad ¬al-¬
Ḫiḍr, ʿUmar Ibn-Muḥammad ¬al-¬
Ibn-Muḥammad, ʿUmar al-Ardabīlī
Mallā', ʿUmar Ibn-Muḥammad ¬al-¬
ʿUmar Ibn-Muḥammad al-Ardabīlī

Ardemborg, Guilelmus ¬de¬
→ **Guilelmus ⟨de Ardemborg⟩**

Ardemburgo, Johannes ¬de¬
→ **Johannes ⟨de Ardemburgo⟩**

Arden, John
→ **Arderne, John**

Ardencus ⟨...⟩
→ **Ardengus ⟨...⟩**

Ardengus ⟨de Pavia⟩
→ **Ardengus ⟨Florentinus⟩**

Ardengus ⟨Florentinus⟩
gest. ca. 1249
Nicht identisch mit dem Dominikaner Ardengus ⟨Papiensis⟩
Stegmüller, Repert. sentent. 75; Schneyer,I,334/344
Ardencus ⟨Papiensis⟩
Ardengo ⟨Maestro⟩
Ardengo ⟨Vescovo⟩
Ardengus ⟨Canonicus Paviae⟩
Ardengus ⟨Chanoine de Pavie⟩
Ardengus ⟨de Pavia⟩
Ardengus ⟨Episcopus⟩
Ardengus ⟨Papiensis⟩
Ardengus ⟨Ticinensis Canonicus⟩
Ardingo ⟨di Firenze⟩
Ardingo ⟨Vescovo⟩
Ardingus ⟨Bischof⟩
Ardingus ⟨de Florence⟩
Ardingus ⟨de Pavie⟩
Ardingus ⟨Evêque⟩
Ardingus ⟨Kanonikus⟩
Ardingus ⟨Kanonikus von Pavia⟩
Ardingus ⟨von Florenz⟩
Ardingus ⟨von Pavia⟩
Florentinus, Ardengus
Pseudo-Ardengus ⟨Florentinus⟩
Pseudo-Ardingus ⟨de Pavia⟩

Ardengus ⟨Papiensis⟩
um 1375 · OP
Sermones dominicales, adiectis quibusdam sermonibus de feriis, de sanctis, de communi sanctorum; Nicht identisch mit Ardengus ⟨Florentinus⟩
Kaeppeli,I,120; Schneyer,I,334/344
Pseudo-Ardengus ⟨Papiensis⟩

Ardens, Radulfus
→ **Radulfus ⟨Ardens⟩**

Arderne, John
1307 – ca. 1380
Practica de fistula in ano; De cura oculi; De arte phisicali et de cirurgia
LMA,I,914
Arden, John
Ardern, Ioannes

Ardern, Jean
Ardern, Jean
Johann ⟨von Arderne⟩
John ⟨Arderne⟩
John ⟨Master⟩
John ⟨of Newark⟩

Ardighinus ⟨Bisolus⟩
→ **Bissolus, Bellinus**

Ardighinus ⟨dictus Bellinus⟩
→ **Bissolus, Bellinus**

Ardingus ⟨...⟩
→ **Ardengus ⟨...⟩**

Ardizone, Jacobus ¬de¬
→ **Jacobus ⟨de Ardizone⟩**

'Ardjī, 'Abd Allāh Ibn 'Umar
→ **'Arǧī, 'Abdallāh Ibn-'Umar ¬al-¬**

Ardo ⟨Anianensis⟩
783 – 843 · OSB
Erhielt wahrscheinl. aufgrund einer Verwechslung mit dem Abt Smaragdus ⟨Sancti Michaelis⟩ den Beinamen Smaragdus; Vita sancti Benedicti Anianensis et Indensis abbas
LMA,I,915; CC Clavis, Auct. Gall. 1,184 ff.; Potth. 1024
Ardo ⟨Magister⟩
Ardo ⟨Smaragdus⟩
Ardo ⟨Smaragdus Anianensis⟩
Ardo ⟨von Aniane⟩
Ardon ⟨d'Aniane⟩
Ardon ⟨Saint⟩
Ardon ⟨Smaragde⟩
Smaragdus ⟨Anianensis⟩
Smaragdus, Ardo

Ardobertus
→ **Adalbertus ⟨Haereticus⟩**

Ardoin ⟨d'Italie⟩
→ **Arduino ⟨Italia, Re⟩**

Ardoinus, Santes
→ **Sanctes ⟨de Arduinis⟩**

Ardon ⟨d'Aniane⟩
→ **Ardo ⟨Anianensis⟩**

Ardon ⟨Smaragde⟩
→ **Ardo ⟨Anianensis⟩**

Ardoynus, Santes
→ **Sanctes ⟨de Arduinis⟩**

Arduic ⟨de Besançon⟩
→ **Arduicus ⟨Vesontionensis⟩**

Arduicus ⟨Vesontionensis⟩
ca. 843 – 872
Epistulae ad Hincmarum
DOC,1,281; CC Clavis, Auct. Gall. 1,188
Arduic ⟨de Besançon⟩
Arduico ⟨Arcivescovo⟩
Arduico ⟨di Besançon⟩
Arduicus ⟨de Besançon⟩
Arduicus ⟨Vesuntionensis⟩
Arduicus ⟨Vezuntionensis⟩

Arduin ⟨Ivrea, Markgraf⟩
→ **Arduino ⟨Italia, Re⟩**

Arduin ⟨Lombardei, König⟩
→ **Arduino ⟨Italia, Re⟩**

Arduinis, Sanctes ¬de¬
→ **Sanctes ⟨de Arduinis⟩**

Arduino ⟨d'Ivrea⟩
→ **Arduino ⟨Italia, Re⟩**

Arduino ⟨Italia, Re⟩
955 – 1015
Ardoin ⟨d'Italie⟩
Ardoin ⟨Marquis⟩
Arduin
Arduin ⟨Italien, König⟩
Arduin ⟨Ivrea, Markgraf⟩
Arduin ⟨König der Langobarden⟩
Arduin ⟨Lombardei, König⟩
Arduino ⟨d'Ivrea⟩
Arduinus ⟨Italy, King⟩
Harduin ⟨Ivrea, Markgraf⟩
Hartwin ⟨Italien, König⟩

Ardzrouni, Thomas
→ **T'ovma ⟨Arcrowni⟩**

Are ⟨Thorgilsson⟩
→ **Ari ⟨Thorgilsson⟩**

Arela, Johannes
→ **Johannes ⟨Damascenus⟩**

Arena, Jacobus ¬de¬
→ **Jacobus ⟨de Arena⟩**

Arena, Sifridus ¬de¬
→ **Sifridus ⟨de Arena⟩**

Arenatus, Jacobus
→ **Jacobus ⟨de Arena⟩**

Arens, Pierre ¬d'¬
→ **Petrus ⟨de Arenys⟩**

Arenys, Petrus ¬de¬
→ **Petrus ⟨de Arenys⟩**

Areopagus, Vitus
→ **Arnpeck, Veit**

Arepo
→ **Aribo ⟨Scholasticus⟩**

Arethas ⟨Caesariensis⟩
850 – 944
Tusculum-Lexikon; CSGL; LMA,I,920
Arethas ⟨aus Patrai⟩
Arethas ⟨Cappadox⟩
Arethas ⟨Constantinopolitanus⟩
Arethas ⟨Patrensis⟩
Arethas ⟨Philosophus et Scriptor Ecclesiasticus⟩
Arethas ⟨Prōtothronos⟩
Arethas ⟨Scholiastes⟩
Arethas ⟨von Kaisareia⟩

Aretino, Leonardo
→ **Bruni, Leonardo**

Aretinus
→ **Johannes ⟨Tortellius⟩**

Aretinus, Angelus
→ **Angelus ⟨de Gambilionibus⟩**

Aretinus, Benedictus
→ **Accoltus, Benedictus**

Aretinus, Benencasa
→ **Benencasa ⟨Aretinus⟩**

Aretinus, Brunus
→ **Bruni, Leonardo**

Aretinus, Carolus M.
→ **Marsuppini, Carolus**

Aretinus, Franciscus
→ **Accoltus, Franciscus**

Aretinus, Gerius
→ **Gerius ⟨Aretinus⟩**

Aretinus, Gratia
→ **Gratia ⟨Aretinus⟩**

Aretinus, Guido
→ **Guido ⟨Aretinus⟩**
→ **Guido ⟨Aretinus, Iunior⟩**

Aretinus, Hieronymus
→ **Hieronymus ⟨Aretinus⟩**

Aretinus, Johannes
→ **Johannes ⟨Aretinus⟩**

Aretinus, Laurentius
→ **Laurentius ⟨Aretinus⟩**

Aretinus, Leonardo Bruni
→ **Bruni, Leonardo**

Aretinus, Rinutius
→ **Rinutius ⟨Aretinus⟩**

Aretinus Gambiglioni, Angelus
→ **Angelus ⟨de Gambilionibus⟩**

Aretinus Lippi, Johannes
→ **Johannes ⟨Aretinus Lippi⟩**

Aretio, Angelus de Gambelionibus
→ **Angelus ⟨de Gambilionibus⟩**

Aretio, Francesco
→ **Accoltus, Franciscus**

Aretio, Leonardo
→ **Bruni, Leonardo**

Arevalo, Rodericus Sancius ¬de¬
→ **Rodericus ⟨Sancius de Arevalo⟩**

Arevelc'i, Vardan
→ **Vardan ⟨Arevelc'i⟩**

Arezzo, Angelo ¬de¬
→ **Angelus ⟨de Gambilionibus⟩**

Arezzo, Francesco de A.
→ **Accoltus, Franciscus**

Arezzo, Guittone ¬d'¬
→ **Guittone ⟨d'Arezzo⟩**

Arezzo, Ristoro ¬d'¬
→ **Ristoro ⟨d'Arezzo⟩**

Argellata, Petrus ¬de¬
→ **Petrus ⟨de Argellata⟩**

Argentina, Nicolaus ¬de¬
→ **Nicolaus ⟨de Argentina⟩**

Argentina, Thomas ¬de¬
→ **Thomas ⟨de Argentina⟩**

Argentina, Ulricus ¬de¬
→ **Ulricus ⟨de Argentina⟩**

'Arǧī, 'Abdallāh Ibn-'Umar ¬al-¬
694 – 737
'Abdallāh Ibn-'Umar al-'Arǧī
'Ardjī, 'Abd Allāh Ibn 'Umar
'Arjī, 'Abd Alliāh Ibn 'Umar
Ibn-'Umar, 'Abdallāh al-'Arǧī
Ibn-'Umar al-'Arǧī, 'Abdallāh

Argies, Gautier ¬d'¬
→ **Gautier ⟨de Dargies⟩**

Argillata, Petrus ¬de¬
→ **Petrus ⟨de Argellata⟩**

Argiro, Isacco
→ **Isaac ⟨Argyrus⟩**

Argiropolus, Johannes
→ **Johannes ⟨Argyropulus⟩**

Argivus, Petrus
→ **Petrus ⟨Argivus⟩**

Argobastes ⟨Comes⟩
5./6. Jh.
Adressat der „Epistula metrica" des Auspicius ⟨Tullensis⟩
Cpl 1056
Comes, Argobastes

Argobastus ⟨Argentoratensis⟩
→ **Arbogastus ⟨Argentinensis⟩**

Argobastus ⟨Scotus⟩
→ **Arbogastus ⟨Argentinensis⟩**

Argyropolus, Johannes
→ **Johannes ⟨Argyropulus⟩**

Argyropulus, Johannes
→ **Johannes ⟨Argyropulus⟩**

Argyropylus ⟨Byzantius⟩
→ **Johannes ⟨Argyropulus⟩**

Argyropylus, Johannes
→ **Johannes ⟨Argyropulus⟩**

Argyrus, Isaac
→ **Isaac ⟨Argyrus⟩**

Ari ⟨Thorgilsson⟩
1068 – 1148
Are
Are ⟨Thorgilsson⟩
Ari ⟨enn Frodhi Thorgilsson⟩
Ari ⟨Fródi⟩
Ari ⟨le Savant⟩
Ari ⟨the Learned⟩
Ari Thorgilsson
Arius ⟨Froda⟩
Arius ⟨Multiscius⟩
Arius ⟨Thorgilsis⟩
Arius ⟨Thorgilsis Filius⟩
Multiscius
Thorgilsis, Arius
Thorgilsson, Are
Thorgilsson, Ari
Thorgilsson, Arius

Ariabchata
→ **Āryabhaṭa ⟨I.⟩**

Ariadno, Lanfrancus ¬de¬
→ **Lanfrancus ⟨de Oriano⟩**

Arianus, Fabianus
→ **Fabianus ⟨Arianus⟩**

Arianus, Fastidiosus
→ **Fastidiosus ⟨Arianus⟩**

'Arīb ben Sa'd al-Kātib al-Qurṭubī
→ **'Arīb Ibn-Sa'd al-Qurṭubī**

'Arīb Ibn-Sa'd al-Qurṭubī
10. Jh.
Rep.Font., II,390
'Arīb ben Sa'd al-Kātib al-Qurṭubī
Ibn-Sa'd al-Qurṭubī, 'Arīb
Qurṭubī, 'Arīb Ibn-Sa'd ¬al-¬

Aribert ⟨von Mailand⟩
→ **Aribertus ⟨Mediolanensis⟩**

Ariberto ⟨da Intimiano⟩
→ **Aribertus ⟨Mediolanensis⟩**

Aribertus ⟨de Reggio Emilia⟩
→ **Heribertus ⟨Regii Lepidi⟩**

Aribertus ⟨Mediolanensis⟩
gest. 1045
LThK; LMA,I,926
Aribert ⟨von Mailand⟩
Ariberto ⟨da Intimiano⟩
Heribert ⟨von Mailand⟩

Aribo ⟨de Hohenwart⟩
→ **Aribo ⟨Moguntinensis⟩**

Aribo ⟨de Mayence⟩
→ **Aribo ⟨Moguntinensis⟩**

Aribo ⟨Erzbischof⟩
→ **Aribo ⟨Moguntinensis⟩**

Aribo ⟨Frisingensis⟩
→ **Aribo ⟨Scholasticus⟩**

Aribo ⟨Moguntinensis⟩
991 – 1031
Stegmüller, Repert. bibl. 1428; LThK; Potth.; LMA,I,927/928
Aribo ⟨de Hohenwart⟩
Aribo ⟨de Mayence⟩
Aribo ⟨Erzbischof⟩
Aribo ⟨Moguntinus⟩
Aribo ⟨von Mainz⟩
Aribon ⟨de Hohenwart⟩
Erfo ⟨de Hohenwart⟩
Erpo ⟨de Hohenwart⟩

Aribo ⟨of Freising⟩
→ **Arbeo ⟨Frisingensis⟩**

Aribo ⟨Scholasticus⟩
11. Jh. · OSB
De musica
LThK; VL(2); CSGL; LMA,I,928/29
Arbeo ⟨Scholasticus⟩
Arbon
Arepo
Aribio
Aribo ⟨Frisingensis⟩
Aribon
Aribon ⟨Ecolâtre⟩
Arpeo
Arpio ⟨Scholasticus⟩
Cirinus ⟨Aribo⟩
Scholasticus, Aribo

Aribo ⟨von Mainz⟩
→ **Aribo ⟨Moguntinensis⟩**

Aribon ⟨de Freising⟩
→ **Arbeo ⟨Frisingensis⟩**

Aribon ⟨de Hohenwart⟩
→ **Aribo ⟨Moguntinensis⟩**

Aribon ⟨Ecolâtre⟩
→ **Aribo ⟨Scholasticus⟩**

'Ārif Billāh Muḥammad Wafā' al-Kabīr
→ **Wafā' al-Iskandarī, Muḥammad Ibn-Muḥammad ¬al-¬**

Arigo
um 1476
Bocaccio-Übersetzer; Identität mit Schlüsselfelder, Heinrich nach neueren Forschungen unwahrscheinlich
LMA,VII,1494; VL(2),8,752/58

Arigonius, Jacobus
→ **Jacobus ⟨Laudensis⟩**

Arimino, Franciscus ¬de¬
→ **Franciscus ⟨de Arimino⟩**

Arimino, Gregorius ¬de¬
→ **Gregorius ⟨de Arimino⟩**

Arimino, Henricus ¬de¬
→ **Henricus ⟨de Arimino⟩**

Arimino, Hugolinus ¬de¬
→ **Hugolinus ⟨de Arimino⟩**

Arimino, Nicolaus ¬de¬
→ **Nicolaus ⟨de Arimino⟩**

Arimino, Petrus ¬de¬
→ **Petrus ⟨de Arimino⟩**

Ariolfo ⟨de Oudenbourg⟩
→ **Hariulfus ⟨Aldenburgensis⟩**

Ariprandus
um 1136
Brevis historia Langobardorum; Commentarius in Lombardam; In legem Langobardorum commentarii
Rep.Font. II,391
Aliprandus
Ariprand
Ariprando
Ariprandus ⟨Magister Iuris Lombardorum⟩
Ariprandus ⟨Presbyter⟩

Aristakes ⟨Lastivertc'i⟩
11. Jh.
armen. Historiker; Hayoç parfumiun
Rep.Font. II,391; Hay sovetakan hanragitaran
Arisdaguès ⟨de Lasdiverd⟩
Arisdaguès ⟨Lasdiverd⟩
Aristages ⟨de Lastivert⟩
Aristages ⟨von Lastiverd⟩
Aristakès ⟨de Lastivert⟩
Aristakes ⟨Lastiverci⟩
Aristakes ⟨Lastiverdsi⟩
Aritakēs ⟨Lastivertssi⟩
Lastivert, Aristages ¬de¬
Lastivertc'i, Aristakes
Lastivertssi, Aristakēs

Aristenus, Alexius
→ **Alexius ⟨Aristenus⟩**

Aristippus, Henricus
→ **Henricus ⟨Aristippus⟩**

Aristotele ⟨da Bologna⟩
→ **Fioravanti, Aristotele**

Aristotele ⟨Fioravanti⟩
→ **Fioravanti, Aristotele**

Aristotiles ⟨Bruder⟩
14. Jh.
Zitate
VL(2),1,450
Bruder Aristotiles

Aritakēs ⟨Lastivertssi⟩
→ **Aristakes ⟨Lastivertc'i⟩**

Arius ⟨Froda⟩
→ **Ari ⟨Thorgilsson⟩**

Arius ⟨Multiscius⟩
→ **Ari ⟨Thorgilsson⟩**

Arius ⟨Thorgilsis⟩
→ **Ari ⟨Thorgilsson⟩**

Arjabhata
→ **Āryabhaṭa ⟨...⟩**

'Arjī, 'Abd Alliāh Ibn 'Umar
→ **'Arǧī, 'Abdallāh Ibn-'Umar ¬al-¬**

Arlandi, Stephanus
→ **Stephanus ⟨Arlandi⟩**

Arlottus ⟨de Prato⟩
gest. 1286 · OFM
Quaestio disputata; Sermones; Concordantiae utriusque Testamenti; etc.
Stegmüller, Repert. sentent. 676,3; Repert. bibl. 1429; Schneyer,I,345
Arlot ⟨du Pré⟩
Arlotto ⟨de Prato⟩
Arlotto ⟨von Prato⟩
Prato, Arlotto ¬de¬
Prato, Arlottus ¬de¬

Armachanus, Richardus
→ **Richardus ⟨Armachanus⟩**

Armandus ⟨de Bellovisu⟩
gest. ca. 1338
LThK
Armand ⟨de Bellevue⟩
Armandus ⟨Bellovisius⟩
Armandus ⟨de Bello Visu⟩
Armandus ⟨de Belvézer⟩
Armandus ⟨de Pulchro Visu⟩
Belloviso, Armandus ¬de¬
Bellovisu, Armandus ¬de¬

Armandus ⟨de Belvézer⟩
→ **Armandus ⟨de Bellovisu⟩**

Armandus ⟨de Pulchro Visu⟩
→ **Armandus ⟨de Bellovisu⟩**

Armanī, Abū-Ṣāliḥ ¬al-¬
→ **Abū-Ṣāliḥ al-Armanī**

Armanni, Armanno
→ **Armannino**

Armannini, Thomasinus
→ **Thomasinus ⟨Armannini⟩**

Armannino
13. Jh.
Fiorita, Canones in rerum novarum cupidos
Rep.Font. II,392
Armanni, Armanno
Armannino
Armannino ⟨de Bologne⟩

Armawī, 'Abd-al-Mu'min Ibn-Yūsuf ¬al-¬
gest. 1294
'Abd-al-Mu'min Ibn-Yūsuf al-Armawī
Armawī, Ṣafī-ad-Dīn 'Abd-al-Mu'min Ibn-Yūsuf ¬al-¬
Ibn-Yūsuf, 'Abd-al-Mu'min al-Armawī

Armawī, Abū-'Abdallāh Muḥammad Ibn-al-Ḥusain ¬al-¬
→ **Armawī, Muḥammad Ibn-al-Ḥusain ¬al-¬**

Armawī, Muḥammad Ibn-al-Ḥusain ¬al-¬
gest. 1255
Armawī, Abū-'Abdallāh Muḥammad Ibn-al-Ḥusain ¬al-¬
Armawī, Tāǧ-ad-Dīn Muḥammad Ibn-al-Ḥusain ¬al-¬
Ibn-al-Ḥusain, Muḥammad al-Armawī
Muḥammad Ibn-al-Ḥusain al-Armawī

Armawī, Ṣafī-ad-Dīn 'Abd-al-Mu'min Ibn-Yūsuf ¬al-¬
→ **Armawī, 'Abd-al-Mu'min Ibn-Yūsuf ¬al-¬**

Armawī, Tāǧ-ad-Dīn Muḥammad Ibn-al-Ḥusain ¬al-¬
→ **Armawī, Muḥammad Ibn-al-Ḥusain ¬al-¬**

Arme Hartmann, ¬Der¬
→ **Hartmann ⟨der Arme⟩**

Arme Konrad, ¬Der¬
→ **Konrad ⟨der Arme⟩**

Armengaudus ⟨Blasii⟩
um 1284/1310
Translatio canticorum Avicennae cum commento Averrois etc.
LMA,I,973
Armengandus ⟨Blasii⟩
Armengaud ⟨Blaise⟩
Blasii, Armegandus
Blasii, Armengaudus
Blasius, Armegandus
Blasius, Armegandus ¬de¬
Ermengaud ⟨Blezin⟩
Ermengaud ⟨von Montpellier⟩

Armenicus, David
→ **David ⟨Armenicus⟩**

Armenius
6. Jh.
Diligentia Armonii et Honorii de libris canonicis
Cpl 1757
Armenius ⟨de Rome⟩
Armenius ⟨Moine⟩
Armenius ⟨Prêtre⟩
Armonius
Armonius et Honorius

Armenopulos, Konstantinos
→ **Constantinus ⟨Harmenopulus⟩**

Armentarius ⟨Tornusiensis⟩
→ **Ermentarius ⟨Tornusiensis⟩**

Armenus, Thaddaeus
→ **Thaddaeus ⟨Armenus⟩**

Armero ⟨di Angers⟩
→ **Harmerus ⟨Andegavensis⟩**

Armingaudus ⟨Pinetus⟩
um 1452 · OP
Theorica et practica de secretis naturae
Kaeppeli,I,125
Pinetus, Armingaudus

Armonius et Honorius
→ **Armenius**
→ **Honorius**

Arn ⟨von Saint-Amand⟩
→ **Arno ⟨Salisburgensis⟩**

Arn ⟨von Salzburg⟩
→ **Arno ⟨Salisburgensis⟩**

Arnachaldus ⟨Turonensis⟩
→ **Archanaldus ⟨Turonensis⟩**

Arnald ⟨Bernard de Cahors⟩
→ **Arnaldus ⟨Bernardi⟩**

Arnald ⟨Fitz-Thedmar⟩
→ **Arnoldus ⟨FitzThedmar⟩**

Arnald ⟨von Villanova⟩
→ **Arnoldus ⟨de Villa Nova⟩**

Arnaldi, Guilelmus
→ **Guilelmus ⟨Arnaldi⟩**

Arnaldi, Johannes
→ **Johannes ⟨Arnoldus de Spira⟩**

Arnaldo ⟨de Villa Nova⟩
→ **Arnoldus ⟨de Villa Nova⟩**

Arnaldo ⟨di Buonavalle⟩
→ **Arnoldus ⟨Bonavallis⟩**

Arnaldus ⟨Aimerici⟩
→ **Arnoldus ⟨Aimerici⟩**

Arnaldus ⟨Alberti⟩
ca. 1319 – ca. 1371
Liber synodalis Avenionsis
Alberti, Arnaldus
Alberti, Arnau
Alberti, Arnaud
Albertus, Arnaldus
Aliberti, Arnaldus
Arnaldus ⟨Albertus⟩
Arnaldus ⟨Aliberti⟩
Arnaldus ⟨Archiepiscopus⟩
Arnaldus ⟨Aubert⟩
Arnaldus ⟨Auxitanus⟩
Arnaldus ⟨Camerarius⟩
Arnaldus ⟨d'Agde⟩
Arnau ⟨Alberti⟩
Arnaud ⟨Aubert⟩
Aubert, Arnaud

Arnaldus ⟨Amalrici⟩
gest. 1225 · OCist
Epistolae
Schneyer,I,350; Rep.Font. II,393
Amalrici, Arnaldus
Amaury, Arnaldus
Arnaldus ⟨Amalricus⟩
Arnaldus ⟨Amaury⟩
Arnaldus ⟨von Cîteaux⟩
Arnaldus ⟨von Grandselve⟩
Arnaldus ⟨von Narbonne⟩
Arnaldus ⟨von Poblet⟩
Arnaud ⟨Amalric⟩
Arnaud ⟨de Cîteaux⟩
Arnaud ⟨de Grand-Selve⟩
Arnaud ⟨de Narbonne⟩
Arnaud ⟨de Poblet⟩

Arnaldus ⟨Aubert⟩
→ **Arnaldus ⟨Alberti⟩**

Arnaldus ⟨Auxitanus⟩
→ **Arnaldus ⟨Alberti⟩**

Arnaldus ⟨Aymerici⟩
→ **Arnaldus ⟨Bernardi⟩**

Arnaldus ⟨Bernardi⟩
gest. ca. 1334 · OP
Manuale professorum regulae S. Augustini; etc.
Stegmüller, Repert. bibl. 1433-1433,3; Schneyer,I,350
Arnald ⟨Bernard de Cahors⟩
Arnaldus ⟨Aymerici⟩
Arnaldus ⟨Aymerici de Caturco⟩
Arnaldus ⟨Bernardi Cadurcensis⟩
Arnaldus ⟨Bernardi Caturcensis⟩
Arnaldus ⟨Bernardi de Cahors⟩
Arnaldus ⟨Bernardi de Caturco⟩
Arnaldus ⟨Bernardi di Caturco⟩
Arnaldus ⟨Caturcensis⟩
Arnaldus ⟨de Cahors⟩
Arnaldus ⟨de Caturco⟩
Bernardi, Arnaldus
Bernardus ⟨Arnoldi⟩

Arnaldus ⟨Burdegalensis⟩
→ **Arnaldus ⟨Fradeti⟩**

Arnaldus ⟨Camerarius⟩
→ **Arnaldus ⟨Alberti⟩**

Arnaldus ⟨Catalanus⟩
13. Jh.
De anima
Lohr
Catalanus, Arnaldus

Arnaldus ⟨Caturcensis⟩
→ **Arnaldus ⟨Bernardi⟩**

Arnaldus ⟨Condomiensis⟩
→ **Arnaldus ⟨de Prato Condomiensis⟩**

Arnaldus ⟨d'Agde⟩
→ **Arnaldus ⟨Alberti⟩**

Arnaldus ⟨de Cahors⟩
→ **Arnaldus ⟨Bernardi⟩**

Arnaldus ⟨de Caturco⟩
→ **Arnaldus ⟨Bernardi⟩**

Arnaldus ⟨de Fulgineo⟩
gest. ca. 1313 · OFM
Liber sororis Lelle de Fulgineo, de tertio ordine Sancti Francisci
Rep.Font. II,394
Adamus ⟨de Fulgineo⟩
Arnaldus ⟨de Foligno⟩
Arnaldus ⟨de Fulgino⟩
Arnaldus ⟨Franciscanus⟩
Arnaldus ⟨Fulginas⟩
Arnaud ⟨de Foligno⟩
Arnoldus ⟨de Fulgineo⟩
Fulgineo, Arndaldus ¬de¬

Arnaldus ⟨de Peruciis⟩
→ **Arnaldus ⟨de Prato Italus⟩**

Arnaldus ⟨de Prato Condomiensis⟩
gest. 1306 · OP
Officium ecclesiasticum in festo S. Ludovici IX regis Francorum
Kaeppeli,I,127/128; Schönberger/Kible, Repertorium, 11564
Arnaldus ⟨Condomiensis⟩
Arnaldus ⟨de Prato⟩
Arnaldus ⟨de Prato, OP⟩
Arnaldus ⟨Duprat⟩
Arnaud ⟨de Condom⟩
Arnaud ⟨de Prato⟩
Arnaud ⟨du Pré⟩
Arnauld ⟨du Pré⟩
Prato, Arnaldus ¬de¬

Arnaldus ⟨de Prato Hispanus⟩
um 1312/50 · OP
Compendium theologiae
Kaeppeli,I,128
Arnaldus ⟨de Prato⟩
Arnaldus ⟨Hispanus⟩
Arnaud ⟨de Prato⟩
Prato, Arnaldus ¬de¬

Arnaldus ⟨de Prato Italus⟩
um 1333/39 · OP
Tractatus de universalibus
Kaeppeli,I,128
Arnaldus ⟨de Peruciis⟩
Arnaldus ⟨de Prato⟩
Arnaldus ⟨de Prato, Sanctae Mariae Novellae⟩
Arnaldus ⟨Italus⟩
Arnaud ⟨de Prato⟩
Prato, Arnaldus ¬de¬

Arnaldus ⟨de Serrano⟩
um 1369 · OFM
Vielleicht Verf. der „Chronica XXIV generalium Ordinis Fratrum Minorum"
Rep.Font. II,394
Arnaldus ⟨de Sarano⟩
Arnaldus ⟨de Serano⟩
Arnaldus ⟨Serranus⟩
Arnaud ⟨de Sarraut⟩
Arnaud ⟨de Serano⟩
Serano, Arnaud ¬de¬
Serrano, Arnaldus ¬de¬

Arnaldus ⟨de Verdala⟩
gest. 1352
Catalogus episcoporum Magalonensium
Rep.Font. II,394
Arnaldus ⟨de Verdale⟩
Arnaldus ⟨Magalonensis⟩
Arnaud ⟨de Verdala⟩
Arnaud ⟨de Verdale⟩
Arnaud ⟨de Verdalle⟩
Verdala, Arnaldus ¬de¬

Arnaldus ⟨de Villa Dei⟩
→ **Arnoldus ⟨de Villa Dei⟩**

Arnaldus ⟨de Villa Nova⟩
→ **Arnoldus ⟨de Villa Nova⟩**

Arnaldus ⟨Diaconus⟩
→ **Arnoldus ⟨Diaconus⟩**

Arnaldus ⟨Duprat⟩
→ **Arnaldus ⟨de Prato Condomiensis⟩**

Arnaldus ⟨Fradeti⟩
gest. 1329 · OP
Postillae abbreviatae in Genesim
Stegmüller, Repert. bibl. 1434
Arnaldus ⟨Burdegalensis⟩
Arnaldus ⟨Fradeti Burdegalensis⟩
Arnaldus ⟨Fredeti⟩
Arnaud ⟨Fredet⟩
Fradeti, Arnaldus
Fredet, Arnaud

Arnaldus ⟨Franciscanus⟩
→ **Arnaldus ⟨de Fulgineo⟩**

Arnaldus ⟨Fulginas⟩
→ **Arnaldus ⟨de Fulgineo⟩**

Arnaldus ⟨Galiard⟩
→ **Arnoldus ⟨Galiard⟩**

Arnaldus ⟨Gerundensis⟩
→ **Arnaldus ⟨Simonis⟩**

Arnaldus ⟨Hispanus⟩
→ **Arnaldus ⟨de Prato Hispanus⟩**

Arnaldus ⟨Italus⟩
→ **Arnaldus ⟨de Prato Italus⟩**

Arnaldus ⟨Magalonensis⟩
→ **Arnaldus ⟨de Verdala⟩**

Arnaldus ⟨Serranus⟩
→ **Arnaldus ⟨de Serrano⟩**

Arnaldus ⟨Simonis⟩
gest. 1386 · OP
M. Iuniani Iustini historiarum epitome in linguam Catalaunicam conversa
Kaeppeli,I,129
Arnaldus ⟨Gerundensis⟩
Arnaldus ⟨Simonis Gerundensis⟩
Simonis, Arnaldus

Arnaldus ⟨von Cîteaux⟩
→ **Arnaldus ⟨Amalrici⟩**

Arnaldus ⟨von Grandselve⟩
→ **Arnaldus ⟨Amalrici⟩**

Arnaldus ⟨von Narbonne⟩
→ **Arnaldus ⟨Amalrici⟩**

Arnaldus ⟨von Poblet⟩
→ **Arnaldus ⟨Amalrici⟩**

Arnau ⟨Alberti⟩
→ **Arnaldus ⟨Alberti⟩**

Arnaud ⟨Amalric⟩
→ **Arnaldus ⟨Amalrici⟩**

Arnaud ⟨Aubert⟩
→ **Arnaldus ⟨Alberti⟩**

Arnaud ⟨Daniel⟩
→ **Arnaut ⟨Daniel⟩**

Arnaud ⟨de Bonneval⟩
→ **Arnoldus ⟨Bonavallis⟩**

Arnaud ⟨de Cîteaux⟩
→ **Arnaldus ⟨Amalrici⟩**

Arnaud ⟨de Condom⟩
→ **Arnaldus ⟨de Prato Condomiensis⟩**

Arnaud ⟨de Foligno⟩
→ **Arnaldus ⟨de Fulgineo⟩**

Arnaud ⟨de Grand-Selve⟩
→ **Arnaldus ⟨Amalrici⟩**

Arnaud ⟨de Guyenne⟩
→ **Arnoldus ⟨Galiard⟩**

Arnaud ⟨de Marveil⟩
→ **Arnaut ⟨de Mareuil⟩**

Arnaud ⟨de Narbonne⟩
→ **Arnaldus ⟨Amalrici⟩**

Arnaud ⟨de Neufville⟩
→ **Arnoldus ⟨de Villa Nova⟩**

Arnaud ⟨de Poblet⟩
→ **Arnaldus ⟨Amalrici⟩**

Arnaud ⟨de Prato⟩
→ **Arnaldus ⟨de Prato Condomiensis⟩**
→ **Arnaldus ⟨de Prato Hispanus⟩**
→ **Arnaldus ⟨de Prato Italus⟩**

Arnaud ⟨de Sarraut⟩
→ **Arnaldus ⟨de Serrano⟩**

Arnaud ⟨de Serano⟩
→ **Arnaldus ⟨de Serrano⟩**

Arnaud ⟨de Verdala⟩
→ **Arnaldus ⟨de Verdala⟩**

Arnaud ⟨de Verdale⟩
→ **Arnaldus ⟨de Verdala⟩**

Arnaud ⟨de Villeneuve⟩
→ **Arnoldus ⟨de Villa Nova⟩**

Arnaud ⟨Diacre⟩
→ **Arnoldus ⟨Diaconus⟩**

Arnaud ⟨Dominicain⟩
→ **Arnoldus ⟨Frater⟩**

Arnaud ⟨du Pré⟩
→ **Arnaldus ⟨de Prato Condomiensis⟩**

Arnaud ⟨Esquerrier⟩
um 1450/60
Chronique des comtes de Foix (usque ad 1461)
Rep.Font. II,396
Arnaud ⟨Esquerrer⟩
Arnaud ⟨Squerrer⟩
Arnaud ⟨Squerrier⟩
Esquerrier, Arnaud
Squerrer, Arnaud

Arnaud ⟨Fredet⟩
→ **Arnaldus ⟨Fradeti⟩**

Arnaud ⟨Galiard⟩
→ **Arnoldus ⟨Galiard⟩**

Arnaud ⟨Squerrier⟩
→ **Arnaud ⟨Esquerrier⟩**

Arnaud ⟨Vidal de Castelnaudary⟩
→ **Arnaut ⟨Vidal⟩**

Arnaud, Etienne
→ **Stephanus ⟨Arlandi⟩**

Arnaud, Wilhelm
→ **Guilelmus ⟨Arnaldi⟩**

Arnaud-Guillaume ⟨de Marsan⟩
→ **Arnaut Guillem ⟨de Marsan⟩**

Arnauld ⟨de Bonneval⟩
→ **Arnoldus ⟨Bonavallis⟩**

Arnauld ⟨du Pré⟩
→ **Arnaldus ⟨de Prato Condomiensis⟩**

Arnaut ⟨Catalan⟩
→ **Arnoldus ⟨de Villa Nova⟩**

Arnaut ⟨Daniel⟩
12. Jh.
Meyer; LMA,I,997/998
Arnaud ⟨Daniel⟩
Daniel, Arnaut

Arnaut ⟨de Carcassés⟩
13. Jh.
Papagai
Rep.Font. II,396
Arnaut ⟨de Carcassonne⟩
Carcassés, Arnaut ¬de¬

Arnaut ⟨de Carcassonne⟩
→ **Arnaut ⟨de Carcassés⟩**

Arnaut ⟨de Mareuil⟩
um 1170/1200
Meyer; LMA,I,998
Arnaud ⟨de Marveil⟩
Arnaut ⟨de Maroill⟩
Arnaut ⟨de Maruelh⟩
Mareuil, Arnaut ¬de¬

Arnaut ⟨Vidal⟩
um 1318/24
Guilhem de la Barra
Rep.Font. II,397; LMA,VIII,1632/33
Arnaud ⟨Vidal de Castelnaudary⟩
Arnaud ⟨Vidal de Castelnaudary⟩
Arnaut ⟨Vidal de Castelnaudary⟩
Castelnaudari, Arnaut Vidal ¬de¬
Castelnaudary, Arnaut Vidal ¬de¬
Vidal, Arnaut
Vidal de Castelnaudari, Arnaut
Vidal de Castelnaudary, Arnaut

Arnaut Guillem ⟨de Marsan⟩
um 1170
Gascogn. Troubadour; Ensenhamen de l'Escudier
Rep.Font. II,396; LMA,I,998
Arnaud-Guillaume ⟨de Marsan⟩
Arnaud-Guillaume ⟨Troubadour⟩
Arnaut Guilhem ⟨de Marsan⟩
Guillem de Marsan, Arnaut
Marsan, Arnaut Guillem ¬de¬

Arnbeck, Gui
→ **Arnpeck, Veit**

Arnd ⟨Bevergern⟩
→ **Bevergern, Arnd**

Arndes, Johann
um 1487
Berichte über die Aufnahme Königs Christian I. von Dänemark im Jahr 1462 und des Herzogs Albrecht von Sachsen im Jahr 1487 in Lübeck
Rep.Font. II, 397
Johann ⟨Arndes⟩

Arnefastus
→ **Arnfastus**

Arnestus ⟨de Pardubice⟩
→ **Ernestus ⟨de Pardubitz⟩**

Arnestus ⟨Pragensis⟩
→ **Ernestus ⟨de Pardubitz⟩**

Arneus ⟨de Gif⟩
→ **Hervaeus ⟨de Gif⟩**

Arnevelt, Theodoricus ¬de¬
→ **Theodoricus ⟨de Arnevelt⟩**

Arnfastus
13. Jh
Poëma de miraculis S. Canuti regis et martyris
Rep.Font. II,397
Arnefast ⟨Chanoine d'Aarhuus⟩
Arnefastus
Arnfastus ⟨Monachus Othoniae⟩

Arno ⟨Argentoratensis⟩
→ **Arno ⟨Salisburgensis⟩**

Arno ⟨de Reichersberg⟩
→ **Arno ⟨Reicherspergensis⟩**

Arno ⟨de Saint-Amand⟩
→ **Arno ⟨Salisburgensis⟩**

Arno ⟨Reicherspergensis⟩
ca. 1100 – 1175
LThK; VL(2); CSGL; LMA,I,1000
Arno ⟨de Reichersberg⟩
Arno ⟨von Reichersberg⟩

Arno ⟨Salisburgensis⟩
ca. 740 – 821
2 Briefe
LMA,I,993; CSGL; Potth.
Aquila ⟨von Saint-Amand⟩
Arn ⟨Abt⟩
Arn ⟨Erzbischof⟩
Arn ⟨von Saint-Amand⟩
Arn ⟨von Salzburg⟩
Arno ⟨Abt⟩
Arno ⟨Argentoratensis⟩
Arno ⟨de Saint-Amand⟩
Arno ⟨Episcopus⟩
Arno ⟨Erzbischof⟩
Arno ⟨Salzeburgensis⟩
Arno ⟨von Salzburg⟩
Arnon ⟨Anglais⟩
Arnon ⟨Aquila⟩
Arnon ⟨de Salzbourg⟩
Arnon ⟨Elnonensis⟩
Arnon ⟨of Salzburg⟩

Arno ⟨von Salzburg⟩
→ **Arno ⟨Salisburgensis⟩**

Arnold ⟨Abt⟩
→ **Arnoldus ⟨de Nienburg⟩**

Arnold ⟨Alderman de Londres⟩
→ **Arnoldus ⟨FitzThedmar⟩**

Arnold ⟨Betzler⟩
→ **Betzler, Arnold**

Arnold ⟨Buschmann⟩
→ **Buschmann, Arnt**

Arnold ⟨d'Autriche⟩
→ **Arnoldus ⟨de Austria⟩**
→ **Arnoldus ⟨de Seehusen⟩**

Arnold ⟨de Bamberg⟩
→ **Arnoldus ⟨Bambergensis⟩**

Arnold ⟨de Bergen⟩
→ **Arnoldus ⟨de Nienburg⟩**

Arnold ⟨de Corbie⟩
→ **Arnoldus ⟨Corbeiensis⟩**

Arnold ⟨de Fribourg⟩
→ **Arnold ⟨von Freiburg⟩**

Arnold ⟨de Goslar⟩
→ **Immessen, Arnold**

Arnold ⟨de Haustii⟩
→ **Arnoldus ⟨de Austria⟩**

Arnold ⟨de Lalaing⟩
→ **Arnoldus ⟨de Lalaing⟩**

Arnold ⟨de Louvain⟩
→ **Arnulfus ⟨de Lovanio⟩**

Arnold ⟨de Nienburg⟩
→ **Arnoldus ⟨de Nienburg⟩**

Arnold ⟨de Podio⟩
→ **Arnoldus ⟨de Podio⟩**

Arnold ⟨de Protzan⟩
→ **Arnoldus ⟨de Protzan⟩**

Arnold ⟨de Puig⟩
→ **Arnoldus ⟨de Podio⟩**

Arnold ⟨de Ratisbonne⟩
→ **Arnoldus ⟨Emmeramensis⟩**

Arnold ⟨de Saint-Emmeram⟩
→ **Arnoldus ⟨Emmeramensis⟩**

Arnold ⟨de Saint-Jean⟩
→ **Arnoldus ⟨de Nienburg⟩**

Arnold ⟨de Saint-Matthias⟩
→ **Arnoldus ⟨Corbeiensis⟩**

Arnold ⟨de Trèves⟩
→ **Arnoldus ⟨Corbeiensis⟩**
→ **Arnoldus ⟨Teuto⟩**

Arnold ⟨de Vienne⟩
→ **Arnoldus ⟨de Austria⟩**

Arnold ⟨de Villanova⟩
→ **Arnoldus ⟨de Villa Nova⟩**

Arnold ⟨de Vohburg⟩
→ **Arnoldus ⟨Emmeramensis⟩**

Arnold ⟨der Priester⟩
12. Jh.
VL(2); LMA,I,1004
Arnold ⟨Priester⟩
Arnolt ⟨der Priester⟩
Arnolt ⟨Priester⟩
Arnolth ⟨Priest⟩
Arnolth ⟨the Priest⟩
Priester, Arnold ¬der¬

Arnold ⟨der Rote⟩
14. Jh.
Weihnachtspredigt
VL(2),1,484/85
Der Rote Arnold
Rote Arnold, ¬Der¬

Arnold ⟨der Sachse⟩
→ **Arnoldus ⟨Saxo⟩**

Arnold ⟨d'Halberstadt⟩
→ **Arnoldus ⟨Halberstadensis⟩**

Arnold ⟨Doneldey⟩
→ **Doneldey, Arnold**

Arnold ⟨FitzThedmar⟩
→ **Arnoldus ⟨FitzThedmar⟩**

Arnold ⟨Geilhoven⟩
→ **Arnoldus ⟨Geilhoven⟩**

Arnold ⟨Heymerick⟩
→ **Heymerick, Arnold**

Arnold ⟨Immessen⟩
→ **Immessen, Arnold**

Arnold ⟨Londiniensis Decurio⟩
→ **Arnoldus ⟨FitzThedmar⟩**

Arnold ⟨Magister⟩
→ **Arnulfus ⟨de Sancto Gilleno⟩**

Arnold ⟨Meister⟩
→ **Arnold ⟨von Aachen⟩**
→ **Arnt ⟨Beeldsnider⟩**

Arnold ⟨Meistersinger⟩
→ **Betzler, Arnold**

Arnold ⟨Moine⟩
→ **Arnoldus ⟨Corbeiensis⟩**

Arnold ⟨of Bonneval⟩
→ **Arnoldus ⟨Bonavallis⟩**

Arnold ⟨of Liège⟩
→ **Arnoldus ⟨Leodiensis⟩**

Arnold ⟨of Lubeck⟩
→ **Arnoldus ⟨Lubecensis⟩**

Arnold ⟨Priester⟩
→ **Arnold ⟨der Priester⟩**

Arnold ⟨Sangspruchdichter⟩
→ **Betzler, Arnold**

Arnold ⟨Stadtarzt von Aachen⟩
→ **Arnold ⟨von Aachen⟩**

Arnold ⟨van Hoorne⟩
gest. 1389
Arnoldus ⟨de Hoern⟩
Arnoldus ⟨van Hoorne⟩
Hoern, Arnold
Hoorn, Arnold ¬van¬
Hoorne, Arnold ¬van¬

Arnold ⟨von Aachen⟩
um 1468
1 Rezept
VL(2),1,461
Aachen, Arnold ¬von¬
Arnold ⟨Meister⟩
Arnold ⟨Stadtarzt von Aachen⟩
Arnold ⟨Wundarzt von Aachen⟩

Arnold ⟨von Bamberg⟩
→ **Arnoldus ⟨Bambergensis⟩**

Arnold ⟨von Berge⟩
→ **Arnoldus ⟨de Nienburg⟩**

Arnold ⟨von Freiburg⟩
um 1300 · OP
Übertragung eines astronomischen Standardwerks des Alkabitius ins Deutsche
VL(2),1,470/71; Kaeppeli,I,129
Arnold ⟨de Fribourg⟩
Arnoldus ⟨de Freiberg⟩
Arnoldus ⟨de Friburgo⟩
Arnoldus ⟨Friburgensis⟩
Freiburg, Arnold ¬von¬

Arnold ⟨von Lübeck⟩
→ **Arnoldus ⟨Lubecensis⟩**

Arnold ⟨von Lüttich⟩
→ **Arnoldus ⟨Leodiensis⟩**

Arnold ⟨von Nienburg⟩
→ **Arnoldus ⟨de Nienburg⟩**

Arnold ⟨von Protzan⟩
→ **Arnoldus ⟨de Protzan⟩**

Arnold ⟨von Prüfening⟩
→ **Arnoldus ⟨Pruveningensis⟩**

Arnold ⟨von Quedlinburg⟩
→ **Arnoldus ⟨de Quedlinburg⟩**

Arnold ⟨von Sachsen⟩
→ **Arnoldus ⟨Saxo⟩**

Arnold ⟨von Salm⟩
→ **Arnoldus ⟨Bambergensis⟩**

Arnold ⟨von Sankt Emmeram⟩
→ **Arnoldus ⟨Emmeramensis⟩**

Arnold ⟨von Sankt Gillen⟩
→ **Arnulfus ⟨de Sancto Gilleno⟩**

Arnold ⟨Wundarzt von Aachen⟩
→ **Arnold ⟨von Aachen⟩**

Arnoldi, Henricus
→ **Henricus ⟨Arnoldi⟩**

Arnoldi, Johannes
→ **Johannes ⟨Arnoldus de Spira⟩**

Arnoldt ⟨von Quedlinburg⟩
→ **Arnoldus ⟨de Quedlinburg⟩**

Arnoldus
→ **Arnoldus ⟨Incertus⟩**

Arnoldus ⟨Abbas Bergensis⟩
→ **Arnoldus ⟨de Nienburg⟩**

Arnoldus ⟨Abbas Lubecensis⟩
→ **Arnoldus ⟨Lubecensis⟩**

Arnoldus ⟨Aimerici⟩
12./14. Jh. · OFM
Schneyer,I,350
Aimerici, Arnoldus
Arnaldus ⟨Aimerici⟩
Arnoldus ⟨Lector Tolosae⟩
Arnoldus ⟨Minister Aquitaniae⟩

Arnoldus ⟨Bambergensis⟩
gest. 1321/39
Liber de simplici medicina; Regimen sanitatis
LMA,I,1004/1005
Arnold ⟨de Bamberg⟩
Arnold ⟨von Bamberg⟩
Arnold ⟨von Salm⟩

Arnoldus ⟨Bergensis⟩
→ **Arnoldus ⟨de Nienburg⟩**

Arnoldus ⟨Bodense⟩
15. Jh.
Disputationes super librum XII Metaphysicae
Lohr
Bodense, Arnoldus

Arnoldus ⟨Bonavallis⟩
gest. 1156
Rep.Font. IV,379; CSGL; Potth.
Arnaldo ⟨di Buonavalle⟩
Arnaud ⟨de Bonneval⟩
Arnauld ⟨de Bonneval⟩
Arnold ⟨of Bonneval⟩
Arnoldus ⟨Bonaevallis⟩
Arnoldus ⟨Bonnaevallis⟩
Arnoldus ⟨Carnotensis⟩
Arnoldus ⟨de Bonavalle⟩
Arnoldus ⟨of Bonneval⟩
Bonavallis, Arnoldus
Ernaldus ⟨Bonaevallensis⟩
Ernaldus ⟨Bonaevallis⟩
Ernaldus ⟨Bonnaevallis⟩
Ernaldus ⟨de Bonavalle⟩
Ernoldus ⟨Bonavallis⟩

Arnoldus ⟨Carnotensis⟩
→ **Arnoldus ⟨Bonavallis⟩**

Arnoldus ⟨Catalanus⟩
→ **Arnoldus ⟨de Villa Nova⟩**

Arnoldus ⟨Chronographus⟩
→ **Arnoldus ⟨FitzThedmar⟩**

Arnoldus ⟨Corbeiensis⟩
um 1030 bzw. 1063 · OSB
Stegmüller, Repert. bibl. 1444
Arnold ⟨de Corbie⟩
Arnold ⟨de Saint-Matthias⟩
Arnold ⟨de Trèves⟩
Arnold ⟨Moine⟩

Arnoldus ⟨d'Amiens⟩
→ **Arnoldus ⟨le Bescochier⟩**

Arnoldus ⟨de Austria⟩
→ **Arnoldus ⟨de Seehusen⟩**

Arnoldus ⟨de Austria⟩
um 1401/1411 · OCarm
Quaestiones in sacram Scripturam; nicht identisch mit Arnoldus ⟨de Seehusen⟩
Stegmüller, Repert. bibl. 1443
Arnold ⟨de Haustii⟩
Arnold ⟨de Vienne⟩
Arnold ⟨d'Autriche⟩
Austria, Arnoldus ¬de¬

Arnoldus ⟨de Bescoche⟩
→ **Arnoldus ⟨le Bescochier⟩**

Arnoldus ⟨de Bevergern⟩
→ **Bevergern, Arnd**

Arnoldus ⟨de Bonavalle⟩
→ **Arnoldus ⟨Bonavallis⟩**

Arnoldus ⟨de Cham et Vochburg⟩
→ **Arnoldus ⟨Emmeramensis⟩**

Arnoldus ⟨de Crespy⟩
→ **Arnulfus ⟨de Crispeio⟩**

Arnoldus ⟨de Flandria⟩
→ **Aert ⟨de Flandria⟩**

Arnoldus ⟨de Friburgo⟩
→ **Arnold ⟨von Freiburg⟩**

Arnoldus ⟨de Fulgineo⟩
→ **Arnaldus ⟨de Fulgineo⟩**

Arnoldus ⟨de Gabelstein⟩
gest. 1330 · OP
Sententia spiritualis; Identität mit Gabelstein, Der von umstritten
Kaeppeli,I,129/130; Schönberger/Kible, Repertorium, 11599
Arnoldus ⟨de Zabelstein⟩
Gabelstein, Arnoldus ¬de¬
Zabelstein, Arnoldus ¬de¬

Arnoldus ⟨de Geilhoven⟩
→ **Arnoldus ⟨Geilhoven⟩**

Arnoldus ⟨de Hoern⟩
→ **Arnold ⟨van Hoorne⟩**

Arnoldus ⟨de Hollandia⟩
→ **Arnoldus ⟨Geilhoven⟩**

Arnoldus ⟨de Lalaing⟩
gest. 1483
De congressu Friderici III imperatoris et Caroli Burgundionum ducis
Rep.Font. II,401
Arnold ⟨de Lalaing⟩
Arnoldus ⟨Lalainus⟩
Lalaing, Arnoldus ¬de¬

Arnoldus ⟨de Lantins⟩
→ **Lantins, Arnoldus ¬de¬**

Arnoldus ⟨de Leodio⟩
→ **Arnoldus ⟨Leodiensis⟩**

Arnoldus ⟨de Lovanio⟩
→ **Arnulfus ⟨de Lovanio⟩**

Arnoldus ⟨de Lüttich⟩
→ **Arnoldus ⟨Leodiensis⟩**

Arnoldus ⟨de Nienburg⟩
gest. 1166 · OSB
Epistulae II ad Wibaldum Stabulensem; vermutl. Verf. von „Nienburger Annalen", „Chronik des Annalista Saxo" und „Gesta archiepiscoporum Magdeburgensium"
VL(2),1,462; Rep.Font. II,399; LMA,I,1005
Annalist ⟨Saxon⟩
Annalista ⟨Saxo⟩
Annalista Saxo
Arnold ⟨Abt⟩
Arnold ⟨de Bergen⟩
Arnold ⟨de Nienburg⟩
Arnold ⟨de Saint-Jean⟩
Arnold ⟨von Berge⟩
Arnold ⟨von Nienburg⟩
Arnoldus ⟨Abbas Bergensis⟩
Arnoldus ⟨Bergensis⟩
Arnoldus ⟨von Berge und Nienburg⟩
Chronographus ⟨Saxo⟩
Chronographus Saxo
Nienburg, Arnoldus ¬de¬
Saxo ⟨Chronographus⟩
Saxo Chronographus

Arnoldus ⟨de Nova Villa⟩
→ **Arnoldus ⟨de Villa Nova⟩**

Arnoldus ⟨de Podio⟩
um 1385/1400 · OP
Ars praedicandi ad Hugonem de Lupia y Bagés, ep. Dertusen.
Kaeppeli,I,127
Arnold ⟨de Podio⟩
Arnold ⟨de Puig⟩
Arnoldus ⟨de Puig⟩
Podio, Arnoldus ¬de¬

Arnoldus ⟨de Protzan⟩
gest. ca. 1341
Liber formularum
Rep.Font. II,402
Arnold ⟨de Protzan⟩
Arnold ⟨von Protzan⟩
Arnoldus ⟨de Proczano⟩
Protzan, Arnoldus ¬de¬

Arnoldus ⟨de Puig⟩
→ **Arnoldus ⟨de Podio⟩**

Arnoldus ⟨de Quedlinburg⟩
um 1232/70 · OPraem
Fundatio monasterii in Mildenfurth et Fundatio ecclesiae S. Viti
VL(2),1,483/84; Rep.Font. II,401
Arnold ⟨von Quedlinburg⟩
Arnoldt ⟨von Quedlinburg⟩
Arnoldus ⟨de Quittilingeburch⟩
Arnoldus ⟨Protonotarius Abbatissae de Quittlingeburch⟩
Quedlinburg, Arnoldus ¬de¬

Arnoldus ⟨de Reims⟩
→ **Ernulfus ⟨de Remis⟩**

Arnoldus ⟨de Seehusen⟩
um 1400 · OCarm
Nicht identisch mit Arnoldus ⟨de Austria⟩
Stegmüller, Repert. sentent. 78;79
Arnold ⟨d'Autriche⟩
Arnoldus ⟨de Austria⟩
Arnoldus ⟨de Vienna⟩
Arnolphus ⟨de Seehusen⟩
Seehusen, Arnoldus ¬de¬

Arnoldus ⟨de Serain⟩
→ **Arnoldus ⟨Leodiensis⟩**

Arnoldus ⟨de Treviris⟩
→ **Arnoldus ⟨Teuto⟩**

Arnoldus ⟨de Vienna⟩
→ **Arnoldus ⟨de Seehusen⟩**

Arnoldus ⟨de Villa Dei⟩
12./14. Jh. · OCist
Troyes 1249f. 187vb.
Schneyer,I,351
Arnaldus ⟨de Villa Dei⟩
Villa Dei, Arnoldus ¬de¬

Arnoldus ⟨de Villa Nova⟩
ca. 1250 – 1312
LThK; VL(2); CSGL; LMA,I,994/996
Arnald ⟨von Villanova⟩
Arnaldo ⟨de Vilanova⟩
Arnaldo ⟨de Villa Nova⟩
Arnaldus ⟨de Villa Nova⟩
Arnaldus ⟨de Villanova⟩
Arnaud ⟨de Neufville⟩
Arnaud ⟨de Villeneuve⟩
Arnaut ⟨Catalan⟩
Arnold ⟨de Villanova⟩
Arnoldus ⟨Catalanus⟩
Arnoldus ⟨de Nova Villa⟩
Arnoldus ⟨de Villanova⟩
Arnoldus ⟨Novicomensis⟩
Arnoldus ⟨Villanovanus⟩
Arnoldus ⟨von Montpellier⟩
Arnulfus ⟨Meister⟩
Catalan, Arnaut
Nova Villa, Arnoldus ¬de¬
Vilanova, Arnaldo ¬de¬
Villa Nova, Arnaldus ¬de¬
Villa Nova, Arnoldus ¬de¬
Villanova, Arnaldus ¬de¬
Villanova, Arnoldus ¬de¬
Villanovanus, Arnoldus

Arnoldus ⟨de Vriberc⟩
13. Jh.
Porph.; Praed.; Perih.; etc.
Lohr
Vriberc, Arnoldus ¬de¬

Arnoldus ⟨de Zabelstein⟩
→ **Arnoldus ⟨de Gabelstein⟩**

Arnoldus ⟨Diaconus⟩
10. Jh.
Visio Roberti Monachi
CC Clavis, Auct. Gall. 1,189
Arnaldus ⟨Diaconus⟩
Arnaud ⟨Diacre⟩
Diaconus Arnoldus

Arnoldus ⟨Doneldey⟩
→ **Doneldey, Arnold**

Arnoldus ⟨Emmeramensis⟩
ca. 1000 – ca. 1050
De miraculis B. Emmerami; Homilia de octo beatitudinibus
Tusculum-Lexikon; LThK; VL(2),1,464/470; LMA,I,1008
Arnold ⟨de Ratisbonne⟩
Arnold ⟨de Saint-Emmeram⟩
Arnold ⟨de Vohburg⟩
Arnold ⟨von Sankt Emmeram⟩
Arnoldus ⟨de Cham et Vochburg⟩
Arnoldus ⟨Emmerammensis⟩
Arnoldus ⟨Praepositus⟩
Arnoldus ⟨Ratisbonensis⟩
Arnoldus ⟨Sancti Emmerammi⟩
Arnoldus ⟨Vohburgensis⟩
Arnoldus ⟨von Cham und Vohburg⟩
Arnulfus ⟨Emmeramensis⟩
Arnulfus ⟨Vohburgensis⟩
Arnulfus ⟨von Cham⟩

Arnoldus ⟨Episcopus⟩
→ **Arnoldus ⟨Halberstadensis⟩**

Arnoldus ⟨FitzThedmar⟩
12. Jh.
Vielleicht Verfasser des ältesten Teils der „Cronica Maiorum et Vicecomitum Londoniarum" (=Liber de antiquis legibus)
Rep. Font. II,394; Potth. 1049
Arnald ⟨Fitz-Thedmar⟩
Arnold ⟨Alderman⟩
Arnold ⟨Alderman de Londres⟩
Arnold ⟨Fitz Thedmar⟩
Arnold ⟨FitzThedmar⟩
Arnold ⟨Londiniensis Decurio⟩
Arnoldus ⟨Chronographus⟩
Fitz-Thedmar, Arnald
FitzThedmar, Arnold
FitzThedmar, Arnoldus
Thedmar, Arnald Fitz-

Arnoldus ⟨Frater⟩
um 1248 · OP
Epistola de correctione ecclesiae
Rep.Font. II,399
Arnaud ⟨Dominicain⟩
Arnoldus ⟨Frater, OP⟩
Arnoldus ⟨OP⟩
Arnoldus ⟨Ordinis Praedicatorum⟩
Frater Arnoldus

Arnoldus ⟨Friburgensis⟩
→ **Arnold ⟨von Freiburg⟩**

Arnoldus ⟨Galiard⟩
14. Jh. · OFM
Schneyer,I,350
Arnaldus ⟨Galiard⟩
Arnaud ⟨de Guyenne⟩
Arnaud ⟨Galiard⟩
Galiard, Arnaud
Galiard, Arnoldus

Arnoldus ⟨Geilhoven⟩
gest. 1442
Gnotisolitos; Vaticanus
Arnold ⟨Geilhoven⟩
Arnold ⟨Geilhoven aus Rotterdam⟩
Arnold ⟨Gheiloven⟩
Arnold ⟨Gheyloven⟩
Arnoldus ⟨de Geilhofen⟩
Arnoldus ⟨de Geilhoven⟩
Arnoldus ⟨de Hollandia⟩
Arnoldus ⟨Geilhoven de Rotterdam⟩
Arnoldus ⟨Geiloven⟩
Arnoldus ⟨Gheiloven⟩
Arnoldus ⟨Rotterdamensis⟩
Geilhoven, Arnold
Geilhoven, Arnoldus
Geiloven, Arnold
Gheiloven, Arnold

Arnoldus ⟨Halberstadensis⟩
gest. 1023
Epistula ad Heinricum, episcopum Wirziburgensem
Rep.Font. II,399
Arnold ⟨d'Halberstadt⟩
Arnoldus ⟨Episcopus⟩
Arnoul ⟨d'Halberstadt⟩
Arnoul ⟨Evêque⟩
Arnulfus ⟨Episcopus⟩
Arnulfus ⟨Halberstadensis⟩

Arnoldus ⟨Heymerici de Clivis⟩
→ **Heymerick, Arnold**

Arnoldus ⟨Hildesheimensis⟩
→ **Arnoldus ⟨Lubecensis⟩**

Arnoldus ⟨Incertus⟩
Lebensdaten nicht ermittelt
Tabula seu compendium in Sententias
Stegmüller, Repert. sentent. 77
Arnoldus

Arnoldus ⟨Kolnen⟩
gest. 1344 · OSB
Verf. des „Chronicon Ammenslebiense"
Rep.Font. II,400
Kolnen, Arnoldus

Arnoldus ⟨Lalainus⟩
→ **Arnoldus ⟨de Lalaing⟩**

Arnoldus ⟨le Bescochier⟩
gest. 1286
Schneyer,I,352
Arnoldus ⟨de Bescoche⟩
Arnoldus ⟨d'Amiens⟩
Arnoul ⟨de Senlis⟩
Arnoul ⟨le Bescochier⟩
Arnould ⟨le Bescochier⟩
Arnulfus ⟨le Bescoche⟩
Arnulfus ⟨le Bescochié⟩
Arnulfus ⟨le Bescochier⟩
Bescochier, Arnoldus ¬le¬
LeBescochier, Arnoldus

Arnoldus ⟨Lector Tolosae⟩
→ **Arnoldus ⟨Aimerici⟩**

Arnoldus ⟨Leodiensis⟩
ca. 1276 – ca. 1309
VL(2); CSGL
Arnold ⟨of Liège⟩
Arnold ⟨von Lüttich⟩
Arnoldus ⟨de Leodio⟩
Arnoldus ⟨de Lüttich⟩
Arnoldus ⟨of Liège⟩
Arnoldus ⟨de Serain⟩
Arnulfus ⟨Leodiensis⟩
Arnulfus ⟨of Liège⟩

Arnoldus ⟨Lubecensis⟩
gest. 1212
LThK; VL(2); CSGL; LMA,I,1007/1008
Arnold ⟨of Lubeck⟩
Arnold ⟨of Lybek⟩
Arnold ⟨von Lübeck⟩
Arnoldus ⟨Aabbas Lubecensis⟩
Arnoldus ⟨Hildesheimensis⟩
Arnoldus ⟨Lubec⟩

Arnoldus ⟨Lucas⟩
→ **Arnoldus ⟨Saxo⟩**

Arnoldus ⟨Luscus⟩
14. Jh. · OP
De peryodis motuum et mobilium celestium composuit...
Kaeppeli,I,133
Luscus, Arnoldus

Arnoldus ⟨Minister Aquitaniae⟩
→ **Arnoldus ⟨Aimerici⟩**

Arnoldus ⟨Novicomensis⟩
→ **Arnoldus ⟨de Villa Nova⟩**

Arnoldus ⟨of Bonneval⟩
→ **Arnoldus ⟨Bonavallis⟩**

Arnoldus ⟨of Liège⟩
→ **Arnoldus ⟨Leodiensis⟩**

Arnoldus ⟨Oliverius⟩
Lebensdaten nicht ermittelt · OESA
Stegmüller, Repert. bibl. 1445; 1446
Arnoldus ⟨Prior Traiectensis⟩
Oliverius, Arnoldus

Arnoldus ⟨Ordinis Praedicatorum⟩
→ **Arnoldus ⟨Frater⟩**

Arnoldus ⟨Petragoricensis⟩
→ **Arnoldus ⟨Royardus⟩**

Arnoldus ⟨Praepositus⟩
→ **Arnoldus ⟨Emmeramensis⟩**

Arnoldus ⟨Prior Traiectensis⟩
→ **Arnoldus ⟨Oliverius⟩**

Arnoldus ⟨Protonotarius Abbatissae de Quittlingeburch⟩
→ **Arnoldus ⟨de Quedlinburg⟩**

Arnoldus ⟨Pruveningensis⟩
12. Jh.
VL(2)
Arnold ⟨von Prüfening⟩

Arnoldus ⟨Ratisbonensis⟩
→ **Arnoldus ⟨Emmeramensis⟩**

Arnoldus ⟨Romiardus⟩
→ **Arnoldus ⟨Royardus⟩**

Arnoldus ⟨Rotterdamensis⟩
→ **Arnoldus ⟨Geilhoven⟩**

Arnoldus ⟨Royardus⟩
um 1321/34 · OFM
Stegmüller, Repert. bibl. 1447, 1447,1; Schneyer,I,356
Arnoldus ⟨Petragoricensis⟩
Arnoldus ⟨Romiardus⟩
Royardus, Arnoldus

Arnoldus ⟨Sancti Emmerammi⟩
→ **Arnoldus ⟨Emmeramensis⟩**

Arnoldus ⟨Saxo⟩
13. Jh.
Tusculum-Lexikon; LThK; VL(2); LMA,I,1008/1009
Arnold ⟨der Sachse⟩
Arnold ⟨von Sachsen⟩
Arnoldus ⟨Lucas⟩
Lucas, Arnoldus
Saxo, Arnoldus

Arnoldus ⟨Teuto⟩
um 1248/50 · OP
De correctione ecclesiae
Kaeppeli,I,134; Schönberger/ Kible, Repertorium, 11600
Arnold ⟨de Trèves⟩
Arnoldus ⟨de Treviris⟩
Arnoldus ⟨Trevirensis⟩
Teuto, Arnoldus

Arnoldus ⟨Trevirensis⟩
→ **Arnoldus ⟨Teuto⟩**

Arnoldus ⟨van Hoorne⟩
→ **Arnold ⟨van Hoorne⟩**

Arnoldus ⟨Villanovanus⟩
→ **Arnoldus ⟨de Villa Nova⟩**

Arnoldus ⟨Vohburgensis⟩
→ **Arnoldus ⟨Emmeramensis⟩**

Arnoldus ⟨von Berge und Nienburg⟩
→ **Arnoldus ⟨de Nienburg⟩**

Arnoldus ⟨von Cham und Vohburg⟩
→ **Arnoldus ⟨Emmeramensis⟩**

Arnoldus ⟨von Montpellier⟩
→ **Arnoldus ⟨de Villa Nova⟩**

Arnoldus ⟨Ymmessen Dominus⟩
→ **Immessen, Arnold**

Arnolf
→ **Arnulf ⟨Römisch-Deutsches Reich, Kaiser⟩**

Arnolfo ⟨di Cambio⟩
gest. 1302
LMA,I,1010/1011
Arnolfo
Cambio, Arnolfo ¬di¬

Arnolfus ⟨...⟩
→ **Arnulfus ⟨...⟩**

Arnolphus ⟨...⟩
→ **Arnulfus ⟨...⟩**

Arnolt ⟨...⟩
→ **Arnold ⟨...⟩**

Arnon ⟨Anglais⟩
→ **Arno ⟨Salisburgensis⟩**

Arnon ⟨Aquila⟩
→ **Arno ⟨Salisburgensis⟩**

Arnon ⟨de Salzbourg⟩
→ **Arno ⟨Salisburgensis⟩**

Arnon ⟨Elnonensis⟩
→ **Arno ⟨Salisburgensis⟩**

Arnošt ⟨von Pardubitz⟩
→ **Ernestus ⟨de Pardubitz⟩**

Arnoul ⟨Auteur des Deliciae Cleri⟩
→ **Arnulfus ⟨Poeta⟩**

Arnoul ⟨Bénedictin Français⟩
→ **Arnulfus ⟨Monachus⟩**

Arnoul ⟨de Boeriis⟩
→ **Arnulfus ⟨de Boeriis⟩**

Arnoul ⟨de Crépy⟩
→ **Arnulfus ⟨de Crispeio⟩**

Arnoul ⟨de Lisieux⟩
→ **Arnulfus ⟨Lexoviensis⟩**

Arnoul ⟨de Louvain⟩
→ **Arnulfus ⟨de Lovanio⟩**

Arnoul ⟨de Provence⟩
→ **Arnulfus ⟨Provincialis⟩**

Arnoul ⟨de Reims⟩
→ **Arnulfus ⟨Remensis⟩**
→ **Ernulfus ⟨de Remis⟩**

Arnoul ⟨de Rochester⟩
→ **Arnulfus ⟨Roffensis⟩**

Arnoul ⟨de Senlis⟩
→ **Arnoldus ⟨le Bescochier⟩**

Arnoul ⟨d'Halberstadt⟩
→ **Arnoldus ⟨Halberstadensis⟩**

Arnoul ⟨Evêque⟩
→ **Arnoldus ⟨Halberstadensis⟩**

Arnoul ⟨Flandre, Comte⟩
→ **Arnulfus ⟨Vlaanderen, Graaf, I.⟩**

Arnoul ⟨Gréban⟩
→ **Gréban, Arnoul**

Arnoul ⟨le Bescochier⟩
→ **Arnoldus ⟨le Bescochier⟩**

Arnoul ⟨le Grand⟩
→ **Arnulfus ⟨Vlaanderen, Graaf, I.⟩**

Arnoul ⟨le Liégeux⟩
→ **Arnulfus ⟨Vlaanderen, Graaf, I.⟩**

Arnoul ⟨le Vieux⟩
→ **Arnulfus ⟨Vlaanderen, Graaf, I.⟩**

Arnoul ⟨Moine⟩
→ **Arnulfus ⟨Monachus⟩**

Arnoul ⟨Poète⟩
→ **Arnulfus ⟨Poeta⟩**

Arnoul ⟨Prédicateur⟩
→ **Ernulfus ⟨de Remis⟩**

Arnoul ⟨Prêtre Flamand⟩
→ **Arnulfus ⟨Flamingus⟩**

Arnpeck, Veit
1435/40 – 1495
LThK; VL(2); CSGL; LMA,I,1011
Areopagus, Vitus
Arnbeck, Gui
Arnpeck, Vitus
Arnpeckhius, Vitus
Arnpeckius, Vitus
Guy ⟨Arnbeck⟩
Veit ⟨Arnpeck⟩
Veit ⟨d'Arnspeck⟩
Vitalis ⟨Arnpeckius⟩
Vitus ⟨Areopagus⟩
Vitus ⟨Arnpeckius⟩

Arnsberg, Richardus ¬de¬
→ **Richardus ⟨de Arnsberg⟩**

Arnstede, Johannes ¬de¬
→ **Johannes ⟨Wolffis de Arnstede⟩**

Arnstein, Wichmannus ¬de¬
→ **Wichmannus ⟨de Arnstein⟩**

Arnt ⟨Beeldsnider⟩
gest. 1492
Bildhauer
LMA,I,1013; AKL
Arnold ⟨Meister⟩
Arnt ⟨Meister⟩
Arnt ⟨von Dorenwerth⟩
Arnt ⟨von Kalkar⟩
Arnt ⟨von Kalkar und Zwolle⟩
Arnt ⟨von Zwolle⟩
Dorenwerth, Arnt ¬von¬

Arnt ⟨Buschmann⟩
→ **Buschmann, Arnt**

Arnt ⟨von Dorenwerth⟩
→ **Arnt ⟨Beeldsnider⟩**

Arnt ⟨von Kalkar⟩
→ **Arnt ⟨Beeldsnider⟩**

Arnt ⟨von Zwolle⟩
→ **Arnt ⟨Beeldsnider⟩**

Arnulf ⟨Bayern, Herzog⟩
907 – 937
LMA,I,1015/16
Arnulf ⟨der Böse⟩
Arnulph ⟨Bayern, Herzog⟩

Arnulf ⟨der Böse⟩
→ **Arnulf ⟨Bayern, Herzog⟩**

Arnulf ⟨Dichter⟩
→ **Arnulfus ⟨Poeta⟩**

Arnulf ⟨Erzbischof⟩
→ **Arnulfus ⟨Mediolanensis⟩**

Arnulf ⟨le Vieux⟩
→ **Arnulfus ⟨Vlaanderen, Graaf, I.⟩**

Arnulf ⟨Magister⟩
→ **Arnulfus ⟨Magister⟩**

Arnulf ⟨of Lisieux⟩
→ **Arnulfus ⟨Lexoviensis⟩**

Arnulf ⟨of Rochester⟩
→ **Arnulfus ⟨Roffensis⟩**

Arnulf ⟨Römisch-Deutsches Reich, Kaiser⟩
um 899
Potth.; Brockhaus
Arnolf
Arnulf ⟨Römischer Kaiser⟩
Arnulf ⟨von Kärnten⟩
Arnulfus ⟨Rex⟩

Arnulf ⟨von Kärnten⟩
→ **Arnulf ⟨Römisch-Deutsches Reich, Kaiser⟩**

Arnulf ⟨von Lisieux⟩
→ **Arnulfus ⟨Lexoviensis⟩**

Arnulf ⟨von Löwen⟩
→ **Arnulfus ⟨de Lovanio⟩**

Arnulf ⟨von Mailand⟩
→ **Arnulfus ⟨Mediolanensis⟩**

Arnulf ⟨von Metz⟩
→ **Arnulfus ⟨Metensis⟩**

Arnulf ⟨von Orléans⟩
→ **Arnulfus ⟨Aurelianensis... ⟩**

Arnulf ⟨von Sankt Gillen⟩
→ **Arnulfus ⟨de Sancto Gilleno⟩**

Arnulf ⟨von Séez⟩
→ **Arnulfus ⟨Lexoviensis⟩**

Arnulfr
→ **Arnulfus ⟨Magister⟩**

Arnulfus ⟨Aurelianensis⟩
12. Jh.
Magister; Glosule super Lucanum; Allegoriae super Ovidii Metamorphosin
Tusculum-Lexikon; CSG; LMA,I,1020/21
Arnulf ⟨von Orléans⟩
Arnulfus ⟨Aureliensis⟩
Arnulfus ⟨of Orléans⟩

Arnulfus ⟨Aurelianensis Episcopus⟩
ca. 940 – 1003
Bischof; De cartaligine
LMA,I,1019
Arnulf ⟨von Orléans⟩
Arnulfus ⟨Aureliensis⟩
Arnulfus ⟨of Orléans⟩

Arnulfus ⟨Bellovacensis⟩
→ **Arnulfus ⟨Roffensis⟩**

Arnulfus ⟨Contractus⟩
→ **Arnulfus ⟨Vlaanderen, Graaf, I.⟩**

Arnulfus ⟨de Ablang⟩
14. Jh.
Prior.; Post.
Lohr
Ablang, Arnulfus ¬de¬
Arnulphus ⟨de Ablang⟩

Arnulfus ⟨de Albuneria⟩
→ **Ranulfus ⟨de Humbloneria⟩**

Arnulfus ⟨de Boeriis⟩
gest. 1149
CSGL
Arnoul ⟨de Boeriis⟩
Boeriis, Arnulfus ¬de¬

Arnulfus ⟨de Crispeio⟩
um 1272/73
Schneyer,I,354
Arnoldus ⟨de Crespy⟩
Arnoldus ⟨de Crispeio⟩
Arnoul ⟨de Crépy⟩
Arnoul ⟨de Crispeio⟩
Arnulfus ⟨de Crespeio⟩
Crispeio, Arnulfus ¬de¬

Arnulfus ⟨de Homblonaria⟩
→ **Ranulfus ⟨de Humbloneria⟩**

Arnulfus ⟨de Lisieux⟩
→ **Arnulfus ⟨Lexoviensis⟩**

Arnulfus ⟨de Lovanio⟩
gest. 1250
VL(2); LMA,I,1020
Arnold ⟨de Louvain⟩
Arnoldus ⟨de Lovanio⟩
Arnoul ⟨de Louvain⟩
Arnulf ⟨von Löwen⟩
Lovanio, Arnulfus ¬de¬

Arnulfus ⟨de Sancto Gilleno⟩
15. Jh.
Tractatus de differentiis et generibus cantorum
LMA,I,1021
Arnold ⟨Magister⟩
Arnold ⟨von Sankt Gillen⟩
Arnulf ⟨von Sankt Gillen⟩
Sancto Gilleno, Arnulfus ¬de¬

Arnulfus ⟨de Seehusen⟩
→ **Arnoldus ⟨de Seehusen⟩**

Arnulfus ⟨Emmeramensis⟩
→ **Arnoldus ⟨Emmeramensis⟩**

Arnulfus ⟨Episcopus⟩
→ **Arnoldus ⟨Halberstadensis⟩**

Arnulfus ⟨Flamingus⟩
12. Jh.
Ad Milonem Teruanensem episcopum epistola
Rep.Font. II,404
Arnoul ⟨Prêtre Flamand⟩
Arnulfus ⟨Presbyter Flamingus⟩

Arnulfus ⟨Flandria, Comes, I.⟩
→ **Arnulfus ⟨Vlaanderen, Graaf, I.⟩**

Arnulfus ⟨Halberstadensis⟩
→ **Arnoldus ⟨Halberstadensis⟩**

Arnulfus ⟨le Bescoche⟩
→ **Arnoldus ⟨le Bescochier⟩**

Arnulfus ⟨Leodiensis⟩
→ **Arnoldus ⟨Leodiensis⟩**

Arnulfus ⟨Lexoviensis⟩
1141 – 1182
LThK; Potth; LMA,I,1017/1018.
Arnoul ⟨de Lisieux⟩
Arnulf ⟨of Lisieux⟩
Arnulf ⟨von Lisieux⟩
Arnulf ⟨von Séez⟩
Arnulfus ⟨de Lisieux⟩
Arnulfus ⟨Sagiensis⟩
Arnulphus ⟨Lexoviensis⟩
Earnulphus ⟨Lexoviensis⟩

Arnulfus ⟨Lotharingus⟩
→ **Arnulfus ⟨Poeta⟩**

Arnulfus ⟨Magister⟩
gest. 1180
Arnulf ⟨Magister⟩
Arnulfr
Arnulphus ⟨Magister⟩
Magister Arnulfus

Arnulfus ⟨Mediolanensis⟩
gest. 1018
Tusculum-Lexikon; LThK; Potth.; LMA,I,1018
Arnulf ⟨Erzbischof⟩
Arnulf ⟨von Mailand⟩
Arnulfus ⟨of Milan⟩
Arnulfus ⟨von Mailand⟩
Arnulphus ⟨Mediolanenesis⟩
Arnulphus ⟨Mediolanensis⟩

Arnulfus ⟨Meister⟩
→ **Arnoldus ⟨de Villa Nova⟩**

Arnulfus ⟨Metensis⟩
581 – 640
LThK; Potth.; LMA,I,1018/1019
Arnulf ⟨von Metz⟩
Arnulfus ⟨of Metz⟩

Arnulfus ⟨Monachus⟩
→ **Arnulfus ⟨Poeta⟩**

Arnulfus ⟨Monachus⟩
11. Jh. · OSB
Chronicon Saracenico-Calabrum ab anno CMIII usque ad annum CMLXV
Rep.Font. II,405
Arnoul ⟨Bénedictin Français⟩
Arnoul ⟨Moine⟩
Monachus, Arnulfus

Arnulfus ⟨of Liège⟩
→ **Arnoldus ⟨Leodiensis⟩**

Arnulfus ⟨of Metz⟩
→ **Arnulfus ⟨Metensis⟩**

Arnulfus ⟨of Milan⟩
→ **Arnulfus ⟨Mediolanensis⟩**

Arnulfus ⟨of Orléans⟩
→ **Arnulfus ⟨Aurelianensis...⟩**

Arnulfus ⟨of Reims⟩
→ **Arnulfus ⟨Remensis⟩**

Arnulfus ⟨Parisiensis⟩
→ **Ranulfus ⟨de Humbloneria⟩**

Arnulfus ⟨Poeta⟩
um 1054/56
Deliciae cleri; Identität mit Arnulfus ⟨Lotharingus⟩ umstritten
Arnoul ⟨Auteur des Deliciae Cleri⟩
Arnoul ⟨Poète⟩
Arnulf ⟨Dichter⟩
Arnulfus ⟨Lotharingus⟩
Arnulfus ⟨Monachus⟩

Arnulfus ⟨Presbyter Flamingus⟩
→ **Arnulfus ⟨Flamingus⟩**

Arnulfus ⟨Provincialis⟩
um 1250
Divisio scientiarum
Schönberger/Kible, Repertorium, 11601
Arnoul ⟨de Provence⟩
Provincialis, Arnulfus

Arnulfus ⟨Remensis⟩
ca. 960/67 – 1021
LMA,I,1019
Arnoul ⟨de Reims⟩
Arnulfus ⟨of Reims⟩

Arnulfus ⟨Rex⟩
→ **Arnulf ⟨Römisch-Deutsches Reich, Kaiser⟩**

Arnulfus ⟨Roffensis⟩
1040 – 1124
Arnoul ⟨de Rochester⟩
Arnulf ⟨of Rochester⟩
Arnulfus ⟨Bellovacensis⟩
Ernulf ⟨of Rochester⟩
Ernulfe ⟨de Rochester⟩
Ernulfus ⟨Roffensis⟩
Ernulphus ⟨Roffensis⟩
Ernulphus ⟨Roffensis⟩

Arnulfus ⟨Sagiensis⟩
→ **Arnulfus ⟨Lexoviensis⟩**

Arnulfus ⟨Vlaanderen, Graaf, I.⟩
873 – 965
Genealogia; Notula de eo; Epistulae
CC Clavis, Auct. Gall. 1,189ff.
Arnoul ⟨Flandre, Comte⟩
Arnoul ⟨le Grand⟩
Arnoul ⟨le Liégeux⟩
Arnoul ⟨le Vieux⟩
Arnulf ⟨le Vieux⟩
Arnulfus ⟨Contractus⟩
Arnulfus ⟨Flandriae Comes, I.⟩
Arnulphus ⟨Flandria, Comes, I.⟩

Arnulfus ⟨Vohburgensis⟩
→ **Arnoldus ⟨Emmeramensis⟩**

Arnulfus ⟨von Cham⟩
→ **Arnoldus ⟨Emmeramensis⟩**

Arnulfus ⟨von Mailand⟩
→ **Arnulfus ⟨Mediolanensis⟩**

Arnulph ⟨...⟩
→ **Arnulf ⟨...⟩**

Arnulphus ⟨...⟩
→ **Arnulfus ⟨...⟩**

Arpád ⟨Magyarország, Fejedelem⟩
845/55 – ca. 907
LMA,I,1022
Arpad ⟨d'Hongrie⟩
Arpád ⟨Fejedelem⟩
Arpad ⟨Fils d'Almon⟩
Arpad ⟨Prince des Madgyars⟩
Árpád ⟨Sohn des Almos⟩
Árpád ⟨Stammesfürst⟩
Arpád ⟨Ungarn, Fürst⟩
Árpád ⟨Ungarn, Großfürst⟩

Arpio ⟨Frisingensis⟩
→ **Arbeo ⟨Frisingensis⟩**

Arpio ⟨Scholasticus⟩
→ **Aribo ⟨Scholasticus⟩**

Arrablayo, Petrus ¬de¬
1283 – 1331
LMA,I,1026
Arrablay, Pierre ¬d'¬
Arrabloy, Pierre ¬d'¬
Petrus ⟨de Arrablayo⟩
Pierre ⟨Archidiacre de Bourbon⟩
Pierre ⟨Cardinal-Prêtre de Sainte-Suzanne⟩
Pierre ⟨Chancellier de France⟩
Pierre ⟨d'Arrablay⟩
Pierre ⟨d'Arrabloy⟩
Pierre ⟨Evêque de Porto⟩

Arragel ⟨Rabbi⟩
→ **Arragel, Moše**

Arragel, Moše
um 1422/33
Arragel ⟨Rabbi⟩
Arragel, Moses
Arragel de Guadalajara, Moses
Moše ⟨Arragel⟩

Arragon de Villena, Henrique ¬de¬
→ **Enrique ⟨de Villena⟩**

Arrarius, Georgius
→ **Georgius ⟨Arrarius⟩**

Arras, Adam ¬d'¬
→ **Adam ⟨de la Halle⟩**

Arras, Gautier ¬d'¬
→ **Gautier ⟨d'Arras⟩**

Arras, Jacobus ¬de¬
→ **Jacobus ⟨de Arras⟩**

Arras, Jean ¬d'¬
→ **Jean ⟨d'Arras⟩**

Arras, Moniot ¬d'¬
→ **Moniot ⟨d'Arras⟩**

Arretinus, Leonardus
→ **Bruni, Leonardo**

Arrighetto ⟨da Settimello⟩
→ **Henricus ⟨Septimellensis⟩**

Arrigo ⟨da Settimello⟩
→ **Henricus ⟨Septimellensis⟩**

Arrigoni, Jacobus
→ **Jacobus ⟨Laudensis⟩**

Arroasia, Achardus ¬de¬
→ **Achardus ⟨de Arroasia⟩**

Arroasia, Gualterus ¬de¬
→ **Gualterus ⟨de Arroasia⟩**

Arsen, Johannes
→ **Johannes ⟨Langewelt⟩**

Arsendi, Raniero
→ **Reinerus ⟨de Forolivio⟩**

Arsène ⟨Chanoine⟩
→ **Arsenius ⟨Canonicus⟩**

Arsenius ⟨Canonicus⟩
um 1228
Schneyer,I,357
Arsène ⟨Chanoine⟩
Arsène ⟨d'Arras⟩
Canonicus, Arsenius

Arsocchi, Francesco ¬de¬
→ **Arzocchi, Francesco**

Arsochis, Franciscus ¬de¬
→ **Arzocchi, Francesco**

Arson
→ **Adso ⟨Dervensis⟩**

Artabasdos, Nikolaos
→ **Nicolaus ⟨Rhabda⟩**

Artaldus ⟨Remensis⟩
gest. 961
Epistula; Libellus synodo Ingelheimensi porrectus
CC Clavis, Auct. Gall. 1,191ff.; Rep.Font. II,410
Artaldus ⟨Archiepiscopus⟩
Artaud ⟨de Reims⟩
Arthaud ⟨de Reims⟩
Artoldus ⟨Archiepiscopus⟩
Artoldus ⟨Remensis⟩

Artephius
12./13. Jh.
Clavis sapientiae (Verfasserschaft umstritten); Liber secretorum; Identität mit Ṭuġrā'ī, al-Ḥasan Ibn-'Alī aṭ-umstritten
Artefius
Artephius ⟨Alchemista⟩
Artephius ⟨Arabs⟩
Artephius ⟨Philosophus⟩

Arth, Meister ¬von¬
15. Jh.
Medikamentöse u. chirurgische Texte
VL(2),1,503
Meister ⟨von Arth⟩
Meister von Arth

Arthaud ⟨de Reims⟩
→ **Artaldus ⟨Remensis⟩**

Arthur ⟨of Britain⟩
→ **Galfredus ⟨Monumetensis⟩**

Artoldus ⟨Remensis⟩
→ **Artaldus ⟨Remensis⟩**

Artuil ⟨Princeps⟩
7./8. Jh.
Epistula ad Aldhelmum Malmesburiensem
Cpl 1126
Princeps Artuil

Artzen ⟨Magister⟩
14./15. Jh.
Lectura super totum Ethicorum; Identität mit Etzen, Hermannus bzw. Johannes ⟨Langevelt⟩ (alias Artzen) umstritten
Lohr
Magister Artzen

Artzen, Johannes
→ **Johannes ⟨Langewelt⟩**

Artzt, Eikhart
um 1440
Cronick (historische Aufzeichnung)
VL(2),1,503/04; Rep.Font. II,410
Artzt, Eickhart
Artzt, Eucharius
Eickhart ⟨Artzt⟩
Eikhart ⟨Artzt⟩
Eucharius ⟨Artzt⟩
Eucharius ⟨Weissenburgensis⟩

Artzt, Eucharius
→ **Artzt, Eikhart**

'Arūḍī, Abu-'l-Ḥasan Aḥmad Ibn-Muḥammad ¬al-¬
→ **'Arūḍī, Aḥmad Ibn-Muḥammad ¬al-¬**

'Arūḍī, Aḥmad Ibn-Muḥammad ¬al-¬
gest. 953
Aḥmad Ibn-Muḥammad al-'Arūḍī
'Arūḍī, Abu-'l-Ḥasan Aḥmad Ibn-Muḥammad ¬al-¬
Ibn-Muḥammad, Aḥmad al-'Arūḍī

Arundelius, Thomas
→ **Thomas ⟨Arundelius⟩**

Arundine, Johannes ¬de¬
→ **Johannes ⟨de Arundine⟩**

Arvernia, Bernardus ¬de¬
→ **Bernardus ⟨de Arvernia⟩**

Arvernia, Gerardus ¬de¬
→ **Gerardus ⟨de Arvernia⟩**

Arvernia, Petrus ¬de¬
→ **Petrus ⟨de Arvernia⟩**

Arvernus, Eufrasius
→ **Eufrasius ⟨Arvernus⟩**

Arvernus, Guilelmus
→ **Guilelmus ⟨Arvernus⟩**

Arwiler, Peter
um 1500
Pfingstpredigt; lat. Brevier
VL(2),1,504/505
Peter ⟨Arwiler⟩
Peter ⟨von Ahrweiler⟩

Āryabhaṭa ⟨I.⟩
476 – 550
Astronom und Mathematiker; Āriyabhaṭīya
Ariabchata
Arjabhata
Āryabhaṭa
Āryabhaṭa ⟨der Ältere⟩
Aryabhata ⟨the Older⟩

Āryabhaṭa ⟨II.⟩
geb. 950
Astronom und Mathematiker; Mahāsiddhānta
Āryabhaṭa
Āryabhaṭa ⟨der Jüngere⟩
Aryabhata ⟨the Younger⟩

Arzelata, Pietro ¬d'¬
→ **Petrus ⟨de Argellata⟩**

Arzocchi, Francesco
1470 – 1494
Egloghe; Übersetzungen der Bucolica des Vergil
Arsocchi, Francesco ¬de¬
Arsocchi, François
Arsochi, Francesco ¬degli¬
Arsochi, Francesco ¬de¬
Arsochis, Franciscus ¬de¬
DegliArsochi, Francesco
Francesco ⟨Arzocchi⟩
Francesco ⟨de Arsocchi⟩
Francesco ⟨de Arsochi⟩
Francesco ⟨degli Arsochi⟩
Franciscus ⟨de Arsochis⟩
François ⟨Arsocchi⟩

A'šā, Maimūn Ibn-Qais ¬al-¬
gest. ca. 629
Ascha, Maimun Ibn Kais ¬al-¬
Ash'a, Maymūn Ibn Qays
Maimūn Ibn-Qais al-A'šā

Asad as-Sunna
→ **Asad Ibn-Mūsā**

As'ad Ibn-al-Muhaḏḏab Ibn-Mammātī
→ **Ibn-Mammātī, As'ad Ibn-al-Muhaḏḏab**

Asad Ibn-Mūsā
749 – 827
Asad as-Sunna
Ibn-Mūsā, Asad
Umawī, Asad Ibn-Mūsā ¬al-¬

Asadābādī, 'Abd-al-Ǧabbār Ibn-Aḥmad ¬al-¬
gest. 1025/1026
'Abd-al-Ǧabbār al-Hamaḏānī
'Abd-al-Ǧabbār Ibn-Aḥmad al-Asadābādī
Asadābādī, 'Abd-al-Jabbār ibn Aḥmad ¬al-¬
Ibn-Aḥmad, 'Abd-al-Ǧabbār al-Asadābādī

Asadābādī, 'Abd-al-Jabbār ibn Aḥmad ¬al-¬
→ **Asadābādī, 'Abd-al-Ǧabbār Ibn-Aḥmad ¬al-¬**

Asadī, Kumait Ibn-Zaid ¬al-¬
→ **Kumait Ibn-Zaid al-Asadī**

Asane, Anonymus ¬de¬
→ **Anonymus ⟨de Asane⟩**

Aš'arī, Abu-'l-Ḥasan 'Alī Ibn-Ismā'īl ¬al-¬
874 – 935
Abu-'l-Ḥasan 'Alī Ibn-Ismā'īl al-Aš'arī
'Alī Ibn-Ismā'īl al-Aš'arī, Abu-'l-Ḥasan
Aš'arī, 'Alī Ibn-Ismā'īl ¬al-¬
Aschari, Abu Hasan ¬al-¬
Ash'arī, Abū al-Ḥasan 'Alī Ibn Ismā'īl
Ibn-Ismā'īl, Abu-'l-Ḥasan 'Alī al-Aš'arī
Ibn-Ismā'īl al-Aš'arī, Abu-'l-Ḥasan 'Alī

Aš'arī, Aḥmad Ibn-Muḥammad ¬al-¬
11. bzw. 12. Jh.
Aḥmad Ibn-Muḥammad al-Aš'arī
Ash'arī, Aḥmad ibn Muḥammad ¬al-¬
Ibn-Muḥammad, Aḥmad al-Aš'arī

Aš'arī, 'Alī Ibn-Ismā'īl ¬al-¬
→ **Aš'arī, Abu-'l-Ḥasan 'Alī Ibn-Ismā'īl ¬al-¬**

'Aš'arī, Muḥammad Ibn-Yaḥyā ¬al-¬
gest. 1340
Ash'arī, Muḥammad ibn Yaḥyā
Ibn-Abī-Bakr al-Aš'arī, Muḥammad Ibn-Yaḥyā
Ibn-Yaḥyā, Muḥammad al-Aš'arī
Māliqī, Muḥammad Ibn-Yaḥyā ¬al-¬
Muḥammad Ibn-Yaḥyā al-Aš'arī

Asbaġ Ibn-Muḥammad Ibn-as-Samḥ
→ **Ibn-as-Samḥ, Asbaġ Ibn-Muḥammad**

Ascalonius, Eutocius
→ **Eutocius ⟨Ascalonius⟩**

Ascalonius, Zosimus
→ **Zosimus ⟨Ascalonius⟩**

Ascelin ⟨von Laon⟩
→ **Adalbero ⟨Laudunensis⟩**

Ascelius ⟨Laudunensis⟩
→ **Adalbero ⟨Laudunensis⟩**

Ascensius ⟨Aquitanus⟩
→ **Ascensius ⟨de Sancto Columba⟩**

Ascensius ⟨Ascentius⟩
→ **Ascensius ⟨de Sancto Columba⟩**

Ascensius ⟨Astensius⟩
→ **Ascensius ⟨de Sancto Columba⟩**

Ascensius ⟨Austentius⟩
→ **Ascensius ⟨de Sancto Columba⟩**

Ascensius ⟨de Sancto Columba⟩
um 1352/70 · OFM
Principium in sententias et collatio (Verfasser ist nicht Achilles ⟨Astensis⟩, sondern Ascensius ⟨de Sancto Columba⟩); Apoc.
Stegmüller, Repert. bibl. 1449; Repert. sentent. 36,2
Achilles ⟨Astensis⟩
Ascensius ⟨Aquitanus⟩
Ascensius ⟨Ascentius⟩
Ascensius ⟨Astensius⟩
Ascensius ⟨Austentius⟩
Ascensius ⟨de Sainte-Colombe⟩
Ascensius ⟨Ostense⟩
Ascensius ⟨Sarlatensis⟩
Asence ⟨de Sainte-Colombe⟩
Astence ⟨de Sainte-Colombe⟩
Austence ⟨de Sainte-Colombe⟩
Austence ⟨de Sarla⟩
Sancto Columba, Ascensius ¬de¬

Ascensius ⟨Ostense⟩
→ **Ascensius ⟨de Sancto Columba⟩**

Ascensius ⟨Sarlatensis⟩
→ **Ascensius ⟨de Sancto Columba⟩**

Asceta, Gregorius
→ **Gregorius ⟨Asceta⟩**

Ascha, Maimun Ibn Kais ¬al-¬
→ **A'šā, Maimūn Ibn-Qais ¬al-¬**

Aschari, Abu Hasan ¬al-¬
→ **Aš'arī, Abu-'l-Ḥasan 'Alī Ibn-Ismā'īl ¬al-¬**

Aschel, Wolfgang
14./15. Jh.
Roßarzneibuch (3 Teile; Kompilation)
VL(2),1,507/08
Wolfgang ⟨Aschel⟩

Ascher ben Jehiel
→ **Āšēr Ben-Yeḥî'ēl**

Ascheri
→ **Āšēr Ben-Yeḥî'ēl**

Ascidas, Theodorus
→ **Theodorus ⟨Ascidas⟩**

Asclepius ⟨Trallianus⟩
6. Jh.
Tusculum-Lexikon; CSGL
Asclepius ⟨Neoplatonicus⟩
Asclepius ⟨of Tralles⟩
Asclepius ⟨Philosophus⟩
Asclepius ⟨Trallensis⟩
Asklepios ⟨von Tralleis⟩
Trallianus, Asclepius

Ascoli, Cecco ¬d'¬
→ **Cecco ⟨d'Ascoli⟩**

Ascoli, Francesco de Stabili Cecco ¬de¬
→ **Cecco ⟨d'Ascoli⟩**

Ascoli, Girolamo ¬d'¬
→ **Nicolaus ⟨Papa, IV.⟩**

Ascoli, Nicolaus ¬de¬
→ **Nicolaus ⟨de Asculo⟩**

Asculanus, Constantinus
→ **Constantinus ⟨Asculanus⟩**

Asculanus, Gratiadei
→ **Gratiadei ⟨Asculanus⟩**

Asculo, Augustinus ¬de¬
→ **Augustinus ⟨de Asculo⟩**

Asculo, Conradus ¬de¬
→ **Conradus ⟨de Asculo⟩**

Asculo, Johannes ¬de¬
→ **Johannes ⟨de Asculo⟩**

Asculo, Saladinus ¬de¬
→ **Saladinus ⟨de Asculo⟩**

Aselinus ⟨Laudunensis⟩
→ **Adalbero ⟨Laudunensis⟩**

Asence ⟨de Sainte-Colombe⟩
→ **Ascensius ⟨de Sancto Columba⟩**

Āšēr Ben-Yeḥî'ēl
ca. 1250 – 1327
Pisqê ha-Ro'š; Hanhāgôt ha-Ro'š
Potth.II,411; LMA,I,1102
Ascher ben Jehiel
Ascheri
Asher ben Jehiel
Ben-Yeḥî'ēl, Āšēr
Rosch

Asfidus
→ **Alphidius**

Ašǧa' Ibn-'Amr as-Sulamī
ca. 757 – ca. 835
Ašǧa' Ibn-'Amr as-Sulamī, Abu-'l-Walīd
Ashdja' B. 'Amr al-Sulamī
Ashja' Ibn 'Amr al-Sulamī
Ibn-'Amr as-Sulamī, Ašǧa'
Sulamī, Abu'l-Walīd Ašǧa' Ibn-'Amr ¬aš-¬
Sulamī, Ašǧa' Ibn-'Amr ¬as-¬

Ašǧa' Ibn-'Amr as-Sulamī, Abu-'l-Walīd
→ **Ašǧa' Ibn-'Amr as-Sulamī**

Ásgrímsson, Eysteinn
→ **Eysteinn ⟨Ásgrímsson⟩**

Ash'a, Maymūn Ibn Qays
→ **A'šā, Maimūn Ibn-Qais ¬al-¬**

Ash'arī, Abū al-Ḥasan 'Alī Ibn Ismā'īl
→ **Aš'arī, Abu-'l-Ḥasan 'Alī Ibn-Ismā'īl ¬al-¬**

Ash'arī, Aḥmad ibn Muḥammad ¬al-¬
→ **Aš'arī, Aḥmad Ibn-Muḥammad ¬al-¬**

Ash'arī, Muḥammad ibn Yaḥyā
→ **'Aš'arī, Muḥammad Ibn-Yaḥyā ¬al-¬**

Ashburn, Thomas
→ **Thomas ⟨Asheburnus⟩**

Ashby, David ¬de¬
→ **David ⟨de Ashby⟩**

Ashby, George
1390 – 1475
3 Gedichte
LMA,I,1107/1108
George ⟨Ashby⟩

Ashdja' B. 'Amr al-Sulamī
→ **Ašǧa' Ibn-'Amr as-Sulamī**

Asheburnus, Thomas
→ **Thomas ⟨Asheburnus⟩**

Ashenden, John
→ **Johannes ⟨de Eschenden⟩**

Asher ben Jehiel
→ **Āšēr Ben-Yeḥî'ēl**

Ashiḳ Pasha-Zādah
→ **Aşıkpaşazade**

'Āshıq Pasha, 'Alā' al-Dīn 'Alī
→ **Aşık Paşa**

Ashja' Ibn 'Amr al-Sulamī
→ **Ašǧa' Ibn-'Amr as-Sulamī**

Ashurvabi, Johannes
→ **Johannes ⟨Ashuvarbi⟩**

Ashwarbi, Johannes
→ **Johannes ⟨Ashuvarbi⟩**

Asignano, Benoît ¬d'¬
→ **Benedictus ⟨de Asinago⟩**

Aşık Paşa
1272 – 1332
Türk. Mystiker u. Dichter; Ġarībnāme
LMA,I,1108; AnaBritannica; EI 2
'Alā' al-Dīn 'Alī 'Āshıq Pasha
Alaeddin Ali Âşık Paşa
'Āshıq Pasha, 'Alā' al-Dīn 'Alī
Aşik ⟨Paşa⟩
'Āšīq Paša

Aşikî, Derviş Ahmed
→ **Aşıkpaşazade**

'Aşik-Paşa-Sohn
→ **Aşıkpaşazade**

Aşıkpaşazade
1400 – 1484
Geschichtsschreiber; Tevarih-i Al-i Osman (oft auch als Aşıkpaşazade Tarihi zitiert)
LMA,I,1109
Aḥmad ibn Yaḥya ibn Salmān ibn 'Ashik Pāshā
Ahmed ⟨Derwisch⟩
Ashiḳ Pasha-Zādah
Aşikî, Derviş Ahmed
'Aşik-Paşa-Sohn
'Āšiq-Paša-Zāda
'Ašiqpašazāde
Derviş Ahmed Aşikî
Derviş Ahmed ibn Şeyh Yahya

Asilo ⟨Wurceburgensis⟩
11. Jh.
Rhythmimachia
Asilo ⟨Clericus⟩
Asilo ⟨von Würzburg⟩
Asilo ⟨Wirceburgensis⟩
Asilo ⟨Wirzhiburgensis⟩
Asilo ⟨Wirziburgensis⟩
Asilon ⟨Clerc⟩
Asilon ⟨de Wurzbourg⟩

Asinago, Benedictus ¬de¬
→ **Benedictus ⟨de Asinago⟩**

'Āšīq Paša
→ **Aşık Paşa**

'Ašiqpašazāde
→ **Aşikpaşazade**

Asiūṭ, Konstantin ¬von¬
→ **Konstantin ⟨von Asiūṭ⟩**

'Askarī, Abū-Hilāl ¬al-¬
→ **Abū-Hilāl al-'Askarī, al-Ḥasan Ibn-'Abdallāh**

'Askarī, Abū-Hilāl al-Ḥasan Ibn-'Abdallāh ¬al-¬
→ **Abū-Hilāl al-'Askarī, al-Ḥasan Ibn-'Abdallāh**

'Askarī, al-Ḥasan ¬al-¬
→ **Ḥasan al-'Askarī ¬al-¬**

'Askarī, al-Ḥasan Ibn-'Abdallāh ¬al-¬
→ **Abū-Hilāl al-'Askarī, al-Ḥasan Ibn-'Abdallāh**

'Askarī, al-Ḥasan Ibn-al-Ḥusain ¬al-¬
→ **Sukkarī, al-Ḥasan Ibn-al-Ḥusain ¬as-¬**

'Askarī, al-Ḥasan Ibn-'Alī ¬al-¬
→ **Ḥasan al-'Askarī ¬al-¬**

Asker, Johannes
→ **Asser, Johannes**

Askidas, Theodoros
→ **Theodorus ⟨Ascidas⟩**

Asklepios ⟨von Tralleis⟩
→ **Asclepius ⟨Trallianus⟩**

Asmai, Abd Al Malik ¬al-¬
→ **Aṣma'ī, 'Abd-al-Malik Ibn-Quraib ¬al-¬**

Aṣma'ī, 'Abd-al-Malik Ibn-Quraib ¬al-¬
740 – 828
'Abd-al-Malik Ibn-Quraib al-Aṣma'ī
Asmai, Abd Al Malik ¬al-¬
Ibn-Quraib, 'Abd-al-Malik al-Aṣma'ī
Ibn-Quraib al-Aṣma'ī, 'Abd-al-Malik

Asnawī, 'Abd-ar-Raḥīm Ibn-al-Ḥasan ¬al-¬
1305 – 1370
'Abd-ar-Raḥīm Ibn-al-Ḥasan al-Asnawī
Asnawī, 'Abd-ar-Raḥīm Ibn-al-Ḥusain ¬al¬
Ibn-al-Ḥasan, 'Abd-ar-Raḥīm al-Asnawī
Isnawī, 'Abd-ar-Raḥīm Ibn-al-Ḥasan ¬al-¬

Asnawī, 'Abd-ar-Raḥīm Ibn-al-Ḥusain ¬al¬
→ **Asnawī, 'Abd-ar-Raḥīm Ibn-al-Ḥasan ¬al-¬**

Aśoka ⟨Paṇḍita⟩
um 900/1000
Buddhist. Logiker; Lehrer des Candragomin
Aśoka
Aśoka Ācārya
Aśoka Paṇḍita
Paṇḍita, Aśoka
Paṇḍita Aśoka

Aspala, Galfredus ¬de¬
→ **Galfredus ⟨de Aspala⟩**

Aspelt, Peter ¬von¬
→ **Peter ⟨von Aspelt⟩**

'Asqalānī, Aḥmad Ibn-'Alī ¬al-¬
→ **Ibn-Ḥaǧar al-'Asqalānī, Aḥmad Ibn-'Alī**

Ašqar ¬al-¬
→ **Ḥusain Ibn-aḍ-Ḍaḥḥāk ¬al-¬**

Ašraf ⟨Jemen, Sultan⟩
→ **'Umar Ibn-Yūsuf ⟨Jemen, Sultan⟩**

Ašraf Rūmī, 'Abdallāh
→ **Eşrefoğlu Rumi**

Asrūšanī, Muḥammad Ibn-Maḥmūd ¬al-¬
→ **Ustrūšanī, Muḥammad Ibn-Maḥmūd ¬al-¬**

aš-Šachrastani, Muchammed ibn Abd al'-Kerim
→ **Šahrastānī, Muḥammad Ibn-'Abd-al-Karīm ¬aš-¬**

As-Samanius
→ **Sam'ānī, Abū-Sa'd 'Abd-al-Karīm Ibn-Muḥammad ¬as-¬**

Assayuti, Jalal Addin
→ **Suyūṭī, Ǧalāl-ad-Dīn 'Abd-ar-Raḥmān Ibn-Abī-Bakr ¬as-¬**

Asser ⟨Menevensis⟩
→ **Asser, Johannes**

Asser ⟨of Sherborne⟩
→ **Asser, Johannes**

Asser, Johannes
gest. 910
LThK; CSGL; Potth.; Tusculum-Lexikon; LMA,I,1119/1120
Asker, Johannes
Asser ⟨Menevensis⟩
Asser ⟨of Sherborne⟩
Asser ⟨of Sherburn⟩
Asser, John
Asserius ⟨Menevensis⟩
Asserius ⟨Meneviensis⟩
Asserius ⟨Scireburnensis⟩
Asserius ⟨Sherbornensis⟩
Asserius ⟨Wallensis⟩
Asserius, Johannes
Johannes ⟨Asser⟩

Asserius ⟨Meneviensis⟩
→ **Asser, Johannes**

Asserius ⟨Scireburnensis⟩
→ **Asser, Johannes**

Asserius ⟨Wallensis⟩
→ **Asser, Johannes**

Assindia, Adolfus ¬de¬
→ **Adolfus ⟨de Assindia⟩**

Assisi, Antonius ¬de¬
→ **Antonius ⟨de Assisi⟩**

Assisi, Francesco ¬d'¬
→ **Franciscus ⟨Assisias⟩**

Assisi, Franziskus ¬von¬
→ **Franciscus ⟨Assisias⟩**

Assisi, Klara ¬von¬
→ **Clara ⟨Assisias⟩**

Assisias, Aegidius
→ **Aegidius ⟨Assisias⟩**

Assisias, Agnes
→ **Agnes ⟨Assisias⟩**

Assisias, Clara
→ **Clara ⟨Assisias⟩**

Assisias, Franciscus
→ **Franciscus ⟨Assisias⟩**

Assisias, Leo
→ **Leo ⟨Assisias⟩**

Assisias, Rufinus
→ **Rufinus ⟨Assisias⟩**

Assiut, Konstantin ¬von¬
→ **Konstantin ⟨von Asiūṭ⟩**

Asso
→ **Adso ⟨Dervensis⟩**

Asso ⟨Hemericus⟩
→ **Adso ⟨Dervensis⟩**

Aš-Šuštarī
→ **Šuštarī, 'Alī Ibn-'Abdallāh ¬aš-¬**

Ast, Astesanus ¬de¬
→ **Astesanus ⟨de Ast⟩**

Ast, Conradus ¬de¬
→ **Conradus ⟨de Ast⟩**

Ast, Facinus ¬de¬
→ **Facinus ⟨de Ast⟩**

Astallis, Petrus Nicolai ¬de¬
→ **Petrus ⟨Nicolai de Astallis⟩**

Astarābādī, 'Azīz Ibn-Ardašīr
→ **'Azīz Ibn-Ardašīr Astarābādī**

Astasiis, Benedictus ¬de¬
→ **Benedictus ⟨de Astasiis⟩**

Astau, Nikolaus ¬von¬
→ **Nikolaus ⟨von Astau⟩**

Aste, Antonius ¬de¬
→ **Antonius ⟨de Aste⟩**

Astence ⟨de Sainte-Colombe⟩
→ **Ascensius ⟨de Sancto Columba⟩**

Astensis Poeta
→ **Poeta ⟨Astensis⟩**

Astesan, Antoine
→ **Antonius ⟨Astesanus⟩**

Astesanus ⟨de Ast⟩
gest. ca. 1330
Ast, Astesanus ¬de¬
Astesanus ⟨ab Asta⟩
Astesanus ⟨Astensis⟩
Astesanus ⟨de Asti⟩
Astesanus ⟨d'Asti⟩
Astesanus ⟨ex Astra⟩
Astesanus ⟨Frater⟩

Astesanus, Antonius
→ **Antonius ⟨Astesanus⟩**

Asti, Antonius ¬d'¬
→ **Antonius ⟨de Aste⟩**

Asti, Bruno ¬de¬
→ **Bruno ⟨Signiensis⟩**

Astolphe ⟨Roi⟩
→ **Aistulf ⟨Langobardenreich, König⟩**

Aston, Nicolaus
→ **Nicolaus ⟨Aston⟩**

Astrologus, Rhetorius
→ **Rhetorius ⟨Astrologus⟩**

Astronomus
9. Jh.
Vita Ludovici imperatoris
CC Clavis, Auct. Gall. 1,193ff.; DOC,1,302
Astronom, ¬Der¬
Astronome
Astronome ⟨Historien de Louis le Pieux⟩
Astronome, ¬L'¬
Astronomer
Astronomus ⟨Auctor Vitae Ludovici⟩
Luitolfus
Pseudo-Astronomus

Astruch, Ramón
→ **Ramón ⟨Astruch⟩**

Astrūšanī, Muḥammad Ibn-Maḥmūd ¬al-¬
→ **Ustrūšanī, Muḥammad Ibn-Maḥmūd ¬al-¬**

Asṭurlābī, 'Alī Ibn-'Īsā ¬al-¬
→ **'Alī Ibn-'Īsā**

Asyūṭī, Muḥammad Ibn-Šihāb-ad-Dīn ¬al-¬
1413 – 1475
Asyūṭī, Šams-ad-Dīn Muḥammad Ibn-Šihāb-ad-Dīn ¬al-¬
Ibn-Šihāb-ad-Dīn, Muḥammad al-Asyūṭī
Muḥammad Ibn-Šihāb-ad-Dīn al-Asyūṭī

Asyūṭī, Šams-ad-Dīn Muḥammad Ibn-Šihāb-ad-Dīn ¬al-¬
→ **Asyūṭī, Muḥammad Ibn-Šihāb-ad-Dīn ¬al-¬**

At ⟨de Mons⟩
gest. ca. 1285
Altfranz. Troubadour
Mons, At ¬de¬
Mons, N'at ¬de¬
Nat ⟨de Toulouse⟩
N'at ⟨de Mons⟩

'Aṭā, Muḥammad 'A.
→ **Suyūṭī, Ǧalāl-ad-Dīn 'Abd-ar-Raḥmān Ibn-Abī-Bakr ¬as-¬**

Atalaricus
→ **Athalarich ⟨Ostgotenreich, König⟩**

Atanasiu ⟨di Jaci⟩
um 1287 · OSB
La vinuta e lu soggiornu di lu re Japicu in la gitati di Catania, l'annu MCCLXXXVII
Rep.Font. II,416
Jaci, Atanasiu ¬di¬

Āṯārī, Šaʿbān Ibn-Muḥammad ¬al-¬
1364 – 1425
Āthārī, Shaʿbān ibn Muḥammad ¬al-¬
Ibn-Muḥammad, Šaʿbān al-Āṯārī
Šaʿbān Ibn-Muḥammad al-Āṯārī

Atavantio, Paolo
→ **Paulus ⟨Attavantius⟩**

Ateca, Martinus ¬de¬
→ **Martinus ⟨de Ateca⟩**

Atencia, Rodericus ¬de¬
→ **Rodericus ⟨de Atencia⟩**

Aterrabia, Petrus ¬de¬
→ **Petrus ⟨de Aterrabia⟩**

Athala ⟨von Bobbio⟩
→ **Attala ⟨Bobiensis⟩**

Athalarich ⟨Ostgotenreich, König⟩
gest. 534
Epistula ad Johannem II papam
Cpl 896
Atalaricus
Athalaric ⟨Roi des Ostrogoths⟩
Athalaricus

Athalbaldus ⟨von Utrecht⟩
→ **Adelboldus ⟨Traiectensis⟩**

Athalbero ⟨Augustanus⟩
→ **Adalbero ⟨Augustanus⟩**

Athanase ⟨Chalkéopoulos⟩
→ **Athanasius ⟨Chalceopulus⟩**

Athanase ⟨Nikitin⟩
→ **Nikitin, Afanasij N.**

Athanasios ⟨Athonites⟩
→ **Athanasius ⟨Athonitus⟩**

Athanasios ⟨Chalkeopulos⟩
→ **Athanasius ⟨Chalceopulus⟩**

Athanasios ⟨ho Lauriōtēs⟩
→ **Athanasius ⟨Athonitus⟩**

Athanasios ⟨Patriarch⟩
→ **Athanasius ⟨Constantinopolitanus⟩**

Athanasios ⟨von Emesa⟩
→ **Athanasius ⟨Emesenus⟩**

Athanasios ⟨von Konstantinopel⟩
→ **Athanasius ⟨Constantinopolitanus⟩**

Athanasius ⟨Alexius⟩
→ **Athanasius ⟨Constantinopolitanus⟩**

Athanasius ⟨Athonita⟩
→ **Athanasius ⟨Athonitus⟩**

Athanasius ⟨Athonitus⟩
ca. 920 – ca. 1003
Tusculum-Lexikon; CSGL; Rep.Font. II,415; LMA,I,1161/1162
Athanasios ⟨Athonites⟩
Athanasios ⟨ho Lauriōtēs⟩
Athanasius ⟨Athonita⟩
Athanasius ⟨du Mont Athos⟩
Athanasius ⟨Magnae Laurae⟩
Athanasius ⟨Sanctus⟩
Athanasius ⟨Monachus⟩
Athonites, Athanasios
Athonitus, Athanasius

Athanasius ⟨Chalceopulus⟩
gest. 1497
Liber visitationis
Rep.Font. III,221; LMA,II,1654/55
Athanase ⟨Chalkéopoulos⟩
Athanasios ⟨Chalkeopulos⟩
Chalceopulus, Athanasius
Chalkeopulos, Athanasios

Athanasius ⟨Constantinopolitanus⟩
ca. 1230 – ca. 1310
Tusculum-Lexikon; CSGL; LMA,I,1161
Akakios ⟨von Konstantinopel⟩
Alexius, Athanasius
Athanasios ⟨Patriarch⟩
Athanasios ⟨von Konstantinopel⟩
Athanasius ⟨Alexius⟩
Athanasius ⟨Patriarcha, I.⟩
Constantinopolitanus, Athanasius

Athanasius ⟨du Mont Athos⟩
→ **Athanasius ⟨Athonitus⟩**

Athanasius ⟨Emesenus⟩
6. Jh.
Athanasios ⟨von Emesa⟩
Athanasius ⟨Scholasticus⟩
Emesa, Athanasios ¬von¬
Emesenus, Athanasius
Scholasticus, Athanasius

Athanasius ⟨Magnae Laurae⟩
→ **Athanasius ⟨Athonitus⟩**

Athanasius ⟨Monachus⟩
→ **Athanasius ⟨Athonitus⟩**

Athanasius ⟨Nikitin⟩
→ **Nikitin, Afanasij N.**

Athanasius ⟨Patriarcha, I.⟩
→ **Athanasius ⟨Constantinopolitanus⟩**

Athanasius ⟨Pseudoepiscopus Severianorum⟩
7. Jh.
„Adversus Athanasium pseudoepiscopum Severianorum" des Eubulus ⟨Lystrensis⟩
Cpg 7685
Athanasius ⟨Severianorum Pseudoepiscopus⟩

Athanasius ⟨Sanctus⟩
→ **Athanasius ⟨Athonitus⟩**

Athanasius ⟨Scholasticus⟩
→ **Athanasius ⟨Emesenus⟩**

Athanasius ⟨Severianorum Pseudoepiscopus⟩
→ **Athanasius ⟨Pseudoepiscopus Severianorum⟩**

Āthārī, Shaʿbān ibn Muḥammad ¬al-¬
→ **Āṯārī, Šaʿbān Ibn-Muḥammad ¬al-¬**

Athelardus ⟨...⟩
→ **Adelardus ⟨...⟩**

Athelwoldus ⟨Episcopus⟩
→ **Aethelwoldus ⟨Wintoniensis⟩**

Athona, Johannes ¬de¬
→ **Johannes ⟨de Actona⟩**

Athonita, Euthymius
→ **Euthymius ⟨Athonita⟩**

Athonita, Nicephorus
→ **Nicephorus ⟨Athonita⟩**

Athonites, Athanasios
→ **Athanasius ⟨Athonitus⟩**

Athonitus, Athanasius
→ **Athanasius ⟨Athonitus⟩**

Atlmanus
→ **Almannus ⟨Altivillarensis⟩**

Aṯrābulusī, Abū-Muṭīʿ Muʿāwiya Ibn-Yaḥyā ¬al-¬
→ **Aṯrābulusī, Muʿāwiya Ibn-Yaḥyā ¬al-¬**

Aṯrābulusī, Muʿāwiya Ibn-Yaḥyā ¬al-¬
gest. ca. 786
Aṯrābulusī, Abū-Muṭīʿ Muʿāwiya Ibn-Yaḥyā ¬al-¬
Ibn-Yaḥyā, Muʿāwiya al-Aṯrābulusī
Muʿāwiya al-Aṯrābulusī
Muʿāwiya Ibn-Yaḥyā al-Aṯrābulusī

Atratus de Evesham, Hugo
→ **Hugo ⟨Atratus de Evesham⟩**

'Attābī, Kulṯūm Ibn-'Amr ¬al-¬
→ **Kulṯūm Ibn-'Amr al-'Attābī**

Attala ⟨Bobiensis⟩
gest. 627
Vita S. Attalae Bobiensis abbatis
Cpl 2278
Athala ⟨Abt⟩
Athala ⟨von Bobbio⟩
Attala ⟨Abbas⟩
Attala ⟨Discipulus Columbani⟩
Attala ⟨Sanctus⟩
Attale ⟨Abbé⟩
Attale ⟨de Bobbio⟩

Attaliata, Michael
→ **Michael ⟨Attaliata⟩**

At-Tanūkhī
→ **Tanūḫī, al-Muḥassin Ibn-'Alī ¬at-¬**

'Aṭṭār, Farīd al-Dīn Muḥammad b. Ibrāhīm
→ **'Aṭṭār, Farīd-ad-Dīn**

Attar, Farid od-Din Mohammed
→ **'Aṭṭār, Farīd-ad-Dīn**

'Aṭṭār, Farīd-ad-Dīn
1119 – ca. 1190
'Aṭṭār, Farīd al-Dīn Muḥammad b. Ibrāhīm
Attar, Farid od-Din Mohammed
Farid od-Din Mohammed Attar
Farīd-ad-Dīn, 'Aṭṭār
Farīd-ad-Dīn 'Aṭṭār
Farid-uddin Attar

'Aṭṭār, Muḥammad Ibn-Maḫlad ¬al-¬
→ **Dūrī, Muḥammad Ibn-Maḫlad ¬ad-¬**

'Aṭṭār al-Hamaḏānī, al-Ḥasan Ibn-Aḥmad ¬al-¬
gest. 1173
Hamaḏānī, al-'Aṭṭār ¬al-¬
Hamaḏānī, al-Ḥasan Ibn-Aḥmad ¬al-¬
Ḥasan Ibn-Aḥmad al-'Aṭṭār al-Hamaḏānī /al-

'Aṭṭār al-Hārūnī, Dāwud Ibn-Abī-Naṣr ¬al-¬
→ **Ibn-al-'Aṭṭār, Dāwud Ibn-Abī-Naṣr**

Attavantius, Paulus
→ **Paulus ⟨Attavantius⟩**

Attendolo, Carlo
→ **Gabriel ⟨Sfortia⟩**

Atto ⟨Abbé⟩
→ **Atto ⟨Pistoriensis⟩**

Atto ⟨Bischof⟩
→ **Atto ⟨Pistoriensis⟩**

Atto ⟨Cardinalis Sancti Marci⟩
→ **Atto ⟨Sancti Marci⟩**

Atto ⟨Casinensis⟩
um 1070
Angebl. Übers. der Werke von Constantinus ⟨Africanus⟩ ins Romanische
Atto ⟨Chapelain⟩
Atto ⟨de Mont-Cassin⟩
Atto ⟨Moine⟩
Atton ⟨Chapelain⟩
Atton ⟨de Mont-Cassin⟩

Atto ⟨Chapelain⟩
→ **Atto ⟨Casinensis⟩**

Atto ⟨da Vallombrosa⟩
→ **Atto ⟨Pistoriensis⟩**

Atto ⟨de Mont-Cassin⟩
→ **Atto ⟨Casinensis⟩**

Atto ⟨de Pistoie⟩
→ **Atto ⟨Pistoriensis⟩**

Atto ⟨de Vallombreuse⟩
→ **Atto ⟨Pistoriensis⟩**

Atto ⟨de Vercelli⟩
→ **Atto ⟨Vercellensis⟩**

Atto ⟨di Pistoia⟩
→ **Atto ⟨Pistoriensis⟩**

Atto ⟨Episcopus⟩
→ **Atto ⟨Pistoriensis⟩**

Atto ⟨Kanonist⟩
→ **Atto ⟨Sancti Marci⟩**

Atto ⟨Moine⟩
→ **Atto ⟨Casinensis⟩**

Atto ⟨of Pistoia⟩
→ **Atto ⟨Pistoriensis⟩**

Atto ⟨of Vercelli⟩
→ **Atto ⟨Vercellensis⟩**

Atto ⟨Pistoriensis⟩
ca. 1070 – 1153
Vita S. Johannis Gualberti abbatis Vallisum brosae
Rep.Font. II,417; LMA,I,1180/1181
Atto ⟨Abbé⟩
Atto ⟨Bischof⟩
Atto ⟨Bishop⟩
Atto ⟨da Vallombrosa⟩
Atto ⟨de Pistoie⟩
Atto ⟨de Vallombreuse⟩
Atto ⟨di Pistoia⟩
Atto ⟨Episcopus⟩
Atto ⟨Evêque⟩
Atto ⟨of Pistoia⟩
Atto ⟨Vescovo⟩
Atto ⟨von Pistoia⟩
Atton ⟨de Pistoie⟩
Atton ⟨Evêque⟩
Atton ⟨Saint⟩
Azzo ⟨von Pistoia⟩

Atto ⟨Presbyter⟩
→ **Atto ⟨Sancti Marci⟩**

Atto ⟨Presbyter⟩
9. Jh.
Epistula ad Ludovicum I. imperatorem
CC Clavis, Auct. Gall. 1,195f.
Atto ⟨Sancti Remedi⟩
Presbyter, Atto

Atto ⟨Sancti Marci⟩
gest. ca. 1085
Identität mit dem Erzbischof von Mailand umstritten
Atto ⟨Cardinal⟩
Atto ⟨Cardinalis Sancti Marci⟩
Atto ⟨Kanonist⟩
Atto ⟨Presbyter⟩
Atto ⟨von Mailand⟩
Atton ⟨Archevêque⟩
Atton ⟨Canoniste⟩
Atton ⟨Cardinal⟩
Atton ⟨de Milan⟩
Atton ⟨de Saint-Marc⟩

Atton ⟨Evêque⟩
Atton ⟨Prêtre⟩
Sancti Marci, Atto

Atto ⟨Sancti Remedi⟩
→ **Atto ⟨Presbyter⟩**

Atto ⟨Vercellensis⟩
924 – 961
LThK; CSGL; Potth.; LMA,I,1181
Atto ⟨de Vercelli⟩
Atto ⟨of Vercelli⟩
Atto ⟨von Vercelli⟩
Haito ⟨Vercellensis⟩
Hatto ⟨de Vercelli⟩
Hatto ⟨of Vercelli⟩
Hatto ⟨Vercellensis⟩

Atto ⟨Vescovo⟩
→ **Atto ⟨Pistoriensis⟩**

Atto ⟨von Mailand⟩
→ **Atto ⟨Sancti Marci⟩**

Atto ⟨von Pistoia⟩
→ **Atto ⟨Pistoriensis⟩**

Atto ⟨von Vercelli⟩
→ **Atto ⟨Vercellensis⟩**

Atton ⟨Archevêque⟩
→ **Atto ⟨Sancti Marci⟩**

Atton ⟨Canoniste⟩
→ **Atto ⟨Sancti Marci⟩**

Atton ⟨Cardinal⟩
→ **Atto ⟨Sancti Marci⟩**

Atton ⟨Chapelain⟩
→ **Atto ⟨Casinensis⟩**

Atton ⟨de Mayence⟩
→ **Hatto ⟨Moguntinus, ...⟩**

Atton ⟨de Milan⟩
→ **Atto ⟨Sancti Marci⟩**

Atton ⟨de Mont-Cassin⟩
→ **Atto ⟨Casinensis⟩**

Atton ⟨de Pistoie⟩
→ **Atto ⟨Pistoriensis⟩**

Atton ⟨de Reichenau⟩
→ **Hatto ⟨Moguntinus, I.⟩**

Atton ⟨de Saint-Marc⟩
→ **Atto ⟨Sancti Marci⟩**

Atton ⟨Evêque⟩
→ **Atto ⟨Pistoriensis⟩**
→ **Atto ⟨Sancti Marci⟩**

Atton ⟨Prêtre⟩
→ **Atto ⟨Sancti Marci⟩**

Atton ⟨Saint⟩
→ **Atto ⟨Pistoriensis⟩**

Aubedoc
→ **Abedoc ⟨Hibernus⟩**

Aubert ⟨de Saint-Omer⟩
→ **Albertus ⟨Sancti Odomari⟩**

Aubert, Arnaud
→ **Arnaldus ⟨Alberti⟩**

Aubert, Etienne
→ **Innocentius ⟨Papa, VI.⟩**

Aubertin ⟨Birchtel⟩
→ **Birchtel, Albert**

Aubertus ⟨...⟩
→ **Albertus ⟨...⟩**

Aubigné, Jean ¬de¬
→ **Johannes ⟨de Albiniaco⟩**

Aubri ⟨de Dijon⟩
→ **Albericus ⟨Lingonensis⟩**

Aubri ⟨de Humbert⟩
→ **Albericus ⟨de Humbert⟩**

Aubri ⟨de Saint-Etienne⟩
→ **Albericus ⟨Lingonensis⟩**

Aubricius ⟨Remensis⟩
um 1271
Philosophia; Introductio in philosophiam
Schönberger/Kible, Repertorium, 11603
Albericus ⟨Remensis⟩
Aubertus ⟨Remensis⟩

Aubry ⟨de Trois-Fontaines⟩
→ **Albericus ⟨de Tribus Fontibus⟩**

Aucher ⟨de Clairvaux⟩
→ **Alcherus ⟨Claraevallensis⟩**

Auctor ⟨de Romano⟩
→ **Romano, ... ¬de¬**

Aucumpno, Robertus ¬de¬
→ **Robertus ⟨de Aucumpno⟩**

ʿAud, Ǧirān ʿĀmir Ibn-al-Ḥāriṯ ¬al-¬
→ **Ǧirān al-ʿAud, ʿĀmir Ibn-al-Ḥāriṯ**

Audefroi ⟨le Bastart⟩
13. Jh.
Chansons d'amour
LMA,I,1190/1191
Audefroi
Audefroi ⟨le Bastard⟩
Audefroi ⟨le Bâtard⟩
Audefroy ⟨le Bastard⟩
Audefroy ⟨Trouvère⟩
Bastart, Audefroi ¬le¬

Audelaus ⟨Presbyter⟩
7./8. Jh.
Vita S. Fortunati Spoletani
Cpl 2192
Audelaeus ⟨Prêtre⟩
Presbyter, Audelaus

Audelay, John
um 1426
Caroles
LMA,I,1191
Audley, Jean

Audemarus, Petrus
→ **Petrus ⟨de Sancto Audemaro⟩**

Audenarde, Jean ¬d'¬
→ **Jean ⟨d'Audenarde⟩**

Auderadus
→ **Audradus ⟨Senonensis⟩**

Audī, al-Afwah Ṣalā'a Ibn-ʿAmr ¬al-¬
→ **Afwah al-Audī, Ṣalā'a Ibn-ʿAmr ¬al-¬**

Audley, Jean
→ **Audelay, John**

Audoenus ⟨Rothomagensis⟩
ca. 609 – ca. 683
Cpl 2088, 2094
Aldowin ⟨von Rouen⟩
Audoen ⟨Heiliger⟩
Audoenus ⟨Episcopus⟩
Audoenus ⟨Heiliger⟩
Audoenus ⟨of Rouen⟩
Audoenus ⟨Rotomagensis⟩
Audoenus ⟨Sanctus⟩
Audoin ⟨von Rouen⟩
Dado ⟨Rothomagensis⟩
Dado ⟨Saint⟩
Dadon ⟨de Rouen⟩
Ouen ⟨Archevêque⟩
Ouen ⟨Bishop⟩
Ouen ⟨de Rouen⟩
Ouen ⟨Evêque⟩
Ouen ⟨of Rouen⟩
Ouen ⟨Saint⟩
Pseudo-Audoenus ⟨Rothomagensis⟩

Audomarus, Petrus
→ **Petrus ⟨de Sancto Audemaro⟩**

Audouin ⟨Chauveron⟩
→ **Chauveron, Audouin**

Audradus ⟨Exiguus⟩
→ **Audradus ⟨Senonensis⟩**

Audradus ⟨Modicus⟩
→ **Audradus ⟨Senonensis⟩**

Audradus ⟨Senonensis⟩
gest. ca. 853
Liber de fonte vitae; Liber revelationum; Carmen de Sancta Trinitate; etc.
CC Clavis, Auct. Gall. 1,196ff.; Tusculum-Lexikon; LThK; LMA,I,1198
Auderadus
Auderatus
Audrade ⟨de Sens⟩
Audradus ⟨Exiguus⟩
Audradus ⟨Modicus⟩
Audradus ⟨Modicus Senonensis⟩
Audradus ⟨of Sens⟩
Oteradus
Otradus

Audri ⟨de Ferrières⟩
→ **Aldricus ⟨Senonensis⟩**

Audri ⟨de Sens⟩
→ **Aldricus ⟨Senonensis⟩**

Audri ⟨Saint⟩
→ **Aldricus ⟨Senonensis⟩**

Aue, Hartmann ¬von¬
→ **Hartmann ⟨von Aue⟩**

Auer, Hans
um 1442/45
Lied über die Schlacht bei Ragaz
VL(2),1,515
Hans ⟨Auer⟩
Hans ⟨Ower⟩
Ower, Hans

Auer, Johannes
um 1484
Predigt über die Gerechtigkeit; 7 Ursachen der menschlichen Sündhaftigkeit
VL(2),1,515/516
Johannes ⟨Auer⟩

Auer, Magdalena
um 1467/94
Tagebuchartige Aufzeichnungen
VL(2),1,516
Magdalena ⟨Auer⟩

Auerbach, Fridericus Stromer ¬de¬
→ **Stromer, Friedrich**

Auerbach, Johannes ¬de¬
→ **Johannes ⟨de Auerbach⟩**

Aufredus ⟨Gonteri⟩
um 1302/25 · OFM
Quaestiones
Stegmüller, Repert. sentent. 81
Anfredo ⟨Gontero⟩
Anfredo ⟨Gontier⟩
Anfredus ⟨Gonteri⟩
Anfredus ⟨Gonteri Brito⟩
Anfredus ⟨Skotist⟩
Aufred ⟨Gonter⟩
Aufredus ⟨Gonteri Brito⟩
Gauffredus ⟨Gonteri Brito⟩
Gauffredus ⟨Gontero⟩
Gaufredus ⟨Gonteri⟩
Gonter, Anfred
Gonteri, Aufredus

Augerius, Amalricus
→ **Amalricus ⟨Augerius⟩**

Augerus, Guilelmus
→ **Guilelmus ⟨Augerus⟩**

Augheim, Brunwart ¬von¬
→ **Brunwart ⟨von Augheim⟩**

Augier, Amalric
→ **Amalricus ⟨Augerius⟩**

Augier Novella, Guilhem
→ **Guilhem ⟨Augier Novella⟩**

Augsburg, Heinrich ¬von¬
→ **Heinrich ⟨von Augsburg⟩**

Augsburg, Jakob ¬von¬
→ **Jakob ⟨von Augsburg⟩**

Augspurger, Kaspar
→ **Kaspar ⟨de Oegspurg⟩**

Augusta, David ¬de¬
→ **David ⟨de Augusta⟩**

Augusta, Euphemia
→ **Euphemia ⟨Augusta⟩**

Augusta, Hermannus ¬de¬
→ **Hermannus ⟨de Augusta⟩**

Augusta, Nicolaus
→ **Nicolaus ⟨Augusta⟩**

Augusta, Petrus ¬de¬
→ **Petrus ⟨de Augusta⟩**

Augustae Praetoriae, Richardus
→ **Richardus ⟨Augustae Praetoriae⟩**

Augustanus, Adalbero
→ **Adalbero ⟨Augustanus⟩**

Augustanus, Albertus
→ **Albertus ⟨Augustanus⟩**

Augustanus, David
→ **David ⟨de Augusta⟩**

Augustanus, Egino
→ **Egino ⟨Augustanus⟩**

Augustanus, Gebehardus
→ **Gebehardus ⟨Augustanus⟩**

Augustanus, Gerardus
→ **Gerardus ⟨Augustanus⟩**

Augustanus, Henricus
→ **Henricus ⟨Augustanus⟩**

Augustanus, Ludolphus
→ **Ludolphus ⟨Augustanus⟩**

Augustanus, Udalricus
→ **Udalricus ⟨Augustanus⟩**

Augustanus, Udalscalcus
→ **Udalscalcus ⟨Augustanus⟩**

Augusti, Cyrice ¬degli¬
→ **Quiricus ⟨de Augustis⟩**

Augustijn
14. Jh.
Der Herzog von Braunschweig; Ritterliche Aventiure
VL(2),1,530/531

Augustijnken ⟨van Dordt⟩
→ **Dordt, Augustijnken ¬van¬**

Augustin ⟨Dacus⟩
→ **Augustinus ⟨de Dacia⟩**

Augustin ⟨d'Ancone⟩
→ **Augustinus ⟨Triumphus⟩**

Augustin ⟨d'Ascoli⟩
→ **Augustinus ⟨de Asculo⟩**

Augustin ⟨de Cantorbery⟩
→ **Augustinus ⟨Cantuariensis⟩**

Augustin ⟨de Dacie⟩
→ **Augustinus ⟨de Dacia⟩**

Augustin ⟨de Lecce⟩
→ **Augustinus ⟨de Licio⟩**

Augustin ⟨de Novis⟩
→ **Augustinus ⟨de Novis⟩**

Augustin ⟨de Pavie⟩
→ **Augustinus ⟨de Novis⟩**

Augustin ⟨de Saint-André⟩
→ **Augustinus ⟨Cantuariensis⟩**

Augustin ⟨de Vérone⟩
→ **Augustinus ⟨de Verona⟩**

Augustin ⟨d'Obernalb⟩
→ **Augustinus ⟨de Obernalb⟩**

Augustin ⟨Fango⟩
→ **Augustinus ⟨Fangi⟩**

Augustin ⟨Favaroni⟩
→ **Augustinus ⟨Favaroni⟩**

Augustin ⟨Gruber⟩
→ **Gruber, Augustin**

Augustin ⟨Hayweger⟩
→ **Hayweger, Augustin**

Augustin ⟨Kazotic de Trogir⟩
→ **Augustinus ⟨Gazothus⟩**

Augustin ⟨le Blègue⟩
→ **Augustinus ⟨Dati⟩**

Augustin ⟨Moser⟩
→ **Moser, Augustin**

Augustin ⟨of Rome⟩
→ **Augustinus ⟨Favaroni⟩**

Augustin ⟨Tünger⟩
→ **Tünger, Augustin**

Augustin ⟨von Hammerstetten⟩
15. Jh.
VL(2),1,543/45
Hammerstetten, Augustin ¬von¬

Augustin ⟨von Salzburg⟩
→ **Gruber, Augustin**

Augustinereremit ⟨Straßburger⟩
→ **Straßburger Augustinereremit**

Augustinus ⟨a Bugella⟩
→ **Augustinus ⟨Fangi⟩**

Augustinus ⟨a Leonissa⟩
→ **Augustinus ⟨de Leonissa⟩**

Augustinus ⟨Anconitanus⟩
→ **Augustinus ⟨Triumphus⟩**

Augustinus ⟨Ayrmschmalz de Weilheim⟩
um 1448
Stegmüller, Repert. sentent. 82; 1149; 1166,3
Augustinus ⟨Ayrmschmalz⟩
Augustinus ⟨de Weilheim⟩
Ayrmschmalz, Augustinus
Weilheim, Augustinus ¬de¬

Augustinus ⟨Balbus⟩
→ **Augustinus ⟨Dati⟩**

Augustinus ⟨Campelli⟩
→ **Augustinus ⟨de Leonissa⟩**

Augustinus ⟨Cantuariensis⟩
gest. 604
Interrogationes ad beatum Gregorium
LMA,I,1229/1230
Augustin ⟨de Cantorbery⟩
Augustin ⟨de Saint-André⟩
Augustine ⟨Heiliger⟩
Augustine ⟨of Canterbury⟩
Augustine ⟨Saint⟩
Augustinus ⟨Episcopus⟩
Augustinus ⟨von Canterbury⟩
Pseudo-Augustinus ⟨Cantuariensis⟩

Augustinus ⟨Dachsberg⟩
→ **Dachsberg, Augustinus**

Augustinus ⟨Dacus⟩
→ **Augustinus ⟨de Dacia⟩**

Augustinus ⟨Dati⟩
1420 – 1478
De animi immortalitate; Historia Plumbinensis; Elegantiae; etc.
LMA,III,574; Rep.Font. IV,120
Augustin ⟨le Blègue⟩
Augustinus ⟨Balbus⟩
Augustinus ⟨Dathus Senensis⟩
Augustinus ⟨Datius⟩
Augustinus ⟨Datus de Sienne⟩
Augustinus ⟨Datus Senensis⟩
Augustinus ⟨Senensis⟩
Dach, Augustinus
Dachus, Augustinus
Daci, Augustinus
Dathus, Augustinus
Dati, Agostino
Dati, Augustin
Dati, Augustino
Dati, Augustinus
Dattus, Augustinus
Datus, Augustinus

Augustinus ⟨de Ancona⟩
→ **Augustinus ⟨Triumphus⟩**

Augustinus ⟨de Asculo⟩
13. Jh. · OESA
Super libros Physicorum
Lohr
Asculo, Augustinus ¬de¬
Augustin ⟨d'Ascoli⟩

Augustinus ⟨de Campellis⟩
→ **Augustinus ⟨de Leonissa⟩**

Augustinus ⟨de Dacia⟩
gest. 1285 · OP
Breviarium theologiae; Rotulus pugillaris
Stegmüller, Repert. sentent. 84; 85; Repert. bibl. 1556
Aage ⟨de Danemark⟩
Aage ⟨von Dänemark⟩
Augustin ⟨Dacus⟩
Augustin ⟨de Dacie⟩
Augustinus ⟨Dacien⟩
Augustinus ⟨Dacus⟩
Augustinus ⟨von Dänemark⟩
Dacia, Augustinus ¬de¬

Augustinus ⟨de Favaronibus⟩
→ **Augustinus ⟨Favaroni⟩**

Augustinus ⟨de Ferrara⟩
gest. 1466 · OFM
Universalia; Praedicamenta
Lohr
Agostino ⟨da Ferrara⟩
Augustinus ⟨de Ferraria⟩
Ferrara, Augustinus ¬de¬

Augustinus ⟨de Leonissa⟩
gest. 1435
Augustinus ⟨a Leonissa⟩
Augustinus ⟨Campelli⟩
Augustinus ⟨Campellis de Leonissa⟩
Augustinus ⟨Campello⟩
Augustinus ⟨de Campellis⟩
Campellis, Augustinus ¬de¬
Leonissa, Augustinus ¬de¬

Augustinus ⟨de Licio⟩
um 1439/51 · OP
De inferno; Dialogus de novissimis ad Anglibertum de Baucio, comitem Ogentinum
Kaeppeli,I,136/137
Augustin ⟨de Lecce⟩
Augustin ⟨de Lycio⟩
Augustinus ⟨de Lycio⟩
Licio, Augustinus ¬de¬

Augustinus ⟨de Novis⟩
12. Jh.
Vita S. Guarini
Rep.Font. II,424
Augustin ⟨de Novis⟩
Augustin ⟨de Pavie⟩
Augustinus ⟨Ticinensis⟩
Novis, Augustin ¬de¬
Novis, Augustinus ¬de¬

Augustinus ⟨de Obernalb⟩
gest. 1483/84 · OSB
Flores ab omnibus operibus Aristotelis
Lohr
Augustin ⟨d'Obernalb⟩
Obernalb, Augustinus ¬de¬

Augustinus ⟨de Opavi⟩
Lebensdaten nicht ermittelt · OP
Compendium philosophiae super XII libros Metaphysicae
Lohr; Kaeppeli,I,137
Augustinus ⟨de Opavia⟩
Opavi, Augustinus ¬de¬

Augustinus ⟨de Piccolominibus⟩
→ **Augustinus ⟨Patricius⟩**

Augustinus ⟨de Roma⟩
→ **Augustinus ⟨Favaroni⟩**

Augustinus ⟨de Tragurio⟩
→ **Augustinus ⟨Gazothus⟩**

Augustinus ⟨de Verona⟩
um 1500 · OP
Stegmüller, Repert. bibl. 1552
Augustin ⟨de Vérone⟩
Verona, Augustinus ¬de¬

Augustinus ⟨de Weilheim⟩
→ **Augustinus ⟨Ayrmschmalz de Weilheim⟩**

Augustinus ⟨Episcopus⟩
→ **Augustinus ⟨Cantuariensis⟩**

Augustinus ⟨Fangi⟩
gest. 1493 · OP
Epistula de virtutibus Conradini Bornati Brixiensis
Kaeppeli,I,135
Agostino ⟨de Bugella⟩
Agostino ⟨Fangio⟩
Agostino ⟨Fangio de Bugella⟩
Augustin ⟨Fango⟩
Augustin ⟨Fango de Biella⟩
Augustinus ⟨a Bugella⟩
Augustinus ⟨Fangi a Bugella⟩
Augustinus ⟨Fangio⟩
Augustinus ⟨Fangio de Bugella⟩
Fangi, Augustinus

Augustinus ⟨Favaroni⟩
1360 – 1443 · OESA
Summa librorum [I-II] Ethicorum; De sacramento unitatis Christi et Ecclesiae; Commentarius in Apocalypsin beati Joannis apostoli; Lectura super Apocalypsin
Lohr; Stegmüller, Repert. sentent. 86; 286; Repert. bibl. 1499-1508,1; Rep.Font. IV,436; LMA,I,1230
Agostino ⟨da Roma⟩
Agostino ⟨dei Favaroni⟩
Agostino ⟨Favaroni⟩
Agustin ⟨Favaroni⟩
Augustin ⟨Favaroni⟩
Augustin ⟨of Rome⟩
Augustinus ⟨de Favaronibus⟩
Augustinus ⟨de Roma⟩
Augustinus ⟨Favaroni de Roma⟩
Augustinus ⟨Favaroni von Rom⟩
Augustinus ⟨Romanus⟩
Augustinus ⟨von Rom⟩
DeiFavaroni, Agostino
Favaroni, Agostino ¬dei¬
Favaroni, Augustin
Favaroni, Augustinus

Augustinus ⟨Gazothus⟩
gest. 1323 · OP
Consilium de paupertate Christi et Apostolorum; Oratio quam dicebat praeparando se ad Missam
Kaeppeli,I,136; Schönberger/ Kible, Repertorium, 11612/13
Agostino ⟨Kazotić⟩
Augustin ⟨Kazotic de Trogir⟩
Augustinus ⟨de Tragurio⟩
Augustinus ⟨Kazotic de Trogir⟩
Augustinus ⟨Kazotic⟩
Augustinus ⟨Kazotić de Tragurio⟩
Augustinus ⟨Lucerinus⟩
Augustinus ⟨Zagabriensis⟩
Gazothus, Augustinus

Augustinus ⟨Hibernicus⟩
um 665
Tusculum-Lexikon; LMA,I,1230/ 1231
Hibernicus, Augustinus

Augustinus ⟨Kazotic de Trogir⟩
→ **Augustinus ⟨Gazothus⟩**

Augustinus ⟨Lucerinus⟩
→ **Augustinus ⟨Gazothus⟩**

Augustinus ⟨Patricius⟩
gest. 1496
De comitiis imperio sub Friderico III.
LThK; LMA,II,1796
Agostino ⟨de'Patrizzi⟩
Agostino ⟨Patrizi⟩
Agostino ⟨Patrizi Piccolomini⟩
Agostino ⟨Piccolomini⟩
Augustinus ⟨de Piccolominibus⟩
Patricius ⟨Episcopus⟩
Patricius ⟨Piccolomineus⟩
Patricius ⟨Pientinus⟩
Patricius ⟨Senensis⟩
Patricius, Augustinus
Patricius Piccolomineus, Augustinus
Patritius, Augustinus
Patritius de Piccolominibus, Augustinus
Patrizi, Agostino
Patrizi Piccolomini, Agostino
Patrizzi, Agostino ¬de'¬
Piccolomineus, Augustinus Patricius
Piccolomini, Agostino

Augustinus ⟨Romanus⟩
→ **Augustinus ⟨Favaroni⟩**

Augustinus ⟨Senensis⟩
→ **Augustinus ⟨Dati⟩**

Augustinus ⟨Ticinensis⟩
→ **Augustinus ⟨de Novis⟩**

Augustinus ⟨Triumphus⟩
1243 – 1328
Stegmüller, Repert. sentent. 987,1; LMA,I,1230
Agostino ⟨Trionfo⟩
Augustin ⟨d'Ancone⟩
Augustinus ⟨Anconitanus⟩
Augustinus ⟨de Ancona⟩
Augustinus ⟨von Ancona⟩
Pseudo-Augustinus ⟨Triumphus⟩
Trionfo, Agostino
Triumphus, Augustinus

Augustinus ⟨Tünger⟩
→ **Tünger, Augustin**

Augustinus ⟨von Ancona⟩
→ **Augustinus ⟨Triumphus⟩**

Augustinus ⟨von Canterbury⟩
→ **Augustinus ⟨Cantuariensis⟩**

Augustinus ⟨von Dänemark⟩
→ **Augustinus ⟨de Dacia⟩**

Augustinus ⟨von Rom⟩
→ **Augustinus ⟨Favaroni⟩**

Augustinus ⟨Zagabriensis⟩
→ **Augustinus ⟨Gazothus⟩**

Augustis, Quiricus ¬de¬
→ **Quiricus ⟨de Augustis⟩**

Aula Regia, Gallus ¬de¬
→ **Gallus ⟨de Aula Regia⟩**

Aula Regia, Matthaeus ¬de¬
→ **Matthaeus ⟨de Aula Regia⟩**

Aulae Regiae, Johannes
→ **Johannes ⟨Aulae Regiae⟩**

Auliyā, Niẓām-ad-Dīn
→ **Niẓām-ad-Dīn Auliyā**

Aumerus
→ **Amerus**

Aunacharius ⟨Autissiodorensis⟩
→ **Aunarius ⟨Altissiodorensis⟩**

Aunacharius ⟨Episcopus⟩
→ **Aunarius ⟨Altissiodorensis⟩**

Aunaire ⟨d'Auxerre⟩
→ **Aunarius ⟨Altissiodorensis⟩**

Aunarius ⟨Altissiodorensis⟩
gest. ca. 603
Epistula ad Stephanum abbatem; Concilium Autissiodorense; Institutio de rogationibus et vigiliis; etc.
Cpl 1311; Rep.Font. II,424; LMA,I,1238/1239
Aunachaire ⟨d'Auxerre⟩
Aunachaire ⟨Saint⟩
Aunacharius ⟨Autissiodorensis⟩
Aunacharius ⟨Bischof⟩
Aunacharius ⟨Bishop⟩
Aunacharius ⟨Episcopus⟩
Aunacharius ⟨von Auxerre⟩
Aunaire
Aunaire ⟨d'Auxerre⟩
Aunaire ⟨Saint⟩
Aunarius
Aunarius ⟨Autissiodorensis⟩
Aunarius ⟨Episcopus⟩
Aunarius ⟨Heiliger⟩
Aunarius ⟨Sanctus⟩

Aungerville, Richard ¬d'¬
→ **Richardus ⟨de Bury⟩**

Aunpeck, Georg
→ **Peuerbach, Georg ¬von¬**

Aurasius ⟨Toletanus⟩
um 603/15
Epistula ad Froganem Toleti comitem
Cpl 1296; Rep.Font. II,425
Aurasius ⟨de Tolède⟩
Aurasius ⟨Episcopus⟩
Aurasius ⟨Evêque Métropolitain⟩
Toletanus, Aurasius

Aurbach, Johann
→ **Johannes ⟨de Auerbach⟩**

Aurea Capra, Simon
→ **Simon ⟨Aurea Capra⟩**

Aurèle ⟨dit Esculape⟩
→ **Aurelius ⟨Esculapius⟩**

Aurelia, Matthaeus ¬de¬
→ **Matthaeus ⟨de Aurelia⟩**

Aurelia, Nicolaus ¬de¬
→ **Nicolaus ⟨de Aurelia⟩**

Aurelia, Reginaldus ¬de¬
→ **Reginaldus ⟨de Aurelia⟩**

Aurelian ⟨von Arles⟩
→ **Aurelianus ⟨Arelatensis⟩**

Aurelian ⟨von Moutier Saint Jean⟩
→ **Aurelianus ⟨Reomensis⟩**

Aurelian ⟨von Réomé⟩
→ **Aurelianus ⟨Reomensis⟩**

Aureliano, Aegidius ¬de¬
→ **Aegidius ⟨de Aureliano, OP⟩**

Aurelianus ⟨Arelatensis⟩
6. Jh.
LMA,I,1242
Aurelian ⟨von Arles⟩
Aurelianus ⟨Episcopus⟩
Aurelianus ⟨Sanctus⟩
Aurélien ⟨d'Arles⟩

Aurelianus ⟨Monachus⟩
→ **Aurelianus ⟨Reomensis⟩**

Aurelianus ⟨of Moutier Saint Jean⟩
→ **Aurelianus ⟨Reomensis⟩**

Aurelianus ⟨Reomensis⟩
gest. ca. 850
Musica disciplina
CC Clavis, Auct. Gall. 1,202ff.; Tusculum-Lexikon; LThK; LMA,I,1242/1243
Aurelian ⟨von Moutier Saint Jean⟩
Aurelian ⟨von Réomé⟩
Aurelianus ⟨Monachus⟩
Aurelianus ⟨of Moutier Saint Jean⟩
Aurelianus ⟨Sancti Johannis⟩
Aurélien ⟨de Réomé⟩

Aurelianus ⟨Sancti Johannis⟩
→ **Aurelianus ⟨Reomensis⟩**

Aurelianus ⟨Sanctus⟩
→ **Aurelianus ⟨Arelatensis⟩**

Aurelianus, Jonas
→ **Jonas ⟨Aurelianensis⟩**

Aurélien ⟨d'Arles⟩
→ **Aurelianus ⟨Arelatensis⟩**

Aurélien ⟨de Réomé⟩
→ **Aurelianus ⟨Reomensis⟩**

Aurelio ⟨Brandolini⟩
→ **Aurelius ⟨Brandolinus⟩**

Aurelio Simmaco ⟨de Jacobucci⟩
→ **Iacobitis, Aurelius Symmachus ¬de¬**

Aurelius
→ **Aurelius ⟨Esculapius⟩**

Aurelius ⟨Brandolinus⟩
gest. 1497
Aurelio ⟨Brandolini⟩
Aurelius ⟨Brandolini⟩
Aurelius ⟨Brandolinus Lippus⟩
Aurelius ⟨Florentinus⟩
Aurelius ⟨Lippus⟩
Aurelius Lippus ⟨Brandolinus⟩
Brandolini, Aurelio
Brandolino, Aurelio
Brandolinus, Aurelius
Brandolinus, Lippus
Lippo
Lippus
Lippus ⟨Brandolinus⟩
Lippus, Aurelius

Aurelius ⟨Cassiodorus⟩
→ **Cassiodorus, Flavius Magnus Aurelius**

Aurelius ⟨Esculapius⟩
6./8. Jh.
Liber de acutis passionibus
IRHT
Aurèle ⟨dit Esculape⟩
Aurèle ⟨Médecin Chrétien⟩
Aurelius
Aurelius ⟨Medicus⟩
Esculapius
Esculapius, Aurelius

Aurelius ⟨Florentinus⟩
→ **Aurelius ⟨Brandolinus⟩**

Aurelius ⟨Lippus⟩
→ **Aurelius ⟨Brandolinus⟩**

Aurelius ⟨Medicus⟩
→ **Aurelius ⟨Esculapius⟩**

Aurelius Lippus ⟨Brandolinus⟩
→ **Aurelius ⟨Brandolinus⟩**

Aurelius Symmachus ⟨de Jacobitis⟩
→ **Iacobitis, Aurelius Symmachus ¬de¬**

Aurenga, Raimbaut ¬d'¬
→ **Raimbaut ⟨d'Orange⟩**

Aureoli, Bernardus
→ **Bernardus ⟨de Ambasia⟩**

Aureoli, Petrus
→ **Petrus ⟨Aureoli⟩**

Auria, Jacobus
→ **Jacobus ⟨Auria⟩**

Aurifaber ⟨Magister⟩
→ **Aurifaber, Johannes**

Aurifaber, Aegidius
→ **Faber, Aegidius**

Aurifaber, Johannes
→ **Johannes ⟨Aurifaber, Magister⟩**

Aurifaber, Johannes
ca. 1295 – 1333
Super Perihermenias; Tractatus de demonstratione a libro Posteriorum excerptus; nicht identisch mit Johannes ⟨Aurifaber, Magister⟩
VL(2),1,550; Lohr
Aurifaber ⟨Magister⟩
Johannes ⟨Aurifaber⟩
Johannes ⟨Aurifaber, Erfordiensis⟩
Johannes ⟨Aurifaber von Erfurt⟩
Johannes ⟨Aurifaber von Halberstadt⟩
Johannes ⟨von Erfurt⟩
Johannes ⟨von Halberstadt⟩

Auriolus, Petrus
→ **Petrus ⟨Aureoli⟩**

Aurispa, Giovanni
1376 – 1459
Tusculum-Lexikon; CSGL; LMA,I,1245
Aurispa, Johannes
Giovanni ⟨Aurispa⟩
Johannes ⟨Aurispa⟩
Johannes ⟨Piciuneri⟩
Piciuneri, Aurispa

Ausaṭ, Saʿīd Ibn-Masʿada ¬al-¬
→ **Aḫfaš al-Ausaṭ, Saʿīd Ibn-Masʿada ¬al-¬**

Ausī, ʿAbd-al-Ǧalīl Ibn-Mūsā ¬al-¬
→ **Qaṣrī, ʿAbd-al-Ǧalīl Ibn-Mūsā ¬al-¬**

Ausiàs ⟨March⟩
→ **March, Ausiàs**

Auslasser, Vitus
um 1479
Herbar
VL(2),1,552/53
Auslasser, Veit
Veit ⟨Auslasser⟩
Vitus ⟨Auslasser⟩

Aussee, Michael
gest. 1443
Gründungsgeschichte des Prämonstratenserordens (1115 - 1120) (lat.)
VL(2),1,556/57
Auße, Michael
Awsee, Michael
Michael ⟨Auße⟩
Michael ⟨Aussee⟩
Michael ⟨Awsee⟩

Austence ⟨de Sainte-Colombe⟩
→ **Ascensius ⟨de Sancto Columba⟩**

Austence ⟨de Sarla⟩
→ **Ascensius ⟨de Sancto Columba⟩**

Austria, Arnoldus ¬de¬
→ **Arnoldus ⟨de Austria⟩**

Austria, Leopoldus ¬de¬
→ **Leopoldus ⟨de Austria⟩**

Austriacus, Leo
→ **Leo ⟨Austriacus⟩**

ʿAutabī, Abu-'l-Munḏir Salama Ibn-Muslim ¬al-¬
→ **ʿAutabī, Salama Ibn-Muslim ¬al-¬**

ʿAutabī, Salama Ibn-Muslim ¬al-¬
11./12. Jh.
ʿAutabī, Abu-'l-Munḏir Salama Ibn-Muslim ¬al-¬
ʿAwtabī, Salama ibn Muslim
Ibn-Muslim, Salama al-ʿAutabī
Salama Ibn-Muslim al-ʿAutabī
Ṣuḥārī, Salama Ibn-Muslim ¬aṣ-¬

Autbertus ⟨Augustodunensis⟩
→ **Ansbertus ⟨Augustodunensis⟩**

Autbertus ⟨Presbyter⟩
→ **Ambrosius ⟨Autpertus⟩**

Autenc, Hélie ¬d'¬
→ **Hélie ⟨d'Autenc⟩**

Autmarus ⟨Cabannensis⟩
→ **Ademarus ⟨Cabannensis⟩**

Autpertus ⟨Casinensis⟩
→ **Bertarius ⟨Casinensis⟩**

Autpertus, Ambrosius
→ **Ambrosius ⟨Autpertus⟩**

Autun, Stephan ¬von¬
→ **Stephanus ⟨Augustodunensis⟩**

Auvergne, Huon ¬d'¬
→ **Huon ⟨d'Auvergne⟩**

Auvergne, Martial ¬d'¬
→ **Martial ⟨d'Auvergne⟩**

Auxerre, Teterius ¬von¬
→ **Teterius ⟨Sophista⟩**

Auxilius ⟨Francus⟩
ca. 870 – 920 · OSB
Stegmüller, Repert. bibl. 1558; LThK; CSGL
Auxilius ⟨Germanicus⟩
Auxilius ⟨Presbyter⟩
Francus, Auxilius

Auximo, Nicolaus ¬de¬
→ **Nicolaus ⟨de Auximo⟩**

Auxonne, Guillaume ¬d'¬
→ **Guillaume ⟨d'Auxonne⟩**

Auzāʿī, ʿAbd-ar-Raḥmān Ibn-ʿAmr ¬al-¬
707 – 774
ʿAbd-ar-Raḥmān Ibn-ʿAmr al-Auzāʿī
Awzāʿī, ʿAbd al-Raḥmān ibn ʿAmr ¬al-¬
Ibn-ʿAmr, ʿAbd-ar-Raḥmān al-Auzāʿī

Auzer ⟨Figueira⟩
→ **Guilhem ⟨Augier Novella⟩**

Auzias ⟨March⟩
→ **March, Ausiàs**

Ava ⟨Frau⟩
gest. 1127
VL(2); Meyer; LMA,I,1281/1283
Ava ⟨die Frau⟩
Ava ⟨Inclusa⟩
Frau Ava

Avemasar
→ **Fārābī, Abū-Naṣr Muḥammad Ibn-Muḥammad ¬al-¬**

Avempace
→ **Ibn-Bāǧǧa, Muḥammad Ibn-Yaḥyā**

Avenare
→ **Ibn-ʿEzrâ, Avrāhām**

Avenaris, Abraham
→ **Ibn-ʿEzrâ, Avrāhām**

Avencebrol
→ **Ibn-Gabîrôl, Šelomo Ben-Yehûdā**

Avendauth
→ **Avrāhām Ibn-Dā'ûd**

Avendauth, Johannes
→ **Johannes ⟨Hispanus⟩**

Avenezra
→ **Ibn-ʿEzrâ, Avrāhām**

Avenpace
→ **Ibn-Bāǧǧa, Muḥammad Ibn-Yaḥyā**

Aventin ⟨de Metz⟩
→ **Adventius ⟨Metensis⟩**

Avenzoar
→ **Ibn-Zuhr, Abū-Marwān ʿAbd-al-Malik Ibn-Abi-'l-ʿAlā' Zuhr**

Averard ⟨le Moine⟩
→ **Everard ⟨de Kirkham⟩**

Averlino, Antonio
→ **Filarete**

Averroes
1126 – 1198
CSGL; LMA,I,1291/1296
Abenrust
Abū-l-Walīd Ibn-Rušd
Averroes ⟨Cordubensis⟩
Averrois
Ebn-Rhost
Ḥafīd Ibn-Rušd, Abū-
Ibn Rochd, Abu El-Walid
Ibn Rušd
Ibn-Ruschd
Ibn-Rušd
Ibn-Rušd, Abu-'l-Walīd Muḥammad Ibn-Aḥmad ⟨al-Ḥafīd⟩
Ibn-Rushd
Muḥammad Ibn-Aḥmad Ibn-Rušd, Abu-l-Walīd

Aversa, Johannes ¬de¬
→ **Johannes ⟨de Aversa⟩**

Aversa, Petrus ¬de¬
→ **Petrus ⟨de Aversa⟩**

Aversanus, Guitmundus
→ **Guitmundus ⟨de Aversa⟩**

Aversanus, Nicolaus
→ **Nicolaus ⟨Aversanus⟩**

Averulino, Antoine
→ **Filarete**

Avesberia, Robertus ¬de¬
→ **Robertus ⟨de Avesberia⟩**

Avesbury, Robertus ¬de¬
→ **Robertus ⟨de Avesberia⟩**

Avesnis, Balduinus ¬de¬
→ **Balduinus ⟨de Avesnis⟩**

Aveugle, Lambert ¬l'¬
→ **Lambert ⟨l'Aveugle⟩**

Avicebron
→ **Ibn-Gabîrôl, Šelomo Ben-Yehûdā**

Avicenna
980 – 1037
Rep.Font. VI,208-214; CSGL; LMA,I,1298/1300
Aben Sina
Abitianus
Abitzianus
Aboali ⟨Abinscenus⟩
Abohali ⟨Abinscenus⟩
Abu Ali ⟨Filius Sinae⟩
Abū-ʿAlī Sīnā
Avicenne
Ibn Sina
Ibn-Sīnā
Ībn-Sīnā, ...
Ibn-Sīnā, Abū-ʿAlī al-Ḥusain Ibn-ʿAbdallāh
Ibn-Sīnā, Abū-ʿAli al-Hussain Ibn-ʿAbdallāh
Ibn-Sīnā, al-Husain ʿibn-ʿAbdallāh
Ibn-Sīnā al-Qānūnī, Abū-Sīnā, Abū-ʿAlī

Avicenne
→ **Avicenna**

Avitus, Alcimus Ecdicius
450 – ca. 518
LThK; CSGL; Potth.; LMA,I,1307/1308
Alcimus ⟨Avitus⟩
Alcimus, Ecditius Avitus
Alcimus Ecdicius ⟨Avitus⟩
Alcimus Ecdicius Avitus
Avit ⟨Saint⟩
Avitus ⟨of Vienna⟩
Avitus ⟨Poeta⟩
Avitus ⟨Sanctus⟩
Avitus ⟨Vienne, Bischof⟩
Avitus ⟨Viennensis⟩
Avitus ⟨Vindobonensis⟩
Avitus, Alcimus
Avitus, Sextus A.
Ecdicius ⟨Avitus⟩
Ecdicius Avitus, Alcimus
Pseudo-Avitus

Aviulfus ⟨Valentinensis⟩
um 641/655
Epistula ad Desiderium Cadurcensem
Cpl 1303
Aviulfe ⟨de Valence⟩
Aviulfe ⟨Evêque⟩
Aviulfus ⟨Episcopus⟩
Aviulphus ⟨Valentinensis⟩
Aviulphus ⟨Valentiniensis⟩

Avner ⟨de Burgos⟩
→ **Alfonso ⟨de Valladolid⟩**

Avraamij ⟨Suzdal'skij⟩
um 1439
Ischoženie na osmyj sobor
Rep.Font. II,430/431
Abraamius ⟨Episcopus⟩
Abraamius ⟨Suzdaliensis⟩
Abramius ⟨Suzdaliensis⟩
Avraamij ⟨Episkop⟩
Suzdal'skij, Avraamij

Avrāhām ⟨Abûlʿafiyā⟩
→ **Abûlʿafiyā, Avrāhām**

Avrāhām ⟨Bēn Me'īr Ibn-'Ezra⟩
→ **Ibn-ʿEzrâ, Avrāhām**

Avrāhām ⟨Ibn-ʿEzrâ⟩
→ **Ibn-ʿEzrâ, Avrāhām**

Avrāhām ⟨Ibn-Ḥasdây⟩
→ **Ibn-Ḥasdây, Avrāhām hal-Lēwī Ben-Šemû'ēl**

Avrāhām ⟨Maymôn⟩
→ **Avrāhām Ben-Moše Ben-Maymôn**

Avrāhām ⟨Zacuto⟩
→ **Avrāhām Ben-Semû'ēl Zakkût**

Avraham, Ben-Ezr'a
→ **Ibn-ʿEzrâ, Avrāhām**

Avrāhām Bar-Ḥiyyâ han-Nāśī'
1065 – ca. 1136
LMA,I,52
Abraam Bar Hiia
Abraham ⟨ben Chiya⟩
Abraham ⟨Hispanus⟩
Abraham ⟨Iudaeus⟩
Abraham ⟨Judaeus⟩
Abraham ⟨Savasorda⟩
Abraham ⟨Sudaeus⟩
Abraham bar Hayya
Abraham Bar Hayya
Abraham bar Hiyya ⟨ha-Bargeloni⟩
Abraham bar Hiyya ⟨Savasorda⟩
Abraham Bar Ḥiyya ha-Bargeloni
Abraham Ben Chiya
Abrahamus ⟨Hispanus⟩
Bar-Ḥiyyâ han-Nāśī', Avrāhām
Savasorda
Savasorda, Abraham

Avrāhām Ben-David
→ **Avrāhām Ben-Dawid**

Avrāhām Ben-Dawid
ca. 1125 – 1198
Abraham ⟨Ben David⟩
Avrāhām Ben-David
Avrāhām Ben-Dāwid ⟨Posquières⟩
Ben-Dawid, Avrāhām

Avrāhām Ben-Dāwid ⟨Posquières⟩
→ **Avrāhām Ben-Dawid**

Avrāhām Ben-Moše Ben-Maymôn
1186 – 1237
Abraham ⟨ben Moses ben Maimon⟩
Abraham ⟨Maimonides⟩
Avrāhām ⟨Maymôn⟩
Ben-Moše Ben-Maymôn, Avrāhām
Maimonides, Abraham
Maymôn, Avrāhām

Avrāhām Ben-Semû'ēl Zakkût
ca. 1450 – ca. 1510/22
Astronom und Historiker
Almanach perpetuum celestium motuum; Sēfer ha-yûḥasîn
LMA,IX,438
Abraham ⟨bar Samuel bar Abraham Zacut⟩
Abraham ⟨Zacut⟩
Abraham ⟨Zacutus⟩
Avrāhām ⟨Zacuto⟩
Zacut ⟨Rabbi⟩
Zacut, Abraham
Zacuth, Abraham
Zacuti, Abraham
Zacuto, Abraão
Zacuto, Abraham
Zacuto, Abraham ben Samuel
Zacuto, Avrāhām
Zacutus, Abraham
Zacutus, Abraham ben Samuel
Zacutus, Abrahamus
Zecutus

Avrāhām Ben-Yiṣḥāq ⟨Narbonne⟩
ca. 1110 – 1179
Abraham ⟨Narbonnensis⟩
Abraham ben Isaac ⟨of Narbonne⟩
Narbonne, Avrāhām Ben-Yiṣḥāq

Avrāhām Ibn-Dā'ūd
ca. 1110 – ca. 1180
Potth.II,102; LMA,I,51
Abraham ⟨ben David⟩
Abraham ⟨ha Levi⟩
Abraham ⟨ha-Levi ben David⟩
Abraham ⟨Ibn-Daud⟩
Abraham ⟨IbnDavid⟩
Abraham ⟨von Toledo⟩
Abraham Ben-David Ha-Levi
Avendauth
Ibn-Daud, Abraham
Ibn-Dā'ūd, Avrāhām
Ibn-Da'ūd, Avrāhām
Ben-Dāwid hal-Lēwî

Avranches, Johannes ¬d'¬
→ **Johannes ⟨Abrivacensis⟩**

Awer de Swinndach, Nicolaus
→ **Nicolaus ⟨Awer de Swinndach⟩**

Awsee, Michael
→ **Aussee, Michael**

'Awtabī, Salama ibn Muslim
→ **'Autabī, Salama Ibn-Muslim ¬al-¬**

Awzā'ī, 'Abd al-Raḥmān ibn 'Amr ¬al-¬
→ **Auzā'ī, 'Abd-ar-Raḥmān Ibn-'Amr ¬al-¬**

Axel ⟨von Lund⟩
→ **Absalon ⟨Lundensis⟩**

Axspitz, Konrad
15./16. Jh.
Meisterlied mit besonderem Spruchton
VL(2),1,574/76
Axspitz, Cunrat
Cunrades ⟨von Wirczburg⟩
Cunrat ⟨Axspitz⟩
Konrad ⟨Axspitz⟩

Ayala, Pedro López ¬de¬
→ **López de Ayala, Pedro**

Aycardus ⟨Magister⟩
→ **Eckhart ⟨Meister⟩**

Aycelin, Hugues ¬de¬
→ **Hugo ⟨de Billom⟩**

Aychardus
→ **Eckhart ⟨Meister⟩**

Aychfeld, Johannes
→ **Aichenfeld, Johannes**

Ayglerius ⟨Casinensis⟩
→ **Bernardus ⟨Ayglerius⟩**

Ayglerius, Bernardus
→ **Bernardus ⟨Ayglerius⟩**

Aylini de Maniaco, Johannes
→ **Johannes ⟨Aylini de Maniaco⟩**

Aymar ⟨lo Nier⟩
→ **Azémar ⟨le Noir⟩**

Aymeri ⟨de Lyon⟩
→ **Aimericus ⟨Lugdunensis⟩**

Aymericus ⟨Abbas Monasterii Sancti Johannis Pinnatensis⟩
→ **Aimericus ⟨Pinnatensis⟩**

Aymericus ⟨de Peyraco⟩
→ **Peyrac, Aimericus ¬de¬**

Aymericus ⟨de Ripis⟩
→ **Aimericus ⟨Lugdunensis⟩**

Aymericus ⟨Lugdunensis⟩
→ **Aimericus ⟨Lugdunensis⟩**

Aymericus ⟨Pinnatensis⟩
→ **Aimericus ⟨Pinnatensis⟩**

Aymery ⟨du Peyrat⟩
→ **Peyrac, Aimericus ¬de¬**

Aymo ⟨de Halberstadt⟩
→ **Haimo ⟨Halberstadensis⟩**

Aymo, Nicolaus ¬de¬
→ **Nicolaus ⟨de Aymo⟩**

Aymon ⟨de Cantorbery⟩
→ **Haimo ⟨Cantuariensis⟩**

Aymon ⟨de Hirschau⟩
→ **Haimo ⟨Hirsaugiensis⟩**

Aynardus ⟨Sancti Apri Tullensis⟩
9./10. Jh.
Glossarium ordine elementorum adgregatum
DOC,1,359
Ainard
Ainard ⟨de Toul⟩
Ainard ⟨Glossateur⟩
Ainardus ⟨Sancti Apri Tullensis⟩
Aynard
Aynard ⟨de Saint-Evre⟩
Aynard ⟨de Toul⟩
Aynardus
Aynardus ⟨Sancti Apri⟩
Aynardus ⟨Tullensis⟩
Sancti Apri, Aynardus

'Ayntābī al-Amshāṭī, Maḥmūd Ibn Aḥmad
→ **'Aintābī al-Amšāṭī, Maḥmūd Ibn-Aḥmad ¬al-¬**

Ayras ⟨Núñez⟩
→ **Nunes, Airas**

Ayrmschmalz, Augustinus
→ **Augustinus ⟨Ayrmschmalz de Weilheim⟩**

Aytinger, Wolfgang
15. Jh.
Tractatus super Methodium
Rep.Font. II,431
Aitinger, Wolfgang
Wolfgang ⟨Aitinger⟩
Wolfgang ⟨Aytinger⟩

Ayton
→ **Het'owm ⟨Patmič'⟩**

Ayton, Johannes ¬de¬
→ **Johannes ⟨de Actona⟩**

Azarchel
→ **Zarqālī, Ibrāhīm Ibn-Yaḥyā ¬az-¬**

Azarius, Petrus
→ **Petrus ⟨Azarius⟩**

Azarquiel
→ **Zarqālī, Ibrāhīm Ibn-Yaḥyā ¬az-¬**

Azarus ⟨Parmensis⟩
→ **Antonius ⟨de Parma⟩**

Azdī, 'Abd-al-Ġanī Ibn-Sa'īd ¬al-¬
→ **'Abd-al-Ġanī al-Azdī, Ibn-Sa'īd**

Azdī, 'Abd-al-Ḥaqq Ibn-'Abd-ar-Raḥmān ¬al-¬
→ **Ibn-al-Ḫarrāṭ, 'Abd-al-Ḥaqq Ibn-'Abd-ar-Raḥmān**

Azdī, 'Abdallāh Ibn-Sa'd ¬al-¬
→ **Ibn-Abī-Ġamra, 'Abdallāh Ibn-Sa'd**

Azdī, Abū-Ismā'īl Muḥammad Ibn-'Abdallāh ¬al-¬
→ **Abū-Ismā'īl al-Azdī al-Baṣrī, Muḥammad Ibn-'Abdallāh**

Azdī, al-Ḥasan Ibn-Rašīq ¬al-¬
→ **Ibn-Rašīq, al-Ḥasan Ibn-'Alī**

Azdī, 'Alī Ibn-Ẓāfir ¬al-¬
1172 – 1226
'Alī Ibn-Ẓāfir al-Azdī
Ibn-Ẓāfir, 'Alī al-Azdī
Ibn-Ẓāfir al-Azdī, 'Alī

Azdī, Ibn-Sa'īd ¬al-¬
→ **'Abd-al-Ġanī al-Azdī, Ibn-Sa'īd**

Azdī, Muḥammad Ibn-al-Ḥusain ¬al-¬
gest. ca. 980
Baskūmarī, Abū-'Abd-ar-Raḥmān I.
Ibn-al-Ḥusain, Muḥammad al-Azdī
Muḥammad Ibn-al-Ḥusain al-Azdī

Azdī, Šu'ba Ibn-al-Ḥaǧǧāǧ ¬al-¬
→ **Šu'ba Ibn-al-Ḥaǧǧāǧ**

Azdī al-Baṣrī, Abū-Ismā'īl Muḥammad Ibn-'Abdallāh ¬al-¬
→ **Abū-Ismā'īl al-Azdī al-Baṣrī, Muḥammad Ibn-'Abdallāh**

Azdī al-Baṣrī, Muḥammad Ibn-'Abdallāh ¬al-¬
→ **Abū-Ismā'īl al-Azdī al-Baṣrī, Muḥammad Ibn-'Abdallāh**

Azecho ⟨Wormaciensis⟩
gest. ca. 1044
Briefe von und an ihn in der „Älteren Wormser Briefsammlung"
LMA,I,1317
Azecho ⟨Bischof⟩
Azecho ⟨de Nassau⟩
Azecho ⟨Episcopus⟩
Azecho ⟨von Worms⟩
Azecho ⟨Wormatiensis⟩
Hazecho

Azelinus ⟨Laudunensis⟩
→ **Adalbero ⟨Laudunensis⟩**

Azémar ⟨le Noir⟩
ca. 1190 – ca. 1230
DLF(MA),18
Adémar ⟨lo Negre⟩
Adhemar ⟨lo Negre⟩
Aesmar
Aimars
Aymar ⟨lo Nier⟩
Azemar ⟨lo Negre⟩
LeNoir, Azémar
Noir, Azémar ¬le¬

Azharī, Ḫālid Ibn-'Abdallāh ¬al-¬
gest. 1499
Ḫālid Ibn-'Abdallāh al-Azharī
Ibn-'Abdallāh, Ḫālid al-Azharī

Azharī, Muḥammad Ibn-Aḥmad ¬al-¬
gest. 980
Ibn-Aḥmad, Muḥammad al-Azharī
Muḥammad Ibn-Aḥmad al-Azharī

Aziz b. Erdeşir-i Esterâbâdî
→ **'Azīz Ibn-Ardašīr Astarābādī**

'Azīz Ibn-Ardašīr Astarābādī
um 1381/98
Bazm u razm
LMA,I,1126
Astarābādī, 'Azīz Ibn-Ardašīr
Astarābādī 'Azīz b. Ardašīr
Aziz b. Erdeşir-i Esterâbâdî
Esterâbâdî, Aziz b. Erdeşir

Azo ⟨Bononiensis⟩
→ **Azo ⟨Porcius⟩**

Azo ⟨de Cremone⟩
→ **Azo ⟨Porcius⟩**

Azo ⟨Dervensis⟩
→ **Adso ⟨Dervensis⟩**

Azo ⟨Doctor Legum⟩
→ **Azo ⟨Porcius⟩**

Azo ⟨Hemericus⟩
→ **Adso ⟨Dervensis⟩**

Azo ⟨Iurisperitus⟩
→ **Azo ⟨Porcius⟩**

Azo ⟨Porcius⟩
1150 – 1220
Tusculum-Lexikon; CSGL; LMA,I,1317
Adso ⟨Doctor legum⟩
Adso ⟨von Bologna⟩
Azo ⟨Bononiensis⟩
Azo ⟨de Cremone⟩
Azo ⟨Doctor Legum⟩
Azo ⟨Iurisperitus⟩
Azo ⟨Portius⟩
Azo ⟨von Bologna⟩
Azolinus ⟨Iurisperitus⟩
Azolinus ⟨Porcius⟩
Azone
Azzo ⟨of Bologna⟩
Azzo, Portius
Azzolino
Azzone
Porcius, Azo
Porcius, Azzo
Portius, Azo
Portius, Azzo

Azo ⟨von Bologna⟩
→ **Azo ⟨Porcius⟩**

Azolinus ⟨Iurisperitus⟩
→ **Azo ⟨Porcius⟩**

Azon
→ **Adso ⟨Dervensis⟩**

Azon ⟨Capituli Plocensis Custos⟩
→ **Azon ⟨Plocensis⟩**

Azon ⟨Dervensis⟩
→ **Adso ⟨Dervensis⟩**

Azon ⟨Plocensis⟩
um 1148
Miracula b. Mariae Plocensis
Rep.Font. II,433
Azon ⟨Capituli Plocensis Custos⟩
Azon ⟨de Plock in Masovia⟩

Azone
→ **Azo ⟨Porcius⟩**

Azurara, Gomes Eanes ¬de¬
→ **Zurara, Gomes Eanes ¬de¬**

'Azza, Kuṯaiyir
→ **Kuṯaiyir 'Azza**

Azzelin ⟨von Laon⟩
→ **Adalbero ⟨Laudunensis⟩**

Azzo ⟨of Bologna⟩
→ **Azo ⟨Porcius⟩**

Azzo ⟨von Monte Cassino⟩
→ **Amatus ⟨Casinensis⟩**

Azzo ⟨von Pistoia⟩
→ **Atto ⟨Pistoriensis⟩**

Azzolino
→ **Azo ⟨Porcius⟩**

Azzone
→ **Azo ⟨Porcius⟩**

Azzone ⟨di Montier-en-Der⟩
→ **Adso ⟨Dervensis⟩**

B. 'Alī B. Muṭahhar
→ **Ḥillī, al-Ḥasan Ibn-Yūsuf ¬al-¬**

B. Mas'ūd, Aḥmad B. 'Alī
→ **Ibn-Mas'ūd, Aḥmad Ibn-'Alī**

Babai ⟨bar Nesibnayé⟩
→ **Babai Bar-Nesibnayē**

Babai ⟨der Große⟩
6./7. Jh.
Versio Syriaca retractata cum retroversione graeca der „Kephalaia gnostica" des Evagrius ⟨Ponticus⟩; Liber de unione
Cpg 2432 u.a.
Babaeus ⟨der Große⟩
Babaeus ⟨le Grand⟩
Babai ⟨Abbé⟩
Babai ⟨d'Izla⟩
Babai ⟨le Grand⟩
Babai ⟨Magnus⟩
Babai ⟨Nestorianus⟩
Babai ⟨Nestorien⟩
Babai ⟨Patriarche⟩
Babai ⟨Syrien⟩
Babai ⟨the Elder⟩
Babaj ⟨Magnus⟩
Babaj ⟨Nestorianus⟩
Babhai ⟨Archimandrite⟩
Mar Babai ⟨der Große⟩

Babai Bar-Nesibnayē
ca. 569 – 628
2 metrische Reden über die Buße
Babai ⟨bar Nesibnayé⟩
Bābai ⟨der Kleine⟩
Bābai ⟨le Nisibien⟩
Babai ⟨Mar⟩
Babai ⟨Nestorien⟩
Bābai bar Neṣībnāyē
Bar-Nesibnayē, Babai

Babbaġā', Abu-'l-Faraǧ 'Abd-al-Wāḥid Ibn-Naṣr ¬al-¬
→ **Abu-'l-Faraǧ al-Babbaġā', 'Abd-al-Wāḥid Ibn-Naṣr**

Babenberg, Lupoldus ¬de¬
→ **Lupoldus ⟨de Bebenburg⟩**

Babiloth ⟨Meister⟩
15. Jh.
Cronica Allexandri, des grossen Königs
VL(2),1,577/579; 10,985
Meister Babiloth
Wichwolt ⟨Meister⟩

Babio ⟨Balbutiens⟩
→ **Galfredus ⟨Babio⟩**

Babio, Galfredus
→ **Galfredus ⟨Babio⟩**

Babio, Petrus
→ **Petrus ⟨Babio⟩**

Bacco, Roger
→ **Bacon, Rogerus**

Bacconis, Rogerius
→ **Bacon, Rogerus**

Bachja ⟨aus Saragossa⟩
→ **Baḥyê Ben-Āšēr**

Bachja ⟨Ben Ascher⟩
→ **Baḥyê Ben-Āšēr**

Bacó, Francesc
→ **Franciscus ⟨de Bacona⟩**

Baco, Johannes
→ **Johannes ⟨Baco⟩**

Bacon, Francesc
→ **Franciscus ⟨de Bacona⟩**

Bacon, John
→ **Johannes ⟨Baco⟩**

Bacon, Robertus
→ **Robertus ⟨Bacon⟩**

Bacon, Rogerus
1214 – 1292
LThK; LMA,VII,940/41
Bacco, Roger
Bacconis, Rogerius

Bacho, Roger
Bachon, Roger
Baco, Roger
Baco, Rogerius
Bacon, Roger
Baconus, Rogerus
Roger ⟨Bacon⟩
Rogerus ⟨Bacon⟩
Rogerus ⟨Ilcestriensis⟩

Baconis, Franciscus
→ **Franciscus ⟨de Bacona⟩**

Baconthorpe, John
→ **Johannes ⟨Baco⟩**

Badawī, Aḥmad Ibn-ʿAlī ¬al-¬
1199 – 1276
Aḥmad al-Badawī
Aḥmad Ibn-ʿAlī al-Badawī
Ibn-ʿAlī, Aḥmad al-Badawī

Bader, Georg
→ **Georg ⟨Bader⟩**

Badīʿ-az-Zamān al-Hamaḏānī, Aḥmad Ibn-al-Ḥusain
969 – 1008
Aḥmad Ibn-al-Ḥusain Badīʿ-az-Zamān al-Hamaḏānī
Badīʿ al-Zamān al-Hamadhānī, Aḥmad Ibn al-Ḥusayn
Hamaḏānī, Aḥmad Ibn-al-Ḥusain ¬al-¬
Hamaḏānī, Badīʿ-az-Zamān ¬al-¬
Hamadhani, Ahmed Badi as-Saman
Ibn-al-Ḥusain, Badīʿ-az-Zamān al-Hamaḏānī

Bādjī, Sulaymān Ibn Khalaf
→ **Bāǧī, Sulaimān Ibn-Ḫalaf ¬al-¬**

Badoer, Bonaventura
→ **Bonaventura ⟨de Peraga⟩**

Badoer, Bonsembiante
→ **Bonsemblantes ⟨Baduarius de Patavio⟩**

Badoer, Giacomo
1403 – ca. 1445
Libro dei conti
Rep.Font. II,435
Giacomo ⟨Badoer⟩

Badr-ad-Dīn al-ʿAinī, Maḥmūd Ibn-Aḥmad
→ **ʿAinī, Badr-ad-Dīn Maḥmūd Ibn-Aḥmad ¬al-¬**

Badr-ad-Dīn Maḥmūd Ibn-Aḥmad al-ʿAinī
→ **ʿAinī, Badr-ad-Dīn Maḥmūd Ibn-Aḥmad ¬al-¬**

Badr-ad-Dīn Maḥmūd Ibn-Qāḍī Samāwna
→ **Ibn-Qāḍī Samāwna, Badr-ad-Dīn Maḥmūd**

Badruddin ⟨of Simawna⟩
→ **Ibn-Qāḍī Samāwna, Badr-ad-Dīn Maḥmūd**

Baduarius, Bonsemblantes
→ **Bonsemblantes ⟨Baduarius de Patavio⟩**

Baechcz, Simon
→ **Simon ⟨Baechcz de Homburg⟩**

Baeda ⟨Venerabilis⟩
→ **Beda ⟨Venerabilis⟩**

Baena, Juan Alfonso ¬de¬
1406 – 1454
Herausgeber des „Cancionero de Baena"
Rep.Font. VI,577; LMA,I,1343
Juan Alfonso ⟨de Baena⟩

Baert ⟨de Flandria⟩
→ **Aert ⟨de Flandria⟩**

Baeza, Hernando ¬de¬
Lebensdaten nicht ermittelt
Relación de algunos sucesos de los ultimos tiempos del reino de Granada
Rep.Font. II,435
Hernando ⟨de Baeza⟩

Baġawī, ʿAbdallāh Ibn-Muḥammad ¬al-¬
gest. 1008
ʿAbdallāh Ibn-Muḥammad al-Baġawī
Baghawī, ʿAbd Allāh Ibn Muḥammad
Ibn-Muḥammad, ʿAbdallāh al-Baġawī
Ibn-Muḥammad al-Baġawī, ʿAbdallāh

Baġawī, al-Ḥusain Ibn-Masʿūd ¬al-¬
1044 – 1122
Baghawī, al-Ḥusayn Ibn Masʿūd
Ḥusain Ibn-Masʿūd al-Baġawī ¬al-¬
Ibn-Masʿūd, al-Ḥusain al-Baġawī
Ibn-Masʿūd al-Baġawī, al-Ḥusain
Nimr, Muḥammad ʿA. ¬an-¬

Baġdādī, ʿAbd-al-Laṭīf Ibn-Yūsuf ¬al-¬
→ **ʿAbd-al-Laṭīf al-Baġdādī**

Baġdādī, ʿAbd-al-Qāhir Ibn-Ṭāhir ¬al-¬
gest. 1037
ʿAbd-al-Qāhir at-Tamīmī
ʿAbd-al-Qāhir Ibn-Ṭāhir al-Baġdādī
Bağdadi, Abdulkaahir b. Tâhir b. Muhammed ¬el-¬
Baghdādī, ʿAbd al-Qāhir Ibn Ṭāhir
Ibn-Ṭāhir, ʿAbd-al-Qāhir al-Baġdādī
Ibn-Ṭāhir al-Baġdādī, ʿAbd-al-Qāhir

Bağdadi, Abdulkaahir b. Tâhir b. Muhammed ¬el-¬
→ **Baġdādī, ʿAbd-al-Qāhir Ibn-Ṭāhir ¬al-¬**

Baġdādī, Abū-'l-Barakāt Hibatallāh Ibn-Malkā ¬al-¬
→ **Abū-'l-Barakāt al-Baġdādī, Hibatallāh Ibn-Malkā**

Baġdādī, Abū-Ṭāhir Ibn-Abī-Hāšim ¬al-¬
→ **Abū-Ṭāhir Ibn-Abī-Hāšim al-Baġdādī**

Baġdādī, Aḥmad Ibn-ʿAlī ¬al-¬
→ **Ḫaṭīb al-Baġdādī, Aḥmad Ibn-ʿAlī ¬al-¬**

Baġdādī, Aḥmad Ibn-al-Qaṣṣār ¬al-¬
→ **Ibn-al-Qaṣṣār al-Baġdādī, Aḥmad Ibn-ʿUmar**

Baġdādī, ʿAlī Ibn-Anǧab as-Sāʿī ¬al-¬
→ **Ibn-as-Sāʿī, ʿAlī Ibn-Anǧab**

Baġdādī, Hibatallāh Ibn-Malkā ¬al-¬
→ **Abū-'l-Barakāt al-Baġdādī, Hibatallāh Ibn-Malkā**

Baġdādī, Ibn-Buṭlān
→ **Ibn-Buṭlān, al-Muḫtār Ibn-al-Ḥasan**

Baġdādī, Qudāma Ibn-Ǧaʿfar ¬al-¬
→ **Qudāma Ibn-Ǧaʿfar al-Kātib al-Baġdādī**

Baġdādī, Saʿīd Ibn-Hibatallāh ¬al-¬
→ **Saʿīd Ibn-Hibatallāh**

Baġdādī Aḥmad Ibn-al-Qaṣṣār ¬al-¬
→ **Ibn-al-Qaṣṣār al-Baġdādī, Aḥmad Ibn-ʿUmar**

Baġdādī Hibatallāh Ibn-Malkā al-Baġdādī
→ **Abu-'l-Barakāt al-Baġdādī, Hibatallāh Ibn-Malkā**

Bagé, Renaut ¬de¬
→ **Renaut ⟨de Beaujeu⟩**

Bagellardus, Paulus
gest. 1492
Libellus de aegritudinibus infantium
LMA,I,1346
Bagellardi, Paolo
Bagellardo, Paolo
Bagellardo, Paul
Paolo ⟨Bagellardi⟩
Paolo ⟨Bagellardo⟩
Paul ⟨Bagellardo⟩
Paulus ⟨Bagellardus⟩

Bagés, Hugo de Llupia ¬i¬
→ **Hugo ⟨de Llupia i Bagés⟩**

Baghawī, ʿAbd Allāh Ibn Muḥammad
→ **Baġawī, ʿAbdallāh Ibn-Muḥammad ¬al-¬**

Baghawī, al-Ḥusayn Ibn Masʿūd
→ **Baġawī, al-Ḥusain Ibn-Masʿūd ¬al-¬**

Baghdādī, ʿAbd al-Qāhir Ibn Ṭāhir
→ **Baġdādī, ʿAbd-al-Qāhir Ibn-Ṭāhir ¬al-¬**

Bāǧī, Sulaimān Ibn-Ḫalaf ¬al-¬
1012 – 1081
Abu-'l-Walīd al-Bāǧī
Bādjī, Sulaymān Ibn Khalaf
Bâǧî ¬al-¬
Bājī, Sulaymān Ibn Khalaf
Ibn-Ḫalaf, Sulaimān al-Bāǧī
Ibn-Ḫalaf al-Bāǧī, Sulaimān
Sulaimān Ibn-Ḫalaf al-Bāǧī

Bagno, Giacomo ¬da¬
→ **Giacomo ⟨da Bagno⟩**

Bagnyon, Jean
1412 – ca. 1469/94
Schweiz. Notar, Kirchenrichter u. Schriftsteller
Fierabras le géant; Tractatus potestatum dominorum et liberatum subditorum
Rep.Font. II,435; Dict. hist. et biogr. de la Suisse
Bagnyon, Jehan
Baignon, Jean
Jean ⟨Bagnyon⟩
Jean ⟨Baignon⟩
Jehan ⟨Bagnyon⟩

Baha al Din Abu Hasan ʿAli Ibn Rustum Ibn Harduz al Khurasani Ibn al Saʿati
→ **Ibn-as-Saʿātī, ʿAlī Ibn-Muḥammad**

Bahā' al-Din Zuhayr, Abū al-Faḍl ibn Muḥammad
→ **Bahā' Zuhair ¬al-¬**

Bahā' Zuhair ¬al-¬
gest. 1258
Bahā' al-Din Zuhayr, Abū al-Faḍl ibn Muḥammad
Bahā'-ad-Dīn Zuhair, Abu-'l-Faḍl Ibn-Muḥammad
Behà-ed-Dìn Zuheir
Muhallabī, al-Bahā' Zuhair
Muhallabī, Bahā'-ad-Dīn Zuhair ¬al-¬
Zohayr, al-Bahā'
Zuhair al-Bahā'
Zuhair al-Muhallabī Bahā'-ad-Dīn
Zuhair Ibn-Muḥammad al-Muhallabī Bahā'-ad-Dīn

Bahā'-ad-Dīn al-Munšī' al-Irbilī
→ **Irbilī, ʿAlī Ibn-ʿĪsā ¬al-¬**

Bahā'-ad-Dīn Muḥammad Walad
→ **Sulṭān Veled**

Bahā'-ad-Dīn Zuhair, Abu-'l-Faḍl Ibn-Muḥammad
→ **Bahā' Zuhair ¬al-¬**

Bahaeddin Muhammed Veled
→ **Sulṭān Veled**

Baḥja Ibn Paquda
→ **Baḥyê Ben-Yôsēf**

Bahlul, Abu-'l-Hassan Ibn ¬al-¬
→ **Ḥasan Ibn-al-Bahlūl ¬al-¬**

Bahlul, Hassan
→ **Ḥasan Ibn-al-Bahlūl ¬al-¬**

Bahlul, Hassan B.
→ **Ḥasan Ibn-al-Bahlūl ¬al-¬**

Bahya Ben Joseph Ibn Pakuda
→ **Baḥyê Ben-Yôsēf**

Baḥyê Ben-Āšēr
um 1291
Bachja ⟨aus Saragossa⟩
Bachja ⟨Ben Ascher⟩
Bechaje
Ben-Āšēr, Baḥyê

Baḥyê Ben-Yôsēf
11. Jh.
LMA,I,1349
Baḥja Ibn Paquda
Bahya Ben Joseph Ibn Pakuda
Bahya Ibn Paqûda
Bahya Ibn Yūsuf
Ben Paquda, Bahya ben Joseph
Ibn-Bāqūdā
Ibn-Paqûda, Bahya

Bai ⟨Li⟩
→ **Li, Bai**

Baibars al-Manṣūrī
1245 – 1325
Baybars al-Manṣūrī
Baybars al-Mansūrī
Manṣūrī, Baibars ¬al-¬
Rukn-ad-Dīn Baibars al-Manṣūrī

Baiḏaq, Abū-Bakr Ibn-ʿAlī ¬al-¬
12. Jh.
Rep.Font. II,467
Abū-Bakr Ibn-ʿAlī al-Baiḏaq
Baydak, Abū Bakr b. ʿAlī al-Ṣinhaǧī
Baydhaq, Abū Bakr Ibn ʿAlī
Ibn-ʿAlī, Abū-Bakr al-Baiḏaq
Ṣanhāǧī al-Baiḏaq, Abū-Bakr Ibn-ʿAlī ¬aṣ-¬

Baiḍāwī, ʿAbdallāh Ibn-ʿUmar ¬al-¬
gest. 1286
Abdalla Beidavaeus
ʿAbdallāh Ibn-ʿUmar al-Baiḍawī
Baidawi, Abd Allah ¬al-¬
Baiḍāwī, ʿAbdallāh Ibn-ʿUmar
Baidawī, Abū-Saʿīd ʿAbdallāh Ibn-ʿUmar
Bayḍāwī, ʿAbd Allāh Ibn ʿUmar
Beidavaeus, Abdalla
Beidhawi
Beidhawy, Abdallah
Ibn-ʿUmar, ʿAbdallāh al-Baiḍāwī
Ibn-ʿUmar al-Baiḍāwī, ʿAbdallāh
Nāṣir-ad-Dīn al-Baiḍāwī

Baierland, Ortolf ¬von¬
→ **Ortolf ⟨von Baierland⟩**

Baignon, Jean
→ **Bagnyon, Jean**

Baihaghi
→ **Baihaqī, Aḥmad Ibn-al-Ḥusain ¬al-¬**

Baihaqī, Abu-'l-Faḍl Muḥammad Ibn-Ḥusain
955 – 1077
Tārīḫ-i Baihaqī
Abu-'l-Faḍl Muḥammad Ibn-Ḥusain ⟨Baihaqī⟩
Abu-'l-Faḍl Muḥammad Ibn-Ḥusain ⟨Baihaqī⟩
Baihaqi, Abu-'l-Fazl ¬al-¬
Bayhaqi, Abu-l Fazl Mohammad b. Hosayn
Kātib Baihaqī, Abu-'l-Faḍl Muḥammad Ibn-Ḥusain
Kātib Baihaqī, Abu-'l-Faḍl Muḥammad Ibn-Ḥusain

Baihaqī, Aḥmad Ibn-al-Ḥusain ¬al-¬
994 – 1066
Aḥmad Ibn-al-Ḥuṣain al-Baihaqī
Baihaghi
Bayhaqī, Aḥmad Ibn al-Ḥusayn
Ibn-al-Ḥusain, Aḥmad al-Baihaqī
Ibn-al-Ḥusain al-Baihaqī, Aḥmad

Baihaqī, ʿAlī Ibn-Zaid ¬al-¬
gest. 1169
Al-Bajchaki
ʿAlī Ibn-Zaid al-Baihaqī
Baihaqī, ʿAlī Ibn-Abi-'l-Qāsim ¬al-¬
Baihaqī, Ẓahīr-ad-Dīn ¬al-¬
Bajchaki ¬al-¬
Bayhaqī, ʿAlī ibn Zayd
Ibn-Zaid, ʿAlī al-Baihaqī

Baihaqī, al-Muḥsin Ibn-Muḥammad ¬al-¬
1039 – 1101
Baihaqī, Abū-Saʿīd al-Muḥsin Ibn-Muḥammad ¬al-¬
Bayhaqī, al-Muḥsin Ibn-Muḥammad ¬al-¬
Ibn-Muḥammad, al-Muḥsin al-Baihaqī
Muḥsin Ibn-Muḥammad al-Baihaqī

Baihaqī, Ibrāhīm Ibn-Muḥammad ¬al-¬
10. Jh.
Bayhaqī, Ibrāhīm ibn Muḥammad ¬al-¬
Ibn-Muḥammad, Ibrāhīm al-Baihaqī
Ibrāhīm Ibn-Muḥammad al-Baihaqī

Baihaqī, Ẓahīr-ad-Dīn ¬al-¬
→ **Baihaqī, ʿAlī Ibn-Zaid ¬al-¬**

Baila, Henricus ¬de¬
→ **Henricus ⟨de Baila⟩**

Baiona, Lupus ¬de¬
→ **Lupus ⟨de Baiona⟩**

Baishi-daoren

Baishi-daoren
→ **Jiang, Kui**

Baisieux, Jacques ¬de¬
→ **Jacques ⟨de Baisieux⟩**

Baisio, Guido ¬de¬
→ **Guido ⟨de Baisio⟩**

Baisio, Jacobus ¬de¬
→ **Jacobus ⟨de Baisio⟩**

Baiṭār, ʿAbdallāh Ibn-Aḥmad ¬al-¬
→ **Ibn-al-Baiṭār, ʿAbdallāh Ibn-Aḥmad**

Baiṭār, Abū-Bakr Ibn-Badr ¬al-¬
→ **Ibn-al-Munḏir al-Baiṭār, Abū-Bakr Ibn-Badr**

Baiṭār, al-Baiṭār Ibn-al-Munḏir ¬al-¬
→ **Ibn-al-Munḏir al-Baiṭār, Abū-Bakr Ibn-Badr**

Baiṭār an-Nāṣirī ¬al-¬
→ **Ibn-al-Munḏir al-Baiṭār, Abū-Bakr Ibn-Badr**

Baiyāsī, Ğamāl ad-Dīn abū 'l-Ḥaǧǧāǧ Yūsuf b. Muḥammad b. Ibrāhīm al-Anṣārī
→ **Baiyāsī, Yūsuf Ibn-Muḥammad ¬al-¬**

Baiyāsī, Ğamāl-ad-Dīn Abu-'l-Ḥaǧǧāǧ Yūsuf Ibn-Muḥammad ¬al-¬
→ **Baiyāsī, Yūsuf Ibn-Muḥammad ¬al-¬**

Baiyāsī, Yūsuf Ibn-Muḥammad ¬al-¬
1177 – 1255
Rep.Font. II,466/67
 Baiyāsī, Ğamāl-ad-Dīn Abu-'l-Ḥaǧǧāǧ Yūsuf Ibn-Muḥammad ¬al-¬
 Baiyāsī, Ğamāl ad-Dīn abū 'l-Ḥaǧǧāǧ Yūsuf b. Muḥammad b. Ibrāhīm al-Anṣārī
 Bayyāsī, Yūsuf Ibn Muḥammad
 Ibn-Muḥammad, Yūsuf al-Baiyāsī
 Yūsuf Ibn-Muḥammad al-Baiyāsī

Bajchaki ¬al-¬
→ **Baihaqī, ʿAlī Ibn-Zaid ¬al-¬**

Bāǧī, Sulaymān Ibn Khalaf
→ **Bāǧī, Sulaimān Ibn-Ḫalaf ¬al-¬**

Bakel, Johannes
→ **Johannes ⟨Bakel de Diest⟩**

Baker, Geoffroy ¬le¬
→ **Galfredus ⟨le Baker⟩**

Bakr Ibn at- Tufail Abu
→ **Ibn-Ṭufail, Muḥammad Ibn-ʿAbd-al-Malik**

Bakr Ibn-Muḥammad al-Māzinī
→ **Māzinī, Bakr Ibn-Muḥammad ¬al-¬**

Bakrī, ʿAbdallāh Ibn-ʿAbd-al-ʿAzīz ¬al-¬
→ **Abū-ʿUbaid al-Bakrī, ʿAbdallāh Ibn-ʿAbd-al-ʿAzīz**

Bakrī, ʿAbdallāh Ibn-Muḥammad ¬al-¬
→ **Abū-ʿUbaid al-Bakrī, ʿAbdallāh Ibn-ʿAbd-al-ʿAzīz**

Bakrī, Abū ʿUbayd Allāh ¬al-¬
→ **Abū-ʿUbaid al-Bakrī, ʿAbdallāh Ibn-ʿAbd-al-ʿAzīz**

Bakrī, Abū-ʿUbaid ʿAbdallāh Ibn-ʿAbd-al-ʿAzīz
→ **Abū-ʿUbaid al-Bakrī, ʿAbdallāh Ibn-ʿAbd-al-ʿAzīz**

Bakrī, al-Muwaffaq Ibn-Aḥmad ¬al-¬
gest. 1172
 Ibn-Aḥmad, al-Muwaffaq al-Bakrī
 Makkī, al-Muwaffaq Ibn-Aḥmad ¬al-¬
 Muwaffaḳ
 Muwaffaq Ibn-Aḥmad al-Bakrī ¬al-¬

Bakrī, ʿUbaidallāh ¬al-¬
→ **Abū-ʿUbaid al-Bakrī, ʿAbdallāh Ibn-ʿAbd-al-ʿAzīz**

Bakuriani, Gregor
→ **Gregor ⟨Bakuriani⟩**

Bākuwī, ʿAbd-ar-Rašīd Ibn-Nūrī ¬al-¬
→ **Bākuwī, ʿAbd-ar-Rašīd Ibn-Ṣāliḥ ¬al-¬**

Bākuwī, ʿAbd-ar-Rašīd Ibn-Ṣāliḥ ¬al-¬
um 1403
 ʿAbd-ar-Rašīd Ibn-Ṣāliḥ al-Bākuwī
 Bākuwī, ʿAbd-ar-Rašīd Ibn-Nūrī ¬al-¬
 Bākuwī, ʿAbd-ar-Rašīd Ṣāliḥ Ibn-Nūrī ¬al-¬
 Ibn-Ṣāliḥ, ʿAbd-ar-Rašīd al-Bākuwī

Bākuwī, ʿAbd-ar-Rašīd Ṣāliḥ Ibn-Nūrī ¬al-¬
→ **Bākuwī, ʿAbd-ar-Rašīd Ibn-Ṣāliḥ ¬al-¬**

Balāḏhurī, Aḥmad ibn Yaḥyā ¬al-¬
→ **Balāḏurī, Aḥmad Ibn-Yaḥyā ¬al-¬**

Balāḏurī, Abu-'l-ʿAbbās Aḥmad Ibn-Yaḥyā ¬al-¬
→ **Balāḏurī, Aḥmad Ibn-Yaḥyā ¬al-¬**

Balāḏurī, Aḥmad Ibn-Yaḥyā ¬al-¬
gest. 892
 Aḥmad Ibn-Yaḥyā al-Balāḏurī
 Balāḏhurī, Aḥmad ibn Yaḥyā ¬al-¬
 Balāḏurī, Abu-'l-ʿAbbās Aḥmad Ibn-Yaḥyā ¬al-¬
 Beládsori, Ahmed ibn Jahja ibn Djábir ¬al-¬
 Beládsori, Ahmed Ibn-Jahja Ibn-Djábir ¬al-¬
 Ibn-Yaḥyā, Aḥmad al-Balāḏurī

Balansī, Muḥammad Ibn-ʿAlī ¬al-¬
1314 – 1380
 Ibn-ʿAlī, Muḥammad al-Balansī
 Muḥammad Ibn-ʿAlī al-Balansī

Balawī, Ḫālid Ibn-ʿĪsā ¬al-¬
um 1340
 Ḫālid Ibn-ʿĪsā al-Balawī
 Ibn-ʿĪsā, Ḫālid al-Balawī

Balbi, Bernardo
→ **Bernardus ⟨Papiensis⟩**

Balbi, Giovanni
→ **Johannes ⟨Ianuensis⟩**

Balboa y Valcarel, Gonzalo ¬de¬
→ **Gonsalvus ⟨Hispanus⟩**

Balbulus, Notker
→ **Notker ⟨Balbulus⟩**

Balbus, Bernardus
→ **Bernardus ⟨Papiensis⟩**

Balbus, Caecilius
→ **Caecilius ⟨Balbus⟩**

Balbus, Johannes
→ **Johannes ⟨Ianuensis⟩**

Balbus, Lambertus
→ **Lambertus ⟨Leodiensis Balbus⟩**

Baldassare ⟨Cossa⟩
→ **Johannes ⟨Papa, XXIII.⟩**

Baldassare ⟨da Spalato⟩
→ **Balthasar ⟨Spalatensis⟩**

Baldassare ⟨Taccone⟩
→ **Taccone, Baldassare**

Baldemann, Otto
um 1341
Von dem Romschen Riche eyn clage
VL(2),1,582/84; Rep.Font. II,436
 Baldeman, Othon
 Baldeman, Otto
 Othon ⟨Baldemann⟩
 Otto ⟨Baldemann⟩

Baldemarus ⟨de Peterweil⟩
gest. ca. 1382
Liber Baldemari; Liber redituum
Rep.Font. II,437
 Baldemar ⟨de Peterweil⟩
 Baldemar ⟨Fabri⟩
 Baldemar ⟨von Peterweil⟩
 Baldemarus ⟨Fabri⟩
 Baldemarus ⟨Schmitt⟩
 Fabri, Baldemarus
 Peterweil, Baldemar ¬von¬
 Peterweil, Baldemarus ¬de¬
 Schmitt, Baldemarus

Baldenstetten, Heinrich ¬von¬
→ **Heinrich ⟨von Baldenstetten⟩**

Balderer, Simon
Lebensdaten nicht ermittelt
Stadtratsspruch (achtzeilig)
VL(2),1,584/85
 Simon ⟨Balderer⟩

Balderich ⟨von Bourgueil⟩
→ **Baldericus ⟨Burguliensis⟩**

Balderich ⟨von Florennes⟩
→ **Baldericus ⟨Treverensis⟩**

Balderich ⟨von Trier⟩
→ **Baldericus ⟨Treverensis⟩**

Baldericus ⟨Andegavensis⟩
→ **Baldericus ⟨Burguliensis⟩**

Baldericus ⟨Aurelianensis⟩
→ **Baldericus ⟨Burguliensis⟩**

Baldericus ⟨Burguliensis⟩
1046 – 1130
LThK; Potth.; LMA,I,1364/1365
 Balderich ⟨von Bourgueil⟩
 Baldericus ⟨Andegavensis⟩
 Baldericus ⟨Aurelianensis⟩
 Baldericus ⟨Burgulianus⟩
 Baldericus ⟨Dolensis⟩
 Baldericus ⟨of Dol⟩
 Baldericus ⟨von Dol⟩
 Baldo ⟨Dolensis⟩
 Baldric ⟨de Dol⟩
 Baldrico ⟨of Bourgueil⟩
 Baudri ⟨de Bourgueil⟩
 Baudri ⟨d'Orléans⟩
 Baudri ⟨von Bourgueil⟩
 Baudry ⟨of Bourgueil⟩

Baldericus ⟨Cameracensis⟩
→ **Baldericus ⟨Noviomensis⟩**

Baldericus ⟨de Terouane⟩
→ **Baldericus ⟨Noviomensis⟩**

Baldericus ⟨Dolensis⟩
→ **Baldericus ⟨Burguliensis⟩**

Baldericus ⟨Noviomensis⟩
gest. 1113
CSGL; Potth.
 Baldéric ⟨de Thérouanne⟩
 Baldericus ⟨Cameracensis⟩
 Baldericus ⟨de Terouane⟩
 Baldericus ⟨Noviocomensis⟩
 Baldericus ⟨of Noyon and Tournay⟩
 Baldericus ⟨Tornacensis⟩
 Baudri ⟨de Thérouanne⟩

Baldericus ⟨Scholasticus⟩
→ **Baldericus ⟨Treverensis⟩**

Baldericus ⟨Scolasticus⟩
→ **Baldericus ⟨Treverensis⟩**

Baldericus ⟨Tornacensis⟩
→ **Baldericus ⟨Noviomensis⟩**

Baldericus ⟨Treverensis⟩
gest. ca. 1158
Gesta Alberonis
VL(2),1,585/86; LMA,I,1365; LThK
 Balderich ⟨Scholasticus⟩
 Balderich ⟨Trierer Domscholaster⟩
 Balderich ⟨von Florennes⟩
 Balderich ⟨von Trier⟩
 Baldericus ⟨Scholasticus⟩
 Baldericus ⟨Scolasticus⟩
 Baudericus ⟨Scholasticus⟩
 Baudri ⟨de Florennes⟩
 Baudri ⟨de Saint-Pierre à Trèves⟩
 Baudri ⟨de Saint-Siméon à Trèves⟩
 Baudri ⟨de Trèves⟩
 Baudri ⟨von Trier⟩
 Beurroy ⟨von Trier⟩
 Burreius ⟨Scholasticus⟩
 Burricus ⟨Scholasticus⟩

Baldeschi, Angelo
→ **Angelus ⟨de Ubaldis⟩**

Baldeschi, Baldo
→ **Baldus ⟨de Ubaldis⟩**

Baldeswelle, Petrus ¬de¬
→ **Petrus ⟨de Baldeswelle⟩**

Baldewin ⟨von Luxemburg⟩
→ **Balduinus ⟨Treverensis⟩**

Baldinis, Lauterius ¬de¬
→ **Lauterius ⟨de Baldinis⟩**

Baldo
→ **Baldus ⟨Fabulista⟩**

Baldo ⟨Baldeschi⟩
→ **Baldus ⟨de Ubaldis⟩**

Baldo ⟨Dolensis⟩
→ **Baldericus ⟨Burguliensis⟩**

Baldo ⟨Novello⟩
→ **Baldus ⟨de Bartolinis⟩**

Baldovini, Baldovino
1421 – 1480/85
Vita di S. Antonino arcivescovo di Firenze
Rep.Font. II,437
 Baldovino ⟨Baldovini⟩

Baldovini, Jacopo
→ **Jacobus ⟨Balduinus⟩**

Baldric ⟨de Dol⟩
→ **Baldericus ⟨Burguliensis⟩**

Baldrico ⟨of Bourgueil⟩
→ **Baldericus ⟨Burguliensis⟩**

Baldricus ⟨...⟩
→ **Baldericus ⟨...⟩**

Balducci Pegolotti, Francesco
13./14. Jh.
Libro di divisamenti di paesi e di misure di mercantantie
LMA,VI,1856.

Balducci, François
Balducci Pegolotti, François
Francesco ⟨Balducci Pegolotti⟩
Francesco ⟨Pegolotti⟩
François ⟨Balducci⟩
François ⟨Pegolotti⟩
Pegolotti, Francesco
Pegolotti, Francesco Balducci
Pegolotti, François

Balduin ⟨de Ford⟩
→ **Balduinus ⟨Cantuariensis⟩**

Balduin ⟨Konstantinopel, Kaiser, I.⟩
→ **Balduinus ⟨Constantinopolis, Imperator, I.⟩**

Balduin ⟨of Luxemburg⟩
→ **Balduinus ⟨Treverensis⟩**

Balduin ⟨von Avesnes⟩
→ **Balduinus ⟨de Avesnis⟩**

Balduin ⟨von Canterbury⟩
→ **Balduinus ⟨Cantuariensis⟩**

Balduin ⟨von Ford⟩
→ **Balduinus ⟨Cantuariensis⟩**

Balduin ⟨von Luxemburg⟩
→ **Balduinus ⟨Treverensis⟩**

Balduin ⟨von Ninove⟩
→ **Balduinus ⟨Ninovensis⟩**

Balduin ⟨von Trier⟩
→ **Balduinus ⟨Treverensis⟩**

Balduin ⟨von Viktring⟩
→ **Balduinus ⟨de Viktring⟩**

Balduini, Jacopo ¬di¬
→ **Jacobus ⟨Balduinus⟩**

Balduini, Tomellus
→ **Tomellus ⟨Hasnoniensis⟩**

Balduino, Jacopo ¬di¬
→ **Jacobus ⟨Balduinus⟩**

Balduinus
→ **Balduinus ⟨Verfasser eines Liber Dictaminum⟩**

Balduinus ⟨Abbas⟩
→ **Balduinus ⟨de Boussu⟩**
→ **Balduinus ⟨de Viktring⟩**

Balduinus ⟨Archiepiscopus⟩
→ **Balduinus ⟨Cantuariensis⟩**

Balduinus ⟨Avennensis⟩
→ **Balduinus ⟨de Avesnis⟩**

Balduinus ⟨Brandenburgensis⟩
um 1265/1300 · OFM
Summa titulorum
Rep.Font. II,439
 Balduinus ⟨Brunswicensis⟩
 Balduinus ⟨de Brunswick⟩
 Baudouin ⟨de Brandebourg⟩
 Baudouin ⟨de Brunswick⟩
 Baudouin ⟨Franciscain⟩

Balduinus ⟨Brunswicensis⟩
→ **Balduinus ⟨Brandenburgensis⟩**

Balduinus ⟨Camberonensis⟩
→ **Balduinus ⟨de Boussu⟩**

Balduinus ⟨Cantuariensis⟩
gest. 1190 · OCist
De corpore et sanguine Domini (= De sacramento altaris); De commendatione fidei; De sectis haereticorum; etc.
LMA,I,1371/72; LThK; CSGL
 Balduin ⟨de Ford⟩
 Balduin ⟨von Canterbury⟩
 Balduin ⟨von Ford⟩
 Balduinus ⟨Archiepiscopus⟩
 Balduinus ⟨Cantuariensis Archiepiscopus⟩
 Balduinus ⟨de Forda⟩

Balduinus ⟨Devonius⟩
Balduinus ⟨Fordensis⟩
Balduinus, Thomas
Baldwin ⟨Archbishop⟩
Baldwin ⟨de Canterbury⟩
Baldwin ⟨of Canterbury⟩
Baldwin ⟨of Ford⟩
Baudoin ⟨of Canterbury⟩
Baudouin ⟨de Cantorbéry⟩
Baudouin ⟨de Ford⟩
Thomas ⟨Balduinus⟩

Balduinus ⟨Constantinopolis, Imperator, I.⟩
1171 – ca. 1205
Epistulae et diplomata; Epistola de expugnatione Constantinopolitana
Rep.Font. II,439; LMA,I,1367/1368
Balduin ⟨Konstantinopel, Kaiser, I.⟩
Balduinus ⟨Constantinopolitanus Imperator, I.⟩
Balduinus ⟨Empereur Latin de Constantinople⟩
Balduinus ⟨Flandre, Comte, VIIII.⟩
Balduinus ⟨Flandriae et Hannoniae Comes⟩
Balduinus ⟨Hainaut, Comte, VI.⟩
Balduinus ⟨Imperator Constantinopolitanus⟩
Baldwin ⟨Constantinople, Emperor, I.⟩
Baldwin ⟨of Flanders and Hainaut⟩
Baudouin ⟨Emperor⟩
Baudouin ⟨Ier⟩
Baudouin ⟨of Constantinople⟩

Balduinus ⟨de Avesnis⟩
gest. 1289
CSGL; Potth.
Avesnis, Balduinus ¬de¬
Balduin ⟨von Avesnes⟩
Balduinus ⟨Avennensis⟩
Balduinus ⟨Avesnensis⟩
Balduinus ⟨de Avennis⟩
Baudouin ⟨d'Avesnes⟩

Balduinus ⟨de Boussu⟩
gest. 1293 · OCist
Sermones de tempore et de sanctis et alios quosdam
Stegmüller, Repert. sentent. 90, Schneyer,I,384
Balduinus ⟨Abbas⟩
Balduinus ⟨Camberonensis⟩
Balduinus ⟨Cisterciensis⟩
Balduinus ⟨de Bossu⟩
Balduinus ⟨de Cambron⟩
Baudouin ⟨de Boussu⟩
Baudouin ⟨de Cambron⟩
Boussu, Balduinus ¬de¬

Balduinus ⟨de Brunswick⟩
→ **Balduinus ⟨Brandenburgensis⟩**

Balduinus ⟨de Cambron⟩
→ **Balduinus ⟨de Boussu⟩**

Balduinus ⟨de Forda⟩
→ **Balduinus ⟨Cantuariensis⟩**

Balduinus ⟨de Maflix⟩
um 1267/72 · OP
Sermones
Schneyer,I,385
Balduinus ⟨de Maclix⟩
Balduinus ⟨de Tournay⟩
Baudouin ⟨de Maclix⟩
Baudouin ⟨de Maffles⟩
Baudouin ⟨de Maflix⟩
Maflix, Balduinus ¬de¬
Maflix, Baudouin ¬de¬

Balduinus ⟨de Mardochio⟩
13. Jh.
Computus manualis; viell. Verf. von „Tabulae Frugonis"
Balduinus ⟨de Marrochio⟩
Baudouin ⟨de Marrochio⟩
Baudouin ⟨Mathématicien⟩
Mardochio, Balduinus ¬de¬

Balduinus ⟨de Spernaco⟩
um 1346
Quaestiones supra III librum De anima
Lohr
Baudouin ⟨de Reims⟩
Spernaco, Balduinus ¬de¬

Balduinus ⟨de Tournay⟩
→ **Balduinus ⟨de Maflix⟩**

Balduinus ⟨de Viktring⟩
gest. 1200 · OCist
Ars dictaminis ; Liber dictaminum
LMA,I,1376
Balduin ⟨von Viktring⟩
Balduinus ⟨Abbas⟩
Balduinus ⟨Cisterciensis⟩
Balduinus ⟨Incertus⟩
Balduinus ⟨Scholasticus⟩
Balduinus ⟨Victoriensis⟩
Baldwin ⟨von Viktring⟩
Baldwinus ⟨Victoriensis⟩
Baudouin ⟨Auteur d'un Formulaire de Lettres⟩
Viktring, Balduinus ¬de¬

Balduinus ⟨Devonius⟩
→ **Balduinus ⟨Cantuariensis⟩**

Balduinus ⟨Empereur Latin de Constantinople⟩
→ **Balduinus ⟨Constantinopolis, Imperator, I.⟩**

Balduinus ⟨Episcopus, II.⟩
→ **Balduinus ⟨Noviomensis⟩**

Balduinus ⟨Flandre, Comte, VIIII.⟩
→ **Balduinus ⟨Constantinopolis, Imperator, I.⟩**

Balduinus ⟨Fordensis⟩
→ **Balduinus ⟨Cantuariensis⟩**

Balduinus ⟨Geistlicher der Erzdiözese Salzburg⟩
→ **Balduinus ⟨Verfasser eines Liber Dictaminum⟩**

Balduinus ⟨Hainaut, Comte, VI.⟩
→ **Balduinus ⟨Constantinopolis, Imperator, I.⟩**

Balduinus ⟨Imperator Constantinopolitanus⟩
→ **Balduinus ⟨Constantinopolis, Imperator, I.⟩**

Balduinus ⟨Incertus⟩
→ **Balduinus ⟨de Viktring⟩**

Balduinus ⟨Iunior⟩
→ **Balduinus ⟨Iuvenis⟩**

Balduinus ⟨Iuvenis⟩
um 1272
Lat. Übers. von Reineke Fuchs
Balduinus ⟨Iunior⟩
Balduinus ⟨Translator of Reineke Fuchs⟩
Baldwinus ⟨Iuvenis⟩
Baldwinus ⟨Juvenis⟩
Baudouin ⟨de Jonghe⟩
Baudouin ⟨le Jeune⟩
Iuvenis, Balduinus

Balduinus ⟨Ninovensis⟩
gest. ca. 1254 bzw. 1293 · OPraem
Chronica
VL(2),1,587; Rep.Font. II,440
Balduin ⟨von Ninove⟩
Balduinus ⟨Ninoviensis⟩
Balduinus ⟨Praemonstratenser⟩
Baudouin ⟨Chanoine Prémontré⟩
Baudouin ⟨de Ninove⟩
Baudouin ⟨Prémontré⟩

Balduinus ⟨Noviomensis⟩
gest. 1167
Epistulae
Balduinus ⟨Episcopus, II.⟩
Baudouin ⟨de Boulogne⟩
Baudouin ⟨de Noyon⟩
Baudouin ⟨Evêque⟩

Balduinus ⟨Praemonstratenser⟩
→ **Balduinus ⟨Ninovensis⟩**

Balduinus ⟨Scholasticus⟩
→ **Balduinus ⟨de Viktring⟩**

Balduinus ⟨Translator of Reineke Fuchs⟩
→ **Balduinus ⟨Iuvenis⟩**

Balduinus ⟨Treverensis⟩
1285 – 1354
LThK; LMA,I,1372/74
Baldewin ⟨von Luxemburg⟩
Balduin ⟨of Luxemburg⟩
Balduin ⟨von Luxemburg⟩
Balduin ⟨von Trier⟩
Baldwin ⟨of Treves⟩

Balduinus ⟨Verfasser eines Liber Dictaminum⟩
um 1147/52
Liber dictaminum
VL(2),1,586/87
Balduinus
Balduinus ⟨Geistlicher der Erzdiözese Salzburg⟩

Balduinus ⟨Victoriensis⟩
→ **Balduinus ⟨de Viktring⟩**

Balduinus, Adelmus
→ **Adelmus ⟨Balduinus⟩**

Balduinus, Jacobus
→ **Jacobus ⟨Balduinus⟩**

Balduinus, Johannes
→ **Baudouin, Jean**

Balduinus, Thomas
→ **Balduinus ⟨Cantuariensis⟩**

Baldus ⟨de Bartolinis⟩
1408 – 1490
Baldo ⟨Novello⟩
Baldus ⟨Novellus⟩
Baldus ⟨Novellus de Bartolinis Perusinus⟩
Baldus ⟨Perusinus⟩
Bartolini, Baldo
Bartolinis, Baldus ¬de¬
Novellus, Baldus

Baldus ⟨de Ubaldis⟩
ca. 1327 – 1400
CSGL; LMA,I,1375/76
Baldeschi, Baldo
Baldo ⟨Baldeschi⟩
Baldo ⟨degli Ubaldi⟩
Baldo ⟨de'Baldeschi⟩
Baldus
Baldus ⟨de Perusia⟩
Baldus ⟨de Perusio⟩
Baldus ⟨degli Ubaldi⟩
Baldus ⟨Perusinus⟩
Baldus ⟨Ubaldus⟩
Baldus, Petrus
Baldus de Ubaldis, Petrus
Perusinus, Baldus
Perusio, Baldus ¬de¬
Perusio, Baldus Petrus ¬de¬
Ubaldi, Baldo ¬degli¬
Ubaldis, Baldus ¬von¬
Ubaldis, Baldus ¬de¬
Ubaldis, Petrus Baldus ¬de¬
Ubaldus, Baldus
Ugubaldis, Baldus ¬de¬

Baldus ⟨Fabulista⟩
12. Jh.
Novus Aesopus
LMA,I,1365
Baldo
Baldo ⟨Fabuliste Italien⟩

Baldus ⟨Novellus⟩
→ **Baldus ⟨de Bartolinis⟩**

Baldus ⟨Perusinus⟩
→ **Baldus ⟨de Bartolinis⟩**
→ **Baldus ⟨de Ubaldis⟩**

Baldus, Petrus
→ **Baldus ⟨de Ubaldis⟩**

Baldwin ⟨Archbishop⟩
→ **Balduinus ⟨Cantuariensis⟩**

Baldwin ⟨Constantinople, Emperor, I.⟩
→ **Balduinus ⟨Constantinopolis, Imperator, I.⟩**

Baldwin ⟨of Canterbury⟩
→ **Balduinus ⟨Cantuariensis⟩**

Baldwin ⟨of Flanders and Hainaut⟩
→ **Balduinus ⟨Constantinopolis, Imperator, I.⟩**

Baldwin ⟨of Ford⟩
→ **Balduinus ⟨Cantuariensis⟩**

Baldwin ⟨of Treves⟩
→ **Balduinus ⟨Treverensis⟩**

Baldwin ⟨von Viktring⟩
→ **Balduinus ⟨de Viktring⟩**

Baldwinus ⟨...⟩
→ **Balduinus ⟨...⟩**

Balescon ⟨de Tarente⟩
→ **Valescus ⟨de Taranta⟩**

Balesma, Hubertus ¬de¬
→ **Hubertus ⟨Magister de Balesma⟩**

Balétrier, Jean
→ **Johannes ⟨Balistarii⟩**

Bălgarski, Joan
→ **Joan ⟨Bălgarski⟩**

Balgiaco, Stephanus ¬de¬
→ **Stephanus ⟨de Balgiaco⟩**

Balhī, Abū-Ma'šar Ǧa'far Ibn-Muḥammad ¬al-¬
→ **Abū-Ma'šar Ǧa'far Ibn-Muḥammad**

Balḫī, Abū-Zaid Aḥmad Ibn-Sahl ¬al-¬
→ **Balḫī, Aḥmad Ibn-Sahl ¬al-¬**

Balḫī, Aḥmad Ibn-Sahl ¬al-¬
gest. 934
Abū-Zayd al-Balkhī
Aḥmad Ibn-Sahl al-Balḫī
Balḫī, Abū-Zaid Aḥmad Ibn-Sahl ¬al-¬
Balkhī, Aḥmad Ibn Sahl
Ibn-Sahl, Aḥmad al-Balḫī

Balḫī, Muḥammad Ibn-Sulaimān ¬al-¬
→ **Ibn-an-Naqīb, Muḥammad Ibn-Sulaimān**

Balinus, Johannes
→ **Paulinus, Johannes**

Baliona, Guilelmus ¬de¬
→ **Guilelmus ⟨de Baliona⟩**

Balistarii, Johannes
→ **Johannes ⟨Balistarii⟩**

Balkhī, Aḥmad Ibn Sahl
→ **Balḫī, Aḥmad Ibn-Sahl ¬al-¬**

Balkon, Hermannus
→ **Hermannus ⟨Balkon⟩**

Ballester, Johannes
→ **Johannes ⟨Ballester⟩**

Balliaco, Thomas ¬de¬
→ **Thomas ⟨de Balliaco⟩**

Balliolo, Aegidius ¬de¬
→ **Aegidius ⟨de Balliolo⟩**

Ballistarius, Johannes
→ **Johannes ⟨Ballester⟩**

Balloce, Johannes
→ **Johannes ⟨Balloce⟩**

Balma, Hugo ¬de¬
→ **Hugo ⟨de Balma⟩**

Balma, Johannes ¬de¬
→ **Johannes ⟨de Balma⟩**

Balma, Petrina ¬de¬
→ **Petrina ⟨de Balma⟩**

Balma, Petrus ¬de¬
→ **Petrus ⟨de Palma⟩**

Balnhusin, Sifridus ¬de¬
→ **Sifridus ⟨de Balnhusin⟩**

Balocco, Antonius
→ **Antonius ⟨de Vercellis⟩**

Balsamon, Theodorus
→ **Theodorus ⟨Balsamon⟩**

Balsee, Henricus ¬de¬
→ **Henricus ⟨de Balsee⟩**

Baltassar ⟨de Tolentino⟩
15. Jh. · OESA
Stegmüller, Repert. sentent. 91; 1338
Balthasar ⟨de Tolentino⟩
Tolentino, Baltassar ¬de¬

Balthasar ⟨a Sancto Dominico⟩
Lebensdaten nicht ermittelt · OP
Kaeppeli,I,138
Baltasar ⟨a Sancto Dominico⟩
Baltazar ⟨a Sancto Dominico⟩
Balthasar ⟨de Santo-Domingo⟩
Balthasar ⟨Dominicain Portugais⟩
Balthasar ⟨Lusitanus⟩
Sancto Dominico, Balthasar ¬a¬

Balthasar ⟨aus Geyer⟩
→ **Balthasar, Franz**

Balthasar ⟨Cossa⟩
→ **Johannes ⟨Papa, XXIII.⟩**

Balthasar ⟨de Porta⟩
→ **Balthasar, Franz**

Balthasar ⟨de Tolentino⟩
→ **Baltassar ⟨de Tolentino⟩**

Balthasar ⟨Mandelreiß⟩
→ **Mandelreiß, Balthasar**

Balthasar ⟨of Saint Bernard⟩
→ **Balthasar, Franz**

Balthasar ⟨Oferianus⟩
15. Jh.
Kommentar zu Ciceros Paradoxa Stoicorum
Balthasar ⟨of Naples⟩
Balthasar ⟨Parthenopeius⟩
Oferianus, Balthasar

Balthasar ⟨Sancti Bernardi Lipsiae⟩
→ **Balthasar, Franz**

Balthasar ⟨Spalatensis⟩
15. Jh.
Chronica Spalatina
Rep.Font. II,441
Baldassare ⟨da Spalato⟩
Balthasar ⟨Spalatino⟩

Balthasar ⟨Stoffel⟩
→ **Stoffel, Balthasar**

Balthasar ⟨Taccone⟩
→ **Taccone, Baldassare**

Balthasar ⟨von Heilbronn⟩
um 1500
Fuchs wild bin ich
(Soldknechtslied)
VL(2),1,589/90
Heilbronn, Balthasar ¬von¬

Balthasar, Franz
gest. 1505
Balthasar ⟨aus Geyer⟩
Balthasar ⟨de Porta⟩
Balthasar ⟨of Saint Bernard⟩
Balthasar ⟨Sancti Bernardi Lipsiae⟩
Balthasar, Franciscus
Franciscus ⟨Balthasar⟩
Franz ⟨Balthasar⟩

Baltherus ⟨Seckinganus⟩
10./11. Jh.
Tusculum-Lexikon; CSGL; Potth.
Balther
Balther ⟨von Säckingen⟩
Baltherus
Baltherus ⟨Seckingensis⟩
Seckinganus, Baltherus

Baltzer
um 1500
Sangspruch
VL(2),1,592
Boltzer
Polster

Balzo, Franciscus ¬de¬
1410 – 1482
Historia inventionis et translationis gloriosi corporis s. Richardi Anglici confessoris et episcopi Andriensis; Miracula s. Richardi
Rep.Font. IV,152
Balzo, Francesco ¬del¬
Balzo, François
DelBalzo, Francesco
Francesco ⟨del Balzo⟩
Franciscus ⟨de Balzo⟩
François ⟨Balzo⟩

Bambaglioli, Graziolo ¬de'¬
ca. 1291 – ca. 1340
Trattato delle volgari seu tenze sopra le virtù morali
Rep.Font. V,208
Bambagiuoli, Graziolo ¬de'¬
De'Bambaglioli, Graziolo
Graziolo ⟨de'Bambaglioli⟩

Bamberg, Egen ¬von¬
→ **Egen ⟨von Bamberg⟩**

Bamberg, Ezzo ¬von¬
→ **Ezzo ⟨von Bamberg⟩**

Bamberg, Gualterus ¬de¬
→ **Gualterus ⟨de Bamberg⟩**

Bamberg, Robert ¬de¬
→ **Rupertus ⟨Bambergensis⟩**

Bamberg, Ulrich ¬von¬
→ **Udalricus ⟨Bambergensis⟩**

Banaster, Gilbert
ca. 1445 – 1487
Miracle of St. Thomas
LMA,I,1405
Banastre, Gilbert
Banester, Gilbert
Banister, Gilbert
Banstir, Gilbert
Gilbert ⟨Banaster⟩

Bancherius, Petrus
→ **Petrus ⟨Bancherius⟩**

Banchini, Giovanni di Domenico
→ **Johannes ⟨Dominici⟩**

Bandinelli, Orlando
→ **Alexander ⟨Papa, III.⟩**

Bandini, Dominicus
→ **Dominicus ⟨Bandini⟩**

Bandini, Johannes
14. Jh.
Historia Senensis
Rep.Font. II,443
Bandini, Giovanni
Bandinus, Johannes
Giovanni ⟨Bandini⟩
Johannes ⟨Bandini⟩
Johannes ⟨Bandinus⟩

Bandino ⟨de Brazzi⟩
→ **Brazzi, Bandino ¬de¬**

Bandinus ⟨Magister⟩
12. Jh.
CSGL
Bandinus
Bandinus ⟨Magister Parisiensis⟩
Baudinus ⟨Magister⟩
Magister, Bandinus

Banister, Gilbert
→ **Banaster, Gilbert**

Bannā, Muḥammad Ibn-Aḥmad ¬al-¬
→ **Muqaddasī, Muḥammad Ibn-Aḥmad ¬al-¬**

Bannholtzer, Valentin
um 1500
Marienlob; St. Anna
VL(2),1,600/01
Valentin ⟨Bannholtzer⟩

Banstir, Gilbert
→ **Banaster, Gilbert**

Baochang
6. Jh.
Biqiuni-zhuan
Pao-ch'ang
Shih Pao-ch'ang

Baono, Petrus Dominicus ¬de¬
→ **Petrus Dominicus ⟨de Baono⟩**

Bappenheim, Matthaeus ¬a¬
→ **Pappenheim, Matthäus ¬von¬**

Baptist ⟨Platina⟩
→ **Platina, Bartholomaeus**

Baptista ⟨Benedetti⟩
um 1422/66 · OP
Memoriale de vestitionibus et professionibus conv. S. Dominici de Pistorio
Kaeppeli,I,138
Baptista ⟨Benedetti de Florentia⟩
Baptista ⟨de Florentia⟩
Benedetti, Baptista

Baptista ⟨de Fabriano⟩
gest. 1446 · OP
Quaestiones super organum; Quaestiones metaphysicae
Lohr; Kaeppeli,I,138/39
Baptiste ⟨de Fabriano⟩
Fabriano, Baptista ¬de¬

Baptista ⟨de Finario⟩
ca. 1428 – 1484 · OP
Apologia traductionis antiquae libri ethicorum Aristotelis contra invectivam traductionemque Leonardi Aretini; De canonisatione beati Bonaventurae; Apologia Iudaeorum; etc.
Lohr; Stegmüller, Repert. bibl. 1560 und 4743; Rep.Font. VI,470
Baptista ⟨de Giudici⟩
Baptista ⟨de Guidici⟩
Baptista ⟨de Iudicibus⟩
Baptista ⟨de Iudicibus de Finario⟩
Baptista ⟨de Vintimille⟩
Baptista ⟨De' Guidici⟩
Baptista ⟨De'Giudici⟩
Baptista ⟨Evêque⟩
Baptista ⟨Finariensis⟩
Baptista ⟨Ventimiliensis⟩
Baptista ⟨Vintimiliensis⟩
Battista ⟨de' Giudici⟩
Finario, Baptista ¬de¬
Giudici, Battista ¬de¬
Giudici, Giovanni Battista ¬de¬
Iudicibus, Johannes Baptista ¬de¬
Johannes Baptista ⟨de Finario⟩
Johannes Baptista ⟨de Iudicibus⟩
Johannes Baptista ⟨de Iudicibus de Finario⟩
Johannes Baptista ⟨de' Giudici⟩
Johannes Baptista ⟨De'Giudici⟩

Baptista ⟨de Florentia⟩
→ **Baptista ⟨Benedetti⟩**

Baptista ⟨de Salis⟩
gest. ca. 1496
Baptista ⟨Trovamala⟩
Baptiste ⟨de Sale⟩
Baptiste ⟨Trovamala⟩
Battista ⟨di Sale⟩
Battista ⟨Trovamala⟩
Johannes ⟨de Salis⟩
Salis, Baptista ¬de¬
Trovainala, Baptista
Trovalmala, Baptista
Trovamala, Baptista

Baptista ⟨de Vintimille⟩
→ **Baptista ⟨de Finario⟩**

Baptista ⟨Finariensis⟩
→ **Baptista ⟨de Finario⟩**

Baptista ⟨Guarinus⟩
→ **Guarini, Giovanni Battista**

Baptista ⟨Maduri⟩
→ **Baptista ⟨Panetius⟩**

Baptista ⟨Mantuanus⟩
→ **Johannes ⟨Mantuanus⟩**

Baptista ⟨Panetius⟩
1439 – 1497 · OCarm
Übers. von Johannes Damascenus, De traditione rectae fidei; etc.
Stegmüller, Repert. sentent. 419
Baptista ⟨Maduri⟩
Baptista ⟨Panetti⟩
Baptiste ⟨de Ferrare⟩
Baptiste ⟨Panezio⟩
Panetius, Baptista
Panezio, Baptiste

Baptista ⟨Platina⟩
→ **Platina, Bartholomaeus**

Baptista ⟨Trovamala⟩
→ **Baptista ⟨de Salis⟩**

Baptista ⟨Ventimiliensis⟩
→ **Baptista ⟨de Finario⟩**

Baptiste ⟨de Fabriano⟩
→ **Baptista ⟨de Fabriano⟩**

Baptiste ⟨de Ferrare⟩
→ **Baptista ⟨Panetius⟩**

Baptiste ⟨de Sale⟩
→ **Baptista ⟨de Salis⟩**

Baptiste ⟨Montuan⟩
→ **Baptista ⟨Mantuanus⟩**

Baptiste ⟨Panezio⟩
→ **Baptista ⟨Panetius⟩**

Baptiste ⟨Platine⟩
→ **Platina, Bartholomaeus**

Baptiste ⟨Trovamala⟩
→ **Baptista ⟨de Salis⟩**

Bāqillānī, Muḥammad Ibn-aṭ-Ṭaiyib ¬al-¬
gest. 1013
Ibn-aṭ-Ṭaiyib, Muḥammad al-Bāqillānī
Ibn-aṭ-Ṭaiyib al-Bāqillānī
Ibn-aṭ-Ṭaiyib al-Bāqillānī, Muḥammad
Ibn-Ṭaiyib al-Bāqillānī
Muḥammad Ibn-aṭ-Ṭaiyib al-Bāqillānī

Bāqir, Abu-Ǧa'far Muḥammad Ibn-'Alī ¬al-¬
→ **Bāqir, Muḥammad Ibn-'Alī ¬al¬**

Bāqir, Muḥammad Ibn-'Alī ¬al¬
676 – 732
Bāqir, Abu-Ǧa'far Muḥammad Ibn-'Alī ¬al-¬
Ibn-'Alī, Muḥammad al-Bāqir
Muḥammad Ibn-'Alī al-Bāqir

Bar, Galfredus ¬de¬
→ **Galfredus ⟨de Bar⟩**

Bar, Thibaut ¬de¬
→ **Thibaut ⟨Bar, Comte, I.⟩**

Bar Bahlul, Hassan
→ **Ḥasan Ibn-al-Bahlūl ¬al-¬**

Bar 'Ebhrāyā
→ **Barhebraeus**

Bar Salibi
→ **Dionysios Bar-Ṣalibi**

Baradaeus, Jacobus
→ **Jacobus ⟨Baradaeus⟩**

Baramāwī, Muḥammad Ibn-'Abd-ad-Dā'im ¬al-¬
1362 – 1427/28
Ibn-'Abd-ad-Dā'im, Muḥammad al-Baramāwī
Muḥammad Ibn-'Abd-ad-Dā'im al-Baramāwī

Baranī, Ḍiyā'
→ **Ḍiyā'-ad-Dīn Baranī**

Baranī, Ḍiyā'-ad-Dīn
→ **Ḍiyā'-ad-Dīn Baranī**

Bar-Aptonyā, Yôḥannān
→ **Yôḥannān Bar-Aptonyā**

Barath, Johannes
→ **Johannes ⟨Barath⟩**

Barbacius, Andreas
→ **Andreas ⟨Barbatius⟩**

Barbahārī, al-Ḥasan Ibn-'Alī ¬al-¬
847 – 941
Šarḥ as-sunna
Sezgin,I,512
Ḥasan Ibn-'Alī al-Barbahārī ¬al-¬
Ibn-'Alī, al-Ḥasan al-Barbahārī

Bar-Bahlul, Hassan
→ **Ḥasan Ibn-al-Bahlūl ¬al-¬**

Barbam, Johannes ¬ad¬
→ **Johannes ⟨ad Barbam⟩**

Barbarino, Francesco ¬da¬
→ **Francesco ⟨da Barberino⟩**

Barbaro, Ermolao
→ **Barbarus, Hermolaus ⟨...⟩**

Barbaro, Francesco
ca. 1395 – 1454
LThK; LMA,I,1438
Barbarus, Franciscus
Francesco ⟨Barbaro⟩
Franciscus ⟨Barbarus⟩

Barbaro, Giosafat
1413 – 1494
Lettere al senato veneto
Rep.Font. II,444; LMA,I,1438/39
Barbaro, Giosafatte
Barbaro, Josafa
Barbaro, Josaphat
Barbarus, Iosaphat
Giosafat ⟨Barbaro⟩
Giosafatte ⟨Barbaro⟩

Barbaro, Nicolò
gest. 1453
Giornale dell'assedio di Constantinopoli 1453
Rep.Font. II,445
Barbaro, Niccolò
Barbaro, Nicolas
Niccolò ⟨Barbaro⟩
Nicolas ⟨Barbaro⟩
Nicolò ⟨Barbaro⟩

Barbaros
→ **Barbarus ⟨Scaligeri⟩**

Barbarossa
→ **Friedrich ⟨Römisch-Deutsches Reich, Kaiser, I.⟩**

Barbarus ⟨Scaligeri⟩
um 518
Übers. aus d. Griech. ins Lat. von Totius orbis terrarum historiae (5.Jh.); Name und schlechter Ruf dieses Anonymus von J. J. Scaliger (1606)
Rep.Font. II,445
Barbaros
Barbarus ⟨Hellenismi et Latinitatis Imperitissimus⟩
Barbarus ⟨Ineptus⟩

Barbarus, Hermolaus ⟨Iunior⟩
1454 – 1493
De coelibatu; De officio legati; Epistolae; Orationes
Rep.Font. II,443; LMA,I,1437/38
Almorò ⟨Barbaro⟩
Barbaro, Almorò
Barbaro, Ermolao
Barbaro, Hermolao
Barbaro, Hermolaus
Barbaros, Hermolaos
Barbarus, Hermolaus
Ermolao ⟨Barbaro⟩
Ermolao ⟨Barbaro, Junior⟩
Hermolaus
Hermolaus ⟨Barbaro⟩
Hermolaus ⟨Barbarus⟩
Hermolaus ⟨Barbarus, Iunior⟩
Hermolaus Barbarus

Barbarus, Hermolaus ⟨Senior⟩
ca. 1410 – 1471
Oratio contra poetas
Barbaro, Ermolao
Barbaro, Hermolaus
Hermolaus ⟨Barbaro⟩
Hermolaus ⟨Barbarus Senior⟩

Barbarus, Iosaphat
→ **Barbaro, Giosafat**

Barbatius, Andreas
→ **Andreas ⟨Barbatius⟩**

Barbazanis, Michael Madius ¬de¬
→ **Madius de Barbazanis, Michael**

Barbazza, Andrea
→ **Andreas ⟨Barbatius⟩**

Barbello, Amalricus ¬de¬
→ **Amalricus ⟨de Barbello⟩**

Barberino, Andrea ¬da¬
→ **Andrea ⟨da Barberino⟩**

Barberino, Francesco ¬da¬
→ **Francesco ⟨da Barberino⟩**

Barberis, Philippus ¬de¬
1426 – 1487 · OP
De divina providentia; Sermonum quadragesimalium; De inventoribus scientiarum et artium mechanicarum; etc.
Kaeppeli,III,271/73; Rep.Font. II,446
Barberi, Filipo
Barberiis, Philippus ¬de¬
Barberis, Philippus
Barbieri, Filippo
Barbieri, Filippo ¬de¬
Barbieri, Philippe ¬de'¬
Barbieri, Philippus ¬de¬
Felipe ⟨dei Barbieri⟩
Filipo ⟨Barberi⟩
Filippo ⟨Barbieri⟩
Filippo ⟨de Barbieri⟩
Philippe ⟨de Barbieri de Syracuse⟩
Philippus ⟨de Barberiis⟩
Philippus ⟨de Barberiis Syracusanus⟩
Philippus ⟨Siculus⟩

Barbezieux, Rigaut ¬de¬
→ **Rigaut ⟨de Barbezieux⟩**

Barbo, Luigi
→ **Barbus, Ludovicus**

Barbo, Paolo
→ **Paulus ⟨Barbus de Venetiis⟩**
→ **Soncinas, Paulus**

Barbo, Pietro
→ **Paulus ⟨Papa, II.⟩**

Barbour, John
ca. 1316 – 1395
Meyer; LMA,I,1447
John ⟨Barbour⟩

Barbucallus, Johannes
→ **Johannes ⟨Barbucallus⟩**

Barbus, Ludovicus
ca. 1380 – 1443 · OSB
De initio et progressu congregationis Benedictinae S. Justinae de Padua
Potth. 749
Barbo, Louis
Barbo, Ludovico
Barbo, Luigi
Louis ⟨Barbo⟩
Louis ⟨de Trévise⟩
Ludovico ⟨Barbo⟩
Ludovicus ⟨Barbus⟩
Luigi ⟨Barbo⟩

Barbus, Paulus
→ **Paulus ⟨Barbus de Venetiis⟩**
→ **Soncinas, Paulus**

Barbuto, Rustico
→ **Filippi, Rustico**

Barcelona, Homobonus ¬de¬
→ **Homobonus ⟨de Barcelona⟩**

Barcelos, Pedro ¬de¬
→ **Pedro Afonso ⟨Barcelos, Conde⟩**

Bar-Chasdai, Abraham
→ **Ibn-Ḥasdây, Avrāhām hal-Lēwī Ben-Šemû'ēl**

Barcheuvre, Petrus
→ **Berchorius, Petrus**

Barchin, Hieronymus Paulus
→ **Paulus, Hieronymus**

Barchoeur, Petrus
→ **Berchorius, Petrus**

Barchoff de Blomberg, Henricus
→ **Henricus ⟨Barchoff de Blomberg⟩**

Barcino, Paolo Girolamo
→ **Paulus, Hieronymus**

Barcinona, Gabriel ¬de¬
→ **Gabriel ⟨de Barcinona⟩**

Bardales, Leo
→ **Leo ⟨Bardales⟩**

Bardanes, Georgius
→ **Georgius ⟨Bardanes⟩**

Bárdarson, Ívar
→ **Ívar ⟨Bárdarson⟩**

Bardesanus ⟨Syrus⟩
→ **Jacobus ⟨Baradaeus⟩**

Bardewic, Albertus ¬de¬
→ **Albertus ⟨de Bardewic⟩**

Bardi, Robert ¬de'¬
→ **Robertus ⟨de Bardis⟩**

Bardīǧī, Aḥmad Ibn-Hārūn ¬al-¬
845 – 914
Aḥmad Ibn-Hārūn al-Bardīǧī
Bardījī, Aḥmad ibn Hārūn ¬al-¬
Ibn-Hārūn, Aḥmad al-Bardīǧī

Bardījī, Aḥmad ibn Hārūn ¬al-¬
→ **Bardīǧī, Aḥmad Ibn-Hārūn ¬al-¬**

Bardin ⟨Sampson⟩
→ **Bernardinus ⟨Sansonis⟩**

Bardin, Guilelmus
um 1454
Historia chronologica parlamentorum patriae Occitanae et diversorum conventuum trium ordinum dictae patriae (1031-1454)
Rep.Font. II,448
Bardin, Guillaume
Guilelmus ⟨Bardin⟩
Guillaume ⟨Bardin⟩

Bardinus ⟨Samson⟩
→ **Bernardinus ⟨Sansonis⟩**

Bardis, Robertus ¬de¬
→ **Robertus ⟨de Bardis⟩**

Bardo ⟨Lucensis⟩
um 1086/87
Vita Anselmi Lucensis
Bardo ⟨of Lucca⟩
Bardo ⟨Presbyter⟩
Bardon ⟨de Lucques⟩
Bardon ⟨Hagiographe⟩
Bardon ⟨Prêtre⟩

Bardo ⟨Moguntinensis⟩
ca. 980 – 1051
Sermo; Epistola ad monachos S. Albani
Rep.Font. II,448; LMA,I,1458/59
Bardo ⟨Archiepiscopus⟩
Bardo ⟨Erzbischof⟩
Bardo ⟨Moguntinus⟩
Bardo ⟨Sanctus⟩
Bardo ⟨von Mainz⟩
Bardon ⟨Archevêque⟩
Bardon ⟨de Mayence⟩
Bardon ⟨de Werden⟩
Bardon ⟨d'Hersfeld⟩
Bardon ⟨d'Oppershofen⟩

Barenguedos
→ **Berengaudus ⟨Ferrariensis⟩**

Barfüßer ⟨von Basel⟩
um 1400 · OFM
Exzerpt: Predigtstück
VL(2),1,804
Barfüßer von Basel
Basel, Barfüßer ¬von¬

Barfüßer-Lesemeister
14. Jh.
Predigt
VL(2),1,605/606
Barfüßer ⟨Lesemeister⟩

Bargio, Antonius ¬de¬
→ **Antonius ⟨de Bargio⟩**

Bargono, Petrus ¬de¬
→ **Petrus ⟨de Bargono⟩**

Barhebraeus
1226 – 1286
Rep.Font. VI,189/90; LMA,I,1461
Abou'lfaradj, Grégoire
Abufaragius, Gregorius
Abulfaragius, Gregorius
Abu-'l-Farağ Gregorios Ibn-al-'Ibrī
Bar 'Ebhrāyā
Bar-Hebraeus, Gregorius
Barhebraeus, Yūḥannā G. ⟨al-Malaṭī⟩
Gerīghōr
Gregorius ⟨Abufaragius⟩
Gregorius Abulfaragius
Grīghōr, Abū al-Faraj
Grigor Bar 'Ebrāyā
Ibn al 'Ibrī
Ibn-al-'Ibrī, Gregorios Abu-'l-Farağ
Yūhannān Abū'l-Farağ b. al-'Ibrī

Bar-Ḥiyyâ han-Nāśî', Avrāhām
→ **Avrāhām Bar-Ḥiyyâ han-Nāśî'**

Bari, Maio ¬de¬
→ **Maio ⟨de Bari⟩**

Baringuedus, Simon
→ **Simon ⟨Baringuedus⟩**

Bario, Angelus ¬de¬
→ **Angelus ⟨de Bario⟩**

Baris, Johannes
→ **Beris, Johannes**

Barjols, Elias ¬de¬
→ **Elias ⟨de Barjols⟩**

Bar-Kēpā, Mušē
→ **Mušē Bar-Kēpā**

Barking, Adamus ¬de¬
→ **Adamus ⟨de Barking⟩**

Barking, Clémence ¬de¬
→ **Clémence ⟨de Barking⟩**

Bar-Koni, Theodor
→ **Theodor Bar-Koni**

Barlaam ⟨de Seminaria⟩
ca. 1290 – ca. 1350
De processione S. Spiritus
Tusculum-Lexikon; CSGL; LMA,I,1469/70
Barlaam ⟨Calabrius⟩
Barlaam ⟨Calabro⟩
Barlaam ⟨Constantinopolitanus⟩
Barlaam ⟨de Gerace⟩
Barlaam ⟨de Seminaria Colober⟩
Barlaam ⟨Giracensis⟩
Barlaam ⟨Hieracensis⟩
Barlaam ⟨ho Kalabros⟩
Barlaam ⟨Mathematicus⟩
Barlaam ⟨Monachus⟩
Barlaam ⟨Theologus⟩
Barlaamus ⟨de Gerace⟩
Seminaria, Barlaam ¬de¬

Barletta, Andrea ¬di¬
→ **Andreas ⟨de Barulo⟩**

Barletta, Gabriel ¬de¬
→ **Gabriel ⟨de Barletta⟩**

Barmakī, Aḥmad Ibn-Ğa'far ¬al-¬
→ **Ğaḥẓa al-Barmakī, Aḥmad Ibn-Ğa'far**

Barmakī, Ğaḥẓa ¬al-¬
→ **Ğaḥẓa al-Barmakī, Aḥmad Ibn-Ğa'far**

Barmyngham, John
→ **Johannes ⟨de Barningham⟩**

Barnabas ⟨Cagnoli⟩
→ **Barnabas ⟨de Vercellis⟩**

Barnabas ⟨de Riatinis⟩
ca. 1300 – 1365
Libellus de conservanda sanitate; Libellus de conservanda sanitate oculorum; De naturis et qualitatibus alimentorum
LMA,I,1473
Barnabas ⟨Magister⟩
Barnabas ⟨von Reggio⟩
Barnabé ⟨de Reggio⟩
Barnabé ⟨de Rietini⟩
Riatinis, Barnabas ¬de¬
Rietini, Barnabé ¬de¬

Barnabas ⟨de Vercellis⟩
gest. 1332 · OP
Litterae encyclicae ad Ord. Praed.
Schneyer,I,386
Barnaba ⟨Cognoli⟩
Barnaba ⟨da Vercelli⟩
Barnabas ⟨Cagnoli⟩
Barnabas ⟨Cognoli⟩
Barnabas ⟨Vercellensis⟩
Barnabé ⟨Cagnolo⟩
Barnabé ⟨de Gênes⟩
Barnabé ⟨de Verceil⟩
Cognoli, Barnaba
Vercellis, Barnabas ¬de¬

Barnabas ⟨Magister⟩
→ **Barnabas ⟨de Riatinis⟩**

Barnabas ⟨Picardus⟩
→ **Picardus, Barnabas**

Barnabas ⟨Sassoni⟩
gest. 1486 · OP
Litterae encyclicae ad totum Ordinem
Barnabas ⟨Sasconus⟩
Barnabas ⟨Sassone⟩
Barnabas ⟨Saxo⟩
Barnabas ⟨Saxonus⟩
Barnabas ⟨Saxonus de Neapoli⟩
Barnabé ⟨Sassoni⟩
Sasconus, Barnabas
Sassoni, Barnabas
Sassoni, Barnabé
Sassonus, Barnabas
Saxoni, Barnabas
Saxonus, Barnabas

Barnabas ⟨Saxo⟩
→ **Barnabas ⟨Sassoni⟩**

Barnabas ⟨Senensis⟩
15. Jh.
Vita S.Bernardini Senensis
Rep.Font. II,450
Barnaba ⟨Senese⟩
Barnabaeus ⟨Senensis⟩
Barnabé ⟨de Sienne⟩

Barnabas ⟨Vercellensis⟩
→ **Barnabas ⟨de Vercellis⟩**

Barnabas ⟨Visconti⟩
→ **Bernabò ⟨Visconti⟩**

Barnabas ⟨von Reggio⟩
→ **Barnabas ⟨de Riatinis⟩**

Barnabé ⟨Cagnolo⟩
→ **Barnabas ⟨de Vercellis⟩**

Barnabé ⟨de Gênes⟩
→ **Barnabas ⟨de Vercellis⟩**

Barnabé ⟨de Reggio⟩
→ **Barnabas ⟨de Riatinis⟩**

Barnabé ⟨de Sienne⟩
→ **Barnabas ⟨Senensis⟩**

Barnabé ⟨de Verceil⟩
→ **Barnabas ⟨de Vercellis⟩**

Barnabé ⟨Sassoni⟩
→ **Barnabas ⟨Sassoni⟩**

Barnabò ⟨Visconti⟩
→ **Bernabò ⟨Visconti⟩**

Barnard ⟨der Heilige⟩
→ **Barnardus ⟨Viennensis⟩**

Barnard ⟨von Vienne⟩
→ **Barnardus ⟨Viennensis⟩**

Barnardus ⟨Archiepiscopus⟩
→ **Barnardus ⟨Viennensis⟩**

Barnardus ⟨Sanctus⟩
→ **Barnardus ⟨Viennensis⟩**

Barnardus ⟨Viennensis⟩
778 – 842
CSGL
Barnard ⟨der Heilige⟩
Barnard ⟨von Vienne⟩
Barnardus ⟨Archiepiscopus⟩
Barnardus ⟨Episcopus⟩
Barnardus ⟨Sanctus⟩
Barnardus ⟨Vindobonensis⟩
Bernard ⟨of Vienna⟩
Bernardus ⟨Viennensis⟩

Barnekove, Ravo ¬de¬
→ **Ravo ⟨de Barnekove⟩**

Bar-Nesibnayē, Babai
→ **Babai Bar-Nesibnayē**

Barni, Ziaa
→ **Ḍiyā'-ad-Dīn Baranī**

Barni, Ziaa al-Din
→ **Ḍiyā'-ad-Dīn Baranī**

Barningham, Johannes ¬de¬
→ **Johannes ⟨de Barningham⟩**

Barnouin ⟨de Vienne⟩
→ **Bernowinus**

Baro, Andreas ¬de¬
→ **Andreas ⟨de Baro⟩**

Bar-Qalônîmûs, Mešullām
→ **Mešullām Bar-Qalônîmûs**

Barrabas ⟨Picardus⟩
→ **Picardus, Barnabas**

Barre, Richardus
→ **Richardus ⟨Barre⟩**

Barreria, Petrus Raymundus ¬de¬
gest. 1383 · OESA
De schismate
LMA,I,1489
Barrière, Pierre ¬de¬
Barrière, Pierre-Raymond ¬de¬
LaBarrière, Pierre-Raymond ¬de¬
Petrus ⟨Cardinal d'Autun⟩
Petrus ⟨de Barreria⟩
Petrus Raymundus ⟨de Barreria⟩

Pierre ⟨de Barrière⟩
Pierre-Raymond ⟨de Barrière⟩

Barrientos, Lope ¬de¬
1382 – 1469 · OP
Refundición de la crónica del halconero; Tractado de caso e fortuna; Tractado de dormir e despertar e del sonar e de las adevinancas e agueros e profecias; Tractado contra algunos zizanadores de la nación de los convertidos de pueblo de Israel
Schönberger/Kible, Repertorium, 15398/15401; Kaeppeli,III,98/99; LMA,I,1488
Barrientos, Lopez ¬de¬
Lope ⟨de Barrientos⟩
Lupus ⟨de Barrientos⟩

Barrière, Pierre-Raymond ¬de¬
→ **Barreria, Petrus Raymundus ¬de¬**

Barro, Petrus ¬de¬
→ **Petrus ⟨de Barro⟩**

Barroso, Pedro Gómez
→ **Gómez Barroso, Pedro**

Bar-Sahdē
→ **Sāhdonā**

Bar-Ṣalibi, Dionysios
→ **Dionysios Bar-Ṣalibi**

Barsanuphius ⟨Sanctus⟩
5./6. Jh.
Tusculum-Lexikon; CSGL
Barsanuphios
Barsanuphius ⟨Anachoreta⟩
Barsanuphius ⟨Monachus⟩
Barsanuphius ⟨Palestinus⟩
Barsanuphus ⟨Sanctus⟩
Sanctus Barsanuphius

Bar-Ṣaumā
ca. 1220 – 1294
Bar-Ṣaumā ⟨Rabbān⟩
Bar-Ṣaumā, Rabbān
Barsumas
Rabban ⟨Bar Sauma⟩
Sauma, Rabban ¬bar¬

Barsegapè, Pietro ¬da¬
→ **Pietro ⟨da Barsegapè⟩**

Bar-Šinaya, Elyā
→ **Elyā Bar-Šinayā**

Bar-sur-Aube, Bertrand ¬de¬
→ **Bertrand ⟨de Bar-sur-Aube⟩**

Bart, Conradus
um 1238/44 · OCist
Aequipollarius
VL(2),1,606/608
Barth, Conradus
Conradus ⟨Bart⟩
Conradus ⟨Barth⟩
Conradus ⟨Part⟩
Conradus ⟨Rot⟩
Conradus ⟨Vatt⟩
Part, Conradus
Rot, Conradus
Vatt, Conradus

Barta, Dominicus ¬de¬
→ **Dominicus ⟨de Barta⟩**

Bartenstein, Martin ¬von¬
→ **Martin ⟨von Bartenstein⟩**

Barth, Conradus
→ **Bart, Conradus**

Bartharius ⟨Martyr⟩
→ **Bertarius ⟨Casinensis⟩**

Barthel ⟨Regenboge⟩
→ **Regenbogen**

Barthélemi ⟨...⟩
→ **Barthélemy ⟨...⟩**

Barthélemy ⟨Abbé Cistercien⟩
→ **Bartholomaeus ⟨de Buzay⟩**

Barthélemy ⟨Acerbi⟩
→ **Bartholomaeus ⟨de Acerbis⟩**

Barthélemy ⟨Beca⟩
→ **Bartholomaeus ⟨de Beka⟩**

Barthélemy ⟨Bellati⟩
→ **Bartholomaeus ⟨Bellati⟩**

Barthélemy ⟨Betha⟩
→ **Bartholomaeus ⟨de Beka⟩**

Barthélemy ⟨Biscia⟩
→ **Bartholomaeus ⟨de Bissis⟩**

Barthélemy ⟨Caimo⟩
→ **Bartholomaeus ⟨de Chaimis⟩**

Barthélemy ⟨Carme Sicilien⟩
→ **Bartholomaeus ⟨de Sacca⟩**

Barthélemy ⟨Catañi de Llummayor⟩
→ **Bartholomaeus ⟨Catanius⟩**

Barthélemy ⟨Cellérier de la Famille Reichersperg⟩
→ **Hoyer, Bartholomäus**

Barthélemy ⟨Chroniqueur⟩
→ **Bartholomaeus ⟨Ianuensis⟩**

Barthélemy ⟨Chroniqueur-Poète⟩
→ **Bartholomaeus ⟨Leodiensis⟩**

Barthélemy ⟨Comazzi⟩
→ **Bartholomaeus ⟨de Comatiis⟩**

Barthélemy ⟨d'Abano⟩
→ **Bartholomaeus ⟨de Giano⟩**

Barthélemy ⟨dalla Massa⟩
→ **Bartholomaeus ⟨de Massa⟩**

Barthélemy ⟨d'Apona⟩
→ **Bartholomaeus ⟨de Giano⟩**

Barthélemy ⟨de Alverna⟩
→ **Bartholomaeus ⟨de Alverna⟩**

Barthélemy ⟨de Alzano⟩
→ **Bartholomaeus ⟨de Alzano⟩**

Barthélemy ⟨de Bari⟩
→ **Bartholomaeus ⟨Barensis⟩**

Barthélemy ⟨de Beka⟩
→ **Bartholomaeus ⟨de Beka⟩**

Barthélemy ⟨de Bénévent⟩
→ **Bartholomaeus ⟨de Benevento⟩**

Barthélemy ⟨de Bisceglie⟩
→ **Bartholomaeus ⟨Barensis⟩**

Barthélemy ⟨de Biscia⟩
→ **Bartholomaeus ⟨de Bissis⟩**

Barthélemy ⟨de Bologne⟩
→ **Bartholomaeus ⟨Bononiensis, ...⟩**
→ **Bartholomaeus ⟨de Bissis⟩**
→ **Bartholomaeus ⟨de Bononia⟩**
→ **Bartholomaeus ⟨de Piscialis⟩**
→ **Bartholomaeus ⟨de Podio⟩**

Barthélemy ⟨de Bolsenheim⟩
→ **Bartholomaeus ⟨de Bolsenheim⟩**

Barthélemy ⟨de Bragance⟩
→ **Bartholomaeus ⟨Vicentinus⟩**

Barthélemy ⟨de Brescia⟩
→ **Bartholomaeus ⟨Brixiensis⟩**

Barthélemy ⟨de Bruges⟩
→ **Bartholomaeus ⟨de Brugis⟩**

Barthélemy ⟨de Buzay⟩
→ **Bartholomaeus ⟨de Buzay⟩**

Barthélemy ⟨de Cologne⟩
→ **Bartholomaeus ⟨Coloniensis⟩**

Barthélemy ⟨de Constantinople⟩
→ **Bartholomaeus ⟨Constantinopolitanus⟩**

Barthélemy ⟨de Conway⟩
→ **Bartholomaeus ⟨Culeius⟩**

Barthélemy ⟨de Draguignan⟩
→ **Bartholomaeus ⟨Texerii⟩**

Barthélemy ⟨de Feltre⟩
→ **Bartholomaeus ⟨Bellati⟩**

Barthélemy ⟨de Ferrare⟩
→ **Bartholomaeus ⟨de Ferrara⟩**

Barthélemy ⟨de Gênes⟩
→ **Bartholomaeus ⟨Ianuensis⟩**

Barthélemy ⟨de Giano⟩
→ **Bartholomaeus ⟨de Giano⟩**

Barthélemy ⟨de Glanville⟩
→ **Bartholomaeus ⟨Anglicus⟩**

Barthélemy ⟨de Liège⟩
→ **Bartholomaeus ⟨Leodiensis⟩**

Barthélemy ⟨de Limassol⟩
→ **Bartholomaeus ⟨Vicentinus⟩**

Barthélemy ⟨de Maestricht⟩
→ **Bartholomaeus ⟨de Maestricht⟩**

Barthélemy ⟨de Modène⟩
→ **Bartholomaeus ⟨de Ferrara⟩**
→ **Bartholomaeus ⟨Mutinensis⟩**

Barthélemy ⟨de Monopoli⟩
→ **Bartholomaeus ⟨Sibylla⟩**

Barthélemy ⟨de Novare⟩
→ **Bartolomeo ⟨da Novara⟩**

Barthélemy ⟨de Padoue, Augustin⟩
→ **Bartholomaeus ⟨de Padua⟩**

Barthélemy ⟨de Padoue, Médecin à Bologne⟩
→ **Bartholomaeus ⟨de Pace⟩**

Barthélemy ⟨de Parme⟩
→ **Bartholomaeus ⟨de Parma⟩**

Barthélemy ⟨de Piscialis⟩
→ **Bartholomaeus ⟨de Piscialis⟩**

Barthélemy ⟨de Pise⟩
→ **Bartholomaeus ⟨Pisanus⟩**

Barthélemy ⟨de Saliceto⟩
→ **Bartholomaeus ⟨de Saliceto⟩**

Barthélemy ⟨de San Concordio⟩
→ **Bartholomaeus ⟨Pisanus⟩**

Barthélemy ⟨de Sienne⟩
→ **Bartholomaeus ⟨Dominici⟩**
→ **Bartholomaeus ⟨Johannis⟩**

Barthélemy ⟨de Tino⟩
→ **Bartholomaeus ⟨de Piscialis⟩**

Barthélemy ⟨de Torcello⟩
→ **Bartholomaeus ⟨de Piscialis⟩**

Barthélemy ⟨de Tours⟩
→ **Bartholomaeus ⟨Turonensis⟩**

Barthélemy ⟨de Trente⟩
→ **Bartholomaeus ⟨Tridentinus⟩**

Barthélemy ⟨de Vicence⟩
→ **Bartholomaeus ⟨Vicentinus⟩**

Barthélemy ⟨d'Edessa⟩
→ **Bartholomaeus ⟨Edessenus⟩**

Barthélemy ⟨d'Exeter⟩
→ **Bartholomaeus ⟨Exoniensis⟩**

Barthélemy ⟨d'Eyck⟩
→ **Eyck, Barthélémy ¬d'¬**

Barthélemy ⟨Domenici⟩
→ **Bartholomaeus ⟨Dominici⟩**

Barthélemy ⟨Domenici de Sienne⟩
→ **Bartholomaeus ⟨Dominici⟩**

Barthélemy ⟨Dominicain⟩
→ **Bartholomaeus ⟨de Podio⟩**

Barthélemy ⟨du Mont-Saint-Michel⟩
→ **Bartholomaeus ⟨Exoniensis⟩**

Barthélemy ⟨Espagnol⟩
→ **Bartholomaeus ⟨Hispanus⟩**

Barthélemy ⟨Evêque de Maraga⟩
→ **Bartholomaeus ⟨de Podio⟩**

Barthélemy ⟨Fanti⟩
→ **Fanti, Bartolomeo**

Barthélemy ⟨Florius⟩
→ **Bartholomaeus ⟨Barensis⟩**

Barthélemy ⟨Frowein⟩
→ **Frowein, Bartholomaeus**

Barthélemy ⟨Ghotan⟩
→ **Ghotan, Bartolomäus**

Barthélemy ⟨Gribus⟩
→ **Gribus, Bartholomaeus**

Barthélemy ⟨Höneke⟩
→ **Höneke, Bartholomäus**

Barthélemy ⟨l'Ancien⟩
→ **Bartholomaeus ⟨de Saliceto⟩**

Barthélemy ⟨l'Anglais⟩
→ **Bartholomaeus ⟨Anglicus⟩**

Barthélemy ⟨le Petit⟩
→ **Bartholomaeus ⟨de Podio⟩**

Barthélemy ⟨Médecin⟩
→ **Bartholomäus ⟨Magister⟩**

Barthélemy ⟨Metlinger⟩
→ **Metlinger, Bartholomäus**

Barthélemy ⟨Montagnana⟩
→ **Bartholomaeus ⟨de Montagna⟩**

Barthélemy ⟨Montucci⟩
→ **Bartholomaeus ⟨Montucci⟩**

Barthélemy ⟨Parvo⟩
→ **Bartholomaeus ⟨de Podio⟩**

Barthélemy ⟨Penades⟩
→ **Bartholomaeus ⟨de Panades⟩**

Barthélemy ⟨Prignani⟩
→ **Urbanus ⟨Papa, VI.⟩**

Barthélemy ⟨Renclus de Molliens-Vidame⟩
→ **Renclus ⟨de Molliens⟩**

Barthélemy ⟨Sacca⟩
→ **Bartholomaeus ⟨de Sacca⟩**

Barthélemy ⟨Scala⟩
→ **Scala, Bartholomaeus**

Barthélemy ⟨Schirmer⟩
→ **Hoyer, Bartholomäus**

Barthélemy ⟨Sibilla de Monopoli⟩
→ **Bartholomaeus ⟨Sibylla⟩**

Barthélemy ⟨Texier de Draguignan⟩
→ **Bartholomaeus ⟨Texerii⟩**

Barthélemy ⟨van Eyck⟩
→ **Eyck, Barthélémy ¬d'¬**

Barthélemy ⟨Vigiliensis⟩
→ **Bartholomaeus ⟨Barensis⟩**

Barthélemy ⟨von der Lake⟩
→ **Bartholomäus ⟨van der Lake⟩**

Barthélemy ⟨Vopisco⟩
→ **Scala, Bartholomaeus**

Barthold ⟨Hammenstede⟩
→ **Hammenstede, Barthold**

Barthold ⟨Meyer⟩
→ **Meyer, Bertold**

Bartholdus ⟨de Roma⟩
15. Jh. · OSSalv.
Vita et miracula S. Brigittae de Suecia
Rep.Font. II,451
Roma, Bartholdus ¬de¬

Bartholdus ⟨Meyer⟩
→ **Meyer, Bertold**

Bartholi de Assisio, Franciscus
→ **Franciscus ⟨Bartholi de Assisio⟩**

Bartholomaeis, Andreas ¬de¬
→ **Andreas ⟨Barbatius⟩**

Bartholomaeis, Henricus ¬de¬
→ **Henricus ⟨de Segusia⟩**

Bartholomaeus ⟨ab Apona⟩
→ **Bartholomaeus ⟨de Giano⟩**

Bartholomaeus ⟨Abaliati de Bologna⟩
→ **Bartholomaeus ⟨de Podio⟩**

Bartholomaeus ⟨Abbas Ebrach⟩
→ **Frowein, Bartholomaeus**

Bartholomaeus ⟨Albicius⟩
gest. 1401
CSGL
Albicius, Bartholomaeus
Albisius, Bartholomaeus
Albizzi, Bartolommeo
Bartholomaeus ⟨de Albizis⟩
Bartholomaeus ⟨de Pisis⟩
Bartholomaeus ⟨de Rinonico⟩
Bartholomaeus ⟨Pisanus⟩
Bartholomaeus ⟨von Pisa⟩
Bartholomaeus ⟨von Rivano⟩
Bartolommeo ⟨Albizzi⟩
Pisanus, Bartholomaeus

Bartholomaeus ⟨Anglicus⟩
gest. 1250
LThK; CSGL; LMA,I,1492/93
Anglicus, Bartholomaeus
Barthélemy ⟨de Glanville⟩
Barthélemy ⟨l'Anglais⟩
Bartholomaeus ⟨de Glanvilla⟩
Bartholomaeus ⟨de Glanville⟩
Bartholomaeus ⟨Glannovillanus⟩
Bartholomaeus ⟨Glaunvillus⟩
Bartholomaeus ⟨Glauvillus⟩
Bartholomaeus ⟨Sudovolgius⟩
Bartholomeus ⟨Anglicus⟩
Bartholomew ⟨of England⟩
Glanville, Bartholomew

Bartholomaeus ⟨Astensis⟩
→ **Bartholomaeus ⟨de Bissis⟩**

Bartholomaeus ⟨Barensis⟩
gest. ca. 1327 · OP
Nicht ident. mit Bartholomaeus ⟨Flores⟩; Pentat.
Stegmüller, Repert. bibl. 1568; Kaeppeli,I,144
Barthélemy ⟨de Bari⟩
Barthélemy ⟨de Bisceglie⟩
Barthélemy ⟨Florio⟩
Barthélemy ⟨Florius⟩
Barthélemy ⟨Vigiliensis⟩
Bartholomaeus ⟨de Bari⟩
Bartholomaeus ⟨de Bario⟩
Bartholomaeus ⟨Florio⟩

Bartholomaeus ⟨Vigiliensis⟩

Bartholomaeus ⟨Bellati⟩
gest. 1479 · OFM
Opusculum in secundum librum Sententiarum Scoti; Hrsg. von „Summa astesana, Liber primus lecturas parisienses sive reportatorum Scoti"
Stegmüller, Repert. sentent. 432; 15
Barthélemy ⟨Bellati⟩
Barthélemy ⟨de Feltre⟩
Bartholomaeus ⟨Bellati de Feltre⟩
Bartholomaeus ⟨de Feltre⟩
Bartolomeo ⟨Bellati⟩
Bellati, Barthélemy
Bellati, Bartholomaeus

Bartholomaeus ⟨Bellencinus⟩
→ **Bartholomaeus ⟨de Bellincinis⟩**

Bartholomaeus ⟨Biscia⟩
→ **Bartholomaeus ⟨de Bissis⟩**

Bartholomaeus ⟨Bononiensis, OESA⟩
um 1398 · OESA
Sermones super epistulas totius anni
Barthélemy ⟨de Bologne⟩
Bologne, Barthélemy ¬de¬

Bartholomaeus ⟨Bononiensis, OFM⟩
→ **Bartholomaeus ⟨de Bononia⟩**

Bartholomaeus ⟨Bononiensis, OP⟩
→ **Bartholomaeus ⟨de Podio⟩**

Bartholomaeus ⟨Brixiensis⟩
gest. 1258
LThK; CSGL; LMA,I,1493
Barthélemy ⟨de Brescia⟩
Bartholomaeus ⟨von Brescia⟩
Bartolomeo ⟨da Brescia⟩

Bartholomaeus ⟨Buzayus⟩
→ **Bartholomaeus ⟨de Buzay⟩**

Bartholomaeus ⟨Caccia⟩
→ **Bartholomaeus ⟨de Caziis⟩**

Bartholomaeus ⟨Caepolla⟩
gest. ca. 1477
Bartholomaeus ⟨Cipolla⟩
Bartholomaeus ⟨Coepolla⟩
Bartolomeo ⟨Cepolla⟩
Bartolommeo ⟨Cipolla⟩
Caepola, Bartholomaeus
Caepolla, Bartholomaeus
Caepolla, Bartholomeo
Cepolla, Bartholomaeus
Cepolla, Bartolomeo
Cepolle, Bartholomeus
Cipolla, Bartolomeo

Bartholomaeus ⟨Caimus⟩
→ **Bartholomaeus ⟨de Chaimis⟩**

Bartholomaeus ⟨Capodilista⟩
um 1342/64 · OP
Breviloquium super libro Aegidii de Roma de regimine principium
Kaeppeli,I,146
Bartholomaeus ⟨Capitiglista⟩
Capodilista, Bartholomaeus

Bartholomaeus ⟨Capuanus⟩
1248 – 1328
CSGL; LMA,I,1493/94
Bartholomaeus ⟨de Capua⟩
Bartholomaeus ⟨von Capua⟩
Bartolommeo ⟨da Capua⟩
Capua, Bartholomaeus ¬de¬
Capua, Bartolommeo ¬da¬
Capuanus, Bartholomaeus

Bartholomaeus ⟨Caracciolo⟩
→ **Caracciolo, Bartolomeo**

Bartholomaeus ⟨Carafa⟩
→ **Caracciolo, Bartolomeo**

Bartholomaeus ⟨Carthusiensis⟩
→ **Bartholomaeus ⟨de Maestricht⟩**

Bartholomaeus ⟨Catanius⟩
um 1444/62 · OFM
Sermones tres
Schönberger/Kible, Repertorium, 11815
Barthélemy ⟨Catañi⟩
Barthélemy ⟨Catañi de Llummayor⟩
Bartholomaeus ⟨Castanea⟩
Bartholomaeus ⟨Catany⟩
Catañi, Barthélemy
Catanius, Bartholomaeus

Bartholomaeus ⟨Cipolla⟩
→ **Bartholomaeus ⟨Caepolla⟩**

Bartholomaeus ⟨Coloniensis⟩
gest. 1494
CSGL
Barthélemy ⟨de Cologne⟩
Bartholomaeus ⟨von Köln⟩

Bartholomaeus ⟨Comazzius⟩
→ **Bartholomaeus ⟨de Comatiis⟩**

Bartholomaeus ⟨Constantinopolitanus⟩
14. Jh. · OP
Tractatus contra Graecos
Kaeppeli,I,147
Barthélemy ⟨de Constantinople⟩
Constantinopolitanus, Bartholomaeus

Bartholomaeus ⟨Cottune⟩
→ **Bartholomaeus ⟨de Cotton⟩**

Bartholomaeus ⟨Cryptoferratensis⟩
gest. ca. 1050
Tusculum-Lexikon; LThK; LMA,I,1494/95
Bartholomaeus ⟨Saint⟩
Bartholomaeus ⟨Sanctus⟩
Bartholomaeus ⟨von Grottaferrata⟩
Bartholomaios ⟨der Heilige⟩
Bartholomaios ⟨Heiliger⟩
Bartholomaios ⟨von Grottaferrata⟩
Bartholomew ⟨Saint⟩

Bartholomaeus ⟨Culeius⟩
gest. ca. 1309
Disputationes de generatione et corruptione
Lohr
Barthélemy ⟨de Conway⟩
Bartholomaeus ⟨de Cowley⟩
Conway, Barthélemy ¬de¬
Cowley, Bartholomaeus ¬de¬
Culeius, Bartholomaeus

Bartholomäus ⟨Cyrurgicus⟩
→ **Bartholomäus ⟨Magister⟩**

Bartholomaeus ⟨da Giano⟩
→ **Bartholomaeus ⟨de Giano⟩**

Bartholomaeus ⟨d'Angers⟩
→ **Bartholomaeus ⟨Turonensis⟩**

Bartholomaeus ⟨de Abagliatis⟩
gest. ca. 1329
Übersetzer eines „Tractatus de sacramentis"
Abagliatis, Bartholomaeus ¬de¬

Bartholomaeus ⟨de Acerbis⟩
gest. 1423 · OP
Epistulae plures ad fr. Thomam Antonii de Senis; Epistula ad fr. Iohannem Benedicto, priorem SS. Ioh. et Pauli de Venetiis; angebl. Verfasser von "Liber de civilitatibus et urbanis suae patriae moribus„
Kaeppeli,I,143
Acerbi, Barthélemy
Acerbis, Bartholomaeus ¬de¬
Barthélemy ⟨Acerbi⟩
Barthélemy ⟨Acerbi de Pise⟩
Bartholomaeus ⟨Perusinus⟩

Bartholomaeus ⟨de Albizis⟩
→ **Bartholomaeus ⟨Albicius⟩**

Bartholomaeus ⟨de Alverna⟩
um 1390
Errores haereticorum Bosnensium; Scripta inedita: de filioque; Errores schismaticorum Orientalium in regno Hungariae...
Schönberger/Kible, Repertorium, 11816
Alverna, Bartholomaeus ¬de¬
Barthélemy ⟨de Alverna⟩
Barthélemy ⟨d'Alverna⟩
Bartholomaeus ⟨de Alverno⟩

Bartholomaeus ⟨de Alzano⟩
um 1461/74 · OP
S. Catharinae Senensis epistulas collegit et typis dedit Venetiis apud Aldum Manutium
Kaeppeli,I,143/144
Alzano, Bartholomaeus ¬de¬
Barthélemy ⟨de Alzano⟩
Barthélemy ⟨d'Alzano⟩

Bartholomaeus ⟨de Apone⟩
→ **Bartholomaeus ⟨de Giano⟩**

Bartholomaeus ⟨de Aula⟩
→ **Scherrenmüller, Bartholomäus**

Bartholomaeus ⟨de Bari⟩
→ **Bartholomaeus ⟨Barensis⟩**

Bartholomaeus ⟨de Beka⟩
gest. 1463 · OCist.
Chronodromon Johannis Brandonis continuatio prima
Rep.Font. II,453
Barthélemy ⟨Beca⟩
Barthélemy ⟨Betha⟩
Barthélemy ⟨de Beka⟩
Bartholomaeus ⟨de Beca⟩
Beka, Bartholomaeus ¬de¬

Bartholomaeus ⟨de Bellincinis⟩
gest. 1478
CSGL
Bartholomaeus ⟨Bellencinus⟩
Bartolommeo ⟨Bellincini⟩
Bellencinus, Bartholomaeus
Bellincinis, Bartholomaeus ¬de¬

Bartholomaeus ⟨de Benevento⟩
um 1480
Etlike kraft un doghede der branden watere
Barthélemy ⟨de Bénévent⟩
Benevento, Bartholomaeus ¬de¬

Bartholomaeus ⟨de Bissis⟩
gest. 1409 · OP
Commentarii in Matthaeum, in Lucam et in Epistulas Catholicas
Stegmüller, Repert. bibl. 1569; Kaeppeli,I,144
Barthélemy ⟨Biscia⟩
Barthélemy ⟨de Biscia⟩
Barthélemy ⟨de Bologne⟩
Bartholomaeus ⟨Astensis⟩
Bartholomaeus ⟨Biscia⟩
Bartholomaeus ⟨Bisna⟩
Bartholomaeus ⟨Bononiensis⟩
Bartholomaeus ⟨de Biscia⟩
Bartholomaeus ⟨de Bissna⟩
Bartholomaeus ⟨de Bononia⟩
Bartholomaeus ⟨de Strata Maiori⟩
Bartholomaeus ⟨delle Biscie⟩
Bartholomaeus ⟨Episcopus Astensis⟩
Bartolomaeus ⟨Biscia⟩
Bartolomaeus ⟨Bisna⟩
Bartolomaeus ⟨delle Biscie⟩
Bissis, Bartholomaeus ¬de¬

Bartholomaeus ⟨de Bodekisham⟩
13. Jh.
Quaestiones super librum Physicorum; Quaestiones in III libros De anima; Quaestiones super Metaphysicam (I-IV)
Lohr
Bertolameus ⟨de Bodekisham⟩
Bodekisham, Bartholomaeus ¬de¬

Bartholomaeus ⟨de Bologna⟩
→ **Bartholomaeus ⟨de Podio⟩**

Bartholomaeus ⟨de Bolsenheim⟩
um 1350/62 · OP
Comment. in Sententias Petri Lombardi; Tractatus in quo respondet ad articulos a Richardo FitzRalph, archiep. Armacano, contra mendicantes propositos; Liber rarus et gratus de materiis theologicis, qui dicitur De viro completo; etc.
Kaeppeli,I,145; Schönberger/Kible, Repertorium, 11817
Barthélemy ⟨de Bolsenheim⟩
Bartholomaeus ⟨de Bolsenech⟩
Bartholomaeus ⟨von Bölsenheim⟩
Bolsenheim, Bartholomaeus ¬de¬

Bartholomaeus ⟨de Bononia⟩
→ **Bartholomaeus ⟨Bononiensis, OESA⟩**
→ **Bartholomaeus ⟨de Bissis⟩**
→ **Bartholomaeus ⟨de Comatiis⟩**
→ **Bartholomaeus ⟨de Podio⟩**

Bartholomaeus ⟨de Bononia⟩
gest. 1294 · OFM
Marienpredigt; Tractatus in luce; Commentarius in sententias; Quaestiones de fide
LThK(2),2,39; CSGL; Schneyder,I,386
Barthélemy ⟨de Bologne⟩
Barthélemy ⟨de Bologne, Franciscain⟩
Barthélemy ⟨de Bologne, Predicateur⟩
Bartholomaeus ⟨Bononiensis⟩
Bartholomaeus ⟨de Bononia, OFM⟩
Bartholomaeus ⟨of Bologna⟩
Bartholomaeus ⟨Frater⟩
Bartholomaeus ⟨von Bologna⟩
Bartholomaeus ⟨von Bologna, OFM⟩
Bartolomeo ⟨di Bologna⟩
Bononia, Bartholomaeus ¬de¬
Pseudo-Bartholomaeus ⟨Bononiensis⟩

Bartholomaeus ⟨de Bragantia⟩
→ **Bartholomaeus ⟨Vicentinus⟩**

Bartholomaeus ⟨de Brugis⟩
ca. 1285 – 1356
LThK; LMA,I,1493
Barthélemy ⟨de Bruges⟩
Bartholomaeus ⟨von Brugge⟩
Bartholomew ⟨of Bruges⟩
Bartolommeo ⟨di Bruges⟩
Brugis, Bartholomaeus ¬de¬

Bartholomaeus ⟨de Buzay⟩
um 1237/40 · OCist
Schneyer,I,418
Barthélemy ⟨Abbé Cistercien⟩
Barthélemy ⟨de Buzay⟩
Bartholomaeus ⟨Buzaii Abbas⟩
Bartholomaeus ⟨Buzayus⟩
Buzay, Bartholomaeus ¬de¬

Bartholomaeus ⟨de Capua⟩
→ **Bartholomaeus ⟨Capuanus⟩**

Bartholomaeus ⟨de Carusis⟩
→ **Bartholomaeus ⟨de Urbino⟩**

Bartholomaeus ⟨de Caziis⟩
um 1391/1412 · OP
Sermones dominicales; Sermones litterales ad diversas materias; Postilla super Paradiso Dantis
Kaeppeli,I,146
Bartholomaeus ⟨Caccia⟩
Bartholomaeus ⟨de Caciis⟩
Bartholomaeus ⟨de Mediolano⟩
Caziis, Bartholomaeus ¬de¬

Bartholomaeus ⟨de Chaimis⟩
gest. 1496 · OFM
Interrogatorium S. Confessionale
Barthélemy ⟨Caimo⟩
Bartholomaeus ⟨Caimus⟩
Bartholomaeus ⟨de Chaymis⟩
Bartholomaius ⟨Caimus⟩
Bartolommeo ⟨Caimo⟩
Caimi, Bartolomeo
Caimo ⟨de Milan⟩
Caimo, Barthélemy
Caimo, Bartolomeo
Caimo, Bartolommeo
Chaimis, Bartholomaeus ¬de¬
Chaimis, Bartolomeo ¬de¬

Bartholomaeus ⟨de Comatiis⟩
gest. 1485 · OP
Epistulae
Kaeppeli,I,147
Barthélemy ⟨Comazzi⟩
Bartholomaeus ⟨Comazzius⟩
Bartholomaeus ⟨de Bononia⟩
Comatiis, Bartholomaeus ¬de¬
Comazzi, Barthélemy

Bartholomaeus ⟨de Cosenza⟩
→ **Bartholomaeus ⟨Flores⟩**

Bartholomaeus ⟨de Cotton⟩
gest. 1298
CSGL; Potth.
Bartholomaeus ⟨Cottune⟩
Bartholomaeus ⟨Norwicensis⟩
Cotton, Bartholomaeus ¬de¬

Bartholomaeus ⟨de Cowley⟩
→ **Bartholomaeus ⟨Culeius⟩**

Bartholomaeus ⟨de Draguignan⟩
→ **Bartholomaeus ⟨Texerii⟩**

Bartholomaeus ⟨de Ebraco⟩
→ **Frowein, Bartholomaeus**

Bartholomaeus ⟨de Feltre⟩
→ **Bartholomaeus ⟨Bellati⟩**

Bartholomaeus ⟨de Ferrara⟩
1368 – 1448 · OP
De filio Dei abscondito; De pestilentia; Quaestiones peregrinae (viell. von Peregrinus ⟨de Liegnitz⟩); etc.; nicht identisch mit Bartholomaeus ⟨Mutinensis⟩ OP (obwohl er oft zu Unrecht so genannt wird); galt bis Ende 16. Jh. als Verf. der Polyhistoriae, deren wirklicher Verfasser Nicolaus ⟨Ferrariensis⟩ ist.
Rep.Font. II,455
Barthélemy ⟨de Ferrare⟩
Barthélemy ⟨de Modène⟩
Bartholomaeus ⟨de Ferraria⟩
Bartholomaeus ⟨de Modène⟩
Bartholomaeus ⟨Ferrariensis⟩
Ferrara, Bartholomaeus ¬de¬
Pseudo-Bartholomaeus ⟨de Ferrara⟩

Bartholomaeus ⟨de Florentia⟩
→ **Bartholomaeus ⟨Lapaccius⟩**

Bartholomaeus ⟨de Florentia⟩
um 1475 · OP
Tabula ad inveniendum perpetuo tempore aureum numerum
Kaeppeli,I,151
Florentia, Bartholomaeus ¬de¬

Bartholomaeus ⟨de Giano⟩
gest. 1483 · OFM
Epistula de crudelitate Turcorum
Rep.Font. II,452; LMA,I,1495
Barthélemy ⟨de Giano⟩
Barthélemy ⟨d'Abano⟩
Barthélemy ⟨d'Apona⟩
Bartholomaeus ⟨ab Apona⟩
Bartholomaeus ⟨da Giano⟩
Bartholomaeus ⟨de Apone⟩
Bartholomaeus ⟨de Gano⟩
Bartholomaeus ⟨de Jano⟩
Bartholomaeus ⟨de Jennes⟩
Bartholomaeus ⟨de Yano⟩
Giano, Bartholomaeus ¬de¬

Bartholomaeus ⟨de Glanvilla⟩
→ **Bartholomaeus ⟨Anglicus⟩**

Bartholomaeus ⟨de Iaslo⟩
ca. 1362 – 1404/07
In Posteriora; In Oeconomicam
Lohr
Bartholomaeus ⟨de Jaslo⟩
Bartłomiej ⟨z Jasła⟩
Iaslo, Bartholomaeus ¬de¬

Bartholomaeus ⟨de Jano⟩
→ **Bartholomaeus ⟨de Giano⟩**

Bartholomaeus ⟨de Jennes⟩
→ **Bartholomaeus ⟨de Giano⟩**

Bartholomaeus ⟨de Lapaciis⟩
→ **Bartholomaeus ⟨Lapaccius⟩**

Bartholomaeus ⟨de Lucca⟩
→ **Ptolemaeus ⟨Lucensis⟩**

Bartholomaeus ⟨de Maestricht⟩
gest. 1446 · OCart
Barthélémy ⟨de Maestricht⟩
Bartholomaeus ⟨Carthusiensis⟩
Bartholomaeus ⟨der Kartäuser⟩
Bartholomaeus ⟨of Maestricht⟩
Bartholomaeus ⟨Ordinis Carthusiensis⟩
Bartholomaeus ⟨van Maastricht⟩
Bartholomeus ⟨van Maastricht⟩
Maestricht, Bartholomaeus ¬de¬

Bartholomaeus ⟨de Massa⟩
14./15. Jh. · OESA
Stegmüller, Repert. sentent. 95
Barthélemy ⟨dalla Massa⟩
Massa, Bartholomaeus ¬de¬

Bartholomaeus ⟨de Mediolano⟩
→ **Bartholomaeus ⟨de Caziis⟩**

Bartholomaeus ⟨de Messina⟩
→ **Bartholomaeus ⟨de Neocastro⟩**

Bartholomaeus ⟨de Modène⟩
→ **Bartholomaeus ⟨de Ferrara⟩**

Bartholomaeus ⟨de Montagna⟩
gest. 1460
Consilia medica; De balneorum varietate, facultate et usu; Consilia sex et trecenta
VL(2),1,620
Barthélemy ⟨Montagnana⟩
Bartholomaeus ⟨de Montagnana⟩
Bartholomaeus ⟨Montagna⟩
Bartholomaeus ⟨Montagnana⟩
Bartholomaeus ⟨von Montagna⟩
Bartolomeo ⟨Montagna⟩
Bartolomeo ⟨Montagnana⟩
Bartolommeo ⟨Montagnana⟩
Montagna, Bartholomaeus ¬de¬
Montagnana, Barthélemy
Montagnana, Bartholomaeus ¬de¬
Montagnana, Bartolomeo
Montagnana, Bartolommeo

Bartholomaeus ⟨de Mutina⟩
→ **Bartholomaeus ⟨Mutinensis⟩**

Bartholomaeus ⟨de Neocastro⟩
13. Jh.
Tusculum-Lexikon; CSGL; LMA,I,1496
Bartholomaeus ⟨de Messana⟩
Bartholomaeus ⟨de Messina⟩
Bartholomaeus ⟨Neocastrensis Messanensis⟩
Bartholomaeus ⟨von Messina⟩
Bartolomeo ⟨di Neocastro⟩
Messana, Bartholomaeus ¬de¬
Neocastro, Bartholomaeus ¬de¬

Bartholomaeus ⟨de Novaria⟩
→ **Bartolomeo ⟨da Novara⟩**

Bartholomaeus ⟨de Pace⟩
gest. 1362
Laudatio eius
Barthélemy ⟨de Padoue, Médecin à Bologne⟩
Bartholomaeus ⟨de Padoue⟩
Pace, Bartholomaeus ¬de¬

Bartholomaeus ⟨de Padoue⟩
→ **Bartholomaeus ⟨de Pace⟩**

Bartholomaeus ⟨de Padua⟩
15. Jh. · OESA
Commentarii in quatuor evangelia
Stegmüller, Repert. bibl. 1589
Barthélemy ⟨de Padoue, Augustin⟩
Bartholomaeus ⟨Patavinus⟩
Padua, Bartholomaeus ¬de¬

Bartholomaeus ⟨de Panades⟩
gest. 1475 · OP
De haeresibus suorum temporum
Kaeppeli,I,154
Barthélemy ⟨Penades⟩
Bartholomaeus ⟨de Penadés⟩
Bartholomaeus ⟨Penades⟩
Panades, Bartholomaeus ¬de¬
Penades, Barthélemy

Bartholomaeus ⟨de Parma⟩
um 1286/97
Liber de occultis; Breviloquium astrologiae; Ars geomantiae; etc.
LMA,I,1496
Barthélemy ⟨de Parme⟩
Bartholomaeus ⟨von Parma⟩
Bartolomeo ⟨da Parma⟩
Parma, Bartholomaeus ¬de¬

Bartholomaeus ⟨de Pascalibus⟩
→ **Bartholomaeus ⟨de Piscialis⟩**

Bartholomaeus ⟨de Penadés⟩
→ **Bartholomaeus ⟨de Panades⟩**

Bartholomaeus ⟨de Pisa⟩
→ **Bartholomaeus ⟨Pisanus⟩**

Bartholomaeus ⟨de Piscialis⟩
gest. 1335 · OP
Nicht identisch mit Bartholomaeus ⟨Pisanus⟩
Stegmüller, Repert. bibl. 1590; Kaeppeli,I,145
Barthélemy ⟨de Bologne⟩
Barthélemy ⟨de Pisciali⟩
Barthélemy ⟨de Piscialis⟩
Barthélemy ⟨de Tino⟩
Barthélemy ⟨de Torcello⟩
Bartholomaeus ⟨Bononiensis⟩
Bartholomaeus ⟨de Pascalibus⟩
Bartholomaeus ⟨de Pasquali⟩
Bartholomaeus ⟨Pasquali⟩
Bartholomaeus ⟨Tinensis⟩
Bartolomaeus ⟨de Piscialis⟩
Bartolomaeus ⟨Pasquali⟩
Pisciali, Barthélemy ¬de'¬
Piscialis, Barthélemy ¬de¬
Piscialis, Bartholomaeus ¬de¬

Bartholomaeus ⟨de Pisis⟩
→ **Bartholomaeus ⟨Albicius⟩**

Bartholomaeus ⟨de Podio⟩
gest. 1333 · OP
Bischof in Marāgha, seit 1330 in Qrhna; Werke in armen. Sprache, Predigten; Hexaemeron; lt. LMA und LThK fälschlich als Bartholomaeus ⟨von Bologna⟩ bzw. Bartholomaeus ⟨der Kleine⟩ bezeichnet, was auf einer Verwechslung mit Namensgenossen beruht; die bei Quétif II,581 zitierten Werke sind unecht
LMA,I,1497; Stegmüller, Repert. bibl. 1570-1571,3; 1572 – 1575
Barthélemy ⟨de Bologne⟩
Barthélemy ⟨de Bologne, Dominicain⟩
Barthélemy ⟨Dominicain⟩
Barthélemy ⟨Evêque de Maraga⟩
Barthélemy ⟨le Petit⟩
Barthélemy ⟨Parvo⟩
Bartholomaeus ⟨Abaliati⟩
Bartholomaeus ⟨Abaliati de Bologna⟩
Bartholomaeus ⟨Bononiensis⟩
Bartholomaeus ⟨Bononiensis, OP⟩
Bartholomaeus ⟨de Bologna⟩
Bartholomaeus ⟨de Bologna, OP⟩
Bartholomaeus ⟨der Kleine⟩
Bartholomaeus ⟨Dominikaner⟩
Bartholomaeus ⟨Parvus⟩
Bartholomaeus ⟨von Bologna⟩
Bologna, Bartholomaeus ¬de¬
Parvus, Bartholomaeus
Podio, Bartholomaeus ¬de¬

Bartholomaeus ⟨de Radom⟩
gest. ca. 1450
Puncta super analytica priora
Lohr
Radom, Bartholomaeus ¬de¬

Bartholomaeus ⟨de Rimbertinis de Florentia⟩
→ **Bartholomaeus ⟨Lapaccius⟩**

Bartholomaeus ⟨de Rinonico⟩
→ **Bartholomaeus ⟨Albicius⟩**

Bartholomaeus ⟨de Sacca⟩
um 1382/87 · OCarm
Stegmüller, Repert. bibl. 1591
Barthélemy ⟨Carme Sicilien⟩
Barthélemy ⟨Sacca⟩
Bartholomaeus ⟨Siculus⟩
Sacca, Barthélemy
Sacca, Bartholomaeus ¬de¬

Bartholomaeus ⟨de Sacchis⟩
→ **Platina, Bartholomaeus**

Bartholomae ⟨de Sachellis⟩
→ **Sachella, Bartolomeo**

Bartholomaeus ⟨de Saliceto⟩
ca. 1330 – 1412
CSGL; LMA,I,1497
Barthélemy ⟨de Saliceto⟩
Barthélemy ⟨l'Ancien⟩
Bartholomaeus ⟨Monarcha Iuris⟩
Bartolommeo ⟨di Saliceto⟩
Bartolommeo ⟨Saliceti⟩
Saliceto, Bartholomaeus ¬de¬
Salicetus, Bartholomaeus

Bartholomaeus ⟨de Sancto Concordio⟩
→ **Bartholomaeus ⟨Pisanus⟩**

Bartholomaeus ⟨de Senis⟩
→ **Bartholomaeus ⟨Dominici⟩**
→ **Bartholomaeus ⟨Johannis⟩**

Bartholomaeus ⟨de Solencia⟩
→ **Claretus**

Bartholomaeus ⟨de Spedia⟩
→ **Facius, Bartholomaeus**

Bartholomaeus ⟨de Strata Maiori⟩
→ **Bartholomaeus ⟨de Bissis⟩**

Bartholomaeus ⟨de Tapolca⟩
um 1385
Formularium
Rep.Font. II,456
Tapolca, Bartholomaeus ¬de¬

Bartholomaeus ⟨de Tours⟩
→ **Bartholomaeus ⟨Turonensis⟩**

Bartholomaeus ⟨de Ubertinis⟩
→ **Bartholomaeus ⟨Lapaccius⟩**

Bartholomaeus ⟨de Urbeveteri⟩
→ **Bartholomaeus ⟨Thebaldi⟩**

Bartholomaeus ⟨de Urbino⟩
gest. 1350
LThK; CSGL; LMA,I,1491/92
Bartholomaeus ⟨de Carusis⟩
Bartholomaeus ⟨Simonis de Carusis⟩
Bartholomaeus ⟨Tainti⟩
Bartholomaeus ⟨Urbinensis⟩
Bartholomaeus Simeon ⟨de Carusis⟩
Carusis, Bartholomaeus ¬de¬
Urbino, Bartholomaeus ¬de¬

Bartholomaeus ⟨de Varignana⟩
→ **Bartholomaeus ⟨Varignana⟩**

Bartholomaeus ⟨de Wieliczka⟩
→ **Bartholomaeus ⟨Vielicius⟩**

Bartholomaeus ⟨de Yano⟩
→ **Bartholomaeus ⟨de Giano⟩**

Bartholomaeus ⟨de Zabarellis⟩
gest. 1445
Bartolommeo ⟨Zabarella⟩
Zabarella, Bartolommeo
Zabarellis, Bartholomaeus ¬de¬

Bartholomaeus ⟨delle Biscie⟩
→ **Bartholomaeus ⟨de Bissis⟩**

Bartholomaeus ⟨der Kartäuser⟩
→ **Bartholomaeus ⟨de Maestricht⟩**

Bartholomaeus ⟨der Kleine⟩
→ **Bartholomaeus ⟨de Podio⟩**

Bartholomaeus ⟨Dictus Carafa⟩
→ **Caracciolo, Bartolomeo**

Bartholomaeus ⟨Dominici⟩
1343 – 1415 · OP
Epistula ad Nerium Landoccii; Epistula ad fr. Theodoricum Kolle OP, provinciae Saxoniae priorem; Contestatio de sanctitate Catharinae Senensis; etc.
Kaeppeli,I,148/149
Barthélemy ⟨de Sienne⟩
Barthélemy ⟨Domenici⟩
Barthélemy ⟨Domenici de Sienne⟩
Bartholomaeus ⟨de Senis⟩
Bartholomaeus ⟨Dominici de Senis⟩
Domenici, Barthélemy
Dominici, Bartholomaeus

Bartholomaeus ⟨Dominikaner⟩
→ **Bartholomaeus ⟨de Podio⟩**

Bartholomaeus ⟨Edessenus⟩
12./13. Jh.
CSGL
Barthélemy ⟨d'Edessa⟩
Bartholomaeus ⟨Hieromonachus⟩
Bartholomaeus ⟨Monachus⟩
Bartholomaios ⟨Edessēnos⟩
Bartholomaios ⟨Hieromonachos ho Aidesinos⟩
Bartholomaios ⟨ho Edesēnos⟩
Bartholomaios ⟨von Edessa⟩
Edessenus, Bartholomaeus

Bartholomaeus ⟨Episcopus⟩
→ **Bartholomaeus ⟨Exoniensis⟩**
→ **Bartholomaeus ⟨Vicentinus⟩**

Bartholomaeus ⟨Episcopus Astensis⟩
→ **Bartholomaeus ⟨de Bissis⟩**

Bartholomaeus ⟨ex Comitibus Bregantiarum⟩
→ **Bartholomaeus ⟨Vicentinus⟩**

Bartholomaeus ⟨Exoniensis⟩
gest. 1184
De praedestinatione; De libero arbitrio; De paenitentia; etc.
Schneyer,I,424; Rep.Font. II,454; LMA,I,1494
Barthélemy ⟨du Mont-Saint-Michel⟩
Barthélemy ⟨d'Exeter⟩
Bartholomaeus ⟨Episcopus⟩
Bartholomaeus ⟨Iscanus⟩
Bartholomaeus ⟨von Exeter⟩
Bartholomew ⟨Bishop⟩
Bartholomew ⟨Canonis⟩
Bartholomew ⟨of Exeter⟩

Bartholomaeus ⟨Facius⟩
→ **Facius, Bartholomaeus**

Bartholomaeus ⟨Faventinus⟩
gest. ca. 1278 · OP
Summa brevis introductoria in artem dictaminis
Rep.Font. II,455; LMA,I,1494
Bartholomaeus ⟨von Faenza⟩
Bartolomeo ⟨da Faenza⟩
Faventinus, Bartholomaeus

Bartholomaeus ⟨Ferrariensis⟩
→ **Bartholomaeus ⟨de Ferrara⟩**

Bartholomaeus ⟨Fiadoni⟩
→ **Ptolemaeus ⟨Lucensis⟩**

Bartholomaeus ⟨Flores⟩
gest. 1497
Bartholomaeus ⟨de Cosenza⟩
Bartholomäus ⟨von Cosenza⟩
Flores, Bartholomaeus

Bartholomaeus ⟨Florio⟩
→ **Bartholomaeus ⟨Barensis⟩**

Bartholomaeus ⟨Frater⟩
→ **Bartholomaeus ⟨de Bononia⟩**
→ **Bartholomaeus ⟨Tridentinus⟩**

Bartholomäus ⟨Frisch⟩
→ **Frisch, Bartholomäus**

Bartholomaeus ⟨Frowein von Ebrach⟩
→ **Frowein, Bartholomaeus**

Bartholomaeus ⟨Glannovillanus⟩
→ **Bartholomaeus ⟨Anglicus⟩**

Bartholomaeus ⟨Gothan⟩
→ **Ghotan, Bartolomäus**

Bartholomaeus ⟨Gribus⟩
→ **Gribus, Bartholomaeus**

Bartholomaeus ⟨Hieromonachus⟩
→ **Bartholomaeus ⟨Edessenus⟩**

Bartholomaeus ⟨Hispanus⟩
um 1265 · OP
Summa grammaticalis
Kaeppeli,I,151
Barthélemy ⟨Espagnol⟩
Hispanus, Bartholomaeus

Bartholomäus ⟨Höneke⟩
→ **Höneke, Bartholomäus**

Bartholomäus ⟨Hoyer⟩
→ **Hoyer, Bartholomäus**

Bartholomaeus ⟨Ianuensis⟩
gest. 1238
Fortsetzer der „Annales Ianuenses" von 1225-1238
Rep.Font. II,291/292
Barthélemy ⟨Chroniqueur⟩
Barthélemy ⟨de Gênes⟩
Bartholomaeus ⟨Scriba⟩

Bartholomaeus ⟨Iscanus⟩
→ **Bartholomaeus ⟨Exoniensis⟩**

Bartholomaeus ⟨Jacobi Sebastiani⟩
um 1440
Bartholomaeus ⟨Jacobus⟩
Bartolomeo ⟨di Giacomo di Sebastiano⟩
Jacobi Sebastiani, Bartholomaeus
Sebastiani, Bartholomaeus Jacobi

Bartholomaeus ⟨Johannis⟩
gest. 1451 · OP
Summa de septem artibus liberalibus
Kaeppeli,I,151
Barthélemy ⟨de Sienne⟩
Bartholomaeus ⟨de Senis⟩
Bartholomaeus ⟨Johannis de Senis⟩
Johannis, Bartholomaeus

Bartholomaeus ⟨Krafft⟩
→ **Krafft, Bartholomaeus**

Bartholomaeus ⟨Lapaccius⟩
1399 – 1466 · OP
De incarnatione; De sanguinis pretiosissimi Crucifixi divinitate; Quaestio de suffragiis; etc.
Stegmüller, Repert. bibl. 1586; Kaeppeli,I,155/156
Bartholomaeus ⟨de Florentia⟩
Bartholomaeus ⟨de Lapaciis⟩
Bartholomaeus ⟨de Rimbertini⟩
Bartholomaeus ⟨de Rimbertinis⟩
Bartholomaeus ⟨de Rimbertinis de Florentia⟩
Bartholomaeus ⟨de Ubertinis⟩
Bartholomaeus ⟨Lapaccius de Florentia⟩
Bartholomaeus ⟨Lapaccius ex Rimbertinis⟩
Bartholomaeus ⟨Lapacius de Ubertinis⟩
Bartolomeo ⟨Lapacci de'Rimbertini⟩
Bartolommeo ⟨Lapacci⟩
Lapacci, Barthélemy de'Rimbertini
Lapaccius, Bartholomaeus

Bartholomaeus ⟨Leodiensis⟩
15. Jh.
Carmen de guerra Leodina et de direptione urbis Dionantensis, ad Philippum ducem et filium suum Carolum ; angeblich identisch mit Bartholomaeus ⟨Macharii Tungrensis⟩
Rep.Font. II,455
Barthélemy ⟨Chroniqueur-Poète⟩
Barthélemy ⟨de Liège⟩
Bartholomaeus ⟨Macharii Tungrensis⟩

Bartholomaeus ⟨Lucensis⟩
→ **Ptolemaeus ⟨Lucensis⟩**

Bartholomaeus ⟨Macharii Tungrensis⟩
→ **Bartholomaeus ⟨Leodiensis⟩**

Bartholomäus ⟨Magister⟩
um 1482
Text in „Feldarzneibüchlein"
VL(2),1,615
Barthélemy ⟨Médecin⟩
Bartholomaeus ⟨Meister⟩
Bartholomäus ⟨Cyrurgicus⟩
Bartholomäus ⟨Wundarzt⟩
Magister Bartholomäus

Bartholomae ⟨Mediolanensis⟩
→ **Sachella, Bartolomeo**

Bartholomäus ⟨Metlinger⟩
→ **Metlinger, Bartholomäus**

Bartholomaeus ⟨Monachus⟩
→ **Bartholomaeus ⟨Edessenus⟩**

Bartholomaeus ⟨Monachus Mortui Maris⟩
→ **Bartholomaeus ⟨Normannus⟩**

Bartholomaeus ⟨Monarcha Iuris⟩
→ **Bartholomaeus ⟨de Saliceto⟩**

Bartholomaeus ⟨Montagna⟩
→ **Bartholomaeus ⟨de Montagna⟩**

Bartholomaeus ⟨Montucci⟩
gest. 1415 · OP
Itinera Senensium
Kaeppeli,I,152
Barthélemy ⟨Montucci⟩
Barthélemy ⟨Montucci de Sienne⟩
Bartholomaeus ⟨Montucci de Senis⟩
Bartholomaeus ⟨Montuccius⟩
Montucci, Barthélemy
Montucci, Bartholomaeus

Bartholomaeus ⟨Mortui Maris in Normannia⟩
→ **Bartholomaeus ⟨Normannus⟩**

Bartholomaeus ⟨Muelsching⟩
15. Jh.
Stegmüller, Repert. sentent. 96
Muelsching, Bartholomaeus

Bartholomäus ⟨Mulich⟩
→ **Mulich, Bartholomäus**

Bartholomaeus ⟨Mutinensis⟩
um 1465/91 · OP
Vita di gli frati Predicatori; Expositio super regulam Beati Augustini; nicht identisch mit Bartholomaeus ⟨de Ferrara⟩
Barthélemy ⟨de Modène⟩
Bartholomaeus ⟨de Mutina⟩

Bartholomaeus ⟨Neocastrensis Messanensis⟩
→ **Bartholomaeus ⟨de Neocastro⟩**

Bartholomaeus ⟨Nimonicensis⟩
→ **Bartholomaeus ⟨Vicentinus⟩**

Bartholomaeus ⟨Normannus⟩
Lebensdaten nicht ermittelt · OCist
Commentarii in IV Evangelia
Stegmüller, Repert. bibl. 1588
Bartholomaeus ⟨Monachus Mortui Maris⟩
Bartholomaeus ⟨Mortui Maris in Normannia⟩
Normannus, Bartholomaeus

Bartholomaeus ⟨Norwicensis⟩
→ **Bartholomaeus ⟨de Cotton⟩**

Bartholomaeus ⟨Ordinis Carthusiensis⟩
→ **Bartholomaeus ⟨de Maestricht⟩**

Bartholomaeus ⟨Parvus⟩
→ **Bartholomaeus ⟨de Podio⟩**

Bartholomaeus ⟨Pasquali⟩
→ **Bartholomaeus ⟨de Piscialis⟩**

Bartholomaeus ⟨Patavinus⟩
→ **Bartholomaeus ⟨de Padua⟩**

Bartholomaeus ⟨Penades⟩
→ **Bartholomaeus ⟨de Panades⟩**

Bartholomaeus ⟨Perusinus⟩
→ **Bartholomaeus ⟨de Acerbis⟩**

Bartholomaeus ⟨Pisanus⟩
→ **Bartholomaeus ⟨Albicius⟩**

Bartholomaeus ⟨Pisanus⟩
ca. 1260 – 1347 · OP
Ammaestramenti degli antichi; Documenta antiquorum; Summa de casibus conscientiae
Rep.Font. II,457; LThK; CSGL; LMA,I,1496/97
Barthélemy ⟨de Pise⟩
Barthélemy ⟨de San Concordio⟩
Bartholomaeus ⟨de Pisa⟩
Bartholomaeus ⟨de San Concordio⟩
Bartholomaeus ⟨de Sancto Concordio⟩
Bartholomaeus ⟨von Pisa⟩
Bartholomew ⟨of Pisa⟩
Bartolomeo ⟨da San Concordio⟩
Bartolommeo ⟨da San Concordio⟩
Bartolommeo ⟨de Granchi⟩
Bartolommeo ⟨de Pisano⟩
Bartolommeo ⟨de San Concordio⟩
Bartolommeo ⟨de'Granchi⟩
Bartolommeo ⟨Granchi⟩
Bartolommeo ⟨Pisano⟩
Granchi, Bartolommeo ¬de'¬
Pisanus, Bartholomaeus

Bartholomaeus ⟨Platina⟩
→ **Platina, Bartholomaeus**

Bartholomaeus ⟨Polonus⟩
→ **Bartholomaeus ⟨Vielicius⟩**

Bartholomaeus ⟨Prignani⟩
→ **Urbanus ⟨Papa, VI.⟩**

Bartholomaeus ⟨Ramus Pareius⟩
→ **Ramos de Pareja, Bartolomé**

Bartholomaeus ⟨Rimbertinus⟩
→ **Rimbertinus, Bartholomaeus**

Bartholomaeus ⟨Sacchus Platina⟩
→ **Platina, Bartholomaeus**

Bartholomaeus ⟨Sachela⟩
→ **Sachella, Bartolomeo**

Bartholomaeus ⟨Salernitanus⟩
12. Jh.
Tusculum-Lexikon; LMA,I,1497
Bartholomaeus ⟨von Salerno⟩
Salernitanus, Bartholomaeus

Bartholomaeus ⟨Sanctus⟩
→ **Bartholomaeus ⟨Cryptoferratensis⟩**

Bartholomaeus ⟨Scala⟩
→ **Scala, Bartholomaeus**

Bartholomäus ⟨Scherrenmüller⟩
→ **Scherrenmüller, Bartholomäus**

Bartholomäus ⟨Schirmer⟩
→ **Hoyer, Bartholomäus**

Bartholomaeus ⟨Scriba⟩
→ **Bartholomaeus ⟨Ianuensis⟩**

Bartholomaeus ⟨Ser⟩
→ **Bartolomeo ⟨di Gorello⟩**

Bartholomaeus ⟨Sibylla⟩
gest. 1493 · OP
Speculum peregrinarum quaestionum ad Alphonsum de Aragonia, ducem Calabriae; Sermo ad Innocentium VIII de fine mundi; Orationes funebres duae; etc.
Kaeppeli,I,168/169; Schönberger/Kible, Repertorium, 11840/41
Barthélemy ⟨de Monopoli⟩
Barthélemy ⟨Sibilla⟩
Barthélemy ⟨Sibilla de Monopoli⟩
Bartholomaeus ⟨Sibylla de Monopoli⟩
Bartolommeo ⟨Sibilla⟩
Sibilla, Barthélemy
Sibylla, Bartholomaeus

Bartholomaeus ⟨Siculus⟩
→ **Bartholomaeus ⟨de Sacca⟩**

Bartholomaeus ⟨Simonis de Carusis⟩
→ **Bartholomaeus ⟨de Urbino⟩**

Bartholomaeus ⟨Spediensis⟩
→ **Facius, Bartholomaeus**

Bartholomaeus ⟨Sudovolgius⟩
→ **Bartholomaeus ⟨Anglicus⟩**

Bartholomaeus ⟨Tainti⟩
→ **Bartholomaeus ⟨de Urbino⟩**

Bartholomaeus ⟨Texerii⟩
gest. 1449 · OP
Litterae ad sorores mon. de Subtilia apud Columbarium de recipiendis sororibus de Schönensteinbach, expulsis ex proprio monasterio; Litterae fraternitatis spiritualis pro d. Anna Reglin
Kaeppeli,I,169/171; VL(2),9,733
Barthélemy ⟨de Draguignan⟩
Barthélemy ⟨Texier⟩
Barthélemy ⟨Texier de Draguignan⟩
Bartholomaeus ⟨de Dracena⟩
Bartholomaeus ⟨de Draguignan⟩
Bartholomaeus ⟨Texerius⟩
Bartholomäus ⟨Texery⟩
Texerii, Bartholomaeus
Texerius, Bartholomaeus
Texery, Bartholomäus
Texier, Barthélemy

Bartholomaeus ⟨Thebaldi⟩
gest. ca. 1423 · OP
Epistula ad fr. Thomam Antonii de Senis; Testamentum spirituale
Kaeppeli,I,171
Bartholomaeus ⟨de Urbeveteri⟩
Bartholomaeus ⟨Thebaldi de Urbeveteri⟩
Thebaldi, Bartholomaeus

Bartholomaeus ⟨Tinensis⟩
→ **Bartholomaeus ⟨de Piscialis⟩**

Bartholomaeus ⟨Torglow⟩
gest. ca. 1390
Collecta circa veterem artem
Lohr
Bartholomaeus ⟨Torgelow⟩
Bartholomaeus ⟨Torgelow de Gardicz⟩
Bartholomaeus ⟨Torglow de Gardicz⟩
Torgelow, Bartholomaeus
Torglow, Bartholomaeus

Bartholomaeus ⟨Trentinus⟩
→ **Bartholomaeus ⟨Tridentinus⟩**

Bartholomaeus ⟨Tridentinus⟩
1190 – 1251 · OP
Epilogus in S. Franciscum Assisiensem; Liber epilogorum in gesta sanctorum; Passionale de sanctis
Barthélemy ⟨de Trente⟩
Bartholomaeus ⟨Frater⟩
Bartholomaeus ⟨Trentinus⟩
Bartholomaeus ⟨von Trient⟩
Bartolomeo ⟨da Trento⟩
Bartolomeo ⟨Tridentino⟩
Tridentinus, Bartholomaeus

Bartholomaeus ⟨Turonensis⟩
um 1258/72 · OP
Schneyer,I,435
Barthélemy ⟨de Tours⟩
Bartholomaeus ⟨de Tours⟩
Bartholomaeus ⟨d'Angers⟩
Bartholomaeus ⟨Turonensis, OP⟩

Bartholomaeus ⟨Urbinensis⟩
→ **Bartholomaeus ⟨de Urbino⟩**

Bartholomäus ⟨van der Lake⟩
ca. 1432 – 1468
De historia van der Soistischen vede
VL(2),1,618/20
Barthélémy ⟨von der Lake⟩
Lake, Bartholomäus ¬van der¬

Bartholomaeus ⟨van Maastricht⟩
→ **Bartholomaeus ⟨de Maestricht⟩**

Bartholomaeus ⟨Varignana⟩
gest. ca. 1318
LMA,VIII,1412
Bartholomaeus ⟨de Varignana⟩
Bartolommeo ⟨Varignana⟩
Varignana, Bartholomaeus

Bartholomaeus ⟨Vicentinus⟩
gest. 1270 · OP
Ars vetus; Ars nova; Libri naturales; etc.
Lohr; Stegmüller, Repert. bibl. 1576-1578
Barthélemy ⟨de Bragance⟩
Barthélemy ⟨de Breganze⟩
Barthélemy ⟨de Limassol⟩
Barthélemy ⟨de Vicence⟩
Bartholomaeus ⟨de Bragance⟩
Bartholomaeus ⟨de Bragantia⟩
Bartholomaeus ⟨de Bragantiis⟩
Bartholomaeus ⟨de Braganza⟩
Bartholomaeus ⟨de Bregantiis⟩
Bartholomaeus ⟨Episcopus⟩
Bartholomaeus ⟨ex Comitibus Bregantiarum⟩
Bartholomaeus ⟨Nimonicensis⟩
Bartholomaeus ⟨Nimonicensis Episcopus⟩
Bartholomaeus ⟨Nimosiensis⟩
Bartholomaeus ⟨von Breganza⟩
Bartholomaeus ⟨von Vicenza⟩
Bartolomeo ⟨da Breganze⟩
Bartolommeo ⟨di Breganza⟩
Vicentinus, Bartholomaeus

Bartholomaeus ⟨Vielicius⟩
Lebensdaten nicht ermittelt · OP
Sermones mixti de tempore et sanctis; Expositio super epistolas Quadragesimae; Collectura sermonum de tempore et sanctis
Kaeppeli,I,182
Bartholomaeus ⟨de Wieliczka⟩
Bartholomaeus ⟨Polonus⟩
Vielicius, Bartholomaeus

Bartholomaeus ⟨Vigiliensis⟩
→ **Bartholomaeus ⟨Barensis⟩**

Bartholomaeus ⟨von Bölsenheim⟩
→ **Bartholomaeus ⟨de Bolsenheim⟩**

Bartholomaeus ⟨von Bologna⟩
→ **Bartholomaeus ⟨Bononiensis, OESA⟩**
→ **Bartholomaeus ⟨de Bononia⟩**
→ **Bartholomaeus ⟨de Podio⟩**

Bartholomaeus ⟨von Breganza⟩
→ **Bartholomaeus ⟨Vicentinus⟩**

Bartholomaeus ⟨von Brescia⟩
→ **Bartholomaeus ⟨Brixiensis⟩**

Bartholomaeus ⟨von Brugge⟩
→ **Bartholomaeus ⟨de Brugis⟩**

Bartholomaeus ⟨von Capua⟩
→ **Bartholomaeus ⟨Capuanus⟩**

Bartholomäus ⟨von Cosenza⟩
→ **Bartholomaeus ⟨Flores⟩**

Bartholomaeus ⟨von Ebrach⟩
→ **Frowein, Bartholomaeus**

Bartholomäus ⟨von Ethen⟩
→ **Bartholomäus ⟨von Frankfurt⟩**

Bartholomaeus ⟨von Exeter⟩
→ **Bartholomaeus ⟨Exoniensis⟩**

Bartholomaeus ⟨von Faenza⟩
→ **Bartholomaeus ⟨Faventinus⟩**

Bartholomäus ⟨von Frankfurt⟩
um 1466/70
Traktat: Von dem lebendigen Wasser...; Identität mit Bartholomäus ⟨von Ethen⟩ umstritten
VL(2),1,617/618
Bartholomäus ⟨von Ethen⟩
Frankfurt, Bartholomäus ¬von¬

Bartholomaeus ⟨von Grottaferrata⟩
→ **Bartholomaeus ⟨Cryptoferratensis⟩**

Bartholomaeus ⟨von Köln⟩
→ **Bartholomaeus ⟨Coloniensis⟩**

Bartholomäus ⟨von Lucca⟩
→ **Ptolemaeus ⟨Lucensis⟩**

Bartholomaeus ⟨von Messina⟩
→ **Bartholomaeus ⟨de Neocastro⟩**

Bartholomaeus ⟨von Montagna⟩
→ **Bartholomaeus ⟨de Montagna⟩**

Bartholomaeus ⟨von Montfort⟩
Lebensdaten nicht ermittelt
Chirurgische Texte
VL(2),1,621
Montfort, Bartholomaeus ¬von¬

Bartholomaeus ⟨von Parma⟩
→ **Bartholomaeus ⟨de Parma⟩**

Bartholomaeus ⟨von Pisa⟩
→ **Bartholomaeus ⟨Albicius⟩**
→ **Bartholomaeus ⟨Pisanus⟩**

Bartholomaeus ⟨von Rivano⟩
→ **Bartholomaeus ⟨Albicius⟩**

Bartholomaeus ⟨von Salerno⟩
→ **Bartholomaeus ⟨Salernitanus⟩**

Bartholomaeus ⟨von Trient⟩
→ **Bartholomaeus ⟨Tridentinus⟩**

Bartholomaeus ⟨von Vicenza⟩
→ **Bartholomaeus ⟨Vicentinus⟩**

Bartholomaeus ⟨Vopisco⟩
→ **Scala, Bartholomaeus**

Bartholomäus ⟨Wundarzt⟩
→ **Bartholomäus ⟨Magister⟩**

Bartholomaeus ⟨Zambertus⟩
→ **Bartolommeo ⟨dalli Sonetti⟩**

Bartholomaeus, Andreas ¬de¬
→ **Andreas ⟨Barbatius⟩**

Bartholomaeus Simeon ⟨de Carusis⟩
→ **Bartholomaeus ⟨de Urbino⟩**

Bartholomaios ⟨Caimus⟩
→ **Bartholomaeus ⟨de Chaimis⟩**

Bartholomaios ⟨der Heilige⟩
→ **Bartholomaeus ⟨Cryptoferratensis⟩**

Bartholomaios ⟨Edessēnos⟩
→ **Bartholomaeus ⟨Edessenus⟩**

Bartholomaios ⟨Heiliger⟩
→ **Bartholomaeus ⟨Cryptoferratensis⟩**

Bartholomaios ⟨Hieromonachos ho Aidesinos⟩
→ **Bartholomaeus ⟨Edessenus⟩**

Bartholomaios ⟨ho Edesēnos⟩
→ **Bartholomaeus ⟨Edessenus⟩**

Bartholomaios ⟨von Edessa⟩
→ **Bartholomaeus ⟨Edessenus⟩**

Bartholomaios ⟨von Grottaferrata⟩
→ **Bartholomaeus ⟨Cryptoferratensis⟩**

Bartholomé ⟨...⟩
→ **Barthélémy ⟨...⟩**

Bartholomeus ⟨...⟩
→ **Bartholomaeus ⟨...⟩**

Bartholomew ⟨Bishop⟩
→ **Bartholomaeus ⟨Exoniensis⟩**

Bartholomew ⟨Canonis⟩
→ **Bartholomaeus ⟨Exoniensis⟩**

Bartholomew ⟨of Bruges⟩
→ **Bartholomaeus ⟨de Brugis⟩**

Bartholomew ⟨of England⟩
→ **Bartholomaeus ⟨Anglicus⟩**

Bartholomew ⟨of Exeter⟩
→ **Bartholomaeus ⟨Exoniensis⟩**

Bartholomew ⟨of Pisa⟩
→ **Bartholomaeus ⟨Pisanus⟩**

Bartholomew ⟨Saint⟩
→ **Bartholomaeus ⟨Cryptoferratensis⟩**

Bartholomio ⟨...⟩
→ **Bartolommeo ⟨...⟩**

Bartholus ⟨...⟩
→ **Bartolus ⟨...⟩**

Barthrhari
→ **Bhartṛhari**

Bartłomiej ⟨z Jasła⟩
→ **Bartholomaeus ⟨de Iaslo⟩**

Barto ⟨a Saxoferrato⟩
→ **Bartolus ⟨de Saxoferrato⟩**

Bartold ⟨de Metz⟩
→ **Bertramus ⟨Metensis⟩**

Bartoldus ⟨von München⟩
15. Jh.
Anweisung zur Behandlung von Pfeilschußwunden
VL(2),1,625
München, Bartoldus ¬von¬

Bartole ⟨de Sassoferrato⟩
→ **Bartolus ⟨de Saxoferrato⟩**

Bartolf ⟨de Metz⟩
→ **Bertramus ⟨Metensis⟩**

Bartolfus ⟨Peregrinus⟩
12. Jh.
Verf. einer Kurzfassung der „Gesta Francorum Hierusalem expugnantium" des Fulcherius ⟨Carnotensis⟩
Rep.Font. II,456
Bartolfus ⟨de Nangeio⟩
Bartolfus ⟨Peregrinus de Nacgeio⟩
Bartolphus ⟨Peregrinus⟩
Bertulphe
Bertulphe ⟨Historien des Croisades⟩
Peregrinus, Bartolfus

Bartoli, Francesco
→ **Franciscus ⟨Bartholi de Assisio⟩**

Bartolini, Baldo
→ **Baldus ⟨de Bartolinis⟩**

Bartolini, Bernardus
→ **Bernardus ⟨Bartolini⟩**

Bartolinis, Baldus ¬de¬
→ **Baldus ⟨de Bartolinis⟩**

Bartolino ⟨da Padua⟩
um 1375/1405
Madrigale; Ballate; ital. Komponist, Mönch und Magister
LMA,I,1501
Carmelitus ⟨Frater⟩
Padua, Bartolino ¬da¬

Bartolo ⟨de Sassoferrato⟩
→ **Bartolus ⟨de Saxoferrato⟩**

Bartolo ⟨di Fredi Battilori⟩
1330 – 1410
Ital. Maler
Bartolo ⟨di Fredi⟩
Bartolo ⟨di Fredi Cini⟩
Bartolo di Fredi, Battilori
Fredi Battilori, Bartolo ¬di¬

Bartolo ⟨Lucano⟩
→ **Bartolus ⟨Lucanus⟩**

Bartolo ⟨Uticensis⟩
→ **Bartolus ⟨Lucanus⟩**

Bartolo, Andrea ¬di¬
→ **DelCastagno, Andrea**

Bartolo, Giovanni ¬di¬
→ **Giovanni ⟨di Bartolo⟩**

Bartolo di Fredi, Battilori
→ **Bartolo ⟨di Fredi Battilori⟩**

Bartolomaeus ⟨...⟩
→ **Bartholomaeus ⟨...⟩**

Bartolomé ⟨de Lucca⟩
→ **Ptolemaeus ⟨Lucensis⟩**

Bartolomé ⟨Ramos de Pareja⟩
→ **Ramos de Pareja, Bartolomé**

Bartoloměj ⟨z Chlumce nad Cidlinou⟩
→ **Claretus**

Bartolomeo ⟨Bellati⟩
→ **Bartholomaeus ⟨Bellati⟩**

Bartolomeo ⟨Caracciolo⟩
→ **Caracciolo, Bartolomeo**

Bartolomeo ⟨Cepolla⟩
→ **Bartholomaeus ⟨Caepolla⟩**

Bartolomeo ⟨da Brescia⟩
→ **Bartholomaeus ⟨Brixiensis⟩**

Bartolomeo ⟨da Faenza⟩
→ **Bartholomaeus ⟨Faventinus⟩**

Bartolomeo ⟨da li Sonetti⟩
→ **Bartolommeo ⟨dalli Sonetti⟩**

Bartolomeo ⟨da Novara⟩
14./15. Jh.
Jurist
Barthélemy ⟨de Novare⟩
Bartholomaeus ⟨de Novaria⟩
Novara, Bartolomeo ¬da¬
Novare, Barthélemy ¬de¬
Novaria, Bartholomaeus ¬de¬

Bartolomeo ⟨da Parma⟩
→ **Bartholomaeus ⟨de Parma⟩**

Bartolomeo ⟨da San Concordio⟩
→ **Bartholomaeus ⟨Pisanus⟩**

Bartolomeo ⟨da Trento⟩
→ **Bartholomaeus ⟨Tridentinus⟩**

Bartolomeo ⟨da Venezia⟩
→ **Domenico ⟨Veneziano⟩**

Bartolomeo ⟨dalli Sonetti⟩
→ **Bartolommeo ⟨dalli Sonetti⟩**

Bartolomeo ⟨de Piadena⟩
→ **Platina, Bartholomaeus**

Bartolomeo ⟨de'Sacchi⟩
→ **Platina, Bartholomaeus**

Bartolomeo ⟨DelCorazza⟩
→ **DelCorazza, Bartolomeo**

Bartolomeo ⟨della Pugliola⟩
gest. ca. 1422/25 · OFM
Cronaca ab 1104 usque ad 1395
DellaPugliola, Bartolomeo
Pugliola, Bartolomeo ¬della¬

Bartolomeo ⟨della Scala⟩
→ **Scala, Bartholomaeus**

Bartolomeo ⟨di Bologna⟩
→ **Bartholomaeus ⟨de Bononia⟩**

Bartolomeo ⟨di Giacomo di Sebastiano⟩
→ **Bartholomaeus ⟨Jacobi Sebastiani⟩**

Bartolomeo ⟨di Gorello⟩
1322 – ca. 1393/95
Cronica dei fatti d'Arezzo
Rep.Font. II,456
Bartholomeus ⟨Ser⟩
Bartolomeo ⟨di Ser Gorello⟩
Bartolomeo ⟨Son of Gorello⟩
Bartolommeo ⟨di Gorello⟩
Gorello ⟨d'Arezzo⟩
Gorello Bartolomeo ¬di¬
Gorellus ⟨Aretinus⟩
Ser Gorello, Bartolomeo ¬di¬

Bartolomeo ⟨di Michele⟩
→ **DelCorazza, Bartolomeo**

Bartolomeo ⟨di Napoli⟩
→ **Urbanus ⟨Papa, VI.⟩**

Bartolomeo ⟨di Neocastro⟩
→ **Bartholomaeus ⟨de Neocastro⟩**

Bartolomeo ⟨Fanti⟩
→ **Fanti, Bartolomeo**

Bartolomeo ⟨Lapacci de'Rimbertini⟩
→ **Bartholomaeus ⟨Lapaccius⟩**

Bartolomeo ⟨Montagna⟩
→ **Bartholomaeus ⟨de Montagna⟩**

Bartolomeo ⟨Platina⟩
→ **Platina, Bartholomaeus**

Bartolomeo ⟨Prignano⟩
→ **Urbanus ⟨Papa, VI.⟩**

Bartolomeo ⟨Sacchi⟩
→ **Platina, Bartholomaeus**

Bartolomeo ⟨Sachella⟩
→ **Sachella, Bartolomeo**

Bartolomeo ⟨Scala⟩
→ **Scala, Bartholomaeus**

Bartolomeo ⟨Tridentino⟩
→ **Bartholomaeus ⟨Tridentinus⟩**

Bartolomeo ⟨Zamberti⟩
→ **Bartolommeo ⟨dalli Sonetti⟩**

Bartolomeo ⟨da Breganze⟩
→ **Bartholomaeus ⟨Vicentinus⟩**

Bartolomeo da Venezia, Domenico ¬di¬
→ **Domenico ⟨Veneziano⟩**

Bartolomeo Dominici, Luca ¬di¬
→ **Dominici, Luca di Bartolomeo**

Bartolomeus ⟨...⟩
→ **Bartholomaeus ⟨...⟩**

Bartolommeo ⟨Albizzi⟩
→ **Bartholomaeus ⟨Albicius⟩**

Bartolommeo ⟨Bellincini⟩
→ **Bartholomaeus ⟨de Bellincinis⟩**

Bartolommeo ⟨Caimo⟩
→ **Bartholomaeus ⟨de Chaimis⟩**

Bartolommeo ⟨Cederni⟩
→ **Cederni, Bartolommeo**

Bartolommeo ⟨Cipolla⟩
→ **Bartholomaeus ⟨Caepolla⟩**

Bartolommeo ⟨da Capua⟩
→ **Bartholomaeus ⟨Capuanus⟩**

Bartolommeo ⟨da San Concordio⟩
→ **Bartholomaeus ⟨Pisanus⟩**

Bartolommeo ⟨dalli Sonetti⟩
um 1485
Identität mit Bartolomeo ⟨Zamberti⟩ umstritten; Seekartenwerk über die Küsten und Inseln Griechenlands
LMA,I,1500
Bartholomaeus ⟨Zambertus⟩
Bartholomio ⟨da li Soneti⟩
Bartolomeo ⟨da li Sonetti⟩
Bartolomeo ⟨dalli Sonetti⟩
Bartolomeo ⟨Zamberti⟩
Bartolommeo ⟨da li Sonetti⟩
Bartolommeo ⟨of the Sonnets⟩
DalliSonetti, Bartolommeo
Sonetti, Bartolommeo ¬dalli¬

Bartolommeo ⟨de Granchi⟩
→ **Bartholomaeus ⟨Pisanus⟩**

Bartolommeo ⟨de San Concordio⟩
→ **Bartholomaeus ⟨Pisanus⟩**

Bartolommeo ⟨de' Granchi⟩
→ **Bartholomaeus ⟨Pisanus⟩**

Bartolommeo ⟨del Corazza⟩
→ **DelCorazza, Bartolomeo**

Bartolommeo ⟨de'Sacchi⟩
→ **Platina, Bartholomaeus**

Bartolommeo ⟨di Breganza⟩
→ **Bartholomaeus ⟨Vicentinus⟩**

Bartolommeo ⟨di Bruges⟩
→ **Bartholomaeus ⟨de Brugis⟩**

Bartolommeo ⟨di Gorello⟩
→ **Bartolomeo ⟨di Gorello⟩**

Bartolommeo ⟨di Saliceto⟩
→ **Bartholomaeus ⟨de Saliceto⟩**

Bartolommeo ⟨Granchi⟩
→ **Bartholomaeus ⟨Pisanus⟩**

Bartolommeo ⟨Lapacci⟩
→ **Bartholomaeus ⟨Lapaccius⟩**

Bartolommeo ⟨Montagnana⟩
→ **Bartholomaeus ⟨de Montagna⟩**

Bartolommeo ⟨of the Sonnets⟩
→ **Bartolommeo ⟨dalli Sonetti⟩**

Bartolommeo ⟨Pisano⟩
→ **Bartholomaeus ⟨Pisanus⟩**

Bartolommeo ⟨Saliceti⟩
→ **Bartholomaeus ⟨de Saliceto⟩**

Bartolommeo ⟨Scala⟩
→ **Scala, Bartholomaeus**

Bartolommeo ⟨Sibilla⟩
→ **Bartholomaeus ⟨Sibylla⟩**

Bartolommeo ⟨Varignana⟩
→ **Bartholomaeus ⟨Varignana⟩**

Bartolommeo ⟨Zabarella⟩
→ **Bartholomaeus ⟨de Zabarellis⟩**

Bartolommeo, Michelozzo ¬di¬
→ **Michelozzo ⟨di Bartolommeo⟩**

Bartolphus ⟨...⟩
→ **Bartolfus ⟨...⟩**

Bartolus ⟨de Saxoferrato⟩
1314 – 1357
Tusculum-Lexikon; LMA,I,1500/01
Bartholus ⟨de Saxoferrato⟩
Barto ⟨a Saxoferrato⟩
Bartole ⟨de Sassoferrato⟩
Bartolo ⟨de Sassoferrato⟩
Bartolus ⟨a Saxoferato⟩
Bartolus ⟨a Saxoferrato⟩
Bartolus ⟨de Sassoferrato⟩
Bartolus ⟨de Saxo Ferrato⟩
Bartolus ⟨Picenus Saxoferratensis⟩
Bartolus ⟨Severus de Alphanis⟩
Bartolus ⟨von Sassoferrato⟩
Bartolus, Osse
Bartulo ⟨de Sassoferrato⟩
Partholus ⟨Picenus Saxoferratensis⟩
Saxo Ferrato, Bartolus ¬de¬
Saxoferrato, Bartolus ¬de¬

Bartolus ⟨Lucanus⟩
um 1476
Epistola ad Saulum Flavium
Bartholus ⟨Lucanus⟩
Bartholus ⟨Lucanus Uticensis⟩
Bartolo ⟨Lucano⟩
Bartolo ⟨Uticensis⟩
Bartolus ⟨Uticensis⟩
Lucano, Bartolo
Lucanus, Bartolus

Bartolus ⟨Picenus Saxoferratensis⟩
→ **Bartolus ⟨de Saxoferrato⟩**

Bartolus ⟨Severus de Alphanis⟩
→ **Bartolus ⟨de Saxoferrato⟩**

Bartolus ⟨Uticensis⟩
→ **Bartolus ⟨Lucanus⟩**

Bartolus, Osse
→ **Bartolus ⟨de Saxoferrato⟩**

Bartossius ⟨de Drahonice⟩
um 1443
Chronicon Bohemicum (1419-1443)
Rep.Font. II,459
Bartošek ⟨de Drahonice⟩
Bartossek ⟨de Drahonicz⟩
Bartossek ⟨de Drahonitz⟩
Bartossius ⟨de Drahonitz⟩
Drahonice, Bartossius ¬de¬

Bartpha, Johannes ¬de¬
→ **Johannes ⟨de Bartpha⟩**

Bartscherer, Johannes
→ **Johannes ⟨Bartscherer⟩**

Bartt, Johannes
→ **Johannes ⟨Part⟩**

Bartulo ⟨...⟩
→ **Bartolus ⟨...⟩**

Barulo, Andreas ¬de¬
→ **Andreas ⟨de Barulo⟩**

Barutell, Francisco Moner ¬y de¬
→ **Moner, Francisco**

Barwick, John
→ **Johannes ⟨de Berwick⟩**

Barz, Heinrich
um 1500
Langer Ton
VL(2),1,625/626
Heinrich ⟨Barz⟩
Heinrich ⟨Parcz⟩
Heinrich ⟨Partsch⟩
Parcz, Heinrich
Partsch, Heinrich

Barzis, Benedictus ¬de¬
→ **Benedictus ⟨de Barzis⟩**

Barziz, Christoph
→ **Christophorus ⟨Barzizius⟩**

Barzizius, Christophorus
→ **Christophorus ⟨Barzizius⟩**

Barzizius, Gasparinus
→ **Gasparinus ⟨Barzizius⟩**

Barzizius, Guinifortus
→ **Guinifortus ⟨Barzizius⟩**

Basainvilla, Guido ¬de¬
→ **Guido ⟨de Basainvilla⟩**

Baschschar ibn Burd
→ **Baššār Ibn-Burd**

Basco ⟨Goslas⟩
13. Jh.
Vielleicht Verf. eines Teils der „Chronica Poloniae Maioris"
Rep.Font. III,414
Basco ⟨Custos Posnaniensis⟩
Basco ⟨Godislai⟩
Basco ⟨Godislaus⟩
Basko ⟨Custos Posnaniensis⟩
Basko ⟨Poznaniensis⟩
Baszko ⟨Kustosa Poznańskip⟩
Baszko ⟨Godzislaw⟩
Godzisław, Baszko
Goslas, Basco

Basel, ¬Der von¬
→ **Frater ⟨Basiliensis⟩**

Basel, Barfüßer ¬von¬
→ **Barfüßer ⟨von Basel⟩**

Basel, Heinrich ¬von¬
→ **Heinrich ⟨von Basel⟩**

Basel, Nikolaus ¬von¬
→ **Nikolaus ⟨von Basel⟩**

Basevorn, Robertus ¬de¬
→ **Robertus ⟨de Basevorn⟩**

Bashshār Ibn-Burd
→ **Baššār Ibn-Burd**

Basil ⟨Imperium Byzantinum, Imperator, I.⟩
→ **Basilius ⟨Imperium Byzantinum, Imperator, I.⟩**

Basil ⟨Valentine⟩
→ **Basilius ⟨Valentinus⟩**

Basilaces, Nicephorus
→ **Nicephorus ⟨Basilaces⟩**

Basile ⟨...⟩
→ **Basilius ⟨...⟩**

Basilea, Henricus ¬de¬
→ **Henricus ⟨de Basilea⟩**

Basilea, Johannes ¬de¬
→ **Johannes ⟨de Basilea⟩**

Basileios ⟨Byzantinisches Reich, Kaiser, I.⟩
→ **Basilius ⟨Imperium Byzantinum, Imperator, I.⟩**

Basileios ⟨ho Achridēnos⟩
→ **Basilius ⟨Achridenus⟩**

Basileios ⟨ho Elachistos⟩
→ **Basilius ⟨Minimus⟩**

Basileios ⟨Makedōn⟩
→ **Basilius ⟨Imperium Byzantinum, Imperator, I.⟩**

Basileios ⟨of Patras⟩
→ **Basilius ⟨Neopatrensis⟩**

Basileios ⟨Pediadites⟩
→ **Basilius ⟨Pediadites⟩**

Basileios ⟨Protoasekretis⟩
→ **Basilius ⟨Protoasecretis⟩**

Basileios ⟨von Achrida⟩
→ **Basilius ⟨Achridenus⟩**

Basileios ⟨von Jerusalem⟩
→ **Basilius ⟨Hierosolymitanus⟩**

Basileios ⟨von Kaisareia⟩
→ **Basilius ⟨Minimus⟩**

Basileios ⟨von Neopatrai⟩
→ **Basilius ⟨Neopatrensis⟩**

Basīlī, Aḥmad Ibn-Muḥammad ¬al-¬
gest. 1427
Aḥmad Ibn-Muḥammad al-Basīlī
Ibn-Muḥammad, Aḥmad al-Basīlī
Tūnisī, Aḥmad Ibn-Muḥammad ¬al-¬

Basilios ⟨...⟩
→ **Basilius ⟨...⟩**

Basilius ⟨Achridenus⟩
gest. ca. 1169
LThK; CSGL
Achridenus, Basilius
Basileios ⟨Achridenos⟩
Basileios ⟨ho Achridēnos⟩
Basileios ⟨von Achrida⟩
Basilius ⟨of Thessalonica⟩
Basilius ⟨Thessalonicensis⟩

Basilius ⟨Ancyranus, Iunior⟩
6./7. Jh.
Libellus
Ancyranus, Basilius
Basilius ⟨Ancyranus⟩
Basilius ⟨Ancyranus Alius⟩
Basilius ⟨Ancyranus Episcopus Iunior⟩
Basilius ⟨Episcopus⟩

Basilius ⟨Bessarion⟩
→ **Bessarion**

Basilius ⟨Caesariensis, Iunior⟩
→ **Basilius ⟨Minimus⟩**

Basilius ⟨Cappadox⟩
→ **Basilius ⟨Minimus⟩**

Basilius ⟨Episcopus⟩
→ **Basilius ⟨Ancyranus, Iunior⟩**
→ **Basilius ⟨Romani Fori Episcopus⟩**

Basilius ⟨Hierosolymitanus⟩
um 840/42
Synodalbrief von 836
Basile ⟨de Jérusalem⟩
Basile ⟨Patriarche⟩
Basileios ⟨von Jerusalem⟩
Basileos ⟨von Jerusalem⟩
Basilios ⟨Patriarch⟩
Basilios ⟨von Jerusalem⟩
Basilius ⟨Patriarcha⟩
Hierosolymitanus, Basilius

Basilius ⟨Imperium Byzantinum, Imperator, I.⟩
um 867/886
Espanagoge, i.e. Repetita praelectio legis; Lex manualis
Rep.Font. II,460; Tusculum-Lexikon; LThK; LMA,I,1521/22
Basil ⟨Imperium Byzantinum, Imperator, I.⟩
Basil ⟨the Macedonian⟩
Basile ⟨Empire Byzantin, Empereur, I.⟩
Basileios ⟨Byzantinisches Reich, Kaiser, I.⟩
Basileios ⟨Makedōn⟩
Basilius ⟨Macedo⟩
Basilius Macedo ⟨Constantinopolitanus, Imperator⟩

Basilius ⟨Macedo⟩
→ **Basilius ⟨Imperium Byzantinum, Imperator, I.⟩**

Basilius ⟨Minimus⟩
10. Jh.
Tusculum-Lexikon; CSGL
Basileios ⟨ho Elachistos⟩
Basileios ⟨von Kaisareia⟩
Basilius ⟨Caesariensis, Iunior⟩
Basilius ⟨Cappadox⟩
Minimus, Basilius

Basilius ⟨Neopatrensis⟩
10. Jh.
LThK; CSGL
Basileios ⟨of Patras⟩
Basileios ⟨von Neopatrai⟩
Basilius ⟨of Neopatra⟩
Basilius ⟨Thessalus⟩

Basilius ⟨of Thessalonica⟩
→ **Basilius ⟨Achridenus⟩**

Basilius ⟨Patriarcha⟩
→ **Basilius ⟨Hierosolymitanus⟩**

Basilius ⟨Pediadites⟩
12. Jh.
Tusculum-Lexikon; CSGL
Basileios ⟨Pediadites⟩
Pediadites, Basilius

Basilius ⟨Protoasecretis⟩
11. Jh.
CSGL
Basileios ⟨Protoasekretis⟩
Protoasecretis, Basilius

Basilius ⟨Romani Fori Episcopus⟩
um 1484
Epistola ad Gerontium metropolitam Moscoviensem
Rep.Font. II,462
Basilius ⟨Episcopus⟩
Basilius ⟨Romani Fori⟩

Basilius ⟨Thessalonicensis⟩
→ **Basilius ⟨Achridenus⟩**

Basilius ⟨Thessalus⟩
→ **Basilius ⟨Neopatrensis⟩**

Basilius ⟨Valentinus⟩
1394 – ca. 1450
Basil ⟨Valentine⟩
Basile ⟨Valentin⟩
Valentin, Basile
Valentinus, Basilius

Basilius Macedo ⟨Constantinopolitanus, Imperator⟩
→ **Basilius ⟨Imperium Byzantinum, Imperator, I.⟩**

Basilius Mavortius, Flavius Vettius Agorius
→ **Mavortius**

Basin, Thomas
ca. 1412 – 1491
Apologia; Historia; Breviloquium peregrinationis; etc.
LMA,I,1533; Rep.Font. II,463
Basinus, Thomas
Bazinus, Thomas
Thomas ⟨Basin⟩
Thomas ⟨Basinus⟩
Thomas ⟨Bazinus⟩
Thomas ⟨Caesariensis⟩
Thomas ⟨de Caudebec⟩
Thomas ⟨de Césarée⟩
Thomas ⟨de Lisieux⟩
Thomas ⟨Lexoviensis⟩

Basing, John
→ **Johannes ⟨de Basingstoke⟩**

Basingstoke, Johannes ¬de¬
→ **Johannes ⟨de Basingstoke⟩**

Basinio ⟨da Parma⟩
1425 – 1457
Hesperidos libri XIII
Rep.Font. II, 462
Basini, Basinio
Basini, Basinio ¬de'¬
Basinio ⟨Basini⟩
Basinio ⟨da Basanii⟩
Basinius ⟨Parmensis⟩
Basinius, Basin
Basinius, Johannes
De'Basini, Basinio
Parma, Basinio ¬da¬

Basinus, Thomas
→ **Basin, Thomas**

Baṣīr, Yūsuf ¬al-¬
→ **Yūsuf ⟨al-Baṣīr⟩**

Basko ⟨Poznaniensis⟩
→ **Basco ⟨Goslas⟩**

Baskūmarī, Abū-ʿAbd-ar-Raḥmān I.
→ **Azdī, Muḥammad Ibn-al-Ḥusain ¬al-¬**

Basler Kleriker
→ **Anonymus Basiliensis Poeta**

Baṣra, Abraham
→ **Abraham ⟨Baṣra⟩**

Baṣra, Šelēmon
→ **Šelēmon ⟨Baṣra⟩**

Baṣrī, Abū-Ismāʿīl Muḥammad Ibn-ʿAbdallāh ¬al-¬
→ **Abū-Ismāʿīl al-Azdī al-Baṣrī, Muḥammad Ibn-ʿAbdallāh**

Baṣrī, Ḥasan ¬al-¬
→ **Ḥasan al-Baṣrī ¬al-¬**

Baṣrī, Muḥammad Ibn-ʿAbd-al-Ǧabbār ¬al-¬
→ **Niffarī, Muḥammad Ibn-ʿAbd-al-Ǧabbār ¬an-¬**

Bassano ⟨Mantovano⟩
gest. 1499
Bassano ⟨de Mantoue⟩
Bassano ⟨Poeta Maccheronico⟩
Mantovano, Bassano

Bassano, Castellanus ¬de¬
→ **Castellanus ⟨de Bassano⟩**

Baššār Ibn-Burd
ca. 715 – 783
Baschschar ibn Burd
Bashshār Ibn-Burd
Ibn-Burd, Baššār
Muraʿaṯ ¬al-¬

Baššārī, Muḥammad Ibn-Aḥmad ¬al-¬
→ **Muqaddasī, Muḥammad Ibn-Aḥmad ¬al-¬**

Bassea, Adamus ¬de¬
→ **Adamus ⟨de Bassea⟩**

Bassée, Robert ¬de la¬
→ **Robertus ⟨de Bassia⟩**

Bassenhaimer, Johannes
um 1426/30
Jerusalem-Pilgerführer; Itinerar (Romreise); 2 Gedichte
VL(2),1,634/35
Bassenhammer, Jean
Jean ⟨Bassenhammer⟩
Johannes ⟨Bassenhaimer⟩
Johannes ⟨Passenhaimer⟩
Johannes ⟨Passenhanner⟩
Passenhaimer, Johannes
Passenhanner, Johannes

Basset, Joan
15. Jh.
Basset, Johan
Joan ⟨Basset⟩
Johan ⟨Basset⟩

Bassi, Andrea ¬de'¬
um 1375/1441
Commento alla Teseida; Fatiche de Ercole
LMA,III,611/12
Andrea ⟨de' Bassi⟩
Bassi, Pietro Andrea ¬de'¬
Basso, André ¬dal¬
Basso, Andrea ¬del¬
Basso, Pietro Andrea
DelBasso, Andrea
DelBasso, Pietro Andrea
De'Bassi, Andrea
De'Bassi, Pietro Andrea

Bassia, Robertus ¬de¬
→ **Robertus ⟨de Bassia⟩**

Bassiano, Castellanus ¬von¬
→ **Castellanus ⟨de Bassano⟩**

Bassianus ⟨de Lodi, OP⟩
um 1269/70 · OP
Identität mit Baxianus ⟨Laudensis⟩ nicht gesichert
Schneyer,I,438; Kaeppeli,I,183
Bassianus ⟨de Lodi⟩
Bassianus ⟨Frater⟩
Bassianus ⟨Laudensis⟩
Bassianus ⟨Lector Venetus⟩
Baxianus ⟨Laudensis⟩
Baxianus ⟨Lector Venetus⟩
Lodi, Bassianus ¬de¬

Bassianus, Johannes
→ **Johannes ⟨Bassianus⟩**

Basso, Andrea ¬del¬
→ **Bassi, Andrea ¬de'¬**

Bassolis, Johannes ¬de¬
→ **Johannes ⟨de Bassolis⟩**

Bassora, Abraham ¬of¬
→ **Abraham ⟨Baṣra⟩**

Bassui Tokushō
1327 – 1387
Bassui
Tokushō

Bassus, Cassianus
→ **Cassianus ⟨Bassus⟩**

Bastâmi, Bayezid
→ **Abū-Yazīd al-Bisṭāmī, Ṭaifūr Ibn-ʿĪsā**

Bastart, Audefroi ¬le¬
→ **Audefroi ⟨le Bastart⟩**

Baston, Robertus
gest. 1318 · OCarm
Metra de illustri praelio de Banockburn
Rep.Font. II,464
Baston, Robert
Pseudo-Robertus ⟨Baston⟩
Robert ⟨Baston⟩
Robertus ⟨Bassodunus⟩
Robertus ⟨Baston⟩
Robertus ⟨Bastonus⟩
Robertus ⟨de Baston⟩

Baszko ⟨Godzislaw⟩
→ **Basco ⟨Goslas⟩**

Baszko ⟨Kustosa Poznańskip⟩
→ **Basco ⟨Goslas⟩**

Baṭalyausī, ʿAbdallāh Ibn-Muḥammad ¬al-¬
1052 – 1127
Rep.Font. VI,207
ʿAbdallāh Ibn-Muḥammad al-Baṭalyausī
Baṭalyawsī, ʿAbd Allāh Ibn Muḥammad
Baṭalyūsī, ʿAbdallāh Ibn-Muḥammad ¬al-¬
Baṭlayausī, ʿAbdallāh Ibn-Muḥammad ¬al-¬
Baṭlayūsī, ʿAbdallāh Ibn-Muḥammad ¬al-¬
Ibn al-Sīd al-Baṭalyawsī, Abū Muḥammad ʿAbd Allāh b. Muḥammad b. al-Sīd al-Baṭalyawsī
Ibn-as-Sīd al-Baṭalyausī
Ibn-Muḥammad, ʿAbdallāh al-Baṭalyausī
Ibn-Muḥammad al-Baṭalyausī, ʿAbdallāh

Batanūnī, ʿAlī Ibn-ʿUmar ¬al-¬
gest. ca. 1494
ʿAlī Ibn-ʿUmar al-Batanūnī
Ibn-al-Batanūnī, ʿAlī Ibn-ʿUmar
Ibn-ʿUmar, ʿAlī al-Batanūnī
Ibn-ʿUmar al-Batanūnī, ʿAlī

Bate, Henricus
→ **Henricus ⟨Bate⟩**

Bate, Johannes
→ **Johannes ⟨Bate⟩**

Bate de Malines, Henri
→ **Henricus ⟨Bate⟩**

Bateman, Guilelmus
→ **Guilelmus ⟨Bateman⟩**

Batifolius, Petrus
→ **Petrus ⟨Batifolius⟩**

Baṭlayausī, ʿAbdallāh Ibn-Muḥammad ¬al-¬
→ **Baṭalyausī, ʿAbdallāh Ibn-Muḥammad ¬al-¬**

Baṭlayūsī, ʿAbdallāh Ibn-Muḥammad ¬al-¬
→ **Baṭalyausī, ʿAbdallāh Ibn-Muḥammad ¬al-¬**

Batricharēs
→ **Bhartṛhari**

Batrūǧī, Nūr-ad-Dīn Abū-Isḥāq ¬al-¬
→ **Biṭrūǧī, Nūr-ad-Dīn ¬al-¬**

Battaglia, Marcus ¬de¬
gest. ca. 1376
Marcha
Rep.Font. II,464
Anonymus ⟨Italus⟩
Battagli, Marco
Battaglia, Marc
Battaglia, Marcus
Battaglis, Marcus ¬de¬
Battalea, Marcus
Marc ⟨Battaglia⟩
Marco ⟨Battagli⟩
Marcus ⟨Ariminensis⟩
Marcus ⟨Battaglia⟩
Marcus ⟨Battalea Ariminensis⟩
Marcus ⟨de Battaglia⟩
Marcus ⟨de Battaglis⟩
Marcus ⟨de Rimini⟩

Battānī, Muḥammad Ibn-Ǧābir ¬al-¬
gest. 929
LMA,I,1551
Abū-ʿAbdallāh Muḥammad Ibn-Ǧābir ⟨al-Battānī⟩
Albategni
Albategnius
Albatenius
Albateny
Battānī, Abū-ʿAbdallāh M.
Battānī, Abū-ʿAbdallāh Muḥammad Ibn-Ǧābir ¬al-¬
Battani, Mohammed Ibn Dschabir ¬al-¬
Battānī, Muḥammad Ibn Ǧābir Ibn Sinān
Ibn-Ǧābir al-Battānī, Muḥammad
Mohammed Ibn Dschabir al-Battani
Muḥammad Ibn-Ǧābir al-Battānī

Battifoglio, Pietro
→ **Petrus ⟨Batifolius⟩**

Battista ⟨Cremonese⟩
→ **Platina, Bartholomaeus**

Battista ⟨de'Giudici⟩
→ **Baptista ⟨de Finario⟩**

Battista ⟨di Sale⟩
→ **Baptista ⟨de Salis⟩**

Battista ⟨Guarini⟩
→ **Guarini, Giovanni Battista**

Battista ⟨Platina⟩
→ **Platina, Bartholomaeus**

Battista ⟨Trovamala⟩
→ **Baptista ⟨de Salis⟩**

Bauchant, Jacques
gest. 1369
Revelations des voies de Dieu
LMA,I,1561
Jacques ⟨Bauchant⟩

Baucher, Pierre
→ **Petrus ⟨Bancherius⟩**

Baude, Henri
ca. 1430 – 1496
Eloge ou portrait historique de Charles VII
Rep.Font. II,465; LMA,I,1561/62
Henri ⟨Baude⟩

Baudemundus ⟨Elnonensis⟩
gest. ca. 700
Angebl. Verf. der Vita S. Amandi episcopi Traiectensis
Cpl 2080; Rep.Font. II,466
Baudemond ⟨de Saint-Amand⟩
Baudemond ⟨d'Elnone⟩
Baudemond ⟨Moine⟩
Baudemond ⟨Mönch⟩
Baudemundus ⟨Clericus⟩
Baudemundus ⟨Elonensis⟩
Baudemundus ⟨Monachus⟩

Baudericus
→ **Baldericus ⟨...⟩**

Baudinus ⟨Magister⟩
→ **Bandinus ⟨Magister⟩**

Baudonivia
um 600

Baudouin ⟨Auteur d'un Formulaire de Lettres⟩
→ **Balduinus ⟨de Viktring⟩**

Baudouin ⟨Chanoine Prémontré⟩
→ **Balduinus ⟨Ninovensis⟩**

Baudouin ⟨d'Avesnes⟩
→ **Balduinus ⟨de Avesnis⟩**

Baudouin ⟨de Boulogne⟩
→ **Balduinus ⟨Noviomensis⟩**

Baudouin ⟨de Boussu⟩
→ **Balduinus ⟨de Boussu⟩**

Baudouin ⟨de Brandebourg⟩
→ **Balduinus ⟨Brandenburgensis⟩**

Baudouin ⟨de Brunswick⟩
→ **Balduinus ⟨Brandenburgensis⟩**

Baudouin ⟨de Cambron⟩
→ **Balduinus ⟨de Boussu⟩**

Baudouin ⟨de Cantorbéry⟩
→ **Balduinus ⟨Cantuariensis⟩**

Baudouin ⟨de Ford⟩
→ **Balduinus ⟨Cantuariensis⟩**

Baudouin ⟨de Jonghe⟩
→ **Balduinus ⟨Iuvenis⟩**

Baudouin ⟨de Maffles⟩
→ **Balduinus ⟨de Maflix⟩**

Baudouin ⟨de Maflix⟩
→ **Balduinus ⟨de Maflix⟩**

Baudouin ⟨de Marrochio⟩
→ **Balduinus ⟨de Mardochio⟩**

Baudouin ⟨de Ninove⟩
→ **Balduinus ⟨Ninovensis⟩**

Baudouin ⟨de Noyon⟩
→ **Balduinus ⟨Noviomensis⟩**

Baudouin ⟨de Reims⟩
→ **Balduinus ⟨de Spernaco⟩**

Baudouin ⟨Emperor⟩
→ **Balduinus ⟨Constantinopolis, Imperator, I.⟩**

Baudouin ⟨Evêque⟩
→ **Balduinus ⟨Noviomensis⟩**

Baudouin ⟨Franciscain⟩
→ **Balduinus ⟨Brandenburgensis⟩**

Baudouin ⟨le Jeune⟩
→ **Balduinus ⟨Iuvenis⟩**

Baudouin ⟨Mathématicien⟩
→ **Balduinus ⟨de Mardochio⟩**

Baudouin ⟨of Canterbury⟩
→ **Balduinus ⟨Cantuariensis⟩**

Baudouin ⟨of Constantinople⟩
→ **Balduinus ⟨Constantinopolis, Imperator, I.⟩**

Baudouin ⟨Prémontré⟩
→ **Balduinus ⟨Ninovensis⟩**

Baudouin, Jean
um 1407/37
Instruction de la vie mortelle
LMA,I,1563
Balduinus, Johannes
Jean ⟨Baudouin⟩
Jean Baudouin ⟨de Rosières-aux-Salines⟩

Baudri ⟨de Bourgueil⟩
→ **Baldericus ⟨Burguliensis⟩**

Baudri ⟨de Florennes⟩
→ **Baldericus ⟨Treverensis⟩**

Baudri ⟨de Saint-Pierre à Trèves⟩
→ **Baldericus ⟨Treverensis⟩**

Baudri ⟨de Saint-Siméon à Trèves⟩
→ **Baldericus ⟨Treverensis⟩**

Baudri ⟨de Thérouanne⟩
→ **Baldericus ⟨Noviomensis⟩**

Baudri ⟨de Trèves⟩
→ **Baldericus ⟨Treverensis⟩**

Baudri ⟨d'Orléans⟩
→ **Baldericus ⟨Burguliensis⟩**

Baudri ⟨von Bourgueil⟩
→ **Baldericus ⟨Burguliensis⟩**

Baudri ⟨von Trier⟩
→ **Baldericus ⟨Treverensis⟩**

Baudry ⟨of Bourgueil⟩
→ **Baldericus ⟨Burguliensis⟩**

Bauer, Johannes
→ **Johannes ⟨de Dorsten⟩**

Bauernfeind
ca. 1449
Pseudonym; Lied polit. Inhalts
VL(2),1,638/39
Burenfiendt

Baufeti, Guilelmus
→ **Guilelmus ⟨Baufeti⟩**

Baugesio, Johannes ¬de¬
→ **Johannes ⟨de Baugesio⟩**

Baumann, Michael
um 1478 · OCist
Buch von der natur und eygenschafft der dinke
VL(2),1,642/643
Michael ⟨Baumann⟩

Baumburg, Ulrich ¬von¬
→ **Ulrich ⟨von Baumburg⟩**

Baume, Pierre ¬de¬
→ **Petrus ⟨de Palma⟩**

Baumgartner, Steffan
um 1498
Relatio de peregrinatione Heinrici Pii, ducis Saxoniae a. 1498 Hierosolymam facta
VL(2),1,647; Rep.Font. II,466
Baumgartner, Etienne
Baumgartner, Stephan
Etienne ⟨Baumgartner⟩
Steffan ⟨Baumgartner⟩
Stephan ⟨Baumgartner⟩

Baumholz, Albrecht
um 1500
Die Keisserin von Rom (Lied; 17 Strophen)
VL(2),1,647/48
Albrecht ⟨Baumholz⟩
Albrecht ⟨Paumholcz⟩
Paumholcz, Albrecht

Bavarus Anonymus
→ **Anonymus ⟨Bavarus⟩**

Baverius ⟨de Baveriis⟩
gest. 1480
LMA,I,1695/96
Baveriis, Baverius ¬de¬
Baverio ⟨Baviera⟩
Baverio, Giovanni
Baverius, Johannes
Baviera, Baverio
Baviera, Giovanni
Giovanni ⟨Baviera⟩
Johannes ⟨Baverius⟩

Bavonius, Florentius
→ **Florentius ⟨Wigorniensis⟩**

Baxano, Castellanus ¬de¬
→ **Castellanus ⟨de Bassano⟩**

Baxianus ⟨Laudensis⟩
→ **Bassianus ⟨de Lodi, OP⟩**

Bayard, Matthieu-Marie
→ **Boiardo, Matteo Maria**

Bāyazīd al-Bisṭāmī
→ **Abū-Yazīd al-Bisṭāmī, Ṭaifūr Ibn-ʿĪsā**

Baybars al-Manṣūrī
→ **Baibars al-Manṣūrī**

Baydak, Abū Bakr b. ʿAlī al-Ṣinhağī
→ **Baiḏaq, Abū-Bakr Ibn-ʿAlī ¬al-¬**

Bayḍāwī, ʿAbd Allāh Ibn ʿUmar
→ **Baiḍāwī, ʿAbdallāh Ibn-ʿUmar ¬al-¬**

Baydhaq, Abū Bakr Ibn ʿAlī
→ **Baiḏaq, Abū-Bakr Ibn-ʿAlī ¬al-¬**

Baye, Nicolas ¬de¬
gest. 1419
Journal; Mémorial
Rep.Font. II,467
Nicolas ⟨Crante⟩
Nicolas ⟨de Baye⟩
Nicolas ⟨Greffier du Parlement de Paris⟩

Bayezid Bastâmi
→ **Abū-Yazīd al-Bisṭāmī, Ṭaifūr Ibn-ʿĪsā**

Bayezid-i Bistami
→ **Abū-Yazīd al-Bisṭāmī, Ṭaifūr Ibn-ʿĪsā**

Bayhaqi, Abu-l Fazl Mohammad b. Hosayn
→ **Baihaqī, Abu-'l-Faḍl Muḥammad Ibn-Ḥusain**

Bayhaqī, Aḥmad Ibn al-Ḥusayn
→ **Baihaqī, Aḥmad Ibn-al-Ḥusain ¬al-¬**

Bayhaqī, ʿAlī ibn Zayd
→ **Baihaqī, ʿAlī Ibn-Zaid ¬al-¬**

Bayhaqī, al-Muḥsin Ibn-Muḥammad ¬al-¬
→ **Baihaqī, al-Muḥsin Ibn-Muḥammad ¬al-¬**

Bayhaqī, Ibrāhīm ibn Muḥammad ¬al-¬
→ **Baihaqī, Ibrāhīm Ibn-Muḥammad ¬al-¬**

Bayon, Johannes ¬de¬
→ **Johannes ⟨de Bayon⟩**

Bayona, Bertrandus ¬de¬
→ **Bertrandus ⟨de Bayona⟩**

Bayreuth, Hans ¬von¬
→ **Hans ⟨von Bayreuth⟩**

Baysi, Aegidius ¬de¬
→ **Aegidius ⟨de Baysi⟩**

Baysio, Guido ¬de¬
→ **Guido ⟨de Baisio⟩**

Bayyāsī, Yūsuf Ibn Muḥammad
→ **Baiyāsī, Yūsuf Ibn-Muḥammad ¬al-¬**

Bazano, Johannes ¬de¬
→ **Johannes ⟨de Bazano⟩**

Bazdawī, Abu-'l-Yusr Muḥammad ¬al-¬
1030 – 1099
Islam. Theologe; Kitāb uṣul ad-dīn; aus Transoxanien; wohl noch als Perser zu bezeichnen
EI(2),Index
Abu-'l-Yusr Muḥammad al-Bazdawī
Bazdawī, Abu 'l-Yusr Muḥammad ¬al-¬

Bazfuoze, Achenheim
→ **Achenheim, ¬Der von¬**

Bazinus, Thomas
→ **Basin, Thomas**

Bazochiis, Guido ¬de¬
→ **Guido ⟨de Bazochiis⟩**

Bazzano, Francesco d'Angeluccio ¬di¬
→ **Francesco ⟨d'Angeluccio⟩**

Bazzano, Giovanni ¬da¬
→ **Johannes ⟨de Bazano⟩**

Bazzār, Abū-Bakr Aḥmad Ibn-ʿAmr ¬al-¬
→ **Bazzār, Aḥmad Ibn-ʿAmr ¬al-¬**

Bazzār, Abū-Ṭāhir ʿAbd-al-Wāḥid Ibn-Abī-Hāšim ¬al-¬
→ **Abū-Ṭāhir Ibn-Abī-Hāšim al-Baġdādī**

Bazzār, Aḥmad Ibn-ʿAmr ¬al-¬
gest. 905
Aḥmad Ibn-ʿAmr al-Bazzār
Bazzār, Abū-Bakr Aḥmad Ibn-ʿAmr ¬al-¬
Ibn-ʿAmr, Aḥmad al-Bazzār

Bdinski, Joasaf
→ **Joasaf ⟨Bdinski⟩**

Beato ⟨di Liebana⟩
→ **Beatus ⟨Liebanensis⟩**

Beatrijs ⟨van Nazareth⟩
gest. 1268
LThK
Beatrix ⟨de Nazareth⟩
Beatrix ⟨von Nazareth⟩
Beatrys ⟨van Nazareth⟩
Nazareth, Beatrijs ¬van¬

Beatus ⟨Liebanensis⟩
gest. 798
LThK; CSGL; LMA,I,1746/47
Beato ⟨de Liebana⟩
Beato ⟨di Liebana⟩
Beatus ⟨a Liébana⟩
Beatus ⟨de Liebana⟩
Beatus ⟨di Liebana⟩
Beatus ⟨Geronensis⟩
Beatus ⟨of Liebana and Valcavado⟩
Beatus ⟨Sanctus⟩
Beatus ⟨von Liebana⟩
Beatus ⟨Presbyterus Liebanensis⟩

Beaudouin ⟨Lottin⟩
→ **Dominicus ⟨de Flandria⟩**

Beaufort, Pierre-Roger ¬de¬
→ **Gregorius ⟨Papa, XI.⟩**

Beaujeu, Renaut ¬de¬
→ **Renaut ⟨de Beaujeu⟩**

Beaulieu, Geoffroy ¬de¬
→ **Galfredus ⟨de Belloloco⟩**

Beaulieu, Guichard ¬de¬
→ **Guichard ⟨de Beaulieu⟩**

Beaulieu, Simon ¬de¬
→ **Simon ⟨de Belloloco⟩**

Beaumanoir, Philippe ¬de¬
→ **Philippe ⟨de Beaumanoir⟩**

Beaumont, Robert ¬de¬
→ **Robert ⟨de Beaumont⟩**

Beaune, Jean ¬de¬
→ **Johannes ⟨de Belna⟩**

Beauvais, Pierre ¬de¬
→ **Pierre ⟨de Beauvais⟩**

Beauvais, Ralph ¬of¬
→ **Radulfus ⟨Bellovacensis⟩**

Beauvau, Louis ¬de¬
1410 – 1462
Pas d'armes de la bergière
Potth. 796
Beauvou, Louis ¬de¬
Louis ⟨de Beauvau⟩
Louis ⟨de Beauvou⟩

Bebenburg, Lupoldus ¬de¬
→ **Lupoldus ⟨de Bebenburg⟩**

Bebenhausen, Philipp
um 1470
Predigtsammlung
VL(2),1,650/51
Philipp ⟨Bebenhausen⟩

Bebo ⟨Bambergensis⟩
um 1014/24
Epistula ad Henricum II. imperatorem
Rep.Font. II,468
Bebo ⟨de Bamberg⟩
Bebo ⟨Diaconus⟩
Bebo ⟨von Bamberg⟩

Beca, Joannes ¬de¬
→ **Johannes ⟨de Beka⟩**

Beccadelli, Antonio
1394 – 1471
CSGL; Potth.; LMA,I,1769/70
Antonio ⟨Beccadelli⟩
Antonio ⟨Benacelli⟩
Antonio ⟨Panormita⟩
Antonius ⟨Becadelli⟩
Antonius ⟨Beccatellus⟩
Antonius ⟨Bolonianus⟩
Antonius ⟨de Bononia⟩
Antonius ⟨de Bononio⟩
Antonius ⟨Panormita⟩
Antonius ⟨Panormitanus⟩
Becadelli, Antonius
Beccadellus, Antonius
Beccatelli, Antonio
Beccatelli, Antonius
Beccatellus, Antonius
Beccatellus Panormita, Antonius
Benacelli, Antonio
Panhormita, Antonius
Panormita
Panormita, Antonio
Panormita, Antonius
Panormita, Antonius B.

Beccaio, Antonio ¬del¬
→ **Antonio ⟨Beccari da Ferrara⟩**

Beccanus
6./7. Jh.
Epistula ad Segienum et Beccanum de controversia paschali
Cpl 2310

Beccari, Antonio
→ **Antonio ⟨Beccari da Ferrara⟩**

Beccariis, Nicolaus ¬de¬
geb. ca. 1382
Regulae singulares
Rep.Font. II,468
Beccari, Niccolò
Niccolò ⟨Beccari⟩
Niccolò ⟨da Ferrara⟩
Nicolaus ⟨de Becariis⟩
Nicolaus ⟨de Beccariis⟩
Nicolaus ⟨de Ferrare⟩

Beccatelli, Antonio
→ **Beccadelli, Antonio**

Beccatellus, Gregorius
→ **Gregorius ⟨Beccatellus⟩**

Beccheri, Gualla ¬de¬
→ **Guala ⟨Bicherius⟩**

Becchi, Guilelmus
→ **Guilelmus ⟨Becchi⟩**

Beccucci, Michael
→ **Michael ⟨de Massa⟩**

Beccus, Johannes
→ **Johannes ⟨Beccus⟩**

Bechada, Grégoire
um 1150
Canso d'Antiocha
Rep.Font. II,468
Bechada, Géraud
Géraud ⟨Bechada⟩
Grégoire ⟨Bechada⟩

Bechaje
→ **Baḥyê Ben-Āšēr**

Becharius, Petrus
→ **Berchorius, Petrus**

Bechetti, Johannes
→ **Johannes ⟨Bechetti⟩**

Bechini, Petrus
→ **Petrus ⟨Bechini⟩**

Bechtold ⟨Filinger⟩
→ **Filinger, Bechtold**

Becker, Engelinus
gest. 1481
Expositio canonis missae; Sermo ad clerum; Sermo de sancto Anthonio
VL(2),1,657/58
Ange ⟨de Brunswick⟩
Angelus ⟨Becker⟩
Angelus ⟨de Brunswico⟩
Angelus ⟨von Braunschweig⟩
Becker, Angelus
Becker, Egeling
Becker, Eggeling
Braunschweig, Angelus ¬von¬
Egeling ⟨Becker⟩
Eggeling ⟨Becker⟩
Engelinus ⟨Becker⟩

Becker, Peter
gest. 1457
Zerbster Ratschronik
Rep.Font. II,469
Becker, Pierre
Peter ⟨Becker⟩
Pierre ⟨Becker⟩

Becket, Thomas
→ **Thomas ⟨Becket⟩**

Beckington, Thomas ¬de¬
→ **Thomas ⟨de Beckington⟩**

Beda ⟨Venerabilis⟩
673 – 735
LThK; CSGL; Potth.; LMA,I,1774/79
Baeda ⟨Venerabilis⟩
Beda
Beda ⟨Anglicus⟩
Beda ⟨Anglus⟩
Beda ⟨der Ehrwürdige⟩
Beda ⟨Presbyter⟩
Beda ⟨Sacerdos⟩
Bedanus ⟨Venerabilis⟩
Bède ⟨le Vénérable⟩
Bede ⟨the Venerable⟩
Bede ⟨Venerable⟩
Pseudo-Beda ⟨Venerabilis⟩
Venerabilis, Beda

Bedel, Jean
→ **Jean ⟨Bedel⟩**

Bedellus, Johannes
→ **Johannes ⟨Bedellus⟩**

Bedersi, Jedaiah ben Abraham
→ **Penînî, Yedaʿyā ¬hap-¬**

Bedi üz-Zaman Ebû'l-İz İsmail b. ar-Razzāz el Cezeri
→ **Ǧazarī, Ismāʿīl Ibn-ar-Razzāz ¬al-¬**

Bedreddin ⟨Şeyh⟩
→ **Ibn-Qāḍī Samāwna, Badr-ad-Dīn Maḥmūd**

Bedreddin Mahmud ibn Kadi-i Simavna
→ **Ibn-Qāḍī Samāwna, Badr-ad-Dīn Maḥmūd**

Beeck, Heinrich ¬von¬
→ **Heinrich ⟨von Beeck⟩**

Beets, Johannes ¬de¬
→ **Johannes ⟨de Beets⟩**

Beez, Andreas
um 1500
Rezept eines Trankes gegen die Pest
VL(2),1,666
Andreas ⟨Beez⟩

Begh, Lambert
→ **Lambertus ⟨Leodiensis Balbus⟩**

Beguini, Raimundus
→ **Raimundus ⟨Bequini⟩**

Behaêddin Ibn Chaddad
→ **Ibn-Šaddād, Yūsuf Ibn-Rāfiʿ**

Behà-ed-Dìn Zuheir
→ **Bahā' Zuhair ¬al-¬**

Behaim, Michael
→ **Beheim, Michael**

Beham, Albert ¬von¬
→ **Albertus ⟨Bohemus⟩**

Beham, Lazarus
15. Jh.
Astronomisch-astrologisches Handbüchlein
VL(2),1,671/72
Beheim, Lazarus
Lazarus ⟨Beham⟩
Lazarus ⟨Practicus Quadrivio⟩

Beham, Michael
→ **Beheim, Michael**

Beheim, ¬Der¬
14. Jh. · OP
Wir soellent swestern han; Das ein heilge schribet also; etc.
Kaeppeli,I,183/184; VL(2),1,672
Beheim ⟨der Prediger⟩
Bohemus, Johannes
Johannes ⟨Bohemus⟩

Beheim, Lazarus
→ **Beham, Lazarus**

Beheim, Matthias ¬von¬
→ **Matthias ⟨von Beheim⟩**

Beheim, Michael
1416 – 1474
VL(2); Potth.; Meyer; LMA,I,1811
Behaim, Michael
Beham, Michael
Behamer, Michael
Michael ⟨Beheim⟩
Michel ⟨Beheim⟩
Peham, Michael
Pehamer, Michael
Pehen, Michael
Pehn, Michael

Beidavaeus, Abdalla
→ **Baiḍāwī, ʿAbdallāh Ibn-ʿUmar ¬al-¬**

Beidhawi
→ **Baiḍāwī, ʿAbdallāh Ibn-ʿUmar ¬al-¬**

Beidhawy, Abdallah
→ **Baiḍāwī, ʿAbdallāh Ibn-ʿUmar ¬al-¬**

Beier, Dorothea
15. Jh.
Liber spiritualis gracie (dem Abt Simon Arnoldi diktiert)
VL(2),1,684/85
Dorothea ⟨Beier⟩
Dorothea ⟨Schlesische Visionärin⟩

Beilstein, Kuno von Winenburg ¬und¬
→ **Kuno ⟨von Winenburg und Beilstein⟩**

Beinheim, Heinrich ¬von¬
um 1395/1460
Chronik der Bischöfe; Größere Chronik
Rep.Font. II,474
Heinrich ⟨von Beinheim⟩

Bejeren
→ **Claes ⟨Heinenszoon de Ruyris⟩**

Beka, Bartholomaeus ¬de¬
→ **Bartholomaeus ⟨de Beka⟩**

Beka, Johannes ¬de¬
→ **Johannes ⟨de Beka⟩**

Beka, Sibertus ¬de¬
→ **Sibertus ⟨de Beka⟩**

Bekehrer, Hans ¬der¬
→ **Hans ⟨der Bekehrer⟩**

Bekkos, Johannes
→ **Johannes ⟨Beccus⟩**

Bekmeserer, Sixt
→ **Beckmesser, Sixt**

Bekynton, Thomas
→ **Thomas ⟨de Beckington⟩**

Bel, Gilles ¬le¬
→ **Gilles ⟨le Bel⟩**

Bel, Jean ¬le¬
→ **Jean ⟨le Bel⟩**

Bela de Pannonia, Johannes
→ **Johannes ⟨Bela de Pannonia⟩**

Beládsorí, Ahmed Ibn-Jahja Ibn-Djábir ¬al-¬
→ **Balāḏurī, Aḥmad Ibn-Yaḥyā ¬al-¬**

Belardus ⟨de Esculo⟩
um 1112/20 bzw. 14. Jh. · OSB (um 1112/20) oder OFM (14. Jh.)
Descriptio Terrae Sanctae
Rep.Font. II,476
Belard ⟨d'Ascoli⟩
Belard ⟨d'Esculo⟩
Belardo ⟨d'Ascoli⟩
Esculo, Belardus ¬de¬

Belcari, Feo
1410 – 1484
Prato spirituale; Vita del Beato Giovanni Colombini; Vita di frate Egidio
Rep.Font. II,477; LMA,I,1834/35
Belcari, Maffeo
Feo ⟨Belcari⟩

Beldemandis, Prosdocimus ¬de¬
→ **Prosdocimus ⟨de Beldemandis⟩**

Belenoi, Aimeric ¬de¬
→ **Aimeric ⟨de Belenoi⟩**

Belesta, Jean ¬de¬
→ **Jean ⟨de Belesta⟩**

Belethus, Johannes
→ **Johannes ⟨Belethus⟩**

Belinzone, Bernardo
→ **Bellincioni, Bernardo**

Bella Pertica, Petrus ¬a¬
→ **Petrus ⟨de Bellapertica⟩**

Bellae Vallis, Burchardus
→ **Burchardus ⟨Bellae Vallis⟩**

Bellamera, Aegidius ¬de¬
→ **Aegidius ⟨de Bellamera⟩**

Bellapertica, Petrus ¬de¬
→ **Petrus ⟨de Bellapertica⟩**

Bellasolis, Paulus ¬de¬
→ **Paulus ⟨de Bellasolis⟩**

Bellati, Bartholomaeus
→ **Bartholomaeus ⟨Bellati⟩**

Bellator ⟨Presbyter⟩
um 562 bzw. früher fälschlich 9. Jh.
Stegmüller, Repert. bibl. 1689-1696
Bellator ⟨Ami de Cassiodore⟩
Bellator ⟨Prêtre⟩
Presbyter, Bellator

Bellavalle, Firminus ¬de¬
→ **Firminus ⟨de Bellavalle⟩**

Bellengarius
→ **Berengaudus ⟨Ferrariensis⟩**

Belleperche, Gautier ¬de¬
→ **Gautier ⟨de Belleperche⟩**

Belleperche, Pierre ¬de¬
→ **Petrus ⟨de Bellapertica⟩**

Bellincinis, Bartholomaeus ¬de¬
→ **Bartholomaeus ⟨de Bellincinis⟩**

Bellincioni, Bernardo
1452 – 1492
Sonette
LMA,I,1847/48
Belinzone ⟨Fiorentino⟩
Belinzone, Bernardo
Bellincioni, Bernard
Bernardo ⟨Bellincioni⟩

Bellinghen, Thomas ¬van¬
→ **Thomas ⟨de Cantiprato⟩**

Bellino ⟨Bissolo⟩
→ **Bissolus, Bellinus**

Bellinoi, Aimeric ¬de¬
→ **Aimeric ⟨de Belenoi⟩**

Bellinus ⟨Bissolus⟩
→ **Bissolus, Bellinus**

Bellinzoni da Pesaro, Giovanni Antonio
→ **Giovanni Antonio ⟨da Pesaro⟩**

Bello, Richardus ¬de¬
→ **Richardus ⟨de Bello⟩**

Bello Loco, Gaufridus ¬de¬
→ **Galfredus ⟨de Belloloco⟩**

Bello Loco, Richardus ¬de¬
→ **Richardus ⟨de Bello Loco⟩**

Bellobeco, Johannes ¬de¬
→ **Johannes ⟨de Bellobeco⟩**

Belloclivus, Alanus
→ **Alanus ⟨Belloclivus⟩**

Belloloco, Simon ¬de¬
→ **Simon ⟨de Belloloco⟩**

Bellone, André
→ **Bellunello, Andrea**

Bellovisu, Armandus ¬de¬
→ **Armandus ⟨de Bellovisu⟩**

Bellovisu, Jacobus ¬de¬
→ **Jacobus ⟨de Belviso⟩**

Belludi, Lucas
→ **Lucas ⟨Belludi⟩**

Belluga, Petrus
→ **Petrus ⟨Belluga⟩**

Bellunello, Andrea
ca. 1435 – ca. 1494
Ital. Maler
André ⟨Bellone⟩
Andrea ⟨Bellunello⟩
Andrea ⟨Bellunello da San Vito⟩
Andrea ⟨Bortholoti⟩
Andrea ⟨de Foro Bellunensis⟩
Bellone, André
Bellunello da San Vito, Andrea

Belluno, Franciscus ¬de¬
→ **Franciscus ⟨de Belluno⟩**

Belmeis, Johannes ¬de¬
→ **Johannes ⟨de Belmeis⟩**

Belna, Johannes ¬de¬
→ **Johannes ⟨de Belna⟩**

Belozerskij, Kirill
→ **Kirill ⟨Belozerskij⟩**

Beltrán ⟨Albuquerque, Duque, I.⟩
→ **Cueva, Beltrán ¬de la¬**

Beltrán ⟨de la Cueva⟩
→ **Cueva, Beltrán ¬de la¬**

Belviso, Jacobus ¬de¬
→ **Jacobus ⟨de Belviso⟩**

Bembus, Johannes
um 1473
Chronicon
Rep.Font. II,478
Bembo, Giovanni
Bembo, Jean
Giovanni ⟨Bembo⟩
Jean ⟨Bembo⟩
Johannes ⟨Bembus⟩

Bemmelberg, Reinhard ¬von¬
→ **Reinhard ⟨von Bemmelberg⟩**

Ben Ascher, Aaron Ben Mosche
→ **Ben-Āšēr, Aharon**

Ben Paquda, Bahya ben Joseph
→ **Baḥyê Ben-Yôsēf**

Ben Samson, Samuel
→ **Šemû'ēl Ben-Šimšôn**

Ben Šēm Ṭôv, Yôsēf
→ **Ibn-Šēm-Ṭôv, Šēm-Ṭôv Ben-Yôsēf**

Ben Simson, Samuel
→ **Šemû'ēl Ben-Šimšôn**

Bena, Amalricus ¬de¬
→ **Amalricus ⟨de Bena⟩**

Benacelli, Antonio
→ **Beccadelli, Antonio**

Benaglio, Francesco
1432 – ca. 1492
Ital. Maler
Thieme-Becker
Benalius, Fanciscus
Francesco ⟨Benaglio⟩
Franciscus ⟨Benalius⟩

Ben-Amnôn, Ḥanān'ēl
→ **Ḥanān'ēl Ben-Amnôn**

Ben-Āšēr, Aharon
10. Jh.
Aaron Ben-Āšēr
Aharon ⟨Ben-Āšēr⟩
Ahron Ben Moscheh ben Ascher
Ben Ascher, Aaron Ben Mosche
Ben-Asher, Aaron B.
Ben-Asher, Aharon

Ben-Āšēr, Baḥyê
→ **Baḥyê Ben-Āšēr**

Ben-Āšēr, Yaʿaqov
→ **Yaʿaqov Ben-Āšēr**

Benavente, Johannes Alfonsus ¬de¬
gest. ca. 1478
In Ethicam; In Aristotelis Rhetoricam; Tractatus de poenitentis
Lohr; LMA,I,1855/56
Alfonso ⟨Canonista⟩
Alfonso ⟨de Benavente⟩
Alfonsus ⟨de Benavente⟩
Benavente, Juan Alfonso ¬de¬
Johannes Alfonsus ⟨Canonista⟩
Johannes Alfonsus ⟨de Benavente⟩
Juan Alfonso ⟨Canonista⟩
Juan Alfonso ⟨de Benavente⟩

Ben-Avrāhām, Šimšôn
→ **Šimšôn Ben-Avrāhām**

Ben-Baruch, Meir
→ **Mē'îr Ben-Bārûk ⟨Rothenburg⟩**

Ben-Barzillay, Yehûdā
→ **Yehûdā Ben-Barzillay**

Bencevenne ⟨Spoletanus⟩
13. Jh.
Ars notaria
Rep.Font. II,478
Bencevenne ⟨da Norica⟩
Bencevenne ⟨Nursinus⟩

Ben-Chofni, Samuel
→ **Šemû'ēl Ben-Ḥofnî**

Benci, Hugues
→ **Hugo ⟨Bentius⟩**

Benci, Piero di Jacopo d'Antonio
→ **DelPollaiuolo, Piero**

Bencius ⟨Alexandrinus⟩
→ **Bentius ⟨Alexandrinus⟩**

Bencivenni, Zucchero
um 1300/13
Übers. von wiss. Schriften
LMA,I,1856
Zucchero ⟨Bencivenni⟩

Ben-Dawid, Avrāhām
→ **Avrāhām Ben-Dawid**

Bendicht ⟨Tschachtlan⟩
→ **Tschachtlan, Bendicht**

Bene ⟨Florentinus⟩
gest. ca. 1240
Candelabrum; Summa dictaminis; Summa grammaticae
LMA,I,1856
Bene ⟨Bononiensis⟩
Bene ⟨de Bologne⟩
Bene ⟨de Florence⟩
Bene ⟨von Florenz⟩
Bonus ⟨Florentinus⟩
Bonus ⟨von Florenz⟩
Florentinus, Bene

Bene ⟨Lucensis⟩
gest. 1279
Cedrus Libani; Salutatorium; Myrrha
LMA,II,435
Bene ⟨de Lucques⟩
Bene ⟨di Lucca⟩
Bene ⟨Luccensis⟩
Bene ⟨von Lucca⟩
Bono ⟨da Lucca⟩
Bono ⟨de Lucques⟩
Bonus ⟨Lucensis⟩
Bonus ⟨von Lucca⟩

Benedecto ⟨...⟩
→ **Benedictus ⟨...⟩**

Benedetti, Baptista
→ **Baptista ⟨Benedetti⟩**

Benedetti, Benedetto
→ **Benedictus ⟨Capra⟩**

Benedetti, Giacomo ¬de¬
→ **Jacopone ⟨da Todi⟩**

Benedetti, Zaccaria
15./16. Jh.
CSGL
Vincentius ⟨Carthusianus⟩

Zaccaria ⟨Benedetti⟩
Zacharias ⟨Benedictus⟩

Benedetto ⟨Accolti⟩
→ **Accoltus, Benedictus**

Benedetto ⟨Alciati⟩
→ **Benedictus ⟨Alciati⟩**

Benedetto ⟨Alzate⟩
→ **Benedictus ⟨Alciati⟩**

Benedetto ⟨Barzi⟩
→ **Benedictus ⟨de Barzis⟩**

Benedetto ⟨Biscop⟩
→ **Benedictus ⟨Biscop⟩**

Benedetto ⟨Bonfigli⟩
→ **Bonfigli, Benedetto**

Benedetto ⟨Caetani⟩
→ **Bonifatius ⟨Papa, VIII.⟩**

Benedetto ⟨Canonico di San Pietro⟩
→ **Benedictus ⟨Canonicus⟩**

Benedetto ⟨Cavense⟩
→ **Benedictus ⟨Barensis⟩**

Benedetto ⟨Coluccio⟩
→ **Benedictus ⟨Coluccius⟩**

Benedetto ⟨da Assignano⟩
→ **Benedictus ⟨de Asinago⟩**

Benedetto ⟨da Bari⟩
→ **Benedictus ⟨Barensis⟩**

Benedetto ⟨da Firenze⟩
um 1463
Benedetto ⟨il Maestro⟩
Benedetto ⟨Maestro⟩
Firenze, Benedetto ¬da¬

Benedetto ⟨da Maiano⟩
1442 – 1497
Bildhauer in Florenz
Benedetto ⟨da Majano⟩
Benedetto ⟨di Leonardo⟩
Benedetto ⟨di Leonardo d'Antonio da Maiano⟩
Benoît ⟨de Majano⟩
Maiano, Benedetto ¬da¬

Benedetto ⟨da Norcia⟩
→ **Benedictus ⟨de Nursia⟩**
→ **Reguardatus, Benedictus**

Benedetto ⟨d'Alignan⟩
→ **Benedictus ⟨de Alignano⟩**

Benedetto ⟨d'Aniano⟩
→ **Benedictus ⟨Anianus⟩**

Benedetto ⟨de Capra⟩
→ **Benedictus ⟨Capra⟩**

Benedetto ⟨Dei⟩
→ **Dei, Benedetto**

Benedetto ⟨dei Benedetti⟩
→ **Benedictus ⟨Capra⟩**

Benedetto ⟨della Chiusa⟩
→ **Benedictus ⟨de Clusa⟩**

Benedetto ⟨de'Reguardati⟩
→ **Reguardatus, Benedictus**

Benedetto ⟨di Asinago da Como⟩
→ **Benedictus ⟨de Asinago⟩**

Benedetto ⟨di Leonardo⟩
→ **Benedetto ⟨da Maiano⟩**

Benedetto ⟨di Milano⟩
→ **Benedictus ⟨Mediolanensis⟩**

Benedetto ⟨di San Andrea⟩
→ **Benedictus ⟨Sancti Andreae⟩**

Benedetto ⟨d'Orbieto⟩
→ **Benedictus ⟨de Urbeveteri⟩**

Benedetto ⟨Gaetani⟩
→ **Bonifatius ⟨Papa, VIII.⟩**

Benedetto ⟨il Maestro⟩
→ **Benedetto ⟨da Firenze⟩**

Benedetto ⟨Kotrugli-Raugeo⟩
→ **Cotrugli, Benedetto**

Benedetto ⟨Maestro⟩
→ **Benedetto ⟨da Firenze⟩**

Benedetto ⟨Monaco⟩
→ **Benedictus ⟨Sancti Andreae⟩**

Benedetto ⟨Papa, ...⟩
→ **Benedictus ⟨Papa, ...⟩**

Benedetto ⟨Reguardati⟩
→ **Reguardatus, Benedictus**

Benedetto ⟨Rinio⟩
→ **Benedictus ⟨Rinius⟩**

Benedetto ⟨San⟩
→ **Benedictus ⟨de Nursia⟩**

Benedetto, Paolo ¬di¬
→ **Paolo ⟨di Benedetto⟩**

Benedetuccius ⟨de Urbeveteri⟩
→ **Benedictus ⟨de Urbeveteri⟩**

Benedicht ⟨Tschachtlan⟩
→ **Tschachtlan, Bendicht**

Benedict ⟨Abbot of Wearmouth and Jarrow⟩
→ **Benedictus ⟨Biscop⟩**

Benedict ⟨Biscop⟩
→ **Benedictus ⟨Biscop⟩**

Benedict ⟨Burgh⟩
→ **Burgh, Benedict**

Benedict ⟨of Monte Cassino⟩
→ **Benedictus ⟨de Nursia⟩**

Benedict ⟨of Nursia⟩
→ **Benedictus ⟨de Nursia⟩**

Benedict ⟨of Peterborough⟩
→ **Benedictus ⟨Petroburgensis⟩**

Benedict ⟨of Saint-Maure⟩
→ **Benoît ⟨de Sainte-More⟩**

Benedict ⟨Pope, ...⟩
→ **Benedictus ⟨Papa, ...⟩**

Benedict ⟨Saint⟩
→ **Benedictus ⟨de Nursia⟩**

Benedict ⟨the Pole⟩
→ **Benedictus ⟨Polonus⟩**

Benedictinus ⟨de Urbeveteri⟩
→ **Benedictus ⟨de Urbeveteri⟩**

Benedictinus-Buranus, Anonymus
→ **Anonymus ⟨Benedictinus-Buranus⟩**

Benedictis, Benedictus ¬de¬
→ **Benedictus ⟨Capra⟩**

Benedictis, Jacobus ¬de¬
→ **Jacopone ⟨da Todi⟩**

Benedictoburanus, Godescalcus
→ **Godescalcus ⟨Benedictoburanus⟩**

Benedictus ⟨Abbas⟩
→ **Benedictus ⟨Biscop⟩**
→ **Benedictus ⟨de Clusa⟩**
→ **Benedictus ⟨Wessofontanus⟩**

Benedictus ⟨Abbreviator Apostolicus⟩
→ **Benedictus ⟨Maphaeus⟩**

Benedictus ⟨Accolti⟩
→ **Accoltus, Benedictus**

Benedictus ⟨Alciati⟩
gest. 1336
Alciati, Benedetto
Alciati, Benedictus
Benedetto ⟨Alciati⟩
Benedetto ⟨Alzate⟩
Benoît ⟨Alciati⟩

Benedictus ⟨Anglicus⟩
→ **Benedictus ⟨Petroburgensis⟩**

Benedictus ⟨Anianus⟩
750 – 821
LThK; LMA,I,1864/6
Anianus, Benedictus
Benedetto ⟨d'Aniano⟩
Benedictus ⟨Anianensis⟩
Benedictus ⟨Anicinus⟩
Benedictus ⟨de Aniane⟩
Benedictus ⟨Levita⟩
Benedictus ⟨of Aniane⟩
Benedictus ⟨Secundus⟩
Benedictus ⟨von Aniane⟩
Benedictus ⟨Wittiza⟩
Benedikt ⟨von Aniane⟩
Benito ⟨de Aniano⟩
Benoît ⟨d'Aniane⟩
Euticius
Euticius, Benedictus
Pseudo-Benedictus ⟨Anianus⟩
Witiza
Witiza ⟨von Aniane⟩
Witiza, Benedikt
Wittiza, Benedictus

Benedictus ⟨Aretinus⟩
→ **Accoltus, Benedictus**

Benedictus ⟨Baducing⟩
→ **Benedictus ⟨Biscop⟩**

Benedictus ⟨Barensis⟩
um 1227 · OSB
De septem sigillis
Rep.Font. II,480
Benedetto ⟨Cavense⟩
Benedetto ⟨da Bari⟩
Benedictus ⟨Cavensis⟩
Benedictus ⟨Sacri Monasterii Trinitatis⟩
Benoît ⟨de Bari⟩
Benoît ⟨de Cava⟩

Benedictus ⟨Barzius⟩
→ **Benedictus ⟨de Barzis⟩**

Benedictus ⟨Biscop⟩
gest. ca. 689 · OSB
LMA,I,1856
Benedetto ⟨Biscop⟩
Benedetto ⟨Biscop Baducing⟩
Benedict ⟨Abbot of Wearmouth and Jarrow⟩
Benedict ⟨Biscop⟩
Benedictus ⟨Abbas⟩
Benedictus ⟨Baducing⟩
Benedictus ⟨Sanctus⟩
Benedictus ⟨Viramouthensis⟩
Benedikt ⟨Biscop⟩
Benedikt ⟨Biscop Baducing⟩
Bennet ⟨Saint⟩
Benoît ⟨Abbé⟩
Benoît ⟨Baducing⟩
Benoît ⟨Biscop⟩
Benoît ⟨de Wearmouth⟩
Biscop, Benedict
Biscop, Benedictus

Benedictus ⟨Britannicus⟩
um 1495 · OP
Trauungsansprachen; Leichenreden
Schneyer, Winke, 5
Britannicus, Benedictus

Benedictus ⟨Caetani⟩
→ **Bonifatius ⟨Papa, VIII.⟩**

Benedictus ⟨Canonicus⟩
um 1140/43
Liber de ecclesiastico ordine; Liber politicus; Liber censuum
LMA,I,1868/69
Benedetto ⟨Canonico di San Pietro⟩
Benedictus ⟨Canon⟩
Benedictus ⟨Canonicus Sancti Petri⟩
Benedictus ⟨Cantor⟩
Benedictus ⟨of Rome⟩
Benedictus ⟨of Saint Peter's⟩
Benedictus ⟨Romanae Ecclesiae Cantor⟩
Benedictus ⟨Romanus⟩
Benedictus ⟨Sancti Petri⟩
Benedictus ⟨Sancti Petri et Romanae⟩
Benedikt ⟨Kanoniker von Sankt Peter⟩
Benedikt ⟨Presbyter⟩
Benoît ⟨Chanoine⟩
Benoît ⟨de Rome⟩
Benoît ⟨de Saint Pierre⟩
Benoît ⟨de Saint-Pierre⟩
Canonicus, Benedictus

Benedictus ⟨Cantuariensis⟩
→ **Benedictus ⟨Petroburgensis⟩**

Benedictus ⟨Canuti⟩
→ **Kanuti, Benedictus**

Benedictus ⟨Capra⟩
gest. ca. 1469
Kanonist in Perugia; Commentarius in decretales Gregorii IX, u.a.
Benedetti, Benedetto
Benedetti, Benedetto
Benedetti, Benedetto ¬de¬
Benedetto ⟨de Capra⟩
Benedetto ⟨dei Benedetti⟩
Benedictis, Benedictus ¬de¬
Benedictis de Capra, Benedictus ¬de¬
Benedictus ⟨de Benedictis⟩
Benoît ⟨Capra⟩
Capra, Benedetto
Capra, Benedetto B.
Capra, Benedictus
Capra, Benedictus ¬de¬
Capra, Benedictus de Benedictis ¬de¬
Capra Perusinus, Benedictus
Perusinus, Benedictus

Benedictus ⟨Cardicensis Episcopus⟩
→ **Benedictus ⟨Icenus⟩**

Benedictus ⟨Casinensis⟩
→ **Benedictus ⟨de Nursia⟩**

Benedictus ⟨Cavensis⟩
→ **Benedictus ⟨Barensis⟩**

Benedictus ⟨Clusensis⟩
→ **Benedictus ⟨de Clusa⟩**

Benedictus ⟨Coluccius⟩
1438 – ca. 1499
De discordia Florentinorum; Declamationes; Historiola amatoria; etc.
Rep.Font. III,511
Benedetto ⟨Colucci da Pistoia⟩
Benedetto ⟨Coluccio⟩
Benedictus ⟨Coluccius Pistoriensis⟩
Benoît ⟨Colucci⟩
Colucci, Benedetto
Colucci, Benoît
Coluccius, Benedictus

Benedictus ⟨Cotrugli⟩
→ **Cotrugli, Benedetto**

Benedictus ⟨Cracoviensis⟩
→ **Benedictus ⟨Hesse⟩**

Benedictus ⟨Crispus⟩
→ **Benedictus ⟨Mediolanensis⟩**

Benedictus ⟨de Acoltis⟩
→ **Accoltus, Benedictus**

Benedictus ⟨de Alignano⟩
gest. 1268
Summa; Compendium tractatus fidei; Contra errores catholicae fidei obviantes; etc.
LMA,I,414; Rep.Font. II,479
Alignan, Benedikt ¬von¬
Alignan, Benoît ¬d'¬
Alignano, Benedictus ¬de¬
Benedetto ⟨d'Alignan⟩
Benedictus ⟨Masiliensis⟩
Benedikt ⟨Abt von la Grasse⟩
Benedikt ⟨Bischof von Marseille⟩
Benedikt ⟨von Alignan⟩
Benedikt ⟨von Grasse⟩
Benedikt ⟨von la Grasse⟩
Benedikt ⟨von LaGrasse⟩
Benedikt ⟨von Marseille⟩
Benoît ⟨de Marseille⟩
Benoît ⟨de Notre-Dame-de-la-Grasse⟩
Benoît ⟨d'Alignan⟩
Pseudo-Benedictus ⟨de Alignano⟩

Benedictus ⟨de Anania⟩
14. Jh.
Epistula ad Vinciguerram Issapicam
IRHT
Anania, Benedictus ¬de¬
Benoît ⟨d'Anagni⟩

Benedictus ⟨de Asinago⟩
gest. 1339 · OP
Concordantia dictorum S. Thomae Aquinatis; etc.
Stegmüller, Repert. sentent. 868; Kaeppeli,I,184/186
Asignano, Benoît ¬d'¬
Asinago, Benedictus ¬de¬
Benedetto ⟨da Asnago⟩
Benedetto ⟨da Assignano⟩
Benedetto ⟨di Asinago da Como⟩
Benedictus ⟨de Asignano⟩
Benedictus ⟨de Asnago⟩
Benedictus ⟨de Assignano⟩
Benedictus ⟨de Cumis⟩
Benedictus ⟨Episcopus Comensis⟩
Benedikt ⟨von Asina⟩
Benoît ⟨de Côme⟩
Benoît ⟨d'Asinago⟩
Benoît ⟨d'Assignano⟩
Pseudo-Benedictus ⟨de Asignano⟩

Benedictus ⟨de Astasiis⟩
um 1400
Auftraggeber des „Chronicon monasterii S. Placidi de Calonerol"
Rep.Font. II,480
Astasiis, Benedictus ¬de¬

Benedictus ⟨de Barzis⟩
gest. 1459
Barzi, Benedetto
Barzis, Benedictus ¬de¬
Benedetto ⟨Barzi⟩
Benedictus ⟨Barzius⟩
Benedictus ⟨Perusinus⟩

Benedictus ⟨de Benedictis⟩
→ **Benedictus ⟨Capra⟩**

Benedictus ⟨de Bologne⟩
→ **Benedictus ⟨Morandus⟩**

Benedictus ⟨de Clusa⟩
1033 – 1091
Hymni II in honore eius
Benedetto ⟨della Chiusa⟩
Benedictus ⟨Abbas⟩
Benedictus ⟨Clusensis⟩
Benedictus ⟨Sancti Michaelis⟩
Benedikt ⟨von Cluse⟩
Benoît ⟨Abbé⟩

Benoît ⟨Clusensis⟩
Benoît ⟨Clusiensis⟩
Benoît ⟨de Cluse⟩
Benoît ⟨de Saint-Michel⟩
Benoît ⟨le Jeune⟩
Benoît ⟨le Vénérable⟩
Clusa, Benedictus ¬de¬

Benedictus ⟨de Cracovia⟩
→ **Benedictus ⟨Hesse⟩**

Benedictus ⟨de Cumis⟩
→ **Benedictus ⟨de Asinago⟩**

Benedictus ⟨de Deo⟩
14./15. Jh.
Breviloquium historiale
Benoît ⟨de Dieu⟩
Deo, Benedictus ¬de¬

Benedictus ⟨de Monteflascone⟩
→ **Benedictus ⟨Monteflasconensis⟩**

Benedictus ⟨de Mugens⟩
15. Jh. · OCist
Sermones dominicarum totius anni
Benoît ⟨de Muge⟩
Benoît ⟨de Mugem⟩
Mugens, Benedictus ¬de¬

Benedictus ⟨de Norwich⟩
→ **Benedictus ⟨Icenus⟩**

Benedictus ⟨de Nursia⟩
→ **Reguardatus, Benedictus**

Benedictus ⟨de Nursia⟩
480 – 550 · OSB
LThK; CSGL; LMA,I,1867/68
Benedetto ⟨da Norcia⟩
Benedetto ⟨San⟩
Benedetto ⟨Sancto⟩
Benedict ⟨of Monte Cassino⟩
Benedict ⟨of Nursia⟩
Benedict ⟨Saint⟩
Benedictus ⟨Casinensis⟩
Benedictus ⟨Cassinensis⟩
Benedictus ⟨Nursinus⟩
Benedictus ⟨of Monte Cassino⟩
Benedictus ⟨Sanctus⟩
Benedictus ⟨von Nursia⟩
Benedikt ⟨von Nursia⟩
Benoît ⟨de Nursie⟩
Nursia, Benedictus ¬de¬
Nursia, Benedikt ¬von¬

Benedictus ⟨de Perusio⟩
→ **Benedictus ⟨Tamacedus⟩**

Benedictus ⟨de Pileo⟩
1365 – 1423
Ecloga ad honorem invicti principis Sigismundi Romanorum et Hungariae regis
Rep.Font. II,482
Benoît ⟨de Pileo⟩
Pileo, Benedictus ¬de¬

Benedictus ⟨de Sancta Andrea⟩
→ **Benedictus ⟨Sancti Andreae⟩**

Benedictus ⟨de Soracte⟩
→ **Benedictus ⟨Sancti Andreae⟩**

Benedictus ⟨de Steinamanger⟩
→ **Benedictus ⟨Sabariensis⟩**

Benedictus ⟨de Strakonicz⟩
um 1450
Utrum universale sit posterius singularibus
Strakonicz, Benedictus ¬de¬

Benedictus ⟨de Szombathely⟩
→ **Benedictus ⟨Sabariensis⟩**

Benedictus ⟨de Urbeveteri⟩
um 1266 (laut Schneyer) bzw. um 1366 (laut Kaeppeli) · OP
Möglicherweise 2 Personen (vgl. Kaeppeli)
Schneyer,I,439; Kaeppeli,I,188/189
Benedecto ⟨d'Orbieto⟩
Benedetto ⟨d'Orbieto⟩
Benedetuccius ⟨de Urbeveteri⟩
Benedictinus ⟨de Urbeveteri⟩
Benedictus ⟨Urbevetanus⟩
Benoît ⟨d'Orvieto⟩
Urbeveteri, Benedictus ¬de¬

Benedictus ⟨de Verona⟩
um 1420 · OP
De tempore et de sanctis; Super oratione dominica; Super symbolo apostolorum; etc.
Kaeppeli,I,189/190
Benedictus ⟨Veronensis⟩
Benoît ⟨de Vérone⟩
Verona, Benedictus ¬de¬

Benedictus ⟨Diaconus⟩
→ **Benedictus ⟨Levita⟩**

Benedictus ⟨Episcopus⟩
→ **Benedictus ⟨Mediolanensis⟩**

Benedictus ⟨Episcopus Comensis⟩
→ **Benedictus ⟨de Asinago⟩**

Benedictus ⟨Franciscanus Polonus⟩
→ **Benedictus ⟨Polonus⟩**

Benedictus ⟨Grammaticus⟩
→ **Benedictus ⟨Papa, V.⟩**

Benedictus ⟨Guaiferius⟩
→ **Guaiferius ⟨Salernitanus⟩**

Benedictus ⟨Hesse⟩
ca. 1389 – 1456
Phys.; Disputata de anima; Commentarius in Aristotelis Physicam; etc.
Stegmüller, Repert. bibl. 1697-1701,1; Lohr
Benedictus ⟨Cracoviensis⟩
Benedictus ⟨de Cracovia⟩
Benedictus ⟨Hesse de Cracovia⟩
Benedikt ⟨Hesse⟩
Benedykt ⟨Hesse⟩
Benoît ⟨de Cracovie⟩
Benoît ⟨Hesse⟩
Cracovia, Benedictus ¬de¬
Hesse, Benedictus
Hesse, Benedykt

Benedictus ⟨Hungarus⟩
→ **Benedictus ⟨Sabariensis⟩**

Benedictus ⟨Hungarus⟩
um 1238/39 · OP
Kaeppeli,I,186
Benedictus ⟨in Hungaria Missionarius⟩
Hungarus, Benedictus

Benedictus ⟨Icenus⟩
gest. ca. 1349 · OESA
Alphabetum Aristotelis; Sermones per annum; Epistulae hortatoriae
Lohr
Benedictus ⟨Cardicensis Episcopus⟩
Benedictus ⟨de Norwich⟩
Benedictus ⟨Nortfolcensis⟩
Benoît ⟨de Norwich⟩
Benoît ⟨Icenus⟩
Icenus, Benedictus

Benedictus ⟨in Hungaria Missionarius⟩
→ **Benedictus ⟨Hungarus⟩**

Benedictus ⟨Kanuti⟩
→ **Kanuti, Benedictus**

Benedictus ⟨Krabice de Weitmühl⟩
→ **Benessius ⟨Krabice de Weitmühl⟩**

Benedictus ⟨Levita⟩
→ **Benedictus ⟨Anianus⟩**

Benedictus ⟨Levita⟩
gest. 850
LThK; CSGL; Potth.
Benedictus ⟨Diaconus⟩
Benedictus ⟨Moguntinus⟩
Benedictus ⟨the Deacon⟩
Benedikt ⟨Levita⟩
Benoît ⟨Lévite⟩
Levita, Benedictus
Pseudo-Benedictus ⟨Levita⟩
Pseudo-Levita

Benedictus ⟨Magister⟩
gest. 1331
Glossae super libros aphorismorum Hippocratis; Identität mit Benedictus ⟨Pastor⟩ umstritten
IRHT
Benedictus ⟨Pastor⟩
Magister Benedictus

Benedictus ⟨Maphaeus⟩
gest. 1494
Compendium rei rusticae; De moribus nostrorum temporum; Epitoma in libros Plinii Historiae naturalis
IRHT
Benedictus ⟨Abbreviator Apostolicus⟩
Benoît ⟨Maffei⟩
Maffei, Benoît
Maphaeus, Benedictus

Benedictus ⟨Masiliensis⟩
→ **Benedictus ⟨de Alignano⟩**

Benedictus ⟨Mediolanensis⟩
685 – 732
Epitaphium Caeduallae regis; angebl. Verf. von „Carmen medicinale", dessen wirkl. Verf. Crispus ⟨Mediolanensis⟩ ist.
Cpl 1542; LMA,I,1857
Benedetto ⟨di Milano⟩
Benedictus ⟨Crispus⟩
Benedictus ⟨Episcopus⟩
Benedikt ⟨Erzbischof⟩
Benedikt ⟨von Mailand⟩
Benoît ⟨Archevêque⟩
Benoît ⟨Crispo⟩
Benoît ⟨de Milan⟩
Pseudo-Benedictus ⟨Crispus⟩

Benedictus ⟨Moguntinus⟩
→ **Benedictus ⟨Levita⟩**

Benedictus ⟨Monachus⟩
→ **Benedictus ⟨Sancti Andreae⟩**

Benedictus ⟨Monteflasconensis⟩
um 1318 · OP
Liber privilegiorum; Chronicon monasterii Sancti Sixti
Kaeppeli,I,186
Benedictus ⟨de Montefiascone⟩
Benedictus ⟨de Monteflascone⟩
Benedictus ⟨Montefiasconensis⟩
Benoît ⟨de Montefiascon⟩
Benoît ⟨de Monte-Fiascone⟩

Benedictus ⟨Morandus⟩
gest. 1478
Carmina 3 in laude Camillae Malvezzi; Oratio de laudibus civitatis Bononiae; Invectivae II in Laurentium Vallam; etc.
IRHT
Benedictus ⟨de Bologne⟩
Morandus, Benedictus

Benedictus ⟨Nomentanus⟩
um 751
Mutmaßl. Verf. der „Epistula consolatoria ad Bonifatium"
Benoît ⟨de Mentana⟩
Benoît ⟨de Nomentum⟩
Benoît ⟨Evêque⟩
Nomentanus, Benedictus

Benedictus ⟨Nortfolcensis⟩
→ **Benedictus ⟨Icenus⟩**

Benedictus ⟨Nursinus⟩
→ **Benedictus ⟨de Nursia⟩**

Benedictus ⟨of Aniane⟩
→ **Benedictus ⟨Anianus⟩**

Benedictus ⟨of Monte Cassino⟩
→ **Benedictus ⟨de Nursia⟩**

Benedictus ⟨of Rome⟩
→ **Benedictus ⟨Canonicus⟩**

Benedictus ⟨of Saint Andrew on Mount Soracte⟩
→ **Benedictus ⟨Sancti Andreae⟩**

Benedictus ⟨of Saint Peter's⟩
→ **Benedictus ⟨Canonicus⟩**

Benedictus ⟨Papa, I.⟩
gest. 579
LMA,I,1858
Benedetto ⟨Papa, I.⟩
Benedict ⟨Pope, I.⟩
Benedikt ⟨Papst, I.⟩
Benoît ⟨Bonose⟩
Benoît ⟨Pape, I.⟩

Benedictus ⟨Papa, II.⟩
gest. 685
LMA,I,1858
Benedetto ⟨Papa, II.⟩
Benedict ⟨Pope, II.⟩
Benedictus ⟨Sanctus⟩
Benedikt ⟨Papst, II.⟩
Benoît ⟨Fils de Jean⟩
Benoît ⟨Pape, II.⟩

Benedictus ⟨Papa, III.⟩
gest. 858
LMA,I,1858
Benedetto ⟨Papa, III.⟩
Benedict ⟨Pope, III.⟩
Benedikt ⟨Papst, III.⟩
Benoît ⟨Fils de Pierre⟩
Benoît ⟨Pape, III.⟩

Benedictus ⟨Papa, IV.⟩
gest. 903
LMA,I,1858
Benedetto ⟨Papa, IV.⟩
Benedict ⟨Pope, IV.⟩
Benedikt ⟨Papst, IV.⟩
Benoît ⟨Fils de Mammole⟩
Benoît ⟨Pape, IV.⟩

Benedictus ⟨Papa, V.⟩
gest. 966
LMA,I,1858
Benedetto ⟨Papa, V.⟩
Benedict ⟨Pope, V.⟩
Benedictus ⟨Grammaticus⟩
Benedikt ⟨Papst, V.⟩
Benoît ⟨Pape, V.⟩

Benedictus ⟨Papa, VI.⟩
gest. 974
LMA,I,1858/59
Benedetto ⟨Papa, VI.⟩
Benedict ⟨Pope, VI.⟩
Benedikt ⟨Papst, VI.⟩
Benoît ⟨Pape, VI.⟩

Benedictus ⟨Papa, VII.⟩
gest. 985
LMA,I,1859
Benedetto ⟨Papa, VII.⟩
Benedict ⟨Pope, VII.⟩
Benedikt ⟨Papst, VII.⟩
Benoît ⟨Fils de David⟩
Benoît ⟨Pape, VII.⟩

Benedictus ⟨Papa, VIII.⟩
gest. 1024
LMA,I,1859
Benedetto ⟨Papa, VIII.⟩
Benedict ⟨Pope, VIII.⟩
Benedikt ⟨Papst, VIII.⟩
Benoît ⟨Fils de Grégoire de Tusculum⟩
Benoît ⟨Pape, VIII.⟩
Teofilatto ⟨di Tuscolo⟩
Theophylactus ⟨de Tusculo⟩
Theophylakt ⟨von Tusculum⟩

Benedictus ⟨Papa, VIIII.⟩
gest. ca. 1055
LMA,I,1859/60
Benedict ⟨Pope, VIIII.⟩
Benedikt ⟨der Knabenpapst⟩
Benedikt ⟨Papst, VIIII.⟩
Benoît ⟨Pape, VIIII.⟩
Teofilatto ⟨di Tuscolo⟩
Théophylacte ⟨Fils d'Alberic de Tusculum⟩
Theophylactus ⟨de Tusculo⟩
Theophylakt ⟨von Tusculum⟩

Benedictus ⟨Papa, X.⟩
gest. 1059
LMA,I,1860
Benedetto ⟨Papa, X.⟩
Benedict ⟨Pope, X.⟩
Benedikt ⟨Papst, X.⟩
Benoît ⟨Pape, X.⟩
Giovanni ⟨Mincio⟩
Jean ⟨Mincio⟩
Johann ⟨Mincio⟩
Johann ⟨von Velletri⟩
Johannes ⟨Mincio⟩
Johannes ⟨von Velletri⟩

Benedictus ⟨Papa, XI.⟩
gest. 1304
LMA,I,1860/61
Benedetto ⟨Papa, XI.⟩
Benedict ⟨Pope, XI.⟩
Benedikt ⟨Papst, XI.⟩
Benoît ⟨Papa, XI.⟩
Benoît ⟨Pape, XI.⟩
Boccasini, Nicolaus
Boccassinus, Nicolaus
Niccolò ⟨Boccasini⟩
Nicolas ⟨Boccasini⟩
Nicolaus ⟨Bocasinus⟩
Nicolaus ⟨Boccasini⟩
Nicolaus ⟨Boccassinus⟩
Nicolaus ⟨de Tarvisio⟩

Benedictus ⟨Papa, XII.⟩
gest. 1342
LMA,I,1861/62
Benedetto ⟨Papa, XII.⟩
Benedict ⟨Pope, XII.⟩
Benedikt ⟨Papst, XII.⟩
Benoît ⟨Papa, XII.⟩
Benoît ⟨Pape, XII.⟩
Fornerius, Jacobus
Fournier, Jacques
Furnerius, Jacobus
Giacomo ⟨Fournier⟩
Jacobus ⟨de Furno⟩
Jacobus ⟨Fornerius⟩
Jacobus ⟨Fournier⟩
Jacobus ⟨Fusniaco⟩
Jacobus ⟨Novelli⟩
Jacques ⟨Fournier⟩
Jakob ⟨Fournier⟩

Benedictus ⟨Papa, XIII., Antipapa⟩
gest. 1423
LMA,I,1862/64
Benedetto ⟨Papa, XIII., Antipapa⟩
Benedict ⟨Pope, XIII., Antipope⟩
Benedikt ⟨Papst, XIII., Gegenpapst⟩
Benoît ⟨Pape, XIII., Antipape⟩
Luna, Petrus ¬de¬
Pedro ⟨de Luna⟩
Petrus ⟨de Luna⟩
Pierre ⟨de Luna⟩
Pietro ⟨de Luna⟩

Benedictus ⟨Pastor⟩
→ **Benedictus ⟨Magister⟩**

Benedictus ⟨Perusinus⟩
→ **Benedictus ⟨de Barzis⟩**
→ **Benedictus ⟨Tamacedus⟩**

Benedictus ⟨Petroburgensis⟩
gest. 1193
CSGL; Potth.
Benedict ⟨of Peterborough⟩
Benedictus ⟨Anglicus⟩
Benedictus ⟨Cantuariensis⟩
Benedictus ⟨Petriburgensis⟩
Benoît ⟨de Peterborough⟩

Benedictus ⟨Polonus⟩
um 1245
De itinere fratrum minorum ad Tartaros
Benedict ⟨the Pole⟩
Benedictus ⟨Franciscanus Polonus⟩
Benoît ⟨de Pologne⟩
Polonus, Benedictus

Benedictus ⟨Presbyter⟩
10. Jh.
Acta SS. Dignae et Meritae; Vita S. Damasi Papae
Presbyter, Benedictus

Benedictus ⟨Reguardatus⟩
→ **Reguardatus, Benedictus**

Benedictus ⟨Rinius⟩
15. Jh.
Herbarius; De simplicibus
Benedetto ⟨Rinio⟩
Rinio, Benedetto
Rinius, Benedictus

Benedictus ⟨Romanus⟩
→ **Benedictus ⟨Canonicus⟩**

Benedictus ⟨Sabariensis⟩
13./14. Jh. · OP
Sermones
Kaeppeli,I,187
Benedictus ⟨de Steinamanger⟩
Benedictus ⟨de Szombathely⟩
Benedictus ⟨Hungarus⟩

Benedictus ⟨Sacri Monasterii Trinitatis⟩
→ **Benedictus ⟨Barensis⟩**

Benedictus ⟨Sancti Andreae⟩
gest. 1024
Tusculum-Lexikon; CSGL; Potth.; LMA,I,1868
Benedetto ⟨di San Andrea⟩
Benedetto ⟨Monaco⟩
Benedictus ⟨de Sancta Andrea⟩
Benedictus ⟨de Soracte⟩
Benedictus ⟨Monachus⟩
Benedictus ⟨of Saint Andrew on Mount Soracte⟩
Benedictus ⟨Sancta Andrea⟩
Benedictus ⟨von Sankt Andrea⟩
Sancti Andreae, Benedictus

Benedictus ⟨Sancti Michaelis⟩
→ **Benedictus ⟨de Clusa⟩**

Benedictus ⟨Sancti Petri⟩
→ **Benedictus ⟨Canonicus⟩**

Benedictus ⟨Sanctus⟩
→ **Benedictus ⟨Biscop⟩**
→ **Benedictus ⟨de Nursia⟩**
→ **Benedictus ⟨Papa, II.⟩**

Benedictus ⟨Secundus⟩
→ **Benedictus ⟨Anianus⟩**

Benedictus ⟨Soncinas⟩
um 1439 · OP
Epistula prooemialis in omnium operum Aristotelis auctoritates et sententias
Lohr
Benoît ⟨de Soncino⟩
Soncinas, Benedictus
Soncino, Benoît ¬de¬

Benedictus ⟨Stendal⟩
15. Jh.
Commentarius in Exodum et Leviticum
Stegmüller, Repert. bibl. 1702-1706
Benedictus ⟨Stendel⟩
Benoît ⟨Stendal⟩
Stendal, Benedictus
Stendal, Benoît
Stendel, Benedictus

Benedictus ⟨Tamacedus⟩
um 1266 (lt. Schneyer) bzw. gest. 1350 (lt. Kaeppeli) · OP
Schneyer,I,438; Kaeppeli,I,188
Benedictus ⟨de Perusio⟩
Benedictus ⟨Perusinus⟩
Benedictus ⟨Tancredi⟩
Benedictus ⟨Tancredi de Perusio⟩
Benedictus ⟨Taracredus⟩
Benedictus ⟨Tarnacedus⟩
Benedictus ⟨Tomacredus⟩
Benedictus ⟨Tonacellus⟩
Benoît ⟨de Pérouse⟩
Benoît ⟨Tamacedus⟩
Benoît ⟨Tancreduo⟩
Benoît ⟨Tomacellus⟩
Tamacedus, Benedictus
Tancredi, Benedictus

Benedictus ⟨Tancredi⟩
→ **Benedictus ⟨Tamacedus⟩**

Benedictus ⟨the Deacon⟩
→ **Benedictus ⟨Levita⟩**

Benedictus ⟨Tomacredus⟩
→ **Benedictus ⟨Tamacedus⟩**

Benedictus ⟨Tonacellus⟩
→ **Benedictus ⟨Tamacedus⟩**

Benedictus ⟨Tschachtlan⟩
→ **Tschachtlan, Bendicht**

Benedictus ⟨Urbevetanus⟩
→ **Benedictus ⟨de Urbeveteri⟩**

Benedictus ⟨Veronensis⟩
→ **Benedictus ⟨de Verona⟩**

Benedictus ⟨Viramouthensis⟩
→ **Benedictus ⟨Biscop⟩**

Benedictus ⟨von Aniane⟩
→ **Benedictus ⟨Anianus⟩**

Benedictus ⟨von Nursia⟩
→ **Benedictus ⟨de Nursia⟩**

Benedictus ⟨von Sankt Andrea⟩
→ **Benedictus ⟨Sancti Andreae⟩**

Benedictus ⟨Wessofontanus⟩
gest. 943
Calendarium
Benedictus ⟨Abbas⟩
Benoît ⟨de Weissenbrunn⟩
Wessofontanus, Benedictus

Benedictus ⟨Wittiza⟩
→ **Benedictus ⟨Anianus⟩**

Benedikt ⟨Abt von la Grasse⟩
→ **Benedictus ⟨de Alignano⟩**

Benedikt ⟨Bischof von Marseille⟩
→ **Benedictus ⟨de Alignano⟩**

Benedikt ⟨Biscop Baducing⟩
→ **Benedictus ⟨Biscop⟩**

Benedikt ⟨der Knabenpapst⟩
→ **Benedictus ⟨Papa, VIIII.⟩**

Benedikt ⟨Erzbischof⟩
→ **Benedictus ⟨Mediolanensis⟩**

Benedikt ⟨Hesse⟩
→ **Benedictus ⟨Hesse⟩**

Benedikt ⟨Kanoniker von Sankt Peter⟩
→ **Benedictus ⟨Canonicus⟩**

Benedikt ⟨Kotruljević⟩
→ **Cotrugli, Benedetto**

Benedikt ⟨Levita⟩
→ **Benedictus ⟨Levita⟩**

Benedikt ⟨Papst, ...⟩
→ **Benedictus ⟨Papa, ...⟩**

Benedikt ⟨Presbyter⟩
→ **Benedictus ⟨Canonicus⟩**

Benedikt ⟨Tschachtlan⟩
→ **Tschachtlan, Bendicht**

Benedikt ⟨von Alignan⟩
→ **Benedictus ⟨de Alignano⟩**

Benedikt ⟨von Aniane⟩
→ **Benedictus ⟨Anianus⟩**

Benedikt ⟨von Asina⟩
→ **Benedictus ⟨de Asinago⟩**

Benedikt ⟨von Cluse⟩
→ **Benedictus ⟨de Clusa⟩**

Benedikt ⟨von Grasse⟩
→ **Benedictus ⟨de Alignano⟩**

Benedikt ⟨von Mailand⟩
→ **Benedictus ⟨Mediolanensis⟩**

Benedikt ⟨von Marseille⟩
→ **Benedictus ⟨de Alignano⟩**

Benedikt ⟨von Nursia⟩
→ **Benedictus ⟨de Nursia⟩**

Benedykt ⟨...⟩
→ **Benediktus ⟨...⟩**

Benefactis, Jacobus ¬de¬
→ **Jacobus ⟨de Benefactis⟩**

Beneit ⟨...⟩
→ **Benoît ⟨...⟩**

Ben-Elî'ezer Comtino, Mordekay
→ **Mordekay Ben-Elî'ezer Comtino**

Ben-Eliyyāhū, Aharon
→ **Aharon Ben-Eliyyāhū**

Benencasa ⟨Aretinus⟩
gest. 1206
Casus decretorum
LMA,I,1907
Aretinus, Benencasa
Benencasa ⟨Kanonist⟩
Benencasa ⟨Senensis⟩
Benincasa ⟨de Sienne⟩
Benincasa ⟨d'Arezzo⟩
Benincasa ⟨Senensis⟩

Beneš ⟨Krabice z Weitmile⟩
→ **Benessius ⟨Krabice de Weitmühl⟩**

Beneš ⟨z Hořovic⟩
gest. 1420
Staří letopisové čeští
Rep.Font. V,561
Hořovic, Beneš ¬z¬
Horowic ⟨Annaliste Bohème⟩

Beneš ⟨z Veitmile⟩
→ **Benessius ⟨Krabice de Weitmühl⟩**

Benesch ⟨Krabice de Weitmühl⟩
→ **Benessius ⟨Krabice de Weitmühl⟩**

Benessius ⟨Krabice de Weitmühl⟩
1300 – 1375
Chronica ecclesiae Pragensis; Scriptores rerum Bohemicarum
LMA,I,1907; Rep.Font. II,483
Benedictus ⟨Krabice de Weitmühl⟩
Beneš ⟨Krabice von Weitmühl⟩
Beneš ⟨Krabice z Weitmile⟩
Beneš ⟨z Veitmile⟩
Benesch ⟨de Waitmile⟩
Benesch ⟨de Weitmühl⟩
Benesch ⟨Krabice de Weitmühl⟩
Benesch ⟨von Weitmühl⟩
Benessius ⟨de Weitmil⟩
Benessius ⟨de Weitmile⟩
Benessius ⟨de Weitmühl⟩
Benessius ⟨Krabice⟩
Benessius ⟨Krabice de Waitmile⟩
Krabice, Benessius
Krabice de Weitmühl, Benedictus
Krabiče z Veitmile, Beneš
Veitmile, Beneš Krabiče ¬z¬
Weitmil, Benessius ¬de¬
Weitmile, Beneš Krabiče ¬z¬

Benessius ⟨Minorita⟩
ca. 15. Jh.
Chronicon (Kurzfassung der Ereignisse von 1292-1487); das Werk wird fälschlicherweise von Dobner (1779) Benessius ⟨Krabice de Weitmühl⟩ zugeschrieben
Rep.Font. II,483
Minorita Benessius

Benessow, Franciscus
→ **Franciscus ⟨Benessow⟩**

Benessow, Mauritius ¬de¬
→ **Mauritius ⟨de Benessow⟩**

Beneventanus, Falco
→ **Falco ⟨Beneventanus⟩**

Beneventanus, Marcus
→ **Marcus ⟨Beneventanus⟩**

Beneventanus, Theodorus
→ **Theodorus ⟨Beneventanus⟩**

Benevento, Bartholomaeus ¬de¬
→ **Bartholomaeus ⟨de Benevento⟩**

Benevento, Jacobus ¬de¬
→ **Jacobus ⟨de Benevento⟩**

Benevenuti, Bonaventura
→ **Bonaventura ⟨Benvenuti⟩**

Benevenutus ⟨de Massa⟩
14. Jh.
Dicta super IV libris Meteororum
Lohr
Benevenutus ⟨de Massa de Ravenna⟩
Benevenutus ⟨de Ravenna⟩
Benevenutus ⟨de Ravenne⟩
Benvenuto ⟨dalla Massa⟩
Benvenuto ⟨de Massa⟩
Benvenuto ⟨de Ravenna⟩
Benvenuto ⟨de Ravenne⟩
Massa, Benevenutus ¬de¬
Ravenna, Benevenutus ¬de¬

Benevenutus ⟨de Rambaldis⟩
→ **Benevenutus ⟨Imolensis⟩**

Benevenutus ⟨de Ravenna⟩
→ **Benevenutus ⟨de Massa⟩**

Benevenutus ⟨Grapheus⟩
12. Jh.
Tusculum-Lexikon; LMA,I,1923
Benevenutus ⟨Dictus Hierosolymitanus⟩
Benevenutus ⟨Grassus⟩
Benevenutus ⟨Hierosolymitanus⟩
Benvenuto ⟨Grafeo⟩
Benvenuto ⟨Graffio⟩
Benvenuto ⟨Grapheo⟩
Benvenutus ⟨Grapheus⟩
Graffio, Benvenuto
Grapheus, Benevenutus
Grassi, Benvenuto
Grassus, Benevenutus

Benevenutus ⟨Imolensis⟩
1338 – 1390
LMA,I,1923/24
Benevenutus ⟨de Rambaldis⟩
Benvenuto ⟨aus Imola⟩
Benvenuto ⟨da Imola⟩
Benvenuto ⟨Rambaldi⟩
Benvenutus ⟨da Imola⟩
Benvenutus ⟨de Rambaldis⟩
DeiRambaldi, Benvenuto
Imola, Benvenutus ¬da¬
Rambaldi, Benvenuto
Rambaldi, Benvenuto ¬dei¬
Rambaldi, Benvenuto da I.
Rambaldi da Imola, Benvenuto
Rambaldis, Benevenutus ¬de¬
Rambaldis, Benvenuto ¬de¬

Benevenutus ⟨Marchesini⟩
um 1451 · OP
Kaeppeli,I,191
Benvenuto ⟨Marchesini⟩
Benvenuto ⟨Marchesini de Bologne⟩
Benvenutus ⟨Marchesini Bononiensis⟩
Marchesini, Benevenutus
Marchesini, Benvenuto

Ben-Ḥofnî, Šemû'ēl
→ **Šemû'ēl Ben-Ḥofnî**

Ben-Ḥûšî'ēl, Ḥanan'ēl
→ **Ḥanan'ēl Ben-Ḥûšî'ēl**

Beniamin ⟨...⟩
→ **Benjamin ⟨...⟩**

Benignus ⟨Peri de Genua⟩
gest. 1497 · OESA
Cant.
Stegmüller, Repert. bibl. 1707
Bénigne ⟨de Gênes⟩
Benigne ⟨Peri⟩
Benignus ⟨de Genua⟩
Benignus ⟨Peri⟩
Peri, Benigne
Peri de Genua, Benignus

Benincasa ⟨Canonicus⟩
12. Jh.
De venerabili viro Raynerio Pisano; Vita S. Raynerii confessoris, de civitate Pisana
Rep.Font. II,484
Benincasa ⟨Chanoine⟩
Benincasa ⟨de Notre-Dame à Pise⟩
Benincasa ⟨Hagiographe⟩
Canonicus, Benincasa

Benincasa ⟨d'Ancona⟩
→ **Benincasa, Grazioso**

Benincasa ⟨d'Arezzo⟩
→ **Benencasa ⟨Aretinus⟩**

Benincasa ⟨de Sienne⟩
→ **Benencasa ⟨Aretinus⟩**

Benincasa ⟨Hagiographe⟩
→ **Benincasa ⟨Canonicus⟩**

Benincasa ⟨Senensis⟩
→ **Benencasa ⟨Aretinus⟩**

Benincasa, Caterina
→ **Catharina ⟨Senensis⟩**

Benincasa, Grazioso
ca. 1420 – ca. 1482
Kartograph
LMA,I,1914/15
Benincasa ⟨d'Ancona⟩
Benincasa, Gracioso
Grazioso ⟨Benincasa⟩

Benito ⟨de Aniano⟩
→ **Benedictus ⟨Anianus⟩**

Benivieni, Antonio
1443 – 1502
LMA,I,1915
Antonio ⟨Benivieni⟩
Antonius ⟨Benivenius⟩
Antonius ⟨Benivienius⟩
Benivenius, Antonius

Benivieni, Domenico
gest. 1508
CSGL
Benivenius, Dominicus
Benivienus, Dominicus
Domenico ⟨Benivieni⟩
Dominicus ⟨Benivenius⟩
Dominicus ⟨Scottinus⟩

Benjamin ⟨Alexandria, Patriarch, I.⟩
→ **Benjamin ⟨Alexandrinus⟩**

Benjamin ⟨Alexandrinus⟩
626 – 665
Die Homilie über die Hochzeit zu Kana und weitere Schriften
Alexandrinus, Benjamin
Benjamin ⟨Alexandria, Patriarch⟩
Benjamin ⟨Alexandria, Patriarch, I.⟩
Benjamin ⟨Alexandrien, Patriarch⟩
Benjamin ⟨Alexandrien, Patriarch, I.⟩
Benjamin ⟨Alexandrinus Patriarcha, I.⟩
Benjamin ⟨Koptische Kirche, Patriarch, I.⟩
Benjamin ⟨Patriarch der Kopten⟩
Benjamin ⟨Patriarcha⟩
Benjamin ⟨Patriarcha Alexandrinus⟩
Benjamin ⟨Patriarche d'Alexandrie⟩
Benjamin ⟨Patriarche Jacobiste⟩
Benjamin ⟨von Alexandrien⟩

Benjamin ⟨de Croatia⟩
um 1485 · OP
Bibelübersetzung
Kaeppeli,I,190
Beniamin ⟨de Croatia⟩
Croatia, Benjamin ¬de¬
Venjamin ⟨Monach⟩
Venjamin ⟨u Rusiji⟩

Benjamin ⟨de Tudela⟩
→ **Binyāmîn Ben-Yôna ⟨Tudela⟩**

Benjamin ⟨Koptische Kirche, Patriarch, I.⟩
→ **Benjamin ⟨Alexandrinus⟩**

Benjamin ⟨Patriarcha⟩
→ **Benjamin ⟨Alexandrinus⟩**

Benjamin ⟨Patriarche Jacobiste⟩
→ **Benjamin ⟨Alexandrinus⟩**

Benjamin ⟨Tudelensis⟩
→ **Binyāmîn Ben-Yôna ⟨Tudela⟩**

Benjamin ⟨von Alexandrien⟩
→ **Benjamin ⟨Alexandrinus⟩**

Benjamin ⟨von Tudela⟩
→ **Binyāmîn Ben-Yôna ⟨Tudela⟩**

Ben-Jehiel, Nathan
→ **Nātān Ben-Yeḥî'ēl**

Ben-Juda, Eleazar
→ **El'āzar Ben-Yehûdā**

Ben-Kalonymos, Šemû'ēl
→ **Šemû'ēl Ben-Kalonymos**

Benko ⟨Kotruljević⟩
→ **Cotrugli, Benedetto**

BenMaimon, Moses
→ **Maimonides, Moses**

Ben-Me'îr, Šemû'ēl
→ **Šemû'ēl Ben-Me'îr**

Ben-Moše, Mešullām
→ **Mešullām Ben-Moše**

Ben-Moše Ben-Maymôn, Avrāhām
→ **Avrāhām Ben-Moše Ben-Maymôn**

Bennet ⟨Saint⟩
→ **Benedictus ⟨Biscop⟩**

Ben-Nissîm Masnût, Šemû'ēl
→ **Šemû'ēl Ben-Nissîm Masnût**

Benno
→ **Beno ⟨Cardinalis⟩**

Benno ⟨Episcopus⟩
→ **Benno ⟨Osnabrugensis⟩**

Benno ⟨Heiliger⟩
→ **Benno ⟨von Meißen⟩**

Benno ⟨Meißen, Bischof⟩
→ **Benno ⟨von Meißen⟩**

Benno ⟨Osnabrugensis⟩
ca. 1020 – 1088
Benno ⟨Bischof⟩
Benno ⟨Bischof, II.⟩
Benno ⟨Episcopus⟩
Benno ⟨II.⟩
Benno ⟨Osnabrück, Bischof, II.⟩
Benno ⟨von Osnabrück⟩
Bennon ⟨de Lohningen⟩
Bennon ⟨d'Osnabruck⟩
Beno ⟨Episcopus⟩
Osnabrück, Benno ¬von¬

Benno ⟨von Meißen⟩
ca. 1010 – 1106
LMA,I,1916/17
Benno ⟨Heiliger⟩
Benno ⟨Meißen, Bischof⟩
Bennon ⟨Meißen, Évêque⟩

Bennon ⟨Allemand⟩
→ **Beno ⟨Cardinalis⟩**

Bennon ⟨Anti-Cardinal⟩
→ **Beno ⟨Cardinalis⟩**

Bennon ⟨Cardinal⟩
→ **Beno ⟨Cardinalis⟩**

Bennon ⟨de Lohningen⟩
→ **Benno ⟨Osnabrugensis⟩**

Bennon ⟨d'Osnabruck⟩
→ **Benno ⟨Osnabrugensis⟩**

Bennon ⟨Meißen, Évêque⟩
→ **Benno ⟨von Meißen⟩**

Beno ⟨Cardinalis⟩
gest. 1100
Rep.Font. II,485, DOC,1,397
Benno
Bennon ⟨Allemand⟩
Bennon ⟨Anti-Cardinal⟩
Bennon ⟨Cardinal⟩
Beno
Beno ⟨Kardinal⟩
Beno ⟨Kardinalpriester⟩
Benone

Beno ⟨Episcopus⟩
→ **Benno ⟨Osnabrugensis⟩**

Beno ⟨Kotruljević⟩
→ **Cotrugli, Benedetto**

Benoît
→ **Benoît ⟨de Sainte-More⟩**

Benoît ⟨Abbé⟩
→ **Benedictus ⟨Biscop⟩**
→ **Benedictus ⟨de Clusa⟩**

Benoît ⟨Accolti⟩
→ **Accoltus, Benedictus**

Benoît ⟨Alciati⟩
→ **Benedictus ⟨Alciati⟩**

Benoît ⟨Archevêque⟩
→ **Benedictus ⟨Mediolanensis⟩**

Benoît ⟨Baducing⟩
→ **Benedictus ⟨Biscop⟩**

Benoît ⟨Biscop⟩
→ **Benedictus ⟨Biscop⟩**

Benoît ⟨Bonfigli⟩
→ **Bonfigli, Benedetto**

Benoît ⟨Bonose⟩
→ **Benedictus ⟨Papa, I.⟩**

Benoît ⟨Cajetan⟩
→ **Bonifatius ⟨Papa, VIII.⟩**

Benoît ⟨Capra⟩
→ **Benedictus ⟨Capra⟩**

Benoît ⟨Chanoine⟩
→ **Benedictus ⟨Canonicus⟩**

Benoît ⟨Clusiensis⟩
→ **Benedictus ⟨de Clusa⟩**

Benoît ⟨Colucci⟩
→ **Benedictus ⟨Coluccius⟩**

Benoît ⟨Cotrugli⟩
→ **Cotrugli, Benedetto**

Benoît ⟨Crispo⟩
→ **Benedictus ⟨Mediolanensis⟩**

Benoît ⟨d'Alignan⟩
→ **Benedictus ⟨de Alignano⟩**

Benoît ⟨d'Anagni⟩
→ **Benedictus ⟨Anianus⟩**
→ **Benedictus ⟨de Anania⟩**

Benoît ⟨d'Arezzo⟩
→ **Accoltus, Benedictus**

Benoît ⟨d'Assignano⟩
→ **Benedictus ⟨de Asinago⟩**

Benoît ⟨de Bari⟩
→ **Benedictus ⟨Barensis⟩**

Benoît ⟨de Cava⟩
→ **Benedictus ⟨Barensis⟩**

Benoît ⟨de Cluse⟩
→ **Benedictus ⟨de Clusa⟩**

Benoît ⟨de Côme⟩
→ **Benedictus ⟨de Asinago⟩**

Benoît ⟨de Cracovie⟩
→ **Benedictus ⟨Hesse⟩**

Benoît ⟨de Dieu⟩
→ **Benedictus ⟨de Deo⟩**

Benoît ⟨de Majano⟩
→ **Benedetto ⟨da Maiano⟩**

Benoît ⟨de Marseille⟩
→ **Benedictus ⟨de Alignano⟩**

Benoît ⟨de Mentana⟩
→ **Benedictus ⟨Nomentanus⟩**

Benoît ⟨de Milan⟩
→ **Benedictus ⟨Mediolanensis⟩**

Benoît ⟨de Montefiascon⟩
→ **Benedictus ⟨Monteflasconensis⟩**

Benoît ⟨de Muge⟩
→ **Benedictus ⟨de Mugens⟩**

Benoît ⟨de Nomentum⟩
→ **Benedictus ⟨Nomentanus⟩**

Benoît ⟨de Norica⟩
→ **Reguardatus, Benedictus**

Benoît ⟨de Norwich⟩
→ **Benedictus ⟨Icenus⟩**

Benoît ⟨de Notre-Dame-de-la-Grasse⟩
→ **Benedictus ⟨de Alignano⟩**

Benoît ⟨de Nursia⟩
→ **Reguardatus, Benedictus**

Benoît ⟨de Nursie⟩
→ **Benedictus ⟨de Nursia⟩**

Benoît ⟨de Pérouse⟩
→ **Benedictus ⟨Tamacedus⟩**

Benoît ⟨de Peterborough⟩
→ **Benedictus ⟨Petroburgensis⟩**

Benoît ⟨de Pileo⟩
→ **Benedictus ⟨de Pileo⟩**

Benoît ⟨de Pologne⟩
→ **Benedictus ⟨Polonus⟩**

Benoît ⟨de Rome⟩
→ **Benedictus ⟨Canonicus⟩**

Benoît ⟨de Saint-Alban⟩
→ **Benoît ⟨de Sainte-More⟩**

Benoît ⟨de Sainte-More⟩
12. Jh.
Potth.; LMA,I,1918/19
Benedict ⟨of Saint-Maure⟩
Beneit ⟨de Saint-Alban⟩
Benoît
Benoît ⟨de Saint-Alban⟩
Benoît ⟨de Sainte Maure⟩
Benoît ⟨de Sainte More⟩
Benoît ⟨de Sainte-Maure⟩
Sainte-More, Benoît ¬de¬

Benoît ⟨de Saint-Michel⟩
→ **Benedictus ⟨de Clusa⟩**

Benoît ⟨de Saint-Pierre⟩
→ **Benedictus ⟨Canonicus⟩**

Benoît ⟨de Salerne⟩
→ **Guaiferius ⟨Salernitanus⟩**

Benoît ⟨de Sentino⟩
→ **Benedictus ⟨de Sentino⟩**

Benoît ⟨de Soncino⟩
→ **Benedictus ⟨Soncinas⟩**

Benoît ⟨de Vérone⟩
→ **Benedictus ⟨de Verona⟩**

Benoît ⟨de Wearmouth⟩
→ **Benedictus ⟨Biscop⟩**

Benoît ⟨de Weissenbrunn⟩
→ **Benedictus ⟨Wessofontanus⟩**

Benoît ⟨Dei⟩
→ **Dei, Benedetto**

Benoît ⟨d'Orvieto⟩
→ **Benedictus ⟨de Urbeveteri⟩**

Benoît ⟨Evêque⟩
→ **Benedictus ⟨Nomentanus⟩**

Benoît ⟨Fils de David⟩
→ **Benedictus ⟨Papa, VII.⟩**

Benoît ⟨Fils de Grégoire de Tusculum⟩
→ **Benedictus ⟨Papa, VIII.⟩**

Benoît ⟨Fils de Jean⟩
→ **Benedictus ⟨Papa, II.⟩**

Benoît ⟨Fils de Mammole⟩
→ **Benedictus ⟨Papa, IV.⟩**

Benoît ⟨Fils de Pierre⟩
→ **Benedictus ⟨Papa, III.⟩**

Benoît ⟨Gauferius⟩
→ **Guaiferius ⟨Salernitanus⟩**

Benoît ⟨Hesse⟩
→ **Benedictus ⟨Hesse⟩**

Benoît ⟨Icenus⟩
→ **Benedictus ⟨Icenus⟩**

Benoît ⟨le Jeune⟩
→ **Benedictus ⟨de Clusa⟩**

Benoît ⟨le Vénérable⟩
→ **Benedictus ⟨de Clusa⟩**

Benoît ⟨Lévite⟩
→ **Benedictus ⟨Levita⟩**

Benoît ⟨Maffei⟩
→ **Benedictus ⟨Maphaeus⟩**

Benoît ⟨Pape, ...⟩
→ **Benedictus ⟨Papa, ...⟩**

Benoît ⟨Stendal⟩
→ **Benedictus ⟨Stendal⟩**

Benoît ⟨Tamacedus⟩
→ **Benedictus ⟨Tamacedus⟩**

Benoît ⟨Tancreduo⟩
→ **Benedictus ⟨Tamacedus⟩**

Benoît ⟨Tomacellus⟩
→ **Benedictus ⟨Tamacedus⟩**

Benoît ⟨Tschachtlan⟩
→ **Tschachtlan, Bendicht**

Benone
→ **Beno ⟨Cardinalis⟩**

Benozzo ⟨de Florentia⟩
→ **Gozzoli, Benozzo**

Benozzo ⟨di Lese di Sandro⟩
→ **Gozzoli, Benozzo**

Benozzo ⟨Gozzoli⟩
→ **Gozzoli, Benozzo**

Ben-Palṭî'ēl, Aḥîma'aṣ
→ **Aḥîma'aṣ Ben-Palṭî'ēl**

Ben-Qālônîmôs, Yiṣḥāq Nātān
→ **Yiṣḥāq Nātān Ben-Qālônîmôs**

Ben-Salomon, Hanok
→ **Ḥanôḵ Ben-Šelomo**

Ben-Šelomo, Geršôm
→ **Geršôm Ben-Šelomo**

Ben-Šelomo, Ḥanôḵ
→ **Ḥanôḵ Ben-Šelomo**

Ben-Šelomo, 'Immānû'ēl
→ **'Immānû'ēl Ben-Šelomo**

Ben-Šemû'ēl Ben-Dāwid, Ḥayyîm
→ **Ḥayyîm Ben-Šemû'ēl Ben-Dāwid**

Ben-Shaprut, Shem-Tob ben-Isaac
→ **Ibn-Šaprûṭ, Šem Ṭôv Ben-Yiṣḥāq**

Ben-Šimšôn, Šelomo
→ **Šelomo Ben-Šimšôn**

Ben-Šimšôn, Šemû'ēl
→ **Šemû'ēl Ben-Šimšôn**

Bentius ⟨Alexandrinus⟩
um 1305/13 · OP
Chronicon; Relatio de canonizatione Thomae de Aquino
Kaeppeli,I,184; Schönberger/Kible, Repertorium, 11873; Rep.Font. II,486
Alexandrinus, Bentius
Bencio ⟨de Alessandria⟩
Bencio ⟨d'Alexandrie⟩
Bencius ⟨Alexandrinus⟩
Benzo ⟨d'Alessandria⟩

Bentius, Hugo
→ **Hugo ⟨Bentius⟩**

Bentivenga ⟨de Bentivenghi⟩
gest. 1289 · OFM
Schneyer,I,439
Bentivenga ⟨Albanensis Cardinalis⟩
Bentivenga ⟨Aquaspartanus⟩

Bentivenga ⟨de Bentivengis⟩
Bentivenga ⟨de Todi⟩
Bentivenga ⟨d'Albano⟩
Bentivenga ⟨d'Aqua-Sparta⟩
Bentivenga ⟨Tudertinus Episcopus⟩
Bentivenga ⟨Umber⟩
Bentivenghi, Bentivenga ¬de¬

Benvenuti, Bonaventura
→ **Bonaventura ⟨Benvenuti⟩**

Benvenuto ⟨da Imola⟩
→ **Benevenutus ⟨Imolensis⟩**

Benvenuto ⟨de Massa⟩
→ **Benevenutus ⟨de Massa⟩**

Benvenuto ⟨de Ravenna⟩
→ **Benevenutus ⟨de Massa⟩**

Benvenuto ⟨Grafeo⟩
→ **Benevenutus ⟨Grapheus⟩**

Benvenuto ⟨Marchesini⟩
→ **Benevenutus ⟨Marchesini⟩**

Benvenuto ⟨Rambaldi⟩
→ **Benevenutus ⟨Imolensis⟩**

Benvenuto, Bonaventura
→ **Bonaventura ⟨Benvenuti⟩**

Benvenutus ⟨da Imola⟩
→ **Benevenutus ⟨Imolensis⟩**

Benvenutus ⟨de Rambaldis⟩
→ **Benevenutus ⟨Imolensis⟩**

Benvenutus ⟨Grapheus⟩
→ **Benevenutus ⟨Grapheus⟩**

Benvenutus ⟨Marchesini Bononiensis⟩
→ **Benevenutus ⟨Marchesini⟩**

Benvenutus ⟨Prior Mantuanus⟩
14. Jh. · OP
Sermones 38 de tempore; Sermones 8 de sanctis
Kaeppeli,I,190
Benvenutus ⟨Mantuanus⟩
Mantuanus, Benvenutus

Ben-Yeḥî'ēl, Āšēr
→ **Āšēr Ben-Yeḥî'ēl**

Ben-Yehûdâ, Gēršom
→ **Gēršom Ben-Yehûdâ**

Ben-Yerôḥām, Salmôn
→ **Salmôn Ben-Yerôḥām**

Ben-Yiṣḥāq, Šelomo
→ **Šelomo Ben-Yiṣḥāq**

Ben-Yiṣḥāq, Šim'ôn
→ **Šim'ôn Ben-Yiṣḥāq**

Ben-Yiṣḥāq, Šimšôn
→ **Šimšôn Ben-Yiṣḥāq**

Ben-Yiṣḥāq Sardî, Šemû'ēl
→ **Šemû'ēl Ben-Yiṣḥāq Sardî**

Ben-Yôna ⟨Tudela⟩
→ **Binyāmîn Ben-Yôna ⟨Tudela⟩**

Benzi, Ugo
→ **Hugo ⟨Bentius⟩**

Benzo ⟨Albensis⟩
11. Jh.
LThK; CSGL; Potth.; LMA,I,1924
Benzo ⟨of Alba⟩
Benzo ⟨von Alba⟩

Benzo ⟨d'Alessandria⟩
→ **Bentius ⟨Alexandrinus⟩**

Benzo ⟨von Alba⟩
→ **Benzo ⟨Albensis⟩**

Benzo, Ugo
→ **Hugo ⟨Bentius⟩**

Béognae, Colmar Moccu
→ **Colmar ⟨Moccu Béognae⟩**

Beorhtweald ⟨von Canterbury⟩
→ **Berthwaldus ⟨Cantuariensis⟩**

Bequini, Raimundus
→ **Raimundus ⟨Bequini⟩**

Beraert ⟨de Flandria⟩
→ **Aert ⟨de Flandria⟩**

Bérard ⟨de Naples⟩
→ **Berardus ⟨de Neapoli⟩**

Bérard ⟨de Saint-Philibert⟩
→ **Berardus ⟨Tornusiensis⟩**

Bérard ⟨de Tournus⟩
→ **Berardus ⟨Tornusiensis⟩**

Berardi, Giovanni
→ **Johannes ⟨Berardus⟩**

Berardus ⟨Abbas Sancti Philiberti Tornusiensis⟩
→ **Berardus ⟨Tornusiensis⟩**

Berardus ⟨Caracciolo⟩
→ **Berardus ⟨de Neapoli⟩**

Berardus ⟨de Brolio⟩
→ **Gerardus ⟨de Brolio⟩**

Berardus ⟨de Neapoli⟩
13. Jh.
Registrum Epistolarum
Rep.Font. II,488
Bérard ⟨Caraccioli de Naples⟩
Bérard ⟨de Naples⟩
Bérard ⟨Notaire Apostolique⟩
Berard ⟨von Neapel⟩
Berardus ⟨Caracciolo⟩
Berardus ⟨Neapolitanus⟩
Neapoli, Berardus ¬de¬

Berardus ⟨Tornusiensis⟩
gest. 1245
Chronicon
Rep.Font. II,489
Bérard ⟨de Saint-Philibert⟩
Bérard ⟨de Tournus⟩
Berardus ⟨Abbas Sancti Philiberti Tornusiensis⟩

Berardus, Johannes
→ **Johannes ⟨Berardus⟩**

Berau, ¬Der von¬
um 1400
2 mystische Dicta
VL(2),1,710
Berowe, ¬Der von¬
Der von Berau
Der von Berowe

Bercenne, Petrus
→ **Berchorius, Petrus**

Berceo, Gonzalo ¬de¬
ca. 1198 – ca. 1260
Meyer
Gonçalvo ⟨de Verçeo⟩
Gonzalo ⟨de Berceo⟩

Berceure, Petrus
→ **Berchorius, Petrus**

Berching, Heinrich ¬von¬
→ **Heinrich ⟨von Berching⟩**

Berching, Narcissus ¬de¬
→ **Narcissus ⟨de Berching⟩**

Berchorius, Petrus
1290 – 1362 · OSB
Repertorium morale
LThK; Potth.; LMA,I,2020/21
Barcheuvre, Petrus
Barchoeur, Petrus
Becharius, Petrus
Bercenne, Petrus
Bercerie, Petrus
Berceure, Petrus
Bercevre, Petrus
Berchaire, Petrus
Bercharius, Petrus
Berchein, Petrus
Bercheur, Pierre
Bercheure, Petrus
Bercheuvre, Petrus
Berchevre, Petrus
Berchoir, Petrus
Berchoire, Pierre
Berchur, Petrus
Bercoeur, Petrus
Bercuire, Petrus
Bercuire, Pierre
Berçure, Petrus
Berseure, Petrus
Bersoire, Petrus
Bersuire, Pierre
Bersuyre, Petrus
Bertheure, Petrus
Berthievre, Petrus
Berthorius, Petrus
Berthorius, Petrus
Bertorius, Petrus
Bertreve, Petrus
Bertrevre, Petrus
Besleure, Petrus
Bresseure, Petrus
Bressuire, Petrus
Brichovius, Petrus
LeBerceur, Petrus
LeBercheur, Petrus
Petrus ⟨Berchorius⟩
Petrus ⟨Pictaviensis⟩
Petrus ⟨Pictaviensis, OSB⟩
Pierre ⟨Bersuire⟩
Pierre ⟨de Bressuire⟩

Bercht, Johannes ¬de¬
→ **Johannes ⟨de Bercht⟩**

Berchthold ⟨Bloemenstein⟩
→ **Bloemenstein, Berchthold**

Berchthold ⟨Meister⟩
um 1300
Berchtholds Rezeptur; Schwarzwälder Kräuterbuch
VL(2),1,711/12
Meister Berchthold

Berchthold ⟨von Engelberg⟩
→ **Bertholdus ⟨Engelbergensis⟩**

Berchtold ⟨von Kremsmünster⟩
→ **Bernardus ⟨de Kremsmünster⟩**

Berchtoldus ⟨...⟩
→ **Bertholdus ⟨...⟩**

Bercoeur, Petrus
→ **Berchorius, Petrus**

Berctuald ⟨von Canterbury⟩
→ **Berthwaldus ⟨Cantuariensis⟩**

Bercuire, Pierre
→ **Berchorius, Petrus**

Berczel, Guilelmus
→ **Guilelmus ⟨Buser⟩**

Bere, Iver
→ **Ívar ⟨Bárdarson⟩**

Berealdus ⟨Maisberchensis⟩
→ **Bertholdus ⟨Maisberchensis⟩**

Beregaldus ⟨Notarii⟩
→ **Berengarius ⟨Notarii⟩**

Bereith, Johann
gest. 1474
Bereith von Geuterbog, Johann
Bereith von Geuterbog, Johannes
Geuterbog, Johann Bereith ¬von¬
Johann ⟨Bereith⟩
Johann ⟨von Geuterbog⟩
Johann ⟨von Jüterbog⟩
Johann ⟨von Jüterbogk⟩
Johannes ⟨Bereith⟩

Berekinge, Clémence ¬de¬
→ **Clémence ⟨de Barking⟩**

Berengaldus
→ **Berengaudus ⟨Ferrariensis⟩**

Berengar ⟨Fredoli⟩
→ **Fredoli, Berengarius**

Berengar ⟨Scholasticus⟩
→ **Berengarius, Petrus**

Berengar ⟨von Béziers⟩
→ **Fredoli, Berengarius**

Berengar ⟨von Landora⟩
→ **Berengarius ⟨Compostellanus⟩**

Berengar ⟨von Poitiers⟩
→ **Berengarius, Petrus**

Berengar ⟨von Tours⟩
→ **Berengarius ⟨Turonensis⟩**

Berengar, Tobie
→ **Tobias ⟨Berengarius⟩**

Berengario ⟨da Sant'Africano⟩
um 1310
Angebl. Verf. von „Storia di Santa Chiara da Montefalco"
Antonio ⟨da Montefalco⟩
Berengario ⟨di Donadio⟩
Bérenger ⟨de Saint-Affrique⟩
Bérenger ⟨de Saint'Afrique⟩
Bérenger ⟨de Spolète⟩
Bérenger ⟨d'Aveyron⟩
Sant'Africano, Berengario ¬da¬

Berengario ⟨di Tours⟩
→ **Berengarius ⟨Turonensis⟩**

Berengarius
→ **Berengarius ⟨Turonensis⟩**

Berengarius ⟨Biterrensis⟩
→ **Fredoli, Berengarius**

Berengarius ⟨Cardinalis⟩
→ **Fredoli, Berengarius**

Berengarius ⟨Catalanus⟩
→ **Berengarius ⟨de Saltellis⟩**

Berengarius ⟨Compostellanus⟩
ca. 1262 – 1330
LMA,I,1936
Berengar ⟨von Landora⟩
Berengarius ⟨Archiepiscopus⟩
Berengarius ⟨de Landora⟩
Berengarius ⟨Ordinis Praedicatorum⟩
Berengarius ⟨von Compostella⟩
Bérenger ⟨de Landora⟩
Compostellanus, Berengarius

Berengarius ⟨de Arelate⟩
→ **Berengarius ⟨Notarii⟩**

Berengarius ⟨de Frasolis⟩
→ **Fredoli, Berengarius**

Berengarius ⟨de Frédol⟩
→ **Fredoli, Berengarius**

Berengarius ⟨de Landora⟩
→ **Berengarius ⟨Compostellanus⟩**

Berengarius ⟨de Saltellis⟩
um 1307/42 · OP
Officium extravagans b. Thomae de Aquino
Kaeppeli,I,198
Berengarius ⟨Catalanus⟩
Saltellis, Berengarius ¬de¬

Berengarius ⟨de Valle Arenosa⟩
um 1343 · OCarm
In quosdam sacrae Scripturae libros
Stegmüller, Repert. bibl. 1709
Berengarius ⟨de Valle Cerenosa⟩
Bérenger ⟨de Valle Arenosa⟩
Bérenger ⟨de Valle Cerenosa⟩
Valle Arenosa, Berengarius ¬de¬

Berengarius ⟨Discipulus Petri Abaelardi⟩
→ **Berengarius, Petrus**

Berengarius ⟨Fredoli⟩
→ **Fredoli, Berengarius**

Berengarius ⟨Notarii⟩
gest. 1296 · OP
Schneyer,I,439
Beregaldus ⟨Notarii⟩
Berengarius ⟨de Arelate⟩
Berengarius ⟨Notarii de Arelate⟩
Bérenger ⟨de Montpellier⟩
Bérenger ⟨de Provence⟩
Bérenger ⟨d'Arles⟩
Bérenger ⟨Notarii⟩
Beringarius ⟨Notarii⟩
Notarii, Berengarius

Berengarius ⟨of Angers⟩
→ **Berengarius ⟨Turonensis⟩**

Berengarius ⟨of Tours⟩
→ **Berengarius ⟨Turonensis⟩**

Berengarius ⟨Ordinis Praedicatorum⟩
→ **Berengarius ⟨Compostellanus⟩**

Berengarius ⟨Pictaviensis⟩
→ **Berengarius, Petrus**

Berengarius ⟨Scholasticus⟩
→ **Berengarius, Petrus**

Berengarius ⟨Turonensis⟩
1010 – 1088
LThK; CSGL; Potth.; LMA,I,1937/38
Berengar ⟨von Tours⟩
Berengario ⟨di Tours⟩
Berengarius
Berengarius ⟨of Angers⟩
Berengarius ⟨of Tours⟩
Bérenger ⟨de Tours⟩
Beringerius ⟨Turonensis⟩
Pseudo-Berengarius ⟨Turonensis⟩

Berengarius ⟨von Compostella⟩
→ **Berengarius ⟨Compostellanus⟩**

Berengarius, Petrus
um 1147
Wohl ident. mit Berengarius ⟨Pictaviensis⟩; „Apologeticus pro Petro Abaelardo ad Bernardum Clarevallensem"
Stegmüller, Repert. sentent. 647,2; LMA,I, 1936
Berengar ⟨Scholasticus⟩
Berengar ⟨von Poitiers⟩
Berengarius ⟨Discipulus Petri Abaelardi⟩
Berengarius ⟨Pictaviensis⟩
Berengarius ⟨Scholasticus⟩
Bérenger ⟨de Poitiers⟩
Bérenger ⟨Schüler von Abaelard⟩
Bérenger, Pierre
Peter ⟨von Poitiers⟩
Petrus ⟨Berengarius⟩
Petrus ⟨von Poitiers⟩

Berengarius, Tobias
→ **Tobias ⟨Berengarius⟩**

Berengaudus ⟨Ferrariensis⟩
um 859 · OSB
Expositio in Apocalypsin
Stegmüller, Repert. bibl. 1710-1711; CC Clavis, Auct. Gall. 1,233 ff.
Barenguedos
Bellengarius

Berengaldus
Bérengaud ⟨de Ferrières⟩
Berengaudus ⟨OSB⟩
Berenguiddus
Bernegaudus

Bérenger ⟨d'Arles⟩
→ **Berengarius ⟨Notarii⟩**

Bérenger ⟨d'Aveyron⟩
→ **Berengario ⟨da Sant'Africano⟩**

Bérenger ⟨de Bruges⟩
→ **Beringerus ⟨Brugensis⟩**

Bérenger ⟨de Landora⟩
→ **Berengarius ⟨Compostellanus⟩**

Bérenger ⟨de Montpellier⟩
→ **Berengarius ⟨Notarii⟩**

Bérenger ⟨de Palasol⟩
→ **Berenguer ⟨de Palol⟩**

Bérenger ⟨de Poitiers⟩
→ **Berengarius, Petrus**

Bérenger ⟨de Provence⟩
→ **Berengarius ⟨Notarii⟩**

Bérenger ⟨de Saint'Afrique⟩
→ **Berengario ⟨da Sant'Africano⟩**

Bérenger ⟨de Spolète⟩
→ **Berengario ⟨da Sant'Africano⟩**

Bérenger ⟨de Tours⟩
→ **Berengarius ⟨Turonensis⟩**

Bérenger ⟨de Valle Arenosa⟩
→ **Berengarius ⟨de Valle Arenosa⟩**

Bérenger ⟨Frédol⟩
→ **Fredoli, Berengarius**

Bérenger ⟨Notarii⟩
→ **Berengarius ⟨Notarii⟩**

Bérenger ⟨Schüler von Abaelard⟩
→ **Berengarius, Petrus**

Bérenger, Pierre
→ **Berengarius, Petrus**
→ **Petrus ⟨Berengarii⟩**

Berengosus ⟨Treverensis⟩
gest. ca. 1125/26 · OSB
De laude et inventione sanctae crucis; Sermones; S. Agritii vita
Schneyer,I,441; Rep.Font. II,491; LMA,I,1940
Bérengose ⟨Abbé⟩
Bérengose ⟨de Saint Maximin⟩
Bérengose ⟨de Trèves⟩
Berengosius ⟨Abbas⟩
Berengosius ⟨Abbas Sancti Maximini Treverensis⟩
Berengosus ⟨Abbas⟩
Berengosus ⟨Sancti Maximi Abbas⟩
Berengosus ⟨Trevirensis⟩
Berengosus ⟨von Sankt Maximin⟩
Berengosus ⟨von Trier⟩
Berengoz ⟨Abt⟩
Berengoz ⟨Sancti Maximini⟩
Berengoz ⟨Trevirensis⟩
Berengoz ⟨von Sankt Maximin⟩
Berengoz ⟨von Trier⟩
Berengozius ⟨Abbas⟩

Berengoz ⟨von Trier⟩
→ **Berengosus ⟨Treverensis⟩**

Berenguarii, Jacobus
→ **Jacobus ⟨Berenguarii⟩**

Berenguer ⟨de Palol⟩
um 1194
Troubadour
LMA,I,1943
Bérenger ⟨de Palasol⟩
Bérenger ⟨de Palazol⟩
Berenguier ⟨de Palazol⟩
Palol, Berenguer ¬de¬

Berenguiddus
→ **Berengaudus ⟨Ferrariensis⟩**

Beret, Johannes
→ **Johannes ⟨Beret⟩**

Berg, Heinrich ¬von¬
→ **Seuse, Heinrich**

Bergades
→ **Mpergades**

Bergamo, Albertus ¬de¬
→ **Albertus ⟨Vacetta de Bergamo⟩**

Bergamo, Andrea ¬da¬
→ **Andreas ⟨Bergamensis⟩**

Bergamo, Bonagratia ¬de¬
→ **Bonagratia ⟨de Bergamo⟩**

Bergamo, Herbordus ¬de¬
→ **Herbordus ⟨de Bergamo⟩**

Bergamo, Iordanus ¬de¬
→ **Iordanus ⟨de Bergamo⟩**

Bergamo, Paganus ¬de¬
→ **Paganus ⟨de Bergamo⟩**
→ **Paganus ⟨de Bergamo, Inquisitor⟩**

Bergamo, Petrus ¬de¬
→ **Petrus ⟨de Bergamo⟩**

Bergamo, Philippus ¬de¬
→ **Philippus ⟨de Bergamo⟩**

Bergamo, Venturinus ¬de¬
→ **Venturinus ⟨de Bergamo⟩**

Berghe, Johannes ¬van den¬
→ **Johannes ⟨van den Berghe⟩**

Bergomas, Moyses
→ **Moses ⟨Bergamensis⟩**

Bergomas, Valerianus Olmus
→ **Valerianus ⟨Olmus Bergomas⟩**

Bergr ⟨Sokkason⟩
gest. 1345 · OSB
Michaels saga; Nikulás saga erkibiskups
LMA,VII,2027
Bergr Sokkason
Bergur ⟨Sokkason⟩
Sokkason, Bergr

Berguédan, Guilhem ¬de¬
→ **Guilhem ⟨de Berguédan⟩**

Bergur ⟨Sokkason⟩
→ **Bergr ⟨Sokkason⟩**

Berhtwald ⟨von Canterbury⟩
→ **Berthwaldus ⟨Cantuariensis⟩**

Beringarius ⟨...⟩
→ **Berengarius ⟨...⟩**

Beringen, Heinrich ¬von¬
→ **Heinrich ⟨von Beringen⟩**

Beringen, Ludovicus ¬de¬
→ **Ludovicus ⟨Sanctus de Beringen⟩**

Beringer, Heinrich
gest. 1444 · OCart
Ermahnung des Karthäusers; Identität mit Plöne, Heinrich umstritten
VL(2),1,723/24
Heinrich ⟨Beringer⟩
Heinrich ⟨Plöne⟩
Plöne, Heinrich

Beringerius ⟨Turonensis⟩
→ **Berengarius ⟨Turonensis⟩**

Beringerus ⟨Brugensis⟩
Lebensdaten nicht ermittelt
Glossa in Alexandri de Villa Dei Massam computi
Bérenger ⟨de Bruges⟩
Beringerus ⟨de Brugge⟩
Brugge, Beringerus ¬de¬

Beris, Johannes
15. Jh.
Baris, Johannes
Bires, Johannes
Johann ⟨von Bieris⟩
Johann ⟨von Bires⟩
Johann ⟨von Parisijs⟩
Johannes ⟨Baris⟩
Johannes ⟨Beris⟩
Johannes ⟨Bires⟩
Johannes ⟨Paris⟩
Johannes ⟨Parisiensis⟩
Johannes ⟨von Beris⟩
Johannes ⟨von Parisiis⟩
Paris, Johannes

Berlinghieri ⟨Fiorentino⟩
→ **Berlinghieri, Francesco**

Berlinghieri, Carolus
→ **Carolus ⟨Berlinghieri⟩**

Berlinghieri, Francesco
1440 – ca. 1501
Übers. der Geographie des Ptolemaios
LMA,I,1966
Berlinghieri ⟨Fiorentino⟩
Berlinghieri, François
Francesco ⟨Berlinghieri⟩

Berlus, Robertus
→ **Robertus ⟨Berlus⟩**

Bern ⟨von Reichenau⟩
→ **Berno ⟨Augiensis⟩**

Bernabei, Lazzaro
ca. 1440 – ca. 1495
Chroniche Anconitane
Rep.Font. II,492
Bernabei, Lazzaro ¬de'¬
De'Bernabei, Lazzaro
Lazzaro ⟨Bernabei⟩
Lazzaro ⟨de'Bernabei⟩

Bernabò ⟨Visconti⟩
um 1380
LMA,VIII,1719/20
Barnabas ⟨Visconti⟩
Barnabò ⟨Visconti⟩
Visconti, Bernabò

Bernai, Alexandre ¬de¬
→ **Alexandre ⟨de Bernai⟩**

Bernaldus ⟨...⟩
→ **Bernoldus ⟨...⟩**

Bernard ⟨Ars Dictaminis⟩
→ **Bernardinus ⟨Presbyter⟩**

Bernard ⟨Aureoli⟩
→ **Bernardus ⟨de Ambasia⟩**

Bernard ⟨Ayglier⟩
→ **Bernardus ⟨Ayglerius⟩**

Bernard ⟨Bartolini de Florence⟩
→ **Bernardus ⟨Bartolini⟩**

Bernard ⟨Boades⟩
→ **Boades, Bernat**

Bernard ⟨Bugalis⟩
→ **Bernardus ⟨Bugalis⟩**

Bernard ⟨Carrerie⟩
→ **Bernardus ⟨Carrerie⟩**

Bernard ⟨Corbeiensis⟩
→ **Bernardus ⟨Constantiensis⟩**

Bernard ⟨d'Amboise⟩
→ **Bernardus ⟨de Ambasia⟩**

Bernard ⟨d'Angers⟩
→ **Bernardus ⟨Andegavensis⟩**

Bernard ⟨Dapifer⟩
→ **Bernardus ⟨Dapifer⟩**

Bernard ⟨d'Arezzo⟩
→ **Bernardus ⟨Aretinus⟩**

Bernard ⟨d'Auvergne⟩
→ **Bernardus ⟨de Arvernia⟩**

Bernard ⟨de Barcelone⟩
→ **Bernardus ⟨Ermengaudi⟩**

Bernard ⟨de Bellay⟩
→ **Bernardus ⟨Cartusianus⟩**

Bernard ⟨de Besse⟩
→ **Bernardus ⟨de Bessa⟩**

Bernard ⟨de Béziers⟩
→ **Bernardus ⟨de Sanciza⟩**

Bernard ⟨de Bologne⟩
→ **Bernardus ⟨Bononiensis⟩**

Bernard ⟨de Breydenbach⟩
→ **Breydenbach, Bernhard ¬von¬**

Bernard ⟨de Caux⟩
→ **Bernardus ⟨de Caucio⟩**

Bernard ⟨de Chartres⟩
→ **Bernardus ⟨Carnotensis⟩**

Bernard ⟨de Cîtaux⟩
→ **Bernardus ⟨Claraevallensis⟩**

Bernard ⟨de Clairvaux⟩
→ **Bernardus ⟨Claraevallensis⟩**

Bernard ⟨de Cluny⟩
→ **Bernardus ⟨Morlanensis⟩**

Bernard ⟨de Compostelle⟩
→ **Bernardus ⟨Compostellanus ...⟩**

Bernard ⟨de Constance⟩
→ **Bernardus ⟨Constantiensis⟩**

Bernard ⟨de Corvey⟩
→ **Bernardus ⟨Constantiensis⟩**

Bernard ⟨de Doglia⟩
→ **Bernardus ⟨Maia⟩**

Bernard ⟨de Florence⟩
→ **Bernardus ⟨Bartolini⟩**

Bernard ⟨de Fossa-Nova⟩
→ **Bernardus ⟨Maia⟩**

Bernard ⟨de Gannat⟩
→ **Bernardus ⟨de Arvernia⟩**

Bernard ⟨de Geist⟩
→ **Bernhard ⟨von der Geist⟩**

Bernard ⟨de Gordon⟩
→ **Bernardus ⟨de Gordonio⟩**

Bernard ⟨de Granollachs⟩
→ **Bernat ⟨de Granollachs⟩**

Bernard ⟨de Juzic⟩
→ **Bernardus ⟨de Iuzico⟩**

Bernard ⟨de Kremsmunster⟩
→ **Bernardus ⟨de Kremsmünster⟩**

Bernard ⟨de la Guionie⟩
→ **Bernardus ⟨Guidonis⟩**

Bernard ⟨de la Marche Trévisane⟩
→ **Bernardus ⟨Trevisanus⟩**

Bernard ⟨de Lechnitz⟩
→ **Bernardus ⟨de Lechnitz⟩**

Bernard ⟨de Lérins⟩
→ **Bernardus ⟨Ayglerius⟩**

Bernard ⟨de Menthon⟩
→ **Bernhard ⟨von Aosta⟩**

Bernard ⟨de Meung⟩
→ **Bernardus ⟨Magdunensis⟩**

Bernard ⟨de Montauban⟩
→ **Bernardus ⟨Geraldi⟩**

Bernard ⟨de Montmirat⟩
→ **Bernardus ⟨de Montemirato⟩**

Bernard ⟨de Morlaix⟩
→ **Bernardus ⟨Morlanensis⟩**

Bernard ⟨de Norique⟩
→ **Bernardus ⟨de Kremsmünster⟩**

Bernard ⟨de Palerme⟩
→ **Bernardus ⟨Maia⟩**

Bernard ⟨de Parentis⟩
→ **Bernardus ⟨de Parentis⟩**

Bernard ⟨de Pavie⟩
→ **Bernardus ⟨Papiensis⟩**

Bernard ⟨de Pise⟩
→ **Eugenius ⟨Papa, III.⟩**

Bernard ⟨de Portes⟩
→ **Bernardus ⟨Cartusianus⟩**

Bernard ⟨de Riparia⟩
→ **Bernardus ⟨de Riparia⟩**

Bernard ⟨de Rothenbourg⟩
→ **Bernardus ⟨Hildesheimensis⟩**

Bernard ⟨de Rousergues⟩
→ **Bernardus ⟨de Rosergio⟩**

Bernard ⟨de Sahagun⟩
→ **Bernardus ⟨Toletanus⟩**

Bernard ⟨de Sanciza⟩
→ **Bernardus ⟨de Sanciza⟩**

Bernard ⟨de Sédirac⟩
→ **Bernardus ⟨Toletanus⟩**

Bernard ⟨de Tolède⟩
→ **Bernardus ⟨Toletanus⟩**

Bernard ⟨de Toulouse⟩
→ **Bernardus ⟨Bugalis⟩**
→ **Bernardus ⟨de Ambasia⟩**

Bernard ⟨de Trèves⟩
→ **Bernardus ⟨Trevisanus⟩**

Bernard ⟨de Trilia⟩
→ **Bernardus ⟨de Trilia⟩**

Bernard ⟨de Ventadour⟩
→ **Bernart ⟨de Ventadour⟩**

Bernard ⟨de Verdun⟩
→ **Bernardus ⟨de Virduno⟩**

Bernard ⟨de Vizic⟩
→ **Bernardus ⟨de Iuzico⟩**

Bernard ⟨de Westerrode⟩
→ **Westerrodus, Bernardus**

Bernard ⟨de Worms⟩
→ **Bernhard ⟨von Worms⟩**

Bernard ⟨d'Esclot⟩
→ **Desclot, Bernat**

Bernard ⟨d'Hildesheim⟩
→ **Bernardus ⟨Hildesheimensis⟩**

Bernard ⟨Dorna⟩
→ **Bernardus ⟨Dorna⟩**

Bernard ⟨du Mont-Cassin⟩
→ **Bernardus ⟨Ayglerius⟩**
→ **Bernardus ⟨Casinensis⟩**

Bernard ⟨Écolâtre⟩
→ **Bernardus ⟨Andegavensis⟩**

Bernard ⟨Ermengaud⟩
→ **Bernardus ⟨Ermengaudi⟩**

Bernard ⟨Français⟩
→ **Bernardus ⟨Francus⟩**

Bernard ⟨Geraldi⟩
→ **Bernardus ⟨Geraldi⟩**

Bernard ⟨Geystensis⟩
→ **Bernhard ⟨von der Geist⟩**

Bernard ⟨Gui⟩
→ **Bernardus ⟨Guidonis⟩**

Bernard ⟨Hagiographe⟩
→ **Bernardus ⟨Andegavensis⟩**

Bernard ⟨Heiliger⟩
→ **Bernwardus ⟨Hildesheimensis⟩**

Bernard ⟨Itier⟩
→ **Bernardus ⟨Iterius⟩**

Bernard ⟨le Clunisien⟩
→ **Bernardus ⟨Morlanensis⟩**

Bernard ⟨le Moine⟩
→ **Bernardus ⟨Francus⟩**

Bernard ⟨le Norique⟩
→ **Bernardus ⟨de Kremsmünster⟩**

Bernard ⟨le Sage⟩
→ **Bernardus ⟨Francus⟩**

Bernard ⟨le Trésorier⟩
gest. 1232
CSGL; Potth.
Bernardus ⟨Sancti Sedis Thesaurarius⟩
Bernardus ⟨Thesaurarius⟩
Bernhard ⟨le Trésorier⟩
LeTrésorier, Bernard
Trésorier, Bernard ¬le¬

Bernard ⟨le Trévisan⟩
→ **Bernardus ⟨Trevisanus⟩**

Bernard ⟨l'Écolâtre d'Angers⟩
→ **Bernardus ⟨Andegavensis⟩**

Bernard ⟨Lombard⟩
→ **Bernardus ⟨Lombardus⟩**

Bernard ⟨Maia de Palerme⟩
→ **Bernardus ⟨Maia⟩**

Bernard ⟨Maître⟩
→ **Bernardinus ⟨Presbyter⟩**
→ **Bernardus ⟨Bononiensis⟩**

Bernard ⟨Marangon⟩
→ **Bernardus ⟨Marango⟩**

Bernard ⟨Marchis⟩
→ **Bernart ⟨Marti⟩**

Bernard ⟨Marcyz⟩
→ **Bernart ⟨Marti⟩**

Bernard ⟨Marquis⟩
→ **Bernart ⟨Marti⟩**

Bernard ⟨Martin⟩
→ **Bernart ⟨Marti⟩**

Bernard ⟨Master⟩
→ **Bernardus ⟨Bononiensis⟩**

Bernard ⟨Moine⟩
→ **Bernardus ⟨Constantiensis⟩**

Bernard ⟨Moine à Melk⟩
→ **Bernardus ⟨Dapifer⟩**

Bernard ⟨Moine Français⟩
→ **Bernardus ⟨Francus⟩**

Bernard ⟨of Arezzo⟩
→ **Bernardus ⟨Aretinus⟩**

Bernard ⟨of Belley⟩
→ **Bernardus ⟨Cartusianus⟩**

Bernard ⟨of Botone⟩
→ **Bernardus ⟨Bottonius⟩**

Bernard ⟨of Clairvaux⟩
→ **Bernardus ⟨Claraevallensis⟩**

Bernard ⟨of Compostella⟩
→ **Bernardus ⟨Compostellanus⟩**

Bernard ⟨of Foncaude⟩
→ **Bernardus ⟨Fontis Calidi⟩**

Bernard ⟨of Hildesheim⟩
→ **Bernardus ⟨Hildesheimensis⟩**

Bernard ⟨of Morval⟩
→ **Bernardus ⟨Morlanensis⟩**

Bernard ⟨of Trevisan⟩
→ **Bernardus ⟨Trevisanus⟩**

Bernard ⟨of Trilia⟩
→ **Bernardus ⟨de Trilia⟩**

Bernard ⟨of Vienna⟩
→ **Barnardus ⟨Viennensis⟩**

Bernard ⟨Oliver⟩
→ **Bernardus ⟨Oliverii⟩**

Bernard ⟨Oller⟩
→ **Bernardus ⟨Olerii⟩**

Bernard ⟨Paginelli⟩
→ **Eugenius ⟨Papa, III.⟩**

Bernard ⟨Pénitencier Pontifical⟩
→ **Bernardus ⟨Teutonicus⟩**

Bernard ⟨Poète⟩
→ **Bernhard ⟨von der Geist⟩**

Bernard ⟨Prim⟩
→ **Bernardus ⟨Primi⟩**

Bernard ⟨Ptolomée⟩
→ **Bernardus ⟨Ptolomaeus⟩**

Bernard ⟨Pugalis⟩
→ **Bernardus ⟨Bugalis⟩**

Bernard ⟨Pulci⟩
→ **Pulci, Bernardo**

Bernard ⟨Rorbach⟩
→ **Rorbach, Bernhard**

Bernard ⟨Rossellino⟩
→ **Rossellino, Bernardo**

Bernard ⟨Saxon⟩
→ **Bernardus ⟨Constantiensis⟩**

Bernard ⟨Scholastique⟩
→ **Bernardus ⟨Andegavensis⟩**

Bernard ⟨Silvestre⟩
→ **Bernardus ⟨Silvestris⟩**

Bernard ⟨Teuto⟩
→ **Bernardus ⟨Teutonicus⟩**

Bernard ⟨Trésorier de la Cathédrale de Compostelle⟩
→ **Bernardus ⟨Compostellanus Thesaurarius⟩**

Bernard ⟨von Bologna⟩
→ **Bernardus ⟨Bononiensis⟩**

Bernard ⟨von Ventadorn⟩
→ **Bernart ⟨de Ventadour⟩**

Bernard, Guillaume
→ **Guilelmus ⟨Bernardi de Gaillaco⟩**
→ **Guilelmus ⟨Bernardi de Narbonne⟩**
→ **Guilelmus ⟨Bernardi de Podio⟩**

Bernard, Raymond
→ **Raimundus ⟨Bernardi⟩**

Bernard-Garcias ⟨Euguy⟩
→ **Eugui, García**

Bernardi, Arnaldus
→ **Arnaldus ⟨Bernardi⟩**

Bernardi, Guilelmus
→ **Guilelmus ⟨Bernardi de Gaillaco⟩**
→ **Guilelmus ⟨Bernardi de Narbonne⟩**
→ **Guilelmus ⟨Bernardi de Podio⟩**

Bernardi, Raimundus
→ **Raimundus ⟨Bernardi⟩**

Bernardi de Gaillaco, Guilelmus
→ **Guilelmus ⟨Bernardi de Gaillaco⟩**

Bernardi de Narbonne, Guilelmus
→ **Guilelmus ⟨Bernardi de Narbonne⟩**

Bernardi de Podio, Guilelmus
→ **Guilelmus ⟨Bernardi de Podio⟩**

Bernardin ⟨Amici⟩
→ **Bernardinus ⟨Aquilanus⟩**

Bernardin ⟨d'Aquila⟩
→ **Bernardinus ⟨Aquilanus⟩**

Bernardin ⟨de Feltre⟩
→ **Bernardinus ⟨Feltrensis⟩**

Bernardin ⟨de Fossa⟩
→ **Bernardinus ⟨Aquilanus⟩**

Bernardin ⟨de Sienne⟩
→ **Bernardinus ⟨Senensis⟩**

Bernardin ⟨Drivodilić⟩
→ **Bernardin ⟨Splićanin⟩**

Bernardin ⟨Gadolo⟩
→ **Bernardinus ⟨Gardolus⟩**

Bernardin ⟨Sampson⟩
→ **Bernardinus ⟨Sansonis⟩**

Bernardin ⟨Splićanin⟩
gest. 1499
Kroat. Mönch; „Lekcionar"
Hrvatska enciklopedija
Bernardin ⟨Drivodilić⟩
Bernardin ⟨Fra⟩
Bernardinus ⟨Spalatensis⟩
Drivodilić, Bernardin
Splićanin, Bernardin

Bernardin ⟨Tomitano⟩
→ **Bernardinus ⟨Feltrensis⟩**

Bernardino ⟨Albizzeschi⟩
→ **Bernardinus ⟨Senensis⟩**

Bernardino ⟨Amici⟩
→ **Bernardinus ⟨Aquilanus⟩**

Bernardino ⟨Aquilano⟩
→ **Bernardinus ⟨Aquilanus⟩**

Bernardino ⟨Beato⟩
→ **Bernardinus ⟨Feltrensis⟩**

Bernardino ⟨da Feltre⟩
→ **Bernardinus ⟨Feltrensis⟩**

Bernardino ⟨da Siena⟩
→ **Bernardinus ⟨Senensis⟩**

Bernardino ⟨de Carlevari⟩
→ **Carlevari, Bernardino ¬de¬**

Bernardino ⟨dell'Aquila⟩
→ **Bernardinus ⟨Aquilanus⟩**

Bernardino ⟨Tomitano⟩
→ **Bernardinus ⟨Feltrensis⟩**

Bernardinus ⟨a Fossa⟩
→ **Bernardinus ⟨Aquilanus⟩**

Bernardinus ⟨Albizeschi⟩
→ **Bernardinus ⟨Senensis⟩**

Bernardinus ⟨Aquilanus⟩
1420 – 1503
LMA,I,1973
Aquilanus, Bernardinus
Bernardin ⟨Amici⟩
Bernardin ⟨de Fossa⟩
Bernardin ⟨d'Aquila⟩
Bernardino ⟨Amici⟩
Bernardino ⟨Aquilano⟩
Bernardino ⟨dell'Aquila⟩
Bernardinus ⟨a Fossa⟩
Bernardinus ⟨de Fossa⟩
Bernhardin ⟨von Fossa⟩

Bernardinus ⟨Beatus⟩
→ **Bernardinus ⟨de Bustis⟩**

Bernardinus ⟨Bononiensis⟩
→ **Bernardus ⟨Bononiensis⟩**

Bernardinus ⟨de Brescia⟩
→ **Bernardinus ⟨Gardolus⟩**

Bernardinus ⟨de Fossa⟩
→ **Bernardinus ⟨Aquilanus⟩**

Bernardinus ⟨de Siena⟩
→ **Bernardinus ⟨Senensis⟩**
→ **Bindus ⟨Senensis⟩**

Bernardinus ⟨Feltrensis⟩
1439 – 1494 · OFM
Predigten; Sermones ... quos praedicavit in civitatem Papiae; Sermones de adventu
Rep.Font. II,493; LMA,I,1972/73
Bernardin ⟨de Feltre⟩
Bernardin ⟨Tomitano⟩
Bernardino ⟨Beato⟩
Bernardino ⟨da Feltre⟩
Bernardino ⟨Tomitano⟩
Bernardino ⟨Tomitano da Feltre⟩
Bernardinus ⟨Tomitano⟩
Bernardinus ⟨von Feltre⟩
Bernhardin ⟨Tomitano⟩
Bernhardin ⟨von Feltre⟩
Martino ⟨Tomitano⟩
Tomitano, Bernardino
Tomitano, Bernhardin
Tomitano, Martino

Bernardinus ⟨Gardolus⟩
um 1463/99 · OCamald
Stegmüller, Repert. bibl. 1712
Bernardin ⟨Gadolo⟩
Bernardinus ⟨de Brescia⟩
Bernardinus ⟨Gadolus⟩
Bernardinus ⟨Gadolus Brixianus⟩
Bernardinus ⟨Gardolus de Brescia⟩
Gadolo, Bernardin
Gadolus, Bernardinus
Gardolus, Bernardinus

Bernardinus ⟨Gordonius⟩
→ **Bernardus ⟨de Gordonio⟩**

Bernardinus ⟨Iustinianus⟩
→ **Iustinianus, Bernardus**

Bernardinus ⟨Neustrius⟩
→ **Bernardinus ⟨Sansonis⟩**

Bernardinus ⟨Presbyter⟩
um 1150
Verf. des 1. Teils einer Ars dictandi
Rep.Font. II,494
Bernard ⟨Ars Dictaminis⟩
Bernard ⟨Maître⟩
Presbyter, Bernardinus

Bernardinus ⟨Rothomagensis⟩
→ **Bernardinus ⟨Sansonis⟩**

Bernardinus ⟨Sansonis⟩
gest. 1439 · OCarm
In aliquos libros Sacrae Scripturae commentaria
Stegmüller, Repert. bibl. 1713
Bardin ⟨Sampson⟩
Bardinus ⟨Samson⟩
Bernardin ⟨Sampson⟩
Bernardinus ⟨Neustrius⟩
Bernardinus ⟨Rothomagensis⟩
Bernardinus ⟨Sampsonis⟩
Sampson, Bardin
Sampson, Bernardin
Sampsonis, Bernardinus
Samson, Bardinus
Sansonis, Bernardinus

Bernardinus ⟨Senensis⟩
1380 – 1444
Tusculum-Lexikon; LThK; CSGL; LMA,I,1973/75
Albizzeschi, Bernardine
Albizzeschi, Bernardino ¬degli¬
Bernardin ⟨de Siena⟩
Bernardin ⟨de Sienne⟩
Bernardino ⟨Albizzeschi⟩
Bernardino ⟨da Siena⟩
Bernardinus ⟨Albizeschi⟩
Bernardinus ⟨de Siena⟩
Bernardinus ⟨von Siena⟩
Bernhardin ⟨degli Albizzeschi⟩
Bernhardin ⟨von Siena⟩

Bernardinus ⟨Spalatensis⟩
→ **Bernardin ⟨Splićanin⟩**

Bernardinus ⟨Tomitano⟩
→ **Bernardinus ⟨Feltrensis⟩**

Bernardinus ⟨von Feltre⟩
→ **Bernardinus ⟨Feltrensis⟩**

Bernardinus ⟨von Siena⟩
→ **Bindus ⟨Senensis⟩**

Bernardo ⟨Ayglerio⟩
→ **Bernardus ⟨Ayglerius⟩**

Bernardo ⟨Balbi⟩
→ **Bernardus ⟨Papiensis⟩**

Bernardo ⟨Bellincioni⟩
→ **Bellincioni, Bernardo**

Bernardo ⟨Boades⟩
→ **Boades, Bernat**

Bernardo ⟨Compostellano⟩
→ **Bernardus ⟨Compostellanus⟩**

Bernardo ⟨da Castiglionchio⟩
1363 – 1383
Epistola a messer Lapo suo padre; Il libro memoriale dei figliuoli di messer Lapo de Castiglionchio
Rep.Font. II,498
Castiglionchio, Bernardo ¬da¬

Bernardo ⟨da Firenze⟩
→ **Bernardus ⟨de Florentia⟩**

Bernardo ⟨de Clareval⟩
→ **Bernardus ⟨Claraevallensis⟩**

Bernardo ⟨de Granollachs⟩
→ **Bernat ⟨de Granollachs⟩**

Bernardo ⟨de Parentinis⟩
→ **Bernardus ⟨de Parentis⟩**

Bernardo ⟨dei Paganelli⟩
→ **Eugenius ⟨Papa, III.⟩**

Bernardo ⟨di Braga⟩
→ **Bernardus ⟨Bracarensis⟩**

Bernardo ⟨di Clairvaux⟩
→ **Bernardus ⟨Claraevallensis⟩**

Bernardo ⟨di Gannat⟩
→ **Bernardus ⟨de Arvernia⟩**

Bernardo ⟨di Menthon⟩
→ **Bernhard ⟨von Aosta⟩**

Bernardo ⟨di Meung⟩
→ **Bernardus ⟨Magdunensis⟩**

Bernardo ⟨di Montemagno⟩
→ **Eugenius ⟨Papa, III.⟩**

Bernardo ⟨di Montmirat⟩
→ **Bernardus ⟨de Montemirato⟩**

Bernardo ⟨di Pavia⟩
→ **Bernardus ⟨Papiensis⟩**

Bernardo ⟨Dorna⟩
→ **Bernardus ⟨Dorna⟩**

Bernardo ⟨Giustiniano⟩
→ **Iustinianus, Bernardus**

Bernardo ⟨Marango⟩
→ **Bernardus ⟨Marango⟩**

Bernardo ⟨Oliver⟩
→ **Bernardus ⟨Oliverii⟩**

Bernardo ⟨Pulci⟩
→ **Pulci, Bernardo**

Bernardo ⟨Rossellino⟩
→ **Rossellino, Bernardo**

Bernardo ⟨Santo⟩
→ **Bernardus ⟨Claraevallensis⟩**

Bernardo ⟨Silvestre⟩
→ **Bernardus ⟨Silvestris⟩**

Bernardo ⟨Tolomei⟩
→ **Bernardus ⟨Ptolomaeus⟩**

Bernardo ⟨von Bessa⟩
→ **Bernardus ⟨de Bessa⟩**

Bernardoni, Franciscus
→ **Franciscus ⟨Assisias⟩**

Bernardonis, Bernardus
→ **Bernardus ⟨Bernardonis⟩**

Bernardus ⟨a Bessa⟩
→ **Bernardus ⟨de Bessa⟩**

Bernardus ⟨a Sancto Mauricio⟩
→ **Bernhard ⟨von der Geist⟩**

Bernardus ⟨Abbas⟩
→ **Bernardus ⟨Claraevallensis⟩**

Bernardus ⟨Abbas Antiquus⟩
→ **Bernardus ⟨de Montemirato⟩**

Bernardus ⟨Aiglerius⟩
→ **Bernardus ⟨Ayglerius⟩**

Bernardus ⟨Alverniensis⟩
→ **Bernardus ⟨de Arvernia⟩**

Bernardus ⟨Andegavensis⟩
um 1010 bzw. 16. Jh.
Vermutl. Verf. der S. Fidis Conchacensis miracula
Rep.Font. II,498; DOC,1,398; DLF(MA),154
Bernard ⟨d'Angers⟩
Bernard ⟨Écolâtre⟩
Bernard ⟨Hagiographe⟩
Bernard ⟨l'Écolâtre d'Angers⟩
Bernard ⟨Scholastique⟩
Bernard ⟨Scolastique d'Angers⟩
Bernardus ⟨Scholasticus Andegavensis⟩

Bernardus ⟨Appotecker⟩
→ **Bernhard ⟨von München⟩**

Bernardus ⟨Archidiaconus⟩
→ **Bernhard ⟨von Aosta⟩**

Bernardus ⟨Archidiaconus Bracarensis⟩
→ **Bernardus ⟨Bracarensis⟩**

Bernardus ⟨Archiepiscopus⟩
→ **Bernardus ⟨Toletanus⟩**

Bernardus ⟨Aretinus⟩
um 1320/27 · OFM
Briefe
LMA,I,1990/91
Aretinus, Bernardus
Bernard ⟨d'Aretia⟩
Bernard ⟨d'Arezzo⟩
Bernard ⟨of Arezzo⟩
Bernhard ⟨of Arezzo⟩
Bernhard ⟨von Arezzo⟩

Bernardus ⟨Arnoldi⟩
→ **Arnaldus ⟨Bernardi⟩**

Bernardus ⟨Astronomus⟩
→ **Bernardus ⟨de Virduno⟩**

Bernardus ⟨Aureoli⟩
→ **Bernardus ⟨de Ambasia⟩**

Bernardus ⟨Ayglerius⟩
ca. 1200 – 1282
LThK; CSGL
Ayglerius ⟨Casinensis⟩
Ayglerius, Bernardus
Ayglier, Bernard
Bernard ⟨Ayglier⟩
Bernard ⟨de Lérins⟩
Bernard ⟨du Mont-Cassin⟩
Bernardo ⟨Ayglerio⟩
Bernardus ⟨Abbas⟩
Bernardus ⟨Aiglerius⟩
Bernardus ⟨Cardinalis⟩
Bernardus ⟨Casinensis⟩
Bernardus ⟨Cassinensis⟩
Bernardus ⟨Lerinensis⟩
Bernhard ⟨von Montecassino⟩

Bernardus ⟨Balbus⟩
→ **Bernardus ⟨Papiensis⟩**

Bernardus ⟨Bartolini⟩
gest. 1461 · OP
Kaeppeli,I,201
Bartolini, Bernard
Bartolini, Bernardus
Bernard ⟨Bartolini⟩
Bernard ⟨Bartolini de Florence⟩
Bernard ⟨de Florence⟩
Bernardus ⟨Bartolini de Florentia⟩

Bernardus ⟨Bazatensis⟩
→ **Mote, Bernardus ¬de la¬**

Bernardus ⟨Bernardonis⟩
gest. 1362 · OP
Liber memorialis; Elogia pauca Necrologio sui conventus inserta
Kaeppeli,I,202
Bernardonis, Bernardus
Bernardus ⟨Bernardonis de Florentia⟩
Ciolus ⟨Bernardonis⟩

Bernardus ⟨Biterrensis⟩
→ **Bernardus ⟨de Sanciza⟩**

Bernardus ⟨Bononiensis⟩
um 1145
Summa dictaminum; Multiplices epistulae
LMA,I,1976
Bernard ⟨de Bologne⟩
Bernard ⟨Maître⟩
Bernard ⟨Master⟩
Bernard ⟨von Bologna⟩
Bernardinus ⟨Bononiensis⟩
Bernardus ⟨Faventinus⟩

Bernardus ⟨Bottonius⟩
gest. 1263
In Decretalium libros
LMA,I,1976
Bernard ⟨of Botone⟩
Bernardus ⟨Bottonus⟩
Bernardus ⟨de Botono⟩
Bernardus ⟨de Botono Parmensis⟩
Bernardus ⟨de Bottone⟩
Bernardus ⟨Glossator⟩
Bernardus ⟨Parmensis⟩
Bernardus ⟨von Parma⟩
Bernhard ⟨de Botone⟩
Bottoni, Bernardo
Bottonius, Bernardus
Bottonus, Bernardus

Bernardus ⟨Bracarensis⟩
um 1128/43
Vita beati Geraldi
Rep.Font. II,499; DOC,1,398
Bernardo ⟨di Braga⟩
Bernardus ⟨Archidiaconus Bracarensis⟩

Bernardus ⟨Breitenbachius⟩
→ **Breydenbach, Bernhard ¬von¬**

Bernardus ⟨Bugalis⟩
um 1398 · OESA
Stegmüller, Repert. bibl. 1717-1719
Bernard ⟨Bugalis⟩
Bernard ⟨de Toulouse⟩
Bernard ⟨Pugalis⟩
Bernardus ⟨Pugalis⟩
Bugalis, Bernard
Bugalis, Bernardus
Pugalis, Bernard
Pugalis, Bernardus

Bernardus ⟨Burgundus⟩
→ **Bernardus ⟨Claraevallensis⟩**

Bernardus ⟨Canonicus⟩
→ **Bernhard ⟨von der Geist⟩**

Bernardus ⟨Cardinalis⟩
→ **Bernardus ⟨Ayglerius⟩**
→ **Bernardus ⟨de Porto⟩**

Bernardus ⟨Carnotensis⟩
gest. 1124/30
Bernard ⟨de Chartres⟩
Bernhard ⟨von Chartres⟩

Bernardus ⟨Carrerie⟩
um 1306/34 · OP
Ordinationes pro monasterio Turicensi de Oetenbach
Kaeppeli,I,202
Bernard ⟨Carrerie⟩
Bernardus ⟨Rutenensis⟩
Carrerie, Bernard
Carrerie, Bernardus

Bernardus ⟨Cartusianus⟩
→ **Bernardus ⟨de Lechnitz⟩**

Bernardus ⟨Cartusianus⟩
12. Jh.
CSGL; LMA,I,1991/92
Bernard ⟨de Bellay⟩
Bernard ⟨de Portes⟩
Bernard ⟨of Belley⟩
Bernardus ⟨Carthusiae Portarum⟩
Bernardus ⟨Carthusianus⟩
Bernardus ⟨Cartusiensis⟩
Bernardus ⟨de la Chartreuse des Portes⟩
Cartusianus, Bernardus

Bernardus ⟨Casinensis⟩
→ **Bernardus ⟨Ayglerius⟩**

Bernardus ⟨Casinensis⟩
gest. ca. 1120
Hagiograph
CSGL; Potth.
Bernard ⟨du Mont-Cassin⟩
Bernardus ⟨Monachus⟩
Bernhard ⟨von Montecassino⟩

Bernardus ⟨Circa⟩
→ **Bernardus ⟨Papiensis⟩**

Bernardus ⟨Claraevallensis⟩
1090 – 1153
Tusculum-Lexikon; LThK; CSGL; LMA,I,1992/98
Bernard ⟨de Cîtaux⟩
Bernard ⟨de Clairvaux⟩
Bernard ⟨of Clairvaux⟩
Bernardo ⟨de Claraval⟩
Bernardo ⟨de Clareval⟩
Bernardo ⟨di Clairvaux⟩
Bernardo ⟨Santo⟩
Bernardus ⟨Abbas⟩
Bernardus ⟨Burgundus⟩
Bernardus ⟨Clarevallensis⟩
Bernardus ⟨de Cistercio⟩
Bernardus ⟨Divus⟩
Bernardus ⟨Mellifluus⟩
Bernardus ⟨Sanctus⟩
Bernát ⟨Clairvaux-i⟩
Bernát ⟨Clairvaux-i Szent⟩
Bernát ⟨Szent⟩
Bernhard ⟨Heiliger⟩
Bernhard ⟨von Clairvaux⟩
Clairvaux, Bernhard ¬von¬
Pseudo-Bernardus ⟨Claraevallensis⟩

Bernardus ⟨Claromontensis⟩
→ **Bernardus ⟨de Arvernia⟩**

Bernardus ⟨Clericus⟩
→ **Bernardus ⟨Traiectensis⟩**

Bernardus ⟨Cluniacensis⟩
→ **Bernardus ⟨Morlanensis⟩**

Bernardus ⟨Comes Marchiae Trevisanae⟩
→ **Bernardus ⟨Trevisanus⟩**

Bernardus ⟨Compostellanus⟩
→ **Bernardus ⟨de Montemirato⟩**

Bernardus ⟨Compostellanus⟩
um 1206/17
Span. Kanonist; Glossenapparat zum Decretum Gratiani; Glossen zur Compilatio I; Quaestiones decretales; Collectio Romana
LMA,I,1998; Rep.Font. II,505
Bernard ⟨of Compostella⟩
Bernardo ⟨Compostellano⟩
Bernardus ⟨Compostellanus, Senior⟩
Bernardus ⟨Compostellanus Antiquus⟩
Bernhard ⟨von Compostela⟩
Bernhard ⟨von Compostela, der Ältere⟩
Compostellanus, Bernardus

Bernardus ⟨Compostellanus, Iunior⟩
gest. 1267
Span. Bischof und Kanonist; Glossenapparat zu den Dekretalen Innozenz' IV.; Lectura zum Liber Extra
LMA,I,1998; Rep.Font. II,505/506
Bernardus ⟨Compostellanus⟩
Bernardus ⟨de Montemirato⟩
Bernhard ⟨Brigantius⟩
Bernhard ⟨von Compostela, der Jüngere⟩
Compostellanus, Bernardus
Compostellanus Iunior, Bernardus

Bernardus ⟨Compostellanus, Senior⟩
→ **Bernardus ⟨Compostellanus⟩**

Bernardus ⟨Compostellanus Thesaurarius⟩
um 1129
Diplomata summorum Pontificum antiquorum Hispaniae Regum ecclesiae Compostellanae concessa
Bernard ⟨de Compostelle⟩
Bernard ⟨Trésorier de la Cathédrale de Compostelle⟩
Bernardus ⟨Compostellanus⟩
Bernardus ⟨Thesaurarius⟩
Compostellanus, Bernardus

Bernardus ⟨Constantiensis⟩
→ **Bernardus ⟨Hildesheimensis⟩**

Bernardus ⟨Constantiensis⟩
gest. 1088
Liber canonum; Epistula ad Adalbertum; De damnatione scismaticorum
Bernard ⟨Corbeiensis⟩
Bernard ⟨de Constance⟩
Bernard ⟨de Corvey⟩
Bernard ⟨Moine⟩
Bernard ⟨Saxon⟩
Bernardus ⟨Magister⟩
Bernardus ⟨Saxo⟩
Bernardus ⟨Scholasticus⟩
Bernhard ⟨der Sachse⟩
Bernhard ⟨von Konstanz⟩
Bernhard ⟨von Korvey⟩

Bernardus ⟨Cremifanensis⟩
→ **Bernardus ⟨de Kremsmünster⟩**

Bernardus ⟨Dapifer⟩
gest. 1378
Vita Gothalmi
Rep.Font. II,506
Bernard ⟨Dapifer⟩
Bernard ⟨Moine à Melk⟩
Dapifer, Bernardus

Bernardus ⟨de Alvernia⟩
→ **Bernardus ⟨de Arvernia⟩**

Bernardus ⟨de Ambasia⟩
um 1389 · OCarm
Stegmüller, Repert. bibl. 1715-1716
Ambasia, Bernardus ¬de¬
Aureoli, Bernardus
Bernard ⟨Aureoli⟩
Bernard ⟨de Toulouse⟩
Bernard ⟨d'Amboise⟩
Bernardus ⟨Aureoli⟩
Bernardus ⟨de Ambacia⟩
Bernardus ⟨de Amboise⟩
Bernardus ⟨Gallus⟩
Bernardus ⟨Tolosanus⟩

Bernardus ⟨de Aragonia⟩
→ **Bernardus ⟨Ermengaudi⟩**

Bernardus ⟨de Arvernia⟩
13./14. Jh.
CSGL; LMA,I,1998
Arvernia, Bernardus ¬de¬
Bernard ⟨de Gannat⟩
Bernard ⟨d'Auvergne⟩
Bernardo ⟨di Gannat⟩
Bernardus ⟨Alverniensis⟩
Bernardus ⟨Claramontensis⟩
Bernardus ⟨Claromontensis⟩
Bernardus ⟨de Alvernia⟩
Bernardus ⟨de Alvernis⟩
Bernardus ⟨de Claromonte⟩
Bernardus ⟨de Clermont⟩
Bernardus ⟨de Gannato⟩
Bernhard ⟨von Auvergne⟩
Bernhard ⟨von Clermont⟩
Gannato, Bernardus ¬de¬

Bernardus ⟨de Baging⟩
→ **Bernardus ⟨de Waging⟩**

Bernardus ⟨de Bessa⟩
gest. ca. 1300/04 · OFM
Speculum disciplinae; Liber de laudibus beati Francisci; Catalogus generalium ministrorum Ordinis Fratrum Minorum (1226-1304)
Rep.Font. II,498; LMA,I,1991
Bernard ⟨de Besse⟩
Bernardo ⟨von Bessa⟩
Bernardus ⟨a Bessa⟩
Bernhard ⟨von Bessa⟩
Bessa, Bernardus ¬de¬

Bernardus ⟨de Bottone⟩
→ **Bernardus ⟨Bottonius⟩**

Bernardus ⟨de Caucio⟩
gest. 1252 · OP
Ordo processus Narbonensis
Kaeppeli,I,203
Bernard ⟨de Caux⟩
Bernardus ⟨de Caux⟩
Caucio, Bernardus ¬de¬

Bernardus ⟨de Cistercio⟩
→ **Bernardus ⟨Claraevallensis⟩**

Bernardus ⟨de Claromonte⟩
→ **Bernardus ⟨de Arvernia⟩**

Bernardus ⟨de Florentia⟩
um 1471
Quaestio de praestantia artis medicinae; Dialogus de laudibus castitatis atque virginitatis
Schönberger/Kible, Repertorium, 12031
Bernardo ⟨da Firenze⟩
Florentia, Bernardus ¬de¬

Bernardus ⟨de Fontano⟩
um 1421/22 · OP
Quaestio de immaculata conceptione B. Mariae V.
Kaeppeli,I,204

Bernardus ⟨de Fontino⟩
Fontano, Bernardus ¬de¬

Bernardus ⟨de Gannato⟩
→ **Bernardus ⟨de Arvernia⟩**

Bernardus ⟨de Gordonio⟩
1283 – ca. 1320
Tusculum-Lexikon; VL(2); CSGL; LMA,I,1999
Bernard ⟨de Gordon⟩
Bernardinus ⟨Gordonius⟩
Bernardus ⟨Gordanus⟩
Bernardus ⟨Gordonii⟩
Bernardus ⟨Gordonius⟩
Bernardus ⟨Montispellanus⟩
Bernhard ⟨von Gordon⟩
Gordanus, Bernardus
Gordon, Bernardinus
Gordon, Bernardus ¬de¬
Gordonio, Bernardus ¬de¬
Gordonius, Bernardinus
Gordonius, Bernardus

Bernardus ⟨de Granollachs⟩
→ **Bernat ⟨de Granollachs⟩**

Bernardus ⟨de Iuzico⟩
gest. 1303 · OP
Litterae encyclicae ad totum Ordinem
Kaeppeli,I,227
Bernard ⟨de Jusix⟩
Bernard ⟨de Juzic⟩
Bernard ⟨de Vizic⟩
Bernardus ⟨de Juzico⟩
Bernardus ⟨de Landarro⟩
Bernardus ⟨de Viziaco⟩
Bernardus ⟨Vizicus⟩
Iuzico, Bernardus ¬de¬

Bernardus ⟨de Kraiburg⟩
ca. 1410 – 1477
Conceptum pro scientie rhetorice agressione; De obiectione eum Deo plurali numero usum fuisse; Relatio de obitu regis Ladislai
VL(2),1,769/71; Rep.Font. II,514
Bernardus ⟨de Krayburg⟩
Bernhard ⟨Kramer⟩
Bernhard ⟨von Kraiburg⟩
Kraiburg, Bernardus ¬de¬
Kramer, Bernhard

Bernardus ⟨de Kremsmünster⟩
ca. 1270 – ca. 1326
Annales Cremifanenses; der Name Bernardus ⟨Noricus⟩ geht auf einen Irrtum Aventins zurück
LMA,I,2000; VL(2),1,715/18; Rep.Font. IV,488/489
Berchtold ⟨von Kremsmünster⟩
Berchtoldus ⟨de Chremsmunster⟩
Bernard ⟨de Kremsmunster⟩
Bernard ⟨de Norique⟩
Bernard ⟨le Norique⟩
Bernardus ⟨Cremifanensis⟩
Bernardus ⟨Cremisianensis⟩
Bernardus ⟨Noricus⟩
Bernardus ⟨von Kremsmünster⟩
Bernhard ⟨von Kremsmünster⟩
Kremsmünster, Bernardus ¬de¬

Bernardus ⟨de la Chartreuse des Portes⟩
→ **Bernardus ⟨Cartusianus⟩**

Bernardus ⟨de la Mote⟩
→ **Mote, Bernardus ¬de la¬**

Bernardus ⟨de Lechnitz⟩
Lebensdaten nicht ermittelt · OCart
Bernard ⟨de Lechnitz⟩
Bernard ⟨de Legnitz⟩
Bernardus ⟨Cartusianus⟩
Bernardus ⟨Lechnitz⟩
Lechnitz, Bernardus ¬de¬

Bernardus ⟨de Magduno⟩
→ **Bernardus ⟨Magdunensis⟩**

Bernardus ⟨de Mayas⟩
→ **Bernardus ⟨Maia⟩**

Bernardus ⟨de Menthon⟩
→ **Bernhard ⟨von Aosta⟩**

Bernardus ⟨de Monte Albano⟩
→ **Bernardus ⟨Geraldi⟩**

Bernardus ⟨de Montemirato⟩
→ **Bernardus ⟨Compostellanus, Iunior⟩**

Bernardus ⟨de Montemirato⟩
ca. 1225 – 1296 · OSB
Lectura zum „Liber Extra"; Lectura in constitutiones Innocentii IV; Distinctiones
LMA,I,2001
Abbas ⟨Antiquus⟩
Abbas Antiquus ⟨Bononiensis⟩
Abbas Antiquus ⟨Dekretalist⟩
Bernard ⟨de Montmirat⟩
Bernardo ⟨di Montmirat⟩
Bernardus ⟨Abbas Antiquus⟩
Bernardus ⟨Compostellanus⟩
Bernardus ⟨Compostellensis⟩
Bernardus ⟨de Montemirato Compostellensis⟩
Bernhard ⟨Abbas Antiquus⟩
Bernhard ⟨von Montmirat⟩
Montemirato, Bernardus ¬de¬

Bernardus ⟨de Nemauso⟩
→ **Bernardus ⟨de Trilia⟩**

Bernardus ⟨de Nissa⟩
→ **Bernardus ⟨Mikosz de Nissa⟩**

Bernardus ⟨de Parentis⟩
gest ca. 1342 · OP
Expositio officii missae
Bernard ⟨de Parentinis⟩
Bernard ⟨de Parentis⟩
Bernardo ⟨de Parentinis⟩
Bernardus ⟨de Parentinis⟩
Bernhard ⟨de Parentis⟩
Parentis, Bernardus ¬de¬

Bernardus ⟨de Porto⟩
gest. 1176
LThK; CSGL
Bernardus ⟨Cardinal⟩
Bernardus ⟨Pertuensis⟩
Bernardus ⟨Portuensis⟩
Bernhard ⟨von Porto⟩
Bernhardus
Porto, Bernardus ¬de¬

Bernardus ⟨de Riparia⟩
um 1296/1312 · OP
Epistula ad Guidonem Terreni ep. Maioricarum missa, simul cum narratiuncula "De spiritu Guidonis„; Summula de praeceptis et sacramentis pro curatis; nicht identisch mit Bernardus ⟨de Riparia Brivensis⟩
Kaeppeli,I,232/233
Bernard ⟨de Riparia⟩
Bernardus ⟨de Riparia Rivensis⟩
Bernardus ⟨Rivensis⟩
Riparia, Bernardus ¬de¬

Bernardus ⟨de Rosergio⟩
gest. 1475 · OESA
Liber paradigmatum de laudibus Mariae Virginis super Pentateucum
Stegmüller, Repert. bibl. 1733-1737
Bernard ⟨de Rousergues⟩
Bernardus ⟨de Rousergues⟩
Bernardus ⟨du Rosier⟩
Bernhard ⟨de Rosergio⟩
Bernhard ⟨du Rosier⟩
Bernhard ⟨von Rousergues⟩
Rosergio, Bernardus ¬de¬
Rousergues, Bernard ¬de¬

Bernardus ⟨de Sanciza⟩
13. Jh.
Quaternus super Porphyrium; Praed.; Perih.; etc.
Lohr
Bernard ⟨de Béziers⟩
Bernard ⟨de Sanciza⟩
Bernardus ⟨Biterrensis⟩
Sanciza, Bernardus ¬de¬

Bernardus ⟨de Siena⟩
→ **Bindus ⟨Senensis⟩**

Bernardus ⟨de Toledo⟩
→ **Bernardus ⟨Toletanus⟩**

Bernardus ⟨de Trilia⟩
ca. 1240 – 1292 · OP
LMA,I,2003
Bernard ⟨de Trilia⟩
Bernard ⟨of Trilia⟩
Bernardus ⟨de Nemauso⟩
Bernardus ⟨de Trailla⟩
Bernardus ⟨de Trilha⟩
Bernardus ⟨de Trilla⟩
Bernardus ⟨Hispanus⟩
Bernardus ⟨Latreille⟩
Bernardus ⟨Nemausiensis⟩
Bernardus ⟨Triliensis⟩
Bernardus ⟨Trillianus⟩
Bernhard ⟨de LaTreille⟩
Bernhard ⟨von Nemauso⟩
Bernhard ⟨von Trilia⟩
Bernhardus ⟨de Nemauso⟩
Bertrandus ⟨de Trilha⟩
Trilia, Bernardus ¬de¬

Bernardus ⟨de Undis⟩
15. Jh.
Porph.; Praed.; Perih.; etc.
Lohr
Undis, Bernardus ¬de¬

Bernardus ⟨de Utzingen⟩
→ **Bernhard ⟨von Uissigheim⟩**

Bernardus ⟨de Virduno⟩
13. Jh. · OFM
Tractatus super totam astrologiam
LMA,I,2004
Bernard ⟨de Verdun⟩
Bernardus ⟨Astronomus⟩
Bernardus ⟨Virdunensis⟩
Bernhard ⟨von Verdun⟩
Virduno, Bernardus ¬de¬

Bernardus ⟨de Viziaco⟩
→ **Bernardus ⟨de Iuzico⟩**

Bernardus ⟨de Waging⟩
ca. 1400 – 1472
Tusculum-Lexikon; LThK; CSGL; LMA,I,2004/05
Bernardus ⟨de Baging⟩
Bernardus ⟨de Bahing⟩
Bernardus ⟨de Waching⟩
Bernardus ⟨de Wagging⟩
Bernardus ⟨von Waging⟩
Bernhard ⟨von Waging⟩
Waging, Bernardus ¬de¬

Bernardus ⟨Dezcoll⟩
→ **Descoll, Bernat**

Bernardus ⟨Divus⟩
→ **Bernardus ⟨Claraevallensis⟩**

Bernardus ⟨Dorna⟩
gest. ca. 1257
Summa de libellis
LMA,I,1976/77
Bernard ⟨Dorna⟩
Bernard ⟨Dorne⟩
Bernardo ⟨Dorna⟩
Dorna, Bernard
Dorna, Bernardo
Dorna, Bernardus

Bernardus ⟨du Rosier⟩
→ **Bernardus ⟨de Rosergio⟩**

Bernardus ⟨Episcopus Ticinensis⟩
→ **Bernardus ⟨Papiensis⟩**

Bernardus ⟨Ermengaudi⟩
gest. 1387 · OP
In Sententias Petri Lombardi; Sermones, Opuscula
Kaeppeli,I,203
Bernard ⟨de Barcelone⟩
Bernard ⟨Ermengaud⟩
Bernard ⟨Ermengaud de Barcelone⟩
Bernardus ⟨de Aragonia⟩
Bernardus ⟨Ermengaudi de Aragonia⟩
Bernardus ⟨Ermengol⟩
Ermengaud, Bernard
Ermengaudi, Bernardus

Bernardus ⟨Faventinus⟩
→ **Bernardus ⟨Bononiensis⟩**
→ **Bernardus ⟨Papiensis⟩**

Bernardus ⟨Fontis Calidi⟩
gest. 1192
LThK; CSGL; Potth.
Bernard ⟨of Foncaude⟩
Bernhard ⟨Fons Calidus⟩
Bernhard ⟨of Foncaude⟩
Bernhard ⟨von Fontcaude⟩
Fontis Calidi, Bernardus

Bernardus ⟨Francus⟩
gest. 870
Itinerarium in loca sancta
CC Clavis, Auct. Gall. 1,236ff.; DOC,1,411; Rep.Font. II,507
Bernard ⟨Français⟩
Bernard ⟨le Moine⟩
Bernard ⟨le Sage⟩
Bernard ⟨Moine Français⟩
Bernardus ⟨Monachus Francus⟩
Bernardus ⟨Sapiens⟩
Francus, Bernardus

Bernardus ⟨Gallus⟩
→ **Bernardus ⟨de Ambasia⟩**

Bernardus ⟨Geistensis⟩
→ **Bernhard ⟨von der Geist⟩**

Bernardus ⟨Geraldi⟩
gest. 1291 · OP
Admonitiones ad fratres; Statuta quaedam ab ipso pro Ordine Grandimontensi condita
Kaeppeli,I,204
Bernard ⟨de Montauban⟩
Bernard ⟨Geraldi⟩
Bernard ⟨Geraldi de Montauban⟩
Bernardus ⟨de Monte Albano⟩
Bernardus ⟨Geraldi de Monte Albano⟩
Geraldi, Bernard
Geraldi, Bernardus

Bernardus ⟨Geystensis⟩
→ **Bernhard ⟨von der Geist⟩**

Bernardus ⟨Glossator⟩
→ **Bernardus ⟨Bottonius⟩**

Bernardus ⟨Gordanus⟩
→ **Bernardus ⟨de Gordonio⟩**

Bernardus ⟨Gordonii⟩
→ **Bernardus ⟨de Gordonio⟩**

Bernardus ⟨Gordonius⟩
→ **Bernardus ⟨de Gordonio⟩**

Bernardus ⟨Granollachis Barcionensis⟩
→ **Bernat ⟨de Granollachs⟩**

Bernardus ⟨Guidonis⟩
1261 – 1331 · OP
Practica inquisitionis; Historia fundationum conventuum Ord. Praed.
Tusculum-Lexikon; LThK; Potth.; LMA,I,1976/77
Bernard ⟨de la Guionie⟩
Bernard ⟨Gui⟩
Bernardus ⟨Lemovicensis⟩
Bernardus ⟨Lodovensis⟩
Bernardus ⟨Tudensis⟩
Bernhard ⟨de la Guyenne⟩
Bernhard ⟨Gui⟩
Bernhard ⟨Guidonis⟩
Bernhard ⟨Guy⟩
Bernhard ⟨von Castres⟩
Gui, Bernard
Guido, Bernardus
Guidonis, Bernardus
Guy, Bernhard

Bernardus ⟨Hildesheimensis⟩
→ **Bernwardus ⟨Hildesheimensis⟩**

Bernardus ⟨Hildesheimensis⟩
gest. 1154
Tusculum-Lexikon; LThK; VL(2); LMA,I,1999/2000
Bernard ⟨de Rothenbourg⟩
Bernard ⟨d'Hildesheim⟩
Bernard ⟨of Hildesheim⟩
Bernardus ⟨Constantiensis⟩
Bernardus ⟨Rottenburgensis⟩
Bernhard ⟨von Hildesheim⟩

Bernardus ⟨Hispanus⟩
→ **Bernardus ⟨de Trilia⟩**

Bernardus ⟨Iterius⟩
1163 – 1225
CSGL; Potth.
Bernard ⟨Ithie⟩
Bernard ⟨Itier⟩
Bernardus ⟨Oterius⟩
Bernardus ⟨Ytherius⟩
Iterius, Bernardus

Bernardus ⟨Iustinianus⟩
→ **Iustinianus, Bernardus**

Bernardus ⟨Krotinphul⟩
→ **Bernardus ⟨Mikosz de Nissa⟩**

Bernardus ⟨Latreille⟩
→ **Bernardus ⟨de Trilia⟩**

Bernardus ⟨Lechnitz⟩
→ **Bernardus ⟨de Lechnitz⟩**

Bernardus ⟨Legatus⟩
→ **Bernardus ⟨Marango⟩**

Bernardus ⟨Lemovicensis⟩
→ **Bernardus ⟨Guidonis⟩**

Bernardus ⟨Leonardus⟩
→ **Humbertus ⟨Leonardi⟩**

Bernardus ⟨Lerinensis⟩
→ **Bernardus ⟨Ayglerius⟩**

Bernardus ⟨Lodovensis⟩
→ **Bernardus ⟨Guidonis⟩**

Bernardus ⟨Lombardus⟩
um 1323/32 · OP
Quaestiones de quolibet; Collationes de sanctis et de tempore
Stegmüller, Repert. sentent. 103;195;199; LMA,I,2000
Bernard ⟨Lombard⟩
Bernard ⟨Lombardi⟩
Bernardus ⟨Lombardi⟩
Bernhard ⟨Lombardi⟩
Bernhard ⟨von Avignon⟩

Lombardi, Bernard
Lombardus, Bernardus

Bernardus ⟨Magdunensis⟩
um 1133
Ars dictaminis; Flores dictaminum
Rep.Font. II,514; LMA,I,2000/01
Bernard ⟨de Meung⟩
Bernardo ⟨di Meung⟩
Bernardus ⟨de Magduno⟩
Bernhard ⟨von Meung⟩

Bernardus ⟨Magister⟩
→ **Bernardus ⟨Constantiensis⟩**

Bernardus ⟨Maia⟩
um 1422/24 · OP
Kaeppeli,I,229
Bernard ⟨de Doglia⟩
Bernard ⟨de Fossa-Nova⟩
Bernard ⟨de Palerme⟩
Bernard ⟨Maia⟩
Bernard ⟨Maia de Palerme⟩
Bernardus ⟨de Mayas⟩
Bernardus ⟨Maia Panormitanus⟩
Bernardus ⟨Maja⟩
Bernardus ⟨Panoramitanus⟩
Maia, Bernard
Maia, Bernardus

Bernardus ⟨Marango⟩
ca. 1110 – ca. 1182/88
Annales Pisani
Potth. 763; LMA,I,1975/76
Bernard ⟨Marangon⟩
Bernardo ⟨Maragone⟩
Bernardo ⟨Marango⟩
Bernardus ⟨Legatus⟩
Bernardus ⟨Marago⟩
Bernardus ⟨Pisanus⟩
Bernardus ⟨Provisor⟩
Marago, Bernardus
Maragone, Bernardo
Marango, Bernardo
Marango, Bernardus
Marangon, Bernard

Bernardus ⟨Marthesii⟩
um 1370
Memoria sive instruccio super relacione facienda in camera apostolica, de negociis camere apostolice pro quibus plures ad Almaniam missi fuerunt et quomodo processum est et quid actum est in eiusdem
Rep.Font. II,515
Bernardus ⟨Marchesii⟩
Marthesii, Bernardus

Bernardus ⟨Medicus⟩
→ **Bernardus ⟨Provincialis⟩**

Bernardus ⟨Mellifluus⟩
→ **Bernardus ⟨Claraevallensis⟩**

Bernardus ⟨Menthonensis⟩
→ **Bernhard ⟨von Aosta⟩**

Bernardus ⟨Mikosz de Nissa⟩
gest. 1490
Quaestiones super X libros Ethicorum
Lohr
Bernardus ⟨de Nissa⟩
Bernardus ⟨Krotinphul⟩
Bernardus ⟨Mikosz⟩
Bernardus ⟨Mikosz z Nysy⟩
Bernardus ⟨z Nysy⟩
Krotinphul, Bernardus
Mikosz, Bernardus
Mikosz de Nissa, Bernardus
Nissa, Bernardus ¬de¬

Bernardus ⟨Monachus⟩
→ **Bernardus ⟨Casinensis⟩**

Bernardus ⟨Monachus Francus⟩
→ **Bernardus ⟨Francus⟩**

Bernardus ⟨Monachus Xantensis⟩
→ **Bernardus ⟨Xantensis⟩**

Bernardus ⟨Monthonus⟩
→ **Bernhard ⟨von Aosta⟩**

Bernardus ⟨Montispellanus⟩
→ **Bernardus ⟨de Gordonio⟩**

Bernardus ⟨Morlanensis⟩
12. Jh.
Tusculum-Lexikon; LThK; CSGL; LMA,I,2001/02
Bernard ⟨de Cluny⟩
Bernard ⟨de Morlaix⟩
Bernard ⟨de Morlas⟩
Bernard ⟨le Clunisien⟩
Bernard ⟨of Morval⟩
Bernardus ⟨Clunensis⟩
Bernardus ⟨Cluniacensis⟩
Bernardus ⟨Morlacensis⟩
Bernardus ⟨Morvalensis⟩
Bernhard ⟨von Cluny⟩
Bernhard ⟨von Morlas⟩

Bernardus ⟨Nemausiensis⟩
→ **Bernardus ⟨de Trilia⟩**

Bernardus ⟨Noricus⟩
→ **Bernardus ⟨de Kremsmünster⟩**

Bernardus ⟨Olerii⟩
gest. ca. 1390 · OCarm
Bernard ⟨Oller⟩
Olerii, Bernardus
Oller, Bernard

Bernardus ⟨Olivarius⟩
→ **Bernardus ⟨Oliverii⟩**

Bernardus ⟨Oliverii⟩
gest. 1348 · OESA
Tractatus contra perfidiam Iudaeorum
Stegmüller, Repert. sentent. 103,1; Schneyer,I,458
Bernard ⟨Oliver⟩
Bernardo ⟨Oliver⟩
Bernardus ⟨Olivarius⟩
Bernardus ⟨Oliver⟩
Bernhard ⟨Oliver⟩
Bernhard ⟨Oliverii⟩
Olivér, Bernard
Oliver, Bernhard
Oliverii, Bernardus

Bernardus ⟨Oterius⟩
→ **Bernardus ⟨Iterius⟩**

Bernardus ⟨Paginelli⟩
→ **Eugenius ⟨Papa, III.⟩**

Bernardus ⟨Palpanista⟩
→ **Bernhard ⟨von der Geist⟩**

Bernardus ⟨Panoramitanus⟩
→ **Bernardus ⟨Maia⟩**

Bernardus ⟨Papiensis⟩
gest. 1213
Vita S. Lanfranci
Rep.Font. II,498; LMA,I,2002
Balbi, Bernardo
Balbus, Bernardus
Bernard ⟨de Pavie⟩
Bernardo ⟨Balbi⟩
Bernardo ⟨di Pavia⟩
Bernardus ⟨Balbus⟩
Bernardus ⟨Circa⟩
Bernardus ⟨Episcopus Ticinensis⟩
Bernardus ⟨Faventinus⟩
Bernardus ⟨Praepositus Faventinus⟩
Bernardus ⟨Ticinensis⟩
Bernhard ⟨von Pavia⟩
Circa, Bernardus

Bernardus ⟨Parmensis⟩
→ **Bernardus ⟨Bottonius⟩**

Bernardus ⟨Pawlowius⟩
Lebensdaten nicht ermittelt · OP
Tractatus de propositionibus modalibus et Quaestiones super universam logicam
Kaeppeli,I,232
Bernardus ⟨Pawlowski⟩
Pawlowius, Bernardus

Bernardus ⟨Perger⟩
→ **Perger, Bernhard**

Bernardus ⟨Pertuensis⟩
→ **Bernardus ⟨de Porto⟩**

Bernardus ⟨Pisanus⟩
→ **Bernardus ⟨Marango⟩**

Bernardus ⟨Poenitentiarius Innocentii IV.⟩
→ **Bernardus ⟨Teutonicus⟩**

Bernardus ⟨Portuensis⟩
→ **Bernardus ⟨de Porto⟩**

Bernardus ⟨Praepositus Faventinus⟩
→ **Bernardus ⟨Papiensis⟩**

Bernardus ⟨Primi⟩
12./13. Jh.
Propositum conversationis
LMA,I,1971
Bernard ⟨Prim⟩
Primi, Bernardus

Bernardus ⟨Provincialis⟩
12. Jh.
Commentarius in tabulam Salernitanam
Bernardus ⟨Medicus⟩
Provincialis, Bernardus

Bernardus ⟨Provisor⟩
→ **Bernardus ⟨Marango⟩**

Bernardus ⟨Ptolomaeus⟩
1272 – 1348
Epistulae
LMA,VIII,851/52; LThK,II,249
Bernard ⟨Ptolomée⟩
Bernardo ⟨Tolomei⟩
Bernardus ⟨Ptholomaeus⟩
Bernardus ⟨Tolomei⟩
Bernhard ⟨Ptolomaeus⟩
Bernhard ⟨Tolomei⟩
Ptholomaeus, Bernardus
Ptolomaeus, Bernardus
Ptolomée, Bernard
Tolomei, Bernardo
Tolomei, Bernardus
Tolomei, Bernhard

Bernardus ⟨Pugalis⟩
→ **Bernardus ⟨Bugalis⟩**

Bernardus ⟨Rivensis⟩
→ **Bernardus ⟨de Riparia⟩**

Bernardus ⟨Rottenburgensis⟩
→ **Bernardus ⟨Hildesheimensis⟩**

Bernardus ⟨Rutenensis⟩
→ **Bernardus ⟨Carrerie⟩**

Bernardus ⟨Sancti Anastasii ad Aquas Salvias⟩
→ **Eugenius ⟨Papa, III.⟩**

Bernardus ⟨Sancti Sedis Thesaurarius⟩
→ **Bernard ⟨le Trésorier⟩**

Bernardus ⟨Sanctus⟩
→ **Bernhard ⟨von Aosta⟩**

Bernardus ⟨Sanctus⟩
→ **Bernardus ⟨Claraevallensis⟩**

Bernardus ⟨Sapiens⟩
→ **Bernardus ⟨Francus⟩**

Bernardus ⟨Saxo⟩
→ **Bernardus ⟨Constantiensis⟩**

Bernardus ⟨Scholasticus⟩
→ **Bernardus ⟨Constantiensis⟩**

Bernardus ⟨Scholasticus Andegavensis⟩
→ **Bernardus ⟨Andegavensis⟩**

Bernardus ⟨Silvestris⟩
12. Jh.
Tusculum-Lexikon; LThK(2),II,248; LMA,I,1978/79
Bernard ⟨Silvestre⟩
Bernardo ⟨Silvestre⟩
Bernardus ⟨Turonensis⟩
Bernardus, Sylvester
Bernhard ⟨Silvester⟩
Bernhard ⟨von Moélan⟩
Bernhard ⟨von Tours⟩
Bernhardus ⟨Silvestris⟩
Pseudo-Bernhardine
Silvestri, Bernardus
Silvestris, Bernardus
Sylvester, Bernardus

Bernardus ⟨Teutonicus⟩
um 1260 · OP
Kaeppeli,I,233
Bernard ⟨Pénitencier Pontifical⟩
Bernard ⟨Teuto⟩
Bernardus ⟨Poenitentiarius Innocentii IV.⟩
Bernardus ⟨Teuto⟩
Teutonicus, Bernardus

Bernardus ⟨Thesaurarius⟩
→ **Bernard ⟨le Trésorier⟩**
→ **Bernardus ⟨Compostellanus Thesaurarius⟩**

Bernardus ⟨Ticinensis⟩
→ **Bernardus ⟨Papiensis⟩**

Bernardus ⟨Toletanus⟩
um 1040/85 · OSB
Schneyer,I,461
Bernard ⟨de Sahagun⟩
Bernard ⟨de Sédirac⟩
Bernard ⟨de Tolède⟩
Bernardus ⟨Archiepiscopus⟩
Bernardus ⟨de Toledo⟩
Bernhard ⟨von Toledo⟩
Toletanus, Bernardus

Bernardus ⟨Tolomei⟩
→ **Bernardus ⟨Ptolomaeus⟩**

Bernardus ⟨Tolosanus⟩
→ **Bernardus ⟨de Ambasia⟩**

Bernardus ⟨Traiectensis⟩
11./12. Jh.
Tusculum-Lexikon; CSGL; LMA,I,2003/04
Bernardus ⟨Clericus⟩
Bernardus ⟨Ultraiectensis⟩
Bernhard ⟨von Utrecht⟩

Bernardus ⟨Trevisanus⟩
gest. 1490
De chemia; Epistula
LMA,I,2005/06
Bernard ⟨de la Marche Trévisane⟩
Bernard ⟨de Trèves⟩
Bernard ⟨le Trévisan⟩
Bernard ⟨of Trevisan⟩
Bernardus ⟨Comes Marchiae Trevisanae⟩
Bernardus ⟨Treviranus⟩
Bernardus ⟨Trevirensis⟩
Bernhard ⟨von de Marck⟩
Bernhard ⟨von de Marck Trevese und Nagye⟩
Bernhard ⟨von der Marck und Tervis⟩
Bernhard ⟨von der Marck und Trevis⟩
Bernhard ⟨von der Mark⟩
Bernhard ⟨von Tervis⟩
Bernhard ⟨von Trevigo⟩
Bernhard ⟨von Trevis⟩
Bernhardus ⟨Trevisanus⟩
LaMarche Trevisane, Bernard ¬de¬
Trevisan, Bernard
Trevisane, Bernard de LaMarche
Trevisanus, Bernardus

Bernardus ⟨Triliensis⟩
→ **Bernardus ⟨de Trilia⟩**

Bernardus ⟨Tudensis⟩
→ **Bernardus ⟨Guidonis⟩**

Bernardus ⟨Turonensis⟩
→ **Bernardus ⟨Silvestris⟩**

Bernardus ⟨Ultraiectensis⟩
→ **Bernardus ⟨Traiectensis⟩**

Bernardus ⟨Vercellensis⟩
um 1487 · OP
Ad comitem Johannem Galeatium a Thiene, civem Vicentinum, virginee conceptionis carmen
Kaeppeli,I,237/238

Bernardus ⟨Viennensis⟩
→ **Barnardus ⟨Viennensis⟩**

Bernardus ⟨Virdunensis⟩
→ **Bernardus ⟨de Virduno⟩**

Bernardus ⟨Vizicus⟩
→ **Bernardus ⟨de Iuzico⟩**

Bernardus ⟨von der Geist⟩
→ **Bernhard ⟨von der Geist⟩**

Bernardus ⟨von Kremsmünster⟩
→ **Bernardus ⟨de Kremsmünster⟩**

Bernardus ⟨von Parma⟩
→ **Bernardus ⟨Bottonius⟩**

Bernardus ⟨von Siena⟩
→ **Bindus ⟨Senensis⟩**

Bernardus ⟨von Waging⟩
→ **Bernardus ⟨de Waging⟩**

Bernardus ⟨Westerrodus⟩
→ **Westerrodus, Bernardus**

Bernardus ⟨Westphalicus⟩
→ **Bernhard ⟨von der Geist⟩**

Bernardus ⟨Xantensis⟩
9./10. Jh.
Epistola ad regem quendam (ad Carolum Calvum 833 seu ad Ludovicum IV 903)
Rep.Font. II,516; DOC,1,412
Bernardus ⟨Monachus Xantensis⟩

Bernardus ⟨Ytherius⟩
→ **Bernardus ⟨Iterius⟩**

Bernardus ⟨z Nysy⟩
→ **Bernardus ⟨Mikosz de Nissa⟩**

Bernardus, Sylvester
→ **Bernardus ⟨Silvestris⟩**

Bernart ⟨da Marti⟩
→ **Bernart ⟨Marti⟩**

Bernart ⟨de Saissac⟩
→ **Bernart ⟨Marti⟩**

Bernart ⟨de Ventadour⟩
1125/30 – 1196
Meyer; LMA,I,1979
Bernard ⟨de Ventadour⟩
Bernard ⟨von Ventadorn⟩
Bernart ⟨de Ventadorn⟩
Bernart ⟨von Ventadorn⟩
Bernhard ⟨von Ventadorn⟩
Ventadorn, Bernart ¬von¬

Ventadorn, Bernart ¬de¬
Ventadour, Bernart ¬de¬

Bernart ⟨Marti⟩
12. Jh.
LMA,I,1979
Bernard ⟨Marchis⟩
Bernard ⟨Marcyz⟩
Bernard ⟨Marquis⟩
Bernard ⟨Martin⟩
Bernart ⟨da Marchis⟩
Bernart ⟨da Marti⟩
Bernart ⟨de Saissac⟩
Bernartz ⟨Marti⟩
Marti, Bernart
Martin, Bernard

Bernart ⟨von Ventadorn⟩
→ **Bernart ⟨de Ventadour⟩**

Bernartz ⟨...⟩
→ **Bernart ⟨...⟩**

Bernat ⟨Boades⟩
→ **Boades, Bernat**

Bernát ⟨Clairvaux-i Szent⟩
→ **Bernardus ⟨Claraevallensis⟩**

Bernat ⟨Coll⟩
→ **Descoll, Bernat**

Bernat ⟨de Granollachs⟩
geb. 1421
Bernard ⟨de Granollachs⟩
Bernardo ⟨de Granollachs⟩
Bernardus ⟨de Granollachs⟩
Bernardus ⟨Granollachis Barcionensis⟩
Bernat ⟨Mestre⟩
Granollachs, Bernard ¬de¬
Granollachs, Bernat ¬de¬
Granollacs, Bernat ¬de¬

Bernat ⟨Desclot⟩
→ **Desclot, Bernat**

Bernat ⟨Descoll⟩
→ **Descoll, Bernat**

Bernat ⟨Escrivà⟩
→ **Desclot, Bernat**

Bernat ⟨Mestre⟩
→ **Bernat ⟨de Granollachs⟩**

Bernat ⟨Metge⟩
→ **Metge, Bernat**

Bernát ⟨Szent⟩
→ **Bernardus ⟨Claraevallensis⟩**

Bernay, Alexandre ¬de¬
→ **Alexandre ⟨de Bernai⟩**

Bernd ⟨Jerusalempilger⟩
→ **Bernd ⟨Koster⟩**

Bernd ⟨Koster⟩
um 1463 · OFM
Reisebericht
VL(2),1,746; Rep.Font. VI,643
Bernd ⟨Jerusalempilger⟩
Bernd ⟨Verfasser eines Reiseberichts⟩
Bernt ⟨Koster⟩
Koster, Bernd
Koster, Bernt

Bernegaudus
→ **Berengaudus ⟨Ferrariensis⟩**

Bernelinus
11. Jh.
Liber abaci; die unter dem Titel „Cita et vera divisio monochordi" dem liber abaci nachfolgende Sammlung ist anonym und zu Unrecht unter dem Namen des Bernelinus veröffentlicht und bekannt geworden
LMA,I,1981; CC Clavis, Auct. Gall. 1,238
Bernelin
Bernelin ⟨Musicien à Paris⟩
Bernelinus ⟨Iunior⟩
Bernelinus ⟨Iunior Parisiensis⟩
Bernelinus ⟨Parisiensis⟩

Berner, Johannes
15. Jh.
Des Berners koretyf; Byllulo; Identität mit Berner, Johannes Physicus (um 1427) bzw. Berner, Johannes, dem Basler Konzilsarzt (um 1440) nicht gesichert
VL(2),1,746/47
Johannes ⟨Berner⟩

Berneriis, Gerardus ¬de¬
→ **Gerardus ⟨de Berneriis⟩**

Bernerus ⟨Humolariensis⟩
gest. ca. 982
Miracula Sanctae Hunegundis; Sermo de nativitate Sanctae Mariae
DOC,1,412; CC Clavis, Auct. Gall. 1,238ff.
Bernerius ⟨de Homblières⟩
Bernero ⟨di Humblières⟩
Bernerus ⟨Abbas⟩
Bernerus ⟨Hagiographus⟩
Bernier ⟨de Reims⟩
Bernier ⟨de Saint-Remy⟩
Bernier ⟨d'Homblières⟩

Berneville, Gillebert ¬de¬
→ **Gillebert ⟨de Berneville⟩**

Berneville, Guillaume ¬de¬
→ **Guillaume ⟨de Berneville⟩**

Bernger ⟨von Horheim⟩
12. Jh.
Mhd. Minnesänger
LMA,I,1982
Bernge ⟨von Horheim⟩
Horheim, Bernger ¬von¬

Bernhar
→ **Bernhard ⟨von Worms⟩**

Bernhar ⟨von Worms⟩
→ **Bernhard ⟨von Worms⟩**

Bernhard ⟨Abbas Antiquus⟩
→ **Bernardus ⟨de Montemirato⟩**

Bernhard ⟨Apotheker⟩
→ **Bernhard ⟨von München⟩**

Bernhard ⟨aus Pisa⟩
→ **Eugenius ⟨Papa, III.⟩**

Bernhard ⟨Bole⟩
→ **Bole, Bernhard**

Bernhard ⟨Brigantius⟩
→ **Bernardus ⟨Compostellanus, Iunior⟩**

Bernhard ⟨de Botone⟩
→ **Bernardus ⟨Bottonius⟩**

Bernhard ⟨de la Guyenne⟩
→ **Bernardus ⟨Guidonis⟩**

Bernhard ⟨de la Treille⟩
→ **Bernardus ⟨de Trilia⟩**

Bernhard ⟨de Parentinis⟩
→ **Bernardus ⟨de Parentis⟩**

Bernhard ⟨de Rosergio⟩
→ **Bernardus ⟨de Rosergio⟩**

Bernhard ⟨de Worms⟩
→ **Bernhard ⟨von Worms⟩**

Bernhard ⟨der Sachse⟩
→ **Bernardus ⟨Constantiensis⟩**

Bernhard ⟨du Rosier⟩
→ **Bernardus ⟨de Rosergio⟩**

Bernhard ⟨Fabri⟩
→ **Fabri, Bernhard**

Bernhard ⟨Fons Calidus⟩
→ **Bernardus ⟨Fontis Calidi⟩**

Bernhard ⟨Gui⟩
→ **Bernardus ⟨Guidonis⟩**

Bernhard ⟨Heiliger⟩
→ **Bernardus ⟨Claraevallensis⟩**

Bernhard ⟨Kramer⟩
→ **Bernardus ⟨de Kraiburg⟩**

Bernhard ⟨le Trésorier⟩
→ **Bernard ⟨le Trésorier⟩**

Bernhard ⟨Lombardi⟩
→ **Bernardus ⟨Lombardus⟩**

Bernhard ⟨of Arezzo⟩
→ **Bernardus ⟨Aretinus⟩**

Bernhard ⟨of Foncaude⟩
→ **Bernardus ⟨Fontis Calidi⟩**

Bernhard ⟨of Menthon⟩
→ **Bernhard ⟨von Aosta⟩**

Bernhard ⟨Oliverii⟩
→ **Bernardus ⟨Oliverii⟩**

Bernhard ⟨Perger⟩
→ **Perger, Bernhard**

Bernhard ⟨Ptolomaeus⟩
→ **Bernardus ⟨Ptolomaeus⟩**

Bernhard ⟨Rorbach⟩
→ **Rorbach, Bernhard**

Bernhard ⟨Schöfferlin⟩
→ **Schöfferlin, Bernhard**

Bernhard ⟨Silvester⟩
→ **Bernardus ⟨Silvestris⟩**

Bernhard ⟨Tolomei⟩
→ **Bernardus ⟨Ptolomaeus⟩**

Bernhard ⟨von Aosta⟩
923 – 1008
Bezeichnung ⟨von Menthon⟩ zu Unrecht
LThK; LMA,I,1990
Aosta, Bernhard ¬von¬
Bernard ⟨de Menthon⟩
Bernard ⟨de Methon⟩
Bernardo ⟨di Menthon⟩
Bernardus ⟨Archidiaconus⟩
Bernardus ⟨de Menthon⟩
Bernardus ⟨Menthonensis⟩
Bernardus ⟨Mentonius⟩
Bernardus ⟨Monthonus⟩
Bernardus ⟨Sanctus⟩
Bernhard ⟨of Menthon⟩
Bernhard ⟨von Menthon⟩
Bernhard ⟨von Montjou⟩

Bernhard ⟨von Arezzo⟩
→ **Bernardus ⟨Aretinus⟩**

Bernhard ⟨von Auvergne⟩
→ **Bernardus ⟨de Arvernia⟩**

Bernhard ⟨von Avignon⟩
→ **Bernardus ⟨Lombardus⟩**

Bernhard ⟨von Bessa⟩
→ **Bernardus ⟨de Bessa⟩**

Bernhard ⟨von Breydenbach⟩
→ **Breydenbach, Bernhard ¬von¬**

Bernhard ⟨von Castres⟩
→ **Bernardus ⟨Guidonis⟩**

Bernhard ⟨von Chartres⟩
→ **Bernardus ⟨Carnotensis⟩**

Bernhard ⟨von Clairvaux⟩
→ **Bernardus ⟨Claraevallensis⟩**

Bernhard ⟨von Clermont⟩
→ **Bernardus ⟨de Arvernia⟩**

Bernhard ⟨von Cluny⟩
→ **Bernardus ⟨Morlanensis⟩**

Bernhard ⟨von Compostela, der Ältere⟩
→ **Bernardus ⟨Compostellanus⟩**

Bernhard ⟨von Compostela, der Jüngere⟩
→ **Bernardus ⟨Compostellanus, Iunior⟩**

Bernhard ⟨von de Marck⟩
→ **Bernardus ⟨Trevisanus⟩**

Bernhard ⟨von der Geist⟩
13. Jh.
Palpanista; Dialogismi veritatis, adulatoris, iusticiae; Dialogus de variis mundi statibus
Tusculum-Lexikon; VL(2); LMA,I,1998/99
Bernard ⟨de Geist⟩
Bernard ⟨Geystensis⟩
Bernard ⟨Poète⟩
Bernardus ⟨a Sancto Mauricio⟩
Bernardus ⟨Canonicus⟩
Bernardus ⟨Geistensis⟩
Bernardus ⟨Geystensis⟩
Bernardus ⟨Palpanista⟩
Bernardus ⟨von der Geist⟩
Bernardus ⟨Westphalicus⟩
Bernhardus ⟨Gestensis⟩
Bernhardus ⟨Geystensis⟩
Bernhardus ⟨Palponista⟩
Geist, Bernhard ¬von¬
Palponista, Bernardus
Palponista, Bernhardus

Bernhard ⟨von der Marck und Trevis⟩
→ **Bernardus ⟨Trevisanus⟩**

Bernhard ⟨von Fontcaude⟩
→ **Bernardus ⟨Fontis Calidi⟩**

Bernhard ⟨von Gordon⟩
→ **Bernardus ⟨de Gordonio⟩**

Bernhard ⟨von Hildesheim⟩
→ **Bernardus ⟨Hildesheimensis⟩**
→ **Bernwardus ⟨Hildesheimensis⟩**

Bernhard ⟨von Konstanz⟩
→ **Bernardus ⟨Constantiensis⟩**

Bernhard ⟨von Korvey⟩
→ **Bernardus ⟨Constantiensis⟩**

Bernhard ⟨von Kraiburg⟩
→ **Bernardus ⟨de Kraiburg⟩**

Bernhard ⟨von Kremsmünster⟩
→ **Bernardus ⟨de Kremsmünster⟩**

Bernhard ⟨von Menthon⟩
→ **Bernhard ⟨von Aosta⟩**

Bernhard ⟨von Meung⟩
→ **Bernardus ⟨Magdunensis⟩**

Bernhard ⟨von Moélan⟩
→ **Bernardus ⟨Silvestris⟩**

Bernhard ⟨von Montecassino⟩
→ **Bernardus ⟨Ayglerius⟩**
→ **Bernardus ⟨Casinensis⟩**

Bernhard ⟨von Montjou⟩
→ **Bernhard ⟨von Aosta⟩**

Bernhard ⟨von Montmirat⟩
→ **Bernardus ⟨de Montemirato⟩**

Bernhard ⟨von Morlas⟩
→ **Bernardus ⟨Morlanensis⟩**

Bernhard ⟨von München⟩
um 1500
Vorschrift zur Behandlung mit Pflaster
VL(2),1,772
Bernardus ⟨Appotecker⟩
Bernhard ⟨Apotheker⟩
München, Bernhard ¬von¬

Bernhard ⟨von Nemauso⟩
→ **Bernardus ⟨de Trilia⟩**

Bernhard ⟨von Pavia⟩
→ **Bernardus ⟨Papiensis⟩**

Bernhard ⟨von Peisern⟩
um 1389/1419
Posener Rechtsbuch
VL(2),1,772/73
Bernhard ⟨von Pyzdri⟩
Peisern, Bernhard ¬von¬

Bernhard ⟨von Porto⟩
→ **Bernardus ⟨de Porto⟩**

Bernhard ⟨von Pyzdri⟩
→ **Bernhard ⟨von Peisern⟩**

Bernhard ⟨von Rostock⟩
um 1360
Mitautor eines Pestregimen
VL(2),1,773/74
Rostock, Bernhard ¬von¬

Bernhard ⟨von Rousergues⟩
→ **Bernardus ⟨de Rosergio⟩**

Bernhard ⟨von Stainz⟩
→ **Perger, Bernhard**

Bernhard ⟨von Stencz⟩
→ **Perger, Bernhard**

Bernhard ⟨von Tervis⟩
→ **Bernardus ⟨Trevisanus⟩**

Bernhard ⟨von Toledo⟩
→ **Bernardus ⟨Toletanus⟩**

Bernhard ⟨von Tours⟩
→ **Bernardus ⟨Silvestris⟩**

Bernhard ⟨von Trevigo⟩
→ **Bernardus ⟨Trevisanus⟩**

Bernhard ⟨von Trevis⟩
→ **Bernardus ⟨Trevisanus⟩**

Bernhard ⟨von Trilia⟩
→ **Bernardus ⟨de Trilia⟩**

Bernhard ⟨von Uissigheim⟩
13./14. Jh.
Würzburger Städtekrieg
VL(2),1,774/776; Potth. 516
Bernardus ⟨de Utzingen⟩
Bernhard ⟨von Usigkheim⟩
Bernhard ⟨von Ussinken⟩
Uissigheim, Bernhard ¬von¬
Utzingen, Bernhardus ¬de¬

Bernhard ⟨von Utrecht⟩
→ **Bernardus ⟨Traiectensis⟩**

Bernhard ⟨von Ventadorn⟩
→ **Bernart ⟨de Ventadour⟩**

Bernhard ⟨von Verdun⟩
→ **Bernardus ⟨de Virduno⟩**

Bernhard ⟨von Waging⟩
→ **Bernardus ⟨de Waging⟩**

Bernhard ⟨von Worms⟩
gest. 826
Brief an Einhard
LMA,I,1982
Bernard ⟨de Worms⟩
Bernhar
Bernhar ⟨Bischof⟩
Bernhar ⟨von Worms⟩
Bernhard ⟨de Worms⟩
Worms, Bernhard ¬von¬

Bernhardin ⟨degli Albizeschi⟩
→ **Bernardinus ⟨Senensis⟩**

Bernhardin ⟨Tomitano⟩
→ **Bernardinus ⟨Feltrensis⟩**

Bernhardin ⟨von Feltre⟩
→ **Bernardinus ⟨Feltrensis⟩**

Bernhardin ⟨von Fossa⟩
→ **Bernardinus ⟨Aquilanus⟩**

Bernhardin ⟨von Siena⟩
→ **Bernardinus ⟨Senensis⟩**

Bernhardus ⟨...⟩
→ **Bernardus ⟨...⟩**

Berni, Guerniero
→ **Guerriero ⟨da Gubbio⟩**

Bernick, Hendrik
ca. 1396 – 1492
Vander schoenheit ende edelheit der sielen; Onser liever frouwen doernen crone
VL(2),1,794/795
Hendrik ⟨Bernick⟩

Bernier ⟨de Reims⟩
→ **Bernerus ⟨Humolariensis⟩**

Bernier ⟨d'Homblières⟩
→ **Bernerus ⟨Humolariensis⟩**

Bernier, Jean ¬de¬
→ **Johannes ⟨de Fayt⟩**

Bernis, Michel ¬du¬
→ **DuBernis, Michel**

Bernkopf
→ **Frauenzucht**

Berno ⟨Augiensis⟩
978 – 1048
LThK; CSGL; Potth.
Bern ⟨von Reichenau⟩
Berno ⟨Augiae Divitis⟩
Berno ⟨Prumiensis⟩
Berno ⟨Sangallensis⟩
Berno ⟨von Reichenau⟩
Bernon ⟨de Reichenau⟩
Bernone ⟨di Reichenau⟩
Reichenau, Berno ¬von¬

Bernoinus
→ **Bernowinus**

Bernold ⟨Cistercien⟩
→ **Bernoldus ⟨Caesariensis⟩**

Bernold ⟨von Kaisersheim⟩
→ **Bernoldus ⟨Caesariensis⟩**

Bernold ⟨von Konstanz⟩
→ **Bernoldus ⟨Constantiensis⟩**

Bernold ⟨von Sankt Blasien⟩
→ **Bernoldus ⟨Constantiensis⟩**

Bernoldus ⟨Caesariensis⟩
um 1300/12 · OCist
Themata de tempore et de sanctis; Summula dictaminis
Schneyer,I,462; VL(2),1,798/800; Rep.Font. II,517; LMA,I,2007
Bernold ⟨Cistercien⟩
Bernold ⟨de Kaisersheim⟩
Bernold ⟨von Kaisersheim⟩
Bernold ⟨von Kaisheim⟩
Bernoldus ⟨Cisterciensis⟩
Bernoldus ⟨de Kaisersheim⟩
Bernoldus ⟨Notarius⟩

Bernoldus ⟨Constantiensis⟩
ca. 1054 – 1100
Tusculum-Lexikon; LThK; CSGL; LMA,I,2007/08
Bernold ⟨von Konstanz⟩
Bernold ⟨von Sankt Blasien⟩
Bernoldo ⟨di Costanza⟩
Bernoldus ⟨de Sancto Blasio⟩
Bernoldus ⟨of Constance⟩
Bernoldus ⟨Presbyter⟩
Bernoldus ⟨Sancti Blasii⟩
Bernoldus ⟨Scafhusensis⟩
Bernoldus ⟨Scafhusiensis⟩
Bernoldus ⟨von Konstanz⟩

Bernoldus ⟨de Kaisersheim⟩
→ **Bernoldus ⟨Caesariensis⟩**

Bernoldus ⟨de Sancto Blasio⟩
→ **Bernoldus ⟨Constantiensis⟩**

Bernoldus ⟨Notarius⟩
→ **Bernoldus ⟨Caesariensis⟩**

Bernoldus ⟨of Watten⟩
→ **Bernoldus ⟨Watinensis⟩**

Bernoldus ⟨Praepositus⟩
→ **Bernoldus ⟨Watinensis⟩**

Bernoldus ⟨Presbyter⟩
→ **Bernoldus ⟨Constantiensis⟩**

Bernoldus ⟨Prior⟩
→ **Bernoldus ⟨Watinensis⟩**

Bernoldus ⟨Sancti Blasii⟩
→ **Bernoldus ⟨Constantiensis⟩**

Bernoldus ⟨Scafhusiensis⟩
→ **Bernoldus ⟨Constantiensis⟩**

Bernoldus ⟨von Konstanz⟩
→ **Bernoldus ⟨Constantiensis⟩**

Bernoldus ⟨Watinensis⟩
gest. 1114
Chronica monasterii Watinensis
Rep.Font. II,519
Bernoldus ⟨of Watten⟩
Bernoldus ⟨Praepositus⟩
Bernoldus ⟨Prior⟩

Bernon ⟨de Reichenau⟩
→ **Berno ⟨Augiensis⟩**

Bernowinus
9. Jh.
Carmina
CC Clavis, Auct. Gall. 1,241ff.; DOC,1,412
Barnouin ⟨de Vienne⟩
Bernoin ⟨de Clermont⟩
Bernoinus
Bernouin ⟨de Vienne⟩
Bernovino ⟨di Clermont-Ferrand⟩
Bernovinus ⟨Claromontanus⟩
Bernovinus ⟨Episcopus⟩
Bernovinus ⟨Viennensis⟩
Bernowinus ⟨Claromontanus⟩
Bernowinus ⟨de Vienne⟩
Bernowinus ⟨Episcopus⟩
Pseudo-Bernowinus

Bernt ⟨Koster⟩
→ **Bernd ⟨Koster⟩**

Bernten, Henricus ¬de¬
→ **Henricus ⟨de Bernten⟩**

Bernwardus ⟨Hildesheimensis⟩
gest. 1022
Liber mathematicalis
Bernard ⟨Heiliger⟩
Bernardus ⟨Hildesheimensis⟩
Bernhard ⟨von Hildesheim⟩
Bernhardus ⟨Hildesheimenus⟩
Bernward ⟨de Hildesheim⟩
Bernward ⟨der Heilige⟩
Bernward ⟨d'Hildesheim⟩
Bernward ⟨Evêque⟩
Bernward ⟨Saint⟩
Bernward ⟨von Hildesheim⟩
Bernwardus ⟨Episcopus⟩
Bernwardus ⟨Hildeshemiensis⟩
Bernwardus ⟨Sanctus⟩

Bero ⟨de Ludosia⟩
gest. 1465
Quaestiones super librum De generatione et corruptione; Quaestiones de anima; Index librorum
Lohr; Rep.Font. II,520
Bero ⟨av Lödöse⟩
Bero ⟨från Lödöse⟩
Bero ⟨Magni⟩
Bero ⟨Magni de Ludosia⟩
Beros ⟨af Lödöse⟩
Beros ⟨Mäster⟩
Ludosia, Bero ¬de¬

Bérol
→ **Béroul**

Beroldus ⟨Mediolanensis⟩
12. Jh.
Ecclesiae Ambrosianae Medilanensis Kalendarium et ordines saeculi XII (seu Beroldus vetus)
Rep.Font. II,520
Bérold ⟨de Milan⟩
Bérold ⟨Liturgiste⟩
Beroldo

Berord, Etienne
→ **Stephanus ⟨Berout⟩**

Beros ⟨af Lödöse⟩
→ **Bero ⟨de Ludosia⟩**

Beros ⟨Mäster⟩
→ **Bero ⟨de Ludosia⟩**

Béroul
12. Jh.
Meyer
Bérol
Berol

Bérout, Etienne
→ **Stephanus ⟨Berout⟩**

Berowe, ¬ Der von¬
→ **Berau, ¬Der von¬**

Berruyer, Philippus
→ **Philippus ⟨Berruyer⟩**

Berry, Gilles
→ **Gilles ⟨le Bouvier⟩**

Bersegapé, Pietro ¬da¬
→ **Pietro ⟨da Barsegapé⟩**

Bersoire, Petrus
→ **Berchorius, Petrus**

Berta ⟨Jacobs⟩
→ **Bertken ⟨Suster⟩**

Bertaire ⟨Abbé⟩
→ **Bertarius ⟨Casinensis⟩**

Bertaire ⟨Chanoine⟩
→ **Bertarius ⟨Virdunensis⟩**

Bertaire ⟨de Mont-Cassin⟩
→ **Bertarius ⟨Casinensis⟩**

Bertaire ⟨de Saint-Vanne⟩
→ **Bertarius ⟨Virdunensis⟩**

Bertaire ⟨de Verdun⟩
→ **Bertarius ⟨Virdunensis⟩**

Bertaire ⟨du Mont Cassin⟩
→ **Bertarius ⟨Casinensis⟩**

Bertaire ⟨Prêtre⟩
→ **Bertarius ⟨Virdunensis⟩**

Bertaire ⟨Saint⟩
→ **Bertarius ⟨Casinensis⟩**

Bertaldus, Jacobus
→ **Jacobus ⟨Bertaldus⟩**

Bertapaglia, Leonardo ¬da¬
→ **Bertipalia, Leonardus ¬de¬**

Bertarius ⟨Abbas⟩
→ **Bertarius ⟨Casinensis⟩**

Bertarius ⟨Canonicus⟩
→ **Bertarius ⟨Virdunensis⟩**

Bertarius ⟨Casinensis⟩
gest. 883 · OSB
Quaestiones in utrumque testamentum
Stegmüller, Repert. bibl. 1756,1757; LMA,I,2024
Autpertus ⟨Casinensis⟩
Bartharius ⟨Martyr⟩
Bertaire ⟨Abbé⟩
Bertaire ⟨de Mont-Cassin⟩
Bertaire ⟨du Mont Cassin⟩
Bertaire ⟨Saint⟩
Bertario ⟨di Montecassino⟩
Bertario ⟨Santo⟩
Bertarius
Bertarius ⟨Abbas⟩
Bertarius ⟨Abbot⟩
Bertarius ⟨of Monte Cassino⟩
Bertarius ⟨Saint⟩
Bertharius ⟨Abbas⟩
Bertharius ⟨Abbé du Mont-Cassin⟩
Bertharius ⟨Abbot⟩
Bertharius ⟨Casinensis⟩
Bertharius ⟨Cassinensis⟩
Bertharius ⟨of Monte Cassino⟩
Bertharius ⟨Saint⟩
Bertharius ⟨Sanctus⟩
Bertharius ⟨von Montecassino⟩
Bertier ⟨du Mont Cassin⟩
Pseudo-Bertharius ⟨Casinensis⟩

Bertarius ⟨Virdunensis⟩
9./10. Jh.
Gesta Episcoporum Virdunensium; Historia brevis episcoporum Virdunensium (332-887)
CC Clavis, Auct. Gall. 1,247f.; Rep.Font. II,521; LMA,I,2023/24
Bertaire ⟨Chanoine⟩
Bertaire ⟨de Saint-Vanne⟩
Bertaire ⟨de Verdun⟩
Bertaire ⟨Prêtre⟩
Bertarius ⟨Canonicus⟩
Bertarius ⟨Clericus⟩
Bertarius ⟨Monachus⟩
Bertarius ⟨of Verdun⟩
Bertarius ⟨Sacerdos⟩
Bertarius ⟨Sancti Vitoni⟩
Berthar ⟨Kanoniker⟩
Berthar ⟨von Sankt Vannes⟩
Berthar ⟨von Verdun⟩
Bertharius ⟨of Verdun⟩
Bertharius ⟨Presbyter⟩
Bertharius ⟨Priest⟩
Bertharius ⟨von Verdun⟩
Bertrarius ⟨Moine de Verdun⟩
Bertrarius ⟨Virdunensis⟩

Bertegyselus ⟨Abbas⟩
7. Jh.
Epistula ad Desiderium Cadurcensem
Cpl 1303
Abbas Bertegyselus

Berterus ⟨Aurelianensis⟩
um 1187
Carmen
Bertère ⟨d'Orléans⟩
Bertier ⟨Clerc⟩
Bertier ⟨d'Orléans⟩

Bertha ⟨Vilicensis⟩
um 1059
Vita Adelheidis
VL(2),1,800/801
Bertha
Bertha ⟨Abbatissa⟩
Bertha ⟨at Vilich⟩
Bertha ⟨Nun⟩
Bertha ⟨von Vilich⟩
Berthe ⟨de Vilich⟩
Bertrada ⟨Vilicensis⟩
Bertrada ⟨von Vilich⟩
Bertrade ⟨de Vilich⟩

Berthamus ⟨Scotus⟩
gest. 838
In evangelium Johannis lib. I
Stegmüller, Repert. bibl. 1755
Bertham ⟨d'Ecosse⟩
Bertham ⟨Evêque⟩
Berthamus ⟨d'Orkney⟩
Berthamus ⟨Evêque⟩
Scotus, Berthamus

Berthar ⟨von Sankt Vannes⟩
→ **Bertarius ⟨Virdunensis⟩**

Berthar ⟨von Verdun⟩
→ **Bertarius ⟨Virdunensis⟩**

Bertharius ⟨...⟩
→ **Bertarius ⟨...⟩**

Berthaud ⟨d'Achy⟩
14. Jh.
Schreiber von „Roumanz de la rose", dessen Verf. Guillaume ⟨de Lorris⟩ und Jean ⟨de Meung⟩ sind
Achy, Berthaud ¬d'¬

Berthe ⟨de Vilich⟩
→ **Bertha ⟨Vilicensis⟩**

Berthelemy ⟨d'Eyck⟩
→ **Eyck, Barthélémy ¬d'¬**

Bertheure, Petrus
→ **Berchorius, Petrus**

Berthievre, Petrus
→ **Berchorius, Petrus**

Berthold ⟨Abt⟩
→ **Bertholdus ⟨Engelbergensis⟩**

Berthold ⟨Abt von Sankt Aegidien in Braunschweig⟩
→ **Meyer, Bertold**

Berthold ⟨Bienheureux⟩
→ **Bertholdus ⟨Engelbergensis⟩**

Berthold ⟨Blumentrost⟩
→ **Bertholdus ⟨Blumentrost⟩**

Berthold ⟨Bruder⟩
→ **Berthold ⟨der Bruder⟩**

Berthold ⟨Chroniqueur⟩
→ **Bertholdus ⟨Monachus⟩**

Berthold ⟨Curé Allemand⟩
→ **Berthold ⟨von Brombach⟩**

Berthold ⟨de Bombach⟩
→ **Berthold ⟨von Brombach⟩**

Berthold ⟨de Garsten⟩
→ **Bertholdus ⟨Garstensis⟩**

Berthold ⟨de Maisberch⟩
→ **Bertholdus ⟨Maisberchensis⟩**

Berthold ⟨de Metz⟩
→ **Bertramus ⟨Metensis⟩**

Berthold ⟨de Nuremberg⟩
→ **Bertholdus ⟨Norimbergensis⟩**

Berthold ⟨de Ratisbonne⟩
→ **Bertholdus ⟨Puchhauser de Ratisbona⟩**
→ **Bertholdus ⟨Ratisbonensis⟩**

Berthold ⟨de Saint-Mesmin⟩
→ **Bertholdus ⟨Miciacensis⟩**

Berthold ⟨de Wiesbaden⟩
→ **Berthold ⟨von Wiesbaden⟩**

Berthold ⟨d'Engelberg⟩
→ **Bertholdus ⟨Engelbergensis⟩**

Berthold ⟨der Bruder⟩
um 1296/1303
Übers. der „Summa confessorum" des Johannes ⟨von Freiburg⟩; Andaechtig Zeitglöcklein des Lebens und Leidens Christi; Identität des Übers. der „Summa confessorum" mit dem Verf. des „Zeitglöckleins" umstritten
LMA,I,2031/32; VL(2),1,801/02 und VL(2),1,807/13
Berthold ⟨Bruder⟩
Berthold ⟨Huelen⟩
Berthold ⟨Hünlin⟩
Berthold ⟨le Teutonique⟩
Berthold ⟨Teuto⟩
Berthold ⟨the Teuton⟩
Berthold ⟨von Freiburg⟩
Berthold ⟨von Huenlen⟩
Bertholdus ⟨Dominicanus⟩
Bertholdus ⟨Frater⟩

Bertholdus ⟨Friburgensis⟩
Bertholdus ⟨Lector⟩
Bertholdus ⟨Teuto⟩
Bertholdus ⟨Teutonicus⟩
Bruder, Berhold ¬der¬
Bruder, Berthold ¬der¬
Huelen, Berthold
Huenlen, Berthold ¬von¬
Hünlin, Berthold
Perchtolt ⟨der Bruder⟩

Berthold ⟨der Franziskaner⟩
→ **Bertholdus ⟨Ratisbonensis⟩**

Berthold ⟨d'Herbolzheim⟩
→ **Berthold ⟨von Herbolzheim⟩**

Berthold ⟨Garsten, Abt⟩
→ **Bertholdus ⟨Garstensis⟩**

Berthold ⟨Herr Steinmar⟩
→ **Steinmar, Berthold**

Berthold ⟨Hünlin⟩
→ **Berthold ⟨der Bruder⟩**

Berthold ⟨le Bienheureux⟩
→ **Bertholdus ⟨Ratisbonensis⟩**

Berthold ⟨le Teutonique⟩
→ **Berthold ⟨der Bruder⟩**

Berthold ⟨Leutpriester⟩
→ **Berthold ⟨von Brombach⟩**

Berthold ⟨Mager⟩
→ **Mager, Berthold**

Berthold ⟨Meier⟩
→ **Meyer, Bertold**

Berthold ⟨Meister⟩
→ **Berthold-Meister**

Berthold ⟨Miciaci⟩
→ **Bertholdus ⟨Miciacensis⟩**

Berthold ⟨Moine à Saint Gall⟩
→ **Bertholdus ⟨Monachus⟩**

Berthold ⟨of Constance⟩
→ **Bertholdus ⟨Augiensis⟩**

Berthold ⟨of Donauwörth⟩
→ **Bertholdus ⟨Werdensis⟩**

Berthold ⟨of Holy Cross⟩
→ **Bertholdus ⟨Werdensis⟩**

Berthold ⟨of Ratisbon⟩
→ **Bertholdus ⟨Ratisbonensis⟩**

Berthold ⟨of Werden⟩
→ **Bertholdus ⟨Werdensis⟩**

Berthold ⟨of Zweifalt⟩
→ **Bertholdus ⟨Zwifaltensis⟩**

Berthold ⟨Priester⟩
um 1440
Andacht in lat.-nd. Mischsprache
VL(2),1,803
Priester Berthold

Berthold ⟨Puchhauser von Regensburg⟩
→ **Bertholdus ⟨Puchhauser de Ratisbona⟩**

Berthold ⟨Puechauser⟩
→ **Bertholdus ⟨Puchhauser de Ratisbona⟩**

Berthold ⟨Slyner⟩
→ **Slyner, Berthold**

Berthold ⟨Steinmar⟩
→ **Steinmar, Berthold**

Berthold ⟨Teuto⟩
→ **Berthold ⟨der Bruder⟩**

Berthold ⟨Teuto de Nuremberg⟩
→ **Bertholdus ⟨Norimbergensis⟩**

Berthold ⟨Tucher⟩
→ **Tucher, Berthold**

Berthold ⟨von Brombach⟩
um 1326/45
Leben der sel. Luitgart von Wittichen
VL(2),1,803/805; Rep.Font. II,523
Berthold ⟨Curé Allemand⟩
Berthold ⟨de Bombach⟩
Berthold ⟨Leutpriester⟩
Bertholdus ⟨de Bombach⟩
Bertholdus ⟨Plebanus de Bombach⟩
Bombach, Berthold ¬von¬
Brombach, Berthold ¬von¬

Berthold ⟨von Engelberg⟩
→ **Bertholdus ⟨Engelbergensis⟩**

Berthold ⟨von Eschenbach⟩
→ **Slyner, Berthold**

Berthold ⟨von Freiburg⟩
→ **Berthold ⟨der Bruder⟩**

Berthold ⟨von Halle⟩
→ **Berthold ⟨von Holle⟩**

Berthold ⟨von Herbolzheim⟩
um 1100
Alexanderdichtung
VL(2),1,813
Berthold ⟨d'Herbolzheim⟩
Herbolzheim, Berthold ¬von¬

Berthold ⟨von Holle⟩
13. Jh.
VL(2); LMA,I,2033
Berthold ⟨von Halle⟩
Bertoldo ⟨de Holle⟩
Holle, Berthold ¬von¬

Berthold ⟨von Huenlen⟩
→ **Berthold ⟨der Bruder⟩**

Berthold ⟨von Klingenau⟩
→ **Steinmar, Berthold**

Berthold ⟨von Moosburg⟩
→ **Bertholdus ⟨Maisberchensis⟩**

Berthold ⟨von Regensburg⟩
→ **Bertholdus ⟨Ratisbonensis⟩**

Berthold ⟨von Reichenau⟩
→ **Bertholdus ⟨Augiensis⟩**

Berthold ⟨von Werden⟩
→ **Bertholdus ⟨Werdensis⟩**

Berthold ⟨von Wiesbaden⟩
ca. 15. Jh. · OFM
Sammlung von Heiligenpredigten
VL(2),1,825
Berthold ⟨de Wiesbaden⟩
Bertholdus ⟨von Wiesbaden⟩
Wiesbaden, Berthold ¬von¬

Berthold ⟨von Wolframseschenbach⟩
→ **Slyner, Berthold**

Berthold ⟨von Zwiefalten⟩
→ **Bertholdus ⟨Zwifaltensis⟩**

Berthold-Meister
um 1220
Namentlich nicht bekannter Buchmaler; gestaltete unter Abt Berthold im Kloster Weingarten bei Ravensburg ein Doppelblatt in einem Evangeliar
Berthold ⟨Meister⟩
Meister Berthold

Bertholdus ⟨a Moseburga⟩
→ **Bertholdus ⟨Maisberchensis⟩**

Bertholdus ⟨Abbas Montis Angelorum⟩
→ **Bertholdus ⟨Engelbergensis⟩**

Bertholdus ⟨Archidiaconus Remensis⟩
→ **Bertholdus ⟨de Sancto Dionysio⟩**

Bertholdus ⟨Augiensis⟩
ca. 1030 – 1088
LThK; VL(2); CSGL; LMA,I,2036
Berthold
Berthold ⟨of Constance⟩
Berthold ⟨von Reichenau⟩
Bertholdus ⟨Constantiensis⟩
Bertholdus ⟨de Reichenau⟩

Bertholdus ⟨Blumentrost⟩
13./14. Jh.
Berthold ⟨Blumentrost⟩
Bertholdus ⟨Magister⟩
Blumentrost ⟨Meister⟩
Blumentrost, Bertholdus

Bertholdus ⟨Capellanus⟩
um 1228
Gesta Ludowici
VL(2),1,805/807
Capellanus, Bertholdus

Bertholdus ⟨Constantiensis⟩
→ **Bertholdus ⟨Augiensis⟩**

Bertholdus ⟨Dacus⟩
um 1280/82 · OP
Epistula ad Christinam Stumbelensem
Kaeppeli,I,238
Bertholdus ⟨de Insula⟩
Bertholdus ⟨Insulensis⟩
Bertholdus ⟨Prior Insulensis⟩
Dacus, Bertholdus

Bertholdus ⟨de Bombach⟩
→ **Berthold ⟨von Brombach⟩**

Bertholdus ⟨de Insula⟩
→ **Bertholdus ⟨Dacus⟩**

Bertholdus ⟨de Maisberg⟩
→ **Bertholdus ⟨Maisberchensis⟩**

Bertholdus ⟨de Metz⟩
→ **Bertramus ⟨Metensis⟩**

Bertholdus ⟨de Moosburg⟩
→ **Bertholdus ⟨Maisberchensis⟩**

Bertholdus ⟨de Ratisbona⟩
→ **Bertholdus ⟨Puchhauser de Ratisbona⟩**
→ **Bertholdus ⟨Ratisbonensis⟩**

Bertholdus ⟨de Reichenau⟩
→ **Bertholdus ⟨Augiensis⟩**

Bertholdus ⟨de Sancto Dionysio⟩
gest. 1307
Schneyer,I,505
Bertholdus ⟨Archidiaconus Remensis⟩
Bertholdus ⟨de Saint-Denis⟩
Bertholdus ⟨Episcopus d'Orléans⟩
Sancto Dionysio, Bertholdus ¬de¬

Bertholdus ⟨d'Ezzlingen⟩
→ **Bertholdus ⟨Gepzen⟩**

Bertholdus ⟨Dominicanus⟩
→ **Berthold ⟨der Bruder⟩**

Bertholdus ⟨Engelbergensis⟩
gest. 1197 · OSB
Apologia contra errorem Burchardi abbatis Sancti Joannis in Thurtal
VL(2),1,713/715
Berchthold ⟨von Engelberg⟩
Berthold ⟨Abt⟩
Berthold ⟨Bienheureux⟩
Berthold ⟨d'Engelberg⟩
Berthold ⟨von Engelberg⟩
Bertholdus ⟨Abbas Montis Angelorum⟩

Bertholdus ⟨Episcopus d'Orléans⟩
→ **Bertholdus ⟨de Sancto Dionysio⟩**

Bertholdus ⟨Frater⟩
→ **Berthold ⟨der Bruder⟩**

Bertholdus ⟨Friburgensis⟩
→ **Berthold ⟨der Bruder⟩**

Bertholdus ⟨Garstensis⟩
gest. 1142
Res gestae B. Bertholdi, primi Garstensium Austriae superioris coenobiarchae
Berthold ⟨de Garsten⟩
Berthold ⟨Garsten, Abt⟩
Bertold ⟨Garsten, Abt, I.⟩
Bertoldus ⟨Garstensis⟩
Garsten, Berthold ¬de¬
Perchtholdus ⟨Garstensis⟩

Bertholdus ⟨Gepzen⟩
15. Jh.
Quaestiones super libros Metaphysicorum
Lohr
Bertholdus ⟨dictus Gepzen⟩
Bertholdus ⟨d'Ezzlingen⟩
Bertholdus ⟨Rector⟩
Gepzen, Bertholdus

Bertholdus ⟨Insulensis⟩
→ **Bertholdus ⟨Dacus⟩**

Bertholdus ⟨Lector⟩
→ **Berthold ⟨der Bruder⟩**

Bertholdus ⟨Lector Nurembergensis⟩
→ **Bertholdus ⟨Norimbergensis⟩**

Bertholdus ⟨Magister⟩
→ **Bertholdus ⟨Blumentrost⟩**

Bertholdus ⟨Maisberchensis⟩
um 1318/61 · OP
Kaeppeli,I,240; CSGL; LMA,I,2034
Berealdus ⟨Maisberchensis⟩
Berthold ⟨de Maisberch⟩
Berthold ⟨von Moosburg⟩
Bertholdus ⟨a Moseburga⟩
Bertholdus ⟨de Maisberg⟩
Bertholdus ⟨de Moosburg⟩
Bertholdus ⟨de Mosburch⟩
Bertholdus ⟨de Moysborch⟩
Bertholdus ⟨Moosburgensis⟩
Bertholdus ⟨Ordinis Praedicatorum⟩
Bertolfus ⟨de Moesborch⟩
Bertolphus ⟨de Mosburgh⟩

Bertholdus ⟨Miciacensis⟩
9. Jh.
Vita sancti Maximini Miciacensis abbatis
DOC,1,413; CC Clavis, Auct. Gall. 1,248f.
Berthold ⟨de Saint-Mesmin⟩
Berthold ⟨Miciaci⟩
Berthold ⟨Moine de Micy⟩
Bertoldus ⟨Miciacensis⟩

Bertholdus ⟨Monachus⟩
12./13. Jh.
Annotatio de abbatibus monasterii S.Galli (1199-1292)
Rep.Font. II,523
Berthold ⟨Chroniqueur⟩
Berthold ⟨Moine à Saint Gall⟩
Bertholdus ⟨Monachus Sancti Galli⟩
Bertholdus ⟨Monaco⟩
Monachus, Bertholdus

Bertholdus ⟨Moosburgensis⟩
→ **Bertholdus ⟨Maisberchensis⟩**

Bertholdus ⟨Norimbergensis⟩
um 1292 · OP
Liber de mysteriis et laudibus S. Crucis; Liber de mysteriis et laudibus intemerate Virginis Mariae; nicht identisch mit Berthold ⟨der Bruder⟩ und Bertholdus ⟨Ratisbonensis⟩
Kaeppeli,I,240/241
Berthold ⟨de Nuremberg⟩
Berthold ⟨Teuto⟩
Berthold ⟨Teuto de Nuremberg⟩
Bertholdus ⟨Lector Nurembergensis⟩
Bertholdus ⟨Nurimbergensis⟩
Bertholdus ⟨Teuto⟩

Bertholdus ⟨Ordinis Praedicatorum⟩
→ **Bertholdus ⟨Maisberchensis⟩**

Bertholdus ⟨Plebanus de Bombach⟩
→ **Berthold ⟨von Brombach⟩**

Bertholdus ⟨Prior Insulensis⟩
→ **Bertholdus ⟨Dacus⟩**

Bertholdus ⟨Puchhauser de Ratisbona⟩
1365 – 1437 · OESA
In salutationem Evangelicam
Stegmüller, Repert. bibl. 1758-1760
Berthold ⟨de Ratisbonne⟩
Berthold ⟨Puchhauser von Regensburg⟩
Berthold ⟨Puechauser⟩
Berthold ⟨Ruchovoser von Regensburg⟩
Bertholdus ⟨de Ratisbona⟩
Bertholdus ⟨Puchhauser⟩
Bertholdus ⟨Ratisbonensis⟩
Bertholdus ⟨Reginoburgensis⟩
Bertholdus ⟨Ruchavoser⟩
Bertholdus ⟨Ruchavoser de Ratisbona⟩
Bertholdus ⟨Ruchavoser de Regensburg⟩
Puchhauser, Bertholdus
Puchhauser de Ratisbona, Bertholdus
Puechauser, Berthold
Ratisbona, Bertholdus ¬de¬

Bertholdus ⟨Ratisbonensis⟩
ca. 1210 – 1272 · OFM
Predigten
LMA,I,2035/36; VL(2),1,817/823; LThK
Berthold ⟨de Ratisbonne⟩
Berthold ⟨der Franziskaner⟩
Berthold ⟨le Bienheureux⟩
Berthold ⟨of Ratisbon⟩
Berthold ⟨von Regensburg⟩
Bertholdus ⟨de Ratisbona⟩
Bertholdus ⟨Reginoburgensis⟩
Bertholdus ⟨Teutonicus⟩
Bertold ⟨von Regensburg⟩
Perchtoldus ⟨Magnus Praedicator⟩

Bertholdus ⟨Rector⟩
→ **Bertholdus ⟨Gepzen⟩**

Bertholdus ⟨Suevicus⟩
→ **Bertholdus ⟨Werdensis⟩**

Bertholdus ⟨Teuto⟩
→ **Berthold ⟨der Bruder⟩**
→ **Bertholdus ⟨Norimbergensis⟩**

Bertholdus ⟨Teutonicus⟩
→ **Bertholdus ⟨Ratisbonensis⟩**

Bertholdus ⟨von Wiesbaden⟩
→ **Berthold ⟨von Wiesbaden⟩**

Bertholdus ⟨von Zwiefalten⟩
→ **Bertholdus ⟨Zwifaltensis⟩**

Bertholdus ⟨Werdensis⟩
12. Jh.
Rep.Font. II,523
Berthold ⟨of Donauwörth⟩
Berthold ⟨of Holy Cross⟩
Berthold ⟨of Werden⟩
Berthold ⟨von Werden⟩
Bertholdus ⟨Suevicus⟩

Bertholdus ⟨Zwifaltensis⟩
gest. ca. 1169
Tusculum-Lexikon; LThK; CSGL; LMA,I,2036/37
Berthold
Berthold ⟨of Zweifalt⟩
Berthold ⟨von Zwiefalten⟩
Bertholdus ⟨von Zwiefalten⟩
Bertholdus ⟨Zwifildensis⟩

Bertholdus Jodocus ⟨de Głuchołazów⟩
→ **Iodocus Bertholdus ⟨de Glucholazow⟩**

Bertholdus Jodocus ⟨Ziegenhals⟩
→ **Iodocus Bertholdus ⟨de Glucholazow⟩**

Berthorius, Petrus
→ **Berchorius, Petrus**

Berthramn ⟨von LeMans⟩
→ **Bertichramnus ⟨Cenomanensis⟩**

Berthramnus ⟨Waldo⟩
→ **Bertichramnus ⟨Cenomanensis⟩**

Berthwaldus ⟨Cantuariensis⟩
ca. 650 – 731
Epistula ad Forthereum
Cpl 1341a
Beorhtweald ⟨von Canterbury⟩
Berctuald ⟨von Canterbury⟩
Berhtwald ⟨von Canterbury⟩
Berthvvaldus ⟨Cantuariensis⟩
Berthwaldus ⟨Archiepiscopus⟩
Berthwaldus ⟨de Cantorbéry⟩
Brihtwald ⟨von Canterbury⟩
Brithwald ⟨de Cantorbéry⟩
Brithwald ⟨de Raculf⟩
Brithwald ⟨von Canterbury⟩

Berti, Simone
→ **Simon ⟨de Bertis⟩**

Bertichramnus ⟨Cenomanensis⟩
6./7. Jh.
CSGL
Berthramn ⟨von LeMans⟩
Berthramn ⟨Waldo⟩
Berthramnus ⟨Waldo⟩
Bertichramnus ⟨Sanctus⟩
Bertichramnus ⟨Waldo⟩
Bertram ⟨von LeMans⟩
Bertrannus ⟨Waldo⟩
Waldo, Bertichramnus

Bertier ⟨d'Orléans⟩
→ **Berterus ⟨Aurelianensis⟩**

Bertier ⟨du Mont Cassin⟩
→ **Bertarius ⟨Casinensis⟩**

Bertini, Giovanni
ca. 1300 – ca. 1350
Bildhauer
AKL,97
Florentia, Johannes ¬de¬
Giovanni ⟨Bertini⟩
Giovanni ⟨da Firenze⟩
Johannes ⟨de Florentia⟩

Bertini, Pacio
ca. 1300 – ca. 1350
Bildhauer
AKL,100
Bertini, Pace
Florentia, Pacius ¬de¬
Pace ⟨da Firenze⟩
Pacio ⟨Bertini⟩
Pacio ⟨da Firenze⟩
Pacius ⟨de Florentia⟩

Bertipalia, Leonardus ¬de¬
gest. 1460
Chirurgia sive recollectae super quartum canonis Avicennae
LMA,I,2021
Bertapaglia, Léonard
Bertapaglia, Leonardo ¬da¬
Bertapalia, Leonardus
Bertipaglia, Leonardo
Léonard ⟨Bertapaglia⟩
Leonard ⟨of Bertapaglia⟩
Leonard ⟨of Bertipaglia⟩
Leonardo ⟨Bertapalia⟩
Leonardus ⟨de Bertepaglia⟩
Leonardus ⟨de Bertipalia⟩
Leonardus ⟨de Bertopalea⟩
Leonardus ⟨de Berutapalea⟩
Leonardus ⟨de Praedapalia⟩
Leonardus ⟨de Predapalia⟩

Bertis, Simon ¬de¬
→ **Simon ⟨de Bertis⟩**

Bertken ⟨Suster⟩
15. Jh.
LMA,I,2037/38
Berta ⟨Jacobs⟩
Bertken ⟨Sister⟩
Jacobs, Berta
Suster, Bertken

Bertolameus ⟨de Bodekisham⟩
→ **Bartholomaeus ⟨de Bodekisham⟩**

Bertold ⟨...⟩
→ **Berthold ⟨...⟩**

Bertold ⟨Meyer⟩
→ **Meyer, Bertold**

Bertoldo ⟨de Holle⟩
→ **Berthold ⟨von Holle⟩**

Bertoldo ⟨di Giovanni⟩
ca. 1420 – 1491
Ital. Bildhauer
Thieme-Becker
Giovanni, Bertoldo ¬di¬

Bertoldus ⟨...⟩
→ **Bertholdus ⟨...⟩**

Bertolphus ⟨de Mosburgh⟩
→ **Bertholdus ⟨Maisberchensis⟩**

Bertorius, Petrus
→ **Berchorius, Petrus**

Bertos, Neilos
→ **Nathanael ⟨Bertus⟩**

Bertrada ⟨von Vilich⟩
→ **Bertha ⟨Vilicensis⟩**

Bertrahamus
→ **Ratramnus ⟨Corbiensis⟩**

Bertram ⟨d'Allemagne⟩
→ **Bertramus ⟨Teuto⟩**

Bertram ⟨de Ahlen⟩
→ **Bertramus ⟨de Ahlen⟩**

Bertram ⟨de Metz⟩
→ **Bertramus ⟨Metensis⟩**

Bertram ⟨Meister⟩
ca. 1340 – ca. 1415
LMA,I,2039
Bertram ⟨der Meister⟩
Bertram ⟨van Birden⟩
Bertram ⟨van Byrde⟩
Bertram ⟨von Minden⟩
Meister, Bertram

Bertram ⟨of Metz⟩
→ **Bertramus ⟨Metensis⟩**

Bertram ⟨Reoldi⟩
→ **Reoldus, Bertramus**

Bertram ⟨van Birden⟩
→ **Bertram ⟨Meister⟩**

Bertram ⟨van Byrde⟩
→ **Bertram ⟨Meister⟩**

Bertram ⟨von Ahlen⟩
→ **Bertramus ⟨de Ahlen⟩**

Bertram ⟨von Corbie⟩
→ **Ratramnus ⟨Corbiensis⟩**

Bertram ⟨von LeMans⟩
→ **Bertichramnus ⟨Cenomanensis⟩**

Bertram ⟨von Metz⟩
→ **Bertramus ⟨Metensis⟩**

Bertram ⟨von Minden⟩
→ **Bertram ⟨Meister⟩**

Bertrammus ⟨de Alen⟩
→ **Bertramus ⟨de Ahlen⟩**

Bertrammus ⟨Presbyter⟩
→ **Bertramus ⟨Presbyter⟩**

Bertramnus ⟨Corbiensis⟩
→ **Ratramnus ⟨Corbiensis⟩**

Bertramnus ⟨Presbyter⟩
→ **Bertramus ⟨Presbyter⟩**

Bertramus ⟨Confluentinus⟩
→ **Bertramus ⟨Teuto⟩**

Bertramus ⟨Corbeiensis⟩
→ **Ratramnus ⟨Corbiensis⟩**

Bertramus ⟨de Ahlen⟩
um 1307/15 · OFM
De laude Domini novi saeculi; De investigatione Creatoris per creaturas; Excerpta
VL(2),1,827/829
Ahlen, Bertramus ¬de¬
Bertram ⟨de Ahlen⟩
Bertram ⟨von Ahlen⟩
Bertrammus ⟨de Alen⟩
Bertramus ⟨von Ahlen⟩
Bertrannus ⟨de Alen⟩

Bertramus ⟨de Alemania⟩
→ **Bertramus ⟨Teuto⟩**

Bertramus ⟨Metensis⟩
gest. 1212
Summa theologia (Verfasserschaft umstritten); Apparatus in de regulis iuris
LMA,I,2038; Schneyer,I,472
Bartold ⟨de Metz⟩
Bartolf ⟨de Metz⟩
Berthold ⟨de Metz⟩
Bertholdus ⟨de Metz⟩
Bertram ⟨de Metz⟩
Bertram ⟨of Metz⟩
Bertram ⟨von Metz⟩
Bertrand ⟨de Metz⟩
Bertrandus ⟨Glossator⟩
Bertrandus ⟨Metensis⟩
Pseudo-Bertramus ⟨Metensis⟩
Ratramne ⟨de Metz⟩

Bertramus ⟨Presbyter⟩
um 840, „De praedestinatione“
Bertrammus ⟨Presbyter⟩
Bertramnus ⟨Presbyter⟩
Bertramus ⟨Monachus⟩
Bertrannus ⟨Presbyter⟩
Presbyter, Bertramus

Bertramus ⟨Reoldus⟩
→ **Reoldus, Bertramus**

Bertramus ⟨Teuto⟩
gest. 1387 · OP
Epistola de schismate ad Cunonem de Falkenstein; De demonibus, i.e. angelis apostatis; Sermones varii; etc.
Kaeppeli,I,243
Bertram ⟨d'Allemagne⟩
Bertramus ⟨Confluentinus⟩
Bertramus ⟨de Alemania⟩
Bertramus ⟨Tefelicensis⟩
Bertramus ⟨Tephelicensis⟩
Bertramus ⟨Thefelicensis⟩
Bertrand ⟨de Coblentz⟩
Bertrand ⟨Teuto⟩
Bertrandus ⟨Teuto⟩
Teuto, Bertramus

Bertramus ⟨von Ahlen⟩
→ **Bertramus ⟨de Ahlen⟩**

Bertran ⟨Boysset⟩
→ **Bertrand ⟨Boysset⟩**

Bertran ⟨Carbonel⟩
→ **Carbonel, Bertran**

Bertran ⟨de Bar-sur-Aube⟩
→ **Bertrand ⟨de Bar-sur-Aube⟩**

Bertran ⟨de Born⟩
ca. 1140 – 1215
LMA,I,2039/40
Bertran ⟨de Hautefort⟩
Bertran ⟨von Born⟩
Bertrando ⟨de Born⟩
Bertrandus ⟨de Born⟩
Bertrannus ⟨de Born⟩
Born, Bertran ¬de¬

Bertrand ⟨Boysset⟩
1345 – ca. 1415
Chronicon 1365-1415; (teilw. lat., teilw. okzitan)
Rep.Font. II,525
Bertran ⟨Boysset⟩
Boysset, Bertrand

Bertrand ⟨de Bajona⟩
→ **Bertrandus ⟨de Bayona⟩**

Bertrand ⟨de Bar-sur-Aube⟩
13. Jh.
LMA,I,2042/43
Bar-sur-Aube, Bertrand ¬de¬
Bertran ⟨de Bar-sur-Aube⟩
Bertrand ⟨de Bar sur Aube⟩
Bertrand ⟨le Trouvère⟩
Bertrand ⟨Trouvère⟩

Bertrand ⟨de Bayonne⟩
→ **Bertrandus ⟨de Bayona⟩**

Bertrand ⟨de Charroux⟩
→ **Bertrandus ⟨Prudentius⟩**

Bertrand ⟨de Coblentz⟩
→ **Bertramus ⟨Teuto⟩**

Bertrand ⟨de Goth⟩
→ **Clemens ⟨Papa, V.⟩**

Bertrand ⟨de la Cueva⟩
→ **Cueva, Beltrán ¬de la¬**

Bertrand ⟨de la Tour⟩
→ **Bertrandus ⟨de Turre⟩**

Bertrand ⟨de Metz⟩
→ **Bertramus ⟨Metensis⟩**

Bertrand ⟨de Toulouse⟩
→ **Bertrandus ⟨Parayte⟩**

Bertrand ⟨de Turre⟩
→ **Bertrandus ⟨de Turre⟩**

Bertrand ⟨Kardinal von Autun⟩
→ **Petrus ⟨Bertrandi⟩**

Bertrand ⟨le Trouvère⟩
→ **Bertrand ⟨de Bar-sur-Aube⟩**

Bertrand ⟨Parayte⟩
→ **Bertrandus ⟨Parayte⟩**

Bertrand ⟨Prudence⟩
→ **Bertrandus ⟨Prudentius⟩**

Bertrand ⟨Strabo⟩
→ **Bertrandus ⟨de Bayona⟩**

Bertrand ⟨Teuto⟩
→ **Bertramus ⟨Teuto⟩**

Bertrand ⟨Trouvère⟩
→ **Bertrand ⟨de Bar-sur-Aube⟩**

Bertrand ⟨Vaquier⟩
→ **Vaquerus, Bertrandus**

Bertrand ⟨von Bayonne⟩
→ **Bertrandus ⟨de Bayona⟩**

Bertrand, Jan
→ **Jan ⟨Bertrand⟩**

Bertrand, Pierre ⟨der Ältere⟩
→ **Petrus ⟨Bertrandi⟩**

Bertrand, Pierre ⟨Junior⟩
→ **Petrus ⟨Bertrandi, Iunior⟩**

Bertrando ⟨de Born⟩
→ **Bertran ⟨de Born⟩**

Bertrando ⟨de Got⟩
→ **Clemens ⟨Papa, V.⟩**

Bertrando ⟨della Torre⟩
→ **Bertrandus ⟨de Turre⟩**

Bertrandon ⟨de la Broquière⟩
gest. 1459
LMA,I,2044
Bertrandon ⟨de LaBroquière⟩
Broquière, Bertrandon ¬de¬
LaBroquière, Bertrandon ¬de¬

Bertrandus ⟨Alvernus⟩
→ **Bertrandus ⟨de Sancto Floro⟩**

Bertrandus ⟨de Arvernia⟩
→ **Bertrandus ⟨de Sancto Floro⟩**

Bertrandus ⟨de Bayona⟩
um 1244/57 · OFM
Principium
Stegmüller, Repert. sentent. 105
Bayona, Bertrandus ¬de¬
Bertrand ⟨de Bajona⟩
Bertrand ⟨de Bayonne⟩
Bertrand ⟨Strabo⟩
Bertrand ⟨von Bayonne⟩
Bertrandus ⟨de Baiona⟩
Bertrandus ⟨de Bayonne⟩
Bertrandus ⟨Strabo⟩
Bertrandus ⟨Strabo de Bayonne⟩
Strabo, Bertrandus

Bertrandus ⟨de Born⟩
→ **Bertran ⟨de Born⟩**

Bertrandus ⟨de Confluentia⟩
um 1376
Vielleicht Verf. des Cont. III der Gesta episcoporum Mettensium (1261-1376)
Rep.Font. II,526; IV,737
Confluentia, Bertrandus ¬de¬

Bertrandus ⟨de Cura⟩
→ **Bertrandus ⟨de Turre⟩**

Bertrandus ⟨de Got⟩
→ **Clemens ⟨Papa, V.⟩**

Bertrandus ⟨de Parayte⟩
→ **Bertrandus ⟨Parayte⟩**

Bertrandus ⟨de Sancto Floro⟩
um 1285/1300 · OP
Sermo in XXII dominica post Trin.
Kaeppeli,I,244
Bertrandus ⟨Alvernus⟩
Bertrandus ⟨de Arvernia⟩
Bertrandus ⟨de Sancto Floro Alvernus⟩
Sancto Floro, Bertrandus ¬de¬

Bertrandus ⟨de Trilha⟩
→ **Bernardus ⟨de Trilia⟩**

Bertrandus ⟨de Turre⟩
ca. 1295 – 1334
Bertrand ⟨de la Tour⟩
Bertrand ⟨de Turre⟩
Bertrando ⟨della Torre⟩
Bertrandus ⟨de Cura⟩
Bertrandus ⟨de Turre Cura⟩
Bertrandus ⟨de Turre Nobili⟩
Bertrandus ⟨Doctor Famosus⟩
Bertrandus ⟨Salernitanus⟩
LaTour, Bertrand ¬de¬
Turre, Bertrandus ¬de¬

Bertrandus ⟨Metensis⟩
→ **Bertramus ⟨Metensis⟩**

Bertrandus ⟨Monachus⟩
→ **Bertrandus ⟨Prudentius⟩**

Bertrandus ⟨Parayte⟩
um 1370/1420 · OESA
Stegmüller, Repert. bibl. 1762-1764
Bertrand ⟨de Toulouse⟩
Bertrand ⟨Parayre⟩
Bertrand ⟨Parayte⟩
Bertrandus ⟨de Parayte⟩
Bertrandus ⟨Tolosanus⟩
Parayte, Bertrand
Parayte, Bertrandus

Bertrandus ⟨Prudentius⟩
9./11. Jh. · OSB
De arte musica
CC Clavis, Auct. Gall. 1,249ff.
Bertrand ⟨de Charroux⟩
Bertrand ⟨Prudence⟩
Bertrandus ⟨Monachus⟩
Prudentius, Bertrandus

Bertrandus ⟨Salernitanus⟩
→ **Bertrandus ⟨de Turre⟩**

Bertrandus ⟨Strabo⟩
→ **Bertrandus ⟨de Bayona⟩**

Bertrandus ⟨Teuto⟩
→ **Bertramus ⟨Teuto⟩**

Bertrandus ⟨Tolosanus⟩
→ **Bertrandus ⟨Parayte⟩**

Bertrandus ⟨Vaquerus⟩
→ **Vaquerus, Bertrandus**

Bertrandus, Petrus
→ **Petrus ⟨Bertrandi⟩**
→ **Petrus ⟨Bertrandi, Iunior⟩**

Bertrannus
13. Jh.

Bertrannus ⟨de Alen⟩
→ **Bertramus ⟨de Ahlen⟩**

Bertrannus ⟨de Born⟩
→ **Bertran ⟨de Born⟩**

Bertrannus ⟨Presbyter⟩
→ **Bertramus ⟨Presbyter⟩**

Bertrannus ⟨Waldo⟩
→ **Bertichramnus ⟨Cenomanensis⟩**

Bertrarius ⟨...⟩
→ **Bertarius ⟨...⟩**

Bertreve, Petrus
→ **Berchorius, Petrus**

Bertruccio, Niccoló
→ **Nicolaus ⟨Bertrucius⟩**

Bertruccius ⟨Lipsiensis⟩
→ **Nicolaus ⟨Bertrucius⟩**

Bertrucius, Nicolaus
→ **Nicolaus ⟨Bertrucius⟩**

Bertrusius ⟨Medicus⟩
→ **Nicolaus ⟨Bertrucius⟩**

Bertucci, Niccolò
→ **Nicolaus ⟨Bertrucius⟩**

Bertulphe
→ **Bartolfus ⟨Peregrinus⟩**

Bertus, Nathanael
→ **Nathanael ⟨Bertus⟩**

Bertus, Nilus
→ **Nathanael ⟨Bertus⟩**

Berwardi, Johannes
→ **Johannes ⟨Berwardi de Villingen⟩**

Berwardi de Villingen, Johannes
→ **Johannes ⟨Berwardi de Villingen⟩**

Berwick, Johannes ¬de¬
→ **Johannes ⟨de Berwick⟩**

Berzé, Hugues ¬de¬
→ **Hugues ⟨de Berzé⟩**

Berzi, Simone
→ **Simon ⟨de Bertis⟩**

Besançon, Albéric ¬de¬
→ **Albéric ⟨de Besançon⟩**

Bescochier, Arnoldus ¬le¬
→ **Arnoldus ⟨le Bescochier⟩**

Béséléel
→ **Einhardus**

Besenfelder
1423 – ca. 1470
Chronik des südwestdt. Raums
VL(2),1,830
Besenfelder ⟨Amtmann aus Horb⟩
Besenfelder ⟨von Horb⟩

Besleure, Petrus
→ **Berchorius, Petrus**

Besozzo, Michelino ¬da¬
→ **Michelino ⟨da Besozzo⟩**

Bessa, Bernardus ¬de¬
→ **Bernardus ⟨de Bessa⟩**

Bessarion
1395 – 1472
LThK; CSGL; Potth.; LMA,I,2070/71
Basilius ⟨Bessarion⟩
Bessario
Bessarion ⟨Cardinal⟩
Bessarion ⟨de Nicaea⟩
Bessarion ⟨Kardinal⟩
Bēssariōn ⟨Monachus⟩
Bessarion ⟨of Nicaea⟩
Bessarion ⟨Tusculanus⟩
Bessarion, Basilius
Bessarion, Jean
Bessarion, Joannes
Bessarion, Johannes
Bessarion, Nicolaus
Bessarione
Byssariōn
Johannes ⟨Bessarion⟩
Makres, Basileios
Makres, Bēssariōn
Nicolaus ⟨Bessarion⟩

Bessianus, Johannes
→ **Johannes ⟨Bassianus⟩**

Beßnitzer, Ulrich
15. Jh.
Bilderhandschrift: Inventarverzeichnis Landshuter Zeughaus
VL(2),1,831/832
Ulrich ⟨Beßnitzer⟩

Bestetor, Kosmas
→ **Cosmas ⟨Vestitor⟩**

Bēt Aptonyā, Yōḥannān
→ **Yōḥannān ⟨Bēt Aptonyā⟩**

Bēt Qaṭrayē, Dadišo'
→ **Dadišo' ⟨Bēt Qaṭrayē⟩**

Bet Ukkāmē, Paulus
→ **Paulus ⟨Bet Ukkāmē⟩**

Betencuria, Reginaldus ¬de¬
→ **Reginaldus ⟨de Betencuria⟩**

Beth ⟨die Gute⟩
→ **Elisabeth ⟨von Reute⟩**

Beth ⟨von Reute⟩
→ **Elisabeth ⟨von Reute⟩**

Bethahiah ben Jacob
→ **Petaḥyā Ben-Ya'aqov**

Bethlem ⟨Priester⟩
um 1471
Kreuzwegbüchlein
VL(2),1,835/837
Bethleem ⟨Priester⟩
Bethlehem ⟨Priester⟩
Priester Bethlem

Béthune, Conon ¬de¬
→ **Conon ⟨de Béthune⟩**

Béthune, Eberhard ¬von¬
→ **Eberhardus ⟨Bethuniensis⟩**

Betontinus, Antonius
→ **Antonius ⟨de Bitonto⟩**

Bettini, Galvanus
→ **Galvanus ⟨de Bononia⟩**

Bettino, Galvanus ¬de¬
→ **Galvanus ⟨de Bononia⟩**

Betzler, Arnold
Lebensdaten nicht ermittelt
VL(2),1,838
Arnold ⟨Betzler⟩
Arnold ⟨Meistersinger⟩
Arnold ⟨Sangspruchdichter⟩

Beuclif, Alain
→ **Alanus ⟨Belloclivus⟩**

Beugedantz, Johannes
um 1451
Handbuch für Belagerungswesen
VL(2),1,838/839
Beugedans, Johannes
Johannes ⟨Beugedantz⟩

Beukelsz, Jan
→ **Jan ⟨van Leyden⟩**

Beurroy ⟨von Trier⟩
→ **Baldericus ⟨Treverensis⟩**

Bevergern, Arnd
ca. 1408 – 1466
Chronik des Bistums Münster
VL(2),1,839/840; Rep.Font. II,529
Arnd ⟨Bevergern⟩
Arnoldus ⟨de Bevergern⟩
Bevergern, Arnoldus ¬de¬

Beverlaius, Johannes
→ **Johannes ⟨Beverlaius⟩**

Beverley, Philippus
→ **Philippus ⟨Beverley⟩**

Beyeren
→ **Claes ⟨Heinenzsoon de Ruyris⟩**

Bezanis, Albertus ¬de¬
→ **Albertus ⟨de Bezanis⟩**

Bhāmaha
7./8. Jh.
Sanskrit-Poetiker

Bha-ra-ha, Bram-ze
→ **Varāhamihira**

Bhāratītīrtha
→ **Mādhava**

Bhartṛhari
7. Jh.
Ind. Dichter; Sprüche; Sohn des Chandragupta
Barthrhari
Batricharēs
Bhartrihari
Bkhartrikhari
Fa-chih-ho-li

Bhartrihari
→ **Bhartṛhari**

Bhāskara ⟨I.⟩
um 600
Bhāskara ⟨der Ältere⟩
Bhaskara ⟨the Older⟩

Bhāskara ⟨II.⟩
geb. 1114
Lilavati
Bhascara
Bhascara ⟨the Younger⟩
Bhascara Acharya
Bhascarācarya
Bhāskara ⟨der Jüngere⟩
Bhāskara ācārya
Bhāskara Āchārya
Bhāskarācārya

Bhaṭṭa, Parāśara
→ **Parāśarabhaṭṭa**

Bhaṭṭa Kumārila
→ **Kumārila**

Bhaṭṭar, Parāśara
→ **Parāśarabhaṭṭa**

Bhūlokamalla Someśvara
→ **Someśvara ⟨Chalukya-Reich, König, III.⟩**

Biagio ⟨da Morcono⟩
→ **Blasius ⟨de Morcono⟩**

Biagio ⟨da Parma⟩
→ **Blasius ⟨Parmensis⟩**

Biagio ⟨Lisci⟩
→ **Lisci, Biagio**

Biagio ⟨Maestro⟩
gest. ca. 1340
Mathematiker
Biaggio ⟨Maestro⟩
Biagio ⟨il Maestro⟩

Biagio ⟨Pelacani da Parmo⟩
→ **Blasius ⟨Parmensis⟩**

Biagius ⟨Liscius⟩
→ **Lisci, Biagio**

Bianchi, Gerardo
→ **Gerardus ⟨de Parma⟩**

Bianchi, Giovanni
→ **Johannes ⟨Blancus⟩**

Bianchi, Jean
→ **Johannes ⟨Nicolaus Blancus⟩**

Bianchini, Giovanni
→ **Johannes ⟨de Blanchinis⟩**

Bianconi, Jacobus
→ **Jacobus ⟨de Blanconibus⟩**

Biard, Nicolaus ¬de¬
→ **Nicolaus ⟨de Byarto⟩**

Bibbesworth, Gautier ¬de¬
→ **Gautier ⟨de Bibbesworth⟩**

Bibbesworth, Walter ¬de¬
→ **Gautier ⟨de Bibbesworth⟩**

Bibera, Nicolaus ¬de¬
→ **Nicolaus ⟨de Bibera⟩**

Biberach, Rudolf ¬von¬
→ **Rudolfus ⟨de Biberaco⟩**

Biberli, Marquard
um 1320/25 · OP
Mitverfasser des „Prosalegendars für Dominikanerinnen"; Legendae sanctorum; Translatio Bibliae in linguam Alemannicam
VL(2),1,842/843; Kaeppeli,III,104
Biberlin, Marquard
Marquard ⟨Biberli⟩

Bibersee, Rember ¬von¬
→ **Rember ⟨von Bibersee⟩**

Bibleworth, Walter ¬de¬
→ **Gautier ⟨de Bibbesworth⟩**

Biblia, Johannes ¬de¬
→ **Johannes ⟨de Biblia⟩**

Bibliothecarius, Anastasius
→ **Anastasius ⟨Bibliothecarius⟩**

Bibliothecarius, Petrus
→ **Petrus ⟨Bibliothecarius⟩**

Bibra, Hermannus ¬de¬
→ **Hermannus ⟨de Bibra⟩**

Bicchieri, Guala
→ **Guala ⟨Bicherius⟩**

Bicellus ⟨Teutonicus⟩
→ **Lutoldus ⟨Teutonicus⟩**

Biceps, Nicolaus
→ **Nicolaus ⟨Biceps⟩**

Bicherius, Guala
→ **Guala ⟨Bicherius⟩**

Bickenbach, Konrad ¬von¬
→ **Konrad ⟨von Bickenbach⟩**

Biclaro, Johannes ¬de¬
→ **Johannes ⟨de Biclaro⟩**

Bidermann, Jodocus
um 1447
20 Verse gegen Messelesen um Sold
VL(2),1,853
Bidermann, Iodocus
Iodocus ⟨Bidermann⟩
Jodocus ⟨Bidermann⟩

Biel, ¬Der von¬
um 1345
Myst. Predigt- und Traktatgut; Identität mit Peter ⟨von Biel⟩ umstritten
VL(2),1,853; Kaeppeli,III,219/220
Biel, Petrus ¬de¬
Der von Biel
Peter ⟨von Biel⟩
Petrus ⟨de Biel⟩
Petrus ⟨de Bielle⟩

Biel, Gabriel
1418 – 1495
LThK; LMA,II,127
Byel, Gabriel
Byhel, Gabriel
Gabriel ⟨Biel⟩
Gabrielis ⟨Biel⟩
Gabrielis ⟨Spirensis⟩

Biervliet, Johannes ¬de¬
→ **Johannes ⟨de Biervliet⟩**

Biglia, Andreas
ca. 1395 – 1435 · OESA
Expositio super universalia Porphyrii; Expositio super Perihermenias; Commentaria in metaphysicam; Mediolanensium rerum historia; De detrimento fidei Orientis; etc.
Lohr; Stegmüller, Repert. bibl. 1284-1286; Rep.Font. II,530; LMA,II,141/42
Andrea ⟨Biglia⟩
Andrea ⟨Billia⟩
Andrea ⟨Milanese⟩
Andreas ⟨Biglia⟩
Andreas ⟨Bilius⟩
Andreas ⟨de Biglia⟩
Andreas ⟨de Biliis⟩
Andreas ⟨de Billiis⟩
Andreas ⟨Mediolanensis⟩
Biglia, André
Biglia, Andrea
Biglio, André
Bilius, Andreas
Billia, Andrea
Billiis, Andreas ¬de¬
Billius, Andreas

Bigollus, Pisanus
→ **Leonardus ⟨Pisanus⟩**

Bigordi, Domenico
→ **Ghirlandaio, Domenico**

Bila, Johannes ¬de¬
→ **Johannes ⟨de Bila⟩**

Bileye, Roger ¬de¬
→ **Rogerus ⟨Niger⟩**

Bilgerus ⟨de Burgis⟩
→ **Hilgerus ⟨de Burgis⟩**

Bilhana
11. Jh.
Bilhana ⟨Pandit⟩

Bilhildis ⟨Heilige⟩
gest. ca. 734
Äbtissin u. Stifterin von Alten-Münster
LThK
Bilhilde ⟨Sainte⟩
Bilhildis ⟨die Heilige⟩
Bilichildis ⟨Franken, Herzogin⟩
Bilihild ⟨Franken, Herzogin⟩
Bilihildis ⟨Hochemius, Comitissa⟩
Bilihildis ⟨Hochheim, Gräfin⟩

Bili ⟨Diaconus⟩
um 870
Vita S. Machuti
LMA,VI,60; CC Clavis, Auct. Gall. 1,251 ff.
Bili ⟨Diacre⟩
Bili ⟨Diakon⟩
Bili ⟨Hagiographe⟩
Bili ⟨Levita⟩
Bili ⟨von Alet⟩
Bilis ⟨Aletensis⟩
Diaconus Bili

Bilihild ⟨Franken, Herzogin⟩
→ **Bilhildis ⟨Heilige⟩**

Bilis ⟨Aletensis⟩
→ **Bili ⟨Diaconus⟩**

Bilius, Andreas
→ **Biglia, Andreas**

Billarduinos, Godephreidos
→ **Geoffroy ⟨de Villehardouin⟩**

Billiis, Andreas ¬de¬
→ **Biglia, Andreas**

Billingham, Richardus
→ **Richardus ⟨Billingham⟩**

Billius, Andreas
→ **Biglia, Andreas**

Billom, Hugo ¬de¬
→ **Hugo ⟨de Billom⟩**

Binchois, Gilles
1400 – 1460
Chansons
LMA,II,195
Gilles ⟨Binchois⟩
Gilles ⟨de Binche⟩

Binder, Johannes
→ **Johannes ⟨von Mainz⟩**

Bindino ⟨di Cialli da Travale⟩
1356 – 1418
Cronaca 1315-1416
Rep.Font. II,531
Bindino ⟨da Travale⟩
Cialli da Travale, Bindino ¬di¬

Bindinus, Thomasius
15. Jh.
Summo eloquentiae iuveni Petro laurentii de Medicis Bindinus Thomasius salutem et commendationem
Thomasius ⟨Bindinus⟩
Thommasius ⟨Bindinus⟩

Bindo ⟨Bonichi⟩
→ **Bonichi, Bindo**

Bindo ⟨de Siena⟩
→ **Bindus ⟨Senensis⟩**

Bindus ⟨Senensis⟩
gest. 1390 · OESA
Exempla Vet. Nov. Test. concordantiae Bibliae per quinque libros distinctae
Stegmüller, Repert. bibl. 1765-1767
Bernardinus ⟨de Siena⟩
Bernardinus ⟨von Siena⟩
Bernardus ⟨de Siena⟩
Bernardus ⟨von Siena⟩
Bindo ⟨de Senis⟩
Bindo ⟨de Siena⟩
Bindo ⟨de Sienne⟩
Bindo ⟨Senensis⟩
Bindo ⟨von Siena⟩
Bindus ⟨de Siena⟩
Bydo ⟨de Siena⟩
Bydo ⟨von Siena⟩
Guerri ⟨de Siena⟩
Guerri ⟨von Siena⟩

Binèle, Jean ¬de¬
→ **Jean ⟨de Belesta⟩**

Bingen, Hildegard ¬von¬
→ **Hildegardis ⟨Bingensis⟩**

Bingen, Jacobus ¬de¬
→ **Jacobus ⟨de Bingen⟩**

Binjamin ⟨von Tudela⟩
→ **Binyāmîn Ben-Yôna ⟨Tudela⟩**

Bint-al-Mahdī, ʿUlaiya
→ **ʿUlaiya Bint-al-Mahdī**

Bint-ʿAmr, Tumāḍir al-Ḫansāʾ
→ **Ḫansāʾ, Tumāḍir Bint-ʿAmr ¬al-¬**

Bint-ʿAmr al-Ḫansāʾ, Tumāḍir
→ **Ḫansāʾ, Tumāḍir Bint-ʿAmr ¬al-¬**

Bintraeus, Guilelmus
→ **Guilelmus ⟨Bintraeus⟩**

Binyāmîn Ben-Yôna ⟨Tudela⟩
gest. 1173
CSGL; LMA,I,1915
Aben Ionah
Benjamin ⟨de Tudela⟩
Benjamin ⟨Tudelae⟩
Benjamin ⟨Tudelensis⟩
Benjamin ⟨von Tudela⟩
Benjamin Ben Jona ⟨von Tudela⟩
Benjamin ben Jonah ⟨Tudela⟩
Bēnjāmīn Bēn-Jōnā ⟨mit-Ṭūdēlā⟩
Ben-Yôna ⟨Tudela⟩
Binjamin ⟨von Tudela⟩
Binyāmîn Ben-Yôna
Tudela, Benjamin ¬von¬
Tudela, Benjamin ¬de¬
Tudela, Binyāmîn Ben-Yôna

Biondo, Flavio
→ **Blondus, Flavius**

Biqāʿī, Abu-'l-Ḥasan Ibrāhīm Ibn-ʿUmar ¬al-¬
→ **Biqāʿī, Ibrāhīm Ibn-ʿUmar ¬al-¬**

Biqāʿī, Ibrāhīm Ibn-ʿUmar ¬al-¬
1406 – 1480
Biqāʿī, Abu-'l-Ḥasan Ibrāhīm Ibn-ʿUmar ¬al-¬
Ḫirbāwī, Ibrāhīm Ibn-ʿUmar ¬al-¬
Ibn-ʿUmar, Ibrāhīm al-Biqāʿī
Ibn-ʿUmar al-Biqāʿī, Ibrāhīm
Ibrāhīm Ibn-ʿUmar al-Biqāʿī

Birchingtonius, Stephanus
→ **Stephanus ⟨Birchingtonius⟩**

Birchtel, Albert
um 1451
Traktat von 16 Latwergen
VL(2),1,866/867
Albert ⟨Birchtel⟩
Albertus ⟨Birchtel⟩
Albertus ⟨de Stuttgart⟩
Aubertin ⟨Birchtel⟩
Birchtel, Albertus
Birchtel, Aubertin

Birck, Johannes
→ **Birk, Johannes**

Bires, Johannes
→ **Beris, Johannes**

Birgitta ⟨Suecica⟩
1303 – 1373
Tusculum-Lexikon; LThK; CSGL; LMA,II,215/18
Birgida ⟨Saint⟩
Birgitta ⟨Birgersdotter⟩
Birgitta ⟨de Suecia⟩
Birgitta ⟨Sancta⟩
Birgitta ⟨Suessiae⟩
Birgitta ⟨Sunte⟩
Birgitta ⟨Sveridge, Drottning⟩
Birgitta ⟨von Schweden⟩
Birgitte ⟨Sainte⟩
Birgitten ⟨Sint⟩
Bridget ⟨of Sweden⟩
Brigida ⟨de Suecia⟩
Brigide ⟨de Suecia⟩
Brigitta ⟨Heilige⟩
Brigitta ⟨Sancta⟩
Brigitta ⟨Suessiae⟩
Brigitte ⟨de Suède⟩
Brigitte ⟨Sainte⟩
Suecica, Birgitta

Birk, Johannes
gest. ca. 1494
VL(2),1,1870/75
Birck, Johannes
Johannes ⟨Birk⟩

Birkenfeld, Nikolaus ¬von¬
→ **Nikolaus ⟨von Birkenfeld⟩**

Bířkova, Václav Šašek ¬z¬
→ **Šašek z Bířkova, Václav**

Birmannus, Conradus
→ **Conradus ⟨Birmannus⟩**

Bīrūnī, Abu-'r-Raiḥān Muḥammad Ibn-Aḥmad ¬al-¬
973 – 1048
LMA,II,226/27
Abu-'r-Raiḥān Muḥammad Ibn-Aḥmad ⟨al-Bīrūnī⟩
Alberuni
Al-Bīrūnī
Albîrûnî

Bīrūnī, Muḥammad Ibn Aḥmad al-Hwārizmī Abū al-Rayhān ¬al-¬
→ **Bīrūnī, Abu-'r-Raiḥān Muḥammad Ibn-Aḥmad ¬al-¬**

Birzalī, al-Qāsim Ibn-Muḥammad ¬al-¬
1267 – 1339
Ibn-Muḥammad, al-Qāsim al-Birzalī
Ibn-Muḥammad al-Birzalī, al-Qāsim
Qāsim Ibn-Muḥammad al-Birzalī ¬al-¬

Bisanda
→ **Pisentius ⟨de Qifṭ⟩**

Bisatis, Anselmus ¬de¬
→ **Anselmus ⟨de Bisatis⟩**

Bischoff, Conrad
→ **Bischoff, Konrad**

Bischoff, Johannes
um 1395/1406 · OFM
Predigtwerk über Evangelien des Jahres
VL(2),1,876/878
Episcopius, Johannes
Johannes ⟨Bischoff⟩
Johannes ⟨Episcopius⟩

Bischoff, Konrad
um 1460/70 · OFM
Otto-Vita
VL(2),1,878; Rep.Font. II,534
Bischoff, Conrad
Bischoff, Conradus
Conrad ⟨Bischoff⟩
Conradus ⟨Bischoff⟩
Konrad ⟨Bischoff⟩

Bischoflack, Martin ¬von¬
→ **Martin ⟨von Bischoflack⟩**

Biscop, Benedictus
→ **Benedictus ⟨Biscop⟩**

Bisdominus, Oldradus
→ **Oldradus ⟨Bisdominus⟩**

Bishr Ibn Abī Khāzin
→ **Bišr Ibn-Abī-Ḫāzim**

Bishr Ibn Ghānim
→ **Bišr Ibn-Ġānim**

Bisignano, Simon ¬de¬
→ **Simon ⟨de Bisignano⟩**

Bišr Ibn-Abī-Ḫāzim
gest. ca. 600
Bishr Ibn Abī Khāzin
Ibn-Abī-Ḫāzim, Bišr

Bišr Ibn-Ġānim
gest. ca. 815
Abū-Ġānim Bišr Ibn-Ġānim
Bishr Ibn Ghānim
Bišr Ibn-Ġānim, Abū-Ġānim
Ḫurasānī, Bišr Ibn-Ġānim ¬al-¬
Ibn-Ġānim, Bišr

Bišr Ibn-Ġānim, Abū-Ġānim
→ **Bišr Ibn-Ġānim**

Bišr Ibn-Ġiyāṯ al-Marīsī
→ **Marīsī, Bišr Ibn-Ġiyāṯ ¬al-¬**

Bissis, Bartholomaeus ¬de¬
→ **Bartholomaeus ⟨de Bissis⟩**

Bissoli, Giovanni
um 1499
Bissoli, Jean
Bissolus, Johannes
Giovanni ⟨Bissoli⟩
Jean ⟨Bissoli⟩
Johannes ⟨Bissolus⟩

Bissolo, Ardighino
→ **Bissolus, Bellinus**

Bissolo, Bellino
→ **Bissolus, Bellinus**

Bissolus, Bellinus
13. Jh.
Liber legum moralium; De regimine vite et sanitatis; Speculum vite
LMA,II,249
Ardighinus ⟨Bisolus⟩
Ardighinus ⟨dictus Bellinus⟩
Bellino ⟨Bissolo⟩
Bellino ⟨de Milan⟩
Bellino ⟨Doctor Grammaticus⟩
Bellino ⟨Grammairien⟩
Bellinus ⟨Bissolus⟩
Bissolo, Ardighino
Bissolo, Bellino

Bissolus, Johannes
→ **Bissoli, Giovanni**

Bisṭāmī, Abū-Yazīd Ṭaifūr Ibn-ʿĪsā
→ **Abū-Yazīd al-Bisṭāmī, Ṭaifūr Ibn-ʿĪsā**

Bisṭāmī, Bāyazīd ¬al-¬
→ **Abū-Yazīd al-Bisṭāmī, Ṭaifūr Ibn-ʿĪsā**

Bisticci, Vespasiano ¬da¬
→ **Vespasiano ⟨da Bisticci⟩**

Bisuntino, Nicolaus ¬de¬
→ **Nicolaus ⟨de Bisuntino⟩**

Bisuntinus, Gerlandus
→ **Gerlandus ⟨Bisuntinus⟩**

Bisuntinus, Odo
→ **Odo ⟨Bisuntinus⟩**

Bisuntio, Stephanus ¬de¬
→ **Stephanus ⟨de Bisuntio⟩**

Biśvanātha Kabirāja
→ **Viśvanātha Kavirāja**

Biṭār, Abū-Bakr Ibn-Badr ¬al-¬
→ **Ibn-al-Munḏir al-Baiṭār, Abū-Bakr Ibn-Badr**

Biterolf
13. Jh.
Lieder; Maere von Alexander; Wartburgkrieg
VL(2),1,883/884

Biterris, Raimundus ¬de¬
→ **Raimundus ⟨de Biterris⟩**

Bithynus, Theodosius
→ **Theodosius ⟨Bithynus⟩**

Bitonto, Antonius ¬de¬
→ **Antonius ⟨de Bitonto⟩**

Bitonto, Lucas ¬de¬
→ **Lucas ⟨de Bitonto⟩**

Bitonto, Martinus ¬de¬
→ **Martinus ⟨de Bitonto⟩**

Biṭrūdjī, Nūr al-Dīn Abū Isḥāk
→ **Biṭrūǧī, Nūr-ad-Dīn ¬al-¬**

Biṭrūǧī, Nūr-ad-Dīn ¬al-¬
gest. ca. 1204
De motibus celorum transl. lat.
Schönberger/Kible, Repertorium, 10772
Al-Bitruji
Alpetragius
Batrūǧī, Nūr-ad-Dīn Abū-Isḥāq ¬al-¬
Batrūǧī, Nūr-ad-Dīn Abū-Isḥāq ¬al-¬
Biṭrūdjī, Nūr al-Dīn Abū Isḥāk
Biṭrūǧī, Nūr-ad-Dīn Abū-Isḥāq
Biṭrūjī, Nūr al-Dīn
Nūr-ad-Dīn al-Biṭrūǧī

Biṭrūǧī, Nūr-ad-Dīn Abū-Isḥāq
→ **Biṭrūǧī, Nūr-ad-Dīn ¬al-¬**

Bitschen, Petrus
um1384/85
Verf. der Chronica principum Poloniae
Rep.Font. II,535
Bitschin, Petrus
Peter ⟨Bitschen⟩
Petrus ⟨Bitschen⟩
Petrus ⟨Bitschin⟩
Petrus ⟨de Byczyna⟩

Bitschin, Conradus
gest. ca. 1465
VL(2); Potth.
Bitschin, Conrad
Bitschin, Konrad
Conradus ⟨Bitschin⟩
Conradus ⟨Prior Ordinis Sanctae Mariae Teutonicorum⟩
Konrad ⟨Bitschin⟩
Konrad ⟨Byczynski⟩
Konrad ⟨von Pitschen⟩

Bitschin, Petrus
→ **Bitschen, Petrus**

Bitterfeld, Henricus ¬de¬
→ **Henricus ⟨de Bitterfeld⟩**

Bituntinus, Antonius
→ **Antonius ⟨de Bitonto⟩**

Biure, Jofré ¬de¬
→ **Jofré ⟨de Biure⟩**

Bkhartrikhari
→ **Bhartṛhari**

Black Prince
→ **Edward ⟨Wales, Prince⟩**

Blackman, Johannes
→ **Blakman, Johannes**

Blacman, Johannes
→ **Blakman, Johannes**

Bläer
→ **Pleier, ¬Der¬**

Blagnasco, Jean ¬de¬
→ **Blanasco, Johannes ¬de¬**

Blaise ⟨de Raguse⟩
→ **Blasius ⟨de Ragusio⟩**

Blaise ⟨de Saint-Jacques à Paris⟩
→ **Blasius ⟨Sancti Jacobi Parisiensis⟩**

Blaise ⟨de Sicile⟩
→ **Blasius ⟨Siculus⟩**

Blaise ⟨de Trébigne et Marcana⟩
→ **Blasius ⟨de Ragusio⟩**

Blaise ⟨Dominicain⟩
→ **Blasius ⟨Sancti Jacobi Parisiensis⟩**

Blaise ⟨Evêque⟩
→ **Blasius ⟨de Ragusio⟩**

Blaise ⟨Lisci⟩
→ **Lisci, Biagio**

Blaise ⟨Pelacani⟩
→ **Blasius ⟨Parmensis⟩**

Blaise ⟨Religieux Dominicain⟩
→ **Blasius ⟨Sancti Jacobi Parisiensis⟩**

Blaison, Thibaut ¬de¬
→ **Thibaut ⟨de Blaison⟩**

Blakeney, Guilelmus
→ **Guilelmus ⟨Blakeney⟩**

Blakman, Johannes
um 1436/47 · OCart
Collectarium mansuetudinem et bonorum morum regis Henrici VI
Rep.Font. II,536
Blackman, Johannes
Blacman, Johannes
Blacman, John
Blakman, Jean
Blakman, John
Jean ⟨Blakman⟩
Johannes ⟨Blackman⟩
Johannes ⟨Blacman⟩
Johannes ⟨Blakman⟩
John ⟨Blacman⟩
John ⟨Blakman⟩

Blanais, Jacobus
→ **Jacobus ⟨de Blanconibus⟩**

Blanasco, Johannes ¬de¬
gest. ca. 1281
De actionibus
LMA,II,264/65; Rep.Font. VI,288
Blagnasco, Jean ¬de¬
Blanasco, Jean ¬de¬
Blanay, Jean ¬de¬
Blanosco, Johannes ¬de¬
Blanot, Jean ¬de¬
Blavasco, Johannes ¬de¬
Jean ⟨de Blagnasco⟩
Jean ⟨de Blanasque⟩
Jean ⟨de Blanay⟩
Jean ⟨de Blanot⟩
Johannes ⟨aus Blanot⟩
Johannes ⟨de Blanasco⟩
Johannes ⟨de Blanasco Burgundio⟩
Johannes ⟨de Blanosco⟩
Johannes ⟨de Blavasco⟩

Blanay, Jean ¬de¬
→ **Blanasco, Johannes ¬de¬**

Blanbeckin, Agnes
→ **Blannbeckin, Agnes**

Blanc, Jean
→ **Johannes ⟨Blancus⟩**

Blanca ⟨de Francia⟩
→ **Blanche ⟨France, Reine⟩**

Blancford, Henricus
→ **Blaneforde, Henricus ¬de¬**

Blanche ⟨France, Reine⟩
1187 – 1252
Epistola ad comitissam Campaniae
Rep.Font. II,537; LMA,II,260
Blanca ⟨de Francia⟩
Blancha ⟨Regina Francorum⟩
Blancha ⟨Uxor Ludovici VIII Regis⟩
Blanche ⟨Castille, Infante⟩
Blanche ⟨Castille, Princesse⟩
Blanche ⟨de Castille⟩
Blanche ⟨de France⟩
Blanche ⟨Frankreich, Königin⟩
Blanche ⟨Mère de Saint Louis⟩
Blanka ⟨Frankreich, Königin, 1188-1252⟩
Blanka ⟨von Kastilien⟩

Blanchin, Jehan
um 1453
Übers. der Information envoyée par Francisco de Trasne ins Französische
Rep.Font. II,537; V,238/39
Blanchin, Jean ¬de¬
Blanchin, Johannes
Jean ⟨de Blanchin⟩
Jehan ⟨Blanchin⟩
Johannes ⟨Blanchin⟩

Blanchinis, Johannes ¬de¬
→ **Johannes ⟨de Blanchinis⟩**

Blanchus, Johannes
→ **Johannes ⟨Blancus⟩**

Blanconibus, Jacobus ¬de¬
→ **Jacobus ⟨de Blanconibus⟩**

Blancus, Johannes
→ **Johannes ⟨Blancus⟩**

Blandrate, Dominicus ¬de¬
→ **Dominicus ⟨de Blandrate⟩**

Blaneforde, Henricus ¬de¬
um 1325 · OSB
Chronica (1323 - 1324)
Rep.Font. II,537
Blancford, Henricus
Blaneford, Henry
Blaneforde, Henri ¬de¬
Blankfrount, Henry
Henri ⟨de Blaneforde⟩
Henricus ⟨Blancford⟩
Henricus ⟨de Blaneforde⟩
Henry ⟨Blaneford⟩
Henry ⟨Blankfrount⟩

Blanello, Godefridus ¬de¬
→ **Godefridus ⟨de Blanello⟩**

Blanes, Jaime Ferrer ¬de¬
→ **Ferrer de Blanes, Jaime**

Blanka ⟨Frankreich, Königin, 1188-1252⟩
→ **Blanche ⟨France, Reine⟩**

Blanka ⟨von Kastilien⟩
→ **Blanche ⟨France, Reine⟩**

Blankfrount, Henry
→ **Blaneforde, Henricus ¬de¬**

Blannbeckin, Agnes
gest. ca. 1315
LMA,II,264
Agnes ⟨Blanbeckin⟩
Agnes ⟨Blannbeckin⟩
Agnes ⟨Blannbekin⟩
Blanbeckin, Agnes
Blannbekin, Agnes

Blanosco, Johannes ¬de¬
→ **Blanasco, Johannes ¬de¬**

Blanot, Jean ¬de¬
→ **Blanasco, Johannes ¬de¬**

Blanqui, Jean
→ **Johannes ⟨Blancus⟩**

Blar, Albert
→ **Albertus ⟨de Brudzewo⟩**

Blar z Brudzewa, Wojciech
→ **Albertus ⟨de Brudzewo⟩**

Blarer, Albert
→ **Albertus ⟨de Brudzewo⟩**

Blarer, Justina
15. Jh.
Schreiberin bzw. Bearbeiterin von „Viten von Augustinermönchen"
VL(2),1,893/894
Justina ⟨Blarer⟩
Justina ⟨Blarerin⟩

Blarru, Pierre ¬de¬
gest. 1505
Opus de bello Nanceiano
Blarrorivo, Petrus ¬de¬
Blaru, Pierre ¬de¬
Petrus ⟨de Blarrorivo⟩
Pierre ⟨de Blarru⟩

Blasii, Armengaudus
→ **Armengaudus ⟨Blasii⟩**

Blasius ⟨Constantini de Ragusio⟩
→ **Blasius ⟨de Ragusio⟩**

Blasius ⟨de Morcono⟩
gest. 1350
De differentiis inter ius Langobardorum et ius Romanorum tractatus
LMA,II,265
Biagio ⟨da Morcono⟩
Morcono, Blasius ¬de¬

Blasius ⟨de Parma⟩
→ **Blasius ⟨Parmensis⟩**

Blasius ⟨de Pelacanis⟩
→ **Blasius ⟨Parmensis⟩**

Blasius ⟨de Ragusio⟩
um 1434/81 · OP
Kaeppeli,I,244
Blaise ⟨de Raguse⟩
Blaise ⟨de Trébigne et Marcana⟩
Blaise ⟨Evêque⟩
Blasius ⟨Constantini de Ragusio⟩
Blasius ⟨Ragusinus⟩
Ragusio, Blasius ¬de¬

Blasius ⟨de Zalka⟩
um 1420/25 · OFM
Gesta vicariorum ordinis fratrum minorum de observantia Bosnae
Rep.Font. II,538
Zalka, Blasius ¬de¬

Blasius ⟨Gallus⟩
→ **Blasius ⟨Sancti Jacobi Parisiensis⟩**

Blasius ⟨of Parma⟩
→ **Blasius ⟨Parmensis⟩**

Blasius ⟨Parisiensis⟩
→ **Blasius ⟨Sancti Jacobi Parisiensis⟩**

Blasius ⟨Parmensis⟩
gest. 1416
Quaestiones de praedicamentis; Expositio per conclusiones librorum Physicorum; Tractatus de ponderibus; etc.
Lohr; LMA,II,265
Biagio ⟨da Parma⟩
Biagio ⟨Pelacani⟩
Biagio ⟨Pelacani da Parmo⟩
Blaise ⟨Pelacani⟩
Blasius ⟨de Parma⟩
Blasius ⟨de Pelacanis⟩
Blasius ⟨of Parma⟩
Blasius ⟨Pelacanus de Parma⟩
Blasius ⟨von Parma⟩
Pelacani, Blaise

Blasius ⟨Pelacanus de Parma⟩
→ **Blasius ⟨Parmensis⟩**

Blasius ⟨Prior Sancti Jacobi Parisiensis⟩
→ **Blasius ⟨Sancti Jacobi Parisiensis⟩**

Blasius ⟨Ragusinus⟩
→ **Blasius ⟨de Ragusio⟩**

Blasius ⟨Sancti Jacobi Parisiensis⟩
um 1281/82 · OP
Schneyer,I,591; Kaeppeli,I,244/245
Blaise ⟨de Saint-Jacques à Paris⟩
Blaise ⟨Dominicain⟩
Blaise ⟨Religieux Dominicain⟩
Blasius ⟨Gallus⟩
Blasius ⟨OP⟩
Blasius ⟨Parisiensis⟩
Blasius ⟨Prior Sancti Jacobi Parisiensis⟩
Blesus
Blesus ⟨OP⟩
Blesus ⟨Praedicator⟩
Blesus ⟨Prior Sancti Jacobi de Parisiis⟩
Blesus ⟨Sancti Jacobi de Parisiis⟩
Sancti Jacobi, Blasius

Blasius ⟨Siculus⟩
um 1330 · OCarm
Figurae Bibliorum
Stegmüller, Repert. bibl. 1768-1769
Blaise ⟨de Sicile⟩
Siculus, Blasius

Blasius ⟨von Parma⟩
→ **Blasius ⟨Parmensis⟩**

Blasius, Armegandus
→ **Armengaudus ⟨Blasii⟩**

Blastares, Matthaeus
→ **Matthaeus ⟨Blastares⟩**

Blathmac
8. Jh.
LMA,II,267/68
Blathmac ⟨MacCon Brettan⟩
Blathmac ⟨Son of Congus⟩
Blathmac ⟨Son of Cú Brettan⟩
MacCon Brettan, Blathmac

Blatna, Löw von Rozmital ¬und¬
→ **Leo ⟨de Rozmital⟩**

Blatné, Jaroslav Lev ¬z¬
→ **Leo ⟨de Rozmital⟩**

Blauenstein, Nicolas
→ **Gerung, Nicolaus**

Blaufelden, Nikolaus ¬von¬
→ **Nikolaus ⟨von Blaufelden⟩**

Blaunpayn, Michel
→ **Michael ⟨Cornubiensis⟩**

Blavasco, Johannes ¬de¬
→ **Blanasco, Johannes ¬de¬**

Blavia, Gerardus ¬de¬
→ **Gerardus ⟨Engolismensis⟩**

Blawenstein, Nicolaus Gerung
→ **Gerung, Nicolaus**

Blaye, Jourdain ¬de¬
→ **Jourdain ⟨de Blaye⟩**

Bledri ⟨ap Cadivor⟩
→ **Bleheri**

Bleheri
12. Jh.
Bret.-franz. Dichter
LMA,II,270
Bledri
Bledri ⟨ap Cadivor⟩
Blehericus
Blihis ⟨Maistre⟩
Breri

Blemmides, Nicephorus
→ **Nicephorus ⟨Blemmyda⟩**

Blemmyda, Nicephorus
→ **Nicephorus ⟨Blemmyda⟩**

Blenello, Godefridus ¬de¬
→ **Godefridus ⟨de Blanello⟩**

Blesus
→ **Blasius ⟨Sancti Jacobi Parisiensis⟩**

Blesus ⟨Sancti Jacobi de Parisiis⟩
→ **Blasius ⟨Sancti Jacobi Parisiensis⟩**

Blienschwiller, Henricus ¬de¬
→ **Henricus ⟨de Blienschwiller⟩**

Bligger ⟨von Steinach⟩
ca. 1135 – ca. 1196
LMA,II,278/79; VL(2),1,895/97
Steinach, Bligger ¬von¬

Blihis ⟨Maistre⟩
→ **Bleheri**

Blind Harry
→ **Harry ⟨the Minstrel⟩**

Blo-bzaṅ-grags-pa ⟨Tsoṅ-kha-pa⟩
→ **Tsoṅ-kha-pa**

Bloemaert, Heilwigis
→ **Blomardinne, Heylwighe**

Bloemardinne, Heylwighe
→ **Blomardinne, Heylwighe**

Bloemendal, Johannes
→ **Johannes ⟨Blomendal⟩**

Bloemenstein, Berchthold
um 1433/55 · OCist
Regimen praevisivum (dt.); Practica receptarum convenientium
VL(2),1,898/900
Berchthold ⟨Bloemenstein⟩

Blois, Charles ¬de¬
→ **Charles ⟨Bretagne, Duc⟩**

Blois, Jean ¬de¬
→ **Jean ⟨de Blois⟩**

Blois, Petrus ¬de¬
→ **Petrus ⟨Blesensis⟩**
→ **Petrus ⟨Blesensis, Iunior⟩**

Blois, Robert ¬de¬
→ **Robert ⟨de Blois⟩**

Blois, Vital ¬de¬
→ **Vitalis ⟨Blesensis⟩**

Blomardinne, Heylwighe
ca. 1260 – 1335
De spiritu libertatis et amore venereo (nicht erhalten)
LMA,II,282
Bloemaert, Heilwigis
Bloemardine ⟨Mystique à Bruxelles⟩
Bloemardinne, Heylwighe
Bloemards, Heilwigis
Bloemart, Heilwigis
Bloemarts, Heilwighen
Blomarts, Heile
Heile ⟨Blomarts⟩
Heilwidis ⟨Bloemart⟩
Heilwighen ⟨Bloemarts⟩
Heilwigis ⟨Bloemart⟩
Helewidis ⟨Bloemart⟩
Heylwighe ⟨Bloemardinne⟩
Heylwighe ⟨Blomardinne⟩

Blomberg, Henricus ¬de¬
→ **Henricus ⟨Barchoff de Blomberg⟩**

Blomenberg, Johannes
15. Jh.
2 Predigten
VL(2),1,900
Blomenberch, Johannes
Johannes ⟨Blomenberg⟩

Blomendal, Johannes
→ **Johannes ⟨Blomendal⟩**

Blondel ⟨de Nesle⟩
12./13. Jh.
LMA,II,286/87
Blondel ⟨de Néele⟩
Nesle, Blondel ¬de¬

Blondel, Robertus
ca. 1380/1400 – ca. 1461
De complanctu bonorum Gallicorum; Oratio historialis; De reductione Normandie
LMA,II,287; Rep.Font. II,540
Blondel ⟨de Ravenoville⟩
Blondel, Robert
Robert ⟨Blondel⟩
Robertus ⟨Blondel⟩

Blondus, Flavius
1392 – 1463
Tusculum-Lexikon; LThK
Biondi, Flavio
Biondo
Biondo ⟨da Forlì⟩
Biondo, Flavio
Blondus ⟨Forliviesnis⟩
Blondus ⟨Foroliviensis⟩
Blondus ⟨von Forli⟩
Flavio ⟨Biondo⟩
Flavius ⟨Blondus⟩

Blondus, Johannes
→ **Johannes ⟨Blundus⟩**

Błonia, Mikołaj ¬z¬
→ **Nicolaus ⟨de Plove⟩**

Blonie, Nicolaus ¬de¬
→ **Nicolaus ⟨de Blonie⟩**

Blony, Nicolaus ¬de¬
→ **Nicolaus ⟨de Plove⟩**

Blount, John
→ **Johannes ⟨Blundus⟩**

Bloxham, Johannes
→ **Johannes ⟨Bloxham⟩**
→ **Johannes ⟨Bloxham, Iunior⟩**

Blumenau, Laurentius
ca. 1415 – 1484
Briefe; Historia de ordine Teutonicorum cruciferorum
LMA,II,287; VL(2),902/03
Blumenau, Laurent
Blumenau, Lorenz
Blumenon, Laurence
Laurence ⟨Blumenon⟩
Laurent ⟨Blumenau⟩
Laurentius ⟨Blumenau⟩
Lorenz ⟨Blumenau⟩

Blumentrost ⟨Meister⟩
→ **Bertholdus ⟨Blumentrost⟩**

Blumentrost, Bertholdus
→ **Bertholdus ⟨Blumentrost⟩**

Blundus, Johannes
→ **Johannes ⟨Blundus⟩**

Blundus, Robertus
→ **Robertus ⟨Blundus⟩**

Blunt, Adamus
→ **Adamus ⟨Blunt⟩**

Boades, Bernat
gest. 1444
Libre dels feyts d'armes de Catalunya
Rep.Font. II,545
Bernard ⟨Boades⟩
Bernardo ⟨Boades⟩
Bernat ⟨Boades⟩
Boades, Bernard
Boades, Bernardo

Boamundus ⟨Antiochenus, I.⟩
→ **Boemundus ⟨Antiochiae, I.⟩**

Boateriis, Petrus ¬de¬
→ **Petrus ⟨de Boateriis⟩**

Bobbio, Hubertus ¬de¬
→ **Hubertus ⟨de Bobbio⟩**

Bobolène ⟨de Granfeld⟩
→ **Bobulenus ⟨Presbyter⟩**

Bobolène ⟨de Luxeuil⟩
→ **Bobulenus ⟨Presbyter⟩**

Bobolenus ⟨Grandivallensis⟩
→ **Bobulenus ⟨Presbyter⟩**

Bobone, Giacinto
→ **Coelestinus ⟨Papa, III.⟩**

Bobone, Hyacinthe
→ **Coelestinus ⟨Papa, III.⟩**

Bobulenus ⟨Bobiensis⟩
um 640/690
Versus de Bobuleno; angebl. Verf. der „Regula magistri"; Identität mit Bobulenus ⟨Presbyter⟩ umstritten
Cpl 2107
Bobulenus ⟨Abbas⟩
Bobulenus ⟨Abbé⟩
Bobulenus ⟨de Bobbio⟩

Bobulenus ⟨Presbyter⟩
7. Jh.
Vita S. Germani abbatis Grandivallensis; Identität mit Bobulenus ⟨Bobiensis⟩ umstritten
Cpl 2106
Bobolène ⟨de Granfeld⟩
Bobolène ⟨de Luxeuil⟩
Bobolenus ⟨Grandivallensis⟩
Presbyter, Bobulenus

Boccaccio, Giovanni
1313 – 1375
LMA,II,298/301
Baccacius, Johannes
Bocaccius, Joannes
Bocaccius de Cercaldis, Johannes
Bocace, Iehan
Bocace, John
Bocacius de Certaldo, Johannes
Bocatius, Ioannes
Bocatius, Johanis
Bocatius, Johannis
Bocatius de Certaldo, Joannes
Boccacci, Giovanni
Boccaccius Certaldus, Joannes
Boccaccius de Certaldo, Johannes
Boccace, Jean
Boccaci, Giovanni
Boccacio, Giovanni
Boccacius, Johannes
Boccarius, Johannes
Boccatius, Johannes
Boccatius de Certaldo, Johannes
Bochas, John
Giovanni ⟨Boccaccio⟩
Johannes ⟨Boccacius⟩
Johannes ⟨Boccarius⟩

Boccapesci, Thibaud
→ **Coelestinus ⟨Papa, II., Antipapa⟩**

Boccarius, Johannes
→ **Boccaccio, Giovanni**

Boccassinus, Nicolaus
→ **Benedictus ⟨Papa, XI.⟩**

Boccatius, Johannes
→ **Boccaccio, Giovanni**

Bochas, John
→ **Boccaccio, Giovanni**

Bocholt, Heinrich ¬von¬
→ **Heinrich ⟨von Bocholt⟩**

Bock, Johann ¬von¬
→ **Johannes ⟨von Buch⟩**

Bock, Peter
15. Jh.
2 Reimpaargedichte
VL(2),1,906
Bocker, Peter
Peter ⟨Bock⟩
Peter ⟨Bocker⟩

Bockenheim, Johannes
→ **Johannes ⟨Bockenheim⟩**

Bocker, Peter
→ **Bock, Peter**

Bocking, Radulfus
→ **Radulfus ⟨Bocking⟩**

Bocksdorf, Damianus
→ **Tammo ⟨von Bocksdorf⟩**

Bocksdorf, Dietrich ¬von¬
→ **Theodoricus ⟨Burgsdorfius⟩**

Bocksdorf, Tammo ¬von¬
→ **Tammo ⟨von Bocksdorf⟩**

Bocksdorf, Theoderich ¬von¬
→ **Theodoricus ⟨Burgsdorfius⟩**

Boczula
13. Jh. · OP
Fiktive Person; angebl. Verf. von Chronicon Polonorum de rebus gestis ad annum usque 1268
Kaeppeli,I,245; Rep.Font.,II,545/546
Boczula ⟨de Sandomir⟩
Boczula ⟨Dominicain⟩
Boczula ⟨Prévôt de Sandomir⟩
Boczula ⟨Sandormiriensis⟩

Bodeker, Stephanus
→ **Stephanus ⟨Bodeker⟩**

Bodekisham, Bartholomaeus ¬de¬
→ **Bartholomaeus ⟨de Bodekisham⟩**

Bodel, Jean
→ **Jean ⟨Bodel⟩**

Bodense, Arnoldus
→ **Arnoldus ⟨Bodense⟩**

Bodenze, Conrad
ca. 14. Jh.
Rezept
VL(2),1,906
Conrad ⟨Bodenze⟩

Boderisham, Guilelmus ¬de¬
→ **Guilelmus ⟨de Boderisham⟩**

Bodhidharma
6. Jh.

Bodman, Adamus ¬de¬
→ **Adamus ⟨de Bodman⟩**

Bodman, Johann ¬von¬
→ **Johann ⟨von Bodman⟩**

Boèce ⟨de Dacie⟩
→ **Boethius ⟨de Dacia⟩**

Boecius, Anicius Manlius Severinus
→ **Boethius, Anicius Manlius Severinus**

Boecyusz, A. M.
→ **Boethius, Anicius Manlius Severinus**

Bömlin, Konrad
1380 – 1449 · OFM
VL(2),1,935/37; LMA,II,390/91
Konrad ⟨Bömlin⟩

Boemundus ⟨Antiochenus, I.⟩
1052 – 1111
Epistula ad Godefridum Bullionem; Epistula ad universos Christi fideles; Epistula ad Urbanum II. papam
Rep.Font. II,547, DOC,1,415; LMA,II,333
Boamundus ⟨Antiochenus⟩
Boamundus ⟨Antiochenus, I.⟩
Boémond ⟨Antioche, Prince, I.⟩
Boémond ⟨Fils de Robert Guiscard⟩
Boémond ⟨Tarente, Prince, I.⟩
Boémond, Marc
Boemundus ⟨Antiochia, Princeps, I.⟩
Boemundus ⟨Antiochia, Principe, I.⟩
Boemundus ⟨Antiochiae⟩
Boemundus ⟨I.⟩
Bohémond ⟨Antioche, Prince, I.⟩
Bohemundus ⟨Antiochenus⟩
Bohemundus ⟨Antiochenus, I.⟩
Marc ⟨Boémond⟩

Boemundus ⟨Antiochenus, III.⟩
1144 – 1201
Epistola ad primatos, archiepiscopos ... universumque populum Dei
Rep.Font. II,547; DOC,1,415
Boémond ⟨Antioche, Prince, III.⟩
Boémond ⟨le Bambe-Baube⟩
Boemundus ⟨Principe, Antiochia, III.⟩
Boemundus III.
Bohemundus ⟨Antiochenus⟩
Bohemundus ⟨Antiochenus, III.⟩

Boendale, Jan ¬van¬
1280 – 1351
LMA,II,307/08
Jan ⟨Boendale⟩
Jan ⟨de Clerc⟩
Jan ⟨de Klerk⟩
Jan ⟨Deckers⟩
Jan ⟨van Boendale⟩
Jean ⟨d'Anvers⟩
Jean ⟨le Clerc⟩
Klerk, Jan ¬de¬
Klerk, Jean ¬de¬

Boeriis, Arnulfus ¬de¬
→ **Arnulfus ⟨de Boeriis⟩**

Boerius, Petrus
gest. ca. 1387 · OSB
Benediciti XII pontificis maximi constitutio cum commentario (seu "Benedictina„); In regulam S. Benedicti commentarium; etc.
Rep.Font. II,549
Boherius, Petrus
Bohier, Petrus
Bohier, Pierre
Bohier, Pietro
Petrus ⟨Boerius⟩
Petrus ⟨Boherius⟩
Petrus ⟨Bohier⟩
Pierre ⟨Bohier⟩
Pietro ⟨Bohier⟩

Börpful, Jost
15. Jh.
Anweisung zur Behandlung von Geschwüren; Blutstillmittel
VL(2),1,961
Börpful von Konstanz, Jost
Jost ⟨Börpful⟩
Jost ⟨Börpful von Konstanz⟩
Jost ⟨von Konstanz⟩

Boethius
→ **Boethius, Anicius Manlius Severinus**

Boethius ⟨de Dacia⟩
gest. 1284
Tusculum-Lexikon; LThK; CSGL; LMA,II,315/16
Boèce ⟨de Dacie⟩
Boethius ⟨Dacus⟩
Boetius ⟨Dacus⟩
Boetius ⟨de Dacia⟩
Boetius ⟨von Dacien⟩
Dacia, Boethius ¬de¬
Dacus, Boethius

Boethius, Anicius Manlius Severinus
ca. 480 – 524
LThK; LMA,II,308/315
Anicio Manlio Torquato Severino ⟨Boezio⟩
Anicius ⟨Boethius⟩
Anicius Manlius ⟨Boethius⟩
Anicius Manlius Severinus ⟨Boethius⟩
Boèce
Boèce, Anicius Manlius
Boèce, Anicius Manlius Severinus
Boeces
Boeçio
Boecius, Anicius Manlius Severinus
Boecyusz, A. M.
Boëthius
Boethius
Boethius, Anitius Manlius Severinus
Boethius, Manlius
Boethius, Severinus
Boethius, Torquatus
Boetius
Boetius, Anicius Manlius Severinus
Boezio, Severino
Manlius ⟨Boethius⟩
Pseudo-Boèce
Pseudo-Boethius
Severino ⟨Boezio⟩
Severinus ⟨Boethius⟩
Severinus, Manlius
Torquatus ⟨Boethius⟩

Boethius, Wulfinus
→ **Wulfinus ⟨Boethius⟩**

Boetio ⟨di Rainaldo⟩
→ **Buccio ⟨di Ranallo⟩**

Boetius ⟨...⟩
→ **Boethius ⟨...⟩**

Boetterman, Henricus
→ **Henricus ⟨de Orsoy⟩**

Boezio, Antoine ¬di¬
→ **Antonio ⟨di Buccio⟩**

Boezio, Severino
→ **Boethius, Anicius Manlius Severinus**

Bogner, Hans
gest. ca. 1484/85
1 Ton
VL(2),1,928/929
Hans ⟨Bogner⟩

Boguphalus ⟨Posnaniensis⟩
gest. 1253
Teil der Chronica Maioris Poloniae wird ihm fälschlicherweise zugeschrieben
Rep.Font. II,549; LMA,II,332
Boguchwal ⟨Episcopus Posnaniensis⟩
Boguchwal ⟨Posnaniensis⟩
Boguphal ⟨von Posen⟩
Boguphale ⟨Chroniqueur⟩
Boguphale ⟨de Cracovie⟩
Boguphale ⟨de Posen⟩
Boguphale ⟨II.⟩
Boguphalus ⟨Episcopus Posnaniensis⟩
Boguphalus ⟨II.⟩
Boguphalus ⟨IX.⟩

Bohadin Ibn Chaddad
→ **Ibn-Šaddād, Yūsuf Ibn-Rāfiʿ**

Bohadinus
→ **Ibn-Šaddād, Yūsuf Ibn-Rāfiʿ**

Bohemundus ⟨Antiochenus, ...⟩
→ **Boemundus ⟨Antiochenus, ...⟩**

Bohemus, Albertus
→ **Albertus ⟨Bohemus⟩**

Bohemus, Christianus
→ **Christianus ⟨de Scala⟩**

Bohemus, Domaslaus
→ **Domaslaus ⟨Bohemus⟩**

Bohemus, Johannes
→ **Beheim, ¬Der¬**

Boherius, Petrus
→ **Boerius, Petrus**

Bohic, Henri
→ **Henricus ⟨Bohicus⟩**

Bohic, Hervé
→ **Henricus ⟨Bohicus⟩**

Bohicus, Henricus
→ **Henricus ⟨Bohicus⟩**

Bohier, Pierre
→ **Boerius, Petrus**

Boiardo, Matteo Maria
1441 – 1494
LMA,II,347/50
Bayard, Mathieu Marie
Bayard, Matthieu Marie
Bayard, Matthieu-Marie
Boiardo, Mattheomaria
Boiardus, Matthaeus Maria
Bojardo, Matteo Maria
Bojardo, Matthaeus Maria
Bojardus, Matthaeus Maria
Boyard, Mathieu Maria
Boyardo, Matheo Maria
Boyardo, Matteo Maria
Matteo Maria ⟨Boiardo⟩
Matthaeus Maria ⟨Boiardus⟩

Boich, Henri
→ **Henricus ⟨Bohicus⟩**

Boich, Johann ¬von¬
→ **Johannes ⟨von Buch⟩**

Boick, Henri
→ **Henricus ⟨Bohicus⟩**

Boileau, Étienne
ca. 1200 – ca. 1269
Réglements sur les arts et métiers de Paris
LMA,II,351
Boyleaux, Étienne
Étienne ⟨Boileau⟩

Boinenfant, Jean
→ **Jean ⟨Boinenfant⟩**

Boizenburg, Jordan ¬von¬
→ **Jordan ⟨von Boizenburg⟩**

Bokenam, Osbern
ca. 1393 – ca. 1447
Legendys of hooly women
LMA,II,356
Bokenam, Osbert
Bokenham, Osbern
Osbern ⟨Bokenam⟩
Osbert ⟨Bokenam⟩

Bokhârî ¬el-¬
→ **Buḫārī, Muḥammad Ibn-Ismāʿīl ¬al-¬**

Bolandus, Johannes
→ **Johannes ⟨Fabricius Bolandus⟩**

Bolani, Candidianus
→ **Candidianus ⟨Bolani⟩**

Bolco ⟨Silesia, Dux, II.⟩
→ **Bolko ⟨Schweidnitz, Herzog, II.⟩**

Bolcon ⟨Schweidnitz, Duc, II.⟩
→ **Bolko ⟨Schweidnitz, Herzog, II.⟩**

Boldensele, Guilelmus ¬de¬
→ **Guilelmus ⟨de Boldensele⟩**

Bole, Bernhard
gest. 1491
Predigten
VL(2),1,931
Bernhard ⟨Bole⟩

Boleslaw ⟨Schweidnitz, Duc, II.⟩
→ **Bolko ⟨Schweidnitz, Herzog, II.⟩**

Bolkenhain, Martin ¬von¬
→ **Martin ⟨von Bolkenhain⟩**

Bolko ⟨Schweidnitz, Herzog, II.⟩
1308 – 1368
Bolco ⟨Silesia, Dux, II.⟩
Bolco ⟨Silesia Svidnicensium, Dux, II.⟩
Bolcon ⟨Schweidnitz, Duc, II.⟩
Boleslas ⟨Schweidnitz, Duc, II.⟩
Boleslaw ⟨Schweidnitz, Duc, II.⟩
Bolko ⟨Schweidnitz und Jauer, Herzog, II.⟩
Bolko ⟨Schweidnitz-Jauer, Herzog, II.⟩

Boll, Freitag ¬zu¬
→ **Freitag ⟨zu Boll⟩**

Bollstatter, Konrad
ca. 1425 – ca. 1482
VL(2),1,931/33; LMA,II,369/70
Konrad ⟨Bollstatter⟩
Konrad ⟨Lappleder von Deiningen⟩
Konrad ⟨Molitor⟩
Konrad ⟨Mulitor⟩
Konrad ⟨Müller⟩
Konrad ⟨Müller, der Jüngere⟩
Konrad ⟨Schreiber von Öttingen⟩
Molitor, Konrad
Mulitor, Konrad
Müller, Konrad ⟨der Jüngere⟩

Bologna, Bartholomaeus ¬de¬
→ **Bartholomaeus ⟨de Podio⟩**

Bologna, Cristoforo ¬da¬
→ **Cristoforo ⟨da Bologna⟩**

Bologna, Guidotto ¬da¬
→ **Guidotto ⟨da Bologna⟩**

Bologna, Jacopo ¬da¬
→ **Jacopo ⟨da Bologna⟩**

Bologna, Onesto ¬da¬
→ **Onesto ⟨da Bologna⟩**

Bologne, Barthélemy ¬de¬
→ **Bartholomaeus ⟨Bononiensis, OESA⟩**

Bolognino, Lodovico
1446 – 1508
LMA,II,387/88
Bolognini, Lodovico
Bologninus, Ludovicus
Bolognus, Ludovicus
Lodovico ⟨Bolognini⟩
Louis ⟨de Bologne⟩
Ludovicus ⟨Bologninus⟩
Ludovicus ⟨de Bologninis⟩
Ludovicus ⟨de Bononia⟩
Luigi ⟨Bolognini⟩
Scandeus, Felinus

Bolonia, Guido ¬de¬
→ **Guido ⟨de Bolonia⟩**

Bolonia, Jacobus ¬de¬
→ **Jacobus ⟨de Bolonia⟩**

Bolotinus, Paganus
→ **Paganus ⟨Bolotinus⟩**

Bolsenheim, Bartholomaeus ¬de¬
→ **Bartholomaeus ⟨de Bolsenheim⟩**

Bolseyro, Juyão
um 1250/75
Troubadour; Cantigas d'amigo
LMA,II,388
Bolseiro, Julião
Bolseiro, Juyão
Juyão ⟨Bolseyro⟩

Bolster, Georg
→ **Polster, Georg**

Boltzer
→ **Baltzer**

Bomalia, Johannes ¬de¬
→ **Johannes ⟨de Bomalia⟩**

Bombach, Berthold ¬von¬
→ **Berthold ⟨von Brombach⟩**

Bombolognus ⟨Bononiensis⟩
gest. ca. 1280 · OP
Super Porphyrium; Super Praedicamenta; Super Perihermenias; etc.
Lohr; LMA,II,390
Bombolognino ⟨de Bologne⟩
Bombolognino ⟨de Gabiano⟩
Bombologno ⟨da Bologna⟩
Bombologno ⟨da Musolinis⟩
Bombolognus ⟨de Bologne⟩
Bombolognus ⟨von Bologna⟩
Bomeologninus ⟨Boniensis⟩

Bona Spes, Nicolaus
→ **Bonaspes, Nicolaus**

Bonacci, Leonardo
→ **Leonardus ⟨Pisanus⟩**

Bonaccorsi, Filippo
→ **Philippus ⟨Bonaccursius⟩**

Bonaccorso ⟨da Milano⟩
→ **Bonaccursus ⟨Mediolanensis⟩**

Bonaccorso ⟨da Pistoia⟩
→ **Bonacursus ⟨de Montemagno⟩**

Bonaccorso ⟨da Pistoia⟩
→ **Bonacursus ⟨de Montemagno⟩**

Bonaccorso ⟨Pitti⟩
→ **Pitti, Buonaccorso**

Bonaccorso ⟨von Pisa⟩
→ **Bonus ⟨Accursius⟩**

Bonaccursius ⟨de Bononia⟩
→ **Bonacursius ⟨Bononiensis⟩**

Bonaccursius ⟨de Montemagno⟩
→ **Bonacursus ⟨de Montemagno⟩**

Bonaccursius, Philippus
→ **Philippus ⟨Bonaccursius⟩**

Bonaccursus ⟨Mediolanensis⟩
um 1176/90
Confessio; Manifestatio heresis Catarorum
LMA,II,393; Rep.Font. II,551
Bonaccorso ⟨da Milano⟩
Bonaccursus ⟨von Mailand⟩
Bonacursius ⟨Catharorum Magister⟩
Bonacursius ⟨Mediolanensis⟩
Bonacursus ⟨Mediolanensis⟩
Bonacursus ⟨von Mailand⟩
Buonaccorso ⟨de Milan⟩
Buonaccorso ⟨Evêque des Cathares⟩
Buonaccorso ⟨von Mailand⟩

Bonacossa ⟨Paduanus⟩
13. Jh.
LMA,II,398
Bonacosa
Bonacossa
Bonacossa ⟨de Padoue⟩
Bonacossa ⟨Magister⟩
Bonacossa ⟨Traducteur⟩
Paduanus, Bonacossa

Bonacursius ⟨Bononiensis⟩
um 1260 · OP
Collectio autoritatum veterum patrum; De erroribus Graecorum
LMA,II,398; Kaeppeli,I,247/249
Bonaccursius ⟨de Bononia⟩
Bonacursius ⟨de Bononia⟩
Bonacursius ⟨von Bologna⟩
Buonaccorso ⟨de Bologne⟩

Bonacursius ⟨Catharorum Magister⟩
→ **Bonaccursus ⟨Mediolanensis⟩**

Bonacursius ⟨de Bononia⟩
→ **Bonacursius ⟨Bononiensis⟩**

Bonacursius ⟨Mediolanensis⟩
→ **Bonaccursus ⟨Mediolanensis⟩**

Bonacurso, Ubertus ¬de¬
→ **Ubertus ⟨de Bonacurso⟩**

Bonacursus ⟨de Montemagno⟩
1391 – 1429
De nobilitate; Rime
Bonaccorso ⟨da Pistoia⟩
Bonaccursius ⟨de Montemagno⟩
Bonacursus ⟨Pistoriensis⟩
Bonagarso ⟨Pistoriense⟩
Bonagarsus ⟨Pistoriensis⟩
Buonaccorso ⟨da Montemagno⟩
Montemagno, Bonacursus ¬de¬
Montemagno, Buonaccurso ¬da¬

Bonadies, Johannes
15. Jh. · OCarm
Codex Bonadies; Regulae cantus
LMA,II,308
Godendach, Johannes
Gutentach, Johannes
Johannes ⟨Bonadies⟩
Johannes ⟨Godendach⟩
Johannes ⟨Gutentach⟩

Bonaediei, Jacobus
→ **Jacobus ⟨Bonaediei⟩**

Bonafoux, Josef Ben-Abba-Mari
→ **Kaspî, Yôsēf**

Bonaggiunta ⟨Orbicciani⟩
→ **Orbicciani, Bonaggiunta**

Bonagratia ⟨de Bergamo⟩
ca. 1265 – 1340 · OFM
Casus papales et episcopales cum explanatione praedicatorum; De paupertate Christi; Apellatio Bonagratiae contro bullam „Ad conditorem canonum" in concistorio Papae porrecta; Apellatio contra Iohannis XXII errores de visione beatifica
LMA,II,400; Rep.Font. II,552
Bergamo, Bonagratia ¬de¬
Bonagratia ⟨Bergamenus⟩
Bonagratia ⟨de Pergamo⟩
Bonagratia ⟨von Bergamo⟩
Bonagrazia ⟨da Bergamo⟩
Boncortese ⟨de Bergamo⟩
Boncortese ⟨von Bergamo⟩
Boncortisius ⟨de Bergamo⟩
Buonagrazia ⟨de Bergame⟩
Buoncortese ⟨von Bergamo⟩

Bonaguida, Pacino ¬di¬
→ **Pacino ⟨di Bonaguida⟩**

Bonaiuto, Andrea ¬di¬
→ **Andrea ⟨di Bonaiuto⟩**

Bonaiutus ⟨de Casentino⟩
13./14. Jh.
Carmen jubilare, Diversiloquium
Rep.Font. II,553
Bonaiuto ⟨da Casentino⟩
Bonaiutus ⟨Casentinus⟩
Bonaiutus ⟨Magister⟩
Casentino, Bonaiutus ¬de¬

Bonamente ⟨Aliprandi⟩
→ **Aliprandi, Bonamente**

Bonandrea, Johannes ¬de¬
→ **Johannes ⟨de Bonandrea⟩**

Bonanus ⟨von Pisa⟩
12. Jh.
LMA,II,401
Bonanno ⟨da Pisa⟩
Bonannus
Bonanus ⟨Pisanus⟩
Pisa, Bonanus ¬von¬

Bonardi, Giovanni
15./16. Jh.
Bonardo, Giovanni
Bonardus, Joannes
Bonardus, Johannes
Giovanni ⟨Bonardi⟩
Johannes ⟨Bonardus⟩

Bonaspes, Nicolaus
um 1508/1510
Bona Spes, Nicolas DuPuy
Bona Spes, Nicolaus
Bonaspe, Nicolaus
DuPuy, Nicolas
Nicolaus ⟨Bonaspes⟩
Nicolaus ⟨Bonaspes Trecensis⟩

Bonatus, Guido
→ **Guido ⟨Bonatus⟩**

Bonavallis, Arnoldus
→ **Arnoldus ⟨Bonavallis⟩**

Bonaventura ⟨a Bagnorea⟩
→ **Bonaventura ⟨Sanctus⟩**

Bonaventura ⟨a Tolomeis⟩
→ **Bonaventura ⟨Tolomei⟩**

Bonaventura ⟨Baduario⟩
→ **Bonaventura ⟨de Peraga⟩**

Bonaventura ⟨Benvenuti⟩
gest. ca. 1346
Fragmenta Fulginatis Historiae
Rep.Font. II,554
Benevenuti, Bonaventura
Benvenuti, Bonaventura
Benvenuti, Bonaventure
Benvenuto, Bonaventura
Bonaventura ⟨Benevenuti⟩
Bonaventura ⟨Benvenuto⟩
Bonaventura ⟨Magistrer Benvenuti⟩
Bonaventure ⟨Benvenuti⟩
Bonaventure ⟨Benvenuti de Foligno⟩

Bonaventura ⟨Brixiensis⟩
gest. 1500 · OFM
CSGL; LMA,II,407/08
Bonaventura ⟨Brixianus⟩
Bonaventura ⟨da Brescia⟩
Bonaventura ⟨de Brescia⟩
Bonaventura ⟨de Brixia⟩
Bonaventura ⟨von Brixen⟩

Bonaventura ⟨Cardinal⟩
→ **Bonaventura ⟨Sanctus⟩**

Bonaventura ⟨de Bagnorea⟩
→ **Bonaventura ⟨Sanctus⟩**

Bonaventura ⟨de Brescia⟩
→ **Bonaventura ⟨Brixiensis⟩**
→ **Bonaventura ⟨de Iseo⟩**

Bonaventura ⟨de Carraria⟩
→ **Bonaventura ⟨de Peraga⟩**

Bonaventura ⟨de Castello⟩
ca. 1300 – ca. 1352
De balneis porectanis
Bonaventura ⟨de Castelli⟩
Bonaventure ⟨de Castello⟩
Castello, Bonaventura ¬de¬
Thura ⟨de Castello⟩
Tura ⟨de Castelli⟩
Tura ⟨de Castello⟩
Turan ⟨de Castello⟩

Bonaventura ⟨de Iseo⟩
um 1247 · OFM
Liber compostellae
Schneyer,I,657
Bonaventura ⟨de Brescia⟩
Bonaventura ⟨d'Iseo⟩
Bonaventure ⟨de Brescia, Franciscain⟩
Bonaventure ⟨d'Iseo⟩
Iseo, Bonaventura ¬de¬

Bonaventura ⟨de Mevania⟩
→ **Ventura ⟨de Mevania⟩**

Bonaventura ⟨de Padua⟩
→ **Bonaventura ⟨de Peraga⟩**

Bonaventura ⟨de Peraga⟩
1332 – ca. 1385/90 · OESA
Tractatus de conceptione beatae Mariae virginis; Speculum s. Mariae Virginis; Jac.; etc.; Identität des Bonaventura ⟨de Carraria⟩ (St.R.B. 1802: Jac.; I-III. Joh.) mit Bonaventura ⟨de Peraga⟩ wahrscheinlich
LMA,II,408; Stegmüller, Repert. bibl. 1802-1805
Badoer, Bonaventura
Bonaventura ⟨Badoer⟩
Bonaventura ⟨Baduario⟩
Bonaventura ⟨Baduario de Peraga⟩
Bonaventura ⟨Baduarius⟩
Bonaventura ⟨Baduarius de Peraga⟩
Bonaventura ⟨de Carraria⟩
Bonaventura ⟨de Padoue⟩
Bonaventura ⟨de Padua⟩
Bonaventura ⟨Patavinus⟩
Bonaventura ⟨Peraginus⟩
Bonaventura ⟨von Peraga⟩
Bonaventure ⟨Badoaro⟩
Bonaventure ⟨de Carrare⟩
Bonaventure ⟨de Peraga⟩
Peraga, Bonaventura ¬de¬

Bonaventura ⟨de Senis⟩
→ **Bonaventura ⟨Tolomei⟩**

Bonaventura ⟨de Tolomeis⟩
→ **Bonaventura ⟨Tolomei⟩**

Bonaventura ⟨di Bagnoregio⟩
→ **Bonaventura ⟨Sanctus⟩**

Bonaventura ⟨d'Iseo⟩
→ **Bonaventura ⟨de Iseo⟩**

Bonaventura ⟨Etruscus⟩
→ **Bonaventura ⟨Tolomei⟩**

Bonaventura ⟨Magistrer Benvenuti⟩
→ **Bonaventura ⟨Benvenuti⟩**

Bonaventura ⟨of Albano⟩
→ **Bonaventura ⟨Sanctus⟩**

Bonaventura ⟨Patavinus⟩
→ **Bonaventura ⟨de Peraga⟩**

Bonaventura ⟨Peraginus⟩
→ **Bonaventura ⟨de Peraga⟩**

Bonaventura ⟨Sanctus⟩
1221 – 1274 · OFM
Tusculum-Lexikon; LThK; LMA,II,402/07
Bonaventura
Bonaventura ⟨a Bagnorea⟩
Bonaventura ⟨Cardinal⟩
Bonaventura ⟨de Bagnorea⟩
Bonaventura ⟨di Bagnoregio⟩
Bonaventura ⟨of Albano⟩
Bonaventura ⟨Saint⟩
Bonaventura, Johannes
Bonaventure ⟨Saint⟩
Eustachius ⟨de Balneo Regio⟩
Eustathius ⟨de Balneo Regio⟩
Eustychius ⟨de Balneo Regio⟩
Eutychius ⟨de Balneo Regio⟩
Fidanza, Giovanni
Fidanza, Johannes
Fidanza de Bagnorea, Johannes
Giovanni ⟨di Fidanza⟩
Johannes ⟨Bonaventura⟩
Johannes ⟨Fidanza⟩
Johannes ⟨Fidenza Bonaventura⟩
Johannes ⟨Findanza de Bagnorea⟩
Johannes ⟨von Fidanza Bonaventura⟩
Pseudo-Bonaventura
Sanctus Bonaventura

Bonaventura ⟨Tolomei⟩
um 1348 · OP
Schneyer,I,694; Kaeppeli,I,249
Bonaventura ⟨a Tolomeis⟩
Bonaventura ⟨de Senis⟩
Bonaventura ⟨de Tolomeis⟩
Bonaventura ⟨de Tolomeis Senensis⟩
Bonaventura ⟨Etruscus⟩
Bonaventura ⟨Senensis⟩
Bonaventura ⟨Senese⟩
Bonaventure ⟨de Sienne⟩
Bonaventure ⟨Tolomei⟩
Tolomei, Bonaventura
Tolomei, Bonaventure

Bonaventura ⟨von Brixen⟩
→ **Bonaventura ⟨Brixiensis⟩**

Bonaventura ⟨von Peraga⟩
→ **Bonaventura ⟨de Peraga⟩**

Bonaventura, Johannes
→ **Bonaventura ⟨Sanctus⟩**

Bonaventure ⟨Badoaro⟩
→ **Bonaventura ⟨de Peraga⟩**

Bonaventure ⟨Benvenuti⟩
→ **Bonaventura ⟨Benvenuti⟩**

Bonaventure ⟨de Brescia, Franciscain⟩
→ **Bonaventura ⟨de Iseo⟩**

Bonaventure ⟨de Carrare⟩
→ **Bonaventura ⟨de Peraga⟩**

Bonaventure ⟨de Sienne⟩
→ **Bonaventura ⟨Tolomei⟩**

Bonaventure ⟨d'Iseo⟩
→ **Bonaventura ⟨de Iseo⟩**

Boncirus, Andreas
→ **Andreas ⟨Boncirus⟩**

Boncompagni
→ **Boncompagnus ⟨de Signa⟩**

Boncompagnis, Cataldinus ¬de¬
→ **Cataldinus ⟨de Boncompagnis⟩**

Boncompagnius ⟨de Visso⟩
→ **Cataldinus ⟨de Boncompagnis⟩**

Boncompagnus ⟨de Signa⟩
gest. ca. 1240
LMA,II,408/10
Boncompagni
Boncompagno ⟨da Firenze⟩
Boncompagno ⟨da Signa⟩
Boncompagno ⟨Magister⟩
Boncompagnus ⟨Bononiensis⟩
Boncompagnus ⟨Florentinus⟩
Boncompagnus ⟨Magister⟩
Bonconpagnus ⟨Florentinus⟩
Signa, Boncompagnus ¬de¬

Boncortese ⟨de Bergamo⟩
→ **Bonagratia ⟨de Bergamo⟩**

Bondelmontibus, Christophorus ¬de¬
→ **Christophorus ⟨de Bondelmontibus⟩**

Bondi Aquileiensis, Johannes
→ **Johannes ⟨Bondi Aquileiensis⟩**

Bondone, Giotto ¬di¬
→ **Giotto ⟨di Bondone⟩**

Bondorf, Sibilla ¬von¬
→ **Sibilla ⟨von Bondorf⟩**

Bonel, Jacobus
→ **Jacobus ⟨Bonaediei⟩**

Bonellus, Andreas
→ **Andreas ⟨de Barulo⟩**

Boner, Ulrich
14. Jh.
VL(2),1,947/52; Meyer; LMA,II,410/11
Bonerius, Ulrich
Bonerius, Ulricus
Bonerus ⟨Bernensis⟩
Ulrich ⟨Boner⟩
Ulricus ⟨Boner⟩
Ulricus ⟨Bonerius⟩

Bonerus ⟨Bernensis⟩
→ **Boner, Ulrich**

Bonet, Honoré
ca. 1340/45 – ca. 1405/10 · OSB
Arbre des batailles; Somnium super materia scismatis; Aparicion maistre Jehan de Meun
Rep.Font. V,553; LMA,II,520/21
Bonet, Honorat
Bonetus, Honoratus
Bonnor, Honoré
Bouvet, Honoré
Honoratus ⟨Boneti⟩
Honoratus ⟨Boveti⟩
Honoré ⟨Bouvet⟩
Pseudo-Honoratus ⟨Boveti⟩

Bonet, Jacobus
→ **Jacobus ⟨Bonaediei⟩**

Bonet, Nicolas
→ **Nicolaus ⟨Bonetus⟩**

Bonetos, Peyre ¬de¬
→ **Peyre ⟨de Bonetos⟩**

Bonetti, Niccolò
→ **Nicolaus ⟨Bonetus⟩**

Bonetus, Honoratus
→ **Bonet, Honoré**

Bonetus, Nicolaus
→ **Nicolaus ⟨Bonetus⟩**

Bonfantinus ⟨de Bonfantinis⟩
gest. 1334 · OP
Multorum fratrum sibi praemorientium praeconia in Necrologio S. Mariae Novellae manu propria annotavit
Kaeppeli,I,250
Bonfantini, Bonfantino
Bonfantinis, Bonfantinus ¬de¬
Bonfantino ⟨Bonfantini⟩
Bonfantinus ⟨de Bonfantinis Florentinus⟩
Bonfantinus ⟨Florentinus⟩

Bonfigli, Benedetto
ca. 1420 – 1496
Maler
Benedetto ⟨Bonfigli⟩
Benedetto ⟨Buonfigli⟩
Benoît ⟨Bonfigli⟩
Bonfigli, Benoît
Buonfigli, Benedetto

Bonfils, ʿImmānûʾēl Ben-Yaʿaqov
→ **Ṭôv-ʿElem, ʿImmānûʾēl Ben-Yaʿaqov**

Bonfos, Joseph
→ **Kaspî, Yôsēf**

Bongiovanni ⟨da Messina⟩
→ **Bonjohannes ⟨de Messina⟩**

Bonhomini, Alphonsus
→ **Alfonsus ⟨Bonihominis⟩**

Bonhomme ⟨Brito⟩
→ **Bonushomo ⟨Brito⟩**

Boni, Pietro A.
→ **Bonus, Petrus**

Boni Fontis, Stephanus
→ **Stephanus ⟨Boni Fontis⟩**

Bonichi, Bindo
ca. 1260 – 1338
Canzonen; Sonette
LMA,II,412/13
Bindo ⟨Bonichi⟩
Bindo ⟨di Bonico⟩
Bonichi, Bindo di B.

Bonicontrius, Laurentius
→ **Buonincontro, Lorenzo**

Boniface ⟨Calvo⟩
→ **Calvo, Bonifacio**

Boniface ⟨Chroniqueur de Pérouse⟩
→ **Bonifatius ⟨Veronensis⟩**

Boniface ⟨de Carthage⟩
→ **Bonifatius ⟨Carthaginiensis⟩**

Boniface ⟨de Crémone⟩
→ **Bonifatius ⟨de Cremona⟩**

Boniface ⟨de Lavagna⟩
→ **Bonifatius ⟨de Lavania⟩**

Boniface ⟨de Mayence⟩
→ **Bonifatius ⟨Sanctus⟩**

Boniface ⟨de Modène⟩
→ **Bonifatius ⟨de Mutina⟩**

Boniface ⟨de Naples⟩
→ **Bonifatius ⟨Papa, V.⟩**

Boniface ⟨de Ravenne⟩
→ **Bonifatius ⟨de Lavania⟩**

Boniface ⟨de Valeria⟩
→ **Bonifatius ⟨Papa, IV.⟩**

Boniface ⟨de Vérone⟩
→ **Bonifatius ⟨Veronensis⟩**

Boniface ⟨degli Uberti⟩
→ **Uberti, Fazio ¬degli¬**

Boniface ⟨Evêque⟩
→ **Bonifatius ⟨Carthaginiensis⟩**

Boniface ⟨Ferrier⟩
→ **Ferrarius, Bonifatius**

Boniface ⟨Fieschi⟩
→ **Bonifatius ⟨de Lavania⟩**

Boniface ⟨Fils de Sigibald⟩
→ **Bonifatius ⟨Papa, II.⟩**

Boniface ⟨of Mainz⟩
→ **Bonifatius ⟨Sanctus⟩**

Boniface ⟨Pape, ...⟩
→ **Bonifatius ⟨Papa, ...⟩**

Bonifaciis, Petrus ¬de¬
→ **Petrus ⟨de Bonifaciis⟩**

Bonifacio ⟨Calvo⟩
→ **Calvo, Bonifacio**

Bonifacio ⟨da Verona⟩
→ **Bonifatius ⟨Veronensis⟩**

Bonifacio ⟨di Calabria⟩
→ **Bonifacio ⟨Maestro⟩**

Bonifacio ⟨di Napoli⟩
→ **Bonifatius ⟨Papa, V.⟩**

Bonifacio ⟨Ferrarez⟩
→ **Ferrarius, Bonifatius**

Bonifacio ⟨Maestro⟩
15. Jh.
Bonifacio ⟨di Calabria⟩
Bonifacio ⟨il Maestro⟩
Maestro, Bonifacio

Bonifacio ⟨Nanni⟩
→ **Nanni, Bonifacio**

Bonifacio ⟨Papa, ...⟩
→ **Bonifatius ⟨Papa, ...⟩**

Bonifacio ⟨San⟩
→ **Bonifatius ⟨Sanctus⟩**

Bonifacio ⟨Veronese⟩
→ **Bonifatius ⟨Veronensis⟩**

Bonifacius ⟨...⟩
→ **Bonifatius ⟨...⟩**

Bonifatius ⟨a Lavagna⟩
→ **Bonifatius ⟨de Lavania⟩**

Bonifatius ⟨Apostel⟩
→ **Bonifatius ⟨Sanctus⟩**

Bonifatius ⟨Carthaginiensis⟩
6. Jh.
Litterae
Cpl 1767
Boniface ⟨de Carthage⟩
Boniface ⟨Evêque⟩
Bonifatius ⟨Episcopus⟩

Bonifatius ⟨Cremonensis⟩
→ **Bonifatius ⟨de Cremona⟩**

Bonifatius ⟨de Asti⟩
→ **Facinus ⟨de Ast⟩**

Bonifatius ⟨de Cremona⟩
um 1350 · OP
Sermones de tempore;
Sermones festivi
Schneyer,I,694; Kaeppeli,I,250
Boniface ⟨de Crémone⟩
Bonifatius ⟨Cremonensis⟩
Bonifatius ⟨Langobardus⟩
Cremona, Bonifatius ¬de¬

Bonifatius ⟨de Fischi⟩
→ **Bonifatius ⟨de Lavania⟩**

Bonifatius ⟨de Lavania⟩
gest. 1294 · OP
Schneyer,I,694
Boniface ⟨de Lavagna⟩
Boniface ⟨de Ravenne⟩
Boniface ⟨Fieschi⟩
Bonifatius ⟨a Lavagna⟩
Bonifatius ⟨de Fischi⟩
Bonifatius ⟨de Lavagna⟩
Fieschi, Boniface
Lavania, Bonifatius ¬de¬

Bonifatius ⟨de Morano⟩
gest. 1349
Chronica circularis
Rep.Font. II,557
Bonifazio ⟨de Morano⟩
Morano, Bonifatius ¬de¬
Morano, Bonifazio ¬de¬

Bonifatius ⟨de Mutina⟩
gest. 1351
Boniface ⟨de Modène⟩
Mutina, Bonifatius ¬de¬

Bonifatius ⟨de Napoli⟩
→ **Bonifatius ⟨Papa, V.⟩**

Bonifatius ⟨de Querfurt⟩
→ **Bruno ⟨Querfurtensis⟩**

Bonifatius ⟨de Valeria⟩
→ **Bonifatius ⟨Papa, IV.⟩**

Bonifatius ⟨der Apostel⟩
→ **Bonifatius ⟨Sanctus⟩**

Bonifatius ⟨Episcopus⟩
→ **Bonifatius ⟨Carthaginiensis⟩**

Bonifatius ⟨Ferrarius⟩
→ **Ferrarius, Bonifatius**

Bonifatius ⟨Langobardus⟩
→ **Bonifatius ⟨de Cremona⟩**

Bonifatius ⟨Mediolanensis⟩
ca. 14. Jh. · OFM
Stegmüller, Repert. sentent. 161,2

Bonifatius ⟨Moguntinus⟩
→ **Bonifatius ⟨Sanctus⟩**

Bonifatius ⟨Notariorum Primicerius⟩
→ **Bonifatius ⟨Primicerius⟩**

Bonifatius ⟨of Querfurt⟩
→ **Bruno ⟨Querfurtensis⟩**

Bonifatius ⟨Papa, II.⟩
um 530/32
LMA,II,413
Boniface ⟨Fils de Sigibald⟩
Boniface ⟨Pape, II.⟩
Bonifacio ⟨Papa, II.⟩
Bonifaz ⟨Papst, II.⟩

Bonifatius ⟨Papa, III.⟩
gest. 607
LMA,II,413
Boniface ⟨Pape, III.⟩
Bonifacio ⟨Papa, III.⟩
Bonifaz ⟨Papst, III.⟩

Bonifatius ⟨Papa, IV.⟩
gest. 615
LMA,II,413
Boniface ⟨de Valeria⟩
Boniface ⟨Pape, IV.⟩
Bonifacio ⟨Papa, IV.⟩
Bonifatius ⟨de Valeria⟩
Bonifatius ⟨Sanctus⟩
Bonifaz ⟨Papst, IV.⟩

Bonifatius ⟨Papa, V.⟩
gest. 625
LMA,II,414
Boniface ⟨de Naples⟩
Boniface ⟨Pape, V.⟩
Bonifacio ⟨di Napoli⟩
Bonifacio ⟨Papa, V.⟩
Bonifatius ⟨de Napoli⟩
Bonifaz ⟨Papst, V.⟩

Bonifatius ⟨Papa, VI.⟩
um 896
LMA,II,414
Boniface ⟨Pape, VI.⟩
Bonifacio ⟨Papa, VI.⟩
Bonifaz ⟨Papst, VI.⟩

Bonifatius ⟨Papa, VII.⟩
gest. 985
LMA,II,414
Boniface ⟨Pape, VII.⟩
Bonifacio ⟨Papa, VII.⟩
Bonifaz ⟨Papst, VII.⟩
Franco ⟨Cardinalis⟩
Francone ⟨Cardinale⟩

Bonifatius ⟨Papa, VIII.⟩
1235 – 1303
LMA,II,414/16
Benedetto ⟨Caetani⟩
Benedetto ⟨Gaetani⟩
Benedictus ⟨Caetani⟩
Benoît ⟨Cajetan⟩
Boniface ⟨Pape, VIII.⟩
Bonifacio ⟨Papa, VIII.⟩
Bonifacius ⟨Papa, VIII.⟩
Bonifaz ⟨Papst, VIII.⟩
Caetani, Benedictus
Gaetani, Benedetto
Gaetano, Benedetto

Bonifatius ⟨Papa, VIIII.⟩
ca. 1350 – 1404
LMA,II,416/17
Boniface ⟨Pape, VIIII.⟩
Bonifacio ⟨Papa, VIIII.⟩
Bonifaz ⟨Papst, VIIII.⟩
Perino ⟨Tomacelli⟩
Petrus ⟨Tomacelli⟩
Pierre ⟨Tomacelli⟩
Pietro ⟨Tomacelli⟩
Tomacelli, Perino

Bonifatius ⟨Presbyter⟩
6. Jh.
Litterae
Cpl 1622
Presbyter, Bonifatius

Bonifatius ⟨Primicerius⟩
um 529
De ratione paschali
Cpl 2286;2289
Bonifatius ⟨Notariorum Primicerius⟩
Primicerius, Bonifatius

Bonifatius ⟨Querfurtensis⟩
→ **Bruno ⟨Querfurtensis⟩**

Bonifatius ⟨Sanctus⟩
→ **Bonifatius ⟨Papa, IV.⟩**

Bonifatius ⟨Sanctus⟩
ca. 675 – 754
Tusculum-Lexikon; LThK; CSGL; LMA,II,417/21
Boniface ⟨de Mayence⟩
Boniface ⟨of Mainz⟩
Bonifacio ⟨San⟩
Bonifacius ⟨Sanctus⟩
Bonifatius ⟨Apostel⟩
Bonifatius ⟨der Apostel⟩
Bonifatius ⟨Mogontiacensis⟩
Bonifatius ⟨Moguntinus⟩
Bonifatius ⟨Vynfreth⟩
Bonifatius, Winfried
Bonifatius, Wynfrith
Gynfrith ⟨Moguntinus⟩
Sanctus Bonifatius
Winfrid
Wynfreth ⟨Moguntinus⟩
Wynfrith ⟨Moguntinus⟩

Bonifatius ⟨Veronensis⟩
gest. 1293
Eulistea; Anayda; Veronica
Rep.Font. II,557
Boniface ⟨Chroniqueur de Pérouse⟩
Boniface ⟨de Vérone⟩
Bonifacio ⟨da Verona⟩
Bonifacio ⟨Veronese⟩

Bonifatius, Winfried
→ **Bonifatius ⟨Sanctus⟩**

Bonifaz ⟨Papst, ...⟩
→ **Bonifatius ⟨Papa, ...⟩**

Bonifazio ⟨Calvo⟩
→ **Calvo, Bonifacio**

Bonifazio ⟨de Morano⟩
→ **Bonifatius ⟨de Morano⟩**

Bonifazio ⟨degli Uberti⟩
→ **Uberti, Fazio ¬degli¬**

Bonihominis, Alfonsus
→ **Alfonsus ⟨Bonihominis⟩**

Bonincontre ⟨de Mantoue⟩
→ **Bovis, Bonincontrus ¬de¬**

Bonincontri, Lorenzo
→ **Buonincontro, Lorenzo**

Bonincontrius ⟨Morigia⟩
→ **Morigia, Bonincontrus**

Bonincontrus ⟨de Bovis⟩
→ **Bovis, Bonincontrus ¬de¬**

Bonincontrus ⟨Mantuanus⟩
→ **Bovis, Bonincontrus ¬de¬**

Bonincontrus ⟨Morigia⟩
→ **Morigia, Bonincontrus**

Bonini, Alexander
→ **Alexander ⟨Bonini de Alexandria⟩**

Bonini de Alexandria, Alexander
→ **Alexander ⟨Bonini de Alexandria⟩**

Bonino ⟨Mombrizio⟩
→ **Mombritius, Boninus**

Boninsegna, Johannes
→ **Johannes ⟨Boninsegna⟩**

Boninus ⟨Mediolanensis⟩
→ **Mombritius, Boninus**

Boniohannes ⟨de Messana⟩
→ **Bonjohannes ⟨de Messina⟩**

Bonis, Johannes L. ¬de¬
gest. ca. 1404
Liber inferni Aretii
Rep.Font. IV,130
Bonis, Jean L. ¬de¬
Giovanni ⟨de Bonis⟩
Giovanni L. ⟨de Bonis d'Arezzo⟩
Jean L. ⟨de Bonis⟩
Jean L. ⟨de Bonis d'Arezzo⟩
Johannes ⟨Aretius⟩
Johannes ⟨de Bonis⟩
Johannes ⟨de Bonis de Aretio⟩
Johannes L. ⟨de Bonis⟩

Bonisius ⟨Sutrinus⟩
→ **Bonitho ⟨Sutrinus⟩**

Bonisoli, Ognibene
→ **Omnibonus ⟨Leonicenus⟩**

Bonitho ⟨Sutrinus⟩
ca. 1045 – ca. 1095
Tusculum-Lexikon; LThK; CSGL; LMA,II,424/25
Bonisius ⟨Sutrinus⟩
Bonitho ⟨of Sutri and Placentia⟩
Bonitho ⟨Sutriensis⟩
Bonitho ⟨von Sutri⟩
Bonitius ⟨of Sutri⟩
Bonitius ⟨Sutrinus⟩
Bonito ⟨of Sutri and Placentia⟩
Bonizo ⟨of Sutri⟩
Bonizo ⟨of Sutri and Piacenza⟩
Bonizo ⟨Sutriensis⟩
Bonizo ⟨Sutriensis et Placentinus⟩
Bonizo ⟨Sutrinus⟩
Bonizo ⟨von Sutri⟩
Bonizo ⟨von Sutri⟩
Bonizon ⟨Sutrinus et Placentinus⟩
Bonizone ⟨di Sutri⟩
Bonizone ⟨of Plazentia⟩
Bonizus ⟨Sutrinus⟩
Bonizzo ⟨of Sutri⟩
Ponitho ⟨Sutrinus⟩
Sutrinus, Bonitho

Bonjohannes ⟨de Messina⟩
14. Jh. · OP
Vielleicht Verf. von „Speculum sapientiae"
Bongiovanni ⟨da Messina⟩
Boniohannes ⟨de Messana⟩
Boniohannes ⟨von Messana⟩
Bonjohannes ⟨Messanensis⟩
Bonjohannes ⟨von Messina⟩
Messina, Bonjohannes ¬de¬
Pseudo-Cyrillus

Bonjorn, Jacobus
→ **Jacobus ⟨Bonaediei⟩**

Bonkes, Guilelmus ¬de¬
→ **Guilelmus ⟨de Bonkes⟩**

Bonn, Efrayim Ben-Ya'aqov
→ **Efrayim Ben-Ya'aqov ⟨Bonn⟩**

Bonnor, Honoré
→ **Bonet, Honoré**

Bono ⟨da Ferrara⟩
um 1450
Thieme-Becker
Bono ⟨de Bologne⟩
Ferrara, Bono ¬da¬

Bono ⟨da Lucca⟩
→ **Bene ⟨Lucensis⟩**

Bono ⟨de Bologne⟩
→ **Bono ⟨da Ferrara⟩**

Bono ⟨Giamboni⟩
→ **Giamboni, Bono**

Bono, Pietro
→ **Bonus, Petrus**

Bono Fonte, Aegidius ¬de¬
→ **Aegidius ⟨de Bono Fonte⟩**

Bononia, Alexander ¬de¬
→ **Alexander ⟨de Bononia⟩**

Bononia, Angelus ¬de¬
→ **Angelus ⟨de Bononia⟩**

Bononia, Antonius ¬de¬
→ **Antonius ⟨de Bononia⟩**

Bononia, Bartholomaeus ¬de¬
→ **Bartholomaeus ⟨de Bononia⟩**

Bononia, Galvanus ¬de¬
→ **Galvanus ⟨de Bononia⟩**

Bononia, Gerardus ¬de¬
→ **Gerardus ⟨de Bononia⟩**

Bononia, Guidoctus ¬de¬
→ **Guidotto ⟨da Bologna⟩**

Bononia, Jacobinus ¬de¬
→ **Jacobinus ⟨de Bononia⟩**

Bononia, Jacobus ¬de¬
→ **Jacobus ⟨Balduinus⟩**

Bononia, Laurentius ¬de¬
→ **Laurentius ⟨de Bononia⟩**

Bononia, Michael ¬de¬
→ **Michael ⟨Aiguani de Bononia⟩**

Bononia, Paulus ¬de¬
→ **Paulus ⟨de Bononia⟩**

Bononia, Rambertus ¬de¬
→ **Rambertus ⟨de Bononia⟩**

Bononia, Urbanus ¬de¬
→ **Urbanus ⟨de Bononia⟩**

Bonos ⟨Akkoursios⟩
→ **Bonus ⟨Accursius⟩**

Bonromeus, Vitalianus
→ **Vitalianus ⟨Bonromeus⟩**

Bonsemblantes ⟨Baduarius de Patavio⟩
1327 – 1369 · OESA
Stegmüller, Repert. sentent. 162
Badoaro, Bonsembiante
Badoer, Bonsembiante
Baduarius, Bonsembiante
Baduarius, Bonsemblantes
Bonsembians ⟨Baduarius⟩
Bonsembiante ⟨Baduario de Padoue⟩
Bonsembiante ⟨de Padoue⟩
Bonsemblante ⟨de Peraga⟩
Bonsemblantes ⟨Baduario⟩
Bonsemblantes ⟨Baduario de Peraga⟩
Bonsemblantes ⟨Baduarius⟩
Bonsemblantes ⟨de Patavio⟩
Patavio, Bonsemblantes ¬de¬

Bonstetten, Albrecht ¬von¬
ca. 1442 – ca. 1504
LThK; LMA,II,434; Rep.Font. II, 560/63; VL(2),1,176/179
Albertus ⟨de Bonstetten⟩
Albrecht ⟨von Bonstetten⟩
Bonstetten, Albert ¬von¬
Bonstetten, Albert ¬de¬

Bontenbach, Konrad ¬von¬
→ **Konrad ⟨von Bontenbach⟩**

Bontier, Pierre
15. Jh.
Einer der Verf. von „Le Canarien"
Rep.Font. II,569
Boutier, Pierre
Pierre ⟨Bontier⟩
Pierre ⟨Boutier⟩

Bonus ⟨Accursius⟩
gest. 1485
CSGL; LMA,II,393
Accurse, Bon
Accursius, Bonus
Accursius Pisanus, Bonus
Bonaccorso
Bonaccorso ⟨von Pisa⟩
Bonacorsus
Bonos ⟨Akkoursios⟩
Bonus ⟨Accursius Pisanus⟩
Bonus ⟨Pisanus⟩
Buonaccorso ⟨da Pisa⟩
Buonaccurso
Buono ⟨Accorso⟩

Bonus ⟨de Ferrara⟩
→ **Bonus, Petrus**

Bonus ⟨Florentinus⟩
→ **Bene ⟨Florentinus⟩**

Bonus ⟨Lombardus⟩
→ **Bonus, Petrus**

Bonus ⟨Lucensis⟩
→ **Bene ⟨Lucensis⟩**

Bonus ⟨Pisanus⟩
→ **Bonus ⟨Accursius⟩**

Bonus ⟨von Florenz⟩
→ **Bene ⟨Florentinus⟩**

Bonus ⟨von Lucca⟩
→ **Bene ⟨Lucensis⟩**

Bonus, Petrus
14. Jh.
Pretiosa margarita novella; Quaestio de alchimia
LMA,II,435
Boni, Pietro A.
Bono, Pietro
Bonus ⟨de Ferrara⟩
Bonus ⟨de Ferraria⟩
Bonus ⟨Lombardus⟩
Bonus ⟨Lombardus Ferrariensis⟩
Buono, Pietro
Petrus ⟨Bonus⟩
Petrus ⟨Bonus Lombaradus⟩
Petrus ⟨Bonus Medicus⟩
Petrus ⟨Bonus of Ferrara⟩
Petrus ⟨Ferrariensis⟩
Pietro ⟨Bono⟩

Bonushomo ⟨Brito⟩
um 1248/55 · OP
In aliquos Bibliorum sacrorum libros
Stegmüller, Repert. bibl. 1808-1810
Bonhomme ⟨Brito⟩
Bonhomme ⟨le Breton⟩
Bonus Homo ⟨Brito⟩
Brito, Bonushomo

Bonvicinus ⟨de Ripa⟩
ca. 1250 – ca. 1314
CSGL; Meyer; LMA,II,436/37
Bonvecino ⟨of Riva⟩
Bonvecinus ⟨da la Rippa⟩
Bonvecinus ⟨de la Rippa⟩
Bonvesin ⟨da la Riva⟩
Bonvesin ⟨da Riva⟩
Bonvesin ⟨dalla Riva⟩
Bonvesin ⟨de la Riva⟩
Bonvesin ⟨Fra⟩
Bonvicino ⟨da Riva⟩
Bonvicinus ⟨Frater⟩
Bonvicinus ⟨Mediolanensis⟩
Bonvicinus, ⟨Mediolanensis⟩
Ripa, Bonvicinus ¬de¬
Riva, Bonvesin ¬da la¬
Riva, Bonvesin ¬da¬

Bonvicinus, Dominicus
→ **Dominicus ⟨Bonvicinus de Pescia⟩**

Bopfingen, Johann ¬von¬
→ **Johann ⟨von Bopfingen⟩**

Bopo, Petrus
→ **Popon, Petrus**

Boppe
13. Jh.
VL(2),1,953/57; LMA,II,445
Boppo
Poppe ⟨der Meister⟩

Boraston, Simon ¬de¬
→ **Simon ⟨de Boraston⟩**

Borbona, Niccolò ¬di¬
→ **Niccolò ⟨di Borbona⟩**

Borbone, Johannes ¬de¬
→ **Johannes ⟨de Borbone⟩**

Borbone, Stephanus ¬de¬
→ **Stephanus ⟨de Borbone⟩**

Borcard ⟨Dominicain⟩
→ **Burchardus ⟨Argentinensis⟩**

Borcardus ⟨...⟩
→ **Burchardus ⟨...⟩**

Borchardus
ca. 13. Jh.
Vita Jude traditoris Domini versificata
VL(2),1,957/58
Borchardus ⟨Verfasser der Vita Jude Traditoris Domini versificata⟩

Bordeille, Petrus ¬de¬
→ **Petrus ⟨de Bordeille⟩**

Boreis, Lambertus
→ **Lambertus ⟨de Legio⟩**

Borellus, Johannes
→ **Johannes ⟨de Parma⟩**

Borgeni, Caspar
gest. 1495 · OP
Annales Glogovienses
VL(2),1,960/61; Rep.Font. II,564
Caspar ⟨Borgeni⟩

Borghe, Hintze Jan ¬te¬
→ **Hintze Jan ⟨te Borghe⟩**

Borghesi, Galgano
→ **Galganus ⟨Burgesius⟩**

Borghesi, Nicolaus
gest. 1500
Vita et miracula S. Jacobi Philippi; Vita et miracula S. Joachimi Senensis; Vita S. Catharinae Senensis; Vita S. Peregrini Latiosi
Rep.Font. II,565
Borghesi, Niccolò
Borghesi, Nicolas
Borghesius, Nicolaus
Burgensius, Nicolaus
Niccolò ⟨Borghesi⟩
Nicolas ⟨Borghesi⟩
Nicolaus ⟨Borghesi⟩
Nicolaus ⟨Borghesius⟩
Nicolaus ⟨Burgensius⟩

Borghi, Piero
gest. 1491
LMA,II,453
Borghi, Pierre
Borghi, Pietro
Borgi, Pietro
Borgo, Pietro
Petrus ⟨Borghi⟩
Piero ⟨Borghi⟩
Pietro ⟨Borghi⟩

Borgia, Alphonse
→ **Callistus ⟨Papa, III.⟩**

Borgia, Rodrigo ¬de¬
→ **Alexander ⟨Papa, VI.⟩**

Borgognoni, Hugues
→ **Hugo ⟨de Borgognonibus⟩**

Borgognoni, Teodorico
→ **Theodoricus ⟨de Cervia⟩**

Borgognoni, Ugo ¬dei¬
→ **Hugo ⟨de Lucca⟩**

Borgognonibus, Hugo ¬de¬
→ **Hugo ⟨de Borgognonibus⟩**

Borgsleben, Christianus
→ **Christianus ⟨Borgsleben⟩**

Borgunnien, Albrecht ¬van¬
→ **Albrecht ⟨van Borgunnien⟩**

Borhaneddin, Alzernuchi
→ **Zarnūǧī, Burhān-ad-Dīn ¬az-¬**

Borhan-ed-Dini es-Sernudji
→ **Zarnūǧī, Burhān-ad-Dīn ¬az-¬**

Borja, Alonso ¬de¬
→ **Callistus ⟨Papa, III.⟩**

Borja, Rodrigo ¬de¬
→ **Alexander ⟨Papa, VI.⟩**

Born, Bertran ¬de¬
→ **Bertran ⟨de Born⟩**

Bornasius ⟨Siculus⟩
um 1344 · OP
Vita S. Dominici
Kaeppeli,I,255
Bornasio ⟨de Sicile⟩
Siculus, Bornasius

Bornatus, Conradinus
→ **Conradinus ⟨Bornatus⟩**

Borneil, Giraut ¬de¬
→ **Giraut ⟨de Borneil⟩**

Boron, Robert ¬de¬
→ **Robert ⟨de Boron⟩**

Borotin ⟨Magister⟩
→ **Johannes ⟨de Borotin⟩**

Borromeo, Vitaliano
→ **Vitalianus ⟨Bonromeus⟩**

Borron, Robert ¬de¬
→ **Robert ⟨de Boron⟩**

Borso ⟨Modena, Duce⟩
1413 – 1471/74
Descrizione della città di Napoli e statistica del regno nel 1444
Rep.Font. IV,382
Borso ⟨d'Este⟩
Borso ⟨Este, Marquis⟩
Borso ⟨Ferrara, Herzog⟩
Borso ⟨Ferrare, Duc⟩
Borso ⟨Modena, Herzog⟩
Borso ⟨Modène et Reggio, Duc⟩
Este, Borso ¬d'¬

Borussus, Dominicus
→ **Dominicus ⟨Borussus⟩**

Borxleben, Christian
→ **Christianus ⟨Borgsleben⟩**

Bory, Jean ¬de¬
→ **Jean ⟨de Bory⟩**

Bosco, Guilelmus ¬de¬
→ **Guilelmus ⟨de Bosco⟩**

Bosco, Johannes Jacobus ¬de¬
→ **Manlius, Johannes Jacobus**

Bosco, Petrus ¬de¬
→ **Petrus ⟨de Bosco⟩**

Bosco Gualteri, Martinus ¬de¬
→ **Martinus ⟨de Bosco Gualteri⟩**

Bosco Landonis, Guilelmus ¬de¬
→ **Guilelmus ⟨de Bosco Landonis⟩**

Bosdenus, Lucas
→ **Lucas ⟨Bosdenus⟩**

Boseham, Herbertus ¬de¬
→ **Herbertus ⟨de Boseham⟩**

Bosman, Theodericus
→ **Buschmann, Theodericus**

Boso ⟨Cardinalis⟩
gest. ca. 1178 · OSB
Zinsregister der röm. Kirche; Vitae paparum; Liber censuum
LMA,II,478; Rep.Font. II,566
Boso ⟨Breakspear⟩
Boso ⟨Cardinal-Diacre des Saints Côme et Damien⟩
Boso ⟨Cardinalis Sanctae Pudentianae⟩
Boso ⟨de Saint-Alban⟩
Boso ⟨de Sainte-Pudentienne⟩
Boso ⟨Kämmerer⟩
Boso ⟨Kardinal⟩
Boso ⟨OSB⟩
Boso ⟨von Saint-Alban⟩
Cardinalis, Boso

Boso ⟨von Merseburg⟩
gest. 970
LMA,II,479
Boson ⟨de Mersebourg⟩
Merseburg, Boso ¬von¬

Boso ⟨von Saint-Alban⟩
→ **Boso ⟨Cardinalis⟩**

Bosone ⟨da Gubbio⟩
um 1337
Bosone ⟨da Raffaelli⟩
Bosone ⟨de Raffaelli⟩
Busone ⟨da Gubbio⟩
Busone ⟨da Gubbis⟩
Busone, Raffaelli
Gubbio, Bosone ¬da¬
Rafaelli, Bosone
Raffaelli, Bosone ¬de'¬

Bossi, Donatus
1436 – ca. 1500
Chronica seu Chronica Bossiana; Series episcoporum et archiepiscoporum Mediolanensium; Vita Francisci Sfortiae IV, Ducis Mediolanensis
Rep.Font. II,566
Bossi, Donate
Bossi, Donato
Bossius, Donatus
Bosso, Donat
Bossus, Donatus
Donat ⟨Bosso⟩
Donate ⟨Bossi⟩
Donato ⟨Bossi⟩
Donatus ⟨Bossi⟩
Donatus ⟨Bossus⟩
Donatus, ⟨Bossius⟩

Bossianus, Johannes
→ **Johannes ⟨Bassianus⟩**

Bossius, Donatus
→ **Bossi, Donatus**

Bossuto, Goswinus ¬de¬
→ **Goswinus ⟨de Bossuto⟩**

Bostock, John
→ **Johannes ⟨Whethamstede⟩**

Boston ⟨Buriensis⟩
→ **Johannes ⟨Boston⟩**

Boston, Johannes
→ **Johannes ⟨Boston⟩**

Boston, Robertus ¬de¬
→ **Robertus ⟨de Boston⟩**

Botanista, Rufinus
→ **Rufinus ⟨Botanista⟩**

Botenlauben, Otto ¬von¬
→ **Otto ⟨von Botenlauben⟩**

Botet, Guillaume
→ **Guilelmus ⟨Botetus⟩**

Botho ⟨zu Stolberg⟩
um 1493/94
Galt früher fälschlicherweise als Verf. von „Meerfahrt nach Jerusalem", deren wirklicher Verf. sein Vater Heinrich ⟨zu Stolberg⟩ ist
VL(2),3,880; Potth. 1035
Botho ⟨de Stolberg⟩
Botho ⟨Stolberg, Comte, III.⟩
Botho ⟨von Stolberg⟩
Stolberg, Botho ¬zu¬

Botis, Wernerus ¬de¬
→ **Wernerus ⟨de Botis⟩**

Botlesham, Nicolaus ¬de¬
→ **Nicolaus ⟨de Botlesham⟩**

Botleshamus, Johannes
→ **Guilelmus ⟨Botelsham⟩**

Boto ⟨de Prüfening⟩
→ **Boto ⟨Pruveningensis⟩**

Boto ⟨de Vigevano⟩
um 1234
Liber florum
LMA,II,490
Boto ⟨da Vigevano⟩
Boto ⟨von Vigevano⟩
Vigevano, Boto ¬de¬

Boto ⟨Pruveningensis⟩
ca. 1105 – ca. 1170
Liber de domo dei; Liber de magna domo sapientiae; Homiliae in Ezechielem; Vita et revelationes Agnetis Blannbekin.; etc.
Potth. 935; LMA,II,490; Schneyer,I,694
Boto ⟨de Prüfening⟩
Boto ⟨von Prüfening⟩
Boto ⟨von Prüm⟩
Potho ⟨de Prüm⟩
Potho ⟨Pruveningensis⟩
Pothon ⟨de Prüfening⟩

Boto ⟨von Vigevano⟩
→ **Boto ⟨de Vigevano⟩**

Bottelgier, Jan
→ **Jean ⟨le Boutillier⟩**

Bottenbach, Nicolaus
→ **Nicolaus ⟨de Siegen⟩**

Bottoni, Bernardo
→ **Bernardus ⟨Bottonius⟩**

Bottrigari, Giacomo
→ **Jacobus ⟨Butrigarius⟩**

Bottysham, Gulielmus
→ **Guilelmus ⟨Botelsham⟩**

Boucardus ⟨Teutonicus⟩
→ **Burchardus ⟨Argentinensis⟩**

Boucher, André
→ **Andreas ⟨Carnificis⟩**

Boucicaut, Jean ⟨Fils⟩
ca. 1365 – 1421
Wird im „Livre des faicts du maréchal Boucicaut" erwähnt
Rep.Font. II,569; VI,543; LMA,II,495/96
Boucicaut, Jean ⟨II.⟩
Boucicaut, Jean LeMeingre ¬de¬
Bouciquault, Jean LeMeingre ¬de¬
Jean ⟨Boucicaut, II.⟩
Jean ⟨Boucicaut le Meingre⟩
Jean ⟨le Meingre⟩
Johannes ⟨Boucicaut⟩
LeMaingre de Boucicaut, Jean ¬de¬
LeMeingre de Boucicaut, Jean

Boucicaut, Jean ⟨Père⟩
gest. 1367/68
Rep.Font. II,569; LMA,II,495
Boucicaut, Jean ⟨I.⟩
Jean ⟨Boucicaut le Meingre⟩
Jean ⟨le Meingre⟩
Jean ⟨LeMeingre⟩
LeMeingre, Jean
LeMeingre de Boucicaut, Jean

Bougival, Jean ¬de¬
→ **Jean ⟨Paniers⟩**

Bouhic, Henricus
→ **Henricus ⟨Bohicus⟩**

Bouillon, Gottfried ¬von¬
→ **Godefroy ⟨Basse Lorraine, Duc, IV.⟩**

Boujon, Nicole
→ **Bozon, Nicole**

Boukhari ¬al-¬
→ **Buḫārī, Muḥammad Ibn-Ismā'īl ¬al-¬**

Boulhac, Helias ¬de¬
→ **Helias ⟨de Boulhac⟩**

Boun, Rauf ¬de¬
→ **Rauf ⟨de Boun⟩**

Bourbon, Etienne ¬de¬
→ **Stephanus ⟨de Borbone⟩**

Bourbon, Jean ¬de¬
→ **Johannes ⟨de Borbone⟩**

Bourdeille, Elias ¬de¬
ca. 1410/13 – 1484 · OFM
Contra pragmaticam gallicam sanctionem; Consideratio super processu et sententia contra Johannam prolata
LMA,II,509; Rep.Font. V,404
Bourdeille, Elias ¬von¬
Bourdeille, Elie ¬de¬
Bourdeille, Hélie ¬de¬
Bourdeilles, Elias ¬von¬
Elias ⟨Cardinal⟩
Elias ⟨de Bourdeille⟩
Elie ⟨de Périgueux⟩
Elie ⟨de Sainte-Lucie⟩
Elie ⟨de Tours⟩
Helias ⟨de Bourdeille⟩
Hélie ⟨Cardinal⟩
Hélie ⟨de Bourdeille⟩

Bourkard ⟨Zinck⟩
→ **Zink, Burkhard**

Bourth, Rogerus
→ **Rogerus ⟨Bourth⟩**

Boussu, Balduinus ¬de¬
→ **Balduinus ⟨de Boussu⟩**

Boustronios, Georgios
→ **Bustrōnios, Geōrgios**

Boutier, Pierre
→ **Bontier, Pierre**

Boutillier, Jean ¬le¬
→ **Jean ⟨le Boutillier⟩**

Bouvet, Honoré
→ **Bonet, Honoré**

Bouvier, Gilles ¬le¬
→ **Gilles ⟨le Bouvier⟩**

Bouzon, Nicole
→ **Bozon, Nicole**

Boverus ⟨Bernensis⟩
um 1314 · OP
Commentaria in libros Aristotelis logicales omnes
Lohr; Schneyer,I,695
Bover ⟨Bernensis⟩
Bover ⟨de Berne⟩

Boves, Petrus ¬ad¬
→ **Petrus ⟨ad Boves⟩**

Bovilla, Richaldus ¬de¬
→ **Richaldus ⟨de Bovilla⟩**

Bovinburg, Ulricus ¬de¬
→ **Ulrich ⟨von Baumburg⟩**

Bovio, Hubertus ¬de¬
→ **Hubertus ⟨de Bobbio⟩**

Bovis, Bonincontrus ¬de¬
gest. ca. 1347
Hystoria de discordia et persecutione quam habuit Ecclesia cum imperatore Federico Barbarossa tempore Alexandri tercii summi pontificis et demum de pace facte Veneciis et habita inter eos
Rep.Font. II,569/570
Bonincontre ⟨de Mantoue⟩
Bonincontrus ⟨de Bovis⟩
Bonincontrus ⟨Mantuanus⟩

Bovis, Petrus
→ **Petrus ⟨ad Boves⟩**

Bovo ⟨Abbas⟩
→ **Bovo ⟨Corbeiensis⟩**
→ **Bovo ⟨Sithiensis⟩**

Bovo ⟨Corbeiensis⟩
um 879/90
Commentarius in Boethium „De consolatione philosophiae"
Rep.Font. II,570
Bovo ⟨Abbas⟩
Bovo ⟨Abbas Minor⟩
Bovo ⟨Corveiensis⟩
Bovo ⟨Minor⟩
Bovo ⟨von Corvey⟩
Bovo ⟨von Korvei⟩
Bovon ⟨Abbé⟩
Bovon ⟨de Corvey⟩

Bovo ⟨Sancti Bertini⟩
→ **Bovo ⟨Sithiensis⟩**

Bovo ⟨Sithiensis⟩
um 1043/52
Relatio de inventione et elevatione S. Bertini
Rep.Font. II,570
Bovo ⟨Abbas⟩
Bovo ⟨Sancti Bertini⟩
Bovon ⟨Abbé⟩
Bovon ⟨de Saint-Bertin⟩

Bovo ⟨von Corvey⟩
→ **Bovo ⟨Corbeiensis⟩**

Bower, Johannes
→ **Johannes ⟨de Forda⟩**

Bower, Walter
→ **Gualterus ⟨Bowerus⟩**

Boyardo, Matteo Maria
→ **Boiardo, Matteo Maria**

Boyberg, Kraft ¬von¬
→ **Kraft ⟨von Boyberg⟩**

Boyleaux, Étienne
→ **Boileau, Étienne**

Boys, William ¬de¬
→ **Guilelmus ⟨de Bosco⟩**

Boyselli, Robertus
→ **Robertus ⟨Boyselli⟩**

Boysset, Bertrand
→ **Bertrand ⟨Boysset⟩**

Bozolasto, Thomas ¬de¬
→ **Thomas ⟨de Bozolasto⟩**

Bozon, Nicole
um 1300/20 · OFM
Contes moralisés
LMA,VI,1135
Boujon, Nicole
Bouzon, Nicole
Nicole ⟨Bozon⟩

Brabantia, Sigerus ¬de¬
→ **Sigerus ⟨de Brabantia⟩**

Brabantinus, Hubertus
→ **Hubertus ⟨Brabantinus⟩**

Bracci, Alessandro
um 1492
Alessandro ⟨Bracci⟩
Braccio, Alessandro
Braccio, Allessandro

Bracciolini, Gian Francesco Poggio
→ **Poggio Bracciolini, Gian Francesco**

Bracciolini, Jacopo di Poggio
→ **Poggio Bracciolini, Jacopo ¬di¬**

Bracellus, Jacobus
gest. ca. 1460
Bracelleus, Jacobus
Bracelli, Giacomo
Bracelli, Jacopo
Bracellius, Jacobus
Bracellus, Iacobus
Giacomo ⟨Bracelli⟩
Jacobus ⟨Bracellus⟩
Jacobus ⟨Genuensis⟩
Jacopo ⟨Bracelli⟩

Bracelos, Pedro ¬de¬
→ **Pedro Afonso ⟨Barcelos, Conde⟩**

Brachedunus, Henricus
→ **Henricus ⟨de Bracton⟩**

Bracht, Johann
um 1463
Ratschronik
VL(2),1,982
Johann ⟨Bracht⟩

Braciforte, Lorenzo
→ **Laurentius ⟨Brancofordius⟩**

Brack, Wenceslaus
gest. ca. 1496
VL(2),1,983
Brack, Wenceslas
Brack, Wenzeslaus
Wenceslas ⟨Brack⟩
Wenceslas ⟨Brack de Constance⟩
Wenceslaus ⟨Brack⟩

Bracton, Henricus ¬de¬
→ **Henricus ⟨de Bracton⟩**

Braculis, Johannes ¬de¬
→ **Johannes ⟨de Braculis⟩**

Bradlay, Petrus ¬de¬
→ **Petrus ⟨de Bradlay⟩**

Bradwardine, Thomas
ca. 1290 – 1349
Stegmüller, Repert. sentent. 896-898,2; Tusculum-Lexikon; LThK; LMA,II,538/39
Bradardinus, Thomas
Bradwardinus, Thomas
Bravardinus, Thomas
Bredowardinus, Thomas
Bredwardin, Thomas
Thomas ⟨Bracwardinus⟩
Thomas ⟨Bradwardine⟩
Thomas ⟨Bradwardinus⟩
Thomas ⟨Bradwardinus Cantuariensis⟩
Thomas ⟨Bradwedin⟩
Thomas ⟨Bragwardin⟩
Thomas ⟨Brandvardinus⟩
Thomas ⟨Brawardin⟩
Thomas ⟨Bredowardinus⟩
Thomas ⟨de Braberdin⟩
Thomas ⟨de Brachariis⟩
Thomas ⟨de Bradwardina⟩
Thomas ⟨de Brawardin⟩
Thomas ⟨de Bredewardina⟩

Braem, Konrad
→ **Bram, Konrad**

Braga, Aegidius ¬de¬
→ **Aegidius ⟨de Braga⟩**

Braga, Martin ¬von¬
→ **Martinus ⟨Bracarensis⟩**

Brageriaco, Elias ¬de¬
→ **Elias ⟨Bruneti⟩**

Braia, Nicolaus ¬de¬
→ **Nicolaus ⟨de Braia⟩**

Brailes, William ¬de¬
→ **William ⟨de Brailes⟩**

Brainham
→ **Henricus ⟨de Renham⟩**

Brakelonda, Iocelinus ¬de¬
→ **Iocelinus ⟨de Brakelonda⟩**

Bram, Konrad
um 1474/85
Textauflagen; Übersetzungen; ergänzend eingefügte neue Abschnitte
VL(2),1,984/985
Braem, Conrad
Braem, Konrad
Conrad ⟨Braem⟩
Konrad ⟨Braem⟩
Konrad ⟨Bram⟩

Brambeck, Peter
gest. 1464
Danziger Chronik vom Bunde
VL(2),1,985; Rep.Font. II,578
Brambeck, Petrus
Brambeck, Pierre
Peter ⟨Brambeck⟩
Petrus ⟨Brambeck⟩
Pierre ⟨Brambeck⟩

Bramfeld, Guilelmus ¬de¬
→ **Guilelmus ⟨de Bramfeld⟩**

Brammaert, Jean
→ **Johannes ⟨Brammart⟩**

Brampton, Thomas
→ **Brinton, Thomas**

Bram-ze Bha-ra-ha
→ **Varāhamihira**

Brancacci, Felice
1382 – 1447
Kaufmann in Florenz, päpstlicher Legat
Diario
Rep.Font. II,578
Brancacci, Félix
Felice ⟨Brancacci⟩
Felice ⟨di Michele Brancacci⟩
Félix ⟨Brancacci⟩

Branco, Jacques-Henri
→ **Jacobus ⟨de Alexandria⟩**

Brancofordius, Laurentius
→ **Laurentius ⟨Brancofordius⟩**

Brand ⟨von Tzerstede⟩
→ **Tzerstede, Brand ¬von¬**

Brand, Sebastian
→ **Brant, Sebastian**

Brandanus ⟨Sanctus⟩
→ **Brendanus ⟨Sanctus⟩**

Brandenburg, Martinus ¬de¬
→ **Martinus ⟨de Brandenburg⟩**

Brandenburgischer Ulysses
→ **Albrecht Achilles ⟨Brandenburg, Kurfürst, III.⟩**

Brandes, Dietrich
um 1480/90
Verf. des letzten Teils der Lübecker Ratschronik; vielleicht Verfasser des Teils 1480 bis 1485 des Chronicon Slavicum (niederländ. und lat.)
Rep.Font. II,579; VL(2),5,932/933
Brandis, Dietrich
Dietrich ⟨Brandes⟩
Dietrich ⟨Brandis⟩

Brando, Johannes
→ **Johannes ⟨Brando⟩**

Brandolinus, Aurelius
→ **Aurelius ⟨Brandolinus⟩**

Brandolinus, Lippus
→ **Aurelius ⟨Brandolinus⟩**

Brandon
→ **Brendanus ⟨Sanctus⟩**

Brandon, Jean
→ **Johannes ⟨Brando⟩**

Brandr ⟨Jónsson⟩
gest. 1264
Gydinga saga; Übersetzer ins Isländ. des Gualterus ⟨de Castellione⟩
Brandr Jónsson
Brandr Jónsson ⟨Bischof⟩
Brandr Jónsson ⟨d'Holar⟩
Brandr Jónsson ⟨Evêque⟩
Brandr Jónsson ⟨von Holar⟩
Brandus Jonsson
Jónsson, Brandr

Brandt, Jean
→ **Johannes ⟨Brando⟩**

Brandus Jonsson
→ **Brandr ⟨Jónsson⟩**

Brant, Jean
→ **Johannes ⟨Brando⟩**

Bras-de-fer, Jean
→ **Jean ⟨Bras-de-fer⟩**

Brasiator de Frankenstein, Johannes
→ **Johannes ⟨Brasiator de Frankenstein⟩**

Brassenel de Couvin, Watriquet
→ **Watriquet ⟨de Couvin⟩**

Braulio ⟨Caesaraugustanus⟩
gest. 651
CSGL; Potth.; LMA,II,582/83
Braulio ⟨de Zaragoza⟩
Braulio ⟨of Saragossa⟩
Braulio ⟨Saint⟩
Braulio ⟨von Zaragoza⟩
Braulion ⟨de Saragosse⟩
Caesaraugustanus, Braulio
Pseudo-Braulio ⟨Caesaraugustanus⟩

Brauneck, ¬Der von¬
13. Jh.
VL(2),1,1005/1006
Der von Brauneck

Braunsberg, Johannes ¬de¬
→ **Johannes ⟨Breslauer de Braunsberg⟩**

Braunschweig, Angelus ¬von¬
→ **Becker, Engelinus**

Braunschweig, Heinrich ¬von¬
→ **Heinrich ⟨von Braunschweig⟩**

Braunschweig, Luder ¬von¬
→ **Luder ⟨von Braunschweig⟩**

Braunschweig-Grubenhagen, Johannes ¬von¬
→ **Johannes ⟨Brunsvicensis⟩**

Braunswalde, Gerhard ¬von¬
→ **Gerhard ⟨von Brunswalde⟩**

Brautingham, Thomas ¬de¬
→ **Thomas ⟨de Brautingham⟩**

Bravardinus, Thomas
→ **Bradwardine, Thomas**

Bravonius, Florentius
→ **Florentius ⟨Wigorniensis⟩**

Brazano, Niccolò ¬da¬
→ **Niccolò ⟨da Brazano⟩**

Brazzi, Bandino ¬de¬
14. Jh.
Documenti della guerra di Chioggia; Relatio primi conventus, qui secutus est bellum ap. Fossam Clodiam
Rep.Font. II,582
Bandino ⟨de Brazzi⟩

Breakspear, Nicholas
→ **Hadrianus ⟨Papa, IV.⟩**

Brebbia, Gabriel
→ **Gabriel ⟨Brebbia⟩**

Breda, Gerardus ¬de¬
→ **Gerardus ⟨de Breda⟩**

Breda, Guilelmus ¬de¬
→ **Guilelmus ⟨Abselius de Breda⟩**

Brederode, Jan ¬van¬
→ **Jan ⟨van Brederode⟩**

Bredlintona, Robertus ¬de¬
→ **Robertus ⟨de Bredlintona⟩**

Bredoni, Simon
→ **Simon ⟨Bredoni⟩**

Bredwardin, Thomas
→ **Bradwardine, Thomas**

Brega, Franciscus ¬de¬
→ **Franciscus ⟨Creysewicz de Brega⟩**

Brega, Nicolaus ¬de¬
→ **Nicolaus ⟨Tempelfeld de Brega⟩**

Bregen, Johann ¬von¬
→ **Johann ⟨von Bregen⟩**

Bréhal, Jean
→ **Johannes ⟨Brehallus⟩**

Breidenbach, Bernhard ¬von¬
→ **Breydenbach, Bernhard ¬von¬**

Breining, Georg
→ **Preining, Jörg**

Breisach, Walther ¬von¬
→ **Walther ⟨von Breisach⟩**

Breitenau, Henricus ¬de¬
→ **Henricus ⟨de Breitenau⟩**

Breitenbach, Bernhard ¬von¬
→ **Breydenbach, Bernhard ¬von¬**

Brekenar, Henricus
→ **Henricus ⟨Brekenar⟩**

Brema, Johannes ¬de¬
→ **Johannes ⟨Teyerberch in Brema⟩**

Brembate, Pinamons ¬de¬
→ **Pinamons ⟨Peregrinus de Brembate⟩**

Brembilla, Partinus ¬de¬
→ **Partinus ⟨de Brembilla⟩**

Bremen, Henricus ¬de¬
→ **Toke, Henricus**

Bremer, Detlev
→ **Detlev ⟨Bremer⟩**

Bremer, Johannes
um 1429/42 · OFM
Sentenzenkommentar; Sermones; Quaestiones
Stegmüller, Repert. sentent. 410; VL(2),1,1018
Bremer, Jean
Jean ⟨Bremer⟩
Johannes ⟨Bremensis⟩
Johannes ⟨Bremer⟩

Brenain
→ **Brendanus ⟨Sanctus⟩**

Brendanus ⟨Sanctus⟩
483 – 577
Oratio seu lorica; Sancti Brendani Navigatio
Cpl 1138; LMA,II,606
Brandan ⟨Saint⟩
Brandanus
Brandanus ⟨Sanctus⟩
Brandon
Brenain
Brenaind
Brendan
Brendan ⟨Heiliger⟩
Brendan ⟨Saint⟩
Brendan ⟨the Navigator⟩
Brendanus ⟨Abbas⟩
Brendenus ⟨Sanctus⟩
Brendinus ⟨Sanctus⟩
Pseudo-Brendanus
Sanctus Brendanus

Brenkyll ⟨Minorita⟩
→ **Richardus ⟨Brinkelius⟩**

Brennenburg, Reinmar ¬von¬
→ **Reinmar ⟨von Brennenburg⟩**

Brenta ⟨da Padova⟩
→ **Brentius, Andreas**

Brentius, Andreas
ca. 1454 – 1484
Übersetzer der „Oratio in proditionem Iudae" von Johannes ⟨Chrysostomus⟩ u. von Hippocrates ins Lateinische
LMA,II,608
André ⟨Brenta⟩
Andreas ⟨Brenta⟩
Andreas ⟨Brentius⟩
Andreas ⟨de Padoue⟩
Brenta ⟨da Padova⟩
Brenta, André
Brenta, Andrea
Brentius ⟨Patavinus⟩
Brentius, André

Breodunus, Simon
→ **Simon ⟨Bredoni⟩**

Breri
→ **Bleheri**

Breslau, Heinrich ¬von¬
→ **Heinrich ⟨von Breslau⟩**

Breslau, Peter ¬von¬
→ **Peter ⟨von Breslau⟩**

Breslau, Thomas ¬von¬
→ **Thomas ⟨de Wratislavia⟩**

Breslauer, Johannes
→ **Johannes ⟨Breslauer de Braunsberg⟩**

Breslauer de Braunsberg, Johannes
→ **Johannes ⟨Breslauer de Braunsberg⟩**

Bresseure, Petrus
→ **Berchorius, Petrus**

Brestadt, Siegmund ¬von¬
→ **Siegmund ⟨von Prustat⟩**

Bretel, Jacques
→ **Jacques ⟨Bretel⟩**

Bretel, Jean
→ **Jean ⟨Bretel⟩**

Breteuil, Hugo ¬de¬
→ **Hugo ⟨Britolius⟩**

Brétex, Jacques
→ **Jacques ⟨Bretel⟩**

Bretiaux, Jacques
→ **Jacques ⟨Bretel⟩**

Bretiaux, Jean
→ **Jean ⟨Bretel⟩**

Bretis, Raimundus ¬de¬
→ **Raimundus ⟨de Bretis⟩**

Brette, Raimundus ¬de¬
→ **Raimundus ⟨de Bretis⟩**

Breuil, Guillaume ¬du¬
→ **Guilelmus ⟨de Brolio⟩**

Breuning, Georg
→ **Preining, Jörg**

Brevicoxa, Johannes ¬de¬
→ **Johannes ⟨de Brevicoxa⟩**

Brewer, Johannes
→ **Johannes ⟨de Indagine⟩**

Breydenbach, Bernhard ¬von¬
1440 – 1497
LThK; CSGL; Potth.; LMA,I,1991
Bernard ⟨de Breydenbach⟩
Bernardus ⟨Breitenbachius⟩
Bernhard ⟨von Breidenbach⟩
Bernhard ⟨von Breitenbach⟩
Bernhard ⟨von Breydenbach⟩
Breidenbach, Bernhard ¬von¬
Breitenbach, Bernhard ¬von¬
Breydenbach, Bernard ¬von¬
Breydenbach, Bernhardt ¬van¬
Breydenbach, Bernhardus ¬von¬
Breydenbach, Bernhardus ¬de¬

Breyell, Heinrich
um 1465/85
Gart der Gesundheit; Identität mit Henricus ⟨Offermann de Breyl⟩ wahrscheinlich
VL(2),1,1034/1035
Heinrich ⟨Breyell⟩
Henricus ⟨Offermann de Breyl⟩
Offermann, Henricus

Brézé, Jacques ¬de¬
→ **Jacques ⟨de Brézé⟩**

Brezowa, Laurentius ¬de¬
→ **Laurentius ⟨de Brezowa⟩**

Briançon, Guy ¬de¬
→ **Guido ⟨Briansonis⟩**

Brianson, Gerardus ¬de¬
→ **Gerardus ⟨de Brianson⟩**

Brice, Jourdain
→ **Bricius, Iordanus**

Brichemonus, H.
→ **H. ⟨Brichemorus⟩**

Brichemorus, H.
→ **H. ⟨Brichemorus⟩**

Brichovius, Petrus
→ **Berchorius, Petrus**

Bricius, Iordanus
gest. 1433
Tractatus pro Eugenio IV adversus cardinalem de Capranica
Rep.Font. II,585
Brice, Jourdain
Bricius, Johannes
Bricius, Jordanus
Iordanus ⟨Bricius⟩
Johannes ⟨Bricius⟩
Jordanus ⟨Bricius⟩
Jourdain ⟨Brice⟩

Bricius, Johannes
→ **Bricius, Iordanus**
→ **Johannes ⟨Bricius⟩**

Bricmore, H.
→ **H. ⟨Brichemorus⟩**

Bricy, Jean
→ **Johannes ⟨Bricius⟩**

Bridferth ⟨Ramesiensis⟩
→ **Byrhtferth**

Bridget ⟨of Sweden⟩
→ **Birgitta ⟨Suecica⟩**

Bridlington, Gregorius ¬de¬
→ **Gregorius ⟨de Bridlington⟩**

Bridlington, Johannes ¬de¬
→ **Johannes ⟨de Bridlington⟩**

Bridlington, Philippus ¬de¬
→ **Philippus ⟨de Bridlington⟩**

Brie, Graindor ¬de¬
→ **Graindor ⟨de Brie⟩**

Brie, Jean ¬de¬
→ **Jean ⟨de Brie⟩**

Briggemore, H.
→ **H. ⟨Brichemorus⟩**

Brigida ⟨de Suecia⟩
→ **Birgitta ⟨Suecica⟩**

Brigitta ⟨Sancta⟩
→ **Birgitta ⟨Suecica⟩**

Brigitta ⟨Sangspruchdichterin⟩
15. Jh.
Erwähnung im Dichterkatalog, sonst unbekannt
VL(2),1,1036

Brihtwald ⟨von Canterbury⟩
→ **Berthwaldus ⟨Cantuariensis⟩**

Brinckerinck, Johannes
→ **Johannes ⟨Brinckerinck⟩**

Brinkelius, Richardus
→ **Richardus ⟨Brinkelius⟩**

Brinkelius, Walter
→ **Richardus ⟨Brinkelius⟩**

Brinkind, Rudolf
um 1437
VL(2),1,1038
Rudolf ⟨Brinkind⟩

Brinkley, Richardus
→ **Richardus ⟨Brinkelius⟩**

Brinkley, Walter
→ **Richardus ⟨Brinkelius⟩**

Brinquilis ⟨Minorita Anglus⟩
→ **Richardus ⟨Brinkelius⟩**

Brinton, Thomas
um 1320/1389 · OSB
Sermones; The seale of mercy
Rep.Font. II,585; Schönberger/Kible, Repertorium, 18087
Brampton, Thomas
Brito, Thomas
Brunton, Thomas
Thomas ⟨Brampton⟩
Thomas ⟨Brinton⟩
Thomas ⟨Brito⟩
Thomas ⟨Brunton⟩

Brion, Simon ¬de¬
→ **Martinus ⟨Papa, IV.⟩**

Brisebarre, Jean
gest. ca. 1339
Restor du Paon; Le plait de l'evesque et de droit
LMA,II,697
Brisebare, Jean
Brisebare LeCourt, Jean
Jean ⟨Brisebarre⟩
Jean ⟨le Court⟩
LeCourt, Jean

Britannicus, Benedictus
→ **Benedictus ⟨Britannicus⟩**

Britannicus, Gregorius
→ **Gregorius ⟨Britannicus⟩**

Brithus, Gualterus
→ **Britte, Gualterus**

Brithwald ⟨de Raculf⟩
→ **Berthwaldus ⟨Cantuariensis⟩**

Brithwald ⟨von Canterbury⟩
→ **Berthwaldus ⟨Cantuariensis⟩**

Brito ⟨Ambaciacensis⟩
11. Jh.
Vielleicht Verf. der 2. (bzw. 3.) Überarbeitung der Chronica de gestis consulum Andegavorum
Rep.Font. II,585
Brito ⟨Ambaziacensis⟩
Brito ⟨d'Amboise⟩

Brito, Bonushomo
→ **Bonushomo ⟨Brito⟩**

Brito, Guilelmus
→ **Guilelmus ⟨Brito⟩**
→ **Guilelmus ⟨Brito, Exegeta⟩**
→ **Guilelmus ⟨Brito, OFM⟩**

Brito, Hervaeus
→ **Hervaeus ⟨Natalis⟩**

Brito, Laurentius
→ **Laurentius ⟨Brito⟩**

Brito, Radulfus
→ **Radulfus ⟨Brito⟩**

Brito, Theobaldus
→ **Theobaldus ⟨Brito⟩**

Brito, Thomas
→ **Brinton, Thomas**

Brito, Yvo
→ **Yvo ⟨Brito⟩**

Britolius, Hugo
→ **Hugo ⟨Britolius⟩**

Britonnus, Ingomar
→ **Ingomar ⟨Britonnus⟩**

Britte, Gualterus
um 1400
Theorica planetarum
LMA,VIII,1994
Brithus, Gualterus
Brithus, Walter
Britte, Walter
Brytte, Walter
Gualterus ⟨Brithus⟩
Gualterus ⟨Britte⟩
Walter ⟨Brithus⟩
Walter ⟨Britte⟩
Walter ⟨Brytte⟩

Britton, Johannes
→ **Johannes ⟨Britton⟩**

Brixia, Albertus ¬de¬
→ **Albertus ⟨de Brixia⟩**
→ **Albertus ⟨de Brixia, OFM⟩**

Brixia, Antonius ¬de¬
→ **Antonius ⟨de Brixia⟩**

Brixia, Johannes ¬de¬
→ **Johannes ⟨Alberti de Brixia⟩**
→ **Johannes ⟨de Brixia⟩**

Brixia, Rusticianus ¬de¬
→ **Rusticianus ⟨de Brixia⟩**

Brixianus, Valerianus
→ **Valerianus ⟨Brixianus⟩**

Brixius, Germanus
→ **Germanus ⟨Brixius⟩**

Brocard ⟨Dominicain⟩
→ **Burchardus ⟨Argentinensis⟩**

Brocard ⟨von Barby⟩
→ **Burchardus ⟨de Monte Sion⟩**

Brocardus ⟨...⟩
→ **Burchardus ⟨...⟩**

Brocardus, Bonaventura
→ **Burchardus ⟨de Monte Sion⟩**

Brochard ⟨Dominicain⟩
→ **Burchardus ⟨Argentinensis⟩**

Brochard ⟨von Barby⟩
→ **Burchardus ⟨de Monte Sion⟩**

Brochart ⟨de Worms⟩
→ **Burchardus ⟨Wormaciensis⟩**

Brocker, Lambertus
→ **Lambertus ⟨Brocker⟩**

Brod, Andreas ¬von¬
→ **Andreas ⟨de Broda⟩**

Broglio Tartaglia, Gaspare
gest. ca. 1480
Cronaca malatestiana del secolo XV
Rep.Font. II,587
Broglio ⟨Capitaine⟩
Broglio, Gaspare

Broglio Tartaglia di Lavello, Gaspare
Broglio-Tartaglia, Gaspare
Brolio ⟨Capitaine⟩
Brolio ⟨Chroniqueur⟩
Gaspare ⟨Broglio Tartaglia⟩
Gaspare ⟨Broglio-Tartaglia⟩
Gaspare ⟨di Lavello⟩
Gaspare ⟨⟨Broglio Tartaglia⟩
Tartaglia, Gaspare Broglio
Tartaglia di Lavello, Gaspare Broglio

Broke, Heinrich ¬von¬
→ **Heinrich ⟨von Broke⟩**

Broker, Lambertus
→ **Lambertus ⟨Brocker⟩**

Brolio, Gerardus ¬de¬
→ **Gerardus ⟨de Brolio⟩**

Brolio, Guilelmus ¬de¬
→ **Guilelmus ⟨de Brolio⟩**

Brolo, Moses ¬del¬
→ **Moses ⟨Bergamensis⟩**

Brombach, Berthold ¬von¬
→ **Berthold ⟨von Brombach⟩**

Brome, Thomas
→ **Thomas ⟨Bromius⟩**

Bromes, Dirk
ca. 1338 – 1400
Lüneburger Chronik
VL(2),1,1041
Dirk ⟨Bromes⟩

Bromiardus, Johannes
→ **Johannes ⟨Bromiardus⟩**

Bromiardus, Philippus
→ **Johannes ⟨Bromiardus⟩**

Bromius, Thomas
→ **Thomas ⟨Bromius⟩**

Brompton, Johannes
→ **Johannes ⟨Brompton⟩**

Bromwych, Richardus ¬de¬
→ **Richardus ⟨de Bromwych⟩**

Bromyard, John
→ **Johannes ⟨Bromiardus⟩**

Bronescombe, Walterus
→ **Walterus ⟨Bronescombe⟩**

Bronnerde, Philippus ¬de¬
→ **Johannes ⟨Bromiardus⟩**

Bronscomb, Gautier
→ **Walterus ⟨Bronescombe⟩**

Broquière, Bertrandon ¬de la¬
→ **Bertrandon ⟨de la Broquière⟩**

Brotbäck
→ **Protpeckh**

Broune, Stephanus
→ **Stephanus ⟨Broune⟩**

Brown, Stephanus
→ **Stephanus ⟨Broune⟩**

Brox, H. ¬de¬
→ **H. ⟨de Brox⟩**

Bruder ⟨von Erfforte⟩
→ **Henricus ⟨de Hervordia⟩**

Bruder ⟨von Erfurt⟩
→ **Hartwig ⟨von Erfurt⟩**

Bruder Albrecht
→ **Albrecht ⟨der Lesemeister⟩**

Bruder Aristotiles
→ **Aristotiles ⟨Bruder⟩**

Bruder Berthold
→ **Berthold ⟨der Bruder⟩**

Bruder Cornelius
→ **Cornelius ⟨Bruder⟩**

Bruder Friedrich
→ **Friedrich ⟨Bruder⟩**

Bruder Hans
→ **Hans ⟨der Bruder⟩**

Bruder Heinrich
→ **Heinrich ⟨Bruder⟩**

Bruder Hermann
→ **Hermann ⟨Bruder, ...⟩**

Bruder Kirstian
→ **Kirstian ⟨Bruder⟩**

Bruder Lempfrit
→ **Lempfrit ⟨Bruder⟩**

Bruder Marcus
→ **Marcus ⟨Bruder⟩**

Bruder Peter
→ **Peter ⟨Bruder⟩**

Bruder Philipp
→ **Philipp ⟨der Bruder⟩**

Bruder Reinhard
→ **Reinhard ⟨Bruder⟩**

Bruder Steinmar
→ **Steinmar ⟨Bruder⟩**

Bruder Thomas
→ **Thomas ⟨Bruder⟩**

Bruder Thüring
→ **Thüring ⟨Bruder⟩**

Bruder Valentin
→ **Valentin ⟨Bruder⟩**

Bruder Werner
→ **Werner ⟨der Bruder⟩**

Brudzevius, Albertus
→ **Albertus ⟨de Brudzewo⟩**

Brudzewo, Albertus ¬de¬
→ **Albertus ⟨de Brudzewo⟩**

Brudzewski, Wojciech
→ **Albertus ⟨de Brudzewo⟩**

Brügge, Galbert ¬von¬
→ **Galbertus ⟨Brugensis⟩**

Brüglinger
→ **Sperrer, Hans**

Brümscher, Conradus
→ **Conradus ⟨Prünsser⟩**

Brünn, Johannes ¬von¬
→ **Johannes ⟨von Brünn⟩**

Brüssel, Johann ¬von¬
→ **Mauburnus, Johannes**

Brugaria, Romeus ¬de¬
→ **Romeus ⟨de Brugaria⟩**

Brugen, Stephanus ¬de¬
→ **Stephanus ⟨de Brugen⟩**

Bruges, Guilelmus ¬de¬
→ **Guilelmus ⟨de Bruges⟩**

Brugge, Beringerus ¬de¬
→ **Beringerus ⟨Brugensis⟩**

Brugis, Bartholomaeus ¬de¬
→ **Bartholomaeus ⟨de Brugis⟩**

Brugis, Gualterus ¬de¬
→ **Gualterus ⟨de Brugis⟩**

Brugis, Jacobus ¬de¬
→ **Jacobus ⟨de Brugis⟩**
→ **Jacobus ⟨de Brugis, OP⟩**

Brugmanus, Johannes
ca. 1400 – 1473 · OFM
Vita Lydwine de Schiedam; Devotus tractatus valde incitativus ad exercitia passionis Domini
LMA,II,749; Stegmüller, Repert. bibl. 4274; VL(2),1,1048/52
Brugman, Jan
Brugman, Jean
Brugman, Johannes
Jan ⟨Brugman⟩
Jean ⟨Brugman⟩
Jean ⟨Brugmans⟩
Johannes ⟨Brugman⟩
Johannes ⟨Brugmannus⟩
Johannes ⟨Brugmanus⟩

Brulé, Gace
→ **Gace ⟨Brulé⟩**

Brulefer, Stephanus
→ **Stephanus ⟨Brulefer⟩**

Brulifer, Maclovius
→ **Stephanus ⟨Brulefer⟩**

Brumbach, Johannes ¬de¬
→ **Johannes ⟨de Brumbach⟩**

Brun ⟨Candidus⟩
→ **Candidus ⟨Fuldensis⟩**

Brun ⟨von Asti⟩
→ **Bruno ⟨Signiensis⟩**

Brun ⟨von Fulda⟩
→ **Candidus ⟨Fuldensis⟩**

Brun ⟨von Köln⟩
→ **Bruno ⟨Coloniensis⟩**

Brun ⟨von Merseburg⟩
→ **Bruno ⟨Merseburgensis⟩**

Brun ⟨von Querfurt⟩
→ **Bruno ⟨Querfurtensis⟩**

Brun ⟨von Schönebeck⟩
13. Jh.
VL(2),1,1056/61; LMA,II,757
Brun ⟨de Schönebeck⟩
Brun ⟨von Schonebeck⟩
Schonebeck, Brun ¬von¬
Schönebeck, Brun ¬von¬
Schonebecke, Brun ¬von¬

Brun ⟨von Würzburg⟩
→ **Bruno ⟨Herbipolensis⟩**

Brun, Candidus
→ **Candidus ⟨Fuldensis⟩**

Brun, Garin ¬lo¬
→ **Garin ⟨lo Brun⟩**

Brun, Heinrich ¬von¬
→ **Heinrich ⟨von Brun⟩**

Bruna, Johannes ¬de¬
→ **Johannes ⟨de Bruna⟩**

Bruna, Paulus ¬de¬
→ **Paulus ⟨de Bruna⟩**

Brune, Agrius ¬von¬
→ **Agrius ⟨von Brune⟩**

Brunehildis ⟨Regina⟩
→ **Brunhilde ⟨Fränkisches Reich, Königin⟩**

Brunellus ⟨Nigellus⟩
→ **Nigellus ⟨de Longo Campo⟩**

Brunellus ⟨Vigellus⟩
→ **Nigellus ⟨de Longo Campo⟩**

Brunet, Elie
→ **Elias ⟨Bruneti⟩**

Bruneti, Elias
→ **Elias ⟨Bruneti⟩**

Brunetto ⟨Latini⟩
→ **Latini, Brunetto**

Brunhilde ⟨Fränkisches Reich, Königin⟩
gest. 613
Epistulae
Cpl 1057; Rep.Font. II,588; LMA,II,761/62
Brunechildis
Brunechildis ⟨Austrasia, Regina⟩
Brunechildis ⟨Austrasiae Regina⟩
Brunehaut ⟨Reine d'Austrasie⟩
Brunehildis ⟨Regina⟩
Brunhild
Brunhilde ⟨Fränkische Königin⟩
Brunichild
Brunichilde ⟨Fränkische Königin⟩

Bruni ⟨Aretinus⟩
→ **Bruni, Leonardo**

Bruni, Francesco
ca. 1315 – ca. 1385
Epistulae (7,3 auf ital.)
LMA,II,759
Bruni, François
Francesco ⟨Bruni⟩
Franciscus ⟨Bruni⟩
Franciscus ⟨Correspondant de Pétrarque⟩
Franciscus ⟨de Florence⟩
François ⟨Bruni⟩

Bruni, Leonardo
1369 – 1444
Tusculum-Lexikon; LThK; CSGL; LMA,II,760/61
Aretino, Leonardo
Aretino, Lionardo
Aretino, Lionardo Bruni
Aretinus, Brunus
Aretinus, Leonardo B.
Aretinus, Leonardo Bruni
Aretinus, Leonardus
Aretinus, Leonardus Brunus
Aretinus, Leonhardus
Aretio, Leonardo
Arretinus, Leonardus
Bruni ⟨Aretinus⟩
Bruni, Leonardo Aretino
Bruni, Lionards
Bruni Aretino, Lionardo
Brunus, Leonardus
Brunus Aretinus, Leonardus
Léonard ⟨d'Arezzo⟩
Leonardo ⟨Aretino⟩
Leonardo ⟨Bruni⟩
Leonardus ⟨Aretinus⟩
Leonardus ⟨Arretinus⟩
Leonardus ⟨Brunus Aretinus⟩
Leonhardus ⟨Aretinus⟩
Lionardo ⟨Bruni⟩

Bruniardus, Guilelmus
→ **Guilelmus ⟨Bruniardus⟩**

Bruniquello, Petrus ¬de¬
→ **Petrus ⟨de Bruniquello⟩**

Brunner, Andreas
gest. 1443
Chronik des Spitals in Klausen
VL(2),1,1061/62
Andreas ⟨Brunner⟩

Brunner, Johannes
um 1451
Spottlied auf St. Galler Abt Kaspar von Breitenlandenberg
VL(2),1,1062
Johannes ⟨Brunner⟩

Bruno ⟨Archiepiscopus⟩
→ **Bruno ⟨Treverensis⟩**

Bruno ⟨Argentinensis⟩
um 1123/31
Epistula ad Gerhohum praepositum
Brunon ⟨de Hochberg⟩
Brunon ⟨de Strasbourg⟩
Brunon ⟨Evêque⟩

Bruno ⟨Astensis⟩
→ **Bruno ⟨Signiensis⟩**

Bruno ⟨Candidus⟩
→ **Candidus ⟨Fuldensis⟩**

Bruno ⟨Cartusianus⟩
1030 – 1101 · OCart
Tusculum-Lexikon; LThK; CSGL; LMA,II,788/90
Bruno ⟨Carthusianorum Ordinis Institutor⟩
Bruno ⟨Carthusianus⟩
Bruno ⟨Carthusiensis⟩
Bruno ⟨Cartusiensis⟩
Bruno ⟨de Hartefaust⟩
Bruno ⟨der Kartäuser⟩
Bruno ⟨le Chartreux⟩
Bruno ⟨Saint⟩
Bruno ⟨Sanctus⟩
Bruno ⟨von Köln⟩
Cartusianus, Bruno
Pseudo-Bruno ⟨Carthusianus⟩

Bruno ⟨Coloniensis⟩
ca. 925 – 965
LThK; CSGL; LMA,II,753/55
Brun ⟨von Köln⟩
Bruno ⟨Magnus⟩
Bruno ⟨of Cologne⟩
Bruno ⟨von Köln⟩

Bruno ⟨da Longoburgo⟩
→ **Bruno ⟨Longoburgensis⟩**

Bruno ⟨de Asti⟩
→ **Bruno ⟨Signiensis⟩**

Bruno ⟨de Hartefaust⟩
→ **Bruno ⟨Cartusianus⟩**

Bruno ⟨de Langres⟩
→ **Bruno ⟨Lingonensis⟩**

Bruno ⟨de Laufen⟩
→ **Bruno ⟨Treverensis⟩**

Bruno ⟨de Mersebourg⟩
→ **Bruno ⟨Merseburgensis⟩**

Bruno ⟨de Monte Cassino⟩
→ **Bruno ⟨Signiensis⟩**

Bruno ⟨de Querfurt⟩
→ **Bruno ⟨Querfurtensis⟩**

Bruno ⟨de Roucy⟩
→ **Bruno ⟨Lingonensis⟩**

Bruno ⟨de Segni⟩
→ **Bruno ⟨Signiensis⟩**

Bruno ⟨de Wurtzbourg⟩
→ **Bruno ⟨Herbipolensis⟩**

Bruno ⟨der Kartäuser⟩
→ **Bruno ⟨Cartusianus⟩**

Bruno ⟨di Calabria⟩
→ **Bruno ⟨Longoburgensis⟩**

Bruno ⟨di Carintia⟩
→ **Bruno ⟨Herbipolensis⟩**

Bruno ⟨di Querfurt⟩
→ **Bruno ⟨Querfurtensis⟩**

Bruno ⟨Episcopus⟩
→ **Bruno ⟨Lingonensis⟩**

Bruno ⟨Episcopus⟩
12. Jh.
Carmen episcopi Brunonis invehentis contra papam
Episcopus Bruno

Bruno ⟨Episcopus et Martyr⟩
→ **Bruno ⟨Querfurtensis⟩**

Bruno ⟨Episcopus Olomucensis⟩
→ **Bruno ⟨Olomucensis⟩**

Bruno ⟨Herbipolensis⟩
ca. 1005 – 1045
LThK; LMA,II,788
Brun ⟨von Würzburg⟩
Bruno ⟨de Wurtzbourg⟩
Bruno ⟨di Carintia⟩
Bruno ⟨of Würzburg⟩
Bruno ⟨Sanctus⟩
Bruno ⟨von Würzburg⟩
Brunon ⟨de Carinthie⟩
Pseudo-Bruno ⟨Herbipolensis⟩

Bruno ⟨le Chartreux⟩
→ **Bruno ⟨Cartusianus⟩**

Bruno ⟨Lingonensis⟩
um 980/1016
Epistula ad clericos Lingonenses de assidua peccatorum confessione
Bruno ⟨de Langres⟩
Bruno ⟨de Roucy⟩
Bruno ⟨Episcopus⟩
Brunon ⟨de Langres⟩

Bruno ⟨Longoburgensis⟩
13. Jh.
VL(2),1,1070 f.; LMA,II,790/91

Bruno ⟨da Longoburgo⟩
Bruno ⟨di Calabria⟩
Bruno ⟨von Langaburgo⟩
Bruno ⟨von Longabucco⟩
Bruno ⟨von Longoburgo⟩
Brunone ⟨da Langoburgo⟩
Brunus ⟨Longoburgensis⟩

Bruno ⟨Magdeburgensis⟩
→ **Bruno ⟨Merseburgensis⟩**

Bruno ⟨Magnus⟩
→ **Bruno ⟨Coloniensis⟩**

Bruno ⟨Merseburgensis⟩
11. Jh.
Tusculum-Lexikon; LThK; CSGL; LMA,II,791; VL(2),1,1071/73
Brun ⟨von Merseburg⟩
Bruno ⟨de Merseboug⟩
Bruno ⟨Magdeburgensis⟩
Bruno ⟨Saxonicus⟩
Bruno ⟨the Saxon⟩
Bruno ⟨von Magdeburg⟩
Bruno ⟨von Merseburg⟩

Bruno ⟨Monachus⟩
um 1150
Prologus zu „Liber testimoniorum veteris testamenti" von Paterius
Cpl 1718; Stegmüller, Repert. bibl. 6314;6317;6319,24
Monachus, Bruno
Paterius ⟨Bruno Monachus⟩
Pseudo-Paterius ⟨B⟩
Pseudo-Paterius B

Bruno ⟨of Asti⟩
→ **Bruno ⟨Signiensis⟩**

Bruno ⟨of Cologne⟩
→ **Bruno ⟨Coloniensis⟩**

Bruno ⟨of Segni⟩
→ **Bruno ⟨Signiensis⟩**

Bruno ⟨of Würzburg⟩
→ **Bruno ⟨Herbipolensis⟩**

Bruno ⟨Olomucensis⟩
1205 – 1281
Epistola ad Gregorium summum pontificem, data die 16. Dec. 1273 et Relatio ad papam super deliberandis in concilio
Rep.Font. II,592; LMA,II,786/87
Bruno ⟨Episcopus Olomucensis⟩
Bruno ⟨von Olmütz⟩
Bruno ⟨von Schaumburg⟩
Brunon ⟨de Holstein-Schauenburg⟩
Brunon ⟨d'Olmütz⟩
Brunon ⟨Prévot de Hambourg⟩

Bruno ⟨Querfurtensis⟩
974 – 1009
Tusculum-Lexikon; LThK; CSGL; LMA,II,755/56
Bonifatius ⟨de Querfurt⟩
Bonifatius ⟨of Querfurt⟩
Bonifatius ⟨Querfurtensis⟩
Brun ⟨von Querfurt⟩
Bruno ⟨de Querfurt⟩
Bruno ⟨di Querfurt⟩
Bruno ⟨Episcopus et Martyr⟩
Bruno ⟨Querfordensis⟩
Bruno ⟨Sanctus⟩
Bruno ⟨von Querfurt⟩
Bruno ⟨z Querfurtu⟩

Bruno ⟨Sanctus⟩
→ **Bruno ⟨Cartusianus⟩**
→ **Bruno ⟨Herbipolensis⟩**
→ **Bruno ⟨Querfurtensis⟩**
→ **Bruno ⟨Signiensis⟩**

Bruno ⟨Saxo⟩
→ **Gregorius ⟨Papa, V.⟩**

Bruno ⟨Saxonicus⟩
→ **Bruno ⟨Merseburgensis⟩**

Bruno ⟨Signiensis⟩
ca. 1048 – 1123
CSGL; LMA,II,791/93; Rep.Font. II, 594/95
Asti, Bruno ¬von¬
Asti, Bruno ¬de¬
Brun ⟨von Asti⟩
Bruno ⟨Astensis⟩
Bruno ⟨de Asti⟩
Bruno ⟨de Monte Cassino⟩
Bruno ⟨de Segni⟩
Bruno ⟨of Asti⟩
Bruno ⟨of Segni⟩
Bruno ⟨Sanctus⟩
Bruno ⟨Signinus⟩
Bruno ⟨von Segni⟩
Brunon ⟨Saint⟩
Brunone ⟨di Segni⟩
Pseudo-Bruno ⟨Astensis⟩

Bruno ⟨Treverensis⟩
gest. 1124
Epistulae II ad Radulfum Remensem archiepiscopum; Epistula ad Ottonem Bambergensem
LMA,II,787/88
Bruno ⟨Archiepiscopus⟩
Bruno ⟨de Laufen⟩
Bruno ⟨Trevirensis⟩
Bruno ⟨von Trier⟩
Brunon ⟨de Brettheim-Lauffen⟩
Brunon ⟨de Trèves⟩

Bruno ⟨von Brixen⟩
→ **Damasus ⟨Papa, II.⟩**

Bruno ⟨von Dagsburg⟩
→ **Leo ⟨Papa, VIIII.⟩**

Bruno ⟨von Egisheim⟩
→ **Leo ⟨Papa, VIIII.⟩**

Bruno ⟨von Fulda⟩
→ **Candidus ⟨Fuldensis⟩**

Bruno ⟨von Hornberg⟩
13. Jh.
4 Lieder
VL(2),1,1063/1065
Hornberg, Bruno ¬von¬

Bruno ⟨von Köln⟩
→ **Bruno ⟨Cartusianus⟩**
→ **Bruno ⟨Coloniensis⟩**

Bruno ⟨von Longabucco⟩
→ **Bruno ⟨Longoburgensis⟩**

Bruno ⟨von Longoburgo⟩
→ **Bruno ⟨Longoburgensis⟩**

Bruno ⟨von Magdeburg⟩
→ **Bruno ⟨Merseburgensis⟩**

Bruno ⟨von Merseburg⟩
→ **Bruno ⟨Merseburgensis⟩**

Bruno ⟨von Olmütz⟩
→ **Bruno ⟨Olomucensis⟩**

Bruno ⟨von Querfurt⟩
→ **Bruno ⟨Querfurtensis⟩**

Bruno ⟨von Schaumburg⟩
→ **Bruno ⟨Olomucensis⟩**

Bruno ⟨von Segni⟩
→ **Bruno ⟨Signiensis⟩**

Bruno ⟨von Trier⟩
→ **Bruno ⟨Treverensis⟩**

Bruno ⟨von Würzburg⟩
→ **Bruno ⟨Herbipolensis⟩**

Brunon ⟨de Brettheim-Lauffen⟩
→ **Bruno ⟨Treverensis⟩**

Brunon ⟨de Carinthie⟩
→ **Bruno ⟨Herbipolensis⟩**

Brunon ⟨de Hochberg⟩
→ **Bruno ⟨Argentinensis⟩**

Brunon ⟨de Holstein-Schauenburg⟩
→ **Bruno ⟨Olomucensis⟩**

Brunon ⟨de Langres⟩
→ **Bruno ⟨Lingonensis⟩**

Brunon ⟨de Strasbourg⟩
→ **Bruno ⟨Argentinensis⟩**

Brunon ⟨de Trèves⟩
→ **Bruno ⟨Treverensis⟩**

Brunon ⟨d'Egisheim⟩
→ **Leo ⟨Papa, VIIII.⟩**

Brunon ⟨d'Olmütz⟩
→ **Bruno ⟨Olomucensis⟩**

Brunon ⟨Evêque⟩
→ **Bruno ⟨Argentinensis⟩**

Brunon ⟨Prévot de Hambourg⟩
→ **Bruno ⟨Olomucensis⟩**

Brunon ⟨Saint⟩
→ **Bruno ⟨Signiensis⟩**

Brunon ⟨Saxon⟩
→ **Gregorius ⟨Papa, V.⟩**

Brunone ⟨da Langoburgo⟩
→ **Bruno ⟨Longoburgensis⟩**

Brunone ⟨di Carintia⟩
→ **Gregorius ⟨Papa, V.⟩**

Brunone ⟨di Egisheim-Dagsburg⟩
→ **Leo ⟨Papa, VIIII.⟩**

Brunone ⟨di Segni⟩
→ **Bruno ⟨Signiensis⟩**

Brunswalde, Gerhard ¬von¬
→ **Gerhard ⟨von Brunswalde⟩**

Brunswigk, Hans
gest. 1498
Lüneburger Chronik, Fortsetzung bis 1497
VL(2),1,1075
Hans ⟨Brunswigk⟩

Brunton, Thomas
→ **Brinton, Thomas**

Brunus Aretinus, Leonardus
→ **Bruni, Leonardo**

Brunwart ⟨von Augheim⟩
13. Jh.
VL(2)
Augheim, Brunwart ¬von¬
Brunwart ⟨von Auggen⟩
Brunwart ⟨von Ougheim⟩
Brunwart, Johannes
Johannes ⟨Brunwart⟩
Johannes ⟨Miles de Ochein⟩
Johannes ⟨Scultetus de Nuwenburg⟩
Johannes ⟨von Auggen⟩
Johans ⟨Brunward⟩

Brusen, Andreas
→ **Andreas ⟨Brusen⟩**

Bru-sgom rGyal-ba g'yung-drung
→ **rGyal-ba-g'yuṅdruṅ ⟨Bru-sgom⟩**

Bru-sgom Rgyal-ba-g'yuṅ-druṅ
→ **rGyal-ba-g'yuṅdruṅ ⟨Bru-sgom⟩**

Bru-sgom Rgyal-ba-g'yung-drung
→ **rGyal-ba-g'yuṅdruṅ ⟨Bru-sgom⟩**

Brusius, Petrus
→ **Petrus ⟨Brusius⟩**

Bru-ston Rgyal-ba-g'yuṅ-druṅ
→ **rGyal-ba-g'yuṅdruṅ ⟨Bru-sgom⟩**

Bruto, Petrus ¬de¬
→ **Petrus ⟨de Bruto⟩**

Bruun ⟨von Fulda⟩
→ **Candidus ⟨Fuldensis⟩**

Bruxella, Henricus ¬de¬
→ **Henricus ⟨de Bruxella⟩**

Bruxellis, Radulfus ¬de¬
→ **Radulfus ⟨de Bruxellis⟩**

Bruychoyfen, Hermann ¬von¬
→ **Hermann ⟨von Bruychoyfen⟩**

Bruyne, Johannes ¬de¬
→ **Johannes ⟨de Bruyne⟩**

Bryennius, Josephus
→ **Josephus ⟨Bryennius⟩**

Bryennius, Manuel
→ **Manuel ⟨Bryennius⟩**

Bryennius, Nicephorus
→ **Nicephorus ⟨Bryennius⟩**

Brygemoore, H.
→ **H. ⟨Brichemorus⟩**

Brylis, Hugo ¬de¬
→ **Hugo ⟨de Brylis⟩**

Brynkeley
→ **Richardus ⟨Brinkelius⟩**

Brynolf ⟨Algotsson⟩
→ **Brynolphus ⟨Scarensis⟩**

Brynolphus ⟨Scarensis⟩
ca. 1240/50 – 1317
Breviarium Scarense
LMA,II,801
Algotsson, Brynolf
Brynolf ⟨Algotsson⟩
Brynolf ⟨Heiliger⟩
Brynolf ⟨von Skara⟩
Brynolphe ⟨Algotson⟩
Brynolphe ⟨de Linkoeping⟩
Brynolphe ⟨de Skara⟩
Brynolphe ⟨Saint⟩
Brynolphus ⟨Beatus⟩
Brynolphus ⟨de Skara⟩
Brynolphus ⟨Episcopus⟩
Brynolphus ⟨Sanctus⟩

Brytte, Walter
→ **Britte, Gualterus**

Bsod-nam rin-chen ⟨Lha-rje⟩
→ **sGam-po-pa**

bSod-nams rgyal-mthsan
→ **bSod-nams-rgyal-mtshan**

bSod-nams-rgyal-mtshan
1312 – 1375
Tibet. Mönch der Sa-skya-pa-Schule
RGyal-rabs gsal-ba'i me-loṅ
bSod-nams rgyal-mthsan
Bsod-nams rgyal-mtshan
Gyaltsen, Sonam
Sonam Gyaltsen
So-nan-chien-tsan

bSod-nams-rin-chen ⟨Dvags-po Lha-rje⟩
→ **sGam-po-pa**

bSod-nams-rin-chen ⟨sGam-po-pa⟩
→ **sGam-po-pa**

Bucasis
→ **Zahrāwī, Ḫalaf Ibn-ʿAbbās ¬az-¬**

Bucca, Johannes ¬de¬
→ **Johannes ⟨de Bucca⟩**

Buccapecus, Theobaldus
→ **Coelestinus ⟨Papa, II., Antipapa⟩**

Bucci, Gabriele
ca. 1430 – ca. 1497 · OESA
Memoriale quadripartitum (ital.)
Rep.Font. II,598
Bucci, Gabriel
Gabriel ⟨Bucci⟩
Gabriel ⟨Bucci de Carmagnola⟩
Gabriele ⟨Bucci⟩

Buccio ⟨di Ranallo⟩
ca. 1290/1300 – 1363
Delle cose dell'Aquila (seu Cronaca Aquilana); Leggenda di S. Caterina d'Alessandria
Rep.Font. II,598
Boetio ⟨di Rainaldo⟩
Boetio ⟨di Rainaldo di Poppleto⟩
Buccio ⟨da Poppleto⟩
Buccio ⟨de Renallo⟩
DiRanallo, Buccio
Iacobuccio ⟨di Ranallo⟩
Jacobuccio ⟨di Ranallo⟩
Poppleto, Buccio di Rainaldo
Ranallo, Buccio ¬di¬
Ranallo, Iacobuccio ¬di¬
Renallo, Buccio ¬de¬

Buccio ⟨di San Vittorino⟩
→ **Antonio ⟨di Buccio⟩**

Buccio, Antonio ¬di¬
→ **Antonio ⟨di Buccio⟩**

Bucfeldus, Adamus
→ **Adamus ⟨Bucfeldus⟩**

Buch, Johannes ¬von¬
→ **Johannes ⟨von Buch⟩**

Buchari, Mohammed ¬al¬
→ **Buḫārī, Muḥammad Ibn-Ismāʿīl ¬al-¬**

Buchein, ¬Der von¬
um 1262
4 Minnelieder
VL(2),1,1105/1106
Buochein, ¬Der von¬
Der von Buchein

Bucheler, Hans
um 1478
Bericht über Pazzi-Verschwörung, Florenz; angebl. Verf. der dt. Fassung der Res Misnicae
VL(2),1,1106/07; Rep.Font. II,600; Potth. 945
Bucheler, Jean
Hans ⟨Bucheler⟩
Hans ⟨Pucheler⟩
Hans ⟨Pürcheler⟩
Jean ⟨Bucheler⟩
Jean ⟨Pucheler⟩
Johannes ⟨Pucheler⟩
Pucheler, Hans
Pucheler, Jean
Pucheler, Johannes
Pürcheler, Hans

Buchiras, Isidorus
→ **Isidorus ⟨Buchiras⟩**

Buchler, Johannes
→ **Johannes ⟨Buchler⟩**

Buchsbaum, Sixt
um 1492
Rosenkranzlied
VL(2),1,1109/1110
Buchsbam, Sixt
Sixt ⟨Buchsbam⟩
Sixt ⟨Buchsbaum⟩

Buciaco, Anselmus ¬de¬
→ **Anselmus ⟨de Buciaco⟩**

Buckden, Gualterus ¬de¬
→ **Gualterus ⟨de Buckden⟩**

Buckehen, Johannes
→ **Johannes ⟨Bockenheim⟩**

Buckfeld, Adam ¬de¬
→ **Adamus ⟨Bucfeldus⟩**

Buckingham, Thomas ¬de¬
→ **Thomas ⟨de Buckingham⟩**

Budrio, Antonio ¬da¬
→ **Antonius ⟨de Butrio⟩**

Bücklin, Conrad
um 1429/73
Freier Übersetzer u. Glossator d. lat. Grammatik Donats „De octo partibus orationis ars minor"
VL(2),1,1112/1113
Conrad ⟨Bücklin⟩
Conradus ⟨Bücklin de Wyla⟩
Conradus ⟨de Wyla⟩

Bücklin de Gelnhausen, Petrus
→ **Petrus ⟨Bücklin de Gelnhausen⟩**

Bühel, Hans ¬von¬
→ **Hans ⟨von Bühel⟩**

Büheler, Hans ¬der¬
→ **Hans ⟨von Bühel⟩**

Bueil, Jean ¬de¬
ca. 1405/06 – 1477
Le Jouvencel
Rep.Font. II,600; LMA,II,905/06
Bueil ⟨Count de Sancerre⟩
Bueil, Jean V. ¬de¬
Jean ⟨de Bueil⟩

Buenhombre, Alphonse
→ **Alfonsus ⟨Bonihominis⟩**

Büren, Gerardus ¬de¬
→ **Gerardus ⟨de Büren⟩**

Büren, Gertrud ¬von¬
→ **Gertrud ⟨von Büren⟩**

Bueriis, Odo ¬de¬
→ **Odo ⟨de Bueriis⟩**

Bürn, Johannes
um 1442
Prosabericht über Zeremonien und Festlichkeiten der Kaiserkrönung
VL(2),1,1139
Bürn de Mohausen, Johannes
Bürnn, Johannes
Johannes ⟨Bürn⟩
Johannes ⟨Bürn de Mohausen⟩
Johannes ⟨de Mohausen⟩
Johannes ⟨de Mohawsen⟩
Mohausen, Johannes ¬de¬

Bützberg, Petrus ¬de¬
→ **Petrus ⟨de Bützberg⟩**

Bugalis, Bernardus
→ **Bernardus ⟨Bugalis⟩**

Bugga ⟨Abbatissa⟩
um 720/60
Epistula ad S. Bonifatium Moguntinum
Abbatissa Bugga
Bugga ⟨Abbesse⟩
Bugga ⟨Bénédictine⟩

Buggo ⟨von Worms⟩
→ **Burchardus ⟨Wormaciensis⟩**

Bugniet, Nicod
um 1446
Mémorial de Fribourg; Le livre des prisonniers (Fribourg, Suisse), saec. XIV; Diarius de dissentionibus inter Albertum, Astriae ducem, et Friburgenses cives (1449-1450)
Rep.Font. II,600
Nicod ⟨Bugniet⟩

Buḫārī, ʿAmʿaq ¬al-¬
→ **ʿAmʿaq al-Buḫārī**

Buḫārī, Faḫr-ad-Dīn ʿAlī Ibn-Aḥmad ¬al-¬
→ **Ibn-al-Buḫārī, Faḫr-ad-Dīn ʿAlī Ibn-Aḥmad**

Buḫārī, Mīrak Šams-ad-Dīn Muḥammad Ibn-Mubārak
→ **Mīrak Šams-ad-Dīn Muḥammad Ibn-Mubārak al-Buḫārī**

Buḫārī, Muḥammad Ibn-Ismāʿīl ¬al-¬
810 – 870
Al-Boukhari
Bokhâri ¬el-¬
Boukhari ¬al-¬
Buchari, Mohammed ¬al¬
Bukhārī, Muḥammad Ibn Ismāʿīl
Bukhârî ¬al-¬
Buxari, Äbu-Abdulla Muhämmäd
El-Bokhâri
Ibn-Ismāʿīl, Muḥammad al-Buḫārī
Ibn-Ismāʿīl al-Buḫārī, Muḥammad
Muḥammad Ibn-Ismāʿīl al-Buḫārī

Buhler, Fuß ¬der¬
→ **Fuß ⟨der Buhler⟩**

Buḥturī, al-Walīd Ibn-ʿUbaid ¬al-¬
821 – 897
Buhturi
Ibn-ʿUbaid, al-Walīd al-Buḥturī
Walīd Ibn-ʿUbaid al-Buḥturī ¬al-¬

Buigne, Gace ¬de la¬
→ **Gace ⟨de la Buigne⟩**

Buisine ⟨d'Arras⟩
→ **Eustachius ⟨Atrebatensis⟩**

Buk, Andreas ¬de¬
→ **Andreas ⟨de Buk⟩**

Buk, Johann ¬von¬
→ **Johannes ⟨von Buch⟩**

Bukhârî ¬al-¬
→ **Buḫārī, Muḥammad Ibn-Ismāʿīl ¬al-¬**

Bulach, Hans
15. Jh.
Rezept zur Herstellung von Kirschwein
VL(2),1,1115
Bulach von Rottweil, Hans
Hans ⟨Bulach⟩
Hans ⟨Bulach von Rottweil⟩
Hans ⟨von Rottweil⟩

Bulcaranus ⟨Comes⟩
→ **Bulgaranus ⟨Comes⟩**

Bulder, Johann
um 1495
Relatio
Rep.Font. II,601
Johann ⟨Bulder⟩

Buldesdorf, Nikolaus ¬von¬
→ **Nikolaus ⟨von Buldesdorf⟩**

Bulgaranus ⟨Comes⟩
um 612
Epistulae
Cpl 1297
Bulcaranus ⟨Comes⟩
Bulgar ⟨Comes⟩
Bulgaran ⟨Comte⟩
Bulgaran ⟨Préfet de la Gaule Narbonnaise⟩

Bulgariae, Jacobus
→ **Jacobus ⟨Bulgariae⟩**

Bulgarus
gest. 1167
LMA,II,931
Bulgaro ⟨de Bologne⟩
Bulgarus ⟨Bononiensis⟩
Bulgarus ⟨Causidicus⟩
Bulgarus ⟨de Bulgarii⟩
Bulgarus ⟨de Bulgariis⟩

Bullencuria, Johannes ¬de¬
→ **Johannes ⟨de Bullencuria⟩**

Bullonius, Godefridus
→ **Godefroy ⟨Basse Lorraine, Duc, IV.⟩**

Būlus al-Anṭākī
→ **Būlus ar-Rāhib al-Anṭākī**

Būlus al-Būšī
13. Jh.
Maqāla fī 't-taṯlīṯ wa-'t-taǧassud wa-ṣiḥḥat al-masīḥīya
Graf: GCAL,II,356-60
Būlus ⟨al-Būšī⟩
Būlus al-Būshī
Bus, Paul ¬de¬
Būshī, Paulus ¬al-¬
Būšī, Būlus ¬al-¬
Būšī, Paulus ¬al-¬
Paulus ⟨de Būš⟩
Paulus al-Būshī
Paulus al-Būšī

Būlus ar-Rāhib al-Anṭākī
12. Jh.
Būlus al-Anṭākī
Paul ⟨d'Antioche⟩
Paul ⟨von Sidon⟩
Paulus ⟨de Sidon⟩
Paulus al-Anṭākī
Paulus ar-Rāhib
Paulus ar-Rāhib al-Anṭākī

Bulwick, Guilelmus ¬de¬
→ **Guilelmus ⟨de Bulwick⟩**

Bulzano, Johannes ¬de¬
→ **Johannes ⟨de Bulzano⟩**

Buman, Heinrich
um 1478/88
Auslegung u. Übertragung des „Lignum Vitae"
VL(2),1,1115/17
Bumann, Heinrich
Heinrich ⟨Buman⟩
Heinrich ⟨Bumann⟩

Buochein, ¬Der von¬
→ **Buchein, ¬Der von¬**

Buonaccorsi, Filippo
→ **Philippus ⟨Bonaccursius⟩**

Buonaccorso ⟨da Pisa⟩
→ **Bonus ⟨Accursius⟩**

Buonaccorso ⟨de Bologne⟩
→ **Bonacursius ⟨Bononiensis⟩**

Buonaccorso ⟨de Milan⟩
→ **Bonaccursus ⟨Mediolanensis⟩**

Buonaccorso ⟨Pitti⟩
→ **Pitti, Buonaccorso**

Buonaccorso ⟨von Mailand⟩
→ **Bonaccursus ⟨Mediolanensis⟩**

Buonaccurso ⟨da Montemagno⟩
→ **Bonacursus ⟨de Montemagno⟩**

Buonacorso, Uberto
→ **Ubertus ⟨de Bonacurso⟩**

Buonagiunta ⟨de Lucques⟩
→ **Orbicciani, Bonaggiunta**

Buonagrazia ⟨de Bergame⟩
→ **Bonagratia ⟨de Bergamo⟩**

Buonamente, Aliprandi
→ **Aliprandi, Bonamente**

Buoncortese ⟨von Bergamo⟩
→ **Bonagratia ⟨de Bergamo⟩**

Buondelmonti, Cristoforo ¬de'¬
→ **Christophorus ⟨de Bondelmontibus⟩**

Buondelmonti, Piero Antonio
→ **Piero Antonio ⟨Buondelmonti⟩**

Buonfigli, Benedetto
→ **Bonfigli, Benedetto**

Buonincontro, Lorenzo
1410 – ca. 1500
Bonicontrius, Laurentius
Bonincontri, Lorenzo
Bonincontrius, Laurentius
Buonincontrius, Laurentius
Laurentius ⟨Bonincontri⟩
Laurentius ⟨Bonincontrius⟩
Laurentius ⟨Bonincontrus⟩
Laurentius ⟨Bonincontrus Miniatensis⟩
Laurentius ⟨de San-Miniato⟩
Laurentius ⟨Miniatensis⟩
Lorenzo ⟨Bonincontri⟩
Lorenzo ⟨Buonincontro⟩

Buoninsegna, Duccio ¬di¬
→ **Duccio ⟨di Buoninsegna⟩**

Buoninsegni, Dominicus
ca. 1385 – 1467
Historia Fiorentina
Rep.Font. II,607
Buoninsegne, Dominique
Buoninsegni, Domenico
Buoninsegni, Dominique di Lionardo
Domenico ⟨Buoninsegni⟩
Dominicus ⟨Buoninsegni⟩
Dominique ⟨Buoninsegne⟩
Dominique ⟨Buoninsegni di Lionardo⟩
Dominique ⟨di Lionardo Buoninsegni⟩

Buono ⟨Accorso⟩
→ **Bonus ⟨Accursius⟩**

Buono, Pietro
→ **Bonus, Petrus**

Buonvicini, Domenico
→ **Dominicus ⟨Bonvicinus de Pescia⟩**

Buralli, Giovanni
→ **Johannes ⟨de Parma⟩**

Burbachius, Georgius
→ **Peuerbach, Georg ¬von¬**

Burcardo ⟨di Andwil⟩
→ **Burchardus ⟨de Andwil⟩**

Burcardo ⟨di Worms⟩
→ **Burchardus ⟨Wormaciensis⟩**

Burcardo ⟨d'Ursperg⟩
→ **Burchardus ⟨Urspergensis⟩**

Burcardo ⟨Notaio Imperiale⟩
→ **Burchardus ⟨Notarius Imperialis⟩**

Burcardus ⟨...⟩
→ **Burchardus ⟨...⟩**

Burce, Salvo
→ **Salvus ⟨Burci⟩**

Burchard ⟨de Bellevaux⟩
→ **Burchardus ⟨Bellae Vallis⟩**

Burchard ⟨de Hall⟩
→ **Burchardus ⟨de Hallis⟩**

Burchard ⟨de Mangfall⟩
→ **Burchard ⟨von Mangelfelt⟩**

Burchard ⟨de Monte Sion⟩
→ **Burchardus ⟨de Monte Sion⟩**

Burchard ⟨de Saint-Pierre à Wimpfen⟩
→ **Burchardus ⟨de Hallis⟩**

Burchard ⟨de Saxe⟩
→ **Burchardus ⟨de Monte Sion⟩**

Burchard ⟨de Schwäbisch-Hall⟩
→ **Burchardus ⟨de Hallis⟩**

Burchard ⟨de Strasbourg⟩
→ **Burchardus ⟨Argentinensis⟩**
→ **Burchardus ⟨Vicedominus Argentinensis⟩**

Burchard ⟨d'Hohenfels⟩
→ **Burkhart ⟨von Hohenfels⟩**

Burchard ⟨Dominican⟩
→ **Burchardus ⟨de Monte Sion⟩**

Burchard ⟨Kaplan Kaiser Friedrichs I.⟩
→ **Burchardus ⟨Notarius Imperialis⟩**

Burchard ⟨Mangepheldius⟩
→ **Burchard ⟨von Mangelfelt⟩**

Burchard ⟨Notaire de l'Empereur Frédéric I⟩
→ **Burchardus ⟨Notarius Imperialis⟩**

Burchard ⟨of Bellevaux⟩
→ **Burchardus ⟨Bellae Vallis⟩**

Burchard ⟨of Mount Sion⟩
→ **Burchardus ⟨de Monte Sion⟩**

Burchard ⟨of Worms⟩
→ **Burchardus ⟨Wormaciensis⟩**

Burchard ⟨Straßburger Vitztum⟩
→ **Burchardus ⟨Vicedominus Argentinensis⟩**

Burchard ⟨Teutonicus⟩
→ **Burchardus ⟨de Monte Sion⟩**

Burchard ⟨Vidame⟩
→ **Burchardus ⟨Vicedominus Argentinensis⟩**

Burchard ⟨Vitztum⟩
→ **Burchardus ⟨Vicedominus Argentinensis⟩**

Burchard ⟨von Barby⟩
→ **Burchardus ⟨de Monte Sion⟩**

Burchard ⟨von Biberach⟩
→ **Burchardus ⟨Urspergensis⟩**

Burchard ⟨von Mangelfelt⟩
um 1200
Weichbildglosse; Sachsenspiegelglosse
VL(2),1,1117
Burchard ⟨de Mangfall⟩
Burchard ⟨Mangepheldius⟩
Burchardus ⟨Mangepheldius⟩
Mangelfelt, Burchard ¬von¬

Burchard ⟨von Reichenau⟩
→ **Burchardus ⟨Augiensis⟩**

Burchard ⟨von Straßburg⟩
→ **Burchardus ⟨Argentinensis⟩**
→ **Burchardus ⟨Vicedominus Argentinensis⟩**

Burchard ⟨von Ursberg⟩
→ **Burchardus ⟨Urspergensis⟩**

Burchard ⟨von Walldorf⟩
gest. 1408
Documentum contra pestilentiam; Identität mit Burkhard ⟨de Waltorf⟩ wahrscheinlich
VL(2),1,1121
Burkhard ⟨de Waltorf⟩
Walldorf, Burchard ¬von¬

Burchard ⟨von Weißensee⟩
→ **Burchardus ⟨de Weissensee⟩**

Burchard ⟨von Worms⟩
→ **Burchardus ⟨Wormaciensis⟩**

Burchard ⟨Zenggius⟩
→ **Zink, Burkhard**

Burchard ⟨Zink⟩
→ **Zink, Burkhard**

Burchardus ⟨Anerbe⟩
→ **Burchardus ⟨Argentinensis⟩**

Burchardus ⟨Argentinensis⟩
→ **Burchardus ⟨Vicedominus Argentinensis⟩**

Burchardus ⟨Argentinensis⟩
14. Jh. · OP
Summa casuum
Kaeppeli,I,456/257
Borcard ⟨Dominicain⟩
Boucardus ⟨Teutonicus⟩
Brocard ⟨Dominicain⟩
Brocardus ⟨Argentinensis⟩
Brocardus ⟨Teutonicus⟩
Brochard ⟨Dominicain⟩
Brochardus ⟨Teuthonicus⟩
Burchard ⟨de Strasbourg⟩
Burchard ⟨de Strasbourg, Canoniste⟩
Burchardus ⟨Anerbe⟩
Burchardus ⟨Anerbe de Argentina⟩
Burchardus ⟨Argentinensis, OP⟩
Burchardus ⟨de Argentina⟩
Burchardus ⟨Ordinis Praedicatorum⟩
Burchardus ⟨Teuto⟩

Burchardus ⟨Augiensis⟩
um 994/97
Carmen de gestis Witigowonis
Tusculum-Lexikon; LMA,II,951/52
Burchard ⟨von Reichenau⟩
Burchardus ⟨Augiae⟩
Purchard ⟨von Reichenau⟩
Purchardus ⟨Augiae Divitis⟩
Purchardus ⟨Augiensis⟩
Purchart ⟨von der Reichenau⟩
Purchart ⟨von Reichenau⟩

Burchardus ⟨aus Biberach⟩
→ **Burchardus ⟨Urspergensis⟩**

Burchardus ⟨Balernae⟩
→ **Burchardus ⟨Bellae Vallis⟩**

Burchardus ⟨Bellae Vallis⟩
gest. 1163
CSGL
Bellae Vallis, Burchardus
Burchard ⟨de Bellevaux⟩
Burchard ⟨of Bellevaux⟩
Burchardus ⟨Balernae⟩
Burchardus ⟨Balernensis⟩
Burchardus ⟨Bellevallensis⟩
Burchardus ⟨Bellevallis⟩
Burchardus ⟨Bellovacensis⟩
Burchardus ⟨of Bellevaux⟩

Burchardus ⟨Bellovacensis⟩
→ **Burchardus ⟨Bellae Vallis⟩**

Burchardus ⟨Biberacensis⟩
→ **Burchardus ⟨Urspergensis⟩**

Burchardus ⟨de Andwil⟩
um 1480
Andwil, Burchardus ¬de¬
Borcardus ⟨de Anwil⟩
Burcardo ⟨di Andwil⟩
Burchardus ⟨de Anwil⟩
Burchardus ⟨de Aynwyl⟩
Burckardus ⟨de Angwil⟩
Purchardus ⟨de Aynbyl⟩

Burchardus ⟨de Argentina⟩
→ **Burchardus ⟨Argentinensis⟩**
→ **Burchardus ⟨Vicedominus Argentinensis⟩**

Burchardus ⟨de Aynwyl⟩
→ **Burchardus ⟨de Andwil⟩**

Burchardus ⟨de Barby⟩
→ **Burchardus ⟨de Monte Sion⟩**

Burchardus ⟨de Biberach⟩
→ **Burchardus ⟨Urspergensis⟩**

Burchardus ⟨de Hallis⟩
gest. 1300
Chronica ecclesiae Wimpinensis
LMA,II,1104
Burchard ⟨de Hall⟩
Burchard ⟨de Saint-Pierre à Wimpfen⟩
Burchard ⟨de Schwäbisch-Hall⟩
Burchardus ⟨de Wimpfen⟩
Burkhard ⟨von Hall⟩
Hallis, Burchardus ¬de¬

Burchardus ⟨de Monte Sion⟩
13. Jh. · OP
Descriptio terrae sanctae
Tusculum-Lexikon; LThK; Rep.Font. II,586; LMA,II,953
Borchardus ⟨de Monte Sion⟩
Brocard ⟨von Barby⟩
Brocardus ⟨de Monte Sion⟩
Brocardus, Bonaventura
Brochard ⟨von Barby⟩
Burchard ⟨de Monte Sion⟩
Burchard ⟨de Saxe⟩
Burchard ⟨Dominican⟩
Burchard ⟨du Mont Sion⟩
Burchard ⟨of Mount Sion⟩
Burchard ⟨Teutonicus⟩
Burchard ⟨von Barby⟩
Burchardus ⟨de Barby⟩
Burchardus ⟨de Saxonia⟩
Burchardus ⟨Sionensis⟩
Monte Sion, Burchardus ¬de¬

Burchardus ⟨de Saxonia⟩
→ **Burchardus ⟨de Monte Sion⟩**

Burchardus ⟨de Ursberg⟩
→ **Burchardus ⟨Urspergensis⟩**

Burchardus ⟨de Weissensee⟩
um 1340/50 · OP
Bona fides. Opusculum de defectuum correctione et morum reformatione in Ordine Praed.; Quodlibeta
Kaeppeli,I,260/261
Burchard ⟨von Weißensee⟩
Weissensee, Burchardus ¬de¬

Burchardus ⟨de Wimpfen⟩
→ **Burchardus ⟨de Hallis⟩**

Burchardus ⟨Gentinensis⟩
→ **Burchardus ⟨Vicedominus Argentinensis⟩**

Burchardus ⟨Magister⟩
→ **Burchardus ⟨Vicedominus Argentinensis⟩**

Burchardus ⟨Mangepheldius⟩
→ **Burchard ⟨von Mangelfelt⟩**

Burchardus ⟨Notarius Imperialis⟩
um 1160
Epistulae II ad Nicolaum Sigebergensam abbatem
LMA,II,951
Burcardo ⟨Notaio Imperiale⟩
Burchard ⟨Kaplan Kaiser Friedrichs I.⟩
Burchard ⟨Notaire de l'Empereur Frédéric I⟩
Burchardus ⟨Notarius Imperatoris Friderici Barbarossae⟩

Burchardus ⟨of Bellevaux⟩
→ **Burchardus ⟨Bellae Vallis⟩**

Burchardus ⟨of Ursperg⟩
→ **Burchardus ⟨Urspergensis⟩**

Burchardus ⟨of Worms⟩
→ **Burchardus ⟨Wormaciensis⟩**

Burchardus ⟨Ordinis Praedicatorum⟩
→ **Burchardus ⟨Argentinensis⟩**

Burchardus ⟨Praepositus⟩
→ **Burchardus ⟨Urspergensis⟩**

Burchardus ⟨Sionensis⟩
→ **Burchardus ⟨de Monte Sion⟩**

Burchardus ⟨Teuto⟩
→ **Burchardus ⟨Argentinensis⟩**

Burchardus ⟨Urspergensis⟩
1177 – 1230
Tusculum-Lexikon; LThK; CSGL; LMA,II,952; VL(2),1,1119/21
Burcardo ⟨d'Ursperg⟩
Burcardus ⟨aus Biberach⟩
Burchard ⟨von Biberach⟩
Burchard ⟨von Ursberg⟩
Burchardus ⟨Biberacensis⟩
Burchardus ⟨de Biberach⟩
Burchardus ⟨de Ursberg⟩
Burchardus ⟨of Ursperg⟩
Burchardus ⟨Praepositus⟩

Burchardus ⟨Vicedominus Argentinensis⟩
um 1175/94
Itinerarium in Aegyptum et Syriam; Epistola ad Nicolaum Sigebergensem; Epistola alia ad Nicolaum
VL(2),1,1118/19; Rep.Font. II,607
Brocardus ⟨Argentinensis⟩
Brochardus ⟨Argentinensis⟩
Burchard ⟨de Strasbourg⟩
Burchard ⟨Straßburger Vitztum⟩
Burchard ⟨Vidame⟩
Burchard ⟨Vidame de Strasbourg⟩
Burchard ⟨Vitztum⟩
Burchard ⟨von Straßburg⟩
Burchardus ⟨Argentinensis⟩
Burchardus ⟨Argentoratensis⟩
Burchardus ⟨de Argentina⟩
Burchardus ⟨Gentinensis⟩
Burchardus ⟨Magister⟩
Richardus ⟨Argentoratensis⟩

Burchardus ⟨Wormaciensis⟩
965 – 1025
LThK; CSGL; Potth.; LMA,II,946/951
Brochart ⟨de Worms⟩
Buggo ⟨von Worms⟩
Burcardo ⟨di Worms⟩
Burchard ⟨of Worms⟩
Burchard ⟨von Worms⟩
Burchardus ⟨of Worms⟩
Burchardus ⟨Vormatiensis⟩
Burchardus ⟨Wormatiensis⟩
Burckhard ⟨von Worms⟩

Burchiello, ¬II¬
1404 – ca. 1448
LMA,II,953/54
Burchiello, Domenico
Burchiello, Domenico di Giovanni
Burchiello, Giovanni
DiGiovanni, Domenico
Domenico ⟨di Giovanni⟩
Domenico ⟨il Burchiello⟩
Giovanni, Domenico ¬di¬
Il Burchiello

Burci, Salvus
→ **Salvus ⟨Burci⟩**

Burckardus ⟨...⟩
→ **Burchardus ⟨...⟩**

Burckhard ⟨...⟩
→ **Burkard ⟨...⟩**

Burckhardus ⟨...⟩
→ **Burchardus ⟨...⟩**

Burdinus
→ **Gregorius ⟨Papa, VIII., Antipapa⟩**

Burenfiendt
→ **Bauernfeind**

Burg, Heintz Huntpis
Lebensdaten nicht ermittelt
8 chirurgische Rezepte
VL(2),1,1129
Burg, Heintz Hundbiß
Heintz Hundbiß ⟨Burg⟩
Heintz Huntpis ⟨Burg⟩

Burgalês, Pero Garcia
→ **Pero Garcia ⟨Burgalês⟩**

Burgeis, Heinrich ¬von¬
→ **Heinrich ⟨von Burgeis⟩**

Burgensius, Nicolaus
→ **Borghesi, Nicolaus**

Burgerus ⟨de Burgis⟩
→ **Hilgerus ⟨de Burgis⟩**

Burgesius, Galganus
→ **Galganus ⟨Burgesius⟩**

Burggraf ⟨von Lienz⟩
um 1231/69
2 Tagelieder
VL(2),5,825/826
Burggraf ⟨von Lüenz⟩
Heinrich ⟨von Lienz⟩
Lienz, Burggraf ¬von¬

Burggraf ⟨von Regensburg⟩
→ **Regensburg, Burggraf ¬von¬**

Burggraf ⟨von Riedenburg⟩
→ **Riedenburg, Burggraf ¬von¬**

Burgh, Benedict
ca 1413 – 1483
Forts. von John Lydgates Versübertr. der Secreta secretorum: „Secrees of old philisoffres"
LMA,II,1053
Benedict ⟨Burgh⟩
Burgh, Benet
Burgh, Benoît

Burgh, Johannes
→ **Johannes ⟨de Burgo⟩**

Burghardus ⟨...⟩
→ **Burchardus ⟨...⟩**

Burghausen, Hans ¬von¬
→ **Hans ⟨von Burghausen⟩**

Burginda
um 700
Epistula ad iuvenem
LMA,II,1054
Burginda ⟨de Bath⟩
Burginda ⟨Moniale⟩

Burgis, Hilgerus ¬de¬
→ **Hilgerus ⟨de Burgis⟩**

Burgis, Johannes ¬de¬
→ **Johannes ⟨Gundisalvi de Burgis⟩**

Burgmann, Nicolaus
gest. 1433
Historia imperatorum et regum Romanorum Spirae sepultorum
Rep.Font. II,612
Burgmann, Nicolas
Burgmannus, Nicolaus
Nicolas ⟨Burgmann⟩
Nicolaus ⟨Burgmann⟩
Nicolaus ⟨Burgmannus⟩

Burgo, Johannes ¬de¬
→ **Johannes ⟨de Burgo⟩**

Burgo Sancti Donnini, Gerardus ¬de¬
→ **Gerardus ⟨de Burgo Sancti Donnini⟩**

Burgo Sancti Sepulchri, Dionysius ¬de¬
→ **Dionysius ⟨de Burgo Sancti Sepulchri⟩**

Burgos, Abner
→ **Alfonso ⟨de Valladolid⟩**

Burgsdorfius, Theodoricus
→ **Theodoricus ⟨Burgsdorfius⟩**

Burǧulānī, Muḥammad Ibn-al-Ḥusain ¬al-¬
gest. 852
Burjulānī, Muḥammad ibn al-Ḥusayn
Ibn-al-Ḥusain, Muḥammad al-Burǧulānī
Muḥammad Ibn-al-Ḥusain al-Burǧulānī

Burgundi, Johannes
→ **Johannes ⟨Burgundi⟩**

Burgundio, Humbertus
→ **Humbertus ⟨de Garda⟩**

Burgundius ⟨Pisanus⟩
ca. 1110 – 1194
Tusculum-Lexikon; LThK; CSGL; LMA,II,1097/98
Burgundio ⟨of Pisa⟩
Burgundio ⟨Pisano⟩
Burgundio ⟨von Pisa⟩
Burgundio, Jean
Burgundione ⟨Pisano⟩
Burgundius, Johannes
Jean ⟨Burgundio⟩
Jean ⟨Burgundio de Pise⟩
Johannes ⟨Burgundius⟩
Johannes ⟨Burgundius Pisanus⟩
Pisanus, Burgundius

Burgundius, Johannes
→ **Burgundius ⟨Pisanus⟩**

Burgundus, Gerardus
→ **Gerardus ⟨Burgundus⟩**

Burgundus, Gregorius
→ **Gregorius ⟨Burgundus⟩**

Burgundus, Guido
→ **Guido ⟨Altissiodorensis⟩**

Burhān-ad-Dīn al-Ḥalabī
→ **Sibṭ-Ibn-al-ʿAǧamī, Ibrāhīm Ibn-Muḥammad**

Burhān-ad-Dīn az-Zarnūǧī
→ **Zarnūǧī, Burhān-ad-Dīn ¬az-¬**

Buri, Richardus ¬de¬
→ **Richardus ⟨de Bury⟩**

Buridanus, Johannes
→ **Johannes ⟨Buridanus⟩**

Burjulānī, Muḥammad ibn al-Ḥusayn
→ **Burǧulānī, Muḥammad Ibn-al-Ḥusain ¬al-¬**

Burkhard ⟨Bader⟩
→ **Burkhard ⟨von Reutlingen⟩**

Burkhard ⟨de Waltorf⟩
→ **Burchard ⟨von Walldorf⟩**

Burkhard ⟨Meister⟩
→ **Burkhard ⟨von Reutlingen⟩**

Burkhard ⟨von Hall⟩
→ **Burchardus ⟨de Hallis⟩**

Burkhard ⟨von Hohenfels⟩
→ **Burkhart ⟨von Hohenfels⟩**

Burkhard ⟨von Reutlingen⟩
15. Jh.
Anweisung, ein Heilbad zu richten
VL(2),1,1139; VL(2),9,1179
Burkhard ⟨Bader⟩
Burkhard ⟨Meister⟩
Burkhard ⟨Wundarzt⟩
Burkhart ⟨Tütel⟩
Burkhart ⟨von Reutlingen⟩
Reutlingen, Burkhard ¬von¬
Reutlingen, Burkhart ¬von¬
Tütel, Burkhart

Burkhard ⟨Wundarzt⟩
→ **Burkhard ⟨von Reutlingen⟩**

Burkhard ⟨Zink⟩
→ **Zink, Burkhard**

Burkhart ⟨Tütel⟩
→ **Burkhard ⟨von Reutlingen⟩**

Burkhart ⟨von Hohenfels⟩
um 1226
Minnelieder
VL(2),1,1135/1136; LMA,II,1105
Burchard ⟨d'Hohenfels⟩
Burkard ⟨von Hohenfels⟩
Burkart ⟨von Hohenfels⟩
Burkhard ⟨von Hohenfels⟩
Hohenfels, Burchard ¬d'¬
Hohenfels, Burkhart ¬von¬

Burkhart ⟨von Reutlingen⟩
→ **Burkhard ⟨von Reutlingen⟩**

Burlaeus, Gualterus
1275 – 1345
Tusculum-Lexikon; LThK; LMA,VIII,1994/95
Burlaeus, Gualterius
Burlaeus, Gualtherus
Burleigh, Walter
Burleus, Gualterus
Burley, Gualterius ¬de¬
Burley, Walter
Burley, Walterus
Gualterus ⟨Burlaeus⟩
Gualterus ⟨de Burley⟩
Purlaeus, Walter
Walter ⟨Burleigh⟩
Walter ⟨Burley⟩
Walter ⟨de Burley⟩

Burley, Adamus
→ **Adamus ⟨Burley⟩**

Burley, Walter
→ **Burlaeus, Gualterus**

Burlifer, Stephan
→ **Stephanus ⟨Brulefer⟩**

Burneston, Simeon
→ **Simon ⟨de Boraston⟩**

Burnusī, Aḥmad Ibn-Aḥmad ¬al-¬
→ **Zarrūq, Aḥmad Ibn-Aḥmad ¬az-¬**

Burricus ⟨Scholasticus⟩
→ **Baldericus ⟨Treverensis⟩**

Burselle, Guilelmus
→ **Guilelmus ⟨Buser⟩**

Burton, Thomas ¬de¬
→ **Thomas ⟨de Burton⟩**

Bury, John ¬de¬
→ **Johannes ⟨Burensis⟩**

Bury, Richardus ¬de¬
→ **Richardus ⟨de Bury⟩**

Bus, Gervais ¬du¬
→ **Gervais ⟨du Bus⟩**

Bus, Paul ¬de¬
→ **Būlus al-Būšī**

Buscaria, Johannes ¬de¬
→ **Johannes ⟨de Buscaria⟩**

Busch, Johannes
1399 – 1480
LThK; Tusculum-Lexikon
Busch, Johann
Buschius, Johannes
Johann ⟨Busch⟩
Johannes ⟨Buschius⟩

Buschmann, Arnt
um 1411/83
Visionsbericht verschiedener Visionen; Buschmann-Mirakel
VL(2),1,1142/1145
Arnold ⟨Buschmann⟩
Arnt ⟨Buschmann⟩
Buschmann, Arnold

Buschmann, Theodericus
15. Jh.
Processus reformationis monasterii Egmondensis
Rep.Font. II,613
Bosman, Theodericus
Busman, Theodericus
Theodericus ⟨Buschmann⟩
Theodericus ⟨Busman⟩
Theodoricus ⟨Bosman⟩

Busco, Guido ¬de¬
→ **Guido ⟨de Busco⟩**

Buser, Guilelmus
→ **Guilelmus ⟨Buser⟩**

Būšī, Būlus ¬al-¬
→ **Būlus al-Būšī**

Būṣīrī, Aḥmad Ibn-Abī-Bakr ¬al-¬
→ **Ibn-Qaimāz al-Būṣīrī, Aḥmad Ibn-Abī-Bakr**

Būṣīrī, Aḥmad Ibn-Qaimāz ¬al-¬
→ **Ibn-Qaimāz al-Būṣīrī, Aḥmad Ibn-Abī-Bakr**

Būṣīrī, Muḥammad Ibn-Sa'īd ¬al-¬
1211 – 1294
Busirida, Abi A.
Ibn-Sa'īd, Muḥammad al-Būṣīrī
Muḥammad Ibn-Sa'īd al-Būṣīrī

Busirida, Abi A.
→ **Būṣīrī, Muḥammad Ibn-Sa'īd ¬al-¬**

Busman, Theodericus
→ **Buschmann, Theodericus**

Busnois, Antoine
1467 – 1492
Höfische Chansons
LMA,II,1117
Antoine ⟨Busnois⟩
Antoine ⟨de Busnes⟩
Busnes, Antoine ¬de¬

Busone ⟨da Gubbio⟩
→ **Bosone ⟨da Gubbio⟩**

Busone, Raffaelli
→ **Bosone ⟨da Gubbio⟩**

Bussero, Godefridus ¬de¬
→ **Godefridus ⟨de Bussero⟩**

Bussi, Giovanni Andrea ¬dei¬
→ **Johannes ⟨Andreas⟩**

Busso ⟨de Minden⟩
→ **Watenstedius, Busso**

Busso ⟨d'Hameln⟩
→ **Watenstedius, Busso**

Busso ⟨Mindensis⟩
→ **Watenstedius, Busso**

Busso ⟨Watenstedius⟩
→ **Watenstedius, Busso**

Bustamante, Gonsalvus ¬de¬
→ **Gonsalvus ⟨de Bustamante⟩**

Bustī, Abu-'l-Fatḥ 'Alī Ibn-Muḥammad ¬al-¬
→ **Abu-'l-Fatḥ al-Bustī, 'Alī Ibn-Muḥammad**

Bustī, 'Alī Ibn-Muḥammad ¬al-¬
→ **Abu-'l-Fatḥ al-Bustī, 'Alī Ibn-Muḥammad**

Bustī, Muḥammad Ibn-Ḥibbān ¬al-¬
→ **Ibn-Ḥibbān al-Bustī, Muḥammad Ibn-Aḥmad**

Bu-ston
1290 – 1364
Bu-ston Rin-chen-grub
Rin-chen-grub
Rin-chen-grub ⟨Bu-ston⟩

Bustrōnios, Geōrgios
15./16. Jh.
CSGL; Potth.; Meyer; LMA,II,1159/60
Boustronios, Georgios
Bustrone, Georg
Bustrones, Georgios
Bustronius, Georgius
Georg ⟨Bustrone⟩
Geōrgios ⟨Bustrōnios⟩
Georgius ⟨Bustronius⟩
Georgius ⟨Cyprius⟩
Pustrus, Tzortzēs
Tzortzēs ⟨Pustrus⟩

But, Adrianus ¬de¬
1437 – 1488
Rapiarium; Chronicon Flandriae; Cronica abbatum monasterii de Dunis
LMA,II,1160; Rep.Font. II,129
Adrianus ⟨Buds⟩
Adrianus ⟨Budsius⟩
Adrianus ⟨Budt⟩
Adrianus ⟨But⟩
Adrianus ⟨Butsius⟩
Adrianus ⟨de Bud⟩
Adrianus ⟨de Budt⟩
Adrianus ⟨de But⟩
Adrianus ⟨Dunensis⟩
Adrien ⟨But⟩
But, Adrian ¬de¬
But, Adrien

Buti, Jacobus
→ **Jacobus ⟨Buti⟩**

Butlerus, Guilelmus
→ **Guilelmus ⟨Butlerus⟩**

Butrigarius, Jacobus
→ **Jacobus ⟨Butrigarius⟩**

Butrinto, Nicolaus ¬de¬
→ **Nicolaus ⟨de Butrinto⟩**

Butrio, Antonius ¬de¬
→ **Antonius ⟨de Butrio⟩**

Butzbach, Johannes Juff ¬de¬
→ **Johannes ⟨Juff de Butzbach⟩**

Butzbach, Konrad ¬von¬
→ **Konrad ⟨von Butzbach⟩**

Buwenburg, Ulrich ¬von¬
→ **Ulrich ⟨von Baumburg⟩**

Buxari, Äbu-Abdulla Muhämmäd
→ **Buḫārī, Muḥammad Ibn-Ismā'īl ¬al-¬**

Buxdorf, Dietrich
→ **Theodoricus ⟨Burgsdorfius⟩**

Buxis, Johannes Andreas ¬de¬
→ **Johannes ⟨Andreas⟩**

Būzağānī, Abu-'l-Wafā' Muḥammad Ibn-Muḥammad
→ **Abu-'l-Wafā' al-Būzağānī, Muḥammad Ibn-Muḥammad**

Buzay, Bartholomaeus ¬de¬
→ **Bartholomaeus ⟨de Buzay⟩**

Buzko ⟨de Gdyna⟩
gest. 1441
Quaestiones super Analytica Priora; Quaestiones super libro De anima
Lohr
Buzko ⟨Magister⟩
Gdyna, Buzko ¬de¬

Byard, Nicolaus ¬de¬
→ **Nicolaus ⟨de Byarto⟩**

Byarto, Nicolaus ¬de¬
→ **Nicolaus ⟨de Byarto⟩**

Byczyna, Ambrosius ¬de¬
→ **Ambrosius ⟨de Byczyna⟩**

Bydo ⟨von Siena⟩
→ **Bindus ⟨Senensis⟩**

Byel, Gabriel
→ **Biel, Gabriel**

Bylina, Nicolaus ¬de¬
→ **Mikołaj Bylina ⟨z Leszczyn⟩**

Byntrée, Guillaume
→ **Guilelmus ⟨Bintraeus⟩**

Byrhtferth
ca. 960 – 1012 · OSB
Mutmaßl. Verf. der „Vita S. Oswaldi“ und der „Vita S. Ecgwini“; Manual (a. 1011 Anglo-Saxonice redactum)
LMA,II,1168; Rep.Font. II,613
Bridferth ⟨Bénédictin⟩
Bridferth ⟨de Ramsey⟩
Bridferth ⟨Ramesiensis⟩
Bridferthus ⟨Ramesiensis⟩
Bridfertus ⟨Monachus⟩
Bridfertus ⟨Ramesiensis⟩
Byrhtferth ⟨Monachus⟩
Byrhtferth ⟨of Ramsey⟩
Byrhtferth ⟨Ramesiensis⟩
Byrthferth

Byssariōn
→ **Bessarion**

Byval'cev, Feodosij
→ **Feodosij ⟨Byval'cev⟩**

Byzacenus, Liberatus
→ **Liberatus ⟨Byzacenus⟩**

Byzantinus, Hierocles
→ **Hierocles ⟨Byzantinus⟩**

Byzantinus, Leontius
→ **Leontius ⟨Byzantinus⟩**

Byzantinus, Manuel
→ **Manuel ⟨Byzantinus⟩**

Byzantinus, Nicetas
→ **Nicetas ⟨Byzantinus⟩**

Byzantinus, Stephanus
→ **Stephanus ⟨Byzantinus⟩**

Byzantinus, Theophanes
→ **Theophanes ⟨Byzantinus⟩**

Byzinius, Laurentius
→ **Laurentius ⟨de Brezowa⟩**

bZaṅ-po-dpal ⟨Thogs-med⟩
→ **Thogs-med-bzaṅ-po ⟨dÑul-chu⟩**

Cà da Mosto, Alvise ¬da¬
1432 – ca. 1480
Navigazione atlantiche; Portolano
Rep.Font. IV,102; LMA,II,1336
Alvise ⟨da Mosto⟩
Cà da Mosto, Louis ¬de¬
Cà da Mosto, Marco ¬da¬
Cadamosto
Cadamosto, Aloys
Cadamosto, Aloysius
Cadamosto, Aluise ¬da¬
Cada-Mosto, Alvise
Cadamosto, Liuz ¬de¬
Cadamosto, Luiz ¬de¬
Cadamustius, Ludovicus
Cadamustus, Aloysius
Cademoste, Alouys ¬de¬
Cadomosto
DaMosto, Alvise
Mosto, Alvise ¬da¬
Mosto, Alvise da Cà ¬da¬

Caab Ben-Zoheir
→ **Ka'b Ibn-Zuhair**

Caabi Ben-Sohair
→ **Ka'b Ibn-Zuhair**

Caballini, Johannes
→ **Johannes ⟨Caballinus de Cerronibus⟩**

Caballinus de Cerronibus, Johannes
→ **Johannes ⟨Caballinus de Cerronibus⟩**

Caballis, Franciscus ¬de¬
→ **Franciscus ⟨de Caballis⟩**

Cabaret d'Orronville, Jean
→ **Orronville, Jean ¬d'¬**

Cabasilas, Nicolaus
→ **Nicolaus ⟨Cabasilas⟩**

Cabasilas, Nilus
→ **Nilus ⟨Cabasilas⟩**

Cabasse, Raimundus
→ **Raimundus ⟨Cabasse⟩**

Cabellitanus, Veranus
→ **Veranus ⟨Cabellitanus⟩**

Cabertus ⟨Sabaudus⟩
gest. 1267 · OP
Manuale curae pastoralis
Kaeppeli,I,261
Albert ⟨Dominicain⟩
Cabert
Cabertus ⟨de Rosset⟩
Cabertus ⟨Frater⟩
Chabert
Chabertus ⟨du Rosset⟩
Galbert
Sabaudus, Cabertus

Cabestanh, Guilhem ¬de¬
→ **Guilhem ⟨de Cabestanh⟩**

Cacalupis, Johannes ¬de¬
→ **Caccialupus, Johannes Baptista**

Caccialupus, Johannes Baptista
1427 – 1496
Rep.Font. III,97
Cacalupis, Johannes ¬de¬
Caccialupi, Giambattista
Caccialupi, Giovanni Battista
Caccialupi, Giovanni Battista
Caccialupi, Jean-Baptiste
Caccialupi, Johannes Baptista
Caccialupus, Johannes B.
Casalupis, Johannes Baptista
Cazzialupis, Johannes Baptista ¬de¬
Gazalupis, Joannes B. ¬de¬
Gazalupis, Johannes Baptista
Giovanni Battista ⟨Caccialupi⟩
Jean-Baptiste ⟨Caccialupi⟩
Jean-Baptiste ⟨Caccialupi de San-Severino⟩
Johannes Baptista ⟨Caccialupus⟩
Johannes Baptista ⟨Casalupis⟩

Johannes Baptista ⟨Cazzialupis⟩
Johannes Baptista ⟨de Gazalupis⟩
Johannes Baptista ⟨de S. Severino⟩
Johannes Baptista ⟨Gazalupis⟩

Caccianemici, Gherardo
→ **Lucius ⟨Papa, II.⟩**

Caccini, Ugolino
→ **Hugolinus ⟨de Monte Catino⟩**

Çacharias
→ **Zacharias ⟨Martini⟩**

Cachen, Jean
→ **Johannes ⟨Cochinger⟩**

Cacheng, Jean
→ **Johannes ⟨Cochinger⟩**

Cadalo ⟨del Veronese⟩
→ **Honorius ⟨Papa, II., Antipapa⟩**

Cadalus ⟨von Parma⟩
→ **Honorius ⟨Papa, II., Antipapa⟩**

Cadamosto
→ **Cà da Mosto, Alvise ¬da¬**

Cadehan, Rymboudus ¬de¬
→ **Rymboudus ⟨de Cadehan⟩**

Cadomo, Yvo ¬de¬
→ **Yvo ⟨de Cadomo⟩**

Cadvala ⟨Roi⟩
→ **Caedwalla ⟨Wessex, King⟩**

Caecilia ⟨Romana⟩
ca. 1203 – 1290 · OP
Miracula beati Dominici
LMA,II,1345; Rep.Font. III,98
Caecilia ⟨Cesarini⟩
Caecilia ⟨Monialis⟩
Caecilia ⟨Schwester⟩
Caecilia ⟨Selige⟩
Caecilia ⟨von Bologna⟩
Cécile ⟨de Sainte-Agnès⟩
Cécile ⟨Moniale⟩
Romana, Caecilia

Caecilius ⟨Balbus⟩
Lebensdaten nicht ermittelt
Vermutl. fiktive antike Person; De nugis philosophorum
LMA,II,1346
Balbus, Caecilius
Pseudo-Caecilius ⟨Balbus⟩

Caedmon
um 657/80 · OSB
Hymnus
LMA,II,1346
Caedmon ⟨Bénédictin⟩
Caedmon ⟨de Northumbrie⟩
Caedmon ⟨de Streaneshalch⟩
Caedmon ⟨Dichter⟩
Caedmon ⟨Monachus⟩
Caedmon ⟨Northumbriae Monachus⟩
Caedmon ⟨Poeta⟩
Caedmon ⟨Saint⟩
Coedmon

Caedwalla ⟨Wessex, King⟩
gest. 689
Epitaphium Caedvallae Regis
Cpl 1542; LMA,II,1346/47
Cadvala ⟨Roi⟩
Caedualla ⟨Rex⟩
Caedvalla ⟨Rex⟩
Caedwalla
Caedwalla ⟨Wessex, König⟩
Caedwalla ⟨Wessex, Roi⟩
Cedwalla ⟨Roi de Wessex⟩

Caelestinus ⟨...⟩
→ **Coelestinus ⟨...⟩**

Caen, Raoul ¬de¬
→ **Radulfus ⟨Cadomensis⟩**

Caepolla, Bartholomaeus
→ **Bartholomaeus ⟨Caepolla⟩**

Caerleon, Ludovicus ¬de¬
→ **Ludovicus ⟨de Caerleon⟩**

Caerlon, Lewis ¬von¬
→ **Lewis ⟨Glyn Cothi⟩**

Caesaraugustanus, Braulio
→ **Braulio ⟨Caesaraugustanus⟩**

Caesaraugustanus, Maximus
→ **Maximus ⟨Caesaraugustanus⟩**

Caesaraugustanus, Taio
→ **Taio ⟨Caesaraugustanus⟩**

Caesaria ⟨Arelatensis⟩
um 524/60
Epistula ad Richildam et Radegundim; vermutl. die Nichte der Hl. Caesaria (der Älteren), gest. um 524
Cpl 1054; Rep.Font. III,98
Caesaria ⟨Abbatissa⟩
Césarie ⟨Abbesse⟩
Césarie ⟨de Saint Césaire⟩
Césarie ⟨d'Arles⟩
Césarie ⟨la Jeune⟩

Caesarinis, Iulianus ¬de¬
→ **Iulianus ⟨de Caesarinis⟩**

Caesarius ⟨Arelatensis⟩
ca. 470 – 542
Tusculum-Lexikon; LThK; CSGL; LMA,II,1360/62
Caesarius ⟨de Arelas⟩
Caesarius ⟨Sanctus⟩
Caesarius ⟨von Arelata⟩
Caesarius ⟨von Arles⟩
Césaire ⟨d'Arles⟩
Cesario ⟨di Arles⟩
Cesarius ⟨von Arles⟩
Pseudo-Caesarius ⟨Arelatensis⟩

Caesarius ⟨Cisterciensis⟩
→ **Caesarius ⟨Heisterbacensis⟩**

Caesarius ⟨de Arelas⟩
→ **Caesarius ⟨Arelatensis⟩**

Caesarius ⟨de Heisterbach⟩
→ **Caesarius ⟨Heisterbacensis⟩**

Caesarius ⟨ex Vado Tuscanensi⟩
→ **Caesarius ⟨Tuscanensis⟩**

Caesarius ⟨Heisterbacensis⟩
ca. 1180 – 1240 · OCist
LThK; CSGL; Tusculum-Lexikon; LMA,II,1363/66
Caesarius ⟨Cisterciensis⟩
Caesarius ⟨de Heisterbach⟩
Caesarius ⟨Monachus⟩
Caesarius ⟨von Heisterbach⟩
Césaire ⟨d'Heisterbach⟩

Caesarius ⟨Patricius⟩
um 613
Epistulae ad Sisebutum regem; Epistolae Visigothicae
Cpl 1299; Rep.Font. III,103
Caesarius ⟨Patricius Romanus⟩
Caesarius ⟨Romanus⟩
Césaire ⟨de Rome⟩
Césaire ⟨Patrice⟩
Patricius, Caesarius

Caesarius ⟨Romanus⟩
→ **Caesarius ⟨Patricius⟩**

Caesarius ⟨Sanctus⟩
→ **Caesarius ⟨Arelatensis⟩**

Caesarius ⟨Spirensis⟩
gest. ca. 1239 · OFM
Stattete die „Regula non bullata" der Minderbrüder mit Bibelzitaten aus
LMA,II,1366
Caesarius ⟨von Speyer⟩
Césaire ⟨de Spire⟩

Caesarius ⟨Tarraconensis⟩
um 970
Epistula ad Johannem XIII papam
Césaire ⟨de Tarragone⟩
Césaire ⟨Fondateur de Sainte-Cecilia⟩
Cesareo ⟨de Santa Cecilia⟩
Pseudo-Caesarius ⟨Tarraconensis⟩

Caesarius ⟨Tuscanensis⟩
13. Jh. · OP
Opus de anima; Opus ad litteram Aristotelis De animalibus
Lohr; Kaeppeli,I,262
Caesarius ⟨ex Vado Tuscanensi⟩
Caesarius ⟨Viterbiensis⟩

Caesarius ⟨Viterbiensis⟩
→ **Caesarius ⟨Tuscanensis⟩**

Caesarius ⟨von Arles⟩
→ **Caesarius ⟨Arelatensis⟩**

Caesarius ⟨von Heisterbach⟩
→ **Caesarius ⟨Heisterbacensis⟩**

Caesarius ⟨von Speyer⟩
→ **Caesarius ⟨Spirensis⟩**

Caesena, Michael ¬von¬
→ **Michael ⟨de Cesena⟩**

Caesis, Petrus ¬de¬
→ **Petrus ⟨de Casis⟩**

Caetani, Benedictus
→ **Bonifatius ⟨Papa, VIII.⟩**

Caetani, Giovanni
→ **Gelasius ⟨Papa, II.⟩**

Cafarus ⟨Genuensis⟩
ca. 1080 – 1166
Tusculum-Lexikon; LThK; Potth.; LMA,II,1372
Cafarus ⟨Ianuensis⟩
Cafarus ⟨von Caschifellone⟩
Cafarus ⟨von Genua⟩
Caffaro
Caffaro ⟨de Caschifellone⟩
Caffaro ⟨de Taschenfeld⟩
Caffaro ⟨de Taschifellone⟩
Caffaro, Andrea
Caffarus
Caffarus ⟨de Taschifellone⟩
Caffarus ⟨von Caschifellone⟩

Cafarus ⟨von Caschifellone⟩
→ **Cafarus ⟨Genuensis⟩**

Cafer-i Sadık
→ **Ǧaʿfar aṣ-Ṣādiq**

Caffarini, Thomas
1350 – 1434 · OP
Legenda cuiusdam b. Mariae de Venetiis; Legenda minor; Sermo catheriniarius; Supplementum legendae prolixae; Tractatus de ordine fratrum et sororum de Poenitentia
LMA,II,1371; Rep.Font. III,103; Kaeppeli,IV,329/342
Antonio, Thomas
Caffarini, Thomas
Caffarini, Tommaso
Thomas ⟨Antonii⟩
Thomas ⟨Antonii de Senis⟩
Thomas ⟨Antonii Naccii de Senis⟩
Thomas ⟨Antonii Senensis⟩
Thomas ⟨Caffarini⟩
Thomas ⟨de Sienne⟩
Thomas ⟨Naccii⟩
Thomas ⟨von Siena⟩
Tommaso ⟨Antonio⟩
Tommaso ⟨Caffarini⟩
Tommaso ⟨da Siena⟩

Caffaro
→ **Cafarus ⟨Genuensis⟩**

Cagnola, Giovanni Pietro
ca. 1430 – 1497
Storia di Milano (v. Constantinus - 1497)
Rep.Font. III,105
Cagnola, Giovan Pietro
Cagnola, Giovanpietro
Cagnola, Jean-Pierre
Giovan Pietro ⟨Cagnola⟩
Giovanni Pietro ⟨Cagnola⟩
Giovanpietro ⟨Cagnola⟩
Jean-Pierre ⟨Cagnola⟩

Cagny, Perceval ¬de¬
→ **Perceval ⟨de Cagny⟩**

Cagny, Robert ¬de¬
→ **Perceval ⟨de Cagny⟩**

Cāḥiẓ Ebū ʿOsmān ʿAmr b. Baḥr ¬el-¬
→ **Ǧāḥiẓ, ʿAmr Ibn-Baḥr ¬al-¬**

Caietanus ⟨de Thienis⟩
→ **Gaetanus ⟨de Thienis⟩**

Caigny, Perceval ¬de¬
→ **Perceval ⟨de Cagny⟩**

Caimi, Bartolomeo
→ **Bartholomaeus ⟨de Chaimis⟩**

Caimo ⟨de Milan⟩
→ **Bartholomaeus ⟨de Chaimis⟩**

Caioco, Guilelmus ¬de¬
→ **Guilelmus ⟨de Caioco⟩**

Cairel, Elias
um 1204/22
Troubadour
LMA,II,1381/82
Cairel, Elie
Elias ⟨Cairel⟩

Caithness, Adamus ¬de¬
→ **Adamus ⟨de Caithness⟩**

Cajal, Antonio
→ **Caxal, Antonius**

Cajetan ⟨de Thienis⟩
→ **Gaetanus ⟨de Thienis⟩**

Cajetan, Jacques
→ **Jacobus ⟨Gaetani Stefaneschi⟩**

Cakrapāṇinātha
ca. 1050 – ca. 1125
Cakranātha
Cakrapāṇi
Cakreśa

Cakreśa
→ **Cakrapāṇinātha**

Cal., Domitius
→ **Domitius ⟨de Calderiis⟩**

Calafato, Eustochia
→ **Eustochia ⟨Calafato⟩**

Calāl-ad-Dīn Rūmī
→ **Ǧalāl-ad-Dīn Rūmī**

Calandri, Filippo
gest. ca. 1469
Calander, Philipp
Calandro, Filippo
Filippo ⟨Calandri⟩
Filippo ⟨di Chalandro Chalandri⟩

Calandri, Pier Maria
14./15. Jh.
Pier Maria ⟨Calandri⟩
Pier Maria ⟨di Chalandro di Piero di Mariano Chalandri⟩

Calanson, Guiraut ¬de¬
→ **Giraut ⟨de Calanson⟩**

Calanus, Iuvencus Coelius
15. Jh.
Vita Attilae regis Hunnorum (e Gaetica et Macrobio consertum)
Rep.Font. III,105
Calanus, Coelius
Calanus, Coelius Iuventinus
Coelius ⟨Calanus⟩
Iuvencus ⟨Calanus⟩
Iuvencus ⟨Coelius⟩
Iuvencus ⟨Coelius Calanus⟩
Iuvencus ⟨Humanista⟩
Iuventinus ⟨Coelius Calanus⟩

Calatin, Matthaeus von Pappenheim
→ **Pappenheim, Matthäus ¬von¬**

Calavera, Ferrán Sánchez
→ **Ferrán ⟨Sánchez Calavera⟩**

Calcagni, Laurent
→ **Laurentius ⟨Calcaneus⟩**

Calcaneus, Laurentius
→ **Laurentius ⟨Calcaneus⟩**

Calcar, Henricus ¬de¬
→ **Henricus ⟨de Calcar⟩**

Calciata, Guilelmus Petrus ¬de¬
→ **Guilelmus Petrus ⟨de Calciata⟩**

Calciuri, Niccolò
ca. 1410 – 1466
Vita fratrum del Sancto Monte Carmelo (ital.)
Rep.Font. III,106
Calciuri, Nicolà
Niccolò ⟨Calciuri⟩
Nicolà ⟨Calciuri⟩
Nicolaus ⟨Calciuri⟩

Calcondylo, Demetrio
→ **Chalkokondylēs, Dēmētrios**

Calculus, Guilelmus
→ **Guilelmus ⟨Gemeticensis⟩**

Caldarinus, Petrus
→ **Petrus ⟨Caldarinus⟩**

Calderiis, Domitius ¬de¬
→ **Domitius ⟨de Calderiis⟩**

Calderini, Gaspare
→ **Caspar ⟨Calderinus⟩**

Calderini, Giovanni
→ **Johannes ⟨Calderinus⟩**

Calderinus, Caspar
→ **Caspar ⟨Calderinus⟩**

Calderinus, Domitius
→ **Domitius ⟨de Calderiis⟩**

Calderinus, Johannes
→ **Johannes ⟨Calderinus⟩**

Caldes, Raimundus ¬de¬
ca. 1135 – 1199
Liber feudorum maior
LMA,II,1394
Caldes, Ramón ¬de¬
Raimundus ⟨de Caldes⟩
Raimundus ⟨de Calidis⟩
Ramón ⟨de Caldes⟩
Raymond ⟨de Caldes⟩
Raymond ⟨Doyen de Barcelone⟩

Caldes, Ramón ¬de¬
→ **Caldes, Raimundus ¬de¬**

Caleca, Johannes
→ **Johannes ⟨Caleca⟩**

Caleca, Manuel
→ **Manuel ⟨Caleca⟩**

Caleffini, Ugo
geb. ca. 1439
Cronica de la casa de Este; Diario ferrarese
Rep.Font. III,106
Caleffini, Hugues
Hugues ⟨Caleffini⟩
Ugo ⟨Caleffini⟩

Caleto, Johannes ¬de¬
→ **Johannes ⟨de Caleto⟩**

Calfstaf
→ **Calstaf**

Caliduno
→ **Ibn-Ḫaldūn, ʿAbd-ar-Raḥmān Ibn-Muḥammad**

Califordius, Guilelmus
→ **Guilelmus ⟨Colkisfordius⟩**

Caligator, Johannes
→ **Johannes ⟨Caligator⟩**

Calistus ⟨...⟩
→ **Callistus ⟨...⟩**

Calixte ⟨Pape, ...⟩
→ **Callistus ⟨Papa, ...⟩**

Calixtus ⟨...⟩
→ **Callistus ⟨...⟩**

Callicles, Nicolaus
→ **Nicolaus ⟨Callicles⟩**

Callimachus ⟨Experiens⟩
→ **Philippus ⟨Bonaccursius⟩**

Callimachus, Philippus
→ **Philippus ⟨Bonaccursius⟩**

Callipolitanus, Georgius
→ **Georgius ⟨Callipolitanus⟩**

Callis, Jacobus
ca. 1367 – 1434
Elucidarium soni omissi; Viridarium militiae; De moneta; etc.
LMA,II,1400
Callis, Jaime
Callís, Jaume
Jacobus ⟨Callis⟩
Jacobus ⟨de Calicio⟩
Jacques ⟨Callis⟩
Jacques ⟨de Calicio⟩
Jaime ⟨Callis⟩
Jaume ⟨Callís⟩

Callis, Jaime
→ **Callis, Jacobus**

Callisto ⟨Papa, ...⟩
→ **Callistus ⟨Papa, ...⟩**

Callistus ⟨Angelicudes⟩
14. Jh.
Tusculum-Lexikon; CSGL
Angelicudes, Callistus
Callistus ⟨Meleniceotes⟩
Callistus ⟨Telicudes⟩
Kallistos ⟨Angelikudes⟩
Kallistos ⟨Melenikeotes⟩
Kallistos ⟨Telikudes⟩
Meleniceotes, Callistus
Telicudes, Callistus

Callistus ⟨Cataphrygiota⟩
14./15. Jh.
Tusculum-Lexikon; CSGL
Cataphrugiota, Callistus
Cataphrygiota, Callistus
Kallistos ⟨Kataphrygiotes⟩
Kataphrygiotes, Kallistos

Callistus ⟨Constantinopolitanus⟩
→ **Callistus ⟨Xanthopulus⟩**

Callistus ⟨Constantinopolitanus⟩
gest. 1363
Tusculum-Lexikon; LMA,V,874
Callistus ⟨I.⟩
Callistus ⟨Patriarcha, I.⟩
Callistus ⟨Philotheus⟩
Constantinopolitanus, Callistus
Kallistos ⟨A.⟩
Kallistos ⟨von Konstantinopel⟩
Philotheus ⟨Callistus⟩

Callistus ⟨I.⟩
→ **Callistus ⟨Constantinopolitanus⟩**

Callistus ⟨Meleniceotes⟩
→ **Callistus ⟨Angelicudes⟩**

Callistus ⟨Nicephorus⟩
→ **Nicephorus Callistus ⟨Xanthopulus⟩**

Callistus ⟨Papa, II.⟩
gest. 1124
CSGL; LMA,II,1397/98
Calisto ⟨Papa, II.⟩
Calixte ⟨Pape, II.⟩
Callisto ⟨Papa, II.⟩
Guido ⟨di Borgogna⟩
Guido ⟨von Burgund⟩
Guy ⟨de Bourgogne⟩
Guy ⟨Fils de Guillaume⟩
Kalixt ⟨Papst, II.⟩
Kallistus ⟨Papst, II.⟩

Callistus ⟨Papa, III.⟩
1378 – 1458
LMA,II,1398/99
Alfons ⟨de Borja⟩
Alfonsus ⟨Borgia⟩
Alonso ⟨de Borja⟩
Alphonse ⟨Borgia⟩
Borgia, Alphonse
Borja, Alfons ¬de¬
Borja, Alonso ¬de¬
Calisto ⟨Papa, III.⟩
Calixte ⟨Pape, III.⟩
Callisto ⟨Papa, III.⟩
Kalixt ⟨Papst, III.⟩
Kallistus ⟨Papst, III.⟩

Callistus ⟨Papa, III., Antipapa⟩
gest. 1178
LMA,II,1398
Calisto ⟨Papa, III., Antipapa⟩
Calixte ⟨Pape, III., Antipape⟩
Callisto ⟨Papa, III., Antipapa⟩
Johannes ⟨von Struma⟩
Kalixt ⟨Papst, III., Gegenpapst⟩
Kallistus ⟨Papst, III., Gegenpapst⟩

Callistus ⟨Patriarcha, I.⟩
→ **Callistus ⟨Constantinopolitanus⟩**

Callistus ⟨Patriarcha, II.⟩
→ **Callistus ⟨Xanthopulus⟩**

Callistus ⟨Philotheus⟩
→ **Callistus ⟨Constantinopolitanus⟩**

Callistus ⟨Telicudes⟩
→ **Callistus ⟨Angelicudes⟩**

Callistus ⟨Xanthopulus⟩
gest. 1397
Methodos kai kanōn; Kephalaia peri proseuchēs
LMA,V,874
Callistus ⟨Constantinopolitanus⟩
Callistus ⟨Patriarcha, II.⟩
Callistus ⟨Patriarcha Constantinopolitanus, II.⟩
Kallistos ⟨tōn Xanthopulōn⟩
Kallistos ⟨Xanthopulos⟩
Kallistus
Xanthopulus, Callistus

Callistus, Nicephorus
→ **Nicephorus Callistus ⟨Xanthopulus⟩**

Callixtus ⟨...⟩
→ **Callistus ⟨...⟩**

Calo, Petrus
→ **Petrus ⟨Calo⟩**

Calonne, Alphonse Bernard ¬de¬
→ **Lefèvre de Saint-Rémy, Jean**

Calonymus, Calonymus
→ **Qālōnîmûs Ben-Qālōnîmûs**

Calorites, Macarius
→ **Macarius ⟨Calorites⟩**

Calothetus, Josephus
→ **Josephus ⟨Calothetus⟩**

Calstaf
13. Jh.
Mittelniederländ. Dichter
LMA,II,1402
Calfstaf

Calvo, Bonifacio
um 1266 – 1273
Troubadour; Rime
Rep.Font. III,108; LMA,II,1403/04
Boniface ⟨Calvo⟩
Bonifacio ⟨Calvo⟩
Bonifazio ⟨Calvo⟩
Calvo, Boniface
Calvo, Bonifaci
Calvo, Bonifazio

Calvus, Godefridus
→ **Godefridus ⟨Calvus⟩**

Calzada, Guillermo Perez ¬de¬
→ **Guilelmus Petrus ⟨de Calciata⟩**

Calzè, Nicolò
→ **Colzè, Nicolò**

Camaino, Tino ¬di¬
→ **Tino ⟨di Camaino⟩**

Camaldoli, Romualdus ¬de¬
→ **Romualdus ⟨de Camaldoli⟩**

Camariota, Matthaeus
→ **Matthaeus ⟨Camariota⟩**

Camaterus, Andronicus
→ **Andronicus ⟨Camaterus⟩**

Camaterus, Johannes
→ **Johannes ⟨Camaterus⟩**
→ **Johannes ⟨Camaterus, Astronomus⟩**

Camber, Gualo
→ **Gualo ⟨Camber⟩**

Cambi, Jean Ser
→ **Sercambi, Giovanni**

Cambio ⟨Cantelmi⟩
→ **Cantelmi, Cambio**

Cambio, Arnolfo ¬di¬
→ **Arnolfo ⟨di Cambio⟩**

Cambiolo ⟨de Bologne⟩
→ **Cambiolus ⟨Bononiensis⟩**

Cambiolus ⟨Bononiensis⟩
um 1333
Quaestiones in physica
Lohr
Cambiolo ⟨de Bologne⟩
Cambius ⟨Bononiensis⟩

Cambius ⟨Bononiensis⟩
→ **Cambiolus ⟨Bononiensis⟩**

Cambius, Johannes Baptista
→ **Johannes Baptista ⟨Cambius⟩**

Camblak, Grigorij
→ **Grigorij ⟨Camblak⟩**

Cambrai, Alard ¬de¬
→ **Alard ⟨de Cambrai⟩**

Cambrai, Guy ¬de¬
→ **Guy ⟨de Cambrai⟩**

Cambrai, Huon ¬de¬
→ **Huon ⟨de Cambrai⟩**

Cambrai, Jacques ¬de¬
→ **Jakemes**

Cambray, Fouquart ¬de¬
→ **Fouquart ⟨de Cambray⟩**

Cambres, Gillebert ¬de¬
→ **Gillebert ⟨de Cambres⟩**

Cameniata, Johannes
→ **Johannes ⟨Cameniata⟩**

Camerino, Andreucius ¬de¬
→ **Andrentius ⟨de Camerino⟩**

Camerino, Angelus ¬de¬
→ **Angelus ⟨de Camerino⟩**

Camerino, Conradus ¬de¬
→ **Conradus ⟨de Camerino⟩**

Camillo ⟨Leonardi⟩
→ **Leonardi, Camillo**

Caminha, Pero Vaz ¬de¬
um 1500
Carta de Pero Vaas de Caminha a el rei D. Manoel
Rep.Font. III,109
Caminha, Pedro Vaz ¬de¬
Caminha, Pierre Vaz ¬de¬
Pedro ⟨Vaz de Caminha⟩
Pero ⟨Vaas de Caminha⟩
Pero ⟨Vaaz de Caminha⟩
Pero Vaz ⟨de Caminha⟩
Pierre ⟨Vaz de Caminha⟩
Vaas de Caminha, Pero
Vaaz de Caminha, Pero
Vaz de Caminha, Pero

Cammermeister, Hartung
→ **Kammermeister, Hartung**

Campain, Robert
→ **Campin, Robert**

Campani, Giovanni Antonio
→ **Campanus, Johannes Antonius**

Campania, Durandus ¬de¬
→ **Durandus ⟨de Campania⟩**

Campania, Guilelmus ¬de¬
→ **Guilelmus ⟨de Campania⟩**

Campano ⟨da Novara⟩
→ **Campanus, Johannes**

Campano, Giovanni
→ **Campanus, Johannes**

Campano, Giovanni Antonio
→ **Campanus, Johannes Antonius**

Campanus ⟨de Novara⟩
→ **Campanus, Johannes**

Campanus, Johannes
ca. 1210 – 1296
Tusculum-Lexikon; CSGL; LMA,II,1421
Campano ⟨da Novara⟩
Campano ⟨Novarese⟩
Campano, Giovanni
Campanus ⟨de Novara⟩
Campanus ⟨Novariensis⟩
Campanus ⟨of Nowara⟩
Campanus ⟨von Novara⟩
Giovanni ⟨Campano⟩
Giovanni ⟨da Novara⟩
Jean ⟨Campano⟩
Johannes ⟨Campanus⟩
Johannes ⟨de Novaria⟩
Johannes ⟨Lombardus⟩
Johannes ⟨Novariensis⟩

Campanus, Johannes Antonius
1429 – 1477
CSGL; Potth.; LMA,II,1421
Antonii, Johann
Antonius ⟨Campanus⟩
Campani, Giovanni Antonio
Campano, Giannantonio
Campano, Giovanni Antonio
Giovanni Antonio ⟨Campano⟩
Johannes Antonius ⟨Campanus⟩

Campanus, Odo
→ **Odo ⟨Campanus⟩**

Campellis, Augustinus ¬de¬
→ **Augustinus ⟨de Leonissa⟩**

Campellis, Guilelmus ¬de¬
→ **Guilelmus ⟨de Campellis⟩**

Camphora, Jacopo
→ **Jacopo ⟨Camphora⟩**

Campiglio, Léopold ¬de¬
→ **Leopoldus ⟨Campililiensis⟩**

Campin, Robert
ca. 1375 – 1444
Fläm./belg. Maler
LMA,II,1422
Campain, Robert
Flémalle, Maître ¬de¬
Flémalle, Meister ¬von¬
Maître ⟨de Flémalle⟩
Meister ⟨von Flémalle⟩
Robert ⟨Campin⟩

Campis, Aegidius ¬de¬
→ **Aegidius ⟨de Campis⟩**

Campis, Didacus Garsiae ¬de¬
→ **Garsiae de Campis, Didacus**

Campis, Jacobus ¬de¬
→ **Jacobus ⟨de Promontorio de Campis⟩**

Campis, Thomas
→ **Thomas ⟨a Kempis⟩**

Campo, Heymericus ¬de¬
→ **Heymericus ⟨de Campo⟩**

Campo, Luchino ¬dal¬
→ **DalCampo, Luchino**

Campo Florido, Hugo ¬de¬
→ **Hugo ⟨de Campo Florido⟩**

Campo Liliorum, Udalricus ¬de¬
→ **Udalricus ⟨de Campo Liliorum⟩**

Campora de Ianua, Jacobus
→ **Jacopo ⟨Camphora⟩**

Campulo, Antonino ¬de¬
→ **Antonino ⟨de Campulo⟩**

Camsale, Richardus ¬de¬
→ **Richardus ⟨de Camsale⟩**

Canabaco, Johannes ¬de¬
→ **Gerson, Johannes**

Canabutius, Johannes
→ **Johannes ⟨Canabutius⟩**

Canal, Martin ¬da¬
nach 1275
Estoires de Venise
Rep.Font. III,110; LMA,II,1426/27
Canal, Martino ¬da¬
Canale, Martin ¬da¬
Canale, Martino ¬da¬
DaCanal, Martin
Martin ⟨da Canal⟩
Martino ⟨da Canale⟩

Canales, Johannes
→ **Johannes ⟨Ferrariensis⟩**

Canals, Antoni
ca. 1352 – ca. 1419 · OP
Scala de contemplacio; Carta de San Bernat; Tractat de confessió; etc.
LMA,II,1427/28
Antoni ⟨Canals⟩
Antonius ⟨Canals⟩
Canals, Antonius
Canals, Jean

Canals, Jean
→ **Canals, Antoni**

Canamusalus
→ **'Ammār al-Mauṣilī**

Cananus, Johannes
→ **Johannes ⟨Cananus⟩**

Cananus, Lascaris
→ **Lascaris ⟨Cananus⟩**

Canaparius, Johannes
→ **Johannes ⟨Canaparius⟩**

Cancellarius, Gualterus
→ **Gualterus ⟨Cancellarius⟩**
→ **Gualterus ⟨de Castro Theodorici⟩**

Cancellarius, Hugo
→ **Hugo ⟨Cancellarius⟩**

Cancellarius, Philippus
→ **Philippus ⟨Cancellarius⟩**

Candelarius, Godefridus
→ **Godefridus ⟨Candelarius⟩**

Candide ⟨de Fulde⟩
→ **Candidus ⟨Fuldensis⟩**

Candide ⟨Wizon⟩
→ **Wizo**

Candidianus ⟨Bolani⟩
Lebensdaten nicht ermittelt
Stegmüller, Repert. bibl. 1891
Bolani, Candidianus
Candidianus ⟨Venetus⟩

Candidus ⟨Bruun⟩
→ **Candidus ⟨Fuldensis⟩**

Candidus ⟨Fuldensis⟩
gest. 845
De passione Domini
LThK; CSGL; Tusculum-Lexikon; LMA,II,756/57
Brun ⟨Candidus⟩
Brun ⟨of Fulda⟩
Brun ⟨von Fulda⟩
Brun, Candidus
Bruno ⟨Candidus⟩
Bruno ⟨von Fulda⟩
Bruun ⟨Fuldensis⟩
Bruun ⟨von Fulda⟩
Bruun, Candidus
Candide ⟨de Fulde⟩
Candido
Candido ⟨di Fulda⟩
Candidus ⟨Bruun⟩
Candidus ⟨Monachus⟩
Candidus ⟨of Fulda⟩
Candidus ⟨Presbyter⟩
Candidus ⟨von Fulda⟩

Candidus ⟨Hwitto⟩
→ **Wizo**

Candidus ⟨Monachus⟩
→ **Candidus ⟨Fuldensis⟩**

Candidus ⟨Presbyter⟩
→ **Wizo**

Candidus ⟨Presbyter⟩
→ **Candidus ⟨Fuldensis⟩**
→ **Wizo**

Candidus ⟨Wizo⟩
→ **Wizo**

Candidus, Hugo
→ **Hugo ⟨Candidus⟩**

Candidus, Petrus
→ **Decembrio, Pier Candido**

Candragomin
880 – 930
Sanskrit-Grammatiker
Candragomī
Chandra Gomī
Chandra-Gomī
Gomi, Chandra
Gomin
Vajracandragomin

Candrakīrti
um 640
DBu-ma-la 'jug-pa'i b'sad-pa
Candrakirti, Acharya
Chandorakiruti
Gessho
Slob-dpon Zla-ba-grags-pa
Yueh-chen lun shih
Zla-ba-grags-pa
Zla-ba-grags-poa, Slob-dpon

Candrakirti, Acharya
→ **Candrakīrti**

Cane ⟨de la Scala, I.⟩
→ **DellaScala, Cangrande**

Cane, Johannes Jacobus
→ **Canis, Johannes Jacobus**

Canellas, Vitalis ¬de¬
→ **Vitalis ⟨de Canellas⟩**

Canense, Michele
→ **Michael ⟨Canensis⟩**

Canepanova, Johannes
→ **Johannes ⟨Papa, XIV.⟩**

Canepanova, Petrus
→ **Johannes ⟨Papa, XIV.⟩**

Canese, Michele
→ **Michael ⟨Canensis⟩**

Cangrande ⟨della Scala⟩
→ **DellaScala, Cangrande**

Cani, Gianjacobi ¬de'¬
→ **Canis, Johannes Jacobus**

Cani, Giovanni Jacopo
→ **Canis, Johannes Jacobus**

Canibus, Johannes Jacobus ¬de¬
→ **Canis, Johannes Jacobus**

Canigiani, Ristoro
gest. 1380
Il ristorato
LMA,II,1435
Ristoro ⟨Canigiani⟩

Canis, Johannes Jacobus
gest. 1490/94
Cane, Giovanni Jacopo ¬de'¬
Cane, Johannes Jacobus
Cani, Gianjacobi ¬de'¬
Cani, Gianjacopo ¬de¬
Cani, Giovanni Jacopo
Cani, Jean-Jacques ¬de'¬
Canibus, Giovanni Jacopo ¬de¬
Canibus, Johannes Jacobus ¬de¬
Canis, Jan Jakub
DeCani, Gianjacopo
Gianjacobi ⟨de'Cani⟩
Gianjacopo ⟨de Cani⟩
Giovanni Jacopo ⟨de'Cane⟩
Jan Jakub ⟨Canis⟩
Jean-Jacques ⟨de'Cani⟩
Johannes Jacobus ⟨Canis⟩
Johannes-Jacobus ⟨Canis⟩

Canistris, Opicinus ¬de¬
→ **Opicinus ⟨de Canistris⟩**

Cannesius, Michael
→ **Michael ⟨Canensis⟩**

Canobius, Antonius
ca. 1410 – ca. 1466
Carmen de victoria regis Aragonum contra barbaros
Rep.Font. III,114
Antoine ⟨Canobio⟩
Antoine ⟨Canobio de Milan⟩
Antonio ⟨Canobio⟩
Antonius ⟨Canobius⟩
Antonius ⟨Canobius Mediolanensis⟩
Canobio, Antoine
Canobio, Antonio

Canonici, Jean
→ **Johannes ⟨Canonicus⟩**

Canonicus ⟨de Vyšehrad⟩
→ **Canonicus ⟨Vissegradensis⟩**

Canonicus ⟨Ecclesiae Suessionensis⟩
→ **Anonymus ⟨Suessionensis⟩**

Canonicus ⟨Leodiensis⟩
12. Jh.
Chronicon rhythmicum Leodiense; Identität mit Reimbaldus ⟨Leodiensis⟩ nicht gesichert
Rep.Font. III,115; III,367
Anonymus ⟨Canonicus Leodiensis⟩

Canonicus ⟨Ninovensis⟩
um 1300
Versus canonici Ninovensis de captione Guidonis comitis Flandriae a. 1300
Rep.Font. III,115; Potth. 1086
Canonicus Ninovensis

Canonicus ⟨Sambiensis⟩
um 1313/40
Epitome gestorum Prussie (seu „Annales canonici Sambiensis (ab a. 3 usque ad 1352)); Identität des Verfassers der "Epitome gestorum Prussie„ mit dem Königsberger Pfarrer Konrad wahrscheinlich
VL(2),1,1171/72; Rep.Font. III,115
Canonicus Sambiensis
Konrad ⟨von Königsberg⟩

Canonicus ⟨Steinfeldensis⟩
um 1230
B. Hermanni Josephi vita
Rep.Font. III,115; Potth. 1368
Canonicus Steinfeldensis

Canonicus ⟨Suessionensis⟩
→ **Anonymus ⟨Suessionensis⟩**

Canonicus ⟨Vissegradensis⟩
13. Jh.
Einer der ersten Fortsetzer der Chronicae Cosmae Pragensis
Rep.Font. III,116
Canonicus ⟨de Vyšehrad⟩
Canonicus Vissegradensis

Canonicus ⟨Wellensis⟩
um 1423
Historia de episcopis Bathoniensibus a prima sedis fundatione 704 ad a. 1423
Potth. 1108; Rep.Font. V,512
Canonicus Wellensis
Wellensis Canonicus

Canonicus, Arsenius
→ **Arsenius ⟨Canonicus⟩**

Canonicus, Benedictus
→ **Benedictus ⟨Canonicus⟩**

Canonicus, Benincasa
→ **Benincasa ⟨Canonicus⟩**

Canonicus, Johannes
→ **Johannes ⟨Canonicus⟩**

Canonista, Rolandus
→ **Rolandus ⟨Canonista⟩**

Canossa, Matilde ¬di¬
→ **Matilde ⟨di Canossa⟩**

Cantacuzenus, Johannes
→ **Johannes ⟨Imperium Byzantinum, Imperator, VI.⟩**

Cantacuzenus, Matthaeus
→ **Matthaeus ⟨Imperium Byzantinum, Imperator⟩**

Cantalupus, Nicolaus
geb. 1441 · OCarm
Chronica fundationis Cantabrigiae
Rep.Font. III,119
Cantalupus, Nicholas
Cantilepus, Nicolaus
Cantilowe, Nicolaus
Cantilowinus, Nicolaus
Cantilupus, Nicolaus
Cantlou, Nicolaus
Cantlow, Nicholas
Cantlowe, Nicolas
Cantolupus, Nicolaus
Nicholas ⟨Cantlow⟩
Nicolas ⟨Cantlowe⟩
Nicolaus ⟨Cantalupus⟩
Nicolaus ⟨Cantilepus⟩
Nicolaus ⟨Cantilowe⟩
Nicolaus ⟨Cantilowinus⟩
Nicolaus ⟨Cantilupus⟩
Nicolaus ⟨Cantlou⟩
Nicolaus ⟨Cantolupus⟩

Cantellas, Vidal ¬de¬
→ **Vitalis ⟨de Canellas⟩**

Cantelmi, Cambio
14./15. Jh.
Diario
Rep.Font. III,118
Alberto Cantelmi, Cambio ¬di¬
Cambio ⟨Cantelmi⟩
Cambio ⟨di Alberto Cantelmi⟩
Cantelmi, Cambio di Alberto

Çāntideva
→ **Śāntideva**

Cantilowe, Nicolaus
→ **Cantalupus, Nicolaus**

Cantilupo, Thomas ¬de¬
→ **Thomas ⟨de Cantilupo⟩**

Cantilupus, Nicolaus
→ **Cantalupus, Nicolaus**

Cantimpré, Thomas ¬de¬
→ **Thomas ⟨de Cantiprato⟩**

Cantinelli, Petrus
ca. 1235 – ca. 1306
Chronicon
Rep.Font. III,118
Cantinelli, Pierre
Cantinelli, Pietro
Petrus ⟨Cantinelli⟩
Pierre ⟨Cantinelli⟩
Pietro ⟨Cantinelli⟩

Cantiprato, Thomas ¬de¬
→ **Thomas ⟨de Cantiprato⟩**

Cantius, Johannes
→ **Johannes ⟨Cantius⟩**

Cantlowe, Nicolas
→ **Cantalupus, Nicolaus**

Cantoni, Cristoforo
um 1465/90
Diario senese (Fragm. 1479-1483)
Rep.Font. III,119
Cantoni, Cristofano
Cristofano ⟨Cantoni⟩
Cristoforo ⟨Cantoni⟩

Cantor, Hugo
→ **Hugo ⟨Cantor⟩**

Cantor, Petrus
→ **Petrus ⟨Cantor⟩**

Cantuaria, Lanfrancus ¬de¬
→ **Lanfrancus ⟨Cantuariensis⟩**

Canusinus, Donizo
→ **Donizo ⟨Canusinus⟩**

Canusinus, Petrus
→ **Petrus ⟨Canusinus⟩**

Canut ⟨Angleterre, Roi⟩
→ **Knud ⟨Danmark, Konge, II.⟩**

Canut ⟨Cobson⟩
→ **Mikkelsen, Knud**

Canut ⟨Danemark, Roi, II.⟩
→ **Knud ⟨Danmark, Konge, II.⟩**

Canut ⟨le Grand⟩
→ **Knud ⟨Danmark, Konge, II.⟩**

Canut ⟨Norvège, Roi⟩
→ **Knud ⟨Danmark, Konge, II.⟩**

Canut, Robert
→ **Robertus ⟨de Cricklade⟩**

Canute ⟨Denmark, King, II.⟩
→ **Knud ⟨Danmark, Konge, II.⟩**

Canute ⟨England, King⟩
→ **Knud ⟨Danmark, Konge, II.⟩**

Canuti, Benedictus
→ **Kanuti, Benedictus**

Canuti, Robert
→ **Robertus ⟨de Cricklade⟩**

Canutius ⟨Danmark, Konge, II.⟩
→ **Knud ⟨Danmark, Konge, II.⟩**

Canutus ⟨Arhusiensis⟩
→ **Kanuti, Benedictus**

Canutus ⟨Arosiensis⟩
→ **Kanuti, Benedictus**

Canutus ⟨Dania, Rex, II.⟩
→ **Knud ⟨Danmark, Konge, II.⟩**

Canutus ⟨Episcopus⟩
→ **Mikkelsen, Knud**

Canutus ⟨Magnus⟩
→ **Knud ⟨Danmark, Konge, II.⟩**

Canutus ⟨Norvège, Roi⟩
→ **Knud ⟨Danmark, Konge, II.⟩**

Canutus ⟨Västerås⟩
→ **Kanuti, Benedictus**

Canutus ⟨Vibergensis⟩
→ **Mikkelsen, Knud**

Canutus, Benedictus
→ **Kanuti, Benedictus**

Canyelles, Vidal ¬de¬
→ **Vitalis ⟨de Canellas⟩**

Caoursin, Guillaume
1430 – ca. 1501
Rhodiorum historia
VL(2),1,1174; Rep.Font. V,296
Caorsin, Gulielmus
Caoursin, William
Guilelmus ⟨Caorsin⟩
Guillaume ⟨Caoursin⟩
William ⟨Caoursin⟩

Capanna, Puccio
→ **Puccio ⟨Capanna⟩**

Capegrave, John
→ **John ⟨Capgrave⟩**

Čapek, Jan
um 1417
Knižky
Rep.Font. VI,297
Čapek, Johannes
Jan ⟨Čapek⟩
Johannes ⟨Čapek⟩
Johannes ⟨Klatovy⟩
Johannes ⟨Taborita⟩

Capella, Johannes ¬de¬
→ **Johannes ⟨de Capella⟩**

Capellanus
15. Jh.
Puncta libri Priorum; Puncta libri Posteriorum; Puncta super Elenchis
Lohr

Capellanus, Andreas
→ **Andreas ⟨Capellanus⟩**

Capellanus, Bertholdus
→ **Bertholdus ⟨Capellanus⟩**

Capellanus, Thomas
→ **Thomas ⟨Capellanus⟩**

Capellanus, Willelm
→ **Guilelmus ⟨Procurator⟩**

Capelli, Giacomo
→ **Cappellis, Jacobus ¬de¬**

Capello, Guido
gest. 1331 · OP
Margarita bibliae
LMA,II,1470/71; Kaeppeli,II,78/80
Gui ⟨de Pileo⟩
Gui ⟨de Vicence⟩
Guido ⟨Capello⟩
Guido ⟨de Ferrara⟩
Guido ⟨de Pileo⟩
Guido ⟨Vicentinus⟩
Guido ⟨Vicentinus de Ferrara⟩
Guido ⟨Vicentinus de Pileo⟩
Guy ⟨Capello⟩
Guy ⟨de Pileo⟩
Guy ⟨Vicence⟩
Vicentinus, Guido

Capellutius, Rolandus
→ **Rolandus ⟨Capellutius⟩**

Caper, Heinrich
→ **Heinrich ⟨Caper⟩**

Capestrano, Johannes ¬de¬
→ **Johannes ⟨de Capestrano⟩**

Capgrave, John
→ **John ⟨Capgrave⟩**

Capistrano, Johannes ¬de¬
→ **Johannes ⟨de Capestrano⟩**

Capistro, Johannes ¬de¬
→ **Johannes ⟨de Capestrano⟩**

Capitaneis, Thomas ¬de¬
→ **Thomas ⟨de Capitaneis⟩**

Capito, Robertus
→ **Grosseteste, Robertus**

Capocci, Giacomo
→ **Jacobus ⟨de Viterbio⟩**

Capocius, Jacobus
→ **Jacobus ⟨de Viterbio⟩**

Capodilista, Bartholomaeus
→ **Bartholomaeus ⟨Capodilista⟩**

Capodilista, Gabriele
15. Jh.
Itinerario in Terra Sancta
Rep.Font. III,123
Capodilista, Gabriel
Gabriel ⟨Capodilista⟩
Gabriele ⟨Capodilista⟩

Capodistria, Daniel ¬de¬
→ **Daniel ⟨de Capodistria⟩**

Caposton, Johannes ¬de¬
→ **Johannes ⟨de Capestrano⟩**

Cappadoces, Johannes
→ **Johannes ⟨Cappadoces⟩**

Cappellis, Jacobus ¬de¬
13. Jh. · OFM
Summa contra haereticos; Identität mit Jacobus ⟨Mediolanensis⟩, Verf. von „Stimulus amoris", umstritten
LMA,II,1486; Rep.Font. III,120
Capelli, Giacomo
Capelli, Jacques ¬de¬
Capellis, Jacques ¬de¬
Cappelli, Giacomo
Giacomo ⟨Capelli⟩
Giacomo ⟨Cappelli⟩
Jacobus ⟨Capelli⟩
Jacobus ⟨Capelli de Milano⟩
Jacobus ⟨de Capellis⟩
Jacobus ⟨de Cappellis⟩
Jacobus ⟨de Milano⟩
Jacques ⟨de Capellis⟩

Cappellyce, Henricus
→ **Henricus ⟨Cappellyce⟩**

Cappil
→ **Kappel, Hermann**

Capponi, Gino
ca. 1350 – 1421
Ricordi
Rep.Font. III,124
Capponi, Gino di Neri
Gino ⟨di Neri Capponi⟩
Neri Capponi, Gino ¬di¬

Capponi, Neri
1388 – 1457
Acquisto di Pisa dell'anno 1406; Cacciata del conte di Poppi; Commentari
Rep.Font. III,124
Capponi, Neri di Gino
Gino ⟨Capponio⟩
Gino Capponi, Neri ¬di¬
Neri ⟨di Gino Capponi⟩

Capra, Benedictus
→ **Benedictus ⟨Capra⟩**

Capra, Jacobus
→ **Jacobus ⟨Capra⟩**

Capreolus, Johannes
→ **Johannes ⟨Capreolus⟩**

Capri, Constantius ¬de¬
→ **Constantius ⟨de Capri⟩**

Caprioli, Jean
→ **Johannes ⟨Capreolus⟩**

Caprioli, Petrus
→ **Petrus ⟨Caprioli⟩**

Capua, Angilu ¬di¬
→ **Angilu ⟨di Capua⟩**

Capua, Bartolommeo ¬da¬
→ **Bartholomaeus ⟨Capuanus⟩**

Capua, Johannes ¬de¬
→ **Johannes ⟨de Capua⟩**

Capua, Petrus ¬de¬
→ **Petrus ⟨de Capua, Iunior⟩**
→ **Petrus ⟨de Capua, Senior⟩**

Capua, Raimundus ¬de¬
→ **Raimundus ⟨de Capua⟩**

Capua, Thomas ¬de¬
→ **Thomas ⟨de Capua⟩**

Capua, Victor ¬de¬
→ **Victor ⟨de Capua⟩**

Capuanus, Bartholomaeus
→ **Bartholomaeus ⟨Capuanus⟩**

Capuanus, Nicolaus
→ **Nicolaus ⟨Capuanus⟩**

Caput, Johannes
→ **Johannes ⟨Caput⟩**

Caputgallis, Franciscus Stephani ¬de¬
→ **Franciscus ⟨Stephani de Caputgallis⟩**

Cara, Petrus
ca. 1440 – 1490
Breviarium gestorum in Italia a Carolo octavo Gallorum rege
Orationes
Rep.Font. III,125
Cara, Pierre
Cara, Pietro
Petrus ⟨Cara⟩
Pierre ⟨Cara⟩
Pierre ⟨Cara de San-Germano⟩
Pietro ⟨Cara⟩
Pietro ⟨Cara da San Germano⟩

Caraccioli, Franciscus
→ **Franciscus ⟨Caraccioli⟩**

Caraccioli, Nicolaus
→ **Caracciolo, Nicolaus Moschinus**

Caraccioli, Roberto
ca. 1425 – 1495 · OFM
LMA,VII,908/09
Caraccioli de Licio, Roberto
Caracciolo, Roberto
Caracciolus, Robertus
Carazola, Roberto
Licio, Robertus ¬de¬
Robert ⟨de Litio⟩
Robert ⟨von Lecce⟩
Roberto ⟨Caraccioli⟩
Roberto ⟨da Lecce⟩
Robertus ⟨Caracciolo⟩
Robertus ⟨Caracciolus⟩
Robertus ⟨de Aquino⟩
Robertus ⟨de Licio⟩
Robertus ⟨Episcopus⟩
Robertus ⟨Liciensis⟩

Caracciolo, Bartolomeo
um 1362
Verf. des zweiten Teils der „Cronaca di Partenope"
Rep.Font. III,125
Bartholomaeus ⟨Caracciolo⟩
Bartholomaeus ⟨Carafa⟩
Bartholomaeus ⟨Dictus Carafa⟩
Bartolomeo ⟨Caracciolo⟩
Carafa, Bartholomaeus

Caracciolo, Landulfo
→ **Landulfus ⟨Caracciolus⟩**

Caracciolo, Moschino
→ **Caracciolo, Nicolaus Moschinus**

Caracciolo, Nicolaus Moschinus
gest. 1389 · OP
Tractatus; Casus
Kaeppeli,III,179/180; LMA,II,1494
Caraccioli, Nicolaus
Caracciolo, Moschino
Caracciolo, Niccolò Misquinus
Caracciolo, Niccolò Moschino
Caracciolo, Nicolas-Moschino
Moschino ⟨Caracciolo⟩
Niccolò Misquinus ⟨Caracciolo⟩
Niccolò Moschino ⟨Caracciolo⟩
Nicolas ⟨Moschin⟩
Nicolas ⟨Moschin de Caraccioli⟩
Nicolas-Moschino ⟨Caracciolo⟩
Nicolaus ⟨Caraccioli⟩
Nicolaus ⟨Caracciolus⟩
Nicolaus ⟨Cardinal⟩
Nicolaus ⟨de Naples⟩
Nicolaus ⟨Meschini⟩
Nicolaus ⟨Mesquinus⟩
Nicolaus ⟨Michinus⟩
Nicolaus ⟨Michinus de Neapoli⟩
Nicolaus ⟨Mischinus⟩
Nicolaus ⟨Mischinus de Neapoli⟩
Nicolaus ⟨Miscinus⟩
Nicolaus ⟨Misquinus⟩
Nicolaus ⟨Moschini⟩
Nicolaus ⟨Moschinus⟩
Nicolaus ⟨Muscini⟩
Nicolaus Moschinus ⟨Caracciolo⟩

Caracciolo, Roberto
→ **Caraccioli, Roberto**

Caracciolus, Landulfus
→ **Landulfus ⟨Caracciolus⟩**

Caracciolus, Robertus
→ **Caraccioli, Roberto**

Carafa, Bartholomaeus
→ **Caracciolo, Bartolomeo**

Carafa, Diomede
1406/08 – 1487
Berater Alfons I. von Neapel; Memoriale sui doveri del principe; Trattato dello optimo cortesano
Rep.Font. III,127; LMA,II,1495
Caraffa ⟨Conte⟩
Caraffa, Diomède
Carrafa, Diomede
Diomede ⟨Carafa⟩

Carafa, Giovanni
→ **Caraffa, Johannes**

Caraffa, Johannes
ca. 1420 – 1486
Tractatus de simonia; De ambitu; De jubilaeo
Rep.Font. III,129
Carafa, Giovanni
Caraffa, Jean
Giovanni ⟨Carafa⟩
Jean ⟨Caraffa⟩
Johannes ⟨Caraffa⟩

Caramanico, Marinus ¬de¬
→ **Marinus ⟨de Caramanico⟩**

Carameius de Monteregali, Hieronymus
→ **Hieronymus ⟨Carameius de Monteregali⟩**

Caramenus, Leo
→ **Leo ⟨Grammaticus⟩**

Caratis, Martinus ¬de¬
→ **Martinus ⟨de Garatis⟩**

Carazola, Roberto
→ **Caraccioli, Roberto**

Carbone, Lodovico
1436 – ca. 1485
Carbone, Ludovico
Carbone, Ludovicus
Lodovico ⟨Carbone⟩
Ludovico ⟨Carbone⟩
Ludovicus, Carbone

Carbonel, Bertran
13. Jh.
Troubadour; Cansos; Sirventes
LMA,II,1495/96
Bertran ⟨Carbonel⟩
Carbonel, Bertrand

Carbonell, Poncio
→ **Pontius ⟨Carbonelli⟩**

Carbonelli, Pontius
→ **Pontius ⟨Carbonelli⟩**

Carbonellus, Rogerus
→ **Rogerus ⟨Carbonellus⟩**

Carcano, Michael ¬de¬
→ **Michael ⟨de Carcano⟩**

Carcassés, Arnaut ¬de¬
→ **Arnaut ⟨de Carcassés⟩**

Carcassona, Johannes ¬de¬
→ **Johannes ⟨de Carcassona⟩**

Cardalhaco, Johannes ¬de¬
→ **Johannes ⟨de Cardalhaco⟩**

Cardami, Lucio
1410 – ca. 1494
Diarii ne' quali si contengono le memorie istoriche de' suoi tempi dall'anno 1410 sino all'anno 1494
Rep.Font. III,130
Lucio ⟨Cardami⟩

Cardenal, Peire
→ **Peire ⟨Cardenal⟩**

Cardinalis, Albinus
→ **Albinus ⟨Cardinalis⟩**

Cardinalis, Boso
→ **Boso ⟨Cardinalis⟩**

Cardinalis, Deusdedit
→ **Deusdedit ⟨Cardinalis⟩**

Cardinalis, Laborans
→ **Laborans ⟨Cardinalis⟩**

Cardinalis, Petrus
→ **Petrus ⟨Cardinalis⟩**

Cardinalis, Romanus
→ **Romanus ⟨Cardinalis⟩**

Caresini, Raphael
→ **Caresinis, Raphaynus ¬de¬**

Caresinis, Raphaynus ¬de¬
1314 – 1390
Chronica
Rep.Font. III,130
Caresini, Raffaino
Caresini, Raphael
Caresini, Raphaino
Caresinus, Raphael
Caresinus, Raphainus
Raffaino ⟨Caresini⟩
Raphael ⟨Caresini⟩
Raphael ⟨Caresinus⟩
Raphaino ⟨Caresini⟩
Raphainus ⟨Caresinus⟩
Raphaynus ⟨de Caresinis⟩

Carew, Robertus
→ **Robertus ⟨Cary⟩**

Carillo ⟨d'Albornoz⟩
→ **Aegidius ⟨Albornoz⟩**

Caritate, Petrus ¬de¬
→ **Petrus ⟨de Caritate⟩**

Carl ⟨...⟩
→ **Karl ⟨...⟩**

Carlenis, Antonius ¬de¬
→ **Antonius ⟨de Carlenis⟩**

Carlerius, Aegidius
→ **Aegidius ⟨Carlerii⟩**

Carlerius, Johannes
→ **Gerson, Johannes**

Carletti, Angelo
→ **Angelus ⟨Carletus⟩**

Carletus, Angelus
→ **Angelus ⟨Carletus⟩**

Carlevari, Bernardino ¬de¬
um 1495/99
Cronachetta de' fatti d'Italia e specialmente di Lombardia dall'anno 1494 all'anno 1499
Rep.Font. III,131
Bernardino ⟨de Carlevari⟩

Carlier, Gilles
→ **Aegidius ⟨Carlerii⟩**

Carlo ⟨Attendolo⟩
→ **Gabriel ⟨Sfortia⟩**

Carlo ⟨di Lussemburgo⟩
→ **Karl ⟨Römisch-Deutsches Reich, Kaiser, IV.⟩**

Carlo ⟨di Salvestro Gondi⟩
→ **Gondi, Carlo di Salvestro**

Carlo ⟨di Tocco⟩
→ **Tocco, Carolus ¬de¬**

Carlo ⟨Marsuppini⟩
→ **Marsuppini, Carolus**

Carlo ⟨Verardi⟩
→ **Verardus, Carolus**

Carloman ⟨Duc des Francs en Austrasie⟩
→ **Karlmann ⟨Hausmeier⟩**

Carloman ⟨Fils de Charles Martell⟩
→ **Karlmann ⟨Hausmeier⟩**

Carloman ⟨Fils de Louis le Gérmanique⟩
→ **Karlmann ⟨Ostfränkisches Reich, König⟩**

Carloman ⟨Italie, Roi⟩
→ **Karlmann ⟨Ostfränkisches Reich, König⟩**

Carlos ⟨d'Aragón⟩
→ **Viana, Carlos ¬de¬**

Carlos ⟨Viana, Principe⟩
→ **Viana, Carlos ¬de¬**

Carmelita, Johannes
→ **Johannes ⟨Carmelita⟩**

Carmelitus ⟨Frater⟩
→ **Bartolino ⟨da Padua⟩**

Carmen, Johannes
um 1400/20
Motetten
LMA,V,562
Johannes ⟨Carmen⟩

Carnarvon, Edward ¬of¬
→ **Edward ⟨England, King, I.⟩**

Carnificis, Andreas
→ **Andreas ⟨Carnificis⟩**

Carnificis de Lutrea, Johannes
→ **Johannes ⟨de Lutrea⟩**

Carnoto, Nicolaus ¬de¬
→ **Nicolaus ⟨de Carnoto⟩**

Carnoto, Thomas ¬de¬
→ **Thomas ⟨de Carnoto⟩**

Caro Loco, Guido ¬de¬
→ **Guido ⟨de Caro Loco⟩**

Caroch von Lichtenberg, Samuel
→ **Karoch von Lichtenberg, Samuel**

Caroli Loci, Petrus
→ **Petrus ⟨Caroli Loci⟩**

Caroliloco, Adamus ¬de¬
→ **Adamus ⟨de Caroliloco⟩**

Caroloco, Andreas ¬de¬
→ **Andreas ⟨de Caroloco⟩**

Carolus ⟨Andreae⟩
gest. 1451
Chronologia rerum Svecicarum
Rep.Font. III,142
Andreae, Carolus

Carolus ⟨Aretinus⟩
→ **Marsuppini, Carolus**

Carolus ⟨Berlinghieri⟩
um 1470 · OP
Angebl. Verf. der Vita Johannis Dominici, deren wirkl. Verf. Johannes ⟨Caroli de Florentia⟩ OP ist
Kaeppeli,I,262
Berlinghieri, Carolus
Berlinghieri, Charles
Charles ⟨Berlinghieri⟩
Charles ⟨Berlinghieri de Florence⟩

Carolus ⟨Bohemia, Rex⟩
→ **Karl ⟨Römisch-Deutsches Reich, Kaiser, IV.⟩**

Carolus ⟨de Tocco⟩
→ **Tocco, Carolus ¬de¬**

Carolus ⟨Dux⟩
→ **Karl ⟨Martell⟩**

Carolus ⟨Egregius Bellator⟩
→ **Karl ⟨Martell⟩**

Carolus ⟨Germania, Imperator, I.⟩
→ **Karl ⟨Römisch-Deutsches Reich, Kaiser, I.⟩**

Carolus ⟨Germania, Imperator, IV.⟩
→ **Karl ⟨Römisch-Deutsches Reich, Kaiser, IV.⟩**

Carolus ⟨Magnus⟩
→ **Karl ⟨Römisch-Deutsches Reich, Kaiser, I.⟩**

Carolus ⟨Maior Domus⟩
→ **Karl ⟨Martell⟩**

Carolus ⟨Maneken⟩
→ **Virulus, Carolus**

Carolus ⟨Marsuppini⟩
→ **Marsuppini, Carolus**

Carolus ⟨Martellus⟩
→ **Karl ⟨Martell⟩**

Carolus ⟨Mennicken⟩
→ **Virulus, Carolus**

Carolus ⟨Princeps⟩
→ **Karl ⟨Martell⟩**

Carolus ⟨Tudes⟩
→ **Karl ⟨Martell⟩**

Carolus ⟨Verardus⟩
→ **Verardus, Carolus**

Carolus ⟨Virulus⟩
→ **Virulus, Carolus**

Caron, Jean
→ **Jean ⟨d'Arras⟩**

Caron, Michault ¬le¬
→ **Michault ⟨Taillevent⟩**

Caronellis, Franciscus ¬de¬
→ **Franciscus ⟨de Caronellis⟩**

Carpanis, Dominicus ¬de¬
→ **Dominicus ⟨de Carpanis⟩**

Carpathius, Johannes
→ **Johannes ⟨Carpathius⟩**

Carpentarius, Alexander
→ **Alexander ⟨Carpentarius⟩**

Carpin, Jean du Plan ¬de¬
→ **Johannes ⟨de Plano Carpini⟩**

Carpinetanus, Alexander
→ **Alexander ⟨Carpinetanus⟩**

Carpini, Johannes de Plano
→ **Johannes ⟨de Plano Carpini⟩**

Carractis, Martinus ¬de¬
→ **Martinus ⟨de Garatis⟩**

Carradori, Jacopo
→ **Jacopo ⟨da Imola⟩**

Carrafa, Diomede
→ **Carafa, Diomede**

Carrara, Johannes Michael Albertus
1438 – 1490
Oratio extemporalis habita in funere Bartholomaei Coleonis
Rep.Font. III,147
Carrara, Giovanni Michele Alberto
Carrara, Jean-Michel-Albert
Giovanni Michele Alberto ⟨Carrara⟩
Jean-Michel-Albert ⟨Carrara⟩
Johannes Michael Albertus ⟨Carrara⟩

Carraria, Guido ¬de¬
→ **Guido ⟨de Carraria⟩**

Carrerie, Bernardus
→ **Bernardus ⟨Carrerie⟩**

Carretto, Henricus ¬de¬
13. Jh. · OFM
Consultatio; De rotis Ezechielis
LMA,III,666/67; Stegmüller, Repert. bibl. 3151
DelCarretto, Enrico
Enrico ⟨del Carretto⟩
Henri ⟨de Calais⟩
Henric ⟨de Carreto⟩
Henricus ⟨Caretus⟩
Henricus ⟨de Caleto⟩
Henricus ⟨de Careto⟩
Henricus ⟨de Carretto⟩

Carrillo de Huete, Pedro
um 1440/50
Crónica
Rep.Font. III,147
Albornoz, Pedro Carrillo ¬de¬
Carrillo de Albornoz, Pedro
Huete, Pedro Carrillo ¬de¬
Pedro ⟨Carrillo de Huete⟩

Carríon, Santob ¬de¬
→ **Santob ⟨de Carrión⟩**

Carroç Pardo de la Casta, Francesch
→ **Francesch ⟨Carroç Pardo de la Casta⟩**

Carthagena, Alfonsus ¬de¬
→ **Alfonsus ⟨de Carthagena⟩**

Cartophylax, Nicephorus
→ **Nicephorus ⟨Chartophylax⟩**

Cartusianus, Adamus
→ **Adamus ⟨Cartusianus⟩**

Cartusianus, Adrianus
→ **Adrianus ⟨Cartusianus⟩**

Cartusianus, Anthelmus
→ **Anthelmus ⟨Cartusianus⟩**

Cartusianus, Bernardus
→ **Bernardus ⟨Cartusianus⟩**

Cartusianus, Bruno
→ **Bruno ⟨Cartusianus⟩**

Cartusianus, Dionysius
→ **Dionysius ⟨Cartusianus⟩**

Cartusianus, Guigo
→ **Guigo ⟨Cartusianus⟩**

Carus ⟨Metensis⟩
→ **Carus ⟨Scotus⟩**

Carus ⟨Scotus⟩
um 1005
Angebl. Verf. der „Vita Clementis"
Carus ⟨Metensis⟩
Carus ⟨Monachus⟩
Scotus, Carus

Carusis, Bartholomaeus ¬de¬
→ **Bartholomaeus ⟨de Urbino⟩**

Carvajal
15. Jh.
Span. Dichter
Carvajales

Cary, Robertus
→ **Robertus ⟨Cary⟩**

Casa, Petrus ¬de¬
→ **Petrus ⟨de Casis⟩**

Casae Dei, Rudolfus
→ **Rudolfus ⟨Casae Dei⟩**

Casae Novae, Rogerus
→ **Rogerus ⟨Casae Novae⟩**

Casale, Ubertinus ¬de¬
→ **Ubertinus ⟨de Casale⟩**

Casali, Johannes ¬de¬
→ **Johannes ⟨de Casali⟩**

Casalis, Jakob ¬von¬
→ **Jacobus ⟨de Cessolis⟩**

Casalupis, Johannes Baptista
→ **Caccialupus, Johannes Baptista**

Casanova, Johannes ¬de¬
1387 – 1436 · OP
Epistula exhortativa ad Eugenium IV super dissolutione concilii Basileensis revocanda; Sermo ad clerum pro dominica III Adventus; Das Werk „De potestate papae et concilii generalis" wird auch Raphael ⟨de Pornaxio⟩ zugeschrieben
LMA,II,1542/43; Kaeppeli,II,396/397; Rep.Font. VI,578
Casanova, Jean ¬de¬
Casanova, Joan ¬de¬
Casanova, Juan ¬de¬
Jean ⟨de Casanova⟩
Jean ⟨d'Elne⟩
Joan ⟨de Casanova⟩
Johannes ⟨Barcinonensis⟩
Johannes ⟨de Casa Nova⟩
Johannes ⟨de Casanova⟩
Johannes ⟨de Casanova Barcinonensis⟩
Johannes ⟨Helenensis⟩
Juan ⟨de Casanova⟩

Casas, Jerónimo ¬de¬
→ **Jerónimo ⟨de Casas⟩**

Casasco, Thomas ¬de¬
→ **Thomas ⟨de Casasco⟩**

Cascano, Georgius ¬de¬
→ **Georgius ⟨de Cascano⟩**

Cascina, Simon ¬de¬
→ **Simon ⟨de Cascina⟩**

Casentino, Bonaiutus ¬de¬
→ **Bonaiutus ⟨de Casentino⟩**

Casentino, Donato ¬da¬
→ **Albanzani, Donato ¬degli¬**

Casentino, Jacopo ¬di¬
→ **Jacopo ⟨Landini⟩**

Caserta, Filipoctus ¬de¬
→ **Philippus ⟨de Caserta⟩**

Caserta, Philippot ¬de¬
→ **Philippus ⟨de Caserta⟩**

Caserta, Philippus ¬de¬
→ **Philippus ⟨de Caserta⟩**

Casia
um 800/05
Tusculum-Lexikon; CSGL; LMA,V,1035
Eikasia
Icasia
Ikasia
Kasia
Kassia
Kassianē

Casimir ⟨le Grand⟩
→ **Kazimierz ⟨Polska, Król, III.⟩**

Casimir ⟨Pologne, Roi, III.⟩
→ **Kazimierz ⟨Polska, Król, III.⟩**

Casimirus ⟨Magnus⟩
→ **Kazimierz ⟨Polska, Król, III.⟩**

Casimirus ⟨Polonia, Rex, III.⟩
→ **Kazimierz ⟨Polska, Król, III.⟩**

Casiodoro, Flavio Magno Aurelio
→ **Cassiodorus, Flavius Magnus Aurelius**

Casis, Petrus ¬de¬
→ **Petrus ⟨de Casis⟩**

Casleto, Franciscus ¬de¬
→ **Franciscus ⟨de Casleto⟩**

Casola, Nicola ¬da¬
→ **Nicola ⟨da Casola⟩**

Caspar ⟨Borgeni⟩
→ **Borgeni, Caspar**

Caspar ⟨Calderinus⟩
gest. 1400
Calderini, Gaspare
Calderinus, Caspar
Gaspare ⟨Calderino⟩

Caspar ⟨de Altenburga⟩
um 1484
Lat. und dtsch. Klage- und Bittgebet
VL(2),4,1047
Altenburga, Caspar ¬de¬
Caspar ⟨Frater⟩
Kaspar ⟨von Altenburg⟩

Caspar ⟨der Toberyschcz⟩
→ **Tobritsch, Kaspar**

Caspar ⟨Frater⟩
→ **Caspar ⟨de Altenburga⟩**

Caspar ⟨Maiselstein⟩
→ **Maiselstein, Caspar**

Caspar ⟨Singer⟩
→ **Singer, Caspar**

Caspar ⟨Tobrisch⟩
→ **Tobritsch, Kaspar**

Caspar ⟨von der Rhön⟩
→ **Kaspar ⟨von der Rhön⟩**

Caspar ⟨Weinreich⟩
→ **Weinreich, Caspar**

Casparinus ⟨Barzizius⟩
→ **Gasparinus ⟨Barzizius⟩**

Casparinus ⟨Bergomas⟩
→ **Gasparinus ⟨Barzizius⟩**

Casparus ⟨Fuscinus⟩
→ **Fuscinus, Casparus**

Caspi, Joseph ben Abba Mari
→ **Kaspî, Yôsēf**

Cassagnies, Gencelinus
→ **Zenzelinus ⟨de Cassanis⟩**

Cassalis, Jacobus ¬de¬
→ **Jacobus ⟨de Cessolis⟩**

Cassanhis, Genselinus
→ **Zenzelinus ⟨de Cassanis⟩**

Cassanis, Zenzelinus ¬de¬
→ **Zenzelinus ⟨de Cassanis⟩**

Cassero, Martinus ¬del¬
→ **Martinus ⟨de Fano⟩**

Cassetta, Salvus
→ **Salvus ⟨Cassetta⟩**

Cassia, Simon ¬de¬
→ **Simon ⟨Fidati⟩**

Cassianus ⟨Bassus⟩
6. Jh.
Geoponica (Text nur in Fassung des 10. Jh. überliefert)
Bassus, Cassianus
Cassianus ⟨Bassus Scholasticus⟩
Cassianus ⟨Scholasticus⟩
Cassianus Bassus ⟨Scholasticus⟩

Cassimatas, Antonius
→ **Antonius ⟨Cassimatas⟩**

Cassinese, Guglielmo
→ **Guilelmus ⟨Casinensis⟩**

Cassinis, Samuel ¬de¬
→ **Samuel ⟨de Cassinis⟩**

Cassiodorus, Flavius Magnus Aurelius
ca. 490 – 583
LThK; CSGL; Tusculum-Lexikon; LMA,II,1551/54
Aurelius ⟨Cassiodorus⟩
Casiodoro, Flavio Magno Aurelio
Cassiodor
Cassiodore, Magnus Aurèle

Cassiodoro, Flavius Magnus Aurelius
Cassiodorus
Cassiodorus ⟨Senator⟩
Cassiodorus ⟨Vivariensis⟩
Cassiodorus, Aurelius
Cassiodorus, Magnus Aurelius
Flavius ⟨Cassiodorus⟩
Flavius ⟨Magnus⟩
Flavius Magnus Aurelius ⟨Cassiodorus⟩
Magnus ⟨Cassiodorus⟩
Pseudo-Cassiodorus

Cassiodorus, Petrus
→ **Petrus ⟨Cassiodorus⟩**

Castaneis, Petrus Andreas ¬de¬
→ **Petrus Andreas ⟨de Castaneis⟩**

Castaneto, Petrus ¬de¬
→ **Petrus ⟨de Castaneto⟩**

Castel, Jean
→ **Jean ⟨Castel⟩**

Castel, Robert ¬de¬
→ **Robert ⟨de Castel⟩**

Castelbonus, Jacobus
→ **Jacobus ⟨Castelbonus⟩**

Castelho, Lapus ¬de¬
→ **Lapus ⟨de Castellione⟩**

Castellani, Francesco di Matteo
1418 – 1494
Ricordanze
Castellani, Francesco
DiMatteo Castellani, Francesco
Francesco ⟨di Matteo Castellani⟩
Francesco ⟨Matheo Castellani⟩
Matteo Castellani, Francesco ¬di¬

Castellani, Gratia ¬de'¬
→ **Gratia ⟨de'Castellani⟩**

Castellans ⟨von Coucy⟩
→ **Guy ⟨de Coucy⟩**

Castellanus ⟨de Bassano⟩
um 1270/1327
Venetiane pacis inter ecclesiam et imperium libri duo (Poema in hexametris)
Rep.Font. III,153
Bassano, Castellanus ¬de¬
Bassiano, Castellanus ¬von¬
Baxano, Castellanus ¬de¬
Castellano ⟨de Bassano⟩
Castellanus ⟨Bassianensis⟩
Castellanus ⟨de Baxano⟩
Castellanus ⟨von Bassiano⟩
Castellanus, Leo
Leo ⟨Castellanus⟩

Castellanus, Georgius
→ **Chastellain, Georges**

Castellanus, Johannes
→ **Johannes ⟨Castellanus⟩**

Castellanus, Leo
→ **Castellanus ⟨de Bassano⟩**

Castellariis, Petrus ¬de¬
→ **Petrus ⟨de Castellariis⟩**

Castellariis, Thomas ¬de¬
→ **Thomas ⟨de Castellariis⟩**

Castellatio, Philippus ¬de¬
→ **Philippus ⟨Mucagata de Castellatio⟩**

Castellerio, Conradus ¬de¬
→ **Conradus ⟨de Castellerio⟩**

Castelletto, Petrus ¬de¬
→ **Petrus ⟨de Castelletto⟩**

Castelli, Castello
→ **Castellus ⟨de Castello⟩**

Castellione, Gualterus ¬de¬
→ **Gualterus ⟨de Castellione⟩**

Castellione, Guido ¬de¬
→ **Guido ⟨de Castellione⟩**

Castellione, Jérome ¬de¬
→ **Castiglione, Girolamo**

Castellione, Johannes ¬de¬
→ **Johannes ⟨de Castellione⟩**

Castellione, Lapus ¬de¬
→ **Lapus ⟨de Castellione⟩**
→ **Lapus ⟨de Castellione, Iunior⟩**

Castellione, Philippus Gualterus ¬de¬
→ **Gualterus ⟨de Castellione⟩**

Castellionus, Christophorus
→ **Castiglione, Cristoforo ¬da¬**

Castellnou, Johan ¬de¬
→ **Johan ⟨de Castelnou⟩**

Castello ⟨Castelli⟩
→ **Castellus ⟨de Castello⟩**

Castello ⟨de Bergame⟩
→ **Castellus ⟨de Castello⟩**

Castello, Bonaventura ¬de¬
→ **Bonaventura ⟨de Castello⟩**

Castello, Castellus ¬de¬
→ **Castellus ⟨de Castello⟩**

Castello, Hugo ¬de¬
→ **Hugo ⟨de Castello⟩**

Castello, Johannes ¬de¬
→ **Johannes ⟨de Castello⟩**

Castellus ⟨de Castello⟩
14./15. Jh.
Von L.A. Muratori fälschlich als Verf. des Chronicon Bergamense Guelpho-Ghibellinum genannt; verfaßte in Wirklichkeit nur einige Notizen
Rep.Font. III,154
Castelli, Castello
Castello ⟨Castelli⟩
Castello ⟨de Bergame⟩
Castello ⟨de Castello⟩
Castello, Castello ¬de¬
Castello, Castellus ¬de¬

Castelnaudary, Arnaut Vidal ¬de¬
→ **Arnaut ⟨Vidal⟩**

Castelnou, Johan ¬de¬
→ **Johan ⟨de Castelnou⟩**

Castelnou, Raimon ¬de¬
→ **Raimon ⟨de Castelnou⟩**

Castertonus ⟨Norvicensis⟩
um 1382 · OSB
In aliquot epistulas Pauli
Stegmüller, Repert. bibl., 1923
Casterton ⟨Bénédictin⟩
Casterton ⟨de Norwich⟩
Castertonus ⟨Anglus⟩
Castertonus ⟨Monachus⟩
Castrodunus ⟨Norvicensis⟩

Castiglionchio, Bernardo ¬da¬
→ **Bernardo ⟨da Castiglionchio⟩**

Castiglionchio, Lapo ¬da¬
→ **Lapus ⟨de Castellione⟩**

Castiglione, Cristoforo ¬da¬
1345 – 1425
Consilia
LUI
Castellionus, Christophorus
Castiglione, Christophe
Castiglioni, Cristoforo
Castilionaeus, Christophorus
Christoferus ⟨de Castelliono⟩
Christophe ⟨Castiglione⟩
Christophe ⟨de Chastillionaeis⟩
Christophorus ⟨Castellionus⟩
Christophorus ⟨Castilionaeus⟩
Christophorus ⟨Castillionaeus⟩
Cristoforo ⟨Castiglione⟩
Cristoforo ⟨Castiglioni⟩
Cristoforo ⟨da Castellione⟩
Cristoforo ⟨da Castiglione⟩

Castiglione, Francesco ¬da¬
→ **Castiglione, Franciscus ¬de¬**

Castiglione, Franciscus ¬de¬
ca. 1434 – 1484
Ad Laurentium et Julianum Medices epistola consolatoria in obitu Cosmae eorum patris; Oratio in nuptiis Francisci Sfortiae et Blancae Mariae Vicecomitis; Vita S. Antonini episcopi Florentini; etc.
Rep.Font. III,155
Castiglione, Francesco ¬da¬
Castiglione, François ¬de¬
Castillionus, Franciscus
Francesco ⟨da Castiglione⟩
Franciscus ⟨Castillionensis⟩
Franciscus ⟨Castillionus⟩
Franciscus ⟨de Castiglione⟩
François ⟨de Castiglione⟩

Castiglione, Geoffroy
→ **Coelestinus ⟨Papa, IV.⟩**

Castiglione, Girolamo
gest. ca. 1495
Fiora di terra sancta
Rep.Font. III,155
Castellione, Jérome ¬de¬
Girolamo ⟨Castiglione⟩
Jérome ⟨de Castellione⟩

Castiglione, Goffredo
→ **Coelestinus ⟨Papa, IV.⟩**

Castiglione, Joachim
→ **Joachim ⟨Castillionaeus⟩**

Castiglione, Lapo ¬da¬
→ **Lapus ⟨de Castellione⟩**

Castiglioni, Cristoforo
→ **Castiglione, Cristoforo ¬da¬**

Castilionaeus, Christophorus
→ **Castiglione, Cristoforo ¬da¬**

Castillionaeus, Joachim
→ **Joachim ⟨Castillionaeus⟩**

Castillionus, Franciscus
→ **Castiglione, Franciscus ¬de¬**

Castriota ⟨Scanderberg⟩
→ **Georgius ⟨Castriota⟩**

Castriota, Georgius
→ **Georgius ⟨Castriota⟩**

Castro, Antonius ¬de¬
→ **Antonius ⟨de Castro⟩**

Castro, Guigo ¬de¬
→ **Guigo ⟨de Castro⟩**

Castro, Paulus ¬de¬
→ **Paulus ⟨de Castro⟩**

Castro, Stephanus ¬de¬
→ **Stephanus ⟨de Castro⟩**

Castro Radulfi, Odo ¬de¬
→ **Odo ⟨de Castro Radulfi⟩**

Castro Theodorici, Gualterus ¬de¬
→ **Gualterus ⟨de Castro Theodorici⟩**

Castrodunus ⟨Norvicensis⟩
→ **Castertonus ⟨Norvicensis⟩**

Castrojeriz, Juan García ¬de¬
→ **García de Castrojeriz, Juan**

Castrovol, Petrus ¬de¬
→ **Petrus ⟨de Castrovol⟩**

Castua, Vincentius ¬de¬
→ **Vincentius ⟨de Castua⟩**

Casulis, Nicolaus ¬de¬
→ **Nicolaus ⟨de Casulis⟩**

Caṭakōpaṉ
→ **Nammāḻvār**

Catalan, Arnaut
→ **Arnoldus ⟨de Villa Nova⟩**

Catalani, Iordanus
→ **Iordanus ⟨Catalani⟩**

Catalanus, Arnaldus
→ **Arnaldus ⟨Catalanus⟩**

Catalanus, Ferrarius
→ **Ferrarius ⟨Catalanus⟩**

Catalanus, Jacobus
→ **Jacobus ⟨Catalanus⟩**

Catalauno, Galfredus ¬de¬
→ **Galfredus ⟨de Catalauno⟩**

Cataldi, Giovanni
→ **Johannes ⟨de Cataldis⟩**

Cataldinus ⟨da Visso⟩
→ **Cataldinus ⟨de Boncompagnis⟩**

Cataldinus ⟨de Boncompagnis⟩
gest. 1430
Boncompagni, Cataldino
Boncompagnis, Cataldinus ¬de¬
Boncompagnius ⟨de Visso⟩
Cataldini ⟨Buoncompagno⟩
Cataldino ⟨Boncampagni⟩
Cataldinus ⟨Boncompagnius⟩
Cataldinus ⟨da Visso⟩
Cataldinus ⟨de Bonis Compagnis⟩

Cataldis, Johannes ¬de¬
→ **Johannes ⟨de Cataldis⟩**

Catalineta ⟨Adorna⟩
→ **Caterina ⟨da Genova⟩**

Catalonia, Dominicus ¬de¬
→ **Dominicus ⟨de Catalonia⟩**

Catalonia, Thomas ¬de¬
→ **Thomas ⟨de Catalonia⟩**

Catanius, Bartholomaeus
→ **Bartholomaeus ⟨Catanius⟩**

Cataphrygiota, Callistus
→ **Callistus ⟨Cataphrygiota⟩**

Catarina ⟨...⟩
→ **Catharina ⟨...⟩**

Catelonia, Stephanus ¬de¬
→ **Stephanus ⟨de Catelonia⟩**

Caterina ⟨Adorni⟩
→ **Caterina ⟨da Genova⟩**

Caterina ⟨Benincasa⟩
→ **Catharina ⟨Senensis⟩**

Caterina ⟨da Bologna⟩
→ **Catharina ⟨Bononiensis⟩**

Caterina ⟨da Geberschweier⟩
→ **Catharina ⟨Gueberschwihrensis⟩**

Caterina ⟨da Genova⟩
1447 – 1510
LThK; Meyer; LMA,V,1071
Adorni, Caterina
Adorno, Caterina
Catalineta ⟨Adorna⟩
Caterina ⟨Adorni⟩
Caterina ⟨degli Ospedali⟩
Caterina ⟨Fieschi⟩
Caterina ⟨Santa⟩
Caterinetta ⟨da Genova⟩
Catharina ⟨de Genua⟩
Catharina ⟨Genuensis⟩
Catharina ⟨Sancta⟩
Catherina ⟨Adorni⟩
Catherine ⟨de Gênes⟩
Catherine ⟨of Genoa⟩
Fieschi, Caterina
Genova, Caterina ¬da¬
Katharina ⟨von Genua⟩

Caterina ⟨da Siena⟩
→ **Catharina ⟨Senensis⟩**

Caterina ⟨degli Ospedali⟩
→ **Caterina ⟨da Genova⟩**

Caterina ⟨Fieschi⟩
→ **Caterina ⟨da Genova⟩**

Caterina ⟨Senensis⟩
→ **Catharina ⟨Senensis⟩**

Caterina ⟨Vigri⟩
→ **Catharina ⟨Bononiensis⟩**

Caterina ⟨von Siena⟩
→ **Catharina ⟨Senensis⟩**

Caterinetta ⟨da Genova⟩
→ **Caterina ⟨da Genova⟩**

Cathala de Séverac, Jourdain
→ **Iordanus ⟨Catalani⟩**

Catharina ⟨Bononiensis⟩
1413 – 1463
CSGL; LMA,V,1070/71
Catarina ⟨Bononiensis⟩
Caterina ⟨da Bologna⟩
Caterina ⟨Vigri⟩
Catharina ⟨Sancta⟩
Catherine ⟨de Bologne⟩
Katharina ⟨von Bologna⟩
Vigri, Catarina ¬de¬

Catharina ⟨da Siena⟩
→ **Catharina ⟨Senensis⟩**

Catharina ⟨de Gebweiler⟩
→ **Catharina ⟨Gueberschwihrensis⟩**

Catharina ⟨de Genua⟩
→ **Caterina ⟨da Genova⟩**

Catharina ⟨Gueberschwihrensis⟩
ca. 1260 – ca. 1330
VL(2); CSGL; LMA,V,1071
Caterina ⟨da Geberschweier⟩
Catharina ⟨de Gebilswilr⟩
Catharina ⟨de Gebweiler⟩
Catharina ⟨de Geweswiller⟩
Catharina ⟨von Gebsweiler⟩
Catherine ⟨de Gebilswilr⟩
Katharina ⟨von Geberschweier⟩
Katharina ⟨von Gebersweiler⟩
Katharina ⟨von Gebesweiler⟩
Katharina ⟨von Gebilswilr⟩
Katharina ⟨von Geweswiler⟩
Katharina ⟨von Gueberschwihr⟩
Katharina ⟨von Guebwiller⟩

Catharina ⟨Sancta⟩
→ **Caterina ⟨da Genova⟩**
→ **Catharina ⟨Bononiensis⟩**
→ **Catharina ⟨Senensis⟩**

Catharina ⟨Senensis⟩
ca. 1347 – 1380
CSGL; LMA,V,1072/74
Benincasa, Caterina
Benincasa, Katharina
Caterina ⟨Benincasa⟩
Caterina ⟨da Siena⟩
Caterina ⟨Senensis⟩
Caterina ⟨von Siena⟩
Catharina ⟨da Siena⟩
Catharina ⟨Sancta⟩
Catherina ⟨Senensis⟩
Catherine ⟨de Siene⟩
Catterina ⟨Benincase⟩
Katalin ⟨Sziénai Szent⟩
Katarina ⟨Sienska⟩
Katharina ⟨Benincasa⟩

Katharina ⟨von Siena⟩
Siena, Katharina ¬von¬

Catharina ⟨von Gebsweiler⟩
→ **Catharina ⟨Gueberschwihrensis⟩**

Catherina ⟨Adorni⟩
→ **Caterina ⟨da Genova⟩**

Catherine ⟨de Bologne⟩
→ **Catharina ⟨Bononiensis⟩**

Catherine ⟨de Gebilswilr⟩
→ **Catharina ⟨Gueberschwihrensis⟩**

Catherine ⟨de Gênes⟩
→ **Caterina ⟨da Genova⟩**

Catherine ⟨de Siene⟩
→ **Catharina ⟨Senensis⟩**

Cathub
→ **Catulfus**

Cathwulphus
→ **Catulfus**

Catino, Gregorius ¬de¬
→ **Gregorius ⟨de Catino⟩**

Catioro, Gregorio ¬di¬
→ **Gregorius ⟨de Catino⟩**

Cato ⟨de Pavie⟩
→ **Cato ⟨Saccus⟩**

Cato ⟨de Saccis⟩
→ **Cato ⟨Saccus⟩**

Cato ⟨Saccus⟩
1394/97 – 1463
Originum liber primus in Aristotelem; Repetitiones legales
Lohr
Cato ⟨de Pavie⟩
Cato ⟨de Saccis⟩
Caton ⟨de Pavie⟩
Caton ⟨Sacchi⟩
Caton ⟨Sacco⟩
Catone ⟨Sacco⟩
Sacchi, Caton
Saccus, Cato

Catraras, Johannes
→ **Johannes ⟨Catraras⟩**

Catrick, John
gest. 1419
Catrik, John
Catterick, John
John ⟨Catrick⟩

Cāttaṉār
6. Jh.
Tamil-Schriftsteller
Cāttanār, Kūla V.
Cāttaṉār, Kulavāṇikaṉ C.
Chatthanar
Cīttalaic Cāttaṉār, Kulavāṇikaṉ
Sāttān, Kūlavāṇigan
Sāttanār, Kūla V.
Sāttanār, Kūlavāṇikaṉ
Sāttanār, Sīttalai
Shattan

Cattani, Giovanni
→ **Johannes ⟨de Anania⟩**

Cattelin, Johannes
→ **Johannes ⟨Papa, III.⟩**

Catterick, John
→ **Catrick, John**

Catterina ⟨Benincase⟩
→ **Catharina ⟨Senensis⟩**

Cattonus, Gualterus
→ **Gualterus ⟨de Chatton⟩**

Catulfus
gest. ca. 800
Instructio epistolaris ad Carolum regem
CC Clavis, Auct. Gall. 1,268f.; DOC,1,484; Rep.Font. III,209
Cathub
Cathuulfus
Cathvulfus
Cathwulfus
Cathwulphus
Kathvults

Caucio, Bernardus ¬de¬
→ **Bernardus ⟨de Caucio⟩**

Cauda, Hervaeus ¬de¬
→ **Hervaeus ⟨de Cauda⟩**

Caulaincourt, Johannes ¬de¬
→ **Johannes ⟨de Caulaincourt⟩**

Cauliaco, Guido ¬de¬
→ **Guido ⟨de Cauliaco⟩**

Caulibus, Johannes ¬de¬
→ **Johannes ⟨de Caulibus⟩**

Caux, Jean ¬de¬
→ **Johannes ⟨de Caleto⟩**

Cavalca, Domenico
ca. 1270 – 1342 · OP
Übers.; Vite dei Santi Padri; Specchio di croce; Medicina del cuore ovvero trattato della pazienza; etc.
LMA,II,1588/89
Cavalca, Dominicus
Cavalca, Dominique
Chavalcha, Domenico
Domenico ⟨Cavalca⟩
Dominicus ⟨Cavalca⟩
Dominicus ⟨Cavalca de Vico Pisano⟩

Cavalcanti, Aldobrandinus
1217 – 1279 · OP
Sermones; Identität mit Aldobrandinus ⟨Italus⟩ nicht gesichert
LMA,II,1591; Schneyer,I,150; Stegmüller, Repert. bibl. 1107
Aldobrandin ⟨Cavalcanti⟩
Aldobrandin ⟨de Florence⟩
Aldobrandino ⟨Cavalcanti⟩
Aldobrandinus ⟨Cavalcanti⟩
Aldobrandinus ⟨de Cavalcanti⟩
Aldobrandinus ⟨de Cavalcantibus⟩
Aldobrandinus ⟨de Cavalcantibus Florentinus⟩
Aldobrandinus ⟨Florentinus⟩
Aldobrandinus ⟨Italus⟩
Cavalcanti, Aldobrandin
Cavalcanti, Aldobrandino
Hildebrandus ⟨de Cavalcanti⟩
Hildebrandus ⟨de Cavalcantibus⟩
Ildebrandinus ⟨de Cavalcanti⟩
Ildebrandinus ⟨de Cavalcantibus⟩

Cavalcanti, Giovanni
1381 – 1451
Giovanni ⟨Cavalcanti⟩

Cavalcanti, Guido
gest. 1300
Meyer; LMA,II,1591/93
Guido ⟨Cavalcantes⟩
Guido ⟨Cavalcanti⟩
Guido ⟨de Cavalcantibus⟩

Cavallini de'Cerroni, Giovanni
→ **Johannes ⟨Caballinus de Cerronibus⟩**

Caveus, Johannes
→ **Johannes ⟨Carpathius⟩**

Caxal, Antonius
gest. 1417
Circa unitatem ecclesiae capitisque eius ac sponsi Jesu Christi praestantiam obsequioque Vicario eius deferendo
LMA,II,1383
Antoine ⟨Caxal⟩
Antoine ⟨de Barcelone⟩
Antoine ⟨de la Merci⟩
Antoine ⟨de Tarragone⟩
Antonio ⟨Cajal⟩
Antonio ⟨Caxal⟩
Antonius ⟨Cajal⟩
Antonius ⟨Caxal⟩
Antonius ⟨Caxal de Tarragone⟩
Cajal, Antonio
Caxal, Antoine
Caxal, Antonio

Caxton, William
ca. 1420 – 1491
Übers. und Verleger; The Cronicles of England (usque ad coronationem Eduardi IV regis)
Rep.Font. III,210; LMA,II,1596/97
Caxton, Guillaume
William ⟨Caxton⟩

Cāyaṉācāriyār
→ **Sāyaṇa**

Cayetano ⟨de Thiene⟩
→ **Gaetanus ⟨de Thienis⟩**

Caza, Francesco
gest. 1492
Tractato vulgare de canto figurato
LMA,II,1597
Caza, François
Francesco ⟨Caza⟩

Caza, François
→ **Caza, Francesco**

Cazals, Guilhem Peire ¬de¬
→ **Guilhem Peire ⟨de Cazals⟩**

Caziis, Bartholomaeus ¬de¬
→ **Bartholomaeus ⟨de Caziis⟩**

Cazzialupis, Johannes Baptista ¬de¬
→ **Caccialupus, Johannes Baptista**

Cecaumenus ⟨Tacticus⟩
11./12. Jh.
Tusculum-Lexikon; CSGL; LMA,V,1095
Cecaumeno
Kekaumenos
Tacticus, Cecaumenus

Ceccano, Hannibaldus ¬de¬
→ **Hannibaldus ⟨de Ceccano⟩**

Cecchi, Domenico
15. Jh.
Riforma sancta et pretiosa
Rep.Font. III,211
Cecchi, Dominique
Cecchi, Dominique di Ruberto di Ser Mainardo
Domenico ⟨Cecchi⟩
Dominique ⟨Cecchi⟩
Dominique ⟨di Ruberto di Ser Mainardo Cecchi⟩

Cecchi, Giovanni
1425 – ca. 1453
Il viaggio degli ambasciatori florentini al re di Francia nel MCCCCLXI
Rep.Font. III,211
Cecchi, Jean di Francesco di Neri
Giovanni ⟨Cecchi⟩
Giovanni ⟨di Francesco di Neri Cecchi⟩
Neri Cecchi, Giovanni di Francesco ¬di¬

Cecco ⟨Angiolieri⟩
→ **Angiolieri, Cecco**

Cecco ⟨d'Ascoli⟩
ca. 1257 – 1327
L'Acerba
LMA,II,1599
Ascoli, Cecco ¬d'¬
Ascoli, Francesco de Stabili ¬d'¬
Ascoli, Francesco de Stabili Cecco ¬de¬
Cecchus ⟨Asculanus⟩
Cecco
Cecco d'Ascoli, Francesco de Stabili
Cecho d'Ascoli, Francesco de Stabili
Cichus ⟨Esculanus⟩
D'Ascoli, Cecco
Francesco ⟨Stabili⟩
Stabili, Francesco
Stabili, Francesco ¬degli¬
Stabili Cecco D'Ascoli, Francesco ¬de¬

Cécile ⟨de Sainte-Agnès⟩
→ **Caecilia ⟨Romana⟩**

Cederni, Bartolommeo
1416 – 1482
Bartolommeo ⟨Cederni⟩
Cedarno Cedarni, Bartolomeo ¬di¬
Cederno Cederni, Bartolomeo ¬di¬
Ciederni, Bartolomeo
Ciederno Ciederni, Bartolomeo ¬di¬

Cedrenus, Georgius
→ **Georgius ⟨Cedrenus⟩**

Cedwalla ⟨Roi de Wessex⟩
→ **Caedwalla ⟨Wessex, King⟩**

Ceffi, Filippo
um 1330
Diarie da imparare a dire a uomini giovani e rozzi; Ovid-Übersetzungen
Rep.Font. III,211
Ceffi, Philippe
Filippo ⟨Ceffi⟩
Philippe ⟨Ceffi⟩

Ceffona, Petrus ¬de¬
→ **Petrus ⟨de Ceffona⟩**

Cegia, Francesco di Agostino
1460 – 1497
Libretto segreto
Rep.Font. III,211
Agostino Cegia, Francesco ¬di¬
DiAgostino Cegia, Francesco
Francesco ⟨di Agostino Cegia⟩

Cel, Claudius
→ **Claudius ⟨Cel⟩**

Celaleddin, Mevlana
→ **Ğalāl-ad-Dīn Rūmī**

Celaleddin Rumi
→ **Ğalāl-ad-Dīn Rūmī**

Celâleddîn-i Rûmî
→ **Ğalāl-ad-Dīn Rūmī**

Celâleddîn-i Rûmî, Mevlânâ
→ **Ğalāl-ad-Dīn Rūmī**

Celano, Antonius ¬de¬
→ **Antonius ⟨de Celano⟩**

Celano, Johannes ¬de¬
→ **Johannes ⟨de Celano⟩**

Celano, Paulus ¬de¬
→ **Paulus ⟨de Celano⟩**

Celano, Thomas ¬de¬
→ **Thomas ⟨de Celano⟩**

Çelebi, Süleyman
→ **Süleyman Çelebi**

Celer
um 520
Epistula 197 ad Hormisdam papam
Cpl 1620; Cpg 9216
Celer ⟨Illustris⟩
Celer ⟨Vir Illustris⟩
Keler

Célestin ⟨Abbé⟩
→ **Coelestinus ⟨Scotus⟩**

Célestin ⟨de Saint-Jacques des Ecossais⟩
→ **Coelestinus ⟨Scotus⟩**

Célestin ⟨Pape, ...⟩
→ **Coelestinus ⟨Papa, ...⟩**

Celestine ⟨Pope, ...⟩
→ **Coelestinus ⟨Papa, ...⟩**

Celestino ⟨Milanese⟩
→ **Coelestinus ⟨Papa, IV.⟩**

Celestino ⟨Papa, ...⟩
→ **Coelestinus ⟨Papa, ...⟩**

Celestinus ⟨...⟩
→ **Coelestinus ⟨...⟩**

Celio ⟨d'Alcamo⟩
→ **Cielo ⟨d'Alcamo⟩**

Cellae Novae, Stephanus
→ **Stephanus ⟨Cellae Novae⟩**

Cellanus ⟨Perronensis⟩
gest. 706
Versus; Epistula ad Aldhelmum Malmesberiensem; Hexameter; etc.
Cpl 1027 ff.; LMA,II,1606
Cellanus ⟨Abbas⟩
Cellanus ⟨de Perronne⟩
Cellanus ⟨Perronae Scottorum⟩
Cellanus ⟨Scottus⟩
Cellanus ⟨Scotus⟩
Cellanus ⟨von Péronne⟩

Cellanus ⟨Scotus⟩
→ **Cellanus ⟨Perronensis⟩**

Cellarum Episcopus, Johannes
→ **Johannes ⟨Cellarum Episcopus⟩**

Celle, Giovanni ¬dalle¬
→ **Giovanni ⟨dalle Celle⟩**

Cellis, Gerardus ¬de¬
→ **Gerardus ⟨de Cellis⟩**

Celoistre, Claus
→ **Sluter, Claus**

Celuister, Claus
→ **Sluter, Claus**

Cencio ⟨de Rome⟩
→ **Cincius ⟨Romanus⟩**

Cencio ⟨dei Rustici⟩
→ **Cincius ⟨Romanus⟩**

Cencio ⟨Savelli⟩
→ **Honorius ⟨Papa, III.⟩**

Cencius ⟨de Rusticis⟩
→ **Cincius ⟨Romanus⟩**

Cendrata, Ludovicus
um 1480
De antiquitate Iudaica
Cendrata, Louis
Louis ⟨Cendrata⟩
Ludovicus ⟨Cendrata⟩

Cendre, Petrus
→ **Petrus ⟨Sendre⟩**

Cenn Fáelad
gest. 679
Irischer Soldat u. Dichter; Bretha Etgid; Dúil Roscadach; Anraicept na nEces
LMA,II,1614/15
Cennfaeladh
Fáelad, Cenn

Cenni ⟨di Pepo⟩
→ **Cimabue**

Cennini, Cennino
ca. 1360 – ca. 1440
Libro dell'arte; Trattato della pittura
Rep.Font. III,214; LMA,II,1615
Cennino ⟨Cennini⟩

Cennino ⟨Cennini⟩
→ **Cennini, Cennino**

Censius ⟨de Sabellis⟩
→ **Honorius ⟨Papa, III.⟩**

Cent, Sion
→ **John ⟨Kent⟩**

Centelles, Petrus ¬de¬
→ **Petrus ⟨de Centelles⟩**

Centius ⟨Camerarius⟩
→ **Honorius ⟨Papa, III.⟩**

Centuari, Guglielmo
→ **Guilelmus ⟨de Centueriis⟩**

Centueri, Guglielmo
→ **Guilelmus ⟨de Centueriis⟩**

Céolfrid ⟨de Jarrow⟩
→ **Ceolfridus ⟨Wiremuthensis⟩**

Céolfrid ⟨de Wearmouth⟩
→ **Ceolfridus ⟨Wiremuthensis⟩**

Ceolfridus ⟨Wiremuthensis⟩
642 – 716
Epistula de pascha; Epistula ad Naitanum regem Pictonum
LMA,II,1623/24
Céolfrid ⟨Abbé⟩
Céolfrid ⟨de Jarrow⟩
Céolfrid ⟨de Wearmouth⟩
Ceolfridus ⟨Abbas⟩
Ceolfridus ⟨Sanctus⟩

Cépède, Pierre ¬de la¬
→ **Pierre ⟨de la Cépède⟩**

Ceperano, Thomas ¬de¬
→ **Thomas ⟨de Ceperano⟩**

Cepio, Coriolano
→ **Cippicus, Coriolanus**

Cepio, Giovanni
→ **Cippicus, Johannes**

Cepione, Coriolanus
→ **Cippicus, Coriolanus**

Cepolla, Bartholomaeus
→ **Bartholomaeus ⟨Caepolla⟩**

Cerameus, Theophanes
→ **Theophanes ⟨Cerameus⟩**

Cerbanus
um 1138
Tusculum-Lexikon; CSGL
Cerbanus ⟨Hungarus Translator⟩
Cerbanus ⟨Monachus Hungarus⟩
Cerbanus ⟨Traducteur⟩
Cerbanus, Cerbanus

Cercaldis, Johannes B. ¬de¬
→ **Boccaccio, Giovanni**

Cercamon
um 1137/52
LMA,II,1625
Cercalmon
Cercamon ⟨Troubadour⟩

Cercinis, Jacobus ¬de¬
→ **Jacobus ⟨Pamphiliae de Cercinis⟩**

Cerda, Antonius
→ **Antonius ⟨Cerda⟩**

Cereta, Parisius ¬de¬
→ **Parisius ⟨de Cereta⟩**

Ceritona, Odo ¬de¬
→ **Odo ⟨de Ceritona⟩**

Cerlata, Petrus ¬de la¬
→ **Petrus ⟨de Argellata⟩**

Cerleon, Ludovicus
→ **Ludovicus ⟨de Caerleon⟩**

Cermenate, Johannes ¬de¬
→ **Johannes ⟨de Cermenate⟩**

Cermisonus, Antonius
gest. 1441
Consilia; De urinis
LMA,II,1631
Antoine ⟨Cermisone⟩
Antonio ⟨Cermisone⟩
Antonius ⟨Cermisonus⟩
Antonius ⟨Cermisonus Patavinus⟩
Cermisone, Antoine
Cermisone, Antonio
Cernesonus, Antonius

Cermius, Abbo
→ **Abbo ⟨de Sancto Germano⟩**

Cernesonus, Antonius
→ **Cermisonus, Antonius**

Černorizec, Chrabăr
→ **Chrabăr ⟨Černorizec⟩**

Černorizec Chrabı
→ **Chrabăr ⟨Černorizec⟩**

Cernuus ⟨Abbas⟩
→ **Abbo ⟨de Sancto Germano⟩**

Cernuus, Abbo
→ **Abbo ⟨de Sancto Germano⟩**

Cerretani, Angelus
→ **Angelus ⟨Cerretani⟩**

Cerretanis, Jacobus ¬de¬
→ **Jacobus ⟨de Cerretanis⟩**

Cerroni, Giovanni
→ **Johannes ⟨Caballinus de Cerronibus⟩**

Cerronibus, Johannes ¬de¬
→ **Johannes ⟨Caballinus de Cerronibus⟩**

Cersne, Eberhard ¬von¬
→ **Eberhard ⟨von Cersne⟩**

Certaldo, Johannes Boccaccio ¬de¬
→ **Boccaccio, Giovanni**

Cerularius, Michael
→ **Michael ⟨Cerularius⟩**

Cervantes, Johannes
→ **Johannes ⟨Cervantes⟩**

Cervara, Monaldo Monaldeschi ¬della¬
→ **Monaldeschi, Monaldo**

Cerveri ⟨de Girona⟩
um 1259/85
Carmina; Proverbis (Katalan.)
Rep.Font. V,343; LMA,II,1637/38
Cerveri ⟨Trovador⟩
Girona, Cerveri ¬de¬
Girone, Serveri ¬de¬
Guilhem ⟨de Cervera⟩
Serveri ⟨de Girone⟩
Serveri ⟨of Gerona⟩

Cerveri ⟨Trovador⟩
→ **Cerveri ⟨de Girona⟩**

Cervia, Theodoricus ¬de¬
→ **Theodoricus ⟨de Cervia⟩**

Cervo, Henricus ¬de¬
→ **Henricus ⟨de Cervo⟩**

Césaire ⟨d'Arles⟩
→ **Caesarius ⟨Arelatensis⟩**

Césaire ⟨de Rome⟩
→ **Caesarius ⟨Patricius⟩**

Césaire ⟨de Spire⟩
→ **Caesarius ⟨Spirensis⟩**

Césaire ⟨de Tarragone⟩
→ **Caesarius ⟨Tarraconensis⟩**

Césaire ⟨d'Heisterbach⟩
→ **Caesarius ⟨Heisterbacensis⟩**

Césaire ⟨Fondateur de Sainte-Cecilia⟩
→ **Caesarius ⟨Tarraconensis⟩**

Césaire ⟨Patrice⟩
→ **Caesarius ⟨Patricius⟩**

Cesareo ⟨de Santa Cecilia⟩
→ **Caesarius ⟨Tarraconensis⟩**

Césarie ⟨d'Arles⟩
→ **Caesaria ⟨Arelatensis⟩**

Césarie ⟨de Saint Césaire⟩
→ **Caesaria ⟨Arelatensis⟩**

Césarie ⟨la Jeune⟩
→ **Caesaria ⟨Arelatensis⟩**

Cesarini, Giuliano
→ **Iulianus ⟨de Caesarinis⟩**

Cesario ⟨di Arles⟩
→ **Caesarius ⟨Arelatensis⟩**

Cesena, Michael ¬de¬
→ **Michael ⟨de Cesena⟩**

Cessolis, Jacobus ¬de¬
→ **Jacobus ⟨de Cessolis⟩**

Cesterlade, Johannes ¬de¬
→ **Johannes ⟨de Cesterlade⟩**

Cevheri, Ebn-Nasr Ismail bin-Hamad ¬el-¬
→ **Ğauharī, Ismāʿīl Ibn-Ḥammād ¬al-¬**

Cezena, Michael ¬de¬
→ **Michael ⟨de Cesena⟩**

Cezerî, İsmail b. ar-Razzaz ¬el-¬
→ **Ğazarī, Ismāʿīl Ibn-ar-Razzāz ¬al-¬**

Chabert
→ **Cabertus ⟨Sabaudus⟩**

Chabertus ⟨du Rosset⟩
→ **Cabertus ⟨Sabaudus⟩**

Chabham, Thomas ¬de¬
→ **Thomas ⟨de Chabham⟩**

Chabib, Jacob Ibn
→ **Ibn-Ḥavîv, Yaʿaqov Ben-Šelomo**

Chacón, Gonzalo
→ **Gonzalo ⟨Chacón⟩**

Chadoltus ⟨Novariensis⟩
9. Jh.
Caroli Crassi imperatoris commemoratio
Rep.Font. III,221
Chadoltus ⟨Episcopus Novariensis⟩

Chaenulfus
7. Jh.
Epistula ad Desiderium Cadurcensem
Cpl 1303
Chaenulphus
Chénulfe
Kenulfe
Kenulphe

Chagani Širvani
→ **Ḫāqānī, Afḍal-ad-Dīn Ibrāhīm Ibn-ʿAlī**

Chaillou ⟨de Pestain⟩
14. Jh.
Meyer
Chaillou ⟨de Pesstain⟩
Pestain, Chaillou ¬de¬

Chaimis, Bartholomaeus ¬de¬
→ **Bartholomaeus ⟨de Chaimis⟩**

Chajjam, Omar
→ **ʿUmar Ḫaiyām**

Chajjun, Josef Ben-Abraham
→ **Ḥayyûn, Yôsēf ⟨han-Nāśî'⟩**

Chalaf al-Ahmar
→ **Ḫalaf al-Aḥmār**

Chalceopulus, Athanasius
→ **Athanasius ⟨Chalceopulus⟩**

Chalcocondyles, Demetrius
→ **Chalkokondylēs, Dēmētrios**

Chalcocondyles, Laonicus
→ **Laonicus ⟨Chalcocondyles⟩**

Chalcocondyles, Nicolaus
→ **Laonicus ⟨Chalcocondyles⟩**

Chalcondylas, Demetrius
→ **Chalkokondylēs, Dēmētrios**

Chalcondylas, Laonicus
→ **Laonicus ⟨Chalcocondyles⟩**

Chalderino, Domizio
→ **Domitius ⟨de Calderiis⟩**

Chalil, Ibn Ahmad ¬al¬
→ **Ḫalīl Ibn-Aḥmad, Ibn-ʿAmr ¬al-¬**

Chalin, Raimund
→ **Chalmelli, Raimundus**

Chalin von Viviers, Raimund
→ **Chalmelli, Raimundus**

Chalkeopulos, Athanasios
→ **Athanasius ⟨Chalceopulus⟩**

Chalkokondylēs, Dēmētrios
1424 – 1511
Tusculum-Lexikon; LMA,II,1655
Calcondylo, Demetrio
Chalcocondylas, Demetrius
Chalcocondyles, Demetrius
Chalcondylas, Demetrius
Chalcondyles, Demetrius
Chalkokandylēs, Dēmētrios
Chalkokondylas, Dēmētrios
Chalkondylēs, Dēmētrios
Demetrio ⟨Calcondila⟩
Dēmētrios ⟨Chalkondylēs⟩
Demetrius ⟨Chalcocondyles⟩
Demetrius ⟨Chalcondyles⟩
Dēmītrios ⟨Chalkokonaylēs⟩

Chalkokondylēs, Laonikos
→ **Laonicus ⟨Chalcocondyles⟩**

Chalkondylēs, Dēmētrios
→ **Chalkokondylēs, Dēmētrios**

Chalkondyles, Laonikos
→ **Laonicus ⟨Chalcocondyles⟩**

Challant, Guillaume ¬de¬
gest. 1431
LMA,II,1657
Guillaume ⟨de Challant⟩

Chalmelli, Raimundus
ca. 1334 – 1398
Tractatus de pestilentia
LMA,II,1637
Chalin, Raimund
Chalin, Raymond
Chalin de Vinario, Raymond
Chalin de Vinas, Raymond
Chalin von Viviers, Raimund
Chalmel, Raimund
Chalmelli, Raimund
Chalmellus, Raimundus
Chalmellus de Vinario, Raimundus
Chalmellus de Vivario, Raimundus
Raimund ⟨Chalin von Viviers⟩
Raimund ⟨Chalmelli⟩
Raimundus ⟨Chalmelli⟩
Raimundus ⟨Chalmelli de Vivario⟩
Raimundus ⟨Chalmellus de Vinario⟩
Raimundus ⟨de Vinario⟩
Raymond ⟨Chalin⟩
Raymond ⟨de Vinas⟩

Chalunis, Thomas ¬de¬
→ **Thomas ⟨de Chalunis⟩**

Chalys Surville, Marguérite-Éléonore Clotilde de Vallon-
→ **Surville, Marguérite-Éléonore-Clotilde de Vallon-Chalys**

Chamaetes, Nicolaus
→ **Nicolaus ⟨Cabasilas⟩**

Chambes, Jean ¬de¬
→ **Jean ⟨de Chambes⟩**

Chambre, Guilelmus ¬de¬
→ **Guilelmus ⟨de Chambre⟩**

Champs, Gilles ¬des¬
→ **Aegidius ⟨de Campis⟩**

Chancelier, ¬Le¬
→ **Kanzler, Der**

Chandorakiruti
→ **Candrakīrti**

Chandra, Ram
→ **Rāmacandra**

Chandra Gomī
→ **Candragomin**

Chang, Tsai
→ **Zhang, Zai**

Chang, Wen-ming
→ **Yijing**

Chansa
→ **Ḫansā', Tumāḍir Bint-ʿAmr ¬al-¬**

Chapelain, Rober ¬le¬
→ **Rober ⟨le Chapelain⟩**

Charax, Johannes
→ **Johannes ⟨Charax⟩**

Chardena, Reinerus ¬apud¬
→ **Reinerus ⟨apud Chardena⟩**

Chardry
12./13. Jh.
Josaphaz; Set Dormanz; Petit Plat
Chardri

Charetanus, Johannes
→ **Johannes ⟨de Ketham⟩**

Charinho, Pai Gomes
→ **Pai ⟨Gomes Charinho⟩**

Charinus ⟨Leucius⟩
→ **Leucius, Charinus**

Charisi, Jehuda
→ **Alḥarîzî, Yehûdā Ben-Šelomo**

Charité, Macé ¬de la¬
→ **Macé ⟨de la Charité⟩**

Charlemagne
→ **Karl ⟨Römisch-Deutsches Reich, Kaiser, I.⟩**

Charles ⟨Allemagne, Empereur, IV.⟩
→ **Karl ⟨Römisch-Deutsches Reich, Kaiser, IV.⟩**

Charles ⟨Arragon, Prince⟩
→ **Viana, Carlos ¬de¬**

Charles ⟨Attendolo⟩
→ **Gabriel ⟨Sfortia⟩**

Charles ⟨Berlinghieri⟩
→ **Carolus ⟨Berlinghieri⟩**

Charles ⟨Bourgogne, Roi⟩
→ **Karl ⟨Römisch-Deutsches Reich, Kaiser, IV.⟩**

Charles ⟨Bretagne, Duc⟩
1319 – 1364
Actes
LMA,V,988/89
Blois, Charles ¬de¬
Charles ⟨de Blois⟩
Charles ⟨Fils de Guy de Châtillon⟩
Karl ⟨Bretagne, Herzog⟩
Karl ⟨von Blois⟩

Charles ⟨d'Angoulême⟩
→ **Charles ⟨Orléans, Duc⟩**

Charles ⟨de Blois⟩
→ **Charles ⟨Bretagne, Duc⟩**

Charles ⟨de Gondi⟩
→ **Gondi, Carlo di Salvestro**

Charles ⟨de Luxembourg⟩
→ **Karl ⟨Römisch-Deutsches Reich, Kaiser, IV.⟩**

Charles ⟨de Tocco⟩
→ **Tocco, Carolus ¬de¬**

Charles ⟨de Valois⟩
→ **Charles ⟨Orléans, Duc⟩**

Charles ⟨d'Orléans⟩
→ **Charles ⟨Orléans, Duc⟩**

Charles ⟨Fils de Guy de Châtillon⟩
→ **Charles ⟨Bretagne, Duc⟩**

Charles ⟨Germany, Emperor, ...⟩
→ **Karl ⟨Römisch-Deutsches Reich, Kaiser, ...⟩**

Charles ⟨le Gros⟩
→ **Karl ⟨Römisch-Deutsches Reich, Kaiser, III.⟩**

Charles ⟨Martel⟩
→ **Karl ⟨Martell⟩**

Charles ⟨Orléans, Duc⟩
1394 – 1465
Meyer; LMA,II,1728/30
Charles ⟨de Valois⟩
Charles ⟨d'Angoulême⟩
Charles ⟨d'Orléans⟩
Charles ⟨Orleans, Duke⟩
Karl ⟨Orléans, Herzog⟩
Orléans, Charles ¬d'¬

Charles ⟨Provence, Roi⟩
ca. 840 – 863
LMA,V,971
Charles ⟨Provence, King⟩
Karl ⟨König in Burgund⟩
Karl ⟨Provence, König⟩
Karl ⟨von der Provence⟩

Charles ⟨the Fat⟩
→ **Karl ⟨Römisch-Deutsches Reich, Kaiser, III.⟩**

Charles ⟨Verardi⟩
→ **Verardus, Carolus**

Charles ⟨Viana, Prince⟩
→ **Viana, Carlos ¬de¬**

Charles Martel ⟨Duke of Austrasia⟩
→ **Karl ⟨Martell⟩**

Charlier, Gilles
→ **Aegidius ⟨Carlerii⟩**

Charlier, Jean
→ **Gerson, Johannes**

Charlier de Gerson, Jean
→ **Gerson, Johannes**

Charny, Geoffroy ¬de¬
gest. 1356
Sammlung von „Demandes sur la joute, le tournoi et la guerre"
LMA,II,1731; Rep. Font. IV,676
Geoffroi ⟨de Charny⟩
Geoffroy ⟨de Charny⟩

Chartier, Alain
1385 – 1430/49
Meyer; DLF(MA),29; LMA,II,1744
Alain ⟨Chartier⟩
Alain ⟨le Maître⟩
Alain ⟨Maître⟩
Alanus ⟨Auriga⟩

Chartier, Jean
→ **Jean ⟨Chartier⟩**

Chartophylax, Nicephorus
→ **Nicephorus ⟨Chartophylax⟩**

Chartreser Hauptmeister
→ **Meister der Chartreser Westportale**

Chartreux, Robert
→ **Robert ⟨Chartreux⟩**

Chartularius, Cometas
→ **Cometas ⟨Chartularius⟩**

Chasdai ⟨Crescas⟩
→ **Qreśqaś, Ḥasdây**

Chasini ¬al-¬
→ **Ḫāzinī, ʿAbd-ar-Raḥmān ¬al-¬**

Chastel, Nicod ¬du¬
→ **DuChastel, Nicod**

Chastellain, Georges
ca. 1405 – 1475
Meyer; LMA,II,1764
Castellanus, Georgius
Chastelain, Georges
Chastellanus, Georges
Châtelain, Georges
Georges ⟨Chastellain⟩

Chastellain, Pierre
→ **Pierre ⟨Chastellain⟩**

Chastillon, Gaultier ¬de¬
→ **Gualterus ⟨de Castellione⟩**

Châtelain ⟨de Coucy⟩
→ **Guy ⟨de Coucy⟩**

Châtelain, Georges
→ **Chastellain, Georges**

Chatenois, Chrétien ¬de¬
→ **Chrétien ⟨de Chatenois⟩**

Châtillon, Gaultier ¬de¬
→ **Gualterus ⟨de Castellione⟩**

Chatthanar
→ **Cāttaṉār**

Chatton, Gualterus ¬de¬
→ **Gualterus ⟨de Chatton⟩**

Chaucer, Geoffrey
ca. 1343 – 1400
Meyer; LMA,II,1775/80
Chaucer, Geffrey
Geoffrey ⟨Chaucer⟩
Geoffroy ⟨Chaucer⟩

Chaula, Thomas
1417/18 – 1433
Gestorum per Alphonsum Aragonum et Siciliae regem libri quinque
Rep.Font. III,236
Chaula, Tommaso
Chiaula, Tommaso
Thomas ⟨Chaula⟩
Thomas ⟨Chaula Claromontanus⟩
Thomas ⟨Chaula de Monte Chiaro⟩
Tommaso ⟨Chaula⟩
Tommaso ⟨Chiaula⟩
Tommaso ⟨de Chaula da Chiaramonte⟩

Chauliac, Guy ¬de¬
→ **Guido ⟨de Cauliaco⟩**

Chaundler, Thomas
1418 – 1490
Collocutiones septem et allocutiones duae de laudibus Willelmi de Wykeham, Wintoniensis episcopi; etc.
Rep.Font. III,236
Chaundelarius, Thomas
Chaundeler, Thomas
Thomas ⟨Chaundelarius⟩
Thomas ⟨Chaundeler⟩
Thomas ⟨Chaundler⟩

Chauveron, Audouin
1340 – ca. 1390
Franz. Jurist, Prévôt von Paris
Audouin ⟨Chauveron⟩

Chavalcha, Domenico
→ **Cavalca, Domenico**

Chavanis, T. ¬de¬
→ **T. ⟨de Chavanis⟩**

Chazaricus, Josephus
→ **Josephus ⟨Chazaricus⟩**

ch-Chyrazy, Najm addyn
→ **Šīrāzī, Naǧm-ad-Dīn Maḥmūd Ibn-Ḍiyāʾ-ad-Dīn ¬aš-¬**

Chebhamius, Thomas
→ **Thomas ⟨de Chabham⟩**

Cheilas
→ **Chilas ⟨Monachus⟩**

Cheilas, Iōannēs
→ **Johannes ⟨Chilas⟩**

Chelčický, Petr
ca. 1390 – ca. 1460
O boji duchovním; O trojím lidu řeč; Postilla; etc.
LMA,II,1789; Rep.Font. III,237
Chelčický, Petrus
Chelczicz, Pierre ¬de¬
Cheltschitzki, Peter
Peter ⟨Cheltschitzki⟩
Petr ⟨Chelčický⟩
Petrus ⟨Cheldčický⟩
Pierre ⟨de Chelczicz⟩

Chelvestun, Guilelmus ¬de¬
→ **Guilelmus ⟨de Chelvestun⟩**

Chemnater, Hans
→ **Kemnater, Hans**

Ch'en, Li-li
→ **Dong, Jieyuan**

Chen-chüeh-ta-shih
→ **Xuanjue**

Ch'eng-chen ⟨Ssŭma⟩
→ **Sima, Chengzhen**

Cheng-chüeh
→ **Zhengjue**

Chengzhen ⟨Sima⟩
→ **Sima, Chengzhen**

Chenton, Nicolaus
→ **Nicolaus ⟨Kenton⟩**

Chénulfe
→ **Chaenulfus**

Cheriaco, Petrus ¬de¬
→ **Petrus ⟨de Cheriaco⟩**

Chesterfeld, Thomas
→ **Thomas ⟨Chesterfeld⟩**

Chesterton, Thomas
→ **Thomas ⟨Chesterfeld⟩**

Chestre, Thomas
um 1461
Sir Launfal
LMA,II,1800
Thomas ⟨Chestre⟩

Chevalier ⟨de la Tour Landry⟩
→ **LaTour Landry, Geoffroy ¬de¬**

Chiabrera, Giovanni
gest. 1498
Chronicon
Rep.Font. III,240
Giovanni ⟨Chiabrera⟩

Chiang, K'uei
→ **Jiang, Kui**

Chiang, Pai-shih
→ **Jiang, Kui**

Chiang, Yao-chang
→ **Jiang, Kui**

Chiara ⟨d'Assisi⟩
→ **Clara ⟨Assisias⟩**

Chiarini, Giorgio
um 1481
Mutmaßl. Verf. von „Libro di mercatantie et uzanze de' paesi"
Rep.Font. III,240
Chiarini, Giorgio di Lorenzo
Chiarino, Georges
Georges ⟨Chiarino⟩
Giorgio ⟨Chiarini⟩
Giorgio ⟨di Lorenzo Chiarini⟩

Chiaro ⟨Davanzati⟩
→ **Davanzati, Chiaro**

Chiaula, Tommaso
→ **Chaula, Thomas**

Chi-Chi
→ **Zhiyi**

Chicot, Henricus
→ **Henricus ⟨Chicot⟩**

Ch'ieh-jih-wang-hsi ⟨Thanesar and Kanauj, King⟩
→ **Harṣa ⟨Kanauj, König⟩**

Chiericati, Chiereghino
gest. 1477
Trattatello della milizia
Rep.Font. III,241
Chieregato, Chiereghin
Chiereghin ⟨Chieregato⟩
Chiereghino ⟨Chiericati⟩

Chiesa, Antonio ¬della¬
→ **Antonius ⟨de Ecclesia⟩**

Chiesa, Gioffredo ¬della¬
→ **DellaChiesa, Gioffredo**

Chih-i
→ **Zhiyi**

Chilas ⟨Monachus⟩
15. Jh.
Chronikon peri tu en Kythērois monastēriu tu hagiu Theodōru
Rep.Font. III,237
Cheilas
Chilas ⟨Chroniqueur⟩
Chilas ⟨Cytheraeus⟩
Chilas ⟨du Monastère Saint-Théodore à Cythère⟩
Chilas ⟨Monachus Cytheraeus⟩
Chilas ⟨Mönch⟩
Chilas ⟨Sancti Theodori in Cythera⟩
Monachus, Chilas

Chilas, Johannes
→ **Johannes ⟨Chilas⟩**

Childebert ⟨Fränkisches Reich, König, I.⟩
ca. 495 – 558
Cpl 1075, 1819 ff.; LMA,II,1815/16
Childebert ⟨I.⟩
Childebertus ⟨Francorum Rex, I.⟩
Childebertus ⟨Rex, I.⟩

Childebert ⟨Fränkisches Reich, König, II.⟩
570 – 596
Epistulae
Cpl 1057; 1062a; 1823 ff.; LMA,II,1816
Childebert ⟨Frankenreich, König, II.⟩
Childebert ⟨II.⟩
Childebert ⟨Roi d'Austrasie, II.⟩
Childebertus ⟨Francorum Rex, II.⟩
Childebertus ⟨Rex, II.⟩
Childebertus ⟨Rex Francorum, II.⟩
Childebertus ⟨Sanctus⟩

Childebertus ⟨Lavardinensis⟩
→ **Hildebertus ⟨Lavardinensis⟩**

Childebertus ⟨Sanctus⟩
→ **Childebert ⟨Fränkisches Reich, König, II.⟩**

Chilperic ⟨Soissons, Roi⟩
→ **Chilperich ⟨Fränkisches Reich, König, I.⟩**

Chilperich ⟨Fränkisches Reich, König, I.⟩
539 – 584
Hymnus in S. Medardum
Cpl 1520; 1821; LMA,II,1825
Chilperic ⟨King of the Franks, I.⟩
Chilperic ⟨Roi de Soissons⟩
Chilperic ⟨Soissons, Roi⟩
Chilpericus ⟨Rex⟩
Chilpericus ⟨Rex, I.⟩
Chilpericus ⟨Rex Merovingorum⟩
Pseudo-Chilpericus

Chin, Gilles ¬de¬
→ **Chyn, Aegidius ¬de¬**

Chinazzo, Daniele
ca. 1369 – ca. 1428
Cronica della guerra da Veniciani a Zenovesi; Cronaca della guerra di Chioggia
Rep.Font. III,242
Chinazzo, Daniel
Daniel ⟨Chinazzo⟩
Daniele ⟨Chinazzo⟩

Chindaswinth ⟨Westgotenreich, König⟩
593 – 653
Epistula ad Braulionem
Cpl 1230; LMA,II,1837/38
Chindasvinde ⟨Roi des Wisigoths⟩
Chindasvinthus ⟨Rex⟩
Chindaswinthus
Chindaswinthus ⟨Gothorum Hispaniae Rex⟩

Ching-ying Hui-yüan
→ **Hui-yuan ⟨Jingying⟩**

Ch'ing-yüan
→ **Qingyuan**

Chintila ⟨Westgotenreich, König⟩
gest. 640
Disticha seu carmen ad pontificem
Cpl 1534; 1790

Chinthila ⟨König⟩
Chintila ⟨Rex⟩
Chintila ⟨Rex Visigothorum⟩
Chintila ⟨Roi des Wisigoths⟩
Chintila ⟨Visigothorum Rex⟩

Chinutiis, Andreoccius ¬de¬
gest. 1497
Oratio ad Innocentium VIII pro republica Senesium
Rep.Font. V,113
Andreoccio ⟨Chinucci⟩
Andreoccius ⟨de Chinucciis⟩
Andreoccius ⟨de Chinutiis⟩
Andreoccius ⟨de Schinucciis⟩
Andreuccio ⟨Ghinucci⟩
Chinucci, Andreoccio
Ghinucci, Andreuccio

Chioniades, Gregorius
→ **Gregorius ⟨Chioniades⟩**

Chiphenwerger
→ **Kipfenberger**

Chirazi, Saadi
→ **Sa'dī**

Chirurg ⟨von der Weser⟩
um 1220/66
2 Kommentare; Ergänzungen zur Roger-Glosse
VL(2),1,1196/97; LMA,II,1859/60
Chirurg von der Weser
Weser, Chirurg ¬von der¬

Chivasso, Angelo
→ **Angelus ⟨Carletus⟩**

Chlodwig ⟨Fränkisches Reich, König, I.⟩
466 – 511
Epitaphium; Epistula
Cpl 1072; 1813; 1818; LMA,II,1863/68
Chlodovechus ⟨Fränkisches Reich, König, I.⟩
Chlodoveus ⟨Rex⟩
Chlodoveus ⟨Rex Francorum, I.⟩
Clodoveus ⟨Rex Francorum, I.⟩
Clovis ⟨King of the Franks, I.⟩
Clovis ⟨Rex Francorum, I.⟩
Clovis ⟨Roi des Francs, I.⟩
Hlodwig ⟨Fränkisches Reich, König, I.⟩

Chlotar ⟨Fränkisches Reich, König, I.⟩
497 – 561
Pactus Childeberti I et Chlotarii
Cpl 1820; LMA,II,1869/70
Chlotarus ⟨Rex, I.⟩
Clotaire ⟨Austrasie, Roi, I.⟩
Clotaire ⟨Roi de Soissons⟩
Clotaire ⟨Roi d'Austrasie, I.⟩
Clotaire ⟨Soissons, Roi⟩

Chlotar ⟨Fränkisches Reich, König, II.⟩
584 – 628
Praeceptio Chlotarii II.; Edictum Chlotarii II.
Cpl 1825; LMA,II,1870/71; Europ. Stammtaf, Bd. I, Taf. 1
Chlotarius ⟨Rex, II.⟩
Clotaire ⟨France, Roi, II.⟩
Clotaire ⟨Roi de France, II.⟩
Clotaire ⟨Roi de Soissons⟩
Clotaire ⟨Soissons, Roi⟩

Choeroboscus ⟨Constantinopolitanus⟩
→ **Georgius ⟨Choiroboscus⟩**

Choeroboscus ⟨Grammaticus⟩
→ **Georgius ⟨Choiroboscus⟩**

Choeroboscus, Georgius
→ **Georgius ⟨Choiroboscus⟩**

Choerosphactes, Leo
→ **Leo ⟨Choerosphactes⟩**

Choimded, Gilla ¬in¬
→ **Gilla ⟨in Choimded⟩**

Choinet, Pierre
→ **Pierre ⟨Choisnet⟩**

Choiroboscus, Georgius
→ **Georgius ⟨Choiroboscus⟩**

Choiroboskos, Georgios
→ **Georgius ⟨Choiroboscus⟩**

Choirosphaktes, Leo
→ **Leo ⟨Choerosphactes⟩**

Choisnet, Pierre
→ **Pierre ⟨Choisnet⟩**

Chŏkch'ŏn
→ **Śāntideva**

Cholner, Paul
→ **Kölner, Paulus**

Chomatenos, Demetrios
→ **Demetrius ⟨Chomatianus⟩**

Chomatianus, Demetrius
→ **Demetrius ⟨Chomatianus⟩**

Chongmil
→ **Zongmi**

Choniata, Michael Acominatus
→ **Michael ⟨Choniates⟩**

Choniates, Michael
→ **Michael ⟨Choniates⟩**

Choniates, Nicetas
→ **Nicetas ⟨Choniates⟩**

Chonnoe, Roger
→ **Rogerus ⟨Conway⟩**

Chonnoe, Rogerus
→ **Rogerus ⟨Conway⟩**

Chónradt ⟨der Stekkel⟩
→ **Steckel, Konrad**

Chonradus ⟨...⟩
→ **Conradus ⟨...⟩**

Choricius ⟨Gazaeus⟩
um 526/40
LMA,II,1888/89
Choricius ⟨of Gaza⟩
Choricius ⟨Rhetor⟩
Choricus ⟨Gazaeus⟩
Chorikios
Chorikios ⟨aus Gaza⟩
Chorikios ⟨Festredner⟩
Chorikios ⟨Schüler Prokops⟩
Chorikios ⟨Sophist⟩
Chorikios ⟨von Gaza⟩
Coricio ⟨di Gaza⟩
Gazaeus, Choricius

Chorographus ⟨Ravennas⟩
→ **Anonymus ⟨Ravennas⟩**

Chortasmenus, Johannes
→ **Johannes ⟨Chortasmenus⟩**

Chos-kyi-blo-gros ⟨Mar-pa⟩
→ **Mar-pa**

Chosrau, Naser
→ **Nāṣir Ḫusrau**

Chounradus ⟨...⟩
→ **Conradus ⟨...⟩**

Choysnet, Pierre
→ **Pierre ⟨Choisnet⟩**

Chozibita, Antonius
→ **Antonius ⟨Chozibita⟩**

Chrabar
→ **Chrabăr ⟨Černorizec⟩**

Chrabăr ⟨Černorizec⟩
9./10. Jh.
O pismenech (= De litteris)
LMA,II,1895; Rep.Font. III,247
Černorizec, Chrabăr
Černorizec Chrabı
Chrabar
Chrabr
Chrabr ⟨Bulgarian Monk⟩
Chrabr ⟨Černorizec⟩
Chrabru ⟨Moine⟩
Chrabŭr
Chrabŭr, Černorizec
Khrabr ⟨Chernorizets⟩

Chraldus, Petrus
→ **Petrus ⟨Giraldus⟩**

Chrestien ⟨li Gois⟩
→ **Chrétien ⟨Legouais⟩**

Chrestodorus ⟨Coptites⟩
→ **Christodorus ⟨Coptites⟩**

Chrétien ⟨de Chatenois⟩
15. Jh.
La vraye declaration du fait et conduite de la bataille de Nancy
Rep.Font. III,247
Chatenois, Chrétien ¬de¬

Chrétien ⟨de Troyes⟩
ca. 1150 – ca. 1190
Potth.; LMA,II,1897/1904
Chrestien ⟨de Troies⟩
Christian ⟨of Troyes⟩
Christian ⟨von Troye⟩
Christian ⟨von Troyes⟩
Christianus ⟨Trecensis⟩
Christien ⟨de Troyes⟩
Créstien ⟨de Troies⟩
Créstien ⟨de Troyes⟩
Créstien ⟨von Troyes⟩
Crestien ⟨von Troyes⟩
Kristian ⟨von Troyes⟩
Troyes, Chrétien ¬de¬

Chrétien ⟨d'Opiter⟩
→ **Christianus ⟨de Opiter⟩**

Chrétien ⟨d'Oplinter⟩
→ **Christianus ⟨de Opiter⟩**

Chrétien ⟨d'Oputer⟩
→ **Christianus ⟨de Opiter⟩**

Chrétien ⟨le Gois⟩
→ **Chrétien ⟨Legouais⟩**

Chrétien ⟨Legouais⟩
12. Jh.
Chrestien ⟨li Gois⟩
Chrétien ⟨le Gois⟩
Gois, Chrétien ¬le¬
LeGois, Chrétien
Legouais, Chrétien

Chrétien ⟨Opiter⟩
→ **Christianus ⟨de Opiter⟩**

Christan ⟨Gold von Mattsee⟩
→ **Gold, Christianus**

Christan ⟨von Hamle⟩
um 1225
6 Lieder
VL(2),1,1201/1202
Hamle, Christan ¬von¬

Christan ⟨von Lilienfeld⟩
→ **Christanus ⟨Campililiensis⟩**

Christan ⟨von Luppin⟩
um 1299/1311
7 Minnelieder
VL(2),1,1208/1209
Luppin, Christan ¬von¬

Christan, Michael
um 1460/82
Übersetzungen: „Epistula ad Mahumetem"; Aeneas: „In Europam"; Brief an Giovanni Peregallo
VL(2),1,1209/10
Michael ⟨Christan⟩
Michael ⟨de Constantia⟩
Michael ⟨von Costenzt⟩

Christanni, Petrus
gest. 1483 · OFM
De tempore; Sermones
Schneyer, Winke, 53; VL(2),1,1210f.
Christanni, Peter
Peter ⟨Christanni⟩
Petrus ⟨Christanni⟩
Petrus ⟨Christiani⟩

Christanus ⟨Campililiensis⟩
gest. 1330
Salutationes; Pia dictamina; Versus differentiales; etc.
LMA,II,1906
Christan ⟨von Lilienfeld⟩
Christan ⟨von Lylinveld⟩
Christanus ⟨Campoliliensis⟩
Christian ⟨von Lilienfeld⟩
Christianus ⟨Campoliliensis⟩
Christianus ⟨de Campo Liliorum⟩
Lilienfeld, Christan ¬von¬
Lylinveld, Christan ¬von¬

Christanus ⟨Gold⟩
→ **Gold, Christianus**

Christian ⟨de Kufstein⟩
→ **Christianus ⟨Prezner de Kufstein⟩**

Christian ⟨de Oplinter⟩
→ **Christianus ⟨de Opiter⟩**

Christian ⟨de Prachatitz⟩
→ **Christianus ⟨de Prachaticz⟩**

Christian ⟨de Saint-Gall⟩
→ **Kuchimaister, Christian**

Christian ⟨der Küchenmeister⟩
→ **Kuchimaister, Christian**

Christian ⟨d'Opiter⟩
→ **Christianus ⟨de Opiter⟩**

Christian ⟨Feldkircher⟩
→ **Feldkircher, Christian**

Christian ⟨Kuchimaister⟩
→ **Kuchimaister, Christian**

Christian ⟨of Troyes⟩
→ **Chrétien ⟨de Troyes⟩**

Christian ⟨Prezner⟩
→ **Christianus ⟨Prezner de Kufstein⟩**

Christian ⟨Sächsl⟩
→ **Sächsl, Christian**

Christian ⟨Sprimunder⟩
→ **Kirstian ⟨Bruder⟩**

Christian ⟨Umhauser⟩
→ **Umhauser, Christianus**

Christian ⟨van der Lüven⟩
→ **Kirstian ⟨Bruder⟩**

Christian ⟨von Borgsleben⟩
→ **Christianus ⟨Borgsleben⟩**

Christian ⟨von Geren⟩
gest. 1486
Chronik; Notae historicae
Rep.Font. III,247
Geren, Christian ¬von¬

Christian ⟨von Hiddestorf⟩
→ **Christianus ⟨de Hiddestorf⟩**

Christian ⟨von Lilienfeld⟩
→ **Christanus ⟨Campililiensis⟩**

Christian ⟨von Mainz⟩
→ **Christianus ⟨Moguntinensis⟩**

Christian ⟨von Prachatitz⟩
→ **Christianus ⟨de Prachaticz⟩**

Christian ⟨von Sankt Gallen⟩
→ **Kuchimaister, Christian**

Christian ⟨von Stablo⟩
→ **Christianus ⟨Stabulensis⟩**

Christian ⟨von Troyes⟩
→ **Chrétien ⟨de Troyes⟩**

Christian ⟨Wierstraat⟩
→ **Wierstraat, Christian**

Christiani, Pablo
→ **Pablo ⟨Christiani⟩**

Christiani, Paulus
→ **Pablo ⟨Christiani⟩**

Christianus ⟨Abbas⟩
→ **Christianus ⟨Coloniensis⟩**

Christianus ⟨Bohemus⟩
→ **Christianus ⟨de Scala⟩**

Christianus ⟨Borgsleben⟩
ca. 1400 – 1484 · OFM
Ars praedicandi; Quaestio
LMA,II,1912; VL(2),1,961/63
Borgsleben, Christianus
Borxleben, Christian
Christian ⟨von Borgsleben⟩
Christian ⟨von Borxleben⟩

Christianus ⟨Campoliliensis⟩
→ **Christanus ⟨Campililiensis⟩**

Christianus ⟨Canonicus in Mattsee⟩
→ **Gold, Christianus**

Christianus ⟨Coloniensis⟩
um 961 · OSB
Homiliae in Evv.
Stegmüller, Repert. bibl. 1925
Christianus ⟨Abbas⟩
Christianus ⟨Sancti Pantaleonis Abbas⟩

Christianus ⟨Corbeiensis⟩
→ **Christianus ⟨Stabulensis⟩**

Christianus ⟨de Ackoy⟩
14./15. Jh.
Quaestiones in Analytica posteriora; Termini naturales; Dicta copulata in Summam Raimundi de Pennaforte
Lohr; LMA,II,1916/17
Ackoy, Christianus ¬de¬
Christianus ⟨de Eckoye⟩

Christianus ⟨de Campo Liliorum⟩
→ **Christanus ⟨Campililiensis⟩**

Christianus ⟨de Eckoye⟩
→ **Christianus ⟨de Ackoy⟩**

Christianus ⟨de Graez⟩
gest. ca. 1442
Stegmüller, Repert. bibl. 1929;1930
Graez, Christianus ¬de¬

Christianus ⟨de Hiddestorf⟩
gest. 1420 · OFM
Passio
Stegmüller, Repert. sentent. 163; LMA,II,1912
Christian ⟨von Hiddestorf⟩
Christianus ⟨de Hiddestorp⟩
Hiddestorf, Christianus ¬de¬

Christianus ⟨de Huerben⟩
→ **Christianus ⟨Tiendorfer de Huerben⟩**

Christianus ⟨de Kufstein⟩
→ **Christianus ⟨Prezner de Kufstein⟩**

Christianus ⟨de Mattsee⟩
→ **Gold, Christianus**

Christianus ⟨de Opifer⟩
→ **Christianus ⟨de Opiter⟩**

Christianus ⟨de Opiter⟩
15. Jh. · OP
Kaeppeli,I,263/264
Chrétien ⟨d'Opiter⟩
Chrétien ⟨d'Oplinter⟩
Chrétien ⟨d'Oputer⟩
Chrétien ⟨Opiter⟩
Chrétien ⟨Oplinter⟩
Chrétien ⟨Oputer⟩
Christian ⟨de Oplinter⟩
Christian ⟨d'Opiter⟩
Christianus ⟨de Opifer⟩
Christianus ⟨de Opitter⟩

Christianus ⟨Opiter⟩
Christianus ⟨Oputer⟩
Opiter, Christianus ¬de¬

Christianus ⟨de Prachaticz⟩
1368 – 1439
Astrolab; Computus chirometralis; Antidotar; etc.
VL(2),1,1222/23
Christian ⟨de Prachatitz⟩
Christian ⟨von Prachatitz⟩
Prachaticz, Christianus ¬de¬

Christianus ⟨de Scala⟩
14. Jh.
Vita et Passio S. Venceslai et S. Ludmile ave eius; Venceslai vita alia; evtl. eine Fälschung
Rep.Font. II,248; Potth. 1633; LMA,II,1913/14
Bohemus, Christianus
Christianus ⟨Bohemus⟩
Christianus ⟨Monachus Bohemus⟩
Christiannus ⟨de Scala⟩
Christiannus ⟨Hagiographe⟩
Christiannus ⟨Moine⟩
Scala, Christianus ¬de¬

Christianus ⟨de Stavelot⟩
→ **Christianus ⟨Stabulensis⟩**

Christianus ⟨de Valle Brixinensi⟩
→ **Christianus ⟨Herbrunner⟩**

Christianus ⟨Druthmar⟩
→ **Christianus ⟨Stabulensis⟩**

Christianus ⟨Foliot⟩
15. Jh.
De philosophia generali; Liber praedicabilium Porphyrii; Liber praedicamentorum; etc.
Lohr
Foliot, Christianus

Christianus ⟨Gold⟩
→ **Gold, Christianus**

Christianus ⟨Grammaticus⟩
→ **Christianus ⟨Stabulensis⟩**

Christianus ⟨Herbrunner⟩
gest. 1459 · OP
Collatio ad capitulum provinciale; Sermo habitus ad fratres conv. Viennensis; Excerpta ex quodam tractatu grammaticali
Kaeppeli,I,263
Christianus ⟨de Valle Brixinensi⟩
Christianus ⟨Herbrunner de Valle Brixinensi⟩
Herbrunner, Christianus

Christianus ⟨Moguntinensis⟩
1185 – 1253
LThK; CSGL; Potth.
Christian ⟨von Mainz⟩
Christianus ⟨Moguntinus⟩

Christianus ⟨Monachus⟩
→ **Christianus ⟨Praemonstratensis⟩**

Christianus ⟨Monachus Bohemus⟩
→ **Christianus ⟨de Scala⟩**

Christianus ⟨Norvegicus⟩
→ **Christianus ⟨Praemonstratensis⟩**

Christianus ⟨of Corbie⟩
→ **Christianus ⟨Stabulensis⟩**

Christianus ⟨Opiter⟩
→ **Christianus ⟨de Opiter⟩**

Christianus ⟨Oputer⟩
→ **Christianus ⟨de Opiter⟩**

Christianus ⟨Praemonstratensis⟩
um 1187 · OPraem
Historia de profectione Danorum in Hierosolymam
Rep.Font. III,248
Christianus ⟨Monachus⟩
Christianus ⟨Norvegicus⟩

Christianus ⟨Prezner de Kufstein⟩
14. Jh. · OESA
Stimulus rusticorum
Schneyer, Winke, 8
Christian ⟨de Kufstein⟩
Christian ⟨Prezner⟩
Christian ⟨Prezner⟩
Christian ⟨Prezner de Kufstein⟩
Christianus ⟨de Kufstein⟩
Kufstein, Christianus ¬de¬
Prezner, Christian
Prezner, Christianus
Prezner de Kufstein, Christianus

Christianus ⟨Sancti Pantaleonis Abbas⟩
→ **Christianus ⟨Coloniensis⟩**

Christianus ⟨Sprung⟩
14./15. Jh. · OESA
Sonntags- und Heiligenpredigten
Schneyer, Winke, 9
Sprung, Christianus

Christianus ⟨Stabulensis⟩
gest. 880 · OSB
LThK; CSGL; Tusculum-Lexikon; LMA,II,1912/13
Christian ⟨von Stablo⟩
Christianus ⟨Corbeiensis⟩
Christianus ⟨de Stavelot⟩
Christianus ⟨Druthmar⟩
Christianus ⟨Druthmarus⟩
Christianus ⟨Grammaticus⟩
Christianus ⟨of Corbie⟩
Druthmar, Christian
Druthmarus, Christianus
Stablo, Christian ¬von¬

Christianus ⟨Tiendorfer de Huerben⟩
um 1425
Stegmüller, Repert. sentent. 164; 451; 1376
Christianus ⟨de Huerben⟩
Christianus ⟨Tiendorfer⟩
Huerben, Christianus ¬de¬
Tiendorfer, Christianus
Tiendorfer de Huerben, Christianus

Christianus ⟨Trecensis⟩
→ **Chrétien ⟨de Troyes⟩**

Christianus ⟨Umhauser⟩
→ **Umhauser, Christianus**

Christianus ⟨Wierstraat⟩
→ **Wierstraat, Christian**

Christianus, Josephus
→ **Josephus ⟨Christianus⟩**

Christina ⟨von Hane⟩
gest. 1292 · OPraem
Vita
VL(2),1,1225/28
Christina ⟨von Hagen⟩
Christina ⟨von Retters⟩
Hane, Christina ¬von¬

Christina ⟨von Retters⟩
→ **Christina ⟨von Hane⟩**

Christine ⟨de Pisan⟩
ca. 1365 – ca. 1429
LMA,II,1918/20
Christine ⟨de Pison⟩
Christine ⟨de Pizan⟩
Christine ⟨von Pisan⟩
Cristyne ⟨de Pisan⟩
Cristyne ⟨de Pizan⟩
DuCastel, Christine
Pisan, Christine ¬de¬
Pisan, Cristine ¬de¬
Pise, Christine ¬of¬
Pizan, Christine ¬de¬
Pizan, Cristine ¬de¬

Christine ⟨Ebner⟩
→ **Ebner, Christine**

Christine ⟨von Engeltal⟩
→ **Ebner, Christine**

Christodoros ⟨Epischer Dichter⟩
→ **Christodorus ⟨Coptites⟩**

Christodoros ⟨von Patmos⟩
→ **Christodulus ⟨Monachus⟩**

Christodorus ⟨Byzantinus⟩
→ **Christodorus ⟨Coptites⟩**

Christodorus ⟨Coptites⟩
um 491/518
Tusculum-Lexikon; CSGL; LMA,II,1920
Chrestodorus ⟨Coptites⟩
Christodoros
Christodoros ⟨aus Koptos⟩
Christodoros ⟨Coptites⟩
Christodoros ⟨Epicus⟩
Christodoros ⟨Epischer Dichter⟩
Christodoros ⟨Paniskos' Sohn⟩
Christodoros ⟨Sohn des Paniskos⟩
Christodoros ⟨von Koptos⟩
Christodorus ⟨Byzantinus⟩
Christodorus ⟨Historicus et Poeta⟩
Christodorus ⟨Thebanus⟩
Coptites, Christodorus
Cristodoro ⟨di Copto⟩

Christodorus ⟨Thebanus⟩
→ **Christodorus ⟨Coptites⟩**

Christodulos
→ **Johannes ⟨Imperium Byzantinum, Imperator, VI.⟩**

Christodulos ⟨von Patmos⟩
→ **Christodulus ⟨Monachus⟩**

Christodulus ⟨Fundator Monasterii Sancti Johannis Patmo⟩
→ **Christodulus ⟨Monachus⟩**

Christodulus ⟨Monachus⟩
→ **Johannes ⟨Imperium Byzantinum, Imperator, VI.⟩**

Christodulus ⟨Monachus⟩
ca. 1020 – 1101
LMA,II,1920/21
Christodoros ⟨von Patmos⟩
Christodule ⟨de Patmos⟩
Christodule ⟨Saint⟩
Christodulos ⟨von Patmos⟩
Christodulus ⟨Fundator Monasterii Sancti Johannis Patmo⟩
Johannes ⟨Christodulus⟩
Monachus, Christodulus

Christofano ⟨Guidini⟩
→ **Guidini, Cristoforo**

Christoferus ⟨de Castelliono⟩
→ **Castiglione, Cristoforo ¬da¬**

Christoffer ⟨af Bayern⟩
→ **Christoffer ⟨Danmark, Konge, III.⟩**

Christoffer ⟨Danmark, Konge, III.⟩
1416 – 1448
Begründer des schwed. Reichsrechts („Christoffers Landslag")
LMA,II,1937/38
Christoffer ⟨af Bayern⟩
Christoffer ⟨Norge, Konung⟩
Christoffer ⟨Sverige, Konung⟩
Christoffer ⟨von Bayern⟩
Christoph ⟨Dänemark, König, III.⟩
Christoph ⟨von Bayern⟩
Christophe ⟨Danmark, Roi, III.⟩
Christophe ⟨de Bavière⟩

Christoffer ⟨Norge, Konung⟩
→ **Christoffer ⟨Danmark, Konge, III.⟩**

Christoffer ⟨Sverige, Konung⟩
→ **Christoffer ⟨Danmark, Konge, III.⟩**

Christoffer ⟨von Bayern⟩
→ **Christoffer ⟨Danmark, Konge, III.⟩**

Christoforo ⟨Landino⟩
→ **Landinus, Christophorus**

Christoforo ⟨von Alexandria⟩
→ **Christophorus ⟨Alexandrinus⟩**

Christoforos ⟨Poeta Graecus⟩
→ **Christophorus ⟨Mytilinaeus⟩**

Christoph ⟨Bayern, Herzog⟩
um 1449/93
Brief; Pilgramsbuch
VL(2),1,1229/30
Christoph ⟨der Kämpfer⟩
Christoph ⟨of Bavaria⟩
Christophe ⟨Bavière, Duc⟩
Christophe ⟨de Bavière⟩
Christophe ⟨le Combattant⟩

Christoph ⟨Dänemark, König, III.⟩
→ **Christoffer ⟨Danmark, Konge, III.⟩**

Christoph ⟨der Kämpfer⟩
→ **Christoph ⟨Bayern, Herzog⟩**

Christoph ⟨Forstenau⟩
→ **Forstenau, Christoph**

Christoph ⟨Honestis⟩
→ **Christophorus ⟨de Honestis⟩**

Christoph ⟨Huber⟩
→ **Huber, Christoph**

Christoph ⟨von Bayern⟩
→ **Christoffer ⟨Danmark, Konge, III.⟩**
→ **Christoph ⟨Bayern, Herzog⟩**

Christoph ⟨von Paris⟩
→ **Christophorus ⟨Parisiensis⟩**

Christophe ⟨a Varisio⟩
→ **Christophorus ⟨de Varese⟩**

Christophe ⟨Augustin⟩
→ **Cristoforo ⟨da Bologna⟩**

Christophe ⟨Bavière, Duc⟩
→ **Christoph ⟨Bayern, Herzog⟩**

Christophe ⟨Buondelmonti⟩
→ **Christophorus ⟨de Bondelmontibus⟩**

Christophe ⟨Castiglione⟩
→ **Castiglione, Cristoforo ¬da¬**

Christophe ⟨d'Alexandrie⟩
→ **Christophorus ⟨Alexandrinus⟩**

Christophe ⟨Danmark, Roi, III.⟩
→ **Christoffer ⟨Danmark, Konge, III.⟩**

Christophe ⟨de Bavière⟩
→ **Christoffer ⟨Danmark, Konge, III.⟩**
→ **Christoph ⟨Bayern, Herzog⟩**

Christophe ⟨de Bologne⟩
→ **Cristoforo ⟨da Bologna⟩**

Christophe ⟨de Chastillionaeis⟩
→ **Castiglione, Cristoforo ¬da¬**

Christophe ⟨de Chypre⟩
→ **Christophorus ⟨Cypricus⟩**

Christophe ⟨de Milan⟩
→ **Christophorus ⟨de Mediolano⟩**

Christophe ⟨de Mitylène⟩
→ **Christophorus ⟨Mytilinaeus⟩**

Christophe ⟨de Molesey⟩
→ **Christophorus ⟨Molhusensis⟩**

Christophe ⟨de Moulsey⟩
→ **Christophorus ⟨Molhusensis⟩**

Christophe ⟨de Varese⟩
→ **Christophorus ⟨de Varese⟩**

Christophe ⟨Forstenau⟩
→ **Forstenau, Christoph**

Christophe ⟨Galvez⟩
→ **Johannes Christophorus ⟨de Gualbes⟩**

Christophe ⟨le Combattant⟩
→ **Christoph ⟨Bayern, Herzog⟩**

Christophe ⟨Lombard⟩
→ **Christophorus ⟨Lombardus⟩**

Christophe ⟨Pape⟩
→ **Christophorus ⟨Papa⟩**

Christophe ⟨Patriarche⟩
→ **Christophorus ⟨Alexandrinus⟩**

Christophe ⟨Patrice⟩
→ **Christophorus ⟨Mytilinaeus⟩**

Christophe ⟨Picinelli⟩
→ **Christophorus ⟨de Varese⟩**

Christophe, Jean
→ **Johannes ⟨Christophori de Saxonia⟩**

Christophe-Georges ⟨degli Onesti⟩
→ **Christophorus ⟨de Honestis⟩**

Christopher ⟨of Alexandria⟩
→ **Christophorus ⟨Alexandrinus⟩**

Christopher ⟨Patriarch⟩
→ **Christophorus ⟨Alexandrinus⟩**

Christopher ⟨Pope⟩
→ **Christophorus ⟨Papa⟩**

Christopherus ⟨...⟩
→ **Christophorus ⟨...⟩**

Christophori de Saxonia, Johannes
→ **Johannes ⟨Christophori de Saxonia⟩**

Christophoros ⟨Mitylenaios⟩
→ **Christophorus ⟨Mytilinaeus⟩**

Christophoros ⟨Patriarch⟩
→ **Christophorus ⟨Alexandrinus⟩**

Christophoros ⟨von Alexandria⟩
→ **Christophorus ⟨Alexandrinus⟩**

Christophoros ⟨von Mytilene⟩
→ **Christophorus ⟨Mytilinaeus⟩**

Christophorus ⟨a Varisio⟩
→ **Christophorus ⟨de Varese⟩**

Christophorus ⟨Alexandrinus⟩
gest. 836/37
Synodalbrief von 836
Alexandrinus, Christophorus
Christoforo ⟨von Alexandria⟩
Christophe ⟨d'Alexandrie⟩
Christophe ⟨Patriarche⟩
Christopher ⟨of Alexandria⟩
Christopher ⟨Patriarch⟩
Christopherus ⟨Patriarcha⟩
Christophoros ⟨Patriarch⟩
Christophoros ⟨von Alexandria⟩

Christophorus ⟨Antonii⟩
→ **Christophorus ⟨Johannis⟩**

Christophorus ⟨Barzizius⟩
15. Jh.
CSGL
Barziz, Christoph
Barzizius, Christophorus
Barzizza, Cristoforo
Cristoforo ⟨Barzizza⟩

Christophorus ⟨Bondelmontius⟩
→ **Christophorus ⟨de Bondelmontibus⟩**

Christophorus ⟨Canonicus Cracoviensis⟩
→ **Christophorus ⟨Varsevicius⟩**

Christophorus ⟨Castilionaeus⟩
→ **Castiglione, Cristoforo ¬da¬**

Christophorus ⟨Cypricus⟩
1430 – ca. 1497 · OFM
Ianuensium monumenta seu Abreviatio chronicae rerum gestarum Genuensium excerpta a diversis scriptoribus
Rep.Font. III,252
Christophe ⟨de Chypre⟩

Christophorus ⟨de Bologna⟩
→ **Cristoforo ⟨da Bologna⟩**

Christophorus ⟨de Bondelmontibus⟩
um 1420
LMA,II,938
Bondelmonti, Christoph
Bondelmontibus, Christophorus ¬de¬
Bondelmontius, Christoph
Bondelmontius, Christophorus
Buondelmonti, Christoph
Buondelmonti, Christophe
Buondelmonti, Cristoforo
Buondelmonti, Cristoforo ¬de'¬
Christophe ⟨Buondelmonti⟩
Christophorus ⟨Bondelmontius⟩
Christophorus ⟨Buondelmontius⟩
Cristoforo ⟨Buondelmonti⟩
Cristoforo ⟨de'Buondelmonti⟩

Christophorus ⟨de Bononia⟩
→ **Cristoforo ⟨da Bologna⟩**

Christophorus ⟨de Burghausen⟩
→ **Christophorus ⟨Gamersfeld de Pürckhausen⟩**

Christophorus ⟨de Galvez⟩
→ **Johannes Christophorus ⟨de Gualbes⟩**

Christophorus ⟨de Gualbes⟩
→ **Johannes Christophorus ⟨de Gualbes⟩**

Christophorus ⟨de Honestis⟩
ca. 1320 – 1392
Expositio super Antidotario Mesue
Rep.Font. V,553
Christoph ⟨Honestis⟩
Christophe-Georges ⟨degli Onesti⟩
Christophorus Georgius ⟨de Honestis⟩
Cristophorus Georgius ⟨de Honestis⟩
DegliOnesti, Christophe-Georges
Honestis, Christoph
Honestis, Christophorus ¬de¬
Honestis, Christophorus Georgius ¬de¬
Honestis, Cristophorus Georgius ¬de¬
Onesti, Christophe-Georges ¬degli¬

Christophorus ⟨de Masis Florentinus⟩
→ **Christophorus ⟨Johannis⟩**

Christophorus ⟨de Mediolano⟩
gest. 1484 · OP
Tractatus seu doctrina de servitute dei; De tribulatione iustorum; De praeceptis decalogi; etc.
Kaeppeli,I,264/266
Christophe ⟨de Milan⟩
Mediolano, Christophorus ¬de¬

Christophorus ⟨de Molesey⟩
→ **Christophorus ⟨Molhusensis⟩**

Christophorus ⟨de Parma⟩
14. Jh. · OSM
Vita ac legenda Beati Joachimi Senensis Ordinis Servorum Sanctae Mariae
Rep.Font. III,252
Parma, Christophorus ¬de¬

Christophorus ⟨de Pürckhausen⟩
→ **Christophorus ⟨Gamersfeld de Pürckhausen⟩**

Christophorus ⟨de Recaneto⟩
1423 – 1480
Recollectae super calculationes; In De caelo et mundo; In libros physicorum
Lohr; LMA,II,1941
Christophorus ⟨de Recaneti⟩
Recaneto, Christophorus ¬de¬

Christophorus ⟨de Varese⟩
gest. 1491 · OFM
Vita S. Johannis a Capistrano
Rep.Font. II,673; Potth. 1083
Christophe ⟨a Varisio⟩
Christophe ⟨de Varese⟩
Christophe ⟨Picinelli⟩
Christophorus ⟨a Varisio⟩
Cristoforo ⟨da Varese⟩
Picinelli, Christophe
Varese, Christophorus ¬de¬
Varisio, Christophorus ¬a¬

Christophorus ⟨Gamersfeld de Pürckhausen⟩
15. Jh.
Quaestiones super librum Oeconomicorum
Lohr
Christophorus ⟨de Burghausen⟩
Christophorus ⟨de Pürckhausen⟩
Christophorus ⟨Gamersfeld⟩
Gamersfeld, Christophorus
Gamersfeld de Pürckhausen, Christophorus
Pürckhausen, Christophorus ¬de¬

Christophorus ⟨Johannis⟩
gest. 1479 · OP
Sermo fer.II p. Pascha
Kaeppeli,I,264
Christophorus ⟨Antonii⟩
Christophorus ⟨de Masis Florentinus⟩
Christophorus ⟨Johannis de Masis Florentinus⟩
Johannis, Christophorus

Christophorus ⟨Landinus⟩
→ **Landinus, Christophorus**

Christophorus ⟨Lombardus⟩
um 1400 · OP
Stegmüller, Repert. bibl. 1932-1934
Christophe ⟨Lombard⟩
Lombardus, Christophorus

Christophorus ⟨Molhusensis⟩
um 1350 · OP
In Elenchos
Lohr; Stegmüller, Repert. bibl. 1935-1938
Christophe ⟨de Molesey⟩
Christophe ⟨de Moulsey⟩
Christophorus ⟨de Molesey⟩
Christophorus ⟨Nolhalensis⟩

Christophorus ⟨Mytilinaeus⟩
11. Jh.
Rep.Font. III,252; LMA,II,1938
Christoforos ⟨Poeta Graecus⟩
Christophe ⟨de Mitylène⟩
Christophe ⟨Patrice⟩
Christophoros ⟨Mitylenaios⟩
Christophoros ⟨Mitylenaios⟩
Christophoros ⟨von Mytilene⟩
Christophorus ⟨Mytilenaeus⟩
Christophorus ⟨Patricius⟩
Christophorus ⟨Poeta Graecus⟩
Cristoforo ⟨di Mitilene⟩
Cristoforo ⟨Mitileneo⟩
Mytilinaeus, Christophorus

Christophorus ⟨Nolhalensis⟩
→ **Christophorus ⟨Molhusensis⟩**

Christophorus ⟨Papa⟩
gest. 904
Christophe ⟨Pape⟩
Christopher ⟨Pope⟩
Cristoforo ⟨Papa⟩

Christophorus ⟨Parisiensis⟩
15. Jh.
Elucidarius; Summa minor; Medulla; etc.
LMA,II,1941
Christoph ⟨von Paris⟩

Christophorus ⟨Patricius⟩
→ **Christophorus ⟨Mytilinaeus⟩**

Christophorus ⟨Poeta Graecus⟩
→ **Christophorus ⟨Mytilinaeus⟩**

Christophorus ⟨Posnaniensis⟩
Lebensdaten nicht ermittelt · OP
Commentarii in omnes epp. D. Pauli; Expositio dominicae passionis; Sermones de tempore et de sanctis
Kaeppeli,I,267

Christophorus ⟨Reginus⟩
um 1347 · OP
Lectura super Cant. Cant. ex diversis compilata
Kaeppeli,I,267
Reginus, Christophorus

Christophorus ⟨Varsevicius⟩
Lebensdaten nicht ermittelt
Stegmüller, Repert. bibl. 1939
Christophorus ⟨Canonicus Cracoviensis⟩
Varsevicius, Christophorus

Christophorus Georgius ⟨de Honestis⟩
→ **Christophorus ⟨de Honestis⟩**

Christus ⟨Prodromus⟩
→ **Johannes ⟨Kiovensis⟩**

Chrodebertus ⟨Turonensis⟩
um 653/74
Epistula ad Bobam abbatissam; Epistola ad Audoenum episcopum Rotomagensem; Epistulae V ad Importunum episcopum Parisiensem (Briefwechsel zwischen Chrodebertus ⟨Turonensis⟩ und Importunus ⟨Parisiensis⟩ möglicherweise fingiert
Cpl 1307; Rep.Font. III,252 und IV,563
Chrodebert ⟨de Tours⟩
Chrodebert ⟨Evêque⟩
Chrodebertus ⟨Episcopus⟩
Chrodebertus ⟨II.⟩
Chrodobertus ⟨Turonensis⟩
Chrotbertus ⟨de Tours⟩
Frobert ⟨de Tours⟩
Frobert ⟨Evêque⟩
Frodebertus ⟨Episcopus⟩
Frodebertus ⟨Turonensis⟩

Chrodegangus ⟨Metensis⟩
712 – 766
Regula canonicorum
Cpl 1876; 2039; LMA,II,1948/49; CC Clavis, Auct. Gall. 1, 270 ff.; Rep.Font. III,253
Chrodegand
Chrodegang ⟨de Metz⟩
Chrodegang ⟨Heiliger⟩
Chrodegang ⟨Saint⟩
Chrodegang ⟨von Metz⟩
Chrodegangus ⟨Episcopus⟩
Chrodegangus ⟨Mettensis⟩
Chrodegangus ⟨Sanctus⟩
Chrodogangus ⟨Metensis⟩
Chrotgangus ⟨Metensis⟩
Godegrandus ⟨Sanctus⟩
Grodegangus ⟨Metensis⟩
Grodogang
Rodegang
Ruodgang
Trodgand

Chrodobertus ⟨Turonensis⟩
→ **Chrodebertus ⟨Turonensis⟩**

Chrodogangus ⟨Metensis⟩
→ **Chrodegangus ⟨Metensis⟩**

Chronmal
→ **Cruindmelus**

Chronographus ⟨Corbeiensis⟩
12. Jh.
Chronographus Corbeiensis

Chronographus ⟨Saxo⟩
→ **Arnoldus ⟨de Nienburg⟩**

Chronographus, Ephraem
→ **Ephraem ⟨Chronographus⟩**

Chronographus, Joel
→ **Joel ⟨Chronographus⟩**

Chrotbertus ⟨de Tours⟩
→ **Chrodebertus ⟨Turonensis⟩**

Chrotgangus ⟨Metensis⟩
→ **Chrodegangus ⟨Metensis⟩**

Chrysaphes, Manuel
→ **Manuel ⟨Chrysaphes⟩**

Chrysoberges, Andreas
→ **Andreas ⟨Chrysoberges⟩**

Chrysoberges, Maximus
→ **Maximus ⟨Chrysoberges⟩**

Chrysoberges, Nicephorus
→ **Nicephorus ⟨Chrysoberges⟩**

Chrysocephalus, Macarius
→ **Macarius ⟨Chrysocephalus⟩**

Chrysocephalus, Michael
→ **Macarius ⟨Chrysocephalus⟩**

Chrysococces, Georgius
→ **Georgius ⟨Chrysococces⟩**

Chrysolanus, Petrus
→ **Petrus ⟨Chrysolanus⟩**

Chrysoloras, Demetrius
→ **Demetrius ⟨Chrysoloras⟩**

Chrysoloras, Emanuel
→ **Manuel ⟨Chrysoloras⟩**

Chrysoloras, Manuel
→ **Manuel ⟨Chrysoloras⟩**

Chrysopolitanus, Maximus
→ **Maximus ⟨Confessor⟩**

Chrysopolitanus, Zacharias
→ **Zacharias ⟨Chrysopolitanus⟩**

Chrysostomus ⟨Latinus⟩
→ **Johannes ⟨Mediocris⟩**

Chu, Hsi
→ **Zhu, Xi**

Chu, Yüan-chang
→ **Ming Taizu ⟨China, Kaiser⟩**

Chuej-Czjao
→ **Huijiao**

Chuffart, Jean
gest. 1451
Journal d'un bourgeois de Paris, 1405-1449
Rep.Font. III,481
Jean ⟨Chuffart⟩
Jean ⟨Chuffart de Tournai⟩

Chumnaina, Irene Eulogia
→ **Irene Eulogia ⟨Chumnaina⟩**

Chumnus, Georgius
→ **Georgius ⟨Chumnus⟩**

Chumnus, Nicephorus
→ **Nicephorus ⟨Chumnus⟩**

Chunradus ⟨de Ascania⟩
→ **Conradus ⟨Eichstetensis⟩**

Chunradus ⟨de Wienna⟩
→ **Konrad ⟨Spitzer⟩**

Chunradus ⟨Ratenburkch⟩
→ **Conradus ⟨de Rotenburg⟩**

Chunrat ⟨Rotenburg⟩
→ **Conradus ⟨de Rotenburg⟩**

Chuonradus ⟨...⟩
→ **Conradus ⟨...⟩**

Chuonze ⟨von Rosenheim⟩
→ **Hugo ⟨von Mühldorf⟩**

Chuquet, Nicolas
gest. ca. 1488
Triparty en la science des nombres; Comment la science des nombres se peult appliquer aux mesures de geometrie
LMA,II,2055
Nicolas ⟨Chuquet⟩

Chymiacho, Johannes ¬de¬
→ **Johannes ⟨de Chymiacho⟩**

Chyn, Aegidius ¬de¬
gest. 1137
Chronique du bon chevalier messire Gilles de Chin et Gauthier de Tournai
Rep.Font. III,345; III,481

Aegidius ⟨Commilito Balduini IV.⟩
Aegidius ⟨de Chyn⟩
Chin, Gilles ¬de¬
Gilles ⟨de Chin⟩

Chynus ⟨de Pistorio⟩
→ **Cinus ⟨de Pistorio⟩**

Chyrazy, Najm addyn Mahmoud ibn-Dya id-Dīn
→ **Šīrāzī, Naǧm-ad-Dīn Maḥmūd Ibn-Ḍiyā'-ad-Dīn ¬aš-¬**

Ciaccheri, Manetto
um 1355 · OFM
I fioretti dei traditori
Rep.Font. III,481
Ciaccheri, Matthieu
Manetto ⟨Ciaccheri⟩
Matthieu ⟨Ciaccheri⟩

Ciaccheri, Matthieu
→ **Ciaccheri, Manetto**

Cialli da Travale, Bindino ¬di¬
→ **Bindino ⟨di Cialli da Travale⟩**

Ciboule, Robert
→ **Robertus ⟨Cybollus⟩**

Cicala ⟨Lanfranco⟩
→ **Cigala ⟨Lanfranco⟩**

Ciccus ⟨Simonetta⟩
→ **Simonetta, Ciccus**

Cichus ⟨Esculanus⟩
→ **Cecco ⟨d'Ascoli⟩**

Ciconia, Johannes
ca. 1335 – 1411
Nova musica
LMA,II,2077/78
Ciconia, Jean
Johannes ⟨Ciconia⟩
Johannes ⟨de Leodio⟩
Johannes ⟨Leodiensis⟩
Johannes ⟨Musicus⟩

Cid, ¬El¬
Kastil. Heerführer und Nationalheld
LMA,II,2078/82
Díaz, Rodrigo
Díaz, Ruy
Diaz de Bivar, Rodrigue
Díaz de Vivar, Rodrigo
ElCid
Vivar, Rodrigo Diaz ¬de¬

Cidone, Demetrio
→ **Demetrius ⟨Cydonius⟩**

Ciederni, Bartolomeo
→ **Cederni, Bartolommeo**

Cielo ⟨da Camo⟩
→ **Cielo ⟨d'Alcamo⟩**

Cielo ⟨d'Alcamo⟩
ca. 1193 – 1247
Contrasto
LMA,II,2083
Alcamo, Cielo ¬d'¬
Alcamo, Ciullo ¬d'¬
Celio ⟨d'Alcamo⟩
Cieli ⟨d'Alcamo⟩
Cielo ⟨da Camo⟩
Cielo ⟨dal Camo⟩
Cielo ⟨Dalcamo⟩
Ciullo ⟨d'Alcamo⟩
Ciullo, Vincent
Ciulo ⟨d'Alcamo⟩
Vincent ⟨Ciullo⟩
Vincenzo ⟨Ciullo d'Alcamo⟩

Cieński, Stanislaus
um 1450
Dicta (liber formularum ad ius Polonicum et canonicum spectans...)
Rep.Font. III,482
Cieński, Stanislaw
Stanislaus ⟨Cieński⟩
Stanislaw ⟨Cieński⟩

Cigala ⟨de Gênes⟩
→ **Cigala ⟨Lanfranco⟩**

Cigala ⟨Lanfranco⟩
gest. ca. 1257/58
Genues. Troubadour; Liebesdichtungen; Tenzonen; Sirventes
LMA,II,2083; Rep.Font. III,482
Cicala ⟨Lanfranco⟩
Cigala ⟨de Gênes⟩
Cigala, Lanfranc
Cigala, Lanfranco
Lanfranco ⟨Cigala⟩
Lanfranco, Cigala

Cijar, Pedro
um 1446
Ciiarius, Petrus
Cijar, Pierre
Cijarius, Petrus
Pedro ⟨Cijar⟩
Petrus ⟨Ciiarius⟩
Petrus ⟨Cijarius⟩
Pierre ⟨Cijar⟩
Pierre ⟨Cijar de Barcelone⟩

Cilicius, Simplicius
→ **Simplicius ⟨Cilicius⟩**

Cimabue
ca. 1240 – ca. 1300
Florentin. Maler
LMA,II,2086/87
Cenni ⟨di Pepo⟩
Cimabue, Giovanni
Giovanni ⟨Cimabue⟩

Cimburka, Ctibor Tovačovský ¬z¬
→ **Ctibor ⟨Tovačovský z Cimburka⟩**

Cimeliarcha, Johannes
→ **Johannes ⟨Cimeliarcha⟩**

Ciminelli, Nicolas
→ **Ciminello, Niccolò**

Ciminelli, Serafino ¬de'¬
→ **Serafino ⟨Aquilano⟩**

Ciminello ⟨di Bazzano⟩
→ **Ciminello, Niccolò**

Ciminello, Niccolò
um 1424
Möglicherweise einer von mehreren Verfassern der „Cantari sulla guerra aquilana di Braccio"
Rep.Font. III,482
Ciminelli, Nicolas
Ciminello ⟨di Bazzano⟩
Cimini, Nicolao
Niccolò ⟨Ciminello⟩
Nicolao ⟨Cimini⟩
Nicolas ⟨Ciminelli⟩
Nicolas ⟨Ciminelli de Bazzano⟩

Cimino ⟨Aquilano⟩
→ **Serafino ⟨Aquilano⟩**

Cimino, Seraphino
→ **Serafino ⟨Aquilano⟩**

Cina ⟨da Pistoja⟩
→ **Cinus ⟨de Pistorio⟩**

Cincio ⟨de'Rustici⟩
→ **Cincius ⟨Romanus⟩**

Cincius ⟨Romanus⟩
15. Jh.
Cencio ⟨de Rome⟩
Cencio ⟨dei Rustici⟩
Cencio ⟨de'Rustici⟩
Cencius ⟨de Rusticis⟩
Cincio ⟨de'Rustici⟩
Cincius ⟨de Rusticis⟩
Romanus, Cincius
Rusticis, Cincius ¬de¬

Cineris, Petrus
→ **Petrus ⟨Sendre⟩**

Cingulo, Gentilis ¬de¬
→ **Gentilis ⟨de Cingulo⟩**

Cini, Giacomo
→ **Jacobus ⟨de Sancto Andrea⟩**

Cinnamus, Johannes
→ **Johannes ⟨Cinnamus⟩**

Cino ⟨da Pistoia⟩
→ **Cinus ⟨de Pistorio⟩**

Cino, Giacomo
→ **Jacobus ⟨de Sancto Andrea⟩**

Cino da Pistoia, Guittone Sinibaldi
→ **Cinus ⟨de Pistorio⟩**

Cinquini, Franciscus
→ **Franciscus ⟨Cinquini⟩**

Cinus ⟨de Pistorio⟩
ca. 1270 – ca. 1337
CSGL; LMA,II,2089/91
Chynus ⟨de Pistorio⟩
Chynus ⟨Pistoriensis⟩
Cino ⟨da Pistoia⟩
Cino ⟨da Pistoja⟩
Cino ⟨de Pistoia⟩
Cino da Pistoia, Guittone Sinibaldi
Cinus ⟨de Sinibuldis⟩
Cinus ⟨Francisci de Sighibuldis⟩
Cinus ⟨Pistoriensis⟩
Cynus ⟨Pistoriensis⟩
Guittoncino
Guittone
Guittone ⟨Sinibaldi⟩
Pistoia, Guittone Sinibaldi
Pistorio, Chynus ¬de¬
Pistorio, Cinus ¬de¬
Sinibaldi, Ambrogino
Sinibaldi, Cino
Sinibaldi, Guittone
Sinibuldi, Guittoncino
Sinibuldi, Guittone
Zenone ⟨da Pistoia⟩
Zenoni, Zenone

Cinus ⟨de Sinibuldis⟩
→ **Cinus ⟨de Pistorio⟩**

Cinus ⟨Francisci de Sighibuldis⟩
→ **Cinus ⟨de Pistorio⟩**

Ciolek ⟨Vitellius⟩
→ **Witelo**

Ciolek, Stanislaus
15./16. Jh.
Stanislaus ⟨Ciolek⟩
Stanislaus ⟨Episcopus⟩
Stanislaus ⟨Posnaniensis⟩
Stanislaus ⟨von Posen⟩

Ciolus ⟨Bernardonis⟩
→ **Bernardus ⟨Bernardonis⟩**

Cione, André
→ **DelVerrocchio, Andrea**
→ **Orcagna, Andrea**

Cione Orcagna, Andrea ¬di¬
→ **Orcagna, Andrea**

Cipolla, Bartolomeo
→ **Bartholomaeus ⟨Caepolla⟩**

Cippicus, Coriolanus
1425 – ca. 1493
Cepio, Coriolano
Cepio, Coriolanus
Cepione, Coriolanus
Cippico, Coriolano
Cippico, Coriolanus
Cippio, Coriolano
Coriolanus ⟨Cepio⟩
Coriolanus ⟨Cippico⟩
Coriolanus ⟨Cippicus⟩

Cippicus, Johannes
15. Jh.
IBN
Cepio, Giovanni
Giovanni ⟨Cepio⟩
Johannes ⟨Cippicus⟩

Cippio, Coriolano
→ **Cippicus, Coriolanus**

Circa, Bernardus
→ **Bernardus ⟨Papiensis⟩**

Circlaere, Thomasin
→ **Thomasin ⟨Circlaere⟩**

Cirencestria, Richardus ¬de¬
→ **Richardus ⟨de Cirencestria⟩**

Cirey, Jean ¬de¬
gest. 1503
Cireyo, Johannes ¬de¬
Jean ⟨de Cirey⟩
Johannes ⟨Abbas⟩
Johannes ⟨Cisterciensis⟩
Johannes ⟨de Cireyo⟩

Cireyo, Johannes ¬de¬
→ **Cirey, Jean ¬de¬**

Ciriaco ⟨d'Ancona⟩
→ **Cyriacus ⟨Anconitanus⟩**

Ciriaco ⟨de'Pizzicolli⟩
→ **Cyriacus ⟨Anconitanus⟩**

Ciriacus ⟨Anconitanus⟩
→ **Cyriacus ⟨Anconitanus⟩**

Cirillo ⟨di Scitopoli⟩
→ **Cyrillus ⟨Scythopolitanus⟩**

Cirinus ⟨Aribo⟩
→ **Aribo ⟨Scholasticus⟩**

Cirita, Johannes
→ **Johannes ⟨Cirita⟩**

Cirkenbach, Andreas
14. Jh.
Versus historici
Rep.Font. III,488
Andreas ⟨Cirkenbach⟩

Cirneo, Pietro
1447 – 1505
Commentarius de bello Ferrariensi
Cyrnaeus, Petrus
Felce, Pietro
Petrus ⟨Aleriensis⟩
Petrus ⟨Cyrnaeus⟩
Pierre ⟨de Corse⟩
Pietro ⟨Cirneo⟩
Pietro ⟨Felce⟩

Cirocchi, Viviano
gest. 1477
Rechtsgelehrter
Cirocchis, Vivianus ¬de¬
Cirocchus, Vivianus
Viviano ⟨Cirocchi⟩
Vivianus ⟨Cirocchus⟩
Vivianus ⟨de Cirocchis⟩

Cisiojanus
→ **Gesselen, Conradus**

Cisneros, Garcia ¬de¬
→ **Cisneros, García Jiménez ¬de¬**

Cisneros, García Jiménez ¬de¬
1455 – 1510 · OSB
LThK; LMA,II,2104
Cisneros, Garcia ¬de¬
Cisneros, García Ximenes ¬de¬
Cisneros, Garcias ¬de¬
Cisneros, Garsias ¬de¬
Cisnerus, Garcia
Garcia ⟨de Monserrat⟩
García ⟨de Montserrat⟩
Garcia Cisneros, Florencio
García Jiménez ⟨de Cisneros⟩
García Ximenes ⟨de Cisneros⟩
García Ximenez ⟨de Cisneros⟩
Garsias ⟨Abbas⟩
Garsias ⟨de Cisneros⟩
Jiménez de Cisneros, García
Ximenes de Cisneros, García

Citelescale, Simon ¬de¬
→ **Simon ⟨de Citelescale⟩**

Citri, Johannes
→ **Johannes ⟨Citri Episcopus⟩**

Cīttalaic Cāttaṉār, Kulavāṇikaṉ
→ **Cāttaṉār**

Ciullo ⟨d'Alcamo⟩
→ **Cielo ⟨d'Alcamo⟩**

Ciullo, Vincent
→ **Cielo ⟨d'Alcamo⟩**

Civitato, Antonius ¬de¬
→ **Antonius ⟨de Civitato⟩**

Claes ⟨Heinenzsoon de Ruyris⟩
ca. 1345 – 1414
VL(2),3,1187
Bejeren
Beyeren
Claes ⟨Heinenszoon⟩
Claes ⟨Heynenszone⟩
Heinenszoon, Claes
Heinenzsoon de Ruyris, Claes
Heinenzsoon, Claes
Heynenszone, Claes
Ruyris, Claes Heinenszoon ¬de¬

Clain Man, Rosner ¬der¬
→ **Rosner ⟨der Clain Man⟩**

Claire ⟨d'Assise⟩
→ **Clara ⟨Assisias⟩**

Clairvaux, Bernhard ¬von¬
→ **Bernardus ⟨Claraevallensis⟩**

Clairvaux, Guilelmus ¬de¬
→ **Guilelmus ⟨de Clairvaux⟩**

Clamanges, Nicolas ¬de¬
→ **Nicolaus ⟨de Clemangiis⟩**

Clanciano, Petrus Paulus ¬de¬
→ **Petrus Paulus ⟨de Clanciano⟩**

Clapwell, Richard
→ **Richardus ⟨Knapwell⟩**

Clara ⟨Assisias⟩
1194 – 1253
LMA,II,2122/24
Assisi, Klara ¬von¬
Assisi, Klara von
Assisias, Clara
Chiara ⟨d'Assisi⟩
Chiara ⟨Santa⟩
Claire ⟨d'Assise⟩
Claire ⟨Sainte⟩
Clara ⟨Assisiensis⟩
Clara ⟨de Assisi⟩
Clara ⟨de Assisio⟩
Clara ⟨Sancta⟩
Clare ⟨of Assisi⟩
Klara ⟨Heilige⟩
Klara ⟨von Assisi⟩

Clara ⟨Hätzler⟩
→ **Hätzler, Clara**

Clara ⟨Sancta⟩
→ **Clara ⟨Assisias⟩**

Clara, Osbertus ¬de¬
→ **Osbertus ⟨de Clara⟩**

Clarano, Johannes ¬de¬
→ **Johannes ⟨de Clarano⟩**

Clarembaldus ⟨Atrebatensis⟩
gest. ca. 1160
Tusculum-Lexikon; LThK; CSGL; LMA,II,2128
Clarembald ⟨von Arras⟩
Clarembaldo ⟨di Arras⟩
Clarembaldus ⟨de Arras⟩
Clarembaud ⟨of Arras⟩
Clarembault ⟨of Arras⟩
Clarenbaldus ⟨Atrebatensis⟩
Clarenbaldus ⟨von Arras⟩

Clarenus, Angelus
→ **Angelus ⟨Clarenus⟩**

Claretus
um 1320/70
Ptačí zahrádka (Übers.); Lat.-tschech. Wörterbuch
LMA,V,1192/93
Bartholomaeus ⟨de Solencia⟩
Bartholomaeus ⟨de Solentia dictus Claretus⟩
Bartoloměj ⟨z Chlumce⟩
Bartoloměj ⟨z Chlumce nad Cidlinou⟩
Claretus ⟨de Solentia⟩
Claretus ⟨of Solentia⟩
Klaret

Claretus, Angelus
→ **Angelus ⟨Carletus⟩**

Clariton ⟨de Anglia⟩
→ **Richardus ⟨de Kilvington⟩**

Clarius ⟨de Fleury⟩
→ **Clarius ⟨Sancti Petri Vivi Senonensis⟩**

Clarius ⟨de Saint-Benoît-sur-Loire⟩
→ **Clarius ⟨Sancti Petri Vivi Senonensis⟩**

Clarius ⟨de Sens⟩
→ **Clarius ⟨Sancti Petri Vivi Senonensis⟩**

Clarius ⟨Floriacensis⟩
→ **Clarius ⟨Sancti Petri Vivi Senonensis⟩**

Clarius ⟨Sancti Petri Vivi Senonensis⟩
gest. ca. 1125 · OSB
Chronicon S. Petri Vivi (A Chr. nat. usque ad a. 1124, cum contt. usque ad 1267)
Rep.Font. III,489
Clarius ⟨de Fleury⟩
Clarius ⟨de Saint-Benoît-sur-Loire⟩
Clarius ⟨de Saint-Pierre-le-Vif⟩
Clarius ⟨de Sens⟩
Clarius ⟨Floriacensis⟩
Clarius ⟨Monachus Sancti Petri Vivi Senonensis⟩
Clarius ⟨Senonensis⟩

Claromontanus, Adamus
→ **Adamus ⟨Claromontanus⟩**

Claromontanus, Durandus
→ **Durandus ⟨Claromontanus⟩**

Claromontanus, Gallus
→ **Gallus ⟨Claromontanus⟩**

Claromontanus, Pontius
→ **Pontius ⟨Claromontanus⟩**

Clary, Robert ¬de¬
→ **Robert ⟨de Clary⟩**

Clas ⟨Stern⟩
→ **Stern, Claus**

Clas, Nikolaus
→ **Reise, Nikolaus**

Claude ⟨Clément⟩
→ **Clemens ⟨Scotus⟩**

Claude ⟨Rapine⟩
→ **Claudius ⟨Rapine⟩**

Claudianus, Osbernus
→ **Osbernus ⟨Glocestriensis⟩**

Claudius ⟨Abbas Sancti Eugendi⟩
→ **Claudius ⟨Ivrensis⟩**

Claudius ⟨Altissiodorensis⟩
→ **Claudius ⟨Taurinensis⟩**

Claudius ⟨Cel⟩
15. Jh.
Excerpta de quaestionibus Buridani super Ethica
Lohr
Cel, Claudius

Claudius ⟨Clemens⟩
→ **Claudius ⟨Taurinensis⟩**
→ **Clemens ⟨Scotus⟩**

Claudius ⟨de Auxerre⟩
→ **Claudius ⟨Rapine⟩**

Claudius ⟨Episcopus ab Ecclesia Damnatus⟩
→ **Claudius ⟨Taurinensis⟩**

Claudius ⟨Gordianus⟩
→ **Fulgentius, Claudius Gordianus**

Claudius ⟨Ivrensis⟩
gest. ca. 700
Sermo in festivitate omnium Sanctorum; Tractatoria Cameracensis
Cpl 1312 a
Claudius ⟨Abbas Sancti Eugendi⟩
Claudius ⟨Sancti Eugendi Abbas⟩

Claudius ⟨Rapine⟩
gest. ca. 1491 · OCaelest
In quinque psalmos praeparatorios missae
Stegmüller, Repert. bibl. 1946-1947
Claude ⟨Rapine⟩
Claudius ⟨de Auxerre⟩
Claudius ⟨Rapinas⟩
Claudius ⟨Rapine de Auxerre⟩
Coelestinus ⟨Rapine⟩
Rapine, Claude
Rapine, Claudius

Claudius ⟨Ravennatensis⟩
Lebensdaten nicht ermittelt
Vermutl. Verf. einer Retractatio von „In librum primum regum expositiones" des Gregorius ⟨Papa, I.⟩
Cpl 1719

Claudius ⟨Sancti Eugendi Abbas⟩
→ **Claudius ⟨Ivrensis⟩**

Claudius ⟨Taurinensis⟩
gest. ca. 827
Expositio in librum Ruth
Tusculum-Lexikon; CSGL; Potth.; LMA,II,2132/33
Claudius ⟨Altissiodorensis⟩
Claudius ⟨Clemens⟩
Claudius ⟨Episcopus⟩
Claudius ⟨Episcopus ab Ecclesia Damnatus⟩
Claudius ⟨von Turin⟩

Claudius ⟨von Turin⟩
→ **Claudius ⟨Taurinensis⟩**

Claudius Gordianus ⟨Fulgentius⟩
→ **Fulgentius, Claudius Gordianus**

Claus ⟨Celoistre⟩
→ **Sluter, Claus**

Claus ⟨de Slutere⟩
→ **Sluter, Claus**

Claus ⟨der Bruder⟩
→ **Nikolaus ⟨von Flüe⟩**

Claus ⟨Sluter⟩
→ **Sluter, Claus**

Claus ⟨Stern⟩
→ **Stern, Claus**

Claus ⟨von Blafellden⟩
→ **Nikolaus ⟨von Blaufelden⟩**

Claus ⟨von Loefene⟩
→ **Nikolaus ⟨von Löwen⟩**

Claus ⟨von Metry⟩
→ **Klaus ⟨von Matrei⟩**

Claus ⟨von Unterwalden⟩
→ **Nikolaus ⟨von Flüe⟩**

Clausdotter, Margareta
→ **Margareta ⟨Clausdotter⟩**

Clavaro, Jacobus ¬de¬
→ **Jacobus ⟨de Clavaro⟩**

Clavasio, Angelus ¬de¬
→ **Angelus ⟨Carletus⟩**

Clavasio, Dominicus ¬de¬
→ **Dominicus ⟨de Clavasio⟩**

Clavijo, Ruy Gonzalez ¬de¬
→ **González de Clavijo, Ruy**

Clawes ⟨von Lefene⟩
→ **Nikolaus ⟨von Löwen⟩**

Claxton, Thomas
→ **Thomas ⟨Claxton⟩**

Cleeriis, Hugo ¬de¬
→ **Hugo ⟨de Cleriis⟩**

Clémanges, Matthieu-Nicolas ¬de¬
→ **Nicolaus ⟨de Clemangiis⟩**

Clemangiis, Nicolaus ¬de¬
→ **Nicolaus ⟨de Clemangiis⟩**

Clémence ⟨de Barking⟩
um 1150/1200
Bearb. der Katharinenlegende (altfranz.)
Barking, Clémence ¬de¬
Barkinge, Clemence ¬of¬
Berekinge, Clémence ¬de¬
Clémence ⟨de Berekinge⟩
Clemence ⟨of Barkinge⟩

Clemens ⟨Achridensis⟩
→ **Kliment ⟨Ochridski⟩**

Clemens ⟨Bulgarorum Archiepiscopus⟩
→ **Kliment ⟨Ochridski⟩**

Clemens ⟨Bulgarus⟩
→ **Kliment ⟨Ochridski⟩**

Clemens ⟨Claudiocestrensis⟩
→ **Clemens ⟨Lantoniensis⟩**

Clemens ⟨de Achrida⟩
→ **Kliment ⟨Ochridski⟩**

Clemens ⟨de Gloucester⟩
→ **Clemens ⟨Lantoniensis⟩**

Clemens ⟨de Lanthony⟩
→ **Clemens ⟨Lantoniensis⟩**

Clemens ⟨de Salsaterra⟩
→ **Clemens ⟨de Terra Salsa⟩**

Clemens ⟨de Terra Salsa⟩
15. Jh.
Conclusiones formales super I parte, I.II et III parte ⟨Summae⟩ Angelici doctoris S. Thomae de Aquino
Stegmüller, Repert. sentent. 851; Kaeppeli,I,269
Clemens ⟨de Salsaterra⟩
Clemens ⟨de Zoutelande⟩
Clemens ⟨Hyman⟩
Clemens ⟨Yman⟩
Clément ⟨de Terra Salsa⟩
Terra Salsa, Clemens ¬de¬

Clemens ⟨de Zoutelande⟩
→ **Clemens ⟨de Terra Salsa⟩**

Clemens ⟨Dumblanensis⟩
→ **Clemens ⟨Scotus, OP⟩**

Clemens ⟨Episcopus Achridensis⟩
→ **Kliment ⟨Ochridski⟩**

Clemens ⟨Episcopus Bulgarorum⟩
→ **Kliment ⟨Ochridski⟩**

Clemens ⟨Episcopus Dumblanensis⟩
→ **Clemens ⟨Scotus, OP⟩**

Clemens ⟨Grammaticus⟩
→ **Clemens ⟨Scotus⟩**

Clemens ⟨Hibernicus⟩
→ **Clemens ⟨Scotus⟩**

Clemens ⟨Hyman⟩
→ **Clemens ⟨de Terra Salsa⟩**

Clemens ⟨Lanhondensis⟩
→ **Clemens ⟨Lantoniensis⟩**

Clemens ⟨Lantoniensis⟩
gest. 1170 · OESA
De alis Cherubim; Concordia evangelistarum
Stegmüller, Repert. bibl. 1980-1987
Clemens ⟨Claudiocestrensis⟩
Clemens ⟨de Glocester⟩
Clemens ⟨de Gloucester⟩
Clemens ⟨de Lanthony⟩
Clemens ⟨de Lantony⟩
Clemens ⟨de Llanthony⟩
Clemens ⟨Lanhondensis⟩
Clemens ⟨Larthoniensis⟩
Clément ⟨de Lanthony⟩

Clemens ⟨Lossow⟩
um 1473/91 · OP
Rosarius B. Mariae V. seu Sermones VII de Rosario BMV; De conceptu virginali; Legenda S. Annae
Kaeppeli,I,268/269; Schönberger/Kible, Repertorium, 12358/12360
Clemens ⟨Lossov⟩
Clemens ⟨Lozow⟩
Clément ⟨Lossow⟩
Lossov, Clemens
Lossow, Clemens
Lossow, Clément

Clemens ⟨Maydestone⟩
1390 – ca. 1456
Martyrium Richardi Episcopi
Clemens ⟨Maideston⟩
Clément ⟨Maidstone⟩
Clement ⟨Maydeston⟩
Maideston, Clemens
Maideston, Clement
Maidstone, Clément
Maydeston, Clement
Maydestone, Clemens

Clemens ⟨Mazza⟩
→ **Mazza, Clemens**

Clemens ⟨Mercatoris⟩
14. Jh. · OESA
Quaestiones de anima
Lohr
Clément ⟨Marchand⟩
Marchand, Clément
Mercatoris, Clemens

Clemens ⟨Papa, II.⟩
gest. 1047
LMA,II,2138/39
Clément ⟨Pape, II.⟩
Clemente ⟨Papa, II.⟩
Klemens ⟨Papst, II.⟩
Suidger ⟨de Meinsdorf⟩
Suidger ⟨von Bamberg⟩
Suidgero ⟨di Morsleben⟩
Suidgerus ⟨Saxo⟩

Clemens ⟨Papa, III.⟩
gest. 1191
LMA,II,2140/41
Clément ⟨Pape, III.⟩
Clemente ⟨Papa, III.⟩
Klemens ⟨Papst, III.⟩
Paolo ⟨Scolari⟩
Paul ⟨Scolari⟩
Paulus ⟨Scolari⟩
Scolari, Paolo

Clemens ⟨Papa, III., Antipapa⟩
ca. 1025 – 1100
LMA,II,2139/40
Clément ⟨Pape, III., Antipape⟩
Clemente ⟨Papa, III., Antipapa⟩
Guibert ⟨de Parme⟩
Guibert ⟨de Ravenne⟩
Guibertus ⟨Parmensis⟩
Klemens ⟨Papst, III., Gegenpapst⟩
Wibert ⟨von Ravenna⟩
Wibertus ⟨Parmensis⟩

Clemens ⟨Papa, IV.⟩
gest. 1268
LMA,II,2141/42
Clément ⟨Papa, IV.⟩
Clément ⟨Pape, IV.⟩
Clemente ⟨Papa, IV.⟩
Falcodius, Guido
Foucois, Gui
Foulques, Guy ¬de¬
Fulcodi, Guido
Gui ⟨Foucois⟩
Guido ⟨de Foulques⟩
Guido ⟨Falcodius⟩
Guido ⟨Fulcodi⟩
Guido ⟨Grossus⟩
Guy ⟨de Gros-Fulcodi⟩
Guy ⟨Gros⟩
Klemens ⟨Papst, IV.⟩

Clemens ⟨Papa, V.⟩
gest. 1314
LMA,II,2142/43
Bertrand ⟨de Got⟩
Bertrand ⟨de Goth⟩
Bertrando ⟨de Got⟩
Bertrandus ⟨de Got⟩
Clément ⟨Pape, V.⟩
Clement ⟨Pope, V.⟩
Clemente ⟨Papa, V.⟩
Got, Bertrand ¬de¬
Goth, Bertrand ¬de¬
Gouth, Bertrand ¬de¬
Klemens ⟨Papst, V.⟩

Clemens ⟨Papa, VI.⟩
ca. 1292 – 1352
LMA,II,2143/44
Clément ⟨Papa, VI.⟩
Clément ⟨Pape, VI.⟩
Clement ⟨Pope, VI.⟩
Clemente ⟨Papa, VI.⟩
Klemens ⟨Papst, VI.⟩
Petrus ⟨Roger⟩
Petrus ⟨Rogerii⟩
Petrus ⟨Rogerii⟩
Petrus ⟨Rogerii de Malomonte⟩
Pierre ⟨Roger⟩
Pietro ⟨Roger⟩
Roger, Pierre

Clemens ⟨Papa, VII., Antipapa⟩
1342 – 1394
LMA,II,2144
Clément ⟨Pape, VII., Antipape⟩
Clemente ⟨Papa, VII., Antipapa⟩
Klemens ⟨Papst, VII., Gegenpapst⟩
Robert ⟨de Cruseilles⟩
Robert ⟨de Genêve⟩
Robert ⟨de Thérouanne⟩
Robert ⟨von Genf⟩
Roberto ⟨del Genevois⟩
Robertus ⟨Genevensis⟩

Clemens ⟨Papa, VIII., Antipapa⟩
ca. 1380 – 1446
LMA,II,2145
Aegidius ⟨de Muñoz⟩
Clément ⟨Pape, VIII., Antipape⟩
Clemente ⟨Papa, VIII., Antipapa⟩
Egidio ⟨Sanchez Muñoz⟩
Gil ⟨Sanchez Muñoz y Carbón⟩
Gil ⟨Doncel⟩
Gilles ⟨de Muñoz⟩
Gilles ⟨Sanchez de Muñoz⟩
Klemens ⟨Papst, VIII., Gegenpapst⟩

Clemens ⟨Professeur à l'Ecole Palatine⟩
→ **Clemens ⟨Scotus⟩**

Clemens ⟨Scotus⟩
ca. 796 – ca. 838
Lehrer an der Hofschule Karls d. Großen und Ludwigs d. Frommen; Ars grammatica
Potth.; LMA,II,2149
Claude ⟨Clément⟩
Claudius ⟨Clemens⟩
Clemens ⟨Grammaticus⟩
Clemens ⟨Hibernicus⟩
Clemens ⟨Professeur à l'Ecole Palatine⟩
Clément ⟨Scott⟩
Clément ⟨Scottus⟩
Pseudo-Clemens ⟨Scotus⟩
Scotus, Clemens

Clemens ⟨Scotus, OP⟩
gest. 1258 · OP
Vita B. Dominici; De peregrinatione ad loca sancta; Summa concionum
Schneyer,I,716
Clemens ⟨Dumblanensis⟩
Clemens ⟨Episcopus Dumblanensis⟩
Clemens ⟨Scotus⟩
Clément ⟨de Dunblane⟩
Clément ⟨Evêque de Dunblane⟩
Clément ⟨l'Ecossais⟩
Clément ⟨l'Ecossais, Dominicain⟩
Clément ⟨Scotus⟩
Scotus, Clemens

Clemens ⟨Tiberiopolitanus⟩
→ **Kliment ⟨Ochridski⟩**

Clemens ⟨Velicensis⟩
→ **Kliment ⟨Ochridski⟩**

Clemens ⟨von Ochrid⟩
→ **Kliment ⟨Ochridski⟩**

Clemens ⟨Yman⟩
→ **Clemens ⟨de Terra Salsa⟩**

Clément ⟨d'Achrida⟩
→ **Kliment ⟨Ochridski⟩**

Clément ⟨de Bulgarie⟩
→ **Kliment ⟨Ochridski⟩**

Clément ⟨de Dunblane⟩
→ **Clemens ⟨Scotus, OP⟩**

Clément ⟨de Fauquembergue⟩
→ **Fauquembergue, Clément ¬de¬**

Clément ⟨de Lanthony⟩
→ **Clemens ⟨Lantoniensis⟩**

Clément ⟨de Terra Salsa⟩
→ **Clemens ⟨de Terra Salsa⟩**

Clément ⟨del Mazza⟩
→ **Mazza, Clemens**

Clément ⟨d'Ocrida⟩
→ **Kliment ⟨Ochridski⟩**

Clément ⟨l'Ecossais⟩
→ **Clemens ⟨Scotus, OP⟩**

Clément ⟨Lossow⟩
→ **Clemens ⟨Lossow⟩**

Clément ⟨Maidstone⟩
→ **Clemens ⟨Maydestone⟩**

Clément ⟨Marchand⟩
→ **Clemens ⟨Mercatoris⟩**

Clément ⟨Papa, ...⟩
→ **Clemens ⟨Papa, ...⟩**

Clément ⟨Saint⟩
→ **Kliment ⟨Ochridski⟩**

Clément ⟨Scott⟩
→ **Clemens ⟨Scotus⟩**
→ **Clemens ⟨Scotus, OP⟩**

Clemente ⟨Mazza⟩
→ **Mazza, Clemens**

Clemente ⟨Papa, ...⟩
→ **Clemens ⟨Papa, ...⟩**

Clemente ⟨Sánchez de Vercial⟩
→ **Sánchez de Vercial, Clemente**

Clenke, Johannes
→ **Klenkok, Johannes**

Clenton ⟨de Anglia⟩
→ **Richardus ⟨de Kilvington⟩**

Cleophilus, Franciscus Octavius
1447 – 1490
Cleofilo, Francesco Ottavio
Cleophilus, Octavius
Franciscus Octavius ⟨Cleophilus⟩
Octavius ⟨Cleophilus⟩
Octavius ⟨Fanensis⟩
Octavius ⟨Phanensis⟩
Octavius, Franciscus
Octavius Cleophilus ⟨Fanensis⟩
Ottavio ⟨de Fano⟩

Clerc ⟨uten Lagen Landen⟩
um 1400
Kroniek van Holland usque ad 1326
Rep.Font. III,351,493
Clerc ⟨Geboren uten Lagen Landen bi der Zee⟩
Clercuten Lagen Landen
Lagen Landen, Clerc ¬uten¬

Clerc, Guillaume ¬le¬
→ **Guillaume ⟨le Clerc⟩**

Clerc, Robert ¬le¬
→ **Robert ⟨le Clerc⟩**

Clericatus, Leonellus
→ **Leonellus ⟨Clericatus⟩**

Clericus ⟨Ecclesiae Suessionensis⟩
→ **Anonymus ⟨Suessionensis⟩**

Clericus ⟨Suessionensis⟩
→ **Anonymus ⟨Suessionensis⟩**

Clericus, Gregorius
→ **Gregorius ⟨Clericus⟩**

Clericus Curiae Episcopalis Basileensis
→ **Anonymus Basiliensis Poeta**

Cleriis, Hugo ¬de¬
→ **Hugo ⟨de Cleriis⟩**

Clesse, Nikolaus
→ **Reise, Nikolaus**

Clevan, Heinrich ¬von¬
→ **Heinrich ⟨von Clevan⟩**

Clewi ⟨de Waltzhuet⟩
→ **Fryger, Clevi**

Clewi ⟨Fryger⟩
→ **Fryger, Clevi**

Clifford, Guilelmus ¬de¬
→ **Guilelmus ⟨de Clifford⟩**

Climacus, Johannes
→ **Johannes ⟨Climacus⟩**

Climitho ⟨Anglicus⟩
→ **Richardus ⟨de Kilvington⟩**

Clipston, Johannes ¬de¬
→ **Johannes ⟨de Clipston⟩**

Clive, Richardus ¬de¬
→ **Richardus ⟨de Clive⟩**

Clivoth, Johannes
→ **Johannes ⟨Clivoth⟩**

Clodoveus ⟨Rex Francorum, I.⟩
→ **Chlodwig ⟨Fränkisches Reich, König, I.⟩**

Cloit, Hermannus
→ **Hermannus ⟨Cloit⟩**

Clopinel, Jean
→ **Jean ⟨de Meung⟩**

Clopper, Nicolaus
ca. 1433 – ca. 1487
Florarium temporum
Rep.Font. III,493
Clopper, Nicolaas ⟨Iunior⟩
Clopper, Nicolas
Nicolaas ⟨Clopper, Iunior⟩
Nicolas ⟨Clopper⟩
Nicolaus ⟨Clopper⟩

Closener, Friedrich
→ **Closener, Fritsche**

Closener, Fritsche
1315 – 1396
VL(2),4,1225/35; LMA,II,2170; Potth.; Meyer
Closener, Friedrich
Fridericus ⟨Closener⟩
Fridericus ⟨Closnerus⟩
Friedrich ⟨Closener⟩
Fritsche ⟨Closener⟩
Klosener, Fritsche

Clotaire ⟨...⟩
→ **Chlotar ⟨...⟩**

Clotilde ⟨de Surville⟩
→ **Surville, Marguérite-Éléonore-Clotilde de Vallon-Chalys**

Clovis ⟨...⟩
→ **Chlodwig ⟨...⟩**

Cluny, Albertus ¬de¬
→ **Albertus ⟨de Cluny⟩**

Clusa, Benedictus ¬de¬
→ **Benedictus ⟨de Clusa⟩**

Clusa, Gualterus ¬de¬
→ **Gualterus ⟨de Clusa⟩**

Clusio, Gratianus ¬de¬
→ **Gratianus ⟨de Clusio⟩**

Clydenthon
→ **Richardus ⟨de Kilvington⟩**

Clymacus, Johannes
→ **Johannes ⟨Climacus⟩**

Clyn, Johannes
ca. 1300 – 1349 · OFM
Annales hiberniae a nativitate Domini usque ad annum 1315; Annalium hiberniae chronicon ad annum 1349
LMA,II,2194; Rep.Font. III,494
Clyn, John
Clynn, Jean
Jean ⟨Clynn⟩
Johannes ⟨Clyn⟩
John ⟨Clyn⟩

Cnutus ⟨Magnus⟩
→ **Knud ⟨Danmark, Konge, II.⟩**

Cnutus ⟨Rex Anglorum⟩
→ **Knud ⟨Danmark, Konge, II.⟩**

Cobelli, Leone
1440 – 1500
Cronache forlivesi
Rep.Font. III,494
Cobelli, Léon
Léon ⟨Cobelli⟩
Leone ⟨Cobelli⟩

Cobertellus, Ulrich
→ **Udalricus ⟨de Völkermarkt⟩**

Cobham ⟨Lord⟩
→ **Oldcastle, John**

Cobham, John
→ **Oldcastle, John**

Cobham, Thomas ¬de¬
→ **Thomas ⟨de Cobham⟩**

Cobsam, Adam ¬of¬
→ **Adam ⟨of Cobsam⟩**

Cobsen, Canutus
→ **Mikkelsen, Knud**

Coccinobaphus, Jacobus
→ **Jacobus ⟨Coccinobaphus⟩**

Coccinus, Philotheus
→ **Philotheus ⟨Coccinus⟩**

Coccio, Marcantonio
→ **Sabellicus, Marcus Antonius**

Coccius, Sabellicus
→ **Sabellicus, Marcus Antonius**

Coccoveia, Johannes
→ **Johannes ⟨de Rubeis⟩**

Coch, Nicolaus
→ **Nicolaus ⟨Coch⟩**

Cochinger, Johannes
→ **Johannes ⟨Cochinger⟩**

Cochon, Pierre
1390 – 1456
Chronique normande; Chronique rouennaise 1371-1434; etc.
LMA,II,2196; Rep.Font. III,495
Pierre ⟨Cochon⟩

Codagnellus, Johannes
gest. ca. 1236
Annales Placentini; Gesta obsidionis Damiatae; Libellus tristitiae et doloris; De adventu, nomine et legibus Langobardum; etc.
LMA,II,2197; Rep.Font. III,495
Codagnelli, Jean
Codagnello, Giovanni
Codagnello, Johannes
Giovanni ⟨Codagnello⟩
Jean ⟨Caputagnus⟩
Jean ⟨Codagnelli⟩
Jean ⟨Codagnellus⟩
Jean ⟨de Plaisance⟩
Johannes ⟨Codagnellus⟩
Johannes ⟨Codagnellus Placentinus⟩
Johannes ⟨Codagnellus von Piacenza⟩
Pseudo-Johannes ⟨Codagnellus⟩

Codax, Martín
→ **Martín ⟨Codax⟩**

Coderonco, Misinus ¬de¬
→ **Misinus ⟨de Coderonco⟩**

Codinus, Georgius
→ **Georgius ⟨Codinus⟩**

Codro, Urceo
→ **Antonius ⟨Urceus⟩**

Codrus, Antonius
→ **Antonius ⟨Urceus⟩**

Codrus Urceus, Antonius
→ **Antonius ⟨Urceus⟩**

Coedmon
→ **Caedmon**

Cölestin ⟨Papst, ...⟩
→ **Coelestinus ⟨Papa, ...⟩**

Coelestinus ⟨de Sancto Jacobo⟩
→ **Coelestinus ⟨Scotus⟩**

Coelestinus ⟨Monachus⟩
→ **Coelestinus ⟨Scotus⟩**

Coelestinus ⟨Papa, II.⟩
gest. 1144
LMA,III,4
Célestin ⟨Pape, II.⟩
Celestine ⟨Pope, II.⟩
Celestino ⟨Papa, II.⟩
Cölestin ⟨Papst, II.⟩
Guido ⟨de Castello⟩
Guido ⟨von Città di Castello⟩
Guy ⟨de Castello⟩
Guy ⟨de Città del Castello⟩
Zölestin ⟨Papst, II.⟩

Coelestinus ⟨Papa, II., Antipapa⟩
um 1124
Boccapesci, Thibaud
Buccapecus, Theobaldus
Célestin ⟨Pape, II., Antipape⟩
Celestine ⟨Pope, II., Antipope⟩
Celestino ⟨Papa, II., Antipapa⟩
Cölestin ⟨Papst, II., Gegenpapst⟩
Tebaldo ⟨Buccapecus⟩
Theobaldus ⟨Buccapecus⟩
Thibaut ⟨Boccapesci⟩
Zölestin ⟨Papst, II., Gegenpapst⟩

Coelestinus ⟨Papa, III.⟩
gest. 1198
LMA,III,4/7
Bobone, Giacinto
Bobone, Hyacinthe
Célestin ⟨Pape, III.⟩
Celestine ⟨Pope, III.⟩
Celestino ⟨Papa, III.⟩
Cölestin ⟨Papst, III.⟩
Giacinto ⟨Bobone⟩
Hyacinthe ⟨Orsini⟩
Hyacinthus ⟨Bobone⟩
Hyazinth ⟨Bobo⟩
Zölestin ⟨Papst, III.⟩

Coelestinus ⟨Papa, IV.⟩
gest. 1241
LMA,III,7
Castiglione, Geoffroy
Castiglione, Goffredo
Célestin ⟨Pape, IV.⟩
Celestine ⟨Pope, IV.⟩
Celestino ⟨Milanese⟩
Celestino ⟨Papa, IV.⟩
Cölestin ⟨Papst, IV.⟩
Geoffroy ⟨Castiglione⟩
Goffredo ⟨Castiglioni⟩
Zölestin ⟨Papst, IV.⟩

Coelestinus ⟨Papa, V.⟩
1215 – 1296
LMA,III,7/11
Célestin ⟨Pape, V.⟩
Celestine ⟨Pope, V.⟩
Celestino ⟨Papa, V.⟩
Coelestinus ⟨Sanctus⟩
Cölestin ⟨Papst, V.⟩
DiMorrone, Pietro
Morlone, Pietro ¬di¬
Peter ⟨von Morrone⟩
Peter ⟨von Murrhone⟩
Petrus ⟨von Morrone⟩
Pierre ⟨Angelerio⟩
Pietro ⟨da Morrone⟩
Pietro ⟨del Morrone⟩
Pietro ⟨del Murrone⟩
Pietro Celestino ⟨Papa, V.⟩
Zölestin ⟨Papst, V.⟩

Coelestinus ⟨Rapine⟩
→ **Claudius ⟨Rapine⟩**

Coelestinus ⟨Sanctus⟩
→ **Coelestinus ⟨Papa, V.⟩**

Coelestinus ⟨Scotus⟩
gest. 1234
Stegmüller, Repert. bibl. 1988
Célestin ⟨Abbé⟩
Célestin ⟨de Saint-Jacques des Ecossais⟩
Coelestinus ⟨de Sancto Jacobo⟩
Coelestinus ⟨Monachus⟩
Scotus, Coelestinus

Coelius ⟨Calanus⟩
→ **Calanus, Iuvencus Coelius**

Coelius ⟨Diaconus⟩
5./6. Jh.
Epist. 8 bei den Briefen des Symmachus ⟨Papa⟩ = Libellus Emendationes Coelii Johannis Diaconi
Cpl 1678
Coelius Johannes ⟨Diaconus⟩
Diaconus Coelius

Coelum, Nicephorus
→ **Nicephorus ⟨Uranus⟩**

Coémáin, Gilla
→ **Gilla ⟨Coémáin⟩**

Coeman, Guillaume
→ **Gilla ⟨Coémáin⟩**

Coenobiarcha, Theodosius
→ **Theodosius ⟨Coenobiarcha⟩**

Coesfeldt, Heinrich ¬von¬
→ **Henricus ⟨de Coesveldia⟩**

Coesveldia, Henricus ¬de¬
→ **Henricus ⟨de Coesveldia⟩**

Coggeshall, Radulfus ¬de¬
→ **Radulfus ⟨de Coggeshall⟩**

Cogitosus
ca. 620 – 680
Vita S. Brigidae
Cpl 2147; LMA,III,21
Cogitosus ⟨de Kildare⟩
Cogitosus ⟨Hagiographe Anglais⟩
Cogitosus ⟨Hagiographus⟩
Cogitosus ⟨Moine⟩
Cogitosus ⟨Monachus⟩
Cogitosus ⟨Mönch⟩
Cogitosus ⟨na Aédo⟩
Cogitosus ⟨von Kildare⟩

Cognoli, Barnaba
→ **Barnabas ⟨de Vercellis⟩**

Coincy, Gautier ¬de¬
→ **Gautier ⟨de Coincy⟩**

Col, Gontier
ca. 1350 – 1418
Briefe; Journal de l'ambassade des ducs de Bourgogne et d'Orleans à Avignon auprès de Benoît XIII, a. 1395; Récit de son ambassade auprès de Jean VI, duc de Bretagne, a. 1414
LMA,III,26; Rep.Font. III,501
Gontier ⟨Col⟩

Cola ⟨di Rienzo⟩
→ **Rienzo, Cola ¬di¬**

Cola, Paolo di Benedetto ¬di¬
→ **Paolo ⟨di Benedetto⟩**

Cola Aniello ⟨Pacca⟩
→ **Pacca, Cola Aniello**

Colae, Angelinus
→ **Angelinus ⟨Colae⟩**

Colaert ⟨Mencyoen⟩
→ **Colard ⟨Mansion⟩**

Colanellus ⟨Pacca⟩
→ **Pacca, Cola Aniello**

Colard ⟨Mansion⟩
gest. 1484
Colaert ⟨Mencyoen⟩
Colardus ⟨Mansio⟩
Colart ⟨Manchioen⟩
Colart ⟨Manchion⟩
Colart ⟨Mansioens⟩
Colart ⟨Mansion⟩
Colart ⟨Mansyon⟩
Colart ⟨Manzioen⟩
Colart ⟨Menchoen⟩
Colart ⟨Monsyoen⟩
Colart ⟨Monzioen⟩
Colinet ⟨de Manchien⟩
Collaert ⟨Manschions⟩
Mansion, Colard
Mansion, Colart

Colato, Serafino
→ **Guarini, Giovanni Battista**

Colbius, Thomas
→ **Thomas ⟨Colbius⟩**

Colda ⟨de Koldicz⟩
→ **Kolda ⟨Frater⟩**

Colda ⟨de Prague⟩
→ **Kolda ⟨Frater⟩**

Colda ⟨Frater⟩
→ **Kolda ⟨Frater⟩**

Colin ⟨de Hainaut⟩
um 1346
Poème sur la bataille de Crécy
Rep.Font. III,502
Colin ⟨Trouvère⟩
Hainaut, Colin ¬de¬

Colin ⟨Muset⟩
12./13. Jh.
LMA,VI,947
Muset, Colin
Musetus, Nicolaus
Nicolaus ⟨Musetus⟩

Colin ⟨Trouvère⟩
→ **Colin ⟨de Hainaut⟩**

Colin, Philipp
um 1331/36
Bearb. des „Parzival"
LMA,III,32/33
Philipp ⟨Colin⟩

Colinet ⟨de Manchien⟩
→ **Colard ⟨Mansion⟩**

Colkisfordius, Guilelmus
→ **Guilelmus ⟨Colkisfordius⟩**

Coll, Bernat
→ **Descoll, Bernat**

Collaert ⟨Manschions⟩
→ **Colard ⟨Mansion⟩**

Colle, Minus ¬de¬
→ **Minus ⟨de Colle⟩**

Collecorvino, Nicolaus ¬de¬
→ **Nicolaus ⟨de Collecorvino⟩**

Collede Erfordiensis, Johannes
→ **Johannes ⟨Collede Erfordiensis⟩**

Colletorto, Robertus ¬de¬
→ **Robertus ⟨de Colletorto⟩**

Collevaccino, Pietro
→ **Petrus ⟨Collivaccinus⟩**

Collingham, Guilelmus ¬de¬
→ **Guilelmus ⟨de Collingham⟩**

Collivaccinus, Petrus
→ **Petrus ⟨Collivaccinus⟩**

Collone, Galfredus ¬de¬
→ **Galfredus ⟨de Collone⟩**

Collucius Pierius ⟨Salutati⟩
→ **Salutati, Coluccio**

Colluthus ⟨Lycopolitanus⟩
5./6. Jh.
Tusculum-Lexikon; CSGL
Colluto
Colluto ⟨di Licopoli⟩
Coluthus
Coluthus ⟨Lycopolitanus⟩
Coluto
Kolluthos
Kolluthos ⟨Lykopolites⟩
Kolluthos ⟨von Lykopolis⟩
Koluthos
Lycopolitanus, Colluthus

Colluthus ⟨Severianos⟩
→ **Colluthus ⟨Severianus⟩**

Colluthus ⟨Severianus⟩
5./6. Jh.
Apologia pro Theodosio
Cpg 7298
Colluthus ⟨Severianos⟩
Kollouthos ⟨Severianos⟩
Severianus, Colluthus

Colman ⟨MacMurchon⟩
→ **Colmannus ⟨Nepos Cracavist⟩**

Colmannus ⟨Nepos Cracavist⟩
9. Jh.
Verf. alter Hymnen im „Hymnodia hiberno-celtica"; De sancta Brigida
Cpl 2012
Colman ⟨MacMurchon⟩
Colmanus ⟨Nepos Cracavist⟩
MacMurchon, Colman
Nepos Cracavist, Colmannus

Colmar ⟨Moccu Béognae⟩
7. Jh.
Identität mit Columbanus ⟨Filius Beognai⟩ wahrscheinlich; mutmaßl. Verf. des Apgitir Chrábaid
LMA,III,46
Béognae, Colmar Moccu
Columbanus ⟨Filius Beognai⟩
Columbanus ⟨Moccu Sailni⟩
Moccu Béognae, Colmar

Colmarer Dominikanerchronist
1221 – ca. 1305 · OP
Annalen; 2 topograph. Beschreibungen des Elsaß; Colmarer Chronik
VL(2),1,1295/96
Dominikanerchronist ⟨Colmarer⟩

Colmen, Tylo ¬von dem¬
→ **Tilo ⟨von Kulm⟩**

Colner, Friedrich
→ **Kölner, Friedrich**

Colo, Matthias ¬de¬
→ **Matthias ⟨de Colo⟩**

Colomban ⟨of Bobbio⟩
→ **Columbanus ⟨Sanctus⟩**

Colombano ⟨da Pontremoli⟩
→ **Columbanus ⟨de Pontremulo⟩**

Colombe, Jean
um 1470
Franz. Buchmaler
LMA,II,49
Jean ⟨Colombe⟩

Colombi, Jacopo
→ **Jacobus ⟨Columbi⟩**

Colombinus, Johannes
→ **Johannes ⟨Colombinus⟩**

Colonia, Franco ¬de¬
→ **Franco ⟨de Colonia⟩**

Colonia, Hubertus ¬de¬
→ **Hubertus ⟨de Colonia⟩**

Colonia, Johannes ¬de¬
→ **Johannes ⟨de Colonia⟩**

Colonia, Matthias ¬de¬
→ **Matthias ⟨de Colonia⟩**

Colonia, Richolfus ¬de¬
→ **Richolfus ⟨de Colonia⟩**

Colonna, Agapito
→ **Agapitus ⟨de Columna⟩**

Colonna, Egidio
→ **Aegidius ⟨Romanus⟩**

Colonna, Giovanni
→ **Columna, Johannes ¬de¬**

Colonna, Guido
→ **Aegidius ⟨Romanus⟩**
→ **Guido ⟨de Columnis⟩**

Colonna, Landolfo
→ **Columna, Landulphus ¬de¬**

Colonna, Odo
→ **Martinus ⟨Papa, V.⟩**

Colonna, Ottone
→ **Martinus ⟨Papa, V.⟩**

Colonna, Rudolf
→ **Columna, Landulphus ¬de¬**

Colonne, Guido ¬delle¬
→ **DelleColonne, Guido**
→ **Guido ⟨de Columnis⟩**

Colonne, Landulfe ¬de¬
→ **Columna, Landulphus ¬de¬**

Colonne, Odo ¬delle¬
→ **Odo ⟨delle Colonne⟩**

Coloumelle, Raoul ¬de¬
→ **Columna, Landulphus ¬de¬**

Colpaert
14. Jh.
Van enen ridder die God sine sonden vergaf
LMA,II,62

Colucci, Benedetto
→ **Benedictus ⟨Coluccius⟩**

Coluccio ⟨Salutati⟩
→ **Salutati, Coluccio**

Coluccius, Benedictus
→ **Benedictus ⟨Coluccius⟩**

Colum ⟨Cille⟩
→ **Columba ⟨Sanctus⟩**

Columba ⟨Abbas⟩
→ **Columba ⟨Sanctus⟩**

Columba ⟨de Vinchio⟩
13./14. Jh. · OP
Orationes, Tractatulus de VII gaudiis BMV comparatis VII donis Spiritus S.; Harmonia suavis de septem gaudiis beate Virginis; „Psalterium vel liber hymnorum beate Virginis, quem compilavit unus frater de ordine predicatorum, filius beati Dominici, ad laudem, gloriam et honorem eiusdem preexcelse genitricis, dei Marie"
Kaeppeli,I,271
Vinchio, Columba ¬de¬

Columba ⟨der Ältere⟩
→ **Columba ⟨Sanctus⟩**

Columba ⟨Hyensis⟩
→ **Columba ⟨Sanctus⟩**

Columba ⟨of Iona⟩
→ **Columba ⟨Sanctus⟩**

Columba ⟨Sanctus⟩
ca. 520 – 597
Meyer; LMA,III,63/65
Colum ⟨Cille⟩
Colum Cille ⟨von Iona⟩
Columba ⟨Abbas⟩
Columba ⟨der Ältere⟩
Columba ⟨Hiensis⟩
Columba ⟨Hyensis⟩
Columba ⟨of Iona⟩
Columba ⟨von Hy⟩
Colum-Cille
Columcille
Columcille ⟨Saint⟩
Crimthann
Sanctus Columba

Columba ⟨von Hy⟩
→ **Columba ⟨Sanctus⟩**

Columban ⟨der Jüngere⟩
→ **Columbanus ⟨Sanctus⟩**

Columban ⟨of Bobbio⟩
→ **Columbanus ⟨Sanctus⟩**

Columbanus ⟨Bobiensis⟩
→ **Columbanus ⟨Sanctus⟩**

Columbanus ⟨de Pontremulo⟩
15. Jh.
De coronacione Friderici Imperatoris III
Rep.Font. III,510
Colombano ⟨da Pontremoli⟩
Pontremoli, Colombano ¬da¬
Pontremulo, Columbanus ¬de¬

Columbanus ⟨Filius Beognai⟩
→ **Colmar ⟨Moccu Béognae⟩**

Columbanus ⟨Hibernus⟩
→ **Columbanus ⟨Sanctus⟩**

Columbanus ⟨Luxoviensis⟩
→ **Columbanus ⟨Sanctus⟩**

Columbanus ⟨Moccu Sailni⟩
→ **Colmar ⟨Moccu Béognae⟩**

Columbanus ⟨Sancti Trudonis⟩
10. Jh.
CSGL
Columbanus ⟨of Saint-Trond⟩
Columbanus ⟨Trudonis⟩
Sancti Trudonis, Columbanus

Columbanus ⟨Sanctus⟩
ca. 543 – 615
Tusculum-Lexikon; LThK; CSGL; LMA,III,65/67
Colomban ⟨of Bobbio⟩
Colomban ⟨Saint⟩
Colombano ⟨San⟩
Columban ⟨der Jüngere⟩
Columban ⟨of Bobbio⟩
Columban ⟨Saint⟩
Columbano ⟨Santo⟩
Columbanus ⟨Abbas⟩
Columbanus ⟨Bobiensis⟩
Columbanus ⟨Hibernus⟩
Columbanus ⟨Luxoviensis⟩
Kolumban ⟨von Luxeuil⟩
Pseudo-Columbanus
Sanctus Columbanus

Columbanus ⟨Trudonis⟩
→ **Columbanus ⟨Sancti Trudonis⟩**

Columbaria, Theodoricus ¬de¬
→ **Theodoricus ⟨de Columbaria⟩**

Columbi, Jacobus
→ **Jacobus ⟨Columbi⟩**

Columbini, Johannes
→ **Johannes ⟨Colombinus⟩**

Columbinus, Jacobus
→ **Jacobus ⟨Columbi⟩**

Columbus ⟨Africanae Provinciae Episcopus⟩
→ **Columbus ⟨Africanus⟩**

Columbus ⟨Africanus⟩
7./8. Jh.
Columbus, Stephanus et Reparatus et universi episcopi Africanae provinciae: Epistula ad Theodorum papam
Cpl 875; Cpg 9393
Africanus, Columbus
Columbus ⟨Africanae Provinciae Episcopus⟩
Columbus ⟨Episcopus⟩

Columbus ⟨Episcopus⟩
→ **Columbus ⟨Africanus⟩**

Columbus, Jacobus
→ **Jacobus ⟨Columbi⟩**

Colum-Cille
→ **Columba ⟨Sanctus⟩**

Columna, Aegidius
→ **Aegidius ⟨Romanus⟩**

Columna, Agapitus ¬de¬
→ **Agapitus ⟨de Columna⟩**

Columna, Guido ¬de¬
→ **Aegidius ⟨Romanus⟩**
→ **Guido ⟨de Columnis⟩**

Columna, Johannes ¬de¬
1298 – ca. 1344 · OP
De viris illustribus; Mare historiarum; Nova historia ecclesiastica; Opera spuria
LMA,III,56; Kaeppeli,II,399/400; Rep.Font. III,516
Colonna, Giovanni
Colonna, Jean
Colonna, John
Jean ⟨Colonna⟩
Johannes ⟨de Columna⟩
Johannes ⟨de Columna Romanus⟩
Johannes ⟨de Gallicano⟩
John ⟨Colonna⟩
Pseudo-Johannes ⟨de Columna⟩

Columna, Johannes ¬de¬ ⟨Senior⟩
gest. 1297 · OP
Vita prima B. Margaritae Columnae
LMA,III,55/56; Schneyer,III,432; Rep.Font. III,517
Colonna, Giovanni
Colonna, Jean
Columna, Johannes
Giovanni ⟨Colonna⟩
Jean ⟨Colonna⟩
Jean ⟨Romain, Dominicain⟩
Johannes ⟨Colonna⟩
Johannes ⟨Columna⟩
Johannes ⟨de Columna⟩

Columna, Landulphus ¬de¬
gest. 1331 · OP
Wird häufig mit Landulfus ⟨Sagax⟩ verwechselt; Tractatus de statu et mutatione imperii; Tractatus brevis de pontificali officio; Breviarium historiarum; etc.
LMA,III,57; Rep.Font. III,517
Colonna, Landolfo
Colonna, Landulphe
Colonna, Rudolf
Colonne, Landulfe ¬de¬
Coloumelle, Raoul ¬de¬
Columna, Landulfus ¬de¬
Columna, Pandulphus ¬de¬
Landolfo ⟨Colonna⟩
Landulfus ⟨Canonicus Carnotensis⟩
Landulfus ⟨Carnotensis⟩
Landulfus ⟨de Columna⟩
Landulphe ⟨Colonna⟩
Landulphe ⟨de Coloumelle⟩
Landulphus ⟨de Columna⟩
Ludolphus ⟨de Columna⟩
Pandulf ⟨Colonna⟩
Pandulphus ⟨de Columna⟩
Radulfus ⟨Canonicus Carnotensis⟩
Radulfus ⟨Carnotensis⟩
Radulfus ⟨de Columella⟩
Radulfus ⟨de Columna⟩
Raoul ⟨de Columelle⟩
Rudolf ⟨Colonna⟩
Rudolfus ⟨de Columna⟩

Columna, Pandulphus ¬de¬
→ **Columna, Landulphus ¬de¬**

Columnis, Guido ¬de¬
→ **Guido ⟨de Columnis⟩**

Coluthus
→ **Colluthus ⟨Lycopolitanus⟩**

Colutius Petrus ⟨Salutatus⟩
→ **Salutati, Coluccio**

Colybas, Sergius
→ **Sergius ⟨Colybas⟩**

Colzè, Nicolò
um 1430/40
Storia dell'assedio di Brescia avvenuto nell'anno MCCCCXXXVIII
Rep.Font. III,517
Calzè, Nicolò
Colzè, Vicentin-Nicolas
Nicolò ⟨Calzè⟩
Nicolò ⟨Colzè⟩
Vicentin-Nicolas ⟨Colzè⟩

Colzè, Vicentin-Nicolas
→ **Colzè, Nicolò**

Comatiis, Bartholomaeus ¬de¬
→ **Bartholomaeus ⟨de Comatiis⟩**

Comendador, Román
→ **Román ⟨Comendador⟩**

Comes, Argobastes
→ **Argobastes ⟨Comes⟩**

Comes, Constantius
→ **Constantius ⟨Comes⟩**

Comes, Grimaldus
→ **Grimaldus ⟨Comes⟩**

Comes, Marcellinus
→ **Marcellinus ⟨Comes⟩**

Comes, Odo
→ **Odo ⟨Comes⟩**

Comes, Rodgarius
→ **Rodgarius ⟨Comes⟩**

Comestor, Petrus
→ **Petrus ⟨Comestor⟩**

Cometas ⟨Chartularius⟩
9./10. Jh.
Chartularius, Cometas
Cometas ⟨Cretensis⟩
Cometas ⟨Epigrammaticus⟩
Cometas ⟨Grammaticus⟩
Cometas ⟨Scholasticus⟩
Kometas ⟨Chartularios⟩
Kometas ⟨Scholastikos⟩

Cometas ⟨Cretensis⟩
→ **Cometas ⟨Chartularius⟩**

Cominaeus, Philippus
→ **Commynes, Philippe ¬de¬**

Comines, Philipp ¬von¬
→ **Commynes, Philippe ¬de¬**

Cominus ⟨Scotus⟩
um 646
Stegmüller, Repert. bibl. 1990
Scotus, Cominus

Comitis, Gerhard
um 1426/34
Predigten
VL(2),2,1/2
Gerhard ⟨Comitis⟩

Commines, Philippe ¬de¬
→ **Commynes, Philippe ¬de¬**

Commingiis, Johannes ¬de¬
gest. 1348
De passione Christi (Verfasserschaft umstritten)
LMA,III,86
Comminges, Jean
Comminges, Jean Raymond ¬de¬
Jean ⟨Comminges⟩
Jean Raymond ⟨de Comminges⟩
Johannes ⟨de Commingiis⟩

Commynes, Philippe ¬de¬
ca. 1447 – 1511
LMA,III,91/95
Cominaeus, Philippus
Comines, Felipe ¬de¬
Comines, Philipp
Comines, Philipp ¬von¬
Comines, Philippe ¬de¬
Cominis, Philipp ¬von¬
Commines, Philippe ¬de¬
Comynes, Philippe ¬de¬
Philippe ⟨de Commynes⟩
Philippus ⟨Cominaeus⟩

Comnena, Anna
→ **Anna ⟨Comnena⟩**

Comnenus ⟨Monachus⟩
um 1450
Chronikoi; fiktive Person (?); gilt zusammen mit Proclus ⟨Monachus⟩ fälschlicherweise als Verfasser von De rebus gestis in partibus Epiri
Rep.Font. VI,630; DOC,1,538
Comnène ⟨Chroniqueur Byzantin⟩
Comnenus et Proclus
Komnēnos ⟨Monachos⟩
Komnēnos et Proklos

Comnenus, Alexius
→ **Alexius ⟨Imperium Byzantinum, Imperator, I.⟩**

Comnenus, Andronicus
→ **Andronicus ⟨Imperium Byzantinum, Imperator, I.⟩**

Comnenus, Isaac
→ **Isaac ⟨Comnenus⟩**

Comnenus, Manuel
→ **Manuel ⟨Imperium Byzantinum, Imperator, I.⟩**

Comnenus et Proclus
→ **Comnenus ⟨Monachus⟩**
→ **Proclus ⟨Monachus⟩**

Como, Gerhard ¬von¬
→ **Gerhard ⟨von Como⟩**

Compagni, Dino
ca. 1246/47 – 1324
Cronica delle cose occorrenti ne' tempi suoi; Amor mi sforza e mi sprona valere
LMA,III,97; Rep.Font. III,522
Dino ⟨Compagni⟩

Compiuta ⟨Donzella⟩
→ **Donzella Compiuta**

Compostellanus, Berengarius
→ **Berengarius ⟨Compostellanus⟩**

Compostellanus, Bernardus
→ **Bernardus ⟨Compostellanus⟩**
→ **Bernardus ⟨Compostellanus, Iunior⟩**
→ **Bernardus ⟨Compostellanus Thesaurarius⟩**

Compostellanus, Petrus
→ **Petrus ⟨Compostellanus⟩**

Computista, Gerlandus
→ **Gerlandus ⟨Computista⟩**

Comtino, Mordĕchaj Ben-Elieser
→ **Mordekay Ben-Elî'ezer Comtino**

Comynes, Philippe ¬de¬
→ **Commynes, Philippe ¬de¬**

Conchis, Guilelmus ¬de¬
→ **Guilelmus ⟨de Conchis⟩**

Concosio, Jacobus ¬de¬
→ **Jacobus ⟨de Concosio⟩**

Condé, Jean ¬de¬
→ **Jean ⟨de Condé⟩**

Condeto, Johannes ¬de¬
→ **Johannes ⟨de Condeto⟩**

Condeto, Petrus ¬de¬
→ **Petrus ⟨de Condeto⟩**

Condolmieri, Gabriele
→ **Eugenius ⟨Papa, IV.⟩**

Condway, Rogerus
→ **Rogerus ⟨Conway⟩**

Conesa, Jacques
→ **Jacme ⟨Conessa⟩**

Conessa, Jacme
→ **Jacme ⟨Conessa⟩**

Confessarius, Nicephorus
→ **Nicephorus ⟨Presbyter⟩**

Confessor, Maximus
→ **Maximus ⟨Confessor⟩**

Confessor, Naucratius
→ **Naucratius ⟨Confessor⟩**

Confessor, Theophanes
→ **Theophanes ⟨Confessor⟩**

Confleto, Petrus ¬de¬
→ **Petrus ⟨de Confleto⟩**

Confluentia, Bertrandus ¬de¬
→ **Bertrandus ⟨de Confluentia⟩**

Confluentia, Pantaleon ¬de¬
→ **Pantaleon ⟨de Confluentia⟩**

Conforto ⟨da Costozza⟩
→ **Confortus ⟨Pulicis⟩**

Conforto ⟨Pulice⟩
→ **Confortus ⟨Pulicis⟩**

Confortus ⟨de Custodia⟩
→ **Confortus ⟨Pulicis⟩**

Confortus ⟨Pulicis⟩
ca. 1300 – ca. 1389
Historiae Vincentinae fragmenta; Bruder von Pulex ⟨de Custodia⟩
Rep.Font. III,605
Conforto ⟨da Costoza⟩
Conforto ⟨da Costozza⟩
Conforto ⟨Pulice⟩
Confortus ⟨de Costoza⟩
Confortus ⟨de Custodia⟩
Confortus ⟨de Custoza⟩
Confortus ⟨Pulex⟩
Confortus ⟨Pulex de Custodia⟩
Confortus ⟨Pulex de Custoza⟩
Confortus ⟨Pulex de Vicence⟩
Confortus ⟨Pulex Vicentinus⟩
Costoza, Confortus ¬de¬
Custodia, Confortus ¬de¬
Custoza, Confortus Pulex ¬de¬
Pulex, Confortus
Pulice, Conforto
Pulicis, Confortus

Congenis, Guilelmus ¬de¬
→ **Guilelmus ⟨de Congenis⟩**

Conington, Richardus ¬de¬
→ **Richardus ⟨de Conington⟩**

Cono ⟨de Estevayer⟩
→ **Cono ⟨Lausanensis⟩**

Cono ⟨Lausanensis⟩
um 1235/40
Gesta episcoporum Lausannensium; Notae; Annales Lausannenses; etc.
Rep.Font. III,606
Cono ⟨de Estevayer⟩
Cono ⟨d'Estavayer⟩
Cono ⟨Lausannensis⟩
Cono ⟨Praepositus⟩
Cono ⟨Praepositus Lausannensis⟩

Cono ⟨Praepositus⟩
→ **Cono ⟨Lausanensis⟩**

Conon ⟨de Béthune⟩
ca. 1150 – 1219/20
LMA,III,141
Béthune, Conon ¬de¬
Béthune, Quenes ¬de¬
Quenes ⟨de Béthune⟩

Conon ⟨de Tarse⟩
→ **Conon ⟨Episcopus⟩**

Conon ⟨de Temesvar⟩
→ **Conon ⟨Papa⟩**

Conon ⟨Episcopus⟩
6. Jh.
Epistula ad asseclas
Cpg 7283
Conon ⟨de Tarse⟩
Conon ⟨Episcopus Tarsi⟩
Conon ⟨Evêque⟩
Conon ⟨Tarsi Episcopus⟩
Episcopus Conon
Konon ⟨von Tarsos⟩

Conon ⟨Papa⟩
gest. 687
LMA,V,1337
Conon ⟨de Temesvar⟩
Conone ⟨Papa⟩
Konon ⟨Papst⟩

Conoway, Roger
→ **Rogerus ⟨Conway⟩**

Conrad ⟨Bienheureux⟩
→ **Conradus ⟨de Offida⟩**

Conrad ⟨Bischoff⟩
→ **Bischoff, Konrad**

Conrad ⟨Bodenze⟩
→ **Bodenze, Conrad**

Conrad ⟨Braem⟩
→ **Bram, Konrad**

Conrad ⟨Bücklin⟩
→ **Bücklin, Conrad**

Conrad ⟨Constantiensis Episcopus⟩
→ **Konrad ⟨von Konstanz⟩**

Conrad ⟨d'Abensberg⟩
→ **Conradus ⟨Salisburgensis⟩**

Conrad ⟨d'Altdorf⟩
→ **Konrad ⟨von Konstanz⟩**

Conrad ⟨d'Alzey⟩
→ **Conradus ⟨de Altzeya⟩**

Conrad ⟨Dankrotzheim⟩
→ **Dangkrotzheim, Konrad**

Conrad ⟨d'Ascoli⟩
→ **Conradus ⟨de Asculo⟩**

Conrad ⟨d'Asti⟩
→ **Conradus ⟨de Ast⟩**

Conrad ⟨de Castellario⟩
→ **Conradus ⟨de Castellerio⟩**

Conrad ⟨de Constance⟩
→ **Konrad ⟨von Konstanz⟩**

Conrad ⟨de Fabaria⟩
→ **Conradus ⟨de Fabaria⟩**

Conrad ⟨de Geisenfeld⟩
→ **Conradus ⟨de Geisenfeld⟩**

Conrad ⟨de Hildesheim⟩
→ **Conradus ⟨de Querfordia⟩**

Conrad ⟨de Hirsau⟩
→ **Conradus ⟨Hirsaugiensis⟩**

Conrad ⟨de Kirchberg⟩
→ **Konrad ⟨von Kirchberg⟩**

Conrad ⟨de Lichtenau⟩
→ **Conradus ⟨de Lichtenau⟩**

Conrad ⟨de Lubeck⟩
→ **Conradus ⟨de Querfordia⟩**

Conrad ⟨de Marbourg⟩
→ **Conradus ⟨Marburgensis⟩**

Conrad ⟨de Mayence⟩
→ **Humery, Konrad**

Conrad ⟨de Megenberg⟩
→ **Conradus ⟨de Megenberg⟩**

Conrad ⟨de Melk⟩
→ **Conradus ⟨Mellicensis⟩**

Conrad ⟨de Mure⟩
→ **Conradus ⟨de Mure⟩**

Conrad ⟨de Nuremberg⟩
→ **Konrad ⟨von Nürnberg⟩**

Conrad ⟨de Pfäfers⟩
→ **Conradus ⟨de Fabaria⟩**

Conrad ⟨de Querfurt⟩
→ **Conradus ⟨de Querfordia⟩**

Conrad ⟨de Ranshofen⟩
→ **Conradus ⟨de Ranshofen⟩**

Conrad ⟨de Saint-Blaise⟩
→ **Conradus ⟨de Sancto Blasio⟩**

Conrad ⟨de Salzbourg⟩
→ **Conradus ⟨Salisburgensis⟩**

Conrad ⟨de Saxe⟩
→ **Conradus ⟨de Saxonia⟩**

Conrad ⟨de Scheiern⟩
→ **Conradus ⟨Schirensis⟩**

Conrad ⟨de Soest⟩
→ **Conradus ⟨de Susato⟩**

Conrad ⟨de Stoffeln⟩
→ **Konrad ⟨von Stoffeln⟩**

Conrad ⟨de Verden⟩
→ **Conradus ⟨de Soltau⟩**

Conrad ⟨de Winzenberg⟩
→ **Conradus ⟨Mellicensis⟩**

Conrad ⟨de Wittelsbach⟩
→ **Conradus ⟨de Wittelsbach⟩**

Conrad ⟨de Wurmelingen⟩
→ **Conradus ⟨de Wurmelingen⟩**

Conrad ⟨de Wurzbourg⟩
→ **Conradus ⟨de Querfordia⟩**

Conrad ⟨d'Ebrach⟩
→ **Conradus ⟨de Ebraco⟩**

Conrad ⟨della Suburra⟩
→ **Anastasius ⟨Papa, IV.⟩**

Conrad ⟨der Marner⟩
→ **Konrad ⟨der Marner⟩**

Conrad ⟨der Pfaffe⟩
→ **Konrad ⟨der Pfaffe⟩**

Conrad ⟨Derrer⟩
→ **Derrer, Konrad**

Conrad ⟨d'Halberstadt⟩
→ **Conradus ⟨Halberstadensis⟩**

Conrad ⟨d'Halberstadt, l'Ancien⟩
→ **Conradus ⟨Halberstadensis, Senior⟩**

Conrad ⟨d'Heimesfurt⟩
→ **Konrad ⟨von Heimesfurt⟩**

Conrad ⟨d'Hohenburg⟩
→ **Püller, ¬Der¬**

Conrad ⟨Dinckmut⟩
→ **Dinkmuth, Konrad**

Conrad ⟨d'Offida⟩
→ **Conradus ⟨de Offida⟩**

Conrad ⟨Dominicain⟩
→ **Conradus ⟨Dominicanus⟩**

Conrad ⟨Drube⟩
→ **Dreuben, Conradus**

Conrad ⟨Gesselen⟩
→ **Gesselen, Conradus**

Conrad ⟨Ghossel⟩
→ **Gesselen, Conradus**

Conrad ⟨Gratiadei⟩
→ **Conradus ⟨Siculus⟩**

Conrad ⟨Grünemberg⟩
→ **Grünenberg, Konrad**

Conrad ⟨Grütsch⟩
→ **Grütsch, Conrad**

Conrad ⟨Herdegen⟩
→ **Herdegen, Konrad**

Conrad ⟨Humerii⟩
→ **Humery, Konrad**

Conrad ⟨Justinger⟩
→ **Justinger, Konrad**

Conrad ⟨Kunhofer⟩
→ **Konrad ⟨von Nürnberg⟩**

Conrad ⟨Kyeser⟩
→ **Kyeser, Conradus**

Conrad ⟨le Moine⟩
→ **Conradus ⟨Monachus⟩**

Conrad ⟨Marquis de Montferrat⟩
→ **Conradus ⟨Montis Ferrariae⟩**

Conrad ⟨Montferrat, Markgraf⟩
→ **Conradus ⟨Montis Ferrariae⟩**

Conrad ⟨Nachtingall⟩
→ **Nachtigall, Konrad**

Conrad ⟨of Brauweiler⟩
→ **Conradus ⟨Brunvilarensis⟩**

Conrad ⟨of Prussia⟩
→ **Conradus ⟨de Prussia⟩**

Conrad ⟨Paesdorfer⟩
→ **Paesdorfer, Conradus**

Conrad ⟨Paumann⟩
→ **Paumann, Konrad**

Conrad ⟨Pfaffe⟩
→ **Konrad ⟨der Pfaffe⟩**

Conrad ⟨Pozzo⟩
→ **Conradus ⟨Pozzo⟩**

Conrad ⟨Prévôt de Ranshofen⟩
→ **Conradus ⟨de Ranshofen⟩**

Conrad ⟨Priester⟩
→ **Konrad ⟨der Priester⟩**

Conrad ⟨Roi, ...⟩
→ **Konrad ⟨Römisch-Deutsches Reich, König, ...⟩**

Conrad ⟨Roi de Jérusalem⟩
→ **Conradus ⟨Montis Ferrariae⟩**

Conrad ⟨Saint⟩
→ **Konrad ⟨von Konstanz⟩**

Conrad ⟨Schenke von Landegge⟩
→ **Konrad ⟨von Landeck⟩**

Conrad ⟨Seigneur de Tyr⟩
→ **Conradus ⟨Montis Ferrariae⟩**

Conrad ⟨Sicile, Roi⟩
→ **Konrad ⟨Römisch-Deutsches Reich, König, IV.⟩**

Conrad ⟨Silberdrat⟩
→ **Silberdrat, Konrad**

Conrad ⟨Stolle⟩
→ **Stolle, Konrad**

Conrad ⟨von Altstetten⟩
→ **Konrad ⟨von Altstetten⟩**

Conrad ⟨von Ammenhausen⟩
→ **Konrad ⟨von Ammenhausen⟩**

Conrad ⟨von Dangkrotzheim⟩
→ **Dangkrotzheim, Konrad**

Conrad ⟨von Eberbach⟩
→ **Conradus ⟨Eberbacensis⟩**

Conrad ⟨von Fussesbrunnen⟩
→ **Konrad ⟨von Fussesbrunnen⟩**

Conrad ⟨von Gelnhausen⟩
→ **Konrad ⟨von Gelnhausen⟩**

Conrad ⟨von Grünenberg⟩
→ **Grünenberg, Konrad**

Conrad ⟨von Haimburg⟩
→ **Conradus ⟨Gemnicensis⟩**

Conrad ⟨von Helmsdorf⟩
→ **Konrad ⟨von Helmsdorf⟩**

Conrad ⟨von Hirschhorn⟩
→ **Konrad ⟨von Hirschhorn⟩**

Conrad ⟨von Kirchberg⟩
→ **Konrad ⟨von Kirchberg⟩**

Conrad ⟨von Marburg⟩
→ **Conradus ⟨Marburgensis⟩**

Conrad ⟨von Montferrat⟩
→ **Conradus ⟨Montis Ferrariae⟩**

Conrad ⟨von Offida⟩
→ **Conradus ⟨de Offida⟩**

Conrad ⟨von Ranshofen⟩
→ **Conradus ⟨de Ranshofen⟩**

Conrad ⟨von Sachsen⟩
→ **Conradus ⟨de Saxonia⟩**

Conrad ⟨von Scheyern⟩
→ **Conradus ⟨Schirensis⟩**

Conrad ⟨von Soest⟩
→ **Konrad ⟨von Soest⟩**

Conrad ⟨von Soltau⟩
→ **Conradus ⟨de Soltau⟩**

Conrad ⟨von Waldhausen⟩
→ **Waldhausen, Konrad ¬von¬**

Conrad ⟨von Weinsberg⟩
→ **Konrad ⟨von Weinsberg⟩**

Conrad ⟨von Würzburg⟩
→ **Konrad ⟨von Würzburg⟩**

Conrad ⟨von Zabern⟩
→ **Conradus ⟨de Zabernia⟩**

Conrad ⟨von Zenn⟩
→ **Conradus ⟨de Zenn⟩**

Conrad ⟨Waldhauser⟩
→ **Waldhausen, Konrad ¬von¬**

Conrad ⟨Welling⟩
→ **Conradus ⟨Welling⟩**

Conrad ⟨Zenner⟩
→ **Conradus ⟨de Zenn⟩**

Conradinus ⟨Bornatus⟩
gest. 1429 · OP
Gilt fälschlich als Verfasser von Sermones Conradini de tempore
Kaeppeli,I,272
Bornati, Corradino
Bornatus, Conradinus
Conradin ⟨de Bornada⟩
Conradin ⟨de Bornato⟩
Conradinus ⟨Bornati⟩
Conradinus ⟨Brixiensis⟩
Corradino ⟨Bornati⟩

Conradinus ⟨Brixiensis⟩
→ **Conradinus ⟨Bornatus⟩**

Conrado ⟨a Mure⟩
→ **Conradus ⟨de Mure⟩**

Conrado ⟨di Sassonia⟩
→ **Conradus ⟨de Saxonia⟩**

Conraducius ⟨de Asculo⟩
→ **Conradus ⟨de Asculo⟩**

Conradus
→ **Conradus ⟨de Soltau⟩**
→ **Conradus ⟨Schirensis⟩**

Conradus
Lebensdaten nicht ermittelt
Summa collectionum, pars 1-5
Stegmüller, Repert. comment. 165
Conradus ⟨Episcopus Incertae Sedis⟩

Conradus ⟨a Lichtenau⟩
→ **Conradus ⟨de Lichtenau⟩**

Conradus ⟨a Scheyern⟩
→ **Conradus ⟨Schirensis⟩**

Conradus ⟨Abbas⟩
→ **Conradus ⟨de Lichtenau⟩**
→ **Conradus ⟨Eberbacensis⟩**

Conradus ⟨Abbas Mellicensis⟩
→ **Conradus ⟨Mellicensis⟩**

Conradus ⟨Aesculanus⟩
→ **Conradus ⟨de Asculo⟩**

Conradus ⟨Alemann von Megenberg⟩
→ **Conradus ⟨de Megenberg⟩**

Conradus ⟨Altsheimensis⟩
→ **Conradus ⟨de Altzeya⟩**

Conradus ⟨Archiepiscopus Moguntinus, I.⟩
→ **Conradus ⟨de Wittelsbach⟩**

Conradus ⟨Archiepiscopus Salisburgensis⟩
→ **Conradus ⟨Salisburgensis⟩**

Conradus ⟨Argentinensis⟩
→ **Conradus ⟨Mendewinus⟩**

Conradus ⟨Asculanus⟩
→ **Conradus ⟨de Asculo⟩**

Conradus ⟨Astensis⟩
→ **Conradus ⟨de Ast⟩**

Conradus ⟨Averspergensis⟩
→ **Conradus ⟨de Lichtenau⟩**

Conradus ⟨Bart⟩
→ **Bart, Conradus**

Conradus ⟨Beatus⟩
→ **Conradus ⟨de Offida⟩**

Conradus ⟨Birmannus⟩
Lebensdaten nicht ermittelt
De somno et vigilia; Quaestiones in Aristotelis
Lohr
Birmannus, Conradus

Conradus ⟨Bischoff⟩
→ **Bischoff, Konrad**

Conradus ⟨Bitschin⟩
→ **Bitschin, Conradus**

Conradus ⟨Brümscher⟩
→ **Conradus ⟨Prünsser⟩**

Conradus ⟨Brundelsheimensis⟩
→ **Conradus ⟨de Brundelsheim⟩**

Conradus ⟨Brunvilarensis⟩
12. Jh.
Conrad ⟨of Brauweiler⟩
Conradus ⟨Brunwilarensis⟩
Conradus ⟨Brunwillerensis⟩
Konrad ⟨von Brauweiler⟩

Conradus ⟨Bücklin de Wyla⟩
→ **Bücklin, Conrad**

Conradus ⟨Cancellarius⟩
→ **Konrad ⟨von Gelnhausen⟩**

Conradus ⟨Cancellarius Henrici VI.⟩
→ **Conradus ⟨de Querfordia⟩**

Conradus ⟨Canonicus⟩
→ **Conradus ⟨de Megenberg⟩**
→ **Conradus ⟨Mendewinus⟩**

Conradus ⟨Cantor⟩
→ **Conradus ⟨de Mure⟩**

Conradus ⟨Cisterciensis⟩
um 1246 · OCist
Epitaphium Friderici II ducis Austriae et Stiriae
Rep.Font. III,608
Conradus ⟨Monachus Cisterciensis⟩

Conradus ⟨Claraevallensis⟩
→ **Conradus ⟨Eberbacensis⟩**

Conradus ⟨Constantiensis⟩
→ **Konrad ⟨von Konstanz⟩**

Conradus ⟨Dangkrotzheim⟩
→ **Dangkrotzheim, Konrad**

Conradus ⟨de Alberstat⟩
→ **Conradus ⟨Halberstadensis⟩**

Conradus ⟨de Albis⟩
→ **Conradus ⟨Halberstadensis⟩**

Conradus ⟨de Alemania⟩
→ **Conradus ⟨Halberstadensis⟩**

Conradus ⟨de Altzeya⟩
um 1370
Liber figurarum; 2 Hymnen; 1 Reimoffizium auf den Hl. Georg
VL(2),5,135/36
Altzeya, Conradus ¬de¬
Conrad ⟨d'Alzey⟩
Conradus ⟨Altsheimensis⟩
Conradus ⟨Mathematicus⟩
Conradus ⟨Philosophus⟩
Conradus ⟨Poeta⟩
Konrad ⟨von Alzey⟩

Conradus ⟨de Alverstat⟩
→ **Conradus ⟨Halberstadensis⟩**

Conradus ⟨de Ascoli⟩
→ **Conradus ⟨de Asculo⟩**

Conradus ⟨de Asculo⟩
um 1330 · OP
Summa Meteorologicorum; Scriptum libri Meteororum; Commentarium in libros Ethicorum
Lohr; Stegmüller, Repert. bibl. 1991
Asculo, Conradus ¬de¬
Conrad ⟨d'Ascoli⟩
Conraducius ⟨de Asculo⟩
Conradus ⟨Aesculanus⟩
Conradus ⟨Ascolanus⟩
Conradus ⟨Asculanus⟩
Conradus ⟨de Ascoli⟩
Conradus ⟨de Esculo⟩

Conradus ⟨de Ast⟩
gest. 1470 · OP
Epp. Pauli
Stegmüller, Repert. bibl. 2008; Kaeppeli,I,285
Ast, Conradus ¬de¬
Conrad ⟨d'Asti⟩
Conradus ⟨Astensis⟩
Conradus ⟨de Asti⟩
Conradus ⟨de Mondonio⟩
Conradus ⟨Mondonius⟩
Conradus ⟨Mondonus⟩

Conradus ⟨de Augusta⟩
→ **Conradus ⟨Distl⟩**

Conradus ⟨de Brundelsheim⟩
gest. 1321 · OCist
Gilt als Verf. der „Sermones Socci"
VL(2),5, 147/53
Conradus ⟨Brundelsheimensis⟩
Conradus ⟨de Fonte Salutis⟩
Conradus ⟨de Heilsbronn⟩
Conradus ⟨Dictus Soccus⟩
Conradus ⟨Fons Salutis⟩
Conradus ⟨Heilsbronnius⟩
Conradus ⟨Soccus⟩
Konrad ⟨von Brundelsheim⟩
Konrad ⟨von Heilsbronn⟩
Soccus
Soccus ⟨Prediger⟩
Soccus ⟨Zisterzienser⟩

Conradus ⟨de Brunopoli⟩
→ **Conradus ⟨de Saxonia⟩**

Conradus ⟨de Brunswig⟩
→ **Conradus ⟨de Saxonia⟩**

Conradus ⟨de Camerino⟩
um 1307/39 · OP
Liber rationum (introitus et exitus) officii inquisitionis
Kaeppeli,I,274
Camerino, Conradus ¬de¬

Conradus ⟨de Castellerio⟩
gest. 1299 · OP
Vita b. Benvenutae Boiani de civitate Austriae in prov. Fori Iulii
Kaeppeli,I,275
Castellerio, Conradus ¬de¬
Conrad ⟨de Castellario⟩
Conradus ⟨de Castillerio⟩

Conradus ⟨de Cymerla⟩
→ **Conradus ⟨de Tymmerla⟩**

Conradus ⟨de Czenn⟩
→ **Conradus ⟨de Zenn⟩**

Conradus ⟨de Ebrach⟩
→ **Conradus ⟨de Ebraco⟩**

Conradus ⟨de Ebraco⟩
ca. 1330 – 1399 · OCist
Super IV libros Sententiarum; De cognitione animae Christi; Tractatus de contractibus; etc.
Stegmüller, Repert. sentent. 167;951; LMA,V,1356/57
Conrad ⟨d'Ebrach⟩
Conradus ⟨de Ebrach⟩
Conradus ⟨Erbelicz⟩
Ebraco, Conradus ¬de¬
Konrad ⟨Abt⟩
Konrad ⟨von Ebrach⟩
Konrad ⟨von Morimond⟩

Conradus ⟨de Esculo⟩
→ **Conradus ⟨de Asculo⟩**

Conradus ⟨de Esslingen⟩
→ **Conradus ⟨Ruffi⟩**

Conradus ⟨de Fabaria⟩
gest. 1239
Forts. der „Casus Sancti Galli"
VL(2),5,171/72
Conrad ⟨de Fabaria⟩
Conrad ⟨de Pfäfers⟩
Conradus ⟨Fabariensis⟩
Conradus ⟨Sangallensis⟩
Fabaria, Conradus ¬de¬
Konrad ⟨von Fabaria⟩
Konrad ⟨von Pfäfers⟩
Pfäfers, Konrad ¬von¬

Conradus ⟨de Falckenstein⟩
→ **Kuno ⟨von Falkenstein⟩**

Conradus ⟨de Fonte Salutis⟩
→ **Conradus ⟨de Brundelsheim⟩**

Conradus ⟨de Geisenfeld⟩
ca. 1400 – 1460 · OSB
De sacramentis; Sermo de septem donis spiritus sancti
Stegmüller, Repert. bibl. 1993-1997
Conrad ⟨de Geisenfeld⟩
Conradus ⟨de Geissenfeld⟩
Conradus ⟨Geisenfeldensis⟩
Geisenfeld, Conradus ¬de¬
Konrad ⟨von Geisenfeld⟩

Conradus ⟨de Gelnhausen⟩
→ **Konrad ⟨von Gelnhausen⟩**

Conradus ⟨de Halberstadt⟩
→ **Conradus ⟨Halberstadensis⟩**

Conradus ⟨de Hallis⟩
→ **Conradus ⟨Halberstadensis⟩**

Conradus ⟨de Heilsbronn⟩
→ **Conradus ⟨de Brundelsheim⟩**

Conradus ⟨de Höxter⟩
→ **Conradus ⟨de Huxaria⟩**

Conradus ⟨de Huxaria⟩
gest. 1236 · OP
Summa confessorum (Verfasserschaft nicht gesichert)
Kaeppeli,I,283/285
Conradus ⟨de Höxter⟩
Huxaria, Conradus ¬de¬
Konrad ⟨von Höxter⟩

Conradus ⟨de Lichtenau⟩
12./13. Jh.
VL(2),5,217/18
Conrad ⟨de Lichtenau⟩
Conradus ⟨a Lichtenau⟩
Conradus ⟨a Liechthenaw⟩
Conradus ⟨Abbas⟩
Conradus ⟨Averspergensis⟩
Conradus ⟨Lichtenauensis⟩
Conradus ⟨Urspergensis⟩
Cuonradus ⟨de Lichtenau⟩
Konrad ⟨von Lichtenau⟩
Konrad ⟨von Ursperg⟩
Lichtenau, Conrad ¬von¬
Lichtenau, Conradus ¬de¬
Liechtenau, Conrad ¬von¬
Liechthenaw, Conradus ¬a¬

Conradus ⟨de Luppurg⟩
→ **Conradus ⟨Schirensis⟩**

Conradus ⟨de Marburg⟩
→ **Conradus ⟨Marburgensis⟩**

Conradus ⟨de Media Civitate⟩
→ **Conradus ⟨Halberstadensis⟩**

Conradus ⟨de Megenberg⟩
ca. 1309 – 1374
LThK; VL(2),5,221/36; CSGL; LMA,V,1361/62
Conrad ⟨de Megenberg⟩
Conradus ⟨Alemann von Megenberg⟩
Conradus ⟨Canonicus⟩
Conradus ⟨de Monte Puellarum⟩
Conradus ⟨Megenbergensis⟩
Conradus ⟨Ratisbonensis⟩
Corrado ⟨di Megenberg⟩
Konrad ⟨von Megenberg⟩
Megenberg, Conrad ¬von¬
Megenberg, Conradus ¬de¬

Conradus ⟨de Mondonio⟩
→ **Conradus ⟨de Ast⟩**

Conradus ⟨de Monte Puellarum⟩
→ **Conradus ⟨de Megenberg⟩**

Conradus ⟨de Mure⟩
ca. 1210 – 1281
Novus Graecismus
LThK; VL(2),5,236/44; CSGL; LMA,V,1362/63
Conrad ⟨de Mure⟩
Conrado ⟨a Mure⟩
Conradus ⟨Cantor⟩
Conradus ⟨Fabularius⟩
Conradus ⟨Murensis⟩
Conradus ⟨Presbyter⟩
Conradus ⟨Thuricensis⟩
Conradus ⟨Tigorinus⟩
Conradus ⟨Turicensis⟩
Konrad ⟨von Mure⟩
Mure, Conradus ¬de¬
Mure, Konrad ¬von¬

Conradus ⟨de Offida⟩
1237 – 1306 · OFM
Verba
Rep.Font. III,614
Conrad ⟨Bienheureux⟩
Conrad ⟨d'Offida⟩
Conrad ⟨von Offida⟩
Conradus ⟨Beatus⟩
Corrado ⟨da Offida⟩
Offida, Conradus ¬de¬

Conradus ⟨de Pistorio⟩
um 1338/73 · OP
„Sermones magistri Corradi de Pistorio quadragesimales"
Kaeppeli,I,286
Conradus ⟨Jacobi de Pistorio⟩
Corradus ⟨de Pistorio⟩
Corradus ⟨Jacobi de Pistorio⟩
Pistorio, Conradus ¬de¬

Conradus ⟨de Prussia⟩
gest. 1426 · OP
Conrad ⟨of Prussia⟩
Conradus ⟨de Prusya⟩
Konrad ⟨de Grossis⟩
Konrad ⟨von Preußen⟩
Preußen, Konrad ¬von¬
Prussia, Conradus ¬de¬

Conradus ⟨de Querfordia⟩
gest. 1202
Epistula ad Hartbertum, praepositum Hildesheimensem; nicht identisch mit Konrad ⟨von Queinfurt⟩ (gest. 1382)
LMA,V,1351
Conrad ⟨de Hildesheim⟩
Conrad ⟨de Lubeck⟩
Conrad ⟨de Querfurt⟩
Conrad ⟨de Wurtzbourg⟩
Conrad ⟨de Wurzbourg⟩
Conradus ⟨Cancellarius Henrici VI.⟩
Conradus ⟨Hildesheimensis⟩
Conradus ⟨Querfurtensis⟩
Conradus ⟨Wirziburgensis⟩
Konrad ⟨von Querfurt⟩
Querfordia, Conradus ¬de¬

Conradus ⟨de Ranshofen⟩
um 1277/1311
Rep.Font. III,607
Conrad ⟨de Ranshofen⟩
Conrad ⟨Prévôt de Ranshofen⟩
Conrad ⟨von Ranshofen⟩
Conradus ⟨de Ranshoven⟩
Ranshofen, Conradus ¬de¬

Conradus ⟨de Rotenburg⟩
gest. 1416
Tractatus logicus sive disputationes super arte veteri
Lohr; Stegmüller, Repert. sentent. 172
Chunradus ⟨Ratenburkch⟩
Chunrat ⟨Rotenburg⟩
Conradus ⟨de Rothenburg⟩
Konrad ⟨Ülin⟩
Konrad ⟨Ülin von Rottenburg⟩
Rotenburg, Conradus ¬de¬
Ülin, Konrad

Conradus ⟨de Rutlingen⟩
→ **Conradus ⟨Wellin de Rutlingen⟩**

Conradus ⟨de Sancto Blasio⟩
um 1160
Vielleicht Verf. des Chronicon Burglense
Rep.Font. III,615; III,303
Conrad ⟨de Saint-Blaise⟩
Conradus ⟨Sancti Blasii⟩
Sancto Blasio, Conradus ¬de¬

Conradus ⟨de Saxonia⟩
gest. 1279 · OFM
Speculum beatae Mariae virginis
LThK; VL(2),5,247/51; CSGL; LMA,V,1364/65
Conrad ⟨de Saxe⟩
Conrad ⟨von Sachsen⟩
Conrado ⟨di Sassonia⟩
Conradus ⟨de Brunopoli⟩
Conradus ⟨de Brunswig⟩
Conradus ⟨Holtnicker⟩
Conradus ⟨Holzingarius⟩
Conradus ⟨Holzinger⟩
Conradus ⟨Minorit⟩
Conradus ⟨Provincial⟩
Conradus ⟨Saxo⟩
Corrado ⟨di Sassonia⟩
Holtnicker, Conradus
Holtnicker, Konrad
Konrad ⟨Holtnicker⟩
Konrad ⟨von Braunschweig⟩
Konrad ⟨von Sachsen⟩
Saxe, Conradus ¬de¬
Saxonia, Conradus ¬de¬

Conradus ⟨de Soltau⟩
gest. 1407
LThK; VL(2); LMA,V,1365
Conrad ⟨de Verden⟩
Conrad ⟨von Soltau⟩
Conradus
Conradus ⟨Episcopus⟩
Conradus ⟨Luneburgensis⟩
Conradus ⟨Soltow⟩
Conradus ⟨Verdensis⟩
Conradus ⟨Zolto⟩
Konrad ⟨Soltau⟩
Konrad ⟨von Soltau⟩
Soltau, Conradus ¬de¬
Soltow, Conradus

Conradus ⟨de Steynsberg⟩
→ **Conradus ⟨Werneri de Steynsberg⟩**

Conradus ⟨de Suède⟩
→ **Conradus ⟨Suevus⟩**

Conradus ⟨de Susato⟩
gest. 1437
Quaestiones super decem libros Ethicorum; nicht identisch mit dem Maler Konrad ⟨von Soest⟩
Lohr; Stegmüller, Repert. sentent. 177
Conrad ⟨de Soest⟩
Conradus ⟨Koler⟩
Koler, Konrad
Konrad ⟨Koler⟩
Konrad ⟨Koler von Susato⟩
Konrad ⟨von Soest⟩
Konrad ⟨von Susato⟩
Susato, Conradus ¬de¬

Conradus ⟨de Treboule⟩
→ **Cunso ⟨de Trzebowel⟩**

Conradus ⟨de Tymberla⟩
→ **Conradus ⟨de Tymmerla⟩**

Conradus ⟨de Tymmerla⟩
um 1328 · OP
Quaestiones quodlibetales octo
Kaeppeli,I,290
Conradus ⟨de Cymerla⟩
Conradus ⟨de Tymberla⟩
Tymmerla, Conradus ¬de¬

Conradus ⟨de Vienne⟩
→ **Conradus ⟨Seglauer⟩**

Conradus ⟨de Waldhausen⟩
→ **Waldhausen, Konrad ¬von¬**

Conradus ⟨de Weissenburg⟩
→ **Konrad ⟨von Weißenburg⟩**

Conradus ⟨de Westhausen⟩
gest. 1450 · OP
Ad Everardum van Wyenhaven; Ad Hermannam filiam Gysberti Hermanni; Pro Mechtildi van Dael; etc.
Kaeppeli,I,291
Westhausen, Conradus ¬de¬

Conradus ⟨de Wittelsbach⟩
gest. 1200
Epistolae
Rep.Font. III,616; DOC,1,540; LThK
Conrad ⟨de Wittelsbach⟩
Conradus ⟨Archiepiscopus Moguntinus, I.⟩
Conradus ⟨Moguntinus⟩
Conradus ⟨Wittelsbachensis⟩
Konrad ⟨Mainz, Erzbischof, I.⟩
Konrad ⟨Reichskanzler⟩
Konrad ⟨von Mainz⟩
Konrad ⟨von Wittelsbach⟩
Wittelsbach, Conradus ¬de¬

Conradus ⟨de Wizzenberg⟩
→ **Conradus ⟨Mellicensis⟩**

Conradus ⟨de Wormacia⟩
→ **Conradus ⟨Werneri de Steynsberg⟩**

Conradus ⟨de Wurmelingen⟩
13. Jh.
Conrad ⟨de Wurmelingen⟩
Conradus ⟨Sindelfingensis⟩
Cuonradus ⟨de Wurmelingen⟩
Konrad ⟨von Wormelingen⟩
Konrad ⟨von Wurmelingen⟩
Wurmelingen, Conradus ¬de¬

Conradus ⟨de Wyla⟩
→ **Bücklin, Conrad**

Conradus ⟨de Zabernia⟩
gest. 1476/81
VL(2),5,304/08
Conrad ⟨von Zabern⟩
Konrad ⟨von Zabern⟩
Zabernia, Conradus ¬de¬

Conradus ⟨de Zenn⟩
gest. 1460
Conrad ⟨von Zenn⟩
Conrad ⟨Zenner⟩
Conradus ⟨de Czenn⟩
Konrad ⟨von Zenn⟩
Zenn, Conradus ¬de¬

Conradus ⟨Dictus Soccus⟩
→ **Conradus ⟨de Brundelsheim⟩**

Conradus ⟨Distl⟩
um 1496 · OCarm
Positiones
Stegmüller, Repert. sentent. 1158,1159
Conradus ⟨de Augusta⟩
Conradus ⟨Distl ex Augusta⟩
Distl, Conradus

Conradus ⟨Dominicanus⟩
um 1300 · OP
„Commentarius in sententias", der heute Conradus ⟨Halberstadensis⟩ zugewiesen wird
Stegmüller, Repert. comment. 166
Conrad ⟨Dominicain⟩
Conradus ⟨OP⟩
Dominicanus Conradus

Conradus ⟨Dreuben⟩
→ **Dreuben, Conradus**

Conradus ⟨Eberbacensis⟩
gest. 1227
LThK; CSGL; Tusculum-Lexikon
Conrad ⟨von Eberbach⟩
Conradus ⟨Abbas⟩
Conradus ⟨Claraevallensis⟩
Conradus ⟨Everbacensis⟩
Konrad ⟨von Eberbach⟩

Conradus ⟨Eichstetensis⟩
→ **Conradus ⟨Scherlin⟩**

Conradus ⟨Eichstetensis⟩
ca. 1280 – ca. 1340
Urregimen; Sanitatis conservator; De qualitatibus ciborum
LMA,V,1357
Chunradus ⟨de Ascania⟩
Conradus ⟨Eichstatensis⟩
Conradus ⟨Eystetensis⟩
Konrad ⟨von Eichstätt⟩

Conradus ⟨Episcopus⟩
→ **Conradus ⟨de Soltau⟩**
→ **Konrad ⟨von Konstanz⟩**

Conradus ⟨Episcopus Incertae Sedis⟩
→ **Conradus**

Conradus ⟨Erbelicz⟩
→ **Conradus ⟨de Ebraco⟩**

Conradus ⟨Esterlingensis⟩
→ **Conradus ⟨Ruffi⟩**

Conradus ⟨Everbacensis⟩
→ **Conradus ⟨Eberbacensis⟩**

Conradus ⟨Eystetensis⟩
→ **Conradus ⟨Eichstetensis⟩**

Conradus ⟨Fabariensis⟩
→ **Conradus ⟨de Fabaria⟩**

Conradus ⟨Fabularius⟩
→ **Conradus ⟨de Mure⟩**

Conradus ⟨Fons Salutis⟩
→ **Conradus ⟨de Brundelsheim⟩**

Conradus ⟨Frater⟩
→ **Conradus ⟨Siculus⟩**

Conradus ⟨Frisingensis⟩
um 1187
Gesta episcoporum Frisingensium
Rep.Font. III,609
Conradus ⟨Sacrista⟩
Conradus ⟨Sacrista Frisingensis⟩

Conradus ⟨Geisenfeldensis⟩
→ **Conradus ⟨de Geisenfeld⟩**

Conradus ⟨Gemnicensis⟩
gest. 1360
Tusculum-Lexikon; VL(2),5,182/89; LMA,V,1358
Conrad ⟨von Haimburg⟩
Konrad ⟨von Gaming⟩
Konrad ⟨von Haimburg⟩

Conradus ⟨Gerbenhusenensis⟩
→ **Konrad ⟨von Gelnhausen⟩**

Conradus ⟨Germania, Imperator, II.⟩
→ **Konrad ⟨Römisch-Deutsches Reich, Kaiser, II.⟩**

Conradus ⟨Germania, Rex, IV.⟩
→ **Konrad ⟨Römisch-Deutsches Reich, König, IV.⟩**

Conradus ⟨Gesselen⟩
→ **Gesselen, Conradus**

Conradus ⟨Gratiadei⟩
→ **Conradus ⟨Siculus⟩**

Conradus ⟨Gritsch⟩
→ **Grütsch, Conrad**

Conradus ⟨Gurli de Eslingen⟩
→ **Conradus ⟨Ruffi⟩**

Conradus ⟨Halberstadensis⟩
gest. ca. 1355 · OP
Tripartitus moralium; Chronographia interminata; Trivium praedicabilium
LMA,V,1359
Conradus ⟨de Alberstat⟩
Conradus ⟨de Albis⟩
Conradus ⟨de Alemania⟩
Conradus ⟨de Alverstat⟩
Conradus ⟨de Halberstadt⟩
Conradus ⟨de Hallis⟩
Conradus ⟨de Media Civitate⟩
Conradus ⟨Halberstadensis, Iunior⟩
Halberstadt, Konrad ¬von¬
Kondrad ⟨de Alverstat⟩
Konrad ⟨de Alberstat⟩
Konrad ⟨de Albis⟩
Konrad ⟨de Hallis⟩
Konrad ⟨de Media Civitate⟩
Konrad ⟨von Halberstadt⟩
Konrad ⟨von Halberstadt, der Jüngere⟩

Conradus ⟨Halberstadensis, Senior⟩
um 1321 · OP
Responsorium curiosorum (Verfasserschaft umstritten); Postilla super librum Sapientiae; Concordantia biblica (Verfasserschaft umstritten)
LMA,V,1358/59
Conrad ⟨d'Halberstadt⟩
Conrad ⟨d'Halberstadt, l'Ancien⟩
Conradus ⟨de Halberstat⟩
Conradus ⟨Halberstadensis⟩
Halberstadt, Konrad ¬von¬
Konrad ⟨von Halberstadt⟩
Konrad ⟨von Halberstadt, der Ältere⟩

Conradus ⟨Heidelbergensis⟩
→ **Konrad ⟨von Gelnhausen⟩**

Conradus ⟨Heilsbronnius⟩
→ **Conradus ⟨de Brundelsheim⟩**

Conradus ⟨Herbipolitanus⟩
→ **Konrad ⟨von Würzburg⟩**

Conradus ⟨Hildesheimensis⟩
→ **Conradus ⟨de Querfordia⟩**

Conradus ⟨Hirsaugiensis⟩
ca. 1070 – ca. 1150
LThK; VL(2),5,204/08; CSGL; LMA,II,1359/60
Conrad ⟨de Hirsau⟩
Conradus ⟨Hirschauensis⟩
Konrad ⟨von Hirsau⟩
Konrad ⟨von Hirschau⟩

Conradus ⟨Holtnicker⟩
→ **Conradus ⟨de Saxonia⟩**

Conradus ⟨Holzinger⟩
→ **Conradus ⟨de Saxonia⟩**

Conradus ⟨Imperium Romanum-Germanicum, Rex, I.⟩
→ **Konrad ⟨Römisch-Deutsches Reich, König, I.⟩**

Conradus ⟨Inquisitor⟩
→ **Conradus ⟨Marburgensis⟩**

Conradus ⟨Iselin⟩
→ **Iselin, Conradus**

Conradus ⟨Jacobi de Pistorio⟩
→ **Conradus ⟨de Pistorio⟩**

Conradus ⟨Koler⟩
→ **Conradus ⟨de Susato⟩**

Conradus ⟨Kyeser⟩
→ **Kyeser, Conradus**

Conradus ⟨Lichtenauensis⟩
→ **Conradus ⟨de Lichtenau⟩**

Conradus ⟨Luneburgensis⟩
→ **Conradus ⟨de Soltau⟩**

Conradus ⟨Magister⟩
→ **Conradus ⟨Tonsor⟩**

Conradus ⟨Magister⟩
13. Jh.
Sermo auf die Kaiserin Kunigunde
VL(2),5,114/15
Konrad ⟨Magister⟩
Magister Conradus

Conradus ⟨Magister in Bononia⟩
→ **Conradus ⟨Monachus⟩**

Conradus ⟨Marburgensis⟩
gest. 1233
Summa vitae; 12 geistliche Lebensregeln
VL(2),5,218/21; Rep.Font. III,610; LMA,V,1360/61
Conrad ⟨de Marbourg⟩
Conrad ⟨von Marburg⟩
Conradus ⟨de Marburg⟩
Conradus ⟨Inquisitor⟩
Conradus ⟨Marpurgensis⟩
Koenraad ⟨van Marburg⟩
Konrad ⟨Ketzerinquisitor⟩
Konrad ⟨von Marburg⟩

Conradus ⟨Mathematicus⟩
→ **Conradus ⟨de Altzeya⟩**

Conradus ⟨Megenbergensis⟩
→ **Conradus ⟨de Megenberg⟩**

Conradus ⟨Mellicensis⟩
gest. 1203 · OSB
Gilt mitunter als Verf. des Chronicon breve Austriacum Mellicense usque ad a. 1157
Rep.Font. III,380; III,616
Conrad ⟨de Melk⟩
Conrad ⟨de Winzenberg⟩
Conradus ⟨Abbas Mellicensis⟩
Conradus ⟨de Wizzenberg⟩

Conradus ⟨Mendewinus⟩
um 1270/80
Vita Attalae
Conradus ⟨Argentinensis⟩
Conradus ⟨Canonicus⟩
Mendewinus, Conradus

Conradus ⟨Miles⟩
→ **Konrad ⟨von Landeck⟩**

Conradus ⟨Ministerialis Monasterii Sancti Galli⟩
→ **Konrad ⟨von Landeck⟩**

Conradus ⟨Minorit⟩
→ **Conradus ⟨de Saxonia⟩**

Conradus ⟨Moguntinus⟩
→ **Conradus ⟨de Wittelsbach⟩**

Conradus ⟨Monachus⟩
13. Jh.
Stegmüller, Repert. sentent. 166,1
Conrad ⟨le Moine⟩
Conradus ⟨Magister in Bononia⟩
Monachus, Conradus

Conradus ⟨Monachus Cisterciensis⟩
→ **Conradus ⟨Cisterciensis⟩**

Conradus ⟨Mondonius⟩
→ **Conradus ⟨de Ast⟩**

Conradus ⟨Montis Ferrariae⟩
gest. 1192
Epistola ad Belam Hungariae regem
Rep.Font. III,612
Conrad ⟨Marquis de Montferrat⟩
Conrad ⟨Montferrat, Markgraf⟩
Conrad ⟨Roi de Jérusalem⟩
Conrad ⟨Seigneur de Tyr⟩
Conrad ⟨von Montferrat⟩

Conradus ⟨Mugstgatblut⟩
→ **Muskatblüt**

Conradus ⟨Mulner⟩
→ **Wagner, Konrad**

Conradus ⟨Murensis⟩
→ **Conradus ⟨de Mure⟩**

Conradus ⟨Muschatenbluedt⟩
→ **Muskatblüt**

Conradus ⟨OP⟩
→ **Conradus ⟨Dominicanus⟩**
→ **Conradus ⟨Siculus⟩**

Conradus ⟨Paesdorfer⟩
→ **Paesdorfer, Conradus**

Conradus ⟨Panormitanus⟩
→ **Conradus ⟨Siculus⟩**

Conradus ⟨Part⟩
→ **Bart, Conradus**

Conradus ⟨Philosophus⟩
→ **Conradus ⟨de Altzeya⟩**
→ **Conradus ⟨Schirensis⟩**

Conradus ⟨Pincerna de Landegge⟩
→ **Konrad ⟨von Landeck⟩**

Conradus ⟨Poeta⟩
→ **Conradus ⟨de Altzeya⟩**

Conradus ⟨Pozzo⟩
13. Jh.
Vermutl. Verf. der Annales Wessofontani
Rep.Font. III,607
Conrad ⟨Pozzo⟩
Conradus ⟨Wessofontanus⟩
Pozzo, Conradus

Conradus ⟨Pragensis⟩
→ **Waldhausen, Konrad ¬von¬**

Conradus ⟨Presbyter⟩
→ **Conradus ⟨de Mure⟩**

Conradus ⟨Prior Monasterii Sanctae Catharinae Panormitani⟩
→ **Conradus ⟨Siculus⟩**

Conradus ⟨Prior Ordinis Sanctae Mariae Teutonicorum⟩
→ **Bitschin, Conradus**

Conradus ⟨Provincial⟩
→ **Conradus ⟨de Saxonia⟩**

Conradus ⟨Prünsser⟩
um 1400/14 · OP
Mutmaßl. Verf. des „Principium"
Kaeppeli,I,286
Brümscher, Conradus
Conradus ⟨Brümscher⟩
Prünsser, Conradus

Conradus ⟨Querfurtensis⟩
→ **Conradus ⟨de Querfordia⟩**

Conradus ⟨Ratisbonensis⟩
→ **Conradus ⟨de Megenberg⟩**

Conradus ⟨Römisch-Deutsches Reich, König, IV.⟩
→ **Konrad ⟨Römisch-Deutsches Reich, König, IV.⟩**

Conradus ⟨Rot⟩
→ **Bart, Conradus**

Conradus ⟨Ruffi⟩
um 1319 · OP
Abbreviatio expositionis evangeliorum S. Thomae Aquinatis
Stegmüller, Repert. bibl. 2012; VL(2),5,170; Schneyer,I,791; Kaeppeli,I,275
Conradus ⟨de Esslingen⟩
Conradus ⟨Esterlingensis⟩
Conradus ⟨Esterlongensis⟩
Conradus ⟨Gurli de Eslingen⟩
Conradus ⟨Ruffus⟩
Conradus ⟨Rufi⟩
Conradus ⟨Rufus⟩
Conradus ⟨Rufus Sterlingensis⟩
Conradus ⟨Scotus⟩
Conradus ⟨Sterlingensis⟩
Konrad ⟨von Esslingen⟩
Ruffi, Conradus
Rufus, Conradus

Conradus ⟨Sacrista Frisingensis⟩
→ **Conradus ⟨Frisingensis⟩**

Conradus ⟨Salicus⟩
→ **Konrad ⟨Römisch-Deutsches Reich, Kaiser, II.⟩**

Conradus ⟨Salisburgensis⟩
1106 – 1147
Epistola ad Henricum IX ducem Bavariae; Epistola ad Norbertum archiepiscopum Magdeburgensem
Rep.Font. II,615; LThK
Conrad ⟨de Salzbourg⟩
Conrad ⟨d'Abensberg⟩
Conradus ⟨Archiepiscopus Salisburgensis⟩
Konrad ⟨Erzbischof⟩
Konrad ⟨Salzburg, Erzbischof, I.⟩
Konrad ⟨von Abensberg⟩
Konrad ⟨von Salzburg⟩
Konrad ⟨von Salzburg, I.⟩

Conradus ⟨Sanctae Catharinae⟩
→ **Conradus ⟨Siculus⟩**

Conradus ⟨Sancti Blasii⟩
→ **Conradus ⟨de Sancto Blasio⟩**

Conradus ⟨Sancti Leonardi Leodiensis⟩
→ **Cornelius ⟨de Santvliet⟩**

Conradus ⟨Sanctus⟩
→ **Konrad ⟨von Konstanz⟩**

Conradus ⟨Sangallensis⟩
→ **Conradus ⟨de Fabaria⟩**

Conradus ⟨Saxo⟩
→ **Conradus ⟨de Saxonia⟩**

Conradus ⟨Scherlin⟩
um 1469/91 · OP
Principium satis notabile et bonum in septem artes liberales; Principium in quartum Sententiarum notabile
Kaeppeli,I,287
Conradus ⟨Eichstetensis⟩
Conradus ⟨Eystettensis⟩
Conradus ⟨Zehlinus⟩
Scherlin, Conradus

Conradus ⟨Scheurnensis⟩
→ **Conradus ⟨Schirensis⟩**

Conradus ⟨Schirensis⟩
1206 – ca. 1246
LThK; VL(2),5,252/54; LMA,V,1360
Chounradus ⟨Schirensis⟩
Conrad ⟨de Scheiern⟩
Conrad ⟨de Scheira⟩
Conrad ⟨von Scheyern⟩
Conradus
Conradus ⟨a Scheyern⟩
Conradus ⟨de Luppurg⟩
Conradus ⟨Philosophus⟩
Conradus ⟨Scheurnensis⟩
Conradus ⟨von Scheyern⟩
Conradus ⟨von Schyra⟩
Konrad ⟨of Scheira⟩
Konrad ⟨von Luppburg⟩
Konrad ⟨von Scheyern⟩
Konradus ⟨Schirensis⟩

Conradus ⟨Schlatter⟩
→ **Schlatter, Konrad**

Conradus ⟨Scotus⟩
→ **Conradus ⟨Ruffi⟩**

Conradus ⟨Scriba Styriae⟩
→ **Conradus ⟨Tulnensis⟩**

Conradus ⟨Seglauer⟩
gest. ca. 1414
Lectura super Perihermenias; De libris Posteriorum
Lohr
Conradus ⟨de Vienne⟩
Seglauer, Conradus

Conradus ⟨Siculus⟩
um 1290 · OP
Epistola seu brevis chronica rerum Sicularum; der Name Conradus ⟨Gratiadei⟩ beruht auf einer Fehlinterpretation
Kaeppeli,I,288/289; Rep.Font. III,608
Conrad ⟨Gratiadei⟩
Conrad ⟨Graziadei⟩
Conradus ⟨Frater⟩
Conradus ⟨Frater OP⟩
Conradus ⟨Gratiadei⟩
Conradus ⟨OP⟩
Conradus ⟨Panormitanus⟩
Conradus ⟨Prior Monasterii Sanctae Catharinae Panormitani⟩
Conradus ⟨Sanctae Catharinae⟩
Graziadei, Conrad
Siculus, Conradus

Conradus ⟨Sindelfingensis⟩
→ **Conradus ⟨de Wurmelingen⟩**

Conradus ⟨Slatter de Basilea⟩
→ **Schlatter, Konrad**

Conradus ⟨Soccus⟩
→ **Conradus ⟨de Brundelsheim⟩**

Conradus ⟨Soltow⟩
→ **Conradus ⟨de Soltau⟩**

Conradus ⟨Sterlingensis⟩
→ **Conradus ⟨Ruffi⟩**

Conradus ⟨Suevus⟩
14. Jh. · OP
Sermones de sanctis
Kaeppeli,I,289
Conradus ⟨de Suède⟩
Conradus ⟨Swevus⟩
Suevus, Conradus

Conradus ⟨Thuricensis⟩
→ **Conradus ⟨de Mure⟩**

Conradus ⟨Tigorinus⟩
→ **Conradus ⟨de Mure⟩**

Conradus ⟨Tonsor⟩
15. Jh.
2 Rezepte; Goldmacherkunst
VL(2),5,256
Conradus ⟨Magister⟩
Konradus ⟨Magister⟩
Konradus ⟨Tonsor⟩
Tonsor, Conradus

Conradus ⟨Truben de Hochstedn⟩
→ **Dreuben, Conradus**

Conradus ⟨Tulnensis⟩
um 1272/87 · OP
Epistulae variae
Kaeppeli,I,289/290; Schönberger/Kible, Repertorium, 12389
Conradus ⟨Scriba Styriae⟩

Conradus ⟨Turicensis⟩
→ **Conradus ⟨de Mure⟩**

Conradus ⟨Urspergensis⟩
→ **Conradus ⟨de Lichtenau⟩**

Conradus ⟨Vatt⟩
→ **Bart, Conradus**

Conradus ⟨Verdensis⟩
→ **Conradus ⟨de Soltau⟩**

Conradus ⟨von Altdorf⟩
→ **Konrad ⟨von Konstanz⟩**

Conradus ⟨von Konstanz⟩
→ **Konrad ⟨von Konstanz⟩**

Conradus ⟨von Queinfurt⟩
→ **Konrad ⟨von Queinfurt⟩**

Conradus ⟨von Scheyern⟩
→ **Conradus ⟨Schirensis⟩**

Conradus ⟨von Schyra⟩
→ **Conradus ⟨Schirensis⟩**

Conradus ⟨von Würzburg⟩
→ **Konrad ⟨von Würzburg⟩**

Conradus ⟨Wagner⟩
→ **Wagner, Konrad**

Conradus ⟨Wellin de Rutlingen⟩
um 1428/48
Stegmüller, Repert. sentent. 177,1; Repert. bibl. 2023
Conradus ⟨de Rutlingen⟩
Conradus ⟨Wellin⟩
Rutlingen, Conradus ¬de¬
Wellin, Conradus
Wellin de Rutlingen, Conradus

Conradus ⟨Welling⟩
um 1334 · OSB
Zusammen mit Udalricus ⟨Welling⟩ Verf. der Annales SS. Udalrici et Afrae
Conrad ⟨Welling⟩
Welling, Conrad
Welling, Conradus

Conradus ⟨Werneri de Steynsberg⟩
gest. 1392
Disputata super libros I-IV Ethicorum; Super Oeconomicorum; Super Politicorum
Lohr
Conradus ⟨de Steynsberg⟩
Conradus ⟨de Wormacia⟩
Conradus ⟨Werneri⟩
Steynsberg, Conradus ¬de¬
Werneri, Conradus
Werneri de Steynsberg, Conradus

Conradus ⟨Wessofontanus⟩
→ **Conradus ⟨Pozzo⟩**

Conradus ⟨Wirziburgensis⟩
→ **Conradus ⟨de Querfordia⟩**

Conradus ⟨Wittelsbachensis⟩
→ **Conradus ⟨de Wittelsbach⟩**

Conradus ⟨Wormatiensis⟩
→ **Konrad ⟨von Gelnhausen⟩**

Conradus ⟨Zehlinus⟩
→ **Conradus ⟨Scherlin⟩**

Conradus ⟨Zolto⟩
→ **Conradus ⟨de Soltau⟩**

Conradus Otto ⟨Bohemia, Rex⟩
→ **Konrad Otto ⟨Čechy, Kníže⟩**

Conradus Otto ⟨Bohemia et Moravia, Princeps⟩
→ **Konrad Otto ⟨Čechy, Kníže⟩**

Conrat ⟨von Falckenstein⟩
→ **Kuno ⟨von Falkenstein⟩**

Conrat ⟨von Liebenberg⟩
→ **Konrad ⟨von Liebenberg⟩**

Consentinus, Lucas
→ **Lucas ⟨Consentinus⟩**

Consobrinus, Johannes
→ **Johannes ⟨Consobrinus⟩**

Constabulus
→ **Qusṭā Ibn-Lūqā**

Constans ⟨Emmerammensis⟩
→ **Constans ⟨Sacerdos⟩**

Constans ⟨Imperium Byzantinum, Imperator, II.⟩
630 – 668
Constans ⟨Emperor, II.⟩
Constans ⟨II.⟩
Constans ⟨Imperator, II.⟩
Constans ⟨Oströmisches Reich, Kaiser, II.⟩
Constant ⟨II.⟩
Flavius, Iulius
Iulius ⟨Flavius⟩
Konstans ⟨Oströmischer Kaiser, II.⟩

Constans ⟨Sacerdos⟩
8. Jh.
Tractatus genti Constantis venerandi sacerdotis de passione et gloria beati Emmerami martyris
Rep.Font. III,617; DOC,1,540
Constans ⟨Emmerammensis⟩
Constans ⟨Sacerdos de Emmerammo⟩
Constant ⟨Hagiographe⟩
Constant ⟨Prêtre Allemand⟩

Constant ⟨de Fabriano⟩
→ **Constantius ⟨de Fabriano⟩**

Constant ⟨Hagiographe⟩
→ **Constans ⟨Sacerdos⟩**

Constant ⟨Prêtre Allemand⟩
→ **Constans ⟨Sacerdos⟩**

Constantin ⟨Abbé⟩
→ **Constantinus ⟨Sancti Symphoriani⟩**

Constantin ⟨Acropolite⟩
→ **Constantinus ⟨Acropolita⟩**

Constantin ⟨d'Ascoli⟩
→ **Constantinus ⟨Asculanus⟩**

Constantin ⟨de Laodicée⟩
→ **Constantinus ⟨Episcopus Laodiceae⟩**

Constantin ⟨de Micy-Saint-Mesmin⟩
→ **Constantinus ⟨Miciacensis⟩**

Constantin ⟨de Montebudello⟩
→ **Constantinus ⟨de Montebudello⟩**

Constantin ⟨de Saint-Symphorien⟩
→ **Constantinus ⟨Sancti Symphoriani⟩**

Constantin ⟨de'Medici⟩
→ **Constantinus ⟨de Urbe Vetere⟩**

Constantin ⟨d'Orvieto⟩
→ **Constantinus ⟨de Urbe Vetere⟩**

Constantin ⟨Empereur d'Orient, ...⟩
→ **Constantinus ⟨Imperium Byzantinum, Imperator, ...⟩**

Constantin ⟨Evêque de Laodicée⟩
→ **Constantinus ⟨Episcopus Laodiceae⟩**

Constantin ⟨Harménopule⟩
→ **Constantinus ⟨Harmenopulus⟩**

Constantin ⟨l'Africain⟩
→ **Constantinus ⟨Africanus⟩**

Constantin ⟨Lascaris⟩
→ **Laskaris, Kōnstantinos**

Constantin ⟨le Rhodien⟩
→ **Constantinus ⟨Rhodius⟩**

Constantin ⟨Pape, ...⟩
→ **Constantinus ⟨Papa, ...⟩**

Constantin ⟨Pogonat⟩
→ **Constantinus ⟨Imperium Byzantinum, Imperator, IV.⟩**

Constantin ⟨von Fleury⟩
→ **Constantinus ⟨Miciacensis⟩**

Constantin ⟨von Micy⟩
→ **Constantinus ⟨Miciacensis⟩**

Constantine ⟨Emperor of Constantinople, ...⟩
→ **Constantinus ⟨Imperium Byzantinum, Imperator, ...⟩**

Constantine ⟨Master⟩
→ **Constantinus ⟨Pisanus⟩**

Constantine ⟨of Pisa⟩
→ **Constantinus ⟨Pisanus⟩**

Constantine ⟨Pope, ...⟩
→ **Constantinus ⟨Papa, ...⟩**

Constantine ⟨Porphyrogenitus⟩
→ **Constantinus ⟨Imperium Byzantinum, Imperator, VII.⟩**

Constantine ⟨the African⟩
→ **Constantinus ⟨Africanus⟩**

Constantino ⟨Africano⟩
→ **Constantinus ⟨Africanus⟩**

Constantino ⟨de Orvieto⟩
→ **Constantinus ⟨de Urbe Vetere⟩**

Constantino ⟨el Africano⟩
→ **Constantinus ⟨Africanus⟩**

Constantino ⟨Manasse⟩
→ **Constantinus ⟨Manasses⟩**

Constantinopolitana, Sergia
→ **Sergia ⟨Constantinopolitana⟩**

Constantinopolitanus, Aetius
→ **Aetius ⟨Constantinopolitanus⟩**

Constantinopolitanus, Agapetus
→ **Agapetus ⟨Constantinopolitanus⟩**

Constantinopolitanus, Andronicus
→ **Andronicus ⟨Imperium Byzantinum, Imperator, I.⟩**

Constantinopolitanus, Anthimus
→ **Anthimus ⟨Constantinopolitanus⟩**

Constantinopolitanus, Antonius
→ **Antonius ⟨Constantinopolitanus⟩**

Constantinopolitanus, Athanasius
→ **Athanasius ⟨Constantinopolitanus⟩**

Constantinopolitanus, Bartholomaeus
→ **Bartholomaeus ⟨Constantinopolitanus⟩**

Constantinopolitanus, Callistus
→ **Callistus ⟨Constantinopolitanus⟩**

Constantinopolitanus, Constantinus
→ **Constantinus ⟨Constantinopolitanus⟩**

Constantinopolitanus, Epiphanius
→ **Epiphanius ⟨Constantinopolitanus⟩**

Constantinopolitanus, Eustratius
→ **Eustratius ⟨Constantinopolitanus⟩**

Constantinopolitanus, Euthymius
→ **Euthymius ⟨Constantinopolitanus⟩**

Constantinopolitanus, Eutychius
→ **Eutychius ⟨Constantinopolitanus⟩**

Constantinopolitanus, Gabriel
→ **Gabriel ⟨Constantinopolitanus⟩**

Constantinopolitanus, Germanus
→ **Germanus ⟨Constantinopolitanus, ...⟩**

Constantinopolitanus, Hilarus
→ **Hilarus ⟨Constantinopolitanus⟩**

Constantinopolitanus, Iulianus
→ **Iulianus ⟨Constantinopolitanus⟩**

Constantinopolitanus, Johannes
→ **Johannes ⟨Constantinopolitanus, ...⟩**

Constantinopolitanus, Josephus
→ **Josephus ⟨Constantinopolitanus, ...⟩**

Constantinopolitanus, Leontius
→ **Leontius ⟨Constantinopolitanus⟩**

Constantinopolitanus, Menas
→ **Menas ⟨Constantinopolitanus⟩**

Constantinopolitanus, Methodius
→ **Methodius ⟨Constantinopolitanus⟩**

Constantinopolitanus, Nicephorus
→ **Nicephorus ⟨Constantinopolitanus, ...⟩**

Constantinopolitanus, Nilus
→ **Nilus ⟨Constantinopolitanus⟩**

Constantinopolitanus, Pantaleon
→ **Pantaleon ⟨Constantinopolitanus⟩**

Constantinopolitanus, Paulus
→ **Paulus ⟨Constantinopolitanus, II.⟩**

Constantinopolitanus, Petrus
→ **Petrus ⟨Constantinopolitanus⟩**

Constantinopolitanus, Photinus
→ **Photinus ⟨Constantinopolitanus⟩**

Constantinopolitanus, Photius
→ **Photius ⟨Constantinopolitanus⟩**

Constantinopolitanus, Pyrrhus
→ **Pyrrhus ⟨Constantinopolitanus⟩**

Constantinopolitanus, Sergius
→ **Sergius ⟨Constantinopolitanus, ...⟩**

Constantinopolitanus, Simon
→ **Simon ⟨Constantinopolitanus⟩**

Constantinopolitanus, Stephanus
→ **Stephanus ⟨Constantinopolitanus⟩**

Constantinopolitanus, Tarasius
→ **Tarasius ⟨Constantinopolitanus⟩**

Constantinopolitanus, Theodorus
→ **Theodorus ⟨Constantinopolitanus Diaconus⟩**

Constantinopolitanus, Timotheus
→ **Timotheus ⟨Constantinopolitanus⟩**

Constantinus
→ **Constantinus ⟨Diaconus⟩**

Constantinus ⟨Abbas⟩
→ **Constantinus ⟨Sancti Symphoriani⟩**

Constantinus ⟨Acropolita⟩
gest. ca. 1324
DOC,1,549; LMA,V,1397
Acropolita, Constantinus
Akropolites, Konstantinos
Constantin ⟨Acropolite⟩
Constantinus ⟨Logotheta⟩
Constantinus ⟨Magnus⟩
Constantinus ⟨Metaphrastes, Iunior⟩
Costantino ⟨Acropolite⟩
Konstantinos ⟨Akropolites⟩
Kōnstantinos ⟨ho Akropolitēs⟩
Konstantinos ⟨Logothetes⟩

Constantinus ⟨Afer⟩
→ **Constantinus ⟨Africanus⟩**

Constantinus ⟨Africanus⟩
ca. 1010/15 – 1087
LThK; CSGL; LMA,III,171
Africanus, Constantinus
Constantin ⟨l'Africain⟩
Constantine ⟨the African⟩
Constantino ⟨Africano⟩
Constantino ⟨el Africano⟩
Constantinus ⟨Afer⟩
Constantinus ⟨Asyncitus⟩
Constantinus ⟨Carthaginiensis⟩
Constantinus ⟨Cassianensis⟩
Constantinus ⟨Cassinensis⟩
Constantinus ⟨Meister⟩
Constantinus ⟨of Carthage⟩
Constantinus ⟨of Monte Cassino⟩
Constantinus ⟨Rheginus⟩
Constantinus ⟨Siculus⟩
Costantino ⟨Africano⟩
Konstantin ⟨Africanus⟩

Constantinus ⟨Anagnosta⟩
13. Jh.
Tusculum-Lexikon; LMA,V,1398
Anagnosta, Constantinus
Anagnostes, Konstantinos
Constantinus ⟨Anagnostes⟩
Costantino ⟨Anagnosta⟩
Konstantinos ⟨Anagnostes⟩
Kōnstantinos ⟨ho Anagnōstēs⟩

Constantinus ⟨Anagnostes⟩
→ **Constantinus ⟨Anagnosta⟩**

Constantinus ⟨Antipapa⟩
→ **Constantinus ⟨Papa, II., Antipapa⟩**

Constantinus ⟨Archidiaconus⟩
→ **Constantinus ⟨Meliteniota⟩**

Constantinus ⟨Asculanus⟩
14. Jh. · OP
Herausgeber von Quaestiones
Kaeppeli,I,292
Asculanus, Constantinus
Constantin ⟨d'Ascoli⟩
Constantinus ⟨de Aesculo⟩

Constantinus ⟨Asyncitus⟩
→ **Constantinus ⟨Africanus⟩**

Constantinus ⟨Augustus, ...⟩
→ **Constantinus ⟨Imperium Byzantinum, Imperator, ...⟩**

Constantinus ⟨Caesar⟩
→ **Constantinus ⟨Imperium Byzantinum, Imperator, VII.⟩**

Constantinus ⟨Carthaginiensis⟩
→ **Constantinus ⟨Africanus⟩**

Constantinus ⟨Cassinensis⟩
→ **Constantinus ⟨Africanus⟩**

Constantinus ⟨Chartophylax⟩
→ **Constantinus ⟨Diaconus⟩**

Constantinus ⟨Constantinopolitanus⟩
→ **Constantinus ⟨Diaconus⟩**
→ **Constantinus ⟨Meliteniota⟩**

Constantinus ⟨Constantinopolitanus⟩
um 669/75
Epistula Constantini Constantinopolitani ad Macarium Antiochenum
Cpg 9432
Constantinopolitanus, Constantinus
Constantinus ⟨Patriarcha⟩

Constantinus ⟨de Aesculo⟩
→ **Constantinus ⟨Asculanus⟩**

Constantinus ⟨de Montebudello⟩
14. Jh. · OP
Schneyer,I,816
Constantin ⟨de Montebudello⟩
Montebudello, Constantinus ¬de¬

Constantinus ⟨de Orvieto⟩
→ **Constantinus ⟨de Urbe Vetere⟩**

Constantinus ⟨de Pisa⟩
→ **Constantinus ⟨Pisanus⟩**

Constantinus ⟨de Urbe Vetere⟩
gest. 1256 · OP
Postilla super Lucam; Vita et miracula B. Dominici; Sermones dominicales et quadragesimales; etc.
Kaeppeli,I,292/294; Schönberger/Kible, Repertorium, 12391; Rep. Font. III,617
Constantin ⟨de'Medici⟩
Constantin ⟨d'Orvieto⟩
Constantino ⟨de Orvieto⟩
Constantinus ⟨de Orvieto⟩
Constantinus ⟨de Urbeveteri⟩
Constantinus ⟨Medices⟩
Constantinus ⟨Urbevetanus⟩
Constantinus ⟨Urbevetanus Medices⟩
Medices, Constantinus
Medici, Constantin ¬de'¬
Urbe Vetere, Constantinus ¬de¬

Constantinus ⟨Diaconus⟩
6./7. Jh.
Laudatio omnium martyrum
Tusculum-Lexikon; CSGL
Constantinus
Constantinus ⟨Chartophylax⟩
Constantinus ⟨Constantinopolitanus⟩
Constantinus ⟨Diaconus et Chartophylax⟩
Diaconus Constantinus
Konstantinos ⟨Chartophylax⟩
Konstantinos ⟨Diakon⟩

Constantinus ⟨Emperor of the East, ...⟩
→ **Constantinus ⟨Imperium Byzantinum, Imperator, ...⟩**

Constantinus ⟨Episcopus Laodiceae⟩
um 510/18
Epistula ad Marcum Isauriae; Canones (syr.)
Cpg 7107-7110
Constantin ⟨de Laodicée⟩
Constantin ⟨Evêque de Laodicée⟩
Constantinus ⟨Laodiceae Episcopus⟩
Episcopus Laodiceae, Constantinus

Constantinus ⟨Episcopus Urbis Siout⟩
→ **Konstantin ⟨von Asiūṭ⟩**

Constantinus ⟨Floriacensis⟩
→ **Constantinus ⟨Miciacensis⟩**

Constantinus ⟨Harmenopulus⟩
1320 – 1380
Tusculum-Lexikon; CSGL; LMA,V,1398
Armenopulos, Konstantinos
Constantin ⟨Harménopule⟩
Constantinus ⟨Iudex⟩
Constantinus ⟨Nomophylax⟩
Constantinus ⟨Thessalonicensis⟩
Costantino ⟨Armenopulo⟩
Harmenopoulos, Constantin
Harmenopoulos, Constantine
Harmenopoulos, George
Harmenopulos, Kōnstantinos
Harmenopulos, Konstantinos
Harmenopulus, Constantin
Harmenopulus, Constantinos
Harmenopulus, Constantinus
Hermenopulus, Constantinus
Konstantin ⟨Harmenopulos⟩
Konstantinos ⟨Armenopulos⟩
Konstantinos ⟨Harmenopulos⟩
Kōnstantinos ⟨ho Harmenopulos⟩

Constantinus ⟨Hermoniacus⟩
14. Jh.
Tusculum-Lexikon; CSGL
Costantino ⟨Ermoniaco⟩
Hermoniacus, Constantinus
Hermoniakos, Konstantinos
Konstantinos ⟨Hermoniakos⟩

Constantinus ⟨Imperium Byzantinum, Imperator, III.⟩
6./7. Jh.
Stephanus et universi episcopi concilii Byzaceni: Epistula ad Constantinum Augustum; Epistula Johannis IV papae ad Constantinum III imperatorem
Cpl 876; Cpg 9383
Constantinus ⟨Augustus, III.⟩
Constantinus ⟨Oströmisches Reich, Kaiser, III.⟩
Konstantinos ⟨Oströmischer Kaiser, III.⟩

Constantinus ⟨Imperium Byzantinum, Imperator, IV.⟩
652 – 685
Sacra Constantini IV imperatoris ad Domnum papam; Selectarum praeceptionum de agricultura; Epistulae
Cpg 9416; LMA,V,1376
Constantin ⟨Empereur d'Orient, IV.⟩
Constantin ⟨Pogonat⟩
Constantine ⟨Emperor of Constantinople, IV.⟩
Constantinus ⟨Augustus, IV.⟩
Constantinus ⟨Emperor of the East, IV.⟩
Constantinus ⟨Imperator Pogonatus⟩
Constantinus ⟨Pogonatus⟩
Konstantin ⟨Byzantinischer Kaiser, IV.⟩
Konstantinos ⟨Byzantinischer Kaiser, IV.⟩
Konstantinos ⟨Pogonatos⟩
Pogonatus, Constantinus

Constantinus ⟨Imperium Byzantinum, Imperator, VI.⟩
um 771/97
LMA,V,1376
Constantin ⟨Empereur d'Orient, VI.⟩
Constantine ⟨Emperor, VI.⟩
Constantinus ⟨Imperator, VI.⟩
Konstantin ⟨Byzantinischer Kaiser, VI.⟩
Konstantinos ⟨Byzantinischer Kaiser, VI.⟩

Constantinus ⟨Imperium Byzantinum, Imperator, VII.⟩
905 – 959
Tusculum-Lexikon; CSGL; LMA,V,1377/78
Constantin ⟨Cesar⟩
Constantine ⟨Porphyrogenitus⟩
Constantinus ⟨Caesar⟩
Constantinus ⟨Porphyrogenetus⟩
Constantinus ⟨Porphyrogenneta⟩
Constantinus ⟨Porphyrogennetus⟩
Costantino ⟨Porfirogenito⟩
Konstantin ⟨Byzantinisches Reich, Kaiser, VII.⟩
Konstantin ⟨Porphyrogennetus⟩
Konstantinos ⟨Byzantinisches Reich, Kaiser, VII.⟩
Kōnstantinos ⟨ho Porphyrogennētos⟩
Kōnstantinos ⟨Porphyrogennētos⟩
Porphyrogenneta, Constantinus
Porphyrogennetus, Constantinus

Constantinus ⟨Iudex⟩
→ **Constantinus ⟨Harmenopulus⟩**

Constantinus ⟨Laodiceae Episcopus⟩
→ **Constantinus ⟨Episcopus Laodiceae⟩**

Constantinus ⟨Lascaris⟩
→ **Laskaris, Kōnstantinos**

Constantinus ⟨Logotheta⟩
→ **Constantinus ⟨Acropolita⟩**

Constantinus ⟨Magister⟩
→ **Constantinus ⟨Pisanus⟩**

Constantinus ⟨Magnus⟩
→ **Constantinus ⟨Acropolita⟩**

Constantinus ⟨Manasses⟩
12. Jh.
Tusculum-Lexikon; CSGL; LMA,VI,184
Constantino ⟨Manasse⟩
Costantino ⟨Manasse⟩
Konstantin ⟨Manasi⟩
Konstantin ⟨Manasij⟩
Kōnstantinos ⟨ho Manassēs⟩
Konstantinos ⟨Manasses⟩
Manasi, Konstantin
Manasses
Manasses, Constantinus
Manassēs, Kōnstantinos

Constantinus ⟨Medices⟩
→ **Constantinus ⟨de Urbe Vetere⟩**

Constantinus ⟨Meister⟩
→ **Constantinus ⟨Africanus⟩**

Constantinus ⟨Meliteniota⟩
gest. 1307
CSGL
Constantinus ⟨Archidiaconus⟩
Constantinus ⟨Constantinopolitanus⟩
Constantinus ⟨Meliteriota⟩
Kōnstantinos ⟨ho Melitēniōtēs⟩
Konstantinos ⟨Meliteniotes⟩
Meliteniota, Constantinus
Meliteniotes, Konstantinos

Constantinus ⟨Metaphrastes, Iunior⟩
→ **Constantinus ⟨Acropolita⟩**

Constantinus ⟨Metensis⟩
→ **Constantinus ⟨Sancti Symphoriani⟩**

Constantinus ⟨Miciacensis⟩
um 988/1021
Epistula ad Gerbertum Remensem; nicht identisch mit Constantius ⟨Lugdunensis⟩
LMA,III,170
Constantin ⟨de Micy-Saint-Mesmin⟩
Constantin ⟨von Fleury⟩
Constantin ⟨von Micy⟩
Constantinus ⟨Floriacensis⟩

Constantinus ⟨Nomophylax⟩
→ **Constantinus ⟨Harmenopulus⟩**

Constantinus ⟨of Carthage⟩
→ **Constantinus ⟨Africanus⟩**

Constantinus ⟨of Monte Cassino⟩
→ **Constantinus ⟨Africanus⟩**

Constantinus ⟨of Rhodes⟩
→ **Constantinus ⟨Rhodius⟩**

Constantinus ⟨Oströmisches Reich, Kaiser, ...⟩
→ **Constantinus ⟨Imperium Byzantinum, Imperator, ...⟩**

Constantinus ⟨Papa, I.⟩
gest. 715
LMA,III,170
Constantin ⟨Pape, I.⟩
Constantine ⟨Pope, I.⟩
Constantinus ⟨Syrus⟩
Costantino ⟨Papa, I.⟩
Konstantin ⟨Papst, I.⟩

Constantinus ⟨Papa, II., Antipapa⟩
gest. 768
LMA,III,170/71
Constantin ⟨Pape, II., Antipape⟩
Constantine ⟨Pope, II., Antipope⟩
Constantinus ⟨Antipapa⟩
Costantino ⟨Papa, II., Antipapa⟩
Konstantin ⟨Papst, II., Gegenpapst⟩

Constantinus ⟨Patriarcha⟩
→ **Constantinus ⟨Constantinopolitanus⟩**

Constantinus ⟨Philosophus⟩
→ **Cyrillus ⟨Sanctus⟩**

Constantinus ⟨Pisanus⟩
um 1257
Liber secretorum alchimiae; nicht identisch mit Constantinus ⟨Africanus⟩
Constantine ⟨Master⟩
Constantine ⟨of Pisa⟩
Constantinus ⟨de Pisa⟩
Constantinus ⟨Magister⟩
Pisanus, Constantinus

Constantinus ⟨Pogonatus⟩
→ **Constantinus ⟨Imperium Byzantinum, Imperator, IV.⟩**

Constantinus ⟨Porphyrogennetus⟩
→ **Constantinus ⟨Imperium Byzantinum, Imperator, VII.⟩**

Constantinus ⟨Presbyter⟩
→ **Konstantin ⟨Preslavski⟩**

Constantinus ⟨Psellus⟩
→ **Michael ⟨Psellus⟩**

Constantinus ⟨Rheginus⟩
→ **Constantinus ⟨Africanus⟩**

Constantinus ⟨Rhodius⟩
10. Jh.
LMA,V,1398
Constantin ⟨le Rhodien⟩
Constantinus ⟨of Rhodes⟩
Costantino ⟨di Rodi⟩
Konstantinos ⟨der Rhodier⟩
Konstantinus ⟨Rhodios⟩
Rhodius, Constantinus

Constantinus ⟨Sancti Symphoriani⟩
gest. 1024
Vita Adalberonis II.
Constantin ⟨Abbé⟩
Constantin ⟨de Saint-Symphorien⟩
Constantinus ⟨Abbas⟩
Constantinus ⟨Metensis⟩
Sancti Symphoriani, Constantinus

Constantinus ⟨Siculus⟩
→ **Constantinus ⟨Africanus⟩**

Constantinus ⟨Siculus⟩
9. Jh.
Tusculum-Lexikon; CSGL
Costantino ⟨Siculo⟩
Konstantinos ⟨der Sizilier⟩
Siculus, Constantinus

Constantinus ⟨Stilbes⟩
um 1193
Tusculum-Lexikon; CSGL
Kōnstantinos ⟨ho Stilbēs⟩
Konstantinos ⟨Stilbes⟩
Stilbes, Constantinus

Constantinus ⟨Syrus⟩
→ **Constantinus ⟨Papa, I.⟩**

Constantinus ⟨Thessalonicensis⟩
→ **Constantinus ⟨Harmenopulus⟩**
→ **Cyrillus ⟨Sanctus⟩**

Constantinus ⟨Urbevetanus⟩
→ **Constantinus ⟨de Urbe Vetere⟩**

Constantinus, Antonius
→ **Antonius ⟨Constantius⟩**

Constantinus, Cyrillus
→ **Cyrillus ⟨Sanctus⟩**

Constantius ⟨Comes⟩
6. Jh.
Relatio XXX Constantius Comes Symmacho (Collectio Avellana)
Cpl 1584
Comes, Constantius

Constantius ⟨de Capri⟩
15. Jh. · OESA
Martyrium b. Antonii de Ripolis
Rep.Font. III,659
Capri, Constantius ¬de¬
Constantius ⟨Eremit⟩
Costanzo ⟨de Capri⟩

Constantius ⟨de Fabriano⟩
gest. 1481 · OP
Epistola de virtutibus Conradini Bornati Brixiensis
Kaeppeli,I,294
Constant ⟨de Fabriano⟩
Fabriano, Constantius ¬de¬

Constantius ⟨Eremit⟩
→ **Constantius ⟨de Capri⟩**

Constantius ⟨Fanensis⟩
→ **Antonius ⟨Constantius⟩**

Constantius, Antonius
→ **Antonius ⟨Constantius⟩**

Constantius, Paulus
→ **Hus, Jan**

Contardus, Ingetus
→ **Ingetus ⟨Contardus⟩**

Contarenus, Franciscus
1421 – 1460/75
Historia Etruriae
LMA,III,186; Rep.Font. III,642
Contarini, Francesco
Contarini, François
Francesco ⟨Contarini⟩
Franciscus ⟨Contarenus⟩
François ⟨Contarini⟩

Contarin ⟨Hagiographe⟩
→ **Contarinus ⟨Clericus⟩**

Contarini, Ambrogio
gest. 1499
Itinerario
LMA,III,184; Rep.Font. III,642
Ambrogio ⟨Contarini⟩
Ambroise ⟨Contarini⟩
Contarini, Ambroise

Contarini, Francesco
→ **Contarenus, Franciscus**

Contarinus ⟨Clericus⟩
12. Jh.
Miracula beatissimi Iacobi noviter facta
Rep.Font. III,643
Contarin ⟨Clerc Italien⟩
Contarin ⟨Hagiographe⟩

Conti, Lotario
→ **Innocentius ⟨Papa, III.⟩**

Conti, Niccolò ¬dei¬
ca. 1395 – 1469
Tusculum-Lexikon; Potth.; LMA,III,197/98
Conti, Nicolò ¬de'¬
DeiConti, Niccolò
Niccolò ⟨dei Conti⟩
Nicolao ⟨il Veneciano⟩
Nicolao ⟨Veneto⟩
Nicolas ⟨de Venise⟩
Nicolaus ⟨Venetus⟩

Contis, Antonius
→ **Antonius ⟨Contis⟩**

Conton, Robertus
→ **Robertus ⟨Cowton⟩**

Contractus, Hermannus
→ **Hermannus ⟨Augiensis⟩**

Contractus, Johannes
→ **Johannes ⟨Contractus⟩**

Contredit, Andrieu
→ **Andrieu ⟨Contredit⟩**

Conty, Evrart ¬de¬
→ **Evrart ⟨de Conty⟩**

Contz ⟨von Wille⟩
→ **Kunz ⟨von Wille⟩**

Convenevole ⟨de Prato⟩
1270 – ca. 1336
Carmina; Ad Robertum Siciliae Regem
Rep.Font. III,646
Convenevole ⟨da Prato⟩
Convenevole ⟨Maestro del Petrarca⟩
Convennole ⟨de Prato⟩
Prato, Convenevole ¬de¬

Conversini, Giovanni
→ **Giovanni ⟨Conversini⟩**

Conway, Barthélemy ¬de¬
→ **Bartholomaeus ⟨Culeius⟩**

Conway, Rogerus
→ **Rogerus ⟨Conway⟩**

Copho
12. Jh.
Practica Cophonis; Anatomia porci (=Pseudo-Copho)
LMA,III,214
Copho ⟨Magister⟩
Copho ⟨Medicus⟩
Cophon
Pseudo-Copho

Coplär ⟨von Salzburg⟩
→ **Koplär, Hans**

Coppi ⟨von San Gimignano⟩
→ **Johannes ⟨de Sancto Geminiano⟩**

Coppi, Agnolo
um 1390
Chronichetta di S. Gemignano
Rep.Font. III,648
Agnolo ⟨Coppi⟩
Agnolo ⟨Coppi di Vanni⟩
Ange ⟨de San Gimignano⟩

Coppo, Giovanni ¬di¬
→ **Johannes ⟨de Sancto Geminiano⟩**

Coppo Stefani, Marchiònne ¬di¬
→ **Marchiònne ⟨di Coppo Stefani⟩**

Copris, Theodorus
→ **Theodorus ⟨Copris⟩**

Coptites, Christodorus
→ **Christodorus ⟨Coptites⟩**

Coq, Jean ¬le¬
→ **LeCoq, Jean**

Cora, Ambrosius ¬de¬
→ **Ambrosius ⟨de Cori⟩**

Coral, Petrus
gest. 1285
Verf. eines Teils der Collectanea Lemovicensia
Rep.Font. III,503; III,648
Coral, Pierre
Petrus ⟨Coral⟩
Petrus ⟨Lemovicensis⟩
Petrus ⟨Sancti Martini Abbas⟩
Pierre ⟨Coral⟩

Corazza, Bartolomeo ¬del¬
→ **DelCorazza, Bartolomeo**

Corbara, Francesco ¬di¬
→ **Francesco ⟨di Montemarte e Corbara⟩**

Corbeia, Simon ¬de¬
→ **Simon ⟨de Corbeia⟩**

Corbeil Michael ¬de¬
→ **Michael ⟨Meldensis⟩**

Corbeil, Pierre ¬de¬
→ **Pierre ⟨de Corbeil⟩**

Corbeius, Martinus
→ **Martinus ⟨Corbeius⟩**

Corbizzeschi, Michele
um 1470/80
De bona et mala fortuna (ital.)
Rep.Font. III,648
Corbizzeschi, Michele di Francesco
Michele ⟨Corbizzeschi⟩
Michele ⟨di Francesco Corbizzeschi⟩

Corbueil, François
→ **Villon, François**

Corcadi, Petrus
um 1342
Cronaca del codice lucchese Orsucci (lat. u. ital.)
Rep.Font. III,648; III,401
Corcadi, Pietro
Petrus ⟨Corcadi⟩
Petrus ⟨Volsiniensis⟩
Pietro ⟨Corcadi⟩

Corcellis, Thomas ¬de¬
→ **Thomas ⟨de Corcellis⟩**

Cordella, Guilelmus ¬de¬
→ **Guilelmus ⟨de Cordella⟩**

Cordo, Simon ¬a¬
→ **Simon ⟨Ianuensis⟩**

Cordoba, Alfonsus ¬de¬
→ **Alfonsus ⟨de Cordoba⟩**

Cordoba, Fernandus ¬de¬
→ **Fernandus ⟨de Cordoba⟩**

Córdoba, Martín ¬de¬
→ **Martín ⟨de Córdoba⟩**

Corduba, Alphonsus Martinus
→ **Martinus ⟨Alphonsi⟩**

Corella, Dominicus ¬de¬
→ **Dominicus ⟨de Corella⟩**

Corella, Joan Rois ¬de¬
→ **Joan ⟨Rois de Corella⟩**

Corgna, Pier Filippo ¬della¬
→ **Corneus, Petrus Philippus**

Cori, Ambrosius ¬de¬
→ **Ambrosius ⟨de Cori⟩**

Coricio ⟨di Gaza⟩
→ **Choricius ⟨Gazaeus⟩**

Corinthius, Georgius
→ **Gregorius ⟨Pardus⟩**

Corinthius, Gregorius
→ **Gregorius ⟨Pardus⟩**

Coriolano, Ambroise
→ **Ambrosius ⟨de Cori⟩**

Coriolanus ⟨Cippicus⟩
→ **Cippicus, Coriolanus**

Coriolanus, Ambrosius
→ **Ambrosius ⟨de Cori⟩**

Corippus, Flavius Cresconius
um 550 n. Chr.
Nicht identisch mit Cresconius (um 690 n. Chr.)
CSGL; Potth.; LMA,III,237/38
Coripe
Coripo
Coripus
Corippus ⟨Afer⟩
Corippus ⟨Africanus⟩
Corippus ⟨aus Afrika⟩
Corippus ⟨aus Nordafrika⟩
Corippus ⟨Grammatiker⟩
Corippus ⟨Lateinischer Dichter⟩
Corippus ⟨Römischer Epiker⟩
Corippus, Cresconius
Corippus Afer, Flavius Cresconius
Cresconius ⟨Corippus⟩
Cresconius Corippus, Flavius
Cresconius Corippus, Flavius
Flavius ⟨Corippus⟩
Flavius Cresconius ⟨Corippus⟩

Cormanus ⟨Scotus⟩
um 630
Commentarii in s. scripturam
Stegmüller, Repert. bibl. 2026
Corman ⟨Ecossais⟩
Cormanus ⟨Apostolus Northumbrorum⟩
Scotus, Cormanus

Cornaco, Rodulfus ¬de¬
→ **Rudolfus ⟨de Cornaco⟩**

Cornaro, Pietro
um 1374/81
Dispacci
Rep.Font. III,650
Pietro ⟨Cornaro⟩

Cornazzano, Antonio
1429/30 – 1484, bzw. 1501
Libro dell'arte del danzare; Vita della Vergine Maria; Sonetti e Canzone; etc.
LMA,III,241/42; Rep.Font. III,650
Antonio ⟨Cornazzano⟩
Antonius ⟨Cornazzanus⟩
Cornazano, ...
Cornazano, Antonio
Cornazzanus, Antonius

Cornazzano, Giovanni ¬da¬
→ **Johannes ⟨de Cornazano⟩**

Corneille ⟨Chroniqueur⟩
→ **Cornelius ⟨Fuldensis⟩**

Corneille ⟨de Fulde⟩
→ **Cornelius ⟨Fuldensis⟩**

Corneille ⟨de Liège⟩
→ **Cornelius ⟨Leodiensis⟩**

Corneille ⟨de Saint-Jacques⟩
→ **Cornelius ⟨de Santvliet⟩**
→ **Cornelius ⟨Leodiensis⟩**

Corneille ⟨de Saint-Laurent⟩
→ **Cornelius ⟨Leodiensis⟩**

Corneille ⟨de Santvliet⟩
→ **Cornelius ⟨de Santvliet⟩**

Corneille ⟨de Stavelot⟩
→ **Cornelius ⟨de Santvliet⟩**

Corneille ⟨Menghers⟩
→ **Cornelius ⟨de Santvliet⟩**

Corneille ⟨Moine⟩
→ **Cornelius ⟨Fuldensis⟩**

Cornelia ⟨Adrichomia⟩
Lebensdaten nicht ermittelt · OESA
Psalmi Davidis carminibus redditi
Stegmüller, Repert. bibl. 2027
Adrichomia, Cornelia

Cornelius ⟨Bruder⟩
um 1450
Offenbarungen
VL(2),2,13
Bruder Cornelius
Cornelius ⟨Kreuzbruder⟩

Cornelius ⟨de Santvliet⟩
gest. 1461 · OSB
Chronica
Rep.Font. III,651; Potth. 1124
Conradus ⟨Sancti Leonardi Leodiensis⟩
Corneille ⟨de Saint-Jacques de Liège⟩
Corneille ⟨de Santvliet⟩
Corneille ⟨de Stavelot⟩

Corneille ⟨Menghers⟩
Cornelius ⟨de Zantfliet⟩
Cornelius ⟨Menghers⟩
Cornelius ⟨Sancti Jacobi Leodiensis⟩
Cornelius ⟨Sancti Jacobi Leodiensis Monachus⟩
Cornelius ⟨Santfliet⟩
Cornelius ⟨Zantfliet⟩
Cornelius ⟨Zantvliet⟩
Menghers, Cornelius
Santvliet, Cornelius ¬de¬
Zantfliet, Cornelius

Cornelius ⟨de Zantfliet⟩
→ **Cornelius ⟨de Santvliet⟩**

Cornelius ⟨Fuldensis⟩
gest. 1468
Breviarium Fuldense historiam (744-1468)
Rep.Font. III,651
Corneille ⟨Chroniqueur⟩
Corneille ⟨de Fulde⟩
Corneille ⟨Moine⟩
Cornelius ⟨Monachus Fuldensis⟩

Cornelius ⟨Kreuzbruder⟩
→ **Cornelius ⟨Bruder⟩**

Cornelius ⟨Leodiensis⟩
11. Jh.
Vita metrica beati Mauri
Rep.Font. III,651
Corneille ⟨de Liège⟩
Corneille ⟨de Saint-Jacques⟩
Corneille ⟨de Saint-Laurent⟩
Cornelius ⟨Monachus Sancti Jacobi Leodiensis⟩
Cornelius ⟨Sancti Jacobi⟩

Cornelius ⟨Menghers⟩
→ **Cornelius ⟨de Santvliet⟩**

Cornelius ⟨Monachus Fuldensis⟩
→ **Cornelius ⟨Fuldensis⟩**

Cornelius ⟨Sancti Jacobi⟩
→ **Cornelius ⟨de Santvliet⟩**
→ **Cornelius ⟨Leodiensis⟩**

Cornelius ⟨Santfliet⟩
→ **Cornelius ⟨de Santvliet⟩**

Cornelius ⟨Zantfliet⟩
→ **Cornelius ⟨de Santvliet⟩**

Corneo, Pierfilippo
→ **Corneus, Petrus Philippus**

Corner, Hermann
→ **Korner, Hermannus**

Cornet, Raimon ¬de¬
→ **Raimon ⟨de Cornet⟩**

Corneus, Petrus Philippus
1385 – 1462
Consilia; Digestum Vetus
Corgna, Pier Filippo ¬della¬
Corneo, Pier Filippo
Corneo, Pierfilippo
Corneo, Pier-Philippe
Cornio, Petrus P. ¬de¬
Cornio, Pietro P.
DellaCorgna, Pier Filippo
Petrus Philippus ⟨Corneus⟩
Pier Filippo ⟨della Corgna⟩

Cornu, Gautier
→ **Gualterus ⟨Cornutus⟩**

Cornualle, Heldris ¬de¬
→ **Heldris ⟨de Cornualle⟩**

Cornubia, Andreas ¬de¬
→ **Andreas ⟨de Cornubia⟩**

Cornubia, Godefridus ¬de¬
→ **Godefridus ⟨de Cornubia⟩**

Cornubia, Petrus ¬de¬
→ **Petrus ⟨de Cornubia⟩**

Cornubius, Johannes
→ **Johannes ⟨Cornubiensis⟩**

Cornus von Mirandula, Andreas
→ **Corvus, Andreas**

Cornutus
9./10. Jh.
Commentum in Persium; Commentum super Focam; Scholia in Iuvenalem
Clavis,1,281 ff.
Cornutus ⟨Auteur de Commentaires⟩
Pseudo-Cornutus
Pseudo-Cornutus, Lucius Annaeus

Cornutus, Gualterus
→ **Gualterus ⟨Cornutus⟩**

Coronatus ⟨Notarius⟩
8. Jh.
Vita S. Zenonis Veronensis episcopi
Cpl 209
Rep.Font. III,652
Coronat ⟨Notaire⟩
Coronatus ⟨Notarius Veronensis⟩
Coronatus ⟨Veronensis⟩
Notarius Coronatus

Corradi, Petrutius Angeli
→ **Petrutius ⟨Angeli Corradi⟩**

Corradino ⟨Bornati⟩
→ **Conradinus ⟨Bornatus⟩**

Corrado ⟨da Offida⟩
→ **Conradus ⟨de Offida⟩**

Corrado ⟨della Suburra⟩
→ **Anastasius ⟨Papa, IV.⟩**

Corrado ⟨di Megenberg⟩
→ **Conradus ⟨de Megenberg⟩**

Corrado ⟨di Sassonia⟩
→ **Conradus ⟨de Saxonia⟩**

Corradus ⟨...⟩
→ **Conradus ⟨...⟩**

Corral, Pedro ¬de¬
um 1430
Crónica Sarracena
Rep.Font. III,652
Corral, Pedro ¬del¬
Pedro ⟨de Corral⟩
Pedro ⟨del Corral⟩
Petrus ⟨de Corral⟩

Corrarius, Antonius
1369 – 1445
Progne; Quomodo educari debeant pueri et erudiri; Ad Caeciliam virginem de fugiendo saeculo
LMA,III,281
Antonio ⟨Corraro⟩
Antonio ⟨Correr⟩
Antonius ⟨Corarius⟩
Antonius ⟨Corrarius⟩
Antonius ⟨Corrarius Venetus⟩
Antonius ⟨Ostiensis⟩
Antonius ⟨Venetus⟩
Correr, Antonio

Corrarius, Gregorius
→ **Gregorius ⟨Corrarius⟩**

Correger, Petrus
→ **Petrus ⟨Correger⟩**

Correggio, Niccolò ¬da¬
→ **Niccolò ⟨da Correggio⟩**

Correr, Angelo
→ **Gregorius ⟨Papa, XII.⟩**

Correr, Antonio
→ **Corrarius, Antonius**

Correr, Gregorio
→ **Gregorius ⟨Corrarius⟩**

Corsini, Andreas
→ **Andreas ⟨Corsini⟩**

Corsini, Matteo
1322 – 1402
Libro di ricordanze (1362 - 1402)
Rep.Font. III,653
Corsini, Matthieu
Matteo ⟨Corsini⟩
Matthieu ⟨Corsini⟩

Cortemilia, Guilelmus ¬de¬
→ **Guilelmus ⟨de Cortemilia⟩**

Cortesius, Alexander
1460 – 1490
De virtutibus bellicis Matthiae Corvini Hungariae regis invictissimi; Oratio habita in aede d. Petri in Epiphania; Silva de triumphata Bassa, Almeria, Granata; Oratio; VIII folia Antivallae (tatsächl. Verf. vielleicht dessen Vater Cortesius, Antonius)
Rep.Font. II,653
Alessandro ⟨Cortesi⟩
Alexander ⟨Cortesius⟩
Alexandre ⟨Cortese⟩
Cortese, Alexandre
Cortesi, Alessandro

Cortesius, Antonius
gest. 1474
VIII folia Antivallae (wird auch seinem Sohn Cortesius, Alexander zugeschrieben)
Rep.Font. III,654
Antoine ⟨Cortese⟩
Antonio ⟨Cortesi⟩
Antonius ⟨Cortesius⟩
Cortese, Antoine
Cortesi, Antonio

Corti, Francesco
→ **Franciscus ⟨Curtius⟩**

Cortona, Elias ¬de¬
→ **Elias ⟨de Cortona⟩**

Cortona, Margherita ¬da¬
→ **Margherita ⟨da Cortona⟩**

Cortona, Vitus ¬de¬
→ **Vitus ⟨de Cortona⟩**

Cortraco, Sigerus ¬de¬
→ **Sigerus ⟨de Cortraco⟩**

Cortusius, Guilelmus
→ **Guilelmus ⟨Cortusius⟩**

Cortyelles, Ramón Astruch ¬de¬
→ **Ramón ⟨Astruch⟩**

Corvaria, Guido ¬de¬
→ **Guido ⟨de Corvaria⟩**

Corveheda, Petrus ¬de¬
→ **Petrus ⟨de Corveheda⟩**

Corvey, Widukind ¬von¬
→ **Widukindus ⟨Corbeiensis⟩**

Corvi, Andrea
→ **Corvus, Andreas**

Corvi da Brescia, Guglielmo ¬de¬
→ **Guilelmus ⟨Brixiensis⟩**

Corvi de Mirandola, André
→ **Corvus, Andreas**

Corvinus, Andreas
→ **Corvus, Andreas**

Corvinus, Mathias
→ **Mátyás ⟨Magyarország, Király, I.⟩**

Corvis, Guilelmus ¬de¬
→ **Guilelmus ⟨Brixiensis⟩**

Corvus, Andreas
um 1470
Chiromantia
André ⟨de Mirandola⟩
Andrea ⟨Corvo⟩
Andrea ⟨Corvo della Mirandola⟩
Andreas ⟨Corvinus⟩
Andreas ⟨Corvus von Mirandula⟩
Cornus von Mirandula, Andreas
Corvi, André
Corvi, Andrea
Corvi de Mirandola, André
Corvinus, Andreas
Corvo, Andrea
Corvo della Mirandola, Andrea
Corvum, Andry
Corvus Mirandulensis, Andreas
Corvus von Mirandula, Andreas
Mirandola, André ¬de¬
Mirandula, Andreas Corvus ¬von¬

Cosenza, Telesphorus ¬de¬
→ **Telesphorus ⟨de Cusentia⟩**

Cosimo Gentile ⟨de'Migliorati⟩
→ **Innocentius ⟨Papa, VII.⟩**

Cosma ⟨di Praga⟩
→ **Cosmas ⟨Pragensis⟩**

Cosma ⟨Indicopleusta⟩
→ **Cosmas ⟨Indicopleustes⟩**

Cosma ⟨Innografo⟩
→ **Cosmas ⟨Hierosolymitanus⟩**

Cosmas
→ **Kirill ⟨Belozerskij⟩**

Cosmas ⟨Astrologus⟩
→ **Cosmas ⟨Hierosolymitanus⟩**

Cosmas ⟨Dekan⟩
→ **Cosmas ⟨Pragensis⟩**

Cosmas ⟨Epigrammaticus⟩
→ **Cosmas ⟨Hierosolymitanus⟩**

Cosmas ⟨Hagiopolites⟩
→ **Cosmas ⟨Hierosolymitanus⟩**

Cosmas ⟨Hierosolymitanus⟩
gest. 781
Scholien zu Gedichten des Gregorius Nazianzenus
LThK; CSGL; LMA,V,1458
Cosma ⟨Innografo⟩
Cosmas ⟨Astrologus⟩
Cosmas ⟨Epigrammaticus⟩
Cosmas ⟨Hagiopolites⟩
Cosmas ⟨Hymnographus⟩
Cosmas ⟨Magnus⟩
Cosmas ⟨Magnus Melodus⟩
Cosmas ⟨Maiumae⟩
Cosmas ⟨Maiumae Episcopus⟩
Cosmas ⟨Mechanicus⟩
Cosmas ⟨Melodes⟩
Cosmas ⟨Melodus⟩
Cosmas ⟨of Jerusalem⟩
Cosmas ⟨of Majuma⟩
Cosmas ⟨Poeta⟩
Cosmas ⟨Praedicator⟩
Cosmas ⟨Scholasticus⟩
Cosme ⟨de Jérusalem⟩
Hierosolymitanus, Cosmas
Kosmas ⟨der Melode⟩
Kosmas ⟨Hagiopolites⟩
Kosmas ⟨von Jerusalem⟩
Kosmas ⟨von Maguma⟩
Maguma, Kosmas ¬von¬

Cosmas ⟨Hymnographus⟩
→ **Cosmas ⟨Hierosolymitanus⟩**

Cosmas ⟨Indicopleustes⟩
6. Jh.
Tusculum-Lexikon; CSGL; LMA,V,1457/58
Cosma ⟨Indicopleusta⟩
Cosmas ⟨Monachus⟩
Indicopleustes, Cosmas
Kosmas ⟨Indikopleustes⟩

Cosmas ⟨Magnus⟩
→ **Cosmas ⟨Hierosolymitanus⟩**

Cosmas ⟨Maiumae⟩
→ **Cosmas ⟨Hierosolymitanus⟩**

Cosmas ⟨Mechanicus⟩
→ **Cosmas ⟨Hierosolymitanus⟩**

Cosmas ⟨Melodes⟩
→ **Cosmas ⟨Hierosolymitanus⟩**

Cosmas ⟨Migliorati⟩
→ **Innocentius ⟨Papa, VII.⟩**

Cosmas ⟨Monachus⟩
→ **Cosmas ⟨Indicopleustes⟩**

Cosmas ⟨of Jerusalem⟩
→ **Cosmas ⟨Hierosolymitanus⟩**

Cosmas ⟨of Majuma⟩
→ **Cosmas ⟨Hierosolymitanus⟩**

Cosmas ⟨Poeta⟩
→ **Cosmas ⟨Hierosolymitanus⟩**

Cosmas ⟨Praedicator⟩
→ **Cosmas ⟨Hierosolymitanus⟩**

Cosmas ⟨Pragensis⟩
ca. 1045 – 1125
Tusculum-Lexikon; LThK; CSGL; LMA,III,300/01
Cosma ⟨di Praga⟩
Cosmas ⟨Dekan⟩
Cosmas ⟨von Prag⟩
Kosmas
Kosmas ⟨von Prag⟩

Cosmas ⟨Presbyter⟩
→ **Kozma ⟨Presviter⟩**

Cosmas ⟨Scholasticus⟩
→ **Cosmas ⟨Hierosolymitanus⟩**

Cosmas ⟨Vestitor⟩
ca. 730 – ca. 850
Tusculum-Lexikon; CSGL
Bestetor, Kosmas
Kosmas ⟨Bestetor⟩
Vestitor, Cosmas

Cosmas ⟨von Prag⟩
→ **Cosmas ⟨Pragensis⟩**

Cosme ⟨de Jérusalem⟩
→ **Cosmas ⟨Hierosolymitanus⟩**

Cosme ⟨Migliorati⟩
→ **Innocentius ⟨Papa, VII.⟩**

Cosmè ⟨Tura⟩
→ **Tura, Cosmè**

Cosmiprot, Sigismundus
→ **Gossembrot, Sigismundus**

Cossa, Balthasar
→ **Johannes ⟨Papa, XXIII.⟩**

Cossey, Henricus ¬de¬
→ **Henricus ⟨de Cossey⟩**

Costa ben Luca
→ **Qusṭā Ibn-Lūqā**

Costantino ⟨Acropolite⟩
→ **Constantinus ⟨Acropolita⟩**

Costantino ⟨Africano⟩
→ **Constantinus ⟨Africanus⟩**

Costantino ⟨Anagnosta⟩
→ **Constantinus ⟨Anagnosta⟩**

Costantino ⟨Armenopulo⟩
→ **Constantinus ⟨Harmenopulus⟩**

Costantino ⟨d'Assiut⟩
→ **Konstantin ⟨von Asiūṭ⟩**

Costantino ⟨di Rodi⟩
→ **Constantinus ⟨Rhodius⟩**

Costantino ⟨Ermoniaco⟩
→ **Constantinus ⟨Hermoniacus⟩**

Costantino ⟨Lascaris⟩
→ **Laskaris, Kōnstantinos**

Costantino ⟨Manasse⟩
→ **Constantinus ⟨Manasses⟩**

Costantino ⟨Papa, ...⟩
→ **Constantinus ⟨Papa, ...⟩**

Costantino ⟨Porfirogenito⟩
→ **Constantinus ⟨Imperium Byzantinum, Imperator, VII.⟩**

Costantino ⟨Siculo⟩
→ **Constantinus ⟨Siculus⟩**

Costanzo ⟨de Capri⟩
→ **Constantius ⟨de Capri⟩**

Costanzo, Antonio
→ **Antonius ⟨Constantius⟩**

Coste, Antonius
→ **Antonius ⟨Coste⟩**

Costebius
um 1360
Apoc.
Stegmüller, Repert. bibl. 2028
Costebius ⟨Théologien Anglais⟩

Costen, Joachim
um 1500 · OP
Epp. Pauli
Stegmüller, Repert. bibl. 4009
Costen, Joachimus
Joachim ⟨Costen⟩
Joachimus ⟨Costen⟩

Costoza, Confortus ¬de¬
→ **Confortus ⟨Pulicis⟩**

Cothi, Lewis Glyn
→ **Lewis ⟨Glyn Cothi⟩**

Cothon, Robertus
→ **Robertus ⟨Cowton⟩**

Coti, Franciscus
→ **Franciscus ⟨de Perusio⟩**

Cotigniés, Martin ¬de¬
→ **Martin ⟨de Cotigniés⟩**

Cotrone, Nicolaus ¬de¬
→ **Nicolaus ⟨de Cotrone⟩**

Cotrugli, Benedetto
ca. 1410 – 1469
Della mercatura e del mercante perfetto
Rep.Font. VI,644
Benedetto ⟨Kotrugli-Raugeo⟩
Benedictus ⟨Cotrugli⟩
Benedikt ⟨Kotruljević⟩
Benko ⟨Kotruljević⟩
Beno ⟨Kotruljević⟩
Benoît ⟨Cotrugli⟩
Cotrugli, Benedictus
Cotrugli, Benoît
Cotrugli Raugeo, Benedetto
Kotrugli-Raugeo, Benedetto
Kotruljević, Benedikt
Kotruljević, Benko
Kotruljević, Beno
Raugeo, Benedetto
Raugeo, Benedetto Cotrugli

Cotta, Landolfo
→ **Landulfus ⟨Mediolanensis⟩**

Cotto, Johannes
→ **Johannes ⟨Affligemensis⟩**

Cotton, Bartholomaeus ¬de¬
→ **Bartholomaeus ⟨de Cotton⟩**

Cotton, Johannes
→ **Johannes ⟨Affligemensis⟩**

Cottus, Carolus
→ **Tocco, Carolus ¬de¬**

Coucy, Guy ¬de¬
→ **Guy ⟨de Coucy⟩**

Coucy, Matthieu ¬de¬
→ **Matthieu ⟨d'Escouchy⟩**

Counnout, Johannes ¬de¬
→ **Johannes ⟨Danck de Saxonia⟩**

Counrat ⟨...⟩
→ **Konrad ⟨...⟩**

Coupele, Pierrekin ¬de la¬
→ **Pierrekin ⟨de la Coupele⟩**

Courcy, Jean ¬de¬
→ **Jean ⟨de Courcy⟩**

Courlon, Geoffroy ¬de¬
→ **Galfredus ⟨de Collone⟩**

Couroirerie, Oede ¬de la¬
→ **Oede ⟨de la Couroierie⟩**

Courson, Robert
→ **Robertus ⟨de Curceto⟩**

Courtecuisse, Jean
→ **Johannes ⟨de Brevicoxa⟩**

Courtenay, William
→ **Guilelmus ⟨Herefordensis⟩**

Cous, Damocharis
→ **Damocharis ⟨Cous⟩**

Cousinot ⟨de Montreuil⟩
→ **Cousinot de Montreuil, Guillaume**

Cousinot, Guillaume
ca. 1370 – 1442
Chronist, Kanzler des Herzogs von Orléans; Onkel von Cousinot de Montreuil, Guillaume; Verfasserschaft von „Geste des nobles Français" umstritten
Rep.Font. III,660; LMA,III,321/22
Cousinot, Guillaume ⟨der Ältere⟩
Cousinot, Guillaume ⟨I.⟩
Guilelmus ⟨Cousinot⟩
Guillaume ⟨Cousinot, der Ältere⟩

Cousinot, Guillaume ⟨der Ältere⟩
→ **Cousinot, Guillaume**

Cousinot, Guillaume ⟨der Jüngere⟩
→ **Cousinot de Montreuil, Guillaume**

Cousinot de Montreuil, Guillaume
ca. 1400 – 1484
Königl. Rat, Gesandter des franz. Hofes; Neffe von Cousinot, Guillaume; Vielleicht Verf. von „Chronique de la pucelle"
Rep.Font. III,423; III,660; LMA,III,321/22
Cousinot ⟨de Montreuil⟩
Cousinot, Guillaume ⟨der Jüngere⟩
Cousinot, Guillaume ⟨II.⟩
Guillaume ⟨Cousinot, der Jüngere⟩
Montreuil, Guillaume Cousinot ¬de¬

Coussemaecker, Jan
→ **Johannes ⟨Caligator⟩**

Coussy, Mathieu ¬de¬
→ **Matthieu ⟨d'Escouchy⟩**

Coutances, André ¬de¬
→ **André ⟨de Coutances⟩**

Couvin, Watriquet ¬de¬
→ **Watriquet ⟨de Couvin⟩**

Coventria, Gualterus ¬de¬
→ **Gualterus ⟨de Coventria⟩**

Covertel, Ulrich
→ **Udalricus ⟨de Völkermarkt⟩**

Covino, Simon ¬de¬
→ **Simon ⟨de Covino⟩**

Cowley, Bartholomaeus ¬de¬
→ **Bartholomaeus ⟨Culeius⟩**

Cowton, Robertus
→ **Robertus ⟨Cowton⟩**

Coxida, Elias ¬de¬
→ **Elias ⟨de Coxida⟩**

Cozrohus ⟨Frisingensis⟩
um 824
Praefatio libri traditionum
Cozroh ⟨de Freising⟩
Cozroh ⟨Frisingensis⟩
Cozroh ⟨Notaire⟩
Cozroh ⟨Presbyter⟩
Cozroh ⟨Scriba⟩
Cozrohus ⟨Scriba⟩
Kozroh ⟨Frisingensis⟩
Kozroh ⟨Monachus⟩
Kozroh ⟨von Freising⟩

Cracovia, Benedictus ¬de¬
→ **Benedictus ⟨Hesse⟩**

Cracovia, Matthaeus ¬de¬
→ **Matthaeus ⟨de Cracovia⟩**

Cracovia, Stanislaus ¬de¬
→ **Stanislaus ⟨de Cracovia⟩**

Crafthorn
→ **Crathorn**

Craina, Andreas ¬de¬
→ **Zamometic, Andreas**

Cramaud, Simon ¬de¬
→ **Simon ⟨de Cramaud⟩**

Cranc, Klaus
→ **Kranc, Klaus**

Cranchis, Dojmo
→ **Cranchis, Domnius ¬de¬**

Cranchis, Domnius ¬de¬
gest. 1422
Bracie Insulae Descriptio
Rep.Font. V,565
Cranchis, Dojmo
Dojmo ⟨Cranchis⟩
Domnius ⟨de Cranchis⟩
Dujam ⟨Hrancović⟩
Hrancović, Dujam

Cranthorn
→ **Crathorn**

Craon, Maurice ¬de¬
12./13. Jh.
Maurice ⟨de Craon⟩
Maurice ⟨Troubadour⟩

Craon, Pierre ¬de¬
12./13. Jh.
Pierre ⟨de Craon⟩
Pierre ⟨Troubadour⟩

Crasso, Pietro
→ **Petrus ⟨Crassus⟩**

Crassulli, Philippe
→ **Crassullus, Angelus**

Crassullus, Angelus
14./15. Jh.
Annalium de rebus Tarentinis fragmentum
Rep.Font. III,671
Angelo ⟨Crassullo⟩
Angelus ⟨Crassullus⟩
Ange-Philippe ⟨Crasullo⟩
Crassulli, Philippe
Crassullo, Angelo
Crasullo, Ange-Philippe
Crasullo, Philippe
Philippe ⟨Crassulli⟩
Philippus ⟨Crasullo⟩

Crassus, Petrus
→ **Petrus ⟨Crassus⟩**

Crastonus, Johannes
→ **Johannes ⟨Crastonus⟩**

Crasullo, Ange-Philippe
→ **Crassullus, Angelus**

Crasullo, Philippe
→ **Crassullus, Angelus**

Crathorn
geb. ca. 1300 · OP
Die Vornamen sind ungewiß
Kaeppeli,I,295; LMA,III,336
Crafthorn
Cranthorn
Crathon
Crathorn ⟨Ordinis Praedicatorum⟩
Crauthorn
Crowthorn
Guilelmus ⟨Crafthorn⟩
Guilelmus ⟨Crathorn⟩
Johannes ⟨Crafthorn⟩
Johannes ⟨Crathorn⟩
Johannes ⟨von Crathorn⟩
Wilhelm ⟨von Crathorn⟩

Craticula, Johannes ¬de¬
→ **Johannes ⟨de Craticula⟩**

Craus, Jean
→ **Craws, Johannes**

Crauthorn
→ **Crathorn**

Craws, Johannes
um 1459
Imperatorum excelsa ducum Brunsvicensium domo oriundorum vitae
Rep.Font. III,671
Craus, Jean
Jean ⟨Craus⟩
Johannes ⟨Craws⟩

Crecencijs, Petrus ¬de¬
→ **Crescentiis, Petrus ¬de¬**

Crema, Antonio ¬da¬
→ **Antonio ⟨da Crema⟩**

Cremer, John
→ **Cremerus**

Cremerus
14. Jh.
Testamentum
Cremer, John
Cremerus ⟨Abbas Westmonasteriensis⟩
John ⟨Cremer⟩

Cremona, Accursu ¬di¬
→ **Accursu ⟨di Cremona⟩**

Cremona, Antonius ¬de¬
→ **Antonius ⟨de Cremona⟩**

Cremona, Bonifatius ¬de¬
→ **Bonifatius ⟨de Cremona⟩**

Cremona, Gregorius ¬de¬
→ **Gregorius ⟨de Cremona⟩**

Cremona, Guilelmus ¬de¬
→ **Guilelmus ⟨de Cremona⟩**

Cremona, Henricus ¬de¬
→ **Henricus ⟨de Cremona⟩**

Cremona, Johannes ¬de¬
→ **Johannes ⟨de Cremona⟩**

Cremona, Leonardus ¬de¬
→ **Leonardus ⟨de Cremona⟩**

Cremona, Liutprandus ¬de¬
→ **Liutprandus ⟨Cremonensis⟩**

Cremona, Praepositinus ¬de¬
→ **Praepositinus ⟨de Cremona⟩**

Cremona, Rolandus ¬de¬
→ **Rolandus ⟨de Cremona⟩**

Cremona, Simon ¬de¬
→ **Simon ⟨de Cremona⟩**

Crene, Adamus ¬de¬
→ **Adamus ⟨de Crene⟩**

Crescas, Ḥasdai
→ **Qreśqaś, Ḥasdây**

Crescencius ⟨de Grizzi⟩
→ **Crescentius ⟨Grizi⟩**

Crescencius ⟨de Iesi⟩
→ **Crescentius ⟨Grizi⟩**

Crescentiis, Petrus ¬de¬
1230 – 1321
Luber cultus ruris
Tusculum-Lexikon; LMA,VI,1969
Crecencijs, Petrus ¬de¬
Crescentijs, Petrus ¬de¬
Crescentius, Petrus
Crescenzi, Pier ¬de¬
Crescenzi, Pierre ¬de¬
Peter ⟨von Crescenzi⟩
Petrus ⟨Crescentius⟩
Petrus ⟨de Crecencijs⟩
Petrus ⟨de Crescentiis⟩
Petrus ⟨de Crescentijs⟩
Pietro ⟨de'Crescenzi⟩
Pietro ⟨dei Crescenzi⟩

Crescentinas, Hubertinus
→ **Hubertinus ⟨Crescentinas⟩**

Crescentius ⟨Aesinus⟩
→ **Crescentius ⟨Grizi⟩**

Crescentius ⟨Grizi⟩
gest. 1263 · OFM
Epistula ad ministrum Hiberniae
LMA,III,345
Crescencius ⟨de Grizzi⟩
Crescencius ⟨de Iesi⟩
Crescencius ⟨Frater⟩
Crescentius ⟨Aesinus⟩
Crescentius ⟨Frater⟩
Crescentius ⟨Grizzi⟩
Crescenzio ⟨dei Conti Grizi di Iesi⟩
Crescenzio ⟨de'Grizi⟩
Grizi, Crescentius

Crescentius, Petrus
→ **Crescentiis, Petrus ¬de¬**

Crescentius, Ubertinus
→ **Hubertinus ⟨Crescentinas⟩**

Crescenzi, Pier ¬de¬
→ **Crescentiis, Petrus ¬de¬**

Crescenzio ⟨de'Grizi⟩
→ **Crescentius ⟨Grizi⟩**

Cresconius
um 690
Concordantia Canonum; nicht identisch mit Corippus, Flavius Cresconius
Cpl 1769; LMA,III,345/46
Cresconius ⟨Canoniste⟩
Cresconius ⟨Episcopus⟩
Cresconius ⟨Evêque Africain⟩

Cresconius ⟨Corippus⟩
→ **Corippus, Flavius Cresconius**

Cresconius ⟨Episcopus⟩
→ **Cresconius**

Cresconius Corippus, Flavius
→ **Corippus, Flavius Cresconius**

Créstien ⟨de Troies⟩
→ **Chrétien ⟨de Troyes⟩**

Crestonus, Johannes
→ **Johannes ⟨Crastonus⟩**

Creton, Jean
um 1398
Histoire du roy d'Angleterre Richard
Rep.Font. III,672
Jean ⟨Creton⟩

Creysewicz de Brega, Franciscus
→ **Franciscus ⟨Creysewicz de Brega⟩**

Cribellus, Hieronymus
um 1490
Oratio parentalis in laudem Blancae Mariae Sfortiae Vicecomitis
Rep.Font. III,673
Crivelli, Jérôme
Hieronymus ⟨Cribellus⟩
Hieronymus ⟨Mediolanensis⟩
Jérôme ⟨Crivelli⟩

Cribellus, Leodrisius
ca. 1412 – ca. 1488
De expeditione Pii Papae II adversus Turcos; De vita rebusque gestis Sfortiae bellicosissimi ducis; Pro expeditione contra Turcos
Potth. 720; Rep.Font. III,673
Crivelli, Leodrisio
Crivelli, Lodrisio
Leodrisio ⟨Crivelli⟩
Leodrisius ⟨Cribellus⟩
Lodrisio ⟨Crivelli⟩

Cricklade, Robertus ¬de¬
→ **Robertus ⟨de Cricklade⟩**

Crimthann
→ **Columba ⟨Sanctus⟩**

Crisey, Ulrich
→ **Udalricus ⟨de Campo Liliorum⟩**

Crisolora, Demetrio
→ **Demetrius ⟨Chrysoloras⟩**

Crîsomeçveradeva
→ **Someśvara ⟨Chalukya-Reich, König, III.⟩**

Crispeio, Arnulfus ¬de¬
→ **Arnulfus ⟨de Crispeio⟩**

Crispinus, Gilbertus
→ **Gilbertus ⟨Crispinus⟩**

Crispinus, Milo
→ **Milo ⟨Crispinus⟩**

Crispus ⟨Diakon⟩
→ **Crispus ⟨Mediolanensis⟩**

Crispus ⟨Mediolanensis⟩
ca. 14. Jh.
Epistula ad Maurum Mantuanum (= Libellus medicinae); Carmen medicinale (wurde früher Benedictus ⟨Mediolanensis⟩ zugeschrieben)
Cpl 1172; LMA,III,348
Crispo
Crispus ⟨Diaconus⟩
Crispus ⟨Diakon⟩
Crispus ⟨Mailänder Diakon⟩
Crispus ⟨Mediolanensis Diaconus⟩

Cristân ⟨der Kuchimaister⟩
→ **Kuchimaister, Christian**

Cristannus ⟨de Insprugk⟩
→ **Umhauser, Christianus**

Cristannus ⟨Umhauser⟩
→ **Umhauser, Christianus**

Cristianus ⟨Wierstraat⟩
→ **Wierstraat, Christian**

Cristóbal ⟨de Escobar⟩
→ **Escobar, Cristóbal ¬de¬**

Cristodoro ⟨di Copto⟩
→ **Christodorus ⟨Coptites⟩**

Cristofano ⟨Cantoni⟩
→ **Cantoni, Cristoforo**

Cristofano ⟨di Galgano Guidini⟩
→ **Guidini, Cristoforo**

Cristoforo ⟨Barzizza⟩
→ **Christophorus ⟨Barzizius⟩**

Cristoforo ⟨Buondelmonti⟩
→ **Christophorus ⟨de Bondelmontibus⟩**

Cristoforo ⟨Cantoni⟩
→ **Cantoni, Cristoforo**

Cristoforo ⟨Castiglione⟩
→ **Castiglione, Cristoforo ¬da¬**

Cristoforo ⟨da Bologna⟩
ca. 1380 – ca. 1429 · OESA
Mutmaßl. Verf. von „Libro della vita beata" ; nicht identisch mit dem Maler Cristoforo ⟨da Bologna⟩
Bologna, Cristoforo ¬da¬
Christophe ⟨Augustin⟩
Christophe ⟨de Bologne⟩
Christophorus ⟨de Bologna⟩
Christophorus ⟨de Bononia⟩
Cristoforo ⟨Fra⟩

Cristoforo ⟨da Castiglione⟩
→ **Castiglione, Cristoforo ¬da¬**

Cristoforo ⟨da Varese⟩
→ **Christophorus ⟨de Varese⟩**

Cristoforo ⟨de'Buondelmonti⟩
→ **Christophorus ⟨de Bondelmontibus⟩**

Cristoforo ⟨di Gano Guidini⟩
→ **Guidini, Cristoforo**

Cristoforo ⟨di Mitilene⟩
→ **Christophorus ⟨Mytilinaeus⟩**

Cristoforo ⟨Fioravanti⟩
→ **Fioravanti, Cristoforo**

Cristoforo ⟨Fra⟩
→ **Cristoforo ⟨da Bologna⟩**

Cristoforo ⟨Guidini⟩
→ **Guidini, Cristoforo**

Cristoforo ⟨Landino⟩
→ **Landinus, Christophorus**

Cristoforo ⟨Mitileneo⟩
→ **Christophorus ⟨Mytilinaeus⟩**

Cristoforo ⟨Papa⟩
→ **Christophorus ⟨Papa⟩**

Cristoforo Fini, Tommaso ¬di¬
→ **Masolino ⟨da Panicale⟩**

Cristophorus ⟨...⟩
→ **Christophorus ⟨...⟩**

Cristyne ⟨de Pisan⟩
→ **Christine ⟨de Pisan⟩**

Critobulus ⟨Imbriota⟩
→ **Michael ⟨Critopulus⟩**

Critobulus, Michael
→ **Michael ⟨Critopulus⟩**

Critopulus ⟨Imbrius⟩
→ **Michael ⟨Critopulus⟩**

Critopulus, Michael
→ **Michael ⟨Critopulus⟩**

Crivelli, Hubert
→ **Urbanus ⟨Papa, III.⟩**

Crivelli, Jérôme
→ **Cribellus, Hieronymus**

Crivelli, Leodrisio
→ **Cribellus, Leodrisius**

Crivelli, Umberto
→ **Urbanus ⟨Papa, III.⟩**

Croatia, Benjamin ¬de¬
→ **Benjamin ⟨de Croatia⟩**

Croce, Onofrio de Santa-
→ **Onufrius ⟨de Sancta Cruce⟩**

Croilandiae, Rogerus
→ **Rogerus ⟨Croilandiae⟩**

Cron ⟨Meister⟩
→ **Kron ⟨Meister⟩**

Cronberg, Johannes ¬de¬
→ **Johannes ⟨de Cronberg⟩**

Croso, Durandus ¬de¬
→ **Durandus ⟨de Croso⟩**

Crossen, Antonius
→ **Krossen, Antonius**

Crossin, Andreas
→ **Andreas ⟨Crossin⟩**

Crowche, Robert
→ **Robertus ⟨de Cruce⟩**

Crowland, Felix ¬of¬
→ **Felix ⟨de Croyland⟩**

Crowthorn
→ **Crathorn**

Croydon ⟨de Oxford⟩
um 1429
Stegmüller, Repert. sentent. 180
Croydon
Croydon ⟨d'Oxford⟩
Croydon ⟨Magister⟩
Oxford, Croydon ¬de¬

Croyland, Felix ¬de¬
→ **Felix ⟨de Croyland⟩**

Croyland, Ingulphus ¬de¬
→ **Ingulphus ⟨Croylandensis⟩**

Croyndon, Hugo ¬de¬
→ **Hugo ⟨de Croyndon⟩**

Cruce, Jacobus ¬a¬
→ **Jacobus ⟨a Cruce⟩**

Cruce, Petrus ¬de¬
→ **Petrus ⟨de Cruce⟩**
→ **Petrus ⟨de Cruce, OP⟩**

Cruce, Robertus ¬de¬
→ **Robertus ⟨de Cruce⟩**

Crucianus ⟨von Bologna⟩
→ **Turrisanus, Petrus**

Crucius, Jacobus
→ **Jacobus ⟨a Cruce⟩**

Cruczeburg, Johannes
→ **Johannes ⟨Cruczeburg⟩**

Cruindmelus
9. Jh.
Ars metrica; Versiculi
CC Clavis, Auct. Gall. 1,283ff.; DOC,1,585
Chronmal
Cruindmel ⟨Irlandais⟩
Cruindmelus ⟨Hibernicus⟩
Cruinmaél
Cruinmelus ⟨Hibernicus⟩
Fulcharius

Cruinmaél
→ **Cruindmelus**

Crummendyck, Albertus ¬de¬
→ **Albertus ⟨de Krummendik⟩**

Cruyllis, Johannes ¬de¬
→ **Johannes ⟨de Cruyllis⟩**

Cruzanis, Guilelmus ¬de¬
→ **Guilelmus ⟨de Cruzanis⟩**

Cryftz, Nicolas
→ **Nicolaus ⟨de Cusa⟩**

Ctibor ⟨Tovačovský z Cimburka⟩
1437 – 1494
Knihy tovačovské
Rep.Font. III,674
Cimburka, Ctibor Tovačovský ¬z¬
Ctibor ⟨de Cimburk⟩
Ctibor ⟨de Tovačov⟩
Ctibor ⟨de Tovačov et de Cimburk⟩
Ctibor ⟨Tovačovský⟩
Ctibor ⟨z Cimburka⟩
Tovačovský, Ctibor
Tovačovský z Cimburka, Ctibor

Cubertel, Ulrich
→ **Udalricus ⟨de Völkermarkt⟩**

Cubito, Johannes ¬de¬
→ **Johannes ⟨de Cubito⟩**

Cu-Chuimne
→ **Cu-Chuimne ⟨Hyensis⟩**

Cu-Chuimne ⟨Hyensis⟩
gest. 747
Mitverfasser der „Collectio canonum Hibernensis"; Canticum in omni die
Cpl 1794; Cpl 2012
Cu-Chuimne
Cu-chuimne ⟨Hiensis⟩
Cuchuimne ⟨Hymnographe⟩
Cuchuimne ⟨Irlandais⟩

Cucullatus, Aemilianus
→ **Aemilianus ⟨Cucullatus⟩**

Cucuzelus, Johannes
→ **Johannes ⟨Cucuzelus⟩**

Cudot, Stephanus ¬de¬
→ **Stephanus ⟨de Cudot⟩**

Cudrefin, Jacques
um 1449/50
Relatio de Friburgensium captivitate (franz.)
Rep.Font. III,675
Jacques ⟨Cudrefin⟩

Cünratt ⟨Fünffbrunner⟩
→ **Fünfbrunner, Konrad**

Cues, Nicolaus ¬von¬
→ **Nicolaus ⟨de Cusa⟩**

Cueva, Beltrán ¬de la¬
gest. 1492
Hrsg. von „Libro de las aves de caça" von Pero López de Ayala
Albuquerque, Beltrán de la Cueva ¬de¬
Beltrán ⟨Albuquerque, Duque, I.⟩
Beltrán ⟨de Albuquerque⟩
Beltrán ⟨de la Cueva⟩
Bertrand ⟨de la Cueva⟩
Cueva, Bertrand ¬de la¬

Cugno, Guilelmus ¬de¬
→ **Guilelmus ⟨de Cugno⟩**

Cuimíne ⟨Ailbe⟩
→ **Cummineus ⟨Albus⟩**

Cuimíne ⟨Fota⟩
→ **Cummianus ⟨Longus⟩**

Cuimmin
→ **Cummineus ⟨Albus⟩**

Cuizl ⟨Schylher⟩
um 1460/70
Saldenburger Stiftsbuch
Schylher, Cuizl

Culdee, Oengus ¬the¬
→ **Oengus ⟨the Culdee⟩**

Culeius, Bartholomaeus
→ **Bartholomaeus ⟨Culeius⟩**

Culenburch, Sueder ¬de¬
→ **Sueder ⟨de Culenburch⟩**

Culenburch, Zweder ¬van¬
→ **Sueder ⟨de Culenburch⟩**

Culm, Tilo ¬von¬
→ **Tilo ⟨von Kulm⟩**

Culmacher, Philipp
→ **Kulmacher, Philipp**

Culmine, Tylo ¬von¬
→ **Tilo ⟨von Kulm⟩**

Cultellinis, Johannes ¬de¬
→ **Johannes ⟨de Cultellinis⟩**

Cultrificis, Engelbertus
→ **Engelbertus ⟨Cultrificis⟩**

Cumian
→ **Cummianus ⟨Hibernus⟩**

Cumian ⟨der Blonde⟩
→ **Cummineus ⟨Albus⟩**

Cumian ⟨der Lange⟩
→ **Cummianus ⟨Longus⟩**

Cumine ⟨Ailbhe⟩
→ **Cummineus ⟨Albus⟩**

Cumine ⟨Fair⟩
→ **Cummineus ⟨Albus⟩**

Cumine ⟨Finn⟩
→ **Cummineus ⟨Albus⟩**

Cumine ⟨Fionn⟩
→ **Cummineus ⟨Albus⟩**

Cumis, Anselmus ¬de¬
→ **Anselmus ⟨de Cumis⟩**

Cumis, Paulus ¬de¬
→ **Paulus ⟨de Cumis⟩**

Cummean ⟨von Confert⟩
→ **Cummianus ⟨Longus⟩**

Cummeanus ⟨Longus⟩
→ **Cummianus ⟨Longus⟩**

Cummeneus ⟨Albus⟩
→ **Cummineus ⟨Albus⟩**

Cummeneus ⟨Hiensis⟩
→ **Cummineus ⟨Albus⟩**

Cummian ⟨der Lange⟩
→ **Cummianus ⟨Longus⟩**

Cummianus ⟨Abbas⟩
→ **Cummianus ⟨Hibernus⟩**

Cummianus ⟨Albus⟩
→ **Cummineus ⟨Albus⟩**

Cummianus ⟨Clonfortensis⟩
→ **Cummianus ⟨Longus⟩**

Cummianus ⟨Duromagensis⟩
→ **Cummianus ⟨Hibernus⟩**

Cummianus ⟨Episcopus⟩
→ **Cummianus ⟨Longus⟩**

Cummianus ⟨Episcopus⟩
7. Jh.
„Epitaphium Cummiani Episcopi" von Johannes ⟨Magister⟩; nicht identisch mit Cummianus ⟨Hibernus⟩ (um 630), Cummineus ⟨Albus⟩ (um 657/69) und Cummianus ⟨Longus⟩ (590 - 662)
Episcopus Cummianus

Cummianus ⟨Fota⟩
→ **Cummianus ⟨Longus⟩**
→ **Cummineus ⟨Albus⟩**

Cummianus ⟨Hibernus⟩
um 630
Epistula de controversia paschali; nicht identisch mit Cummianus ⟨Episcopus⟩ (7. Jh.), Cummianus ⟨Longus⟩ (590 - 662) und Cummineus ⟨Abbas⟩ (um 657/69)
Cumeanus
Cumian
Cummène
Cummian ⟨Saint⟩
Cummianus ⟨Abbas⟩
Cummianus ⟨Duromagensis⟩

Hibernus, Cummianus
Pseudo-Cummianus
⟨Hibernus⟩

Cummianus ⟨Longus⟩
590 – 662
Poentientiale; Hymnus in laudem apostolorum; nicht identisch mit Cummianus ⟨Episcopus⟩ (7. Jh.), Cummianus ⟨Hibernus⟩ (um 630) und Cummineus ⟨Albus⟩ (um 657/69)
Cuimíne ⟨Fota⟩
Cuimíne ⟨Fota MacFiachnai⟩
Cumian ⟨der Lange⟩
Cummean ⟨von Confert⟩
Cummeanus ⟨Longus⟩
Cummian ⟨der Lange⟩
Cummianus ⟨Clonfortensis⟩
Cummianus ⟨Episcopus⟩
Cummianus ⟨Fota⟩
Cummine ⟨Fóta⟩
Cummineus ⟨Longus⟩
Longus, Cummianus

Cummine ⟨Fóta⟩
→ **Cummianus ⟨Longus⟩**

Cummineus ⟨Albus⟩
um 657/69
Liber de virtutibus S. Columbae (Verfasserschaft umstritten); 7. Abt des Klosters Hy; Nicht identisch mit Cummineus ⟨Hibernus⟩ (um 630), Cummianus ⟨Episcopus⟩ (7. Jh.) und Cummianus ⟨Longus⟩ (590 - 662)
LMA,III,367
Albus, Cummineus
Cuimíne ⟨Ailbe⟩
Cuimmin
Cumian ⟨der Blonde⟩
Cumine ⟨Ailbhe⟩
Cumine ⟨Fair⟩
Cumine ⟨Finn⟩
Cumine ⟨Fionn⟩
Cumineus
Cummeneus ⟨Abbas Hiensis⟩
Cummeneus ⟨Albus⟩
Cummeneus ⟨Hiensis⟩
Cummianus ⟨Albus⟩
Cummianus ⟨Fota⟩
Cummien ⟨Saint⟩
Cummineus ⟨Abbas Hiensis⟩
Cummineus ⟨Fota⟩
Cummineus ⟨Hiensis⟩

Cummineus ⟨Fota⟩
→ **Cummineus ⟨Albus⟩**

Cummineus ⟨Hiensis⟩
→ **Cummineus ⟨Albus⟩**

Cummineus ⟨Longus⟩
→ **Cummianus ⟨Longus⟩**

Cuneo, Guilelmus ¬de¬
→ **Guilelmus ⟨de Cugno⟩**

Cungno, Wilhelm
→ **Guilelmus ⟨de Cugno⟩**

Cuno ⟨Treverensis⟩
→ **Kuno ⟨von Falkenstein⟩**

Cuno ⟨von Falkenstein⟩
→ **Kuno ⟨von Falkenstein⟩**

Cuno ⟨von Trier⟩
→ **Kuno ⟨von Falkenstein⟩**

Cunrad ⟨Paumgartner⟩
→ **Paumgartner, Konrad**

Cunrades ⟨von Wirczburg⟩
→ **Axspitz, Konrad**

Cunradus ⟨Prespiter⟩
→ **Konrad ⟨der Priester⟩**

Cunradus ⟨Schlapperitzi⟩
→ **Schlapperitzin, Konrad**

Cunrat ⟨Axspitz⟩
→ **Axspitz, Konrad**

Cunrat ⟨Danckeltzheym⟩
→ **Dangkrotzheim, Konrad**

Cůnrat ⟨Maiste⟩
→ **Silberdrat, Konrad**

Cunrat ⟨Silberdrat⟩
→ **Silberdrat, Konrad**

Cunrat ⟨von Heimesvurt⟩
→ **Konrad ⟨von Heimesfurt⟩**

Cunsberch ⟨van Valkene⟩
→ **Kunsberg ⟨van Valkene⟩**

Cunso ⟨de Trzebowel⟩
gest. 1396
Tractatus contra magistrum Albertum de Ericinio de devolutionibus non recipiendis a rusticis ecclesiae vel dominorum
Rep.Font. III,675
Conradus ⟨de Treboule⟩
Cunso ⟨Pragensis⟩
Cunsso ⟨de Trzebowel⟩
Cunsso ⟨Magister⟩
Cunsson ⟨Chanoine de Prague⟩
Trzebowel, Cunso ¬de¬

Cunso ⟨Pragensis⟩
→ **Cunso ⟨de Trzebowel⟩**

Cuntz ⟨Merswin⟩
→ **Merswin, Cuntz**

Cunz ⟨Kistener⟩
→ **Kistener, Kunz**

Cuonrad ⟨Dinckmuot⟩
→ **Dinkmuth, Konrad**

Cuonradus ⟨...⟩
→ **Conradus ⟨...⟩**

Cuonrat ⟨Mayster⟩
→ **Konrad ⟨von Schamoppia⟩**

Cuonrat ⟨Propst⟩
→ **Konrad ⟨von Nürnberg⟩**

Cuonrat ⟨von Nierenberg⟩
→ **Konrad ⟨von Nürnberg⟩**

Cuonrat ⟨von Wisenburc⟩
→ **Konrad ⟨von Weißenburg⟩**

Cuonrat ⟨von Würzeburc⟩
→ **Konrad ⟨von Würzburg⟩**

Curbio, Nicolaus ¬de¬
→ **Nicolaus ⟨de Curbio⟩**

Curçani, 'Abdalqahir ¬al-¬
→ **Ǧurǧānī, 'Abd-al-Qāhir Ibn-'Abd-ar-Raḥmān ¬al-¬**

Curceto, Robertus ¬de¬
→ **Robertus ⟨de Curceto⟩**

Curis, Hermannus ¬de¬
→ **Hermannus ⟨de Curis⟩**

Curopalata, Georgius
→ **Georgius ⟨Codinus⟩**

Curopalata, Johannes
→ **Johannes ⟨Scylitza⟩**

Curribus, Johannes ¬de¬
→ **Johannes ⟨de Curribus⟩**

Currifex, Johannes
→ **Johannes ⟨de Gamundia⟩**

Cursor ⟨Masciensis⟩
ca. 14. Jh.
In Ethicam
Lohr

Curtacoxa, Johannes ¬de¬
→ **Johannes ⟨de Brevicoxa⟩**

Curte, Franciscus ¬de¬
→ **Franciscus ⟨Curtius⟩**

Curte, Jacobus ¬de¬
→ **Jacobus ⟨de Curte⟩**

Curtilandonis, Adamus ¬de¬
→ **Adamus ⟨de Curtilandonis⟩**

Curtili, Andreas ¬de¬
→ **Andreas ⟨de Curtili⟩**

Curtius, Franciscus
→ **Franciscus ⟨Curtius⟩**

Cusa, Nicolaus ¬de¬
→ **Nicolaus ⟨de Cusa⟩**

Cusanus, Nicolaus
→ **Nicolaus ⟨de Cusa⟩**

Cusentia, Telesphorus ¬de¬
→ **Telesphorus ⟨de Cusentia⟩**

Cusin, Johannes
→ **Kuse, ¬Der¬**

Cussim, Johannes
→ **Johannes ⟨Cuzin⟩**

Custodia, Confortus ¬de¬
→ **Confortus ⟨Pulicis⟩**

Custodia, Pulex ¬de¬
→ **Pulex ⟨de Custodia⟩**

Custoza, Confortus Pulex ¬de¬
→ **Confortus ⟨Pulicis⟩**

Cuthbert ⟨de Jarrow⟩
→ **Cuthbertus ⟨de Durham⟩**

Cuthbert ⟨de Malmesbury⟩
→ **Cuthbertus ⟨Abbas⟩**

Cuthbertus ⟨Abbas⟩
um 793/94
Vita Cuthberti; („Versus de trinitate" von Cuthbertus ⟨Abbas⟩ oder Cuthradus ⟨Lindisfarnensis⟩)
Cpl 1379
Abbas Cuthbertus
Cuthbert ⟨Abbé de Malmesbury⟩
Cuthbert ⟨de Malmesbury⟩

Cuthbertus ⟨de Durham⟩
um 735
Epistula Cuthberti de obitu Bedae
Cpl 1383
Cuthbert ⟨Abbé de Jarrow⟩
Cuthbert ⟨de Durham⟩
Cuthbert ⟨de Jarrow⟩
Cuthbert ⟨Saint⟩
Cuthbertus ⟨Girvensis⟩
Cuthbertus ⟨of Durham⟩
Cuthbertus ⟨Sanctus⟩
Durham, Cuthbertus ¬de¬

Cuthbertus ⟨Girvensis⟩
→ **Cuthbertus ⟨de Durham⟩**

Cuthbertus ⟨Sanctus⟩
→ **Cuthbertus ⟨de Durham⟩**

Cutheis
14./15. Jh.
Summa historiarum tabula
Rep.Font. III,676
Cutheis ⟨Spalatensis⟩

Cuthradus ⟨Lindisfarnensis⟩
um 793/94
Vielleicht Verfasser der „Versus de Trinitate" (oder Cuthbertus ⟨Abbas⟩)
Cpl 1379

Cuvelier, Jean
um 1380
Chronique de Bertrand du Guesclin
Rep.Font. III,676; LMA,III,397/98
Cuvelier
Cuvelier ⟨Trouvère⟩
Cuvelier, ...
Jean ⟨Cuvelier⟩

Cuzin, Johannes
→ **Johannes ⟨Cuzin⟩**

Cybollus, Robertus
→ **Robertus ⟨Cybollus⟩**

Cydonius, Demetrius
→ **Demetrius ⟨Cydonius⟩**

Cydonius, Prochorus
→ **Prochorus ⟨Cydonius⟩**

Cylardus ⟨de Saxonia⟩
→ **Eylardus ⟨Schoenefeld⟩**

Cynewulf
8./9. Jh.
Meyer
Cynevulfus
Kynewulf

Cynicus, Menedemus
→ **Menedemus ⟨Cynicus⟩**

Cynus ⟨Pistoriensis⟩
→ **Cinus ⟨de Pistorio⟩**

Cyparissiota, Johannes
→ **Johannes ⟨Cyparissiota⟩**

Cyprian ⟨Metropolitan of Kiev⟩
→ **Kiprian ⟨Svjatoj⟩**

Cyprian ⟨Saint⟩
→ **Kiprian ⟨Svjatoj⟩**

Cyprian ⟨von Cordoba⟩
→ **Cyprianus ⟨Cordubensis⟩**

Cyprian ⟨von Toulon⟩
→ **Cyprianus ⟨Telonensis⟩**

Cyprianus ⟨Cisterciensis⟩
Lebensdaten nicht ermittelt · OCist
Job.; Ps 51; Ps 79
Stegmüller, Repert. bibl. 2031-2034

Cyprianus ⟨Cordubensis⟩
9./10. Jh.
CSGL; LMA,III,403
Cyprian ⟨von Cordoba⟩
Cyprianus ⟨of Cordoba⟩

Cyprianus ⟨Telonensis⟩
6. Jh.
Vita Sancti Caesarii
LThK; CSGL
Cyprian ⟨von Toulon⟩
Cyprianus ⟨of Toulon⟩
Cyprianus ⟨Tolonensis⟩
Cyprien ⟨de Toulon⟩

Cyprien ⟨de Toulon⟩
→ **Cyprianus ⟨Telonensis⟩**

Cyprignius
um 525
Stegmüller, Repert. bibl. 2039
Cyprignius ⟨Episcopus⟩
Cyprignius ⟨Hispanus⟩

Cyprius, Alexander
→ **Alexander ⟨Cyprius⟩**

Cyprius, Georgius
→ **Georgius ⟨Cyprius⟩**

Cyprius, Gregorius
→ **Gregorius ⟨Cyprius⟩**

Cyprius, Isaias
→ **Isaias ⟨Cyprius⟩**

Cypro, Gregorius ¬de¬
→ **Gregorius ⟨de Cypro⟩**

Cypro, Guido ¬de¬
→ **Guido ⟨de Cypro⟩**

Cyr ⟨d'Alexandrie⟩
→ **Cyrus ⟨Alexandrinus⟩**

Cyr ⟨de Phasis⟩
→ **Cyrus ⟨Alexandrinus⟩**

Cyr ⟨d'Edesse⟩
→ **Cyrus ⟨Edessenus⟩**

Cyr ⟨Evêque⟩
→ **Cyrus ⟨Alexandrinus⟩**

Cyr ⟨Médecin⟩
→ **Cyrus ⟨Edessenus⟩**

Cyr ⟨Patriarche⟩
→ **Cyrus ⟨Alexandrinus⟩**

Cyriacus ⟨Anconitanus⟩
1391 – 1457
Commentaria; Anconitana Illiricaque laus et Anconitanorum Raguseorumque foedus; Iter Peloponnesiacum; etc.
LMA,II,2099; Rep.Font. III,488
Ancône, Cyriaque ¬de¬
Anconitanus, Cyriacus
Ciriaco ⟨de'Pizzicolli⟩
Ciriaco ⟨di Filippo de'Pizzicolli⟩
Ciriaco ⟨d'Ancona⟩
Ciriaco ⟨Pizzicolli⟩
Ciriacus ⟨Anconitanus⟩
Ciriacus ⟨de Ancona⟩
Cyriac ⟨of Ancona⟩
Cyriacus ⟨of Ancona⟩
Cyriacus ⟨von Ancona⟩
Cyriaque ⟨d'Ancône⟩
Cyriaque ⟨Pizzicolli⟩
Kiriacus ⟨Anconitanus⟩
Kyriacus ⟨Anconitanus⟩
Pizzicolli, Ciriaco
Pizzicolli, Cyriaque

Cyriaque ⟨Pizzicolli⟩
→ **Cyriacus ⟨Anconitanus⟩**

Cyrice ⟨degli Augusti⟩
→ **Quiricus ⟨de Augustis⟩**

Cyricius ⟨Barcinonensis⟩
→ **Quiricus ⟨Barcinonensis⟩**

Cyrill ⟨of Turov⟩
→ **Kirill ⟨Turovskij⟩**

Cyrille ⟨Belozerici⟩
→ **Kirill ⟨Belozerskij⟩**

Cyrille ⟨de Scythopolis⟩
→ **Cyrillus ⟨Scythopolitanus⟩**

Cyrille ⟨de Turov⟩
→ **Kirill ⟨Turovskij⟩**

Cyrille ⟨Saint⟩
→ **Kirill ⟨Belozerskij⟩**

Cyrillitanus, Felix
→ **Felix ⟨Cyrillitanus⟩**

Cyrillus
→ **Cyrillus ⟨Sanctus⟩**

Cyrillus ⟨Bischof⟩
→ **Cyrillus ⟨Quidenon⟩**

Cyrillus ⟨Constantinus⟩
→ **Cyrillus ⟨Sanctus⟩**

Cyrillus ⟨Dalmata⟩
→ **Cyrillus ⟨Sanctus⟩**

Cyrillus ⟨Episcopus⟩
→ **Cyrillus ⟨Quidenon⟩**

Cyrillus ⟨Laurae Hierosolymitanae⟩
→ **Cyrillus ⟨Scythopolitanus⟩**

Cyrillus ⟨Moravorum Apostolus⟩
→ **Cyrillus ⟨Sanctus⟩**

Cyrillus ⟨Quidenon⟩
um 1337/47
Angebl. Verf. von „Speculum sapientiae" (= Quadripartitus apologeticus, Cyrillusfabeln), deren Verf. vielleicht Bonjohannes ⟨de Messina⟩ ist
Cyrillus ⟨Bischof⟩
Cyrillus ⟨Episcopus⟩
Cyrillus ⟨Sanctus⟩
Cyrillus ⟨von Alexandrien⟩
Cyrillus ⟨von Quidone⟩
Cyrillus ⟨von Quidonone⟩
Pseudo-Cyrillus ⟨Alexandrinus⟩
Pseudo-Cyrillus ⟨Hierosolymitanus⟩
Quidenon, Cyrillus

Cyrillus ⟨Sanctus⟩
→ **Cyrillus ⟨Quidenon⟩**

Cyrillus ⟨Sanctus⟩
826/27 – 869
LThK; Rep.Font. VI,632
Constantinus ⟨Philosophus⟩
Constantinus ⟨Thessalonicensis⟩
Constantinus, Cyrillus
Cyrillus
Cyrillus ⟨Constantinus⟩
Cyrillus ⟨Dalmata⟩
Cyrillus ⟨Moravorum Apostolus⟩
Cyrillus ⟨Slavorum Episcopus⟩
Cyrillus ⟨Thessalonicensis⟩
Cyrillus ⟨Thessalonicus⟩
Kiril ⟨Svjatyj⟩
Konstantin ⟨aus Thessalonike⟩
Konstantin ⟨Filosof⟩
Konstantin-Kyrill
Konstantinos ⟨ho Philosophos⟩
Konstantinos ⟨Philosophos⟩
Konstantinos ⟨von Kerkyra⟩
Kyrill ⟨aus Thessalonike⟩
Kyrillos ⟨ho Philosophos⟩
Kyrillos ⟨Philosophos⟩
Sanctus Cyrillus

Cyrillus ⟨Scythopolitanus⟩
gest. ca. 558
Tusculum-Lexikon; CSGL; LMA,V,1600
Cirillo ⟨di Scitopoli⟩
Cyrille ⟨de Scythopolis⟩
Cyrillus ⟨Laurae Hierosolymitanae⟩
Kyrillos ⟨Monachos⟩
Kyrillos ⟨Skythopolitanos⟩
Kyrillos ⟨von Skythopolis⟩
Scythopolitanus, Cyrillus

Cyrillus ⟨Slavorum Episcopus⟩
→ **Cyrillus ⟨Sanctus⟩**

Cyrillus ⟨Thessalonicensis⟩
→ **Cyrillus ⟨Sanctus⟩**

Cyrillus ⟨von Alexandrien⟩
→ **Cyrillus ⟨Quidenon⟩**

Cyrillus ⟨von Quidonone⟩
→ **Cyrillus ⟨Quidenon⟩**

Cyriota, Johannes
→ **Johannes ⟨Geometra⟩**

Cyrnaeus, Petrus
→ **Cirneo, Pietro**

Cyrus ⟨Alexandrinus⟩
gest. 643
Capita; Epistulae ad Sergium Constantinopolitanum
Alexandrinus Cyrus
Cyr ⟨de Phasis⟩
Cyr ⟨d'Alexandrie⟩
Cyr ⟨Evêque⟩
Cyr ⟨Patriarche⟩
Cyrus ⟨Alexandrinus Monotelites⟩
Cyrus ⟨Monotelites⟩
Cyrus ⟨Patriarcha⟩
Kyros ⟨of Alexandria⟩
Kyros ⟨Patriarch⟩
Kyros ⟨von Alexandria⟩
Kyros ⟨von Phasis⟩

Cyrus ⟨Edessenus⟩
5./6. Jh.
Fragm. apud Aet. 6, S. 237
Cyr ⟨d'Edesse⟩
Cyr ⟨Médecin⟩
Cyrus ⟨Medicus⟩
Edessenus, Cyrus

Cyrus ⟨Germanus⟩
→ **Germanus ⟨Constantinopolitanus, II.⟩**

Cyrus ⟨Medicus⟩
→ **Cyrus ⟨Edessenus⟩**

Cyrus ⟨Monotelites⟩
→ **Cyrus ⟨Alexandrinus⟩**

Cyrus ⟨Patriarcha⟩
→ **Cyrus ⟨Alexandrinus⟩**

Cyrus, Theodorus
→ **Theodorus ⟨Prodromus⟩**

Cyryl ⟨Turowski⟩
→ **Kirill ⟨Turovskij⟩**

Cythereus, Xenodamus
→ **Xenodamus ⟨Cythereus⟩**

Cyzicenus, Demetrius
→ **Demetrius ⟨Cyzicenus⟩**

Cyzicenus, Theodorus
→ **Theodorus ⟨Cyzicenus⟩**

Czacheritz, Michael
um 1456/89
Chronica
Rep.Font. III,679
Michael ⟨Czacheritz⟩

Czarnkow, Johannes ¬de¬
→ **Johannes ⟨de Czarnkow⟩**

Ḍabbī, Aḥmad Ibn-Muḥammad ¬aḍ-¬
→ **Ibn-al-Maḥāmilī, Aḥmad Ibn-Muḥammad**

Ḍabbī, al-Ḥasan Ibn-ʿAlī ¬aḍ-¬
→ **Ibn-Wakīʿ at-Tinnīsī, al-Ḥasan Ibn-ʿAlī**

Dabo-lajie Sonan-renjing
→ **sGam-po-pa**

Dabrowka, Johannes ¬de¬
→ **Johannes ⟨de Dabrowka⟩**

Dabūsī, ʿAbdallāh Ibn-ʿUmar ¬ad-¬
gest. 1039
ʿAbdallāh Ibn-ʿUmar ad-Dabūsī
Abū Zayd ad-Dabūsī, ʿAbd Allāh Ibn ʿUmar
Abū-Zaid ad-Dabūsī, ʿAbdallāh Ibn-ʿUmar
Dabūsī, ʿAbd Allāh Ibn ʿUmar
Dabūsī, Abū-Zaid ʿAbdallāh Ibn-ʿUmar ¬ad-¬
Dabūsī, ʿUbaidallāh Ibn-ʿUmar ¬ad-¬
Ibn-ʿUmar, ʿAbdallāh ad-Dabūsī

Dabūsī, Abū-Zaid ʿAbdallāh Ibn-ʿUmar ¬ad-¬
→ **Dabūsī, ʿAbdallāh Ibn-ʿUmar ¬ad-¬**

Dabūsī, ʿUbaidallāh Ibn-ʿUmar ¬ad-¬
→ **Dabūsī, ʿAbdallāh Ibn-ʿUmar ¬ad-¬**

Dace ⟨de Milan⟩
→ **Datius ⟨Mediolanensis⟩**

Dace ⟨Saint⟩
→ **Datius ⟨Mediolanensis⟩**

Dach, Augustinus
→ **Augustinus ⟨Dati⟩**

Dacher, Gebhard
ca. 1425 – 1471
Historia civitatis et episcopatus Constantiensis; Redactio chronici de concilio Constantiae habito auctore Ulrico de Richental
VL(2),2,31/32; Rep.Font. IV,98
Gebhard ⟨Dacher⟩

Dachsberg, Augustinus
um 1443
Büxen Buch
VL(2),2,32/33
Augustinus ⟨Dachsberg⟩

Dachus, Augustinus
→ **Augustinus ⟨Dati⟩**

Dacia, Augustinus ¬de¬
→ **Augustinus ⟨de Dacia⟩**

Dacia, Boethius ¬de¬
→ **Boethius ⟨de Dacia⟩**

Dacia, Jacobus ¬de¬
→ **Jacobus ⟨Nicholai de Dacia⟩**

Dacia, Johannes ¬de¬
→ **Johannes ⟨Petri de Dacia⟩**

Dacia, Martinus ¬de¬
→ **Martinus ⟨de Dacia⟩**

Dacia, Nicolaus ¬de¬
→ **Nicolaus ⟨de Dacia⟩**
→ **Nicolaus ⟨de Dacia, Hungarus⟩**
→ **Nicolaus ⟨Drukken de Dacia⟩**

Dacia, Petrus ¬de¬
→ **Petrus ⟨de Dacia⟩**
→ **Petrus ⟨de Dacia, Gothensis⟩**

Dacius ⟨Mediolanensis⟩
→ **Datius ⟨Mediolanensis⟩**

Dacus, Bertholdus
→ **Bertholdus ⟨Dacus⟩**

Dacus, Boethius
→ **Boethius ⟨de Dacia⟩**

Dacus, Henricus
→ **Harpestraeng, Henricus**

Dacus, Iulius
→ **Iulius ⟨Dacus⟩**

Dacus, Johannes
→ **Johannes ⟨Dacus⟩**

Dacus, Oliverus
→ **Oliverus ⟨Dacus⟩**

Dacus, Simon
→ **Simon ⟨Dacus⟩**

Dadiselle, Jan ¬van¬
→ **Dadizeele, Jan ¬van¬**

Dadišoʿ ⟨Bēt Qaṭrayē⟩
7. Jh.
Kommentar zu dem Abbas Isaias (syr.)
Bēt Qaṭrayē, Dadišoʿ
Dadišo Qaṭraya
Dadjēsu

Dadizeele, Jan ¬van¬
gest. 1481
Mutmaßlicher Verfasser von „Registre ... angaende Jan heere van Dadiselle"
Rep.Font. IV,99; VI,527
Dadiselle, Jan ¬van¬
Dadizeele, Jean ¬de¬
Dadizele, Jean ¬de¬
Jan ⟨Heere⟩
Jan ⟨Mer⟩
Jan ⟨van Dadiselle⟩
Jean ⟨de Dadizeele⟩
Jean ⟨de Dadizele⟩
Jean ⟨Grand-Bailli de Flandre⟩

Dadjēsu
→ **Dadišoʿ ⟨Bēt Qaṭrayē⟩**

Dado ⟨Episcopus⟩
→ **Dado ⟨Virdunensis⟩**

Dado ⟨Remensis⟩
7. Jh.
Verf. eines Briefes an Desiderius Cadurcensis
Cpl 1303

Dado ⟨Rothomagensis⟩
→ **Audoenus ⟨Rothomagensis⟩**

Dado ⟨Saint⟩
→ **Audoenus ⟨Rothomagensis⟩**

Dado ⟨Virdunensis⟩
gest. ca. 923
De vita Hattonis et Bernhardi; Historia temporis sui
CC Clavis, Auct. Gall. 1,286f.; DOC,1,599; Rep.Font. IV,99
Dado ⟨Episcopus⟩
Dadon ⟨de Verdun⟩

Dadon ⟨de Rouen⟩
→ **Audoenus ⟨Rothomagensis⟩**

Dadon ⟨de Verdun⟩
→ **Dado ⟨Virdunensis⟩**

Dafari
→ **Victor ⟨Papa, III.⟩**

Dafydd ⟨ApGwilyn⟩
→ **David ⟨ApGwilym⟩**

Daghighi, Abu-Mansur Mohammad Ebn-Ahmad
→ **Daqīqī, Abū-Manṣūr Muḥammad Ibn-Aḥmad**

Dagīgī, Abū-Manṣūr Muḥammad Ibn-Aḥmad
→ **Daqīqī, Abū-Manṣūr Muḥammad Ibn-Aḥmad**

Dagobert ⟨Fränkisches Reich, König, I.⟩
ca. 605/10 – 639
Gesta Dagoberti I. regis Francorum
LMA,III,429/30
Dagobert ⟨Austrasie, Roi, I.⟩
Dagobert ⟨I.⟩
Dagobert ⟨Merowingischer König, I.⟩
Dagobert ⟨Rex Francorum, I.⟩
Dagobert ⟨Roi des Francs, I.⟩
Dagobert ⟨Roi d'Austrasie, I.⟩
Dagobertus ⟨I.⟩

Dagobert ⟨Fränkisches Reich, König, II.⟩
ca. 652 – 679
Vita; Hymnus
LMA,III,430
Dagobert ⟨Austrasie, Roi, II.⟩
Dagobert ⟨Heiliger⟩
Dagobert ⟨II.⟩
Dagobert ⟨Merowingischer König, II.⟩
Dagobert ⟨Roi d'Austrasie, II.⟩
Dagobertus ⟨Rex Francorum, II.⟩
Dagobertus ⟨Sanctus⟩

Dagobert ⟨Fränkisches Reich, König, III.⟩
gest. 715
LMA,III,430
Dagobert ⟨Merowingischer König, III.⟩
Dagobert ⟨Neustrie, Roi⟩
Dagobert ⟨Roi de Neustrie⟩
Dagobertus ⟨Francorum Rex, III.⟩
Dagobertus ⟨III.⟩
Dagobertus ⟨Rex⟩

Dagobert ⟨Heiliger⟩
→ **Dagobert ⟨Fränkisches Reich, König, II.⟩**

Dagobertus ⟨Sanctus⟩
→ **Dagobert ⟨Fränkisches Reich, König, II.⟩**

Dagon ⟨de Magdebourg⟩
→ **Tagino ⟨Magdeburgensis⟩**

D'Agostino, Giovanni
→ **Giovanni ⟨d'Agostino⟩**

Daguí, Pere
→ **Dagui, Petrus**

Dagui, Petrus
ca. 1435 – 1500
Ianua artis magistri R. Lullii; Opus de formalitatibus sive metaphysica; Formalitates; etc.
LMA,III,431
Daguí, Pere
Daguī, Pierre
Degui, Pere
Pedro ⟨Dagui⟩
Pere ⟨Daguí⟩
Petrus ⟨Dagui⟩

Dagulfus
8. Jh.
Octodecastichon; Versus ad Hadrianum I papam et Karolum Magnum
CC Clavis, Auct. Gall. 1,287ff.; DOC,1,599; Rep.Font. IV,100
Dagulfe
Dagulfus ⟨Kalligraph⟩
Dagulfus ⟨Sandionysianus⟩
Dagulfus ⟨Scriba Psalterii⟩
Dagulfus ⟨Scriptor⟩
Dagulphe ⟨Ecrivain et Poète⟩
Dagulphus
Dogvulfus

Ḏahabī, Muḥammad Ibn-Aḥmad ¬aḏ-¬
1274 – 1348
Dahabius, Abu A.
Dhahabī, Muḥammad Ibn Aḥmad
Ibn-Aḥmad, Muḥammad aḏ-Ḏahabī
Ibn-Aḥmad aḏ-Ḏahabī, Muḥammad
Muḥammad Ibn-Aḥmad aḏ-Ḏahabī

Dahabius, Abu A.
→ **Ḏahabī, Muḥammad Ibn-Aḥmad ¬aḏ-¬**

Ḍaḥḥāk, Aḥmad Ibn-ʿAmr ¬aḍ-¬
→ **Nabīl, Aḥmad Ibn-ʿAmr ¬an-¬**

Ḍâhiry, Khalîl ¬aḍ-¬
→ **Ibn-Šāhīn aẓ-Ẓāhirī, Ḫalīl**

Dai, Fu
um 760/70
Guangyi-ji
Tai, Fu
Tai Fu ⟨Chin shih⟩

Dailamī, al-Ḥasan Ibn-Abi-'l-Ḥasan ¬ad-¬
8. Jh.
Daylamī, al-Ḥasan Ibn Abī al-Ḥasan
Ḥasan Ibn-Abi-'l-Ḥasan ad-Dailamī ¬al-¬
Ibn-Abi-'l-Ḥasan, al-Ḥasan ad-Dailamī
Ibn-Abi-'l-Ḥasan ad-Dailamī, al-Ḥasan

Dailamī, Mihyār Ibn-Marzawaih ¬ad-¬
→ **Mihyār Ibn-Marzawaih ad-Dailamī**

Dainter, Edmond ¬de¬
→ **Dynter, Edmundus ¬de¬**

Daisaiin Senshi
→ **Senshi**

Dalat, Johannes
→ **Tallat, Johannes**

D'Albizzotto Guidi, Jacopo
→ **Jacopo ⟨d'Albizzotto Guidi⟩**

DalCampo, Luchino
um 1393/1441
Kanzler von Niccolo III d'Este; „El viaggio al Sante Sepolcro del nostro Signor Gesù Cristo in Jerusalem"
Rep.Font. IV,101
Campo, Luchino ¬dal¬
Luchino ⟨dal Campo⟩
Luchino ⟨DalCampo⟩

Dalderby, Johannes
→ **Johannes ⟨Dalderby⟩**

Dale, Nicolaus ¬de¬
→ **Nicolaus ⟨de Dale⟩**

Dalemil
→ **Dalimil**

Dalen, Michael ¬de¬
→ **Michael ⟨de Dalen⟩**

Dalfin ⟨d'Alvernha⟩
ca. 1155/60 – 1235
Provenz. Dichter; Partimen
LMA,III,440/41
Alvernha, Dalfin ¬d'¬
Dalfi ⟨d'Alvernhe⟩
Dalfin ⟨d'Alvernhe⟩
Dalfinet ⟨Troubadour⟩
Dauphin ⟨d'Auvergne⟩

Dalfinet ⟨Troubadour⟩
→ **Dalfin ⟨d'Alvernha⟩**

Dalich, Johannes
→ **Johannes ⟨Alich⟩**

Dalimil
um 1300/10
Dalimilova kronika (alttschech.)
Rep.Font. IV,101; LMA,III,441/42
Dalemil
Dalimil ⟨Chroniqueur Bohème⟩
Dalimil ⟨Meseryczni⟩
Dalimil ⟨Mezericki⟩
Dalimil ⟨Meziřický⟩
Meseryczni, Dalimil
Mezericki, Dalimil
Meziřický, Dalimil

Dallán Forgaill
um 586/97
Irischer Dichter; Amra Choluim Chille
LMA,III,442/43
Dallain
Dallan Forgaill ⟨Saint⟩

DalleCelle, Giovanni
→ **Giovanni ⟨dalle Celle⟩**

Dalling, Guilelmus ¬de¬
→ **Guilelmus ⟨de Dalling⟩**

DalliSonetti, Bartolommeo
→ **Bartolommeo ⟨dalli Sonetti⟩**

Dall'Orologio, Giovanni de Dondi
→ **Johannes ⟨de Dondis⟩**

Dalmata, Hermannus
→ **Hermannus ⟨Dalmata⟩**

Dalmata, Simon
→ **Simon ⟨Dalmata⟩**

Dalmatius, Hugo
→ **Hugo ⟨Cluniacensis, I.⟩**

DalPozzo Toscanelli, Paolo
→ **Toscanelli, Paolo dal Pozzo**

Dalyatā, Yôḥannān ¬von¬
→ **Yôḥannān ⟨von Dalyatā⟩**

Damaġānī, al-Ḥusain Ibn-Aḥmad ¬ad-¬
→ **Damġānī, al-Ḥusain Ibn-Aḥmad ¬ad-¬**

Damalevicius, Stephanus
→ **Stephanus ⟨Damalevicius⟩**

Damāmīmī, Muḥammad Ibn-Abī-Bakr ¬ad-¬
1362 – 1424
Ibn-Abī-Bakr, Muḥammad ad-Damāmīmī
Ibn-Abī-Bakr ad-Damāmīmī, Muḥammad
Muḥammad Ibn-Abī-Bakr ad-Damāmīmī

Ḏamārī, Yaḥyā Ibn-Ḥamza ¬ad-¬
→ **Mu'aiyad Billāh, Yaḥyā Ibn-Ḥamza ¬al-¬**

Damartin, Herbert ¬de¬
→ **Herbert ⟨le Duc⟩**

Damascenus, Damascius
→ **Damascius ⟨Damascenus⟩**

Damascenus, Johannes
→ **Johannes ⟨Damascenus⟩**

Damascenus, Leontius
→ **Leontius ⟨Damascenus⟩**

Damascenus, Petrus
→ **Petrus ⟨Damascenus⟩**

Damascius ⟨Alexandrinus⟩
→ **Damascius ⟨Damascenus⟩**

Damascius ⟨Atheniensis⟩
→ **Damascius ⟨Damascenus⟩**

Damascius ⟨Damascenus⟩
ca. 458 – ca. 533
Tusculum-Lexikon; CSGL; LMA,III,462/63
Damascenus, Damascius
Damascius
Damascius ⟨Alexandrinus⟩
Damascius ⟨Aristotelicus⟩
Damascius ⟨Astrologus⟩
Damascius ⟨Atheniensis⟩
Damascius ⟨de Damas⟩
Damascius ⟨Diadochus⟩
Damascius ⟨Epigrammaticus⟩
Damascius ⟨Hagiographus⟩
Damascius ⟨Neoplatonicus⟩
Damascius ⟨Philosophus⟩
Damascius ⟨Stoicus⟩
Damascius ⟨Syrus⟩
Damaskios ⟨aus Damaskos⟩
Damaskios ⟨Philosoph⟩

Damascius ⟨Syrus⟩
→ **Damascius ⟨Damascenus⟩**

Damase ⟨de Bohème⟩
→ **Damasus ⟨Hungarus⟩**

Damase ⟨Pape, II.⟩
→ **Damasus ⟨Papa, II.⟩**

Damaskenos, Johannes
→ **Johannes ⟨Damascenus⟩**

Damaskios ⟨aus Damaskos⟩
→ **Damascius ⟨Damascenus⟩**

Dámaso ⟨Húngaro⟩
→ **Damasus ⟨Hungarus⟩**

Damaso ⟨Papa, II.⟩
→ **Damasus ⟨Papa, II.⟩**

Damasus
7. Jh.
Trophaea

Damasus ⟨Bohemus⟩
→ **Damasus ⟨Hungarus⟩**

Damasus ⟨Hungarus⟩
um 1210/20
Glossen zum „Decretum Gratiani"; Quaestiones; Summa titulorum decretalium; etc.
LMA,III,470
Damase ⟨Canoniste⟩
Damase ⟨de Bohème⟩
Damase ⟨Jurisconsulte⟩
Dámaso ⟨Húngaro⟩
Damasus ⟨Bohemus⟩
Damasus ⟨Glossator⟩
Damasus ⟨Kanonist⟩
Damasus ⟨Magister⟩
Damasus ⟨Magister Decretorum⟩
Damasus ⟨Ungarus⟩
Hungarus, Damasus

Damasus ⟨Papa, II.⟩
gest. 1048
LMA,III,470
Bruno ⟨von Brixen⟩
Damase ⟨Pape, II.⟩
Damaso ⟨Papa, II.⟩
Poppo ⟨von Brixen⟩
Poppon ⟨de Brixen⟩
Poppone ⟨della Baviera⟩

Damasus ⟨Portuensis⟩
→ **Formosus ⟨Papa⟩**

Damasus ⟨Ungarus⟩
→ **Damasus ⟨Hungarus⟩**

Dambach, Johannes ¬de¬
→ **Johannes ⟨de Tambaco⟩**

Damen, Hermann
um 1270/1310
Mhd. Spruchdichter, Meistersinger
LMA,III,471/72; VL(2),2,36/39
Dâmen, Herman
Herman ⟨Damen⟩
Herman ⟨der Damen⟩
Hermann ⟨Damen⟩
Hermann ⟨der Damen⟩
Hermann ⟨von der Dahme⟩
Hermannus ⟨Damen⟩

Damġānī, Abū-'Abdallāh al-Ḥusain Ibn-Aḥmad ¬ad-¬
→ **Damġānī, al-Ḥusain Ibn-Aḥmad ¬ad-¬**

Damġānī, al-Ḥusain Ibn-Aḥmad ¬ad-¬
gest. 1080
Damaġānī, al-Ḥusain Ibn-Aḥmad ¬ad-¬
Damġānī, Abū-'Abdallāh al-Ḥusain Ibn-Aḥmad ¬ad-¬
Damġānī, Ḥusain Ibn-Aḥmad ¬ad-¬
Damghānī, al-Ḥusayn Ibn-Aḥmad
Ḥusain Ibn-Aḥmad ad-Damġānī ¬al-¬
Ibn-Aḥmad, al-Ḥusain ad-Damġānī

Damġānī, Ḥusain Ibn-Aḥmad ¬ad-¬
→ **Damġānī, al-Ḥusain Ibn-Aḥmad ¬ad-¬**

Damghānī, al-Ḥusayn Ibn-Aḥmad
→ **Damġānī, al-Ḥusain Ibn-Aḥmad ¬ad-¬**

Damian ⟨Heiliger⟩
→ **Damianus ⟨Ticinensis⟩**

Damian ⟨von Pavia⟩
→ **Damianus ⟨Ticinensis⟩**

Damiani, Petrus
→ **Petrus ⟨Damiani⟩**

Damiano ⟨de Pavia⟩
→ **Damianus ⟨Ticinensis⟩**

Damiano ⟨San⟩
→ **Damianus ⟨Ticinensis⟩**

Damianus ⟨a Finario⟩
→ **Damianus ⟨de Finario⟩**

Damianus ⟨Alexandrinus⟩
gest. 605
Epistula synodica ad Jacobum Baradeum; Epistula consolatoria; Epistulae ad Petrum Callinicensem; etc.
Cpg 7240-7245; LMA,III,473/74
Alexandrinus, Damianus
Damianus ⟨Episcopus Alexandriae⟩
Damianus ⟨Episcopus Alexandrinus⟩
Damien ⟨du Mont-Thabor⟩
Damien ⟨d'Alexandrie⟩

Damianus ⟨Bischof⟩
→ **Damianus ⟨Ticinensis⟩**

Damianus ⟨Bocksdorf⟩
→ **Tammo ⟨von Bocksdorf⟩**

Damianus ⟨de Finario⟩
gest. 1484 · OP
Piae Meditationes; Sermones de tempore et de sanctis
Kaeppeli,I,296
Damianus ⟨a Finario⟩
Damianus ⟨Finariensis⟩
Damianus ⟨Fulcherius⟩
Damianus ⟨Furcheri de Finario⟩
Damien ⟨de Finale⟩
Damien ⟨de Finaro⟩
Damien ⟨Fulcheri⟩
Finario, Damianus ¬de¬

Damianus ⟨Episcopus⟩
→ **Damianus ⟨Ticinensis⟩**

Damianus ⟨Episcopus Alexandrinus⟩
→ **Damianus ⟨Alexandrinus⟩**

Damianus ⟨Finariensis⟩
→ **Damianus ⟨de Finario⟩**

Damianus ⟨Fulcherius⟩
→ **Damianus ⟨de Finario⟩**

Damianus ⟨Mediolanensis⟩
→ **Damianus ⟨Ticinensis⟩**

Damianus ⟨Sanctus⟩
→ **Damianus ⟨Ticinensis⟩**

Damianus ⟨Ticinensis⟩
um 681/711
Epistula ad Constantinum Imperatorem (sub nomine Mansueti); Expositio fidei; Bericht über die Synode von Pavia 698
Cpl 1170; LMA,III,474
Damian ⟨Bischof⟩
Damian ⟨Heiliger⟩
Damian ⟨von Pavia⟩
Damiano ⟨de Pavia⟩
Damiano ⟨San⟩
Damiano ⟨Vescovo⟩
Damianus ⟨Bischof⟩
Damianus ⟨Episcopus⟩
Damianus ⟨Mediolanensis⟩
Damianus ⟨Sanctus⟩
Damianus ⟨von Pavia⟩
Damien ⟨Biscossia⟩
Damien ⟨de Pavie⟩
Damien ⟨Evêque⟩
Mansuet ⟨de Milan⟩
Mansuet ⟨Evêque⟩
Mansuetus ⟨Episcopus⟩
Mansuetus ⟨Mediolanensis⟩
Mansuetus seu Damianus

Damianus ⟨von Bocksdorf⟩
→ **Tammo ⟨von Bocksdorf⟩**

Damianus ⟨von Pavia⟩
→ **Damianus ⟨Ticinensis⟩**

Damianus, Petrus
→ **Petrus ⟨Damiani⟩**

Damien ⟨Biscossia⟩
→ **Damianus ⟨Ticinensis⟩**

Damien ⟨d'Alexandrie⟩
→ **Damianus ⟨Alexandrinus⟩**

Damien ⟨de Finale⟩
→ **Damianus ⟨de Finario⟩**

Damien ⟨de Pavie⟩
→ **Damianus ⟨Ticinensis⟩**

Damien ⟨du Mont-Thabor⟩
→ **Damianus ⟨Alexandrinus⟩**

Damien ⟨Evêque⟩
→ **Damianus ⟨Ticinensis⟩**

Damien ⟨Fulcheri⟩
→ **Damianus ⟨de Finario⟩**

Damien, Pierre
→ **Petrus ⟨Damiani⟩**

Damilas, Nilus
→ **Nilus ⟨Damilas⟩**

Damīrī, Muḥammad Ibn-Mūsā ¬ad-¬
1344 – 1405
Dumairī, Muḥammad Ibn-Mūsā ¬ad-¬
Ibn-Mūsā, Muḥammad ad-Damīrī
Ibn-Mūsā ad-Damīrī, Muḥammad
Muḥammad Ibn-Mūsā ad-Damīrī

Ḏammār, Yaḥyā Ibn-Ḥamza ¬aḏ-¬
→ **Mu'aiyad Billāh, Yaḥyā Ibn-Ḥamza ¬al-¬**

Dammartin, Herbert ¬de¬
→ **Herbert ⟨le Duc⟩**

Damnis, Aegidius ¬de¬
→ **Aegidius ⟨de Damnis⟩**

Damocharis ⟨Cous⟩
6. Jh.
Cous, Damocharis
Damocharis ⟨aus Kos⟩
Damocharis ⟨Epigrammaticus⟩
Damocharis ⟨Grammaticus⟩

Damoiseau, Johannes ¬le¬
→ **Johannes ⟨le Damoiseau⟩**

Dan ⟨Michel⟩
→ **Michel, Dan**

Danchi ⟨Re⟩
→ **Dancus ⟨Rex⟩**

Danck de Saxonia, Johannes
→ **Johannes ⟨Danck de Saxonia⟩**

Danckonis, Johannes
→ **Johannes ⟨Danck de Saxonia⟩**

Danckrotzheim, Conrad
→ **Dangkrotzheim, Konrad**

Dancus ⟨Rex⟩
13. Jh.
Portug. Übers.: „Libro de cetrería"; Veterinärmed. Traktat, nach dem sagenhaften König Dancus von Armenien benannt, der in der Überlieferung als Verfasser galt
LMA,III,489; Rep.Font. IV,103
Danchi ⟨Re⟩
Dancos ⟨Rey⟩
Dancus
Dancus ⟨Armenien, König⟩
Dancus ⟨Falconarius⟩
Dancus ⟨King⟩
Dancus ⟨Roi⟩

Daṇḍin
7./8.Jh.
Daṇḍī
Dandin
Daṇḍin, Srí
Daṇḍyācārya
Dandyacharya
Danki, Sri
Dbrug-pa-can
Dbyug-pa-can
Taṇṭiyaciriyar

Dandina, Guilelmus
→ **Guilelmus ⟨Dandina⟩**

Dandkrotzheim, Conrad
→ **Dangkrotzheim, Konrad**

Dandolo, Andrea
1307 – 1354
Potth.; LMA,III,490/91
Andrea ⟨Dandolo⟩
Andreas ⟨Dandolo⟩
Andreas ⟨Dandulus⟩

Dandolo, Enrico
14. Jh.
Doge von Venedig; Cronica di Venexia
LMA,III,492; Rep.Font. IV,104
Dandolo, Henri
Enrico ⟨Dandolo⟩
Henri ⟨Dandolo⟩

Dandulus, Fantinus
→ **Fantinus ⟨Dandulus⟩**

Dandulus, Rainerius
um 1192/1205
Novae constitutiones; Usus Venetorum
Rep.Font. IV,105
Dandulus, Reinerus
Rainerius ⟨Dandulus⟩
Reinerus ⟨Dandulus⟩

Daṇḍyācārya
→ **Daṇḍin**

Danekow, Johannes
→ **Johannes ⟨Danck de Saxonia⟩**

Dangkrotzheim, Konrad
ca. 1372 – 1444
Conrad ⟨Dankrotzheim⟩
Conrad ⟨von Dangkrotzheim⟩
Conrad ⟨von Dankrotzheim⟩
Conradus ⟨Dangkrotzheim⟩
Cunrat ⟨Danckeltzheym⟩
Danckeltzheym, Cunrat
Danckrotzheim, Conrad
Dandkrotzheim, Conrad
Dangkrotzheim, Conrad
Dankratsheim, Konrad
Dankrotzheim, Konrad
Konrad ⟨Dangkrotzheim⟩
Konrad ⟨van Danckrotzheim⟩
Konrad ⟨von Dangkrotzheim⟩

Danhauser, Peter
→ **Dannhäuser, Peter**

Dānī, ʿUthmān Ibn Saʿīd
→ **Dānī, ʿUṯmān Ibn-Saʿīd ¬ad-¬**

Dānī, ʿUṯmān Ibn-Saʿīd ¬ad-¬
981 – 1053
Dānī, ʿUthmān Ibn Saʿīd
Ibn-Saʿīd, ʿUṯmān ad-Dānī
ʿUṯmān Ibn-Saʿīd ad-Dānī

Dania, Petrus ¬de¬
→ **Petrus ⟨de Dacia⟩**

Daniel ⟨Abbas⟩
→ **Daniel ⟨Scetiota⟩**

Daniel ⟨Abbé Russe⟩
→ **Daniil ⟨Palomnik⟩**

Daniel ⟨Biograph⟩
→ **Daniel ⟨Raithenus⟩**

Daniel ⟨Chinazzo⟩
→ **Chinazzo, Daniele**

Daniel ⟨Comes Vivianus⟩
→ **Daniel ⟨Magister⟩**

Daniel ⟨de Capodistria⟩
14. Jh.
Rithmus de lapide physico
LMA,III,538
Capodistria, Daniel ¬de¬
Daniel ⟨von Capodistria⟩
Daniele ⟨de Justinopoli⟩
Rigino ⟨Danielli Justinopolitano⟩

Daniel ⟨de Lérins⟩
→ **Daniel ⟨Lirinensis⟩**

Daniel ⟨de Morley⟩
→ **Daniel ⟨Morlanensis⟩**

Daniel ⟨de Parisiis⟩
um 1272 · OP
Schneyer,I,816
Daniel ⟨de Paris⟩
Parisiis, Daniel ¬de¬

Daniel ⟨de Parrochia Sancti Ambrosii⟩
→ **Daniel ⟨Magister⟩**

Daniel ⟨de Raïthu⟩
→ **Daniel ⟨Raithenus⟩**

Daniel ⟨de Rievaux⟩
→ **Gualterus ⟨Danielis⟩**

Daniel ⟨de Scété⟩
→ **Daniel ⟨Scetiota⟩**

Daniel ⟨de Vincentia⟩
um 1471/74 · OP
Oratio ad clerum
Kaeppeli,I,297/298
Daniel ⟨de Vicence⟩
Daniel ⟨Vicentinus⟩
Daniel ⟨Vincentinus⟩
Daniel ⟨von Vicenza⟩
Vincentia, Daniel ¬de¬

Daniel ⟨der Abt⟩
→ **Daniil ⟨Palomnik⟩**

Daniel ⟨der Pilger⟩
→ **Daniil ⟨Palomnik⟩**

Daniel ⟨Ephesus⟩
→ **Daniel ⟨Smyrnaeus⟩**

Daniel ⟨Episcopus⟩
→ **Danilo ⟨Srpski Arhiepiskop, II.⟩**

Daniel ⟨Gracilis⟩
um 1380 · OESA
Stegmüller, Repert. bibl. 2051
Gracilis, Daniel

Daniel ⟨Gualterus⟩
→ **Gualterus ⟨Danielis⟩**

Daniel ⟨Higoumène⟩
→ **Daniil ⟨Palomnik⟩**

Daniel ⟨Igumen⟩
→ **Daniil ⟨Palomnik⟩**

Daniel ⟨Iunior⟩
→ **Danilo ⟨Srpski Patrijarh, III.⟩**

Daniel ⟨Lirinensis⟩
um 1066 · OSB
Stegmüller, Repert. bibl. 2052
Daniel ⟨de Lérins⟩
Daniel ⟨Moine⟩
Daniel ⟨Monachus⟩

Daniel ⟨Magister⟩
um 1322
Chronica Danielis de comitibus Angleriae (606-1167) et Chronichetta di Daniele
Rep.Font. III,270; III,320; IV,106
Daniel ⟨Comes Vivianus⟩
Daniel ⟨de Parrochia Sancti Ambrosii⟩

Daniel ⟨Marleius⟩
→ **Daniel ⟨Morlanensis⟩**

Daniel ⟨Metropolita⟩
→ **Daniel ⟨Smyrnaeus⟩**

Daniel ⟨Moine⟩
→ **Daniel ⟨Lirinensis⟩**

Daniel ⟨Monachus⟩
→ **Daniel ⟨Lirinensis⟩**
→ **Daniel ⟨Raithenus⟩**

Daniel ⟨Morilegus⟩
→ **Daniel ⟨Morlanensis⟩**

Daniel ⟨Morlanensis⟩
ca. 1140 – ca. 1210
LThK; CSGL; LMA,III,538
Daniel ⟨de Morley⟩
Daniel ⟨Marleius⟩
Daniel ⟨Morilegus⟩
Daniel ⟨of Morley⟩
Daniel ⟨von Morlai⟩
Daniel ⟨von Morley⟩
Morley, Daniel ¬of¬

Daniel ⟨of Morley⟩
→ **Daniel ⟨Morlanensis⟩**

Daniel ⟨Palomnik⟩
→ **Daniil ⟨Palomnik⟩**

Daniel ⟨Patrijarh Srpski, III.⟩
→ **Danilo ⟨Srpski Patrijarh, III.⟩**

Daniel ⟨Peregrinator Russicus⟩
→ **Daniil ⟨Palomnik⟩**

Daniel ⟨Raithenus⟩
ca. 7. Jh.
Vita Johannis Climaci
Daniel ⟨Biograph⟩
Daniel ⟨de Raïthu⟩
Daniel ⟨Monachus⟩
Daniel ⟨von Raithu⟩
Raithenus, Daniel

Daniel ⟨Reclusus⟩
→ **Daniil ⟨Zatočnik⟩**

Daniel ⟨Rievalensis⟩
→ **Gualterus ⟨Danielis⟩**

Daniel ⟨Scetiota⟩
6. Jh.
Tusculum-Lexikon; CSGL
Daniel ⟨Abbas⟩
Daniel ⟨Abbé⟩
Daniel ⟨de Scété⟩
Daniel ⟨Sketiot⟩
Daniel ⟨Sketiotes⟩
Scetiota, Daniel
Sketiotes, Daniel

Daniel ⟨Serba⟩
→ **Danilo ⟨Srpski Arhiepiskop, II.⟩**

Daniel ⟨Serbia, Patriarcha, III.⟩
→ **Danilo ⟨Srpski Patrijarh, III.⟩**

Daniel ⟨Smyrnaeus⟩
15. Jh.
Tusculum-Lexikon; CSGL; LMA,III,537/38
Daniel ⟨Ephesus⟩
Daniel ⟨Metropolita⟩
Daniel ⟨Smyrnensis⟩
Daniel ⟨Spanus⟩
Daniel ⟨von Smyrna⟩
Daniele ⟨di Smirne⟩
Smyrnaeus, Daniel

Daniel ⟨Spanus⟩
→ **Daniel ⟨Smyrnaeus⟩**

Daniel ⟨Tsarostavnik⟩
→ **Danilo ⟨Srpski, Patrijarh, III.⟩**

Daniel ⟨Vicentinus⟩
→ **Daniel ⟨de Vincentia⟩**

Daniel ⟨von Capodistria⟩
→ **Daniel ⟨de Capodistria⟩**

Daniel ⟨von Morley⟩
→ **Daniel ⟨Morlanensis⟩**

Daniel ⟨von Raithu⟩
→ **Daniel ⟨Raithenus⟩**

Daniel ⟨von Smyrna⟩
→ **Daniel ⟨Smyrnaeus⟩**

Daniel ⟨von Vicenza⟩
→ **Daniel ⟨de Vincentia⟩**

Daniel ⟨Voyageur en Terre-Sainte⟩
→ **Daniil ⟨Palomnik⟩**

Daniel ⟨Zatočnik⟩
→ **Daniil ⟨Zatočnik⟩**

Daniel, Arnaut
→ **Arnaut ⟨Daniel⟩**

Daniel, Galcherus
→ **Gualterus ⟨Danielis⟩**

Daniel, Henricus
→ **Henricus ⟨Daniel⟩**

Daniel, Walter
→ **Gualterus ⟨Danielis⟩**

Daniele ⟨Chinazzo⟩
→ **Chinazzo, Daniele**

Daniele ⟨de Justinopoli⟩
→ **Daniel ⟨de Capodistria⟩**

Daniele ⟨di Smirne⟩
→ **Daniel ⟨Smyrnaeus⟩**

Daniello ⟨Mariano⟩
→ **Mariano ⟨Taccola⟩**

Daniil ⟨der Abt⟩
→ **Daniil ⟨Palomnik⟩**

Daniil ⟨Igumen⟩
→ **Daniil ⟨Palomnik⟩**

Daniil ⟨Palomnik⟩
gest. 1122
Choždenie Daniila, Russkoj zemli igumena
Rep.Font. IV,107; LThK(3),3,14; LMA,III,540/41
Daniel ⟨Abbé Russe⟩
Daniel ⟨der Abt⟩
Daniel ⟨der Pilger⟩
Daniel ⟨Higoumène⟩
Daniel ⟨Igumen⟩
Daniel ⟨Palomnik⟩
Daniel ⟨Peregrinator Russicus⟩
Daniel ⟨Voyageur en Terre-Sainte⟩
Daniil ⟨von Černigov⟩
Daniil ⟨Igumen⟩
Daniil ⟨Palomnik Russkij⟩
Daniil ⟨Russkij⟩
Danylo ⟨Palomnyk⟩
Palomnik, Daniil

Daniil ⟨Russkij⟩
→ **Daniil ⟨Palomnik⟩**

Daniil ⟨Satotschnik⟩
→ **Daniil ⟨Zatočnik⟩**

Daniil ⟨the Prisoner⟩
→ **Daniil ⟨Zatočnik⟩**

Daniil ⟨von Černigov⟩
→ **Daniil ⟨Palomnik⟩**

Daniil ⟨Zatočnik⟩
13. Jh.
Slovo
LMA,III,541/42
Daniel ⟨Reclusus⟩
Daniel ⟨Zatočnik⟩
Daniil ⟨Satotschnik⟩
Daniil ⟨the Prisoner⟩
Daniil ⟨Zatochnik⟩
Zatočnik, Daniil

Danilo ⟨Arhiepiskop Srpski⟩
→ **Danilo ⟨Srpski Arhiepiskop, II.⟩**

Danilo ⟨der Jüngere⟩
→ **Danilo ⟨Srpski Patrijarh, III.⟩**

Danilo ⟨Episkop Banjski⟩
→ **Danilo ⟨Srpski Arhiepiskop, II.⟩**

Danilo ⟨Episkop Humski⟩
→ **Danilo ⟨Srpski Arhiepiskop, II.⟩**

Danilo ⟨Erzbischof⟩
→ **Danilo ⟨Srpski Arhiepiskop, II.⟩**

Danilo ⟨II.⟩
→ **Danilo ⟨Srpski Arhiepiskop, II.⟩**

Danilo ⟨III.⟩
→ **Danilo ⟨Srpski Patrijarh, III.⟩**

Danilo ⟨Mlađi⟩
→ **Danilo ⟨Srpski Patrijarh, III.⟩**

Danilo ⟨Patrijarh Srbima i Pomoriju⟩
→ **Danilo ⟨Srpski Patrijarh, III.⟩**

Danilo ⟨Srpski Arhiepiskop, II.⟩
ca. 1270/75 – 1337
Kernstück der Vitensammlung „Danilov Zbornik"
LMA,III,542/43; Rep.Font. IV,110
Daniel ⟨Episcopus⟩
Daniel ⟨Serba⟩
Danilo ⟨Archiepiscopus, II.⟩
Danilo ⟨Archiepiskop⟩
Danilo ⟨Arhiepiskop Srpski⟩
Danilo ⟨Episkop Banjski⟩
Danilo ⟨Episkop Humski⟩
Danilo ⟨Erzbischof⟩
Danilo ⟨II.⟩
Danilo ⟨Serbien, Erzbischof, II.⟩

Danilo ⟨Srpski Patrijarh, III.⟩
ca. 1350 – 1396/1400
Život kralja srpskog Uroša II Milutina; Pohvala knezu Lazaru; Slova
Rep.Font. IV,110/11; LMA,III,543
Daniel ⟨Iunior⟩
Daniel ⟨Patrijarh Srpski, III.⟩
Daniel ⟨Serbia, Patriarcha, III.⟩
Daniel ⟨Serbien, Patriarch, III.⟩
Daniel ⟨Tsarostavnik⟩
Danilo ⟨der Jüngere⟩
Danilo ⟨III.⟩
Danilo ⟨Mlađi⟩
Danilo ⟨Patriarch⟩
Danilo ⟨Patrijarh Srbima i Pomoriju⟩
Danilo ⟨Patrijarh Srpski, III.⟩
Mlađi, Danilo
Srpski i Pomorski, Danilo

Danilov Učenik
14. Jh.
Danilov Nastavljač
Nastavljač Danilov
Schüler des Danilo
Učenik, Danilov

Danki, Sri
→ **Daṇḍin**

Dankrotzheim, Konrad
→ **Dangkrotzheim, Konrad**

Danmartin, Herbert le Duc ¬de¬
→ **Herbert ⟨le Duc⟩**

Dannhäuser, Peter
um 1490/95
Opera Anselmi Cantuarensis mit Beigaben von Peter Danhauser
Danhauser, Peter
Danhausser, Petrus
Dannhauser, Pierre
Peter ⟨Danhauser⟩
Peter ⟨Dannhäuser⟩
Petrus ⟨Danhausser⟩
Pierre ⟨Dannhauser⟩

Dante
→ **Dante ⟨Alighieri⟩**

Dante ⟨Alighieri⟩
1265 – 1321
LMA,III,544/63
Alagherii, Dante
Aligerius, Dante
Alighiere, Dante
Alighieri ⟨Dante⟩
Alighieri, Dante
Alig'jeri, Dante
Dant, Allighieri
Dante

Dante ⟨Alagherius⟩
Dante ⟨Aleghieri⟩
Dante ⟨Aligerius⟩
Dante ⟨Alig'jeri⟩
Dantes ⟨Alagerius⟩
Dantes ⟨Aligerius⟩

Dante ⟨da Maiano⟩
13. Jh.
Canzoniere; Sonette
LMA,III,563
Dante ⟨de Majano⟩
Dante ⟨Minore⟩
Maiano, Dante ¬da¬

Dante ⟨Minore⟩
→ **Dante ⟨da Maiano⟩**

Dante Alighieri, Jacopo ¬di¬
→ **Alighieri, Jacopo**

Dante Alighieri, Pietro ¬di¬
→ **Alighieri, Pietro**

Dantes ⟨Aligerius⟩
→ **Dante ⟨Alighieri⟩**

Dan-xi
→ **Zhu, Zhenheng**

Danylo ⟨Palomnyk⟩
→ **Daniil ⟨Palomnik⟩**

Danzig, Peter ¬von¬
→ **Peter ⟨von Danzig⟩**

Daoshi
gest. 683
Biograph von Xuanzang

Daoxuan
596 – 667
Biograph von Xuanzang

Daphnopata, Theodorus
→ **Theodorus ⟨Daphnopata⟩**

Dapifer, Bernardus
→ **Bernardus ⟨Dapifer⟩**

Dapifer, Henricus
→ **Henricus ⟨de Diessenhofen⟩**

Daqīqī, Abū-Manṣūr Muḥammad Ibn-Aḥmad
ca. 930/40 – 976/81
Abū-Manṣūr Muḥammad Ibn-Aḥmad Daqīqī
Daghighi, Abu-Mansur Mohammad Ebn-Ahmad
Dagīgī, Abū-Manṣūr Muḥammad Ibn-Aḥmad

Dāraquṭnī, ʿAlī Ibn-ʿUmar ¬ad-¬
918 – 995
ʿAlī Ibn-ʿUmar ad-Dāraquṭnī
Ibn-ʿUmar, ʿAlī ad-Dāraquṭnī
Ibn-ʿUmar ad-Dāraquṭnī, ʿAlī

Dardel, Jean
→ **Jean ⟨Dardel⟩**

Dardjīnī, Aḥmad b. Saʿīd
→ **Darǧīnī, Aḥmad Ibn-Saʿīd ¬ad-¬**

Dargies, Gautier ¬de¬
→ **Gautier ⟨de Dargies⟩**

Darǧīnī, Aḥmad Ibn-Saʿīd ¬ad-¬
gest. ca. 1268
Aḥmad Ibn-Saʿīd ad-Darǧīnī
Dardjīnī, Aḥmad b. Saʿīd
Darjīnī, Aḥmad Ibn Saʿīd
Ibn-Saʿīd, Aḥmad ad-Darǧīnī
Ibn-Saʿīd ad-Darǧīnī, Aḥmad

Dārimī, ʿAbdallāh Ibn-ʿAbd-ar-Raḥmān ¬ad-¬
797 – 869
ʿAbdallāh Ibn-ʿAbd-ar-Raḥmān ad-Dārimī
Darimi, Muhammad Abd Allah ¬ad¬
Ibn-ʿAbd-ar-Raḥmān, ʿAbdallāh ad-Dārimī
Ibn-ʿAbd-ar-Raḥmān ad-Dārimī, ʿAbdallāh

Dārimī, Abū-Saʿīd ʿUṯmān Ibn-Saʿīd ¬ad-¬
816 – 895
Abū-Saʿīd ad-Dārimī, ʿUṯmān Ibn-Saʿīd
Ibn-Saʿīd, ʿUṯmān ad-Dārimī
Ibn-Saʿīd ad-Dārimī, ʿUṯmān
ʿUṯmān Ibn-Saʿīd ad-Dārimī

Darimi, Muhammad Abd Allah ¬ad¬
→ **Dārimī, ʿAbdallāh Ibn-ʿAbd-ar-Raḥmān ¬ad-¬**

Darius ⟨Tibertus⟩
um 1492
De legitimo amore
Stegmüller, Repert. bibl. 2053
Dario ⟨Tiberti⟩
Darius ⟨Tiberti⟩
Darius ⟨Tibertus Caesenas⟩
Darius ⟨Tibertus de Césène⟩
Tiberti, Dario
Tibertus, Darius

Darjīnī, Aḥmad Ibn Saʿīd
→ **Darǧīnī, Aḥmad Ibn-Saʿīd ¬ad-¬**

Dar-ma rin-chen
→ **Dar-ma-rin-chen ⟨rGyal-tshab rje⟩**

Darmakirti
→ **Dharmakīrti**

Dar-ma-rin-chen ⟨rGyal-tshab rje⟩
1364 – 1432
Dar-ma rin-chen
rGyal tshab rje
rGyal-tshab Dar-ma-rin-chen
rGyal-tshab rJe Dar-ma rin-chen

Daršān, Šimʿôn ¬had-¬
→ **Šimʿôn ⟨had-Daršān⟩**

Dasamminiato, Giovanni
→ **Giovanni ⟨di Duccio da San Miniato⟩**

D'Ascoli, Cecco
→ **Cecco ⟨d'Ascoli⟩**

D'Ascoli, Girolamo
→ **Nicolaus ⟨Papa, IV.⟩**

Dasle de Hildesheim, Henricus
→ **Henricus ⟨Dasle de Hildesheim⟩**

Dastin, Johannes
14. Jh.
Rosarius philosophorum; Verbum abbreviatum; Liber philosophiae; etc.
LMA,III,573/74
Dastin, Jean
Dastin, John
Dastyn, Jean
Dausten, Johann
Daustenius, Johannes
Daustin, Jean
Jean ⟨Dastin⟩
Johannes ⟨Dastin⟩
Johannes ⟨Dastinus⟩
Johannes ⟨Daustenius⟩
John ⟨Dasteyn⟩
John ⟨Dastyn⟩

Dathus, Augustinus
→ **Augustinus ⟨Dati⟩**

Dathus, Leonardus
→ **Leonardus ⟨Datus⟩**

Dati, Agostino
→ **Augustinus ⟨Dati⟩**

Dati, Augustinus
→ **Augustinus ⟨Dati⟩**

Dati, Goro
→ **Dati, Gregorio**

Dati, Gregorio
1362 – 1435
Istoria di Firenze dal 1380 al 1405; Il libro segreto
Rep.Font. IV,121
Dati, Goro
Dati, Grégoire
Datus, Gregorius
Goro ⟨Dati⟩
Grégoire ⟨Dati⟩
Gregorio ⟨Dati⟩
Gregorius ⟨Datus⟩

Dati, Jean
→ **Johannes ⟨Datus de Imola⟩**

Dati, Niccolò
1457 – 1498
Hrsg. von Augustinus ⟨Dati⟩: Opera
Dati, Nicolas
Niccolò ⟨Dati⟩

Datis, Leonardus ¬de¬
→ **Leonardus ⟨de Datis⟩**

Datius ⟨Mediolanensis⟩
gest. ca. 552
Chronicon
Rep.Font. IV,122
Dace ⟨de Milan⟩
Dace ⟨Saint⟩
Dacius ⟨Mediolanensis⟩
Datius ⟨Archiepiscopus Mediolanensis⟩

Datus, Augustinus
→ **Augustinus ⟨Dati⟩**

Datus, Gregorius
→ **Dati, Gregorio**

Datus, Johannes
→ **Johannes ⟨Datus de Imola⟩**

Datus, Leonardus
→ **Leonardus ⟨Datus⟩**
→ **Leonardus ⟨de Datis⟩**

Datus de Imola, Johannes
→ **Johannes ⟨Datus de Imola⟩**

Dā'ūd Ibn-ʿAlī aẓ-Ẓāhirī
→ **Dāwūd Ibn-Ḫalaf aẓ-Ẓāhirī**

Daude ⟨de Pradas⟩
1194 – ca. 1282
Provenz. Troubadour; Sirventes; Cansós; Poésies; etc.
LMA,III,583/84; Rep.Font. IV,122
Daude ⟨de Prades⟩
Deodatus ⟨de Pradas⟩
Pradas, Daude ¬de¬

Daudin, Jean
gest. 1382
Übers. u.a. „De remediis utriusque fortunae" von Petrarca, Francesco
LMA,III,584
Jean ⟨Daudin⟩

Dauferius ⟨Cassinensis⟩
→ **Victor ⟨Papa, III.⟩**

Dauith
→ **Dawit' ⟨Alawkay Ordi⟩**

Daulabī, Abū-Bišr Muḥammad Ibn-Aḥmad ¬ad-¬
→ **Dūlābī, Abū-Bišr Muḥammad Ibn-Aḥmad ¬ad-¬**

Daulabī, Muḥammad Ibn-Aḥmad ¬ad-¬
→ **Dūlābī, Abū-Bišr Muḥammad Ibn-Aḥmad ¬ad-¬**

Dauphin ⟨d'Auvergne⟩
→ **Dalfin ⟨d'Alvernha⟩**

Dauraqī, Aḥmad Ibn-Ibrāhīm ¬ad-¬
784 – 860
Aḥmad Ibn-Ibrāhīm ad-Dauraqī
Dawraqī, Aḥmad Ibn Ibrāhīm
Ibn-Ibrāhīm, Aḥmad ad-Dauraqī
Ibn-Ibrāhīm ad-Dauraqī, Aḥmad

Daustenius, Johannes
→ **Dastin, Johannes**

Davanzati, Chiaro
um 1280
Meyer; LMA,III,595/96
Chiaro ⟨Davanzati⟩

David ⟨ab Augusta⟩
→ **David ⟨de Augusta⟩**

David ⟨Alexandrinus⟩
→ **David ⟨Thessalonicensis⟩**

David ⟨ApGwilym⟩
14. Jh.
LMA,III,429
ApGwilym, David
Dafydd ⟨AbGwilym⟩
Dafydd ⟨ap Gwilym⟩
Dafydd ⟨ApGwilyn⟩
David ⟨ap Gwilim⟩
Gwilym, David ¬ap¬

David ⟨Armenicus⟩
12. Jh.
Armenicus, David
David ⟨l'Arménien⟩

David ⟨Augustanus⟩
→ **David ⟨de Augusta⟩**

David ⟨Augustensis⟩
→ **David ⟨de Augusta⟩**

David ⟨Ben Joseph Kimchi⟩
→ **Qimḥī, Dawid**

David ⟨Capellanus Henrici V.⟩
→ **David ⟨Scotus⟩**

David ⟨Cenomanensis⟩
9. Jh.
Actus pontificum Cenomannis in urbe degentium; Carmina Cenomannensia; Gesta Aldrici Cenomannensis episcopi
CC Clavis, Auct. Gall. 1,289ff.
David ⟨Cenomannensis⟩
David ⟨Chorepiscopus⟩

David ⟨Chorepiscopus⟩
→ **David ⟨Cenomanensis⟩**

David ⟨d'Ashby⟩
→ **David ⟨de Ashby⟩**

David ⟨d'Augsbourg⟩
→ **David ⟨de Augusta⟩**

David ⟨de Ashby⟩
um 1260/74 · OP
Faits des Tartares
Kaeppeli,I,298/299; Rep.Font. IV,123
Ashby, David ¬de¬
David ⟨de Effebi⟩
David ⟨de Esseby⟩
David ⟨d'Ashby⟩
David ⟨Gallensis⟩
Esseby, David ¬de¬

David ⟨de Augusta⟩
ca. 1200 – 1272 · OFM
LThK; Tusculum-Lexikon; LMA,III,604
Augusta, David ¬de¬
Augustanus, David
David ⟨ab Augusta⟩
David ⟨Augustanus⟩
David ⟨Augustensis⟩
David ⟨d'Augsbourg⟩

David ⟨Frater⟩
David ⟨Teutonicus⟩
David ⟨von Augsburg⟩

David ⟨de Bangor⟩
→ **David ⟨Scotus⟩**

David ⟨de Dinan⟩
→ **David ⟨de Dinanto⟩**

David ⟨de Dinanto⟩
gest. ca. 1206/10
Aristotelesübersetzer
LMA,III,605
David ⟨de Dinan⟩
David ⟨de Dinando⟩
David ⟨de Dinant⟩
David ⟨von Dinant⟩
Dinanto, David ¬de¬

David ⟨de Effebi⟩
→ **David ⟨de Ashby⟩**

David ⟨de Esseby⟩
→ **David ⟨de Ashby⟩**

David ⟨de Thessalonique⟩
→ **David ⟨Thessalonicensis⟩**

David ⟨der Armenier⟩
→ **Dawit ⟨Anyaġt'⟩**

David ⟨der Philosoph⟩
→ **Dawit ⟨Anyaġt'⟩**

David ⟨der Unbesiegte⟩
→ **Dawit' ⟨Alawkay Ordi⟩**
→ **Dawit ⟨Anyaġt'⟩**

David ⟨Dishypatus⟩
→ **David ⟨Dissipatus⟩**

David ⟨Dissipatus⟩
14. Jh.
Tusculum-Lexikon; LMA,III,605/06
David ⟨Dishypatus⟩
David ⟨Disypatus⟩
David ⟨Thessalonicensis⟩
Dishypatus, David
Dissipatus, David
Disypatus, David

David ⟨Episcopus Bangor⟩
→ **David ⟨Scotus⟩**

David ⟨Frater⟩
→ **David ⟨de Augusta⟩**

David ⟨Gallensis⟩
→ **David ⟨de Ashby⟩**

David ⟨Hibernus⟩
→ **David ⟨Obuge⟩**

David ⟨Kimchi⟩
→ **Qimḥī, Dawid**

David ⟨l'Arménien⟩
→ **David ⟨Armenicus⟩**

David ⟨l'Ecossais⟩
→ **David ⟨Scotus⟩**

David ⟨Monachus⟩
ca. 12. Jh.
In Perih.
Lohr
Monachus, David

David ⟨Obugaeus⟩
→ **David ⟨Obuge⟩**

David ⟨Obuge⟩
um 1320 · OCarm
Postillae Bibliorum
Stegmüller, Repert. bibl. 2054
David ⟨Hibernus⟩
David ⟨Obugaeus⟩
Obuge, David

David ⟨of Ganjak⟩
→ **Dawit' ⟨Alawkay Ordi⟩**

David ⟨Philosophus⟩
→ **David ⟨Thessalonicensis⟩**

David ⟨Prêtre Ecossais⟩
→ **David ⟨Scotus⟩**

David ⟨Romaeus Philocasius⟩
→ **Romaeus Philocasius, David**

David ⟨Scotus⟩
um 1120/39
Stegmüller, Repert. bibl. 2055
David ⟨Capellanus Henrici V.⟩
David ⟨de Bangor⟩
David ⟨Episcopus Bangor⟩
David ⟨l'Ecossais⟩
David ⟨Prêtre Ecossais⟩
David ⟨Scottus⟩
Scotus, David

David ⟨Stroitel'⟩
→ **Davit' ⟨Sak'art'velo, Mep'e, IV.⟩**

David ⟨Teutonicus⟩
→ **David ⟨de Augusta⟩**

David ⟨Thessalonicensis⟩
→ **David ⟨Dissipatus⟩**

David ⟨Thessalonicensis⟩
6. Jh.
Prolegomena philosophiae; In Porphyrii Isagogen commentarium; In Aristotelis categorias commentaria
LMA,III,606
David ⟨Alexandrinus⟩
David ⟨de Thessalonique⟩
David ⟨Philosophus⟩
David ⟨von Thessalonike⟩
Pseudo-David
Pseudo-Elias

David ⟨von Augsburg⟩
→ **David ⟨de Augusta⟩**

David ⟨von Dinant⟩
→ **David ⟨de Dinanto⟩**

David ⟨von Thessalonike⟩
→ **David ⟨Thessalonicensis⟩**

David, Nicetas
→ **Nicetas ⟨David⟩**

Davidus ⟨...⟩
→ **David ⟨...⟩**

Davit' ⟨Aġmašenebeli⟩
→ **Davit' ⟨Sak'art'velo, Mep'e, IV.⟩**

Davit' ⟨Alavka Ordi⟩
→ **Dawit' ⟨Alawkay Ordi⟩**

Davit' ⟨Anhaġt'⟩
→ **Dawit ⟨Anyaġt'⟩**

Davit' ⟨Georgien, König, IV.⟩
→ **Davit' ⟨Sak'art'velo, Mep'e, IV.⟩**

Davit' ⟨Sak'art'velo, Mep'e, IV.⟩
1073 – 1124
David ⟨Stroitel'⟩
Davit' ⟨Aġmašenebeli⟩
Davit' ⟨Georgien, König, IV.⟩
Dawit ⟨der Erbauer⟩

Davit'is-je, Sumbat
→ **Sumbat ⟨Davit'is-je⟩**

Dawādārī, Abū-Bakr Ibn-ʿAbdallāh ¬ad-¬
gest. ca. 1331
Abū-Bakr Ibn-ʿAbdallāh ad-Dawādārī
Ibn-ʿAbdallāh, Abū-Bakr ad-Dawādārī
Ibn-ʿAbdallāh ad-Dawādārī, Abū-Bakr

Dawid ⟨Qimḥî⟩
→ **Qimḥî, Dawid**

Dawit ⟨Anyaġt'⟩
5./6. Jh.
Meyer
Anyaġt', Dawit
David ⟨der Armenier⟩
David ⟨der Philosoph⟩
David ⟨der Unbesiegte⟩
Davit' ⟨Anhaġt'⟩

Dawit ⟨der Erbauer⟩
→ **Davit' ⟨Sak'art'velo, Mep'e, IV.⟩**

Dawit' ⟨Alawkay Ordi⟩
gest. 1129/39
Geistlicher
Haykakan sovetakan hanragitaran
Dauith
David ⟨der Unbesiegte⟩
David ⟨of Ganjak⟩
Davit' ⟨Alavka Ordi⟩
Dawith ⟨Gantzakétsi⟩
Dawith ⟨von Gandzak⟩
Dawit' ⟨Son of Alawik⟩

Dawit' ⟨Anyaġt'⟩
→ **Dawit ⟨Anyaġt'⟩**

Dawit' ⟨Son of Alawik⟩
→ **Dawit' ⟨Alawkay Ordi⟩**

Dawith ⟨von Gandzak⟩
→ **Dawit' ⟨Alawkay Ordi⟩**

Dawraqī, Aḥmad Ibn Ibrāhīm
→ **Dauraqī, Aḥmad Ibn-Ibrāhīm ¬ad-¬**

Dāwūd aẓ-Ẓāhirī
→ **Dāwūd Ibn-Ḫalaf aẓ-Ẓāhirī**

Dāwud Ibn-Abī-Naṣr Ibn-al-ʿAṭṭār
→ **Ibn-al-ʿAṭṭār, Dāwud Ibn-Abī-Naṣr**

Dāwūd Ibn-ʿAlī al-Iṣfahānī
→ **Dāwūd Ibn-Ḫalaf aẓ-Ẓāhirī**

Dāwūd Ibn-ʿAlī aẓ-Ẓāhirī
→ **Dāwūd Ibn-Ḫalaf aẓ-Ẓāhirī**

Dāwūd Ibn-Ḫalaf al-Iṣfahānī
→ **Dāwūd Ibn-Ḫalaf aẓ-Ẓāhirī**

Dāwūd Ibn-Ḫalaf aẓ-Ẓāhirī
ca. 815 – 884
Dāʾūd Ibn-ʿAlī aẓ-Ẓāhirī
Dāwūd aẓ-Ẓāhirī
Dāwūd Ibn-ʿAlī al-Iṣfahānī
Dāwūd Ibn-ʿAlī aẓ-Ẓāhirī
Dāwūd Ibn-Ḫalaf al-Iṣfahānī
Ibn-Halaf, Dāwūd aẓ-Ẓāhirī
Ẓāhirī, Dāwūd Ibn-Ḫalaf ¬aẓ-¬

Dāwūd Ibn-Marwān (al-Muqammiṣ)
→ **Muqammiṣ, Dāwūd Ibn-Marwān ¬al-¬**

Dāya, ʿAbdallāh Ibn-Muḥammad
1168 – 1256
ʿAbdallāh Ibn-Muḥammad Dāya
Ibn-Dāya, ʿAbdallāh Ibn-Muḥammad
Ibn-Muḥammad, ʿAbdallāh Dāya
Rāzī, ʿAbdallāh Ibn-Muḥammad ¬ar-¬
Rāzī, Abū-Bakr ʿAbdallāh Ibn-Muḥammad ¬ar-¬

Daylamī, al-Ḥasan Ibn Abī al-Ḥasan
→ **Dailamī, al-Ḥasan Ibn-Abi-'l-Ḥasan ¬ad-¬**

Dbrug-pa-can
→ **Daṇḍin**

Dbyug-pa-can
→ **Daṇḍin**

De'Bambaglioli, Graziolo
→ **Bambaglioli, Graziolo ¬de'¬**

De'Basini, Basinio
→ **Basinio ⟨da Parma⟩**

De'Bassi, Andrea
→ **Bassi, Andrea ¬de'¬**

De'Bassi, Pietro Andrea
→ **Bassi, Andrea ¬de'¬**

De'Bernabei, Lazzaro
→ **Bernabei, Lazzaro**

Debrenthe, Thomas ¬de¬
um 1448/80 · OSB
Oratio ad Pium II
Rep.Font. IV,130
Thomas ⟨de Debrenthe⟩
Thomas ⟨Nitriensis⟩
Thomas ⟨Zagrabiensis⟩

DeCanelles, Vidal
→ **Vitalis ⟨de Canellas⟩**

DeCani, Gianjacopo
→ **Canis, Johannes Jacobus**

DeCanistris, Opicino
→ **Opicinus ⟨de Canistris⟩**

Decapolita, Gregorius
→ **Gregorius ⟨Decapolita⟩**

De'Castellani, Gratia
→ **Gratia ⟨de'Castellani⟩**

December, Angelus
→ **Angelus ⟨Decembrius⟩**

December, Obertus
→ **Hubertus ⟨Decembrius⟩**

December, Petrus Candidus
→ **Decembrio, Pier Candido**

Decembrio, Angelo
→ **Angelus ⟨Decembrius⟩**

Decembrio, Pier Candido
1392 – 1477
LThK; Tusculum-Lexikon; LMA,III,616/17
Candidus, Petrus
December, Petrus Candidus
Decembrio, Pietro Candido
Decembrius, Petrus Candidus
Petrus ⟨Candidus⟩
Petrus Candidus ⟨de Viglevano⟩
Petrus Candidus ⟨Decembrius⟩
Pier Candido ⟨Decembrio⟩
Pietro Candido ⟨Decembrio⟩

Decembrio, Uberto
→ **Hubertus ⟨Decembrius⟩**

Decembrius, Angelus
→ **Angelus ⟨Decembrius⟩**

Decembrius, Hubertus
→ **Hubertus ⟨Decembrius⟩**

Decembrius, Obertus
→ **Hubertus ⟨Decembrius⟩**

Decembrius, Petrus Candidus
→ **Decembrio, Pier Candido**

De'Ciminelli, Serafino
→ **Serafino ⟨Aquilano⟩**

Dedacus, Johannes
→ **Johannes ⟨Dedecus⟩**

Dedecus, Johannes
→ **Johannes ⟨Dedecus⟩**

Dedicus, Johannes
→ **Johannes ⟨Dedecus⟩**

DeDondi Dall'Orologio, Giovanni
→ **Johannes ⟨de Dondis⟩**

Défenseur ⟨de Ligugé⟩
→ **Defensor ⟨Locogiacensis⟩**

Defensor ⟨Locogiacensis⟩
7./8. Jh.
Tusculum-Lexikon; LMA,III,634
Défenseur ⟨de Ligugé⟩
Défenseur ⟨of Ligugé⟩
Defensor ⟨Lociacensis⟩
Defensor ⟨Monachus⟩
Defensor ⟨Monk⟩
Defensor ⟨the Monk⟩
Defensor ⟨von Ligugé⟩

Defensor ⟨Monachus⟩
→ **Defensor ⟨Locogiacensis⟩**

DeFoxton, John
→ **Johannes ⟨de Foxton⟩**

DeFuscarari, Egidio
→ **Aegidius ⟨de Fuscarariis⟩**

De'Gambiglioni, Angelo
→ **Angelus ⟨de Gambilionibus⟩**

Degan ⟨of Treves⟩
→ **Theganus ⟨Treverensis⟩**

DegliAlbanzani, Donato
→ **Albanzani, Donato ¬degli¬**

DegliAlbanzani DiCasentino, Donato
→ **Albanzani, Donato ¬degli¬**

DegliAlberti, Antonio
→ **Antonio ⟨da Ferrara⟩**

DegliAlbizzi, Luca
→ **Albizzi, Luca ¬degli¬**

DegliAlbizzi, Rinaldo
→ **Albizzi, Rinaldo ¬degli¬**

DegliAlfani, Gianni
→ **Alfani, Gianni**

DegliAllegretti, Allegretto
→ **Allegretti, Allegretto**

DegliAnnibaldeschi, Annibal
→ **Hannibaldus ⟨de Hannibaldis⟩**

DegliArsochi, Francesco
→ **Arzocchi, Francesco**

DegliOddi, Giovanni
→ **Johannes ⟨Oddi⟩**

DegliOnesti, Christophe-Georges
→ **Christophorus ⟨de Honestis⟩**

DegliOnesti, Onesto
→ **Onesto ⟨da Bologna⟩**

DegliStrinati, Neri
→ **Strinati, Neri ¬degli¬**

DegliUberti, Fazio
→ **Uberti, Fazio ¬degli¬**

De'Grassi, Giovannino
→ **Grassi, Giovannino ¬de'¬**

De'Guarneglie, Antonio
→ **Guarneglie, Antonio ¬de'¬**

Degui, Pere
→ **Dagui, Petrus**

Deguileville, Guillaume ¬de¬
→ **Guillaume ⟨de Deguileville⟩**

DeGuilford, Nicholas
→ **Nicholas ⟨of Guildford⟩**

Dei, Andreas
→ **Andreas ⟨Dei⟩**

Dei, Benedetto
1418 – 1492
Croniche florentine; Memorie appartenenti a' fatti d'Italia e particolamente di Firenze
LMA,III,639; Rep.Font. IV,147
Benedetto ⟨Dei⟩
Benoît ⟨Dei⟩
Dei, Benoît

Deichsler, Heinrich
geb. 1430; gest. vielleicht 1506/07
Materialsammlung zur Geschichte Nürnbergs
VL(2),2,61/63; Rep.Font. IV,148
Deichsler, Henri
Heinrich ⟨Deichsler⟩
Henri ⟨Deichsler⟩

Deicola
7. Jh.
Gefährte des Hl. Columban; Gründer des Klosters Lure; nicht identisch mit Deicola ⟨Hibernicus⟩
LMA,III,982
Deicola ⟨Heiliger⟩
Deicola ⟨Sanctus⟩
Déicole ⟨Irlandais⟩
Déicole ⟨Moine⟩
Déicole ⟨Saint⟩
Desle
Dichuil
Dichull
Dicuil
Dicuilus
Diey

Deicola ⟨Hibernicus⟩
um 814/40
Irischer Gelehrter am Hofe Karls d. Großen; nicht identisch mit dem Hl. Deicola (7. Jh.); Liber de astronomia; De prima syllaba; Liber de mensura orbis terrae
LMA,III,982; CC Clavis, Auct. Gall. 1, 297ff.; LThK
Dichuil
Dicuil ⟨Hibernicus⟩
Dicuil ⟨Hibernicus⟩
Dicuil ⟨Hibernus⟩
Dicuil ⟨Irlandais⟩
Dicuil ⟨Moine⟩
Dicuil ⟨Moine Irlandais⟩
Dicuilus ⟨Grammairien Irlandais⟩
Dicuilus ⟨Scottus⟩
Dicuilus ⟨Scotus⟩
Dicul ⟨Hibernus⟩
Hibernicus, Deicola

DeiConti, Niccolò
→ **Conti, Niccolò ¬dei¬**

DeiFaitinelli, Pietro
→ **Faitinelli, Pietro ¬dei¬**

DeiFavaroni, Agostino
→ **Augustinus ⟨Favaroni⟩**

DeiFrugardi, Ruggero
→ **Rogerus ⟨de Parma⟩**

Deir, Jean
→ **Johannes ⟨Deirus⟩**

DeiRambaldi, Benvenuto
→ **Benevenutus ⟨Imolensis⟩**

Deirus, Johannes
→ **Johannes ⟨Deirus⟩**

Dekapolites, Gregorios
→ **Gregorius ⟨Decapolita⟩**

DeLaVyle, Henry
→ **Henricus ⟨de la Vyle⟩**

Delayto, Jacobus ¬de¬
→ **Jacobus ⟨de Delayto⟩**

DelBalzo, Francesco
→ **Balzo, Franciscus ¬de¬**

DelBasso, Andrea
→ **Bassi, Andrea ¬de'¬**

DelBasso, Pietro Andrea
→ **Bassi, Andrea ¬de'¬**

DelBosco, Guido
→ **Guido ⟨de Busco⟩**

DelCaccia, Giovanni di Matteo
→ **Caccia, Johannes Matthaei**

DelCarretto, Enrico
→ **Carretto, Henricus ¬de¬**

DelCassero, Martino
→ **Martinus ⟨de Fano⟩**

DelCastagno, Andrea
ca. 1410 – 1457
Maler
LMA,II,1555

André ⟨del Castagno⟩
Andrea ⟨del Castagno⟩
Andrea ⟨DelCastagno⟩
Andrea ⟨di Bartolo⟩
Andrea ⟨di Bartolommeo⟩
Bartolo, Andrea ¬di¬
Castagno, André ¬del¬
Castagno, Andrea ¬del¬

DelCorazza, Bartolomeo
ca. 1381 – ca. 1449
Diario Fiorentino
Rep.Font. II,457
Bartolomeo ⟨del Corazza⟩
Bartolomeo ⟨DelCorazza⟩
Bartolomeo ⟨di Michele⟩
Bartolomeo ⟨di Michele del Corazza⟩
Bartolommeo ⟨del Corazza⟩
Corazza, Bartolomeo ¬del¬
Corazza, Bartolommeo ¬del¬

De'Lelli, Teodoro
→ **Lellis, Theodorus ¬de¬**

Delf, Dirc ¬van¬
→ **Dirc ⟨van Delf⟩**

Delfino, Gentile
gest. 1410
Mutmaßlicher Verfasser von „Diario Romano"
Rep.Font. IV,154
Gentile ⟨Delfino⟩

Delft, Dirk ¬van¬
→ **Dirc ⟨van Delf⟩**

DelGarbo, Aldobrandino
→ **Garbo, Dinus ¬de¬**

DelGarbo, Dino
→ **Garbo, Dinus ¬de¬**

DelGarbo, Tommaso
→ **Thomas ⟨de Garbo⟩**

DelGiudice, Johannes
→ **Johannes ⟨del Giudice⟩**

DelGrazia, Soffredi
→ **Soffredi ⟨del Grazia⟩**

Deli Lutfi
→ **Lutfi ⟨Molla⟩**

Dell'Abbaco, Paolo
→ **Paolo ⟨dell'Abbaco⟩**

DellaCerda, Antonius
→ **Antonius ⟨Cerda⟩**

DellaCervara, Monaldo Monaldeschi
→ **Monaldeschi, Monaldo**

DellaChiesa, Antonio
→ **Antonius ⟨de Ecclesia⟩**

DellaChiesa, Gioffredo
1394 – 1453
Vermutl. Verf. von „L'arbore et genealogia de la illustre casa di Salucio"
Rep.Font. IV,155
Chiesa, Gioffredo ¬della¬
Geoffroy ⟨della Chiesa⟩
Gioffredo ⟨DellaChiesa⟩

DellaCorgna, Pier Filippo
→ **Corneus, Petrus Philippus**

DellaFlamma, Gualterus
→ **Gualterus ⟨della Flamma⟩**

DellaFrancesca, Piero
→ **Piero ⟨della Francesca⟩**

DellaGazzaia, Tommaso
→ **Tommaso ⟨della Gazzaia⟩**

DellaGrossa, Giovanni
→ **Giovanni ⟨della Grossa⟩**

DellaLana, Jacopo
→ **Jacopo ⟨della Lana⟩**

DellaLana, Jean
→ **Johannes ⟨de Lana⟩**

DellaMirandola, Giovanni Pico
→ **Pico DellaMirandola, Giovanni**

Dell'Antella, Guido Filippi
→ **Filippi dell'Antella, Guido**

Dellaporta, Leonardus
→ **Leonardus ⟨Ntellaportas⟩**

DellaPugliola, Bartolomeo
→ **Bartolomeo ⟨della Pugliola⟩**

DellaQuercia, Jacopo
→ **Jacopo ⟨della Quercia⟩**

Dell'Aquila, Matteo
→ **Matthaeus ⟨de Aquila⟩**

Dell'Aquila, Serafino
→ **Serafino ⟨Aquilano⟩**

DellaRobbia, Luca
1400 – 1482
Bildhauer
Luc ⟨della Robbia⟩
Luc ⟨di Simone di Marco Robbia⟩
Luca ⟨della Robbia⟩
Luca ⟨DellaRobbia⟩
Lucca ⟨della Robbia⟩
Lucca ⟨DellaRobbia⟩
Robbia, Luc ¬della¬
Robbia, Luca ¬della¬

DellaRovere, Francesco
→ **Sixtus ⟨Papa, IV.⟩**

DellaScala, Cangrande
1291 – 1329
Adressat eines Schreibens von Dante ⟨Alighieri⟩
Cane ⟨de la Scala, I.⟩
Cangrande ⟨della Scala⟩
Cangrande ⟨della Scala, I.⟩
Cangrande ⟨DellaScala⟩
DellaScala, Cangrande ⟨I.⟩
Scala, Cane ¬de la¬
Scala, Cangrande ¬della¬

DellaScola, Ognibene
ca. 1370 – 1429
Humanist aus Padua
Ognibene ⟨DellaScola⟩
Ognibene ⟨Scola⟩
Omnibene ⟨Scola⟩
Scola, Ognibene ¬della¬

DellaSuburra, Corrado
→ **Anastasius ⟨Papa, IV.⟩**

DellaTorre, Lodovico
1280/1300 – 1365
Patriarch von Aquileja
Lodovico ⟨DellaTorre⟩
Torre, Lodovico ¬della¬

DellaTosa, Simone
→ **Simone ⟨della Tosa⟩**

DellaTuccia, Niccola
→ **Niccola ⟨della Tuccia⟩**

DellaValla, Lorenzo
→ **Valla, Laurentius**

DellaVigna, Pietro
→ **Petrus ⟨de Vinea⟩**

DelleColonne, Guido
→ **Guido ⟨de Columnis⟩**

DelleColonne, Guido
um 1248/80
Verfasser von fünf Canzonen; wahrscheinlich nicht identisch mit Guido ⟨de Columnis⟩
LMA,III,59
Colonne, Guido ¬delle¬
Guido ⟨DelleColonne⟩

DelleColonne, Odo
→ **Odo ⟨delle Colonne⟩**

DelleVigne, Piero
→ **Petrus ⟨de Vinea⟩**

DelleVigne, Raimond
→ **Raimundus ⟨de Capua⟩**

DelliBargigi, Guiniforto
→ **Guinifortus ⟨Barzizius⟩**

DelloMastro, Paolo
→ **Paolo ⟨dello Mastro⟩**

DelloSchiavo, Antonio di Pietro
gest. ca. 1424
Diario Romano dal 19 ottobre 1404 al 25 settembre 1417
Rep.Font. IV,155
Antonio ⟨di Pietro⟩
Antonio ⟨di Pietro dello Schiavo⟩
Antonio ⟨di Pietro DelloSchiavo⟩
Antonius ⟨Petri⟩
Petri, Antoine
Schiavo, Antoine di Pietro ¬dello¬
Schiavo, Antonio di Pietro ¬dello¬

Delmedigo, Elia
→ **Delmedîgô, Ēliyyāhû**

Delmedîgô, Ēliyyāhû
1460 – 1497
Bechinat ha-dat; Annotationes quaedam in librum De physico auditu super quibusdam dictis Commentatoris et aliis rebus ad declarationem et confirmationem demonstrationum Aristotelis et Commentatoris in eodem libro
LMA,III,683
Delmedigo, Elia
Delmedigo, Elijah ben Moses Abba
Elia ⟨del Medigo⟩
Elia ⟨Delmedigo⟩
Elia ⟨DelMedigo⟩
Elias ⟨del Medigo⟩
Elias ⟨Hebraeus⟩
Elias ⟨Hebraeus Cretensis⟩
Elie ⟨del Medigo⟩
Elijah ⟨ben Moses⟩
Ēliyyāhû ⟨Delmedîgô⟩

DelMonte, Pietro
→ **Petrus ⟨de Monte⟩**

Delph, Theodoricus ¬de¬
→ **Dirc ⟨van Delf⟩**

DelPollaiuolo, Antonio
1433 – 1498
LMA,VII,68
Antonio ⟨DelPollaiuolo⟩
Antonio di Jacopo d'Antonio ⟨del Pollaiuolo⟩
Pollagiolo, Antonio ¬del¬
Pollaiuolo, Antonio ¬del¬
Pollaiuolo, Antonio di Jacopo ¬del¬

DelPollaiuolo, Piero
1443 – 1496
Florentiner Maler, Goldschmied und Bildhauer
LMA,VII,68
Benci, Piero di Jacopo d'Antonio
Piero ⟨DelPollaiuolo⟩
Piero ⟨di Jacopo d'Antonio Benci⟩
Piero ⟨Pollaiolo⟩
Pollaiolo, Piero
Pollaiuolo, Piero ¬del¬

DelPozzo, Paride
→ **Paris ⟨de Puteo⟩**

Delpuech, Johannes
→ **Johannes ⟨de Podio⟩**

DelVerrocchio, Andrea
1436 – 1488
LMA,VIII,1569/70
Andrea ⟨Cione⟩
Andrea ⟨DelVerrocchio⟩
Cione, Andrea
Verrocchio, Andrea ¬del¬

De'Magnabotti, Andrea
→ **Andrea ⟨da Barberino⟩**

De-Māron, Yoḥannan
→ **Yoḥannan ⟨de-Māron⟩**

De'Marsili, Luigi
→ **Marsiliis, Ludovicus ¬de¬**

De'Mazinghi, Antonio
→ **Antonio ⟨de'Mazinghi⟩**

De'Medici, Lorenzo
→ **Medici, Lorenzo ¬de'¬**

DeMedici, Lucrezia
→ **Tornabuoni, Lucrezia**

DeMenabuoi, Giusto
→ **Giusto ⟨da Padova⟩**

Demetrio ⟨Calcondila⟩
→ **Chalkokondylēs, Dēmētrios**

Demetrio ⟨Chomatianòs⟩
→ **Demetrius ⟨Chomatianus⟩**

Demetrio ⟨Cidone⟩
→ **Demetrius ⟨Cydonius⟩**

Demetrio ⟨Comaziano⟩
→ **Demetrius ⟨Chomatianus⟩**

Demetrio ⟨Crisolora⟩
→ **Demetrius ⟨Chrysoloras⟩**

Dēmētrios ⟨Chalkondylēs⟩
→ **Chalkokondylēs, Dēmētrios**

Dēmētrios ⟨Chartophylax⟩
→ **Demetrius ⟨Chomatianus⟩**

Demetrios ⟨Chomatianos⟩
→ **Demetrius ⟨Chomatianus⟩**

Demetrios ⟨Chrysoloras⟩
→ **Demetrius ⟨Chrysoloras⟩**

Demetrios ⟨Kantakuzenos⟩
→ **Kantakuzin, Dimităr**

Demetrios ⟨Kydones⟩
→ **Demetrius ⟨Cydonius⟩**

Demetrios ⟨Logothetes⟩
→ **Demetrius ⟨Tornices⟩**

Demetrios ⟨of Lampe⟩
→ **Demetrius ⟨Lampenus⟩**

Demetrios ⟨Tornikes⟩
→ **Demetrius ⟨Tornices⟩**

Demetrios ⟨Triklinios⟩
→ **Demetrius ⟨Triclinius⟩**

Demetrios ⟨von Kyzikos⟩
→ **Demetrius ⟨Cyzicenus⟩**

Demetrios ⟨von Lampe⟩
→ **Demetrius ⟨Lampenus⟩**

Demetrius ⟨Byzantius⟩
→ **Demetrius ⟨Cydonius⟩**

Demetrius ⟨Cantacusenus⟩
→ **Kantakuzin, Dimităr**

Demetrius ⟨Chalcocondyles⟩
→ **Chalkokondylēs, Dēmētrios**

Demetrius ⟨Chartophylax⟩
→ **Demetrius ⟨Chomatianus⟩**

Demetrius ⟨Chomatenus⟩
→ **Demetrius ⟨Chomatianus⟩**

Demetrius ⟨Chomatianus⟩
um 1217/34
Tusculum-Lexikon; LMA,II,1874
Chomatenos, Demetrios
Chomatenus, Demetrius
Chomatianos, Demetrios
Chomatianus, Demetrius
Demetrio ⟨Chomatianòs⟩
Demetrio ⟨Comaziano⟩
Dēmētrios ⟨Chartophylax⟩
Demetrios ⟨Chomatianos⟩
Dēmētrios ⟨ho Chōmatēnos⟩
Dēmētrios ⟨ho Chōmatianos⟩
Demetrius ⟨Chartophylax⟩
Demetrius ⟨Chomatenus⟩
Dimităr ⟨Chomatian⟩
Dimitrije ⟨Homatijan⟩

Demetrius ⟨Chrysoloras⟩
14./15. Jh.
Tusculum-Lexikon; CSGL; LMA,II,2051
Chrysoloras, Demetrius
Crisolora, Demetrio
Demetrio ⟨Crisolora⟩
Demetrios ⟨Chrysoloras⟩
Dēmētrios ⟨ho Chrysolōras⟩

Demetrius ⟨Cydonius⟩
ca. 1324 – ca. 1384/1400
LThK; CSGL; Potth.; LMA,V,1595
Cidone, Demetrio
Cydones, Demetrius
Cydonius, Demetrius
Demetrio ⟨Cidone⟩
Dēmētrios ⟨ho Kydōnēs⟩
Demetrios ⟨Kydones⟩
Demetrius ⟨Byzantius⟩
Demetrius ⟨Cydones⟩
Démétrius ⟨de Thessalonique⟩
Demetrius ⟨Thessalonicensis⟩
Kydones, Demetrios

Demetrius ⟨Cyzicenus⟩
11. Jh.
Tusculum-Lexikon
Cyzicenus, Demetrius
Demetrios ⟨von Kyzikos⟩
Demetrius ⟨Metropolita⟩
Demetrius ⟨Syncellus⟩

Démétrius ⟨de Thessalonique⟩
→ **Demetrius ⟨Cydonius⟩**

Demetrius ⟨Lampenus⟩
gest. 1166
Traktat
LMA,III,691
Demetrios ⟨of Lampe⟩
Demetrios ⟨von Lampe⟩
Lampenus, Demetrius

Demetrius ⟨Logotheta⟩
→ **Demetrius ⟨Tornices⟩**

Demetrius ⟨Metropolita⟩
→ **Demetrius ⟨Cyzicenus⟩**

Demetrius ⟨Syncellus⟩
→ **Demetrius ⟨Cyzicenus⟩**

Demetrius ⟨Thessalonicensis⟩
→ **Demetrius ⟨Cydonius⟩**

Demetrius ⟨Tornices⟩
gest. 1201/02
Tusculum-Lexikon
Dēmētrios ⟨ho Tōrnikios⟩
Demetrios ⟨Logothetes⟩
Demetrios ⟨Tornikes⟩
Demetrius ⟨Logotheta⟩
Demetrius ⟨Tornicius⟩
Tornices, Demetrius
Tornikes, Demetrius

Demetrius ⟨Tornicius⟩
→ **Demetrius ⟨Tornices⟩**

Demetrius ⟨Triclinius⟩
ca. 1280 – 1340
Tusculum-Lexikon; LMA,VIII,1008
Dēmētrios ⟨ho Triklinios⟩
Demetrios ⟨Triklinios⟩
Triclinius, Demetrius
Triclinus, Demetrius
Triklinios
Triklinios, Demetrios

Demmeringen, Otto ¬von¬
→ **Otto ⟨von Diemeringen⟩**

Denain, Wauchier ¬de¬
→ **Wauchier ⟨de Denain⟩**

Denariis, Odofredus ¬de¬
→ **Odofredus ⟨de Denariis⟩**

Deniis, Nicolas
→ **Denisse, Nicolas**

Denis ⟨de Cîteaux⟩
→ **Dionysius ⟨de Mutina⟩**

Denis ⟨de Leewis⟩
→ **Dionysius ⟨Cartusianus⟩**

Denis ⟨de Montina⟩
→ **Dionysius ⟨de Mutina⟩**

Denis ⟨le Chartreux⟩
→ **Dionysius ⟨Cartusianus⟩**

Denis ⟨Piramus⟩
12. Jh.
LMA,VI,2172/73
Denys ⟨Piramus⟩
Dionysius ⟨Magister⟩
Piramus, Denis
Pyramus, Denis

Denis ⟨Portugal, König⟩
→ **Diniz ⟨Portugal, Rei⟩**

Denis ⟨Rikel⟩
→ **Dionysius ⟨Cartusianus⟩**

Denis ⟨von Portugal⟩
→ **Diniz ⟨Portugal, Rei⟩**

Denis, Jean
→ **Jean ⟨Denis⟩**

Denisse, Nicolas
gest. 1509
Resolutio theologorum
Deniis, Nicolas
Denise, Nicolaus
Denyse, Nicolaus
Dionysii, Nicolaus
Dionysius, Nicolaus
Nicolas ⟨de Nyse⟩
Nicolas ⟨Denisse⟩
Nicolaus ⟨de Niise⟩
Nicolaus ⟨de Nijse⟩
Nicolaus ⟨de Niyse⟩
Nicolaus ⟨de Nyse⟩
Nicolaus ⟨Denise⟩
Nicolaus ⟨Denyse⟩
Nicolaus ⟨Dionysius⟩
Nicolaus ⟨Nissaeus⟩
Nyse, Nicolaus ¬de¬

Denys ⟨Bar-Salibi⟩
→ **Dionysios Bar-Ṣalibi**

Denys ⟨d'Antioche⟩
→ **Dionysius ⟨Antiochenus⟩**

Denys ⟨de Florence⟩
→ **Dionysius ⟨de Florentia⟩**

Denys ⟨de Tellmahré⟩
→ **Dionysius ⟨Tellmaharensis⟩**

Denys ⟨le Chartreux⟩
→ **Dionysius ⟨Cartusianus⟩**

Denys ⟨le Libéral⟩
→ **Diniz ⟨Portugal, Rei⟩**

Denys ⟨le Petit⟩
→ **Dionysius ⟨Exiguus⟩**

Denys ⟨Piramus⟩
→ **Denis ⟨Piramus⟩**

Denys ⟨Pitas⟩
→ **Dionysius ⟨Pitas⟩**

Denys ⟨Portugal, Roi⟩
→ **Diniz ⟨Portugal, Rei⟩**

Denyse, Nicolaus
→ **Denisse, Nicolas**

Deo, Benedictus ¬de¬
→ **Benedictus ⟨de Deo⟩**

Deo, Johannes ¬de¬
→ **Johannes ⟨de Deo⟩**

Deocleanus
→ **Dukljanin**

Déodat ⟨de Saint-Taurin⟩
→ **Deodatus ⟨Sancti Taurini⟩**

Déodat ⟨d'Evreux⟩
→ **Deodatus ⟨Sancti Taurini⟩**

Deodatus ⟨de Pradas⟩
→ **Daude ⟨de Pradas⟩**

Deodatus ⟨Discipulus Dagulfi⟩
um 780
Carmen ad Moulinum de Dagulfo scriptore; nicht identisch mit Deodatus ⟨Sancti Taurini⟩ (9. Jh.)
CC Clavis, Auct. Gall. 1,292
Deodatus ⟨Disciple du Scribe Dagulphe⟩

Deodatus ⟨Monachus⟩
→ **Deodatus ⟨Sancti Taurini⟩**

Deodatus ⟨Sancti Taurini⟩
9. Jh.
Vita sancti Taurini Ebroicensis episcopi
CC Clavis, Auct. Gall. 1,293f.; DOC,1,619
Adeodatus ⟨Sancti Taurini⟩
Déodat ⟨de Saint-Taurin⟩
Déodat ⟨d'Evreux⟩
Deodatus ⟨Monachus⟩
Sancti Taurini, Deodatus

Deodatus ⟨Tudelensis⟩
→ **Deusdedit ⟨Cardinalis⟩**

Deodericus ⟨...⟩
→ **Theodoricus ⟨...⟩**

Deoduinus ⟨Leodiensis⟩
→ **Theoduinus ⟨Noricus⟩**

Deogilo, Odo ¬de¬
→ **Odo ⟨de Deogilo⟩**

De'Pasti, Matteo
→ **Pasti, Matteo ¬de'¬**

De'Pulci, Luca
→ **Pulci, Luca**

Der Alte Stolle
→ **Stolle ⟨der Alte⟩**

Der arme Hartmann
→ **Hartmann ⟨der Arme⟩**

Der arme Konrad
→ **Konrad ⟨der Arme⟩**

Der Düring
→ **Düring, ¬Der¬**

Der Dürner
→ **Dürner, ¬Der¬**

Der elende Knabe
→ **Elende Knabe, ¬Der¬**

Der Freudenleere
→ **Freudenleere, ¬Der¬**

Der Freund
→ **Freund, ¬Der¬**

Der Friunt
→ **Freund, ¬Der¬**

Der Goldener
→ **Goldener, ¬Der¬**

Der Guter
→ **Guter, ¬Der¬**

Der Hardegger
→ **Hardegger, ¬Der¬**

Der Harder
→ **Harder, Konrad**

Der Henckt
→ **Henckt, ¬Der¬**

Der Henneberger
→ **Henneberger, ¬Der¬**

Der Hunt
→ **Hunt, ¬Der¬**

Der iung Misner
→ **Meißner ⟨der Junge⟩**

Der Junge Meißner
→ **Meißner ⟨der Junge⟩**

Der Junge Stolle
→ **Stolle ⟨der Junge⟩**

Der Kanzler
→ **Kanzler, ¬Der¬**

Der König vom Odenwald
→ **König ⟨vom Odenwald⟩**

Der Krug
→ **Krug, Hans**

Der Kübeler
→ **Kübeler, ¬Der¬**

Der Kuse
→ **Kuse, ¬Der¬**

Der Kusin
→ **Kuse, ¬Der¬**

Der Pleier
→ **Pleier, ¬Der¬**

Der Püller
→ **Püller, ¬Der¬**

Der Regensburger
→ **Regensburger, ¬Der¬**

Der Rote Arnold
→ **Arnold ⟨der Rote⟩**

Der Rotter
→ **Rotter, ¬Der¬**

Der Sachse
→ **Sachse, ¬Der¬**

Der Schmecher
→ **Schmieher, Peter**

Der Schölzelin
→ **Schölzelin, ¬Der¬**

Der Schreiber Endris
→ **Endris ⟨der Schreiber⟩**

Der Schuber
→ **Schmieher, Peter**

Der Schulmeister von Esslingen
→ **Schulmeister ⟨von Esslingen⟩**

Der Sperwer
→ **Sperwer, ¬Der¬**

Der Striber
→ **Striber, ¬Der¬**

Der Stricker
→ **Stricker, ¬Der¬**

Der Taler
→ **Taler, ¬Der¬**

Der Tannhäuser
→ **Tannhäuser, ¬Der¬**

Der Tugendhafte Schreiber
→ **Tugendhafte Schreiber, ¬Der¬**

Der Ungelehrte
→ **Ungelehrte, ¬Der¬**

Der Unverzagte
→ **Unverzagte, ¬Der¬**

Der Urenheimer
→ **Urenheimer, ¬Der¬**

Der von Achenheim
→ **Achenheim, ¬Der von¬**

Der von Basel
→ **Frater ⟨Basiliensis⟩**

Der von Berau
→ **Berau, ¬Der von¬**

Der von Berowe
→ **Berau, ¬Der von¬**

Der von Biel
→ **Biel, ¬Der von¬**

Der von Brauneck
→ **Brauneck, ¬Der von¬**

Der von Buchein
→ **Buchein, ¬Der von¬**

Der von Durlach
→ **Durlach, ¬Der von¬**

Der von Ettelingen
→ **Ettelingen, ¬Der von¬**

Der von Gabelstein
→ **Gabelstein, ¬Der von¬**

Der von Glarus
→ **Glarus, ¬Der von¬**

Der von Gliers
→ **Gliers, ¬Der von¬**

Der von Gostenhof
→ **Gostenhof, ¬Der von¬**

Der von Halle
→ **Halle, ¬Der von¬**

Der von Kolmas
→ **Kolmas, ¬Der von¬**

Der von Kuerenberg
→ **Kürenberg, ¬Der von¬**

Der von Nüzzen
→ **Nüzzen, ¬Der von¬**

Der von Obernburg
→ **Obernburg, ¬Der von¬**

Der von Sachs
→ **Sachs, ¬Der von¬**

Der von Sachsendorf
→ **Ulrich ⟨von Sachsendorf⟩**

Der von Scharfenberg
→ **Scharfenberg, ¬Der von¬**

Der von Stadegge
→ **Stadegge, ¬Der von¬**

Der von Stamheim
→ **Stamheim, ¬Der von¬**

Der von Suonegge
→ **Suonegge, ¬Der von¬**

Der von Talhain
→ **Henricus ⟨de Talheim⟩**

Der von Tennestette
→ **Tennestette, ¬Der von¬**

Der von Tübingen
→ **Tübingen, ¬Der von¬**

Der Vreudenlaere
→ **Freudenleere, ¬Der¬**

Der Vriolsheimer
→ **Vriolsheimer, ¬Der¬**

Derich ⟨van Munster⟩
→ **Theodoricus ⟨de Monasterio⟩**

Derick ⟨van der Horst⟩
um 1459
Verslag van een samenkomst van hertog Arnold van Gelre met zijn zoon Adolf
Rep.Font. IV,167
Horst, Derick ¬van der¬

Derick ⟨van Munster⟩
→ **Kolde, Dietrich**

DeRitiis, Alessandro
→ **Ritiis, Alexander ¬de¬**

Derlington, Johannes ¬de¬
→ **Johannes ⟨de Derlington⟩**

De'Roberti, Ercole
→ **Roberti, Ercole ¬de'¬**

Derrer, Konrad
um 1327/40
Geschichtenbuch; 2 naturwissenschaftl. Schriften
VL(2),2,66/68
Conrad ⟨Derrer⟩
Derrer, Conrad
Konrad ⟨Derrer⟩
Konrad ⟨Terrer⟩
Terrer, Konrad

Derviş Ahmed Aşikî
→ **Aşikpaşazade**

Derviş Ahmed ibn Şeyh Yahya
→ **Aşikpaşazade**

Deschamps, Eustache
ca. 1346 – ca. 1407
Meyer
Eustache ⟨des Champs⟩
Eustache ⟨Deschamps⟩

DesChamps, Gilles
→ **Aegidius ⟨de Campis⟩**

Desclot, Bernat
13. Jh.
Crònica; Libre de rey En Pere e dels seus antecessors passats; Identität mit Bernat ⟨Escrivà⟩ umstritten
Rep.Font. IV,169; LMA,I,1980
Bernard ⟨d'Esclot⟩
Bernat ⟨Desclot⟩
Bernat ⟨Escrivà⟩
Desclot, Bernard
Desclot, Bernardo
Esclot, Bernat ¬d'¬

Descoll, Bernat
gest. 1390
Katalan. Chronist; nicht identisch mit Desclot, Bernat; Crónica de Pedro IV de Aragón
LMA,III,721; Rep.Font. II,507
Bernardus ⟨Dezcoll⟩
Bernat ⟨Coll⟩
Bernat ⟨Descoll⟩
Bernat ⟨Dezcoll⟩
Coll, Bernat
Dezcoll, Bernardus
Dezcoll, Bernat

Desiderio ⟨da Settignano⟩
1428 – 1464
Toskan. Bildhauer
Thieme-Becker
Didier ⟨de Settignano⟩
Settignano, Desiderio ¬da¬

Desiderio ⟨Spreti⟩
→ **Spretus, Desiderius**

Desiderius ⟨Cadurcensis⟩
gest. 655
Tusculum-Lexikon; LThK; CSGL; LMA,III,725/26
Desiderius ⟨Cadurcenus⟩
Desiderius ⟨Dagoberti Regis Thesaurarius⟩
Desiderius ⟨Thesaurarius⟩
Desiderius ⟨von Cahors⟩
Didier ⟨de Cahors⟩
Didier ⟨Evêque⟩
Géry ⟨de Cahors⟩

Desiderius ⟨Casinensis⟩
→ **Victor ⟨Papa, III.⟩**

Desiderius ⟨Cavensis⟩
→ **Victor ⟨Papa, III.⟩**

Desiderius ⟨Dagoberti Regis Thesaurarius⟩
→ **Desiderius ⟨Cadurcensis⟩**

Desiderius ⟨Spretus⟩
→ **Spretus, Desiderius**

Desiderius ⟨Thesaurarius⟩
→ **Desiderius ⟨Cadurcensis⟩**

Desiderius ⟨von Cahors⟩
→ **Desiderius ⟨Cadurcensis⟩**

Desiderius ⟨von Monte Cassino⟩
→ **Victor ⟨Papa, III.⟩**

Desle
→ **Deicola**

DesMoulins, Guiart
→ **Guiart ⟨des Moulins⟩**

Desnouelles, Jean
→ **Jean ⟨de Noyal⟩**

Despars, Jacques
→ **Jacobus ⟨de Partibus⟩**

DesPrés, Jean
→ **Jean ⟨des Prés⟩**

Despuig, Guillermo
→ **Guilelmus ⟨de Podio⟩**

DesUrsins, Jean Juvénal
→ **Juvénal DesUrsins, Jean ⟨...⟩**

Detlev ⟨Bremer⟩
1403 – 1464
Gedenkbuch
Rep.Font. IV,180
Bremer, Detlev

Detmar ⟨von Lübeck⟩
gest. ca. 1395 · OFM
Chronist; Croneke van Lubeke
LMA,III,737; Rep.Font. IV,180
Detmar
Detmar ⟨de Lübeck⟩
Detmar ⟨Franciscan⟩
Detmar ⟨Lesemeister⟩
Dithmar
Lübeck, Detmar ¬von¬

Deümghin, Hans
→ **Deumgen, Johann**

Deumgen, Johann
15. Jh.
Anweisung zur Heilung von Bauchwunden
VL(2),2,69
Deümghin, Hans
Deümghin, Hanß
Hans ⟨Deümghin⟩
Johann ⟨Deumgen⟩

Deusdedit ⟨Cardinalis⟩
gest. ca. 1098/99 · OSB
Collectio canonum; Libellus contra invasores et simoniacos; Dictatus papae
LMA,III,739/40
Cardinalis, Deusdedit
Deodatus ⟨Tudelensis⟩
Deusdedit ⟨Cardinal⟩
Deusdedit ⟨Kardinal⟩
Deusdedit ⟨Monachus⟩
Deusdedit ⟨Presbyter Cardinalis⟩
Deusdedit ⟨Tudelensis⟩

Deusdedit ⟨Fils d'Etienne⟩
→ **Deusdedit ⟨Papa, I.⟩**

Deusdedit ⟨Monachus⟩
→ **Deusdedit ⟨Cardinalis⟩**

Deusdedit ⟨Papa, I.⟩
gest. 618
LMA,III,738
Adeodato ⟨Papa, I.⟩
Adeodatus ⟨Papa, I.⟩
Deusdedit ⟨Fils d'Etienne⟩
Deusdedit ⟨Sanctus⟩
Dieudonné ⟨Pape, I.⟩

Deusdedit ⟨Papa, II.⟩
→ **Adeodatus ⟨Papa, II.⟩**

Deusdedit ⟨Presbyter Cardinalis⟩
→ **Deusdedit ⟨Cardinalis⟩**

Deusdedit ⟨Sanctus⟩
→ **Deusdedit ⟨Papa, I.⟩**

Deusdedit ⟨Tudelensis⟩
→ **Deusdedit ⟨Cardinalis⟩**

Deutz, Rupert ¬von¬
→ **Rupertus ⟨Tuitensis⟩**

Deutz, Thiodericus ¬von¬
→ **Theodoricus ⟨Tuitensis⟩**

Dex, Jaique
→ **Jaique ⟨Dex⟩**

D'Eyncourt, William
→ **Guilelmus ⟨Encourt⟩**

Dezcoll, Bernat
→ **Descoll, Bernat**

dGa'-ba'i-lha ⟨Thanesar and Kanauj, King⟩
→ **Harṣa ⟨Kanauj, König⟩**

dGe-legs-dpal-bzaṅ-po ⟨mKhas-grub rje⟩
1385 – 1438
Mkhas Grub Kje
Mkhas-grub Dge-legs-dpal
Mkhas-grub Rje
Mkhas-grub-rje

Dhahabī, Muḥammad Ibn Aḥmad
→ **Ḏahabī, Muḥammad Ibn-Aḥmad ¬aḏ-¬**

Dhaheri, Khalil B.-
→ **Ibn-Šāhīn aẓ-Ẓāhirī, Ḫalīl**

Dhanaṃjaya
→ **Dhanañjaya**

Dhanañjaya
8. Jh.
Daśarūpa
Dhanaṃjaya
Dhanmajaya

Dhanmajaya
→ **Dhanañjaya**

Dharmakīrti
7. Jh.
Darmakirti

Dharmasēna
13. Jh.
Dharmasena ⟨Thera⟩
Dharmasena, Thera

Dharmasena ⟨Thera⟩
→ **Dharmasēna**

Dharmasena, Thera
→ **Dharmasēna**

Dhū al-Nūn Thawbān Ibn Ibrāhīm
→ **Ḏu-'n-Nūn Ṯaubān Ibn-Ibrāhīm**

Dhū al-Rumma, Ghaylān Ibn 'Uqba
→ **Ḏu-'r-Rumma, Ġailān Ibn-'Uqba**

Dhu r-Rumma, Ghailan ibn Okba
→ **Ḏu-'r-Rumma, Ġailān Ibn-'Uqba**

Dhu'l Rumma
→ **Ḏu-'r-Rumma, Ġailān Ibn-'Uqba**

Dhuoda
9. Jh.
Libellus manualis
CC Clavis, Auct. Gall. 1,294ff.; LMA,III,934
Dhuoda ⟨Poetria⟩
Dhuoda ⟨von Septimanien⟩
Doda
Dodana
Dodane
Dodena
Duodane
Duodena
Hodane ⟨Poetria⟩

Dhu'r Rumma
→ **Ḏu-'r-Rumma, Ġailān Ibn-'Uqba**

Dhurrummah
→ **Ḏu-'r-Rumma, Ġailān Ibn-'Uqba**

Diaconus Adalgisus
→ **Adalgisus ⟨Diaconus⟩**

Diaconus Agatho
→ **Agatho ⟨Diaconus⟩**

Diaconus Alexandrinus, Olympiodorus
→ **Olympiodorus ⟨Diaconus Alexandrinus⟩**

Diaconus Arator
→ **Arator ⟨Diaconus⟩**

Diaconus Arnoldus
→ **Arnoldus ⟨Diaconus⟩**

Diaconus Bili
→ **Bili ⟨Diaconus⟩**

Diaconus Coelius
→ **Coelius ⟨Diaconus⟩**

Diaconus Constantinus
→ **Constantinus ⟨Diaconus⟩**

Diaconus Egebertus
→ **Egebertus ⟨Diaconus⟩**

Diaconus et Chartophylax, Procopius
→ **Procopius ⟨Diaconus et Chartophylax ⟩**

Diaconus Flavianus
→ **Flavianus ⟨Diaconus⟩**

Diaconus Herimbertus
→ **Herimbertus ⟨Diaconus⟩**

Diaconus Ignatius
→ **Ignatius ⟨Diaconus⟩**

Diaconus Johannes
→ **Johannes ⟨Diaconus⟩**

Diaconus Leo
→ **Leo ⟨Diaconus⟩**

Diaconus Monachus Petrus
→ **Petrus ⟨Diaconus Monachus⟩**

Diaconus Paschasius
→ **Paschasius ⟨Diaconus⟩**

Diaconus Paulus
→ **Paulus ⟨Diaconus⟩**

Diaconus Petrus
→ **Petrus ⟨Diaconus⟩**

Diaconus Romanus Johannes
→ **Johannes ⟨Diaconus Romanus⟩**

Diaconus Rusticus
→ **Rusticus ⟨Diaconus⟩**

Diaconus Teuzo
→ **Teuzo ⟨Diaconus⟩**

Diaconus Theodorus
→ **Theodorus ⟨Constantinopolitanus Diaconus⟩**

Diaconus Theodosius
→ **Theodosius ⟨Diaconus⟩**

Diaconus Theotrochus
→ **Theotrochus ⟨Diaconus⟩**

Diaconus Venetus Johannes
→ **Johannes ⟨Diaconus Venetus⟩**

Diacrinomenus, Johannes
→ **Johannes ⟨Diacrinomenus⟩**

DiAgostino Cegia, Francesco
→ **Cegia, Francesco di Agostino**

Diakon Lev
→ **Leo ⟨Diaconus⟩**

DiAndrea, Francesco
→ **Francesco ⟨di Andrea⟩**

Dias, Andreas
→ **Andreas ⟨de Escobar⟩**

Diassorinus, Nilus
→ **Nilus ⟨Diassorinus⟩**

Díaz, Gutierre
→ **Diez de Games, Gutierre**

Díaz, Pedro
1415 – 1466
Díaz, Pero
Diaz, Pierre
Díaz de Toledo, Pedro
Díaz de Toledo, Pero
Pedro ⟨Díaz⟩
Pero ⟨Díaz⟩
Toledo, Pedro Diaz ¬de¬

Díaz, Rodrigo
→ **Cid, ¬El¬**

Diaz de Bivar, Rodrigue
→ **Cid, ¬El¬**

Diaz de Gamez, Gutierre
→ **Diez de Games, Gutierre**

Díaz de Montalvo, Alonso
ca. 1405 – ca. 1499
Ordenanzas reales; Secunda compilatio legum et ordinationum regni Castellae
LMA,VI,777
Alonso ⟨Díaz de Montalvo⟩
Diaz de Montalvo, Alfonso
Diaz de Montalvo, Alonzo
Montalvo, Alfonso ¬de¬
Montalvo, Alfonso Diaz ¬de¬
Montalvo, Alonso Díaz ¬de¬
Montalvo, Alphonse Diaz ¬de¬
Montalvo, Alphonsus

Díaz de Toledo, Pedro
→ **Díaz, Pedro**

Díaz de Vivar, Rodrigo
→ **Cid, ¬El¬**

DiBalduino, Jacopo
→ **Jacobus ⟨Balduinus⟩**

DiBargone, Pietro
→ **Petrus ⟨de Bargono⟩**

DiBarletta, Andrea
→ **Andreas ⟨de Barulo⟩**

DiBartolommeo, Michelozzo
→ **Michelozzo ⟨di Bartolommeo⟩**

Di'bil ibn 'Alī al-Khuzā'ī
→ **Di'bil Ibn-'Alī al-Ḫuzā'ī**

Di'bil Ibn-'Alī al-Ḫuzā'ī
ca. 765 – ca. 859
Di'bil ibn 'Alī al-Khuzā'ī
Ḫuzā'ī, Di'bil Ibn-'Alī ¬al-¬
Ibn-'Alī, Di'bil al-Ḫuzā'ī

Dibin, Nikolaus ¬von¬
→ **Nicolaus ⟨de Dybin⟩**

DiBondone, Giotto
→ **Giotto ⟨di Bondone⟩**

DiBuccio, Antonio
→ **Antonio ⟨di Buccio⟩**

Diceto, Radulfus ¬de¬
→ **Radulfus ⟨de Diceto⟩**

Dichuil
→ **Deicola**
→ **Deicola ⟨Hibernicus⟩**

Dicuil ⟨Hibernicus⟩
→ **Deicola ⟨Hibernicus⟩**
→ **Dungalus ⟨Hibernicus⟩**

Didace ⟨de Lausanne⟩
→ **Jacobus ⟨de Lausanna⟩**

Didacus ⟨Cancellarius Regni Castellae⟩
→ **Garsiae de Campis, Didacus**

Didacus ⟨de Lausanne⟩
→ **Jacobus ⟨de Lausanna⟩**

Didacus ⟨Garsiae de Campis⟩
→ **Garsiae de Campis, Didacus**

Didacus ⟨Lopez⟩
→ **Stúñiga, Lope ¬de¬**

Didacus ⟨Stunica⟩
→ **Stúñiga, Lope ¬de¬**

Didacus ⟨Toletanus⟩
→ **Garsiae de Campis, Didacus**

Diderik ⟨von Delft⟩
→ **Dirc ⟨van Delf⟩**

Didier ⟨de Cahors⟩
→ **Desiderius ⟨Cadurcensis⟩**

Didier ⟨de Settignano⟩
→ **Desiderio ⟨da Settignano⟩**

Didier ⟨du Mont Cassin⟩
→ **Victor ⟨Papa, III.⟩**

Didier ⟨Spreti⟩
→ **Spretus, Desiderius**

DiDuccio, Agostino
→ **Agostino ⟨di Duccio⟩**

DiDuccio da San Miniato, Giovanni
→ **Giovanni ⟨di Duccio da San Miniato⟩**

Diebold ⟨Schilling⟩
→ **Schilling, Diebold ⟨der Ältere⟩**
→ **Schilling, Diebold ⟨der Jüngere⟩**

Dieburg ⟨Bruder⟩
→ **Petrus ⟨Dieburg⟩**

Dieburg, Johannes ¬de¬
→ **Johannes ⟨de Francfordia⟩**

Dieburg, Petrus
→ **Petrus ⟨Dieburg⟩**

Diedo, Francesco
→ **Diedus, Franciscus**

Diedtrich ⟨von Schachttenn⟩
→ **Dietrich ⟨von Schachten⟩**

Diedus, Franciscus
1433 – 1484
Defensio pro republica Veneta Romae; Vita S. Rochi confessoris
Rep.Font. IV,195
Diedo, Francesco
Diedo, François
Francesco ⟨Diedo⟩
Franciscus ⟨Diedus⟩
François ⟨Diedo⟩

Diego ⟨de León⟩
→ **Diego ⟨de Valencia⟩**

Diego ⟨de San Pedro⟩
→ **San Pedro, Diego Fernández ¬de¬**

Diego ⟨de Valencia⟩
ca. 1350 – ca. 1412 · OFM
Canciones
Rep.Font. IV,196
Diego ⟨de León⟩
Diego ⟨de Valence⟩
Diego ⟨de Valencia de León⟩
León, Diego de Valencia ¬de¬
Valencia, Diego ¬de¬
Valencia de Leon, Diego ¬de¬

Diego ⟨de Valera⟩
1412 – ca. 1487
Crónica de España; Defensa de virtuosas mugeres
Potth. 1082; LMA,VIII,1389; III,1002/03
Mosén Diego ⟨de Valera⟩
Mossen Diego ⟨de Valera⟩
Valera, Diego ¬de¬
Valera, Mosén Diego ¬de¬
Valera, Mossen Diego ¬de¬

Diego ⟨Gomez⟩
→ **Gomes, Diogo**

Diego ⟨Lopez Zuñiga⟩
→ **Stúñiga, Lope ¬de¬**

Diego Fernandez ⟨de San Pedro⟩
→ **San Pedro, Diego Fernández ¬de¬**

Diemar, Johannes
um 1458/76 · OP
Predigten
VL(2),2,88/89
Diemer, Johannes
Johannes ⟨Diemar⟩
Johannes ⟨Diemer⟩

Diemeringen, Otto ¬von¬
→ **Otto ⟨von Diemeringen⟩**

Diemo
→ **Thiemo ⟨Michelsbergensis⟩**

Diengotgaf, Segher
→ **Segher ⟨Diengotgaf⟩**

Diepold ⟨von Waldeck⟩
gest. 1483
Buch der Natur
VL(2),2,89/90
Waldeck, Diepold ¬von¬

Dieppurch, Peter
→ **Petrus ⟨Dieburg⟩**

Dieppurg, Johann
→ **Johannes ⟨de Francfordia⟩**

Diessen, Albertus ¬de¬
→ **Albertus ⟨de Diessen⟩**

Diessenhofen, Henricus ¬de¬
→ **Henricus ⟨de Diessenhofen⟩**

Diest, Johannes ¬de¬
→ **Johannes ⟨Bakel de Diest⟩**
→ **Johannes ⟨de Diest⟩**

Dieter ⟨von Isenburg⟩
→ **Diether ⟨von Isenburg⟩**

Dieterich ⟨von Zeng⟩
→ **Dietrich ⟨von Zengg⟩**

Dietericus ⟨Isenburgensis⟩
→ **Diether ⟨von Isenburg⟩**

Dietericus ⟨of Metz⟩
→ **Theodoricus ⟨Metensis⟩**

Dietgerus ⟨von Metz⟩
→ **Theogerus ⟨Metensis⟩**

Diether ⟨der Meister⟩
→ **Dietrich ⟨von Wesel⟩**

Diether ⟨d'Isenburg⟩
→ **Diether ⟨von Isenburg⟩**

Diether ⟨von Isenburg⟩
1412 – 1482
Kurfürst von Mainz, Erzbischof; Sohn des Grafen Diether von Isenburg-Büdingen
LMA,III,1014/15
Dieter ⟨von Isenburg⟩
Dietericus ⟨Isenburgensis⟩
Diether ⟨d'Isenburg⟩
Isenburg, Dieter ¬von¬
Isenburg, Diether ¬von¬

Diethmar ⟨von Merseburg⟩
→ **Thietmarus ⟨Merseburgensis⟩**

Diethmarus ⟨Helinwardicensis⟩
→ **Thietmarus ⟨Helmwardeshusensis⟩**

Dietleb ⟨von Alnpeke⟩
→ **Alnpeke, Ditleb ¬von¬**

Dietmar ⟨der Setzer⟩
ca. 13. Jh.
4 Spruchstrophen
VL(2),2,100/101
Setzer, Dietmar ¬der¬

Dietmar ⟨von Aist⟩
12. Jh.
VL(2); LMA,III,1015/16
Aist, Dietmar ¬von¬
Dietmar ⟨von Eist⟩
Ditmaro ⟨de Agast⟩
Ditmarus ⟨de Agasta⟩
Eist, Dietmar ¬von¬

Dietmar ⟨von Eist⟩
→ **Dietmar ⟨von Aist⟩**

Dietmar ⟨von Meckebach⟩
14. Jh.
Notar unter Karl IV. in Prag; Notizbücher
VL(2)
Meckebach, Dietmar ¬von¬

Dietmar ⟨von Merseburg⟩
→ **Thietmarus ⟨Merseburgensis⟩**

Dietrich
→ **Dietrich ⟨von Zengg⟩**
→ **Tidericus**

Dietrich ⟨Brandes⟩
→ **Brandes, Dietrich**

Dietrich ⟨Buxdorf⟩
→ **Theodoricus ⟨Burgsdorfius⟩**

Dietrich ⟨de Friburgo⟩
→ **Theodoricus ⟨Teutonicus de Vriberg⟩**

Dietrich ⟨de Meurs⟩
→ **Dietrich ⟨von Moers⟩**

Dietrich ⟨de Vriberg⟩
→ **Theodoricus ⟨Teutonicus de Vriberg⟩**

Dietrich ⟨de Vrie⟩
→ **Vrie, Theodoricus**

Dietrich ⟨der Bedrängte⟩
→ **Dietrich ⟨Meißen, Markgraf⟩**

Dietrich ⟨der Meister⟩
→ **Dietrich ⟨von Wesel⟩**
→ **Theodoricus ⟨Teutonicus de Vriberg⟩**

Dietrich ⟨Engelhus⟩
→ **Engelhusius, Theodoricus**

Dietrich ⟨Erzbischof, I.⟩
→ **Theodoricus ⟨Treverensis⟩**

Dietrich ⟨Kerkering⟩
→ **Theodoricus ⟨de Monasterio⟩**

Dietrich ⟨Klesse⟩
→ **Dietrich ⟨von der Glesse⟩**

Dietrich ⟨Köln, Erzbischof, II.⟩
→ **Dietrich ⟨von Moers⟩**

Dietrich ⟨Köln, Kurfürst⟩
→ **Dietrich ⟨von Moers⟩**

Dietrich ⟨Lange von Einbeck⟩
→ **Longus, Theodoricus**

Dietrich ⟨Magister⟩
→ **Theodoricus ⟨Teutonicus de Vriberg⟩**

Dietrich ⟨Mainz, Erzbischof, I.⟩
→ **Dietrich ⟨von Erbach⟩**

Dietrich ⟨Mainz, Kurfürst, I.⟩
→ **Dietrich ⟨von Erbach⟩**

Dietrich ⟨Meißen, Markgraf⟩
gest. 1221
Conventio cum Ottone IV imperatore a. 1212
LMA,III,1023/24; Potth. 1055
Dietrich ⟨der Bedrängte⟩
Theodoricus ⟨Marchio Misnensis⟩
Theodoricus ⟨Misnensis⟩
Thierry ⟨Fils d'Otton, Margrave de Misnie⟩
Thierry ⟨Misnie, Margrave⟩
Thierry ⟨Weissenfels, Comte⟩

Dietrich ⟨Meister⟩
→ **Dietrich ⟨von Sulzbach⟩**

Dietrich ⟨Meistersinger⟩
Lebensdaten nicht ermittelt
VL(2),2,101
Dietrich ⟨Sangspruchdichter⟩
Ditterich ⟨Graff⟩
Dittreich ⟨Her⟩
Meistersinger Dietrich

Dietrich ⟨Naumburg, Bischof, IV.⟩
→ **Dietrich ⟨von Schönberg⟩**

Dietrich ⟨of Croatia⟩
→ **Dietrich ⟨von Zengg⟩**

Dietrich ⟨of Freiberg⟩
→ **Theodoricus ⟨Teutonicus de Vriberg⟩**

Dietrich ⟨of Metz⟩
→ **Theodoricus ⟨Metensis⟩**

Dietrich ⟨Paderborn, Bischof, III.⟩
→ **Dietrich ⟨von Moers⟩**

Dietrich ⟨Sangspruchdichter⟩
→ **Dietrich ⟨Meistersinger⟩**

Dietrich ⟨Schenk von Erbach⟩
→ **Dietrich ⟨von Erbach⟩**

Dietrich ⟨Schernberg⟩
→ **Schernberg, Dietrich**

Dietrich ⟨Truchseß⟩
→ **Truchseß, Dietrich**

Dietrich ⟨von Apolda⟩
→ **Theodoricus ⟨de Apolda⟩**

Dietrich ⟨von Bern⟩
→ **Theoderich ⟨Ostgotenreich, König⟩**

Dietrich ⟨von Bocksdorf⟩
→ **Theodoricus ⟨Burgsdorfius⟩**

Dietrich ⟨von Cervia⟩
→ **Theodoricus ⟨de Cervia⟩**

Dietrich ⟨von der Glesse⟩
13. Jh.
VL(2)
Dietrich ⟨Klesse⟩
Dietrich ⟨von der Glezze⟩
Dietrich ⟨von Glatz⟩
Glatz, Dietrich ¬von¬
Glesse, Dietrich ¬von der¬
Glezze, Dietrich ¬von der¬
Klesse, Dietrich

Dietrich ⟨von Erbach⟩
ca. 1390 – 1459
LMA,III,1029/30
Dietrich ⟨Mainz, Erzbischof, I.⟩
Dietrich ⟨Schenk von Erbach⟩
Dietrich ⟨von Erbach⟩
Ditterich ⟨Mainz, Kurfürst, I.⟩
Ditterich ⟨von Mainz⟩
Ditterich ⟨von Meintz⟩
Erbach, Dietrich ¬von¬
Schenk von Erbach, Dietrich

Dietrich ⟨von Freiberg⟩
→ **Theodoricus ⟨Teutonicus de Vriberg⟩**

Dietrich ⟨von Glatz⟩
→ **Dietrich ⟨von der Glesse⟩**

Dietrich ⟨von Lucca⟩
→ **Theodoricus ⟨de Cervia⟩**

Dietrich ⟨von Moers⟩
gest. 1463
LMA,III,1027/28
Dietrich ⟨de Meurs⟩
Dietrich ⟨Köln, Erzbischof, II.⟩
Dietrich ⟨Köln, Kurfürst⟩
Dietrich ⟨Paderborn, Bischof, III.⟩
Moers, Dietrich ¬von¬

Dietrich ⟨von Münster⟩
→ **Theodoricus ⟨de Monasterio⟩**

Dietrich ⟨von Naumburg⟩
→ **Theodoricus ⟨Burgsdorfius⟩**

Dietrich ⟨von Naumburg-Zeitz⟩
→ **Dietrich ⟨von Schönberg⟩**

Dietrich ⟨von Niem⟩
→ **Theodoricus ⟨de Niem⟩**

Dietrich ⟨von Paderborn⟩
→ **Theodoricus ⟨Paderbrunnensis⟩**

Dietrich ⟨von Ress⟩
→ **Dietrich ⟨von Wesel⟩**

Dietrich ⟨von Schachten⟩
um 1491/92
Reisebeschreibung der Pilgerfahrt des Landgrafen Wilhelm des Älteren von Hessen nach Jerusalem
VL(2),2,146
Diedtrich ⟨von Schachttenn⟩
Schachten, Dietrich ¬von¬

Dietrich ⟨von Schauemberg⟩
→ **Dietrich ⟨von Schönberg⟩**

Dietrich ⟨von Schönberg⟩
gest. ca. 1492
Veranlaßer des „Breviarium Numburgense"
Dietrich ⟨Naumburg, Bischof, IV.⟩
Dietrich ⟨von Naumburg-Zeitz⟩
Dietrich ⟨von Schauemberg⟩
Schönberg, Dietrich ¬von¬
Schonenburg, Theodoricus ¬de¬
Theodoricus ⟨de Schonenburg⟩

Dietrich ⟨von Sulzbach⟩
15. Jh.
Rezept „graw pflaster"
VL(2),2,146
Dietrich ⟨Meister⟩
Dietrich ⟨Wundarzt⟩
Sulzbach, Dietrich ¬von¬

Dietrich ⟨von Thüringen⟩
→ **Theodoricus ⟨de Apolda⟩**

Dietrich ⟨von Trier⟩
→ **Theodoricus ⟨Treverensis⟩**

Dietrich ⟨von Verdun⟩
→ **Theodoricus ⟨Virdunensis⟩**

Dietrich ⟨von Wesel⟩
15. Jh.
VL(2)
Diether ⟨der Meister⟩
Dietrich ⟨der Meister⟩
Dietrich ⟨von Ress⟩
Reise, Theodoricus
Theodoricus ⟨Reise⟩
Wesel, Dietrich ¬von¬

Dietrich ⟨von Zengg⟩
geb. 1420
VL(2)
Dieterich ⟨von Zeng⟩
Dietrich
Dietrich ⟨of Croatia⟩
Theodoricus ⟨Croata⟩
Zengg, Dietrich ¬von¬

Dietrich ⟨Vrie⟩
→ **Vrie, Theodoricus**

Dietrich ⟨Vrye⟩
→ **Vrie, Theodoricus**

Dietrich ⟨Wundarzt⟩
→ **Dietrich ⟨von Sulzbach⟩**

Dieudonné ⟨Pape, I.⟩
→ **Deusdedit ⟨Papa, I.⟩**

Dieudonné ⟨Pape, II.⟩
→ **Adeodatus ⟨Papa, II.⟩**

Diey
→ **Deicola**

Diez de Gámes, Gutierre
ca. 1378 – ca. 1448
El Victorial
LMA,III,1040; Rep. Font. IV,198
Díaz, Gutierre
Diaz de Gamez, Gutierre
Diaz de Gomez, Gutierre
Games, Gutierre ¬de¬
Games, Gutierre Diez ¬de¬
Gamez, Gutierre ¬de¬
Gutierre ⟨Diez de Gámes⟩

DiFilippo Rinuccini, Alessandro
→ **Alessandro ⟨di Filippo Rinuccini⟩**

DiFioravante DiRidolfo, Aristotele
→ **Fioravanti, Aristotele**

DiGiorgio Martini, Francesco
→ **Martini, Francesco di Giorgio**

DiGiovanni, Domenico
→ **Burchiello, ¬Il¬**

Digna, Hugo ¬de¬
→ **Hugo ⟨de Digna⟩**

Dihlawī, Amīr Ḫusrau
→ **Amīr Ḫusrau**

Diluzzo, Giovanni
→ **Giovanni ⟨di luzzo⟩**

Dijck, Rüdiger ¬zur¬
→ **Rüdiger ⟨zur Dijck⟩**

Dijon, Guiot ¬de¬
→ **Guiot ⟨de Dijon⟩**

Dijon, Perrin ¬de¬
→ **Perrin ⟨de Dijon⟩**

Dīk al-Ǧinn al-Ḥimṣī, ʿAbd-as-Salām Ibn-Raġbān
778 – 850
ʿAbd-as-Ṣalām Ibn-Raġbān, Dīk al-Ǧinn al-Ḥimṣī
Dīk al-Jinn al-Ḥimṣī
Ḥimṣī, ʿAbd-as-Salām Ibn-Raġbān ¬al-¬
Ḥimṣī, Dīk al-Ǧinn ¬al-¬

Dīk al-Jinn al-Ḥimṣī
→ **Dīk al-Ǧinn al-Ḥimṣī, ʿAbd-as-Salām Ibn-Raġbān**

Dikasmuda, Olivier ¬van¬
→ **Olivier ⟨van Dixmude⟩**

Dilemann ⟨Schriber⟩
→ **Elhen von Wolfhagen, Tilemann**

DiMartino Nelli, Ottaviano
→ **Nelli, Ottaviano di Martino**

DiMaso degli Albizzi, Luca
→ **Albizzi, Luca ¬degli¬**

Dimašq al-Qazwīnī, Muḥammad Ibn-ʿAbd-ar-Raḥmān ¬al-¬
→ **Qazwīnī, Muḥammad Ibn-ʿAbd-ar-Raḥmān ¬al-¬**

Dimašqī, Tammām Ibn-Muḥammad ¬al-¬
→ **Ibn-al-Ǧunaid, Tammām Ibn-Muḥammad**

DiMatteo Castellani, Francesco
→ **Castellani, Francesco di Matteo**

DiMattiolo, Pietro
→ **Pietro ⟨di Mattiolo⟩**

Dimităr ⟨Chomatian⟩
→ **Demetrius ⟨Chomatianus⟩**

Dimităr ⟨Kantakuzin⟩
→ **Kantakuzin, Dimităr**

Dimitrije ⟨Homatijan⟩
→ **Demetrius ⟨Chomatianus⟩**

Dimitrije ⟨Kantakuzin⟩
→ **Kantakuzin, Dimităr**

Dimitŭr ⟨Kantakuzin⟩
→ **Kantakuzin, Dimităr**

Dimius ⟨Ambrosii⟩
14./15. Jh. · OP
Quoddam bonum documentum
Kaeppeli,I,299

Ambrosii, Dimius
Dimius ⟨Ambrosii Provincialis⟩
Dimius ⟨Provincialis⟩

DiMontulmo, Antonio
→ **Antonius ⟨de Monte Ulmi⟩**

DiMorrone, Pietro
→ **Coelestinus ⟨Papa, V.⟩**

Dimyāṭī, 'Abd-al-Mu'min Ibn-Abi-'l-Ḥasan ¬ad-¬
1217 – 1306
'Abd-al-Mu'min Ibn-Abi-'l-Ḥasan ad-Dimyāṭī
Ibn-Abi-'l-Ḥasan, 'Abd-al-Mu'min ad-Dimyāṭī
Ibn-Abi-'l-Ḥasan ad-Dimyāṭī, 'Abd-al-Mu'min

Dimyāṭī, Aḥmad Ibn-Ibrāhīm ¬ad¬
gest. 1411
Aḥmad Ibn-Ibrāhīm ad-Dimyāṭī
Ibn-Ibrāhīm, Aḥmad ad-Dimyāṭī
Ibn-Ibrāhīm ad-Dimyāṭī, Aḥmad

Dīn, Muḥammad Aidamur Ibn-Saif-ad-
→ **Ibn-Saif-ad-Dīn, Muḥammad Aidamur**

Dinamius ⟨Patricius⟩
→ **Dynamius ⟨Patricius⟩**

Dinanto, David ¬de¬
→ **David ⟨de Dinanto⟩**

Dinanto, Jacobus ¬de¬
→ **Jacobus ⟨de Dinanto⟩**

Dīnawarī, Abū-Ḥanīfa Aḥmad Ibn-Dāwūd ¬ad-¬
→ **Abū-Ḥanīfa ad-Dīnawarī, Aḥmad Ibn-Dāwūd**

Dīnawarī, Aḥmad Ibn-Marwān ¬ad-¬
gest. 922
Aḥmad Ibn-Marwān ad-Dīnawarī
Ibn-Marwān, Aḥmad ad-Dīnawarī

Dīnawarī, Aḥmad Ibn-Muḥammad ¬ad-¬
→ **Ibn-as-Sunnī, Aḥmad Ibn-Muḥammad**

Dinckmut, Conrad
→ **Dinkmuth, Konrad**

DiNello, Ottaviano di Martino
→ **Nelli, Ottaviano di Martino**

Dinghuichanshi
→ **Zongmi**

Dini, Thaddaeus
→ **Thaddaeus ⟨Dini⟩**

DiNiccolò Frescobaldi, Lionardo
→ **Frescobaldi, Leonardo**

Diniz ⟨Portugal, Rei⟩
1261 – 1325
Cancioneiro
LMA,III,1064/66
Denis ⟨Portugal, König⟩
Denis ⟨Portugal, Rei⟩
Denis ⟨von Portugal⟩
Denys ⟨le Libéral⟩
Denys ⟨Portugal, Roi⟩
Dinis ⟨King⟩
Dinis ⟨Portugal, König⟩
Diniz ⟨de Portugal⟩
Diniz ⟨of Portugal⟩
Diniz ⟨Portugal, König⟩
Dionysius ⟨Portugal, König⟩
Dionysius ⟨von Portugal⟩

Dinkelsbühl, Johannes ¬de¬
→ **Johannes ⟨Widmann de Dinkelsbühl⟩**

Dinkelspuhel, Nicolaus ¬de¬
→ **Nicolaus ⟨de Dinkelspuhel⟩**

Dinkmuth, Konrad
ca. 1477 – 1496
Gmündner Chronik; Chronik von den römischen Kaisern bis zum Jahre 1462
VL(2),2,153; Rep.Font. IV,201
Conrad ⟨Dinckmut⟩
Cuonrad ⟨Dinckmuot⟩
Dinckmuot, Cuonrad
Dinckmut, Conrad
Konrad ⟨Dinkmuth⟩

Dino ⟨Compagni⟩
→ **Compagni, Dino**

Dino ⟨da Mugello⟩
→ **Dinus ⟨Mugellanus⟩**

Dino ⟨del Garbo⟩
→ **Garbo, Dinus ¬de¬**

Dino ⟨Frescobaldi⟩
→ **Frescobaldi, Dino**

Dino Frescobaldi, Matteo ¬di¬
→ **Frescobaldi, Matteo**

Dinothus ⟨Benchorensis⟩
um 601
Responsio ad Augustinum monachum (spuria est. atque saec. XVI conficta)
Cpl. 1327; Rep.Font. IV,255
Dinoot ⟨de Bangor⟩
Dinoot ⟨Evêque⟩
Dinoth ⟨Abbé⟩
Dinoth ⟨de Bangor⟩
Dinothus
Dinothus ⟨Abbas⟩
Dinothus ⟨Abt⟩
Dinothus ⟨von Bangor⟩
Dionotus ⟨de Bangor⟩
Donatus ⟨Bannachorensis⟩
Dunawd ⟨Bannachorensis⟩
Dunawd ⟨von Bangor⟩
Dunod ⟨von Bangor⟩
Pseudo-Dinothus
Pseudo-Dinothus ⟨Benchorensis⟩

Dinter, Edmond ¬de¬
→ **Dynter, Edmundus ¬de¬**

Dinus ⟨de Florentia⟩
→ **Garbo, Dinus ¬de¬**

Dinus ⟨de Garbo⟩
→ **Garbo, Dinus ¬de¬**

Dinus ⟨de Mugello⟩
→ **Dinus ⟨Mugellanus⟩**

Dinus ⟨de Muxello⟩
→ **Dinus ⟨Mugellanus⟩**

Dinus ⟨de Rossonibus⟩
→ **Dinus ⟨Mugellanus⟩**

Dinus ⟨Expositor⟩
→ **Garbo, Dinus ¬de¬**

Dinus ⟨Florentinus⟩
→ **Garbo, Dinus ¬de¬**

Dinus ⟨Mugellanus⟩
gest. ca. 1298
LMA,III,1068/69
Dino ⟨da Mugello⟩
Dinus ⟨de Mugello⟩
Dinus ⟨de Mugillo⟩
Dinus ⟨de Mugilo⟩
Dinus ⟨de Muxello⟩
Dinus ⟨de Rossonibus⟩
Dinus ⟨de Rossonis⟩
Dynus
Dynus ⟨de Mucello⟩
Dynus ⟨de Muxello⟩
Dynus ⟨de Rossonibus⟩
Dynus ⟨Mugellanus⟩
Dynus ⟨Muxellanus⟩
Mucello, Dynus ¬de¬
Mugelanus, Dynus
Mugellanus, Dinus
Mugellanus, Dynus
Mugello, Dinus ¬de¬
Mugillo, Dinus ¬de¬
Muxellanus, Dinus
Muxellanus, Dynus
Muxellis, Dynus ¬de¬
Muxello, Dinus ¬de¬
Muxello, Dynus ¬de¬
Rossonibus, Dinus ¬de¬
Rossonibus, Dynus ¬de¬

Diocleas ⟨Presbyter⟩
→ **Dukljanin**

Diogenes, Johannes
um 1143/80
Oratio de victoriis
Rep.Font. IV,204/205; DOC,2,1164
Diogenēs, Iōannēs
Iōannēs ⟨Diogenēs⟩
Johannes ⟨Diogenes⟩

Diogo ⟨Gomes⟩
→ **Gomes, Diogo**

Diomede ⟨Carafa⟩
→ **Carafa, Diomede**

Dionigi ⟨da Borgo San Sepolcro⟩
→ **Dionysius ⟨de Burgo Sancti Sepulchri⟩**

Dionigi ⟨il Piccolo⟩
→ **Dionysius ⟨Exiguus⟩**

Dionigi, Francesco
→ **Dionysius ⟨de Burgo Sancti Sepulchri⟩**

Dionigus ⟨de Rostani⟩
→ **Dionysius ⟨de Mutina⟩**

Dionis ⟨Guiot⟩
→ **Guiot, Dionis**

Dionisio ⟨da Borgo San Sepolcro⟩
→ **Dionysius ⟨de Burgo Sancti Sepulchri⟩**

Dionisio ⟨el Certosino⟩
→ **Dionysius ⟨Cartusianus⟩**

Dionisio ⟨el Exiguo⟩
→ **Dionysius ⟨Exiguus⟩**

Dionisio ⟨Roberti⟩
→ **Dionysius ⟨de Burgo Sancti Sepulchri⟩**

Dionotus ⟨de Bangor⟩
→ **Dinothus ⟨Benchorensis⟩**

Dionysii, Nicolaus
→ **Denisse, Nicolas**

Dionysios ⟨Bar Ṣalībī⟩
→ **Dionysios Bar-Ṣalibi**

Dionysios ⟨von Amida⟩
→ **Dionysios Bar-Ṣalibi**

Dionysios ⟨von Antiocheia⟩
→ **Dionysius ⟨Antiochenus⟩**

Dionysios ⟨von Tellmahrē⟩
→ **Dionysius ⟨Tellmaharensis⟩**

Dionysios Bar-Ṣalibi
gest. 1171
Ursprünglicher Name: Jacobus ⟨de Amida⟩; nahm bei der Bischofsweihe den Namen Dionysios an
Stegmüller, Repert. Bibl. 3870; LMA,III,1076
Bar Salibi
Bar-Ṣalibi, Dionysios
Denys ⟨Bar Salibi⟩
Denys ⟨Bar-Salibi⟩
Dionysios ⟨Bar Ṣalībī⟩
Dionysios ⟨von Amida⟩
Dionysius ⟨Bar Salibi⟩
Dionysius ⟨de Amida⟩
Dionysius ⟨Syrus⟩
Jacobus ⟨Bar Salibi⟩
Jacobus ⟨de Amida⟩
Jacques ⟨Bar-Salibi⟩
Jacques ⟨d'Amida⟩
Jacques ⟨Métropolitain d'Amida⟩
Jakobos ⟨Bar Ṣalībī⟩
Ya'qob Bar Salibi

Dionysius ⟨a Leewis⟩
→ **Dionysius ⟨Cartusianus⟩**

Dionysius ⟨a Ryckel⟩
→ **Dionysius ⟨Cartusianus⟩**

Dionysius ⟨Antiochenus⟩
→ **Dionysius ⟨Tellmaharensis⟩**

Dionysius ⟨Antiochenus⟩
5./6. Jh.
Briefe
LMA,III,1075
Antiochenus, Dionysius
Denys ⟨d'Antioche⟩
Dionysios ⟨von Antiocheia⟩

Dionysius ⟨Audomariensis⟩
→ **Dionysius ⟨Pitas⟩**

Dionysius ⟨Bar Salibi⟩
→ **Dionysios Bar-Ṣalibi**

Dionysius ⟨Cartusianus⟩
ca. 1402 – 1471
Tusculum-Lexikon; CSGL; LMA,III,1092/94
Cartusianus, Dionysius
Denis ⟨de Leewis⟩
Denis ⟨le Chartreux⟩
Denis ⟨Rikel⟩
Denys ⟨le Chartreux⟩
Dionisio ⟨el Certosino⟩
Dionysius ⟨a Leewis⟩
Dionysius ⟨a Ryckel⟩
Dionysius ⟨Carthusianus⟩
Dionysius ⟨Cartusiensis⟩
Dionysius ⟨de Kartuizer⟩
Dionysius ⟨de Leuwis⟩
Dionysius ⟨de Rickel⟩
Dionysius ⟨de Ryckel⟩
Dionysius ⟨der Karthäuser⟩
Dionysius ⟨Leewis⟩
Dionysius ⟨Rickel⟩
Dionysius ⟨Ryckelensis⟩
Dionysius ⟨van Leeuwen⟩
Dionysius ⟨van Rijkel⟩
Dionysius ⟨von Roermond⟩
Leewis, Denis ¬de¬
Leewis, Dionysius ¬de¬
Leuwis, Dionysius ¬de¬
Richel, Dionysius ¬de¬
Rickel, Dionysius ¬de¬
Rickell, Dionysius ¬von¬
Rikel, Denis
Rikel, Dionysius ¬a¬
Rykel, Dionysius ¬de¬

Dionysius ⟨Cisterciensis⟩
→ **Dionysius ⟨de Mutina⟩**

Dionysius ⟨de Amida⟩
→ **Dionysios Bar-Ṣalibi**

Dionysius ⟨de Burgo Sancti Sepulchri⟩
gest. ca. 1342
LMA,III,1088
Burgo Sancti Sepulchri, Dionysius ¬de¬
Dionigi ⟨da Borgo San Sepolcro⟩
Dionigi, Francesco
Dionisio ⟨da Borgo San Sepolcro⟩
Dionisio ⟨Roberti⟩
Dionysius ⟨de Borgo San Sepolcro⟩
Dionysius ⟨de Burgo⟩
Dionysius ⟨de Robertis⟩

Dionysius ⟨de Florentia⟩
15. Jh. · OESA
Commentaria in libros Aristotelis qui Parva naturalia nominantur
Stegmüller, Repert. sentent. 446; Lohr
Denys ⟨de Florence⟩
Florentia, Dionysius ¬de¬
Pseudo-Dionysius ⟨de Florentia⟩

Dionysius ⟨de Kartuizer⟩
→ **Dionysius ⟨Cartusianus⟩**

Dionysius ⟨de Leuwis⟩
→ **Dionysius ⟨Cartusianus⟩**

Dionysius ⟨de Mutina⟩
ca. 1335 – 1400 · OESA
fälschlich Dionysius ⟨de Montina⟩; Pariser Sentenzenlesung, nachträglich mit Sentenzenkommentar des Konrad von Ebrach vermengt und als Werk des angebl. Dionysius ⟨Cisterciensis⟩ gedruckt
LThK (3. Aufl.); LMA,III,1094
Denis ⟨de Cîteaux⟩
Denis ⟨de Montina⟩
Dionigus ⟨de Rostani⟩
Dionysius ⟨Cisterciensis⟩
Dionysius ⟨de Mutina⟩
Dionysius ⟨de Restanis⟩
Dionysius ⟨de Rostani⟩
Dionysius ⟨Pseudo-Cisterciensis⟩
Dionysius ⟨von Modena⟩
Dionysius ⟨von Montina⟩
Montina, Dionysius ¬de¬

Dionysius ⟨de Restanis⟩
→ **Dionysius ⟨de Mutina⟩**

Dionysius ⟨de Rickel⟩
→ **Dionysius ⟨Cartusianus⟩**

Dionysius ⟨de Robertis⟩
→ **Dionysius ⟨de Burgo Sancti Sepulchri⟩**

Dionysius ⟨de Rostani⟩
→ **Dionysius ⟨de Mutina⟩**

Dionysius ⟨de Ryckel⟩
→ **Dionysius ⟨Cartusianus⟩**

Dionysius ⟨der Karthäuser⟩
→ **Dionysius ⟨Cartusianus⟩**

Dionysius ⟨Exiguus⟩
470 – 540
LThK; CSGL; Rep.Font. IV,205; Tusculum-Lexikon; LMA,III,1088/92
Denys ⟨le Petit⟩
Dionigi ⟨il Piccolo⟩
Dionisio ⟨el Exiguo⟩
Dionysius ⟨Scytha⟩
Exiguus, Dionysius

Dionysius ⟨Historicus⟩
→ **Dionysius ⟨Tellmaharensis⟩**

Dionysius ⟨Leewis⟩
→ **Dionysius ⟨Cartusianus⟩**

Dionysius ⟨Magister⟩
→ **Denis ⟨Piramus⟩**

Dionysius ⟨Monachus⟩
12./13. Jh. · OSB
Verf. des 1. und 2. Teils der Vita et miracula S. Lidani confessoris de civitate Antenae, deren 3. Teil von Johannes ⟨Setinus⟩ stammt
Rep.Font. IV,207
Dionysius ⟨Monasterii Sanctae Caeciliae⟩
Dionysius ⟨OSB⟩
Monachus, Dionysius

Dionysius ⟨Monasterii Sanctae Caeciliae⟩
→ **Dionysius ⟨Monachus⟩**

Dionysius ⟨OSB⟩
→ **Dionysius ⟨Monachus⟩**

Dionysius ⟨Patriarcha⟩
→ **Dionysius ⟨Tellmaharensis⟩**

Dionysius ⟨Pitas⟩
um 1459/65 · OP
Fälschlich als Verf. von „Sermones quadragesimales“ angenommen
Kaeppeli,I,299
Denys ⟨Pitas⟩
Dionysius ⟨Audomariensis⟩
Pitas, Denys
Pitas, Dionysius

Dionysius ⟨Portugal, König⟩
→ **Diniz ⟨Portugal, Rei⟩**

Dionysius ⟨Pseudo-Cisterciensis⟩
→ **Dionysius ⟨de Mutina⟩**

Dionysius ⟨Rickel⟩
→ **Dionysius ⟨Cartusianus⟩**

Dionysius ⟨Scytha⟩
→ **Dionysius ⟨Exiguus⟩**

Dionysius ⟨Syrus⟩
→ **Dionysios Bar-Ṣalibi**

Dionysius ⟨Tellmaharensis⟩
gest. 845
Chronicon (hierin befindet sich „Epitome“ des Eusebius ⟨Caesariensis⟩)
Cpg 3494; LMA,III,1076
Denys ⟨de Tellmahré⟩
Dionysios ⟨von Tell Maḥrē⟩
Dionysios ⟨von Tellmaḥrē⟩
Dionysius ⟨Antiochenus⟩
Dionysius ⟨Historicus⟩
Dionysius ⟨Patriarcha⟩
Dionysius ⟨Telmaharensis⟩
Pseudo-Dionysius ⟨Tellmaharensis⟩

Dionysius ⟨van Leeuwen⟩
→ **Dionysius ⟨Cartusianus⟩**

Dionysius ⟨van Rijkel⟩
→ **Dionysius ⟨Cartusianus⟩**

Dionysius ⟨von Modena⟩
→ **Dionysius ⟨de Mutina⟩**

Dionysius ⟨von Montina⟩
→ **Dionysius ⟨de Mutina⟩**

Dionysius ⟨von Portugal⟩
→ **Diniz ⟨Portugal, Rei⟩**

Dionysius ⟨von Roermond⟩
→ **Dionysius ⟨Cartusianus⟩**

Dionysius, Nicolaus
→ **Denisse, Nicolas**

Dioscoro ⟨di Alessandria⟩
→ **Dioscorus ⟨Papa, Antipapa⟩**

Dioscorus ⟨Aegyptius⟩
→ **Dioscorus ⟨Thebanus⟩**

Dioscorus ⟨Aphroditensis⟩
→ **Dioscorus ⟨Thebanus⟩**

Dioscorus ⟨Byzantinus⟩
→ **Dioscorus ⟨Thebanus⟩**

Dioscorus ⟨Diaconus⟩
→ **Dioscorus ⟨Papa, Antipapa⟩**

Dioscorus ⟨Papa, Antipapa⟩
um 530
Dioscore ⟨Pape, Antipape⟩
Dioscoro ⟨di Alessandria⟩
Dioscoro ⟨Papa, Antipapa⟩
Dioscorus ⟨Diaconus⟩
Dioskur ⟨Papst, Gegenpapst⟩

Dioscorus ⟨Thebanus⟩
6. Jh.
Encomia; Epithalamia
Dioscorus ⟨Aegyptius⟩
Dioscorus ⟨Aphroditensis⟩
Dioscorus ⟨Byzantinus⟩
Dioscorus ⟨Epicus⟩
Dioscorus ⟨Lyricus⟩
Thebanus, Dioscorus

DiPiazzalunga, Federico
→ **Fridericus ⟨de Platea Longa⟩**

DiPiero, Alvaro
→ **Alvaro ⟨di Piero⟩**

DiRanallo, Buccio
→ **Buccio ⟨di Ranallo⟩**

Dirc ⟨Potter⟩
ca. 1370 – 1428
LMA,VII,135
Potter, Dirc

Dirc ⟨van Delf⟩
um 1365/1404 · OP
Tafel van den Kersten Ghelove
LMA,III,1104; Kaeppeli,IV,304/305
Delf, Dirc ¬van¬
Delft, Dirk ¬van¬
Diderik ⟨von Delft⟩
Dirck ⟨von Delft⟩
Dirk ⟨van Delft⟩
Theodoricus ⟨de Delph⟩
Theodoricus ⟨Delphius⟩
Thierry ⟨de Delft⟩

Dirc ⟨van Herxen⟩
→ **Theodoricus ⟨de Herxen⟩**

Dirck ⟨von Delft⟩
→ **Dirc ⟨van Delf⟩**

Dirick ⟨Döring⟩
→ **Döring, Dirick**

Dirk ⟨Bromes⟩
→ **Bromes, Dirk**

Dirk ⟨Frankenszoon⟩
→ **Theodoricus ⟨Gorcomiensis⟩**

Dirk ⟨van Delft⟩
→ **Dirc ⟨van Delf⟩**

Di-'r-Rumma
→ **Ḏu-'r-Rumma, Ġailān Ibn-'Uqba**

Discht, Johannes
→ **Johannes ⟨Bakel de Diest⟩**

DiSegni, Ugolino
→ **Gregorius ⟨Papa, VIIII.⟩**

Dishypatus, David
→ **David ⟨Dissipatus⟩**

Dissars, Jakob
→ **Jacobus ⟨de Partibus⟩**

Disse, Gualterus
→ **Gualterus ⟨Disse⟩**

Dissipatus, David
→ **David ⟨Dissipatus⟩**

DiStefano, Tommaso
→ **Giottino**

Distl, Conradus
→ **Conradus ⟨Distl⟩**

Disypatus, David
→ **David ⟨Dissipatus⟩**

Dithmar
→ **Detmar ⟨von Lübeck⟩**
→ **Thietmarus ⟨Merseburgensis⟩**

Dithmar ⟨von Merseburg⟩
→ **Thietmarus ⟨Merseburgensis⟩**

Dithmar ⟨von Walbeck⟩
→ **Thietmarus ⟨Merseburgensis⟩**

Dithmarus ⟨...⟩
→ **Thietmarus ⟨...⟩**

Ditleb ⟨von Alnpeke⟩
→ **Alnpeke, Ditleb ¬von¬**

Ditmar ⟨von Merseburg⟩
→ **Thietmarus ⟨Merseburgensis⟩**

Ditmaro ⟨de Agast⟩
→ **Dietmar ⟨von Aist⟩**

Ditmarus ⟨de Agasta⟩
→ **Dietmar ⟨von Aist⟩**

Ditmarus ⟨Merseburgensis⟩
→ **Thietmarus ⟨Merseburgensis⟩**

Ditterich ⟨Graff⟩
→ **Dietrich ⟨Meistersinger⟩**

Ditterich ⟨von Mainz⟩
→ **Dietrich ⟨von Erbach⟩**

Dittlinger, Heinrich
gest. 1479
Berner Stadtchronik (gemeinsam mit Tschachtlan, Bendicht)
VL(2),9,1113
Dittlinger, Henri
Heinrich ⟨Dittlinger⟩
Henri ⟨Dittlinger⟩

Dittmar ⟨of Merseburg⟩
→ **Thietmarus ⟨Merseburgensis⟩**

Dittreich ⟨Her⟩
→ **Dietrich ⟨Meistersinger⟩**

Diversis de Quartigianis, Philippus ¬de¬
→ **Philippus ⟨de Diversis de Quartigianis⟩**

DiVieri, Ugolino
→ **Ugolino ⟨di Vieri⟩**

Divione, Humbertus ¬de¬
→ **Humbertus ⟨de Divione⟩**

Divione, Johannes ¬de¬
→ **Johannes ⟨de Divione⟩**

Dixmude, Olivier ¬van¬
→ **Olivier ⟨van Dixmude⟩**

Ḍiyā' Baranī
→ **Ḍiyā'-ad-Dīn Baranī**

Ḍiyā'-ad-Dīn Baranī
ca. 1285 – ca. 1357
Höfling am Hof der Sultane von Delhi; Tārīḫ-i Fīrūz-Šāhī
Storey
Baranī, Ḍiyā'
Baranī, Ḍiyā'-ad-Dīn
Barni, Ziaa
Barni, Ziaa al-Din
Ḍiyā' Baranī
Ziaa al-Din Barni
Ziaa Barni

Ḍiyā'-ad-Dīn Ibn-al-Aṯīr
→ **Ibn-al-Aṯīr, Ḍiyā'-ad-Dīn Naṣrallāh Ibn-Muḥammad**

Dja'barī, Ibrāhīm b. 'Umar
→ **Ǧa'barī, Ibrāhīm Ibn-'Umar ¬al-¬**

Djābir b. Aflaḥ, Abū-Muḥammad
→ **Ǧābir Ibn-Aflaḥ**

Djabir ibn Aflach
→ **Ǧābir Ibn-Aflaḥ**

Djābir Ibn Zaid
→ **Ǧābir Ibn-Zaid**

Dja'far al-Ṣādiḳ
→ **Ǧa'far aṣ-Ṣādiq**

Djafar as-Sadik
→ **Ǧa'far aṣ-Ṣādiq**

Djafarī, Ṣāliḥ b. al-Ḥusayn
→ **Ǧa'farī, Ṣāliḥ Ibn-al-Ḥusain ¬al-¬**

Djahḍamī, Ismā'īl Ibn Isḥaḳ
→ **Ǧahḍamī, Ismā'īl Ibn-Isḥāq ¬al-¬**

Djaḥiẓ
→ **Ǧāḥiẓ, 'Amr Ibn-Baḥr ¬al-¬**

Djajjani ¬al¬
→ **Ǧaiyānī, Abū-'Abdallāh Muḥammad Ibn-Mu'āḏ ¬al-¬**

Djami
→ **Ǧāmī, Nūr-ad-Dīn 'Abd-ar-Raḥmān Ibn-Aḥmad**

Djamīl ibn 'Abdallāh ibn Ma'mar
→ **Ǧamīl Ibn-'Abdallāh Ibn-Ma'mar**

Djarbadhqānī, Muḥammad b. al-Ḥasan
→ **Ǧarbāḏqānī, Muḥammad Ibn-al-Ḥasan ¬al-¬**

Djarir ibn Atija ibn Chatafa
→ **Ǧarīr Ibn-'Aṭīya**

Djaṣṣāṣ, Aḥmad B. 'Alī
→ **Ǧaṣṣāṣ, Aḥmad Ibn-'Alī ¬al-¬**

Djauharī, Abū Bakr Aḥmad b. 'Abd al-'Azīz
→ **Abū-Bakr al-Ǧauharī, Aḥmad Ibn-'Abd-al-'Azīz**

Djawād, Muḥammad ¬al-¬
→ **Ǧawād, Muḥammad ¬al-¬**

Djawālīqī, Mawhūb Ibn Aḥmad ¬al-¬
→ **Ǧawālīqī, Mauhūb Ibn-Aḥmad ¬al-¬**

Djawharī, Ismā'īl ibn Ḥammād
→ **Ǧauharī, Ismā'īl Ibn-Ḥammād ¬al-¬**

Djazarī, Ismā'īl ibn al-Razzaz
→ **Ǧazarī, Ismā'īl Ibn-ar-Razzāz ¬al-¬**

Djazarī, Muḥammad ibn Yūsuf
→ **Ǧazarī, Muḥammad Ibn-Yūsuf ¬al-¬**

Djazūlī, Muḥammad B. Sulaymān
→ **Ǧazūlī, Muḥammad Ibn-Suleimān ¬al-¬**

Djemal-Eddin, Mohammed
→ **Ibn-Mālik, Muḥammad Ibn-'Abdallāh**

Djīlānī, 'Abd al-Karīm ibn Ibrāhīm ¬al-¬
→ **Ǧīlānī, 'Abd-al-Karīm Ibn-Ibrāhīm ¬al-¬**

Djildakī, Aydamur ibn 'Alī
→ **Ǧildakī, Aidamur Ibn-'Alī ¬al-¬**

Djilyānī, 'Abd al-Mun'im b. 'Umar
→ **Ǧilyānī, 'Abd-al-Mun'im Ibn-'Umar ¬al-¬**

Djirān al-'Awd, Āmir Ibn al-Ḥārith
→ **Ǧirān al-'Aud, 'Āmir Ibn-al-Ḥāriṯ**

Djubbā'ī, Muḥammad Ibn 'Abd al-Wahhāb
→ **Ǧubbā'ī, Muḥammad Ibn-'Abd-al-Wahhāb ¬al-¬**

Djunayd
→ **Ǧunaid Ibn-Muḥammad ¬al-¬**

Djunayd b. Muḥammad
→ **Ǧunaid Ibn-Muḥammad ¬al-¬**

Djurāwī, Aḥmad ibn 'Abd al-Salām
→ **Ǧurāwī, Aḥmad Ibn-'Abd-as-Salām ¬al-¬**

Djurdjānī, 'Abd al-Qāhir b. 'Abd al-Raḥmān
→ **Ǧurǧānī, 'Abd-al-Qāhir Ibn-'Abd-ar-Raḥmān ¬al-¬**

Djurdjānī, Aḥmad ibn Muḥammad
→ **Ǧurǧānī, Aḥmad Ibn-Muḥammad ¬al-¬**

Djurdjānī, Fakhr al-Dīn
→ **Gurgānī, Faḫraddīn**

Djurjānī, 'Alī ibn Muḥammad
→ **Ǧurǧānī, 'Alī Ibn-Muḥammad ¬al-¬**

Djuwainī, 'Abd al-Malik b. 'Abd Allāh
→ **Ǧuwainī, 'Abd-al-Malik Ibn-'Abdallāh ¬al-¬**

Djuwaini, Abu l-Maali Abd al-Malik
→ **Ǧuwainī, 'Abd-al-Malik Ibn-'Abdallāh ¬al-¬**

Djuwaynī, 'Abd Allāh b. Yūsuf
→ **Ǧuwainī, 'Abdallāh Ibn-Yūsuf ¬al-¬**

Djuzūlī, 'Īsā Ibn 'Abd al-'Azīz
→ **Ǧuzūlī, 'Īsā Ibn-'Abd-al-'Azīz ¬al-¬**

Dlugosh, Jan
→ **Dlugossius, Johannes**

Dlugossius, Johannes
1415 – 1480
Tusculum-Lexikon; LThK; Potth.; LMA,III,1139/40
Dlugosh, Jan
Dlugossius, Joannes
Dlugossus, Johannes
Długosz, Jan
Długosz, Joannes
Dlugosz, Johannes
Jan ⟨Długosz⟩
Jan ⟨Dlugosz⟩
Jean ⟨Dlugosz⟩
Johannes ⟨Dlugossius⟩
Johannes ⟨Dlugosz⟩
Johannes ⟨Longinus⟩
Longini, Johannes
Longinus, Johannes

Długosz, Jan
→ **Dlugossius, Johannes**

dṄul-chu Thogs-med-bzaṅ-po
→ **Thogs-med-bzaṅ-po ⟨dṄul-chu⟩**

Dobelin, Angelus ¬de¬
→ **Angelus ⟨de Dobelin⟩**

Dobergos, Johannes ¬de¬
→ **Johannes ⟨de Dobergos⟩**

Dobráin, Airbertach MacCoisse
→ **Airbertach ⟨MacCoisse Dobráin⟩**

Dobrynja ⟨Andrejkovič⟩
→ **Antonij ⟨Novgorodskij⟩**

Dobrynja ⟨Jadrejkovič⟩
→ **Antonij ⟨Novgorodskij⟩**

Docci, Tommaso
→ **Thomas ⟨Doctius⟩**

Docianus, Johannes
→ **Johannes ⟨Docianus⟩**

Docking, Thomas ¬de¬
→ **Thomas ⟨de Docking⟩**

Doctius, Thomas
→ **Thomas ⟨Doctius⟩**

Doda
→ **Dhuoda**

Dodana
→ **Dhuoda**

Dodechinus
→ **Dudechinus**

Dodeforde, Robertus
→ **Robertus ⟨Dodeforde⟩**

Dodena
→ **Dhuoda**

Dodford, Robert
→ **Robertus ⟨Dodeforde⟩**

Dörfer, Siegfried ¬der¬
→ **Siegfried ⟨der Dörfer⟩**

Döring, Dirick
gest. 1498
Historia van her Johan Springenguth; bzw.: Historia van der uneinichkit zwischen dem olden und nigen rade to Luneborg
VL(2),2,206/207; Rep.Font. IV,244
Dirick ⟨Döring⟩
Döring, Dirik

Doering, Matthias
ca. 1390 – 1469
Doring, Matthias
Dorynck, Matthias
Doryng, Matthias
Doryngh, Matthias
Doryngk, Matthias
Matthias ⟨der Minorit⟩
Matthias ⟨Doering⟩
Matthias ⟨Doeringck⟩
Matthias ⟨Dorning⟩
Matthias ⟨Minorita⟩
Matthias ⟨Thoringus⟩
Matthias ⟨von Kyritz⟩

Dörsten, Johann ¬von¬
→ **Johannes ⟨de Dorsten⟩**

Doeter, Marquardus
→ **Marquardus ⟨Thoder⟩**

Dōgen
1200 – 1253
Dōgen, Eihei
Dōgen Zenji

Dōgen, Eihei
→ **Dōgen**

Dōgen Zenji
→ **Dōgen**

Dogvulfus
→ **Dagulfus**

Doidonanus, Nicolaus
→ **Nicolaus ⟨Doidonanus⟩**

Dojmo ⟨Cranchis⟩
→ **Cranchis, Domnius ¬de¬**

Dokeianos, Johannes
→ **Johannes ⟨Docianus⟩**

Doktor Ebser
→ **Ebser ⟨Doktor⟩**

Dolcino
→ **Dulcinus ⟨Frater⟩**

Dole de Roermundia, Rogerus
→ **Rogerus ⟨Dole de Roermundia⟩**

Dolfin, Giorgio
→ **Dolfin, Zorzi**

Dolfin, Zorzi
1396 – ca. 1468
Assedio e presa di Constantinopoli nell'anno 1453; Cronica de la nobel cita de Venetia et de la sua provintia et de destretto
LMA,III,1174; Rep.Font. IV,230
Dolfin, Giorgio
Zorzi ⟨Dolfin⟩

Dollendorf, Henricus ¬de¬
→ **Henricus ⟨de Dollendorf⟩**

Domar, Heinrich
15. Jh.
Alchem. Fachtext; evtl. Kleintexte
VL(2),2,185
Heinrich ⟨Domar⟩
Heinricus ⟨Domarus de Heidilberg⟩
Henricus ⟨Domarus⟩

Domaro, Gerardus ¬de¬
→ **Gerardus ⟨de Domaro⟩**

Domarto, Petrus ¬de¬
um 1450/1500
Riemann
Petrus ⟨de Domarto⟩

Domaslaus ⟨Bohemus⟩
13./14. Jh. · OP
Sequentia in festo Corporis Christi; Sequentia in festo Wenzeslai et Ludmillae
Kaeppeli,I,300
Bohemus, Domaslaus
Domaslaus ⟨de Bohème⟩
Domaslaus ⟨OP⟩
Domaslav ⟨Dominikán⟩

Domaslaus ⟨OP⟩
→ **Domaslaus ⟨Bohemus⟩**

Domaslav ⟨Dominikán⟩
→ **Domaslaus ⟨Bohemus⟩**

Domènec ⟨Monjo d'Alaó⟩
→ **Dominicus ⟨Alaonis⟩**

Domènec ⟨Sant⟩
→ **Dominicus ⟨Sanctus⟩**

Domènec, Jaume
gest. ca. 1386 · OP
Compendi historial; Genealogia regum Navarrae et Aragoniae
LMA,III,1178; Kaeppeli,II,319/320
Dominici, Jacques
Dominique, Jacques
Jacobus ⟨Conventus Cauquiliberi⟩
Jacobus ⟨Coquiliberitanus⟩
Jacobus ⟨Domenech⟩
Jacobus ⟨Dominici⟩
Jacques ⟨de Collioure⟩
Jacques ⟨Dominici⟩
Jacques ⟨Dominique⟩
Jaume ⟨Domènec⟩

Domenichi, Domenico ¬de¬
→ **Dominicus ⟨de Dominicis⟩**

Domenici, Barthélemy
→ **Bartholomaeus ⟨Dominici⟩**

Domenici, Jean
→ **Johannes ⟨Dominici de Eugubio⟩**

Domenico ⟨Augusti⟩
→ **Quiricus ⟨de Augustis⟩**

Domenico ⟨Benivieni⟩
→ **Benivieni, Domenico**

Domenico ⟨Bigordi⟩
→ **Ghirlandaio, Domenico**

Domenico ⟨Buoninsegni⟩
→ **Buoninsegni, Dominicus**

Domenico ⟨Buonvicini⟩
→ **Dominicus ⟨Bonvicinus de Pescia⟩**

Domenico ⟨Capece di Monasterace⟩
→ **Tomacelli, Domenico Capece**

Domenico ⟨Capece Tomacelli⟩
→ **Tomacelli, Domenico Capece**

Domenico ⟨Cavalca⟩
→ **Cavalca, Domenico**

Domenico ⟨Cecchi⟩
→ **Cecchi, Domenico**

Domenico ⟨da Gravina⟩
→ **Dominicus ⟨de Gravina⟩**

Domenico ⟨da Peccioli⟩
→ **Dominicus ⟨de Pecciolis⟩**

Domenico ⟨da Pescia⟩
→ **Dominicus ⟨Bonvicinus de Pescia⟩**

Domenico ⟨da Prato⟩
ca. 1380/89 – 1432/33
Pome del bel fioretto; Risposta dello anzidetto Domenico, al prefato Messer Antonio, in vice della città di Firenze
Rep.Font. IV,232
DaPrato, Domenico
Domenico ⟨del Maestro Andrea da Prato⟩
Domenico ⟨di Andrea⟩
Domenico ⟨Ser⟩
Dominique ⟨de Prato⟩
Prato, Domenico ¬da¬

Domenico ⟨da San Gimignano⟩
→ **Dominicus ⟨de Sancto Geminiano⟩**

Domenico ⟨de Bandino⟩
→ **Dominicus ⟨Bandini⟩**

Domenico ⟨de Domenichi⟩
→ **Dominicus ⟨de Dominicis⟩**

Domenico ⟨de Fabriano⟩
→ **Dominicus ⟨Sinarra⟩**

Domenico ⟨de Guzmano⟩
→ **Dominicus ⟨Sanctus⟩**

Domenico ⟨del Maestro Andrea da Prato⟩
→ **Domenico ⟨da Prato⟩**

Domenico ⟨di Andrea⟩
→ **Domenico ⟨da Prato⟩**

Domenico ⟨di Bandino⟩
→ **Dominicus ⟨Bandini⟩**

Domenico ⟨di Bartolomeo da Venezia⟩
→ **Domenico ⟨Veneziano⟩**

Domenico ⟨di Giovanni⟩
→ **Burchiello, ¬Il¬**

Domenico ⟨di Prussia⟩
→ **Dominicus ⟨Borussus⟩**

Domenico ⟨di Treviri⟩
→ **Dominicus ⟨Borussus⟩**

Domenico ⟨Ghirlandaio⟩
→ **Ghirlandaio, Domenico**

Domenico ⟨Guzmano⟩
→ **Dominicus ⟨Sanctus⟩**

Domenico ⟨il Burchiello⟩
→ **Burchiello, ¬Il¬**

Domenico ⟨Malipiero⟩
→ **Malipiero, Domenico**

Domenico ⟨Nardi⟩
→ **Dominicus ⟨Nardi⟩**

Domenico ⟨Pantaleone⟩
→ **Dominicus ⟨de Pantaleonibus⟩**

Domenico ⟨Pugliesi⟩
→ **Dominicus ⟨de Gravina⟩**

Domenico ⟨Ser⟩
→ **Domenico ⟨da Prato⟩**

Domenico ⟨Sinarra⟩
→ **Dominicus ⟨Sinarra⟩**

Domenico ⟨Tomacelli⟩
→ **Tomacelli, Domenico Capece**

Domenico ⟨Veneziano⟩
ca. 1400 – 1461
Bartolomeo ⟨da Venezia⟩
Bartolomeo da Venezia, Domenico ¬di¬
Domenico ⟨di Bartolomeo da Venezia⟩
Veneziano, Domenico
Veneziano, Domenico di Bartolomeo ¬da¬

Domenico Bonaventura ⟨Festi⟩
→ **Festi, Domenico Bonaventura**

Domenicus ⟨...⟩
→ **Dominicus ⟨...⟩**

Domentianos
→ **Domentijan**

Domentijan
um 1263/64
Život svetoga Save; Život Simeona Nemanje
LMA,III,1179; Rep.Font. IV,233
Domentianos
Domentijan ⟨Hieromonach⟩
Domentijan ⟨Monachus Monasterii Chiliandari⟩
Dométian

Domer, Jean
→ **Jean ⟨Domer⟩**

Dométian
→ **Domentijan**

Domingo ⟨de Guzmán⟩
→ **Dominicus ⟨Sanctus⟩**

Domingo ⟨Gundisalvo⟩
→ **Dominicus ⟨Gundissalinus⟩**

Domingo ⟨Santo⟩
→ **Dominicus ⟨Sanctus⟩**

Domingos ⟨Canonista Portugues⟩
→ **Dominicus ⟨Dominici de Viseu⟩**

Domingos ⟨Domingues⟩
→ **Dominicus ⟨Dominici de Viseu⟩**

Dominic ⟨de Guzmán⟩
→ **Dominicus ⟨Sanctus⟩**

Dominic ⟨of Evesham⟩
→ **Dominicus ⟨Eveshamensis⟩**

Dominicanus Conradus
→ **Conradus ⟨Dominicanus⟩**

Dominici, Bartholomaeus
→ **Bartholomaeus ⟨Dominici⟩**

Dominici, Dominicus
→ **Dominicus ⟨Dominici de Viseu⟩**

Dominici, Franciscus
→ **Franciscus ⟨Dominici⟩**

Dominici, Giovanni
ca. 1355 – 1419 · OP
Libro d'amor di carità; Regola del governo di cura familiare; Iter perusinum
LMA,III,1185; Rep.Font. IV,239; Stegmüller, Repert. sentent. 854; Stegmüller, Repert. bibl. 4436–4443; Kaeppeli,II,406/413
Dominici, Jean
Dominici, Johannes
Giovanni ⟨Dominici⟩
Giovanni ⟨Dominici, Beato⟩
Jean ⟨Bienheureux⟩
Jean ⟨Dominici⟩
Jean ⟨Dominici, le Bienheureux⟩
Jean ⟨Dominici de Florence⟩
Johannes ⟨Cardinal⟩
Johannes ⟨Dominici, Cardinalis⟩
Johannes ⟨Dominici, Florentinus⟩
Johannes ⟨Dominici, Ragusinus⟩
Johannes ⟨Dominici Banchini⟩
Johannes ⟨Dominici de Florentina⟩
Johannes ⟨Kardinal⟩
Johannes ⟨Ragusinus⟩

Dominici, Jacques
→ **Domènec, Jaume**

Dominici, Johannes
→ **Dominici, Giovanni**
→ **Johannes ⟨Dominici de Eugubio⟩**
→ **Johannes ⟨Dominici de Montepessulano⟩**

Dominici, Luca
→ **Dominici, Luca di Bartolomeo**

Dominici, Luca di Bartolomeo
ca. 1363 – 1410
Cronaca della venuta dei Bianchi e della moria; Cronaca seconda
Rep.Font. IV,240
Bartolomeo Dominici, Luca ¬di¬
Dominici, Luca
Luca ⟨di Bartolomeo Dominici⟩

Dominici de Eugubio, Johannes
→ **Johannes ⟨Dominici de Eugubio⟩**

Dominici de Montepessulano, Johannes
→ **Johannes ⟨Dominici de Montepessulano⟩**

Dominici de Narbona, Johannes
→ **Johannes ⟨Dominici de Montepessulano⟩**

Dominici de Viseu, Dominicus
→ **Dominicus ⟨Dominici de Viseu⟩**

Dominicis, Dominicus ¬de¬
→ **Dominicus ⟨de Dominicis⟩**

Dominico ⟨Pantaleonis⟩
→ **Dominicus ⟨de Pantaleonibus⟩**

Dominicus ⟨a Sancto Geminiano⟩
→ **Dominicus ⟨de Sancto Geminiano⟩**

Dominicus ⟨Alaonis⟩
geb. 1040
Memoria historica comitum Ripacurcensium seu memoria comitum et episcoporum Ripacurcensium
Rep.Font. IV,240
Domènec ⟨Monjo d'Alaó⟩
Dominicus ⟨Monachus Alaonis⟩
Dominique ⟨de Catalogne⟩
Dominique ⟨d'Alaon⟩

Dominicus ⟨Albiensis⟩
→ **Dominicus ⟨de Florentia⟩**

Dominicus ⟨Appamiarum Episcopus⟩
→ **Dominicus ⟨Episcopus⟩**

Dominicus ⟨Appamiensis⟩
→ **Dominicus ⟨Grima⟩**

Dominicus ⟨Aquiliensis⟩
→ **Dominicus ⟨Gradensis⟩**

Dominicus ⟨Arago⟩
→ **Dominicus ⟨de Alquezar⟩**

Dominicus ⟨Bandini⟩
1355 – 1418
Fons Memorabilium Universi
Rep.Font. IV,231

Bandini, Dominicus
Bandino, Dominique ¬di¬
Domenico ⟨de Bandino⟩
Domenico ⟨di Bandino⟩
Dominique ⟨di Bandino⟩
Dominique ⟨d'Arezzo⟩

Dominicus ⟨Benivenius⟩
→ **Benivieni, Domenico**

Dominicus ⟨Bonvicinus de Pescia⟩
um 1470/98 · OP
Postillae variae super Bibliam; Sermones varii; Epistulae; Epistola ai fanciulli florentini
Kaeppeli,I,301/03; Schönberger/Kible, Repertorium, 12432-12438; Rep.Font. IV,232; LMA,III,1190/91
Bonvicini, Dominique
Bonvicinus, Dominicus
Bonvicinus de Pescia, Dominicus
Buonvicini, Domenico
Domenico ⟨Buonvicini⟩
Domenico ⟨da Pescia⟩
Dominicus ⟨Bonvicinus⟩
Dominicus ⟨Buonvicini de Piscia⟩
Dominicus ⟨de Pescia⟩
Dominique ⟨Bonvicini⟩
Dominique ⟨Bonvicini de Pescia⟩
Dominique ⟨de Pescia⟩
Pescia, Dominicus ¬de¬

Dominicus ⟨Borussus⟩
ca. 1386 – 1461
CSGL
Borussus, Dominicus
Domenico ⟨di Prussia⟩
Domenico ⟨di Treviri⟩
Dominicus ⟨Carthusianus⟩
Dominicus ⟨Prutenus⟩
Dominikus ⟨von Preussen⟩
Dominique ⟨de Prusse⟩
Dominique ⟨de Trèves⟩
Dominique ⟨le Chartreux⟩

Dominicus ⟨Brixiensis⟩
→ **Dominicus ⟨de Dominicis⟩**

Dominicus ⟨Buoninsegni⟩
→ **Buoninsegni, Dominicus**

Dominicus ⟨Buonvicini de Piscia⟩
→ **Dominicus ⟨Bonvicinus de Pescia⟩**

Dominicus ⟨Carthusianus⟩
→ **Dominicus ⟨Borussus⟩**

Dominicus ⟨Cavalca⟩
→ **Cavalca, Domenico**

Dominicus ⟨Cremonensis⟩
um 1369/1414 · OCarm
Lectiones in quosdam libros S. Scripturae; nicht identisch mit Dominicus ⟨de Dominicis⟩
Stegmüller, Repert. bibl. 2164;2165
Dominicus ⟨de Cremona⟩
Dominicus ⟨de Dominicis de Cremona⟩
Dominique ⟨de Crémone⟩

Dominicus ⟨de Acrimonte⟩
→ **Dominicus ⟨de Agramunt⟩**

Dominicus ⟨de Afragola⟩
→ **Dominicus ⟨de Stelleopardis⟩**

Dominicus ⟨de Agramunt⟩
gest. ca. 1419/20 · OP
Fälschlich als Verf. von „Tractatus super Salve Regina" angenommen; vielleicht Verf. von „Super III-IV libros Sententiarum"
Kaeppeli,I,300
Acrimonte, Dominicus ¬de¬
Agramunt, Dominicus ¬de¬
Dominicus ⟨de Acrimonte⟩
Dominicus ⟨de Agramund⟩
Dominique ⟨d'Agramunt⟩

Dominicus ⟨de Alquezar⟩
gest. 1301 · OP
Schneyer,I,818
Alquezar, Dominicus ¬de¬
Dominicus ⟨Arago⟩
Dominicus ⟨de Alquesar⟩
Dominicus ⟨de Alquessa⟩
Dominicus ⟨de Alquezar Arago⟩
Dominicus ⟨de Alquezer⟩
Dominicus ⟨de Hispania⟩

Dominicus ⟨de Aufragola⟩
→ **Dominicus ⟨de Stelleopardis⟩**

Dominicus ⟨de Barta⟩
gest. 1343 · OM
Apoc.
Stegmüller, Repert. bibl. 2063
Barta, Dominicus ¬de¬

Dominicus ⟨de Biandrate⟩
→ **Dominicus ⟨de Blandrate⟩**

Dominicus ⟨de Blandrate⟩
um 1470 · OP
Expositio super libros de anima Aristotelis cum pluribus questionibus naturalibus enucleatis per magistrum Dominicum de Blandrata, scripta per me fr. Eugenium de Salutiis eiusdem ordinis.
Kaeppeli,I,301
Blandrate, Dominicus ¬de¬
Dominicus ⟨de Biandrate⟩
Dominicus ⟨de Blandrata⟩

Dominicus ⟨de Calderiis⟩
→ **Domitius ⟨de Calderiis⟩**

Dominicus ⟨de Carpanis⟩
15. Jh. · OP, später OFM
Expositio praeceptorum Aristotelis de memoria et reminiscentia
Lohr
Carpanis, Dominicus ¬de¬
Dominicus ⟨de Neapoli⟩

Dominicus ⟨de Catalonia⟩
gest. 1477/78 · OP
Statuta hospitalis S. Matthaei de Papia; Epistulae VII ad vices seu fratres Societatis hospitalis S. Matthaei de Papia; Tractatus de conceptione B. Mariae V.; etc.
Kaeppeli,I,304
Catalonia, Dominicus ¬de¬
Dominique ⟨de Catalogne⟩

Dominicus ⟨de Clavasio⟩
14. Jh.
Practica geometriae; Quaestiones super perspectivam; Lectiones de sphera; etc.
Lohr; LMA,III,1186/87
Clavasio, Dominicus ¬de¬
Dominicus ⟨de Clavaxio⟩
Dominicus ⟨de Clavisio⟩
Dominicus ⟨de Clivaxo⟩
Dominique ⟨de Chivasso⟩
Dominique ⟨de Clavasio⟩

Dominicus ⟨de Clivaxo⟩
→ **Dominicus ⟨de Clavasio⟩**

Dominicus ⟨de Corella⟩
1403 – 1483 · OP
Theotocon; De illustratione urbis Florentinae libri VI; Hymni in festis S. Vincentii Ferrerii et S. Catharinae Senensis
Kaeppeli,I,326/327; Schönberger/Kible, Repertorium, 12459/12460
Corella, Dominicus ¬de¬
Dominicus ⟨di Giovanni da Corella⟩
Dominicus ⟨Johannis⟩
Dominicus ⟨Johannis de Corella⟩
Dominique ⟨de Corella⟩
Dominique ⟨Giovanni⟩
Dominique ⟨Giovanni de Coreglia⟩
Giovanni, Dominique

Dominicus ⟨de Cremona⟩
→ **Dominicus ⟨Cremonensis⟩**

Dominicus ⟨de Dominicis⟩
1416 – 1478
CSGL; LMA,III,1187/88
Domenichi, Domenico ¬de¬
Domenico ⟨de Domenichi⟩
Dominicis, Dominicus ¬de¬
Dominicus ⟨Brixiensis⟩
Dominicus ⟨Torcellanus⟩
Dominicus ⟨Venetus⟩
Dominikus ⟨von Brescia⟩
Dominikus ⟨von Torcello⟩

Dominicus ⟨de Dominicis de Cremona⟩
→ **Dominicus ⟨Cremonensis⟩**

Dominicus ⟨de Fabriano⟩
→ **Dominicus ⟨Sinarra⟩**

Dominicus ⟨de Flandria⟩
ca. 1425 – 1479 · OP
Quaestiones in opusculum S. Thomae de Fallaciis; Recollectio super libros De anima
LThK; LMA,III,1188
Beaudouin ⟨Lottin⟩
Dominicus ⟨van Vlaanderen⟩
Dominicus ⟨von Flandern⟩
Dominique ⟨de Flandre⟩
Flandria, Dominicus ¬de¬
Lottin, Beaudouin

Dominicus ⟨de Florentia⟩
→ **Dominicus ⟨de Pantaleonibus⟩**
→ **Dominicus ⟨Guerrucci⟩**

Dominicus ⟨de Florentia⟩
gest. 1422 · OP
Decretum de solemni celebratione festi S. Thomae de Aquino in civitate et diocesi Tolosana, datis indulgentiis; Reformatio statuorum Collegii Magalonensis studiis promovendis in civitate Tolosana constituti; Litterae quibus Gymnasio seu Collegio Mirapicensi Tolosae constituto aedificandi capellam in hon. b. Nicolai facultatem concedit
Kaeppeli,I,318/319
Dominicus ⟨Albiensis⟩
Dominique ⟨de Florence⟩
Dominique ⟨d'Albi⟩

Dominicus ⟨de Gravina⟩
gest. 1463
Chronicon de rebus in Apulia gestis; Totius summae theologicae S. Thomae compendium rhythmicum
Potth.
Domenico ⟨da Gravina⟩
Domenico ⟨Pugliesi⟩
Domenicus ⟨Gravina⟩
Dominicus ⟨Notarius⟩
Gravina, Domenico ¬da¬
Gravina, Dominicus
Gravina, Dominicus ¬de¬

Dominicus ⟨de Guzmán⟩
→ **Dominicus ⟨Sanctus⟩**

Dominicus ⟨de Hispania⟩
→ **Dominicus ⟨de Alquezar⟩**

Dominicus ⟨de Lagneto⟩
um 1356/86 · OP
Als Verf. der Constitutiones synodales nicht gesichert
Kaeppeli,I,328
Dominicus ⟨de Lagne⟩
Dominique ⟨de Lagne⟩
Dominique ⟨de Lagneto⟩
Lagneto, Dominicus ¬de¬

Dominicus ⟨de Monteluco⟩
14./15. Jh. · OP
Breviloquium de itinere spirituali
Kaeppeli,I,329/330
Dominicus ⟨Teuto⟩
Monteluco, Dominicus ¬de¬

Dominicus ⟨de Monteluporum⟩
um 1348 · OP
Opusculum de B. Virginis conceptione
Kaeppeli,I,330
Dominique ⟨de Montelupo⟩
Monteluporum, Dominicus ¬de¬

Dominicus ⟨de Nardis⟩
→ **Dominicus ⟨Nardi⟩**

Dominicus ⟨de Neapoli⟩
→ **Dominicus ⟨de Carpanis⟩**

Dominicus ⟨de Neapoli⟩
um 1452/89 · OP
Rosario di spina (lat.)
Kaeppeli,I,329
Dominicus ⟨Mercari⟩
Dominicus ⟨Mercari de Neapoli⟩
Dominicus ⟨Mercurius⟩
Dominique ⟨de Naples⟩
Dominique ⟨Mercari⟩
Dominique ⟨Mercari de Naples⟩
Mercari, Dominique
Neapoli, Dominicus ¬de¬

Dominicus ⟨de Pantaleonibus⟩
gest. 1376 · OP
Ps. 50 Miserere sive discipulus ad mortales; Super Averroem De substantia orbis
Stegmüller, Repert. bibl. 2187; Kaeppeli,I,331/333
Domenico ⟨Pantaleone⟩
Dominico ⟨Pantaleonis⟩
Dominicus ⟨de Florence⟩
Dominicus ⟨de Florentia⟩
Dominicus ⟨de Pantaleonibus de Florentia⟩
Dominicus ⟨de Panthaleonibus⟩
Dominicus ⟨Pantaleo⟩
Dominique ⟨Pantaleoni⟩
Pantaleoni, Dominique
Pantaleonibus, Dominicus ¬de¬

Dominicus ⟨de Papia⟩
um 1313 · OP
In festo b. Andreae; De eodem processus valde pulcher a fratre Dominico Papiensi ad populum
Kaeppeli,I,333
Dominicus ⟨Papiensis⟩
Papia, Dominicus ¬de¬

Dominicus ⟨de Pecciolis⟩
gest. 1408 · OP
Expositio epistularum Senecae ad Lucilium; Sermones praedicabiles; Chronica antiqua conv. S. Catharinae de Pisis, a fratribus Barthol. de S. Concordio et Hugolino ser Novi incoepta, a fr. Dominico de Peccioli retractata et continuata
Kaeppeli,I,333/334; Rep.Font. IV,232
Domenico ⟨da Peccioli⟩
Dominicus ⟨de Peccioli⟩
Dominicus ⟨de Peccioli Pisanus⟩
Dominicus ⟨de Pecciolis Pisanus⟩
Dominicus ⟨Pisanus⟩
Dominique ⟨Peccioli⟩
Peccioli, Dominique
Pecciolis, Dominicus ¬de¬

Dominicus ⟨de Pescia⟩
→ **Dominicus ⟨Bonvicinus de Pescia⟩**

Dominicus ⟨de Sancto Geminiano⟩
gest. 1424
LThK; LMA,III,1191
Domenico ⟨da San Gimignano⟩
Dominicus ⟨a Sancto Geminiano⟩
Dominicus ⟨de Santo Geminiano⟩
Dominicus ⟨Sangeminianensis⟩
Dominique ⟨de San-Geminiano⟩
Geminianus, Dominicus
San Gimignano, Domenico ¬da¬
Sancto Geminiano, Dominicus ¬de¬

Dominicus ⟨de Stelleopardis⟩
um 1379/91 · OP
Lectura super libro De anima Aristotelis
Lohr; Kaeppeli,I,335336
Dominicus ⟨de Afragola⟩
Dominicus ⟨de Aufragola⟩
Dominicus ⟨de Stelleopardis de Aufragola⟩
Dominique ⟨Stelleopardi⟩
Stelleopardi, Dominique
Stelleopardis, Dominicus ¬de¬

Dominicus ⟨de Tolosa⟩
→ **Dominicus ⟨Grima⟩**

Dominicus ⟨de Viseu⟩
→ **Dominicus ⟨Dominici de Viseu⟩**

Dominicus ⟨de Viterbio⟩
→ **Dominicus ⟨Pichini⟩**

Dominicus ⟨di Giovanni da Corella⟩
→ **Dominicus ⟨de Corella⟩**

Dominicus ⟨Dominici de Viseu⟩
um 1265/80
Identität von Dominicus ⟨Dominici de Viseu⟩ mit Dominicus ⟨Hispanus⟩ (Kaeppeli) nicht gesichert
LMA,III,1187; Kaeppeli,I,326
Domingos ⟨Canonista Portugues⟩
Domingos ⟨Domingues⟩
Dominici, Dominicus
Dominici de Viseu, Dominicus
Dominicus ⟨de Viseu⟩
Dominicus ⟨Dominici⟩
Dominicus ⟨Dominici von Viseu⟩

Dominicus ⟨Hispanus⟩
Dominicus ⟨von Viseu⟩
Viseu, Dominicus ¬de¬

Dominicus ⟨Episcopus⟩
um 1326
Censura 51 articulorum Guilelmi Occam
Stegmüller, Repert. sentent. 297
Dominicus ⟨Appamiarum Episcopus⟩
Dominicus ⟨Episcopus Electus Appamiarum⟩
Episcopus Dominicus

Dominicus ⟨Episcopus Electus Appamiarum⟩
→ **Dominicus ⟨Episcopus⟩**

Dominicus ⟨Eveshamensis⟩
12. Jh.
Vermutl. Verf. eines Teils des Chronicon abbatiae de Evesham
Rep.Font. IV,239
Dominic ⟨of Evesham⟩
Dominic ⟨Prior of Evesham⟩
Dominique ⟨d'Evesham⟩

Dominicus ⟨Fabrianensis⟩
→ **Dominicus ⟨Sinarra⟩**

Dominicus ⟨Gori⟩
Lebensdaten nicht ermittelt
Stegmüller, Repert. bibl. 2165,1
Gori, Dominicus

Dominicus ⟨Gradensis⟩
11. Jh.
CSGL
Dominicus ⟨Aquiliensis⟩
Dominicus ⟨Gradensis et Aquiliensis⟩
Dominicus ⟨of Grado and Venice⟩

Dominicus ⟨Grima⟩
gest. 1342
LThK
Dominicus ⟨Appamiensis⟩
Dominicus ⟨de Tolosa⟩
Dominicus ⟨Grinia⟩
Dominicus ⟨Tolosanus⟩
Dominique ⟨de Pamiers⟩
Dominique ⟨de Toulouse⟩
Dominique ⟨Grenier⟩
Grima, Dominicus

Dominicus ⟨Grinia⟩
→ **Dominicus ⟨Grima⟩**

Dominicus ⟨Guerrucci⟩
gest. 1485 · OP
Supplices preces ad rectores communitatis Gangalandi pro loco et mansione obtinendis in silva et nemore Liceti; Epistula ad Maurum ⟨Lapum⟩ Ord. Camald. mon. S. Matthiae de Murano
Kaeppeli,I,324/325
Dominicus ⟨de Florentia⟩
Dominicus ⟨Guerrucci de Florentia⟩
Guerrucci, Dominicus

Dominicus ⟨Guillelmi⟩
um 1422 · OP
Vita B. Franchi Carmelitae Senensis
Kaeppeli,I,325
Dominicus ⟨Guilielmi⟩
Dominique ⟨Guillelmi⟩
Guillelmi, Dominicus
Guillelmi, Dominique

Dominicus ⟨Gundis⟩
→ **Dominicus ⟨Gundissalinus⟩**

Dominicus ⟨Gundissalinus⟩
ca. 1110 – ca. 1190
LThK; Tusculum-Lexikon; LMA,III,1188/89
Domingo ⟨Gundisalvo⟩
Dominicus ⟨Gundis⟩
Dominicus ⟨Gundisalvi⟩
Dominicus ⟨Gundisalvus⟩
Gundisalvi, Dominicus
Gundissalinus, Dominicus

Dominicus ⟨Hispanus⟩
→ **Dominicus ⟨Dominici de Viseu⟩**

Dominicus ⟨Johannis de Corella⟩
→ **Dominicus ⟨de Corella⟩**

Dominicus ⟨Leo⟩
um 1358/68 · OP
De incarnatione perscrutatio
Stegmüller, Repert. sentent. 190; Stegmüller, Repert. bibl. 2185
Dominicus ⟨Leo de Venetia⟩
Dominicus ⟨Leoni⟩
Leo, Dominicus

Dominicus ⟨Marrochinus⟩
um 1271 · OP
Übers. von Johannitii Isagoge und „Jesu filii Haly Liber de aegritudinibus oculorum" aus dem Arab.
Kaeppeli,I,328/329; Schönberger/Kible, Repertorium, 12461
Dominicus ⟨Marrochini⟩
Marrochinus, Dominicus

Dominicus ⟨Mercari de Neapoli⟩
→ **Dominicus ⟨de Neapoli⟩**

Dominicus ⟨Mercurius⟩
→ **Dominicus ⟨de Neapoli⟩**

Dominicus ⟨Mirabellius⟩
→ **Dominicus ⟨Nanus Mirabellius⟩**

Dominicus ⟨Missionarius Tanae⟩
→ **Dominicus ⟨Polonus⟩**

Dominicus ⟨Monachus Alaonis⟩
→ **Dominicus ⟨Alaonis⟩**

Dominicus ⟨Nanus Mirabellius⟩
um 1470
Monotessaron evangeliorum
Stegmüller, Repert. bibl. 2186
Dominicus ⟨Mirabellius⟩
Dominicus ⟨Nanus⟩
Mirabellius, Dominicus Nanus
Nanus Mirabellius, Dominicus

Dominicus ⟨Nardi⟩
gest. 1385 · OP
Sermones in communi sanctorum; Sermones 24 in communi festorum; Sermones dominicales de evangeliis; etc.
Kaeppeli,I,330/331
Domenico ⟨Nardi⟩
Dominicus ⟨de Nardis⟩
Dominicus ⟨Nardius⟩
Dominicus ⟨Petri de Nardis⟩
Dominicus ⟨Petri Nardi de Florentia⟩
Dominique ⟨Nardi⟩
Dominique ⟨Nardi de Florentia⟩
Nardi, Dominicus
Nardi, Dominique

Dominicus ⟨Notarius⟩
→ **Dominicus ⟨de Gravina⟩**

Dominicus ⟨of Grado and Venice⟩
→ **Dominicus ⟨Gradensis⟩**

Dominicus ⟨Pantaleo⟩
→ **Dominicus ⟨de Pantaleonibus⟩**

Dominicus ⟨Papiensis⟩
→ **Dominicus ⟨de Papia⟩**

Dominicus ⟨Passoni⟩
→ **Passoni, Dominicus**

Dominicus ⟨Pedemontanus⟩
→ **Passoni, Dominicus**

Dominicus ⟨Petri Nardi de Florentia⟩
→ **Dominicus ⟨Nardi⟩**

Dominicus ⟨Pichini⟩
um 1331/43 · OP
Sermones praedicabiles
Kaeppeli,I,334/335
Dominicus ⟨de Viterbio⟩
Dominicus ⟨Pichini de Viterbio⟩
Pichini, Dominicus
Pichini, Dominique

Dominicus ⟨Pisanus⟩
→ **Dominicus ⟨de Pecciolis⟩**

Dominicus ⟨Polonus⟩
um 1333 · OP
Übers. des „Pactum Venetorum cum Husbecha, imperatore Tartarorum" aus dem Persischen
Kaeppeli,I,335
Dominicus ⟨Missionarius Tanae⟩
Polonus, Dominicus

Dominicus ⟨Prutenus⟩
→ **Dominicus ⟨Borussus⟩**

Dominicus ⟨Sanctus⟩
ca. 1173 – 1221
Domènec ⟨Sant⟩
Domenico ⟨de Guzmano⟩
Domenico ⟨Guzmano⟩
Domingo ⟨de Guzmán⟩
Domingo ⟨Santo⟩
Dominic ⟨de Guzmán⟩
Dominicus ⟨de Guzmán⟩
Dominikus ⟨Heiliger⟩
Dominique ⟨de Guzmán⟩
Dominique ⟨Saint⟩
Guzmán, Domingo ¬de¬
Sanctus Dominicus

Dominicus ⟨Sangeminianensis⟩
→ **Dominicus ⟨de Sancto Geminiano⟩**

Dominicus ⟨Scottinus⟩
→ **Benivieni, Domenico**

Dominicus ⟨Senarius⟩
→ **Dominicus ⟨Sinarra⟩**

Dominicus ⟨Sinarra⟩
um 1314 (lt. Schneyer) bzw. um 1457/68 (lt. Kaeppeli) · OP
Schneyer,I,818; Kaeppeli,I,314/315
Domenico ⟨de Fabriano⟩
Domenico ⟨Sinarra⟩
Dominicus ⟨de Fabriano⟩
Dominicus ⟨Fabrianensis⟩
Dominicus ⟨Senarius⟩
Dominicus ⟨Sinarra de Fabriano⟩
Dominicus ⟨Sinarra e Fabriano⟩
Dominicus ⟨Sinazza⟩
Dominicus ⟨Smarra⟩
Dominique ⟨de Fabriano⟩
Dominique ⟨Sinarra⟩
Sinarra, Domenico
Sinarra, Dominicus
Sinarra, Dominique

Dominicus ⟨Sinazza⟩
→ **Dominicus ⟨Sinarra⟩**

Dominicus ⟨Smarra⟩
→ **Dominicus ⟨Sinarra⟩**

Dominicus ⟨Teuto⟩
→ **Dominicus ⟨de Monteluco⟩**

Dominicus ⟨Tolosanus⟩
→ **Dominicus ⟨Grima⟩**

Dominicus ⟨Torcellanus⟩
→ **Dominicus ⟨de Dominicis⟩**

Dominicus ⟨van Vlaanderen⟩
→ **Dominicus ⟨de Flandria⟩**

Dominicus ⟨Venetus⟩
→ **Dominicus ⟨de Dominicis⟩**

Dominicus ⟨von Flandern⟩
→ **Dominicus ⟨de Flandria⟩**

Dominicus ⟨von Viseu⟩
→ **Dominicus ⟨Dominici de Viseu⟩**

Dominikanerchronist ⟨Colmarer⟩
→ **Colmarer Dominikanerchronist**

Dominikus ⟨Heiliger⟩
→ **Dominicus ⟨Sanctus⟩**

Dominikus ⟨von Brescia⟩
→ **Dominicus ⟨de Dominicis⟩**

Dominikus ⟨von Preussen⟩
→ **Dominicus ⟨Borussus⟩**

Dominikus ⟨von Torcello⟩
→ **Dominicus ⟨de Dominicis⟩**

Dominique ⟨Bonvicini de Pescia⟩
→ **Dominicus ⟨Bonvicinus de Pescia⟩**

Dominique ⟨Buoninsegni di Lionardo⟩
→ **Buoninsegni, Dominicus**

Dominique ⟨Capece Tomacelli⟩
→ **Tomacelli, Domenico Capece**

Dominique ⟨Cecchi⟩
→ **Cecchi, Domenico**

Dominique ⟨d'Agramunt⟩
→ **Dominicus ⟨de Agramunt⟩**

Dominique ⟨d'Alaon⟩
→ **Dominicus ⟨Alaonis⟩**

Dominique ⟨d'Albi⟩
→ **Dominicus ⟨de Florentia⟩**

Dominique ⟨d'Arezzo⟩
→ **Dominicus ⟨Bandini⟩**

Dominique ⟨de Catalogne⟩
→ **Dominicus ⟨Alaonis⟩**
→ **Dominicus ⟨de Catalonia⟩**

Dominique ⟨de Chivasso⟩
→ **Dominicus ⟨de Clavasio⟩**

Dominique ⟨de Corella⟩
→ **Dominicus ⟨de Corella⟩**

Dominique ⟨de Crémone⟩
→ **Dominicus ⟨Cremonensis⟩**

Dominique ⟨de Fabriano⟩
→ **Dominicus ⟨Sinarra⟩**

Dominique ⟨de Flandre⟩
→ **Dominicus ⟨de Flandria⟩**

Dominique ⟨de Florence⟩
→ **Dominicus ⟨de Florentia⟩**

Dominique ⟨de Guzmán⟩
→ **Dominicus ⟨Sanctus⟩**

Dominique ⟨de Lagne⟩
→ **Dominicus ⟨de Lagneto⟩**

Dominique ⟨de Montelupo⟩
→ **Dominicus ⟨de Monteluporum⟩**

Dominique ⟨de Naples⟩
→ **Dominicus ⟨de Neapoli⟩**

Dominique ⟨de Pamiers⟩
→ **Dominicus ⟨Grima⟩**

Dominique ⟨de Pescia⟩
→ **Dominicus ⟨Bonvicinus de Pescia⟩**

Dominique ⟨de Prato⟩
→ **Domenico ⟨da Prato⟩**

Dominique ⟨de Prusse⟩
→ **Dominicus ⟨Borussus⟩**

Dominique ⟨de San-Geminiano⟩
→ **Dominicus ⟨de Sancto Geminiano⟩**

Dominique ⟨de Toulouse⟩
→ **Dominicus ⟨Grima⟩**

Dominique ⟨de Trèves⟩
→ **Dominicus ⟨Borussus⟩**

Dominique ⟨d'Evesham⟩
→ **Dominicus ⟨Eveshamensis⟩**

Dominique ⟨di Bandino⟩
→ **Dominicus ⟨Bandini⟩**

Dominique ⟨di Lionardo Buoninsegni⟩
→ **Buoninsegni, Dominicus**

Dominique ⟨di Ruberto di Ser Mainardo Cecchi⟩
→ **Cecchi, Domenico**

Dominique ⟨Giovanni de Coreglia⟩
→ **Dominicus ⟨de Corella⟩**

Dominique ⟨Grenier⟩
→ **Dominicus ⟨Grima⟩**

Dominique ⟨Guillelmi⟩
→ **Dominicus ⟨Guillelmi⟩**

Dominique ⟨le Chartreux⟩
→ **Dominicus ⟨Borussus⟩**

Dominique ⟨Malipiero⟩
→ **Malipiero, Domenico**

Dominique ⟨Mercari de Naples⟩
→ **Dominicus ⟨de Neapoli⟩**

Dominique ⟨Nardi de Florentia⟩
→ **Dominicus ⟨Nardi⟩**

Dominique ⟨Pantaleoni⟩
→ **Dominicus ⟨de Pantaleonibus⟩**

Dominique ⟨Peccioli⟩
→ **Dominicus ⟨de Pecciolis⟩**

Dominique ⟨Saint⟩
→ **Dominicus ⟨Sanctus⟩**

Dominique ⟨Sinarra⟩
→ **Dominicus ⟨Sinarra⟩**

Dominique ⟨Stelleopardi⟩
→ **Dominicus ⟨de Stelleopardis⟩**

Dominique, Jacques
→ **Domènec, Jaume**

Domitianus ⟨Ancyranus⟩
um 537/45
Libellus ad Vigilium papam
Cpg 6990
Ancyranus, Domitianus
Domitien ⟨d'Ancyre⟩
Domitien ⟨Evêque⟩

Domitius ⟨de Calderiis⟩
gest. 1477
CSGL
Cal., Domitius
Calderiis, Domitius ¬de¬
Calderino, Domizio
Calderinus, Domitius
Chalderino, Domizio
Chalderinus, Domitius
Dominicus ⟨de Calderiis⟩
Domitius
Domitius ⟨Calderinus⟩
Domizio ⟨de Calderio⟩

Domitius ⟨Poeta⟩
6. Jh.
Carmen de Johanne Baptista
Domitios ⟨Kirchendichter⟩
Domitius
Poeta, Domitius

Domizio ⟨de Calderio⟩
→ **Domitius ⟨de Calderiis⟩**

Domnius ⟨de Cranchis⟩
→ **Cranchis, Domnius ¬de¬**

Domnizo ⟨Presbyter Canusinus⟩
→ **Donizo ⟨Canusinus⟩**

Domnolus ⟨Cenomanensis⟩
→ **Rusticius ⟨Helpidius⟩**

Domnulus, Flavius Rusticus
→ **Rusticius ⟨Helpidius⟩**

Domnus ⟨Papa⟩
→ **Donus ⟨Papa⟩**

Donadei, Jacobus
um 1391/1401
Diarium rerum suis temporibus Aquilae et alibi gestarum
Rep.Font. IV, 240
Donadei, Jacopo
Jacobus ⟨Donadei⟩
Jacopo ⟨Donadei⟩

Donat ⟨Acciajuoli⟩
→ **Donatus ⟨Acciaiolus⟩**

Donat ⟨Bosso⟩
→ **Bossi, Donatus**

Donat ⟨de Besançon⟩
→ **Donatus ⟨Vesontionensis⟩**

Donat ⟨de Fiesole⟩
→ **Donatus ⟨Faesulanus⟩**

Donat ⟨de Metz⟩
→ **Donatus ⟨Metensis⟩**

Donat ⟨Diacre⟩
→ **Donatus ⟨Metensis⟩**

Donat ⟨Ecossais⟩
→ **Donatus ⟨Faesulanus⟩**

Donat ⟨Evêque⟩
→ **Donatus ⟨Vesontionensis⟩**

Donat ⟨Hagiographe⟩
→ **Donatus ⟨Metensis⟩**

Donat ⟨Neri de Sienne⟩
→ **Donato ⟨di Neri⟩**

Donat ⟨Saint⟩
→ **Donatus ⟨Faesulanus⟩**
→ **Donatus ⟨Vesontionensis⟩**

Donat ⟨Velluti⟩
→ **Velluti, Donato**

Donate ⟨Bossi⟩
→ **Bossi, Donatus**

Donatello
1386 – 1466
Donatello ⟨di Niccolò di Betto Bardi⟩
Donatello ⟨Florentine⟩
Donatello ⟨Sculptor⟩
Donato ⟨di Niccolò di Betto Bardi⟩

Donati, Forese
gest. 1296
Florent. Dichter
LMA,III,1234
Forese ⟨Donati⟩

Donati, Neri
→ **Donato ⟨di Neri⟩**

Donato ⟨Acciaiuoli⟩
→ **Donatus ⟨Acciaiolus⟩**

Donato ⟨Bossi⟩
→ **Bossi, Donatus**

Donato ⟨da Casentino⟩
→ **Albanzani, Donato ¬degli¬**

Donato ⟨da Pratovecchio⟩
→ **Albanzani, Donato ¬degli¬**

Donato ⟨da Villanova⟩
gest. ca. 1304
Libro memoriale
Donato ⟨di Villanova⟩
Villanova, Donato ¬da¬

Donato ⟨degli Albanzani⟩
→ **Albanzani, Donato ¬degli¬**

Donato ⟨di Neri⟩
14. Jh.
Cronaca Senese
Rep.Font. IV,241
Donat ⟨Neri de Sienne⟩
Donati, Neri
Donatus ⟨Nerius⟩
Neri, Donat
Neri, Donato ¬di¬

Donato ⟨di Niccolò di Betto Bardi⟩
→ **Donatello**

Donato ⟨di Villanova⟩
→ **Donato ⟨da Villanova⟩**

Donato ⟨l'Apenninigena⟩
→ **Albanzani, Donato ¬degli¬**

Donato ⟨Velluti⟩
→ **Velluti, Donato**

Donatus ⟨Acciaiolus⟩
1429 – 1478
Vita Caroli Magni; Super libros Physicorum secundum Johannem Argyropylum; Super librum De anima secundum expositionem Argyropyli Byzantii; etc.
LMA,III,1238; Lohr; Rep.Font. II,105
Acciaioli, Donato
Acciaiolo, Donato
Acciaiolus, Donatus
Acciaiuoli, Donato
Acciaiuoli, Donatus
Acciajoli, Donato
Acciajuoli, Donat
Acciajuoli, Donato
Accievolus, Donatus
Donat ⟨Acciajuoli⟩
Donato ⟨Acciaiuoli⟩
Donato ⟨Acciaiuoli⟩
Donato ⟨Acciajoli⟩
Donato ⟨Cittadino Fiorentino⟩
Donatus ⟨Acciaiuoli⟩

Donatus ⟨Bannachorensis⟩
→ **Dinothus ⟨Benchorensis⟩**

Donatus ⟨Bossi⟩
→ **Bossi, Donatus**

Donatus ⟨Diaconus⟩
→ **Donatus ⟨Metensis⟩**

Donatus ⟨Episcopus⟩
→ **Donatus ⟨Faesulanus⟩**
→ **Donatus ⟨Vesontionensis⟩**

Donatus ⟨Faesulanus⟩
gest. ca. 874/77
Epitaphium; Vita S. Brigidae
Stegmüller, Repert. bibl. 2189; Rep.Font. IV,241
Donat ⟨de Fiesole⟩
Donat ⟨Ecossais⟩
Donat ⟨Saint⟩
Donatus ⟨Episcopus⟩
Donatus ⟨Episcopus Faesulanus⟩
Donatus ⟨Fesulanus⟩
Donatus ⟨Sanctus⟩
Donatus ⟨Scottus⟩
Donatus ⟨Scotus⟩
Donatus ⟨von Fiesole⟩
Faesulanus, Donatus

Donatus ⟨Metensis⟩
um 769/91
Vita Sancti Trudonis
VL(2),2,194/95; CC Clavis, Auct. Gall. 1,304 ff.; Rep.Font. IV,242
Donat ⟨de Metz⟩
Donat ⟨Diacre⟩
Donat ⟨Hagiographe⟩
Donatus ⟨Diaconus⟩
Donatus ⟨Metzer Diakon⟩
Donatus ⟨von Metz⟩

Donatus ⟨Nerius⟩
→ **Donato ⟨di Neri⟩**

Donatus ⟨Sanctus⟩
→ **Donatus ⟨Faesulanus⟩**
→ **Donatus ⟨Vesontionensis⟩**

Donatus ⟨Scotus⟩
→ **Donatus ⟨Faesulanus⟩**

Donatus ⟨Vesontionensis⟩
gest. 660
Regula ad virgines; Commonitorium ad fratres
Cpl 1860; LMA,III,1237
Donat ⟨de Besançon⟩
Donat ⟨Evêque⟩
Donat ⟨Saint⟩
Donatus ⟨Bischof⟩
Donatus ⟨Episcopus⟩
Donatus ⟨Heiliger⟩
Donatus ⟨Sanctus⟩
Donatus ⟨Vesontinus⟩
Donatus ⟨Vesuntinus⟩
Donatus ⟨Vezontinensis⟩
Donatus ⟨von Besançon⟩

Donatus ⟨von Besançon⟩
→ **Donatus ⟨Vesontionensis⟩**

Donatus ⟨von Fiesole⟩
→ **Donatus ⟨Faesulanus⟩**

Donatus ⟨von Metz⟩
→ **Donatus ⟨Metensis⟩**

Donatus, Marcus
→ **Marcus ⟨Donatus⟩**

Dondi, Giovanni ¬de'¬
→ **Johannes ⟨de Dondis⟩**

Dondi, Jacopo
→ **Jacobus ⟨de Dondis⟩**

Dondinus ⟨Papiensis⟩
gest. 1336 · OP
Dialogus de potestate papae ad Iohannem XXII
Kaeppeli,I,337
Dondinus ⟨Frater⟩
Guidinus ⟨Papiensis⟩

Dondis, Jacobus ¬de¬
→ **Jacobus ⟨de Dondis⟩**

Dondis, Johannes ¬de¬
→ **Johannes ⟨de Dondis⟩**

Donekastria, Guilelmus ¬de¬
→ **Guilelmus ⟨de Donekastria⟩**

Doneldey, Arnold
1313 – 1398
Bremer Arzneibuch (mittelniederdeutsch)
Arnold ⟨Doneldey⟩
Arnoldus ⟨Doneldey⟩
Doneldey, Arnoldus

Dong, Jieyuan
um 1189/1208
Dong-Xixiangji-zhugongdiao; wirkl. Name möglicherweise Dong, Lang
Chen, Lili
Ch'en, Li-li
Dong ⟨Meister⟩
Dong, Lang
Tung ⟨Meister⟩
Tung, Chieh-yüan
Tung, Lang

Dong, Lang
→ **Dong, Jieyuan**

Donis, Nicolaus ¬de¬
→ **Nicolaus ⟨Germanus⟩**

Donizo ⟨Canusinus⟩
1070 – 1136
CSGL; Potth.
Canusinus ⟨Presbyter⟩
Canusinus, Donizo
Domnizo ⟨Canusinus⟩
Domnizo ⟨Presbyter⟩
Domnizo ⟨Presbyter Canusinus⟩
Donizo
Donizo ⟨de Canossa⟩
Donizo ⟨Presbyter⟩
Donizo ⟨von Canossa⟩
Donizone ⟨di Canossa⟩
Donnizo

Donnacán ⟨MacMáele Tuile⟩
→ **Dunchad**

Donnghal
→ **Dungalus ⟨Hibernicus⟩**

Donnizo
→ **Donizo ⟨Canusinus⟩**

Donnolo, Sabbataj ben Abraham
→ **Dônôlô, Šabbetay Ben-Avrāhām**

Donnus, Nicolaus
→ **Nicolaus ⟨Germanus⟩**

Dono ⟨Papa⟩
→ **Donus ⟨Papa⟩**

Dono, Paolo ¬di¬
→ **Uccello, Paolo**

Dônôlô, Šabbetay Ben-Avrāhām
903 – ca. 982
Ḥakmônî; Sefer hay-yāqār
LMA,III,1251/52
Donnolo, Sabbataj
Donnolo, Sabbataj ben Abraham
Donnolo, Sabbatay
Sabbatai ⟨Donnolo⟩
Sabbataj ⟨Donnolo⟩
Sabbatay ⟨Donnolo⟩
Šabbetay Ben-Avrāhām ⟨Dônôlô⟩

Donorio, Hugolinus ¬de¬
→ **Hugolinus ⟨de Donorio⟩**

Donus ⟨Fils de Maurice⟩
→ **Donus ⟨Papa⟩**

Donus ⟨Papa⟩
gest. 678
CSGL
Domnus ⟨Papa⟩
Dono ⟨Papa⟩
Donus ⟨Fils de Maurice⟩

Donzella Compiuta
13. Jh.
Pseud. einer florent. Dichterin; A la stagion che 'l mondo foglia e fiora
LMA,III,102/03
Compiuta ⟨Donzella⟩

Doorlant, Pieter
→ **Dorlandus, Petrus**

Doppere, Rombaut ¬de¬
→ **Rombaut ⟨de Doppere⟩**

Doppere, Rumoldus ¬de¬
→ **Rombaut ⟨de Doppere⟩**

Dora, Johannes ¬de¬
→ **Johannes ⟨de Dora⟩**

Doraid ibn al Semma
→ **Duraid Ibn-aṣ-Ṣimma**

Dorbellus, Nicolaus
→ **Nicolaus ⟨de Orbellis⟩**

Dordraco, Hugo ¬de¬
→ **Hugo ⟨de Dordraco⟩**

Dordt, Augustijnken ¬van¬
um 1358/70
De Borch van Vroudenrijk; Een rikelijc scip dat Augustijnken maecte; Dit is Sinte Jans Ewangelium alsoet Augustijnken gheexponeert heeft
LMA,III,1263/64
Augustijnken ⟨van Dordt⟩

Dordt, Peter ¬van¬
→ **Peter ⟨van Dordt⟩**

Dore, Adamus ¬de¬
→ **Adamus ⟨de Dore⟩**

Doreid ibn al Semma
→ **Duraid Ibn-aṣ-Ṣimma**

Dorenwerth, Arnt ¬von¬
→ **Arnt ⟨Beeldsnider⟩**

Doria, Andreas
→ **Andreas ⟨Doria⟩**

Doria, Eleonora
→ **Eleonora ⟨d'Arborea⟩**

Doria, Giacomo
→ **Jacobus ⟨Auria⟩**

Doria, Jacopo
→ **Jacobus ⟨Auria⟩**

Doria, Perceval
gest. 1264
LMA,III,1314
Doria, Percivalle
Doria, Persivalo
Perceval ⟨Doria⟩
Percivalle ⟨Doria⟩
Persivalo ⟨Doria⟩

Doring, Lorenz
→ **Thüring, Lorenz**

Doring, Matthias
→ **Doering, Matthias**

Dorje, Rangjung ⟨Karma-pa⟩
→ **Raṅ-byuṅ-rdo-rje ⟨Źva-nag Karma-pa, III.⟩**

Dorlandus, Petrus
ca. 1454/57 – 1507
De Anna matre; Chronicon Carthusianum
LThK
Doorlant, Pieter
Dorland, Pierre
Peter ⟨of Diest⟩
Petrus ⟨Cartusianus⟩
Petrus ⟨Diestensis⟩
Petrus ⟨Diesthemius⟩
Petrus ⟨Dorlandus⟩
Pieter ⟨Doorlant⟩

Dorna, Bernardus
→ **Bernardus ⟨Dorna⟩**

Dorothaeus ⟨...⟩
→ **Dorotheus ⟨...⟩**

Dorothe ⟨von Hof⟩
→ **Dorothea ⟨von Hof⟩**

Dorothea ⟨Beier⟩
→ **Beier, Dorothea**

Dorothea ⟨von Hof⟩
um 1458/77
Gebetbuch
VL(2),2,216/217
Dorothe ⟨von Hof⟩
Hof, Dorothea ¬von¬

Dorothea ⟨von Kippenheim⟩
um 1425 · OP
Übersetzungen von Predigten, Legenden u.a.
VL(2),2,217/218
Kippenheim, Dorothea ¬von¬

Dorothée ⟨Archevêque⟩
→ **Dorotheus ⟨Thessalonicensis⟩**

Dorothée ⟨Archimandrite⟩
→ **Dorotheus ⟨Gazaeus⟩**

Dorothée ⟨Ascétique⟩
→ **Dorotheus ⟨Gazaeus⟩**

Dorothée ⟨de Gaza⟩
→ **Dorotheus ⟨Gazaeus⟩**

Dorothée ⟨de Palestine⟩
→ **Dorotheus ⟨Gazaeus⟩**

Dorothée ⟨de Thessalonique⟩
→ **Dorotheus ⟨Thessalonicensis⟩**

Dorothée ⟨Evêque Hérétique⟩
→ **Dorotheus ⟨Thessalonicensis⟩**

Dorothée ⟨Jurisconsulte⟩
→ **Dorotheus ⟨Antecessor⟩**

Dorothée ⟨Saint⟩
→ **Dorotheus ⟨Gazaeus⟩**

Dorotheos ⟨Antecessor⟩
→ **Dorotheus ⟨Antecessor⟩**

Dorotheos ⟨Archimandrit⟩
→ **Dorotheus ⟨Gazaeus⟩**

Dorotheos ⟨Asketiker⟩
→ **Dorotheus ⟨Gazaeus⟩**

Dorotheos ⟨Erzbischof⟩
→ **Dorotheus ⟨Thessalonicensis⟩**

Dorotheos ⟨Jurist⟩
→ **Dorotheus ⟨Antecessor⟩**

Dorotheos ⟨Metropolita Mytilenes⟩
→ **Dorotheus ⟨Mytilenaeus⟩**

Dorotheos ⟨von Berytos⟩
→ **Dorotheus ⟨Antecessor⟩**

Dorotheos ⟨von Gaza⟩
→ **Dorotheus ⟨Gazaeus⟩**

Dorotheos ⟨von Mitylene⟩
→ **Dorotheus ⟨Mytilenaeus⟩**

Dorotheos ⟨von Palästina⟩
→ **Dorotheus ⟨Gazaeus⟩**

Dorotheos ⟨von Thessalonike⟩
→ **Dorotheus ⟨Thessalonicensis⟩**

Dorotheus ⟨Abbas⟩
→ **Dorotheus ⟨Gazaeus⟩**

Dorotheus ⟨Antecessor⟩
um 527/65
Digestenkommentar; Mitverfasser der Institutionen Justinians
LMA,III,1321
Antecessor, Dorotheus
Dorothée ⟨Jurisconsulte⟩
Dorotheos ⟨Antecessor⟩
Dorotheos ⟨Jurist⟩
Dorotheos ⟨von Berytos⟩
Dorotheus ⟨Berytius⟩
Dorotheus ⟨Jurist⟩

Dorotheus ⟨Archimandrita⟩
→ **Dorotheus ⟨Gazaeus⟩**

Dorotheus ⟨Berytius⟩
→ **Dorotheus ⟨Antecessor⟩**

Dorotheus ⟨de Palestine⟩
→ **Dorotheus ⟨Gazaeus⟩**

Dorotheus ⟨Episcopus⟩
→ **Dorotheus ⟨Thessalonicensis⟩**

Dorotheus ⟨Gazaeus⟩
7. Jh.
Didaskaliai psychōpheleis diaphoroi
Tusculum-Lexikon; LThK; CSGL; LMA,III,1321
Dorothaeus ⟨Abbas⟩
Dorothée ⟨Archimandrite⟩
Dorothée ⟨Ascétique⟩
Dorothée ⟨de Gaza⟩
Dorothée ⟨de Palestine⟩
Dorothée ⟨Saint⟩
Dorotheos ⟨Archimandrit⟩
Dorotheos ⟨Asketiker⟩
Dorotheos ⟨von Gaza⟩
Dorotheos ⟨von Palästina⟩
Dorotheus ⟨Abbas⟩
Dorotheus ⟨Archimandrita⟩
Dorotheus ⟨Archimandrite⟩
Dorotheus ⟨de Palestine⟩
Dorotheus ⟨of Gaza⟩
Dorotheus ⟨Palaestinus⟩
Dorotheus ⟨Saint⟩
Dorotheus ⟨Sanctus⟩
Gazaeus, Dorotheus

Dorotheus ⟨Jurist⟩
→ **Dorotheus ⟨Antecessor⟩**

Dorotheus ⟨Mytilenaeus⟩
gest. ca. 1444
Tusculum-Lexikon; LMA,III,1320
Dorotheos ⟨Metropolita Mytilenes⟩
Dorotheos ⟨von Mitylene⟩
Mytilenaeus, Dorotheus

Dorotheus ⟨of Gaza⟩
→ **Dorotheus ⟨Gazaeus⟩**

Dorotheus ⟨Palaestinus⟩
→ **Dorotheus ⟨Gazaeus⟩**

Dorotheus ⟨Sanctus⟩
→ **Dorotheus ⟨Gazaeus⟩**

Dorotheus ⟨Thessalonicensis⟩
um 515/27
Epistula Dorothei Thessalonicensis ad Hormisdam papam; Collectio Avellana 105; 208
Cpg 9168; Cpl 1620; LMA,III,1320/21
Dorothée ⟨Archevêque⟩
Dorothée ⟨de Thessalonique⟩
Dorothée ⟨Evêque Hérétique⟩
Dorotheos ⟨Erzbischof⟩
Dorotheos ⟨von Thessalonike⟩
Dorotheus ⟨Episcopus⟩

Dorpat, Stephan ¬von¬
→ **Stephan ⟨von Dorpat⟩**

Dorsten, Johannes ¬de¬
→ **Johannes ⟨de Dorsten⟩**

Dortmund, Hans ¬von¬
→ **Hans ⟨von Dortmund⟩**

Doryngh, Matthias
→ **Doering, Matthias**

Doto ⟨Abbas⟩
→ **Doto ⟨Sancti Petri⟩**

Doto ⟨Sancti Petri⟩
8. Jh.
Epistula ad Lullum Moguntinum episcopum
CC Clavis, Auct. Gall. 1,306f.; DOC,1,658
Doto ⟨Abbas⟩
Doto ⟨de Saint-Pierre en Angleterre⟩
Doto ⟨Sancti Petri in Anglia Abbas⟩
Sancti Petri, Doto

Doto, Andreas
→ **Andreas ⟨Doto⟩**

Dotti, Tommaso
→ **Thomas ⟨Doctius⟩**

Douai, Graindor ¬de¬
→ **Graindor ⟨de Douai⟩**

Doura, Odo ¬de¬
→ **Odo ⟨de Doura⟩**

Downham
um 1422/71
Distinctiones theologicae
Stegmüller, Repert. bibl. 2190

Doxapatres, Johannes
→ **Johannes ⟨Doxipatrius⟩**

Doxapatres, Neilos
→ **Nilus ⟨Doxipatrius⟩**

Doxapatres, Nikolaos
→ **Nilus ⟨Doxipatrius⟩**

Doxipatrius, Johannes
→ **Johannes ⟨Doxipatrius⟩**

Doxipatrius, Nicolaus
→ **Nilus ⟨Doxipatrius⟩**

Doxipatrius, Nilus
→ **Nilus ⟨Doxipatrius⟩**

Drabolt ⟨von München⟩
→ **Drabolt, Hieronymus**

Drabolt, Hieronymus
um 1500
Lieder
VL(2),2,218/20
Drabolt ⟨von München⟩
Hieronymus ⟨Drabolt⟩

Drabsanft, Mathis
um 1489
Eyn hubscher spruch von den schlachten in Hollant
VL(2),2,220/221
Drabsanft, Matthias
Mathis ⟨Drabsanft⟩
Matthias ⟨Drabsanft⟩

Dracon ⟨de Berg-Saint-Vinok⟩
→ **Drogo ⟨Bergensis⟩**

Drag, Thomas ¬de¬
gest. 1490
Compendium historiae regum Hungarorum ab a. 969 usque ad a. 1459
Rep.Font. IV,248
Thomas ⟨de Drag⟩

Drahonice, Bartossius ¬de¬
→ **Bartossius ⟨de Drahonice⟩**

Drasxanakertc'i, Hovhannes
→ **Yovhannēs ⟨Drasxanakertc'i⟩**

Dratshadpa Rinchen Namgyal
→ **Rin-chen-rnam-rgyal ⟨sGra-tshad-pa⟩**

Dražice, Johannes ¬de¬
→ **Johannes ⟨de Dražice⟩**

Drechsel, Andreas
gest. 1490
Denkwürdigkeiten zur Geschichte Friedrichs von Hohenzollern, Bischofs von Augsburg, 1486-1490
Rep.Font. IV,250
Andreas ⟨Drechsel⟩

Drenopolitanus, Nicolaus
→ **Nicolaus ⟨Drenopolitanus⟩**

Drepanius ⟨Lugdunensis⟩
→ **Florus ⟨Lugdunensis⟩**

Drepanius, Florus
→ **Florus ⟨Lugdunensis⟩**

Dresden, Johannes ¬de¬
→ **Johannes ⟨de Dresden⟩**

Dresden, Laurentius ¬de¬
→ **Laurentius ⟨Meissner de Dresden⟩**

Dreuben, Conradus
um 1462/73
Predigten u. Notizen
VL(2),2,232/233
Conrad ⟨Drube⟩
Conradus ⟨Dreuben⟩
Conradus ⟨Truben de Hochstedn⟩
Dreuben, Konrad
Drube, Conrad
Konrad ⟨Dreuben⟩

Dreux ⟨de Provins⟩
→ **Drogo ⟨de Pruvinis⟩**

Drime Wözer ⟨Kloṅ chen-pa⟩
→ **Dri-med-'od-zer ⟨Kloṅ chen-pa⟩**

Dri-med-'od-zer ⟨Kloṅ chen-pa⟩
1308 – 1363
Tibetischer Mönch; Khyuṅ chen gśog rdzogs
Drime Wözer ⟨Kloṅ chen-pa⟩
Kloṅ chen-pa Dri-med-'od-zer
Kloṅ-chen Rab-'byams-pa
Kloṅ-chen-pa
Klong-chen Rab-'byams-pa
Longchen Rabjam
Longchen Rabjampa Drime Wözer
Longchenpa
Rabjam ⟨Longchen⟩
Rab-'byams-pa ⟨Kloṅ-chen⟩
rDorje-gzi-brjid ⟨Kloṅ chen-pa⟩
Tshul-khrims-blo-gros ⟨Kloṅ chen-pa⟩

Dringenberg, Ludwig
gest. 1477
Gelegenheitsverse; poetische Fabel; Kommentar zu Boethius „Consolatio" (nicht mehr greifbar)
VL(2),2,235/37
Dringenberg, Louis
Louis ⟨Dringenberg⟩
Ludwig ⟨Dringenberg⟩

Dritonus, Johannes
→ **Johannes ⟨de Siccavilla⟩**

Drivodilić, Bernardin
→ **Bernardin ⟨Splićanin⟩**

Droco ⟨de Provino⟩
→ **Drogo ⟨de Pruvinis⟩**

Drocus, Enricus
→ **Enricus ⟨Drocus⟩**

Drogeda, Guilelmus ¬de¬
→ **Guilelmus ⟨de Drogeda⟩**

Drogo ⟨Bergensis⟩
gest. 1084 · OSB
Translatio Sanctae Lewinnae; Vita Sancti Oswaldi; Vita Sancti Winnoci; Vita Sanctae Godelevae
Rep.Font. IV,250
Dracon ⟨de Berg-Saint-Vinok⟩
Drogo ⟨Hagiograph⟩
Drogo ⟨Monachus⟩
Drogo ⟨Monachus Bergensis⟩
Drogo ⟨Sancti Winnoci⟩
Drogo ⟨van Sint-Winoksbergen⟩
Drogo ⟨von Bergen-Saint-Winnoc⟩
Drogon ⟨de Bergh-Saint-Winnoc⟩
Drogon ⟨de Berg-Saint-Vinok⟩
Drogon ⟨de Bergues⟩
Drogon ⟨Hagiographe⟩

Drogo ⟨Cardinalis⟩
→ **Drogo ⟨Hostiensis⟩**

Drogo ⟨de Provincia⟩
→ **Drogo ⟨de Pruvinis⟩**

Drogo ⟨de Pruvinis⟩
gest. 1285 · OFM
Schneyer,I,819
Dreux ⟨de Provins⟩
Droco ⟨de Provino⟩
Drogo ⟨de Provincia⟩
Pruvinis, Drogo ¬de¬

Drogo ⟨Hagiograph⟩
→ **Drogo ⟨Bergensis⟩**

Drogo ⟨Hostiensis⟩
gest. 1138 · OSB
Commentaria de Sacramento dominicae passionis
Schneyer,I,818
Drogo ⟨Cardinalis⟩
Drogo ⟨Cardinalis Ostiensis⟩
Drogo ⟨OSB⟩
Drogo ⟨Ostiensis⟩

Drogo ⟨Metensis⟩
801 – ca. 855
Epitaphium; Epistula formata ad Aldricum Metensem presb.
CC Clavis, Auct. Gall. 1,307ff.; LMA,III,1405
Drogo ⟨von Metz⟩
Drogon ⟨de Luxeuil⟩
Drogon ⟨de Metz⟩
Drogon ⟨Fils de Charlemagne⟩

Drogo ⟨Monachus⟩
→ **Drogo ⟨Bergensis⟩**

Drogo ⟨OSB⟩
→ **Drogo ⟨Hostiensis⟩**

Drogo ⟨Ostiensis⟩
→ **Drogo ⟨Hostiensis⟩**

Drogo ⟨Sancti Winnoci⟩
→ **Drogo ⟨Bergensis⟩**

Drogo ⟨von Metz⟩
→ **Drogo ⟨Metensis⟩**

Drogobyč, Georgius ¬de¬
→ **Georgius ⟨de Drogobyč⟩**

Drogobyč, Jurij ¬da¬
→ **Georgius ⟨de Drogobyč⟩**

Drogon ⟨de Bergh-Saint-Winnoc⟩
→ **Drogo ⟨Bergensis⟩**

Drogon ⟨de Bergues⟩
→ **Drogo ⟨Bergensis⟩**

Drogon ⟨de Luxeuil⟩
→ **Drogo ⟨Metensis⟩**

Drogon ⟨de Metz⟩
→ **Drogo ⟨Metensis⟩**

Drogon ⟨Fils de Charlemagne⟩
→ **Drogo ⟨Metensis⟩**

Drogon ⟨Hagiographe⟩
→ **Drogo ⟨Bergensis⟩**

Drogus, Henri
→ **Enricus ⟨Drocus⟩**

Drokeda, Wilhelmus ¬de¬
→ **Guilelmus ⟨de Drogeda⟩**

Drouart ⟨la Vache⟩
→ **Andreas ⟨Capellanus⟩**

Drube, Conrad
→ **Dreuben, Conradus**

Druckler
Lebensdaten nicht ermittelt
VL(2),2,237
Druckler ⟨Meistersinger⟩
Druckler ⟨Sangspruchdichter⟩

Drukken, Nicolaus
→ **Nicolaus ⟨Drukken de Dacia⟩**

Drukken de Dacia, Nicolaus
→ **Nicolaus ⟨Drukken de Dacia⟩**

Drungarius, Johannes
→ **Johannes ⟨Drungarius⟩**

Drusianus ⟨de Turrisanis⟩
→ **Turrisanus, Petrus**

Drusianus ⟨von Bologna⟩
→ **Turrisanus, Petrus**

Druthmar, Christian
→ **Christianus ⟨Stabulensis⟩**

Dryburgh, Adam ¬of¬
→ **Adamus ⟨Scotus⟩**

Dschabir Ibn Aflah
→ **Ǧābir Ibn-Aflaḥ**
→ **Ǧābir Ibn-Ḥaiyān**

Dschafar as-Sadik
→ **Ǧa'far aṣ-Ṣādiq**

Dschahis, Abu Uthman Amr Ibn Bahr ¬al¬
→ **Ǧāḥiẓ, 'Amr Ibn-Baḥr ¬al-¬**

Dschalal-ed-din Rumi
→ **Ǧalāl-ad-Dīn Rūmī**

Dschalaloddin Rumi, Mohammed Maulana
→ **Ǧalāl-ad-Dīn Rūmī**

Dschalaluddin Rumi
→ **Ǧalāl-ad-Dīn Rūmī**

Dschalaoddin Rumi, Mohammed Maulana
→ **Ǧalāl-ad-Dīn Rūmī**

Dschami
→ **Ǧāmī, Nūr-ad-Dīn 'Abd-ar-Raḥmān Ibn-Aḥmad**

Dschami, Maulana Nuroddin Abdorrahman
→ **Ǧāmī, Nūr-ad-Dīn 'Abd-ar-Raḥmān Ibn-Aḥmad**

Dscharir
→ **Ǧarīr Ibn-'Aṭīya**

Dschauhari, Abu Nasr Ismail b. Hamād ¬al¬
→ **Ǧauharī, Ismā'īl Ibn-Ḥammād ¬al-¬**

Dschawad
→ **Ǧawād, Muḥammad ¬al-¬**

Dschelaladdin Rumi
→ **Ǧalāl-ad-Dīn Rūmī**

Dschelâl-eddin Rumi
→ **Ǧalāl-ad-Dīn Rūmī**

Dschelaluddin Rumi
→ **Ǧalāl-ad-Dīn Rūmī**

Dschordschani
→ **Ǧurǧānī, 'Abd-al-Qāhir Ibn-'Abd-ar-Raḥmān ¬al-¬**

Dschunaid
→ **Ǧunaid Ibn-Muḥammad ¬al-¬**

Dschurdschani, Ali b. Muhammad
→ **Ǧurǧānī, 'Alī Ibn-Muḥammad ¬al-¬**

Dsu r-Rumma
→ **Ḏu-'r-Rumma, Ġailān Ibn-'Uqba**

Du, Fu
712 – 770
Tu,Fu

Du, Mu
803 – 852
Du Mu

Du r-Rumma
→ **Ḏu-'r-Rumma, Ġailān Ibn-'Uqba**

Duaco, Jacobus ¬de¬
→ **Jacobus ⟨de Duaco⟩**

Duaco, Johannes ¬de¬
→ **Johannes ⟨de Duaco⟩**

Du'alī, Abu-'l-Aswad Ẓālim Ibn-'Amr ¬ad-¬
→ **Abu-'l-Aswad ad-Du'alī, Ẓālim Ibn-'Amr**

Duarte ⟨Portugal, Rei, I.⟩
1391 – 1438
LMA,III,1594/96
Duarte
Duarte ⟨Dom⟩
Duarte ⟨Portugal, King, I.⟩
Duarte ⟨Portugal-Algarve, Rei, I.⟩
Edouard ⟨Portugal, Roi, I.⟩
Eduard ⟨Portugal, König, I.⟩
Edward ⟨Portugal, King, I.⟩

Duba, Andreas ¬de¬
→ **Ondřeje ⟨z Dubé⟩**

Ḍubā'ī, Ǧarīr Ibn-'Abd-al-Masīḥ ¬aḍ-¬
→ **Mutalammis ¬al-¬**

Dubé, Ondřeje ¬z¬
→ **Ondřeje ⟨z Dubé⟩**

DuBernis, Michel
15. Jh.
Chronique des comtes de Foix
Rep.Font. II,517
Bernis, Michel ¬du¬
Michel ⟨Chroniqueur des Comtes de Foix⟩
Michel ⟨du Bernis⟩
Michel ⟨DuBernis⟩
Miguel ⟨de Verms⟩
Miguel ⟨del Verms⟩

Dubois, Pierre
→ **Petrus ⟨de Bosco⟩**

DuBreuil, Guillaume
→ **Guilelmus ⟨de Brolio⟩**

DuBus, Gervais
→ **Gervais ⟨du Bus⟩**

Duby, Andrej ¬iz¬
→ **Ondřeje ⟨z Dubé⟩**

Ḏubyānī, an-Nābiġa ¬aḏ-¬
→ **Nābiġa aḏ-Ḏubyānī ¬an-¬**

Ḏubyānī, Ziyād Ibn-Mu'āwiya ¬aḏ-¬
→ **Nābiġa aḏ-Ḏubyānī ¬an-¬**

Duc, Herbert ¬le¬
→ **Herbert ⟨le Duc⟩**

Duc de Dammartin, Herbert ¬le¬
→ **Herbert ⟨le Duc⟩**

Ducas, Johannes
→ **Michael ⟨Ducas⟩**

Ducas, Michael
→ **Michael ⟨Ducas⟩**

Ducas Lascaris, Theodorus
→ **Theodorus ⟨Imperium Byzantinum, Imperator, II.⟩**

DuCastel, Christine
→ **Christine ⟨de Pisan⟩**

Duccio ⟨di Buoninsegna⟩
ca. 1255 – ca. 1319
LMA,III,1436/37
Buoninsegna, Duccio ¬di¬
Duccio
Duccio ⟨di Boninsegna⟩

Duccio, Agostino ¬di¬
→ **Agostino ⟨di Duccio⟩**

Duccio, Antonio di Agostino ¬di¬
→ **Antonio ⟨di Agostino di Duccio⟩**

Duccio da San Miniato, Giovanni ¬di¬
→ **Giovanni ⟨di Duccio da San Miniato⟩**

DuChastel, Nicod
um 1435/53
Chronik schweizer. Geschichte, gilt als verschollen
Rep.Font. IV,253
Chastel, Nicod ¬du¬
Nico ⟨de Murnat⟩
Nico ⟨der Tschachte⟩
Nicod ⟨du Chastel⟩
Nicod ⟨DuChastel⟩

Dudechinus
um 1200
Ad Cimonem abbatem et fratres in Monte Sancti Disibodi epistola
Rep.Font. IV,254; DOC,1,659
Dodechin ⟨de Disibodenberg⟩
Dodechin ⟨Historien⟩
Dodechino ⟨di Lahnstein⟩
Dodechinus
Dodechinus ⟨Logisteinensis⟩
Dudechinus ⟨Logisteinensis⟩
Dudechinus ⟨Presbyter Logisteinensis⟩

Dudinghe, Simon ¬de¬
→ **Simon ⟨de Dudinghe⟩**

Dudo ⟨Neustrius⟩
→ **Dudo ⟨Sancti Quintini⟩**

Dudo ⟨Sancti Quintini⟩
ca. 970 – 1026
Tusculum-Lexikon; CSGL; LMA,III,1438/39
Dudo ⟨Neustrius⟩
Dudo ⟨Viramandensis⟩
Dudo ⟨von Sankt Quentin⟩
Dudon ⟨de Saint-Quentin⟩
Sancti Quintini, Dudo

Dudo ⟨Viramandensis⟩
→ **Dudo ⟨Sancti Quintini⟩**

Dueñas, Juan ¬de¬
→ **Juan ⟨de Dueñas⟩**

Düring, ¬Der¬
13. Jh.
Minnelieder
VL(2),2,247/248
Der Düring

Dürner, ¬Der¬
13. Jh.
Minnelied
VL(2),2,248
Der Dürner

Dürningen, Erhard ¬von¬
→ **Erhard ⟨von Dürningen⟩**

Duèse, Giacomo
→ **Johannes ⟨Papa, XXII.⟩**

Duffeld, Guilelmus ¬de¬
→ **Guilelmus ⟨de Duffeld⟩**

DuFour, Jean Vital
→ **Johannes Vitalis ⟨a Furno⟩**

DuFour, Michel
→ **Michael ⟨de Furno⟩**

Dugdal
→ **Tundalus**

Duingen, Simon ¬von¬
→ **Simon ⟨de Dudinghe⟩**

Dujam ⟨Hrancović⟩
→ **Cranchis, Domnius ¬de¬**

Dukas
→ **Michael ⟨Ducas⟩**

Dukas Vatatzes, Johannes
→ **Johannes ⟨Imperium Byzantinum, Imperator, III.⟩**

Dukljanin
gest. 1195
Libellus Gothorum
LMA,VII,99/100; Rep.Font. IV,202/04
Anonymus ⟨Antibarensis⟩
Deocleanus
Dioclea, Priester ¬von¬
Dukljanin ⟨Pop⟩
Pop ⟨a Dukljanin⟩
Pop ⟨Dukljanin⟩
Presbyter Diocleas
Prêtre de Dioclea
Priester ⟨von Dioclea⟩

Dukljanin ⟨Pop⟩
→ **Diocleas ⟨Presbyter⟩**
→ **Dukljanin**

Dūlābī, Abū-Bišr Muḥammad Ibn-Aḥmad ¬ad-¬
838 – 923
Abū Bishr al-Dūlābī, Muḥammad Ibn Aḥmad
Abū-Bišr ad-Dūlābī, Muḥammad Ibn-Aḥmad
Abū-Bisř Muḥammad Ibn-Aḥmad ad-Dūlābī
Daulabī, Abū-Bišr Muḥammad Ibn-Aḥmad ¬ad-¬
Daulabī, Muḥammad Ibn-Aḥmad ¬ad-¬
Dūlābī, Muḥammad Ibn-Aḥmad ¬ad-¬
Ibn-Aḥmad, Abū-Bišr Muḥammad ad-Dūlābī ¬ad-¬
Ibn-Aḥmad ad-Dūlābī, Abū-Bišr Muḥammad

Dūlābī, Muḥammad Ibn-Aḥmad ¬ad-¬
→ **Dūlābī, Abū-Bišr Muḥammad Ibn-Aḥmad ¬ad-¬**

Dulcin ⟨d'Ossula⟩
→ **Dulcinus ⟨Frater⟩**

Dulcinus ⟨Frater⟩
gest. 1307
Dolcino
Dolcino ⟨di Novara⟩
Dolcino ⟨Fra⟩
Dulcin ⟨d'Ossula⟩
Dulcin ⟨Hérésiarque⟩
Dulcin ⟨Hérétique⟩
Dulcino ⟨Fra⟩
Dulcinus ⟨Haeresiarcha⟩
Dulcinus ⟨Novariensis⟩
Frater Dulcinus

Dulcinus ⟨Haeresiarcha⟩
→ **Dulcinus ⟨Frater⟩**

Dulcinus ⟨Novariensis⟩
→ **Dulcinus ⟨Frater⟩**

Ḏu-'l-Qalbain
→ **Ǧamīl Ibn-'Abdallāh Ibn-Ma'mar**

Du-'l-Rumma
→ **Ḏu-'r-Rumma, Ġailān Ibn-'Uqba**

Dumairī, Muḥammad Ibn-Mūsā ¬ad-¬
→ **Damīrī, Muḥammad Ibn-Mūsā ¬ad-¬**

Dumbleton, Johannes
→ **Johannes ⟨Dumbleton⟩**

Dumoquerci, Guilelmus ¬de¬
→ **Guilelmus ⟨de Dumoquerci⟩**

Dunawd ⟨von Bangor⟩
→ **Dinothus ⟨Benchorensis⟩**

Duncaht
→ **Dunchad**

Duncanus ⟨Ferne⟩
um 1409
Epistulae Pauli
Stegmüller, Repert. bibl. 2193
Duncan ⟨Ferne⟩
Duncanus ⟨Ferne Scotus⟩
Duncanus ⟨Scotus⟩
Ferne, Duncan
Ferne, Duncanus

Dunchad
9. Jh.
Identität mit Donnacán ⟨MacMáele Tuile⟩ (gest. 843) nicht gesichert; Glossae in Martianum Capellam
LMA,III,1454/55; Lohr; CC Clavis, Auct. Gall. 1,309ff.
Donnacán ⟨MacMáele Tuile⟩
Donnacán ⟨Scriba et Ancorita⟩
Duncaht
Duncaht ⟨Evêque⟩
Duncaht ⟨Irlandais⟩
Duncaht ⟨Pontifex Hiberniensis⟩
Duncaht ⟨von Reims⟩
Dunchad ⟨Astronome⟩
Dunchad ⟨Astronomus⟩
Dunchad ⟨Irlandais⟩
Dunchadh ⟨von Reims⟩
Dunchadus ⟨Hibernicus⟩
Dunchat ⟨Hibernicus⟩
Pseudo-Dunchad ⟨Astronomus⟩

Dungalus ⟨Hibernicus⟩
gest. 827
Briefe an Karl den Großen (u.a. über Sonnenfinsternis); Responsa contra perversas Claudii Taurinensis episcopi sententias; Identität mit Dungalus ⟨de Pavia⟩ umstritten; früher mehrere Autoren unterschieden, seit 1748 mit Hibernicus ⟨Exul⟩ (LMA,IV,2207) identifiziert; Identität mit Dicuil ⟨Hibernicus⟩ umstritten (s. LMA,III,982)
CC Clavis, Auct. Gall. 1,313ff.; Tusculum-Lexikon; LThK; LMA,III,1456/58
Dicuil ⟨Hibernicus⟩
Donnghal
Dungal ⟨de Bobbio⟩
Dungal ⟨de Pavia⟩
Dungalus ⟨of Saint Denis⟩
Dungalus ⟨Reclusus⟩
Dungalus ⟨Reclusus Sancti Dionysii⟩
Dungalus ⟨Sancti Dionysiis⟩
Dungalus ⟨Scottus⟩
Dungalus ⟨Scotus⟩
Dungalus ⟨Socius Sedulii⟩
Dunghal
Hibernicus ⟨Exsul⟩
Hibernicus ⟨Exul⟩
Hibernicus, Dungalus

Dunis, Johannes ¬de¬
→ **Johannes ⟨de Wardo⟩**

Ḏu-'n-Nūn al-Miṣrī
→ **Ḏu-'n-Nūn Ṯaubān Ibn-Ibrāhīm**

Ḏu-'n-Nūn Ṯaubān Ibn-Ibrāhīm
796 – 861
Ḏhū al-Nūn Thawbān Ibn Ibrāhīm
Ḏu-'n-Nūn al-Miṣrī
Ṯaubān Ibn-Ibrāhīm, Ḏu-'n-Nūn

Dunod ⟨von Bangor⟩
→ **Dinothus ⟨Benchorensis⟩**

Dunostadius, Simon
→ **Simon ⟨de Tunstede⟩**

Duns Scotus, Johannes
ca. 1265 – 1308
LThK; CSGL; LMA,V,571/74
Duns ⟨Scot⟩
Duns ⟨Scotus⟩
Duns, Joannes ⟨Scotus⟩
Duns, Johannes

Duns Scot, Johannes
Duns Scoto, Giovanni
Duns Scotus, John
Duns Skotus, Johannes
Escoto, Juan
Giovanni ⟨Duns Scoto⟩
Jean ⟨Ecosse⟩
Jean ⟨l'Ecosse⟩
Johannes ⟨Anglicus⟩
Johannes ⟨Duns Scotus⟩
Johannes ⟨Dunstonensis⟩
Johannes ⟨Scotus⟩
John ⟨Duns Scotus⟩
John ⟨the Scot⟩
Juan ⟨Escoto⟩
Pseudo-Johannes ⟨Duns Scotus⟩
Scotus, Duns
Scotus, Johannes Duns

Dunstable, Ricardus ¬de¬
→ **Richardus ⟨de Dunstable⟩**

Dunstanus ⟨Cantuariensis⟩
ca. 909 – 988 · OSB
LMA,III,1463/64
Dunstan ⟨Heiliger⟩
Dunstan ⟨of Canterbury⟩
Dunstan ⟨Saint⟩
Dunstan ⟨von Canterbury⟩
Dunstanus ⟨Sanctus⟩

Dunstanus, Guilelmus
→ **Guilelmus ⟨Dunstanus⟩**

Duodane
→ **Dhuoda**

Dupin, Jean
→ **Jean ⟨Dupin⟩**

Dupin, Perrinet
um 1477
Chroniques de Savoye
Rep.Font. IV,256
Perinetti ⟨a Pino⟩
Peronetto ⟨Dupin⟩
Perrinet ⟨du Pin⟩
Perrinet ⟨Dupin⟩
Petrus ⟨de Pyne⟩
Pietro ⟨Dupin⟩

DuPlan de Carpin, Jean
→ **Johannes ⟨de Plano Carpini⟩**

DuPont, Alexandre
→ **Alexandre ⟨du Pont⟩**

DuPrier, Jean
→ **Jean ⟨du Prier⟩**

Dupuis, Imbert
→ **Imbertus ⟨de Puteo⟩**

Dupuy, Jean
→ **Johannes ⟨de Podio⟩**

DuPuy, Nicolas
→ **Bonaspes, Nicolaus**

Duraid Ibn-aṣ-Ṣimma
gest. ca. 629
Doraid ibn al Semma
Doreid ibn al Semma
Duraid Ibn-Mu'āwiya
Durayd ibn al-Ṣimma
Ibn-aṣ-Ṣimma, Duraid

Duraid Ibn-Mu'āwiya
→ **Duraid Ibn-aṣ-Ṣimma**

Durand ⟨de Champagne⟩
→ **Durandus ⟨de Campania⟩**

Durand ⟨de Coïmbre⟩
→ **Durandus ⟨de Hispania⟩**

Durand ⟨de Huesca⟩
→ **Durandus ⟨de Huesca⟩**

Durand ⟨de Mende⟩
→ **Durantis, Guilelmus**
→ **Durantis, Guilelmus ⟨Iunior⟩**

Durand ⟨de Osca⟩
→ **Durandus ⟨de Huesca⟩**

Durand ⟨de Saint-Pourçain⟩
→ **Durandus ⟨de Sancto Porciano⟩**

Durand ⟨d'Espagne⟩
→ **Durandus ⟨de Hispania⟩**

Durand ⟨of Champagne⟩
→ **Durandus ⟨de Campania⟩**

Durand, Guillaume
→ **Durantis, Guilelmus**
→ **Durantis, Guilelmus ⟨Iunior⟩**

Durandellus
um 1330 · OP
Evidentiae contra Durandum
Stegmüller, Repert. sentent. 191; 193; 199; Kaeppeli,I,337/338

Durandellus ⟨de Campania⟩
→ **Durandus ⟨de Campania⟩**

Durando ⟨di San Porciano⟩
→ **Durandus ⟨de Sancto Porciano⟩**

Durandus ⟨Alverniensis⟩
→ **Durandus ⟨de Alvernia⟩**

Durandus ⟨Campanus⟩
→ **Durandus ⟨de Campania⟩**

Durandus ⟨Claromontanus⟩
gest. 1075
CSGL
Claromontanus, Durandus
Durandus ⟨of Clermont⟩

Durandus ⟨Colibrensis⟩
→ **Durandus ⟨de Hispania⟩**

Durandus ⟨Conimbricensis⟩
→ **Durandus ⟨de Hispania⟩**

Durandus ⟨d'Auvergne⟩
→ **Durandus ⟨de Alvernia⟩**

Durandus ⟨de Alvernia⟩
→ **Durandus ⟨de Sancto Porciano⟩**

Durandus ⟨de Alvernia⟩
um 1295/1329
Aristoteleskommentator; nicht identisch mit Durandus ⟨de Sancto Porciano⟩; Perih.; Scripta super libros Topicorum; In VIII libros Physicorum
Lohr
Alvernia, Durandus ¬de¬
Durandus ⟨Alverniensis⟩
Durandus ⟨Alvernus⟩
Durandus ⟨de Aurelhiaco⟩
Durandus ⟨de Aureliaco⟩
Durandus ⟨d'Auvergne⟩

Durandus ⟨de Aureliaco⟩
→ **Durandus ⟨de Alvernia⟩**

Durandus ⟨de Campania⟩
gest. ca. 1307 · OFM
Summa collectionum pro confessionibus audiendis; Speculum dominarum (wird ihm manchmal zugeschrieben)
Rep.Font. IV,257
Campania, Durandus ¬de¬
Durand ⟨Campanus⟩
Durand ⟨de Champagne⟩
Durand ⟨of Champagne⟩
Durandellus ⟨de Campania⟩
Durandus ⟨Campanus⟩

Durandus ⟨de Croso⟩
15. Jh. · OP
Sermones
Kaeppeli,I,339
Croso, Durandus ¬de¬

Durandus ⟨de Hispania⟩
um 1400
Scriptum oeconomicae; In Aristotelis Yconomica commentarius; Identität mit Fernandus ⟨de Hispania⟩ umstritten
Lohr; Rep.Font. IV,257
Durand ⟨de Coïmbre⟩
Durand ⟨d'Espagne⟩
Durandus ⟨Colibrensis⟩
Durandus ⟨Conimbricensis⟩
Durandus ⟨Eborensis⟩
Durandus ⟨Hispanus⟩
Durandus ⟨Pelagii⟩
Durandus ⟨Procurator apud Curiam Romanam⟩
Durandus ⟨Socius Sorbonae⟩
Hispania, Durandus ¬de¬

Durandus ⟨de Huesca⟩
ca. 1160 – 1224
Liber Antiheresis; Liber contra Manicheos
LMA,III,1467/68
Durand ⟨de Huesca⟩
Durand ⟨de Osca⟩
Durandus ⟨de Losque⟩
Durandus ⟨de Osca⟩
Durandus ⟨von Huesca⟩
Durandus ⟨von Osca⟩
Huesca, Durandus ¬de¬
Osca, Durandus ¬de¬

Durandus ⟨de Losque⟩
→ **Durandus ⟨de Huesca⟩**

Durandus ⟨de Osca⟩
→ **Durandus ⟨de Huesca⟩**

Durandus ⟨de Sancto Porciano⟩
ca. 1275 – 1334 · OP
Identität von Durandus ⟨Iunior⟩ (OP, De esse intentionali, vgl. Kaeppeli I,339) mit Durandus ⟨de Sancto Porciano⟩ umstritten
LThK; Kaeppeli,I,339/350; LMA,III,1468/69
Durand ⟨de Saint-Pourçain⟩
Durando ⟨di San Porciano⟩
Durandus ⟨de Alvernia⟩
Durandus ⟨de Arvernia⟩
Durandus ⟨de Sancto Portiano⟩
Durandus ⟨de Sancto Portiano⟩
Durandus ⟨Iunior⟩
Durandus ⟨Meldensis⟩
Durandus ⟨of Meaux⟩
Durandus ⟨Senior⟩
Durandus, Guilelmus
Durandus de Sancto Portiano, Guilelmus
Guilelmus ⟨de Sancto Porciano⟩
Guilelmus ⟨Durandus de Sancto Portiano⟩
Guillaume ⟨de Saint-Pourçain⟩
Guillaume ⟨Durand⟩
Sancto Porciano, Durandus ¬de¬
Sancto Porciano, Guilelmus ¬de¬

Durandus ⟨Eborensis⟩
→ **Durandus ⟨de Hispania⟩**

Durandus ⟨Hispanus⟩
→ **Durandus ⟨de Hispania⟩**

Durandus ⟨Iunior⟩
→ **Durandus ⟨de Sancto Porciano⟩**

Durandus ⟨Meldensis⟩
→ **Durandus ⟨de Sancto Porciano⟩**

Durandus ⟨Mimatensis⟩
→ **Durantis, Guilelmus**

Durandus ⟨of Clermont⟩
→ **Durandus ⟨Claromontanus⟩**

Durandus ⟨of Meaux⟩
→ **Durandus ⟨de Sancto Porciano⟩**

Durandus ⟨of Troarn⟩
→ **Durandus ⟨Troarnensis⟩**

Durandus ⟨Pelagii⟩
→ **Durandus ⟨de Hispania⟩**

Durandus ⟨Procurator apud Curiam Romanam⟩
→ **Durandus ⟨de Hispania⟩**

Durandus ⟨Senior⟩
→ **Durandus ⟨de Sancto Porciano⟩**

Durandus ⟨Socius Sorbonae⟩
→ **Durandus ⟨de Hispania⟩**

Durandus ⟨Speculator⟩
→ **Durantis, Guilelmus**

Durandus ⟨Troarnensis⟩
1005 – 1088
LThK; CSGL; LMA,III,1466/67
Durandus ⟨of Troarn⟩
Durandus ⟨von Troarn⟩

Durandus ⟨von Huesca⟩
→ **Durandus ⟨de Huesca⟩**

Durandus ⟨von Mende⟩
→ **Durantis, Guilelmus**

Durandus ⟨von Osca⟩
→ **Durandus ⟨de Huesca⟩**

Durandus ⟨von Troarn⟩
→ **Durandus ⟨Troarnensis⟩**

Durandus, Guilelmus
→ **Durandus ⟨de Sancto Porciano⟩**
→ **Durantis, Guilelmus**
→ **Durantis, Guilelmus ⟨Iunior⟩**

Durandus de Sancto Portiano, Guilelmus
→ **Durandus ⟨de Sancto Porciano⟩**

Durandus Mimatensis, Guilelmus
→ **Durantis, Guilelmus**

Durandus Mimatensis, Guilelmus ⟨Iunior⟩
→ **Durantis, Guilelmus ⟨Iunior⟩**

Durandus von Mende, Wilhelm
→ **Durantis, Guilelmus**
→ **Durantis, Guilelmus ⟨Iunior⟩**

Durant, Guillaume
→ **Durantis, Guilelmus**
→ **Durantis, Guilelmus ⟨Iunior⟩**

Durante, Francesco di Giovanni ¬di¬
→ **Francesco ⟨di Giovanni di Durante⟩**

Durantis, Guilelmus
ca. 1230/35 – 1296
Speculum iudiciale; Repertorium sive Breviarium; Rationale divinorum officiorum; Pontificalis ordinis liber
Tusculum-Lexikon; LThK; LMA,III,1269/70
Durand ⟨de Mende⟩
Durand, Guilelmus
Durand, Guillaume
Durandus ⟨Mimatensis⟩
Durandus ⟨Speculator⟩
Durandus ⟨von Mende⟩
Durandus, Guilelmus
Durandus, Guilielmus
Durandus, Gulielmus
Durandus, Wilhelm
Durandus Mimatensis, Guilelmus
Durandus von Mende, Wilhelm ⟨der Ältere⟩
Durant, Guillaume
Duranti, Guilelmus
Durantis, Wilhelm
Durantus, Guilelmus
Durantus, Guilielmus
Durantus, Guilielmus
Guilelmus ⟨Durandi⟩
Guilelmus ⟨Durandus⟩
Guilelmus ⟨Durantis⟩
Guilelmus ⟨Miratensis⟩
Guilelmus ⟨of Mende⟩
Guilelmus ⟨Speculator⟩
Guillaume ⟨Durand⟩
Guillaume ⟨Durand, le Spéculateur⟩
Guillaume ⟨Durand, l'Ancien⟩
Guillaume ⟨Durant⟩
Wilhelm ⟨Durandus⟩

Durantis, Guilelmus ⟨Iunior⟩
gest. 1330
Ordo qui observatur in celebratione concilii generalis
LMA,III,1470/71; Rep.Font. V,301
Durand ⟨de Mende, le Jeune⟩
Durand, Guillaume ⟨II.⟩
Durandus, Wilhelm ⟨der Jüngere⟩
Durandus Mimatensis, Guilelmus ⟨Iunior⟩
Durandus von Mende, Wilhelm ⟨der Jüngere⟩
Durant, Guillaume ⟨Iunior⟩
Durant, William ⟨the Younger⟩
Duranti, Guilelmus ⟨Iunior⟩
Durantis, Guilelmus ⟨der Jüngere⟩
Guilelmus ⟨Durandi Minor⟩
Guilelmus ⟨Duranti, Iunior⟩
Guilelmus ⟨Durantis, Iunior⟩
Guillaume ⟨Durand, II.⟩
Guillaume ⟨Durand, le Jeune⟩
Guillaume ⟨Durant, le Jeune⟩
Wilhelm ⟨Durandus, Junior⟩
William ⟨Durant, the Younger⟩

Durayd ibn al-Ṣimma
→ **Duraid Ibn-aṣ-Ṣimma**

Durham, Cuthbertus ¬de¬
→ **Cuthbertus ⟨de Durham⟩**

Dūrī, Abū-'Abdallāh Muḥammad Ibn-Maḫlad ¬ad-¬
→ **Dūrī, Muḥammad Ibn-Maḫlad ¬ad-¬**

Dūrī, Ḥafṣ Ibn-'Umar ¬ad-¬
767 – 854
Ḥafṣ Ibn-'Umar ad-Dūrī
Ibn-'Umar, Ḥafṣ ad-Dūrī
Ibn-'Umar ad-Dūrī, Ḥafṣ

Dūrī, Muḥammad Ibn-Maḫlad ¬ad-¬
gest. 942
'Aṭṭār, Muḥammad Ibn-Maḫlad ¬al-¬
Dūrī, Abū-'Abdallāh Muḥammad Ibn-Maḫlad ¬ad-¬
Ibn-Maḫlad ad-Dūrī
Muḥammad Ibn-Maḫlad ad-Dūrī

DuRies, Pierre
→ **Pierre ⟨du Ries⟩**

Durlach, ¬Der von¬
Lebensdaten nicht ermittelt
1 Zitat
VL(2),2,248
Der von Durlach

Durne, Reinbot ¬von¬
→ **Reinbot ⟨von Durne⟩**

Duro, Johannes
Lebensdaten nicht ermittelt
Die fünf Namen
VL(2),2,248/249
Johannes ⟨Duro⟩

D̲u-'r-Rumma, Ġailān Ibn-ʿUqba
gest. ca. 735
Dhū al-Rumma, Ghaylān Ibn ʿUqba
Dhu r-Rumma, Ghailan ibn Okba
Dhurrummah
Dhu'l Rumma
Dhu'r Rumma
Dsu r-Rumma
Du-'l-Rumma
Ġailān Ibn-ʿUqba D̲u-'r-Rumma
Ibn-ʿUqba, Ġailān D̲u-'r-Rumma
Di-'r-Rumma
Du r-Rumma

Durst
15. Jh.
Pseudonym; Der Bawrnhofart
VL(2),2,249/250

Dursun Beg
→ **Tursun Bey**

Dursun Bey
→ **Tursun Bey**

Dušan ⟨Serbien, Zar⟩
→ **Stefan Dušan ⟨Srbija, Car⟩**

Dusburg, Petrus ¬de¬
→ **Petrus ⟨de Dusburg⟩**

Dutton, Hugo ¬de¬
→ **Hugo ⟨de Dutton⟩**

DuVal, Antoine
→ **Antoine ⟨du Val⟩**

Duvelandia, Nicolaus ¬de¬
→ **Nicolaus ⟨de Duvelandia⟩**

Dux Galliae, Paulus
→ **Paulus ⟨Dux Galliae⟩**

Dvags-po Lha-rje
→ **sGam-po-pa**

Dybin, Nicolaus ¬de¬
→ **Nicolaus ⟨de Dybin⟩**

Dybinus ⟨Magister⟩
→ **Nicolaus ⟨de Dybin⟩**

Dyckmann, Johannes
→ **Johannes ⟨Dyckmann⟩**

Dyeden, Alardus ¬de¬
→ **Alardus ⟨de Dyeden⟩**

Dyldalbertus ⟨Lavardinensis⟩
→ **Hildebertus ⟨Lavardinensis⟩**

Dymmock, Rogerus
→ **Rogerus ⟨Dymmock⟩**

Dyname ⟨de Marseille⟩
→ **Dynamius ⟨Patricius⟩**

Dyname ⟨Patrice⟩
→ **Dynamius ⟨Patricius⟩**

Dynamius ⟨Patricius⟩
gest. 601
Epistulae et Vitae SS. Marii et Maximi; Carmen de Lerina insula; Epistulae II.; etc.
Rep.Font. IV,258; Cpl 997; 1058
Dinamio ⟨Agiografo⟩
Dinamius ⟨Patricius⟩
Dyname ⟨de Marseille⟩
Dyname ⟨Patrice⟩
Dynamius ⟨de Marseille⟩
Dynamius ⟨de Provence⟩
Dynamius ⟨Gouverneur de Provence⟩
Dynamius ⟨in Gallia⟩
Dynamius ⟨Lerinensis⟩
Dynamius ⟨Massiliensis⟩
Dynamius ⟨of Marseille⟩
Dynamius ⟨Saint⟩
Dynamius ⟨von Massilia⟩
Patricius, Dynamius
Pseudo-Dynamius ⟨Patricius⟩

Dynst, Henricus ¬de¬
→ **Henricus ⟨de Dynst⟩**

Dynter, Edmond ¬de¬
→ **Dynter, Edmundus ¬de¬**

Dynter, Edmundus ¬de¬
ca. 1370/75 – 1449
Chronica nobilissimorum ducum Lothringiae et Brabantiae ac regum Francorum
LMA,III,1497; Rep.Font. IV,279
Dainter, Edmond ¬de¬
Dinter, Edmond ¬de¬
Dinterus, Emondus
Dinthère, Edmond ¬de¬
Dynter, Edmond ¬de¬
Edmond ⟨de Dainter⟩
Edmond ⟨de Dinter⟩
Edmond ⟨de Dinthère⟩
Edmond ⟨de Dynter⟩
Edmundus ⟨de Dynter⟩
Edmundus ⟨Dintherus⟩

Dynus
→ **Dinus ⟨Mugellanus⟩**

Džami, Abdurahman
→ **Ǧāmī, Nūr-ad-Dīn ʿAbd-ar-Raḥmān Ibn-Aḥmad**

Džami, Abdurrachman Ibn Achmed
→ **Ǧāmī, Nūr-ad-Dīn ʿAbd-ar-Raḥmān Ibn-Aḥmad**

Dzierzwa
gest. 1288
Chronica Polonorum auctoris incerti dicti Mierzwa seu Dzierzwa
Rep.Font. IV,259
Dzierzwa ⟨Chroniqueur Polonais⟩
Mierzwa

Džuanšer
→ **Juanšeri**

E. S. Meister
→ **Meister E. S.**

Eadbald ⟨Kent, King⟩
gest. 640
Angeblicher Verfasser von Briefen (wirklicher Verfasser ist Guerno ⟨Suessionensis⟩, 12. Jh.)
Cpl 1724
Eadbald ⟨Kent, Roi⟩
Eadbald ⟨King of Kent⟩
Eadbald ⟨Roi de Kent⟩
Eadbaldus

Eadmerus ⟨Cantuariensis⟩
ca. 1060 – ca. 1129 · OSB
Tusculum-Lexikon; LThK; Potth.; LMA,III,1499/1500
Eadmer
Eadmer ⟨Cantuariensis⟩
Eadmer ⟨the Monk⟩
Eadmer ⟨von Canterbury⟩
Eadmerus
Eadmerus ⟨Monachus⟩
Ealmer ⟨de Cantorbéry⟩
Ealmerus ⟨Monachus⟩
Edimerus ⟨Monachus⟩
Edinerus
Edmer
Edmerus ⟨Cantuariensis⟩
Edouard ⟨of Canterbury⟩
Eduardus ⟨Cantuariensis⟩
Emondus ⟨Monachus⟩
Emundus ⟨Monachus⟩
Pseudo-Eadmerus ⟨Cantuariensis⟩

Eadmundus ⟨Albanus⟩
→ **Edmundus ⟨Albanus⟩**

Eadmundus ⟨Sanctus⟩
→ **Edmund ⟨East Anglia, King⟩**

Eadred ⟨England, King⟩
gest. 955
Testament
LMA,III,1500
Eadred ⟨England, König⟩
Eadredus ⟨Rex⟩
Edred ⟨Angleterre, Roi⟩

Eadric ⟨Kent, King⟩
um 685/86
Keine Schriften

Ealdhelm ⟨of Sherborne⟩
→ **Aldhelmus ⟨Schireburnensis⟩**

Ealhwine
→ **Alcuinus, Flaccus**

Ealmer ⟨de Cantorbéry⟩
→ **Eadmerus ⟨Cantuariensis⟩**

Ealmerus ⟨Monachus⟩
→ **Eadmerus ⟨Cantuariensis⟩**

Ealredus ⟨von Rievaulx⟩
→ **Aelredus ⟨Rievallensis⟩**

Eambercht ⟨Abbas⟩
→ **Ecbertus ⟨Schonaugiensis⟩**

Eannes, Gomez de Azurara
→ **Zurara, Gomes Eanes ¬de¬**

Eannes, Gomez de Zurara
→ **Zurara, Gomes Eanes ¬de¬**

Earnulphus ⟨Lexoviensis⟩
→ **Arnulfus ⟨Lexoviensis⟩**

Easton, Adamus
→ **Adamus ⟨Easton⟩**

Eaton, Johannes ¬de¬
→ **Johannes ⟨de Actona⟩**

Ebangelista ⟨de Carmona⟩
→ **Evangelista**

Ebarcius ⟨Sancti Amandi⟩
8./9. Jh.
Ex dono
CC Clavis, Auct. Gall. 1,326f.; DOC,1,661
Ebarcius ⟨de Saint-Amand⟩
Ebarcius ⟨Elnonensis⟩
Ebarcius ⟨Sancti Amandi Elnonensis⟩
Eparchius ⟨Sancti Amandi⟩
Sancti Amandi, Ebarcius

Ebbo ⟨Bambergensis⟩
gest. 1163 · OSB
Vita Ottonis Episcopi Bambergensis
Ebbo ⟨de Michelsberg⟩
Ebbo ⟨Episcopus⟩
Ebbo ⟨Michelsbergensis⟩
Ebbo ⟨Sanctus Michael⟩
Ebbon ⟨de Michelsberg⟩
Ebo ⟨Bambergensis⟩
Ebo ⟨Michelsbergensis⟩
Ebo ⟨Monachus⟩
Ebo ⟨Sanctus Michael⟩
Ebo ⟨Verfasser einer Vita Ottos von Bamberg⟩
Ebo ⟨von Michelsberg⟩

Ebbo ⟨de Michelsberg⟩
→ **Ebbo ⟨Bambergensis⟩**

Ebbo ⟨Episcopus⟩
→ **Ebbo ⟨Bambergensis⟩**

Ebbo ⟨Magister Scholarum⟩
→ **Ebbo ⟨Wormaciensis⟩**

Ebbo ⟨Michelsbergensis⟩
→ **Ebbo ⟨Bambergensis⟩**

Ebbo ⟨Remensis⟩
ca. 775 – 851
Apologeticum; Epistula ad Halitgarium Cameracensem episcopum; Confessio
CC Clavis, Auct. Gall. 1,327ff.; LMA,III,1527/29
Ebbo ⟨Rhemensis⟩
Ebbon ⟨de Reims⟩
Ebo ⟨Remensis⟩
Ebo ⟨Rhemensis⟩
Ebo ⟨von Reims⟩
Ebone ⟨di Reims⟩
Hebo ⟨Remensis⟩

Ebbo ⟨Sanctus Michael⟩
→ **Ebbo ⟨Bambergensis⟩**

Ebbo ⟨Scolarum Magister⟩
→ **Ebbo ⟨Wormaciensis⟩**

Ebbo ⟨von Worms⟩
→ **Ebbo ⟨Wormaciensis⟩**

Ebbo ⟨Wormaciensis⟩
um 1016/44
Mitverfasser der Wormser Briefsammlung „Epistulae Wormatienses"; vielleicht Verfasser der „Vita Burchardi Wormatiensis Episcopi"; kaum zu unterscheiden von Ebo ⟨von Worms⟩ um 1031/44, seinem Nachfolger an der Domschule
LMA,III,1508; VL(2),2,251/2
Ebbo ⟨Magister Scholarum⟩
Ebbo ⟨Scolarum Magister⟩
Ebbo ⟨von Worms⟩
Ebbo ⟨Wormatiensis⟩
Ebbon ⟨de Worms⟩
Ebo ⟨von Worms⟩
Eppo ⟨von Worms⟩

Ebbon ⟨de Michelsberg⟩
→ **Ebbo ⟨Bambergensis⟩**

Ebbon ⟨de Reims⟩
→ **Ebbo ⟨Remensis⟩**

Ebbon ⟨de Worms⟩
→ **Ebbo ⟨Wormaciensis⟩**

Ebelinghus ⟨Hanencop⟩
Lebensdaten nicht ermittelt
Stegmüller, Repert. bibl. 2196
Ebelinghus ⟨Hanencop in Winhusen⟩
Hanencop, Ebelinghus

Eben Caliduno
→ **Ibn-H̱aldūn, ʿAbd-ar-Raḥmān Ibn-Muḥammad**

Ebenbitar
→ **Ibn-al-Baiṭār, ʿAbdallāh Ibn-Aḥmad**

Ebendorfer, Thomas
1388 – 1464
LThK; CSGL; Potth.
Ebendorfer de Haselbach, Thomas
Ebendorfer von Haselbach, Thomas
Ebendorffer, Thomas
Haselbach, Thomas Ebendorfer ¬von¬
Thomas ⟨de Haselbach⟩
Thomas ⟨Ebendorfer⟩
Thomas ⟨Ebendorfer de Haselbach⟩
Thomas ⟨von Haselbach⟩
Thomas ⟨von Hasselbach⟩

Eber, Valentin
gest. 1496
Korrespondenz
VL(2),2,266/267
Valentin ⟨Eber⟩

Eberardo ⟨Barbato⟩
→ **Eberhard ⟨Württemberg, Herzog, I.⟩**

Eberardus ⟨...⟩
→ **Eberhardus ⟨...⟩**

Eberbach, Johannes ¬de¬
→ **Johannes ⟨de Eberbach⟩**

Eberhard ⟨Amersfortius⟩
→ **Eberhardus ⟨Stiger de Amersfordia⟩**

Eberhard ⟨Chanoine à Watten⟩
→ **Eberhardus ⟨Watinensis⟩**

Eberhard ⟨d'Auxerre⟩
→ **Ebrardus ⟨Sancti Germani Altissiodorensis⟩**

Eberhard ⟨de Freising⟩
→ **Eberhardus ⟨Frisingensis⟩**

Eberhard ⟨de Fulde⟩
→ **Eberhardus ⟨Fuldensis⟩**

Eberhard ⟨de Guastine⟩
→ **Eberhardus ⟨Watinensis⟩**

Eberhard ⟨de Nuremberg⟩
→ **Mardach, Eberhard**

Eberhard ⟨de Saint-Germain⟩
→ **Ebrardus ⟨Sancti Germani Altissiodorensis⟩**

Eberhard ⟨de Saint-Quentin⟩
→ **Eberhardus ⟨de Sancto Quintino⟩**

Eberhard ⟨de Tegernsee⟩
→ **Eberhardus ⟨Tegernseensis⟩**

Eberhard ⟨de Tremangonio⟩
→ **Trémaugon, Évrart ¬de¬**

Eberhard ⟨de Vilaines⟩
→ **Eberhardus ⟨de Valle Scholarum⟩**

Eberhard ⟨de Watten⟩
→ **Eberhardus ⟨Watinensis⟩**

Eberhard ⟨der Deutsche⟩
→ **Eberhardus ⟨Bremensis⟩**

Eberhard ⟨der Pfaffe⟩
→ **Eberhard ⟨von Gandersheim⟩**

Eberhard ⟨der Priester⟩
→ **Eberhard ⟨von Gandersheim⟩**

Eberhard ⟨Herr⟩
um 1470
Verfahren zur Heilung von Druckschäden am Pferderücken
VL(2),2,267/268
Herr Eberhard

Eberhard ⟨Hicfelt⟩
→ **Hicfelt, Eberhard**

Eberhard ⟨im Bart⟩
→ **Eberhard ⟨Württemberg, Herzog, I.⟩**

Eberhard ⟨in Fulda⟩
→ **Eberhardus ⟨Fuldensis⟩**

Eberhard ⟨le Barbu⟩
→ **Eberhard ⟨Württemberg, Herzog, I.⟩**

Eberhard ⟨Madach⟩
→ **Mardach, Eberhard**

Eberhard ⟨Mardach⟩
→ **Mardach, Eberhard**

Eberhard ⟨Mattach⟩
→ **Mardach, Eberhard**

Eberhard ⟨Mönch⟩
→ **Eberhardus ⟨Fuldensis⟩**

Eberhard ⟨Mülner⟩
→ **Mülner, Eberhard**

Eberhard ⟨of Bamberg⟩
→ **Eberhardus ⟨Bambergensis⟩**

Eberhard ⟨of Gandersheim⟩
→ **Eberhard ⟨von Gandersheim⟩**

Eberhard ⟨of Kirkham⟩
→ **Everard ⟨de Kirkham⟩**

Eberhard ⟨of Ratisbon⟩
→ **Eberhardus ⟨Ratisbonensis⟩**

Eberhard ⟨of Salzburg⟩
→ **Eberhardus ⟨Salisburgensis⟩**

Eberhard ⟨Priester⟩
→ **Eberhard ⟨von Gandersheim⟩**

Eberhard ⟨Prunner⟩
→ **Prunner, Eberhard**

Eberhard ⟨Ratisponensis⟩
→ **Eberhardus ⟨Ratisbonensis⟩**

Eberhard ⟨Schenkdenwin⟩
→ **Schenkdenwin, Eberhard**

Eberhard ⟨Schleusinger⟩
→ **Schleusinger, Eberhard**

Eberhard ⟨Vilelenis⟩
→ **Eberhardus ⟨de Valle Scholarum⟩**

Eberhard ⟨von Béthune⟩
→ **Eberhardus ⟨Bethuniensis⟩**

Eberhard ⟨von Bremen⟩
→ **Eberhardus ⟨Bremensis⟩**

Eberhard ⟨von Cersne⟩
um 1408
Cersne, Eberhard ¬von¬
Everhardus ⟨Cersne⟩

Eberhard ⟨von Erbach⟩
→ **Schenkdenwin, Eberhard**

Eberhard ⟨von Freising⟩
→ **Eberhardus ⟨Frisingensis⟩**

Eberhard ⟨von Fulda⟩
→ **Eberhardus ⟨Fuldensis⟩**

Eberhard ⟨von Gandersheim⟩
gest. 1216
LThK; Potth.
Eberhard ⟨der Pfaffe⟩
Eberhard ⟨der Priester⟩
Eberhard ⟨of Gandersheim⟩
Eberhard ⟨Priester⟩
Eberhardus ⟨Gandershemensis⟩
Gandersheim, Eberhard ¬von¬

Eberhard ⟨von Heisterbach⟩
um 1192, bzw. 13. Jh.
Betel; Identität mit dem Kölner Scholaster Eberhard ⟨von Sankt Andreas⟩ (1169-1180) umstritten; nicht identisch mit Eberhardus ⟨Bremensis⟩
VL(2),2,282/284
Eberhard ⟨von Sankt Andreas⟩
Heisterbach, Eberhard ¬von¬

Eberhard ⟨von Landshut⟩
→ **Eberhart ⟨von Landshut⟩**

Eberhard ⟨von Rapperswil⟩
→ **Eberhart ⟨von Rapperswil⟩**

Eberhard ⟨von Regensburg⟩
→ **Eberhardus ⟨Ratisbonensis⟩**

Eberhard ⟨von Salzburg⟩
→ **Eberhardus ⟨Salisburgensis⟩**

Eberhard ⟨von Sankt Andreas⟩
→ **Eberhard ⟨von Heisterbach⟩**

Eberhard ⟨von Sax⟩
um 1309 · OP
Marienlob
VL(2),2,286/287
Eberhardus ⟨de Sax⟩
Eberhardus ⟨von Sax⟩
Eberhart ⟨von Sax⟩
Sax, Eberhard ¬von¬

Eberhard ⟨von Wampen⟩
→ **Everhard ⟨van Wampen⟩**

Eberhard ⟨Watinensis⟩
→ **Eberhardus ⟨Watinensis⟩**

Eberhard ⟨Willelenis⟩
→ **Eberhardus ⟨de Valle Scholarum⟩**

Eberhard ⟨Windeck⟩
→ **Windeck, Eberhard**

Eberhard ⟨Württemberg, Graf, V.⟩
→ **Eberhard ⟨Württemberg, Herzog, I.⟩**

Eberhard ⟨Württemberg, Herzog, I.⟩
1445 – 1496
LMA,III,1517/18
Eberardo ⟨Barbato⟩
Eberardo ⟨Wurtemberga, Duce, I.⟩
Eberhard ⟨im Bart⟩
Eberhard ⟨le Barbu⟩
Eberhard ⟨Wurtemberg, Duc, I.⟩
Eberhard ⟨Württemberg, Graf, V.⟩
Eberhardus ⟨Barbatus⟩
Eberhardus ⟨Wirtebergensis⟩
Eberhardus ⟨Wuirtembergensis⟩

Eberhard, Ulrich
→ **Ebrardus, Ulricus**

Eberhardsklausen, Gisbert ¬von¬
→ **Gisbert**

Eberhardus ⟨Abbas Tegernseensis⟩
→ **Eberhardus ⟨Tegernseensis⟩**

Eberhardus ⟨Alemannus⟩
→ **Eberhardus ⟨Bremensis⟩**

Eberhardus ⟨Bambergensis⟩
ca. 1100 – 1172
LThK; CSGL; LMA,III,1519/20
Eberhard ⟨of Bamberg⟩
Eberhardus ⟨Cantor⟩
Eberhardus ⟨Reifenbergensis⟩

Eberhardus ⟨Barbatus⟩
→ **Eberhard ⟨Württemberg, Herzog, I.⟩**

Eberhardus ⟨Bethuniensis⟩
gest. ca. 1212
Tusculum-Lexikon; LThK; CSGL; LMA,III,1523
Béthune, Eberhard ¬von¬
Eberhard ⟨von Béthune⟩
Eberhardus ⟨Bituriensis⟩
Eberhardus ⟨Graecista⟩
Eberhardus ⟨of Béthune⟩
Ebrardus ⟨Bethuniensis⟩
Ebrardus ⟨Bethunius⟩
Ebrardus ⟨Bithuniensis⟩
Evrard ⟨de Béthune⟩
Hébrard ⟨de Béthune⟩
Hébrard ⟨Gréciste⟩
Hébrard ⟨le Gréciste⟩

Eberhardus ⟨Bituriensis⟩
→ **Eberhardus ⟨Bethuniensis⟩**

Eberhardus ⟨Bremensis⟩
12./13. Jh.
Tusculum-Lexikon; VL(2); CSGL; LMA,III,1523/24
Alemannus, Eberhardus
Eberhard ⟨der Deutsche⟩
Eberhard ⟨von Bremen⟩
Eberhardus ⟨Alemannus⟩
Eberhardus ⟨Teutonicus⟩
Everardo ⟨di Germania⟩
Everardus ⟨Alemannus⟩
Everardus ⟨Teutonicus⟩
Evrard ⟨l'Allemand⟩

Eberhardus ⟨Cantor⟩
→ **Eberhardus ⟨Bambergensis⟩**

Eberhardus ⟨de Amersfoort⟩
→ **Eberhardus ⟨Stiger de Amersfordia⟩**

Eberhardus ⟨de Amersfordia⟩
→ **Eberhardus ⟨Stiger de Amersfordia⟩**

Eberhardus ⟨de Sancto Quintino⟩
um 1263/73 · OP
Schneyer,II,1
Eberhard ⟨de Saint-Quentin⟩
Eberhardus ⟨Sancti Quintini⟩
Ebrardus ⟨de Sancto Quintino⟩
Sancto Quintino, Eberhardus ¬de¬

Eberhardus ⟨de Sax⟩
→ **Eberhard ⟨von Sax⟩**

Eberhardus ⟨de Valle Scholarum⟩
gest. ca. 1272
Schneyer,II,2
Eberhard ⟨de Vilaines⟩
Eberhard ⟨Vilelenis⟩
Eberhard ⟨Willelenis⟩
Eberhardus ⟨de Vilaines⟩
Eberhardus ⟨de Vilelnis⟩
Evrard ⟨de Valle Scholarum⟩
Valle Scholarum, Eberhardus ¬de¬

Eberhardus ⟨de Vilelnis⟩
→ **Eberhardus ⟨de Valle Scholarum⟩**

Eberhardus ⟨Eichstetensis⟩
→ **Victor ⟨Papa, II.⟩**

Eberhardus ⟨Frisingensis⟩
11. Jh.
Tractatus de mensura fistularum; Regula ad fundendas nolas id est organica tintinabula
Eberhard ⟨de Freising⟩
Eberhard ⟨von Freising⟩
Evrard ⟨de Freising⟩

Eberhardus ⟨Fuldensis⟩
um 1155/62 · OSB
Codex Eberhardi
Eberhard ⟨de Fulde⟩
Eberhard ⟨in Fulda⟩
Eberhard ⟨Mönch⟩
Eberhard ⟨von Fulda⟩
Eberhardus ⟨Monachus⟩
Ebirhardus ⟨Fuldensis⟩

Eberhardus ⟨Gandershemensis⟩
→ **Eberhard ⟨von Gandersheim⟩**

Eberhardus ⟨Graecista⟩
→ **Eberhardus ⟨Bethuniensis⟩**

Eberhardus ⟨Mardach Norembergensis⟩
→ **Mardach, Eberhard**

Eberhardus ⟨Monachus⟩
→ **Eberhardus ⟨Fuldensis⟩**

Eberhardus ⟨of Béthune⟩
→ **Eberhardus ⟨Bethuniensis⟩**

Eberhardus ⟨Prunner de Indersdorf⟩
→ **Prunner, Eberhard**

Eberhardus ⟨Ratisbonensis⟩
14. Jh.
LThK; Potth.
Eberhard ⟨of Ratisbon⟩
Eberhard ⟨Ratisponensis⟩
Eberhard ⟨von Regensburg⟩

Eberhardus ⟨Reifenbergensis⟩
→ **Eberhardus ⟨Bambergensis⟩**

Eberhardus ⟨Salisburgensis⟩
1085 – 1164
LThK; CSGL
Eberhard ⟨of Salzburg⟩
Eberhard ⟨von Salzburg⟩
Eberhardus ⟨Salzburgensis⟩
Ebrardus ⟨Salisburgensis⟩

Eberhardus ⟨Sancti Quintini⟩
→ **Eberhardus ⟨de Sancto Quintino⟩**

Eberhardus ⟨Stiger de Amersfordia⟩
gest. ca. 1492 (IBN) bzw. 1506 (Lohr) · OP
Commentaria in libros Aristotelis De caelo et mundo
Lohr
Amersfoort, Eberhard ¬d'¬
Amersford, Eberhard ¬d'¬
Amersfortius, Eberhard
Amersfurtius, Eberhard
Eberardus ⟨aus Amersfoort⟩
Eberardus ⟨de Amorsfordia⟩
Eberhard ⟨Amersfortius⟩
Eberhard ⟨Amersfurtius⟩
Eberhard ⟨d'Amersfoort⟩
Eberhard ⟨d'Amersford⟩
Eberhardus ⟨de Amersfoort⟩
Eberhardus ⟨de Amersfordia⟩
Everardus ⟨Stiger de Amersfordia⟩
Everhardus ⟨van Amersfoort⟩
Stiger de Amersfordia, Eberhardus

Eberhardus ⟨Tegernseensis⟩
um 1022
Epistulae
Rep.Font. IV,266; DOC,1,661/662
Eberhard ⟨de Tegernsee⟩
Eberhardus ⟨Abbas Tegernseensis⟩
Evrard ⟨de Tegernsee⟩

Eberhardus ⟨Teutonicus⟩
→ **Eberhardus ⟨Bremensis⟩**

Eberhardus ⟨Thuricensis Physicus⟩
→ **Schleusinger, Eberhard**

Eberhardus ⟨von Sax⟩
→ **Eberhard ⟨von Sax⟩**

Eberhardus ⟨Watinensis⟩
um 1045/1124
Vielleicht Verf. der Chronica monasterii Watinensis
Rep.Font. IV,265
Eberhard ⟨Chanoine à Watten⟩
Eberhard ⟨de Guastine⟩
Eberhard ⟨de Watten⟩
Eberhard ⟨Watinensis⟩

Eberhardus ⟨Wirtebergensis⟩
→ **Eberhard ⟨Württemberg, Herzog, I.⟩**

Eberhart ⟨Küchenmeister⟩
→ **Eberhart ⟨von Landshut⟩**

Eberhart ⟨von Landshut⟩
um 1405/50
Kochbuch
VL(2),2,289
Eberhard ⟨von Landshut⟩
Eberhart ⟨Küchenmeister⟩
Landshut, Eberhart ¬von¬

Eberhart ⟨von Rapperswil⟩
um 1393
Übersetzer u. Schreiber der Thomas-von-Aquin-Legende
VL(2),2,290
Eberhard ⟨von Rapperswil⟩
Eberhart ⟨von Töss⟩
Rapperswil, Eberhart ¬von¬

Eberhart ⟨von Sax⟩
→ **Eberhard ⟨von Sax⟩**

Eberhart ⟨von Töss⟩
→ **Eberhart ⟨von Rapperswil⟩**

Eberhausen, Johannes ¬de¬
→ **Johannes ⟨de Eberhausen⟩**

Ebernand ⟨von Erfurt⟩
um 1202/20
Heinrich und Kunigunde
LMA,III,1524; VL(2),2,290/293; Rep. Font. IV,266
Ebernand ⟨Civis Erphesfurtensis⟩
Ebernand ⟨d'Erfurt⟩
Ebernand ⟨Erphesfurtensis⟩
Erfurt, Ebernand ¬von¬
Hebernand, Hetenig
Hetenig ⟨Hebernand⟩

Eberstein, Jordan
→ **Iordanus ⟨Nemorarius⟩**

Eberwin ⟨de Helfenstein⟩
→ **Everwinus ⟨Steinfeldensis⟩**

Eberwin ⟨de Saint-Martin⟩
→ **Eberwinus ⟨Treverensis⟩**

Eberwin ⟨de Saint-Maurice⟩
→ **Eberwinus ⟨Treverensis⟩**

Eberwin ⟨de Steinfeld⟩
→ **Everwinus ⟨Steinfeldensis⟩**

Eberwin ⟨de Tholey⟩
→ **Eberwinus ⟨Treverensis⟩**

Eberwin ⟨de Trèves⟩
→ **Eberwinus ⟨Treverensis⟩**

Eberwin ⟨von Helfenstein⟩
→ **Everwinus ⟨Steinfeldensis⟩**

Eberwin ⟨von Trier⟩
→ **Eberwinus ⟨Treverensis⟩**

Eberwinus ⟨Abbas⟩
→ **Eberwinus ⟨Treverensis⟩**

Eberwinus ⟨Doleiensis⟩
→ **Eberwinus ⟨Treverensis⟩**

Eberwinus ⟨Praepositus⟩
→ **Everwinus ⟨Steinfeldensis⟩**

Eberwinus ⟨Prior⟩
→ **Eberwinus ⟨Treverensis⟩**

Eberwinus ⟨Sancti Martini⟩
→ **Eberwinus ⟨Treverensis⟩**

Eberwinus ⟨Steinfeldensis⟩
→ **Everwinus ⟨Steinfeldensis⟩**

Eberwinus ⟨Theolegiensis⟩
→ **Eberwinus ⟨Treverensis⟩**

Eberwinus ⟨Treverensis⟩
gest. ca. 1047 · OSB
Vita Magnerici; Vita Symeonis
Rep.Font. IV,267
Eberwin ⟨de Saint-Martin⟩
Eberwin ⟨de Saint-Maurice⟩
Eberwin ⟨de Tholey⟩
Eberwin ⟨de Trèves⟩
Eberwin ⟨von Trier⟩
Eberwinus ⟨Abbas⟩
Eberwinus ⟨Doleiensis⟩
Eberwinus ⟨Prior⟩
Eberwinus ⟨Sancti Martini⟩
Eberwinus ⟨Theolegiensis⟩

Ebilule
→ **Abu-'l-A'lā Zuhr Ibn-'Abd-al-Malik**

Ebin, Anna
gest. 1485
Übersetzerin u. Schreiberin von Mystika
VL(2),2,295/297
Anna ⟨Ebin⟩
Anna ⟨Eybin⟩
Anna ⟨Pröpstin⟩
Anna ⟨von Pillenreuth⟩
Eybin, Anna

Ebirhardus ⟨...⟩
→ **Eberhardus ⟨...⟩**

Ebn Al Moghaffa, Abu Amr Abdolla
→ **Ibn-al-Muqaffa', 'Abdallāh**

Ebn Baithar
→ **Ibn-al-Baiṭār, 'Abdallāh Ibn-Aḥmad**

Ebn Batuta
→ **Ibn-Baṭṭūṭa, Muḥammad Ibn-'Abdallāh**

Ebn Doreid, Abu Becr Mohammed Ebn Hosein
→ **Ibn-Duraid, Muḥammad Ibn-al-Ḥasan**

Ebn Haukal
→ **Ibn-Ḥauqal, Abu-'l-Qāsim Ibn-'Alī**

Ebn Tophail, Abi Iaafar
→ **Ibn-Ṭufail, Muḥammad Ibn-'Abd-al-Malik**

Ebner, Christine
1277 – 1356
Meyer; LMA,III,1527
Christine ⟨Ebner⟩
Christine ⟨von Engeltal⟩

Ebner, Margareta
ca. 1291 – 1351 · OP
Offenbarungen; 1 Brief
VL(2),2,303/306; LMA,III,1528
Ebner, Margaret
Ebner, Margarete
Ebner, Margaretha
Ebner, Margarethe
Ebnerin, Marguerite
Margareta ⟨Ebner⟩
Margarete ⟨Ebner⟩
Margarethe ⟨Ebnerin⟩
Margarethe ⟨von Maria-Medingen⟩

Ebn-Malec
→ **Ibn-Mālik, Muḥammad Ibn-'Abdallāh**

Ebn-Malec, Djemal-Eddin Mohammed
→ **Ibn-Mālik, Muḥammad Ibn-'Abdallāh**

Ebn-Nasr Isamil bin-Hamad el-Cevheri
→ **Ǧauharī, Ismā'īl Ibn-Ḥammād ¬al-¬**

Ebn-Rhost
→ **Averroes**

Ebo ⟨Bambergensis⟩
→ **Ebbo ⟨Bambergensis⟩**

Ebo ⟨Michelsbergensis⟩
→ **Ebbo ⟨Bambergensis⟩**

Ebo ⟨Monachus⟩
→ **Ebbo ⟨Bambergensis⟩**

Ebo ⟨Remensis⟩
→ **Ebbo ⟨Remensis⟩**

Ebo ⟨Sanctus Michael⟩
→ **Ebbo ⟨Bambergensis⟩**

Ebo ⟨Verfasser einer Vita Ottos von Bamberg⟩
→ **Ebbo ⟨Bambergensis⟩**

Ebo ⟨von Michelsberg⟩
→ **Ebbo ⟨Bambergensis⟩**

Ebo ⟨von Reims⟩
→ **Ebbo ⟨Remensis⟩**

Ebo ⟨von Worms⟩
→ **Ebbo ⟨von Worms⟩**

Eboli, Marinus ¬von¬
→ **Marinus ⟨de Ebulo⟩**

Ebone ⟨di Reims⟩
→ **Ebbo ⟨Remensis⟩**

Eboraco, Johannes ¬de¬
→ **Johannes ⟨de Eboraco⟩**

Eboraco, Thomas ¬de¬
→ **Thomas ⟨de Eboraco⟩**

Ebrach, Engelhart ¬von¬
→ **Engelhart ⟨von Ebrach⟩**

Ebraco, Conradus ¬de¬
→ **Conradus ⟨de Ebraco⟩**

Ebrard, Ulric
→ **Ebrardus, Ulricus**

Ebrardi, Ulrich
→ **Ebrardus, Ulricus**

Ebrardus ⟨Bethuniensis⟩
→ **Eberhardus ⟨Bethuniensis⟩**

Ebrardus ⟨de Sancto Quintino⟩
→ **Eberhardus ⟨de Sancto Quintino⟩**

Ebrardus ⟨Mönch⟩
→ **Ebrardus ⟨Sancti Germani Altissiodorensis⟩**

Ebrardus ⟨Salisburgensis⟩
→ **Eberhardus ⟨Salisburgensis⟩**

Ebrardus ⟨Sancti Germani Altissiodorensis⟩
9. Jh.
Carmen ad sanctum Germanum; Homiliarium
CC Clavis, Auct. Gall. 1,333ff.
Eberhard ⟨de Saint-Germain⟩
Eberhard ⟨d'Auxerre⟩
Ebrardus ⟨Mönch⟩
Ebrardus ⟨von Saint-Germain d'Auxerre⟩
Evrardus ⟨Sancti Germani Altissiodorensis⟩

Ebrardus, Ulricus
gest. 1487
Modus latinitatis; Tractatus de orthographia
Eberhard, Ulrich
Eberhardi, Ulrich
Ebrard, Ulric
Ebrardi, Udalricus
Ebrardi, Ulrich
Ebrardus, Udalricus
Udalricus ⟨Ebrardus⟩
Ulrich ⟨Eberhardi⟩
Ulrich ⟨Ebrardi⟩
Ulricus ⟨Ebrardus⟩

Ebreo, Guglielmo
→ **Guglielmo ⟨Ebreo⟩**

Ebroin ⟨de Bourges⟩
→ **Ebroinus ⟨Bituricensis⟩**

Ebroin ⟨von Steinfeld⟩
→ **Everwinus ⟨Steinfeldensis⟩**

Ebroinus ⟨Bituricensis⟩
8./9. Jh.
Epistula ad Magnonem Senonensem archiepiscopum
CC Clavis, Auct. Gall. 1,335f.
Ebroin ⟨Archevêque⟩
Ebroin ⟨de Bourges⟩
Ebroinus ⟨Archiepiscopus⟩

Ebser ⟨Doktor⟩
15. Jh.
3 Rezepte
VL(2),2,312
Doktor Ebser

Ebulo, Marinus ¬de¬
→ **Marinus ⟨de Ebulo⟩**

Ebulo, Petrus ¬de¬
→ **Petrus ⟨de Ebulo⟩**

Ecbertus ⟨Bunnensis⟩
→ **Ecbertus ⟨Schonaugiensis⟩**

Ecbertus ⟨Eboracensis⟩
678 – 766
LMA,III,1601
Ecbertus ⟨Sanctus⟩
Ecgberht ⟨von York⟩
Ecgbert ⟨von York⟩
Egbert ⟨d'York⟩
Egbert ⟨of York⟩
Egbert ⟨Saint⟩
Egbert ⟨von York⟩
Egbertus ⟨Eboracensis⟩
Pseudo-Ecbertus ⟨Eboracensis⟩

Ecbertus ⟨Leodiensis⟩
972 – 1026
Fecunda ratio
Rep.Font. IV,282; CSGL; LMA,III,1602/03
Egbert ⟨Clerc de Liège⟩
Egbert ⟨de Liège⟩
Egbert ⟨von Lüttich⟩
Egbertus ⟨Leodiensis⟩
Lüttich, Egbert ¬von¬

Ecbertus ⟨Sanctus⟩
→ **Ecbertus ⟨Eboracensis⟩**

Ecbertus ⟨Schonaugiensis⟩
ca. 1120 – 1184 · OSB
Tusculum-Lexikon; LThK; VL(2); LMA,III,1763
Eambercht ⟨Abbas⟩
Ecbertus ⟨Bunnensis⟩
Eckbertus ⟨Abbas⟩
Eckbertus ⟨de Schoenau⟩
Eckbertus ⟨Schoenaugiensis⟩
Eckbertus ⟨Schonaugiensis⟩
Eckebertus ⟨de Schönau⟩
Eckebertus ⟨Schonaugiensis⟩
Egbert ⟨à Saint Florin⟩
Egbert ⟨de Saint Florin⟩
Egbert ⟨de Schönau⟩
Egbert ⟨von Schönau⟩
Egbertus ⟨of Schönau⟩
Egbertus ⟨Schonaugiensis⟩
Eggbrecht ⟨Abbas⟩
Ekbert ⟨von Schönau⟩
Ekkebertus ⟨Abbas⟩
Ekkebertus ⟨Schonaugiensis⟩

Ecbertus ⟨Treverensis⟩
ca. 950 – 993
LMA,III,1600/01
Egbert ⟨de Hollande⟩
Egbert ⟨Erzbischof⟩
Egbert ⟨Trier, Erzbischof⟩
Egbert ⟨von Trier⟩

Eccardus ⟨Abbas⟩
→ **Eccardus ⟨de Uraugia⟩**

Eccardus ⟨de Aura⟩
→ **Eccardus ⟨de Uraugia⟩**

Eccardus ⟨de Auraco⟩
→ **Eccardus ⟨de Uraugia⟩**

Eccardus ⟨de Uraugia⟩
gest. ca. 1125
Chronicon universale; Hierosolymita
Tusculum-Lexikon; LThK; CSGL; LMA,III,1765/66
Eccardus ⟨Abbas⟩
Eccardus ⟨de Aura⟩
Eccardus ⟨de Auraco⟩
Eccardus ⟨Traugiensis⟩
Eccardus ⟨Uraugiensis⟩
Eccheardo ⟨d'Aura⟩
Eckart ⟨Abbas⟩
Eckehardus ⟨Uraugiensis⟩
Eckehardus, Gualterus
Eckhard ⟨of Aura⟩
Eckhardus ⟨of Urau⟩
Ekkehard ⟨of Aura⟩
Ekkehard ⟨of Saint Laurence⟩
Ekkehard ⟨von Aura⟩
Ekkehardus ⟨Uraugiensis⟩
Ekkehart ⟨d'Aura⟩
Gualterus ⟨Eckehardus⟩
Uraugia, Eccardus ¬de¬

Eccardus ⟨Decanus⟩
→ **Eccardus ⟨Sangallensis, I.⟩**

Eccardus ⟨Iunior⟩
→ **Eccardus ⟨Sangallensis, IV.⟩**

Eccardus ⟨Iunior⟩
gest. 1337 · OP
9 Predigtstücke
VL(2),2,353/355
Aicardus ⟨Saxo, Iunior⟩
Eccardus ⟨OP⟩
Eccardus ⟨Saxo⟩
Eccardus ⟨Saxo, Iunior⟩
Eccardus ⟨Teutonicus⟩
Eckard ⟨le Jeune⟩
Eckard ⟨le Saxon⟩
Eckhard ⟨Dominicain⟩
Eckhard ⟨Saxon⟩
Eckhart ⟨der Junge⟩
Eckhart ⟨le Jeune⟩
Iunior, Eccardus

Eccardus ⟨Magister⟩
→ **Eckhart ⟨Meister⟩**

Eccardus ⟨Minimus⟩
um 1220
Vita beati Notkeri Balbuli
Rep.Font. IV,304
Eccardus ⟨Minimus Decanus Sangallensis⟩
Eccardus ⟨Minimus Sangallensis⟩
Eckehard ⟨Biographe⟩
Eckehard ⟨Doyen de Saint-Gall⟩
Eckehard ⟨Minimus⟩
Eckehard ⟨V.⟩
Ekkehard ⟨von Sankt Gallen⟩
Ekkehard ⟨von Sankt Gallen, V.⟩
Minimus, Eccardus

Eccardus ⟨Minor⟩
→ **Eccardus ⟨Sangallensis, III.⟩**

Eccardus ⟨OP⟩
→ **Eccardus ⟨Iunior⟩**

Eccardus ⟨Palatinus⟩
→ **Eccardus ⟨Sangallensis, II.⟩**

Eccardus ⟨Rube⟩
→ **Rube, Eccardus**

Eccardus ⟨Sangallensis, I.⟩
ca. 900 – 973 · OSB
Sequenzen; Hymnus; Vita Waltharii manufortis; etc.
LMA,III,1766; VL(2),2,447/53; Rep. Font. IV, 303
Aicardus
Aichaidus
Eccardus ⟨Decanus⟩
Eccardus ⟨Sangalenus⟩
Eccardus ⟨Sangallenus⟩
Eccardus ⟨Sangallenus, I.⟩
Eccheardo ⟨di San Gallo⟩
Eccheardo ⟨il Cortigiano⟩
Eckart ⟨von Sankt Gallen⟩
Eckart ⟨von Sankt Gallen, I.⟩
Eckehard ⟨of Saint Gall⟩
Eckhard ⟨of Saint Gall⟩
Eckhardus ⟨Sangallensis⟩
Ekkehard ⟨von Sankt Gallen⟩
Ekkehard ⟨von Sankt Gallen I.⟩
Ekkehardus ⟨Sanctus Gallensis, IV.⟩
Ekkehardus ⟨Sangallensis, I.⟩
Ekkehart ⟨de Saint Gall⟩
Ekkehartus ⟨Sangallensis⟩

Eccardus ⟨Sangallensis, II.⟩
gest. 990 · OSB
Summis conatibus; Laudes deo perenni; De muliere forti (Verfasserschaft umstritten)
VL(2),2,453/455; LMA,III,1766/67
Eccardus ⟨Palatinus⟩
Eckehard ⟨de Saint-Gall⟩
Eckehard ⟨de Saint-Gall, II.⟩
Ekkehard ⟨Palatinus⟩
Ekkehard ⟨von Sankt Gallen, II.⟩

Eccardus ⟨Sangallensis, III.⟩
um 976 · OSB
LMA,III,1767; Tusculum-Lexikon; LThK
Eccardus ⟨Minor⟩
Eckehard ⟨de Saint-Gall⟩
Eckehard ⟨de Saint-Gall, III.⟩
Eckehard ⟨Minor⟩
Ekkehard ⟨von Sankt Gallen⟩
Ekkehard ⟨von Sankt Gallen, III.⟩

Eccardus ⟨Sangallensis, IV.⟩
ca. 980 – ca. 1060 · OSB
Liber benedictionum; Fortführung von „Casus S. Galli" des Ratpertus ⟨Sangallensis⟩; Rhythmi de Sancto Otmaro
VL(2),2,455/56; LMA,III,1767/68; Rep. Font. IV,304
Eccardus ⟨Iunior⟩
Eccardus ⟨Sanctus Gallensis, IV.⟩
Eckehard ⟨de Saint-Gall⟩
Eckehard ⟨de Saint-Gall, IV.⟩
Eckehard ⟨le Jeune⟩
Eckehardus ⟨Sanctus Gallensis, IV.⟩
Ekkehard ⟨von Sankt Gallen⟩
Ekkehard ⟨von Sankt Gallen, IV.⟩

Eccardus ⟨Sangallensis, V.⟩
→ **Eccardus ⟨Minimus⟩**

Eccardus ⟨Saxo⟩
→ **Eccardus ⟨Iunior⟩**

Eccardus ⟨Teutonicus⟩
→ **Eccardus ⟨Iunior⟩**

Eccardus ⟨Traugiensis⟩
→ **Eccardus ⟨de Uraugia⟩**

Eccardus ⟨Uraugiensis⟩
→ **Eccardus ⟨de Uraugia⟩**

Eccart ⟨Magister⟩
→ **Eckhart ⟨Meister⟩**

Eccheardo ⟨d'Aura⟩
→ **Eccardus ⟨de Uraugia⟩**

Eccheardo ⟨di San Gallo⟩
→ **Eccardus ⟨Sangallensis, ...⟩**

Eccheardo ⟨il Cortigiano⟩
→ **Eccardus ⟨Sangallensis, I.⟩**

Ecclesia, Antonius ¬de¬
→ **Antonius ⟨de Ecclesia⟩**

Eccleston, Thomas ¬de¬
→ **Thomas ⟨de Eccleston⟩**

Ecdicius ⟨Avitus⟩
→ **Avitus, Alcimus Ecdicius**

Ecdicius ⟨Cretensis⟩
→ **Elias ⟨Ecdicus⟩**

Ecdicius Avitus, Alcimus
→ **Avitus, Alcimus Ecdicius**

Ecdicus, Elias
→ **Elias ⟨Ecdicus⟩**

Ecgbert ⟨von York⟩
→ **Ecbertus ⟨Eboracensis⟩**

Echardus ⟨de Gründig⟩
→ **Eckhart ⟨von Gründig⟩**

Echardus ⟨de Hochheim⟩
→ **Eckhart ⟨Meister⟩**

Echardus ⟨Iunior⟩
→ **Eckhart ⟨von Gründig⟩**

Echardus ⟨Rube⟩
→ **Rube, Eccardus**

Echebertus
um 1157/76
Novus Sermo
VL(2),2,435/436
Egbert ⟨Prêtre⟩
Ekbert ⟨von Echternach⟩

Eck, Paul
ca. 1440 – ca. 1509
Dt. Astrologe, Astromediziner und Alchemist; Tafel der Neu- und Vollmonde; Vorhersage ; Clavis philosophorum
VL(2),2,321/322; LMA,III,1546/47; ADB
Eck, Paulus
Eck von Sulzbach, Paul
Paul ⟨de Sulzbach⟩
Paul ⟨Eck⟩
Paul ⟨Eck de Sulzbach⟩
Paul ⟨Eck von Sulzbach⟩
Paulus ⟨Eck⟩
Sulzbach, Paul Eck ¬von¬

Eck von Sulzbach, Paul
→ **Eck, Paul**

Eckard ⟨le Jeune⟩
→ **Eccardus ⟨Iunior⟩**

Eckard ⟨le Saxon⟩
→ **Eccardus ⟨Iunior⟩**

Eckard ⟨Rein⟩
→ **Rein, Eckard**

Eckardus
→ **Eckhart ⟨Meister⟩**

Eckardus ⟨de Hochheim⟩
→ **Eckhart ⟨Meister⟩**

Eckardus ⟨Frater⟩
→ **Erkengerus**

Eckardus ⟨Magister⟩
→ **Eckhart ⟨Meister⟩**

Eckardus ⟨Rube⟩
→ **Rube, Eccardus**

Eckart ⟨Abbas⟩
→ **Eccardus ⟨de Uraugia⟩**

Eckart ⟨Maître⟩
→ **Eckhart ⟨Meister⟩**

Eckart ⟨von Sankt Gallen⟩
→ **Eccardus ⟨Sangallensis, ...⟩**

Eckbertus ⟨Abbas⟩
→ **Ecbertus ⟨Schonaugiensis⟩**

Eckbertus ⟨de Schoenau⟩
→ **Ecbertus ⟨Schonaugiensis⟩**

Eckehard ⟨Biographe⟩
→ **Eccardus ⟨Minimus⟩**

Eckehard ⟨de Saint-Gall⟩
→ **Eccardus ⟨Sangallensis, ...⟩**

Eckehard ⟨Doyen de Saint-Gall⟩
→ **Eccardus ⟨Minimus⟩**

Eckehard ⟨le Jeune⟩
→ **Eccardus ⟨Sangallensis, IV.⟩**

Eckehard ⟨Minimus⟩
→ **Eccardus ⟨Minimus⟩**

Eckehard ⟨Minor⟩
→ **Eccardus ⟨Sangallensis, III.⟩**

Eckehard ⟨of Saint Gall⟩
→ **Eccardus ⟨Sangallensis, ...⟩**

Eckehardus, Gualterus
→ **Eccardus ⟨de Uraugia⟩**

Eckehart ⟨Meister⟩
→ **Eckhart ⟨Meister⟩**

Eckelstein, Leonhard
→ **Lienhart ⟨der Eckelzain⟩**

Eckelzain, Lienhart ¬der¬
→ **Lienhart ⟨der Eckelzain⟩**

Eckenolt ⟨Herr⟩
→ **Egenolf ⟨von Staufenberg⟩**

Eckerhardus ⟨...⟩
→ **Eccardus ⟨...⟩**

Eckhard ⟨Dominicain⟩
→ **Eccardus ⟨Iunior⟩**

Eckhard ⟨Meester⟩
→ **Eckhart ⟨Meister⟩**

Eckhard ⟨of Aura⟩
→ **Eccardus ⟨de Uraugia⟩**

Eckhard ⟨of Saint Gall⟩
→ **Eccardus ⟨Sangallensis, ...⟩**

Eckhard ⟨Rube⟩
→ **Rube, Eccardus**

Eckhard ⟨Saxon⟩
→ **Eccardus ⟨Iunior⟩**

Eckhardus ⟨Magister⟩
→ **Eckhart ⟨Meister⟩**

Eckhardus ⟨of Urau⟩
→ **Eccardus ⟨de Uraugia⟩**

Eckhardus ⟨Sangallensis⟩
→ **Eccardus ⟨Sangallensis, ...⟩**

Eckhart ⟨de Gründig⟩
→ **Eckhart ⟨von Gründig⟩**

Eckhart ⟨der Junge⟩
→ **Eccardus ⟨Iunior⟩**

Eckhart ⟨der Meister⟩
→ **Eckhart ⟨Meister⟩**

Eckhart ⟨Iunior⟩
→ **Eckhart ⟨von Gründig⟩**

Eckhart ⟨le Jeune⟩
→ **Eccardus ⟨Iunior⟩**

Eckhart ⟨Meister⟩
1260 – ca. 1328 · OP
Tusculum-Lexikon; LThK; CSGL; LMA,III,1547/52
Aicardus ⟨Magister⟩
Aycardus ⟨Magister⟩
Aychardus
Eccardus ⟨Magister⟩
Eccart ⟨Magister⟩
Echardus ⟨de Hochheim⟩
Eckardus
Eckardus ⟨de Hochheim⟩
Eckardus ⟨Magister⟩
Eckart ⟨Maître⟩
Eckehart
Eckehart ⟨Meester⟩
Eckehart ⟨Meister⟩
Eckhard ⟨Meester⟩
Eckhardus ⟨Magister⟩
Eckhardus ⟨Magister⟩
Eckhart ⟨der Meister⟩
Eckhart ⟨Maestro⟩
Eckhart ⟨Maître⟩
Eckhart ⟨Meester⟩
Eckhart ⟨Mester⟩
Eckhart ⟨Mistr⟩
Eckhart ⟨Mojster⟩
Eckhart ⟨von Hochheim⟩
Eckhart, Johannes
Ekchart ⟨Majster⟩
Ekeharts ⟨Meisters⟩
Equardus
Haycardus ⟨Magister⟩
Meister Eckhart
Pseudo-Eckardus

Eckhart ⟨Rube⟩
→ **Rube, Eccardus**

Eckhart ⟨von Gründig⟩
gest. 1337 · OP
Von der wirkenden und möglichen Vernunft; Identität mit Echardus ⟨Iunior⟩ unsicher
Kaeppeli,I,360/361; VL(2)
Echardus ⟨de Gründig⟩
Echardus ⟨Iunior⟩
Eckhart ⟨de Gründig⟩
Eckhart ⟨Iunior⟩
Gründig, Eckhart ¬von¬

Eckhart ⟨von Hochheim⟩
→ **Eckhart ⟨Meister⟩**

Eckhart, Johannes
→ **Eckhart ⟨Meister⟩**

Eckstein, Adam
Lebensdaten nicht ermittelt
Practica auf das Jahr 1500; Identität mit Adam ⟨Eckstein de Weibstatt⟩ umstritten
VL(2),2,355
Adam ⟨Eckstein⟩
Adam ⟨Eckstein de Weibstatt⟩
Adam ⟨Egkstain⟩
Egkstain, Adam

Eckstein, Heinrich
→ **Eggestein, Heinrich**

Edaeus, Johannes
→ **Johannes ⟨Edaeus⟩**

Eddi
→ **Aeddius ⟨Stephanus⟩**

Eddius ⟨Stephanus⟩
→ **Aeddius ⟨Stephanus⟩**

Eddius, Guilelmus
um 1216 · OSB
Viell. Verf. der Vita S. Moduennae
Rep.Font. IV,277; V,304
Eddius, Guillaume
Edys, Guilelmus
Guilelmus ⟨Eddius⟩
Guilelmus ⟨Edys⟩
Guillaume ⟨Eddius⟩

Edelend ⟨Schreiber⟩
um 1458
Edelend Schreiber ist fiktiver Frauenname, mit dem der Göttinger Unterlehrer Hermann Konemund zwölf gefälschte Liebesbriefe unterzeichnete, um von seinem Vorgesetzten Geld zu erschleichen
VL(2),2,355/356
Hermann ⟨Konemund⟩
Konemund, Hermann
Schreiber, Edelend

Edelmann, Johannes
→ **Johannes ⟨Edelmann⟩**

Edeltrud ⟨Äbtissin⟩
→ **Etheldreda ⟨Eliensis⟩**

Edeltrud ⟨von Ely⟩
→ **Etheldreda ⟨Eliensis⟩**

Eder, Katharina
Lebensdaten nicht ermittelt
Übersetzerin u. Bearbeiterin des Novizentraktats des David ⟨de Augusta⟩; evtl. Verfasserin von: „Von der hailigen willigi armut", „Das acht capitel"
VL(2),2,356
Katharina ⟨Ederin⟩
Ederin, Katharina
Katharina ⟨Eder⟩

Edessa, Jacobus ¬von¬
→ **Jacobus ⟨Edessenus⟩**

Edessa, Šem'on
→ **Šem'on ⟨Edessa⟩**

Edesse, Matthieu ¬d¬
→ **Matthēos ⟨Ouṙhayeci⟩**

Edessenus, Bartholomaeus
→ **Bartholomaeus ⟨Edessenus⟩**

Edessenus, Cyrus
→ **Cyrus ⟨Edessenus⟩**

Edessenus, Hugo
→ **Hugo ⟨Edessenus⟩**

Edessenus, Jacobus
→ **Jacobus ⟨Edessenus⟩**

Edessenus, Maro
→ **Maro ⟨Edessenus⟩**

Edessenus, Theophilus
→ **Theophilus ⟨Edessenus⟩**

Edessenus, Thomas
→ **Thomas ⟨Edessenus⟩**

Ediling, Johannes
15. Jh.
Kolektanee (dt.; lat.)
VL(2),2,356/357
Edilinnge, Johannes
Johannes ⟨Ediling⟩
Johannes ⟨Edilinnge⟩

Edilnulphus ⟨Episcopus⟩
→ **Aethelwoldus ⟨Wintoniensis⟩**

Edilred ⟨de Warden⟩
→ **Edilredus ⟨Wardensis⟩**

Edilredus ⟨Abbas⟩
→ **Aelredus ⟨Rievallensis⟩**

Edilredus ⟨Wardensis⟩
gest. ca. 1220 · OCist
Expositiones in quaedam S. Scripturae loca
Stegmüller, Repert. bibl. 2224;2225;2256
Edilred ⟨de Warden⟩
Edilredus ⟨Abbas Coenobii Wardensis⟩
Ethelred ⟨de Warden⟩
Ethelredus ⟨Wardensis⟩

Edilthryde
→ **Etheldreda ⟨Eliensis⟩**

Edimerus ⟨Monachus⟩
→ **Eadmerus ⟨Cantuariensis⟩**

Edmerus ⟨Cantuariensis⟩
→ **Eadmerus ⟨Cantuariensis⟩**

Edmond ⟨Albanus⟩
→ **Edmundus ⟨Albanus⟩**

Edmond ⟨de Cantorbéry⟩
→ **Edmundus ⟨Abingdonensis⟩**

Edmond ⟨de Dainter⟩
→ **Dynter, Edmundus ¬de¬**

Edmond ⟨de Dynter⟩
→ **Dynter, Edmundus ¬de¬**

Edmond ⟨de Hadenham⟩
→ **Edmundus ⟨de Hadenham⟩**

Edmond ⟨de Rochester⟩
→ **Edmundus ⟨de Hadenham⟩**

Edmond ⟨Grim⟩
→ **Eduardus ⟨Grim⟩**

Edmond ⟨Moine à Rochester⟩
→ **Edmundus ⟨de Hadenham⟩**

Edmund ⟨de Abingdon⟩
→ **Edmundus ⟨Abingdonensis⟩**

Edmund ⟨East Anglia, King⟩
841 – 870
CSGL; LMA,III,1579
Eadmundus ⟨Sanctus⟩
Edmund ⟨of East Anglia⟩
Edmund ⟨Ostanglien, König⟩
Edmund ⟨Saint⟩
Edmundus ⟨Anglia Orientalis, Rex⟩
Edmundus ⟨Sanctus⟩

Edmund ⟨of Abington⟩
→ **Edmundus ⟨Abingdonensis⟩**

Edmund ⟨of Canterbury⟩
→ **Edmundus ⟨Abingdonensis⟩**

Edmund ⟨of East Anglia⟩
→ **Edmund ⟨East Anglia, King⟩**

Edmund ⟨of Hadenham⟩
→ **Edmundus ⟨de Hadenham⟩**

Edmund ⟨of Pontigny⟩
→ **Edmundus ⟨Abingdonensis⟩**

Edmund ⟨Ostanglien, König⟩
→ **Edmund ⟨East Anglia, King⟩**

Edmund ⟨Rich⟩
→ **Edmundus ⟨Abingdonensis⟩**

Edmund ⟨Saint⟩
→ **Edmund ⟨East Anglia, King⟩**
→ **Edmundus ⟨Abingdonensis⟩**

Edmund ⟨von Abingdon⟩
→ **Edmundus ⟨Abingdonensis⟩**

Edmundus ⟨Abingdonensis⟩
ca. 1180 – 1240
LThK; LMA,III,1581
Edmond ⟨de Cantorbéry⟩
Edmund ⟨de Abingdon⟩
Edmund ⟨of Abington⟩
Edmund ⟨of Canterbury⟩
Edmund ⟨of Pontigny⟩
Edmund ⟨Rich⟩
Edmund ⟨Saint⟩
Edmund ⟨von Abingdon⟩
Edmundus ⟨de Abingdon⟩
Edmundus ⟨Magister⟩
Edmundus ⟨Rich⟩
Edmundus ⟨Richius⟩
Edmundus ⟨Sanctus⟩
Rich, Edmund

Edmundus ⟨Albanus⟩
um 1340 · OP
Commentarii in Boëthium de SS. Trinitate
Albanus, Eadmundus
Albanus, Edmundus
Albon, Eadmundus
Eadmundus ⟨Albanus⟩
Edmond ⟨Albanus⟩
Edmond ⟨Albonus⟩
Edmundus ⟨Albon⟩
Edmundus ⟨Albonus⟩

Edmundus ⟨Anglia Orientalis, Rex⟩
→ **Edmund ⟨East Anglia, King⟩**

Edmundus ⟨de Abingdon⟩
→ **Edmundus ⟨Abingdonensis⟩**

Edmundus ⟨de Dynter⟩
→ **Dynter, Edmundus ¬de¬**

Edmundus ⟨de Hadenham⟩
gest. 1307
Annales sive Historia Ecclesiastica ab Urbe condita ad 1307
Rep.Font. IV,280; V,367
Edmond ⟨de Hadenham⟩
Edmond ⟨de Rochester⟩
Edmond ⟨Moine à Rochester⟩
Edmund ⟨of Hadenham⟩
Hadenham, Edmundus ¬de¬

Edmundus ⟨Dintherus⟩
→ **Dynter, Edmundus ¬de¬**

Edmundus ⟨Magister⟩
→ **Edmundus ⟨Abingdonensis⟩**

Edmundus ⟨Prior Provinciae Teutonicae⟩
→ **Edmundus ⟨Teutonicus⟩**

Edmundus ⟨Rich⟩
→ **Edmundus ⟨Abingdonensis⟩**

Edmundus ⟨Sanctus⟩
→ **Edmund ⟨East Anglia, King⟩**
→ **Edmundus ⟨Abingdonensis⟩**

Edmundus ⟨Teutonicus⟩
gest. 1287 · OP
Epistulae
Kaeppeli,I,363; Schönberger/Kible, Repertorium, 12604
Edmundus ⟨Prior Provinciae Teutonicae⟩
Emundus ⟨Teutonicus⟩
Teutonicus, Edmundus

Edouard ⟨Angleterre, Roi, ...⟩
→ **Edward ⟨England, King, ...⟩**

Edouard ⟨aux Longues Jambes⟩
→ **Edward ⟨England, King, I.⟩**

Edouard ⟨Cornouailles, Duc⟩
→ **Edward ⟨Wales, Prince⟩**

Edouard ⟨de Cantorbéry⟩
→ **Eduardus ⟨Grim⟩**

Édouard ⟨de Windsor⟩
→ **Edward ⟨England, King, III.⟩**

Edouard ⟨Galles, Prince⟩
→ **Edward ⟨England, King, II.⟩**
→ **Edward ⟨Wales, Prince⟩**

Edouard ⟨Grim⟩
→ **Eduardus ⟨Grim⟩**

Edouard ⟨of Canterbury⟩
→ **Eadmerus ⟨Cantuariensis⟩**

Edouard ⟨Portugal, Roi, I.⟩
→ **Duarte ⟨Portugal, Rei, I.⟩**

Edouard ⟨Prince Noir⟩
→ **Edward ⟨Wales, Prince⟩**

Edouard ⟨Upton⟩
→ **Eduardus ⟨Upton⟩**

Edred ⟨Angleterre, Roi⟩
→ **Eadred ⟨England, King⟩**

Edrisi
→ **Idrīsī, Muḥammad Ibn-Muḥammad ¬al-¬**

Eduard ⟨Aquitanien, Herzog⟩
→ **Edward ⟨Wales, Prince⟩**

Eduard ⟨der Schwarze Prinz⟩
→ **Edward ⟨Wales, Prince⟩**

Eduard ⟨England, König, ...⟩
→ **Edward ⟨England, King, ...⟩**

Eduard ⟨Portugal, König, I.⟩
→ **Duarte ⟨Portugal, Rei, I.⟩**

Eduard ⟨Schwarzer Prinz⟩
→ **Edward ⟨Wales, Prince⟩**

Eduard ⟨Wales, Prinz⟩
→ **Edward ⟨Wales, Prince⟩**

Eduardus ⟨Anglia, Rex, ...⟩
→ **Edward ⟨England, King, ...⟩**

Eduardus ⟨Anglicus⟩
→ **Eduardus ⟨Grim⟩**

Eduardus ⟨Cantuariensis⟩
→ **Eadmerus ⟨Cantuariensis⟩**

Eduardus ⟨Cardinalis⟩
→ **Eduardus ⟨Herveseus⟩**

Eduardus ⟨Grim⟩
um 1170
Vita sancti Thomae
Rep.Font. IV,281; DOC,1,664
Edmond ⟨Grim⟩
Edouard ⟨de Cantorbéry⟩
Edouard ⟨Grim⟩
Edwardus ⟨Anglicus⟩
Edwardus ⟨Cantuariensis⟩
Edwardus ⟨Grim⟩
Grim, Edmond
Grim, Edouard
Grim, Eduardus
Grim, Edwardus

Eduardus ⟨Herveseus⟩
gest. 1279 · OTrin
Stegmüller, Repert. bibl. 2228
Eduardus ⟨Cardinalis⟩
Eduardus ⟨Hervisius⟩
Eduardus ⟨Scotus⟩
Herveseus, Eduardus

Eduardus ⟨Scotus⟩
→ **Eduardus ⟨Herveseus⟩**

Eduardus ⟨Upton⟩
14. Jh. · OP
Terminus est in quem
Schönberger/Kible, Repertorium, 12605
Edouard ⟨Upton⟩
Edvardus ⟨Upton⟩
Edward ⟨Lipton⟩
Edward ⟨Upton⟩
Upton, Edouard
Upton, Eduardus
Upton, Edvardus

Edvardus ⟨Anglia, Rex, ...⟩
→ **Edward ⟨England, King, ...⟩**

Edvardus ⟨Upton⟩
→ **Eduardus ⟨Upton⟩**

Edward ⟨Black Prince⟩
→ **Edward ⟨Wales, Prince⟩**

Edward ⟨England, King, I.⟩
1239 – 1307
Diary of the expedition of King Edward I. into Scotland
Rep.Font. IV,281; LMA,III,1584/87
Carnarvon, Edward ¬of¬
Edouard ⟨Angleterre, Roi, I.⟩
Edouard ⟨aux Longues Jambes⟩
Eduard ⟨England, König, I.⟩
Eduardus ⟨Anglia, Rex, I.⟩
Eduardus ⟨Anglorum Rex, I.⟩
Edward ⟨Longshankes⟩
Edward ⟨of Carnarvon⟩

Edward ⟨England, King, II.⟩
1284 – 1327
LMA,III,1587/88; Rep.Font. IV,281
Edouard ⟨Angleterre, Roi, II.⟩
Edouard ⟨Galles, Prince⟩
Edouard ⟨II.⟩
Eduard ⟨England, König, II.⟩
Eduardus ⟨Anglia, Rex, II.⟩
Eduardus ⟨Anglorum Rex, II.⟩
Edward ⟨England, König, II.⟩
Edward ⟨Wales, Prince⟩

Edward ⟨England, King, III.⟩
1312 – 1377
LMA,III,1588/90
Édouard ⟨Angleterre, Roi, III.⟩
Édouard ⟨de Windsor⟩
Eduard ⟨England, König, III.⟩
Edvardus ⟨Anglia, Rex, III.⟩
Windsor, Édouard ¬de¬

Edward ⟨Lipton⟩
→ **Eduardus ⟨Upton⟩**

Edward ⟨Longshankes⟩
→ **Edward ⟨England, King, I.⟩**

Edward ⟨of Carnarvon⟩
→ **Edward ⟨England, King, I.⟩**

Edward ⟨of Woodstock⟩
→ **Edward ⟨Wales, Prince⟩**

Edward ⟨Portugal, King, I.⟩
→ **Duarte ⟨Portugal, Rei, I.⟩**

Edward ⟨Upton⟩
→ **Eduardus ⟨Upton⟩**

Edward ⟨Wales, Prince⟩
→ **Edward ⟨England, King, II.⟩**

Edward ⟨Wales, Prince⟩
1330 – 1376
Register of Edward, the Black Prince
LMA,III,1592/93
Black Prince
Edouard ⟨Cornouailles, Duc⟩
Edouard ⟨Galles, Prince⟩
Edouard ⟨Prince Noir⟩
Eduard ⟨Aquitanien, Herzog⟩
Eduard ⟨der Schwarze Prinz⟩
Eduard ⟨Schwarzer Prinz⟩
Eduard ⟨Wales, Prinz⟩
Edward ⟨Black Prince⟩
Woodstock, Edward ¬of¬
Edward ⟨of Woodstock⟩

Edwardus ⟨...⟩
→ **Eduardus ⟨...⟩**

Edys, Guilelmus
→ **Eddius, Guilelmus**

Efferarius ⟨Frater⟩
→ **Ferrarius ⟨Frater⟩**

Efrayim Ben-Ya'aqov ⟨Bonn⟩
1133 – 1221
Bonn, Efrayim Ben-Ya'aqov
Ephraim ⟨von Bonn⟩
Ephraim Ben Jakob ⟨aus Bonn⟩

Efrayim Ben-Yiṣḥāk ⟨Regensburg⟩
um 1125/50
Ephraem ⟨von Regensburg⟩
Regensburg, Efrayim Ben-Yiṣḥāk
Regensburg, Ephraem ¬von¬

Efrem ⟨Smolenskij⟩
um 1250
Žitie Avraamija Smolenskogo
Rep.Font. IV,281
Efrem ⟨Inok⟩
Efrem ⟨Monachus⟩
Efrem ⟨Monachus Monasterii Deiparae⟩
Inok Efrem

Efremo ⟨d'Amida⟩
→ **Ephraem ⟨Amidenus⟩**

Egalsius
→ **Agalsius**

Egbert ⟨à Saint Florin⟩
→ **Ecbertus ⟨Schonaugiensis⟩**

Egbert ⟨Clerc de Liège⟩
→ **Ecbertus ⟨Leodiensis⟩**

Egbert ⟨de Fulde⟩
→ **Egelbertus ⟨Scotus⟩**

Egbert ⟨de Hersfeld⟩
→ **Ekkebertus ⟨Hersfeldensis⟩**

Egbert ⟨de Hollande⟩
→ **Ecbertus ⟨Treverensis⟩**

Egbert ⟨de Huysburg⟩
→ **Egbertus ⟨de Huysburg⟩**

Egbert ⟨de Liège⟩
→ **Ecbertus ⟨Leodiensis⟩**

Egbert ⟨de Saint Florin⟩
→ **Ecbertus ⟨Schonaugiensis⟩**

Egbert ⟨de Schönau⟩
→ **Ecbertus ⟨Schonaugiensis⟩**

Egbert ⟨d'York⟩
→ **Ecbertus ⟨Eboracensis⟩**

Egbert ⟨Erzbischof⟩
→ **Ecbertus ⟨Treverensis⟩**

Egbert ⟨Hagiographe⟩
→ **Ekkebertus ⟨Hersfeldensis⟩**

Egbert ⟨of York⟩
→ **Ecbertus ⟨Eboracensis⟩**

Egbert ⟨Prêtre⟩
→ **Echebertus**
→ **Ekkebertus ⟨Hersfeldensis⟩**

Egbert ⟨Saint⟩
→ **Ecbertus ⟨Eboracensis⟩**

Egbert ⟨von Lüttich⟩
→ **Ecbertus ⟨Leodiensis⟩**

Egbert ⟨von Schönau⟩
→ **Ecbertus ⟨Schonaugiensis⟩**

Egbert ⟨von Trier⟩
→ **Ecbertus ⟨Treverensis⟩**

Egbert ⟨von York⟩
→ **Ecbertus ⟨Eboracensis⟩**

Egbertus ⟨de Huysburg⟩
um 1134/55 · OSB
Epistolae
Rep.Font. IV,303
Egbert ⟨de Huysburg⟩
Egbertus ⟨Huysbergensis⟩
Ekbert ⟨von Huysburg⟩
Ekbertus ⟨de Huysburg⟩
Huysburg, Egbertus ¬de¬

Egbertus ⟨Eboracensis⟩
→ **Ecbertus ⟨Eboracensis⟩**

Egbertus ⟨Huysbergensis⟩
→ **Egbertus ⟨de Huysburg⟩**

Egbertus ⟨Leodiensis⟩
→ **Ecbertus ⟨Leodiensis⟩**

Egbertus ⟨Schonaugiensis⟩
→ **Ecbertus ⟨Schonaugiensis⟩**

Egebertus ⟨Diaconus⟩
11. Jh.
Vita S. Amoris (Prologus)
Rep.Font. IV,282
Diaconus Egebertus
Hegebertus ⟨Diaconus⟩

Egeblanke, Pierre
→ **Petrus ⟨de Aqua Blanca⟩**

Egehardus ⟨...⟩
→ **Eccardus ⟨...⟩**

Egelbertus ⟨Scotus⟩
gest. 1058 · OSB
Lecturae in S. Scripturas
Stegmüller, Repert. bibl. 2229
Egbert ⟨de Fulde⟩
Egelbertus ⟨Abbas Fuldensis⟩
Egelbertus ⟨Fuldensis⟩
Scotus, Egelbertus

Egeli, Jakob
→ **Engelin, Jakob**

Egeling ⟨Becker⟩
→ **Becker, Engelinus**

Egelolf ⟨von Staufenberg⟩
→ **Egenolf ⟨von Staufenberg⟩**

Egen ⟨von Bamberg⟩
um 1320/40
2 Minnereden
VL(2),2,363/365
Bamberg, Egen ¬von¬

Egen, Lorenz
gest. 1418
Wie Lorenz Egen von Augspurg...zoch gen Sant Kathareinen...a. 1395
VL(2),2,365; Rep.Font. IV,282
Egen, Laurent
Laurent ⟨Egen⟩
Lorenz ⟨Egen⟩
Lorenz ⟨Egen de Augsburg⟩

Egenolf ⟨von Staufenberg⟩
um 1300
LMA,III,1603/04
Eckenolt ⟨Herr⟩
Egelolf ⟨von Staufenberg⟩
Staufenberg, Egenolf ¬von¬
Stauffenberg, Egenolf ¬von¬

Eger ⟨Arzt⟩
→ **Eger ⟨Meister⟩**

Eger ⟨Meister⟩
15. Jh.
Anweisung zur Prophylaxe und Behandlung in Pestzeiten
VL(2),2,368/369
Eger ⟨Arzt⟩
Meister Eger

Eggbrecht ⟨Abbas⟩
→ **Ecbertus ⟨Schonaugiensis⟩**

Eggehardus ⟨...⟩
→ **Eccardus ⟨...⟩**

Eggeling ⟨Becker⟩
→ **Becker, Engelinus**

Eggelzain, Leonhard
→ **Lienhart ⟨der Eckelzain⟩**

Eggestein, Heinrich
1415 – 1488
LThK; VL(2); Meyer
Eckstein, Heinrich
Eckstein, Henri
Ecksteyn, Heinrich
Eggesteyn, Heinrich
Heinrich ⟨Eggestein⟩
Heinrich ⟨von Rosheim⟩
Henri ⟨de Rosheim⟩

Eggewint, Henricus ¬de¬
→ **Heinrich ⟨von Ekkewint⟩**

Eghenvelder, Liebhard
um 1429/57
Predigten; Philosoph. u. medizin. Traktate; Liederbuch; etc.
VL(2),2,377/379
Liebhard ⟨Eghenvelder⟩

Egher, Johannes ¬de¬
→ **Johannes ⟨de Egher⟩**

Egica ⟨Westgotenreich, König⟩
gest. 702
Edicta
Cpl 1790; LMA,III,1608/09
Egica ⟨König des Westgotenreiches⟩
Egica ⟨Roi des Wisigoths⟩
Egicanus ⟨Rex⟩
Egiza ⟨Roi des Wisigoths⟩

Egidio ⟨Albornoz⟩
→ **Aegidius ⟨Albornoz⟩**

Egidio ⟨d'Assisi⟩
→ **Aegidius ⟨Assisias⟩**

Egidio ⟨Magistro⟩
→ **Aegidius ⟨Magister⟩**

Egidio ⟨Romano⟩
→ **Aegidius ⟨Romanus⟩**

Egidio ⟨Sanchez Muñoz⟩
→ **Clemens ⟨Papa, VIII., Antipapa⟩**

Egidius ⟨...⟩
→ **Aegidius ⟨...⟩**

Egidius ⟨Schwertmann⟩
→ **Schwertmann, Egidius**

Egil ⟨Skallagrímsson⟩
→ **Egill ⟨Skallagrímsson⟩**

Egil ⟨von Fulda⟩
→ **Eigil ⟨Fuldensis⟩**

Egilbertus ⟨Cusantiensis⟩
8. Jh.
Vita S. Ermenfredi Cusantiensis abbatis
Rep.Font. IV,287
Egilbert ⟨de Cusance⟩
Egilbert ⟨Prévôt⟩
Egilbertus ⟨Praepositus⟩

Egilbertus ⟨Praepositus⟩
→ **Egilbertus ⟨Cusantiensis⟩**

Egill
→ **Eigil ⟨Fuldensis⟩**

Egill ⟨Skallagrímsson⟩
ca. 900 – 983
Egils saga Skallagrímssonar
LMA,III,1611/12
Egil ⟨Skallagrímsson⟩
Egill Skallagrímsson
Skallagrímsson, Egill

Egilmar ⟨von Osnabrück⟩
→ **Egilmarus ⟨Osnabrugensis⟩**

Egilmarus ⟨Osnabrugensis⟩
um 889/918
Epistula ad Stephanum V. papam
Rep.Font. IV,287
Egilmar ⟨d'Osnabrück⟩
Egilmar ⟨Episcopus⟩
Egilmar ⟨Evêque⟩
Egilmar ⟨von Osnabrück⟩
Egilmarus ⟨Abbas⟩
Egilmarus ⟨Episcopus⟩

Eginardus
→ **Einhardus**

Egino ⟨Augustanus⟩
gest. 1120 · OSB
Epistulae
LMA,III,1612/13
Augustanus, Egino
Egino ⟨Abbas⟩
Egino ⟨Abt⟩
Egino ⟨Augustensis⟩
Egino ⟨Sancti Udalrici Abbas⟩
Egino ⟨Seliger⟩
Egino ⟨von Augsburg⟩
Egino ⟨von Sankt Ulrich und Afra⟩
Eginon ⟨Abbé⟩
Eginon ⟨des Saints Udalric et Afre⟩
Eginon ⟨d'Augsbourg⟩

Egino ⟨Episcopus⟩
→ **Egino ⟨Veronensis⟩**

Egino ⟨Monaco⟩
→ **Eginus ⟨Monachus⟩**

Egino ⟨Sancti Udalrici Abbas⟩
→ **Egino ⟨Augustanus⟩**

Egino ⟨Seliger⟩
→ **Egino ⟨Augustanus⟩**

Egino ⟨Veronensis⟩
gest. 802
Homiliarium
Cpl 1995; LMA,III,1612
Agimo ⟨Episcopus⟩
Egino ⟨Bischof⟩
Egino ⟨Episcopus⟩
Egino ⟨von Verona⟩
Eginon ⟨de Reichenau⟩
Eginon ⟨de Vérone⟩
Eginon ⟨Evêque⟩

Egino ⟨von Augsburg⟩
→ **Egino ⟨Augustanus⟩**

Egino ⟨von Sankt Ulrich und Afra⟩
→ **Egino ⟨Augustanus⟩**

Egino ⟨von Verona⟩
→ **Egino ⟨Veronensis⟩**

Eginon ⟨d'Augsbourg⟩
→ **Egino ⟨Augustanus⟩**

Eginon ⟨de Reichenau⟩
→ **Egino ⟨Veronensis⟩**

Eginon ⟨de Vérone⟩
→ **Egino ⟨Veronensis⟩**

Eginus ⟨Monachus⟩
um 963/68
Vita S. Ansovini
Rep.Font. IV,289; DOC,1,664
Egino ⟨Monaco⟩
Eginus ⟨Hagiographe Italien⟩
Eginus ⟨Moine⟩

Egippus
→ **Eugippius ⟨Abbas⟩**

Egiza ⟨Roi des Wisigoths⟩
→ **Egica ⟨Westgotenreich, König⟩**

Egkelzhain, Leonhard
→ **Lienhart ⟨der Eckelzain⟩**

Egkstain, Adam
→ **Eckstein, Adam**

Egloffstein, Georg ¬von¬
→ **Georg ⟨von Egloffstein⟩**

Egloffstein, Leopold ¬von¬
→ **Lupoldus ⟨de Bebenburg⟩**

Egloffstein, Lupoldus ¬de¬
→ **Lupoldus ⟨de Bebenburg⟩**

Egranus, Maximilianus
→ **Maximilianus ⟨Egranus⟩**

Eguinardus
→ **Einhardus**

Ehenheim
Lebensdaten nicht ermittelt
Lied
VL(2),2,384/385

Ehenheim, Gösli ¬von¬
→ **Gösli ⟨von Ehenheim⟩**

Ehenheim, Hugo ¬von¬
→ **Hugo ⟨von Ehenheim⟩**

Ehlen von Wolfhagen, Tilemann
→ **Elhen von Wolfhagen, Tilemann**

Ehrenbloß, Hans
14. Jh.
Der hohle Eichbaum
VL(2),2,386/387
Hans ⟨Ehrenbloß⟩

Ehrenbote
14. Jh.
Texte; Töne
VL(2),2,387/389
Ehrenbote ⟨Sangspruchmeister⟩

Ehrenfreund
14. Jh.
Künstlername; Der Ritter und Maria
VL(2),2,390/391

Ehrenfroh
Lebensdaten nicht ermittelt
VL(2),2,391
Ehrenfroh ⟨Meistersinger⟩
Ehrenfroh ⟨Sangspruchdichter⟩

Ehrenhold, Johann
→ **Holland, Johann**

Ehrentreich
Lebensdaten nicht ermittelt
Identität mit Ellentreich bzw. Erentrijk umstritten
VL(2),2,391/392
Ehrentreich ⟨Meistersinger⟩
Ehrentreich ⟨Spruchdichter⟩
Ellentreich
Erentrijk

Eich, Johannes ¬de¬
→ **Johannes ⟨de Eich⟩**

Eichenfeld, Johannes
→ **Aichenfeld, Johannes**

Eichmann, Iodocus
gest. 1489
VL(2)
Aichmann, Iodocus
Eichemann, Iodocus
Eichmann, Jobst
Eichmann, Josse
Eichmann, Jost
Eichmann de Calwe, Jodocus
Eychmann, Iodocus
Eychmann, Jodocus
Eychmann de Calwe, Jodocus
Iodocus ⟨de Calwa⟩
Iodocus ⟨de Heidelberg⟩
Iodocus ⟨de Kalw⟩
Iodocus ⟨Eichmann⟩
Iodocus ⟨Eychmann⟩
Jobst ⟨von Calwe⟩
Josse ⟨de Calwa⟩
Josse ⟨de Heidelberg⟩
Josse ⟨Eichmann⟩
Jost ⟨von Calwe⟩

Eichmann, Jobst
→ **Eichmann, Iodocus**

Eichstätt, Reginold ¬von¬
→ **Reginoldus ⟨Eichstaettensis⟩**

Eickhart ⟨Artzt⟩
→ **Artzt, Eikhart**

Eigel ⟨de Friedberg⟩
→ **Eygil ⟨von Sassen⟩**

Eigel ⟨von Sassen⟩
→ **Eygil ⟨von Sassen⟩**

Eigil ⟨Fuldensis⟩
750 – 822
Tusculum-Lexikon; LThK; CSGL
Aegil
Egil ⟨von Fulda⟩
Egill
Eigil ⟨of Fulda⟩
Eigil ⟨von Fulda⟩

Eikasia
→ **Casia**

Eike ⟨von Repgow⟩
ca. 1180 – 1233
VL(2); LMA,III,1726/27
Eike ⟨von Repchow⟩
Eike ⟨von Repechowe⟩
Eike ⟨von Repgoz⟩
Eike ⟨von Repkow⟩
Eike ⟨von Reppgowe⟩
Eike ⟨von Ripichowe⟩
Eyke ⟨von Repgow⟩
Eyke ⟨von Repkow⟩
Repgow, Eike ¬von¬
Repgow, Eyke ¬von¬
Repkowe, Eph. ¬de¬

Eiken, Elsbeth ¬von¬
→ **Elsbeth ⟨von Oye⟩**

Eikhart ⟨Artzt⟩
→ **Artzt, Eikhart**

Eilardus ⟨de Oberge⟩
→ **Eilhart ⟨von Oberg⟩**

Eilbertus ⟨Bremensis⟩
um 1190/1200
Ordo iudiciarius
Eilbert ⟨de Brème⟩
Eilbert ⟨Jurisconsulte⟩
Eilbert ⟨Sächsischer Kanonist⟩
Eilbert ⟨von Bremen⟩

Eilhart ⟨von Oberg⟩
12. Jh.
LMA,III,1728/29
Eilardus ⟨de Oberge⟩
Eilhardus ⟨de Oberch⟩
Eilhart ⟨von Hoberge⟩
Eilhart ⟨von Oberge⟩
Hoberge, Eilhart ¬von¬
Oberg, Eilhart ¬von¬
Oberge, Eilhart ¬von¬

Einar ⟨Hafliđason⟩
1307 – 1393
Lögmannsannáll
Rep.Font. IV,294
Einar Hafliđason
Einarr ⟨Hafliđason⟩
Einarr ⟨Haflidhason⟩
Hafliđason, Einar
Hafliđason, Einarr
Haflidhason, Einarr

Einar ⟨Helgason⟩
→ **Einarr ⟨Helgason⟩**

Einarr ⟨Gunnarsson⟩
um 1260/65
Mutmaßl. Verf. von Kongs-skugg-sio
Einarr Gunarrson
Gunnarsson, Einarr

Einarr ⟨Haflidhason⟩
→ **Einar ⟨Hafliđason⟩**

Einarr ⟨Helgason⟩
ca. 945 – 990
Vellekla; isländ. Skalde
LMA,III,1729/30
Einar ⟨Helgason⟩
Einarr ⟨Skálaglam⟩
Einarr Helgason Skálaglam
Einart ⟨Helgason Skálaglamm⟩
Helgason, Einarr

Einarr ⟨Prestr⟩
→ **Einarr ⟨Skúlason⟩**

Einarr ⟨Skálaglam⟩
→ **Einarr ⟨Helgason⟩**

Einarr ⟨Skúlason⟩
ca. 1090 – 1165
Preislieder
LMA,III,1730
Einarr ⟨Prestr⟩
Skúlason, Einarr

Einchardus
→ **Einhardus**

Einczinger ⟨Vater⟩
→ **Einzlinger, Johannes**

Einczinger, Johannes
→ **Einzlinger, Johannes**

Einer aus Hof
→ **Hofer**

Einesham, Adamus ¬de¬
→ **Adamus ⟨de Einesham⟩**

Einhardus
ca. 770 – 840
Vita Caroli Magni imperatoris; Translatio et miracula sanctorum Marcellini et Petri
CC Clavis, Auct. Gall. 1,336ff.; Tusculum-Lexikon; LThK; LMA,III,1737/39
Aeginardus
Agenardus
Béséléel
Eginardo
Eginardus
Eginardus ⟨of Seligenstadt⟩
Eginarthus
Eginerius
Eginhard
Eginhardo
Eginhardus
Eginhart
Eginhartus
Eguinardus
Egvinardus
Einchardus
Einhard
Einhard ⟨von Seligenstadt⟩
Einhart
Emchardus
Eynardus
Heinardus
Nardulus
Pseudo-Einhardus

Einhardus ⟨von Nurenberch⟩
→ **Mardach, Eberhard**

Einhart
→ **Einhardus**

Einkurn, Johannes
→ **Johannes ⟨Einkurn⟩**

Einwicus ⟨Weizlan⟩
ca. 1240/45 – 1313 · OCanSAug
Triumphus castitatis seu acta et mirabilis vita ven. Wilbirgis virginis; Historia dedicationis canoniae sancti Floriani
LMA,III,1747; Rep.Font. IV,296
Ainwick ⟨von Sankt Florian⟩
Einwik
Einwik ⟨von Sankt Florian⟩
Einwik ⟨Weizlan⟩
Eynwic ⟨de Saint-Florian⟩
Eynwic ⟨Prévôt⟩
Eynwick ⟨von Sankt Florian⟩
Eynwicus
Weizlan, Einwicus

Einwik ⟨von Sankt Florian⟩
→ **Einwicus ⟨Weizlan⟩**

Einzinger, Johannes
→ **Einzlinger, Johannes**

Einzlinger, Johannes
gest. 1497 · OFM
Predigtreihe
VL(2),2,432/433
Einczinger ⟨Vater⟩
Einczinger, Johannes
Einzinger, Johannes
Inslinger, Johannes
Johannes ⟨Einczinger⟩
Johannes ⟨Einzinger⟩
Johannes ⟨Einzlinger⟩
Johannes ⟨Inslinger⟩
Johannes ⟨Unthlinger⟩
Unthlinger, Johannes

Eiricus ⟨Altissiodorensis⟩
→ **Heiricus ⟨Altissiodorensis⟩**

Eiríkr ⟨Oddsson⟩
gest. 1162
Hryggjarstykki (Chronik der norweg. Könige ab 1130/39)
Rep.Font. IV,297
Eirík ⟨Oddsson⟩
Eiríkr Oddsson
Eiríkur ⟨Oddsson⟩
Eric ⟨Biographe Norvégien⟩
Eric ⟨Oddson⟩
Oddsson, Eiríkr

Eisik ⟨der Schreiber⟩
Lebensdaten nicht ermittelt
Estherdichtung (altjiddisch)
VL(2),2,433/434; DINSE: Entwicklung d. jidd. Schrifttums, S.57, S.200, Nr.418
Eisek ⟨der Schreiber⟩
Eisek ⟨Ssofer⟩
Schreiber, Eisik ¬der¬

Eislinger, Ulrich
15. Jh.
Langer Ton; keine Lieder erhalten
VL(2),2,434/435
Ulrich ⟨Eislinger⟩

Eist, Dietmar ¬von¬
→ **Dietmar ⟨von Aist⟩**

Eitelredus ⟨Abbas⟩
→ **Aelredus ⟨Rievallensis⟩**

Eitelwerdus
→ **Aethelwerdus**

Eitelwodus ⟨Episcopus⟩
→ **Aethelwoldus ⟨Wintoniensis⟩**

Eiwind ⟨Skáldaspillir⟩
→ **Eyvindr ⟨Skáldaspillir⟩**

Eiximenis, Francesc
→ **Francesc ⟨Eiximenis⟩**

Ekai ⟨Mönch⟩
→ **Huikai**

Ekbert ⟨von Echternach⟩
→ **Echebertus**

Ekbert ⟨von Huysburg⟩
→ **Egbertus ⟨de Huysburg⟩**

Ekbert ⟨von Schönau⟩
→ **Ecbertus ⟨Schonaugiensis⟩**

Ekbertus ⟨de Huysburg⟩
→ **Egbertus ⟨de Huysburg⟩**

Ekeharts ⟨Meisters⟩
→ **Eckhart ⟨Meister⟩**

Ekhardi, Walther
um 1402/08
Bücher Magdeburger Rechts; Formelbuch für städtische Kanzleien
VL(2),2,440/441
Ekkardi, Walter
Walter ⟨Ekkardi⟩
Walter ⟨Ekkardi de Bunzlau⟩
Walther ⟨Ekhardi⟩

Ekkardus ⟨...⟩
→ **Eccardus ⟨...⟩**

Ekkeardus ⟨...⟩
→ **Eccardus ⟨...⟩**

Ekkebertus ⟨Abbas⟩
→ **Ecbertus ⟨Schonaugiensis⟩**

Ekkebertus ⟨Hersfeldensis⟩
um 1072/90
Vita Heimeradi Presb. Hasungensis
VL(2),2,441/43
Egbert ⟨de Hersfeld⟩
Egbert ⟨Hagiographe⟩
Egbert ⟨Prêtre⟩
Ekkebert ⟨Mönch⟩
Ekkebert ⟨von Hersfeld⟩
Ekkebertus ⟨Monachus⟩

Ekkebertus ⟨Monachus⟩
→ **Ekkebertus ⟨Hersfeldensis⟩**

Ekkebertus ⟨Schonaugiensis⟩
→ **Ecbertus ⟨Schonaugiensis⟩**

Ekkehard ⟨of Aura⟩
→ **Eccardus ⟨de Uraugia⟩**

Ekkehard ⟨of Saint Laurence⟩
→ **Eccardus ⟨de Uraugia⟩**

Ekkehard ⟨Palatinus⟩
→ **Eccardus ⟨Sangallensis, II.⟩**

Ekkehard ⟨von Aura⟩
→ **Eccardus ⟨de Uraugia⟩**

Ekkehard ⟨von Sankt Gallen⟩
→ **Eccardus ⟨Minimus⟩**
→ **Eccardus ⟨Sangallensis, ...⟩**

Ekkehardus ⟨...⟩
→ **Eccardus ⟨...⟩**

Ekkehartus ⟨...⟩
→ **Eccardus ⟨...⟩**

Ekkerardus ⟨...⟩
→ **Eccardus ⟨...⟩**

Ekkewint, Heinrich ¬von¬
→ **Heinrich ⟨von Ekkewint⟩**

Ek'vt'ime ⟨At'oneli⟩
→ **Ek'vt'ime ⟨Mt'acmideli⟩**

Ek'vt'ime ⟨Mt'acmideli⟩
955 – 1028
Ek'vt'ime ⟨At'oneli⟩
Ep't'vime ⟨At'oneliseuli⟩
Ep't'vime ⟨Mt'acmideli⟩
Euthymios ⟨vom Athos⟩
Euthymius ⟨Mt'acmideli⟩
Evfimij ⟨Afonskij⟩
Mt'acmideli, Ek'vt'ime

El Cid
→ **Cid, ¬El-¬**

El Tostado
→ **Tostado Ribera, Alfonso**

El'āzār Ben-Yehûdā
ca. 1165 – ca. 1230
Divrê zikrônôt
Rep.Font. IV,306; LMA,III,1789
Ben-Juda, Eleazar
Eleasar ⟨von Worms⟩
Eleasar Ben Jehuda
Eleasar Ben Jehuda Ben Kalonymos
Eleasar Ben-Jehuda ⟨de Garmiza⟩
Eleazar ben Judah ⟨of Worms⟩
Eleazar Ben-Juda
Worms, Eleasar ¬von¬

El'āzār Bîrabbī Qilîr
→ **Qallîrî, El'āzār**

El'āzār Quallîrî
→ **Qallîrî, El'āzār**

Elbelin ⟨von Eselberg⟩
um 1450
Evtl. Pseudonym; Das nackte Bild
VL(2),2,466/467
Elblin ⟨d'Eselsberg⟩
Elblin ⟨Poète Allemand⟩
Eselberg, Elbelin ¬von¬

Elbertus ⟨Leodiensis⟩
um 1257/65
Vielleicht Verf. von Teil 2, Narratio 1247-1257, des Chronicon Leodiense usque ad 1402
Rep.Font. III,367; IV,306
Elbertus ⟨Scholasticus Sancti Lamberti Leodiensis⟩

Elbertus ⟨Scholasticus Sancti Lamberti Leodiensis⟩
→ **Elbertus ⟨Leodiensis⟩**

Elblin ⟨d'Eselsberg⟩
→ **Elbelin ⟨von Eselberg⟩**

Elblin ⟨Poète Allemand⟩
→ **Elbelin ⟨von Eselberg⟩**

El-Bokhâri
→ **Buḫārī, Muḥammad Ibn-Ismā'īl ¬al-¬**

El-Cevheri, Ebn-Nasr Ismail bin-Hamad ¬el-¬
→ **Ğauharī, Ismā'īl Ibn-Ḥammād ¬al-¬**

Eldād had-Dānî
9. Jh.
Eldad ⟨Danita⟩
Eldad ⟨ha-Dani⟩
Eldad ⟨the Danite⟩
Eldad Dani

Eldebertus
→ **Adalbertus ⟨Haereticus⟩**

Eldefonsus ⟨Toletanus⟩
→ **Ildephonsus ⟨Toletanus⟩**

Eleanor ⟨of Scotland⟩
→ **Eleonore ⟨Österreich, Erzherzogin⟩**

Eleasar ⟨von Worms⟩
→ **El'āzār Ben-Yehûdā**

Eleasar Ben Jehuda
→ **El'āzār Ben-Yehûdā**

Eleazar ⟨Kallir⟩
→ **Qallîrî, El'āzār**

Electus, Stephanus
→ **Stephanus ⟨Electus⟩**

Eleemosyna, Philippus ¬de¬
→ **Philippus ⟨de Eleemosyna⟩**

Eleemosynarius, Johannes
→ **Johannes ⟨Eleemosynarius⟩**

Elemosina ⟨Frater⟩
→ **Johannes ⟨Elemosina⟩**

Elemosina, Guido ¬de¬
→ **Guido ⟨de Elemosina⟩**

Elemosina, Johannes
→ **Johannes ⟨Elemosina⟩**

Elende Knabe, ¬Der¬
um 1459
Pseudonym; 4 Minnereden
VL(2),2,468/469
Der elende Knabe
Knabe, Der Elende
Knabe, Elende ¬der¬

Eleonora ⟨Arborea, Giudicessa⟩
→ **Eleonora ⟨d'Arborea⟩**

Eleonora ⟨Consort of Sigismund⟩
→ **Eleonore ⟨Österreich, Erzherzogin⟩**

Eleonora ⟨d'Arborea⟩
gest. ca. 1404
Mutmaßliche Verfasserin von Carta de logu de Arborea
Rep.Font. IV,307
Arborea, Eleonora ¬d'¬
Doria, Eleonora
Eleonora ⟨Arborea, Giudicessa⟩
Eleonora ⟨Doria⟩
Eléonore ⟨d'Arborée⟩
Eléonore ⟨Fille de Mariano⟩
Leonora ⟨d'Arborea⟩

Eleonora ⟨Doria⟩
→ **Eleonora ⟨d'Arborea⟩**

Eléonore ⟨d'Arborée⟩
→ **Eleonora ⟨d'Arborea⟩**

Eléonore ⟨de Poitiers⟩
→ **Aliénor ⟨de Poitiers⟩**

Eléonore ⟨Fille de Mariano⟩
→ **Eleonora ⟨d'Arborea⟩**

Eléonore ⟨Furne, Vicomtesse⟩
→ **Aliénor ⟨de Poitiers⟩**

Eleonore ⟨Österreich, Erzherzogin⟩
ca. 1433 – 1480
Pontus und Sidonia
VL(2),2,470/473; LMA,III,1809
Eleanor ⟨of Scotland⟩
Eleonora ⟨Consort of Sigismund⟩
Eleonore ⟨Stuart⟩
Eleonore ⟨Tirol, Gräfin⟩
Eleonore ⟨von Österreich⟩
Eleonore ⟨von Schottland⟩
Heleonora ⟨Österreich, Erzherzogin⟩
Heleonora ⟨Schottland, Königin⟩
Leonora ⟨Österreich, Erzherzogin⟩
Leonora ⟨Schottland, Königin⟩
Leonora ⟨Scotland, Queen⟩
Stuart, Eleonore

Eleonore ⟨Stuart⟩
→ **Eleonore ⟨Österreich, Erzherzogin⟩**

Eleonore ⟨Tirol, Gräfin⟩
→ **Eleonore ⟨Österreich, Erzherzogin⟩**

Eléonore ⟨Vicomtesse de Furne⟩
→ **Aliénor ⟨de Poitiers⟩**

Eleonore ⟨von Österreich⟩
→ **Eleonore ⟨Österreich, Erzherzogin⟩**

Eleonore ⟨von Schottland⟩
→ **Eleonore ⟨Österreich, Erzherzogin⟩**

Eleranus
→ **Aileranus ⟨Sapiens⟩**

Eleredus ⟨von Rievaulx⟩
→ **Aelredus ⟨Rievallensis⟩**

Eleuterius ⟨de Ubaldinis de Florentia⟩
→ **Lauterius ⟨de Baldinis⟩**

Eleutherius ⟨Tornacensis⟩
ca. 456 – ca. 531
Sermones; Oratio (angeblicher Verfasser; Werke stammen vermutlich aus 12./13. Jh.)
Cpl 1004 a
Eleuthère ⟨de Tournai⟩
Eleuthère ⟨Evêque⟩
Eleutherius ⟨Episcopus⟩
Eleutherius ⟨Sanctus⟩
Eleutherius ⟨Turnacensis⟩
Eleutherius ⟨von Tournai⟩
Pseudo-Eleutherius ⟨Tornacensis⟩

Elfricus ⟨Abbas⟩
→ **Aelredus ⟨Rievallensis⟩**

Elfricus ⟨Cantuariensis⟩
→ **Aelfricus ⟨Cantuariensis⟩**

Elfwardus
→ **Aethelwerdus**

Elgaudo ⟨di Fleury⟩
→ **Helgaldus ⟨Monachus⟩**

Elgote, Johannes
→ **Johannes ⟨Elgote⟩**

Elhen, Tileman
→ **Elhen von Wolfhagen, Tilemann**

Elhen von Wolfhagen, Tilemann
1347/48 – ca. 1420
Limburger Chronik
VL(2),2,474/78
Dilemann ⟨Schriber⟩
Ehlen, Tilemann
Ehlen von Wolfhagen, Tilemann
Elhen, Tileman
Elhen, Tilemann
Johannes ⟨Limpurgensis⟩
Tilemann ⟨Elhen von Wolfhagen⟩
Wolfhagen, Tilemann Elhen ¬von¬

Elia ⟨de Cortona⟩
→ **Elias ⟨de Cortona⟩**

Elia ⟨del Medigo⟩
→ **Delmedîgô, Ēliyyāhû**

Elia ⟨di Assisi⟩
→ **Elias ⟨de Cortona⟩**

Elia ⟨di Gerusalemme⟩
→ **Helias ⟨Hierosolymitanus⟩**

Elia ⟨Frate⟩
→ **Elias ⟨de Cortona⟩**

Elia ⟨of Soba⟩
→ **Elyā Bar-Šinayā**

Elia ⟨von Novgorod⟩
→ **Ilija ⟨Novgorodskij⟩**

Eliaco, Petrus ¬de¬
→ **Petrus ⟨de Alliaco⟩**

Elias ⟨Abbas⟩
→ **Elias ⟨de Coxida⟩**

Elias ⟨Alexandrinus⟩
→ **Elias ⟨Philosophus⟩**

Elias ⟨Archbishop⟩
→ **Elias ⟨Cretensis⟩**

Elias ⟨Asceticus⟩
→ **Elias ⟨Ecdicus⟩**

Elias ⟨Assisiensis⟩
→ **Elias ⟨de Cortona⟩**

Elias ⟨Bar Shinâyâ⟩
→ **Elyā Bar-Šinayā**

Elias ⟨Bruneti⟩
um 1246/56 · OP
Excerpta
Kaeppeli,I,363; Schönberger/Kible, Repertorium, 12608
Brageriaco, Elias ¬de¬
Brunet, Elie
Bruneti, Elias
Elias ⟨Bruneti de Brageriaco⟩
Elias ⟨Bruneti Petragoricensis⟩
Elias ⟨Bruneti Petrocoriensis⟩
Elias ⟨Brunetti de Brageriaco⟩
Elias ⟨de Brageriaco⟩
Elie ⟨Brunet⟩
Elie ⟨Brunet de Bergerac⟩

Elias ⟨Cairel⟩
→ **Cairel, Elias**

Elias ⟨Cardinal⟩
→ **Bourdeille, Elias ¬de¬**

Elias ⟨Cardinalis⟩
→ **Elias ⟨de Sancto Heredio⟩**

Elias ⟨Clericus⟩
→ **Elias ⟨Salomonis⟩**

Elias ⟨Cluniacensis⟩
→ **Elias ⟨de Sancto Heredio⟩**

Elias ⟨Cortonensis⟩
→ **Elias ⟨de Cortona⟩**

Elias ⟨Coxidius⟩
→ **Elias ⟨de Coxida⟩**

Elias ⟨Cretensis⟩
12. Jh.
Scholia in Gregorium Nazianzenum
Cpg 3028; LMA,III,1824
Elias ⟨Archbishop⟩
Elias ⟨Erzbischof⟩
Elias ⟨Metropolit⟩
Elias ⟨Metropolitan⟩
Elias ⟨of Crete⟩
Elias ⟨von Kreta⟩
Elie ⟨Commentateur⟩
Elie ⟨de Crète⟩

Elias ⟨de Annibaldis⟩
gest. 1367 · OFM
Apokalypse-Kommentar
Stegmüller, Repert. bibl. 2231
Annibaldis, Elias ¬de¬
Elias ⟨Uticensis⟩

Elias ⟨de Barjols⟩
12./13. Jh.
Troubadour
LMA,III,1827
Barjols, Elias ¬de¬
Elie ⟨de Barjols⟩
Elie ⟨Troubadour⟩

Elias ⟨de Bourdeille⟩
→ **Bourdeille, Elias ¬de¬**

Elias ⟨de Brageriaco⟩
→ **Elias ⟨Bruneti⟩**

Elias ⟨de Cortona⟩
ca. 1180 – 1253 · OFM
Epistola ad fratres Valencenenses; Epistola encyclica de transitu S. Francisci ad omnes provincias ordinis missa
Rep.Font. V,404; LMA,III,1826/27
Cortona, Elias ¬de¬
Elia ⟨de Cortona⟩

Elia ⟨di Assisi⟩
Elia ⟨Frate⟩
Elias ⟨Assisiensis⟩
Elias ⟨Cortonensis⟩
Elias ⟨von Cortona⟩
Elie ⟨de Cortone⟩
Elie ⟨d'Assise⟩
Elisa ⟨Cortonensis⟩
Helias ⟨Frater⟩

Elias ⟨de Coxida⟩
gest. 1203 · OCist
Schneyer,II,32
Coxida, Elias ¬de¬
Elias ⟨Abbas⟩
Elias ⟨Coxidius⟩
Elias ⟨des Dunes⟩
Elias ⟨Dunensis⟩
Elias ⟨van Koksijde⟩
Elias ⟨van Kotssijde⟩
Elie ⟨Coxyde⟩
Elie ⟨de Coxida⟩
Elie ⟨de Coxide⟩
Elie ⟨des Dunes⟩

Elias ⟨de Nabinalis⟩
→ **Elias ⟨de Nabulano⟩**

Elias ⟨de Nabulano⟩
gest. 1363/67
Apoc.
Stegmüller, Repert. bibl. 2232
Elias ⟨de Nabinalis⟩
Elias ⟨Nabinalis⟩
Elias ⟨Nicosiensis Archiepiscopus⟩
Elie ⟨de Nabinal⟩
Nabinal, Elie ¬de¬
Nabulano, Elias ¬de¬

Elias ⟨de Saint-Astier de Périgueux⟩
→ **Elias ⟨Salomonis⟩**

Elias ⟨de Sancto Heredio⟩
gest. 1367 · OSB
Stegmüller, Repert. bibl. 2233
Elias ⟨Cardinalis⟩
Elias ⟨Cluniacensis⟩
Elias ⟨de Sancto Iredio⟩
Elias ⟨Lemovicensis⟩
Elie ⟨de Saint-Evroul⟩
Elie ⟨de Saint-Yrieix⟩
Elie ⟨de Saint-Yriex⟩
Elie ⟨de Santo Aredio⟩
Sancto Heredio, Elias ¬de¬

Elias ⟨de Sancto Iredio⟩
→ **Elias ⟨de Sancto Heredio⟩**

Elias ⟨del Medigo⟩
→ **Delmedîgô, Ēliyyāhû**

Elias ⟨des Dunes⟩
→ **Elias ⟨de Coxida⟩**

Elias ⟨Dunensis⟩
→ **Elias ⟨de Coxida⟩**

Elias ⟨d'Ussel⟩
12./13. Jh.
Troubadour
LMA,III,1827/28
Elie ⟨d'Uissel⟩
Elie ⟨Troubadour⟩
Ussel, Elias ¬d'¬

Elias ⟨Ecdicus⟩
11./12. Jh.
Anthologikon gnomikon philosophon spudaion; Angeblicher Verfasser der „Capita de ieiunio" (PG 127, 1129-1176)
Cpg 6080; LMA,III,1824/25
Ecdicius ⟨Cretensis⟩
Ecdicus, Elias
Elias ⟨Asceticus⟩
Elias ⟨Ecdicus Cretensis⟩
Elias ⟨Ekdikos⟩
Elias ⟨Ekdikos aus Kreta⟩
Elias ⟨Iurisperitus⟩
Elias ⟨Poeta⟩
Elias ⟨Presbyter⟩
Elias ⟨von Kreta⟩
Elie ⟨de Crète⟩
Elie ⟨Ecdicus⟩

Elias ⟨Episcopus⟩
→ **Ilija ⟨Novgorodskij⟩**

Elias ⟨Erzbischof⟩
→ **Elias ⟨Cretensis⟩**

Elias ⟨Forbassi⟩
um 1445 · OFM
Commentarium super Aristotelem
Lohr
Elie ⟨Forbassus⟩
Forbassi, Elias
Forbassus, Elie

Elias ⟨Hebraeus⟩
→ **Delmedîgô, Ēliyyāhû**

Elias ⟨Hierosolymitanus⟩
→ **Helias ⟨Hierosolymitanus⟩**

Elias ⟨Hierosolymitanus⟩
6. bzw. 8. Jh.
Cantica
Lampe, Patristic Greek Lexicon
Elias ⟨von Jerusalem⟩
Elie ⟨de Jérusalem⟩
Hierosolymitanus, Elias

Elias ⟨Iurisperitus⟩
→ **Elias ⟨Ecdicus⟩**

Elias ⟨Kirchendichter⟩
→ **Elias ⟨Syncellus⟩**

Elias ⟨le Mastre⟩
→ **Helias Rubeus ⟨Tripolanensis⟩**

Elias ⟨Lemovicensis⟩
→ **Elias ⟨de Sancto Heredio⟩**

Elias ⟨Mar⟩
→ **Elyā Bar-Šinayā**

Elias ⟨Metropolit⟩
→ **Elias ⟨Cretensis⟩**

Elias ⟨Metropolita Nisibenus⟩
→ **Elyā Bar-Šinayā**

Elias ⟨Musicographe⟩
→ **Elias ⟨Salomonis⟩**

Elias ⟨Nabinalis⟩
→ **Elias ⟨de Nabulano⟩**

Elias ⟨Neoplatonicus⟩
→ **Elias ⟨Philosophus⟩**

Elias ⟨Nicosiensis Archiepiscopus⟩
→ **Elias ⟨de Nabulano⟩**

Elias ⟨Novgorodiensis⟩
→ **Ilija ⟨Novgorodskij⟩**

Elias ⟨of Crete⟩
→ **Elias ⟨Cretensis⟩**

Elias ⟨of Soba⟩
→ **Elyā Bar-Šinayā**

Elias ⟨of Thriplow⟩
→ **Helias Rubeus ⟨Tripolanensis⟩**

Elias ⟨Perigordensis⟩
→ **Elias ⟨Salomonis⟩**

Elias ⟨Philosoph⟩
→ **Elias ⟨Philosophus⟩**

Elias ⟨Philosophus⟩
6. Jh.
Elias ⟨Alexandrinus⟩
Elias ⟨Neoplatonicus⟩
Elias ⟨Philosoph⟩
Helias ⟨Philosophus⟩
Philosophus, Elias
Pseudo-David

Elias ⟨Poeta⟩
→ **Elias ⟨Ecdicus⟩**

Elias ⟨Presbyter⟩
→ **Elias ⟨Ecdicus⟩**

Elias ⟨Raimundi⟩
gest. 1389 · OP
Litterae confraternitatis spiritualis pro fraternitate S. Petri m. Narbonae; Litterae encyclicae ad Ord. Praed.; Litterae confraternitatis spiritualis pro fraternitate B. Mariae V. de Imola; etc.
Kaeppeli,I,365/366
Elias ⟨Raimundi Petragoricensis⟩
Elie ⟨de Raymond⟩
Elie ⟨Raymond de Périgueux⟩
Raimundi, Elias
Raymond, Elie ¬de¬

Elias ⟨Salomonis⟩
um 1274
Scientia artis musicae
Elias ⟨Clericus⟩
Elias ⟨de Saint-Astier de Périgueux⟩
Elias ⟨Musicographe⟩
Elias ⟨Perigordensis⟩
Elias ⟨Salomon⟩
Elie ⟨Salomon⟩
Salomon, Elie
Salomonis, Elias

Elias ⟨Syncellus⟩
8. Jh.
Elias ⟨Kirchendichter⟩
Elias ⟨Synkellos⟩
Elie ⟨le Syncelle⟩
Helias ⟨Synkellos⟩
Syncellus, Elias

Elias ⟨Tripolanensis⟩
→ **Helias Rubeus ⟨Tripolanensis⟩**

Elias ⟨Uticensis⟩
→ **Elias ⟨de Annibaldis⟩**

Elias ⟨van Koksijde⟩
→ **Elias ⟨de Coxida⟩**

Elias ⟨van Kotssijde⟩
→ **Elias ⟨de Coxida⟩**

Elias ⟨von Cortona⟩
→ **Elias ⟨de Cortona⟩**

Elias ⟨von Jerusalem⟩
→ **Elias ⟨Hierosolymitanus⟩**

Elias ⟨von Kreta⟩
→ **Elias ⟨Cretensis⟩**
→ **Elias ⟨Ecdicus⟩**

Elias ⟨von Nisibis⟩
→ **Elyā Bar-Šinayā**

Elias ⟨Wrench⟩
Lebensdaten nicht ermittelt
Job metrice
Stegmüller, Repert. bibl. 2234
Wrench, Elias

Élie ⟨Bar-Sinaja⟩
→ **Elyā Bar-Šinayā**

Elie ⟨Brunet⟩
→ **Elias ⟨Bruneti⟩**

Elie ⟨Commentateur⟩
→ **Elias ⟨Cretensis⟩**

Elie ⟨Coxyde⟩
→ **Elias ⟨de Coxida⟩**

Élie ⟨d'Anbar⟩
→ **Ēliyā ⟨von Anbār⟩**

Elie ⟨d'Assise⟩
→ **Elias ⟨de Cortona⟩**

Elie ⟨de Barjols⟩
→ **Elias ⟨de Barjols⟩**

Elie ⟨de Boulhac⟩
→ **Helias ⟨de Boulhac⟩**

Elie ⟨de Cadouin⟩
→ **Helias ⟨de Boulhac⟩**

Elie ⟨de Cortone⟩
→ **Elias ⟨de Cortona⟩**

Elie ⟨de Coxida⟩
→ **Elias ⟨de Coxida⟩**

Elie ⟨de Crète⟩
→ **Elias ⟨Cretensis⟩**
→ **Elias ⟨Ecdicus⟩**

Elie ⟨de Jérusalem⟩
→ **Elias ⟨Hierosolymitanus⟩**
→ **Helias ⟨Hierosolymitanus⟩**

Elie ⟨de Nabinal⟩
→ **Elias ⟨de Nabulano⟩**

Elie ⟨de Périgueux⟩
→ **Bourdeille, Elias ¬de¬**

Elie ⟨de Raymond⟩
→ **Elias ⟨Raimundi⟩**

Elie ⟨de Sainte-Lucie⟩
→ **Bourdeille, Elias ¬de¬**

Elie ⟨de Saint-Evroul⟩
→ **Elias ⟨de Sancto Heredio⟩**

Elie ⟨de Saint-Marcel à Cahors⟩
→ **Helias ⟨de Boulhac⟩**

Elie ⟨de Saint-Yrieix⟩
→ **Elias ⟨de Sancto Heredio⟩**

Elie ⟨de Santo Aredio⟩
→ **Elias ⟨de Sancto Heredio⟩**

Elie ⟨de Tours⟩
→ **Bourdeille, Elias ¬de¬**

Elie ⟨de Winchester⟩
12. Jh.
Elie ⟨de Wincester⟩
Elie ⟨de Wincestre⟩
Elie ⟨le Maître⟩
Elie ⟨Maistre⟩
Helys ⟨of Winchester⟩
Winchester, Elie ¬de¬

Elie ⟨del Medigo⟩
→ **Delmedîgô, Ēliyyāhû**

Elie ⟨des Dunes⟩
→ **Elias ⟨de Coxida⟩**

Elie ⟨d'Uissel⟩
→ **Elias ⟨d'Ussel⟩**

Elie ⟨Ecdicus⟩
→ **Elias ⟨Ecdicus⟩**

Elie ⟨Forbassus⟩
→ **Elias ⟨Forbassi⟩**

Elie ⟨le Maître⟩
→ **Elie ⟨de Winchester⟩**

Elie ⟨le Syncelle⟩
→ **Elias ⟨Syncellus⟩**

Elie ⟨Maistre⟩
→ **Elie ⟨de Winchester⟩**

Elie ⟨Patriarche, III.⟩
→ **Helias ⟨Hierosolymitanus⟩**

Elie ⟨Raymond de Périgueux⟩
→ **Elias ⟨Raimundi⟩**

Elie ⟨Salomon⟩
→ **Elias ⟨Salomonis⟩**

Elie ⟨Talleyrand⟩
→ **Talleyrand ⟨de Périgord⟩**

Elie ⟨Troubadour⟩
→ **Elias ⟨de Barjols⟩**
→ **Elias ⟨d'Ussel⟩**

Elieser ⟨Ben Joel ha-Levi⟩
→ **Elî'ezer Ben-Yô'ēl hal-Lēwî**

Elî'ezer Ben-Nātān
ca. 1090 – ca. 1170
Sēfer Raban
LMA,III,1828/29
Elieser ⟨Ben Natan⟩
Elî'ezer ⟨Ben-Nātān⟩
Raban

Elî'ezer Ben-Yô'ēl hal-Lēwî
1140 – 1225
Sēfer Râbî'ā
LMA,III,1828
Elieser ⟨Ben Joel ha-Levi⟩
Elî'ezer ⟨Ben-Yô'ēl⟩
Rābî'ā

Eligius ⟨Noviomensis⟩
ca. 590 – 660
Vielleicht Verfasser von „Sermo seu instructio rusticorum"; Brief von/an Desiderius ⟨Cadurcensis⟩; Homiliae
Cpl 1163;1303;2094; LMA,III,1829/30
Eligius ⟨Bischof⟩
Eligius ⟨Episcopus⟩
Eligius ⟨Sanctus⟩
Eligius ⟨von Noyon⟩
Elogius ⟨Noviomensis⟩
Eloi ⟨de Noyon⟩
Eloi ⟨Saint⟩
Elooi ⟨von Noyon⟩
Eloy ⟨von Noyon⟩
Eulogius ⟨Noviomensis⟩
Eulogius ⟨Veromandensis⟩
Pseudo-Eligius ⟨Noviomensis⟩

Eligius ⟨Sanctus⟩
→ **Eligius ⟨Noviomensis⟩**

Ēlijā ⟨von Anbār⟩
→ **Ēliyā ⟨von Anbār⟩**

Elijah ⟨ben Moses⟩
→ **Delmedîgô, Ēliyyāhû**

Elimandus ⟨Monachus⟩
→ **Hélinant ⟨de Froidmont⟩**

Elimundus
→ **Osmundus ⟨Sarisberiensis⟩**

Elin, Jean
→ **Johannes ⟨Elinus⟩**

Elinandus ⟨de Perseigne⟩
→ **Hélinant ⟨de Froidmont⟩**

Elinus, Johannes
→ **Johannes ⟨Elinus⟩**

Elipandus ⟨Toletanus⟩
717 – ca. 800
LThK; CSGL; LMA,III,1830/31
Elipando ⟨of Toledo⟩
Elipandus ⟨Archiepiscopus⟩
Elipandus ⟨von Toledo⟩
Elipantus ⟨of Toledo⟩
Eliphandus ⟨Toletanus⟩
Toletanus, Elipandus

Eliphat, Robertus
→ **Robertus ⟨Eliphat⟩**

Elisa ⟨Cortonensis⟩
→ **Elias ⟨de Cortona⟩**

Elisabeth ⟨Abbatissa⟩
→ **Elisabeth ⟨Schonaugiensis⟩**

Elisabeth ⟨Achler⟩
→ **Elisabeth ⟨von Reute⟩**

Elisabeth ⟨de Bouillon⟩
→ **Elisabeth ⟨Nassau-Saarbrücken, Gräfin⟩**

Elisabeth ⟨de Hongrie⟩
→ **Elisabeth ⟨Thüringen, Landgräfin⟩**

Elisabeth ⟨de Nassau⟩
→ **Elisabeth ⟨Nassau-Saarbrücken, Gräfin⟩**

Elisabeth ⟨de Reuthe⟩
→ **Elisabeth ⟨von Reute⟩**

Elisabeth ⟨de Schönau⟩
→ **Elisabeth ⟨Schonaugiensis⟩**

Elisabeth ⟨de Thuringe⟩
→ **Elisabeth ⟨Thüringen, Landgräfin⟩**

Elisabeth ⟨d'Eicken⟩
→ **Elsbeth ⟨von Oye⟩**

Elisabeth ⟨d'Hongrie⟩
→ **Erszébet ⟨Magyarország, Hercegnö⟩**

Elisabeth ⟨d'Ottenbach⟩
→ **Elsbeth ⟨von Oye⟩**

Elisabeth ⟨Fille de Wladislas-Loketek⟩
→ **Elżbieta ⟨Polska, Królowa⟩**

Elisabeth ⟨Heilige⟩
→ **Elisabeth ⟨Portugal, Rainha⟩**
→ **Elisabeth ⟨Thüringen, Landgräfin⟩**

Elisabeth ⟨Kempf⟩
→ **Kempf, Elisabeth**

Elisabeth ⟨la Bonne⟩
→ **Elisabeth ⟨von Reute⟩**

Elisabeth ⟨Nassau-Saarbrücken, Gräfin⟩
ca. 1393 – 1456
VL(2); LMA,III,1836/37
Elisabeth ⟨de Bouillon⟩
Elisabeth ⟨de Nassau⟩
Elisabeth ⟨von Lothringen⟩
Elisabeth ⟨von Nassau-Saarbrücken⟩

Elisabeth ⟨Polen, Königin⟩
→ **Elżbieta ⟨Polska, Królowa⟩**

Elisabeth ⟨Portugal, Rainha⟩
1271 – 1336
Elisabeth ⟨Heilige⟩
Elisabeth ⟨Sancta⟩
Elisabeth ⟨von Aragon⟩
Elisabeth ⟨von Portugal⟩
Elisabetha ⟨Aragonensis⟩

Elisabeth ⟨Sancta⟩
→ **Elisabeth ⟨Portugal, Rainha⟩**

Elisabeth ⟨Schonaugiensis⟩
1129 – ca. 1164
LThK; CSGL; LMA,III,1842/43
Elisabeth ⟨Abbatissa⟩
Elisabeth ⟨de Schönau⟩
Elisabeth ⟨Schoenaugiensis⟩
Elisabeth ⟨von Schönau⟩
Elisabetha ⟨Schoenaugiensis⟩
Elisabetha ⟨Schonaugiensis⟩
Elisabetha ⟨Virgo⟩
Elisabetta ⟨di Schönau⟩
Elizabeth ⟨of Schönau⟩
Elizabeth ⟨Schoenaugiensis⟩
Elizabetha ⟨Schoenaugiensis⟩
Elizabetha ⟨Schonaugiensis⟩
Helisabeth ⟨Abbatissa⟩

Elisabeth ⟨Stagel⟩
→ **Stagel, Elisabeth**

Elisabeth ⟨Thüringen, Landgräfin⟩
1207 – 1231
LMA,III,1838/42
Alzbeta ⟨Landhrabenska Durinska⟩
Alzbeta ⟨Svata⟩
Elisabeth ⟨de Hongrie⟩
Elisabeth ⟨de Thuringe⟩
Elisabeth ⟨Heilige⟩
Elisabeth ⟨Thuringe, Duchesse⟩
Elisabeth ⟨Ungarn, Prinzessin⟩
Elisabeth ⟨von Thüringen⟩
Elisabeth ⟨von Ungarn⟩
Elisabetha ⟨Thuringia, Landgravia⟩
Elisabetta ⟨di Thuringia⟩
Elisabetta ⟨d'Ungaria⟩
Elizabeth ⟨of Hungary⟩
Elysabeth ⟨of Hungary⟩
Izabel ⟨de Ungaria⟩

Elisabeth ⟨Ungarn, Prinzessin⟩
→ **Elisabeth ⟨Thüringen, Landgräfin⟩**
→ **Erszébet ⟨Magyarország, Hercegnö⟩**

Elisabeth ⟨von Aragon⟩
→ **Elisabeth ⟨Portugal, Rainha⟩**

Elisabeth ⟨von Kirberg⟩
→ **Elisabeth ⟨von Kirchberg⟩**

Elisabeth ⟨von Kirchberg⟩
um 1296 · OP
Irmegard-Vita; Kirchberger Schwesternbuch; Ulmer Schwesternbuch
VL(2),2,479/482
Elisabeth ⟨von Kirberg⟩
Kirchberg, Elisabeth ¬von¬

Elisabeth ⟨von Lothringen⟩
→ **Elisabeth ⟨Nassau-Saarbrücken, Gräfin⟩**

Elisabeth ⟨von Nassau-Saarbrücken⟩
→ **Elisabeth ⟨Nassau-Saarbrücken, Gräfin⟩**

Elisabeth ⟨von Portugal⟩
→ **Elisabeth ⟨Portugal, Rainha⟩**

Elisabeth ⟨von Reute⟩
1386 – 1420
LMA,III,1842
Achler, Elisabeth
Achler, Elsbeth
Beth ⟨die Gute⟩
Beth ⟨von Reute⟩
Betha ⟨Reuthin⟩
Betha ⟨von Reute⟩
Elisabeth ⟨Achler⟩
Elisabeth ⟨Achler von Reute⟩
Elisabeth ⟨de Reuthe⟩
Elisabeth ⟨la Bonne⟩
Elsbeth ⟨Achler⟩
Gute Betha
Reute, Beth ¬von¬
Reute, Betha ¬von¬
Reute, Elisabeth ¬von¬

Elisabeth ⟨von Schönau⟩
→ **Elisabeth ⟨Schonaugiensis⟩**

Elisabeth ⟨von Thüringen⟩
→ **Elisabeth ⟨Thüringen, Landgräfin⟩**

Elisabeth ⟨von Ungarn⟩
→ **Elisabeth ⟨Thüringen, Landgräfin⟩**
→ **Erszébet ⟨Magyarország, Hercegnö⟩**

Elisabetha ⟨Aragonensis⟩
→ **Elisabeth ⟨Portugal, Rainha⟩**

Elisabetha ⟨Polonia, Regina⟩
→ **Elżbieta ⟨Polska, Królowa⟩**

Elisabetha ⟨Schonaugiensis⟩
→ **Elisabeth ⟨Schonaugiensis⟩**

Elisabetha ⟨Thuringia, Landgravia⟩
→ **Elisabeth ⟨Thüringen, Landgräfin⟩**

Elisabetha ⟨Virgo⟩
→ **Elisabeth ⟨Schonaugiensis⟩**

Elisabetta ⟨di Schönau⟩
→ **Elisabeth ⟨Schonaugiensis⟩**

Elisabetta ⟨di Thuringia⟩
→ **Elisabeth ⟨Thüringen, Landgräfin⟩**

Elisabetta ⟨d'Ungaria⟩
→ **Elisabeth ⟨Thüringen, Landgräfin⟩**

Elisagar
→ **Helisachar ⟨Andegavensis⟩**

Elisée ⟨della Manna⟩
→ **Eliseus ⟨de la Manna⟩**

Eliseo ⟨della Manna⟩
→ **Eliseus ⟨de la Manna⟩**

Eliseo ⟨Dellamanna⟩
→ **Eliseus ⟨de la Manna⟩**

Eliseus ⟨de la Manna⟩
um 1431
Victoria Cremonensium in navali bello
Rep.Font. IV,313
Elisée ⟨della Manna⟩
Eliseo ⟨della Manna⟩
Eliseo ⟨Dellamanna⟩
Manna, Elisée ¬della¬
Manna, Eliseo ¬della¬
Manna, Eliseus ¬de la¬

El-Issthachri, Abu Ishaq el-Faresi
→ **Iṣṭaḫrī, Ibrāhīm Ibn-Muḥammad ¬al-¬**

Eliyā ⟨bar Šīnāyā⟩
→ **Elyā Bar-Šinayā**

Ēliyā ⟨von Anbār⟩
10. Jh.
Élie ⟨d'Anbar⟩
Ēlijā ⟨von Anbār⟩

Ēliyyāhû ⟨Delmedīgô⟩
→ **Delmedīgô, Ēliyyāhû**

Elizabeth ⟨of Hungary⟩
→ **Elisabeth ⟨Thüringen, Landgräfin⟩**
→ **Erszébet ⟨Magyarország, Hercegnö⟩**

Elizabeth ⟨of Schönau⟩
→ **Elisabeth ⟨Schonaugiensis⟩**

Elizabeth ⟨Saint⟩
→ **Erszébet ⟨Magyarország, Hercegnö⟩**

Elizabeth ⟨von Töss⟩
→ **Erszébet ⟨Magyarország, Hercegnö⟩**

Ellenbog, Ulrich
1435 – 1499
VL(2); LMA,III,1846/47
Ulric ⟨d'Ellenbogen⟩
Ulrich ⟨Ellenbog⟩
Ulrich ⟨von Ellenbog⟩

Ellenbogen, Johannes ¬de¬
→ **Johannes ⟨de Cubito⟩**

Ellenbrechtskirchen, Wolfger ¬von¬
→ **Wolfgerus ⟨Ellenbrechtskirchensis⟩**

Ellenhard
→ **Ellenhardus**

Ellenhardus
gest. 1304
LMA,III,1847/48
Ellenhard
Ellenhard ⟨der Große⟩
Ellenhard ⟨l'Ancien⟩
Ellenhard ⟨Magnus⟩
Ellenhard ⟨of Strasbourg⟩
Ellenhard ⟨von Straßburg⟩
Ellenhardus ⟨Magnus⟩
Ellenhardus ⟨of Strasbourg⟩
Elnhardus

Ellentreich
→ **Ehrentreich**

Ellingerus ⟨Tegernseensis⟩
ca. 975 – 1056
CSGL
Ellinger ⟨von Tegernsee⟩

Elluchasem Elimithar
→ **Ibn-Buṭlān, al-Muḫtār Ibn-al-Ḥasan**

Elmacinus, Georgius
→ **Makīn Ibn-al-ʿAmīd, Ǧirǧīs ¬al-¬**

Elmacius, Georgius
→ **Makīn Ibn-al-ʿAmīd, Ǧirǧīs ¬al-¬**

Elmazin, Georg
→ **Makīn Ibn-al-ʿAmīd, Ǧirǧīs ¬al-¬**

Elmendorf, Werner ¬von¬
→ **Werner ⟨von Elmendorf⟩**

Elmer ⟨de Cantorbéry⟩
→ **Elmerus ⟨Cantuariensis⟩**

Elmericus ⟨Carnotensis⟩
→ **Amalricus ⟨de Bena⟩**

Elmericus ⟨de Bena⟩
→ **Amalricus ⟨de Bena⟩**

Elmerus ⟨Cantuariensis⟩
gest. 1137 · OSB
Epistolae
Rep.Font. IV,314; DOC,1,666
Elmer ⟨de Cantorbéry⟩
Elmerus ⟨Prior Cantuariensis⟩
Herlewin

Elmham, Thomas ¬de¬
→ **Thomas ⟨de Elmham⟩**

Elmindorf, Wernher ¬von¬
→ **Werner ⟨von Elmendorf⟩**

Elnhardus
→ **Ellenhardus**

Elogius ⟨Noviomensis⟩
→ **Eligius ⟨Noviomensis⟩**

Eloi ⟨de Noyon⟩
→ **Eligius ⟨Noviomensis⟩**

Eloi ⟨Saint⟩
→ **Eligius ⟨Noviomensis⟩**

Eloisa
→ **Héloïse**

Eloy ⟨von Noyon⟩
→ **Eligius ⟨Noviomensis⟩**

Elphistonus, Robertus
→ **Robertus ⟨Elphistonus⟩**

Elpide ⟨Evêque⟩
→ **Helpidius ⟨Episcopus⟩**

Elpidio ⟨Rustico⟩
→ **Rusticius ⟨Helpidius⟩**

Elpidius ⟨Domnulus⟩
→ **Rusticius ⟨Helpidius⟩**

Elpidius, Rusticius
→ **Rusticius ⟨Helpidius⟩**

Elpis ⟨Sicula⟩
7. Jh.
Hymni in honorem SS. Petri et Pauli
Cpl 1539
Elpis
Elpis ⟨Boethii Uxor⟩
Elpis ⟨de Sicile⟩
Elpis ⟨Femme de Boèce⟩
Elpis ⟨Poète⟩
Helpis
Sicula, Elpis

Elredus ⟨Abbas⟩
→ **Aelredus ⟨Rievallensis⟩**

Elsäßischer Anonymus
14. Jh.
Der Streit um Eppes Axt; Der gestohlene Schinken; Hatto der Mäher
VL(2),2,508
Anonymus ⟨Elsäßischer⟩

Elsbeth ⟨ab Eicken⟩
→ **Elsbeth ⟨von Oye⟩**

Elsbeth ⟨Achler⟩
→ **Elisabeth ⟨von Reute⟩**

Elsbeth ⟨de Oegge⟩
→ **Elsbeth ⟨von Oye⟩**

Elsbeth ⟨Stagel⟩
→ **Stagel, Elisabeth**

Elsbeth ⟨von Eiken⟩
→ **Elsbeth ⟨von Oye⟩**

Elsbeth ⟨von Ey⟩
→ **Elsbeth ⟨von Oye⟩**

Elsbeth ⟨von Oye⟩
um 1290/1340 · OP
Lebensbericht und Offenbarungen
VL(2),2,511/514; Rep.Font. IV,293; LMA,III,1860
Eiken, Elsbeth ¬von¬
Elisabeth ⟨d'Eicken⟩
Elisabeth ⟨d'Ottenbach⟩
Elsbeth ⟨ab Eicken⟩
Elsbeth ⟨de Oegge⟩
Elsbeth ⟨von Eiken⟩
Elsbeth ⟨von Ey⟩
Oye, Elsbeth ¬von¬

Elswardus
→ **Aethelwerdus**

Elten, Gerardus ¬de¬
→ **Gerardus ⟨Eltensis⟩**

Eluchasen Elimitar
→ **Ibn-Buṭlān, al-Muḫtār Ibn-al-Ḥasan**

Elwardus
→ **Aethelwerdus**

Elwerd
→ **Aethelwerdus**

Elyā Bar-Šinayā
975 – ca. 1049
Chronographie
LMA,III,1845
Bar-Šinaya, Elyā
Elia ⟨of Soba⟩
Elias ⟨Bar Shinâyâ⟩
Elias ⟨Barsinaja⟩
Elias ⟨Mar⟩
Elias ⟨Metropolita Nisibenus⟩
Elias ⟨Metropolitan of Nisibis⟩
Elias ⟨of Soba⟩
Elias ⟨von Nisibis⟩
Élie ⟨Bar-Sinaja⟩
Eliyā ⟨bar Šīnāyā⟩
Elyā ⟨Bar-Šinayā⟩
Mar Elia

Elymandus ⟨Monachus⟩
→ **Hélinant ⟨de Froidmont⟩**

Elżbieta ⟨Polska, Królowa⟩
gest. 1381
Möglicherweise Verf. von „De institutione regii pueri"
Rep.Font. IV,311; LMA,III,1835
Elisabeth ⟨Fille de Wladislas-Loketek⟩
Elisabeth ⟨Polen, Königin⟩
Elisabeth ⟨Pologne, Régente⟩
Elisabetha ⟨Polonia, Regina⟩

Emanuel ⟨Georgilla⟩
→ **Geōrgillas, Emmanuēl**

Emanuel ⟨Mediolanensis⟩
→ **Emmanuel ⟨Mediolanensis⟩**

Emanuēl ⟨Moschopulos⟩
→ **Manuel ⟨Moschopulus⟩**

Emanuele ⟨Greco⟩
14./15. Jh.
Chronologia Ducis Hervoye (Opus deperditum saec. XIV-XV exaratum)
Rep.Font. IV,316
Greco, Emanuele

Embricho ⟨Bischof⟩
→ **Embricho ⟨Wurceburgensis⟩**

Embricho ⟨Moguntinensis⟩
1010 – 1077
Tusculum-Lexikon; LMA,III,1878/79
Embricho ⟨von Mainz⟩
Embrico ⟨de Leiningen⟩
Embrico ⟨Moguntinensis⟩
Embrico ⟨von Mainz⟩
Embricon ⟨de Mayence⟩
Embricon ⟨of Mainz⟩

Embricho ⟨von Mainz⟩
→ **Embricho ⟨Moguntinensis⟩**

Embricho ⟨von Würzburg⟩
→ **Embricho ⟨Wurceburgensis⟩**

Embricho ⟨Wurceburgensis⟩
gest. 1146
Confessio; Sermo in exsequiis S. Ottonis; Lessus poenitentis
LMA,III,1878; VL(2),2,517/18; Rep.Font. VI,230
Embricho ⟨Bischof⟩
Embricho ⟨von Würzburg⟩
Embricho ⟨Wirceburgensis⟩
Embrico ⟨Wirceburgensis⟩
Embricon ⟨de Leiningen⟩
Embricon ⟨de Wurtzbourg⟩
Imbricho ⟨Episcopus⟩
Imbricho ⟨Wirzeburgensis⟩
Imbrico ⟨von Würzburg⟩

Embrico ⟨de Leiningen⟩
→ **Embricho ⟨Moguntinensis⟩**

Embrico ⟨Moguntinensis⟩
→ **Embricho ⟨Moguntinensis⟩**

Embrico ⟨von Mainz⟩
→ **Embricho ⟨Moguntinensis⟩**

Embrico ⟨Wirceburgensis⟩
→ **Embricho ⟨Wurceburgensis⟩**

Embricon ⟨de Leiningen⟩
→ **Embricho ⟨Wurceburgensis⟩**

Embricon ⟨de Mayence⟩
→ **Embricho ⟨Moguntinensis⟩**

Embricon ⟨de Wurtzbourg⟩
→ **Embricho ⟨Wurceburgensis⟩**

Embricon ⟨of Mainz⟩
→ **Embricho ⟨Moguntinensis⟩**

Emchardus
→ **Einhardus**

Emecho ⟨Schonaugiensis⟩
gest. ca. 1197 · OSB
Saltatio devota; Vita Eckberti abbatis Schoenaugiensis
VL(2),2,518/19; Rep.Font. IV,314
Emecho ⟨Abbas, III.⟩
Emecho ⟨Abt, III.⟩
Emecho ⟨Schoenaugiensis⟩
Emecho ⟨von Schönau⟩
Emicho ⟨Schoenaugiensis⟩
Emichon ⟨de Schönau⟩

Emerich, Georgius
um 1465
Descriptio peregrinationis ad Terram sanctam a 1465
Rep.Font. IV,316
Emerich, Georg
Emmerich, Georg
Emmerich, Georges
Georg ⟨Emerich⟩
Georg ⟨Emmerich⟩
Georges ⟨Emmerich⟩
Georgius ⟨Emerich⟩
Georgius ⟨Emmerichius⟩

Emerich, Johann
→ **Emmerich, Johann**

Emesenus, Athanasius
→ **Athanasius ⟨Emesenus⟩**

Emich, Matthias
→ **Matthias ⟨Emich⟩**

Emicho ⟨Schoenaugiensis⟩
→ **Emecho ⟨Schonaugiensis⟩**

Emiliano, Giovanni Stefano
→ **Aemilianus, Johannes Stephanus**

Emilianus ⟨de Spoleto⟩
→ **Milianus ⟨de Spoleto⟩**

Emilien ⟨d'Aragon⟩
→ **Aemilianus ⟨Cucullatus⟩**

Emilien ⟨de Tarazona⟩
→ **Aemilianus ⟨Cucullatus⟩**

Emilien ⟨Moine⟩
→ **Aemilianus ⟨Cucullatus⟩**

Emilien ⟨Saint⟩
→ **Aemilianus ⟨Cucullatus⟩**

Emir Khosrau
→ **Amīr Ḫusrau**

Emmanuel ⟨Chrysaphes⟩
→ **Manuel ⟨Chrysaphes⟩**

Emmanuel ⟨Chrysoloras⟩
→ **Manuel ⟨Chrysoloras⟩**

Emmanuel ⟨de Milan⟩
→ **Emmanuel ⟨Mediolanensis⟩**

Emmanuēl ⟨Geōrgillas⟩
→ **Geōrgillas, Emmanuēl**

Emmanuēl ⟨ho Limenitēs⟩
→ **Geōrgillas, Emmanuēl**

Emmanuel ⟨Mediolanensis⟩
um 1271 (Schneyer) bzw. 14. Jh. (Kaeppeli) · OP
Sermones
Schneyer,II,32; Kaeppeli,I,367
Emanuel ⟨Mediolanensis⟩
Emmanuel ⟨de Milan⟩

Emmanuel ⟨Moschopulus⟩
→ **Manuel ⟨Moschopulus⟩**

Emmerich, Georg
→ **Emerich, Georgius**

Emmerich, Johann
gest. 1494
Frankenberger Stadtrechtsbuch
VL(2),2,520; Rep.Font. IV,316
Emerich, Johann
Emmerich, Jean
Jean ⟨Emmerich⟩
Johann ⟨Emmerich⟩

Emmo ⟨Cistercien⟩
→ **Emmo ⟨Monachus⟩**

Emmo ⟨Horti Floridi⟩
→ **Emo ⟨Werumensis⟩**

Emmo ⟨Monachus⟩
9. Jh. · OCist
Liber de qualitate caelestis patriae ex sanctorum patrum opusculis excerptis
CC Clavis, Auct. Gall. 1,351ff.
Aimo ⟨Monachus⟩
Emmo ⟨Cistercien⟩
Emmon ⟨Cistercien⟩
Emmon ⟨Monachus⟩
Emo ⟨Monachus⟩
Haimo ⟨Monachus⟩
Heimo ⟨Monachus⟩
Hemmo ⟨Monachus⟩
Hemmon ⟨Monachus⟩
Monachus, Emmo

Emmo ⟨Werumensis⟩
→ **Emo ⟨Werumensis⟩**

Emmon ⟨Cistercien⟩
→ **Emmo ⟨Monachus⟩**

Emmon ⟨Monachus⟩
→ **Emmo ⟨Monachus⟩**

Emo ⟨Bloemhofensis⟩
→ **Emo ⟨Werumensis⟩**

Emo ⟨Floridi Horti⟩
→ **Emo ⟨Werumensis⟩**

Emo ⟨Monachus⟩
→ **Emmo ⟨Monachus⟩**

Emo ⟨of Werum⟩
→ **Emo ⟨Werumensis⟩**

Emo ⟨Praemonstratensis⟩
→ **Emo ⟨Werumensis⟩**

Emo ⟨von Bloemhof⟩
→ **Emo ⟨Werumensis⟩**

Emo ⟨von Floridus Hortus⟩
→ **Emo ⟨Werumensis⟩**

Emo ⟨von Huizinge⟩
→ **Emo ⟨Werumensis⟩**

Emo ⟨von Wittewierum⟩
→ **Emo ⟨Werumensis⟩**

Emo ⟨Werumensis⟩
1170 – 1237 · OPraem
Chronicon
Tusculum-Lexikon; CSGL; Potth.; LMA,III,1890
Aimon ⟨Praemonstratensis⟩
Emmo ⟨Horti Floridi⟩
Emmo ⟨Werumensis⟩
Emo ⟨Bloemhofensis⟩
Emo ⟨Floridi Horti⟩
Emo ⟨of Werum⟩
Emo ⟨Praemonstratensis⟩
Emo ⟨von Bloemhof⟩
Emo ⟨von Floridus Hortus⟩
Emo ⟨von Huizinge⟩
Emo ⟨von Wittewierum⟩
Emon ⟨de Werum⟩
Haimo ⟨Praemonstratensis⟩

Emondus ⟨Monachus⟩
→ **Eadmerus ⟨Cantuariensis⟩**

Emporius
6. Jh.
Emporius ⟨Orator⟩
Emporius ⟨Rhetor⟩

Emre, Yunus
→ **Yunus Emre**

Ems, Rudolf ¬von¬
→ **Rudolf ⟨von Ems⟩**

Emundus ⟨Monachus⟩
→ **Eadmerus ⟨Cantuariensis⟩**

Emundus ⟨Teutonicus⟩
→ **Edmundus ⟨Teutonicus⟩**

En Ramon ⟨Muntaner⟩
→ **Muntaner, Ramón**

Encourt, Guilelmus
→ **Guilelmus ⟨Encourt⟩**

Endilhart ⟨von Adelburg⟩
→ **Engelhart ⟨von Adelnburg⟩**

Endre ⟨Magyarország, Király, I.⟩
gest. 1061
Constitutiones ecclesiasticae
LMA,I,601/602
André ⟨Hongrie, Roi, I.⟩
Andreas ⟨Hungaria, Rex, I.⟩
Andreas ⟨Hungary, King, I.⟩
Andreas ⟨Ungarn, König, I.⟩

Endre ⟨Magyarország, Király, II.⟩
1176/77 – 1235
Decretum a. 1222
LMA,I,602; Rep.Font. II,228
András ⟨Ungarn, König, II.⟩
André ⟨Dalmatie et Croatie, Duc⟩
André ⟨Hongrie, Roi, II.⟩
André ⟨le Jérosolymitain⟩
Andreas ⟨Assertor Libertatis⟩
Andreas ⟨Hierosolymitanus⟩
Andreas ⟨Hungaria, Rex, II.⟩
Andreas ⟨Ungarn, König, II.⟩
Andrew ⟨Hungary, King, II.⟩

Endres ⟨Meister⟩
→ **Andreas ⟨Meister⟩**

Endres ⟨Tucher⟩
ca. 1390 – 1440
Memorial 1421 - 1440
Potth. 1074; Langosch,4,510
Tucher, Endres
Tucher, Endres ⟨der Ältere⟩

Endris ⟨der Schreiber⟩
um 1376/1426
Rechnungsbücher
VL(2),2,522/523
Der Schreiber Endris
Endris ⟨von Rheinfranken⟩
Schreiber, Endris ¬der¬

Endris ⟨von Rheinfranken⟩
→ **Endris ⟨der Schreiber⟩**

Enea Silvio ⟨de'Piccolomini⟩
→ **Pius ⟨Papa, II.⟩**

Enée ⟨de Gaza⟩
→ **Aeneas ⟨Gazaeus⟩**

Enée ⟨de Paris⟩
→ **Aeneas ⟨Parisiensis⟩**

Enée ⟨Tolomei⟩
→ **Aeneas ⟨de Tolomeis⟩**

Enenchel, Jans ¬der¬
→ **Jansen Enikel, Jans**

Enenkel, Gaspar
→ **Enenkel, Kaspar**

Enenkel, Jansen
→ **Jansen Enikel, Jans**

Enenkel, Kaspar
gest. 1487
Bericht über Romreise
VL(2),2,523; Rep.Font. IV,322
Enenkel, Gaspar
Kaspar ⟨Enenkel⟩

Engelberger Prediger
um 1350
Predigtkorpus
LMA,III,1916
Prediger ⟨Engelberger⟩

Engelbert ⟨de Berg⟩
→ **Engelbertus ⟨Coloniensis, I.⟩**

Engelbert ⟨de Cologne⟩
→ **Engelbertus ⟨Coloniensis, I.⟩**

Engelbert ⟨de Falkenburg⟩
→ **Engelbertus ⟨Coloniensis, II.⟩**

Engelbert ⟨der Heilige⟩
→ **Engelbertus ⟨Coloniensis, I.⟩**

Engelbert ⟨le Saint⟩
→ **Engelbertus ⟨Coloniensis, I.⟩**

Engelbert ⟨Messmaker⟩
→ **Engelbertus ⟨Cultrificis⟩**

Engelbert ⟨of Admont⟩
→ **Engelbertus ⟨Admontensis⟩**

Engelbert ⟨Poète sur la Bataille de Fontenay⟩
→ **Angilbertus ⟨Miles⟩**

Engelbert ⟨Poetsch von Admont⟩
→ **Engelbertus ⟨Admontensis⟩**

Engelbert ⟨von Admont⟩
→ **Engelbertus ⟨Admontensis⟩**

Engelbert ⟨von Berg⟩
→ **Engelbertus ⟨Coloniensis, I.⟩**

Engelbert ⟨von Falkenburg⟩
→ **Engelbertus ⟨Coloniensis, II.⟩**

Engelbert ⟨von Köln, ...⟩
→ **Engelbertus ⟨Coloniensis, ...⟩**

Engelbert ⟨von Valkenburg⟩
→ **Engelbertus ⟨Coloniensis, II.⟩**

Engelbert ⟨von Volckerstorff⟩
→ **Engelbertus ⟨Admontensis⟩**

Engelbert ⟨Wusterwitz⟩
→ **Wusterwitz, Engelbert**

Engelberti, Ulricus
→ **Ulricus ⟨de Argentina⟩**

Engelberto ⟨de Colonia⟩
→ **Engelbertus ⟨Coloniensis, ...⟩**

Engelbertus ⟨Admontensis⟩
1250 – 1331 · OSB
Identität mit Engelbertus ⟨de Colonia⟩, dem von Schneyer 74 Sermones zugeschrieben werden, nicht gesichert
Tusculum-Lexikon; Potth.; LMA,III,1919/20
Engelbert ⟨of Admont⟩
Engelbert ⟨Poetsch⟩
Engelbert ⟨Poetsch von Admont⟩
Engelbert ⟨von Admont⟩
Engelbert ⟨von Volckerstorff⟩
Engelbertus ⟨de Admont⟩
Engelbertus ⟨de Colonia⟩
Engelbertus ⟨de Volckersdorf⟩
Engelbertus ⟨of Admont⟩
Engelbertus ⟨Poetsch⟩
Engelbertus ⟨von Volckerstorff⟩
Poetsch, Engelbertus
Volckerstorff, Engelbert ¬von¬
Volckerstorff, Engelbertus ¬von¬

Engelbertus ⟨Archiepiscopus⟩
→ **Engelbertus ⟨Coloniensis, ...⟩**

Engelbertus ⟨Centulensis⟩
→ **Angilbertus ⟨Centulensis⟩**

Engelbertus ⟨Coloniensis, I.⟩
1185 – 1225
Epistula ad Gervasium abbatem Praemonstratensem; Epistula ad Henricum III regem Angliae
LMA,III,1917/18; Rep.Font. IV,325
Engelbert ⟨de Berg⟩
Engelbert ⟨de Cologne⟩
Engelbert ⟨der Heilige⟩
Engelbert ⟨Erzbischof, I.⟩
Engelbert ⟨Ier⟩
Engelbert ⟨le Saint⟩
Engelbert ⟨von Berg⟩
Engelbert ⟨von Köln, I.⟩
Engelberto ⟨de Colonia⟩
Engelbertus ⟨Archiepiscopus⟩
Engelbertus ⟨Coloniensis⟩
Engelbertus ⟨Sanctus⟩

Engelbertus ⟨Coloniensis, II.⟩
ca. 1220 – 1274
Epistula de coronatione Rudolfi I regis
LMA,III,1918; Rep.Font. IV,325
Engelbert ⟨de Falkenburg⟩
Engelbert ⟨Erzbischof, II.⟩
Engelbert ⟨von Falkenburg⟩
Engelbert ⟨von Köln, II.⟩
Engelbert ⟨von Valkenburg⟩
Engelbertus ⟨Archiepiscopus⟩
Engelbertus ⟨Coloniensis⟩

Engelbertus ⟨Cultrificis⟩
1430 – 1492 · OP
Epistula declaratoria iurium et privilegiorum fratrum ordinum mendicantium; Epistula de simonia vitanda in receptione novitiorum
Kaeppeli,I,367/368
Cultrifex, Engelbertus
Cultrificis, Engelbertus
Engelbert ⟨Messmaker⟩
Engelbertus ⟨Cultellificis⟩
Engelbertus ⟨Cultificis⟩
Engelbertus ⟨Messemaker⟩
Mesmaker, Engelbert
Messemaker, Engelbertus
Messmaker, Engelbert

Engelbertus ⟨de Admont⟩
→ **Engelbertus ⟨Admontensis⟩**

Engelbertus ⟨de Colonia⟩
→ **Engelbertus ⟨Admontensis⟩**

Engelbertus ⟨de Volckersdorf⟩
→ **Engelbertus ⟨Admontensis⟩**

Engelbertus ⟨Messemaker⟩
→ **Engelbertus ⟨Cultrificis⟩**

Engelbertus ⟨Miles⟩
→ **Angilbertus ⟨Miles⟩**

Engelbertus ⟨of Admont⟩
→ **Engelbertus ⟨Admontensis⟩**

Engelbertus ⟨Poetsch⟩
→ **Engelbertus ⟨Admontensis⟩**

Engelbertus ⟨Sanctus⟩
→ **Engelbertus ⟨Coloniensis, I.⟩**

Engelbertus ⟨von Volckerstorff⟩
→ **Engelbertus ⟨Admontensis⟩**

Engelbirn
14. Jh.
Myst.-ekstat. Betrachtung; Gebet
VL(2),2,549/550
Engelbirn ⟨Klausnerin⟩
Engelbirn ⟨von Sankt Ulrich und Afra⟩

Engelbrecht, Ulrich
→ **Ulricus ⟨de Argentina⟩**

Engelhard ⟨von Ebrach⟩
→ **Engelhart ⟨von Ebrach⟩**

Engelhard ⟨von Langheim⟩
→ **Engelhardus ⟨de Langheim⟩**

Engelhardus ⟨Abbas⟩
→ **Engelhardus ⟨de Langheim⟩**

Engelhardus ⟨Cisterciensis⟩
→ **Engelhardus ⟨de Langheim⟩**

Engelhardus ⟨de Langheim⟩
um 1140/1210 · OCist
Visio Simonis abbatis; Vita Mechtildis Diessensis; Mirakelsammlung
VL(2),2,550/54; Rep.Font. IV,325
Engelhard ⟨Cistercien⟩
Engelhard ⟨de Langheim⟩
Engelhard ⟨von Langheim⟩
Engelhardus ⟨Abbas⟩
Engelhardus ⟨Cisterciensis⟩
Engelhardus ⟨Langheimensis⟩
Engelhardus ⟨Monachus⟩
Langheim, Engelhardus ¬de¬

Engelhardus ⟨Langheimensis⟩
→ **Engelhardus ⟨de Langheim⟩**

Engelhardus ⟨Monachus⟩
→ **Engelhardus ⟨de Langheim⟩**

Engelhardus ⟨Monachus Wirziburgensis⟩
→ **Engelhardus ⟨Wurceburgensis⟩**

Engelhardus ⟨Wurceburgensis⟩
12. Jh.
Vita Burchardi
DOC,1,667
Engelhardus ⟨Monachus Wirziburgensis⟩
Engelhardus ⟨Wirziburgensis⟩

Engelhart ⟨der Ungelehrte⟩
→ **Ungelehrte, ¬Der¬**

Engelhart ⟨von Adelnburg⟩
1180 – 1202 bzw. um 1224/30
Zwei Namensträger beurkundet; der Minnesänger ist vermutl. der Jüngere
VL(2),2,554/555
Adelnburg, Engelhart ¬von¬
Endilhart ⟨von Adelburg⟩

Engelhart ⟨von Ebrach⟩
14./15. Jh.
Kompilator: Sammlung geistlicher Lehren, Legenden u. Sprüche
VL(2),2,555/556
Ebrach, Engelhart ¬von¬
Engelhard ⟨von Ebrach⟩

Engelhart, Jacobus
→ **Engelin, Jakob**

Engelhus, Dietrich
→ **Engelhusius, Theodoricus**

Engelhusius, Theodoricus
ca. 1362 – 1434
Chronicon continens res ecclesiae et reipublicae
LThK; VL(2); LMA,III,1921
Dietrich ⟨Engelhus⟩
Engelhus, Dietrich
Engelhusen, Dietrich
Engelhusen, Dietrich
Engelhusen, Theodoricus
Theodoricus ⟨Engelhusius⟩

Engelin, Jakob
ca. 1360 – ca. 1427
Ulmer Wundarzt; Also das ein mensch zeichen gewun; De cometis; Consilium contra arenam
LMA,III,1921; VL(2),2,561 ff.
Angelus de Ulma, Jacobus
Egeli, Jakob
Engelhart, Jacobus
Engelin, Jakobus
Engellin, Jakob
Enngelin, Jacob
Jacob ⟨Enngelin⟩
Jacobus ⟨Angeli⟩
Jacobus ⟨Angelus⟩
Jacobus ⟨Angelus de Ulma⟩
Jacobus ⟨de Ulma⟩
Jacobus ⟨Engelhart⟩
Jakob ⟨Egeli⟩
Jakob ⟨Engelin⟩
Jakob ⟨Engellin⟩
Jakob ⟨von Ulm⟩
Jakobus ⟨Engelin⟩

Engelinus ⟨Becker⟩
→ **Becker, Engelinus**

Engelmar, Johannes
um 1418
Red vom concili zu Costnitz
VL(2),2,563/564
Johannes ⟨Engelmar⟩

Engelmodus ⟨Suessionensis⟩
gest. ca. 864/65
Carmen ad Agium; Carmen ad Radbertum Abbatem
DOC,1,667; CC Clavis, Auct. Gall. 1,355f.; Rep.Font. IV,327
Angilmod ⟨de Soissons⟩
Angilmodus ⟨Suessionensis⟩
Engelmod ⟨de Soissons⟩
Engelmodus ⟨Episcopus⟩

Engelschalk, Albertus
→ **Albertus ⟨Engelschalk⟩**

Engelschalk, Matthias
→ **Matthias ⟨Engelschalk⟩**

Engelsdorf, Johannes ¬de¬
→ **Johannes ⟨Zärtel de Engelsdorf⟩**

Engelsüß, Kaspar
um 1442/48
Übersetzung vom Lateinischen ins Deutsche der Legende der Hl. Reparata
VL(2),2,564/565
Kaspar ⟨Engelsüß⟩

Engeltal, Adelheid ¬zu¬
→ **Langmann, Adelheid**

Engelthal, Heinrich ¬von¬
→ **Heinrich ⟨von Engelthal⟩**

Enghien, Jean ¬d'¬
→ **Jean ⟨d'Enghien, Chanoine⟩**
→ **Jean ⟨d'Enghien, Chroniqueur⟩**

Engilram
→ **Angelramnus ⟨Centulensis⟩**

Englebert
→ **Angilbertus ⟨Miles⟩**

Enguerran ⟨Abbé⟩
→ **Angelramnus ⟨Centulensis⟩**

Enguerran ⟨de Monstrelet⟩
→ **Monstrelet, Enguerrand ¬de¬**

Enguerran ⟨de Saint-Riquier⟩
→ **Angelramnus ⟨Centulensis⟩**

Enguerran ⟨le Sage⟩
→ **Angelramnus ⟨Centulensis⟩**

Enguerrand ⟨de Monstrelet⟩
→ **Monstrelet, Enguerrand ¬de¬**

Enikel, Jans
→ **Jansen Enikel, Jans**

Enisheim, Maul ¬von¬
→ **Maul ⟨von Enisheim⟩**

Enngelin, Jacob
→ **Engelin, Jakob**

Ennichel, Johann
→ **Jansen Enikel, Jans**

Ennodianus ⟨of Pavia⟩
→ **Ennodius, Magnus Felix**

Ennodius, Magnus Felix
ca. 473 – 521
LThK; CSGL; Potth.; LMA,III,2015/16
Ennodianus ⟨of Pavia⟩
Ennodio, Magno Felice
Ennodius ⟨de Pavia⟩
Ennodius ⟨Felix⟩
Ennodius ⟨of Pavia⟩
Ennodius ⟨Papiensis⟩
Ennodius ⟨Saint⟩
Ennodius ⟨Sanctus⟩
Ennodius ⟨Ticinensis⟩
Ennodius, Felix
Felix ⟨Papiensis⟩
Magnus Felix ⟨Ennodius⟩
Pseudo-Ennodius

Enrico ⟨Bate⟩
→ **Henricus ⟨Bate⟩**

Enrico ⟨da Rimini⟩
→ **Henricus ⟨de Arimino⟩**

Enrico ⟨Dandolo⟩
→ **Dandolo, Enrico**

Enrico ⟨del Carretto⟩
→ **Carretto, Henricus ¬de¬**

Enrico ⟨di Chiaravalle⟩
→ **Henricus ⟨de Marsiaco⟩**

Enrico ⟨di Crowland⟩
→ **Henricus ⟨Croylandensis⟩**

Enrico ⟨di Gand⟩
→ **Henricus ⟨Gandavensis⟩**

Enrico ⟨di Herford⟩
→ **Henricus ⟨de Hervordia⟩**

Enrico ⟨di Lubecca⟩
→ **Henricus ⟨Lubecensis⟩**

Enrico ⟨di Lussemburgo⟩
→ **Heinrich ⟨Römisch-Deutsches Reich, Kaiser, VII.⟩**

Enrico ⟨d'Isernia⟩
→ **Henricus ⟨de Isernia⟩**

Enrico ⟨Scacabarozzi⟩
→ **Orricus ⟨Scacabarotius⟩**

Enrico ⟨Susone⟩
→ **Seuse, Heinrich**

Enricus ⟨Drocus⟩
13. Jh.
Verf. eines Teils der Annales Ianuenses (1267-1269)
Rep.Font. I,291/292
Droci, Henri
Drocus, Enricus
Drocus, Henricus
Drogus, Henri
Henri ⟨Droci⟩
Henri ⟨Drogus⟩
Henricus ⟨Drocus⟩

Enricus ⟨Moring⟩
→ **Heinrich ⟨von Morungen⟩**

Enrique ⟨de Aragón⟩
→ **Enrique ⟨de Villena⟩**

Enrique ⟨de Villena⟩
1384 – 1434
LMA,VIII,1689
Aragón, Enrique ¬de¬
Aragón de Villena, Henrique ¬de¬
Arragon de Villena, Henrique ¬de¬
Enrique ⟨de Aragón⟩
Henrique ⟨de Villena⟩
Villena, Enrique ¬de¬
Villena, Enrique de Aragón ¬de¬
Villena, Henrique ¬de¬
Villena, Henrique de Aragón ¬de¬

Ensmingen, Godefridus ¬de¬
→ **Godefridus ⟨de Ensmingen⟩**

Eochaid ⟨ua Flainn⟩
gest. 1004
Irischer Dichter u. Geschichtsschreiber
LMA,III,2039
Eochaidh
Flainn, Eochaid ¬ua¬

Eochaidh
→ **Eochaid ⟨ua Flainn⟩**

Epaktit, Andonije Rafail
→ **Andonije Rafail ⟨Epaktit⟩**

Eparchius ⟨Sancti Amandi⟩
→ **Ebarcius ⟨Sancti Amandi⟩**

Ephesius, Abraham
→ **Abraham ⟨Ephesius⟩**

Ephesius, Hypatius
→ **Hypatius ⟨Ephesius⟩**

Ephesius, Ioasaphus
→ **Ioasaphus ⟨Ephesius⟩**

Ephesius, Johannes
→ **Johannes ⟨Ephesius⟩**

Ephesius, Michael
→ **Michael ⟨Ephesius⟩**

Ephesius, Perdicas
→ **Perdicas ⟨Ephesius⟩**

Ephiphane ⟨le Sage⟩
→ **Epifanij ⟨Premudryj⟩**

Ephraem ⟨Amidenus⟩
um 527/45
Tusculum-Lexikon; LMA,III,2054/55
Amidenus, Ephraem
Efremo ⟨d'Amida⟩
Ephraem ⟨Antiochenus⟩
Ephraem ⟨Comes Orientis⟩
Ephraem ⟨d'Amid⟩
Ephraem ⟨d'Antioche⟩
Ephraem ⟨Patriarcha⟩
Ephraem ⟨Sanctus⟩
Ephraem ⟨Theopolitanus⟩
Ephraem ⟨von Amida⟩
Ephraimos ⟨Patriarch⟩
Ephraimos ⟨von Antiochia⟩
Ephremius ⟨Antiochenus⟩

Ephraem ⟨Antiochenus⟩
→ **Ephraem ⟨Amidenus⟩**

Ephraem ⟨aus Ainos⟩
→ **Ephraem ⟨Chronographus⟩**

Ephraem ⟨Chronographus⟩
um 1313
Chronica de rebus gestis imperatorum Romanorum et Graecorum usque ad annum 1216
Tusculum-Lexikon; CSGL
Chronographus, Ephraem
Ephraem ⟨aus Ainos⟩
Ephraem ⟨Enii⟩
Ephraem ⟨Ennii⟩
Ephraemius ⟨Chronographus⟩
Ephraim
Ephraimus ⟨aus Ainos⟩
Ephrem ⟨aus Ainos⟩
Ephrem ⟨Chroniqueur⟩
Ephrem ⟨Poète Byzantin⟩
Ephremus ⟨aus Ainos⟩
Epraem ⟨Ainios⟩

Ephraem ⟨Comes Orientis⟩
→ **Ephraem ⟨Amidenus⟩**

Ephraem ⟨d'Amid⟩
→ **Ephraem ⟨Amidenus⟩**

Ephraem ⟨d'Antioche⟩
→ **Ephraem ⟨Amidenus⟩**

Ephraem ⟨Enii⟩
→ **Ephraem ⟨Chronographus⟩**

Ephraem ⟨Patriarcha⟩
→ **Ephraem ⟨Amidenus⟩**

Ephrem ⟨Poète Byzantin⟩
→ **Ephraem ⟨Chronographus⟩**

Ephraem ⟨Sanctus⟩
→ **Ephraem ⟨Amidenus⟩**

Ephraem ⟨Theopolitanus⟩
→ **Ephraem ⟨Amidenus⟩**

Ephraem ⟨von Amida⟩
→ **Ephraem ⟨Amidenus⟩**

Ephraim ⟨von Bonn⟩
→ **Efrayim Ben-Ya'aqov ⟨Bonn⟩**

Ephraem ⟨von Regensburg⟩
→ **Efrayim Ben-Yiṣḥāk ⟨Regensburg⟩**

Ephraemius ⟨...⟩
→ **Ephraem ⟨...⟩**

Ephraemus ⟨...⟩
→ **Ephraem ⟨...⟩**

Ephraim
→ **Ephraem ⟨Chronographus⟩**

Ephraim ⟨...⟩
→ **Ephraem ⟨...⟩**

Ephraimos ⟨Patriarch⟩
→ **Ephraem ⟨Amidenus⟩**

Ephraimos ⟨von Antiochia⟩
→ **Ephraem ⟨Amidenus⟩**

Ephraimus ⟨aus Ainos⟩
→ **Ephraem ⟨Chronographus⟩**

Epifanij ⟨der Weise⟩
→ **Epifanij ⟨Premudryj⟩**

Epifanij ⟨Premudryj⟩
gest. ca. 1420
LMA,III,2059/60
Ephiphane ⟨le Sage⟩
Epifanij ⟨der Weise⟩
Epifany ⟨Premudruy⟩
Epiphanij ⟨der Weise⟩
Premudryj, Epifanij

Epigrammaticus Arabius
→ **Arabius ⟨Epigrammaticus⟩**

Epinal, Gautier ¬d'¬
→ **Gautier ⟨d'Epinal⟩**

Epiphane ⟨de Catane⟩
→ **Epiphanius ⟨Catanensis⟩**

Epiphane ⟨Diacre⟩
→ **Epiphanius ⟨Catanensis⟩**

Epiphania, Johannes ¬de¬
→ **Johannes ⟨de Epiphania⟩**

Epiphanij ⟨der Weise⟩
→ **Epifanij ⟨Premudryj⟩**

Epiphanio, Roffredus ¬de¬
→ **Roffredus ⟨de Epiphanio⟩**

Epiphanios ⟨aus Jerusalem⟩
→ **Epiphanius ⟨Hagiopolita⟩**

Epiphanios ⟨Diakon⟩
→ **Epiphanius ⟨Catanensis⟩**

Epiphanios ⟨Hagiopolites⟩
→ **Epiphanius ⟨Hagiopolita⟩**

Epiphanios ⟨ho Monachos tu Kallistratu⟩
→ **Epiphanius ⟨Monachus⟩**

Epiphanios ⟨Mönch und Presbyter⟩
→ **Epiphanius ⟨Hagiopolita⟩**

Epiphanios ⟨Monachus Graecus Constantinopolitanus⟩
→ **Epiphanius ⟨Monachus⟩**

Epiphanios ⟨Patriarch⟩
→ **Epiphanius ⟨Constantinopolitanus⟩**

Epiphanios ⟨Scholastikos⟩
→ **Epiphanius ⟨Scholasticus⟩**

Epiphanios ⟨tōn Kallistratōn⟩
→ **Epiphanius ⟨Monachus⟩**

Epiphanios ⟨von Katania⟩
→ **Epiphanius ⟨Catanensis⟩**

Epiphanios ⟨von Konstantinopel⟩
→ **Epiphanius ⟨Constantinopolitanus⟩**

Epiphanius ⟨Catanensis⟩
8. Jh.
Epiphane ⟨de Catane⟩
Epiphane ⟨Diacre⟩
Epiphanes ⟨Catensis⟩
Epiphanios ⟨Diakon⟩
Epiphanios ⟨von Katania⟩
Epiphanius ⟨Diaconus⟩

Epiphanius ⟨Constantinopolitanus⟩
→ **Epiphanius ⟨Monachus⟩**

Epiphanius ⟨Constantinopolitanus⟩
um 520/35
Constantinopolitanus, Epiphanius
Epiphanios ⟨Patriarch⟩
Epiphanios ⟨von Konstantinopel⟩
Epiphanius ⟨Patriarcha⟩
Epiphanius ⟨Scriptor Ecclesiasticus⟩

Epiphanius ⟨der Mönch des Kallistratuklosters⟩
→ **Epiphanius ⟨Monachus⟩**

Epiphanius ⟨Diaconus⟩
→ **Epiphanius ⟨Catanensis⟩**

Epiphanius ⟨Hagiopolita⟩
9. Jh.
Tusculum-Lexikon
Epiphanios ⟨aus Jerusalem⟩
Epiphanios ⟨Hagiopolites⟩
Epiphanios ⟨Mönch und Presbyter⟩
Epiphanius ⟨Hierosolymitanus⟩
Epiphanius ⟨Ierosolymitanus⟩
Epiphanius ⟨Monachus et Presbyter⟩
Epiphanius ⟨Monachus Hagiopolita⟩
Hagiopolita, Epiphanius

Epiphanius ⟨Hierosolymitanus⟩
→ **Epiphanius ⟨Hagiopolita⟩**

Epiphanius ⟨Ierosolymitanus⟩
→ **Epiphanius ⟨Hagiopolita⟩**

Epiphanius ⟨Monachus⟩
9. Jh.
Tusculum-Lexikon
Epiphanios ⟨ho Monachos tu Kallistratu⟩
Epiphanios ⟨Monachus Graecus Constantinopolitanus⟩
Epiphanios ⟨tōn Kallistratōn⟩
Epiphanius ⟨Constantinopolitanus⟩
Epiphanius ⟨der Mönch des Kallistratuklosters⟩
Epiphanius ⟨Monachus et Presbyter⟩
Epiphanius ⟨Presbyter⟩
Monachus, Epiphanius

Epiphanius ⟨Monachus et Presbyter⟩
→ **Epiphanius ⟨Hagiopolita⟩**
→ **Epiphanius ⟨Monachus⟩**

Epiphanius ⟨Patriarcha⟩
→ **Epiphanius ⟨Constantinopolitanus⟩**

Epiphanius ⟨Presbyter⟩
→ **Epiphanius ⟨Monachus⟩**

Epiphanius ⟨Scholasticus⟩
6. Jh.
LMA,III,2068/69
Epiphanios ⟨Scholastikos⟩
Scholasticus, Epiphanius

Epiphanius ⟨Scriptor Ecclesiasticus⟩
→ **Epiphanius ⟨Constantinopolitanus⟩**
→ **Epiphanius ⟨Tyrius⟩**

Epiphanius ⟨Tyrius⟩
6. Jh.
Epiphanius ⟨Scriptor Ecclesiasticus⟩
Tyrius, Epiphanius

Epiphanius, Johannes
→ **Johannes ⟨de Epiphania⟩**

Episcopi, Guilelmus
→ **Guilelmus ⟨Episcopi⟩**

Episcopi, Johannes
→ **Johannes ⟨Episcopus⟩**

Episcopius, Johannes
→ **Bischoff, Johannes**

Episcopus ⟨Frater⟩
→ **Episcopus ⟨Parisiensis⟩**

Episcopus ⟨Parisiensis⟩
um 1273 · OP
Schneyer,II,39
Episcopus ⟨de Paris⟩
Episcopus ⟨Frater⟩
Evêque ⟨de Paris⟩

Episcopus Adalpretus
→ **Adalpretus ⟨Episcopus⟩**

Episcopus Agapius
→ **Agapius ⟨Episcopus⟩**

Episcopus Aphrodisiae, Paulus
→ **Paulus ⟨Episcopus Aphrodisiae⟩**

Episcopus Bruno
→ **Bruno ⟨Episcopus⟩**

Episcopus Charrae, Sergius
→ **Sergius ⟨Episcopus Charrae⟩**

Episcopus Conon
→ **Conon ⟨Episcopus⟩**

Episcopus Cummianus
→ **Cummianus ⟨Episcopus⟩**

Episcopus Dominicus
→ **Dominicus ⟨Episcopus⟩**

Episcopus Helpidius
→ **Helpidius ⟨Episcopus⟩**

Episcopus Hitto
→ **Hitto ⟨Episcopus⟩**

Episcopus Johannes
→ **Johannes ⟨Episcopus⟩**

Episcopus Laodiceae Constantinus
→ **Constantinus ⟨Episcopus Laodiceae⟩**

Episcopus Marcianus
→ **Marcianus ⟨Episcopus⟩**

Episcopus Massona
→ **Massona ⟨Episcopus⟩**

Episcopus Oswaldus
→ **Oswaldus ⟨Episcopus⟩**

Episcopus Probus
→ **Probus ⟨Episcopus⟩**

Episcopus Reparatus
→ **Reparatus ⟨Episcopus⟩**

Episcopus Rhosis, Romanus
→ **Romanus ⟨Episcopus Rhosis⟩**

Episcopus Severus
→ **Severus ⟨Episcopus⟩**

Episcopus Theobaldus
→ **Theobaldus ⟨Episcopus⟩**

Episcopus Theonas
→ **Theonas ⟨Episcopus⟩**

Episcopus Tirechanus
→ **Tirechanus ⟨Episcopus⟩**

Episcopus Ultanus
→ **Ultanus ⟨Episcopus⟩**

Episcopus Victor
→ **Victor ⟨Episcopus⟩**

Episcopus Viventius
→ **Viventius ⟨Episcopus⟩**

Episcopus Walo
→ **Walo ⟨Episcopus⟩**

Episcopus Zacharias
→ **Zacharias ⟨Episcopus⟩**

Eppo ⟨von Worms⟩
→ **Ebbo ⟨Wormaciensis⟩**

Epraem ⟨Ainios⟩
→ **Ephraem ⟨Chronographus⟩**

Eptingen, Hans ¬von¬
→ **Hans ⟨von Eptingen⟩**

Eptingen, Hans Bernhard ¬von¬
→ **Hans ⟨von Eptingen⟩**

Ep't'vime ⟨At'oneliseuli⟩
→ **Ek'vt'ime ⟨Mt'acmideli⟩**

Ep't'vime ⟨Mt'acmideli⟩
→ **Ek'vt'ime ⟨Mt'acmideli⟩**

Equardus
→ **Eckhart ⟨Meister⟩**

Eracle ⟨de Bonn⟩
→ **Everaclus ⟨Leodiensis⟩**

Eracle ⟨de Liège⟩
→ **Everaclus ⟨Leodiensis⟩**

Eracle ⟨Saxon⟩
→ **Everaclus ⟨Leodiensis⟩**

Erama, Isaac
→ **'Arâmā, Yiṣḥāq**

Erart, Jehan
→ **Jehan ⟨Erart⟩**

Erasme ⟨de Mont-Cassin⟩
→ **Erasmus ⟨Casinensis⟩**

Erasmo ⟨Cassinese⟩
→ **Erasmus ⟨Casinensis⟩**

Erasmo ⟨di Montecassino⟩
→ **Erasmus ⟨Casinensis⟩**

Erasmus ⟨Casinensis⟩
um 1241/51 · OSB
Sermones
LMA,III,2095/96; Rep.Font. IV,367
Erasme ⟨de Mont-Cassin⟩
Erasmo ⟨Cassinese⟩
Erasmo ⟨di Montecassino⟩
Erasmus ⟨de Monte Casino⟩
Erasmus ⟨Magister⟩
Erasmus ⟨Monachus⟩
Erasmus ⟨von Montecassino⟩

Erasmus ⟨de Monte Casino⟩
→ **Erasmus ⟨Casinensis⟩**

Erasmus ⟨de Wunsiedel⟩
→ **Erasmus ⟨Friesner de Wunsiedel⟩**

Erasmus ⟨der Karmeliter⟩
→ **Erasmus ⟨Karmeliter⟩**

Erasmus ⟨Friesner de Wunsiedel⟩
gest. 1498 · OP
Exercitium totius veteris artis; Exercitium totius novae logicae; In Physicorum libros octo; etc.
Lohr
Erasmus ⟨de Wunsiedel⟩
Erasmus ⟨Friesner⟩
Erasmus ⟨Frisner⟩
Erasmus ⟨Wensidelensis⟩
Erasmus ⟨Wonsidel⟩
Friesner, Erasmus
Friesner de Wunsiedel, Erasmus
Wonsidel, Erasmus
Wunsiedel, Erasmus ¬de¬

Erasmus ⟨Karmeliter⟩
Lebensdaten nicht ermittelt · OCarm
Übersetzung vom Lateinischen ins Deutsche der Legende des Hl. Bartholomäus u. der Legende der Hl. Barbara
VL(2),2,571
Erasmus ⟨der Karmeliter⟩
Karmeliter Erasmus

Erasmus ⟨Magister⟩
→ **Erasmus ⟨Casinensis⟩**

Erasmus ⟨Monachus⟩
→ **Erasmus ⟨Casinensis⟩**

Erasmus ⟨Schürstab⟩
→ **Schürstab, Erasmus**

Erasmus ⟨von Montecassino⟩
→ **Erasmus ⟨Casinensis⟩**

Erasmus ⟨Wensidelensis⟩
→ **Erasmus ⟨Friesner de Wunsiedel⟩**

Erasmus ⟨Wonsidel⟩
→ **Erasmus ⟨Friesner de Wunsiedel⟩**

Erastus ⟨de Bogsberg⟩
→ **Kraft ⟨von Boyberg⟩**

Eratosthenes ⟨Scholasticus⟩
6. Jh.
Epigrammata
Eratosthène ⟨le Scolastique⟩
Scholasticus, Eratosthenes

Erbach, Dietrich ¬von¬
→ **Dietrich ⟨von Erbach⟩**

Erbe ⟨Bruder⟩
um 1300 · OP
Kurzpredigt
VL(2),2,571/572; Kaeppeli,I,371/372
Erbe ⟨Dominicain⟩
Erbe ⟨Lesemeister⟩
Erbe ⟨Prédicateur⟩
Erbe ⟨Prediger⟩
Erbo
Erbo ⟨Lector⟩
Erbo ⟨OP⟩

Erbernus
9. Jh.
De nominibus mensium
CC Clavis, Auct. Gall. 1,357f.
Erbnus

Erbo
um 1187/89
Threni captis Hierosolymis
VL(2),2,572/573; DOC,I,688; Rep.Font. IV,368
Erbo ⟨Auctor Ignotus⟩
Erbon ⟨Poète sur la Prise de Jérusalem⟩

Erbo
→ **Erbe ⟨Bruder⟩**

Erbo ⟨Auctor Ignotus⟩
→ **Erbo**

Erbo ⟨Lector⟩
→ **Erbe ⟨Bruder⟩**

Erbo ⟨OP⟩
→ **Erbe ⟨Bruder⟩**

Erbo ⟨Pruveningensis⟩
gest. 1188
Quirinalia; Briefwechsel mit Engelhard von Langheim
VL(2),2,573/74
Erbo ⟨Abt, II.⟩
Erbo ⟨Prufeningensis⟩
Erbo ⟨von Prüfening⟩
Erbon ⟨Abbé⟩
Erbon ⟨de Prüfening⟩

Erbo ⟨von Prüfening⟩
→ **Erbo ⟨Pruveningensis⟩**

Ercanbertus ⟨Frisingensis⟩
→ **Erchanbertus ⟨Frisingensis⟩**

Erceldoune, Thomas ¬of¬
→ **Thomas ⟨of Erceldoune⟩**

Erchambertus
→ **Erchanbertus**

Erchambertus ⟨Casinensis⟩
→ **Erchembertus ⟨Casinensis⟩**

Erchambertus ⟨Frisingensis⟩
→ **Erchanbertus ⟨Frisingensis⟩**

Erchanbald ⟨de Strasbourg⟩
→ **Erchenbaldus ⟨Argentinensis⟩**

Erchanbald ⟨von Straßburg⟩
→ **Erchenbaldus ⟨Argentinensis⟩**

Erchanbert ⟨Annaliste Français⟩
→ **Erchanbertus**

Erchanbert ⟨Grammatiker⟩
→ **Erchanbertus ⟨Frisingensis⟩**

Erchanbert ⟨Magister⟩
→ **Erchanbertus ⟨Frisingensis⟩**

Erchanbert ⟨von Freising⟩
→ **Erchanbertus ⟨Frisingensis⟩**

Erchanbertus
um 827
Möglicherweise identisch mit Monachus ⟨Sangallensis⟩, der seinerseits wahrscheinlich mit Notker ⟨Balbulus⟩ identisch ist; Verf. einer Fortsetzung des Breviarium regum Francorum (=Breviarium Erchanberti)
Rep.Font. IV,368; DOC,1,688
Erchambertus
Erchanbert ⟨Annaliste Français⟩

Erchanbertus ⟨Frisingensis⟩
gest. 854
Tractatus super Donatum; Identität mit dem Freisinger Bischof Erkanbert (836 - 854) umstritten
VL(2),2,588/9; LMA,III,2123
Ercanbertus ⟨Frisingensis⟩
Erchambertus ⟨Frisingensis⟩
Erchanbert ⟨Grammatiker⟩
Erchanbert ⟨Magister⟩
Erchanbert ⟨von Freising⟩
Erchanbertus ⟨Frisingensis Grammaticus⟩
Erchanbertus ⟨Frisingensis Magister⟩
Erchanbertus ⟨Magister⟩
Erchenbertus ⟨Magister⟩
Erkanbert ⟨von Freising⟩
Hercumbertus ⟨Frisingensis⟩

Erchanbertus ⟨Magister⟩
→ **Erchanbertus ⟨Frisingensis⟩**

Erchanfried ⟨de Melk⟩
→ **Erchenfridus ⟨Mellicensis⟩**

Erchembald ⟨of Straßburg⟩
→ **Erchenbaldus ⟨Argentinensis⟩**

Erchembertus ⟨Casinensis⟩
9. Jh.
Historia Langobardorum
LMA,III,2124/25; Rep.Font. IV,369; Tusculum-Lexikon
Archempertus
Erchambertus ⟨Casinensis⟩
Erchembert ⟨von Monte Cassino⟩
Erchembertus ⟨of Monte Cassino⟩
Erchempert ⟨de Bénévent⟩
Erchempert ⟨von Monte Cassino⟩
Erchemperto
Erchempertus
Erchempertus ⟨Casinensis⟩
Erchenbert
Erchenbertus ⟨of Monte Cassino⟩
Erembertus
Erempertus
Herchembert
Herembertus ⟨Casinensis⟩
Herempertus ⟨Casinensis⟩
Rembertus ⟨Casinensis⟩

Erchenbaldus ⟨Argentinensis⟩
ca. 937 – 991
Carmina; Nomina Argentinensium episcoporum; Passio S. Trudperti
VL(2),2,587/88; CC Clavis, Auct. Gall. 1,358ff.; LMA,III,2122/23
Altrich
Altrichius ⟨Argentinensis⟩
Erchanbald ⟨de Strasbourg⟩
Erchanbald ⟨von Straßburg⟩
Erchanbaldus ⟨Argentinensis⟩
Erchembald ⟨of Straßburg⟩
Erckenbaldus ⟨Argentinensis⟩
Erganbaldus ⟨Argentinensis⟩
Erkanbaldus ⟨Argentinensis⟩
Erkanbold ⟨von Straßburg⟩
Erkanboldus ⟨Argentinensis⟩
Erkembaldus
Erkembaldus ⟨de Strasbourg⟩
Erkembaldus ⟨Evêque⟩

Erchenbertus ⟨Magister⟩
→ **Erchanbertus ⟨Frisingensis⟩**

Erchenbertus ⟨of Monte Cassino⟩
→ **Erchembertus ⟨Casinensis⟩**

Erchenfrid ⟨de Melk⟩
→ **Erchenfridus ⟨Mellicensis⟩**

Erchenfridus ⟨Mellicensis⟩
gest. 1163 · OSB
Vielleicht Verf. von Miracula S. Colomanni
Rep.Font. IV,370
Erchanfried ⟨de Melk⟩
Erchenfrid ⟨de Melk⟩
Erchenfridus ⟨Abbas Mellicensis⟩
Erchinfredus ⟨Mellicensis⟩

Erckenbaldus ⟨Argentinensis⟩
→ **Erchenbaldus ⟨Argentinensis⟩**

Ercole ⟨de'Roberti⟩
→ **Roberti, Ercole ¬de'¬**

Erconradus ⟨Cenomanensis⟩
um 836
Translatio Paderbornam sancti Liborii
CC Clavis, Auct. Gall. 1,369f.; DOC,1,688; Rep.Font. IV,370
Erconrad
Erconradus ⟨Cenomannensis⟩
Erconradus ⟨Diaconus⟩

Ercuis, Guillaume ¬d'¬
→ **Guillaume ⟨d'Ercuis⟩**

Erembertus
→ **Erchembertus ⟨Casinensis⟩**

Eremboldus ⟨Sancti Bertini⟩
11. Jh.
Libellus de miraculo S. Bertini
Rep.Font. IV,370
Eremboldus ⟨Monachus Sancti Bertini⟩
Sancti Bertini, Eremboldus

Eremita, Johannes
→ **Johannes ⟨Eremita⟩**

Erempertus
→ **Erchembertus ⟨Casinensis⟩**

Erentrijk
→ **Ehrentreich**

Eretz, Gregorius
→ **Gregorius ⟨Presbyter⟩**

Erfo ⟨de Hohenwart⟩
→ **Aribo ⟨Moguntinensis⟩**

Erford, Albert ¬von¬
→ **Albert ⟨von Erford⟩**

Erfordia, Johannes ¬de¬
→ **Johannes ⟨de Erfordia⟩**

Erfordia, Rudolfus ¬de¬
→ **Rudolfus ⟨de Erfordia⟩**

Erfordia, Theodoricus ¬de¬
→ **Theodoricus ⟨de Erfordia⟩**

Erfordia, Thiemo ¬de¬
→ **Thiemo ⟨de Erfordia⟩**

Erfordia, Thomas ¬de¬
→ **Thomas ⟨de Erfordia⟩**

Erfurt, Ebernand ¬von¬
→ **Ebernand ⟨von Erfurt⟩**

Erfurt, Hartwig ¬von¬
→ **Hartwig ⟨von Erfurt⟩**

Erfurt, Hermann ¬von¬
→ **Hermann ⟨von Erfurt⟩**

Erfurt, Sibote ¬von¬
→ **Sibote ⟨von Erfurt⟩**

Erganbaldus ⟨Argentinensis⟩
→ **Erchenbaldus ⟨Argentinensis⟩**

Erhard ⟨d'Appenwiler⟩
→ **Erhard ⟨von Appenwiler⟩**

Erhard ⟨de Bâle⟩
→ **Erhard ⟨von Appenwiler⟩**

Erhard ⟨de Lunebourg⟩
→ **Erhardus ⟨de Lüneburg⟩**

Erhard ⟨de Saint-Michel⟩
→ **Erhardus ⟨de Lüneburg⟩**

Erhard ⟨Gross⟩
→ **Gross, Erhart**

Erhard ⟨Hel⟩
→ **Hel, Erhard**

Erhard ⟨Knab⟩
→ **Knab, Erhardus**

Erhard ⟨Schürstab⟩
→ **Schürstab, Erhard**

Erhard ⟨Sittich⟩
→ **Sittich, Erhard**

Erhard ⟨von Appenwiler⟩
gest. 1472
Basler Chronist
LMA,I,805; VL(2),2,584
Appenwiler, Erhard ¬von¬
Erhard ⟨de Bâle⟩
Erhard ⟨d'Appenwiler⟩
Erhart ⟨von Appenwiler⟩

Erhard ⟨von Como⟩
→ **Gerhard ⟨von Como⟩**

Erhard ⟨von Dürningen⟩
um 1434
2 Predigten
VL(2),2,584/585
Dürningen, Erhard ¬von¬

Erhard ⟨von Graz⟩
15. Jh.
Rezepte
VL(2),2,585
Erhard ⟨von Grecz⟩
Erhard ⟨Wundarzt⟩
Graz, Erhard ¬von¬

Erhard ⟨von Grecz⟩
→ **Erhard ⟨von Graz⟩**

Erhard ⟨von Zwiefalten⟩
→ **Knab, Erhardus**

Erhard ⟨Wahraus⟩
→ **Wahraus, Erhard**

Erhard ⟨Wameshaft⟩
→ **Wameshaft, Erhard**

Erhard ⟨Warruss⟩
→ **Wahraus, Erhard**

Erhard ⟨Waurrauss⟩
→ **Wahraus, Erhard**

Erhard ⟨Wundarzt⟩
→ **Erhard ⟨von Graz⟩**

Erhardus
15. Jh. · OP
Prozeßakte zum Trienter Judenprozeß; Pessah Haggadah; Identität mit Erhardus ⟨Streitperger⟩ wahrscheinlich
VL(2),2,582/584; Kaeppeli,I,373/374
Erhardus ⟨Hebräist⟩
Erhardus ⟨OP⟩
Erhardus ⟨Religiosus⟩
Erhardus ⟨Streitberger⟩
Erhardus ⟨Streitperger⟩
Erhardus ⟨Streitperger von Pettau⟩
Streitperger, Erhardus

Erhardus ⟨de Lüneburg⟩
um 983/1050 · OSB
De interpretatione S. Scripturae; Pentat.
Stegmüller, Repert. bibl. 2247;2248
Erhard ⟨de Lunebourg⟩
Erhard ⟨de Saint-Michel⟩
Lüneburg, Erhardus ¬de¬

Erhardus ⟨de Salzburg⟩
um 1435 · OSB
Ps. 12
Stegmüller, Repert. bibl. 2249
Salzburg, Erhardus ¬de¬

Erhardus ⟨de Weitra⟩
→ **Erhardus ⟨Vogt de Weitra⟩**

Erhardus ⟨de Woitra⟩
→ **Erhardus ⟨Vogt de Weitra⟩**

Erhardus ⟨de Zwifalten⟩
→ **Knab, Erhardus**

Erhardus ⟨Hebräist⟩
→ **Erhardus**

Erhardus ⟨Hel⟩
→ **Hel, Erhard**

Erhardus ⟨Knab⟩
→ **Knab, Erhardus**

Erhardus ⟨OP⟩
→ **Erhardus**

Erhardus ⟨Religiosus⟩
→ **Erhardus**

Erhardus ⟨Streitperger⟩
→ **Erhardus**

Erhardus ⟨Vogt de Weitra⟩
um 1439/51
Quaestiones in librum Posteriorum; Disputata super librum De anima
Lohr
Erhardus ⟨de Weitra⟩
Erhardus ⟨de Weytra⟩
Erhardus ⟨de Woitra⟩
Vogt, Erhardus
Vogt de Weitra, Erhardus
Weitra, Erhardus ¬de¬

Erhart ⟨Gross⟩
→ **Gross, Erhart**

Erhart ⟨Hesel⟩
→ **Hesel, Erhart**

Erhart ⟨Rein⟩
→ **Rein, Eckard**

Erhart ⟨von Appenwiler⟩
→ **Erhard ⟨von Appenwiler⟩**

Erhart ⟨von Come⟩
→ **Gerhard ⟨von Como⟩**

Eriberto ⟨di Modena⟩
→ **Heribertus ⟨Regii Lepidi⟩**

Eriberto ⟨Vescovo⟩
→ **Heribertus ⟨Regii Lepidi⟩**

Eric ⟨Biographe Norvégien⟩
→ **Eiríkr ⟨Oddsson⟩**

Éric ⟨Danemark, Roi, ...⟩
→ **Erik ⟨Danmark, Konge, ...⟩**

Eric ⟨d'Upsal⟩
→ **Ericus ⟨Olavi⟩**

Éric ⟨le Poméranien⟩
→ **Erik ⟨Danmark, Konge, VII.⟩**

Eric ⟨Menved⟩
→ **Erik ⟨Danmark, Konge, VI.⟩**

Eric ⟨Oddson⟩
→ **Eiríkr ⟨Oddsson⟩**

Eric ⟨Olaï⟩
→ **Ericus ⟨Olavi⟩**

Eric ⟨Olsson⟩
→ **Ericus ⟨Olavi⟩**

Erich ⟨Dänemark, König, ...⟩
→ **Erik ⟨Danmark, Konge, ...⟩**

Erich ⟨von Pommern⟩
→ **Erik ⟨Danmark, Konge, VII.⟩**

Ericinio, Adalbertus Ranconis ¬de¬
→ **Adalbertus ⟨Ranconis de Ericinio⟩**

Ericus ⟨Altissiodorensis⟩
→ **Heiricus ⟨Altissiodorensis⟩**

Ericus ⟨Dania, Rex, ...⟩
→ **Erik ⟨Danmark, Konge, ...⟩**

Ericus ⟨de Pomerania⟩
→ **Erik ⟨Danmark, Konge, VII.⟩**

Ericus ⟨Olavi⟩
ca. 1425 – 1486
Chronica regni Gothorum
Rep.Font. IV,370; Stegmüller, Repert. bibl. 2249,1-2249,13; LMA,III,2147
Eric ⟨d'Upsal⟩
Eric ⟨Olaï⟩
Eric ⟨Olaï⟩
Eric ⟨Olsson⟩
Ericus ⟨Olai⟩
Ericus ⟨Olaus⟩
Ericus ⟨Olsson⟩
Ericus ⟨Upsaliensis⟩
Erik ⟨Olofsson⟩
Erik ⟨Olsson⟩
Olaï, Eric
Olaus, Eric
Olaus, Ericus
Olavi, Ericus
Olofsson, Erik

Ericus ⟨Olsson⟩
→ **Ericus ⟨Olavi⟩**

Ericus ⟨Upsaliensis⟩
→ **Ericus ⟨Olavi⟩**

Erigena, Johannes Scotus
→ **Johannes ⟨Scotus Eriugena⟩**

Erik ⟨af Pommern⟩
→ **Erik ⟨Danmark, Konge, VII.⟩**

Erik ⟨Danmark, Konge, VI.⟩
1274 – 1319
Kong Eriks Sjellandske lov
LMA,III,2141
Eric ⟨Menved⟩
Erich ⟨Dänemark, König, VI.⟩
Ericus ⟨Dania, Rex, VI.⟩
Erik ⟨Menved⟩

Erik ⟨Danmark, Konge, VII.⟩
1382 – 1459
Galt fälschlicherweise als Verf. der Annales Ryenses
LMA,III,2141/42; Rep. Font. I,325; IV,370
Éric ⟨Danemark, Roi, VII.⟩
Éric ⟨le Poméranien⟩

Erich ⟨Dänemark, König, VII.⟩
Erich ⟨Dänemark, Norwegen und Schweden, König⟩
Erich ⟨der Pommer⟩
Erich ⟨von Pommern⟩
Ericus ⟨Dania, Rex, VII.⟩
Ericus ⟨de Pomerania⟩
Erik ⟨af Pommern⟩

Erik ⟨Menved⟩
→ **Erik ⟨Danmark, Konge, VI.⟩**

Erik ⟨Olofsson⟩
→ **Ericus ⟨Olavi⟩**

Erik ⟨Olsson⟩
→ **Ericus ⟨Olavi⟩**

Erikson, Magnus
→ **Magnus ⟨Sverige, Konung, III.⟩**

Erinherus
um 1162
Paraphrasis Vita S. Haimeradi
Rep.Font. IV,372; VL(2),2,586
Erinher
Erinher ⟨Hagiographe⟩
Erinher ⟨Moine⟩
Erinherus ⟨Monachus⟩
Erinherus ⟨Paderbrunnensis⟩

Eriugena, Johannes Scotus
→ **Johannes ⟨Scotus Eriugena⟩**

Erkanbaldus ⟨Argentinensis⟩
→ **Erchenbaldus ⟨Argentinensis⟩**

Erkanbert ⟨von Freising⟩
→ **Erchanbertus ⟨Frisingensis⟩**

Erkanboldus ⟨Argentinensis⟩
→ **Erchenbaldus ⟨Argentinensis⟩**

Erkembaldus ⟨de Strasbourg⟩
→ **Erchenbaldus ⟨Argentinensis⟩**

Erkenfridus ⟨Frater⟩
um 1245/63
Compendium
VL(2),2,590/91
Erkenfridus ⟨Lesemeister⟩
Erkenfridus ⟨von Erfurt⟩
Frater Erkenfridus

Erkengerus
gest. 1387 · OP
Expositio Orationis dominicae
Kaeppeli,I,374
Eckardus ⟨Frater⟩
Erkengerus ⟨Herbipolensis⟩
Erkengerus ⟨Ringrefe⟩
Erkinger
Erkinger ⟨Frater⟩
Erkingerus
Ringrefe

Erkingerus
→ **Erkengerus**

Erla, Jaume ¬de¬
→ **Jaume ⟨de Erla⟩**

Erland, Angel
→ **Israel ⟨Erlandi⟩**

Erlandi, Israel
→ **Israel ⟨Erlandi⟩**

Erlandsson, Israel
→ **Israel ⟨Erlandi⟩**

Erlendsson, Eysteinn
→ **Eysteinn ⟨Erlendsson⟩**

Erlendsson, Haukr
→ **Haukr ⟨Erlendsson⟩**

Erlong ⟨de Wurtzbourg⟩
→ **Erlungus ⟨Wurceburgensis⟩**

Erluinus ⟨Gemblacensis⟩
gest. 986
Epistula ad Aletrannum de S. Wigberto
Rep.Font. IV,372; DOC,1,689
Erluin ⟨de Gembloux⟩
Erluinus ⟨Abbas⟩

Erlungus ⟨Wurceburgensis⟩
um 1103/21
Carmen de bello Saxonico; Vita Heinrici IV
Rep.Font. IV,372; VL(2),2,602/60
Erlong ⟨de Wurtzbourg⟩
Erlong ⟨Evêque⟩
Erlung ⟨de Wurtzbourg⟩
Erlung ⟨von Würzburg⟩
Erlungus ⟨Episcopus⟩
Erlungus, ⟨Wirciburgensis⟩

Ermanno ⟨Etzen⟩
→ **Etzen, Hermannus**

Ermanrich ⟨of Passau⟩
→ **Ermenricus ⟨Elwangensis⟩**

Ermanricus ⟨Augiensis⟩
→ **Ermenricus ⟨Elwangensis⟩**

Ermanricus ⟨Elwangensis⟩
→ **Ermenricus ⟨Elwangensis⟩**

Ermantarius ⟨Tornusiensis⟩
→ **Ermentarius ⟨Tornusiensis⟩**

Ermegildis
7. Jh.
Suggestiones Sesuldi, Sunilae, Johannis, Vivendi, Ermegildi
Cpl 1790

Ermenaldus ⟨de Aniane⟩
→ **Ermoldus ⟨Nigellus⟩**

Ermengald ⟨de Nîmes⟩
→ **Ermengaldus ⟨Sancti Aegidii⟩**

Ermengald ⟨de Saint-Gilles du Gard⟩
→ **Ermengaldus ⟨Sancti Aegidii⟩**

Ermengaldus ⟨Abbas⟩
→ **Ermengaldus ⟨Sancti Aegidii⟩**

Ermengaldus ⟨Biterrensis⟩
um 1207/08
Contra haereticos; nicht identisch mit Ermengaud ⟨Matfre⟩, dem man das Werk früher zugeschrieben hat; nicht identisch mit Ermengaldus ⟨Sancti Aegidii⟩
Rep.Font. IV,372; LMA,III,2155/56
Ermengardus ⟨Germanus⟩
Ermengaud ⟨de Béziers⟩
Ermengaud ⟨de Saint-Jacques⟩
Ermengaud ⟨Disciple de Durand de Huesca⟩
Ermengaud ⟨von Béziers⟩
Ermengaudus ⟨Biterrensis⟩
Pseudo-Ermengaldus ⟨Biterrensis⟩

Ermengaldus ⟨Sancti Aegidii⟩
um 1179/95
Contra Waldenses
Ermengald ⟨Abbé⟩
Ermengald ⟨de Nîmes⟩
Ermengald ⟨de Saint-Gilles du Gard⟩
Ermengaldus ⟨Abbas⟩
Ermengaud ⟨Abbé⟩
Ermengaud ⟨de Saint-Gilles⟩
Sancti Aegidii, Ermengaldus

Ermengardus ⟨Germanus⟩
→ **Ermengaldus ⟨Biterrensis⟩**

Ermengau, Matfre
→ **Ermengaud, Matfre**

Ermengaud ⟨Abbé⟩
→ **Ermengaldus ⟨Sancti Aegidii⟩**

Ermengaud ⟨Blezin⟩
→ **Armengaudus ⟨Blasii⟩**

Ermengaud ⟨de Béziers⟩
→ **Ermengaldus ⟨Biterrensis⟩**

Ermengaud ⟨de Saint-Gilles⟩
→ **Ermengaldus ⟨Sancti Aegidii⟩**

Ermengaud ⟨de Saint-Jacques⟩
→ **Ermengaldus ⟨Biterrensis⟩**

Ermengaud ⟨von Béziers⟩
→ **Ermengaldus ⟨Biterrensis⟩**

Ermengaud ⟨von Montpellier⟩
→ **Armengaudus ⟨Blasii⟩**

Ermengaud, Bernard
→ **Bernardus ⟨Ermengaudi⟩**

Ermengaud, Matfre
ca. 1288 – ca. 1322
Breviari d'amor; nicht identisch mit Ermengaldus ⟨Biterrensis⟩
LMA,III,2156/57
Ermengau ⟨Matfre⟩
Ermengau, Matfre
Matfre ⟨Ermengaud⟩

Ermengaudi, Bernardus
→ **Bernardus ⟨Ermengaudi⟩**

Ermengaudus ⟨Biterrensis⟩
→ **Ermengaldus ⟨Biterrensis⟩**

Ermenricus ⟨Augiensis⟩
→ **Ermenricus ⟨Elwangensis⟩**

Ermenricus ⟨Elwangensis⟩
814 – 874
Epistula ad Grimaldum; Vita Hariolfi; De vita Svalonis
Tusculum-Lexikon; LThK; CSGL; LMA,III,2157
Ermanrich ⟨of Passau⟩
Ermanricus ⟨Augiensis⟩
Ermanricus ⟨Elwangensis⟩
Ermenric ⟨d'Ellwangen⟩
Ermenrich ⟨von Ellwangen⟩
Ermenrico ⟨di Ellwangen⟩
Ermenricus ⟨Augiensis⟩
Ermenricus ⟨Episcopus⟩
Ermenricus ⟨of Ellwangen⟩
Ermenricus ⟨Pataviensis⟩
Hemricus ⟨von Ellwangen⟩
Hermanrich ⟨von Ellwangen⟩
Hermanricus ⟨von Ellwangen⟩

Ermenricus ⟨Pataviensis⟩
→ **Ermenricus ⟨Elwangensis⟩**

Ermentaire ⟨d'Hermoutier⟩
→ **Ermentarius ⟨Tornusiensis⟩**

Ermentarius ⟨Deensis⟩
→ **Ermentarius ⟨Tornusiensis⟩**

Ermentarius ⟨Heriensis⟩
→ **Ermentarius ⟨Tornusiensis⟩**

Ermentarius ⟨Tornusiensis⟩
gest. ca. 868/69
Vita et miracula sancti Philiberti Gemeticensis et Heriensis abbatis in translationibus
CC Clavis, Auct. Gall. 1,371ff.
Armentarius ⟨Tornusiensis⟩
Ermantarius ⟨Tornusiensis⟩
Ermentaire ⟨d'Hermoutier⟩
Ermentarius ⟨Deensis⟩
Ermentarius ⟨Deensis Monachus⟩
Ermentarius ⟨Heriensis⟩
Ermentarius ⟨of Tournus⟩
Ermentarius ⟨Trenorchiensis⟩

Ermentarius ⟨Trenorchiensis⟩
→ **Ermentarius ⟨Tornusiensis⟩**

Ermolao ⟨Barbaro⟩
→ **Barbarus, Hermolaus ⟨...⟩**

Ermold ⟨le Noir⟩
→ **Ermoldus ⟨Nigellus⟩**

Ermoldus ⟨Aquitanus⟩
→ **Ermoldus ⟨Nigellus⟩**

Ermoldus ⟨Nigellus⟩
gest. ca. 835
LThK; CSGL; Potth.; LMA,III,2160/61
Ermenaldus ⟨de Aniane⟩
Ermold ⟨le Noir⟩
Ermoldo ⟨Nigello⟩
Ermoldus ⟨Aquitanus⟩
Hermoldus ⟨Nigellus⟩
Nigellus, Ermoldus

Ernaldus ⟨Bonaevallis⟩
→ **Arnoldus ⟨Bonavallis⟩**

Erndorfer, Lukas
um 1498
Vorhersage für das Jahr 1498
VL(2),2,617
Erndorfer, Luc
Luc ⟨Erndorfer⟩
Lukas ⟨Erndorfer⟩

Ernest ⟨de Prague⟩
→ **Ernestus ⟨de Pardubitz⟩**

Ernest ⟨Saxe, Electeur⟩
→ **Ernst ⟨Sachsen, Kurfürst⟩**

Ernesti, Werner
um 1365/1416
Übersetzung des „Buchelin von den suchten der fogel, hunde und pferde“ aus „De animalibus“
VL(2),2,617/618
Werner ⟨Ernesti⟩

Ernestus ⟨Archiepiscopus⟩
→ **Ernestus ⟨de Pardubitz⟩**

Ernestus ⟨de Pardubitz⟩
um 1343/64
LMA,III,2179/80
Arnestus ⟨de Pardubice⟩
Arnestus ⟨Pragensis⟩
Arnošt ⟨von Pardubitz⟩
Arnošt ⟨z Pardubic⟩
Ernest ⟨de Prague⟩
Ernestus ⟨Archiepiscopus⟩
Ernestus ⟨de Pardubic⟩
Ernestus ⟨de Prague⟩
Ernestus ⟨Pardubic⟩
Ernestus ⟨Pragensis⟩
Ernst ⟨von Pardubitz⟩
Ernst ⟨von Prag⟩
Pardubitz, Ernestus ¬de¬

Ernestus ⟨Pragensis⟩
→ **Ernestus ⟨de Pardubitz⟩**

Ernoldus ⟨Bonavallis⟩
→ **Arnoldus ⟨Bonavallis⟩**

Ernoldus ⟨de Remis⟩
→ **Ernulfus ⟨de Remis⟩**

Ernoul
um 1193
Chronik des Königreiches von Jerusalem
LMA,III,2176
Ernoul ⟨Ritter⟩

Ernst ⟨Sachsen, Herzog⟩
→ **Ernst ⟨Sachsen, Kurfürst⟩**

Ernst ⟨Sachsen, Kurfürst⟩
1441 – 1486
LMA,III,2178/79
Ernest ⟨Saxe, Electeur⟩
Ernst ⟨Sachsen, Herzog⟩

Ernst ⟨von Kirchberg⟩
um 1329/79
Kanzler des Herzogs Albert II. von Hessen
Mecklenburgische Reimchronik
VL(2),2,618/620; Rep.Font. VI,613
Kirchberg, Ernst ¬von¬

Ernst ⟨von Pardubitz⟩
→ **Ernestus ⟨de Pardubitz⟩**

Ernst ⟨von Prag⟩
→ **Ernestus ⟨de Pardubitz⟩**

Ernst, Peter
15. Jh.
2 Rezepte gegen „zandwee“; 1 Rezept „De albandis dentibus“
VL(2),2,620/621
Peter ⟨Ernst⟩

Ernulf ⟨of Rochester⟩
→ **Arnulfus ⟨Roffensis⟩**

Ernulfus ⟨de Remis⟩
ca. 1260
Schneyer,I,356 und II,40
Arnoldus ⟨de Reims⟩
Arnoldus ⟨de Remis⟩
Arnoul ⟨de Reims⟩
Arnoul ⟨Prédicateur⟩
Ernoldus ⟨de Remis⟩
Remis, Ernulfus ¬de¬

Ernulfus ⟨Roffensis⟩
→ **Arnulfus ⟨Roffensis⟩**

Ernulons
→ **Amulo ⟨Lugdunensis⟩**

Erpo ⟨de Hohenwart⟩
→ **Aribo ⟨Moguntinensis⟩**

Erqueto, Guilelmus ¬de¬
→ **Guillaume ⟨d'Ercuis⟩**

Ersnkatzi, Konstantin
→ **Kostandin ⟨Erznkac'i⟩**

Erszébet ⟨Árpád-házi⟩
→ **Erszébet ⟨Magyarország, Hercegnő⟩**

Erszébet ⟨Ifjabb Szent⟩
→ **Erszébet ⟨Magyarország, Hercegnő⟩**

Erszébet ⟨Magyarország, Hercegnő⟩
ca. 1291 – 1338 · OP
Verfasserschaft der „Revelationes“ umstritten, werden teilweise Elisabeth ⟨Schonaugiensis⟩ zugeschrieben
Magyar Larousse
Elisabeth ⟨d'Hongrie⟩
Elisabeth ⟨Ungarn, Prinzessin⟩
Elisabeth ⟨von Ungarn⟩
Elizabeth ⟨of Hungary⟩
Elizabeth ⟨Saint⟩
Elizabeth ⟨von Töss⟩
Erszébet ⟨Árpád-házi⟩
Erszébet ⟨Ifjabb Szent⟩
Helysabeth ⟨Virgo⟩

Ervigius ⟨Rex⟩
→ **Erwig ⟨Westgotenreich, König⟩**

Ervise ⟨Anglais⟩
→ **Ervisius ⟨Sancti Victoris⟩**

Ervise ⟨de Saint-Victor de Paris⟩
→ **Ervisius ⟨Sancti Victoris⟩**

Ervisius ⟨Sancti Victoris⟩
um 1161/72
Epistulae
Rep.Font. IV,380; DOC,1,690
Ervis ⟨de Saint-Victor⟩
Ervise ⟨Anglais⟩
Ervise ⟨de Saint-Victor de Paris⟩
Ervisius ⟨a Sancto Victore⟩

Ervisius ⟨Abbas Sancti Victoris Parisiensis⟩
Sancti Victoris, Ervisius

Erwig ⟨Westgotenreich, König⟩
gest. 687
Edicta Ervigii Regis
Cpl 1790;1802; LMA,III,2190
Ervig ⟨Westgotischer König⟩
Ervige ⟨Roi des Wisigoths⟩
Ervigius ⟨Rex⟩

Erycles, Johannes
→ **Johannes ⟨Erycles⟩**

Erznkac'i, Kostandin
→ **Kostandin ⟨Erznkac'i⟩**

Erzpoet
→ **Archipoeta**

Erzpriester ⟨von Hita⟩
→ **Ruiz, Juan**

Esaias ⟨Abt⟩
→ **Isaias ⟨Abbas⟩**

Esaias ⟨Kyprios⟩
→ **Isaias ⟨Cyprius⟩**

Esaias ⟨Patavinus⟩
um 1480
Cant.
Stegmüller, Repert. bibl. 2255
Patavinus, Esaias

Escaille, Hugo ¬de¬
→ **Hugo ⟨de Escaille⟩**

Escavias, Pedro ¬de¬
um 1474
Hechos del condestable don Miguel Lucas de Iranzo; Repertorio de principes de España
Rep.Font. IV,380
Pedro ⟨de Escavias⟩
Pedro ⟨de los Escavias⟩

Esch, Jacques ¬d'¬
→ **Jaique ⟨Dex⟩**

Eschenbach, Johannes
15. Jh. · OP
Predigten: „Von IX regel des frides", „Über en geistlich faschnatkrefflin"
VL(2),2,629/630
Johannes ⟨Eschenbach⟩

Eschenbach, Ulrich ¬von¬
→ **Ulrich ⟨von Etzenbach⟩**

Eschenbach, Wolfram ¬von¬
→ **Wolfram ⟨von Eschenbach⟩**

Eschenden, Johannes ¬de¬
→ **Johannes ⟨de Eschenden⟩**

Eschenloer, Peter
ca. 1420 – 1481
Historia Wratislaviensis et que post mortem regis Ladislai sub electo Georgio de Podubrat Bohemorum rege illi acciderant prospera et adversa; Peter Eschenloers Stadtschreibers zu Breslau Geschichten der Stadt Breslau...
Rep.Font. IV,381; LMA,IV,11; VL(2),2,630/632
Eschenloer, Petrus
Eschenloer, Pierre
Peter ⟨Eschenloer⟩
Petrus ⟨Eschenloer⟩
Pierre ⟨Eschenloer⟩

Eschilbach, Wolfram ¬von¬
→ **Wolfram ⟨von Eschenbach⟩**

Esclot, Bernat ¬d'¬
→ **Desclot, Bernat**

Escobar, Andreas ¬de¬
→ **Andreas ⟨de Escobar⟩**

Escobar, Cristóbal ¬de¬
15. Jh.
Cristóbal ⟨de Escobar⟩

Escoquart, Philippus
→ **Philippus ⟨Escoquart⟩**

Escoto, Juan
→ **Duns Scotus, Johannes**

Escouchy, Matthieu ¬d'¬
→ **Matthieu ⟨d'Escouchy⟩**

Esculape
→ **Aesculapius**

Esculapius, Aurelius
→ **Aurelius ⟨Esculapius⟩**

Esculo, Belardus ¬de¬
→ **Belardus ⟨de Esculo⟩**

Escurel, Jehannot ¬de l'¬
→ **L'Escurel, Jehannot ¬de¬**

Eselberg, Elbelin ¬von¬
→ **Elbelin ⟨von Eselberg⟩**

Esichio ⟨Milesio⟩
→ **Hesychius ⟨Milesius⟩**

Esperdingen, Andre ¬von¬
→ **Andre ⟨von Esperdingen⟩**

Espina, Alfonso ¬de¬
→ **Alfonsus ⟨de Spina⟩**

Espinal, Gautier ¬d'¬
→ **Gautier ⟨d'Epinal⟩**

Esquerrier, Arnaud
→ **Arnaud ⟨Esquerrier⟩**

Eşref-i İzniki
→ **Eşrefoğlu Rumi**

Ešref-i Rūmī
→ **Eşrefoğlu Rumi**

Ešref-oġlū Abdullāh Rūmī
→ **Eşrefoğlu Rumi**

Eşrefoğlu Rumi
1353 – 1469
Divan; Müzekkī n-nüfūs; Tarikatname; İbretname
LMA,IV,18
ʿAbdallāh Ašraf Rūmī
Abdullah Rumî, Eşrefoğlu
Abdullah Rumi, Eşrefoğlu
Ašraf Rūmī, ʿAbdallāh
Eşref-i İzniki
Ešref-i Rūmī
Eşref-i Rumi
Ešref-oġlī Abdullāh Rūmī
Eşrefoğlu Abdullah Rûmî
Eşrefoğlu Abdullah Rumi
Eşrefoğlu Rumî
Eşrefzade Abdullah-ı Rûmî
Piri Sani
Rūmī, ʿAbdallāh Ašraf
Rumi, Abdullah Eşref
Rumî, Eşrefoğlu
Rumi, Eşrefoğlu

Eşrefzade Abdullah-ı Rûmî
→ **Eşrefoğlu Rumi**

Esseburne, Henricus ¬de¬
→ **Henricus ⟨de Esseburne⟩**

Esseby, David ¬de¬
→ **David ⟨de Ashby⟩**

Essen, Nikolaus ¬von¬
→ **Nikolaus ⟨von Essen⟩**

Essendia, Johannes ¬de¬
→ **Johannes ⟨de Essendia⟩**

Esslinga, Johannes ¬de¬
→ **Johannes ⟨Spies de Esslinga⟩**

Esslingen, Schulmeister ¬von¬
→ **Schulmeister ⟨von Esslingen⟩**

Essone, Johannes ¬de¬
→ **Johannes ⟨de Essone⟩**

Este, Borso ¬d'¬
→ **Borso ⟨Modena, Duce⟩**

Esteban ⟨Harding⟩
→ **Stephanus ⟨Harding⟩**

Esteban, Juan
→ **Esteve, Joan**
→ **Johan ⟨Esteve⟩**

Esterâbâdî, Aziz b. Erdeşir
→ **ʿAzīz Ibn-Ardašīr Āstarābādī**

Estevan ⟨da Guarda⟩
geb. 1270/80
Cantigas d'amor; Cantigas d'escarnho e maldizer
LMA,IV,37
Guarda, Estevan ¬da¬

Esteve, Joan
um 1472/82
Compendium regularum ad elegantiam latini sermonis comparandam; Jurist und Notar in Valencia
Esteban, Joan
Esteban, Juan
Estève, Jean
Giovanni ⟨Stefano⟩
Jean ⟨Estève⟩
Joan ⟨Esteban⟩
Joan ⟨Esteve⟩
Johannes ⟨Esteve⟩
Johannes ⟨Stephanus⟩
Juan ⟨Esteban⟩
Stefani, Giovanni
Stephanus, Johannes

Estienne ⟨...⟩
→ **Étienne ⟨...⟩**

Eštôrî hap-Parḥî, Yiṣḥāq Ben-Mōše
1280 – 1355
Kaftôr wa-feraḥ
Rep.Font. IV,383
Eštôrî ⟨hap-Parḥî⟩
Estori ha-Parchi
Farhi, Estori ben Moses
Farḥi, Isaac ben Moyses
Isaac ben Moyses Farḥi
Parchi, Estori
Yiṣḥāq Ben-Mōše ⟨Eštôrî hap-Parḥî⟩

Estrey, Guilelmus ¬de¬
→ **Guilelmus ⟨de Estrey⟩**

Estúñiga, Lope ¬de¬
→ **Stúñiga, Lope ¬de¬**

Etampes, Jean ¬d'¬
→ **Jean ⟨Dardel⟩**

Eterianus, Hugo
1120 – 1182
Tusculum-Lexikon; LThK; CSGL; LMA,V,170
Aetherianus, Hugo
Eterian, Hugon
Eteriano, Hugo
Eteriano, Ugone
Etherianus, Hugo
Heterianus, Hugo
Hugo ⟨Aetherianus⟩
Hugo ⟨Eretrianus⟩
Hugo ⟨Eterianus⟩
Hugo ⟨Etherianus⟩
Hugo ⟨Heterianus⟩
Hugo ⟨Tuscus⟩
Hugues ⟨Eteriano⟩
Ugo ⟨Eteriano⟩

Eterius ⟨Oxomensis⟩
→ **Etherius ⟨Uxamensis⟩**

Ethedrède ⟨d'Ely⟩
→ **Etheldreda ⟨Eliensis⟩**

Ethelbert ⟨Angleterre, Roi⟩
→ **Aethelberht ⟨Kent, King, I.⟩**

Ethelbert ⟨Bretwalda⟩
→ **Aethelberht ⟨Kent, King, I.⟩**

Ethelbert ⟨de York⟩
→ **Aethelbertus ⟨Eboracensis⟩**

Ethelbert ⟨East Anglia, King⟩
→ **Aethelberht ⟨East Anglia, King⟩**

Ethelbert ⟨Kent, King, ...⟩
→ **Aethelberht ⟨Kent, King, ...⟩**

Ethelbert ⟨King and Martyr⟩
→ **Aethelberht ⟨Kent, King, I.⟩**

Ethelbert ⟨Maître d'Alcuin⟩
→ **Aethelbertus ⟨Eboracensis⟩**

Ethelbert ⟨Saint⟩
→ **Aethelberht ⟨East Anglia, King⟩**

Ethelbert ⟨von Kent⟩
→ **Aethelberht ⟨Kent, King, ...⟩**

Ethelbertus ⟨Eboracensis⟩
→ **Aethelbertus ⟨Eboracensis⟩**

Ethelbertus ⟨Sanctus⟩
→ **Aethelberht ⟨East Anglia, King⟩**

Ethelburga ⟨Abbesse⟩
→ **Aethelburga ⟨Sancta⟩**

Ethelburga ⟨de Barking⟩
→ **Aethelburga ⟨Sancta⟩**

Ethelburga ⟨Sancta⟩
→ **Aethelburga ⟨Sancta⟩**

Ethelburge ⟨de Barking⟩
→ **Aethelburga ⟨Sancta⟩**

Etheldreda ⟨Eliensis⟩
gest. 679
Vita, translatio, miracula
Aetheldrythe
Edeltrud ⟨Äbtissin⟩
Edeltrud ⟨von Ely⟩
Edilthryde
Ethedrède ⟨Abbesse⟩
Ethedrède ⟨d'Ely⟩
Etheldreda ⟨Heilige⟩
Etheldreda ⟨Regina⟩
Etheldreda ⟨Sancta⟩
Etheldrède ⟨de Northumberland⟩
Etheldrède ⟨d'Ely⟩
Etheldrède ⟨Reine⟩

Ethelred ⟨Angleterre, Roi, II.⟩
→ **Aethelred ⟨England, King, II.⟩**

Ethelred ⟨de Mercie⟩
→ **Aethelred ⟨Mercia, King⟩**

Ethelred ⟨de Rievaulx⟩
→ **Aelredus ⟨Rievallensis⟩**

Ethelred ⟨de Warden⟩
→ **Edilredus ⟨Wardensis⟩**

Ethelred ⟨der Unberatene⟩
→ **Aethelred ⟨England, King, II.⟩**

Ethelred ⟨Saint⟩
→ **Aelredus ⟨Rievallensis⟩**

Ethelredus ⟨de Rievalle⟩
→ **Aelredus ⟨Rievallensis⟩**

Ethelredus ⟨Wardensis⟩
→ **Edilredus ⟨Wardensis⟩**

Ethelulfus ⟨Lindisfarnensis⟩
→ **Aethelwulfus ⟨Lindisfarnensis⟩**

Ethelverdus
→ **Aethelwerdus**

Ethelvolfus ⟨Hibernus⟩
→ **Aethelwulfus ⟨Lindisfarnensis⟩**

Ethelwardus
→ **Aethelwerdus**

Ethelwerdus
→ **Aethelwerdus**

Ethelwoldus ⟨Abbendoniensis⟩
→ **Aethelwoldus ⟨Wintoniensis⟩**

Ethelwoldus ⟨Monachus⟩
→ **Aethelwulfus ⟨Lindisfarnensis⟩**

Ethelwoldus ⟨Sanctus⟩
→ **Aethelwoldus ⟨Wintoniensis⟩**

Ethelwoldus ⟨Wintoniensis⟩
→ **Aethelwoldus ⟨Wintoniensis⟩**

Ethelwolf ⟨of Lindisfarne⟩
→ **Aethelwaldus ⟨Lindisfarnensis⟩**

Ethelwolfus ⟨Lindisfarnensis⟩
→ **Aethelwulfus ⟨Lindisfarnensis⟩**

Ethère ⟨de Burgo de Osma⟩
→ **Etherius ⟨Uxamensis⟩**

Etherianus, Hugo
→ **Eterianus, Hugo**

Etherianus, Leo
→ **Leo ⟨Etherianus⟩**

Etherius ⟨Uxamensis⟩
um 783
Fragm. de Trinitate servatum in „Epistula adversus Elipandum" von Beatus ⟨Liebanensis⟩
Cpl 1752a, 1753o
Aetherius ⟨Uxamensis⟩
Eterius ⟨Oxomensis⟩
Ethère ⟨de Burgo de Osma⟩
Ethère ⟨d'Osma⟩
Ethère ⟨d'Oxoma⟩
Ethère ⟨Evêque⟩
Ethère ⟨l'Evêque⟩
Etherius ⟨of Osma⟩
Etherius ⟨von Osma⟩
Heterius ⟨Episcopus⟩
Heterius ⟨Oxomensis⟩
Heterius ⟨von Osma⟩

Etherius ⟨von Osma⟩
→ **Etherius ⟨Uxamensis⟩**

Etheveardus
→ **Aethelwerdus**

Ethicus
→ **Aethicus ⟨Ister⟩**

Etienne ⟨Abbé⟩
→ **Stephanus ⟨Harding⟩**
→ **Stephanus ⟨Leodiensis⟩**
→ **Stephanus ⟨Spanberg de Melk⟩**

Etienne ⟨Abbé de Saint-Mihiel⟩
→ **Stephanus ⟨Leodiensis⟩**

Etienne ⟨Africain⟩
→ **Stephanus ⟨Presbyter Africanus⟩**

Etienne ⟨Angleterre, Roi⟩
→ **Stephen ⟨England, King⟩**

Etienne ⟨Archevêque⟩
→ **Stephanus ⟨Siunicensis⟩**

Etienne ⟨Archidiacre⟩
→ **Stephanus ⟨de Cudot⟩**

Etienne ⟨Arlandi⟩
→ **Stephanus ⟨Arlandi⟩**

Etienne ⟨Arnaud⟩
→ **Stephanus ⟨Arlandi⟩**

Etienne ⟨Aubert⟩
→ **Innocentius ⟨Papa, VI.⟩**

Etienne ⟨Baumgartner⟩
→ **Baumgartner, Steffan**

Etienne ⟨Bérout⟩
→ **Stephanus ⟨Berout⟩**

Etienne ⟨Bodecker de Brandebourg⟩
→ **Stephanus ⟨Bodeker⟩**

Étienne ⟨Boileau⟩
→ **Boileau, Étienne**

Etienne ⟨Bonnier⟩
→ **Stephanus ⟨Provincialis⟩**

Etienne ⟨Bourges, Vicomte⟩
→ **Stephanus ⟨Bituricensis⟩**

Etienne ⟨Brown de Rochester⟩
→ **Stephanus ⟨Broune⟩**

Etienne ⟨Brulefer⟩
→ **Stephanus ⟨Brulefer⟩**

Etienne ⟨Byrchington⟩
→ **Stephanus ⟨Birchingtonius⟩**

Etienne ⟨Cellae Novae⟩
→ **Stephanus ⟨Cellae Novae⟩**

Etienne ⟨Chanoine⟩
→ **Stephanus ⟨de Fermonte⟩**

Etienne ⟨d'Alexandrie⟩
→ **Stephanus ⟨Alexandrinus⟩**

Etienne ⟨d'Anagni⟩
→ **Stephanus ⟨Papa, VI.⟩**

Etienne ⟨d'Arles⟩
→ **Stephanus ⟨Arelatensis⟩**

Etienne ⟨d'Autun⟩
→ **Stephanus ⟨Augustodunensis⟩**
→ **Stephanus ⟨de Balgiaco⟩**

Etienne ⟨d'Auxerre⟩
→ **Stephanus ⟨de Cudot⟩**
→ **Stephanus ⟨de Venesiaco⟩**

Etienne ⟨de Baugé⟩
→ **Stephanus ⟨de Balgiaco⟩**

Etienne ⟨de Bec⟩
→ **Stephanus ⟨Rothomagensis⟩**

Etienne ⟨de Belleville⟩
→ **Stephanus ⟨de Borbone⟩**

Etienne ⟨de Besançon⟩
→ **Stephanus ⟨de Bisuntio⟩**

Etienne ⟨de Birchington⟩
→ **Stephanus ⟨Birchingtonius⟩**

Etienne ⟨de Bostra⟩
→ **Stephanus ⟨Bostrensis⟩**

Etienne ⟨de Bourbon⟩
→ **Stephanus ⟨de Borbone⟩**

Etienne ⟨de Bourges⟩
→ **Stephanus ⟨Bituricensis⟩**

Etienne ⟨de Brandebourg⟩
→ **Stephanus ⟨Bodeker⟩**

Etienne ⟨de Byzance⟩
→ **Stephanus ⟨Byzantinus⟩**

Etienne ⟨de Castello⟩
→ **Stephanus ⟨de Castro⟩**

Etienne ⟨de Castro⟩
→ **Stephanus ⟨de Castro⟩**

Etienne ⟨de Châlons-sur-Marne⟩
→ **Stephanus ⟨Sancti Urbani⟩**

Etienne ⟨de Cîteaux⟩
→ **Stephanus ⟨Harding⟩**

Etienne ⟨de Cologne⟩
→ **Stephanus ⟨Coloniensis⟩**

Etienne ⟨de Cudot⟩
→ **Stephanus ⟨de Cudot⟩**

Etienne ⟨de Dora⟩
→ **Stephanus ⟨Dorensis⟩**

Etienne ⟨de Dorpat⟩
→ **Stephan ⟨von Dorpat⟩**

Etienne ⟨de Flandre⟩
→ **Stephanus ⟨de Flandria⟩**

Etienne ⟨de Florence⟩
→ **Stephanus ⟨Francisci⟩**

Étienne ⟨de Fougères⟩
gest. 1178
LThK; LMA,VIII,122
Estienne ⟨de Fougères⟩
Estienne ⟨von Fougieres⟩
Etienne ⟨de Rennes⟩
Fougères, Étienne ¬de¬
Fulgeriis, Stephanus ¬de¬
Stephan ⟨von Fougères⟩
Stephanus ⟨de Filgeriis⟩
Stephanus ⟨de Fulcheriis⟩
Stephanus ⟨de Fulgeriis⟩
Stephanus ⟨Episcopus⟩
Stephanus ⟨Redonensis⟩

Etienne ⟨de Fountains⟩
→ **Stephanus ⟨de Salleia⟩**

Etienne ⟨de Gagny⟩
→ **Stephanus ⟨de Gagny⟩**

Etienne ⟨de Garessio⟩
→ **Stephanus ⟨de Garesio⟩**

Étienne ⟨de Governe⟩
um 1476/81
Einer der Verf. des Chronicon Avenionense (1476-1481)
Rep.Font. III,278; IV,384
Governe, Étienne ¬de¬

Etienne ⟨de Grandmont⟩
→ **Stephanus ⟨de Liciaco⟩**
→ **Stephanus ⟨de Mureto⟩**

Etienne ⟨de Joinville⟩
→ **Stephanus ⟨Sancti Urbani⟩**

Etienne ⟨de Juilly⟩
→ **Stephanus ⟨Iuliacus⟩**

Etienne ⟨de Kolin⟩
→ **Stephanus ⟨de Kolin⟩**

Etienne ⟨de Landskron⟩
→ **Stephan ⟨von Landskron⟩**

Etienne ⟨de Langton⟩
→ **Langton, Stephanus**

Etienne ⟨de Lantzkrana⟩
→ **Stephan ⟨von Landskron⟩**

Etienne ⟨de Larisse⟩
→ **Stephanus ⟨Larissenus⟩**

Etienne ⟨de Lexington⟩
→ **Stephanus ⟨de Lexinton⟩**

Etienne ⟨de Liciac⟩
→ **Stephanus ⟨de Liciaco⟩**

Etienne ⟨de Liège⟩
→ **Stephanus ⟨Leodiensis⟩**

Etienne ⟨de Lisbonne⟩
→ **Stephanus ⟨Ulissiponensis⟩**

Etienne ⟨de Llandaff⟩
→ **Galfredus ⟨Landavensis⟩**

Etienne ⟨de Lucques⟩
→ **Stephanus ⟨Trenta⟩**

Etienne ⟨de Melk⟩
→ **Stephanus ⟨Spanberg de Melk⟩**

Etienne ⟨de Muret⟩
→ **Stephanus ⟨de Mureto⟩**

Etienne ⟨de Nardo⟩
→ **Stefano ⟨di Mont'Alto⟩**

Etienne ⟨de Newminster⟩
→ **Stephanus ⟨de Salleia⟩**

Etienne ⟨de Notre-Dame de York⟩
→ **Stephanus ⟨de Whitby⟩**

Etienne ⟨de Palecz⟩
→ **Stephanus ⟨Palecz⟩**

Etienne ⟨de Paris⟩
→ **Temperius, Stephanus**

Etienne ⟨de Patrington⟩
→ **Stephanus ⟨de Patrington⟩**

Etienne ⟨de Pébrac⟩
→ **Stephanus ⟨Piperacensis⟩**

Etienne ⟨de Poligny⟩
→ **Stephanus ⟨de Poliniaco⟩**

Etienne ⟨de Prague⟩
→ **Stephanus ⟨Palecz⟩**

Etienne ⟨de Provence⟩
→ **Stephanus ⟨Provincialis⟩**

Etienne ⟨de Reate⟩
→ **Stephanus ⟨de Reate⟩**

Etienne ⟨de Reims⟩
→ **Stephanus ⟨de Remis⟩**

Etienne ⟨de Rennes⟩
→ **Étienne ⟨de Fougères⟩**

Etienne ⟨de Rieti⟩
→ **Stephanus ⟨de Reate⟩**

Etienne ⟨de Rochester⟩
→ **Stephanus ⟨Broune⟩**

Etienne ⟨de Rouen⟩
→ **Stephanus ⟨Rothomagensis⟩**

Etienne ⟨de Saint-Pantaléon⟩
→ **Stephanus ⟨Coloniensis⟩**

Etienne ⟨de Saint-Ruf⟩
→ **Stephanus ⟨Viennensis⟩**

Etienne ⟨de Saint-Sabas⟩
→ **Stephanus ⟨Sabaita⟩**

Etienne ⟨de Saint-Urbain⟩
→ **Stephanus ⟨Sancti Urbani⟩**

Etienne ⟨de Saint-Victor⟩
→ **Stephanus ⟨Piperacensis⟩**

Etienne ⟨de Salagnac⟩
→ **Stephanus ⟨de Salaniaco⟩**

Etienne ⟨de Sienne⟩
→ **Stefano ⟨Maconi⟩**
→ **Stephanus ⟨de Senis⟩**

Etienne ⟨de Siounikh⟩
→ **Stephanus ⟨Siunicensis⟩**

Etienne ⟨de Spannberg⟩
→ **Stephanus ⟨Spanberg de Melk⟩**

Etienne ⟨de Tarente⟩
→ **Stephanus ⟨de Tarento⟩**

Etienne ⟨de Tournai⟩
→ **Stephanus ⟨Tornacensis⟩**

Etienne ⟨de Trenti⟩
→ **Stephanus ⟨Trenta⟩**

Etienne ⟨de Varnesia⟩
→ **Stephanus ⟨de Venesiaco⟩**

Etienne ⟨de Vienne⟩
→ **Stephanus ⟨Viennensis⟩**

Etienne ⟨de Whitby⟩
→ **Stephanus ⟨de Whitby⟩**

Etienne ⟨de Wittenberg⟩
→ **Stephanus ⟨Wirtenberger⟩**

Etienne ⟨Diacre à Arles⟩
→ **Stephanus ⟨Arelatensis⟩**

Etienne ⟨d'Orléans⟩
→ **Temperius, Stephanus**

Etienne ⟨du Castel⟩
→ **Stephanus ⟨de Castro⟩**

Etienne ⟨du Fermont⟩
→ **Stephanus ⟨de Fermonte⟩**

Etienne ⟨du Mont⟩
→ **Innocentius ⟨Papa, VI.⟩**

Etienne ⟨du Mont-Saint-Eloi⟩
→ **Stephanus ⟨de Fermonte⟩**

Etienne ⟨Evêque⟩
→ **Stephanus ⟨Larissenus⟩**

Etienne ⟨Fondateur de l'Ordre de Grandmont⟩
→ **Stephanus ⟨de Mureto⟩**

Etienne ⟨Fridolin⟩
→ **Fridolin, Stephan**

Etienne ⟨Géographe Grec⟩
→ **Stephanus ⟨Byzantinus⟩**

Etienne ⟨Harding⟩
→ **Stephanus ⟨Harding⟩**

Etienne ⟨Hoest⟩
→ **Hoest, Stephanus**

Etienne ⟨Hongrie, Roi, I.⟩
→ **István ⟨Magyarország, Király, I.⟩**

Etienne ⟨Infessura⟩
→ **Infessura, Stefano**

Etienne ⟨Kapfmann de Saint-Gall⟩
→ **Kapfman, Steffan**

Etienne ⟨l'Anglais⟩
→ **Langton, Stephanus**

Etienne ⟨Langton⟩
→ **Langton, Stephanus**

Etienne ⟨le Maître d'Ecole⟩
→ **Stephan ⟨der Meister⟩**

Etienne ⟨le Normand⟩
→ **Stephanus ⟨Normannus⟩**

Etienne ⟨le Sabaïte⟩
→ **Stephanus ⟨Sabaita⟩**

Etienne ⟨Maconi⟩
→ **Stefano ⟨Maconi⟩**

Etienne ⟨Maître⟩
→ **Stephanus ⟨Magister⟩**

Etienne ⟨Maleu⟩
→ **Maleu, Stephanus**

Etienne ⟨Métropolitain⟩
→ **Stephanus ⟨Larissenus⟩**

Etienne ⟨Moine⟩
→ **Stephanus ⟨Coloniensis⟩**

Etienne ⟨Moine Thaumaturge⟩
→ **Stephanus ⟨Sabaita⟩**

Etienne ⟨of Liège⟩
→ **Stephanus ⟨Leodiensis⟩**

Etienne ⟨Pape, ...⟩
→ **Stephanus ⟨Papa, ...⟩**

Etienne ⟨Pape Elu⟩
→ **Stephanus ⟨Electus⟩**

Etienne ⟨Pillet⟩
→ **Stephanus ⟨Brulefer⟩**

Etienne ⟨Préchantre de la Cathédrale de Lisbonne⟩
→ **Stephanus ⟨Ulissiponensis⟩**

Etienne ⟨Prêtre d'Auxerre⟩
→ **Stephanus ⟨Presbyter Africanus⟩**

Etienne ⟨Prieur⟩
→ **Stephanus ⟨Cellae Novae⟩**
→ **Stephanus ⟨de Liciaco⟩**

Etienne ⟨Prieur de Notre-Dame de Gratia⟩
→ **Stephanus ⟨de Senis⟩**

Etienne ⟨Provincialis⟩
→ **Stephanus ⟨Provincialis⟩**

Etienne ⟨Roffensis⟩
→ **Stephanus ⟨Broune⟩**

Etienne ⟨Romain⟩
→ **Stephanus ⟨Electus⟩**

Etienne ⟨Saint⟩
→ **Stephanus ⟨de Mureto⟩**
→ **Stephanus ⟨Harding⟩**
→ **Stephanus ⟨Sabaita⟩**

Etienne ⟨Tempier⟩
→ **Temperius, Stephanus**

Étienne ⟨Troches⟩
um 1356
Clémentines
Troches, Étienne

Etienne ⟨Vicomte de Bourges⟩
→ **Stephanus ⟨Bituricensis⟩**

Étienne, Jean ¬d'¬
→ **Jean ⟨d'Etienne⟩**

Etienne-Henri ⟨de Blois⟩
→ **Stephanus ⟨Carnotensis⟩**

Etruscus, Maximianus
→ **Maximianus ⟨Etruscus⟩**

Etsch, Johann ¬von der¬
→ **Johann ⟨von der Etsch⟩**

Ettelingen, ¬Der von¬
Lebensdaten nicht ermittelt
VL(2),2,635
Der von Ettelingen

Etzel, Anton
15. Jh.
Syphilisschrift
VL(2),2,639
Anton ⟨Etzel⟩

Etzen, Hermannus
ca. 1420 – ca. 1465 · OFM
In I-III Physicorum; In I-II De anima
Lohr; Stegmüller, Repert. sentent. 346; VL(2),2,639/41
Ermanno ⟨Etzen⟩
Etzen, Hermann
Hermann ⟨Etzen⟩
Hermannus ⟨Etzen⟩

Etzenbach, Ulrich ¬von¬
→ **Ulrich ⟨von Etzenbach⟩**

Euagrios ⟨Scholastikos⟩
→ **Evagrius ⟨Scholasticus⟩**

Euaristos ⟨Constantinopolitanus⟩
→ **Evaristus ⟨Constantinopolitanus⟩**

Euboea, Johannes ¬de¬
→ **Johannes ⟨de Euboea⟩**

Eubulus ⟨Lystrensis⟩
um 631/41
Adversus Athanasium pseudoepiscopum Severianorum
Cpg 7685
Eubule ⟨de Lygra⟩
Eubule ⟨de Lystra⟩
Eubule ⟨Evêque⟩

Euchaites, Johannes
→ **Johannes ⟨Mauropus⟩**

Eucharius ⟨Artzt⟩
→ **Artzt, Eikhart**

Eucharius ⟨Weissenburgensis⟩
→ **Artzt, Eikhart**

Eucheria
6./7. Jh.
„Carmen invectivum"; nicht identisch mit Aetheria ; Epitaphium v. Eutheria ⟨Dinamii Coniux⟩ ; Identität mit Eucheria ⟨Poeta⟩ ungewiß
Eucheria ⟨Dinamii Coniux⟩
Eucheria ⟨Poeta⟩
Eucheria ⟨Poetria⟩
Euchérie

Eucles, Johannes
→ **Johannes ⟨Eucles⟩**

Eudes ⟨de Carigas⟩
→ **Oede ⟨de la Couroierie⟩**

Eudes ⟨de Châteauroux⟩
→ **Odo ⟨de Castro Radulfi⟩**

Eudes ⟨de Cheriton⟩
→ **Odo ⟨de Ceritona⟩**

Eudes ⟨de Deuil⟩
→ **Odo ⟨de Deogilo⟩**

Eudes ⟨de Roini⟩
→ **Odo ⟨de Roniaco⟩**

Eudes ⟨de Rosny⟩
→ **Odo ⟨de Roniaco⟩**

Eudes ⟨de Saint-Maur-des-Fossés⟩
→ **Odo ⟨Fossatensis⟩**

Eudes ⟨de Saint-Victor⟩
→ **Odo ⟨de Sancto Victore⟩**

Eudes ⟨de Soissons⟩
→ **Odo ⟨de Ursicampo⟩**

Eudes ⟨France, Roi⟩
→ **Odo ⟨Westfränkisches Reich, König⟩**

Eudes ⟨le Bienheureux⟩
→ **Odo ⟨Cameracensis⟩**

Eudes ⟨of Rouen⟩
→ **Odo ⟨Rigaldus⟩**

Eudes ⟨Rigaud⟩
→ **Odo ⟨Rigaldus⟩**

Eudes ⟨Roi des Francs⟩
→ **Odo ⟨Westfränkisches Reich, König⟩**

Eudes ⟨von Rosny⟩
→ **Odo ⟨de Roniaco⟩**

Euergetinus, Paulus
→ **Paulus ⟨Euergetinus⟩**

Euferarius ⟨Frater⟩
→ **Ferrarius ⟨Frater⟩**

Eufrasius ⟨Arvernus⟩
gest. 514
Epistula ad Ruricium
Stegmüller, Repert. sentent. 985
Arvernus, Eufrasius
Eufrasius ⟨Episcopus⟩
Eufrasius ⟨Episcopus Arverni⟩
Euphraise ⟨de Clermont⟩
Euphraise ⟨Evêque⟩
Euphrasius ⟨Arvernus⟩
Euphrasius ⟨Episcopus⟩

Eugen ⟨Papst, ...⟩
→ **Eugenius ⟨Papa, ...⟩**

Eugène ⟨de Tolède⟩
→ **Eugenius ⟨Toletanus⟩**

Eugène ⟨Pape, ...⟩
→ **Eugenius ⟨Papa, ...⟩**

Eugène ⟨Voulgaris⟩
→ **Eugenius ⟨Vulgarius⟩**

Eugenianus ⟨Nicomediensis⟩
→ **Nicetas ⟨Eugenianus⟩**

Eugenianus, Nicetas
→ **Nicetas ⟨Eugenianus⟩**

Eugenicus, Johannes
→ **Johannes ⟨Eugenicus⟩**

Eugenicus, Manuel
→ **Marcus ⟨Eugenicus⟩**

Eugenicus, Marcus
→ **Marcus ⟨Eugenicus⟩**

Eugenio ⟨de Toledo⟩
→ **Eugenius ⟨Toletanus⟩**

Eugenio ⟨Papa, ...⟩
→ **Eugenius ⟨Papa, ...⟩**

Eugenios ⟨of Sicily⟩
→ **Eugenius ⟨Panormitanus⟩**

Eugenios ⟨tu Bulgareos⟩
→ **Eugenius ⟨Vulgarius⟩**

Eugenius ⟨Admiral⟩
→ **Eugenius ⟨Panormitanus⟩**

Eugenius ⟨de Toledo⟩
→ **Eugenius ⟨Toletanus⟩**

Eugenius ⟨der Admiral⟩
→ **Eugenius ⟨Panormitanus⟩**

Eugenius ⟨Episcopus⟩
→ **Eugenius ⟨Toletanus⟩**

Eugenius ⟨Episcopus Seleuciae⟩
→ **Eugenius ⟨Seleuciae Episcopus⟩**

Eugenius ⟨Iunior⟩
→ **Eugenius ⟨Toletanus⟩**

Eugenius ⟨Panormitanus⟩
1130 – 1203
Tusculum-Lexikon; LMA,IV,82/83
Eugenios ⟨of Sicily⟩
Eugenius ⟨Admiral⟩
Eugenius ⟨der Admiral⟩
Eugenius ⟨Siculus⟩
Eugenius ⟨von Palermo⟩
Eugenius ⟨von Sizilien⟩
Panormitanus, Eugenius
Siculus, Eugenius

Eugenius ⟨Papa, I.⟩
gest. 657
Nicht identisch mit dem im gleichen Jahr gestorbenen Eugenius ⟨Toletanus⟩
LMA,IV,77/78
Eugen ⟨Papst, I.⟩
Eugène ⟨Pape, I.⟩
Eugenio ⟨Papa, I.⟩
Eugenius ⟨Sanctus⟩

Eugenius ⟨Papa, II.⟩
um 824/27
LMA,IV,78
Eugen ⟨Papst, II.⟩
Eugène ⟨Pape, II.⟩
Eugenio ⟨Papa, II.⟩

Eugenius ⟨Papa, III.⟩
um 1145/53 · OCist
LMA,IV,78/79
Bernard ⟨de Pise⟩
Bernard ⟨Paginelli⟩
Bernardo ⟨dei Paganelli⟩
Bernardo ⟨di Montemagno⟩
Bernardus ⟨Paginelli⟩
Bernardus ⟨Sancti Anastasii ad Aquas Salvias⟩
Bernhard ⟨aus Pisa⟩
Eugen ⟨Papst, III.⟩
Eugène ⟨Pape, III.⟩
Eugenio ⟨Papa, III.⟩
Paginelli, Bernard

Eugenius ⟨Papa, IV.⟩
1383 – 1447 · OESA
LMA,IV,80/82
Condolmieri, Gabriele
Condolmieri, Gabriello
Condulmer, Gabriele
Eugen ⟨Papst, IV.⟩
Eugène ⟨Pape, IV.⟩
Eugenio ⟨Papa, IV.⟩
Gabriel ⟨Condolmerio⟩
Gabriele ⟨Condulmer⟩

Eugenius ⟨Presbyter Neapolitanus⟩
→ **Eugenius ⟨Vulgarius⟩**

Eugenius ⟨Sanctus⟩
→ **Eugenius ⟨Papa, I.⟩**
→ **Eugenius ⟨Toletanus⟩**

Eugenius ⟨Seleuciae Episcopus⟩
6. Jh.
Epistula ad eorum asseclas (syr.)
Cpg 7283
Eugenius ⟨Episcopus Seleuciae⟩

Eugenius ⟨Siculus⟩
→ **Eugenius ⟨Panormitanus⟩**

Eugenius ⟨Toletanus⟩
gest. 657
Nicht identisch mit dem im gleichen Jahr gestorbenen Eugenius ⟨Papa, I.⟩
Cpl 1790; Tusculum-Lexikon; LThK; CSGL; LMA,IV,84/85
Eugène ⟨de Tolède⟩
Eugenio ⟨de Toledo⟩
Eugenius ⟨de Toledo⟩
Eugenius ⟨Episcopus⟩
Eugenius ⟨Episcopus, I.⟩
Eugenius ⟨Episcopus, II.⟩
Eugenius ⟨Iunior⟩
Eugenius ⟨Junior⟩
Eugenius ⟨Saint⟩
Eugenius ⟨Sanctus⟩
Eugenius ⟨von Toledo⟩
Toletanus, Eugenius

Eugenius ⟨von Palermo⟩
→ **Eugenius ⟨Panormitanus⟩**

Eugenius ⟨von Sizilien⟩
→ **Eugenius ⟨Panormitanus⟩**

Eugenius ⟨von Toledo⟩
→ **Eugenius ⟨Toletanus⟩**

Eugenius ⟨Vulgarius⟩
gest. 907
Sylloga
LThK; Tusculum-Lexikon; LMA,IV,85
Eugène ⟨Voulgaris⟩
Eugenios ⟨tu Bulgareos⟩
Eugenios ⟨Voulgaris⟩
Eugenius ⟨Presbyter Neapolitanus⟩
Voulgaris, Eugenios
Vulgaris, Eugenius
Vulgarius, Eugenius

Eugetio ⟨Ferrariensis⟩
→ **Hugutio**

Eugippius ⟨Abbas⟩
455 – 533
LThK; Tusculum-Lexikon; LMA,IV,85/86
Abbas, Eugippius
Egippus
Eugippius ⟨aus Nordafrika⟩
Eugippius ⟨Lucullanensis⟩
Eugippius ⟨Lucullani⟩
Eugippius ⟨Lucullanus⟩
Eugippius ⟨Sanctus⟩
Eugippus
Eugippus ⟨Abbas⟩
Eugypius
Eugyppius ⟨Abbas⟩
Lucullanus ⟨Abbas⟩
Lucullanus, Eugippius

Eugippius ⟨Lucullanus⟩
→ **Eugippius ⟨Abbas⟩**

Eugraphius
6. Jh.
Eugrafius

Eugubinus, Theobaldus
→ **Theobaldus ⟨Eugubinus⟩**

Eugubio, Jacobus ¬de¬
→ **Jacobus ⟨de Eugubio⟩**

Eugubio, Johannes ¬de¬
→ **Johannes ⟨Dominici de Eugubio⟩**

Eugubio, Matthaeus ¬de¬
→ **Matthaeus ⟨de Eugubio⟩**

Eugubio, Ubaldus ¬de¬
→ **Ubaldus ⟨de Eugubio⟩**

Eugui, García
gest. 1408
Chronica de los fechos subcedidos en España desde sus primeros señores hasta el rey Alfonso XI
Rep.Font. IV,390
Bernard-Garcias ⟨Euguy⟩
Euguy, Bernard-Garcias
García ⟨de Eugui⟩
García ⟨Eugui⟩

Euguy, Bernard-Garcias
→ **Eugui, García**

Eugypius
→ **Eugippius ⟨Abbas⟩**

Eulabes, Simeon
→ **Simeon ⟨Eulabes⟩**

Euloge ⟨Saint⟩
→ **Eulogius ⟨Cordubensis⟩**

Eulogia ⟨Basilissa⟩
→ **Irene Eulogia ⟨Chumnaina⟩**

Eulogio ⟨of Cordova⟩
→ **Eulogius ⟨Cordubensis⟩**

Eulogius
5./6. Jh.
Epistula ad Mertam
Cpl 1152 b

Eulogius ⟨Alexandrinus⟩
gest. ca. 607
LMA,IV,96/97
Alexandrinus, Eulogius
Eulogius ⟨Patriarcha⟩
Eulogius ⟨Sanctus⟩
Eulogius ⟨Theologus⟩
Eulogius ⟨von Alexandrien⟩

Eulogius ⟨Cordubensis⟩
gest. 859
Tusculum-Lexikon; LThK; CSGL; LMA,IV,97
Euloge ⟨Saint⟩
Eulogio ⟨of Cordova⟩
Eulogius ⟨Martyr⟩
Eulogius ⟨Saint⟩
Eulogius ⟨Sanctus⟩
Eulogius ⟨Toletanus⟩
Eulogius ⟨von Cordoba⟩
Eulogius ⟨von Toledo⟩

Eulogius ⟨Martyr⟩
→ **Eulogius ⟨Cordubensis⟩**

Eulogius ⟨Noviomensis⟩
→ **Eligius ⟨Noviomensis⟩**

Eulogius ⟨Patriarcha⟩
→ **Eulogius ⟨Alexandrinus⟩**

Eulogius ⟨Sanctus⟩
→ **Eulogius ⟨Alexandrinus⟩**
→ **Eulogius ⟨Cordubensis⟩**

Eulogius ⟨Theologus⟩
→ **Eulogius ⟨Alexandrinus⟩**

Eulogius ⟨Toletanus⟩
→ **Eulogius ⟨Cordubensis⟩**

Eulogius ⟨Veromandensis⟩
→ **Eligius ⟨Noviomensis⟩**

Eulogius ⟨von Alexandrien⟩
→ **Eulogius ⟨Alexandrinus⟩**

Eulogius ⟨von Cordoba⟩
→ **Eulogius ⟨Cordubensis⟩**

Eulogius ⟨von Toledo⟩
→ **Eulogius ⟨Cordubensis⟩**

Eumathios ⟨Makrembolites⟩
→ **Eustathius ⟨Macrembolites⟩**

Eumathius ⟨Chartophylax⟩
→ **Eustathius ⟨Macrembolites⟩**

Eumathius ⟨Constantinopolitanus⟩
→ **Eustathius ⟨Macrembolites⟩**

Eumathius ⟨de Thessalonica⟩
→ **Eustathius ⟨Thessalonicensis⟩**

Eumathius ⟨Parembolites⟩
→ **Eustathius ⟨Macrembolites⟩**

Eumericus ⟨Namnetensis⟩
→ **Eumerius ⟨Namnetensis⟩**

Eumerius ⟨Namnetensis⟩
um 533/41
Adressat eines Briefes von Troianus ⟨Santonensis⟩
Cpl 1074
Eumericus ⟨Namnetensis⟩
Eumerius ⟨de Nantes⟩

Euōdios ⟨ho Monachos⟩
→ **Evodius ⟨Monachus⟩**

Euphemia ⟨Augusta⟩
um 520/27
Briefe von u. an Hormisdas; Collectio Avellana 194
Cpl 1620
Aelia ⟨Augusta⟩
Augusta, Euphemia
Euphemia ⟨Imperium Byzantinum, Imperatrix⟩
Euphémie ⟨Epouse de Justin I.⟩

Euphemia ⟨Ratibor⟩
→ **Jefimija ⟨Monahinja⟩**

Euphemia ⟨the Nun⟩
→ **Jefimija ⟨Monahinja⟩**

Euphémie ⟨Epouse de Justin I.⟩
→ **Euphemia ⟨Augusta⟩**

Euphraise ⟨de Clermont⟩
→ **Eufrasius ⟨Arvernus⟩**

Euphrasius ⟨Arvernus⟩
→ **Eufrasius ⟨Arvernus⟩**

Eupolemius
um 1090/1110
CSGL
Eupolemos
Eupolemus

Euse, Jacques ¬d'¬
→ **Johannes ⟨Papa, XXII.⟩**

Eusebius ⟨Wiremuthensis⟩
um 716
Aenigmata
Cpl 1342
Eusebius ⟨Abbas⟩
Huvetbert ⟨Abbé⟩
Huvetbert ⟨de Wearmouth⟩
Hwaectberctus ⟨Wiremuthensis⟩
Hwaetberhtus ⟨Abbas⟩
Hwaetberhtus ⟨Wiremuthensis⟩

Eustache ⟨Alaudae⟩
→ **Eustachius ⟨Alaudae⟩**

Eustache ⟨d'Arras⟩
→ **Eustachius ⟨Atrebatensis⟩**

Eustache ⟨d'Auxerre⟩
→ **Eustachius ⟨Altissiodorensis⟩**

Eustache ⟨de Grancourt⟩
→ **Eustachius ⟨de Grandicuria⟩**

Eustache ⟨de Laon⟩
→ **Eustachius ⟨de Mesnillo⟩**

Eustache ⟨de Lens⟩
→ **Eustachius ⟨Lensius⟩**

Eustache ⟨de Reims⟩
→ **Eustache ⟨li Paintres⟩**

Eustache ⟨de Vicoigne⟩
→ **Eustachius ⟨Lensius⟩**

Eustache ⟨des Champs⟩
→ **Deschamps, Eustache**

Eustache ⟨du Mesnil⟩
→ **Eustachius ⟨de Mesnillo⟩**

Eustache ⟨le Peintre⟩
→ **Eustache ⟨li Paintres⟩**

Eustache ⟨Leeuwerck⟩
→ **Eustachius ⟨Alaudae⟩**

Eustache ⟨li Paintres⟩
13. Jh.
Troubadour; Chansons
LMA,IV,110
Eustache ⟨de Reims⟩
Eustache ⟨le Peintre⟩
Paintres, Eustache ¬li¬

Eustache ⟨Marcadé⟩
gest. 1440 · OSB
LMA,IV,109/10
Eustache ⟨Mercadé⟩
Marcadé, Eustache
Mercadé, Eustache

Eustache ⟨Mercadé⟩
→ **Eustache ⟨Marcadé⟩**

Eustachia ⟨da Messina⟩
→ **Eustochia ⟨Calafato⟩**

Eustachio ⟨Buisine⟩
→ **Eustachius ⟨Atrebatensis⟩**

Eustachio ⟨di Arras⟩
→ **Eustachius ⟨Atrebatensis⟩**

Eustachio ⟨di Matera⟩
→ **Eustachius ⟨de Matera⟩**

Eustachio ⟨di Venosa⟩
→ **Eustachius ⟨de Matera⟩**

Eustachius ⟨Alaudae⟩
gest. 1485 · OP
Relatio canonicae probationis ligni S. Crucis asservati in collegiata B. Mariae Brugis, historice et theologice narrata et expensa
Kaeppeli,I,375
Alaudae, Eustache
Alaudae, Eustachius
Eustache ⟨Alaudae⟩
Eustache ⟨Leeuwerck⟩
Eustachius ⟨Allaude⟩
Eustachius ⟨Leeuwerke⟩
Leeuwerck, Eustache

Eustachius ⟨Altissiodorensis⟩
gest. 1206
Vielleicht Verf. eines Teils der Gesta pontificum Autissiodorensium
Rep.Font. IV,397
Eustache ⟨d'Auxerre⟩
Eustachius ⟨Autissiodorensis⟩
Eustachius ⟨Canonicus⟩

Eustachius ⟨Antecessor⟩
→ **Eustathius ⟨Romanus⟩**

Eustachius ⟨Archidiaconus Ebroicensis⟩
→ **Eustachius ⟨de Grandicuria⟩**

Eustachius ⟨Atrebatensis⟩
ca. 1225 – 1291 · OFM
LThK; CSGL; LMA,IV,111
Buisine ⟨d'Arras⟩
Eustache ⟨d'Arras⟩
Eustachio ⟨Buisine⟩
Eustachio ⟨di Arras⟩
Eustachius ⟨de Arras⟩
Eustachius ⟨Episcopus⟩
Eustachius ⟨Magister Regens Parisiis⟩
Eustachius ⟨Nemetacensis⟩
Eustachius ⟨von Arras⟩
Goisinus ⟨d'Arras⟩
Huitace ⟨de Fontaines⟩
Huttacius ⟨Frater⟩
Huttatius ⟨d'Arras⟩
Trompette ⟨d'Arras⟩
Wistasse ⟨d'Arras⟩
Wistasse ⟨Frater⟩

Eustachius ⟨Autissiodorensis⟩
→ **Eustachius ⟨Altissiodorensis⟩**

Eustachius ⟨Canonicus⟩
→ **Eustachius ⟨Altissiodorensis⟩**

Eustachius ⟨Cantuariensis⟩
→ **Eustachius ⟨de Faversham⟩**

Eustachius ⟨Capellanus Cantuariensis⟩
→ **Eustachius ⟨de Faversham⟩**

Eustachius ⟨Chapelain de Saint-Edmond⟩
→ **Eustachius ⟨de Faversham⟩**

Eustachius ⟨Constantinopolitanus⟩
→ **Eustathius ⟨Romanus⟩**

Eustachius ⟨de Arras⟩
→ **Eustachius ⟨Atrebatensis⟩**

Eustachius ⟨de Balneo Regio⟩
→ **Bonaventura ⟨Sanctus⟩**

Eustachius ⟨de Faversham⟩
um 1237
Vita S. Edmundi
Rep.Font. IV,397
Eustachius ⟨Cantuariensis⟩
Eustachius ⟨Capellanus Cantuariensis⟩
Eustachius ⟨Chapelain de Saint-Edmond⟩
Faversham, Eustachius ¬de¬

Eustachius ⟨de Grancourt⟩
→ **Eustachius ⟨de Grandicuria⟩**

Eustachius ⟨de Grandicuria⟩
gest. 1314
Schneyer,II,45
Eustache ⟨de Grancourt⟩
Eustachius ⟨Archidiaconus Ebroicensis⟩
Eustachius ⟨de Grancourt⟩
Eustachius ⟨de Grandi Curia⟩
Eustacius ⟨de Grandcourt⟩
Grandicuria, Eustachius ¬de¬

Eustachius ⟨de Mateola⟩
→ **Eustachius ⟨de Matera⟩**

Eustachius ⟨de Matera⟩
um 1268/70
Planctus Italiae
Rep.Font. IV,397; LMA,IV,112
Eustachio ⟨di Matera⟩
Eustachio ⟨di Venosa⟩
Eustachius ⟨de Mateola⟩
Eustachius ⟨Iudex Venusiae⟩
Eustachius ⟨von Matera⟩
Eustasius ⟨of Matera⟩
Eustasius ⟨von Matera⟩
Eustathe ⟨de Matera⟩
Eustazio ⟨da Matera⟩
Mateola, Eustachius ¬de¬
Matera, Eustachius ¬de¬

Eustachius ⟨de Mesnillo⟩
gest. ca. 1422
CSGL
Eustache ⟨de Laon⟩
Eustache ⟨du Mesnil⟩
Mesnillo, Eustachius ¬de¬

Eustachius ⟨Episcopus⟩
→ **Eustachius ⟨Atrebatensis⟩**

Eustachius ⟨Iudex Venusiae⟩
→ **Eustachius ⟨de Matera⟩**

Eustachius ⟨Leeuwerke⟩
→ **Eustachius ⟨Alaudae⟩**

Eustachius ⟨Lensius⟩
gest. 1226
CSGL
Eustache ⟨de Lens⟩
Eustache ⟨de Vicoigne⟩
Eustachius ⟨Leusius⟩
Eustachius ⟨Vallischristianae⟩
Eustachius ⟨Vallisserenae⟩
Eustachius ⟨Vicogniensis⟩
Lensius, Eustachius
Leusius, Eustachius

Eustachius ⟨Leusius⟩
→ **Eustachius ⟨Lensius⟩**

Eustachius ⟨Magister Regens Parisiis⟩
→ **Eustachius ⟨Atrebatensis⟩**

Eustachius ⟨Nemetacensis⟩
→ **Eustachius ⟨Atrebatensis⟩**

Eustachius ⟨Romanus⟩
→ **Eustathius ⟨Romanus⟩**

Eustachius ⟨Vallischristianae⟩
→ **Eustachius ⟨Lensius⟩**

Eustachius ⟨Vallisserenae⟩
→ **Eustachius ⟨Lensius⟩**

Eustachius ⟨Vicogniensis⟩
→ **Eustachius ⟨Lensius⟩**

Eustachius ⟨von Arras⟩
→ **Eustachius ⟨Atrebatensis⟩**

Eustachius ⟨von Matera⟩
→ **Eustachius ⟨de Matera⟩**

Eustacius ⟨...⟩
→ **Eustachius ⟨...⟩**

Eustasius ⟨de Portu⟩
14./15. Jh. · OP
„Collaciones seu distinctiones moralitatum postille mag. Roberti Holkott abbreviate et per ordinem alphabeti abstracte per fr. Eustasium de Portu, usque ad litteram G."
Kaeppeli,I,375
Portu, Eustasius ¬de¬

Eustasius ⟨von Matera⟩
→ **Eustachius ⟨de Matera⟩**

Eustathe ⟨d'Aberbrothoc⟩
→ **Eustathius ⟨Scotus⟩**

Eustathe ⟨de Matera⟩
→ **Eustachius ⟨de Matera⟩**

Eustathe ⟨de Thessalonique⟩
→ **Eustathius ⟨Thessalonicensis⟩**

Eustathe ⟨Diacre⟩
→ **Eustathius ⟨Iconiensis⟩**

Eustathe ⟨d'Iconium⟩
→ **Eustathius ⟨Iconiensis⟩**

Eustathe ⟨le Macrembolite⟩
→ **Eustathius ⟨Macrembolites⟩**

Eustathios
→ **Eustathius ⟨Romanus⟩**
→ **Eustathius ⟨Thessalonicensis⟩**

Eustathios ⟨ho Makrembolitēs⟩
→ **Eustathius ⟨Macrembolites⟩**

Eustathios ⟨ho Thessalonikeus⟩
→ **Eustathius ⟨Thessalonicensis⟩**

Eustathios ⟨Makrembolites⟩
→ **Eustathius ⟨Macrembolites⟩**

Eustathios ⟨Megas Chartophylax⟩
→ **Eustathius ⟨Macrembolites⟩**

Eustathios ⟨Metropolita Byzantinus⟩
→ **Eustathius ⟨Thessalonicensis⟩**

Eustathios ⟨Monachos⟩
→ **Eustathius ⟨Monachus⟩**

Eustathios ⟨Rhomaios⟩
→ **Eustathius ⟨Romanus⟩**

Eustathios ⟨von Thessalonike⟩
→ **Eustathius ⟨Thessalonicensis⟩**

Eustathius
→ **Eustathius ⟨Romanus⟩**
→ **Eustathius ⟨Thessalonicensis⟩**

Eustathius ⟨Abbas⟩
→ **Eustathius ⟨Scotus⟩**

Eustathius ⟨Abirbrothensis⟩
→ **Eustathius ⟨Scotus⟩**

Eustathius ⟨Antecessor⟩
→ **Eustathius ⟨Romanus⟩**
→ **Eustathius ⟨Thessalonicensis⟩**

Eustathius ⟨Archiepiscopus⟩
→ **Eustathius ⟨Thessalonicensis⟩**

Eustathius ⟨Constantinopolitanus⟩
→ **Eustathius ⟨Monachus⟩**
→ **Eustathius ⟨Romanus⟩**

Eustathius ⟨de Balneo Regio⟩
→ **Bonaventura ⟨Sanctus⟩**

Eustathius ⟨de Thessalonica⟩
→ **Eustathius ⟨Thessalonicensis⟩**

Eustathius ⟨Epigrammaticus⟩
→ **Eustathius ⟨Iconiensis⟩**

Eustathius ⟨Eroticus⟩
→ **Eustathius ⟨Macrembolites⟩**

Eustathius ⟨Iconiensis⟩
um 1082
Epigramma exhortatorium et supplicatorium
Eustathe ⟨Diacre⟩
Eustathe ⟨d'Iconium⟩
Eustathius ⟨Epigrammaticus⟩

Eustathius ⟨Macrembolites⟩
12. Jh.
Tusculum-Lexikon; CSGL; LMA,VI,157
Eumathe ⟨le Macrembolite⟩
Eumathios ⟨ho Makrembolitēs⟩
Eumathios ⟨Makrembolites⟩
Eumathios ⟨Megas Chartophylax⟩
Eumathius
Eumathius ⟨Chartophylax⟩
Eumathius ⟨Constantinopolitanus⟩
Eumathius ⟨Parembolites⟩
Eustathe ⟨le Macrembolite⟩
Eustathios ⟨ho Makrembolitēs⟩
Eustathios ⟨Makrembolites⟩
Eustathios ⟨Megas Chartophylax⟩
Eustathius ⟨Eroticus⟩
Eustathius ⟨Parembolites⟩
Eustathius ⟨Philosophus⟩
Eustazio ⟨Macrembolita⟩
Macrembolites, Eumathius
Macrembolites, Eustathius
Makrembolites, Eusthatios
Parembolites, Eumathius
Parembolites, Eustathius

Eustathius ⟨Metropolita⟩
→ **Eustathius ⟨Thessalonicensis⟩**

Eustathius ⟨Monachus⟩
6. Jh.
Epistula ad Timotheum scholasticum de duabus naturis adversus Severum
Cpg 6810
Eustathios ⟨Monachos⟩
Eustathios ⟨Mönch⟩
Eustathius ⟨Constantinopolitanus⟩
Eustathius ⟨Theologus⟩
Monachus, Eustathius

Eustathius ⟨Parembolites⟩
→ **Eustathius ⟨Macrembolites⟩**

Eustathius ⟨Philosophus⟩
→ **Eustathius ⟨Macrembolites⟩**

Eustathius ⟨Romanus⟩
11. Jh.
LMA,IV,115
Eustachius ⟨Antecessor⟩
Eustachius ⟨Constantinopolitanus⟩
Eustachius ⟨Romanus⟩
Eustathios
Eustathios ⟨Rhōmaios⟩
Eustathios ⟨Rhomaios⟩
Eustathios ⟨Rōmaios⟩
Eustathios ⟨Romanos⟩
Eustathius
Eustathius ⟨Antecessor⟩
Eustathius ⟨Constantinopolitanus⟩
Romanus, Eustathius

Eustathius ⟨Scotus⟩
um 1216
Stegmüller, Repert. bibl. 2269
Eustathe ⟨d'Aberbrothoc⟩
Eustathius ⟨Abbas⟩
Eustathius ⟨Abbas Abirbrothensis⟩
Eustathius ⟨Abirbrothensis⟩
Scotus, Eustathius

Eustathius ⟨Theologus⟩
→ **Eustathius ⟨Monachus⟩**

Eustathius ⟨Thessalonicensis⟩
ca. 1115 – 1195/97
Tusculum-Lexikon; CSGL; LMA,IV,114/15
Eumathius ⟨de Thessalonica⟩
Eustathe ⟨de Thessalonique⟩
Eustathios
Eustathios ⟨ho Thessalonikeus⟩
Eustathios ⟨Metropolita Byzantinus⟩
Eustathios ⟨Tessalonikēs⟩
Eustathios ⟨Thessalonicensis⟩
Eustathios ⟨von Thessalonike⟩
Eustathius ⟨Antecessor⟩
Eustathius ⟨Archiepiscopus⟩
Eustathius ⟨Metropolita⟩
Eustathius ⟨de Thessalonica⟩
Eustathius ⟨Thessalonicensis Metropolita⟩
Eustazio ⟨di Tessalonica⟩

Eustazio ⟨da Matera⟩
→ **Eustachius ⟨de Matera⟩**

Eustazio ⟨di Tessalonica⟩
→ **Eustathius ⟨Thessalonicensis⟩**

Eustazio ⟨Macrembolita⟩
→ **Eustathius ⟨Macrembolites⟩**

Eustochia ⟨Calafato⟩
1434 – 1485
Libro della passione
LMA,IV,116
Calafato, Eustochia
Eustachia ⟨da Messina⟩
Eustochia ⟨von Messina⟩
Eustochie ⟨Calafato⟩
Eustochium ⟨Calafato⟩
Eustochium ⟨Mother⟩
Messina, Eustochia ¬da¬

Eustochia ⟨von Messina⟩
→ **Eustochia ⟨Calafato⟩**

Eustochius ⟨Andegavensis⟩
um 511
Epistula ad Lovocatum et Catihernum presbyteros
Cpl 1000 a; Rep.Font. IV,349

Eustratius
→ **Antiochus ⟨Sancti Sabae⟩**

Eustratius ⟨Constantinopolitanus⟩
6. Jh.
Tusculum-Lexikon; CSGL; LMA,IV,117/18
Constantinopolitanus, Eustratius
Eustratios ⟨der Schüler des Eutychios⟩

Eustratios ⟨Presbyteros⟩
Eustratios ⟨von Konstantinopel⟩
Eustratius ⟨Presbyter⟩
Eustratius ⟨von Constantinopel⟩
Eustratius ⟨von Konstantinopel⟩

Eustratius ⟨de Nicaea⟩
→ **Eustratius ⟨Nicaenus⟩**

Eustratius ⟨Metropolita⟩
→ **Eustratius ⟨Nicaenus⟩**

Eustratius ⟨Nicaenus⟩
ca. 1050 – ca. 1117
Tusculum-Lexikon; CSGL; LMA,IV,117
Eustrate ⟨de Nicée⟩
Eustratios
Eustratios ⟨ho Nikaios⟩
Eustratius ⟨de Nicaea⟩
Eustratius ⟨Metropolita⟩
Eustratius ⟨Nicaeensis⟩
Eustratius ⟨Philosophus⟩
Eustratius ⟨von Nikaia⟩
Eustrazio ⟨di Nicea⟩
Nicaenus, Eustratius

Eustratius ⟨Philosophus⟩
→ **Eustratius ⟨Nicaenus⟩**

Eustratius ⟨Presbyter⟩
→ **Eustratius ⟨Constantinopolitanus⟩**

Eustratius ⟨von Konstantinopel⟩
→ **Eustratius ⟨Constantinopolitanus⟩**

Eustratius ⟨von Nikaia⟩
→ **Eustratius ⟨Nicaenus⟩**

Eustychius ⟨de Balneo Regio⟩
→ **Bonaventura ⟨Sanctus⟩**

Euta, Heinrich
→ **Henricus ⟨Totting⟩**

Eutechnius ⟨Sophistes⟩
3. bzw. 10. Jh. (wahrscheinl. 4./5. Jh.)
Prosaparaphrasen zu Lehrgedichten von Nikander und Oppian
Tusculum-Lexikon; CSGL
Eutecnius
Eutecnius ⟨Sophista⟩
Eutecnius ⟨Sophistes⟩
Euteknios
Euteknios ⟨Sophistes⟩
Sophistes, Eutechnius

Eutex
→ **Eutyches ⟨Grammaticus⟩**

Euthalius ⟨Sulcanus⟩
7. Jh.
Confessio fidei; nicht identisch mit Euthalius ⟨Diaconus⟩(4. Jh.)
Cpg 7742
Euthalius ⟨de Sulca⟩
Euthalius ⟨Episcopus⟩
Euthalius ⟨of Sulca⟩
Euthalius ⟨Sulcensis⟩
Euthalius ⟨Sulci⟩
Euthalius ⟨Sulci Episcopus⟩
Euthalius ⟨von Sulki⟩
Sulcanus, Euthalius

Euthymios ⟨aus Seleukeia⟩
→ **Euthymius ⟨Constantinopolitanus⟩**

Euthymios ⟨ho Zigabēnos⟩
→ **Euthymius ⟨Zigabenus⟩**

Euthymios ⟨Malakes⟩
→ **Euthymius ⟨Malaces⟩**

Euthymios ⟨Tornikes⟩
→ **Euthymius ⟨Tornices⟩**

Euthymios ⟨vom Athos⟩
→ **Ek'vt'ime ⟨Mt'acmideli⟩**

Euthymios ⟨von Konstantinopel⟩
→ **Euthymius ⟨Constantinopolitanus⟩**

Euthymios ⟨von Trnovo⟩
→ **Evtimij ⟨Tărnovski⟩**

Euthymios ⟨Zigabenos⟩
→ **Euthymius ⟨Zigabenus⟩**

Euthymius ⟨Athonita⟩
10./11. Jh.
Übersetzer der „Precatio" von Ephraem Graecus
Cpg 3926
Athonita, Euthymius
Euthymius ⟨Interpres⟩

Euthymius ⟨Bulgariensis⟩
→ **Evtimij ⟨Tărnovski⟩**

Euthymius ⟨Constantinopolitanus⟩
→ **Euthymius ⟨Zigabenus⟩**

Euthymius ⟨Constantinopolitanus⟩
ca. 834 – 917
Identität mit Euthymius, Patriarch von Konstantinopel (um 907/12), wahrscheinlich
Tusculum-Lexikon; LMA,IV,119/20
Constantinopolitanus, Euthymius
Euthymios ⟨aus Seleukeia⟩
Euthymios ⟨von Konstantinopel⟩
Euthymius ⟨Patriarcha⟩
Euthymius ⟨Sanctus⟩
Euthymius ⟨Theologus Byzantinus⟩
Euthymius ⟨von Konstantinopel⟩
Eutimio ⟨Patriarcha⟩

Euthymius ⟨de Bulgaria⟩
→ **Evtimij ⟨Tărnovski⟩**

Euthymius ⟨Interpres⟩
→ **Euthymius ⟨Athonita⟩**

Euthymius ⟨Malaces⟩
gest. 1204
Tusculum-Lexikon; CSGL
Euthymios ⟨Malakes⟩
Malaces, Euthymius
Malakes, Euthymios

Euthymius ⟨Monachus⟩
→ **Euthymius ⟨Zigabenus⟩**

Euthymius ⟨Mt'acmideli⟩
→ **Ek'vt'ime ⟨Mt'acmideli⟩**

Euthymius ⟨of Tirnovo⟩
→ **Evtimij ⟨Tărnovski⟩**

Euthymius ⟨Patriarcha⟩
→ **Euthymius ⟨Constantinopolitanus⟩**
→ **Evtimij ⟨Tărnovski⟩**

Euthymius ⟨Sanctus⟩
→ **Euthymius ⟨Constantinopolitanus⟩**

Euthymius ⟨Theologus Byzantinus⟩
→ **Euthymius ⟨Constantinopolitanus⟩**

Euthymius ⟨Tirnovensis⟩
→ **Evtimij ⟨Tărnovski⟩**

Euthymius ⟨Tornices⟩
um 1191/1204
Tusculum-Lexikon
Euthymios ⟨Tornikes⟩
Tornices, Euthymius
Tornikes, Euthymios

Euthymius ⟨von Konstantinopel⟩
→ **Euthymius ⟨Constantinopolitanus⟩**

Euthymius ⟨Zigabenus⟩
11./12. Jh.
Tusculum-Lexikon; LMA,IV,120
Euthymios ⟨ho Zigabēnos⟩
Euthymios ⟨Zigabenos⟩
Euthymios ⟨Zygabenos⟩
Euthymios ⟨Zygadenos⟩
Euthymius ⟨Constantinopolitanus⟩
Euthymius ⟨Monachus⟩
Euthymius ⟨Zigabe⟩
Eutimio ⟨Zigabeno⟩
Johannes ⟨Zigabenus⟩
Zigabenus, Euthymius
Zigabenus, Johannes
Zigadenus, Euthymius
Zigadenus, Johannes
Zygabenos, Euthymios

Euticius
→ **Benedictus ⟨Anianus⟩**
→ **Eutyches ⟨Grammaticus⟩**

Euticius, Benedictus
→ **Benedictus ⟨Anianus⟩**

Eutimij ⟨Trnovsij⟩
→ **Evtimij ⟨Tărnovski⟩**

Eutimio ⟨Patriarcha⟩
→ **Euthymius ⟨Constantinopolitanus⟩**

Eutimio ⟨Zigabeno⟩
→ **Euthymius ⟨Zigabenus⟩**

Eutocius ⟨Ascalonius⟩
um 500
Tusculum-Lexikon; LMA,IV,120/21
Ascalonius, Eutocius
Eutocio
Eutocius ⟨Ascalonita⟩
Eutocius ⟨de Ascalon⟩
Eutocius ⟨de Ascalonius⟩
Eutocius ⟨Mathematicus⟩
Eutokios
Eutokios ⟨aus Askalon⟩
Eutokios ⟨von Askalon⟩

Eutrandus
→ **Liutprandus ⟨Cremonensis⟩**

Eutropius ⟨Valentinus⟩
gest. ca. 600
LMA,IV,121
Eutrope ⟨de Valence⟩
Eutrope ⟨Evêque⟩
Eutropio ⟨de Valencia⟩
Eutropius ⟨Abbas Hispanus⟩
Eutropius ⟨von Valencia⟩
Valentinus, Eutropius

Eutyches ⟨Grammaticus⟩
6. Jh.
Ars de verbo; De aspiratione
LMA,IV,123
Eutex
Eutichius
Euticius
Eutychès ⟨Grammairien⟩
Eutyches ⟨Grammatiker⟩
Eutyches ⟨Prisciani Discipulus⟩
Eutyches ⟨Schüler des Priscianus⟩
Eutychius ⟨Grammaticus⟩
Eutychius ⟨Schüler des Priscianus⟩
Eutycius ⟨Schüler des Priscianus⟩
Eytyches
Grammaticus, Eutyches

Eutyches ⟨von Alexandria⟩
→ **Eutychius ⟨Alexandrinus⟩**

Eutychios ⟨von Konstantinopel⟩
→ **Eutychius ⟨Constantinopolitanus⟩**

Eutychius ⟨Aegyptius⟩
→ **Eutychius ⟨Alexandrinus⟩**

Eutychius ⟨Alexandrinus⟩
877 – 940
CSGL; LMA,IV,123/24
Alexandrinus, Eutychius
Eutyches ⟨von Alexandria⟩
Eutychius
Eutychius ⟨Aegyptius⟩
Eutychius ⟨de Alexandria⟩
Eutychius ⟨Patriarcha⟩
Eutychius ⟨von Alexandria⟩
Saʿīd ibn Baṭrīq
Saʿid ibn Baṭrīq
Saʿīd Ibn-Baṭrīq
Saʿid Ibn-Baṭrīq

Eutychius ⟨Constantinopolitanus⟩
gest. 582
Epistula ad vigilium Papam; Sermo de paschate et de eucharistia
LMA,IV,124
Constantinopolitanus, Eutychius
Eutychios ⟨Patriarch⟩
Eutychios ⟨von Konstantinopel⟩
Eutychius ⟨Patriarcha⟩
Eutychius ⟨Sanctus⟩
Eutychius ⟨Scriptor Ecclesiasticus⟩

Eutychius ⟨de Alexandria⟩
→ **Eutychius ⟨Alexandrinus⟩**

Eutychius ⟨de Balneo Regio⟩
→ **Bonaventura ⟨Sanctus⟩**

Eutychius ⟨Grammaticus⟩
→ **Eutyches ⟨Grammaticus⟩**

Eutychius ⟨Patriarcha⟩
→ **Eutychius ⟨Alexandrinus⟩**
→ **Eutychius ⟨Constantinopolitanus⟩**

Eutychius ⟨Sanctus⟩
→ **Eutychius ⟨Constantinopolitanus⟩**

Eutychius ⟨Schüler des Priscianus⟩
→ **Eutyches ⟨Grammaticus⟩**

Eutychius ⟨Scriptor Ecclesiasticus⟩
→ **Eutychius ⟨Constantinopolitanus⟩**

Eutychius ⟨von Alexandria⟩
→ **Eutychius ⟨Alexandrinus⟩**

Eutycius ⟨Schüler des Priscianus⟩
→ **Eutyches ⟨Grammaticus⟩**

Eutymius ⟨Patriarcha⟩
→ **Evtimij ⟨Tărnovski⟩**

Evagrius ⟨Antiochenus⟩
→ **Evagrius ⟨Scholasticus⟩**

Evagrius ⟨Epiphaniensis⟩
→ **Evagrius ⟨Scholasticus⟩**

Evagrius ⟨Scholasticus⟩
ca. 536 – 593/94
Tusculum-Lexikon; LMA,IV,127
Euagrios ⟨ho Scholastikos⟩
Euagrios ⟨Scholastikos⟩
Evagrius ⟨Antiochenus⟩
Evagrius ⟨Epiphaniensis⟩
Evagrius ⟨Syrus⟩
Scholasticus, Evagrius

Evagrius ⟨Syrus⟩
→ **Evagrius ⟨Scholasticus⟩**

Evance ⟨Abbé⟩
→ **Evantius ⟨Troclarensis⟩**

Evangelista
um 1460
Libro de cetrería
Ebangelista ⟨de Carmona⟩
Evangelista ⟨Comendador⟩
Evangelista ⟨de Cortona⟩
Evangéliste ⟨Fauconnier⟩

Evantius ⟨Troclarensis⟩
gest. 737
Evance ⟨Abbé⟩
Evantius
Evantius ⟨Abbas⟩
Evantius ⟨Archidiaconus⟩
Evantius ⟨Archidiacre⟩
Evantius ⟨de Tolède⟩
Evantius ⟨de Troclar⟩
Evantius ⟨l'Abbé⟩
Evantius ⟨of Troclar⟩
Evantius ⟨Toletanus⟩
Evantius ⟨Troclariensis⟩

Evaristus ⟨Constantinopolitanus⟩
10. Jh.
Epistola ad Constantinum VII imperatorem
Rep.Font. IV,385; DOC,1,748
Euaristos ⟨Constantinopolitanus⟩
Evaristus ⟨Diaconus Constantinopolitanus⟩

Evaristus ⟨Diaconus Constantinopolitanus⟩
→ **Evaristus ⟨Constantinopolitanus⟩**

Evenus ⟨de Begaignon⟩
→ **Hugo ⟨de Vitonio⟩**

Evêque ⟨de Paris⟩
→ **Episcopus ⟨Parisiensis⟩**

Everaclus ⟨Leodiensis⟩
um 959/71
Epistola ad Ratherium episcopum Veronensem (scripta 968)
Rep.Font. IV,402; DOC,1,748
Eracle ⟨de Bonn⟩
Eracle ⟨de Liège⟩
Eracle ⟨Saxon⟩
Everaclus
Everaclus ⟨Episcopus⟩
Everacrus

Everacrus
→ **Everaclus ⟨Leodiensis⟩**

Everard ⟨de Kirkham⟩
gest. 1145
LThK
Averard ⟨le Moine⟩
Eberhard ⟨of Kirkham⟩
Everard ⟨le Moine⟩
Everard ⟨of Kirkham⟩
Everart ⟨der Mönch⟩
Kirkham, Everard ¬de¬

Everardi, Thomas
→ **Thomas ⟨Everardi⟩**

Everardus ⟨Alemannus⟩
→ **Eberhardus ⟨Bremensis⟩**

Everardus ⟨Stiger de Amersfordia⟩
→ **Eberhardus ⟨Stiger de Amersfordia⟩**

Everardus ⟨Teutonicus⟩
→ **Eberhardus ⟨Bremensis⟩**

Everart ⟨der Mönch⟩
→ **Everard ⟨de Kirkham⟩**

Evergetinus, Paulus
→ **Paulus ⟨Euergetinus⟩**

Everhard ⟨van Wampen⟩
14. Jh.
VL(2)

Eberhard ⟨von Wampen⟩
Everhardus ⟨van Wampen⟩
Evert ⟨von Wampen⟩
Wampen, Everhard ¬van¬

Everhardus ⟨Abdinghofensis⟩
→ **Everhardus ⟨Hattungen⟩**

Everhardus ⟨Cersne⟩
→ **Eberhard ⟨von Cersne⟩**

Everhardus ⟨Hattungen⟩
um 1477/91
Vielleicht Verf. von De reformacionis principacione
OSB
Rep.Font. IV,167,402
Everhardus ⟨Abdinghofensis⟩
Everhardus ⟨Cellerarius Abdinghofensis⟩
Hattungen, Everhardus

Everhardus ⟨van Amersfoort⟩
→ **Eberhardus ⟨Stiger de Amersfordia⟩**

Everhardus ⟨van Wampen⟩
→ **Everhard ⟨van Wampen⟩**

Everisden, Johannes
→ **Johannes ⟨Everisden⟩**

Evert ⟨von Wampen⟩
→ **Everhard ⟨van Wampen⟩**

Everwinus ⟨Steinfeldensis⟩
um 1121/53 · OPraem.
Epistula ad S. Bernardum Claraevallensem de haereticis sui temporis
LMA,IV,142; Rep.Font, IV,267
Eberwin ⟨de Helfenstein⟩
Eberwin ⟨de Steinfeld⟩
Eberwin ⟨d'Helfenstein⟩
Eberwin ⟨Prévôt⟩
Eberwin ⟨Prévôt de Steinfeld⟩
Eberwin ⟨von Helfenstein⟩
Eberwinus ⟨Praepositus⟩
Eberwinus ⟨Steinfeldensis⟩
Ebroin ⟨von Steinfeld⟩
Evervino ⟨di Steinfeld⟩
Everwin ⟨von Steinfeld⟩
Everwinus ⟨Praepositus⟩

Evesham, Hugo ¬de¬
→ **Hugo ⟨Atratus de Evesham⟩**

Evfimi ⟨of Tirnova⟩
→ **Evtimij ⟨Tărnovski⟩**

Evfimij ⟨Afonskij⟩
→ **Ek'vt'ime ⟨Mt'acmideli⟩**

Evfimij ⟨Metropolit⟩
→ **Evtimij ⟨Tărnovski⟩**

Evfimij ⟨Ternovskij⟩
→ **Evtimij ⟨Tărnovski⟩**

Evfimij ⟨von Trnovo⟩
→ **Evtimij ⟨Tărnovski⟩**

Evfrosin ⟨Pskovskij⟩
1386 – 1481
Duchovnoe zaveščanie; Inočeskij ustav
Rep.Font. IV,402
Evfrosin ⟨Svjatoj⟩
Evfrosin ⟨von Pleskov⟩
Pskovskij, Evfrosin

Evfrosin ⟨Svjatoj⟩
→ **Evfrosin ⟨Pskovskij⟩**

Evfrosin ⟨von Pleskov⟩
→ **Evfrosin ⟨Pskovskij⟩**

Eviratus, John
→ **Johannes ⟨Moschus⟩**

Evodius ⟨Monachus⟩
um 850
De XLII martyribus in urbe Amorio
Rep.Font. IV,393
Euodios ⟨der Mönch⟩
Euōdios ⟨ho Monachos⟩
Monachus, Evodius

Evphimija ⟨die Nonne⟩
→ **Jefimija ⟨Monahinja⟩**

Evran, Ahi
→ **Ahi Evran**

Evrard ⟨de Béthune⟩
→ **Eberhardus ⟨Bethuniensis⟩**

Evrard ⟨de Conty⟩
→ **Evrart ⟨de Conty⟩**

Evrard ⟨de Freising⟩
→ **Eberhardus ⟨Frisingensis⟩**

Evrard ⟨de Tegernsee⟩
→ **Eberhardus ⟨Tegernseensis⟩**

Evrard ⟨de Valle Scholarum⟩
→ **Eberhardus ⟨de Valle Scholarum⟩**

Evrard ⟨l'Allemand⟩
→ **Eberhardus ⟨Bremensis⟩**

Evrardus ⟨Sancti Germani Altissiodorensis⟩
→ **Ebrardus ⟨Sancti Germani Altissiodorensis⟩**

Evrart ⟨de Conty⟩
14./15. Jh.
Conty, Evrart ¬de¬
Evrard ⟨de Conty⟩

Évrart ⟨de Trémaugon⟩
→ **Trémaugon, Évrart ¬de¬**

Evreb, Ahi
→ **Ahi Evran**

Evthimy ⟨of Tirnovo⟩
→ **Evtimij ⟨Tărnovski⟩**

Evtimij ⟨Patriarch⟩
→ **Evtimij ⟨Tărnovski⟩**

Evtimij ⟨Tărnovski⟩
ca. 1327 – 1401/02
LThK
Euthymios ⟨von Trnovo⟩
Euthymius ⟨Bulgariensis⟩
Euthymius ⟨de Bulgaria⟩
Euthymius ⟨of Tirnovo⟩
Euthymius ⟨Patriarcha⟩
Euthymius ⟨Ternoviensis⟩
Euthymius ⟨Tirnovensis⟩
Eutimij ⟨Trnovsij⟩
Eutymius ⟨Patriarcha⟩
Evfimi ⟨of Tirnova⟩
Evfimij ⟨Metropolit⟩
Evfimij ⟨Ternovskij⟩
Evfimij ⟨Ternovskj⟩
Evfimij ⟨von Trnovo⟩
Evthimy ⟨of Tirnovo⟩
Evtimij ⟨Patriarch⟩
Evtimij ⟨Ternovskij⟩
Evtimij ⟨Tŭrnovski⟩
Tărnovski, Evtimij

Evtimij ⟨Ternovskij⟩
→ **Evtimij ⟨Tărnovski⟩**

Evtimij ⟨Tŭrnovski⟩
→ **Evtimij ⟨Tărnovski⟩**

Ewrān, Akhī
→ **Ahi Evran**

Exarchus, Smaragdus
→ **Smaragdus ⟨Exarchus⟩**

Excestria, Gualterus ¬de¬
→ **Gualterus ⟨de Excestria⟩**

Excuria, Johannes
→ **Johannes ⟨Utenhove⟩**

Exiguus, Dionysius
→ **Dionysius ⟨Exiguus⟩**

Eximeniz, Franciscus
→ **Francesc ⟨Eiximenis⟩**

Eximenus, Franciscus
→ **Francesc ⟨Eiximenis⟩**

Exmaredus
→ **Smaragdus ⟨Sancti Michaelis⟩**

Experiens, Philippus Callimachus
→ **Philippus ⟨Bonaccursius⟩**

Exul, Hibernicus
→ **Hibernicus ⟨Exul⟩**

Eyb, Albrecht ¬von¬
→ **Albrecht ⟨von Eyb⟩**

Eyb, Anselm ¬von¬
→ **Anselm ⟨von Eyb⟩**

Eybin, Anna
→ **Ebin, Anna**

Eychmann, Iodocus
→ **Eichmann, Iodocus**

Eyck, Barthélémy ¬d'¬
um 1440/70
Barthélémy ⟨d'Eyck⟩
Barthelemy ⟨van Eyck⟩
Berthelemy ⟨d'Eyck⟩
Eyck, Berthelemy ¬d'¬
Meister der Verkündigung von Aix
Meister des Königs René
René-Maler

Eyck, Jan ¬van¬
ca. 1390 – ca. 1441
LMA,IV,189/90
Jan ⟨van Eyck⟩

Eyck, Lucas ¬van¬
→ **Lucas ⟨van Eyck⟩**

Eye, Simon ¬de¬
→ **Simon ⟨de Eye⟩**

Eyfeler, Nicolaus
um 1454 · OFM
Ars praedicandi
VL(2),2,668/69
Eyfeler, Nikolaus
Nicolaus ⟨Eyfeler⟩
Nicolaus ⟨Eyfeler Confluentinus⟩
Nicolaus ⟨Eyfeler de Coulence⟩
Nikolaus ⟨Eyfeler⟩

Eygil ⟨von Sassen⟩
um 1402/25
Beschreibung von Reiserouten; Krönung; Konzil von Konstanz
VL(2),2,669/670; Rep.Font. IV,290
Eigel ⟨de Friedberg⟩
Eigel ⟨de Sassen⟩
Eigel ⟨von Sassen⟩
Eygil ⟨Bürgermeister von Friedberg⟩
Sassen, Eygil ¬von¬

Eyglo ⟨de Friedberg⟩
um 1328/39 · OP
Sententia de fructibus sacramenti Eucharistiae
Kaeppeli,I,376; VL(2),2,670
Eyglo ⟨de Frideberg⟩
Eyglo ⟨von Friedberg⟩
Friedberg, Eyglo ¬de¬

Eyke ⟨von Repgow⟩
→ **Eike ⟨von Repgow⟩**

Eylardus ⟨de Saxonia⟩
→ **Eylardus ⟨Schoenefeld⟩**

Eylardus ⟨Schoenefeld⟩
gest. 1407 · OP
Sermo factus coram papa in prima dominica Adventus
Kaeppeli,I,376/378
Cylardus ⟨de Saxonia⟩
Eylardus ⟨de Saxonia⟩
Eylhardus ⟨Schoenefeld⟩
Schoenefeld, Eylardus

Eymericus, Nicolaus
→ **Nicolaus ⟨Eymericus⟩**

Eynardus
→ **Einhardus**

Eyndonia, Henricus ¬de¬
→ **Henricus ⟨de Eyndonia⟩**

Eynwick ⟨von Sankt Florian⟩
→ **Einwicus ⟨Weizlan⟩**

Eypheus
15. Jh.
Praed.
Lohr

Eysenhuet, Georgius
→ **Georgius ⟨Eysenhuet⟩**

Eysteinn ⟨Archiepiscopus Nidrosiensis⟩
→ **Eysteinn ⟨Erlendsson⟩**

Eysteinn ⟨Ásgrímsson⟩
um 1350/1360
Ásgrímsson, Eysteinn
Eysteinn Ásgrímsson ⟨de Skalholt⟩

Eysteinn ⟨Erlendsson⟩
gest. 1188
Norweg. Erzbischof
Passio Olavi
Rep.Font. IV,414; LMA,IV,193/94
Erlandsson, Øystein
Erlendsson, Eysteinn
Eysteinn ⟨Archiepiscopus Nidrosiensis⟩
Eysteinn ⟨Nidrosiensis⟩
Øystein ⟨Erlandsson⟩
Øystein ⟨Erlendsson⟩

Eysteinn ⟨Nidrosiensis⟩
→ **Eysteinn ⟨Erlendsson⟩**

Eytyches
→ **Eutyches ⟨Grammaticus⟩**

Eyvindr ⟨Skáldaspillir⟩
ca. 910 – 990
Eiwind ⟨Skáldaspillir⟩
Eyvind ⟨Skáldaspiller⟩
Eyvindr Finnsson ⟨Skáldaspillir⟩
Finnsson, Eyvindr
Skáldaspillir, Eyvindr

Ezzo ⟨von Bamberg⟩
11./12. Jh.
Bamberg, Ezzo ¬von¬
Ezzo ⟨Babenbergensis⟩
Ezzo ⟨Bambergensis⟩
Ezzo ⟨Canonicus⟩
Ezzo ⟨Scholasticus⟩
Ezzon ⟨von Bamberg⟩

Faba, Guido
→ **Guido ⟨Faba⟩**

Fabaria, Conradus ¬de¬
→ **Conradus ⟨de Fabaria⟩**

Faber, Aegidius
gest. 1466 · OCart
Sermones de tempore ac sanctis; De cartusiana laude; Opus exemplorum
Aegidius ⟨Faber⟩
Ägidius ⟨Aurifaber⟩
Ägidius ⟨Goudsmid⟩
Aurifaber, Ägidius
Faber, Aegidius
Goudsmid, Ägidius

Faber, Felix
→ **Fabri, Felix**

Faber, Johannes
→ **Schmid, Johannes**

Faber, Siegmund
→ **Siegmund ⟨von Prustat⟩**

Fabianus ⟨Arianus⟩
6. Jh.
„Contra Fabianum" von Fulgentius, Claudius Gordianus
Cpl 824
Arianus, Fabianus
Fabien ⟨Arien⟩

Fabius ⟨Ethelwerdus⟩
→ **Aethelwerdus**

Fabius Planciades ⟨Fulgentius⟩
→ **Fulgentius, Fabius Planciades**

Fabri, Baldemarus
→ **Baldemarus ⟨de Peterweil⟩**

Fabri, Bernhard
um 1437 · OESA
Predigtsammlungen mit Aufzeichnungen (lat.)
VL(2),2,682
Bernhard ⟨Fabri⟩

Fabri, Felix
ca. 1443 – 1502 · OP
VL(2); Meyer
Faber, Felix
Felix
Felix ⟨Bruder⟩
Felix ⟨der Bruder⟩
Felix ⟨der Prediger zu Ulm⟩
Felix ⟨Dominicanus⟩
Felix ⟨Faber⟩
Felix ⟨Fabri⟩
Felix ⟨Monachus⟩
Felix ⟨Schmid⟩
Felix ⟨Ulmensis⟩
Schmidt, Felix

Fabri, Heinrich
ca. 1417 – 1452 · OP
Andechtige nucz lere uber das heilge pater noster ...
VL(2),2,689/691; Kaeppeli,II,195
Fabri, Henricus
Heinrich ⟨Fabri⟩
Heinrich ⟨Fabri von Schönensteinbach⟩
Heinrich ⟨zu Schönensteinbach⟩
Henricus ⟨Fabri⟩
Henricus ⟨Fabri de Schönensteinbach⟩

Fabri, Jacobus
→ **Jacobus ⟨de Stubach⟩**

Fabri, Johannes
→ **Schmid, Johannes**

Fabri, Rudolfus
→ **Rudolfus ⟨de Rüdesheim⟩**

Fabri, Thomas
→ **Thomas ⟨Fabri⟩**

Fabriano, Andreas ¬de¬
→ **Andreas ⟨de Fabriano⟩**

Fabriano, Baptista ¬de¬
→ **Baptista ⟨de Fabriano⟩**

Fabriano, Constantius ¬de¬
→ **Constantius ⟨de Fabriano⟩**

Fabriano, Franciscus ¬de¬
→ **Franciscus ⟨de Fabriano⟩**

Fabriano, Gentile ¬da¬
→ **Gentile ⟨da Fabriano⟩**

Fabriano, Johannes ¬de¬
→ **Johannes ⟨Bechetti⟩**

Fabricius, Henricus
→ **Henricus ⟨de Werla⟩**

Fabricius Bolandus, Johannes
→ **Johannes ⟨Fabricius Bolandus⟩**

Faccius, Bartholomaeus
→ **Facius, Bartholomaeus**

Fa-chih-ho-li
→ **Bhartṛhari**

Fachner
Lebensdaten nicht ermittelt
Rezept wider das grieß; Identität mit Fachner, Sigmund umstritten
VL(2),2,703
Fachner ⟨von München⟩
Fachner, Sigmund
Sigmund ⟨Fachner⟩

Fachr Ad Din Ar Rasi
→ **Faḫr-ad-Dīn ar-Rāzī, Muḥammad Ibn-ʿUmar**

Fachr ad-Dīn Gurgānī
→ **Gurgānī, Faḫraddīn**

Facinus ⟨de Ast⟩
gest. ca. 1368 · OESA
Quaestiones in libros Physicorum; Quaestiones in libros De anima
Stegmüller, Repert. sentent. 215; Lohr
Ast, Facinus ¬de¬
Bonifatius ⟨de Asti⟩
Facino ⟨d'Asti⟩
Facino ⟨le Lombard⟩
Facinus ⟨Astensis⟩
Facinus ⟨de Asti⟩
Pseudo-Facinus ⟨de Ast⟩

Facio, Bartolomeo
→ **Facius, Bartholomaeus**

Facio, Johannes ¬de¬
→ **Johannes ⟨de Facio⟩**

Facius, Bartholomaeus
gest. 1457
Potth.; LMA,IV,225
Bartholomaeus ⟨de Spedia⟩
Bartholomaeus ⟨Facius⟩
Bartholomaeus ⟨Fatius⟩
Bartholomaeus ⟨Spediensis⟩
Faccius, Bartholomaeus
Facio, Bartolomeo
Facio, Bartolommeo
Fatius, Bartholomaeus
Fazio, Bartolomeo
Fazio, Bartolommeo

Facundus ⟨Hermianensis⟩
gest. 571
CSGL; Meyer; LMA,IV,225
Facond ⟨Hermianensis⟩
Facundus ⟨d'Hermiane⟩
Facundus ⟨Episcopus⟩
Facundus ⟨Ermianeus⟩
Facundus ⟨Hermianus⟩
Facundus ⟨von Hermiane⟩
Hermianus, Facundus

Fāḍil, ʿAbd-ar-Raḥīm Ibn-ʿAlī ¬al-¬
→ **Qāḍī al-Fāḍil, ʿAbd-ar-Raḥīm Ibn-ʿAlī ¬al-¬**

Faḍl Allāh Rashīd al-Dīn
→ **Rašīd-ad-Dīn Faḍlallāh**

Faḍl Ibn Dukayn
→ **Faḍl Ibn-Dukain ¬al-¬**

Faḍl Ibn-Dakīn ¬al-¬
→ **Faḍl Ibn-Dukain ¬al-¬**

Faḍl Ibn-Dukain ¬al-¬
748 – 834
Abū-Nuʿaim al-Faḍl Ibn-Dukain
Faḍl Ibn Dukayn
Faḍl Ibn-Dakīn ¬al-¬
Ibn-Dukain, al-Faḍl

Faḍl Ibn-Ḥātim an-Nairīzī
→ **Nairīzī, al-Faḍl Ibn-Ḥātim ¬an-¬**

Faḍlallāh al-ʿUmarī, Aḥmad Ibn-Yaḥyā Ibn-
→ **Ibn-Faḍlallāh al-ʿUmarī, Aḥmad Ibn-Yaḥyā**

Faḍlallāh Rašīd-ad-Dīn
→ **Rašīd-ad-Dīn Faḍlallāh**

Faḍlān, Aḥmad Ibn-al-ʿAbbās Ibn-
→ **Ibn-Faḍlān, Aḥmad Ibn-al-ʿAbbās**

Fáelad, Cenn
→ **Cenn Fáelad**

Faesulanus, Donatus
→ **Donatus ⟨Faesulanus⟩**

Faḥl, ʿAlqama Ibn-ʿAbada ¬al-¬
→ **ʿAlqama Ibn-ʿAbada**

Faḫr-ad-Dīn ʿAlī Ibn-Aḥmad Ibn-al-Buḫārī
→ **Ibn-al-Buḫārī, Faḫr-ad-Dīn ʿAlī Ibn-Aḥmad**

Faḫr-ad-Dīn ar-Rāzī, Muḥammad Ibn-ʿUmar
gest. 1209
Fachr Ad Din Ar Rasi
Fakhr al-Dīn al-Rāzī, Muḥammad Ibn ʿUmar
Ibn-ʿUmar ar-Rāzī, Faḫr-ad-Dīn Muḥammad
Muḥammad Ibn-ʿUmar ar-Rāzī, Faḫr-ad-Dīn
Rāzī, Faḫr-ad-Dīn Muḥammad Ibn-ʿUmar ¬ar-¬
Rāzī, Fakhr al-Dīn
Rāzī, Muḥammad Ibn-ʿUmar ¬ar-¬

Faḫraddīn Asʿad Gurgānī
→ **Gurgānī, Faḫraddīn**

Faḫraddīn Gurgānī
→ **Gurgānī, Faḫraddīn**

Faḫr-ad-Dīn Ibn-al-Buḫārī
→ **Ibn-al-Buḫārī, Faḫr-ad-Dīn ʿAlī Ibn-Aḥmad**

Faḫr-ad-Dīn Maḥmūd Ibn Yamīn
→ **Ibn-Yamīn, Faḫr-ad-Dīn Maḥmūd**

Faḫreddīn, Yaʾqūb I.
→ **Fahri, Fahreddin Yakub Ibn-Mehmed**

Fahreddin Yakub Ibn-Mehmed ⟨Fahri⟩
→ **Fahri, Fahreddin Yakub Ibn-Mehmed**

Faḫrī, ʿAlī Ibn-Muḥammad ¬al-¬
9. Jh.
ʿAlī Ibn-Muḥammad al-Faḫrī
Fakhri, ʾAli Muhammad ibn ʾAbdallah ¬al-¬
Ibn-Muḥammad, ʿAlī al-Faḫrī

Fahri, Fahreddin Yakub Ibn-Mehmed
geb. ca. 1318
Bearbeiter v. „Husrev u Şirin"
LMA,IV,233
Faḫreddīn, Yaʾqūb I.
Fahreddin Yakub Ibn-Mehmed ⟨Fahri⟩
Faḫri, Faḫreddīn Yaʿqūb b. Meḥmed
Ibn-Mehmed Fahri, Fahreddin Yakub
Yakub Ibn-Mehmed Fahri, Fahreddin
Yaʾqūb Ibn-Mehmed Faḫreddīn

Faḫri, Faḫreddīn Yaʿqūb b. Meḥmed
→ **Fahri, Fahreddin Yakub Ibn-Mehmed**

Faidit, Gaucelm
→ **Gaucelm ⟨Faidit⟩**

Faie, Giovanni Antonio
1409 – 1470
Libro de croniche e memorie e amaystramente per l'avenire
Rep.Font. IV,420
Faie, Jean-Antoine ¬di¬
Giovanni Antonio ⟨Faie⟩
Jean-Antoine ⟨di Faie⟩

Faitinelli, Pietro ¬dei¬
1280/90 – 1349
Sonette; Canzone
Rep.Font. IV,420; LMA,IV,233
DeiFaitinelli, Pietro
Faytinelli, Pierre ¬de¬
Faytinelli, Pietro ¬de'¬
Mugnone
Pierre ⟨de Faytinelli⟩
Pietro ⟨dei Faitinelli⟩
Pietro ⟨dei Faytinelli⟩
Pietro ⟨dei Faytinelli detto Mugnone⟩
Pietro ⟨De'Faitinelli⟩
Pietro ⟨de'Faytinelli⟩

Faiyūmī, Aḥmad Ibn-Muḥammad ¬al-¬
1291 – 1368
Aḥmad Ibn-Muḥammad al-Faiyūmī
Fayyūmī, Aḥmad ibn Muḥammad
Ibn-Muḥammad, Aḥmad al-Faiyūmī

Fakenham, Nicolaus
→ **Nicolaus ⟨Fakenham⟩**

Fakhr al-Dīn al-Rāzī, Muḥammad Ibn ʿUmar
→ **Faḫr-ad-Dīn ar-Rāzī, Muḥammad Ibn-ʿUmar**

Fakhr al-Dīn Asʿad Gurgānī
→ **Gurgānī, Faḫraddīn**

Fakhr al-Dīn Djurdjānī
→ **Gurgānī, Faḫraddīn**

Fakhr al-Dīn Gurgānī
→ **Gurgānī, Faḫraddīn**

Fakhr al-Dīn Jurjānī
→ **Gurgānī, Faḫraddīn**

Fakhr al-Dīn Maḥmūd Ibn Yamīn
→ **Ibn-Yamīn, Faḫr-ad-Dīn Maḥmūd**

Fakhr ud-Dīn Gurgānī
→ **Gurgānī, Faḫraddīn**

Fakhri, ʾAli Muhammad ibn ʾAbdallah ¬al-¬
→ **Faḫrī, ʿAlī Ibn-Muḥammad ¬al-¬**

Falaca, Petrus
→ **Petrus ⟨Falaca⟩**

Falcandus, Hugo
gest. ca. 1176
LThK; Tusculum-Lexikon; LMA,V,170
Falcand, Hugo
Falcando, Ugo
Foucault, Hugues
Fulcaudus, Hugo
Hugo ⟨Falcandus⟩
Hugo ⟨Fulcandus⟩
Hugues ⟨Falcand⟩
Hugues ⟨Foucault⟩
Ugo ⟨Falcando⟩

Falckenstein, Nikolaus
→ **Lanckmannus, Nicolaus**

Falco ⟨Beneventanus⟩
gest. 1145
Chronicon
CSGL; Potth.; LMA,IV,237/38
Beneventanus, Falco
Falco ⟨Iudex⟩
Falco ⟨von Benevent⟩
Falcon ⟨de Benevent⟩
Falcone ⟨di Benevento⟩
Folcardus ⟨Beneventanus⟩

Falco ⟨Iudex⟩
→ **Falco ⟨Beneventanus⟩**

Falco ⟨Monachus⟩
→ **Falco ⟨Tornusiensis⟩**

Falco ⟨Tornusiensis⟩
um 1087
CSGL; Potth.
Falco ⟨Monachus⟩
Falco ⟨Monk at Tournus⟩
Falco ⟨Trenorchiensis⟩
Falco ⟨von Tournus⟩
Falcon ⟨de Tournus⟩

Falco ⟨Trenorchiensis⟩
→ **Falco ⟨Tornusiensis⟩**

Falco ⟨von Benevent⟩
→ **Falco ⟨Beneventanus⟩**

Falco ⟨von Tournus⟩
→ **Falco ⟨Tornusiensis⟩**

Falco, Petrus ¬de¬
→ **Petrus ⟨de Falco⟩**

Falcodius, Guido
→ **Clemens ⟨Papa, IV.⟩**

Falcon ⟨de Benevent⟩
→ **Falco ⟨Beneventanus⟩**

Falcon ⟨de Tournus⟩
→ **Falco ⟨Tornusiensis⟩**

Falconarius, Gerardus
→ **Gerardus ⟨Falconarius⟩**

Falconarius, Guilelmus
→ **Guilelmus ⟨Falconarius⟩**

Falcone ⟨di Benevento⟩
→ **Falco ⟨Beneventanus⟩**

Falcuccius, Nicolaus
gest. ca. 1411/12
Sermones medicinales; De febribus
LMA,IV,238
Falcucci, Niccolò
Falcucci, Nicolas
Falcutius, Nicolaus
Niccolò ⟨Falcucci⟩
Nicolaus ⟨de Falconiis⟩
Nicolaus ⟨Falcuccino⟩
Nicolaus ⟨Falcuccius⟩
Nicolaus ⟨Falcutius⟩
Nicolaus ⟨Falcutius Florentinus⟩
Nicolaus ⟨Florentinus⟩
Nicoli, Nicolai
Nicolo ⟨Falcucci⟩
Nicolus, Nicolaus

Falder-Pistoris, Georg
ca. 1354 – 1452 · OP
Erbauliche Traktate für Klosterfrauen
VL(2),2,703/705
Falderer, Georg
Georg ⟨Falderer⟩
Georg ⟨Falder-Pistoris⟩
Georg ⟨Valder⟩
Georg ⟨Walder⟩
Valder, Georg
Valdner, Georg
Voldner, Georg
Walder, Georg
Welter, Georg

Falgar, Guilelmus ¬de¬
→ **Guilelmus ⟨de Falgar⟩**

Falḥā', ʿAntara Ibn-Šaddād ¬al-¬
→ **ʿAntara Ibn-Šaddād**

Fāliḥ, Musāʿid I. ¬al-¬
→ **Sāmarrī, Muḥammad Ibn-ʿAbdallāh ¬as-¬**

Falkenau, Ulrich ¬von¬
→ **Ulrich ⟨von Falkenau⟩**

Falkenberg, Johannes
ca. 1364 – ca. 1429/35 · OP
De mundi monarchia; Satira; Liber de doctrina potestatis pape et imperatoris; Tractatus in renuntiatione papae
Rep.Font. IV,423; LMA,IV,240; Kaeppeli,II,418/421
Jean ⟨Falkenberg⟩
Johannes ⟨de Falckenberch⟩
Johannes ⟨de Falkaberge⟩
Johannes ⟨Falkenberg⟩
Johannes ⟨Falkenberg Pomeranus⟩
Johannes ⟨Pomeranus⟩

Falkenberg, Rapot ¬von¬
→ **Rapot ⟨von Falkenberg⟩**

Falkenstein, Kuno ¬von¬
→ **Kuno ⟨von Falkenstein⟩**

Falkenstein, Nicolaus
→ **Lanckmannus, Nicolaus**

Falkenstein, Werner ¬von¬
→ **Werner ⟨von Falkenstein⟩**

Falkner, Peter
15. Jh.
Fechtbuch
VL(2),2,707
Peter ⟨Falkner⟩

Falquet ⟨de Romans⟩
→ **Folquet ⟨de Romans⟩**

Falquet ⟨de Rotinans⟩
→ **Folquet ⟨de Romans⟩**

Falquet ⟨de Rotmans⟩
→ **Folquet ⟨de Romans⟩**

Falquet ⟨le Troubadour⟩
→ **Folquet ⟨de Romans⟩**

Fan, Chengda
1126 – 1193
Fan, Ch'eng-ta

Fangi, Augustinus
→ **Augustinus ⟨Fangi⟩**

Fano, Martinus ¬de¬
→ **Martinus ⟨de Fano⟩**

Fantasma, Iordanus
→ **Iordanus ⟨Fantasma⟩**

Fanti ⟨Beato⟩
→ **Fanti, Bartolomeo**

Fanti, Bartolomeo
ca. 1425 – 1495 · OCarm.
Constitutioni e statuti; Registro; Regula
Rep.Font. IV,428
Barthélemy ⟨Fanti⟩
Bartolomeo ⟨Fanti⟩
Fanti ⟨Beato⟩
Fanti, Barthélemy

Fantinus ⟨Archiepiscopus⟩
→ **Fantinus ⟨Vallaresso⟩**

Fantinus ⟨Cretensis⟩
→ **Fantinus ⟨Vallaresso⟩**

Fantinus ⟨Dandulus⟩
1379 – 1459
Compendium catholicae fidei
Dandolo, Fantin
Dandulus, Fantinus
Fantin ⟨Dandolo⟩
Fantino ⟨Dandolo⟩
Fantinus ⟨Danduli⟩
Fantinus ⟨Dandulo⟩

Fantinus ⟨Vallaresso⟩
gest. 1443
Epistulae; Libellus de unione florentina; wohl nicht Verfasser des „Compendium catholicae fidei", als dessen Verfasser Fantinus ⟨Dandulus⟩ gilt
Fantino ⟨Vallaresso⟩
Fantinus ⟨Archiepiscopus⟩
Fantinus ⟨Cretensis⟩
Fantinus ⟨Vallaressus⟩
Vallaresso, Fantinus

Fantosme, Jourdain
→ **Iordanus ⟨Fantasma⟩**

Fantutiis, Johannes ¬de¬
→ **Johannes ⟨de Fantutiis⟩**

Faova ⟨Cabillonensis⟩
9. Jh.
CSGL
Faof
Laof

Faqīh al-Hamaḏānī, Aḥmad Ibn-Muḥammad Ibn-al-
→ **Ibn-al-Faqīh al-Hamaḏānī, Aḥmad Ibn-Muḥammad**

Fara, Nicolaus ¬de¬
→ **Nicolaus ⟨de Fara⟩**

Fārābī, Abū-Naṣr Muḥammad Ibn-Muḥammad ¬al-¬
gest. 950
Rep.Font. IV,428
Abū-Naṣr Muḥammad Ibn-Muḥammad ⟨al-Fārābī⟩
Alfārābī
Alfarabi
Alfarabrius
Alpharabius
Alpharabius, Jacobus
Avemasar
Fārābī, Abū-Naṣr M. ¬al¬
Fārābī, Abu-'n-Naṣr M. ¬al-¬

Farazdaq, Hammām Ibn-Ġālib ¬al-¬
ca. 640 – 728
Farasdak, Hammam Ibn Ghalib ¬al¬
Hammām Ibn-Ġālib al-Farazdaq
Ibn-Ġālib, Hammām al-Farazdaq
Ibn-Ġālib al-Farazdaq, Hammām

Fardulfus ⟨Parisiensis⟩
→ **Fardulfus ⟨Sancti Dionysii⟩**

Fardulfus ⟨Sancti Dionysii⟩
gest. ca. 806
CSGL; Potth.
Fardulfus ⟨Abbas⟩
Fardulfus ⟨Parisiensis⟩
Fardulfus ⟨Sandionysiani⟩
Fardulfus ⟨von Saint-Denis⟩
Fardulphe ⟨de Saint-Denis⟩
Sancti Dionysii, Fardulfus

Farġānī, Aḥmad Ibn-Muḥammad ¬al-¬
9. Jh.
LMA,IV,298
Abū-l-ʿAbbās Aḥmad b. Muḥammad b. Kaṯīr al-Farġānī
Abū-l-ʿAbbās Muḥammad b. Kaṯīr
Aḥmad b. Muḥammad al-Farghānī
al-Farġānī
Alfragano
Alfraganus
Alfraganus, Muhamed
Alfraganus, Muhammad
Alpherganus
Alpherganus,
Farġānī, Aḥmad I.- ¬al-¬
Farġānī, Muḥammad ¬al-¬
Farghānī, Aḥmad b. Muḥammad
Ibn-Kaṯīr al-Farġānī, Aḥmad I. Muḥammad, Aḥmad al-Farghānī

Farġānī, Muḥammad ¬al-¬
→ **Farġānī, Aḥmad Ibn-Muḥammad ¬al-¬**

Farghānī, Aḥmad b. Muḥammad
→ **Farġānī, Aḥmad Ibn-Muḥammad ¬al-¬**

Farhi, Estori ben Moses
→ **Eštôrî hap-Parḥî, Yiṣḥāq Ben-Moše**

Farḥi, Isaac ben Moyses
→ **Eštôrî hap-Parḥî, Yiṣḥāq Ben-Moše**

Faricius ⟨Abindonensis⟩
→ **Faricius ⟨Malmesburiensis⟩**

Faricius ⟨d'Arezzo⟩
→ **Faricius ⟨Malmesburiensis⟩**

Faricius ⟨Malmesburiensis⟩
gest. 1117
Vita S. Aldhelmi
CSGL; Potth.
Faricius ⟨Abbendoniensis⟩
Faricius ⟨Abindonensis⟩
Faricius ⟨d'Abingdon⟩
Faricius ⟨d'Arezzo⟩
Faricius ⟨Tuscus⟩
Faricius ⟨von Abingdon⟩
Faricius ⟨von Malmesbury⟩
Faritius ⟨Malmesburiensis⟩

Faricius ⟨Tuscus⟩
→ **Faricius ⟨Malmesburiensis⟩**

Farid od-Din Mohammed Attar
→ **ʿAṭṭār, Farīd-ad-Dīn**

Farīd-ad-Dīn, ʿAṭṭār
→ **ʿAṭṭār, Farīd-ad-Dīn**

Farid-uddin Attar
→ **ʿAṭṭār, Farīd-ad-Dīn**

Farinator, Matthias
um 1477
Matthias ⟨de Vienne⟩
Matthias ⟨Farinator⟩
Matthias ⟨Pistorius⟩
Matthias ⟨Viennensis⟩

Farinier, Guillaume
→ **Guilelmus ⟨Farinerii⟩**

Fāriqī, Abu-'l-Qāsim Saʿīd Ibn-Saʿīd ¬al-¬
→ **Fāriqī, Saʿīd Ibn-Saʿīd ¬al-¬**

Fāriqī, Saʿīd Ibn-Saʿīd ¬al-¬
gest. 1001
Fāriqī, Abu-'l-Qāsim Saʿīd Ibn-Saʿīd ¬al-¬
Ibn-Saʿīd, Saʿīd al-Fāriqī
Saʿīd Ibn-Saʿīd al-Fāriqī

Fārisī, ʿAbd-al-Ġāfir Ibn-Ismāʿīl ¬al-¬
1059 – 1134
ʿAbd-al-Ġāfir Ibn-Ismāʿīl al-Fārisī
Fārisī, Abu-'l-Ḥasan ʿAbd-al-Ġāfir Ibn-Ismāʿīl ¬al-¬
Ibn-Ismāʿīl, ʿAbd-al-Ġāfir al-Fārisī
Ibn-Ismāʿīl al-Fārisī, ʿAbd-al-Ġāfir

Fārisī, Abū-ʿAlī al-Ḥasan Ibn-Aḥmad ¬al-¬
→ **Abū-ʿAlī al-Fārisī, al-Ḥasan Ibn-Aḥmad**

Fārisī, Abu-'l-Ḥasan ʿAbd-al-Ġāfir Ibn-Ismāʿīl ¬al-¬
→ **Fārisī, ʿAbd-al-Ġāfir Ibn-Ismāʿīl ¬al-¬**

Fārisī, Abu-'ṭ-Ṭāhir Muḥammad Ibn-al-Ḥusain ¬al-¬
→ **Fārisī, Muḥammad Ibn-al-Ḥusain ¬al-¬**

Fārisī, al-Ḥasan Ibn-Aḥmad ¬al-¬
→ **Abū-ʿAlī al-Fārisī, al-Ḥasan Ibn-Aḥmad**

Fārisī, Kamāl-ad-Dīn Muḥammad Ibn-al-Ḥasan ¬al-¬
gest. ca. 1320
Tanqīḥ al-Manāẓir
LMA,IV,299
Fārisī, Abū-'l-Ḥasan Muḥammad Ibn-al-Ḥasan ¬al-¬
Fārisī, Kamāladdīn Abū-l-Ḥasan Muḥammad b. al-Ḥasan
Fārisī, Kamāl-al-Dīn
Kamāl-ad-Dīn Abu-'l-Ḥasan al-Fārisī
Kamāl-ad-Dīn al-Fārisī
Muḥammad Ibn-al-Ḥasan al-Fārisī

Fārisī, Kamāladdīn Abū-l-Ḥasan Muḥammad b. al-Ḥasan
→ **Fārisī, Kamāl-ad-Dīn Muḥammad Ibn-al-Ḥasan ¬al-¬**

Fārisī, Muḥammad Ibn-al-Ḥusain ¬al-¬
gest. ca. 1058
Abû l-Ṭāhir al-Fârisî
Abu-'ṭ-Ṭāhir al-Fārisī, Muḥammad Ibn-al-Ḥusain
Fārisī, Abu-'ṭ-Ṭāhir Muḥammad Ibn-al-Ḥusain ¬al-¬
Fārisī, Muḥammad Ibn-al-Ḥasan ¬al-¬
Ibn-al-Ḥusain, Muḥammad al-Fārisī
Muḥammad Ibn-al-Ḥusain al-Fārisī

Faritius ⟨Malmesburiensis⟩
→ **Faricius ⟨Malmesburiensis⟩**

Faro ⟨Meldensis⟩
ca. 596 – 672
LThK; CSGL
Faro ⟨Episcopus⟩
Faro ⟨Sanctus⟩
Faro ⟨von Meaux⟩
Faron ⟨de Meaux⟩

Farrāʾ, Abū-Yaʿlā Muḥammad Ibn-al-Ḥusain ¬al-¬
→ **Abū-Yaʿlā al-Farrāʾ, Muḥammad Ibn-al-Ḥusain**

Farrāʾ, Muḥammad Ibn-al-Ḥusain
→ **Abū-Yaʿlā al-Farrāʾ, Muḥammad Ibn-al-Ḥusain**

Farrāʾ, Yaḥyā Ibn-Ziyād ¬al-¬
761 – 822
Ibn-Ziyād, Yaḥyā al-Farrāʾ
Ibn-Ziyād al-Farrāʾ, Yaḥyā
Yaḥyā Ibn-Ziyād al-Farrāʾ

Farrer, François
→ **Ferrer, Francesc**

Farsitus, Hugo
→ **Hugo ⟨Farsitus⟩**

Faryūmadī, Ibn-Yamīn
→ **Ibn-Yamīn, Faḫr-ad-Dīn Maḥmūd**

Fasano, Giovanni
→ **Johannes ⟨Papa, XVIII.⟩**

Fāsī, ʿAlī Ibn-al-Qaṭṭān ¬al-¬
→ **Ibn-al-Qaṭṭān al-Fāsī, ʿAlī Ibn-Muḥammad**

Fāsī, Muḥammad Ibn-Aḥmad ¬al¬
1373 – 1429
Fāsī, Taqī ¬al-¬
Fāsī, Taqī-ad-Dīn Muḥammad Ibn-Aḥmad Ibn-ʿAlī ¬al-¬
Ibn-Aḥmad, Muḥammad al-Fāsī
Muḥammad Ibn-Aḥmad al-Fāsī

Fāsī, Taqī ¬al-¬
→ **Fāsī, Muḥammad Ibn-Aḥmad ¬al¬**

Fāsī, Taqī-ad-Dīn Muḥammad Ibn-Aḥmad Ibn-ʿAlī ¬al-¬
→ **Fāsī, Muḥammad Ibn-Aḥmad ¬al¬**

Fasolus, Johannes
→ **Johannes ⟨Fasolus⟩**

Fassitelli, Alexander
→ **Alexander ⟨de Sancto Elpidio⟩**

Fastidiosus ⟨Arianus⟩
6. Jh.
Sermo; Adressat der Epistula 19 von Fulgentius Ruspensis
Cpl 708; 817; 820
Arianus, Fastidiosus
Fastidiosus ⟨Afer⟩
Fastidiosus ⟨Africanus⟩
Fastidiosus ⟨Arien⟩
Fastidiosus ⟨Episcopus⟩
Fastidiosus ⟨Evêque⟩
Fastidiosus ⟨Evêque Arien⟩

Fastolphus, Richardus
→ **Richardus ⟨Fastolphus⟩**

Fastredus ⟨Claraevallensis⟩
gest. 1163
CSGL
Fastradus
Fastrède
Flaster ⟨de Gauviamer⟩
Flaster ⟨de Gaviamès⟩

Fatḥ al-Iskandarī, Naṣr Ibn-ʿAbd-ar-Raḥmān Abu-'l-
→ **Abu-'l-Fatḥ al-Iskandarī, Naṣr Ibn-ʿAbd-ar-Raḥmān**

Fatḥallāh aš-Širwānī
→ **Širwānī, Fatḥallāh ¬aš-¬**

Fāṭimī, Tamīm Ibn-al-Muʿizz ¬al-¬
→ **Tamīm Ibn-al-Muʿizz al-Fāṭimī**

Fatius, Bartholomaeus
→ **Facius, Bartholomaeus**

Fauquembergue, Clément ¬de¬
gest. 1438
Journal
LMA,IV,320; Rep.Font. III,493
Clément ⟨de Fauquembergue⟩
Clément ⟨de Fauquembergues⟩
Clémont ⟨de Fauquembergue⟩

Favaroni, Augustinus
→ **Augustinus ⟨Favaroni⟩**

Favent, Thomas
gest. ca. 1400
Historia sive narracio de modo et forma mirabilis parliamenti apud Westmonasterium a.D. 1386
Rep.Font. IV,437
Thomas ⟨Favent⟩

Faventia, Gregorius ¬de¬
→ **Gregorius ⟨de Faventia⟩**

Faventia, Humilitas ¬de¬
→ **Humilitas ⟨de Faventia⟩**

Faventinus, Bartholomaeus
→ **Bartholomaeus ⟨Faventinus⟩**

Faventinus, Johannes
→ **Johannes ⟨Faventinus⟩**
→ **Johannes ⟨Faventinus, OFM⟩**
→ **Johannes ⟨Faventinus, OP⟩**
→ **Johannes ⟨Faventinus Presbyter⟩**

Faventinus, Tolosanus
→ **Tolosanus ⟨Faventinus⟩**

Faventinus Presbyter, Johannes
→ **Johannes ⟨Faventinus Presbyter⟩**

Faversham, Eustachius ¬de¬
→ **Eustachius ⟨de Faversham⟩**

Faversham, Haimo ¬de¬
→ **Haimo ⟨de Faversham⟩**

Faversham, Thomas ¬de¬
→ **Thomas ⟨de Faversham⟩**

Faxiolus, Johannes
→ **Johannes ⟨Fasolus⟩**

Fayol, Gaspar
→ **Gaspar ⟨Fayol⟩**

Fayt, Jean Bernier ¬de¬
→ **Johannes ⟨de Fayt⟩**

Fayt, Johannes ¬de¬
→ **Johannes ⟨de Fayt⟩**

Faytinelli, Pietro ¬de'¬
→ **Faitinelli, Pietro ¬dei¬**

Fayyoum, Gaon S. ¬de¬
→ **Seʿadyā, Gāʾôn**

Fayyumi
→ **Seʿadyā, Gāʾôn**

Fayyūmī, Aḥmad ibn Muḥammad
→ **Faiyūmī, Aḥmad Ibn-Muḥammad ¬al-¬**

Fazārī, Abu-'l-Qāsim Ibrāhīm Ibn-Ḥabīb ¬al-¬
→ **Fazārī, Ibrāhīm Ibn-Ḥabīb ¬al-¬**

Fazārī, Ibrāhīm Ibn-Ḥabīb ¬al-¬
gest. 956
Abu-'l-Qāsim al-Fazārī
Fazārī, Abu-'l-Qāsim Ibrāhīm Ibn-Ḥabīb ¬al-¬
Fazārī, Muḥammad Ibn-Ibrāhīm ¬al-¬
Ibn-Ḥabīb, Ibrāhīm al-Fazārī
Ibrāhīm Ibn-Ḥabīb al-Fazārī

Fazārī, Muḥammad Ibn-Ibrāhīm ¬al-¬
→ **Fazārī, Ibrāhīm Ibn-Ḥabīb ¬al-¬**

Fāzāzī, ʿAbd al-Raḥmān ibn Yakhlaftan
→ **Fāzāzī, ʿAbd-ar-Raḥmān Ibn-Yaḫlaftan ¬al-¬**

Fāzāzī, ʿAbd-ar-Raḥmān Ibn-Yaḫlaftan ¬al-¬
gest. 1230
ʿAbd-ar-Raḥmān Ibn-Yaḫlaftan al-Fāzāzī
Abū-Zaid al-Fāzāzī
Fāzāzī, ʿAbd al-Raḥmān ibn Yakhlaftan
Ibn-Yaḫlaftan, ʿAbd-ar-Raḥmān al-Fāzāzī

Fazio ⟨degli Uberti⟩
→ **Uberti, Fazio ¬degli¬**

Fazio, Bartolommeo
→ **Facius, Bartholomaeus**

Faẓl Allāh Rashīd al-Dīn
→ **Rašīd-ad-Dīn Faḍlallāh**

Fecini, Tommaso
1441 – 1497
Cronaca senese
Rep.Font. IV,438
Fecini, Thomas
Thomas ⟨Fecini⟩
Tommaso ⟨Fecini⟩

Fédá, Aboul
→ **Abu-'l-Fidā Ismā'īl Ibn-'Alī**

Federico ⟨da Fulgineo⟩
→ **Frezzi, Federico**

Federico ⟨da Montefeltro⟩
→ **Fridericus ⟨de Montefeltro⟩**

Federico ⟨da Venezia⟩
→ **Fridericus ⟨de Venetia⟩**

Federico ⟨de Pisa⟩
→ **Fridericus ⟨Vicecomes⟩**

Federico ⟨di Montefeltro⟩
→ **Fridericus ⟨de Montefeltro⟩**

Federico ⟨di Piazzalunga⟩
→ **Fridericus ⟨de Platea Longa⟩**

Federico ⟨di Svevia⟩
→ **Friedrich ⟨Römisch-Deutsches Reich, Kaiser, II.⟩**

Federico ⟨Frezzi⟩
→ **Frezzi, Federico**

Federico ⟨Germania, Imperatore, ...⟩
→ **Friedrich ⟨Römisch-Deutsches Reich, Kaiser, ...⟩**

Federico ⟨Petrucci⟩
→ **Petruccius, Fridericus**

Federico ⟨Sicilia, Re⟩
→ **Friedrich ⟨Römisch-Deutsches Reich, Kaiser, II.⟩**

Federico ⟨Urbino, Duca⟩
→ **Fridericus ⟨de Montefeltro⟩**

Federico ⟨Visconti⟩
→ **Fridericus ⟨Vicecomes⟩**

Federicus ⟨de Fulgineo⟩
→ **Fridericus ⟨de Fulgineo⟩**

Federicus ⟨de Senis⟩
→ **Petruccius, Fridericus**

Federicus ⟨de Venetia⟩
→ **Fridericus ⟨de Venetia⟩**

Federicus ⟨Germania, Imperator, ...⟩
→ **Friedrich ⟨Römisch-Deutsches Reich, Kaiser, ...⟩**

Federigo ⟨...⟩
→ **Fridericus ⟨...⟩**

Feducci, Angelus
→ **Angelus ⟨Feducci⟩**

Feerdoosee
→ **Firdausī**

Fegfeuer
13. Jh.
Dichtername; Dichtungen
VL(2),2,714/715

Fei, Hsin
→ **Fei, Xin**

Fei, Xin
ca. 1385 – ca. 1436
Xingcha-shenglan
Fei, Hsin

Feirgil ⟨Maro⟩
→ **Virgilius ⟨Maro⟩**

Felce, Pietro
→ **Cirneo, Pietro**

Feldenneckh, Graff ¬von¬
→ **Seldneck, Graf ¬von¬**

Feldkircher, Christian
um 1420/30
Fürstenlehrenparaphrase
VL(2),2,719/720
Christian ⟨Feldkircher⟩
Vellchircher, Christian

Felice ⟨Brancacci⟩
→ **Brancacci, Felice**

Felice ⟨del Sannio⟩
→ **Felix ⟨Papa, IV.⟩**

Felice ⟨di Michele Brancacci⟩
→ **Brancacci, Felice**

Felice ⟨Feliciano⟩
→ **Feliciano, Felice**

Felice ⟨Papa, ...⟩
→ **Felix ⟨Papa, ...⟩**

Feliciano ⟨de Vérone⟩
→ **Feliciano, Felice**

Feliciano, Felice
1433 – ca. 1479
Justa victoria; Sonette; Briefe
LMA,IV,338
Felice ⟨Feliciano⟩
Feliciano ⟨de Vérone⟩
Feliciano, Félix
Felix ⟨Antiquarius⟩

Felino Maria ⟨Sandeo⟩
→ **Sandeo, Felino Maria**

Felinus ⟨Lucensis⟩
→ **Sandeo, Felino Maria**

Felinus ⟨Sandeus⟩
→ **Sandeo, Felino Maria**

Felip ⟨Ribot⟩
→ **Philippus ⟨Ribot⟩**

Felipe ⟨de Malla⟩
→ **Malla, Felipe ¬de¬**

Felipe ⟨dei Barbieri⟩
→ **Barberis, Philippus ¬de¬**

Felix
→ **Fabri, Felix**

Felix ⟨Anglicus Monachus⟩
→ **Felix ⟨de Croyland⟩**

Felix ⟨Antipapa, V.⟩
→ **Felix ⟨Papa, V., Antipapa⟩**

Felix ⟨Antiquarius⟩
→ **Feliciano, Felice**

Felix ⟨Archiepiscopus⟩
→ **Felix ⟨Toletanus⟩**

Félix ⟨Brancacci⟩
→ **Brancacci, Felice**

Felix ⟨Bruder⟩
→ **Fabri, Felix**

Felix ⟨Croilandensis⟩
→ **Felix ⟨de Croyland⟩**

Felix ⟨Cyrillitanus⟩
um 532/53
Praefatio zu Dionysius ⟨Exiguus⟩ „Libellus de cyclo magno Paschae"
Cpl 2287
Cyrillitanus, Felix
Felix ⟨Ghillitanus⟩
Felix ⟨Gillitanus⟩
Felix ⟨Guillensis⟩

Felix ⟨de Anglia Orientali⟩
→ **Felix ⟨de Croyland⟩**

Felix ⟨de Bénévent⟩
→ **Felix ⟨Papa, IV.⟩**

Felix ⟨de Croyland⟩
um 730 · OSB
Vita Sancti Guthlaci
Cpl 2150; Rep.Font. IV,439
Crowland, Felix ¬of¬
Croyland, Felix ¬de¬
Felix ⟨Anglicus Monachus⟩
Felix ⟨Croilandensis⟩
Felix ⟨de Anglia Orientali⟩
Felix ⟨Hermit of Crowland⟩
Felix ⟨Monachus Anglicus⟩
Felix ⟨Monachus Croilandensis⟩
Felix ⟨Mönch⟩
Felix ⟨of Crowland⟩
Felix ⟨OSB⟩
Felix ⟨von Crowland⟩
Felix ⟨von Croyland⟩
Felix ⟨Wiremuthensis⟩

Félix ⟨de Limoges⟩
→ **Felix ⟨Lemovicensis⟩**

Felix ⟨de Messana⟩
gest. ca. 590
Epistolae
CSGL
Felix ⟨Episcopus⟩
Felix ⟨Messanensis⟩
Felix ⟨of Messina⟩
Messana, Felix ¬de¬

Felix ⟨de Narbonne⟩
→ **Felix ⟨Lemovicensis⟩**

Felix ⟨de Ravenna⟩
gest. 716
Prologus ad sermones
CSGL
Felix ⟨Episcopus⟩
Felix ⟨of Ravenna⟩
Felix ⟨Ravennatis⟩
Felix ⟨von Ravenna⟩
Ravenna, Felix ¬de¬

Félix ⟨de Séville⟩
→ **Felix ⟨Toletanus⟩**

Félix ⟨de Tolède⟩
→ **Felix ⟨Toletanus⟩**

Felix ⟨der Bruder⟩
→ **Fabri, Felix**

Felix ⟨der Prediger zu Ulm⟩
→ **Fabri, Felix**

Felix ⟨Dominicanus⟩
→ **Fabri, Felix**

Félix ⟨d'Urgel⟩
→ **Felix ⟨Urgellensis⟩**

Felix ⟨Episcopus⟩
→ **Felix ⟨de Messana⟩**
→ **Felix ⟨de Ravenna⟩**
→ **Felix ⟨Lemovicensis⟩**
→ **Felix ⟨Urgellensis⟩**

Felix ⟨Fabri⟩
→ **Fabri, Felix**

Felix ⟨Ghillitanus⟩
→ **Felix ⟨Cyrillitanus⟩**

Felix ⟨Guillensis⟩
→ **Felix ⟨Cyrillitanus⟩**

Felix ⟨Hemmerlin⟩
→ **Hemmerlin, Felix**

Felix ⟨Hermit of Crowland⟩
→ **Felix ⟨de Croyland⟩**

Felix ⟨Lemovicensis⟩
7. Jh.
Epistolae
CSGL
Félix ⟨de Limoges⟩
Felix ⟨de Narbonne⟩
Felix ⟨Episcopus⟩
Felix ⟨Narbonensis⟩
Felix ⟨of Limoges⟩
Felix ⟨von Limoges⟩

Felix ⟨Malleolus⟩
→ **Hemmerlin, Felix**

Felix ⟨Messanensis⟩
→ **Felix ⟨de Messana⟩**

Felix ⟨Monachus⟩
→ **Fabri, Felix**

Felix ⟨Monachus Anglicus⟩
→ **Felix ⟨de Croyland⟩**

Felix ⟨Monachus Croilandensis⟩
→ **Felix ⟨de Croyland⟩**

Felix ⟨Narbonensis⟩
→ **Felix ⟨Lemovicensis⟩**

Felix ⟨of Crowland⟩
→ **Felix ⟨de Croyland⟩**

Felix ⟨of Limoges⟩
→ **Felix ⟨Lemovicensis⟩**

Felix ⟨of Messina⟩
→ **Felix ⟨de Messana⟩**

Felix ⟨of Ravenna⟩
→ **Felix ⟨de Ravenna⟩**

Felix ⟨of Toledo⟩
→ **Felix ⟨Toletanus⟩**

Felix ⟨Orgellitanus⟩
→ **Felix ⟨Urgellensis⟩**

Felix ⟨OSB⟩
→ **Felix ⟨de Croyland⟩**

Felix ⟨Papa, III.⟩
→ **Felix ⟨Papa, IV.⟩**

Felix ⟨Papa, IV.⟩
gest. 530
Päpstliche Stellungnahme gegen den Semipelagianismus
LMA,IV,340/41
Felice ⟨del Sannio⟩
Felix ⟨de Bénévent⟩
Felix ⟨Papa, III.⟩

Felix ⟨Papa, V., Antipapa⟩
1383 – 1451
Herzog von Savoyen 1416-1440; Gegenpapst 1439-1449
Meyer; LMA,IV,341
Amadeus ⟨von Savoyen⟩
Amédée ⟨de Savoie⟩
Amédée ⟨le Pacifique⟩
Amédée ⟨Savoie, Duc⟩
Amedeo ⟨Savoyen, Herzog, VIII.⟩
Amedeus ⟨Pacificus⟩
Amedeus ⟨Savoyen, Herzog, VIII.⟩
Amedo ⟨di Savoia⟩
Felice ⟨Papa, V., Antipapa⟩
Felix ⟨Antipapa, V.⟩

Felix ⟨Papiensis⟩
→ **Ennodius, Magnus Felix**

Felix ⟨Ravennatis⟩
→ **Felix ⟨de Ravenna⟩**

Felix ⟨Schmid⟩
→ **Fabri, Felix**

Felix ⟨Toletanus⟩
7. Jh.
Vita seu elogium S. Juliani
CSGL; Potth.
Felix ⟨Archiepiscopus⟩
Félix ⟨de Séville⟩
Félix ⟨de Tolède⟩
Felix ⟨of Toledo⟩
Felix ⟨von Toledo⟩
Toletanus, Felix

Felix ⟨Ulmensis⟩
→ **Fabri, Felix**

Felix ⟨Urgellensis⟩
gest. 818
Tusculum-Lexikon; LThK; CSGL; LMA,IV,342
Félix ⟨d'Urgel⟩
Felix ⟨Episcopus⟩
Felix ⟨Orgellitanus⟩
Felix ⟨Urgelitanus⟩
Felix ⟨von Urgel⟩

Felix ⟨von Croyland⟩
→ **Felix ⟨de Croyland⟩**

Felix ⟨von Limoges⟩
→ **Felix ⟨Lemovicensis⟩**

Felix ⟨von Ravenna⟩
→ **Felix ⟨de Ravenna⟩**

Felix ⟨von Toledo⟩
→ **Felix ⟨Toletanus⟩**

Felix ⟨von Urgel⟩
→ **Felix ⟨Urgellensis⟩**

Felix ⟨Wiremuthensis⟩
→ **Felix ⟨de Croyland⟩**

Felizano, Leonardus ¬de¬
→ **Leonardus ⟨de Felizano⟩**

Fellenhamer, Hans
→ **Vellnhamer, Hans**

Fellhainer, Fritz
um 1477/78
Lied
VL(2),2,721/722
Fritz ⟨Fellhainer⟩

Felmingham, Johannes ¬de¬
→ **Johannes ⟨de Felmingham⟩**

Felthorp, Thomas
→ **Thomas ⟨Felthorp⟩**

Felton, Johannes
→ **Johannes ⟨Felton⟩**

Felton, Nicolaus
→ **Nicolaus ⟨Felton⟩**

Feltre, Vittorino ¬da¬
→ **Victorinus ⟨Feltrensis⟩**

Fendulus, Georgius Zothorus Zaparus
→ **Georgius ⟨Zothorus Zaparus Fendulus⟩**

Fenestella, Andrea Domenico
→ **Floccus, Andreas**

Fenestella, Lucius
→ **Floccus, Andreas**

Fénin, Pierre ¬de¬
gest. 1433
Mémoires (Verfasserschaft umstritten; möglicherweise ist Verfasser dieser Mémoires ein Pierre de Fénin, gest. 1506)
LMA,IV,423/24; Potth. 927
Févin, Pierre ¬de¬
Pierre ⟨de Fénin⟩
Pierre ⟨de Févin⟩

Fenis-Neuenburg, Rudolf ¬von¬
→ **Rudolf ⟨von Fenis-Neuenburg⟩**

Feo ⟨Belcari⟩
→ **Belcari, Feo**

Féodor ⟨Dafnopata⟩
→ **Theodorus ⟨Daphnopata⟩**

Féodor ⟨Prodrom⟩
→ **Theodorus ⟨Prodromus⟩**

Féodor ⟨Studit⟩
→ **Theodorus ⟨Studita⟩**

Feodosij ⟨Byval'cev⟩
gest. 1475
Gramota v Novgorod o neprikosnovennosti cerkovnych sudov i votčin, Skazanie o čude u groba mitropolita Aleksija
Rep.Font. IV,441
Byval'cev, Feodosij
Feodosij ⟨Mitropolit Moskovskij⟩

Theodosius ⟨Episcopus Rostoviensis⟩
Theodosius ⟨Metropolita Mosquensis⟩

Feodosij ⟨Grek⟩
um 1142/56
Epistolae duae ad Jzjaslavum, Mstilavi filium, ducem Kievensem; Poslanie papy I'va i k patriarchu Konstantinopol'skomu Flavianu ob ersesi Evtichija
Rep.Font. IV,443
Feodosij ⟨Hegumenus⟩
Feodosij ⟨Pečerskomu⟩
Grek, Feodosij
Theodosius ⟨Graecus⟩
Theodosius ⟨Hegumenus⟩

Feodosij ⟨Hegumenus⟩
→ **Feodosij ⟨Grek⟩**
→ **Feodosij ⟨Pečerskij⟩**

Feodosij ⟨Igumen⟩
→ **Feodosij ⟨Pečerskij⟩**

Feodosij ⟨Kievo-Pečerskij⟩
→ **Feodosij ⟨Pečerskij⟩**

Feodosij ⟨Mitropolit Moskovskij⟩
→ **Feodosij ⟨Byval'cev⟩**

Feodosij ⟨Monach⟩
→ **Theodosius ⟨Syracusanus⟩**

Feodosij ⟨Pečerskij⟩
gest. 1074
Fastenpredigten
LMA,IV,355; Rep.Font. IV,440
Feodosij ⟨Hegumenus⟩
Feodosij ⟨Igumen⟩
Feodosij ⟨Kievo-Pečerensis⟩
Feodosij ⟨Kievo-Pečerskij⟩
Feodosij ⟨Pečers'kyj⟩
Feodosij ⟨Svjatyj Igumen⟩
Pečerskij, Feodosij

Feodosij ⟨Pečerskomu⟩
→ **Feodosij ⟨Grek⟩**

Feodosij ⟨Pečers'kyj⟩
→ **Feodosij ⟨Pečerskij⟩**

Feodosij ⟨Svjatyj Igumen⟩
→ **Feodosij ⟨Pečerskij⟩**

Feofilakt
→ **Theophylactus ⟨de Achrida⟩**

Feognost ⟨Kievskij⟩
um 1326/53
Poučenie
Rep.Font. IV,445
Feognost
Feognost ⟨Metropolita Totius Russiae⟩
Feognost ⟨Mitropolit⟩
Feognost ⟨Vseja Rusi⟩

Feognost ⟨Metropolita Totius Russiae⟩
→ **Feognost ⟨Kievskij⟩**

Feognost ⟨Vseja Rusi⟩
→ **Feognost ⟨Kievskij⟩**

Ferdausi, Abol Ghasem Mansur
→ **Firdausī**

Ferdinand ⟨Castile and León, King, IV.⟩
→ **Fernando ⟨Castilla, Rey, IV.⟩**

Ferdinand ⟨de Cordoue⟩
→ **Fernandus ⟨de Cordoba⟩**

Ferdinand ⟨de Roa⟩
→ **Ferdinandus ⟨Rhoensis⟩**

Ferdinand ⟨del Pulgar⟩
→ **Hernando ⟨del Pulgar⟩**

Ferdinand ⟨l'Ajourné⟩
→ **Fernando ⟨Castilla, Rey, IV.⟩**

Ferdinand ⟨Lopez⟩
→ **Lopes, Fernão**

Ferdinand ⟨Rhoensis⟩
→ **Ferdinandus ⟨Rhoensis⟩**

Ferdinand-Perez ⟨de Guzmán⟩
→ **Pérez de Guzmán, Fernán**

Ferdinand-Sanche ⟨de Tóvar⟩
→ **Sánchez de Tovar, Fernán**

Ferdinandus ⟨Aemilianensis⟩
11. Jh. · OSB
De translatione reliquiarum b Aemiliani (gest. 574)
Rep.Font. IV,445; DOC,1,755
Ferdinandus ⟨de Yuso⟩
Ferdinandus ⟨Monachus⟩
Ferdinandus ⟨Sancti Aemiliani Cucullati⟩

Ferdinandus ⟨de Almeida⟩
→ **Almeida, Fernando ¬de¬**

Ferdinandus ⟨de Corduba⟩
→ **Fernandus ⟨de Cordoba⟩**

Ferdinandus ⟨de Palacios⟩
gest. ca. 1434
Litterae causales
Rep.Font. IV,445
Ferdinandus ⟨Episcopus Lucensis⟩
Ferdinandus ⟨Lucensis⟩
Palacios, Ferdinandus ¬de¬

Ferdinandus ⟨de Roa⟩
→ **Ferdinandus ⟨Rhoensis⟩**

Ferdinandus ⟨de Yuso⟩
→ **Ferdinandus ⟨Aemilianensis⟩**

Ferdinandus ⟨Lucensis⟩
→ **Ferdinandus ⟨de Palacios⟩**

Ferdinandus ⟨Monachus⟩
→ **Ferdinandus ⟨Aemilianensis⟩**

Ferdinandus ⟨Rhoensis⟩
15. Jh.
Commentarius in Politicorum libros Aristotelis
Lohr
Ferdinand ⟨de Roa⟩
Ferdinand ⟨Rhoensis⟩
Ferdinandus ⟨de Roa⟩
Roa, Ferdinandus ¬de¬

Ferdinandus ⟨Sancti Aemiliani Cucullati⟩
→ **Ferdinandus ⟨Aemilianensis⟩**

Ferdusi
→ **Firdausī**

Ferentino, Johannes ¬de¬
→ **Johannes ⟨de Ferentino⟩**

Fergustus ⟨Scotus⟩
um 1223
Stegmüller, Repert. bibl. 2271
Fergust ⟨Evêque des Pictes⟩
Fergustus ⟨Episcopus Pictorum⟩
Fergustus ⟨Pictorum Episcopus⟩
Scotus, Fergustus

Feribrigius, Richardus
→ **Richardus ⟨Feribrigius⟩**

Ferius ⟨Helpericus⟩
→ **Helpericus, Levinus**

Ferminus ⟨de Valle Scholarum⟩
→ **Firminus ⟨de Valle Scholarum⟩**

Fermonte, Stephanus ¬de¬
→ **Stephanus ⟨de Fermonte⟩**

Fernam ⟨de Silveira⟩
15. Jh.
Portugiesischer Dichter, überliefert im Cancioneiro Geral
LMA,IV,371
Silveira, Fernam ¬de¬

Fernam ⟨Lopez⟩
→ **Lopes, Fernão**

Fernán ⟨Pérez de Guzmán⟩
→ **Pérez de Guzmán, Fernán**

Fernán ⟨Sánchez Calavera⟩
→ **Ferrán ⟨Sánchez Calavera⟩**

Fernán ⟨Sánchez de Tovar⟩
→ **Sánchez de Tovar, Fernán**

Fernan ⟨Velho⟩
→ **Velho, Fernan**

Fernand ⟨d'Almeida⟩
→ **Almeida, Fernando ¬de¬**

Fernand ⟨de Cordoue⟩
→ **Fernandus ⟨de Cordoba⟩**

Fernandez, Alfonso
→ **Alfonsus ⟨de Palencia⟩**

Fernandez, Jean
→ **Fernández de Heredia, Juan**

Fernandez, Pierre
→ **Fernández de Velasco, Pedro**

Fernández de Heredia, Juan
ca. 1310 – 1396
Crónica de los conqueridores; Grant crónica de Espanya; Historia de la guerra del Peloponeso de Tucídides; Rams de flores
Rep.Font. IV,446; LMA,IV,373/74
Fernandez, Jean
Heredia, Jean-Fernandez ¬de¬
Heredia, Juan Fernández ¬de¬
Jean ⟨Fernandez⟩
Jean-Fernandez ⟨de Heredia⟩
Juan ⟨Fernández de Heredia⟩
Juan Fernández ⟨de Heredia⟩

Fernandez de Palencia, Alfonso
→ **Alfonsus ⟨de Palencia⟩**

Fernández de San Pedro, Diego
→ **San Pedro, Diego Fernández ¬de¬**

Fernández de Velasco, Pedro
1399 – 1470
Epitome de los Reies de Castilla desde D. Pelaio hasta ... Henrique IV; Seguro de Tordesillas
Rep.Font. IV,449
Fernandez, Pierre
Haro, Pedro Fernández de Velasco
Pedro ⟨Conde de Haro⟩
Pedro ⟨el Buen Conde de Haro⟩
Pedro ⟨Fernández de Velasco⟩
Pierre ⟨Fernandez⟩
Pierre-Fernandez ⟨Velasco⟩
Velasco, Pedro Fernández ¬de¬
Velasco, Pierre-Fernandez

Fernando ⟨Castilla, Rey, IV.⟩
1285 – 1312
LMA,IV,360/62
Ferdinand ⟨Castile and León, King, IV.⟩
Ferdinand ⟨Castille et León, Roi⟩
Ferdinand ⟨l'Ajourné⟩
Fernando ⟨Castilla y León, Rey, IV.⟩
Fernando ⟨de Castilla⟩
Fernando ⟨Don⟩

Fernando ⟨de Almeida⟩
→ **Almeida, Fernando ¬de¬**

Fernando ⟨de Castilla⟩
→ **Fernando ⟨Castilla, Rey, IV.⟩**

Fernando ⟨de Cordoba⟩
→ **Fernandus ⟨de Cordoba⟩**

Fernando ⟨del Pulgar⟩
→ **Hernando ⟨del Pulgar⟩**

Fernando ⟨Don⟩
→ **Fernando ⟨Castilla, Rey, IV.⟩**

Fernandus ⟨de Cordoba⟩
ca. 1425 – 1486
Praefatio zu Albertus Magnus „De animalibus"; Metaph.; Apoc.
Lohr; Stegmüller, Repert. bibl. 2270; LMA,III,234/35
Cordoba, Fernandus ¬de¬
Ferdinand ⟨de Cordoue⟩
Ferdinandus ⟨de Corduba⟩
Fernand ⟨de Cordoue⟩
Fernand ⟨Maître⟩
Fernando ⟨de Cordoba⟩
Fernandus ⟨Cordubensis⟩

Fernandus ⟨de Hispania⟩
gest. ca. 1365
Quaestio de specie intelligibili; Identität mit Durandus ⟨Hispanus⟩ umstritten
Lohr; Stegmüller, Repert. sentent. 215
Fernandus ⟨Vargas⟩
Fernandus ⟨Vargas de Hispania⟩
Ferrandus ⟨de Hispania⟩
Ferrandus ⟨Hispanus⟩
Ferrandus ⟨Hyspanus⟩
Hispania, Fernandus ¬de¬

Fernandus ⟨Vargas⟩
→ **Fernandus ⟨de Hispania⟩**

Fernão ⟨Lopes⟩
→ **Lopes, Fernão**

Ferne, Duncanus
→ **Duncanus ⟨Ferne⟩**

Ferraiolo
15. Jh.
Cronaca napoletana; Ferraiolo ist cognomen, der persönliche Name Michael wird vermutet; Identifikation noch ungelöst
Rep.Font. IV,449/450
Ferraiolo, Blasy
Ferraiolo, Matteo
Ferraiolo, Melchionne
Ferraiolo, Nicola
Ferrajoli
Ferrayolo
Melchionne ⟨di Napoli⟩
Melchionne ⟨Ferraiolo⟩
Michael ⟨Filius Francisci⟩

Ferrán ⟨Sánchez Calavera⟩
1370/85 – ca. 1442
LMA,VII,1351
Calavera, Ferrán Sánchez
Fernán ⟨Sánchez Calavera⟩
Ferrán ⟨Sánchez Talavera⟩
Ferrant ⟨Sánchez⟩
Ferrant ⟨Sánchez Calavera⟩
Ferrant ⟨Sánchez Talavera⟩
Sánchez ⟨Ferrant⟩
Sánchez ⟨Ferrant de Talavera⟩
Sánchez Calavera, Ferrán
Sánchez de Calavera, Ferran
Sanchez de Talavera, Ferran
Talavera, Ferrán Sánchez

Ferrand, Fulgence
→ **Ferrandus ⟨Carthaginiensis⟩**

Ferrandi, Petrus
→ **Petrus ⟨Ferrandi⟩**

Ferrandus ⟨Carthaginiensis⟩
ca. 500 – 547
LThK; CSGL; LMA,IV,385
Ferrand ⟨de Carthage⟩
Ferrand ⟨Diacre⟩
Ferrand, Fulgence
Ferrando ⟨di Cartagine⟩
Ferrandus
Ferrandus ⟨Diaconus⟩
Ferrandus ⟨von Karthago⟩
Ferrandus, Fulgentius
Fulgentius ⟨Ferrandus⟩

Ferrandus ⟨de Hispania⟩
→ **Fernandus ⟨de Hispania⟩**

Ferrandus ⟨Diaconus⟩
→ **Ferrandus ⟨Carthaginiensis⟩**

Ferrandus ⟨Hispanus⟩
→ **Fernandus ⟨de Hispania⟩**

Ferrandus ⟨von Karthago⟩
→ **Ferrandus ⟨Carthaginiensis⟩**

Ferrandus, Fulgentius
→ **Ferrandus ⟨Carthaginiensis⟩**

Ferrant ⟨Sánchez⟩
→ **Ferrán ⟨Sánchez Calavera⟩**

Ferrant ⟨Sánchez Calavera⟩
→ **Ferrán ⟨Sánchez Calavera⟩**

Ferrant ⟨Sánchez Talavera⟩
→ **Ferrán ⟨Sánchez Calavera⟩**

Ferrara, Antonio ¬da¬
→ **Antonio ⟨Beccari da Ferrara⟩**
→ **Antonio ⟨da Ferrara⟩**

Ferrara, Augustinus ¬de¬
→ **Augustinus ⟨de Ferrara⟩**

Ferrara, Bartholomaeus ¬de¬
→ **Bartholomaeus ⟨de Ferrara⟩**

Ferrara, Bono ¬da¬
→ **Bono ⟨da Ferrara⟩**

Ferrara, Hieronymus ¬de¬
→ **Savonarola, Girolamo**

Ferrara, Ludovicus ¬de¬
→ **Ludovicus ⟨de Ferrara⟩**

Ferrare, Jacobin ¬de¬
→ **Jacobinus ⟨Ferrariensis⟩**

Ferrare, Jacques ¬de¬
→ **Jacobus ⟨Ferrariensis⟩**

Ferrarez, Bonifacio
→ **Ferrarius, Bonifatius**

Ferrari, Giampetro
→ **Johannes Petrus ⟨de Ferrariis⟩**

Ferrari, Jacques
→ **Jacobus ⟨de Regio⟩**

Ferrari, Jean-Matthieu
→ **Johannes Matthaeus ⟨de Ferrariis⟩**

Ferrari, Philippe
→ **Philippus ⟨Ferrarius⟩**

Ferrari, Théophile
→ **Theophilus ⟨de Ferrariis⟩**

Ferraria, Aldobrandinus ¬de¬
→ **Aldobrandinus ⟨de Ferraria⟩**

Ferraria, Franciscus ¬de¬
→ **Franciscus ⟨de Ferraria⟩**

Ferraria, Philippus ¬de¬
→ **Philippus ⟨de Ferraria⟩**

Ferraria, Thomasinus ¬de¬
→ **Thomasinus ⟨de Ferraria⟩**

Ferrariis, Johannes Matthaeus ¬de¬
→ **Johannes Matthaeus ⟨de Ferrariis⟩**

Ferrariis, Johannes Petrus ¬de¬
→ **Johannes Petrus ⟨de Ferrariis⟩**

Ferrariis, Theophilus ¬de¬
→ **Theophilus ⟨de Ferrariis⟩**

Ferrarius ⟨Arragonensis⟩
→ **Ferrarius ⟨Catalanus⟩**

Ferrarius ⟨Catalanus⟩
um 1265/75 · OP
Schneyer,II,46; Kaeppeli,I,379/382
Catalanus, Ferrarius
Ferrarius ⟨Arragonensis⟩
Ferrarius ⟨Hispanus⟩
Ferrer ⟨Arragonensis⟩
Ferrer ⟨Catalan⟩
Ferrer ⟨Catalanus⟩
Ferrer ⟨Dominicain⟩
Ferrer ⟨Hispanus⟩
Ferrier ⟨de Catalogne⟩

Ferrarius ⟨de Abella⟩
gest. 1344 · OP
Constitutiones synodales eccl. Barcinonensis
Kaeppeli,I,378/379
Abella, Ferrarius ¬de¬
Ferrarius ⟨de Apilia⟩
Ferrer ⟨de Abella⟩
Ferrer ⟨d'Abella⟩

Ferrarius ⟨de Apilia⟩
→ **Ferrarius ⟨de Abella⟩**

Ferrarius ⟨Frater⟩
14./15. Jh.
De lapide philosophorum; Thesaurus philosophiae; (Verfasserschaft beider Werke zu einer Person nicht ganz gesichert)
LMA,IV,393/94
Efferarius ⟨Frater⟩
Euferarius ⟨Frater⟩
Frater Ferrarius

Ferrarius ⟨Hispanus⟩
→ **Ferrarius ⟨Catalanus⟩**

Ferrarius ⟨Magister⟩
→ **Ferrarius ⟨Salernitanus⟩**

Ferrarius ⟨Medicus Salernitanus⟩
→ **Ferrarius ⟨Salernitanus⟩**

Ferrarius ⟨Salernitanus⟩
12. Jh.
De medicina; Febres; Summa de purgatione quatuor humorum
Ferrarius ⟨Magister⟩
Ferrarius ⟨Medicus Salernitanus⟩
Salernitanus, Ferrarius

Ferrarius, Adamus
→ **Adamus ⟨Ferrarius⟩**

Ferrarius, Bonifatius
ca. 1352 – 1417 · OCart
LThK; CSGL; LMA,IV,394/95
Boniface ⟨Ferrier⟩
Bonifacio ⟨Ferrarez⟩
Bonifatius ⟨Ferrarius⟩
Bonifatius ⟨Ferrer⟩
Ferrarez, Bonifacio
Ferrer, Bonifacio
Ferrer, Bonifatius

Ferrati, Johannes
→ **Johannes ⟨Ferrati⟩**

Ferrayolo
→ **Ferraiolo**

Ferreolus ⟨Ucetensis⟩
gest. 581
LThK; CSGL
Ferréol ⟨d'Uzès⟩
Ferreolus ⟨Episcopus⟩
Ferreolus ⟨Sanctus⟩
Ferreolus ⟨Uticensis⟩
Ferreolus ⟨von Uzès⟩

Ferrer ⟨Arragonensis⟩
→ **Ferrarius ⟨Catalanus⟩**

Ferrer ⟨Catalanus⟩
→ **Ferrarius ⟨Catalanus⟩**

Ferrer ⟨d'Abella⟩
→ **Ferrarius ⟨de Abella⟩**

Ferrer ⟨Dominicain⟩
→ **Ferrarius ⟨Catalanus⟩**

Ferrer ⟨Hispanus⟩
→ **Ferrarius ⟨Catalanus⟩**

Ferrer, Bonifacio
→ **Ferrarius, Bonifatius**

Ferrer, Francesc
gest. 1485
Farrer, François
Ferrer, Francés
Francés ⟨Ferrer⟩
Francesc ⟨Ferrer⟩
François ⟨Farrer⟩

Ferrer, Jacques
→ **Ferrer de Blanes, Jaime**

Ferrer, Vicente
→ **Vincentius ⟨Ferrerius⟩**

Ferrer de Blanes, Jaime
ca. 1445 – ca. 1480
Sentencias catholicas del divi poeta Dant Florenti
Rep.Font. IV,450
Blanes, Jaime Ferrer ¬de¬
Ferrer, Jacques
Jacques ⟨Ferrer⟩
Jacques ⟨Ferrer, Cosmographe⟩
Jaime ⟨Ferrer de Blanes⟩

Ferrerius, Vincentius
→ **Vincentius ⟨Ferrerius⟩**

Ferreto ⟨de Vicence⟩
→ **Ferretus ⟨Vicentinus⟩**

Ferreto ⟨de'Ferreti⟩
→ **Ferretus ⟨Vicentinus⟩**

Ferretus ⟨de Ferreto⟩
→ **Ferretus ⟨Vicentinus⟩**

Ferretus ⟨Vicentinus⟩
1295 – 1337
Historia
Tusculum-Lexikon; Potth.
Ferreto ⟨de Vicence⟩
Ferreto ⟨de'Ferreti⟩
Ferreto ⟨von Vicenzia⟩
Ferretus ⟨de Ferreto⟩
Ferretus ⟨de Vicenzia⟩
Vicentinus, Ferretus

Ferreus ⟨Casinensis⟩
um 1070 · OSB
Glossa in librum Exodi
Stegmüller, Repert. bibl. 2272
Ferreus ⟨Cassinensis⟩
Ferreus ⟨de Mont-Cassin⟩
Ferreus ⟨Moine⟩

Ferri ⟨d'Epinal⟩
→ **Ferricus ⟨de Lunarivilla⟩**

Ferribrigge, Richardus
→ **Richardus ⟨Feribrigius⟩**

Ferricus ⟨de Lunarivilla⟩
gest. 1314 · OP
Schneyer,II,54; Kaeppeli,I,382
Ferri ⟨d'Epinal⟩
Ferric ⟨de Lunéville⟩
Ferricus ⟨de Luneville⟩
Ferricus ⟨de Metz⟩
Ferricus ⟨de Spineto⟩
Ferricus ⟨d'Epinal⟩
Ferricus ⟨Metensis⟩
Ferry ⟨de Lunéville⟩
Lunarivilla, Ferricus ¬de¬

Ferricus ⟨de Metz⟩
→ **Ferricus ⟨de Lunarivilla⟩**

Ferricus ⟨de Spineto⟩
→ **Ferricus ⟨de Lunarivilla⟩**

Ferricus ⟨d'Epinal⟩
→ **Ferricus ⟨de Lunarivilla⟩**

Ferricus ⟨Metensis⟩
→ **Ferricus ⟨de Lunarivilla⟩**

Ferrier ⟨de Catalogne⟩
→ **Ferrarius ⟨Catalanus⟩**

Ferrier, Vincent
→ **Vincentius ⟨Ferrerius⟩**

Ferrières, Guillaume ¬de¬
→ **Guillaume ⟨de Ferrières⟩**

Ferrières, Raoul ¬de¬
→ **Raoul ⟨de Ferrières⟩**

Ferron, Jean
→ **Jean ⟨Ferron⟩**

Ferry ⟨de Lunéville⟩
→ **Ferricus ⟨de Lunarivilla⟩**

Ferrybrigge, Richardus
→ **Richardus ⟨Feribrigius⟩**

Ferté, Nicolaus ¬de la¬
→ **Nicolaus ⟨de la Ferté⟩**

Festi, Domenico Bonaventura
14. Jh.
Vita b. Francisci de Fabriano
Rep.Font. IV,452
Domenico Bonaventura ⟨Festi⟩

Feuchtwangen, Wigo ¬de¬
→ **Wigo ⟨de Feuchtwangen⟩**

Feuchtwanger
Lebensdaten nicht ermittelt
VL(2),2,727/728
Feuchtwanger ⟨Meistersinger⟩
Feuchtwanger ⟨Sangspruchdichter⟩
Feuchtwanger ⟨von Nördlingen⟩
Veyt ⟨Wagner von Nörling⟩

Févin, Pierre ¬de¬
→ **Fénin, Pierre ¬de¬**

Fèvre, Jean ¬le¬
→ **Jean ⟨le Fèvre⟩**

Fèvre, Raoul ¬le¬
→ **Lefèvre, Raoul**

Fiacc ⟨of Slotty⟩
→ **Fiech ⟨Saint⟩**

Fiamma, Galvano
→ **Flamma, Galvanus**

Fiandra, Gerardo ¬de¬
→ **Gerardo ⟨de Fiandra⟩**

Fibonacci, Leonardo
→ **Leonardus ⟨Pisanus⟩**

Ficarolo, Nicolò ¬da¬
→ **Nicolò**

Fichet, Guillaume
→ **Guilelmus ⟨Fichetus⟩**

Fichetus, Guilelmus
→ **Guilelmus ⟨Fichetus⟩**

Ficinus, Marsilius
1433 – 1499
Tusculum-Lexikon; LThK; Meyer
Ficin, Marcile
Ficinio, Marsilio
Ficinius, Marsilius
Ficino, Marsiglio
Ficino, Marsilio
Frigillanus, Matthaeus
Marsiglio ⟨Ficino⟩
Marsilio ⟨Ficino⟩
Marsilius
Marsilius ⟨Ficinus⟩
Vicinus, Marsilius

Fidanza, Giovanni
→ **Bonaventura ⟨Sanctus⟩**

Fidati, Simon
→ **Simon ⟨Fidati⟩**

Fide, Petrus ¬a¬
→ **Petrus ⟨a Fide⟩**

Fidentius ⟨de Padua⟩
ca. 1226 – 1294 · OFM
Liber recuperationis Terrae Sanctae
Rep.Font. IV,455
Fidence ⟨de Padoue⟩
Padua, Fidentius ¬de¬

Fiech ⟨Saint⟩
5./6. Jh.
Hymnus mit dem Beginn „Génair patriac" wird ihm zugeschrieben
Rep.Font. IV,456
Fiacc ⟨of Slotty⟩
Fiacc ⟨Saint⟩
Fiecc ⟨Saint⟩
Fiech ⟨Bishop⟩
Fiech ⟨de Sleibhte⟩
Fiech ⟨Evêque⟩
Fiech ⟨of Slettey⟩
Fiecus ⟨Episcopus Sleptensis⟩

Fiecus ⟨Episcopus Sleptensis⟩
→ **Fiech ⟨Saint⟩**

Fiedler, Reinmar ¬der¬
→ **Reinmar ⟨der Fiedler⟩**

Fieravanti, Aristotele
→ **Fioravanti, Aristotele**

Fierte, Johannes ¬de la¬
→ **Johannes ⟨de la Fierte⟩**

Fieschi, Boniface
→ **Bonifatius ⟨de Lavania⟩**

Fieschi, Caterina
→ **Caterina ⟨da Genova⟩**

Fieschi, Ottobono
→ **Hadrianus ⟨Papa, V.⟩**

Fieschi, Sinibaldo
→ **Innocentius ⟨Papa, IV.⟩**

Fiesole, Giovanni ¬da¬
→ **Angelico ⟨Fra⟩**

Fietrer, Ulrich
→ **Füetrer, Ulrich**

Fifedale, Alanus ¬de¬
→ **Alanus ⟨de Fifedale⟩**

Figino, Pietro ¬da¬
→ **Pietro ⟨da Figino⟩**

Figueira, Guilhem
→ **Guilhem ⟨Figueira⟩**

Figueiras, Sicart ¬de¬
→ **Sicart ⟨de Figueiras⟩**

Figuière, Guillaume
→ **Guilhem ⟨Figueira⟩**

Figulus
→ **Frigulus**

Fihrī, Aḥmad Ibn-ʿAbd-al-ʿAzīz ¬al-¬
um 1158
Aḥmad Ibn-ʿAbd-al-ʿAzīz al-Fihrī
Ibn-ʿAbd-al-ʿAzīz, Aḥmad al-Fihrī
Šantamarī, Aḥmad Ibn-ʿAbd-al-ʿAzīz ¬al-¬

Fihrī, Muḥammad Ibn-Rašīd ¬al-¬
→ **Ibn-Rašīd al-Fihrī, Muḥammad Ibn-ʿUmar**

Filagato, Giovanni
→ **Johannes ⟨Papa, XVI., Antipapa⟩**

Filarete
ca. 1400 – 1469
De architectura
LMA,IV,444
Antoine ⟨Averulino⟩
Antonio ⟨Averlino⟩
Antonio ⟨di Pietro Averlino⟩
Antonio ⟨di Pietro Averulino⟩
Antonius ⟨Averlinus Filarete⟩
Averlino, Antonio
Averulino, Antoine
Filarete ⟨Scultore⟩
Filarete, Antoine
Philaretē

Filarete, Antoine
→ **Filarete**

Filastre, Guillaume
→ **Fillastre, Guilelmus**

Filelfo, Francesco
→ **Philelphus, Franciscus**

Filelfo, Gian Mario
→ **Philelphus, Johannes Marius**

Filetico, Martino
ca. 1430 – 1490
Fileticus, Martinus
Filezio, Martino
Martino ⟨Filetico⟩
Martinus ⟨Fileticus⟩
Philelticus, Martinus
Phileticus, Martinus
Phyleticus, Martinus

Filinger, Bechtold
15. Jh.
Predigt
VL(2),2,736
Bechtold ⟨Filinger⟩

Filipo ⟨Barberi⟩
→ **Barberis, Philippus ¬de¬**

Filipoctus ⟨de Caserta⟩
→ **Philippus ⟨de Caserta⟩**

Filippi, Rustico
13. Jh.
58 Sonette
LMA,IV,450
Barbuto, Rustico
Filippi di Filippo, Rustico
Rustico ⟨Filippi⟩

Filippi dell'Antella, Guido
1254 – 1313
Ricordanze
Rep.Font. IV,458
Antella, Guido di Filippo di Guidone ¬dell'¬
Antella, Guido Filippi ¬dell'¬
Dell'Antella, Guido Filippi
Guido ⟨di Filippo di Guidone dell'Antella⟩
Guido ⟨Filippi dell'Antella⟩

Filippi di Filippo, Rustico
→ **Filippi, Rustico**

Filippino ⟨Lippi⟩
→ **Lippi, Filippo**

Filippo ⟨Agazzari⟩
→ **Agazzari, Philippus**

Filippo ⟨Barbieri⟩
→ **Barberis, Philippus ¬de¬**

Filippo ⟨Buonaccorsi⟩
→ **Philippus ⟨Bonaccursius⟩**

Filippo ⟨Calandri⟩
→ **Calandri, Filippo**

Filippo ⟨Ceffi⟩
→ **Ceffi, Filippo**

Filippo ⟨da Siena⟩
→ **Agazzari, Philippus**

Filippo ⟨da Siena⟩
gest. ca. 1422
Novelle ed esempi morali; Martirio d'una fanciulla faentina
Philippe ⟨de Sienne⟩
Siena, Filippo ¬da¬

Filippo ⟨de Barbieri⟩
→ **Barberis, Philippus ¬de¬**

Filippo ⟨del Carmine⟩
→ **Lippi, Filippo**

Filippo ⟨di Chalandro Chalandri⟩
→ **Calandri, Filippo**

Filippo ⟨di Memmo⟩
→ **Memmi, Lippo**

Filippo ⟨Fra⟩
→ **Lippi, Filippo**

Filippo ⟨Lippi⟩
→ **Lippi, Filippo**

Filippo ⟨Papa⟩
→ **Philippus ⟨Papa⟩**

Filippo ⟨Villani⟩
→ **Villani, Filippo**

Filippo Rinuccini, Alessandro ¬di¬
→ **Alessandro ⟨di Filippo Rinuccini⟩**

Fillastre, Guilelmus ⟨Iunior⟩
ca. 1400 – 1473 · OSB
La toison d'or; Chronique de France; Oratio de Christianorum expeditione adversos Turcos
Filastre, Guillaume
Filastre, Wilhelm
Fillastre, Guillaume ⟨der Jüngere⟩
Fillastre, Guillaume ⟨II.⟩
Fillâtre, Guillaume
Guilelmus ⟨Fillastre, Iunior⟩
Guilelmus ⟨Filliatrius⟩
Guilelmus ⟨II., Fillastre⟩
Guilhelmus ⟨Fillastre, Evêque de Tournai⟩
Guillaume ⟨de Fillastre⟩
Guillaume ⟨de Latre⟩
Guillaume ⟨Filastre⟩
Guillaume ⟨Filliatre⟩
Wilhelm ⟨Filastre⟩

Fillastre, Guilelmus ⟨Senior⟩
ca. 1350 – 1428
Konzilstagebuch
LMA,IV,450/51
Fillastre, Guillaume
Fillastre, Guillaume ⟨der Ältere⟩
Fillastre, Guillaume ⟨I.⟩
Guilelmus ⟨Fillastre, Cardinal⟩
Guilelmus ⟨Fillastre, Senior⟩
Guilelmus ⟨Filliatrius⟩
Guillaume ⟨Fillastre⟩
Guillaume ⟨Filliatre⟩
Philastre, Guillaume

Fillons ⟨de Venette⟩
→ **Fillous, Jean**

Fillous, Jean
ca. 1307 – ca. 1368 · OCarm
Chronicon sui ordinis; Histoire des Trois Maries; nicht identisch mit Johannes ⟨de Veneta⟩ (Verf. von Chronica 1340 – 1368)
LMA,VIII,1472
Fillons ⟨de Venette⟩
Fillons, Jean
Jean ⟨de Venette⟩
Jean ⟨dit Fillons⟩
Jean ⟨Fillous⟩
Venette, Jean ¬de¬

Filoteo ⟨Coccino⟩
→ **Philotheus ⟨Coccinus⟩**

Filoteo ⟨di Costantinopoli⟩
→ **Philotheus ⟨Coccinus⟩**

Filozof, Konstantin
→ **Konstantin ⟨Filozof⟩**

Finanus
→ **Finnianus**

Finario, Baptista ¬de¬
→ **Baptista ⟨de Finario⟩**

Finario, Damianus ¬de¬
→ **Damianus ⟨de Finario⟩**

Finario, Matthaeus ¬de¬
→ **Matthaeus ⟨de Finario⟩**

Finario, Vincentius ¬de¬
→ **Vincentius ⟨de Finario⟩**

Finck, Thomas
um 1489/93 · OSB
Sieben Tagzeiten
VL(2),2,738/740
Thomas ⟨Finck⟩

Findén
→ **Finnianus**

Findianus
→ **Finnianus**

Fini, Tommaso
→ **Masolino ⟨da Panicale⟩**

Finian ⟨de Cluaineraird⟩
→ **Finnianus**

Finiannus ⟨Sanctus⟩
→ **Finnianus**

Finke, Köne
um 1420
Politisches Lied
VL(2),2,740
Köne ⟨Finke⟩

Finnianus
gest. 549
Paenitentiale Vinniani (Verfasserschaft umstritten)
Cpl 1881; LMA,IV,476/77
Finanus
Findén
Findén ⟨Moccu Thellduib⟩
Findian
Findianus
Finian ⟨de Cluaineraird⟩
Finiannus ⟨Sanctus⟩
Finnian
Finnian ⟨de Moville⟩
Finnian ⟨Saint⟩
Finnian ⟨von Clouard⟩
Finnianus ⟨Sanctus⟩
Finninus
Finninus ⟨Episcopus⟩
Finninus ⟨Magbilensis⟩
Finnio ⟨Moccu Thellduib⟩
Viniannus ⟨Sanctus⟩
Vinnian ⟨von Clouard⟩
Vinnianus
Winnian ⟨Saint⟩

Finninus ⟨Magbilensis⟩
→ **Finnianus**

Finnio ⟨Moccu Thellduib⟩
→ **Finnianus**

Finnsson, Eyvindr
→ **Eyvindr ⟨Skáldaspillir⟩**

Fiocchi, Andrea
→ **Floccus, Andreas**

Fioravante, Cristoforo
→ **Fioravanti, Cristoforo**

Fioravante di Ridolfo, Aristotele ¬di¬
→ **Fioravanti, Aristotele**

Fioravanti, Aristotele
1415 – 1485
Ital. Baumeister
LMA,IV,485/86
Aristote ⟨de Bologne⟩
Aristotele ⟨da Bologna⟩
Aristotele ⟨di Fioravante di Ridolfo⟩
Aristotele ⟨Fieravanti⟩
Aristotele ⟨Fioravanti⟩
Aristotile ⟨Fieravanti⟩
DiFioravante DiRidolfo, Aristotele
Fieravanti, Aristotele
Fieravanti, Aristotile
Fioravante di Ridolfo, Aristotele ¬di¬
Fioravanti, Ridolfo
Ridolfo ⟨Fioravanti⟩

Fioravanti, Cristoforo
um 1431
Naufragio ... per Christoforo Fioravante e Nicolò di Michiel che vi si trovarono presenti (1432 facti)
Rep.Font. IV,461; LUI
Cristoforo ⟨Fioravante⟩
Cristoforo ⟨Fioravanti⟩
Fioravante, Cristoforo

Fioravanti, Ridolfo
→ **Fioravanti, Aristotele**

Fiore, Giacomo ¬da¬
→ **Joachim ⟨de Flore⟩**

Fiore, Joachim ¬von¬
→ **Joachim ⟨de Flore⟩**

Fiorentino, Giovanni
→ **Giovanni ⟨Fiorentino⟩**

Fiori, Giovanni
→ **Flores, Juan ¬de¬**

Firbois, Noël ¬de¬
→ **Fribois, Noël ¬de¬**

Firdausī
ca. 940 – 1020
Abu-'l-Qāsim Firdausī Ṭūsī
Abu-'l-Qāsim Manṣūr Firdausī
Feerdoosee
Ferdausi, Abol Ghasem Mansur
Ferdausi, Abol-Ghasem Mansur
Ferdousi
Ferdusi
Firdawsī, Abū 'l-Qāsim Manṣūr
Firdosi
Firdousee
Firdousi
Firdousī, Abū'l-Qāsim
Firdusi
Firdussi
Ṭūsī, Abu-'l-Qāsim Firdausī

Firenze, Benedetto ¬da¬
→ **Benedetto ⟨da Firenze⟩**

Firenze, Gherardello ¬da¬
→ **Gherardello ⟨da Firenze⟩**

Firmanus, Giovanni
→ **Johannes ⟨de Alvernia⟩**

Firmaria, Henricus ¬de¬
→ **Henricus ⟨de Frimaria⟩**

Firmiano, Jacobus
→ **Jacobus ⟨Firmiano⟩**

Firmin ⟨Astronome⟩
→ **Firminus ⟨de Bellavalle⟩**

Firmin ⟨de Beauval⟩
→ **Firminus ⟨de Bellavalle⟩**

Firmin ⟨d'Uzès⟩
→ **Firminus ⟨Ucetensis⟩**

Firmin ⟨Evêque⟩
→ **Firminus ⟨Ucetensis⟩**

Firmin ⟨le Ver⟩
→ **Firminus ⟨Verris⟩**

Firmin ⟨Saint⟩
→ **Firminus ⟨Ucetensis⟩**

Firminus ⟨de Bellavalle⟩
14. Jh.
De mutatione aeris; Prognosticatio super coniunctionem Saturni et Iovis
Rep.Font. IV,462
Bellavalle, Firminus ¬de¬
Firmin ⟨Astronome⟩
Firmin ⟨de Beauval⟩

Firminus ⟨de Valle Scholarum⟩
Lebensdaten nicht ermittelt
Schneyer,II,54
Ferminus ⟨de Valle Scholarum⟩
Valle Scholarum, Firminus ¬de¬

Firminus ⟨Episcopus⟩
→ **Firminus ⟨Ucetensis⟩**

Firminus ⟨Episcopus Istriae⟩
→ **Firminus ⟨Istriensis⟩**

Firminus ⟨Istriensis⟩
ca. 6. Jh.
Abiuratio haeresis (im Registrum epistularum von Gregorius ⟨Papa, I.⟩)
Cpl 1714 o
Firminus ⟨Episcopus Istriae⟩
Firminus ⟨Istriae Episcopus⟩

Firminus ⟨Sanctus⟩
→ **Firminus ⟨Ucetensis⟩**

Firminus ⟨Ucetensis⟩
gest. ca. 552
Vita S. Caesarii (auctoribus Cypriano, Firmino et Viventio episcopis, Messiano presbytero et Stephano diacono)
Cpl 1018
Firmin ⟨d'Uzès⟩
Firmin ⟨Evêque⟩
Firmin ⟨Saint⟩
Firminus ⟨Episcopus⟩
Firminus ⟨Sanctus⟩
Firminus ⟨Uticensis⟩

Firminus ⟨Uticensis⟩
→ **Firminus ⟨Ucetensis⟩**

Firminus ⟨Verris⟩
ca. 1370/75 – 1444
Lat.-franz. Wörterbuch „Dictionarius"
Firmin ⟨le Ver⟩
Firminus ⟨Ver⟩
LeVer, Firmin
Verris, Firminus

Firmo, Petrus ¬de¬
→ **Petrus ⟨de Firmo⟩**

Firmo, Thomas ¬de¬
→ **Thomas ⟨de Firmo⟩**

Firnandus
→ **Hervardus ⟨Leodiensis⟩**

Fīrūzābādī, Abu-'ṭ-Ṭāhir Muḥammad Ibn-Ya'qūb ¬al-¬
→ **Fīrūzābādī, Muḥammad Ibn-Ya'qūb ¬al-¬**

Firuzabadî, Ebu't-Tahir Muhammed ibn Yakub
→ **Fīrūzābādī, Muḥammad Ibn-Ya'qūb ¬al-¬**

Fīrūzābādī, Muḥammad Ibn-Ya'qūb ¬al-¬
1329 – 1415
Fīrūzābādī, Abu-'ṭ-Ṭāhir Muḥammad Ibn-Ya'qūb ¬al-¬
Firuzabadî, Ebu't-Tahir Muhammed ibn Yakub
Fīrūzābādī al-Shīrāzī, Muḥammad ibn Ya'qūb ¬al-¬
Fīrūzābādī aš-Šīrāzī, Muḥammad Ibn-Ya'qūb ¬al-¬
Ibn-Ya'qūb, Muḥammad al-Fīrūzābādī
Muḥammad Ibn-Ya'qūb al-Fīrūzābādī
Šīrāzī, Muḥammad Ibn-Ya'qūb ¬aš-¬

Fīrūzābādī al-Shīrāzī, Muḥammad ibn Ya'qūb ¬al-¬
→ **Fīrūzābādī, Muḥammad Ibn-Ya'qūb ¬al-¬**

Fīrūzābādī aš-Šīrāzī, Abū-Isḥāq Ibrāhīm Ibn-'Alī ¬al-¬
→ **Šīrāzī, Abū-Isḥāq Ibrāhīm Ibn-'Alī ¬aš-¬**

Fīrūzābādī aš-Šīrāzī, Muḥammad Ibn-Ya'qūb ¬al-¬
→ **Fīrūzābādī, Muḥammad Ibn-Ya'qūb ¬al-¬**

Firyābī, Ǧa'far Ibn-Muḥammad ¬al-¬
822 – 913
Ǧa'far Ibn-Muḥammad al-Firyābī
Ibn-Muḥammad al-Firyābī, Ǧa'far

Fishacre, Richardus
→ **Richardus ⟨Fishacre⟩**

Fistenport, Johannes
um 1421
Verf. einer der 5 Forts. der Flores temporum
Rep.Font. IV,474/475
Fistenport, Jean
Jean ⟨Fistenport⟩
Jean ⟨Fistenport de Mayence⟩
Johannes ⟨Fistenport⟩
Johannes ⟨Fistenport Moguntinus⟩

Fitsacre, Richard ¬de¬
→ **Richardus ⟨Fishacre⟩**

Fitzneal, Richard
→ **Richardus ⟨Eliensis⟩**

Fitznigel, Richard
→ **Richardus ⟨Eliensis⟩**

Fitzralph, Richard
→ **Richardus ⟨Armachanus⟩**

Fitzsimons, Simon
→ **Simon ⟨Simeon⟩**

Fitzstephen, William
→ **Guilelmus ⟨Stephanides⟩**

FitzThedmar, Arnoldus
→ **Arnoldus ⟨FitzThedmar⟩**

Fivizzano di Lunigiana, Giovanni Manzini ¬di¬
→ **Johannes ⟨Manzini de Motta⟩**

Fizacrius, Richardus
→ **Richardus ⟨Fishacre⟩**

Flaccus ⟨Alcuinus⟩
→ **Alcuinus, Flaccus**

Flagy, Jean ¬de¬
→ **Jean ⟨de Flagy⟩**

Flainn, Eochaid ¬ua¬
→ **Eochaid ⟨ua Flainn⟩**

Flamellus, Nicolaus
→ **Nicolaus ⟨Flamellus⟩**

Flameng, Jean
→ **Jean ⟨Flameng⟩**

Flamesborg, Richardus ¬de¬
→ **Robertus ⟨de Flamesburia⟩**

Flamesburia, Robertus ¬de¬
→ **Robertus ⟨de Flamesburia⟩**

Flamingus, Aegidius
→ **Aegidius ⟨Flamingus⟩**

Flamma, Galvanus
1283 – ca. 1344 · OP
Cronica galvagnana; Opusculum de rebus gestis ad Azone, Luchino et Johanne Vicecomitibus ab anno 1328 ad annum 1341; Cronica parva; etc.; nicht identisch mit Franciscus ⟨Galvanus⟩
LMA,IV,426; Kaeppeli,II,6/10; Rep.Font. IV,463
Fiamma, Galvano
Flamma, Galvagnus ¬de la¬
Flamma, Galvaneus
Flamma, Gualvaneus ¬de la¬
Galvagnus ⟨de la Flamma⟩
Galvaneo ⟨Fiamma⟩
Galvaneus ⟨de Flamma⟩
Galvaneus ⟨Flamma⟩
Galvano ⟨de la Flamma⟩
Galvano ⟨Fiamma⟩
Galvanus ⟨de Flamma Mediolanensis⟩
Galvanus ⟨Flamma⟩
Galvanus ⟨Mediolanensis⟩

Flamma, Gualterus ¬della¬
→ **Gualterus ⟨della Flamma⟩**

Flamma, Stephanardo
→ **Stephanardus ⟨de Vicomercato⟩**

Fland, Robertus
→ **Robertus ⟨Fland⟩**

Flandini, Petrus
gest. 1381
Tractatus
LMA,IV,532/33
Flandin, Pierre
Flandrin, Pierre
Petrus ⟨Flandini⟩
Petrus ⟨Flandrin⟩
Pierre ⟨Flandin⟩
Pierre ⟨Flandrin⟩

Flandria, Aert ¬de¬
→ **Aert ⟨de Flandria⟩**

Flandria, Dominicus ¬de¬
→ **Dominicus ⟨de Flandria⟩**

Flandria, Gerardus ¬de¬
→ **Gerardo ⟨de Fiandra⟩**

Flandria, Guilelmus ¬de¬
→ **Guilelmus ⟨de Flandria, OESA⟩**
→ **Guilelmus ⟨de Flandria, OP⟩**

Flandria, Stephanus ¬de¬
→ **Stephanus ⟨de Flandria⟩**

Flandrin, Pierre
→ **Flandini, Petrus**

Flann ⟨Mainistrech⟩
gest. 1056
Leabhar comaimsirech
LMA,IV,533; Rep.Font. IV,466
Flann
Mainistrech, Flann

Flaschner, Johannes
→ **Johannes ⟨de Francfordia⟩**

Flaška, Smil
→ **Smil ⟨Flaška⟩**

Flaster ⟨de Gauviamer⟩
→ **Fastredus ⟨Claraevallensis⟩**

Flauvaldus ⟨Remensis⟩
→ **Flodoardus ⟨Remensis⟩**

Flavianus ⟨Cabillonensis⟩
gest. 591
Versus ad mandatum in Cena Domini
Cpl 2014
Flavianus ⟨Cabilonensis⟩
Flavianus ⟨Episcopus⟩
Flavien ⟨de Châlon-sur-Saône⟩

Flavianus ⟨Diaconus⟩
um 835
Vielleicht Verf. des Carmen de exordio gentis Francorum
Rep.Font. IV,467
Diaconus Flavianus
Flavianus ⟨Subdiaconus⟩
Flavien ⟨Diacre⟩
Flavien ⟨Poète Latin⟩

Flavianus ⟨Episcopus⟩
→ **Flavianus ⟨Cabillonensis⟩**

Flavianus ⟨Subdiaconus⟩
→ **Flavianus ⟨Diaconus⟩**

Flavien ⟨de Châlon-sur-Saône⟩
→ **Flavianus ⟨Cabillonensis⟩**

Flavien ⟨Diacre⟩
→ **Flavianus ⟨Diaconus⟩**

Flavien ⟨Poète Latin⟩
→ **Flavianus ⟨Diaconus⟩**

Flavio ⟨Biondo⟩
→ **Blondus, Flavius**

Flavius ⟨Anastasius⟩
→ **Anastasius ⟨Imperium Byzantinum, Imperator, I.⟩**

Flavius ⟨Anselmus⟩
Lebensdaten nicht ermittelt
Unter dem Namen Flavius ⟨Anselmus⟩ werden eine Vita S. Berengarii und eine Vita S. Papuli überliefert
Rep.Font. IV,468
Anselmus, Flavius
Flavius ⟨Hagiographe⟩
Flavius ⟨Moine au Bec⟩

Flavius ⟨Blondus⟩
→ **Blondus, Flavius**

Flavius ⟨Cassiodorus⟩
→ **Cassiodorus, Flavius Magnus Aurelius**

Flavius ⟨Corippus⟩
→ **Corippus, Flavius Cresconius**

Flavius ⟨Hagiographe⟩
→ **Flavius ⟨Anselmus⟩**

Flavius ⟨Homerus⟩
→ **Angilbertus ⟨Centulensis⟩**

Flavius ⟨Iustinianus⟩
→ **Iustinianus ⟨Imperium Byzantinum, Imperator, I.⟩**

Flavius ⟨Magnus⟩
→ **Cassiodorus, Flavius Magnus Aurelius**

Flavius ⟨Mauritius Tiberius⟩
→ **Mauritius ⟨Imperium Byzantinum, Imperator⟩**

Flavius ⟨Moine au Bec⟩
→ **Flavius ⟨Anselmus⟩**

Flavius ⟨Sabbatius Iustinianus⟩
→ **Iustinianus ⟨Imperium Byzantinum, Imperator, I.⟩**

Flavius, Iulius
→ **Constans ⟨Imperium Byzantinum, Imperator, II.⟩**

Flavius, Theodericus
→ **Theoderich ⟨Ostgotenreich, König⟩**

Flavius Cresconius ⟨Corippus⟩
→ **Corippus, Flavius Cresconius**

Flavius Magnus Aurelius ⟨Cassiodorus⟩
→ **Cassiodorus, Flavius Magnus Aurelius**

Flavius Petrus ⟨Sabbatius Iustinianus⟩
→ **Iustinianus ⟨Imperium Byzantinum, Imperator, I.⟩**

Flavius Theodericus ⟨Rex⟩
→ **Theoderich ⟨Ostgotenreich, König⟩**

Flavius Vettius Agorius Basilius ⟨Mavortius⟩
→ **Mavortius**

Flech, Konrad
→ **Fleck, Konrad**

Fleck, Konrad
um 1220 (?)
Flore und Blanscheflur
VL(2),2,744/747
Flec, Cůnrat
Flech, Konrad
Fleck, Conrad
Konrad ⟨Fleck⟩

Fleischmann, Albrecht
gest. 1444
Predigten
LMA,IV,545; VL(2),2,748
Albrecht ⟨Fleischmann⟩

Flémalle, Maître ¬de¬
→ **Campin, Robert**

Flete, Guillaume
→ **Flete, William**

Flete, Johannes
um 1420/65 · OSB
Liber de fundatione ecclesiae Westmonasteriensis
Rep.Font. IV,468
Flete, Jean
Flete, John
Fletus, Johannes
Jean ⟨Flete⟩
Johannes ⟨Flete⟩
Johannes ⟨Fletus⟩
John ⟨Flete⟩

Flete, William
ca. 1325 – 1382 · OESA
Engl. Übersetzer von „De remediis"
Flete, Guillaume
Guillaume ⟨Flete⟩
William ⟨Flete⟩

Fleury, Geoffroy ¬de¬
→ **Geoffroy ⟨de Fleury⟩**

Flissicuria, Johannes ¬de¬
→ **Johannes ⟨de Flissicuria⟩**

Floccus, Andreas
gest. 1452
De Romanorum potestatibus (mitunter auch Lucius Fenestella oder Dominicus Floccus zugewiesen)
IRHT
Andrea Domenico ⟨Fiocco⟩
Andreas ⟨de Florentia⟩
Andreas ⟨Floccus⟩
Andreas ⟨Florentinus⟩
Andreas Dominicus ⟨Floccus⟩
Fenestella, Andrea Domenico
Fenestella, Lucius
Fiocchi, André
Fiocchi, Andrea
Fiocchi, Andrea D.
Fiocchi, André-Dominique
Fiocco, Andrea D.
Fiocco, André-Dominici
Fiocco, André-Dominique
Floccus, Andreas D.
Pseudo-Fenestella

Flodegarius ⟨Remensis⟩
→ **Flodoardus ⟨Remensis⟩**

Flodoardus ⟨Remensis⟩
894 – 966
Annales
Tusculum-Lexikon; LThK; CSGL; LMA,IV,549/50
Flauvaldus ⟨Remensis⟩
Flodegarius ⟨Remensis⟩
Flodoard ⟨de Reims⟩
Flodoard ⟨von Reims⟩
Flodoardo ⟨di Reims⟩
Flodoardus ⟨Canonicus⟩
Flodoardus ⟨Presbyter⟩
Frodoardus ⟨Remensis⟩

Flore ⟨de Lyon⟩
→ **Florus ⟨Lugdunensis⟩**

Flore ⟨de Saint-Trond⟩
→ **Florus ⟨Lugdunensis⟩**

Flore, Joachim ¬de¬
→ **Joachim ⟨de Flore⟩**

Flore, Marinus ¬de¬
→ **Marinus ⟨de Flore⟩**

Floreke, Nikolaus
ca. 1310 – ca. 1378/80
Donatus burgensium antiquus; Liber principum
Rep.Font. IV,471; VL(2),2,749
Nikolaus ⟨Floreke⟩

Florence ⟨of Worcester⟩
→ **Florentius ⟨Wigorniensis⟩**

Florencius ⟨fon Uttrecht⟩
→ **Florentius ⟨von Utrecht⟩**

Florens ⟨Radewijns⟩
→ **Florentius ⟨Radewijns⟩**

Florent ⟨de Hesdin⟩
→ **Florentius ⟨de Hisdinio⟩**

Florent ⟨de Leerdam⟩
→ **Florentius ⟨Radewijns⟩**

Florent ⟨de Münster⟩
→ **Florenz ⟨von Wevelinghoven⟩**

Florent ⟨de Saint-Josse-sur-Mer⟩
→ **Florentius ⟨Iudoci⟩**

Florent ⟨de Wevelinghoven⟩
→ **Florenz ⟨von Wevelinghoven⟩**

Florent ⟨de Worcester⟩
→ **Florentius ⟨Wigorniensis⟩**

Florent ⟨d'Hesdin⟩
→ **Florentius ⟨de Hisdinio⟩**

Florent ⟨d'Utrecht⟩
→ **Florentius ⟨von Utrecht⟩**

Florent ⟨Hagiographe⟩
→ **Florentius ⟨Iudoci⟩**

Florent ⟨Radewin⟩
→ **Florentius ⟨Radewijns⟩**

Florentia, Bartholomaeus ¬de¬
→ **Bartholomaeus ⟨de Florentia⟩**

Florentia, Bernardus ¬de¬
→ **Bernardus ⟨de Florentia⟩**

Florentia, Dionysius ¬de¬
→ **Dionysius ⟨de Florentia⟩**

Florentia, Gherardello ¬de¬
→ **Gherardello ⟨da Firenze⟩**

Florentia, Johannes ¬de¬
→ **Bertini, Giovanni**

Florentia, Pacius ¬de¬
→ **Bertini, Pacio**

Florentia, Philippus ¬de¬
→ **Philippus ⟨de Florentia⟩**

Florentia, Remigius ¬de¬
→ **Remigius ⟨de Florentia⟩**

Florentinus, Andreas
→ **Andreas ⟨Florentinus⟩**

Florentinus, Antoninus
→ **Antoninus ⟨Florentinus⟩**

Florentinus, Ardengus
→ **Ardengus ⟨Florentinus⟩**

Florentinus, Bene
→ **Bene ⟨Florentinus⟩**

Florentinus, Georgius
→ **Gregorius ⟨Turonensis⟩**

Florentinus, Hippolytus
→ **Hippolytus ⟨Florentinus⟩**

Florentinus, Paulus
→ **Paulus ⟨Attavantius⟩**

Florentinus, Petrus
→ **Petrus ⟨Florentinus⟩**

Florentinus, Poggius
→ **Poggio Bracciolini, Gian Francesco**

Florentius ⟨Abbas Iudoci⟩
→ **Florentius ⟨Iudoci⟩**

Florentius ⟨Bavonius⟩
→ **Florentius ⟨Wigorniensis⟩**

Florentius ⟨de Hisdinio⟩
um 1255/59 · OP
Fragmentum
Kaeppeli,I,382/383; Schönberger/Kible, Repertorium, 12665
Florent ⟨de Hesdin⟩
Florent ⟨de Hidinio⟩
Florent ⟨d'Hesdin⟩
Florentius ⟨de Hesdinio⟩
Florentius ⟨de Hidinio⟩
Florentius ⟨de Hisdinio Gallicus⟩
Florentius ⟨Gallicus⟩
Hisdinio, Florentius ¬de¬

Florentius ⟨Gallicus⟩
→ **Florentius ⟨de Hisdinio⟩**

Florentius ⟨Iudoci⟩
um 1015 · OSB
Vita S. Iudoci
Rep.Font. IV,472
Florent ⟨de Saint-Josse-sur-Mer⟩
Florent ⟨Hagiographe⟩
Florentius ⟨Abbas Iudoci⟩
Iudoci, Florentius

Florentius ⟨Presbyter⟩
7. Jh.
Vita S. Rusticulae
Rep.Font. IV, 472; Cpl 2136 a
Florentius ⟨Presbyter Ecclesiae Tricastinae⟩
Florentius ⟨Tricastinus⟩
Presbyter, Florentius

Florentius ⟨Prior⟩
→ **Florentius ⟨Radewijns⟩**

Florentius ⟨Radewijns⟩
1350 – 1400
LMA,VII,388
Florens ⟨Radewijns⟩
Florent ⟨de Leerdam⟩
Florent ⟨Radewin⟩
Florentius ⟨Prior⟩
Florentius ⟨Radevinius⟩
Florentius ⟨Radewini⟩
Radewijns, Florens
Radewijns, Florentius

Florentius ⟨Tricastinus⟩
→ **Florentius ⟨Presbyter⟩**

Florentius ⟨Ultraiectensis⟩
→ **Florentius ⟨von Utrecht⟩**

Florentius ⟨von Utrecht⟩
14. Jh. · OP
3 Predigten
VL(2),2,750/751; Kaeppeli,I,383/384
Florencius ⟨fon Uttrecht⟩
Florent ⟨d'Utrecht⟩
Florentius ⟨Ultraiectensis⟩
Utrecht, Florentius ¬von¬

Florentius ⟨von Worcester⟩
→ **Florentius ⟨Wigorniensis⟩**

Florentius ⟨Wigorniensis⟩
gest. 1118
Tusculum-Lexikon; LThK; CSGL; LMA,IV,553/54
Bavonius, Florentius
Bravonius, Florentius
Florence ⟨of Worcester⟩
Florent ⟨de Worcester⟩
Florentius ⟨Bavonius⟩
Florentius ⟨Bravonius⟩
Florentius ⟨von Worcester⟩

Florenz ⟨von Wevelinghoven⟩
gest. 1393
Potth.
Florent ⟨de Münster⟩
Florent ⟨de Wevelinghoven⟩
Florenz ⟨von Wevelingkaven⟩
Florenz ⟨von Wevelinkhoven⟩
Florenz ⟨von Wevilchoven⟩
Florenz ⟨von Wyvelkove⟩
Wevelinghoven, Florenz ¬von¬

Flores, Bartholomaeus
→ **Bartholomaeus ⟨Flores⟩**

Flores, Juan ¬de¬
→ **Joachim ⟨de Flore⟩**

Flores, Juan ¬de¬
um 1495
Grimalte y Gradissa; Grisel y Mirabella
Rep.Font. IV,474
Fiori, Giovanni
Flores, Giovanni ¬de¬
Flores, Jean ¬de¬
Giovanni ⟨de Flores⟩
Jean ⟨de Flores⟩
Johan ⟨de Flores⟩
Juan ⟨de Flores⟩

Floriano ⟨Sampiero⟩
→ **Florianus ⟨de Sancto Petro⟩**

Florianus ⟨Abbas⟩
→ **Florianus ⟨Reomensis⟩**

Florianus ⟨de Sancto Petro⟩
gest. 1441
Lectura aurea in Digestum
Floriano ⟨Sampieri⟩
Floriano ⟨Sampiero⟩
Florianus ⟨de Santo Petro⟩
Florianus ⟨Sampieri⟩
Florianus ⟨Sampiero⟩
Sampiero, Floriano
Sancto Petro, Florianus ¬de¬

Florianus ⟨Italus⟩
→ **Florianus ⟨Reomensis⟩**

Florianus ⟨Reomensis⟩
um 544
Cpl 518; Cpl 1059; Epigrammata; Epistulae II ad Nicetium; Identität mit dem Verfasser des Epigramms umstritten
Florianus ⟨Abbas⟩
Florianus ⟨Italus⟩
Florianus ⟨Reomaensis⟩
Florianus ⟨Romanimonasterii Abbas⟩
Florien ⟨Abbé⟩
Florien ⟨de Milan⟩
Florien ⟨de Romain-Moutier⟩

Florianus ⟨Romanimonasterii Abbas⟩
→ **Florianus ⟨Reomensis⟩**

Florianus ⟨Sampieri⟩
→ **Florianus ⟨de Sancto Petro⟩**

Florien ⟨Abbé⟩
→ **Florianus ⟨Reomensis⟩**

Florien ⟨de Milan⟩
→ **Florianus ⟨Reomensis⟩**

Florien ⟨de Romain-Moutier⟩
→ **Florianus ⟨Reomensis⟩**

Florus ⟨Christianus⟩
→ **Florus ⟨Lugdunensis⟩**

Florus ⟨Diaconus⟩
→ **Florus ⟨Lugdunensis⟩**

Florus ⟨Drepanius⟩
→ **Florus ⟨Lugdunensis⟩**

Florus ⟨Lugdunensis⟩
gest. 860
Carmina
Tusculum-Lexikon; LThK; CSGL; LMA,IV,577/78
Drepanius ⟨Lugdunensis⟩
Drepanius, Florus
Flore ⟨de Lyon⟩
Flore ⟨de Saint-Trond⟩
Florus ⟨Christianus⟩
Florus ⟨Diaconus⟩
Florus ⟨Drepanius⟩
Florus ⟨von Lyon⟩

Florus, Iulius
→ **Iulius ⟨Florus⟩**

Flüe, Nikolaus ¬von¬
→ **Nikolaus ⟨von Flüe⟩**

Foeno, Aegidius ¬de¬
→ **Aegidius ⟨de Foeno⟩**

Fohardus ⟨Hameronge⟩
um 1450
Commentarius in Boethii De divisione; Commentarius in Aristotelis Perihermeniae
Lohr
Fohardus ⟨Magister⟩
Folpardus ⟨de Hameronghen⟩
Folpardus ⟨Hameronge⟩
Hameronge, Fohardus

Foix, Gaston ¬de¬
→ **Gaston ⟨Foix, Comte, III.⟩**

Folbertus ⟨Carnotensis⟩
→ **Fulbertus ⟨Carnotensis⟩**

Folcard ⟨de Cantorbéry⟩
→ **Folcardus ⟨Sithiensis⟩**

Folcard ⟨de Lobbes⟩
→ **Folcardus ⟨Lobiensis⟩**

Folcard ⟨of Thorney⟩
→ **Folcardus ⟨Sithiensis⟩**

Folcardus ⟨Abbas⟩
→ **Folcardus ⟨Lobiensis⟩**

Folcardus ⟨Audomaropolitanus⟩
→ **Folcardus ⟨Sithiensis⟩**

Folcardus ⟨Beneventanus⟩
→ **Falco ⟨Beneventanus⟩**

Folcardus ⟨Bertinianus⟩
→ **Folcardus ⟨Sithiensis⟩**

Folcardus ⟨Lobiensis⟩
gest. 1107
Epistola de tristi monasterii Lobiensis
CSGL; Potth.
Folcard ⟨de Lobbes⟩
Folcardus ⟨Abbas⟩
Folcardus ⟨Lobbiensis⟩
Folcardus ⟨von Lobbes⟩
Folchardus ⟨Lobiensis⟩
Foucard ⟨de Lobbes⟩
Fulcardus ⟨Lobiensis⟩

Folcardus ⟨Sancti Bertini⟩
→ **Folcardus ⟨Sithiensis⟩**

Folcardus ⟨Sithiensis⟩
gest. 1084
CSGL; Potth.
Folcard ⟨de Cantorbéry⟩
Folcard ⟨of Thorney⟩
Folcardus ⟨Audomaropolitanus⟩
Folcardus ⟨Bertinianus⟩
Folcardus ⟨Sancti Bertini⟩
Folchardus ⟨Sithiensis⟩
Folkard ⟨von Saint-Bertin⟩

Folcardus ⟨von Lobbes⟩
→ **Folcardus ⟨Lobiensis⟩**

Folconius ⟨Lobiensis⟩
→ **Folcuinus ⟨Lobiensis⟩**

Folcradi, Jacobus
→ **Volradi, Jacobus**

Folcuin ⟨Abbé⟩
→ **Folcuinus ⟨Sichemensis⟩**

Folcuin ⟨de Lobbes⟩
→ **Folcuinus ⟨Lobiensis⟩**

Folcuin ⟨de Sittichenbach⟩
→ **Folcuinus ⟨Sichemensis⟩**

Folcuinus ⟨Abbas⟩
→ **Folcuinus ⟨Lobiensis⟩**

Folcuinus ⟨Abbas Sittenbacensis⟩
→ **Folcuinus ⟨Sichemensis⟩**

Folcuinus ⟨Cisterciensis⟩
→ **Folcuinus ⟨Sichemensis⟩**

Folcuinus ⟨Dacus⟩
→ **Folcuinus ⟨de Gotlandia⟩**

Folcuinus ⟨de Gotlandia⟩
um 1279/89 · OP
Litterae Christinae Stumbelensi; Litterae Christinae Stumbelensi nuntiantes mortem fr. Petri de Gotlandia
Kaeppeli,IV,479-480
Folquinus ⟨Dacus⟩
Folquinus ⟨de Gotlandia⟩
Gotlandia, Folcuinus ¬de¬
Volquinus ⟨de Gotlandia⟩
Volquinus ⟨Frater⟩

Folcuinus ⟨Laubacensis⟩
→ **Folcuinus ⟨Lobiensis⟩**

Folcuinus ⟨Lobiensis⟩
ca. 935 – 990
Gesta Abbatum S. Bertini
Tusculum-Lexikon; LThK; VL(2); LMA,IV,608
Folconius ⟨Lobiensis⟩
Folcuin ⟨de Lobbes⟩
Folcuinus ⟨Abbas⟩
Folcuinus ⟨Laubacensis⟩
Folcuinus ⟨Laubiensis⟩
Folcuinus ⟨Monachus⟩
Folcuinus ⟨of Lobbes⟩
Folcuinus ⟨Sancti Bertini⟩
Folcuinus ⟨Sithiensis⟩
Folcwin ⟨von Lobbes⟩
Folcwinus ⟨Lobiensis⟩
Folkwin ⟨von Laubach⟩
Folkwin ⟨von Lobbes⟩
Folquinus ⟨Lobiensis⟩
Fulcuinus ⟨Abbas⟩
Fulquinus ⟨Abbas⟩
Fulquinus ⟨Lobiensis⟩
Volquinus ⟨Lobiensis⟩

Folcuinus ⟨Monachus⟩
→ **Folcuinus ⟨Lobiensis⟩**

Folcuinus ⟨of Lobbes⟩
→ **Folcuinus ⟨Lobiensis⟩**

Folcuinus ⟨Sancti Bertini⟩
→ **Folcuinus ⟨Lobiensis⟩**

Folcuinus ⟨Sichemensis⟩
gest. 1154 bzw. 1172 · OCist
Commentarius perpetuus in evangelia; Homiliae
Stegmüller, Repert. bibl. 8313; VL(2),2,767/69
Folcuin ⟨Abbé⟩
Folcuin ⟨de Sittichenbach⟩
Folcuinus ⟨Abbas Sittenbacensis⟩
Folcuinus ⟨Cisterciensis⟩
Folcuinus ⟨Sittenbacensis⟩
Folkwin ⟨von Sittichenbach⟩
Volcuin ⟨Abbé⟩
Volcuin ⟨de Sichem⟩
Volcuin ⟨de Sittichenbach⟩
Volcuinus ⟨Cisterciensis⟩
Volcuinus ⟨Sichemensis⟩
Volkuin ⟨von Sittichenbach⟩
Volquinus ⟨Abbas⟩
Volquinus ⟨Sichemensis⟩
Volquinus ⟨von Sittichenbach⟩
Wolcuinus ⟨von Sittichenbach⟩

Folcuinus ⟨Sithiensis⟩
→ **Folcuinus ⟨Lobiensis⟩**

Folcuinus ⟨Sittenbacensis⟩
→ **Folcuinus ⟨Sichemensis⟩**

Folgore ⟨da San Gimignano⟩
um 1309/17
Meyer; LMA,IV,609
Folgore ⟨da San Gemignano⟩
San Gimignano, Folgore ¬da¬

Folieto, Hugo ¬de¬
→ **Hugo ⟨de Folieto⟩**

Foligno, Gentile ¬da¬
→ **Gentilis ⟨de Fulgineo⟩**

Foligno, Guido ¬de¬
→ **Guido ⟨de Foligno⟩**

Foliot, Christianus
→ **Christianus ⟨Foliot⟩**

Foliotus, Gilbertus
→ **Gilbertus ⟨Foliotus⟩**

Folkard ⟨von Saint-Bertin⟩
→ **Folcardus ⟨Sithiensis⟩**

Folkwin ⟨von Laubach⟩
→ **Folcuinus ⟨Lobiensis⟩**

Folkwin ⟨von Lobbes⟩
→ **Folcuinus ⟨Lobiensis⟩**

Folkwin ⟨von Sittichenbach⟩
→ **Folcuinus ⟨Sichemensis⟩**

Folleprandus
→ **Gregorius ⟨Papa, VII.⟩**

Folpardus ⟨de Hameronghen⟩
→ **Fohardus ⟨Hameronge⟩**

Folquerius, Jacobus
→ **Jacobus ⟨Fouquerii⟩**

Folquet ⟨de Lunel⟩
geb. 1244
Poésies
Rep.Font. IV,486
Folquet ⟨di Lunel⟩
Folquet ⟨Troubadour⟩
Lunel, Folquet ¬de¬

Folquet ⟨de Marseille⟩
→ **Folquet ⟨de Romans⟩**

Folquet ⟨de Romans⟩
um 1220/30
Rep.Font. IV,487; LMA,IV,614
Falquet ⟨de Romans⟩
Falquet ⟨de Rotinans⟩
Falquet ⟨de Rotmans⟩
Falquet ⟨le Troubadour⟩
Falquetus ⟨de Ratman⟩
Falquetus ⟨de Rotman⟩
Falquetus ⟨de Rotmannis⟩
Folquet ⟨de Marseille⟩
Folquet ⟨le Troubadour⟩
Folquet ⟨von Marseille⟩
Folquetus ⟨de Romans⟩
Foulque ⟨Troubadour⟩
Romans, Folquet ¬de¬

Folquet ⟨di Lunel⟩
→ **Folquet ⟨de Lunel⟩**

Folquet ⟨le Troubadour⟩
→ **Folquet ⟨de Lunel⟩**
→ **Folquet ⟨de Romans⟩**

Folquet ⟨von Marseille⟩
→ **Folquet ⟨de Romans⟩**

Folquier, Jacobus
→ **Jacobus ⟨Fouquerii⟩**

Folquinus ⟨...⟩
→ **Folcuinus ⟨...⟩**

Folsham, Johannes ¬de¬
→ **Johannes ⟨de Folsham⟩**

Folz ⟨von Straßburg⟩
→ **Pfalz ⟨von Straßburg⟩**

Foma
um 1453
Slova pochval'noe o velikom knjaze Borise Aleksandroviče Tverskom
Rep.Font. IV,487
Foma ⟨Inok⟩
Foma ⟨Monachus Tveriensis⟩
Foma ⟨Monk⟩
Inok Foma

Fontaines, Pierre ¬de¬
gest. ca. 1267
Conseil à un ami
LMA,IV,622
Pierre ⟨de Fontaines⟩

Fontaines-Guérin, Hardouin ¬de¬
→ **Hardouin ⟨de Fontaines-Guérin⟩**

Fontana, Johannes ¬de¬
→ **Johannes ⟨de Fontana⟩**

Fontana de Placentia, Johannes ¬de¬
→ **Johannes ⟨de Fontana de Placentia⟩**

Fontanis Albis, Peregrinus ¬de¬
→ **Peregrinus ⟨de Fontanis Albis⟩**

Fontano, Bernardus ¬de¬
→ **Bernardus ⟨de Fontano⟩**

Fontanus, Serlo
→ **Serlo ⟨Fontanus⟩**

Fonte, Johannes ¬de¬
→ **Johannes ⟨de Fonte⟩**

Fontibus, Godefridus ¬de¬
→ **Godefridus ⟨de Fontibus⟩**

Fontibus, Johannes ¬de¬
→ **Johannes ⟨de Fontibus⟩**

Fontibus Orbis, Vitalis ¬de¬
→ **Vitalis ⟨de Fontibus Orbis⟩**

Fontis Calidi, Bernardus
→ **Bernardus ⟨Fontis Calidi⟩**

Forbassi, Elias
→ **Elias ⟨Forbassi⟩**

Forbitoris, Johannes
→ **Johannes ⟨Forbitoris⟩**

Forciglioni, Antonio
→ **Antoninus ⟨Florentinus⟩**

Forda, Johannes ¬de¬
→ **Johannes ⟨de Forda⟩**

Fordanus, Rogerus
→ **Rogerus ⟨Fordanus⟩**

Fordun, Johannes ¬de¬
→ **Johannes ⟨de Fordun⟩**

Forescu, John
→ **Fortescue, John**

Forese ⟨Donati⟩
→ **Donati, Forese**

Forese degli Alfani, Gianni ¬di¬
→ **Alfani, Gianni**

Forest, Jacot ¬de¬
→ **Jacot ⟨de Forest⟩**

Forestani ⟨il Saviozzo⟩
→ **Forestani, Simone Serdini**

Forestani, Simone Serdini
ca. 1360 – 1419/20
Forestani ⟨il Saviozzo⟩
Forestani, Simon di Dino
Forestani, Simone
Serdini Forestani, Simone
Simone ⟨Serdini Forestani⟩
Simone Serdini ⟨Forestani⟩

Forestarius, Guilelmus
um 1304/11 · OSB
Chronicon metricum abbatum S. Catharinae de Monte Rotomagi
LMA,IV,634; Rep.Font. V,305
Forestier, Guillaume
Guilelmus ⟨Forestarius⟩
Guillaume ⟨le Forestier⟩

Forestier, Guillaume
→ **Forestarius, Guilelmus**

Forleo, Guilelmus
→ **Guilelmus ⟨Forleo⟩**

Forlì, Melozzo ¬da¬
→ **Melozzo ⟨da Forlì⟩**

Forlivio, Hieronymus ¬de¬
→ **Hieronymus ⟨de Forlivio⟩**

Forlivio, Jacobus ¬de¬
→ **Jacobus ⟨de Forlivio⟩**

Formo, Petrus ¬de¬
→ **Petrus ⟨de Firmo⟩**

Formosus ⟨Papa⟩
816 – 896
CSGL; Meyer
Damasus ⟨Portuensis⟩
Formose ⟨de Porto⟩
Formose ⟨Pape⟩
Formoso ⟨Papa⟩

Formschneider, Hans
um 1440/70
Bilderhandschrift; Abhandlung über die Büchsenherstellung, Laden, Pulver u. Geschütze
VL(2),2,793/794
Hans ⟨Formschneider⟩

Fornerius, Jacobus
→ **Benedictus ⟨Papa, XII.⟩**

Fornival, Richart ¬de¬
→ **Richard ⟨de Fournival⟩**

Forolivio, Reinerus ¬de¬
→ **Reinerus ⟨de Forolivio⟩**

Forrestarius, Johannes
→ **Johannes ⟨Forrestarius⟩**

Forste, Günther ¬von dem¬
→ **Günther ⟨von dem Forste⟩**

Forstenau, Christoph
um 1470
Vermutlich Verfasser von „Streit des Erzbischofs Silvester Stodewäscher von Riga mit dem Deutschen Orden in Livland"
Rep.Font. IV,520
Christoph ⟨Forstenau⟩
Christophe ⟨Forstenau⟩
Forstenau, Christophe

Fort, Jean
→ **Johannes ⟨Fortis Valentinus⟩**

Fortanerius ⟨Sertorius⟩
→ **Sertorius ⟨Fortanerius⟩**

Fortanerius ⟨Vaselli⟩
→ **Sertorius ⟨Fortanerius⟩**

Fortanerius, Sertorius
→ **Sertorius ⟨Fortanerius⟩**

Fortanier ⟨Auberi⟩
→ **Sertorius ⟨Fortanerius⟩**

Fortanier ⟨Wassel⟩
→ **Sertorius ⟨Fortanerius⟩**

Fortaniero ⟨Vasselli⟩
→ **Sertorius ⟨Fortanerius⟩**

Forteguerri, Niccolò
→ **Nicolaus ⟨Fortiguerra⟩**

Fortescue, John
ca. 1394 – 1476/79
De natura legis naturae; De laudibus legum Angliae; On the governance of the Kingdom of England
Rep.Font. V,520; LMA,IV,663/64
Forescu, John
Fortescue, Jean
Fortescue-Aland, John
Jean ⟨Fortescue⟩
Johannes ⟨Fortescue⟩
John ⟨Fortescue⟩

Fortiguerra, Nicolaus
→ **Nicolaus ⟨Fortiguerra⟩**

Fortis, Franciscus ¬de¬
→ **Franciscus ⟨de Fortis⟩**

Fortis, Johannes
→ **Johannes ⟨Fortis Valentinus⟩**

Fortis Aragonensis, Johannes
→ **Johannes ⟨Fortis Aragonensis⟩**

Fortis Valentinus, Johannes
→ **Johannes ⟨Fortis Valentinus⟩**

Fortulfus
Lebensdaten nicht ermittelt
LMA,VIII,802
„Rhytimachia"

Fortunatus ⟨Treverensis⟩
→ **Amalarius ⟨Metensis⟩**

Fortunatus, Venantius
→ **Venantius ⟨Fortunatus⟩**

Fortuniero ⟨Vasselli⟩
→ **Sertorius ⟨Fortanerius⟩**

Foscarari, Egidio
→ **Aegidius ⟨de Fuscarariis⟩**

Fotij ⟨Kievskij⟩
gest. 1431
Cerkovnye propovedi; Poučenija; Zavesčanie
Rep.Font. IV,528
Fotij ⟨Metropolita Kievensis⟩
Fotij ⟨Metropolita Kievensis et Totius Russiae⟩
Fotij ⟨Metropolita Totius Russiae⟩
Fotij ⟨Mitropolit⟩
Photius ⟨de Kiew⟩
Photius ⟨Kiovensis⟩
Photius ⟨Métropolite⟩

Fotij ⟨Metropolita Totius Russiae⟩
→ **Fotij ⟨Kievskij⟩**

Foucard ⟨de Lobbes⟩
→ **Folcardus ⟨Lobiensis⟩**

Foucault, Hugues
→ **Falcandus, Hugo**

Foucher ⟨de Chartres⟩
→ **Fulcherius ⟨Carnotensis⟩**

Foucois, Gui
→ **Clemens ⟨Papa, IV.⟩**

Foucquet, Jean
→ **Fouquet, Jean**

Fougères, Étienne ¬de¬
→ **Étienne ⟨de Fougères⟩**

Foulcher ⟨de Chartres⟩
→ **Fulcherius ⟨Carnotensis⟩**

Foulcoie ⟨de Beauvais⟩
→ **Fulcoius ⟨Bellovacensis⟩**

Foulcoie ⟨de Meaux⟩
→ **Fulcoius ⟨Bellovacensis⟩**

Foulquart, Jean
→ **Jean ⟨Foulquart⟩**

Foulque ⟨Anjou, Comte, IV.⟩
→ **Fulco ⟨le Réchin⟩**

Foulque ⟨de Neuilly⟩
→ **Fulco ⟨Nulliacensis⟩**

Foulque ⟨de Reims⟩
→ **Fulco ⟨Remensis⟩**

Foulque ⟨de Sainte-Euphémie⟩
→ **Fulcerus ⟨Sanctae Euphemiae⟩**

Foulque ⟨Hargneux⟩
→ **Fulco ⟨le Réchin⟩**

Foulque ⟨Historien-Poète de la Première Croisade⟩
→ **Fulco**

Foulque ⟨le Réchin⟩
→ **Fulco ⟨le Réchin⟩**

Foulque ⟨Prévôt⟩
→ **Fulcerus ⟨Sanctae Euphemiae⟩**

Foulque ⟨Troubadour⟩
→ **Folquet ⟨de Romans⟩**

Foulques ⟨Anjou, Graf, IV.⟩
→ **Fulco ⟨le Réchin⟩**

Foulques ⟨de Corbie⟩
→ **Fulco ⟨Corbiensis⟩**

Foulques ⟨de Neuilly⟩
→ **Fulco ⟨Nulliacensis⟩**

Foulques ⟨de Sainte-Euphémie⟩
→ **Fulcerus ⟨Sanctae Euphemiae⟩**

Foulques ⟨Prévôt⟩
→ **Fulcerus ⟨Sanctae Euphemiae⟩**

Foulques, Guy ¬de¬
→ **Clemens ⟨Papa, IV.⟩**

Fouquart ⟨de Cambray⟩
ca. 14./15. Jh.
Cambray, Fouquart ¬de¬
Fouquart ⟨de Cambrai⟩

Fouquart, Jean
→ **Jean ⟨Foulquart⟩**

Fouquerii, Jacobus
→ **Jacobus ⟨Fouquerii⟩**

Fouquet, Jean
1415/20 – 1477/81
Foucquet, Jean
Jean ⟨Fouquet⟩

Fouquier, Jacques
→ **Jacobus ⟨Fouquerii⟩**

Four, Jean Vital ¬du¬
→ **Johannes Vitalis ⟨a Furno⟩**

Fournier, Jacques
→ **Benedictus ⟨Papa, XII.⟩**

Fournival, Richard ¬de¬
→ **Richard ⟨de Fournival⟩**

Foxal, Johannes
→ **Johannes ⟨Foxal⟩**

Foxalls, Johannes
→ **Johannes ⟨Foxal⟩**

Foxton, Johannes ¬de¬
→ **Johannes ⟨de Foxton⟩**

Foyan
→ **Qingyuan**

Fra Angelico
→ **Angelico ⟨Fra⟩**

Fracheto, Gerardus ¬de¬
→ **Gerardus ⟨de Fracheto⟩**

Fradeti, Arnaldus
→ **Arnaldus ⟨Fradeti⟩**

Framceschini de Ambroxiis, Jacobus
→ **Jacobus ⟨Franceschini de Ambroxiis⟩**

Frameinsberg, Rudolph ¬de¬
→ **Rudolfus ⟨de Frameinsperg⟩**

Frameinsperg, Rudolfus ¬de¬
→ **Rudolfus ⟨de Frameinsperg⟩**

Franc, Martin ¬le¬
→ **Martin ⟨Lefranc⟩**

France, Marie ¬de¬
→ **Marie ⟨de France⟩**

Francés ⟨Ferrer⟩
→ **Ferrer, Francesc**

Francesc ⟨Bacó⟩
→ **Franciscus ⟨de Bacona⟩**

Francesc ⟨Carmelita⟩
→ **Franciscus ⟨Martini⟩**

Francesc ⟨da Barcelona⟩
→ **Franciscus ⟨Martini⟩**

Francesc ⟨Eiximenis⟩
ca. 1340 – 1409 · OFM
LMA,III,1760/61
Eiximenis, Francesc
Eximeniz, Franciscus
Eximenus, Franciscus
Francesc ⟨Examenis⟩
Francesch ⟨Ximenes⟩
Francisco ⟨Eiximenis⟩
Francisco ⟨Eximénez⟩
Francisco ⟨Ximenez⟩
Franciscus ⟨Eximenus⟩
Franciscus ⟨Eximini⟩
Joan ⟨Eixemeno⟩
Ximenes, Francesc
Ximenes, Francesch
Ximenes, Franciscus
Ximénez, Francisco
Ximenis, Francesc

Francesc ⟨Ferrer⟩
→ **Ferrer, Francesc**

Francesc ⟨Marti⟩
→ **Franciscus ⟨Martini⟩**

Francesc ⟨Moner⟩
→ **Moner, Francisco**

Francesca, Piero ¬della¬
→ **Piero ⟨della Francesca⟩**

Francesch ⟨Carroç Pardo de la Casta⟩
15. Jh.
Carroç Pardo de la Casta, Francesch
Casa, Francesch C.
Francesch ⟨Carroç⟩
Francez ⟨Carros Pardo⟩
Pardo de la Casta, Francesch Carroç

Francesch ⟨Ximenes⟩
→ **Francesc ⟨Eiximenis⟩**

Francesch, Joan
um 1340/50
Libre de les nobleses dels reys
Rep.Font. IV,540
Francesh, Jean
Jean ⟨Francesh⟩
Joan ⟨Francesch⟩

Franceschi, Piero ¬di¬
→ **Piero ⟨della Francesca⟩**

Franceschini de Ambrosiis, Jacobus
→ **Jacobus ⟨Franceschini de Ambroxiis⟩**

Franceschino
→ **Francesco ⟨da Lendinara⟩**

Francesco
→ **Franciscus ⟨Assisias⟩**

Francesco ⟨Abbate⟩
→ **Franciscus ⟨de Abbatibus⟩**

Francesco ⟨Accorso⟩
→ **Accursius, Franciscus ⟨...⟩**

Francesco ⟨Aleardi⟩
→ **Franciscus ⟨Aleardus⟩**

Francesco ⟨Arzocchi⟩
→ **Arzocchi, Francesco**

Francesco ⟨Balducci Pegolotti⟩
→ **Balducci Pegolotti, Francesco**

Francesco ⟨Barbaro⟩
→ **Barbaro, Francesco**

Francesco ⟨Bartoli⟩
→ **Franciscus ⟨Bartholi de Assisio⟩**

Francesco ⟨Benaglio⟩
→ **Benaglio, Francesco**

Francesco ⟨Berlinghieri⟩
→ **Berlinghieri, Francesco**

Francesco ⟨Bracciolini⟩
→ **Poggio Bracciolini, Gian Francesco**

Francesco ⟨Bruni⟩
→ **Bruni, Francesco**

Francesco ⟨Carovelli⟩
→ **Franciscus ⟨de Caronellis⟩**

Francesco ⟨Caza⟩
→ **Caza, Francesco**

Francesco ⟨Contarini⟩
→ **Contarenus, Franciscus**

Francesco ⟨Corbara, Conte⟩
→ **Francesco ⟨di Montemarte e Corbara⟩**

Francesco ⟨da Barberino⟩
1264 – 1348
Decumenti d'Amore; Epistolae; Reggimento e costumi di donna
Rep.Font. IV,541
Barbarino, Francesco ¬da¬
Barberino, Francesco ¬da¬
François ⟨de Barbérino⟩

Francesco ⟨da Castiglione⟩
→ **Castiglione, Franciscus ¬de¬**

Francesco ⟨da Fabriano⟩
→ **Franciscus ⟨de Fabriano⟩**

Francesco ⟨da Lendinara⟩
um 1382/1437 · OFM
Ricordi
Rep.Font. IV,543
Franceschino
Lendinara, Francesco ¬da¬

Francesco ⟨da Milano⟩
→ **Franciscus ⟨de Mediolano⟩**

Francesco ⟨da Montebelluna⟩
→ **Franciscus ⟨de Monte Belluna⟩**

Francesco ⟨d'Amaretto⟩
→ **Mannelli, Francesco**

Francesco ⟨d'Angeluccio⟩
gest. 1485
Cronaca aquilana
Rep.Font. IV,541
Angeluccio, Francesco ¬d'¬
Angeluccio, François
Angeluccio di Bazzano, Francesco ¬d'¬
Bazzano, Francesco d'Angeluccio ¬di¬
Francesco ⟨d'Angeluccio di Bazzano⟩
François ⟨Angeluccio⟩
François ⟨Angeluccio de Bazzano⟩

Francesco ⟨d'Appignano⟩
→ **Franciscus ⟨de Marchia⟩**

Francesco ⟨d'Arezzo⟩
→ **Accoltus, Franciscus**

Francesco ⟨d'Ascoli⟩
→ **Franciscus ⟨de Marchia⟩**

Francesco ⟨d'Assisi⟩
→ **Franciscus ⟨Assisias⟩**

Francesco ⟨de Arsocchi⟩
→ **Arzocchi, Francesco**

Francesco ⟨de Esculo⟩
→ **Franciscus ⟨de Marchia⟩**

Francesco ⟨de Gênes⟩
→ **Franciscus ⟨Galvanus⟩**

Francesco ⟨de Mairone⟩
→ **Franciscus ⟨de Maironis⟩**

Francesco ⟨de Nardo⟩
→ **Franciscus ⟨Securus de Nardo⟩**

Francesco ⟨de Perugia⟩
→ **Franciscus ⟨de Perusio⟩**

Francesco ⟨de Pignano⟩
→ **Franciscus ⟨de Marchia⟩**

Francesco ⟨de Trasne⟩
→ **Francisco ⟨de Trasne⟩**

Francesco ⟨degli Arsochi⟩
→ **Arzocchi, Francesco**

Francesco ⟨del Balzo⟩
→ **Balzo, Franciscus ¬de¬**

Francesco ⟨della Marca⟩
→ **Franciscus ⟨de Marchia⟩**

Francesco ⟨della Rovere⟩
→ **Sixtus ⟨Papa, IV.⟩**

Francesco ⟨de'Piccolomini Todeschini⟩
→ **Pius ⟨Papa, III.⟩**

Francesco ⟨di Accursio⟩
→ **Accursius, Franciscus ⟨Iunior⟩**

Francesco ⟨di Agostino Cegia⟩
→ **Cegia, Francesco di Agostino**

Francesco ⟨di Andrea⟩
15. Jh.
Rep.Font. IV,541
Andrea, Francesco ¬di¬
DiAndrea, Francesco

Francesco ⟨di Corbara⟩
→ **Francesco ⟨di Montemarte e Corbara⟩**

Francesco ⟨di Giorgio Martini⟩
→ **Martini, Francesco di Giorgio**

Francesco ⟨di Giovanni di Durante⟩
1323 – 1377
Cronaca
Rep.Font. IV,542
Durante, Francesco di Giovanni ¬di¬
Durante, François
François ⟨Durante⟩
Giovanni di Durante, Francesco ¬di¬

Francesco ⟨di Matteo Castellani⟩
→ **Castellani, Francesco di Matteo**

Francesco ⟨di Montemarte e Corbara⟩
14. Jh.
Cronaca
Rep.Font. IV,543
Corbara, Francesco ¬di¬
Francesco ⟨Corbara, Conte⟩
Francesco ⟨di Corbara⟩
Francesco ⟨di Montemarte⟩
Francesco ⟨di Montemarte e Corbara⟩
Francesco ⟨Montemarte e Corbara, Conte⟩
François ⟨Chroniqueur d'Orvieto⟩
François ⟨Comte de Corbara⟩
François ⟨Monteamarte⟩
Montemarte, Francesco ¬di¬
Montemarte, François

Francesco ⟨di Pietro di Bernardone⟩
→ **Franciscus ⟨Assisias⟩**

Francesco ⟨di Pipino⟩
→ **Pipinus, Franciscus**

Francesco ⟨di Savona⟩
→ **Sixtus ⟨Papa, IV.⟩**

Francesco ⟨di Stefano de Caputgallis⟩
→ **Franciscus ⟨Stephani de Caputgallis⟩**

Francesco ⟨di Stefano Giuochi Pesellino⟩
→ **Pesellino**

Francesco ⟨di Stefano Pesellino⟩
→ **Pesellino**

Francesco ⟨di Vannozzo⟩
→ **Vannozzo, Francesco ¬di¬**

Francesco ⟨Diedo⟩
→ **Diedus, Franciscus**

Francesco ⟨Filelfo⟩
→ **Philelphus, Franciscus**

Francesco ⟨Fosco⟩
→ **Franciscus ⟨Niger⟩**

Francesco ⟨Galvano⟩
→ **Franciscus ⟨Galvanus⟩**

Francesco ⟨Gravano⟩
→ **Franciscus ⟨Galvanus⟩**

Francesco ⟨Guarini⟩
→ **Garin, François**

Francesco ⟨Hospitalieri⟩
→ **Franciscus ⟨de Maironis⟩**

Francesco ⟨Landini⟩
→ **Landini, Francesco**

Francesco ⟨Mannelli⟩
→ **Mannelli, Francesco**

Francesco ⟨Matheo Castellani⟩
→ **Castellani, Francesco di Matteo**

Francesco ⟨Montemarte e Corbara, Conte⟩
→ **Francesco ⟨di Montemarte e Corbara⟩**

Francesco ⟨Negri⟩
→ **Franciscus ⟨Niger⟩**

Francesco ⟨of Ferrara⟩
→ **Franciscus ⟨de Ferraria⟩**

Francesco ⟨Patrizi⟩
→ **Patricius, Franciscus**

Francesco ⟨Pegolotti⟩
→ **Balducci Pegolotti, Francesco**

Francesco ⟨Pesellino⟩
→ **Pesellino**

Francesco ⟨Petrarca⟩
→ **Petrarca, Francesco**

Francesco ⟨Piazza⟩
→ **Franciscus ⟨de Platea⟩**

Francesco ⟨Pipino da Bologna⟩
→ **Pipinus, Franciscus**

Francesco ⟨Pontano⟩
→ **Franciscus ⟨Pontanus⟩**

Francesco ⟨Prendilacqua⟩
→ **Franciscus ⟨Prendilacqua⟩**

Francesco ⟨Sansone⟩
→ **Franciscus ⟨Sansonis⟩**

Francesco ⟨Simonetta⟩
→ **Simonetta, Ciccus**

Francesco ⟨Stabili⟩
→ **Cecco ⟨d'Ascoli⟩**

Francesco ⟨Todeschini-Piccolomini⟩
→ **Pius ⟨Papa, III.⟩**

Francesco ⟨Toti⟩
→ **Franciscus ⟨de Perusio⟩**

Francesco ⟨Traini⟩
→ **Traini, Francesco**

Francesco ⟨Venimbeni da Fabriano⟩
→ **Franciscus ⟨de Fabriano⟩**

Francesco ⟨Villanassi⟩
→ **Franciscus ⟨de Villanutiis⟩**

Francesco ⟨von Mailand⟩
→ **Franciscus ⟨de Mediolano⟩**

Francesco ⟨Zabarella⟩
→ **Franciscus ⟨de Zabarellis⟩**

Francesco, Giovanni ¬di¬
→ **Giovanni Francesco ⟨da Rimini⟩**

Francesco, Niccolò ¬de¬
→ **Gherardello ⟨da Firenze⟩**

Francesco, Piero ¬della¬
→ **Piero ⟨della Francesca⟩**

Francesco DelCervelliera, Giovanni ¬di¬
→ **Giovanni Francesco ⟨da Rimini⟩**

Francesh, Jean
→ **Francesch, Joan**

Francez ⟨Carros Pardo⟩
→ **Francesch ⟨Carroç Pardo de la Casta⟩**

Francfordia, Johannes ¬de¬
→ **Johannes ⟨de Francfordia⟩**

Francfort, Pierre
→ **Petrus ⟨Spitznagel de Francofordia⟩**

Franchi, Andreas
ca. 1335 – 1403 · OP
Schneyer,I,287
André ⟨de Pistoie⟩
André ⟨de' Franchi-Boccagni⟩
Andrea ⟨di Pistoia⟩
Andrea ⟨Franchi⟩
Andrea ⟨Franchi-Boccagni⟩
Andrea ⟨von Pistoia⟩
Andreas ⟨de Bocagnis⟩
Andreas ⟨de Franchis⟩
Andreas ⟨de Pistorio⟩
Andreas ⟨Franchi⟩
Andreas ⟨Franchi Pistoriensis⟩
Andreas ⟨Pistoriensis⟩
Franchi, Andrea
Franchi-Boccagni, Andrea

Franchi-Boccagni, Andrea
→ **Franchi, Andreas**

Franchovar, Henricus
→ **Henricus ⟨de Franchoven⟩**

Franchoven, Henricus ¬de¬
→ **Henricus ⟨de Franchoven⟩**

Francières, Jean ¬de¬
→ **Jean ⟨de Francières⟩**

Francigena, Henricus
→ **Henricus ⟨Francigena⟩**

Francis ⟨Bernardoni⟩
→ **Franciscus ⟨Assisias⟩**

Francis ⟨Caraccioli⟩
→ **Franciscus ⟨Caraccioli⟩**

Francis ⟨Mayron⟩
→ **Franciscus ⟨de Maironis⟩**

Francis ⟨of Assisi⟩
→ **Franciscus ⟨Assisias⟩**

Francis ⟨of Marchia⟩
→ **Franciscus ⟨de Marchia⟩**

Francis ⟨Saint⟩
→ **Franciscus ⟨Assisias⟩**

Francis, Gerasinus
→ **Georgius ⟨Sphrantzes⟩**

Francischinus ⟨de Imola⟩
um 1370/74 · OP
Revocatio 17 propositionum
Kaeppeli,I,389; Schönberger/Kible, Repertorium, 12681
Francischinus ⟨de Ymola⟩
Franciscus ⟨de Imola⟩
Imola, Francischinus ¬de¬

Francischus ⟨...⟩
→ **Franciscus ⟨...⟩**

Francisci, Gabriel
→ **Gabriel ⟨de Barcinona⟩**

Francisci, Martinus
→ **Martinus ⟨Francisci⟩**

Francisci, Michael
→ **François, Michel**

Francisci, Stephanus
→ **Stephanus ⟨Francisci⟩**

Francisci, Thaddaeus
→ **Thaddaeus ⟨Francisci⟩**

Francisci, Thomas
→ **Thomas ⟨Francisci⟩**

Francisco ⟨de Asís⟩
→ **Franciscus ⟨Assisias⟩**

Francisco ⟨de la Marca⟩
→ **Franciscus ⟨de Marchia⟩**

Francisco ⟨de Trasne⟩
um 1453
Information envoyée par Francisco de Trasne
Rep. Font. IV,543; VI,238/39
Francesco ⟨de Trasne⟩
François ⟨de Traona⟩
Traona, François ¬de¬
Trasne, Francisco ¬de¬

Francisco ⟨Eiximenis⟩
→ **Francesc ⟨Eiximenis⟩**

Francisco ⟨Fray⟩
→ **Moner, Francisco**

Francisco ⟨Imperial⟩
→ **Imperial, Francisco**

Francisco ⟨Martinez⟩
→ **Franciscus ⟨Martini⟩**

Francisco ⟨Moner⟩
→ **Moner, Francisco**

Francisco ⟨Ximenez⟩
→ **Francesc ⟨Eiximenis⟩**

Franciscus ⟨a Nerito⟩
→ **Franciscus ⟨Securus de Nardo⟩**

Franciscus ⟨ab Equis⟩
→ **Franciscus ⟨de Caballis⟩**

Franciscus ⟨Accoltus⟩
→ **Accoltus, Franciscus**

Franciscus ⟨Accursius⟩
→ **Accursius, Franciscus ⟨Iunior⟩**
→ **Accursius, Franciscus ⟨Senior⟩**

Franciscus ⟨Albinuti de Utino⟩
→ **Franciscus ⟨de Utino⟩**

Franciscus ⟨Aleardus⟩
um 1449
Aleardi, Francesco
Aleardi, François
Aleardus ⟨Veronensis⟩
Aleardus, Franciscus
Francesco ⟨Aleardi⟩
François ⟨Aleardi⟩
François ⟨de Vérone⟩

Franciscus ⟨Alvatus⟩
→ **Franciscus ⟨de Abbatibus⟩**

Franciscus ⟨Aretinus⟩
→ **Accoltus, Franciscus**

Franciscus ⟨Ariminensis⟩
→ **Franciscus ⟨de Arimino⟩**

Franciscus ⟨Asculanus⟩
→ **Franciscus ⟨de Marchia⟩**

Franciscus ⟨Assisias⟩
1182 – 1226
Tusculum-Lexikon; LThK; VL(2); LMA,IV,830/35
Assisi, Francesco ¬d'¬
Assisi, Franz ¬von¬
Assisi, Franziskus ¬von¬
Assisias, Franciscus
Bernardoni, Franciscus
Francesco
Francesco ⟨di Pietro di Bernardone⟩
Francesco ⟨d'Assisi⟩
Francis ⟨af Assisi⟩
Francis ⟨Bernardoni⟩
Francis ⟨of Assisi⟩
Francis ⟨Saint⟩
Francisco ⟨de Asís⟩
Franciscus ⟨Assisiensis⟩
Franciscus ⟨Bernardoni⟩
Franciscus ⟨de Assisi⟩
Franciscus ⟨de Assisio⟩
Franciscus ⟨Fratrum Minorum Conditor⟩
Franciscus ⟨Sanctus⟩
Franciscus ⟨von Assisi⟩
Francisko ⟨el Asizio⟩
Francisko ⟨el Asizo⟩
François ⟨d'Assise⟩
Franz ⟨von Assisi⟩
Franziskus
Franziskus ⟨Heiliger⟩
Franziskus ⟨von Assisi⟩

Franciscus ⟨Astensis⟩
→ **Franciscus ⟨de Abbatibus⟩**

Franciscus ⟨Baconis⟩
→ **Franciscus ⟨de Bacona⟩**

Franciscus ⟨Balthasar⟩
→ **Balthasar, Franz**

Franciscus ⟨Barbarus⟩
→ **Barbaro, Francesco**

Franciscus ⟨Barcinonensis⟩
→ **Franciscus ⟨Martini⟩**

Franciscus ⟨Bartholdus⟩
→ **Franciscus ⟨Bartholi de Assisio⟩**

Franciscus ⟨Bartholi de Assisio⟩
um 1312/72 · OFM
Tractatus de Indulgentia S. Mariae de Portiuncula
Rep.Font. IV,546
Assisio, Franciscus Bartholi ¬de¬
Bartholi de Assisio, Franciscus
Bartoli, Francesco
Bartoli, François
Francesco ⟨Bartoli⟩
Franciscus ⟨Bartholdus⟩
Franciscus ⟨Bartholi⟩
Franciscus ⟨de Assisio⟩
François ⟨Bartoli⟩
François ⟨Bartoli d'Assise⟩

Franciscus ⟨Benalius⟩
→ **Benaglio, Francesco**

Franciscus ⟨Benessow⟩
gest. ca. 1412/17
Commentarium in sententias
Stegmüller, Repert. sentent. 217
Benessow, Franciscus

Franciscus ⟨Bernardoni⟩
→ **Franciscus ⟨Assisias⟩**

Franciscus ⟨Bruni⟩
→ **Bruni, Francesco**

Franciscus ⟨Caesenatensis⟩
um 1263/70 · OP
Manuale parochorum; Libellus doctrinae Christianae; der Name Franciscus ⟨Lampugnani⟩ ist nicht richtig
Kaeppeli,I,384/385
Franciscus ⟨Episcopus⟩
Franciscus ⟨Episcopus Caesenas⟩
Franciscus ⟨Lampugnani⟩

Franciscus ⟨Cancellarius Parisiensis⟩
→ **Franciscus ⟨Caraccioli⟩**

Franciscus ⟨Canonicus⟩
→ **Franciscus ⟨Pragensis⟩**

Franciscus ⟨Caraccioli⟩
gest. 1316
Utrum iurista vel theologus plus proficiat ad regimen ecclesie
Rep.Font. IV,549; Stegmüller, Repert. sentent. 56; Kaeppeli,I,385/386
Caraccioli, Franciscus
Caraccioli, François
Francis ⟨Caraccioli⟩
Franciscus ⟨Cancellarius Parisiensis⟩
Franciscus ⟨Caracciolo de Neapoli⟩
Franciscus ⟨Caraculus⟩
Franciscus ⟨de Caracciolo⟩
Franciscus ⟨de Neapoli⟩
François ⟨Caraccioli⟩

Franciscus ⟨Caraculus⟩
→ **Franciscus ⟨Caraccioli⟩**

Franciscus ⟨Cardinalis⟩
→ **Franciscus ⟨de Zabarellis⟩**

Franciscus ⟨Carovelli⟩
→ **Franciscus ⟨de Caronellis⟩**

Franciscus ⟨Castillionensis⟩
→ **Castiglione, Franciscus ¬de¬**

Franciscus ⟨Cavalli⟩
→ **Franciscus ⟨de Caballis⟩**

Franciscus ⟨Cinquini⟩
gest. 1348 · OP
Epistula missa „sororibus sanctis et dominabus rev. Teresiae et Titiae de Cinquinis" una cum „serie martyrii" et reliquiis fratrum Minorum Thomae de Tolentino, Jacobi de Padua, Petri de Senis, Demetrii, in Perside occisorum
Kaeppeli,I,386/387
Cinquini, Franciscus
Franciscus ⟨Cinquini de Pisis⟩
Franciscus ⟨Cinquisuis⟩
Franciscus ⟨de Pisis⟩
Franciscus ⟨in Perside Peregrinus⟩
François ⟨de Pise⟩

Franciscus ⟨Cinquisuis⟩
→ **Franciscus ⟨Cinquini⟩**

Franciscus ⟨Constantinopolitanus⟩
→ **Franciscus ⟨Praedicator⟩**

Franciscus ⟨Contarenus⟩
→ **Contarenus, Franciscus**

Franciscus ⟨Correspondant de Pétrarque⟩
→ **Bruni, Francesco**

Franciscus ⟨Coti⟩
→ **Franciscus ⟨de Perusio⟩**

Franciscus ⟨Creysewicz de Brega⟩
gest. 1432
Quaestiones de impressionibus meteorologicis et meteororum
Lohr
Brega, Franciscus ¬de¬
Creysewicz, Franciscus
Creysewicz de Brega, Franciscus
Franciscus ⟨Creysewicz⟩
Franciscus ⟨de Brega⟩
Franciscus ⟨z Brzegu⟩

Franciscus ⟨Curtius⟩
gest. 1495
Corti, Francesco
Curte, Franciscus ¬de¬
Curtius, Francischus
Curtius, Franciscus
Franciscus ⟨Curtius, Senior⟩
Franciscus ⟨de Curte⟩
Franciscus ⟨Papiensis⟩
François ⟨Curtius⟩
François ⟨de Pavie⟩

Franciscus ⟨de Abbatibus⟩
ca. 14. Jh. · OM
Postilla super evangelia dominicalia
Stegmüller, Repert. bibl. 2295; Schneyer,II,55
Abbati, François ¬degli¬
Abbatibus, Franciscus ¬de¬
Francesco ⟨Abbate⟩
Franciscus ⟨Alvatus⟩
Franciscus ⟨Astensis⟩
Franciscus ⟨Ostensis⟩
François ⟨degli Abbati⟩

Franciscus ⟨de Accoltis⟩
→ **Accoltus, Franciscus**

Franciscus ⟨de Aesculo⟩
→ **Franciscus ⟨de Marchia⟩**

Franciscus ⟨de Albano⟩
13. Jh.
Lectura super constitutionibus Gregorii X factis in Concilio Lugdunensi a. 1274
Rep.Font. IV,543
Albano, Franciscus ¬de¬
Franciscus ⟨de Albano Vercellensis⟩
Franciscus ⟨Vercellensis⟩
François ⟨Abbé en Allemagne⟩
François ⟨de Verceil⟩
François ⟨d'Albano⟩

Franciscus ⟨de Apiniano⟩
→ **Franciscus ⟨de Marchia⟩**

Franciscus ⟨de Arimino⟩
gest. ca. 1459 · OFM
Canciones quadragesimales; Sermones et orationes diversae; Tractatus de immaculata conceptione B. Mariae Virginis
Schönberger/Kible, Repertorium, 12676
Arimino, Franciscus ¬de¬
Franciscus ⟨Ariminensis⟩
Franciscus ⟨de Arimini⟩

Franciscus ⟨de Arsochis⟩
→ **Arzocchi, Francesco**

Franciscus ⟨de Assisio⟩
→ **Franciscus ⟨Assisias⟩**
→ **Franciscus ⟨Bartholi de Assisio⟩**

Franciscus ⟨de Bacho⟩
→ **Franciscus ⟨de Bacona⟩**

Franciscus ⟨de Bacona⟩
ca. 1300 – 1372 · OCarm
Sentenzenkommentar; Repertorium praedicantium
LMA,IV,683; Stegmüller, Repert. sentent. 216
Bacó, Francesc
Bacon, Francesc
Baconis, Franciscus
Francesc ⟨Bacó⟩
Franciscus ⟨Baconis⟩
Franciscus ⟨de Bacho⟩
Franciscus ⟨Doctor Sublimis⟩
François ⟨de Bacho⟩
François ⟨de Bachon⟩

Franciscus ⟨de Balzo⟩
→ **Balzo, Franciscus ¬de¬**

Franciscus ⟨de Belluno⟩
gest. 1354 · OP
Lectura super Genesim; Lectura super Tobiam
Stegmüller, Repert. bibl. 2298-2230; Kaeppeli,I,390; Stegmüller, Repert.Sentent. 240
Belluno, Franciscus ¬de¬
Franciscus ⟨de Beluno⟩
Franciscus ⟨de Tarvisio⟩
Franciscus ⟨Massa⟩
Franciscus ⟨Massa de Belluno⟩
Franciscus ⟨Vicarius Generalis Lombardiae Inferioris⟩
Franciscus ⟨Vicarius Generalis Provinciae Hungariae⟩
François ⟨de Bellune⟩
François ⟨de Belluno⟩

Franciscus ⟨de Brega⟩
→ **Franciscus ⟨Creysewicz de Brega⟩**

Franciscus ⟨de Caballis⟩
um 1497/1500
De numero partium ac librorum physicae doctrinae Aristotelis
Lohr
Caballis, Franciscus ¬de¬
Caballo, François
Franciscus ⟨ab Equis⟩
Franciscus ⟨Cavalli⟩
François ⟨Caballo⟩

Franciscus ⟨de Caputgallis⟩
→ **Franciscus ⟨Stephani de Caputgallis⟩**

Franciscus ⟨de Caracciolo⟩
→ **Franciscus ⟨Caraccioli⟩**

Franciscus ⟨de Caronellis⟩
14. Jh.
De fato
Schönberger/Kible, Repertorium, 12675
Caronelli, François
Caronellis, Franciscus ¬de¬
Francesco ⟨Carovelli⟩
Franciscus ⟨Carovelli⟩
Franciscus ⟨de Conegliano⟩
François ⟨Caronelli⟩

Franciscus ⟨de Casleto⟩
um 1437
Metaph.
Lohr
Casleto, Franciscus ¬de¬

Franciscus ⟨de Castiglione⟩
→ **Castiglione, Franciscus ¬de¬**

Franciscus ⟨de Conegliano⟩
→ **Franciscus ⟨de Caronellis⟩**

Franciscus ⟨de Curte⟩
→ **Franciscus ⟨Curtius⟩**

Franciscus ⟨de Digna⟩
→ **Franciscus ⟨de Maironis⟩**

Franciscus ⟨de Esculo⟩
→ **Franciscus ⟨de Marchia⟩**

Franciscus ⟨de Fabriano⟩
gest. 1322 · OFM
Repertorium ecclesiasticum; Sermones; Chronica
Rep.Font. IV,547; Schneyer,II,64
Fabriano, Franciscus ¬de¬
Francesco ⟨da Fabriano⟩
Francesco ⟨Venimbeni⟩
Francesco ⟨Venimbeni da Fabriano⟩
Franciscus ⟨Fabrianensis⟩
Franciscus ⟨Venimbeni⟩
François ⟨de Fabriano⟩
François ⟨Venimbeni⟩

Franciscus ⟨de Ferraria⟩
um 1350
Quaestio de proportionibus motuum
LMA,IV,683
Ferraria, Franciscus ¬de¬
Francesco ⟨of Ferrara⟩
Franciscus ⟨von Ferrara⟩
Franciscus ⟨Ferrariensis⟩
Franciscus ⟨von Ferrara⟩

Franciscus ⟨de Florence⟩
→ **Bruni, Francesco**

Franciscus ⟨de Florentia⟩
→ **Franciscus ⟨de Villanutiis⟩**
→ **Franciscus ⟨Dominici⟩**

Franciscus ⟨de Fortis⟩
15. Jh. · OFM
Super XII libros Metaphysicorum; Super VIII Physicorum
Lohr
Fortis, Franciscus ¬de¬

Franciscus ⟨de Gratia⟩
um 1359
Chronicon monasterii Sancti Salvatoris Venetiarum (1141-1380)
Rep.Font. IV,146
Gratia, Franciscus ¬de¬

Franciscus ⟨de Ianua⟩
→ **Franciscus ⟨Galvanus⟩**

Franciscus ⟨de Imola⟩
→ **Francischinus ⟨de Imola⟩**

Franciscus ⟨de Insulis⟩
→ **François, Michel**

Franciscus ⟨de Maironis⟩
gest. 1328 · OFM
Sermones de sanctis
LThK; LMA,IV,684/85
Francesco ⟨de Mairone⟩
Francesco ⟨Hospitalieri⟩
Francis ⟨Mayron⟩
Franciscus ⟨de Digna⟩
Franciscus ⟨de Mayronis⟩
Franciscus ⟨Maronis⟩
Franciscus ⟨Mayronis⟩
Franciscus ⟨Meyronis⟩
Franciscus ⟨von Meyronnes⟩
François ⟨de Mayronnes⟩
François ⟨de Meyronnes⟩
Franz ⟨von Mayronis⟩
Franz ⟨von Meyronnes⟩
Maironis, Franciscus ¬de¬
Maronis, Franciscus ¬de¬
Mayronis, Franciscus ¬de¬
Mayronius, Franciscus

Franciscus ⟨de Marchia⟩
1290 – 1344 · OFM
In sententias; Quodlibet; Improbatio contra libellum Domini Johannis; etc.
LMA,IV,683; Lohr; Stegmüller, Repert. sentent. 237; 302; Stegmüller, Repert. bibl. 2328; 2329
Francesco ⟨de Esculo⟩
Francesco ⟨de Pignano⟩
Francesco ⟨della Marca⟩
Francesco ⟨d'Appignano⟩
Francesco ⟨d'Ascoli⟩
Francis ⟨of Marchia⟩
Francisco ⟨de la Marca⟩
Franciscus ⟨Asculanus⟩
Franciscus ⟨de Aesculo⟩
Franciscus ⟨de Apiniano⟩
Franciscus ⟨de Esculo⟩
Franciscus ⟨de Pignano⟩
Franciscus ⟨della Marca⟩
Franciscus ⟨Rossi⟩
Franciscus ⟨Rossi de Marchia⟩
Franciscus ⟨Rubei⟩
Franciscus ⟨Rubei de Marchia⟩
Franciscus ⟨Rubeus⟩
Franciscus ⟨Rubeus de Marchia⟩
François ⟨de la Marche⟩
François ⟨d'Ascoli⟩
Marchia, Franciscus ¬de¬
Rubeus, Franciscus

Franciscus ⟨de Mayronis⟩
→ **Franciscus ⟨de Maironis⟩**

Franciscus ⟨de Mediolano⟩
um 1400
Commentum libri Ethicorum
Lohr
Francesco ⟨da Milano⟩
Francesco ⟨von Mailand⟩
François ⟨de Milan⟩
Franjo ⟨iz Milana⟩
Mediolano, Franciscus ¬de¬

Franciscus ⟨de Moliano⟩
um 1312
Moliano, Franciscus ¬de¬

Franciscus ⟨de Monte Belluna⟩
ca. 1320 – 1363 · OP, später OSB
Tragicum argumentum de miserabili statu regni Francie
Rep.Font. IV,549
Francesco ⟨da Montebelluna⟩
Franciscus ⟨de Montebelluna⟩
François ⟨de Belluna⟩
François ⟨de Monteballuna⟩
François ⟨de Monte-Bellima⟩
Monte Belluna, Franciscus ¬de¬
Montebelluna, Franciscus ¬de¬

Franciscus ⟨de Naples⟩
→ **Franciscus ⟨de Neapoli⟩**

Franciscus ⟨de Nardo⟩
→ **Franciscus ⟨Securus de Nardo⟩**

Franciscus ⟨de Neapoli⟩
→ **Franciscus ⟨Caraccioli⟩**

Franciscus ⟨de Neapoli⟩
14. Jh.
Quaestiones philosophicae iuxta Aristotelis doctrinam
Lohr
Franciscus ⟨de Naples⟩
François ⟨de Naples⟩
Neapoli, Franciscus ¬de¬

Franciscus ⟨de Neritono⟩
→ **Franciscus ⟨Securus de Nardo⟩**

Franciscus ⟨de Nutis⟩
gest. 1451 · OESA
Stegmüller, Repert. bibl. 2321
Franciscus ⟨de Senis⟩
Franciscus ⟨Johannis⟩
Franciscus ⟨Johannis de Nutis⟩
Nutis, Franciscus ¬de¬

Franciscus ⟨de Paucapalea⟩
um 1307/16 · OP
Libellus rationum officii inquisitionis
Kaeppeli,I,392; Schönberger/Kible, Repertorium, 12693
Paucapalea, Franciscus ¬de¬

Franciscus ⟨de Pede Montium⟩
gest. 1320
Tusculum-Lexikon
Franciscus ⟨de Pede Montis⟩
Franciscus ⟨de Pedemontium⟩
Pede Montis, Franciscus ¬de¬
Pede Montium, Franciscus ¬de¬

Franciscus ⟨de Perpignano⟩
→ **Franciscus ⟨Roma de Perpignano⟩**

Franciscus ⟨de Perusio⟩
um 1365/68 · OFM
Vermutlich 3 Personen (vgl. LThK,4,242); Tractatus contra Bavarum
Rep.Font. IV,549
Coti, Franciscus
Francesco ⟨de Perugia⟩
Francesco ⟨Toti⟩
Franciscus ⟨Coti⟩
Franciscus ⟨Perusinus⟩
Franciscus ⟨Toti de Perusio⟩
Franciscus ⟨Toti Perusinus⟩
Franz ⟨von Perugia⟩
Toti, François

Franciscus ⟨de Pignano⟩
→ **Franciscus ⟨de Marchia⟩**

Franciscus ⟨de Pisis⟩
→ **Franciscus ⟨Cinquini⟩**

Franciscus ⟨de Platea⟩
gest. 1460
Francesco ⟨Piazza⟩
Piazza, Francesco
Platea, Franciscus ¬de¬

Franciscus ⟨de Ponte⟩
15. Jh.
Octavarium S. Amati
Rep.Font. IV,549
Ponte, Franciscus ¬de¬

Franciscus ⟨de Prato⟩
um 1323/67 · OP
Quaestiones metaphysicae; Quaestiones de anima
Lohr; Kaeppeli,I,395/397
François ⟨de Prato⟩
Prato, Franciscus ¬de¬

Franciscus ⟨de Retza⟩
gest. 1425
De generatione Christi
Franciscus ⟨de Retz⟩
Franciscus ⟨Retzensis⟩
Franciscus ⟨Rota⟩
François ⟨de Retz⟩
Franz ⟨von Retz⟩
Retza, Franciscus ¬de¬

Franciscus ⟨de Roma⟩
14. Jh. · OFM
Inc.: Sic state in Domino
Schneyer,II,79
François ⟨de Rome⟩
Roma, Franciscus ¬de¬

Franciscus ⟨de Rovere⟩
→ **Sixtus ⟨Papa, IV.⟩**

Franciscus ⟨de Senis⟩
→ **Franciscus ⟨de Nutis⟩**

Franciscus ⟨de Tarvisio⟩
→ **Franciscus ⟨de Belluno⟩**

Franciscus ⟨de Utino⟩
gest. 1363 · OP
Postilla super Tobiam; Postilla super Marcum; Philosophia naturalis
Kaeppeli,I,401
Franciscus ⟨Albinuti de Utino⟩
Utino, Franciscus ¬de¬

Franciscus ⟨de Villanutiis⟩
gest. 1348 · OP
Angeblicher Verfasser von „Sermones dominicales et festivi"; „Postilla super Cantica Canticorum"; „Postilla super Lucam"
Kaeppeli,I,401; Schönberger/Kible, Repertorium, 12698
Francesco ⟨Villanassi⟩
Franciscus ⟨de Florentia⟩
Franciscus ⟨de Villanutiis de Florentia⟩
Franciscus ⟨de Villanuzzi⟩
Franciscus ⟨Villanassi⟩
Villanutiis, Franciscus ¬de¬

Franciscus ⟨de Villanuzzi⟩
→ **Franciscus ⟨de Villanutiis⟩**

Franciscus ⟨de Viterbio⟩
um 1474/86 · OP
Sermones
Kaeppeli,I,402
Franciscus ⟨Pauli de Viterbio⟩
Viterbio, Franciscus ¬de¬

Franciscus ⟨de Zabarellis⟩
gest. 1417
Orationes
Potth.; LMA,IV,685
Francesco ⟨Zabarella⟩
Franciscus ⟨Cardinalis⟩
Franciscus ⟨de Zabarella⟩
Franciscus ⟨Florentinus⟩
Franciscus ⟨Sabarelli⟩
Franciscus ⟨Sabarini⟩
Franciscus ⟨Zabarella⟩
Franz ⟨Zabarella⟩
Zabarella, Francesco
Zabarella, Franciscus ¬de¬
Zabarellis, Franciscus ¬de¬

Franciscus ⟨della Marca⟩
→ **Franciscus ⟨de Marchia⟩**

Franciscus ⟨Diedus⟩
→ **Diedus, Franciscus**

Franciscus ⟨Doctor Sublimis⟩
→ **Franciscus ⟨de Bacona⟩**

Franciscus ⟨Dominici⟩
gest. 1368 · OP
Sermones dominicales et festivi per totum annum
Kaeppeli,I,387
Dominici, Franciscus
Franciscus ⟨de Florentia⟩
Franciscus ⟨Dominici de Florentia⟩

Franciscus ⟨Episcopus Caesenas⟩
→ **Franciscus ⟨Caesenatensis⟩**

Franciscus ⟨Eximini⟩
→ **Francesc ⟨Eiximenis⟩**

Franciscus ⟨Fabrianensis⟩
→ **Franciscus ⟨de Fabriano⟩**

Franciscus ⟨Ferrariensis⟩
→ **Franciscus ⟨de Ferraria⟩**

Franciscus ⟨Florentinus⟩
→ **Franciscus ⟨de Zabarellis⟩**

Franciscus ⟨Fratrum Minorum Conditor⟩
→ **Franciscus ⟨Assisias⟩**

Franciscus ⟨Fuscus⟩
→ **Franciscus ⟨Niger⟩**

Franciscus ⟨Galuani de Ianua⟩
→ **Franciscus ⟨Galvanus⟩**

Franciscus ⟨Galuarius⟩
→ **Franciscus ⟨Galvanus⟩**

Franciscus ⟨Galvani de Ianua⟩
→ **Franciscus ⟨Galvanus⟩**

Franciscus ⟨Galvanus⟩
um 1348/52 · OP
Sermones de sanctis; Collationes morales super Lucam; nicht identisch mit Galvaneus ⟨de Flamma⟩ (gleicher Titel, anderes Incipit); etc.
Schneyer,II,64; Stegmüller, Repert. bibl. 2302; 2303; Kaeppeli,I,387/389
Francesco ⟨de Gênes⟩
Francesco ⟨Galvano⟩
Francesco ⟨Gravano⟩
Franciscus ⟨de Ianua⟩
Franciscus ⟨Galuani⟩
Franciscus ⟨Galuani de Ianua⟩
Franciscus ⟨Galuarius⟩
Franciscus ⟨Galvani de Ianua⟩
Franciscus ⟨Gratianus⟩
Franciscus ⟨Gravano⟩
Franciscus ⟨Gravanus⟩
François ⟨Gravano⟩
Galvanus, Franciscus
Gravano, François
Gravanus, Franciscus

Franciscus ⟨Gothus⟩
um 1480 · OFM
Compendium biblicum metrice
Stegmüller, Repert. bibl. 2308
Franciscus ⟨Gotthi⟩
Franciscus ⟨le Goux⟩
Gothus, Franciscus

Franciscus ⟨Gotthi⟩
→ **Franciscus ⟨Gothus⟩**

Franciscus ⟨Gratianus⟩
→ **Franciscus ⟨Galvanus⟩**

Franciscus ⟨Gravanus⟩
→ **Franciscus ⟨Galvanus⟩**

Franciscus ⟨Hispalensis⟩
um 1476 · OFM
SS. Martyrum quinque ... Legenda
Rep.Font. IV,547
François ⟨de Séville⟩

Franciscus ⟨in Perside Peregrinus⟩
→ **Franciscus ⟨Cinquini⟩**

Franciscus ⟨Italus⟩
→ **Franciscus ⟨Praedicator⟩**

Franciscus ⟨Johannis de Nutis⟩
→ **Franciscus ⟨de Nutis⟩**

Franciscus ⟨Lampugnani⟩
→ **Franciscus ⟨Caesenatensis⟩**

Franciscus ⟨Landinus⟩
→ **Landini, Francesco**

Franciscus ⟨le Goux⟩
→ **Franciscus ⟨Gothus⟩**

Franciscus ⟨Maronis⟩
→ **Franciscus ⟨de Maironis⟩**

Franciscus ⟨Martini⟩
um 1378 · OCarm
Lucubrationes in libros quosdam S. Scripturae; Responsio ad quaestiones de schisma
Stegmüller, Repert. bibl. 2322
Francesc ⟨Carmelita⟩
Francesc ⟨da Barcelona⟩
Francesc ⟨Marti⟩
Francisco ⟨Martin⟩
Francisco ⟨Martinez⟩
Franciscus ⟨Barcinonensis⟩
Martini, Franciscus

Franciscus ⟨Massa de Belluno⟩
→ **Franciscus ⟨de Belluno⟩**

Franciscus ⟨Mauroy⟩
→ **Mauroy, Franciscus**

Franciscus ⟨Mayronis⟩
→ **Franciscus ⟨de Maironis⟩**

Franciscus ⟨Meyronis⟩
→ **Franciscus ⟨de Maironis⟩**

Franciscus ⟨Nanis⟩
→ **Franciscus ⟨Sansonis⟩**

Franciscus ⟨Nardus⟩
→ **Franciscus ⟨Securus de Nardo⟩**

Franciscus ⟨Naritonensis⟩
→ **Franciscus ⟨Securus de Nardo⟩**

Franciscus ⟨Niger⟩
1452 – 1496
In Faustissimum principem Sigismundum sermonem
Francesco ⟨Fosco⟩
Francesco ⟨Negri⟩
Franciscus ⟨Fuscus⟩
Franciscus ⟨Venetus⟩
Fuscus, Franciscus
Negri, Francesco
Niger, Franciscus

Franciscus ⟨Oczkonis⟩
um 1376/93 · OP
Postilla super XII Prophetas min.
Kaeppeli,I,391
Franciscus ⟨Oczkonis Polonus⟩
Franciscus ⟨Polonus⟩
Oczkonis, Franciscus

Franciscus ⟨of Prague⟩
→ **Franciscus ⟨Pragensis⟩**

Franciscus ⟨OP⟩
→ **Franciscus ⟨Praedicator⟩**

Franciscus ⟨Ostensis⟩
→ **Franciscus ⟨de Abbatibus⟩**

Franciscus ⟨Paernat⟩
um 1475
Complainte de la cité de Liège (599 V.; lat.)
Rep.Font. IV,551; III,525
Franciscus ⟨Presbyter Vallensis⟩
François ⟨Paernat⟩
Paernat, Franciscus

Franciscus ⟨Papiensis⟩
→ **Franciscus ⟨Curtius⟩**

Franciscus ⟨Patricius de Gaeta⟩
→ **Patricius, Franciscus**

Franciscus ⟨Patricius Senensis⟩
→ **Patricius, Franciscus**

Franciscus ⟨Pauli de Viterbio⟩
→ **Franciscus ⟨de Viterbio⟩**

Franciscus ⟨Perusinus⟩
→ **Franciscus ⟨de Perusio⟩**

Franciscus ⟨Petrarca⟩
→ **Petrarca, Francesco**

Franciscus ⟨Philelphus⟩
→ **Philelphus, Franciscus**

Franciscus ⟨Pipinus⟩
→ **Pipinus, Franciscus**

Franciscus ⟨Polonus⟩
→ **Franciscus ⟨Oczkonis⟩**

Franciscus ⟨Pontanus⟩
15. Jh.
Carmen ad Bartholomaeum Cruaschum
Francesco ⟨Pontano⟩
Pontano, Francesco
Pontanus, Franciscus

Franciscus ⟨Praedicator⟩
15. Jh. · OP
Conclusiones theologicae et orthodoxae decem
Kaeppeli,I,384
Franciscus ⟨Constantinopolitanus⟩
Franciscus ⟨Italus⟩
Franciscus ⟨OP⟩
Franciscus ⟨Ordinis Praedicatorum⟩
Praedicator, Franciscus

Franciscus ⟨Pragensis⟩
gest. 1362
Chronicon Aulae Regiae
Potth.; LMA,IV,799
Franciscus ⟨Canonicus⟩
Franciscus ⟨of Prague⟩
François ⟨de Prague⟩
František ⟨de Prague⟩
František ⟨Pražský⟩
Franz ⟨von Prag⟩

Franciscus ⟨Prendilacqua⟩
um 1447
Vita Victorini Feltrensis
Potth. 936
Francesco ⟨Prendilacqua⟩
Franciscus ⟨Prendilaqua⟩
François ⟨Prendilacqua⟩
Prendilacqua, Francesco
Prendilacqua, Franciscus
Prendilacqua, François
Prendilaqua, Franciscus

Franciscus ⟨Presbyter Vallensis⟩
→ **Franciscus ⟨Paernat⟩**

Franciscus ⟨Retzensis⟩
→ **Franciscus ⟨de Retza⟩**

Franciscus ⟨Roma de Perpignano⟩
um 1341
Quaestio
Franciscus ⟨de Perpignano⟩
Roma de Perpignano, Franciscus

Franciscus ⟨Rossi de Marchia⟩
→ **Franciscus ⟨de Marchia⟩**

Franciscus ⟨Rota⟩
→ **Franciscus ⟨de Retza⟩**

Franciscus ⟨Rubei de Marchia⟩
→ **Franciscus ⟨de Marchia⟩**

Franciscus ⟨Sabarelli⟩
→ **Franciscus ⟨de Zabarellis⟩**

Franciscus ⟨Sabarini⟩
→ **Franciscus ⟨de Zabarellis⟩**

Franciscus ⟨Sampson⟩
→ **Franciscus ⟨Sansonis⟩**

Franciscus ⟨Sanctus⟩
→ **Franciscus ⟨Assisias⟩**

Franciscus ⟨Sansone⟩
→ **Franciscus ⟨Sansonis⟩**

Franciscus ⟨Sansonis⟩
ca. 1414 – ca. 1499 · OFM
Recollectae in forma quaestionum super totum opus De physico auditu; Commentaria in Ethicam
Lohr; LMA,VII,1368
Francesco ⟨Sansone⟩
Franciscus ⟨Nanis⟩
Franciscus ⟨Sampson⟩
Franciscus ⟨Sampson Nanis⟩
Franciscus ⟨Sansone⟩
Sampson, François
Sansone, Francesco
Sansonis, Franciscus

Franciscus ⟨Securus de Nardo⟩
gest. 1489 · OP
Quaestiones super XII libros Metaphysicae
Lohr; Kaeppeli,I,390/391
Francesco ⟨de Nardo⟩
Franciscus ⟨a Nerito⟩
Franciscus ⟨de Nardo⟩
Franciscus ⟨de Neritono⟩
Franciscus ⟨Nardò⟩
Franciscus ⟨Nardus⟩

Franciscus ⟨Naritonensis⟩
François ⟨de Nardo⟩
François ⟨Nerito⟩
Nardo, Franciscus Securus ¬de¬
Securus de Nardo, Franciscus

Franciscus ⟨Simonetta⟩
→ **Simonetta, Ciccus**

Franciscus ⟨Spoletinus⟩
um 1340 · OFM
Conciones quadragesimales per annum
Schneyer,II,80
François ⟨de Spolète⟩
Spoletinus, Franciscus

Franciscus ⟨Stephani de Caputgallis⟩
um 1374/86
Notar in Rom; Protocolli
Caputgallis, Francesco di Stefano ¬de¬
Caputgallis, Franciscus Stephani ¬de¬
Francesco ⟨di Stefano de Caputgallis⟩
Franciscus ⟨de Caputgallis⟩
Franciscus ⟨Stephani⟩
Stefano de Caputgallis, Francesco ¬di¬
Stephani de Caputgallis, Franciscus

Franciscus ⟨Thomasius⟩
um 1460/71
Fortsetzer der Historia Senensis des Bandini, Johannes
Potth. 132; 1066
Franciscus ⟨Thomassius⟩
François ⟨Tommasi⟩
François ⟨Tommasi de Sienne⟩
Thomasius, Franciscus
Thomassius, Franciscus
Tommasi, François

Franciscus ⟨Tolentinus⟩
→ **Philelphus, Franciscus**

Franciscus ⟨Toti de Perusio⟩
→ **Franciscus ⟨de Perusio⟩**

Franciscus ⟨Venetus⟩
→ **Franciscus ⟨Niger⟩**

Franciscus ⟨Venimbeni⟩
→ **Franciscus ⟨de Fabriano⟩**

Franciscus ⟨Vercellensis⟩
→ **Franciscus ⟨de Albano⟩**

Franciscus ⟨Vicarius Generalis Lombardiae Inferioris⟩
→ **Franciscus ⟨de Belluno⟩**

Franciscus ⟨Vicarius Generalis Provinciae Hungariae⟩
→ **Franciscus ⟨de Belluno⟩**

Franciscus ⟨Villanassi⟩
→ **Franciscus ⟨de Villanutiis⟩**

Franciscus ⟨von Assisi⟩
→ **Franciscus ⟨Assisias⟩**

Franciscus ⟨von Ferrara⟩
→ **Franciscus ⟨de Ferraria⟩**

Franciscus ⟨von Meyronnes⟩
→ **Franciscus ⟨de Maironis⟩**

Franciscus ⟨Woitkysdorff⟩
um 1436 · OP
Sermones de tempore et de sanctis
Kaeppeli,I,402
Woitkysdorff, Franciscus

Franciscus ⟨z Brzegu⟩
→ **Franciscus ⟨Creysewicz de Brega⟩**

Franciscus ⟨Zabarella⟩
→ **Franciscus ⟨de Zabarellis⟩**

Franciscus, Michael
→ **François, Michel**

Franciscus de Insulis, Michael
→ **François, Michel**

Franciscus Octavius ⟨Cleophilus⟩
→ **Cleophilus, Franciscus Octavius**

Francisko ⟨el Asizio⟩
→ **Franciscus ⟨Assisias⟩**

Franck, Hermann
15. Jh.
Lied
VL(2),2,799/800
Hermann ⟨Franck⟩

Franck, Johannes
→ **Frank, Johannes**

Francke ⟨Meister⟩
geb. ca. 1380/85
Bildender Künstler
Francke
Francke ⟨aus Zutphen⟩
Francke ⟨Frater⟩
Francke ⟨Magister⟩
Francke ⟨Mönch⟩
Franco
Franco ⟨Zutphanicus⟩

Francke ⟨Mönch⟩
→ **Francke ⟨Meister⟩**

Franckfordia, Johannes ¬de¬
→ **Johannes ⟨de Francfordia⟩**

Franco
→ **Francke ⟨Meister⟩**

Franco ⟨Abbas⟩
→ **Franco ⟨Affligemensis⟩**

Franco ⟨Abbas Villariensis⟩
→ **Franco ⟨Villariensis⟩**

Franco ⟨Affligemensis⟩
gest. 1135
De gratia Dei
Franco ⟨Abbas⟩
Franco ⟨of Afflighem⟩
Franco ⟨von Afflighem⟩
Francon ⟨d'Afflighem⟩
Franko ⟨von Afflighem⟩

Franco ⟨Cardinalis⟩
→ **Bonifatius ⟨Papa, VII.⟩**

Franco ⟨de Colonia⟩
13. Jh.
Ars cantus mensurabilis; Compendium discantus
Tusculum-Lexikon; LThK; VL(2); LMA,IV,686/87
Colonia, Franco ¬de¬
Franco ⟨Coloniensis⟩
Franco ⟨Magister⟩
Franco ⟨Parisiensis⟩
Franco ⟨Teutonicus⟩
Franco ⟨von Coeln⟩
Franco ⟨von Köln⟩
Francon ⟨de Cologne⟩
Francon ⟨de Paris⟩
Franko ⟨von Köln⟩
Franko ⟨von Paris⟩

Franco ⟨de Meschede⟩
um 1319/30
Altercatio de utroque Johanne Baptista et Evangelista; Carmen magistrale De beata Maria Virgine; Aurea fabrica
LMA,IV,687
Franco ⟨von Meschede⟩
Francon ⟨de Meschede⟩
Francon ⟨Scolastique⟩
Franko ⟨von Meschede⟩
Meschede, Franco ¬de¬

Franco ⟨de Polonia⟩
um 1284
Modus construendi torquetum
LMA,IV,688
Franco ⟨von Polen⟩
Polonia, Franco ¬de¬

Franco ⟨Leodiensis⟩
gest. 1083
De quadratura circuli
VL(2); CSGL; LMA,IV,687
Franco ⟨of Liège⟩
Franco ⟨Scholasticus⟩
Franco ⟨van Luik⟩
Franco ⟨von Lüttich⟩
Francon ⟨de Liège⟩
Franko ⟨von Lüttich⟩

Franco ⟨Magister⟩
→ **Franco ⟨de Colonia⟩**

Franco ⟨of Afflighem⟩
→ **Franco ⟨Affligemensis⟩**

Franco ⟨of Liège⟩
→ **Franco ⟨Leodiensis⟩**

Franco ⟨Parisiensis⟩
→ **Franco ⟨de Colonia⟩**

Franco ⟨Scholasticus⟩
→ **Franco ⟨Leodiensis⟩**

Franco ⟨Teutonicus⟩
→ **Franco ⟨de Colonia⟩**

Franco ⟨van Luik⟩
→ **Franco ⟨Leodiensis⟩**

Franco ⟨Villariensis⟩
um 1460 · OCist
Chronica monasterii Villariensis, 1333-1459
Rep.Font. III, 468/469; IV,551
Franco ⟨Abbas Villariensis⟩
Francon ⟨Calaber⟩
Francon ⟨de Brabant⟩
Francon ⟨de Nivelles⟩
Francon ⟨de Villers-la-Ville⟩

Franco ⟨von Afflighem⟩
→ **Franco ⟨Affligemensis⟩**

Franco ⟨von Köln⟩
→ **Franco ⟨de Colonia⟩**

Franco ⟨von Lüttich⟩
→ **Franco ⟨Leodiensis⟩**

Franco ⟨von Meschede⟩
→ **Franco ⟨de Meschede⟩**

Franco ⟨von Polen⟩
→ **Franco ⟨de Polonia⟩**

Franco ⟨Zutphanicus⟩
→ **Francke ⟨Meister⟩**

Franco, Johannes
→ **Franke, Johannes**

Francofordia, Johannes ¬de¬
→ **Streler, Johannes**

Francofordia, Petrus ¬de¬
→ **Petrus ⟨Spitznagel de Francofordia⟩**

François ⟨Abbé en Allemagne⟩
→ **Franciscus ⟨de Albano⟩**

François ⟨Accolti⟩
→ **Accoltus, Franciscus**

François ⟨Accurse⟩
→ **Accursius, Franciscus ⟨Iunior⟩**
→ **Accursius, Franciscus ⟨Senior⟩**

François ⟨Aleardi⟩
→ **Franciscus ⟨Aleardus⟩**

François ⟨Angeluccio de Bazzano⟩
→ **Francesco ⟨d'Angeluccio⟩**

François ⟨Arsocchi⟩
→ **Arzocchi, Francesco**

François ⟨Balducci⟩
→ **Balducci Pegolotti, Francesco**

François ⟨Balzo⟩
→ **Balzo, Franciscus ¬de¬**

François ⟨Bartoli d'Assise⟩
→ **Franciscus ⟨Bartholi de Assisio⟩**

François ⟨Bruni⟩
→ **Bruni, Francesco**

François ⟨Caballo⟩
→ **Franciscus ⟨de Caballis⟩**

François ⟨Caraccioli⟩
→ **Franciscus ⟨Caraccioli⟩**

François ⟨Caronelli⟩
→ **Franciscus ⟨de Caronellis⟩**

François ⟨Chroniqueur d'Orvieto⟩
→ **Francesco ⟨di Montemarte e Corbara⟩**

François ⟨Contarini⟩
→ **Contarenus, Franciscus**

François ⟨Curtius⟩
→ **Franciscus ⟨Curtius⟩**

François ⟨d'Albano⟩
→ **Franciscus ⟨de Albano⟩**

François ⟨d'Ascoli⟩
→ **Franciscus ⟨de Marchia⟩**

François ⟨d'Assise⟩
→ **Franciscus ⟨Assisias⟩**

François ⟨de Bachon⟩
→ **Franciscus ⟨de Bacona⟩**

François ⟨de Barbérino⟩
→ **Francesco ⟨da Barberino⟩**

François ⟨de Belluna⟩
→ **Franciscus ⟨de Monte Belluna⟩**

François ⟨de Bellune⟩
→ **Franciscus ⟨de Belluno⟩**

François ⟨de Castiglione⟩
→ **Castiglione, Franciscus ¬de¬**

François ⟨de Fabriano⟩
→ **Franciscus ⟨de Fabriano⟩**

François ⟨de la Marche⟩
→ **Franciscus ⟨de Marchia⟩**

François ⟨de Lille⟩
→ **François, Michel**

François ⟨de Mayronnes⟩
→ **Franciscus ⟨de Maironis⟩**

François ⟨de Milan⟩
→ **Franciscus ⟨de Mediolano⟩**

François ⟨de Monteballuna⟩
→ **Franciscus ⟨de Monte Belluna⟩**

François ⟨de Naples⟩
→ **Franciscus ⟨de Neapoli⟩**

François ⟨de Nardo⟩
→ **Franciscus ⟨Securus de Nardo⟩**

François ⟨de Pavie⟩
→ **Franciscus ⟨Curtius⟩**

François ⟨de Pise⟩
→ **Franciscus ⟨Cinquini⟩**

François ⟨de Prague⟩
→ **Franciscus ⟨Pragensis⟩**

François ⟨de Prato⟩
→ **Franciscus ⟨de Prato⟩**

François ⟨de Retz⟩
→ **Franciscus ⟨de Retza⟩**

François ⟨de Rome⟩
→ **Franciscus ⟨de Roma⟩**

François ⟨de Séville⟩
→ **Franciscus ⟨Hispalensis⟩**

François ⟨de Spolète⟩
→ **Franciscus ⟨Spoletinus⟩**

François ⟨de Traona⟩
→ **Francisco ⟨de Trasne⟩**

François ⟨de Trévise⟩
→ **Franciscus ⟨de Belluno⟩**

François ⟨de Verceil⟩
→ **Franciscus ⟨de Albano⟩**

François ⟨de Vérone⟩
→ **Franciscus ⟨Aleardus⟩**

François ⟨degli Abbati⟩
→ **Franciscus ⟨de Abbatibus⟩**

François ⟨delle Rovere⟩
→ **Sixtus ⟨Papa, IV.⟩**

François ⟨di Vannozzo⟩
→ **Vannozzo, Francesco ¬di¬**

François ⟨Diedo⟩
→ **Diedus, Franciscus**

François ⟨Durante⟩
→ **Francesco ⟨di Giovanni di Durante⟩**

François ⟨Farrer⟩
→ **Ferrer, Francesc**

François ⟨Filelfe⟩
→ **Philelphus, Franciscus**

François ⟨Garin⟩
→ **Garin, François**

François ⟨Gravano⟩
→ **Franciscus ⟨Galvanus⟩**

François ⟨Imperiale⟩
→ **Imperial, Francisco**

François ⟨Landino⟩
→ **Landini, Francesco**

François ⟨Mauroy⟩
→ **Mauroy, Franciscus**

François ⟨Monteamarte⟩
→ **Francesco ⟨di Montemarte e Corbara⟩**

François ⟨Nerito⟩
→ **Franciscus ⟨Securus de Nardo⟩**

François ⟨Paernat⟩
→ **Franciscus ⟨Paernat⟩**

François ⟨Patrizzi⟩
→ **Patricius, Franciscus**

François ⟨Pegolotti⟩
→ **Balducci Pegolotti, Francesco**

François ⟨Pipino⟩
→ **Pipinus, Franciscus**

François ⟨Prendilacqua⟩
→ **Franciscus ⟨Prendilacqua⟩**

François ⟨Simonetta⟩
→ **Simonetta, Ciccus**

François ⟨Tommasi de Sienne⟩
→ **Franciscus ⟨Thomasius⟩**

François ⟨Traini⟩
→ **Traini, Francesco**

François ⟨Venimbeni⟩
→ **Franciscus ⟨de Fabriano⟩**

François ⟨Villon⟩
→ **Villon, François**

François, Michel
1435 – 1502
Francisci, Michael
Franciscus ⟨de Insulis⟩
Franciscus, Michael
Franciscus de Insulis, Michael
François ⟨de Lille⟩
Insulis, Franciscus Michael ¬de¬
Insulis, Michel ¬de¬
Michael ⟨de Insulis⟩
Michael ⟨de Selimbria⟩
Michael ⟨de Selymbria⟩

Michael ⟨Episcopus⟩
Michael ⟨Francisci⟩
Michael ⟨Insulensis⟩
Michel ⟨de Lille⟩
Michel ⟨Franchois⟩
Michel ⟨François⟩

François Nanni ⟨Todeschini Piccolomini⟩
→ **Pius ⟨Papa, III.⟩**

François-Nicolas ⟨Cardinal d'Aragon⟩
→ **Rosell, Nicolaus**

François-Nicolas ⟨de Roselli⟩
→ **Rosell, Nicolaus**

Francon ⟨Calaber⟩
→ **Franco ⟨Villariensis⟩**

Francon ⟨d'Afflighem⟩
→ **Franco ⟨Affligemensis⟩**

Francon ⟨de Brabant⟩
→ **Franco ⟨Villariensis⟩**

Francon ⟨de Cologne⟩
→ **Franco ⟨de Colonia⟩**

Francon ⟨de Liège⟩
→ **Franco ⟨Leodiensis⟩**

Francon ⟨de Meschede⟩
→ **Franco ⟨de Meschede⟩**

Francon ⟨de Nivelles⟩
→ **Franco ⟨Villariensis⟩**

Francon ⟨de Paris⟩
→ **Franco ⟨de Colonia⟩**

Francon ⟨de Villers-la-Ville⟩
→ **Franco ⟨Villariensis⟩**

Francon ⟨Scolastique⟩
→ **Franco ⟨de Meschede⟩**

Francone ⟨Cardinale⟩
→ **Bonifatius ⟨Papa, VII.⟩**

Franconia, Godefridus ¬de¬
→ **Godefridus ⟨de Franconia⟩**

Franconia, Ottelinus ¬de¬
→ **Ottelinus ⟨de Franconia⟩**

Franconus, Fridericus
→ **Fridericus ⟨Franconus⟩**

Francus, Auxilius
→ **Auxilius ⟨Francus⟩**

Francus, Bernardus
→ **Bernardus ⟨Francus⟩**

Franjo ⟨iz Milana⟩
→ **Franciscus ⟨de Mediolano⟩**

Frank, Johannes
gest. 1472 · OSB
Augsburger Chronik
Rep.Font. IV,551; VL(2),2,800
Franck, Jean
Franck, Johannes
Frank, Jean
Jean ⟨Franck⟩
Jean ⟨Frank⟩
Johannes ⟨Franck⟩
Johannes ⟨Frank⟩

Franke, Johannes
14. Jh. · OP
Paradisus animae intelligentis
VL(2),2,800/802; Kaeppeli,II,424/426
Franco, Johannes
Johan ⟨Franke, der Lesemeister⟩
Johannes ⟨der Lesemeister⟩
Johannes ⟨der Prediger⟩
Johannes ⟨Franco⟩
Johannes ⟨Franco von Köln⟩
Johannes ⟨Franke⟩
Johannes ⟨Franke, Lector⟩
Johannes ⟨Franke von Köln⟩

Frankenstein, Anselm ¬von¬
→ **Anselm ⟨von Frankenstein⟩**

Frankenstein, Johannes ¬de¬
→ **Johannes ⟨Brasiator de Frankenstein⟩**
→ **Johannes ⟨von Frankenstein⟩**

Frankenstein, Wenceslaus ¬von¬
um 1425
Zusatz bei einer Bulle von Papst Martin V. vom 6. Juli 1425
Frankenstein, Wenzeslaus ¬von¬
Wenceslaus ⟨von Frankenstein⟩
Wenzeslaus ⟨von Frankenstein⟩

Frankfurt, Bartholomäus ¬von¬
→ **Bartholomäus ⟨von Frankfurt⟩**

Franko ⟨von Afflighem⟩
→ **Franco ⟨Affligemensis⟩**

Franko ⟨von Köln⟩
→ **Franco ⟨de Colonia⟩**

Franko ⟨von Lüttich⟩
→ **Franco ⟨Leodiensis⟩**

Franko ⟨von Meschede⟩
→ **Franco ⟨de Meschede⟩**

Franko ⟨von Paris⟩
→ **Franco ⟨de Colonia⟩**

František ⟨de Prague⟩
→ **Franciscus ⟨Pragensis⟩**

František ⟨Pražský⟩
→ **Franciscus ⟨Pragensis⟩**

Franz ⟨Balthasar⟩
→ **Balthasar, Franz**

Franz ⟨Gigelin⟩
→ **Gigelin, Franz**

Franz ⟨Hagen⟩
→ **Hagen, Franz**

Franz ⟨von Accolti⟩
→ **Accoltus, Franciscus**

Franz ⟨von Assisi⟩
→ **Franciscus ⟨Assisias⟩**

Franz ⟨von Mayronis⟩
→ **Franciscus ⟨de Maironis⟩**

Franz ⟨von Meyronnes⟩
→ **Franciscus ⟨de Maironis⟩**

Franz ⟨von Perugia⟩
→ **Franciscus ⟨de Perusio⟩**

Franz ⟨von Prag⟩
→ **Franciscus ⟨Pragensis⟩**

Franz ⟨von Retz⟩
→ **Franciscus ⟨de Retza⟩**

Franz ⟨Zabarella⟩
→ **Franciscus ⟨de Zabarellis⟩**

Franziskus ⟨von Assisi⟩
→ **Franciscus ⟨Assisias⟩**

Franzos, Hans ¬der¬
→ **Hans ⟨der Franzos⟩**

Frater ⟨Basiliensis⟩
14. Jh. · OP
Kaeppeli,I,183
Basel, ¬Der von¬
Der von Basel

Frater ⟨Gandavensis⟩
→ **Monachus ⟨Gandavensis⟩**

Frater ⟨Gandensis⟩
→ **Monachus ⟨Gandavensis⟩**

Frater ⟨Praedicator Isenacensis⟩
→ **Anonymus ⟨Erfordiensis⟩**

Frater Aegidius
→ **Aegidius ⟨Frater⟩**

Frater Angelus
→ **Angelus ⟨Frater⟩**

Frater Anonymus ⟨Conventus Fratrum Minorum Gandavensium⟩
→ **Monachus ⟨Gandavensis⟩**

Frater Arnoldus
→ **Arnoldus ⟨Frater⟩**

Frater Dulcinus
→ **Dulcinus ⟨Frater⟩**

Frater Erkenfridus
→ **Erkenfridus ⟨Frater⟩**

Frater Ferrarius
→ **Ferrarius ⟨Frater⟩**

Frater Gregorius
→ **Gregorius ⟨Frater⟩**

Frater Hubertus
→ **Hubertus ⟨Frater⟩**

Frater Humilis
→ **Humilis ⟨Frater⟩**

Frater Kolda
→ **Kolda ⟨Frater⟩**

Frater Lanfranchinus
→ **Lanfranchinus ⟨Frater⟩**

Frater Leodegarius
→ **Leodegarius ⟨Frater⟩**

Frater Ludovicus
→ **Ludovicus ⟨OFM⟩**

Frater Oliverius
→ **Oliverius ⟨Frater⟩**

Frater Pastor
→ **Pastor ⟨Frater⟩**

Frater Petrus
→ **Petrus ⟨Frater, ...⟩**

Frater Thebaldus
→ **Thebaldus ⟨Frater⟩**

Frau ⟨von Dösingen⟩
→ **Mulier ⟨de Tesingen⟩**

Frau ⟨von Tesingen⟩
→ **Mulier ⟨de Tesingen⟩**

Frau Ava
→ **Ava ⟨Frau⟩**

Frauenberg, Heinrich ¬von¬
→ **Heinrich ⟨von Frauenberg⟩**

Frauenburg, Johann
ca. 1430 – 1495
Anweisung, wie der Bügermeister sich in seinem Amacht halten soll; Secretarium
Rep.Font. IV,552; VL(2),2,861/862
Johann ⟨Frauenburg⟩

Frauenehr
Lebensdaten nicht ermittelt
Nur in Dichterkatalogen von Nachtigall und Volz erwähnt
VL(2),2,862/863

Frauenhofer
15. Jh.
Doppelrezept
VL(2),2,863
Frauenhofer ⟨Wundarzt⟩

Frauenlob
→ **Heinrich ⟨von Meißen⟩**

Frauenlob, Nikolaus
Lebensdaten nicht ermittelt
Das puech Nicolai Frawenlob von Hyersberg
VL(2),2,878
Nicolaus ⟨Frawenlob⟩
Nikolaus ⟨Frauenlob⟩

Frauenpreis
Lebensdaten nicht ermittelt
Aufgezählt im Dichterkatalog K. Nachtigall
VL(2),2,879
Frauenpreis ⟨Nürnberger Meistersinger⟩

Frauenpreis, Niklas
15. Jh.
Scheltrede gegen übermäßiges Trinken im Wirtshaus; Identität mit Frauenpreis (Nürnberger Meistersinger) umstritten
VL(2),2,879
Niklas ⟨Frauenpreis⟩

Frauenzucht
um 1437
2 politische Lieder
VL(2),2,883/884
Bernkopf
Frauenzucht ⟨Bernkopf⟩

Fraxino, Sicardus ¬de¬
→ **Sicardus ⟨de Fraxino⟩**

Frē Ṣeyon
15. Jh.
Äthiop. Maler
Ṣeyon, Frē

Freauville, Nicolaus ¬de¬
→ **Nicolaus ⟨de Freauville⟩**

Frechulf ⟨von Lisieux⟩
→ **Freculphus ⟨Lexoviensis⟩**

Freculphus ⟨Lexoviensis⟩
um 852
Tusculum-Lexikon; LThK; CSGL
Frechulf ⟨von Lisieux⟩
Frechulfus ⟨de Lisieux⟩
Frechulphus ⟨Episcopus⟩
Frechulphus ⟨Lexoviensis⟩
Frechulphus ⟨Lixoviensis⟩
Freculfo ⟨di Lisieux⟩
Freculfus ⟨Episcopus⟩
Freculphe ⟨de Lisieux⟩
Freculphus ⟨Lixoviensis⟩
Freculphus ⟨of Lisieux⟩

Fredegarius ⟨Scholasticus⟩
7./8. Jh.
Tusculum-Lexikon; LThK; CSGL; LMA,IV,884
Frédégaire
Frédégaire ⟨le Scolastique⟩
Fredegar
Pseudo-Fredegarius ⟨Scholasticus⟩
Scholasticus, Fredegarius

Fredegisus ⟨Turonensis⟩
gest. 834
De substantia nihil et tenebrarum
Schönberger/Kible, Repertorium, 12737/12741; LThK, LMA,IV,917/18
Fredegis
Frédégise ⟨de Saint-Bertin⟩
Frédégise ⟨Nathanael⟩
Fredegisus ⟨Abbas⟩
Fredegisus ⟨Sithiensis⟩
Fredegisus ⟨von Sankt Bertin⟩
Fredegisus ⟨von Sankt Omer⟩
Fredegisus ⟨von Tours⟩
Fridegisus ⟨Abbas⟩
Fridugis
Fridugisius ⟨Tornacensis⟩
Fridugisus

Fredegisus ⟨von Sankt Bertin⟩
→ **Fredegisus ⟨Turonensis⟩**

Fredegisus ⟨von Sankt Omer⟩
→ **Fredegisus ⟨Turonensis⟩**

Frédéric ⟨Allemagne, Empereur, ...⟩
→ **Friedrich ⟨Römisch-Deutsches Reich, Kaiser, ...⟩**

Frédéric ⟨Autriche, Duc⟩
→ **Friedrich ⟨Römisch-Deutsches Reich, König⟩**

Frédéric ⟨Barberousse⟩
→ **Friedrich ⟨Römisch-Deutsches Reich, Kaiser, I.⟩**

Frédéric ⟨d'Amberg⟩
→ **Fridericus ⟨de Amberg⟩**

Frédéric ⟨de Frioul⟩
→ **Fridericus ⟨Coloniensis⟩**

Frédéric ⟨de Hausen⟩
→ **Friedrich ⟨von Hausen⟩**

Frédéric ⟨de Heilo⟩
→ **Fridericus ⟨de Heilo⟩**

Frédéric ⟨de Liège⟩
→ **Stephanus ⟨Papa, VIIII.⟩**

Frédéric ⟨de Lorraine⟩
→ **Stephanus ⟨Papa, VIIII.⟩**

Frédéric ⟨de Misnie⟩
→ **Friedrich ⟨Meißen, Markgraf, I.⟩**

Frédéric ⟨de Montefeltro⟩
→ **Fridericus ⟨de Montefeltro⟩**

Frédéric ⟨de Pise⟩
→ **Fridericus ⟨Vicecomes⟩**

Frédéric ⟨de Saarwerden⟩
→ **Friedrich ⟨von Saarwerden⟩**

Frédéric ⟨de Sonnenburg⟩
→ **Friedrich ⟨von Sonnenburg⟩**

Frédéric ⟨de Venise⟩
→ **Fridericus ⟨de Venetia⟩**

Frédéric ⟨de Weiden am See⟩
→ **Fridericus ⟨Weidinensis⟩**

Frédéric ⟨Frezzi⟩
→ **Frezzi, Federico**

Frédéric ⟨Ködiz⟩
→ **Köditz, Friedrich**

Frédéric ⟨le Barberousse⟩
→ **Friedrich ⟨Römisch-Deutsches Reich, Kaiser, I.⟩**

Frédéric ⟨le Beau⟩
→ **Friedrich ⟨Römisch-Deutsches Reich, König⟩**

Frédéric ⟨le Mordu⟩
→ **Friedrich ⟨Meißen, Markgraf, I.⟩**

Frédéric ⟨le Pacifique⟩
→ **Friedrich ⟨Römisch-Deutsches Reich, Kaiser, III.⟩**

Frédéric ⟨le Victorieux⟩
→ **Friedrich ⟨Pfalz, Kurfürst, I.⟩**

Frédéric ⟨Misnie, Margrave, I.⟩
→ **Friedrich ⟨Meißen, Markgraf, I.⟩**

Frédéric ⟨Montefeltro, Comte, II.⟩
→ **Fridericus ⟨de Montefeltro⟩**

Frédéric ⟨Mosellanus⟩
→ **Fridericus ⟨Sunczell Mosellanus⟩**

Frederic ⟨of Cologne⟩
→ **Fridericus ⟨Coloniensis⟩**

Frédéric ⟨Palatin, Electeur⟩
→ **Friedrich ⟨Pfalz, Kurfürst, I.⟩**

Frédéric ⟨Riederer⟩
→ **Riedrer, Friedrich**

Frédéric ⟨Roger⟩
→ **Friedrich ⟨Römisch-Deutsches Reich, Kaiser, II.⟩**

Frédéric ⟨Sicile, Roi⟩
→ **Friedrich ⟨Römisch-Deutsches Reich, Kaiser, II.⟩**

Frédéric ‹Sunzcell›
→ **Fridericus ‹Sunczell Mosellanus›**

Frédéric ‹Thuringe, Landgrave, I.›
→ **Friedrich ‹Meißen, Markgraf, I.›**

Frédéric ‹Urbino, Duc›
→ **Fridericus ‹de Montefeltro›**

Frédéric ‹Visconti›
→ **Fridericus ‹Vicecomes›**

Frederick ‹Germany, Emperor, ...›
→ **Friedrich ‹Römisch-Deutsches Reich, Kaiser, ...›**

Frederick ‹of Cologne›
→ **Fridericus ‹Coloniensis›**

Frederico ‹Barbarossa›
→ **Friedrich ‹Römisch-Deutsches Reich, Kaiser, I.›**

Frederico ‹di Lorena›
→ **Stephanus ‹Papa, VIIII.›**

Frederico ‹il Barbarossa›
→ **Friedrich ‹Römisch-Deutsches Reich, Kaiser, I.›**

Fredericus ‹...›
→ **Fridericus ‹...›**

Frederik ‹van Heilo›
→ **Fridericus ‹de Heilo›**

Fredet, Arnaud
→ **Arnaldus ‹Fradeti›**

Fredi Battilori, Bartolo ¬di¬
→ **Bartolo ‹di Fredi Battilori›**

Fredigardus ‹Centulensis›
11. Jh.
Carmina Centulensia
Rep.Font. III,139/140; IV,556
Fredigardus ‹de Saint-Riquier›
Fredigardus ‹Monachus Centulensis›

Fredigardus ‹de Saint-Riquier›
→ **Fredigardus ‹Centulensis›**

Fredoli, Berengarius
ca. 1250 – 1323
LThK; LMA,IV,885
Berengar ‹Fredoli›
Berengar ‹von Béziers›
Berengarius ‹Biterrensis›
Berengarius ‹Cardinalis›
Berengarius ‹de Frasolis›
Berengarius ‹de Frédol›
Berengarius ‹Episcopus›
Berengarius ‹Fredoli›
Bérenger ‹Frédol›
Frédol, Bérengar
Frédol, Bérenger

Fregoso, Raphael
→ **Fulgosius, Raphael**

Freiberg, Dietrich ¬von¬
→ **Theodoricus ‹Teutonicus de Vriberg›**

Freiberg, Heinrich ¬von¬
→ **Heinrich ‹von Freiberg›**

Freiberg, Johannes ¬von¬
→ **Johannes ‹von Freiberg›**

Freiberg, Paulus ¬von¬
→ **Paulus ‹von Freiberg›**

Freiburg, Arnold ¬von¬
→ **Arnold ‹von Freiburg›**

Freiburg, Magdalena ¬von¬
→ **Magdalena ‹von Freiburg›**

Freiburg, Nikolaus ¬von¬
→ **Nikolaus ‹von Freiburg›**

Freidank
gest. 1233
VL(2); Meyer
Freidanc
Freydank
Frîdanc
Fridancus ‹Magister›
Fridank
Frîgedanc
Frydank, Bernard
Vrîdank

Freimar, Heinrich ¬von¬
→ **Henricus ‹de Frimaria›**

Freine, Simund ¬de¬
→ **Simund ‹de Freine›**

Freising, Otto ¬von¬
→ **Otto ‹von Freising, II.›**

Freising, Ruprecht ¬von¬
→ **Ruprecht ‹von Freising›**

Freitag ‹zu Boll›
um 1450
Rezept für Heilwasser
VL(2),2,909/910
Boll, Freitag ¬zu¬
Freitag ‹Wundarzt›
Fritag ‹der Alt›
Fritag ‹der zu Bol›

Fremberger, Thomas
→ **Thomas ‹Fremperger›**

Fremhart ‹Ösr›
→ **Irmhart ‹Öser›**

Fremperger, Thomas
→ **Thomas ‹Fremperger›**

Frescobaldi, Dino
ca. 1271 – 1316
Canzonen; Sonette
LMA,IV,911
Dino ‹Frescobaldi›

Frescobaldi, Leonardo
um 1385
Viaggio in Terra Sancta
Rep.Font. IV,556; LMA,IV,911
DiNiccolò Frescobaldi, Lionardo
Frescobaldi, Léonard di Niccolò
Frescobaldi, Lionardo
Frescobaldi, Lionardo di Niccolò
Leonardo ‹Frescobaldi›
Lionardo ‹di Niccolò Frescobaldi›
Lionardo ‹Frescobaldi›
Niccolò Frescobaldi, Lionardo ¬di¬

Frescobaldi, Matteo
1297 – 1348
Ital. Schriftsteller
Rime
LUI
Dino Frescobaldi, Matteo ¬di¬
Frescobaldi, Matteo di Dino
Matteo ‹di Dino Frescobaldi›
Matteo ‹Frescobaldi›

Fressant, Hermann
um 1350
Der Hellerwertwitz
VL(2),2
Hermann ‹Fressant›

Fretellus
11./12. Jh.
Liber locorum sanctorum Terrae Jerusalem
Rep.Font. IV,557; DOC,1,768
Fretellus ‹Antiochenus›
Fretellus ‹Archidiaconus›
Fretellus ‹Archidiaconus Antiochenus›
Fretellus ‹du Pont›
Fretellus ‹d'Antioche›
Fretellus ‹Géographe Syrien›
Fretellus ‹Rorgo›
Fretellus ‹Rorgu›
Fretellus ‹von Antiocheia›
Fretellus, Rorgo
Rorgo ‹Fretellus›
Rorgo, Fretellus
Rorgu, Fretellus

Freudenleere, ¬Der¬
um 1271/91
Der Wiener Meerfahrt
VL(2),2,913/915
Der Freudenleere
Der Vreudenlaere
Vreudenlaere

Freund, ¬Der¬
um 1400
Predigt-Textstück 1Cor2,9
VL(2),2,915
Der Freund
Der Friunt
Friunt, ¬Der¬

Freydank
→ **Freidank**

Frezzi, Federico
ca. 1346 – 1416 · OP
Quadriregio
LMA,IV,914/15; Kaeppeli,I,403/405
Federico ‹da Fulgineo›
Federico ‹Frezzi›
Federigo ‹Frezzi›
Frédéric ‹Frezzi›
Frezzi, Federigo
Frezzi, Frédéric
Fridericus ‹de Fulgineo›
Fridericus ‹Frezzi›
Fridericus ‹Frezzi de Fulgineo›

Fribois, Noël ¬de¬
ca. 1400 – ca. 1485
Abrégé des chroniques de France
Rep.Font. IV,557
Firbois, Noël ¬de¬
Noël ‹de Firbois›
Noël ‹de Fribois›

Friburgo, Johannes ¬de¬
→ **Johannes ‹de Friburgo›**

Frickenhausen, Georgius ¬de¬
→ **Georgius ‹Orter de Frickenhausen›**

Fridank
→ **Freidank**

Fridegisus ‹Abbas›
→ **Fredegisus ‹Turonensis›**

Fridegod ‹de Cantorbéry›
→ **Fridegodus ‹Cantuariensis›**

Fridegodus ‹Cantuariensis›
gest. 963
De vita S. Wilfridi
Tusculum-Lexikon; CSGL; Potth.; LMA,IV,916
Fridegod ‹de Cantorbéry›
Fridegodus ‹Monachus›
Fridegodus ‹von Canterbury›
Frithegodus ‹Monachus›

Friderich ‹...›
→ **Friedrich**

Fridericus ‹a Heilo›
→ **Fridericus ‹de Heilo›**

Fridericus ‹Admorsi›
→ **Friedrich ‹Meißen, Markgraf, I.›**

Fridericus ‹Aenobarbus›
→ **Friedrich ‹Römisch-Deutsches Reich, Kaiser, I.›**

Fridericus ‹Archiepiscopus›
→ **Fridericus ‹Coloniensis›**

Fridericus ‹Archiepiscopus Pisae›
→ **Fridericus ‹Vicecomes›**

Fridericus ‹Barbarossa›
→ **Friedrich ‹Römisch-Deutsches Reich, Kaiser, I.›**

Fridericus ‹Closnerus›
→ **Closener, Fritsche**

Fridericus ‹Coloniensis›
gest. 1131
Epistolae et diplomata
LThK; CSGL; Meyer
Frédéric ‹de Frioul›
Frederic ‹of Cologne›
Frederick ‹of Cologne›
Fridericus ‹Archiepiscopus›
Friedrich ‹von Köln›

Fridericus ‹de Amberg›
gest. 1432 · OFM
Predigten; Identität mit Fridericus ‹de Ratisbona› umstritten
VL(2),2,931/32
Amberg, Fridericus ¬de¬
Frédéric ‹d'Amberg›
Friedrich ‹von Amberg›

Fridericus ‹de Esternbach›
→ **Fridericus ‹Siebenhaar de Esternbach›**

Fridericus ‹de Franconibus›
→ **Fridericus ‹Franconus›**

Fridericus ‹de Fulgineo›
→ **Frezzi, Federico**

Fridericus ‹de Fulgineo›
um 1312/23 · OP
Epistula ad Jacobum II Aragoniae regem de modo procedendi „ut facilius et commodius dictam insulam Sardiniae consequatur"
Kaeppeli,I,405
Federicus ‹de Fulgineo›
Fulgineo, Fridericus ¬de¬

Fridericus ‹de Heilo›
ca. 1400 – 1455
Liber de fundatione domus regularium prope Haarlem
Rep.Font. IV,558; LThK
Frédéric ‹de Heilo›
Frederik ‹van Heilo›
Fridericus ‹a Heilo›
Friedrich ‹van Heilo›
Heilo, Fridericus ¬de¬

Fridericus ‹de Husa›
→ **Friedrich ‹von Hausen›**

Fridericus ‹de Lorena›
→ **Stephanus ‹Papa, VIIII.›**

Fridericus ‹de Monachio›
um 1404
Flores logicae Alberti
Lohr
Monachio, Fridericus ¬de¬

Fridericus ‹de Montefeltro›
1422 – 1482
Epistolae
Rep.Font. IV,438
Federico ‹da Montefeltro›
Federico ‹di Montefeltro›
Federico ‹Urbino, Duca›
Federigo ‹da Montefeltro›
Federigo ‹di Montefeltro›
Federigo ‹Urbino, Duca›
Frédéric ‹de Montefeltro›
Frédéric ‹Montefeltro, Comte, II.›
Frédéric ‹Urbino, Duc›
Montefeltro, Fridericus ¬de¬

Fridericus ‹de Neapoli›
→ **Fridericus ‹Franconus›**

Fridericus ‹de Norimberga›
→ **Schoen, Fridericus**

Fridericus ‹de Nurris›
→ **Friedrich ‹von Nürnberg›**

Fridericus ‹de Platea Longa›
um 1274
DiPiazzalunga, Federico
Federico ‹di Piazzalunga›
Fridericus ‹Notarius›
Piazzalunga, Federico ¬di¬
Platea Longa, Fridericus ¬de¬

Fridericus ‹de Ratisbona›
14./15. Jh.
Lectura Oxoniensis in sententias; Identität mit Fridericus ‹de Amberg› umstritten
Friedrich ‹von Regensburg›
Ratisbona, Fridericus ¬de¬

Fridericus ‹de Senis›
→ **Petruccius, Fridericus**

Fridericus ‹de Sternberg›
Lebensdaten nicht ermittelt
Ps. 1-150
Stegmüller, Repert. bibl. 2336
Fridericus ‹Olmucensis›
Fridericus ‹Praepositus Monasterii Can. Reg. in Sternberg›
Sternberg, Fridericus ¬de¬

Fridericus ‹de Venetia›
um 1394 · OP
Apoc.
Stegmüller, Repert. bibl. 2337
Federico ‹da Venezia›
Federicus ‹de Venetia›
Frédéric ‹de Venise›
Venetia, Fridericus ¬de¬

Fridericus ‹de Vicecomitibus›
→ **Fridericus ‹Vicecomes›**

Fridericus ‹de Wanga›
um 1207
Codex Wangianus (= Urkundenbuch des Hochstifts Trient begonnen unter Friedrich von Wangen)
LMA,IV,966
Friedrich ‹von Wangen›
Wanga, Fridericus ¬de¬

Fridericus ‹de Weiden›
→ **Fridericus ‹Weidinensis›**

Fridericus ‹Filius Lotharigiae Comitis›
→ **Stephanus ‹Papa, VIIII.›**

Fridericus ‹Franconus›
um 1337/41 · OP
Sermones de tempore; Sermones de mortuis; Sermones varii; etc.
Kaeppeli,I,402/403
Franconus, Fridericus
Fredericus ‹de Franconibus de Neapoli›
Fridericus ‹de Franconibus›
Fridericus ‹de Neapoli›

Fridericus ‹Frezzi›
→ **Frezzi, Federico**

Fridericus ‹Germania, Imperator, ...›
→ **Friedrich ‹Römisch-Deutsches Reich, Kaiser, ...›**

Fridericus ‹Gloriosus›
→ **Friedrich ‹Pfalz, Kurfürst, I.›**

Fridericus ‹Isnigarius›
Lebensdaten nicht ermittelt
Schneyer,II,95

Fridericus ⟨Ysignarius⟩
Isnigarius, Fridericus

Fridericus ⟨Mosellanus⟩
→ **Fridericus ⟨Sunczell Mosellanus⟩**

Fridericus ⟨Notarius⟩
→ **Fridericus ⟨de Platea Longa⟩**

Fridericus ⟨Olmucensis⟩
→ **Fridericus ⟨de Sternberg⟩**

Fridericus ⟨Palatinus Princeps, I.⟩
→ **Friedrich ⟨Pfalz, Kurfürst, I.⟩**

Fridericus ⟨Petruccius⟩
→ **Petruccius, Fridericus**

Fridericus ⟨Pisanus⟩
→ **Fridericus ⟨Vicecomes⟩**

Fridericus ⟨Praepositus Monasterii Can. Reg. in Sternberg⟩
→ **Fridericus ⟨de Sternberg⟩**

Fridericus ⟨Pulcher⟩
→ **Friedrich ⟨Römisch-Deutsches Reich, König⟩**

Fridericus ⟨Scherteling⟩
15. Jh.
Stegmüller, Repert. sentent. 241
Fridericus ⟨Schertelingis⟩
Fridericus ⟨Teutonicus⟩
Scherteling, Fridericus

Fridericus ⟨Schober⟩
→ **Schober, Friedrich**

Fridericus ⟨Schoen⟩
→ **Schoen, Fridericus**

Fridericus ⟨Sicilia, Rex⟩
→ **Friedrich ⟨Römisch-Deutsches Reich, Kaiser, II.⟩**

Fridericus ⟨Siebenhaar de Esternbach⟩
15. Jh.
Positiones, Clm 18906, f. 100-102
Stegmüller, Repert. sentent. 1146
Fridericus ⟨de Esternbach⟩
Siebenhaar de Esternbach, Fridericus

Fridericus ⟨Stromer de Auerbach⟩
→ **Stromer, Friedrich**

Fridericus ⟨Sunczell Mosellanus⟩
15. Jh.
Collecta et exercitata in VIII libros Physicorum Aristotelis
Lohr
Frédéric ⟨Mosellanus⟩
Frédéric ⟨Sunzcell⟩
Fridericus ⟨Mosellanus⟩
Sunczel, Frédéric
Sunczell Mosellanus, Fridericus

Fridericus ⟨Teutonicus⟩
→ **Fridericus ⟨Scherteling⟩**

Fridericus ⟨Vicecomes⟩
gest. 1277
Sermones
Schneyer,II,80
Federico ⟨de Pisa⟩
Federico ⟨de Pise⟩
Federico ⟨Visconti⟩
Federigo ⟨Visconti⟩
Frédéric ⟨de Pise⟩
Frédéric ⟨Visconti⟩
Fredericus ⟨de Vicecomitibus⟩
Fredericus ⟨Pisanus⟩
Fridericus ⟨Archiepiscopus Pisae⟩
Fridericus ⟨de Vicecomitibus⟩
Friedrich ⟨Visconti⟩
Friedrich ⟨von Pisa⟩
Vicecomes, Fridericus
Visconti, Frédéric

Fridericus ⟨von Siena⟩
→ **Petruccius, Fridericus**

Fridericus ⟨Weidinensis⟩
14./15. Jh. · OCist
Expositio metrica in quattuor libros sententiarum
Stegmüller, Repert. sentent. 242
Frédéric ⟨de Weiden am See⟩
Fridericus ⟨de Weiden⟩
Fridericus ⟨de Weiden am See⟩

Fridericus ⟨Ysignarius⟩
→ **Fridericus ⟨Isnigarius⟩**

Fridolin, Stephan
ca. 1430 – 1498 · OFM
Buch von den Kaiserangesichten; Predigtzyklen; Erbauungsschriften
Rep.Font. IV,562; VL(2),2,918/922
Etienne ⟨Fridolin⟩
Fridolin, Etienne
Stephan ⟨Fridolin⟩

Fridreich ⟨von Sarburk⟩
→ **Friedrich ⟨von Saarburg⟩**

Fridrich ⟨...⟩
→ **Friedrich ⟨...⟩**

Fridugisius ⟨Tornacensis⟩
→ **Fredegisus ⟨Turonensis⟩**

Friedberg, Eyglo ¬de¬
→ **Eyglo ⟨de Friedberg⟩**

Friederīcus ⟨...⟩
→ **Fridericus ⟨...⟩**

Friedrich ⟨Barbarossa⟩
→ **Friedrich ⟨Römisch-Deutsches Reich, Kaiser, I.⟩**

Friedrich ⟨Bayern, Herzog, I.⟩
→ **Friedrich ⟨Pfalz, Kurfürst, I.⟩**

Friedrich ⟨Bruder⟩
15. Jh. · OCist
Predigt von „zwelf gnaden"
VL(2),2,926
Bruder Friedrich
Friedrich ⟨Zisterzienser⟩

Friedrich ⟨Closener⟩
→ **Closener, Fritsche**

Friedrich ⟨Colner⟩
→ **Kölner, Friedrich**

Friedrich ⟨der Freidige⟩
→ **Friedrich ⟨Meißen, Markgraf, I.⟩**

Friedrich ⟨der Karmeliter⟩
um 1348/86 · OCarm
Buch von der himmlischen Gottheit; Auslegung des Johannesprologs
VL(2),2,948/950
Friedrich ⟨Karmeliter⟩
Friedrich ⟨Prior⟩

Friedrich ⟨der Knecht⟩
13. Jh.
6 Lieder
VL(2),2,950/952
Friedrich ⟨Knecht⟩
Knecht, Friedrich ¬der¬

Friedrich ⟨der Rotbart⟩
→ **Friedrich ⟨Römisch-Deutsches Reich, Kaiser, I.⟩**

Friedrich ⟨der Schöne⟩
→ **Friedrich ⟨Römisch-Deutsches Reich, Gegenkönig, III.⟩**

Friedrich ⟨der Siegreiche⟩
→ **Friedrich ⟨Pfalz, Kurfürst, I.⟩**

Friedrich ⟨Deutschland, Kaiser, ...⟩
→ **Friedrich ⟨Römisch-Deutsches Reich, Kaiser, ...⟩**

Friedrich ⟨Gerhart⟩
→ **Gerhart, Friedrich**

Friedrich ⟨Heiliger Leigebruoder⟩
→ **Friedrich ⟨von Neuenburg⟩**

Friedrich ⟨Karmeliter⟩
→ **Friedrich ⟨der Karmeliter⟩**

Friedrich ⟨Knecht⟩
→ **Friedrich ⟨der Knecht⟩**

Friedrich ⟨Köditz⟩
→ **Köditz, Friedrich**

Friedrich ⟨Köln, Erzbischof, III.⟩
→ **Friedrich ⟨von Saarwerden⟩**

Friedrich ⟨Köln, Kurfürst, III.⟩
→ **Friedrich ⟨von Saarwerden⟩**

Friedrich ⟨Kölner⟩
→ **Kölner, Friedrich**

Friedrich ⟨Maurus⟩
→ **Morman, Friedrich**

Friedrich ⟨Meichsner⟩
→ **Meichsner, Friedrich**

Friedrich ⟨Meißen, Markgraf, I.⟩
1257 – 1324
LMA,IV,949
Frédéric ⟨de Misnie⟩
Frédéric ⟨le Mordu⟩
Frédéric ⟨Misnie, Margrave, I.⟩
Frédéric ⟨Thuringe, Landgrave, I.⟩
Fridericus ⟨Admorsi⟩
Fridrich ⟨Thüringen, Landgraf, I.⟩
Friedrich ⟨der Freidige⟩
Friedrich ⟨Thüringen, Landgraf, I.⟩

Friedrich ⟨Meister⟩
→ **Friedrich ⟨von Olmütz⟩**

Friedrich ⟨Minnesänger⟩
→ **Friedrich ⟨von Leiningen⟩**

Friedrich ⟨Mirs⟩
→ **Mirs, Friedrich**

Friedrich ⟨Moermann⟩
→ **Morman, Friedrich**

Friedrich ⟨Morman⟩
→ **Morman, Friedrich**

Friedrich ⟨Österreich, Herzog, II.⟩
→ **Friedrich ⟨Römisch-Deutsches Reich, König⟩**

Friedrich ⟨Pärger⟩
→ **Pärger, Friedrich**

Friedrich ⟨Pfalz, Kurfürst, I.⟩
1425 – 1476
LMA,IV,955
Frédéric ⟨le Victorieux⟩
Frédéric ⟨Palatin, Electeur⟩
Fridericus ⟨Gloriosus⟩
Fridericus ⟨Palatinus, Princeps, I.⟩
Friedrich ⟨Bayern, Herzog, I.⟩
Friedrich ⟨der Siegreiche⟩
Friedrich ⟨Rhein, Pfalzgraf⟩
Friedrich ⟨Victoriosissimus⟩

Friedrich ⟨Prior⟩
→ **Friedrich ⟨der Karmeliter⟩**

Friedrich ⟨Rhein, Pfalzgraf⟩
→ **Friedrich ⟨Pfalz, Kurfürst, I.⟩**

Friedrich ⟨Riedrer⟩
→ **Riedrer, Friedrich**

Friedrich ⟨Römisch-Deutsches Reich, Gegenkönig, III.⟩
→ **Friedrich ⟨Römisch-Deutsches Reich, König⟩**

Friedrich ⟨Römisch-Deutsches Reich, Kaiser, I.⟩
1121 – 1190
CSGL; Meyer; LMA,IV,931/33
Barbarossa
Federico ⟨Germania, Imperatore, I.⟩
Frédéric ⟨Allemagne, Empereur, I.⟩
Frédéric ⟨Barberousse⟩
Frédéric ⟨le Barberousse⟩
Frederick ⟨Germany, Emperor, I.⟩
Frederico ⟨Barbarossa⟩
Frederico ⟨il Barbarossa⟩
Fridericus ⟨Aenobarbus⟩
Fridericus ⟨Barba Rossa⟩
Fridericus ⟨Barbarossa⟩
Fridericus ⟨Germania, Imperator, I.⟩
Friedrich ⟨Barbarossa⟩
Friedrich ⟨der Rotbart⟩
Friedrich ⟨Deutschland, Kaiser, I.⟩
Friedrich ⟨Rotbart⟩
Friedrich ⟨Schwaben, Herzog, III.⟩

Friedrich ⟨Römisch-Deutsches Reich, Kaiser, II.⟩
1194 – 1250
CSGL; Meyer; LMA,IV,933/39
Federico ⟨di Svevia⟩
Federico ⟨Germania, Imperatore, II.⟩
Federico ⟨Sicilia, Re⟩
Federico ⟨Sicilia, Rex⟩
Federicus ⟨Germania, Imperator, II.⟩
Frédéric ⟨Allemagne, Empereur, II.⟩
Frédéric ⟨Allemagne, Empereur, II.⟩
Frédéric ⟨Roger⟩
Frédéric ⟨Sicile, Roi⟩
Frederick ⟨Germany, Emperor, II.⟩
Fredericus ⟨Germania, Imperator, II.⟩
Fridericus ⟨Germania, Imperator, II.⟩
Fridericus ⟨Sicilia, Rex⟩
Friedrich ⟨Deutschland, Kaiser, II.⟩
Friedrich ⟨Sizilien, König⟩
Friedrich ⟨von Hohenstaufen⟩

Friedrich ⟨Römisch-Deutsches Reich, Kaiser, III.⟩
1415 – 1493
Meyer; LMA,IV,940/43
Federico ⟨Germania, Imperatore, III.⟩
Frédéric ⟨Allemagne, Empereur, III.⟩
Frédéric ⟨le Pacifique⟩
Frederick ⟨Germany, Emperor, III.⟩
Fridericus ⟨Germania, Imperator, III.⟩
Friedrich ⟨Deutschland, Kaiser, III.⟩
Friedrich ⟨Römisch-Deutsches Reich, König, III.⟩

Friedrich ⟨Römisch-Deutsches Reich, König⟩
1289 – 1330
LMA,IV,939
Frédéric ⟨Autriche, Duc⟩
Frédéric ⟨le Beau⟩
Friderich ⟨der Schöne⟩
Fridericus ⟨Germania, Imperator, III.⟩
Fridericus ⟨Pulcher⟩
Friedrich ⟨der Schöne⟩
Friedrich ⟨Österreich, Herzog, II.⟩
Friedrich ⟨Römisch-Deutsches Reich, König, III.⟩
Friedrich ⟨von Habsburg⟩

Friedrich ⟨Römisch-Deutsches Reich, König, III.⟩
→ **Friedrich ⟨Römisch-Deutsches Reich, Kaiser, III.⟩**
→ **Friedrich ⟨Römisch-Deutsches Reich, König⟩**

Friedrich ⟨Rotbart⟩
→ **Friedrich ⟨Römisch-Deutsches Reich, Kaiser, I.⟩**

Friedrich ⟨Schober⟩
→ **Schober, Friedrich**

Friedrich ⟨Schön⟩
→ **Schoen, Fridericus**

Friedrich ⟨Schwaben, Herzog, III.⟩
→ **Friedrich ⟨Römisch-Deutsches Reich, Kaiser, I.⟩**

Friedrich ⟨Sizilien, König⟩
→ **Friedrich ⟨Römisch-Deutsches Reich, Kaiser, II.⟩**

Friedrich ⟨Steigerwalder⟩
→ **Steigerwalder, Friedrich**

Friedrich ⟨Stolle⟩
→ **Stolle ⟨der Junge⟩**

Friedrich ⟨Stromer⟩
→ **Stromer, Friedrich**

Friedrich ⟨Stromer de Auerbach⟩
→ **Stromer, Friedrich**

Friedrich ⟨Sunder⟩
→ **Sunder, Friedrich**

Friedrich ⟨Thüringen, Landgraf, I.⟩
→ **Friedrich ⟨Meißen, Markgraf, I.⟩**

Friedrich ⟨van Heilo⟩
→ **Fridericus ⟨de Heilo⟩**

Friedrich ⟨Victoriosissimus⟩
→ **Friedrich ⟨Pfalz, Kurfürst, I.⟩**

Friedrich ⟨Visconti⟩
→ **Fridericus ⟨Vicecomes⟩**

Friedrich ⟨von Amberg⟩
→ **Fridericus ⟨de Amberg⟩**

Friedrich ⟨von Habsburg⟩
→ **Friedrich ⟨Römisch-Deutsches Reich, König⟩**

Friedrich ⟨von Hausen⟩
gest. 1190
Minnesänger
LMA,IV,966/67; VL(2),2,935/47
Frédéric ⟨de Hausen⟩
Fridericus ⟨de Husa⟩
Fridericus ⟨de Husen⟩
Friedrich ⟨von Husen⟩
Hausen, Friedrich ¬von¬

Friedrich ⟨von Hohenstaufen⟩
→ **Friedrich ⟨Römisch-Deutsches Reich, Kaiser, II.⟩**

Friedrich ⟨von Husen⟩
→ **Friedrich ⟨von Hausen⟩**

Friedrich ⟨von Köln⟩
→ **Fridericus ⟨Coloniensis⟩**

Friedrich ⟨von Leiningen⟩
13. Jh.
Literar. Gelegenheitsproduktionen
VL(2),2,953
Friedrich ⟨Minnesänger⟩
Leiningen, Friedrich ¬von¬

Friedrich ⟨von Lothringen⟩
→ **Stephanus ⟨Papa, VIIII.⟩**

Friedrich ⟨von Neuenburg⟩
um 1400
Offenbarungen
VL(2),2,953
Friedrich ⟨Heiliger Leigebruoder⟩
Neuenburg, Friedrich ¬von¬

Friedrich ⟨von Nürnberg⟩
15. Jh.
Ars praedicandi; Rhetorica nova
VL(2),2,953/957
Fridericus ⟨de Nurris⟩
Fridrich ⟨von Nurenberg⟩
Nürnberg, Friedrich ¬von¬

Friedrich ⟨von Olmütz⟩
15. Jh.
Wundarzt, Chirurg; zahlreiche Heilanweisungen
VL(2),2,957
Friedrich ⟨Meister⟩
Friedrich ⟨von Ulmünz⟩
Olmütz, Friedrich ¬von¬

Friedrich ⟨von Pisa⟩
→ **Fridericus ⟨Vicecomes⟩**

Friedrich ⟨von Regensburg⟩
→ **Fridericus ⟨de Ratisbona⟩**

Friedrich ⟨von Saarburg⟩
14. Jh. · OFM
Reimpaarrede über den Antichrist
VL(2),2,959
Fridreich ⟨von Sarburk⟩
Saarburg, Friedrich ¬von¬

Friedrich ⟨von Saarwerden⟩
ca. 1348 – 1414
LMA,IV,963/64
Frédéric ⟨de Saarwerden⟩
Friedrich ⟨Köln, Erzbischof, III.⟩
Friedrich ⟨Köln, Kurfürst, III.⟩
Saarwerden, Friedrich ¬von¬

Friedrich ⟨von Sonnenburg⟩
13. Jh.
VL(2); Meyer
Frédéric ⟨de Sonnenburg⟩
Friedrich ⟨von Sunburg⟩
Friedrich ⟨von Sunnenburg⟩
Sonnenberg, Friedrich ¬von¬
Sonnenburg, Friedrich ¬von¬

Friedrich ⟨von Ulmünz⟩
→ **Friedrich ⟨von Olmütz⟩**

Friedrich ⟨von Wangen⟩
→ **Fridericus ⟨de Wanga⟩**

Friedrich ⟨Zisterzienser⟩
→ **Friedrich ⟨Bruder⟩**

Friedrich, Konrad
um 1330
Vita der Schwester Gerdrut von Engelthal
VL(2),2,952
Konrad ⟨Friedrich⟩

Friemar, Henricus ¬de¬
→ **Henricus ⟨de Frimaria⟩**

Friesen, Nicolaus
gest. 1498
Mutmaßl. Verf. der Historia de preliis et occasu ducis Burgundie
Rep.Font. IV,563; V,514
Nicolaus ⟨Friesen⟩
Nicolaus ⟨Suffraganeus Episcopus Basileensis⟩

Friesner de Wunsiedel, Erasmus
→ **Erasmus ⟨Friesner de Wunsiedel⟩**

Friess, Johannes
→ **Johannes ⟨Friss⟩**

Frîgedanc
→ **Freidank**

Frigerius ⟨Iurisconsultus⟩
→ **Rogerus ⟨Iurisconsultus⟩**

Frigido Monte, Thomas ¬de¬
→ **Thomas ⟨de Frigido Monte⟩**

Frigillanus, Matthaeus
→ **Ficinus, Marsilius**

Frigulus
9. Jh.
Commentarius in Matthaeum
LMA,IV,979
Figulus

Friker, Johannes
um 1360/78
Stadtschreiber aus Brugg; Abschriften, Übersetzungen von Predigten
VL(2),2,969/971
Johannes ⟨Friker⟩

Frimaria, Henricus ¬de¬
→ **Henricus ⟨de Frimaria⟩**
→ **Henricus ⟨de Frimaria, Iunior⟩**

Frisch, Bartholomäus
15. Jh. · OCart
1 Brief
VL(2),2,972
Bartholomäus ⟨Frisch⟩

Frisinga, Nicolaus ¬de¬
→ **Nicolaus ⟨de Frisinga⟩**

Friss, Johannes
→ **Johannes ⟨Friss⟩**

Fritag ⟨der Alt⟩
→ **Freitag ⟨zu Boll⟩**

Frithegodus ⟨Monachus⟩
→ **Fridegodus ⟨Cantuariensis⟩**

Fritsche ⟨Closener⟩
→ **Closener, Fritsche**

Fritslar, Herbort
→ **Herbort ⟨von Fritzlar⟩**

Fritz ⟨Fellhainer⟩
→ **Fellhainer, Fritz**

Fritz ⟨Kettner⟩
→ **Kettner, Fritz**

Fritz ⟨München⟩
→ **München, Fritz**

Fritzlar, Herbort ¬von¬
→ **Herbort ⟨von Fritzlar⟩**

Fritzlar, Hermann ¬von¬
→ **Hermann ⟨von Fritzlar⟩**

Friunt, ¬Der¬
→ **Freund, ¬Der¬**

Frobert ⟨de Tours⟩
→ **Chrodebertus ⟨Turonensis⟩**

Frodebertus ⟨Turonensis⟩
→ **Chrodebertus ⟨Turonensis⟩**

Frodo ⟨Altissiodorensis⟩
gest. 1087
Verf. eines Teils (1052-1084) der Gesta pontificum Autissiodorensium
Rep.Font. IV,564
Frodo ⟨Autissiodorensis⟩
Frodo ⟨Canonicus⟩
Frodo ⟨Canonicus Autissiodorensis⟩
Frodon ⟨Chanoine⟩
Frodon ⟨d'Auxerre⟩

Frodo ⟨Canonicus⟩
→ **Frodo ⟨Altissiodorensis⟩**

Frodoardus ⟨Remensis⟩
→ **Flodoardus ⟨Remensis⟩**

Frodomundus ⟨Asceticus⟩
→ **Froumundus ⟨Tegernseensis⟩**

Frodon ⟨d'Auxerre⟩
→ **Frodo ⟨Altissiodorensis⟩**

Fröschel ⟨von Leidnitz⟩
15. Jh.
3 Reimpaargedichte
VL(2),2,977/978
Fröschel von Leidnitz
Leidnitz, Fröschel ¬von¬

Froger ⟨Juriste⟩
→ **Rogerus ⟨Iurisconsultus⟩**

Froidmont, Hélinant ¬de¬
→ **Hélinant ⟨de Froidmont⟩**

Froissart, Jean
1337 – 1420
Meyer; LMA,IV,984/85
Froissardus, Joannes
Froissardus, Johannes
Froissart, Jehan
Froissart, John
Frossardus, Johannes
Froyssart, Johan
Jean ⟨Froissart⟩

Fromond ⟨d'Auxerre⟩
→ **Fromundus ⟨Altissiodorensis⟩**

Fromond ⟨de Tegernsee⟩
→ **Froumundus ⟨Tegernseensis⟩**

Fromondus ⟨Asceticus⟩
→ **Froumundus ⟨Tegernseensis⟩**

Fromundus ⟨Altissiodorensis⟩
gest. ca. 1182
Wahrscheinlich Verf. eines Teils (1167-1181) der Gesta pontificum Autissiodorensium
Rep.Font. IV,568
Fromond ⟨Chanoine⟩
Fromond ⟨d'Auxerre⟩
Fromundus ⟨Autissiodorensis⟩

Fronthoven, Rainardus ¬de¬
→ **Rainardus ⟨de Fronthoven⟩**

Frossardus, Johannes
→ **Froissart, Jean**

Frothaire ⟨de Gorze⟩
→ **Frotharius ⟨Tullensis⟩**

Frothaire ⟨de Saint-Evre⟩
→ **Frotharius ⟨Tullensis⟩**

Frothaire ⟨de Toul⟩
→ **Frotharius ⟨Tullensis⟩**

Frothar ⟨von Toul⟩
→ **Frotharius ⟨Tullensis⟩**

Frotharius ⟨Tullensis⟩
gest. ca. 848
Epistulae
Rep.Font. IV, 569
Frothaire ⟨Abbé⟩
Frothaire ⟨de Gorze⟩
Frothaire ⟨de Saint-Evre⟩
Frothaire ⟨de Toul⟩
Frothaire ⟨Evêque⟩
Frothaire ⟨Moine⟩
Frothar ⟨Bischof⟩
Frothar ⟨von Toul⟩
Frotharius ⟨Episcopus⟩
Frotharius ⟨Evêque de Toul⟩

Froumund ⟨von Tegernsee⟩
→ **Froumundus ⟨Tegernseensis⟩**

Froumundus ⟨Tegernseensis⟩
ca. 960 – ca. 1008
Tusculum-Lexikon; LThK; VL(2); LMA,IV,994/95
Frodomundus ⟨Asceticus⟩
Fromond ⟨de Tegernsee⟩
Fromondus ⟨Asceticus⟩
Froumund
Froumund ⟨von Tegernsee⟩
Froumundo ⟨di Tegernsee⟩
Froumundus ⟨Asceticus⟩
Froumundus ⟨Coenobita⟩
Froumundus ⟨Monachus⟩
Froumundus ⟨Scholasticus⟩

Frouwenlob
→ **Heinrich ⟨von Meißen⟩**

Frovinus ⟨...⟩
→ **Frowinus ⟨...⟩**

Frowein, Bartholomaeus
gest. ca. 1430 · OCist
Stegmüller, Repert. bibl. 1580
Barthélemy ⟨Frowein⟩
Bartholomaeus ⟨Abbas Ebrach⟩
Bartholomaeus ⟨de Ebraco⟩
Bartholomaeus ⟨Frowein⟩
Bartholomaeus ⟨Frowein von Ebrach⟩
Bartholomaeus ⟨von Ebrach⟩

Frowin ⟨von Breslau⟩
→ **Frowinus ⟨Cracoviensis⟩**

Frowin ⟨von Engelberg⟩
→ **Frowinus ⟨de Monte Angelorum⟩**

Frowin ⟨von Krakau⟩
→ **Frowinus ⟨Cracoviensis⟩**

Frowin ⟨von Sankt Blasien⟩
→ **Frowinus ⟨de Monte Angelorum⟩**

Frowin ⟨von Thüringen⟩
ca. 15. Jh.
Predigten
VL(2),2,990
Thüringen, Frowin ¬von¬

Frowin, Hermannus
→ **Hermannus ⟨Frowin⟩**

Frowinus ⟨Abbas⟩
→ **Frowinus ⟨de Monte Angelorum⟩**

Frowinus ⟨Cracoviensis⟩
gest. 1347
Tusculum-Lexikon; VL(2); LMA,IV,995/96
Frovinus ⟨Scarbimiriensis⟩
Frovinus ⟨Scholasticus⟩
Frowin ⟨von Breslau⟩
Frowin ⟨von Krakau⟩
Frowinus ⟨Sandecensis⟩
Frowinus ⟨Scarbimiriensis⟩
Frowinus ⟨Scholasticus⟩
Hrodwinus ⟨Cracoviensis⟩
Vidvinus ⟨Cracoviensis⟩
Vrawinus ⟨Cracoviensis⟩
Vrowinus ⟨Sandecensis⟩
Vrowius ⟨Cracoviensis⟩

Frowinus ⟨de Engelberg⟩
→ **Frowinus ⟨de Monte Angelorum⟩**

Frowinus ⟨de Monte Angelorum⟩
gest. 1178
De laude liberi arbitrii lib. 7
LThK; VL(2); CSGL
Frowin ⟨d'Engelberg⟩
Frowin ⟨of Engelberg⟩
Frowin ⟨von Engelberg⟩
Frowin ⟨von Sankt Blasien⟩
Frowinus ⟨Abbas⟩
Frowinus ⟨de Engelberg⟩
Frowinus ⟨Montis Angelorum⟩
Monte Angelorum, Frowinus ¬de¬

Frowinus ⟨Sandecensis⟩
→ **Frowinus ⟨Cracoviensis⟩**

Frowinus ⟨Scarbimiriensis⟩
→ **Frowinus ⟨Cracoviensis⟩**

Frowinus ⟨Scholasticus⟩
→ **Frowinus ⟨Cracoviensis⟩**

Froyssart, Johan
→ **Froissart, Jean**

Fructueux ⟨de Braga⟩
→ **Fructuosus ⟨Bracarensis⟩**

Fructuoso ⟨Bracharense⟩
→ **Fructuosus ⟨Bracarensis⟩**

Fructuosus ⟨Archiepiscopus⟩
→ **Fructuosus ⟨Bracarensis⟩**

Fructuosus ⟨Bracarensis⟩
gest. 665
Regula monachorum
Tusculum-Lexikon; LThK; CSGL
Fructueux ⟨de Braga⟩
Fructuoso ⟨Bracharense⟩
Fructuosus ⟨Archiepiscopus⟩
Fructuosus ⟨Dumiensis⟩
Fructuosus ⟨Sanctus⟩
Fructuosus ⟨von Braga⟩

Fructuosus ⟨Dumiensis⟩
→ **Fructuosus ⟨Bracarensis⟩**

Fructuosus ⟨Sanctus⟩
→ **Fructuosus ⟨Bracarensis⟩**

Fründ, Hans
gest. 1469
Chronik
VL(2),2,992/993; Rep.Font. IV,574
Hans ⟨Fründ⟩

Frugardi, Ruggero ¬dei¬
→ **Rogerus ⟨de Parma⟩**

Frulandus ⟨Murbacensis⟩
um 1025/45
Passio S. Leodegarii tertia; Vita S. Leodegarii Augustodunensis
Cpl 1079 b; VL(2),2,990/91; Rep.Font. IV,573
Fruland ⟨de Murbach⟩
Fruland ⟨Hagiographe⟩
Fruland ⟨Moine⟩
Fruland ⟨von Murbach⟩
Frulandus ⟨Monachus⟩

Frulovisiis, Titus Livius ¬de¬
ca. 1400 – ca. 1457
De republica; Vita Henrici Quinti
Rep.Font. IV,573; Potth. 1068
Frulovisi, Tito Livio ¬dei¬
Tite Live ⟨de Ferrare⟩
Tite Live ⟨de Frioul⟩
Tite Live ⟨de' Filonisti⟩
Tite Live ⟨de' Frulovisi⟩
Tito Livio ⟨de Forlì⟩
Tito Livio ⟨de Frulovisiis⟩
Titus Livius ⟨de Ferrara⟩
Titus Livius ⟨de Frulovisi⟩
Titus Livius ⟨de Frulovisiis⟩
Titus Livius ⟨de Frulovisiis de Ferrara⟩
Titus Livius ⟨Foroiuliensis⟩

Frumon
15./16. Jh.
Meisterlied
VL(2),2,991/992

Frutolfus ⟨Bambergensis⟩
gest. 1103 · OSB
Breviarium de musica; Chronica
VL(2),2,993; LMA,IV,1002/03
Frutolf ⟨Mönch⟩
Frutolf ⟨von Bamberg⟩
Frutolf ⟨von Michelsberg⟩
Frutolfus ⟨Michelsbergensis⟩
Frutolphe ⟨Bénédictin⟩
Frutolphe ⟨de Bamberg⟩
Frutolphe ⟨de Michelsberg⟩
Frutolphe ⟨de Saint-Michel⟩

Frydank, Bernard
→ **Freidank**

Fryger, Clevi
um 1411 · OFM
Königsfelder Chronik
VL(2),2,998: Rep.Font. IV,574
Clevi ⟨Fryger⟩
Clewi ⟨de Waltzhuet⟩
Clewi ⟨Fryger⟩
Fryger, Clewi

Fu, Mi
→ **Mi, Fu**

Fuchs, Ludwig
gest. 1498 · OP
Asketische Vollkommenheits-lehren für Menschen im Ordensstand
VL(2),2,998/999
Fuchs, Ludovicus
Ludovicus ⟨Fuchs⟩
Ludovicus ⟨Vulpes⟩
Ludwig ⟨Fuchs⟩

Fuchsmündel, Johannes
um 1403
Vielleicht Verfasser der ältesten Andechser Chronik
Rep.Font. III,269; VI,320; VL(2),334/335
Fuchsmündel, Johann
Johann ⟨Fuchsmündel⟩
Johannes ⟨Fuchsmündel⟩

Fuḍail Ibn-ʿIyāḍ ¬al-¬
723 – 802
Fuḍayl Ibn ʿIyāḍ
Ibn-ʿIyāḍ, al-Fuḍail
Tamīmī, Fuḍail Ibn-ʿIyāḍ ¬at-¬

Fudschiwara, Mitschinaga
→ **Fujiwara, Michinaga**

Füetrer, Ulrich
gest. 1496
Potth.; Meyer; LMA,IV,1009/10
Fietrer, Ulrich
Fueetrer, Ulrich
Fueterer, Ulrich
Fuetrer, Ulrich
Fuetterer, Ulrich
Fürtrer, Ulrich
Füterer, Ulrich
Futrär, Ulrich
Fütrer, Ulrich
Ulrich ⟨Füetrer⟩
Ulrich ⟨Fütrer⟩

Fünfbrunner, Konrad
gest. 1501 · OFM
Trostbrief
VL(2),2,1013
Cünratt ⟨Fünffbrunner⟩
Fünffbrunner, Cünratt
Konrad ⟨Fünfbrunner⟩

Fünfkirchen, Maur ¬de¬
→ **Maurus ⟨Quinqueeccle-siensis⟩**

Fürtrer, Ulrich
→ **Füetrer, Ulrich**

Füssen, Magnus ¬von¬
→ **Magnus ⟨von Füssen⟩**

Fütrer, Ulrich
→ **Füetrer, Ulrich**

Fujiwara, Michinaga
966 – 1027
Japan. Minister am Hof von Hei-an, Tagebuchschriftsteller; „Midô-kanpakuki"
Fudschiwara, Mitschinaga
Fudschiwara no Mitschinaga
Fujiwara no Michinaga
Fujiwara-no-Michinaga
Hōjōji Nyūdō Sadaijin
Hōjōji Sesshо
Michinaga Kō
Midō Dono
Midō Kampaku
Midō Kanpaku
Midō Sesshō
Nyūdō Dono

Fujiwara, Sadaie
1162 – 1241
Fujiwara, Sadaiye
Fujiwara, Teika
Fujiwara Seika

Fujiwara, Teika
→ **Fujiwara, Sadaie**

Fujiwara no Michinaga
→ **Fujiwara, Michinaga**

Fujiwara Seika
→ **Fujiwara, Sadaie**

Fujiwara-no-Michinaga
→ **Fujiwara, Michinaga**

Fulbert ⟨de Chartres⟩
→ **Fulbertus ⟨Carnotensis⟩**

Fulbert ⟨de Rouen⟩
→ **Fulbertus ⟨Rothomagensis⟩**

Fulbert ⟨de Saint Ouen de Rouen⟩
→ **Fulbertus ⟨Gemeticensis⟩**

Fulbert ⟨von Chartres⟩
→ **Fulbertus ⟨Carnotensis⟩**

Fulbert ⟨von Gimies⟩
→ **Fulbertus ⟨Gemeticensis⟩**

Fulbert ⟨von Rouen⟩
→ **Fulbertus ⟨Rothomagensis⟩**

Fulbertus ⟨Carnotensis⟩
gest. 1028
Tusculum-Lexikon; LThK; CSGL; LMA,IV,1014/15
Folbertus ⟨Carnotensis⟩
Fulbert ⟨de Chartres⟩
Fulbert ⟨von Chartres⟩
Fulberto ⟨di Chartres⟩
Fulbertus ⟨Episcopus⟩
Fulbertus ⟨Sanctus⟩
Fulpertus ⟨Carnotensis⟩

Fulbertus ⟨Episcopus⟩
→ **Fulbertus ⟨Carnotensis⟩**

Fulbertus ⟨Gemeticensis⟩
um 956
Vita S. Aichardi
Rep.Font. IV,600/601
Fulbert ⟨de Saint Ouen de Rouen⟩
Fulbert ⟨Hagiographe⟩
Fulbert ⟨Moine à Jumièges⟩
Fulbert ⟨von Gimies⟩
Fulbertus ⟨Gemmeticensis⟩
Fulbertus ⟨Monachus Gemeticensis⟩
Fulbertus ⟨Monachus Sancti Audoeni Rotomagensis⟩

Fulbertus ⟨Monachus Gemeticensis⟩
→ **Fulbertus ⟨Gemeticensis⟩**

Fulbertus ⟨Rothomagensis⟩
11. Jh.
Praefatio in Vitam S. Romani
Rep.Font. IV,600
Fulbert ⟨Archidiacre⟩
Fulbert ⟨Archidiakon⟩
Fulbert ⟨de Rouen⟩
Fulbert ⟨Dekan⟩
Fulbert ⟨le Sophiste⟩
Fulbert ⟨von Rouen⟩
Fulbertus ⟨Archidiaconus Rotomagensis⟩

Fulbertus ⟨Sanctus⟩
→ **Fulbertus ⟨Carnotensis⟩**

Fulcardus ⟨Lobiensis⟩
→ **Folcardus ⟨Lobiensis⟩**

Fulcaudus, Hugo
→ **Falcandus, Hugo**

Fulcerus ⟨Sanctae Euphemiae⟩
13. Jh.
Praedicatio ad populum
Schneyer,II,97
Foulque ⟨de Sainte-Euphémie⟩
Foulque ⟨Prévôt⟩
Foulques ⟨de Sainte-Euphémie⟩
Foulques ⟨Prévôt⟩
Fulcerus ⟨Propositus⟩
Fulco ⟨Propositus⟩
Fulco ⟨Sanctae Euphemiae⟩
Sanctae Euphemiae, Fulcerus

Fulcharius
→ **Cruindmelus**

Fulcherius ⟨Carnotensis⟩
ca. 1059 – 1127
Gesta Francorum
Tusculum-Lexikon; LThK; CSGL; LMA,IV,1015/16
Foucher ⟨de Chartres⟩
Foulcher ⟨de Chartres⟩
Fulcher ⟨von Chartres⟩
Fulcherius ⟨Capellanus⟩
Fulcherus ⟨Carnotensis⟩
Fulco ⟨von Chartres⟩

Fulco
12. Jh.
Historia gestorum viae nostri temporis Jerosolimitanae; Verf. der drei dem Werk des Gilo ⟨Tusculanus⟩ vorangestellten Bücher
Rep.Font. IV,602
Foulque ⟨Historien-Poète de la Première Croisade⟩
Fulco ⟨Poeta⟩

Fulco ⟨Anjou, Graf, IV.⟩
→ **Fulco ⟨le Réchin⟩**

Fulco ⟨Archiepiscopus Remensis⟩
→ **Fulco ⟨Remensis⟩**

Fulco ⟨Comes Andegavensis⟩
→ **Fulco ⟨le Réchin⟩**

Fulco ⟨Corbiensis⟩
gest. 1095
Epistolae
Foulques ⟨de Corbie⟩
Fulco ⟨of Corbie⟩
Fulco ⟨von Corbie⟩

Fulco ⟨de Neuilly-sur-Marne⟩
→ **Fulco ⟨Nulliacensis⟩**

Fulco ⟨le Réchin⟩
1043 – 1109
Chronik
LMA,IV,1018; Rep.Font. IV,602
Foulque ⟨Anjou, Comte, IV.⟩
Foulque ⟨Hargneux⟩
Foulque ⟨le Réchin⟩
Foulques ⟨Anjou, Graf, IV.⟩
Fulco ⟨Angers, Count, IV.⟩
Fulco ⟨Angers, Graf, IV.⟩
Fulco ⟨Anjou, Graf, IV.⟩
Fulco ⟨Comes Andegavensis⟩
Fulco ⟨Réchin⟩
Fulk ⟨Anjou, Count, IV.⟩
LeRéchin, Fulco
Réchin, Fulco ¬le¬

Fulco ⟨Nulliacensis⟩
gest. 1202
Schneyer,II,101
Foulque ⟨de Neuilly⟩
Foulques ⟨de Neuilly⟩
Fulco ⟨de Neuilly-sur-Marne⟩
Fulcus ⟨de Neuilly-sur-Marne⟩
Fulk ⟨of Neuilly⟩

Fulco ⟨of Corbie⟩
→ **Fulco ⟨Corbiensis⟩**

Fulco ⟨Poeta⟩
→ **Fulco**

Fulco ⟨Propositus⟩
→ **Fulcerus ⟨Sanctae Euphemiae⟩**

Fulco ⟨Réchin⟩
→ **Fulco ⟨le Réchin⟩**

Fulco ⟨Remensis⟩
850 – 900
Epistolae
Rep.Font. IV,602
Foulque ⟨de Reims⟩
Fulco ⟨Archiepiscopus Remensis⟩
Fulco ⟨von Reims⟩

Fulco ⟨Sanctae Euphemiae⟩
→ **Fulcerus ⟨Sanctae Euphemiae⟩**

Fulco ⟨von Chartres⟩
→ **Fulcherius ⟨Carnotensis⟩**

Fulco ⟨von Corbie⟩
→ **Fulco ⟨Corbiensis⟩**

Fulco ⟨von Reims⟩
→ **Fulco ⟨Remensis⟩**

Fulcodi, Guido
→ **Clemens ⟨Papa, IV.⟩**

Fulcodius ⟨Bellovacensis⟩
→ **Fulcoius ⟨Bellovacensis⟩**

Fulcoius ⟨Bellovacensis⟩
gest. 1084
Epistolae
Tusculum-Lexikon; Potth.; LMA,IV,1019
Foulcoie ⟨de Beauvais⟩
Foulcoie ⟨de Meaux⟩
Fulcodius ⟨Bellovacensis⟩
Fulcoius ⟨Archidiaconus⟩
Fulcoius ⟨Belvacensis⟩
Fulcoius ⟨Meldensis⟩
Fulcoius ⟨Subdiaconus⟩
Fulcoius ⟨von Beauvais⟩

Fulcuinus ⟨Abbas⟩
→ **Folcuinus ⟨Lobiensis⟩**

Fulcus ⟨de Neuilly-sur-Marne⟩
→ **Fulco ⟨Nulliacensis⟩**

Fulda, Adam ¬von¬
→ **Adam ⟨von Fulda⟩**

Fulgence ⟨d'Afflighem⟩
→ **Fulgentius ⟨Affligemensis⟩**

Fulgence ⟨de Ruspe⟩
→ **Fulgentius, Claudius Gordianus**

Fulgentius
→ **Fulgentius, Fabius Planciades**

Fulgentius ⟨Afer⟩
→ **Fulgentius, Claudius Gordianus**

Fulgentius ⟨Affligemensis⟩
1088 – 1122
Epistola
CSGL; Potth.
Fulgence ⟨d'Affilghem⟩
Fulgentius ⟨Abbas⟩
Fulgentius ⟨of Affilghem⟩
Fulgentius ⟨von Affilghem⟩

Fulgentius ⟨de Ruspe⟩
→ **Fulgentius, Claudius Gordianus**

Fulgentius ⟨Episcopus⟩
→ **Fulgentius, Claudius Gordianus**

Fulgentius ⟨Ferrandus⟩
→ **Ferrandus ⟨Carthaginiensis⟩**

Fulgentius ⟨Mythographus⟩
→ **Fulgentius, Fabius Planciades**

Fulgentius ⟨of Affilghem⟩
→ **Fulgentius ⟨Affligemensis⟩**

Fulgentius ⟨Planciades⟩
→ **Fulgentius, Fabius Planciades**

Fulgentius ⟨Ruspensis⟩
→ **Fulgentius, Claudius Gordianus**

Fulgentius ⟨Sanctus⟩
→ **Fulgentius, Claudius Gordianus**

Fulgentius ⟨von Affilghem⟩
→ **Fulgentius ⟨Affligemensis⟩**

Fulgentius ⟨von Ruspe⟩
→ **Fulgentius, Claudius Gordianus**

Fulgentius, Claudius Gordianus
467 – 533
Mönch; Bischof von Ruspe; De fide
LMA,IV,1023
Claudius ⟨Gordianus⟩
Claudius Gordianus ⟨Fulgentius⟩
Fulgence ⟨de Ruspe⟩
Fulgentius ⟨Afer⟩
Fulgentius ⟨Apher⟩
Fulgentius ⟨Bischof⟩
Fulgentius ⟨de Ruspa⟩
Fulgentius ⟨de Ruspe⟩
Fulgentius ⟨Episcopus⟩
Fulgentius ⟨Ruspensis⟩
Fulgentius ⟨Sanctus⟩
Fulgentius ⟨von Ruspe⟩
Fulgentius, Fabius Claudius Gordianus
Fulgenzio ⟨di Ruspe⟩
Gordianus ⟨Fulgentius⟩
Gordianus Fulgentius, Claudius
Pseudo-Fulgentius
Ruspe, Fulgenzio ¬di¬

Fulgentius, Fabius Claudius Gordianus
→ **Fulgentius, Claudius Gordianus**

Fulgentius, Fabius Planciades
um 500
Mythograph; De aetatibus mundi et hominis; Mitologiae; Expositio Virgilianae continentiae; nicht identisch mit Fulgentius, Claudius Gordianus
LMA,IV,1023/24
Afer, Fabius Planciades
Fabius ⟨Planciades⟩
Fabius Planciades ⟨Fulgentius⟩
Fulgentius
Fulgentius ⟨Mythographus⟩
Fulgentius ⟨Planciades⟩

Fulgentius ‹the Mythographer›
Fulgentius, Planciades
Fulgentius Afer, Fabius Planciades
Fulgenzio ‹il Mitografo›
Fulgenzio, Fabio Planciade
Planciades, Fabius Fulgentius
Planciades, Fulgentius

Fulgentius, Gotteschalcus
→ **Godescalcus ‹Orbacensis›**

Fulgentius, Planciades
→ **Fulgentius, Fabius Planciades**

Fulgentius Afer, Fabius Planciades
→ **Fulgentius, Fabius Planciades**

Fulgenzio ‹il Mitografo›
→ **Fulgentius, Fabius Planciades**

Fulgenzio ‹di Ruspe›
→ **Fulgentius, Claudius Gordianus**

Fulgeriis, Stephanus ¬de¬
→ **Étienne ‹de Fougères›**

Fulginas, Gentilis
→ **Gentilis ‹de Fulgineo›**

Fulginas, Petruccio de Unctis
→ **Petruccio ‹de Unctis›**

Fulgineo, Arndaldus ¬de¬
→ **Arnaldus ‹de Fulgineo›**

Fulgineo, Fridericus ¬de¬
→ **Fridericus ‹de Fulgineo›**

Fulgineo, Gentilis ¬de¬
→ **Gentilis ‹de Fulgineo›**

Fulgineo, Nicolaus ¬de¬
→ **Nicolaus ‹Tignosi de Fulgineo›**

Fulginio, Angela ¬de¬
→ **Angela ‹de Fulginio›**

Fulgosius, Raphael
1367 – 1427
Glossae in digestum veterem; Consilia
LMA,IV,1024
Fregoso, Raphael
Fulgosio, Raffaele
Raffaele ‹Fulgosio›
Raphael ‹Fregoso›
Raphael ‹Fulgosius›

Fuliginio, Gentilis ¬de¬
→ **Gentilis ‹de Fulgineo›**

Fulk ‹Anjou, Count, IV.›
→ **Fulco ‹le Réchin›**

Fulk ‹of Neuilly›
→ **Fulco ‹Nulliacensis›**

Fuller, Henricus
gest. ca. 1348
Opus de moribus praelatorum
VL(2),2,1008/10
Fuller, Heinrich
Fuller, Henri
Fuller von Hagenau, Heinrich
Heinrich ‹Fuller›
Heinrich ‹von Hagenau›
Henri ‹de Haguenau›
Henri ‹Fuller›
Henri ‹Fuller de Haguenau›
Henricus ‹Argentinensis Diocesis›
Henricus ‹de Hagenau›
Henricus ‹Fuller›
Henricus ‹Fuller de Haguenau›

Fulpertus ‹Carnotensis›
→ **Fulbertus ‹Carnotensis›**

Fulquinus ‹Lobiensis›
→ **Folcuinus ‹Lobiensis›**

Fundanus, Abbas
→ **Abbas ‹Fundanus›**

Funke, Marquardus
→ **Marquard ‹von Lindau›**

Furia, Johannes
Lebensdaten nicht ermittelt
Expilationsverfahren (Briefform)
VL(2),2,1020/1021
Johannes ‹Furia›

Furnerius, Jacobus
→ **Benedictus ‹Papa, XII.›**

Furness, Iocelinus ¬de¬
→ **Iocelinus ‹de Furness›**

Furno, Johannes Vitalis ¬a¬
→ **Johannes Vitalis ‹a Furno›**

Furno, Michael ¬de¬
→ **Michael ‹de Furno›**

Furno, Vitalis ¬de¬
→ **Johannes Vitalis ‹a Furno›**

Fuscarariis, Aegidius ¬de¬
→ **Aegidius ‹de Fuscarariis›**

Fuscinus, Casparus
15. Jh.
Carmen de nece Nicolai II ducis Opoliensis a. 1497
Rep.Font. IV,610
Casparus ‹Fuscinus›

Fuscus, Franciscus
→ **Franciscus ‹Niger›**

Fusignano, Jacobus ¬de¬
→ **Jacobus ‹de Fusignano›**

Fuß ‹der Buhler›
Lebensdaten nicht ermittelt
VL(2),2,1030
Buhler, Fuß ¬der¬
Fuß ‹Minnesänger›
Fuß der Buhler

Fuß ‹Minnesänger›
→ **Fuß ‹der Buhler›**

Fussesbrunnen, Konrad ¬von¬
→ **Konrad ‹von Fussesbrunnen›**

Futerer, Johannes
um 1325 · OP
Exempel, Allegorien aus Predigten
VL(2),2,1034
Johannes ‹Futerer›
Johannes ‹Futerer de Argentina›
Johans ‹der Futrer›

Futrär, Ulrich
→ **Füetrer, Ulrich**

Fūwī, Muḥammad Ibn-ʿAbd-al-Hādī ¬al-¬
→ **Ibn-ʿAbd-al-Hādī, Muḥammad Ibn-Aḥmad**

Fykeis, Henricus
→ **Henricus ‹Fykeis›**

Fyntzel, Johannes
→ **Johannes ‹von Mainz›**

Gabalas, Manuel
→ **Manuel ‹Gabalas›**

Ğaʿbarī, Ibrāhīm Ibn-ʿUmar ¬al-¬
1242 – 1333
Djaʿbarī, Ibrāhīm b. ʿUmar
Ibn-ʿUmar, Ibrāhīm al-Ğaʿbarī
Ibn-ʿUmar al-Ğaʿbarī, Ibrāhīm
Ibrāhīm Ibn-ʿUmar al-Ğaʿbarī
Jaʿbarī, Ibrāhīm Ibn ʿUmar

Gabelstein, Arnoldus ¬de¬
→ **Arnoldus ‹de Gabelstein›**

Gabelstein, ¬Der von¬
um 1330/62
Ausspruch über „rehtiu zuoversicht"; Identität mit Arnoldus ‹de Gabelstein› umstritten
VL(2),2,1035
Der von Gabelstein

Ğābir Ibn Aflaḥ
→ **Ğābir Ibn-Ḥaiyān**

Ğabir ibn Aflaḥ Abu Muhammad
→ **Ğābir Ibn-Aflaḥ**

Gābir Ibn Ḥajjān
→ **Ğābir Ibn-Ḥaiyān**

Ğābir ibn Hayyān b. ʿAbd Allāh al Kūfī
→ **Ğābir Ibn-Ḥaiyān**

Ğābir Ibn-Aflaḥ
12. Jh.
Mathematiker, Astronom
Nicht identisch mit Ğābir Ibn-Ḥaiyān; nicht identisch mit Geber ‹Latinus›
Rep.Font. IV,613; LMA,IV,1071
Djābir b. Aflaḥ, Abū-Muḥammad
Djabir ibn Aflach
Dschabir Ibn Aflah
Ğabir ibn Aflaḥ Abu Muhammad
Geber ‹aus Hispanien›
Geber ‹Hispalensis›
Geber ‹Philosophus›
Geber ‹von Sevilla›
Gebrus ‹Filius Affla Hispanensis›
Jābir ibn Aflaḥ

Ğābir Ibn-Ḥaijān aṣ-Ṣūfī, Abū-Mūsā
→ **Ğābir Ibn-Ḥaiyān**

Ğābir Ibn-Ḥaiyān
8. Jh.
Nicht identisch mit Ğābir Ibn-Aflaḥ; wahrscheinlich nicht identisch mit Geber ‹Latinus›. - Früher wurde ihm „Summa perfectionis magisterii" zugeschrieben; „Theorie der Naturprozesse"; „Tadbīr al-iksīr al-aẓam"
Rep.Font. IV,613
ʿAbd Allāh al-Kūfī
Abū Mūsa Ğābir ibn-Ḥayyān aṣ-Ṣūfī al-Azdī al-Umawī
Dschabir Ibn Aflah
Ğābir Ibn Aflaḥ
Gābir Ibn Ḥajjān
Ğābir ibn Hayyān b. ʿAbd Allāh al Kūfī
Ğābir Ibn-Ḥaijān aṣ-Ṣūfī, Abū-Mūsā
Ğābir Ibn-Hajjān
Ğābir Ibn-Ḥayyān
Geber
Geber ‹Hispalensis›
Geber ‹Philosophus›
Geber ‹von Sevilla›
Gebrus
Giovanni ‹Geber›
Ḥaijān aṣ-Ṣūfī, Abū-Mūsā
Ibn-Ḥaiyān, Ğābir
Jābir ‹al-Tarasūsī›
Jābir ‹ibn Haiyān›
Jābir ‹ibn Hayyān›
Jābir ibn Ḥayyān ‹al-Ṭarasūsī›
Jābir Ibn-Haiyan
Jābir Ibn-Ḥayyān
Kūfī, ʿAbd Allāh
Pseudo-Geber

Ğābir Ibn-Hajjān
→ **Ğābir Ibn-Ḥaiyān**

Ğābir Ibn-Ḥayyān
→ **Ğābir Ibn-Ḥaiyān**

Ğābir Ibn-Zaid
gest. 711
Djābir Ibn Zaid
Ibn-Zaid, Ğābir
Jābir Ibn Zayd

Gabirol, Šelomo Ben-Yehûdā Ben-
→ **Ibn-Gabîrôl, Šelomo Ben-Yehûdā**

Gablingen, Johannes ¬von¬
→ **Johannes ‹von Gablingen›**

Gabras, Johannes
→ **Johannes ‹Gabras›**

Gabras, Michael
→ **Michael ‹Gabras›**

Gabriel ‹Alexandria, Patriarch, II.›
→ **Gabriel ‹Bābā, II.›**

Gabriel ‹Archiepiscopus Graecus Thessalonicae›
→ **Gabriel ‹Thessalonicensis›**

Gabriel ‹Bābā, II.›
gest. 1145
Abu-'l-ʿAlāʾ Saʿīd
Gabriel ‹Alexandria, Patriarch, II.›
Gabriel ‹Koptische Kirche, Patriarch, II.›
Gabriel Ibn-Tarīk
Gabriel Ibn-Turaik
Ġubriyāl ‹Alexandria, Patriarch, II.›
Ibn Turayk, Gabriel
Ibn-Tarīk, Gabriel
Ibn-Turaik, Gabriel
Ibn-Turaik, Ġubriyāl
Saʿīd, Abu-'l-ʿAlāʾ

Gabriel ‹Bābā, V.›
um 1409/27
88. Patriarch der Kopten
Gabriel ‹Coptic Patriarch, V.›
Gabriele ‹Patriarca, V.›
Ghubriyāl ‹Patriarch, V.›

Gabriel ‹Bareleta›
→ **Gabriel ‹de Barletta›**

Gabriel ‹Biel›
→ **Biel, Gabriel**

Gabriel ‹Brebbia›
um 1477 · OSB
Epitome adnotationum in Ps.
Stegmüller, Repert. bibl. 2343
Brebbia, Gabriel
Brebia, Gabriel
Gabriel ‹Brebia›
Gabriel ‹Mediolanensis›

Gabriel ‹Bucci›
→ **Bucci, Gabriele**

Gabriel ‹Capodilista›
→ **Capodilista, Gabriele**

Gabriel ‹Cassafages›
→ **Gabriel ‹de Barcinona›**

Gabriel ‹Condolmerio›
→ **Eugenius ‹Papa, IV.›**

Gabriel ‹Constantinopolitanus›
6. Jh.
Constantinopolitanus, Gabriel
Gabriel ‹Epigrammaticus›
Gabriel ‹Praefectus›
Gabrielius ‹Constantinopolitanus›
Gabrielius ‹Epigrammaticus›

Gabriel ‹Coptic Patriarch, V.›
→ **Gabriel ‹Bābā, V.›**

Gabriel ‹de Barcinona›
gest. 1463 · OP
Officii inquisitionis directorium; Tractatus de sanguine Christi
Kaeppeli,II,3
Barcinona, Gabriel ¬de¬
Francisci, Gabriel
Gabriel ‹Cassafages›
Gabriel ‹de Barchinona›
Gabriel ‹Francisci›
Gabriel ‹Francisci Cassafages de Barcinona›

Gabriel ‹de Barletta›
gest. ca. 1480 · OP
Sermones
Kaeppeli,II,4/5
Barletta, Gabriel ¬de¬
Gabriel ‹Bareleta›
Gabriel ‹Barletta›
Gabriel ‹de Barolo›
Gabriel ‹de Barulo›
Gabriel ‹de Brunis›
Gabriel ‹de Regno›
Gabriel ‹of Barletta›

Gabriel ‹de Barolo›
→ **Gabriel ‹de Barletta›**

Gabriel ‹de Brunis›
→ **Gabriel ‹de Barletta›**

Gabriel ‹de Cotignola›
→ **Gabriel ‹Sfortia›**

Gabriel ‹de Regno›
→ **Gabriel ‹de Barletta›**

Gabriel ‹de Venetiis›
Lebensdaten nicht ermittelt · OP
Schneyer,II,102; Kaeppeli,II,5
Gabriel ‹de Veneciis›
Venetiis, Gabriel ¬de¬

Gabriel ‹Domestikos tōn Xanthopulōn›
→ **Gabriel ‹Hieromonachus›**

Gabriel ‹Epigrammaticus›
→ **Gabriel ‹Constantinopolitanus›**

Gabriel ‹Francisci Cassafages de Barcinona›
→ **Gabriel ‹de Barcinona›**

Gabriel ‹Hieromonachus›
15. Jh.
CSGL; LMA,IV,1074
Gabriel ‹Domestikos tōn Xanthopulōn›
Gabriēl ‹Hieromonachos›
Gabriēl ‹tōn Xanthopulōn›
Hieromonachus, Gabriel

Gabriel ‹Koptische Kirche, Patriarch, ...›
→ **Gabriel ‹Bābā, ...›**

Gabriel ‹Mediolanensis›
→ **Gabriel ‹Brebbia›**

Gabriel ‹Metropolita›
→ **Gabriel ‹Thessalonicensis›**

Gabriel ‹of Barletta›
→ **Gabriel ‹de Barletta›**

Gabriel ‹Praefectus›
→ **Gabriel ‹Constantinopolitanus›**

Gabriel ‹Sfortia›
gest. 1457 · OESA
Super logicam; Super libros Physicorum; Super De anima; etc.
Lohr
Attendolo, Carlo
Attendolo, Charles
Carlo ‹Attendolo›
Charles ‹Attendolo›
Gabriel ‹de Cotignola›
Gabriel ‹Sfortia de Cotignola›

Gabriel ⟨Sforza⟩
Gabriele ⟨Sforza⟩
Sfortia, Gabriel
Sforza, Gabriel

Gabriel ⟨Spirensis⟩
→ **Biel, Gabriel**

Gabriel ⟨Tetzel⟩
→ **Tetzel, Gabriel**

Gabriel ⟨Thessalonicensis⟩
gest. 1416/19
Tusculum-Lexikon; CSGL
Gabriel ⟨Archiepiscopus Graecus Thessalonicae⟩
Gabriel ⟨Metropolita⟩
Gabriēl ⟨Thessalonikēs⟩
Gabriel ⟨von Thessalonike⟩

Gabriēl ⟨tōn Xanthopulōn⟩
→ **Gabriel ⟨Hieromonachus⟩**

Gabriel ⟨Turell⟩
→ **Turell, Gabriel**

Gabriel ⟨von Lebenstein⟩
14. Jh.
Lebenstein, Gabriel ¬von¬

Gabriel ⟨von Thessalonike⟩
→ **Gabriel ⟨Thessalonicensis⟩**

Gabriel Ibn-Tarīk
→ **Gabriel ⟨Bābā, II.⟩**

Gabriele ⟨Bucci⟩
→ **Bucci, Gabriele**

Gabriele ⟨Capodilista⟩
→ **Capodilista, Gabriele**

Gabriele ⟨Condulmer⟩
→ **Eugenius ⟨Papa, IV.⟩**

Gabriele ⟨Patriarca, ...⟩
→ **Gabriel ⟨Bābā, ...⟩**

Gabriele ⟨Sforza⟩
→ **Gabriel ⟨Sfortia⟩**

Gabrielis ⟨...⟩
→ **Gabriel**

Gabrielis de Piccolominibus, Johannes
→ **Johannes ⟨Gabrielis de Piccolominibus⟩**

Gabrielius ⟨...⟩
→ **Gabriel ⟨...⟩**

Gabrino di Rienzi, Niccolò
→ **Rienzo, Cola ¬di¬**

Gabrus, Michael
→ **Michael ⟨Gabras⟩**

Gacaeus, Aeneas
→ **Aeneas ⟨Gazaeus⟩**

Gace ⟨Brulé⟩
12./13. Jh.
LMA,IV,1074/75
Brulé, Gace

Gace ⟨de la Buigne⟩
um 1350/64
Roman des deduis
Rep.Font. IV,616
Buigne, Gace ¬de la¬
Gace ⟨de la Bigne⟩
Gace ⟨de LaBigne⟩
LaBigne, Gace ¬de¬
LaBuigne, Gace ¬de¬

Gadesden, Johannes ¬de¬
→ **Johannes ⟨de Gadesden⟩**

Gadolus, Bernardinus
→ **Bernardinus ⟨Gardolus⟩**

Gägnreuterin
15. Jh.
Rezepte (dt./lat.)
VL(2),2,1038

Gähsler, Johann
→ **Gösseler, Johann**

Gärtner, Werner ¬der¬
→ **Werner ⟨der Gärtner⟩**

Gässel, Leonhard
→ **Gessel, Leonhard**

Gässeler, Johannes
um 1477
Gedichte
VL(2),2,1101/1102
Gässler, Jean
Gesler, Johannes
Gesseler, Johannes
Jean ⟨Gässler⟩
Johannes ⟨Gässeler⟩
Johannes ⟨Gesler⟩
Johannes ⟨Gesseler⟩

Gäßler, Johann
→ **Gösseler, Johann**

Gaeta, Thomas ¬de¬
→ **Thomas ⟨de Gaeta⟩**

Gaétan ⟨de Thierme⟩
→ **Gaetanus ⟨de Thienis⟩**

Gaetani, Annibal
→ **Hannibaldus ⟨de Ceccano⟩**

Gaetani, Benedetto
→ **Bonifatius ⟨Papa, VIII.⟩**

Gaetani Stefaneschi, Jacobus
→ **Jacobus ⟨Gaetani Stefaneschi⟩**

Gaetano ⟨di Thiene⟩
→ **Gaetanus ⟨de Thienis⟩**

Gaetano, Benedetto
→ **Bonifatius ⟨Papa, VIII.⟩**

Gaetanus ⟨de Thienis⟩
1387 – 1465
Recollectae super VIII libros Physicorum; Expositio in libros De caelo et mundo; Expositio in libros Meteororum
Lohr; LMA,II,1378/79
Caietanus ⟨de Thienis⟩
Caietanus ⟨de Thyennis⟩
Caietanus ⟨de Tiennis⟩
Caietanus ⟨Thienaeus⟩
Cajetan ⟨de Thienis⟩
Cajetan ⟨de Tiene⟩
Cajetan ⟨von Thiene⟩
Cajetan ⟨von Tiene⟩
Cayetano ⟨de Thiene⟩
Gaétan ⟨de Thierme⟩
Gaetano ⟨da Thiene⟩
Gaetano ⟨de Thiene⟩
Gaetano ⟨di Thiene⟩
Gaetano ⟨Thiene⟩
Gaetanus ⟨Thienensis⟩
Gaetanus ⟨de Thienis⟩
Thienaeus, Caietanus
Thienis, Gaetanus ¬de¬
Thienis, Gajetanus ¬de¬
Thyenis, Gaetanus ¬de¬
Tiene, Gaetano

Gaetanus ⟨Thienensis⟩
→ **Gaetanus ⟨de Thienis⟩**

Gafar
→ **Abū-Ma'šar Ğa'far Ibn-Muḥammad**

Ğa'far al-Ṣādiq
→ **Ğa'far aṣ-Ṣādiq**

Ğa'far aṣ-Ṣādiq
ca. 699 – 765
Cafer-i Sadık
Dja'far al-Ṣādiķ
Djafar as-Sadik
Dschafar as-Sadik
Ğa'far al-Ṣādiq
Ja'far al-Ṣādiq
Sadik, Dschafar ¬as-¬
Ṣādiq, Ğa'far ¬aṣ-¬

Ğa'far Ibn-Muḥammad, Abū-Ma'šar
→ **Abū-Ma'šar Ğa'far Ibn-Muḥammad**

Ğa'far Ibn-Muḥammad al-Firyābī
→ **Firyābī, Ğa'far Ibn-Muḥammad ¬al-¬**

Ğa'far Ibn-Ṯa'lab al-Adfuwī
→ **Adfuwī, Ğa'far Ibn-Ṯa'lab ¬al-¬**

Ğa'farī, Ṣāliḥ Ibn-al-Ḥusain ¬al-¬
um 1221
Djafarī, Ṣāliḥ b. al-Ḥusayn
Ibn-al-Ḥusain, Ṣāliḥ al-Ğa'farī
Ibn-al-Ḥusain al-Ğa'farī, Ṣāliḥ
Ja'farī, Ṣāliḥ Ibn al-Ḥusayn
Ṣāliḥ Ibn-al-Ḥusain al-Ğa'farī

Ğa'farī ar-Ruġadī, Ḥusain Ibn-Muḥammad ¬al-¬
→ **Ibn-Bībī**

Ġāfiqī, Aḥmad Ibn-Muḥammad ¬al-¬
gest. 1165
Aḥmad Ibn-Muḥammad al-Ġāfiqī
Ghāfiqī, Aḥmad ibn Muḥammad
Ibn-Muḥammad, Aḥmad al-Ġāfiqī

Ġāfiqī, Muḥammad Ibn-Qassūm ¬al-¬
12. Jh.
Ghâfiqî, Mohammad Ibn Qassoûm Ibn-Aslam ¬al-¬
Ghāfiqī, Muḥammad Ibn Qassūm
Ibn-Qassūm, Muḥammad al-Ġāfiqī
Muḥammad Ibn-Qassūm al-Ġāfiqī

Gafredus ⟨...⟩
→ **Galfredus ⟨...⟩**

Gagny, Stephanus ¬de¬
→ **Stephanus ⟨de Gagny⟩**

Gaguin, Robert
1425 – 1501
Meyer; LMA,IV,1078
Gaguignus, Robertus
Gaguini, Roberto
Gaguinus, Robertus
Robert ⟨Gaguin⟩
Roberto ⟨Gaguin⟩
Robertus ⟨Gaguinus⟩

Ğahḏamī, Abū-Isḥāq Ismā'īl Ibn-Isḥāq ¬al-¬
→ **Ğahḏamī, Ismā'īl Ibn-Isḥāq ¬al-¬**

Ğahḏamī, Ismā'īl Ibn-Isḥāq ¬al-¬
815 – 895
Djahḏamī, Ismā'īl Ibn Isḥak
Ğahḏamī, Abū-Isḥāq Ismā'īl Ibn-Isḥāq ¬al-¬
Ibn-Isḥāq, Ismā'īl al-Ğahḏamī
Ismā'īl Ibn-Isḥāq al-Ğahḏamī
Ismā'īl Ibn-Isḥāq al-Qāḍī
Jahḏamī, Ismā'īl Ibn Isḥāq
Qāḍī, Ismā'īl Ibn-Isḥāq ¬al-¬

Ğāḥiẓ, Abū-'Uṯmān 'Amr Ibn-Baḥr
→ **Ğāḥiẓ, 'Amr Ibn-Baḥr ¬al-¬**

Ğāḥiẓ, 'Amr Ibn-Baḥr ¬al-¬
767 – 868
'Abū-'Uṯmān 'Amr Ibn-Baḥr al-Ğāḥiẓ
'Amr Ibn-Baḥr al-Ğāḥiẓ
Câḥiẓ Ebū 'Oṣmān 'Amr b. Baḥr ¬el-¬
Djaḥiẓ
Dschahis, Abu Uthman Amr Ibn Bahr ¬al¬
Ğāḥiẓ, 'Uṯmān 'Amr Ibn-Baḥr
Ibn-Baḥr, 'Amr al-Ğāḥiẓ
Ibn-Baḥr al-Ğāḥiẓ, 'Amr
Jāḥiẓ, 'Amr Ibn Baḥr
Pseudo-Ğāḥiẓ

Ğahẓa al-Barmakī, Aḥmad Ibn-Ğa'far
gest. 936
Aḥmad Ibn-Ğa'far Ğaḥẓa al-Barmakī
Barmakī, Aḥmad Ibn-Ğa'far ¬al-¬
Barmakī, Ğaḥẓa ¬al-¬
Ğaḥẓat al-Barmakī, Aḥmad Ibn-Ğa'far
Ibn-Ğa'far, Aḥmad Ğaḥẓa al-Barmakī
Jaḥẓa al-Barmakī, Aḥmad Ibn Ja'far

Ğaḥẓat al-Barmakī, Aḥmad Ibn-Ğa'far
→ **Ğaḥẓa al-Barmakī, Aḥmad Ibn-Ğa'far**

Gaian, Guilelmus
um 1378
Relatio legationis Migonis de Ruppeforte
Rep.Font. IV,617
Gaian, Guillaume
Guilelmus ⟨Gaian⟩
Guillaume ⟨Gaian⟩

Gaibano, Giovanni
ca. 1220 – 1294
Thieme-Becker
Giovanni ⟨da Gaibana⟩
Giovanni ⟨Gaibano⟩

Gaietanus ⟨de Thienis⟩
→ **Gaetanus ⟨de Thienis⟩**

Gaii, Johannes
→ **Johannes ⟨Gaii⟩**

Ġailān Ibn-'Uqba Ḏu-'r-Rumma
→ **Ḏu-'r-Rumma, Ġailān Ibn-'Uqba**

Gaimar, Geoffroy
→ **Geoffroy ⟨Gaimar⟩**

Gaios ⟨Tribonianos⟩
→ **Tribonianus, Gaius**

Gairius, Johannes
um 1392
Historia brevis (1392-93)
Rep.Font. IV,617
Gairius, Jean
Jean ⟨Gairius⟩
Jean ⟨Gairius de Nordlingen⟩
Johannes ⟨Gairius⟩

Gaius ⟨Tribonianus⟩
→ **Tribonianus, Gaius**

Ğaiyānī, Abū-'Abdallāh Muḥammad Ibn-Mu'āḏ ¬al-¬
ca. 989 – ca. 1080
Hispanoarab. Mathematiker und Astronom; „Maqāla fī šarḥ an-nisba"; „Kitāb maǧhūlāt qisī al-kura"
LMA,V,319
Abu 'Abd Allāh Muḥammad ibn Mu'ādh al-Djajjani
Abū-'Abdallāh al-Ğaiyānī, Muḥammad Ibn-Mu'āḏ
Abū-'Abdallāh Muḥammad Ibn-Mu'āḏ al-Ğaiyānī
Al-Djajjani
Djajjani, ¬al¬
Ğaiyānī, Muḥammad Ibn-Mu'āḏ ¬al-¬
Ğayyānī, ¬al-¬
Ibn Mu'āḏ
Ibn-Mu'āḏ, Abū-'Abdallāh Muḥammad al-Ğaiyānī
Jayyānī, Abū 'Abd Allāh Muḥammad Ibn-Mu'ādh
Mu'adh ⟨al-Djajjani⟩
Muḥammad Ibn-Mu'āḏ al-Ğaiyānī
Ša'bānī, Abū 'Abdallāh Muḥammad ibn Mu'āḏ ¬aš-¬

Ğaiyānī, al-Ḥusain Ibn-Muḥammad ¬al-¬
gest. 1105
Ḥusain Ibn-Muḥammad al-Ğaiyānī ¬al-¬
Ibn-Muḥammad, al-Ḥusain al-Ğaiyānī

Ğaiyānī, Muḥammad Ibn-Mu'āḏ ¬al-¬
→ **Ğaiyānī, Abū-'Abdallāh Muḥammad Ibn-Mu'āḏ ¬al-¬**

Ğalāl-ad-Dīn 'Abd-ar-Raḥmān Ibn-Abī-Bakr as-Suyūṭī
→ **Suyūṭī, Ğalāl-ad-Dīn 'Abd-ar-Raḥmān Ibn-Abī-Bakr ¬as-¬**

Ğalāl-ad-Dīn as-Suyūṭī, 'Abd-ar-Raḥmān Ibn-Abī-Bakr
→ **Suyūṭī, Ğalāl-ad-Dīn 'Abd-ar-Raḥmān Ibn-Abī-Bakr ¬as-¬**

Ğalāl-ad-Dīn Rūmī
1207 – 1273
Dīwān; Maṯnawī-i ma'nawī
LMA,VII,1096
Calāl-ad-Dīn Rūmī
Celaleddin, Mevlana
Celaleddin Rumi
Celâleddîn-i Rûmî
Celâleddîn-i Rûmî, Mevlânâ
Celâleddñ-i Rûmî, Mevlânâ
Dschalal-ed-din Rumi
Dschalaloddin Rumi, Mohammed Maulana
Dschalaluddin Rumi
Dschalaoddin Rumi, Mohammed Maulana
Dschela!addin Rumi
Dschelâl-eddin Rumi
Dschelaleddin Rumi
Dschelaluddin Rumi
Jalál al-Dín Rúmí, Maulana
Jalāl al-Dīn Rumī, Mavlānā
Jalāl al-Dīn Rumī, Mawlānā
Jalāluddīn Rūmī
Jelaluddin ⟨Rumi⟩
Jellal-ed-Din Rumi
Mavlānā Calāl-ad-Dīn Rūmī
Mevlana
Mevlana Celaleddin
Mevlânâ Celâleddîn-i Rûmî
Mewlana Dschelâl-ed-dîn Rûmî
Muhammed Ibn Muhammad, Jalal ul-Din
Rumi, Mewlana D.
Rumi, Dsalaluddin
Rumi, Dsalauddin
Rumi, Dschalaluddin
Rumi, Dschelaleddin
Rūmī, Ğalādīn
Rūmī, Ğalāl-ad-Dīn
Rumi, Jelaluddin
Rumi, Maulana D.
Rumi, Maulawi D.
Rumi, Mevlana D.
Rumi, Mevlana Jalaluddin
Rumi, Mevlana Jalauddin
Rumi, Mewlana D.

Galandus ⟨Regniacensis⟩
gest. 1128 · OCist
Epistula ad S. Bernardum Claraevallensem; Parabolarium; Libellus proverbiorum
Galand ⟨de Regny⟩
Galand ⟨de Reigny⟩
Galand ⟨de Rigny⟩
Galandus ⟨Cisterciensis⟩
Galandus ⟨de Regniacum⟩
Galandus ⟨Rigniacensis⟩
Galland ⟨de Reigny⟩
Galland ⟨de Rigny⟩
Galland ⟨di Rigny⟩
Gallandus ⟨de Reigny⟩
Gallandus ⟨Regniacensis⟩
Reigny, Galand ¬de¬

Galba, Martí Joan ¬de¬
→ **Martí Joan ⟨de Galba⟩**

Galbert
→ **Cabertus ⟨Sabaudus⟩**

Galbert ⟨de Bruges⟩
→ **Galbertus ⟨Brugensis⟩**

Galbert ⟨de Marchiennes⟩
→ **Galbertus ⟨Marchienensis⟩**

Galbert ⟨von Brügge⟩
→ **Galbertus ⟨Brugensis⟩**

Galbertus ⟨Archidiaconus⟩
→ **Gualterus ⟨Tervanensis⟩**

Galbertus ⟨Brugensis⟩
gest. 1134
Passio Karoli Boni
Tusculum-Lexikon; LThK; Potth.
Brügge, Galbert ¬von¬
Galbert ⟨de Bruges⟩
Galbert ⟨of Bruges⟩
Galbert ⟨von Brügge⟩
Galbertus ⟨Clericus⟩
Galbertus ⟨Notarius⟩

Galbertus ⟨Clericus⟩
→ **Galbertus ⟨Brugensis⟩**

Galbertus ⟨Marchienensis⟩
12. Jh.
Miracula S. Richtrudis
Rep.Font. V,256; DOC,1,886
Galbert ⟨de Marchiennes⟩
Galbertus ⟨Marchianensis⟩
Gaubert ⟨de Marchiennes⟩
Gualberto ⟨di Marchiennes⟩
Gualbertus ⟨Marchianensis⟩
Gualbertus ⟨Marcianensis⟩
Gualbertus ⟨Monachus Marcianensis⟩
Walbertus ⟨Marchianensis⟩

Galbertus ⟨Notarius⟩
→ **Galbertus ⟨Brugensis⟩**

Galcherus ⟨...⟩
→ **Gualterus ⟨...⟩**

Galdfridus ⟨...⟩
→ **Galfredus ⟨...⟩**

Galdinus, Petrus
→ **Petrus ⟨Galdinus⟩**

Galdo, Lupus ¬de¬
→ **Lupus ⟨de Galdo⟩**

Galeacius ⟨Vicecomes⟩
→ **Giangaleazzo ⟨Visconti⟩**

Galéas ⟨de Sainte-Sofia⟩
→ **Sancta Sophia, Galeatius ¬de¬**

Galéas ⟨di Giovanni⟩
→ **Sancta Sophia, Galeatius ¬de¬**

Galéas ⟨Gatari⟩
→ **Gatari, Galeazzo**

Galéas ⟨Marscotto⟩
→ **Marscotto, Galeazzo**

Galéas-Marie ⟨Milan, Duc⟩
→ **Galeazzo Maria ⟨Milano, Duca⟩**

Galeatius ⟨de Sancta Sophia⟩
→ **Sancta Sophia, Galeatius ¬de¬**

Galeazzo ⟨Gatari⟩
→ **Gatari, Galeazzo**

Galeazzo ⟨Marscotto⟩
→ **Marscotto, Galeazzo**

Galeazzo ⟨Santa Sofia⟩
→ **Sancta Sophia, Galeatius ¬de¬**

Galeazzo ⟨Visconti⟩
→ **Giangaleazzo ⟨Visconti⟩**

Galeazzo Maria ⟨Milano, Duca⟩
1444 – 1476
Galéas-Marie ⟨Milan, Duc⟩
Galeazzo Maria ⟨Mailand, Herzog⟩
Galeazzo Maria ⟨Sforza⟩
Galeazzo-Maria ⟨Milano, Duca⟩
Sforza, Galéas-Marie
Sforza, Galeazzo Maria

Galeazzo Maria ⟨Sforza⟩
→ **Galeazzo Maria ⟨Milano, Duca⟩**

Galenus, Johannes
→ **Johannes ⟨Galenus⟩**

Galeoto ⟨da Bologna⟩
→ **Guidotto ⟨da Bologna⟩**

Galeotti ⟨Marzio⟩
→ **Galeottus ⟨Martius⟩**

Galeotto ⟨de Narni⟩
→ **Galeottus ⟨Martius⟩**

Galeotto ⟨Guidotti⟩
→ **Guidotto ⟨da Bologna⟩**

Galeottus ⟨Martius⟩
1427 – ca. 1497
De doctrina promiscua; De incognitis vulgo; etc.
Rep.Font. IV,618
Galeotti ⟨Marzio⟩
Galeotto ⟨de Narni⟩
Galeotto ⟨Marzio da Narni⟩
Galeottus ⟨Martius Narniensis⟩
Marcius, Galeottus
Martius, Galeottus
Marzio, Galeotto

Galeotus ⟨de Bologna⟩
→ **Guidotto ⟨da Bologna⟩**

Galfred ⟨von Monmouth⟩
→ **Galfredus ⟨Monumetensis⟩**

Galfred ⟨von Vinosalvo⟩
→ **Galfredus ⟨de Vinosalvo⟩**

Galfredus ⟨a Malaterra⟩
→ **Galfredus ⟨Malaterra⟩**

Galfredus ⟨Abbas⟩
→ **Godefridus ⟨Altissiodorensis⟩**

Galfredus ⟨Abbas Venerabilis⟩
→ **Godefridus ⟨Admontensis⟩**

Galfredus ⟨Admontensis⟩
→ **Godefridus ⟨Admontensis⟩**

Galfredus ⟨Aleviantus⟩
um 1340 · OCarm
Introitus ad Bibliam
Stegmüller, Repert. bibl. 2346-2346,2
Aleviantus, Galfredus
Gafredus ⟨Aleviantus⟩
Galfredus ⟨Aleyenantus⟩
Galfredus ⟨Alienantus⟩
Galfredus ⟨Alyevantus⟩
Gualfredus ⟨Aleviantus⟩

Galfredus ⟨Alienantus⟩
→ **Galfredus ⟨Aleviantus⟩**

Galfredus ⟨Altaecolumbae in Sabaudia⟩
→ **Godefridus ⟨Altissiodorensis⟩**

Galfredus ⟨Altisiodorensis⟩
→ **Godefridus ⟨Altissiodorensis⟩**

Galfredus ⟨Alyevantus⟩
→ **Galfredus ⟨Aleviantus⟩**

Galfredus ⟨Ambianensis⟩
→ **Godefridus ⟨Ambianensis⟩**

Galfredus ⟨Andegavensis⟩
→ **Galfredus ⟨Babio⟩**
→ **Geoffroy ⟨Anjou, Comte, I.⟩**
→ **Geoffroy ⟨Anjou, Comte, II.⟩**
→ **Geoffroy ⟨Anjou, Comte, IV.⟩**

Galfredus ⟨Anglicus⟩
→ **Galfredus ⟨Grammaticus⟩**

Galfredus ⟨Archidiaconus⟩
→ **Galfredus ⟨Monumetensis⟩**

Galfredus ⟨Arturus⟩
→ **Galfredus ⟨Monumetensis⟩**

Galfredus ⟨Asaphensis⟩
→ **Galfredus ⟨Monumetensis⟩**

Galfredus ⟨Autissiodorensis⟩
→ **Godefridus ⟨Altissiodorensis⟩**

Galfredus ⟨Babio⟩
gest. 1158 · OSB
Sermo 393 des Pseudo-Augustinus
Cpl 285;377; Stegmüller, Repert. bibl. 2604; 2389; 2370; LMA,IV,1602; Schneyer,II,150
Babio ⟨Balbutiens⟩
Babio ⟨Magister⟩
Babio, Galfredus
Galfredus ⟨Andegavensis⟩
Galfredus ⟨Babion⟩
Galfredus ⟨Babuini⟩
Galfredus ⟨Baduinuinus⟩
Galfredus ⟨Burdigalensis⟩
Galfredus ⟨de Laureo⟩
Galfredus ⟨de Loratorio⟩
Galfredus ⟨de Loreolo⟩
Galfredus ⟨Lauroux⟩
Galfredus ⟨Loriol⟩
Galfredus ⟨Scholasticus⟩
Gaufridus ⟨Babuinus⟩
Geoffroy ⟨Babion⟩
Geoffroy ⟨de Babion⟩
Geoffroy ⟨de Bath⟩
Geoffroy ⟨de Bordeaux⟩
Geoffroy ⟨de Loratorio⟩
Geoffroy ⟨du Louroux⟩
Godefridus ⟨de Babion⟩
Gottfried ⟨Babion⟩
Gottfried ⟨de Laureolo⟩
Gottfried ⟨von Louroux⟩

Galfredus ⟨Baduinuinus⟩
→ **Galfredus ⟨Babio⟩**

Galfredus ⟨Bakerus⟩
→ **Galfredus ⟨le Baker⟩**

Galfredus ⟨Beaglerius⟩
→ **Galfredus ⟨de Belloloco⟩**

Galfredus ⟨Beaulieu⟩
→ **Galfredus ⟨de Belloloco⟩**

Galfredus ⟨Benedictinus⟩
→ **Galfredus ⟨Malaterra⟩**

Galfredus ⟨Blanaus⟩
→ **Godefridus ⟨de Blanello⟩**

Galfredus ⟨Blavians⟩
→ **Godefridus ⟨de Blanello⟩**

Galfredus ⟨Bleves⟩
→ **Godefridus ⟨de Blanello⟩**

Galfredus ⟨Blevex⟩
→ **Godefridus ⟨de Blanello⟩**

Galfredus ⟨Bononiensis⟩
um 1188/90
Summa de arte dictandi; Identität mit Galfredus ⟨de Vinosalvo⟩ nicht gesichert
LMA,IV,1143
Galfrid ⟨von Bologna⟩
Gaufredus ⟨Bononiensis⟩
Geoffroy ⟨de Bologne⟩
Goffredo ⟨Maestro⟩

Galfredus ⟨Bullonius⟩
→ **Godefroy ⟨Basse Lorraine, Duc, IV.⟩**

Galfredus ⟨Burdigalensis⟩
→ **Galfredus ⟨Babio⟩**

Galfredus ⟨Burgundus⟩
→ **Godefridus ⟨de Blanello⟩**

Galfredus ⟨Burtoniensis⟩
gest. 1151
Vita S. Moduennae
Rep.Font. IV, 619
Galfredus ⟨Burtonensis⟩
Geoffroy ⟨de Burton-upon-Trent⟩
Geoffroy ⟨de Winchester⟩
Geoffroy ⟨Prieur de Winchester⟩

Galfredus ⟨Canonicus⟩
→ **Galfredus ⟨de Bar⟩**

Galfredus ⟨Carnotensis⟩
gest. 1149
CSGL
Galfredus ⟨de Leugis⟩
Galfredus ⟨Episcopus⟩
Gaufred ⟨de Chartres⟩
Gaufridus ⟨Episcopus Carnotensis⟩
Geoffroy ⟨de Chartres⟩
Geoffroy ⟨de Lèves⟩
Geoffroy ⟨of Chartres⟩
Leugis, Galfredus ¬de¬

Galfredus ⟨Claraevallensis⟩
→ **Godefridus ⟨Altissiodorensis⟩**

Galfredus ⟨Coenobita⟩
→ **Galfredus ⟨Vosiensis⟩**

Galfredus ⟨Comes⟩
→ **Geoffroy ⟨Anjou, Comte, ...⟩**

Galfredus ⟨d'Auxerre⟩
→ **Godefridus ⟨Altissiodorensis⟩**

Galfredus ⟨de Altacumba⟩
→ **Godefridus ⟨Altissiodorensis⟩**

Galfredus ⟨de Aspala⟩
gest. 1287
Aspala, Galfredus ¬de¬
Galfredus ⟨de Aspall⟩
Galfredus ⟨de Chaspal⟩
Galfredus ⟨de Haspalle⟩
Galfredus ⟨de Haspyl⟩
Geoffroy ⟨of Aspall⟩
Godefridus ⟨de Aspall⟩
Godefridus ⟨de Haspale⟩
Godefroy ⟨d'Aspale⟩

Galfredus ⟨de Bar⟩
gest. 1287
Schneyer,II,159
Bar, Galfredus ¬de¬
Galfredus ⟨Canonicus⟩
Galfredus ⟨de Bar-le-Duc⟩
Gaufridus ⟨de Bar-le-Duc⟩
Geoffroy ⟨de Bar⟩
Geoffroy ⟨de Barbo⟩
Geoffroy ⟨de Barro⟩

Galfredus ⟨de Belloloco⟩
gest. ca. 1274 · OP
Potth.
Beaulieu, Gaufridus ¬de¬
Beaulieu, Geoffroy ¬de¬
Bello Loco, Gaufridus ¬de¬
Belloloco, Galfredus ¬de¬
Galfredus ⟨Beaglerius⟩
Galfredus ⟨de Bello Loco⟩
Galfredus ⟨de Pulchro Loco⟩
Gaudfridus ⟨de Bello-Loco⟩
Gaufridus ⟨Beaulieu⟩
Gaufridus ⟨de Bello Loco⟩
Gaufridus ⟨de Bello Loco⟩
Gaufridus ⟨de Pulchro Loco⟩
Geoffroy ⟨de Beaulieu⟩

Galfredus ⟨de Blavemo⟩
→ **Godefridus ⟨de Blanello⟩**

Galfredus ⟨de Bléneau⟩
→ **Godefridus ⟨de Blanello⟩**

Galfredus ⟨de Blenello⟩
→ **Godefridus ⟨de Blanello⟩**

Galfredus ⟨de Blevello⟩
→ **Godefridus ⟨de Blanello⟩**

Galfredus ⟨de Britolio⟩
→ **Godefridus ⟨de Sancto Victore⟩**

Galfredus ⟨de Bruil⟩
→ **Galfredus ⟨Vosiensis⟩**

Galfredus ⟨de Catalauno⟩
12. Jh.
Epistolae
CSGL
Catalauno, Galfredus ¬de¬
Geoffroy ⟨Col de Cerf⟩
Geoffroy ⟨de Châlons-sur-Marne⟩
Geoffroy ⟨of Chalons-sur-Marne⟩

Galfredus ⟨de Chaspal⟩
→ **Galfredus ⟨de Aspala⟩**

Galfredus ⟨de Clairvaux⟩
→ **Godefridus ⟨Altissiodorensis⟩**

Galfredus ⟨de Coldingham⟩
→ **Galfredus ⟨Dunelmensis⟩**

Galfredus ⟨de Collone⟩
gest. ca. 1295
Chronicon
Potth.
Collone, Galfredus ¬de¬
Courlon, Geoffroy ¬de¬
Galfredus ⟨de Corlone⟩
Galfredus ⟨Sancti Petri Vivi⟩
Galfredus ⟨Senonensis⟩
Gaufridus ⟨de Collone⟩
Geoffroy ⟨de Collon⟩
Geoffroy ⟨de Courlon⟩
Geoffroy ⟨de Saint-Pierre-le-Vif⟩
Geoffroy ⟨de Sens⟩

Galfredus ⟨de Corlone⟩
→ **Galfredus ⟨de Collone⟩**

Galfredus ⟨de Durham⟩
→ **Galfredus ⟨Dunelmensis⟩**

Galfredus ⟨de Fontibus⟩
→ **Godefridus ⟨de Fontibus⟩**

Galfredus ⟨de Fossa Nova⟩
→ **Godefridus ⟨Altissiodorensis⟩**

Galfredus ⟨de Franconia⟩
→ **Godefridus ⟨de Franconia⟩**

Galfredus ⟨de Haspalle⟩
→ **Galfredus ⟨de Aspala⟩**

Galfredus ⟨de Haspyl⟩
→ **Galfredus ⟨de Aspala⟩**

Galfredus ⟨de Laureo⟩
→ **Galfredus ⟨Babio⟩**

Galfredus ⟨de Leugis⟩
→ **Galfredus ⟨Carnotensis⟩**

Galfredus ⟨de Loratorio⟩
→ **Galfredus ⟨Babio⟩**

Galfredus ⟨de Loreolo⟩
→ **Galfredus ⟨Babio⟩**

Galfredus ⟨de Lynn⟩
→ **Galfredus ⟨Grammaticus⟩**

Galfredus ⟨de Meldis⟩
um 1310/45
Calendarium; De stellis cometis
LMA,VI,492
Gaufridus ⟨de Meldis⟩
Geoffroi ⟨de Meaux⟩
Geoffroy ⟨Astrologue à Oxford⟩
Geoffroy ⟨Astronome à Oxford⟩
Geoffroy ⟨de Meaux⟩
Geoffroy ⟨de Meldis⟩
Meldis, Galfredus ¬de¬

Galfredus ⟨de Monemuta⟩
→ **Galfredus ⟨Monumetensis⟩**

Galfredus ⟨de Nottingham⟩
12. Jh. · OCist.
Versus in laudem venerabilis Thurstini archiepiscopi Eboracensis
Rep.Font. IV,624
Galfredus ⟨de Notingham⟩
Galfredus ⟨Trocope⟩
Geoffroy ⟨de Nottingham⟩
Geoffroy ⟨Trocope⟩
Nottingham, Galfredus ¬de¬
Trocope, Galfridus
Trocope, Geoffroy

Galfredus ⟨de Pulchro Loco⟩
→ **Galfredus ⟨de Belloloco⟩**

Galfredus ⟨de Saint Thierry⟩
→ **Galfredus ⟨de Sancto Theodorico⟩**

Galfredus ⟨de Sancto Theodorico⟩
um 1200
Sermones
Schneyer,II,159
Galfredus ⟨de Saint Thierry⟩
Galfredus ⟨de Troyes⟩
Galfredus ⟨Sancti Theodorici⟩
Galfredus ⟨Trecensis⟩
Gaufridus ⟨Sancti Theodorici⟩
Geoffroy ⟨de Troyes⟩
Sancto Theodorico, Galfredus ¬de¬

Galfredus ⟨de Sancto Victore⟩
→ **Godefridus ⟨de Sancto Victore⟩**

Galfredus ⟨de Swinbroke⟩
→ **Galfredus ⟨le Baker⟩**

Galfredus ⟨de Trano⟩
→ **Godefridus ⟨de Trano⟩**

Galfredus ⟨de Troyes⟩
→ **Galfredus ⟨de Sancto Theodorico⟩**

Galfredus ⟨de Vinosalvo⟩
gest. 1210
Documentum de modo et arte dictandi et versificandi; Summa de coloribus rhetoricis; Identität mit Galfredus ⟨Bononiensis⟩ nicht gesichert
LMA,IV,1085; Rep.Font. IV,624
Galfred ⟨von Vinosalvo⟩
Galfredus ⟨de Vino Salvo⟩
Galfredus ⟨Vinesaugh⟩
Galfredus ⟨Vinisauf⟩
Geoffroy ⟨de Vinsauf⟩
Geoffroy ⟨von Vinosalvo⟩
Godefridus ⟨de Vino Salvo⟩
Godefridus ⟨de Vinosalvo⟩
Godefridus ⟨de Vinsauf⟩
Vinosalvo, Galfredus ¬de¬
Vinosalvo, Galfridus ¬de¬
Vinsauf, Geoffroy ¬de¬

Galfredus ⟨de Waterfordia⟩
→ **Geoffroy ⟨de Waterford⟩**

Galfredus ⟨Dunelmensis⟩
13. Jh.
De statu ecclesiae
Potth.
Galfredus ⟨de Coldingham⟩
Galfredus ⟨de Durham⟩
Galfredus ⟨Dunhelmensis⟩
Galfredus ⟨Sacrista⟩
Galfrid ⟨of Coldingham⟩
Ganfridus ⟨da Coldingham⟩
Ganfridus ⟨de Coldingham⟩
Geoffroy ⟨de Coldingham⟩
Geoffroy ⟨le Sacristain⟩
Geoffroy ⟨of Colinham⟩

Galfredus ⟨e Normandia⟩
→ **Galfredus ⟨Malaterra⟩**

Galfredus ⟨Ebronensis⟩
um 1268/80 · OP
Epist. ad Eduardum I Angliae regem de statu rerum in Terra sancta
Kaeppeli,II,14
Galfredus ⟨Episcopus Hebronensis⟩
Galfredus ⟨Hebronensis⟩
Geoffroy ⟨Dominicain Anglais⟩
Geoffroy ⟨d'Hébron⟩
Geoffroy ⟨Evêque⟩

Galfredus ⟨Elviensis⟩
→ **Galfredus ⟨Monumetensis⟩**

Galfredus ⟨Episcopus⟩
→ **Galfredus ⟨Carnotensis⟩**
→ **Galfredus ⟨Ebronensis⟩**
→ **Galfredus ⟨Landavensis⟩**
→ **Galfredus ⟨Monumetensis⟩**

Galfredus ⟨Epternacensis⟩
→ **Theofridus ⟨Epternacensis⟩**

Galfredus ⟨Fossae Novae⟩
→ **Godefridus ⟨Altissiodorensis⟩**

Galfredus ⟨Gonteri⟩
→ **Aufredus ⟨Gonteri⟩**

Galfredus ⟨Grammaticus⟩
um 1440/50 · OP
Promptuarium parvulorum secundum vulgarem modum loquendi orientalium Anglorum; Medulla grammaticae; Hortus vocabularum
Kaeppeli,II,19
Anglicus, Galfredus
Galfredus ⟨Anglicus⟩
Galfredus ⟨de Lynn⟩
Galfredus ⟨Lennensis⟩
Galfredus ⟨Reclusus⟩
Galfridus ⟨Grammaticus⟩
Gaufridus ⟨Grammaticus⟩
Geoffroy ⟨de Lynn⟩
Geoffroy ⟨le Grammairien⟩
Geoffroy ⟨Starkey⟩
Grammaticus, Galfredus

Galfredus ⟨Grossus⟩
um 1140
Vita beati Bernardi
CSGL; Potth.
Galfredus ⟨Tironensis⟩
Geoffroy ⟨de Tiron⟩
Geoffroy ⟨le Gros⟩
Geoffroy ⟨of Thiron⟩
Grossus, Galfredus

Galfredus ⟨Hardeby⟩
→ **Godefridus ⟨Haadeby⟩**

Galfredus ⟨Hebronensis⟩
→ **Galfredus ⟨Ebronensis⟩**

Galfredus ⟨Hierosolyma, Rex⟩
→ **Godefroy ⟨Basse Lorraine, Duc, IV.⟩**

Galfredus ⟨Landavensis⟩
um 1120
Vita s. Teliavi; Liber Landavensis
Potth. 1033; 1590/91
Etienne ⟨de Llandaff⟩
Galfredus ⟨Episcopus⟩
Galfredus ⟨Llandavensis⟩
Galfredus ⟨Magister⟩
Geoffroy ⟨de Llandaff⟩
Geoffroy ⟨of Llandaff⟩
Geoffroy ⟨of Llandav⟩
Gottfried ⟨von Llandaff⟩
Stephanus ⟨Landavensis⟩

Galfredus ⟨Lauroux⟩
→ **Galfredus ⟨Babio⟩**

Galfredus ⟨le Baker⟩
14. Jh.
Chronicon Angliae
Baker, Galfredus ¬le¬
Baker, Geoffroy ¬le¬
Galfredus ⟨Bakerus⟩
Galfredus ⟨de Swinbroke⟩
Galfredus ⟨de Swinsbroke⟩
Galfredus ⟨de Swynebroke⟩
Galfredus ⟨LeBaker⟩
Galfridus ⟨le Baker⟩
Gualterus ⟨de Swinborn⟩
LeBaker, Galfredus
LeBaker, Geoffrey
LeBaker, Geoffroy
Walter ⟨of Swinbroke⟩

Galfredus ⟨Lemovicensis⟩
→ **Galfredus ⟨Vosiensis⟩**

Galfredus ⟨Lennensis⟩
→ **Galfredus ⟨Grammaticus⟩**

Galfredus ⟨Llandavensis⟩
→ **Galfredus ⟨Landavensis⟩**

Galfredus ⟨Loriol⟩
→ **Galfredus ⟨Babio⟩**

Galfredus ⟨Lotharingia, Dux⟩
→ **Godefroy ⟨Basse Lorraine, Duc, IV.⟩**

Galfredus ⟨Magister⟩
→ **Galfredus ⟨Landavensis⟩**

Galfredus ⟨Malaterra⟩
11. Jh. · OSB
Historia
CSGL; Potth.; LMA,IV,1142/43
Galfredus ⟨a Malaterra⟩
Galfredus ⟨Benedictinus⟩
Galfredus ⟨e Normandia⟩
Gaufred ⟨Malaterra⟩
Geoffroy ⟨Malaterra⟩
Geoffroy ⟨of Malaterra⟩
Gioffredo ⟨Malaterra⟩
Godefridus ⟨a Malaterra⟩
Goisfredus ⟨Malaterra⟩
Malaterra, Galfredus
Malaterra, Gaufredus
Malaterra, Gioffredo

Galfredus ⟨Monachus⟩
→ **Godefridus ⟨Monachus⟩**

Galfredus ⟨Monasterii Sancti Martialis⟩
→ **Galfredus ⟨Vosiensis⟩**

Galfredus ⟨Monumetensis⟩
1100 – 1154
Vita Merlini
Tusculum-Lexikon; LThK; CSGL; LMA,IV,1263/64
Arthur ⟨of Britain⟩
Galfred ⟨von Monmouth⟩
Galfredus ⟨Archidiaconus⟩
Galfredus ⟨Arturus⟩
Galfredus ⟨Asaphensis⟩
Galfredus ⟨de Monemuta⟩
Galfredus ⟨Elviensis⟩
Galfredus ⟨Episcopus⟩
Galfredus ⟨Monemuthensis⟩
Galfredus ⟨Monmutensis⟩
Galfredus ⟨Monumentensis⟩
Galfredus ⟨of Saint-Asaph⟩
Galfridus ⟨Monumetensis⟩
Gaufrei ⟨de Monmouth⟩
Gaufridus ⟨Monemuthensis⟩
Geoffrey ⟨of Monmouth⟩
Geoffrey ⟨von Monmouth⟩
Geoffroy ⟨ap Arthur⟩
Geoffroy ⟨de Monmouth⟩
Geoffroy ⟨of Monmouth⟩
Geoffroy ⟨von Monmouth⟩
Godefridus ⟨Monmutensis⟩
Godefridus ⟨Monumetensis⟩
Godofredo ⟨Arturo⟩
Gottfried ⟨von Monmouth⟩
Grufydd ⟨ab Arthur⟩
Jeffrey ⟨of Monmouth⟩
Monemuta, Galfridus ¬de¬
Monmouth, Geoffroy ¬de¬
Monmouth, Gottfried ¬von¬
Sieffre ⟨of Monmouth⟩

Galfredus ⟨Normandia, Dux⟩
→ **Galfredus ⟨Monumetensis⟩**
→ **Geoffroy ⟨Anjou, Comte, IV.⟩**

Galfredus ⟨of Vigeois⟩
→ **Galfredus ⟨Vosiensis⟩**

Galfredus ⟨Pictaviensis⟩
um 1219/31
Quaeritur utrum parvuli habeant virtutes; Quaestio de primis motibus; Summa de spe queritur
LMA,IV,1604; Stegmüller, Repert. sentent. 246; Schönberger/Kible, Repertorium, 12966/69
Gaufrid ⟨von Poitiers⟩
Gaufridus ⟨Pictaviensis⟩
Gaufried ⟨von Poitiers⟩
Geoffroy ⟨de Poitiers⟩
Godefroid ⟨de Poitiers⟩
Godefridus ⟨Pictaviensis⟩
Gottfried ⟨von Poitiers⟩

Galfredus ⟨Plantageneta⟩
→ **Geoffroy ⟨Anjou, Comte, IV.⟩**

Galfredus ⟨Prior⟩
→ **Galfredus ⟨Vosiensis⟩**

Galfredus ⟨Reclusus⟩
→ **Galfredus ⟨Grammaticus⟩**

Galfredus ⟨Remensis⟩
→ **Godefridus ⟨Remensis⟩**

Galfredus ⟨Sacrista⟩
→ **Galfredus ⟨Dunelmensis⟩**

Galfredus ⟨Sancti Petri Vivi⟩
→ **Galfredus ⟨de Collone⟩**

Galfredus ⟨Sancti Theodorici⟩
→ **Galfredus ⟨de Sancto Theodorico⟩**

Galfredus ⟨Sanctus⟩
→ **Godefridus ⟨Ambianensis⟩**

Galfredus ⟨Scholasticus⟩
→ **Galfredus ⟨Babio⟩**

Galfredus ⟨Senonensis⟩
→ **Galfredus ⟨de Collone⟩**
→ **Godefridus ⟨de Blanello⟩**

Galfredus ⟨Tironensis⟩
→ **Galfredus ⟨Grossus⟩**

Galfredus ⟨Tranensis⟩
→ **Godefridus ⟨de Trano⟩**

Galfredus ⟨Trecensis⟩
→ **Galfredus ⟨de Sancto Theodorico⟩**

Galfredus ⟨Trocope⟩
→ **Galfredus ⟨de Nottingham⟩**

Galfredus ⟨Vendôme⟩
→ **Godefridus ⟨Vindocinensis⟩**

Galfredus ⟨Venerabilis⟩
→ **Godefridus ⟨Admontensis⟩**

Galfredus ⟨Victoriensis⟩
→ **Godefridus ⟨de Sancto Victore⟩**

Galfredus ⟨Villeharduinus⟩
→ **Geoffroy ⟨de Villehardouin⟩**

Galfredus ⟨Vindecensis⟩
→ **Godefridus ⟨Vindocinensis⟩**

Galfredus ⟨Vindocinensis⟩
→ **Godefridus ⟨Vindocinensis⟩**

Galfredus ⟨Vinisauf⟩
→ **Galfredus ⟨de Vinosalvo⟩**

Galfredus ⟨Viterbiensis⟩
→ **Godefridus ⟨Viterbiensis⟩**

Galfredus ⟨von Vendôme⟩
→ **Godefridus ⟨Vindocinensis⟩**

Galfredus ⟨Vosiensis⟩
um 1184
Potth.
Galfredus ⟨Coenobita⟩
Galfredus ⟨de Bruil⟩
Galfredus ⟨Lemovicensis⟩
Galfredus ⟨Monasterii Sancti Martialis⟩
Galfredus ⟨of Vigeois⟩
Galfredus ⟨Prior⟩
Geoffroy ⟨de Limoges⟩
Geoffroy ⟨de Sainte-Marie-de-Clermont⟩
Geoffroy ⟨de Vigeois⟩
Geoffroy ⟨du Vigeois⟩
Gottfried ⟨von Vigeois⟩

Galfredus ⟨Wintoniensis⟩
→ **Godefridus ⟨Wintoniensis⟩**

Galfredus, Raymundus
→ **Raimundus ⟨Gaufredi⟩**

Galfrid ⟨of Coldingham⟩
→ **Galfredus ⟨Dunelmensis⟩**

Galfrid ⟨von Bologna⟩
→ **Galfredus ⟨Bononiensis⟩**

Galfridus ⟨...⟩
→ **Galfredus ⟨...⟩**

Galgani, Nicolaus
→ **Nicolaus ⟨Galgani⟩**

Galgano ⟨Borghese⟩
→ **Galganus ⟨Burgesius⟩**

Galgano ⟨de Pagliarici⟩
→ **Galganus ⟨de Paliarensibus⟩**

Galgano ⟨de Pagliarici de Sienne⟩
→ **Galganus ⟨de Paliarensibus⟩**

Galgano ⟨de Sienne⟩
→ **Galganus ⟨de Paliarensibus⟩**

Galganus ⟨Burgesius⟩
gest. 1469
De potestate summi pontificis
Borghesi, Galgano
Burgesius, Galganus
Galgano ⟨Borghese⟩
Galgano ⟨Borghesi de Sienne⟩

Galganus ⟨de Paliarensibus⟩
um 1313/49 · OP
Vermutl. Verf. von „Sermones quadragesimales"; „Comm. in S. Aug. De civitate Dei"
Schneyer,II,102; Kaeppeli,II,5
Galgano ⟨de Pagliarici⟩
Galgano ⟨de Pagliarici de Sienne⟩

Galgano ⟨de Sienne⟩
Galganus ⟨de Senis⟩
Galganus ⟨Episcopus Massa Maritima⟩
Galganus ⟨Pagliaricci⟩
Galganus ⟨Pagliaricci Senensis⟩
Galganus ⟨Senensis⟩
Pagliaricci, Galganus
Paliarensibus, Galganus ¬de¬

Galganus ⟨de Senis⟩
→ **Galganus ⟨de Paliarensibus⟩**

Galganus ⟨Episcopus Massa Marittina⟩
→ **Galganus ⟨de Paliarensibus⟩**

Galganus ⟨Pagliaricci⟩
→ **Galganus ⟨de Paliarensibus⟩**

Galganus ⟨Pagliaricci Senensis⟩
→ **Galganus ⟨de Paliarensibus⟩**

Galganus ⟨Senensis⟩
→ **Galganus ⟨de Paliarensibus⟩**

Galiard, Arnoldus
→ **Arnoldus ⟨Galiard⟩**

Galien ⟨du Jardin⟩
→ **Galienus ⟨de Orto⟩**

Galienus ⟨de Fonte Sypali⟩
→ **Galienus ⟨de Orto⟩**

Galienus ⟨de Horto⟩
→ **Galienus ⟨de Orto⟩**

Galienus ⟨de Orto⟩
um 1289 · OP
Sermones quadragesimales; Abbreviatio IIae IIae Summae theologicae S. Thomae
Schneyer,II,102; Stegmüller, Repert. sentent. 853
Galien ⟨de Orto⟩
Galien ⟨du Jardin⟩
Galienus ⟨de Fonte Sypali⟩
Galienus ⟨de Horto⟩
Galienus ⟨de Ozto⟩
Horto, Galienus ¬de¬
Orto, Galienus ¬de¬

Galienus ⟨de Ozto⟩
→ **Galienus ⟨de Orto⟩**

Galindo ⟨von Troyes⟩
→ **Prudentius ⟨Trecensis⟩**

Galinganis, Albertus ¬de¬
→ **Albertus ⟨de Galinganis⟩**

Galka, Andreas de Dobschin
→ **Andreas ⟨Galka de Dobschin⟩**

Gall ⟨Anonim⟩
→ **Gallus ⟨Anonymus⟩**

Gall ⟨Apôtre de la Suisse⟩
→ **Gallus ⟨Sanctus⟩**

Gall ⟨de Clermont⟩
→ **Gallus ⟨Claromontanus⟩**

Gall ⟨de Königssaal⟩
→ **Gallus ⟨de Aula Regia⟩**

Gall von Gallenstein, Andreas
15. Jh.
De origine et progressu religionis Christi in Carniola
Rep.Font. IV, 628
Andreas ⟨Gall von Gallenstein⟩
Gallenstein, Andreas Gall ¬von¬

Gallaecus, Gonsalvus
→ **Gonsalvus ⟨Hispanus⟩**

Gallandus ⟨de Reigny⟩
→ **Galandus ⟨Regniacensis⟩**

Gall-Anonim
→ **Anonymus ⟨Gallus⟩**

Gallego, Petrus
→ **Petrus ⟨Gallego⟩**

Gallenstein, Andreas Gall ¬von¬
→ **Gall von Gallenstein, Andreas**

Gallesio, Johannes ¬de¬
→ **Johannes ⟨de Gallesio⟩**

Gallicus, Guilelmus
→ **Guilelmus ⟨Gallicus⟩**

Gallicus, Jean
→ **Jean ⟨Gallicus⟩**

Gallicus, Johannes
→ **Johannes ⟨Gallicus⟩**

Gallicus, Matthaeus
→ **Matthaeus ⟨Gallicus⟩**

Gallicus, Nicolaus
→ **Nicolaus ⟨Gallicus⟩**

Gallo ⟨von Vercelli⟩
→ **Thomas ⟨Vercellensis⟩**

Gallo, Thomas
→ **Thomas ⟨Vercellensis⟩**

Gallucci, Gilles ¬de¬
→ **Aegidius ⟨de Gallutiis⟩**

Gallus ⟨Abbas⟩
→ **Gallus ⟨de Aula Regia⟩**

Gallus ⟨Abbas et Confessor⟩
→ **Gallus ⟨Sanctus⟩**

Gallus ⟨Abbas in Alemannia⟩
→ **Gallus ⟨Sanctus⟩**

Gallus ⟨Anonymus⟩
um 1116 · OSB
Chronicae Polonorum
Tusculum-Lexikon; LMA,IV,1099
Anonymus, Gallus
Gall ⟨Anonim⟩
Gallus, Martinus
Martin ⟨Gallus⟩
Martin ⟨Historien Polonais⟩
Martin ⟨le Français⟩
Martinus ⟨Gallus⟩
Pseudo-Martinus ⟨Gallus⟩

Gallus ⟨Arvernorum Episcopus⟩
→ **Gallus ⟨Claromontanus⟩**

Gallus ⟨Aulaeregiae prope Pragam Abbas⟩
→ **Gallus ⟨de Aula Regia⟩**

Gallus ⟨Claromontanus⟩
um 650
LThK; CSGL
Claromontanus, Gallus
Gall ⟨de Clermont⟩
Gallus ⟨Arvernorum Episcopus⟩
Gallus ⟨Claraemontensis⟩
Gallus ⟨Episcopus⟩
Gallus ⟨Saint⟩
Gallus ⟨Sanctus⟩
Gallus ⟨von Clermont⟩
Guallus ⟨Episcopus⟩
Jal ⟨Episcopus⟩

Gallus ⟨Confessor⟩
→ **Gallus ⟨Sanctus⟩**

Gallus ⟨de Aula Regia⟩
gest. 1370
Malogranatum
VL(2),2,1063/65; CSGL 9683
Aula Regia, Gallus ¬de¬
Gall ⟨de Königssaal⟩
Gallus ⟨Abbas⟩
Gallus ⟨Aulaeregiae prope Pragam Abbas⟩
Gallus ⟨de Königsaal⟩
Gallus ⟨Iunior⟩
Gallus ⟨of Koenigssaal⟩
Gallus ⟨of Königshof⟩
Gallus ⟨von Aula Regia⟩
Gallus ⟨von Königssaal⟩

Gallus ⟨de Cella Ratolfi⟩
→ **Oheim, Gallus**

Gallus ⟨de Hradecz Reginae⟩
→ **Gallus ⟨Pragensis⟩**

Gallus ⟨de Königsaal⟩
→ **Gallus ⟨de Aula Regia⟩**

Gallus ⟨de Monte Sion⟩
→ **Gallus ⟨Pragensis⟩**

Gallus ⟨de Sumo⟩
→ **Gallus ⟨Pragensis⟩**

Gallus ⟨Episcopus⟩
→ **Gallus ⟨Claromontanus⟩**

Gallus ⟨Glaubensbote⟩
→ **Gallus ⟨Sanctus⟩**

Gallus ⟨Heiliger⟩
→ **Gallus ⟨Sanctus⟩**

Gallus ⟨Iunior⟩
→ **Gallus ⟨de Aula Regia⟩**

Gallus ⟨Kemli⟩
→ **Kemli, Gallus**

Gallus ⟨Öhem⟩
→ **Oheim, Gallus**

Gallus ⟨of Königshof⟩
→ **Gallus ⟨de Aula Regia⟩**

Gallus ⟨of Koenigssaal⟩
→ **Gallus ⟨de Aula Regia⟩**

Gallus ⟨Oheim⟩
→ **Oheim, Gallus**

Gallus ⟨Pragensis⟩
14. Jh.
Regimen sanitatis
VL(2); LMA,IV,1098/99
Gallus ⟨de Hradecz Reginae⟩
Gallus ⟨de Monte Sion⟩
Gallus ⟨de Sumo⟩
Gallus ⟨von Prag⟩
Gallus ⟨von Strahov⟩
Havel ⟨Mistr⟩

Gallus ⟨Sanctus⟩
→ **Gallus ⟨Claromontanus⟩**

Gallus ⟨Sanctus⟩
ca. 555 – ca. 645
LThK; CSGL; Meyer; LMA,IV,1098
Gall ⟨Apôtre de la Suisse⟩
Gallus ⟨Abbas et Confessor⟩
Gallus ⟨Abbas in Alemannia⟩
Gallus ⟨Confessor⟩
Gallus ⟨Glaubensbote⟩
Gallus ⟨Heiliger⟩
Gallus ⟨Saint⟩
Sanctus Gallus

Gallus ⟨von Aula Regia⟩
→ **Gallus ⟨de Aula Regia⟩**

Gallus ⟨von Clermont⟩
→ **Gallus ⟨Claromontanus⟩**

Gallus ⟨von Königssaal⟩
→ **Gallus ⟨de Aula Regia⟩**

Gallus ⟨von Prag⟩
→ **Gallus ⟨Pragensis⟩**

Gallus ⟨von Strahov⟩
→ **Gallus ⟨Pragensis⟩**

Gallus, Andreas
→ **Andreas ⟨Gallus⟩**

Gallus, Arculfus
→ **Arculfus ⟨Gallus⟩**

Gallus, Cornelius
→ **Maximianus ⟨Etruscus⟩**

Gallus, Guilelmus
→ **Guilelmus ⟨Gallus⟩**

Gallus, Laurentius
→ **Laurent ⟨d'Orléans⟩**

Gallus, Loup
→ **Han, Ulrich**

Gallus, Martinus
→ **Gallus ⟨Anonymus⟩**

Gallus, Michael
→ **Johannes ⟨Michaelis⟩**

Gallus, Robertus
→ **Robertus ⟨Gallus⟩**

Gallus, Thomas
→ **Thomas ⟨Vercellensis⟩**

Gallus, Udalricus
→ **Han, Ulrich**

Gallus Anonymus
→ **Anonymus ⟨Gallus⟩**

Gallus Piosistratus, Sextus Amarcius
→ **Amarcius**

Gallutiis, Aegidius ¬de¬
→ **Aegidius ⟨de Gallutiis⟩**

Galtericus ⟨Monachus⟩
um 1267 · OSB
Schneyer,II,102
Gaudrinus ⟨Monachus⟩
Gaudry ⟨Monachus⟩
Monachus, Galtericus

Galterius ⟨Agilus⟩
→ **Gualterus ⟨Agulinus⟩**

Galterius ⟨Auctor Vitae Sancti Anastasii⟩
um 1110/20
S. Anastasii Montis S. Michaelis monachi vita
Potth. 1162; Rep.Font. IV,629; PL CXLIX,425-432; Mabillon, A.SS. VI,2,488-493
Galterius

Galterius ⟨de Walma⟩
→ **Gualterus ⟨de Walma⟩**

Galterius ⟨Eston⟩
→ **Gualterus ⟨Hestonius⟩**

Galterius ⟨Hunocurtensis⟩
→ **Gualterus ⟨Hunocurtensis⟩**

Galterius, Petrus
→ **Johannes ⟨Gualteri⟩**

Galterus ⟨...⟩
→ **Gualterus ⟨...⟩**

Galtherus ⟨...⟩
→ **Gualterus ⟨...⟩**

Galuzzi, Gilles
→ **Aegidius ⟨de Gallutiis⟩**

Galvaneo ⟨Fiamma⟩
→ **Flamma, Galvanus**

Galvano ⟨de Bettino⟩
→ **Galvanus ⟨de Bononia⟩**

Galvano ⟨de Bologne⟩
→ **Galvanus ⟨de Bononia⟩**

Galvano ⟨de la Flamma⟩
→ **Flamma, Galvanus**

Galvano ⟨de Levanto⟩
→ **Galvanus ⟨de Levanto⟩**

Galvano ⟨di Bettino⟩
→ **Galvanus ⟨de Bononia⟩**

Galvano ⟨Fiamma⟩
→ **Flamma, Galvanus**

Galvanus ⟨Bettini⟩
→ **Galvanus ⟨de Bononia⟩**

Galvanus ⟨de Bononia⟩
um 1386
Differentia legum et canonum
Bettini, Galvanus
Bettino, Galvanus ¬de¬
Bononia, Galvanus ¬de¬
Galvano ⟨de Bettino⟩
Galvano ⟨de Bologne⟩
Galvano ⟨di Bettino⟩
Galvanus ⟨Bettini⟩
Galvanus ⟨de Bettino⟩

Galvanus ⟨de Flamma Mediolanensis⟩
→ **Flamma, Galvanus**

Galvanus ⟨de Levanto⟩
um 1340
Liber fabricae corporis mistici et regiminis eius relati ad caput quod est Christus dominus
Schönberger/Kible, Repertorium, 12765
Galvano ⟨de Levanto⟩
Levanto, Galvanus ¬de¬

Galvanus ⟨Flamma⟩
→ **Flamma, Galvanus**

Galvanus ⟨Mediolanensis⟩
→ **Flamma, Galvanus**

Galvanus, Franciscus
→ **Franciscus ⟨Galvanus⟩**

Galvez, Christophe
→ **Johannes Christophorus ⟨de Gualbes⟩**

Ğamāl-ad-Dīn Aḥmad Ibn-Muḥammad Ibn-az-Ẓāhirī
→ **Ibn-az-Ẓāhirī, Ğamāl-ad-Dīn Aḥmad Ibn-Muḥammad**

Ğamāl-ad-Dīn Aḥmad Ibn-Ṯabāt
→ **Ibn-Ṯabāt, Aḥmad**

Ğamal-ad-Dīn Ibn-Mālik
→ **Ibn-Mālik, Muḥammad Ibn-ʿAbdallāh**

Ğamāl-ad-Dīn Ibn-Ṭāʾūs
→ **Ibn-Ṭāʾūs, Aḥmad Ibn-Mūsā**

Gambacorti, Petrus
→ **Petrus ⟨Gambacorti⟩**

Gambilionibus, Angelus ¬de¬
→ **Angelus ⟨de Gambilionibus⟩**

Gamersfeld de Pürckhausen, Christophorus
→ **Christophorus ⟨Gamersfeld de Pürckhausen⟩**

Games, Gutierre Diez ¬de¬
→ **Diez de Gámes, Gutierre**

Gamfredus ⟨...⟩
→ **Galfredus ⟨...⟩**

Ğamī, Abdurrahman
→ **Ğāmī, Nūr-ad-Dīn ʿAbd-ar-Raḥmān Ibn-Aḥmad**

Ğamī, Maulānā
→ **Ğāmī, Nūr-ad-Dīn ʿAbd-ar-Raḥmān Ibn-Aḥmad**

Ğāmī, Nūr-ad-Dīn ʿAbd-ar-Raḥmān Ibn-Aḥmad
1414 – 1492
ʿAbd-ar-Raḥmān Ğāmī
Abdurahmon Žmoij
ʿAbd-ur-Raḥmān Ğāmī
Djami
Dschami
Dschami, Maulana Nuroddin Abdorrahman
Džami, Abdurahman
Džami, Abdurrachman Ibn Achmed
Ğamī, Abdurrahman
Ğāmī, Maulānā
Nūr-ad-Dīn ʿAbd-ar-Raḥmān Ibn-Aḥmad Ğāmī
Žomij, Abdurahmon

Ǧamīl Ibn-ʿAbdallāh Ibn-Maʿmar
gest. ca. 701
Djamīl ibn ʿAbdallāh ibn Maʿmar
Ḏu-'l-Qalbain
Ǧamīl Ibn-Maʿmar
Ibn-ʿAbdallāh, Ǧamīl Ibn-Maʿmar
Ibn-Maʿmar, Ǧamīl Ibn-ʿAbdallāh
Jamīl ibn ʿAbdallāh ibn Maʿmar

Ǧamīl Ibn-Maʿmar
→ **Ǧamīl Ibn-ʿAbdallāh Ibn-Maʿmar**

Ǧammāʿīlī, ʿAbd-al-Ġanī Ibn-ʿAbd-al-Wāḥid ¬al-¬
1146 – 1203
ʿAbd-al-Ġanī al-Maqdisī
ʿAbd-al-Ġanī Ibn-ʿAbd-al-Wāḥid al-Ǧammāʿīlī
Ǧammāʿīlī, Abū-Muḥammad ʿAbd-al-Ġanī Ibn-ʿAbd-al-Wāḥid ¬al-¬
Ibn-ʿAbd-al-Wāḥid, ʿAbd-al-Ġanī al-Ǧammāʿīlī
Ibn-ʿAbd-al-Wāḥid al-Ǧammāʿīlī, ʿAbd-al-Ġanī
Jammāʿīlī, ʿAbd al-Ghanī Ibn ʿAbd al-Wāḥid
Maqdisī, ʿAbd-al-Ġanī Ibn-ʿAbd-al-Wāḥid ¬al-¬
Maqdisī, Taqi-'d-Dīn ʿAbd-al-Ġanī Ibn-ʿAbd-al-Wāḥid ¬al-¬

Ǧammāʿīlī, Abū-Muḥammad ʿAbd-al-Ġanī Ibn-ʿAbd-al-Wāḥid ¬al-¬
→ **Ǧammāʿīlī, ʿAbd-al-Ġanī Ibn-ʿAbd-al-Wāḥid ¬al-¬**

Gampopa
→ **sGam-po-pa**

Ġamrī, Muḥammad Ibn-ʿUmar ¬al-¬
1384 – 1445
Ghamrī, Muḥammad Ibn ʿUmar
Ibn-ʿUmar, Muḥammad al-Ġamrī
Ibn-ʿUmar al-Ġamrī, Muḥammad
Muḥammad Ibn-ʿUmar al-Ġamrī

Ǧamšēd Ibn-Masʿud al-Kāšī
→ **Kāšī, Ǧamšīd Ibn-Masʿūd ¬al-¬**

Ǧamšīd Ibn-Masʿūd al-Kāšī
→ **Kāšī, Ǧamšīd Ibn-Masʿūd ¬al-¬**

Gamundia, Johannes ¬de¬
→ **Johannes ⟨de Gamundia⟩**

Gandavo, Henricus ¬de¬
→ **Henricus ⟨de Gandavo⟩**

Gandavo, Simon ¬de¬
→ **Simon ⟨de Gandavo⟩**

Gandersheim, Eberhard ¬von¬
→ **Eberhard ⟨von Gandersheim⟩**

Gandersheim, Hathumod ¬von¬
→ **Hathumod ⟨von Gandersheim⟩**

Gandersheim, Helmich ¬von¬
→ **Helmich ⟨von Gandersheim⟩**

Gandersheim, Roswitha ¬von¬
→ **Hrotsvita ⟨Gandeshemensis⟩**

Gandino, Albertus ¬de¬
→ **Albertus ⟨de Gandino⟩**

Gandolfo ⟨di Bologna⟩
→ **Gandulphus ⟨Bononiensis⟩**

Gandovo, Johannes ¬de¬
→ **Johannes ⟨de Ianduno⟩**

Gandulphus ⟨Bononiensis⟩
gest. 1185
Sententiae
Tusculum-Lexikon; LThK
Gandolfo ⟨di Bologna⟩
Gandulf ⟨von Bologna⟩
Gandulphe ⟨de Bologne⟩
Gandulphus ⟨de Bologna⟩
Gandulphus ⟨Magister⟩
Gandulphus ⟨of Bologne⟩
Gandulphus ⟨von Bologna⟩

Gandulphus ⟨Magister⟩
→ **Gandulphus ⟨Bononiensis⟩**

Ganfredus ⟨...⟩
→ **Galfredus ⟨...⟩**

Ganfridus ⟨...⟩
→ **Galfredus ⟨...⟩**

Gaṅgādhara
1160 – 1200

Ganǧawī, Ilyās Ibn-Yūsuf Niẓāmī
→ **Niẓāmī Ganǧawī, Ilyās Ibn-Yūsuf**

Gannato, Bernardus ¬de¬
→ **Bernardus ⟨de Arvernia⟩**

Gannato, Guilelmus ¬de¬
→ **Guilelmus ⟨de Gannato⟩**

Gans, Leonardus
→ **Leonardus ⟨Gans⟩**

Ganser, Johannes
um 1461/83
Privatbrief
VL(2),2,1070/1071
Johannes ⟨Ganser⟩

Gansfort, Johannes
ca. 1419 – 1489
Tractatus de dignitate et potestate ecclesiastica; Propositiones de potestate Papae et Ecclesiae; Responsio de potestate pontificis Romani in indulgentiis
LThK; Potth. 1111; LMA,IX,18/19
Gansfort, Wessel
Jean ⟨Wessel⟩
Johan ⟨Wessel⟩
Johan ⟨Wessel Ganzevoort⟩
Johan Wessel ⟨Ganzevoort⟩
Johann ⟨Wessel⟩
Johannes ⟨Basilius⟩
Johannes ⟨Gansfort⟩
Johannes ⟨Gansfortius⟩
Johannes ⟨Groninganus⟩
Johannes ⟨Lutheri Antisignans⟩
Johannes ⟨Wesselus⟩
Johannes Wessel ⟨Gansfort⟩
John ⟨Wessel⟩
Wessel ⟨Gansfort⟩
Wessel ⟨Ganzevoort⟩
Wessel ⟨Goesefort⟩
Wessel, Jean
Wessel, Johannes
Wesselius ⟨Gansfortius⟩
Wesselius ⟨Groningensis⟩

Gansfort, Wessel
→ **Gansfort, Johannes**

Gā'ôn ⟨Seʿadyā⟩
→ **Seʿadyā, Gā'ôn**

Gaon, Sherira
→ **Šerîrâ Gā'ôn**

Gapius ⟨de Menbidj⟩
→ **Maḥbūb Ibn-Qusṭanṭīn**

Garatis, Martinus ¬de¬
→ **Martinus ⟨de Garatis⟩**

Garatori, Jacopo ¬de'¬
→ **Jacopo ⟨da Imola⟩**

Garatus, Martinus
→ **Martinus ⟨de Garatis⟩**

Ǧarbāḏqānī, Muhaḏḏab-ad-Dīn Muḥammad Ibn-al-Ḥasan
→ **Ǧarbāḏqānī, Muḥammad Ibn-al-Ḥasan ¬al-¬**

Ǧarbāḏqānī, Muḥammad Ibn-al-Ḥasan ¬al-¬
um 985
Djarbadhqānī, Muḥammad b. al-Ḥasan
Ǧarbāḏqānī, Muhaḏḏab-ad-Dīn Muḥammad Ibn-al-Ḥasan
Ibn-al-Ḥasan, Muḥammad al-Ǧarbāḏqānī
Ibn-al-Ḥasan al-Ǧarbāḏqānī, Muḥammad
Jarbādhqānī, Muḥammad Ibn al-Ḥasan
Muḥammad Ibn-al-Ḥasan al-Ǧarbāḏqānī

Garbo, Dinus ¬de¬
gest. 1327
Chirurgia cum tractatu de ponderibus et mensuris; Dilucidarium Avicennae; Recollectiones in Hippocratis librum de natura foetus; etc.
LMA,III,670
Aldobrandino ⟨del Garbo⟩
DelGarbo, Aldobrandino
DelGarbo, Dino
Dino ⟨del Garbo⟩
Dinus ⟨de Florentia⟩
Dinus ⟨de Garbo⟩
Dinus ⟨Expositor⟩
Dinus ⟨Florentinus⟩
Garbo, Dino ¬del¬

Garbo, Thomas ¬de¬
→ **Thomas ⟨de Garbo⟩**

Garcia ⟨Chanoine⟩
→ **Garsias ⟨Toletanus⟩**

García ⟨de Eugui⟩
→ **Eugui, García**

Garcia ⟨de Menezes⟩
→ **Garsias ⟨Menesius⟩**

García ⟨de Montserrat⟩
→ **Cisneros, García Jiménez ¬de¬**

Garcia ⟨de Saint-Michel de Cuxá⟩
→ **Garcias ⟨Cuxanensis⟩**

Garcia ⟨de Santa Maria⟩
→ **Alfonsus ⟨de Carthagena⟩**

Garcia ⟨de Santarem⟩
→ **Garsias ⟨Menesius⟩**

Garcia ⟨de Toledo⟩
→ **Garsias ⟨Toletanus⟩**

Garcia ⟨d'Evora⟩
→ **Garsias ⟨Menesius⟩**

García ⟨Eugui⟩
→ **Eugui, García**

García ⟨Gómez⟩
→ **Gómez, García**

Garcia ⟨le Chanoine⟩
→ **Garsias ⟨Toletanus⟩**

Garcia, Alvare
→ **García de Santa María, Alvar**

Garcia, Gonsalve
→ **García de Santa María, Gonzalo**

Garcia, Jean
→ **García de Castrojeriz, Juan**

Garcia, Johannes
→ **Johannes ⟨Garcia⟩**

Garcia Burgalês, Pero
→ **Pero Garcia ⟨Burgalês⟩**

Garcia Cisneros, Florencio
→ **Cisneros, García Jiménez ¬de¬**

Garcia de Cartagena, Alonso
→ **Alfonsus ⟨de Carthagena⟩**

García de Castrojeriz, Juan
14./15. Jh. · OFM
Regimento de los príncipes
Rep.Font. IV,634
Castrojeriz, Juan García ¬de¬
Garcia, Jean
Jean ⟨García⟩
Jean ⟨Garcia de Castrogeriz⟩
Juan ⟨García de Castrojeriz⟩

García de Guilhade, Joan
→ **Guilhade, Joan García ¬de¬**

García de Salazar, Lope
1399 – 1476
Crónica de siete casas de Vizcaya y Castilla; Las bienandanzas e fortunas
Rep.Font. IV,634
Lope ⟨el Sabio⟩
Lope ⟨García de Salazar⟩
Salazar, Lope García ¬de¬

García de Santa María, Alfonso
→ **Alfonsus ⟨de Carthagena⟩**

García de Santa María, Alvar
ca. 1380 – 1460
Crónica de Don Juan II; Onkel des Alfonsus ⟨de Carthagena⟩
LMA,IV,1113; Rep.Font. IV,635
Alvar ⟨García de Santa María⟩
Alvare ⟨Garcia⟩
Garcia, Alvare
Santa María, Alvar García ¬de¬

García de Santa María, Gonzalo
gest. 1495
Catón en latin e en romance; Johannis Secundi Aragonum regis vita
Rep.Font. IV,636
Garcia, Gonsalve
Gonsalve ⟨Garcia⟩
Gonsalve ⟨Garcia de Santa-Maria⟩
Gonzalo ⟨García de Santa María⟩
Santa María, Gonzalo García ¬de¬

García Jiménez ⟨de Cisneros⟩
→ **Cisneros, García Jiménez ¬de¬**

Garcias ⟨Cuxanensis⟩
um 1046
Epistola ad Olibam episcopum Ausonensem
Rep.Font. IV,637; DOC,1,785
Garcia ⟨de Saint-Michel de Cuxá⟩
Garcias ⟨Cuxasensis⟩
Garcias ⟨Monachus Sancti Michaelis Cuxanensis⟩
Garcias ⟨Sancti Michaelis⟩
Garsias ⟨Cuxamensis⟩

Garcias ⟨Sancti Michaelis⟩
→ **Garcias ⟨Cuxanensis⟩**

Garcias, Johannes
→ **Johannes ⟨Garsias⟩**

Garda, Humbertus ¬de¬
→ **Humbertus ⟨de Garda⟩**

Gardīzī
→ **Gardīzī, ʿAbd-al-Ḥaiy Ibn-aḍ-Ḍaḥḥāk**

Gardizi, Abd al-Hayy ibn Zahhak
→ **Gardīzī, ʿAbd-al-Ḥaiy Ibn-aḍ-Ḍaḥḥāk**

Gardīzī, ʿAbd-al-Ḥaiy Ibn-aḍ-Ḍaḥḥāk
11. Jh.
Pers. Historiker
ʿAbd al-Ḥaiy Gardīzī
ʿAbd-al-Ḥaiy Gardīzī
ʿAbd-al-Ḥaiy Ibn-aḍ-Ḍaḥḥāk Gardīzī
Gardīzī
Gardizi, Abd al-Hayy ibn Zahhak
Gardīzī, ʿAbd-al-Ḥaiy Ibn-aḍ-Ḍaḥḥāk Ibn-Maḥmūd

Gardīzī, ʿAbd-al-Ḥaiy Ibn-aḍ-Ḍaḥḥāk Ibn-Maḥmūd
→ **Gardīzī, ʿAbd-al-Ḥaiy Ibn-aḍ-Ḍaḥḥāk**

Gardolus, Bernardinus
→ **Bernardinus ⟨Gardolus⟩**

Garencières, Jean ¬de¬
→ **Jean ⟨de Garencières⟩**

Garesio, Stephanus ¬de¬
→ **Stephanus ⟨de Garesio⟩**

Garet, Guillaume ¬de¬
→ **Guillaume ⟨de Garet⟩**

Garganus ⟨Senensis⟩
15. Jh. · OFM
De autoritate Protectoris Ordinis libros duos
Lohr
Gargano ⟨de Sienne⟩
Garganus ⟨Senensis Minor⟩
Garganus ⟨Senis⟩

Garin ⟨d'Apchier⟩
um 1170/80
Provenzal. Troubadour
Apchier, Garin ¬d'¬

Garin ⟨d'Auxerre⟩
→ **Garinus ⟨de Giaco⟩**

Garin ⟨de Guy-l'Evêque⟩
→ **Garinus ⟨de Giaco⟩**

Garin ⟨de Sainte-Geneviève⟩
→ **Guarinus ⟨de Sancto Victore⟩**

Garin ⟨de Saint-Victor à Paris⟩
→ **Guarinus ⟨de Sancto Victore⟩**

Garin ⟨du Velay⟩
→ **Garin ⟨lo Brun⟩**

Garin ⟨lo Brun⟩
12. Jh.
Troubadour; Tenzone; Ensenhament de la donna
LMA,IV,1117; Rep.Font. IV,638
Brun, Garin ¬lo¬
Garin ⟨du Velay⟩
Garin ⟨le Brun⟩
LoBrun, Garin

Garin, François
1413 – 1460
Francesco ⟨Guarini⟩
François ⟨Garin⟩
Garin, Francoys
Guarin, François
Guarini, Francesco

Garinus ⟨Altissiodorensis⟩
→ **Garinus ⟨de Giaco⟩**

Garinus ⟨de Giaco⟩
gest. 1348 · OP
Vita S. Margaritae de Hungaria; Litterae encyclicae ad Ord. Praed.; Litterae confraternitatis pro fraternitate B. Virginis conv. Basilensis; etc.
Kaeppeli,II,10/11; Rep.Font. IV,638

Garin ⟨de Guy-l'Evêque⟩
Garin ⟨de Gy-l'Evêque⟩
Garin ⟨d'Auxerre⟩
Garinus ⟨Altissiodorensis⟩
Garinus ⟨de Gy-l'Evêque⟩
Giaco, Garinus ¬de¬
Guarinus ⟨de Giaco⟩

Garinus ⟨de Gy-l'Evêque⟩
→ **Garinus ⟨de Giaco⟩**

Gariopontus
um 1040/72
Passionarius (= De morborum causis); nicht identisch mit Guarimpotus ⟨Neapolitanus⟩ (10. Jh.)
LMA,IV,1117/18
Garioponto
Garioponto ⟨de Salerne⟩
Garioponto ⟨Médecin Latin⟩
Gariponus
Garnipulus
Guarimpot
Guarimpotus
Guaripotus
Raimpotus
Wariampotus
Warimbod
Warimpotus

Gariponus
→ **Gariopontus**

Ǧarīr Ibn-ʿAbd-al-Masīḥ
→ **Mutalammis ¬al-¬**

Ǧarīr Ibn-ʿAbd-al-ʿUzza
→ **Mutalammis ¬al-¬**

Ǧarīr Ibn-ʿAṭīya
ca. 650 – ca. 728
Djarir ibn Atija ibn Chatafa Dscharir
Ibn-ʿAṭīya, Ǧarīr
Jarīr ibn ʿAṭīya

Ǧarīrī, al-Muʿāfā Ibn-Zakarīyā ¬al-¬
→ **Muʿāfā Ibn-Zakarīyāʾ al-Ǧarīrī ¬al-¬**

Garland ⟨the Computist⟩
→ **Gerlandus ⟨Computista⟩**

Garland, John ¬of¬
→ **Johannes ⟨de Garlandia⟩**

Garlandia, Johannes ¬de¬
→ **Johannes ⟨de Garlandia⟩**

Garlandia Gallicus, Johannes ¬de¬
→ **Johannes ⟨de Garlandia, Gallicus⟩**

Garlandus ⟨Agrigentinensis⟩
→ **Gerlandus ⟨Computista⟩**

Garlandus ⟨Compotista⟩
→ **Gerlandus ⟨Computista⟩**

Garlond, Thaddaeus
→ **Thaddaeus ⟨Garlond⟩**

Ġarnāṭī, Abū-Ḥāmid ¬al-¬
→ **Māzinī, Muḥammad Ibn-ʿAbd-ar-Raḥīm ¬al-¬**

Ġarnāṭī, Abū-Ḥāmid Muḥammad Ibn-ʿAbd-ar-Raḥīm ¬al-¬
→ **Māzinī, Muḥammad Ibn-ʿAbd-ar-Raḥīm ¬al-¬**

Garnerius ⟨Bishop⟩
→ **Garnerius ⟨de Rupeforti⟩**

Garnerius ⟨Chanoine⟩
→ **Garnerius ⟨de Sancto Victore⟩**

Garnerius ⟨Cisterciensis⟩
→ **Garnerius ⟨de Rupeforti⟩**

Garnerius ⟨de Langres⟩
→ **Garnerius ⟨de Rupeforti⟩**

Garnerius ⟨de Rochefort⟩
→ **Garnerius ⟨de Rupeforti⟩**

Garnerius ⟨de Rupeforti⟩
ca. 1140 – ca. 1225 · OCist
Isagogae theophaniarum symbolicae; De contrarietatibus in S. Scriptura; Tractatus contra Amaurianos; etc.
LMA,IV,1119; Schneyer,II,120
Garnerius ⟨Bishop⟩
Garnerius ⟨Cisterciensis⟩
Garnerius ⟨de Langres⟩
Garnerius ⟨de Rochefort⟩
Garnerius ⟨de Rupe Forti⟩
Garnerius ⟨Episcopus⟩
Garnerius ⟨Lingonensis⟩
Garnerius ⟨of Lingon⟩
Garnerius ⟨of Rochefort⟩
Garnerius ⟨von Rochefort⟩
Garnier ⟨Abbé⟩
Garnier ⟨de Clairvaux⟩
Garnier ⟨de Langres⟩
Garnier ⟨de Longuay⟩
Garnier ⟨de Rochefort⟩
Garnier ⟨d'Auberive⟩
Garnier ⟨Evêque⟩
Garnier ⟨Moine⟩
Garnier ⟨Prieur⟩
Guarnerus ⟨de Rupeforti⟩
Rupeforti, Garnerius ¬de¬
Walter ⟨von Rochefort⟩
Warnerius ⟨de Rupeforti⟩

Garnerius ⟨de Saint-Victor⟩
→ **Garnerius ⟨de Sancto Victore⟩**

Garnerius ⟨de Sancto Audoeno⟩
10./11. Jh.
Carmen contra Moriuth
Garnerius ⟨Rothomagensis⟩
Garnier ⟨de Rouen⟩
Garnier ⟨de Saint-Ouen⟩
Pseudo-Garnerius ⟨de Sancto Audoeno⟩
Sancto Audoeno, Garnerius ¬de¬
Warner ⟨of Rouen⟩

Garnerius ⟨de Sancto Victore⟩
gest. ca. 1170 · OSACan
Gregorianum lib. I-XVI
Schneyer,II,123; Stegmüller, Repert. bibl. 2365; LMA,IV,1119
Garnerius ⟨Chanoine⟩
Garnerius ⟨de Saint-Victor⟩
Garnerius ⟨of Paris⟩
Garnerius ⟨of Saint Victor⟩
Garnerius ⟨Sancti Victoris⟩
Garnerius ⟨Subprior⟩
Garnerius ⟨von Sankt Viktor⟩
Garnerus ⟨Canonicus⟩
Garnerus ⟨Sancti Victoris Parisiensis⟩
Garnerus ⟨Subprior⟩
Garnier ⟨de Saint-Victor⟩
Garnier ⟨Sous-Prieur de Saint-Victor⟩
Guarnerus ⟨de Sancto Victore⟩
Guarnerus ⟨Sancti Victoris⟩
Guarnerus ⟨von Sankt Viktor⟩
Sancto Victore, Garnerius ¬de¬

Garnerius ⟨Episcopus⟩
→ **Garnerius ⟨de Rupeforti⟩**

Garnerius ⟨Lingonensis⟩
→ **Garnerius ⟨de Rupeforti⟩**

Garnerius ⟨Monachus Trenorchiensis⟩
→ **Garnerius ⟨Tornusiensis⟩**

Garnerius ⟨of Lingon⟩
→ **Garnerius ⟨de Rupeforti⟩**

Garnerius ⟨of Paris⟩
→ **Garnerius ⟨de Sancto Victore⟩**

Garnerius ⟨of Rochefort⟩
→ **Garnerius ⟨de Rupeforti⟩**

Garnerius ⟨of Saint Victor⟩
→ **Garnerius ⟨de Sancto Victore⟩**

Garnerius ⟨Rothomagensis⟩
→ **Garnerius ⟨de Sancto Audoeno⟩**

Garnerius ⟨Sancti Victoris⟩
→ **Garnerius ⟨de Sancto Victore⟩**

Garnerius ⟨Subprior⟩
→ **Garnerius ⟨de Sancto Victore⟩**

Garnerius ⟨Tornusiensis⟩
um 1110
Translatio et miracula S. Valeriani martyris
Rep.Font. IV,639; DOC,1,787
Garnerius ⟨Monachus⟩
Garnerius ⟨Monachus Trenorchiensis⟩
Garnerius ⟨Trenorchiensis⟩
Garnier ⟨Moine à Tournus⟩

Garnerius ⟨Trenorchiensis⟩
→ **Garnerius ⟨Tornusiensis⟩**

Garnerius ⟨von Rochefort⟩
→ **Garnerius ⟨de Rupeforti⟩**

Garnerius ⟨von Sankt Viktor⟩
→ **Garnerius ⟨de Sancto Victore⟩**

Garnerus ⟨...⟩
→ **Garnerius ⟨...⟩**

Garnier ⟨Abbé⟩
→ **Garnerius ⟨de Rupeforti⟩**

Garnier ⟨d'Auberive⟩
→ **Garnerius ⟨de Rupeforti⟩**

Garnier ⟨de Clairvaux⟩
→ **Garnerius ⟨de Rupeforti⟩**

Garnier ⟨de Langres⟩
→ **Garnerius ⟨de Rupeforti⟩**

Garnier ⟨de Pont-Sainte-Maxence⟩
→ **Guernes ⟨de Pont-Sainte-Maxence⟩**

Garnier ⟨de Rochefort⟩
→ **Garnerius ⟨de Rupeforti⟩**

Garnier ⟨de Rouen⟩
→ **Garnerius ⟨de Sancto Audoeno⟩**

Garnier ⟨de Saint-Ouen⟩
→ **Garnerius ⟨de Sancto Audoeno⟩**

Garnier ⟨de Saint-Victor⟩
→ **Garnerius ⟨de Sancto Victore⟩**

Garnier ⟨de Verdun-sur-Doubs⟩
→ **Warnerus ⟨de Verdinio⟩**

Garnier ⟨Evêque⟩
→ **Garnerius ⟨de Rupeforti⟩**

Garnier ⟨Moine⟩
→ **Garnerius ⟨de Rupeforti⟩**

Garnier ⟨Moine à Tournus⟩
→ **Garnerius ⟨Tornusiensis⟩**

Garnier ⟨Prieur⟩
→ **Garnerius ⟨de Rupeforti⟩**

Garnier ⟨Sous-Prieur de Saint-Victor⟩
→ **Garnerius ⟨de Sancto Victore⟩**

Garnipulus
→ **Gariopontus**

Garrati, Martino
→ **Martinus ⟨de Garatis⟩**

Garricus ⟨de Sancto Quentino⟩
→ **Guerricus ⟨de Sancto Quintino⟩**

Garricus ⟨Flandrensis⟩
→ **Guerricus ⟨de Sancto Quintino⟩**

Ġars-ad-Dīn Ḫalīl Ibn-Šāhīn aẓ-Ẓāhirī
→ **Ibn-Šāhīn aẓ-Ẓāhirī, Ḫalīl**

Garsiae de Campis, Didacus
um 1192/1217
Planeta
Rep.Font. IV,639
Campis, Didacus Garsiae ¬de¬
Didacus ⟨Cancellarius Regni Castellae⟩
Didacus ⟨Garsiae de Campis⟩
Didacus ⟨Toletanus⟩

Garsias ⟨Abbas⟩
→ **Cisneros, García Jiménez ¬de¬**

Garsias ⟨Canonicus⟩
→ **Garsias ⟨Toletanus⟩**

Garsias ⟨Cuxamensis⟩
→ **Garcias ⟨Cuxanensis⟩**

Garsias ⟨de Cisneros⟩
→ **Cisneros, García Jiménez ¬de¬**

Garsias ⟨Eborensis⟩
→ **Garsias ⟨Menesius⟩**

Garsias ⟨Kanoniker⟩
→ **Garsias ⟨Toletanus⟩**

Garsias ⟨Menesius⟩
gest. 1484
Oratio Romae habita
Garcia ⟨de Menezes⟩
Garcia ⟨de Santarem⟩
Garcia ⟨d'Evora⟩
Garsias ⟨Eborensis⟩
Garsias ⟨von Evora⟩
Menesius, Garsias
Menezes, Garcia ¬de¬

Garsias ⟨Toletanus⟩
um 1100
Tractatus de Albino et Rufino
Tusculum-Lexikon; Potth.; LMA,IV,1119/20
Garcia ⟨Chanoine⟩
Garcia ⟨de Tolède⟩
Garcia ⟨de Toledo⟩
Garcia ⟨le Chanoine⟩
Garsias ⟨Canonicus⟩
Garsias ⟨Kanoniker⟩
Garsias ⟨Tholetanus⟩
Garsias ⟨von Toledo⟩
Toletanus, Garsias

Garsias ⟨von Evora⟩
→ **Garsias ⟨Menesius⟩**

Garsias ⟨von Toledo⟩
→ **Garsias ⟨Toletanus⟩**

Garsias, Johannes
→ **Johannes ⟨Garsias⟩**

Garsten, Berthold ¬de¬
→ **Bertholdus ⟨Garstensis⟩**

Gartenaere, Werner ¬der¬
→ **Werner ⟨der Gärtner⟩**

Gartius
→ **Garzo**

Gartner, Iodocus
um 1424 · OFM
Parva logicalia cum commento; Quaestiones artis sive disputata logicalia; Disputata super VIII libros Physicorum; etc.
Lohr; VL(2),2,1097/99; Stegmüller, Repert. sentent. 398
Gartner de Berching, Iodocus
Gartner von Berching, Jodocus
Iodocus ⟨Gartner⟩
Iodocus ⟨Gartner de Berching⟩
Iodocus ⟨Magister⟩
Jodocus ⟨Gartner⟩
Jodocus ⟨Gartner von Berching⟩

Garvalus
15. Jh.
Compendium philosophiae naturalis
Lohr

Ǧarwal Ibn-Aus al-Ḥuṭaiʾa
→ **Ḥuṭaiʾa, Ǧarwal Ibn-Aus ¬al-¬**

Garzatus, Martinus
→ **Martinus ⟨de Garatis⟩**

Garzo
13. Jh.
Storia di Santa Caterina
Gartius
Gharzo

Gasali
→ **Ġazzālī, Abū-Ḥāmid Muḥammad Ibn-Muḥammad ¬al-¬**

Gasapino ⟨Cremonese⟩
→ **Gasapinus ⟨de Antegnatis⟩**

Gasapinus ⟨de Antegnatis⟩
13./14. Jh.
Antegnati, Gasapino
Antegnatis, Gasapinus ¬de¬
Gasapino ⟨Antegnati⟩
Gasapino ⟨Cremonese⟩

Gasbertus ⟨de Orgolio⟩
gest. 1374 · OP
Relatio de legatione
Kaeppeli,II,11/12
Gasbert ⟨de Orgolio⟩
Gasbert ⟨d'Orgueil⟩
Gasbertus ⟨de Orgueil⟩
Orgolio, Gasbertus ¬de¬

Gascoigne, Thomas
→ **Thomas ⟨Gascoigne⟩**

Gaspar ⟨a Sancto Johanne⟩
gest. 1457 · OP
Epistula ad Johannem Tortellium; Commentaria in VIII libros Physicorum
Lohr
Gaspar ⟨de Bononia⟩
Gaspar ⟨de San-Giovanni⟩
Gaspar ⟨di Pietro Sighicelli-Magnani⟩
Gaspar ⟨Sighicelli⟩
Gaspar ⟨Sighicelli a Sancto Johanne⟩
Gaspar ⟨Sighicelli-Magnani⟩
Sancto Johanne, Gaspar ¬a¬

Gaspar ⟨de Bononia⟩
→ **Gaspar ⟨a Sancto Johanne⟩**

Gaspar ⟨de San-Giovanni⟩
→ **Gaspar ⟨a Sancto Johanne⟩**

Gaspar ⟨de Vérone⟩
→ **Gaspar ⟨Veronensis⟩**

Gaspar ⟨di Pietro Sighicelli-Magnani⟩
→ **Gaspar ⟨a Sancto Johanne⟩**

Gaspar ⟨Fayol⟩
um 1485/91 · OP
De consilio praelatorum; Contra Iudaeos; Contra Agarenos; etc.
Kaeppeli,II,14
Fayol, Gaspar
Gaspar ⟨Fayol de Lérida⟩
Gaspar ⟨Vincentius Fayol⟩

Gaspar ⟨Sighicelli⟩
→ **Gaspar ⟨a Sancto Johanne⟩**

Gaspar ⟨Sighicelli-Magnani⟩
→ **Gaspar ⟨a Sancto Johanne⟩**

Gaspar ⟨Singer⟩
→ **Singer, Caspar**

Gaspar ⟨Veronensis⟩
ca. 1400 – 1474
De gestis tempore pontificis maximi Pauli secundi
Rep.Font. IV,641
Gaspar ⟨de Vérone⟩
Gaspare ⟨da Verona⟩

Gaspar ⟨Vincentius Fayol⟩
→ **Gaspar ⟨Fayol⟩**

Gaspar ⟨Weinreich⟩
→ **Weinreich, Caspar**

Gaspare ⟨Broglio Tartaglia⟩
→ **Broglio Tartaglia, Gaspare**

Gaspare ⟨Calderino⟩
→ **Caspar ⟨Calderinus⟩**

Gaspare ⟨da Verona⟩
→ **Gaspar ⟨Veronensis⟩**

Gaspare ⟨di Lavello⟩
→ **Broglio Tartaglia, Gaspare**

Gasparino ⟨di Pietrobono⟩
→ **Gasparinus ⟨Barzizius⟩**

Gasparinus ⟨Barzizius⟩
1370 – 1431
Tusculum-Lexikon; LMA,I,1502
Barziza, Gasparino
Barzizius, Gasparinus
Barzizza, Gasparino
Casparinus ⟨Barzizius⟩
Casparinus ⟨Bergomas⟩
Gasparino ⟨di Barzizza⟩
Gasparino ⟨di Pietrobono⟩
Gasparino ⟨von Barzizza⟩
Gasparinus ⟨Bergamensis⟩
Gasparinus ⟨Pergamensis⟩

Gasparinus ⟨Bergamensis⟩
→ **Gasparinus ⟨Barzizius⟩**

Gasparinus ⟨Pergamensis⟩
→ **Gasparinus ⟨Barzizius⟩**

Gassali
→ **Ġazzālī, Abū-Ḥāmid Muḥammad Ibn-Muḥammad ¬al-¬**

Ġassānī, al-Ġiṭrīf Ibn-Qudāma ¬al-¬
→ **Ġiṭrīf Ibn-Qudāma al-Ġassānī, al-**

Ǧaṣṣāṣ, Abū-Bakr Aḥmad Ibn-ʿAlī ¬al-¬
→ **Ǧaṣṣāṣ, Aḥmad Ibn-ʿAlī ¬al-¬**

Ǧaṣṣāṣ, Aḥmad Ibn-ʿAlī ¬al-¬
917 – 981
Aḥmad Ibn-ʿAlī al-Ǧaṣṣāṣ
Djaṣṣāṣ, Aḥmad B. ʿAlī
Ǧaṣṣāṣ, Abū-Bakr Aḥmad Ibn-ʿAlī ¬al-¬
Ibn-ʿAlī, Aḥmad al-Ǧaṣṣāṣ
Jaṣṣāṣ, Aḥmad Ibn ʿAlī
Rāzī, Aḥmad Ibn-ʿAlī ¬ar-¬

Gast
13. Jh.
Fragepriamel (Ständekatalog)
VL(2),2,1102/1104
Gast ⟨Spruchdichter⟩

Gast, Merkln
um 1390
Büchsenmeister; Bewerbungsschreiben
VL(2),2,1104/1105
Merkln ⟨Gast⟩

Gastine, Aimericus ¬de¬
→ **Aimericus ⟨de Gastine⟩**

Gasto
11. Jh.
Constitutiones Canonicorum Regularium S. Augustini, Habitus S. Antonii Abbatis
Gaston
Gaston ⟨Fondateur de l'Ordre de Saint-Antoine⟩
Gaston ⟨Nobilis Dominus⟩

Gaston ⟨Fébus⟩
→ **Gaston ⟨Foix, Comte, III.⟩**

Gaston ⟨Foix, Comte, III.⟩
1331 – 1391
Livre de la chasse; Livre des oraisons
Foix, Gaston ¬de¬
Gaston ⟨de Foix⟩
Gaston ⟨Fébus⟩
Gaston ⟨Foix, Graf, III.⟩
Gaston ⟨Phébus⟩
Gaston ⟨Phœbus⟩
Gaston ⟨Phoebus⟩
Gaston-Phoebus, ...
Phébus
Phébus, Gaston
Phoebus, Gaston

Gaston ⟨Foix, Comte, IV.⟩
1423 – 1472
Gaston ⟨Narbonne, Vicomte⟩

Gaston ⟨Fondateur de l'Ordre de Saint-Antoine⟩
→ **Gasto**

Gaston ⟨Narbonne, Vicomte⟩
→ **Gaston ⟨Foix, Comte, IV.⟩**

Gaston ⟨Nobilis Dominus⟩
→ **Gasto**

Gaston ⟨Phébus⟩
→ **Gaston ⟨Foix, Comte, III.⟩**

Gatari, Andrea
gest. ca. 1454
Diario del Concilio di Basilea
Rep.Font. IV,642
André ⟨Gatari⟩
Andrea ⟨Gatari⟩
Gatari, André

Gatari, Galeazzo
1344 – 1405
Cronaca Carrarese; Chronicon Patavinum
Rep.Font. IV,642
Galéas ⟨Gatari⟩
Galeazzo ⟨Gatari⟩
Gatari, Galéas
Gataro, Galeazzo

Gatecumbe, Nicolaus ¬de¬
→ **Nicolaus ⟨de Gatecumbe⟩**

Gatineau, Péan
→ **Péan ⟨Gatineau⟩**

Gatinelli, Paganus
→ **Péan ⟨Gatineau⟩**

Gatsthaltus ⟨Teuto⟩
→ **Gotschalcus ⟨Erfordiensis⟩**

Gatti, Jean-André
→ **Johannes ⟨Gatti⟩**

Gatti, Johannes
→ **Johannes ⟨Gatti⟩**

Gattilusi, Luchetto
gest. ca. 1307/36
Sirventes; Partimen
LMA,IV,1140/41
Gattilusio, Luchetto
Luchetto ⟨Gattilusi⟩
Luchetto ⟨Gattilusio⟩

Gaubert ⟨de Marchiennes⟩
→ **Galbertus ⟨Marchienensis⟩**

Gaubert ⟨von Luxeuil⟩
→ **Waldebertus ⟨Luxoviensis⟩**

Gauberto Fabricio ⟨de Vagad⟩
→ **Vagad, Gauberto Fabricio ¬de¬**

Gaucelin ⟨de Cassagnes⟩
→ **Zenzelinus ⟨de Cassanis⟩**

Gaucelm ⟨Faidit⟩
ca. 1185 – ca. 1216
Meyer; LMA,IV,1141/42
Faidit, Gaucelm

Gaucher ⟨de Cambrai⟩
→ **Walcherus ⟨Cameracensis⟩**

Gaucher ⟨de Denain⟩
→ **Wauchier ⟨de Denain⟩**

Gaucher ⟨de Dourdan⟩
→ **Wauchier ⟨de Denain⟩**

Gaucher ⟨Mulierii⟩
→ **Sancius ⟨Mulerii⟩**

Gaucher ⟨Muller⟩
→ **Sancius ⟨Mulerii⟩**

Gaucher, Pierre
→ **Petrus ⟨Bancherius⟩**

Gauchier ⟨de Dondain⟩
→ **Wauchier ⟨de Denain⟩**

Gauchier ⟨de Dordan⟩
→ **Wauchier ⟨de Denain⟩**

Gauchier ⟨de Doulenz⟩
→ **Wauchier ⟨de Denain⟩**

Gaucier ⟨...⟩
→ **Gauchier ⟨...⟩**

Gaudefridus ⟨...⟩
→ **Godefridus ⟨...⟩**

Gaudentius ⟨Gnesensis⟩
gest. 1006
Rep.Font. IV,643
Gaudence ⟨de Gnesen⟩
Gaudence ⟨Saint⟩
Gaudentius ⟨Archiepiscopus Gnesensis⟩

Gaudfridus ⟨...⟩
→ **Galfredus ⟨...⟩**

Gaudrinus ⟨Monachus⟩
→ **Galtericus ⟨Monachus⟩**

Gaudry ⟨Monachus⟩
→ **Galtericus ⟨Monachus⟩**

Gauferius
→ **Victor ⟨Papa, III.⟩**

Gauferius ⟨Casinensis⟩
→ **Guaiferius ⟨Salernitanus⟩**

Gauffredus ⟨Gonteri Brito⟩
→ **Aufredus ⟨Gonteri⟩**

Gauffredus ⟨Gontero⟩
→ **Aufredus ⟨Gonteri⟩**

Gaufred ⟨d'Avinyó⟩
→ **Godefridus ⟨Dertusensis⟩**

Gaufred ⟨de Chartres⟩
→ **Galfredus ⟨Carnotensis⟩**

Gaufred ⟨Malaterra⟩
→ **Galfredus ⟨Malaterra⟩**

Gaufredi, Raimundus
→ **Raimundus ⟨Gaufredi⟩**

Gaufredus ⟨...⟩
→ **Galfredus ⟨...⟩**

Gaufrei ⟨...⟩
→ **Geoffroy ⟨...⟩**

Gaufrid ⟨von Poitiers⟩
→ **Galfredus ⟨Pictaviensis⟩**

Gaufridi, Mauritius
→ **Mauritius ⟨Gaufridi⟩**

Gaufridus ⟨...⟩
→ **Galfredus ⟨...⟩**

Gaufridus ⟨d'Hautecombe⟩
→ **Godefridus ⟨Altissiodorensis⟩**

Gaufridus ⟨d'Igny⟩
→ **Godefridus ⟨Altissiodorensis⟩**

Gaufridus ⟨Hibernus⟩
→ **Geoffroy ⟨de Waterford⟩**

Gaugelli, Gaugello
1445 – 1472
De vita et morte illustris D. Baptistae Sfortiae Comitissae Urbini; Il pellegrino; Lamenti
Rep.Font. IV,650
Gaugello ⟨Gaugelli⟩
Gaugello ⟨Gaugelli de la Pergola⟩
Gaugello ⟨of Pergola⟩
Gaugello ⟨Ser⟩
LaPergola, Gaugello Gaugelli ¬de¬
Pergola, Gaugello Gaugelli ¬de la¬

Gaugello ⟨of Pergola⟩
→ **Gaugelli, Gaugello**

Gaugello ⟨Ser⟩
→ **Gaugelli, Gaugello**

Ǧauharī, Abū-Bakr Aḥmad Ibn-ʿAbd-al-ʿAzīz ¬al-¬
→ **Abū-Bakr al-Ǧauharī, Aḥmad Ibn-ʿAbd-al-ʿAzīz**

Ǧauharī, Abū-Naṣr Ismāʿīl Ibn-Ḥammād ¬al-¬
→ **Ǧauharī, Ismāʿīl Ibn-Ḥammād ¬al-¬**

Ǧauharī, Aḥmad Ibn-ʿAbd-al-ʿAzīz ¬al-¬
→ **Abū-Bakr al-Ǧauharī, Aḥmad Ibn-ʿAbd-al-ʿAzīz**

Ǧauharī, Ismāʿīl Ibn-Ḥammād ¬al-¬
gest. ca. 1003
Cevheri, Ebn-Nasr Ismail bin-Hamad ¬el-¬
Djawharī, Ismāʿīl ibn Ḥammād
Dschauhari, Abu Nasr Ismail b. Hamād ¬al-¬
Ebn-Nasr Isamil bin-Hamad el-Cevheri
El-Cevheri, Ebn-Nasr Ismail bin-Hamad ¬el-¬
Ǧauharī, Abū-Naṣr Ismāʿīl Ibn-Ḥammād ¬al-¬
Ibn-Ḥammād, Ismāʿīl al-Ǧauharī
Ismāʿīl Ibn-Ḥammād al-Ǧauharī
Jawharī, Ismāʿīl ibn Ḥammād

Gaule, Johannes ¬de¬
→ **Johannes ⟨Guallensis⟩**

Gaulfridus ⟨...⟩
→ **Galfredus ⟨...⟩**

Gauliaco, Guido ¬de¬
→ **Guido ⟨de Cauliaco⟩**

Gaulterius ⟨...⟩
→ **Gualterus ⟨...⟩**

Gaulterus ⟨...⟩
→ **Gualterus ⟨...⟩**

Gaultherus ⟨...⟩
→ **Gualterus ⟨...⟩**

Gaulthier ⟨...⟩
→ **Gautier ⟨...⟩**

Gaultier ⟨...⟩
→ **Gautier ⟨...⟩**

Gaunilo ⟨Maioris Monasterii⟩
11./12. Jh. · OSB
LMA,IV,1143
Gaunilo ⟨Turonensis Thesaurarius⟩
Gaunilo ⟨von Marmoutier⟩
Gaunilo ⟨von Marmoutiers⟩
Gaunilon ⟨de Marmoutier⟩
Gaunilon ⟨of Marmoutier⟩
Gaunilone
Maioris Monasterii, Gaunilo

Gaunilo ⟨Turonensis Thesaurarius⟩
→ **Gaunilo ⟨Maioris Monasterii⟩**

Gaunt, John ¬of¬
→ **John ⟨Lancaster, Duke⟩**

Gauricius
→ **Gauritius**

Gauricus ⟨de Sancto Quentino⟩
→ **Guerricus ⟨de Sancto Quintino⟩**

Gauricus ⟨Flandrensis⟩
→ **Guerricus ⟨de Sancto Quintino⟩**

Gauricus ⟨Magister⟩
→ **Guerricus ⟨de Sancto Quintino⟩**

Gauritius
um 1250 · OP
Is.; Jerem.; Baruch
Stegmüller, Repert. bibl. 2439-2441
Gauricius
Gauritius ⟨Dominicain Anglais⟩
Guaritius
Mauritius

Gausbert ⟨Chorévêque⟩
→ **Gauzbertus ⟨Lemovicensis⟩**

Gausbert ⟨de Fleury⟩
→ **Gosbertus ⟨Floriacensis⟩**

Gausbert ⟨de Laon⟩
→ **Gobertus ⟨Laudunensis⟩**

Gausbert ⟨de Limoges⟩
→ **Gauzbertus ⟨Lemovicensis⟩**

Gausbert ⟨de Tegernsee⟩
→ **Gosbertus ⟨Tegernseensis⟩**

Gausbert ⟨Moine à Fleury⟩
→ **Gosbertus ⟨Floriacensis⟩**

Gausbertus ⟨Abbas⟩
Lebensdaten nicht ermittelt
Passio Sabini et Cypriani martyrum
Rep.Font. IV, 650
Abbas Gausbertus

Gautbertus ⟨Grammaticus⟩
10. Jh.
De grammaticis Francorum; Epitome Prisciani
Rep.Font. IV, 650; DOC,1,790
Gautbert ⟨Grammairien⟩
Gautbertus ⟨Moine⟩
Gautbertus ⟨Monachus⟩
Grammaticus, Gautbertus

Gautbertus ⟨Monachus⟩
→ **Gautbertus ⟨Grammaticus⟩**

Gauter ⟨...⟩
→ **Gautier ⟨...⟩**

Gauterius ⟨...⟩
→ **Gualterus ⟨...⟩**

Gauterus ⟨...⟩
→ **Gualterus ⟨...⟩**

Gauther ⟨...⟩
→ **Gautier ⟨...⟩**

Gauthier ⟨...⟩
→ **Gautier ⟨...⟩**

Gauthierus ⟨...⟩
→ **Gualterus ⟨...⟩**

Gautier ⟨Arbalestrier⟩
→ **Gautier ⟨de Belleperche⟩**

Gautier ⟨Beatae Mariae de Thosan⟩
→ **Walterus ⟨de Muda⟩**

Gautier ⟨Bronscomb⟩
→ **Walterus ⟨Bronescombe⟩**

Gautier ⟨Chancelier⟩
→ **Gualterus ⟨Cancellarius⟩**

Gautier ⟨Cornut⟩
→ **Gualterus ⟨Cornutus⟩**

Gautier ⟨d'Agiles⟩
→ **Gualterus ⟨Agulinus⟩**

Gautier ⟨d'Ailly⟩
→ **Gualterus ⟨de Alliaco⟩**

Gautier ⟨Daniel⟩
→ **Gualterus ⟨Danielis⟩**

Gautier ⟨d'Argies⟩
→ **Gautier ⟨de Dargies⟩**

Gautier ⟨d'Arras⟩
12. Jh.
Meyer; LMA,IV,1143/44
Arras, Gautier ¬d'¬
Gautier ⟨d'Arraz⟩
Gautier ⟨of Arrouaise⟩
Walter ⟨von Arras⟩

Gautier ⟨d'Arrouaise⟩
→ **Gualterus ⟨de Arroasia⟩**

Gautier ⟨de Alliaco⟩
→ **Gualterus ⟨de Alliaco⟩**

Gautier ⟨de Belleperche⟩
um 1270
Belleperche, Gautier ¬de¬
Gautier ⟨Arbalestrier⟩

Gautier ⟨de Bibbesworth⟩
14. Jh.
LMA,VIII,1993
Bibbesworth, Gautier ¬de¬
Bibbesworth, Walter ¬de¬
Bibelesworth, Walter ¬de¬
Biblesworth, Walter ¬de¬
Bibleworth, Walter ¬de¬
Gautier ⟨de Biblesworth⟩
Gautier ⟨de Bitheswey⟩
Walter ⟨de Bibbesworth⟩
Walter ⟨de Bibelesworth⟩
Walter ⟨de Bibleworth⟩
Walter ⟨of Biblesworth⟩

Gautier ⟨de Bitheswey⟩
→ **Gautier ⟨de Bibbesworth⟩**

Gautier ⟨de Bruges⟩
→ **Gualterus ⟨de Brugis⟩**

Gautier ⟨de Buckden⟩
→ **Gualterus ⟨de Buckden⟩**

Gautier ⟨de Castiglione⟩
→ **Gualterus ⟨de Castellione⟩**

Gautier ⟨de Chalon-sur-Saône⟩
→ **Gualterus ⟨Cabillonensis⟩**

Gautier ⟨de Château-Thierry⟩
→ **Gualterus ⟨de Castro Theodorici⟩**

Gautier ⟨de Châtillon⟩
→ **Gualterus ⟨de Castellione⟩**

Gautier ⟨de Chatton⟩
→ **Gualterus ⟨de Chatton⟩**

Gautier ⟨de Cluny⟩
→ **Gualterus ⟨Compendiensis⟩**

Gautier ⟨de Cluse⟩
→ **Gualterus ⟨de Clusa⟩**

Gautier ⟨de Coincy⟩
1177 – 1236
LMA,IV,1144
Coinci, Gautier ¬de¬
Coincy, Gautier ¬de¬
Coinsy, Gautier ¬de¬
Gauthier ⟨de Coinci⟩
Gautier ⟨de Coinci⟩
Gautier ⟨de Coinsy⟩

Gautier ⟨de Compiègne⟩
→ **Gualterus ⟨Compendiensis⟩**

Gautier ⟨de Cornut⟩
→ **Gualterus ⟨Cornutus⟩**

Gautier ⟨de Coventry⟩
→ **Gualterus ⟨de Coventria⟩**

Gautier ⟨de Dargies⟩
13. Jh.
LMA,IV,1144
Argies, Gautier ¬d'¬
Dargies, Gautier ¬de¬
Gauthier ⟨de Dargies⟩
Gauthier ⟨d'Argies⟩
Gautier ⟨d'Argies⟩

Gautier ⟨de Denet⟩
→ **Wauchier ⟨de Denain⟩**

Gautier ⟨de Dervy⟩
→ **Gualterus ⟨Dervensis⟩**

Gautier ⟨de Diss⟩
→ **Gualterus ⟨Disse⟩**

Gautier ⟨de Dons Dist⟩
→ **Wauchier ⟨de Denain⟩**

Gautier ⟨de Dysse⟩
→ **Gualterus ⟨Disse⟩**

Gautier ⟨de Honnecourt⟩
→ **Gualterus ⟨Hunocurtensis⟩**

Gautier ⟨de Jorz⟩
→ **Gualterus ⟨Iorsius⟩**

Gautier ⟨de Lille⟩
→ **Gualterus ⟨de Castellione⟩**
→ **Gualterus ⟨Magolonensis⟩**

Gautier ⟨de Maguélonne⟩
→ **Gualterus ⟨Magolonensis⟩**

Gautier ⟨de Marchthal⟩
→ **Walterus ⟨Marchtelanensis⟩**

Gautier ⟨de Marmoutiers⟩
→ **Gualterus ⟨Compendiensis⟩**

Gautier ⟨de Marvis⟩
→ **Gualterus ⟨Tornacensis⟩**

Gautier ⟨de Meaux⟩
→ **Gualterus ⟨Meldensis⟩**

Gautier ⟨de Metz⟩
→ **Gossouin ⟨de Metz⟩**

Gautier ⟨de Metz⟩
um 1245
Image du monde (Verfasserschaft nicht gesichert; wird auch Gossouin ⟨de Metz⟩ zugeschrieben); Identität mit Gossouin ⟨de Metz⟩ nicht gesichert
Gualterus ⟨Metensis⟩
Metz, Gautier ¬de¬
Walter ⟨von Metz⟩

Gautier ⟨de Mortagne⟩
→ **Gualterus ⟨de Mauritania⟩**

Gautier ⟨de Muda⟩
→ **Walterus ⟨de Muda⟩**

Gautier ⟨de Rheinau⟩
→ **Walter ⟨von Rheinau⟩**

Gautier ⟨de Saint-Martin en Vallée⟩
→ **Gualterus ⟨Compendiensis⟩**

Gautier ⟨de Saint-Victor⟩
→ **Gualterus ⟨de Sancto Victore⟩**

Gautier ⟨de Sens⟩
→ **Gualterus ⟨Cornutus⟩**
→ **Walterus ⟨Senonensis⟩**

Gautier ⟨de Spire⟩
→ **Gualterus ⟨Spirensis⟩**

Gautier ⟨de Ter-Doest⟩
→ **Walterus ⟨de Muda⟩**

Gautier ⟨de Thérouanne⟩
→ **Gualterus ⟨Tervanensis⟩**

Gautier ⟨de Tournay⟩
→ **Gualterus ⟨Tornacensis⟩**

Gautier ⟨de Val des Ecoliers⟩
→ **Gualterus ⟨de Valle Scholarum⟩**

Gautier ⟨de Whittlesey⟩
→ **Gualterus ⟨de Witlesey⟩**

Gautier ⟨de Winterborne⟩
→ **Gualterus ⟨de Winterbourne⟩**

Gautier ⟨d'Epinal⟩
13. Jh.
LMA,IV,1144/45
Epinal, Gautier ¬d'¬
Espinal, Gautier ¬d'¬
Gautier ⟨d'Espinal⟩
Gautier ⟨d'Espinau⟩

Gautier ⟨d'Evesham⟩
→ **Gualterus ⟨Odendunus⟩**

Gautier ⟨d'Exeter⟩
→ **Gualterus ⟨de Excestria⟩**

Gautier ⟨d'Henley⟩
um 1290/1300 · OP
Oeconomia sive de agricultura (franz.); Senechaucy; La dite des hosebondrie
Kaeppeli,II,60/61; LMA,VIII,1997
Galterus ⟨de Henley⟩
Gualterus ⟨Anglus⟩
Gualterus ⟨de Henley⟩
Gualterus ⟨de Henleya⟩
Henley, Gautier ¬d'¬
Henley, Walter ¬de¬
Walter ⟨de Henley⟩
Walter ⟨de Henleye⟩
Walter ⟨of Henley⟩
Walter ⟨von Henley⟩
Waltier ⟨de Hengleye⟩

Gautier ⟨d'Heston⟩
→ **Gualterus ⟨Hestonius⟩**

Gautier ⟨Dominicain Anglais⟩
→ **Gualterus ⟨de Buckden⟩**

Gautier ⟨d'Orléans⟩
→ **Gualterus ⟨Aurelianensis⟩**

Gautier ⟨Hunt⟩
→ **Gualterus ⟨Huntus⟩**

Gautier ⟨le Chancelier⟩
→ **Gualterus ⟨Cancellarius⟩**

Gautier ⟨le Leu⟩
12. Jh.
LeLeu, Gautier
Leu, Gautier ¬le¬

Gautier ⟨Map⟩
→ **Map, Walter**

Gautier ⟨Mauclerc⟩
→ **Gualterus ⟨Mauclerk⟩**

Gautier ⟨Moine à Peterborough⟩
→ **Gualterus ⟨de Witlesey⟩**

Gautier ⟨of Antioch⟩
→ **Gualterus ⟨Cancellarius⟩**

Gautier ⟨of Arrouaise⟩
→ **Gautier ⟨d'Arras⟩**

Gautier ⟨of Maguélone⟩
→ **Gualterus ⟨Magolonensis⟩**

Gautier ⟨of Montier-en-Der⟩
→ **Gualterus ⟨Dervensis⟩**

Gautier ⟨of Orléans⟩
→ **Gualterus ⟨Aurelianensis⟩**

Gautier ⟨of Tournay⟩
→ **Gualterus ⟨Tornacensis⟩**

Gautier ⟨Prévôt⟩
→ **Walterus ⟨Marchtelanensis⟩**

Gautier ⟨Prieur de Saint-Victor⟩
→ **Gualterus ⟨de Sancto Victore⟩**

Gautier ⟨Saveyr⟩
→ **Gualterus ⟨Meldensis⟩**

Gautier de Chatillon, Philippe
→ **Gualterus ⟨de Castellione⟩**

Gautier de Lille, Philippe
→ **Gualterus ⟨de Castellione⟩**

Gauzbertus ⟨Lemovicensis⟩
um 983
S. Frontoni ep. Petragoricensis vita
Rep.Font. IV,653
Gausbert ⟨Chorévêque⟩
Gausbert ⟨de Limoges⟩
Gauzbertus ⟨Chorepiscopus Lemovicensis⟩

Ǧauzī, ʿAbd-ar-Raḥmān Ibn-ʿAlī
→ **Ibn-al-Ǧauzī, ʿAbd-ar-Raḥmān Ibn-ʿAlī**

Ǧauzīya, Muḥammad Ibn-Abī-Bakr ¬al-¬
→ **Ibn-Qaiyim al-Ǧauzīya, Muḥammad Ibn-Abī-Bakr**

Gavasinis, Petrus ¬de¬
→ **Petrus ⟨de Gavasinis⟩**

Gavio, Henricus ¬de¬
→ **Henricus ⟨de Gavio⟩**

Ǧawād, Abū-Ǧaʿfar Muḥammad Ibn-ʿAlī ¬al-¬
→ **Ǧawād, Muḥammad ¬al-¬**

Ǧawād, Muḥammad ¬al-¬
gest. 835
Abū-Ǧaʿfar Muḥammad Ibn-ʿAlī ar-Riḍā
Djawād, Muḥammad ¬al-¬
Dschawad
Ǧawād, Abū-Ǧaʿfar Muḥammad Ibn-ʿAlī ¬al-¬
Ǧawād, Muḥammad Ibn-ʿAlī ¬al-¬
Jawād, Muḥammad ¬al-¬
Muḥammad al-Ǧawād
Muḥammad Djawād at-Taqī
Muḥammad Ibn-ʿAlī al-Ǧawād

Ǧawād, Muḥammad Ibn-ʿAlī ¬al-¬
→ **Ǧawād, Muḥammad ¬al-¬**

Ǧawālīqī, Mauhūb Ibn-Aḥmad ¬al-¬
1073 – 1144
Djawālīqī, Mawhūb Ibn Aḥmad ¬al-¬
Ibn-Aḥmad, Mauhūb al-Ǧawālīqī
Ibn-Aḥmad al-Ǧawālīqī, Mauhūb
Ibn-al-Ǧawālīqī, Mauhūb Ibn-Aḥmad
Jawālīqī, Mawhūb Ibn Aḥmad
Mauhūb Ibn-Aḥmad al-Ǧawālīqī

Gawer, Johannes
→ **Johannes ⟨Gawer⟩**

Gaws, Johannes
→ **Geuß, Johannes**

Gaynesburgh, Guilelmus ¬de¬
→ **Guilelmus ⟨de Gaynesburgh⟩**

Gayswegner, Johannes
→ **Johannes ⟨de Gamundia⟩**

Ǧayyānī, ¬al-¬
→ **Ǧaiyānī, Abū-ʿAbdallāh Muḥammad Ibn-Muʿāḏ ¬al-¬**

Gaza, Johannes ¬von¬
→ **Johannes ⟨Gazaeus⟩**

Gaza, Theodorus
→ **Theodorus ⟨Gaza⟩**

Gazaeus, Aeneas
→ **Aeneas ⟨Gazaeus⟩**

Gazaeus, Choricius
→ **Choricius ⟨Gazaeus⟩**

Gazaeus, Dorotheus
→ **Dorotheus ⟨Gazaeus⟩**

Gazaeus, Johannes
→ **Johannes ⟨Gazaeus⟩**

Gazaeus, Procopius
→ **Procopius ⟨Gazaeus⟩**

Gazaeus, Timotheus
→ **Timotheus ⟨Gazaeus⟩**

Gazaeus, Zacharias
→ **Zacharias ⟨Gazaeus⟩**

Ġazāl, Yaḥyā Ibn-Ḥakam ¬al-¬
772 – ca. 864
Ghazāl, Yaḥyā ibn Ḥakam
Ibn-Ḥakam, Yaḥyā al-Ġazāl
Yaḥyā Ibn-Ḥakam al-Ġazāl

Ġazālī
→ **Ġazzālī, Abū-Ḥāmid Muḥammad Ibn-Muḥammad ¬al-¬**

Ġazālī, Abū-Ḥāmid Muḥammad Ibn-Muḥammad ¬al-¬
→ **Ġazzālī, Abū-Ḥāmid Muḥammad Ibn-Muḥammad ¬al-¬**

Ġazālī, Aḥmad Ibn-Muḥammad ¬al-¬
→ **Ġazzālī, Aḥmad Ibn-Muḥammad ¬al-¬**

Gazalupis, Johannes Baptista
→ **Caccialupus, Johannes Baptista**

Ǧazarī, Ibn-ar-Razzāz ¬al-¬
→ **Ǧazarī, Ismāʿīl Ibn-ar-Razzāz ¬al-¬**

Ǧazarī, Ismāʿīl Ibn-ar-Razzāz ¬al-¬
um 1181/1206
Kitāb fī maʿrifat al-ḥiyal al-handasīya
LMA,V,310
Bedi üz-Zaman Ebû'l-İz İsmail b. ar-Razzāz el Cezeri
Cezerî, İsmail b. ar-Razzaz ¬el-¬
Djazarī, Ismāʿīl ibn al-Razzaz
Ǧazarī, Ibn-ar-Razzāz ¬al-¬
Ibn al-Razzāz al-Jazarī
Ibn-ar-Razzāz, Ismāʿīl al-Ǧazarī
Ibn-ar-Razzāz al-Ǧazarī
Ismāʿīl Ibn-ar-Razzāz al-Ǧazarī
Jazarī, Ismāʿīl ibn al-Razzaz
Jazarī ¬al-¬

Ǧazarī, Muḥammad Ibn-Muḥammad ¬al-¬
→ **Ibn-al-Ǧazarī, Muḥammad Ibn-Muḥammad**

Ǧazarī, Muḥammad Ibn-Yūsuf ¬al-¬
gest. 1311
Djazarī, Muḥammad ibn Yūsuf
Ibn-Yūsuf, Muḥammad al-Ǧazarī
Jazarī, Muḥammad ibn Yūsuf
Muḥammad Ibn-Yūsuf al-Ǧazarī

Gazata, Petrus ¬de¬
ca. 1336 – 1414 · OSB
Verf. (eines Teils) des Chronicon Regiense; Cronaca d'affari del monastero di S. Prospero
Rep.Font. IV, 654
Gazata, Pietro
Gazzata, Pierre ¬de¬
Petrus ⟨de Gazata⟩
Pierre ⟨de Gazzata⟩

Pierre ⟨de Gazzata de Reggio⟩
Pietro ⟨della Gazata⟩
Pietro ⟨Gazata⟩
Pietro ⟨Muti della Gazzata⟩

Gazata, Sagacius Mutus ¬de¬
→ **Sagacius ⟨Mutus de Gazata⟩**

Gazati, Martin
→ **Martinus ⟨de Garatis⟩**

Gazēs, Theodōros
→ **Theodorus ⟨Gaza⟩**

Gazinus, Theodorus
→ **Theodorus ⟨Gaza⟩**

Ǧazīrī, ʿAbd-al-Malik Ibn-Idrīs ¬al-¬
→ **ʿAbd-al-Malik Ibn-Idrīs al-Ǧazīrī**

Ġaznawī, ʿUmar Ibn-Isḥāq ¬al-¬
→ **Hindī, ʿUmar Ibn-Isḥāq ¬al-¬**

Gazothus, Augustinus
→ **Augustinus ⟨Gazothus⟩**

Ǧazūlī, Muḥammad Ibn-Sulaimān ¬al-¬
gest. 1465
Dalāʾil al-Ḫairāt
GAL,G2,327
Djazūlī, Muḥammad B. Sulaymān
Ǧazūlī, Abū-ʿAbdallāh Muḥammad Ibn-Sulaimān ¬al¬
Ibn-Sulaimān, Muḥammad al-Ǧazūlī
Jazūlī, Muḥammad Ibn Sulaymān
Muḥammad Ibn-Sulaimān al-Ǧazūlī

Gazzaia, Tommaso ¬della¬
→ **Tommaso ⟨della Gazzaia⟩**

Ġazzālī, Abū-Ḥamid Muḥammad ¬al-¬
→ **Ġazzālī, Abū-Ḥāmid Muḥammad Ibn-Muḥammad ¬al-¬**

Ġazzālī, Abū-Ḥāmid Muḥammad Ibn-Muḥammad ¬al-¬
1058 – 1111
Meyer; LMA,IV,1152/53
Abū-Ḥāmid al-Ġazzālī
Abū-Ḥāmid Muḥammad Ibn-Muḥammad ⟨al Ġazzālī⟩
Abū-Hāmid Muḥammad Ibn-Muḥammad aṭ-Ṭūsī al-Ġazzālī
Algazel
Al-Ghazālī
Gasali
Gassali
Ġazālī
Ġazālī, Abū-Ḥāmid Muḥammad Ibn-Muḥammad ¬al-¬
Ġazzālī, Abū-Ḥamid Muḥammad ¬al-¬
Ġazzālī, Muḥammad ¬al-¬
Ġazzālī, Muḥammad Ibn-Muḥammad ¬al-¬
Ghasali
Ghassali, Abu Hamid Mohammed
Ghassali, Abu-Hamid Muhammad ¬al-¬
Ghazālī
Ghazālī, Abū-Ḥāmid Muḥammad ¬al-¬
Ghazzālī
Ghazzali, Abū-Ḥāmid Muḥammad Ibn-Muḥammad ¬al-¬
Muḥammad ⟨al-Ġazzālī⟩
Muḥammad Ibn-Muḥammad al-Ġazzālī, Abū-Ḥāmid

Ġazzālī, Aḥmad Ibn-Muḥammad ¬al-¬
gest. 1123
Aḥmad Ibn-Muḥammad al-Ġazzālī
Ġazālī, Aḥmad Ibn-Muḥammad ¬al-¬
Ghazali, Ahmad ¬al-¬
Ghazzālī, Aḥmad ibn Muḥammad
Ibn-Muḥammad, Aḥmad al-Ġazzālī

Ġazzālī, Muḥammad ¬al-¬
→ **Ġazzālī, Abū-Ḥāmid Muḥammad Ibn-Muḥammad ¬al-¬**

Ġazzālī, Muḥammad Ibn-Muḥammad ¬al-¬
→ **Ġazzālī, Abū-Ḥāmid Muḥammad Ibn-Muḥammad ¬al-¬**

Gazzata, Pierre ¬de¬
→ **Gazata, Petrus ¬de¬**

Gazzata, Sagaccino Levalossi ¬della¬
→ **Levalossi, Sagacius**

Gazzata, Sagaccio Muti ¬dalla¬
→ **Sagacius ⟨Mutus de Gazata⟩**

Ġazzī, Sulaimān Ibn-Ḥasan ¬al-¬
→ **Sulaimān al-Ġazzī**

Gdyna, Buzko ¬de¬
→ **Buzko ⟨de Gdyna⟩**

Gebeardo ⟨di Dollnstein-Hirschberg⟩
→ **Victor ⟨Papa, II.⟩**

Gebehard ⟨von Augsburg⟩
→ **Gebehardus ⟨Augustanus⟩**

Gebehardus ⟨Augustanus⟩
gest. 1001 · OSB
Vita Sancti Udalrici episcopi et confessoris (gründl. rev. Ausg. der Ulrich-Vita von Gerardus ⟨Augustanus⟩)
VL(2),2,1131/32; DOC,1,790; Rep.Font. IV,655
Augustanus, Gebehardus
Gebehard ⟨von Augsburg⟩
Gebehardus ⟨Augustensis⟩
Gebehardus ⟨Episcopus⟩
Gebhard ⟨d'Ammerthal⟩
Gebhard ⟨d'Augsbourg⟩
Gebhard ⟨von Augsburg⟩
Gebhardus ⟨Augustanus⟩

Gebehardus ⟨Episcopus⟩
→ **Gebehardus ⟨Augustanus⟩**

Gebehardus ⟨Salisburgensis⟩
→ **Gebhardus ⟨Salisburgensis⟩**

Gebeno ⟨Eberbacensis⟩
13. Jh.
LThK; Meyer
Gebeno ⟨Prior⟩
Gebeno ⟨von Eberbach⟩
Gebenon ⟨d'Eberbach⟩

Geber ⟨Hispalensis⟩
→ **Ǧābir Ibn-Aflaḥ**
→ **Ǧābir Ibn-Ḥaiyān**
→ **Geber ⟨Latinus⟩**

Geber ⟨Latinus⟩
12./13. Jh.
Identität ungewiß, möglicherweise Pseud.; nicht identisch mit Ǧābir Ibn-Ḥaiyān; nicht identisch mit Ǧābir Ibn-Aflaḥ; Schriften alchemist. Inhalts
VL(2),2,1105/09
Geber ⟨Arabis⟩
Geber ⟨Hispalensis⟩
Geber ⟨Philosophus⟩
Geber ⟨von Sevilla⟩
Pseudo-Geber

Geber ⟨von Sevilla⟩
→ **Ǧābir Ibn-Aflaḥ**
→ **Ǧābir Ibn-Ḥaiyān**
→ **Geber ⟨Latinus⟩**

Gebhard ⟨Dacher⟩
→ **Dacher, Gebhard**

Gebhard ⟨d'Ammerthal⟩
→ **Gebehardus ⟨Augustanus⟩**

Gebhard ⟨d'Augsbourg⟩
→ **Gebehardus ⟨Augustanus⟩**

Gebhard ⟨de Biburg⟩
→ **Gebhardus ⟨Salisburgensis⟩**

Gebhard ⟨de Calw⟩
→ **Victor ⟨Papa, II.⟩**

Gebhard ⟨de Salzbourg⟩
→ **Gebhardus ⟨Salisburgensis⟩**

Gebhard ⟨d'Helfenstein⟩
→ **Gebhardus ⟨Salisburgensis⟩**

Gebhard ⟨Erzbischof⟩
→ **Gebhardus ⟨Salisburgensis⟩**

Gebhard ⟨von Augsburg⟩
→ **Gebehardus ⟨Augustanus⟩**

Gebhard ⟨von Salzburg⟩
→ **Gebhardus ⟨Salisburgensis⟩**

Gebhardus ⟨Archiepiscopus⟩
→ **Gebhardus ⟨Salisburgensis⟩**

Gebhardus ⟨Augustanus⟩
→ **Gebehardus ⟨Augustanus⟩**

Gebhardus ⟨Eichstetensis⟩
→ **Victor ⟨Papa, II.⟩**

Gebhardus ⟨Salisburgensis⟩
gest. 1088
Epistula ad Hermannum, episc. Mettensem
LThK; CSGL; Meyer; LMA,IV,1163/64
Gebehardus ⟨Salisburgensis⟩
Gebhard ⟨de Biburg⟩
Gebhard ⟨de Salzbourg⟩
Gebhard ⟨d'Helfenstein⟩
Gebhard ⟨Erzbischof⟩
Gebhard ⟨of Salzburg⟩
Gebhard ⟨von Salzburg⟩
Gebhardus ⟨Archiepiscopus⟩
Gebhardus ⟨Sanctus⟩
Gebhardus ⟨von Salzburg⟩

Gebhardus ⟨Sanctus⟩
→ **Gebhardus ⟨Salisburgensis⟩**

Gebhardus ⟨von Salzburg⟩
→ **Gebhardus ⟨Salisburgensis⟩**

Gebhart ⟨Meister, I.⟩
14. Jh.
Van dem sacrament
VL(2),2,1132/33
Gebhart ⟨Meister⟩
Meister Gebhart

Gebhart ⟨Meister, II.⟩
um 1400
Von den creften der sel
VL(2),2,1133
Gebhart ⟨Meister⟩
Meister Gebhart

Gebouin ⟨de Troyes⟩
→ **Gebuinus ⟨Trecensis⟩**

Gebrus
→ **Ǧābir Ibn-Aflaḥ**
→ **Ǧābir Ibn-Ḥaiyān**

Gebsattel, Siegmund ¬von¬
→ **Siegmund ⟨von Gebsattel⟩**

Gebuinus ⟨Archidiaconus⟩
→ **Gebuinus ⟨Trecensis⟩**

Gebuinus ⟨Trecensis⟩
gest. 1150
Sermones
Schneyer,II,165
Gebouin ⟨de Troyes⟩
Gebuinus ⟨Archidiaconus⟩
Gebuinus ⟨de Troyes⟩
Gebuinus ⟨Magister et Archidiaconus⟩
Gylwinus ⟨Troadensis⟩

Gecellinus ⟨de Cassanhis⟩
→ **Zenzelinus ⟨de Cassanis⟩**

Gedrut
13. Jh.
Lied
VL(2),2,1135
Gedrut ⟨Minnesinger Allemand⟩

Geerbrand, Johannes
→ **Jan ⟨van Leyden⟩**

Geert ⟨Groote⟩
→ **Groote, Geert**

Geert ⟨van der Schüren⟩
→ **Schueren, Gert ¬van der¬**

Geffrei ⟨...⟩
→ **Geoffroy ⟨...⟩**

Geffroi ⟨...⟩
→ **Geoffroy ⟨...⟩**

Geiler von Kaysersberg, Johannes
1445 – 1510
VL(2); Meyer; LMA,IV,1174/75
Geiler, ...
Geiler, Johann
Geiler, Johannes
Geiler von Kaisersperg, Johannes
Geiler von Keisersberg, Johann
Geyler, Johan
Geyler, Johann
Johann ⟨Geiler⟩
Johann ⟨von Kaysersberg⟩
Johannes ⟨Geiler von Kaysersberg⟩
Johannes ⟨Geilerus⟩
Kaisersberg, Johann Geiler ¬von¬
Kaisersperg, Johannes Geiler ¬von¬
Kaysersberg, Johann Geiler ¬von¬
Kaysersberg, Johannes Geiler ¬von¬
Kaysersperg, Johann
Keisersberg, Johann Geiler ¬von¬
Keiserspergius, Johannes
Keyserberg, Johann Geiler ¬von¬
Keysersberg, Johann Geiler ¬von¬

Geilhoven, Arnoldus
→ **Arnoldus ⟨Geilhoven⟩**

Geisenfeld, Conradus ¬de¬
→ **Conradus ⟨de Geisenfeld⟩**

Geisser, Johannes
→ **Johannes ⟨von Paltz⟩**

Geist, Bernhard ¬von der¬
→ **Bernhard ⟨von der Geist⟩**

Geiz, Johannes
→ **Geuß, Johannes**

Gelasius ⟨Papa, II.⟩
gest. 1119
CSGL; Meyer; LMA,IV,1197/98
Caetani, Giovanni
Gélase ⟨Pape, II.⟩
Gelasio ⟨Papa, II.⟩
Giovanni ⟨Caetani⟩
Jean ⟨de Gaète⟩
Johannes ⟨Caetani⟩
Johannes ⟨von Gaeta⟩

Geldern, Lambertus ¬de¬
→ **Lambertus ⟨de Geldern⟩**

Geldersen, Vicko ¬von¬
→ **Vicko ⟨von Geldersen⟩**

Gellért ⟨Szent⟩
→ **Gerardus ⟨Chanadiensis⟩**

Gellért ⟨von Csanád⟩
→ **Gerardus ⟨Chanadiensis⟩**

Gelnhausen, Johannes ¬de¬
→ **Johannes ⟨de Gelnhausen⟩**

Gelnhausen, Konrad ¬von¬
→ **Konrad ⟨von Gelnhausen⟩**

Gelnhausen, Petrus ¬de¬
→ **Petrus ⟨Bücklin de Gelnhausen⟩**

Gelnhausen, Siegfried ¬von¬
→ **Siegfried ⟨von Gelnhausen⟩**

Gelre ⟨Héraut d'Armes⟩
→ **Gelre ⟨Herold⟩**

Gelre ⟨Herold⟩
geb. ca. 1310/15
Wappenbuch
VL(2),3,1186/1187
Gelre ⟨Héraut d'Armes⟩
Gelre ⟨Poète⟩
Gelre ⟨Wappendichter⟩
Herold, Gelre
Heynen
Heynen, Gelre

Gelria, Paulus ¬de¬
→ **Paulus ⟨de Gelria⟩**

Geltar
13. Jh.
9 Liedstrophen
VL(2),2,1187/1189
Geltar ⟨Poète Lyrique Allemand⟩

Gelu, Jacobus
→ **Jacobus ⟨Gelu⟩**

Geminianus, Dominicus
→ **Dominicus ⟨de Sancto Geminiano⟩**

Geminianus, Johannes
→ **Johannes ⟨de Sancto Geminiano⟩**

Gemistus ⟨Pletho⟩
→ **Georgius ⟨Pletho⟩**

Gemistus, Georgius
→ **Georgius ⟨Pletho⟩**

Gemistus Pletho, Georgius
→ **Georgius ⟨Pletho⟩**

Genazano, Marianus ¬de¬
→ **Marianus ⟨de Genazano⟩**

Gencien, Pierre
1244 – 1298
Tornoiement as dames de Paris
LMA,IV,1216

Gencien, Pierre ⟨der Ältere⟩
Gentien, Pierre
Pierre ⟨Gencien⟩
Pierre ⟨Gentien⟩

Gênes, Obert ¬de¬
→ **Obertus ⟨Ianuensis⟩**

Genesius, Johannes
→ **Johannes ⟨Genesius Quaia de Parma⟩**

Genesius, Joseph
→ **Josephus ⟨Genesius⟩**

Gengenbach, Peter ¬von¬
→ **Peter ⟨von Gengenbach⟩**

Gengenbach, Rudolf ¬von¬
→ **Rudolf ⟨von Gengenbach⟩**

Genkaku
→ **Xuanjue**

Gennadius ⟨Constantinopolitanus⟩
→ **Gennadius ⟨Scholarius⟩**

Gennadius ⟨Scholarius⟩
ca. 1405 – ca. 1472
Rep.Font. IV,672/75; LMA,IV,1234
Agnadius ⟨Patriarcha⟩
Gennade ⟨de Constantinople⟩
Gennadios ⟨ho Scholarios⟩
Gennadios ⟨of Constantinople, II.⟩
Gennadios ⟨Scholarios⟩
Gennadios ⟨von Konstantinopel⟩
Gennadius ⟨Constantinopolitanus⟩
Gennadius ⟨Constantinopolitanus, II.⟩
Gennadius ⟨de Constantinopoli, II.⟩
Gennadius ⟨of Constantinople⟩
Gennadius ⟨Patriarcha, II.⟩
Gennadius ⟨Phaserum Metropolita⟩
George ⟨Scholarius⟩
Georgios ⟨Kurtesis⟩
Georgios ⟨Scholarios⟩
Georgius ⟨Kourteses⟩
Georgius ⟨Scholarius⟩
Ghenadie ⟨Scholarios⟩
Kourteses, Georgius
Kurtesis, Georgios
Scholarios, Georgios
Scholarius, Gennadius
Scholarius, Georgius

Genova, Caterina ¬da¬
→ **Caterina ⟨da Genova⟩**

Genovese, Anonimo
→ **Anonimo ⟨Genovese⟩**

Genselinus ⟨de Cassanhis⟩
→ **Zenzelinus ⟨de Cassanis⟩**

Genser, Johannes
→ **Johannes ⟨von Paltz⟩**

Gente Minderbroeder
→ **Monachus ⟨Gandavensis⟩**

Gentien, Pierre
→ **Gencien, Pierre**

Gentile ⟨da Cingoli⟩
→ **Gentilis ⟨de Cingulo⟩**

Gentile ⟨da Fabriano⟩
ca. 1370/80 – 1427
Ital. Maler
LMA,IV,1247
DaFabriano, Gentile
Fabriano, Gentile ¬da¬
Gentile ⟨di Niccolò di Giovanni Massi⟩
Gentile ⟨di Nicolò Massio⟩
Gentilino

Gentile ⟨da Foligno⟩
→ **Gentilis ⟨de Fulgineo⟩**

Gentile ⟨Delfino⟩
→ **Delfino, Gentile**

Gentile ⟨di Niccolò di Giovanni Massi⟩
→ **Gentile ⟨da Fabriano⟩**

Gentile ⟨di Nicolò Massio⟩
→ **Gentile ⟨da Fabriano⟩**

Gentile ⟨Sermini⟩
→ **Sermini, Gentile**

Gentilibus, Gentilis ¬de¬
→ **Gentilis ⟨de Fulgineo⟩**

Gentilino
→ **Gentile ⟨da Fabriano⟩**

Gentilis ⟨de Cingulo⟩
um 1295/1320
Quaestiones supra Prisciano minori
LMA,IV,1246/47
Cingoli, Gentile ¬da¬
Cingulo, Gentilis ¬de¬
Gentile ⟨da Cingoli⟩

Gentilis ⟨de Fulgineo⟩
gest. 1348
Consilia; Tractatus de pestilentia
LMA,IV,1247/48
DaFoligno, Gentile
Foligno, Gentile ¬da¬
Fulginas, Gentilis
Fulgineo, Gentilio ¬de¬
Fulgineo, Gentilis ¬de¬
Fuliginio, Gentilis ¬de¬
Gentile ⟨da Foligno⟩
Gentile ⟨de Foligno⟩
Gentilibus, Gentilis ¬de¬
Gentilio ⟨de Fulgineo⟩
Gentilis ⟨de Fuliginio⟩
Gentilis ⟨de Gentilibus⟩
Gentilis ⟨Fulgenias⟩
Gentilis ⟨Fulginas⟩
Gentilis ⟨Fulgineus⟩

Gentilis ⟨de Gentilibus⟩
→ **Gentilis ⟨de Fulgineo⟩**

Gentilis ⟨de Stefaneschis⟩
→ **Gentilis ⟨Romanus⟩**

Gentilis ⟨Romanus⟩
um 1292/93 · OP
Sermo et collatio de festo Paschae
Schneyer,II,171
Gentilis ⟨de Stefaneschis⟩
Romanus, Gentilis

Genua, Obert ¬von¬
→ **Obertus ⟨Ianuensis⟩**

Genzelinus ⟨de Cassanis⟩
→ **Zenzelinus ⟨de Cassanis⟩**

Geoffredus ⟨...⟩
→ **Godefridus ⟨...⟩**

Geoffrei ⟨...⟩
→ **Geoffroy ⟨...⟩**

Geoffrey ⟨...⟩
→ **Geoffroy ⟨...⟩**

Geoffridus ⟨...⟩
→ **Godefridus ⟨...⟩**

Geoffroi ⟨...⟩
→ **Geoffroy ⟨...⟩**

Geoffroy ⟨af Fontaines⟩
→ **Godefridus ⟨de Fontibus⟩**

Geoffroy ⟨Anjou, Comte, I.⟩
gest. 987
Galfredus ⟨Andegavensis⟩
Galfredus ⟨Andegavia, Comes, I.⟩
Geoffroy ⟨Anjou, Count, I.⟩
Geoffroy ⟨Grisegonelle⟩
Godefridus ⟨Andegavia, Comes, I.⟩
Gottfried ⟨Anjou, Graf, I.⟩
Jofreiz ⟨Anjou, Comte, I.⟩

Geoffroy ⟨Anjou, Comte, II.⟩
1006 – 1060
Galfredus ⟨Andegavensis⟩
Galfredus ⟨Andegavia, Comes, II.⟩
Geoffroy ⟨Martel⟩
Godefridus ⟨Andegavia, Comes, II.⟩
Gottfried ⟨Anjou, Graf, II.⟩
Jofreiz ⟨Anjou, Comte, II.⟩

Geoffroy ⟨Anjou, Comte, IV.⟩
gest. 1151
Epistolae ad Sugerium
Galfredus ⟨Andegavensis⟩
Galfredus ⟨Andegavia, Comes, IV.⟩
Galfredus ⟨Comes⟩
Galfredus ⟨Normandia, Dux⟩
Galfredus ⟨Plantageneta⟩
Geoffroy ⟨Anjou, Count, IV.⟩
Geoffroy ⟨d'Anjou⟩
Geoffroy ⟨le Bel⟩
Geoffroy ⟨Normandie, Duc⟩
Geoffroy ⟨Normandy, Duke⟩
Geoffroy ⟨Plantagenet⟩
Godefridus ⟨Andegavia, Comes, IV.⟩
Godefridus ⟨Normandia, Dux⟩
Gottfried ⟨Anjou, Graf, IV.⟩
Gottfried ⟨Normandie, Herzog⟩
Plantageneta, Galfredus

Geoffroy ⟨ap Arthur⟩
→ **Galfredus ⟨Monumetensis⟩**

Geoffroy ⟨Archevêque de Bourges⟩
→ **Godefridus ⟨Calvus⟩**

Geoffroy ⟨Argentier du Roi⟩
→ **Geoffroy ⟨de Fleury⟩**

Geoffroy ⟨Astrologue à Oxford⟩
→ **Galfredus ⟨de Meldis⟩**

Geoffroy ⟨Babion⟩
→ **Galfredus ⟨Babio⟩**

Geoffroy ⟨Castiglione⟩
→ **Coelestinus ⟨Papa, IV.⟩**

Geoffroy ⟨Chaucer⟩
→ **Chaucer, Geoffrey**

Geoffroy ⟨Col de Cerf⟩
→ **Galfredus ⟨de Catalauno⟩**

Geoffroy ⟨d'Amiens⟩
→ **Godefridus ⟨Ambianensis⟩**

Geoffroy ⟨d'Angers⟩
→ **Godefridus ⟨Vindocinensis⟩**

Geoffroy ⟨d'Anjou⟩
→ **Geoffroy ⟨Anjou, Comte, ...⟩**

Geoffroy ⟨d'Auxerre⟩
→ **Godefridus ⟨Altissiodorensis⟩**

Geoffroy ⟨d'Avignon⟩
→ **Godefridus ⟨Dertusensis⟩**

Geoffroy ⟨de Babion⟩
→ **Galfredus ⟨Babio⟩**

Geoffroy ⟨de Bar⟩
→ **Galfredus ⟨de Bar⟩**

Geoffroy ⟨de Barbo⟩
→ **Galfredus ⟨de Bar⟩**

Geoffroy ⟨de Barro⟩
→ **Galfredus ⟨de Bar⟩**

Geoffroy ⟨de Bath⟩
→ **Galfredus ⟨Babio⟩**

Geoffroy ⟨de Beaulieu⟩
→ **Galfredus ⟨de Belloloco⟩**

Geoffroy ⟨de Biure⟩
→ **Jofré ⟨de Biure⟩**

Geoffroy ⟨de Blavello⟩
→ **Godefridus ⟨de Blanello⟩**

Geoffroy ⟨de Blaviaux⟩
→ **Godefridus ⟨de Blanello⟩**

Geoffroy ⟨de Blaye⟩
→ **Jaufré ⟨Rudel⟩**

Geoffroy ⟨de Blevello⟩
→ **Godefridus ⟨de Blanello⟩**

Geoffroy ⟨de Blevemo⟩
→ **Godefridus ⟨de Blanello⟩**

Geoffroy ⟨de Blèves⟩
→ **Godefridus ⟨de Blanello⟩**

Geoffroy ⟨de Bologne⟩
→ **Galfredus ⟨Bononiensis⟩**

Geoffroy ⟨de Bordeaux⟩
→ **Galfredus ⟨Babio⟩**

Geoffroy ⟨de Bouillon⟩
→ **Godefroy ⟨Basse Lorraine, Duc, IV.⟩**

Geoffroy ⟨de Bourges⟩
→ **Godefridus ⟨Calvus⟩**

Geoffroy ⟨de Breteuil⟩
→ **Godefridus ⟨de Sancto Victore⟩**

Geoffroy ⟨de Burton-upon-Trent⟩
→ **Galfredus ⟨Burtoniensis⟩**

Geoffroy ⟨de Cambrai⟩
→ **Godefridus ⟨Wintoniensis⟩**

Geoffroy ⟨de Châlons-sur-Marne⟩
→ **Galfredus ⟨de Catalauno⟩**

Geoffroy ⟨de Charny⟩
→ **Charny, Geoffroy ¬de¬**

Geoffroy ⟨de Chartres⟩
→ **Galfredus ⟨Carnotensis⟩**

Geoffroy ⟨de Clairvaux⟩
→ **Godefridus ⟨Altissiodorensis⟩**

Geoffroy ⟨de Coldingham⟩
→ **Galfredus ⟨Dunelmensis⟩**

Geoffroy ⟨de Collon⟩
→ **Galfredus ⟨de Collone⟩**

Geoffroy ⟨de Cologne⟩
→ **Godefridus ⟨de Fontibus⟩**

Geoffroy ⟨de Cornouailles⟩
→ **Godefridus ⟨de Cornubia⟩**

Geoffroy ⟨de Courlon⟩
→ **Galfredus ⟨de Collone⟩**

Geoffroy ⟨de Fleury⟩
um 1316
Fleury, Geoffroy ¬de¬
Geoffroy ⟨Argentier du Roi⟩
Geoffroy ⟨de Fleuri⟩

Geoffroy ⟨de Fontaines⟩
→ **Godefridus ⟨de Fontibus⟩**

Geoffroy ⟨de Hautecombe⟩
→ **Godefridus ⟨Altissiodorensis⟩**

Geoffroy ⟨de la Tour Landry⟩
→ **LaTour Landry, Geoffroy ¬de¬**

Geoffroy ⟨de LaTour Landry⟩
→ **LaTour Landry, Geoffroy ¬de¬**

Geoffroy ⟨de Lèves⟩
→ **Galfredus ⟨Carnotensis⟩**

Geoffroy ⟨de Liège⟩
→ **Godefridus ⟨de Fontibus⟩**

Geoffroy ⟨de Limoges⟩
→ **Galfredus ⟨Vosiensis⟩**

Geoffroy ⟨de Llandaff⟩
→ **Galfredus ⟨Landavensis⟩**

Geoffroy ⟨de Loratorio⟩
→ **Galfredus ⟨Babio⟩**

Geoffroy ⟨de Lynn⟩
→ **Galfredus ⟨Grammaticus⟩**

Geoffroy ⟨de Meaux⟩
→ **Galfredus ⟨de Meldis⟩**

Geoffroy ⟨de Monmouth⟩
→ **Galfredus ⟨Monumetensis⟩**

Geoffroy ⟨de Nogent-sous-Coucy⟩
→ **Godefridus ⟨Ambianensis⟩**

Geoffroy ⟨de Nottingham⟩
→ **Galfredus ⟨de Nottingham⟩**

Geoffroy ⟨de Paris⟩
→ **Godefridus ⟨de Fontibus⟩**

Geoffroy ⟨de Paris⟩
12./13. Jh.
Chronique métrique; Dits; Identität des Verf. der „Chronique métrique“ mit dem Verf. der „Dits“ umstritten
LMA,IV,1170/71
Geffroy ⟨de Paris⟩
Geoffroy ⟨des Nés⟩
Gieffroy ⟨de Paris⟩
Godefroy ⟨de Paris⟩
Paris, Geoffroy ¬de¬
Paris, Godefroy ¬de¬

Geoffroy ⟨de Poitiers⟩
→ **Galfredus ⟨Pictaviensis⟩**

Geoffroy ⟨de Reims⟩
→ **Godefridus ⟨Remensis⟩**

Geoffroy ⟨de Sainte-Barbe-en-Auge⟩
→ **Godefridus ⟨de Sancto Victore⟩**

Geoffroy ⟨de Sainte-Marie-de-Clermont⟩
→ **Galfredus ⟨Vosiensis⟩**

Geoffroy ⟨de Saint-Pierre-le-Vif⟩
→ **Galfredus ⟨de Collone⟩**

Geoffroy ⟨de Saint-Ruf⟩
→ **Godefridus ⟨Dertusensis⟩**

Geoffroy ⟨de Saint-Victor⟩
→ **Godefridus ⟨de Sancto Victore⟩**

Geoffroy ⟨de Sens⟩
→ **Galfredus ⟨de Collone⟩**

Geoffroy ⟨de Tiron⟩
→ **Galfredus ⟨Grossus⟩**

Geoffroy ⟨de Tolède⟩
→ **Loaysa, Jofré ¬de¬**

Geoffroy ⟨de Tortose⟩
→ **Godefridus ⟨Dertusensis⟩**

Geoffroy ⟨de Trani⟩
→ **Godefridus ⟨de Trano⟩**

Geoffroy ⟨de Troyes⟩
→ **Galfredus ⟨de Sancto Theodorico⟩**

Geoffroy ⟨de Vendôme⟩
→ **Godefridus ⟨Vindocinensis⟩**

Geoffroy ⟨de Vigeois⟩
→ **Galfredus ⟨Vosiensis⟩**

Geoffroy ⟨de Villehardouin⟩
ca. 1160 – ca. 1213
LMA,VIII,1687/88
Billarduinos, Godephreidos
Galfredus ⟨Villeharduinus⟩
Geoffroi ⟨de Ville-Hardouin⟩
Godefridus ⟨Villeharduinus⟩
Godephreidos ⟨Billarduinos⟩
Gottfried ⟨von Villehardouin⟩
Hardouin, Geoffroy de Ville-Joffroi ⟨de Villehardouin⟩
Ville Hardouin, Geoffroy ¬de¬
Ville-Hardouin, Geoffroi ¬de¬
Villehardouin, Geoffroi ¬de¬
Villehardouin, Geoffroy ¬de¬
Villehardouin, Joffroi ¬de¬
Villehardouyn, Geoffroy ¬de¬
Villeharduinus, Godefridus

Geoffroy ⟨de Vinsauf⟩
→ **Galfredus ⟨de Vinosalvo⟩**

Geoffroy ⟨de Waterford⟩
um 1280/1300 · OP
Übersetzung der pseudoaristotelischen Schrift „Secretum secretorum" ins Pikardische; Daretis De excidio Troiae; L'Estoire des Romains escrite par Etropius
Kaeppeli,II,20/21
Galfredus ⟨de Waterfordia⟩
Gaufridus ⟨de Waterford⟩
Gaufridus ⟨de Waterford Hibernus⟩
Gaufridus ⟨Hibernus⟩
Godefridus ⟨de Waterfordia⟩
Jofroi ⟨de Waterford⟩
Jofroi ⟨de Watreford⟩
Waterford, Geoffroy ¬de¬
Waterfordia, Galfredus ¬de¬

Geoffroy ⟨de Winchester⟩
→ **Galfredus ⟨Burtoniensis⟩**
→ **Godefridus ⟨Wintoniensis⟩**

Geoffroy ⟨della Chiesa⟩
→ **DellaChiesa, Gioffredo**

Geoffroy ⟨des Nés⟩
→ **Geoffroy ⟨de Paris⟩**

Geoffroy ⟨d'Hébron⟩
→ **Galfredus ⟨Ebronensis⟩**

Geoffroy ⟨Dominicain Anglais⟩
→ **Galfredus ⟨Ebronensis⟩**

Geoffroy ⟨du Louroux⟩
→ **Galfredus ⟨Babio⟩**

Geoffroy ⟨du Vigeois⟩
→ **Galfredus ⟨Vosiensis⟩**

Geoffroy ⟨Evêque⟩
→ **Galfredus ⟨Ebronensis⟩**

Geoffroy ⟨Gaimar⟩
12./13. Jh.
Potth.; LMA,IV,1079
Gaimar, Geffrei
Gaimar, Geoffroy
Geffrei ⟨Gaimar⟩

Geoffroy ⟨Grisegonelle⟩
→ **Geoffroy ⟨Anjou, Comte, I.⟩**

Geoffroy ⟨Hagiographe⟩
→ **Godefridus ⟨Calvus⟩**

Geoffroy ⟨Hardeby⟩
→ **Godefridus ⟨Haadeby⟩**

Geoffroy ⟨le Bel⟩
→ **Geoffroy ⟨Anjou, Comte, IV.⟩**

Geoffroy ⟨le Chauve⟩
→ **Godefridus ⟨Calvus⟩**

Geoffroy ⟨le Grammairien⟩
→ **Galfredus ⟨Grammaticus⟩**

Geoffroy ⟨le Gros⟩
→ **Galfredus ⟨Grossus⟩**

Geoffroy ⟨le Moine⟩
→ **Godefridus ⟨Monachus⟩**

Geoffroy ⟨le Sacristain⟩
→ **Galfredus ⟨Dunelmensis⟩**

Geoffroy ⟨Malaterra⟩
→ **Galfredus ⟨Malaterra⟩**

Geoffroy ⟨Martel⟩
→ **Geoffroy ⟨Anjou, Comte, II.⟩**

Geoffroy ⟨Normandie, Duc⟩
→ **Geoffroy ⟨Anjou, Comte, IV.⟩**

Geoffroy ⟨of Amiens⟩
→ **Godefridus ⟨Ambianensis⟩**

Geoffroy ⟨of Aspall⟩
→ **Galfredus ⟨de Aspala⟩**

Geoffroy ⟨of Bouillon⟩
→ **Godefroy ⟨Basse Lorraine, Duc, IV.⟩**

Geoffroy ⟨of Chalons-sur-Marne⟩
→ **Galfredus ⟨de Catalauno⟩**

Geoffroy ⟨of Chartres⟩
→ **Galfredus ⟨Carnotensis⟩**

Geoffroy ⟨of Colinham⟩
→ **Galfredus ⟨Dunelmensis⟩**

Geoffroy ⟨of Llandaff⟩
→ **Galfredus ⟨Landavensis⟩**

Geoffroy ⟨of Malaterra⟩
→ **Galfredus ⟨Malaterra⟩**

Geoffroy ⟨of Monmouth⟩
→ **Galfredus ⟨Monumetensis⟩**

Geoffroy ⟨of Saint Swithin's⟩
→ **Godefridus ⟨Wintoniensis⟩**

Geoffroy ⟨of Thiron⟩
→ **Galfredus ⟨Grossus⟩**

Geoffroy ⟨of Viterbo⟩
→ **Godefridus ⟨Viterbiensis⟩**

Geoffroy ⟨of Winchester⟩
→ **Godefridus ⟨Wintoniensis⟩**

Geoffroy ⟨Plantagenet⟩
→ **Geoffroy ⟨Anjou, Comte, IV.⟩**

Geoffroy ⟨Prieur de Winchester⟩
→ **Galfredus ⟨Burtoniensis⟩**

Geoffroy ⟨Prior⟩
→ **Godefridus ⟨Wintoniensis⟩**

Geoffroy ⟨Rudel⟩
→ **Jaufré ⟨Rudel⟩**

Geoffroy ⟨Starkey⟩
→ **Galfredus ⟨Grammaticus⟩**

Geoffroy ⟨the Grammarian⟩
→ **Galfredus ⟨Grammaticus⟩**

Geoffroy ⟨Trocope⟩
→ **Galfredus ⟨de Nottingham⟩**

Geoffroy ⟨von Monmouth⟩
→ **Galfredus ⟨Monumetensis⟩**

Geoffroy ⟨von Vinosalvo⟩
→ **Galfredus ⟨de Vinosalvo⟩**

Geoffroy ⟨Vosiensis⟩
→ **Godefridus ⟨Vindocinensis⟩**

Geoffroy, Jean
→ **Johannes ⟨Ioffridi⟩**

Geofrei ⟨...⟩
→ **Geoffroy ⟨...⟩**

Geofroi ⟨...⟩
→ **Geoffroy ⟨...⟩**

Geograph ⟨von Ravenna⟩
→ **Anonymus ⟨Ravennas⟩**

Geometra, Georgius
→ **Georgius ⟨Geometra⟩**

Geometra, Johannes
→ **Johannes ⟨Geometra⟩**

Georg ⟨Antworter⟩
→ **Antworter, Georg**

Georg ⟨Aunpeck⟩
→ **Peuerbach, Georg ¬von¬**

Georg ⟨Bader⟩
Lebensdaten nicht ermittelt
2 med. Rezepte
VL(2),3,1197
Bader, Georg
Georg ⟨Pader⟩
Jorg ⟨Pader⟩

Georg ⟨Bayern-Landshut, Herzog⟩
1455 – 1503
Meyer; LMA,IV,1279
Georg ⟨der Reiche⟩
Georg ⟨Niederbayern, Herzog⟩
George ⟨Bavaria, Duke⟩
George ⟨the Rich⟩
Georges ⟨Bavière, Duc⟩
Georges ⟨le Riche⟩
Georgius ⟨Bavaria, Dux⟩

Georg ⟨Bolster⟩
→ **Polster, Georg**

Georg ⟨Bustrone⟩
→ **Bustrōnios, Geōrgios**

Georg ⟨Captivus Septemcastrensis⟩
→ **Georgius ⟨de Hungaria⟩**

Georg ⟨de Frickenhausen⟩
→ **Georgius ⟨Orter de Frickenhausen⟩**

Georg ⟨der Araberbischof⟩
→ **Georgios ⟨al-Ḥīra⟩**

Georg ⟨der Reiche⟩
→ **Georg ⟨Bayern-Landshut, Herzog⟩**

Georg ⟨Emerich⟩
→ **Emerich, Georgius**

Georg ⟨Emmerich⟩
→ **Emerich, Georgius**

Georg ⟨Falderer⟩
→ **Falder-Pistoris, Georg**

Georg ⟨Falder-Pistoris⟩
→ **Falder-Pistoris, Georg**

Georg ⟨Haß⟩
→ **Haß, Georg**

Georg ⟨Henckel⟩
→ **Henckel, Georg**

Georg ⟨Hueth⟩
→ **Hueth, Georg**

Georg ⟨Hyrte⟩
→ **Hyrte, Georgius**

Georg ⟨Kazmair⟩
→ **Kazmair, Jörg**

Georg ⟨Kreckwitz⟩
→ **Kreckwitz, Georg**

Georg ⟨Mayr von Amberg⟩
→ **Mayr von Amberg, Georg**

Georg ⟨Mühlbacher⟩
→ **Georgius ⟨de Hungaria⟩**

Georg ⟨Mühlenbacher⟩
→ **Georgius ⟨de Hungaria⟩**

Georg ⟨Mülich⟩
→ **Mülich, Jörg**

Georg ⟨Naustadt⟩
→ **Naustadt, Georg**

Georg ⟨Niederbayern, Herzog⟩
→ **Georg ⟨Bayern-Landshut, Herzog⟩**

Georg ⟨Nigri⟩
→ **Nigri, Georgius**

Georg ⟨Pader⟩
→ **Georg ⟨Bader⟩**

Georg ⟨Peurbach⟩
→ **Peuerbach, Georg ¬von¬**

Georg ⟨Pfinzing⟩
→ **Pfinzing, Jörg**

Georg ⟨Polster⟩
→ **Polster, Georg**

Georg ⟨Preining⟩
→ **Preining, Jörg**

Georg ⟨Purbach⟩
→ **Peuerbach, Georg ¬von¬**

Georg ⟨Schamdocher⟩
→ **Schamdocher, Georg**

Georg ⟨Schwarz⟩
→ **Nigri, Georgius**

Georg ⟨Spengler⟩
→ **Spengler, Georg**

Georg ⟨Strobel⟩
→ **Strobel, Georgius**

Georg ⟨Trapezuntios⟩
→ **Georgius ⟨Trapezuntius⟩**

Georg ⟨Tudel von Giengen⟩
→ **Tudel, Georgius**

Georg ⟨Valder⟩
→ **Falder-Pistoris, Georg**

Georg ⟨von Amberg⟩
→ **Mayr von Amberg, Georg**

Georg ⟨von Arbil⟩
→ **Georgius ⟨de Arbela⟩**

Georg ⟨von Brüssel⟩
→ **Georgius ⟨Bruxellensis⟩**

Georg ⟨von Cypern⟩
→ **Georgius ⟨Cyprius⟩**

Georg ⟨von Egloffstein⟩
ca. 1405/1410 – 1458
Tagebuch der Visitationsreise; Preußische Ordenschronik
VL(2),2,1197/2000
Egloffstein, Georg ¬von¬

Georg ⟨von Linz⟩
15. Jh.
Wundarzt; Salbenrezept
VL(2),2,1201/1202
Jorg ⟨von Lintz⟩
Linz, Georg ¬von¬

Georg ⟨von Nürnberg⟩
15. Jh.
Sprachbuch (ital.- dtsch)
VL(2),2,1202/1204
Jorg ⟨von Nurmbergk⟩
Nürnberg, Georg ¬von¬

Georg ⟨von Ostia⟩
→ **Georgius ⟨Hostiensis⟩**

Georg ⟨von Peuerbach⟩
→ **Peuerbach, Georg ¬von¬**

Georg ⟨von Trapezunt⟩
→ **Georgius ⟨Trapezuntius⟩**

Georg ⟨von Ungarn⟩
→ **Georgius ⟨de Hungaria⟩**

Georg ⟨von Zypern⟩
→ **Georgius ⟨Cyprius⟩**

Georg ⟨Walder⟩
→ **Falder-Pistoris, Georg**

George ⟨Ashby⟩
→ **Ashby, George**

George ⟨Bavaria, Duke⟩
→ **Georg ⟨Bayern-Landshut, Herzog⟩**

George ⟨Bishop of the Arabs⟩
→ **Georgios ⟨al-Ḥīra⟩**

George ⟨Castriota⟩
→ **Georgius ⟨Castriota⟩**

George ⟨de Frickenhausen⟩
→ **Georgius ⟨Orter de Frickenhausen⟩**

George ⟨de Ripley⟩
→ **Riplaeus, Georgius**

George ⟨Metochita⟩
→ **Georgius ⟨Metochita⟩**

George ⟨of Hungary⟩
→ **Georgius ⟨de Hungaria⟩**

George ⟨of Pisidia⟩
→ **Georgius ⟨Pisida⟩**

George ⟨of Trebizond⟩
→ **Georgius ⟨Trapezuntius⟩**

George ⟨Orter⟩
→ **Georgius ⟨Orter de Frickenhausen⟩**

George ⟨Pachymeres⟩
→ **Georgius ⟨Pachymeres⟩**

George ⟨Ripley⟩
→ **Riplaeus, Georgius**

George ⟨Scholarius⟩
→ **Gennadius ⟨Scholarius⟩**

George ⟨the Bishop of the Jacobite Church of Arabia⟩
→ **Georgios ⟨al-Ḥīra⟩**

George ⟨the Rich⟩
→ **Georg ⟨Bayern-Landshut, Herzog⟩**

George ⟨Tornikios⟩
→ **Georgius ⟨Tornices⟩**
→ **Georgius ⟨Tornices, Rhetor⟩**

George ⟨Warda⟩
→ **Georgius ⟨de Arbela⟩**

Georgener Prediger
→ **Sankt Georgener Prediger**

Georges ⟨Arrari⟩
→ **Georgius ⟨Arrarius⟩**

Georges ⟨Bardanès⟩
→ **Georgius ⟨Bardanes⟩**

Georges ⟨Bavière, Duc⟩
→ **Georg ⟨Bayern-Landshut, Herzog⟩**

Georges ⟨Castriota⟩
→ **Georgius ⟨Castriota⟩**

Georges ⟨Cédrène⟩
→ **Georgius ⟨Cedrenus⟩**

Georges ⟨Chastellain⟩
→ **Chastellain, Georges**

Georges ⟨Chiarino⟩
→ **Chiarini, Giorgio**

Georges ⟨Choeroboscus⟩
→ **Georgius ⟨Choiroboscus⟩**

Georges ⟨Chrysococca⟩
→ **Georgius ⟨Chrysococces⟩**

Georges ⟨Codin⟩
→ **Georgius ⟨Codinus⟩**

Georges ⟨Controversiste Byzantin⟩
→ **Georgius ⟨Pelagonius⟩**

Georges ⟨d'Arbèle⟩
→ **Georgius ⟨de Arbela⟩**

Georges ⟨de Breteuil⟩
→ **Georgius ⟨Brituliensis⟩**

Georges ⟨de Bruxelles⟩
→ **Georgius ⟨Bruxellensis⟩**

Georges ⟨de Cassano⟩
→ **Georgius ⟨de Cascano⟩**

Georges ⟨de Chypre⟩
→ **Georgius ⟨Cyprius⟩**
→ **Gregorius ⟨Cyprius⟩**

Georges ⟨de Drohobycz⟩
→ **Georgius ⟨de Drogobyč⟩**

Georges ⟨de Frickenhausen⟩
→ **Georgius ⟨Orter de Frickenhausen⟩**

Georges ⟨de Gallipoli⟩
→ **Georgius ⟨Callipolitanus⟩**

Georges ⟨de Hongrie⟩
→ **Georgius ⟨de Hungaria⟩**

Georges ⟨de Lapithos⟩
→ **Georgius ⟨Cyprius⟩**

Georges ⟨de Mossoul⟩
→ **Georgius ⟨de Arbela⟩**

Georges ⟨de Munich⟩
→ **Kazmair, Jörg**

Georges ⟨de Pera⟩
→ **Georgius ⟨de Pera⟩**

Georges ⟨de Peurbach⟩
→ **Peuerbach, Georg ¬von¬**

Georges ⟨de Peyra⟩
→ **Georgius ⟨de Peyra⟩**

Georges ⟨de Rain⟩
→ **Georgius ⟨de Sclavonia⟩**

Georges ⟨de Trébizonde⟩
→ **Georgius ⟨Trapezuntius⟩**

Georges ⟨d'Esclavonie⟩
→ **Georgius ⟨de Sclavonia⟩**

Georges ⟨d'Ostie⟩
→ **Georgius ⟨Hostiensis⟩**

Georges ⟨Emmerich⟩
→ **Emerich, Georgius**

Georges ⟨Gémiste⟩
→ **Georgius ⟨Pletho⟩**

Georges ⟨Gucci de Florence⟩
→ **Gucci, Giorgio**

Georges ⟨Hiéromoine⟩
→ **Georgius ⟨Hieromonachus⟩**

Georges ⟨Hyrte⟩
→ **Hyrte, Georgius**

Georges ⟨le Curopalate⟩
→ **Georgius ⟨Codinus⟩**

Georges ⟨le Pêcheur⟩
→ **Georgius ⟨Hamartolus⟩**

Georges ⟨le Riche⟩
→ **Georg ⟨Bayern-Landshut, Herzog⟩**

Georges ⟨le Syncelle⟩
→ **Georgius ⟨Syncellus⟩**

Georges ⟨Lecapène⟩
→ **Georgius ⟨Lacapenus⟩**

Georges ⟨l'Evêque des Arabes⟩
→ **Georgios ⟨al-Ḥīra⟩**

Georges ⟨l'Hamartole⟩
→ **Georgius ⟨Hamartolus⟩**

Georges ⟨Manrique⟩
→ **Manrique, Jorge**

Georges ⟨Merlani⟩
→ **Georgius ⟨Merula⟩**

Georges ⟨Metochita⟩
→ **Georgius ⟨Metochita⟩**

Georges ⟨Mocius⟩
→ **Georgius ⟨Mocenus⟩**

Georges ⟨Mülich de Augsbourg⟩
→ **Mülich, Jörg**

Georges ⟨Nigri⟩
→ **Nigri, Georgius**

Georges ⟨Orter de Frickenhausen⟩
→ **Georgius ⟨Orter de Frickenhausen⟩**

Georges ⟨Pachymère⟩
→ **Georgius ⟨Pachymeres⟩**

Georges ⟨Pelagonius⟩
→ **Georgius ⟨Pelagonius⟩**

Georges ⟨Pfintzing de Nuremberg⟩
→ **Pfinzing, Jörg**

Georges ⟨Pisidès⟩
→ **Georgius ⟨Pisida⟩**

Georges ⟨Pléthon⟩
→ **Georgius ⟨Pletho⟩**

Georges ⟨Ripley⟩
→ **Riplaeus, Georgius**

Georges ⟨Sanginatic⟩
→ **Hypatus**

Georges ⟨Scanderbeg⟩
→ **Georgius ⟨Castriota⟩**

Georges ⟨Schamdocher⟩
→ **Schamdocher, Georg**

Georges ⟨Schwarz⟩
→ **Nigri, Georgius**

Georges ⟨Tornikès⟩
→ **Georgius ⟨Tornices⟩**

Georges ⟨Valagusa⟩
→ **Valagussa, Giorgio**

Georgida, Johannes
→ **Johannes ⟨Georgida⟩**

Georgij ⟨Aleksandriskij⟩
→ **Georgius ⟨Alexandrinus⟩**
→ **Georgius ⟨Merula⟩**

Georgij ⟨Amartol⟩
→ **Georgius ⟨Hamartolus⟩**

Georgij ⟨Archimandrit⟩
→ **Georgius ⟨Hamartolus⟩**

Georgij ⟨Kievskij⟩
gest. ca. 1079
Stjazanie s latinoju, vin čislom 70
Rep.Font. IV,678
Georgij ⟨Kiovensis⟩
Georgij ⟨Metropolita Kievensis⟩
Georgij ⟨Mitropolit⟩
Georgius ⟨Kiovensis⟩
Kievskij, Greorgij

Georgij ⟨Metropolita Kievensis⟩
→ **Georgij ⟨Kievskij⟩**

Georgij ⟨Metropolita Mosquensis⟩
→ **Gerontij ⟨Vseja Rusi⟩**

Georgilla ⟨Limenita⟩
→ **Geōrgillas, Emmanuēl**

Geōrgillas, Emmanuēl
um 1498
Rep.Font. IV,678/79
Emanuel ⟨Georgilla⟩
Emmanuēl ⟨Geōrgillas⟩
Emmanuēl ⟨ho Limenitēs⟩
Georgilas, Emmanuel
Georgilla ⟨Limenita⟩
Georgilla Limenita, Emanuel
Geōrgillas Limenites, Emmanuēl
Limenita, Georgilla

Georgios ⟨Akropolites⟩
→ **Georgius ⟨Acropolita⟩**

Georgios ⟨al-Ḥīra⟩
gest. 724
LThK
Georg ⟨der Araberbischof⟩
Georg ⟨der Bischof der Araber⟩
George ⟨Bishop of the Arabs⟩
George ⟨the Bishop of the Jacobite Church of Arabia⟩
Georges ⟨l'Evêque des Arabes⟩
Georgios ⟨der Araberbischof⟩
Georgius ⟨Arabum Episcopus⟩
Georgius ⟨Episcopus⟩
Giorgio ⟨delle Nazioni⟩
Giorgio ⟨il Vescovo degli Arabi⟩
Ḥīra, Georgios ¬al-¬

Geōrgios ⟨Amyrutzēs⟩
→ **Georgius ⟨Amyrutza⟩**

Georgios ⟨aus Kypros⟩
→ **Georgius ⟨Lapitha⟩**

Georgios ⟨Bardanes⟩
→ **Georgius ⟨Bardanes⟩**

Geōrgios ⟨Bustrōnios⟩
→ **Bustrōnios, Geōrgios**

Georgios ⟨Choiroboskos⟩
→ **Georgius ⟨Choiroboscus⟩**

Georgios ⟨Chrysokokkes⟩
→ **Georgius ⟨Chrysococces⟩**

Georgios ⟨Chumnos⟩
→ **Georgius ⟨Chumnus⟩**

Georgios ⟨Curopalates⟩
→ **Georgius ⟨Codinus⟩**

Georgios ⟨der Araberbischof⟩
→ **Georgios ⟨al-Ḥīra⟩**

Georgios ⟨der Pisidier⟩
→ **Georgius ⟨Pisida⟩**

Georgios ⟨Diakonos⟩
→ **Georgius ⟨Pachymeres⟩**

Georgios ⟨Gemistos⟩
→ **Georgius ⟨Pletho⟩**

Georgios ⟨Geometres⟩
→ **Georgius ⟨Geometra⟩**

Georgios ⟨Hamartolos⟩
→ **Georgius ⟨Hamartolus⟩**

Georgios ⟨Hieromonachos⟩
→ **Georgius ⟨Hieromonachus⟩**

Geōrgios ⟨ho Akropolitēs⟩
→ **Georgius ⟨Acropolita⟩**

Geōrgios ⟨ho Chrysokokkēs⟩
→ **Georgius ⟨Chrysococces⟩**

Geōrgios ⟨ho Gemistos⟩
→ **Georgius ⟨Pletho⟩**

Geōrgios ⟨ho Kedrēnos⟩
→ **Georgius ⟨Cedrenus⟩**

Geōrgios ⟨ho Kyprios⟩
→ **Georgius ⟨Cyprius⟩**

Geōrgios ⟨ho Kyropalatēs⟩
→ **Georgius ⟨Codinus⟩**

Geōrgios ⟨ho Lakapēnos⟩
→ **Georgius ⟨Lacapenus⟩**

Geōrgios ⟨ho Lapithas⟩
→ **Georgius ⟨Lapitha⟩**

Geōrgios ⟨ho Metochitēs⟩
→ **Georgius ⟨Metochita⟩**

Geōrgios ⟨ho Moschampar⟩
→ **Georgius ⟨Moschampar⟩**

Geōrgios ⟨ho Phrantzēs⟩
→ **Georgius ⟨Sphrantzes⟩**

Geōrgios ⟨ho Pisidēs⟩
→ **Georgius ⟨Pisida⟩**

Geōrgios ⟨ho Plēthōn⟩
→ **Georgius ⟨Pletho⟩**

Geōrgios ⟨ho Sykeōtēs⟩
→ **Georgius ⟨Syceota⟩**

Geōrgios ⟨ho Trapezuntios⟩
→ **Georgius ⟨Trapezuntius⟩**

Geōrgios ⟨Kastriotēs⟩
→ **Georgius ⟨Castriota⟩**

Georgios ⟨Kedrenos⟩
→ **Georgius ⟨Cedrenus⟩**

Geōrgios ⟨Kōdinos⟩
→ **Georgius ⟨Codinus⟩**

Georgios ⟨Kurtesis⟩
→ **Gennadius ⟨Scholarius⟩**

Geōrgios ⟨Kyprios⟩
→ **Georgius ⟨Cyprius⟩**
→ **Gregorius ⟨Cyprius⟩**

Georgios ⟨Lakapenos⟩
→ **Georgius ⟨Lacapenus⟩**

Georgios ⟨Lapithes⟩
→ **Georgius ⟨Lapitha⟩**

Georgios ⟨Metochites⟩
→ **Georgius ⟨Metochita⟩**

Georgios ⟨Mönch und Presbyter⟩
→ **Georgius ⟨Hieromonachus⟩**

Georgios ⟨Monachos⟩
→ **Georgius ⟨Hamartolus⟩**

Geōrgios ⟨Monachos kai Presbyteros⟩
→ **Georgius ⟨Hieromonachus⟩**

Georgios ⟨Moschampar⟩
→ **Georgius ⟨Moschampar⟩**

Georgios ⟨Pachymeres⟩
→ **Georgius ⟨Pachymeres⟩**

Geōrgios ⟨Pardos⟩
→ **Gregorius ⟨Pardus⟩**

Geōrgios ⟨Pelagoniae⟩
→ **Georgius ⟨Pelagonius⟩**

Georgios ⟨Pisides⟩
→ **Georgius ⟨Pisida⟩**

Georgios ⟨Plethon⟩
→ **Georgius ⟨Pletho⟩**

Geōrgios ⟨Poeta Graecus⟩
→ **Georgius ⟨Pelagonius⟩**

Georgios ⟨Scholarios⟩
→ **Gennadius ⟨Scholarius⟩**

Georgios ⟨Skylitzes⟩
→ **Georgius ⟨Scylitza⟩**

Georgios ⟨Sphrantzes⟩
→ **Georgius ⟨Sphrantzes⟩**

Geōrgios ⟨Synkellos⟩
→ **Georgius ⟨Syncellus⟩**

Georgios ⟨Tornikes⟩
→ **Georgius ⟨Tornices⟩**
→ **Georgius ⟨Tornices, Rhetor⟩**

Georgios ⟨Trapezuntios⟩
→ **Georgius ⟨Trapezuntius⟩**

Georgios ⟨von Alexandrien⟩
→ **Georgius ⟨Alexandrinus⟩**

Georgios ⟨von Arbela⟩
→ **Georgius ⟨de Arbela⟩**

Georgios ⟨von Gallipoli⟩
→ **Georgius ⟨Callipolitanus⟩**

Georgios ⟨von Kallipolis⟩
→ **Georgius ⟨Callipolitanus⟩**

Georgios ⟨von Kypros⟩
→ **Georgius ⟨Cyprius⟩**

Georgios ⟨von Mosul⟩
→ **Georgius ⟨de Arbela⟩**

Georgios ⟨von Nikomedeia⟩
→ **Georgius ⟨Nicomediensis⟩**

Georgios ⟨von Pisidien⟩
→ **Georgius ⟨Pisida⟩**

Georgios Gemistos ⟨Pletho⟩
→ **Georgius ⟨Pletho⟩**

Georgius ⟨Abbas⟩
→ **Georgius ⟨Syncellus⟩**

Georgius ⟨Acropolita⟩
1220 – 1282
Tusculum-Lexikon; CSGL
Acropolita, Georgius
Akropolites, Georgios
Georgios ⟨Akropolites⟩
Geōrgios ⟨ho Akropolitēs⟩
Georgius ⟨Acropolites⟩
Georgius ⟨Historicus⟩
Georgius ⟨Logotheta⟩
Georgius ⟨Theologus⟩
Giorgio ⟨Acropolite⟩
Logotheta, Georgius

Georgius ⟨Alecapini⟩
→ **Georgius ⟨Lacapenus⟩**

Georgius ⟨Alexandrinus⟩
→ **Georgius ⟨Hamartolus⟩**
→ **Georgius ⟨Merula⟩**

Georgius ⟨Alexandrinus⟩
um 620/30
Tusculum-Lexikon
Alexandrinus, Georgius
Georgij ⟨Alexandriskij⟩
Georgios ⟨von Alexandria⟩
Georgios ⟨von Alexandrien⟩
Georgius ⟨Episcopus⟩
Georgius ⟨Patriarcha⟩
Giorgi ⟨Alek'sandrieli⟩

Georgius ⟨Amyrutza⟩
gest. ca. 1470
Tusculum-Lexikon; CSGL
Amerutzes, Georgios
Amirutzes, Georgios
Amoirutzes, Georgios
Amyrutza, Georgius
Amyrutzes, Georgius
Georgios ⟨Amerutzes⟩
Georgios ⟨Amirutzes⟩
Georgios ⟨Amoirutzes⟩
Geōrgios ⟨Amyrutzēs⟩
Georgios ⟨Amurutzes⟩
Georgius ⟨Philosophus⟩

Georgius ⟨Arabum Episcopus⟩
→ **Georgios ⟨al-Ḥīra⟩**

Georgius ⟨Arbelensis⟩
→ **Georgius ⟨de Arbela⟩**

Georgius ⟨Arbensis⟩
um 1292/1313
Historia seu Miracula sancti Christophori Martyris
Rep.Font. IV,687
Georgius ⟨de Costizza⟩
Georgius ⟨de Hermolais⟩
Georgius ⟨Episcopus Arbensis⟩
Juraj ⟨Kostica⟩

Georgius ⟨Archiepiscopus⟩
→ **Georgius ⟨Tornices⟩**

Georgius ⟨Aristotelicus⟩
→ **Georgius ⟨Trapezuntius⟩**

Georgius ⟨Arrarius⟩
13./14. Jh. · OP
Super totum Decretum
Kaeppeli,II,21
Arrari, Georges
Arrarius, Georgius
Georges ⟨Arrari⟩
Georges ⟨Arrari d'Alexandrie⟩
Georgius ⟨Arrari⟩
Georgius ⟨Arrarius de Alexandria⟩
Georgius ⟨Arrarus⟩

Georgius ⟨Asceticus⟩
→ **Georgius ⟨Trapezuntius⟩**

Georgius ⟨Astrologus⟩
→ **Georgius ⟨Trapezuntius⟩**

Georgius ⟨Aunpeck⟩
→ **Peuerbach, Georg ¬von¬**

Georgius ⟨Bardanes⟩
gest. ca. 1240
Tusculum-Lexikon; CSGL; LMA,I,1455/56
Bardanes, Georgios
Bardanes, Georgius
Georges ⟨Bardanès⟩
Georgios ⟨Bardanes⟩
Georgius ⟨Corcyrae Metropolita⟩
Georgius ⟨Metropolita⟩

Georgius ⟨Bavaria, Dux⟩
→ **Georg ⟨Bayern-Landshut, Herzog⟩**

Georgius ⟨Brituliensis⟩
um 1286
Commentarius in Exodum
Stegmüller, Repert. bibl. 2448
Georges ⟨de Breteuil⟩
Georgius ⟨Monachus⟩

Georgius ⟨Bruxellensis⟩
gest. ca. 1500/10
Georg ⟨von Brüssel⟩
Georges ⟨de Bruxelles⟩
Georgius ⟨Magister⟩

Georgius ⟨Bustronius⟩
→ **Bustrōnios, Geōrgios**

Georgius ⟨Callipolitanus⟩
13. Jh.
Tusculum-Lexikon; CSGL; LMA,IV,1285/86
Callipolitanus, Georgius
Georges ⟨de Gallipoli⟩
Georgios ⟨von Gallipoli⟩
Georgios ⟨von Kallipolis⟩
Georgius ⟨Chartophylacus⟩
Georgius ⟨Chartophylax⟩
Giorgio ⟨di Gallipoli⟩

Georgius ⟨Castriota⟩
1414 – 1467
LMA,IV,1278/79
Castriota ⟨Scanderberg⟩
Castriota, Georges
Castriota, Georgius
George ⟨Castriota⟩
George ⟨Castriota, Prince of Epirus⟩
George ⟨Castriota called Scanderbeg⟩
Georges ⟨Castriota⟩
Georges ⟨Scanderbeg⟩
Geōrgios ⟨Kastriotēs⟩
Georgius ⟨Epirus, Prince⟩

Georgius ⟨Scanderbeg⟩
Kastriotēs, Geōrgios
Scanderbeg
Scanderbeg, George Castriota
Scanderbeg, Georges
Scanderberg
Skanderbeg

Georgius ⟨Cedrenus⟩
gest. ca. 1100
Tusculum-Lexikon; LMA,V,1093
Cedrenus, Georgius
Georges ⟨Cédrène⟩
Geōrgios ⟨ho Kedrēnos⟩
Georgios ⟨Kedrenos⟩
Kedrenos, Georgios

Georgius ⟨Chartophylax⟩
→ **Georgius ⟨Callipolitanus⟩**

Georgius ⟨Choiroboscus⟩
5./6. Jh., laut LThK 7./8. Jh., laut Tusculum 8./9. Jh.
Epimerismen
Tusculum-Lexikon; CSGL
Choeroboscus
Choeroboscus ⟨Constantinopolitanus⟩
Choeroboscus ⟨Grammaticus⟩
Choeroboscus, Georgius
Choiroboscus, Georgius
Choiroboskos
Choiroboskos ⟨Chartophylax⟩
Choiroboskos ⟨Diakon⟩
Choiroboskos ⟨Oikumenikos Didaskalos⟩
Choiroboskos, Georgios
Choiroboskos, Georgios
Georges ⟨Choeroboscus⟩
Georgios ⟨Choeroboskos⟩
Georgios ⟨Choiroboskos⟩
Georgius ⟨Choeroboscus⟩
Giorgio ⟨Coirobosco⟩

Georgius ⟨Chronographus⟩
→ **Georgius ⟨Syncellus⟩**

Georgius ⟨Chrysococces⟩
gest. 1336
Tusculum-Lexikon; LMA,II,2051
Chrysococces, Georgius
Chrysokokkes, Georgios
Georges ⟨Chrysococca⟩
Georgios ⟨Chrysokokkes⟩
Geōrgios ⟨ho Chrysokokkēs⟩

Georgius ⟨Chumnus⟩
um 1493
Tusculum-Lexikon; CSGL
Chumnos, Georgios
Chumnus, Georgius
Georgios ⟨Chumnos⟩

Georgius ⟨Chyprius⟩
→ **Gregorius ⟨Cyprius⟩**

Georgius ⟨Codinus⟩
um 1347/60
Tusculum-Lexikon; LMA,V,1246/47
Codinus, Georgius
Curopalata, Georgius
Georges ⟨Codin⟩
Georges ⟨le Curopalate⟩
Georgios ⟨Curopalates⟩
Geōrgios ⟨ho Kyropalatēs⟩
Geōrgios ⟨Kōdinos⟩
Georgios ⟨Kodinos⟩
Georgius ⟨Curopalata⟩
Kodinos, Georgios

Georgius ⟨Constantinopolitanus⟩
→ **Georgius ⟨Metochita⟩**
→ **Georgius ⟨Pisida⟩**
→ **Georgius ⟨Syncellus⟩**

Georgius ⟨Corcyrae Metropolita⟩
→ **Georgius ⟨Bardanes⟩**

Georgius ⟨Corinthius⟩
→ **Gregorius ⟨Pardus⟩**

Georgius ⟨Cracoviensis⟩
→ **Georgius ⟨Notarius Castri Cracoviensis⟩**

Georgius ⟨Cretensis⟩
→ **Georgius ⟨Trapezuntius⟩**

Georgius ⟨Curopalata⟩
→ **Georgius ⟨Codinus⟩**

Georgius ⟨Cyprius⟩
→ **Bustrōnios, Geōrgios**
→ **Georgius ⟨Lapitha⟩**
→ **Gregorius ⟨Cyprius⟩**

Georgius ⟨Cyprius⟩
um 591/603
Descriptio Orbis Romani
Rep.Font. IV,680
Cyprius, Georgius
Georg ⟨von Cypern⟩
Georg ⟨von Zypern⟩
Georges ⟨de Chypre⟩
Georges ⟨de Lapithos⟩
Geōrgios ⟨ho Kyprios⟩
Geōrgios ⟨Kyprios⟩
Georgios ⟨von Kypros⟩
Georgius ⟨of Cyprus⟩
Giorgio ⟨di Cipro⟩

Georgius ⟨da Giengen⟩
→ **Tudel, Georgius**

Georgius ⟨de Apfentaler⟩
um 1408/12
Stegmüller, Repert. sentent. 246,1
Apfentaler, Georgius ¬de¬

Georgius ⟨de Arbela⟩
gest. 987
LThK
Arbela, Georgius ¬de¬
Georg ⟨von Arbil⟩
George ⟨Warda⟩
Georges ⟨de Mossoul⟩
Georges ⟨d'Arbèle⟩
Georgios ⟨von Arbela⟩
Georgios ⟨von Mosul⟩
Georgius ⟨Arbelensis⟩
Georgius ⟨Mosulensis⟩
Georgius ⟨of Arbel⟩
Georgius ⟨of Mosul⟩
Gīwargīs ⟨Metropolitan⟩
Gīwargīs ⟨of Arbelo⟩
Gīwargīs ⟨of Mosul⟩

Georgius ⟨de Carcano⟩
→ **Georgius ⟨de Cascano⟩**

Georgius ⟨de Cascano⟩
um 1262, laut Kaeppeli um 1312/30 · OP
Commentaria in universam Aristotelis philosophiam
Lohr; Kaeppeli,II,55
Cascano, Georgius ¬de¬
Georges ⟨de Cassano⟩
Georgius ⟨de Carcano⟩
Gregorius ⟨de Carcano⟩
Gregorius ⟨de Cascano⟩

Georgius ⟨de Costizza⟩
→ **Georgius ⟨Arbensis⟩**

Georgius ⟨de Drogobyč⟩
ca. 1450 – 1494
Drogobicz, Georgius
Drogobyč, Georgius ¬de¬
Drogobyč, Jurij ¬da¬
Georges ⟨de Drohobycz⟩
Georgius ⟨de Drohobycz⟩
Georgius ⟨de Russia⟩
Georgius ⟨Drogobicz⟩
Jerzy ⟨y Drohobysza⟩
Jurij ⟨da Drogobyč⟩
Jurij ⟨de Russia⟩
Jurij ⟨Kotermak⟩
Kotermak, Jurij

Georgius ⟨de Frickenhausen⟩
→ **Georgius ⟨Orter de Frickenhausen⟩**

Georgius ⟨de Giengen⟩
→ **Tudel, Georgius**

Georgius ⟨de Hermolais⟩
→ **Georgius ⟨Arbensis⟩**

Georgius ⟨de Hungaria⟩
ca. 1422 – 1502
VL(2); LMA,IV,1281
Georg ⟨Captivus Septemcastrensis⟩
Georg ⟨Mühlbacher⟩
Georg ⟨Mühlenbacher⟩
Georg ⟨von Ungarn⟩
George ⟨of Hungary⟩
Georges ⟨de Hongrie⟩
Georgius ⟨de Septemcastris⟩
Georgius ⟨de Ungaria⟩
Hungaria, Georgius ¬de¬
Jörg ⟨von Ungarn⟩
Ungaria, Georgius ¬de¬

Georgius ⟨de Landshut⟩
→ **Georgius ⟨Scheblmayr⟩**

Georgius ⟨de Monaco⟩
→ **Strobel, Georgius**

Georgius ⟨de Pera⟩
14. Jh. · OFM
Quaestiones in Metaphysicam; Identität mit Georgius ⟨de Peyra⟩ umstritten
Lohr
Georges ⟨de Pera⟩
Pera, Georgius ¬de¬

Georgius ⟨de Peyra⟩
14./15. Jh. · OP
Super logicam Aristotelis; Identität mit Georgius ⟨de Pera⟩ umstritten
Lohr
Georges ⟨de Peyra⟩
Peyra, Georgius ¬de¬

Georgius ⟨de Rain⟩
→ **Georgius ⟨de Sclavonia⟩**

Georgius ⟨de Rott⟩
→ **Georgius ⟨Seyfridi⟩**

Georgius ⟨de Russia⟩
→ **Georgius ⟨de Drogobyč⟩**

Georgius ⟨de Schlierstadt⟩
→ **Georgius ⟨Zingel de Schlierstadt⟩**

Georgius ⟨de Sclavonia⟩
gest. 1416
Principium in primo cursu
Stegmüller, Repert. bibl. 2450/2451
Georges ⟨de Rain⟩
Georges ⟨d'Esclavanie⟩
Georges ⟨d'Esclavonie⟩
Georgius ⟨de Rain⟩
Georgius ⟨de Rayn⟩
Georgius ⟨Sclavoniae Canonicus⟩
Henricus ⟨de Ravilno⟩
Sclavonia, Georgius ¬de¬

Georgius ⟨de Septemcastris⟩
→ **Georgius ⟨de Hungaria⟩**

Georgius ⟨de Ungaria⟩
→ **Georgius ⟨de Hungaria⟩**

Georgius ⟨de Valentia⟩
→ **Jordi ⟨de Sant Jordi⟩**

Georgius ⟨de Vienna⟩
→ **Georgius ⟨Seyfridi⟩**

Georgius ⟨Diaconus⟩
→ **Georgius ⟨Metochita⟩**
→ **Georgius ⟨Pachymeres⟩**
→ **Georgius ⟨Pisida⟩**

Georgius ⟨Drogobicz⟩
→ **Georgius ⟨de Drogobyč⟩**

Georgius ⟨Elmacius⟩
→ **Makīn Ibn-al-ʿAmīd, Ǧirǧīs ¬al¬**

Georgius ⟨Emerich⟩
→ **Emerich, Georgius**

Georgius ⟨Ephesi Metropolita⟩
→ **Georgius ⟨Tornices⟩**

Georgius ⟨Epirus, Prince⟩
→ **Georgius ⟨Castriota⟩**

Georgius ⟨Episcopus⟩
→ **Georgios ⟨al-Ḥīra⟩**
→ **Georgius ⟨Alexandrinus⟩**
→ **Georgius ⟨Hostiensis⟩**

Georgius ⟨Episcopus Arbensis⟩
→ **Georgius ⟨Arbensis⟩**

Georgius ⟨Epistolographus⟩
→ **Georgius ⟨Trapezuntius⟩**

Georgius ⟨Eysenhuet⟩
15. Jh.
Quaestiones in Physicam
Lohr
Eysenhuet, Georgius

Georgius ⟨Filius Facini⟩
→ **Georgius ⟨Stella⟩**

Georgius ⟨Florentinus⟩
→ **Gregorius ⟨Turonensis⟩**

Georgius ⟨Frickenhausen⟩
→ **Georgius ⟨Orter de Frickenhausen⟩**

Georgius ⟨Gemistus⟩
→ **Georgius ⟨Pletho⟩**

Georgius ⟨Geometra⟩
14./15. Jh.
Tusculum-Lexikon; CSGL
Geometra, Georgius
Georgios ⟨Geometres⟩

Georgius ⟨Grammaticus⟩
6. Jh.
Laudatio S. Barnabae; Identität mit Georgius ⟨Choiroboscus⟩ umstritten
Cpg 7414-7415; Tusculum-Lexikon; CSGL
Grammaticus, Georgius

Georgius ⟨Hamartolus⟩
um 847/67
LThK; CSGL; Potth., LMA,IV,1286/87
Georges ⟨le Pêcheur⟩
Georges ⟨l'Hamartole⟩
Georgij ⟨Amartol⟩
Georgij ⟨Archimandrit⟩
Georgios ⟨Hamartolos⟩
Georgios ⟨Monachos⟩
Georgius ⟨Alexandrinus⟩
Georgius ⟨Monachus⟩
Georgius ⟨Peccator⟩
Hamartolus, Georgius

Georgius ⟨Hasz⟩
→ **Haß, Georg**

Georgius ⟨Hieromonachus⟩
7. Jh.
De computu paschali; De astronomia; Adversus haereticos
Tusculum-Lexikon; CSGL
Georges ⟨Hiéromoine⟩
Georgios ⟨Hieromonachos⟩
Geōrgios ⟨Monachos kai Presbyteros⟩
Georgios ⟨Mönch und Presbyter⟩
Georgius ⟨Monachus et Presbyter⟩
Georgius ⟨Protosyncellus⟩
Hieromonachus, Georgius

Georgius ⟨Historicus⟩
→ **Georgius ⟨Acropolita⟩**

Georgius ⟨Hostiensis⟩
um 786
CSGL
Georg ⟨von Ostia⟩
Georges ⟨d'Ostie⟩
Georgius ⟨Episcopus⟩
Georgius ⟨Ostiensis⟩
Georgius ⟨von Ostia⟩

Georgius ⟨Hymnographus⟩
→ **Georgius ⟨Nicomediensis⟩**

Georgius ⟨Hyrte⟩
→ **Hyrte, Georgius**

Georgius ⟨Ignotus⟩
→ **Georgius ⟨Laicus⟩**

Georgius ⟨Kiovensis⟩
→ **Georgij ⟨Kievskij⟩**

Georgius ⟨Kourteses⟩
→ **Gennadius ⟨Scholarius⟩**

Georgius ⟨Lacapenus⟩
14. Jh.
Tusculum-Lexikon; CSGL
Alecapini, Georgius
Georges ⟨Lecapène⟩
Geōrgios ⟨ho Lakapēnos⟩
Georgios ⟨Lakapenos⟩
Georgius ⟨Alecapini⟩
Georgius ⟨Lecapenus⟩
Giorgio ⟨Lacapeno⟩
Lacapenus, Georgius
Lakapenos, Georgios
Lecapenus, Georgius

Georgius ⟨Laicus⟩
13. Jh. (?)
Wahrscheinl. Verf. von Disputatio inter catholicum et paterinum haereticum (früher Gregorius ⟨de Faventia⟩ zugeschrieben)
Rep.Font. IV,687
Georgius ⟨Ignotus⟩
Laicus, Georgius

Georgius ⟨Lapitha⟩
gest. ca. 1360
Tusculum-Lexikon; CSGL
Georgios ⟨aus Kypros⟩
Geōrgios ⟨ho Lapithas⟩
Georgios ⟨Lapithes⟩
Georgius ⟨Cyprius⟩
Lapitha, Georgius
Lapithes, Georgios

Georgius ⟨Lecapenus⟩
→ **Georgius ⟨Lacapenus⟩**

Georgius ⟨Libanus⟩
→ **Marcus Georgius ⟨Libanus⟩**

Georgius ⟨Lignicensis⟩
→ **Marcus Georgius ⟨Libanus⟩**

Georgius ⟨Logotheta⟩
→ **Georgius ⟨Acropolita⟩**

Georgius ⟨Magister⟩
→ **Georgius ⟨Bruxellensis⟩**

Georgius ⟨Magister Artium Wiennae⟩
→ **Georgius ⟨Zingel de Schlierstadt⟩**

Georgius ⟨Magnae Ecclesiae Constantinopolitanae Diaconus⟩
→ **Georgius ⟨Pisida⟩**

Georgius ⟨Merlanus⟩
→ **Georgius ⟨Merula⟩**

Georgius ⟨Merula⟩
gest. 1494
Potth.; LMA,VI,550
Alexandrinus, Georgius
Georges ⟨Merlani⟩

Georgij ⟨Aleksandriskij⟩
Georgius ⟨Alexandrinus⟩
Georgius ⟨Merlanus⟩
Georgius ⟨Statyellensis⟩
Giorgi ⟨Alek'sandrieli⟩
Giorgio ⟨Merlano di Negro⟩
Giorgio ⟨Merula⟩
Merlani, Georgius
Merlano di Negro, Giorgio
Merula, Georgius
Merula, Giorgio

Georgius ⟨Metochita⟩
gest. ca. 1300
LThK; CSGL; LMA,VI,581
George ⟨Metochita⟩
Georges ⟨Metochita⟩
Geōrgios ⟨ho Metochitēs⟩
Georgios ⟨Metochites⟩
Georgius ⟨Constantinopolitanus⟩
Georgius ⟨Diaconus⟩
Georgius ⟨of Constantinople⟩
Georgius ⟨of the Aya Sofia⟩
Metochita, Georgius
Metochites, Georgios

Georgius ⟨Metropolita⟩
→ **Georgius ⟨Bardanes⟩**
→ **Georgius ⟨Nicomediensis⟩**

Georgius ⟨Metropolita Ephesinus⟩
→ **Georgius ⟨Tornices⟩**

Georgius ⟨Mocenus⟩
10. Jh.
Scholien zu Gregor von Nazianz
Cpg 3021
Georges ⟨Mocenus⟩
Georges ⟨Mocius⟩
Georgius ⟨Mocius⟩
Georgius ⟨Scholiastes⟩
Mocenus, Georgius

Georgius ⟨Monachus⟩
→ **Georgius ⟨Brituliensis⟩**
→ **Georgius ⟨Hamartolus⟩**
→ **Georgius ⟨Syncellus⟩**

Georgius ⟨Monachus et Presbyter⟩
→ **Georgius ⟨Hieromonachus⟩**

Georgius ⟨Moschabarus⟩
→ **Georgius ⟨Moschampar⟩**

Georgius ⟨Moschampar⟩
um 1258/82
Tusculum-Lexikon; CSGL
Geōrgios ⟨ho Moschampar⟩
Georgios ⟨Moschampar⟩
Georgius ⟨Moschabarus⟩
Moschampar, Georgius

Georgius ⟨Mosulensis⟩
→ **Georgius ⟨de Arbela⟩**

Georgius ⟨Naddi⟩
gest. 1398 · OP
Prophetiarum CXVI Bibliae de adventu Christi explicatio contra Iudaeos
Kaeppeli,II,23
Georgius ⟨Naddi Senensis⟩
Naddi, Georgius

Georgius ⟨Nicomediensis⟩
9. Jh.
Tusculum-Lexikon; CSGL
Georgios ⟨von Nikomedeia⟩
Georgius ⟨Hymnographus⟩
Georgius ⟨Metropolita⟩
Georgius ⟨Panegyricus⟩
Georgius ⟨Praedicator⟩
Giorgio ⟨di Nicomedia⟩
Gregorius ⟨Nicomediensis⟩

Georgius ⟨Nigri⟩
→ **Nigri, Georgius**

Georgius ⟨Notarius⟩
→ **Georgius ⟨Notarius Castri Cracoviensis⟩**

Georgius ⟨Notarius Cancellariae Regni Poloniae⟩
gest. ca. 1436
Rhetorica Cracoviensia
Rep.Font. IV, 689

Georgius ⟨Notarius Castri Cracoviensis⟩
15. Jh.
Liber formularum
Rep.Font. IV,689
Georgius ⟨Cracoviensis⟩
Georgius ⟨Notarius⟩

Georgius ⟨of Arbel⟩
→ **Georgius ⟨de Arbela⟩**

Georgius ⟨of Constantinople⟩
→ **Georgius ⟨Metochita⟩**

Georgius ⟨of Cyprus⟩
→ **Georgius ⟨Cyprius⟩**

Georgius ⟨of Mosul⟩
→ **Georgius ⟨de Arbela⟩**

Georgius ⟨of the Aya Sofia⟩
→ **Georgius ⟨Metochita⟩**

Georgius ⟨Orter de Frickenhausen⟩
gest. 1497 · OP
Repetitio disputationis de immaculata Conceptione virginis gloriosae in florentissimo studio Lipsiensi; Repetitio fabulosae narrationis quae alias ab auctore suo intitulabatur Clypeus contra iacula in sacram ac immaculatam virg. Mariae conceptionem volitantia
Kaeppeli,II,26/27; Schönberger/ Kible, Repertorium, 12779/80
Frickenhausen, Georgius ¬de¬
Georg ⟨de Frickenhausen⟩
George ⟨de Frickenhausen⟩
George ⟨Orter⟩
Georges ⟨de Frickenhausen⟩
Georges ⟨Orter⟩
Georges ⟨Orter de Frickenhausen⟩
Georgius ⟨de Frickenhausen⟩
Georgius ⟨Frickenhausen⟩
Georgius ⟨Frickenhausensis⟩
Georgius ⟨Frickenhusensis⟩
Georgius ⟨Orter⟩
Orter, Georg
Orter, Georges
Orter, Georgius
Orter de Frickenhausen, Georgius

Georgius ⟨Ostiensis⟩
→ **Georgius ⟨Hostiensis⟩**

Georgius ⟨Pachymeres⟩
ca. 1242 – ca. 1310
Michael Palaeologus seu historia rerum
Tusculum-Lexikon; LMA,VI,1609
George ⟨Pachymeres⟩
Georges ⟨Pachymère⟩
Georgios ⟨Diakonos⟩
Georgios ⟨Pachymeres⟩
Georgius ⟨Diaconus⟩
Georgius ⟨Pachymeris⟩
Pachimera, Georgius
Pachumeres, George
Pachymère, Georges
Pachymerēs, Geōrgios
Pachymeres, Georgius
Pachymerius, Georgius

Georgius ⟨Panegyricus⟩
→ **Georgius ⟨Nicomediensis⟩**

Georgius ⟨Pardus⟩
→ **Gregorius ⟨Pardus⟩**

Georgius ⟨Patriarcha⟩
→ **Georgius ⟨Alexandrinus⟩**

Georgius ⟨Peccator⟩
→ **Georgius ⟨Hamartolus⟩**

Georgius ⟨Pelagonius⟩
um 1354
Vita imperatoris Johannis Ducis Vatatzis
Rep.Font. IV,679; DOC,2,814
Georges ⟨Controversiste Byzantin⟩
Georges ⟨Pelagonius⟩
Geōrgios ⟨Pelagoniae⟩
Geōrgios ⟨Poeta Graecus⟩
Pelagonius, Georgius

Georgius ⟨Peurbachius⟩
→ **Peuerbach, Georg ¬von¬**

Georgius ⟨Philosophus⟩
→ **Georgius ⟨Amyrutza⟩**

Georgius ⟨Phrantzes⟩
→ **Georgius ⟨Sphrantzes⟩**

Georgius ⟨Pisida⟩
um 610/41
LThK; CSGL; Potth.; LMA,IV,1287/88
George ⟨of Pisidia⟩
Georges ⟨Pisidès⟩
Georgios ⟨der Pisidier⟩
Geōrgios ⟨ho Pisidēs⟩
Georgios ⟨Pisides⟩
Georgios ⟨von Pisidien⟩
Georgius ⟨Constantinopolitanus⟩
Georgius ⟨Diaconus⟩
Georgius ⟨Magnae Ecclesiae Constantinopolitanae Diaconus⟩
Georgius ⟨Pisides⟩
Giorgio ⟨di Pisidia⟩
Giorgio ⟨Pisida⟩
Pisida, Georgius
Pisides, Georgios

Georgius ⟨Platonicus⟩
→ **Georgius ⟨Trapezuntius⟩**

Georgius ⟨Pletho⟩
ca. 1360 – 1452
Pletho ist Deckname (hat dieselbe Bedeutung wie Gemistos)
CSGL; Meyer; Tusculum-Lexikon; LMA,VII,19/20
Gemiste Pléthon, Georges
Gémiste-Pléthon, Georges
Gemistus ⟨Pletho⟩
Gemistus, Georgius
Gemistus Pletho, Georgius
Gemistus Plethon, Georgius
Georges ⟨Gémiste⟩
Georges ⟨Pléthon⟩
Georgios ⟨Gemistos⟩
Geōrgios ⟨ho Gemistos⟩
Geōrgios ⟨ho Plēthōn⟩
Georgios ⟨Plethon⟩
Georgios Gemistos ⟨Pletho⟩
Georgius ⟨Gemistus⟩
Georgius Gemistus ⟨Pletho⟩
Giorgio ⟨Gemisto⟩
Giorgio ⟨Pletone⟩
Pletho ⟨Gemistus⟩
Pletho, Georg Gemisto
Pletho, Georgius
Pletho, Georgius Gemistus
Plethon, Georgios
Plethon, Georgios Gemistos
Plethon, Georgius Gemistus
Pletone, Gemisto

Georgius ⟨Praedicator⟩
→ **Georgius ⟨Nicomediensis⟩**

Georgius ⟨Prodromus⟩
→ **Gregorius ⟨Pardus⟩**

Georgius ⟨Protosyncellus⟩
→ **Georgius ⟨Hieromonachus⟩**

Georgius ⟨Purbachius⟩
→ **Peuerbach, Georg ¬von¬**

Georgius ⟨Rhetor⟩
→ **Georgius ⟨Trapezuntius⟩**

Georgius ⟨Riplaeus⟩
→ **Riplaeus, Georgius**

Georgius ⟨Ripolegus⟩
→ **Riplaeus, Georgius**

Georgius ⟨Sanginaticius⟩
→ **Hypatus**

Georgius ⟨Scanderbeg⟩
→ **Georgius ⟨Castriota⟩**

Georgius ⟨Scheblmayr⟩
15. Jh.
Clm 18983, f. 87-187
Stegmüller, Repert. sentent. 247
Georgius ⟨de Landshut⟩
Georgius ⟨Scheblmayr de Landshut⟩
Georgius ⟨Scheblmayr ex Landshut⟩
Scheblmayr, Georgius

Georgius ⟨Scholarius⟩
→ **Gennadius ⟨Scholarius⟩**

Georgius ⟨Scholiastes⟩
→ **Georgius ⟨Mocenus⟩**

Georgius ⟨Schwarz⟩
→ **Nigri, Georgius**

Georgius ⟨Sclavoniae Canonicus⟩
→ **Georgius ⟨de Sclavonia⟩**

Georgius ⟨Scylitza⟩
gest. ca. 1180
Tusculum-Lexikon; CSGL
Georgios ⟨Skylitzes⟩
Scylitza, Georgius
Skylitzes, Georgios

Georgius ⟨Seyfridi⟩
gest. 1455 · OP
Sermo subscriptus; Allocutiones in vestitionibus et professionibus; Litterae confraternitatis
Kaeppeli,II,28
Georgius ⟨de Rott⟩
Georgius ⟨de Vienna⟩
Georgius ⟨de Wyenna⟩
Georgius ⟨Seyfridi de Rott⟩
Georgius ⟨Siffridi⟩
Seyfridi, Georgius
Siffridi, Georgius

Georgius ⟨Spengler de Werdea⟩
→ **Spengler, Georg**

Georgius ⟨Sphrantzes⟩
1401 – 1477
Tusculum-Lexikon; CSGL; LMA,VII,2100
Francis, Gerasinus
Geōrgios ⟨ho Phrantzēs⟩
Georgios ⟨Sphrantzes⟩
Georgius ⟨Phrantzes⟩
Gerasinus ⟨Francis⟩
Phrantzes, Georgius
Phranza, Georgius
Phranzes, Georgius
Sphrantzes, Georgios
Sphrantzes, Georgius

Georgius ⟨Statyellensis⟩
→ **Georgius ⟨Merula⟩**

Georgius ⟨Stella⟩
gest. 1420
Potth.
Georgius ⟨Filius Facini⟩
Giorgio ⟨Stella⟩
Stella, Georgius

Georgius ⟨Strobel⟩
→ **Strobel, Georgius**

Georgius ⟨Swarcz⟩
→ **Nigri, Georgius**

Georgius ⟨Syceota⟩
7. Jh.
Vita Theodori Syceotae
Cpg 7973; Rep.Font. IV,684/85
Geōrgios ⟨ho Sykeōtēs⟩
Gregorius ⟨Siceliotes⟩
Gregorius ⟨Syceotes⟩
Siceliotes, Gregorius
Syceota, Georgius
Syceotes, Gregorius

Georgius ⟨Syncellus⟩
um 784/806
LThK; CSGL; Potth.; Tusculum-Lexikon
Georges ⟨le Syncelle⟩
Geōrgios ⟨Synkellos⟩
Georgios ⟨Synkellos⟩
Georgius ⟨Abbas⟩
Georgius ⟨Chronographus⟩
Georgius ⟨Constantinopolitanus⟩
Georgius ⟨Monachus⟩
Syncellus, Georgius

Georgius ⟨Theologus⟩
→ **Georgius ⟨Acropolita⟩**
→ **Georgius ⟨Trapezuntius⟩**

Georgius ⟨Tornices⟩
gest. um 1156/67
Tusculum-Lexikon 807/808; CSGL; Oxford dictionary of Byzantium, 3, 2097
George ⟨Tornikios⟩
Georges ⟨Tornikès⟩
Georgios ⟨Tornikes⟩
Georgios ⟨Tornikios⟩
Georgius ⟨Archiepiscopus⟩
Georgius ⟨Ephesi Metropolita⟩
Georgius ⟨Metropolita Ephesinus⟩
Tornices, Georgius
Tornikes, Georgios
Tornikios, Georgios

Georgius ⟨Tornices, Rhetor⟩
um 1190
Tusculum-Lexikon 808; Oxford dictionary of Byzantium, 3, 2097
George ⟨Tornikios⟩
Georgios ⟨Tornikes⟩
Georgius ⟨Tornices, Maistōr tōn Rhētorōn⟩
Tornices, Georgius
Tornikios, George

Georgius ⟨Trapesumcius⟩
→ **Georgius ⟨Trapezuntius⟩**

Georgius ⟨Trapezuntius⟩
1395 – 1484
Tusculum-Lexikon; LThK
Georg ⟨Trapezuntios⟩
Georg ⟨von Trapezunt⟩
George ⟨of Trebizond⟩
Georges ⟨de Trébizonde⟩
Geōrgios ⟨ho Trapezuntios⟩
Georgios ⟨Trapezuntios⟩
Georgius ⟨Aristotelicus⟩
Georgius ⟨Asceticus⟩
Georgius ⟨Astrologus⟩
Georgius ⟨Cretensis⟩
Georgius ⟨Creticus⟩
Georgius ⟨Epistolographus⟩
Georgius ⟨Platonicus⟩
Georgius ⟨Rhetor⟩
Georgius ⟨Theologus⟩
Georgius ⟨Trapesumcius⟩

Giorgio ⟨da Trebizonda⟩
Giorgio ⟨Trapezunzio⟩
Trapezontius, Georgius
Trapezuntius, Georgius

Georgius ⟨Tudel⟩
→ **Tudel, Georgius**

Georgius ⟨von Ostia⟩
→ **Georgius ⟨Hostiensis⟩**

Georgius ⟨Zingel de Schlierstadt⟩
um 1464/80
Stegmüller, Repert. bibl. 2452/2453
Georgius ⟨de Schlierstadt⟩
Georgius ⟨Magister Artium Wiennae⟩
Georgius ⟨Zingel⟩
Schlierstadt, Georgius ¬de¬
Zingel, Georgius
Zingel de Schlierstadt, Georgius

Georgius ⟨Zothorus Zaparus Fendulus⟩
12. Jh.
Liber astrologiae
Fendulus, Georgius Zothorus Zaparus
Zaparus Fendulus, Georgius Zothorus
Zothorus Zaparus Fendulus, Georgius

Georgius Gemistus ⟨Pletho⟩
→ **Georgius ⟨Pletho⟩**

Geppi, Andreas
→ **Andreas ⟨Geppi⟩**

Gepzen, Bertholdus
→ **Bertholdus ⟨Gepzen⟩**

Geraard ⟨Groote⟩
→ **Groote, Geert**

Geraard ⟨von Luik⟩
→ **Gerardus ⟨Leodiensis, ...⟩**

Gerald ⟨Odo⟩
→ **Gerardus ⟨Odonis⟩**

Gerald ⟨of Barry⟩
→ **Gerardus ⟨Cambrensis⟩**

Gerald ⟨of Wales⟩
→ **Gerardus ⟨Cambrensis⟩**

Gerald ⟨Tarneau⟩
um 1420/40
Chronique et journal (1423-1438)
Rep.Font. IV,691; Potth. 1045
Géraud ⟨Notaire de Pierrebuffière⟩
Géraud ⟨Tarneau⟩
Tarneau, Gerald
Tarneau, Géraud

Gerald ⟨the Welshman⟩
→ **Gerardus ⟨Cambrensis⟩**

Geraldi, Bernardus
→ **Bernardus ⟨Geraldi⟩**

Geraldinus, Antonius
ca. 1457 – ca. 1488
Vita Angeli Geraldini; Bucolica; Specimen carminum
LMA,IV,1297; Rep.Font. IV,691
Anthonius ⟨Geraldinus⟩
Antoine ⟨Geraldini⟩
Antonio ⟨Geraldini⟩
Antonius ⟨Geraldinus⟩
Geraldini, Antoine
Geraldini, Antonio
Geraldinus, Anthonius

Geraldus ⟨...⟩
→ **Gerardus ⟨...⟩**

Gérard ⟨a Sancto Laurentio⟩
→ **Gerardus ⟨de Sancto Laurentio⟩**

Gérard ⟨ab Horreo⟩
→ **Schueren, Gert ¬van der¬**

Gérard ⟨Ascétique⟩
→ **Gerardus ⟨Sclender⟩**

Gérard ⟨Bianchi⟩
→ **Gerardus ⟨de Parma⟩**

Gérard ⟨Bruine dit de Reims⟩
→ **Gerardus ⟨de Remis⟩**

Gérard ⟨Caccianemici⟩
→ **Lucius ⟨Papa, II.⟩**

Gérard ⟨Cambrai, Evêque, I.⟩
→ **Gerardus ⟨Cameracensis, I.⟩**

Gérard ⟨Cambrai, Evêque, II.⟩
→ **Gerardus ⟨Cameracensis, II.⟩**

Gérard ⟨d'Abbeville⟩
→ **Gerardus ⟨de Abbatisvilla⟩**

Gérard ⟨d'Allemagne⟩
→ **Gerardus ⟨Hamond de Alemania⟩**

Gérard ⟨d'Alost⟩
→ **Gerardus ⟨Cameracensis, II.⟩**

Gérard ⟨d'Amiens⟩
um 1300
Le roman de Charlemagne
Amiens, Gérard ¬d'¬
Gerard ⟨von Amiens⟩
Girard ⟨d'Amiens⟩
Girardin ⟨d'Amiens⟩
Girart ⟨d'Amiens⟩

Gérard ⟨d'Angoulême⟩
→ **Gerardus ⟨Engolismensis⟩**

Gérard ⟨d'Augsbourg⟩
→ **Gerardus ⟨Augustanus⟩**

Gérard ⟨d'Autun⟩
→ **Gerardus ⟨Augustodunensis⟩**

Gérard ⟨d'Auvergne⟩
→ **Gerardus ⟨de Arvernia⟩**

Gérard ⟨de Basoches⟩
→ **Gerardus ⟨Noviomensis⟩**

Gérard ⟨de Beauregard⟩
→ **Gerardus ⟨Augustodunensis⟩**

Gérard ⟨de Bergame⟩
→ **Gerardus ⟨Serina⟩**

Gérard ⟨de Bologne⟩
→ **Gerardus ⟨de Bononia⟩**
→ **Lucius ⟨Papa, II.⟩**

Gérard ⟨de Borgo-San-Donnino⟩
→ **Gerardus ⟨de Burgo Sancti Donnini⟩**

Gérard ⟨de Bourges⟩
→ **Gerardus ⟨de Solo⟩**

Gérard ⟨de Bourgogne⟩
→ **Nicolaus ⟨Papa, II.⟩**

Gérard ⟨de Breda⟩
→ **Gerardus ⟨de Breda⟩**

Gérard ⟨de Briançon⟩
→ **Gerardus ⟨de Brianson⟩**

Gérard ⟨de Brogne⟩
→ **Gerardus ⟨Broniensis⟩**

Gérard ⟨de Buern⟩
→ **Gerardus ⟨de Büren⟩**

Gérard ⟨de Cambrai⟩
→ **Gerardus ⟨Cameracensis, I.⟩**
→ **Gerardus ⟨Cameracensis, II.⟩**

Gérard ⟨de Châteauroux⟩
→ **Gerardus ⟨Odonis⟩**

Gérard ⟨de Chevron⟩
→ **Nicolaus ⟨Papa, II.⟩**

Gérard ⟨de Clermont⟩
→ **Gerardus ⟨de Arvernia⟩**

Gérard ⟨de Corbie⟩
→ **Gerardus ⟨de Silva Maiore⟩**

Gérard ⟨de Crémone⟩
→ **Gerardus ⟨Cremonensis⟩**
→ **Gerardus ⟨de Sabloneta⟩**

Gérard ⟨de Csanád⟩
→ **Gerardus ⟨Chanadiensis⟩**

Gérard ⟨de Domar⟩
→ **Gerardus ⟨de Domaro⟩**

Gérard ⟨de Flandria⟩
→ **Gerardo ⟨de Fiandra⟩**

Gérard ⟨de Florennes⟩
→ **Gerardus ⟨Cameracensis, I.⟩**

Gérard ⟨de Frachet⟩
→ **Gerardus ⟨de Fracheto⟩**

Gérard ⟨de Grandmontain⟩
→ **Gerardus ⟨Itherii⟩**

Gérard ⟨de Groote⟩
→ **Groote, Geert**

Gérard ⟨de Hanches⟩
→ **Gerardus ⟨de Hancinis⟩**

Gérard ⟨de Harderwijck⟩
→ **Harderwijck, Gerardus ¬de¬**

Gérard ⟨de Huy⟩
→ **Gerardus ⟨de Hoio⟩**

Gérard ⟨de la Garde⟩
→ **Gerardus ⟨de Domaro⟩**

Gérard ⟨de la Sauve-Majeure⟩
→ **Gerardus ⟨de Silva Maiore⟩**

Gérard ⟨de Liège⟩
→ **Gerardus ⟨Leodiensis, OCist⟩**
→ **Gerardus ⟨Leodiensis, OP⟩**

Gérard ⟨de Limoges⟩
→ **Gerardus ⟨de Fracheto⟩**

Gérard ⟨de Lisa⟩
→ **Gerardo ⟨de Fiandra⟩**

Gérard ⟨de Lochern⟩
→ **Gerardus ⟨Sclender⟩**

Gérard ⟨de Mailly⟩
→ **Gerardus ⟨de Malliaco⟩**

Gérard ⟨de Minden⟩
→ **Gerhard ⟨von Minden⟩**

Gérard ⟨de Monréal⟩
→ **Gérard ⟨de Montréal⟩**

Gérard ⟨de Monte⟩
→ **Gerardus ⟨de Monte⟩**

Gérard ⟨de Nogent⟩
→ **Gerardus ⟨de Novigento⟩**

Gérard ⟨de Noyon⟩
→ **Gerardus ⟨Noviomensis⟩**

Gérard ⟨de Prato⟩
→ **Gerardus ⟨de Prato⟩**

Gérard ⟨de Raedt⟩
→ **Harderwijck, Gerardus ¬de¬**

Gérard ⟨de Reims-Brugny⟩
→ **Gerardus ⟨de Remis⟩**

Gérard ⟨de Richenburg⟩
→ **Gerardus ⟨Stederburgensis⟩**

Gérard ⟨de Sabbioneta⟩
→ **Gerardus ⟨Cremonensis⟩**
→ **Gerardus ⟨de Sabloneta⟩**

Gérard ⟨de Saint-Denis⟩
→ **Gerardus ⟨de Sancto Dionysio⟩**

Gérard ⟨de Saint-Junien⟩
→ **Gerardus ⟨Itherii⟩**

Gérard ⟨de Saint-Médard⟩
→ **Gerardus ⟨Suessionensis⟩**

Gérard ⟨de Scheueren⟩
→ **Schueren, Gert ¬van der¬**

Gérard ⟨de Séon⟩
→ **Gerardus ⟨Seonensis⟩**

Gérard ⟨de Sienne⟩
→ **Gerardus ⟨de Senis⟩**

Gérard ⟨de Silteo⟩
→ **Gerardus ⟨de Silteo⟩**

Gérard ⟨de Soissons⟩
→ **Gerardus ⟨Suessionensis⟩**

Gérard ⟨de Stederburg⟩
→ **Gerardus ⟨Stederburgensis⟩**

Gérard ⟨de Sterngassen⟩
→ **Gerardus ⟨de Sterngassen⟩**

Gérard ⟨de Valenciennes⟩
13. Jh.
Gerars ⟨de Valenciennes⟩
Gerhard ⟨von Valenciennes⟩
Valenciennes, Gérard ¬de¬

Gérard ⟨de Venise⟩
→ **Gerardus ⟨Chanadiensis⟩**

Gérard ⟨de Vliederhoven⟩
→ **Gerardus ⟨de Vliederhoven⟩**

Gérard ⟨de Zutphen⟩
→ **Gerardus ⟨de Zutphania⟩**

Gérard ⟨de Zwoll⟩
→ **Gerardus ⟨Sclender⟩**

Gérard ⟨d'Elten⟩
→ **Gerardus ⟨Eltensis⟩**

Gérard ⟨d'Heerenberg⟩
→ **Gerardus ⟨de Monte⟩**

Gérard ⟨d'Ithier⟩
→ **Gerardus ⟨Itherii⟩**

Gérard ⟨d'Odon⟩
→ **Gerardus ⟨Odonis⟩**

Gérard ⟨Doyen de Saint-Médard⟩
→ **Gerardus ⟨Suessionensis⟩**

Gérard ⟨du Breuil⟩
→ **Gerardus ⟨de Brolio⟩**

Gérard ⟨Evêque de Cambrai, ...⟩
→ **Gerardus ⟨Cameracensis, ...⟩**

Gerard ⟨Groot⟩
→ **Groote, Geert**

Gérard ⟨Ithier⟩
→ **Gerardus ⟨Itherii⟩**

Gérard ⟨le Cambrien⟩
→ **Gerardus ⟨Cambrensis⟩**

Gérard ⟨le Grand⟩
→ **Groote, Geert**

Gérard ⟨le Prieur⟩
→ **Gerardus ⟨Itherii⟩**

Gerard ⟨Meister⟩
→ **Gerardus ⟨Magister⟩**

Gerard ⟨Odon⟩
→ **Gerardus ⟨Odonis⟩**

Gerard ⟨of Angoulême⟩
→ **Gerardus ⟨Engolismensis⟩**

Gerard ⟨of Autun⟩
→ **Gerardus ⟨Augustodunensis⟩**

Gerard ⟨of Auvergne⟩
→ **Gerardus ⟨de Arvernia⟩**

Gerard ⟨of Cremona⟩
→ **Gerardus ⟨Cremonensis⟩**

Gerard ⟨of Grammont⟩
→ **Gerardus ⟨Itherii⟩**

Gerard ⟨of Noyon⟩
→ **Gerardus ⟨Noviomensis⟩**

Gerard ⟨of Sutphen⟩
→ **Gerardus ⟨de Zutphania⟩**

Gérard ⟨Patecchio⟩
→ **Patecchio, Girardo**

Gérard ⟨Pateg⟩
→ **Patecchio, Girardo**

Gérard ⟨Rinesberch⟩
→ **Rinesberch, Gerd**

Gerard ⟨Sagredo⟩
→ **Gerardus ⟨Chanadiensis⟩**

Gérard ⟨Saint⟩
→ **Gerardus ⟨de Silva Maiore⟩**

Gérard ⟨Secrétaire des Ducs de Clèves⟩
→ **Schueren, Gert ¬van der¬**

Gérard ⟨Serina-Vasconi⟩
→ **Gerardus ⟨Serina⟩**

Gérard ⟨Terstegen⟩
→ **Gerardus ⟨de Monte⟩**

Gerard ⟨van Vliederhoven⟩
→ **Gerardus ⟨de Vliederhoven⟩**

Gerard ⟨van Zutphen⟩
→ **Gerardus ⟨de Zutphania⟩**

Gerard ⟨von Amiens⟩
→ **Gérard ⟨d'Amiens⟩**

Gerard ⟨von Brogne⟩
→ **Gerardus ⟨Broniensis⟩**

Gerard ⟨von der Scheueren⟩
→ **Schueren, Gert ¬van der¬**

Gerard ⟨von Zerbolt⟩
→ **Gerardus ⟨de Zutphania⟩**

Gerard ⟨von Zutphen⟩
→ **Gerardus ⟨de Zutphania⟩**

Gérard ⟨Zerbolt⟩
→ **Gerardus ⟨de Zutphania⟩**

Gerardi, Paolo
→ **Paolo ⟨Gherardi⟩**

Gerardino ⟨von Borgo San Donnino⟩
→ **Gerardus ⟨de Burgo Sancti Donnini⟩**

Gerardinus ⟨de Perusio⟩
um 1252/72 · OP
Contra Patarenos
Kaeppeli,II,30
Perusio, Gerardinus ¬de¬

Gerardo ⟨Alessandrino⟩
→ **Gerardus ⟨de Berneriis⟩**

Gerardo ⟨Alliata⟩
→ **Alliata, Gerardo**

Gerardo ⟨Anechini⟩
→ **Gerardus ⟨Anechini⟩**

Gerardo ⟨Bianchi⟩
→ **Gerardus ⟨de Parma⟩**

Gerardo ⟨Caccianemici⟩
→ **Lucius ⟨Papa, II.⟩**

Gerardo ⟨Cremonese⟩
→ **Gerardus ⟨Cremonensis⟩**

Gerardo ⟨da Feltre⟩
→ **Gerardus ⟨de Silteo⟩**

Gerardo ⟨da Sabbioneta⟩
→ **Gerardus ⟨de Sabloneta⟩**

Gerardo ⟨da Siena⟩
→ **Gerardus ⟨de Senis⟩**

Gerardo ⟨da Venezia⟩
→ **Gerardus ⟨Chanadiensis⟩**

Gerardo ⟨de Berneriis⟩
→ **Gerardus ⟨de Berneriis⟩**

Gerardo ⟨de Fiandra⟩
gest. 1499
Ital. Drucker
Fiandra, Gerardo ¬de¬
Flandria, Gerard ¬de¬
Flandria, Gerardus ¬de¬
Gerardus ⟨de Flandria⟩
Gerardus ⟨de Lisa⟩
Gerardus ⟨Tarvisinus⟩
Lisa, Gérard ¬de¬
Lisa, Gerardus ¬de¬

Gerardo ⟨de Odón⟩
→ **Gerardus ⟨Odonis⟩**

Gerardo ⟨de Sena⟩
→ **Gerardus ⟨de Senis⟩**

Gerardo ⟨della Borgogna⟩
→ **Nicolaus ⟨Papa, II.⟩**

Gerardo ⟨di Cremona⟩
→ **Gerardus ⟨de Sabloneta⟩**

Gerardo ⟨di Seeon⟩
→ **Gerardus ⟨Seonensis⟩**

Gerardo ⟨Halconero⟩
→ **Gerardus ⟨Falconarius⟩**

Gerardo ⟨Maestro⟩
→ **Gerardus ⟨de Berneriis⟩**

Gerardo ⟨Medico⟩
→ **Gerardus ⟨de Berneriis⟩**

Gerardo ⟨Sablonetano⟩
→ **Gerardus ⟨de Sabloneta⟩**

Gerardus ⟨a Burgo Sancti Donnini⟩
→ **Gerardus ⟨de Burgo Sancti Donnini⟩**

Gerardus ⟨a Sancto Laurentio⟩
→ **Gerardus ⟨de Sancto Laurentio⟩**

Gerardus ⟨ab Elten⟩
→ **Gerardus ⟨Eltensis⟩**

Gerardus ⟨ab Horreo⟩
→ **Schueren, Gert ¬van der¬**

Gerardus ⟨Abbas⟩
→ **Gerardus ⟨de Silva Maiore⟩**

Gerardus ⟨Abbas Monasterii Egmondensis⟩
→ **Gerardus ⟨de Ockenbergh⟩**

Gerardus ⟨Abbas Seeonensis, II.⟩
→ **Gerardus ⟨Seonensis⟩**

Gerardus ⟨Albus⟩
→ **Gerardus ⟨de Parma⟩**

Gerardus ⟨Anechini⟩
um 1399
De quibusdam miraculis Virginis Mariae occursis Mutinae
Rep.Font. IV,695
Anechini, Gerardus
Gerardo ⟨Anechini⟩
Gerardus ⟨Anechino⟩

Gerardus ⟨Antverpiensis⟩
→ **Gerardus ⟨de Hancinis⟩**

Gerardus ⟨Archidiaconus⟩
→ **Gerardus ⟨Cambrensis⟩**

Gerardus ⟨Augustanus⟩
10. Jh.
Vita S. Udalrici episcopi Augustani (wurde von Gebehardus ⟨Augustanus⟩ (gest. 1001) gründlich revidiert)
VL(2),2,1225/29; DOC,1,816; Tusculum-Lexikon
Augustanus, Gerardus
Gérard ⟨d'Augsbourg⟩
Gerardus ⟨Praepositus⟩
Gerardus ⟨Presbyter⟩
Gerardus ⟨Sanctae Mariae⟩
Gerhard ⟨d'Augusta⟩
Gerhard ⟨von Augsburg⟩

Gerardus ⟨Augustodunensis⟩
gest. 1276
Gérard ⟨de Beauregard⟩
Gérard ⟨d'Autun⟩
Gerard ⟨of Autun⟩
Gerardus ⟨Episcopus⟩
Gerhard ⟨von Autun⟩

Gerardus ⟨aus Zutphen⟩
→ **Gerardus ⟨de Zutphania⟩**

Gerardus ⟨Barrius⟩
→ **Gerardus ⟨Cambrensis⟩**

Gerardus ⟨Bientius⟩
→ **Gerardus ⟨de Solo⟩**

Gerardus ⟨Biterrensis⟩
→ **Gerardus ⟨de Solo⟩**

Gerardus ⟨Bituricensis⟩
→ **Gerardus ⟨de Solo⟩**

Gerardus ⟨Blancus Parmensis⟩
→ **Gerardus ⟨de Parma⟩**

Gerardus ⟨Bononiensis⟩
→ **Gerardus ⟨de Bononia⟩**

Gerardus ⟨Bredanus⟩
→ **Gerardus ⟨de Breda⟩**

Gerardus ⟨Briansonis⟩
→ **Gerardus ⟨de Brianson⟩**

Gerardus ⟨Broniensis⟩
gest. 959 · OSB
Gérard ⟨de Brogne⟩
Gerard ⟨de Broigne⟩
Gerard ⟨von Brogne⟩
Gerardus ⟨Sanctus⟩
Gerhard ⟨von Brogne⟩

Gerardus ⟨Bruine⟩
→ **Gerardus ⟨de Remis⟩**

Gerardus ⟨Bruxellensis⟩
13. Jh.
Liber magistri Gerardi de Brussel de motu
LMA,IV,1317
Gerardus ⟨Brusselensis⟩
Gerardus ⟨de Brussel⟩
Gerhard ⟨von Brüssel⟩

Gerardus ⟨Burgundus⟩
um 1330 · OFM
Commentaria in Aristotelis logicam
Lohr
Burgundus, Gerardus

Gerardus ⟨Butatus de Sola⟩
→ **Gerardus ⟨de Solo⟩**

Gerardus ⟨Caccianemici⟩
→ **Lucius ⟨Papa, II.⟩**

Gerardus ⟨Cambrensis⟩
1147 – 1223
Tusculum-Lexikon; LThK; CSGL
Gerald ⟨of Barry⟩
Gerald ⟨of Wales⟩
Gerald ⟨the Welshman⟩
Gérard ⟨le Cambrien⟩
Gerardus ⟨Archidiaconus⟩
Gerardus ⟨Barrius⟩
Gerardus ⟨de Barri⟩
Gerardus ⟨Episcopus⟩
Gerardus ⟨Menevensis⟩
Gerardus ⟨of Saint Davids⟩
Gérold ⟨le Gallois⟩
Giraldus ⟨Cambrensis⟩
Giraldus ⟨de Barri⟩
Giraldus ⟨de Barry⟩
Giraldus, Sylvester
Giraldus Cambrensis, Silvester
Giraud ⟨de Barri⟩
Giraud ⟨de Brecknock⟩
Giraud ⟨le Cambrien⟩
Silvester ⟨Cambrensis⟩

Gerardus ⟨Cameracensis, I.⟩
ca. 975 – 1051
Auf seine Anregung entstanden die „Gesta episcoporum Cameracensium"
LMA,IV,1311/12
Gérard ⟨Cambrai, Evêque, I.⟩
Gérard ⟨de Cambrai⟩
Gérard ⟨de Florennes⟩
Gérard ⟨de Florines⟩
Gerardus ⟨Cameracensis⟩
Gerardus ⟨de Rufigny⟩
Gerardus ⟨Episcopus⟩
Gerardus ⟨Florinensis⟩
Gerardus ⟨of Cambray⟩
Gerhard ⟨Cambrai, Bischof, I.⟩
Gerhard ⟨von Cambrai⟩

Gerardus ⟨Cameracensis, II.⟩
gest. 1092
Littera de libertate monasterii Affligemensis
CSGL
Gérard ⟨Cambrai, Evêque, II.⟩
Gérard ⟨de Cambrai⟩
Gérard ⟨d'Alost⟩
Gérard ⟨Evêque de Cambrai, II.⟩
Gerardus ⟨Cameracensis⟩
Gerardus ⟨Episcopus⟩
Gerardus ⟨Episcopus, II.⟩
Gerardus ⟨of Cambray⟩
Gerhard ⟨von Cambrai⟩

Gerardus ⟨Canonicus⟩
→ **Gerardus ⟨de Arvernia⟩**

Gerardus ⟨Carmonensis⟩
→ **Gerardus ⟨Cremonensis⟩**

Gerardus ⟨Carrara de Varonibus⟩
→ **Gerardus ⟨Serina⟩**

Gerardus ⟨Carthusianus⟩
→ **Gerardus ⟨de Breda⟩**

Gerardus ⟨Chanadiensis⟩
ca. 977 – 1046
Tusculum-Lexikon; LThK; CSGL
Gellért ⟨Szent⟩
Gellért ⟨von Csanád⟩
Gérard ⟨de Csanád⟩
Gerard ⟨de Venezia⟩
Gérard ⟨de Venise⟩
Gerard ⟨Sagredo⟩
Gerardo ⟨da Venezia⟩
Gerardus ⟨Csanadiensis⟩
Gerardus ⟨de Czanád⟩
Gerardus ⟨Episcopus⟩
Gerardus ⟨Moresanus⟩
Gerardus ⟨Moresena⟩
Gerardus ⟨Sanctus⟩
Gerhard ⟨von Csanád⟩

Gerardus ⟨Claromontensis⟩
→ **Gerardus ⟨de Arvernia⟩**

Gerardus ⟨Comes Senensis⟩
→ **Gerardus ⟨de Sayn⟩**

Gerardus ⟨Corbiensis⟩
→ **Gerardus ⟨de Silva Maiore⟩**

Gerardus ⟨Cornubiensis⟩
um 1350
Historia Guidonis de Warwyke
Rep.Font. V,148
Girard ⟨de Cornouailles⟩

Gerardus ⟨Cremonensis⟩
→ **Gerardus ⟨de Sabloneta⟩**

Gerardus ⟨Cremonensis⟩
1114 – 1187
Tusculum-Lexikon; LThK; Meyer
Gérard ⟨de Crémone⟩
Gérard ⟨de Cremone⟩
Gérard ⟨de Sabbionetta⟩
Gerard ⟨of Cremona⟩
Gerardo ⟨Carmonensis⟩
Gerardo ⟨Cremonensis⟩
Gerardo ⟨Cremonese⟩
Gerardo ⟨da Cremona⟩
Gerardus ⟨Carmonensis⟩
Gerardus ⟨Fulginas⟩
Gerardus ⟨Toletanus⟩
Gerhard ⟨von Cremona⟩
Gherado ⟨Cremonensis⟩
Gherardo ⟨Cremonese⟩
Gherardus ⟨Cremonensis⟩
Giriardus ⟨Cremonensis⟩
Pseudo-Gerardus ⟨Cremonensis⟩

Gerardus ⟨Csanadiensis⟩
→ **Gerardus ⟨Chanadiensis⟩**

Gerardus ⟨Damarus⟩
→ **Gerardus ⟨de Domaro⟩**

Gerardus ⟨Daventriensis⟩
→ **Groote, Geert**

Gerardus ⟨de Abbatisvilla⟩
gest. 1272
LThK
Abbatisvilla, Gerardus ¬de¬
Gérard ⟨d'Abbeville⟩
Gerardus ⟨Sagarellus⟩
Geraudus ⟨de Abbatisvilla⟩
Gerhard ⟨von Abbeville⟩
Gerondus ⟨de Abbatisvilla⟩
Guerondus ⟨de Abbatisvilla⟩

Gerardus ⟨de Albalat⟩
um 1294
Epistola
Rep.Font. IV,695
Albalat, Gerardus ¬de¬
Gerardus ⟨Procurator Regis Aragonum Jacobi II.⟩

Gerardus ⟨de Alemania⟩
→ **Gerardus ⟨Hamond de Alemania⟩**

Gerardus ⟨de Ancinis⟩
→ **Gerardus ⟨de Hancinis⟩**

Gerardus ⟨de Antverpia⟩
→ **Gerardus ⟨de Hancinis⟩**

Gerardus ⟨de Arvernia⟩
gest. 1288
Potth.
Arvernia, Gerardus ¬de¬
Gérard ⟨de Clermont⟩
Gérard ⟨d'Auvergne⟩
Gerard ⟨of Auvergne⟩
Gerardus ⟨Canonicus⟩
Gerardus ⟨Claromontensis⟩
Gerhard ⟨von Auvergne⟩

Gerardus ⟨de Barri⟩
→ **Gerardus ⟨Cambrensis⟩**

Gerardus ⟨de Bergamo⟩
→ **Gerardus ⟨Serina⟩**

Gerardus ⟨de Berneriis⟩
15. Jh.
Consilia medica
Berneriis, Gerardus ¬de¬
Gerardo ⟨Alessandrino⟩
Gerardo ⟨de Berneriis⟩
Gerardo ⟨Maestro⟩
Gerardo ⟨Medico⟩
Girardo ⟨de Berneriis⟩
Girardo ⟨di Alessandria⟩

Gerardus ⟨de Blavia⟩
→ **Gerardus ⟨Engolismensis⟩**

Gerardus ⟨de Bononia⟩
gest. 1317
LThK
Bononia, Gerardus ¬de¬
Gérard ⟨de Bologne⟩
Gerardus ⟨Bononiensis⟩
Gerhard ⟨von Bologna⟩
Gerhardo ⟨von Bologna⟩

Gerardus ⟨de Borgo San Donnino⟩
→ **Gerardus ⟨de Burgo Sancti Donnini⟩**

Gerardus ⟨de Breda⟩
gest. 1474 · OCart
Ps. 67
Stegmüller, Repert. bibl. 2457
Breda, Gerardus ¬de¬
Gérard ⟨de Breda⟩
Gerardus ⟨Bredanus⟩
Gerardus ⟨Carthusianus⟩

Gerardus ⟨de Breuil⟩
→ **Gerardus ⟨de Brolio⟩**

Gerardus ⟨de Brianson⟩
um 1500 · OFM
In quattuor libros Sententiarum ad mentem Scoti; In septem Psalmos Poenitentiales
Stegmüller, Repert. bibl. 2458
Brianson, Gerardus ¬de¬
Gérard ⟨de Briançon⟩
Gerardus ⟨Briansonis⟩
Giraldus ⟨Briansonis⟩
Guido ⟨Briansonis⟩

Gerardus ⟨de Brolio⟩
13. Jh.
Quaestiones de generatione et corruptione; Scripta super librum De animalibus
Lohr
Berardus ⟨de Brolio⟩
Brolio, Gerardus ¬de¬
Gérard ⟨du Breuil⟩
Gerardus ⟨de Breuil⟩
Gregorius ⟨de Brolio⟩
Herzo

Gerardus ⟨de Bruine⟩
→ **Gerardus ⟨de Remis⟩**

Gerardus ⟨de Brussel⟩
→ **Gerardus ⟨Bruxellensis⟩**

Gerardus ⟨de Büren⟩
um 1382 · OP
Stegmüller, Repert. sentent. 249
Büren, Gerardus ¬de¬
Gérard ⟨de Buern⟩
Gérard ⟨de Buren⟩
Gerardus ⟨de Buren⟩
Gerhardus ⟨de Buren⟩

Gerardus ⟨de Burgo Sancti Donnini⟩
gest. ca. 1276 · OFM
Liber introductorius in Evangelium aeternum
LMA,IV,1316; Stegmüller, Repert. bibl. 2454-2456; Rep.Font. IV,696
Burgo Sancti Donnini, Gerardus ¬de¬
Gérard ⟨de Borgo-San-Donnino⟩
Gerardino ⟨von Borgo San Donnino⟩
Gerardinus ⟨de Burgo Sancti Donnini⟩
Gerardus ⟨a Burgo Sancti Donnini⟩
Gerardus ⟨de Borgo San Donnino⟩
Gerhard ⟨von Borgo San Donnino⟩

Gerardus ⟨de Burgundia⟩
→ **Nicolaus ⟨Papa, II.⟩**

Gerardus ⟨de Cellis⟩
um 1437
Quaestiones libri Priorum; Textus libri Priorum; Quaestiones libri Posteriorum; etc.
Lohr
Cellis, Gerardus ¬de¬
Geraldus ⟨de Cellis⟩

Gerardus ⟨de Cologne⟩
→ **Gerardus ⟨Presbyter⟩**

Gerardus ⟨de Czanád⟩
→ **Gerardus ⟨Chanadiensis⟩**

Gerardus ⟨de Daumaro⟩
→ **Gerardus ⟨de Domaro⟩**

Gerardus ⟨de Domaro⟩
gest. 1343 · OP
Sermones docti et elegantes; Quaedam theologica erudita
Schneyer,II,172
Domar, Gérard ¬de¬
Domaro, Gerardus ¬de¬
Gérard ⟨de Domar⟩
Gérard ⟨de la Garde⟩
Gerardus ⟨Damarus⟩
Gerardus ⟨de Daumaro⟩

Gerardus ⟨de Gerria⟩
Gerardus ⟨de Guardia⟩
Gerardus ⟨de la Garde⟩
Gerardus ⟨Domar⟩
Gerardus ⟨Domar de la Garde⟩
Gerardus ⟨Domarus⟩
Gerhard ⟨von Domar⟩

Gerardus ⟨de Elten⟩
→ **Gerardus ⟨Eltensis⟩**

Gerardus ⟨de Flandria⟩
→ **Gerardo ⟨de Fiandra⟩**

Gerardus ⟨de Fracheto⟩
gest. 1271 · OP
LThK; Potth.
Frachet, Gérard ¬de¬
Fracheto, Gerardus ¬de¬
Gérard ⟨de Frachet⟩
Gérard ⟨de Limoges⟩
Gerardus ⟨Frachet⟩
Gerardus ⟨Lemovicensis⟩
Gerardus ⟨Prior⟩
Gerhard ⟨von Frachet⟩
Gerhardus ⟨Lemovicensis⟩
Girardus ⟨de Fracheto⟩

Gerardus ⟨de Gerria⟩
→ **Gerardus ⟨de Domaro⟩**

Gerardus ⟨de Guardia⟩
→ **Gerardus ⟨de Domaro⟩**

Gerardus ⟨de Hanchiis⟩
→ **Gerardus ⟨de Hancinis⟩**

Gerardus ⟨de Hancinis⟩
um 1346/68 · OP
Comment. in Sent.; Sermo mag.
Gerardi de Huntanisse De
Nativitate Virginis
Kaeppeli,II,39
Gérard ⟨de Hanches⟩
Gérard ⟨de Hancinis⟩
Gerardus ⟨Antverpiensis⟩
Gerardus ⟨de Ancinis⟩
Gerardus ⟨de Antverpia⟩
Gerardus ⟨de Hanchiis⟩
Gerardus ⟨de Huntanisse⟩
Gerardus ⟨Hancinus⟩
Gerardus ⟨Hientins⟩
Gerardus ⟨Hientins de Antverpia⟩
Gerhard ⟨Hancinis⟩
Hancinis, Gerardus ¬de¬
Hancinis, Gerhard
Hientins, Gerardus

Gerardus ⟨de Harderwijck⟩
→ **Harderwijck, Gerardus ¬de¬**

Gerardus ⟨de Herrenberg⟩
→ **Gerardus ⟨de Monte⟩**

Gerardus ⟨de Hoio⟩
13. Jh.
Correct. Bibl. Nov. Test.
Stegmüller, Repert. bibl. 2462-2464
Gérard ⟨de Huy⟩
Gerardus ⟨de Hoyo⟩
Hoio, Gerardus ¬de¬

Gerardus ⟨de Huntanisse⟩
→ **Gerardus ⟨de Hancinis⟩**

Gerardus ⟨de la Garde⟩
→ **Gerardus ⟨de Domaro⟩**

Gerardus ⟨de la Sauve Majeure⟩
→ **Gerardus ⟨de Silva Maiore⟩**

Gerardus ⟨de Liège⟩
→ **Gerardus ⟨Leodiensis, ...⟩**

Gerardus ⟨de Lisa⟩
→ **Gerardo ⟨de Fiandra⟩**

Gerardus ⟨de Lochem⟩
→ **Gerardus ⟨Sclender⟩**

Gerardus ⟨de Malliaco⟩
13. Jh.
Sermo in die Paschae; Dominica quarta post Epiphaniam
Schönberger/Kible, Repertorium, 12826/28
Gérard ⟨de Mailly⟩
Malliaco, Gerardus ¬de¬

Gerardus ⟨de Maurisio⟩
→ **Maurisius, Gerardus**

Gerardus ⟨de Mayence⟩
→ **Gerardus ⟨Presbyter⟩**

Gerardus ⟨de Minda⟩
→ **Gerhard ⟨von Minden⟩**

Gerardus ⟨de Mon. Corbon.⟩
13./14. Jh.
Scriptum super librum Praedicamentorum
Lohr
Mon. Corbon., Gerardus ¬de¬

Gerardus ⟨de Monte⟩
ca. 1400 – 1480
Gérard ⟨de Monte⟩
Gérard ⟨d'Heerenberg⟩
Gérard ⟨Terstegen⟩
Gerardus ⟨de Herrenberg⟩
Gerardus ⟨de Monte Domini⟩
Gerardus ⟨ter Steghen⟩
Monte, Gerardus ¬de¬
Terstegen, Gérard

Gerardus ⟨de Monte Domini⟩
→ **Gerardus ⟨de Monte⟩**

Gerardus ⟨de Montpellier⟩
→ **Gerardus ⟨de Solo⟩**

Gerardus ⟨de Nagemo⟩
→ **Gerardus ⟨de Novigento⟩**

Gerardus ⟨de Nogento⟩
→ **Gerardus ⟨de Novigento⟩**

Gerardus ⟨de Novigento⟩
um 1253/92
Super librum Posteriorum; Glossulae super veterem logicam
Lohr
Geraldus ⟨de Noganto⟩
Gérard ⟨de Nogent⟩
Gerardus ⟨de Nagemo⟩
Gerardus ⟨de Nogento⟩
Gerardus ⟨de Nogeto⟩
Girardus ⟨de Nagento⟩
Novigento, Gerardus ¬de¬

Gerardus ⟨de Ockenbergh⟩
um 1421 · OSB
Informacio pro ... Gerardo de Ockenbergh; (wohl Adressat)
Rep.Font. IV,699; VI,238
Gerardus ⟨Abbas Monasterii Egmondensis⟩
Gerardus ⟨Egmondensis⟩
Ockenbergh, Gerardus ¬de¬

Gerardus ⟨de Parma⟩
ca. 1220 – 1302
Formularium
Rep.Font. IV,699
Bianchi, Gérard
Bianchi, Gerardo
Gérard ⟨Bianchi⟩
Gerardo ⟨Bianchi⟩
Gerardus ⟨Albus⟩
Gerardus ⟨Blancus⟩
Gerardus ⟨Blancus Parmensis⟩
Gerardus ⟨Parmensis⟩
Gerhard ⟨von Parma⟩
Gerhard ⟨von Sabina⟩
Parma, Gerardus ¬de¬

Gerardus ⟨de Piscario⟩
14. Jh. · OFM
Ars faciendi sermones
Schönberger/Kible, Repertorium, 12781
Geraldus ⟨de Piscavio⟩
Gerardus ⟨de Piscavio⟩
Géraud ⟨du Pescher⟩
Piscario, Gerardus ¬de¬

Gerardus ⟨de Prato⟩
Lebensdaten nicht ermittelt · OFM
Breviloquium in sententias
Stegmüller, Repert. sentent. 254
Gérard ⟨de Prato⟩
Gherardo ⟨de Prato⟩
Prato, Gérard ¬de¬
Prato, Gerardus ¬de¬

Gerardus ⟨de Remis⟩
um 1271/75 · OP
Sermones z.T. Guilelmus ⟨de Malliaco⟩ zugewiesen
Schneyer,II,178
Gérard ⟨Bruine dit de Reims⟩
Gérard ⟨de Reims-Brugny⟩
Gérard ⟨de Reims-Bruine⟩
Gerardus ⟨Bruine⟩
Gerardus ⟨de Bruine⟩
Gerardus ⟨de Remis, Bruine⟩
Gerardus ⟨Remensis⟩
Pseudo-Gerardus ⟨Remensis⟩
Remis, Gerardus ¬de¬

Gerardus ⟨de Rufigny⟩
→ **Gerardus ⟨Cameracensis, I.⟩**

Gerardus ⟨de Sabloneta⟩
um 1255
Iudicia; Theoria planetarum; Liber geomantie astronomie; nicht identisch mit Gerardus ⟨Cremonensis⟩
Gérard ⟨de Crémone⟩
Gérard ⟨de Sabbioneta⟩
Gerardo ⟨da Sabbioneta⟩
Gerardo ⟨di Cremona⟩
Gerardo ⟨Sablonetano⟩
Gerardus ⟨Cremonensis⟩
Gerardus ⟨of Sabbioneta⟩
Gerardus ⟨Sablonetanus⟩
Gerardus ⟨Sabulonetanus⟩
Gerhard ⟨von Cremona⟩
Gerhard ⟨von Sabbioneta⟩
Gherardo ⟨de Sabbioneta⟩
Sabloneta, Gerardus ¬de¬

Gerardus ⟨de Saint-Denys⟩
→ **Gerardus ⟨de Sancto Dionysio⟩**

Gerardus ⟨de Sancto Dionysio⟩
14. Jh.
Schneyer,II,184
Gérard ⟨de Saint-Denis⟩
Gérard ⟨de Saint-Denys⟩
Gerardus ⟨de Saint-Denys⟩
Sancto Dionysio, Gerardus ¬de¬

Gerardus ⟨de Sancto Laurentio⟩
gest. 1376 · OP
Sermones de tempore et de sanctis
Kaeppeli,II,40
Gérard ⟨a Sancto Laurentio⟩
Gerardus ⟨a Sancto Laurentio⟩
Sancto Laurentio, Gerardus ¬de¬

Gerardus ⟨de Sayn⟩
1417 – 1493
Epistola ad Carolum Burgundiae ducem
Rep.Font. IV,700
Gerardus ⟨Comes Senensis⟩
Sayn, Gerardus ¬de¬
Gerardus ⟨Comes de Sayn⟩

Gerardus ⟨de Schueren⟩
→ **Schueren, Gert ¬van der¬**

Gerardus ⟨de Senis⟩
ca. 1295 – 1336 · OESA
De usuris et praescriptionibus; Tractatus super octo erroribus Begardorum et Beghinarum
LMA,IV,1319; Stegmüller, Repert. sentent. 93;255; Rep.Font. IV,700
Gérard ⟨de Sienne⟩
Gerardo ⟨da Siena⟩
Gerardo ⟨de Sena⟩
Gerardus ⟨de Siena⟩
Gerardus ⟨Senensis⟩
Gerhard ⟨von Siena⟩
Pseudo-Gerardus ⟨de Senis⟩
Senis, Gerardus ¬de¬

Gerardus ⟨de Silteo⟩
13. Jh. · OP
Summa de astris
LMA,IV,1319; Kaeppeli,II,34/35
Gérard ⟨de Silteo⟩
Gerardo ⟨da Feltre⟩
Gerardus ⟨Feltrensis⟩
Gerhard ⟨von Feltre⟩
Gerhard ⟨von Sileto⟩
Gerhard ⟨von Silteo⟩
Silteo, Gerardus ¬de¬

Gerardus ⟨de Silva Maiore⟩
1025 – 1095
Gérard ⟨de Corbie⟩
Gérard ⟨de la Sauve-Majeure⟩
Gérard ⟨Saint⟩
Gerardus ⟨Abbas⟩
Gerardus ⟨Abbé⟩
Gerardus ⟨Corbiensis⟩
Gerardus ⟨de la Sauve Majeure⟩
Gerardus ⟨Sanctus⟩
Gerardus ⟨Silvae Maioris⟩
Gerhard ⟨von Sauve-Majeure⟩
Pseudo-Gerardus ⟨de Silva Maiore⟩
Silva Maiore, Gerardus ¬de¬

Gerardus ⟨de Solo⟩
gest. 1360
Tractatus de febribus
LMA,VII,2036/37
Gérard ⟨de Bourges⟩
Gerardus ⟨Bientius⟩
Gerardus ⟨Biterrensis⟩
Gerardus ⟨Bituricensis⟩
Gerardus ⟨Butatus⟩
Gerardus ⟨Butatus de Sola⟩
Gerardus ⟨de Montpellier⟩
Géraud ⟨de Bourges⟩
Geraudus ⟨Bituricensis⟩
Girard ⟨de Solo⟩
Pseudo-Gerardus ⟨de Solo⟩
Solo, Gerardus ¬de¬
Solo, Gerhard ¬von¬

Gerardus ⟨de Sterngassen⟩
um 1310/25 · OP
Medela animae languentis (= Pratum animarum)
LMA,IV,1319
Gérard ⟨de Sterngassen⟩
Gerardus ⟨de Sterngassin⟩
Gerardus ⟨Sterngassensis⟩
Gerhard ⟨von Sterngassen⟩
Gerhart ⟨von Sterrengassen⟩
Korngin ⟨von Sterngassen⟩
Sterngassen, Gerardus ¬de¬

Gerardus ⟨de Sutphanio⟩
→ **Gerardus ⟨de Zutphania⟩**

Gerardus ⟨de Traiecto⟩
um 1299/1315
Historia super Cant.
Stegmüller, Repert. bibl. 2474
Gerardus ⟨de Utrecht⟩
Gerardus ⟨Socius de la Sorbonne⟩
Gerardus ⟨Socius Sorbonae⟩
Gerardus ⟨Traiectensis⟩
Traiecto, Gerardus ¬de¬

Gerardus ⟨de Tribus Fontibus⟩
um 1217 · OCist
Schneyer,II,184
Gerardus ⟨de Trois Fontaines⟩
Girard ⟨Abbé⟩
Girard ⟨Cistercien⟩
Girard ⟨de Trois-Fontaines⟩
Girardus ⟨de Tribus Fontibus⟩
Guiard ⟨Abbé⟩
Guiard ⟨Cistercien⟩
Guiard ⟨de Trois-Fontaines⟩
Guiardus ⟨de Tribus Fontibus⟩
Guiardus ⟨de Trois Fontaines⟩
Tribus Fontibus, Gerardus ¬de¬

Gerardus ⟨de Trois Fontaines⟩
→ **Gerardus ⟨de Tribus Fontibus⟩**

Gerardus ⟨de Utrecht⟩
→ **Gerardus ⟨de Traiecto⟩**

Gerardus ⟨de Varonibus⟩
→ **Gerardus ⟨Serina⟩**

Gerardus ⟨de Vasconibus⟩
→ **Gerardus ⟨Serina⟩**

Gerardus ⟨de Vliederhoven⟩
gest. 1402
VL(2); CSGL
Gérard ⟨de Vliederhoven⟩
Gerard ⟨van Vliederhoven⟩
Gerardus ⟨Teutonicus⟩
Gerardus ⟨Vliederhovensis⟩
Gerhard ⟨von Vliederhoven⟩
Vliederhoven, Gerardus ¬de¬

Gerardus ⟨de Wilich⟩
→ **Gerardus ⟨Vilichius⟩**

Gerardus ⟨de Wittlich⟩
→ **Gerardus ⟨Vilichius⟩**

Gerardus ⟨de Zutphania⟩
gest. 1398
LThK; VL(2); CSGL; LMA,IX,545
Gérard ⟨de Zutphen⟩
Gerard ⟨of Sutphen⟩
Gerard ⟨van Zutphen⟩
Gerard ⟨von Zerbolt⟩
Gerard ⟨von Zutphen⟩
Gérard ⟨Zerbolt⟩
Gerardus ⟨aus Zutphen⟩
Gerardus ⟨de Sutphanio⟩
Gerardus ⟨Sutphaniensis⟩
Gerardus ⟨Zerbolt de Zutphen⟩
Gerardus ⟨Zutphaniensis⟩
Gerhard ⟨of Zutphen⟩
Gerhard ⟨von Zutphen⟩
Gerhard ⟨Zerbolt⟩
Sutphania, Gerardus ¬de¬
Zerbold, Gerard
Zerbold van Zutphen, Gerard
Zerbolt, Gerard
Zerbolt van Zutphen, Gerhard
Zutphania, Gerardus ¬de¬
Zutphen, Gerhard Zerbolt ¬van¬

Gerardus ⟨Decanus⟩
→ **Gerardus ⟨Suessionensis⟩**

Gerardus ⟨Domar de la Garde⟩
→ **Gerardus ⟨de Domaro⟩**

Gerardus ⟨Egmondensis⟩
→ **Gerardus ⟨de Ockenbergh⟩**

Gerardus ⟨Eltensis⟩
gest. 1484
LThK; VL(2); Meyer
Elten, Gerardus ¬de¬
Gérard ⟨d'Elten⟩
Gerardus ⟨ab Elten⟩
Gerardus ⟨de Elten⟩
Gerhard ⟨von Elten⟩

Gerardus ⟨Engolismensis⟩
gest. 1136
CSGL
Blavia, Gerardus ¬de¬
Gérard ⟨d'Angoulême⟩
Gerard ⟨of Angoulême⟩
Gerardus ⟨Episcopus⟩
Gerardus ⟨de Blavia⟩

Gerardus ⟨Episcopus⟩
→ **Gerardus ⟨Augustodunensis⟩**
→ **Gerardus ⟨Cambrensis⟩**
→ **Gerardus ⟨Cameracensis, I.⟩**
→ **Gerardus ⟨Cameracensis, II.⟩**
→ **Gerardus ⟨Chanadiensis⟩**
→ **Gerardus ⟨Engolismensis⟩**

Gerardus ⟨Falconarius⟩
12. Jh.
Liber medicaminis volucrum
Rep.Font. IV,698
Falconarius, Gerardus
Gerardo ⟨Halconero⟩

Gerardus ⟨Feltrensis⟩
→ **Gerardus ⟨de Silteo⟩**

Gerardus ⟨Florinensis⟩
→ **Gerardus ⟨Cameracensis, I.⟩**

Gerardus ⟨Frachet⟩
→ **Gerardus ⟨de Fracheto⟩**

Gerardus ⟨Fulginas⟩
→ **Gerardus ⟨Cremonensis⟩**

Gerardus ⟨Grandimontensis⟩
→ **Gerardus ⟨Itherii⟩**

Gerardus ⟨Grootius⟩
→ **Groote, Geert**

Gerardus ⟨Hamond de Alemania⟩
15. Jh.
In De anima
Lohr
Alemania, Gerardus ¬de¬
Gérard ⟨d'Allemagne⟩
Gerardus ⟨de Alemania⟩
Gerardus ⟨Hamond⟩
Hamond, Gerardus
Hamond de Alemania, Gerardus

Gerardus ⟨Hancinus⟩
→ **Gerardus ⟨de Hancinis⟩**

Gerardus ⟨Hel⟩
→ **Hel, Erhard**

Gerardus ⟨Henrici⟩
→ **Harderwijck, Gerardus ¬de¬**

Gerardus ⟨Herderwiccensis⟩
→ **Harderwijck, Gerardus ¬de¬**

Gerardus ⟨Hientins de Antverpia⟩
→ **Gerardus ⟨de Hancinis⟩**

Gerardus ⟨Itherii⟩
gest. 1197
CSGL; Potth.
Gérard ⟨de Grandmontain⟩
Gérard ⟨de Saint-Junien⟩
Gérard ⟨d'Ithier⟩
Gérard ⟨Ithier⟩
Gérard ⟨le Prieur⟩
Gerard ⟨of Grammont⟩
Gerardus ⟨Grandimontensis⟩
Gerardus ⟨Itherius⟩
Gerardus ⟨Prior⟩
Gerardus ⟨von Grandmont⟩
Itherii, Gerardus
Itherius, Gerardus

Gerardus ⟨Lemovicensis⟩
→ **Gerardus ⟨de Fracheto⟩**

Gerardus ⟨Leodiensis, OCist⟩
13. Jh. · OCist
De doctrina cordis (wurde häufig fälschl. Gerardus ⟨Leodiensis, OP⟩ zugeordnet); De remediis contra amorem illicitum; Quinque incitamenta ad Deum amandum ardenter
VL(2),2,1233/35
Geraard ⟨von Luik⟩
Gérard ⟨de Liège⟩
Gérard ⟨de Liège, Cistercien⟩
Gerardus ⟨Leodiensis⟩
Gerhard ⟨von Lüttich⟩

Gerardus ⟨Leodiensis, OP⟩
gest. 1270 · OP
Sermones de tempore et de sanctis per circulum anni
Schneyer,II,173
Gérard ⟨de Liège⟩
Gérard ⟨de Liège, Dominicain⟩
Gerardus ⟨de Leodio⟩
Gerardus ⟨de Liège⟩

Gerardus ⟨Magister⟩
um 1300 · OP
Sermones varii XXII
Kaeppeli,II,30
Gerard ⟨Meister⟩
Gerardus ⟨Testis Coloniae⟩
Magister Gerardus

Gerardus ⟨Magnus⟩
→ **Groote, Geert**

Gerardus ⟨Maître de l'Ecole de la Cathédrale de Mayence⟩
→ **Gerardus ⟨Presbyter⟩**

Gerardus ⟨Maurisius⟩
→ **Maurisius, Gerardus**

Gerardus ⟨Mauritius⟩
→ **Maurisius, Gerardus**

Gerardus ⟨Menevensis⟩
→ **Gerardus ⟨Cambrensis⟩**

Gerardus ⟨Mindensis⟩
→ **Gerhard ⟨von Minden⟩**

Gerardus ⟨Monachus Sancti Medardi Suessionensis⟩
→ **Gerardus ⟨Suessionensis⟩**

Gerardus ⟨Moresanus⟩
→ **Gerardus ⟨Chanadiensis⟩**

Gerardus ⟨Noviomensis⟩
um 1222
Gérard ⟨de Basoches⟩
Gérard ⟨de Noyon⟩
Gerard ⟨of Noyon⟩
Gerhard ⟨von Noyon⟩

Gerardus ⟨Odonis⟩
ca. 1290 – 1349 · OFM
Sententia et expositio cum quaestionibus super librum Ethicorum; Quaestiones in logicam; Quaestiones in naturali philosophia; etc.
Lohr; Stegmüller, Repert. sentent. 253; Stegmüller, Repert. bibl. 2466-2472; Schneyer,II,178
Gerald ⟨Odo⟩
Geraldus ⟨Odonis⟩
Gérard ⟨de Châteauroux⟩
Gérard ⟨d'Odon⟩
Gerard ⟨Odon⟩
Gérard ⟨Odonis⟩
Gerardo ⟨de Odón⟩
Gerardus ⟨Odonis de Castro Radulfi⟩
Gerardus ⟨Odonis de Châteauroux⟩
Giraldus ⟨Odonis⟩
Guiral ⟨Ot⟩
Oddonis, Geraldus
Odonis, Geraldus
Odonis, Gérard
Odonis, Gerardus
Odonis, Giraldus
Ot, Guiral

Gerardus ⟨of Cambray⟩
→ **Gerardus ⟨Cameracensis, I.⟩**
→ **Gerardus ⟨Cameracensis, II.⟩**

Gerardus ⟨of Sabbioneta⟩
→ **Gerardus ⟨de Sabloneta⟩**

Gerardus ⟨of Saint Davids⟩
→ **Gerardus ⟨Cambrensis⟩**

Gerardus ⟨Parmensis⟩
→ **Gerardus ⟨de Parma⟩**

Gerardus ⟨Praepositus⟩
→ **Gerardus ⟨Augustanus⟩**
→ **Gerardus ⟨Stederburgensis⟩**

Gerardus ⟨Presbyter⟩
→ **Gerardus ⟨Augustanus⟩**

Gerardus ⟨Presbyter⟩
um 937/38
Epistola Fritherico archiepiscopo Moguntino missa
Rep. Font. IV,699
Gerardus ⟨de Cologne⟩
Gerardus ⟨de Mayence⟩
Gerardus ⟨Maître de l'Ecole de la Cathédrale de Mayence⟩
Gerhard ⟨Priester⟩
Presbyter, Gerardus

Gerardus ⟨Prior⟩
→ **Gerardus ⟨de Fracheto⟩**
→ **Gerardus ⟨Itherii⟩**

Gerardus ⟨Procurator Regis Aragonum Jacobi II.⟩
→ **Gerardus ⟨de Albalat⟩**

Gerardus ⟨Remensis⟩
→ **Gerardus ⟨de Remis⟩**

Gerardus ⟨Renerus⟩
→ **Girandus ⟨Renerius⟩**

Gerardus ⟨Rothen⟩
um 1445
Pater noster
Stegmüller, Repert. bibl. 2473
Gerardus ⟨Viceplebanus in Spandow⟩
Gerardus ⟨Viceplebanus Spandaviae⟩
Rothen, Gerardus

Gerardus ⟨Sablonetanus⟩
→ **Gerardus ⟨de Sabloneta⟩**

Gerardus ⟨Sagarellus⟩
→ **Gerardus ⟨de Abbatisvilla⟩**

Gerardus ⟨Sanctae Mariae⟩
→ **Gerardus ⟨Augustanus⟩**

Gerardus ⟨Sancti Medardi⟩
→ **Gerardus ⟨Suessionensis⟩**

Gerardus ⟨Sanctus⟩
→ **Gerardus ⟨Broniensis⟩**
→ **Gerardus ⟨Chanadiensis⟩**
→ **Gerardus ⟨de Silva Maiore⟩**

Gerardus ⟨Schurenius⟩
→ **Schueren, Gert ¬van der¬**

Gerardus ⟨Sclender⟩
um 1474/85 · OP
Litterae confraternitatis pro Rutgero Buric
Kaeppeli,II,40
Gérard ⟨Ascétique⟩
Gérard ⟨de Lochern⟩
Gérard ⟨de Zwoll⟩
Gerardus ⟨de Lochem⟩
Gerardus ⟨Sclender de Lochem⟩
Gerardus ⟨Zwollensis⟩
Sclender, Gerardus

Gerardus ⟨Seeonensis⟩
→ **Gerardus ⟨Seonensis⟩**

Gerardus ⟨Senensis⟩
→ **Gerardus ⟨de Senis⟩**

Gerardus ⟨Seonensis⟩
um 1012/14 · OSB
Carmen ad Henricum II.; Carmen in laudem Bambergensis civitatis
VL(2),2,1238/39; DOC,1,817/818; Rep.Font. IV,700
Gérard ⟨de Séon⟩
Gerardo ⟨di Seeon⟩
Gerardus ⟨Abbas Seeonensis, II.⟩
Gerardus ⟨Seeonensis⟩
Gerardus ⟨Sewensis⟩
Gerhard ⟨von Seeon⟩

Gerardus ⟨Serina⟩
gest. 1355 · OESA
Stegmüller, Repert. bibl. 2459
Gérard ⟨de Bergame⟩
Gérard ⟨Serina-Vasconi⟩
Gerardus ⟨Carrara de Varonibus⟩
Gerardus ⟨Carrara de Vasconibus⟩
Gerardus ⟨de Bergamo⟩
Gerardus ⟨de Varonibus⟩
Gerardus ⟨de Vasconibus⟩
Serina, Gerardus

Gerardus ⟨Sewensis⟩
→ **Gerardus ⟨Seonensis⟩**

Gerardus ⟨Silvae Maioris⟩
→ **Gerardus ⟨de Silva Maiore⟩**

Gerardus ⟨Socius Sorbonae⟩
→ **Gerardus ⟨de Traiecto⟩**

Gerardus ⟨Stederburgensis⟩
gest. 1209
Annales
VL(2); Potth.; Meyer
Gérard ⟨de Richenburg⟩
Gérard ⟨de Stederburg⟩
Gerardus ⟨Praepositus⟩
Gerardus ⟨Praepositus Stederburgensis⟩
Gerhard ⟨de Stederburg⟩
Gerhard ⟨Provost⟩
Gerhard ⟨von Stederburg⟩
Gerhard ⟨von Steterburg⟩
Gerhardus ⟨Praepositus Stederburgensis⟩

Gerardus ⟨Sterngassensis⟩
→ **Gerardus ⟨de Sterngassen⟩**

Gerardus ⟨Suessionensis⟩
10. Jh. · OSB
Vita S. Romani ep. Rothomagensis
Rep.Font. IV,701
Gérard ⟨de Saint-Médard⟩
Gérard ⟨de Soissons⟩
Gérard ⟨Doyen de Saint-Médard⟩
Gerardus ⟨Decanus⟩
Gerardus ⟨Monachus Sancti Medardi Suessionensis⟩
Gerardus ⟨Sancti Medardi⟩

Gerardus ⟨Sutphaniensis⟩
→ **Gerardus ⟨de Zutphania⟩**

Gerardus ⟨Tarvisinus⟩
→ **Gerardo ⟨de Fiandra⟩**

Gerardus ⟨ter Steghen⟩
→ **Gerardus ⟨de Monte⟩**

Gerardus ⟨Testis Coloniae⟩
→ **Gerardus ⟨Magister⟩**

Gerardus ⟨Teuto⟩
→ **Gerardus ⟨Vilichius⟩**

Gerardus ⟨Teutonicus⟩
→ **Gerardus ⟨de Vliederhoven⟩**

Gerardus ⟨Toletanus⟩
→ **Gerardus ⟨Cremonensis⟩**

Gerardus ⟨Traiectensis⟩
→ **Gerardus ⟨de Traiecto⟩**

Gerardus ⟨Treverensis⟩
→ **Gerardus ⟨Vilichius⟩**

Gerardus ⟨Viceplebanus in Spandow⟩
→ **Gerardus ⟨Rothen⟩**

Gerardus ⟨Vilichius⟩
um 1314 · OP
Sermones de tempore et de sanctis; Passionale novum de sanctis
Schneyer,II,185; Kaeppeli,II,41
Gerardus ⟨de Wilich⟩
Gerardus ⟨de Wittlich⟩
Gerardus ⟨de Wulich⟩
Gerardus ⟨Teuto⟩
Gerardus ⟨Treverensis⟩
Gerardus ⟨Wilich⟩
Vilichius, Gerardus
Wilich, Gerardus

Gerardus ⟨Vincentinus⟩
→ **Maurisius, Gerardus**

Gerardus ⟨Vliederhovensis⟩
→ **Gerardus ⟨de Vliederhoven⟩**

Gerardus ⟨von Grandmont⟩
→ **Gerardus ⟨Itherii⟩**

Gerardus ⟨Wilich⟩
→ **Gerardus ⟨Vilichius⟩**

Gerardus ⟨Zerbolt de Zutphen⟩
→ **Gerardus ⟨de Zutphania⟩**

Gerardus ⟨Zutphaniensis⟩
→ **Gerardus ⟨de Zutphania⟩**

Gerardus ⟨Zwollensis⟩
→ **Gerardus ⟨Sclender⟩**

Gerars ⟨...⟩
→ **Gérard ⟨...⟩**

Gerasinus ⟨Francis⟩
→ **Georgius ⟨Sphrantzes⟩**

Géraud ⟨Bechada⟩
→ **Bechada, Grégoire**

Géraud ⟨de Bourges⟩
→ **Gerardus ⟨de Solo⟩**

Géraud ⟨du Pescher⟩
→ **Gerardus ⟨de Piscario⟩**

Géraud ⟨Notaire de Pierrebuffière⟩
→ **Gerald ⟨Tarneau⟩**

Géraud ⟨Tarneau⟩
→ **Gerald ⟨Tarneau⟩**

Geraudus ⟨...⟩
→ **Gerardus ⟨...⟩**

Gerbaud ⟨de Liège⟩
→ **Gherbaldus ⟨Leodiensis⟩**

Gerberant, Jean
→ **Jan ⟨van Leyden⟩**

Gerbert ⟨d'Aurillac⟩
→ **Silvester ⟨Papa, II.⟩**

Gerbert ⟨de Metz⟩
12. Jh.
Gerbert ⟨de Mes⟩
Girbert ⟨de Mes⟩
Girbert ⟨de Metz⟩
Metz, Gerbert ¬de¬

Gerbert ⟨de Montreuil⟩
13. Jh.
Gibers ⟨de Monstreuil⟩
Gibert ⟨de Montreuil⟩
Gilbert ⟨de Montreuil⟩
Montreuil, Gerbert ¬de¬
Montreuil, Gibert ¬de¬

Gerbert ⟨de Reims⟩
→ **Silvester ⟨Papa, II.⟩**

Gerbert ⟨von Aurillac⟩
→ **Silvester ⟨Papa, II.⟩**

Gerbert ⟨von Reims⟩
→ **Silvester ⟨Papa, II.⟩**

Gerberto ⟨dell'Alvernia⟩
→ **Silvester ⟨Papa, II.⟩**

Gerbertus ⟨Archiepiscopus⟩
→ **Silvester ⟨Papa, II.⟩**

Gerbertus ⟨Aureliacensis⟩
→ **Silvester ⟨Papa, II.⟩**

Gerbertus ⟨Ravennatensis⟩
→ **Silvester ⟨Papa, II.⟩**

Gerbertus ⟨Remensis⟩
→ **Silvester ⟨Papa, II.⟩**

Gerboredo, Richardus ¬de¬
→ **Richardus ⟨de Gerboredo⟩**

Gerbrand, Jean
→ **Jan ⟨van Leyden⟩**

Gerbrandiz von Leyden, Johann
→ **Jan ⟨van Leyden⟩**

Gerd ⟨Rinesberch⟩
→ **Rinesberch, Gerd**

Gerebald ⟨de Liège⟩
→ **Gherbaldus ⟨Leodiensis⟩**

Geremia ⟨da Montagnone⟩
→ **Hieremias ⟨de Montagnone⟩**

Geremia ⟨Simeoni⟩
→ **Simeoni, Jeremias**

Geren, Christian ¬von¬
→ **Christian ⟨von Geren⟩**

Gerhaert von Leiden, Nicolaus
1420 – 1473
Bild. Künstler
Gerhaert, Niclaus
Gerhaert, Nicolaus
Gerhaert, Niklaus
Gerhaert von Leyden, Nicolaus
Leiden, Nicolaus Gerhaert ¬von¬
Niclas ⟨von Straßburg⟩
Nicolaus ⟨Gerhaert⟩
Nicolaus Gerhaert ⟨von Leiden⟩
Nikolaus Gerhaert ⟨von Leyden⟩

Gerhard ⟨Caccianemici⟩
→ **Lucius ⟨Papa, II.⟩**

Gerhard ⟨Cambrai, Bischof, I.⟩
→ **Gerardus ⟨Cameracensis, I.⟩**

Gerhard ⟨Comitis⟩
→ **Comitis, Gerhard**

Gerhard ⟨d'Augusta⟩
→ **Gerardus ⟨Augustanus⟩**

Gerhard ⟨de Hamborch⟩
→ **Hohenkirche, Gerhard**

Gerhard ⟨de Homburch⟩
→ **Hohenkirche, Gerhard**

Gerhard ⟨de Stederburg⟩
→ **Gerardus ⟨Stederburgensis⟩**

Gerhard ⟨Groote⟩
→ **Groote, Geert**

Gerhard ⟨Hancinis⟩
→ **Gerardus ⟨de Hancinis⟩**

Gerhard ⟨Hel⟩
→ **Hel, Erhard**

Gerhard ⟨Hoenkerken⟩
→ **Hohenkirche, Gerhard**

Gerhard ⟨Meinster⟩
→ **Hohenkirche, Gerhard**

Gerhard ⟨of Zutphen⟩
→ **Gerardus ⟨de Zutphania⟩**

Gerhard ⟨Priester⟩
→ **Gerardus ⟨Presbyter⟩**

Gerhard ⟨Provost⟩
→ **Gerardus ⟨Stederburgensis⟩**

Gerhard ⟨Rynesberch⟩
→ **Rinesberch, Gerd**

Gerhard ⟨van der Schüren⟩
→ **Schueren, Gert ¬van der¬**

Gerhard ⟨van Harderwijck⟩
→ **Harderwijck, Gerardus ¬de¬**

Gerhard ⟨van Hoenkerken⟩
→ **Hohenkirche, Gerhard**

Gerhard ⟨von Abbeville⟩
→ **Gerardus ⟨de Abbatisvilla⟩**

Gerhard ⟨von Augsburg⟩
→ **Gerardus ⟨Augustanus⟩**

Gerhard ⟨von Autun⟩
→ **Gerardus ⟨Augustodunensis⟩**

Gerhard ⟨von Auvergne⟩
→ **Gerardus ⟨de Arvernia⟩**

Gerhard ⟨von Bologna⟩
→ **Gerardus ⟨de Bononia⟩**

Gerhard ⟨von Borgo San Donnino⟩
→ **Gerardus ⟨de Burgo Sancti Donnini⟩**

Gerhard ⟨von Braunswalde⟩
→ **Gerhard ⟨von Brunswalde⟩**

Gerhard ⟨von Brogne⟩
→ **Gerardus ⟨Broniensis⟩**

Gerhard ⟨von Brüssel⟩
→ **Gerardus ⟨Bruxellensis⟩**

Gerhard ⟨von Brunswalde⟩
um 1330/42 · OCist
Ältere Chronik von Oliva
VL(2),2,1230/31
Braunswalde, Gerhard ¬von¬
Brunswalde, Gerhard ¬von¬
Gerhard ⟨von Braunswalde⟩

Gerhard ⟨von Burgund⟩
→ **Nicolaus ⟨Papa, II.⟩**

Gerhard ⟨von Cambrai⟩
→ **Gerardus ⟨Cameracensis, ...⟩**

Gerhard ⟨von Como⟩
um 1460
Med. Rezept
VL(2),2,1231
Como, Gerhard ¬von¬
Erhard ⟨von Como⟩
Erhart ⟨von Come⟩

Gerhard ⟨von Cremona⟩
→ **Gerardus ⟨Cremonensis⟩**
→ **Gerardus ⟨de Sabloneta⟩**

Gerhard ⟨von Csanád⟩
→ **Gerardus ⟨Chanadiensis⟩**

Gerhard ⟨von Domar⟩
→ **Gerardus ⟨de Domaro⟩**

Gerhard ⟨von Elten⟩
→ **Gerardus ⟨Eltensis⟩**

Gerhard ⟨von Feltre⟩
→ **Gerardus ⟨de Silteo⟩**

Gerhard ⟨von Frachet⟩
→ **Gerardus ⟨de Fracheto⟩**

Gerhard ⟨von Lüttich⟩
→ **Gerardus ⟨Leodiensis, ...⟩**

Gerhard ⟨von Minden⟩
gest. ca. 1278 (bzw. um 1370; vgl. VL(2))
Fabeln
VL(2),2,1235/37
Gérard ⟨de Minden⟩
Gerardus ⟨de Minda⟩
Gerardus ⟨de Minden⟩

Gerardus ⟨Mindensis⟩
Minden, Gerhard ¬von¬

Gerhard ⟨von Montréal⟩
→ **Gérard ⟨de Montréal⟩**

Gerhard ⟨von Noyon⟩
→ **Gerardus ⟨Noviomensis⟩**

Gerhard ⟨von Parma⟩
→ **Gerardus ⟨de Parma⟩**

Gerhard ⟨von Rappoltsweiler⟩
Lebensdaten nicht ermittelt
Sendbrief an Luitgart von Wittichen
VL(2),2,1237/1238
Rappoltsweiler, Gerhard ¬von¬

Gerhard ⟨von Sabbioneta⟩
→ **Gerardus ⟨de Sabloneta⟩**

Gerhard ⟨von Sabina⟩
→ **Gerardus ⟨de Parma⟩**

Gerhard ⟨von Sauve-Majeure⟩
→ **Gerardus ⟨de Silva Maiore⟩**

Gerhard ⟨von Seeon⟩
→ **Gerardus ⟨Seonensis⟩**

Gerhard ⟨von Siena⟩
→ **Gerardus ⟨de Senis⟩**

Gerhard ⟨von Silteo⟩
→ **Gerardus ⟨de Silteo⟩**

Gerhard ⟨von Stederburg⟩
→ **Gerardus ⟨Stederburgensis⟩**

Gerhard ⟨von Sterngassen⟩
→ **Gerardus ⟨de Sterngassen⟩**

Gerhard ⟨von Valenciennes⟩
→ **Gérard ⟨de Valenciennes⟩**

Gerhard ⟨von Vliederhoven⟩
→ **Gerardus ⟨de Vliederhoven⟩**

Gerhard ⟨von Zutphen⟩
→ **Gerardus ⟨de Zutphania⟩**

Gerhard ⟨Zerbolt⟩
→ **Gerardus ⟨de Zutphania⟩**

Gerhardus ⟨...⟩
→ **Gerardus ⟨...⟩**

Gerhart ⟨...⟩
→ **Gerhard ⟨...⟩**

Gerhart, Friedrich
gest. 1463 · OSB
Verf. der ersten dt. Algebra
LMA,IV,1320; VL(2),2,1245
Friedrich ⟨Gerhart⟩
Gerhart, Fridericus

Gerhoch ⟨von Reichersberg⟩
→ **Gerhohus ⟨Reicherspergensis⟩**

Gerhohus ⟨Praepositus⟩
→ **Gerhohus ⟨Reicherspergensis⟩**

Gerhohus ⟨Reicherspergensis⟩
1092 – 1169
Tusculum-Lexikon; LThK; VL(2)
Gerhoch ⟨von Reichersberg⟩
Gerhochus ⟨Reicherspergensis⟩
Gerhoh ⟨de Reichersberg⟩
Gerhoh ⟨von Reichersberg⟩
Gerhohus ⟨Praepositus⟩
Gerhohus ⟨Reichersbergensis⟩
Geroch ⟨de Reichersberg⟩
Gerochus ⟨Reicherspergensis⟩
Gerohus ⟨Reicherspergensis⟩
Reichersberg, Gerhoh ¬von¬

Geri ⟨von Arezzo⟩
→ **Gerius ⟨Aretinus⟩**

Gerīghōr
→ **Barhebraeus**

Geritz, Petrus
→ **Petrus ⟨Dresdensis⟩**

Gerius ⟨Aretinus⟩
ca. 1270 – ca. 1339
Prosabriefe; Versepistel
LMA,IV,1322
Aretinus, Gerius
Geri ⟨von Arezzo⟩
Gerius ⟨Frederici de Aretio⟩

Gerke ⟨von Kerkow⟩
um 1334/44
Sächs. Weichbildglosse
VL(2),2,1259/1260
Kerkow, Gerke ¬von¬

Gerlac ⟨de Limbourg⟩
→ **Gerlach ⟨von Limburg, ...⟩**

Gerlac ⟨de Mühlhausen⟩
→ **Gerlacus ⟨Milovicensis⟩**

Gerlac ⟨de Selau⟩
→ **Gerlacus ⟨Milovicensis⟩**

Gerlac ⟨Peterssen⟩
→ **Gerlacus ⟨Petri⟩**

Gerlac ⟨Seigneur de Limbourg⟩
→ **Gerlach ⟨von Limburg, ...⟩**

Gerlac, Jean
→ **Gerlach, Johannes**

Gerlac, Pieter
→ **Gerlacus ⟨Petri⟩**

Gerlach ⟨de Mülhausen⟩
→ **Gerlacus ⟨Milovicensis⟩**

Gerlach ⟨Milevsko⟩
→ **Gerlacus ⟨Milovicensis⟩**

Gerlach ⟨Petersz⟩
→ **Gerlacus ⟨Petri⟩**

Gerlach ⟨von Limburg, I.⟩
1232 – 1287
ADB
Gerlac ⟨de Limbourg⟩
Gerlac ⟨de Limbourg, I.⟩
Gerlac ⟨Seigneur de Limbourg⟩
Gerlac ⟨Seigneur de Limbourg, I.⟩
Gerlach ⟨von Limburg⟩
Limburg, Gerlach ¬von¬

Gerlach ⟨von Limburg, II.⟩
1312 – ca. 1354/55
VL(2),2,1260/61
Gerlac ⟨de Limbourg⟩
Gerlac ⟨de Limbourg, II.⟩
Gerlac ⟨Seigneur de Limbourg⟩
Gerlac ⟨Seigneur de Limbourg, II.⟩
Gerlach ⟨von Limburg⟩
Limburg, Gerlach ¬von¬

Gerlach ⟨von Limburg, III.⟩
gest. 1365
Gedichte von korzen kleidern und von lange hosennesteln
VL(2),2,1260/61
Gerlac ⟨de Limbourg⟩
Gerlac ⟨de Limbourg, III.⟩
Gerlac ⟨Seigneur de Limbourg⟩
Gerlac ⟨Seigneur de Limbourg, III.⟩
Gerlach ⟨von Limburg⟩
Limburg, Gerlach ¬von¬

Gerlach ⟨von Limburg, IV.⟩
gest. ca. 1414
ADB
Gerlac ⟨de Limbourg⟩
Gerlac ⟨de Limbourg, IV.⟩
Gerlac ⟨Seigneur de Limbourg⟩
Gerlac ⟨Seigneur de Limbourg, IV.⟩
Gerlach ⟨von Limburg⟩
Limburg, Gerlach ¬von¬

Gerlach ⟨von Mainz⟩
→ **Gerlachus ⟨Moguntinus⟩**

Gerlach ⟨von Milevsko⟩
→ **Gerlacus ⟨Milovicensis⟩**

Gerlach ⟨von Mühlhausen⟩
→ **Gerlacus ⟨Milovicensis⟩**

Gerlach ⟨von Siloe⟩
→ **Gerlacus ⟨Milovicensis⟩**

Gerlach, Johannes
um 1433
Leven van Liedwy die maghet van Seyedam; nicht identisch mit Lange, Johannes
Rep.Font. IV,705
Gerlac, Jean
Jean ⟨Gerlac⟩
Johannes ⟨Gerlach⟩

Gerlachus ⟨Moguntinus⟩
gest. 1371
Epistola ad capitulum Halberstadensem; Tria statuta synodalia
Rep.Font. IV,705
Gerlach ⟨von Mainz⟩
Gerlachus ⟨Archiepiscopus Moguntinus⟩
Moguntinus, Gerlachus

Gerlacus ⟨Abbas⟩
→ **Gerlacus ⟨Milovicensis⟩**

Gerlacus ⟨Milovicensis⟩
1165 – ca. 1222 · OPraem
Tusculum-Lexikon; LThK; Potth.
Gerlac ⟨de Mühlhausen⟩
Gerlac ⟨de Selau⟩
Gerlach ⟨de Mülhausen⟩
Gerlach ⟨Milevsko⟩
Gerlach ⟨von Milevsko⟩
Gerlach ⟨von Mühlhausen⟩
Gerlach ⟨von Siloe⟩
Gerlacus ⟨Abbas⟩
Gerlacus ⟨Siloensis⟩
Gerlacus ⟨von Mühlhausen⟩
Jarloch ⟨Milewský⟩
Jarloch ⟨von Milevsko⟩
Jarloch ⟨von Mühlhausen⟩
Jarloch ⟨z Milewska⟩
Milevsko, Gerlach

Gerlacus ⟨Petri⟩
1378 – 1411
LThK
Gerlac ⟨Peterssen⟩
Gerlac, Pieter
Gerlach ⟨Petersz⟩
Peters, Gerlach
Petri, Gerlacus

Gerlacus ⟨Siloensis⟩
→ **Gerlacus ⟨Milovicensis⟩**

Gerlacus ⟨von Mühlhausen⟩
→ **Gerlacus ⟨Milovicensis⟩**

Gerland ⟨d'Agrigente⟩
→ **Gerlandus ⟨Agrigentinus⟩**

Gerland ⟨de Besançon⟩
→ **Gerlandus ⟨Agrigentinus⟩**
→ **Gerlandus ⟨Bisuntinus⟩**
→ **Gerlandus ⟨Computista⟩**

Gerland ⟨de Girgenti⟩
→ **Gerlandus ⟨Agrigentinus⟩**
→ **Gerlandus ⟨Computista⟩**

Gerland ⟨de Saint-Paul⟩
→ **Gerlandus ⟨Bisuntinus⟩**

Gerland ⟨Lorrain⟩
→ **Gerlandus ⟨Bisuntinus⟩**

Gerland ⟨Saint⟩
→ **Gerlandus ⟨Agrigentinus⟩**

Gerland ⟨the Computist⟩
→ **Gerlandus ⟨Computista⟩**

Gerlando ⟨Agrigento⟩
→ **Gerlandus ⟨Agrigentinus⟩**

Gerlando ⟨Santo⟩
→ **Gerlandus ⟨Agrigentinus⟩**

Gerlandus ⟨Agrigentinus⟩
gest. 1104
Vita; Legenda
Agrigentinus, Gerlandus
Gerland ⟨de Besançon⟩
Gerland ⟨de Girgenti⟩
Gerland ⟨d'Agrigente⟩
Gerland ⟨Saint⟩
Gerlando ⟨Agrigento⟩
Gerlando ⟨Santo⟩
Gerlandus ⟨Agrigentinensis⟩
Gerlandus ⟨Agrigentinus Episcopus⟩
Gerlandus ⟨Episcopus⟩

Gerlandus ⟨Bisuntinus⟩
um 1132/48
Candela; Computus; De abaco
Stegmüller, Repert. sentent. 397; Rep.Font. IV,706
Bisuntinus, Gerlandus
Gerland ⟨de Besançon⟩
Gerland ⟨de Saint-Paul⟩
Gerland ⟨Ecolâtre de Saint-Paul⟩
Gerland ⟨Lorrain⟩
Gerlandus ⟨Canonicus Monasterii Sancti Pauli⟩
Gerlandus ⟨de Besançon⟩
Gerlandus ⟨Sancti Pauli⟩
Gerlandus ⟨Scholasticus⟩
Iarlandinus ⟨Bisuntinus⟩
Iarlandus ⟨Chrysopolitanus⟩
Jarlandinus ⟨Bisuntinus⟩
Jarlandus ⟨Bisuntinus⟩
Pseudo-Gerlandus

Gerlandus ⟨Canonicus Monasterii Sancti Pauli⟩
→ **Gerlandus ⟨Bisuntinus⟩**

Gerlandus ⟨Computista⟩
ca. 1015 – ca. 1084/1102
Regulae super dialecticam (= Dialectica)
Lohr
Computista, Gerlandus
Garland ⟨the Computist⟩
Garlandus ⟨Agrigentinensis⟩
Garlandus ⟨Compotista⟩
Gerland ⟨de Besançon⟩
Gerland ⟨de Girgenti⟩
Gerland ⟨the Computist⟩
Gerlandus ⟨Agrigentinensis⟩

Gerlandus ⟨de Besançon⟩
→ **Gerlandus ⟨Bisuntinus⟩**

Gerlandus ⟨Episcopus⟩
→ **Gerlandus ⟨Agrigentinus⟩**

Gerlandus ⟨Sancti Pauli⟩
→ **Gerlandus ⟨Bisuntinus⟩**

Gerlandus ⟨Scholasticus⟩
→ **Gerlandus ⟨Bisuntinus⟩**

Gerlandus, Johannes
→ **Johannes ⟨de Garlandia⟩**

Germain ⟨de Constantinople⟩
→ **Germanus ⟨Constantinopolitanus, ...⟩**

Germain ⟨de Cyzique⟩
→ **Germanus ⟨Constantinopolitanus, I.⟩**

Germain ⟨de Paris⟩
→ **Germanus ⟨Parisiensis⟩**

Germain ⟨de Saint-Symphorien⟩
→ **Germanus ⟨Parisiensis⟩**

Germain ⟨Nauplius⟩
→ **Germanus ⟨Constantinopolitanus, II.⟩**

Germain ⟨Patriarche, ...⟩
→ **Germanus ⟨Constantinopolitanus, ...⟩**

Germain ⟨Saint⟩
→ **Germanus ⟨Parisiensis⟩**

Germain ⟨von Paris⟩
→ **Germanus ⟨Parisiensis⟩**

Germaniciae Episcopus, Thomas
→ **Thomas ⟨Germaniciae Episcopus⟩**

Germano ⟨di Constantinopoli⟩
→ **Germanus ⟨Constantinopolitanus, ...⟩**

Germano ⟨di Parigi⟩
→ **Germanus ⟨Parisiensis⟩**

Germano ⟨San⟩
→ **Germanus ⟨Parisiensis⟩**

Germanos ⟨A.⟩
→ **Germanus ⟨Constantinopolitanus, I.⟩**

Germanos ⟨B.⟩
→ **Germanus ⟨Constantinopolitanus, II.⟩**

Germanos ⟨of Constantinople⟩
→ **Germanus ⟨Constantinopolitanus, ...⟩**

Germanos ⟨Patriarch, ...⟩
→ **Germanus ⟨Constantinopolitanus, ...⟩**

Germanos ⟨Saint⟩
→ **Germanus ⟨Constantinopolitanus, I.⟩**

Germanos ⟨von Konstantinopel⟩
→ **Germanus ⟨Constantinopolitanus, ...⟩**

Germanus ⟨Altissiodorensis⟩
→ **Germanus ⟨Brixius⟩**

Germanus ⟨Brixius⟩
um 1446
Rom. Hom. 1-8
Stegmüller, Repert. bibl. 2483
Brixius, Germanus
Germanus ⟨Altissiodorensis⟩
Germanus ⟨Brixius, Altissiodorensis⟩
Germanus ⟨Canonicus Parisiensis⟩

Germanus ⟨Canonicus Parisiensis⟩
→ **Germanus ⟨Brixius⟩**

Germanus ⟨Constantinopolitanus, I.⟩
ca. 669 – 730
Marienpredigten; Antapododiktos; Peri horōn zōēs; Werkzuordnung zwischen Germanus I. und Germanus II. problematisch
LMA,IV,1344/5
Constantinopolitanus, Germanus
Germain ⟨de Constantinople⟩
Germain ⟨de Cyzique⟩
Germain ⟨Patriarche, I.⟩
Germano ⟨di Constantinopoli⟩
Germanos ⟨A.⟩
Germanos ⟨of Constantinople⟩
Germanos ⟨Patriarch, I.⟩
Germanos ⟨Saint⟩
Germanos ⟨von Konstantinopel⟩
Germanus ⟨Constantinopolitanus⟩
Germanus ⟨Cyzicenus⟩
Germanus ⟨Patriarcha, I.⟩
Germanus ⟨Sanctus⟩

Germanus ⟨Constantinopolitanus, II.⟩
gest. 1240
Zahlr. Homilien; Epistula ad papam Gregorium IX. (1231); Decretum patriarchale (1230); Werkzuordnung zwischen Germanus I. und Germanus II. problematisch
LMA,IV,1345; Rep.Font. IV,710; Tusculum-Lexikon
Constantinopolitanus, Germanus
Cyrus ⟨Germanus⟩
Germain ⟨de Constantinople⟩
Germain ⟨Nauplius⟩
Germain ⟨Patriarche, II.⟩
Germanos ⟨B.⟩
Germanos ⟨Patriarch, II.⟩
Germanos ⟨von Konstantinopel⟩
Germanus ⟨Constantinopolitanus⟩
Germanus ⟨Nicaenus⟩
Germanus ⟨Patriarcha, II.⟩
Germanus, Cyrus

Germanus ⟨Cyzicenus⟩
→ **Germanus ⟨Constantinopolitanus, I.⟩**

Germanus ⟨de Paris⟩
→ **Germanus ⟨Parisiensis⟩**

Germanus ⟨Episcopus⟩
→ **Germanus ⟨Parisiensis⟩**

Germanus ⟨Heiliger⟩
→ **Germanus ⟨Parisiensis⟩**

Germanus ⟨Nicaenus⟩
→ **Germanus ⟨Constantinopolitanus, II.⟩**

Germanus ⟨Parisiensis⟩
ca. 496 – 576
Epistula ad Brunehildam Reginam
Cpl 1060;2108; LMA,IV,1346
Germain ⟨de Paris⟩
Germain ⟨de Saint-Symphorien⟩
Germain ⟨Saint⟩
Germain ⟨von Paris⟩
Germano ⟨di Parigi⟩
Germano ⟨San⟩
Germanus ⟨de Paris⟩
Germanus ⟨Episcopus⟩
Germanus ⟨Heiliger⟩
Germanus ⟨Sanctus⟩
Germanus ⟨von Paris⟩
Pseudo-Germanus ⟨Parisiensis⟩

Germanus ⟨Patriarcha, ...⟩
→ **Germanus ⟨Constantinopolitanus, ...⟩**

Germanus ⟨Sanctus⟩
→ **Germanus ⟨Constantinopolitanus, I.⟩**
→ **Germanus ⟨Parisiensis⟩**

Germanus ⟨von Paris⟩
→ **Germanus ⟨Parisiensis⟩**

Germanus, Cyrus
→ **Germanus ⟨Constantinopolitanus, II.⟩**

Germanus, Nicolaus
→ **Nicolaus ⟨Germanus⟩**
→ **Nicolaus ⟨Germanus, OP⟩**

Germar, Helwicus ¬de¬
→ **Helwicus ⟨de Germar⟩**

Gernold ⟨von Schwalbach⟩
→ **Girnant ⟨von Schwalbach⟩**

Gernpaß
14. Jh.
Poetische Bearbeitung: Buch I "Secretum secretorum„
VL(2),2,1261/1262
Gernpaß, Michel
Michel ⟨Gernpaß⟩

Gernpaß, Michel
→ **Gernpaß**

Gernspeck, Hans
15. Jh.
Minnelied (Kolmarer Liederhandschrift)
VL(2),2,1264
Hans ⟨Gernspeck⟩

Gero ⟨Monachus⟩
→ **Kero**

Gerohus ⟨Reicherspergensis⟩
→ **Gerhohus ⟨Reicherspergensis⟩**

Gerolamo ⟨Albertucci⟩
→ **Hieronymus ⟨Albertucci⟩**

Gerolamo ⟨da Siena⟩
→ **Girolamo ⟨da Siena⟩**

Gerolamo ⟨de'Borselli⟩
→ **Hieronymus ⟨Albertucci⟩**

Gérold ⟨le Gallois⟩
→ **Gerardus ⟨Cambrensis⟩**

Geroldus ⟨OP⟩
14. Jh. · OP
Angebl. Verf. von „Liber de naturis rerum" (wirklicher Verf.: Thomas ⟨de Cantiprato⟩)
Kaeppeli,II,41
Girold ⟨Dominicain⟩
Giroldus ⟨N.⟩

Geroltzhofen, Johannes Melber ¬de¬
→ **Melber, Johannes**

Gerondus ⟨de Abbatisvilla⟩
→ **Gerardus ⟨de Abbatisvilla⟩**

Geronimo ⟨Visconti⟩
→ **Hieronymus ⟨Vicecomes⟩**

Gerontij ⟨Archimandrit⟩
→ **Gerontij ⟨Vseja Rusi⟩**

Gerontij ⟨Archimandrit Moskovskogo Simonova Monastyrja⟩
→ **Gerontij ⟨Vseja Rusi⟩**

Gerontij ⟨Vseja Rusi⟩
um 1473/89
Gramota Gennadiju
Rep.Font. IV,710
Georgij ⟨Metropolita Mosquensis⟩
Gerontij ⟨Archimandrit⟩
Gerontij ⟨Archimandrit Moskovskogo Simonova Monastyrja⟩
Gerontij ⟨Mitropolit⟩
Gerontij ⟨Mitropolit Vseja Rusi⟩
Vseja Rusi, Gerontij

Gerricus ⟨...⟩
→ **Guerricus ⟨...⟩**

Gerriz ⟨van der Schuren⟩
→ **Schueren, Gert ¬van der¬**

Gersen, Giovanni
→ **Gerson, Johannes**

Gershom ⟨Arelatensis⟩
→ **Geršôm Ben-Šelomo**

Gershom ⟨Ben Juda Mettensis⟩
→ **Gēršom Ben-Yehûdā**

Gershom Ben-Salomo
→ **Geršôm Ben-Šelomo**

Gerso, Johannes
→ **Gerson, Johannes**

Geršôm Ben-Šelomo
13. Jh.
Ša'ar haš-šāmayîm
Rep.Font. IV,711
Ben-Šelomo, Geršôm
Gershom ⟨Arelatensis⟩
Gershom ben Salomo ⟨Arelatensis⟩
Gershom Ben-Salomo

Gēršom Ben-Yehûdā
960 – 1028
Taqanot
LMA,IV,1353; Rep.Font. IV,710
Ben-Yehûdā, Gēršom
Gerschom ⟨Ben Jehuda⟩
Gershom ⟨Ben Juda Mettensis⟩

Gerson, Johannes
1363 – 1429
Imitatio Christi
Rep.Font. VI,325; LMA,V,561/62; Tusculum-Lexikon
Canabaco, Johannes ¬de¬
Carlerius, Johannes
Charlier, Jean
Charlier de Gerson, Jean
Gersen, Giovanni
Gerso, Johannes
Gerson, Jean ¬de¬
Gerson, Jean Charlier ¬de¬
Gersona, Johannes ¬de¬
Gersonio, Johannes ¬de¬
Gersonius, Johannes
Jean ⟨Charlier de Gerson⟩
Jean ⟨de Gerson⟩
Jean ⟨Gerson⟩
Jean ⟨le Charlier⟩
Johannes ⟨Arnaudi Charlier⟩
Johannes ⟨Carlerius⟩
Johannes ⟨Carlerius de Gerson⟩
Johannes ⟨Charlier⟩
Johannes ⟨de Canabaco⟩
Johannes ⟨de Gersonio⟩
Johannes ⟨de Jersona⟩
Johannes ⟨Gersenius⟩
Johannes ⟨Gerson⟩
Johannes ⟨Jarson⟩

Gert ⟨Groote⟩
→ **Groote, Geert**

Gert ⟨van der Schueren⟩
→ **Schueren, Gert ¬van der¬**

Gerthener, Madern
ca. 1360 – 1430/1431
Gertener, Madern
Gerthner, Madern
Madern ⟨Gerthener⟩

Gertrud ⟨die Große⟩
→ **Gertrudis ⟨de Helfta⟩**

Gertrud ⟨von Büren⟩
um 1404 bzw. 1504
Codex 105: Verdeutschung der 4 Evangelien etc.
VL(2),3,6/7
Büren, Gertrud ¬von¬

Gertrud ⟨von Helfta⟩
→ **Gertrudis ⟨de Helfta⟩**

Gertrude ⟨de Rheinfelden⟩
→ **Gertrudis ⟨Rhinfeldensis⟩**

Gertrude ⟨d'Helfta⟩
→ **Gertrudis ⟨de Helfta⟩**

Gertrude ⟨Saint⟩
→ **Gertrudis ⟨de Helfta⟩**

Gertrude ⟨the Great⟩
→ **Gertrudis ⟨de Helfta⟩**

Gertrudis ⟨Abbatissa⟩
→ **Gertrudis ⟨de Helfta⟩**

Gertrudis ⟨Admontensis⟩
12. Jh. · OSB
Rep.Font. IV,712
Gertrudis ⟨Monialis Coenobii Admontensis⟩

Gertrudis ⟨de Helfta⟩
1256 – 1302
Tusculum-Lexikon; VL(2); CSGL; LThK
Gertrud ⟨die Große⟩
Gertrud ⟨Sankt⟩
Gertrud ⟨von Helfta⟩
Gertruda ⟨ab Helfta⟩
Gertrude ⟨d'Helfta⟩
Gertrude ⟨of Helfta⟩
Gertrude ⟨Saint⟩
Gertrude ⟨the Great⟩
Gertrudis ⟨ab Helfta⟩
Gertrudis ⟨Abbatissa⟩
Gertrudis ⟨Elpediani⟩
Gertrudis ⟨Magna⟩
Gertrudis ⟨Sancta⟩
Helfta, Gertrudis ¬de¬

Gertrudis ⟨Elpediani⟩
→ **Gertrudis ⟨de Helfta⟩**

Gertrudis ⟨Magna⟩
→ **Gertrudis ⟨de Helfta⟩**

Gertrudis ⟨Monialis Coenobii Admontensis⟩
→ **Gertrudis ⟨Admontensis⟩**

Gertrudis ⟨Rhinfeldensis⟩
gest. ca. 1266
Gertrude ⟨de Rheinfelden⟩

Gertrudis ⟨Sancta⟩
→ **Gertrudis ⟨de Helfta⟩**

Gerung, Nicolaus
ca. 1410 – 1478
Geschichte d. Basler Bischöfe; Florum temporum continuatio et complementa (1417-1475); Fortsetzung d. Papstgeschichte; Cronica episcoporum Basileensium non omnium, sed horum quorum nomina in libris ecclesie Basileensis reperiuntur scripta
VL(2),3,10/12; Rep.Font. II,538
Blauenstein
Blauenstein, Nicolas
Blawenstein, Nicolaus Gerung
Nicolas ⟨Blauenstein⟩
Nicolaus ⟨Blauenstein⟩
Nicolaus ⟨Gerung⟩
Nicolaus ⟨Gerung alias Blauenstein⟩

Gervais
→ **Gervaise**

Gervais ⟨Abbé⟩
→ **Gervasius ⟨Sagiensis⟩**

Gervais ⟨de Cantorbéry⟩
→ **Gervasius ⟨Cantuariensis⟩**

Gervais ⟨de Château-du-Loire⟩
→ **Gervasius ⟨Remensis⟩**

Gervais ⟨de Chichester⟩
→ **Gervasius ⟨Sagiensis⟩**

Gervais ⟨de Lincoln⟩
→ **Gervasius ⟨Sagiensis⟩**

Gervais ⟨de Melkley⟩
→ **Gervasius ⟨de Saltu Lacteo⟩**

Gervais ⟨de Prémontré⟩
→ **Gervasius ⟨Sagiensis⟩**

Gervais ⟨de Reims⟩
→ **Gervasius ⟨Remensis⟩**

Gervais ⟨de Saint-Just⟩
→ **Gervasius ⟨Sagiensis⟩**

Gervais ⟨de Séez⟩
→ **Gervasius ⟨Sagiensis⟩**

Gervais ⟨de Thenailles⟩
→ **Gervasius ⟨Sagiensis⟩**

Gervais ⟨de Tilbury⟩
→ **Gervasius ⟨Tilberiensis⟩**

Gervais ⟨du Bus⟩
um 1300/38
Roman de Fauvel
LMA,IV,321
Bus, Gervais ¬du¬
DuBus, Gervais
Gervais ⟨Dubus⟩
Gervès ⟨du Bus⟩

Gervais ⟨du Mont-Saint-Eloi⟩
→ **Gervasius ⟨de Monte Sancti Eligii⟩**

Gervais ⟨Dubus⟩
→ **Gervais ⟨du Bus⟩**

Gervais ⟨l'Anglais⟩
→ **Gervasius ⟨Sagiensis⟩**

Gervais ⟨von LeMans⟩
→ **Gervasius ⟨Remensis⟩**

Gervais ⟨von Melkley⟩
→ **Gervasius ⟨de Saltu Lacteo⟩**

Gervais, Jean
→ **Gervasius ⟨Cantuariensis⟩**

Gervais, Laurent
→ **Laurentius ⟨Gervasii⟩**

Gervais, Robert
→ **Robertus ⟨Gervasius⟩**

Gervaise
13. Jh.
Bestiaire
LMA,IV,1358
Gervais
Gervasius ⟨Heiliger⟩

Gervase ⟨Abbot⟩
→ **Gervasius ⟨Sagiensis⟩**

Gervase ⟨of Canterbury⟩
→ **Gervasius ⟨Cantuariensis⟩**

Gervase ⟨of Melkley⟩
→ **Gervasius ⟨de Saltu Lacteo⟩**

Gervase ⟨of Prémontré⟩
→ **Gervasius ⟨Sagiensis⟩**

Gervase ⟨of Reims⟩
→ **Gervasius ⟨Remensis⟩**

Gervase ⟨of Saint Just⟩
→ **Gervasius ⟨Sagiensis⟩**

Gervase ⟨of Tilbury⟩
→ **Gervasius ⟨Tilberiensis⟩**

Gervasii, Laurentius
→ **Laurentius ⟨Gervasii⟩**

Gervasius ⟨Archiepiscopus⟩
→ **Gervasius ⟨Remensis⟩**

Gervasius ⟨Cantabrigensis⟩
→ **Gervasius ⟨Cantuariensis⟩**

Gervasius ⟨Cantuariensis⟩
gest. 1210
Tusculum-Lexikon; LThK; CSGL
Gervais ⟨de Cantorbéry⟩
Gervais, Jean
Gervase ⟨of Canterbury⟩
Gervasius ⟨Cantabrigensis⟩
Gervasius ⟨Cantuarensis⟩
Gervasius ⟨Dorobernensis⟩
Gervasius ⟨Dorobornensis⟩
Gervasius ⟨von Canterbury⟩

Gervasius ⟨Cestriensis⟩
→ **Gervasius ⟨Sagiensis⟩**

Gervasius ⟨Cicestriensis⟩
→ **Gervasius ⟨Sagiensis⟩**

Gervasius ⟨de Chichester⟩
→ **Gervasius ⟨Sagiensis⟩**

Gervasius ⟨de Melkeleie⟩
→ **Gervasius ⟨de Saltu Lacteo⟩**

Gervasius ⟨de Monte Sancti Eligii⟩
gest. 1314
De diversis quodlibeta; nicht identisch mit Seucianus (um 1280)
Schneyer,II,185
Gervais ⟨du Mont-Saint-Eloi⟩
Monte Sancti Eligii, Gervasius ¬de¬
Salvatius ⟨de Monte Sancti Eligii⟩
Savarus ⟨de Monte Sancti Eligii⟩
Servais ⟨du Mont-Saint-Eloi⟩
Servasius ⟨de Monte Sancti Eligii⟩
Servasius ⟨du Mont-Saint-Eloi⟩
Servatius ⟨de Monte Sancti Eligii⟩

Gervasius ⟨de Saltu Lacteo⟩
gest. ca. 1220
Gervais ⟨de Melkley⟩
Gervais ⟨von Melkley⟩
Gervase ⟨of Melkley⟩
Gervasius ⟨de Melkeleie⟩
Gervasius ⟨de Melkeleya⟩
Gervasius ⟨Melkelius⟩
Gervasius ⟨of Melkley⟩
Gervasius ⟨von Melkley⟩
Saltu Lacteo, Gervasius ¬de¬

Gervasius ⟨de Tilbury⟩
→ **Gervasius ⟨Tilberiensis⟩**

Gervasius ⟨Dorobernensis⟩
→ **Gervasius ⟨Cantuariensis⟩**

Gervasius ⟨Heiliger⟩
→ **Gervaise**

Gervasius ⟨Melkelius⟩
→ **Gervasius ⟨de Saltu Lacteo⟩**

Gervasius ⟨of Melkley⟩
→ **Gervasius ⟨de Saltu Lacteo⟩**

Gervasius ⟨of Séez⟩
→ **Gervasius ⟨Sagiensis⟩**

Gervasius ⟨of Tilbury⟩
→ **Gervasius ⟨Tilberiensis⟩**

Gervasius ⟨Praemonstratensis⟩
→ **Gervasius ⟨Sagiensis⟩**

Gervasius ⟨Remensis⟩
1007 – 1067
LThK; CSGL; Potth.
Gervais ⟨de Château-du-Loire⟩
Gervais ⟨de Reims⟩
Gervais ⟨von LeMans⟩
Gervase ⟨of Reims⟩
Gervasius ⟨Archiepiscopus⟩
Gervasius ⟨Remorum Archiepiscopus⟩
Gervasius ⟨von LeMans⟩
Gervasius ⟨von Reims⟩

Gervasius ⟨Remorum Archiepiscopus⟩
→ **Gervasius ⟨Remensis⟩**

Gervasius ⟨Sagiensis⟩
gest. 1228
LThK; CSGL
Gervais ⟨Abbé⟩
Gervais ⟨de Chichester⟩
Gervais ⟨de Lincoln⟩
Gervais ⟨de Prémontré⟩
Gervais ⟨de Saint-Just⟩
Gervais ⟨de Séez⟩
Gervais ⟨de Thenailles⟩
Gervais ⟨l'Anglais⟩
Gervase ⟨Abbot⟩
Gervase ⟨of Prémontré⟩
Gervase ⟨of Saint Just⟩
Gervasius ⟨Cestriensis⟩
Gervasius ⟨Cicestriensis⟩
Gervasius ⟨de Chichester⟩
Gervasius ⟨de Cicestria⟩
Gervasius ⟨of Séez⟩
Gervasius ⟨Praemonstratensis⟩
Gervasius ⟨von Sées⟩

Gervasius ⟨Tilberiensis⟩
ca. 1150 – ca. 1235
Tusculum-Lexikon
Gervais ⟨de Tilbury⟩
Gervase ⟨of Tilbury⟩
Gervasius ⟨de Tilbury⟩
Gervasius ⟨of Tilbury⟩
Gervasius ⟨Tibelensis⟩
Gervasius ⟨Tilburiensis⟩
Gervasius ⟨Tilgerensis⟩
Gervasius ⟨Tilleberiensis⟩
Gervasius ⟨Tillebesius⟩
Gervasius ⟨Tillebirius⟩
Gervasius ⟨Tillembergensis⟩
Gervasius ⟨von Tilbury⟩

Gervasius ⟨Tilgerensis⟩
→ **Gervasius ⟨Tilberiensis⟩**

Gervasius ⟨Tillebesius⟩
→ **Gervasius ⟨Tilberiensis⟩**

Gervasius ⟨Tillebirius⟩
→ **Gervasius ⟨Tilberiensis⟩**

Gervasius ⟨von Canterbury⟩
→ **Gervasius ⟨Cantuariensis⟩**

Gervasius ⟨von LeMans⟩
→ **Gervasius ⟨Remensis⟩**

Gervasius ⟨von Melkley⟩
→ **Gervasius ⟨de Saltu Lacteo⟩**

Gervasius ⟨von Reims⟩
→ **Gervasius ⟨Remensis⟩**

Gervasius ⟨von Sées⟩
→ **Gervasius ⟨Sagiensis⟩**

Gervasius ⟨von Tilbury⟩
→ **Gervasius ⟨Tilberiensis⟩**

Gervasius, Robertus
→ **Robertus ⟨Gervasius⟩**

Gervelin
13./14. Jh.
Lieder (relig-moraldidakt.)
VL(2),3,12/13
Gervelin ⟨Sangspruchdichter⟩
Gervelyn ⟨Minnesinger Allemand⟩

Gerwardus
ca. 794 – ca. 860
Versus
Rep.Font. IV,716; DOC,1,821
Gerwaldus
Gerward ⟨Poète Latin⟩
Gerwardus ⟨Bibliothecarius⟩

Gerwardus ⟨Bibliothecarius Palatinus⟩
→ **Gerwardus ⟨Laurishamensis⟩**

Gerwardus ⟨Laurishamensis⟩
um 845/860
Mutmaßl. Verf. des ersten Teils der Annales Xantenses
Rep.Font. IV,716; I,351
Gerwardus ⟨Bibliothecarius Palatinus⟩
Gerwardus ⟨Laureshamensis⟩
Gerwardus ⟨Monachus Laureshamensis⟩
Gerwardus ⟨Praepositus Gandensis⟩

Gerwardus ⟨Praepositus Gandensis⟩
→ **Gerwardus ⟨Laurishamensis⟩**

Géry ⟨de Cahors⟩
→ **Desiderius ⟨Cadurcensis⟩**

Gesler, Johann
→ **Gösseler, Johann**

Gessel, Leonhard
gest. 1465
Brief an Luv (dt.); Formae officii Vicariatus
VL(2),3,19/20
Gässel, Leonhard
Gessel, Léonard
Léonard ⟨Gessel⟩
Leonhard ⟨Gässel⟩
Leonhard ⟨Gessel⟩

Gesselen, Conradus
um 1425/69
Cronica vetus; Cronica nova prutenica; Silbencisioianus (nd.)
VL(2),3,20/22
Cisiojanus
Conrad ⟨Gesselen⟩
Conrad ⟨Ghesselen⟩
Conrad ⟨Ghossel⟩
Conradus ⟨Gesselen⟩
Gesselen, Conrad
Gesselen, Konrad
Ghesselen, Conrad
Ghossel, Conrad
Konrad ⟨Gesselen⟩

Gesseler, Johannes
→ **Gässeler, Johannes**

Gessho
→ **Candrakīrti**

Geßler, Johann
→ **Gösseler, Johann**

Geufroi ⟨...⟩
→ **Geoffroy ⟨...⟩**

Geus, Johannes
→ **Geuß, Johannes**

Geuser, Johannes
→ **Johannes ⟨von Paltz⟩**

Geuß, Johannes
gest. 1440
VL(2)
Gaws, Johannes
Geiz, Johannes
Geus, Johannes
Geuss, Jean
Gews, Johannes
Geyss, Johannes
Guess, Johannes
Johannes ⟨Geiz⟩
Johannes ⟨Geuß⟩

Geuterbog, Johann Bereith ¬von¬
→ **Bereith, Johann**

Gews, Johannes
→ **Geuß, Johannes**

Geyler, Johann
→ **Geiler von Kaysersberg, Johannes**

Geylnhausen, Johann ¬von¬
→ **Johannes ⟨de Gelnhausen⟩**

Geyss, Johannes
→ **Geuß, Johannes**

Ghaerbaldus ⟨Leodiensis⟩
→ **Gherbaldus ⟨Leodiensis⟩**

Ghāfiqī, Aḥmad ibn Muḥammad
→ **Ġāfiqī, Aḥmad Ibn-Muḥammad ¬al-¬**

Ghāfiqī, Muḥammad Ibn Qassūm
→ **Ġāfiqī, Muḥammad Ibn-Qassūm ¬al-¬**

Ghamrī, Muḥammad Ibn ʿUmar
→ **Ġamrī, Muḥammad Ibn-ʿUmar ¬al-¬**

Gharzo
→ **Garzo**

Ghasali
→ **Ġazzālī, Abū-Ḥāmid Muḥammad Ibn-Muḥammad ¬al-¬**

Ghassali, Abu-Hamid Muhammad ¬al-¬
→ **Ġazzālī, Abū-Ḥāmid Muḥammad Ibn-Muḥammad ¬al-¬**

Ghazāl, Yaḥyā ibn Ḥakam
→ **Ġazāl, Yaḥyā Ibn-Ḥakam ¬al-¬**

Ghazālī
→ **Ġazzālī, Abū-Ḥāmid Muḥammad Ibn-Muḥammad ¬al-¬**

Ghazālī, Abū-Ḥāmid Muḥammad ¬al-¬
→ **Ġazzālī, Abū-Ḥāmid Muḥammad Ibn-Muḥammad ¬al-¬**

Ghazali, Ahmad ¬al-¬
→ **Ġazzālī, Aḥmad Ibn-Muḥammad ¬al-¬**

Ghazzālī
→ **Ġazzālī, Abū-Ḥāmid Muḥammad Ibn-Muḥammad ¬al-¬**

Ghazzali, Abū-Ḥāmid Muḥammad Ibn-Muḥammad ¬al-¬
→ **Ġazzālī, Abū-Ḥāmid Muḥammad Ibn-Muḥammad ¬al-¬**

Ghazzālī, Aḥmad ibn Muḥammad
→ **Ġazzālī, Aḥmad Ibn-Muḥammad ¬al-¬**

Gheiloven, Arnold
→ **Arnoldus ⟨Geilhoven⟩**

Ghenadie ⟨Scholarios⟩
→ **Gennadius ⟨Scholarius⟩**

Gherardello ⟨da Firenze⟩
1320/25 – 1362/63
LUI; Riemann
Firenze, Gherardello ¬da¬
Firenze, Ghirardello ¬da¬
Florentia, Gherardello ¬de¬
Francesco, Niccolò ¬de¬
Gherardello ⟨de Florentia⟩
Gherardellus ⟨de Florentia⟩
Ghirardello ⟨da Firenze⟩
Niccolò ⟨de Francesco⟩

Gherardellus ⟨de Florentia⟩
→ **Gherardello ⟨da Firenze⟩**

Gherardi, Giovanni
ca. 1360 – ca. 1442
Il giuco d'amore; Paradiso degli Alberti; Defensio ac libellus contra Guarinum de non legendis impudicis auctoribus; etc.
LMA,IV,1435; Rep.Font. V,102
Gherardi, Giovanni da Prato
Gherardi, Jean
Giovanni ⟨da Prato⟩
Giovanni ⟨da Prato Gherardi⟩
Giovanni ⟨Gherardi⟩
Jean ⟨Gherardi⟩
Prato, Giovanni ¬da¬

Gherardi, Paolo
→ **Paolo ⟨Gherardi⟩**

Gherardo ⟨Caccianemici⟩
→ **Lucius ⟨Papa, II.⟩**

Gherardo ⟨Cremonese⟩
→ **Gerardus ⟨Cremonensis⟩**

Gherardo ⟨de Prato⟩
→ **Gerardus ⟨de Prato⟩**

Gherardo ⟨de Sabbioneta⟩
→ **Gerardus ⟨de Sabloneta⟩**

Gherardo ⟨di Borgogna⟩
→ **Nicolaus ⟨Papa, II.⟩**

Gherardo ⟨Patecelo⟩
→ **Patecchio, Girardo**

Gherardus ⟨...⟩
→ **Gerardus ⟨...⟩**

Gherbaldus ⟨Leodiensis⟩
um 785/809
Epistula ad presbyteros
Rep.Font. V,101
Gerbaud ⟨de Liège⟩
Gerebald ⟨de Liège⟩
Ghaerbaldus ⟨Episcopus Leodiensis⟩
Ghaerbaldus ⟨Leodiensis⟩

Gherit ⟨de Groot⟩
→ **Groote, Geert**

Ghert ⟨Rinesberch⟩
→ **Rinesberch, Gerd**

Ghesselen, Conrad
→ **Gesselen, Conradus**

Ghetelen, Hans ¬von¬
→ **Hans ⟨von Ghetelen⟩**

Gheysmerus, Thomas
→ **Thomas ⟨Gheysmerus⟩**

Ghiberti, Lorenzo
ca. 1378 – 1455
Lorenzo ⟨di Cione di Ser Buonaccorso⟩
Lorenzo ⟨Ghiberti⟩

Ghidino ⟨da Sommacampagna⟩
→ **Gidino ⟨da Sommacampagna⟩**

Ghillebert ⟨de Lannoy⟩
→ **Lannoy, Ghillebert ¬de¬**

Ghinucci, Andreuccio
→ **Chinutiis, Andreoccius ¬de¬**

Ghirardello ⟨da Firenze⟩
→ **Gherardello ⟨da Firenze⟩**

Ghirlandaio, Domenico
1449 – 1494
Bigordi, Domenico
Domenico ⟨Bigordi⟩
Domenico ⟨Ghirlandaio⟩
Ghirlandajo, Domenico
Grillandajo, Domenico

Ghiscardi, Robertus
→ **Roberto ⟨Puglia, Duce⟩**

Ghislandi, Antoine
→ **Antonius ⟨de Gislandis⟩**

Ghisulfis, Philippus ¬de¬
→ **Philippus ⟨de Ghisulfis⟩**

Ghiṭrīf Ibn Qudāma al-Ghassānī
→ **Ġiṭrīf Ibn-Qudāma al-Ġassānī, al-**

Ghiṭrīfī, Abū Aḥmad Muḥammad Ibn Aḥmad
→ **Ġiṭrīfī, Abū-Aḥmad Muḥammad Ibn-Aḥmad ¬al-¬**

Ghossel, Conrad
→ **Gesselen, Conradus**

Ghotan, Bartolomäus
um 1480/90
Barthélemy ⟨Ghotan⟩
Bartholomaeus ⟨Gothan⟩
Bartholomäus ⟨Gotan⟩
Ghotan, Barthélemy
Ghothan, Barthélemy
Gotan, Bartholomäus
Gotha, Bartholomäus
Gotham, Bartolomäus
Gothan, Bartholomaeus

Ghubriyāl ⟨Patriarch, V.⟩
→ **Gabriel ⟨Bābā, V.⟩**

Ghulām Tha'lab, Muḥammad ibn 'Abd al-Wāḥid
→ **Ġulām Ṯa'lab, Muḥammad Ibn-'Abd-al-Wāḥid**

Giacchino ⟨da Fiore⟩
→ **Joachim ⟨de Flore⟩**

Giachetto ⟨Malespini⟩
→ **Malespini, Giacotto**

Giacinto ⟨Bobone⟩
→ **Coelestinus ⟨Papa, III.⟩**

Giaco, Garinus ¬de¬
→ **Garinus ⟨de Giaco⟩**

Giacobo ⟨di Voragine⟩
→ **Jacobus ⟨de Voragine⟩**

Giacoma ⟨Polliciano⟩
→ **Jacoba ⟨Pollicino⟩**

Giacomini, Laurentius
→ **Laurentius ⟨Giacomini⟩**

Giacomino ⟨da San Giorgio⟩
→ **Jacobinus ⟨de Sancto Georgio⟩**

Giacomino ⟨da Verona⟩
→ **Jacobinus ⟨de Verona⟩**

Giacomino ⟨di Morra⟩
→ **Giacomino ⟨Pugliese⟩**

Giacomino ⟨Pugliese⟩
13. Jh.
Meyer
Giacomino ⟨di Morra⟩
Giacomo ⟨da Morra⟩
Jacopo ⟨da Morra⟩
Jacques ⟨de Morra⟩
Morra, Giacomino ¬di¬
Pugliese, Giacomino

Giacomo ⟨Albini⟩
→ **Albinus, Jacobus**

Giacomo ⟨Ammanati⟩
→ **Ammannati, Jacobus**

Giacomo ⟨Aragona, Re, ...⟩
→ **Jaime ⟨Aragón, Rey, ...⟩**

Giacomo ⟨Badoer⟩
→ **Badoer, Giacomo**

Giacomo ⟨Belvisi⟩
→ **Jacobus ⟨de Belviso⟩**

Giacomo ⟨Benfatti⟩
→ **Jacobus ⟨de Benefactis⟩**

Giacomo ⟨Bottrigari⟩
→ **Jacobus ⟨Butrigarius⟩**

Giacomo ⟨Bracelli⟩
→ **Bracellus, Jacobus**

Giacomo ⟨Capocci⟩
→ **Jacobus ⟨de Viterbio⟩**

Giacomo ⟨Cappelli⟩
→ **Cappellis, Jacobus ¬de¬**

Giacomo ⟨Chirurgo⟩
→ **Albinus, Jacobus**

Giacomo ⟨Cini⟩
→ **Jacobus ⟨de Sancto Andrea⟩**

Giacomo ⟨da Bagno⟩
um 1450/1500 · OFM
Tractato de tutte censure e pene che pone la sancta madre ecclesia
Rep.Font. V,114
Bagno, Giacomo ¬da¬
Giacomo ⟨da Bangio⟩
Jacques ⟨de Bagno⟩

Giacomo ⟨da Lentini⟩
13. Jh.
Poesie
Giacomo ⟨da Lentino⟩
Jacopo ⟨da Lentini⟩
Jacopo ⟨da Lentino⟩
Jacques ⟨de Lentini⟩
Lentini, Giacomo ¬da¬

Giacomo ⟨da Morra⟩
→ **Giacomino ⟨Pugliese⟩**

Giacomo ⟨da Teramo⟩
→ **Jacobus ⟨de Teramo⟩**

Giacomo ⟨da Varazze⟩
→ **Jacobus ⟨de Voragine⟩**

Giacomo ⟨da Viterbo⟩
→ **Jacobus ⟨de Viterbio⟩**

Giacomo ⟨de Benedetti⟩
→ **Jacopone ⟨da Todi⟩**

Giacomo ⟨de Cessolis⟩
→ **Jacobus ⟨de Cessolis⟩**

Giacomo ⟨d'Edessa⟩
→ **Jacobus ⟨Edessenus⟩**

Giacomo ⟨della Lana⟩
→ **Jacopo ⟨della Lana⟩**

Giacomo ⟨della Marca⟩
→ **Jacobus ⟨de Marchia⟩**

Giacomo ⟨della Torre⟩
→ **Jacobus ⟨de Forlivio⟩**

Giacomo ⟨di Bulgaria⟩
→ **Jacobus ⟨Bulgariae⟩**

Giacomo ⟨di Cessolles⟩
→ **Jacobus ⟨de Cessolis⟩**

Giacomo ⟨di Dinant⟩
→ **Jacobus ⟨de Dinanto⟩**

Giacomo ⟨di Losanna⟩
→ **Jacobus ⟨de Lausanna⟩**

Giacomo ⟨di Metz⟩
→ **Jacobus ⟨Metensis⟩**

Giacomo ⟨di Moncalieri⟩
→ **Albinus, Jacobus**

Giacomo ⟨di Sarûg⟩
→ **Jacobus ⟨Sarugensis⟩**

Giacomo ⟨Dondi⟩
→ **Jacobus ⟨de Dondis⟩**

Giacomo ⟨Doria⟩
→ **Jacobus ⟨Auria⟩**

Giacomo ⟨Duèse⟩
→ **Johannes ⟨Papa, XXII.⟩**

Giacomo ⟨Fournier⟩
→ **Benedictus ⟨Papa, XII.⟩**

Giacomo ⟨Francescano⟩
→ **Jacobus ⟨de Marchia⟩**

Giacomo ⟨Maestro⟩
→ **Albinus, Jacobus**

Giacomo ⟨Oddi⟩
→ **Oddi, Giacomo**

Giacomo ⟨Palladino⟩
→ **Jacobus ⟨de Teramo⟩**

Giacomo ⟨Pantaléon⟩
→ **Urbanus ⟨Papa, IV.⟩**

Giacomo ⟨Piccolomini⟩
→ **Ammannati, Jacobus**

Giacomo ⟨Poggio Bracciolini⟩
→ **Poggio Bracciolini, Jacopo ¬di¬**

Giacomo ⟨Rizzardo⟩
→ **Rizzardo, Jacopo**

Giacomo ⟨Salviati⟩
→ **Jacopo ⟨Salviati⟩**

Giacomo ⟨Savelli⟩
→ **Honorius ⟨Papa, IV.⟩**

Giacomo ⟨Scalza⟩
→ **Jacobus ⟨Scalza de Urbeveteri⟩**

Giacomo ⟨Veneto⟩
→ **Jacobus ⟨de Venetiis⟩**

Giacomo ⟨Zeno⟩
→ **Zenus, Jacobus**

Giacomo ⟨Zinedolo⟩
→ **Jacobus ⟨Zinedolus⟩**

Giacomo, Nicolò ¬di¬
→ **Nicolò ⟨di Giacomo⟩**

Giacopone ⟨de'Benedetti⟩
→ **Jacopone ⟨da Todi⟩**

Giacotto ⟨Malespini⟩
→ **Malespini, Giacotto**

Giaffri, Saba
um 1405
Relazione
Rep.Font. V,116
Giaffri, Sabas
Saba ⟨Giaffri⟩
Sabas ⟨Giaffri⟩

Giambattista ⟨Guarini⟩
→ **Guarini, Giovanni Battista**

Giamboni, Bono
ca. 1240 – ca. 1292
Della miseria dell'uomo; Libro de'vizi e delle virtudi
LMA,IV,1440; Rep.Font. V,117
Bono ⟨Giamboni⟩
Bono ⟨Giamboni del Vecchio⟩
Giamboni ⟨Bono⟩
Giamboni del Vecchio, Bono

Giamboni del Vecchio, Bono
→ **Giamboni, Bono**

Giambonino
→ **Iamboninus ⟨Cremonensis⟩**

Giampetro ⟨Ferrari⟩
→ **Johannes Petrus ⟨de Ferrariis⟩**

Giampiero ⟨Leostello⟩
→ **Leostello, Joampiero**

Gian Battista ⟨Guarini⟩
→ **Guarini, Giovanni Battista**

Gian Francesco ⟨Poggio Bracciolini⟩
→ **Poggio Bracciolini, Gian Francesco**

Gian Galeazzo ⟨Visconti⟩
→ **Giangaleazzo ⟨Visconti⟩**

Gian Mario ⟨Filelfo⟩
→ **Philelphus, Johannes Marius**

Gianantonio ⟨de'Pandoni⟩
→ **Porcellius ⟨Neapolitanus⟩**

Gianetti, Matteo
→ **Matteo ⟨di Giovanetto⟩**

Gianfrancesco ⟨Pavini⟩
→ **Johannes Franciscus ⟨de Pavinis⟩**

Giangaleazzo ⟨Mailand, Herzog⟩
→ **Giangaleazzo ⟨Visconti⟩**

Giangaleazzo ⟨Visconti⟩
1351 – 1402
LMA,VIII,1723/24
Galeacius ⟨Vicecomes⟩
Galeazzo ⟨Visconti⟩
Gian Galeazzo ⟨Visconti⟩
Giangaleazzo ⟨Mailand, Herzog⟩
Giovan Galeazzo ⟨Visconti⟩
Giovanni Galeazzo ⟨Visconti⟩
Jean-Galéas ⟨Visconti⟩
Vicecomes, Galeacius
Visconti, Galeazzo
Visconti, Gian Galeazzo
Visconti, Giovan Galeazzo
Visconti, Giovanni Galeazzo
Visconti, Jean-Galéas

Gianiacomo ⟨Feltrense⟩
→ **Zenus, Jacobus**

Gianjacopo ⟨de Cani⟩
→ **Canis, Johannes Jacobus**

Gianmario ⟨Filelfo⟩
→ **Philelphus, Johannes Marius**

Gianni ⟨Alfani⟩
→ **Alfani, Gianni**

Gianni ⟨di Procida⟩
→ **Giovanni ⟨da Procida⟩**

Gianni ⟨Lapo⟩
ca. 1270 – 1328
LMA,V,1715/16
Giovanni ⟨Lapo⟩
Lapo, Gianni
Lapo, Giovanni

Gianni ⟨Prete⟩
→ **Johannes ⟨Presbyter⟩**

Giannozzo ⟨Manetti⟩
→ **Manettus, Iannotius**

Giano, Bartholomaeus ¬de¬
→ **Bartholomaeus ⟨de Giano⟩**

Giantonio ⟨de'Pandoni⟩
→ **Porcellius ⟨Neapolitanus⟩**

Gibert ⟨de Montreuil⟩
→ **Gerbert ⟨de Montreuil⟩**

Gibertus ⟨Italicus⟩
→ **Gilbertus**

Gidino ⟨da Sommacampagna⟩
ca. 1320/30 – ca. 1400
Trattato dei ritmi volgari
Rep.Font. V,118
Ghidino ⟨da Sommacampagna⟩
Sommacampagna, Gidino ¬da¬

Gieffroy ⟨...⟩
→ **Geoffroy ⟨...⟩**

Giélée, Jacquemart
→ **Jacquemart ⟨Giélée⟩**

Gielemans, Johannes
→ **Johannes ⟨Gielemans⟩**

Giengen, Liebe ¬von¬
→ **Liebe ⟨von Giengen⟩**

Gif, Hervaeus ¬de¬
→ **Hervaeus ⟨de Gif⟩**

Giffono, Leonardus ¬de¬
→ **Leonardus ⟨de Giffono⟩**

Gigas, Hermannus
→ **Hermannus ⟨Gigas⟩**

Gigelin, Franz
15. Jh.
Verfahren gegen Schußverletzungen; Rezept
VL(2),3,43/44
Franz ⟨Gigelin⟩

Gigo ⟨von Kastell⟩
→ **Guigo ⟨de Castro⟩**

Gikatilla, Joseph
→ **Ĝîqaṭîlā, Yôsēf Ben-Avrāhām**

Gikatilla, Moses B. Samuel
→ **Ibn-Ĝîqaṭîlā, Moše Bar-Šemû'ēl**

Gikatilla ben Abraham, Joseph
→ **Ĝîqaṭîlā, Yôsēf Ben-Avrāhām**

Gil ⟨Albornoz⟩
→ **Aegidius ⟨Albornoz⟩**

Gil ⟨de Santarém⟩
→ **Aegidius ⟨de Scalabis⟩**

Gil ⟨Sanchez Muñoz y Carbón⟩
→ **Clemens ⟨Papa, VIII., Antipapa⟩**

Gil, Jacques
→ **Jacobus ⟨Aegidii⟩**

Gila ⟨of Wells⟩
→ **Giso ⟨Wellensis⟩**

Ğīlānī, 'Abd-al-Karīm Ibn-Ibrāhīm ¬al-¬
1365 – 1428
'Abd-al-Karīm al-Ğīlānī
'Abd-al-Karīm al-Ğīlī
'Abd-al-Karīm Ibn-Ibrāhīm al-Ğīlānī
Djīlānī, 'Abd al-Karīm ibn Ibrāhīm ¬al-¬
Ğīlī, 'Abd-al-Karīm Ibn-Ibrāhīm ¬al-¬
Jīlī, 'Abdal-Karīm ibn Ibrāhīm ¬al-¬
Kīlānī, 'Abd-al-Karīm Ibn-Ibrāhīm ¬al-¬

Ğīlānī, 'Abd-al-Qādir Ibn-Abī-Ṣāliḥ ¬al-¬
→ **'Abd-al-Qādir al-Ğīlānī, Ibn-Abī-Ṣāliḥ**

Gilbert ⟨Archiviste de la Cava⟩
→ **Girbertus ⟨Archivarius⟩**

Gilbert ⟨Banaster⟩
→ **Banaster, Gilbert**

Gilbert ⟨Bienheureux⟩
→ **Gilbertus ⟨Magnus⟩**

Gilbert ⟨Crispin⟩
→ **Gilbertus ⟨Crispinus⟩**

Gilbert ⟨d'Auxerre⟩
→ **Gilbertus ⟨Universalis⟩**

Gilbert ⟨de Bangor⟩
→ **Gilbertus ⟨Lumnicensis⟩**

Gilbert ⟨de Berneville⟩
→ **Gillebert ⟨de Berneville⟩**

Gilbert ⟨de Cîteaux⟩
→ **Gilbertus ⟨Magnus⟩**

Gilbert ⟨de Holland⟩
→ **Gilbertus ⟨de Hoilandia⟩**

Gilbert ⟨de la Cava⟩
→ **Girbertus ⟨Archivarius⟩**

Gilbert ⟨de la Porrée⟩
→ **Gilbertus ⟨Porretanus⟩**

Gilbert ⟨de l'Aigle⟩
→ **Gilbertus ⟨Anglicus⟩**

Gilbert ⟨de Lègle⟩
→ **Gilbertus ⟨Anglicus⟩**

Gilbert ⟨de Liège⟩
→ **Gilbertus ⟨Leodiensis⟩**

Gilbert ⟨de Limerick⟩
→ **Gilbertus ⟨Lumnicensis⟩**

Gilbert ⟨de Londres⟩
→ **Gilbertus ⟨Universalis⟩**

Gilbert ⟨de Mons⟩
→ **Gislebertus ⟨Montensis⟩**

Gilbert ⟨de Montreuil⟩
→ **Gerbert ⟨de Montreuil⟩**

Gilbert ⟨de Outre⟩
→ **Gilbertus ⟨de Outra⟩**

Gilbert ⟨de Poitiers⟩
→ **Gilbertus ⟨Porretanus⟩**

Gilbert ⟨de Saint-Amand⟩
→ **Gislebertus ⟨Elnonensis⟩**

Gilbert ⟨de Saint-Laurent⟩
→ **Gilbertus ⟨Leodiensis⟩**

Gilbert ⟨de Stanford⟩
→ **Gilbertus ⟨de Stanford⟩**

Gilbert ⟨d'Hereford⟩
→ **Gilbertus ⟨Foliotus⟩**

Gilbert ⟨d'Ourscamp⟩
→ **Gilbertus ⟨Magnus⟩**

Gilbert ⟨Foliot⟩
→ **Gilbertus ⟨Foliotus⟩**

Gilbert ⟨Hay⟩
→ **Hay, Gilbert**

Gilbert ⟨l'Anglais⟩
→ **Gilbertus ⟨Anglicus⟩**

Gilbert ⟨le Grand⟩
→ **Gilbertus ⟨Magnus⟩**

Gilbert ⟨l'Universel⟩
→ **Gilbertus ⟨Universalis⟩**

Gilbert ⟨of England⟩
→ **Gilbertus ⟨Anglicus⟩**

Gilbert ⟨of Hoy⟩
→ **Gilbertus ⟨de Hoilandia⟩**

Gilbert ⟨of Hoyland⟩
→ **Gilbertus ⟨de Hoilandia⟩**

Gilbert ⟨of Saint Amand⟩
→ **Gislebertus ⟨Elnonensis⟩**

Gilbert ⟨of Swineshead⟩
→ **Gilbertus ⟨de Hoilandia⟩**

Gilbert ⟨of the Haye⟩
→ **Hay, Gilbert**

Gilbert ⟨of Tournay⟩
→ **Gislebertus ⟨Elnonensis⟩**

Gilbert ⟨Porrea⟩
→ **Gilbertus ⟨Porretanus⟩**

Gilbert ⟨Prévot⟩
→ **Gislebertus ⟨Montensis⟩**

Gilbert ⟨the Englishman⟩
→ **Gilbertus ⟨Anglicus⟩**

Gilbert ⟨van Eyen⟩
→ **Gilbertus ⟨de Ovis⟩**

Gilbert ⟨von Auxerre⟩
→ **Gilbertus ⟨Universalis⟩**

Gilbert ⟨von Hoyland⟩
→ **Gilbertus ⟨de Hoilandia⟩**

Gilbert ⟨von Poitiers⟩
→ **Gilbertus ⟨Porretanus⟩**

Gilbert ⟨von Stanford⟩
→ **Gilbertus ⟨de Stanford⟩**

Gilbert ⟨von Westminster⟩
→ **Gilbertus ⟨Crispinus⟩**

Gilberto ⟨della Porrée⟩
→ **Gilbertus ⟨Porretanus⟩**

Gilberto ⟨il Anglico⟩
→ **Gilbertus ⟨Anglicus⟩**

Gilberto ⟨Italo⟩
→ **Gilbertus**

Gilberto ⟨Porretano⟩
→ **Gilbertus ⟨Porretanus⟩**

Gilbertus
um 1221 · OP (?)
Chronicon pontificum et imperatorum Romanorum
Rep.Font. V,118
Gibertus ⟨Italicus⟩
Gilberto ⟨Italo⟩
Gilbertus ⟨Italus⟩
Italicus, Gibertus

Gilbertus ⟨Abbas⟩
→ **Gilbertus ⟨Crispinus⟩**
→ **Gilbertus ⟨de Hoilandia⟩**

Gilbertus ⟨Abbas Cistercii⟩
→ **Gilbertus ⟨Magnus⟩**

Gilbertus ⟨Altissiodorensis⟩
→ **Gilbertus ⟨Universalis⟩**

Gilbertus ⟨Anglicus⟩
gest. ca. 1250
Compendium medicinae
LMA,IV,1450; Tusculum-Lexikon
Anglicus, Gilbertus
Gilbert ⟨de Lègle⟩
Gilbert ⟨de l'Aigle⟩
Gilbert ⟨l'Anglais⟩
Gilbert ⟨of England⟩
Gilbert ⟨the Englishman⟩
Gilberto ⟨il Anglico⟩
Gilbertus ⟨Cancellarius⟩
Gilbertus ⟨de Aquila⟩
Gilbertus ⟨Doctor Desideratissimus⟩
Gilbertus ⟨Legleus⟩
Gilbertus ⟨Medicus⟩
Gilbertus ⟨Montispessulanus⟩
Gilebertus ⟨Anglicus⟩

Gilbertus ⟨Anglicus, Canonista⟩
um 1202
Collectio decretalium; Apparatus glossarum
LMA,IV,1450
Anglicus, Gilbertus
Gilbertus ⟨Anglicus⟩
Gilbertus ⟨Anglicus, Kanonist⟩
Gilbertus ⟨Canonista⟩

Gilbertus ⟨Autissiodorensis⟩
→ **Gislebertus ⟨Valliliensis⟩**

Gilbertus ⟨Cancellarius⟩
→ **Gilbertus ⟨Anglicus⟩**

Gilbertus ⟨Canonista⟩
→ **Gilbertus ⟨Anglicus, Canonista⟩**

Gilbertus ⟨Crispinus⟩
gest. 1117 · OSB
Disputatio Judei et Christiani; De angelo perdito; De simoniacis; etc.
LMA,IV,1448
Crispin, Gilbert
Crispinus, Gilbertus
Gilbert ⟨Crispin⟩
Gilbert ⟨von Westminster⟩
Gilbertus ⟨Abbas⟩
Gilbertus ⟨de Westminster⟩
Gilbertus ⟨Westmonasteriensis⟩
Gislebert ⟨Crispin⟩
Gislebertus ⟨Crispinus⟩

Gilbertus ⟨Curatus de Outre⟩
→ **Gilbertus ⟨de Outra⟩**

Gilbertus ⟨de Aquila⟩
→ **Gilbertus ⟨Anglicus⟩**

Gilbertus ⟨de Brabant⟩
→ **Gilbertus ⟨de Ovis⟩**

Gilbertus ⟨de Hoilandia⟩
gest. 1172
LMA,IV,1449
Gilbert ⟨de Holland⟩
Gilbert ⟨of Hoy⟩
Gilbert ⟨of Hoyland⟩
Gilbert ⟨of Swineshead⟩
Gilbert ⟨von Hoyland⟩
Gilbertus ⟨Abbas⟩
Gilbertus ⟨de Hoylandia⟩
Gilbertus ⟨Hoilandiensis⟩
Gilbertus ⟨Magnus⟩
Gilbertus ⟨Suinsetensis⟩
Gilbertus ⟨Swineshevedensis⟩
Gilbertus ⟨Theologus⟩
Gillebert ⟨von Hoyland⟩
Gislebert ⟨de Hoilandia⟩
Gislebertus ⟨de Hoilandia⟩
Hoilandia, Gilbertus ¬de¬

Gilbertus ⟨de la Porrée⟩
→ **Gilbertus ⟨Porretanus⟩**

Gilbertus ⟨de Novigento⟩
→ **Guibertus ⟨de Novigento⟩**

Gilbertus ⟨de Outra⟩
um 1297
Versus de guerra habita inter Philippum regem Francorum et Ghidonem comitem Flandriae
Rep.Font. V,125
Gilbert ⟨de Outre⟩
Gilbertus ⟨Curatus de Outre⟩
Gilbertus ⟨de Outre⟩
Outra, Gilbertus ¬de¬

Gilbertus ⟨de Ovis⟩
gest. 1283 · OP
Postillae super evangelia et epistulas Pauli
Schneyer,II,186; Stegmüller, Repert. bibl. 2504-2509; Kaeppeli,II,42
Gilbert ⟨van Eyen⟩
Gilbertus ⟨de Brabant⟩
Gilbertus ⟨de Ovis Flamingus⟩
Gilbertus ⟨Flamingus⟩
Gilbertus ⟨van Eyen⟩
Gilibertus ⟨de Ovis⟩
Ovis, Gilbertus ¬de¬

Gilbertus ⟨de Stanford⟩
12. Jh. · OCist
Identität mit Gilbertus ⟨Magnus⟩ umstritten; Commentarius in Canticum canticorum
Stegmüller, Repert. bibl. 2533
Gilbert ⟨de Stanford⟩
Gilbert ⟨von Stanford⟩
Gilbertus ⟨de Stinfardia⟩
Gilbertus ⟨Stanfordianus⟩
Gilbertus ⟨Stanfordianus Monachus⟩
Stanford, Gilbertus ¬de¬

Gilbertus ⟨de Westminster⟩
→ **Gilbertus ⟨Crispinus⟩**

Gilbertus ⟨Decanus⟩
→ **Gislebertus ⟨Elnonensis⟩**

Gilbertus ⟨Doctor Desideratissimus⟩
→ **Gilbertus ⟨Anglicus⟩**

Gilbertus ⟨Elnonensis⟩
→ **Gislebertus ⟨Elnonensis⟩**

Gilbertus ⟨Episcopus⟩
→ **Gilbertus ⟨Foliotus⟩**
→ **Gilbertus ⟨Porretanus⟩**

Gilbertus ⟨Flamingus⟩
→ **Gilbertus ⟨de Ovis⟩**

Gilbertus ⟨Foliotus⟩
1139 – 1188
LThK; CSGL; Potth.; LMA,IV,611
Foliot, Gilbert
Foliotus, Gilbertus
Gilbert ⟨d'Hereford⟩
Gilbert ⟨Foliot⟩
Gilbertus ⟨Episcopus⟩
Gilbertus ⟨Foliot⟩
Gilbertus ⟨Herefordensis⟩
Gilbertus ⟨Herfordiensis⟩
Gilbertus ⟨Londoniensis⟩

Gilbertus ⟨Gemblacensis⟩
→ **Guibertus ⟨Gemblacensis⟩**

Gilbertus ⟨Herfordiensis⟩
→ **Gilbertus ⟨Foliotus⟩**

Gilbertus ⟨Hoilandiensis⟩
→ **Gilbertus ⟨de Hoilandia⟩**

Gilbertus ⟨Italus⟩
→ **Gilbertus**

Gilbertus ⟨Legleus⟩
→ **Gilbertus ⟨Anglicus⟩**

Gilbertus ⟨Leodiensis⟩
12. Jh.
Carmina in S. Scripturam
Stegmüller, Repert. bibl. 2499
Gilbert ⟨de Liège⟩
Gilbert ⟨de Saint-Laurent⟩
Gilbert ⟨Moine de Saint-Laurent⟩
Gilbertus ⟨Monachus Sancti Laurentii⟩
Gilbertus ⟨Sancti Laurentii⟩

Gilbertus ⟨Londoniensis⟩
→ **Gilbertus ⟨Foliotus⟩**

Gilbertus ⟨Lumnicensis⟩
gest. 1145
De statu ecclesiae; Epistola Anselmo archiepiscopo Cantuariensi directa
Rep.Font. V,119
Gilbert ⟨Abbé de Bangor⟩
Gilbert ⟨de Bangor⟩
Gilbert ⟨de Limerick⟩
Gilbert ⟨Evêque de Limerick⟩

Gilbertus ⟨Lunicensis⟩
Gilla-Easpuic

Gilbertus ⟨Magister Sex Principiorum⟩
→ **Gilbertus ⟨Porretanus⟩**

Gilbertus ⟨Magnus⟩
→ **Gilbertus ⟨de Hoilandia⟩**

Gilbertus ⟨Magnus⟩
gest. 1167 · OCist
Distinctiones theologicae; De naturis rerum; Pro Christianis contra gentiles versu elegiaco; Identität mit Gilbertus ⟨de Stanford⟩ umstritten
Stegmüller, Repert. bibl. 2500-2502
Gilbert ⟨Bienheureux⟩
Gilbert ⟨de Cîteaux⟩
Gilbert ⟨d'Ourscamp⟩
Gilbert ⟨le Grand⟩
Gilbertus ⟨Abbas Cistercii⟩
Magnus, Gilbertus

Gilbertus ⟨Medicus⟩
→ **Gilbertus ⟨Anglicus⟩**

Gilbertus ⟨Monachus Sancti Laurentii⟩
→ **Gilbertus ⟨Leodiensis⟩**

Gilbertus ⟨Montensis⟩
→ **Gislebertus ⟨Montensis⟩**

Gilbertus ⟨Montispessulanus⟩
→ **Gilbertus ⟨Anglicus⟩**

Gilbertus ⟨Novigentinus⟩
→ **Guibertus ⟨de Novigento⟩**

Gilbertus ⟨Pictaviensis⟩
→ **Gilbertus ⟨Porretanus⟩**

Gilbertus ⟨Porretanus⟩
ca. 1080 – 1154
Tusculum-Lexikon; LThK; CSGL
Gilbert ⟨de la Porrée⟩
Gilbert ⟨de Poitiers⟩
Gilbert ⟨Porrea⟩
Gilbert ⟨von Poitiers⟩
Gilberto ⟨della Porrée⟩
Gilberto ⟨Porretano⟩
Gilbertus ⟨de la Porrée⟩
Gilbertus ⟨Episcopus⟩
Gilbertus ⟨Magister Sex Principiorum⟩
Gilbertus ⟨Pictaviensis⟩
Gilbertus ⟨Porretus⟩
Gislebert ⟨de la Porrée⟩
Gislebertus ⟨Pictaviensis⟩
Gislebertus ⟨Porretanus⟩
LaPorrée, Gilbert ¬de¬
Porrée, Gilbert ¬de la¬
Porretanus, Gilbertus
Pseudo-Gilbertus ⟨Porretanus⟩

Gilbertus ⟨Sancti Laurentii⟩
→ **Gilbertus ⟨Leodiensis⟩**

Gilbertus ⟨Stanfordianus⟩
→ **Gilbertus ⟨de Stanford⟩**

Gilbertus ⟨Suinsetensis⟩
→ **Gilbertus ⟨de Hoilandia⟩**

Gilbertus ⟨Swineshevedensis⟩
→ **Gilbertus ⟨de Hoilandia⟩**

Gilbertus ⟨Theologus⟩
→ **Gilbertus ⟨de Hoilandia⟩**

Gilbertus ⟨Tornacensis⟩
gest. 1284
Tusculum-Lexikon; LThK; CSGL; LMA,IV,1770
Guibert ⟨de Tournai⟩
Guibert ⟨de Tournay⟩
Guibert ⟨von Tournai⟩
Guibertus ⟨de Moriel Porte⟩
Guibertus ⟨de Tornaco⟩
Guibertus ⟨de Tornadia⟩
Guibertus ⟨de Torrenno⟩
Guibertus ⟨de Torreno⟩
Guibertus ⟨d'As-Pies⟩
Guibertus ⟨Tornacensis⟩
Guillibertus ⟨Tornacensis⟩
Wibertus ⟨Tornacensis⟩
Wilibertus ⟨Tornacensis⟩

Gilbertus ⟨Tullensis⟩
→ **Wibertus ⟨Tullensis⟩**

Gilbertus ⟨Universalis⟩
gest. 1134
Glossa in Exod.; Glossae in XII Proph.; Glossa ordinaria
Stegmüller, Repert. bibl. 2536-2548; 2577-2578; LMA,IV,1450
Gilbert ⟨de Londres⟩
Gilbert ⟨d'Auxerre⟩
Gilbert ⟨l'Universel⟩
Gilbert ⟨von Auxerre⟩
Gilbertus ⟨Altissiodorensis⟩
Pseudo-Gilbertus ⟨Universalis⟩
Universalis, Gilbertus

Gilbertus ⟨van Eyen⟩
→ **Gilbertus ⟨de Ovis⟩**

Gilbertus ⟨Westmonasteriensis⟩
→ **Gilbertus ⟨Crispinus⟩**

Ğildakī, Aidamur Ibn-'Alī ¬al-¬
gest. ca. 1342
Aidamur Ibn-'Alī al-Ğildakī
Djildakī, Aydamur ibn 'Alī
Ibn-'Alī, Aidamur al-Ğildakī
Jildakī, Aydamur ibn 'Alī

Gildas ⟨Sapiens⟩
ca. 504 – ca. 570
Tusculum-Lexikon; LThK; CSGL
Gildas
Gildas ⟨Badonicus⟩
Gildas ⟨de Rhuys⟩
Gildas ⟨der Weise⟩
Gildas ⟨le Badonique⟩
Gildas ⟨le Sage⟩
Gildas ⟨Sanctus⟩
Sapiens, Gildas

Gildebertus ⟨Lavardinensis⟩
→ **Hildebertus ⟨Lavardinensis⟩**

Gilduinus ⟨de Sancto Victore⟩
gest. 1155
Epistulae; Liber ordinis S. Victoris Parisiensis
Rep.Font. V,123; DOC,1,830
Gildouin ⟨de Saint-Victor à Paris⟩
Gilduinus ⟨a Sancto Victore⟩
Gilduinus ⟨Abbas Sancti Victoris Parisiensis⟩
Gilduinus ⟨Sancti Victoris Parisiensis⟩
Hilduinus ⟨Abbas Sancti Victoris Parisiensis⟩

Gilebert ⟨...⟩
→ **Gillebert ⟨...⟩**

Gilebertus ⟨...⟩
→ **Gilbertus ⟨...⟩**

Gilemans, Jean
→ **Johannes ⟨Gielemans⟩**

Giles ⟨Master⟩
→ **Aegidius ⟨Magister⟩**

Giles ⟨of Assisi⟩
→ **Aegidius ⟨Assisias⟩**

Giles ⟨of Rome⟩
→ **Aegidius ⟨Romanus⟩**

Gilgenfein
→ **Lilgenfein**

Gilgenschein
um 1462
Historische Lieder
VL(2),3,44
Gilgenschein ⟨Poète Allemand⟩

Ğīlī, 'Abd-al-Karīm Ibn-Ibrāhīm ¬al-¬
→ **Ğīlānī, 'Abd-al-Karīm Ibn-Ibrāhīm ¬al-¬**

Ğīlī, 'Abd-al-Qādir Ibn-Abī-Ṣāliḥ ¬al-¬
→ **'Abd-al-Qādir al-Ğīlānī, Ibn-Abī-Ṣāliḥ**

Gilibertus ⟨...⟩
→ **Gilbertus ⟨...⟩**

Gilio ⟨da Siena⟩
14. Jh.
Aritmetica e geometria
Gilio ⟨il Maestro⟩
Siena, Gilio ¬da¬

Gilio ⟨de Amoruso⟩
14. Jh.
Amoroso, Gilio ¬de¬
Amoruso, Gilio ¬de¬
Amoruso Dell'Amandola, Gilio ¬de¬
Gilio ⟨de Amoroso⟩
Monroso della Mandola, Gilio

Gilio ⟨de Amoruso Dell'Amandola⟩
→ **Gilio ⟨de Amoruso⟩**

Gilio ⟨il Maestro⟩
→ **Gilio ⟨da Siena⟩**

Gilio ⟨Monroso della Mandola⟩
→ **Gilio ⟨de Amoruso⟩**

Gilla ⟨Coémáin⟩
um 1072
Annálad anall uile; Attá sund forba fessa; Ériu ard, inis narrig; Gaédel Glass ótát Gaídil; Leloor Bretnach; Tigernmas mac Ollaig aird
Rep.Font. V,123
Coémáin, Gilla
Coeman, Guillaume
Gildas ⟨Coeman⟩
Gilla ⟨Coémáin MacGilla Samthainne⟩
Guillaume ⟨Coeman⟩

Gilla ⟨in Choimded⟩
12. Jh.
Aimirgin Glúngeal tuir teand; A Ri richid, rédig dam
Rep.Font. V,123
Choimded, Gilla ¬in¬
Gilla ⟨in Choimded ua Cormaic⟩

Gilla ⟨Mo-Dutu⟩
12. Jh.
Ádam óenathair na ndoéne; Betha Maédóc Ferna; Betha Mo-Laisse Daiminse; Cuibdeas comanmand na rig; Ériu óg, inis na naém
Rep.Font. V,124
Gildas ⟨d'Ardbraccan⟩
Gildas ⟨Modudius⟩
Gilla ⟨Mo-Dutu ua Casaide⟩
Mo-Dutu, Gilla

Gilio ⟨Monroso della Mandola⟩
→ **Gilio ⟨de Amoruso⟩**

Gilla ⟨na Naém⟩
gest. 1116/17
Cruacha Connacht, ráith co rath; Cúiced Lagen na lecht rig; Eriu iarthar talman toirtig
Rep.Font. V,125
Gilla ⟨na Naém ua Duind⟩
Naém, Gilla ¬na¬

Gilla-Easpuic
→ **Gilbertus ⟨Lumnicensis⟩**

Gillebert
→ **Gislebertus**

Gillebert ⟨de Berneville⟩
13. Jh.
Berneville, Gillebert ¬de¬
Gilbert ⟨de Berneville⟩
Gilebert ⟨de Berneville⟩
Guillebert ⟨de Berneville⟩

Gillebert ⟨de Cambres⟩
13. Jh.
Ludicaire en vers
Cambres, Gillebert ¬de¬

Gillebert ⟨de Metz⟩
→ **Guillebert ⟨de Metz⟩**

Gillebert ⟨von Hoyland⟩
→ **Gilbertus ⟨de Hoilandia⟩**

Gillebertus ⟨...⟩
→ **Gilbertus ⟨...⟩**

Gillemannus, Johannes
→ **Johannes ⟨Gielemans⟩**

Gilles ⟨Bellemère⟩
→ **Aegidius ⟨de Bellamera⟩**

Gilles ⟨Berry⟩
→ **Gilles ⟨le Bouvier⟩**

Gilles ⟨Binchois⟩
→ **Binchois, Gilles**

Gilles ⟨Bonclerc⟩
→ **Aegidius ⟨de Baysi⟩**

Gilles ⟨Charlier⟩
→ **Aegidius ⟨Carlerii⟩**

Gilles ⟨Corbolien⟩
→ **Aegidius ⟨Corbeiensis⟩**

Gilles ⟨de Bailleul⟩
→ **Aegidius ⟨de Balliolo⟩**

Gilles ⟨de Baysi⟩
→ **Aegidius ⟨de Baysi⟩**

Gilles ⟨de Bellemère⟩
→ **Aegidius ⟨de Bellamera⟩**

Gilles ⟨de Bensa⟩
→ **Aegidius ⟨de Baysi⟩**

Gilles ⟨de Binche⟩
→ **Binchois, Gilles**

Gilles ⟨de Bonne-Fontaine⟩
→ **Aegidius ⟨de Bono Fonte⟩**

Gilles ⟨de Braga⟩
→ **Aegidius ⟨de Braga⟩**

Gilles ⟨de Campis⟩
→ **Aegidius ⟨de Campis⟩**

Gilles ⟨de Chin⟩
→ **Chyn, Aegidius ¬de¬**

Gilles ⟨de Colonne⟩
→ **Aegidius ⟨Romanus⟩**

Gilles ⟨de Corbeil⟩
→ **Aegidius ⟨Corbeiensis⟩**

Gilles ⟨de Damne⟩
→ **Aegidius ⟨de Damnis⟩**

Gilles ⟨de Ferrare⟩
→ **Aegidius ⟨Ferrariensis⟩**

Gilles ⟨de Foeno⟩
→ **Aegidius ⟨de Foeno⟩**

Gilles ⟨de Foscarari⟩
→ **Aegidius ⟨de Fuscarariis⟩**

Gilles ⟨de Gallucci⟩
→ **Aegidius ⟨de Gallutiis⟩**

Gilles ⟨de Grado⟩
→ **Aegidius ⟨Ferrariensis⟩**

Gilles ⟨de Lessines⟩
→ **Aegidius ⟨de Lessinia⟩**

Gilles ⟨de Liège⟩
→ **Aegidius ⟨de Orpio⟩**

Gilles ⟨de Muisis⟩
→ **Gilles ⟨le Muisit⟩**

Gilles ⟨de Muñoz⟩
→ **Clemens ⟨Papa, VIII., Antipapa⟩**

Gilles ⟨de Murino⟩
→ **Aegidius ⟨de Murino⟩**

Gilles ⟨de Notre-Dame-des-Dunes⟩
→ **Aegidius ⟨de Damnis⟩**

Gilles ⟨de Oxford⟩
→ **Aegidius ⟨de Foeno⟩**

Gilles ⟨de Paris⟩
→ **Aegidius ⟨de Foeno⟩**
→ **Aegidius ⟨Parisiensis⟩**

Gilles ⟨de Prosperi⟩
→ **Aegidius ⟨Prosperi de Parma⟩**

Gilles ⟨de Provins⟩
→ **Aegidius ⟨de Pruvinis⟩**

Gilles ⟨de Royaumont⟩
→ **Aegidius ⟨de Roya⟩**

Gilles ⟨de Roye⟩
→ **Aegidius ⟨de Roya⟩**

Gilles ⟨de Saint-Marcel⟩
→ **Aegidius ⟨Parisiensis⟩**

Gilles ⟨de Saint-Martin de Tournai⟩
→ **Gilles ⟨le Muisit⟩**

Gilles ⟨de Santárem⟩
→ **Aegidius ⟨de Scalabis⟩**

Gilles ⟨de Valence⟩
→ **Aegidius ⟨de Valentia⟩**

Gilles ⟨de Valladares⟩
→ **Aegidius ⟨de Scalabis⟩**

Gilles ⟨des Champs⟩
→ **Aegidius ⟨de Campis⟩**

Gilles ⟨Dominicain⟩
→ **Aegidius ⟨de Aureliano, OP⟩**

Gilles ⟨d'Orléans⟩
→ **Aegidius ⟨Aurelianensis⟩**
→ **Aegidius ⟨de Aureliano, OP⟩**

Gilles ⟨d'Orp⟩
→ **Aegidius ⟨de Orpio⟩**

Gilles ⟨du Val des Ecoliers⟩
→ **Aegidius ⟨de Valle Scholarum⟩**

Gilles ⟨Galuzzi de Bologne⟩
→ **Aegidius ⟨de Gallutiis⟩**

Gilles ⟨Jamsin⟩
→ **Aegidius ⟨Iamsin⟩**

Gilles ⟨Juriste⟩
→ **Aegidius ⟨de Fuscarariis⟩**

Gilles ⟨le Bel⟩
um 1400/03
Li livres dez merveilles et des notables fais, advenees, batailles, puis la creation dou monde
Rep.Font. V,126
Bel, Gilles ¬le¬
Gilles ⟨LeBel⟩
LeBel, Gilles

Gilles ⟨le Bouvier⟩
15. Jh.
LMA,I,2018
Berry
Berry ⟨le Héraut⟩
Berry, Gilles
Berry, Jacques
Bouvier, Gilles ¬le¬
Gilles ⟨Berry⟩
Héraut Berry, ¬le¬
LeBouvier, Gilles
LeBouvier, Jacques
LeBouvier-Berry, Gilles

Gilles ⟨le Muisit⟩
1272 – 1353
Rep.Font. II,133; LMA,VI,893/94
Aegidius ⟨le Muisit⟩
Aegidius ⟨li Muisis⟩
Aegidius ⟨Mucidus⟩
Gilles ⟨de Muisis⟩

Gilles ⟨de Saint-Martin de Tournai⟩
Gilles ⟨li Muisis⟩
Gillion ⟨le Muisit⟩
Gillon ⟨le Muisi⟩
LeMuisit, Gilles
LiMuisis, Gilles
Muisis, Gilles ¬li¬
Muisit, Gilles ¬le¬

Gilles ⟨Lusitanus⟩
→ **Aegidius ⟨de Scalabis⟩**

Gilles ⟨Magister⟩
→ **Aegidius ⟨Magister⟩**

Gilles ⟨of Assisi⟩
→ **Aegidius ⟨Assisias⟩**

Gilles ⟨Patriarche⟩
→ **Aegidius ⟨Ferrariensis⟩**

Gilles ⟨Prosperi de Parme⟩
→ **Aegidius ⟨Prosperi de Parma⟩**

Gilles ⟨Sanchez de Muñoz⟩
→ **Clemens ⟨Papa, VIII., Antipapa⟩**

Gilles ⟨Spiritalis⟩
→ **Aegidius ⟨Spiritalis de Perusio⟩**

Gilles ⟨Sutor⟩
→ **Aegidius ⟨Sutoris⟩**

Gilles-Alvarez Carillo ⟨d'Albornoz⟩
→ **Aegidius ⟨Albornoz⟩**

Gillibertus ⟨...⟩
→ **Gilbertus ⟨...⟩**

Gillion ⟨le Muisit⟩
→ **Gilles ⟨le Muisit⟩**

Gilliszoon de Wissekerke, Guilelmus
→ **Guilelmus ⟨Gilliszoon de Wissekerke⟩**

Gillon ⟨le Muisi⟩
→ **Gilles ⟨le Muisit⟩**

Gilo ⟨Cardinalis⟩
→ **Gilo ⟨Tusculanus⟩**

Gilo ⟨Clericus Parisiensis⟩
→ **Gilo ⟨Tusculanus⟩**

Gilo ⟨Cluniacensis⟩
→ **Gilo ⟨Tusculanus⟩**

Gilo ⟨Episcopus⟩
→ **Gilo ⟨Tusculanus⟩**

Gilo ⟨Parisiensis⟩
→ **Gilo ⟨Tusculanus⟩**

Gilo ⟨Remensis⟩
12. Jh. · OSB
Vermutl. Verf. von Chronicon ad a. 1248 (verloren)
Rep.Font. V,129
Gilo ⟨von Reims⟩
Gilon ⟨de Reims⟩

Gilo ⟨Tusculanus⟩
gest. ca. 1142 · OSB
Vita S. Hugonis abbatis Cluniacensis
Rep.Font. IV,129
Aegidius ⟨Cardinalis⟩
Aegidius ⟨Cardinalis Episcopus Tusculanus⟩
Aegidius ⟨Cluniacensis⟩
Aegidius ⟨of Frascati⟩
Aegidius ⟨Parisiensis⟩
Aegidius ⟨Tusculanus⟩
Gilo ⟨Cardinalis⟩
Gilo ⟨Clericus Parisiensis⟩
Gilo ⟨Cluniacensis⟩
Gilo ⟨Episcopus⟩
Gilo ⟨Parisiensis⟩
Gilon ⟨de Cluny⟩
Gilon ⟨de Frascati⟩
Gilon ⟨de Toucy⟩
Tusculanus, Gilo

Gilo ⟨von Reims⟩
→ **Gilo ⟨Remensis⟩**

Gilon ⟨de Cluny⟩
→ **Gilo ⟨Tusculanus⟩**

Gilon ⟨de Frascati⟩
→ **Gilo ⟨Tusculanus⟩**

Gilon ⟨de Laon⟩
→ **Guiardus ⟨Laudunensis⟩**

Gilon ⟨de Reims⟩
→ **Gilo ⟨Remensis⟩**

Gilon ⟨de Toucy⟩
→ **Gilo ⟨Tusculanus⟩**

Ǧilyānī, 'Abd-al-Mun'im Ibn-'Umar ¬al-¬
1136 – 1205
'Abd-al-Mun'im al-Ǧilyānī
'Abd-al-Mun'im Ibn-'Umar al-Ǧilyānī
Djilyānī, 'Abd al-Mun'im b. 'Umar
Ibn-'Umar, 'Abd-al-Mun'im al-Ǧilyānī
Ibn-'Umar al-Ǧilyānī, 'Abd-al-Mun'im
Jilyānī, 'Abd al-Mun'im Ibn 'Umar

Gimignano ⟨Inghirami⟩
→ **Inghirami, Gimignano**

Gimignano ⟨Messer⟩
→ **Inghirami, Gimignano**

Ginebreda, Antonio
→ **Antonio ⟨Ginebreda⟩**

Ginevra ⟨Nogaròla⟩
→ **Zenevera ⟨Nogarola⟩**

Gino ⟨di Neri Capponi⟩
→ **Capponi, Gino**

Gioacchino ⟨Castiglione Marcanova⟩
→ **Joachim ⟨Castillionaeus⟩**

Gioacchino ⟨da Fiore⟩
→ **Joachim ⟨de Flore⟩**

Gioele
→ **Joel ⟨Chronographus⟩**

Gioffredo ⟨da Viterbo⟩
→ **Godefridus ⟨Viterbiensis⟩**

Gioffredo ⟨DellaChiesa⟩
→ **DellaChiesa, Gioffredo**

Gioffredo ⟨Malaterra⟩
→ **Galfredus ⟨Malaterra⟩**

Giona, Giovanni ¬di¬
→ **Giovanni ⟨di Giona⟩**

Giordano ⟨da Pisa⟩
→ **Giordano ⟨da Rivalto⟩**

Giordano ⟨da Rivalto⟩
1260 – 1311 · OP
Prediche
Giordano ⟨da Pisa⟩
Giordano ⟨da Rivalta⟩
Iordanis ⟨de Pisis⟩
Iordanus ⟨da Pisa⟩
Iordanus ⟨de Pisis⟩
Iordanus ⟨de Ripa Alta⟩
Iordanus ⟨de Rivalto⟩
Jordan ⟨de Rivalto⟩
Jordano ⟨de Pise⟩
Jordanus ⟨de Pisa⟩
Jordanus ⟨de Ripa Alta⟩
Rivalto, Giordano ¬da¬

Giordano ⟨da Terracina⟩
→ **Iordanus ⟨de Terracina⟩**

Giordano ⟨di Sassania⟩
→ **Iordanus ⟨de Saxonia⟩**

Giordano ⟨Pironti⟩
→ **Iordanus ⟨de Terracina⟩**

Giordano ⟨Rufo⟩
→ **Iordanus ⟨Rufus⟩**

Giorgi ⟨Alek'sandrieli⟩
→ **Georgius ⟨Alexandrinus⟩**
→ **Georgius ⟨Merula⟩**

Giorgi, François
→ **Martini, Francesco di Giorgio**

Giorgio ⟨Acropolite⟩
→ **Georgius ⟨Acropolita⟩**

Giorgio ⟨Chiarini⟩
→ **Chiarini, Giorgio**

Giorgio ⟨Coirobosco⟩
→ **Georgius ⟨Choiroboscus⟩**

Giorgio ⟨da Trebizonda⟩
→ **Georgius ⟨Trapezuntius⟩**

Giorgio ⟨delle Nazioni⟩
→ **Georgios ⟨al-Ḥīra⟩**

Giorgio ⟨di Cipro⟩
→ **Georgius ⟨Cyprius⟩**

Giorgio ⟨di Gallipoli⟩
→ **Georgius ⟨Callipolitanus⟩**

Giorgio ⟨di Lorenzo Chiarini⟩
→ **Chiarini, Giorgio**

Giorgio ⟨di Nicomedia⟩
→ **Georgius ⟨Nicomediensis⟩**

Giorgio ⟨di Pisidia⟩
→ **Georgius ⟨Pisida⟩**

Giorgio ⟨Gemisto⟩
→ **Georgius ⟨Pletho⟩**

Giorgio ⟨Gucci⟩
→ **Gucci, Giorgio**

Giorgio ⟨il Vescovo degli Arabi⟩
→ **Georgios ⟨al-Ḥīra⟩**

Giorgio ⟨Lacapeno⟩
→ **Georgius ⟨Lacapenus⟩**

Giorgio ⟨Merlano di Negro⟩
→ **Georgius ⟨Merula⟩**

Giorgio ⟨Merula⟩
→ **Georgius ⟨Merula⟩**

Giorgio ⟨Pisida⟩
→ **Georgius ⟨Pisida⟩**

Giorgio ⟨Pletone⟩
→ **Georgius ⟨Pletho⟩**

Giorgio ⟨Stella⟩
→ **Georgius ⟨Stella⟩**

Giorgio ⟨Trapezunzio⟩
→ **Georgius ⟨Trapezuntius⟩**

Giorgio ⟨Valagussa⟩
→ **Valagussa, Giorgio**

Giorgio, Francesco ¬di¬
→ **Martini, Francesco di Giorgio**

Giorgio Martini, Francesco ¬di¬
→ **Martini, Francesco di Giorgio**

Giosafat ⟨Barbaro⟩
→ **Barbaro, Giosafat**

Gioseffo Ermanno ⟨da Steinfelt⟩
→ **Hermannus Josephus ⟨Steinfeldensis⟩**

Giotescalcus ⟨...⟩
→ **Godescalcus ⟨...⟩**

Giottino
14. Jh.
Maler
DiStefano, Tommaso
Giotto ⟨di Maestro Stefano⟩
Stefano, Tommaso ¬di¬

Giotto
→ **Giotto ⟨di Bondone⟩**

Giotto ⟨di Bondone⟩
1266/76 – 1337
Bondone, Giotto ¬di¬
DiBondone, Giotto
Giotto
Giotto ⟨di Bodone⟩

Giotto ⟨di Maestro Stefano⟩
→ **Giottino**

Giovacchino ⟨Castiglioni Milanese⟩
→ **Joachim ⟨Castillionaeus⟩**

Giovan Filippo ⟨da Legname⟩
→ **Lignamine, Johannes Philippus ¬de¬**

Giovan Galeazzo ⟨Visconti⟩
→ **Giangaleazzo ⟨Visconti⟩**

Giovan Mario ⟨Filelfo⟩
→ **Philelphus, Johannes Marius**

Giovan Pietro ⟨Cagnola⟩
→ **Cagnola, Giovanni Pietro**

Giovanetto, Matteo ¬di¬
→ **Matteo ⟨di Giovanetto⟩**

Giovanni ⟨Abbate⟩
→ **Johannes ⟨de Baugesio⟩**

Giovanni ⟨Agazzari⟩
→ **Agazzarius, Johannes**

Giovanni ⟨Albino Lucano⟩
→ **Albinus, Johannes**

Giovanni ⟨Ambrosio⟩
→ **Guglielmo ⟨Ebreo⟩**

Giovanni ⟨Andrea⟩
→ **Johannes ⟨Andreae⟩**

Giovanni ⟨Angelico da Fiesole⟩
→ **Angelico ⟨Fra⟩**

Giovanni ⟨Antiocheno⟩
→ **Johannes ⟨Antiochenus, Chronista⟩**

Giovanni ⟨Aquila⟩
→ **Johannes ⟨Aquilanus⟩**

Giovanni ⟨Arcidiacono⟩
→ **Johannes ⟨Barensis⟩**

Giovanni ⟨Attuario⟩
→ **Johannes Zacharias ⟨Actuarius⟩**

Giovanni ⟨Aurispa⟩
→ **Aurispa, Giovanni**

Giovanni ⟨Bacon⟩
→ **Johannes ⟨Baco⟩**

Giovanni ⟨Baconthorp⟩
→ **Johannes ⟨Baco⟩**

Giovanni ⟨Balbi⟩
→ **Johannes ⟨Ianuensis⟩**

Giovanni ⟨Bandini⟩
→ **Bandini, Johannes**

Giovanni ⟨Bassiani⟩
→ **Johannes ⟨Bassianus⟩**

Giovanni ⟨Baviera⟩
→ **Baverius ⟨de Baveriis⟩**

Giovanni ⟨Becco⟩
→ **Johannes ⟨Beccus⟩**

Giovanni ⟨Bembo⟩
→ **Bembus, Johannes**

Giovanni ⟨Berardi⟩
→ **Johannes ⟨Berardus⟩**

Giovanni ⟨Bertini⟩
→ **Bertini, Giovanni**

Giovanni ⟨Bianchini⟩
→ **Johannes ⟨de Blanchinis⟩**

Giovanni ⟨Bissoli⟩
→ **Bissoli, Giovanni**

Giovanni ⟨Boccaccio⟩
→ **Boccaccio, Giovanni**

Giovanni ⟨Bockenheym⟩
→ **Johannes ⟨Bockenheim⟩**

Giovanni ⟨Bonandree⟩
→ **Johannes ⟨de Bonandrea⟩**

Giovanni ⟨Bonardi⟩
→ **Bonardi, Giovanni**

Giovanni ⟨Bossiani⟩
→ **Johannes ⟨Bassianus⟩**

Giovanni ⟨Buralli⟩
→ **Johannes ⟨de Parma⟩**

Giovanni ⟨Buridano⟩
→ **Johannes ⟨Buridanus⟩**

Giovanni ⟨Caetani⟩
→ **Gelasius ⟨Papa, II.⟩**

Giovanni ⟨Calderino⟩
→ **Johannes ⟨Calderinus⟩**

Giovanni ⟨Camatero⟩
→ **Johannes ⟨Camaterus⟩**

Giovanni ⟨Cameniate⟩
→ **Johannes ⟨Cameniata⟩**

Giovanni ⟨Campano⟩
→ **Campanus, Johannes**

Giovanni ⟨Canabutzes⟩
→ **Johannes ⟨Canabutius⟩**

Giovanni ⟨Canales⟩
→ **Johannes ⟨Ferrariensis⟩**

Giovanni ⟨Canano⟩
→ **Johannes ⟨Cananus⟩**

Giovanni ⟨Canapario⟩
→ **Johannes ⟨Canaparius⟩**

Giovanni ⟨Cansio⟩
→ **Johannes ⟨Cantius⟩**

Giovanni ⟨Cantacuzeno⟩
→ **Johannes ⟨Imperium Byzantinum, Imperator, VI.⟩**

Giovanni ⟨Canzio⟩
→ **Johannes ⟨Cantius⟩**

Giovanni ⟨Carace⟩
→ **Johannes ⟨Charax⟩**

Giovanni ⟨Carafa⟩
→ **Caraffa, Johannes**

Giovanni ⟨Cataldi⟩
→ **Johannes ⟨de Cataldis⟩**

Giovanni ⟨Catrara⟩
→ **Johannes ⟨Catraras⟩**

Giovanni ⟨Cattani⟩
→ **Johannes ⟨de Anania⟩**

Giovanni ⟨Cavalcanti⟩
→ **Cavalcanti, Giovanni**

Giovanni ⟨Cavallini⟩
→ **Johannes ⟨Caballinus de Cerronibus⟩**

Giovanni ⟨Cecchi⟩
→ **Cecchi, Giovanni**

Giovanni ⟨Cepio⟩
→ **Cippicus, Johannes**

Giovanni ⟨Cerroni⟩
→ **Johannes ⟨Caballinus de Cerronibus⟩**

Giovanni ⟨Chiabrera⟩
→ **Chiabrera, Giovanni**

Giovanni ⟨Cimabue⟩
→ **Cimabue**

Giovanni ⟨Cinnamo⟩
→ **Johannes ⟨Cinnamus⟩**

Giovanni ⟨Ciparissiote⟩
→ **Johannes ⟨Cyparissiota⟩**

Giovanni ⟨Climaco⟩
→ **Johannes ⟨Climacus⟩**

Giovanni ⟨Codagnello⟩
→ **Codagnellus, Johannes**

Giovanni ⟨Colombini⟩
→ **Johannes ⟨Colombinus⟩**

Giovanni ⟨Colonna⟩
→ **Columna, Johannes ¬de¬**

Giovanni ⟨Conversini⟩
1343 – 1408
Conversini, Giovanni
Giovanni ⟨Conversini da Ravenna⟩

Giovanni ⟨Cronista⟩
→ **Johannes ⟨Niciensis⟩**

Giovanni ⟨Cronografo Bizantino⟩
→ **Johannes ⟨Siceliotes⟩**

Giovanni ⟨da Aquileia⟩
→ **Johannes ⟨Bondi Aquileiensis⟩**

Giovanni ⟨da Bazzano⟩
→ **Johannes ⟨de Bazano⟩**

Giovanni ⟨da Capistrano⟩
→ **Johannes ⟨de Capestrano⟩**

Giovanni ⟨da Capodistria⟩
→ **Johannes ⟨de Albertis⟩**

Giovanni ⟨da Capua⟩
→ **Johannes ⟨de Capua⟩**

Giovanni ⟨da Catignano⟩
→ **Giovanni ⟨dalle Celle⟩**

Giovanni ⟨da Caulibus da San-Gemignano⟩
→ **Johannes ⟨de Caulibus⟩**

Giovanni ⟨da Cermenate⟩
→ **Johannes ⟨de Cermenate⟩**

Giovanni ⟨da Como⟩
→ **Johannes ⟨Mediolanensis⟩**

Giovanni ⟨da Comugnolo⟩
→ **Giovanni ⟨di Lemmo⟩**

Giovanni ⟨da Cornazzano⟩
→ **Johannes ⟨de Cornazano⟩**

Giovanni ⟨da Ferrara⟩
→ **Johannes ⟨Ferrariensis⟩**

Giovanni ⟨da Fiesole⟩
→ **Angelico ⟨Fra⟩**

Giovanni ⟨da Firenze⟩
→ **Bertini, Giovanni**

Giovanni ⟨da Fontana⟩
→ **Johannes ⟨de Fontana⟩**

Giovanni ⟨da Gaibana⟩
→ **Gaibano, Giovanni**

Giovanni ⟨da Genova⟩
→ **Johannes ⟨Ianuensis⟩**

Giovanni ⟨da Imola⟩
→ **Johannes ⟨de Imola⟩**

Giovanni ⟨da Legnano⟩
→ **Johannes ⟨de Lignano⟩**

Giovanni ⟨da Lodi⟩
→ **Johannes ⟨Laudensis⟩**

Giovanni ⟨da Mandavilla⟩
→ **John ⟨Mandeville⟩**

Giovanni ⟨da Mantova⟩
→ **Johannes ⟨Mantuanus⟩**

Giovanni ⟨da Milano⟩
→ **Johannes ⟨Mediolanensis⟩**

Giovanni ⟨da Napoli⟩
→ **Johannes ⟨de Cataldis⟩**

Giovanni ⟨da Novara⟩
→ **Campanus, Johannes**

Giovanni ⟨da Parigi⟩
→ **Johannes ⟨Parisiensis⟩**

Giovanni ⟨da Parma⟩
→ **Johannes ⟨de Parma⟩**

Giovanni ⟨da Pian del Carpine⟩
→ **Johannes ⟨de Plano Carpini⟩**

Giovanni ⟨da Prato Gherardi⟩
→ **Gherardi, Giovanni**

Giovanni ⟨da Procida⟩
ca. 1210 – 1298/99
LMA,VII,236
Gianni ⟨di Procida⟩
Jean ⟨de Procida⟩
Jean ⟨Prochyta⟩
Johannes ⟨de Prochyta⟩
Johannes ⟨de Procida⟩
Johannes ⟨di Prochita⟩
Procida, Giovanni ¬da¬

Giovanni ⟨da San Gemignano⟩
→ **Johannes ⟨de Sancto Geminiano⟩**

Giovanni ⟨da San Miniato⟩
→ **Giovanni ⟨di Duccio da San Miniato⟩**

Giovanni ⟨da San Paolo⟩
→ **Johannes ⟨de Sancto Paulo⟩**

Giovanni ⟨da Siena⟩
→ **Johannes ⟨Colombinus⟩**

Giovanni ⟨da Spira⟩
→ **Johannes ⟨de Spira⟩**

Giovanni ⟨da Spoleto⟩
→ **Johannes ⟨de Spoleto⟩**

Giovanni ⟨da Sulmona⟩
→ **Johannes ⟨Quatrarius⟩**

Giovanni ⟨da Uzzano⟩
um 1440
Erweiterte Bearbeitung von Lo compasso da navegare
Rep.Font. III,523; V,141
Uzzano, Giovanni ¬da¬

Giovanni ⟨da Venetia⟩
→ **Johannes ⟨Nicolaus Blancus⟩**

Giovanni ⟨da Vercelli⟩
→ **Johannes ⟨de Vercellis⟩**

Giovanni ⟨da Viterbo⟩
→ **Johannes ⟨Viterbiensis⟩**
→ **Nanni, Giovanni**

Giovanni ⟨d'Agostino⟩
um 1310
Ital. Bildhauer
Agostino, Giovanni ¬d'¬
D'Agostino, Giovanni

Giovanni ⟨dal Piano di Carpini⟩
→ **Johannes ⟨de Plano Carpini⟩**

Giovanni ⟨dalle Celle⟩
ca. 1310 – ca. 1396
Celle, Giovanni ¬dalle¬
DalleCelle, Giovanni
Giovanni ⟨da Catignano⟩
Giovanni ⟨delle Celle⟩
Jean ⟨dalle Celle⟩
Johannes ⟨de Cellis⟩

Giovanni ⟨dall'Orlogio⟩
→ **Johannes ⟨de Dondis⟩**

Giovanni ⟨Dalmata⟩
→ **Johannes ⟨Papa, IV.⟩**

Giovanni ⟨Damasceno⟩
→ **Johannes ⟨Damascenus⟩**

Giovanni ⟨d'Anagni⟩
→ **Johannes ⟨de Anania⟩**

Giovanni ⟨d'Andrea⟩
→ **Johannes ⟨Andreae⟩**

Giovanni ⟨d'Aquila⟩
→ **Johannes ⟨Aquilanus⟩**

Giovanni ⟨Dasamminiato⟩
→ **Giovanni ⟨di Duccio da San Miniato⟩**

Giovanni ⟨de Albertis⟩
→ **Johannes ⟨de Albertis⟩**

Giovanni ⟨de Balbi⟩
→ **Johannes ⟨Ianuensis⟩**

Giovanni ⟨de Bonis⟩
→ **Bonis, Johannes L. ¬de¬**

Giovanni ⟨de' Dondi⟩
→ **Johannes ⟨de Dondis⟩**

Giovanni ⟨de Flores⟩
→ **Flores, Juan ¬de¬**

Giovanni ⟨de Ianua⟩
→ **Johannes ⟨Ianuensis⟩**

Giovanni ⟨de Luna⟩
→ **Johannes ⟨Hispalensis⟩**

Giovanni ⟨de' Marignolli⟩
→ **Johannes ⟨de Marignollis⟩**

Giovanni ⟨de Pitacoli⟩
→ **Johannes ⟨Bondi Aquileiensis⟩**

Giovanni ⟨degli Oddi⟩
→ **Johannes ⟨Oddi⟩**

Giovanni ⟨del Vergilio⟩
→ **Johannes ⟨de Virgilio⟩**

Giovanni ⟨della Grossa⟩
gest. 1388
DellaGrossa, Giovanni
Grossa, Giovanni ¬della¬

Giovanni ⟨della Tuscia⟩
→ **Johannes ⟨Papa, I.⟩**

Giovanni ⟨della Verna⟩
→ **Johannes ⟨de Alvernia⟩**

Giovanni ⟨delle Celle⟩
→ **Giovanni ⟨dalle Celle⟩**

Giovanni ⟨di Alessandria⟩
→ **Johannes ⟨Eleemosynarius⟩**

Giovanni ⟨di Bari⟩
→ **Johannes ⟨Barensis⟩**

Giovanni ⟨di Bartolo⟩
14./15. Jh.
Bartolo, Giovanni ¬di¬
Giovanni ⟨il Maestro⟩

Giovanni ⟨di Baugercy⟩
→ **Johannes ⟨de Baugesio⟩**

Giovanni ⟨di Berardi⟩
→ **Johannes ⟨Berardus⟩**

Giovanni ⟨di Bonandrea⟩
→ **Johannes ⟨de Bonandrea⟩**

Giovanni ⟨di Coppo⟩
→ **Johannes ⟨de Sancto Geminiano⟩**

Giovanni ⟨di Dio⟩
→ **Johannes ⟨de Deo⟩**

Giovanni ⟨di Duccio da San Miniato⟩
geb. 1363
Dasamminiato, Giovanni
DiDuccio da San Miniato, Giovanni
Duccio da San Miniato, Giovanni ¬di¬
Giovanni ⟨da San Miniato⟩
Giovanni ⟨Dasamminiato⟩
Giovanni ⟨di Duccio⟩
San Miniato, Giovanni ¬da¬

Giovanni ⟨di Faënza⟩
→ **Johannes ⟨Faventinus⟩**

Giovanni ⟨di Fescamps⟩
→ **Johannes ⟨Fiscannensis⟩**

Giovanni ⟨di Fidanza⟩
→ **Bonaventura ⟨Sanctus⟩**

Giovanni ⟨di Francesco⟩
→ **Giovanni Francesco ⟨da Rimini⟩**

Giovanni ⟨di Francesco del Cervelliera⟩
→ **Giovanni Francesco ⟨da Rimini⟩**

Giovanni ⟨di Francesco di Neri Cecchi⟩
→ **Cecchi, Giovanni**

Giovanni ⟨di Garlandia⟩
→ **Johannes ⟨de Garlandia⟩**
→ **Johannes ⟨de Garlandia Gallicus⟩**

Giovanni ⟨di Gaza⟩
→ **Johannes ⟨Gazaeus⟩**

Giovanni ⟨di Genesio Quaia di Parma⟩
→ **Johannes ⟨Genesius Quaia de Parma⟩**

Giovanni ⟨di Gerusalemme⟩
→ **Johannes ⟨Hierosolymitanus, ...⟩**

Giovanni ⟨di Giona⟩
gest. 1283
Potth.
Giona, Giovanni ¬di¬
Giovanni ⟨di Portovenere⟩

Giovanni ⟨di Hildesheim⟩
→ **Johannes ⟨Hildesheimensis⟩**

Giovanni ⟨di Iuzzo⟩
gest. ca. 1479
Cronica di Viterbo
Rep.Font. V,140
Diluzzo, Giovanni
Giovanni ⟨di Juzzo⟩
Iuzzo, Giovanni ¬di¬

Giovanni ⟨di Jacopo di Guido da Kaverzaio⟩
→ **Johannes ⟨Mediolanensis⟩**

Giovanni ⟨di Jandun⟩
→ **Johannes ⟨de Ianduno⟩**

Giovanni ⟨di Juzzo⟩
→ **Giovanni ⟨di Iuzzo⟩**

Giovanni ⟨di Kastl⟩
→ **Johannes ⟨de Castello⟩**

Giovanni ⟨di Lelmo von Comugnori⟩
→ **Giovanni ⟨di Lemmo⟩**

Giovanni ⟨di Lemmo⟩
gest. ca. 1324
Diario
Rep.Font. VI,347
Giovanni ⟨da Comugnolo⟩
Giovanni ⟨da Comugnori⟩
Giovanni ⟨di Lelmo⟩
Giovanni ⟨di Lelmo von Comugnori⟩
Giovanni ⟨Lelmi⟩
Johannes ⟨de Lemmo⟩
Johannes ⟨di Lelmo⟩
Johannes ⟨Lelmi⟩
Lelmi, Giovanni
Lelmo, Giovanni ¬di¬
Lemmo, Giovanni ¬di¬

Giovanni ⟨di Lugio⟩
→ **Johannes ⟨de Lugio⟩**

Giovanni ⟨di Marca⟩
→ **Johannes ⟨de Ripa⟩**

Giovanni ⟨di Mirecourt⟩
→ **Johannes ⟨de Mirecuria⟩**

Giovanni ⟨di Monte Pedrino⟩
→ **Giovanni ⟨di Pedrino⟩**

Giovanni ⟨di Montenero⟩
→ **Johannes ⟨de Monte Nigro⟩**

Giovanni ⟨di Napoli⟩
→ **Johannes ⟨de Cataldis⟩**
→ **Johannes ⟨de Regina de Neapoli⟩**

Giovanni ⟨di Napoli, IV.⟩
→ **Johannes ⟨Scriba, IV.⟩**

Giovanni ⟨di Neumarkt⟩
→ **Johannes ⟨von Neumarkt⟩**

Giovanni ⟨di Niccolò⟩
14. Jh. · OFM
Liber memorialis (ital.)
Rep.Font. V,141
Giovanni ⟨di Niccolò da Camerino⟩
Jean ⟨de Camerino⟩
Jean ⟨di Niccolo⟩
Niccolò, Giovanni ¬di¬
Niccolò da Camerino, Giovanni ¬di¬

Giovanni ⟨di Nikius⟩
→ **Johannes ⟨Niciensis⟩**

Giovanni ⟨di Nono⟩
→ **Johannes ⟨de Nono⟩**

Giovanni ⟨di Paolo Morelli⟩
→ **Morelli, Giovanni di Paolo**

Giovanni ⟨di Pedrino⟩
1390 – 1465
Cronica del suo tempo
Rep.Font. VII,574
Giovanni ⟨di Monte Pedrino⟩
Giovanni ⟨Ricci⟩
Merlini, Giovanni di Pedrino
Pedrino, Giovanni ¬di¬
Ricci ⟨Pedrini⟩
Ricci, Giovanni

Giovanni ⟨di Pian di Carpine⟩
→ **Johannes ⟨de Plano Carpini⟩**

Giovanni ⟨di Piero⟩
→ **Piero, Giovanni**

Giovanni ⟨di Portovenere⟩
→ **Giovanni ⟨di Giona⟩**

Giovanni ⟨di Reading⟩
→ **Johannes ⟨de Radingia⟩**

Giovanni ⟨di Ridolfo Guazzalotti⟩
→ **Guazzalotti, Giovanni**

Giovanni ⟨di Ser Piero⟩
→ **Piero, Giovanni**

Giovanni ⟨di Siviglia⟩
→ **Johannes ⟨Hispalensis⟩**

Giovanni ⟨di Sterngassen⟩
→ **Johannes ⟨de Sterngassen⟩**

Giovanni ⟨di Tivoli⟩
→ **Johannes ⟨Papa, VIIII.⟩**

Giovanni ⟨di Trebisondo⟩
→ **Johannes ⟨Xiphilinus⟩**

Giovanni ⟨di Weilheim⟩
→ **Schlitpacher, Johannes**

Giovanni ⟨Diacono Napoletano⟩
→ **Johannes ⟨Diaconus Neapolitanus⟩**

Giovanni ⟨d'Itri⟩
→ **Johannes ⟨Itrensis⟩**

Giovanni ⟨Dominici⟩
→ **Dominici, Giovanni**

Giovanni ⟨Dondi⟩
→ **Johannes ⟨de Dondis⟩**

Giovanni ⟨Dossopatre⟩
→ **Johannes ⟨Doxipatrius⟩**

Giovanni ⟨Drungario⟩
→ **Johannes ⟨Drungarius⟩**

Giovanni ⟨Dumbleton⟩
→ **Johannes ⟨Dumbleton⟩**

Giovanni ⟨Duns Scoto⟩
→ **Duns Scotus, Johannes**

Giovanni ⟨Elemosinario⟩
→ **Johannes ⟨Eleemosynarius⟩**

Giovanni ⟨Eugenico⟩
→ **Johannes ⟨Eugenicus⟩**

Giovanni ⟨Fasano⟩
→ **Johannes ⟨Papa, XVIII.⟩**

Giovanni ⟨Filagato⟩
→ **Johannes ⟨Papa, XVI., Antipapa⟩**

Giovanni ⟨Filopono⟩
→ **Johannes ⟨Philoponus⟩**

Giovanni ⟨Fiorentino⟩
gest. ca. 1378
Fiorentino, Giovanni
Giovanni ⟨il Peccatore Convertito⟩
Giovanni ⟨Minerbetti⟩
Jean ⟨de Florence⟩
Johannes ⟨Florentinus⟩
Johannes ⟨von Florenz⟩
Minerbetti, Giovanni

Giovanni ⟨Firmanus⟩
→ **Johannes ⟨de Alvernia⟩**

Giovanni ⟨Fontana⟩
→ **Johannes ⟨de Fontana⟩**

Giovanni ⟨Gaibano⟩
→ **Gaibano, Giovanni**

Giovanni ⟨Gallese⟩
→ **Johannes ⟨Guallensis⟩**

Giovanni ⟨Geber⟩
→ **Ǧābir Ibn-Ḥaiyān**

Giovanni ⟨Georgide⟩
→ **Johannes ⟨Georgida⟩**

Giovanni ⟨Gherardi⟩
→ **Gherardi, Giovanni**

Giovanni ⟨Glichis⟩
→ **Johannes ⟨Glycys⟩**

Giovanni ⟨Gorini⟩
→ **Johannes ⟨Gorini de Sancto Geminiano⟩**

Giovanni ⟨Grasso⟩
→ **Johannes ⟨Grassus⟩**

Giovanni ⟨Graziano⟩
→ **Gregorius ⟨Papa, VI.⟩**

Giovanni ⟨Gualberto⟩
→ **Johannes ⟨Gualbertus⟩**

Giovanni ⟨Guazzalotti⟩
→ **Guazzalotti, Giovanni**

Giovanni ⟨Gundula⟩
→ **Gondola, Johannes**

Giovanni ⟨Ibn Dāwūd⟩
→ **Johannes ⟨Hispanus⟩**

Giovanni ⟨il Diacono⟩
→ **Johannes ⟨Diaconus Venetus⟩**

Giovanni ⟨il Dormiente⟩
→ **Johannes ⟨Parisiensis⟩**

Giovanni ⟨il Filopono⟩
→ **Johannes ⟨Philoponus⟩**

Giovanni ⟨il Ispano⟩
→ **Johannes ⟨Hispanus⟩**

Giovanni ⟨il Limosiniere⟩
→ **Johannes ⟨Eleemosynarius⟩**

Giovanni ⟨il Maestro⟩
→ **Giovanni ⟨di Bartolo⟩**

Giovanni ⟨il Monaco⟩
→ **Johannes ⟨Georgida⟩**

Giovanni ⟨il Peccatore Convertito⟩
→ **Giovanni ⟨Fiorentino⟩**

Giovanni ⟨il Presto⟩
→ **Johannes ⟨Presbyter⟩**

Giovanni ⟨il Scolastico⟩
→ **Johannes ⟨Scholasticus⟩**

Giovanni ⟨Ispalese⟩
→ **Johannes ⟨Hispalensis⟩**

Giovanni ⟨Italo⟩
→ **Johannes ⟨Italus⟩**

Giovanni ⟨Lampugnano⟩
→ **Johannes ⟨de Lampugnano⟩**

Giovanni ⟨Lapo⟩
→ **Gianni ⟨Lapo⟩**

Giovanni ⟨Lelmi⟩
→ **Giovanni ⟨di Lemmo⟩**

Giovanni ⟨Leone⟩
→ **Johannes ⟨Leonis⟩**

Giovanni ⟨Lugio⟩
→ **Johannes ⟨de Lugio⟩**

Giovanni ⟨Lupi⟩
→ **Johannes ⟨Lupus⟩**

Giovanni ⟨Manzini⟩
→ **Johannes ⟨Manzini de Motta⟩**

Giovanni ⟨Marcanova⟩
→ **Johannes ⟨de Marcanova⟩**

Giovanni ⟨Marliani⟩
→ **Johannes ⟨de Marliano, ...⟩**

Giovanni ⟨Mattiotti⟩
→ **Mattiotti, Giovanni**

Giovanni ⟨Mauropode⟩
→ **Johannes ⟨Mauropus⟩**

Giovanni ⟨Mincio⟩
→ **Benedictus ⟨Papa, X.⟩**

Giovanni ⟨Minerbetti⟩
→ **Giovanni ⟨Fiorentino⟩**

Giovanni ⟨Monaco⟩
→ **Johannes ⟨de Sancto Vincentio⟩**
→ **Johannes ⟨Georgida⟩**

Giovanni ⟨Mosco⟩
→ **Johannes ⟨Moschus⟩**

Giovanni ⟨Murro⟩
→ **Johannes ⟨de Murro⟩**

Giovanni ⟨Nanni⟩
→ **Nanni, Giovanni**

Giovanni ⟨Nepomuceno⟩
→ **Johannes ⟨Nepomucenus⟩**

Giovanni ⟨Pago⟩
→ **Johannes ⟨Pagus⟩**

Giovanni ⟨Papa, ...⟩
→ **Johannes ⟨Papa, ...⟩**

Giovanni ⟨Patriarca⟩
→ **Johannes ⟨Eleemosynarius⟩**
→ **Johannes ⟨Hierosolymitanus, ...⟩**

Giovanni ⟨Pecham⟩
→ **Johannes ⟨Peckham⟩**

Giovanni ⟨Pediasimo⟩
→ **Johannes ⟨Pediasimus⟩**

Giovanni ⟨Pico della Mirandola⟩
→ **Pico DellaMirandola, Giovanni**

Giovanni ⟨Piero⟩
→ **Piero, Giovanni**

Giovanni ⟨Pisano⟩
→ **Pisano, Giovanni**

Giovanni ⟨Pisense⟩
15. Jh. · OP
Postille
Kaeppeli,II,528
Johannes ⟨Pisensis⟩
Pisense, Giovanni

Giovanni ⟨Quatrario da Sulmona⟩
→ **Johannes ⟨Quatrarius⟩**

Giovanni ⟨Regina di Napoli⟩
→ **Johannes ⟨de Regina de Neapoli⟩**

Giovanni ⟨Ricci⟩
→ **Giovanni ⟨di Pedrino⟩**

Giovanni ⟨Rinaldi⟩
→ **Raynaldus, Johannes**

Giovanni ⟨Rucellai⟩
→ **Santi ⟨Rucellai⟩**

Giovanni ⟨Sacrobosco⟩
→ **Johannes ⟨de Sacrobosco⟩**

Giovanni ⟨Schilizze⟩
→ **Johannes ⟨Scylitza⟩**

Giovanni ⟨Scolastico⟩
→ **Johannes ⟨Scholasticus⟩**

Giovanni ⟨Scriba⟩
→ **Johannes ⟨Scriba⟩**

Giovanni ⟨Sercambi⟩
→ **Sercambi, Giovanni**

Giovanni ⟨Sicolo⟩
→ **Johannes ⟨Siceliotes⟩**

Giovanni ⟨Sifilino⟩
→ **Johannes ⟨Xiphilinus⟩**
→ **Johannes ⟨Xiphilinus, Iunior⟩**

Giovanni ⟨Sifilino, Cronista⟩
→ **Johannes ⟨Xiphilinus, Iunior⟩**

Giovanni ⟨Simonetta⟩
→ **Simonetta, Johannes**

Giovanni ⟨Stefano⟩
→ **Esteve, Joan**

Giovanni ⟨Teutonico⟩
→ **Johannes ⟨Teutonicus⟩**

Giovanni ⟨Tortelli⟩
→ **Johannes ⟨Tortellius⟩**

Giovanni ⟨Travesio⟩
Lebensdaten nicht ermittelt
Comment. zu „o qui perpetua"
Schönberger/Kible, Repertorium, 12910
Travesio, Giovanni

Giovanni ⟨Unghero⟩
→ **Johannes ⟨Pannonius⟩**

Giovanni ⟨Villani⟩
→ **Villani, Giovanni**

Giovanni ⟨Virgiolesi⟩
→ **Johannes ⟨de Virgilio⟩**

Giovanni ⟨Yperman⟩
→ **Jehan ⟨Yperman⟩**

Giovanni ⟨Zonara⟩
→ **Johannes ⟨Zonaras⟩**

Giovanni, Bertoldo ¬di¬
→ **Bertoldo ⟨di Giovanni⟩**

Giovanni, Domenico ¬di¬
→ **Burchiello, ¬Il¬**

Giovanni, Dominique
→ **Dominicus ⟨de Corella⟩**

Giovanni, Jérôme ¬di¬
→ **Hieronymus ⟨Johannis de Florentia⟩**

Giovanni, Tommaso
→ **Masaccio**

Giovanni Aloise ⟨Toscani⟩
→ **Johannes Aloisius ⟨Toscanus⟩**

Giovanni Andrea ⟨dei Bussi⟩
→ **Johannes ⟨Andreas⟩**

Giovanni Andrea ⟨Gatti⟩
→ **Johannes ⟨Gatti⟩**

Giovanni Angelico ⟨da Fiesole⟩
→ **Angelico ⟨Fra⟩**

Giovanni Antonio ⟨Bellinzoni⟩
→ **Giovanni Antonio ⟨da Pesaro⟩**

Giovanni Antonio ⟨Campano⟩
→ **Campanus, Johannes Antonius**

Giovanni Antonio ⟨da Pesaro⟩
ca. 1415 – ca. 1477
Bellinzoni da Pesaro, Giovanni Antonio
Giovanni Antonio ⟨Bellinzoni⟩
Giovanni Antonio ⟨da Urbino⟩
Pesaro, Giovanni Antonio ¬da¬

Giovanni Antonio ⟨da Urbino⟩
→ **Giovanni Antonio ⟨da Pesaro⟩**

Giovanni Antonio ⟨de'Pandoni⟩
→ **Porcellius ⟨Neapolitanus⟩**

Giovanni Antonio ⟨Faie⟩
→ **Faie, Giovanni Antonio**

Giovanni Antonio ⟨Panteo⟩
→ **Pantheus, Johannes Antonius**

Giovanni Antonio ⟨Petrucci⟩
ca. 1456 – 1486
Sonecti
Antonio Giovanni ⟨Petrucci⟩
Giovanni Antonio ⟨Petrucci di Policastro⟩
Jean-Antoine ⟨Petrucci⟩
Johannes Antonius ⟨de Petruciis⟩
Petrucci, Giovanni Antonio
Petrucci, Jean-Antoine
Petrucci di Policastro, Giovanni Antonio
Petruciis, Johannes Antonius ¬de¬
Policastro, Giovanni Antonio ¬di¬

Giovanni Battista ⟨Caccialupi⟩
→ **Caccialupus, Johannes Baptista**

Giovanni Battista ⟨Guarini⟩
→ **Guarini, Giovanni Battista**

Giovanni di Durante, Francesco ¬di¬
→ **Francesco ⟨di Giovanni di Durante⟩**

Giovanni Filippo ⟨da Legname⟩
→ **Lignamine, Johannes Philippus ¬de¬**

Giovanni Francesco ⟨da Rimini⟩
ca. 1428 – 1459
Ital. Künstler
Francesco, Giovanni ¬di¬
Francesco DelCervelliera, Giovanni ¬di¬
Giovanni ⟨di Francesco⟩
Rimini, Giovanni Francesco ¬da¬
Giovanni ⟨di Francesco del Cervelliera⟩

Giovanni Francesco ⟨Pavini⟩
→ **Johannes Franciscus ⟨de Pavinis⟩**

Giovanni Francesco ⟨Poggio Bracciolini⟩
→ **Poggio Bracciolini, Gian Francesco**

Giovanni Gaetano ⟨Orsini⟩
→ **Nicolaus ⟨Papa, III.⟩**

Giovanni Galeazzo ⟨Visconti⟩
→ **Giangaleazzo ⟨Visconti⟩**

Giovanni Giacomo ⟨Feltrense⟩
→ **Zenus, Jacobus**

Giovanni Giacomo ⟨Manlio de Bosco⟩
→ **Manlius, Johannes Jacobus**

Giovanni Giovano ⟨Pontano⟩
→ **Pontano, Giovanni Giovano**

Giovanni Girolamo ⟨Nadal⟩
→ **Nadal, Giovanni Girolamo**

Giovanni Jacopo ⟨de'Cane⟩
→ **Canis, Johannes Jacobus**

Giovanni L. ⟨de Bonis d'Arezzo⟩
→ **Bonis, Johannes L. ¬de¬**

Giovanni Maria ⟨Riminaldi⟩
→ **Riminaldus, Johannes Maria**

Giovanni Mario ⟨Filelfo⟩
→ **Philelphus, Johannes Marius**

Giovanni Michele ⟨Savonarole⟩
→ **Johannes Michael ⟨Savonarola⟩**

Giovanni Michele Alberto ⟨Carrara⟩
→ **Carrara, Johannes Michael Albertus**

Giovanni Pico ⟨della Mirandola⟩
→ **Pico DellaMirandola, Giovanni**

Giovanni Pietro ⟨Cagnola⟩
→ **Cagnola, Giovanni Pietro**

Giovanni Pietro ⟨de Ferrari⟩
→ **Johannes Petrus ⟨de Ferrariis⟩**

Giovanni Stefano ⟨Emiliano⟩
→ **Aemilianus, Johannes Stephanus**

Giovanni-Battista ⟨Cibo⟩
→ **Innocentius ⟨Papa, VIII.⟩**

Giovanni-Matteo ⟨de Ferrari d'Agrate⟩
→ **Johannes Matthaeus ⟨de Ferrariis⟩**

Giovannino ⟨de'Grassi⟩
→ **Grassi, Giovannino ¬de'¬**

Giovanpietro ⟨Cagnola⟩
→ **Cagnola, Giovanni Pietro**

Giovenazzo, Matteo ¬di¬
→ **Matteo ⟨di Giovenazzo⟩**

Ǧîqaṭîlā, Yôsēf Ben-Avrāhām
1248 – ca. 1325
LMA,IV,1448
Gikatilla, Joseph
Gikatilla ben Abraham, Joseph
Ǧîqaṭîlā, Yôsēf B.
Joseph ⟨Gikatilla⟩
Joseph ⟨Gikatilla ben Abraham⟩
Yôsēf Ben-Avrāhām ⟨Ǧîqaṭîlā⟩

Giraldi, Guglielmo
ca. 1445 – ca. 1490
Thieme-Becker
Giraldo ⟨Copiste et Enlumineur à Ferrare⟩
Guglielmo ⟨del Magro⟩
Guglielmo ⟨Giraldi⟩
Guilelmus ⟨de Ferrara⟩
Guilelmus ⟨de Ziraldis⟩
Guilelmus ⟨dictus Magrus⟩
Guilelmus ⟨Macrus⟩
Guilelmus ⟨Magrus⟩
Gulielmo ⟨di Zeraldi⟩
Gulielmo ⟨di Ziraldi⟩
Gulielmo ⟨di Zirardi⟩
Zeraldi, Gulielmo ¬di¬
Ziraldi, Gulielmo ¬di¬
Zirardi, Gulielmo ¬di¬

Giraldo ⟨di Bornelh⟩
→ **Giraut ⟨de Borneil⟩**

Giraldus ⟨...⟩
→ **Gerardus ⟨...⟩**

Giraldus, Petrus
→ **Petrus ⟨Giraldus⟩**

Giraldus, Sylvester
→ **Gerardus ⟨Cambrensis⟩**

Ǧirān al-ʿAud, ʿĀmir Ibn-al-Ḥāriṯ
6. Jh.
ʿĀmir Ibn-al-Ḥāriṯ Ǧirān al-ʿAud
ʿAud, Ǧirān ʿĀmir Ibn-al-Ḥāriṯ ¬al-¬
Djirān al-ʿAwd, Āmir Ibn al-Ḥārith
Ibn-al-Ḥāriṯ, ʿĀmir Ǧirān al-ʿAud
Jirān al-ʿAwd, Āmir Ibn al-Ḥārith

Girandus ⟨de Sancto Johanne ad Rupellam⟩
→ **Girandus ⟨Renerius⟩**

Girandus ⟨Renerius⟩
um 1390 · OP
Tractatus fr. Girandi Renerii Parisius in s. theol. mag. de conceptione Virginis gloriosae contra corruptores dictorum sanctorum ecclesiae ac etiam s. Scripturae.
Kaeppeli,II,43
Gerardus ⟨Renerus⟩
Girandus ⟨de Sancto Johanne ad Rupellam⟩
Giraud ⟨Renerius⟩
Giraud ⟨Renier⟩
Giraudus ⟨Rainerius a Sancto Johanne⟩
Giraudus ⟨Raynerius⟩
Giraudus ⟨Renerius⟩
Renerius, Girand
Renerius, Girandus
Renerius, Giraud
Renier, Giraud

Girant ⟨von Swalbach⟩
→ **Girnant ⟨von Schwalbach⟩**

Girard ⟨Abbé⟩
→ **Gerardus ⟨de Tribus Fontibus⟩**

Girard ⟨Cistercien⟩
→ **Gerardus ⟨de Tribus Fontibus⟩**

Girard ⟨d'Amiens⟩
→ **Gérard ⟨d'Amiens⟩**

Girard ⟨de Cornouailles⟩
→ **Gerardus ⟨Cornubiensis⟩**

Girard ⟨de Solo⟩
→ **Gerardus ⟨de Solo⟩**

Girard ⟨de Trois-Fontaines⟩
→ **Gerardus ⟨de Tribus Fontibus⟩**

Girard ⟨Pateg⟩
→ **Patecchio, Girardo**

Girardin ⟨d'Amiens⟩
→ **Gérard ⟨d'Amiens⟩**

Girardo ⟨da Cremona⟩
→ **Patecchio, Girardo**

Girardo ⟨de Berneriis⟩
→ **Gerardus ⟨de Berneriis⟩**

Girardo ⟨di Alessandria⟩
→ **Gerardus ⟨de Berneriis⟩**

Girardo ⟨Patecchio⟩
→ **Patecchio, Girardo**

Girardus ⟨...⟩
→ **Gerardus ⟨...⟩**

Girart ⟨...⟩
→ **Gérard ⟨...⟩**

Giraud ⟨de Barri⟩
→ **Gerardus ⟨Cambrensis⟩**

Giraud ⟨de Borneil⟩
→ **Giraut ⟨de Borneil⟩**

Giraud ⟨de Brecknock⟩
→ **Gerardus ⟨Cambrensis⟩**

Giraud ⟨de Valence⟩
→ **Giraudus ⟨Magister⟩**

Giraud ⟨du Luc⟩
→ **Giraut ⟨de Luc⟩**

Giraud ⟨Hagiographe à Valence⟩
→ **Giraudus ⟨Magister⟩**

Giraud ⟨le Cambrien⟩
→ **Gerardus ⟨Cambrensis⟩**

Giraud ⟨le Maître des Troubadours⟩
→ **Giraut ⟨de Borneil⟩**

Giraud ⟨Renier⟩
→ **Girandus ⟨Renerius⟩**

Giraud ⟨Troubadour⟩
→ **Giraut ⟨de Luc⟩**

Giraud, Guillaume
→ **Guillaume ⟨Girault⟩**

Giraudus ⟨Episcopus Valentinensis⟩
→ **Giraudus ⟨Magister⟩**

Giraudus ⟨Magister⟩
gest. 1146 · OCist
Vita S. Johannes Valentinensis episcopi
Rep.Font. V,149
Giraud ⟨de Valence⟩
Giraud ⟨Hagiographe à Valence⟩
Giraudus ⟨Episcopus Valentinensis⟩
Giraudus ⟨Valentinensis⟩
Magister Giraudus

Giraudus ⟨Rainerius a Sancto Johanne⟩
→ **Girandus ⟨Renerius⟩**

Giraudus ⟨Valentinensis⟩
→ **Giraudus ⟨Magister⟩**

Girault, Guillaume
→ **Guillaume ⟨Girault⟩**

Giraut ⟨de Borneil⟩
um 1162/99
Meyer; LMA,IV,1787/88
Borneil, Giraut ¬de¬
Bornelh, Guiraut ¬de¬
Giraldo ⟨di Bornelh⟩
Giraud ⟨de Borneil⟩
Giraud ⟨le Maître des Troubadours⟩
Giraut ⟨de Borneill⟩
Giraut ⟨de Bornelh⟩
Girautz ⟨de Borneyl⟩
Guiraut ⟨de Bornelh⟩
Guiraut ⟨von Borneil⟩
Guiraut ⟨von Bornelh⟩

Giraut ⟨de Calanson⟩
um 1211
Troubadour; Celeis cui am de cor e de saber
LMA,IV,1788
Calanson, Guiraut ¬de¬
Guiraut ⟨de Calanso⟩

Giraut ⟨de Luc⟩
um 1150/1200
Rep.Font. V,149
Giraud ⟨du Luc⟩
Giraud ⟨Troubadour⟩
Giraut ⟨Troubadour⟩
Luc, Giraut ¬de¬

Giraut ⟨Riquier⟩
→ **Guiraut ⟨Riquier⟩**

Giraut ⟨Troubadour⟩
→ **Giraut ⟨de Luc⟩**

Girbert ⟨de Metz⟩
→ **Gerbert ⟨de Metz⟩**

Girbertus ⟨Archivarius⟩
gest. 1085
Chronicon Sacri Monasterii S. Trinitatis Cavensis
Rep.Font. III,309
Gilbert ⟨Archiviste de la Cava⟩
Gilbert ⟨de la Cava⟩
Girbertus ⟨Cavensis⟩

Girbertus ⟨Cavensis⟩
→ **Girbertus ⟨Archivarius⟩**

Ǧirǧīs al-Makīn Ibn-al-ʿAmīd
→ **Makīn Ibn-al-ʿAmīd, Ǧirǧīs ¬al¬**

Girlach, Nicolaus
→ **Nicolaus ⟨Girlaci⟩**

Girlaci, Nicolaus
→ **Nicolaus ⟨Girlaci⟩**

Girnant ⟨von Schwalbach⟩
um 1440
Reiseführer für Pilger
VL(2),3,44/45
Gernold ⟨von Schwalbach⟩
Girant ⟨von Swalbach⟩
Girnand ⟨de Schwalbach⟩
Girnand ⟨von Schwalbach⟩
Schwalbach, Girnant ¬von¬

Girolami, Jacopo
um 1150/1200
Il libro vermiglio di corte di Roma e di Avignone del segnale C della compagnia florentina di Jacopo Girolami, Filippo Corbizzi e Tommaso Corbizzi
Rep.Font. V,150
Jacopo ⟨Girolami⟩

Girolami, Remigius
→ **Remigius ⟨de Florentia⟩**

Girolamo ⟨Albertucci de'Borselli⟩
→ **Hieronymus ⟨Albertucci⟩**

Girolamo ⟨Castiglione⟩
→ **Castiglione, Girolamo**

Girolamo ⟨da Forlì⟩
→ **Hieronymus ⟨de Forlivio⟩**

Girolamo ⟨da Praga⟩
→ **Hieronymus ⟨Pragensis⟩**

Girolamo ⟨da Siena⟩
ca. 1335/40 – 1420 · OESA
Adiutorio spirituale; Il soccorso dei poveri
Rep.Font. V,151
Gerolamo ⟨da Siena⟩
Hieronymus ⟨Senensis⟩
Jérôme ⟨de Sienne⟩
Siena, Girolamo ¬da¬

Girolamo ⟨Masci⟩
→ **Nicolaus ⟨Papa, IV.⟩**

Girolamo ⟨Savonarola⟩
→ **Savonarola, Girolamo**

Girolamo ⟨Verità⟩
→ **Verità, Girolamo**

Giroldus ⟨...⟩
→ **Geroldus ⟨...⟩**

Girona, Cerveri ¬de¬
→ **Cerveri ⟨de Girona⟩**

Gisa ⟨of Wells⟩
→ **Giso ⟨Wellensis⟩**

Gisbert
gest. 1451 (Kaeppeli) bzw. 1540 (VL) · OP
Item uff de octaua van oisteren; Eyn goyt nutze underwysunge; Pater Gistbertus ; Identität mit Gisbert ⟨von Eberhardsklausen⟩ wahrscheinlich
VL(2),3,45/46; Kaeppeli,II,43/44
Eberhardsklausen, Gisbert ¬von¬
Gisbert ⟨von Eberhardsklausen⟩
Gisbertus
Gisbertus ⟨Pater⟩
Gißbertus
Gißbertus ⟨Pater⟩
Gistbertus ⟨Pater⟩

Giselbert ⟨von Mons⟩
→ **Gislebertus ⟨Montensis⟩**

Giselher ⟨von Slatheim⟩
13. Jh. · OP
5 Predigten
VL(2),3,46/47; Kaeppeli,II,44/45
Giseler ⟨de Slatheim⟩
Giselher ⟨de Saltheim⟩
Gisilhee ⟨de Slatheim⟩
Gisilher ⟨von Slatheim⟩
Slatheim, Giselher ¬von¬

Gisemundus
10. Jh. · OSB
Liber geometriae
Rep.Font. V,152; DOC,1,831
Gisemundus ⟨Monachus⟩
Gisemundus ⟨Rivipullensis⟩

Gishin
781 – 833
Shuzen-Oshō

Gisilher ⟨von Slatheim⟩
→ **Giselher ⟨von Slatheim⟩**

Gisla Súrssyni
→ **Gísli ⟨Súrsson⟩**

Gislandis, Antonius ¬de¬
→ **Antonius ⟨de Gislandis⟩**

Gislebert ⟨Crispin⟩
→ **Gilbertus ⟨Crispinus⟩**

Gislebert ⟨d'Autun⟩
→ **Gislebertus**

Gislebert ⟨de Hoilandia⟩
→ **Gilbertus ⟨de Hoilandia⟩**

Gislebert ⟨de la Porrée⟩
→ **Gilbertus ⟨Porretanus⟩**

Gislebert ⟨de Mons⟩
→ **Gislebertus ⟨Montensis⟩**

Gislebert ⟨Sculpteur⟩
→ **Gislebertus**

Gislebert ⟨von Mons⟩
→ **Gislebertus ⟨Montensis⟩**

Gislebert ⟨von Sankt Amand⟩
→ **Gislebertus ⟨Elnonensis⟩**

Gislebertus
um 1150
Bildhauer
LMA,IV,1469; Thieme-Becker
Gillebert
Gislebert ⟨d'Autun⟩
Gislebert ⟨Sculpteur⟩
Gislebertus ⟨Künstler⟩
Gislebertus ⟨Meister von Autun⟩
Gislebertus ⟨Mönch⟩
Gislebertus ⟨Sculptor⟩
Gislebertus ⟨Steinmetz⟩

Gislebertus ⟨Affligemensis⟩
um 1164
Vielleicht Verfasser des ersten Teils des Auctarium Affligemense
Rep.Font. I,419; V,153
Gislebertus ⟨II.⟩
Gislebertus ⟨Monachus Affligemensis⟩
Gislebertus ⟨Monachus Affligemensis, II.⟩

Gislebertus ⟨Autissiodorensis⟩
→ **Gislebertus ⟨Valliliensis⟩**

Gislebertus ⟨Crispinus⟩
→ **Gilbertus ⟨Crispinus⟩**

Gislebertus ⟨de Hoilandia⟩
→ **Gilbertus ⟨de Hoilandia⟩**

Gislebertus ⟨de Mons⟩
→ **Gislebertus ⟨Montensis⟩**

Gislebertus ⟨Decanus⟩
→ **Gislebertus ⟨Elnonensis⟩**

Gislebertus ⟨Elnonensis⟩
gest. 1095
LThK; CSGL; Potth.
Gilbert ⟨de Saint-Amand⟩
Gilbert ⟨of Saint Amand⟩
Gilbert ⟨of Tournay⟩
Gilbertus ⟨Decanus⟩
Gilbertus ⟨Elnonensis⟩
Gillebertus ⟨Elnonensis⟩
Gislebert ⟨von Sankt Amand⟩
Gislebertus ⟨Decanus⟩
Gislebertus ⟨Sancti Amandi⟩
Guibertus ⟨Sancti Amandi⟩

Gislebertus ⟨II.⟩
→ **Gislebertus ⟨Affligemensis⟩**

Gislebertus ⟨Künstler⟩
→ **Gislebertus**

Gislebertus ⟨Meister von Autun⟩
→ **Gislebertus**

Gislebertus ⟨Mönch⟩
→ **Gislebertus**

Gislebertus ⟨Monachus Affligemensis⟩
→ **Gislebertus ⟨Affligemensis⟩**

Gislebertus ⟨Monachus Valliliensis⟩
→ **Gislebertus ⟨Valliliensis⟩**

Gislebertus ⟨Montensis⟩
ca. 1150 – 1223/25
Chronicon Hanoniense
LThK; Potth.
Gilbert ⟨de Mons⟩
Gilbert ⟨Prévot⟩
Gilbertus ⟨Montensis⟩
Giselbert ⟨von Mons⟩
Gislebert ⟨de Mons⟩
Gislebert ⟨von Mons⟩
Gislebertus ⟨de Mons⟩
Gislebertus ⟨Namucensis⟩
Gislebertus ⟨of Mons⟩
Gislebertus ⟨Praepositus⟩
Gislebertus ⟨Sancti Germani⟩

Gislebertus ⟨Namucensis⟩
→ **Gislebertus ⟨Montensis⟩**

Gislebertus ⟨of Mons⟩
→ **Gislebertus ⟨Montensis⟩**

Gislebertus ⟨Pictaviensis⟩
→ **Gilbertus ⟨Porretanus⟩**

Gislebertus ⟨Porretanus⟩
→ **Gilbertus ⟨Porretanus⟩**

Gislebertus ⟨Praepositus⟩
→ **Gislebertus ⟨Montensis⟩**

Gislebertus ⟨Sancti Amandi⟩
→ **Gislebertus ⟨Elnonensis⟩**

Gislebertus ⟨Sancti Germani⟩
→ **Gislebertus ⟨Montensis⟩**

Gislebertus ⟨Sculptor⟩
→ **Gislebertus**

Gislebertus ⟨Valliliensis⟩
um 1048
S. Romani abbatis Autissiodorensis Vita
Rep.Font. V,156
Gilbertus ⟨Autissiodorensis⟩
Gislebertus ⟨Autissiodorensis⟩
Gislebertus ⟨Monachus Valliliensis⟩

Gislemarus ⟨Sancti Germani de Pratis⟩
11. Jh.
Vita S. Droctovei
Rep.Font. V,156; DOC,1,831
Gislemar ⟨de Saint-Germain-des-Prés⟩
Gislemar ⟨Moine à Saint-Germain-des-Prés⟩
Gislemarus ⟨Monachus⟩
Gislemarus ⟨Monachus Sancti Germani Parisiensis⟩
Gislemarus ⟨Sangermanensis⟩
Sancti Germani de Pratis, Gislemarus

Gísli ⟨Súrsson⟩
um 978
Gísla saga Súrsonar
LMA,IV,1469
Gisla Súrssyni
Súrsson, Gísli

Giso ⟨Wellensis⟩
gest. 1088
Historiola de primordiis episcopatus Somersetensis
Rep.Font. V,156
Gila ⟨of Wells⟩
Gisa ⟨of Wells⟩
Giso ⟨Episcopus Wellensis⟩
Giso ⟨of Wells⟩
Gison ⟨de Somerset⟩
Gison ⟨de Wells⟩
Gison ⟨Liégeois⟩
Gison ⟨Lorrain⟩

Gison ⟨de Somerset⟩
→ **Giso ⟨Wellensis⟩**

Gison ⟨Liégeois⟩
→ **Giso ⟨Wellensis⟩**

Gison ⟨Lorrain⟩
→ **Giso ⟨Wellensis⟩**

Gißbertus
→ **Gisbert**

Gistbertus ⟨Pater⟩
→ **Gisbert**

Ġiṭrīf Ibn-Qudāma al-Ġassānī, ¬al-¬
8. Jh.
Ġassānī, al-Ġiṭrīf Ibn-Qudāma ¬al-¬
Ghiṭrīf Ibn Qudāma al-Ghassānī
Ibn-Qudāma al-Ġassānī, al-Ġiṭrīf

Ġiṭrīfī, Abū-Aḥmad Muḥammad Ibn-Aḥmad ¬al-¬
gest. 936
Abu-Aḥmad al-Ġiṭrīfī, Muḥammad Ibn-Aḥmad
Abū-Aḥmad Muḥammad Ibn-Aḥmad al-Ġiṭrīfī
Ghiṭrīfī, Abū Aḥmad Muḥammad Ibn Aḥmad
Ġiṭrīfī, Muḥammad Ibn-Aḥmad ¬al-¬
Ibn-Aḥmad, Abū-Aḥmad Muḥammad al-Ġiṭrīfī
Ibn-al-Ġiṭrīf, Muḥammad Ibn-Aḥmad
Muḥammad Ibn-Aḥmad al-Ġiṭrīfī, Abu-Aḥmad

Ġiṭrīfī, Muḥammad Ibn-Aḥmad ¬al-¬
→ **Ġiṭrīfī, Abū-Aḥmad Muḥammad Ibn-Aḥmad ¬al-¬**

Giuda ⟨Romano⟩
→ **Yehûdā Ben-Dāniyyêl ⟨Rômanô⟩**

Giuda Levita
→ **Yehûdā hal-Lēwî**

Giudice, Johannes ¬del¬
→ **Johannes ⟨del Giudice⟩**

Giudici, Giovanni Battista ¬de¬
→ **Baptista ⟨de Finario⟩**

Giuffrey ⟨...⟩
→ **Geoffroy ⟨...⟩**

Giulelmus ⟨...⟩
→ **Guilelmus ⟨...⟩**

Giuliano ⟨Andrea⟩
→ **Iulianus ⟨Andrea⟩**

Giuliano ⟨Caesarini⟩
→ **Iulianus ⟨de Caesarinis⟩**

Giuliano ⟨Canon⟩
→ **Iulianus ⟨Cividatensis⟩**

Giuliano ⟨da Genova⟩
→ **Iulianus ⟨Ianuensis⟩**

Giuliano ⟨da Maiano⟩
1432 – 1490
Ital. Architekt und Bildhauer
Thieme-Becker
Giuliano ⟨di Leonardo⟩
Giuliano ⟨di Leonardo d'Antonio⟩
Giuliano ⟨di Nardo d'Antonio⟩
Julien ⟨de Majano⟩
Maiano, Giuliano ¬da¬

Giuliano ⟨di Leonardo d'Antonio⟩
→ **Giuliano ⟨da Maiano⟩**

Giuliano ⟨di Nardo d'Antonio⟩
→ **Giuliano ⟨da Maiano⟩**

Giuliano ⟨Lapaccini⟩
→ **Iulianus ⟨de Lapaccinis⟩**

Giuliano ⟨of Cividale⟩
→ **Iulianus ⟨Cividatensis⟩**

Giulio ⟨Milio⟩
→ **Iulius ⟨Millius⟩**

Giulio ⟨Pomponio Leto⟩
→ **Pomponius Laetus, Iulius**

Giulio ⟨Sanseverino⟩
→ **Pomponius Laetus, Iulius**

Giuniano ⟨Maggio⟩
→ **Maius, Iunianus**

Giunta ⟨de Bevagna⟩
→ **Iuncta ⟨Bevegnatis⟩**

Giuseppe ⟨Briennio⟩
→ **Josephus ⟨Bryennius⟩**

Giuseppe ⟨di Tessalonica⟩
→ **Josephus ⟨Thessalonicensis⟩**

Giuseppe ⟨Rachendite⟩
→ **Josephus ⟨Philosophus⟩**

Giustiniani, Andreolo
1385 – 1455
Relazione dell'attacco e difesa di Scio nel 1431
Rep.Font. V,157
Andreolo ⟨Giustinian⟩
Andreolo ⟨Giustiniani⟩
Giustinian, Andreolo

Giustiniani, Bernardo
→ **Iustinianus, Bernardus**

Giustiniani, Leonardo
ca. 1388 – 1446
Canzonette; Ballate; Sirventes; Ad clarissimum virum Georgium Lauredanum funebris oratio; Oratio ad Fridericum III; Oratio in funere Caroli Zeni; Regulae artificialis memoriae; Vita b. Nicolai Myrensis episcopi
Rep.Font. V,158; LMA,IV,1471
Giustinian, Leonardo
Giustiniani, Léonard
Giustiniani, Lionardo
Giustiniano, Leonardo
Iustiniano, Lunardo
Iustinianus, Leonardus
Justiniano, Leonardo
Léonard ⟨Giustiniani⟩
Leonardo ⟨Giustinian⟩
Leonardo ⟨Giustiniani⟩
Leonardo ⟨Giustiniano⟩
Leonardo ⟨Justiniano⟩
Leonardus ⟨Iustinianus⟩
Lionardo ⟨Giustiniani⟩
Lunardo ⟨Iustiniano⟩

Giustiniani, Lorenzo
→ **Iustinianus, Laurentius**

Giusto ⟨da Padova⟩
1320/30 – 1390/91
De'Menabuoi, Giusto
Giusto ⟨de'Menabuoi⟩
Menabuoi, Giusto ¬de'¬
Menabuoi, Giusto di Giovanni ¬de'¬
Padova, Giusto ¬da¬

Giusto ⟨de'Menabuoi⟩
→ **Giusto ⟨da Padova⟩**

Gīwargīs ⟨of Arbelo⟩
→ **Georgius ⟨de Arbela⟩**

Gīwargīs ⟨of Mosul⟩
→ **Georgius ⟨de Arbela⟩**

Ġiyāṯ Ibn-Ġauṯ al-Aḫṭal
→ **Aḫṭal, Ġiyāṯ Ibn-Ġauṯ ¬al-¬**

Giyorgis ⟨di Saglā⟩
→ **Giyorgis Walda Ḥēzba Ṣēyon ⟨za-Saglā⟩**

Giyorgis Walda Ḥēzba Ṣēyon ⟨za-Saglā⟩
15. Jh.
Maṣḥafa mesṭir
Giyorgis ⟨di Saglā⟩
Saglā, Giyorgis Walda Ḥēzba Ṣēyon ¬za-¬

Gjandževi, Nizami
→ **Niẓāmī Ganğawī, Ilyās Ibn-Yūsuf**

Glabas, Isidorus
→ **Isidorus ⟨Glabas⟩**

Glabas, Johannes
→ **Isidorus ⟨Glabas⟩**

Glaber, Radulfus
→ **Radulfus ⟨Glaber⟩**

Gladbach, Adamus ¬de¬
→ **Adamus ⟨Coloniensis⟩**

Gladbach, Nicolaus Goerts ¬de¬
→ **Goerts, Nicolaus**

Glanvilla, Ranulfus ¬de¬
→ **Ranulfus ⟨de Glanvilla⟩**

Glanville, Bartholomew
→ **Bartholomaeus ⟨Anglicus⟩**

Glaritz, ¬Der von¬
→ **Glarus, ¬Der von¬**

Glarus, ¬Der von¬
15. Jh.
Verfahren zur Pestbehandlung
VL(2),3,48/49
Der von Glarus
Glaritz, ¬Der von¬

Glastymbury, William
gest. 1448 · OSB
Chronicon et memoranda miscellanae
Rep.Font. V,162
William ⟨Glastymbury⟩

Glatz, Dietrich ¬von¬
→ **Dietrich ⟨von der Glesse⟩**

Gleißner, Heinrich ¬der¬
→ **Heinrich ⟨der Gleißner⟩**

Glesse, Dietrich ¬von der¬
→ **Dietrich ⟨von der Glesse⟩**

Glichesaere, Heinrich ¬der¬
→ **Heinrich ⟨der Gleißner⟩**

Gliers, ¬Der von¬
um 1267/1308
3 Minneleiche; Identität mit Wilhelm ⟨von Gliers⟩ wahrscheinlich
VL(2),3,54/55
Der von Gliers
Gliers ⟨Minnesänger⟩
Gliers, ... ¬von¬
Gliers, Guillaume ¬von¬
Guillaume ⟨von Gliers⟩
Wilhelm ⟨von Gliers⟩

Gloggner, Hans
um 1438
Verf. der Fortsetzung der Chronik der Stadt Zürich (bis 1438)
VL(2),1,1258; Rep.Font. III,475/76; V,163
Hans ⟨Gloggner⟩

Głogowczyk, Jan
ca. 1445 – 1507
VL(2),4,630; LMA,V,578/79
Jan ⟨Głogowczyk⟩
Jan ⟨z Głogowa⟩
Jean ⟨de Cracovie⟩
Jean ⟨de Glogau⟩
Johann ⟨von Glogau⟩
Johannes ⟨de Glogovia⟩
Johannes ⟨de Glogovia Maiori⟩
Johannes ⟨Glogaviensis⟩
Johannes ⟨Glogoviensis⟩
Johannes ⟨Schelling⟩
Johannes ⟨von Glogau⟩
Schelling, Johannes

Gloucester, Robert ¬of¬
→ **Robert ⟨of Gloucester⟩**

Glucholazow, Bertholdus Iodocus ¬de¬
→ **Iodocus Bertholdus ⟨de Glucholazow⟩**

Gluf, Heinz
um 1490
Propagandistischer Spruch
VL(2),3,67
Heinz ⟨Gluf⟩

Glycas, Michael
→ **Michael ⟨Glycas⟩**

Glycas, Theodorus
→ **Theodorus ⟨Metochita⟩**

Glycys, Johannes
→ **Johannes ⟨Glycys⟩**

Glyn Cothi, Lewis
→ **Lewis ⟨Glyn Cothi⟩**

Gmunden, Johannes ¬de¬
→ **Johannes ⟨de Gmunden⟩**

Gmunden, Nicolaus ¬de¬
→ **Nicolaus ⟨de Gmunden⟩**

Gnesen, Johannes ¬de¬
→ **Johannes ⟨de Gnesen⟩**

Gnezna, Stanislaus ¬de¬
→ **Stanislaus ⟨de Gnezna⟩**

Gobarus, Stephanus
→ **Stephanus ⟨Gobarus⟩**

Gobelin ⟨Allemand⟩
→ **Godefridus ⟨de Kelse⟩**

Gobelin ⟨Person⟩
→ **Gobelinus ⟨Persona⟩**

Gobelinus ⟨Bilfeldensis⟩
→ **Gobelinus ⟨Persona⟩**

Gobelinus ⟨de Kelse⟩
→ **Godefridus ⟨de Kelse⟩**

Gobelinus ⟨Decanus⟩
→ **Gobelinus ⟨Persona⟩**

Gobelinus ⟨Paderbornensis⟩
→ **Gobelinus ⟨Persona⟩**

Gobelinus ⟨Persona⟩
1358 – 1421
Tusculum-Lexikon; LThK; Potth.
Gobelin ⟨Person⟩
Gobelinus ⟨Bilfeldensis⟩
Gobelinus ⟨Decanus⟩
Gobelinus ⟨Paderbornensis⟩
Gobelinus ⟨Person⟩
Person, Gobelinus
Persona, Gobelinus

Gobert ⟨de Laon⟩
→ **Gobertus ⟨Laudunensis⟩**

Gobertus ⟨Canonicus Laudunensis⟩
→ **Gobertus ⟨Laudunensis⟩**

Gobertus ⟨Laudunensis⟩
ca. 1150 – 1220
De tonsuro et vestimentis et vita clericorum; nicht identisch mit dem gleichnamigen Bischof von Laon (um 930/32)
Rep.Font. V,166; DOC,1,833
Gausbert ⟨de Laon⟩
Gobert ⟨de Laon⟩
Gobert ⟨Maître⟩
Gobert ⟨Poète Belge⟩
Gobertus ⟨Canonicus Laudunensis⟩
Gobertus ⟨Episcopus⟩
Gobertus ⟨Episcopus Laudunensis⟩
Gobertus ⟨Leodiensis⟩
Gobertus ⟨Namurcensis⟩
Gozbert ⟨de Laon⟩

Gobertus ⟨Leodiensis⟩
→ **Gobertus ⟨Laudunensis⟩**

Gobertus ⟨Namurcensis⟩
→ **Gobertus ⟨Laudunensis⟩**

Gobi ⟨d'Alais⟩
→ **Johannes ⟨Gobi, Senior⟩**

Gobi ⟨Dominicain⟩
→ **Johannes ⟨Gobi, Iunior⟩**
→ **Johannes ⟨Gobi, Senior⟩**

Gobi, Johannes
→ **Johannes ⟨Gobi, Iunior⟩**
→ **Johannes ⟨Gobi, Senior⟩**

Goch, Iolo
→ **Iolo ⟨Goch⟩**

Goch, Johannes ¬von¬
→ **Johannes ⟨Pupper von Goch⟩**

Goch, Peregrinus ¬de¬
→ **Peregrinus ⟨de Goch⟩**

Gocius ⟨Turo⟩
→ **Ioscelinus ⟨Turonensis⟩**

Gōdā
→ **Āṇṭāḷ**

Godalh
→ **Tundalus**

Godard, Johannes
→ **Johannes ⟨Godard⟩**

Goddamus, Adamus
→ **Adamus ⟨Goddamus⟩**

Goddart, John
→ **Johannes ⟨Godard⟩**

Goddofridus ⟨...⟩
→ **Godefridus ⟨...⟩**

Godefredus ⟨...⟩
→ **Godefridus ⟨...⟩**

Godefrid ⟨of Amiens⟩
→ **Godefridus ⟨Ambianensis⟩**

Godefrid ⟨von Winchester⟩
→ **Godefridus ⟨Wintoniensis⟩**

Godefridus ⟨a Malaterra⟩
→ **Galfredus ⟨Malaterra⟩**

Godefridus ⟨ab Ensmingen⟩
→ **Godefridus ⟨de Ensmingen⟩**

Godefridus ⟨Abbas⟩
→ **Godefridus ⟨Admontensis⟩**
→ **Godefridus ⟨Dertusensis⟩**
→ **Godefridus ⟨Vindocinensis⟩**

Godefridus ⟨Admontensis⟩
ca. 1100 – 1165
VL(2),3,118/123; Tusculum-Lexikon
Galfredus ⟨Abbas Venerabilis⟩
Galfredus ⟨Admontensis⟩
Galfredus ⟨Venerabilis⟩
Godefridus ⟨Abbas⟩

Godefridus ⟨Abbas Venerabilis⟩
Godefridus ⟨de Admont⟩
Godefridus ⟨de Amont⟩
Godefridus ⟨de Vemmingen⟩
Godefridus ⟨de Weingarten⟩
Godefridus ⟨Weingartensis⟩
Godefroy ⟨de Weingarten⟩
Godefroy ⟨d'Admont⟩
Gottfried ⟨von Admont⟩
Goverus ⟨Abbas⟩
Theofridus ⟨Abbas⟩

Godefridus ⟨Altaecolumbae in Sabaudia⟩
→ **Godefridus ⟨Altissiodorensis⟩**

Godefridus ⟨Altissiodorensis⟩
1115/20 – 1188
Stegmüller, Repert. sentent. 245,1; Tusculum-Lexikon
Galfredus ⟨Abbas⟩
Galfredus ⟨Altaecolumbae in Sabaudia⟩
Galfredus ⟨Altisiodorensis⟩
Galfredus ⟨Autissiodorensis⟩
Galfredus ⟨Claraevallensis⟩
Galfredus ⟨de Clairvaux⟩
Galfredus ⟨de Fossa Nova⟩
Galfredus ⟨Fossae Novae⟩
Gaufridus ⟨Altissiodorensis⟩
Gaufridus ⟨Claraevallensis⟩
Gaufridus ⟨de Altacumba⟩
Gaufridus ⟨de Clairvaux⟩
Gaufridus ⟨de Claravalle⟩
Gaufridus ⟨d'Auxerre⟩
Gaufridus ⟨d'Hautecombe⟩
Gaufridus ⟨d'Igny⟩
Geoffroy ⟨de Clairvaux⟩
Geoffroy ⟨de Hautecombe⟩
Geoffroy ⟨d'Auxerre⟩
Godefridus ⟨Altaecolumbae in Sabaudia⟩
Godefridus ⟨Claraevallensis⟩
Godefridus ⟨de Fossa Nova⟩
Godefridus ⟨Fossae Novae⟩
Godefridus ⟨von Hautecombe⟩
Gottfried ⟨von Auxerre⟩
Gottfried ⟨von Clairvaux⟩

Godefridus ⟨Ambianensis⟩
1065 – 1115
LThK; CSGL
Galfredus ⟨Ambianensis⟩
Galfredus ⟨Sanctus⟩
Geoffroy ⟨de Nogent-sous-Coucy⟩
Geoffroy ⟨d'Amiens⟩
Geoffroy ⟨of Amiens⟩
Godefrid ⟨of Amiens⟩
Godefridus ⟨de Amiens⟩
Godefridus ⟨Sanctus⟩
Gottfried ⟨von Amiens⟩

Godefridus ⟨Andegavia, Comes, ...⟩
→ **Geoffroy ⟨Anjou, Comte, ...⟩**

Godefridus ⟨Anglicus⟩
14. Jh.
Sent. I, q.1: Utrum ex conceptu creature possimus in conceptum proprium Deo
Schönberger/Kible, Repertorium, 12927
Anglicus, Godefridus

Godefridus ⟨Archiepiscopus Bituricensis⟩
→ **Godefridus ⟨Calvus⟩**

Godefridus ⟨Argentinensis⟩
→ **Godefridus ⟨de Ensmingen⟩**

Godefridus ⟨Biscolim⟩
→ **Godefridus ⟨Wisbrodelin⟩**

Godefridus ⟨Bituricensis⟩
→ **Godefridus ⟨Calvus⟩**

Godefridus ⟨Bullionius⟩
→ **Godefroy ⟨Basse Lorraine, Duc, IV.⟩**

Godefridus ⟨Calvus⟩
13. Jh.
S. Guilelmi episcopi Briocensis vita
Rep.Font. V,167
Calvus, Godefridus
Geoffroy ⟨Archevêque de Bourges⟩
Geoffroy ⟨de Bourges⟩
Geoffroy ⟨Hagiographe⟩
Geoffroy ⟨le Chauve⟩
Godefridus ⟨Archiepiscopus Bituricensis⟩
Godefridus ⟨Bituricensis⟩

Godefridus ⟨Candelarius⟩
gest. 1499 · OCarm
Sap.
Stegmüller, Repert. bibl. 2605
Candelarius, Godefridus
Candelarius, Godefroy
Godefridus ⟨Prior Carmeli Aquisgranatensis⟩
Godefroy ⟨Candelarius⟩

Godefridus ⟨Canonicus⟩
→ **Godefridus ⟨de Sancto Victore⟩**
→ **Godefridus ⟨Rodensis⟩**
→ **Godefridus ⟨Voraviensis⟩**

Godefridus ⟨Capellanus Pontificius⟩
→ **Godefridus ⟨Poenitentiarius Papae⟩**

Godefridus ⟨Cardinalis⟩
→ **Godefridus ⟨Vindocinensis⟩**

Godefridus ⟨Claraevallensis⟩
→ **Godefridus ⟨Altissiodorensis⟩**

Godefridus ⟨Coloniensis⟩
gest. ca. 1237 · OSB
Godefroid ⟨de Cologne⟩
Godefroy ⟨de Cologne⟩
Godefroy ⟨de Saint-Pantaléon⟩

Godefridus ⟨Condatensis⟩
→ **Godefridus ⟨de Fontibus⟩**

Godefridus ⟨Cornubiensis⟩
→ **Godefridus ⟨de Cornubia⟩**

Godefridus ⟨de Admont⟩
→ **Godefridus ⟨Admontensis⟩**

Godefridus ⟨de Amiens⟩
→ **Godefridus ⟨Ambianensis⟩**

Godefridus ⟨de Aspall⟩
→ **Galfredus ⟨de Aspala⟩**

Godefridus ⟨de Babion⟩
→ **Galfredus ⟨Babio⟩**

Godefridus ⟨de Blanello⟩
gest. 1250 · OP
Ps. 1-102; Rom.; I Cor.; etc.
Schneyer,II,202; Stegmüller, Repert. bibl. 2371-2399; Kaeppeli,II,16/18
Blanello, Godefridus ¬de¬
Blenello, Godefridus ¬de¬
Galfredus ⟨Blanaus⟩
Galfredus ⟨Blavians⟩
Galfredus ⟨Bleves⟩
Galfredus ⟨Blevex⟩
Galfredus ⟨Burgundus⟩
Galfredus ⟨de Blavemo⟩
Galfredus ⟨de Bléneau⟩
Galfredus ⟨de Blenello⟩
Galfredus ⟨de Blevello⟩
Galfredus ⟨Senonensis⟩
Gaufridus ⟨de Blenello⟩
Gaufridus ⟨de Blevello⟩
Geoffroy ⟨de Blavello⟩
Geoffroy ⟨de Blaviaux⟩
Geoffroy ⟨de Blevello⟩
Geoffroy ⟨de Blevemo⟩
Geoffroy ⟨de Blèves⟩
Geoffroy ⟨de Blevex⟩
Godefridus ⟨de Bléneau⟩
Godefridus ⟨de Blenello⟩
Godefridus ⟨de Blevello⟩
Godefroyd ⟨de Bléneau⟩
Gottfried ⟨de Blenello⟩
Gottfried ⟨von Bléneau⟩

Godefridus ⟨de Bléneau⟩
→ **Godefridus ⟨de Blanello⟩**

Godefridus ⟨de Britolio⟩
→ **Godefridus ⟨de Sancto Victore⟩**

Godefridus ⟨de Bussero⟩
1220 – ca. 1290
Cronaca (72 a.Chr.nat-1271)
Rep.Font. V,192
Bussero, Godefridus ¬de¬
Godefridus ⟨Presbyter et Capellanus Ecclesiae Rodelli⟩
Gothofredus ⟨de Bussero⟩

Godefridus ⟨de Cornubia⟩
um 1320 · OCarm
Super Praedicamenta, lib. I; In VI Principia; In Posteriora, librum; etc.
Lohr
Cornubia, Godefridus ¬de¬
Geoffroy ⟨de Cornouailles⟩
Godefridus ⟨Cornubiensis⟩

Godefridus ⟨de Ensmingen⟩
um 1290
Überarbeitungen; Darstellung zeitgenössischer Königsgeschichte „Gesta ... Rudolfi Romanorum regis"; Annales marbacenses
VL(2),3,123/125
Ensmingen, Godefridus ¬de¬
Ensmingen, Godofredus ¬ab¬
Godefridus ⟨ab Ensmingen⟩
Godefridus ⟨Argentinensis⟩
Godefroi ⟨d'Ensmingen⟩
Godefroy ⟨d'Ensmingen⟩
Godefroy ⟨le Chroniqueur Strasbourgeois⟩
Gottfried ⟨of Ensmingen⟩
Gottfried ⟨von Ensmingen⟩

Godefridus ⟨de Fontibus⟩
1250 – 1308
Tusculum-Lexikon; LThK; CSGL; LMA,IV,1603
Fontibus, Godefridus ¬de¬
Galfredus ⟨de Fontibus⟩
Geoffroy ⟨af Fontaines⟩
Geoffroy ⟨de Cologne⟩
Geoffroy ⟨de Fontaines⟩
Geoffroy ⟨de Liège⟩
Geoffroy ⟨de Paris⟩
Godefridus ⟨Condatensis⟩
Godefridus ⟨de Liège⟩
Godefridus ⟨des Fontaines⟩
Godefridus ⟨Leodiensis⟩
Godefroy ⟨de Fontaines⟩
Gottfried ⟨von Fontaines⟩

Godefridus ⟨de Fossa Nova⟩
→ **Godefridus ⟨Altissiodorensis⟩**

Godefridus ⟨de Franconia⟩
14. Jh.
Pelzbuch
VL(2)
Franconia, Godefridus ¬de¬
Galfredus ⟨de Franconia⟩
Gottfried ⟨von Franken⟩
Gottfried ⟨von Würzburg⟩

Godefridus ⟨de Groningen⟩
→ **Pastor ⟨von Groningen⟩**

Godefridus ⟨de Haspale⟩
→ **Galfredus ⟨de Aspala⟩**

Godefridus ⟨de Hohenlo⟩
→ **Gottfried ⟨von Hohenlohe⟩**

Godefridus ⟨de Kelse⟩
um 1280/1300 · OP
Sermo (dt.); Identität mit Gobelinus ⟨de Kelse⟩ wahrscheinlich
Kaeppeli,II,47
Gobelin ⟨Allemand⟩
Gobelinus ⟨de Kelse⟩
Kelse, Gobelinus ¬de¬
Kelse, Godefridus ¬de¬

Godefridus ⟨de Liège⟩
→ **Godefridus ⟨de Fontibus⟩**

Godefridus ⟨de Noto⟩
um 1335/38 · OP
De sanctis
Schneyer, Winke, 15
Godefridus ⟨Prior Messinae⟩
Noto, Godefridus ¬de¬

Godefridus ⟨de Sancto Victore⟩
gest. 1196
Microcosmus
Rep.Font. IV,647; Tusculum-Lexikon
Galfredus ⟨de Britolio⟩
Galfredus ⟨de Sancto Victore⟩
Galfredus ⟨Victoriensis⟩
Geoffroy ⟨de Breteuil⟩
Geoffroy ⟨de Sainte-Barbe-en-Auge⟩
Geoffroy ⟨de Saint-Victor⟩
Godefridus ⟨Canonicus⟩
Godefridus ⟨de Breteuil⟩
Godefridus ⟨de Britolio⟩
Godefridus ⟨Parisiensis⟩
Godefridus ⟨Sancti Victoris⟩
Godefridus ⟨Victoriensis⟩
Godefroi ⟨de Saint-Victor⟩
Godefroy ⟨de Breteuil⟩
Godefroy ⟨de Saint-Victor⟩
Gottfried ⟨von Breteuil⟩
Gottfried ⟨von Sankt Viktor⟩
Sancto Victore, Godefridus ¬de¬

Godefridus ⟨de Thenis⟩
13. Jh.
Omne punctum
VL(2),3,169/172
Gotfridus ⟨de Thenis⟩
Gottfried ⟨de Tirlemont⟩
Gottfried ⟨van Thienen⟩
Gottfried ⟨von Tienen⟩
Gottfried ⟨von Tirlemont⟩
Pseudo-Godefridus ⟨de Thenis⟩
Thenis, Godefridus ¬de¬

Godefridus ⟨de Traiecto⟩
gest. 1405
Metrische Grammatik (lat.); Prosagrammatik (lat.)
VL(2),3,144/147
Gottfried ⟨von Maastricht⟩
Gottfried ⟨von Utrecht⟩
Traiecto, Godefridus ¬de¬

Godefridus ⟨de Trano⟩
gest. ca. 1245
Galfredus ⟨de Trano⟩
Galfredus ⟨Tranensis⟩
Gaufredus ⟨de Trano⟩
Geoffroy ⟨de Trani⟩
Godefridus ⟨Tranensis⟩
Godofredus ⟨de Trano⟩
Goffredo ⟨da Trani⟩
Goffredo ⟨de Trano⟩
Goffredo ⟨di Trani⟩
Goffredo ⟨von Trani⟩
Goffredus ⟨de Trano⟩
Goffredus ⟨Tranensis⟩
Goffredys ⟨de Trano⟩
Goffridus ⟨de Trano⟩
Gottfried ⟨von Trani⟩
Gottofredo ⟨da Trani⟩
Trani, Gottofredo ¬da¬
Trano, Godefridus ¬de¬
Trano, Goffredys ¬de¬

Godefridus ⟨de Vemmingen⟩
→ **Godefridus ⟨Admontensis⟩**

Godefridus ⟨de Vendôme⟩
→ **Godefridus ⟨Vindocinensis⟩**

Godefridus ⟨de Vinosalvo⟩
→ **Galfredus ⟨de Vinosalvo⟩**

Godefridus ⟨de Viterbo⟩
→ **Godefridus ⟨Viterbiensis⟩**

Godefridus ⟨de Vorau⟩
→ **Godefridus ⟨Voraviensis⟩**

Godefridus ⟨de Waterfordia⟩
→ **Geoffroy ⟨de Waterford⟩**

Godefridus ⟨de Weingarten⟩
→ **Godefridus ⟨Admontensis⟩**

Godefridus ⟨de Winton⟩
→ **Godefridus ⟨Wintoniensis⟩**

Godefridus ⟨Dertusensis⟩
gest. 1165
Arbitrium
Gaufred ⟨d'Avinyó⟩
Geoffroy ⟨de Saint-Ruf⟩
Geoffroy ⟨de Tortose⟩
Geoffroy ⟨d'Avignon⟩
Godefridus ⟨Abbas⟩
Godefridus ⟨Episcopus⟩
Gottfried ⟨von Tortosa⟩

Godefridus ⟨des Fontaines⟩
→ **Godefridus ⟨de Fontibus⟩**

Godefridus ⟨Episcopus⟩
→ **Godefridus ⟨Dertusensis⟩**

Godefridus ⟨Fossae Novae⟩
→ **Godefridus ⟨Altissiodorensis⟩**

Godefridus ⟨Frater⟩
→ **Godefridus ⟨Poenitentiarius Papae⟩**

Godefridus ⟨Haadeby⟩
gest. 1360 · OESA
Postillationes Scripturarum; Sermones de tempore; De rebus gestis Ordinis nostri; etc.
Stegmüller, Repert. bibl. 2606-2607
Galfredus ⟨Hardeby⟩
Geoffroy ⟨Hardeby⟩
Haadeby, Godefridus
Hardebii, Galfredus
Hardeby, Geoffroy

Godefridus ⟨Haguenonensis⟩
gest. 1313
Liber sex festorum beatae Virginis
VL(2),3,136/141
Godefroy ⟨de Haguenau⟩
Godefroy ⟨de Strasbourg⟩
Goetfridus ⟨von Hagenau⟩
Goetzo ⟨von Hagenau⟩
Gottfried ⟨von Hagenau⟩
Gottfried ⟨von Haguenau⟩
Gozzo ⟨von Hagenau⟩

Godefridus ⟨Herbipolensis⟩
gest. 1190
LThK
Gottfried ⟨von Helfenstein-Spitzberg⟩
Gottfried ⟨von Helfenstein-Spitzenberg⟩
Gottfried ⟨von Pisemberg⟩
Gottfried ⟨von Spitzberg-Helfenstein⟩
Gottfried ⟨von Würzburg⟩

Godefridus ⟨Heriliacensis⟩
14. Jh. · OSB
Pater noster
Stegmüller, Repert. bibl. 2608
Guilelmus ⟨Heriliacensis⟩
Guilelmus ⟨Herlyacensis⟩
Wilhelmus ⟨Hiliricensis⟩

Godefridus ⟨Hierosolyma, Rex, I.⟩
→ **Godefroy ⟨Basse Lorraine, Duc, IV.⟩**

Godefridus ⟨lisproletri⟩
→ **Godefridus ⟨Wisbrodelin⟩**

Godefridus ⟨Leodiensis⟩
→ **Godefridus ⟨de Fontibus⟩**

Godefridus ⟨Lotharingia Inferior, Dux, IV.⟩
→ **Godefroy ⟨Basse Lorraine, Duc, IV.⟩**

Godefridus ⟨Monachus⟩
gest. 1175 · OSB
Vita S. Hildegardis abbatissae Montis S. Ruperti prope Bingiam
Rep.Font. V,167/168; LMA,IV,1604
Galfredus ⟨Monachus⟩
Gaufridus ⟨Monachus⟩
Geoffroy ⟨le Moine⟩
Godefridus ⟨Monachus Montis Sancti Disibodi⟩
Godefridus ⟨Montis Sancti Disibodi⟩
Godefridus ⟨the Monk⟩
Godefroy ⟨the Monk⟩
Goisfridus ⟨Monachus⟩
Gottfried ⟨der Mönch⟩
Monachus, Godefridus

Godefridus ⟨Montis Sancti Disibodi⟩
→ **Godefridus ⟨Monachus⟩**

Godefridus ⟨Monmutensis⟩
→ **Galfredus ⟨Monumetensis⟩**

Godefridus ⟨Monumetensis⟩
→ **Galfredus ⟨Monumetensis⟩**

Godefridus ⟨Normandia, Dux⟩
→ **Geoffroy ⟨Anjou, Comte, IV.⟩**

Godefridus ⟨OP⟩
→ **Godefridus ⟨Poenitentiarius Papae⟩**

Godefridus ⟨Parisiensis⟩
→ **Godefridus ⟨de Sancto Victore⟩**

Godefridus ⟨Pictaviensis⟩
→ **Galfredus ⟨Pictaviensis⟩**

Godefridus ⟨Poenitentiarius Papae⟩
um 1237/52 · OP
Epistula de morte b. Iordani de Saxonia; Epistula responsiva de sollicitatione, de sacerdotibus tenentibus concubinas; Capitulo Vulterrano; etc.
Kaeppeli,II,46/47
Godefridus ⟨Capellanus Pontificius⟩
Godefridus ⟨Frater⟩
Godefridus ⟨OP⟩
Godefridus ⟨Poenitentiarius Pontificius⟩
Gottifredus ⟨Frater⟩

Godefridus ⟨Presbyter et Capellanus Ecclesiae Rodelli⟩
→ **Godefridus ⟨de Bussero⟩**

Godefridus ⟨Prior Carmeli Aquisgranatensis⟩
→ **Godefridus ⟨Candelarius⟩**

Godefridus ⟨Prior Messinae⟩
→ **Godefridus ⟨de Noto⟩**

Godefridus ⟨Remensis⟩
gest. 1095
Tusculum-Lexikon; CSGL
Galfredus ⟨Remensis⟩
Geoffroy ⟨de Reims⟩
Godefridus ⟨Scholasticus⟩
Gottfried ⟨von Reims⟩

Godefridus ⟨Rhodanus⟩
→ **Godefridus ⟨Rodensis⟩**

Godefridus ⟨Rodensis⟩
um 1160/1250
Vita s. Odae Rodensis; Epistola apologetica
VL(2),3,152/153; Rep.Font.,V,168/169
Godefridus ⟨Canonicus⟩
Godefridus ⟨Rhodanus⟩
Godefroi ⟨de Rhode⟩
Godefroy ⟨de Rhode-Sainte-Ode⟩
Godefroy ⟨Rodanus⟩
Gottfried ⟨Kanonikus⟩
Gottfried ⟨von Rode⟩

Godefridus ⟨Sancti Victoris⟩
→ **Godefridus ⟨de Sancto Victore⟩**

Godefridus ⟨Sanctus⟩
→ **Godefridus ⟨Ambianensis⟩**

Godefridus ⟨Scholasticus⟩
→ **Godefridus ⟨Remensis⟩**

Godefridus ⟨the Monk⟩
→ **Godefridus ⟨Monachus⟩**

Godefridus ⟨Tranensis⟩
→ **Godefridus ⟨de Trano⟩**

Godefridus ⟨Victoriensis⟩
→ **Godefridus ⟨de Sancto Victore⟩**

Godefridus ⟨Villeharduinus⟩
→ **Geoffroy ⟨de Villehardouin⟩**

Godefridus ⟨Vindocinensis⟩
ca. 1170 – 1132
LThK; Potth.
Galfredus ⟨Vindecensis⟩
Galfredus ⟨Vindocinensis⟩
Galfredus ⟨von Vendôme⟩
Gaufridus ⟨Vendôme⟩
Gaufridus ⟨Vindocinensis⟩
Geoffroi ⟨de Vendôme⟩
Geoffroy ⟨de Vendôme⟩
Geoffroy ⟨d'Angers⟩
Geoffroy ⟨Vosiensis⟩
Godefridus ⟨Abbas⟩
Godefridus ⟨Cardinalis⟩
Godefridus ⟨de Vendôme⟩
Godfridus ⟨Vindocinensis⟩
Goffridus ⟨Vindocinensis⟩
Gottfried ⟨Cardinal⟩
Gottfried ⟨von Angers⟩
Gottfried ⟨von Vendôme⟩

Godefridus ⟨Vintoniensis⟩
→ **Godefridus ⟨Wintoniensis⟩**

Godefridus ⟨Viterbiensis⟩
1125 – ca. 1202
Tusculum-Lexikon; LThK; VL(2)
Galfredus ⟨Viterbiensis⟩
Geoffroy ⟨of Viterbo⟩
Gioffredo ⟨da Viterbo⟩
Godefridus ⟨de Viterbo⟩
Godefroy ⟨de Viterbe⟩
Godofredus ⟨Viterbiensis⟩
Gotifredus ⟨Viterbiensis⟩
Gottfridus ⟨Viterbiensis⟩
Gottfried ⟨von Viterbo⟩
Gottofridus ⟨Viterbiensis⟩

Godefridus ⟨von Hautecombe⟩
→ **Godefridus ⟨Altissiodorensis⟩**

Godefridus ⟨Voraviensis⟩
um 1332
Lumen animae
Schönberger/Kible, Repertorium, 12928
Godefridus ⟨Canonicus⟩
Godefridus ⟨Canonicus Vorowensis⟩
Godefridus ⟨de Vorau⟩

Godefridus ⟨Weingartensis⟩
→ **Godefridus ⟨Admontensis⟩**

Godefridus ⟨Wintoniensis⟩
gest. 1107
Liber proverbiorum
Tusculum-Lexikon; CSGL
Galfredus ⟨Wintoniensis⟩
Geoffroy ⟨de Cambrai⟩
Geoffroy ⟨de Winchester⟩
Geoffroy ⟨of Saint Swithin's⟩
Geoffroy ⟨of Winchester⟩
Geoffroy ⟨Prior⟩
Godefrid ⟨von Winchester⟩
Godefridus ⟨de Winton⟩
Godefridus ⟨Vintoniensis⟩
Gottfried ⟨von Winchester⟩

Godefridus ⟨Wisbrodelin⟩
um 1371/79 · OP
Lectura in lib. I Sent., lecta in Colonia et completa a.d. 1372
Kaeppeli,II,48; Stegmüller, Rep.Comm.,I,256
Godefridus ⟨Biscolim⟩
Godefridus ⟨lisproletri⟩
Godefridus ⟨Wisbroetelin⟩
Godefridus ⟨Wiszbrötelin⟩
Gotzo ⟨Wiszbrötelin⟩
Iorzo ⟨Rusbrotelin⟩
Jorzo ⟨Rusbrotelin⟩
Wisbrodelin, Godefridus

Godefridus, Johannes
→ **Johannes ⟨Ioffridi⟩**

Godefried ⟨Hagen⟩
→ **Hagen, Gottfried**

Godefroi ⟨...⟩
→ **Godefroy ⟨...⟩**

Godefroid ⟨...⟩
→ **Godefroy ⟨...⟩**

Godefroy ⟨Basse Lorraine, Duc, IV.⟩
1060 – 1100
LThK; CSGL; Potth.
Bouillon, Gottfried ¬von¬
Bullonius, Galfredus
Bullonius, Godefridus
Galfredus ⟨Bullonius⟩
Galfredus ⟨Hierosolyma, Rex⟩
Galfredus ⟨Lotharingia, Dux⟩
Geoffroy ⟨de Bouillon⟩
Geoffroy ⟨of Bouillon⟩
Godefridus ⟨Bullionius⟩
Godefridus ⟨Bullonius⟩
Godefridus ⟨Hierosolyma, Rex, I.⟩
Godefridus ⟨Lotharingia Inferior, Dux, IV.⟩
Godefroy ⟨de Bouillon⟩
Godefroy ⟨Jérusalem, Roi⟩
Gottfried ⟨Niederlothringen, Herzog, IV.⟩
Gottfried ⟨von Bouillon⟩
Gottifredo ⟨de Buglione⟩
Gottifredo ⟨Gerusalemme, Re⟩

Godefroy ⟨Candelarius⟩
→ **Godefridus ⟨Candelarius⟩**

Godefroy ⟨d'Admont⟩
→ **Godefridus ⟨Admontensis⟩**

Godefroy ⟨d'Aspale⟩
→ **Galfredus ⟨de Aspala⟩**

Godefroy ⟨de Bléneau⟩
→ **Godefridus ⟨de Blanello⟩**

Godefroy ⟨de Bouillon⟩
→ **Godefroy ⟨Basse Lorraine, Duc, IV.⟩**

Godefroy ⟨de Breteuil⟩
→ **Godefridus ⟨de Sancto Victore⟩**

Godefroy ⟨de Cologne⟩
→ **Godefridus ⟨Coloniensis⟩**

Godefroy ⟨de Fontaines⟩
→ **Godefridus ⟨de Fontibus⟩**

Godefroy ⟨de Haguenau⟩
→ **Godefridus ⟨Haguenonensis⟩**

Godefroy ⟨de Lagny⟩
12. Jh.
Godefroy ⟨de Laigni⟩
Godefroy ⟨de Laigny⟩
Godefroy ⟨de Leingni⟩
Lagny, Godefroy ¬de¬

Godefroy ⟨de Laigny⟩
→ **Godefroy ⟨de Lagny⟩**

Godefroy ⟨de Neuffen⟩
→ **Gottfried ⟨von Neifen⟩**

Godefroy ⟨de Paris⟩
→ **Geoffroy ⟨de Paris⟩**

Godefroy ⟨de Poitiers⟩
→ **Galfredus ⟨Pictaviensis⟩**

Godefroy ⟨de Rhode-Sainte-Ode⟩
→ **Godefridus ⟨Rodensis⟩**

Godefroy ⟨de Saint-Pantaléon⟩
→ **Godefridus ⟨Coloniensis⟩**

Godefroy ⟨de Saint-Victor⟩
→ **Godefridus ⟨de Sancto Victore⟩**

Godefroy ⟨de Strasbourg⟩
→ **Godefridus ⟨Haguenonensis⟩**
→ **Gottfried ⟨von Straßburg⟩**

Godefroy ⟨de Viterbe⟩
→ **Godefridus ⟨Viterbiensis⟩**

Godefroy ⟨de Weingarten⟩
→ **Godefridus ⟨Admontensis⟩**

Godefroy ⟨d'Ensmingen⟩
→ **Godefridus ⟨de Ensmingen⟩**

Godefroy ⟨Jérusalem, Roi⟩
→ **Godefroy ⟨Basse Lorraine, Duc, IV.⟩**

Godefroy ⟨Lange⟩
→ **Lange, Gottfried**

Godefroy ⟨le Chroniqueur Strasbourgeois⟩
→ **Godefridus ⟨de Ensmingen⟩**

Godefroy ⟨Rodanus⟩
→ **Godefridus ⟨Rodensis⟩**

Godefroy ⟨the Monk⟩
→ **Godefridus ⟨Monachus⟩**

Godegrandus ⟨Sanctus⟩
→ **Chrodegangus ⟨Metensis⟩**

Godehard
960 – 1038 · OSB
LMA,IV,1531
Godehard ⟨Benediktiner⟩
Godehard ⟨Bischof⟩
Godehard ⟨Heiliger⟩
Godehardus ⟨Hildesheimensis⟩
Godehardus ⟨Hildesiensis⟩
Godehardus ⟨Tegernseensis⟩
Gotthard ⟨Heiliger⟩

Godel, Guillaume
→ **Guilelmus ⟨Godelli⟩**

Godelbertus ⟨Presbyter⟩
um 500
Allegoriae Scripturarum libri I-IV, metrice
Stegmüller, Repert. bibl. 2614
Godelbert ⟨Poète Latin⟩
Godelbert ⟨Prêtre⟩
Presbyter, Godelbertus

Godelgaudus
um 798/800
Sacramentarium Remense
Stegmüller, Repert. sentent. 1905

Godelli, Guilelmus
→ **Guilelmus ⟨Godelli⟩**

Godelsac ⟨von Orbais⟩
→ **Godescalcus ⟨Orbacensis⟩**

Godendach, Johannes
→ **Bonadies, Johannes**

Godephreidos ⟨Billarduinos⟩
→ **Geoffroy ⟨de Villehardouin⟩**

Goderanus ⟨Lobiensis⟩
um 1050 · OSB
Vita s. Beggae
Rep.Font. V,171; DOC,1,834
Goderan ⟨de Lobbes⟩
Goderanne ⟨de Lobbes⟩
Goderanus ⟨Monachus Lobiensis⟩
Goderanus ⟨Sancti Petri Lobiensis⟩

Godescalc ⟨Chroniqueur⟩
→ **Godescalcus ⟨Gemblacensis⟩**

Godescalc ⟨d'Aix-la-Chapelle⟩
→ **Godescalcus ⟨Aquensis⟩**

Godescalc ⟨de Benedictbeuern⟩
→ **Godescalcus ⟨Benedictoburanus⟩**

Godescalc ⟨de Gembloux⟩
→ **Godescalcus ⟨Gemblacensis⟩**

Godescalc ⟨de Meschede⟩
→ **Gresemund, Gottschalk**

Godescalc ⟨de Neumünster⟩
→ **Godescalcus ⟨Novimonasteriensis⟩**

Godescalc ⟨de Pomuk⟩
→ **Godescalcus ⟨de Pomuk⟩**

Godescalc ⟨d'Orbais⟩
→ **Godescalcus ⟨Orbacensis⟩**

Godescalc ⟨Fulgence⟩
→ **Godescalcus ⟨Orbacensis⟩**

Godescalc ⟨Hollen⟩
→ **Hollen, Godescalcus**

Godescalc ⟨Visionnaire⟩
→ **Godescalcus ⟨Novimonasteriensis⟩**

Godescalcus ⟨Aquensis⟩
um 1071
LThK; LMA,IV,1610/11; Tusculum-Lexikon
Godescalc ⟨d'Aix-la-Chapelle⟩
Godescalcus ⟨Lintpurgensis⟩
Godescalcus ⟨of Limburg⟩
Godescalcus ⟨Praepositus⟩
Godescalcus ⟨Sanctae Mariae Praepositus⟩
Gothescalcus ⟨Aquensis⟩
Gotschalcus ⟨Aquensis⟩
Gotteschalcus ⟨of Limburg⟩
Gottschalk ⟨de Limbourg⟩
Gottschalk ⟨von Aachen⟩
Gottschalk ⟨von Limburg⟩

Godescalcus ⟨Benedictoburanus⟩
11. Jh. · OSB
Translatio S. Anastasiae; Breviarium Chronici Benedictoburani
Rep.Font. V,192

Benedictoburanus, Godescalcus
Godescalc ⟨de Benedictbeuern⟩
Gotschalcus ⟨Benedictoburanus⟩
Gotschalcus ⟨Monachus⟩

Godescalcus ⟨de Meppis⟩
→ **Hollen, Godescalcus**

Godescalcus ⟨de Neumünster⟩
→ **Godescalcus ⟨Novimonasteriensis⟩**

Godescalcus ⟨de Nonantula⟩
11. Jh.
Godescalcus ⟨Nonantulensis⟩
Godescalcus ⟨of Nonantola⟩
Gottschalk ⟨von Nonantola⟩
Nonantula, Godescalcus ¬de¬

Godescalcus ⟨de Pomuk⟩
um 1367 · OCist
Stegmüller, Repert. sentent. 258
Godescalc ⟨de Pomuk⟩
Godescalcus ⟨de Pomuck⟩
Gottschalk ⟨de Pomuk⟩
Gottschalk ⟨von Pomuk⟩
Pomuk, Godescalcus ¬de¬

Godescalcus ⟨Fuldensis⟩
→ **Godescalcus ⟨Orbacensis⟩**

Godescalcus ⟨Fulgentius⟩
→ **Godescalcus ⟨Orbacensis⟩**

Godescalcus ⟨Gemblacensis⟩
um 1130/40
Gesta abbatum Gemblacensium; Panegiricus libellus
DOC,1,834; Rep.Font. V,172
Godescalc ⟨Chroniqueur⟩
Godescalc ⟨de Gembloux⟩
Godescalcus ⟨Monachus⟩
Godeschalcus ⟨Gemblacensis⟩

Godescalcus ⟨Hollen⟩
→ **Hollen, Godescalcus**

Godescalcus ⟨Lintpurgensis⟩
→ **Godescalcus ⟨Aquensis⟩**

Godescalcus ⟨Monachus⟩
→ **Godescalcus ⟨Gemblacensis⟩**

Godescalcus ⟨Nonantulensis⟩
→ **Godescalcus ⟨de Nonantula⟩**

Godescalcus ⟨Novimonasteriensis⟩
um 1188/90
Visio Godeschalci agricolae in parrochia Novimonasteriensi
Rep.Font. V,172
Godescalc ⟨de Neumünster⟩
Godescalc ⟨Visionnaire⟩
Godescalcus ⟨de Neumünster⟩
Godescalcus ⟨Novi Monasterii⟩

Godescalcus ⟨of Limburg⟩
→ **Godescalcus ⟨Aquensis⟩**

Godescalcus ⟨of Nonantola⟩
→ **Godescalcus ⟨de Nonantula⟩**

Godescalcus ⟨Orbacensis⟩
ca. 803 – ca. 869
Tusculum-Lexikon; LThK; VL(2)
Fulgentius, Gotteschalcus
Giotescalcus ⟨Fulgentius⟩
Godelsac ⟨von Orbais⟩
Godescalc ⟨d'Orbais⟩
Godescalc ⟨Fulgence⟩
Godescalcus ⟨Fuldensis⟩
Godescalcus ⟨Fulgentius⟩
Godescalcus ⟨Saxo⟩
Gotescalco ⟨di Orbais⟩
Gottescalc ⟨von Orbais⟩
Gotteschalcus ⟨Fulgentius⟩
Gotteschalcus ⟨Orbacensis⟩
Gottesscalcus ⟨Saxo⟩
Gottschalk ⟨der Sachse⟩
Gottschalk ⟨von Fulda⟩
Gottschalk ⟨von Orbais⟩

Godescalcus ⟨Praepositus⟩
→ **Godescalcus ⟨Aquensis⟩**

Godescalcus ⟨Sanctae Mariae Praepositus⟩
→ **Godescalcus ⟨Aquensis⟩**

Godescalcus ⟨Saxo⟩
→ **Godescalcus ⟨Orbacensis⟩**

Godeschalcus ⟨...⟩
→ **Godescalcus ⟨...⟩**

Godeverd ⟨van Wevele⟩
ca. 1320 – 1396 · OESA
Handschriftenkopien; Van den XII dogheden
VL(2),3,74/76
Wevele, Godeverd ¬van¬

Godfrey ⟨...⟩
→ **Geoffroy ⟨...⟩**

Godfridus ⟨...⟩
→ **Godefridus ⟨...⟩**

Godfryd ⟨...⟩
→ **Gottfried ⟨...⟩**

Godi, Antonius
→ **Antonius ⟨Godi⟩**

Godi, Pietro
→ **Petrus ⟨de Godis⟩**

Godinho, Silvester
→ **Silvester ⟨Godinho⟩**

Godino, Petrus ¬de¬
→ **Petrus ⟨de Godino⟩**

Godis, Petrus ¬de¬
→ **Petrus ⟨de Godis⟩**

Godofredo ⟨Arturo⟩
→ **Galfredus ⟨Monumetensis⟩**

Godofredo ⟨de Estrasburgo⟩
→ **Gottfried ⟨von Straßburg⟩**

Godofredus ⟨...⟩
→ **Godefridus ⟨...⟩**

Godofridus ⟨...⟩
→ **Godefridus ⟨...⟩**

Godricus ⟨Scotus⟩
um 1108
Job; Ps.; Epistulae S. Andreae
Stegmüller, Repert. bibl. 2616-2617
Godric ⟨de Saint Andrews⟩
Godric ⟨Evêque⟩
Godricus ⟨Sancti Andreae Episcopus⟩
Scotus, Godricus

Godwicus, Jean
→ **Johannes ⟨Goodwyck⟩**

Godzisław, Baszko
→ **Basco ⟨Goslas⟩**

Goeckelmann, Henricus
→ **Henricus ⟨Goeckelmann⟩**

Goedert ⟨Pater⟩
→ **Gotthard ⟨Pater⟩**

Göhsler, Johann
→ **Gösseler, Johann**

Goer, Joan
→ **Gower, John**

Goericus, Abbo
→ **Abbo ⟨Metensis⟩**

Goerlitz, Andreas ¬de¬
→ **Andreas ⟨de Goerlitz⟩**

Goerts, Nicolaus
um 1415/49
Vielleicht Verfasser des niederländischen Chronicon ecclesiae S. Andreae Leodiensis
Rep.Font. III,368; V,175
Gladbach, Nicolaus Goerts ¬de¬
Goerts de Gladbach, Nicolaus
Nicolaus ⟨Goerts⟩
Nicolaus ⟨Goerts de Gladbach⟩
Nicolaus ⟨Presbyter Sancti Andreae Leodiensis⟩

Gösli ⟨von Ehenheim⟩
14. Jh.
2 Lieder
VL(2),3,101/102
Ehenheim, Gösli ¬von¬
Goesli ⟨d'Ehenheim⟩
Goesli ⟨Minnedichter⟩
Goesli ⟨Minnesinger⟩

Gösseler, Johann
um 1466/80
Lied zu Ehren der hl. Ursula
VL(2),3,102/105
Gähsler, Johann
Gäßler, Johann
Gesler, Johann
Geßler, Johann
Göhsler, Johann
Gosseler, Johann
Johann ⟨Gähsler⟩
Johann ⟨Gäßler⟩
Johann ⟨Gesler⟩
Johann ⟨Geßler⟩
Johann ⟨Göhsler⟩
Johann ⟨Gosseler⟩
Johann ⟨Gösseler⟩
Johannes ⟨Gesler de Ravenspurg⟩
Johannes ⟨Gessler de Rauelspurgk⟩

Goetfridus ⟨von Hagenau⟩
→ **Godefridus ⟨Haguenonensis⟩**

Goethals, Henricus
→ **Henricus ⟨Gandavensis⟩**

Goetman, Lambert
um 1488
De spiegel der jongers
Goetmann, Lambert
Goetmann, Lambertus
Lambert ⟨Goetman⟩
Lambertus ⟨Goetmann⟩

Goetzo ⟨von Hagenau⟩
→ **Godefridus ⟨Haguenonensis⟩**

Goffredo ⟨Castiglioni⟩
→ **Coelestinus ⟨Papa, IV.⟩**

Goffredo ⟨da Trani⟩
→ **Godefridus ⟨de Trano⟩**

Goffredo ⟨di Strasburgo⟩
→ **Gottfried ⟨von Straßburg⟩**

Goffredo ⟨Maestro⟩
→ **Galfredus ⟨Bononiensis⟩**

Goffredo ⟨von Trani⟩
→ **Godefridus ⟨de Trano⟩**

Goffredus ⟨...⟩
→ **Godefridus ⟨...⟩**

Goffredus, Hildebrandus
→ **Hildebrandus ⟨Goffredus⟩**

Goffredys ⟨...⟩
→ **Godefridus ⟨...⟩**

Goffridus ⟨...⟩
→ **Godefridus ⟨...⟩**

Gogo ⟨Nutricius⟩
gest. ca. 575
Epistulae III; Epistolae Austrasiacae
Rep.Font. V,176; Cpl 1061
Gogo ⟨Nutricius Austrasiae Regis⟩
Gogon ⟨Maire du Palais d'Austrasie⟩
Nutricius, Gogo

Gois, Chrétien ¬le¬
→ **Chrétien ⟨Legouais⟩**

Goisfridus ⟨...⟩
→ **Godefridus ⟨...⟩**

Goisinus ⟨d'Arras⟩
→ **Eustachius ⟨Atrebatensis⟩**

Goito, Sordello ¬di¬
→ **Sordello ⟨di Goito⟩**

Gold, Christianus
14. Jh.
Annales Matseenses
Rep.Font. II,302
Christan ⟨Gold⟩
Christan ⟨Gold von Mattsee⟩
Christanus ⟨Gold⟩
Christianus ⟨Canonicus in Mattsee⟩
Christianus ⟨de Mattsee⟩
Christianus ⟨Gold⟩
Gold, Christan
Gold, Christanus

Goldener, ¬Der¬
13./14. Jh.
5 Strophen gleichen Tons
VL(2),3,92/93
Der Goldener
Goldener ⟨Sangspruchdichter⟩

Goldestonus, Johannes
→ **Johannes ⟨Goldestonus⟩**

Goldschlager, Rudolf
→ **Goltschlacher, Rudolf**

Golein, Johannes
ca. 1325 – 1403 · OCarm
Super officio missae; Quaestiones variae; Annotationes de historia ordinis
Stegmüller, Repert. bibl. 4498-4499
Golein, Jean
Jean ⟨Golein⟩
Johannes ⟨Gaillon⟩
Johannes ⟨Golam⟩
Johannes ⟨Golein⟩
Johannes ⟨Golem⟩
Johannes ⟨Golin⟩
Johannes ⟨Goulain⟩
Johannes ⟨Goulan⟩
Johannes ⟨Goyleyn⟩
Johannes ⟨Holin⟩
Johannes ⟨Neustrius⟩

Goltschlacher, Rudolf
um 1437/56 · OP
De diversis generibus meditationum (dt.); Predigt; Klosterpredigten
VL(2),3,96/98; Kaeppeli,II,334/335
Goldschlager, Rudolf
Goldschlager, Rudolphus
Rudolf ⟨Goldschlager⟩
Rudolf ⟨Goltschlacher⟩
Rudolfus ⟨Goldschlager⟩

Gombaldus ⟨de Ulugia⟩
gest. 1384 · OP
Super sententias
Kaeppeli,II,48/49
Gombald ⟨d'Olujas⟩
Gombald ⟨d'Ulugia⟩
Gombaldus ⟨de Olugia⟩
Gombaldus ⟨de Ulugia de Aragonia⟩
Gombaldus ⟨de Vligia⟩
Gombaldus ⟨de Vlugia⟩
Ulugia, Gombaldus ¬de¬

Gomes ⟨Albeldensis⟩
um 961 · OSB
Prologus in Ildefonsi librum de virginitate
Rep.Font. V,176
Gomes
Gomes ⟨Monachus Albeldensis⟩
Gomesanus
Gomesanus ⟨Presbyter Pampelonensis⟩
Gomez ⟨Abbé⟩
Gomez ⟨Copiste⟩
Gomez ⟨d'Albelda⟩

Gomes, Diogo
ca. 1410 – ca. 1490
De insulis primo inventis in mari oceano occidentis; De prima inventione Guineae
Rep.Font. V,177
Diego ⟨Gomez⟩
Diego ⟨Gomez von Cintra⟩
Diogo ⟨Gomes⟩
Diogo ⟨Gomez von Cintra⟩
Dioguo ⟨Gomes⟩
Dioguo ⟨Gomez⟩
Gomes, Dioguo
Gomez, Diego
Gomez, Dioguo

Gomes Charinho, Pai
→ **Pai ⟨Gomes Charinho⟩**

Gomes Eanes ⟨de Zurara⟩
→ **Zurara, Gomes Eanes ¬de¬**

Gomesanus
→ **Gomes ⟨Albeldensis⟩**

Gomez ⟨Abbé⟩
→ **Gomes ⟨Albeldensis⟩**

Gomez ⟨Copiste⟩
→ **Gomes ⟨Albeldensis⟩**

Gomez ⟨d'Albelda⟩
→ **Gomes ⟨Albeldensis⟩**

Gómez ⟨Manrique⟩
→ **Manrique, Gómez**

Gomez, Diego
→ **Gomes, Diogo**

Gómez, García
um 1480
Carro de dos vidas; Lamedor espiritual y algunos discursos deuotos
Rep.Font. V,178
García ⟨Gómez⟩

Gómez Barroso, Pedro
gest. 1345/48
Libro del consejo e de los consejeros
Rep.Font. V,178
Barroso, Pedro Gómez
Barroso, Pierre-Gomez ¬de¬
Gomez, Pierre de Barroso
Pedro ⟨Gómez Barroso⟩
Pierre-Gomez ⟨de Barroso⟩

Gómez Chariño, Payo
→ **Pai ⟨Gomes Charinho⟩**

Gomi, Chandra
→ **Candragomin**

Gomin
→ **Candragomin**

Gommerville, Johannes ¬de¬
→ **Johannes ⟨de Gommerville⟩**

Gonçalvo ⟨de Verçeo⟩
→ **Berceo, Gonzalo ¬de¬**

Gondacher ⟨de Seitenstetten⟩
→ **Gundakerus ⟨Seitenstettensis⟩**

Gondebaud ⟨Bourgogne, Roi⟩
→ **Gundobadus ⟨Burgundia, Rex⟩**

Gondechar ⟨d'Eichstädt⟩
→ **Gundecharus ⟨Eichstetensis⟩**

Gondemar ⟨Roi des Wisigoths⟩
→ **Gundemar ⟨Westgotenreich, König⟩**

Gondemarus ⟨Flavius⟩
→ **Gundemar ⟨Westgotenreich, König⟩**

Gondemarus ⟨Gothorum Rex⟩
→ **Gundemar ⟨Westgotenreich, König⟩**

Gondi, Carlo di Salvestro
1413 – 1492
Ricordanze
Rep.Font. V,178
Carlo ⟨di Salvestro Gondi⟩
Charles ⟨de Gondi⟩
Gondi, Charles ¬de¬
Salvestro Gondi, Carlo ¬di¬

Gondola, Johannes
1451 – 1484
Annales Ragusini
Rep.Font. V,359
Giovanni ⟨Gundula⟩
Gondola, Jean de Marin
Gundula, Giovanni
Gundula, Johannes
Jean ⟨de Marin Gondola⟩
Johannes ⟨Gondola⟩
Johannes ⟨Gundula⟩

Gonesse, Nicolas ¬de¬
→ **Nicolas ⟨de Gonesse⟩**

Gonsalve ⟨de Balboa⟩
→ **Gonsalvus ⟨Hispanus⟩**

Gonsalve ⟨de Bustamante Gonzalez⟩
→ **Gonsalvus ⟨de Bustamante⟩**

Gonsalve ⟨de Hinojosa⟩
→ **Gundisalvus ⟨de Hinojosa⟩**

Gonsalve ⟨de Valbom⟩
→ **Gonsalvus ⟨Hispanus⟩**

Gonsalve ⟨de Valle Bona⟩
→ **Gonsalvus ⟨Hispanus⟩**

Gonsalve ⟨d'Espagne⟩
→ **Gonsalvus ⟨Hispanus⟩**

Gonsalve ⟨Garcia de Santa-Maria⟩
→ **García de Santa María, Gonzalo**

Gonsalvus ⟨de Aquilar⟩
um 1342/48
Schneyer,II,608
Aquilar, Gonsalvus ¬de¬
Gundisalvus ⟨de Aguilar⟩
Gundisalvus ⟨de Aquilar⟩
Gundisalvus ⟨Episcopus Seguntinus⟩
Gundisalvus ⟨Seguntinus⟩
Gundissalvus ⟨de Aguilar⟩

Gonsalvus ⟨de Balboa⟩
→ **Gonsalvus ⟨Hispanus⟩**

Gonsalvus ⟨de Bustamante⟩
gest. 1392
Peregrina legum; Tabula iuris
Rep.Font. V,181
Bustamante, Gonsalvus ¬de¬
Bustamante, Gonzalo ¬do¬
Gonsalve ⟨de Bustamante Gonzalez⟩
Gonzalez, Gonsalve de Bustamante
González de Bustamante, Gonzalo
Gonzalo ⟨do Bustamante⟩
Gonzalo ⟨González de Bustamante⟩

Gonsalvus ⟨de Provincia Sancti Jacobi⟩
→ **Gonsalvus ⟨Hispanus⟩**

Gonsalvus ⟨de Valbonne⟩
→ **Gonsalvus ⟨Hispanus⟩**

Gonsalvus ⟨de Valle Bona⟩
→ **Gonsalvus ⟨Hispanus⟩**

Gonsalvus ⟨Gallaecus⟩
→ **Gonsalvus ⟨Hispanus⟩**

Gonsalvus ⟨Hispanus⟩
ca. 1255 – 1313 · OFM
Conclusiones metaphysicae; Declaratio Communitatis; Epistolae; Responsio ad Rotulum Ubertini de Casali
Lohr; LMA,I,1361; Stegmüller, Repert. sentent. 208; Rep.Font. V,179
Balboa y Valcarel, Gonzalo ¬de¬
Gallaecus, Gonsalvus
Gonsalve ⟨de Balboa⟩
Gonsalve ⟨de Valbom⟩
Gonsalve ⟨de Valle Bona⟩
Gonsalve ⟨d'Espagne⟩
Gonsalvus ⟨de Balboa⟩
Gonsalvus ⟨de Provincia Sancti Jacobi⟩
Gonsalvus ⟨de Valbonne⟩
Gonsalvus ⟨de Valle Bona⟩
Gonsalvus ⟨de Vallebona⟩
Gonsalvus ⟨Gallaecus⟩
Gonsalvus ⟨Minor⟩
Gonzalo ⟨de Balboa y Valcarel⟩
Gonzalve ⟨de Balboa⟩
Gonzalve ⟨d'Espagne⟩
Hispanus, Gonsalvus
Valcarel, Gonzalo de Balboa ¬y¬
Vallebona, Gonsalvus ¬de¬

Gonsalvus ⟨Minor⟩
→ **Gonsalvus ⟨Hispanus⟩**

Gontbert ⟨Calligraphe⟩
→ **Guntbertus ⟨Sithiensis⟩**

Gontbert ⟨de Saint-Bertin⟩
→ **Guntbertus ⟨Sithiensis⟩**

Gonteri, Aufredus
→ **Aufredus ⟨Gonteri⟩**

Gonterii, Alanus
→ **Alanus ⟨Gonterii⟩**

Gontier ⟨Col⟩
→ **Col, Gontier**

Gontier ⟨de Cologne⟩
→ **Guntharius ⟨Coloniensis⟩**

Gontier ⟨de Saint-Amand⟩
→ **Guntherus ⟨Elnonensis⟩**

Gontier ⟨Elnonensis⟩
→ **Guntherus ⟨Elnonensis⟩**

Gontier ⟨Schwarzbourg, Conte, XXI.⟩
→ **Günther ⟨Römisch-Deutsches Reich, König, Gegenkönig⟩**

Gontier, Alain
→ **Alanus ⟨Gonterii⟩**

Gontran ⟨Bourgogne et Orléans, Roi⟩
→ **Guntchram ⟨Fränkisches Reich, König⟩**

Gonzalez, Gonsalve de Bustamante
→ **Gonsalvus ⟨de Bustamante⟩**

Gonzalez, Pierre
→ **González de Mendoza, Pedro ⟨...⟩**

González de Bustamante, Gonzalo
→ **Gonsalvus ⟨de Bustamante⟩**

González de Clavijo, Ruy
gest. 1412
Historia de gran Tamorlán
Rep.Font. V,181; LMA,II,2136
Clavijo, Ruy Gonzales ¬de¬
Clavijo, Ruy Gonzalez ¬de¬
Ruy ⟨Gonzáles de Clavijo⟩
Ruy ⟨Gonzalez de Clavijo⟩

González de Mendoza, Pedro ⟨Cardenal⟩
1428 – 1495
Historia del Monte Celia de Nuestra Señora de la Salceda
LMA,VI,518
Mendoza, Pedro González ¬de¬
Mendoza, Pierre-Gonsalve ¬de¬
Pedro ⟨González de Mendoza⟩
Pierre-Gonsalve ⟨de Mendoza⟩

González de Mendoza, Pedro ⟨Poeta⟩
1340 – 1385
Poesías
Rep.Font. V,182
Gonzalez, Pierre
Mendoza, Pedro González ¬de¬
Mendoza, Pierre-Gonsalve ¬de¬
Pedro ⟨González de Mendoza⟩
Pierre ⟨Gonzalez⟩
Pierre-Gonsalve ⟨de Mendoza⟩

Gonzalo ⟨Chacón⟩
um 1453/60
Crónica de Don Alvaro de Luna
Rep.Font. III,221,266; V,188; LUI
Chacón, Gonzalo
Gonzalo ⟨Chacón, el Viejo⟩

Gonzalo ⟨de Balboa y Valcarel⟩
→ **Gonsalvus ⟨Hispanus⟩**

Gonzalo ⟨de Berceo⟩
→ **Berceo, Gonzalo ¬de¬**

Gonzalo ⟨de la Hinojosa⟩
→ **Gundisalvus ⟨de Hinojosa⟩**

Gonzalo ⟨do Bustamante⟩
→ **Gonsalvus ⟨de Bustamante⟩**

Gonzalo ⟨García de Santa María⟩
→ **García de Santa María, Gonzalo**

Gonzalo ⟨González de Bustamante⟩
→ **Gonsalvus ⟨de Bustamante⟩**

Gonzalo ⟨Mateos⟩
um 1256
Crónica de la población de Ávila
Rep.Font. III,278; V,188
Mateos, Gonzalo

Gonzalve ⟨de Balboa⟩
→ **Gonsalvus ⟨Hispanus⟩**

Gonzalve ⟨d'Espagne⟩
→ **Gonsalvus ⟨Hispanus⟩**

Gonzo ⟨Floriacensis⟩
→ **Gonzo ⟨Florinensis⟩**

Gonzo ⟨Florinensis⟩
um 1045 · OSB
Miracula Gengulfi
DOC,1,836; Rep.Font. V,188
Gonzo ⟨Floriacensis⟩
Gonzo ⟨Monachus Florinensis⟩
Gonzon ⟨de Florennes⟩

Gonzon ⟨de Novare⟩
→ **Gunzo ⟨Novariensis⟩**

Gonzon ⟨le Grammairien⟩
→ **Gunzo ⟨Novariensis⟩**

Good, Thomas
→ **Thomas ⟨de Docking⟩**

Goodwyck, Johannes
→ **Johannes ⟨Goodwyck⟩**

Gopadatta
um 800
Buddhist. Sanskrit-Autor

Gorchyam, Henricus ¬von¬
→ **Henricus ⟨de Gorrichem⟩**

Gorcum, Henricus ¬de¬
→ **Henricus ⟨de Gorrichem⟩**

Gordanus, Bernardus
→ **Bernardus ⟨de Gordonio⟩**

Gordianus ⟨Disciple of Saint Benedict⟩
→ **Gordianus ⟨Siculus⟩**

Gordianus ⟨Fulgentius⟩
→ **Fulgentius, Claudius Gordianus**

Gordianus ⟨Monachus Siculus⟩
→ **Gordianus ⟨Siculus⟩**

Gordianus ⟨Siculus⟩
um 542 · OSB
Vita et passio Sancti Placidi
Potth. 944
Gordianus ⟨Disciple of Saint Benedict⟩
Gordianus ⟨Monachus Siculus⟩
Gordien ⟨Bénédictin⟩
Gordien ⟨de Syracuse⟩
Pseudo-Gordianus
Siculus, Gordianus

Gordianus Fulgentius, Claudius
→ **Fulgentius, Claudius Gordianus**

Gordien ⟨Bénédictin⟩
→ **Gordianus ⟨Siculus⟩**

Gordien ⟨de Syracuse⟩
→ **Gordianus ⟨Siculus⟩**

Gordon ⟨Bénédictin⟩
→ **Gordonus**

Gordon ⟨de Saint-Germain-des-Prés⟩
→ **Gordonus**

Gordonio, Bernardus ¬de¬
→ **Bernardus ⟨de Gordonio⟩**

Gordonius, Bernardinus
→ **Bernardus ⟨de Gordonio⟩**

Gordonus
um 1286 · OSB
Joh.
Stegmüller, Repert. bibl. 2618
Gordon ⟨Bénédictin⟩
Gordon ⟨de Saint-Germain-des-Prés⟩
Gordon ⟨Moine⟩
Gordonus ⟨Monachus Sancti Germani de Pratis⟩
Gordonus ⟨Sancti Germani de Pratis⟩

Gorello ⟨d'Arezzo⟩
→ **Bartolomeo ⟨di Gorello⟩**

Gorello, Bartolomeo ¬di¬
→ **Bartolomeo ⟨di Gorello⟩**

Gorellus ⟨Aretinus⟩
→ **Bartolomeo ⟨di Gorello⟩**

Gori, Dominicus
→ **Dominicus ⟨Gori⟩**

Gorichem, Henricus ¬de¬
→ **Henricus ⟨de Gorrichem⟩**

Gorini, Johannes
→ **Johannes ⟨Gorini de Sancto Geminiano⟩**

Gorini de Sancto Geminiano, Johannes
→ **Johannes ⟨Gorini de Sancto Geminiano⟩**

Gorkheim, Heinrich ¬von¬
→ **Henricus ⟨de Gorrichem⟩**

Goro ⟨Dati⟩
→ **Dati, Gregorio**

Gorra, Nicolaus ¬de¬
→ **Nicolaus ⟨de Gorra⟩**

Gorrichem, Henricus ¬de¬
→ **Henricus ⟨de Gorrichem⟩**

Gorzano, Thomas ¬de¬
→ **Thomas ⟨de Gorzano⟩**

Goš, Mxit'ar
→ **Mxit'ar ⟨Goš⟩**

Gosbertus
→ **Gosbertus ⟨Floriacensis⟩**

Gosbertus ⟨Abbas⟩
→ **Gosbertus ⟨Tegernseensis⟩**

Gosbertus ⟨Aurelianensis⟩
9. Jh.
CSGL; Potth.
Gosbert ⟨von Orléans⟩

Gosbertus ⟨Floriacensis⟩
9. Jh.
Carmen acrostichum (Guillelmo comiti Blesensi dicatum, gest. 834)
Rep.Font. V,189
Gausbert ⟨de Fleury⟩
Gausbert ⟨Moine à Fleury⟩
Gosbertus
Gosbertus ⟨Monachus⟩

Gosbertus ⟨Monachus⟩
→ **Gosbertus ⟨Floriacensis⟩**

Gosbertus ⟨Tegernseensis⟩
gest. ca. 1001
CSGL; Potth.
Gausbert ⟨de Tegernsee⟩
Gosbertus ⟨Abbas⟩
Gospertus ⟨Tegernseensis⟩
Gozbert ⟨von Tegernsee⟩
Gozbertus ⟨Abbas⟩
Gozbertus ⟨Tegernseensis⟩
Gozpertus ⟨Abbas⟩

Goscelinus ⟨Bertinianus⟩
→ **Goscelinus ⟨Cantuariensis⟩**

Goscelinus ⟨Cantuariensis⟩
gest. 1099
CSGL; Potth.; LMA,IV,1567/68
Goscelin ⟨de Cantorbéry⟩
Goscelin ⟨de Sithin⟩
Goscelin ⟨de Thérouanne⟩
Goscelin ⟨of Canterbury⟩
Goscelin ⟨of Saint Bertin⟩
Goscelin ⟨von Canterbury⟩
Goscelinus ⟨Bertinianus⟩
Goscelinus ⟨Sithiensis⟩
Goscelinus ⟨von Canterbury⟩
Goscelinus ⟨von Sankt Bertin⟩
Gosselinus ⟨Cantuariensis⟩
Gotselinus ⟨Cantuariensis⟩
Gozelinus ⟨Cantuariensis⟩

Goscelinus ⟨de Brakelonda⟩
→ **Iocelinus ⟨de Brakelonda⟩**

Goscelinus ⟨Sithiensis⟩
→ **Goscelinus ⟨Cantuariensis⟩**

Goscelinus ⟨von Sankt Bertin⟩
→ **Goscelinus ⟨Cantuariensis⟩**

Gosch, Mechithar ¬von¬
→ **Mxit'ar ⟨Goš⟩**

Goshirakawa ⟨Japan, Kaiser⟩
1127 – 1192
Goshirakawa ⟨Japan, Emperor⟩
Goshirakawa ⟨Tenno⟩

Gosia, Martinus
→ **Martinus ⟨Gosia⟩**

Goslas, Basco
→ **Basco ⟨Goslas⟩**

Goslenus ⟨de Vierzy⟩
→ **Ioslenus ⟨Suessionensis⟩**

Gospertus ⟨...⟩
→ **Gosbertus ⟨...⟩**

Gosseler, Johann
→ **Gösseler, Johann**

Gosselinus ⟨Cantuariensis⟩
→ **Goscelinus ⟨Cantuariensis⟩**

Gossembrot, Sigismundus
1417 – 1493 · OSB
Brieftraktat; Verse
VL(2),3,105/108
Cosmiprot, Sigismundus
Gossembrot, Sigismund
Gossembrot, Sigmund
Gossenbrot, Sigismundus
Gossenprot, Sigismond
Grossenbrot, Sigismond
Sigismond ⟨Gossenbrot⟩
Sigismond ⟨Gossenprot⟩
Sigismundus ⟨Cosmiprot⟩
Sigismundus ⟨Gossembrot⟩
Sigismundus ⟨Gossenpot⟩
Sigmund ⟨Gossembrot⟩

Gossoldus
15. Jh.
Porph.; Quaestiones in librum Perihermenias
Lohr

Gossouin ⟨de Metz⟩
13. Jh.
Image du monde (Verfasserschaft nicht gesichert; wird auch Gautier ⟨de Metz⟩ zugeschrieben); Identität mit Gautier ⟨de Metz⟩ umstritten
Gautier ⟨de Metz⟩
Gossuin ⟨de Metz⟩
Metz, Gossouin ¬de¬
Walter ⟨von Metz⟩
Walther ⟨von Metze⟩

Gossuinus ⟨de Bossuto⟩
→ **Goswinus ⟨de Bossuto⟩**

Gostenhof, ¬Der von¬
Lebensdaten nicht ermittelt
VL(2),3,109
Der von Gostenhof

Gosuinus ⟨...⟩
→ **Goswinus ⟨...⟩**

Goswin
→ **Goswinus ⟨Ignotus⟩**

Goswin ⟨de Bossut⟩
→ **Goswinus ⟨de Bossuto⟩**

Goswin ⟨de Marienberg⟩
→ **Goswinus ⟨Montis Sanctae Mariae⟩**

Goswin ⟨de Mayence⟩
→ **Goswinus ⟨Moguntinensis⟩**

Goswin ⟨de Villers⟩
→ **Goswinus ⟨de Bossuto⟩**

Goswin ⟨Kemmechen⟩
→ **Kempgyn, Goswinus**

Goswin ⟨Kempgyn⟩
→ **Kempgyn, Goswinus**

Goswin ⟨Prior⟩
→ **Goswinus ⟨Montis Sanctae Mariae⟩**

Goswin ⟨von Mainz⟩
→ **Goswinus ⟨Moguntinensis⟩**

Goswin ⟨von Marienberg⟩
→ **Goswinus ⟨Montis Sanctae Mariae⟩**

Goswinus ⟨Bossutus⟩
→ **Goswinus ⟨de Bossuto⟩**

Goswinus ⟨Canonicus⟩
→ **Goswinus ⟨Moguntinensis⟩**

Goswinus ⟨de Bossuto⟩
13. Jh. · OCist
Vita fratris Abundi monachi Villariensis; Vita Arnulfi conversi; Vita beatae Idae Nivellensis
Rep.Font. V,190
Bossuto, Goswinus ¬de¬
Gossuinus ⟨de Bossuto⟩
Goswin ⟨de Bossut⟩
Goswin ⟨de Villers⟩
Goswinus ⟨Bossutus⟩
Goswinus ⟨Villariensis⟩

Goswinus ⟨de Neuß⟩
→ **Kempgyn, Goswinus**

Goswinus ⟨Gallicus⟩
→ **Goswinus ⟨Ignotus⟩**

Goswinus ⟨Ignotus⟩
um 1217/18
Carmen de expugnatione Salaciae; Goswinus ⟨de Bossuto⟩ wird mitunter zu Unrecht für den Verfasser gehalten; der Name Suerius ⟨Gosuinus⟩ ist ebenfalls falsch, das Gedicht ist vielmehr dem Bischof Suerius von Lissabon gewidmet
VL(2),3,109/110; Rep.Font. V,191; Potth. 537
Gosuinus
Gosuinus ⟨Gallicus⟩
Gosuinus ⟨Miles⟩
Goswin
Ignotus, Goswinus
Miles, Gosuinus
Suerius ⟨Gosuinus⟩

Goswinus ⟨Kempgyn⟩
→ **Kempgyn, Goswinus**

Goswinus ⟨Miles⟩
→ **Goswinus ⟨Ignotus⟩**

Goswinus ⟨Moguntinensis⟩
gest. ca. 1075
Epistola ad Valcherum; Passio S. Albani martyris Moguntini
DOC,1,837; Rep.Font. V,194
Goswin ⟨de Mayence⟩
Goswin ⟨von Mainz⟩
Goswinus ⟨Canonicus⟩
Goswinus ⟨Moguntinus⟩
Gozechin ⟨de Liège⟩
Gozechin ⟨Scolastique⟩
Gozechin ⟨Scolastique de Liège⟩
Gozechinus
Gozechinus ⟨Canonicus⟩
Gozechinus ⟨Leodiensis⟩
Gozechinus ⟨Moguntinus⟩
Gozechinus ⟨Scholasticus⟩
Gozwin ⟨von Mainz⟩
Gozwinus ⟨Moguntinensis⟩

Goswinus ⟨Montis Sanctae Mariae⟩
gest. 1390
LThK; VL(2); Potth.
Goswin ⟨de Marienberg⟩
Goswin ⟨Prior⟩
Goswin ⟨von Marienberg⟩
Goswinus ⟨Prior⟩
Gozwinus ⟨Montis Sanctae Mariae⟩
Montis Sanctae Mariae, Goswinus

Goswinus ⟨Prior⟩
→ **Goswinus ⟨Montis Sanctae Mariae⟩**

Goswinus ⟨Villariensis⟩
→ **Goswinus ⟨de Bossuto⟩**

Got, Bertrand ¬de¬
→ **Clemens ⟨Papa, V.⟩**

Gotan, Bartholomäus
→ **Ghotan, Bartolomäus**

Gotescalco ⟨di Orbais⟩
→ **Godescalcus ⟨Orbacensis⟩**

Gotfrid ⟨...⟩
→ **Gottfried ⟨...⟩**

Gotfridus ⟨...⟩
→ **Godefridus ⟨...⟩**

Gotfried ⟨...⟩
→ **Gottfried ⟨...⟩**

Gotfrit ⟨...⟩
→ **Gottfried ⟨...⟩**

Goth, Bertrand ¬de¬
→ **Clemens ⟨Papa, V.⟩**

Gothan, Bartholomaeus
→ **Ghotan, Bartolomäus**

Gothescalcus ⟨...⟩
→ **Godescalcus ⟨...⟩**

Gothofredus ⟨...⟩
→ **Godefridus ⟨...⟩**

Gothon ⟨de Tours⟩
→ **Ioscelinus ⟨Turonensis⟩**

Gothus, Franciscus
→ **Franciscus ⟨Gothus⟩**

Gotifredus ⟨...⟩
→ **Godefridus ⟨...⟩**

Gotifridus ⟨...⟩
→ **Godefridus ⟨...⟩**

Gotlandia, Folcuinus ¬de¬
→ **Folcuinus ⟨de Gotlandia⟩**

Gotschalcus ⟨Aquensis⟩
→ **Godescalcus ⟨Aquensis⟩**

Gotschalcus ⟨Benedictoburanus⟩
→ **Godescalcus ⟨Benedictoburanus⟩**

Gotschalcus ⟨Erfordiensis⟩
13./14. Jh. · OP
Liber pro sanctimonialibus
Kaeppeli,II,49
Gatsthaltus ⟨Teuto⟩
Gotschalcus ⟨Erphordiensis⟩
Gotshaltus ⟨Erphordiensis⟩
Gotshaltus ⟨Turingus⟩
Gotsthaltus ⟨Teuto⟩

Gotschalcus ⟨Monachus⟩
→ **Godescalcus ⟨Benedictoburanus⟩**

Gotschalkus ⟨de Hagen⟩
um 1427
Lectura in III libros De anima; In libros Parvorum naturalium
Lohr
Hagen, Gotschalkus ¬de¬

Gotselinus ⟨Cantuariensis⟩
→ **Goscelinus ⟨Cantuariensis⟩**

Gotshaltus ⟨Erphordiensis⟩
→ **Gotschalcus ⟨Erfordiensis⟩**

Gotshaltus ⟨Turingus⟩
→ **Gotschalcus ⟨Erfordiensis⟩**

Gotsthaltus ⟨Teuto⟩
→ **Gotschalcus ⟨Erfordiensis⟩**

Gotstich, Johannes
→ **Johannes ⟨Gotstich⟩**

Gotstich, Nicolaus
→ **Nicolaus ⟨Gotstich⟩**

Gottescalc ⟨von Orbais⟩
→ **Godescalcus ⟨Orbacensis⟩**

Gotteschalcus ⟨Fulgentius⟩
→ **Godescalcus ⟨Orbacensis⟩**

Gotteschalcus ⟨of Limburg⟩
→ **Godescalcus ⟨Aquensis⟩**

Gotteschalcus ⟨Orbacensis⟩
→ **Godescalcus ⟨Orbacensis⟩**

Gottesscalcus ⟨Saxo⟩
→ **Godescalcus ⟨Orbacensis⟩**

Gottfrid ⟨...⟩
→ **Gottfried ⟨...⟩**

Gottfrid, Henricus
→ **Henricus ⟨Gottfrid⟩**

Gottfridus ⟨...⟩
→ **Godefridus ⟨...⟩**

Gottfried ⟨Anjou, Graf, ...⟩
→ **Geoffroy ⟨Anjou, Comte, ...⟩**

Gottfried ⟨Babion⟩
→ **Galfredus ⟨Babio⟩**

Gottfried ⟨Cardinal⟩
→ **Godefridus ⟨Vindocinensis⟩**

Gottfried ⟨Consiliarius Curiae⟩
→ **Gottfried ⟨von Hohenlohe⟩**

Gottfried ⟨de Blenello⟩
→ **Godefridus ⟨de Blanello⟩**

Gottfried ⟨de Laureolo⟩
→ **Galfredus ⟨Babio⟩**

Gottfried ⟨de Tirlemont⟩
→ **Godefridus ⟨de Thenis⟩**

Gottfried ⟨der Mönch⟩
→ **Godefridus ⟨Monachus⟩**

Gottfried ⟨Franke⟩
→ **Gottfried ⟨von Hohenlohe⟩**

Gottfried ⟨Hagen⟩
→ **Hagen, Gottfried**

Gottfried ⟨Kanonikus⟩
→ **Godefridus ⟨Rodensis⟩**

Gottfried ⟨Lange⟩
→ **Lange, Gottfried**

Gottfried ⟨Niederlothringen, Herzog, IV.⟩
→ **Godefroy ⟨Basse Lorraine, Duc, IV.⟩**

Gottfried ⟨Normandie, Herzog⟩
→ **Geoffroy ⟨Anjou, Comte, IV.⟩**

Gottfried ⟨of Ensmingen⟩
→ **Godefridus ⟨de Ensmingen⟩**

Gottfried ⟨Schiedrichter⟩
→ **Gottfried ⟨von Hohenlohe⟩**

Gottfried ⟨van Thienen⟩
→ **Godefridus ⟨de Thenis⟩**

Gottfried ⟨von Admont⟩
→ **Godefridus ⟨Admontensis⟩**

Gottfried ⟨von Amiens⟩
→ **Godefridus ⟨Ambianensis⟩**

Gottfried ⟨von Angers⟩
→ **Godefridus ⟨Vindocinensis⟩**

Gottfried ⟨von Auxerre⟩
→ **Godefridus ⟨Altissiodorensis⟩**

Gottfried ⟨von Bléneau⟩
→ **Godefridus ⟨de Blanello⟩**

Gottfried ⟨von Bouillon⟩
→ **Godefroy ⟨Basse Lorraine, Duc, IV.⟩**

Gottfried ⟨von Breteuil⟩
→ **Godefridus ⟨de Sancto Victore⟩**

Gottfried ⟨von Clairvaux⟩
→ **Godefridus ⟨Altissiodorensis⟩**

Gottfried ⟨von Ensmingen⟩
→ **Godefridus ⟨de Ensmingen⟩**

Gottfried ⟨von Fontaines⟩
→ **Godefridus ⟨de Fontibus⟩**

Gottfried ⟨von Franken⟩
→ **Godefridus ⟨de Franconia⟩**

Gottfried ⟨von Hagenau⟩
→ **Godefridus ⟨Haguenonensis⟩**

Gottfried ⟨von Helfenstein-Spitzberg⟩
→ **Godefridus ⟨Herbipolensis⟩**

Gottfried ⟨von Hohenlohe⟩
→ **Gottfried ⟨Würzburg, Fürstbischof, III.⟩**

Gottfried ⟨von Hohenlohe⟩
um 1235
Artusroman
VL(2),3,141/142
Godefridus ⟨de Hohenlo⟩
Gottfried ⟨Consiliarius Curiae⟩
Gottfried ⟨Franke⟩
Gottfried ⟨Schiedrichter⟩
Gottfried ⟨von Hohenloch⟩
Hohenlohe, Gottfried ¬von¬

Gottfried ⟨von Llandaff⟩
→ **Galfredus ⟨Landavensis⟩**

Gottfried ⟨von Louroux⟩
→ **Galfredus ⟨Babio⟩**

Gottfried ⟨von Maastricht⟩
→ **Godefridus ⟨de Traiecto⟩**

Gottfried ⟨von Monmouth⟩
→ **Galfredus ⟨Monumetensis⟩**

Gottfried ⟨von Neifen⟩
um 1234/55
VL(2); Meyer; LMA,IV,1604
Godefroy ⟨de Neuffen⟩
Godefroy ⟨de Nifen⟩
Gottfried ⟨von Neuffen⟩
Neifen, Gottfried ¬von¬
Neuffen, Gottfried ¬von¬

Gottfried ⟨von Neuffen⟩
→ **Gottfried ⟨von Neifen⟩**

Gottfried ⟨von Pisemberg⟩
→ **Godefridus ⟨Herbipolensis⟩**

Gottfried ⟨von Poitiers⟩
→ **Galfredus ⟨Pictaviensis⟩**

Gottfried ⟨von Reims⟩
→ **Godefridus ⟨Remensis⟩**

Gottfried ⟨von Rode⟩
→ **Godefridus ⟨Rodensis⟩**

Gottfried ⟨von Sankt Viktor⟩
→ **Godefridus ⟨de Sancto Victore⟩**

Gottfried ⟨von Spitzberg-Helfenstein⟩
→ **Godefridus ⟨Herbipolensis⟩**

Gottfried ⟨von Straßburg⟩
13. Jh.
VL(2),3,153/168; LMA,IV,1605/07
Godefroy ⟨de Strasbourg⟩
Godofredo ⟨de Estrasburgo⟩
Goffredo ⟨di Strasburgo⟩
Gotfried ⟨von Strâzburg⟩
Gotfried ⟨von Strẑburg⟩
Gotfrit ⟨von Strâzburg⟩
Straßburg, Gottfried ¬von¬

Gottfried ⟨von Tienen⟩
→ **Godefridus ⟨de Thenis⟩**

Gottfried ⟨von Tirlemont⟩
→ **Godefridus ⟨de Thenis⟩**

Gottfried ⟨von Tortosa⟩
→ **Godefridus ⟨Dertusensis⟩**

Gottfried ⟨von Totzenbach⟩
um 1227
Minnelieder
VL(2),3,173
Totzenbach, Gottfried ¬von¬

Gottfried ⟨von Trani⟩
→ **Godefridus ⟨de Trano⟩**

Gottfried ⟨von Utrecht⟩
→ **Godefridus ⟨de Traiecto⟩**

Gottfried ⟨von Vendôme⟩
→ **Godefridus ⟨Vindocinensis⟩**

Gottfried ⟨von Vigeois⟩
→ **Galfredus ⟨Vosiensis⟩**

Gottfried ⟨von Villehardouin⟩
→ **Geoffroy ⟨de Villehardouin⟩**

Gottfried ⟨von Viterbo⟩
→ **Godefridus ⟨Viterbiensis⟩**

Gottfried ⟨von Winchester⟩
→ **Godefridus ⟨Wintoniensis⟩**

Gottfried ⟨von Würzburg⟩
→ **Godefridus ⟨de Franconia⟩**
→ **Godefridus ⟨Herbipolensis⟩**
→ **Gottfried ⟨Würzburg, Fürstbischof, III.⟩**

Gottfried ⟨Würzburg, Fürstbischof, III.⟩
um 1317/22
Lehensbuch des Würzburger Bischofs Gottfried III. von Hohenlohe
Gottfried ⟨von Hohenlohe⟩
Gottfried ⟨von Würzburg⟩

Gottfriedus ⟨...⟩
→ **Godefridus ⟨...⟩**

Gottfrit ⟨...⟩
→ **Gottfried ⟨...⟩**

Gotthard ⟨Heiliger⟩
→ **Godehard**

Gotthard ⟨Pater⟩
15. Jh. · OP
Predigt (Lc. 6,36)
VL(2),3,183
Goedert ⟨Pater⟩
Pater Gotthard

Gottifredo ⟨de Buglione⟩
→ **Godefroy ⟨Basse Lorraine, Duc, IV.⟩**

Gottifredo ⟨Gerusalemme, Re⟩
→ **Godefroy ⟨Basse Lorraine, Duc, IV.⟩**

Gottifredus ⟨...⟩
→ **Godefridus ⟨...⟩**

Gottinga, Johannes ¬de¬
→ **Johannes ⟨de Gottinga⟩**

Gottofredo ⟨da Trani⟩
→ **Godefridus ⟨de Trano⟩**

Gottofridus ⟨...⟩
→ **Godefridus ⟨...⟩**

Gottsboldus
→ **Gozbaldus**

Gottschalk ⟨de Limbourg⟩
→ **Godescalcus ⟨Aquensis⟩**

Gottschalk ⟨de Pomuk⟩
→ **Godescalcus ⟨de Pomuk⟩**

Gottschalk ⟨der Sachse⟩
→ **Godescalcus ⟨Orbacensis⟩**

Gottschalk ⟨Gresemund⟩
→ **Gresemund, Gottschalk**

Gottschalk ⟨Hollen von Meppen⟩
→ **Hollen, Godescalcus**

Gottschalk ⟨von Aachen⟩
→ **Godescalcus ⟨Aquensis⟩**

Gottschalk ⟨von Fulda⟩
→ **Godescalcus ⟨Orbacensis⟩**

Gottschalk ⟨von Limburg⟩
→ **Godescalcus ⟨Aquensis⟩**

Gottschalk ⟨von Meppen⟩
→ **Hollen, Godescalcus**

Gottschalk ⟨von Nonantola⟩
→ **Godescalcus ⟨de Nonantula⟩**

Gottschalk ⟨von Orbais⟩
→ **Godescalcus ⟨Orbacensis⟩**

Gottschalk ⟨von Pomuk⟩
→ **Godescalcus ⟨de Pomuk⟩**

Gottulfus ⟨Cisterciensis⟩
→ **Gutolfus ⟨Sancrucensis⟩**

Gotus, Iordanes
→ **Iordanes ⟨Gotus⟩**

Gotz
um 1500
Rezepte
VL(2),3,201/202
Gotz ⟨Doctor⟩

Gotzkircher, Sigismund
ca. 1410 – 1475
Randnotizen; Rezepte
VL(2),3,202/204
Gotzkircher, Sigmund
Sigismund ⟨Gotzkircher⟩
Sigismund ⟨Walch⟩
Sigmund ⟨Gotzkircher⟩
Walch, Sigismund

Gotzo ⟨Wiszbrötelin⟩
→ **Godefridus ⟨Wisbrodelin⟩**

Gouda, Guilelmus ¬de¬
→ **Guilelmus ⟨de Gouda⟩**

Gouda, Henricus ¬de¬
→ **Henricus ⟨de Gouda⟩**

Gouda, Nikolaus ¬van¬
→ **Nicolaus ⟨de Gouderaen⟩**

Gouda, Wilhelm ¬de¬
→ **Guilelmus ⟨de Gouda⟩**

Goudefridus ⟨...⟩
→ **Godefridus ⟨...⟩**

Goudemont, Johannes
→ **Johannes ⟨Goudemont⟩**

Gouderaen, Nicolaus ¬de¬
→ **Nicolaus ⟨de Gouderaen⟩**

Goudsmid, Ägidius
→ **Faber, Aegidius**

Gougue, Jehan ¬la¬
→ **Jehan ⟨laGougue⟩**

Gouth, Bertrand ¬de¬
→ **Clemens ⟨Papa, V.⟩**

Governe, Étienne ¬de¬
→ **Étienne ⟨de Governe⟩**

Goverus ⟨Abbas⟩
→ **Godefridus ⟨Admontensis⟩**

Gower, John
ca. 1330 – 1408
Meyer; LMA,IV,1614/15
Goer, Joan
Gower, Johannes
Joan ⟨Goer⟩
Johannes ⟨Gowerus⟩
John ⟨Gower⟩

Gow-yang, Sew
→ **Ouyang, Xiu**

Gozbaldus
gest. 855
Epistula ad Gregorium IV papam; Translatio sanctorum Felicissimi et Agapiti in Isarhofen
LMA,IV,1615; Rep.Font. V,194
Gottsboldus
Gozbald ⟨Abbé de Neustadt⟩
Gozbald ⟨Abbé d'Altaich⟩
Gozbald ⟨Abt⟩
Gozbald ⟨Bénédictin⟩
Gozbald ⟨Bischof⟩
Gozbald ⟨Evêque de Wurtzbourg⟩
Gozbald ⟨von Niederaltaich⟩
Gozbald ⟨von Würzburg⟩
Gozbaldus ⟨Abbas⟩
Gozbaldus ⟨Altahensis⟩
Gozbaldus ⟨de Niederaltaich⟩
Gozbaldus ⟨Wirciburgensis⟩
Gozbaldus ⟨Wirziburgensis⟩

Gozbert ⟨de Laon⟩
→ **Gobertus ⟨Laudunensis⟩**

Gozbert ⟨von Tegernsee⟩
→ **Gosbertus ⟨Tegernseensis⟩**

Gozechin ⟨de Liège⟩
→ **Goswinus ⟨Moguntinensis⟩**

Gozelinus ⟨Cantuariensis⟩
→ **Goscelinus ⟨Cantuariensis⟩**

Gozold
Lebensdaten nicht ermittelt
Der Liebesbrief
VL(2),3,204

Gozpertus ⟨...⟩
→ **Gosbertus ⟨...⟩**

Gozwin ⟨von Mainz⟩
→ **Goswinus ⟨Moguntinensis⟩**

Gozwinus ⟨...⟩
→ **Goswinus ⟨...⟩**

Gozzo ⟨von Hagenau⟩
→ **Godefridus ⟨Haguenonensis⟩**

Gozzoli, Benozzo
ca. 1420 – ca. 1497
Maler
Benozzo
Benozzo ⟨de Florentia⟩
Benozzo ⟨di Lese di Sandro⟩
Benozzo ⟨Gozzoli⟩

Gozzolini, Silvestre
→ **Silvester ⟨Guzzolini⟩**

Grabbe, Matthieu
→ **Grabow, Matthaeus**

Grabner, Hermannus
→ **Hermannus ⟨Grabner⟩**

Grabo, Matthieu
→ **Grabow, Matthaeus**

Grabostowski, Nicolaus
→ **Nicolaus ⟨Grabostowski⟩**

Grabow, Matthaeus
gest. 1421 · OP
Conclusiones contra devotarios extra congregationem approbatam viventes; Libellus contra Fratres de Vita communi; Propositiones ex eius scriptis extractae
Schönberger/Kible, Repertorium, 15517/15518; Kaeppeli,III,125/126
Grabbe, Matthieu
Grabeen, Matthieu
Grabo, Matthieu
Grabow, Matthieu
Matthaeus ⟨Grabeen⟩
Matthaeus ⟨Grabon⟩
Matthaeus ⟨Grabow⟩
Matthaeus ⟨von Krakau⟩
Matthieu ⟨Grabow⟩

Gracilis, Daniel
→ **Daniel ⟨Gracilis⟩**

Gracilis, Petrus
→ **Petrus ⟨Gracilis⟩**

Gradenigo, Petrus
1251 – 1311
Epistolae quatuor super proditione Baiamontis Theupuli et sociorum
Rep.Font. V,196
Gradenigo, Pierre
Gradonico, Petrus
Petrus ⟨Gradenigo⟩
Petrus ⟨Gradonico⟩
Pierre ⟨Gradenigo⟩

Gradiadeus ⟨Asculanus⟩
→ **Gratiadei ⟨Asculanus⟩**

Grado, Aegidius ¬de¬
→ **Aegidius ⟨Ferrariensis⟩**

Gradonico, Petrus
→ **Gradenigo, Petrus**

Gradulphe ⟨de Fontenelle⟩
→ **Radulfus ⟨Fontanellensis⟩**

Graeculus ⟨Minoritenprediger⟩
→ **Greculus**

Graecus, Marcus
→ **Marcus ⟨Graecus⟩**

Graetz, Nicolaus ¬de¬
→ **Nicolaus ⟨de Graetz⟩**

Graez, Christianus ¬de¬
→ **Christianus ⟨de Graez⟩**

Graez, Johannes ¬de¬
→ **Johannes ⟨Tosthus de Graez⟩**

Graez, Johannes ¬de¬
→ **Johannes ⟨de Graez⟩**

Graf von Seldneck
→ **Seldneck, Graf ¬von¬**

Graff von Feldenneckh
→ **Seldneck, Graf ¬von¬**

Graff von Veldeneck
→ **Seldneck, Graf ¬von¬**

Graffio, Benvenuto
→ **Benevenutus ⟨Grapheus⟩**

Graimus, Robertus
→ **Robertus ⟨Graimus⟩**

Graindor ⟨de Brie⟩
12. Jh.
Brie, Graindor ¬de¬
Grandor ⟨von Brie⟩

Graindor ⟨de Douai⟩
um 1190
Überarbeiter von Chanson d'Antioche und Conquête de Jérusalem von Richard ⟨le Pèlerin⟩
Rep.Font. V,197; III,222/23
Douai, Graindor ¬de¬
Douay, Graindor ¬de¬
Graindor ⟨de Douay⟩

Gramatik, Vladislav
→ **Vladislav ⟨Gramatik⟩**

Gramayt, Guilelmus ¬de¬
→ **Guilelmus ⟨de Gramayt⟩**

Grammaticus, Eutyches
→ **Eutyches ⟨Grammaticus⟩**

Grammaticus, Galfredus
→ **Galfredus ⟨Grammaticus⟩**

Grammaticus, Gautbertus
→ **Gautbertus ⟨Grammaticus⟩**

Grammaticus, Georgius
→ **Georgius ⟨Grammaticus⟩**

Grammaticus, Heliodorus
→ **Heliodorus ⟨Grammaticus⟩**

Grammaticus, Johannes
→ **Johannes ⟨Grammaticus⟩**

Grammaticus, Leo
→ **Leo ⟨Grammaticus⟩**

Grammaticus, Malsachanus
→ **Malsachanus ⟨Grammaticus⟩**

Grammaticus, Nicolaus
→ **Nicolaus ⟨Grammaticus⟩**

Grammaticus, Paulus
→ **Paulus ⟨Grammaticus⟩**

Grammaticus, Polybius
→ **Polybius ⟨Grammaticus⟩**

Grammaticus, Saxo
→ **Saxo ⟨Grammaticus⟩**

Grammaticus, Sergius
→ **Sergius ⟨Grammaticus⟩**

Grammaticus, Simeon
→ **Simeon ⟨Grammaticus⟩**

Grammaticus, Stephanus
→ **Stephanus ⟨Grammaticus⟩**

Grammaticus, Theognostus
→ **Theognostus ⟨Grammaticus⟩**

Grana, Guido ¬de¬
→ **Guido ⟨de Grana⟩**

Granchi, Bartolommeo ¬de'¬
→ **Bartholomaeus ⟨Pisanus⟩**

Granchi, Raynier ¬de'¬
→ **Reinerus ⟨de Grancis⟩**

Grancis, Reinerus ¬de¬
→ **Reinerus ⟨de Grancis⟩**

Grand, Jacques ¬le¬
→ **Legrand, Jacques**

Grandicuria, Eustachius ¬de¬
→ **Eustachius ⟨de Grandicuria⟩**

Grandor ⟨von Brie⟩
→ **Graindor ⟨de Brie⟩**

Grandson, Oton ¬de¬
→ **Oton ⟨de Grandson⟩**

Granollachs, Bernat ¬de¬
→ **Bernat ⟨de Granollachs⟩**

Granson, Oton ¬de¬
→ **Oton ⟨de Grandson⟩**

Grant, Jacques ¬le¬
→ **Legrand, Jacques**

Grapheus, Benevenutus
→ **Benevenutus ⟨Grapheus⟩**

Graptus, Theodorus
→ **Theodorus ⟨Graptus⟩**

Graptus, Theophanes
→ **Theophanes ⟨Graptus⟩**

Gras, Lluis
15. Jh.
Tragèdia de Lançalot
Rep.Font. V,204
Lluis ⟨Gras⟩

Graser, Hans
um 1441/52
Nürnberger Baumeisterbücher
VL(2),3,226/227
Hans ⟨Graser⟩

Grassi, Benvenuto
→ **Benevenutus ⟨Grapheus⟩**

Grassi, Giovannino ¬de'¬
ca. 1340 – ca. 1400
Thieme-Becker
De'Grassi, Giovannino
Giovannino ⟨de'Grassi⟩
Grassi, Jean
Grassis, Johanninus ¬de¬
Johanninus ⟨de Grassis⟩
Johanninus ⟨Grassus⟩

Grasso, Giovanni
→ **Johannes ⟨Grassus⟩**

Grasso, ¬Il¬
→ **Agnolo ⟨di Tura⟩**

Grassus, Benevenutus
→ **Benevenutus ⟨Grapheus⟩**

Grassus, Johannes
→ **Johannes ⟨Grassus⟩**

Grat, Heinrich
um 1500
Regiment für die Pestilenz
VL(2),3,228
Heinrich ⟨Grat⟩

Gratheus
14./15. Jh.
Einführung in die Alchemie
Gratheus ⟨Aristoteliker⟩
Gratheus ⟨Filius Philosophi⟩

Gratia ⟨Aretinus⟩
gest. 1236
Ordo iudiciarius
Rep.Font. V,204
Aretinus, Gratia
Grazia ⟨d'Arezzo⟩

Gratia ⟨de'Castellani⟩
13./14. Jh.
Castellani, Gratia ¬de'¬
De'Castellani, Gratia
Gratia ⟨Frate dell'Ordine di Santo Aghostino⟩
Gratia ⟨il Maestro⟩
Grazia ⟨de'Castellani⟩

Gratia ⟨il Maestro⟩
→ **Gratia ⟨de'Castellani⟩**

Gratia, Franciscus ¬de¬
→ **Franciscus ⟨de Gratia⟩**

Gratia Dei ⟨Aesculanus⟩
→ **Gratiadei ⟨Asculanus⟩**

Gratia Dei, Johannes Baptista
→ **Gratiadei, Johannes Baptista**

Gratiadei ⟨Asculanus⟩
um 1341 · OP
Commentaria in totam artem veterem Aristotelis ; Super Priora; Super Posteriora; Acutissimae quaestiones de physico auditu
Lohr; Kaeppeli,II,49/53
Asculanus, Gratiadei
Gradiadeus ⟨Asculanus⟩
Gratia Dei ⟨Aesculanus⟩
Gratiadei ⟨Aesculanus⟩
Gratiadei ⟨Esculanus⟩
Gratiadei ⟨Ordinis Praedicatorum⟩
Gratiadeus ⟨Aesculanus⟩
Gratiadeus ⟨Esculanus⟩
Graziadei ⟨d'Ascoli⟩
Graziadei ⟨of Ascoli⟩

Gratiadei, Johannes Baptista
um 1495
Liber de confutatione; Oratio ad Crucifixum; Identität mit Johannes Baptista ⟨Verae Crucis⟩ umstritten
Gratia Dei, Johannes Baptista
Graziadei, Giovanni Battista
Graziadei, Jean-Baptiste
Johannes Baptista ⟨a Gratia Dei⟩
Johannes Baptista ⟨Gratiadei⟩
Johannes Baptista ⟨Vera Crucis⟩
Johannes Baptista ⟨Verae Crucis⟩
Johannes-Baptista ⟨Gratia Dei⟩
Johannes-Baptista ⟨Verae Crucis⟩
Verae Crucis, Johannes Baptista

Gratiadeus ⟨Aesculanus⟩
→ **Gratiadei ⟨Asculanus⟩**

Gratian ⟨von Brescia⟩
→ **Gratianus ⟨Brixiensis⟩**

Gratian ⟨von Chiusi⟩
→ **Gratianus ⟨de Clusio⟩**

Gratianopolitanus, Guilelmus
→ **Guilelmus ⟨Grationopolitanus⟩**

Gratianopolitanus, Hugo
→ **Hugo ⟨Gratianopolitanus⟩**

Gratianopolitanus, Victorius
→ **Victorius ⟨Gratianopolitanus⟩**

Gratianus
→ **Gratianus ⟨de Clusio⟩**

Gratianus ⟨Brixiensis⟩
gest. 1506
LThK
Gratian ⟨von Brescia⟩
Gratianus ⟨Brixianus⟩
Gratianus ⟨Magister⟩
Gratianus ⟨of Brescia⟩
Gratien ⟨de Brescia⟩

Gratianus ⟨Camaldulensis⟩
→ **Gratianus ⟨de Clusio⟩**

Gratianus ⟨de Clusio⟩
12. Jh.
Tusculum-Lexikon; LThK; Potth.; LMA,IV,1658
Clusio, Gratianus ¬de¬
Gratian
Gratian ⟨von Chiusi⟩
Gratiano ⟨da Chiusi⟩
Gratianus
Gratianus ⟨Camaldulensis⟩
Gratianus ⟨Iuris Canonici Professor⟩
Gratianus ⟨Magister⟩
Gratianus ⟨Sancti Felicis Bononiensis⟩
Gratianus ⟨the Canonist⟩
Gratien ⟨de Carraria⟩
Gratien ⟨de Chiusi⟩
Gratien ⟨de Saint-Félix de Bologne⟩

Gratianus ⟨Iuris Canonici Professor⟩
→ **Gratianus ⟨de Clusio⟩**

Gratianus ⟨Magister⟩
→ **Gratianus ⟨Brixiensis⟩**
→ **Gratianus ⟨de Clusio⟩**

Gratianus ⟨of Brescia⟩
→ **Gratianus ⟨Brixiensis⟩**

Gratianus ⟨Sancti Felicis Bononiensis⟩
→ **Gratianus ⟨de Clusio⟩**

Gratianus ⟨Siculus⟩
15. Jh. · OP
Responsio pro sanctimoniali
Kaeppeli,II,53
Gratianus ⟨Sciculus⟩
Sciculus, Gratianus
Siculus, Gratianus

Gratianus ⟨the Canonist⟩
→ **Gratianus ⟨de Clusio⟩**

Gratianus, Johannes
→ **Gregorius ⟨Papa, VI.⟩**

Gratien ⟨de Brescia⟩
→ **Gratianus ⟨Brixiensis⟩**

Gratien ⟨de Carraria⟩
→ **Gratianus ⟨de Clusio⟩**

Gratien ⟨de Chiusi⟩
→ **Gratianus ⟨de Clusio⟩**

Gratien ⟨de Saint-Félix de Bologne⟩
→ **Gratianus ⟨de Clusio⟩**

Gravanus, Franciscus
→ **Franciscus ⟨Galvanus⟩**

Gravelee, Robertus ¬de¬
→ **Robertus ⟨de Thorneye⟩**

Gravina, Dominicus ¬de¬
→ **Dominicus ⟨de Gravina⟩**

Gray, Thomas
gest. ca. 1369
Scalacronica
Rep.Font. V,207
Gray of Heton, Thomas
Heton, Thomas Gray ¬of¬
Thomas ⟨Gray⟩
Thomas ⟨Gray d'Hetton⟩
Thomas ⟨Gray of Heton⟩

Graystanes, Robertus ¬de¬
→ **Robertus ⟨de Graystanes⟩**

Graz, Erhard ¬von¬
→ **Erhard ⟨von Graz⟩**

Grazia ⟨d'Arezzo⟩
→ **Gratia ⟨Aretinus⟩**

Grazia ⟨de'Castellani⟩
→ **Gratia ⟨de'Castellani⟩**

Grazia, Soffredi ¬del¬
→ **Soffredi ⟨del Grazia⟩**

Graziadei ⟨d'Ascoli⟩
→ **Gratiadei ⟨Asculanus⟩**

Graziadei, Conrad
→ **Conradus ⟨Siculus⟩**

Graziadei, Giovanni Battista
→ **Gratiadei, Johannes Baptista**

Graziano, Giovanni
→ **Gregorius ⟨Papa, VI.⟩**

Graziolo ⟨de'Bambaglioli⟩
→ **Bambaglioli, Graziolo ¬de'¬**

Grazioso ⟨Benincasa⟩
→ **Benincasa, Grazioso**

Gréban, Arnoul
ca. 1420 – 1471
Meyer; LMA,IV,1662/63
Arnoul ⟨Gréban⟩

Gréban, Simon
15. Jh.
Meyer; LMA,IV,1663
Simon ⟨Gréban⟩

Greco, Emanuele
→ **Emanuele ⟨Greco⟩**

Greculus
14. Jh. · OFM
Name für den Verf. einer Sammlung von Sonntagspredigten, die mit dem Titel „Greculus“, „Greculus de tempore“ und „Greculus de sanctis“, „Piper“ oder „Flores apostolorum“ überliefert ist.
Schneyer,II,206; VL(2),3,231
Graeculus
Graeculus ⟨Minoritenprediger⟩
Greculus ⟨Minoritenprediger⟩

Grediferius ⟨Casinensis⟩
→ **Guaiferius ⟨Salernitanus⟩**

Gredinger, Johann
um 1428
Kalender
VL(2),3,232/233
Johann ⟨Gredinger⟩

Gredursula ⟨von Masmünster⟩
→ **Margareta Ursula ⟨von Masmünster⟩**

Gréfène ⟨Archimandrite⟩
→ **Agrefenij ⟨Archimandrit⟩**

Greffenstein, Johannes
→ **Johannes ⟨von Paltz⟩**

Greffolinus ⟨Valeriani⟩
ca. 1205 – 1300
Gesta Eugubinorum ab aedificatione civitatis usque ad annos Domini mille trecentum
Rep.Font. V,208
Valeriani, Greffolinus

Gregentius ⟨Tapharensis⟩
gest. ca. 552
Gregentios ⟨von Taphar⟩
Gregentius ⟨Archiepiscopus⟩
Gregentius ⟨de Taphar⟩
Gregentius ⟨Episcopus⟩
Gregentius ⟨Sanctus⟩

Gregoire ⟨Antipape⟩
→ **Victor ⟨Papa, IV., Antipapa, Gregorius⟩**

Grégoire ⟨Bechada⟩
→ **Bechada, Grégoire**

Grégoire ⟨Camblak⟩
→ **Grigorij ⟨Camblak⟩**

Grégoire ⟨Clerc⟩
→ **Gregorius ⟨Clericus⟩**

Grégoire ⟨d'Antioche⟩
→ **Gregorius ⟨Antiochenus⟩**

Grégoire ⟨Dati⟩
→ **Dati, Gregorio**

Grégoire ⟨de Bourgogne⟩
→ **Gregorius ⟨Burgundus⟩**

Grégoire ⟨de Bridlington⟩
→ **Gregorius ⟨de Bridlington⟩**

Grégoire ⟨de Catino⟩
→ **Gregorius ⟨de Catino⟩**

Grégoire ⟨de Chypre⟩
→ **Gregorius ⟨Cyprius⟩**

Grégoire ⟨de Constantinople⟩
→ **Gregorius ⟨Melissenus⟩**

Grégoire ⟨de Constantinople⟩
→ **Gregorius ⟨Cyprius⟩**

Grégoire ⟨de Corinthe⟩
→ **Gregorius ⟨Pardus⟩**

Grégoire ⟨de Crémone⟩
→ **Gregorius ⟨de Cremona⟩**

Grégoire ⟨de Faenza⟩
→ **Gregorius ⟨de Faventia⟩**

Grégoire ⟨de Florence⟩
→ **Gregorius ⟨de Faventia⟩**

Grégoire ⟨de Girgenti⟩
→ **Gregorius ⟨de Agrigento⟩**

Gregoire ⟨de Heimburg⟩
→ **Heimburg, Gregorius**

Grégoire ⟨de Jérusalem⟩
→ **Gregorius ⟨de Agrigento⟩**

Grégoire ⟨de l'Ordre des Mineurs⟩
→ **Gregorius ⟨de Neapel⟩**

Grégoire ⟨de Melissa⟩
→ **Gregorius ⟨Melissenus⟩**

Grégoire ⟨de Montelongo⟩
→ **Gregorius ⟨de Monte Longo⟩**

Grégoire ⟨de Naples⟩
→ **Gregorius ⟨Neapolitanus⟩**

Grégoire ⟨de Nareg⟩
→ **Grigor ⟨Narekac'i⟩**

Grégoire ⟨de Nicopolis⟩
→ **Gregorius ⟨Nicopolitanus⟩**

Grégoire ⟨de Rimini⟩
→ **Gregorius ⟨de Arimino⟩**

Grégoire ⟨de Ripley⟩
→ **Riplaeus, Georgius**

Grégoire ⟨de Tours⟩
→ **Gregorius ⟨Turonensis⟩**

Grégoire ⟨de Vienne⟩
→ **Gregorius ⟨Viennensis⟩**

Grégoire ⟨Décapolite⟩
→ **Gregorius ⟨Decapolita⟩**

Grégoire ⟨Diacre⟩
→ **Gregorius ⟨de Agrigento⟩**

Grégoire ⟨d'Irenopolis⟩
→ **Gregorius ⟨Decapolita⟩**

Grégoire ⟨Evêque de Bayeux⟩
→ **Gregorius ⟨Neapolitanus⟩**

Grégoire ⟨Hagen⟩
→ **Hagen, Gregor**

Grégoire ⟨Hagiographe⟩
→ **Gregorius ⟨Clericus⟩**

Grégoire ⟨l'Anglais⟩
→ **Gregorius ⟨Magister Anglicus⟩**

Grégoire ⟨le Décapolite⟩
→ **Gregorius ⟨Decapolita⟩**

Grégoire ⟨le Grand⟩
→ **Gregorius ⟨Papa, I.⟩**

Grégoire ⟨le Prêtre⟩
→ **Gregorius ⟨Presbyter⟩**

Grégoire ⟨le Sinaïte⟩
→ **Gregorius ⟨Sinaita⟩**

Grégoire ⟨Maître⟩
→ **Gregorius ⟨Magister Anglicus⟩**

Grégoire ⟨Malesardi⟩
→ **Gregorius ⟨Malesardus⟩**

Grégoire ⟨Mamma⟩
→ **Gregorius ⟨Melissenus⟩**

Grégoire ⟨Médecin⟩
→ **Gregorius ⟨Medicus⟩**

Grégoire ⟨Ministre des Mineurs⟩
→ **Gregorius ⟨de Neapel⟩**

Grégoire ⟨Naregatsi⟩
→ **Grigor ⟨Narekac'i⟩**

Grégoire ⟨Pacurianos⟩
→ **Gregor ⟨Bakuriani⟩**

Grégoire ⟨Papareschi⟩
→ **Innocentius ⟨Papa, II.⟩**

Grégoire ⟨Pape, ...⟩
→ **Gregorius ⟨Papa, ...⟩**

Grégoire ⟨Pardus⟩
→ **Gregorius ⟨Pardus⟩**

Grégoire ⟨Protosyncelle⟩
→ **Gregorius ⟨Melissenus⟩**

Grégoire ⟨Tathevatzi⟩
→ **Gregor ⟨Tat'ewaci⟩**

Grégoire ⟨Tifernas⟩
→ **Gregorius ⟨de Tipherno⟩**

Grégoire ⟨Wittehenne⟩
→ **Wittehenne, Gregorius**

Gregor ⟨Bakuriani⟩
gest. 1086
Bakuriani, Gregor
Grégoire ⟨Pacurianos⟩
Gregorius ⟨Domesticus Occidentis⟩
Gregorius ⟨Pacurianus⟩
Gregorius ⟨Ugustus⟩
Gregory ⟨Son of Bakurian⟩
Pacurianus, Gregorius

Gregor ⟨Camblak⟩
→ **Grigorij ⟨Camblak⟩**

Gregor ⟨de'Conti⟩
→ **Victor ⟨Papa, IV., Antipapa, Gregorius⟩**

Gregor ⟨der Große⟩
→ **Gregorius ⟨Papa, I.⟩**

Gregor ⟨Dialogos⟩
→ **Gregorius ⟨Papa, I.⟩**

Gregor ⟨Hagen⟩
→ **Hagen, Gregor**

Gregor ⟨Hayden⟩
→ **Hayden, Gregor**

Gregor ⟨Heimburg⟩
→ **Heimburg, Gregorius**

Gregor ⟨Palamas⟩
→ **Gregorius ⟨Palamas⟩**

Gregor ⟨Papareschi⟩
→ **Innocentius ⟨Papa, II.⟩**

Gregor ⟨Papst, ...⟩
→ **Gregorius ⟨Papa, ...⟩**

Gregor ⟨Tat'ewaci⟩
1340 – 1411
LThK
Grégoire ⟨Tathevatzi⟩
Gregorios ⟨von Tat'ew⟩
Gregorius ⟨Abbas⟩
Gregorius ⟨of Tathev⟩

Gregorius ⟨Sanctus⟩
Gregorius ⟨Tathevatius⟩
Tathevatius, Gregorius
Tat'ewaci, Gregor

Gregor ⟨Tortorici von Rimini⟩
→ **Gregorius ⟨de Arimino⟩**

Gregor ⟨vom Heiligen Berge⟩
→ **Gregorius ⟨de Montesacro⟩**

Gregor ⟨von Catino⟩
→ **Gregorius ⟨de Catino⟩**

Gregor ⟨von Ceccano⟩
→ **Victor ⟨Papa, IV., Antipapa, Gregorius⟩**

Gregor ⟨von Heimburg⟩
→ **Heimburg, Gregorius**

Gregor ⟨von London⟩
→ **Gregorius ⟨Magister Anglicus⟩**

Gregor ⟨von Montesacro⟩
→ **Gregorius ⟨de Montesacro⟩**

Gregor ⟨von Nikopolis⟩
→ **Gregorius ⟨Nicopolitanus⟩**

Gregor ⟨von Rimini⟩
→ **Gregorius ⟨de Arimino⟩**

Gregor ⟨von Stockholm⟩
→ **Gregorius ⟨Holmiensis⟩**

Gregor ⟨von Tours⟩
→ **Gregorius ⟨Turonensis⟩**

Gregor ⟨von Zypern⟩
→ **Gregorius ⟨de Cypro⟩**

Gregoras, Nicephorus
→ **Nicephorus ⟨Gregoras⟩**

Gregorio ⟨Achindino⟩
→ **Gregorius ⟨Acindynus⟩**

Gregorio ⟨Britannico⟩
→ **Gregorius ⟨Britannicus⟩**

Gregorio ⟨Corinzio⟩
→ **Gregorius ⟨Pardus⟩**

Gregorio ⟨Corraro⟩
→ **Gregorius ⟨Corrarius⟩**

Gregorio ⟨Correr⟩
→ **Gregorius ⟨Corrarius⟩**

Gregorio ⟨da Città di Castello⟩
→ **Gregorius ⟨de Tipherno⟩**

Gregorio ⟨da Monte Longo⟩
→ **Gregorius ⟨de Monte Longo⟩**

Gregorio ⟨da Napoli⟩
→ **Gregorius ⟨Neapolitanus⟩**

Gregorio ⟨da Rimini⟩
→ **Gregorius ⟨de Arimino⟩**

Gregorio ⟨da Tiferno⟩
→ **Gregorius ⟨de Tipherno⟩**

Gregorio ⟨Dati⟩
→ **Dati, Gregorio**

Gregorio ⟨de Montelongo⟩
→ **Gregorius ⟨de Monte Longo⟩**

Gregorio ⟨di Agrigento⟩
→ **Gregorius ⟨de Agrigento⟩**

Gregorio ⟨di Aquileia⟩
→ **Gregorius ⟨de Monte Longo⟩**

Gregorio ⟨di Catino⟩
→ **Gregorius ⟨de Catino⟩**

Gregorio ⟨di Cipro⟩
→ **Gregorius ⟨Cyprius⟩**

Gregorio ⟨di Farfa⟩
→ **Gregorius ⟨de Catino⟩**

Gregorio ⟨di Girgenti⟩
→ **Gregorius ⟨de Agrigento⟩**

Gregorio ⟨di Tours⟩
→ **Gregorius ⟨Turonensis⟩**

Gregorio ⟨Farfense⟩
→ **Gregorius ⟨de Catino⟩**

Gregorio ⟨il Britannico⟩
→ **Gregorius ⟨Britannicus⟩**

Gregorio ⟨il Grande⟩
→ **Gregorius ⟨Papa, I.⟩**

Gregorio ⟨Magno⟩
→ **Gregorius ⟨Papa, I.⟩**

Gregorio ⟨Palama⟩
→ **Gregorius ⟨Palamas⟩**

Gregorio ⟨Papa, ...⟩
→ **Gregorius ⟨Papa, ...⟩**

Gregorio ⟨Papareschi⟩
→ **Innocentius ⟨Papa, II.⟩**

Gregorio ⟨Sinaite⟩
→ **Gregorius ⟨Sinaita⟩**

Gregorio ⟨Tifernas⟩
→ **Gregorius ⟨de Tipherno⟩**

Gregorio ⟨Vescovo⟩
→ **Gregorius ⟨de Agrigento⟩**

Grēgorios
→ **Gregorius ⟨Asceta⟩**

Gregorios ⟨Akindynos⟩
→ **Gregorius ⟨Acindynus⟩**

Gregorios ⟨Antiochos⟩
→ **Gregorius ⟨Antiochus⟩**

Grēgorios ⟨Biograph⟩
→ **Gregorius ⟨Caesariensis⟩**

Gregorios ⟨Chioniades⟩
→ **Gregorius ⟨Chioniades⟩**

Gregorios ⟨de Monte Gelasio⟩
→ **Gregorius ⟨de Monte Gelasio⟩**

Gregorios ⟨Dekapolites⟩
→ **Gregorius ⟨Decapolita⟩**

Gregorios ⟨Dialogus⟩
→ **Gregorius ⟨Papa, II.⟩**

Grēgorios ⟨Episkopos tēs Akragantinōn Ekklēsias⟩
→ **Gregorius ⟨de Agrigento⟩**

Grēgorios ⟨ho Akindynos⟩
→ **Gregorius ⟨Acindynus⟩**

Grēgorios ⟨ho Akragantos⟩
→ **Gregorius ⟨de Agrigento⟩**

Grēgorios ⟨ho Kyprios⟩
→ **Gregorius ⟨Cyprius⟩**

Grēgorios ⟨ho Mammē⟩
→ **Gregorius ⟨Melissenus⟩**

Grēgorios ⟨ho Mēlissēnos⟩
→ **Gregorius ⟨Melissenus⟩**

Grēgorios ⟨ho Monachos⟩
→ **Gregorius ⟨Monachus⟩**

Grēgorios ⟨ho Palamas⟩
→ **Gregorius ⟨Palamas⟩**

Grēgorios ⟨ho Stratēgopulos⟩
→ **Gregorius ⟨Melissenus⟩**

Gregorios ⟨in Monte Gelasio⟩
→ **Gregorius ⟨de Monte Gelasio⟩**

Gregorios ⟨Kleriker⟩
→ **Gregorius ⟨Clericus⟩**

Gregorios ⟨Kyprios⟩
→ **Gregorius ⟨Cyprius⟩**

Gregorios ⟨Magistros⟩
→ **Gregorius ⟨Magister⟩**

Gregorios ⟨Mammas⟩
→ **Gregorius ⟨Melissenus⟩**

Gregorios ⟨Melissenos⟩
→ **Gregorius ⟨Melissenus⟩**

Gregorios ⟨Monachus⟩
→ **Gregorius ⟨de Monte Gelasio⟩**

Gregorios ⟨of Antioch⟩
→ **Gregorius ⟨Antiochenus⟩**

Gregorios ⟨of Constantinople⟩
→ **Gregorius ⟨Cyprius⟩**
→ **Gregorius ⟨Melissenus⟩**

Gregorios ⟨Palamas⟩
→ **Gregorius ⟨Palamas⟩**

Grēgorios ⟨Pardos⟩
→ **Gregorius ⟨Pardus⟩**

Grēgorios ⟨Presbyteros⟩
→ **Gregorius ⟨Caesariensis⟩**

Grēgorios ⟨Sinaitēs⟩
→ **Gregorius ⟨Sinaita⟩**

Gregorios ⟨Strategopulos⟩
→ **Gregorius ⟨Melissenus⟩**

Gregorios ⟨von Akragas⟩
→ **Gregorius ⟨de Agrigento⟩**

Gregorios ⟨von Antiocheia⟩
→ **Gregorius ⟨Antiochenus⟩**

Gregorios ⟨von Kaisareia⟩
→ **Gregorius ⟨Caesariensis⟩**

Gregorios ⟨von Konstantinopel⟩
→ **Gregorius ⟨Cyprius⟩**
→ **Gregorius ⟨Melissenus⟩**

Gregorios ⟨von Korinth⟩
→ **Gregorius ⟨Pardus⟩**

Gregorios ⟨von Nårek⟩
→ **Grigor ⟨Narekac'i⟩**

Gregorios ⟨von Tat'ew⟩
→ **Gregor ⟨Tat'ewaci⟩**

Gregorios ⟨von Thessalonike⟩
→ **Gregorius ⟨Clericus⟩**

Gregorios ⟨von Zypern⟩
→ **Gregorius ⟨Cyprius⟩**

Gregorius ⟨Abbas⟩
→ **Gregor ⟨Tat'ewaci⟩**
→ **Gregorius ⟨de Montesacro⟩**
→ **Gregorius ⟨Nicopolitanus⟩**

Gregorius ⟨Abbas Nonantulae⟩
→ **Gregorius ⟨de Nonantula⟩**

Gregorius ⟨Abufaragius⟩
→ **Barhebraeus**

Gregorius ⟨Acindynus⟩
14. Jh.
LThK
Acindynus ⟨Monachus⟩
Acindynus, Gregorius
Akindynos, Gregorios
Gregorio ⟨Achindino⟩
Gregorios ⟨Akindynos⟩
Grēgorios ⟨ho Akindynos⟩

Gregorius ⟨Agrigentinus⟩
→ **Gregorius ⟨de Agrigento⟩**

Gregorius ⟨Akademikerarzt⟩
→ **Gregorius ⟨Medicus⟩**

Gregorius ⟨Anglicus⟩
→ **Gregorius ⟨Magister Anglicus⟩**

Gregorius ⟨Antiochenus⟩
um 570/93
LThK; CSGL; LMA,IV,1689
Antiochenus, Gregorius
Grégoire ⟨d'Antioche⟩
Gregorios ⟨of Antioch⟩
Gregorios ⟨von Antiocheia⟩
Gregorius ⟨Episcopus⟩
Gregorius ⟨Monachus⟩
Gregorius ⟨of Antioch⟩
Gregorius ⟨Patriarcha⟩
Gregorius ⟨Theopolitanus⟩
Gregory ⟨of Antioch⟩

Gregorius ⟨Antiochus⟩
12. Jh.
Tusculum-Lexikon
Antiochos, Gregorios
Antiochus, Gregorius
Gregorios ⟨Antiochos⟩

Gregorius ⟨Aquileiensis⟩
→ **Gregorius ⟨de Monte Longo⟩**

Gregorius ⟨Archiepiscopus⟩
→ **Gregorius ⟨Palamas⟩**
→ **Gregorius ⟨Pardus⟩**

Gregorius ⟨Ariminensis⟩
→ **Gregorius ⟨de Arimino⟩**

Gregorius ⟨Asceta⟩
10. Jh.
Vita Basilii Iunioris
Rep.Font. V,212
Asceta, Gregorius
Grēgorios

Gregorius ⟨Beccatellus⟩
gest. 1446 · OP
Liber de virtutibus et vitiis more dialogi
Kaeppeli,II,53
Beccatellus, Gregorius
Gregorius ⟨Buccatellus⟩

Gregorius ⟨Bridlingtonensis⟩
→ **Gregorius ⟨de Bridlington⟩**

Gregorius ⟨Britannicus⟩
um 1498 · OP
Sermones funebres et nuptiales
Kaeppeli,II,53/54
Britannico, Gregorio
Britannicus, Gregorius
Gregorio ⟨Britannico⟩
Gregorio ⟨il Britannico⟩
Gregorius ⟨Britannicus Brixiensis⟩
Gregorius ⟨Britannus⟩
Gregorius ⟨Brixiensis⟩
Gregory ⟨the Englishman⟩

Gregorius ⟨Brixiensis⟩
→ **Gregorius ⟨Britannicus⟩**

Gregorius ⟨Buccatellus⟩
→ **Gregorius ⟨Beccatellus⟩**

Gregorius ⟨Burgundus⟩
gest. 1291
Schneyer,II,240
Burgundus, Gregorius
Grégoire ⟨de Bourgogne⟩
Gregorius ⟨de Bourgogne⟩
Gregorius ⟨de Valle Scholarum⟩
Gregorius ⟨Prior Sanctae Catharinae⟩

Gregorius ⟨Caesariensis⟩
6./7. Jh.
Laudatio Gregorii Nazianzeni; nicht identisch mit dem gleichnamigen Verf. der Oratio in sanctos trecentos decem et octo deiforos patres (Gregorius ⟨Caesariensis Presbyter⟩, 9. Jh.)
Cpg 7975; Tusculum-Lexikon; CSGL; Rep.Font. V,220
Grēgorios ⟨Biograph⟩
Grēgorios ⟨Presbyteros⟩
Gregorios ⟨von Kaisareia⟩
Gregorius ⟨Caesareae⟩
Gregorius ⟨Cappadox⟩
Gregorius ⟨Episcopus⟩
Gregorius ⟨Hagiographus⟩
Gregorius ⟨Praedicator⟩
Gregorius ⟨Presbyter⟩

Gregorius ⟨Caesariensis Presbyter⟩
9. Jh.
Oratio in sanctos Trecentos decem et octo deiforos patres; nicht identisch mit Gregorius ⟨Caesariensis⟩
Tusculum-Lexikon; Rep.Font. V,220
Gregorios ⟨von Kaisareia⟩
Gregorius ⟨Caesareae⟩
Gregorius ⟨Cappadox⟩
Gregorius ⟨Hagiographus⟩
Gregorius ⟨Praedicator⟩
Gregorius ⟨Presbyter⟩

Gregorius ⟨Canonicus⟩
→ **Gregorius ⟨de Slavonia⟩**

Gregorius ⟨Cappadox⟩
→ **Gregorius ⟨Caesariensis⟩**

Gregorius ⟨Catinensis⟩
→ **Gregorius ⟨de Catino⟩**

Gregorius ⟨Chioniades⟩
13./14. Jh.
Tusculum-Lexikon; CSGL
Chioniades, Gregorios
Chioniades, Gregorius
Gregorios ⟨Chioniades⟩

Gregorius ⟨Chyprius⟩
→ **Gregorius ⟨Cyprius⟩**

Gregorius ⟨Clericus⟩
um 893/904
Ho bios tēs hosiomyroblytidos Theodōras tēs en Thessalonikē
Clericus, Gregorius
Grégoire ⟨Clerc⟩
Grégoire ⟨Hagiographe⟩
Gregorios ⟨Kleriker⟩
Gregorios ⟨von Thessalonike⟩
Gregorius ⟨Clericus Thessalonicensis⟩
Gregorius ⟨Thessalonicensis⟩

Gregorius ⟨Constantinopolitanus⟩
→ **Gregorius ⟨Cyprius⟩**
→ **Gregorius ⟨Melissenus⟩**

Gregorius ⟨Corinthius⟩
→ **Gregorius ⟨Pardus⟩**

Gregorius ⟨Corrarius⟩
gest. 1464
Corrarius, Gregorius
Corraro, Gregorio
Corrarus, Gregorius
Correr, Gregorio
Correro, Gregorio
Gregorio ⟨Corraro⟩
Gregorio ⟨Correr⟩
Gregorius ⟨Venetus⟩

Gregorius ⟨Cubicularius⟩
→ **Gregorius ⟨Magister⟩**

Gregorius ⟨Cyprius⟩
→ **Gregorius ⟨de Cypro⟩**

Gregorius ⟨Cyprius⟩
1241 – 1290
Adversus Beccum; De sui ipsius vita narratio
Tusculum-Lexikon; LThK; CSGL; Rep.Font. V,213/215; LMA,IV,1690
Cyprius, Gregorius
Georges ⟨de Chypre⟩
Geōrgios ⟨Kyprios⟩
Georgios ⟨Kyprios⟩
Georgius ⟨Chyprius⟩
Georgius ⟨Cyprius⟩
Grégoire ⟨de Chypre⟩
Grégoire ⟨de Constantinople⟩
Gregorio ⟨di Cipro⟩
Grēgorios ⟨ho Kyprios⟩
Gregorios ⟨Kyprios⟩
Gregorios ⟨of Constantinople⟩
Gregorios ⟨von Konstantinopel⟩
Gregorios ⟨von Zypern⟩
Gregorius ⟨Chyprius⟩
Gregorius ⟨Constantinopolitanus⟩
Gregorius ⟨Constantinopolitanus, II.⟩
Gregorius ⟨II.⟩
Gregorius ⟨Patriarcha, II.⟩

Gregorius ⟨Datus⟩
→ **Dati, Gregorio**

Gregorius ⟨de Agrigento⟩
ca. 559 – 592
Vielleicht Verf. der „Oratio panegyrica in sanctam crucem“, deren angebl. Verf. Ephraem ⟨Syrus⟩ ist; Identität des Gregorius ⟨Diaconus Hierosolymitanus⟩ mit Gregorius ⟨de Agrigento⟩ wahrscheinlich
Cpg 4140; CSGL; Rep.Font. V,213
Agrigento, Gregorius ¬de¬
Grégoire ⟨de Girgenti⟩
Grégoire ⟨de Jérusalem⟩
Grégoire ⟨Diacre⟩
Gregorio ⟨di Agrigento⟩
Gregorio ⟨di Girgenti⟩
Gregorio ⟨di Girgenti⟩
Gregorio ⟨Vescovo⟩
Grēgorios ⟨Episkopos tēs Akragantinōn Ekklēsias⟩
Grēgorios ⟨ho Akragantos⟩
Gregorios ⟨von Akragas⟩
Gregorius ⟨Agrigentinus⟩
Gregorius ⟨Diaconus Hierosolymitanus⟩
Gregorius ⟨Episcopus⟩
Gregorius ⟨Sanctus⟩
Gregorius ⟨von Agrigentum⟩
Gregory ⟨of Agrigento⟩

Gregorius ⟨de Arimino⟩
ca. 1305 – 1358 · OESA
Tusculum-Lexikon; LMA,IV,1684/85
Arimino, Gregorius ¬de¬
Grégoire ⟨de Rimini⟩
Gregor ⟨Tortorici von Rimini⟩
Gregor ⟨von Rimini⟩
Gregorio ⟨da Rimini⟩
Gregorius ⟨Ariminensis⟩
Gregorius ⟨de Rimini⟩
Gregorius ⟨Tortorici⟩
Gregorius ⟨Tortorici de Rimini⟩
Gregorius ⟨Tortoricus de Rimini⟩
Gregorius ⟨von Rimini⟩
Gregory ⟨of Rimini⟩
Pseudo-Gregorius ⟨de Arimino⟩

Gregorius ⟨de Bourgogne⟩
→ **Gregorius ⟨Burgundus⟩**

Gregorius ⟨de Bridlington⟩
um 1217 · OCist
Super varios sacrae Scripturae textus libri XXX
Stegmüller, Repert. bibl. 2621
Bridlington, Gregorius ¬de¬
Grégoire ⟨de Bridlington⟩
Gregorius ⟨Bridlingtonensis⟩
Gregorius ⟨de Bridlingtona⟩

Gregorius ⟨de Brolio⟩
→ **Gerardus ⟨de Brolio⟩**

Gregorius ⟨de Carcano⟩
→ **Georgius ⟨de Cascano⟩**

Gregorius ⟨de Cascano⟩
→ **Georgius ⟨de Cascano⟩**

Gregorius ⟨de Catino⟩
ca. 1062 – ca. 1130
Chronicon Farfense
CSGL; Potth.; LMA,IV,1682
Catino, Gregorius ¬de¬
Catioro, Gregorio ¬di¬
Grégoire ⟨de Catino⟩
Gregor ⟨von Catino⟩
Gregorio ⟨di Catino⟩
Gregorio ⟨di Farfa⟩
Gregorio ⟨Farfense⟩
Gregorius ⟨Catenensis⟩
Gregorius ⟨Catinensis⟩
Gregorius ⟨Farfensis⟩
Gregorius ⟨Pharphensis⟩
Gregorius ⟨Sabinensis⟩

Gregorius ⟨de Cremona⟩
gest. ca. 1392 · OESA
Sermones festivi
Schneyer,II,241; Rep.Font. V,225
Cremona, Gregorius ¬de¬
Grégoire ⟨de Crémone⟩

Gregorius ⟨de Cypro⟩
6./7. Jh.
Potth.
Cypro, Gregorius ¬de¬
Gregor ⟨von Zypern⟩
Gregorius ⟨Cyprius⟩
Gregorius ⟨Monachus Nestorianus⟩
Gregorius ⟨of Cyprus⟩
Gregory ⟨of Cyprus⟩

Gregorius ⟨de Faventia⟩
um 1240 · OP
Wurde früher für den Verf. der Disputatio inter catholicum et Paterinum haereticum gehalten, die wahrscheinl. von Georgius ⟨Laicus⟩ stammt
Faventia, Gregorius ¬de¬
Grégoire ⟨de Faenza⟩
Grégoire ⟨de Florence⟩
Gregorius ⟨de Florentia⟩
Gregorius ⟨Episcopus Fanensis⟩
Gregorius ⟨Fanensis⟩
Gregorius ⟨Faventinus⟩
Gregorius ⟨Florentinus⟩
Gregorius ⟨von Faenza⟩

Gregorius ⟨de Florentia⟩
→ **Gregorius ⟨de Faventia⟩**

Gregorius ⟨de Grote⟩
→ **Gregorius ⟨Papa, I.⟩**

Gregorius ⟨de Heimburg⟩
→ **Heimburg, Gregorius**

Gregorius ⟨de Incontris⟩
um 1287/1307 · OP
Sermones de tempore
Kaeppeli,II,56
Gregorius ⟨de Incontris de Senis⟩
Gregorius ⟨de Incontris Senensis⟩
Gregorius ⟨de Senis⟩
Gregorius ⟨Senensis⟩
Incontris, Gregorius ¬de¬

Gregorius ⟨de Monte Gelasio⟩
14. Jh.
Vita Lazari monachi in monte Galesio
Rep.Font. V,212
Gregorios ⟨de Monte Gelasio⟩
Gregorios ⟨in Monte Gelasio⟩
Gregorios ⟨Monachus⟩
Gregorius ⟨de Monte Galesio⟩
Gregorius ⟨Monachus⟩

Gregorius ⟨de Monte Longo⟩
gest. 1269
CSGL; LMA,IV,1675/76
Grégoire ⟨de Montelongo⟩
Gregorio ⟨da Monte Longo⟩
Gregorio ⟨de Montelongo⟩
Gregorio ⟨di Aquileia⟩
Gregorius ⟨Aquileiensis⟩
Gregorius ⟨Patriarcha⟩
Gregorius ⟨von Aquileja⟩
Gregorius ⟨von Montelongo⟩
Monte Longo, Gregorius ¬de¬

Gregorius ⟨de Montesacro⟩
ca. 1190 – ca. 1245
LMA,IV,1683/84
Gregor ⟨vom Heiligen Berge⟩
Gregor ⟨von Montesacro⟩
Gregorius ⟨Abbas⟩
Gregorius ⟨Montis Sacri⟩
Montesacro, Gregorius ¬de¬
Petrus ⟨Carus⟩
Petrus ⟨Pauper⟩

Gregorius ⟨de Narecha⟩
→ **Grigor ⟨Narekac'i⟩**

Gregorius ⟨de Neapel⟩
um 1219/23 · OFM
Schneyer,II,246
Grégoire ⟨de l'Ordre des Mineurs⟩
Grégoire ⟨Ministre des Mineurs⟩
Gregorius ⟨Minister Minorum⟩
Gregorius ⟨Provincialis Franciae⟩
Neapel, Gregorius ¬de¬

Gregorius ⟨de Neapoli⟩
→ **Gregorius ⟨Neapolitanus⟩**

Gregorius ⟨de Nonantula⟩
gest. 933
Versus ad Cosmam
Rep.Font. V,226
Gregorius ⟨Abbas Nonantulae⟩
Gregorius ⟨Ligus⟩
Gregorius ⟨Lygeus⟩
Nonantula, Gregorius ¬de¬

Gregorius ⟨de Prestomarco⟩
um 1451/74 · OP
Oratio sacrarum litterarum bachalarii Paduani, predicat. ordinis, habita Anconi in eccl. cathedrali VI Kl. Iunias MCCCCLV, tempore capituli ad laudem
Kaeppeli,II,57
Gregorius ⟨de Prestomarco Syracusanus⟩
Gregorius ⟨Siculus⟩
Gregorius ⟨Siculus Siracusanus⟩
Gregorius ⟨Siracusanus⟩
Gregorius ⟨Syracusanus⟩
Prestomarco, Gregorius ¬de¬

Gregorius ⟨de Rimini⟩
→ **Gregorius ⟨de Arimino⟩**

Gregorius ⟨de Sclavonia⟩
→ **Gregorius ⟨de Slavonia⟩**

Gregorius ⟨de Senis⟩
→ **Gregorius ⟨de Incontris⟩**

Gregorius ⟨de Slavonia⟩
gest. 1411
Gregorius ⟨Canonicus⟩
Gregorius ⟨de Sclavonia⟩
Gregorius ⟨Poenitentiarius⟩
Gregorius ⟨Spalentianus⟩
Gregorius ⟨Turonensis⟩
Slavonia, Gregorius ¬de¬

Gregorius ⟨de Thessalonica⟩
→ **Gregorius ⟨Palamas⟩**

Gregorius ⟨de Tipherno⟩
gest. ca. 1466
LMA, VIII,788/89
Grégoire ⟨Tifernas⟩
Gregorio ⟨da Città di Castello⟩
Gregorio ⟨da Tiferno⟩
Gregorio ⟨Tifernas⟩
Gregorius ⟨Tifernas⟩
Gregorius ⟨Tiphernas⟩
Gregorius, Publius
Gregorius, Publius Tifernas
Gregorius Tifernas, Publius
Lilio Gregorio ⟨de Tiphernum⟩
Publius Gregorius ⟨de Tipherno⟩
Tifernas, Gregorio
Tifernas, Gregorius
Tifernas, Publius Gregorius
Tifernus, Gregorius
Tiphernas, Gregorius
Tipherno, Gregorius ¬de¬
Tiphernus, Gregorius
Trifernas, Gregorius
Typhernas, Gregorius

Gregorius ⟨de Tours⟩
→ **Gregorius ⟨Turonensis⟩**

Gregorius ⟨de Valkenstein⟩
14./15. Jh. · OP
De corpore Christi sermo subtilis
Kaeppeli,II,57/58
Gregorius ⟨Lector Spirensis⟩
Valkenstein, Gregorius ¬de¬

Gregorius ⟨de Valle Scholarum⟩
→ **Gregorius ⟨Burgundus⟩**

Gregorius ⟨Decapolita⟩
ca. 780/90 – 842
LThK; CSGL
Decapolita, Gregorius
Dekapolites, Gregorios
Grégoire ⟨Décapolite⟩
Grégoire ⟨d'Irenopolis⟩
Grégoire ⟨le Décapolite⟩
Gregorios ⟨Dekapolites⟩
Gregorius ⟨Decapolitanus⟩
Gregorius ⟨Sanctus⟩
Gregory ⟨Decapolita⟩

Gregorius ⟨Diaconus Hierosolymitanus⟩
→ **Gregorius ⟨de Agrigento⟩**

Gregorius ⟨Domesticus Occidentis⟩
→ **Gregor ⟨Bakuriani⟩**

Gregorius ⟨Dominikaner-Mönch⟩
→ **Gregorius ⟨Viennensis⟩**

Gregorius ⟨Episcopus⟩
→ **Gregorius ⟨Antiochenus⟩**
→ **Gregorius ⟨Caesariensis⟩**
→ **Gregorius ⟨de Agrigento⟩**
→ **Gregorius ⟨Nicopolitanus⟩**
→ **Gregorius ⟨Turonensis⟩**

Gregorius ⟨Episcopus Fanensis⟩
→ **Gregorius ⟨de Faventia⟩**

Gregorius ⟨Eretz⟩
→ **Gregorius ⟨Presbyter⟩**

Gregorius ⟨Fanensis⟩
→ **Gregorius ⟨de Faventia⟩**

Gregorius ⟨Farfensis⟩
→ **Gregorius ⟨de Catino⟩**

Gregorius ⟨Faventinus⟩
→ **Gregorius ⟨de Faventia⟩**

Gregorius ⟨Florentinus⟩
→ **Gregorius ⟨de Faventia⟩**
→ **Gregorius ⟨Turonensis⟩**

Gregorius ⟨Frater⟩
um 1454 · OCist
Chronicon Sitticense
Rep.Font. V,225
Frater Gregorius
Gregorius ⟨Frater, OCist⟩

Gregorius ⟨Hagiographus⟩
→ **Gregorius ⟨Caesariensis⟩**

Gregorius ⟨Heimburg⟩
→ **Heimburg, Gregorius**

Gregorius ⟨Heintze⟩
gest. ca. 1480 · OP
Lectura super Sent.; Tract. de Oratione dominica; Tract. contra haereticos
Kaeppeli,II,55
Gregorius ⟨Heintze Wratislaviensis⟩
Gregorius ⟨Wratislaviensis⟩
Heintze, Gregorius

Gregorius ⟨Hembergensis⟩
→ **Heimburg, Gregorius**

Gregorius ⟨Hesychasta⟩
→ **Gregorius ⟨Sinaita⟩**

Gregorius ⟨Holmiensis⟩
15. Jh.
Gregor ⟨von Stockholm⟩
Gregorius ⟨of Stockholm⟩

Gregorius ⟨II.⟩
→ **Gregorius ⟨Cyprius⟩**

Gregorius ⟨K'esunc'i⟩
→ **Gregorius ⟨Presbyter⟩**

Gregorius ⟨Lector Spirensis⟩
→ **Gregorius ⟨de Valkenstein⟩**

Gregorius ⟨Ligus⟩
→ **Gregorius ⟨de Nonantula⟩**

Gregorius ⟨Londinensis⟩
→ **Gregorius ⟨Magister Anglicus⟩**

Gregorius ⟨Lygeus⟩
→ **Gregorius ⟨de Nonantula⟩**

Gregorius ⟨Magister⟩
ca. 990 – 1058
Tusculum-Lexikon; LThK
Gregorios ⟨Magistros⟩
Gregorius ⟨Cubicularius⟩
Gregory ⟨Magistros⟩
Magister Gregorius

Gregorius ⟨Magister Anglicus⟩
12./13. Jh.
De mirabilibus urbis Romae; Quaestiones Londinensis; Identität mit Gregorius ⟨Londinensis⟩ umstritten
LMA,IV,1683
Anglicus, Gregorius
Grégoire ⟨l'Anglais⟩
Grégoire ⟨Maître⟩
Gregor ⟨von London⟩
Gregorius ⟨Anglicus⟩
Gregorius ⟨Londinensis⟩
Gregorius ⟨Magister⟩
Magister Anglicus, Gregorius

Gregorius ⟨Magnus⟩
→ **Gregorius ⟨Papa, I.⟩**

Gregorius ⟨Malesardus⟩
gest. 1419 · OP
Commentarium in Evangelium Matthaei
Stegmüller, Repert. bibl. 2657; Kaeppeli,II,56/57
Grégoire ⟨Malesardi⟩
Gregorius ⟨Malesardi⟩
Gregorius ⟨Malesardi Caesenas⟩
Malesardi, Grégoire
Malesardus, Gregorius

Gregorius ⟨Mamma⟩
→ **Gregorius ⟨Melissenus⟩**

Gregorius ⟨Medicus⟩
13./14. Jh.
Regimen sanitatis
VL(2),3,248/249
Grégoire ⟨Médecin⟩
Gregorius ⟨Akademikerarzt⟩
Medicus Gregorius

Gregorius ⟨Melissenus⟩
gest. 1459
Tusculum-Lexikon; CSGL; Rep.Font. V,215/216; LMA,IV,1690
Grégoire ⟨de Constantinople⟩
Grégoire ⟨de Melissa⟩
Grégoire ⟨Mamma⟩
Grégoire ⟨Protosyncelle⟩
Grēgorios ⟨ho Mammē⟩
Grēgorios ⟨ho Mēlissēnos⟩
Grēgorios ⟨ho Stratēgopulos⟩
Gregorios ⟨Mammas⟩
Gregorios ⟨Melissenos⟩
Gregorios ⟨of Constantinople⟩
Gregorios ⟨Strategopulos⟩

Gregorios ⟨von Konstantinopel⟩
Gregorius ⟨Constantinopolitanus⟩
Gregorius ⟨Mamma⟩
Gregorius ⟨Mammas⟩
Gregorius ⟨Patriarcha, III.⟩
Gregorius ⟨Strategopulus⟩
Mamma, Gregorius
Melissenus, Gregorius

Gregorius ⟨Metropolita⟩
→ **Gregorius ⟨Pardus⟩**

Gregorius ⟨Minister Minorum⟩
→ **Gregorius ⟨de Neapel⟩**

Gregorius ⟨Monachus⟩
→ **Gregorius ⟨Antiochenus⟩**
→ **Gregorius ⟨de Monte Gelasio⟩**
→ **Gregorius ⟨Sinaita⟩**

Gregorius ⟨Monachus⟩
14. Jh.
Vita hesychastae Bulgari Romani sive Romyli
Rep.Font. V,216; DOC,1,838
Grēgorios ⟨ho Monachos⟩
Gregorius ⟨Monaco⟩
Monachus, Gregorius

Gregorius ⟨Monachus Nestorianus⟩
→ **Gregorius ⟨de Cypro⟩**

Gregorius ⟨Montis Sacri⟩
→ **Gregorius ⟨de Montesacro⟩**

Gregorius ⟨Narekensis⟩
→ **Grigor ⟨Narekac'i⟩**

Gregorius ⟨Neapolitanus⟩
gest. 1276
Vita Urbani IV. papae
Rep.Font. V,226
Grégoire ⟨de Naples⟩
Grégoire ⟨Evêque de Bayeux⟩
Gregorio ⟨da Napoli⟩
Gregorius ⟨de Neapoli⟩
Neapolitanus, Gregorius

Gregorius ⟨Nicomediensis⟩
→ **Georgius ⟨Nicomediensis⟩**

Gregorius ⟨Nicopolitanus⟩
gest. ca. 1000
Grégoire ⟨de Nicopolis⟩
Gregor ⟨von Nikopolis⟩
Gregorius ⟨Abbas⟩
Gregorius ⟨Episcopus⟩
Gregorius ⟨of Nikopolis⟩
Gregorius ⟨Sanctus⟩
Gregoros ⟨Makar⟩
Gregory ⟨of Nicopolis⟩
Makar, Gregoros
Nicopolitanus, Gregorius

Gregorius ⟨of Antioch⟩
→ **Gregorius ⟨Antiochenus⟩**

Gregorius ⟨of Corinth⟩
→ **Gregorius ⟨Pardus⟩**

Gregorius ⟨of Cyprus⟩
→ **Gregorius ⟨de Cypro⟩**

Gregorius ⟨of Nikopolis⟩
→ **Gregorius ⟨Nicopolitanus⟩**

Gregorius ⟨of Stockholm⟩
→ **Gregorius ⟨Holmiensis⟩**

Gregorius ⟨of Tathev⟩
→ **Gregor ⟨Tat'ewaci⟩**

Gregorius ⟨Pacurianus⟩
→ **Gregor ⟨Bakuriani⟩**

Gregorius ⟨Palamas⟩
1296/97 – 1359
Acta S. Petri Athon
LThK; Tusculum-Lexikon; LMA,VI,1629/30
Gregor ⟨Palamas⟩
Gregorio ⟨Palama⟩
Grēgorios ⟨ho Palamas⟩
Gregorios ⟨Palamas⟩
Gregorius ⟨Archiepiscopus⟩
Gregorius ⟨de Thessalonica⟩
Gregory ⟨of Thessalonica⟩
Gregory ⟨Palamas⟩
Gregory ⟨Saint⟩
Palamas, Grēgorios
Palamas, Gregorius

Gregorius ⟨Papa, I.⟩
ca. 540 – 604
CSGL; Meyer; LMA,IV,1663/66
Grégoire ⟨le Grand⟩
Grégoire ⟨Pape, I.⟩
Gregor ⟨der Große⟩
Gregor ⟨Dialogos⟩
Gregor ⟨Papst, I.⟩
Gregorio ⟨il Grande⟩
Gregorio ⟨Magno⟩
Gregorio ⟨Papa, I.⟩
Gregorius ⟨de Grote⟩
Gregorius ⟨Magnus⟩
Gregorius ⟨Sanctus⟩
Gregory ⟨Pope, I.⟩
Pseudo-Gregorius ⟨Papa, I.⟩
Řehoř ⟨Papež, I.⟩
Řehoř ⟨Swaty⟩

Gregorius ⟨Papa, II.⟩
um 715/31
CSGL; Meyer; LMA,IV,1666/67
Grégoire ⟨Pape, II.⟩
Gregor ⟨Papst, II.⟩
Gregorio ⟨Papa, II.⟩
Gregorios ⟨Dialogus⟩
Gregorius ⟨Sanctus⟩
Gregory ⟨Pope, II.⟩

Gregorius ⟨Papa, III.⟩
um 731/41
CSGL; Meyer; LMA,IV,1667
Grégoire ⟨Pape, III.⟩
Gregor ⟨Papst, III.⟩
Gregorio ⟨Papa, III.⟩
Gregorius ⟨Sanctus⟩
Gregory ⟨Pope, III.⟩

Gregorius ⟨Papa, IV.⟩
um 827/44
CSGL; Meyer; LMA,IV,1667/68
Grégoire ⟨Pape, IV.⟩
Gregor ⟨Papst, IV.⟩
Gregorio ⟨Papa, IV.⟩
Gregory ⟨Pope, IV.⟩

Gregorius ⟨Papa, IX.⟩
→ **Gregorius ⟨Papa, VIIII.⟩**

Gregorius ⟨Papa, V.⟩
um 996/99
CSGL; Meyer; LMA,IV,1668
Bruno ⟨Saxo⟩
Brunon ⟨Saxon⟩
Brunone ⟨di Carintia⟩
Grégoire ⟨Pape, V.⟩
Gregor ⟨Papst, V.⟩
Gregorio ⟨Papa, V.⟩
Gregory ⟨Pope, V.⟩

Gregorius ⟨Papa, VI.⟩
gest. 1046
CSGL; Meyer; LMA,IV,1668/69
Giovanni ⟨Graziano⟩
Gratianus, Johannes
Graziano, Giovanni
Grégoire ⟨Pape, VI.⟩
Gregor ⟨Papst, VI.⟩
Gregorio ⟨Papa, VI.⟩
Gregory ⟨Pope, VI.⟩
Jean ⟨Gratien⟩
Johannes ⟨Gratianus⟩

Gregorius ⟨Papa, VII.⟩
um 1073/85
CSGL; Meyer; LMA,IV,1669/71
Folleprandus
Grégoire ⟨Papa, VII.⟩
Grégoire ⟨Pape, VII.⟩
Gregor ⟨Papa, VII.⟩
Gregor ⟨Papst, VII.⟩
Gregorio ⟨Papa, VII.⟩
Gregorius ⟨Sanctus⟩
Gregory ⟨Pope, VII.⟩
Hildebrand
Hildebrand ⟨Papst⟩
Hildebrandus ⟨Papa⟩
Hildebrandus ⟨Subdiaconus⟩
Hildebrandus ⟨Tuscus⟩
Ildebrando
Ildebrando ⟨della Tuscia⟩

Gregorius ⟨Papa, VIII.⟩
um 1187
CSGL; Meyer; LMA,IV,1671
Albert ⟨de Mora⟩
Alberto ⟨de Morra⟩
Albertus ⟨de Morra⟩
Grégoire ⟨Pape, VIII.⟩
Gregor ⟨Papst, VIII.⟩
Gregorio ⟨Papa, VIII.⟩
Gregory ⟨Pope, VIII.⟩
Mora, Albert ¬de¬
Morra, Albertus ¬de¬

Gregorius ⟨Papa, VIII., Antipapa⟩
gest. 1121
Meyer; LMA,IV,1671
Burdinus
Grégoire ⟨Pape, VIII., Antipape⟩
Gregor ⟨Papst, VIII., Gegenpapst⟩
Gregorio ⟨Papa, VIII., Antipapa⟩
Gregory ⟨Pope, VIII., Antipope⟩
Mauritius
Maurizio

Gregorius ⟨Papa, VIIII.⟩
um 1227/41
CSGL; Meyer; LMA,IV,1671/72
DiSegni, Ugolino
Grégoire ⟨Pape, VIIII.⟩
Gregor ⟨Papst, VIIII.⟩
Gregorio ⟨Papa, VIIII.⟩
Gregorius ⟨Papa, IX.⟩
Gregory ⟨Pope, VIIII.⟩
Hugo ⟨von Segni⟩
Hugolin ⟨de Segni⟩
Hugolin ⟨de'Conti⟩
Hugolinus ⟨Segni⟩
Hugues ⟨de Segni⟩
Ostia, Ugolino ¬d'¬
Segni, Ugolino ¬von¬
Segni, Ugolino dei Conti
Ugolino
Ugolino ⟨di Segni⟩
Ugolino ⟨d'Ostia⟩

Gregorius ⟨Papa, X.⟩
1210 – 1276
CSGL; Meyer; LMA,IV,1672/73
Grégoire ⟨Pape, X.⟩
Gregor ⟨Papst, X.⟩
Gregorio ⟨Papa, X.⟩
Gregory ⟨Pope, X.⟩
Tedaldo ⟨Visconti⟩
Thédald ⟨Visconti⟩
Theobaldus ⟨Visconti⟩
Visconti, Tedaldo
Visconti, Teobaldo
Visconti, Thédald

Gregorius ⟨Papa, XI.⟩
gest. 1378
Meyer; LMA,IV,1673/74
Beaufort, Pierre R. ¬de¬
Beaufort, Pierre-Roger ¬de¬
Grégoire ⟨Papa, XI.⟩
Grégoire ⟨Pape, XI.⟩
Gregor ⟨Papst, XI.⟩
Gregorio ⟨Papa, XI.⟩
Gregory ⟨Pope, XI.⟩
Petrus ⟨Rogerus⟩
Pierre ⟨de Beaufort⟩
Pierre ⟨Roger⟩
Pierre-Roger ⟨de Beaufort⟩
Pietro Roger ⟨de Beaufort⟩

Gregorius ⟨Papa, XII.⟩
1325 – 1417
CSGL; Meyer; LMA,IV,1674/75
Ange ⟨Corraro⟩
Angelo ⟨Correr⟩
Correr, Angelo
Grégoire ⟨Pape, XII.⟩
Gregor ⟨Papst, XII.⟩
Gregorio ⟨Papa, XII.⟩
Gregory ⟨Pope, XII.⟩

Gregorius ⟨Papareschi⟩
→ **Innocentius ⟨Papa, II.⟩**

Gregorius ⟨Pardus⟩
ca. 1070 – 1156
CSGL; LMA,IV,1690/91
Corinthius, Georgius
Corinthius, Gregorius
Geōrgios ⟨Pardos⟩
Georgius ⟨Corinthius⟩
Georgius ⟨Pardus⟩
Georgius ⟨Prodromus⟩
Grégoire ⟨de Corinthe⟩
Grégoire ⟨Pardus⟩
Gregorio ⟨Corinzio⟩
Grēgorios ⟨Pardos⟩
Gregorios ⟨von Korinth⟩
Gregorius ⟨Archiepiscopus⟩
Gregorius ⟨Corinthius⟩
Gregorius ⟨Metropolita⟩
Gregorius ⟨of Corinth⟩
Gregorius ⟨Smyrnaeus⟩
Gregory ⟨of Corinth⟩
Pardos, Georgios
Pardos, Gregorios
Pardus, Georgius
Pardus, Gregorius

Gregorius ⟨Patriarcha⟩
→ **Gregorius ⟨Antiochenus⟩**
→ **Gregorius ⟨de Monte Longo⟩**

Gregorius ⟨Patriarcha, II.⟩
→ **Gregorius ⟨Cyprius⟩**

Gregorius ⟨Patriarcha, III.⟩
→ **Gregorius ⟨Melissenus⟩**

Gregorius ⟨Pharphensis⟩
→ **Gregorius ⟨de Catino⟩**

Gregorius ⟨Poenitentiarius⟩
→ **Gregorius ⟨de Slavonia⟩**

Gregorius ⟨Praedicator⟩
→ **Gregorius ⟨Caesariensis⟩**

Gregorius ⟨Presbyter⟩
→ **Gregorius ⟨Caesariensis⟩**

Gregorius ⟨Presbyter⟩
gest. ca. 1163
Rep.Font. V,242
Eretz, Gregorius
Grégoire ⟨le Prêtre⟩
Gregorius ⟨Eretz⟩
Gregorius ⟨K'esunc'i⟩
Gregory ⟨Eretz⟩
Gregory ⟨the Priest⟩
Grigor ⟨Erec'⟩
Presbyter, Gregorius

Gregorius ⟨Prior Sanctae Catharinae⟩
→ **Gregorius ⟨Burgundus⟩**

Gregorius ⟨Provincialis Franciae⟩
→ **Gregorius ⟨de Neapel⟩**

Gregorius ⟨Riplaeus⟩
→ **Riplaeus, Georgius**

Gregorius ⟨Ripolegus⟩
→ **Riplaeus, Georgius**

Gregorius ⟨Sabinensis⟩
→ **Gregorius ⟨de Catino⟩**

Gregorius ⟨Sanctus⟩
→ **Gregor ⟨Tat'ewaci⟩**
→ **Gregorius ⟨de Agrigento⟩**
→ **Gregorius ⟨Decapolita⟩**
→ **Gregorius ⟨Nicopolitanus⟩**
→ **Gregorius ⟨Papa, I.⟩**
→ **Gregorius ⟨Papa, II.⟩**
→ **Gregorius ⟨Papa, III.⟩**
→ **Gregorius ⟨Papa, VII.⟩**
→ **Gregorius ⟨Turonensis⟩**

Gregorius ⟨Senensis⟩
→ **Gregorius ⟨de Incontris⟩**

Gregorius ⟨Siceliotes⟩
→ **Georgius ⟨Syceota⟩**

Gregorius ⟨Siculus⟩
→ **Gregorius ⟨de Prestomarco⟩**

Gregorius ⟨Sinaita⟩
1253 – 1346
Vita Lazari; Ad interrogantem philokalia
Tusculum-Lexikon; CSGL; Rep.Font. V,212/221/222; LMA,IV,1691
Grégoire ⟨le Sinaïte⟩
Gregorio ⟨Sinaite⟩
Grēgorios ⟨Sinaitēs⟩
Gregorios ⟨Sinaites⟩
Gregorius ⟨Hesychasta⟩
Gregorius ⟨Monachus⟩
Gregorius ⟨Monachus Graecus⟩
Sinaita, Gregorius

Gregorius ⟨Siracusanus⟩
→ **Gregorius ⟨de Prestomarco⟩**

Gregorius ⟨Smyrnaeus⟩
→ **Gregorius ⟨Pardus⟩**

Gregorius ⟨Spalentianus⟩
→ **Gregorius ⟨de Slavonia⟩**

Gregorius ⟨Strategopulus⟩
→ **Gregorius ⟨Melissenus⟩**

Gregorius ⟨Syceotes⟩
→ **Georgius ⟨Syceota⟩**

Gregorius ⟨Syracusanus⟩
→ **Gregorius ⟨de Prestomarco⟩**

Gregorius ⟨Tathevatius⟩
→ **Gregor ⟨Tat'ewaci⟩**

Gregorius ⟨Teutonicus⟩
→ **Gregorius ⟨Viennensis⟩**

Gregorius ⟨Theopolitanus⟩
→ **Gregorius ⟨Antiochenus⟩**

Gregorius ⟨Thessalonicensis⟩
→ **Gregorius ⟨Clericus⟩**

Gregorius ⟨Tifernas⟩
→ **Gregorius ⟨de Tipherno⟩**

Gregorius ⟨Toromachus⟩
→ **Gregorius ⟨Turonensis⟩**

Gregorius ⟨Tortorici de Rimini⟩
→ **Gregorius ⟨de Arimino⟩**

Gregorius ⟨Turonensis⟩
→ **Gregorius ⟨de Slavonia⟩**

Gregorius ⟨Turonensis⟩
538 – 594
Tusculum-Lexikon; LThK; CSGL; LMA,IV,1679/82
Florentinus, Georgius
Georgius ⟨Florentinus⟩
Georgius ⟨Florentius⟩
Grégoire ⟨de Tours⟩
Gregor ⟨von Tours⟩
Gregorio ⟨di Tours⟩
Gregorius ⟨de Tours⟩
Gregorius ⟨Episcopus⟩
Gregorius ⟨Florentinus⟩
Gregorius ⟨Sanctus⟩
Gregorius ⟨Toromachus⟩
Gregorius ⟨Turonicus⟩
Gregorius ⟨von Tours⟩
Gregorius, Georgius Florentius
Gregory ⟨of Tours⟩
Pseudo-Gregorius ⟨Turonensis⟩

Gregorius ‹Ugustus›
→ **Gregor ‹Bakuriani›**

Gregorius ‹Venetus›
→ **Gregorius ‹Corrarius›**

Gregorius ‹Viennensis›
13./14. Jh. · OP
De eclipsibus solis et lunae
Kaeppeli,II,58
Grégoire ‹de Vienne›
Gregorius ‹Dominikaner-Mönch›
Gregorius ‹Teutonicus›
Gregorius ‹Teutonicus Viennensis›
Gregorius ‹von Wien›

Gregorius ‹von Agrigentum›
→ **Gregorius ‹de Agrigento›**

Gregorius ‹von Aquileja›
→ **Gregorius ‹de Monte Longo›**

Gregorius ‹von Faenza›
→ **Gregorius ‹de Faventia›**

Gregorius ‹von Montelongo›
→ **Gregorius ‹de Monte Longo›**

Gregorius ‹von Rimini›
→ **Gregorius ‹de Arimino›**

Gregorius ‹von Tours›
→ **Gregorius ‹Turonensis›**

Gregorius ‹von Wien›
→ **Gregorius ‹Viennensis›**

Gregorius ‹Wittehenne›
→ **Wittehenne, Gregorius**

Gregorius ‹Wratislaviensis›
→ **Gregorius ‹Heintze›**

Gregorius, Georgius Florentius
→ **Gregorius ‹Turonensis›**

Gregorius, Nicephorus
→ **Nicephorus ‹Gregoras›**

Gregorius, Publius
→ **Gregorius ‹de Tipherno›**

Gregorius Abulfaragius
→ **Barhebraeus**

Gregorius Tifernas, Publius
→ **Gregorius ‹de Tipherno›**

Gregoros ‹Makar›
→ **Gregorius ‹Nicopolitanus›**

Gregory ‹Camblak›
→ **Grigorij ‹Camblak›**

Gregory ‹Decapolita›
→ **Gregorius ‹Decapolita›**

Gregory ‹Eretz›
→ **Gregorius ‹Presbyter›**

Gregory ‹Magistros›
→ **Gregorius ‹Magister›**

Gregory ‹of Agrigento›
→ **Gregorius ‹de Agrigento›**

Gregory ‹of Antioch›
→ **Gregorius ‹Antiochenus›**

Gregory ‹of Corinth›
→ **Gregorius ‹Pardus›**

Gregory ‹of Cyprus›
→ **Gregorius ‹de Cypro›**

Gregory ‹of Narek›
→ **Grigor ‹Narekac'i›**

Gregory ‹of Nicopolis›
→ **Gregorius ‹Nicopolitanus›**

Gregory ‹of Rimini›
→ **Gregorius ‹de Arimino›**

Gregory ‹of Thessalonica›
→ **Gregorius ‹Palamas›**

Gregory ‹of Tours›
→ **Gregorius ‹Turonensis›**

Gregory ‹Palamas›
→ **Gregorius ‹Palamas›**

Gregory ‹Pope, ...›
→ **Gregorius ‹Papa, ...›**

Gregory ‹Saint›
→ **Gregorius ‹Palamas›**

Gregory ‹Son of Bakurian›
→ **Gregor ‹Bakuriani›**

Gregory ‹the Englishman›
→ **Gregorius ‹Britannicus›**

Gregory ‹the Priest›
→ **Gregorius ‹Presbyter›**

Gregory, William
gest. 1467
Chronicle of London
Rep.Font. V,238
Gregory, Guillaume
Guillaume ‹Gregory›
William ‹Gregory›

Greiers, Johannes
→ **Gruyère, Johannes**

Greierz, Han
→ **Gruyère, Johannes**

Grek, Feodosij
→ **Feodosij ‹Grek›**

Gresemund, Gottschalk
ca. 1406 – 1463
Quaestiones sententiarum;
Quaestio quodlibetalis;
Rethorica Gotscalci
VL(2),3,251/253
Godescalc ‹de Meschede›
Gottschalk ‹Gresemund›

Gresemund, Hermannus
um 1445/61 · OP
De poesi et de resi;
Gedächtnisrede auf Erzbischof Dietrich von Erbach
VL(2),3,253
Gresemund, Hermann
Hermannus ‹Gresemund›

Grève, Philippe ¬de¬
→ **Philippus ‹Cancellarius›**

Grevenstein, Hermannus ¬de¬
→ **Hermannus ‹de Grevenstein›**

Griadon ‹de Sault›
12./14. Jh. · OP
Sermones super epistulas dominicales
Schneyer,II,246
Griadon ‹Frater›
Griadon ‹Gallus Salyus›
Griadon ‹Salyus›
Sault, Griadon ¬de¬

Gribus, Bartholomaeus
um 1470/79
Monopolium philosophorum vulgo die Schelmenzunfft
VL(2),3,254/255
Barthélémy ‹Gribus›
Bartholomaeus ‹Gribus›
Bartholomäus ‹Grieb›
Gribus, Barthélemy
Grieb, Bartholomäus

Grieb, Bartholomäus
→ **Gribus, Bartholomaeus**

Grießenpeck, Kaspar
ca. 1420 – 1477
Kaspar ‹Grießenpeck›

Grießenpeckh, Ulrich
gest. 1467
Angebl. Verf. des Chronicon Austriacum, a. 1454-1467 (dt.)
VL(2),7,116/17; Rep.Font. III,277; V,240
Griessenpeckh, Ulricus
Ulrich ‹Grießenpeckh›
Ulricus ‹Griessenpeckh›
Ulricus ‹Scriba Civitatis Vindobonensis›

Griffi, Leonardo
→ **Gryphius, Leonardus**

Griffinus
um 1292/1305 · OP
Stegmüller, Repert. sentent. 264; Schneyer,II,247; Kaeppeli,II,58/59
Griffin ‹de Wales›
Griffins
Griffinus ‹Prior›
Griffinus ‹Walensis›
Gryffin ‹de Wales›
Gryffin ‹Walensis›

Griffonibus, Matthaeus ¬de¬
1351 – 1426
Compendio storico bolognese;
Memoriale historicum de rebus Bononiensium; 1109-1426
Rep.Font. V,241
Griffoni, Matteo
Griffoni, Matthieu
Matteo ‹Griffoni›
Matteo ‹Grifoni›
Matthaeus ‹de Griffonibus›
Matthieu ‹Griffoni›

Grīghōr, Abū al-Faraj
→ **Barhebraeus**

Grigor ‹Erec'›
→ **Gregorius ‹Presbyter›**

Grigor ‹Narekac'i›
gest. 1010
LThK; Meyer
Grégoire ‹de Nareg›
Grégoire ‹de Nårek›
Grégoire ‹Naregatsi›
Gregorios ‹von Nårek›
Gregorius ‹Narecha›
Gregorius ‹Narekatsi›
Gregorius ‹Narekensis›
Gregory ‹of Narek›
Grigor ‹Narekaci›
Grigor ‹Narekatsi›
Grigor ‹von Narek›
Narecha, Gregorius ¬de¬
Narekac'i, Grigor

Grigor ‹von Narek›
→ **Grigor ‹Narekac'i›**

Grigor Bar 'Ebrāyā
→ **Barhebraeus**

Grigorij ‹Camblak›
ca. 1365 – 1420
LMA,IV,1676/77
Camblak, Grégoire
Camblak, Grigorij
Camblak, Grigorije
Grégoire ‹Camblak›
Gregor ‹Camblak›
Gregory ‹Camblak›
Grigorij ‹Tsamblak›
Grigorije ‹Camblak›
Tsamblak, Grigorij

Grigorij ‹Tsamblak›
→ **Grigorij ‹Camblak›**

Grigorije ‹Raški, I.›
um 1286/91
Sava: Srpski Jerarse
Grigorije ‹Episkop Raški, I.›
Raški, Grigorije ‹I.›

Grigorije ‹Raški, II.›
um 1304/13
Sava: Srpski Jerarse
Grigorije ‹Episkop Raški, II.›
Raški, Grigorije ‹II.›

Grill, Nikolaus
geb. ca. 1340
Mühldorfer Annalen
VL(2),3,257/259
Grill, Nicolaus
Nicolaus ‹Grill›
Nikolaus ‹Grill›

Grillandajo, Domenico
→ **Ghirlandaio, Domenico**

Grim, Eduardus
→ **Eduardus ‹Grim›**

Grim, Merten
15. Jh.
VL(2),3,259
Merten ‹Grim›
Merten ‹Meistersinger›

Grim, Robert
→ **Robertus ‹Graimus›**

Grima, Dominicus
→ **Dominicus ‹Grima›**

Grimald ‹Bénédictin›
→ **Grimaldus ‹Sangallensis›**

Grimald ‹Comte›
→ **Grimaldus ‹Comes›**

Grimald ‹de Reichenau›
→ **Grimaldus ‹Sangallensis›**

Grimald ‹de Saint-Gall›
→ **Grimaldus ‹Sangallensis›**

Grimald ‹de Silos›
→ **Grimaldus ‹Exiliensis›**

Grimald ‹Dichter›
→ **Grimaldus ‹Sangallensis›**

Grimald ‹du Sacré Palais›
→ **Grimaldus ‹Comes›**

Grimald ‹Evêque›
→ **Grimaldus ‹Exiliensis›**

Grimald ‹Moine›
→ **Grimaldus ‹Exiliensis›**

Grimald ‹Poète Latin›
→ **Grimaldus ‹Sangallensis›**

Grimald ‹von Sankt Gallen›
→ **Grimaldus ‹Sangallensis›**

Grimald ‹von Weißenburg›
→ **Grimaldus ‹Sangallensis›**

Grimaldi, Johannes
→ **Johannes ‹Grimaldi›**

Grimaldo ‹di San Millán de la Cogolla›
→ **Grimaldus ‹Exiliensis›**

Grimaldus ‹Abbé de Saint-Gall›
→ **Grimaldus ‹Sangallensis›**

Grimaldus ‹Aemilianensis›
→ **Grimaldus ‹Exiliensis›**

Grimaldus ‹Augiensis›
→ **Grimaldus ‹Sangallensis›**

Grimaldus ‹Baiulus›
→ **Grimaldus ‹Comes›**

Grimaldus ‹Benedictinus›
→ **Grimaldus ‹Sangallensis›**

Grimaldus ‹Comes›
Lebensdaten nicht ermittelt
De diaeta ciborum et nutritura ancipitrum
Comes, Grimaldus
Grimald ‹Comte›
Grimald ‹du Sacré Palais›
Grimaldus ‹Baiulus›
Grimaldus ‹Sacri Palati›

Grimaldus ‹de Silos›
→ **Grimaldus ‹Exiliensis›**

Grimaldus ‹Exiliensis›
um 1080/1109
Vita et miracula beati Dominici Exiliensis; Carmen in laudem Dominici; Epitaphium Dominici; etc.
Rep.Font. V,248; DOC,1,886
Grimald ‹de Silos›
Grimald ‹Evêque›
Grimald ‹Moine›
Grimaldo ‹di San Millán de la Cogolla›
Grimaldus ‹Aemilianensis›
Grimaldus ‹de Silos›
Grimaldus ‹Siliensis›
Grimoaldus ‹Aemilianensis›
Grimualdus ‹Aemilianensis›

Grimaldus ‹of Saint Gall›
→ **Grimaldus ‹Sangallensis›**

Grimaldus ‹Sacri Palati›
→ **Grimaldus ‹Comes›**

Grimaldus ‹Sangallensis›
gest. 872 · OSB
Liber sacramentorum; Identität mit dem Dichter Grimald umstritten
LMA,IV,1713
Grimald ‹Bénédictin›
Grimald ‹de Reichenau›
Grimald ‹de Saint-Gall›
Grimald ‹Dichter›
Grimald ‹Poète Latin›
Grimald ‹von Sankt Gallen›
Grimald ‹von Weißenburg›
Grimaldus ‹Abbé de Saint-Gall›
Grimaldus ‹Abbot›
Grimaldus ‹Augiensis›
Grimaldus ‹Benedictinus›
Grimaldus ‹of Saint Gall›
Grimaltus ‹Sangallensis›
Grimold ‹de Saint-Gall›
Grimoldus ‹Sangallensis›

Grimaldus ‹Siliensis›
→ **Grimaldus ‹Exiliensis›**

Ġrimec'i, Hakob
→ **Hakob ‹Ġrimec'i›**

Grimer, Vincentius
→ **Vincentius ‹Grimer›**

Grimestone, John ¬of¬
→ **John ‹of Grimestone›**

Grimoald ‹Langobardenreich, König›
ca. 600/05 – 671
Leges
Cpl 1809; LMA,IV,1717
Grimoald ‹Benevent, Herzog›
Grimoald ‹König der Langobarden›
Grimoald ‹Langobardischer König›
Grimoald ‹Roi des Lombards›
Grimoaldus ‹Langobardorum Rex›
Grimualdus ‹Rex›
Grimvaldus ‹Rex›

Grimoaldus ‹Aemilianensis›
→ **Grimaldus ‹Exiliensis›**

Grimoaldus ‹Langobardorum Rex›
→ **Grimoald ‹Langobardenreich, König›**

Grimoaldus, Guilelmus
→ **Urbanus ‹Papa, V.›**

Grimoardus, Anglicus
→ **Anglicus ‹Grimoardus›**

Grimoardus, Guilelmus
→ **Urbanus ‹Papa, V.›**

Grimoldus ‹Sangallensis›
→ **Grimaldus ‹Sangallensis›**

Grimualdus ⟨Aemilianensis⟩
→ **Grimaldus ⟨Exiliensis⟩**

Grimualdus ⟨Rex⟩
→ **Grimoald ⟨Langobardenreich, König⟩**

Grisac, Anglic Grimoard ¬di¬
→ **Anglicus ⟨Grimoardus⟩**

Griselli, Griso di Giovanni
um 1448
Andata di Giannozo Manetti cittadino florentino a Vinegia quando fu eletto inbasciadore
Rep.Font. V,248
Griselli, Griso
Griselli, Griso di Giovanni
Griso ⟨Griselli⟩

Gritis, Matthaeus ¬de¬
→ **Matthaeus ⟨de Gritis⟩**

Gritsch, Conradus
→ **Grütsch, Conrad**

Gritsch, Johannes
→ **Grütsch, Conrad**

Grizi, Crescentius
→ **Crescentius ⟨Grizi⟩**

Grocheo, Johannes ¬de¬
→ **Johannes ⟨de Grocheo⟩**

Grodegangus ⟨Metensis⟩
→ **Chrodegangus ⟨Metensis⟩**

Grodziski de Posnania, Laurentius
→ **Laurentius ⟨Grodziski de Posnania⟩**

Grössel, Johannes
→ **Johannes ⟨de Tittmoning⟩**

Grognolini, Albertus
→ **Albertus ⟨Grognolini⟩**

Groitzsch, Wiprecht ¬von¬
→ **Wiprecht ⟨von Groitzsch⟩**

Grona, Guido ¬de¬
→ **Guido ⟨de Grana⟩**

Groningen, Pastor ¬von¬
→ **Pastor ⟨von Groningen⟩**

Groningen, Rainer
15. Jh.
Schichtspeel (Reimchronik)
VL(2),3,261/262
Rainer ⟨Groningen⟩
Reinerus ⟨Groningen⟩

Groninger, Peter
15. Jh.
Von S. Sebastian u. von unser lieben frawen u. von der bestilentz
VL(2),3,262/263
Peter ⟨Groninger⟩

Gronna, Gui ¬de¬
→ **Guido ⟨de Grana⟩**

Groote, Geert
1340 – 1384
Tusculum-Lexikon; LThK; VL(2); LMA,IV,1725/26
Geert ⟨Groote⟩
Geraard ⟨Groote⟩
Gérard ⟨de Groote⟩
Gerard ⟨Groot⟩
Gérard ⟨le Grand⟩
Gerardus ⟨Daventriensis⟩
Gerardus ⟨Groot⟩
Gerardus ⟨Grootius⟩
Gerardus ⟨Magnus⟩
Gerhard ⟨Groote⟩
Gert ⟨Groote⟩
Gherit ⟨de Groot⟩
Groot, Geert ¬de¬
Groot, Gerard
Groote, Gerard
Groote, Gerhard
Grootius, Gerardus
Grote, Geert
Groten, Gerhardus
Grotius, Gerardus

Groslatius, Johannes
→ **Johannes ⟨Crastonus⟩**

Grosmont, Heinrich ¬von¬
→ **Henry ⟨Lancaster, Duke⟩**

Gross, Erhart
gest. ca. 1450
Witwenbuch; Grisardis
VL(2),3,273
Erhard ⟨Gross⟩
Erhart ⟨Gross⟩
Gros, Erhard
Gross, Erhard
Grosz, Erhart

Grossa, Giovanni ¬della¬
→ **Giovanni ⟨della Grossa⟩**

Grossenbrot, Sigismond
→ **Gossembrot, Sigismundus**

Grosseteste, Robertus
ca. 1168 – 1253
Tusculum-Lexikon; LThK; Potth.; LMA,VII,905/906
Capito, Robertus
Grosseteste, Robert
Grosseteste, Robert
Pseudo-Robertus ⟨Grosseteste⟩
Robert ⟨Capito⟩
Robert ⟨Greathead⟩
Robert ⟨Grosseteste⟩
Robert ⟨Grosse-Tête⟩
Robert ⟨Grosthead⟩
Robert ⟨of Lincoln⟩
Robertus ⟨Capito⟩
Robertus ⟨Grossatesta⟩
Robertus ⟨Grosseteste⟩
Robertus ⟨Lincolniensis⟩
Robertus ⟨Linconiensis⟩
Robertus ⟨Megacephalus⟩
Rubertus ⟨Lincolniensis⟩

Grosseto, Andrea ¬da¬
→ **Andrea ⟨da Grosseto⟩**

Grossis, Thomas ¬de¬
→ **Thomas ⟨de Grossis⟩**

Grossolanus, Petrus
→ **Petrus ⟨Chrysolanus⟩**

Grossus, Galfredus
→ **Galfredus ⟨Grossus⟩**

Grosz, Erhart
→ **Gross, Erhart**

Grotius, Gerardus
→ **Groote, Geert**

Grotke, Petrus
→ **Petrus ⟨Grotke⟩**

Grotków, Johannes ¬de¬
→ **Johannes ⟨de Grotków⟩**

Gruben, Hans ¬von der¬
→ **Hans ⟨von der Gruben⟩**

Gruber, Augustin
um 1450/92 · OPraem
Curriculum vitae
VL(2),3,284/285
Augustin ⟨Gruber⟩
Augustin ⟨von Salzburg⟩

Gruber, Sebastian
gest. ca. 1470
Deutsche Chronik
Rep.Font. V,251
Sebastian ⟨Gruber⟩

Gruber, Wenzel
15. Jh.
Familienchronik d. bayer. Adelsgeschlechts d. Trennbeck von Trennbach
VL(2),3,285/286
Wenzel ⟨Gruber⟩

Gruel, Guillaume
gest. ca. 1474/82
Chronique d'Arthur de Richemont, connétable de France et duc de Bretagne
LMA,IV,1735; Rep.Font. V,252
Guillaume ⟨Gruel⟩

Gründig, Eckhart ¬von¬
→ **Eckhart ⟨von Gründig⟩**

Grünenberg, Konrad
gest. 1494
Patrizier aus Konstanz, Ratsherr, Bürgermeister, Reichsvogt, Ritter
VL(2),3,288/290
Conrad ⟨Grünemberg⟩
Conrad ⟨von Grünenberg⟩
Grünemberg, Conrad
Grünemberg, Konrad
Grünenberg, Conrad ¬von¬
Konrad ⟨Grünemberg⟩
Konrad ⟨Grünenberg⟩

Grünenwörth, Ulrich ¬von¬
→ **Ulrich ⟨von Grünenwörth⟩**

Grünsleder, Ulrich
gest. 1421
Aufnahme und Verbreitung d. hussitischen Lehre
VL(2),3,290/291
Grünsleder, Ulric
Ulric ⟨Grünsleder⟩
Ulrich ⟨Grünsleder⟩

Grueris, Johannes
→ **Gruyère, Johannes**

Grüssem, Petrus ¬de¬
→ **Petrus ⟨de Grüssem⟩**

Grütsch, Conrad
1409 – 1475 · OFM
Predigten; Quadragesimale; der Basler Kanoniker Johannes Grütsch (1420-1470), Bruder des Conrad Grütsch, kann zwar als Person unterschieden werden, doch sind alle Predigtsammlungen nach VL das Werk eines Autors, nämlich des Franziskaners Conrad Grütsch
VL(2),3,291/94; Schneyer, Winke, 10
Conrad ⟨Grutsch⟩
Conrad ⟨Grütsch⟩
Conradus ⟨Gritsch⟩
Gritsch, Conradus
Gritsch, Johannes
Grutsch, Conrad
Grütsch, Johannes
Grütsch, Konrad
Johannes ⟨Gritsch⟩
Johannes ⟨Grütsch⟩

Grütsch, Johannes
→ **Grütsch, Conrad**

Grufydd ⟨ab Arthur⟩
→ **Galfredus ⟨Monumetensis⟩**

Gruitroede, Jacobus ¬de¬
→ **Jacobus ⟨de Gruytrode⟩**

Grunau, Sylfridus ¬de¬
→ **Sylfridus ⟨de Grunau⟩**

Grutsch, Conrad
→ **Grütsch, Conrad**

Gruyère, Guillaume
→ **Gruyère, Johannes**

Gruyère, Johannes
gest. 1465
Narratio belli ducis Sabaudiae et Bernensium contra Friburgenses; Noticiae (Ephemeris et notariali registro)
Rep.Font. V,254
Greiers, Johannes
Greierz, Han
Grueris, Johannes
Gruyère, Guillaume
Gruyère, Jean
Guillaume ⟨Gruyère⟩
Han ⟨Greierz⟩
Jean ⟨Gruyère⟩
Johannes ⟨Greiers⟩
Johannes ⟨Grueris⟩
Johannes ⟨Gruyère⟩

Gruytrode, Jacobus ¬de¬
→ **Jacobus ⟨de Gruytrode⟩**

Gruzin, Ilarion
→ **Ilarion ⟨K'art'veli⟩**

Gryffin ⟨de Wales⟩
→ **Griffinus**

Grymaeus, Robertus
→ **Robertus ⟨Graimus⟩**

Gryphius, Leonardus
1437 – 1485
De conflictu Brachii Perusini armorum ductoris apud Aquilam poema
Rep.Font. V,240
Griffi, Léonard
Griffi, Leonardo
Gryphius ⟨de Milan⟩
Léonard ⟨Griffi⟩
Leonardo ⟨Griffi⟩
Leonardus ⟨Griffus⟩
Leonardus ⟨Griphius⟩
Leonardus ⟨Griphius Mediolanensis⟩
Leonardus ⟨Gryphius⟩
Leonardus ⟨Gryphius Mediolanensis⟩

Guaifer, Benoît
→ **Guaiferius ⟨Salernitanus⟩**

Guaiferius ⟨Salernitanus⟩
gest. 1089 · OSB
Versus in laudem psalterii; De miraculo illius qui seipsum occidit
Tusculum-Lexikon; CSGL; Potth.; LMA,IV,1759; LMA,VIII,1931/32
Benedictus ⟨Guaiferius⟩
Benoît ⟨de Salerne⟩
Benoît ⟨Gauferius⟩
Benoît ⟨Guaifer⟩
Gauferius ⟨Casinensis⟩
Grediferius ⟨Casinensis⟩
Guaifarius ⟨von Montecassino⟩
Guaifer, Benoît
Guaiferio ⟨di Montecassino⟩
Guaiferio ⟨Monaco⟩
Guaiferio ⟨of Monte Cassino⟩
Guaiferio, Benedetto
Guaiferius ⟨Casinensis⟩
Guaiferius ⟨von Montecassino⟩
Guaiferius, Benedictus
Guaiferius, Benoît
Salernitanus, Guaiferius
Waifarius ⟨Casinensis⟩
Waifarius ⟨Salernitanus⟩
Waifarius ⟨von Montecassino⟩
Waifarius ⟨von Salerno⟩

Guaiferius ⟨von Montecassino⟩
→ **Guaiferius ⟨Salernitanus⟩**

Guaiferius, Benedictus
→ **Guaiferius ⟨Salernitanus⟩**

Guala ⟨Bicherius⟩
gest. 1227
LMA,II,125/26
Beccheri, Gualla ¬de¬
Bicchieri, Guala
Bicherius, Guala
Guala ⟨Bicchieri⟩
Guala ⟨Bicchieri of Vercelli⟩
Guala ⟨Cardinal⟩
Guala ⟨Legatus⟩
Gualla ⟨de Beccheri⟩

Gualardus ⟨de Rupe⟩
gest. ca. 1469 · OCarm
In sacram Scripturam lecturae diversae libri duo
Stegmüller, Repert. bibl. 2662
Gualhardus ⟨de Rupe⟩
Gualliardus ⟨de Rupe⟩
Rupe, Gualardus ¬de¬

Gualbertus ⟨...⟩
→ **Galbertus ⟨...⟩**

Gualbertus, Johannes
→ **Johannes ⟨Gualbertus⟩**

Gualbes, Johannes Christophorus ¬de¬
→ **Johannes Christophorus ⟨de Gualbes⟩**

Gualdebertus ⟨Luxoviensis⟩
→ **Waldebertus ⟨Luxoviensis⟩**

Gualdo ⟨Corbeiensis⟩
→ **Waldo ⟨Corbeiensis⟩**

Gualducci, Paulus
→ **Paulus ⟨Gualducci de Pilastris⟩**

Gualeramus ⟨Naumburgensis⟩
→ **Walramus ⟨Naumburgensis⟩**

Gualfredus ⟨...⟩
→ **Galfredus ⟨...⟩**

Gualhardus ⟨de Rupe⟩
→ **Gualardus ⟨de Rupe⟩**

Gualla ⟨de Beccheri⟩
→ **Guala ⟨Bicherius⟩**

Gualliardus ⟨de Rupe⟩
→ **Gualardus ⟨de Rupe⟩**

Guallus ⟨Episcopus⟩
→ **Gallus ⟨Claromontanus⟩**

Gualo ⟨Camber⟩
um 1090 bzw. um 1170
Versus de abbatibus in ovile Christi aliunde ascendentibus; Carmen in monachos; Invectio in monachos
Rep.Font. V,256; DOC,1,886
Camber, Gualo
Gualo ⟨Britannicus⟩
Gualo ⟨Brito⟩
Gualo ⟨Cadomensis⟩
Gualon ⟨Britannicus⟩
Gualon ⟨Camber⟩
Gualon ⟨de Caen⟩
Gualon ⟨de Galles⟩

Gualteri, Johannes
→ **Johannes ⟨Gualteri⟩**

Gualteri, Petrus
→ **Johannes ⟨Gualteri⟩**

Gualterius ⟨...⟩
→ **Gualterus ⟨...⟩**

Gualterius, Thomas
→ **Thomas ⟨Vercellensis⟩**

Gualterus ⟨a Castello Theodorici⟩
→ **Gualterus ⟨de Castro Theodorici⟩**

Gualterus ⟨ab Insulis⟩
→ **Gualterus ⟨de Castellione⟩**

Gualterus ⟨Agilon⟩
→ **Gualterus ⟨Agulinus⟩**

Gualterus ⟨Agulinus⟩
13. Jh.
Summa Medicinalis
Tusculum-Lexikon; LMA,IV,1760
Agilus, Gualterus
Agulinus, Gualterus
Galterius ⟨Agilinius⟩
Galterius ⟨Agilus⟩
Gautier ⟨d'Agiles⟩
Gualterus ⟨Agilis⟩
Gualterus ⟨Agilon⟩
Gualterus ⟨Agulum⟩
Gualterus ⟨de Afguillo⟩
Gualterus ⟨de Agilis⟩
Valtherus ⟨Agulinus⟩
Walter ⟨Agilo⟩
Walter ⟨de Agelon⟩
Walterus ⟨Agulinus⟩
Walterus ⟨Agulum⟩
Waltherus ⟨Medicus⟩
Waltherus ⟨Salernitanus⟩

Gualterus ⟨Anglicus⟩
→ **Gualterus ⟨de Buckden⟩**
→ **Gualterus ⟨de Winterbourne⟩**
→ **Gualterus ⟨Iorsius⟩**

Gualterus ⟨Anglicus⟩
gest. ca. 1194
CSGL
Anglico, Gualtiero
Anglicus, Gualterus
Gualterus ⟨of Palermo⟩
Gualterus ⟨Ophamilius⟩
Gualterus ⟨Panormitanus⟩
Gualtiero ⟨Anglico⟩
Walter ⟨d'Angleterre⟩
Walter ⟨l'Anglais⟩
Walter ⟨of England⟩
Walter ⟨of Palermo⟩
Walter ⟨the Englishman⟩
Walterus ⟨Anglicus⟩

Gualterus ⟨Anglus⟩
→ **Gualterus ⟨Mauclerk⟩**
→ **Gautier ⟨d'Henley⟩**

Gualterus ⟨Antiochenus⟩
→ **Gualterus ⟨Cancellarius⟩**

Gualterus ⟨Archidiaconus⟩
→ **Gualterus ⟨Tervanensis⟩**

Gualterus ⟨Arroasiensis⟩
→ **Gualterus ⟨de Arroasia⟩**

Gualterus ⟨Aurelianensis⟩
gest. 892
Capitula promulgata in synodo apud Bullensem fundum VII kal. Junii celebrata
Potth. 1105
Gautier ⟨d'Orléans⟩
Gautier ⟨of Orléans⟩
Gualterus ⟨Episcopus⟩
Gualterus ⟨of Orléans⟩
Walter ⟨von Orléans⟩
Walterus ⟨Aurelianensis⟩
Walterus ⟨of Orléans⟩

Gualterus ⟨Bambergensis⟩
→ **Gualterus ⟨de Bamberg⟩**

Gualterus ⟨Bowerus⟩
gest. 1430
Bower, Walter
Bowerus, Gualterus
Bowerus, Walterus
Bowyer, Walter
Walter ⟨Bower⟩
Walter ⟨Bowyer⟩
Walterus ⟨Bowerus⟩

Gualterus ⟨Brinkelius⟩
→ **Richardus ⟨Brinkelius⟩**

Gualterus ⟨Britte⟩
→ **Britte, Gualterus**

Gualterus ⟨Brugensis⟩
→ **Gualterus ⟨de Brugis⟩**

Gualterus ⟨Bucdenus⟩
→ **Gualterus ⟨de Buckden⟩**

Gualterus ⟨Burlaeus⟩
→ **Burlaeus, Gualterus**

Gualterus ⟨Cabillonensis⟩
gest. 1120
CSGL
Gautier ⟨de Chalon-sur-Saône⟩
Gualterus ⟨de Chalon-sur-Saône⟩
Walterus ⟨of Chalon-sur-Saône⟩

Gualterus ⟨Cancellarius⟩
gest. ca. 1119
Bella Antiochena
Rep.Font. IV,629
Cancellarius, Gualterus
Gautier ⟨Chancelier⟩
Gautier ⟨Chancelier de Roger⟩
Gautier ⟨Chancellor⟩
Gautier ⟨le Chancelier⟩
Gautier ⟨of Antioch⟩
Gualterus ⟨Antiochenus⟩
Gualterus ⟨Gallus⟩
Walterus ⟨Cancellarius⟩

Gualterus ⟨Cancellarius Parisiensis⟩
→ **Gualterus ⟨de Castro Theodorici⟩**

Gualterus ⟨Canonicus⟩
→ **Gualterus ⟨Tervanensis⟩**

Gualterus ⟨Cardinalis⟩
→ **Gualterus ⟨de Winterbourne⟩**

Gualterus ⟨Carleolensis⟩
→ **Gualterus ⟨Mauclerk⟩**

Gualterus ⟨Castillionius⟩
→ **Gualterus ⟨de Castellione⟩**

Gualterus ⟨Cattonus⟩
→ **Gualterus ⟨de Chatton⟩**

Gualterus ⟨Cluniacensis⟩
→ **Gualterus ⟨Compendiensis⟩**

Gualterus ⟨Compendiensis⟩
gest. ca. 1155 · OSB
De miraculis beatae v. Mariae
Tusculum-Lexikon; Potth.; LMA,VIII,1996/97
Galterus ⟨de Compendio⟩
Gautier ⟨de Cluny⟩
Gautier ⟨de Compiègne⟩
Gautier ⟨de Marmoutiers⟩
Gautier ⟨de Saint-Martin en Vallée⟩
Gualterus ⟨Cluniacensis⟩
Gualterus ⟨de Compiègne⟩
Gualterus ⟨de Saint-Martin en Vallée⟩
Gualterus ⟨Maioris Monasterii⟩
Gualterus ⟨Monachus⟩
Walter ⟨von Compiègne⟩
Walter ⟨von Marmoutiers⟩

Gualterus ⟨Cornutus⟩
gest. 1241
Historia susceptionis coronae
Potth. 547; LMA,III,245
Cornu, Gautier
Cornut, Gautier
Cornutus, Gualterus
Gautier ⟨Cornut⟩
Gautier ⟨de Cornut⟩
Gautier ⟨de Sens⟩
Gualterus ⟨of Sens⟩
Gualterus ⟨Senonensis⟩
Walter ⟨von Cornut⟩
Walter ⟨von Sens⟩

Gualterus ⟨Coventrensis⟩
→ **Gualterus ⟨de Coventria⟩**

Gualterus ⟨Danielis⟩
gest. 1170 · OCist
Super missus est
Stegmüller, Repert. bibl. 2358-2359; CSGL
Daniel ⟨de Rievaux⟩
Daniel ⟨Gualterus⟩
Daniel ⟨Rievalensis⟩
Daniel, Galcherus
Daniel, Gaulterus
Daniel, Gautier
Daniel, Walter
Daniel, Walterus
Gauterius ⟨Daniel⟩
Gautier ⟨Daniel⟩
Gualterus ⟨Daniel⟩
Walter ⟨Daniel⟩
Walterus ⟨Daniel⟩

Gualterus ⟨de Afguillo⟩
→ **Gualterus ⟨Agulinus⟩**

Gualterus ⟨de Agilis⟩
→ **Gualterus ⟨Agulinus⟩**

Gualterus ⟨de Alliaco⟩
14. Jh.
Sophisma: Curro
Schönberger/Kible, Repertorium, 13046
Alliaco, Gualterus ¬de¬
Gautier ⟨d'Ailly⟩
Gautier ⟨d'Alliaco⟩
Gautier ⟨de Alliaco⟩

Gualterus ⟨de Aquitania⟩
13. Jh. · OFM
Identität mit Gualterus ⟨de Brugis⟩ umstritten; Collationes de epistulis
IRHT
Aquitania, Gualterus ¬de¬

Gualterus ⟨de Argentina⟩
→ **Gualterus ⟨Murner⟩**

Gualterus ⟨de Arroasia⟩
1155 – 1193
Potth.
Arroasia, Gualterus ¬de¬
Gautier ⟨d'Arrouaise⟩
Gualterus ⟨Arroasiensis⟩

Gualterus ⟨de Bamberg⟩
um 1387/97 · OCarm
Stegmüller, Repert. sentent. 265
Bamberg, Gualterus ¬de¬
Gualterus ⟨Bambergensis⟩

Gualterus ⟨de Brugis⟩
1225 – 1307 · OFM
Identität mit Gualterus ⟨de Aquitania⟩ umstritten; Sentenzenkommentar
LThK(2),10,947; LMA,VIII,1993/94
Brugis, Gualterus ¬de¬
Galtherus ⟨de Brugis⟩
Galtherus ⟨Pictaviensis⟩
Gauthier ⟨de Bruges⟩
Gauthier ⟨de Brugis⟩
Gautier ⟨de Bruges⟩
Gualterus ⟨Brugensis⟩
Gualterus ⟨de Bruges⟩
Gualterus ⟨Pictaviensis⟩
Walter ⟨of Bruges⟩
Walter ⟨von Brügge⟩
Walter ⟨von Poitiers⟩
Walterus ⟨Brugensis⟩

Gualterus ⟨de Buckden⟩
Lebensdaten nicht ermittelt · OP
Theologiae quaestiones
Kaeppeli,II,59
Buckden, Gualterus ¬de¬
Gautier ⟨de Buckden⟩
Gautier ⟨Dominicain Anglais⟩
Gualterus ⟨Anglicus⟩
Gualterus ⟨Bucdenus⟩
Gualterus ⟨Buckdene⟩

Gualterus ⟨de Burley⟩
→ **Burlaeus, Gualterus**

Gualterus ⟨de Castellione⟩
geb. ca. 1135
LMA,VIII,1995/96
Castellione, Gualterus ¬de¬
Castellione, Philippus Gualterus ¬de¬
Chastillon, Gaultier ¬de¬
Châtillon, Gaultier ¬de¬
Galterus ⟨Castillionaeus⟩
Galterus, Philippus
Gaultherus, Philippus
Gaultier ⟨de Chatillon⟩
Gautier ⟨de Castiglione⟩
Gautier ⟨de Châtillon⟩
Gautier ⟨de Lille⟩
Gautier de Chatillon, Philippe
Gautier de Lille, Philippe
Gualterus ⟨ab Insulis⟩
Gualterus ⟨Castellionensis⟩
Gualterus ⟨Castillionius⟩
Gualterus ⟨de Castiglione⟩
Gualterus ⟨de Castilane⟩
Gualterus ⟨de Insulis⟩
Gualterus ⟨Insulanus⟩
Gualterus ⟨Theologus⟩
Gualterus ⟨von Châtillon⟩
Gualterus, Philippus
Gualtherus ⟨de Castellione⟩
Gualtherus, Philippus
Gualtiero ⟨di Châtillon⟩
Insulanus, Philippus Gualterus
Isle, Gaultier ¬de l'¬
L'Isle, Gautier ¬de¬
Philippe-Gautier ⟨de Châtillon⟩
Philippus Gualterus ⟨ab Insulis⟩
Philippus Gualterus ⟨de Castellione⟩
Walter ⟨of Châtillon⟩
Walter ⟨von Castiglione⟩
Walter ⟨von Châtillon⟩
Walter ⟨von Lille⟩
Walther ⟨von Lille⟩

Gualterus ⟨de Castro Theodorici⟩
gest. 1249
Quaestio de corporali assumptione B. Mariae Virginis
LThK
Cancellarius, Gualterus
Castro Theodorici, Gualterus ¬de¬
Galterus ⟨de Castro Theodorici⟩
Galterus ⟨de Château-Thierry⟩
Gauthier ⟨de Castro Theodorici⟩
Gautier ⟨de Château-Thierry⟩
Gualterus ⟨a Castello Theodorici⟩
Gualterus ⟨Cancellarius⟩
Gualterus ⟨Cancellarius Parisiensis⟩
Gualterus ⟨Cancellarius Universitatis Parisiensis⟩
Gualterus ⟨of Château-Thierry⟩
Walter ⟨de Château Thierry⟩

Gualterus ⟨de Chalon-sur-Saône⟩
→ **Gualterus ⟨Cabillonensis⟩**

Gualterus ⟨de Château-Thierry⟩
→ **Gualterus ⟨de Castro Theodorici⟩**

Gualterus ⟨de Chatton⟩
ca. 1285 – 1343 · OFM
LMA,VIII,1996
Cattonus, Gualterus
Chatton, Gualterus ¬de¬
Chatton, Walter ¬of¬
Gautier ⟨de Chatton⟩
Gualterio ⟨di Catton⟩
Gualterus ⟨Cattonus⟩
Gualterus ⟨Chatton⟩
Gualterus ⟨Gathonus⟩
Walter ⟨Catton⟩
Walter ⟨Chatton⟩
Walter ⟨of Chatton⟩
Walter ⟨von Catton⟩

Gualterus ⟨de Clusa⟩
12. Jh.
Potth.
Clusa, Gualterus ¬de¬
Gautier ⟨de Cluse⟩
Walterus ⟨de Clusa⟩

Gualterus ⟨de Compiègne⟩
→ **Gualterus ⟨Compendiensis⟩**

Gualterus ⟨de Coventria⟩
gest. ca. 1300
Memoriale
Potth.
Coventria, Gualterus ¬de¬
Gautier ⟨de Coventry⟩
Gualterus ⟨Coventrensis⟩
Walter ⟨of Coventry⟩
Walterus ⟨Coventrensis⟩
Walterus ⟨de Coventria⟩

Gualterus ⟨de Disso⟩
→ **Gualterus ⟨Disse⟩**

Gualterus ⟨de Excestria⟩
um 1301 · OP bzw. OFM
Vita Guidonis comitis Warwicensis
Kaeppeli,II,59/60
Excestria, Gualterus ¬de¬
Gautier ⟨d'Exeter⟩
Gualterus ⟨Excestrensis⟩

Gualterus ⟨de Hemingford⟩
→ **Gualterus ⟨Gisburnensis⟩**

Gualterus ⟨de Henley⟩
→ **Gautier ⟨d'Henley⟩**

Gualterus ⟨de Insulis⟩
→ **Gualterus ⟨de Castellione⟩**
→ **Gualterus ⟨Magolonensis⟩**

Gualterus ⟨de Jorz⟩
→ **Gualterus ⟨Iorsius⟩**

Gualterus ⟨de Mauritania⟩
gest. 1174
LThK; LMA,VIII,1998/99
Gautier ⟨de Mortagne⟩
Mauritania, Gualterus ¬de¬
Walter ⟨von Mortagne⟩

Gualterus ⟨de Meaux⟩
→ **Gualterus ⟨Meldensis⟩**

Gualterus ⟨de Merula⟩
→ **Gualterus ⟨de Wervia⟩**

Gualterus ⟨de Mundrachingen⟩
→ **Gualterus ⟨Murner⟩**

Gualterus ⟨de Parisiis⟩
→ **Gualterus ⟨Scotus de Parisiis⟩**

Gualterus ⟨de Saint-Martin en Vallée⟩
→ **Gualterus ⟨Compendiensis⟩**

Gualterus ⟨de Sancto Victore⟩
gest. ca. 1180
Tusculum-Lexikon; LThK; LMA,VIII,2000/01
Galterus ⟨de Sancto Victore⟩
Gautier ⟨de Saint-Victor⟩
Gautier ⟨Prieur de Saint-Victor⟩
Gualterus ⟨Sancti Victoris Parisiensis⟩
Sancto Victore, Gualterus ¬de¬
Walter ⟨von Sankt Viktor⟩
Walterus ⟨de Sancto Victore⟩

Gualterus ⟨de Swinborn⟩
→ **Galfredus ⟨le Baker⟩**

Gualterus ⟨de Uxbrigge⟩
um 1324/27
Quaestiones super librum Physicorum
Lohr
Gualterus ⟨de Uxbridge⟩
Gualterus ⟨de Uxobruxe⟩
Gualterus ⟨de Woxbrygge⟩
Uxbrigge, Gualterus ¬de¬
Woxbrygge, Gualterus ¬de¬

Gualterus ⟨de Valle Scholarum⟩
um 1273
Schneyer,II,120
Gautier ⟨de Val des Ecoliers⟩
Val des Ecoliers, Gautier ¬de¬
Valle Scholarum, Gualterus ¬de¬

Gualterus ⟨de Vernia⟩
→ **Gualterus ⟨de Wervia⟩**

Gualterus ⟨de Walma⟩
15. Jh.
Commentarius in libros Ethicorum; Identität mit Gualterus ⟨de Wervia⟩ umstritten
Lohr
Galterius ⟨de Walma⟩
Walma, Gualterus ¬de¬

Gualterus ⟨de Wervia⟩
gest. ca. 1472
Expositio Porphyrii cum quaestionibus; Quaestiones libri De anima; Identität mit Gualterus ⟨de Walma⟩ umstritten
Lohr
Gualterus ⟨de Merula⟩
Gualterus ⟨de Verenea⟩
Gualterus ⟨de Vernia⟩
Gualterus ⟨de Warnia⟩
Gualterus ⟨de Wernia⟩
Walter ⟨de Vernia⟩
Wervia, Gualterus ¬de¬

Gualterus ⟨de Winterbourne⟩
gest. 1305 · OP
Sermones ad clerum et coram rege
Schneyer,II,120
Gautier ⟨de Winterborne⟩
Gautier ⟨de Winterbourn⟩
Gualterus ⟨Anglicus⟩
Gualterus ⟨Cardinalis⟩
Gualterus ⟨de Winterburn⟩
Gualterus ⟨Winterbornus⟩
Winterbornus, Gualterus
Winterbourne, Gualterus ¬de¬

Gualterus ⟨de Witlesey⟩
um 1321
Historia coenobii Burgensis ab a. 1246-1321
Potth. 1105
Gautier ⟨de Whittlesey⟩
Gautier ⟨Moine à Peterborough⟩
Walterus ⟨de Whytleseye⟩
Whytleseye, Walterus ¬de¬
Witlesey, Gualterus ¬de¬

Gualterus ⟨de Woxbrygge⟩
→ **Gualterus ⟨de Uxbrigge⟩**

Gualterus ⟨della Flamma⟩
14. Jh. · OP
Epistula missa imperatori Henrico
Kaeppeli,II,60
DellaFlamma, Gualterus
Flamma, Gualterus ¬della¬
Gualterus ⟨della Fiamma⟩

Gualterus ⟨Dervensis⟩
12. Jh.
Epistolae
Potth.
Gautier ⟨de Dervy⟩
Gautier ⟨of Montier-en-Der⟩
Gualterus ⟨of Montier-en-Der⟩
Walter ⟨of Dervy⟩
Walterus ⟨Dervensis⟩

Gualterus ⟨Disse⟩
gest. 1404 · OCarm
In quosdam ex primis Psalmis collectanea ex S. Augustino et Anselmo
Stegmüller, Repert. bibl. 2360; Stegmüller, Repert. sentent. 269
Disse, Gualterus
Galterus ⟨Disse⟩
Gautier ⟨de Diss⟩
Gautier ⟨de Dysse⟩
Gualterius ⟨Disse⟩
Gualterus ⟨de Disso⟩
Gualterus ⟨Dissaeus⟩
Gualterus ⟨Dissus⟩
Gualterus ⟨Distius⟩

Gualterus ⟨Eckehardus⟩
→ **Eccardus ⟨de Uraugia⟩**

Gualterus ⟨Episcopus⟩
→ **Gualterus ⟨Aurelianensis⟩**
→ **Gualterus ⟨Magolonensis⟩**
→ **Gualterus ⟨Meldensis⟩**

Gualterus ⟨Eston⟩
→ **Gualterus ⟨Hestonius⟩**

Gualterus ⟨Eveshamensis⟩
→ **Gualterus ⟨Odendunus⟩**

Gualterus ⟨Excestrensis⟩
→ **Gualterus ⟨de Excestria⟩**

Gualterus ⟨Gallus⟩
→ **Gualterus ⟨Cancellarius⟩**

Gualterus ⟨Gathonus⟩
→ **Gualterus ⟨de Chatton⟩**

Gualterus ⟨Gisburnensis⟩
gest. 1347
Chronica de gestis regum Angliae; Historia de rebus gestis Edvardi I.
Potth.; LMA,IV,1789
Gualterus ⟨de Hemingford⟩
Gualterus ⟨Hemengoburghus⟩
Gualterus ⟨Hemingford⟩
Guisborough, Walter ¬von¬
Hemingburgh, Gualterus ¬de¬
Hemingburgh, Walter ¬de¬
Hemingford, Gualterus ¬de¬
Hemingford, Walter ¬de¬
Hemingsburgh, Walter
Walter ⟨d'Hemingburgh⟩
Walter ⟨d'Hemingford⟩
Walter ⟨of Gisburn⟩
Walter ⟨of Guisborough⟩
Walter ⟨of Hemingford⟩
Walter ⟨von Guisborough⟩
Walterus ⟨de Gisburn⟩
Walterus ⟨de Hemingburgh⟩
Walterus ⟨de Hemingsburgh⟩
Walterus ⟨Emingforthensis⟩
Walterus ⟨Gisburnensis⟩
Walterus ⟨Hemengoburgus⟩

Gualterus ⟨Hemengoburghus⟩
→ **Gualterus ⟨Gisburnensis⟩**

Gualterus ⟨Hemingford⟩
→ **Gualterus ⟨Gisburnensis⟩**

Gualterus ⟨Hestonius⟩
um 1350 · OCarm
Quaestiones de anima
Lohr
Galterius ⟨Eston⟩
Galterius ⟨Heston⟩
Gautier ⟨d'Heston⟩
Gualterus ⟨Eston⟩
Gualterus ⟨Heston⟩
Gualterus ⟨Keso⟩
Gualterus ⟨Nestonus⟩
Heston, Gautier ¬d'¬
Heston, Walter ¬de¬
Hestonius, Gualterus
Walter ⟨de Heston⟩

Gualterus ⟨Hunocurtensis⟩
11. Jh. · OSB
Epistulae
Cpl 1361
Galterius ⟨Hunocurtensis⟩
Gautier ⟨de Honnecourt⟩
Walter ⟨de Honnecourt⟩
Walter ⟨von Honnecourt⟩

Gualterus ⟨Huntus⟩
gest. 1478 · OCarm
Enarrationes Evangeliorum libri IV; Contra Graecorum articulos; De processu sacri Consilii
Stegmüller, Repert. bibl. 2361-2362; LMA,VIII,1454
Galterus ⟨Hunte⟩
Gautier ⟨Hunt⟩
Gualterus ⟨Hunte⟩
Gualterus ⟨Venantius⟩
Hunt, Gautier
Hunt, Walter
Huntus, Gualterus
Venantius, Gualterus
Walter ⟨Hunt⟩

Gualterus ⟨Insulanus⟩
→ **Gualterus ⟨de Castellione⟩**
→ **Gualterus ⟨Magolonensis⟩**

Gualterus ⟨Iorsius⟩
gest. 1311 · OP
In primos Psalmos Davidicos
Stegmüller, Repert. bibl. 2363
Gautier ⟨de Jorz⟩
Gualterus ⟨Anglicus⟩
Gualterus ⟨de Jorz⟩
Gualterus ⟨Iorgius⟩
Gualterus ⟨Iorzius⟩
Gualterus ⟨Iossius⟩
Gualterus ⟨Jorsius⟩
Gualterus ⟨Joyce⟩
Iorsius, Gualterus
Jorz, Gautier ¬de¬
Walter ⟨de Jorz⟩
Walter ⟨Joyce⟩

Gualterus ⟨Joyce⟩
→ **Gualterus ⟨Iorsius⟩**

Gualterus ⟨Keso⟩
→ **Gualterus ⟨Hestonius⟩**

Gualterus ⟨Magolonensis⟩
gest. ca. 1130
Epistula ad Lambertum Atrebatensem episcopum; Epistula ad Robertum praepositum Insulanum
CSGL; IRHT
Gautier ⟨de Lille⟩
Gautier ⟨de Maguélonne⟩
Gautier ⟨of Maguélone⟩
Gualterus ⟨de Insulis⟩
Gualterus ⟨Episcopus⟩
Gualterus ⟨Insulanus⟩
Gualterus ⟨Maguelonensis⟩
Gualterus ⟨Praepositus⟩

Gualterus ⟨Maioris Monasterii⟩
→ **Gualterus ⟨Compendiensis⟩**

Gualterus ⟨Malus Clericus⟩
→ **Gualterus ⟨Mauclerk⟩**

Gualterus ⟨Map⟩
→ **Map, Walter**

Gualterus ⟨Marvisius⟩
→ **Gualterus ⟨Tornacensis⟩**

Gualterus ⟨Mauclerk⟩
gest. 1248 · OP
Testimonium de sanctitate Edmundi de Abingdon, archiep. Cantuarien.
Kaeppeli,II,61; LMA,VI,406
Gautier ⟨Mauclerc⟩
Gualterus ⟨Anglus⟩
Gualterus ⟨Carleolensis⟩
Gualterus ⟨Malus Clericus⟩
Gualterus ⟨Mauclerc⟩
Gualterus ⟨Mauclerck⟩
Mauclearcus, Gualterus
Mauclerk, Gualterus

Gualterus ⟨Meldensis⟩
gest. 1082
CSGL
Gautier ⟨de Meaux⟩
Gautier ⟨Saveyr⟩
Gualterus ⟨de Meaux⟩
Gualterus ⟨Episcopus⟩
Saveyr ⟨Spirensis⟩

Gualterus ⟨Metensis⟩
→ **Gautier ⟨de Metz⟩**

Gualterus ⟨Monachus⟩
→ **Gualterus ⟨Compendiensis⟩**

Gualterus ⟨Murner⟩
um 1367/70
Pönitentiarie-Formularsammlung
Gualterus ⟨de Argentina⟩
Gualterus ⟨de Mundrachingen⟩
Murner, Gualterus
Murner, Walter
Walter ⟨Murner⟩
Walter ⟨Murner von Strassburg⟩
Walter ⟨Murner von Straßburg⟩
Walter ⟨von Munderkingen⟩
Walter ⟨von Strassburg⟩
Walter ⟨von Straßburg⟩
Walterus ⟨Canonicus Ecclesiae Beronensis⟩
Walterus ⟨de Argentina⟩
Walterus ⟨de Argentina, alias de Mundrachingen⟩
Walterus ⟨de Mundrachingen⟩
Walterus ⟨Mundrachingensis⟩

Gualterus ⟨Nestonus⟩
→ **Gualterus ⟨Hestonius⟩**

Gualterus ⟨Odendunus⟩
13./14. Jh. · OSB
De motibus planetarum
LThK; Potth.; LMA,VIII,1999/2000
Gautier ⟨d'Evesham⟩
Gualterus ⟨Eveshamensis⟩
Gualterus ⟨Odingtonus⟩
Odendunus, Gualterus
Odington, Gautier
Odington, Walter
Walter ⟨d'Evesham⟩
Walter ⟨Eveshamiae⟩
Walter ⟨Monachus⟩
Walter ⟨Odington⟩
Walter ⟨of Odington⟩
Walter ⟨von Odington⟩

Gualterus ⟨Odingtonus⟩
→ **Gualterus ⟨Odendunus⟩**

Gualterus ⟨of Château-Thierry⟩
→ **Gualterus ⟨de Castro Theodorici⟩**

Gualterus ⟨of Montier-en-Der⟩
→ **Gualterus ⟨Dervensis⟩**

Gualterus ⟨of Orléans⟩
→ **Gualterus ⟨Aurelianensis⟩**

Gualterus ⟨of Palermo⟩
→ **Gualterus ⟨Anglicus⟩**

Gualterus ⟨of Sens⟩
→ **Gualterus ⟨Cornutus⟩**

Gualterus ⟨Ophamilius⟩
→ **Gualterus ⟨Anglicus⟩**

Gualterus ⟨Panormitanus⟩
→ **Gualterus ⟨Anglicus⟩**

Gualterus ⟨Pictaviensis⟩
→ **Gualterus ⟨de Brugis⟩**

Gualterus ⟨Praepositus⟩
→ **Gualterus ⟨Magolonensis⟩**

Gualterus ⟨Sancti Victoris Parisiensis⟩
→ **Gualterus ⟨de Sancto Victore⟩**

Gualterus ⟨Scotus de Parisiis⟩
ca. 15. Jh.
Quaestiones metaphysicae
Lohr
Gualterus ⟨de Parisiis⟩
Gualterus ⟨Scotus⟩
Parisiis, Gualterus ¬de¬
Scotus, Gualterus
Scotus de Parisiis, Gualterus

Gualterus ⟨Senonensis⟩
→ **Gualterus ⟨Cornutus⟩**
→ **Walterus ⟨Senonensis⟩**

Gualterus ⟨Spirensis⟩
ca. 965 – ca. 1031
Tusculum-Lexikon; Potth.; LMA,VIII,2003/04
Gautier ⟨de Spire⟩
Gualtiero ⟨di Spira⟩
Walter ⟨von Speier⟩
Walter ⟨von Speyer⟩
Walterus ⟨Spirensis⟩
Walther ⟨von Speyer⟩
Waltherus ⟨Spirensis⟩

Gualterus ⟨Tervanensis⟩
gest. ca. 1130
Potth.
Galbertus ⟨Archidiaconus⟩
Galterus ⟨Teruanensis⟩
Gautier ⟨de Thérouanne⟩
Gualterus ⟨Archidiaconus⟩
Gualterus ⟨Canonicus⟩
Gualterus ⟨Tarvanensis⟩
Gualterus ⟨Tarvannensis⟩
Gualterus ⟨Tarwannensis⟩
Walter ⟨de Thérouanne⟩
Walterus ⟨Archidiaconus⟩
Walterus ⟨Teruanensis⟩
Walterus ⟨Tervanensis⟩

Gualterus ⟨Theologus⟩
→ **Gualterus ⟨de Castellione⟩**

Gualterus ⟨Tornacensis⟩
gest. 1251
Gautier ⟨de Marvis⟩
Gautier ⟨de Tournay⟩
Gautier ⟨of Tournay⟩
Gualterus ⟨Marvisius⟩

Gualterus ⟨Venantius⟩
→ **Gualterus ⟨Huntus⟩**

Gualterus ⟨von Châtillon⟩
→ **Gualterus ⟨de Castellione⟩**

Gualterus ⟨Winterbornus⟩
→ **Gualterus ⟨de Winterbourne⟩**

Gualterus, Philippus
→ **Gualterus ⟨de Castellione⟩**

Gualtherus ⟨...⟩
→ **Gualterus ⟨...⟩**

Gualtieri, Lorenzo Spirito
→ **Spirito, Lorenzo**

Gualtiero ⟨Anglico⟩
→ **Gualterus ⟨Anglicus⟩**

Gualtiero ⟨di Châtillon⟩
→ **Gualterus ⟨de Castellione⟩**

Gualtiero ⟨di Spira⟩
→ **Gualterus ⟨Spirensis⟩**

Guamba ⟨Rex Visigothorum⟩
→ **Wamba ⟨Westgotenreich, König⟩**

Guarda, Estevan ¬da¬
→ **Estevan ⟨da Guarda⟩**

Guardavalle, Antonius ¬de¬
→ **Antonius ⟨de Guardavalle⟩**

Guardnerius ⟨Bononiensis⟩
→ **Irnerius ⟨Bononiensis⟩**

Guaricus ⟨de Sancto Quentino⟩
→ **Guerricus ⟨de Sancto Quintino⟩**

Guaricus ⟨Flandrensis⟩
→ **Guerricus ⟨de Sancto Quintino⟩**

Guarimpotus
→ **Gariopontus**
→ **Guarimpotus ⟨Neapolitanus⟩**

Guarimpotus ⟨Monachus⟩
→ **Guarimpotus ⟨Neapolitanus⟩**

Guarimpotus ⟨Neapolitanus⟩
10. Jh.
Passiones; Translatio S. Athanasii episcopi Neapolitani; Vita S. Athanasii episcopi Neapolitani maior; nicht identisch mit Gariopontus (um 1040/72)
Rep.Font. V,258
Guarimpotus
Guarimpotus ⟨de Naples⟩
Guarimpotus ⟨Hagiographe⟩
Guarimpotus ⟨Monachus⟩
Neapolitanus, Guarimpotus

Guarin ⟨de Saint-Victor⟩
→ **Guarinus ⟨de Sancto Victore⟩**

Guarin, François
→ **Garin, François**

Guarini ⟨da Verona⟩
→ **Guarinus ⟨Veronensis⟩**

Guarini, Baptista
→ **Guarini, Giovanni Battista**
→ **Guarinus ⟨Veronensis⟩**

Guarini, Francesco
→ **Garin, François**

Guarini, Giovanni Battista
1435 – 1505
Baptista ⟨Guarinus⟩
Battista ⟨Guarini⟩
Colato, Serafino
Giovanni Battista ⟨Guarini⟩
Guarini, Baptista
Guarini, Baptiste
Guarini, Giambattista
Guarini, Gian Battista
Guarinus, Baptista
Guarinus, Battista
Guarinus, Johannes
Johannes Baptista ⟨Guarinus⟩

Guarini, Guarino
→ **Guarinus ⟨Veronensis⟩**

Guarini, Silvestre
→ **Guarino, Silvestro**

Guarino ⟨da Verona⟩
→ **Guarinus ⟨Veronensis⟩**

Guarino ⟨Guarini⟩
→ **Guarinus ⟨Veronensis⟩**

Guarino, Silvestro
um 1450/1500
Diario
Rep.Font. V,260
Guarini, Silvestre
Silvestre ⟨Guarini⟩
Silvestro ⟨Guarino⟩

Guarinus ⟨a Sancto Victore⟩
→ **Guarinus ⟨de Sancto Victore⟩**

Guarinus ⟨de Giaco⟩
→ **Garinus ⟨de Giaco⟩**

Guarinus ⟨de Sancto Victore⟩
um 1172
Epistolae
Rep.Font. V,261; DOC,1,887/888
Garin ⟨de Sainte-Geneviève⟩
Garin ⟨de Saint-Victor à Paris⟩
Guarin ⟨de Saint-Victor⟩
Guarinus ⟨a Sancto Victore⟩
Guarinus ⟨Abbas Sancti Victoris Parisiensis⟩
Guarinus ⟨Parisiensis⟩
Guarinus ⟨Sancti Victoris Parisiensis Abbas⟩
Guérin ⟨de Saint-Victor⟩
Sancto Victore, Guarinus ¬de¬

Guarinus ⟨de Verona⟩
→ **Guarinus ⟨Veronensis⟩**

Guarinus ⟨Parisiensis⟩
→ **Guarinus ⟨de Sancto Victore⟩**

Guarinus ⟨Veronensis⟩
1374 – 1460
Tusculum-Lexikon
Guarini ⟨da Verona⟩
Guarini ⟨Veronese⟩
Guarini, Baptista
Guarini, Guarino
Guarino ⟨da Verona⟩
Guarino ⟨de Vérone⟩
Guarino ⟨di Verona⟩
Guarino ⟨Guarini⟩
Guarino ⟨Veronensis⟩
Guarino ⟨Veronese⟩
Guarinus ⟨de Verona⟩
Guarinus ⟨von Verona⟩
Varius ⟨Veronensis⟩

Guarinus, Battista
→ **Guarini, Giovanni Battista**

Guaripotus
→ **Gariopontus**

Guaritius
→ **Gauritius**

Guarneglie, Antonio ¬de'¬
um 1495
Vielleicht Verf. von Cronaca della città di Perugia a. 1309 - 1494
Rep.Font. V,261; III,407
Antonio ⟨de'Guarneglie⟩
Antonio ⟨de'Guarnelli⟩
De'Guarneglie, Antonio
Guarnelli, Antonio ¬de'¬

Guarnerius ⟨Basiliensis⟩
→ **Warnerius ⟨Basiliensis⟩**

Guarnerius ⟨Bononiensis⟩
→ **Irnerius ⟨Bononiensis⟩**

Guarnerus ⟨de Rupeforti⟩
→ **Garnerius ⟨de Rupeforti⟩**

Guarnerus ⟨de Sancto Victore⟩
→ **Garnerius ⟨de Sancto Victore⟩**

Guarnerus ⟨Rolevinck⟩
→ **Rolevinck, Werner**

Guarnerus ⟨von Sankt Viktor⟩
→ **Garnerius ⟨de Sancto Victore⟩**

Guarra, Guglielmo
→ **Guilelmus ⟨de Wara⟩**

Guasconi, Zenobius ¬de¬
→ **Zenobius ⟨de Guasconi⟩**

Guaso ⟨Leodiensis⟩
→ **Wazo ⟨Leodiensis⟩**

Guastaferris, Paulus ¬de¬
→ **Paulus ⟨de Guastaferris⟩**

Guazzalotti, Giovanni
14. Jh.
Lamento per la morte di Pietro Gambacorta
Rep.Font. V,261
Giovanni ⟨di Ridolfo Guazzalotti⟩
Giovanni ⟨Guazzalotti⟩
Guazzalotti, Giovanni di Ridolfo

Ğubbā'ī, Abū-'Alī Muḥammad Ibn-'Abd-al-Wahhāb ¬al-¬
→ **Ğubbā'ī, Muḥammad Ibn-'Abd-al-Wahhāb ¬al-¬**

Ğubbā'ī, Muḥammad Ibn-'Abd-al-Wahhāb ¬al-¬
849 – 915
Abū 'Alī al-Djubbā'ī
Abū 'Alī al-Jubbā'ī
Abū-'Alī al-Ğubbā'ī, Muḥammad Ibn-'Abd-al-Wahhāb ¬al-¬
Al-Jubbā'ī, Abū 'Alī
Djubbā'ī, Muḥammad Ibn 'Abd al-Wahhāb
Ğubbā'ī, Abū-'Alī Muḥammad Ibn-'Abd-al-Wahhāb ¬al-¬
Ibn-'Abd-al-Wahhāb, Muḥammad al-Ğubbā'ī
Jubbā'ī, Muḥammad Ibn 'Abd al-Wahhāb
Muḥammad Ibn-'Abd-al-Wahhāb al-Ğubbā'ī

Gubbio, Bosone ¬da¬
→ **Bosone ⟨da Gubbio⟩**

Gubbio, Guerriero ¬da¬
→ **Guerriero ⟨da Gubbio⟩**

Gubbio, Theobald ¬von¬
→ **Theobaldus ⟨Eugubinus⟩**

Guben, Johann ¬von¬
→ **Johann ⟨von Guben⟩**

Gubin, Nicolaus ¬de¬
→ **Nicolaus ⟨de Gubin⟩**

Ğubriyāl ⟨Alexandria, Patriarch, II.⟩
→ **Gabriel ⟨Bābā, II.⟩**

Gucci, Giorgio
um 1379/83
Viaggio ai luoghi santi
Rep.Font. V,261
Georges ⟨Gucci⟩
Georges ⟨Gucci de Florence⟩
Giorgio ⟨Gucci⟩
Gucci, Georges

Gude, Thomas
→ **Thomas ⟨de Docking⟩**

Gudelina ⟨Ostgotenreich, Königin⟩
6. Jh.
Briefe in den Variae des Cassiodor
Cpl 896
Gudelina ⟨Regina⟩
Gudeline ⟨Epouse de Théodat⟩

Gudinus ⟨Luxoviensis⟩
um 1004/24
Planctus rythmicus super morte Constantii monachi Luxoviensis
Rep.Font. V,262; DOC,1,888
Gudin ⟨de Lisieux⟩
Gudin ⟨de Luxeuil⟩
Gudin ⟨Poète⟩
Gudinus
Gudinus ⟨Monachus Luxoviensis⟩

Gueldre, Sueder ¬de¬
→ **Sueder ⟨de Culenburch⟩**

Guelfe ⟨Bavière, Duc, VI.⟩
→ **Welf ⟨Spoleto, Herzog⟩**

Guelfe ⟨Corse, Prince⟩
→ **Welf ⟨Spoleto, Herzog⟩**

Guelfe ⟨Sardaigne, Prince⟩
→ **Welf ⟨Spoleto, Herzog⟩**

Guelfe ⟨Spolète, Duc, VI.⟩
→ **Welf ⟨Spoleto, Herzog⟩**

Guelfe ⟨Toscane, Marquis⟩
→ **Welf ⟨Spoleto, Herzog⟩**

Guelff ⟨Bayern, Herzog⟩
→ **Welf ⟨Spoleto, Herzog⟩**

Guelpedalus, Rogerus
→ **Rogerus ⟨Whelpdale⟩**

Gülşehri
14. Jh.
Ahmed Gülşehri
Gülschehrī
Şeyh Süleyman
Süleyman ⟨Şeyh⟩

Guenricus ⟨Virdunensis⟩
→ **Winricus ⟨Treverensis⟩**

Günter ⟨Schwarzburg, Graf, XXI.⟩
→ **Günther ⟨Römisch-Deutsches Reich, König, Gegenkönig⟩**

Günther ⟨aus Ligurien⟩
→ **Guntherus ⟨Parisiensis⟩**

Günther ⟨der Dichter⟩
→ **Guntherus ⟨Parisiensis⟩**

Günther ⟨Mosspach⟩
→ **Günther ⟨von Mosbach⟩**

Günther ⟨Römisch-Deutsches Reich, König, Gegenkönig⟩
1303 – 1349
LMA,IV,1794
Gontier ⟨Schwarzbourg, Conte, XXI.⟩
Günter ⟨Schwarzburg, Graf, XXI.⟩
Günther ⟨Schwarzburg, Graf, XXI.⟩
Günther ⟨von Schwarzburg⟩
Günther ⟨von Schwarzburg-Blankenburg⟩
Guntherus ⟨Bellicosus⟩
Schwarzburg, Günther ¬von¬

Günther ⟨Schwarzburg, Graf, XXI.⟩
→ **Günther ⟨Römisch-Deutsches Reich, König, Gegenkönig⟩**

Günther ⟨von dem Forste⟩
13. Jh.
6 Lieder
VL(2),3,313/315
Forste, Günther ¬von dem¬
Günther ⟨von dem Vorste⟩

Günther ⟨von dem Vorste⟩
→ **Günther ⟨von dem Forste⟩**

Günther ⟨von Mosbach⟩
Lebensdaten nicht ermittelt
Die pehemisch irrung
VL(2),3,315
Günther ⟨Mosspach⟩
Günther ⟨von Mosspach⟩
Mosbach, Günther ¬von¬
Mosspach, Günther

Günther ⟨von Paris⟩
→ **Guntherus ⟨Parisiensis⟩**

Günther ⟨von Schwarzburg⟩
→ **Günther ⟨Römisch-Deutsches Reich, König, Gegenkönig⟩**

Güntzel, Nickel
gest. 1426
Korrespondenz; chronikale Aufzeichnungen
VL(2),3,325
Nickel ⟨Güntzel⟩

Günzburg, Matthias ¬von¬
→ **Matthias ⟨von Günzburg⟩**

Guerau, Joan
15. Jh.
Obra de Nostra Dona
Rep.Font. V,263
Joan ⟨Guerau⟩

Guérin ⟨de Plaisance⟩
→ **Guerinus ⟨Placentinus⟩**

Guérin ⟨de Saint-Victor⟩
→ **Guarinus ⟨de Sancto Victore⟩**

Guérin, Hardouin de Fontaines-
→ **Hardouin ⟨de Fontaines-Guérin⟩**

Guerinus ⟨Placentinus⟩
ca. 1243 – ca. 1322
Chronicon Placentinum (1289-1322)
Rep.Font. V,263
Guérin ⟨de Plaisance⟩
Placentinus, Guerinus

Guernerus ⟨de Sancto Quentino⟩
→ **Guerricus ⟨de Sancto Quintino⟩**

Guernerus ⟨Flandrensis⟩
→ **Guerricus ⟨de Sancto Quintino⟩**

Guernerus ⟨Sancti Blasii⟩
→ **Wernerus ⟨de Sancto Blasio⟩**

Guernes ⟨de Pont-Sainte-Maxence⟩
12. Jh.
Garnier ⟨de Pont-Sainte-Maxence⟩
Pont-Sainte-Maxence, Guernes ¬de¬

Guerniero ⟨Berni⟩
→ **Guerriero ⟨da Gubbio⟩**

Guerno ⟨Suessionensis⟩
12. Jh.
Cpl 1724
Guerno ⟨Monachus Sancti Medardi⟩
Pseudo-Guerno ⟨Suessionensis⟩

Guerondus ⟨de Abbatisvilla⟩
→ **Gerardus ⟨de Abbatisvilla⟩**

Guerri ⟨de Siena⟩
→ **Bindus ⟨Senensis⟩**

Guerric ⟨Abbé⟩
→ **Guerricus ⟨Igniacensis⟩**

Guerric ⟨Bienheureux⟩
→ **Guerricus ⟨Igniacensis⟩**

Guerric ⟨de Clairvaux⟩
→ **Guerricus ⟨Igniacensis⟩**

Guerric ⟨de Saint-Martin⟩
→ **Guerricus ⟨Igniacensis⟩**

Guerric ⟨de Saint-Quentin⟩
→ **Guerricus ⟨de Sancto Quintino⟩**

Guerric ⟨de Tournai⟩
→ **Guerricus ⟨Igniacensis⟩**

Guerric ⟨d'Igny⟩
→ **Guerricus ⟨Igniacensis⟩**

Guerric ⟨Dominicain⟩
→ **Guerricus ⟨de Sancto Quintino⟩**

Guerric ⟨Moine⟩
→ **Guerricus ⟨Igniacensis⟩**

Guerric ⟨of Igny⟩
→ **Guerricus ⟨Igniacensis⟩**

Guerric ⟨of Saint-Quentin⟩
→ **Guerricus ⟨de Sancto Quintino⟩**

Guerric ⟨Provincial de France⟩
→ **Guerricus ⟨de Sancto Quintino⟩**

Guerric ⟨von Igny⟩
→ **Guerricus ⟨Igniacensis⟩**

Guerrici de Hoyo, Lambertus
→ **Lambertus ⟨Guerrici de Hoyo⟩**

Guerrico ⟨Beato⟩
→ **Guerricus ⟨Igniacensis⟩**

Guerrico ⟨de Igny⟩
→ **Guerricus ⟨Igniacensis⟩**

Guerricus ⟨Abbas⟩
→ **Guerricus ⟨Igniacensis⟩**

Guerricus ⟨Beatus⟩
→ **Guerricus ⟨Igniacensis⟩**

Guerricus ⟨Cisterciensis⟩
→ **Guerricus ⟨Igniacensis⟩**

Guerricus ⟨Claraevallensis⟩
→ **Guerricus ⟨Igniacensis⟩**

Guerricus ⟨de Sancto Quintino⟩
gest. 1245 · OP
Quaestiones disputatae super Sententias; De muliere forti; Cant.; etc.
Stegmüller, Repert. sentent. 272-275; Stegmüller, Repert. bibl. 2665-2727; Schneyer,II,247
Garricus ⟨de Sancto Quentino⟩
Garricus ⟨Flandrensis⟩
Gauricus ⟨de Sancto Quentino⟩
Gauricus ⟨Flandrensis⟩
Gauricus ⟨Magister⟩
Gerricus ⟨de Sancto Quentino⟩
Gerricus ⟨Flandrensis⟩
Guaricus ⟨de Sancto Quentino⟩
Guaricus ⟨Flandrensis⟩
Guernerus ⟨de Sancto Quentino⟩
Guernerus ⟨Flandrensis⟩
Guerric ⟨de Saint-Quentin⟩
Guerric ⟨Dominicain⟩
Guerric ⟨of Saint-Quentin⟩
Guerric ⟨Provincial de France⟩
Guerricus ⟨de Saint-Quentin⟩
Guerricus ⟨de Sancto Quentino⟩
Guerricus ⟨Dominicanus⟩
Guerricus ⟨Flandrensis⟩
Guerricus ⟨von Sankt Quentin⟩
Guerwicus ⟨de Sancto Quentino⟩
Pseudo-Guerricus ⟨de Sancto Quentino⟩
Pseudo-Guerricus ⟨de Sancto Quintino⟩
Sancto Quintino, Guerricus ¬de¬
Werricus ⟨de Sancto Quentino⟩
Werricus ⟨Flandrensis⟩

Guerricus ⟨de Tornaco⟩
→ **Guerricus ⟨Igniacensis⟩**

Guerricus ⟨Dominicanus⟩
→ **Guerricus ⟨de Sancto Quintino⟩**

Guerricus ⟨Flandrensis⟩
→ **Guerricus ⟨de Sancto Quintino⟩**

Guerricus ⟨Igniacensis⟩
gest. 1151 · OCist
App. Pauli
Stegmüller, Repert. bibl. 2736-2739; Schneyer,II,248
Guerric ⟨Abbé⟩
Guerric ⟨Abbot⟩
Guerric ⟨Bienheureux⟩
Guerric ⟨de Clairvaux⟩
Guerric ⟨de Saint-Martin⟩
Guerric ⟨de Tournai⟩
Guerric ⟨d'Igny⟩
Guerric ⟨Moine⟩
Guerric ⟨of Igny⟩
Guerric ⟨von Igny⟩
Guerrico ⟨Beato⟩
Guerrico ⟨de Igny⟩
Guerricus ⟨Abbas⟩
Guerricus ⟨Abbot⟩
Guerricus ⟨Beatus⟩
Guerricus ⟨Cisterciensis⟩
Guerricus ⟨Claraevallensis⟩
Guerricus ⟨de Tornaco⟩
Guerricus ⟨of Igny⟩
Guerricus ⟨Tornacensis⟩
Guerricus ⟨von Igny⟩
Pseudo-Guerricus ⟨de Tornaco⟩
Werricho ⟨de Tornaco⟩
Werricho ⟨von Igny⟩

Guerricus ⟨Tornacensis⟩
→ **Guerricus ⟨Igniacensis⟩**

Guerricus ⟨von Sankt Quentin⟩
→ **Guerricus ⟨de Sancto Quintino⟩**

Guerriero ⟨da Gubbio⟩
gest. 1481
Cronaca dall'anno MCCCL all'anno MCCCCLXXVII
Rep.Font. V,265
Berni, Guernieri
Berni, Guerniero
Gubbio, Guerriero ¬da¬
Guernieri ⟨Berni⟩
Guerniero ⟨Berni⟩
Guerriero ⟨Ser da Gubbio⟩

Guerriscus de Viterbio, Johannes
→ **Johannes ⟨Guerriscus de Viterbio⟩**

Guerrucci, Dominicus
→ **Dominicus ⟨Guerrucci⟩**

Gürtler, Konrad
um 1460
Aufzeichnung des Zeugs 1462
VL(2),3,327
Konrad ⟨Gürtler⟩

Guerwicus ⟨...⟩
→ **Guerricus ⟨...⟩**

Guess, Johannes
→ **Geuß, Johannes**

Guetiis, Guido ¬de¬
→ **Guido ⟨de Guetiis⟩**

Guettinus ⟨Augiensis⟩
→ **Wettinus ⟨Augiensis⟩**

Guevardus ⟨...⟩
→ **Gebhardus ⟨...⟩**

Ǧu'fī, al-Mufaḍḍal Ibn-'Umar ¬al-¬
→ **Mufaḍḍal Ibn-'Umar al-Ǧu'fī ¬al-¬**

Guglielmo ⟨Alnwick⟩
→ **Guilelmus ⟨Alaunovicanus⟩**

Guglielmo ⟨Amidani da Cremona⟩
→ **Guilelmus ⟨de Cremona⟩**

Guglielmo ⟨Becchi⟩
→ **Guilelmus ⟨Becchi⟩**

Guglielmo ⟨Benjamin⟩
→ **Guglielmo ⟨Ebreo⟩**

Guglielmo ⟨Buser⟩
→ **Guilelmus ⟨Buser⟩**

Guglielmo ⟨Cassinese⟩
→ **Guilelmus ⟨Casinensis⟩**

Guglielmo ⟨Centuari⟩
→ **Guilelmus ⟨de Centueriis⟩**

Guglielmo ⟨Cortusi⟩
→ **Guilelmus ⟨Cortusius⟩**

Guglielmo ⟨Corvi⟩
→ **Guilelmus ⟨Brixiensis⟩**

Guglielmo ⟨da Brescia⟩
→ **Guilelmus ⟨Brixiensis⟩**

Guglielmo ⟨da Cremona⟩
→ **Guilelmus ⟨de Cremona⟩**

Guglielmo ⟨da Lucca⟩
→ **Guilelmus ⟨Lucensis⟩**

Guglielmo ⟨da Pastrengo⟩
→ **Guilelmus ⟨de Pastregno⟩**

Guglielmo ⟨da Pesaro⟩
→ **Guglielmo ⟨Ebreo⟩**

Guglielmo ⟨da Piacenza⟩
→ **Guilelmus ⟨de Saliceto⟩**

Guglielmo ⟨da Saliceto⟩
→ **Guilelmus ⟨de Saliceto⟩**

Guglielmo ⟨da Sarzano⟩
→ **Guilelmus ⟨de Sarzano⟩**

Guglielmo ⟨da Tripoli⟩
→ **Guilelmus ⟨Tripolitanus⟩**

Guglielmo ⟨da Varignana⟩
→ **Guilelmus ⟨Varignana⟩**

Guglielmo ⟨d'Accursio⟩
→ **Accursius, Guilelmus**

Guglielmo ⟨d'Alvernia⟩
→ **Guilelmus ⟨Arvernus⟩**

Guglielmo ⟨de Corvi da Brescia⟩
→ **Guilelmus ⟨Brixiensis⟩**

Guglielmo ⟨de Grimoard⟩
→ **Urbanus ⟨Papa, V.⟩**

Guglielmo ⟨de la Tor⟩
→ **Guilhem ⟨de la Tor⟩**

Guglielmo ⟨de Perno⟩
→ **Guilelmus ⟨de Perno⟩**

Guglielmo ⟨de Villano⟩
→ **Guilelmus ⟨de Cremona⟩**

Guglielmo ⟨del Magro⟩
→ **Giraldi, Guglielmo**

Guglielmo ⟨di Auxerre⟩
→ **Guilelmus ⟨Altissiodorensis⟩**

Guglielmo ⟨di Baglione⟩
→ **Guilelmus ⟨de Baliona⟩**

Guglielmo ⟨di Blois⟩
→ **Guilelmus ⟨Blesensis⟩**

Guglielmo ⟨di Champeaux⟩
→ **Guilelmus ⟨de Campellis⟩**

Guglielmo ⟨di Conches⟩
→ **Guilelmus ⟨de Conchis⟩**

Guglielmo ⟨di Grenoble⟩
→ **Guilelmus ⟨Grationopolitanus⟩**

Guglielmo ⟨di Hirsau⟩
→ **Guilelmus ⟨Hirsaugiensis⟩**

Guglielmo ⟨di Lucca⟩
→ **Guilelmus ⟨Lucensis⟩**

Guglielmo ⟨di Malmesbury⟩
→ **Guilelmus ⟨Malmesburiensis⟩**

Guglielmo ⟨di Moerbeke⟩
→ **Guilelmus ⟨de Moerbeka⟩**

Guglielmo ⟨di Occam⟩
→ **Ockham, Guilelmus ¬de¬**

Guglielmo ⟨di Poitiers⟩
→ **Guillaume ⟨Aquitaine, Duc, VIIII.⟩**

Guglielmo ⟨di Puglia⟩
→ **Guilelmus ⟨Apuliensis⟩**

Guglielmo ⟨di San Teodorico⟩
→ **Guilelmus ⟨de Sancto Theodorico⟩**

Guglielmo ⟨di Signi⟩
→ **Guilelmus ⟨de Sancto Theodorico⟩**

Guglielmo ⟨di Tiro⟩
→ **Guilelmus ⟨de Tyro⟩**

Guglielmo ⟨di Zeraldi⟩
→ **Giraldi, Guglielmo**

Guglielmo ⟨Ebreo⟩
ca. 1420 – ca. 1485
De pratica seu arte tripudii; Trattato dell'arte del ballo; jüd. Abstammung, nach Übertritt zum Christentum 1463/65: Ambrosio, Giovanni
Potth.; Riemann
Ambrosio, Giovanni
Ebreo, Guglielmo
Giovanni ⟨Ambrosio⟩
Guglielmo ⟨Benjamin⟩
Guglielmo ⟨da Pesaro⟩
Guglielmo ⟨Ebreo of Pesaro⟩
Guglielmo ⟨Ebreo Pesarese⟩
Guglielmo ⟨Hebreo da Pesaro⟩
Guglielmo ⟨il Ebreo da Pesaro⟩
Guglielmo ⟨Pesarese⟩
Guglielmo ⟨the Hebrew⟩
Guillaume ⟨de Pesaro⟩
Pesaro, Guglielmo ¬da¬

Guglielmo ⟨Farineri⟩
→ **Guilelmus ⟨Farinerii⟩**

Guglielmo ⟨Giraldi⟩
→ **Giraldi, Guglielmo**

Guglielmo ⟨Guarra⟩
→ **Guilelmus ⟨de Wara⟩**

Guglielmo ⟨il Vescovo⟩
→ **Guilelmus ⟨Lucensis⟩**

Guglielmo ⟨Lampugnani⟩
→ **Guilelmus ⟨de Lampugnano⟩**

Guglielmo ⟨Perno⟩
→ **Guilelmus ⟨de Perno⟩**

Guglielmo ⟨Pesarese⟩
→ **Guglielmo ⟨Ebreo⟩**

Guglielmo ⟨Sicilia, Re, III.⟩
12. Jh.
CSGL; LMA,IX,134
Wilhelm ⟨Sizilien, König, III.⟩

Guglielmo ⟨the Hebrew⟩
→ **Guglielmo ⟨Ebreo⟩**

Guglielmo ⟨Vallace⟩
→ **Wallace, William**

Guglielmo ⟨Varignana⟩
→ **Guilelmus ⟨Varignana⟩**

Guglielmo ⟨Ventura⟩
→ **Ventura, Guilelmus**

Guglielmo, Pietro
→ **Petrus ⟨Guillermus⟩**

Guglielmus ⟨...⟩
→ **Guilelmus ⟨...⟩**

Gugugeya, Martinus ¬de¬
→ **Martinus ⟨de Gugugeya⟩**

Gui ⟨...⟩
→ **Guy ⟨...⟩**

Guiard ⟨de Laon⟩
→ **Guiardus ⟨Laudunensis⟩**

Guiard ⟨de Trois-Fontaines⟩
→ **Gerardus ⟨de Tribus Fontibus⟩**

Guiard ⟨des Moulins⟩
→ **Guiart ⟨des Moulins⟩**

Guiardus ⟨de Laon⟩
→ **Guiardus ⟨Laudunensis⟩**

Guiardus ⟨de Tribus Fontibus⟩
→ **Gerardus ⟨de Tribus Fontibus⟩**

Guiardus ⟨Laudunensis⟩
ca. 1170 – 1248
Quaestiones theologicae; Praecepta synodalia diocesis Cameracensis
LMA,IV,1768; Schneyer,II,253; VL(2),3,295/299
Gilon ⟨de Laon⟩
Gui ⟨de Laon⟩
Guiard ⟨de Laon⟩
Guiard ⟨von Laon⟩
Guiardus ⟨de Laon⟩
Guy ⟨de Laon⟩

Guiart ⟨des Moulins⟩
ca. 1251 – 1313
DesMoulins, Guiart
Guiard ⟨des Moulins⟩
Guyart ⟨des Moulins⟩
Moulins, Guiart ¬des¬

Guiart, Guillaume
→ **Guillaume ⟨Guiart⟩**

Guibaldus ⟨Cameracensis⟩
gest. 965
Ludus clericalis
CSGL
Guiboldus ⟨Cameracensis⟩
Wibald ⟨de Cambrai⟩
Wibald ⟨of Arras⟩
Wibald ⟨of Cambrai⟩
Wibaldus ⟨Cameracensis⟩
Wibaldus ⟨of Cambray⟩
Wibold ⟨de Cambrai⟩
Wiboldus ⟨Cameracensis⟩
Wiboldus ⟨de Levin⟩

Guibaldus ⟨Corbeiensis⟩
→ **Wibaldus ⟨Stabulensis⟩**

Guibaldus ⟨Leodiensis⟩
→ **Wibaldus ⟨Stabulensis⟩**

Guibaldus ⟨Stabulensis⟩
→ **Wibaldus ⟨Stabulensis⟩**

Guibert ⟨de Florennes⟩
→ **Guibertus ⟨Gemblacensis⟩**

Guibert ⟨de Gembloux⟩
→ **Guibertus ⟨Gemblacensis⟩**

Guibert ⟨de Nogent⟩
→ **Guibertus ⟨de Novigento⟩**

Guibert ⟨de Nogent-sous-Coucy⟩
→ **Guibertus ⟨de Novigento⟩**

Guibert ⟨de Parme⟩
→ **Clemens ⟨Papa, III., Antipapa⟩**

Guibert ⟨de Ravenne⟩
→ **Clemens ⟨Papa, III., Antipapa⟩**

Guibert ⟨de Sainte-Marie de Nogent⟩
→ **Guibertus ⟨de Novigento⟩**

Guibert ⟨de Toul⟩
→ **Wibertus ⟨Tullensis⟩**

Guibert ⟨de Tournai⟩
→ **Gilbertus ⟨Tornacensis⟩**

Guibert ⟨of Gembloux⟩
→ **Guibertus ⟨Gemblacensis⟩**

Guibert ⟨of Nogent-sous-Coucy⟩
→ **Guibertus ⟨de Novigento⟩**

Guibert ⟨of Toul⟩
→ **Wibertus ⟨Tullensis⟩**

Guibert ⟨the Archdeacon⟩
→ **Wibertus ⟨Tullensis⟩**

Guibert ⟨von Nogent⟩
→ **Guibertus ⟨de Novigento⟩**

Guibert ⟨von Tournai⟩
→ **Gilbertus ⟨Tornacensis⟩**

Guibertus ⟨Abbas⟩
→ **Guibertus ⟨de Novigento⟩**
→ **Guibertus ⟨Gemblacensis⟩**

Guibertus ⟨d'As-Pies⟩
→ **Gilbertus ⟨Tornacensis⟩**

Guibertus ⟨de Moriel Porte⟩
→ **Gilbertus ⟨Tornacensis⟩**

Guibertus ⟨de Novigento⟩
1033 – 1124
Tusculum-Lexikon; LThK; Potth.; LMA,IV,1768/69
Gilbertus ⟨de Novigento⟩
Gilbertus ⟨Novigentinus⟩
Guibert ⟨de Nogent⟩
Guibert ⟨de Nogent-sous-Coucy⟩
Guibert ⟨de Sainte-Marie de Nogent⟩
Guibert ⟨of Nogent-sous-Coucy⟩
Guibert ⟨von Nogent⟩
Guibertus ⟨Abbas⟩
Guibertus ⟨Monasterii Sanctae Mariae Novigenti⟩
Guibertus ⟨Novigentensis⟩
Guibertus ⟨Novigentinus⟩
Guitbertus ⟨Abbas Sanctae Mariae Novigenti⟩
Nogent, Guibert ¬de¬
Novigento, Guibertus ¬de¬
Wibert ⟨von Nogent⟩
Wibertus ⟨de Nogent⟩
Wibertus ⟨de Novigento⟩

Guibertus ⟨de Tornaco⟩
→ **Gilbertus ⟨Tornacensis⟩**

Guibertus ⟨Florinensis⟩
→ **Guibertus ⟨Gemblacensis⟩**

Guibertus ⟨Gemblacensis⟩
1124 – ca. 1213 · OSB
CSGL; Potth.; LMA,IX,58
Gilbertus ⟨Gemblacensis⟩
Guibert ⟨de Florennes⟩
Guibert ⟨de Gembloux⟩
Guibert ⟨of Gembloux⟩
Guibertus ⟨Abbas⟩
Guibertus ⟨Florinensis⟩
Guibertus ⟨Martini⟩
Guibertus ⟨Sanctus⟩
Martini, Guibertus
Wibert ⟨von Gembloux⟩
Wilbertus ⟨Gemblacensis⟩

Guibertus ⟨Martini⟩
→ **Guibertus ⟨Gemblacensis⟩**

Guibertus ⟨Monasterii Sanctae Mariae Novigenti⟩
→ **Guibertus ⟨de Novigento⟩**

Guibertus ⟨Novigentensis⟩
→ **Guibertus ⟨de Novigento⟩**

Guibertus ⟨Parmensis⟩
→ **Clemens ⟨Papa, III., Antipapa⟩**

Guibertus ⟨Sancti Amandi⟩
→ **Gislebertus ⟨Elnonensis⟩**

Guibertus ⟨Sanctus⟩
→ **Guibertus ⟨Gemblacensis⟩**

Guibertus ⟨Tornacensis⟩
→ **Gilbertus ⟨Tornacensis⟩**

Guibertus ⟨Tullensis⟩
→ **Wibertus ⟨Tullensis⟩**

Guiboldus ⟨Cameracensis⟩
→ **Guibaldus ⟨Cameracensis⟩**

Guicbodus
→ **Wigbodus**

Guicboldus
→ **Wibaldus ⟨Stabulensis⟩**

Guicciardini, Luigi
ca. 1336 – 1402
Libro di ricordanze
Rep.Font., V,271; LUI
Guicciardini, Louis
Guicciardini, Luigi di Piero di Ghino
Louis ⟨Guicciardini⟩
Luigi ⟨di Piero di Ghino Guicciardini⟩
Luigi ⟨Guicciardini⟩

Guicciardini, Piero di Luigi di Piero
1370 – 1441
Ricordanze
Rep.Font. V,272
Guicciardini, Piero
Piero ⟨di Luigi di Piero Guicciardini⟩
Piero ⟨Guicciardini⟩

Guicennas
13. Jh.
De arte bersandi
Tusculum-Lexikon
Guicennans
Guicennas ⟨Miles Teutonicus⟩

Guichard ⟨de Beaulieu⟩
12. Jh.
Beaulieu, Guichard ¬de¬
Guichard ⟨de Beaujeu⟩
Guichart ⟨de Beaujeu⟩
Guichart ⟨de Beaulieu⟩
Guischart ⟨de Beauliu⟩
Guischart ⟨von Beaulieu⟩

Guichard ⟨de Lyon⟩
→ **Guichardus ⟨Lugdunensis⟩**

Guichard ⟨de Pontigny⟩
→ **Guichardus ⟨Lugdunensis⟩**

Guichardus ⟨Lugdunensis⟩
um 1080/1112
CSGL; LMA,IX,113
Guichard ⟨de Lyon⟩
Guichard ⟨de Pontigny⟩
Guichard ⟨of Lyon⟩
Guichard ⟨von Lyon⟩
Guichardus ⟨Abbas⟩
Guichardus ⟨Archiepiscopus⟩
Vicardus ⟨Lugdunensis⟩
Wicardus ⟨Lugdunensis⟩
Wilchard ⟨von Lyon⟩

Guichart ⟨de Beaujeu⟩
→ **Guichard ⟨de Beaulieu⟩**

Guidbertus ⟨...⟩
→ **Guibertus ⟨...⟩**

Guidi, Jacopo d'Albizzotto
→ **Jacopo ⟨d'Albizzotto Guidi⟩**

Guidi, Tommaso ¬dei¬
→ **Masaccio**

Guidi, Ubertus
→ **Ubertus ⟨Guidi⟩**

Guidini, Cristoforo
um 1362
Leggende di santi ridotte in rime; Memorie
Rep.Font. V,274
Christofano ⟨Guidini⟩
Cristofano ⟨di Galgano Guidini⟩
Cristoforo ⟨di Gano⟩
Cristoforo ⟨di Gano Guidini⟩
Cristoforo ⟨Guidini⟩
Guidini, Christofano
Guidini, Cristofano di Galgano
Guidini, Cristoforo di Gano

Guidinus ⟨Papiensis⟩
→ **Dondinus ⟨Papiensis⟩**

Guido ⟨Abaifius⟩
→ **Guido ⟨de Baisio⟩**

Guido ⟨Abbas⟩
→ **Guido ⟨Altissiodorensis⟩**
→ **Guido ⟨de Caro Loco⟩**
→ **Guido ⟨Farfensis⟩**
→ **Jouenneaux, Guy**

Guido ⟨Altissiodorensis⟩
gest. 1313
Gesta abbatum S. Germani Autissiodorensis (989 – 1277)
Rep.Font. V,280
Burgundus, Guido
Guido ⟨Abbas⟩
Guido ⟨Autissiodorensis⟩
Guido ⟨Burgundus⟩
Guido ⟨of Saint Germain's⟩
Guido ⟨Sancti Germani⟩
Guido ⟨von Auxerre⟩
Guy ⟨de Munois⟩
Guy ⟨de Saint-Germain⟩
Guy ⟨d'Auxerre⟩

Guido ⟨Ambianensis⟩
gest. 1076
Tusculum-Lexikon; CSGL; Potth.
Guido ⟨Episcopus⟩
Guido ⟨von Amiens⟩
Guido ⟨von Ponthieu⟩
Guy ⟨de Ponthieu⟩
Guy ⟨d'Amiens⟩
Wido ⟨Ambianensis⟩
Wido ⟨von Amiens⟩

Guido ⟨Anglicus⟩
→ **Guido ⟨de Marchia⟩**

Guido ⟨Aquensis⟩
um 1328 · OP
Sermones de dominicis et de sanctis
Kaeppeli,II,70

Guido ⟨Archidiaconus⟩
→ **Guido ⟨de Baisio⟩**

Guido ⟨Archiepiscopus⟩
→ **Guido ⟨de Castellione⟩**

Guido ⟨Aretinus⟩
ca. 992 – ca. 1033 · OSB
Micrologus; Epistola de ignoto cantu; Tractatus correctorius (= Pseudo-Guido ⟨Aretinus⟩)
Tusculum-Lexikon; LThK; CSGL; LMA,IV,1772/73
Aretinus, Guido
Guido ⟨Arretinus⟩
Guido ⟨Augiensis⟩
Guido ⟨de Sancto Mauro⟩
Guido ⟨d'Arezzo⟩
Guido ⟨Musicus⟩
Guido ⟨Sanctae Crucis⟩
Guido ⟨Sancti Benedicti⟩
Guido ⟨von Arezzo⟩
Guidon ⟨Aretinus⟩
Guy ⟨d'Arezze⟩
Guy ⟨d'Arezzo⟩
Pseudo-Guido ⟨Aretinus⟩
Wido ⟨Aretinus⟩
Wido ⟨Monachus⟩

Guido ⟨Aretinus, Iunior⟩
12. Jh.
Liber mitis
LMA,IV,1773
Aretinus, Guido
Guido ⟨Aretinus⟩
Guido ⟨von Arezzo, der Jüngere⟩

Guido ⟨Argentensis⟩
→ **Guido ⟨Vernani⟩**

Guido ⟨Ariminensis⟩
→ **Guido ⟨Vernani⟩**

Guido ⟨Augiensis⟩
→ **Guido ⟨Aretinus⟩**

Guido ⟨Autissiodorensis⟩
→ **Guido ⟨Altissiodorensis⟩**

Guido ⟨Baisius⟩
→ **Guido ⟨de Baisio⟩**

Guido ⟨Bergomensis⟩
→ **Guido ⟨de Carraria⟩**

Guido ⟨Bobiensis⟩
→ **Guido ⟨Farfensis⟩**

Guido ⟨Boloniensis⟩
→ **Guido ⟨de Bolonia⟩**

Guido ⟨Bonactus⟩
→ **Guido ⟨Bonatus⟩**

Guido ⟨Bonatus⟩
gest. 1297
Tusculum-Lexikon; CSGL; LMA,II,402
Bonati, Guido
Bonatti, Guido
Bonattus, Guido
Bonatus, Guido
Guido ⟨Bonactus⟩
Guido ⟨Bonatti⟩
Guido ⟨de Bononia⟩
Guido ⟨de Forlivio⟩
Guido ⟨von Forlì⟩
Guy ⟨de Forlì⟩

Guido ⟨Bononiensis⟩
→ **Guido ⟨de Guetiis⟩**
→ **Guido ⟨Faba⟩**

Guido ⟨Briansonis⟩
→ **Gerardus ⟨de Brianson⟩**

Guido ⟨Briansonis⟩
um 1488
Briançon, Guy ¬de¬
Brianson, Guy ¬de¬
Briansonis, Guido
Guido ⟨de Briançon⟩
Guy ⟨de Briançon⟩
Guy ⟨de Brianson⟩

Guido ⟨Burgundus⟩
→ **Guido ⟨Altissiodorensis⟩**

Guido ⟨Cantor⟩
→ **Guido ⟨de Bazochiis⟩**

Guido ⟨Capello⟩
→ **Capello, Guido**

Guido ⟨Cari Loci⟩
→ **Guido ⟨de Caro Loco⟩**

Guido ⟨Carmelita⟩
→ **Guido ⟨Terrena⟩**

Guido ⟨Carthusianus⟩
→ **Guigo ⟨de Castro⟩**

Guido ⟨Casinensis⟩
12. Jh.
Visio Alberici; Vita Heinrici Imp.
Potth.; Rep.Font. V,280
Guido ⟨Presbyter⟩
Guido ⟨von Monte Cassino⟩
Guy ⟨de Mont-Cassin⟩

Guido ⟨Catalaunensis⟩
→ **Guido ⟨de Bazochiis⟩**

Guido ⟨Cauliacus⟩
→ **Guido ⟨de Cauliaco⟩**

Guido ⟨Cavalcanti⟩
→ **Cavalcanti, Guido**

Guido ⟨Cisterciensis⟩
→ **Guido ⟨de Elemosina⟩**

Guido ⟨Claromontensis⟩
→ **Guido ⟨de Turre⟩**

Guido ⟨Clericus Caerimoniarum⟩
→ **Guido ⟨de Busco⟩**

Guido ⟨Cluniacensis⟩
gest. 1310 · OSB
Schneyer,II,319
Guido ⟨de Cluny⟩
Guido ⟨de Pernes⟩

Guido ⟨Colonna⟩
→ **Guido ⟨de Columnis⟩**

Guido ⟨Concordiensis⟩
→ **Guido ⟨de Baisio⟩**

Guido ⟨Cremensis⟩
→ **Paschalis ⟨Papa, III., Antipapa⟩**

Guido ⟨da Mugello⟩
→ **Angelico ⟨Fra⟩**

Guido ⟨da Pisa⟩
um 1337 · OCarm
Fiore d'Italia
LUI; Rep.Font. V,282
Guido ⟨a Pisa⟩
Guido ⟨Pisanus⟩
Guido ⟨Sodalis⟩
Guido ⟨von Pisa⟩
Guy ⟨de Pise⟩
Pisa, Guido ¬da¬

Guido ⟨da Suzzara⟩
→ **Guido ⟨de Susaria⟩**

Guido ⟨da Vigevano⟩
→ **Guido ⟨de Vigevano⟩**

Guido ⟨d'Arezzo⟩
→ **Guido ⟨Aretinus⟩**

Guido ⟨de Ancona⟩
Lebensdaten nicht ermittelt
Summa Distinctionum
Stegmüller, Repert. bibl. 2753
Ancona, Guido ¬de¬

Guido ⟨de Ariminio⟩
→ **Guido ⟨Vernani⟩**

Guido ⟨de Baifo⟩
→ **Guido ⟨de Baisio⟩**

Guido ⟨de Baisio⟩
gest. ca. 1313
LThK; LMA,IV,1774
Baisio, Guido ¬de¬
Baysio, Guido ¬de¬
Bayso, Guido ¬de¬
Guido ⟨Abaifius⟩
Guido ⟨Archidiaconus⟩
Guido ⟨Baisius⟩
Guido ⟨Concordiensis⟩
Guido ⟨de Baifo⟩
Guido ⟨de Baysio⟩
Guido ⟨de Bayso⟩
Guido ⟨von Baiso⟩
Guy ⟨de Baiso⟩

Guido ⟨de Basainvilla⟩
um 1243
Epistolae
Rep.Font. V,278
Basainvilla, Guido ¬de¬
Guido ⟨de Bassainvilla⟩
Guy ⟨de Basainville⟩

Guido ⟨de Basochis⟩
→ **Guido ⟨de Bazochiis⟩**

Guido ⟨de Bassainvilla⟩
→ **Guido ⟨de Basainvilla⟩**

Guido ⟨de Baysio⟩
→ **Guido ⟨de Baisio⟩**

Guido ⟨de Bazochiis⟩
gest. 1203
Tusculum-Lexikon; LThK; Potth.; LMA,IV,1774/75
Bazochiis, Guido ¬de¬
Guido ⟨Cantor⟩
Guido ⟨Catalaunensis⟩
Guido ⟨de Basochis⟩
Guido ⟨de Bazochis⟩
Guido ⟨Sancti Stephani⟩
Guido ⟨von Bazoches⟩
Guido ⟨von Chalons⟩
Guy ⟨de Bazoches⟩
Guy ⟨de Bazochiis⟩
Guy ⟨de Saint-Etienne⟩

Guido ⟨de Bolonia⟩
ca. 1320 – 1373
Schneyer,II,318
Bolonia, Guido ¬de¬
Guido ⟨Boloniensis⟩
Guido ⟨de Boulogne⟩
Guy ⟨de Boulogne⟩

Guido ⟨de Bononia⟩
→ **Guido ⟨Bonatus⟩**

Guido ⟨de Briançon⟩
→ **Guido ⟨Briansonis⟩**

Guido ⟨de Busco⟩
um 1404/31
Responsiones ad quedam dubia circa papales ceremonias sibi mota
Rep.Font. IV,152
Busco, Guido ¬de¬
DelBosco, Guido
Guido ⟨Clericus Caerimoniarum⟩
Guido ⟨de Busco⟩
Guido ⟨del Bosco⟩

Guido ⟨de Caillat⟩
→ **Guido ⟨de Cauliaco⟩**

Guido ⟨de Cararia⟩
→ **Guido ⟨de Carraria⟩**

Guido ⟨de Caro Loco⟩
gest. ca. 1158
LThK; CSGL
Caro Loco, Guido ¬de¬
Guido ⟨Abbas⟩
Guido ⟨Cari Loci⟩
Guido ⟨von Cherlieu⟩
Guy ⟨de Cherlieu⟩

Guido ⟨de Carraria⟩
um 1399/1413 · OP
Sermones de sanctis et festis
Kaeppeli,II,70/71
Carraria, Guido ¬de¬
Guido ⟨Bergomensis⟩
Guido ⟨de Cararia⟩
Guido ⟨de Carraria Bergomensis⟩
Guido ⟨de Serina⟩

Guido ⟨de Castellione⟩
gest. ca. 1053
CSGL
Castellione, Guido ¬de¬
Guido ⟨Archiepiscopus⟩
Guido ⟨Remensis⟩
Guido ⟨von Châtillon⟩
Guido ⟨von Reims⟩
Guy ⟨de Châtillon⟩
Guy ⟨de Reims⟩

Guido ⟨de Castello⟩
→ **Coelestinus ⟨Papa, II.⟩**

Guido ⟨de Cauliaco⟩
gest. 1386
LMA,IV,1806/07
Cauliaco, Guido ¬de¬
Chauliac, Guy ¬de¬
Gauliaco, Guido ¬de¬
Guido ⟨Cauliacus⟩
Guido ⟨de Caillat⟩
Guido ⟨de Calliaco⟩
Guido ⟨de Chauliac⟩
Guido ⟨de Gauliaco⟩
Guido ⟨von Chauliac⟩
Guigo ⟨de Caulhiaco⟩
Guigo ⟨de Cauliaco⟩
Guy ⟨de Chauliac⟩
Guy ⟨de Chaulieu⟩

Guido ⟨de Cavalcantibus⟩
→ **Cavalcanti, Guido**

Guido ⟨de Chauliac⟩
→ **Guido ⟨de Cauliaco⟩**

Guido ⟨de Cluny⟩
→ **Guido ⟨Cluniacensis⟩**

Guido ⟨de Columna⟩
→ **Aegidius ⟨Romanus⟩**
→ **Guido ⟨de Columnis⟩**

Guido ⟨de Columnis⟩
ca. 1210 – ca. 1287
Historia destructionis Troiae; wahrscheinlich nicht identisch mit DelleColonne, Guido (um 1248/80)
Meyer; LMA,IV,1775
Colonna, Guido ¬de¬
Colonne, Guido ¬delle¬
Columna, Guido ¬de¬
Columnis, Guido ¬de¬
DelleColonne, Guido
Guido ⟨Colonna⟩
Guido ⟨de Colonna⟩
Guido ⟨de Columna⟩
Guido ⟨de Columpna⟩
Guido ⟨delle Colonne⟩

Guido ⟨de Corvaria⟩
gest. ca. 1294 · OFM
Libri memoriales (3)
Rep.Font. V,286
Corvaria, Guido ¬de¬
Guido ⟨de Vallechia⟩
Guy ⟨de Corvara⟩
Guy ⟨de Vallecchia⟩

Guido ⟨de Cypro⟩
gest. 1339 · OP
Dicta de paupertate Christi et apostolorum
Kaeppeli,II,71; Schönberger/Kible, Repertorium, 13094
Cypro, Guido ¬de¬
Guido ⟨Tyrensis et Arborensis Archiepiscopus⟩

Guido ⟨de Elemosina⟩
um 1256 · OCist
Stegmüller, Repert. sentent. 276
Elemosina, Guido ¬de¬
Guido ⟨Cisterciensis⟩
Guido ⟨de Eleemosina⟩
Guido ⟨de l'Aumône⟩
Guy ⟨de l'Aumône⟩

Guido ⟨de Ferrara⟩
→ **Capello, Guido**
→ **Guido ⟨Ferrariensis⟩**

Guido ⟨de Foligno⟩
geb. ca. 1300 · OFM
Sermones anniversarii festorum
Schneyer,II,365
Foligno, Guido ¬de¬
Gui ⟨de Foligno⟩
Guido ⟨Fulginas⟩
Guido ⟨Fulgineus⟩
Guy ⟨de Foligno⟩
Guy ⟨Prédicateur⟩

Guido ⟨de Forlivio⟩
→ **Guido ⟨Bonatus⟩**

Guido ⟨de Foulques⟩
→ **Clemens ⟨Papa, IV.⟩**

Guido ⟨de Gauliaco⟩
→ **Guido ⟨de Cauliaco⟩**

Guido ⟨de Grana⟩
13. Jh.
Grana, Guido ¬de¬
Grona, Guido ¬de¬
Gronna, Gui ¬de¬
Gui ⟨de Gronna⟩
Guido ⟨de Grona⟩
Guy ⟨Commentateur⟩
Guy ⟨de Grône⟩
Guy ⟨de Gronna⟩

Guido ⟨de Grona⟩
→ **Guido ⟨de Grana⟩**

Guido ⟨de Guenetiis⟩
→ **Guido ⟨de Guetiis⟩**

Guido ⟨de Guetiis⟩
um 1380 · OP
Commentarium in Ethica
Kaeppeli,II,74
Guetiis, Guido ¬de¬
Guido ⟨Bononiensis⟩
Guido ⟨de Guenetiis⟩
Guido ⟨de Guetiis Bononiensis⟩
Guido ⟨de Guezziis⟩
Guido ⟨Guetius⟩

Guido ⟨de la Tour du Pin⟩
→ **Guido ⟨de Turre⟩**

Guido ⟨de l'Aumône⟩
→ **Guido ⟨de Elemosina⟩**

Guido ⟨de Marchia⟩
um 1291 · OFM
Wahrscheinl. Verf. von „Disputatio mundi et religionis"
Schneyer,II,366
Gui ⟨de la Marche⟩
Guido ⟨Anglicus⟩
Guy ⟨de la Marche⟩
Marchia, Guido ¬de¬

Guido ⟨de Mesnil⟩
→ **Guido ⟨Ebroicensis⟩**

Guido ⟨de Monte Rocherii⟩
14. Jh.
CSGL
Guido ⟨de Monte Rotherii⟩
Guido ⟨de Monterocherio⟩
Guido ⟨von Montrocher⟩
Guy ⟨de Montrocher⟩
Monte Rocherii, Guido ¬de¬

Guido ⟨de Montpellier⟩
→ **Guido ⟨Montispessulani⟩**

Guido ⟨de Orchellis⟩
gest. 1225/33
Tusculum-Lexikon; LThK; LMA,IV,1776
Guido ⟨de Orchelles⟩
Guido ⟨von Orchelles⟩
Guy ⟨d'Orchuel⟩
Orchellis, Guido ¬de¬

Guido ⟨de Papia⟩
→ **Guido ⟨de Vigevano⟩**

Guido ⟨de Pernes⟩
→ **Guido ⟨Cluniacensis⟩**

Guido ⟨de Perpignan⟩
→ **Guido ⟨Terrena⟩**

Guido ⟨de Pileo⟩
→ **Capello, Guido**

Guido ⟨de Pinu⟩
→ **Guigo ⟨de Castro⟩**

Guido ⟨de Plantis⟩
→ **Aegidius ⟨Romanus⟩**

Guido ⟨de Rimini⟩
→ **Guido ⟨Vernani⟩**

Guido ⟨de Saint-Louis d'Evreux⟩
→ **Guido ⟨Ebroicensis⟩**

Guido ⟨de Samnaio⟩
→ **Guido ⟨de Vaux Cernai⟩**

Guido ⟨de Sancto Mauro⟩
→ **Guido ⟨Aretinus⟩**

Guido ⟨de Sarnaio⟩
→ **Guido ⟨de Vaux Cernai⟩**

Guido ⟨de Serina⟩
→ **Guido ⟨de Carraria⟩**

Guido ⟨de Stampis, OFM⟩
um 1273 · OFM
Schneyer,II,319
Guido ⟨de Stampis⟩
Guido ⟨d'Etampes⟩
Guy ⟨d'Etampes⟩
Guy ⟨d'Etampes, Franciscain⟩
Guy ⟨Franciscain, Prédicateur⟩
Guy ⟨Prédicateur Franciscain⟩
Stampis, Guido ¬de¬

Guido ⟨de Stampis, OP⟩
13. Jh. · OP
HLF XXVI, 399
Guido ⟨de Stampis⟩
Guy ⟨Dominicain, Prédicateur⟩
Guy ⟨d'Etampes⟩
Guy ⟨d'Etampes, Dominicain⟩
Guy ⟨Prédicateur Dominicain⟩
Stampis, Guido ¬de¬

Guido ⟨de Susaria⟩
gest. ca. 1270
Guido ⟨da Suzzara⟩
Guido ⟨de Suzaria⟩
Guido ⟨de Zusaria⟩
Guido ⟨Suzarius⟩
Guidone ⟨de Suzara⟩
Guy ⟨de Suzara⟩
Susaria, Guido ¬de¬
Suzaria, Guido ¬de¬
Zusaria, Guido ¬de¬
Zuzaria, Guido ¬de¬

Guido ⟨de Templo⟩
um 1272 · OFM
Schneyer,II,366
Gui ⟨du Temple⟩
Guy ⟨du Temple⟩
Templo, Guido ¬de¬

Guido ⟨de Terrena⟩
→ **Guido ⟨Terrena⟩**

Guido ⟨de Turre⟩
gest. 1286 · OP
Sermones plures
Schneyer,II,366
Gui ⟨de la Tour du Pin⟩
Guido ⟨Claromontensis⟩
Guido ⟨de la Tour du Pin⟩
Guido ⟨de Turre Claromontensis⟩
Guido ⟨de Turre Pinu⟩
Guy ⟨de la Tour du Pin⟩
Turre, Guido ¬de¬

Guido ⟨de Vallechia⟩
→ **Guido ⟨de Corvaria⟩**

Guido ⟨de Vaux Cernai⟩
gest. 1223 · OCist
Schneyer,II,366
Gui ⟨de Vaux-Cernay⟩
Guido ⟨de Samnaio⟩
Guido ⟨de Sarnaio⟩
Guido ⟨Vallium Sarnai⟩
Guy ⟨de Vaux-Cernay⟩
Vaux Cernai, Guido ¬de¬

Guido ⟨de Vigevano⟩
ca. 1280 – ca. 1345
Liber notabilium illustrissimi principis Philippi Francorum regis
Rep.Font. V,286; LMA,IV,1776
Guido ⟨da Vigevano⟩
Guido ⟨de Papia⟩
Guido ⟨Vigevanensis⟩
Guido ⟨von Vigevano⟩
Guy ⟨de Vigevano⟩
Vigevano, Guido ¬de¬

Guido ⟨de Zusaria⟩
→ **Guido ⟨de Susaria⟩**

Guido ⟨del Bosco⟩
→ **Guido ⟨de Busco⟩**

Guido ⟨delle Colonne⟩
→ **DelleColonne, Guido**
→ **Guido ⟨de Columnis⟩**

Guido ⟨d'Etampes⟩
→ **Guido ⟨de Stampis, ...⟩**

Guido ⟨d'Evreux⟩
→ **Guido ⟨Ebroicensis⟩**

Guido ⟨di Borgogna⟩
→ **Callistus ⟨Papa, II.⟩**

Guido ⟨di Filippo di Guidone dell'Antella⟩
→ **Filippi dell'Antella, Guido**

Guido ⟨di Pietro⟩
→ **Angelico ⟨Fra⟩**

Guido ⟨Duchastel⟩
→ **Guigo ⟨de Castro⟩**

Guido ⟨Ebroicensis⟩
um 1290/93 · OP
De clavibus divinae Sripturae
Stegmüller, Repert. bibl. 2757; Schneyer,II,319
Guido ⟨de Menilles⟩
Guido ⟨de Menilo⟩
Guido ⟨de Mesnil⟩
Guido ⟨de Mesnille⟩
Guido ⟨de Mesnillio⟩
Guido ⟨de Mesnillo⟩
Guido ⟨de Saint-Louis d'Evreux⟩
Guido ⟨d'Evreux⟩
Guido ⟨Gallicus⟩
Guido ⟨Gallus⟩
Guy ⟨de Saint-Louis d'Evreux⟩
Guy ⟨d'Evreux⟩
Pseudo-Guido ⟨Ebroicensis⟩

Guido ⟨Episcopus⟩
→ **Guido ⟨Ambianensis⟩**
→ **Guido ⟨Ferrariensis⟩**
→ **Guido ⟨Terrena⟩**

Guido ⟨Faba⟩
13. Jh.
LMA,IV,1775/76
Faba, Guido
Guido ⟨Bononiensis⟩
Guido ⟨Magister⟩
Guido ⟨Sancti Michaelis⟩

Guido ⟨Falcodius⟩
→ **Clemens ⟨Papa, IV.⟩**

Guido ⟨Farfensis⟩
11. Jh.
CSGL
Guido ⟨Abbas⟩
Guido ⟨Bobiensis⟩
Guido ⟨von Farfa⟩
Guy ⟨de Farfa⟩

Guido ⟨Ferrariensis⟩
11. Jh.
De schismate Hildebrandi
LMA,IX,70
Guido ⟨de Ferrara⟩
Guido ⟨Episcopus⟩
Guido ⟨of Ferrara⟩
Guido ⟨von Ferrara⟩
Guy ⟨de Ferrare⟩
Wido ⟨Ferrariensis⟩
Wido ⟨von Ferrara⟩

Guido ⟨Filippi dell'Antella⟩
→ **Filippi dell'Antella, Guido**

Guido ⟨Fulcodi⟩
→ **Clemens ⟨Papa, IV.⟩**

Guido ⟨Fulginas⟩
→ **Guido ⟨de Foligno⟩**

Guido ⟨Gallicus⟩
→ **Guido ⟨Ebroicensis⟩**

Guido ⟨Geographus⟩
→ **Guido ⟨Pisanus⟩**

Guido ⟨Grossus⟩
→ **Clemens ⟨Papa, IV.⟩**

Guido ⟨Guetius⟩
→ **Guido ⟨de Guetiis⟩**

Guido ⟨Guinizelli⟩
→ **Guinizelli, Guido**

Guido ⟨Imperatore⟩
→ **Guido ⟨Italia, Re⟩**

Guido ⟨Italia, Re⟩
um 889/94
Leges Langobardorum; Capitularia
Potth. 1113; LUI
Guido ⟨Imperatore⟩
Guido ⟨Spoleto, Duca, II.⟩
Guy ⟨Camerino, Duc⟩
Guy ⟨Empereur⟩

Guy ⟨Empereur Couronné⟩
Guy ⟨Italie, Roi⟩
Guy ⟨Spolète, Duc⟩
Wido ⟨Italia, Imperator⟩

Guido ⟨Iuvenalis⟩
→ **Jouenneaux, Guy**

Guido ⟨Lanfranchi⟩
→ **Lanfrancus ⟨Mediolanensis⟩**

Guido ⟨Langobardus⟩
→ **Guido ⟨Pisanus⟩**

Guido ⟨Lingonensis⟩
12. Jh.
Dialectica
Lohr

Guido ⟨Longobardus⟩
12. Jh.
Vermutl. Verf. des Catalogus regum Langobardorum et Italicorum Lombardi; evtl. ident. mit Guido ⟨Casinensis⟩
Rep.Font. V,282
Guy ⟨Lombard⟩
Longobardus, Guido

Guido ⟨Magister⟩
→ **Guido ⟨Faba⟩**

Guido ⟨Maiorcensis⟩
→ **Guido ⟨Terrena⟩**

Guido ⟨Marguetati⟩
um 1449/51 · OP
Summa naturalis philosophiae compendiosa
Lohr
Marguetati, Guido

Guido ⟨Montispessulani⟩
gest. ca. 1204/08
Regula Ordinis S. Spiritus de Saxia
Gui ⟨de Montpellier⟩
Guido ⟨de Montpellier⟩
Guido ⟨Montis-Pessulani⟩
Guido ⟨von Montpellier⟩
Guy ⟨de Montpellier⟩
Guy ⟨Fondateur des Hospitaliers du Saint-Esprit⟩
Montispessulani, Guido
Montpellier, Guido ¬von¬
Montpellier, Guido ¬de¬

Guido ⟨Musicus⟩
→ **Guido ⟨Aretinus⟩**

Guido ⟨of Ferrara⟩
→ **Guido ⟨Ferrariensis⟩**

Guido ⟨of Saint Germain's⟩
→ **Guido ⟨Altissiodorensis⟩**

Guido ⟨Orlandi⟩
→ **Orlandi, Guido**

Guido ⟨Osnabrugensis⟩
gest. 1101
Liber de controversia inter Hildebrandum et Heinricum imperatorem
Potth. 1113
Guy ⟨d'Osnabrück⟩
Wido ⟨Episcopus Osnabrugensis⟩
Wido ⟨Osnabrugensis⟩

Guido ⟨Papa⟩
gest. 1477
Franz. Jurist; Decisiones Parlamenti Delphinalis; Concilia; Singularia; etc.
LMA,VI,1663
Gui ⟨Pape⟩
Guido ⟨Romanus Episcopus⟩
Guidon ⟨de la Pape⟩
Guidone ⟨Papa⟩
Guy ⟨de la Pape⟩
Guy ⟨Pape⟩
LaPape, Guidon ¬de¬
LaPape, Guy ¬de¬
Papa, Guido
Papa, Guidone
Pape, Gui
Pape, Guy
Pape, Guy ¬de la¬

Guido ⟨Paratus⟩
→ **Paratus, Guido**

Guido ⟨Parisiensis⟩
→ **Guido ⟨Terrena⟩**

Guido ⟨Pisanus⟩
→ **Guido ⟨da Pisa⟩**

Guido ⟨Pisanus⟩
um 1119
Auszug aus der Kosmographie Geographus Ravennas (des Anonymus ⟨Ravennas⟩); Liber Guidonis; Notitia de terraemotu; Herkunft aus der Lombardei und Identität mit Guido ⟨Casinensis⟩ mitunter angenommen
Rep.Font. V,283; Tusculum-Lexikon; LMA,IV,1776
Guido ⟨Geographus⟩
Guido ⟨Langobardus⟩
Guido ⟨de Pise⟩
Pisanus, Guido

Guido ⟨Presbyter⟩
→ **Guido ⟨Casinensis⟩**

Guido ⟨Prior Carthusiae⟩
→ **Guigo ⟨Cartusianus⟩**

Guido ⟨Remensis⟩
→ **Guido ⟨de Castellione⟩**

Guido ⟨Romanus⟩
→ **Aegidius ⟨Romanus⟩**

Guido ⟨Romanus Episcopus⟩
→ **Guido ⟨Papa⟩**

Guido ⟨Sanctae Crucis⟩
→ **Guido ⟨Aretinus⟩**

Guido ⟨Sancti Benedicti⟩
→ **Guido ⟨Aretinus⟩**

Guido ⟨Sancti Germani⟩
→ **Guido ⟨Burgundus⟩**

Guido ⟨Sancti Michaelis⟩
→ **Guido ⟨Faba⟩**

Guido ⟨Sancti Stephani⟩
→ **Guido ⟨de Bazochiis⟩**

Guido ⟨Sodalis⟩
→ **Guido ⟨da Pisa⟩**

Guido ⟨Spoleto, Duca, II.⟩
→ **Guido ⟨Italia, Re⟩**

Guido ⟨Sudwicensis⟩
um 1190/1217
Tractatus de virtute confessionis et de quibusdam articulis eiusdem
Schönberger/Kible, Repertorium, 13099
Southwick, Guy ¬de¬
Guy ⟨de Southwick⟩

Guido ⟨Suzarius⟩
→ **Guido ⟨de Susaria⟩**

Guido ⟨Terrena⟩
ca. 1260 – 1342 · OCarm
LThK; CSGL; LMA,IV,1776
Guido ⟨Carmelita⟩
Guido ⟨de Perpignan⟩
Guido ⟨de Perpiniano⟩
Guido ⟨de Terrena⟩
Guido ⟨de Terrenis⟩
Guido ⟨Episcopus⟩
Guido ⟨Maiorcensis⟩
Guido ⟨Parisiensis⟩
Guido ⟨Terreni⟩
Guido ⟨Terreni de Perpignan⟩
Guido ⟨von Perpignan⟩
Guiu ⟨de Perpinyà⟩
Guiu ⟨Terrena⟩
Guy ⟨de Majorque⟩
Guy ⟨de Perpignan⟩
Guy ⟨Terreni⟩
Perpiniano, Guido ¬de¬
Terrena, Guido
Terreni, Guido
Terreni, Guy

Guido ⟨Tolosanus⟩
14. Jh. · OP
Regula mercatorum in vulgari, translata in Latinum
Kaeppeli,II,74/75; Schönberger/Kible, Repertorium, 13112
Guy ⟨de Toulouse⟩
Guy ⟨Tolosanus⟩
Tolosanus, Guido

Guido ⟨Tyrensis et Arborensis Archiepiscopus⟩
→ **Guido ⟨de Cypro⟩**

Guido ⟨Vallium Sarnai⟩
→ **Guido ⟨de Vaux Cernai⟩**

Guido ⟨Vernani⟩
gest. ca. 1344 · OP
Kaeppeli,II,76/78; LMA,VIII,1562
Guido ⟨Argentensis⟩
Guido ⟨Argommensis⟩
Guido ⟨Ariminensis⟩
Guido ⟨de Ariminio⟩
Guido ⟨de Arimino⟩
Guido ⟨de Rimini⟩
Guido ⟨Vernani de Ariminio⟩
Guido ⟨Vernanus⟩
Guido ⟨von Rimini⟩
Guido ⟨von Vergnano⟩
Guy ⟨Vernani⟩
Vernani, Guido
Vernanus, Guido

Guido ⟨Vicentinus de Ferrara⟩
→ **Capello, Guido**

Guido ⟨Vigevanensis⟩
→ **Guido ⟨de Vigevano⟩**

Guido ⟨von Amiens⟩
→ **Guido ⟨Ambianensis⟩**

Guido ⟨von Arezzo⟩
→ **Guido ⟨Aretinus⟩**

Guido ⟨von Arezzo, der Jüngere⟩
→ **Guido ⟨Aretinus, Iunior⟩**

Guido ⟨von Auxerre⟩
→ **Guido ⟨Altissiodorensis⟩**

Guido ⟨von Baiso⟩
→ **Guido ⟨de Baisio⟩**

Guido ⟨von Bazoches⟩
→ **Guido ⟨de Bazochiis⟩**

Guido ⟨von Burgund⟩
→ **Callistus ⟨Papa, II.⟩**

Guido ⟨von Chalons⟩
→ **Guido ⟨de Bazochiis⟩**

Guido ⟨von Châtillon⟩
→ **Guido ⟨de Castellione⟩**

Guido ⟨von Chauliac⟩
→ **Guido ⟨de Cauliaco⟩**

Guido ⟨von Cherlieu⟩
→ **Guido ⟨de Caro Loco⟩**

Guido ⟨von Città di Castello⟩
→ **Coelestinus ⟨Papa, II.⟩**

Guido ⟨von Crema⟩
→ **Paschalis ⟨Papa, III., Antipapa⟩**

Guido ⟨von Farfa⟩
→ **Guido ⟨Farfensis⟩**

Guido ⟨von Ferrara⟩
→ **Guido ⟨Ferrariensis⟩**

Guido ⟨von Forlì⟩
→ **Guido ⟨Bonatus⟩**

Guido ⟨von Monte Cassino⟩
→ **Guido ⟨Casinensis⟩**

Guido ⟨von Montpellier⟩
→ **Guido ⟨Montispessulani⟩**

Guido ⟨von Montrocher⟩
→ **Guido ⟨de Monte Rocherii⟩**

Guido ⟨von Orchelles⟩
→ **Guido ⟨de Orchellis⟩**

Guido ⟨von Perpignan⟩
→ **Guido ⟨Terrena⟩**

Guido ⟨von Pisa⟩
→ **Guido ⟨da Pisa⟩**

Guido ⟨von Ponthieu⟩
→ **Guido ⟨Ambianensis⟩**

Guido ⟨von Reims⟩
→ **Guido ⟨de Castellione⟩**

Guido ⟨von Rimini⟩
→ **Guido ⟨Vernani⟩**

Guido ⟨von Vergnano⟩
→ **Guido ⟨Vernani⟩**

Guido ⟨von Vigevano⟩
→ **Guido ⟨de Vigevano⟩**

Guido, Bernardus
→ **Bernardus ⟨Guidonis⟩**

Guidoctus ⟨Bononiensis⟩
→ **Guidotto ⟨da Bologna⟩**

Guidon ⟨de la Pape⟩
→ **Guido ⟨Papa⟩**

Guidone ⟨de Suzara⟩
→ **Guido ⟨de Susaria⟩**

Guidone ⟨Papa⟩
→ **Guido ⟨Papa⟩**

Guidonis, Bernardus
→ **Bernardus ⟨Guidonis⟩**

Guidonis, Petrus
→ **Petrus ⟨Guidonis⟩**

Guidonis Saltarelli, Simon
→ **Simon ⟨Guidonis Saltarelli⟩**

Guidotti ⟨de Badalo⟩
→ **Guidotto ⟨da Bologna⟩**

Guidotti, Galeotto
→ **Guidotto ⟨da Bologna⟩**

Guidotto ⟨da Bologna⟩
um 1278/81
Fiore de retorica
Rep.Font. V,287
Bologna, Guidotto ¬da¬
Bononia, Guidoctus ¬de¬
Galeoto ⟨da Bologna⟩
Galeotto ⟨Guidotti⟩
Galeotus ⟨de Bologna⟩
Guidoctus ⟨Bononiensis⟩
Guidoctus ⟨de Bononia⟩
Guidotti ⟨de Badalo⟩
Guidotti, Galeotto
Guidotto ⟨de Bologne⟩

Guidukindus ⟨Corbeiensis⟩
→ **Widukindus ⟨Corbeiensis⟩**

Guifeng ⟨Mönch⟩
→ **Zongmi**

Guifeng Zongmi
→ **Zongmi**

Guiffrey ⟨...⟩
→ **Geoffroy ⟨...⟩**

Guigandus ⟨Tharisiensis⟩
→ **Wigandus ⟨Tharisiensis⟩**

Guigo ⟨Cartusianus⟩
gest. ca. 1193
9. Prior der Grande Chartreuse; Scala claustralium (Epistola de vita contemplativa); Tractatus de contemplatione; Meditationes XII; Scala paradisi
LMA,IV,1777; Rep.Font.V,288/289
Cartusianus, Guigo
Guido ⟨Carthusiensis⟩
Guido ⟨Carthusiensis, II.⟩
Guido ⟨Prior Carthusiae⟩
Guigo ⟨Carthusianus⟩
Guigo ⟨Carthusiensis⟩
Guigo ⟨Carthusiensis, II.⟩
Guigo ⟨Cartusius⟩
Guigo ⟨der Jüngere⟩
Guigo ⟨II.⟩
Guigues ⟨le Chartreux⟩
Hugo ⟨Carthusianus⟩

Guigo ⟨de Castro⟩
1083 – 1137
5. Prior der Grande Chartreuse; Consuetudines Cartusiae; Vita S. Hugonis; 476 Meditationes; 9 Epistulae; Meditationes; Tonale; Reinheit des Herzens (Tagebuch)
LMA,IV,1776/77; Rep.Font.,V,287/288
Castro, Guigo ¬de¬
Gigo ⟨von Kastell⟩
Guido ⟨Carthusiae Maioris Prior⟩
Guido ⟨Carthusianus⟩
Guido ⟨de Pinu⟩
Guido ⟨Duchastel⟩
Guigo ⟨Carthusiae Maioris Prior⟩
Guigo ⟨Carthusiensis⟩
Guigo ⟨Carthusiensis, I.⟩
Guigo ⟨Cartusiensis⟩
Guigo ⟨Certosiano⟩
Guigo ⟨de Castro Novo⟩
Guigo ⟨de Pinu⟩
Guigo ⟨der Karthäuserprior⟩
Guigo ⟨du Chastel⟩
Guigo ⟨I.⟩
Guigo ⟨von Chastel⟩
Guigo ⟨von Kastell⟩
Guigue ⟨l'Ancien⟩
Guigues ⟨de la Grande-Chartreuse⟩
Guigues ⟨du Chastel⟩
Guigues ⟨du Châtel⟩
Guigues ⟨du Pin⟩
Guigues ⟨le Chartreux⟩
Wido ⟨de Castro⟩
Wigo ⟨de Castro⟩
Wigo ⟨de Pino⟩

Guigo ⟨de Cauliaco⟩
→ **Guido ⟨de Cauliaco⟩**

Guigo ⟨de Pinu⟩
→ **Guigo ⟨de Castro⟩**

Guigo ⟨de Ponte⟩
gest. 1297
Mönch der Grande Chartreuse; De contemplatione
Guigo ⟨Cartusianus⟩
Guigo ⟨du Pont⟩
Guigo ⟨III.⟩
Guigo ⟨Monachus⟩
Guigues ⟨du Pont⟩
Ponte, Guigo ¬de¬

Guigo ⟨der Jüngere⟩
→ **Guigo ⟨Cartusianus⟩**

Guigo ⟨du Chastel⟩
→ **Guigo ⟨de Castro⟩**

Guigo ⟨du Pont⟩
→ **Guigo ⟨de Ponte⟩**

Guigo ⟨Feuchtwangensis⟩
→ **Wigo ⟨de Feuchtwangen⟩**

Guigo ⟨I.⟩
→ **Guigo ⟨de Castro⟩**

Guigo ⟨II.⟩
→ **Guigo ⟨Cartusianus⟩**

Guigo ⟨III.⟩
→ **Guigo ⟨de Ponte⟩**

Guigo ⟨Monachus⟩
→ **Guigo ⟨de Ponte⟩**

Guigo ⟨Pheuhtwangensis⟩
→ **Wigo ⟨de Feuchtwangen⟩**

Guigo ⟨von Chastel⟩
→ **Guigo ⟨de Castro⟩**

Guigo ⟨von Kastell⟩
→ **Guigo ⟨de Castro⟩**

Guigue ⟨l'Ancien⟩
→ **Guigo ⟨de Castro⟩**

Guigues ⟨de Feuchtwangen⟩
→ **Wigo ⟨de Feuchtwangen⟩**

Guigues ⟨du Pin⟩
→ **Guigo ⟨de Castro⟩**

Guigues ⟨du Pont⟩
→ **Guigo ⟨de Ponte⟩**

Guigues ⟨le Chartreux⟩
→ **Guigo ⟨Cartusianus⟩**
→ **Guigo ⟨de Castro⟩**

Guihelm ⟨Aquitanien, Herzog, VIIII.⟩
→ **Guillaume ⟨Aquitaine, Duc, VIIII.⟩**

Guihelm ⟨Poitiers, Graf, VII.⟩
→ **Guillaume ⟨Aquitaine, Duc, VIIII.⟩**

Guilbertus ⟨...⟩
→ **Gilbertus ⟨...⟩**
→ **Guibertus ⟨...⟩**

Guildford, Nicholas ¬of¬
→ **Nicholas ⟨of Guildford⟩**

Guilelm ⟨Ter Gouw⟩
→ **Guilelmus ⟨de Gouda⟩**

Guilelmo ⟨...⟩
→ **Guglielmo ⟨...⟩**

Guilelmus ⟨a Sancto Theodorico⟩
→ **Guilelmus ⟨de Sancto Theodorico⟩**

Guilelmus ⟨a Thenis⟩
14./15. Jh. · OP
Commentarium in Sent. P. Lombardi
Kaeppeli,II,165
Guilelmus ⟨a Tienen⟩
Guilelmus ⟨Brabantus⟩
Guillaume ⟨de Thenis⟩
Guillaume ⟨de Tillemont⟩
Guillaume ⟨de Tirlemont⟩
Thenis, Guilelmus ¬a¬

Guilelmus ⟨Abbas⟩
→ **Guilelmus ⟨de Paraclito⟩**
→ **Guilelmus ⟨Episcopi⟩**

Guilelmus ⟨Abbas Orbacensis⟩
→ **Guilelmus ⟨Orbacensis⟩**

Guilelmus ⟨Abbas Sancti Germani de Pratis⟩
→ **Guilelmus ⟨Episcopi⟩**

Guilelmus ⟨Abselius de Breda⟩
gest. 1471 · OCart
Stegmüller, Repert. bibl. 2763-2765
Abselius, Guilelmus
Abselius de Breda, Guilelmus
Breda, Guilelmus ¬de¬
Guilelmus ⟨Abselius⟩
Guilelmus ⟨de Breda⟩
Guillaume ⟨de Absel⟩
Guillaume ⟨de Breda⟩
Guillaume ⟨van Absel⟩
Guillaume ⟨van Absel de Breda⟩
Willem ⟨Absel van Breda⟩

Guilelmus ⟨Accursius⟩
→ **Accursius, Guilelmus**

Guilelmus ⟨Achadensis Episcopus⟩
→ **Guilelmus ⟨Andreae⟩**

Guilelmus ⟨ad Albas Manus⟩
→ **Guilelmus ⟨de Campania⟩**

Guilelmus ⟨Adae⟩
um 1314/41 · OP
De modo Saracenos exstirpandi; Arbor caritatis; Directorium ad passagium faciendum
Kaeppeli,II,81/82; Schönberger/ Kible, Repertorium, 13233; Rep.Font. V,289
Adae, Guilelmus
Adam, Guillaume
Guilelmus ⟨Adam⟩
Guillaume ⟨Adam⟩
Guillaume ⟨Adam d'Antivari⟩
Pseudo-Guilelmus ⟨Adae⟩

Guilelmus ⟨Adam⟩
→ **Guilelmus ⟨Adae⟩**

Guilelmus ⟨Affligemensis⟩
→ **Guilelmus ⟨de Afflighem⟩**

Guilelmus ⟨Alaunovicanus⟩
1270 – 1333 · OFM
LThK; LMA,IX,161
Alaunovicanus, Guilelmus
Alnwick, Guilelmus ¬de¬
Alnwick, William ¬of¬
Guglielmo ⟨Alnwick⟩
Guilelmus ⟨Alnwick⟩
Guilelmus ⟨Alvevicus⟩
Guilelmus ⟨de Alnwick⟩
Guilelmus ⟨of Lincoln⟩
Guillaume ⟨d'Alnwick⟩
Wilhelm ⟨von Almorc⟩
Wilhelm ⟨von Alnwick⟩
Wilhelm ⟨von Armoyt⟩
Wilhelmus ⟨de Alnwick⟩
William ⟨of Alnwick⟩

Guilelmus ⟨Albae Ripae Abbas⟩
→ **Guilelmus ⟨de Alba Ripa⟩**

Guilelmus ⟨Albon⟩
→ **Albon, Guilelmus**

Guilelmus ⟨Almoinus⟩
um 1360 · OFM
Apoc.
Stegmüller, Repert. bibl. 2770
Almoinus, Guilelmus
Guilelmus ⟨Almuchiae⟩
Guilelmus ⟨de Almoit⟩
Guilelmus ⟨de Almut⟩

Guilelmus ⟨Almuchiae⟩
→ **Guilelmus ⟨Almoinus⟩**

Guilelmus ⟨Alnetanus⟩
→ **Guilelmus ⟨Fichetus⟩**

Guilelmus ⟨Alnwick⟩
→ **Guilelmus ⟨Alaunovicanus⟩**

Guilelmus ⟨Altissiodorensis⟩
ca. 1145 – 1231
Nicht identisch mit Guilelmus ⟨de Malliaco⟩
Tusculum-Lexikon; LThK; CSGL; LMA,IX,163/64
Guglielmo ⟨di Auxerre⟩
Guilelmus ⟨Antissiodorensis⟩
Guilelmus ⟨Autissiodorensis⟩
Guilelmus ⟨Bellovacensis⟩
Guilelmus ⟨de Auxerre⟩
Guilelmus ⟨de Beauvais⟩
Guillaume ⟨d'Auxerre⟩
Guillermus ⟨Altissiodorensis⟩
Pseudo-Guilelmus ⟨Altissiodorensis⟩
Wilhelm ⟨von Auxerre⟩
William ⟨of Auxerre⟩

Guilelmus ⟨Altissiodorensis, OP⟩
gest. 1293 · OP
Sermo ad S. Antonium in die Circumcisionis, in mane; Sermo ad S. Germanum, eodem die; Sermo ad beginas, in mane
Kaeppeli,II,89/90; Schneyer,2,416
Guilelmus ⟨Altissiodorensis, Praedicator⟩
Guilelmus ⟨Altissiodorensis, Prédicateur à Paris⟩
Guilelmus ⟨d'Auxerre⟩
Guillaume ⟨d'Auxerre⟩

Guilelmus ⟨Alvernus⟩
→ **Guilelmus ⟨Arvernus⟩**

Guilelmus ⟨Alvevicus⟩
→ **Guilelmus ⟨Alaunovicanus⟩**

Guilelmus ⟨Amidani de Cremona⟩
→ **Guilelmus ⟨de Cremona⟩**

Guilelmus ⟨Andegavensis⟩
→ **Guilelmus ⟨Maior⟩**

Guilelmus ⟨Andernensis⟩
→ **Guilelmus ⟨Andrensis⟩**

Guilelmus ⟨Andreae⟩
gest. 1385 · OP
Depositio de electione Urbani VI; Instrumentum de damnatione Henr. Crumpe. OCist.
Kaeppeli,II,88/89; Schönberger/ Kible, Repertorium, 13270
Andreae, Guilelmus
Guilelmus ⟨Achadensis Episcopus⟩
Guilelmus ⟨Andreae Anglicus⟩
Guilelmus ⟨de Anglia⟩
Guilelmus ⟨Midensis Episcopus⟩

Guilelmus ⟨Andrensis⟩
gest. 1234
Chronica
Potth.
Guilelmus ⟨Andernensis⟩
Guillaume ⟨d'Andernes⟩
Guillaume ⟨d'Andres⟩
Guillaume ⟨of Andres⟩
Wilhelmus ⟨Andrensis⟩
Wilhelmus ⟨d'Andres⟩
Willelmus ⟨d'Andres⟩

Guilelmus ⟨Aneponymus⟩
→ **Guilelmus ⟨de Conchis⟩**

Guilelmus ⟨Angerius⟩
→ **Guilelmus ⟨Augerus⟩**

Guilelmus ⟨Anglès⟩
gest. 1368 · OP
Expositio de ordine Missae sumpta a multis dictis sanctorum doctorum
Kaeppeli,II,89
Anglès, Guilelmus
Anglès, Guillaume
Guilelmus ⟨Anglesi⟩
Guilelmus ⟨Anglesii⟩
Guilelmus ⟨Valentinus⟩
Guillaume ⟨Anglès de Valence⟩
Guillermus ⟨Anglès⟩

Guilelmus ⟨Anglia, Rex, I.⟩
→ **William ⟨England, King, I.⟩**

Guilelmus ⟨Anglicus⟩
→ **Guilelmus ⟨Augerus⟩**
→ **Guilelmus ⟨de Altona⟩**
→ **Guilelmus ⟨de Medila⟩**
→ **Guilelmus ⟨de Wara⟩**

Guilelmus ⟨Anglorum Rex⟩
→ **William ⟨England, King, I.⟩**

Guilelmus ⟨Anglus⟩
→ **Guilelmus ⟨Parys⟩**
→ **Guilelmus ⟨Thorpe⟩**

Guilelmus ⟨Apuliensis⟩
11./12. Jh.
Tusculum-Lexikon; CSGL; Potth.; LMA,IX,161/162
Appulus, Guilelmus
Guglielmo ⟨di Puglia⟩
Guilelmus ⟨Appulus⟩
Guilelmus ⟨Apulus⟩
Guillaume ⟨de la Pouille⟩
Guillaume ⟨de Pouille⟩
Guillelmus ⟨Apuliensis⟩
Guillermus ⟨Apuliensis⟩
Wilhelm ⟨von Apulien⟩
William ⟨of Apulia⟩

Guilelmus ⟨Aquisgranensis⟩
→ **Guilelmus ⟨Textor⟩**

Guilelmus ⟨Aquitania, Dux, VIIII.⟩
→ **Guillaume ⟨Aquitaine, Duc, VIIII.⟩**

Guilelmus ⟨Archepiscopus⟩
→ **Guilelmus ⟨de Campania⟩**

Guilelmus ⟨Armoricus⟩
→ **Guilelmus ⟨Brito⟩**

Guilelmus ⟨Arnaldi⟩
um 1235/44
Scriptum super logicam veterem
Lohr
Arnaldi, Guilelmus
Arnaud, Wilhelm
Guilhem ⟨Arnaud⟩
Wilhelm ⟨Arnaldi⟩
Wilhelm ⟨Arnaud⟩

Guilelmus ⟨Arvernus⟩
ca. 1180 – 1249
Tusculum-Lexikon; LThK; CSGL; LMA,IX,162/63
Alvernus, Wilhelmus
Arvernus, Guilelmus
Guglielmo ⟨d'Alvernia⟩
Guilelmus ⟨Alverniae Parisiensis⟩
Guilelmus ⟨Alvernus⟩
Guilelmus ⟨Averniae Parisiensis⟩
Guilelmus ⟨de Alvernia⟩
Guilelmus ⟨de Auvergne⟩
Guilelmus ⟨d'Auvergne⟩
Guilelmus ⟨of Paris⟩
Guilelmus ⟨Parisiensis⟩
Guilelmus ⟨von Aurillac⟩
Guilielmus ⟨Alvernus⟩
Guillaume ⟨Arvernus⟩
Guillaume ⟨d'Auvergne⟩
Guillelmus ⟨Alverniensis⟩
Guillermus ⟨Episcopus Parisiensis⟩
Guillermus ⟨Parisiensis⟩
Pseudo-Guilelmus ⟨Arvernus⟩
Wilhelm ⟨von Auvergne⟩
Wilhelmus ⟨Parisiensis⟩
William ⟨of Alvernia⟩
William ⟨of Auvergne⟩
William ⟨of Paris⟩

Guilelmus ⟨Augerius⟩
→ **Guilhem ⟨Augier Novella⟩**

Guilelmus ⟨Augerus⟩
um 1390/1404 · OFM
Commentarium in Evangelium Sancti Lucae
Stegmüller, Repert. bibl. 2808
Augerus, Guilelmus
Guilelmus ⟨Angerius⟩
Guilelmus ⟨Anglicus⟩
Guilelmus ⟨Augerus Anglicus⟩
Guillaume ⟨l'Anglais⟩

Guilelmus ⟨Aureliacensis⟩
→ **Guilelmus ⟨Baufeti⟩**

Guilelmus ⟨Autissiodorensis⟩
→ **Guilelmus ⟨Altissiodorensis⟩**

Guilelmus ⟨Averniae Parisiensis⟩
→ **Guilelmus ⟨Arvernus⟩**

Guilelmus ⟨Baglionensis⟩
→ **Guilelmus ⟨de Baliona⟩**

Guilelmus ⟨Banfeti⟩
→ **Guilelmus ⟨Baufeti⟩**

Guilelmus ⟨Bardin⟩
→ **Bardin, Guilelmus**

Guilelmus ⟨Bateman⟩
ca. 1298 – 1355
Bateman, Guilelmus
Bateman, Guillaume
Bateman, William
Guilelmus ⟨Bateman de Northwico⟩
Guilelmus ⟨de Northwico⟩
Guillaume ⟨Bateman⟩
Guillaume ⟨Bateman de Norwich⟩
William ⟨Bateman⟩
William ⟨de Norwico⟩

Guilelmus ⟨Baufeti⟩
gest. 1319
Super arte alchemica (apokryph); Der „Dialogus de septem sacramentis" (Werk des Guilelmus ⟨de Parisiis⟩) wird Guilelmus ⟨Baufeti⟩ zu Unrecht zugeschrieben
LThK(2),10,1127; CSGL
Baufet, Guillaume ¬de¬
Baufeti, Guilelmus
Guilelmus ⟨Banfeti⟩
Guilelmus ⟨de Baufet⟩
Guilelmus ⟨de Parisiis⟩
Guilelmus ⟨Episcopus⟩
Guilelmus ⟨of Paris⟩
Guilelmus ⟨Parisiensis⟩
Guilelmus ⟨Aureliacensis⟩
Guillaume ⟨de Baufet⟩
Guillaume ⟨de Paris⟩
Guillaume ⟨d'Aurillac⟩
Guillermus ⟨Baufet⟩
Guillermus ⟨Episcopus⟩
Guillermus ⟨of Paris⟩
Guillermus ⟨Parisiensis⟩
Wilhelm ⟨Baufeti⟩
Wilhelm ⟨von Aurillac⟩

Guilelmus ⟨Becchi⟩
gest. 1491 · OESA
Expositio Isagoges Porphyrii; Expositio Categoriarum; Quaestiones super III libros De anima; etc.
Stegmüller, Repert. sentent. 86;285; Lohr
Becchi, Guglielmo
Becchi, Guilelmus
Becchi, Guillaume
Guglielmo ⟨Becchi⟩
Guilelmus ⟨Becchi de Florentia⟩
Guilelmus ⟨Becchius Florentinus⟩
Guilelmus ⟨de Florentia⟩
Guilelmus ⟨Episcopus Fesulanus⟩
Guilelmus ⟨Florentinus⟩
Guilelmus ⟨Generalis Augustiniensium⟩
Guillaume ⟨Becchi⟩

Guilelmus ⟨Bellovacensis⟩
→ **Guilelmus ⟨Altissiodorensis⟩**
→ **Guilelmus ⟨de Sancto Amore⟩**

Guilelmus ⟨Bernardi de Gaillaco⟩
um 1307 · OP
Übersetzer eines Teils der „Summa" von Thomas von Aquin ins Griechische
Bernard, Guillaume
Bernard de Gaillac, Guillaume
Bernardi, Guilelmus
Bernardi de Gaillaco, Guilelmus
Guilelmus ⟨Bernardi⟩
Guilelmus ⟨Bernardi Galliacensis⟩

Guilelmus ⟨Bernardus Gaillacensis⟩
Guilelmus ⟨de Gaillaco⟩
Guilelmus ⟨Gaillacensis⟩
Guillaume ⟨Bernard⟩
Guillaume ⟨Bernard de Gaillac⟩
Guillem ⟨Bernardi de Gaillac⟩

Guilelmus ⟨Bernardi de Narbonne⟩
gest. 1336 · OP
Schneyer,II,422
Bernard, Guillaume
Bernard de Narbonne, Guillaume
Bernardi, Guilelmus
Bernardi de Narbonne, Guilelmus
Guilelmus ⟨Bernardi de Rinterio⟩
Guilelmus ⟨de Rinterio⟩
Guillaume ⟨Bernard⟩
Guillaume ⟨Bernard de Narbonne⟩

Guilelmus ⟨Bernardi de Podio⟩
um 1337 · OFM
Ps. paenit
Stegmüller, Repert. bibl. 2810
Bernard, Guillaume
Bernard du Puy, Guillaume
Bernardi, Guilelmus
Bernardi de Podio, Guilelmus
Guillaume ⟨Bernard⟩
Guillaume ⟨Bernard du Puy⟩

Guilelmus ⟨Bernardi de Rinterio⟩
→ **Guilelmus ⟨Bernardi de Narbonne⟩**

Guilelmus ⟨Bernardus Gaillacensis⟩
→ **Guilelmus ⟨Bernardi de Gaillaco⟩**

Guilelmus ⟨Berzel⟩
→ **Guilelmus ⟨Buser⟩**

Guilelmus ⟨Beverlacensis⟩
→ **Guilelmus ⟨Ketellus⟩**

Guilelmus ⟨Bibliothecarius⟩
→ **Guilelmus ⟨Malmesburiensis⟩**

Guilelmus ⟨Bibliothecarius⟩
um 1070/83
Forts. der Vitae pontificum des Anastasius ⟨Bibliothecarius⟩
Bibliothecarius Guilelmus
Guilelmus ⟨Bibliothecarius Romanus⟩
Pierre-Guillaume ⟨Bibliothécaire⟩
Pierre-Guillaume ⟨Chancelier de l'Eglise de Rome⟩
Pierre-Guillaume ⟨de Rome⟩

Guilelmus ⟨Bintraeus⟩
gest. 1493 · OCarm
Cant. Inc.
Stegmüller, Repert. bibl. 2811
Bintraeus, Guilelmus
Byntrée, Guillaume
Guilelmus ⟨Byntre⟩
Guilelmus ⟨Norfolkensis⟩
Guillaume ⟨Byntrée⟩
Guillaume ⟨de Bintrée⟩

Guilelmus ⟨Bituricensis⟩
um 1230
Allegoriae veteris et novi testamenti; De eucharistia; De quinque sensibus; Contra Iudaeos; Sermo in septimana penosa; Lamentationes (Werkzuordnung umstritten); Allegoriae vet. nov. Test.; nicht identisch mit Guilelmus ⟨Flaviacensis⟩
Stegmüller, Repert. bibl. 2883;2899
Guilelmus ⟨Bituricensis Diaconus⟩
Guilelmus ⟨Diaconus⟩
Guilelmus ⟨ex Iudaeis⟩
Guilelmus ⟨Iudaeus⟩
Guillaume ⟨de Bourges⟩
Guillaume ⟨Diacre de Bourges⟩
Guillaume ⟨Juif⟩
Guillaume ⟨Juif Converti⟩

Guilelmus ⟨Blachenaeus⟩
→ **Guilelmus ⟨Blakeney⟩**

Guilelmus ⟨Blakeney⟩
gest. ca. 1490 · OCarm
Cant.
Stegmüller, Repert. bibl. 2812
Blakeney, Guilelmus
Blakeney, Guillaume
Guilelmus ⟨Blachenaeus⟩
Guilelmus ⟨Blachenegus⟩
Guilelmus ⟨Blackeney⟩
Guilelmus ⟨Niger⟩
Guilelmus ⟨Norfolcensis⟩
Guillaume ⟨de Blakeney⟩
Guillaume ⟨Niger⟩

Guilelmus ⟨Blesensis⟩
gest. 1206
Tusculum-Lexikon; CSGL; LMA,IX,164/65
Guglielmo ⟨di Blois⟩
Guillaume ⟨de Blois⟩
Wilhelm ⟨von Blois⟩
William ⟨of Blois⟩

Guilelmus ⟨Bodekysham⟩
→ **Guilelmus ⟨Botelsham⟩**

Guilelmus ⟨Boderishamensis⟩
→ **Guilelmus ⟨de Boderisham⟩**

Guilelmus ⟨Boethianus⟩
→ **Guilelmus ⟨Wheatley⟩**

Guilelmus ⟨Bonkys⟩
→ **Guilelmus ⟨de Bonkes⟩**

Guilelmus ⟨Botelsham⟩
gest. 1399 · OP
Litterae confraternitatis; Super Cant. Cant.; Super Threnos; etc.
Kaeppeli,II,93
Botleshamus, Gulielmus
Botleshamus, Johannes
Bottysham, Gulielmus
Guilelmus ⟨Bodekysham⟩
Guilelmus ⟨Bodekyshin⟩
Guilelmus ⟨Botleshamensis⟩
Guilelmus ⟨Botleshamus⟩
Guilelmus ⟨Bottisham⟩
Guilelmus ⟨Bottlesham⟩
Guilelmus ⟨Bottysham⟩
Guillaume ⟨de Bottisham⟩
Jean ⟨de Bottisham⟩
Johannes ⟨Boteleshamensis⟩
Johannes ⟨Boteleshamus⟩
Johannes ⟨Botlehamensis⟩

Guilelmus ⟨Botetus⟩
gest. ca. 1231
Consuetudines Ilerdenses
Rep.Font. V,293
Botet, Guillaume
Botet, Guillermo
Botetus, Guilelmus
Guillaume ⟨Botet⟩
Guillermo ⟨Botet⟩
Guillermus ⟨Botet⟩

Guilelmus ⟨Botleshamensis⟩
→ **Guilelmus ⟨Botelsham⟩**

Guilelmus ⟨Bottisham⟩
→ **Guilelmus ⟨Botelsham⟩**

Guilelmus ⟨Brabantinus⟩
→ **Guilelmus ⟨de Moerbeka⟩**

Guilelmus ⟨Brabantus⟩
→ **Guilelmus ⟨a Thenis⟩**

Guilelmus ⟨Bressanus⟩
→ **Guilelmus ⟨Brixiensis⟩**

Guilelmus ⟨Bristoliensis⟩
→ **Guilelmus ⟨Worcestrius⟩**

Guilelmus ⟨Brito⟩
ca. 1165 – ca. 1226
Pseudo-Adamus ⟨de Sancto Victore⟩: Summa de vocabulis Bibliae; in Wirklichkeit Werk des Guilelmus ⟨Brito⟩
Tusculum-Lexikon; CSGL; LMA,IX,166/67
Brito, Guilelmus
Brito, William ¬de¬
Giulelmus ⟨Brito-Armoricus⟩
Guilelmus ⟨Aremoricus⟩
Guilelmus ⟨Armoricus⟩
Guilelmus ⟨Brito-Armoricus⟩
Guilelmus ⟨Britonus Aremoricus⟩
Guilielmus ⟨Armoricus⟩
Guillaume ⟨Chroniqueur⟩
Guillaume ⟨le Breton⟩
Guillaume ⟨le Breton, Auteur de la Philippide⟩
Guillermus ⟨Brito⟩
Pseudo-Adamus ⟨de Sancto Victore⟩
Wilhelm ⟨Brito⟩
Wilhelm ⟨der Bretone⟩
Wilhelmus ⟨Brito⟩

Guilelmus ⟨Brito, Exegeta⟩
gest. ca. 1275 · OFM
Summa seu expositiones vocabulorum Bibliae; Postillae super prologos Bibliae; Correctorium Bibliae
Stegmüller, Repert. bibl. 2817-2873; LMA,IX,201/02; LThK
Brito, Guilelmus
Brito, Guillaume
Brito, Wilhelm
Guilelmus ⟨Brito⟩
Guilelmus ⟨Brito, Metricus⟩
Guillaume ⟨Brito⟩
Guillaume ⟨le Breton⟩
Wilhelm ⟨Brito⟩

Guilelmus ⟨Brito, Metricus⟩
→ **Guilelmus ⟨Brito, Exegeta⟩**

Guilelmus ⟨Brito, OFM⟩
gest. 1356 · OFM
Aristoteleskomm.
Brito, Guilelmus
Brito, Guillaume
Guilelmus ⟨Brito⟩
Guillaume ⟨Brito⟩
Guillaume ⟨Brito, Lexicographe⟩
Guillaume ⟨Brito de Galles⟩

Guilelmus ⟨Brito-Armoricus⟩
→ **Guilelmus ⟨Brito⟩**

Guilelmus ⟨Brixiensis⟩
ca. 1250 – 1326
Ad unamquamque egritudinem a capite ad pedes practica; etc.
LMA,III,297
Corvi da Brescia, Guglielmo ¬de¬
Corvis, Guilelmus ¬de¬
Guglielmo ⟨Corvi⟩
Guglielmo ⟨da Brescia⟩
Guilelmus ⟨Bressanus⟩
Guilelmus ⟨de Brixia⟩
Guilelmus ⟨de Canedo⟩
Guilelmus ⟨de Corvis⟩
Guillaume ⟨de Brescia⟩
Guillaume ⟨de Bresse⟩
Wilhelm ⟨von Brescia⟩
William ⟨of Brescia⟩

Guilelmus ⟨Bruniardus⟩
um 1350
Determinationes; Summa theologiae; Distinctiones
Schneyer,II,453
Bruniardus, Guilelmus
Guilelmus ⟨Brunyardus⟩

Guilelmus ⟨Burgensis⟩
→ **Guilelmus ⟨de Petriburgo⟩**

Guilelmus ⟨Burselle⟩
→ **Guilelmus ⟨Buser⟩**

Guilelmus ⟨Busel⟩
→ **Guilelmus ⟨Buser⟩**

Guilelmus ⟨Buser⟩
1335/37 – ca. 1419
Obligationes
Berczel, Guilelmus
Burselle, Guilelmus
Busel, Guilelmus
Buser, Guglielmo
Buser, Guilelmus
Buser, Guillaume
Buserus, Guilelmus
Guglielmo ⟨Buser⟩
Guilelmus ⟨Berzel⟩
Guilelmus ⟨Burselle⟩
Guilelmus ⟨Busel⟩
Guilelmus ⟨Buserus⟩
Guillaume ⟨Buser⟩
William ⟨Buser⟩
William ⟨of Heusden⟩

Guilelmus ⟨Butlerus⟩
um 1410 · OFM
Contra translationem bibliorum anglicam Joh. Wiclefi
Stegmüller, Repert. bibl. 2874
Butler, Guillaume
Butlerus, Guilelmus
Guillaume ⟨Butler⟩

Guilelmus ⟨Byntre⟩
→ **Guilelmus ⟨Bintraeus⟩**

Guilelmus ⟨Calculus⟩
→ **Guilelmus ⟨Gemeticensis⟩**

Guilelmus ⟨Califordius⟩
→ **Guilelmus ⟨Colkisfordius⟩**

Guilelmus ⟨Cambiator Brugensis⟩
→ **Guilelmus ⟨Ruyelle⟩**

Guilelmus ⟨Campellensis⟩
→ **Guilelmus ⟨de Campellis⟩**

Guilelmus ⟨Cantuariensis⟩
→ **Guilelmus ⟨Stephanides⟩**

Guilelmus ⟨Caorsin⟩
→ **Caoursin, Guillaume**

Guilelmus ⟨Capellanus⟩
→ **Guilelmus ⟨Procurator⟩**

Guilelmus ⟨Capellanus Philippi Mariae de Vicecomitibus⟩
→ **Guilelmus ⟨de Lampugnano⟩**

Guilelmus ⟨Cardinalis⟩
→ **Guilelmus ⟨de Mandagoto⟩**

Guilelmus ⟨Carnotensis⟩
→ **Guilelmus ⟨de Campania⟩**

Guilelmus ⟨Carnotensis⟩
1225 – ca. 1281 · OP
De vita et actibus S. Ludovici
CSGL
Guilelmus ⟨Carnotensis Episcopus⟩
Guilelmus ⟨de Carnoto⟩
Guilelmus ⟨de Chartres⟩
Guillaume ⟨de Chartres⟩
Wilhelm ⟨von Chartres⟩

Guilelmus ⟨Carthusianus⟩
→ **Guilelmus ⟨Hilacensis⟩**

Guilelmus ⟨Casinensis⟩
12. Jh.
CSGL
Cassinese, Guglielmo
Guglielmo ⟨Cassinese⟩

Guilelmus ⟨Catalaunensis⟩
→ **Guilelmus ⟨de Campellis⟩**

Guilelmus ⟨Centueri⟩
→ **Guilelmus ⟨de Centueriis⟩**

Guilelmus ⟨Clusiensis⟩
gest. 1090
Vita Benedicti II.
Rep.Font. V,297
Guilelmus ⟨Clusinus⟩
Guilelmus ⟨Monachus⟩
Guilelmus ⟨of Chiusa⟩
Guillaume ⟨de Cluse⟩
Wilhelm ⟨von Chiusa⟩
Wilhelm ⟨von Cluse⟩
Wilhelmus ⟨Clusanus⟩
Wilhelmus ⟨Clusensis⟩
Wilhelmus ⟨de Clusa⟩
Wilhelmus ⟨Monachus⟩

Guilelmus ⟨Cockforde⟩
→ **Guilelmus ⟨Colkisfordius⟩**

Guilelmus ⟨Colkisfordius⟩
um 1380 · OCarm
Enarrationes in cantica
Stegmüller, Repert. bibl. 2875-2877
Califordius, Guilelmus
Colkisfordius, Guilelmus
Guilelmus ⟨Califordius⟩
Guilelmus ⟨Calisfordiensis⟩
Guilelmus ⟨Coccofordus⟩
Guilelmus ⟨Cockforde⟩
Guilelmus ⟨Cockisforde⟩
Guilelmus ⟨Cockisfordus⟩
Guilelmus ⟨Talifordus⟩
Guillaume ⟨Califord⟩
Guillaume ⟨Cockeforde⟩
Guillaume ⟨Cockisforde⟩
Guillaume ⟨de Colkirk⟩
Guillaume ⟨Taliford⟩

Guilelmus ⟨Collingham⟩
→ **Guilelmus ⟨de Collingham⟩**

Guilelmus ⟨Coloniensis⟩
→ **Guilelmus ⟨de Werda⟩**

Guilelmus ⟨Colyngham⟩
→ **Guilelmus ⟨de Collingham⟩**

Guilelmus ⟨Conneus⟩
→ **Guilelmus ⟨de Gannato⟩**

Guilelmus ⟨Conquestor⟩
→ **William ⟨England, King, I.⟩**

Guilelmus ⟨Corinthiensis⟩
→ **Guilelmus ⟨de Moerbeka⟩**

Guilelmus ⟨Cortusius⟩
gest. ca. 1361
Potth.
Cortusi, Guglielmo
Cortusiis, Guilelmus ¬de¬
Cortusio, Guglielmo
Cortusius, Guilelmus
Guglielmo ⟨Cortusi⟩
Guilelmus ⟨de Cortusiis⟩

Guilelmus ⟨Cousinot⟩
→ **Cousinot, Guillaume**

Guilelmus ⟨Crafthorn⟩
→ **Crathorn**

Guilelmus ⟨Crassensis⟩
→ **Guilelmus ⟨Paduanus⟩**

Guilelmus ⟨Crassus⟩
→ **Guilelmus ⟨de Hyporegia⟩**

Guilelmus ⟨Crathorn⟩
→ **Crathorn**

Guilelmus ⟨Cremonensis⟩
→ **Guilelmus ⟨de Cremona⟩**

Guilelmus ⟨Croylandensis⟩
→ **Guilelmus ⟨de Ramsey⟩**

Guilelmus ⟨Cuneas⟩
→ **Guilelmus ⟨de Gannato⟩**

Guilelmus ⟨Custos Garderobae Regis Edwardi Tertii⟩
→ **Guilelmus ⟨de Northwell⟩**

Guilelmus ⟨Dalingus⟩
→ **Guilelmus ⟨de Dalling⟩**

Guilelmus ⟨d'Alton⟩
→ **Guilelmus ⟨de Altona⟩**

Guilelmus ⟨Dandina⟩
gest. 1157
CSGL; Potth.
Dandina, Guilelmus
Guilelmus ⟨de Dandina⟩
Guilelmus ⟨de Sancto Savino⟩
Guilelmus ⟨Grandimontensis⟩
Guillaume ⟨Dandina⟩
Guillaume ⟨de Saint-Savin⟩
Guillaume ⟨of Saint-Savin⟩

Guilelmus ⟨d'Andres⟩
→ **Guilelmus ⟨Andrensis⟩**

Guilelmus ⟨d'Ardembourg⟩
→ **Guilelmus ⟨de Ardemborg⟩**

Guilelmus ⟨d'Auvergne⟩
→ **Guilelmus ⟨Arvernus⟩**

Guilelmus ⟨d'Auxerre⟩
→ **Guilelmus ⟨Altissiodorensis, OP⟩**

Guilelmus ⟨de Abingdon⟩
um 1244 · OP
Tractatus de septem vitiis
Kaeppeli,II,81
Abingdon, Guilelmus ¬de¬
Guilelmus ⟨de Abindon⟩
Guilelmus ⟨de Abundone⟩
Guilelmus ⟨de Abyndon⟩
Guilelmus ⟨de Abyndonia⟩
Guillaume ⟨d'Abington⟩

Guilelmus ⟨de Abyndonia⟩
→ **Guilelmus ⟨de Abingdon⟩**

Guilelmus ⟨de Afflighem⟩
gest. 1297 · OSB
Cant.; Sermones; Leven van sinte Lutgart (lat.); Identität mit Guilelmus ⟨de Mechlinia⟩ (Verf. der lat. Vita ... [Rep.Font. V,308]) wahrscheinlich
Stegmüller, Repert. bibl. 2762; Schneyer,II,482; LThK(2),10,1125; Rep.Font. V,308
Afflighem, Guilelmus ¬de¬
Guilelmus ⟨Affligemensis⟩
Guilelmus ⟨Affligemiensis⟩
Guilelmus ⟨Afflighemensis⟩
Guilelmus ⟨de Malines⟩
Guilelmus ⟨de Mechlinia⟩
Guilelmus ⟨Sancti Trudonis⟩
Guillaume ⟨Abbé⟩
Guillaume ⟨de Malines⟩
Guillaume ⟨de Saint-Trond⟩
Guillaume ⟨d'Afflighem⟩
Mechlinia, Guilelmus ¬de¬
Wilhelm ⟨Abt von Saint-Trond⟩
Wilhelm ⟨Prior von Wavre⟩
Wilhelm ⟨von Affligem⟩
Wilhelm ⟨von Saint-Trond⟩
Wilhelm ⟨von Wavre⟩
Willem ⟨von Affligem⟩

Guilelmus ⟨de Alba Ripa⟩
gest. 1180 · OCist
De numero; De numeris perfectis
Stegmüller, Repert. bibl. 2766-2769
Alba Ripa, Guilelmus ¬de¬
Guilelmus ⟨Albae Ripae Abbas⟩
Guilelmus ⟨de Alba Riva⟩
Guillaume ⟨Abbé⟩
Guillaume ⟨Albae Ripae⟩
Guillaume ⟨d'Auberive⟩
Wilhelm ⟨von Auberive⟩

Guilelmus ⟨de Albia⟩
13. Jh.
Sententia libri Porphyrii; In Categorias; In sex Principia
Lohr
Albia, Guilelmus ¬de¬

Guilelmus ⟨de Alcono⟩
→ **Guilelmus ⟨de Altona⟩**

Guilelmus ⟨de Almoit⟩
→ **Guilelmus ⟨Almoinus⟩**

Guilelmus ⟨de Almut⟩
→ **Guilelmus ⟨Almoinus⟩**

Guilelmus ⟨de Alnwick⟩
→ **Guilelmus ⟨Alaunovicanus⟩**

Guilelmus ⟨de Altona⟩
gest. ca. 1265 · OP
Exod.; Lev.; Num.; etc.; Schriften teilweise Guilelmus ⟨de Melitona⟩ zugeschrieben
Stegmüller, Repert. bibl. 2771-2796; Schneyer,II,372
Altona, Guilelmus ¬de¬
Guilelmus ⟨Anglicus⟩
Guilelmus ⟨de Alcono⟩
Guilelmus ⟨de Alton⟩
Guilelmus ⟨de Antona⟩
Guilelmus ⟨de Haltona⟩
Guilelmus ⟨de Southampton⟩
Guilelmus ⟨d'Alton⟩
Guillaume ⟨de Winchester⟩
Guillaume ⟨d'Alton⟩
Guillaume ⟨d'Anton⟩
Wilhelm ⟨von Altona⟩
Wilhelm ⟨von Antona⟩

Guilelmus ⟨de Alvernia⟩
→ **Guilelmus ⟨Arvernus⟩**

Guilelmus ⟨de Amidanis⟩
→ **Guilelmus ⟨de Cremona⟩**

Guilelmus ⟨de Anglia⟩
→ **Guilelmus ⟨Andreae⟩**

Guilelmus ⟨de Antona⟩
→ **Guilelmus ⟨de Altona⟩**

Guilelmus ⟨de Aquisgrano⟩
→ **Guilelmus ⟨Textor⟩**

Guilelmus ⟨de Aragonia⟩
ca. 14. Jh.
De prognosticationibus Somniorum; Comm. in Boethium
Rep.Font. V,292
Aragonia, Guilelmus ¬de¬
Guilelmus ⟨de Aragonia, Medicus⟩
Guilelmus ⟨Medicus⟩
Guillaume ⟨d'Aragon⟩
William ⟨of Aragon⟩

Guilelmus ⟨de Ardemborg⟩
gest. 1270 · OFM
Schneyer,II,415
Ardemborg, Guilelmus ¬de¬
Guilelmus ⟨d'Ardembourg⟩
Guilelmus ⟨d'Harcombourg⟩

Guilelmus ⟨de Auvergne⟩
→ **Guilelmus ⟨Arvernus⟩**

Guilelmus ⟨de Auxerre⟩
→ **Guilelmus ⟨Altissiodorensis⟩**

Guilelmus ⟨de Baliona⟩
um 1267 · OFM
Identität mit Guilelmus ⟨de Vaglon⟩ nicht gesichert
Stegmüller, Repert. sentent. 284,14; Schneyer,II,416
Baliona, Guilelmus ¬de¬
Guglielmo ⟨di Baglione⟩
Guilelmus ⟨Baglionensis⟩
Guilelmus ⟨de Barlo⟩
Guilelmus ⟨de Barro⟩
Guillaume ⟨de Bar⟩
William ⟨of Baglione⟩

Guilelmus ⟨de Barlo⟩
→ **Guilelmus ⟨de Baliona⟩**

Guilelmus ⟨de Barro⟩
→ **Guilelmus ⟨de Baliona⟩**

Guilelmus ⟨de Baufet⟩
→ **Guilelmus ⟨Baufeti⟩**

Guilelmus ⟨de Beauvais⟩
→ **Guilelmus ⟨Altissiodorensis⟩**

Guilelmus ⟨de Boderisham⟩
um 1261 · OP
Cant.; Rom.
Stegmüller, Repert. bibl. 2813-2815
Boderisham, Guilelmus ¬de¬
Guilelmus ⟨Boderinensis⟩
Guilelmus ⟨Boderishamensis⟩
Guilelmus ⟨Boderishinensis⟩
Guilelmus ⟨Sacri Palatii Magister⟩
Guillaume ⟨de Boderisham⟩
William ⟨Boderisham⟩

Guilelmus ⟨de Bois Landon⟩
→ **Guilelmus ⟨de Bosco Landonis⟩**

Guilelmus ⟨de Boldensele⟩
gest. ca. 1339 · zunächst OP
Hodoeporicon ad Terram Sanctam
Kaeppeli,II,92/93; Schönberger/Kible, Repertorium, 13290/91; Rep.Font. V,293; VL(2),10,1092
Boldensele, Guilelmus ¬de¬
Boldensele, Wilhelm ¬von¬
Guilelmus ⟨de Boldensleve⟩
Guillaume ⟨de Boldensele⟩
Neuhaus, Otto ¬von¬
Otto ⟨de Nienhusen⟩
Otto ⟨de Nienhuss⟩
Otto ⟨de Wölpe-Nyenhusen⟩
Otto ⟨von Neuhaus⟩
Otto ⟨von Nienhues⟩
Otto ⟨von Nienhusen⟩
Otton ⟨de Minden⟩
Otton ⟨de Nienhusen⟩
Wilhelm ⟨von Boldensele⟩

Guilelmus ⟨de Bolen⟩
→ **Guilelmus ⟨de Bulwick⟩**

Guilelmus ⟨de Bolewyk⟩
→ **Guilelmus ⟨de Bulwick⟩**

Guilelmus ⟨de Bonkes⟩
um 1291/93
Quaestiones super librum Perihermenias; Quaestiones totius Metaphysicae; Quaestiones super Physica; etc.
Lohr
Bonkes, Guilelmus ¬de¬
Bonkis, Guilelmus
Guilelmus ⟨Bonkis⟩
Guilelmus ⟨Bonkys⟩
William ⟨Bonkis⟩

Guilelmus ⟨de Bosco⟩
gest. ca. 1313
Quaestiones super Physicam
Lohr
Bosco, Guilelmus ¬de¬
Boys, Guilelmus ¬de¬
Boys, William ¬de¬
Guilelmus ⟨de Boys⟩
William ⟨de Boys⟩

Guilelmus ⟨de Bosco Landonis⟩
um 1273 · OFM
Schneyer,II,452
Bosco Landonis, Guilelmus ¬de¬
Guilelmus ⟨de Bois Landon⟩
Guillaume ⟨de Bois Landon⟩
Guillaume ⟨de Boislandon⟩
Guillaume ⟨de Bosco Landonis⟩

Guilelmus ⟨de Boys⟩
→ **Guilelmus ⟨de Bosco⟩**

Guilelmus ⟨de Bramfeld⟩
13. Jh.
Glossulae super Psalterium secundum magistrum
Stegmüller, Repert. bibl. 2816
Bramfeld, Guilelmus ¬de¬
Guilelmus ⟨de Bransfeld⟩
Willelmus ⟨de Bramfeld⟩

Guilelmus ⟨de Bransfeld⟩
→ **Guilelmus ⟨de Bramfeld⟩**

Guilelmus ⟨de Breda⟩
→ **Guilelmus ⟨Abselius de Breda⟩**

Guilelmus ⟨de Brixia⟩
→ **Guilelmus ⟨Brixiensis⟩**

Guilelmus ⟨de Brolio⟩
gest. ca. 1344/45
Stilus curie Parlamenti
LMA,IV,1778; Rep.Font. V,295
Breuil, Guillaume ¬du¬
Brolio, Guilelmus ¬de¬
DuBreuil, Guillaume
Guillaume ⟨de Brolio⟩
Guillaume ⟨du Breuil⟩
Guillaume ⟨du Brueil⟩
Guillermo ⟨de Brolio⟩

Guilelmus ⟨de Bruges⟩
Lebensdaten nicht ermittelt
Comment. in I Sent. prol., qu.4: de fine huius (scientiae), an sit practica vel speculativa
Schönberger/Kible, Repertorium, 13292
Bruges, Guilelmus ¬de¬

Guilelmus ⟨de Bulewic⟩
→ **Guilelmus ⟨de Bulwick⟩**

Guilelmus ⟨de Bulky⟩
→ **Guilelmus ⟨de Bulwick⟩**

Guilelmus ⟨de Bulwick⟩
12./14. Jh.
Sermones
Schneyer,II,453
Bulwick, Guilelmus ¬de¬
Guilelmus ⟨de Bolen⟩
Guilelmus ⟨de Bolewyk⟩
Guilelmus ⟨de Bulewic⟩
Guilelmus ⟨de Bulky⟩

Guilelmus ⟨de Burgo⟩
→ **Guilelmus ⟨de Petriburgo⟩**

Guilelmus ⟨de Bussy⟩
→ **Guilelmus ⟨de Lexovio⟩**

Guilelmus ⟨de Cabestanh⟩
→ **Guilhem ⟨de Cabestanh⟩**

Guilelmus ⟨de Caioco⟩
um 1286/1300 · OP
Summa confessorum Joh. de Friburgo abbreviata; Prior predicatorum; Formularium Ord. Praed. De agendis in Ordine; etc.
Kaeppeli,II,94/95; Schönberger/Kible, Repertorium, 13293/94
Caioco, Guilelmus ¬de¬
Guilelmus ⟨de Cajoco⟩
Guilelmus ⟨de Kaioco⟩
Guilelmus ⟨de Kajoco⟩
Guilelmus ⟨de Kayoco⟩
Guilelmus ⟨de Kayotho⟩
Guillaume ⟨de Cahieu⟩
Guillaume ⟨de Cayau⟩
Guillaume ⟨de Cayeux-sur-Mer⟩
Guillaume ⟨de Kayoco⟩

Guilelmus ⟨de Campania⟩
1135 – 1202
Epistolae
Rep.Font. V,308
Campania, Guilelmus ¬de¬
Guilelmus ⟨ad Albas Manus⟩
Guilelmus ⟨Archepiscopus⟩
Guilelmus ⟨Carnotensis⟩
Guilelmus ⟨Manibus Albis⟩
Guilelmus ⟨Remensis⟩
Guilelmus ⟨Senonensis⟩
Guillaume ⟨aux Blanches Mains⟩
Guillaume ⟨de Champagne⟩
Guillaume ⟨de Chartres⟩
Guillaume ⟨de Reims⟩
Guillaume ⟨de Sens⟩
Guillaume ⟨of Rheims⟩
Guillelmus ⟨Carnotensis⟩

Guilelmus ⟨de Campellis⟩
1070 – 1123
Tusculum-Lexikon; LThK; CSGL; LMA,IX,167/68
Campellis, Guilelmus ¬de¬
Guglielmo ⟨di Champeaux⟩
Guilelmus ⟨Campellensis⟩
Guilelmus ⟨Catalaunensis⟩
Guilelmus ⟨de Champeaux⟩
Guillaume ⟨de Chalons-sur-Marne⟩
Guillaume ⟨de Champeaux⟩
Guillaume ⟨of Chalons-sur-Marne⟩
Wilhelm ⟨de Campellis⟩
Wilhelm ⟨von Champeaux⟩
William ⟨of Champeaux⟩

Guilelmus ⟨de Canedo⟩
→ **Guilelmus ⟨Brixiensis⟩**

Guilelmus ⟨de Canitia⟩
→ **Guilelmus ⟨de Lancea⟩**

Guilelmus ⟨de Cannaco⟩
→ **Guilelmus ⟨de Gannato⟩**

Guilelmus ⟨de Carnoto⟩
→ **Guilelmus ⟨Carnotensis⟩**

Guilelmus ⟨de Centauria⟩
→ **Guilelmus ⟨de Centueriis⟩**

Guilelmus ⟨de Centueriis⟩
ca. 1340 – 1402 · OFM
Tractatus de iure monarchiae
Rep.Font. V,297
Centuari, Guglielmo
Centuaria, Guglielmo
Centuaria, Guillaume
Centueri, Guglielmo
Guglielmo ⟨Centuari⟩
Guglielmo ⟨Centuaria⟩
Guglielmo ⟨Centueri⟩
Guilelmus ⟨Centueri⟩
Guilelmus ⟨de Centauria⟩
Guilelmus ⟨de Centauria Cremonensis⟩
Guilelmus ⟨de Centuariis de Cremona⟩
Guilelmus ⟨de Centueriis Cremonensis⟩
Guillaume ⟨Centuaria de Crémone⟩

Guilelmus ⟨de Chambre⟩
14. Jh.
Chambre, Guilelmus ¬de¬
Chambre, Wilhelmus ¬de¬
Chambre, William ¬de¬
Chambre, Willielmus ¬de¬
William ⟨de Chambre⟩

Guilelmus ⟨de Champeaux⟩
→ **Guilelmus ⟨de Campellis⟩**

Guilelmus ⟨de Chartres⟩
→ **Guilelmus ⟨Carnotensis⟩**

Guilelmus ⟨de Chelvestun⟩
13./14. Jh.
Quaestiones libri Physicorum; In Parva Naturalia; In Metaphysicam
Lohr
Chelvestun, Guilelmus ¬de¬
Guillaume ⟨de Chelveston⟩

Guilelmus ⟨de Clairvaux⟩
Lebensdaten nicht ermittelt · OCist
Rom. c.1-7
Stegmüller, Repert. bibl. 2879
Clairvaux, Guilelmus ¬de¬
Guillaume ⟨de Clairvaux⟩
Guillaume ⟨Exégète⟩
Guillaume ⟨Moine à Clairvaux⟩

Guilelmus ⟨de Clifford⟩
gest. 1306
Compilationes super librum Pysicorum (I-IV,VII)
Lohr
Clifford, Guilelmus ¬de¬
Wilhelm ⟨von Clifford⟩

Guilelmus ⟨de Clusa⟩
→ **Guilelmus ⟨Clusiensis⟩**

Guilelmus ⟨de Colletorto⟩
→ **Robertus ⟨de Colletorto⟩**

Guilelmus ⟨de Collingham⟩
um 1331/48
Quaestiones super librum Physicorum
Lohr
Collingham, Guilelmus ¬de¬
Guilelmus ⟨Collingham⟩
Guilelmus ⟨Colyngham⟩
Guilelmus ⟨de Colingham⟩

Guilelmus ⟨de Conchis⟩
1080 – ca. 1154
Tusculum-Lexikon; LThK; CSGL
Conchis, Guilelmus ¬de¬
Guglielmo ⟨di Conches⟩
Guilelmus ⟨Aneponymus⟩
Guilelmus ⟨de Combis⟩
Guilelmus ⟨de Conches⟩
Guillaume ⟨Anéponyme⟩
Guillaume ⟨de Conches⟩
Guillaume ⟨de Shelley⟩
Wilhelm ⟨von Conches⟩
Wilhelmus ⟨Aneponymus⟩
William ⟨of Conches⟩

Guilelmus ⟨de Congenis⟩
um 1300
Chirurgia
LMA,IX,167/70
Congenis, Guilelmus ¬de¬
Wilhelm ⟨Burgensis⟩
Wilhelm ⟨de Congenis⟩
Wilhelm ⟨von Congeinna⟩
Wilhelm ⟨von Congenie⟩
Wilhelm ⟨von Congenis⟩
Wilhelmus ⟨de Congenis⟩
Wilhelmus ⟨Montipessulanus⟩
Willam ⟨van Congenie⟩
Willem ⟨van Congeinna⟩

Guilelmus ⟨de Conneo⟩
→ **Guilelmus ⟨de Gannato⟩**

Guilelmus ⟨de Cordella⟩
gest. ca. 1245 · OFM
Schneyer,II,454
Cordella, Guilelmus ¬de¬
Guilelmus ⟨le Cordelier⟩
Guillaume ⟨de Cordella⟩
Guillaume ⟨le Cordelier⟩

Guilelmus ⟨de Cortemilia⟩
gest. 1342 · OP
Expositio Boethii, De consolatione philosophiae; Expositio libri Rhetoricorum Arist; Quaestiones de quodlibet; etc.
Kaeppeli,II,96/97
Cortemilia, Guilelmus ¬de¬
Guilelmus ⟨de Cortumelia⟩
Guilelmus ⟨Lombardus⟩
Guillaume ⟨le Lombard⟩
Guillaume ⟨Lombard⟩
Guillermus ⟨de Cortimilio⟩

Guilelmus ⟨de Cortona⟩
→ **Guilelmus ⟨de Tortona⟩**

Guilelmus ⟨de Cortumelia⟩
→ **Guilelmus ⟨de Cortemilia⟩**

Guilelmus ⟨de Cortusiis⟩
→ **Guilelmus ⟨Cortusius⟩**

Guilelmus ⟨de Corvis⟩
→ **Guilelmus ⟨Brixiensis⟩**

Guilelmus ⟨de Courtenay⟩
→ **Guilelmus ⟨Herefordensis⟩**

Guilelmus ⟨de Cramant⟩
→ **Guilelmus ⟨de Gramayt⟩**

Guilelmus ⟨de Cremona⟩
gest. ca. 1356 · OESA
Expositiones super quattuor Evangelia, libri IV; Reprobatio errorum
Stegmüller, Repert. bibl. 2882; Rep.Font. V,332; LMA,IX,170
Amidani, Guglielmo
Amidani, Guilelmus
Amidani, Guillaume
Cremona, Guilelmus ¬de¬
Guglielmo ⟨Amidani⟩
Guglielmo ⟨Amidani da Cremona⟩
Guglielmo ⟨Amidano⟩
Guglielmo ⟨da Cremona⟩
Guglielmo ⟨de Villano⟩
Guilelmus ⟨Amidani de Cremona⟩
Guilelmus ⟨Cremonensis⟩
Guilelmus ⟨de Amidanis⟩
Guilelmus ⟨de Amidanis Cremonensis⟩
Guilelmus ⟨de Tocchis⟩
Guilelmus ⟨de Villana Cremonensis⟩
Guillaume ⟨Amidani⟩
Guillaume ⟨de Villana⟩
Villana, Guillaume ¬de¬
Wilhelm ⟨Amidani⟩
Wilhelm ⟨von Cremona⟩

Guilelmus ⟨de Cruzanis⟩
um 1466 · OP
Statuta doctorum theologicorum Univ. Placentinae
Kaeppeli,II,97; Schönberger/ Kible, Repertorium, 13317
Cruzanis, Guilelmus ¬de¬
Guilelmus ⟨de Cruzanis Placentinus⟩
Guilelmus ⟨Placentinus⟩

Guilelmus ⟨de Cugno⟩
gest. ca. 1348
Lectura super Codice; Tractatus securitatis domini
Cugno, Guilelmus ¬de¬
Cuneo, Guilhelmus ¬a¬
Cuneo, Guilielmus ¬de¬
Cuneus, Guilhelmus ¬de¬
Cungno, Wilhelm
Guilelmus ⟨de Cunio⟩
Guillaume ⟨de Cun⟩
Guillaume ⟨de Cunio⟩

Guilelmus ⟨de Cuneo⟩
→ **Guilelmus ⟨de Gannato⟩**

Guilelmus ⟨de Dalling⟩
13./14. Jh.
Quaestiones super librum Perihermenias; Quaestiones super librum Posteriorum; Quaestiones super librum De generatione et corruptione
Lohr
Dalling, Guilelmus ¬de¬
Guilelmus ⟨Dalingus⟩

Guilelmus ⟨de Dandina⟩
→ **Guilelmus ⟨Dandina⟩**

Guilelmus ⟨de Digullevilla⟩
→ **Guillaume ⟨de Deguileville⟩**

Guilelmus ⟨de Dijon⟩
→ **Guilelmus ⟨Sancti Benigni⟩**

Guilelmus ⟨de Domqueur⟩
→ **Guilelmus ⟨de Dumoquerci⟩**

Guilelmus ⟨de Donekastria⟩
12. Jh.
Donekastria, Guilelmus ¬de¬
Guilelmus ⟨de Doncastria⟩
William ⟨of Doncaster⟩

Guilelmus ⟨de Drogeda⟩
gest. ca. 1360
Summa aurea
LThK; LMA,IX,170
Drogeda, Guilelmus ¬de¬
Drokeda, Wilhelmus ¬de¬
Guilelmus ⟨de Drocheda⟩
Guilelmus ⟨de Drokeda⟩
Guilelmus ⟨Dorochevedus⟩
Guilelmus ⟨Dorochius⟩
Guillaume ⟨de Drogheda⟩
Wilhelm ⟨von Drogheda⟩
Wilhelmus ⟨de Drokeda⟩
William ⟨of Drogheda⟩

Guilelmus ⟨de Duffeld⟩
um 1311/14 · OFM
Quaestiones super librum Posteriorum Analyticorum
Lohr
Duffeld, Guilelmus ¬de¬

Guilelmus ⟨de Dumoquerci⟩
gest. 1481 · OCarm
Stegmüller, Repert. sentent. 287
Dumoquerci, Guilelmus ¬de¬
Guilelmus ⟨de Domqueur⟩
Guilelmus ⟨de Dumo Quercu⟩
Guillaume ⟨de Domqueur⟩
Guillaume ⟨de Dumo Quercu⟩

Guilelmus ⟨de Dunelmo⟩
→ **Guilelmus ⟨de Shyreswood⟩**

Guilelmus ⟨de Encourt⟩
→ **Guilelmus ⟨Encourt⟩**

Guilelmus ⟨de Eporedia⟩
→ **Guilelmus ⟨de Hyporegia⟩**

Guilelmus ⟨de Erqueto⟩
→ **Guillaume ⟨d'Ercuis⟩**

Guilelmus ⟨de Estrey⟩
um 1305
Lectura super libros Physicorum
Lohr
Estrey, Guilelmus ¬de¬

Guilelmus ⟨de Falgar⟩
gest. 1297/98 · OFM
Quaestiones disputatae; Sermones; Identität mit Petrus ⟨de Falco⟩ umstritten
Stegmüller, Repert. sentent. 55;288;674,1; Schneyer,II,456
Falgar, Guilelmus ¬de¬
Guilelmus ⟨de Falgario⟩
Guillaume ⟨de Falegar⟩
Guillaume ⟨de Falgar⟩
Wilhelm ⟨von Falgar⟩

Guilelmus ⟨de Falgario⟩
→ **Guilelmus ⟨de Falgar⟩**

Guilelmus ⟨de Ferrara⟩
→ **Giraldi, Guglielmo**

Guilelmus ⟨de Flandria, OESA⟩
14. Jh. · OESA
Apoc.
Stegmüller, Repert. bibl. 2888
Flandria, Guilelmus ¬de¬
Guilelmus ⟨de Flandria⟩
Guillaume ⟨de Flandre⟩
Guillaume ⟨de Flandre, Augustin⟩

Guilelmus ⟨de Flandria, OP⟩
um 1290/1300 · OP
Schneyer,II,456
Flandria, Guilelmus ¬de¬
Guilelmus ⟨de Flandria⟩
Guilelmus ⟨Flameng⟩
Guilelmus ⟨Flamingus⟩
Guilelmus ⟨Flandrensis⟩
Guillaume ⟨de Flandre⟩
Guillaume ⟨de Flandre, Dominicain⟩

Guilelmus ⟨de Florentia⟩
→ **Guilelmus ⟨Becchi⟩**

Guilelmus ⟨de Gaillaco⟩
→ **Guilelmus ⟨Bernardi de Gaillaco⟩**

Guilelmus ⟨de Gannato⟩
um 1363/88 · OP
In IV libros Sent.; Tractatus de vera innocentia matris Dei
Kaeppeli,II,99
Gannato, Guilelmus ¬de¬
Guilelmus ⟨Conneus⟩
Guilelmus ⟨Cuneas⟩
Guilelmus ⟨de Cannaco⟩
Guilelmus ⟨de Conneo⟩
Guilelmus ⟨de Cuneo⟩
Guilelmus ⟨Gannacus⟩
Guilelmus ⟨Gannaeus⟩
Guilelmus ⟨Gannatensis⟩
Guillaume ⟨de Gannat⟩

Guilelmus ⟨de Gaynesburgh⟩
gest. 1307 · OFM
Schneyer,II,459
Gaynesburgh, Guilelmus ¬de¬
Guilelmus ⟨Gainesburgus⟩
Guilelmus ⟨Gainoburgus⟩
Guilelmus ⟨Garesburgus⟩
Guilelmus ⟨Wigorniensis Episcopus⟩
Guillaume ⟨de Gainsborough⟩
Guillaume ⟨Evêque de Worcester⟩
William ⟨de Gainsborough⟩
William ⟨Gainesburg⟩

Guilelmus ⟨de Godino⟩
→ **Petrus ⟨de Godino⟩**

Guilelmus ⟨de Gouda⟩
→ **Guilelmus ⟨de Gouda⟩**

Guilelmus ⟨de Gouda⟩
15. Jh.
Expositio mysteriorum missae
LThK; CSGL; Potth.
Gouda, Guilelmus ¬de¬
Gouda, Guilhelmus ¬de¬
Gouda, Wilhelm ¬de¬
Goudanus, Guilelmus
Goudanus, Guilielmus
Guilelm ⟨Ter Gouw⟩
Guilelmus ⟨de Gouda⟩
Guilelmus ⟨Goudanus⟩
Guilelmus ⟨Hermannus⟩
Guillaume ⟨de Gouda⟩
Guillaume ⟨Hermann⟩
Hermann, Guillaume
Hermannus, Guilelmus
Hermannus, Wilhelmus
Wilhelm ⟨von Gouda⟩
Willem ⟨Hermansz⟩
Willem ⟨van Gouda⟩

Guilelmus ⟨de Gramayt⟩
um 1248
Schneyer,II,459
Gramayt, Guilelmus ¬de¬
Guilelmus ⟨de Cramant⟩
Guillaume ⟨de Gramayt⟩

Guilelmus ⟨de Grimoard⟩
→ **Urbanus ⟨Papa, V.⟩**

Guilelmus ⟨de Groenendaal⟩
→ **Jordaens, Wilhelm**

Guilelmus ⟨de Guilevilla⟩
→ **Guillaume ⟨de Deguileville⟩**

Guilelmus ⟨de Haltona⟩
→ **Guilelmus ⟨de Altona⟩**

Guilelmus ⟨de Hecham⟩
um 1293/1300 · OESA
Schneyer,II,459
Guilelmus ⟨de Hegham⟩
Guilelmus ⟨de Hycham⟩
Guilelmus ⟨Prior Provincialis Angliae⟩
Hecham, Guilelmus ¬de¬

Guilelmus ⟨de Hennor⟩
um 1301
Lectura brevis super 9, 10 et 14 Metaphysicae
Lohr
Guilelmus ⟨de Hennore⟩
Guilelmus ⟨de Hennymore⟩
Guilelmus ⟨Hennore⟩
Guilelmus ⟨Hennymore⟩
Hennor, Guilelmus ¬de¬
Hennore, Guilelmus
Hennymore, Guilelmus

Guilelmus ⟨de Heudon⟩
→ **Guilelmus ⟨de Hothum⟩**

Guilelmus ⟨de Heytesbury⟩
→ **Guilelmus ⟨Hentisberus⟩**

Guilelmus ⟨de Hirsau⟩
→ **Guilelmus ⟨Hirsaugiensis⟩**

Guilelmus ⟨de Hispania⟩
14. Jh.
Schneyer,II,460
Guilelmus ⟨de Yspania⟩
Hispania, Guilelmus ¬de¬
Wilhelmus ⟨de Yspania⟩

Guilelmus ⟨de Hollandia⟩
→ **Wilhelm ⟨Römisch-Deutsches Reich, König⟩**

Guilelmus ⟨de Hothum⟩
gest. 1298 · OP
In III libros De anima
Schneyer,II,468; Lohr
Guilelmus ⟨de Heudon⟩
Guilelmus ⟨de Houdaing⟩
Guilelmus ⟨de Odone⟩
Guillaume ⟨de Hothun⟩
Guillaume ⟨de Hotun⟩
Guillaume ⟨de Odone⟩
Hothum, Guilelmus ¬de¬
Wilhelm ⟨von Hothum⟩
Wilhelm ⟨von Hothun⟩

Guilelmus ⟨de Houdaing⟩
→ **Guilelmus ⟨de Hothum⟩**

Guilelmus ⟨de Hycham⟩
→ **Guilelmus ⟨de Hecham⟩**

Guilelmus ⟨de Hyporegia⟩
ca. 1250 – ca. 1320/25 · OP, dann OCart
Tractatus de origine et veritate ordinis Cartusiensis; De laude Cartusiensis Ordinis contra detractores
Kaeppeli,II,103; Rep.Font. V, 306

Guilelmus ⟨Crassus⟩
Guilelmus ⟨de Eporedia⟩
Hyporegia, Guilelmus ¬de¬

Guilelmus ⟨de Incourt⟩
→ **Guilelmus ⟨Encourt⟩**

Guilelmus ⟨de Kaioco⟩
→ **Guilelmus ⟨de Caioco⟩**

Guilelmus ⟨de Kingsham⟩
gest. 1262 · OP
Commentarium super Ecclesiasticum; Sermones de tempore et de sanctis
Stegmüller, Repert. bibl. 2901-2903;3016; Schneyer,II,471
Guilelmus ⟨de Kingsam⟩
Guilelmus ⟨de Ringesham⟩
Guilelmus ⟨Kingesamensis⟩
Guilelmus ⟨Kingeshamensis⟩
Guilelmus ⟨Kingisham⟩
Guilelmus ⟨Kingsam⟩
Guilelmus ⟨Kingsamensis⟩
Guilelmus ⟨Ringeshamensis⟩
Guilelmus ⟨Ringischinensis⟩
Guillaume ⟨Kingsham⟩
Kingsam, Guilelmus
Kingsham, Guilelmus ¬de¬
Kingsham, Guillaume
William ⟨Kingesham⟩
William ⟨Kingsam⟩
William ⟨Kyngsham⟩

Guilelmus ⟨de la Mare⟩
→ **Guilelmus ⟨de Lamara⟩**

Guilelmus ⟨de la Turri⟩
→ **Guilhem ⟨de la Tor⟩**

Guilelmus ⟨de Lamara⟩
gest. ca. 1290 · OFM
LThK; LMA,IX,174
Guilelmus ⟨de la Mare⟩
Guilelmus ⟨de Mara⟩
Guilelmus ⟨Lamarensis⟩
Guillaume ⟨de la Mare⟩
Guillelmus ⟨de la Mare⟩
Lamara, Guilelmus ¬de¬
LaMare, Guillaume ¬de¬
Mara, Guilelmus ¬de¬
Wilhelm ⟨de la Mare⟩
William ⟨of la Mare⟩

Guilelmus ⟨de Lampugnano⟩
um 1446 · OP
Consilium de remedio habendo per Principem
Schönberger/Kible, Repertorium, 13336; Kaeppeli,II; Rep.Font. V,307
Guglielmo ⟨Lampugnani⟩
Guilelmus ⟨Capellanus Philippi Mariae de Vicecomitibus⟩
Lampugnani, Guglielmo
Lampugnano, Guilelmus ¬de¬

Guilelmus ⟨de Lancea⟩
um 1310
Diaeta salutis
Schneyer,II,472
Guilelmus ⟨de Canitia⟩
Guilelmus ⟨de Lanicea⟩
Guilelmus ⟨de Lanicia⟩
Guilelmus ⟨de Lavicea⟩
Guillaume ⟨de Lanicia⟩
Guillaume ⟨de Lavicea⟩
Lancea, Guilelmus ¬de¬
Lavicea, Guilelmus ¬de¬

Guilelmus ⟨de Lanicia⟩
→ **Guilelmus ⟨de Lancea⟩**

Guilelmus ⟨de Lauduno⟩
gest. ca. 1352 · OP
De professione monachorum; Articuli falsi de postillo; Super Apocalypsin Petri Johannes Olivi
Schneyer,II,472; Rep.Font. V,307
Guilelmus ⟨de Laudun⟩
Guillaume ⟨de Laudun⟩
Lauduno, Guilelmus ¬de¬
Pseudo-Guilelmus ⟨de Lauduno⟩

Guilelmus ⟨de Lavicea⟩
→ **Guilelmus ⟨de Lancea⟩**

Guilelmus ⟨de Lee⟩
um 1291/92
Schneyer,II,476
Guilelmus ⟨de Le⟩
Guilelmus ⟨de Ly⟩
Guillaume ⟨de la Lee⟩
Lee, Guilelmus ¬de¬

Guilelmus ⟨de Leicester⟩
→ **Guilelmus ⟨de Montibus⟩**

Guilelmus ⟨de Lens⟩
→ **Guilelmus ⟨de Levibus⟩**

Guilelmus ⟨de Leominstre⟩
um 1290/93 · OP
Sermones
Schneyer,II,476; Kaeppeli,II,106/108
Guilelmus ⟨de Leominster⟩
Leominstre, Guilelmus ¬de¬

Guilelmus ⟨de Leus⟩
→ **Guilelmus ⟨de Levibus⟩**

Guilelmus ⟨de Levibus⟩
gest. ca. 1311 · OP
Scriptum et expositio totius libri De causis; Comm. in libr. I-III Sent.; Expositio sex decretalium, Missae atque historiae passionis Christi; Tract. de praedestinatione electorum et reprobatione malorum
Lohr; Kaeppeli,II,108/109
Guilelmus ⟨de Lens⟩
Guilelmus ⟨de Leus⟩
Guilelmus ⟨de Levibus, Tolosanus⟩
Guilelmus ⟨de Lieus⟩
Guillaume ⟨de Lens⟩
Guillaume ⟨de Leus⟩
Guillaume ⟨de Levibus⟩
Levibus, Guilelmus ¬de¬

Guilelmus ⟨de Lexi⟩
→ **Guilelmus ⟨de Lexovio⟩**

Guilelmus ⟨de Lexovio⟩
um 1267/78 · OP
Schneyer,II,477
Guilelmus ⟨de Bussy⟩
Guilelmus ⟨de Lexi⟩
Guilelmus ⟨de Lisi⟩
Guilelmus ⟨de Lissi⟩
Guilelmus ⟨de Luci⟩
Guilelmus ⟨de Luxi⟩
Guilelmus ⟨de Lyssy⟩
Guillermus ⟨de Luxi⟩
Lexovio, Guilelmus ¬de¬
Wilhelmus ⟨de Luscy⟩

Guilelmus ⟨de Lieus⟩
→ **Guilelmus ⟨de Levibus⟩**

Guilelmus ⟨de Ligniaco⟩
um 1270 · OFM
Identität mit Guilelmus ⟨de Lignuel⟩ umstritten
Schneyer,II,481
Guilelmus ⟨de Lignac⟩
Guilelmus ⟨de Lignuel⟩
Guillaume ⟨de Lignac⟩
Guillaume ⟨de Lignuel⟩
Ligniaco, Guilelmus ¬de¬

Guilelmus ⟨de Lincoln⟩
→ **Guilelmus ⟨de Montibus⟩**

Guilelmus ⟨de Lincoln⟩
um 1209/30
Distinctiones (London Brit. Mus. 10,A. VIIf. 1-116); nicht identisch mit Guilelmus ⟨de Lincolnia⟩
Schneyer,II,481
Lincoln, Guilelmus ¬de¬

Guilelmus ⟨de Lincolnia⟩
gest. 1360 · OESA
Identität mit dem Karmeliter Guilelmus ⟨de Lincolnia⟩ (Bibl. Carm. I,603f) umstritten; Annotationes
Lohr
Guilelmus ⟨Lincolnius⟩
Guillaume ⟨de Lincoln⟩
Lincolnia, Guilelmus ¬de¬

Guilelmus ⟨de Lindia⟩
→ **Guilelmus ⟨Lidlington⟩**

Guilelmus ⟨de Lissi⟩
→ **Guilelmus ⟨de Lexovio⟩**

Guilelmus ⟨de Lisso⟩
→ **Guilelmus ⟨de Lissy⟩**

Guilelmus ⟨de Lissy⟩
um 1340 · OFM
Jerem.; Lam.
Stegmüller, Repert. bibl. 2906-2909
Guilelmus ⟨de Lisso⟩
Guilelmus ⟨de Luxeuil⟩
Guilelmus ⟨Lisseius⟩
Guilelmus ⟨Lissejus⟩
Guilelmus ⟨Lissovius⟩
Lissy, Guilelmus ¬de¬
Wilhelm ⟨de Lexovio⟩
Wilhelm ⟨de Luxeuil⟩
Wilhelm ⟨Lissovius⟩
Wilhelm ⟨von Lissy⟩
William ⟨Lissy⟩
William ⟨Lissye⟩

Guilelmus ⟨de Lubbenham⟩
gest. 1361 · OCarm
In Posteriora quaestiones
Lohr
Guilelmus ⟨de Lobbenham⟩
Guilelmus ⟨Lubbenhamus⟩
Guillaume ⟨de Lubbenham⟩
Lubbenham, Guilelmus ¬de¬

Guilelmus ⟨de Luxi⟩
→ **Guilelmus ⟨de Lexovio⟩**

Guilelmus ⟨de Luxueil⟩
→ **Guilelmus ⟨de Lissy⟩**

Guilelmus ⟨de Ly⟩
→ **Guilelmus ⟨de Lee⟩**

Guilelmus ⟨de Lyra⟩
um 1427/28
Stegmüller, Repert. sentent. 288,2
Lyra, Guilelmus ¬de¬

Guilelmus ⟨de Lyssy⟩
→ **Guilelmus ⟨de Lexovio⟩**

Guilelmus ⟨de Macklesfield⟩
gest. 1303 · OP
Postillae in aliquot libros sacrae Bibliae
Lohr; Stegmüller, Repert. sentent. 288,3;475;892; Stegmüller, Repert. bibl. 2913; Schneyer,II,481; Kaeppeli,II,116/117; LMA,IX,172/73
Guilelmus ⟨de Macclesfeld⟩
Guilelmus ⟨de Macclesfield⟩
Guilelmus ⟨de Mackelelfield⟩
Guilelmus ⟨de Maunfelde⟩
Guilelmus ⟨de Maunsfelde⟩
Guilelmus ⟨de Mykelfelt⟩
Guilelmus ⟨Maclefeldus⟩
Guilelmus ⟨Mafflet⟩
Guilelmus ⟨Manusfeldus⟩
Guilelmus ⟨Masfelt⟩
Guilelmus ⟨Massebt⟩
Guilelmus ⟨Masset⟩
Guilelmus ⟨Messelech⟩
Guilelmus ⟨Messelechus⟩
Guillaume ⟨de Macclesfield⟩
Guillaume ⟨de Mackelefield⟩
Macclesfield, William ¬de¬
Macklesfield, Guilelmus ¬de¬
Wilhelm ⟨von Macclesfield⟩
William ⟨de Macclesfield⟩

Guilelmus ⟨de Macon⟩
gest. 1308
Schneyer,II,482
Guillaume ⟨de Mâcon⟩
Macon, Guilelmus ¬de¬

Guilelmus ⟨de Maidulphi Curia⟩
um 1130
De serie evangelistarum
Stegmüller, Repert. bibl. 2914;2915
Guilelmus ⟨Meildunensis⟩
Maidulphi Curia, Guilelmus ¬de¬

Guilelmus ⟨de Mailly⟩
→ **Guilelmus ⟨de Malliaco⟩**

Guilelmus ⟨de Malines⟩
→ **Guilelmus ⟨de Afflighem⟩**

Guilelmus ⟨de Malliaco⟩
gest. ca. 1300 · OP
Nicht identisch mit Guilelmus ⟨Altissiodorensis⟩
Schneyer,II,483
Guilelmus ⟨de Mailly⟩
Guilelmus ⟨de Mali⟩
Guilelmus ⟨de Malig⟩
Guilelmus ⟨de Malliaco, Altissiodorensis⟩
Guilelmus ⟨de Malliaco, Autissiodorensis⟩
Guillaume ⟨de Mailli⟩
Guillaume ⟨de Mailly⟩
Malliaco, Guilelmus ¬de¬

Guilelmus ⟨de Malmesbury⟩
→ **Guilelmus ⟨Malmesburiensis⟩**

Guilelmus ⟨de Mandagoto⟩
gest. 1321
LMA,IX,174
Guilelmus ⟨Cardinalis⟩
Guilelmus ⟨Mandagotus⟩
Guillaume ⟨de Mandagot⟩
Mandagot, Guilelmus ¬de¬
Mandagot, Guillaume
Mandagot, Guillaume ¬de¬
Mandagoto, Guilelmus ¬de¬
Mandagotus, Guilelmus
Mandagotus, Gulielmus
Wilhelm ⟨von Mandagout⟩

Guilelmus ⟨de Mara⟩
→ **Guilelmus ⟨de Lamara⟩**

Guilelmus ⟨de Marbeco⟩
→ **Guilelmus ⟨de Moerbeka⟩**

Guilelmus ⟨de Maunfelde⟩
→ **Guilelmus ⟨de Macklesfield⟩**

Guilelmus ⟨de Meath⟩
→ **Guilelmus ⟨de Pagula⟩**

Guilelmus ⟨de Mechlinia⟩
→ **Guilelmus ⟨de Afflighem⟩**

Guilelmus ⟨de Mediavilla⟩
→ **Guilelmus ⟨de Melitona⟩**

Guilelmus ⟨de Medila⟩
13./14. Jh. · OP
Postilla in Ioh.; Postilla in Luc.
Stegmüller, Repert. bibl. 2917; Kaeppeli,II,121/122
Guilelmus ⟨Anglicus⟩
Guilelmus ⟨de Medila, Anglicus⟩
Medila, Guilelmus ¬de¬

Guilelmus ⟨de Melitona⟩
gest. ca. 1257 · OFM
LThK; CSGL; LMA,IX,175
Guilelmus ⟨de Mediavilla⟩
Guilelmus ⟨de Middleton⟩
Guilelmus ⟨de Militona⟩
Guilelmus ⟨Milton⟩
Guillaume ⟨de Méliton⟩
Mediavilla, Guilelmus ¬de¬
Melitona, Guilelmus ¬de¬
Wilhelm ⟨von Melitona⟩
Wilhelm ⟨von Middleton⟩
Wilhelm ⟨von Militona⟩
Wilhelmus ⟨de Milton⟩
William ⟨of Melitona⟩
William ⟨of Middleton⟩

Guilelmus ⟨de Melrose⟩
um 1170 · OCist
Cant.
Stegmüller, Repert. bibl. 2967;2968
Guilelmus ⟨Melrosensis⟩
Guillaume ⟨de Melrose⟩
Melrose, Guilelmus ¬de¬
Wilhelm ⟨de Melrose⟩
Wilhelmus ⟨Melrosensis⟩

Guilelmus ⟨de Merlerault⟩
→ **Guilelmus ⟨de Merula⟩**

Guilelmus ⟨de Merton⟩
Lebensdaten nicht ermittelt
Stegmüller, Repert. bibl. 2969
Guillaume ⟨de Merton⟩
Merton, Guilelmus ¬de¬

Guilelmus ⟨de Merula⟩
um 1066 · OSB
Speculum claustralium
Schneyer,II,494
Guilelmus ⟨de Merlerault⟩
Guillaume ⟨de Merlerault⟩
Guillaume ⟨du Merle⟩
Merula, Guilelmus ¬de¬

Guilelmus ⟨de Middleton⟩
→ **Guilelmus ⟨de Melitona⟩**

Guilelmus ⟨de Militona⟩
→ **Guilelmus ⟨de Melitona⟩**

Guilelmus ⟨de Mirica⟩
14. Jh.
In De physiognomia
Lohr
Mirica, Guilelmus ¬de¬
William ⟨de Mirica⟩

Guilelmus ⟨de Missali⟩
14. Jh. · OFM
Tabula super quaestiones Metaphysicae (I-IX) Scoti; Tabula super quaestiones (1-22) De anima Scoti
Lohr; Stegmüller, Repert. sentent. 291;292
Missali, Guilelmus ¬de¬

Guilelmus ⟨de Moerbeka⟩
1215 – 1286 · OP
Alexander Aphrodisiensis, In Arist. Meteora; Alexander Aphrodisiensis, in Arist. De sensu et sensato; Alexander Aphrodisiensis, De fato ad imperatores. De fato; Ammonius, in Arist. Perihermeneias
Kaeppeli,II,122/129; LMA,IX,175

Guglielmo ⟨di Moerbeke⟩
Guilelmus ⟨Brabantinus⟩
Guilelmus ⟨Corinthiensis⟩
Guilelmus ⟨de Marbeco⟩
Guilelmus ⟨de Moerbeke⟩
Guilelmus ⟨de Morbacha⟩
Guilelmus ⟨de Morbeka⟩
Guilelmus ⟨de Morbeto⟩
Guilelmus ⟨Moerbecanus⟩
Guilelmus ⟨Moerbekensis⟩
Guilelmus ⟨of Corinth⟩
Guilelmus ⟨of Moerbeka⟩
Guillaume ⟨de Brabant⟩
Guillaume ⟨de Moerbeke⟩
Moerbeka, Guilelmus
Moerbeka, Guilelmus ¬de¬
Moerbeke, Guillelmus ¬de¬
Moerbeke, Wilhelm ¬von¬
Wilhelm ⟨von Moerbeke⟩
Wilhelmus ⟨Brabantinus⟩
Wilhelmus ⟨Corinthiensis⟩
William ⟨of Moerbeke⟩

Guilelmus ⟨de Monasteriolo⟩
um 1272
Schneyer,II,508
Guilelmus ⟨de Montreuil⟩
Guillaume ⟨de Montreuil⟩
Monasteriolo, Guilelmus ¬de¬

Guilelmus ⟨de Monciaco Novo⟩
gest. ca. 1286
Schneyer,II,508
Guilelmus ⟨de Monciaco⟩
Guilelmus ⟨de Moussy-le-Neuf⟩
Guillaume ⟨de Moussy-le-Neuf⟩
Monciaco Novo, Guilelmus ¬de¬

Guilelmus ⟨de Monserrat⟩
15. Jh.
Commentum super Pragmatica Sanctione; Tractatus de successione regum Francorum
Rep.Font. V,345
Guilhem ⟨de Montserrat⟩
Guillaume ⟨de Monserrat⟩
Monserrat, Guilelmus ¬de¬
Monserrat, Guillaume ¬de¬
Montserrat, Guillem ¬de¬

Guilelmus ⟨de Monte⟩
→ **Guilelmus ⟨de Montibus⟩**

Guilelmus ⟨de Monte Acuto⟩
gest. 1246 · OCist
Exceptiones auctorum XXIII
Schneyer,II,509
Guillaume ⟨Abbé de La Ferté⟩
Guillaume ⟨de Cîteaux, III.⟩
Guillaume ⟨de Montaigu⟩
Guillaume ⟨Prieur de Clairvaux⟩
Monte Acuto, Guilelmus ¬de¬

Guilelmus ⟨de Monte Lauduno⟩
gest. 1376
LThK; LMA,IX,176
Guilelmus ⟨de Montelauduno⟩
Guillaume ⟨de Montlaudun⟩
Guillaume ⟨de Montlun⟩
Guillielmus ⟨de Monte Lauduno⟩
Monte Lauduno, Guilelmus ¬de¬
Wilhelm ⟨von Montelauduno⟩

Guilelmus ⟨de Montibus⟩
ca. 1140 – 1213
Initium deest; Numerale; Tropi; nicht identisch mit Guilelmus ⟨de Shyreswood⟩
Stegmüller, Repert. bibl. 2992-2999; Schneyer,II,509; LMA, IX, 177
Guilelmus ⟨de Leicester⟩
Guilelmus ⟨de Lincoln⟩
Guilelmus ⟨de Monte⟩
Guilelmus ⟨du Mont⟩
Guilelmus ⟨Lincolniensis⟩
Guilelmus ⟨Montanus⟩
Guillaume ⟨Chancelier de Lincoln⟩
Guillaume ⟨de Leicester⟩
Guillaume ⟨de Lincoln⟩
Guillaume ⟨du Mont⟩
Guillaume ⟨Montanus⟩
Guillaume ⟨Prieur de Sainte-Geneviève⟩
Montibus, Guilelmus ¬de¬
Pseudo-Guilelmus ⟨de Leicester⟩
Wilhelm ⟨de Montibus⟩
William ⟨de Lincoln⟩
William ⟨de Montibus⟩

Guilelmus ⟨de Montoriel⟩
13. Jh.
Summa brevis Porphyriana; Summa libri Praedicamentorum; In Perihermenias
Lohr
Guillaume ⟨de Montoriel⟩
Montoriel, Guilelmus ¬de¬
Willelmus ⟨de Montoriel⟩
William ⟨of Montoriel⟩

Guilelmus ⟨de Montreuil⟩
→ **Guilelmus ⟨de Monasteriolo⟩**

Guilelmus ⟨de Morbacha⟩
→ **Guilelmus ⟨de Moerbeka⟩**

Guilelmus ⟨de Morbeto⟩
→ **Guilelmus ⟨de Moerbeka⟩**

Guilelmus ⟨de Morimond⟩
um 1468 · OCist
Definitiones Guillermi abbatis Morimundi
Schönberger/Kible, Repertorium, 13367
Guilelmus ⟨Morimundensis⟩
Guilelmus ⟨Morimundensis Abbas, II.⟩
Guilelmus ⟨Morimundi Abbas⟩
Guillaume ⟨de Morimond⟩
Guillermus ⟨Morimundus⟩
Guillermus ⟨de Morimond⟩
Morimond, Guilelmus ¬de¬
William ⟨of Morimond⟩

Guilelmus ⟨de Moussy-le-Neuf⟩
→ **Guilelmus ⟨de Monciaco Novo⟩**

Guilelmus ⟨de Multedo⟩
um 1266
Verf. eines Teils der Annales Ianuenses
Rep.Font. V,312
Guillermus ⟨de Multedo⟩
Multedo, Guilelmus ¬de¬

Guilelmus ⟨de Mykelfelt⟩
→ **Guilelmus ⟨de Macklesfield⟩**

Guilelmus ⟨de Nagis⟩
→ **Guilelmus ⟨de Nangiaco⟩**

Guilelmus ⟨de Nangiaco⟩
gest. ca. 1300
LThK; LMA,VI,1015; Rep.Font. V,312/314
Guilelmus ⟨de Nagis⟩
Guilelmus ⟨de Nangis⟩
Guilelmus ⟨de Nantis⟩
Guilelmus ⟨Nangiacus⟩
Guilelmus ⟨of Saint Denis⟩
Guillaume ⟨de Nangiaco⟩
Guillaume ⟨de Nangis⟩
Guillaume ⟨de Saint Denis⟩
Nangiaco, Guilelmus ¬de¬
Nangis, Guillaume ¬de¬
Nangis, Wilhelm ¬von¬
Wilhelm ⟨von Nagis⟩
Wilhelm ⟨von Nangis⟩
Wilhelmus ⟨Nangius⟩

Guilelmus ⟨de Nangis⟩
→ **Guilelmus ⟨de Nangiaco⟩**

Guilelmus ⟨de Nantis⟩
→ **Guilelmus ⟨de Nangiaco⟩**

Guilelmus ⟨de Newburgh⟩
→ **Guilelmus ⟨Neubrigensis⟩**

Guilelmus ⟨de Nicole⟩
13./14. Jh.
Schneyer,II,524
Guillaume ⟨de Nicole⟩
Nicole, Guilelmus ¬de¬

Guilelmus ⟨de Northwell⟩
14. Jh.
Guilelmus ⟨Custos Garderobae Regis Edwardi Tertii⟩
Northwell, Guilelmus ¬de¬
Norwell, William ¬de¬
Wilhelmus ⟨de Northwell⟩
William ⟨de Norwell⟩

Guilelmus ⟨de Northwico⟩
→ **Guilelmus ⟨Bateman⟩**

Guilelmus ⟨de Notingham⟩
→ **Notingham**

Guilelmus ⟨de Nottingham⟩
gest. ca. 1254 · OFM
Commentarius in Concordiam evangelistarum Clementis de Lanthony; Lecturae Scripturarum; De oratione Dominica
Stegmüller, Repert. bibl. 3001-3008
Guilelmus ⟨de Nottingham, Discipulus Roberti Grosseteste⟩
Guilelmus ⟨de Nottingham, OFM⟩
Guilelmus ⟨Nottinghamus⟩
Guillaume ⟨de Nottingham⟩
Guillaume ⟨de Nottingham, Franciscain⟩
Guillaume ⟨Provincial d'Angleterre⟩
Nottingham, Guilelmus ¬de¬
Nottingham, Guillaume ¬de¬
Wilhelm ⟨von Nottingham⟩
Wiliam ⟨of Notingham⟩
William ⟨of Nottingham⟩

Guilelmus ⟨de Nottingham, Discipulus Hugonis de Hertepol⟩
→ **Guilelmus ⟨de Nottingham, Lector Oxoniensis⟩**

Guilelmus ⟨de Nottingham, Discipulus Roberti Grosseteste⟩
→ **Guilelmus ⟨de Nottingham⟩**

Guilelmus ⟨de Nottingham, Lector Oxoniensis⟩
ca. 1280-1336 · OFM
Commentarius in sententias; De oboedientia; Sermones; etc.
Stegmüller, Repert. sentent. 293; Schneyer,II,525; LMA,IX,177
Guilelmus ⟨de Notingham⟩
Guilelmus ⟨de Nottingham, Discipulus Hugonis de Hertepol⟩
Guilelmus ⟨de Nottingham, OFM⟩
Guilelmus ⟨Nottinghamus⟩
Guilelmus ⟨Snotingamus⟩
Guillaume ⟨de Nottingham⟩
Nottingham, Guilelmus ¬de¬
Wilhelm ⟨von Nottingham⟩
William ⟨of Nothingham⟩
William ⟨of Nottingham⟩

Guilelmus ⟨de Novoburgo⟩
→ **Guilelmus ⟨Neubrigensis⟩**

Guilelmus ⟨de Ockham⟩
→ **Ockham, Guilelmus ¬de¬**

Guilelmus ⟨de Odone⟩
→ **Guilelmus ⟨de Hothum⟩**

Guilelmus ⟨de Oona⟩
→ **Guilelmus ⟨de Wara⟩**

Guilelmus ⟨de Orgeleto⟩
12./14. Jh. · OSB
Collectio auctorum variorum de tempore
Schneyer,II,533
Guilelmus ⟨Monachus Morimundi⟩
Orgeleto, Guilelmus ¬de¬

Guilelmus ⟨de Osma⟩
um 1350
De consequentiis
Osma, Guilelmus ¬de¬
Osma, Wilhelm ¬von¬
Wilhelm ⟨von Osma⟩

Guilelmus ⟨de Pagula⟩
gest. ca. 1332
Guilelmus ⟨de Meath⟩
Guilelmus ⟨de Paul⟩
Guilelmus ⟨de Paull⟩
Guilelmus ⟨de Poul⟩
Guilelmus ⟨de Winkfield⟩
Guilelmus ⟨Evêque⟩
Guilelmus ⟨Vicaire⟩
Guillaume ⟨de Meath⟩
Guillaume ⟨de Pagham⟩
Guillaume ⟨de Pagula⟩
Guillaume ⟨de Paulo⟩
Pagula, Guilelmus ¬de¬
Paul, Guilelmus ¬de¬
Poul, Guilelmus ¬de¬
Powell, William
William ⟨de Paul⟩
William ⟨of Pagula⟩
William ⟨Powell⟩

Guilelmus ⟨de Paraclito⟩
gest. 1203
LMA,IX,152
Guilelmus ⟨Abbas⟩
Guilelmus ⟨de Sancto Thoma⟩
Guilelmus ⟨Ebelholtensis⟩
Guilelmus ⟨Sancti Thomae⟩
Guillaume ⟨Abbé⟩
Guillaume ⟨Chanoine⟩
Guillaume ⟨de Paraclet⟩
Guillaume ⟨de Sainte-Geneviève⟩
Guillaume ⟨de Saint-Thomas⟩
Guillaume ⟨d'Aebelholt⟩
Guillaume ⟨d'Eskilsoë⟩
Paraclito, Guilelmus ¬de¬
Vilhelm ⟨Abbed⟩
Wilhelm ⟨av Aebelholte⟩
Wilhelm ⟨of Saint Thomas⟩
William ⟨of Eskilsoe⟩
Willihelmus ⟨Abbas⟩
Willihelmus ⟨de Paracleto⟩
Willihelmus ⟨Ebelholtensis⟩

Guilelmus ⟨de Parisiis⟩
→ **Guilelmus ⟨Baufeti⟩**
→ **Guilelmus ⟨Parisiensis⟩**

Guilelmus ⟨de Parisiis⟩
gest. ca. 1311/14 · OP
Acta in causa Templariorum; Dialogus de septem sacramentis; Tabula super Decretales et Decreta (wird auch einem Guilelmus ⟨de Parma⟩ zugeschrieben); nicht identisch mit Guilelmus ⟨Arvernus⟩ und Guilelmus ⟨Parisiensis⟩, gest. 1485
Kaeppeli,II,130/132; HLF XXVII,140-52; QE,I,518; Stegmüller, Repert.Sentent. 497; LMA,IX,182
Guilelmus ⟨Parisiensis⟩
Guilelmus ⟨de Parma⟩
Guillaume ⟨Confesseur de Philippe le Bel⟩
Guillaume ⟨de Paris⟩
Guillaume ⟨Inquisiteur Général de la France⟩
Parisiis, Guilelmus ¬de¬

Guilelmus ⟨de Parma⟩
→ **Guilelmus ⟨de Parisiis⟩**

Guilelmus ⟨de Pastregno⟩
1290 – 1362
LMA,IX,123
Guglielmo ⟨da Pastrengo⟩
Guilelmus ⟨Pastregicus⟩
Guilelmus ⟨Pastrengicus⟩
Guilelmus ⟨Pastrengus⟩
Guillaume ⟨de Pastregno⟩
Pastregicus, Guilelmus
Pastregno, Guglielmo ¬da¬
Pastregno, Guilelmus ¬de¬

Guilelmus ⟨de Paul⟩
→ **Guilelmus ⟨de Pagula⟩**

Guilelmus ⟨de Peraldo⟩
→ **Guilelmus ⟨Peraldus⟩**

Guilelmus ⟨de Perno⟩
gest. ca. 1454
Consilia pheudalia; Tractatus de principe, de rege deque regina
Guglielmo ⟨de Perno⟩
Guglielmo ⟨Perno⟩
Guilelmus ⟨Pernus⟩
Guillaume ⟨de Perno⟩
Perno, Guglielmo ¬de¬
Perno, Guilelmus ¬de¬
Perno, Guillaume ¬de¬
Pernus, Guilelmus

Guilelmus ⟨de Petersborough⟩
→ **Guilelmus ⟨de Petriburgo⟩**

Guilelmus ⟨de Petra Alta⟩
→ **Guilelmus ⟨Peraldus⟩**

Guilelmus ⟨de Petra Lata⟩
gest. 1309 · OP
Quaestiones dominicales et veneriales
Rep.Font. V,315
Guilelmus ⟨de Petralata⟩
Guillaume ⟨de Petra Lata⟩
Guillaume ⟨de Petralata⟩
Guillaume ⟨de Pierrelatte⟩
Petra Lata, Guilelmus ¬de¬

Guilelmus ⟨de Petriburgo⟩
12./13. Jh.
Euphrastica; Sermones in Cantica
Stegmüller, Repert. bibl. 3012-3014
Guilelmus ⟨Burgensis⟩
Guilelmus ⟨de Burgo⟩
Guilelmus ⟨de Petersborough⟩
Guilelmus ⟨Petriburgensis⟩
Guillaume ⟨de Peterborough⟩
Guillaume ⟨de Ramsey⟩
Guillaume ⟨Moine à Ramsey⟩
Petriburgo, Guilelmus ¬de¬

Guilelmus ⟨de Peyrauta⟩
→ **Guilelmus ⟨Peraldus⟩**

Guilelmus ⟨de Peyre de Godin⟩
→ **Petrus ⟨de Godino⟩**

Guilelmus ⟨de Podio⟩
15. Jh.
Ars musicorum
LMA,IV,1784
DePodio, Guillermus
Despuig, Guillermo

Guillaume ⟨de Podio⟩
Guillaume ⟨de Puig⟩
Guillelmo ⟨de Podio⟩
Guillermo ⟨de Podio⟩
Guillermo ⟨de Puig⟩
Guillermo ⟨Despuig⟩
Guillermus ⟨de Podio⟩
Podio, Guilelmus ¬de¬
Podio, Guillermo ¬de¬
Podio, Guillermus ¬de¬

Guilelmus ⟨de Podio Laurentii⟩
gest. ca. 1272
Chronica super historia negotii Francorum
Potth.; LMA,IV,1782
Guillaume ⟨de Puy-Laurens⟩
Guillaume ⟨du Puis Laurent⟩
Podio Laurentii, Guilelmus ¬de¬

Guilelmus ⟨de Ponte Arche⟩
gest. 1250
Schneyer,II,576
Guillaume ⟨de Pont-de-l'Arche⟩
Guillaume ⟨du Pont-de-l'Arche⟩
Guillaume ⟨Evêque de Lisieux⟩
Ponte Arche, Guilelmus ¬de¬

Guilelmus ⟨de Populeto⟩
12./14. Jh. · OCist
Sermones
Schneyer,II,577
Guilelmus ⟨Poblet⟩
Populeto, Guilelmus ¬de¬

Guilelmus ⟨de Portes⟩
12./13. Jh.
Vita Sancti Antelmi Bellicensis episcopi ordinis Cartusiensis
Guillaume ⟨Chartreux⟩
Guillaume ⟨de Portes⟩
Portes, Guilelmus ¬de¬

Guilelmus ⟨de Poul⟩
→ **Guilelmus ⟨de Pagula⟩**

Guilelmus ⟨de Quilebeç⟩
13. Jh.
Sententia super capitulum de ventis; Continuatio librorum Meteororum; Identität mit Guilelmus ⟨de Quilebue⟩ umstritten
Lohr
Guilelmus ⟨de Quilebue⟩
Quilebeç, Guilelmus ¬de¬

Guilelmus ⟨de Quilebue⟩
→ **Guilelmus ⟨de Quilebeç⟩**

Guilelmus ⟨de Quinchy⟩
→ **Guilelmus ⟨de Quintiaco⟩**

Guilelmus ⟨de Quinsac⟩
→ **Guilelmus ⟨de Quintiaco⟩**

Guilelmus ⟨de Quintiaco⟩
gest. 1274 · OP
Sermo et Collatio
Schneyer,II,582
Guilelmus ⟨de Quinchy⟩
Guilelmus ⟨de Quinciaco⟩
Guilelmus ⟨de Quinsac⟩
Guilelmus ⟨Petragoricensis⟩
Quintiaco, Guilelmus ¬de¬

Guilelmus ⟨de Raisa⟩
→ **Petrus ⟨de Rancia⟩**

Guilelmus ⟨de Raivetia⟩
12./14. Jh.
Schneyer,II,582
Raivetia, Guilelmus ¬de¬

Guilelmus ⟨de Ramsey⟩
12./13. Jh. · OSB
Cant.
Stegmüller, Repert. bibl. 3015
Guilelmus ⟨Croylandensis⟩
Guilelmus ⟨Rameseganus⟩
Guilelmus ⟨Ramesiensis⟩
Guillaume ⟨de Ramsey⟩
Ramsey, Guilelmus ¬de¬
Wilhelm ⟨von Ramsey⟩

Guilelmus ⟨de Rancia⟩
→ **Petrus ⟨de Rancia⟩**

Guilelmus ⟨de Renham⟩
→ **Henricus ⟨de Renham⟩**

Guilelmus ⟨de Reno⟩
gest. 1487 · OCist
Vielleicht Verfasser des Chronicon monasterii Campensis (usque ad 1487)
Rep.Font. III,305; V,317
Reno, Guilelmus ¬de¬

Guilelmus ⟨de Ringesham⟩
→ **Guilelmus ⟨de Kingsham⟩**

Guilelmus ⟨de Rinterio⟩
→ **Guilelmus ⟨Bernardi de Narbonne⟩**

Guilelmus ⟨de Rothwell⟩
→ **Guilelmus ⟨Rothwell⟩**

Guilelmus ⟨de Rubione⟩
14. Jh. · OFM
In quattuor libros Magistri Sententiarum Commentarium
Stegmüller, Repert. sentent. 237;302; Rep.Font. V,345
Guilelmus ⟨Rubió⟩
Guilhem ⟨de Rubió⟩
Guillaume ⟨de Rubione⟩
Guillaume ⟨Rubio⟩
Guillaume ⟨Rubion⟩
Guillermo ⟨Rubio⟩
Rubio, Guillaume
Rubió, Guillem ¬de¬
Rubione, Guilelmus ¬de¬
Wilhelm ⟨de Rubió⟩
Wilhelm ⟨de Rubione⟩
Wilhelm ⟨Rubió⟩

Guilelmus ⟨de Rubruquis⟩
→ **Rubruquis, Guilelmus ¬de¬**

Guilelmus ⟨de Ryckel⟩
um 1249/72
Guilelmus ⟨Sancti Trudonis⟩
Guilelmus ⟨Trudonensis⟩
Guillaume ⟨de Ryckel⟩
Guillaume ⟨de Saint-Trond⟩
Ryckel, Guilelmus ¬de¬
Wilhelmus ⟨Trudonensis⟩

Guilelmus ⟨de Saccovilla⟩
→ **Guilelmus ⟨de Sequavilla⟩**

Guilelmus ⟨de Saint-Lô⟩
→ **Guilelmus ⟨de Sancto Laudo⟩**

Guilelmus ⟨de Salbris⟩
12. Jh.
Porph.
Lohr
Salbris, Guilelmus ¬de¬

Guilelmus ⟨de Saliceto⟩
1210 – 1280
Tusculum-Lexikon; LMA,IX,187/88
Guglielmo ⟨da Saliceto⟩
Guglielmo ⟨da Piacenza⟩
Guilelmus ⟨Placentinus⟩
Guilelmus ⟨Salicetus⟩
Guillaume ⟨de Plaisance⟩
Guillaume ⟨de Saliceto⟩
Saliceto, Guilelmus ¬de¬
Salicetus, Guilelmus
Salicetus, Wilhelm
Wilhelm ⟨Salicetus⟩
Wilhelm ⟨von Piacenza⟩
Wilhelm ⟨von Saliceto⟩
William ⟨of Saliceto⟩

Guilelmus ⟨de Sancto Amore⟩
ca. 1212 – 1272
LThK; CSGL; Meyer; LMA,IX,185
Guilelmus ⟨Bellovacensis⟩
Guilelmus ⟨Parisiensis⟩
Guillaume ⟨de Saint-Amour⟩
Saint-Amour, Guillaume ¬de¬
Sancto Amore, Guilelmus ¬de¬
Wilhelm ⟨von Saint-Amour⟩

Guilelmus ⟨de Sancto Angelo⟩
12./14. Jh.
Schneyer,II,583
Sancto Angelo, Guilelmus ¬de¬

Guilelmus ⟨de Sancto Bernardo⟩
um 1272 · OP
Schneyer,II,583
Guillaume ⟨de Saint-Bernard⟩
Sancto Bernardo, Guilelmus ¬de¬

Guilelmus ⟨de Sancto Dionysio⟩
→ **Guilelmus ⟨Sandionysianus⟩**

Guilelmus ⟨de Sancto Jacobo Leodiensis⟩
um 1153/57
Liber de benedictione Dei; De Trinitate
Schönberger/Kible, Repertorium, 13586
Guilelmus ⟨Leodiensis⟩
Guillaume ⟨de Saint-Jacques de Liège⟩
Sancto Jacobo, Guilelmus ¬de¬
William ⟨of Saint Jacques⟩

Guilelmus ⟨de Sancto Laudo⟩
gest. 1349 · OESA
Schneyer,II,583
Guilelmus ⟨de Saint-Lô⟩
Guillaume ⟨de Saint-Lô⟩
Sancto Laudo, Guilelmus ¬de¬

Guilelmus ⟨de Sancto Porciano⟩
→ **Durandus ⟨de Sancto Porciano⟩**

Guilelmus ⟨de Sancto Savino⟩
→ **Guilelmus ⟨Dandina⟩**

Guilelmus ⟨de Sancto Theodorico⟩
1085 – ca. 1153 · OCist
Tusculum-Lexikon; LThK; Potth.; LMA,IX,186
Guglielmo ⟨di Saint-Thierry⟩
Guglielmo ⟨di San Teodorico⟩
Guglielmo ⟨di Signi⟩
Guilelmus ⟨a Sancto Theodorico⟩
Guilelmus ⟨Leodiensis⟩
Guilelmus ⟨of Saint Theodor⟩
Guilelmus ⟨Remensis⟩
Guilelmus ⟨Sancti Theodorici⟩
Guilelmus ⟨Sanctus Theodericus⟩
Guilelmus ⟨Signiacensis⟩
Guillaume ⟨de Liège⟩
Guillaume ⟨de Saint-Thierry⟩
Guillaume ⟨de Signy⟩
Guillaume ⟨Saint-Thierry⟩
Guillelmus ⟨a Sancto Theodorico⟩
Guillelmus ⟨de Sancto Theodorico⟩
Sancto Theodorico, Guilelmus ¬de¬
Wilhelm ⟨von Saint-Thierry⟩
Wilhelm ⟨von Sankt Thierry⟩
Wilhelm ⟨von Signy⟩
Wilhelmus ⟨Sancti Theodorici⟩
Willem ⟨van Saint Thierry⟩
William ⟨of Saint Thierry⟩

Guilelmus ⟨de Sancto Thoma⟩
→ **Guilelmus ⟨de Paraclito⟩**

Guilelmus ⟨de Sarzano⟩
um 1311 · OFM
Tractatus de excellentia principatus monarchici et regalis; Tractatus de potestate Summi Pontificis
Schönberger/Kible, Repertorium, 13587/88; Rep. Font. V,327
Guglielmo ⟨da Sarzano⟩
Sarzano, Guilelmus ¬de¬

Guilelmus ⟨de Sasay⟩
14. Jh. · OP
Tabula decreti
Kaeppeli,II,162
Guilelmus ⟨de Sasaya⟩
Guilelmus ⟨de Sazacio⟩
Guilelmus ⟨Fonteniacensis⟩
Sasay, Guilelmus ¬de¬

Guilelmus ⟨de Sasaya⟩
→ **Guilelmus ⟨de Sasay⟩**

Guilelmus ⟨de Sauquevilla⟩
→ **Guilelmus ⟨de Sequavilla⟩**

Guilelmus ⟨de Sazacio⟩
→ **Guilelmus ⟨de Sasay⟩**

Guilelmus ⟨de Sequavilla⟩
um 1330 · OP
Schneyer,II,587
Guilelmus ⟨de Saccovilla⟩
Guilelmus ⟨de Sauquevilla⟩
Guillaume ⟨de Sauqueville⟩
Sequavilla, Guilelmus ¬de¬

Guilelmus ⟨de Shyreswood⟩
ca. 1200/10 – ca. 1279
Nicht identisch mit Guilelmus ⟨de Durham⟩ und Guilelmus ⟨de Monte⟩
LMA,IX,189
Guilelmus ⟨de Dunelmo⟩
Guilelmus ⟨de Shirwode⟩
Guilelmus ⟨de Shyreswode⟩
Guilelmus ⟨Dunelmensis⟩
Guilelmus ⟨Shirvodius⟩
Guillaume ⟨de Sherwood⟩
Shirwood, William
Shyreswood, Guilelmus ¬de¬
Wilhelm ⟨von Shyreswood⟩
William ⟨of Sherwood⟩
William ⟨of Shyreswood⟩
William ⟨Shirwood⟩

Guilelmus ⟨de Southampton⟩
→ **Guilelmus ⟨de Altona⟩**
→ **Guilelmus ⟨de Southamptonia⟩**

Guilelmus ⟨de Southamptonia⟩
um 1278 oder 1340 · OP
Directorium in Moralia Gregorii; Postilla in Isaiam; Sermones de sanctis
Stegmüller, Repert. bibl. 3037-3038; Schneyer,II,596
Guilelmus ⟨de Southampton⟩
Guilelmus ⟨de Southamptoria⟩
Guilelmus ⟨de Trisanton⟩
Guilelmus ⟨de Trisconton⟩
Guilelmus ⟨Wintoniensis⟩
Guillaume ⟨de Southampton⟩
Southamptonia, Guilelmus ¬de¬

Guilelmus ⟨de Stampis⟩
um 1242 · OP
Postilla super Apocalypsin; Sermones
Schneyer,II,455; Kaeppeli,II,164/165
Guilelmus ⟨de Stampis, Gallicus⟩
Guilelmus ⟨d'Etampes⟩
Guilelmus ⟨Gallicus⟩
Guilelmus ⟨Stampensis⟩
Guillaume ⟨d'Etampes⟩
Stampis, Guilelmus ¬de¬

Guilelmus ⟨de Sudbery⟩
um 1380/1400 · OSB
Tabula operum S. Thomae Aquinatis
Stegmüller, Repert. sentent. 878
Guillaume ⟨de Sudbury⟩
Sudbery, Guilelmus ¬de¬
Wilhelm ⟨Sudbery⟩

Guilelmus ⟨de Thetford⟩
um 1236/42 · OP
Epistulae tres
Kaeppeli,II,165; Schönberger/Kible, Repertorium, 13598
Guilelmus ⟨de Theford⟩
Guilelmus ⟨de Tyford⟩
Thetford, Guilelmus ¬de¬
Thetford, Guillaume ¬de¬
Tifford, Guillaume ¬de¬
William ⟨of Thetford⟩

Guilelmus ⟨de Thous⟩
→ **Guilelmus ⟨de Tous⟩**

Guilelmus ⟨de Tocchis⟩
→ **Guilelmus ⟨de Cremona⟩**

Guilelmus ⟨de Tocco⟩
1240-1323 · OP
Vita S. Thomae
Kaeppeli,II,165/167; LMA,IX,189
Guilelmus ⟨de Thoco⟩
Guillaume ⟨de Tocco⟩
Tocco, Guilelmus ¬de¬
Wilhelm ⟨von Tocco⟩

Guilelmus ⟨de Tonnaio⟩
→ **Guilelmus ⟨de Tonnens⟩**

Guilelmus ⟨de Tonnens⟩
gest. 1299 · OP
In universam sacram Scripturam
Stegmüller, Repert. bibl. 3046; Schneyer,II,596
Guilelmus ⟨de Tonnaio⟩
Guilelmus ⟨de Tonneins⟩
Guilelmus ⟨de Tonneris⟩
Guillaume ⟨de Tonnais⟩
Guillaume ⟨de Tonneius⟩
Tonnens, Guilelmus ¬de¬

Guilelmus ⟨de Tonneris⟩
→ **Guilelmus ⟨de Tonnens⟩**

Guilelmus ⟨de Tornaco⟩
→ **Guilelmus ⟨Tornacensis⟩**

Guilelmus ⟨de Tortona⟩
15. Jh. · OFM
Resolutiones; Expositio libri Porphyrii; Super Physic. et I-II Poster. Arist.
Lohr
Guilelmus ⟨de Cortona⟩
Guillaume ⟨de Tortona⟩
Tortona, Guilelmus ¬de¬

Guilelmus ⟨de Tous⟩
gest. ca. 1408/9 · OP
Lumen de lumine
Guilelmus ⟨de Thous⟩
Guilermus ⟨de Tous⟩
Tous, Guilelmus ¬de¬

Guilelmus ⟨de Trisanton⟩
→ **Guilelmus ⟨de Southamptonia⟩**

Guilelmus ⟨de Tudela⟩
→ **Guillaume ⟨de Tudèle⟩**

Guilelmus ⟨de Tyford⟩
→ **Guilelmus ⟨de Thetford⟩**

Guilelmus ⟨de Tyro⟩
ca. 1130 – 1186
Tusculum-Lexikon; LThK; CSGL; LMA,IX,191/92
Guglielmo ⟨di Tiro⟩
Guilelmus ⟨of Tyre⟩
Guilelmus ⟨Tirensis⟩
Guilelmus ⟨Tyrensis⟩
Guilelmus ⟨Tyrius⟩
Guillaume ⟨de Tyr⟩
Guillaume ⟨of Tyre⟩
Guillelmus ⟨Tyrius⟩
Guilielmus ⟨of Tyre⟩
Tyrius, Gulielmus
Tyro, Guilelmus ¬de¬
Tyrus, Wilhelm ¬von¬
Wilhelm ⟨Tyrensis⟩
Wilhelm ⟨Tyrius⟩
Wilhelm ⟨von Tyrus⟩
Wilhelmus ⟨de Tyro⟩
Wilhelmus ⟨Tyrensis⟩
Willem ⟨van Tyrus⟩
William ⟨of Tyre⟩

Guilelmus ⟨de Vaglon⟩
um 1270
Identität mit Guilelmus ⟨de Baliona⟩ nicht gesichert
Schneyer,II,598
Guillaume ⟨de Vaglon⟩
Vaglon, Guilelmus ¬de¬

Guilelmus ⟨de Valle Rouillonis⟩
ca. 1390/94 – 1464 · OFM
Liber de anima
LThK; LMA,IX,192/93
Guilelmus ⟨de Valle Rovillonis⟩
Guilelmus ⟨de Vaurouillon⟩
Guilelmus ⟨de Vorillon⟩
Guilelmus ⟨de Vorilong⟩
Guilelmus ⟨Vorillonius⟩
Guilelmus ⟨Vorilongus⟩
Guillermus ⟨de Vorillon⟩
Guillermus ⟨de Vorrillong⟩
Valle Rouillonis, Guilelmus ¬de¬
Vorillon, Guilelmus ¬de¬
Vorillonius, Guilelmus
Vorilong, Guilelmus ¬de¬
Vorilong, Guillermus ¬de¬
Vorilongus, Guilelmus
Vorrillong, Guillermus ¬de¬
Wilhelm ⟨von Valle Rouillonis⟩
Wilhelm ⟨von Vaurouillon⟩
Wilhelm ⟨von Vorillon⟩
William ⟨of Vaurouillon⟩
William ⟨Vorilong⟩

Guilelmus ⟨de Vaurouillon⟩
→ **Guilelmus ⟨de Valle Rouillonis⟩**

Guilelmus ⟨de Velde⟩
geb. 1445
Empyreale maius; Empyreale minus
VL(2),10,1146
Guilelmus ⟨Leldrensis⟩
Guillaume ⟨de la Gueldre⟩
Guillaume ⟨Velde⟩
Velde, Guilelmus ¬de¬
Velde, Guillaume
Velde, Willem ¬van de¬
Willem ⟨van de Velde⟩

Guilelmus ⟨de Verida⟩
→ **Guilelmus ⟨de Werda⟩**

Guilelmus ⟨de Vici⟩
13. Jh.
Schneyer,II,598
Guillaume ⟨de Vici⟩
Vici, Guilelmus ¬de¬

Guilelmus ⟨de Villana Cremonensis⟩
→ **Guilelmus ⟨de Cremona⟩**

Guilelmus ⟨de Villanova⟩
→ **Villeneuve, Guillaume ¬de¬**

Guilelmus ⟨de Viridi Valle⟩
→ **Jordaens, Wilhelm**

Guilelmus ⟨de Vivaria⟩
um 1159/77
Cant.
Stegmüller, Repert. bibl. 3050; LMA,IX,195; VL(2),10,1149
Guilelmus ⟨Vivariensis⟩
Guillaume ⟨de Viviers⟩
Vivaria, Guilelmus ¬de¬
Wilhelm ⟨von Weyern⟩

Guilelmus ⟨de Volpiano⟩
→ **Guilelmus ⟨Sancti Benigni⟩**

Guilelmus ⟨de Vorillon⟩
→ **Guilelmus ⟨de Valle Rouillonis⟩**

Guilelmus ⟨de Vorilong⟩
→ **Guilelmus ⟨de Valle Rouillonis⟩**

Guilelmus ⟨de Votemia⟩
→ **Guilelmus ⟨de Vottem⟩**

Guilelmus ⟨de Vottem⟩
gest. 1403
Chronicon de schismate Urbani papae et Petri de Luna
Rep.Font. V,332
Guilelmus ⟨de Votemia⟩
Guillaume ⟨de Saint-Jacques de Liège⟩
Guillaume ⟨de Vottem⟩
Vottem, Guilelmus ¬de¬
Willem ⟨van Vottem⟩

Guilelmus ⟨de Wadford⟩
→ **Guilelmus ⟨de Woodford⟩**

Guilelmus ⟨de Wara⟩
ca. 1260 – ca. 1305 · OFM
LThK; Meyer; LMA,IX,193/95
Guarra, Guglielmo
Guglielmo ⟨Guarra⟩
Guglielmus ⟨di Ware⟩
Guilelmus ⟨Anglicus⟩
Guilelmus ⟨de Oona⟩
Guilelmus ⟨de Ware⟩
Guilelmus ⟨de Waria⟩
Guilelmus ⟨Guaro⟩
Guilelmus ⟨Guarra⟩
Guilelmus ⟨Guarro⟩
Guilelmus ⟨Guarron⟩
Guilelmus ⟨Varrilio⟩
Guilelmus ⟨Varro⟩
Guilelmus ⟨Varron⟩
Guilelmus ⟨Verro⟩
Guilelmus ⟨Warrilio⟩
Guillaume ⟨de Guarron⟩
Guillaume ⟨de Oona⟩
Guillaume ⟨de Varron⟩
Guillaume ⟨de Ware⟩
Guillaume ⟨Varron⟩
Wara, Guilelmus ¬de¬
Wilhelm ⟨von Guarro⟩
Wilhelm ⟨von Varro⟩
Wilhelm ⟨von Ware⟩
William ⟨of Ware⟩

Guilelmus ⟨de Werda⟩
um 1300/14 · OP
Schneyer,II,598
Guilelmus ⟨Coloniensis⟩
Guilelmus ⟨de Verida⟩
Guilelmus ⟨de Werd⟩
Guilelmus ⟨Teuto⟩
Werda, Guilelmus ¬de¬

Guilelmus ⟨de Werigehale⟩
um 1277
Epistula ad Christinam Stumbelensem
Kaeppeli,II,171
Werigehale, Guilelmus ¬de¬
Wilhelmus ⟨de Werigehale⟩

Guilelmus ⟨de Winkfield⟩
→ **Guilelmus ⟨de Pagula⟩**

Guilelmus ⟨de Woodford⟩
ca. 1330 – 1400 · OFM
In Physicam Aristotelis
Lohr; Stegmüller, Repert. bibl. 3051-3056; LMA,IX,326/27
Guilelmus ⟨de Wadford⟩
Guilelmus ⟨de Wodeford⟩
Guilelmus ⟨de Wodford⟩
Guilelmus ⟨de Wydeford⟩
Guilelmus ⟨Windefordensis⟩
Guilelmus ⟨Wodfordus⟩
Guilelmus ⟨Woodford⟩
Guillaume ⟨de Woodford⟩
Wilhelmus ⟨Vydford⟩
Wilhelmus ⟨Wydford⟩
William ⟨Woodford⟩
Woodford, Guilelmus ¬de¬
Woodford, Guillaume ¬de¬
Woodford, William
Woodfud, Guillaume ¬de¬
Wydford, Guillaume ¬de¬

Guilelmus ⟨de Wydeford⟩
→ **Guilelmus ⟨de Woodford⟩**

Guilelmus ⟨de Yspania⟩
→ **Guilelmus ⟨de Hispania⟩**

Guilelmus ⟨de Ziraldis⟩
→ **Giraldi, Guglielmo**

Guilelmus ⟨Dencurt⟩
→ **Guilelmus ⟨Encourt⟩**

Guilelmus ⟨d'Etampes⟩
→ **Guilelmus ⟨de Stampis⟩**

Guilelmus ⟨d'Eyncourt⟩
→ **Guilelmus ⟨Encourt⟩**

Guilelmus ⟨d'Harcombourg⟩
→ **Guilelmus ⟨de Ardemborg⟩**

Guilelmus ⟨Diaconus⟩
→ **Guilelmus ⟨Bituricensis⟩**

Guilelmus ⟨dictus Magrus⟩
→ **Giraldi, Guglielmo**

Guilelmus ⟨Divionensis⟩
→ **Guilelmus ⟨Sancti Benigni⟩**

Guilelmus ⟨Dorochevedus⟩
→ **Guilelmus ⟨de Drogeda⟩**

Guilelmus ⟨Dorochius⟩
→ **Guilelmus ⟨de Drogeda⟩**

Guilelmus ⟨du Mont⟩
→ **Guilelmus ⟨de Montibus⟩**

Guilelmus ⟨Dunelmensis⟩
→ **Guilelmus ⟨de Shyreswood⟩**

Guilelmus ⟨Dunstanus⟩
14. Jh.
Stegmüller, Repert. sentent. 978
Dunstanus, Guilelmus

Guilelmus ⟨Durandi⟩
→ **Durantis, Guilelmus**

Guilelmus ⟨Durandi Minor⟩
→ **Durantis, Guilelmus ⟨Iunior⟩**

Guilelmus ⟨Durandus de Sancto Portiano⟩
→ **Durandus ⟨de Sancto Porciano⟩**

Guilelmus ⟨Dux Iuliacensis, II.⟩
→ **Wilhelm ⟨Jülich, Herzog, II.⟩**

Guilelmus ⟨Ebelholtensis⟩
→ **Guilelmus ⟨de Paraclito⟩**

Guilelmus ⟨Eddius⟩
→ **Eddius, Guilelmus**

Guilelmus ⟨Edys⟩
→ **Eddius, Guilelmus**

Guilelmus ⟨Egmondensis⟩
→ **Guilelmus ⟨Procurator⟩**

Guilelmus ⟨Encourt⟩
um 1340 · OP
Sermones ad populum
Schneyer,II,456; Stegmüller, Repert. bibl. 2885
D'Eyncourt, William
Encourt, Guilelmus
Encurt, Guillaume
Guilelmus ⟨de Encourt⟩
Guilelmus ⟨de Incourt⟩
Guilelmus ⟨Dencurt⟩
Guilelmus ⟨d'Eyncourt⟩
Guillaume ⟨Encurt⟩
William ⟨d'Eyncourt⟩

Guilelmus ⟨Episcopi⟩
gest. 1418 · OSB
Stegmüller, Repert. bibl. 2886
Episcopi, Guilelmus
Guilelmus ⟨Abbas⟩
Guilelmus ⟨Abbas Sancti Germani de Pratis⟩
Guilelmus ⟨l'Evêque⟩
Guilelmus ⟨Sancti Germani de Pratis⟩
Guillaume ⟨Abbé de Saint-Germain-des Prés⟩
Guillaume ⟨l'Evêque⟩

Guilelmus ⟨Episcopus⟩
→ **Guilelmus ⟨Baufeti⟩**

Guilelmus ⟨Episcopus Fesulanus⟩
→ **Guilelmus ⟨Becchi⟩**

Guilelmus ⟨Evêque⟩
→ **Guilelmus ⟨de Pagula⟩**

Guilelmus ⟨ex Iudaeis⟩
→ **Guilelmus ⟨Bituricensis⟩**

Guilelmus ⟨ex Lindia⟩
→ **Guilelmus ⟨Lidlington⟩**

Guilelmus ⟨Falconarius⟩
um 1130/54
Liber de natura falcorum
Rep.Font. V,304
Falconarius, Guilelmus
Guilelmus ⟨Falconarius Rogerii II⟩
Guilelmus ⟨Magister⟩
Guillaume ⟨Fauconier⟩
Guillermo ⟨Maestro⟩

Guilelmus ⟨Farinerii⟩
gest. 1361 · OFM
Quaestiones XIV de ente; Epistula encyclica; Constitutiones
Schönberger/Kible, Repertorium, 13620
Farinier, Guillaume
Guglielmo ⟨Farineri⟩
Guilelmus ⟨Farinerius⟩
Guillaume ⟨Farinier⟩
Guillaume ⟨Farinier de Gourdon⟩

Guilelmus ⟨Fichetus⟩
1433 – ca. 1474
CSGL; Potth.
Fichet, Guilelmus
Fichet, Guillaume
Fichetus, Guilelmus
Guilelmus ⟨Alnetanus⟩
Guilelmus ⟨Fischetus⟩
Guilelmus ⟨Phichetus⟩
Guilelmus ⟨Vichetus⟩
Guillaume ⟨Fichet⟩
Guillermus ⟨Fichetus⟩

Guilelmus ⟨Filius Stephani⟩
→ **Guilelmus ⟨Stephanides⟩**

Guilelmus ⟨Fillastre⟩
→ **Fillastre, Guilelmus ⟨...⟩**

Guilelmus ⟨Fischetus⟩
→ **Guilelmus ⟨Fichetus⟩**

Guilelmus ⟨Flaiacensis⟩
→ **Guilelmus ⟨Flaviacensis⟩**

Guilelmus ⟨Flameng⟩
→ **Guilelmus ⟨de Flandria, OP⟩**

Guilelmus ⟨Flaviacensis⟩
11./12. Jh. · OSB
Sermones; Comm. in Dt.; Proverbia; etc.; nicht identisch mit Guilelmus ⟨Bituricensis⟩
Stegmüller, Repert. bibl. 2887; Schneyer,II,457
Guilelmus ⟨Flaiacensis⟩
Guilelmus ⟨Iudaeus⟩
Guillaume ⟨de Flay⟩

Guilelmus ⟨Florentinus⟩
→ **Guilelmus ⟨Becchi⟩**

Guilelmus ⟨Fonteniacensis⟩
→ **Guilelmus ⟨de Sasay⟩**

Guilelmus ⟨Forestarius⟩
→ **Forestarius, Guilelmus**

Guilelmus ⟨Forleo⟩
um 1470 · OFM
Opuscula in Sacram Scripturam; Commentarios in quartum librum Sententiarum
Stegmüller, Repert. bibl. 2889
Forleo, Guilelmus
Forleon, Guillaume
Guilelmus ⟨Forleo Britannicus⟩
Guillaume ⟨Forleon⟩

Guilelmus ⟨Gaian⟩
→ **Gaian, Guilelmus**

Guilelmus ⟨Gaillacensis⟩
→ **Guilelmus ⟨Bernardi de Gaillaco⟩**

Guilelmus ⟨Gainesburgus⟩
→ **Guilelmus ⟨de Gaynesburgh⟩**

Guilelmus ⟨Gallicus⟩
→ **Guilelmus ⟨de Stampis⟩**

Guilelmus ⟨Gallicus⟩
um 1372/74 · OP
Decisiones antiquae Rotae Romanae
Gallicus, Guilelmus
Guillaume ⟨de France⟩
Guillaume ⟨Gallicus⟩

Guilelmus ⟨Gallus⟩
→ **Guilelmus ⟨Sithiensis⟩**

Guilelmus ⟨Gallus⟩
um 1350 · OP
Apoc.
Stegmüller, Repert. bibl. 2891
Gallus, Guilelmus

Guilelmus ⟨Gannacus⟩
→ **Guilelmus ⟨de Gannato⟩**

Guilelmus ⟨Gannatensis⟩
→ **Guilelmus ⟨de Gannato⟩**

Guilelmus ⟨Garesburgus⟩
→ **Guilelmus ⟨de Gaynesburgh⟩**

Guilelmus ⟨Gemeticensis⟩
11. Jh.
Tusculum-Lexikon; LThK; CSGL; LMA,IX,171/72
Calculus, Guilelmus
Guilelmus ⟨Calculus⟩
Guillaume ⟨de Jumièges⟩
Wilhelm ⟨Calculus⟩
Wilhelm ⟨von Jumièges⟩
Wilhelmus ⟨Gemeticensis⟩
William ⟨of Jumièges⟩

Guilelmus ⟨Generalis Augustiniensium⟩
→ **Guilelmus ⟨Becchi⟩**

Guilelmus ⟨Gengenbacensis⟩
→ **Guilelmus ⟨Hirsaugiensis⟩**

Guilelmus ⟨Gerundensis⟩
→ **Guilelmus ⟨Simonis⟩**

Guilelmus ⟨Gilliszoon de Wissekerke⟩
um 1476/80
Aegidius ⟨de Wissekerke⟩
Aegidius, Guillermus
Gilliszoon de Wissekerke, Guilelmus
Guillaume ⟨de Carpentras⟩
Guillaume ⟨de Wissekerke⟩
Guillaume ⟨Gilliszoon de Wissekerke⟩
Willem ⟨Gilliszoon⟩
Willem ⟨Gilliszoon van Wissekerke⟩
Wissekerc, Guilelmus Aegidius
Wissekerke, Aegidius ¬de¬
Wissekerke, Guilelmus Gilliszoon ¬de¬

Guilelmus ⟨Godelli⟩
um 1173 · OCist (OSB ?)
Chronicon
Rep.Font. V,305
Godel, Guilelmus
Godel, Guillaume
Godelli, Guilelmus
Guilelmus ⟨Godel⟩
Guillaume ⟨Godel⟩
Pseudo-Guilelmus ⟨Godelli⟩

Guilelmus ⟨Goudanus⟩
→ **Guilelmus ⟨de Gouda⟩**

Guilelmus ⟨Grandimontensis⟩
→ **Guilelmus ⟨Dandina⟩**

Guilelmus ⟨Grationopolitanus⟩
um 1163
Vita Margarite Albonensis
Rep.Font. V,305; DOC,1,894
Gratianopolitanus, Guilelmus
Guglielmo ⟨di Grenoble⟩
Guillaume ⟨Chanoine de Grenoble⟩
Guillaume ⟨de Grenoble⟩

Guilelmus ⟨Guarra⟩
→ **Guilelmus ⟨de Wara⟩**

Guilelmus ⟨Hedonensis⟩
13. Jh.
Tractatus de scientia quae est de anima
Lohr

Guilelmus ⟨Hennore⟩
→ **Guilelmus ⟨de Hennor⟩**

Guilelmus ⟨Hennymore⟩
→ **Guilelmus ⟨de Hennor⟩**

Guilelmus ⟨Hentisberus⟩
gest. ca. 1400
Tractatus de sensu...
LThK; LMA,IV,2206
Guilelmus ⟨de Heytesbury⟩
Guillaume ⟨de Heytesbury⟩
Hentisberus, Guilelmus
Heytesburg, William
Heytesbury, William
Wilhelm ⟨von Heytesbury⟩
William ⟨Hestilibiry⟩
William ⟨Heytesbury⟩
William ⟨Hittibory⟩
William ⟨Hittylysbiry⟩
William ⟨of Heytesbury⟩

Guilelmus ⟨Herebertus⟩
ca. 1270 – 1333
Guilelmus ⟨Herbert⟩
Guilelmus ⟨Herbertus⟩
Herbert, William
Herebert, William
Herebertus, Guilelmus
Wilhelmus ⟨Herebert⟩
William ⟨Herebert⟩

Guilelmus ⟨Herefordensis⟩
14. Jh.
LMA,III,320
Courtenay, Willelmus ⟨de⟩
Courtenay, William
Courteney, William
Guilelmus ⟨de Courtenay⟩
Wilhelmus ⟨de Courtenay⟩
William ⟨Courtenay⟩
William ⟨of Hereford⟩

Guilelmus ⟨Heriliacensis⟩
→ **Godefridus ⟨Heriliacensis⟩**

Guilelmus ⟨Hermannus⟩
→ **Guilelmus ⟨de Gouda⟩**

Guilelmus ⟨Hilacensis⟩
um 1494 · OCart
„Sermones super orationem Dominicam"
Guilelmus ⟨Carthusianus⟩
Guilelmus ⟨Carthusiensis⟩

Guilelmus ⟨Hermannus⟩
→ **Guilelmus ⟨de Gouda⟩**

Guilelmus ⟨Hirilicensis⟩
→ **Godefridus ⟨Heriliacensis⟩**

Guilelmus ⟨Hirsaugiensis⟩
gest. 1091 · OSB
Tusculum-Lexikon; LThK; CSGL
Guglielmo ⟨di Hirsau⟩
Guilelmus ⟨de Hirsau⟩
Guilelmus ⟨Gengenbacensis⟩
Guilelmus ⟨Musicus⟩
Guilielmus ⟨Hirsaugiensis⟩
Guillaume ⟨d'Hirsau⟩
Guillelmus ⟨Hirsaugiensis⟩
Wilhelm ⟨von Hirsau⟩
Wilhelm ⟨von Hirschau⟩
Wilhelmus ⟨Hirsaugiensis⟩
William ⟨of Hirsau⟩

Guilelmus ⟨Hofer⟩
→ **Hofer, Wilhelmus**

Guilelmus ⟨Hotoft⟩
um 1308/10 · OP
Distinctiones breves; Sermones breves
Kaeppeli,II,102
Hotoft, Guilelmus

Guilelmus ⟨Iaclyn⟩
um 1292 · OP
Sermo Oxoniae
Schneyer,II,470; Kaeppeli,II,104
Guilelmus ⟨Jaclyn⟩
Iaclyn, Guilelmus
Jaclyn, Guilelmus
Willelmus ⟨Iaclyn⟩

Guilelmus ⟨Imperium Romanum-Germanicum, Imperator⟩
→ **Wilhelm ⟨Römisch-Deutsches Reich, König⟩**

Guilelmus ⟨Iordaens⟩
→ **Jordaens, Wilhelm**

Guilelmus ⟨Iordanis⟩
→ **Guilelmus ⟨Iordanus⟩**

Guilelmus ⟨Iordanus⟩
um 1389 · OP
Commentarius in epistulam ad Romanos; Tractatus de clara visione Dei; Tractatus de libera electione ante mortem; nicht identisch mit Jordaens, Wilhelm
Stegmüller, Repert. bibl. 2898; Schneyer,II,470
Guilelmus ⟨Iordanis⟩
Guilelmus ⟨Jordanis⟩
Guilelmus ⟨Jordanus⟩
Guillaume ⟨Jordan⟩
Iordanus, Guilelmus
Jordan, Guillaume

Guilelmus ⟨Iudaeus⟩
→ **Guilelmus ⟨Bituricensis⟩**
→ **Guilelmus ⟨Flaviacensis⟩**

Guilelmus ⟨Ivaeus⟩
→ **Guilelmus ⟨Ive⟩**

Guilelmus ⟨Ive⟩
gest. 1464
XII Proph.
Stegmüller, Repert. bibl. 2900
Guilelmus ⟨Ivaeus⟩
Guilelmus ⟨Ivy⟩
Guillaume ⟨Ive⟩
Guillaume ⟨Iveus⟩
Guillaume ⟨Ivy⟩
Ive, Guilelmus
Ive, Guillaume
Iveus, Guillaume
Ivy, Guillaume

Guilelmus ⟨Jaclyn⟩
→ **Guilelmus ⟨Iaclyn⟩**

Guilelmus ⟨Jordaens⟩
→ **Jordaens, Wilhelm**

Guilelmus ⟨Jordanis⟩
→ **Guilelmus ⟨Iordanus⟩**

Guilelmus ⟨Kecellus⟩
→ **Guilelmus ⟨Ketellus⟩**

Guilelmus ⟨Ketellus⟩
11./12. Jh.
De miraculis S. Johannis Beverlecensis
Rep.Font. V,307; DOC,1,894
Guilelmus ⟨Beverlacensis⟩
Guilelmus ⟨Beverlecensis⟩
Guilelmus ⟨Kecellus⟩
Guilelmus ⟨Ketel⟩
Guillaume ⟨Chetel⟩
Guillaume ⟨Clerc à Beverley⟩
Guillaume ⟨Kecelle⟩
Guillaume ⟨Ketel⟩
Kecellus, Guilelmus
Ketel, Guilelmus
Ketellus, Guilelmus

Guilelmus ⟨Kingeshamensis⟩
→ **Guilelmus ⟨de Kingsham⟩**

Guilelmus ⟨Kingston⟩
Lebensdaten nicht ermittelt
Eccli: Bibl. Eccl. Angilae 8232
Stegmüller, Repert. bibl. 2904
Kingston, Guilelmus

Guilelmus ⟨Lamarensis⟩
→ **Guilelmus ⟨de Lamara⟩**

Guilelmus ⟨le Cordelier⟩
→ **Guilelmus ⟨de Cordella⟩**

Guilelmus ⟨Leldrensis⟩
→ **Guilelmus ⟨de Velde⟩**

Guilelmus ⟨Leodiensis⟩
→ **Guilelmus ⟨de Sancto Jacobo Leodiensis⟩**
→ **Guilelmus ⟨de Sancto Theodorico⟩**

Guilelmus ⟨l'Evêque⟩
→ **Guilelmus ⟨Episcopi⟩**

Guilelmus ⟨Lexoviensis⟩
→ **Guilelmus ⟨Pictaviensis⟩**

Guilelmus ⟨Lidle⟩
→ **Guilelmus ⟨Neubrigensis⟩**

Guilelmus ⟨Lidlington⟩
gest. ca. 1310 · OCarm
Mt.; Apoc.
Stegmüller, Repert. bibl. 2905;2911-2912
Guilelmus ⟨de Lindia⟩
Guilelmus ⟨ex Lindia⟩
Guilelmus ⟨Lidlingtonus⟩
Guilelmus ⟨Ludlingtonus⟩
Guilelmus ⟨Lullendunus⟩
Guillaume ⟨de Lidlington⟩
Guillaume ⟨de Littlington⟩
Guillaume ⟨Ludtlinchton⟩
Lidlington, Guilelmus

Guilelmus ⟨Lincolniensis⟩
→ **Guilelmus ⟨de Montibus⟩**

Guilelmus ⟨Lincolnius⟩
→ **Guilelmus ⟨de Lincolnia⟩**

Guilelmus ⟨Lisseius⟩
→ **Guilelmus ⟨de Lissy⟩**

Guilelmus ⟨Lissovius⟩
→ **Guilelmus ⟨de Lissy⟩**

Guilelmus ⟨Little⟩
→ **Guilelmus ⟨Neubrigensis⟩**

Guilelmus ⟨Lombardus⟩
→ **Guilelmus ⟨de Cortemilia⟩**

Guilelmus ⟨Lon⟩
um 1343 · OP
Ps. 1-37 Pissiaci
Stegmüller, Repert. bibl. 2910
Guillaume ⟨Lon⟩
Lon, Guilelmus
Lon, Guillaume

Guilelmus ⟨Lubbenhamus⟩
→ **Guilelmus ⟨de Lubbenham⟩**

Guilelmus ⟨Lucensis⟩
gest. 1178
Guglielmo ⟨da Lucca⟩
Guglielmo ⟨di Lucca⟩
Guglielmo ⟨il Vescovo⟩
Wilhelm ⟨von Lucca⟩

Guilelmus ⟨Ludlingtonus⟩
→ **Guilelmus ⟨Lidlington⟩**

Guilelmus ⟨Lugdunensis⟩
→ **Guilelmus ⟨Peraldus⟩**

Guilelmus ⟨Lullendunus⟩
→ **Guilelmus ⟨Lidlington⟩**

Guilelmus ⟨Lyndwood⟩
ca. 1375 – 1446
LMA,VI,40
Lyndewode, Guilelmus
Lyndewode, Wilhelmus
Lyndewode, William
Lyndewood, Guilelmus
Lyndewood, William
Lyndewoode, William
Lyndovodus, Guilelmus
Lyndvodus, Guilelmus
Lyndwode, Wilhelmus
Lyndwode, William
Lyndwood, Guilelmus
Lyndwood, Wilhelmus
Lyndwood, William
William ⟨Lyndwood⟩

Guilelmus ⟨Maclefeldus⟩
→ **Guilelmus ⟨de Macklesfield⟩**

Guilelmus ⟨Macrus⟩
→ **Giraldi, Guglielmo**

Guilelmus ⟨Mafflet⟩
→ **Guilelmus ⟨de Macklesfield⟩**

Guilelmus ⟨Magister⟩
→ **Guilelmus ⟨Falconarius⟩**
→ **Willermus ⟨Magister⟩**

Guilelmus ⟨Magrus⟩
→ **Giraldi, Guglielmo**

Guilelmus ⟨Maior⟩
gest. ca. 1317
Potth.
Guilelmus ⟨Andegavensis⟩
Guillaume ⟨le Maire⟩
LeMaire, Guilelmus
LeMaire, Guillaume
Maior, Guilelmus
Maire, Guillaume ¬le¬

Guilelmus ⟨Malmesburiensis⟩
ca. 1080 – ca. 1142 · OSB
Gesta Regum Anglorum
Tusculum-Lexikon; LThK; CSGL; LMA,IX,173/74
Guglielmo ⟨di Malmesbury⟩
Guilelmus ⟨Bibliothecarius⟩
Guilelmus ⟨de Malmesbury⟩
Guilelmus ⟨Malmesbirensis⟩
Guilelmus ⟨Malmesbiriensis⟩
Guilelmus ⟨Meldunensis⟩
Guilelmus ⟨Somerset⟩
Guilelmus ⟨Somersetensis⟩
Guilelmus ⟨Wigorniensis⟩
Guillaume ⟨de Malmesbury⟩
Guillermo ⟨de Malmesbury⟩
Malmesbury, William
Wilhelm ⟨von Malmesbury⟩
Wilhelmus ⟨Malmesburiensis⟩
Wilhelmus ⟨Somersetensis⟩
Wilhelmus ⟨Sommersetensis⟩
Willelmus ⟨Malmesbiriensis⟩
William ⟨Malmesbury⟩
William ⟨of Malmesbury⟩
Willielmus ⟨Malmesbiriensis⟩

Guilelmus ⟨Mandagotus⟩
→ **Guilelmus ⟨de Mandagoto⟩**

Guilelmus ⟨Manibus Albis⟩
→ **Guilelmus ⟨de Campania⟩**

Guilelmus ⟨Manusfeldus⟩
→ **Guilelmus ⟨de Macklesfield⟩**

Guilelmus ⟨Marescallus⟩
→ **William ⟨Pembroke, Earl, I.⟩**

Guilelmus ⟨Masfelt⟩
→ **Guilelmus ⟨de Macklesfield⟩**

Guilelmus ⟨Masset⟩
→ **Guilelmus ⟨de Macklesfield⟩**

Guilelmus ⟨Medicus⟩
→ **Guilelmus ⟨de Aragonia⟩**

Guilelmus ⟨Mediolanensis⟩
um 1160
Hypothesis Rom.; Hypothesis Col.; Hypothesis Hebr.
Stegmüller, Repert. bibl. 2918-2926
Guilelmus ⟨Monachus Sancti Dionysii⟩

Guilelmus ⟨Meildunensis⟩
→ **Guilelmus ⟨de Maidulphi Curia⟩**

Guilelmus ⟨Meldunensis⟩
→ **Guilelmus ⟨Malmesburiensis⟩**

Guilelmus ⟨Melrosensis⟩
→ **Guilelmus ⟨de Melrose⟩**

Guilelmus ⟨Messelechus⟩
→ **Guilelmus ⟨de Macklesfield⟩**

Guilelmus ⟨Metensis⟩
11. Jh.
Oratio in commemoratione S. Augustini
CSGL
Guilelmus ⟨Sancti Arnulfi⟩
Guillaume ⟨de Metz⟩

Guilelmus ⟨Midensis Episcopus⟩
→ **Guilelmus ⟨Andreae⟩**

Guilelmus ⟨Milton⟩
→ **Guilelmus ⟨de Melitona⟩**

Guilelmus ⟨Milverleius⟩
15. Jh.
Compendium de quinque universalibus; Summa literalis libri De VI principiis
Lohr

Guilelmus ⟨Milverlegus⟩
Guilelmus ⟨Milverleus⟩
Guilelmus ⟨Milverley⟩
Milverleius, Guilelmus

Guilelmus ⟨Milverley⟩
→ **Guilelmus ⟨Milverleius⟩**

Guilelmus ⟨Miratensis⟩
→ **Durantis, Guilelmus**

Guilelmus ⟨Moerbecanus⟩
→ **Guilelmus ⟨de Moerbeka⟩**

Guilelmus ⟨Monachus⟩
→ **Guilelmus ⟨Clusiensis⟩**
→ **Guilelmus ⟨Procurator⟩**
→ **Guilelmus ⟨Sandionysianus⟩**

Guilelmus ⟨Monachus⟩
15. Jh.
De preceptis artis musicae
New Grove
Monachus, Guilelmus

Guilelmus ⟨Monachus Incertus⟩
um 1133/35
Contra Henricum scismaticum et ereticum
Rep.Font. V,311/312
Guilelmus ⟨Monachus⟩
Monachus Guilelmus

Guilelmus ⟨Monachus Morimundi⟩
→ **Guilelmus ⟨de Orgeleto⟩**

Guilelmus ⟨Monachus Sancti Dionysii⟩
→ **Guilelmus ⟨Mediolanensis⟩**

Guilelmus ⟨Montanus⟩
→ **Guilelmus ⟨de Montibus⟩**

Guilelmus ⟨Montipessulanus⟩
→ **Guilelmus ⟨de Congenis⟩**

Guilelmus ⟨Morimundensis⟩
→ **Guilelmus ⟨de Morimond⟩**

Guilelmus ⟨Mortonus⟩
→ **Guilelmus ⟨Norton⟩**

Guilelmus ⟨Munerii⟩
um 1344/45 · OP
Stegmüller, Repert. sentent. 292,2
Munerii, Guilelmus

Guilelmus ⟨Musicus⟩
→ **Guilelmus ⟨Hirsaugiensis⟩**

Guilelmus ⟨Nangiacus⟩
→ **Guilelmus ⟨de Nangiaco⟩**

Guilelmus ⟨Nassington⟩
→ **Nassington, Guilelmus**

Guilelmus ⟨Neoburgensis⟩
→ **Guilelmus ⟨Neubrigensis⟩**

Guilelmus ⟨Neubrigensis⟩
1136 – 1189
Historia rerum Anglicarum
Tusculum-Lexikon; LThK; CSGL; LMA,IX,177
Guilelmus ⟨de Neuburg⟩
Guilelmus ⟨de Newburgh⟩
Guilelmus ⟨de Novoburgo⟩
Guilelmus ⟨Lidle⟩
Guilelmus ⟨Little⟩
Guilelmus ⟨Neobrigensis⟩
Guilelmus ⟨Neoburgensis⟩
Guilelmus ⟨Novoburgensis⟩
Guilelmus ⟨Parvus⟩
Guillaume ⟨de Neubridge⟩
Guillaume ⟨de Newburgh⟩
Guillaume ⟨le Petit⟩
Guillaume ⟨Little⟩
Litle, William
Newburgh, Wilhelmus Parvus ¬de¬
Petit, Guilelmus
Wilhelm ⟨Parvus⟩
Wilhelm ⟨von Newbourgh⟩
Wilhelmus ⟨Parvus⟩
William ⟨le Petit⟩
William ⟨Litle⟩
William ⟨of Newbridge⟩
William ⟨of Newburgh⟩
William ⟨of Newbury⟩

Guilelmus ⟨Niger⟩
→ **Guilelmus ⟨Blakeney⟩**

Guilelmus ⟨Norfolcensis⟩
→ **Guilelmus ⟨Bintraeus⟩**
→ **Guilelmus ⟨Blakeney⟩**

Guilelmus ⟨Northmannorum Conquestor⟩
→ **William ⟨England, King, I.⟩**

Guilelmus ⟨Norton⟩
gest. ca. 1404
Repertorium Lyrae librum unum
Stegmüller, Repert. bibl. 3000
Guilelmus ⟨Mortonus⟩
Guilelmus ⟨Northonus⟩
Guilelmus ⟨Nortonus⟩
Norton, Guillemus
William ⟨de Norton⟩
William ⟨Norton⟩

Guilelmus ⟨Norvicensis⟩
gest. 1174
Epistula ad Alexandrum III.; Epistula ad Gilbertum Sempringhamensem
Guilelmus ⟨Norwicensis⟩
Guillaume ⟨de Norwich⟩
Guillaume ⟨Turbus⟩
Guillaume, ⟨de Turbeville⟩
Turbus, Guillaume

Guilelmus ⟨Notingham⟩
→ **Notingham**

Guilelmus ⟨Nottinghamus⟩
→ **Guilelmus ⟨de Nottingham⟩**
→ **Guilelmus ⟨de Nottingham, Lector Oxoniensis⟩**

Guilelmus ⟨Novoburgensis⟩
→ **Guilelmus ⟨Neubrigensis⟩**

Guilelmus ⟨Ockham⟩
→ **Ockham, Guilelmus ¬de¬**

Guilelmus ⟨of Chiusa⟩
→ **Guilelmus ⟨Clusiensis⟩**

Guilelmus ⟨of Corinth⟩
→ **Guilelmus ⟨de Moerbeka⟩**

Guilelmus ⟨of Lincoln⟩
→ **Guilelmus ⟨Alaunovicanus⟩**

Guilelmus ⟨of Mende⟩
→ **Durantis, Guilelmus**

Guilelmus ⟨of Moerbeka⟩
→ **Guilelmus ⟨de Moerbeka⟩**

Guilelmus ⟨of Paris⟩
→ **Guilelmus ⟨Arvernus⟩**
→ **Guilelmus ⟨Baufeti⟩**

Guilelmus ⟨of Saint Denis⟩
→ **Guilelmus ⟨de Nangiaco⟩**

Guilelmus ⟨of Saint Theodor⟩
→ **Guilelmus ⟨de Sancto Theodorico⟩**

Guilelmus ⟨of Tyre⟩
→ **Guilelmus ⟨de Tyro⟩**

Guilelmus ⟨Orbacensis⟩
um 1180
S. Reoli ep. Remensis translatio
Rep.Font. V,314
Guilelmus ⟨Abbas Orbacensis⟩
Guillaume ⟨d'Orbais⟩

Guilelmus ⟨Paduanus⟩
13. Jh.
Gesta Caroli Magni ad Carcassonam et Narbonam et de edificatione monasterii Crassensis werden ihm bzw. Philomena zugeschrieben
Potth. 520; IRHT; Rep.Font. V,314
Guillaume ⟨de la Grasse⟩
Guillaume ⟨le Padouan⟩
Guilelmus ⟨Crassensis⟩
Paduanus, Guilelmus
Wilhelm ⟨von Padua⟩

Guilelmus ⟨Paielli⟩
→ **Paielli, Guilelmus**

Guilelmus ⟨Paraldus⟩
→ **Guilelmus ⟨Peraldus⟩**

Guilelmus ⟨Parisiensis⟩
→ **Guilelmus ⟨Arvernus⟩**
→ **Guilelmus ⟨Baufeti⟩**
→ **Guilelmus ⟨de Parisiis⟩**
→ **Guilelmus ⟨de Sancto Amore⟩**
→ **Guilelmus ⟨Peraldus⟩**

Guilelmus ⟨Parisiensis⟩
gest. ca. 1485 · OP
Postilla super epistolas et evangelia
LThK
Guilelmus ⟨de Parisius⟩
Guilelmus ⟨Parisiensis, OP⟩
Guilelmus ⟨Professor⟩
Guillaume ⟨de Paris⟩
Guillermus ⟨Parisiensis⟩
Guillermus ⟨Professor⟩
Pseudo-Guilelmus ⟨Parisiensis⟩
Wilhelm ⟨von Paris⟩

Guilelmus ⟨Parisiensis Presbyter⟩
um 1290/91
Formularium
IRHT
Guilelmus ⟨Parisiensis⟩
Guilelmus ⟨Presbyter⟩
Guillaume ⟨Clerc de l'Officialité de Paris⟩
Guillaume ⟨de Paris⟩
Guillaume ⟨dit le Prêtre⟩
Guillaume ⟨le Prêtre⟩

Guilelmus ⟨Parisiensis Sancti Dionysii⟩
→ **Guilelmus ⟨Sandionysianus⟩**

Guilelmus ⟨Parvus⟩
→ **Guilelmus ⟨Neubrigensis⟩**

Guilelmus ⟨Parys⟩
ca. 15. Jh.
Ps.
Stegmüller, Repert. bibl. 3010
Guilelmus ⟨Anglus⟩
Guillaume ⟨Paris⟩
Paris, Guillaume
Parys, Guilelmus

Guilelmus ⟨Pastrengicus⟩
→ **Guilelmus ⟨de Pastregno⟩**

Guilelmus ⟨Pelhisso⟩
gest. 1268 · OP
De emptione et adquisitione; Chronicon
Kaeppeli,II,132/33; Schönberger/Kible, Repertorium, 13626/27; Rep. Font. V,315
Guilelmus ⟨Pelhisso Tolosanus⟩
Guilelmus ⟨Pelisso⟩
Guilelmus, ⟨Pelhisso de Tholosa⟩
Guillaume ⟨Pelhisson⟩
Guillaume ⟨Pelisson⟩
Guillaume ⟨Pelisson de Tolède⟩
Guillaume ⟨de Pelisson⟩
Guillelmo ⟨Pelisso⟩
Pelisson, Guillaume
Pelisson, Guillaume ¬de¬

Guilelmus ⟨Penbygull⟩
gest. ca. 1420
Universalia; Divisio entis in praedicamenta
Lohr
Guilelmus ⟨Penbegyll⟩
Penbegyll, William
Penbygull, Guilelmus
William ⟨Penbegyll⟩

Guilelmus ⟨Peraldus⟩
gest. ca. 1271 · OP
Summa de vitiis et virtutibus; Super Matthaeum
Kaeppeli,II,133-152; LMA,IX,182
Guilelmus ⟨de Peraldo⟩
Guilelmus ⟨de Petra Alta⟩
Guilelmus ⟨de Peyrauta⟩
Guilelmus ⟨Lugdunensis⟩
Guilelmus ⟨Paraldus⟩
Guilelmus ⟨Parisiensis⟩
Guilelmus ⟨Peraltus⟩
Guilelmus ⟨Peraudus⟩
Guilelmus ⟨Pérault⟩
Guilelmus ⟨Peraut⟩
Guilelmus ⟨Perauta⟩
Guilelmus ⟨Peyraut⟩
Guilelmus ⟨Peyrauta⟩
Guillaume ⟨de Lyon⟩
Guillaume ⟨de Pérault⟩
Guillaume ⟨de Peyraud⟩
Guillaume ⟨Pérault⟩
Guillaume ⟨Peyraut⟩
Paraldus, Guilelmus
Peraldus, Guilelmus
Pérault, Guillaume
Peyraut, Guillaume
Wilhelm ⟨Peraldus⟩

Guilelmus ⟨Pérault⟩
→ **Guilelmus ⟨Peraldus⟩**

Guilelmus ⟨Pernus⟩
→ **Guilelmus ⟨de Perno⟩**

Guilelmus ⟨Petragoricensis⟩
→ **Guilelmus ⟨de Quintiaco⟩**

Guilelmus ⟨Petri de Godino⟩
→ **Petrus ⟨de Godino⟩**

Guilelmus ⟨Petriburgensis⟩
→ **Guilelmus ⟨de Petriburgo⟩**

Guilelmus ⟨Peyraut⟩
→ **Guilelmus ⟨Peraldus⟩**

Guilelmus ⟨Peyre⟩
→ **Petrus ⟨de Godino⟩**

Guilelmus ⟨Phichetus⟩
→ **Guilelmus ⟨Fichetus⟩**

Guilelmus ⟨Pictaviensis⟩
ca. 1020 – ca. 1087
Tusculum-Lexikon; CSGL; LMA,IX,183/84
Guilelmus ⟨Lexoviensis⟩
Guillaume ⟨de Poitiers⟩
Wilhelm ⟨von Poitiers⟩
Wilhelmus ⟨Pictaviensis⟩
William ⟨of Poitiers⟩

Guilelmus ⟨Pictor⟩
→ **Guillaume ⟨d'Amiens⟩**

Guilelmus ⟨Placentinus⟩
→ **Guilelmus ⟨de Cruzanis⟩**
→ **Guilelmus ⟨de Saliceto⟩**

Guilelmus ⟨Poblet⟩
→ **Guilelmus ⟨de Populeto⟩**

Guilelmus ⟨Presbyter⟩
→ **Guilelmus ⟨Parisiensis Presbyter⟩**

Guilelmus ⟨Prior Provincialis Angliae⟩
→ **Guilelmus ⟨de Hecham⟩**

Guilelmus ⟨Procurator⟩
gest. ca. 1332
Chronicon
Potth.
Capellanus, Willelm
Guilelmus ⟨Capellanus⟩
Guilelmus ⟨Egmondensis⟩
Guilelmus ⟨Egmundanus⟩
Guilelmus ⟨Monachus⟩
Guillaume ⟨d'Egmont⟩
Guillaume ⟨le Procureur⟩
Procurator, Guilelmus
Wilhelmus ⟨Capellanus⟩
Wilhelmus ⟨Monachus⟩

Guilelmus ⟨Professor⟩
→ **Guilelmus ⟨Parisiensis⟩**

Guilelmus ⟨Ramesiensis⟩
→ **Guilelmus ⟨de Ramsey⟩**

Guilelmus ⟨Redonensis⟩
um 1241/59 · OP
Apparatus in Summam de casibus Raimund de Penyafort; Speculum doctrinale; Summa abbreviata
Kaeppeli,II,156/159; Schönberger/Kible, Repertorium; 13642
Guillaume ⟨de Rennes⟩
Guillaume ⟨Rhedonensis⟩

Guilelmus ⟨Remensis⟩
→ **Guilelmus ⟨de Campania⟩**
→ **Guilelmus ⟨de Sancto Theodorico⟩**

Guilelmus ⟨Ringeshamensis⟩
→ **Guilelmus ⟨de Kingsham⟩**

Guilelmus ⟨Ringischinensis⟩
→ **Guilelmus ⟨de Kingsham⟩**

Guilelmus ⟨Rishanger⟩
→ **Rishanger, Guilelmus**

Guilelmus ⟨Romani⟩
gest. ca. 1375 · OP
Super IV libros Sent.; Sermones de tempore et de sanctis
Kaeppeli,II,159/160
Guilelmus ⟨Romani Gallicus⟩
Guillaume ⟨Romain⟩
Romain, Guillaume
Romani, Guilelmus

Guilelmus ⟨Rothwell⟩
um 1360 · OP
De principiis rerum naturalium; De potentiis sensitivis; De intellectu; In libros I-IV Sent. P. Lombardi
Stegmüller Repert. sentent. 122;301; Stegmüller, Repert. bibl. 3017-3020; Kaeppeli,II,160/162
Guilelmus ⟨de Rothwell⟩
Guilelmus ⟨Rothwellus⟩
Guilelmus ⟨Rotvelle⟩
Guilelmus ⟨Rotvellus⟩
Guilelmus ⟨Rovelus⟩
Guilelmus ⟨Rowelle⟩
Guillaume ⟨Rothwell⟩
Rothwell, Guilelmus
Rothwell, Guillaume
Wilhelm ⟨Rothwell⟩
Wilhelm ⟨Rotvelle⟩
Wilhelm ⟨Rotvellus⟩
Wilhelm ⟨Rovelus⟩
Wilhelm ⟨Rowelle⟩
William ⟨de Rothwell⟩
William ⟨Rothwell⟩

Guilelmus ⟨Rovelus⟩
→ **Guilelmus ⟨Rothwell⟩**

Guilelmus ⟨Rubió⟩
→ **Guilelmus ⟨de Rubione⟩**

Guilelmus ⟨Rubrocus⟩
→ **Rubruquis, Guilelmus ¬de¬**

Guilelmus ⟨Russell⟩
15. Jh. · OFM
Compendium super quinque universalia; In Praedicamenta
Lohr
Guilelmus ⟨Russel⟩
Guillaume ⟨Russel⟩
Russel, Guillaume
Russell, Guilelmus

Guilelmus ⟨Ruyelle⟩
14. Jh.
Liber rationum
Rep.Font. V,339
Guilelmus ⟨Cambiator Brugensis⟩
Guillaume ⟨Ruyelle⟩
Ruyelle, Guilelmus

Guilelmus ⟨Ruysbrockius⟩
→ **Rubruquis, Guilelmus ¬de¬**

Guilelmus ⟨Sacri Palatii Magister⟩
→ **Guilelmus ⟨de Boderisham⟩**

Guilelmus ⟨Sagineti⟩
→ **Guilelmus ⟨Saignet⟩**

Guilelmus ⟨Saignet⟩
gest. 1444
Lamentacio humane nature adversus Nicenam Constitutionem; Summa istoriarum, cronicarum et gestorum antiquorum ab inicio mundi usque ad tempus Johannis papae XXII
Rep.Font. V,339
Guilelmus ⟨Sagineti⟩
Guilelmus ⟨Saginetus⟩
Guillaume ⟨Saignet⟩
Saginetus, Guilelmus
Saignet, Guilelmus
Saignet, Guillaume

Guilelmus ⟨Salicetus⟩
→ **Guilelmus ⟨de Saliceto⟩**

Guilelmus ⟨Salvagius⟩
Lebensdaten nicht ermittelt
Job.
Stegmüller, Repert. bibl. 3022
Salvagius, Guilelmus
Willermus ⟨Salvagius⟩

Guilelmus ⟨Sancti Arnulfi⟩
→ **Guilelmus ⟨Metensis⟩**

Guilelmus ⟨Sancti Benigni⟩
962 – 1031
LThK; CSGL; Potth.
Guilelmus ⟨de Dijon⟩
Guilelmus ⟨de Volpiano⟩
Guilelmus ⟨Divionensis⟩
Guilelmus ⟨Sanctus⟩
Guillaume ⟨de Dijon⟩
Guillaume ⟨de Fécamp⟩
Guillaume ⟨de Saint-Bénigne⟩
Guillaume ⟨de Volpiano⟩
Sancti Benigni, Guilelmus
Wilhelm ⟨of Dijon⟩
Wilhelm ⟨von Dijon⟩
Wilhelm ⟨von Saint-Bénigne⟩
Wilhelm ⟨von Sankt-Benignus⟩
Wilhelmus ⟨Divionensis⟩
Wilhelmus ⟨Sanctus⟩

Guilelmus ⟨Sancti Dionysii⟩
→ **Guilelmus ⟨Sandionysianus⟩**

Guilelmus ⟨Sancti Germani de Pratis⟩
→ **Guilelmus ⟨Episcopi⟩**

Guilelmus ⟨Sancti Martini⟩
→ **Guilelmus ⟨Tornacensis⟩**

Guilelmus ⟨Sancti Theodorici⟩
→ **Guilelmus ⟨de Sancto Theodorico⟩**

Guilelmus ⟨Sancti Thomae⟩
→ **Guilelmus ⟨de Paraclito⟩**

Guilelmus ⟨Sancti Trudonis⟩
→ **Guilelmus ⟨de Afflighem⟩**
→ **Guilelmus ⟨de Ryckel⟩**

Guilelmus ⟨Sanctus⟩
→ **Guilelmus ⟨Sancti Benigni⟩**

Guilelmus ⟨Sanctus Theodericus⟩
→ **Guilelmus ⟨de Sancto Theodorico⟩**

Guilelmus ⟨Sandionysianus⟩
gest. ca. 1150
Sugerii vita
CSGL; Potth.
Guilelmus ⟨de Sancto Dionysio⟩
Guilelmus ⟨Parisiensis Sancti Dionysii⟩
Guilelmus ⟨Sancti Dionysii⟩
Guillaume ⟨de Saint-Denis⟩
Sandionysianus, Guilelmus
Wilhelm ⟨von Saint-Denis⟩
Wilhelmus ⟨Monachus⟩
Wilhelmus ⟨Sancti Dionysii⟩

Guilelmus ⟨Saphonensis⟩
15. Jh.
Modus conficendi epistolas
Guillermus ⟨Saphonensis⟩

Guilelmus ⟨Senonensis⟩
→ **Guilelmus ⟨de Campania⟩**

Guilelmus ⟨Shirvodius⟩
→ **Guilelmus ⟨de Shyreswood⟩**

Guilelmus ⟨Signiacensis⟩
→ **Guilelmus ⟨de Sancto Theodorico⟩**

Guilelmus ⟨Simonis⟩
ca. 1320 – 1365/66 · OP
Sermones de tempore
Kaeppeli,II,163
Guilelmus ⟨Gerundensis⟩
Simonis, Guilelmus

Guilelmus ⟨Sithiensis⟩
um 1150 · OSB
In quosdam libros Bibliorum
Stegmüller, Repert. bibl. 2890
Guilelmus ⟨Gallus⟩
Guilelmus ⟨Gallus, OSB⟩
Guillaume ⟨de Saint-Bertin⟩
Guillaume ⟨le Français⟩
Guillaume ⟨Moine de Saint-Bertin⟩

Guilelmus ⟨Slade⟩
→ **Slade, Guilelmus**

Guilelmus ⟨Snotingamus⟩
→ **Guilelmus ⟨de Nottingham, Lector Oxoniensis⟩**

Guilelmus ⟨Somerset⟩
→ **Guilelmus ⟨Malmesburiensis⟩**

Guilelmus ⟨Speculator⟩
→ **Durantis, Guilelmus**

Guilelmus ⟨Stampensis⟩
→ **Guilelmus ⟨de Stampis⟩**

Guilelmus ⟨Staphilartus⟩
um 1456 · OCarm
Cant. Moysis
Stegmüller, Repert. bibl. 3039-3041
Guilelmus ⟨Stapylhart⟩
Guillaume ⟨Stapilart⟩
Staphilartus, Guilelmus
Stapilart, Guillaume

Guilelmus ⟨Stapylhart⟩
→ **Guilelmus ⟨Staphilartus⟩**

Guilelmus ⟨Stephani Filius⟩
→ **Guilelmus ⟨Stephanides⟩**

Guilelmus ⟨Stephanides⟩
gest. 1190
CSGL; Potth.
Fitzstephen, William
Guilelmus ⟨Cantuariensis⟩
Guilelmus ⟨Filius Stephani⟩
Guilelmus ⟨Stephani Filius⟩
Stephanides, Guilelmus
Wilhelmus ⟨Stephanides⟩
William ⟨Fitzstephen⟩

Guilelmus ⟨Swarbey⟩
Lebensdaten nicht ermittelt
Exod.
Stegmüller, Repert. bibl. 3042-3043
Swarbey, Guilelmus

Guilelmus ⟨Talifordus⟩
→ **Guilelmus ⟨Colkisfordius⟩**

Guilelmus ⟨Teuto⟩
→ **Guilelmus ⟨de Werda⟩**

Guilelmus ⟨Textor⟩
gest. 1495
Sermones
Guilelmus ⟨Aquisgranensis⟩
Guilelmus ⟨de Aquisgrano⟩
Guilelmus ⟨Textoris⟩
Guilelmus ⟨Zwers⟩
Guillaume ⟨d'Aix-la-Chapelle⟩
Guillermus ⟨de Aquisgrano⟩
Guillermus ⟨Textor⟩
Textor, Guilelmus
Tzewers, Wilhelm
Tzewers, Wilhelmus
Wilhelm ⟨Tzewers⟩
Wilhelm ⟨Zwers⟩
Wilhelmus ⟨Tzewers⟩
Zewers, Wilhelm
Zwers, Wilhelm

Guilelmus ⟨Thorne⟩
14. Jh. · OESA
Chronicon de rebus gestis abbatum S. Augustini Cantuariae 578-1397
Potth. 1067
Guilelmus ⟨Thornaeus⟩
Guillaume ⟨de Thorne⟩
Thorne, Guilelmus
William ⟨Thorne⟩

Guilelmus ⟨Thorpe⟩
gest. 1407
Ps.
Stegmüller, Repert. bibl. 3045
Guilelmus ⟨Anglus⟩
Guilelmus ⟨Wiclefita⟩
Guillaume ⟨Thorpe⟩
Thorpe, Guilelmus
Thorpe, Guillaume

Guilelmus ⟨Tirensis⟩
→ **Guilelmus ⟨de Tyro⟩**

Guilelmus ⟨Tornacensis⟩
um 1258/75 · OP
De instructione puerorum
LThK; LMA,IX,190
Guilelmus ⟨de Tornaco⟩
Guilelmus ⟨Sancti Martini⟩
Guillaume ⟨de Saint-Martin⟩
Guillaume ⟨de Tournai⟩
Guillaume ⟨de Tournay⟩
Wilhelm ⟨von Tournai⟩
William ⟨of Tournai⟩

Guilelmus ⟨Tripolitanus⟩
um 1273 · OP
Notitia de Machoneto; Tractatus de statu Saracenorum et Mahometo pseudopropheta ipsorum et eorum lege et fide
Kaeppeli,II,170/171; Rep.Font. V,329; LMA,IX,190
Guglielmo ⟨da Tripoli⟩
Guillaume ⟨de Tripoli⟩
Guillaume ⟨Champenès⟩
Guillaume ⟨Dominicain⟩
Tripolis, Wilhelm ¬von¬
Tripolitanus, Guilelmus
Wilhelm ⟨von Tripolis⟩

Guilelmus ⟨Trudonensis⟩
→ **Guilelmus ⟨de Ryckel⟩**

Guilelmus ⟨Tudelensis⟩
→ **Guillaume ⟨de Tudèle⟩**

Guilelmus ⟨Tyrius⟩
→ **Guilelmus ⟨de Tyro⟩**

Guilelmus ⟨Tzewers⟩
→ **Guilelmus ⟨Textor⟩**

Guilelmus ⟨Valentinus⟩
→ **Guilelmus ⟨Anglès⟩**

Guilelmus ⟨Vallae⟩
→ **Wallace, William**

Guilelmus ⟨Varignana⟩
1270 – 1339
Secreta sublimia, ad varios morbos curandos...
Guglielmo ⟨da Varignana⟩
Guglielmo ⟨Varignana⟩
Guilelmus ⟨Varignaneus⟩
Guillaume ⟨de Varignana⟩
Varignana, Guilelmus

Guilelmus ⟨Varrilio⟩
→ **Guilelmus ⟨de Wara⟩**

Guilelmus ⟨Varro⟩
→ **Guilelmus ⟨de Wara⟩**

Guilelmus ⟨Ventura⟩
→ **Ventura, Guilelmus**

Guilelmus ⟨Verro⟩
→ **Guilelmus ⟨de Wara⟩**

Guilelmus ⟨Vicaire⟩
→ **Guilelmus ⟨de Pagula⟩**

Guilelmus ⟨Vichetus⟩
→ **Guilelmus ⟨Fichetus⟩**

Guilelmus ⟨Villanovanus⟩
→ **Villeneuve, Guillaume ¬de¬**

Guilelmus ⟨Vinarius⟩
→ **Guillaume ⟨le Vinier⟩**

Guilelmus ⟨Vivariensis⟩
→ **Guilelmus ⟨de Vivaria⟩**

Guilelmus ⟨Vives⟩
1350 – 1405
Bearb. der Gesta b. Mariae de Cervello; Vita b. Pedri Nolasco
Rep.Font. V,346
Guillaume ⟨Vives⟩
Guillermo ⟨Vives⟩
Vives, Guilelmus
Vives, Guillaume

Guilelmus ⟨von Aurillac⟩
→ **Guilelmus ⟨Arvernus⟩**

Guilelmus ⟨Vorillonius⟩
→ **Guilelmus ⟨de Valle Rouillonis⟩**

Guilelmus ⟨Vorilongus⟩
→ **Guilelmus ⟨de Valle Rouillonis⟩**

Guilelmus ⟨Vressenich⟩
→ **Vressenich, Guilelmus**

Guilelmus ⟨Vydford⟩
→ **Guilelmus ⟨de Woodford⟩**

Guilelmus ⟨Walingforde⟩
→ **Walingforde, Guilelmus**

Guilelmus ⟨Warrilio⟩
→ **Guilelmus ⟨de Wara⟩**

Guilelmus ⟨Wethleius⟩
→ **Guilelmus ⟨Wheatley⟩**

Guilelmus ⟨Wheatley⟩
um 1310
In Boethii de scholarium disciplina; Quaestiones duae; In Boethii de consolatione philosophiae
Schönberger/Kible, Repertorium, 13650/51/52
Guilelmus ⟨Boethianus⟩
Guilelmus ⟨Boetianus⟩
Guilelmus ⟨Wethleius⟩
Guilelmus ⟨Wheatly⟩
Guilelmus ⟨Wheteley⟩
Guilelmus ⟨Whetley⟩
Guillaume ⟨de Boèce⟩
Guillaume ⟨de Wheatly⟩
Pseudo-Guilelmus ⟨Wheatley⟩
Wheatley, Guilelmus
Wheatly, Guilelmus

Guilelmus ⟨Wiclefita⟩
→ **Guilelmus ⟨Thorpe⟩**

Guilelmus ⟨Wigorniensis⟩
→ **Guilelmus ⟨Malmesburiensis⟩**

Guilelmus ⟨Wigorniensis Episcopus⟩
→ **Guilelmus ⟨de Gaynesburgh⟩**

Guilelmus ⟨Windefordensis⟩
→ **Guilelmus ⟨de Woodford⟩**

Guilelmus ⟨Wintoniensis⟩
→ **Guilelmus ⟨de Southamptonia⟩**

Guilelmus ⟨Woodford⟩
→ **Guilelmus ⟨de Woodford⟩**

Guilelmus ⟨Worcestrius⟩
1415 – ca. 1482
Annales rerum Anglicarum
Potth.
Guilelmus ⟨Bristoliensis⟩
Guillaume ⟨de Worcester⟩
Guillaume ⟨de Worchester⟩
Wilhelmus ⟨Worcestrius⟩
William ⟨of Worcester⟩
William ⟨Worcester⟩
Worcester, William
Worcestrius, Guilelmus
Wyrcestre, William

Guilelmus ⟨Zwers⟩
→ **Guilelmus ⟨Textor⟩**

Guilelmus Petrus ⟨de Calciata⟩
um 1250
Calciata, Guilelmus Petrus ¬de¬
Calzada, Guillermo Perez ¬de¬
Guillermo Pérez ⟨de la Calzada⟩
Guillermo Pérez ⟨de LaCalzada⟩

Guilermus ⟨...⟩
→ **Guilelmus ⟨...⟩**
→ **Guillermus ⟨...⟩**

Guileville, Guillaume ¬de¬
→ **Guillaume ⟨de Deguileville⟩**

Guilfridus ⟨Eboracensis⟩
→ **Wilfridus ⟨Eboracensis⟩**

Guilha, Raimundus
→ **Raimundus ⟨Guilha⟩**

Guilhade, Joan García ¬de¬
13. Jh.
Troubadour
LMA,IV,1777

García de Guilhade, Joan
Guilhade, João ¬de¬
Joan ⟨García de Guilhade⟩
Joan García ⟨de Guilhade⟩
João ⟨de Guilhade⟩

Guilhelmus ⟨...⟩
→ **Guilelmus ⟨...⟩**

Guilhem ⟨Anelier⟩
um 1277
Potth.
Anelier, Guilhem
Anelier, Guillaume
Anelier, Guillem
Guilhem ⟨Anelier de Toulouse⟩
Guilhem ⟨de Toulouse⟩
Guilhem ⟨of Toulouse⟩
Guillaume ⟨Anelier⟩
Guillem ⟨Anelier⟩
Guillem ⟨Anelier von Toulouse⟩
Guillem ⟨von Toulouse⟩

Guilhem ⟨Aquitaine, Duke, VIIII.⟩
→ **Guillaume ⟨Aquitaine, Duc, VIIII.⟩**

Guilhem ⟨Arnaud⟩
→ **Guilelmus ⟨Arnaldi⟩**

Guilhem ⟨Augier Novella⟩
1185 – 1235
Augier Novella, Guilhem
Auzer ⟨Figueira⟩
Guilelmus ⟨Augerius⟩
Guilhem ⟨Augier⟩
Novella, Guilhem Augier
Ogier Novella, Guilhem
Wilhelmus ⟨Augerius⟩

Guilhem ⟨de Berguédan⟩
1130 – 1199
LMA,I,1961
Berguedà, Guillem ¬de¬
Berguédan, Guilhem ¬de¬
Guillaume ⟨de Berguédan⟩
Guillem ⟨de Berguédan⟩
Guillem ⟨von Berguédan⟩

Guilhem ⟨Bernardi de Gaillac⟩
→ **Guilelmus ⟨Bernardi de Gaillaco⟩**

Guilhem ⟨de Cabestaing⟩
→ **Guilhem ⟨de Cabestanh⟩**

Guilhem ⟨de Cabestanh⟩
12. Jh.
LMA,II,1329
Cabestaing, Guillaume ¬de¬
Cabestanh, Guilhem ¬de¬
Cabestany, Guillem ¬de¬
Guilelmus ⟨de Cabestanh⟩
Guilhem ⟨de Cabestaing⟩
Guillaume ⟨de Cabestaing⟩
Guillaume ⟨de Cabestanh⟩
Guillem ⟨de Cabestaing⟩
Guillem ⟨von Cabestaing⟩

Guilhem ⟨de Cazals⟩
→ **Guilhem Peire ⟨de Cazals⟩**

Guilhem ⟨de Cervera⟩
→ **Cerveri ⟨de Girona⟩**

Guilhem ⟨de la Tor⟩
13. Jh.
Guglielmo ⟨de la Tor⟩
Guilelmus ⟨de la Turri⟩
Guilhem ⟨de la Tour⟩
Guillaume ⟨de la Tor⟩
Guillaume ⟨de la Tour-Blanche⟩
LaTor, Guilhem ¬de¬
Tor, Guilhem ¬de la¬

Guilhem ⟨de Montanhagol⟩
13. Jh.
LMA,VI,777
Guillaume ⟨de Montanagout⟩
Montanhagol, Guilhem ¬de¬

Guilhem ⟨de Montserrat⟩
→ **Guilelmus ⟨de Monserrat⟩**

Guilhem ⟨de Rubió⟩
→ **Guilelmus ⟨de Rubione⟩**

Guilhem ⟨de Toulouse⟩
→ **Guilhem ⟨Anelier⟩**

Guilhem ⟨de Tudela⟩
→ **Guillaume ⟨de Tudèle⟩**

Guilhem ⟨Figueira⟩
geb. 1190
Potth.; LMA,IV,1783/84
Figueira, Guilhem
Figueira, Guillaume
Figuière, Guillaume
Guillaume ⟨Figueira⟩
Guillem ⟨Figueira⟩

Guilhem ⟨Molinier⟩
→ **Molinier, Guilhem**

Guilhem ⟨of Toulouse⟩
→ **Guilhem ⟨Anelier⟩**

Guilhem ⟨of Tudela⟩
→ **Guillaume ⟨de Tudèle⟩**

Guilhem ⟨Peitieu, Comte, VII.⟩
→ **Guillaume ⟨Aquitaine, Duc, VIIII.⟩**

Guillem ⟨von Berguédan⟩
→ **Guilhem ⟨de Berguédan⟩**

Guillem ⟨von Cabestaing⟩
→ **Guilhem ⟨de Cabestanh⟩**

Guillem ⟨von Peitieu⟩
→ **Guillaume ⟨Aquitaine, Duc, VIIII.⟩**

Guillem ⟨von Toulouse⟩
→ **Guilhem ⟨Anelier⟩**

Guilhem Peire ⟨de Cazals⟩
13. Jh.
Liedersammlung
Cazals, Guilhem Peire ¬de¬
Guilhem ⟨de Cazals⟩
Peire ⟨de Cazals⟩
Peire de Cazals, Guilhem ¬de¬

Guilielmus ⟨...⟩
→ **Guilelmus ⟨...⟩**

Guillaume ⟨Abbé⟩
→ **Guilelmus ⟨de Afflighem⟩**
→ **Guilelmus ⟨de Alba Ripa⟩**
→ **Guilelmus ⟨de Paraclito⟩**

Guillaume ⟨Abbé de La Ferté⟩
→ **Guilelmus ⟨de Monte Acuto⟩**

Guillaume ⟨Abbé de Saint-Germain-des Prés⟩
→ **Guilelmus ⟨Episcopi⟩**

Guillaume ⟨Abbé de Saint-Trond⟩
→ **Guilelmus ⟨de Afflighem⟩**

Guillaume ⟨Accurse⟩
→ **Accursius, Guilelmus**

Guillaume ⟨Adam d'Antivari⟩
→ **Guilelmus ⟨Adae⟩**

Guillaume ⟨Albae Ripae⟩
→ **Guilelmus ⟨de Alba Ripa⟩**

Guillaume ⟨Alexis⟩
gest. 1486
LMA,IV,1777/78
Alexis, Guillaume
Guillaume ⟨Alecis⟩
Guillaume ⟨de Bucy⟩
Guillaume ⟨de Lyre⟩
Guillaume Alexis

Guillaume ⟨Amidani⟩
→ **Guilelmus ⟨de Cremona⟩**

Guillaume ⟨Anelier⟩
→ **Guilhem ⟨Anelier⟩**

Guillaume ⟨Anéponyme⟩
→ **Guilelmus ⟨de Conchis⟩**

Guillaume ⟨Anglès de Valence⟩
→ **Guilelmus ⟨Anglès⟩**

Guillaume ⟨Angleterre, Régent⟩
→ **William ⟨Pembroke, Earl, I.⟩**

Guillaume ⟨Angleterre, Roi, I.⟩
→ **William ⟨England, King, I.⟩**

Guillaume ⟨Aquitaine, Duc, VIIII.⟩
1071 – 1127
Lieder
LMA,IX,140
Guglielmo ⟨di Poitiers⟩
Guihelm ⟨Aquitanien, Herzog, VIIII.⟩
Guihelm ⟨Poitiers, Graf, VII.⟩
Guilelmus ⟨Aquitania, Dux, VIIII.⟩
Guilhem ⟨Aquitaine, Duke, VIIII.⟩
Guilhem ⟨Peitieu, Comte, VII.⟩
Guillaume ⟨de Poitiers⟩
Guillaume ⟨d'Aquitaine⟩
Guillaume ⟨le Jeune⟩
Guillaume ⟨le Troubadour⟩
Guillaume ⟨Poitiers, Comte, VII.⟩
Guillem ⟨Aquitanien, Herzog, VIIII.⟩
Guillem ⟨Peitieu, Graf, VIIII.⟩
Guillem ⟨von Peitieu⟩
Wilhelm ⟨Aquitanien, Herzog, VIIII.⟩
Wilhelm ⟨von Aquitanien⟩
Wilhelm ⟨von Poitiers⟩
Wilhelm ⟨von Poitou⟩
Willem ⟨van Aquitanië⟩
William ⟨Aquitaine, Duke, VIIII.⟩
William ⟨of Poitou⟩
William ⟨Poitiers, Count, VII.⟩

Guillaume ⟨Arvernus⟩
→ **Guilelmus ⟨Arvernus⟩**

Guillaume ⟨aux Blanches Mains⟩
→ **Guilelmus ⟨de Campania⟩**

Guillaume ⟨Bardin⟩
→ **Bardin, Guilelmus**

Guillaume ⟨Bateman de Norwich⟩
→ **Guilelmus ⟨Bateman⟩**

Guillaume ⟨Becchi⟩
→ **Guilelmus ⟨Becchi⟩**

Guillaume ⟨Bernard⟩
→ **Guilelmus ⟨Bernardi de Gaillaco⟩**
→ **Guilelmus ⟨Bernardi de Narbonne⟩**
→ **Guilelmus ⟨Bernardi de Podio⟩**

Guillaume ⟨Botet⟩
→ **Guilelmus ⟨Botetus⟩**

Guillaume ⟨Brito⟩
→ **Guilelmus ⟨Brito, ...⟩**

Guillaume ⟨Buser⟩
→ **Guilelmus ⟨Buser⟩**

Guillaume ⟨Butler⟩
→ **Guilelmus ⟨Butlerus⟩**

Guillaume ⟨Byntrée⟩
→ **Guilelmus ⟨Bintraeus⟩**

Guillaume ⟨Califord⟩
→ **Guilelmus ⟨Colkisfordius⟩**

Guillaume ⟨Caoursin⟩
→ **Caoursin, Guillaume**

Guillaume ⟨Centuaria de Crémone⟩
→ **Guilelmus ⟨de Centueriis⟩**

Guillaume ⟨Champenès⟩
→ **Guilelmus ⟨Tripolitanus⟩**

Guillaume ⟨Chancelier de Lincoln⟩
→ **Guilelmus ⟨de Montibus⟩**

Guillaume ⟨Chanoine⟩
→ **Guilelmus ⟨de Paraclito⟩**

Guillaume ⟨Chanoine de Grenoble⟩
→ **Guilelmus ⟨Grationopolitanus⟩**

Guillaume ⟨Chartres, Vidame⟩
→ **Guillaume ⟨de Ferrières⟩**

Guillaume ⟨Chartreux⟩
→ **Guilelmus ⟨de Portes⟩**

Guillaume ⟨Chetel⟩
→ **Guilelmus ⟨Ketellus⟩**

Guillaume ⟨Chroniqueur⟩
→ **Guilelmus ⟨Brito⟩**

Guillaume ⟨Clerc à Beverley⟩
→ **Guilelmus ⟨Ketellus⟩**

Guillaume ⟨Clerc de l'Officialité de Paris⟩
→ **Guilelmus ⟨Parisiensis Presbyter⟩**

Guillaume ⟨Cockeforde⟩
→ **Guilelmus ⟨Colkisfordius⟩**

Guillaume ⟨Coeman⟩
→ **Gilla ⟨Coémáin⟩**

Guillaume ⟨Confesseur de Philippe le Bel⟩
→ **Guilelmus ⟨de Parisiis⟩**

Guillaume ⟨Cousinot, der Ältere⟩
→ **Cousinot, Guillaume**

Guillaume ⟨Cousinot, der Jüngere⟩
→ **Cousinot de Montreuil, Guillaume**

Guillaume ⟨d'Abington⟩
→ **Guilelmus ⟨de Abingdon⟩**

Guillaume ⟨d'Aebelholt⟩
→ **Guilelmus ⟨de Paraclito⟩**

Guillaume ⟨d'Afflighem⟩
→ **Guilelmus ⟨de Afflighem⟩**

Guillaume ⟨d'Aix-la-Chapelle⟩
→ **Guilelmus ⟨Textor⟩**

Guillaume ⟨d'Alnwick⟩
→ **Guilelmus ⟨Alaunovicanus⟩**

Guillaume ⟨d'Alton⟩
→ **Guilelmus ⟨de Altona⟩**

Guillaume ⟨d'Amiens⟩
13. Jh.
Troubadour; Identität mit Wilhelmus ⟨Pictor⟩ umstritten
LMA,IV,1778
Amiens, Guillaume ¬d'¬
Wilhelmus ⟨Pictor⟩

Guillaume ⟨d'Andernes⟩
→ **Guilelmus ⟨Andrensis⟩**

Guillaume ⟨Dandina⟩
→ **Guilelmus ⟨Dandina⟩**

Guillaume ⟨d'Andres⟩
→ **Guilelmus ⟨Andrensis⟩**

Guillaume ⟨d'Angleterre⟩
→ **William ⟨England, King, I.⟩**

Guillaume ⟨d'Anton⟩
→ **Guilelmus ⟨de Altona⟩**

Guillaume ⟨d'Aquitaine⟩
→ **Guillaume ⟨Aquitaine, Duc, VIIII.⟩**

Guillaume ⟨d'Aragon⟩
→ **Guilelmus ⟨de Aragonia⟩**

Guillaume ⟨d'Auberive⟩
→ **Guilelmus ⟨de Alba Ripa⟩**

Guillaume ⟨d'Aurillac⟩
→ **Guilelmus ⟨Baufeti⟩**

Guillaume ⟨d'Auvergne⟩
→ **Guilelmus ⟨Arvernus⟩**

Guillaume ⟨d'Auxerre⟩
→ **Guilelmus ⟨Altissiodorensis⟩**
→ **Guilelmus ⟨Altissiodorensis, OP⟩**

Guillaume ⟨d'Auxonne⟩
ca. 1294 – 1344
Registre
Rep.Font. V,334
Auxonne, Guillaume ¬d'¬

Guillaume ⟨de Absel⟩
→ **Guilelmus ⟨Abselius de Breda⟩**

Guillaume ⟨de Bar⟩
→ **Guilelmus ⟨de Baliona⟩**

Guillaume ⟨de Barneville⟩
→ **Guillaume ⟨de Berneville⟩**

Guillaume ⟨de Barnwell⟩
→ **Guillaume ⟨de Berneville⟩**

Guillaume ⟨de Baufet⟩
→ **Guilelmus ⟨Baufeti⟩**

Guillaume ⟨de Berguédan⟩
→ **Guilhem ⟨de Berguédan⟩**

Guillaume ⟨de Berneville⟩
12. Jh.
Potth.; LMA,IV,1778
Berneville, Guillaume ¬de¬
Guillaume ⟨de Barneville⟩
Guillaume ⟨de Barnwell⟩

Guillaume ⟨de Bintrée⟩
→ **Guilelmus ⟨Bintraeus⟩**

Guillaume ⟨de Blakeney⟩
→ **Guilelmus ⟨Blakeney⟩**

Guillaume ⟨de Blois⟩
→ **Guilelmus ⟨Blesensis⟩**

Guillaume ⟨de Boderisham⟩
→ **Guilelmus ⟨de Boderisham⟩**

Guillaume ⟨de Boèce⟩
→ **Guilelmus ⟨Wheatley⟩**

Guillaume ⟨de Bois Landon⟩
→ **Guilelmus ⟨de Bosco Landonis⟩**

Guillaume ⟨de Boldensele⟩
→ **Guilelmus ⟨de Boldensele⟩**

Guillaume ⟨de Bosco Landonis⟩
→ **Guilelmus ⟨de Bosco Landonis⟩**

Guillaume ⟨de Bottisham⟩
→ **Guilelmus ⟨Botelsham⟩**

Guillaume ⟨de Bourges⟩
→ **Guilelmus ⟨Bituricensis⟩**

Guillaume ⟨de Brabant⟩
→ **Guilelmus ⟨de Moerbeka⟩**

Guillaume ⟨de Breda⟩
→ **Guilelmus ⟨Abselius de Breda⟩**

Guillaume ⟨de Brescia⟩
→ **Guilelmus ⟨Brixiensis⟩**

Guillaume ⟨de Brolio⟩
→ **Guilelmus ⟨de Brolio⟩**

Guillaume ⟨de Bucy⟩
→ **Guillaume ⟨Alexis⟩**

Guillaume ⟨de Cabestaing⟩
→ **Guilhem ⟨de Cabestanh⟩**

Guillaume ⟨de Cahieu⟩
→ **Guilelmus ⟨de Caioco⟩**

Guillaume ⟨de Carpentras⟩
→ **Guilelmus ⟨Gilliszoon de Wissekerke⟩**

Guillaume ⟨de Cayeux-sur-Mer⟩
→ **Guilelmus ⟨de Caioco⟩**

Guillaume ⟨de Challant⟩
→ **Challant, Guillaume ¬de¬**

Guillaume ⟨de Chalons-sur-Marne⟩
→ **Guilelmus ⟨de Campellis⟩**

Guillaume ⟨de Champagne⟩
→ **Guilelmus ⟨de Campania⟩**

Guillaume ⟨de Champeaux⟩
→ **Guilelmus ⟨de Campellis⟩**

Guillaume ⟨de Chartres⟩
→ **Guilelmus ⟨Carnotensis⟩**
→ **Guilelmus ⟨de Campania⟩**

Guillaume ⟨de Chelveston⟩
→ **Guilelmus ⟨de Chelvestun⟩**

Guillaume ⟨de Cîteaux, III.⟩
→ **Guilelmus ⟨de Monte Acuto⟩**

Guillaume ⟨de Clairvaux⟩
→ **Guilelmus ⟨de Clairvaux⟩**

Guillaume ⟨de Cluse⟩
→ **Guilelmus ⟨Clusiensis⟩**

Guillaume ⟨de Colkirk⟩
→ **Guilelmus ⟨Colkisfordius⟩**

Guillaume ⟨de Conches⟩
→ **Guilelmus ⟨de Conchis⟩**

Guillaume ⟨de Cordella⟩
→ **Guilelmus ⟨de Cordella⟩**

Guillaume ⟨de Cun⟩
→ **Guilelmus ⟨de Cugno⟩**

Guillaume ⟨de Deguileville⟩
1295 – ca. 1359 · OCist
CSGL; Potth.; LMA,IV,1780/81
Deguileville, Guillaume ¬de¬
Guilelmus ⟨de Digullevilla⟩
Guilelmus ⟨de Guilevilla⟩
Guilelmus ⟨de Guileville⟩
Guilelmus ⟨de Guilla Villa⟩
Guileville, Guillaume ¬de¬
Guillaume ⟨de Deguilleville⟩
Guillaume ⟨de Degulleville⟩
Guillaume ⟨de Digulleville⟩
Guillaume ⟨de Guileville⟩
Guillaume ⟨de Guilleville⟩

Guillaume ⟨de Dijon⟩
→ **Guilelmus ⟨Sancti Benigni⟩**

Guillaume ⟨de Domqueur⟩
→ **Guilelmus ⟨de Dumoquerci⟩**

Guillaume ⟨de Drogheda⟩
→ **Guilelmus ⟨de Drogeda⟩**

Guillaume ⟨de Dumo Quercu⟩
→ **Guilelmus ⟨de Dumoquerci⟩**

Guillaume ⟨de Falgar⟩
→ **Guilelmus ⟨de Falgar⟩**

Guillaume ⟨de Fécamp⟩
→ **Guilelmus ⟨Sancti Benigni⟩**

Guillaume ⟨de Ferrières⟩
12. Jh.
Ferrières, Guillaume ¬de¬
Guillaume ⟨Chartres, Vidame⟩
Vidame ⟨de Chartres⟩

Guillaume ⟨de Fillastre⟩
→ **Fillastre, Guilelmus ⟨...⟩**

Guillaume ⟨de Flandre⟩
→ **Guilelmus ⟨de Flandria, ...⟩**

Guillaume ⟨de Flay⟩
→ **Guilelmus ⟨Flaviacensis⟩**

Guillaume ⟨de France⟩
→ **Guilelmus ⟨Gallicus⟩**

Guillaume ⟨de Gainsborough⟩
→ **Guilelmus ⟨de Gaynesburgh⟩**

Guillaume ⟨de Gannat⟩
→ **Guilelmus ⟨de Gannato⟩**

Guillaume ⟨de Garet⟩
1392 – 1470
Chronicon Avenionense (franz.)
Rep.Font. III,278; V,336
Garet, Guillaume ¬de¬

Guillaume ⟨de Gouda⟩
→ **Guilelmus ⟨de Gouda⟩**

Guillaume ⟨de Gramayt⟩
→ **Guilelmus ⟨de Gramayt⟩**

Guillaume ⟨de la Grasse⟩
→ **Guilelmus ⟨Paduanus⟩**

Guillaume ⟨de Grenoble⟩
→ **Guilelmus ⟨Grationopolitanus⟩**

Guillaume ⟨de Grimoard⟩
→ **Urbanus ⟨Papa, V.⟩**

Guillaume ⟨de Guarron⟩
→ **Guilelmus ⟨de Wara⟩**

Guillaume ⟨de Guileville⟩
→ **Guillaume ⟨de Deguileville⟩**

Guillaume ⟨de Heytesbury⟩
→ **Guilelmus ⟨Hentisberus⟩**

Guillaume ⟨de Hothun⟩
→ **Guilelmus ⟨de Hothum⟩**

Guillaume ⟨de Jaligny⟩
gest. 1489
Histoire de plusieurs choses mémorables advenues du règne de Charles VIII, roy de France
Rep.Font. V,337
Jaligny, Guillaume ¬de¬

Guillaume ⟨de Jordaens⟩
→ **Jordaens, Wilhelm**

Guillaume ⟨de Juliers⟩
→ **Wilhelm ⟨Jülich, Herzog, II.⟩**

Guillaume ⟨de Jumièges⟩
→ **Guilelmus ⟨Gemeticensis⟩**

Guillaume ⟨de Kayoco⟩
→ **Guilelmus ⟨de Caioco⟩**

Guillaume ⟨de la Gueldre⟩
→ **Guilelmus ⟨de Velde⟩**

Guillaume ⟨de la Lee⟩
→ **Guilelmus ⟨de Lee⟩**

Guillaume ⟨de la Mare⟩
→ **Guilelmus ⟨de Lamara⟩**

Guillaume ⟨de la Penne⟩
um 1350/1400
Gestes des Bretons en Italie sous le pontificat de Grégoire XI
Rep.Font. V,337
Guillaume ⟨de la Penne⟩
Guillaume ⟨de la Perene⟩
Guillaume ⟨de la Perenne⟩
Guillaume ⟨de la Perenne de Quimper⟩
LaPenne, Guillaume ¬de¬
LaPerenne, Guillaume ¬de¬
Penne, Guillaume ¬de la¬
Perenne, Guillaume ¬de la¬

Guillaume ⟨de la Perenne⟩
→ **Guillaume ⟨de la Penne⟩**

Guillaume ⟨de la Pouille⟩
→ **Guilelmus ⟨Apuliensis⟩**

Guillaume ⟨de la Tour-Blanche⟩
→ **Guilhem ⟨de la Tor⟩**

Guillaume ⟨de l'Aire⟩
→ **L'Aire, Guillaume ¬de¬**

Guillaume ⟨de Lanicia⟩
→ **Guilelmus ⟨de Lancea⟩**

Guillaume ⟨de Latre⟩
→ **Fillastre, Guilelmus ⟨...⟩**

Guillaume ⟨de Laudun⟩
→ **Guilelmus ⟨de Lauduno⟩**

Guillaume ⟨de Lavicea⟩
→ **Guilelmus ⟨de Lancea⟩**

Guillaume ⟨de Leicester⟩
→ **Guilelmus ⟨de Montibus⟩**

Guillaume ⟨de Lens⟩
→ **Guilelmus ⟨de Levibus⟩**

Guillaume ⟨de Leus⟩
→ **Guilelmus ⟨de Levibus⟩**

Guillaume ⟨de Lidlington⟩
→ **Guilelmus ⟨Lidlington⟩**

Guillaume ⟨de Liège⟩
→ **Guilelmus ⟨de Sancto Theodorico⟩**

Guillaume ⟨de Lignac⟩
→ **Guilelmus ⟨de Ligniaco⟩**

Guillaume ⟨de Lignuel⟩
→ **Guilelmus ⟨de Ligniaco⟩**

Guillaume ⟨de Lincoln⟩
→ **Guilelmus ⟨de Lincolnia⟩**
→ **Guilelmus ⟨de Montibus⟩**

Guillaume ⟨de Littlington⟩
→ **Guilelmus ⟨Lidlington⟩**

Guillaume ⟨de Lorris⟩
12./13. Jh.
Lorris, Guillaume ¬de¬
Wilhelm ⟨Lorris⟩
Wilhelm ⟨von Lorris⟩

Guillaume ⟨de Lubbenham⟩
→ **Guilelmus ⟨de Lubbenham⟩**

Guillaume ⟨de Lyon⟩
→ **Guilelmus ⟨Peraldus⟩**

Guillaume ⟨de Lyre⟩
→ **Guillaume ⟨Alexis⟩**

Guillaume ⟨de Macclesfield⟩
→ **Guilelmus ⟨de Macklesfield⟩**

Guillaume ⟨de Machaut⟩
1300 – 1377
LMA,IV,1781/82
Guillaume ⟨de Machault⟩
Machault, Guillaume ¬de¬
Machaut
Machaut, Guillaume ¬de¬

Guillaume ⟨de Mackelefield⟩
→ **Guilelmus ⟨de Macklesfield⟩**

Guillaume ⟨de Mâcon⟩
→ **Guilelmus ⟨de Macon⟩**

Guillaume ⟨de Mailly⟩
→ **Guilelmus ⟨de Malliaco⟩**

Guillaume ⟨de Malines⟩
→ **Guilelmus ⟨de Afflighem⟩**

Guillaume ⟨de Malmesbury⟩
→ **Guilelmus ⟨Malmesburiensis⟩**

Guillaume ⟨de Mandagot⟩
→ **Guilelmus ⟨de Mandagoto⟩**

Guillaume ⟨de Meath⟩
→ **Guilelmus ⟨de Pagula⟩**

Guillaume ⟨de Méliton⟩
→ **Guilelmus ⟨de Melitona⟩**

Guillaume ⟨de Melrose⟩
→ **Guilelmus ⟨de Melrose⟩**

Guillaume ⟨de Merlerault⟩
→ **Guilelmus ⟨de Merula⟩**

Guillaume ⟨de Merton⟩
→ **Guilelmus ⟨de Merton⟩**

Guillaume ⟨de Metz⟩
→ **Guilelmus ⟨Metensis⟩**

Guillaume ⟨de Meuillon⟩
gest. ca. 1428
Faits et gestes
Rep.Font. V,339
Meuillon, Guillaume ¬de¬

Guillaume ⟨de Moerbeke⟩
→ **Guilelmus ⟨de Moerbeka⟩**

Guillaume ⟨de Monserrat⟩
→ **Guilelmus ⟨de Monserrat⟩**

Guillaume ⟨de Montaigu⟩
→ **Guilelmus ⟨de Monte Acuto⟩**

Guillaume ⟨de Montanagout⟩
→ **Guilhem ⟨de Montanhagol⟩**

Guillaume ⟨de Montlaudun⟩
→ **Guilelmus ⟨de Monte Lauduno⟩**

Guillaume ⟨de Montoriel⟩
→ **Guilelmus ⟨de Montoriel⟩**

Guillaume ⟨de Montreuil⟩
→ **Guilelmus ⟨de Monasteriolo⟩**

Guillaume ⟨de Morimond⟩
→ **Guilelmus ⟨de Morimond⟩**

Guillaume ⟨de Moussy-le-Neuf⟩
→ **Guilelmus ⟨de Monciaco Novo⟩**

Guillaume ⟨de Nangis⟩
→ **Guilelmus ⟨de Nangiaco⟩**

Guillaume ⟨de Nassington⟩
→ **Nassington, Guilelmus**

Guillaume ⟨de Newburgh⟩
→ **Guilelmus ⟨Neubrigensis⟩**

Guillaume ⟨de Nicole⟩
→ **Guilelmus ⟨de Nicole⟩**

Guillaume ⟨de Nogaret⟩
→ **Nogaret, Guillaume ¬de¬**

Guillaume ⟨de Normandie⟩
→ **Guillaume ⟨le Clerc⟩**

Guillaume ⟨de Norwich⟩
→ **Guilelmus ⟨Norvicensis⟩**

Guillaume ⟨de Nottingham⟩
→ **Guilelmus ⟨de Nottingham⟩**
→ **Guilelmus ⟨de Nottingham, Lector Oxoniensis⟩**

Guillaume ⟨de Odone⟩
→ **Guilelmus ⟨de Hothum⟩**

Guillaume ⟨de Oona⟩
→ **Guilelmus ⟨de Wara⟩**

Guillaume ⟨de Pagham⟩
→ **Guilelmus ⟨de Pagula⟩**

Guillaume ⟨de Pagula⟩
→ **Guilelmus ⟨de Pagula⟩**

Guillaume ⟨de Paraclet⟩
→ **Guilelmus ⟨de Paraclito⟩**

Guillaume ⟨de Paris⟩
→ **Guilelmus ⟨Baufeti⟩**
→ **Guilelmus ⟨de Parisiis⟩**
→ **Guilelmus ⟨Parisiensis Presbyter⟩**

Guillaume ⟨de Pastregno⟩
→ **Guilelmus ⟨de Pastregno⟩**

Guillaume ⟨de Paulo⟩
→ **Guilelmus ⟨de Pagula⟩**

Guillaume ⟨de Pelisson⟩
→ **Guilelmus ⟨Pelhisso⟩**

Guillaume ⟨de Pérault⟩
→ **Guilelmus ⟨Peraldus⟩**

Guillaume ⟨de Pereriis⟩
→ **Guillermus ⟨de Pereriis⟩**

Guillaume ⟨de Perno⟩
→ **Guilelmus ⟨de Perno⟩**

Guillaume ⟨de Pesaro⟩
→ **Guglielmo ⟨Ebreo da Pesaro⟩**

Guillaume ⟨de Peterborough⟩
→ **Guilelmus ⟨de Petriburgo⟩**

Guillaume ⟨de Petralata⟩
→ **Guilelmus ⟨de Petra Lata⟩**

Guillaume ⟨de Peyraud⟩
→ **Guilelmus ⟨Peraldus⟩**

Guillaume ⟨de Pierre Godin⟩
→ **Petrus ⟨de Godino⟩**

Guillaume ⟨de Pierrelatte⟩
→ **Guilelmus ⟨de Petra Lata⟩**

Guillaume ⟨de Plaisance⟩
→ **Guilelmus ⟨de Saliceto⟩**

Guillaume ⟨de Plaisians⟩
um 1313
LMA,VI,2196
Plaisian, Guillaume ¬de¬
Plaisians, Guillaume ¬de¬

Guillaume ⟨de Podio⟩
→ **Guilelmus ⟨de Podio⟩**

Guillaume ⟨de Poitiers⟩
→ **Guillaume ⟨Aquitaine, Duc, VIIII.⟩**
→ **Guilelmus ⟨Pictaviensis⟩**

Guillaume ⟨de Pont-de-l'Arche⟩
→ **Guilelmus ⟨de Ponte Arche⟩**

Guillaume ⟨de Portes⟩
→ **Guilelmus ⟨de Portes⟩**

Guillaume ⟨de Pouille⟩
→ **Guilelmus ⟨Apuliensis⟩**

Guillaume ⟨de Puig⟩
→ **Guilelmus ⟨de Podio⟩**

Guillaume ⟨de Puy-Laurens⟩
→ **Guilelmus ⟨de Podio Laurentii⟩**

Guillaume ⟨de Ramsey⟩
→ **Guilelmus ⟨de Petriburgo⟩**
→ **Guilelmus ⟨de Ramsey⟩**

Guillaume ⟨de Rances⟩
→ **Petrus ⟨de Rancia⟩**

Guillaume ⟨de Reims⟩
→ **Guilelmus ⟨de Campania⟩**

Guillaume ⟨de Rennes⟩
→ **Guilelmus ⟨Redonensis⟩**

Guillaume ⟨de Rubione⟩
→ **Guilelmus ⟨de Rubione⟩**

Guillaume ⟨de Rubruk⟩
→ **Rubruquis, Guilelmus ¬de¬**

Guillaume ⟨de Ryckel⟩
→ **Guilelmus ⟨de Ryckel⟩**

Guillaume ⟨de Saint Denis⟩
→ **Guilelmus ⟨de Nangiaco⟩**

Guillaume ⟨de Saint-Amour⟩
→ **Guilelmus ⟨de Sancto Amore⟩**

Guillaume ⟨de Saint-André⟩
um 1442
Libre du bon Jehan, duc de Bretaigne
Rep.Font. V,340
Saint-André, Guillaume ¬de¬

Guillaume ⟨de Saint-Bénigne⟩
→ **Guilelmus ⟨Sancti Benigni⟩**

Guillaume ⟨de Saint-Bernard⟩
→ **Guilelmus ⟨de Sancto Bernardo⟩**

Guillaume ⟨de Saint-Bertin⟩
→ **Guilelmus ⟨Sithiensis⟩**

Guillaume ⟨de Saint-Denis⟩
→ **Guilelmus ⟨Sandionysianus⟩**

Guillaume ⟨de Sainte-Geneviève⟩
→ **Guilelmus ⟨de Paraclito⟩**

Guillaume ⟨de Saint-Jacques de Liège⟩
→ **Guilelmus ⟨de Sancto Jacobo Leodiensis⟩**
→ **Guilelmus ⟨de Vottem⟩**

Guillaume ⟨de Saint-Lô⟩
→ **Guilelmus ⟨de Sancto Laudo⟩**

Guillaume ⟨de Saint-Martin⟩
→ **Guilelmus ⟨Tornacensis⟩**

Guillaume ⟨de Saint-Pair⟩
um 1170
Potth.

Guillaume ⟨de Saint-Paier⟩
Saint-Pair, Guillaume ¬de¬

Guillaume ⟨de Saint-Pathus⟩
gest. 1315
LMA,VII,1188/89
Saint-Pathus, Guillaume ¬de¬

Guillaume ⟨de Saint-Pourçain⟩
→ **Durandus ⟨de Sancto Porciano⟩**

Guillaume ⟨de Saint-Savin⟩
→ **Guilelmus ⟨Dandina⟩**

Guillaume ⟨de Saint-Thierry⟩
→ **Guilelmus ⟨de Sancto Theodorico⟩**

Guillaume ⟨de Saint-Thomas⟩
→ **Guilelmus ⟨de Paraclito⟩**

Guillaume ⟨de Saint-Trond⟩
→ **Guilelmus ⟨de Afflighem⟩**
→ **Guilelmus ⟨de Ryckel⟩**

Guillaume ⟨de Saliceto⟩
→ **Guilelmus ⟨de Saliceto⟩**

Guillaume ⟨de Sauqueville⟩
→ **Guilelmus ⟨de Sequavilla⟩**

Guillaume ⟨de Sens⟩
→ **Guilelmus ⟨de Campania⟩**

Guillaume ⟨de Shelley⟩
→ **Guilelmus ⟨de Conchis⟩**

Guillaume ⟨de Sherwood⟩
→ **Guilelmus ⟨de Shyreswood⟩**

Guillaume ⟨de Shoreham⟩
→ **William ⟨of Shoreham⟩**

Guillaume ⟨de Signy⟩
→ **Guilelmus ⟨de Sancto Theodorico⟩**

Guillaume ⟨de Southampton⟩
→ **Guilelmus ⟨de Southamptonia⟩**

Guillaume ⟨de Steinfeld⟩
→ **Vressenich, Guilelmus**

Guillaume ⟨de Sudbury⟩
→ **Guilelmus ⟨de Sudbery⟩**

Guillaume ⟨de Thenis⟩
→ **Guilelmus ⟨a Thenis⟩**

Guillaume ⟨de Thorne⟩
→ **Guilelmus ⟨Thorne⟩**

Guillaume ⟨de Tignonville⟩
gest. 1414
Übersetzung lat./frz.: Dicta philosophorum
LMA,VIII,789
Tignonville, Guillaume ¬de¬

Guillaume ⟨de Tillemont⟩
→ **Guilelmus ⟨a Thenis⟩**

Guillaume ⟨de Tirlemont⟩
→ **Guilelmus ⟨a Thenis⟩**

Guillaume ⟨de Tocco⟩
→ **Guilelmus ⟨de Tocco⟩**

Guillaume ⟨de Tonnais⟩
→ **Guilelmus ⟨de Tonnens⟩**

Guillaume ⟨de Tortona⟩
→ **Guilelmus ⟨de Tortona⟩**

Guillaume ⟨de Tournai⟩
→ **Guilelmus ⟨Tornacensis⟩**

Guillaume ⟨de Tripoli⟩
→ **Guilelmus ⟨Tripolitanus⟩**

Guillaume ⟨de Tudèle⟩
gest. ca 1214
Croisade albigeoise
Potth.; LMA,IV,1782
Guilelmus ⟨de Tudela⟩
Guilelmus ⟨Tudelensis⟩
Guilhem ⟨de Tudela⟩
Guilhem ⟨of Tudela⟩
Guillaume ⟨de Tudela⟩
Guillem ⟨de Tudèle⟩
Tudèle, Guillaume ¬de¬
Wilhelm ⟨de Tudela⟩

Guillaume ⟨de Turbeville⟩
→ **Guilelmus ⟨Norvicensis⟩**

Guillaume ⟨de Tyr⟩
→ **Guilelmus ⟨de Tyro⟩**

Guillaume ⟨de Vaglon⟩
→ **Guilelmus ⟨de Vaglon⟩**

Guillaume ⟨de Varignana⟩
→ **Guilelmus ⟨Varignana⟩**

Guillaume ⟨de Varron⟩
→ **Guilelmus ⟨de Wara⟩**

Guillaume ⟨de Vici⟩
→ **Guilelmus ⟨de Vici⟩**

Guillaume ⟨de Villana⟩
→ **Guilelmus ⟨de Cremona⟩**

Guillaume ⟨de Villeneuve⟩
→ **Villeneuve, Guillaume ¬de¬**

Guillaume ⟨de Viviers⟩
→ **Guilelmus ⟨de Vivaria⟩**

Guillaume ⟨de Volpiano⟩
→ **Guilelmus ⟨Sancti Benigni⟩**

Guillaume ⟨de Vottem⟩
→ **Guilelmus ⟨de Vottem⟩**

Guillaume ⟨de Ware⟩
→ **Guilelmus ⟨de Wara⟩**

Guillaume ⟨de Wheatly⟩
→ **Guilelmus ⟨Wheatley⟩**

Guillaume ⟨de Winchester⟩
→ **Guilelmus ⟨de Altona⟩**

Guillaume ⟨de Wissekerke⟩
→ **Guilelmus ⟨Gilliszoon de Wissekerke⟩**

Guillaume ⟨de Woodford⟩
→ **Guilelmus ⟨de Woodford⟩**

Guillaume ⟨de Worcester⟩
→ **Guilelmus ⟨Worcestrius⟩**

Guillaume ⟨d'Egmont⟩
→ **Guilelmus ⟨Procurator⟩**

Guillaume ⟨d'Ercuis⟩
ca. 1260 – ca. 1314/16
Livre de raison
Rep.Font. V,304
Ercuis, Guillaume ¬d'¬
Erqueto, Guilelmus ¬de¬
Guilelmus ⟨de Erqueto⟩
Guillaume ⟨Précepteur de Philippe le Bel⟩

Guillaume ⟨des Perriers⟩
→ **Guillermus ⟨de Pereriis⟩**

Guillaume ⟨d'Eskilsoë⟩
→ **Guilelmus ⟨de Paraclito⟩**

Guillaume ⟨d'Etampes⟩
→ **Guilelmus ⟨de Stampis⟩**

Guillaume ⟨d'Hirsau⟩
→ **Guilelmus ⟨Hirsaugiensis⟩**

Guillaume ⟨Diacre de Bourges⟩
→ **Guilelmus ⟨Bituricensis⟩**

Guillaume ⟨dit le Prêtre⟩
→ **Guilelmus ⟨Parisiensis Presbyter⟩**

Guillaume ⟨Dominicain⟩
→ **Guilelmus ⟨Tripolitanus⟩**

Guillaume ⟨d'Orbais⟩
→ **Guilelmus ⟨Orbacensis⟩**

Guillaume ⟨du Breuil⟩
→ **Guilelmus ⟨de Brolio⟩**

Guillaume ⟨du Merle⟩
→ **Guilelmus ⟨de Merula⟩**

Guillaume ⟨du Mont⟩
→ **Guilelmus ⟨de Montibus⟩**

Guillaume ⟨du Pont-de-l'Arche⟩
→ **Guilelmus ⟨de Ponte Arche⟩**

Guillaume ⟨du Puis Laurent⟩
→ **Guilelmus ⟨de Podio Laurentii⟩**

Guillaume ⟨Durand⟩
→ **Durantis, Guilelmus**
→ **Durantis, Guilelmus ⟨Iunior⟩**
→ **Durandus ⟨de Sancto Porciano⟩**

Guillaume ⟨Eddius⟩
→ **Eddius, Guilelmus**

Guillaume ⟨Encurt⟩
→ **Guilelmus ⟨Encourt⟩**

Guillaume ⟨Evêque de Lisieux⟩
→ **Guilelmus ⟨de Ponte Arche⟩**

Guillaume ⟨Evêque de Worcester⟩
→ **Guilelmus ⟨de Gaynesburgh⟩**

Guillaume ⟨Exégète⟩
→ **Guilelmus ⟨de Clairvaux⟩**

Guillaume ⟨Farinier de Gourdon⟩
→ **Guilelmus ⟨Farinerii⟩**

Guillaume ⟨Fauconier⟩
→ **Guilelmus ⟨Falconarius⟩**

Guillaume ⟨Fichet⟩
→ **Guilelmus ⟨Fichetus⟩**

Guillaume ⟨Figueira⟩
→ **Guilhem ⟨Figueira⟩**

Guillaume ⟨Fillastre⟩
→ **Fillastre, Guilelmus ⟨...⟩**

Guillaume ⟨Flete⟩
→ **Flete, William**

Guillaume ⟨Forleon⟩
→ **Guilelmus ⟨Forleo⟩**

Guillaume ⟨Gaian⟩
→ **Gaian, Guilelmus**

Guillaume ⟨Gallicus⟩
→ **Guilelmus ⟨Gallicus⟩**

Guillaume ⟨Gilliszoon de Wissekerke⟩
→ **Guilelmus ⟨Gilliszoon de Wissekerke⟩**

Guillaume ⟨Giraud⟩
→ **Guillaume ⟨Girault⟩**

Guillaume ⟨Girault⟩
um 1400/50
Siège des Anglois levé
Rep.Font. V,336
Giraud, Guillaume
Girault, Guillaume
Guillaume ⟨Giraud⟩

Guillaume ⟨Godel⟩
→ **Guilelmus ⟨Godelli⟩**

Guillaume ⟨Gregory⟩
→ **Gregory, William**

Guillaume ⟨Gruel⟩
→ **Gruel, Guillaume**

Guillaume ⟨Gruyère⟩
→ **Gruyère, Johannes**

Guillaume ⟨Guiart⟩
13./14. Jh.
LMA,IV,1768
Guiart, Guillaume

Guillaume ⟨Hermann⟩
→ **Guilelmus ⟨de Gouda⟩**

Guillaume ⟨Hofer⟩
→ **Hofer, Wilhelmus**

Guillaume ⟨Inquisiteur Général de la France⟩
→ **Guilelmus ⟨de Parisiis⟩**

Guillaume ⟨Ive⟩
→ **Guilelmus ⟨Ive⟩**

Guillaume ⟨Jordan⟩
→ **Guilelmus ⟨Iordanus⟩**

Guillaume ⟨Juif Converti⟩
→ **Guilelmus ⟨Bituricensis⟩**

Guillaume ⟨Juliers, Duc, VI.⟩
→ **Wilhelm ⟨Jülich, Herzog, II.⟩**

Guillaume ⟨Kecelle⟩
→ **Guilelmus ⟨Ketellus⟩**

Guillaume ⟨Ketel⟩
→ **Guilelmus ⟨Ketellus⟩**

Guillaume ⟨Kingsham⟩
→ **Guilelmus ⟨de Kingsham⟩**

Guillaume ⟨l'Anglais⟩
→ **Guilelmus ⟨Augerus⟩**

Guillaume ⟨le Bâtard⟩
→ **William ⟨England, King, I.⟩**

Guillaume ⟨le Breton⟩
→ **Guilelmus ⟨Brito⟩**
→ **Guilelmus ⟨Brito, Exegeta⟩**

Guillaume ⟨le Clerc⟩
13. Jh.
Le bestiaire divin; De sainte Marie Magdaleine; Les joies Nostre Dame; Le besant de Dieu; Les treiz moz; Des treis ennemis de l'homme.
Zuordnung von „Fergus", „La male honte" und „Du prestre et d'Alison" heute umstritten
LMA,IV,1779
Clerc, Guillaume ¬le¬
Guillaume ⟨de Normandie⟩
LeClerc, Guillaume

Guillaume ⟨le Conquérant⟩
→ **William ⟨England, King, I.⟩**

Guillaume ⟨le Cordelier⟩
→ **Guilelmus ⟨de Cordella⟩**

Guillaume ⟨le Courageux⟩
→ **Wilhelm ⟨Thüringen, Landgraf, III.⟩**

Guillaume ⟨le Forestier⟩
→ **Forestarius, Guilelmus**

Guillaume ⟨le Français⟩
→ **Guilelmus ⟨Sithiensis⟩**

Guillaume ⟨le Jeune⟩
→ **Guillaume ⟨Aquitaine, Duc, VIIII.⟩**

Guillaume ⟨le Lombard⟩
→ **Guilelmus ⟨de Cortemilia⟩**

Guillaume ⟨le Maire⟩
→ **Guilelmus ⟨Maior⟩**

Guillaume ⟨le Maréchal⟩
→ **William ⟨Pembroke, Earl, I.⟩**

Guillaume ⟨le Padouan⟩
→ **Guilelmus ⟨Paduanus⟩**

Guillaume ⟨le Petit⟩
→ **Guilelmus ⟨Neubrigensis⟩**

Guillaume ⟨le Prêtre⟩
→ **Guilelmus ⟨Parisiensis Presbyter⟩**

Guillaume ⟨le Procureur⟩
→ **Guilelmus ⟨Procurator⟩**

Guillaume ⟨le Troubadour⟩
→ **Guillaume ⟨Aquitaine, Duc, VIIII.⟩**

Guillaume ⟨le Vieux⟩
→ **Wilhelm ⟨Jülich, Herzog, II.⟩**

Guillaume ⟨le Vinier⟩
gest. 1245
Canzonen; Pastourellen
LMA,IV,1782
Guilelmus ⟨Vinarius⟩
Guillaume ⟨Vinarius⟩
LeVinier, Guillaume
Vinarius, Guilelmus
Vinier, Guillaume ¬le¬

Guillaume ⟨Leseur⟩
→ **Leseur, Guillaume**

Guillaume ⟨l'Evêque⟩
→ **Guilelmus ⟨Episcopi⟩**

Guillaume ⟨Little⟩
→ **Guilelmus ⟨Neubrigensis⟩**

Guillaume ⟨Lombard⟩
→ **Guilelmus ⟨de Cortemilia⟩**

Guillaume ⟨Lon⟩
→ **Guilelmus ⟨Lon⟩**

Guillaume ⟨Ludtlinchton⟩
→ **Guilelmus ⟨Lidlington⟩**

Guillaume ⟨Luxembourg, Duc, III.⟩
→ **Wilhelm ⟨Thüringen, Landgraf, III.⟩**

Guillaume ⟨Moine à Clairvaux⟩
→ **Guilelmus ⟨de Clairvaux⟩**

Guillaume ⟨Moine à Ramsey⟩
→ **Guilelmus ⟨de Petriburgo⟩**

Guillaume ⟨Moine de Saint-Bertin⟩
→ **Guilelmus ⟨Sithiensis⟩**

Guillaume ⟨Molinier⟩
→ **Molinier, Guilhem**

Guillaume ⟨Montanus⟩
→ **Guilelmus ⟨de Montibus⟩**

Guillaume ⟨Niger⟩
→ **Guilelmus ⟨Blakeney⟩**

Guillaume ⟨Normandie, Duc, II.⟩
→ **William ⟨England, King, I.⟩**

Guillaume ⟨of Andres⟩
→ **Guilelmus ⟨Andrensis⟩**

Guillaume ⟨of Chalons-sur-Marne⟩
→ **Guilelmus ⟨de Campellis⟩**

Guillaume ⟨of Rheims⟩
→ **Guilelmus ⟨de Campania⟩**

Guillaume ⟨of Saint-Savin⟩
→ **Guilelmus ⟨Dandina⟩**

Guillaume ⟨of Tyre⟩
→ **Guilelmus ⟨de Tyro⟩**

Guillaume ⟨Pagello⟩
→ **Paielli, Guilelmus**

Guillaume ⟨Paris⟩
→ **Guilelmus ⟨Parys⟩**

Guillaume ⟨Peire de Godin⟩
→ **Petrus ⟨de Godino⟩**

Guillaume ⟨Pelhisson⟩
→ **Guilelmus ⟨Pelhisso⟩**

Guillaume ⟨Pembroke, Comte, I.⟩
→ **William ⟨Pembroke, Earl, I.⟩**

Guillaume ⟨Pérault⟩
→ **Guilelmus ⟨Peraldus⟩**

Guillaume ⟨Peyre de Godin⟩
→ **Petrus ⟨de Godino⟩**

Guillaume ⟨Poitiers, Comte, VII.⟩
→ **Guillaume ⟨Aquitaine, Duc, VIIII.⟩**

Guillaume ⟨Précepteur de Philippe le Bel⟩
→ **Guillaume ⟨d'Ercuis⟩**

Guillaume ⟨Prieur de Clairvaux⟩
→ **Guilelmus ⟨de Monte Acuto⟩**

Guillaume ⟨Prieur de Sainte-Geneviève⟩
→ **Guilelmus ⟨de Montibus⟩**

Guillaume ⟨Provincial d'Angleterre⟩
→ **Guilelmus ⟨de Nottingham⟩**

Guillaume ⟨Rhedonensis⟩
→ **Guilelmus ⟨Redonensis⟩**

Guillaume ⟨Rishanger⟩
→ **Rishanger, Guilelmus**

Guillaume ⟨Romain⟩
→ **Guilelmus ⟨Romani⟩**

Guillaume ⟨Rothwell⟩
→ **Guilelmus ⟨Rothwell⟩**

Guillaume ⟨Rubio⟩
→ **Guilelmus ⟨de Rubione⟩**

Guillaume ⟨Russel⟩
→ **Guilelmus ⟨Russell⟩**

Guillaume ⟨Ruyelle⟩
→ **Guilelmus ⟨Ruyelle⟩**

Guillaume ⟨Saignet⟩
→ **Guilelmus ⟨Saignet⟩**

Guillaume ⟨Saint-Pathus⟩
→ **Guilelmus ⟨de Saint-Pathus⟩**

Guillaume ⟨Saint-Thierry⟩
→ **Guilelmus ⟨de Sancto Theodorico⟩**

Guillaume ⟨Slade⟩
→ **Slade, Guilelmus**

Guillaume ⟨Stapilart⟩
→ **Guilelmus ⟨Staphilartus⟩**

Guillaume ⟨Striguil, Comte⟩
→ **William ⟨Pembroke, Earl, I.⟩**

Guillaume ⟨Taillevent⟩
→ **Taillevent**

Guillaume ⟨Taliford⟩
→ **Guilelmus ⟨Colkisfordius⟩**

Guillaume ⟨Tardif⟩
→ **Tardif, Guillaume**

Guillaume ⟨Thorpe⟩
→ **Guilelmus ⟨Thorpe⟩**

Guillaume ⟨Thuringe, Landgrave, III.⟩
→ **Wilhelm ⟨Thüringen, Landgraf, III.⟩**

Guillaume ⟨Tirel⟩
→ **Taillevent**

Guillaume ⟨Turbus⟩
→ **Guilelmus ⟨Norvicensis⟩**

Guillaume ⟨Twety⟩
→ **Twici, William**

Guillaume ⟨Twici⟩
→ **Twici, William**

Guillaume ⟨van Absel de Breda⟩
→ **Guilelmus ⟨Abselius de Breda⟩**

Guillaume ⟨van der Sluys⟩
→ **Sluys, Willem ¬van¬**

Guillaume ⟨Varron⟩
→ **Guilelmus ⟨de Wara⟩**

Guillaume ⟨Velde⟩
→ **Guilelmus ⟨de Velde⟩**

Guillaume ⟨Ventura⟩
→ **Ventura, Guilelmus**

Guillaume ⟨Vinarius⟩
→ **Guillaume ⟨le Vinier⟩**

Guillaume ⟨Vives⟩
→ **Guilelmus ⟨Vives⟩**

Guillaume ⟨von Cornillon⟩
→ **L'Aire, Guillaume ¬de¬**

Guillaume ⟨von Gliers⟩
→ **Gliers, ¬Der von¬**

Guillaume ⟨Vressenich⟩
→ **Vressenich, Guilelmus**

Guillaume ⟨Walays⟩
→ **Wallace, William**

Guillaume ⟨Wallensis⟩
→ **Wallace, William**

Guillaume ⟨Wallingford⟩
→ **Walingforde, Guilelmus**

Guillaume ⟨Wey⟩
→ **Wey, William**

Guillaume, Pierre
→ **Petrus ⟨Guillelmi⟩**
→ **Petrus ⟨Guillermus⟩**

Guillaume Alexis
→ **Guillaume ⟨Alexis⟩**

Guillaume de Toulon, Pierre
→ **Petrus ⟨Guillelmi⟩**

Guillaume de Vaison, Pierre
→ **Petrus ⟨Guillelmi⟩**

Guillaume Pierre ⟨de Goddam⟩
→ **Petrus ⟨de Godino⟩**

Guillebert ⟨de Berneville⟩
→ **Gillebert ⟨de Berneville⟩**

Guillebert ⟨de Lannoy⟩
→ **Lannoy, Ghillebert ¬de¬**

Guillebert ⟨de Metz⟩
um 1420/30
Description de la ville de Paris
Rep.Font. V,342
Guillebert ⟨de Mets⟩
Mets, Guillebert ¬de¬
Metz, Guillebert ¬de¬

Guillebertus ⟨...⟩
→ **Gilbertus ⟨...⟩**
→ **Guibertus ⟨...⟩**

Guillelmi, Dominicus
→ **Dominicus ⟨Guillelmi⟩**

Guillelmi, Petrus
→ **Petrus ⟨Guillelmi⟩**
→ **Petrus ⟨Guillermus⟩**

Guillelmus ⟨...⟩
→ **Guilelmus ⟨...⟩**

Guillem ⟨...⟩
→ **Guilhem ⟨...⟩**

Guillem, Pierre
→ **Petrus ⟨Guillelmi⟩**
→ **Petrus ⟨Guillermus⟩**

Guillem de Marsan, Arnaut
→ **Arnaut Guillem ⟨de Marsan⟩**

Guillemus ⟨...⟩
→ **Guilelmus ⟨...⟩**

Guillén, Pedro
1413 – ca. 1474
El decir sobre el amor; Siete pecados mortales; Los discursos de los doce estados del mundo; etc.
LMA,VI,1893/94; Rep.Font. V,346
Guillén, Pero
Guillén de Segovia, Pero
Pedro ⟨Guillén⟩
Pedro Guillén ⟨de Sevilla⟩
Pero ⟨Guillén⟩
Pero ⟨Guillén de Segovia⟩
Pero Guillén ⟨de Segovia⟩
Pero Guyllen ⟨de Segovia⟩
Segovia, Pero Guillén ¬de¬

Guillermo ⟨Botet⟩
→ **Guilelmus ⟨Botetus⟩**

Guillermo ⟨de Brolio⟩
→ **Guilelmus ⟨de Brolio⟩**

Guillermo ⟨de Malmesbury⟩
→ **Guilelmus ⟨Malmesburiensis⟩**

Guillermo ⟨de Puig⟩
→ **Guilelmus ⟨de Podio⟩**

Guillermo ⟨Despuig⟩
→ **Guilelmus ⟨de Podio⟩**

Guillermo ⟨Maestro⟩
→ **Guilelmus ⟨Falconarius⟩**

Guillermo ⟨Rubio⟩
→ **Guilelmus ⟨de Rubione⟩**

Guillermo ⟨Vives⟩
→ **Guilelmus ⟨Vives⟩**

Guillermo Pérez ⟨de la Calzada⟩
→ **Guilelmus Petrus ⟨de Calciata⟩**

Guillermus ⟨Accursius⟩
→ **Accursius, Guilelmus**

Guillermus ⟨Altissiodorensis⟩
→ **Guilelmus ⟨Altissiodorensis⟩**

Guillermus ⟨Anglès⟩
→ **Guilelmus ⟨Anglès⟩**

Guillermus ⟨Apuliensis⟩
→ **Guilelmus ⟨Apuliensis⟩**

Guillermus ⟨Baufet⟩
→ **Guilelmus ⟨Baufeti⟩**

Guillermus ⟨Botet⟩
→ **Guilelmus ⟨Botetus⟩**

Guillermus ⟨Brito⟩
→ **Guilelmus ⟨Brito⟩**

Guillermus ⟨de Aquisgrano⟩
→ **Guilelmus ⟨Textor⟩**

Guillermus ⟨de Cortimilio⟩
→ **Guilelmus ⟨de Cortemilia⟩**

Guillermus ⟨de Luxi⟩
→ **Guilelmus ⟨de Lexovio⟩**

Guillermus ⟨de Morimond⟩
→ **Guilelmus ⟨de Morimond⟩**

Guillermus ⟨de Multedo⟩
→ **Guilelmus ⟨de Multedo⟩**

Guillermus ⟨de Pereriis⟩
gest. 1500
Potth.
Guillaume ⟨de Pereriis⟩
Guillaume ⟨des Perriers⟩
Pereriis, Guillermus ¬de¬

Guillermus ⟨de Podio⟩
→ **Guilelmus ⟨de Podio⟩**

Guillermus ⟨de Torto Colle⟩
→ **Robertus ⟨de Colletorto⟩**

Guillermus ⟨de Vorillon⟩
→ **Guilelmus ⟨de Valle Rouillonis⟩**

Guillermus ⟨Episcopus⟩
→ **Guilelmus ⟨Baufeti⟩**

Guillermus ⟨Episcopus Parisiensis⟩
→ **Guilelmus ⟨Arvernus⟩**

Guillermus ⟨Fichetus⟩
→ **Guilelmus ⟨Fichetus⟩**

Guillermus ⟨Morimundus⟩
→ **Guilelmus ⟨de Morimond⟩**

Guillermus ⟨Parisiensis⟩
→ **Guilelmus ⟨Arvernus⟩**
→ **Guilelmus ⟨Baufeti⟩**
→ **Guilelmus ⟨Parisiensis⟩**

Guillermus ⟨Professor⟩
→ **Guilelmus ⟨Parisiensis⟩**

Guillermus ⟨Saphonensis⟩
→ **Guilelmus ⟨Saphonensis⟩**

Guillermus ⟨Tardivus⟩
→ **Tardif, Guillaume**

Guillermus ⟨Textor⟩
→ **Guilelmus ⟨Textor⟩**

Guillermus, Petrus
→ **Petrus ⟨Guillermus⟩**

Guillibaldus ⟨Eichstetensis⟩
→ **Willibaldus ⟨Eichstetensis⟩**

Guillibertus ⟨...⟩
→ **Guibertus ⟨...⟩**

Guillielmus ⟨...⟩
→ **Guilelmus ⟨...⟩**

Guimann ⟨d'Arras⟩
→ **Guimannus ⟨Vedastinus⟩**

Guimannus ⟨Vedastinus⟩
gest. 1192
Liber de possessionibus S. Vedasti
Rep.Font. V,346; DOC,1,897; Potth. 1117
Guiman ⟨d'Arras⟩
Guimann ⟨d'Arras⟩
Guimann ⟨Prêtre à Saint-Vaast⟩
Guimannus
Guimannus ⟨Monachus Vedastinus⟩
Vedastinus, Guimannus
Wimannus ⟨Armarius et Monachus Sancti Vedasti Atrebatensis⟩
Wimannus ⟨Atrebatensis⟩
Wimannus ⟨Monachus Sancti Vedasti⟩
Wimannus ⟨Sancti Vedasti⟩

Guimundus ⟨Aversanus⟩
→ **Guitmundus ⟨de Aversa⟩**

Guinfortus ⟨Barzizius⟩
→ **Guinifortus ⟨Barzizius⟩**

Guinicelli, Guido
→ **Guinizelli, Guido**

Guinifortus ⟨Barzizius⟩
1406 – ca. 1459
Barzizius, Guinifortus
Barzizza, Guiniforte ¬de¬
DelliBargigi, Guiniforto
Guinfortus ⟨Barzizius⟩
Guiniforte ⟨Barzizza⟩
Guinifortius ⟨Barzizius⟩

Guinizelli, Guido
1230/40 – 1276
Meyer; LMA,IV,1786/87
Guido ⟨Guinizelli⟩
Guinicelli, Guido
Guinizzelli, Guido

Guiot ⟨de Dijon⟩
13. Jh.
Meyer; LMA,IV,1787
Dijon, Guiot ¬de¬

Guiot ⟨de Provins⟩
13. Jh.
LMA,IV,1787
Guiot ⟨von Provins⟩
Guyot ⟨de Provins⟩
Provins, Guiot ¬de¬

Guiot, Dionis
um 1416/58
Obra figurativa, en rims estramps, en laor del Rei
Rep.Font. V,348
Dionis ⟨Guiot⟩

Guipertus
→ **Wipertus**

Guipo ⟨Presbyter⟩
→ **Wipo ⟨Presbyter⟩**

Guiral ⟨Ot⟩
→ **Gerardus ⟨Odonis⟩**

Guiraut ⟨de Bornelh⟩
→ **Giraut ⟨de Borneil⟩**

Guiraut ⟨de Calanso⟩
→ **Giraut ⟨de Calanson⟩**

Guiraut ⟨de Narbonne⟩
→ **Guiraut ⟨Riquier⟩**

Guiraut ⟨Riquier⟩
ca. 1230 – 1295
Meyer; LMA,VII,863
Giraut ⟨Riquier⟩
Guiraut ⟨de Narbonne⟩
Riquier, Giraut
Riquier, Guiraut

Guiraut ⟨von Borneil⟩
→ **Giraut ⟨de Borneil⟩**

Guireker, Nigellus
→ **Nigellus ⟨de Longo Campo⟩**

Guisborough, Walter ¬von¬
→ **Gualterus ⟨Gisburnensis⟩**

Guiscard, Robert
→ **Roberto ⟨Puglia, Duce⟩**

Guischart ⟨de Beauliu⟩
→ **Guichard ⟨de Beaulieu⟩**

Guise, Jacques ¬de¬
→ **Jacobus ⟨de Guisia⟩**

Guise, Jean ¬de¬
→ **Jean ⟨de Noyal⟩**

Guisia, Jacobus ¬de¬
→ **Jacobus ⟨de Guisia⟩**

Guisnes, Lambert ¬de¬
→ **Lambertus ⟨Atrebatensis⟩**

Guitardus
14. Jh.
Comment. in sententias
Stegmüller, Repert. sentent. 307,1

Guitbertus ⟨...⟩
→ **Guibertus ⟨...⟩**

Guiter ⟨de Saint-Loup à Troyes⟩
→ **Guitherus ⟨Trecensis⟩**

Guitgerus ⟨Presbyter⟩
→ **Witgerius ⟨Compendiensis⟩**

Guithbertus ⟨...⟩
→ **Guibertus ⟨...⟩**

Guitherus ⟨Trecensis⟩
gest. 1195
Libellus memorialis de coenobii sui rebus
Rep.Font. V,348; DOC,1,897
Guiter ⟨de Saint-Loup à Troyes⟩
Guiterus
Guitherus
Guitherus ⟨Abbas Sancti Lupi Trecensis⟩
Guitherus ⟨Sancti Lupi Trecensis⟩

Guitmond ⟨d'Aversa⟩
→ **Guitmundus ⟨de Aversa⟩**

Guitmond ⟨de Rouen⟩
→ **Guitmundus ⟨de Aversa⟩**

Guitmund ⟨von Aversa⟩
→ **Guitmundus ⟨de Aversa⟩**

Guitmundus ⟨de Aversa⟩
gest. ca. 1095 · OSB
De corporis et sanguinis Domini veritate; Epistola ad Erfastum; Confessio de S. Trinitate, Christi humanitate corporisque ac sanguinis Domini nostri veritate
LMA,IV,1789; Rep.Font. V,347
Aversanus, Guimundus
Aversanus, Guitmundus
Guimundus ⟨Aversanus⟩
Guimundus ⟨d'Aversa⟩
Guitmond ⟨Archbishop⟩
Guitmond ⟨de Rouen⟩
Guitmond ⟨d'Aversa⟩
Guitmond ⟨Evêque⟩
Guitmond ⟨Evêque d'Aversa⟩
Guitmond ⟨of Aversa⟩
Guitmondo ⟨d'Aversa⟩
Guitmund ⟨of Aversa⟩
Guitmund ⟨von Aversa⟩
Guitmundus ⟨Archbishop⟩
Guitmundus ⟨Aversanus⟩
Guitmundus ⟨d'Aversa⟩
Guitmundus ⟨of Aversa⟩
Gutmundus ⟨d'Aversa⟩
Widmundus ⟨de Aversa⟩

Guittis, Anselmus ¬de¬
→ **Anselmus ⟨de Cumis⟩**

Guittoncino
→ **Cinus ⟨de Pistorio⟩**

Guittone
→ **Cinus ⟨de Pistorio⟩**

Guittone ⟨d'Arezzo⟩
1225 – 1294
Meyer; LMA,IV,1789/90
Arezzo, Guittone ¬d'¬

Guittone ⟨Sinibaldi⟩
→ **Cinus ⟨de Pistorio⟩**

Guiu ⟨de Perpinyà⟩
→ **Guido ⟨Terrena⟩**

Guiu ⟨Terrena⟩
→ **Guido ⟨Terrena⟩**

Guizardus ⟨Bononiensis⟩
um 1317
Commentum super tragoedia Ecerinide
Rep.Font. V,350
Guizzardo ⟨de Bologne⟩
Guizzardus ⟨Bononiensis⟩

Guizardus ⟨Papiensis⟩
um 1338 · OP
Sermones dominicales; Sermones de sanctis
Guizzardo ⟨de Pavie⟩

Ġulām Ṯaʿlab, Muḥammad Ibn-ʿAbd-al-Wāḥid
874 – 957
Abū-ʿUmar az-Zāhid
Ghulām Thaʿlab, Muḥammad ibn ʿAbd al-Wāḥid
Ġulām Ṯaʿlab al-Muṭarriz, Muḥammad Ibn-ʿAbd-al-Wāḥid
Muḥammad Ibn-ʿAbd-al-Wāḥid Ġulām Ṯaʿlab
Muṭarriz, Muḥammad Ibn-ʿAbd-al-Wāḥid Ġulām Ṯaʿlab
Ṯaʿlab, Muḥammad Ibn-ʿAbd-al-Wāḥid
Zāhid, Abū-ʿUmar ¬az-¬

Ġulām Ṯaʿlab al-Muṭarriz, Muḥammad Ibn-ʿAbd-al-Wāḥid
→ **Ġulām Ṯaʿlab, Muḥammad Ibn-ʿAbd-al-Wāḥid**

Gulde, Johannes
→ **Johannes ⟨Gulde⟩**

Gulielmo ⟨...⟩
→ **Guglielmo**

Gulielmus ⟨...⟩
→ **Guilelmus ⟨...⟩**

Gulosus ⟨Africanus⟩
7. Jh.
Epistula ad Paulum Constantinopolitanum
Africanus, Gulosus

Gulyn, Adamus ¬de¬
→ **Adamus ⟨de Gulyn⟩**

Ǧumailī, As-Saiyid ¬al-¬
→ **Suyūṭī, Ǧalāl-ad-Dīn ʿAbd-ar-Raḥmān Ibn-Abī-Bakr ¬as-¬**

Gumpenberg, Steffan ¬von¬
→ **Stephan ⟨von Gumppenberg⟩**

Gumpoldus ⟨Mantuanus⟩
um 967/85
Tusculum-Lexikon; CSGL; Potth.
Gumpold ⟨de Mantoue⟩
Gumpold ⟨von Mantua⟩
Gumpoldus ⟨Episcopus⟩
Mantuanus, Gumpoldus

Gumppenberg, Stephan ¬von¬
→ **Stephan ⟨von Gumppenberg⟩**

Ǧunaid Ibn-Maḥmūd al-ʿUmarī
→ **ʿUmarī, Ǧunaid Ibn-Maḥmūd ¬al-¬**

Ǧunaid Ibn-Muḥammad, Abu-'l-Qāsim
→ **Ǧunaid Ibn-Muḥammad ¬al-¬**

Ǧunaid Ibn-Muḥammad ¬al-¬
830 – 910
Abu-'l-Qāsim Ǧunaid Ibn-Muḥammad
Al-Ǧunaid
Djunayd
Djunayd b. Muḥammad
Dschunaid
Ǧunaid Ibn-Muḥammad, Abu-'l-Qāsim
Ibn-Muḥammad al-Ǧunaid
Junayd
Junayd Ibn Muḥammad

Gundacker ⟨von Judenburg⟩
ca. 1250 – 1300
Christi Hort
VL(2),3,303ff.
Judenburg, Gundacker ¬von¬

Gundakerus ⟨Seitenstettensis⟩
um 1319/24 · OSB
Historia fundationis monasterii Seitenstettensis
Rep.Font. V,353
Gondacher ⟨de Seitenstetten⟩
Gundakerus
Gundakerus ⟨Abbas⟩
Gundakerus ⟨Seitenstettensis⟩

Gundebald ⟨König der Burgunder⟩
→ **Gundobadus ⟨Burgundia, Rex⟩**

Gundecharus ⟨Eichstetensis⟩
1019 – 1075
Liber pontificalis Eichstetensis
Rep.Font. V,353; LMA,VI,1791
Gondechar ⟨d'Eichstädt⟩
Gundecharius ⟨Episcopus Eichstetensis⟩
Gundecharius ⟨II.⟩
Gundekar ⟨Bischof⟩
Gundekar ⟨Bischof, II.⟩
Gundekar ⟨II.⟩
Gundekar ⟨von Eichstätt⟩
Gunzo ⟨Eichstetensis⟩
Gunzo ⟨von Eichstätt⟩

Gundekar ⟨Bischof⟩
→ **Gundecharus ⟨Eichstetensis⟩**

Gundekar ⟨von Eichstätt⟩
→ **Gundecharus ⟨Eichstetensis⟩**

Gundelfingen, Heinrich
ca. 1440 – 1490
Wissenschaftl. Kommentare; Militaria monumenta; Topographia urbis Bernensis; etc.
VL(2),3,306/310; Rep.Font. V,353
Gundelfinger, Henri
Heinrich ⟨Gundelfingen⟩
Heinrich ⟨von Gundelfingen⟩
Henri ⟨Gundelfinger⟩
Henricus ⟨Gundelfingen⟩

Gundelfinger, Peter
um 1476 · OP
Karfreitagspredigt
VL(2),3,312
Peter ⟨Gundelfinger⟩
Petrus ⟨de Ulma⟩
Petrus ⟨Gundelfinger⟩
Petrus ⟨Gundelvinger⟩

Gundemar ⟨Westgotenreich, König⟩
um 609/12
Decretum de ecclesia Toletana
Cpl 1234
Gondemar ⟨Roi des Wisigoths⟩
Gondemarus ⟨Flavius⟩
Gondemarus ⟨Gothorum Rex⟩
Gondemarus ⟨Rex⟩
Gundemarus ⟨Rex Visigothorum⟩
Gundmar ⟨König der Visigoten⟩

Gundemarus ⟨Rex Visigothorum⟩
→ **Gundemar ⟨Westgotenreich, König⟩**

Ǧundī, Ḫalīl Ibn-Isḥāq ¬al-¬
→ **Ḫalīl al-Ǧundī, Ibn-Isḥāq**

Gundisalvi, Dominicus
→ **Dominicus ⟨Gundissalinus⟩**

Gundisalvi de Burgis, Johannes
→ **Johannes ⟨Gundisalvi de Burgis⟩**

Gundisalvus ⟨Altararius Sancti Petri⟩
→ **Gundisalvus ⟨de Aragonia⟩**

Gundisalvus ⟨Burgensis⟩
→ **Gundisalvus ⟨de Hinojosa⟩**

Gundisalvus ⟨de Aquilar⟩
→ **Gonsalvus ⟨de Aquilar⟩**

Gundisalvus ⟨de Aragonia⟩
um 1378/79 · OP
Testimonium de origine magni schismatis
Schönberger/Kible, Repertorium, 13655; Kaeppeli
Aragonia, Gundisalvus ¬de¬
Gundisalvus ⟨Altararius Sancti Petri⟩
Gundisalvus ⟨Penitenciarius Papae⟩
Gundisalvus ⟨Poenitentiarius Papae⟩

Gundisalvus ⟨de Hinojosa⟩
gest. 1327
Passio Centollae et Helenae
Rep.Font. V,358
Gonsalve ⟨de Hinojosa⟩
Gonzalo ⟨de la Hinojosa⟩
Gundisalvus ⟨Burgensis⟩
Hinojosa, Gundisalvus ¬de¬

Gundisalvus ⟨Episcopus Seguntinus⟩
→ **Gonsalvus ⟨de Aquilar⟩**

Gundisalvus ⟨Poenitentiarius Papae⟩
→ **Gundisalvus ⟨de Aragonia⟩**

Gundisalvus ⟨Seguntinus⟩
→ **Gonsalvus ⟨de Aquilar⟩**

Gundissalinus, Dominicus
→ **Dominicus ⟨Gundissalinus⟩**

Gundissalvus ⟨de Aguilar⟩
→ **Gonsalvus ⟨de Aquilar⟩**

Gundmar ⟨König der Visigoten⟩
→ **Gundemar ⟨Westgotenreich, König⟩**

Gundobadus ⟨Burgundia, Rex⟩
gest. 516
Epistula ad Alcimum Avitum; Lex Gundobada
Stegmüller, Repert. sentent. 990;992;1804; Rep.Font. V,359; LMA,IV,1792
Gondebaud ⟨Bourgogne, Roi⟩
Gondebaud ⟨Roi de Bourgogne⟩
Gondebald ⟨König der Burgunder⟩
Gondobad ⟨König der Burgunder⟩
Gundobadus ⟨Burgundionum Rex⟩
Gondobadus ⟨Rex⟩
Gundobadus ⟨Rex Burgundionum⟩
Gundobald ⟨König der Burgunder⟩
Gundobat ⟨König der Burgunder⟩

Gundula, Giovanni
→ **Gondola, Johannes**

Gunnarsson, Einarr
→ **Einarr ⟨Gunnarsson⟩**

Gunnlaugr ⟨Leifsson⟩
gest. 1218/19
Jóns saga helga; Óláfs saga Tryggvasonar; Merlinúspá
Rep.Font. V,359
Gunnlaugr ⟨Mùnkr⟩
Gunnlaugr ⟨Poète⟩
Gunnlaugr ⟨Thingeyrensis⟩
Gunnlaugr Leifsson
Leifsson, Gunnlaugr

Gunnlaugr ⟨Mùnkr⟩
→ **Gunnlaugr ⟨Leifsson⟩**

Gunnlaugr ⟨Thingeyrensis⟩
→ **Gunnlaugr ⟨Leifsson⟩**

Guntbertus ⟨Sancti Bertini⟩
→ **Guntbertus ⟨Sithiensis⟩**

Guntbertus ⟨Sithiensis⟩
um 821 · OSB
S. Bertini Vita
Rep.Font. V,360
Gontbert ⟨Calligraphe⟩
Gontbert ⟨de Saint-Bertin⟩
Guntbertus ⟨Monachus Coenobii Sithiensis⟩
Guntbertus ⟨Sancti Bertini⟩

Guntchram ⟨Fränkisches Reich, König⟩
gest. 592/93
Edictum Guntchramni
Cpl 1822; LMA,IV,1794/95
Gontran ⟨Bourgogne et Orléans, Roi⟩
Gontran ⟨Roi de Bourgogne et d'Orléans⟩
Guntchram ⟨Fränkischer König⟩
Guntchramnus ⟨Merovingicus⟩
Guntchramnus ⟨Rex⟩
Gunthram ⟨Fränkisches Reich, König⟩
Gunthram ⟨König der Franken⟩
Guntram ⟨Fränkischer König⟩

Gunterus ⟨...⟩
→ **Guntherus ⟨...⟩**

Guntharius ⟨Coloniensis⟩
gest. ca. 871/873
Diabolica ad Nicolaum papam capitula
Rep.Font. V,360
Gontier ⟨de Cologne⟩
Gunthar ⟨von Köln⟩
Guntharius ⟨Archiepiscopus Coloniensis⟩

Guntherus ⟨Alemannus⟩
→ **Guntherus ⟨Parisiensis⟩**

Guntherus ⟨Bellicosus⟩
→ **Günther ⟨Römisch-Deutsches Reich, König, Gegenkönig⟩**

Guntherus ⟨Cisterciensis⟩
→ **Guntherus ⟨Parisiensis⟩**

Guntherus ⟨de Pairis⟩
→ **Guntherus ⟨Parisiensis⟩**

Guntherus ⟨Elnonensis⟩
um 1107 · OSB
S. Amandi episcopi Traiectensis Vita
Rep.Font. V,360
Gontier ⟨de Saint-Amand⟩
Gontier ⟨Elnonensis⟩
Gunterus ⟨Elonensis⟩
Gunterus ⟨Monachus Elonensis⟩

Guntherus ⟨Ligurinus⟩
→ **Guntherus ⟨Parisiensis⟩**

Guntherus ⟨Magister⟩
→ **Guntherus ⟨Parisiensis⟩**

Guntherus ⟨Monachus⟩
→ **Guntherus ⟨Parisiensis⟩**

Guntherus ⟨Parisiensis⟩
gest. ca. 1220 · OCist
Historia Constantinopolitana
LMA,IV,1794
Gunther
Günther ⟨aus Ligurien⟩
Günther ⟨der Dichter⟩
Gunther ⟨of Pairis⟩
Gunther ⟨von Pairis⟩
Günther ⟨von Pairis⟩
Günther ⟨von Paris⟩
Guntherus ⟨Alemannus⟩
Guntherus ⟨Allemanus⟩
Guntherus ⟨Cisterciensis⟩
Guntherus ⟨de Pairis⟩
Guntherus ⟨Ligurinus⟩
Guntherus ⟨Magister⟩
Guntherus ⟨Monachus⟩
Guntherus ⟨Poeta⟩
Guntherus ⟨Poeta Ligurinus⟩
Guntherus ⟨Scolasticus⟩
Guntherus ⟨von Pairis⟩
Pairis, Gunther ¬von¬

Guntherus ⟨Poeta⟩
→ **Guntherus ⟨Parisiensis⟩**

Guntherus ⟨Scolasticus⟩
→ **Guntherus ⟨Parisiensis⟩**

Guntherus ⟨von Pairis⟩
→ **Guntherus ⟨Parisiensis⟩**

Gunthram ⟨Fränkisches Reich, König⟩
→ **Guntchram ⟨Fränkisches Reich, König⟩**

Gunzo ⟨Diaconus⟩
→ **Gunzo ⟨Novariensis⟩**

Gunzo ⟨Eichstetensis⟩
→ **Gundecharus ⟨Eichstetensis⟩**

Gunzo ⟨Grammaticus⟩
→ **Gunzo ⟨Novariensis⟩**

Gunzo ⟨Italicus⟩
→ **Gunzo ⟨Novariensis⟩**

Gunzo ⟨Novariensis⟩
um 965
Epistula ad Augienses
Tusculum-Lexikon; CSGL; Potth.; LMA,IV,1795/96
Gonzon ⟨de Novare⟩
Gonzon ⟨le Grammairien⟩
Gunzo ⟨Diaconus⟩
Gunzo ⟨Grammaticus⟩
Gunzo ⟨Italicus⟩
Gunzo ⟨Italus⟩
Gunzo ⟨the Grammarian⟩
Gunzo ⟨von Novara⟩
Gunzon ⟨le Grammairien⟩
Gunzone ⟨il Italo⟩

Gunzo ⟨von Eichstätt⟩
→ **Gundecharus ⟨Eichstetensis⟩**

Gunzo ⟨von Novara⟩
→ **Gunzo ⟨Novariensis⟩**

Gunzone ⟨il Italo⟩
→ **Gunzo ⟨Novariensis⟩**

Guolfardus ⟨Hasenrietanus⟩
→ **Wolfhardus ⟨Hasenrietanus⟩**

Guolfardus ⟨Haserensis⟩
→ **Wolfhardus ⟨Hasenrietanus⟩**

Guolfherius ⟨Hildesheimensis⟩
→ **Wolfherius ⟨Hildesheimensis⟩**

Guolphelmus ⟨Brunwill⟩
→ **Wolfhelmus ⟨Brunvilarensis⟩**

Guolstanus ⟨Wigorniensis⟩
→ **Wolstanus ⟨Wintoniensis⟩**

Guotare, ¬Der¬
→ **Guter, ¬Der¬**

Ǧurāwī, Aḥmad Ibn-ʿAbd-as-Salām ¬al-¬
gest. 1212
Aḥmad Ibn-ʿAbd-as-Salām al-Ǧurāwī
Djurāwī, Aḥmad ibn ʿAbd al-Salām
Ibn-ʿAbd-as-Salām, Aḥmad al-Ǧurāwī
Jurāwī, Aḥmad ibn ʿAbd al-Salām

Gurdestinus ⟨Landevenecensis⟩
→ **Wurdestinus ⟨Landevenecensis⟩**

Ǧurǧānī, ʿAbdallāh Ibn-ʿAdī ¬al-¬
→ **Ibn-al-Qaṭṭān, ʿAbdallāh Ibn-ʿAdī**

Ǧurǧānī, ʿAbd-al-Qāhir Ibn-ʿAbd-ar-Raḥmān ¬al-¬
gest. ca. 1078
Abdalqahir al-Curcani
ʿAbd-al-Qāhir Ibn-ʿAbd-ar-Raḥmān al-Ǧurǧānī
Curcani, ʿAbdalqahir ¬al-¬
Djurdjānī, ʿAbd al-Qāhir b. ʿAbd al-Raḥmān
Dschordschani
Ibn-ʿAbd-ar-Raḥmān, ʿAbd-al-Qāhir al-Ǧurǧānī
Ibn-ʿAbd-ar-Raḥmān al-Ǧurǧānī, ʿAbd-al-Qāhir
Jurjānī, ʿAbd al-Qāhir Ibn ʿAbd al-Raḥmān

Ǧurǧānī, Abu-'l-ʿAbbās Aḥmad Ibn-Muḥammad ¬al-¬
→ **Ǧurǧānī, Aḥmad Ibn-Muḥammad ¬al-¬**

Ǧurǧānī, Aḥmad Ibn-Muḥammad ¬al-¬
gest. 1089
Abu-'l-ʿAbbās al-Ǧurǧānī, Aḥmad Ibn-Muḥammad
Aḥmad Ibn-Muḥammad al-Ǧurǧānī
Djurdjānī, Aḥmad ibn Muḥammad
Ǧurǧānī, Abu-'l-ʿAbbās Aḥmad Ibn-Muḥammad ¬al-¬
Ibn-Muḥammad, Aḥmad al-Ǧurǧānī
Jurjānī, Aḥmad ibn Muḥammad

Ǧurǧānī, ʿAlī Ibn-Muḥammad ¬al-¬
1340 – 1413
ʿAlī Ibn-Muḥammad al-Ǧurǧānī
Djurjānī, ʿAlī ibn Muḥammad
Dschurdschani, Ali b. Muhammad
Ǧurǧānī as-Saiyid aš-Šarīf, ʿAlī Ibn-Muḥammad ¬al-¬
Ibn-Muḥammad, ʿAlī al-Ǧurǧānī
Jurjānī, ʿAlī ibn Muḥammad
Jurjānī al-Saiyid al-Sharīf, ʿAlī ibn Muḥammad

Gurgānī, Fachr ad-Dīn
→ **Gurgānī, Faḫraddīn**

Gurgānī, Faḫraddīn
11. Jh.
Wīs u Rāmīn
Rypka: History of Iranian literature
Djurdjānī, Fakhr al-Dīn
Fachr ad-Dīn Gurgānī
Faḫraddīn Asʿad Gurgānī
Faḫraddīn Ǧurǧānī
Faḫraddīn Gurgānī
Fakhr al-Dīn Asʿad Gurgānī
Fakhr al-Dīn Djurdjānī
Fakhr al-Dīn Gurgānī
Fakhr al-Dīn Jurjānī
Fakhr ud-Dīn Gurgānī
Gurgānī, Fachr ad-Dīn
Gurgānī, Faḫr-ad-Dīn Asʿad
Gurgānī, Fakhr al-Dīn
Gurgānī, Fakhr al-Dīn Asʿad
Gurgānī, Fakhr ud-Dīn
Jurjānī, Fakhr al-Dīn

Gurgānī, Faḫr-ad-Dīn Asʿad
→ **Gurgānī, Faḫraddīn**

Gurgānī, Fakhr al-Dīn
→ **Gurgānī, Faḫraddīn**

Gurgānī, Fakhr al-Dīn Asʿad
→ **Gurgānī, Faḫraddīn**

Gurgānī, Fakhr ud-Dīn
→ **Gurgānī, Faḫraddīn**

Ǧurǧānī as-Saiyid aš-Šarīf, ʿAlī Ibn-Muḥammad ¬al-¬
→ **Ǧurǧānī, ʿAlī Ibn-Muḥammad ¬al-¬**

Gurhedem ⟨de Quimperlé⟩
→ **Gurhedenus ⟨Kemperlegiensis⟩**

Gurhedem ⟨de Sainte-Croix⟩
→ **Gurhedenus ⟨Kemperlegiensis⟩**

Gurhedenus ⟨Kemperlegiensis⟩
gest. 1127 · OSB
Gilt bisweilen als Verf. des Chronicon Kemperlegiensis abbatiae S. Crucis; Vita S. Ninnocae; Vita S. Gurthierni
Rep.Font. V,362; DOC,1,899
Gurhedem ⟨de Quimperlé⟩
Gurhedem ⟨de Sainte-Croix⟩
Gurhedenus ⟨Kemerlegensis⟩
Gurhedenus ⟨Monachus Kemperlegiensis⟩

Gury, Abbo
→ **Abbo ⟨Metensis⟩**

Gustum, Roger
→ **Rogerus ⟨Fordanus⟩**

Gute Betha
→ **Elisabeth ⟨von Reute⟩**

Gutenberg, Johannes
→ **Gutensperg, Johannes**

Gutenburg, Ulrich ¬von¬
→ **Ulrich ⟨von Gutenburg⟩**

Gutensperg, Johannes
14. Jh. · OFM
In Phys.; In Eth.
Lohr; VL(2),3,334
Gutenberg, Johannes
Johannes ⟨Gutenberg⟩
Johannes ⟨Gutensperg⟩

Gutentach, Johannes
→ **Bonadies, Johannes**

Guter, ¬Der¬
13. Jh.
Bîspel (von der) frou welt
VL(2),3,334/335
Der Guter
Guotare, ¬Der¬

Gutevrunt ⟨von dem Brunswick⟩
→ **Gutevrunt, Heinrich**

Gutevrunt, Heinrich
um 1432
Historia von der vorstorunge troye
VL(2),3,335/336
Gutevrunt ⟨von dem Brunswick⟩
Gutevrunt, Heynrich
Heinrich ⟨Gutevrunt⟩

Gutierre ⟨Diez de Gámes⟩
→ **Diez de Gámes, Gutierre**

Gutjar, Henze
um 1481
2 historische Lieder
VL(2),3,336/337
Henze ⟨Gutjar⟩

Gutkorn, Hans
um 1462
Gedicht über die Eroberung von Mainz durch Erzbischof Adolf von Nassau
VL(2),3,337/338
Hans ⟨Gutkorn⟩

Gutmundus ⟨d'Aversa⟩
→ **Guitmundus ⟨de Aversa⟩**

Gutolf ⟨von Heiligenkreuz⟩
→ **Gutolfus ⟨Sancrucensis⟩**

Gutolfus ⟨Sancrucensis⟩
13. Jh. · OCist
Historia
Tusculum-Lexikon; LThK; VL(2); LMA,IV,1804/06
Gottulfus ⟨Cisterciensis⟩
Gutolf ⟨von Heiligenkreuz⟩
Gutolfus ⟨Cisterciensis⟩
Gutolfus ⟨Monachus Sanctae Crucis⟩
Gutolfus ⟨Sanctae Crucis in Austria⟩
Gutolphe ⟨de Heiligenkreuz⟩
Guttolfus ⟨Cisterciensis⟩
Gutulfus ⟨Cisterciensis⟩

Gutolfus ⟨Sanctae Crucis in Austria⟩
→ **Gutolfus ⟨Sancrucensis⟩**

Ǧuwainī ⟨Wālid Imām al-Ḥaramain⟩
→ **Ǧuwainī, ʿAbdallāh Ibn-Yūsuf ¬al-¬**

Ǧuwainī, ʿAbdallāh Ibn-Yūsuf ¬al-¬
gest. 1047
ʿAbdallāh Ibn-Yūsuf al-Ǧuwainī
Djuwaynī, ʿAbd Allāh b. Yūsuf
Ǧuwainī ⟨Wālid Imām al-Ḥaramain⟩
Ibn-Yūsuf, ʿAbdallāh al-Ǧuwainī
Juwaynī, ʿAbd Allāh Ibn Yūsuf

Ǧuwainī, ʿAbd-al-Malik Ibn-ʿAbdallāh ¬al-¬
1028 – 1085
ʿAbd-al-Malik Ibn-ʿAbdallāh al-Ǧuwainī
Djuwainī, ʿAbd al-Malik b. ʿAbd Allāh
Djuwaini, Abu l-Maali Abd al-Malik
Ibn-ʿAbdallāh, ʿAbd-al-Malik al-Ǧuwainī
Ibn-ʿAbdallāh al-Ǧuwainī, ʿAbd-al-Malik
Imām al-Ḥaramain al-Ǧuwainī, ʿAbd-al-Malik Ibn-ʿAbdallāh
Juwaynī, ʿAbd al-Malik Ibn ʿAbd Allāh

Ǧuwainī, ʿAlāʾ-ad-Dīn
1226 – 1283
Pers. Provinzgouverneur im Irak in mongol. Diensten; Historiker; Tārīḫ-i ǧahānguša (Geschichte der Mongolen von Dschingis Chan bis Hülägü)
Storey: Persian literature
ʿAlāʾ-ad-Dīn ʿAṭā-Malik Ibn-Muḥammad Ǧuwainī
ʿAlāʾ-ad-Dīn ʿAṭā-Malik Juvaini
ʿAlāʾ-ad-Dīn Ǧuwainī
Ǧuwainī, ʿAlāʾ-ad-Dīn ʿAṭā Malik
Ǧuwainī, ʿAlāʾ-ad-Dīn ʿAṭā Malik Ibn-Muḥammad
Ǧuwainī, ʿAṭā Malik
Juvaini, ʿAla-ad-Din ʿAta-Malik
Juvaynī, ʿAlāʾ al-Din ʿAṭā-Malik b. Muḥammad

Ǧuwainī, ʿAlāʾ-ad-Dīn ʿAṭā Malik
→ **Ǧuwainī, ʿAlāʾ-ad-Dīn**

Ǧuwainī, ʿAlāʾ-ad-Dīn ʿAṭā Malik Ibn-Muḥammad
→ **Ǧuwainī, ʿAlāʾ-ad-Dīn**

Ǧuwainī, ʿAṭā Malik
→ **Ǧuwainī, ʿAlāʾ-ad-Dīn**

Guy ⟨Arnbeck⟩
→ **Arnpeck, Veit**

Guy ⟨Camerino, Duc⟩
→ **Guido ⟨Italia, Re⟩**

Guy ⟨Capello⟩
→ **Capello, Guido**

Guy ⟨Commentateur⟩
→ **Guido ⟨de Grana⟩**

Guy ⟨d'Amiens⟩
→ **Guido ⟨Ambianensis⟩**

Guy ⟨d'Arezzo⟩
→ **Guido ⟨Aretinus⟩**

Guy ⟨d'Auxerre⟩
→ **Guido ⟨Altissiodorensis⟩**

Guy ⟨de Baiso⟩
→ **Guido ⟨de Baisio⟩**

Guy ⟨de Basainville⟩
→ **Guido ⟨de Basainvilla⟩**

Guy ⟨de Bazoches⟩
→ **Guido ⟨de Bazochiis⟩**

Guy ⟨de Boulogne⟩
→ **Guido ⟨de Bolonia⟩**

Guy ⟨de Bourgogne⟩
→ **Callistus ⟨Papa, II.⟩**

Guy ⟨de Briançon⟩
→ **Guido ⟨Briansonis⟩**

Guy ⟨de Cambrai⟩
12./13. Jh.
LMA,IV,1767
Cambrai, Guy ¬de¬
Gui ⟨de Cambrai⟩
Guy ⟨le Trouvère⟩
Guy ⟨von Cambrai⟩

Guy ⟨de Castello⟩
→ **Coelestinus ⟨Papa, II.⟩**

Guy ⟨de Châtillon⟩
→ **Guido ⟨de Castellione⟩**

Guy ⟨de Chauliac⟩
→ **Guido ⟨de Cauliaco⟩**

Guy ⟨de Cherlieu⟩
→ **Guido ⟨de Caro Loco⟩**

Guy ⟨de Chur⟩
→ **Wido ⟨Curiensis⟩**

Guy ⟨de Città del Castello⟩
→ **Coelestinus ⟨Papa, II.⟩**

Guy ⟨de Coire⟩
→ **Wido ⟨Curiensis⟩**

Guy ⟨de Corvara⟩
→ **Guido ⟨de Corvaria⟩**

Guy ⟨de Coucy⟩
gest. 1203
LMA,III,308/09
Castellans ⟨von Coucy⟩
Châtelain ⟨de Coucy⟩
Coucy, Gui ¬de¬
Coucy, Guy ¬de¬

Guy ⟨de Crema⟩
→ **Paschalis ⟨Papa, III., Antipapa⟩**

Guy ⟨de Farfa⟩
→ **Guido ⟨Farfensis⟩**

Guy ⟨de Ferrare⟩
→ **Guido ⟨Ferrariensis⟩**

Guy ⟨de Foligno⟩
→ **Guido ⟨de Foligno⟩**

Guy ⟨de Forli⟩
→ **Guido ⟨Bonatus⟩**

Guy ⟨de Grône⟩
→ **Guido ⟨de Grana⟩**

Guy ⟨de Gros-Fulcodi⟩
→ **Clemens ⟨Papa, IV.⟩**

Guy ⟨de la Marche⟩
→ **Guido ⟨de Marchia⟩**

Guy ⟨de la Pape⟩
→ **Guido ⟨Papa⟩**

Guy ⟨de la Tour du Pin⟩
→ **Guido ⟨de Turre⟩**

Guy ⟨de Laon⟩
→ **Guiardus ⟨Laudunensis⟩**

Guy ⟨de l'Aumône⟩
→ **Guido ⟨de Elemosina⟩**

Guy ⟨de Laval⟩
gest. 1486
Lettre à ses mère et aïeule
Rep.Font. V,365
Guy ⟨Laval, Comte, XIV.⟩
Guy ⟨Laval, Seigneur⟩
Guy ⟨Laval, Sire⟩
Guy-André ⟨de Laval⟩
Laval, Guy ¬de¬
Laval, Guy-André ¬de¬

Guy ⟨de Majorque⟩
→ **Guido ⟨Terrena⟩**

Guy ⟨de Mont-Cassin⟩
→ **Guido ⟨Casinensis⟩**

Guy ⟨de Montpellier⟩
→ **Guido ⟨Montispessulani⟩**

Guy ⟨de Montrocher⟩
→ **Guido ⟨de Monte Rocherii⟩**

Guy ⟨de Munois⟩
→ **Guido ⟨Altissiodorensis⟩**

Guy ⟨de Perpignan⟩
→ **Guido ⟨Terrena⟩**

Guy ⟨de Pileo⟩
→ **Capello, Guido**

Guy ⟨de Pise⟩
→ **Guido ⟨da Pisa⟩**
→ **Guido ⟨Pisanus⟩**

Guy ⟨de Ponthieu⟩
→ **Guido ⟨Ambianensis⟩**

Guy ⟨de Reims⟩
→ **Guido ⟨de Castellione⟩**

Guy ⟨de Roye⟩
→ **Roye, Guy ¬de¬**

Guy ⟨de Saint-Etienne⟩
→ **Guido ⟨de Bazochiis⟩**

Guy ⟨de Saint-Germain⟩
→ **Guido ⟨Altissiodorensis⟩**

Guy ⟨de Saint-Louis d'Evreux⟩
→ **Guido ⟨Ebroicensis⟩**

Guy ⟨de Saint-Sulpice⟩
→ **Jouenneaux, Guy**

Guy ⟨de Southwick⟩
→ **Guido ⟨Sudwicensis⟩**

Guy ⟨de Suzara⟩
→ **Guido ⟨de Susaria⟩**

Guy ⟨de Toulouse⟩
→ **Guido ⟨Tolosanus⟩**

Guy ⟨de Vallecchia⟩
→ **Guido ⟨de Corvaria⟩**

Guy ⟨de Vaux-Cernay⟩
→ **Guido ⟨de Vaux Cernai⟩**

Guy ⟨de Vicence⟩
→ **Capello, Guido**

Guy ⟨de Vigevano⟩
→ **Guido ⟨de Vigevano⟩**

Guy ⟨d'Etampes⟩
→ **Guido ⟨de Stampis, OFM⟩**
→ **Guido ⟨de Stampis, OP⟩**

Guy ⟨Dominicain, Prédicateur⟩
→ **Guido ⟨de Stampis, OP⟩**

Guy ⟨d'Orchuel⟩
→ **Guido ⟨de Orchellis⟩**

Guy ⟨d'Osnabrück⟩
→ **Guido ⟨Osnabrugensis⟩**

Guy ⟨du Temple⟩
→ **Guido ⟨de Templo⟩**

Guy ⟨d'Ussel⟩
13. Jh.
LMA,IV,1767
Guy ⟨d'Uissel⟩
Ussel, Guy ¬d'¬

Guy ⟨Empereur⟩
→ **Guido ⟨Italia, Re⟩**

Guy ⟨Fils de Guillaume⟩
→ **Callistus ⟨Papa, II.⟩**

Guy ⟨Fondateur des Hospitaliers du Saint-Esprit⟩
→ **Guido ⟨Montispessulani⟩**

Guy ⟨Foucois⟩
→ **Clemens ⟨Papa, IV.⟩**

Guy ⟨Franciscain, Prédicateur⟩
→ **Guido ⟨de Stampis, OFM⟩**

Guy ⟨Gros⟩
→ **Clemens ⟨Papa, IV.⟩**

Guy ⟨Italie, Roi⟩
→ **Guido ⟨Italia, Re⟩**

Guy ⟨Jouenneaux⟩
→ **Jouenneaux, Guy**

Guy ⟨Laval, Comte, XIV.⟩
→ **Guy ⟨de Laval⟩**

Guy ⟨Laval, Seigneur⟩
→ **Guy ⟨de Laval⟩**

Guy ⟨Laval, Sire⟩
→ **Guy ⟨de Laval⟩**

Guy ⟨le Trouvère⟩
→ **Guy ⟨de Cambrai⟩**

Guy ⟨Lombard⟩
→ **Guido ⟨Longobardus⟩**

Guy ⟨Orlandi⟩
→ **Orlandi, Guido**

Guy ⟨Pape⟩
→ **Guido ⟨Papa⟩**

Guy ⟨Prédicateur⟩
→ **Guido ⟨de Foligno⟩**

Guy ⟨Prédicateur Dominicain⟩
→ **Guido ⟨de Stampis, OP⟩**

Guy ⟨Prédicateur Franciscain⟩
→ **Guido ⟨de Stampis, OFM⟩**

Guy ⟨Spolète, Duc⟩
→ **Guido ⟨Italia, Re⟩**

Guy ⟨Terreni⟩
→ **Guido ⟨Terrena⟩**

Guy ⟨Tolosanus⟩
→ **Guido ⟨Tolosanus⟩**

Guy ⟨Vernani⟩
→ **Guido ⟨Vernani⟩**

Guy ⟨Vicence⟩
→ **Capello, Guido**

Guy ⟨von Cambrai⟩
→ **Guy ⟨de Cambrai⟩**

Guy ⟨Weber⟩
→ **Weber, Veit**

Guy, Bernhard
→ **Bernardus ⟨Guidonis⟩**

Guy, Pierre
→ **Petrus ⟨Guidonis⟩**

Guy-André ⟨de Laval⟩
→ **Guy ⟨de Laval⟩**

Guyart ⟨des Moulins⟩
→ **Guiart ⟨des Moulins⟩**

Guyot ⟨de Provins⟩
→ **Guiot ⟨de Provins⟩**

Guyse, Jacques ¬de¬
→ **Jacobus ⟨de Guisia⟩**

Ǧuzǧānī, Abū-ʿAmr Minhāǧ-ad-Dīn ʿUṯmān Ibn-Sirāǧ-ad-Dīn Muḥammad ¬al-¬
→ **Minhāǧ Ibn-Sirāǧ Ǧuzǧānī**

Ǧuzǧānī, Minhāǧ Ibn-Sirāǧ
→ **Minhāǧ Ibn-Sirāǧ Ǧuzǧānī**

Guzmán, Domingo ¬de¬
→ **Dominicus ⟨Sanctus⟩**

Guzmán, Fernán Pérez ¬de¬
→ **Pérez de Guzmán, Fernán**

Ǧuzūlī, ʿĪsā Ibn-ʿAbd-al-ʿAzīz ¬al-¬
gest. 1210
Djuzūlī, ʿĪsā Ibn ʿAbd al-ʿAzīz
Ibn-ʿAbd-al-ʿAzīz, ʿĪsā al-Ǧuzūlī
ʿĪsā Ibn-ʿAbd-al-ʿAzīz al-Ǧuzūlī
Juzuli, ʿĪsā Ibn ʿAbd al-ʿAzīz

Guzzolini, Silvester
→ **Silvester ⟨Guzzolini⟩**

Gwent, Johannes ¬de¬
→ **Johannes ⟨de Gwent⟩**

Gwibertus ⟨...⟩
→ **Guibertus ⟨...⟩**

Gwidernia, Johannes ¬de¬
→ **Johannes ⟨de Gwidernia⟩**

Gwilelmus ⟨...⟩
→ **Guilelmus ⟨...⟩**

Gwillelmus ⟨...⟩
→ **Guilelmus ⟨...⟩**

Gwillermus ⟨...⟩
→ **Guillermus ⟨...⟩**

Gwilym, David ¬ap¬
→ **David ⟨ApGwilym⟩**

Gyaltsen, Sonam
→ **bSod-nams-rgyal-mtshan**

Gygas, Hermannus
→ **Hermannus ⟨Gigas⟩**

Gylwinus ⟨Troadensis⟩
→ **Gebuinus ⟨Trecensis⟩**

Gynfrith ⟨Moguntinus⟩
→ **Bonifatius ⟨Sanctus⟩**

H. ⟨Brichemonus⟩
→ **H. ⟨Brichemorus⟩**

H. ⟨Brichemorus⟩
14. Jh.
Super Porphyrium; Super Praedicamenta; Super VI Principia; etc.
Lohr
Brichemonus, H.
Brichemor ⟨Philosophe Anglais⟩
Brichemorus, H.
Bricmore, H.
Briggemore, H.
Brygemoore, H.
Bryggemore, H.
H. ⟨Brichemonus⟩
H. ⟨Bricmore⟩
H. ⟨Briggemore⟩
H. ⟨Brygemoore⟩
H. ⟨Bryggemore⟩

H. ⟨Constantiensis⟩
→ **H. ⟨Koflin Constantiensis⟩**

H. ⟨de Brox⟩
ca. 14. Jh.
Notabilia supra Praedicamenta; Notabilia super Porphyrium; Identität mit Henricus ⟨de Bruxella⟩ umstritten
Lohr
Brox, H. ¬de¬

H. ⟨dictus Koflin⟩
→ **H. ⟨Koflin Constantiensis⟩**

H. ⟨Domus Constantiensis⟩
→ **H. ⟨Koflin Constantiensis⟩**

H. ⟨Koflin Constantiensis⟩
14./15. Jh. · OP
Tabula in S. Thomam
Stegmüller, Repert. sentent. 879; Kaeppeli,II,173/174
H. ⟨Constantiensis⟩
H. ⟨dictus Koflin⟩
H. ⟨Domus Constantiensis⟩
H. ⟨Koflin⟩
Koflin, H.
Koflin Constantiensis, H.

Haadeby, Godefridus
→ **Godefridus ⟨Haadeby⟩**

Haasenwein, Hans
um 1450
Hermannstädter Kunstbuch
VL(2),3,360/363
Hans ⟨Haasenwein⟩

Ḥabaš, Aḥmad Ibn-ʿAbdallāh
9. Jh.
Az-Zīǧ ad-Dimašqī
LMA,IV,1813
Aḥmad Ibn-ʿAbdallāh Ḥabaš
Ḥabaš al-Ḥāsib, Aḥmad ibn ʿAbdallāh al-Marwazī
Ḥabash al-Ḥāsib al-Marwazī, Aḥmad ibn ʿAbd Allāh
Ḥāsib al-Marwazī, Ḥabaš ¬al-¬

Ḥabaš al-Ḥāsib, Aḥmad ibn ʿAbdallāh al-Marwazī
→ **Ḥabaš, Aḥmad Ibn-ʿAbdallāh**

Ḥabash al-Ḥāsib al-Marwazī, Aḥmad ibn ʿAbd Allāh
→ **Ḥabaš, Aḥmad Ibn-ʿAbdallāh**

Ḥabbāl, Abū-Isḥāq Ibrāhīm Ibn-Saʿīd ¬al-¬
→ **Ḥabbāl, Ibrāhīm Ibn-Saʿīd ¬al-¬**

Ḥabbāl, Ibrāhīm Ibn-Saʿīd ¬al-¬
gest. 1089
Ḥabbāl, Abū-Isḥāq Ibrāhīm Ibn-Saʿīd ¬al-¬
Ibn-Saʿīd, Ibrāhīm al-Ḥabbāl
Ibrāhīm Ibn-Saʿīd al-Ḥabbāl
Nuʿmānī al-Ḥabbāl, Ibrāhīm Ibn-Saʿīd ¬an-¬

Habdarrahmanus
→ **Suyūṭī, Ǧalāl-ad-Dīn ʿAbd-ar-Raḥmān Ibn-Abī-Bakr ¬as-¬**

Habdarrahmanus ⟨Asiutensis⟩
→ **Suyūṭī, Ǧalāl-ad-Dīn ʿAbd-ar-Raḥmān Ibn-Abī-Bakr ¬as-¬**

Ḥabīb Ibn-Aus, Abū-Tammām
→ **Abū-Tammām Ḥabīb Ibn-Aus aṭ-Ṭāʾī**

Ḥabīb Ibn-Ḫidma, Abū-Rāʾiṭa
→ **Abū-Rāʾiṭa, Ḥabīb Ibn-Ḫidma**

Ḫabrī, ʿAbdallah Ibn-Ibrāhīm ¬al-¬
gest. 1083
ʿAbdallah Ibn-Ibrāhīm al-Ḫabrī
Ḫabrī, Abū-Ḥakīm ¬al-¬
Ibn-Ibrāhīm, ʿAbdallah al-Ḫabrī
Khabrī, ʿAbd Allāh Ibn Ibrāhīm

Ḫabrī, Abū-Ḥakīm ¬al-¬
→ **Ḫabrī, ʿAbdallah Ibn-Ibrāhīm ¬al-¬**

Ḥabrī, al-Ḥusain Ibn-al-Ḥakam ¬al-¬
→ **Ḥibarī, al-Ḥusain Ibn-al-Ḥakam ¬al-¬**

Habsburg, Johann ¬von¬
→ **Johann ⟨von Habsburg⟩**

Hachemburgo, Henricus ¬de¬
→ **Henricus ⟨de Franchoven⟩**

Hacke, Johannes
→ **Johannes ⟨de Gottinga⟩**

Hackeborn, Mechthild ¬von¬
→ **Mechthild ⟨von Hackeborn⟩**

Hadamar ⟨von Laber⟩
ca. 1300 – ca. 1354
Jagd
LMA,IV,1817; VL(2),3,363
Hadamar ⟨de Laber⟩
Laber, Hadamar ¬von¬

Hadassi, Judah
→ **Hadassî, Yehûdā Ben-Ēliyyāhû**

Hadassî, Yehûdā Ben-Ēliyyāhû
12. Jh.
Sĕfer Eškôl hak-kofer
Hadassi, Judah
Hedessi, Jehuda
Jehuda ⟨Hedessi⟩
Judah ⟨Ben-Eliyahu Hadassi⟩
Judah ⟨Hadassi⟩
Yehuda ⟨Ben-Eliyahu Hadassi⟩
Yehuda ⟨Hadasi ben Eliyahu Hadasi⟩
Yehûda Ben Ēliyyāhû ⟨Hadassî⟩

Ḥadaṯānī, Suwaid Ibn-Saʿīd ¬al-¬
→ **Suwaid Ibn-Saʿīd al-Ḥadaṯānī**

Ḥaddādī, Aḥmad Ibn-Muḥammad ¬al-¬
gest. ca. 1020
Aḥmad Ibn-Muḥammad al-Ḥaddādī
Ibn-Muḥammad, Aḥmad al-Ḥaddādī

Hadenham, Edmundus ¬de¬
→ **Edmundus ⟨de Hadenham⟩**

Hadericus
6./7. Jh.
Excerpta Moralium Gregorii Magni in Job, pars I ...
Stegmüller, Repert. bibl. 6321
Pseudo-Paterius ⟨D⟩
Pseudo-Paterius D

Hadewijch
um 1240
VL(2); LMA,IV,1819/20
Hadewych

Hādī, ʿAlī ¬al-¬
→ **ʿAlī al-Hādī**

Hādī, ʿAlī Ibn-Muḥammad ¬al-¬
→ **ʿAlī al-Hādī**

Hadjdjadj Ibn-Jusuf ¬al-¬
→ **Ḥaǧǧāǧ Ibn-Yūsuf ¬al-¬**

Hadjrī, Hārūn B. Zakarīyā
→ **Haǧrī, Hārūn Ibn-Zakarīyā ¬al-¬**

Hadloub, Johannes
gest. ca. 1340
VL(2); Meyer; LMA,IV,1821
Hadlaub, Johannes
Hadloub, Johann
Hadloup, Johannes
Johann ⟨Hadloub⟩
Johannes ⟨Hadlaub⟩
Johannes ⟨Hadloub⟩
Johans ⟨Hadlaub⟩

Hadoardus
9. Jh.
LMA,IV,1821
Hadoard ⟨Prêtre⟩
Hadoardus ⟨de Corbie⟩
Hadoardus ⟨Presbyter⟩
Hadoardus ⟨von Corbie⟩

Hadrian ⟨Papst, ...⟩
→ **Hadrianus ⟨Papa, ...⟩**

Hadrianopolitanus, Johannes
→ **Johannes ⟨Diaconus⟩**

Hadrianus ⟨Nonantulana⟩
→ **Hadrianus ⟨Papa, III.⟩**

Hadrianus ⟨Papa, I.⟩
gest. 795
LMA,IV,1821/22
Adrian ⟨Pope, I.⟩
Adriano ⟨Papa, I.⟩
Adrianus ⟨Papa, I.⟩
Adrien ⟨Fils de Théodore⟩
Adrien ⟨Pape, I.⟩
Hadrian ⟨Papst, I.⟩

Hadrianus ⟨Papa, II.⟩
ca. 792 – 872
LMA,IV,1822/23
Adrian ⟨Pope, II.⟩
Adriano ⟨Papa, II.⟩
Adrianus ⟨Papa, II.⟩
Adrien ⟨Fils de Talare⟩
Adrien ⟨Pape, II.⟩
Hadrian ⟨Papst, II.⟩

Hadrianus ⟨Papa, III.⟩
gest. 885
LMA,IV,1823
Adrian ⟨Pope, III.⟩
Adriano ⟨Papa, III.⟩
Adrianus ⟨Papa, III.⟩
Adrien ⟨Pape, III.⟩
Agapit ⟨Fils de Benoît⟩
Hadrian ⟨Papst, III.⟩
Hadrianus ⟨Nonantulana⟩
Hadrianus ⟨Sanctus⟩

Hadrianus ⟨Papa, IV.⟩
ca. 1110/20 – 1159
LMA,IV,1823
Adrian ⟨Pope, IV.⟩
Adriano ⟨Papa, IV.⟩
Adrianus ⟨Papa, IV.⟩
Adrien ⟨Pape, IV.⟩
Breakspear, Nicholas
Hadrian ⟨Papst, IV.⟩
Niccolò ⟨Breakspear⟩
Nicolas ⟨Breakspear⟩
Nikolaus ⟨Breakspear⟩
Nikolaus ⟨von Langley⟩

Hadrianus ⟨Papa, V.⟩
gest. 1276
LMA,IV,1823/24
Adrian ⟨Pope, V.⟩
Adriano ⟨Papa, V.⟩
Adrianus ⟨Papa, V.⟩
Adrien ⟨Pape, V.⟩
Fieschi, Ottobono
Hadrian ⟨Papst, V.⟩
Octobonus ⟨de Flisco⟩
Othobonus
Ottoboni ⟨Fieschi de Lavagna⟩
Ottobono ⟨Fieschi⟩
Ottobuono ⟨Fiesco⟩

Hadrianus ⟨Sanctus⟩
→ **Hadrianus ⟨Papa, III.⟩**

Hadrumetinus, Primasius
→ **Primasius ⟨Hadrumetinus⟩**

Hadumod
→ **Hathumod ⟨von Gandersheim⟩**

Haemerlein, Thomas
→ **Thomas ⟨a Kempis⟩**

Hämerli, Felix
→ **Hemmerlin, Felix**

Haereticus Adalbertus
→ **Adalbertus ⟨Haereticus⟩**

Härrer de Heilbronn, Johannes
→ **Johannes ⟨Härrer de Heilbronn⟩**

Hässlerin, Clara
→ **Hätzler, Clara**

Hätzler, Clara
ca. 1430 – ca. 1480
VL(2),3,547/549
Clara ⟨Hätzler⟩
Haetzlerin ⟨à Augsbourg⟩
Haetzlerin ⟨Religieuse⟩
Hässlerin, Clara
Hätzler, Klara
Hätzlerin, Clara
Hätzlerin, Klara
Klara ⟨Hätzler⟩

Hafes
→ **Ḥāfiẓ**

Hafes, Schamsoddin Mohammad
→ **Ḥāfiẓ**

Hafez
→ **Ḥāfiẓ**

Ḫaffāf, al-Mubārak Ibn-Kāmil ¬al-¬
gest. 1148
Ibn-Kāmil, al-Mubārak al-Ḫaffāf
Khaffāf, al-Mubārak ibn Kāmil
Mubārak Ibn-Kāmil al-Ḫaffāf ¬al-¬

Ḥafīd Ibn-Rušd, Abu-
→ **Averroes**

Hafis
→ **Ḥāfiẓ**

Ḥāfiẓ
1317/26 – 1389/90
Persischer Dichter
Hafes
Hafes, Schamsoddin Mohammad
Hafez
Hafis
Hafis, Mohammed Schemsed-din
Hafis, Muhammad Schams ad-din
Hafis, Muhammad Schams ad-Din
Hafis, Muhammad Schams-ad-Din
Hafis, Muhammed Schemseddin
Ḥāfiẓ, Šamsaddīn Muḥammad
Ḥāfiẓ, Šams-ad-Dīn Muḥammad Šīrāzī
Ḥāfiẓ Šīrāzī, Šams-ad-Dīn
Ḥāfiẓ-i Šīrāzī, Šamsaddīn Muḥammad
Haphyzus
Schems-Eddinus, Muhammed
Shemseddin, Mohammed

Haflidason, Einar
→ **Einar ⟨Haflidason⟩**

Ḥafṣ Ibn-ʿUmar ad-Dūrī
→ **Dūrī, Ḥafṣ Ibn-ʿUmar ¬ad-¬**

Hagano ⟨Carnotensis⟩
→ **Agano ⟨Carnotensis⟩**

Hage, Hartwig ¬von dem¬
→ **Hartwig ⟨von dem Hage⟩**

Hagen ⟨Meister⟩
→ **Hagen, Gottfried**

Hagen, Franz
um 1490
Text zur Pesttherapie
VL(2),3,383/384
Franz ⟨Hagen⟩

Hagen, Gotschalkus ¬de¬
→ **Gotschalkus ⟨de Hagen⟩**

Hagen, Gottfried
um 1270
Reimchronik der Stadt Köln
VL(2),3,384/387; Rep.Font. V,370
Godefried ⟨Hagen⟩
Godefrit ⟨Hagen⟩
Gotfrit ⟨Hagen⟩
Gottfried ⟨Hagen⟩
Hagen ⟨Meister⟩
Hagen, Godefried
Hagen, Godefrit
Hagen, Godefroy
Hagen, Gotfrit
Hagene, Godefrit

Hagen, Gregor
um 1380/95
Österreichische Chronik von den 95 Herrschaften wurde früher ihm zugeschrieben, während heute Leopoldus ⟨de Vienna⟩ als Verf. gilt
Rep.Font. V,370; VL(2),3,388; 5,719
Grégoire ⟨Hagen⟩
Gregor ⟨Hagen⟩
Hagen, Grégoire
Hagen, Matthaeus
Hagen, Matthieu
Matthaeus ⟨Hagen⟩
Matthieu ⟨Hagen⟩

Hagen, Johannes
→ **Johannes ⟨de Indagine⟩**

Hagen, Matthaeus
→ **Hagen, Gregor**

Hagen, Niklas
15. Jh.
Chirurg. Anweisungen; Rezepte
VL(2),3,398/399
Niklas ⟨Hagen⟩

Hagenbach, Peter ¬von¬
gest. 1474
Breisacher Reimchronik über Prozeß und Hinrichtung Peter von Hagenbachs
VL(2),7,435; Potth. 909, 958
Peter ⟨Hagenbach, Landvogt⟩
Peter ⟨Landvogt von Hagenbach⟩
Peter ⟨von Hagenbach⟩
Pierre ⟨de Hagenbach⟩

Hagenoja, Henricus ¬de¬
→ **Henricus ⟨de Hagenoja⟩**

Hager, Henricus
→ **Henricus ⟨Hager⟩**

Haǧǧāǧ Ibn-Yūsuf ¬al-¬
ca. 661 – 714
Hadjdjadj Ibn-Jusuf ¬al-¬

Hagiographus, Theotimus
→ **Theotimus ⟨Hagiographus⟩**

Hagiopetrites, Theodorus
→ **Theodorus ⟨Hagiopetrites⟩**

Hagiopolita, Epiphanius
→ **Epiphanius ⟨Hagiopolita⟩**

Haǧrī, Abū-ʿAlī Hārūn Ibn-Zakarīyā ¬al-¬
→ **Haǧrī, Hārūn Ibn-Zakarīyā ¬al-¬**

Haǧrī, Hārūn Ibn-Zakarīyā ¬al-¬
9./10. Jh.
Abū-ʿAlī al-Haǧrī, Hārūn Ibn-Zakarīyā
Hadjrī, Hārūn B. Zakarīyā
Haǧrī, Abū-ʿAlī Hārūn Ibn-Zakarīyā ¬al-¬
Hajrī, Hārūn ibn Zakarīyā
Hārūn Ibn-Zakarīyā al-Haǧrī
Ibn-Zakarīyā, Hārūn al-Haǧrī

Haiḏarī, Muḥammad Ibn-Muḥammad ¬al-¬
gest. 1489
Haiḏarī, Quṭb-ad-Dīn Muḥammad Ibn-Muḥammad ¬al-¬
Huḏairī, Muḥammad Ibn-Muḥammad ¬al-¬
Ibn-Muḥammad, Muḥammad al-Haiḏarī
Khayḏarī, Muḥammad Ibn Muḥammad
Muḥammad Ibn-Muḥammad al-Haiḏarī
Uhaiḏirī, Muḥammad Ibn-Muḥammad ¬al-¬

Haiḏarī, Quṭb-ad-Dīn Muḥammad Ibn-Muḥammad ¬al-¬
→ **Haiḏarī, Muḥammad Ibn-Muḥammad ¬al-¬**

Haider, Ursula
1413 – 1498
Texte in „Chronik“: Schreiben an Papst, 2 Neujahransprachen
VL(2),3,399/403
Ursula ⟨Haider⟩

Ḥaiyān aṣ-Ṣūfī, Abū-Mūsā
→ **Ǧābir Ibn-Ḥaiyān**

Haimericus ⟨de Vari⟩
gest. ca. 1261
Vielleicht Verf. von „Sermones de tempore et de sanctis“
Schneyer,II,608
Aimeric ⟨de Vaires⟩
Aimeric ⟨de Vares⟩
Aimeric ⟨de Vary⟩
Haimericus ⟨de Veire⟩
Vari, Haimericus ¬de¬

Haiminus ⟨Atrebatensis⟩
gest. 834
Miracula S. Vedasti episcopi Atrebatensis et Cameracensis
Rep.Font. V,371; DOC,2,908
Haimin ⟨de Saint-Vaast⟩
Haimin ⟨d'Arras⟩
Haiminius ⟨Vedastinus⟩
Haiminus ⟨Monachus et Scholasticus Sancti Vedasti⟩
Haiminus ⟨Sancti Vedasti Atrebatensis⟩

Haimius ⟨Halberstadensis⟩
→ **Haimo ⟨Halberstadensis⟩**

Haimo ⟨Abbas Sancti Petri Divensis⟩
→ **Aimonus ⟨Divensis⟩**

Haimo ⟨Altissiodorensis⟩
gest. ca. 866
Tusculum-Lexikon; LThK; CSGL; LMA,IV,1864
Aimo ⟨of Auxerre⟩
Aimon ⟨d'Auxerre⟩
Aimone ⟨de Auxerre⟩
Haimo ⟨de Auxerre⟩
Haimo ⟨de Saint-Germain d'Auxerre⟩
Haimo ⟨Monachus⟩
Haimo ⟨von Auxerre⟩
Haimon ⟨d'Auxerre⟩
Haymo ⟨Altissiodorensis⟩
Haymon ⟨d'Auxerre⟩

Haimo ⟨Alverstetensis⟩
→ **Haimo ⟨Halberstadensis⟩**

Haimo ⟨Bambergensis⟩
gest. 1139
Liber de decursu temporum
VL(2),3,649/650; Rep.Font. V,400
Aimon ⟨de Bamberg⟩
Aimon ⟨de Saint-Jacques⟩
Haimo ⟨Babenbergensis⟩
Haimo ⟨Bambergensis Canonicus⟩
Haimo ⟨Michelsbergensis⟩
Haimo ⟨von Sankt Jakob⟩
Heimo ⟨Babenbergensis⟩
Heimo ⟨von Bamberg⟩

Haimo ⟨Cantuariensis⟩
gest. 1054
Mutmaßl. Verf. von Kommentaren zu den Paulusbriefen des Pseudo-Haimo ⟨Halberstadensis⟩
Stegmüller, Repert. bibl., III,8
Aimon ⟨de Cantorbéry⟩
Aymon ⟨de Cantorbery⟩
Haimo ⟨de Canterbury⟩
Haimon ⟨de Canterbury⟩

Haimo ⟨de Auxerre⟩
→ **Haimo ⟨Altissiodorensis⟩**

Haimo ⟨de Canterbury⟩
→ **Haimo ⟨Cantuariensis⟩**

Haimo ⟨de Faversham⟩
gest. 1244 · OFM
Sermones per annum
Schneyer,II,617
Aimo ⟨de Faversham⟩
Aimon ⟨de Faversham⟩
Aimon ⟨de Feversham⟩
Aimone ⟨da Faversham⟩
Faversham, Haimo ¬de¬
Haimo ⟨de Feversham⟩
Haimo ⟨von Faversham⟩
Haymo ⟨de Feversham⟩
Haymo ⟨of Faversham⟩

Haimo ⟨de Halberstadt⟩
→ **Haimo ⟨Halberstadensis⟩**

Haimo ⟨de Hirschau⟩
→ **Haimo ⟨Hirsaugiensis⟩**

Haimo ⟨de Saint-Germain d'Auxerre⟩
→ **Haimo ⟨Altissiodorensis⟩**

Haimo ⟨de Verdun⟩
gest. 1024
Mutmaßl. Verf. von Kommentaren zu den Paulusbriefen des Pseudo-Haimo ⟨Halberstadensis⟩
Stegmüller, Repert. bibl., III,20
Aimon ⟨de Verdun⟩
Aimon ⟨Evêque⟩
Verdun, Haimo ¬de¬

Haimo ⟨di Saint-Denis-en-France⟩
→ **Haimo ⟨Sancti Dionysii⟩**

Haimo ⟨Divensis⟩
→ **Aimonus ⟨Divensis⟩**

Haimo ⟨Episcopus⟩
→ **Haimo ⟨Halberstadensis⟩**

Haimo ⟨Halberstadensis⟩
gest. 853
LThK; CSGL; Potth.; LMA,IV,1864
Aemonus ⟨Episcopus⟩
Aimo ⟨von Halberstadt⟩
Aimoin ⟨d'Halberstadt⟩
Aimonus ⟨Halberstadensis⟩
Aymo ⟨de Halberstadt⟩
Haimius ⟨Halberstadensis⟩
Haimo ⟨Alverstetensis⟩
Haimo ⟨de Halberstadt⟩
Haimo ⟨Episcopus⟩
Haimo ⟨Halberstatiensis⟩
Haimo ⟨Halberstattensis⟩
Haimo ⟨Sanctus⟩
Haimo ⟨von Halberstadt⟩
Haimon ⟨de Halberstadt⟩
Haymo ⟨de Halberstadt⟩
Haymo ⟨Evêque d'Halberstadt⟩
Haymo ⟨Halverstedensis⟩
Haymo ⟨Sanctus⟩
Haymo ⟨von Halberstadt⟩
Haymonius ⟨Episcopus⟩
Heimo ⟨de Halberstadt⟩
Heimo ⟨von Halberstadt⟩
Hemmo ⟨Episcopus⟩
Hemmo ⟨von Halberstadt⟩
Heymo ⟨Episcopus⟩
Pseudo-Haimo ⟨Halberstadensis⟩

Haimo ⟨Hirsaugiensis⟩
um 1100 · OSB
Vita Wilhelmi abbati Hirsaugiensis
Stegmüller, Repert. bibl.; Rep.Font. V,372
Aimon ⟨de Hirschau⟩
Aimon ⟨d'Hirschau⟩
Aimon ⟨Prieur d'Hirschau⟩
Aymon ⟨de Hirschau⟩
Haimo ⟨de Hirschau⟩
Haimo ⟨Prior⟩
Haimo ⟨Prior Hirsaugiensis⟩
Haimo ⟨von Hirsau⟩
Haymo ⟨Hirsaugiensis⟩
Haymon ⟨de Hirschau⟩
Pseudo-Haimo ⟨Hirsaugiensis⟩

Haimo ⟨Michelsbergensis⟩
→ **Haimo ⟨Bambergensis⟩**

Haimo ⟨Monachus⟩
→ **Emmo ⟨Monachus⟩**
→ **Haimo ⟨Altissiodorensis⟩**

Haimo ⟨Monachus Sancti Dionysii⟩
→ **Haimo ⟨Sancti Dionysii⟩**

Haimo ⟨Praemonstratensis⟩
→ **Emo ⟨Werumensis⟩**

Haimo ⟨Prior⟩
→ **Haimo ⟨Hirsaugiensis⟩**

Haimo ⟨Sancti Dionysii⟩
um 1197 · OSB
Detectio corporum SS. Dionysii, Eleutherii et Rustici a. 1053 facta
Rep.Font. V,372; DOC,2,910
Aimon ⟨de Saint-Denys⟩
Haimo ⟨di Saint-Denis-en-France⟩

Haimo ⟨Monachus Sancti Dionysii⟩
Sancti Dionysii, Haimo

Haimo ⟨Sancti Petri Divensis⟩
→ **Aimonus ⟨Divensis⟩**

Haimo ⟨Sanctus⟩
→ **Haimo ⟨Halberstadensis⟩**

Haimo ⟨von Auxerre⟩
→ **Haimo ⟨Altissiodorensis⟩**

Haimo ⟨von Bamberg⟩
→ **Haimo ⟨Bambergensis⟩**

Haimo ⟨von Faversham⟩
→ **Haimo ⟨de Faversham⟩**

Haimo ⟨von Halberstadt⟩
→ **Haimo ⟨Halberstadensis⟩**

Haimo ⟨von Hirsau⟩
→ **Haimo ⟨Hirsaugiensis⟩**

Haimo ⟨von Sankt Jakob⟩
→ **Haimo ⟨Bambergensis⟩**

Haimon ⟨d'Auxerre⟩
→ **Haimo ⟨Altissiodorensis⟩**

Haimon ⟨de Canterbury⟩
→ **Haimo ⟨Cantuariensis⟩**

Haimon ⟨de Halberstadt⟩
→ **Haimo ⟨Halberstadensis⟩**

Hainaut, Colin ¬de¬
→ **Colin ⟨de Hainaut⟩**

Haindl, Wolfgangus
→ **Wolfgangus ⟨Haindl⟩**

Hainenit, Philippus
→ **Philippus ⟨de Harvengt⟩**

Hainrice ⟨Sentlinger von Muenichen⟩
→ **Sentlinger, Heinz**

Hainrich ⟨...⟩
→ **Heinrich ⟨...⟩**

Hainricus ⟨...⟩
→ **Henricus ⟨...⟩**

Haintz ⟨Sentlinger von Muenichen⟩
→ **Sentlinger, Heinz**

Hainzl, Martinus
→ **Martinus ⟨Hainzl de Memmingen⟩**

Haitamī, ʿAlī Ibn-Abī-Bakr ¬al-¬
→ **Ibn-Ḥaǧar al-Haitamī, ʿAlī Ibn-Abī-Bakr**

Haitamī, ʿAlī Ibn-Ḥaǧar ¬al-¬
→ **Ibn-Ḥaǧar al-Haitamī, ʿAlī Ibn-Abī-Bakr**

Haitamī, Nūr-ad-Dīn ¬al-¬
→ **Ibn-Ḥaǧar al-Haitamī, ʿAlī Ibn-Abī-Bakr**

Haitho
→ **Het'owm ⟨Patmič'⟩**

Haito ⟨Basileensis⟩
→ **Hatto ⟨Basiliensis⟩**

Haito ⟨Vercellensis⟩
→ **Atto ⟨Vercellensis⟩**

Haito ⟨von Basel⟩
→ **Hatto ⟨Basiliensis⟩**

Haito ⟨von Reichenau⟩
→ **Hatto ⟨Basiliensis⟩**

Haitonus, Johannes
→ **Johannes ⟨Haitonus⟩**

Ḥaiyān Ibn-Ḫalaf Ibn-Ḥaiyān
→ **Ibn-Ḥaiyān, Ḥaiyān Ibn-Ḫalaf**

Ḫaiyāṭ, ʿAbd-ar-Raḥīm Ibn-Muḥammad ¬al-¬
9. Jh.
ʿAbd-ar-Raḥīm Ibn-Muḥammad al-Ḫaiyāṭ
Ibn-Muḥammad, ʿAbd-ar-Raḥīm al-Ḫaiyāṭ
Ibn-Muḥammad al-Ḫaiyāṭ, ʿAbd-ar-Raḥīm
Khayyāṭ, ʿAbd al-Raḥīm Ibn Muḥammad

Ḫaiyāṭ, Abū-ʿAlī Yaḥyā Ibn-Ġālib ¬al-¬
→ **Abū-ʿAlī al-Ḫaiyāṭ, Yaḥyā Ibn-Ġālib**

Hájek z Hodětina, Jan
gest. ca. 1430
Zřizení vojenské
Rep.Font. V,373; Ottuv
Hodětina, Jan Hájek ¬z¬
Jan ⟨Hájek z Hodětina⟩

Hajjam, Omar
→ **ʿUmar Ḫaiyām**

Hajrī, Hārūn ibn Zakarīyā
→ **Haǧrī, Hārūn Ibn-Zakarīyā ¬al-¬**

Hakaliri
→ **Qallîrî, El'āzār**

Hakana, Nechunja ¬ben¬
→ **Paulus ⟨de Heredia⟩**

Hakani Širvani
→ **Ḫāqānī, Afḍal-ad-Dīn Ibrāhīm Ibn-ʿAlī**

Ḥākim al-Kabīr, Abū-Aḥmad Muḥammad Ibn-Muḥammad ¬al-¬
898 – 988
Abū-Aḥmad al-Ḥākim al-Kabīr Muḥammad Ibn-Muḥammad
Ḥakīm al-Kabīr, Muḥammad Ibn-Muḥammad ¬al-¬
Ibn-Isḥāq, Abū-Aḥmad Muḥammad Ibn-Muḥammad
Kabīr, al-Ḥākim Muḥammad Ibn-Muḥammad al-Ḥākim al-Kabīr, Abū-Aḥmad

Ḥakīm al-Kabīr, Muḥammad Ibn-Muḥammad ¬al-¬
→ **Ḥākim al-Kabīr, Abū-Aḥmad Muḥammad Ibn-Muḥammad ¬al-¬**

Ḥakīm al-Tirmidhī, Muḥammad Ibn ʿAlī
→ **Ḥakīm at-Tirmiḏī, Muḥammad Ibn-ʿAlī ¬al-¬**

Ḥakīm an-Nīsābūrī, Muḥammad Ibn-ʿAbdallāh ¬al-¬
933 – 1014
Ibn-ʿAbdallāh, Muḥammad al-Ḥakīm an-Nīsābūrī
Muḥammad Ibn-ʿAbdallāh al-Ḥakīm an-Nīsābūrī
Nīsābūrī, al-Ḥakīm Muḥammad Ibn-ʿAbdallāh ¬an-¬
Nīsābūrī, Muḥammad Ibn-ʿAbdallāh ¬an-¬

Ḥakīm at-Tirmiḏī, Muḥammad Ibn-ʿAlī ¬al-¬
gest. 932
Abū-ʿAbdallāh Muḥammad Ibn-ʿAlī Ibn-al-Ḥasan al-Ḥakīm at-Tirmiḏī
Ḥakīm al-Tirmidhī, Muḥammad Ibn ʿAlī
Ibn-ʿAlī, Muḥammad al-Ḥakīm at-Tirmiḏī
Muḥammad Ibn-ʿAlī al-Ḥakīm at-Tirmiḏī
Tirmidhī, Muḥammad Ibn ʿAlī
Tirmiḏī, Abū-ʿAbdallāh Muḥammad Ibn-ʿAlī Ibn-al-Ḥasan al-Ḥakīm ¬at-¬
Tirmiḏī, al-Ḥakīm Muḥammad Ibn-ʿAlī ¬at-¬
Tirmiḏī, Muḥammad Ibn-ʿAlī ¬at-¬

Hakob ⟨Ġrimec'i⟩
1360 – 1426
Kalenderwissenschaftler, Grammatikwissenschaftler, Komponist, Armenier
Akop ⟨Krymeci⟩
Ġrimec'i, Hakob
Krymeci, Akop

Ḥalabī, ʿAbd-al-Karīm Ibn-ʿAbd-an-Nūr ¬al-¬
1266 – 1335
ʿAbd-al-Karīm Ibn-ʿAbd-an-Nūr al-Ḥalabī
Ibn-ʿAbd-an-Nūr, ʿAbd-al-Karīm al-Ḥalabī

Ḥalabī, Aḥmad Ibn-Yūsuf ¬al-¬
→ **Samīn al-Ḥalabī, Aḥmad Ibn-Yūsuf ¬as-¬**

Ḥalabī, as-Samīn Aḥmad Ibn-Yūsuf ¬al-¬
→ **Samīn al-Ḥalabī, Aḥmad Ibn-Yūsuf ¬as-¬**

Ḥalabī, Ḫalīfa Ibn-Abi-'l-Maḥāsin ¬al-¬
13. Jh.
Ḫalīfa Ibn-Abi-'l-Maḥāsin al-Ḥalabī
Ibn-Abi-'l-Maḥāsin, Ḫalīfa al-Ḥalabī

Ḫalaf al-Aḥmār
gest. ca. 796
Aḥmar, Ḫalaf ¬al-¬
Chalaf al-Ahmar
Ḫalaf Ibn-Ḥaiyān al-Aḥmar
Khalaf al-Aḥmar

Ḫalaf Ibn-ʿAbbās az-Zahrāwī
→ **Zahrāwī, Ḫalaf Ibn-ʿAbbās ¬az-¬**

Ḫalaf Ibn-ʿAbd-al-Malik Ibn-Baškuwāl
→ **Ibn-Baškuwāl, Ḫalaf Ibn-ʿAbd-al-Malik**

Ḫalaf Ibn-Ḥaiyān al-Aḥmar
→ **Ḫalaf al-Aḥmār**

Halberstadt, Albrecht ¬von¬
→ **Albrecht ⟨von Halberstadt⟩**

Halberstadt, Johannes ¬de¬
→ **Johannes ⟨de Halberstadt⟩**

Halberstadt, Konrad ¬von¬
→ **Conradus ⟨Halberstadensis⟩**

Halbsuter
um 1382
Lied auf die Schlacht bei Sempach
VL(2),3,413/414; Rep.Font. V,374
Halbsuter, Hans
Halbsuter, Jean
Hans ⟨Halbsuter⟩
Jean ⟨Halbsuter⟩

Haldecotus, Robertus
→ **Robertus ⟨Holcot⟩**

Haldenstoun, Jacobus
→ **Jacobus ⟨Haldenstoun⟩**

Haldoinus ⟨Sancti Dionysii⟩
→ **Hilduinus ⟨Sancti Dionysii⟩**

Hales, Alexander ¬de¬
→ **Alexander ⟨Halensis⟩**

Halevi, Jehuda
→ **Yehûdā hal-Lēwî**

Halgrinus ⟨ab Abbatisvilla⟩
→ **Johannes ⟨Algrinus⟩**

Ḫalīʿ ¬al-¬
→ **Ḥusain Ibn-aḍ-Ḍaḥḥāk ¬al-¬**

Ḫālid Ibn-ʿAbdallāh al-Azharī
→ **Azharī, Ḫālid Ibn-ʿAbdallāh ¬al-¬**

Ḫālid Ibn-ʿĪsā al-Balawī
→ **Balawī, Ḫālid Ibn-ʿĪsā ¬al-¬**

Ḫālid Ibn-Yazīd al-Kātib
gest. 876/883
Ibn-Yazīd al-Kātib, Ḫālid
Kātib, Ḫālid Ibn-Yazīd ¬al-¬
Khālid al-Kātib

Ḫalīfa Ibn-Abi-'l-Maḥāsin al-Ḥalabī
→ **Ḥalabī, Ḫalīfa Ibn-Abi-'l-Maḥāsin ¬al-¬**

Halifax, Robert ¬of¬
→ **Robertus ⟨Eliphat⟩**

Ḫalīl al-Ǧundī, Ibn-Isḥāq
gest. 1365
Ǧundī, Ḫalīl Ibn-Isḥāq
Ǧundī, Ḫalīl Ibn-Isḥāq ¬al-¬
Ḫalīl Ibn-Isḥāq al-Ǧundī
Ḫalīl Ibn-Isḥāq al-Mālikī

Ḫalīl Ibn-ʿAbdallāh al-Ḫalīlī ¬al-¬
→ **Ḫalīlī, al-Ḫalīl Ibn-ʿAbdallāh ¬al-¬**

Ḫalīl Ibn-Aḥmad, Ibn-ʿAmr ¬al-¬
718 – 777/91
Chalil, Ibn Ahmad ¬al¬
Ibn-Aḥmad, al-Ḫalīl Ibn-ʿAmr
Ibn-ʿAmr, al-Ḫalīl Ibn-Aḥmad

Ḫalīl Ibn-Aibak aṣ-Ṣafadī
→ **Ṣafadī, Ḫalīl Ibn-Aibak ¬aṣ-¬**

Ḫalīl Ibn-Isḥāq al-Ǧundī
→ **Ḫalīl al-Ǧundī, Ibn-Isḥāq**

Ḫalīl Ibn-Isḥāq al-Mālikī
→ **Ḫalīl al-Ǧundī, Ibn-Isḥāq**

Ḫalīl Ibn-Šāhīn
→ **Ibn-Šāhīn aẓ-Ẓāhirī, Ḫalīl**

Ḫalīl Ibn-Šāhīn aẓ-Ẓāhirī
→ **Ibn-Šāhīn aẓ-Ẓāhirī, Ḫalīl**

Ḫalīlī, al-Ḫalīl Ibn-ʿAbdallāh ¬al-¬
gest. 1054
Abū-Yaʿlā al-Qazwīnī
Ḫalīl Ibn-ʿAbdallāh al-Ḫalīlī ¬al-¬
Ibn-ʿAbdallāh, al-Ḫalīl al-Ḫalīlī
Khalīlī, al-Khalīl ibn ʿAbdallāh
Qazwīnī, al-Ḫalīl Ibn-ʿAbdallāh ¬al-¬

Ḥalīmī, Abū-ʿAbdallāh al-Ḥusain Ibn-al-Ḥasan ¬al-¬
→ **Ḥalīmī, al-Ḥusain Ibn-al-Ḥasan ¬al-¬**

Ḥalīmī, al-Ḥusain Ibn-al-Ḥasan ¬al-¬
949 – 1012
Ḥalīmī, Abū-ʿAbdallāh al-Ḥusain Ibn-al-Ḥasan ¬al-¬
Ḥusain Ibn-al-Ḥasan al-Ḥalīmī ¬al-¬
Ibn-al-Ḥasan, al-Ḥusain al-Ḥalīmī
Ibn-Ḥalīm, al-Ḥusain Ibn-al-Ḥasan

Halitcharius
→ **Halitgarius ⟨Cameracensis⟩**

Halitgarius ⟨Cameracensis⟩
ca. 790 – 831
De vitiis et virtutibus et de ordine paenitentium
Rep.Font. V,374
Halitcharius
Halitgaire ⟨de Cambrai⟩
Halitgar
Halitgar ⟨of Cambrai⟩
Halitgar ⟨von Cambrai⟩
Halitgarius ⟨Episcopus⟩
Halitgarius ⟨of Arras⟩
Halitgarius ⟨of Cambray⟩
Pseudo-Ecbertus
Pseudo-Ecgbertus
Pseudo-Egbertus
Pseudo-Halitgarius ⟨Cameracensis⟩

Hall, Heinrich ¬von¬
→ **Heinrich ⟨von Hall⟩**

Hall, Jörg ¬von¬
→ **Jörg ⟨von Hall⟩**

Ḥallādj, Abu'l-Mughīth ¬al¬
→ **Ḥallāǧ, al-Ḥusain Ibn-Manṣūr ¬al-¬**

Hallâdj, Manṣûr ¬al¬
→ **Ḥallāǧ, al-Ḥusain Ibn-Manṣūr ¬al-¬**

Halladsch
→ **Ḥallāǧ, al-Ḥusain Ibn-Manṣūr ¬al-¬**

Halladsch, Husain Ibn Mansur ¬al¬
→ **Ḥallāǧ, al-Ḥusain Ibn-Manṣūr ¬al-¬**

Ḥallāǧ, Abu-'l Mugiṯ al Ḥusain
→ **Ḥallāǧ, al-Ḥusain Ibn-Manṣūr ¬al-¬**

Ḥallāǧ, Abŭ-'l Muġiṯ al-Ḥusain Ibn-Manṣūr al-Baiḍāwī ¬al-¬
→ **Ḥallāǧ, al-Ḥusain Ibn-Manṣūr ¬al-¬**

Ḥallāǧ, al-Ḥusain Ibn-Manṣūr ¬al-¬
857 – 922
Al-Halladsch
Ḥallādj, Abu-'l-Mughīth ¬al¬
Ḥallādj, Abu'l-Mughīth ¬al¬
Hallâdj, Manṣûr ¬al¬
Halladsch
Halladsch, ... ¬al¬
Halladsch, Husain Ibn Mansur ¬al¬
Halladsch ¬al-¬
Ḥallāǧ, Abu-'l-Muġiṯ al Ḥusain
Ḥallāǧ, Abŭ-'l Muġiṯ al-Ḥusain Ibn-Manṣūr al-Baiḍāwī ¬al-¬
Hallâj, al Ḥusayn Ibn Manṣûr

Hallâj, al Ḥusayn Ibn Manṣûr
→ **Ḥallāǧ, al-Ḥusain Ibn-Manṣūr ¬al-¬**

Ḫallāl ¬al-¬
→ **Abū-Bakr al-Marwazī, Aḥmad Ibn-ʿAlī**

Ḫallāl, Aḥmad Ibn-Muḥammad ¬al-¬
gest. 923
Aḥmad Ibn-Muḥammad al-Ḫallāl
Ibn-Muḥammad, Aḥmad al-Ḫallāl
Ibn-Muḥammad al-Ḫallāl, Aḥmad
Khallāl, Aḥmad Ibn Muḥammad

Halldórsson, Johannes
→ **Johannes ⟨Halldórsson⟩**

Halle, Adam ¬de la¬
→ **Adam ⟨de la Halle⟩**

Halle, ¬Der von¬
14. Jh. · OFM
Predigtauszüge
VL(2),3,414/415
Der von Halle

Halle, Heinrich ¬von¬
→ **Henricus ⟨de Hallis⟩**

Haller, Heinrich
um 1455/71 · OCart
Übersetzungen von Predigten, Belehrungen, Betrachtungen etc.
VL(2),3,415/418
Heinrich ⟨Haller⟩

Haller, Jörg
→ **Jörg ⟨von Hall⟩**

Haller, Johannes
um 1479 · OCist (?)
VL(2),3,418/419
Haller, Jean
Jean ⟨Haller⟩
Johannes ⟨Haller⟩

Haller, Ruprecht
gest. 1489
Ordnung d. Ein- und Ausreitens Kaiser Friedrichs III im Jahr 1485
VL(2),3,421/422
Ruprecht ⟨Haller⟩

Hallis, Burchardus ¬de¬
→ **Burchardus ⟨de Hallis⟩**

Hallis, Henricus ¬de¬
→ **Henricus ⟨de Hallis⟩**

Hallis, Petrus ¬de¬
→ **Petrus ⟨de Hallis⟩**

Ha-Lorquí, Yĕhošú'a
→ **Hieronymus ⟨a Sancta Fide⟩**

Halvernia, Johannes ¬von¬
→ **Johannes ⟨de Alvernia⟩**

Haly ⟨Filius Abbas⟩
→ **'Alī ⟨Kalif⟩**
→ **'Alī Ibn-al-'Abbās al-Maǧūsī**

Haly Abbas
→ **'Alī Ibn-al-'Abbās al-Maǧūsī**

Haly Abenragel
→ **Ibn-Abi-'r-Riǧāl, Abu-'l-Ḥasan 'Alī**

Halyabatis
→ **'Alī Ibn-al-'Abbās al-Maǧūsī**

Ham, Johannes ¬de¬
→ **Johannes ⟨de Ham⟩**

Hamaḏānī, 'Abd-al-Ǧabbār Ibn-Aḥmad ¬al-¬
→ **'Abd-al-Ǧabbār Ibn-Aḥmad**

Hamaḏānī, Aḥmad Ibn-al-Ḥusain ¬al-¬
→ **Badī'-az-Zamān al-Hamaḏānī, Aḥmad Ibn-al-Ḥusain**

Hamaḏānī, Aḥmad Ibn-Muḥammad Ibn-al-Faqīh ¬al-¬
→ **Ibn-al-Faqīh al-Hamaḏānī, Aḥmad Ibn-Muḥammad**

Hamaḏānī, al-'Aṭṭār ¬al-¬
→ **'Aṭṭār al-Hamaḏānī, al-Ḥasan Ibn-Aḥmad ¬al-¬**

Hamaḏānī, al-Ḥasan Ibn-Aḥmad ¬al-¬
→ **'Aṭṭār al-Hamaḏānī, al-Ḥasan Ibn-Aḥmad ¬al-¬**

Hamaḏānī, Badī'-az-Zamān ¬al-¬
→ **Badī'-az-Zamān al-Hamaḏānī, Aḥmad Ibn-al-Ḥusain**

Hamaḏānī, Rašīd-ad-Dīn Faḍlallāh
→ **Rašīd-ad-Dīn Faḍlallāh**

Hamadhani, Ahmed Badi as-Saman
→ **Badī'-az-Zamān al-Hamaḏānī, Aḥmad Ibn-al-Ḥusain**

Hamalart
→ **Amalarius ⟨Metensis⟩**

Hamaraedus
→ **Smaragdus ⟨Sancti Michaelis⟩**

Hamartolus, Georgius
→ **Georgius ⟨Hamartolus⟩**

Ḥamawī, Abu-'l-Faḍā'il Muḥammad Ibn-'Alī ¬al-¬
→ **Ḥamawī, Muḥammad Ibn-'Alī ¬al-¬**

Ḥamawī, al-Kaḥḥāl
→ **Kaḥḥāl al-Ḥamawī, Ṣalāḥ-ad-Dīn Ibn-Yūsuf ¬al-¬**

Ḥamawī, Muḥammad Ibn-'Alī ¬al-¬
13. Jh.
Rep.Font. II,103
Abu-'l-Faḍā'il al-Ḥamawī
Ḥamawī, Abu-'l-Faḍā'il Muḥammad Ibn-'Alī ¬al-¬
Ibn-'Alī, Abu-'l-Faḍā'il Muḥammad Ibn-'Alī ¬al-¬
Muḥammad Ibn-'Alī al-Ḥamawī

Ḥamawī, Ṣalāḥ-ad-Dīn Ibn-Yūsuf ¬al-¬
→ **Kaḥḥāl al-Ḥamawī, Ṣalāḥ-ad-Dīn Ibn-Yūsuf ¬al-¬**

Ḥamawī, Ṣalāḥ-ad-Dīn Yūsuf ¬al-¬
→ **Kaḥḥāl al-Ḥamawī, Ṣalāḥ-ad-Dīn Ibn-Yūsuf ¬al-¬**

Hamboys, John
→ **Hanboys, John**

Hamburg, Johannes ¬de¬
→ **Johannes ⟨Snerveding de Hamburg⟩**

Ḥamd Ibn-Muḥammad al-Ḫaṭṭābī
→ **Ḫaṭṭābī, Ḥamd Ibn-Muḥammad ¬al-¬**

Ḥamdānī, Abū-Firās al-Ḥāriṯ Ibn-Sa'īd
→ **Abū-Firās al-Ḥamdānī, al-Ḥāriṯ Ibn-Sa'īd**

Hamdānī, al-Ḥasan Ibn-Aḥmad ¬al-¬
gest. 995
Ḥasan Ibn-Aḥmad al-Hamdānī
Ibn-Aḥmad, al-Ḥasan al-Hamdānī

Hamdānī, 'Amr Ibn-Barrāqa ¬al-¬
→ **'Amr Ibn-Barrāqa al-Hamdānī**

Hamdis, 'Abd al Jabbar ¬ibn-¬
→ **Ibn-Ḥamdīs, 'Abd-al-Ǧabbār Ibn-Abī-Bakr**

Hamelarius
→ **Amalarius ⟨Metensis⟩**

Hamelinus ⟨de Verulamio⟩
11. Jh. · OSB
Liber de monachatu
Rep.Font. V,377; DOC,2,910
Hamelin ⟨de Saint-Albans⟩
Hamelin ⟨de Verulam⟩
Hamelin ⟨di Old Verulam⟩
Hamelinus ⟨Sancti Albani⟩
Verulamio, Hamelinus ¬de¬

Hameronge, Fohardus
→ **Fohardus ⟨Hameronge⟩**

Ḥāmid Ibn-Samaǧūn
→ **Ibn-Samaǧūn, Ḥāmid**

Ḥamīd-ad-Dīn Aḥmad Ibn-'Abdallāh al-Kirmānī
→ **Kirmānī, Ḥamīd-ad-Dīn Aḥmad Ibn-'Abdallāh ¬al-¬**

Ḥamīd-ad-Dīn al-Kirmānī
→ **Kirmānī, Ḥamīd-ad-Dīn Aḥmad Ibn-'Abdallāh ¬al-¬**

Ḥāmidī, Ibrāhīm Ibn-al-Ḥusain ¬al-¬
gest. 1162
Ibn-al-Ḥusain, Ibrāhīm al-Ḥāmidī
Ibn-al-Ḥusain al-Ḥāmidī, Ibrāhīm
Ibrāhīm Ibn-al-Ḥusain al-Ḥāmidī

Hamle, Christan ¬von¬
→ **Christan ⟨von Hamle⟩**

Ḥammād 'Aǧrad, Ibn-'Umar
gest. 772/84
'Aǧrad, Ḥammād Ibn-'Umar
Ibn-'Umar, Ḥammād 'Aǧrad

Ḥammād Ibn Zayd Ibn Dirham
→ **Ḥammād Ibn-Zaid**

Ḥammād Ibn-Dīnār
→ **Ḥammād Ibn-Salama**

Ḥammād Ibn-Salama
710 – 783
Ḥammād Ibn-Dīnār
Ḥammād Ibn-Salama Ibn-Dīnār
Ibn-Salama, Ḥammād

Ḥammād Ibn-Salama Ibn-Dīnār
→ **Ḥammād Ibn-Salama**

Ḥammād Ibn-Zaid
716 – 795
Ḥammād Ibn Zayd Ibn Dirham
Ibn-Dirham, Ḥammād Ibn-Zaid
Ibn-Zaid, Ḥammād Ibn-Dirham

Hammām ibn Munabbih
→ **Hammām Ibn-Munabbih**

Hammām Ibn-Ġālib al-Farazdaq
→ **Farazdaq, Hammām Ibn-Ġālib ¬al-¬**

Hammām Ibn-Munabbih
ca. 660 – ca. 719
Hammām ibn Munabbih
Ibn-Munabbih Hammām

Hammelburg, Theodoricus ¬de¬
→ **Theodoricus ⟨Rudolfi de Hammelburg⟩**

Hammenstede, Barthold
15. Jh.
Predigtauszüge; Predigtnotizen
VL(2),3,428/429
Barthold ⟨Hammenstede⟩

Hammerlin, Felix
→ **Hemmerlin, Felix**

Hammerstetten, Augustin ¬von¬
→ **Augustin ⟨von Hammerstetten⟩**

Hamond de Alemania, Gerardus
→ **Gerardus ⟨Hamond de Alemania⟩**

Hampole, Richard ¬of¬
→ **Rolle, Richard**

Hamularius
→ **Amulo ⟨Lugdunensis⟩**

Hamularius ⟨Abbas⟩
→ **Amalarius ⟨Metensis⟩**

Ḥamza al-Iṣfahānī, Ibn-al-Ḥasan
893 – ca. 970
Ibn-al-Ḥasan, Ḥamza al-Iṣfahānī
Iṣfahānī, Ḥamza Ibn-al-Ḥasan ¬al-¬

Ḥamza Ibn-Aḥmad Ibn-Asbāṭ
→ **Ibn-Asbāṭ, Ḥamza Ibn-Aḥmad**

Han ⟨Greierz⟩
→ **Gruyère, Johannes**

Han, Ulrich
ca. 1425 – 1478/80
Drucker in Rom
ADB;LMA,IV,1892/93
Gallus, Loup
Gallus, Udalric
Gallus, Udalricus
Han, Ulric
Loup ⟨Gallus⟩
Udalric ⟨Gallus⟩
Udalricus ⟨Gallus⟩
Ulric ⟨Han⟩
Ulrich ⟨Han⟩

Han Shan
→ **Han-shan**

Ḥanān'ēl Ben-Amnôn
10. Jh.
Qerobah (i. e. versus liturgici)
Rep.Font. V,377
Ben-Amnôn, Ḥanān'ēl
Hanane'el ben Amnon

Ḥanan'ēl Ben-Ḥûšî'ēl
ca. 990 – ca. 1050
Commentarium in Talmudicum tractatum Baba Batra
Rep.Font. V,377; Enṣ. 'Ivrît
Ben-Ḥûšî'ēl, Ḥanan'ēl
Hananeel ben Hushiel
Hanane'el ben Huši'el

Hanapis, Nicolaus ¬de¬
→ **Nicolaus ⟨de Hanapis⟩**

Ḥanbalī, Aḥmad Ibn-Ibrāhīm ¬al-¬
→ **Aḥmad Ibn-Ibrāhīm al-Ḥanbalī**

Ḥanbalī, Ibn-Raǧab ¬al-¬
→ **Ibn-Raǧab, 'Abd-ar-Raḥmān Ibn-Aḥmad**

Hanboys, John
15. Jh.
Summa super musicam continuam et discretam
LMA,IV,1893
Hamboys, John
Hanboys, Johannes
Johannes ⟨Hanboys⟩
John ⟨Hamboys⟩
John ⟨Hanboys⟩

Hancinis, Gerardus ¬de¬
→ **Gerardus ⟨de Hancinis⟩**

Hanck, Anthonius
→ **Haneron, Anthonius**

Handlo, Robertus ¬de¬
→ **Robertus ⟨de Handlo⟩**

Hane ⟨der Karmelit⟩
13./14. Jh. · OCarm
3 Predigten
VL(2),3,429/431
Karmelit, Hane ¬der¬

Hane, Christina ¬von¬
→ **Christina ⟨von Hane⟩**

Hanencop, Ebelinghus
→ **Ebelinghus ⟨Hanencop⟩**

Haneron, Anthonius
gest. 1490
Oratio de laude legum; Compendium Diasynthetice; Ars dictandi
VL(2),3,431/435; Rep.Font. II,372
Anthonius ⟨Haneron⟩
Antoine ⟨Haneron⟩
Antonius ⟨Haneron⟩
Hanck, Anthonius
Hancron, Anthonius
Haneron, Antoine
Hankron, Anthonius
Hanneron ⟨Chanoine⟩
Haveron, Anthonius

Hangelbertus
→ **Angilbertus ⟨Miles⟩**

Hankron, Anthonius
→ **Haneron, Anthonius**

Hannād ibn al-Sarī
→ **Hannād Ibn-as-Sarī**

Hannād Ibn as-Sarīy
→ **Hannād Ibn-as-Sarī**

Hannād Ibn-as-Sarī
769 – 857
Hannād ibn al-Sarī
Hannād Ibn as-Sarīy
Hannād Ibn-as-Sarīy
Ibn-as-Sarī, Hannād
Kūfī, Hannād Ibn-as-Sarī ¬al-¬

Hannād Ibn-as-Sarīy
→ **Hannād Ibn-as-Sarī**

Han-Nāgîd, Šemû'ēl
→ **Šemû'ēl han-Nāgîd**

Hannapes, Nicolaus ¬de¬
→ **Nicolaus ⟨de Hanapis⟩**

Hanneron ⟨Chanoine⟩
→ **Haneron, Anthonius**

Hannes ⟨Minner⟩
→ **Minner, Hans**

Hannibaldis, Hannibaldus ¬de¬
→ **Hannibaldus ⟨de Hannibaldis⟩**

Hannibaldus ⟨Cardinalis⟩
→ **Hannibaldus ⟨de Ceccano⟩**

Hannibaldus ⟨de Ceccano⟩
gest. 1350
De visione beatifica; Sermo in St. Stephano
Annibal ⟨de Ceccano⟩
Annibal ⟨de Tusculum⟩
Annibal ⟨Gaetani⟩
Annibaldus ⟨de Ceccano⟩
Ceccano, Hannibaldus ¬de¬
Gaetani, Annibal
Hannibaldus ⟨Cardinalis⟩
Hannibaldus ⟨Tusculanus⟩

Hannibaldus ⟨de Hannibaldis⟩
gest. 1272 · OP
Stegmüller, Repert. sentent. 309;612
Anibaldus ⟨de Roma⟩
Annibaldeschi, Annibal ¬degli¬
Annibaldeschi della Molara, Annibaldo ¬degli¬
Annibaldi, Annibal ¬degli¬
Annibaldi della Molara, Annibaldo ¬degli¬
Annibaldo ⟨degli Annibaldeschi della Molara⟩
DegliAnnibaldeschi, Annibal
DegliAnnibaldeschi della Molara, Annibaldo
DegliAnnibaldi, Annibal
DegliAnnibaldi della Molara, Annibaldo
Hannibaldis, Hannibaldus ¬de¬

Hannibaldus ⟨Tusculanus⟩
→ **Hannibaldus ⟨de Ceccano⟩**

Hannos ⟨Gobin⟩
→ **Johann ⟨von Guben⟩**

Hanns ⟨Rüst⟩
→ **Rüst, Hanns**

Hannsen ⟨Maister⟩
→ **Hans ⟨Meister⟩**

Hanok Ben Salomon
→ **Ḥanôḵ Ben-Šelomo**

Ḥanôḵ Ben-Šelomo
14./15. Jh.
Sefer Mar'ot 'Elohim
Rep.Font. V,380
Ben-Ṣalomon, Hanok
Ben-Šelomo, Ḥanôḵ
Ḥanoḥ ben Šelomo ⟨al Qosṭanṭini⟩
Hanok Ben Salomon
Qosṭanṭini, Ḥanoḥ ben Šelomo

Hans ⟨Auer⟩
→ **Auer, Hans**

Hans ⟨Bogner⟩
→ **Bogner, Hans**

Hans ⟨Bruder⟩
→ **Hans ⟨der Bruder⟩**

Hans ⟨Brüglinger⟩
→ **Sperrer, Hans**

Hans ⟨Brunswigk⟩
→ **Brunswigk, Hans**

Hans ⟨Bucheler⟩
→ **Bucheler, Hans**

Hans ⟨Bulach⟩
→ **Bulach, Hans**

Hans ⟨Chemnater⟩
→ **Kemnater, Hans**

Hans ⟨Coplär⟩
→ **Koplär, Hans**

Hans ⟨Dankow⟩
→ **Johannes ⟨Danck de Saxonia⟩**

Hans ⟨de Kungsberg⟩
→ **Regiomontanus, Johannes**

Hans ⟨der Bekehrer⟩
um 1461 · OP(?)
1 Predigt
VL(2),3,442/443
Bekehrer, Hans ¬der¬

Hans ⟨der Bruder⟩
14. Jh.
Bruder, Hans ¬der¬
Hans ⟨Bruder⟩
Hans ⟨the Brother⟩

Hans ⟨der Büheler⟩
→ **Hans ⟨von Bühel⟩**

Hans ⟨der Franzos⟩
15. Jh.
Rezepte
VL(2),3,450/451
Franzos, Hans ¬der¬

Hans ⟨des von Wirtenberg Koch⟩
→ **Hans ⟨Meister⟩**

Hans ⟨Deümghin⟩
→ **Deumgen, Johann**

Hans ⟨Ehrenbloß⟩
→ **Ehrenbloß, Hans**

Hans ⟨Fellenhamer⟩
→ **Vellnhamer, Hans**

Hans ⟨Formschneider⟩
→ **Formschneider, Hans**

Hans ⟨Fründ⟩
→ **Fründ, Hans**

Hans ⟨Gernspeck⟩
→ **Gernspeck, Hans**

Hans ⟨Gloggner⟩
→ **Gloggner, Hans**

Hans ⟨Graser⟩
→ **Graser, Hans**

Hans ⟨Gutkorn⟩
→ **Gutkorn, Hans**

Hans ⟨Haasenwein⟩
→ **Haasenwein, Hans**

Hans ⟨Habsburg-Laufenburg-Rapperswil, Graf, II.⟩
→ **Johann ⟨von Habsburg⟩**

Hans ⟨Halbsuter⟩
→ **Halbsuter**

Hans ⟨Hartlieb⟩
→ **Hartlieb, Johannes**

Hans ⟨Hartmann⟩
→ **Hartmann, Hans**

Hans ⟨Henntz⟩
→ **Henntz, Hans**

Hans ⟨Hertenstein⟩
→ **Hertenstein, Hans**

Hans ⟨Heselloher⟩
→ **Heselloher, Hans**

Hans ⟨Hierszmann⟩
→ **Hierszmann, Hans**

Hans ⟨Himel⟩
→ **Himmel, Johannes**

Hans ⟨Judensit⟩
→ **Judensit, Hans**

Hans ⟨Kemnater⟩
→ **Kemnater, Hans**

Hans ⟨Kirchmaier⟩
→ **Kirchmaier, Hans**

Hans ⟨Kluge⟩
→ **Kluge, Hans**

Hans ⟨Knebel⟩
→ **Knebel, Johannes**

Hans ⟨Koplär⟩
→ **Koplär, Hans**

Hans ⟨Krug⟩
→ **Krug, Hans**

Hans ⟨Krus⟩
→ **Krus, Hans**

Hans ⟨Kugler⟩
→ **Kugler, Hans**

Hans ⟨Laitschuch⟩
→ **Laitschuch, Hans**

Hans ⟨Lange von Wepfflar⟩
→ **Lange, Johannes**

Hans ⟨Leckúchner⟩
→ **Leckúchner, Hans**

Hans ⟨Lobenzweig⟩
→ **Lobenzweig, Hans**

Hans ⟨Lochner⟩
→ **Lochner, Hans**

Hans ⟨Mair⟩
→ **Mair, Hans**

Hans ⟨Meißner⟩
→ **Meißner, Hans**

Hans ⟨Meister⟩
→ **Hans ⟨von Burghausen⟩**
→ **Johannes ⟨von Aichstetten⟩**

Hans ⟨Meister⟩
um 1460
Von allerley kochen
VL(2),3,440/441
Hannsen ⟨Maister⟩
Hans ⟨des von Wirtenberg Koch⟩
Maister Hannsen
Meister Hans

Hans ⟨Menestorfer⟩
→ **Manesdorfer, Johann**

Hans ⟨Meurer⟩
→ **Meurer, Johann**

Hans ⟨Minner⟩
→ **Minner, Hans**

Hans ⟨Möttinger⟩
→ **Möttinger, Hans**

Hans ⟨Multscher⟩
→ **Multscher, Hans**

Hans ⟨Mynerstat⟩
→ **Münnerstadt, Johannes**

Hans ⟨Neithart⟩
→ **Neithart, Hans**

Hans ⟨Nithart⟩
→ **Neithart, Hans**

Hans ⟨Ortenstein⟩
→ **Ortenstein, Hans**

Hans ⟨Ower⟩
→ **Auer, Hans**

Hans ⟨Peurlin⟩
→ **Peurlin, Hanns**

Hans ⟨Pfarrer⟩
→ **Pfarrer, Hans**

Hans ⟨Pfister⟩
→ **Pfister, Hans**

Hans ⟨Pirckheimer⟩
→ **Pirckheimer, Hans**

Hans ⟨Porner⟩
→ **Porner, Hans**

Hans ⟨Pucheler⟩
→ **Bucheler, Hans**

Hans ⟨Pürcheler⟩
→ **Bucheler, Hans**

Hans ⟨Purghauser⟩
→ **Hans ⟨von Burghausen⟩**

Hans ⟨Raminger⟩
→ **Raminger, Hans**

Hans ⟨Ried⟩
→ **Ried, Hans**

Hans ⟨Ritter⟩
→ **Johann ⟨von Toggenburg⟩**

Hans ⟨Rominger⟩
→ **Raminger, Hans**

Hans ⟨Rosenbusch⟩
→ **Rosenbusch, Hans**

Hans ⟨Rosenplüt⟩
→ **Rosenplüt, Hans**

Hans ⟨Rosner⟩
→ **Rosner, Hans**

Hans ⟨Rot⟩
→ **Rot, Johans**

Hans ⟨Rüst⟩
→ **Rüst, Hanns**

Hans ⟨Salzmann⟩
→ **Salzmann, Hans**

Hans ⟨Schermer⟩
→ **Schermer, Hans**

Hans ⟨Schiltberger⟩
→ **Schiltberger, Hans**

Hans ⟨Schiremeister⟩
→ **Schermer, Hans**

Hans ⟨Schirmaere⟩
→ **Schermer, Hans**

Hans ⟨Schlumberger⟩
→ **Schlumberger, Hans**

Hans ⟨Schneeberger⟩
→ **Schneeberger, Hans**

Hans ⟨Schnepperer⟩
→ **Rosenplüt, Hans**

Hans ⟨Schober⟩
→ **Schober, Hans**

Hans ⟨Schürpff⟩
→ **Schürpff, Hans**

Hans ⟨Schulte⟩
→ **Schulte, Hans**

Hans ⟨Schwarz⟩
→ **Schwarz, Hans**

Hans ⟨Snepperer⟩
→ **Rosenplüt, Hans**

Hans ⟨Sperrer⟩
→ **Sperrer, Hans**

Hans ⟨Sproll⟩
→ **Sproll, Hans**

Hans ⟨Stoll⟩
→ **Stoll, Hans**

Hans ⟨Sylte⟩
→ **Schulte, Hans**

Hans ⟨Tallhöffer⟩
→ **Thalhofer, Hans**

Hans ⟨Thalhofer⟩
→ **Thalhofer, Hans**

Hans ⟨the Brother⟩
→ **Hans ⟨der Bruder⟩**

Hans ⟨Tucher⟩
→ **Tucher, Hans**

Hans ⟨Vellnhamer⟩
→ **Vellnhamer, Hans**

Hans ⟨Vintler⟩
→ **Vintler, Hans**

Hans ⟨von Anwil⟩
um 1443
Schlachtlied spött. polit. Inhalts
VL(2),3,441
Anwil, Hans ¬von¬

Hans ⟨von Bayreuth⟩
um 1474/79
Rezepte
VL(2),3,442
Bayreuth, Hans ¬von¬
Hans ⟨von Bereuth⟩
Jean ⟨de Bayreuth⟩

Hans ⟨von Bühel⟩
gest. 1412
Meyer
Bühel, Hans ¬von¬
Büheler, ¬Der¬
Büheler, Hans ¬der¬
Hans ⟨der Büheler⟩
Jean ⟨de Bühel⟩

Hans ⟨von Burghausen⟩
ca. 1350/60 – 1431
Maler und Baumeister
Burghausen, Hanns ¬von¬
Burghausen, Hans ¬von¬
Hanns ⟨Meister⟩
Hanns ⟨Purghauser⟩
Hanns ⟨von Burghausen⟩
Hanns ⟨von Burkhausen⟩
Purchhauser ⟨der Maurer⟩
Purchhauser ⟨von Landshut⟩
Purghauser, Hans
Stethaimer, Hans ⟨der Ältere⟩

Hans ⟨von der Gruben⟩
um 1440/67
Reisebericht
VL(2),3,455; Rep.Font. V,251
Gruben, Hans ¬von der¬

Hans ⟨von Dortmund⟩
14./15. Jh.
Erdöltraktat
VL(2),3,449/450
Dortmund, Hans ¬von¬
Hans ⟨von Tremonia⟩

Hans ⟨von Eptingen⟩
gest. 1484
Reisebericht
VL(2),3,450; Rep. Font. IV,367
Eptingen, Hans ¬von¬
Eptingen, Hans Bernhard ¬von¬
Hans Bernhard ⟨von Eptingen⟩

Hans ⟨von Ghetelen⟩
um 1488/92
Verleger in Lübeck; Narrenschyp
VL(2),3,451/455
Ghetelen, Hans ¬von¬

Hans ⟨von Hof⟩
→ **Hofer**

Hans ⟨von Königsberg⟩
→ **Regiomontanus, Johannes**

Hans ⟨von Landshut⟩
um 1400
Stil. Umgestaltung, Änderungen von med. Anwendungsvorschriften
VL(2),3,456
Landshut, Hans ¬von¬

Hans ⟨von Lucken⟩
um 1349
Pesttraktat
VL(2),3,457/458
Lucken, Hans ¬von¬

Hans ⟨von Luzern⟩
→ **Hartmann, Hans**

Hans ⟨von Mergenthal⟩
gest. 1488
Pilgerfahrtbeschreibung
VL(2),3,458/459; Rep.Font. V,380
Jean ⟨de Mergenthal⟩
Johann ⟨von Mergenthal⟩
Mergenthal, Hans ¬von¬
Mergenthal, Johann ¬von¬

Hans ⟨von Montevilla⟩
→ **John ⟨Mandeville⟩**

Hans ⟨von Rechberg⟩
→ **Heinz ⟨von Rechberg⟩**

Hans ⟨von Redwitz⟩
um 1458
Bericht über Pilgerreise ins Hl. Land
VL(2),3,459/460
Johannes ⟨von Redwitz zu Theißenort⟩
Redwitz, Hans ¬von¬

Hans ⟨von Rottweil⟩
→ **Bulach, Hans**

Hans ⟨von Schwartach⟩
15. Jh.
Rezepte
VL(2),3,460
Schwartach, Hans ¬von¬

Hans ⟨von Speyer⟩
→ **Johannes ⟨de Spira⟩**

Hans ⟨von Toggenburg⟩
→ **Johann ⟨von Toggenburg⟩**

Hans ⟨von Tremonia⟩
→ **Hans ⟨von Dortmund⟩**

Hans ⟨von Waldheim⟩
→ **Hans ⟨von Waltheym⟩**

Hans ⟨von Waltheym⟩
ca. 1422 – 1479
Pilgerfahrt
VL(2),3,460/463; Rep.Font. V,380
Hans ⟨von Waldheim⟩
Jean ⟨de Waldheim⟩
Waldheim, Hans ¬von¬
Waltheym, Hans ¬von¬

Hans ⟨von Westernach⟩
15. Jh.
Lied der Schlacht bei Seckenheim; Von posheit u. untreu; Lobspruch
VL(2),3,463/464
Westernach, Hans ¬von¬

Hans ⟨von Wunschlwurg⟩
→ **Johannes ⟨de Wünschelburg⟩**

Hans Bernhard ⟨von Eptingen⟩
→ **Hans ⟨von Eptingen⟩**

Hans Erhart ⟨Tüsch⟩
→ **Tüsch, Hans Erhart**

Ḫansā', Tumāḍir Bint-'Amr ¬al-¬
geb. 580/90
Bint-'Amr, Tumāḍir al-Ḫansā'
Bint-'Amr al-Ḫansā', Tumāḍir
Chansa
Khansā', Tumāḍir Bint 'Amr
Tumāḍir Bint-'Amr al-Ḫansā'

Han-shan
um 627/649
Chines. Dichter ; „Kalter Berg"
Han Shan
Kanzan

Haphyzus
→ **Ḥāfiẓ**

Hapluchirus, Michael
→ **Michael ⟨Hapluchirus⟩**

Happenini, Jedajah
→ **Penînî, Yeda'yā ¬hap-¬**

Ḫāqānī, Afḍal-ad-Dīn Ibrāhīm Ibn-'Alī
1126 – 1198
Afḍal-ad-Dīn Ibrāhīm Ibn-'Alī Ḫāqānī
Chagani Širvani
Hakani Širvani
Ḫaqānī Širwānī
Ibn-'Alī Afḍal-ad-Dīn Ibrāhīm Ḫāqānī
Ibrāhīm Ibn-'Alī Ḫāqānī
Khāqānī, Afḍal-ad-Dīn Ibrāhīm Ibn-'Alī
Khāqānī, Afẓal al-Dīn Shirvānī

Ḫaqānī Širwānī
→ **Ḫāqānī, Afḍal-ad-Dīn Ibrāhīm Ibn-'Alī**

Haquinus ⟨Suecanus⟩
um 1494 · OP
De numerorum et sonorum propotionibus; Epistulae quaedam; Sermones
Kaeppeli,II,176
Aquinus ⟨Suevus⟩
Haquinus ⟨Dacus⟩
Haquinus ⟨Mathematicus⟩
Suecanus, Haquinus

Harā'iṯī, Muḥammad Ibn-Ǧa'far ¬al-¬
gest. 937
Ibn-Ǧa'far, Muḥammad al-Ḫarā'iṭī
Ibn-Ǧa'far al-Ḫarā'iṭī, Muḥammad
Kharā'iṭī, Muḥammad Ibn Ja'far
Muḥammad Ibn-Ǧa'far al-Ḫarā'iṭī
Šāmirī, Muḥammad Ibn-Ǧa'far ¬al-¬

Harawī, 'Abdallāh Ibn-Muḥammad al-Anṣārī ¬al-¬
→ **Anṣārī al-Harawī, 'Abdallāh Ibn-Muḥammad ¬al-¬**

Harawī, Abu-'l-Ḥasan 'Alī Ibn-Muḥammad ¬al-¬
→ **Abu-'l-Ḥasan al-Harawī, 'Alī Ibn-Muḥammad**

Harawī, 'Alī Ibn-Muḥammad ¬al-¬
→ **Abu-'l-Ḥasan al-Harawī, 'Alī Ibn-Muḥammad**

Ḥarbī, Ibrāhīm Ibn-Isḥāq ¬al-¬
815 – 898
Ibn-Isḥāq, Ibrāhīm al-Ḥarbī
Ibn-Isḥāq al-Ḥarbī, Ibrāhīm
Ibrāhīm Ibn-Isḥāq al-Ḥarbī

Harcha-deva ⟨Thanesar and Kanauj, King⟩
→ **Harṣa ⟨Kanauj, König⟩**

Harchelegus, Henri
→ **Henricus ⟨de Harclay⟩**

Harchenefreda
6./7. Jh.
Litterae
Cpl 1304
Harchenefreda ⟨Mater Desiderii Cadurcensis⟩

Harcileh, Nicolaus ¬de¬
→ **Nicolaus ⟨de Harcileh⟩**

Harclay, Henricus ¬de¬
→ **Henricus ⟨de Harclay⟩**

Hardeby, Geoffroy
→ **Godefridus ⟨Haadeby⟩**

Hardegger, ¬Der¬
13. Jh.
Sprüche
VL(2),3,465/466
Der Hardegger
Henri ⟨de Hardegge⟩
Henri ⟨Minnesinger⟩

Harder, ¬Der¬
→ **Harder, Konrad**

Harder, Konrad
14. Jh.
Frauenkranz; Der Minne Leben
VL(2),3,467/472
Der Harder
Harder ⟨von Frankh⟩
Harder ⟨von Frankhen⟩
Harder, ¬Der¬
Harder, Conrad
Konrad ⟨Harder⟩

Harderwijck, Gerardus ¬de¬
gest. 1503
LThK
Gérard ⟨de Harderwijck⟩
Gerard ⟨de Raedt⟩
Gerardus ⟨de Harderwijck⟩
Gerardus ⟨Henrici⟩
Gerardus ⟨Herderwiccensis⟩
Gerhard ⟨van Harderwijck⟩
Harderwick, Gerardus
Harderwijck, Gerhard ¬von¬

Harderwijck, Johannes ¬de¬
→ **Johannes ⟨de Harderwijck⟩**

Harding, John
→ **Hardyng, John**

Harding, Stephanus
→ **Stephanus ⟨Harding⟩**

Hardouin ⟨de Fontaines-Guérin⟩
um 1394
Trésor de vénerie
Rep.Font. V,381
Fontaine Guérin, Hardouin ¬de¬
Fontaines-Guérin, Hardouin ¬de¬
Guérin, Hardouin de Fontaines-
Hardouin ⟨Auteur Cynégétique⟩
Hardouin ⟨de Fontaine Guérin⟩
Hardouin ⟨Fontaines-Guérin, Seigneur⟩

Hardouin, Geoffroy de Ville
→ **Geoffroy ⟨de Villehardouin⟩**

Harduin ⟨Ivrea, Markgraf⟩
→ **Arduino ⟨Italia, Re⟩**

Hardyng, John
ca. 1378 – 1465
The chronicle from the firste begynnyng of Englande
LMA,IV,1932; Rep.Font. V,382
Harding, Jean
Harding, John
Jean ⟨Harding⟩
John ⟨Harding⟩
John ⟨Hardyng⟩

Haremuthus ⟨Sangallensis⟩
→ **Hartmotus ⟨Sangallensis⟩**

Harena, Jacobus
→ **Jacobus ⟨de Arena⟩**

Hareth
→ **Ḥāriṯ Ibn-Ḥilliza ¬al-¬**

Hareth ⟨Patricius⟩
6. Jh.
Epistula patricii Hareth ad Iacobum
Cpg 7185
Patricius, Hareth

Hareton, Simon
→ **Simon ⟨de Hinton⟩**

Harghe ⟨de Holtzacia⟩
→ **Harghe, Johann**

Harghe, Johann
um 1444/49
Vokabular (dt.-lt.; lt.-dt.)
VL(2),3,474/475
Harghe ⟨de Holtzacia⟩
Johann ⟨Harghe⟩

Harigerus ⟨Laubacensis⟩
→ **Herigerus ⟨Lobiensis⟩**

Harigerus ⟨Leodiensis⟩
→ **Herigerus ⟨Lobiensis⟩**

Ḥarīrī, 'Abdallāh Ibn-Qāsim ¬al-¬
um 1226
'Abdallāh Ibn-Qāsim al-Ḥarīrī
Ibn-Qāsim, 'Abdallāh al-Ḥarīrī
Išbīlī, 'Abdallāh Ibn-Qāsim ¬al-¬

Hariri, Abu Muhammad Al Kasim Ibn Ali ¬al¬
→ **Ḥarīrī, al-Qāsim Ibn-'Alī ¬al-¬**

Ḥarīrī, Abū-Muḥammad al-Qāsim Ibn-'Alī ¬al-¬
→ **Ḥarīrī, al-Qāsim Ibn-'Alī ¬al-¬**

Ḥarīrī, al-Qāsim Ibn-'Alī ¬al-¬
gest. 1122
al-Ḥarīrī, Abū Muḥammad al-Qāsim
Hariri, Abu Muhammad Al Kasim Ibn Ali ¬al¬
Ḥarīrī, Abū-Muḥammad al-Qāsim Ibn-'Alī ¬al-¬
Ḥarīrī, Qāsim Ibn 'Alī ¬al-¬
Ḥarīrī al-Ḥarīrī, Qāsim b. 'Alī
Ibn-'Alī, al-Qāsim al-Ḥarīrī
Ibn-'Alī al-Ḥarīrī, al-Qāsim
Qāsim Ibn-'Alī al-Ḥarīrī

Ḥarīrī, Qāsim Ibn 'Alī ¬al-¬
→ **Ḥarīrī, al-Qāsim Ibn-'Alī ¬al-¬**

Ḥarīrī al-Ḥarīrī, Qāsim b. 'Alī
→ **Ḥarīrī, al-Qāsim Ibn-'Alī ¬al-¬**

Ḥāriṯ Ibn-Asad al-Muḥāsibī ¬al-¬
→ **Muḥāsibī, al-Ḥāriṯ Ibn-Asad ¬al-¬**

Ḥāriṯ Ibn-Ḥilliza ¬al-¬
gest. ca. 570
Hareth
Harethus
Harith Ibn Hillisa
Ḥārith Ibn Ḥilliza
Harith ibn Hillizah
Ibn-Ḥilliza, al-Ḥāriṯ

Ḥāriṯ Ibn-Sa'īd, Abū-Firās al-Ḥamdānī ¬al-¬
→ **Abū-Firās al-Ḥamdānī, al-Ḥāriṯ Ibn-Sa'īd**

Harith Ibn Hillisa
→ **Ḥāriṯ Ibn-Ḥilliza ¬al-¬**

Ḥārith Ibn Ḥilliza
→ **Ḥāriṯ Ibn-Ḥilliza ¬al-¬**

Harith Said Ibn-Hamdan ¬al-¬
→ **Abū-Firās al-Ḥamdānī, al-Ḥāriṯ Ibn-Sa'īd**

Hariulfus ⟨Aldenburgensis⟩
gest. 1143
Vita Arnulfi; Chronicon Centulense
Tusculum-Lexikon; LThK; CSGL
Ariolfo ⟨de Oudenbourg⟩
Hariulf ⟨de Saint-Riquier⟩
Hariulf ⟨d'Oudenbourg⟩
Hariulf ⟨von Oudenburg⟩
Hariulf ⟨von Saint-Riquier⟩
Hariulfus ⟨Abbas⟩
Hariulfus ⟨Aldeburgensis⟩
Hariulfus ⟨Ardemburgensis⟩
Hariulfus ⟨Centulensis⟩
Hariulfus ⟨Sancti Richarii⟩
Hariulphe ⟨de Saint-Pierre⟩
Hariulphe ⟨du Ponthieu⟩
Hariulphe ⟨d'Ardembourg⟩
Hariulphe ⟨d'Oudenbourg⟩
Hariulphus ⟨Aldenburgensis⟩

Hariulfus ⟨Centulensis⟩
→ **Hariulfus ⟨Aldenburgensis⟩**

Hariulfus ⟨Sancti Richarii⟩
→ **Hariulfus ⟨Aldenburgensis⟩**

Harkeley, Henri
→ **Henricus ⟨de Harclay⟩**

Harley, Johannes
→ **Johannes ⟨Harley⟩**

Harmenopulus, Constantinus
→ **Constantinus ⟨Harmenopulus⟩**

Harmerus ⟨Andegavensis⟩
10. Jh.
S. Maurilii ep. Andegavensis miracula
Rep.Font. V,383; DOC,2,910
Armero ⟨di Angers⟩
Harmer ⟨Hagiographe⟩
Harmerus ⟨Clericus Andegavensis⟩

Harmotus ⟨Sangallensis⟩
→ **Hartmotus ⟨Sangallensis⟩**

Harney ⟨de Gif⟩
→ **Hervaeus ⟨de Gif⟩**

Haro, Pedro Fernández de Velasco
→ **Fernández de Velasco, Pedro**

Harpestraeng, Henricus
ca. 1164 – 1244
VL(2); LMA,IV,2139
Dacus, Henricus
Harpestraeng, Henrik
Harpestreng ⟨the Dane⟩
Harpestreng, Henrick
Harpestreng, Henrik
Henri ⟨de Danemarche⟩
Henricus ⟨Dacus⟩
Henricus ⟨de Dacia⟩
Henricus ⟨Harpestraeng⟩
Henrik ⟨Harpestraeng⟩

Harphius, Henricus
→ **Henricus ⟨Herpius⟩**

Ḥarrānī, Abū-'Arūba al-Ḥusain Ibn-Muḥammad ¬al-¬
→ **Abū-'Arūba al-Ḥarrānī, al-Ḥusain Ibn-Muḥammad**

Ḥarrānī, al-Ḥusain Ibn-Muḥammad ¬al-¬
→ **Abū-'Arūba al-Ḥarrānī, al-Ḥusain Ibn-Muḥammad**

Ḥarrānī, 'Alī Ibn-'Īsā ¬al-¬
→ **'Alī Ibn-'Īsā**

Harrer, Henricus
→ **Henricus ⟨Harrer⟩**

Harrer, Johannes
→ **Johannes ⟨Härrer de Heilbronn⟩**

Harrison, Johannes
→ **Herryson, Johannes**

Harry ⟨the Blind⟩
→ **Harry ⟨the Minstrel⟩**

Harry ⟨the Minstrel⟩
ca. 1440 – ca. 1495
Potth.; Meyer
Blind Harry
Harry ⟨the Blind⟩
Hary ⟨the Minstrel⟩
Henri ⟨le Ménestrel⟩
Henri ⟨l'Aveugle⟩
Henri ⟨l'Ecossais⟩
Henricus ⟨Caecus⟩
Henricus ⟨Scotus⟩
Henry ⟨the Minstrel⟩
Minstrel, Harry ¬the¬

Harṣa
→ **Śrīharṣa**

Harṣa ⟨Kanauj, König⟩
um 606/47
Nāgānanda; Priyadarśikā; Ratnāvalī; nicht identisch mit Śrīharṣa
Ch'ieh-jih-wang-hsi ⟨Thanesar and Kanauj, King⟩
dGa'-ba'i-lha ⟨Thanesar and Kanauj, King⟩
Harcha-deva ⟨Thanesar and Kanauj, King⟩
Harṣa ⟨Thānesar, König⟩
Harṣa Śīlāditya ⟨Thanesar and Kanauj, King⟩
Harṣa Vardhana ⟨King of Thanesar and Kanauj⟩
Harṣadeva ⟨Thanesar and Kanauj, King⟩
Harṣavardhana ⟨Kanauj, König⟩

Harṣavardhana ⟨Thānesar, König⟩
Harsha ⟨Thanesar and Kanauj, King⟩
Harshavardhana ⟨Kanauj, King⟩
Hersha Deva ⟨Thanesar and Kanauj, King⟩
Qieriwangxi

Harṣa ⟨Thānesar, König⟩
→ **Harṣa ⟨Kanauj, König⟩**

Harṣa Śīlāditya ⟨Thanesar and Kanauj, King⟩
→ **Harṣa ⟨Kanauj, König⟩**

Harṣa Vardhana ⟨King of Thanesar and Kanauj⟩
→ **Harṣa ⟨Kanauj, König⟩**

Harṣadeva ⟨Thanesar and Kanauj, King⟩
→ **Harṣa ⟨Kanauj, König⟩**

Harṣha ⟨Śrī⟩
→ **Śrīharṣa**

Harshavardhana ⟨Kanauj, King⟩
→ **Harṣa ⟨Kanauj, König⟩**

Hartlepool, Hugo ¬de¬
→ **Hugo ⟨de Hartlepool⟩**

Hartlevus ⟨de Marca⟩
gest. 1390
Quaestiones quattuor librorum Topicorum; Quaestiones trium librorum De anima
Lohr
Hartlevus ⟨de Marcka⟩
Marca, Hartlevus ¬de¬

Hartlieb, Johannes
1430/32 – 1468
LMA,IV,1943/44
Hans ⟨Hartlieb⟩
Hartlieb, Hans
Hartlieb, Johann
Johann ⟨Hartlieb⟩
Johannes ⟨Hartlieb⟩

Hartmann ⟨Abt von Sankt Gallen⟩
→ **Hartmannus ⟨Sangallensis Abbas⟩**

Hartmann ⟨de Heldrungen⟩
→ **Hartmann ⟨von Heldrungen⟩**

Hartmann ⟨de Kroninberg⟩
→ **Hartmann ⟨von Kronenberg⟩**

Hartmann ⟨de Mayence⟩
→ **Hartmannus ⟨Moguntinus⟩**

Hartmann ⟨de Saint-Gall⟩
→ **Hartmannus ⟨Sangallensis Abbas⟩**

Hartmann ⟨der Arme⟩
um 1140/60
Rede von dem heiligen gelouben
VL(2),1,450/454
Arme Hartmann, ¬Der¬
Der arme Hartmann

Hartmann ⟨Moine⟩
→ **Hartmannus ⟨Sangallensis Abbas⟩**

Hartmann ⟨Prévot de Mayence⟩
→ **Hartmannus ⟨Moguntinus⟩**

Hartmann ⟨Verfasser der Wiborada-Vita⟩
→ **Hartmannus ⟨Sangallensis Monachus⟩**

Hartmann ⟨von Aue⟩
1160/65 – ca. 1210
VL(2); Meyer; LMA,IV,1945/6
Aue, Hartmann ¬von¬
Hartmann ⟨von der Aue⟩
Hartmann ⟨von Ouwe⟩

Hartmann ⟨von Heldrungen⟩
ca. 1210 – 1282/83
Bericht über Vereinigung livländische Schwertbruderschaft - Deutschorden
VL(2),3,523/524;Rep.Font. V,385
Hartmann ⟨de Heldrungen⟩
Hartmannus ⟨de Heldrungen⟩
Heldrungen, Hartmann ¬von¬

Hartmann ⟨von Kronenberg⟩
um 1318 · OP
2 Predigten; 1 Spruch
VL(2),3,525/526; Kaeppeli,II,177/178
Hartmann ⟨de Kroninberg⟩
Hartmannus ⟨de Kronenberg⟩
Kronenberg, ¬Der von¬
Kronenberg, Hartmann ¬von¬

Hartmann ⟨von Ouwe⟩
→ **Hartmann ⟨von Aue⟩**

Hartmann ⟨von Sankt Gallen⟩
→ **Hartmannus ⟨Sangallensis ...⟩**

Hartmann ⟨von Starkenberg⟩
um 1260/76
2 Lieder
VL(2),3,526/527
Hartmann ⟨von Starkenburg⟩
Starkenberg, Hartmann ¬von¬

Hartmann, Alexander
15. Jh.
Chirurg. Verfahren
VL(2),3,499
Alexander ⟨Hartmann⟩
Alexander ⟨zu Franckfurtt⟩

Hartmann, Hans
15. Jh.
Pestprophylaxe; Über Koch-, Eßgewohnheiten, Speisen
VL(2),3,522/523
Hans ⟨Hartmann⟩
Hans ⟨Hartmann von Luzern⟩
Hans ⟨von Luzern⟩
Hartmann, Johannes
Johannes ⟨Hartmann⟩
Johannes ⟨von Luzern⟩

Hartmann, Johannes
→ **Hartmann, Hans**

Hartmannus ⟨Coloniensis⟩
→ **Hermannus ⟨de Augusta⟩**

Hartmannus ⟨de Augusta⟩
→ **Hermannus ⟨de Augusta⟩**

Hartmannus ⟨de Heldrungen⟩
→ **Hartmann ⟨von Heldrungen⟩**

Hartmannus ⟨de Kronenberg⟩
→ **Hartmann ⟨von Kronenberg⟩**

Hartmannus ⟨Moguntinus⟩
um 1142/53
Officium venerabilis Willigisi archiepiscopi Moguntini et miracula
Rep.Font. V,386; DOC,1,911
Hartmann ⟨de Mayence⟩
Hartmann ⟨Prévot de Mayence⟩
Hartmannus ⟨Praepositus Ecclesiae Moguntinae⟩
Moguntinus, Hartmannus

Hartmannus ⟨Monachus⟩
→ **Hartmannus ⟨Sangallensis Monachus⟩**

Hartmannus ⟨Praepositus Ecclesiae Moguntinae⟩
→ **Hartmannus ⟨Moguntinus⟩**

Hartmannus ⟨Sangallensis Abbas⟩
gest. 925
Mehrere Personen gleichen Namens; Werkzuordnung problematisch; Carmina; Libellum sui temporis
LMA,IV,1944; VL(2),3,520/22
Hartmann ⟨Abbé de Saint-Gall⟩
Hartmann ⟨Abt von Sankt Gallen⟩
Hartmann ⟨de Saint-Gall⟩
Hartmann ⟨Moine⟩
Hartmann ⟨von Sankt Gallen⟩
Hartmann ⟨von Sankt Gallen, I.⟩
Hartmann ⟨von Sankt Gallen, II.⟩

Hartmannus ⟨Sangallensis Monachus⟩
10. Jh.
Vita Wiboradae reclusae
VL(2),3,523; Rep.Font. V,386
Hartmann ⟨Verfasser der Wiborada-Vita⟩
Hartmann ⟨von Sankt Gallen, III.⟩
Hartmann ⟨von Sankt Gallen, Mönch⟩
Hartmannus ⟨Monachus⟩
Hartmannus ⟨Monachus Sangallensis⟩
Hartmannus ⟨Sangallensis⟩

Hartmotus ⟨Sangallensis⟩
gest. 885 · OSB
Commentarii in S. Scripturam; Epitaphium Grimaldi; Inscriptiones in templo S. Othmari
Stegmüller, Repert. bibl. 3125
Haremuthus ⟨Sangallensis⟩
Harmotus ⟨Sangallensis⟩
Hartmot ⟨de Saint-Gall⟩
Hartmote ⟨Sangallensis⟩
Hartmotus ⟨Abbas⟩
Hartmoude ⟨Sangallensis⟩
Hartmouns ⟨Sangallensis⟩
Hartmoute ⟨Sangallensis⟩
Hartmundus ⟨Sangallensis⟩
Hartmut ⟨de Saint-Gall⟩
Hartmute ⟨Sangallensis⟩

Hartmundus ⟨Sangallensis⟩
→ **Hartmotus ⟨Sangallensis⟩**

Hartung ⟨Cammermeister⟩
→ **Kammermeister, Hartung**

Hartung ⟨de Erfurt⟩
→ **Hartwig ⟨von Erfurt⟩**

Hartung ⟨de Herwersleyten⟩
→ **Hartungus ⟨de Herwersleyben⟩**

Hartung ⟨Kammermeister⟩
→ **Kammermeister, Hartung**

Hartung ⟨von Erfurt⟩
→ **Kammermeister, Hartung**

Hartung ⟨von Erfurt⟩
→ **Hartwig ⟨von Erfurt⟩**

Hartungus ⟨de Herbsleben⟩
→ **Hartungus ⟨de Herwersleyben⟩**

Hartungus ⟨de Herwersleyben⟩
14. Jh.
Hortus animae
Hartung ⟨de Herwersleyten⟩
Hartungus ⟨de Herbsleben⟩
Herwersleyben, Hartungus ¬de¬

Hartuwic ⟨de Route⟩
→ **Hartwig ⟨von Raute⟩**

Hartvicus ⟨...⟩
→ **Hartwicus ⟨...⟩**

Hartwaig ⟨von Erfurt⟩
→ **Hartwig ⟨von Erfurt⟩**

Hartwic ⟨de Route⟩
→ **Hartwig ⟨von Raute⟩**

Hartwic ⟨von Sankt Emmeram⟩
→ **Hartwicus ⟨Emmeramensis⟩**

Hartwich ⟨von Regensburg⟩
→ **Hartwicus ⟨Ratisbonensis⟩**

Hartwicus ⟨Emmeramensis⟩
um 1029
Vita S. Emmerami martyris; Schriften zum Quadrivium und zur Dialektik
VL(2),3,529/532; DOC,2,911
Hartwic ⟨von Sankt Emmeram⟩
Hartwig ⟨de Saint-Emmeram⟩

Hartwicus ⟨Episcopus⟩
→ **Hartwicus ⟨Ratisbonensis⟩**

Hartwicus ⟨Episcopus lauriensis⟩
→ **Hartwicus ⟨laurienis⟩**

Hartwicus ⟨laurienis⟩
um 1100
Vita S. Stephani regis Hungariae; Identität mit Hartwicus ⟨Ratisbonensis⟩ nicht gesichert
Rep.Font. V,387/388; DOC,2,911
Hartvic ⟨Vescovo di Györ⟩
Hartvicus ⟨Episcopus lauriensis⟩
Hartvicus ⟨lauriensis⟩
Hartwicus ⟨Episcopus lauriensis⟩

Hartwicus ⟨Ratisbonensis⟩
gest. 1126
Identität mit Hartwicus ⟨lauriensis⟩ (Verfasser der Vita S. Stephani regis Hungariae) nicht gesichert (vgl. ADB X,720)
LMA,IV,1948; ADB X,720; NDB VIII,12/14
Hartwich ⟨Bischof⟩
Hartwich ⟨Regensburg, Bischof⟩
Hartwich ⟨von Regensburg⟩
Hartwicus ⟨Episcopus⟩
Hartwicus ⟨Ratisponensis⟩
Hartwig ⟨Bischof⟩
Hartwig ⟨de Ratisbonne⟩
Hartwig ⟨von Regensburg⟩

Hartwig ⟨de Saint-Emmeram⟩
→ **Hartwicus ⟨Emmeramensis⟩**

Hartwig ⟨von dem Hage⟩
13. Jh.
VL(2),3,535/536
Hage, Hartwig ¬von dem¬

Hartwig ⟨von Erfurt⟩
um 1320/40 · OFM
Postille; nicht identisch mit Henricus ⟨de Hervordia⟩
VL(2),3,532/35; LMA,IV,1949
Bruder ⟨von Erfurt⟩
Erfurt, Hartwig ¬von¬
Hartung ⟨de Erfurt⟩
Hartung ⟨d'Erfurt⟩
Hartung ⟨Mystique Allemand⟩
Hartung ⟨von Erfurt⟩
Hartwaig ⟨von Erfurt⟩
Heinrich ⟨von Erfurt⟩

Hartwig ⟨von Raute⟩
12. Jh.
Lieder
VL(2),3,536/538
Hartuwic ⟨de Route⟩
Hartwic ⟨de Routa⟩

Hartwic ⟨de Route⟩
Raute, Hartwig ¬von¬

Hartwig ⟨von Regensburg⟩
→ **Hartwicus ⟨Ratisbonensis⟩**

Hartwin ⟨Italien, König⟩
→ **Arduino ⟨Italia, Re⟩**

Hārūn ar-Rašīd ⟨Kalif⟩
um 786/808
LMA,IV,1949/50
Harun ar-Raschid
Harun ar-Rashed
Harun ar-Rashid
Hārūn Ibn-Muḥammad Ibn-ʿAbdallāh

Hārūn Ibn-Muḥammad Ibn-ʿAbdallāh
→ **Hārūn ar-Rašīd ⟨Kalif⟩**

Hārūn Ibn-Zakarīyā al-Haǧrī
→ **Haǧrī, Hārūn Ibn-Zakarīyā ¬al-¬**

Hārūnī, Mu'aiyad Billāh Aḥmad Ibn-al-Ḥusain ¬al-¬
→ **Mu'aiyad Billāh Aḥmad Ibn-al-Ḥusain ¬al-¬**

Harvengt, Philippus ¬de¬
→ **Philippus ⟨de Harvengt⟩**

Harvetus ⟨de Gif⟩
→ **Hervaeus ⟨de Gif⟩**

Harvey ⟨of Nedellec⟩
→ **Hervaeus ⟨Natalis⟩**

Hary ⟨the Minstrel⟩
→ **Harry ⟨the Minstrel⟩**

Hasan ⟨Bar-Balul⟩
→ **Ḥasan Ibn-al-Bahlūl ¬al-¬**

Ḥasan, Ibn-Bahlūl ¬al-¬
→ **Ḥasan Ibn-al-Bahlūl ¬al-¬**

Hasan Al Basri
→ **Ḥasan al-Baṣrī ¬al-¬**

Ḥasan al-ʿAskarī ¬al-¬
846 – 874
ʿAskarī, al-Ḥasan ¬al-¬
ʿAskarī, al-Ḥasan Ibn-ʿAlī ¬al-¬
Ḥasan az-Zakī al-ʿAskarī ¬al-¬
Ḥasan Ibn-ʿAlī al-ʿAskarī ¬al-¬

Ḥasan al-Baṣrī ¬al-¬
642 – 728
Baṣrī, Ḥasan ¬al-¬
Hasan Al Basri

Ḥasan az-Zakī al-ʿAskarī ¬al-¬
→ **Ḥasan al-ʿAskarī ¬al-¬**

Ḥasan bar Balūl
→ **Ḥasan Ibn-al-Bahlūl ¬al-¬**

Ḥasan Ibn-ʿAbdallāh as-Sīrāfī
→ **Sīrāfī, al-Ḥasan Ibn-ʿAbdallāh**

Ḥasan Ibn-ʿAbd-ar-Raḥmān ar-Rāmahurmuzī ¬al-¬
→ **Rāmahurmuzī, al-Ḥasan Ibn-ʿAbd-ar-Raḥmān ¬ar-¬**

Ḥasan Ibn-Abi-'l-Ḥasan ad-Dailamī ¬al-¬
→ **Dailamī, al-Ḥasan Ibn-Abi-'l-Ḥasan ¬ad-¬**

Ḥasan Ibn-Aḥmad al-ʿAṭṭār al-Hamaḏānī ¬al-¬
→ **ʿAṭṭār al-Hamaḏānī, al-Ḥasan Ibn-Aḥmad ¬al-¬**

Ḥasan Ibn-Aḥmad al-Hamdānī
→ **Hamdānī, al-Ḥasan Ibn-Aḥmad ¬al-¬**

Ḥasan Ibn-Aḥmad Ibn-al-Bannā' ¬al-¬
→ **Ibn-al-Bannā', al-Ḥasan Ibn-Aḥmad**

Ḥasan Ibn-al-Bahlūl ¬al-¬
um 965
Abu 'l-Hassan Ibn Al-Bahlul
Al-Bahlul, Hassan
Bahlul, Abu-'l-Hassan Ibn ¬al-¬
Bahlul, Hassan
Bahlul, Hassan B.
Bar Bahlul, Hassan
Bar-Bahlul, Hassan
Hasan ⟨bar Bahlūl⟩
Hasan ⟨Bar-Balul⟩
Ḥasan, Ibn-Bahlūl ¬al-¬
Hasan bar Balūl
Hassan ⟨Bar-Bahlul⟩
Hassanus Bar-Bahlul
Ibn-al-Bahlūl, al-Ḥasan

Ḥasan Ibn-al-Ḥasan, Ibn-al-Haiṯam ¬al-¬
→ **Ibn-al-Haiṯam, al-Ḥasan Ibn-al-Ḥasan**

Ḥasan Ibn-al-Ḥusain as-Sukkarī ¬al-¬
→ **Sukkarī, al-Ḥasan Ibn-al-Ḥusain ¬as-¬**

Ḥasan Ibn-ʿAlī aḍ-Ḍabbī ¬al-¬
→ **Ibn-Wakīʿ at-Tinnīsī, al-Ḥasan Ibn-ʿAlī**

Ḥasan Ibn-ʿAlī al-ʿAskarī ¬al-¬
→ **Ḥasan al-ʿAskarī ¬al-¬**

Ḥasan Ibn-ʿAlī al-Barbahārī ¬al-¬
→ **Barbahārī, al-Ḥasan Ibn-ʿAlī ¬al-¬**

Ḥasan Ibn-ʿAlī aš-Šāmūḫī
→ **Šāmūḫī, al-Ḥasan Ibn-ʿAlī ¬aš-¬**

Ḥasan Ibn-ʿAlī aṭ-Ṭuġrā'ī ¬al-¬
→ **Ṭuġrā'ī, al-Ḥasan Ibn-ʿAlī ¬aṭ-¬**

Ḥasan Ibn-ʿAlī Ibn-Rašīq ¬al-¬
→ **Ibn-Rašīq, al-Ḥasan Ibn-ʿAlī**

Ḥasan Ibn-ʿAlī Ibn-Wakīʿ at-Tinnīsī ¬al-¬
→ **Ibn-Wakīʿ at-Tinnīsī, al-Ḥasan Ibn-ʿAlī**

Ḥasan Ibn-ʿAlī Niẓām-ul-Mulk ¬al-¬
→ **Niẓām-al-Mulk, Abū-ʿAlī al-Ḥasan Ibn-ʿAlī**

Ḥasan Ibn-al-Qāsim al-Murādī Ibn-Umm-Qāsim
→ **Murādī Ibn-Umm-Qāsim, al-Ḥasan Ibn-al-Qāsim ¬al-¬**

Ḥasan Ibn-Bišr al-Āmidī ¬al-¬
→ **Āmidī, al-Ḥasan Ibn-Bišr ¬al-¬**

Ḥasan Ibn-Farağ Ibn-Ḥaušab ¬al-¬
→ **Manṣūr al-Yaman**

Ḥasan Ibn-Hāni' ¬al-¬
→ **Abū-Nuwās al-Ḥasan Ibn-Hāni'**

Ḥasan Ibn-Muḥammad aṣ-Ṣaġānī ¬al-¬
→ **Ṣaġānī, al-Ḥasan Ibn-Muḥammad ¬aṣ-¬**

Ḥasan Ibn-Muḥammad Ibn-Ḥabīb an-Nīsābūrī ¬al-¬
→ **Ibn-Ḥabīb an-Nīsābūrī, al-Ḥasan Ibn-Muḥammad**

Ḥasan Ibn-Mūsā an-Naubaḫtī ¬al-¬
→ **Naubaḫtī, al-Ḥasan Ibn-Mūsā ¬an-¬**

Ḥasan Ibn-Sufyān an-Nasawī ¬al-¬
→ **Nasawī, al-Ḥasan Ibn-Sufyān ¬an-¬**

Ḥasan Ibn-ʿUmar al-Marrākūšī ¬al-¬
→ **Marrākūšī, al-Ḥasan Ibn-ʿUmar ¬al-¬**

Ḥasan Ibn-ʿUmar Ibn-Ḥabīb ¬al-¬
→ **Ibn-Ḥabīb, al-Ḥasan Ibn-ʿUmar**

Ḥasan Ibn-Yūsuf al-Ḥillī
→ **Ḥillī, al-Ḥasan Ibn-Yūsuf ¬al-¬**

Hasber
Lebensdaten nicht ermittelt
Principium in sententias
Stegmüller, Repert. sentent. 312

Hasdai ⟨Crescas⟩
→ **Qreśqaś, Ḥasdây**

Ḥasdai ⟨ha-Levi⟩
→ **Ibn-Ḥasdây, Avrāhām hal-Lēwī Ben-Šemû'ēl**

Ḥasdai, Abraham ben Samuel
→ **Ibn-Ḥasdây, Avrāhām hal-Lēwī Ben-Šemû'ēl**

Hasdai ben Isaac Ibn Shaprut
→ **Ḥasdây Ibn-Šaprûṭ**

Ḥasdai ha-Nasi
→ **Ḥasdây Ibn-Šaprûṭ**

Ḥasdaī ibn Šaprut
→ **Ḥasdây Ibn-Šaprûṭ**

Hasdai ibn Shaprut
→ **Ḥasdây Ibn-Šaprûṭ**

Hasdai ibn Shaprut, Abu Yūsuf
→ **Ḥasdây Ibn-Šaprûṭ**

Hasday ⟨Crescas⟩
→ **Qreśqaś, Ḥasdây**

Ḥasdây ⟨Qreśqaś⟩
→ **Qreśqaś, Ḥasdây**

Hasday ibn Schaprut
→ **Ḥasdây Ibn-Šaprûṭ**

Ḥasdây Ibn-Šaprûṭ
ca. 915 – 970
Miḵtāv le-meleḵ hak-kûzârîm
Rep.Font. V,389; Enṣ. ʿIvrît; LMA,IV,1951
Hasdai ben Isaac Ibn Shaprut
Ḥasdai ha-Nasi
Ḥasdaī ibn Šaprut
Hasdai ibn Shaprut
Hasdai ibn Shaprut, Abu Yūsuf
Hasday ibn Schaprut

Hasdrai ⟨Qrescas⟩
→ **Qreśqaś, Ḥasdây**

Haselbach, Thomas Ebendorfer ¬von¬
→ **Ebendorfer, Thomas**

Hasenrietanus, Wolfhardus
→ **Wolfhardus ⟨Hasenrietanus⟩**

Haserieth, Heysso ¬de¬
→ **Heysso ⟨de Haserieth⟩**

Ḥāsib al-Marwazī, Ḥabaš ¬al-¬
→ **Ḥabaš, Aḥmad Ibn-ʿAbdallāh**

Haslau, Konrad ¬von¬
→ **Konrad ⟨von Haslau⟩**

Haspel
um 1356
Lied geschichtl. Inhalts
VL(2),3,545/546

Haspina, Martinus ¬de¬
→ **Martinus ⟨de Haspina⟩**

Haß, Georg
um 1473/84 · OP
Predigten
VL(2),3,546/547
Georg ⟨Haß⟩
Georgius ⟨Hasz⟩
Haß, Jorg
Hasz, Georgius
Jorg ⟨Haß⟩

Ḫaṣṣāf, Abū-Bakr Aḥmad Ibn-ʿUmar ¬al-¬
→ **Ḫaṣṣāf, Aḥmad Ibn-ʿUmar ¬al-¬**

Ḫaṣṣāf, Aḥmad Ibn-ʿAmr ¬al-¬
→ **Ḫaṣṣāf, Aḥmad Ibn-ʿUmar ¬al-¬**

Ḫaṣṣāf, Aḥmad Ibn-ʿUmar ¬al-¬
gest. 874
Aḥmad Ibn-ʿUmar al-Ḫaṣṣāf
Ḫaṣṣāf, Abū-Bakr Aḥmad Ibn-ʿUmar ¬al-¬
Ḫaṣṣāf, Aḥmad Ibn-ʿAmr ¬al-¬
Ibn-ʿUmar, Aḥmad al-Ḫaṣṣāf
Šaibānī, Aḥmad Ibn-ʿUmar ¬aš-¬

Hassan ⟨Bar-Bahlul⟩
→ **Ḥasan Ibn-al-Bahlūl ¬al-¬**

Ḥassān ibn Thābit
→ **Ḥassān Ibn-Ṯābit**

Ḥassān Ibn-Ṯābit
ca. 563 – 661/674
Ḥassān ibn Thābit
Ibn-Ṯābit, Ḥassān

Hassanus Bar-Bahlul
→ **Ḥasan Ibn-al-Bahlūl ¬al-¬**

Hasselbecke, Wernerus ¬de¬
→ **Wernerus ⟨de Hasselbecke⟩**

Hasselt, Johannes ¬de¬
→ **Johannes ⟨de Hasselt⟩**

Hassia, Henricus ¬de¬
→ **Henricus ⟨de Hassia⟩**
→ **Henricus ⟨de Langenstein⟩**

Hasz, Georgius
→ **Haß, Georg**

Hathumod ⟨von Gandersheim⟩
gest. 874 · OSB
Vita
Gandersheim, Hathumod ¬von¬
Hadumod
Hadumot
Hathumod
Hathumoda ⟨Abbatissa⟩
Hathumoda ⟨Gandershemensis⟩
Hathumoda ⟨Sancta⟩
Hathumoda ⟨von Gandersheim⟩
Hathumode ⟨Abbesse⟩
Hathumode ⟨de Gandersheim⟩

Ḫaṭīb al-Baġdādī, Aḥmad Ibn-ʿAlī ¬al-¬
1002 – 1071
Abou Bakr Aḥmad Ibn Thâbit al-Khatîb al-Bagdâdhî
Aḥmad Ibn-ʿAlī al-Ḫaṭīb al-Baġdādī
Baġdādī, Aḥmad Ibn-ʿAlī ¬al-¬
Ḫaṭîbi'l Bağdâdî, Ebû Bekr Aḥmed b. ʿAlî b. Sâbit
Khatîb al-Bagdâdhî, Aḥmad Ibn Thâbit
Khaṭīb al-Baghdādī, Aḥmad ibn ʿAlī

Ḫaṭīb al-Qazwīnī, Muḥammad Ibn-ʿAbd-ar-Raḥmān ¬al-¬
→ **Qazwīnī, Muḥammad Ibn-ʿAbd-ar-Raḥmān ¬al-¬**

Ḫaṭīb al-ʿUṯmānī, Muḥammad Ibn-ʿAbd-ar-Raḥmān ¬al-¬
→ **ʿUṯmānī, Muḥammad Ibn-ʿAbd-ar-Raḥmān ¬al-¬**

Ḫaṭīb at-Tibrīzī, Muḥammad Ibn-ʿAbdallāh ¬al-¬
um 1337
Ibn-ʿAbdallāh, Muḥammad al-Ḫaṭīb at-Tibrīzī
Khaṭīb al-Tibrīzī, Muḥammad ibn ʿAbdallah ¬al-¬
Muḥammad Ibn-ʿAbdallah al-Ḫaṭīb at-Tibrīzī
Tibrīzī, al-Ḫaṭīb Muḥammad Ibn-ʿAbdallāh ¬at-¬
Tibrīzī, Muḥammad Ibn-ʿAbdallāh ¬at-¬
Tibrīzī, Muḥammad Ibn-ʿAbdallāh al-Ḫaṭīb ¬al-¬

Ḫaṭîbi'l Bağdâdî, Ebû Bekr Aḥmed b. ʿAlî b. Sâbit
→ **Ḫaṭīb al-Baġdādī, Aḥmad Ibn-ʿAlī ¬al-¬**

Hatim al Tai
→ **Ḥātim aṭ-Ṭā'ī**

Ḥātim aṭ-Ṭā'ī
6. Jh.
Hatim al Tai
Hatim at-Tai
Hâtim Tej
Ṭā'ī, Ḥātim ¬aṭ-¬
Ṭā'ī, Ḥātim Ibn-ʿAbdallāh ¬aṭ-¬

Hâtim Tej
→ **Ḥātim aṭ-Ṭā'ī**

Ḥātimī, Abū-ʿAlī Muḥammad Ibn-al-Ḥasan ¬al-¬
→ **Ḥātimī, Muḥammad Ibn-al-Ḥasan ¬al-¬**

Ḥātimī, Muḥammad Ibn-al-Ḥasan ¬al-¬
gest 988
Abū-ʿAlī al-Ḥātimī
Ḥātimī, Abū-ʿAlī Muḥammad Ibn-al-Ḥasan ¬al-¬
Ibn-al-Ḥasan, Muḥammad al-Ḥātimī
Muḥammad Ibn-al-Ḥasan al-Ḥātimī

Ḫaṭṭābī, Ḥamd Ibn-Muḥammad ¬al-¬
931 – ca. 998
Ḥamd Ibn-Muḥammad al-Ḫaṭṭābī
Ibn-Muḥammad, Ḥamd al-Ḫaṭṭābī
Ibn-Muḥammad al-Ḫaṭṭābī, Ḥamd
Khaṭṭābī, Ḥamd Ibn Muḥammad

Hattem, Jacobus ¬de¬
→ **Jacobus ⟨de Hattem⟩**

Hatto ⟨Archiepiscopus Moguntinus⟩
→ **Hatto ⟨Moguntinus, ...⟩**

Hatto ⟨Basiliensis⟩
763 – 836
Epistula ad Gozbertum abbatum; Visio Wettini; Murbacher Statuten; etc.
DOC,2,910; VL(2),3,939/942; Rep.Font. V,372; LMA,IV,2113
Ahitho
Ahyto
Haito ⟨Basileensis⟩
Haito ⟨Evêque⟩
Haito ⟨von Basel⟩
Haito ⟨von Reichenau⟩
Haitto ⟨von Basel⟩
Hatto ⟨Evêque⟩
Hatto ⟨von Basel⟩
Hatto ⟨von Reichenau⟩
Hayto
Heito ⟨Augiensis⟩
Heito ⟨de Reichenau⟩
Heito ⟨von Reichenau⟩
Hetto ⟨Evêque⟩
Hetto ⟨von Basel⟩
Hetton ⟨de Bâle⟩
Hetton ⟨de Reichenau⟩
Hitto

Hatto ⟨de Vercelli⟩
→ **Atto ⟨Vercellensis⟩**

Hatto ⟨Moguntinus, I.⟩
gest. 913
Epistola ad Johannem IX papam (Authentizität dieses Briefs ist umstritten)
Rep.Font. V,390; DOC,2,911; LMA,IV,1957/58
Ahyto ⟨Moguntinus⟩
Atton ⟨de Mayence⟩
Atton ⟨de Mayence, I.⟩
Atton ⟨de Reichenau⟩
Hatto ⟨Archiepiscopus Moguntinus⟩
Hatto ⟨Mainz, Erzbischof⟩
Hatto ⟨Mainz, Erzbischof, I.⟩
Hatto ⟨Moguntinus⟩
Hatto ⟨von Mainz⟩
Hatto ⟨von Mainz, I.⟩
Hatton ⟨de Reichenau⟩
Moguntinus, Hatto

Hatto ⟨Moguntinus, II.⟩
gest. 970
LMA,IV,1958
Hatto ⟨Mainz, Erzbischof⟩
Hatto ⟨Mainz, Erzbischof, II.⟩
Hatto ⟨von Mainz⟩
Hatto ⟨von Mainz, II.⟩
Moguntinus, Hatto

Hatto ⟨Vercellensis⟩
→ **Atto ⟨Vercellensis⟩**

Hatto ⟨von Basel⟩
→ **Hatto ⟨Basiliensis⟩**

Hatto ⟨von Mainz⟩
→ **Hatto ⟨Moguntinus, ...⟩**

Hatto ⟨von Reichenau⟩
→ **Hatto ⟨Basiliensis⟩**
→ **Hatto ⟨Moguntinus, I.⟩**

Hattungen, Everhardus
→ **Everhardus ⟨Hattungen⟩**

Haubertus ⟨Hispalensis⟩
10. Jh.
Chronicon a.o.c.-919 (1667 wurde das Chronicon unter diesem Namen veröffentlicht, vermutlich handelt es sich aber um einen fiktiven Namen)
Rep.Font. V,390
Haubert ⟨de Dumium⟩
Haubert ⟨de Séville⟩
Haubertus ⟨Dumiensis⟩
Haubertus ⟨Monachus Hispalensis⟩

Hauch ⟨der Kellner⟩
→ **Hawich ⟨der Kellner⟩**

Haug ⟨der Kellner⟩
→ **Hawich ⟨der Kellner⟩**

Haug ⟨von Montfort⟩
→ **Hugo ⟨von Montfort⟩**

Haugwitz, Nikolaus ¬von¬
→ **Nikolaus ⟨von Haugwitz⟩**

Haukr ⟨Erlendsson⟩
ca. 1265 – 1334
Hauksbók
Erlendsson, Haukr
Haukr Erlendsson

Hauptmeister ⟨von Chartres⟩
→ **Meister der Chartreser Westportale**

Hausbertus ⟨Anglicus⟩
→ **Osbertus ⟨Anglicus⟩**

Hausbertus ⟨Pickenham⟩
→ **Osbertus ⟨Anglicus⟩**

Hausen, Friedrich ¬von¬
→ **Friedrich ⟨von Hausen⟩**

Hausmeier, Karlmann
→ **Karlmann ⟨Hausmeier⟩**

Hauteville, Pierre ¬de¬
→ **Pierre ⟨de Hauteville⟩**

Ḥauwārī, Hūd Ibn-Muḥkim ¬al-¬
→ **Hūd Ibn-Muḥkim al-Ḥauwārī**

Havel ⟨Mistr⟩
→ **Gallus ⟨Pragensis⟩**

Haveron, Anthonius
→ **Haneron, Anthonius**

Havich ⟨der Kölner⟩
→ **Hawich ⟨der Kellner⟩**

Hawart
13. Jh.
4 Lieder; Liedfassungen
VL(2),3,559/561

Hawich ⟨der Kellner⟩
um 1350
Sankt Stephans Leben
VL(2),3,561
Hauch ⟨der Kellner⟩
Haug ⟨der Kellner⟩
Havich
Havich ⟨der Kellner⟩
Havich ⟨der Kölner⟩
Havick ⟨der Kellner⟩
Hugo ⟨der Kellner⟩
Kellner, Hawich ¬der¬

Hay, Gilbert
um 1450
Schottischer Übersetzer
LMA,IV,1982
Gilbert ⟨Hay⟩
Gilbert ⟨of the Haye⟩

Hayagrīvā
ca. 1265 – ca. 1324
Hayagrīvācārya
Hayagrivachārya

Hayagrīvācārya
→ **Hayagrīvā**

Haycardus ⟨Magister⟩
→ **Eckhart ⟨Meister⟩**

Haycon ⟨le Frère⟩
→ **Het'owm ⟨Patmič'⟩**

Hayden, Gregor
14./15. Jh.
Salomon und Markolf
VL(2),3,563/564
Gregor ⟨Hayden⟩

Haydenreich ⟨Meister⟩
→ **Heidenricus ⟨Culmensis⟩**

Haymar ⟨de Florence⟩
→ **Haymarus ⟨Florentinus⟩**

Haymar ⟨de Jérusalem⟩
→ **Haymarus ⟨Florentinus⟩**

Haymarius ⟨Monachus⟩
→ **Haymarus ⟨Florentinus⟩**

Haymarus ⟨Florentinus⟩
gest. 1202
De statu terrae sanctae; De expugnata Accone
Potth. 789; LMA,IV,1982; Rep.Font. V,391
Amerigo ⟨Monaco dei Corbizzi⟩
Haymar ⟨de Florence⟩
Haymar ⟨de Jérusalem⟩
Haymar ⟨Patriarche de Jérusalem⟩
Haymarius ⟨Monachus⟩
Haymarius ⟨Patriarch von Jerusalem⟩
Haymarius ⟨von Florenz⟩
Haymarus ⟨de Jérusalem⟩
Haymarus ⟨Erzbischof⟩
Haymarus ⟨Florentinus⟩
Haymarus ⟨Hierosolymitanus⟩
Haymarus ⟨Monachus⟩
Haymarus ⟨Patriarch⟩
Haymarus ⟨Patriarcha⟩
Haymarus ⟨Patriarche⟩
Haymarus ⟨von Caesarea⟩
Haymarus ⟨von Jerusalem⟩
Monachus ⟨Florentinus⟩
Monachus, Haymarius
Monachus Haymarus
Monaco dei Corbizzi, Amerigo

Haymarus ⟨Hierosolymitanus⟩
→ **Haymarus ⟨Florentinus⟩**

Haymarus ⟨Monachus⟩
→ **Haymarus ⟨Florentinus⟩**

Haymarus ⟨Patriarcha⟩
→ **Haymarus ⟨Florentinus⟩**

Haymarus ⟨von Caesarea⟩
→ **Haymarus ⟨Florentinus⟩**

Haymarus ⟨von Jerusalem⟩
→ **Haymarus ⟨Florentinus⟩**

Haymo ⟨...⟩
→ **Haimo ⟨...⟩**

Haymon ⟨d'Auxerre⟩
→ **Haimo ⟨Altissiodorensis⟩**

Haymon ⟨de Hirschau⟩
→ **Haimo ⟨Hirsaugiensis⟩**

Haymon ⟨von Saint-Pierre-sur-Dives⟩
→ **Aimonus ⟨Divensis⟩**

Haymonius ⟨Episcopus⟩
→ **Haimo ⟨Halberstadensis⟩**

Hayn, Jean ¬de¬
→ **Johannes ⟨de Indagine⟩**

Hayn, Matthias
→ **Matthias ⟨Hayn⟩**

Haynin, Jean ¬de¬
1423 – 1495
Mémoires
LMA,IV,1983; Rep.Font. VI,529
Haynin et de Louvegnies, Jean ¬de¬
Jean ⟨de Haynin⟩
Jean ⟨de Haynin et de Louvegnies⟩
Jean ⟨de Haynin et de Louvignies⟩
Jean ⟨de Louvegnies⟩
Louvegnies, Jean de Haynin ¬et de¬

Hayto
→ **Hatto ⟨Basiliensis⟩**

Hayton
→ **Het'owm ⟨Patmič'⟩**

Hayton, Jean
→ **Johannes ⟨Haitonus⟩**

Hayweger, Augustin
15. Jh.
Meisterlied
VL(2),3,564
Augustin ⟨Hayweger⟩

Hayyam, Ömer
→ **'Umar Ḫaiyām**

Hayyim bar Šĕmu'el ben David ⟨mi Tudela⟩
→ **Ḥayyîm Ben-Šemû'ēl Ben-Dāwid**

Hayyim ben Isaac ⟨of Vienna⟩
→ **Ḥayyîm Elî'ezer Ôr Zārûa'**

Ḥayyîm Ben-Šemû'ēl Ben-Dāwid
14. Jh.
Šita le Ba'al ha-Ṣrorot 'al Masseket Ta'anit
Rep.Font. V,395
Ben-Šemû'ēl Ben-Dāwid, Ḥayyîm
Hayyim bar Šĕmu'el ben David ⟨mi Tudela⟩

Ḥayyîm Ben-Yehûdā ⟨Ibn-Mûsâ⟩
→ **Ibn-Mûsâ, Ḥayyîm Ben-Yehûdā**

Ḥayyim Eliezer ben Isaac
→ **Ḥayyîm Elî'ezer Ôr Zārûa'**

Hayyim Eliezer ben Isaac ⟨mi Vienna, 'Or Zaru'a⟩
→ **Ḥayyîm Elî'ezer Ôr Zārûa'**

Ḥayyîm Elî'ezer Ôr Zārûa'
13. Jh.
Ēṣ ḥayyîm; Pisqē Halaka
Rep.Font. V,394; Enṣ. 'Ivrît
Hayyim ben Isaac ⟨of Vienna⟩
Ḥayyim Eliezer ben Isaac
Hayyim Eliezer ben Isaac ⟨mi Vienna, 'Or Zaru'a⟩

Hayyim Ibn Mussa'
→ **Ibn-Mûsâ, Ḥayyîm Ben-Yehûdā**

Ḥayyîm Palṭî'ēl
13./14. Jh.
Minḥagim mi-qol ha-šanā
Potth. V,395
Hayyim Palti'el ben Jacob

Hayyim Palti'el ben Jacob
→ **Ḥayyîm Palṭî'ēl**

Ḥayyûn, Yôsēf ⟨han-Nāśî'⟩
gest. 1497
Rabbiner und Autor in Lissabon, später Konstantinopel
Chajjun, Josef Ben-Abraham
Ḥayyûn, Yôsēf ben-Avrāhām
Yôsēf ⟨Ḥayyûn han-Nāśî'⟩

Ḥayyûn, Yôsēf ben-Avrāhām
→ **Ḥayyûn, Yôsēf ⟨han-Nāśî'⟩**

Hazardière, Pierre ¬de¬
→ **Petrus ⟨de Lahazardière⟩**

Hazecho
→ **Azecho ⟨Wormaciensis⟩**

Ḥāzim al-Qartağinnī
→ **Qartağannī, Ḥāzim Ibn-Muḥammad ¬al-¬**

Ḥāzim Ibn-Muḥammad al-Qartağannī
→ **Qartağannī, Ḥāzim Ibn-Muḥammad ¬al-¬**

Ḥāzimī, Abū-Bakr Muḥammad Ibn-Mūsā ¬al-¬
→ **Ḥāzimī, Muḥammad Ibn-Mūsā ¬al¬**

Ḥāzimī, Muḥammad Ibn-Mūsā ¬al¬
gest. 1188
Al-Ḥāzimī
Ḥāzimī, Abū-Bakr Muḥammad Ibn-Mūsā ¬al-¬
Ibn-Mūsā, Muḥammad al-Ḥāzimī
Muḥammad Ibn-Mūsā al-Ḥāzimī

Ḫāzinī, 'Abd-ar-Raḥmān ¬al-¬
um 1121
LMA,IV,1983
'Abd-ar-Raḥmān al-Ḫāzinī
Abū-Ğa'far al-Ḫāzinī
Al-Khazini
Chasini ¬al-¬
Ḫāzinī, Abū-Manṣūr 'Abd-ar-Raḥmān ¬al-¬
Ḫāzinī, Abu-'l-Fatḥ 'Abd-ar-Raḥmān ¬al-¬
Khāzinī, 'Abd al-Raḥmān

Ḫāzinī, Abu-'l-Fatḥ 'Abd-ar-Raḥmān ¬al-¬
→ **Ḫāzinī, 'Abd-ar-Raḥmān ¬al-¬**

Ḫāzinī, Abū-Manṣūr 'Abd-ar-Raḥmān ¬al-¬
→ **Ḫāzinī, 'Abd-ar-Raḥmān ¬al-¬**

Ḫazrağī, Abū-Dulaf Mis'ar Ibn-al-Muhalhil ¬al-¬
→ **Abū-Dulaf Mis'ar Ibn-al-Muhalhil al-Ḫazrağī**

Ḥazzāyā, Joseph
→ **Yausep ⟨Ḥazzāyā⟩**

Ḥazzāyā, Yausep
→ **Yausep ⟨Ḥazzāyā⟩**

He, Zongmi
→ **Zongmi**

Hebernand, Hetenig
→ **Ebernand ⟨von Erfurt⟩**

Hebernus ⟨Turonensis⟩
gest. 916
Miracula Sancti Martini
Hebern ⟨Abbé⟩
Hebern ⟨Archevêque⟩
Hebern ⟨de Marmoutier⟩
Hebern ⟨de Tours⟩
Hebern ⟨Evêque⟩
Hebernus ⟨Evêque de Tours⟩
Herbern ⟨Abbé⟩
Herbern ⟨Archevêque⟩
Herbern ⟨de Marmoutier⟩
Herbern ⟨de Tours⟩

Hebo ⟨Remensis⟩
→ **Ebbo ⟨Remensis⟩**

Hébrard ⟨de Béthune⟩
→ **Eberhardus ⟨Bethuniensis⟩**

Hébrard ⟨Gréciste⟩
→ **Eberhardus ⟨Bethuniensis⟩**

Hebrethmus ⟨Cluniacensis⟩
gest. ca. 1085
S. Indaletii ep. Urcitani Translatio
Rep.Font. V,395
Hébrethme ⟨de Cluny⟩
Hébrethme ⟨de la Penna⟩
Hebrethmus ⟨Monachus Cluniacensis⟩
Hebretmus ⟨Cluniacensis⟩

Hecham, Guilelmus ¬de¬
→ **Guilelmus ⟨de Hecham⟩**

Hechinger, Johannes
um 1460
Med.-technolog. Eintragungen auf freien Seiten einer lat. Sammelhandschrift
VL(2),3,564/565
Johannes ⟨Hechinger⟩

Hechte, Pfarrer ¬zu dem¬
→ **Pfarrer zu dem Hechte**

Hechtl, Johann
→ **Hechtlein, Johann**

Hechtlein, Johann
um 1460/88 · OSB
Spruchsammlung
VL(2),3,565
Hechtl, Johann
Johann ⟨Hechtlein⟩

Heck, Alexander ¬van den¬
→ **Hegius, Alexander**

Heck, Sander ¬de¬
→ **Hegius, Alexander**

Hector ⟨Mülich⟩
→ **Mülich, Hektor**

Hedessi, Jehuda
→ **Hadassî, Yehûdā Ben-Ēliyyāhû**

Hedwig ⟨Schlesien, Herzogin⟩
ca. 1178/80 – 1243
LMA,IV,1985/86
Hedwig ⟨Heilige⟩
Hedwig ⟨Sankt⟩
Hedwig ⟨von Andechs⟩
Hedwig ⟨von Schlesien⟩
Hedwige ⟨Sainte⟩
Hedwigis ⟨Sancta⟩
Jadwiga ⟨von Schlesien⟩

Hedwigis ⟨Sancta⟩
→ **Hedwig ⟨Schlesien, Herzogin⟩**

Heelu, Jan ¬van¬
→ **Jan ⟨van Heelu⟩**

Heff, Leonhard
um 1459/70
Übers. der Chronica pontificum et imperatorum; Imago mundi; Intervalltafel
VL(2),3,569/572; Rep.Font. V,396/397
Hefft, Leonhard
Heffter, Leonhard
Leonhard ⟨Heff⟩
Leonhard ⟨Heffter⟩
Leonhardus ⟨Heff⟩

Heffter, Leonhard
→ **Heff, Leonhard**

Hegebertus ⟨Diaconus⟩
→ **Egebertus ⟨Diaconus⟩**

Heghestersteen, Michael
→ **Michael ⟨Heghestersteen⟩**

Hegius, Alexander
ca. 1439/40 – 1498
Prosaschriften; Schriften zur Grammatik; Gedichte
VL(2),3,572/577
Alexander ⟨Hegius⟩
Alexandre ⟨de Heck⟩
Alexandre ⟨Hegius⟩
Heck, Alexander
Heck, Alexander ¬van den¬
Heck, Alexandre ¬de¬
Heck, Sander ¬de¬
Hegius, Alexandre
Hegius, Sander
Hek, Alexander
Hek de Stenfordia, Sanderus
Sander ⟨de Heck⟩
Sander ⟨Hegius⟩
Sanderus ⟨Hek de Stenfordia⟩

Hegius, Sander
→ **Hegius, Alexander**

Hegstersten, Michael
→ **Michael ⟨Heghestersteen⟩**

Heiczingerin ⟨zu Munichen⟩
→ **Heissingerin**

Heidenheim, Hugeburc ¬von¬
→ **Hugeburc ⟨Heidenheimensis⟩**

Heidenreich ⟨Bischof⟩
→ **Heidenricus ⟨Culmensis⟩**

Heidenricus ⟨Culmensis⟩
gest. 1263 · OP
Sermo; Tract. De amore S. Trinitatis; Von der unmeßigen minne
Kaeppeli,II,178/179; VL(2),3,610/612; Schönberger/ Kible, Repertorium, 13661/62
Haydenreich ⟨Meister⟩
Heidenreich ⟨Bischof⟩
Heidenreich ⟨Kulm, Bischof⟩
Heidenreich ⟨von Kulm⟩
Heidenrich ⟨von Kulm⟩
Heidenricus ⟨Bischof von Kulm⟩
Heidenricus ⟨Episcopus Culmensis⟩
Heidenricus ⟨OP⟩
Heidenricus ⟨von Kulm⟩
Heinrich ⟨Dominikaner⟩
Heinrich ⟨Heidenreich⟩
Heinrich ⟨von Kulm⟩

Heigerlov, Albrecht ¬von¬
→ **Albrecht ⟨von Hohenberg⟩**

Heilbronn, Balthasar ¬von¬
→ **Balthasar ⟨von Heilbronn⟩**

Heilbronn, Johannes ¬de¬
→ **Johannes ⟨Härrer de Heilbronn⟩**
→ **Johannes ⟨Trutzenbach de Heilbronn⟩**

Heile ⟨Blomarts⟩
→ **Blomardinne, Heylwighe**

Heiligenkreuz, Otto ¬von¬
→ **Otto ⟨von Heiligenkreuz⟩**

Heilo, Fridericus ¬de¬
→ **Fridericus ⟨de Heilo⟩**

Heilsbronn, Mönch ¬von¬
→ **Mönch ⟨von Heilsbronn⟩**

Heilwidis ⟨Bloemart⟩
→ **Blomardinne, Heylwighe**

Heilwigis ⟨Bloemart⟩
→ **Blomardinne, Heylwighe**

Heimberger, Gregorius
→ **Heimburg, Gregorius**

Heimburg, Gregorius
ca. 1400 – 1472
Appellatio a bulla excommunicationis Pii II papae ad concilium generale et liberum; Apologia contra detractiones et blasphemias Theodori Laeli Feltrensis episcopi; Apologia pro Georgio Podiebrad rege Bohemi
LMA,IV,1682; Rep.Font. V,397
Gregoire ⟨de Heimburg⟩
Gregor ⟨Heimburg⟩
Gregor ⟨von Heimburch⟩
Gregor ⟨von Heimburg⟩
Gregorius ⟨de Heimburg⟩
Gregorius ⟨Heimberger⟩
Gregorius ⟨Heimburg⟩
Gregorius ⟨Heimburgensis⟩
Gregorius ⟨Heimbürger⟩
Gregorius ⟨Hembergensis⟩
Heimberger, Gregorius
Heimburch, Gregor ¬von¬
Heimburg, Gregor
Heimburg, Gregor ¬von¬
Heimburg, Gregorius ¬de¬
Heimbürger, Gregorius

Heimburg, Henricus ¬de¬
→ **Henricus ⟨de Heimburg⟩**

Heimeric ⟨van den Velde⟩
→ **Heymericus ⟨de Campo⟩**

Heimericus ⟨van de Velde⟩
→ **Heymericus ⟨de Campo⟩**

Heimesfurt, Konrad ¬von¬
→ **Konrad ⟨von Heimesfurt⟩**

Heimo ⟨...⟩
→ **Haimo ⟨...⟩**

Heimric ⟨van den Velde⟩
→ **Heymericus ⟨de Campo⟩**

Heimricius, Arnoldus
→ **Heymerick, Arnold**

Hein ⟨van Aken⟩
14. Jh.
Aken, Hein ¬van¬
Aken, Heinric ¬van¬
Heinric ⟨van Aken⟩

Heinardus
→ **Einhardus**

Heinbuche, Heinrich
→ **Henricus ⟨de Langenstein⟩**

Heindl, Wolfgangus
→ **Wolfgangus ⟨Haindl⟩**

Heinenzsoon de Ruyris, Claes
→ **Claes ⟨Heinenzsoon de Ruyris⟩**

Heinrec ⟨van der Calstere⟩
→ **Heinrich ⟨von Löwen⟩**

Heinric ⟨van Aken⟩
→ **Hein ⟨van Aken⟩**

Heinric ⟨van Veldeke⟩
→ **Heinrich ⟨von Veldeke⟩**

Heinrich
→ **Henricus ⟨Lettus⟩**

Heinrich ⟨Adler⟩
→ **Henricus ⟨de Aquila⟩**

Heinrich ⟨Aeger⟩
→ **Henricus ⟨de Calcar⟩**

Heinrich ⟨Anhalt, Graf, I.⟩
→ **Heinrich ⟨von Anhalt⟩**

Heinrich ⟨Armer Knecht⟩
→ **Heinrich ⟨von Melk⟩**

Heinrich ⟨Arnold⟩
→ **Henricus ⟨Arnoldi⟩**

Heinrich ⟨Ascharien, Graf, I.⟩
→ **Heinrich ⟨von Anhalt⟩**

Heinrich ⟨aus Heilbronn⟩
→ **Heinrich ⟨Bruder⟩**

Heinrich ⟨Barz⟩
→ **Barz, Heinrich**

Heinrich ⟨Bate de Malines⟩
→ **Henricus ⟨Bate⟩**

Heinrich ⟨Bayern und Sachsen, Herzog, XI.⟩
→ **Heinrich ⟨Sachsen, Herzog, III.⟩**

Heinrich ⟨Beauclerk⟩
→ **Henry ⟨England, King, I.⟩**

Heinrich ⟨bei dem Türlin⟩
→ **Heinrich ⟨von dem Türlin⟩**

Heinrich ⟨Beringer⟩
→ **Beringer, Heinrich**

Heinrich ⟨Bischof⟩
→ **Heinrich ⟨von Bocholt⟩**

Heinrich ⟨Breslau, Herzog⟩
→ **Heinrich ⟨von Breslau⟩**

Heinrich ⟨Breyell⟩
→ **Breyell, Heinrich**

Heinrich ⟨Bruder⟩
um 1446 · OCist dann Barfüßer
Offener Brief
VL(2),3,677/678
Bruder Heinrich
Heinrich ⟨aus Heilbronn⟩

Heinrich ⟨Buman⟩
→ **Buman, Heinrich**

Heinrich ⟨Caper⟩
gest. 1457
Fälschlicherweise als Verf. der Danziger Ordenschronik 1190-1439 (dt.) genannt
VL(2),2,44; Rep.Font. III,120: III,343; V,421
Caper, Heinrich
Caper, Henricus
Heinrich ⟨Kaper⟩
Henricus ⟨Caper⟩
Kaper, Heinrich

Heinrich ⟨de Balma⟩
→ **Hugo ⟨de Balma⟩**

Heinrich ⟨Deichsler⟩
→ **Deichsler, Heinrich**

Heinrich ⟨der Arme⟩
→ **Henricus ⟨Septimellensis⟩**

Heinrich ⟨der Arme Knecht⟩
→ **Heinrich ⟨von Melk⟩**

Heinrich ⟨der Dicke⟩
→ **Heinrich ⟨Mecklenburg-Schwerin, Herzog, II.⟩**

Heinrich ⟨der Elsässer⟩
→ **Heinrich ⟨der Gleißner⟩**

Heinrich ⟨der Erlauchte⟩
→ **Heinrich ⟨Meißen, Markgraf, III.⟩**

Heinrich ⟨der Frauenlob⟩
→ **Heinrich ⟨von Meißen⟩**

Heinrich ⟨der Gleißner⟩
12. Jh.
VL(2)
Gleissner, Heinrich ¬der¬
Gleißner, Heinrich ¬der¬
Glichesaere, Heinrich ¬der¬
Heinrich ⟨der Elsässer⟩
Heinrich ⟨der Gleisner⟩
Heinrich ⟨der Glîchesaere⟩
Heinrich ⟨der Glichesaere⟩
Heinrich ⟨der Glichezaere⟩
Heinrich ⟨der Glîchezâre⟩
Heinrich ⟨der Glîchsenaere⟩
Heinrich ⟨der Verfasser des Reinhart Fuchs⟩
Henri ⟨le Glichezäre⟩

Heinrich ⟨der Glîchsenaere⟩
→ **Heinrich ⟨der Gleißner⟩**

Heinrich ⟨der Heilige⟩
→ **Heinrich ⟨Römisch-Deutsches Reich, Kaiser, II.⟩**

Heinrich ⟨der Klausner⟩
13. Jh.
Mariendichtung
VL(2),3,758/759
Klausner, Heinrich ¬der¬

Heinrich ⟨der Krauel⟩
→ **Münsinger, Heinrich**

Heinrich ⟨der Kröwel⟩
→ **Münsinger, Heinrich**

Heinrich ⟨der Lette⟩
→ **Henricus ⟨Lettus⟩**

Heinrich ⟨der Löwe⟩
→ **Heinrich ⟨Mecklenburg, Herzog, II.⟩**
→ **Heinrich ⟨Sachsen, Herzog, III.⟩**

Heinrich ⟨der Minnesänger⟩
→ **Heinrich ⟨der Vogler⟩**

Heinrich ⟨der Poet⟩
→ **Henricus ⟨Herbipolensis⟩**

Heinrich ⟨der Rost⟩
→ **Rost**

Heinrich ⟨der Seuse⟩
→ **Seuse, Heinrich**

Heinrich ⟨der Taube⟩
→ **Henricus ⟨Surdus⟩**

Heinrich ⟨der Teichner⟩
14. Jh.
VL(2),1,270; LMA,IV,2106/07
Alte Moringer
Moringer ⟨der Alte⟩
Teichner, Heinrich
Teichner, Heinrich ¬der¬

Heinrich ⟨der Tugendhafte Schreiber⟩
→ **Tugendhafte Schreiber, ¬Der¬**

Heinrich ⟨der Verfasser des Reinhart Fuchs⟩
→ **Heinrich ⟨der Gleißner⟩**

Heinrich ⟨der Vogelaere⟩
→ **Heinrich ⟨der Vogler⟩**
→ **Heinrich ⟨Römisch-Deutsches Reich, König, I.⟩**

Heinrich ⟨der Vogler⟩
13. Jh.
VL(2); Meyer
Heinrich ⟨der Minnesänger⟩
Heinrich ⟨der Vogelaere⟩
Vogler, Heinrich ¬der¬

Heinrich ⟨Derby, Graf⟩
→ **Henry ⟨England, King, IV.⟩**

Heinrich ⟨Deutschland, König, VI.⟩
→ **Heinrich ⟨Römisch-Deutsches Reich, König, VI.⟩**

Heinrich ⟨Deutschordensbruder⟩
→ **Heinrich ⟨von Baldenstetten⟩**

Heinrich ⟨Dittlinger⟩
→ **Dittlinger, Heinrich**

Heinrich ⟨Domar⟩
→ **Domar, Heinrich**

Heinrich ⟨Dominikaner⟩
→ **Heidenricus ⟨Culmensis⟩**

Heinrich ⟨Eggestein⟩
→ **Eggestein, Heinrich**

Heinrich ⟨Egher⟩
→ **Henricus ⟨de Calcar⟩**

Heinrich ⟨England, König, ...⟩
→ **Henry ⟨England, King, ...⟩**

Heinrich ⟨Erzbischof von Mainz, II.⟩
→ **Henricus ⟨Goeckelmann⟩**

Heinrich ⟨Euta⟩
→ **Henricus ⟨Totting⟩**

Heinrich ⟨Fabri⟩
→ **Fabri, Heinrich**

Heinrich ⟨Frankreich, König, I.⟩
→ **Henri ⟨France, Roi, I.⟩**

Heinrich ⟨Frater⟩
→ **Heinrich ⟨von Zürich⟩**

Heinrich ⟨Frauenlob⟩
→ **Heinrich ⟨von Meißen⟩**

Heinrich ⟨Fuller⟩
→ **Fuller, Henricus**

Heinrich ⟨Goeckelmann⟩
→ **Henricus ⟨Goeckelmann⟩**

Heinrich ⟨Graf von Anhalt⟩
→ **Heinrich ⟨von Anhalt⟩**

Heinrich ⟨Grat⟩
→ **Grat, Heinrich**

Heinrich ⟨Gundelfingen⟩
→ **Gundelfingen, Heinrich**

Heinrich ⟨Gutevrunt⟩
→ **Gutevrunt, Heinrich**

Heinrich ⟨Haller⟩
→ **Haller, Heinrich**

Heinrich ⟨Harcley⟩
→ **Henricus ⟨de Harclay⟩**

Heinrich ⟨Heidenreich⟩
→ **Heidenricus ⟨Culmensis⟩**

Heinrich ⟨Heinbuche von Langenstein⟩
→ **Henricus ⟨de Langenstein⟩**

Heinrich ⟨Henze⟩
→ **Henze, Heinrich**

Heinrich ⟨Herceley⟩
→ **Henricus ⟨de Harclay⟩**

Heinrich ⟨Herpf⟩
→ **Henricus ⟨Herpius⟩**

Heinrich ⟨Hetzbold⟩
→ **Hetzbold, Heinrich**

Heinrich ⟨Heynbuch⟩
→ **Henricus ⟨de Langenstein⟩**

Heinrich ⟨Honover⟩
→ **Honover, Henricus**

Heinrich ⟨Hostiensis⟩
→ **Henricus ⟨de Segusia⟩**

Heinrich ⟨Hunold⟩
→ **Hunold, Heinrich**

Heinrich ⟨Iselin von Rosenfeld⟩
→ **Iselin, Henricus**

Heinrich ⟨Italicus⟩
→ **Henricus ⟨de Isernia⟩**

Heinrich ⟨Jäck⟩
→ **Jäck, Heinrich**

Heinrich ⟨Kalteisen⟩
→ **Henricus ⟨Kalteisen⟩**

Heinrich ⟨Kaper⟩
→ **Heinrich ⟨Caper⟩**

Heinrich ⟨Kaplan⟩
15. Jh.
2 Predigten; vielleicht identisch mit Heinrich ⟨von Soest⟩
VL(2),3,682
Heinrich ⟨von Sankt Mauritius⟩
Heinrich ⟨von Soest⟩
Kaplan Heinrich

Heinrich ⟨Kardinalbischof⟩
→ **Henricus ⟨de Marsiaco⟩**

Heinrich ⟨Kaufringer⟩
→ **Kaufringer, Heinrich**

Heinrich ⟨Knoderer⟩
→ **Henricus ⟨Goeckelmann⟩**

Heinrich ⟨Koburger⟩
→ **Koburger, Heinrich**

Heinrich ⟨Kramer⟩
→ **Kramer, Heinrich**

Heinrich ⟨Krauel⟩
→ **Münsinger, Heinrich**

Heinrich ⟨Krauter⟩
→ **Krauter, Heinrich**

Heinrich ⟨Kröwel von Münsingen⟩
→ **Münsinger, Heinrich**

Heinrich ⟨Krumestl⟩
→ **Krumestl, Heinrich**

Heinrich ⟨Kudorfer⟩
→ **Kudorfer, Heinrich**

Heinrich ⟨Kugullin⟩
→ **Henricus ⟨Goeckelmann⟩**

Heinrich ⟨Kurzmantel⟩
→ **Henry ⟨England, King, II.⟩**

Heinrich ⟨Lamme⟩
→ **Lamme, Heinrich**

Heinrich ⟨Laufenberg⟩
→ **Laufenberg, Heinrich**

Heinrich ⟨Laur⟩
→ **Lur, Henricus**

Heinrich ⟨Lermeister⟩
→ **Kramer, Heinrich**

Heinrich ⟨Lübeck, Bischof, XII.⟩
→ **Heinrich ⟨von Bocholt⟩**

Heinrich ⟨Lür⟩
→ **Lur, Henricus**

Heinrich ⟨Magister⟩
→ **Henricus ⟨de Suonishain⟩**

Heinrich ⟨Mecklenburg, Herzog, II.⟩
1262 – 1329
Europ. Stammtaf.,I,119
Heinrich ⟨der Löwe⟩
Henri ⟨le Lion-Chauve⟩
Henri ⟨Mecklembourg, Duc, II.⟩

Heinrich ⟨Mecklenburg-Schwerin, Herzog, II.⟩
1417 – 1477
Heinrich ⟨der Dicke⟩

Heinrich ⟨Meißen, Markgraf, III.⟩
1218-1288
6 Lieder; Kirchenmusik; nicht identisch mit Heinrich ⟨von Meißen⟩
VL(2),3,785/787
Heinrich ⟨der Erlauchte⟩
Heinrich ⟨Osterland, Markgraf, III.⟩
Henri ⟨Lusace, Margrave, III.⟩
Henri ⟨l'Illustre⟩
Henri ⟨Misnie, Margrave, III.⟩
Henri ⟨Thuringe, Landgrave⟩
Henricus ⟨Illustris⟩
Henricus ⟨Lusatia, Marchio, III.⟩
Henricus ⟨Misnia, Marchio, III.⟩

Heinrich ⟨Meister⟩
→ **Heinrich ⟨von Braunschweig⟩**
→ **Heinrich ⟨von Nürnberg⟩**

Heinrich ⟨Meister⟩
15. Jh.
Von den phaffen und pheffin
VL(2),3,682/683
Heinrich ⟨Meister, I.⟩
Meister Heinrich

Heinrich ⟨Michel⟩
→ **Michel, Heinrich**

Heinrich ⟨Mönch⟩
→ **Henricus ⟨Tegernseensis⟩**

Heinrich ⟨Moréri⟩
→ **Heinricus ⟨Totting⟩**

Heinrich ⟨Morungen⟩
→ **Heinrich ⟨von Morungen⟩**

Heinrich ⟨Münsinger⟩
→ **Münsinger, Heinrich**

Heinrich ⟨Nolt⟩
→ **Nolt, Heinrich**

Heinrich ⟨of Berchtoldsgaden⟩
→ **Henricus ⟨Salisburgensis⟩**

Heinrich ⟨Offenbach⟩
→ **Offenbach, Heinrich**

Heinrich ⟨Osterland, Markgraf, III.⟩
→ **Heinrich ⟨Meißen, Markgraf, III.⟩**

Heinrich ⟨Partsch⟩
→ **Barz, Heinrich**

Heinrich ⟨Pater⟩
15. Jh.
Von der heyligen trinitett
VL(2),3,683/684
Pater Heinrich

Heinrich ⟨Pfalz, Pfalzgraf⟩
1195 – 1214
LMA,V,1339/40
Heinrich ⟨Pfalz, Graf⟩
Heinrich ⟨Pfalzgraf⟩
Heinrich ⟨Rhein, Pfalzgraf⟩
Henricus ⟨Palatinus Comes⟩

Heinrich ⟨Pflaundorfer⟩
→ **Pflaundorfer, Heinz**

Heinrich ⟨Plöne⟩
→ **Beringer, Heinrich**

Heinrich ⟨Pot⟩
→ **Pot, Heinrich**

Heinrich ⟨Pressela, Herzoge⟩
→ **Heinrich ⟨von Breslau⟩**

Heinrich ⟨Rafold⟩
→ **Rafold, Heinrich**

Heinrich ⟨Raspe⟩
→ **Heinrich Raspe ⟨Römisch-Deutsches Reich, König, Gegenkönig⟩**

Heinrich ⟨Regenstein, Graf, I.⟩
→ **Heinrich ⟨von Regenstein⟩**

Heinrich ⟨Rhein, Pfalzgraf⟩
→ **Heinrich, ⟨Pfalz, Pfalzgraf⟩**

Heinrich ⟨Riß⟩
→ **Riß, Heinrich**

Heinrich ⟨Römisch-Deutsches Reich, Kaiser, II.⟩
973 – 1024
CSGL; Meyer; LMA,IV,2037/39
Heinrich ⟨der Heilige⟩
Henri ⟨Allemagne, Empereur, II.⟩
Henri ⟨le Boiteux⟩
Henricus ⟨Bavaria, Dux, XXXI.⟩
Henricus ⟨Germania, Imperator, II.⟩
Henricus ⟨Imperium Romanum-Germanicum, Imperator, II.⟩
Henricus ⟨Sanctus⟩
Henry ⟨Germany, Emperor, II.⟩
Henry ⟨Holy Roman Empire, Emperor, II.⟩

Heinrich ⟨Römisch-Deutsches Reich, Kaiser, III.⟩
1017 – 1056
CSGL; Meyer; LMA,IV,2039/41
Henri ⟨Allemagne, Empereur, III.⟩
Henri ⟨le Noir⟩
Henricus ⟨Germania, Imperator, III.⟩
Henricus ⟨Imperium Romanum-Germanicum, Imperator, III.⟩
Henricus ⟨Niger⟩
Henry ⟨Germany, Emperor, III.⟩
Henry ⟨Holy Roman Empire, Emperor, III.⟩

Heinrich ⟨Römisch-Deutsches Reich, Kaiser, IV.⟩
1050 – 1106
CSGL; Meyer; LMA,IV,2041/43
Henri ⟨Allemagne, Empereur, IV.⟩
Henricus ⟨Germania, Imperator, IV.⟩
Henricus ⟨Imperium Romanum-Germanicum, Imperator, IV.⟩
Henry ⟨Germany, Emperor, IV.⟩
Henry ⟨Holy Roman Empire, Emperor, IV.⟩

Heinrich ⟨Römisch-Deutsches Reich, Kaiser, V.⟩
ca. 1086 – 1125
CSGL; Meyer; LMA,IV,2043/45
Henri ⟨Allemagne, Empereur, V.⟩
Henricus ⟨Germania, Imperator, V.⟩
Henricus ⟨Imperium Romanum-Germanicum, Imperator, V.⟩
Henry ⟨Germany, Emperor, V.⟩
Henry ⟨Holy Roman Empire, Emperor, V.⟩

Heinrich ⟨Römisch-Deutsches Reich, Kaiser, VI.⟩
1165 – 1197
Meyer; LMA,IV,2045/47
Heinrich ⟨Sizilien, König⟩
Heinrich ⟨von Staufen, 1165-1197⟩
Henri ⟨Allemagne, Empereur, VI.⟩
Henricus ⟨Imperium Romanum-Germanicum, Imperator, VI.⟩
Henry ⟨Germany, Emperor, VI.⟩
Henry ⟨Holy Roman Empire, Emperor, VI.⟩

Heinrich ⟨Römisch-Deutsches Reich, Kaiser, VII.⟩
1274/75 – 1313
Meyer; LMA,IV,2047/49
Enrico ⟨di Lussemburgo⟩
Heinrich ⟨von Lützelburg⟩
Heinrich ⟨von Luxemburg⟩
Henri ⟨Allemagne, Empereur, VII.⟩
Henri ⟨Luxembourg, Comte⟩
Henricus ⟨Imperium Romanum-Germanicum, Imperator, VII.⟩
Henry ⟨Germany, Emperor, VII.⟩
Henry ⟨Holy Roman Empire, Emperor, VII.⟩

Heinrich ⟨Römisch-Deutsches Reich, König, I.⟩
ca. 875 – 936
CSGL; Meyer; LMA,IV,2036/37
Heinrich ⟨der Vogler⟩
Heinrich ⟨Sachsen, Herzog⟩
Henri ⟨Allemagne, Roi, I.⟩
Henri ⟨l'Oiseleur⟩
Henricus ⟨Auceps⟩
Henricus ⟨Germania, Imperator, I.⟩
Henricus ⟨Imperium Romanum-Germanicum, Rex, I.⟩
Henry ⟨Holy Roman Empire, King, I.⟩

Heinrich ⟨Römisch-Deutsches Reich, König, VI.⟩
1137 – 1150
Sohn von Konrad ⟨Römisch-Deutsches Reich, König, III.⟩
LMA,V,1339/40
Heinrich ⟨Deutschland, König, VI.⟩
Heinrich ⟨Römischer König, VI.⟩
Henri ⟨Roi des Romains, VI.⟩
Henricus ⟨Germania, Rex, VI.⟩
Henricus ⟨Imperium Romanum-Germanicum, Imperator, VI.⟩

Heinrich ⟨Rosla⟩
→ **Rosla, Henricus**

Heinrich ⟨Ryß⟩
→ **Riß, Heinrich**

Heinrich ⟨Sachsen, Herzog⟩
→ **Heinrich ⟨Römisch-Deutsches Reich, König, I.⟩**

Heinrich ⟨Sachsen, Herzog, III.⟩
ca. 1129 – 1195
Meyer; LMA,IV,2076/78
Heinrich ⟨Bayern und Sachsen, Herzog, XI.⟩
Heinrich ⟨der Löwe⟩
Heinrich ⟨Sachsen und Bayern, Herzog⟩
Henri ⟨de Brunswick⟩
Henri ⟨le Lion⟩
Henri ⟨Saxe, Duc⟩
Henricus ⟨Leo⟩
Henry ⟨Bavaria and Saxony, Duke⟩
Henry ⟨Saxony, Duke⟩
Henry ⟨the Lion⟩

Heinrich ⟨Schlüsselfelder⟩
→ **Schlüsselfelder, Heinrich**

Heinrich ⟨Schreiber⟩
→ **Tugendhafte Schreiber, ¬Der¬**

Heinrich ⟨Schulmeister⟩
→ **Kramer, Heinrich**

Heinrich ⟨Seuse⟩
→ **Seuse, Heinrich**

Heinrich ⟨Sizilien, König⟩
→ **Heinrich ⟨Römisch-Deutsches Reich, Kaiser, VI.⟩**

Heinrich ⟨Steinhöwel⟩
→ **Steinhöwel, Heinrich**

Heinrich ⟨Steinruck⟩
→ **Steinruck, Heinrich**

Heinrich ⟨Stercker⟩
→ **Stercker, Henricus**

Heinrich ⟨Stero⟩
→ **Henricus ⟨Stero⟩**

Heinrich ⟨Stich⟩
→ **Stich, Heinrich**

Heinrich ⟨Stolberg, Graf⟩
→ **Heinrich ⟨zu Stolberg⟩**

Heinrich ⟨Suso⟩
→ **Seuse, Heinrich**

Heinrich ⟨Suter⟩
→ **Suter, Heinrich**

Heinrich ⟨Taube⟩
→ **Henricus ⟨Surdus⟩**

Heinrich ⟨Tegernseer Mönch⟩
→ **Henricus ⟨Tegernseensis⟩**

Heinrich ⟨Teschler⟩
→ **Teschler, Heinrich**

Heinrich ⟨Teuffenbeck⟩
→ **Teuffenbeck, Henricus**

Heinrich ⟨Thopping von Sinsheim⟩
→ **Henricus ⟨de Suonishain⟩**

Heinrich ⟨Thüringen, Landgraf⟩
→ **Heinrich Raspe ⟨Römisch-Deutsches Reich, König, Gegenkönig⟩**

Heinrich ⟨Toke⟩
→ **Toke, Henricus**

Heinrich ⟨Totting von Oyta⟩
→ **Henricus ⟨Totting⟩**

Heinrich ⟨Tröglein⟩
→ **Henricus ⟨Tröglein⟩**

Heinrich ⟨Truchsess⟩
→ **Henricus ⟨de Diessenhofen⟩**

Heinrich ⟨ûz Missen⟩
→ **Heinrich ⟨von Kröllwitz⟩**

Heinrich ⟨van Beeck⟩
→ **Heinrich ⟨von Beeck⟩**

Heinrich ⟨van den Calstre⟩
→ **Heinrich ⟨von Löwen⟩**

Heinrich ⟨van Rees⟩
ca. 1380 – 1448
Heilverfahren zur Behandlung von Brandwunden
VL(2),3,867/868
Heinrich ⟨van Scherf⟩
Rees, Heinrich ¬van¬
Scherf, Heinrich ¬van¬

Heinrich ⟨van Scherf⟩
→ **Heinrich ⟨van Rees⟩**

Heinrich ⟨Vater⟩
15. Jh.
Scheltpredigten; vmtl. Katharinenkloster, Nürnberg
VL(2),3,684/685
Vater Heinrich

Heinrich ⟨Verfasser der Litanei⟩
um 1187
Litanei
VL(2),3,662/666
Verfasser der Litanei

Heinrich ⟨Verfasser eines grammatikalischen Lehrbuchs⟩
→ **Henricus ⟨Decretorum Doctor⟩**

Heinrich ⟨Vigilis⟩
→ **Vigilis, Heinrich**

Heinrich ⟨vom Bayerland⟩
→ **Heinrich ⟨von München⟩**

Heinrich ⟨vom Purchhauß⟩
→ **Heinrich ⟨von Burgeis⟩**

Heinrich ⟨von Albano⟩
→ **Henricus ⟨de Marsiaco⟩**

Heinrich ⟨von Alfeld⟩
→ **Henricus ⟨Arnoldi⟩**

Heinrich ⟨von Alkmar⟩
→ **Hendrik ⟨van Alkmaar⟩**

Heinrich ⟨von Altendorf⟩
→ **Henricus ⟨de Hassia⟩**

Heinrich ⟨von Anhalt⟩
ca. 1170 – 1251/52
Minnesänger
VL(2),3,685/687
Anhalt, Heinrich ¬von¬
Heinrich ⟨Anhalt, Graf, I.⟩
Heinrich ⟨Ascharien, Graf, I.⟩
Heinrich ⟨Graf von Anhalt⟩
Heinrich ⟨von Ascharien und Anhalt⟩
Henri ⟨Anhalt, Prince⟩
Henri ⟨Ascanie, Comte⟩
Henri ⟨d'Ascanie⟩
Henri ⟨le Vieux-Gras⟩

Heinrich ⟨von Ascharien und Anhalt⟩
→ **Heinrich ⟨von Anhalt⟩**

Heinrich ⟨von Augsburg⟩
um 1339
Predigten; Leutpriester, Basel; vielleicht identisch mit Heinrich ⟨von Nördlingen⟩
VL(2),3,690; Rep.Font. V,401
Augsburg, Heinrich ¬von¬
Heinrich ⟨von Augsburg, II.⟩

Heinrich ⟨von Augsburg⟩
→ **Henricus ⟨Augustanus⟩**

Heinrich ⟨von Avranches⟩
→ **Henricus ⟨de Abrincis⟩**

Heinrich ⟨von Baldenstetten⟩
15. Jh.
„Wündärznei"-Bearbeitung
VL(2),3,690/691
Baldenstetten, Heinrich ¬von¬
Heinrich ⟨Deutschordensbruder⟩

Heinrich ⟨von Baldestet⟩
Heinrich ⟨von Palstett⟩

Heinrich ⟨von Baldestet⟩
→ **Heinrich ⟨von Baldenstetten⟩**

Heinrich ⟨von Balsee⟩
→ **Henricus ⟨de Balsee⟩**

Heinrich ⟨von Banz⟩
→ **Henricus ⟨Banzensis⟩**

Heinrich ⟨von Basel⟩
→ **Henricus ⟨de Basilea⟩**

Heinrich ⟨von Basel⟩
15. Jh.
4 Reimpaare; Namenszusatz ⟨von Basel⟩ vermutlich unbegründet; stammte wohl aus Nördlingen oder Nürnberg
VL(2),3,692/693
Basel, Heinrich ¬von¬
Heinrich ⟨von Basel, II.⟩

Heinrich ⟨von Beeck⟩
um 1469/72
Agrippina
VL(2),3,693/695; Rep.Font. V,401
Beeck, Heinrich ¬von¬
Heinrich ⟨van Beeck⟩
Henri ⟨van Beeck⟩

Heinrich ⟨von Beinheim⟩
→ **Beinheim, Heinrich ¬von¬**

Heinrich ⟨von Berching⟩
ca. 1355 – 1412
Officium missae
VL(2),3,695/696
Berching, Heinrich ¬von¬

Heinrich ⟨von Berg⟩
→ **Seuse, Heinrich**

Heinrich ⟨von Beringen⟩
14. Jh.
VL(2)
Beringen, Heinrich ¬von¬

Heinrich ⟨von Bernten⟩
→ **Henricus ⟨de Bernten⟩**

Heinrich ⟨von Bitterfeld⟩
→ **Henricus ⟨de Bitterfeld⟩**

Heinrich ⟨von Bocholt⟩
gest. 1341
ADB
Bocholt, Heinrich ¬von¬
Heinrich ⟨Bischof⟩
Heinrich ⟨Lübeck, Bischof, XII.⟩
Heinrich ⟨von Lübeck⟩
Henri ⟨de Bocholte⟩
Henri ⟨de Lubeck⟩
Henri ⟨Evêque de Lubeck⟩

Heinrich ⟨von Bracton⟩
→ **Henricus ⟨de Bracton⟩**

Heinrich ⟨von Braunschweig⟩
Lebensdaten nicht ermittelt
Skorbutregimen
VL(2),3,703
Braunschweig, Heinrich ¬von¬
Heinrich ⟨Meister⟩

Heinrich ⟨von Breitenau⟩
→ **Henricus ⟨de Breitenau⟩**

Heinrich ⟨von Breslau⟩
13. Jh.
2 Minnelieder
VL(2),3,704/706
Breslau, Heinrich ¬von¬
Heinrich ⟨Breslau, Herzog⟩
Heinrich ⟨Pressela, Herzoge⟩
Heinrich ⟨von Pressela⟩
Henri ⟨de Silésie⟩
Pressela, Heinrich ¬von¬

Heinrich ⟨von Broke⟩
gest. ca. 1391
Übersetzer der Chronik der Pseudorektoren der Benediktskapelle zu Dortmund (Chronico pseudorectorum capellae S. Benedicti Tremoniensis usque ad a. 1391) aus dem Lat.
Rep.Font. II,587; III,322; V,421
Broke, Heinrich ¬von¬
Broke, Henri ¬von der¬
Broke, Henricus ¬de¬
Henri ⟨de Tremonia⟩
Henri ⟨Prêtre à Dortmund⟩
Henri ⟨von der Broke⟩
Henricus ⟨de Broke⟩

Heinrich ⟨von Brüssel⟩
→ **Henricus ⟨Bruxellensis⟩**
→ **Henricus ⟨de Bruxella⟩**

Heinrich ⟨von Brun⟩
Lebensdaten nicht ermittelt
Sangspruchdichter, Meistersinger
VL(2),3,706
Brun, Heinrich ¬von¬
Heinrich ⟨von Prün⟩

Heinrich ⟨von Burgeis⟩
13. Jh.
Der seele rath
VL(2)
Burgeis, Heinrich ¬von¬
Hainrich ⟨von Purgews⟩
Heinrich ⟨vom Purchhauß⟩
Heinrich ⟨von Burgus⟩

Heinrich ⟨von Burgus⟩
→ **Heinrich ⟨von Burgeis⟩**

Heinrich ⟨von Ceva⟩
→ **Heinrich ⟨von Clevan⟩**

Heinrich ⟨von Clement⟩
→ **Henrich ⟨von Clevan⟩**

Heinrich ⟨von Clairvaux⟩
→ **Henricus ⟨de Marsiaco⟩**

Heinrich ⟨von Clement⟩
→ **Heinrich ⟨von Clevan⟩**

Heinrich ⟨von Clevan⟩
14. Jh. · OFM
Predigten
VL(2),3,708
Clevan, Heinrich ¬von¬
Heinrich ⟨von Clement⟩
Hainrich ⟨von Clement⟩
Heinrich ⟨von Ceva⟩
Heinrijc ⟨van Cleuen⟩

Heinrich ⟨von Coesfeld⟩
→ **Henricus ⟨de Coesveldia⟩**

Heinrich ⟨von Cossey⟩
→ **Henricus ⟨de Cossey⟩**

Heinrich ⟨von Costerey⟩
→ **Henricus ⟨de Cossey⟩**

Heinrich ⟨von Cremona⟩
→ **Henricus ⟨de Cremona⟩**

Heinrich ⟨von dem Türlin⟩
um 1220
VL(2); Meyer; LMA,IV,2107/09
Heinrich ⟨bei dem Türlin⟩
Heinrich ⟨von Turlin⟩
Henri ⟨de Türlein⟩
Henricus ⟨de Portula⟩
Türlin, Heinrich ¬von dem¬
Türlin, Heinrich ¬von¬

Heinrich ⟨von der Mure⟩
13. Jh.
4 Minnelieder
VL(2),3,837/838
Henri ⟨von der Mure⟩
Mure, Heinrich ¬von der¬

Heinrich ⟨von der Neun Stat⟩
→ **Heinrich ⟨von Neustadt⟩**

Heinrich ⟨von Diessenhofen⟩
→ **Henricus ⟨de Diessenhofen⟩**

Heinrich ⟨von Egwint⟩
→ **Heinrich ⟨von Ekkewint⟩**

Heinrich ⟨von Eichstätt⟩
→ **Henricus ⟨Surdus⟩**

Heinrich ⟨von Ekkewint⟩
um 1317/26 · OP
4 Predigten
VL(2),3,718/720 ; Kaeppeli,II,193/94
Eggewint, Henricus ¬de¬
Ekkewint, Heinrich ¬von¬
Heinrich ⟨von Eckbuint⟩
Heinrich ⟨von Egwin⟩
Heinrich ⟨von Egwint⟩
Henri ⟨d'Egwint⟩
Henricus ⟨de Eggewint⟩
Henricus ⟨de Egwint⟩
Henricus ⟨de Ekewinden⟩

Heinrich ⟨von Engelthal⟩
um 1290/1328
Mitverfasser der „Vita der Schwester Gerdrut von Engelthal"
VL(2),3,720/722
Engelthal, Heinrich ¬von¬

Heinrich ⟨von Erfurt⟩
→ **Hartwig ⟨von Erfurt⟩**
→ **Henricus ⟨de Hervordia⟩**

Heinrich ⟨von Frauenberg⟩
13. Jh.
Lieder; Minneklagen
VL(2),3,722/723
Frauenberg, Heinrich ¬von¬

Heinrich ⟨von Freiberg⟩
13. Jh.
VL(2); Meyer; LMA,IV,2090/91
Freiberg, Heinrich ¬von¬
Heinrich ⟨von Friedberg⟩
Heinrich ⟨von Vribert⟩
Henri ⟨de Freiberg⟩

Heinrich ⟨von Friedberg⟩
→ **Heinrich ⟨von Freiberg⟩**

Heinrich ⟨von Friemar⟩
→ **Henricus ⟨de Frimaria⟩**

Heinrich ⟨von Friemar, der Jüngere⟩
→ **Henricus ⟨de Frimaria, Iunior⟩**

Heinrich ⟨von Frundeck⟩
→ **Münsinger, Heinrich**

Heinrich ⟨von Gent⟩
→ **Henricus ⟨Gandavensis⟩**

Heinrich ⟨von Goesfeld⟩
→ **Henricus ⟨de Coesveldia⟩**

Heinrich ⟨von Gorichem⟩
→ **Henricus ⟨de Gorrichem⟩**

Heinrich ⟨von Gorkum⟩
→ **Henricus ⟨de Gorrichem⟩**

Heinrich ⟨von Gouda⟩
→ **Henricus ⟨de Gouda⟩**

Heinrich ⟨von Grosmont⟩
→ **Henry ⟨Lancaster, Duke⟩**

Heinrich ⟨von Gundelfingen⟩
→ **Gundelfingen, Heinrich**

Heinrich ⟨von Hagenau⟩
→ **Fuller, Henricus**
→ **Henricus ⟨de Hagenoia⟩**

Heinrich ⟨von Hainbuch⟩
→ **Henricus ⟨de Langenstein⟩**

Heinrich ⟨von Hall⟩
15. Jh.
Von Salniter
LMA,IV,2092; VL(2),3,744
Hall, Heinrich ¬von¬

Heinrich ⟨von Halle⟩
→ **Henricus ⟨de Hallis⟩**

Heinrich ⟨von Harclay⟩
→ **Henricus ⟨de Harclay⟩**

Heinrich ⟨von Hasiliere⟩
→ **Heinrich ⟨von Hesler⟩**

Heinrich ⟨von Hassen⟩
→ **Henricus ⟨de Hassia⟩**
→ **Henricus ⟨de Langenstein⟩**

Heinrich ⟨von Heimburg⟩
→ **Henricus ⟨de Heimburg⟩**

Heinrich ⟨von Herceley⟩
→ **Henricus ⟨de Harclay⟩**

Heinrich ⟨von Herford⟩
→ **Henricus ⟨de Hervordia⟩**

Heinrich ⟨von Hesler⟩
um 1300
LThK; VL(2); Meyer; LMA,IV,2093/94
Heinrich ⟨von Hasiliere⟩
Hesler, Heinrich ¬von¬

Heinrich ⟨von Hessen, der Ältere⟩
→ **Henricus ⟨de Langenstein⟩**

Heinrich ⟨von Hessen, der Jüngere⟩
→ **Henricus ⟨de Hassia⟩**

Heinrich ⟨von Hohenlohe⟩
gest. 1249/50
Bericht über die Eroberung Preußens durch den Deutschen Orden
VL(2),3,757/758; Rep.Font. V,427
Henri ⟨de Hohenlohe⟩
Henricus ⟨de Hohenlohe⟩
Henricus ⟨Magister Ordinis Teutonici Generalis⟩
Hohenlohe, Heinrich ¬von¬

Heinrich ⟨von Huntingdon⟩
→ **Henricus ⟨Huntendunensis⟩**

Heinrich ⟨von Isernia⟩
→ **Henricus ⟨de Isernia⟩**

Heinrich ⟨von Isny⟩
→ **Henricus ⟨Goeckelmann⟩**

Heinrich ⟨von Kalkar⟩
→ **Henricus ⟨de Calcar⟩**

Heinrich ⟨von Klingenberg⟩
→ **Henricus ⟨de Klingenberg⟩**

Heinrich ⟨von Kröllwitz⟩
13. Jh.
VL(2)
Heinrich ⟨ûz Missen⟩
Heinrich ⟨von Krolewitz⟩
Henri ⟨de Krolewitz⟩
Krolewitz, Heinrich ¬von¬
Krolewiz, Heinrich ¬von¬
Kröllwitz, Heinrich ¬von¬

Heinrich ⟨von Kulm⟩
→ **Heidenricus ⟨Culmensis⟩**

Heinrich ⟨von Lammespringe⟩
ca. 1325 – 1396
Magdeburger Schöppenchronik (Verfasserschaft nicht gesichert)
LMA,IV,2095; VL(2),3,762; Rep.Font. V,430
Heinrich ⟨von Lammesspringe⟩
Henricus ⟨von Lammespringe⟩
Lammespringe, Heinrich ¬von¬

Heinrich ⟨von Landshut⟩
15. Jh.
Der Traum aus Feuer
VL(2),3,762/763
Henri ⟨de Landshut⟩
Landshut, Heinrich ¬von¬

Heinrich ⟨von Langenstein⟩
→ **Henricus ⟨de Langenstein⟩**

Heinrich ⟨von Laufenberg⟩
→ **Laufenberg, Heinrich**

Heinrich ⟨von Lauingen⟩
15. Jh.
Kurzrezeptare zur Roßarzneikunde
VL(2),3,773/775
Heinrich ⟨von Lougen⟩
Lauingen, Heinrich ¬von¬

Heinrich ⟨von Lausanne⟩
→ **Henricus ⟨de Lausanna⟩**

Heinrich ⟨von Leinau⟩
13. Jh.
Der Wallaere
VL(2),3,775
Heinrich ⟨von Linouwe⟩
Heinrich ⟨von Linowe⟩
Leinau, Heinrich ¬von¬
Linowe, Heinrich ¬von¬

Heinrich ⟨von Lettland⟩
→ **Henricus ⟨Lettus⟩**

Heinrich ⟨von Lienz⟩
→ **Burggraf ⟨von Lienz⟩**

Heinrich ⟨von Linowe⟩
→ **Heinrich ⟨von Leinau⟩**

Heinrich ⟨von Löwen⟩
ca. 1250 – 1302 · OP
Kölner Predigt; Brief an ein Beichtkind; 1 geistl. Spruch; etc.
VL(2),3,778/780
Heinrec ⟨van der Calstere⟩
Heinrich ⟨van den Calstre⟩
Heinrich ⟨van den Calstre von Löwen⟩
Hendrik ⟨van Leuven⟩
Henri ⟨de Calsteren⟩
Henri ⟨de Calstris⟩
Henri ⟨de Louvain⟩
Henri ⟨van der Calsteren⟩
Henricus ⟨Brabantinus⟩
Henricus ⟨de Calstris⟩
Henricus ⟨de Calstris Lovaniensis⟩
Henricus ⟨de Lovanio⟩
Henricus ⟨Lovaniensis⟩
Hinrick ⟨van Loeven⟩
Löwen, Heinrich ¬von¬

Heinrich ⟨von Lougen⟩
→ **Heinrich ⟨von Lauingen⟩**

Heinrich ⟨von Lübeck⟩
→ **Heinrich ⟨von Bocholt⟩**
→ **Henricus ⟨Lubecensis⟩**

Heinrich ⟨von Lübeck⟩
um 1350/70
Schatz der wijßheit und der kunst (Mitverfasser)
VL(2),3,780/781
Heinrich ⟨von Lübegge⟩
Henricus ⟨von Lubelck⟩
Lübeck, Heinrich ¬von¬

Heinrich ⟨von Lützelburg⟩
→ **Heinrich ⟨Römisch-Deutsches Reich, Kaiser, VII.⟩**

Heinrich ⟨von Luxemburg⟩
→ **Heinrich ⟨Römisch-Deutsches Reich, Kaiser, VII.⟩**

Heinrich ⟨von Magdeburg⟩
→ **Henricus ⟨Merseburgensis⟩**

Heinrich ⟨von Mailand⟩
→ **Henricus ⟨Mediolanensis⟩**

Heinrich ⟨von Mainz, II.⟩
→ **Henricus ⟨Goeckelmann⟩**

Heinrich ⟨von Marcy⟩
→ **Henricus ⟨de Marsiaco⟩**

Heinrich ⟨von Meißen⟩
1250/60 – 1318
VL(2); Meyer; LMA,IV,2097/2100
Frauenlob
Frauenlob, Heinrich
Frouwenlob
Heinrich ⟨der Frauenlob⟩
Heinrich ⟨Frauenlob⟩
Heinrich ⟨von Meisen⟩
Heinrich ⟨von Meissen der Frauenlob⟩
Heinrich ⟨von Meißen der Frauenlob⟩
Heinrich ⟨Vrowenlop⟩
Heinrich ⟨zur Meise⟩
Heinrich ⟨zur Meisse⟩
Henri ⟨de Misie⟩
Meißen, Heinrich ¬von¬
Meissner, ¬Der¬
Mîsenaere, ¬Der¬

Heinrich ⟨von Melk⟩
12. Jh.
Pfaffenleben
LThK; VL(2); Meyer; LMA,IV,2100
Heinrich ⟨Armer Knecht⟩
Heinrich ⟨der Arme Knecht⟩
Henri ⟨de Melk⟩
Melk, Heinrich ¬von¬

Heinrich ⟨von Merseburg⟩
→ **Henricus ⟨Merseburgensis⟩**

Heinrich ⟨von Mondeville⟩
→ **Henricus ⟨de Mondavilla⟩**

Heinrich ⟨von Morungen⟩
12./13. Jh.
VL(2); Meyer; LMA,IV,2101/02
Enricus ⟨Moring⟩
Heinrich ⟨Morungen⟩
Henri ⟨de Morungen⟩
Henricus ⟨de Morungen⟩
Morungen, Heinrich ¬von¬

Heinrich ⟨von Mügeln⟩
14. Jh.
Tusculum-Lexikon; VL(2); Meyer; LMA,IV,2102/03
Heinrich ⟨von Müglein⟩
Heinrich ⟨von Müglin⟩
Henri ⟨de Mügeln⟩
Mügeln, Heinrich ¬von¬
Müglein, Heinrich ¬von¬

Heinrich ⟨von München⟩
14. Jh.
Weltchronik
LMA,IV,2103; VL(2),3,827; Rep.Font. V,401
Heinrich ⟨vom Bayerland⟩
Henri ⟨de Munich⟩
München, Heinrich ¬von¬

Heinrich ⟨von Neustadt⟩
um 1312
VL(2); LMA,IV,2103/04
Heinrich ⟨von der Neun Stat⟩
Henri ⟨de Neustadt⟩
Neustadt, Heinrich ¬von¬

Heinrich ⟨von Nördlingen⟩
gest. ca. 1356
Briefe ; möglicherweise identisch mit Heinrich ⟨von Augsburg⟩
LMA,IV,2104; VL(2),3,845
Henri ⟨de Nordlingen⟩
Nördlingen, Heinrich ¬von¬

Heinrich ⟨von Nürnberg⟩
14. Jh. · OP
Sammlung von Quaestionen (dt.)
VL(2),3,852/854
Heinrich ⟨Meister⟩
Heinrich ⟨zu Nürnberg⟩
Nürnberg, Heinrich ¬von¬

Heinrich ⟨von Offenburg⟩
um 1449/67 · OESA
2 Predigten; 2 Ansprachen
VL(2),3,854/855
Offenburg, Heinrich ¬von¬

Heinrich ⟨von Ofterdingen⟩
um 1260
Fürstenlob (Verfasserschaft umstritten)
VL(2),3,855/56
Henri ⟨d'Ofterdingen⟩
Ofterdingen, Heinrich ¬von¬

Heinrich ⟨von Oyta⟩
→ **Henricus ⟨Totting⟩**

Heinrich ⟨von Palstett⟩
→ **Heinrich ⟨von Baldenstetten⟩**

Heinrich ⟨von Pfalzpaint⟩
um 1460
VL(2); LMA,IV,2104/05; VI,2018
Heinrich ⟨von Pfolspeundt⟩
Heinrich ⟨von Pfolspeunt⟩
Heinrich ⟨von Pfolsprunt⟩
Pfalzpaint, Heinrich ¬von¬
Pfolsprundt, Heinrich ¬von¬
Pholspeunt, Heinrich ¬von¬
Pholspeunt, Henri ¬de¬

Heinrich ⟨von Pfolspeunt⟩
→ **Heinrich ⟨von Pfalzpaint⟩**

Heinrich ⟨von Pisa⟩
→ **Henricus ⟨Pisanus⟩**

Heinrich ⟨von Pressela⟩
→ **Heinrich ⟨von Breslau⟩**

Heinrich ⟨von Prüfening⟩
→ **Henricus ⟨Pruveningensis⟩**

Heinrich ⟨von Prün⟩
→ **Heinrich ⟨von Brun⟩**

Heinrich ⟨von Purgeurs⟩
→ **Heinrich ⟨von Burgeis⟩**

Heinrich ⟨von Rang⟩
1429 – 1472
Reimpaargedicht (Stadtordnung)
VL(2),3,865/867
Hainricus ⟨de Rechenberg⟩
Henricus ⟨de Rechenberg⟩
Rang, Heinrich ¬von¬

Heinrich ⟨von Rebdorf⟩
→ **Henricus ⟨Surdus⟩**

Heinrich ⟨von Rechberg⟩
→ **Heinz ⟨von Rechberg⟩**

Heinrich ⟨von Regensburg⟩
→ **Henricus ⟨Ratisbonensis⟩**

Heinrich ⟨von Regenstein⟩
um 1212/27
Heinrich ⟨Regenstein, Graf, I.⟩
Heinrich ⟨von Reinstein⟩
Regenstein, Heinrich ¬von¬
Reinstein, Heinrich ¬von¬

Heinrich ⟨von Reichenau⟩
→ **Henricus ⟨Augiensis⟩**

Heinrich ⟨von Reinstein⟩
→ **Heinrich ⟨von Regenstein⟩**

Heinrich ⟨von Rosheim⟩
→ **Eggestein, Heinrich**

Heinrich ⟨von Rübenach⟩
gest. 1493 · OP
Quaestionensammlung (umstritten); De vita christiana
VL(2),3,869; Kaeppeli,II,214/215
Henricus ⟨de Revenaco⟩
Henricus ⟨de Rübenach⟩
Rübenach, Heinrich ¬von¬

Heinrich ⟨von Rugge⟩
um 1175/78
Mittelhochdt. Lyriker
LMA,IV,2105; VL(2),3,869
Heinricus ⟨de Rugge⟩
Heinricus ⟨Miles de Rugge⟩
Henri ⟨de Rugge⟩
Henricus ⟨de Rugge⟩
Henricus ⟨Miles de Rugge⟩
Rugge, Heinrich ¬von¬

Heinrich ⟨von Saar⟩
→ **Henricus ⟨Sarensis⟩**

Heinrich ⟨von Sachsen⟩
→ **Henricus ⟨de Saxonia⟩**

Heinrich ⟨von Sachsen⟩
14. Jh.
Schatz der Wisheit
VL(2),3,876/878
Henricus ⟨Physicus Argentinensis⟩
Sachsen, Heinrich ¬von¬

Heinrich ⟨von Salzburg⟩
→ **Henricus ⟨Salisburgensis⟩**

Heinrich ⟨von Sankt Gallen⟩
ca. 1350 – ca. 1397
Passionstraktat
VL(2)
Henri ⟨de Saint-Gall⟩
Sankt Gallen, Heinrich ¬von¬

Heinrich ⟨von Sankt Mauritius⟩
→ **Heinrich ⟨Kaplan⟩**

Heinrich ⟨von Sawtrey⟩
→ **Henricus ⟨Salteriensis⟩**

Heinrich ⟨von Sax⟩
um 1258
Tanzleich; 4 Minneklagen
VL(2),3,878/880
Henricus ⟨Miles de Clanx⟩
Sax, Heinrich ¬von¬

Heinrich ⟨von Segusia⟩
→ **Henricus ⟨de Segusia⟩**

Heinrich ⟨von Selbach⟩
→ **Henricus ⟨Surdus⟩**

Heinrich ⟨von Settimello⟩
→ **Henricus ⟨Septimellensis⟩**

Heinrich ⟨von Sinsheim⟩
→ **Henricus ⟨de Suonishain⟩**

Heinrich ⟨von Soest⟩
→ **Heinrich ⟨Kaplan⟩**

Heinrich ⟨von Staufen⟩
→ **Heinrich ⟨Römisch-Deutsches Reich, Kaiser, VI.⟩**

Heinrich ⟨von Stretelingen⟩
13. Jh.
3 Lieder (Minneklagen)
VL(2),3,880/882
Henricus ⟨de Stretelingen⟩
Stretelingen, Heinrich ¬von¬

Heinrich ⟨von Suneck⟩
→ **Suonegge, ¬Der von¬**

Heinrich ⟨von Susa⟩
→ **Henricus ⟨de Segusia⟩**

Heinrich ⟨von Tailheim⟩
→ **Henricus ⟨de Talheim⟩**

Heinrich ⟨von Talheim⟩
→ **Henricus ⟨de Talheim⟩**

Heinrich ⟨von Tegernsee⟩
→ **Henricus ⟨Tegernseensis⟩**

Heinrich ⟨von Tettikofen⟩
15. Jh.
Konstanzer Stadtchronik
Rep.Font. V,402
Tettikofen, Heinrich ¬von¬

Heinrich ⟨von Tettingen⟩
um 1258/1300
2 Minneklagen
VL(2),3,892/894
Tettingen, Heinrich ¬von¬

Heinrich ⟨von Teylheim⟩
→ **Henricus ⟨de Talheim⟩**

Heinrich ⟨von Turlin⟩
→ **Heinrich ⟨von dem Türlin⟩**

Heinrich ⟨von Veldeke⟩
12. Jh.
VL(2); Potth.; Meyer; LMA,IV,2109/10
Heinric ⟨van Veldeke⟩
Heinric ⟨von Veldeken⟩
Heinrich ⟨von Veldeck⟩
Heinrich ⟨von Veldig⟩
Heinrich ⟨von Wedeck⟩
Hendrik ⟨van Veldeke⟩
Henri ⟨de Veldeke⟩
Henric ⟨van Veldeken⟩
Henricus ⟨de Veldeck⟩
Henricus ⟨van Veldeken⟩
Heynrijck ⟨van Veldeke⟩
Heynrijck ⟨van Veldeken⟩
Veldecke, Heinrich ¬von¬
Veldeke, Heinrich ¬von¬

Heinrich ⟨von Villanova⟩
→ **Henricus ⟨de Villanova⟩**

Heinrich ⟨von Vribert⟩
→ **Heinrich ⟨von Freiberg⟩**

Heinrich ⟨von Wedeck⟩
→ **Heinrich ⟨von Veldeke⟩**

Heinrich ⟨von Weißenburg⟩
→ **Vigilis, Heinrich**

Heinrich ⟨von Weißensee⟩
→ **Hetzbold, Heinrich**

Heinrich ⟨von Werden⟩
12. Jh.
Intervalltafel
VL(2),3,918/919
Werden, Heinrich ¬von¬

Heinrich ⟨von Werl⟩
→ **Henricus ⟨de Werla⟩**

Heinrich ⟨von Wissenburck⟩
→ **Vigilis, Heinrich**

Heinrich ⟨von Wittenwil⟩
→ **Wittenwiler, Heinrich**

Heinrich ⟨von Würzburg⟩
→ **Henricus ⟨Herbipolensis⟩**

Heinrich ⟨von Xanten⟩
→ **Hendrik ⟨van Santen⟩**

Heinrich ⟨von Zedlitz⟩
um 1493
Reisebericht über Venedig ins Hl. Land
VL(2),3,926/927
Henri ⟨de Zedlitz⟩
Zedlitz, Heinrich ¬von¬

Heinrich ⟨von Zürich⟩
→ **Kramer, Heinrich**

Heinrich ⟨von Zürich⟩
13. Jh.
Abbreviation des Kommentars von Bonaventura ⟨Sanctus⟩ zu den Sentenzen des Petrus ⟨Lombardus⟩; Identität mit Henricus ⟨Goeckelmann⟩ nicht gesichert
VL(2),3,927
Heinrich ⟨Frater⟩
Henricus ⟨Frater⟩
Zürich, Heinrich ¬von¬

Heinrich ⟨von Zwickau⟩
um 1450
Mutmaßl. Verf. des Zwickauer Stadtrechtsbuchs
Rep.Font. V,442
Henricus ⟨Magister⟩
Henricus ⟨Scriba⟩
Henricus ⟨Zwickowiensis⟩

Heinrich ⟨Vrowenlop⟩
→ **Heinrich ⟨von Meißen⟩**

Heinrich ⟨Wittenwiler⟩
→ **Wittenwiler, Heinrich**

Heinrich ⟨Wolter⟩
→ **Wolter, Henricus**

Heinrich ⟨zu Nürnberg⟩
→ **Heinrich ⟨von Nürnberg⟩**

Heinrich ⟨zu Schönensteinbach⟩
→ **Fabri, Heinrich**

Heinrich ⟨zu Stolberg⟩
um 1461
Meerfahrt nach Jerusalem und ins gelobte Land. Tagebuch vom 16. Mai - 4. Aug. 1461
Potth. 1036; VL(2),3,880
Heinrich ⟨Stolberg, Graf⟩
Henri ⟨de Stolberg⟩
Henri ⟨Stolberg, Comte⟩
Stolberg, Heinrich ⟨der Ältere⟩
Stolberg, Heinrich ¬zu¬

Heinrich ⟨zur Meisse⟩
→ **Heinrich ⟨von Meißen⟩**

Heinrich Bate ⟨von Mecheln⟩
→ **Henricus ⟨Bate⟩**

Heinrich Raspe ⟨Römisch-Deutsches Reich, König, Gegenkönig⟩
1204 – 1247
LMA,IV,2079
Heinrich ⟨Raspe⟩
Heinrich ⟨Thüringen, Landgraf⟩
Heinrich Raspe ⟨Thüringen, Landgraf⟩
Henricus ⟨Germania, Imperator⟩
Henricus ⟨Imperium Romanum-Germanicum, Imperator⟩
Henricus ⟨Rasponis⟩
Raspe, Heinrich
Rasponis, Henricus

Heinrich Raspe ⟨Thüringen, Landgraf⟩
→ **Heinrich Raspe ⟨Römisch-Deutsches Reich, König, Gegenkönig⟩**

Heinrichau, Konrad ¬von¬
→ **Konrad ⟨von Heinrichau⟩**

Heinrichau, Pierre ¬d'¬
→ **Petrus ⟨Heinrichowiensis⟩**

Heinrichius ⟨de Clève⟩
→ **Heymerick, Arnold**

Heinrichius, Arnold
→ **Heymerick, Arnold**

Heinrick ⟨von Alckmar⟩
→ **Hendrik ⟨van Alkmaar⟩**

Heinricus ⟨Arnoldi von Alfeld⟩
→ **Henricus ⟨Arnoldi⟩**

Heinricus ⟨de Diessenhofen⟩
→ **Henricus ⟨de Diessenhofen⟩**

Heinricus ⟨de Kolmas⟩
→ **Kolmas, ¬Der von¬**

Heinricus ⟨de Rugge⟩
→ **Heinrich ⟨von Rugge⟩**

Heinricus ⟨Domarus de Heidilberg⟩
→ **Domar, Heinrich**

Heinricus ⟨Iselin⟩
→ **Iselin, Henricus**

Heinricus ⟨Magister⟩
um 1450/70
Kunst der gedächtnüß; Bearbeiter der „Rhetorica ad Herennium", die fälschlich Cicero zugeschrieben wurde; Identität von Heinricus und Hainricus nicht gesichert
VL(2),3,932/933
Hainricus ⟨Magister⟩
Magister, Heinricus

Heinricus ⟨Medicus Basiliensis⟩
→ **Henricus ⟨de Basilea⟩**

Heinricus ⟨Miles⟩
→ **Kolmas, ¬Der von¬**

Heinricus ⟨Miles de Rugge⟩
→ **Heinrich ⟨von Rugge⟩**

Heinrijc ⟨van Cleuen⟩
→ **Heinrich ⟨von Clevan⟩**

Heintz Huntpis ⟨Burg⟩
→ **Burg, Heintz Huntpis**

Heintze, Gregorius
→ **Gregorius ⟨Heintze⟩**

Heinz ⟨der Kellner⟩
14. Jh.
Bispel bzw. Maere (Volksdichtung)
VL(2),3,933/935
Kellner, Heinz ¬der¬

Heinz ⟨Gluf⟩
→ **Gluf, Heinz**

Heinz ⟨Pflaundorfer⟩
→ **Pflaundorfer, Heinz**

Heinz ⟨Schüller⟩
→ **Schilher, Jörg**

Heinz ⟨Sentlinger⟩
→ **Sentlinger, Heinz**

Heinz ⟨Übertwerch⟩
→ **Übertwerch, Heinz**

Heinz ⟨von Rechberg⟩
um 1419
Briefe; vielleicht identisch mit Heinrich ⟨von Rechberg⟩
VL(2),3,935
Hans ⟨von Rechberg⟩
Heinrich ⟨von Rechberg⟩
Rechberg, Heinz ¬von¬

Heinze ⟨Klein⟩
→ **Heinzelin ⟨von Konstanz⟩**

Heinzelein ⟨von Konstanz⟩
→ **Heinzelin ⟨von Konstanz⟩**

Heinzelin ⟨Meister⟩
um 1475
Von den sieben Tagzeiten; Von den zwölf Räten Christi
VL(2),3,936
Meister Heinzelin

Heinzelin ⟨von Konstanz⟩
14. Jh.
Von den Rittern und den Pfaffen; Von den zwein Sanct Johansen
VL(2),3,936/938
Heinze ⟨Klein⟩
Heinzelein ⟨von Konstanz⟩
Heinzelin ⟨de Constance⟩
Heinzelin ⟨Kuchin Meister⟩
Klein, Heinze
Klein Heinze ⟨von Konstanz⟩
Klein Heinzelin ⟨von Konstanz⟩
Klein Heinzelin ⟨von Kostenz⟩
Konstanz, Heinzelin ¬von¬

Heiricus ⟨Altissiodorensis⟩
841 – ca. 876
Vita Germani
Tusculum-Lexikon; LThK; CSGL; LMA,IV,2111/12
Eiricus ⟨Altissiodorensis⟩
Ericus ⟨Altissiodorensis⟩
Ericus ⟨Autissiodorensis⟩
Heiric ⟨von Auxerre⟩
Heirich ⟨von Auxerre⟩
Heiricus ⟨Autissiodorensis⟩
Heiricus ⟨of Saint-Germain⟩
Heiricus ⟨von Auxerre⟩
Henricus ⟨Altissiodorensis⟩
Henricus ⟨Sancti Germani⟩
Heri ⟨d'Auxerre⟩
Héric ⟨de Saint-Germain d'Auxerre⟩
Héric ⟨d'Auxerre⟩
Heric ⟨von Auxerre⟩
Hericus ⟨Altissiodorensis⟩

Heiricus ⟨of Saint-Germain⟩
→ **Heiricus ⟨Altissiodorensis⟩**

Heise, Johann
gest. vor 1495
Aufzeichnungen zu den Ereignissen v. 1475 - 1493 in Frankfurt
VL(2),3,938; Rep.Font. V,402
Heise, Jean
Heise, Johannes
Jean ⟨Heise⟩
Jean ⟨Heise de Francfort⟩
Johann ⟨Heise⟩
Johann ⟨Heise von Frankfurt⟩
Johannes ⟨Heise⟩

Heissingerin
15. Jh.
Med. Vorschriften
VL(2),3,939
Heiczingerin ⟨zu Munichen⟩
Heitzingerin

Heisterbach, Eberhard ¬von¬
→ **Eberhard ⟨von Heisterbach⟩**

Heito ⟨Augiensis⟩
→ **Hatto ⟨Basiliensis⟩**

Heito ⟨von Reichenau⟩
→ **Hatto ⟨Basiliensis⟩**

Heitzingerin
→ **Heissingerin**

Hek de Stenfordia, Sanderus
→ **Hegius, Alexander**

Hektor ⟨Mülich⟩
→ **Mülich, Hektor**

Hel, Erhard
um 1428/40 · OP
1 Predigt
VL(2),3,942/943; Kaeppeli,I,372/373
Erhard ⟨Hel⟩
Erhardus ⟨Hel⟩
Gerardus ⟨Hel⟩
Gerhard ⟨Hel⟩
Hel, Erhardus
Hel, Gerhard

Hel, Gerhard
→ **Hel, Erhard**

Helārāja
um 950/1000
Prakīrṇa-prakāśa

Helbertus ⟨Argentinensis⟩
→ **Helwicus ⟨Teutonicus⟩**

Helbertus ⟨Teutonicus⟩
→ **Helwicus ⟨Teutonicus⟩**

Helbling, Seifried
um 1240/1300
Polit.-religiöse Lehrdichtungen
VL(2),3,943/47
Helbling, Siegfried
Seifried ⟨Helbling⟩
Siegfried ⟨Helbling⟩

Helden, Johannes ¬de¬
→ **Johannes ⟨de Helden⟩**

Helden, Volmarus ¬de¬
→ **Volmarus ⟨de Helden⟩**

Heldris ⟨de Cornualle⟩
13. Jh.
Le roman de silence
Cornualle, Heldris ¬de¬
Heldris ⟨de Cornuaille⟩
Heldris ⟨de Cornualle⟩
Heldris ⟨le Maistre⟩
Heldris ⟨of Cornwall⟩
Heldris ⟨the Master⟩

Heldris ⟨le Maistre⟩
→ **Heldris ⟨de Cornualle⟩**

Heldrungen, Hartmann ¬von¬
→ **Hartmann ⟨von Heldrungen⟩**

Helemoldus ⟨Presbyter⟩
→ **Helmoldus ⟨Bosoviensis⟩**

Helene ⟨Kottanner⟩
→ **Kottanner, Helene**

Heleonora ⟨Österreich, Erzherzogin⟩
→ **Eleonore ⟨Österreich, Erzherzogin⟩**

Heleonora ⟨Schottland, Königin⟩
→ **Eleonore ⟨Österreich, Erzherzogin⟩**

Helewegh, Herman
gest. 1489
Chronik der Stadt Riga
Rep.Font. V,403
Helewegh, Hermann
Herman ⟨Helewegh⟩
Hermann ⟨Helewegh⟩

Helewidis ⟨Bloemart⟩
→ **Blomardinne, Heylwighe**

Helfridius ⟨Rusticus⟩
→ **Rusticius ⟨Helpidius⟩**

Helfta, Gertrudis ¬de¬
→ **Gertrudis ⟨de Helfta⟩**

Helgaldus ⟨Monachus⟩
gest. ca. 1050 · OSB
Vita Roberti regis
Rep.Font. V,403
Elgaudo ⟨di Fleury⟩
Helgaldus ⟨Benedictinus⟩
Helgaldus ⟨Floriacensis⟩
Helgaldus ⟨of Fleury⟩
Helgand ⟨de Fleury⟩
Helgaud ⟨de Fleury⟩
Helgaud ⟨de Saint-Benoît-sur-Loire⟩
Helgaud ⟨Moine⟩
Helgaud ⟨Monk⟩
Helgaudus ⟨Floriacensis⟩

Helgand ⟨de Fleury⟩
→ **Helgaldus ⟨Monachus⟩**

Helgason, Einarr
→ **Einarr ⟨Helgason⟩**

Helgaudus ⟨Floriacensis⟩
→ **Helgaldus ⟨Monachus⟩**

Helias ⟨de Boulhac⟩
um 1377/99 · OCist
Formularium epistolarum
Rep.Font. V,404
Boulhac, Helias ¬de¬
Elie ⟨de Boulhac⟩
Elie ⟨de Cadouin⟩
Elie ⟨de Saint-Marcel à Cahors⟩
Helias ⟨de Caduino⟩
Helias ⟨Sancti Marcelli Caturcensis⟩

Helias ⟨de Bourdeille⟩
→ **Bourdeille, Elias ¬de¬**

Helias ⟨de Caduino⟩
→ **Helias ⟨de Boulhac⟩**

Helias ⟨Frater⟩
→ **Elias ⟨de Cortona⟩**

Helias ⟨Hierosolymitanus⟩
→ **Elias ⟨Hierosolymitanus⟩**

Helias ⟨Hierosolymitanus⟩
gest. 907
Epistola ad Carolum Crassum
Rep.Font. V,405; DOC,2,913
Elia ⟨di Gerusalemme, III.⟩
Elie ⟨de Jérusalem⟩
Elie ⟨Patriarche, III.⟩
Helias ⟨Hierosolymitanus, III.⟩
Helias ⟨Hierosolymitanus Patriarcha⟩
Helias ⟨Patriarcha⟩
Helias ⟨Patriarcha Hierosolymitanus, III.⟩

Helias ⟨Philosophus⟩
→ **Elias ⟨Philosophus⟩**

Helias ⟨Rubeus⟩
→ **Helias Rubeus ⟨Tripolanensis⟩**

Helias ⟨Sancti Marcelli Caturcensis⟩
→ **Helias ⟨de Boulhac⟩**

Helias ⟨Synkellos⟩
→ **Elias ⟨Syncellus⟩**

Helias ⟨Tripolanensis⟩
→ **Helias Rubeus ⟨Tripolanensis⟩**

Helias, Petrus
→ **Petrus ⟨Helias⟩**

Helias Rubeus ⟨Tripolanensis⟩
gest. ca. 1250
Elias ⟨le Mastre⟩
Elias ⟨of Thriplow⟩
Elias ⟨Tripolanensis⟩
Elias ⟨Tripolaunensis⟩
Helias ⟨Rubeus⟩
Helias ⟨Tripolanensis⟩
Thriplow, Elias ¬of¬

Hélie ⟨Cardinal⟩
→ **Bourdeille, Elias ¬de¬**

Hélie ⟨d'Autenc⟩
um 1274/1315
Vermutl. Verf. des Chronicon S. Martialis Lemovicensis a. 1274-1315
Rep.Font. III,366; V,405; HLF XXI,749-750
Autenc, Hélie ¬d'¬
Hélie ⟨de Saint-Martial de Limoges⟩
Hélie ⟨Prior Sancti Martialis⟩

Hélie ⟨de Bourdeille⟩
→ **Bourdeille, Elias ¬de¬**

Hélie ⟨de Saint-Martial de Limoges⟩
→ **Hélie ⟨d'Autenc⟩**

Helie ⟨de Talleyrand⟩
→ **Talleyrand ⟨de Périgord⟩**

Helie, Petrus
→ **Petrus ⟨Helias⟩**

Hélinand ⟨de Froidmont⟩
→ **Hélinant ⟨de Froidmont⟩**

Helinandus ⟨de Frigido Monte⟩
→ **Hélinant ⟨de Froidmont⟩**

Helinandus ⟨de Persenia⟩
→ **Hélinant ⟨de Froidmont⟩**

Helinandus ⟨Presbyter⟩
→ **Helmoldus ⟨Bosoviensis⟩**

Hélinant ⟨de Froidmont⟩
gest. ca. 1230 · OCist
Exod.; Apoc.
Stegmüller, Repert. bibl. 3141;3142; LMA,IV,2120/21
Elimandus ⟨Monachus⟩
Elinandus ⟨de Perseigne⟩
Elinandus ⟨de Persenia⟩
Elymandus ⟨Monachus⟩
Froidmont, Hélinant ¬de¬
Hélinand ⟨de Froidmont⟩
Hélinand ⟨de Froimont⟩
Hélinand ⟨le Cistercien⟩
Hélinand ⟨le Moine⟩
Helinandus ⟨a Frigido Monte⟩
Helinandus ⟨de Frigido Monte⟩
Helinandus ⟨de Perseigne⟩
Helinandus ⟨de Persenia⟩
Helinandus ⟨de Personia⟩
Helinandus ⟨Fridigimontis⟩
Helmundus ⟨Monachus⟩
Helynand ⟨de Froidmont⟩

Heliodoros ⟨Astronom⟩
→ **Heliodorus ⟨Neoplatonicus⟩**

Heliodoros ⟨Grammatiker⟩
→ **Heliodorus ⟨Grammaticus⟩**

Heliodoros ⟨Lehrer des Damaskios⟩
→ **Heliodorus ⟨Neoplatonicus⟩**

Heliodoros ⟨Neuplatoniker⟩
→ **Heliodorus ⟨Neoplatonicus⟩**

Heliodoros ⟨Philosophus⟩
→ **Heliodorus ⟨Prusensis⟩**

Heliodoros ⟨Sohn des Hermeias⟩
→ **Heliodorus ⟨Neoplatonicus⟩**

Heliodoros ⟨von Prusa⟩
→ **Heliodorus ⟨Prusensis⟩**

Heliodorus
→ **Heliodorus ⟨Prusensis⟩**

Heliodorus ⟨Alchemista⟩
8. Jh.
Carmina quattuor
Alchemista Heliodorus
Heliodorus ⟨Astrologus⟩

Heliodorus ⟨Astrologus⟩
→ **Heliodorus ⟨Alchemista⟩**

Heliodorus ⟨Grammaticus⟩
6. bzw. 9. Jh.
Commentaria in Dionysii Thracis artem grammaticam
Grammaticus, Heliodorus
Heliodoros ⟨Grammatiker⟩
Heliodorus ⟨Grammarian⟩

Heliodorus ⟨Neoplatonicus⟩
um 498/505
In Paulum Alexandrinum commentarium
LMA,IV,2121
Heliodoros ⟨Astronom⟩
Heliodoros ⟨Lehrer des Damaskios⟩
Heliodoros ⟨Neuplatoniker⟩
Heliodoros ⟨Sohn des Hermeias⟩
Heliodorus ⟨Philosophus⟩
Neoplatonicus Heliodorus

Heliodorus ⟨Philosophus⟩
→ **Heliodorus ⟨Neoplatonicus⟩**

Heliodorus ⟨Prusensis⟩
5./6. Jh.
In Aristotelis Ethica Nicomachea
Heliodoros
Heliodoros ⟨Philosophus⟩
Heliodoros ⟨von Prusa⟩
Heliodorus
Heliodorus ⟨Prusaensis⟩

Helisabeth ⟨...⟩
→ **Elisabeth ⟨...⟩**

Helisachar ⟨Andegavensis⟩
gest. ca. 833 · OSB
Epistola ad Nibridium archiepiscopum Narbonensem
Rep.Font. V,406; DOC,2,913
Elisagar
Helisachar

Helisachar ⟨Abbas⟩
Hélisachar ⟨de Saint-Riquier⟩
Helisachar ⟨Sancti Albini Andegavensis⟩

Helkerus, Henricus
→ **Henricus ⟨Krelker⟩**

Helladicus, Paulus
→ **Paulus ⟨Helladicus⟩**

Hellefiwer
→ **Höllefeuer**

Hellevius
→ **Höllefeuer**

Helmboldus ⟨Presbyter⟩
→ **Helmoldus ⟨Bosoviensis⟩**

Helmholdus ⟨Bozoviensis⟩
→ **Helmoldus ⟨Bosoviensis⟩**

Helmich ⟨von Gandersheim⟩
um 1433/34 · OFM
Quaestio in Ecclesiasten; Tractatus de iustitia
VL(2),3,975
Gandersheim, Helmich ¬von¬

Helmold ⟨Bošovského⟩
→ **Helmoldus ⟨Bosoviensis⟩**

Helmoldus ⟨Bosoviensis⟩
gest. 1177
Tusculum-Lexikon; LThK; CSGL; LMA,IV,2124/25
Helemoldus ⟨Presbyter⟩
Helinandus ⟨Presbyter⟩
Helmboldus ⟨Presbyter⟩
Helmholdus ⟨Bozoviensis⟩
Helmold ⟨Bošovského⟩
Helmold ⟨de Bosau⟩
Helmold ⟨von Bosau⟩
Helmoldus ⟨Bozoviensis⟩
Helmoldus ⟨Presbyter⟩
Helmoldus ⟨Presbyter Bosoviensis⟩
Helmoldus ⟨Presbyter Bozoviensis⟩

Helmoldus ⟨de Prague⟩
→ **Helmoldus ⟨de Soltwedel⟩**

Helmoldus ⟨de Soltwedel⟩
Lebensdaten nicht ermittelt
Quaestiones parvorum naturalium
Lohr
Helmoldus ⟨de Prague⟩
Helmoldus ⟨Magister⟩
Soltwedel, Helmoldus ¬de¬

Helmoldus ⟨Magister⟩
→ **Helmoldus ⟨de Soltwedel⟩**

Helmoldus ⟨Presbyter⟩
→ **Helmoldus ⟨Bosoviensis⟩**

Helmschmid, Alexander
um 1473
Übersetzung: Große Burgundische Ordonanz
VL(2),3,979
Alexander ⟨Helmschmid⟩

Helmsdorf, Konrad ¬von¬
→ **Konrad ⟨von Helmsdorf⟩**

Helmundus ⟨Monachus⟩
→ **Hélinant ⟨de Froidmont⟩**

Héloïse
1101 – 1164
LMA,IV,2126/27
Eloisa
Heloisa
Heloissa

Helpéric ⟨d'Auxerre⟩
→ **Helpericus ⟨Altissiodorensis⟩**

Helpéric ⟨de Granfel⟩
→ **Helpericus ⟨Altissiodorensis⟩**

Helpéric, Ferius
→ **Helpericus, Levinus**

Helpericus ⟨Altissiodorensis⟩
9. Jh.
Computus
LMA,IV,2127
Albricus
Helpéric ⟨Computiste⟩
Helpéric ⟨de Granfel⟩
Helpéric ⟨d'Auxerre⟩
Helpéric ⟨Ecolâtre⟩
Helpericus
Helpericus ⟨Komputist⟩
Helpericus ⟨Mönch von Saint-Germain⟩

Helpericus, Levinus
um 799 · OSB
Einer der angebl. Verf. des anonymen Carmen de Carolo Magno (=Carolus Magnus et Leo papa)
Rep.Font, V,407
Ferius ⟨Helpéric⟩
Ferius ⟨Helpericus⟩
Helpéric, Ferius
Helpéric, Levinus
Helpericus
Helpericus, Ferius
Hilpericus ⟨Monachus⟩
Hilpericus ⟨Seligenstadensis⟩
Hilpericus, Levinus
Levinus ⟨Helpericus⟩
Levinus ⟨Hilpericus⟩

Helpidius ⟨Domnulus⟩
→ **Rusticius ⟨Helpidius⟩**

Helpidius ⟨Episcopus⟩
um 531
Mitunterzeichner des Libellus tertius ad Bonifatium II Papam
Cpl 1623
Elpide ⟨Evêque⟩
Elpidius ⟨Evêque⟩
Episcopus Helpidius
Helpidius ⟨Episcopus Thebanae Ecclesiae⟩
Helpidius ⟨Thebanae Ecclesiae Episcopus⟩

Helpidius ⟨Thebanae Ecclesiae Episcopus⟩
→ **Helpidius ⟨Episcopus⟩**

Helpidius, Rusticius
→ **Rusticius ⟨Helpidius⟩**

Helpidius Domnulus, Flavius Rusticius
→ **Rusticius ⟨Helpidius⟩**

Helpis
→ **Elpis ⟨Sicula⟩**

Helveticus, Robertus
→ **Robertus ⟨Helveticus⟩**

Helvicus ⟨...⟩
→ **Helwicus ⟨...⟩**

Helwicus ⟨de Argentina⟩
→ **Helwicus ⟨Teutonicus⟩**

Helwicus ⟨de Germar⟩
13./14. Jh. · OP
Sermones de sanctis; Identität mit Helwicus ⟨Teutonicus⟩ umstritten
VL(2),3,980/81
Germar, Helwicus ¬de¬
Helvicus ⟨de Germar⟩
Helwic ⟨von Germar⟩

Helwicus ⟨Frater⟩
→ **Helwicus ⟨Magdeburgensis⟩**

Helwicus ⟨Magdeburgensis⟩
gest. 1252
Lektor in Magdeburg, später in Erfurt; Denarius sive Decacordum
Tusculum-Lexikon; LThK; VL(2),3,982ff.
Helvicus ⟨Teutonicus⟩
Helwich ⟨von Magdeburg⟩
Helwicus ⟨Frater⟩
Helwicus ⟨Thuringus⟩
Helwicus ⟨von Magdeburg⟩
Helwig ⟨von Magdeburg⟩

Helwicus ⟨Teutonicus⟩
gest. 1263 · OP
De dilectione Dei et proximi; Verfasserschaft des „Liber exemplorum" (s. Johannes ⟨de Sancto Geminiano⟩) nicht gesichert; nicht identisch mit Helwicus ⟨Magdeburgensis⟩; Identität mit Helwicus ⟨de Germar⟩ umstritten (vgl. LThK)
VL(2),3,984ff.; Kaeppeli,II,179/180; LThK
Helbertus ⟨Argentinensis⟩
Helbertus ⟨Teutonicus⟩
Helvicus ⟨Teutonicus⟩
Helwic ⟨Teutonicus⟩
Helwich ⟨Teutonicus⟩
Helwicus ⟨de Argentina⟩
Helwicus ⟨Theutonicus⟩
Teutonicus, Helwicus

Helwicus ⟨Thuringus⟩
→ **Helwicus ⟨Magdeburgensis⟩**

Helwig ⟨von Magdeburg⟩
→ **Helwicus ⟨Magdeburgensis⟩**

Helwig ⟨von Waldirstet⟩
14. Jh.
Märe vom heiligen Kreuz
VL(2),3,987/989
Waldirstet, Helwig ¬von¬

Helynand ⟨de Froidmont⟩
→ **Hélinant ⟨de Froidmont⟩**

Helys ⟨of Winchester⟩
→ **Elie ⟨de Winchester⟩**

Helysabeth ⟨Virgo⟩
→ **Erszébet ⟨Magyarország, Hercegnö⟩**

Hemelingius, Johannes
→ **Johannes ⟨Hemelingius⟩**

Hemericus ⟨de Campo⟩
→ **Heymericus ⟨de Campo⟩**

Hemericus ⟨Lugdunensis⟩
→ **Aimericus ⟨Lugdunensis⟩**

Hemericus ⟨Placentinus⟩
→ **Aimericus ⟨de Placentia⟩**

Hemerken, Thomas
→ **Thomas ⟨a Kempis⟩**

Hemerlin, Felix
→ **Hemmerlin, Felix**

Hemingburgh, Gualterus ¬de¬
→ **Gualterus ⟨Gisburnensis⟩**

Hemingford, Gualterus ¬de¬
→ **Gualterus ⟨Gisburnensis⟩**

Hemingford, Walter ¬de¬
→ **Gualterus ⟨Gisburnensis⟩**

Hemingsburgh, Walter
→ **Gualterus ⟨Gisburnensis⟩**

Hemmeling, Johann
→ **Johannes ⟨Hemelingius⟩**

Hemmerlin, Felix
1389 – 1458/59
De balneis naturalibus; Contra validos mendicantes; Liber de nobilitate; etc.
LMA,IV,2128/29; Rep.Font. V,408
Felix ⟨Haemmerlein⟩
Felix ⟨Hämerli⟩
Felix ⟨Hammerlin⟩
Felix ⟨Hemerli⟩
Felix ⟨Hemerlin⟩
Felix ⟨Hemerlyen⟩
Felix ⟨Hemmerlein⟩
Felix ⟨Hemmerli⟩
Felix ⟨Hemmerli von Zürich⟩
Felix ⟨Hemmerlin⟩
Felix ⟨Hemmerlin von Zürich⟩
Felix ⟨Hermeli⟩
Felix ⟨Hermerli⟩
Felix ⟨Malleolus⟩
Felix ⟨Malleolus Hemmerlin⟩
Haemmerlein, Felix
Hämerli, Felix
Hammerlin, Felix
Hemerli, Felix
Hemerlin, Felix
Hemerlyen, Felix
Hemmerlein, Felix
Hemmerli ⟨Meister⟩
Hemmerli, Felix
Hemmerlin, Felix
Hemmerlin, Felix Malleolus
Hermeli, Felix
Hermerli, Felix
Malleolus, Felix
Malleolus, Felix Hemmerlin

Hemmo ⟨Episcopus⟩
→ **Haimo ⟨Halberstadensis⟩**

Hemmo ⟨Monachus⟩
→ **Emmo ⟨Monachus⟩**

Hempa Sĕdah
→ **Mpu Seḍah**

Hemricourt, Jacques ¬de¬
→ **Jacques ⟨de Hemricourt⟩**

Hemricus ⟨von Ellwangen⟩
→ **Ermenricus ⟨Elwangensis⟩**

Henckel, Georg
15. Jh.
1 Brief an Hilarius in Bartfeld
VL(2),3,1001/1002
Georg ⟨Henckel⟩

Henckt, ¬Der¬
15. Jh.
Für die Gellsucht
VL(2),3,1002/1003
Der Henckt

Hendrik ⟨Bernick⟩
→ **Bernick, Hendrik**

Hendrik ⟨Herpf⟩
→ **Henricus ⟨Herpius⟩**

Hendrik ⟨Mande⟩
1360 – 1431
LMA,VI,187
Mande, Hendrik

Hendrik ⟨Utenbogaerde⟩
→ **Henricus ⟨de Pomerio⟩**

Hendrik ⟨van Alkmaar⟩
um 1480
Meyer
Alkmaar, Hendrik ¬van¬
Alkmar, Heinrich ¬von¬
Heinrich ⟨von Alkmar⟩
Heinrick ⟨von Alckmar⟩
Hendrick ⟨van Alkmaar⟩
Henri ⟨d'Alkmaar⟩
Henric ⟨van Alckmaer⟩
Hinrek ⟨fan Alkmer⟩
Hinrek ⟨van Alckmer⟩
Hinrek ⟨van Alkmaar⟩

Hendrik ⟨van der Heyde⟩
→ **Henricus ⟨de Merica⟩**

Hendrik ⟨van Gent⟩
→ **Henricus ⟨Gandavensis⟩**

Hendrik ⟨van Leuven⟩
→ **Heinrich ⟨von Löwen⟩**

Hendrik ⟨van Merchtene⟩
→ **Jan ⟨van Merchtene⟩**

Hendrik ⟨van Santen⟩
gest. 1493
Predigten über das Altarsakrament, über Evangelientexte und diverse Themen
VL(2),3,1003/1005
Heinrich ⟨von Xanten⟩
Hendrik ⟨van Xanten⟩
Henri ⟨de Santen⟩
Henri ⟨de Xanten⟩
Henricus ⟨van Santen⟩
Henricus ⟨Xantis⟩
Santen, Hendrik ¬van¬
Santen, Henri ¬de¬
Xanten, Heinrich ¬von¬
Xanten, Hendrik ¬van¬

Hendrik ⟨van Veldeke⟩
→ **Heinrich ⟨von Veldeke⟩**

Hendrik ⟨van Xanten⟩
→ **Hendrik ⟨van Santen⟩**

Henley, Gautier ¬d'¬
→ **Gautier ⟨d'Henley⟩**

Henman ⟨Offenburg⟩
→ **Offenburg, Henman**

Henneberg, Otto ¬von¬
→ **Otto ⟨von Botenlauben⟩**

Henneberger, ¬Der¬
13. Jh.
11 Strophen
VL(2),3,1006/08
Der Henneberger

Hennen ⟨van Merchtem⟩
→ **Jan ⟨van Merchtene⟩**

Hennequin, Johan ¬of¬
→ **Limburg, Jan ¬von¬**

Henning ⟨Boek⟩
→ **Johannes ⟨von Buch⟩**

Henning ⟨von Buch⟩
→ **Johannes ⟨von Buch⟩**

Henningus ⟨de Hildesheim⟩
um 1488
Disputata super artem veterem; Disputata super novam logicam; Disputata super VIII libros Physicorum
Lohr
Henningus ⟨de Hildenssheym⟩
Henningus ⟨Leyneman⟩
Hildesheim, Henningus ¬de¬
Leyneman, Henningus

Henningus ⟨Leyneman⟩
→ **Henningus ⟨de Hildesheim⟩**

Hennon, Johannes
→ **Johannes ⟨Hennon⟩**

Hennor, Guilelmus ¬de¬
→ **Guilelmus ⟨de Hennor⟩**

Henntz, Hans
15. Jh.
Rüst-und Büchsenmeisterbuch
VL(2),3,1008/1009
Hans ⟨Henntz⟩

Hennymore, Guilelmus
→ **Guilelmus ⟨de Hennor⟩**

Henri ⟨Abbé⟩
→ **Henricus ⟨de Marsiaco⟩**

Henri ⟨Abbé de Saint-Gilles⟩
→ **Henricus ⟨Bruxellensis Sancti Aegidii⟩**

Henri ⟨Abbé de Saint-Gilles à Brunswick⟩
→ **Henricus ⟨Bruxellensis Sancti Aegidii⟩**

Henri ⟨Allemagne, Empereur, ...⟩
→ **Heinrich ⟨Römisch-Deutsches Reich, Kaiser, ...⟩**

Henri ⟨Allemagne, Roi, ...⟩
→ **Heinrich ⟨Römisch-Deutsches Reich, König, ...⟩**

Henri ⟨Amandaville⟩
→ **Henricus ⟨de Mondavilla⟩**

Henri ⟨Angleterre, Roi, ...⟩
→ **Henry ⟨England, King, ...⟩**

Henri ⟨Anhalt, Prince⟩
→ **Heinrich ⟨von Anhalt⟩**

Henri ⟨Aristippe⟩
→ **Henricus ⟨Aristippus⟩**

Henri ⟨Arnoldi⟩
→ **Henricus ⟨Arnoldi⟩**

Henri ⟨Ascanie, Comte⟩
→ **Heinrich ⟨von Anhalt⟩**

Henri ⟨Balasensis⟩
→ **Henricus ⟨Balasensis⟩**

Henri ⟨Bate⟩
→ **Henricus ⟨Bate⟩**

Henri ⟨Baude⟩
→ **Baude, Henri**

Henri ⟨Beauclerc⟩
→ **Henry ⟨England, King, I.⟩**

Henri ⟨Bénédictin⟩
→ **Henricus ⟨Bruxellensis⟩**

Henri ⟨Bienheureux⟩
→ **Henricus ⟨de Marsiaco⟩**

Henri ⟨Bohic⟩
→ **Henricus ⟨Bohicus⟩**

Henri ⟨Bolingbroke, Duke⟩
→ **Henry ⟨England, King, IV.⟩**

Henri ⟨Cardinal⟩
→ **Henricus ⟨de Marsiaco⟩**

Henri ⟨Chanoine⟩
→ **Henricus ⟨Chicot⟩**

Henri ⟨Cistercien⟩
→ **Henricus ⟨de Marsiaco⟩**

Henri ⟨Cornouailles, Duc⟩
→ **Henry ⟨England, King, V.⟩**

Henri ⟨d'Albano⟩
→ **Henricus ⟨de Marsiaco⟩**

Henri ⟨d'Alkmaar⟩
→ **Hendrik ⟨van Alkmaar⟩**

Henri ⟨d'Altendorf⟩
→ **Henricus ⟨de Hassia⟩**

Henri ⟨d'Andeli⟩
13. Jh.
LMA,IV,2135
Andeli, Henri ¬d'¬
Andeli, Henry ¬de¬

Henri ⟨Dandolo⟩
→ **Dandolo, Enrico**

Henri ⟨Daniel⟩
→ **Henricus ⟨Daniel⟩**

Henri ⟨d'Anvers⟩
→ **Henricus ⟨de Antwerpe⟩**

Henri ⟨d'Aquila⟩
→ **Henricus ⟨de Aquila⟩**

Henri ⟨d'Ascanie⟩
→ **Heinrich ⟨von Anhalt⟩**

Henri ⟨d'Augsbourg⟩
→ **Henricus ⟨Augustanus⟩**

Henri ⟨d'Avranches⟩
→ **Henricus ⟨de Abrincis⟩**

Henri ⟨de Afflighem⟩
→ **Henricus ⟨Bruxellensis⟩**

Henri ⟨de Aquila⟩
→ **Henricus ⟨de Aquila⟩**

Henri ⟨de Baaltze⟩
→ **Henricus ⟨de Balsee⟩**

Henri ⟨de Baila⟩
→ **Henricus ⟨de Baila⟩**

Henri ⟨de Balsee⟩
→ **Henricus ⟨de Balsee⟩**

Henri ⟨de Beaurepart⟩
→ **Henri ⟨d'Opprebais⟩**

Henri ⟨de Berchtoldsgaden⟩
→ **Henricus ⟨Salisburgensis⟩**

Henri ⟨de Bernten⟩
→ **Henricus ⟨de Bernten⟩**

Henri ⟨de Blaneforde⟩
→ **Blaneforde, Henricus ¬de¬**

Henri ⟨de Bocholte⟩
→ **Heinrich ⟨von Bocholt⟩**

Henri ⟨de Bracton⟩
→ **Henricus ⟨de Bracton⟩**

Henri ⟨de Bredenow⟩
→ **Henricus ⟨de Breitenau⟩**

Henri ⟨de Bremen⟩
→ **Toke, Henricus**

Henri ⟨de Bretenau⟩
→ **Henricus ⟨de Breitenau⟩**

Henri ⟨de Brunswick⟩
→ **Heinrich ⟨Sachsen, Herzog, III.⟩**
→ **Henricus ⟨Bruxellensis Sancti Aegidii⟩**

Henri ⟨de Bruxelles⟩
→ **Henricus ⟨Bruxellensis⟩**
→ **Henricus ⟨Bruxellensis Sancti Aegidii⟩**

Henri ⟨de Calais⟩
→ **Carretto, Henricus ¬de¬**

Henri ⟨de Calsteren⟩
→ **Heinrich ⟨von Löwen⟩**

Henri ⟨de Calstris⟩
→ **Heinrich ⟨von Löwen⟩**

Henri ⟨de Cervo⟩
→ **Henricus ⟨de Cervo⟩**

Henri ⟨de Chartres⟩
→ **Henricus ⟨Chicot⟩**

Henri ⟨de Clairvaux⟩
→ **Henricus ⟨de Marsiaco⟩**

Henri ⟨de Cologne⟩
→ **Henricus ⟨de Dollendorf⟩**

Henri ⟨de Costesey⟩
→ **Henricus ⟨de Cossey⟩**

Henri ⟨de Crémone⟩
→ **Henricus ⟨de Cremona⟩**

Henri ⟨de Croyland⟩
→ **Henricus ⟨Croylandensis⟩**

Henri ⟨de Danemarche⟩
→ **Harpestraeng, Henricus**

Henri ⟨de Diessenhofen⟩
→ **Henricus ⟨de Diessenhofen⟩**

Henri ⟨de Dollendorf⟩
→ **Henricus ⟨de Dollendorf⟩**

Henri ⟨de Erp⟩
→ **Henricus ⟨Herpius⟩**

Henri ⟨de Fénétrange⟩
→ **Henricus ⟨Treverensis⟩**

Henri ⟨de Finstingen⟩
→ **Henricus ⟨Treverensis⟩**

Henri ⟨de Floreffe⟩
→ **Henri ⟨d'Opprebais⟩**

Henri ⟨de France⟩
→ **Henricus ⟨Remensis⟩**

Henri ⟨de Franchovar⟩
→ **Henricus ⟨de Franchoven⟩**

Henri ⟨de Freiberg⟩
→ **Heinrich ⟨von Freiberg⟩**

Henri ⟨de Friemar, ...⟩
→ **Henricus ⟨de Frimaria, ...⟩**

Henri ⟨de Gand⟩
→ **Henricus ⟨Gandavensis⟩**

Henri ⟨de Gavi⟩
→ **Henricus ⟨de Gavio⟩**

Henri ⟨de Gênes⟩
→ **Henricus ⟨de Monteiardino⟩**

Henri ⟨de Gorkum⟩
→ **Henricus ⟨de Gorrichem⟩**

Henri ⟨de Gouda⟩
→ **Henricus ⟨de Gouda⟩**

Henri ⟨de Hachenburg⟩
→ **Henricus ⟨de Franchoven⟩**

Henri ⟨de Haguenau⟩
→ **Fuller, Henricus**

Henri ⟨de Halle⟩
→ **Henricus ⟨de Hallis⟩**

Henri ⟨de Harclay⟩
→ **Henricus ⟨de Harclay⟩**

Henri ⟨de Hardegge⟩
→ **Hardegger, ¬Der¬**

Henri ⟨de Hautecombe⟩
→ **Henricus ⟨de Marsiaco⟩**

Henri ⟨de Heimburg⟩
→ **Henricus ⟨de Heimburg⟩**

Henri ⟨de Herford⟩
→ **Henricus ⟨de Hervordia⟩**

Henri ⟨de Herp⟩
→ **Henricus ⟨Herpius⟩**

Henri ⟨de Hesse⟩
→ **Henricus ⟨de Hassia⟩**

Henri ⟨de Hesse⟩
→ **Henricus ⟨de Langenstein⟩**

Henri ⟨de Hohenlohe⟩
→ **Heinrich ⟨von Hohenlohe⟩**

Henri ⟨de Huntingdon⟩
→ **Henricus ⟨Huntendunensis⟩**

Henri ⟨de Kalkar⟩
→ **Henricus ⟨de Calcar⟩**

Henri ⟨de Kalt-Eysen⟩
→ **Henricus ⟨Kalteisen⟩**

Henri ⟨de Kemenade⟩
→ **Henricus ⟨de Coesveldia⟩**

Henri ⟨de Klingenberg⟩
→ **Henricus ⟨de Klingenberg⟩**

Henri ⟨de Knighton⟩
→ **Knighton, Henricus**

Henri ⟨de Koesfeld⟩
→ **Henricus ⟨de Coesveldia⟩**

Henri ⟨de Krolewitz⟩
→ **Heinrich ⟨von Kröllwitz⟩**

Henri ⟨de la Harpe⟩
→ **Henricus ⟨Herpius⟩**

Henri ⟨de Lancastre⟩
→ **Henry ⟨Lancaster, Duke⟩**

Henri ⟨de Landshut⟩
→ **Heinrich ⟨von Landshut⟩**

Henri ⟨de Lausanne⟩
→ **Henricus ⟨de Lausanna⟩**

Henri ⟨de Leitzkau⟩
→ **Henricus ⟨de Antwerpe⟩**

Henri ⟨de Lexington⟩
→ **Henricus ⟨de Lexington⟩**

Henri ⟨de Livonie⟩
→ **Henricus ⟨Lettus⟩**

Henri ⟨de Loen⟩
→ **Henricus ⟨Loen⟩**

Henri ⟨de Louvain⟩
→ **Heinrich ⟨von Löwen⟩**

Henri ⟨de Lubeck⟩
→ **Heinrich ⟨von Bocholt⟩**
→ **Henricus ⟨Bruxellensis Sancti Aegidii⟩**
→ **Henricus ⟨Lubecensis⟩**

Henri ⟨de Lyon⟩
→ **Aimericus ⟨Lugdunensis⟩**

Henri ⟨de Marbourg⟩
→ **Henricus ⟨Teuto, Senior⟩**

Henri ⟨de Marchthal⟩
→ **Henricus ⟨Marchtelanensis⟩**

Henri ⟨de Marcy⟩
→ **Henricus ⟨de Marsiaco⟩**

Henri ⟨de Marienrode⟩
→ **Henricus ⟨de Bernten⟩**

Henri ⟨de Marlborough⟩
→ **Henricus ⟨de Marleburgh⟩**

Henri ⟨de Marleburg⟩
→ **Henricus ⟨de Marleburgh⟩**

Henri ⟨de Melk⟩
→ **Heinrich ⟨von Melk⟩**

Henri ⟨de Merica⟩
→ **Henricus ⟨de Merica⟩**

Henri ⟨de Mersebourg⟩
→ **Henricus ⟨Merseburgensis⟩**

Henri ⟨de Milan⟩
→ **Henricus ⟨Mediolanensis⟩**

Henri ⟨de Misie⟩
→ **Heinrich ⟨von Meißen⟩**

Henri ⟨de Mondeville⟩
→ **Henricus ⟨de Mondavilla⟩**

Henri ⟨de Mongardino⟩
→ **Henricus ⟨de Monteiardino⟩**

Henri ⟨de Morungen⟩
→ **Heinrich ⟨von Morungen⟩**

Henri ⟨de Mügeln⟩
→ **Heinrich ⟨von Mügeln⟩**

Henri ⟨de Munich⟩
→ **Heinrich ⟨von München⟩**

Henri ⟨de Neustadt⟩
→ **Heinrich ⟨von Neustadt⟩**

Henri ⟨de Nieder-Altaich⟩
→ **Henricus ⟨Stero⟩**

Henri ⟨de Nordlingen⟩
→ **Heinrich ⟨von Nördlingen⟩**

Henri ⟨de Osthoven⟩
→ **Henricus ⟨de Osthoven⟩**

Henri ⟨de Oyta⟩
→ **Henricus ⟨Totting⟩**

Henri ⟨de Pise⟩
→ **Henricus ⟨Pisanus⟩**

Henri ⟨de Plano⟩
→ **Henricus ⟨de Platio⟩**

Henri ⟨de Pomerio⟩
→ **Henricus ⟨de Pomerio⟩**

Henri ⟨de Provins⟩
→ **Henricus ⟨de Provins⟩**

Henri ⟨de Prüfening⟩
→ **Henricus ⟨Pruveningensis⟩**

Henri ⟨de Renham⟩
→ **Henricus ⟨de Renham⟩**

Henri ⟨de Rimini⟩
→ **Henricus ⟨de Arimino⟩**

Henri ⟨de Rosheim⟩
→ **Eggestein, Heinrich**

Henri ⟨de Rugge⟩
→ **Heinrich ⟨von Rugge⟩**

Henri ⟨de Saar⟩
→ **Henricus ⟨Sarensis⟩**

Henri ⟨de Saint-Gall⟩
→ **Heinrich ⟨von Sankt Gallen⟩**

Henri ⟨de Saint-Gilles⟩
→ **Henricus ⟨Bruxellensis Sancti Aegidii⟩**

Henri ⟨de Saltrey⟩
→ **Henricus ⟨Salteriensis⟩**

Henri ⟨de Salvanez⟩
→ **Hugo ⟨Salvaniensis⟩**

Henri ⟨de Salzbourg⟩
→ **Henricus ⟨Salisburgensis⟩**

Henri ⟨de Santen⟩
→ **Hendrik ⟨van Santen⟩**

Henri ⟨de Saxe⟩
→ **Henricus ⟨de Saxonia⟩**

Henri ⟨de Sews⟩
→ **Seuse, Heinrich**

Henri ⟨de Signi⟩
→ **Henricus ⟨de Signi⟩**

Henri ⟨de Silegrave⟩
→ **Henricus ⟨de Silegrave⟩**

Henri ⟨de Silésie⟩
→ **Heinrich ⟨von Breslau⟩**

Henri ⟨de Soest⟩
→ **Henricus ⟨de Osthoven⟩**

Henri ⟨de Souabe⟩
→ **Seuse, Heinrich**

Henri ⟨de Stethin⟩
→ **Henricus ⟨de Stethin⟩**

Henri ⟨de Stolberg⟩
→ **Heinrich ⟨zu Stolberg⟩**

Henri ⟨de Sutton⟩
→ **Henricus ⟨de Sutton⟩**

Henri ⟨de Suze⟩
→ **Henricus ⟨de Segusia⟩**

Henri ⟨de Thalheim⟩
→ **Henricus ⟨de Talheim⟩**

Henri ⟨de Tremonia⟩
→ **Heinrich ⟨von Broke⟩**

Henri ⟨de Trèves⟩
→ **Henricus ⟨Treverensis⟩**

Henri ⟨de Troyes⟩
→ **Henricus ⟨Trecensis⟩**

Henri ⟨de Türlein⟩
→ **Heinrich ⟨von dem Türlin⟩**

Henri ⟨de Valenciennes⟩
um 1220
LMA,IV,2136
Henri ⟨de Wallentinnes⟩
Valenciennes, Henri ¬de¬
Valenciennes, Henry ¬de¬
Wallentinnes, Henri ¬de¬

Henri ⟨de Veldeke⟩
→ **Heinrich ⟨von Veldeke⟩**

Henri ⟨de Vinstingen⟩
→ **Henricus ⟨Treverensis⟩**

Henri ⟨de Vrimach⟩
→ **Henricus ⟨de Frimaria⟩**

Henri ⟨de Wallentinnes⟩
→ **Henri ⟨de Valenciennes⟩**

Henri ⟨de Weimar⟩
→ **Henricus ⟨de Frimaria, ...⟩**

Henri ⟨de Winchester⟩
→ **Henricus ⟨Wintoniensis⟩**

Henri ⟨de Xanten⟩
→ **Hendrik ⟨van Santen⟩**

Henri ⟨de Zedlitz⟩
→ **Heinrich ⟨von Zedlitz⟩**

Henri ⟨de Zoemeren⟩
→ **Henricus ⟨de Zoemeren⟩**

Henri ⟨d'Egwint⟩
→ **Heinrich ⟨von Ekkewint⟩**

Henri ⟨Deichsler⟩
→ **Deichsler, Heinrich**

Henri ⟨Derby, Count⟩
→ **Henry ⟨England, King, IV.⟩**

Henri ⟨d'Erfurth⟩
→ **Henricus ⟨de Hervordia⟩**

Henri ⟨d'Escheburn⟩
→ **Henricus ⟨de Esseburne⟩**

Henri ⟨Disciple d'Albert le Grand⟩
→ **Henricus ⟨de Saxonia⟩**

Henri ⟨d'Isernia⟩
→ **Henricus ⟨de Isernia⟩**

Henri ⟨d'Isny⟩
→ **Henricus ⟨Goeckelmann⟩**

Henri ⟨Dittlinger⟩
→ **Dittlinger, Heinrich**

Henri ⟨d'Oettingen⟩
→ **Henricus ⟨Stero⟩**

Henri ⟨d'Ofterdingen⟩
→ **Heinrich ⟨von Ofterdingen⟩**

Henri ⟨d'Opprebais⟩
gest. 1473
Vielleicht Verf. der Chronique de l'abbaye de Floreffe
Rep.Font. V,436; III,335
Henri ⟨de Beaurepart⟩
Henri ⟨de Floreffe⟩
Henricus ⟨de Opprebais⟩
Opprebais, Henri ¬d'¬
Opprebais, Henricus ¬de¬

Henri ⟨d'Orsoy⟩
→ **Henricus ⟨de Orsoy⟩**

Henri ⟨d'Ostie⟩
→ **Henricus ⟨de Segusia⟩**

Henri ⟨d'Oyta⟩
→ **Henricus ⟨Totting⟩**

Henri ⟨Droci⟩
→ **Enricus ⟨Drocus⟩**

Henri ⟨Etudiant à Oxford⟩
→ **Henricus ⟨de Renham⟩**

Henri ⟨Evêque de Lubeck⟩
→ **Heinrich ⟨von Bocholt⟩**
→ **Henricus ⟨Bruxellensis Sancti Aegidii⟩**

Henri ⟨France, Roi, I.⟩
1008 – 1060
CSGL; Meyer; LMA,IV,2054/55
Heinrich ⟨Frankreich, König, I.⟩
Henricus ⟨Francia, Rex, I.⟩
Henry ⟨France, King, I.⟩

Henri ⟨Franciscain⟩
→ **Henricus ⟨Frater⟩**

Henri ⟨Fuller de Haguenau⟩
→ **Fuller, Henricus**

Henri ⟨Goethals⟩
→ **Henricus ⟨Gandavensis⟩**

Henri ⟨Gürtelknopf⟩
→ **Henricus ⟨Goeckelmann⟩**

Henri ⟨Gundelfinger⟩
→ **Gundelfingen, Heinrich**

Henri ⟨Harkeley⟩
→ **Henricus ⟨de Harclay⟩**

Henri ⟨Hérésiarque⟩
→ **Henricus ⟨de Lausanna⟩**

Henri ⟨Hermondaville⟩
→ **Henricus ⟨de Mondavilla⟩**

Henri ⟨Herp⟩
→ **Henricus ⟨Herpius⟩**

Henri ⟨Hetzbold⟩
→ **Hetzbold, Heinrich**

Henri ⟨Italien⟩
→ **Henricus ⟨de Isernia⟩**

Henri ⟨Jerung⟩
→ **Henricus ⟨Ierung⟩**

Henri ⟨Kalteisen⟩
→ **Henricus ⟨Kalteisen⟩**

Henri ⟨Kaufringer⟩
→ **Kaufringer, Heinrich**

Henri ⟨Knoderer⟩
→ **Henricus ⟨Goeckelmann⟩**

Henri ⟨Lancastre, Duc⟩
→ **Henry ⟨Lancaster, Duke⟩**

Henri ⟨Lange⟩
→ **Lange, Hinrik**

Henri ⟨l'Aveugle⟩
→ **Harry ⟨the Minstrel⟩**

Henri ⟨le Boiteux⟩
→ **Heinrich ⟨Römisch-Deutsches Reich, Kaiser, II.⟩**

Henri ⟨le Glichezäre⟩
→ **Heinrich ⟨der Gleißner⟩**

Henri ⟨le Lion⟩
→ **Heinrich ⟨Sachsen, Herzog, III.⟩**

Henri ⟨le Lion-Chauve⟩
→ **Heinrich ⟨Mecklenburg, Herzog, II.⟩**

Henri ⟨le Ménestrel⟩
→ **Harry ⟨the Minstrel⟩**

Henri ⟨le Noir⟩
→ **Heinrich ⟨Römisch-Deutsches Reich, Kaiser, III.⟩**

Henri ⟨le Pauvre⟩
→ **Henricus ⟨Septimellensis⟩**

Henri ⟨le Sage⟩
→ **Henry ⟨England, King, VII.⟩**

Henri ⟨le Salomon de l'Angleterre⟩
→ **Henry ⟨England, King, VII.⟩**

Henri ⟨le Vieux-Gras⟩
→ **Heinrich ⟨von Anhalt⟩**

Henri ⟨l'Ecossais⟩
→ **Harry ⟨the Minstrel⟩**

Henri ⟨l'Hérétique⟩
→ **Henricus ⟨de Lausanna⟩**

Henri ⟨l'Illustre⟩
→ **Heinrich ⟨Meißen, Markgraf, III.⟩**

Henri ⟨Loe⟩
→ **Henricus ⟨Loen⟩**

Henri ⟨l'Oiseleur⟩
→ **Heinrich ⟨Römisch-Deutsches Reich, König, I.⟩**

Henri ⟨Lusace, Margrave, III.⟩
→ **Heinrich ⟨Meißen, Markgraf, III.⟩**

Henri ⟨Luxembourg, Comte⟩
→ **Heinrich ⟨Römisch-Deutsches Reich, Kaiser, VII.⟩**

Henri ⟨Marquis de'Gavi⟩
→ **Henricus ⟨de Gavio⟩**

Henri ⟨Mecklembourg, Duc, II.⟩
→ **Heinrich ⟨Mecklenburg, Herzog, II.⟩**

Henri ⟨Médecin de Bâle⟩
→ **Henricus ⟨de Basilea⟩**

Henri ⟨Minnesinger⟩
→ **Hardegger, ¬Der¬**

Henri ⟨Misnie, Margrave, III.⟩
→ **Heinrich ⟨Meißen, Markgraf, III.⟩**

Henri ⟨Moine d'Affligen⟩
→ **Henricus ⟨Bruxellensis⟩**

Henri ⟨Notaire Bohème⟩
→ **Henricus ⟨de Isernia⟩**

Henri ⟨Physicus⟩
→ **Henricus ⟨de Basilea⟩**

Henri ⟨Plantagenet⟩
→ **Henry ⟨England, King, II.⟩**

Henri ⟨Prêtre à Dortmund⟩
→ **Heinrich ⟨von Broke⟩**

Henri ⟨Roi des Romains, ...⟩
→ **Heinrich ⟨Römisch-Deutsches Reich, König, ...⟩**

Henri ⟨Saxe, Duc⟩
→ **Heinrich ⟨Sachsen, Herzog, III.⟩**

Henri ⟨Steinhöwel⟩
→ **Steinhöwel, Heinrich**

Henri ⟨Steinruck⟩
→ **Steinruck, Heinrich**

Henri ⟨Stero⟩
→ **Henricus ⟨Stero⟩**

Henri ⟨Stich⟩
→ **Stich, Heinrich**

Henri ⟨Stolberg, Comte⟩
→ **Heinrich ⟨zu Stolberg⟩**

Henri ⟨Teschler⟩
→ **Teschler, Heinrich**

Henri ⟨Thuringe, Landgrave⟩
→ **Heinrich ⟨Meißen, Markgraf, III.⟩**

Henri ⟨Tidemann⟩
→ **Henricus ⟨Tidemanni⟩**

Henri ⟨Toke⟩
→ **Toke, Henricus**

Henri ⟨Troyes, Comte⟩
→ **Henricus ⟨Trecensis⟩**

Henri ⟨Tudor⟩
→ **Henry ⟨England, King, VII.⟩**

Henri ⟨van Beeck⟩
→ **Heinrich ⟨von Beeck⟩**

Henri ⟨van den Bogaerde⟩
→ **Henricus ⟨de Pomerio⟩**

Henri ⟨van der Calsteren⟩
→ **Heinrich ⟨von Löwen⟩**

Henri ⟨van der Heyden⟩
→ **Henricus ⟨de Merica⟩**

Henri ⟨Verkleir⟩
→ **Henricus ⟨de Werla⟩**

Henri ⟨von der Broke⟩
→ **Heinrich ⟨von Broke⟩**

Henri ⟨von der Mure⟩
→ **Heinrich ⟨von der Mure⟩**

Henri ⟨Wichingham⟩
→ **Henricus ⟨Wichinghamus⟩**

Henri ⟨Wolter⟩
→ **Wolter, Henricus**

Henric ⟨de Carreto⟩
→ **Carretto, Henricus ¬de¬**

Henric ⟨van Alckmaer⟩
→ **Hendrik ⟨van Alkmaar⟩**

Henric ⟨van Arnhem⟩
→ **Henricus ⟨Arnhemiensis⟩**

Henric ⟨van Veldeken⟩
→ **Heinrich ⟨von Veldeke⟩**

Henrich ⟨Rafolt⟩
→ **Rafold, Heinrich**

Henrici, Nikolaus
→ **Nicolaus ⟨de Posnania⟩**

Henricus
→ **Henricus ⟨Daventriae Regens⟩**

Henricus ⟨a Diessenhoven⟩
→ **Henricus ⟨de Diessenhofen⟩**

Henricus ⟨a Gandavo⟩
→ **Henricus ⟨Gandavensis⟩**

Henricus ⟨a Gouda⟩
→ **Henricus ⟨de Gouda⟩**

Henricus ⟨Abbas⟩
→ **Henricus ⟨Banzensis⟩**
→ **Henricus ⟨de Marsiaco⟩**

Henricus ⟨Abbas Augiensis⟩
→ **Henricus ⟨Augiensis⟩**

Henricus ⟨Abbas Croylandensis⟩
→ **Henricus ⟨Croylandensis⟩**

Henricus ⟨Abrincensis⟩
→ **Henricus ⟨de Abrincis⟩**

Henricus ⟨Affligemensis⟩
→ **Henricus ⟨Bruxellensis⟩**

Henricus ⟨Alberti Magni Discipulus⟩
→ **Henricus ⟨de Saxonia⟩**

Henricus ⟨Alemanus⟩
→ **Henricus ⟨de Frimaria⟩**

Henricus ⟨Almanus de Suonishain⟩
→ **Henricus ⟨de Suonishain⟩**

Henricus ⟨Altahensis⟩
→ **Henricus ⟨Stero⟩**

Henricus ⟨Altendorfius⟩
→ **Henricus ⟨de Hassia⟩**

Henricus ⟨Altissiodorensis⟩
→ **Heiricus ⟨Altissiodorensis⟩**

Henricus ⟨Amandus⟩
→ **Seuse, Heinrich**

Henricus ⟨Anglia, Rex, ...⟩
→ **Henry ⟨England, King, ...⟩**

Henricus ⟨Anglus⟩
→ **Henricus ⟨Wichinghamus⟩**

Henricus ⟨Aquila⟩
→ **Henricus ⟨de Aquila⟩**

Henricus ⟨Archidiaconus⟩
→ **Henricus ⟨Gandavensis⟩**
→ **Henricus ⟨Huntendunensis⟩**
→ **Henricus ⟨Salisburgensis⟩**

Henricus ⟨Archiepiscopus Remensis⟩
→ **Henricus ⟨Remensis⟩**

Henricus ⟨Argentinensis Diocesis⟩
→ **Fuller, Henricus**

Henricus ⟨Ariminensis⟩
→ **Henricus ⟨de Arimino⟩**

Henricus ⟨Aristippus⟩
gest. 1162
Plato latinus
Tusculum-Lexikon; LMA,IV,2136
Aristippus, Henricus
Henri ⟨Aristippe⟩

Henricus ⟨Arnhemiensis⟩
15. Jh.
De primo ortu et successu domus clericorum in Gouda
Rep.Font. V,417
Henric ⟨van Arnhem⟩
Henricus ⟨Frater Communis Vitae Gaudani⟩

Henricus ⟨Arnoldi⟩
1407 – 1487 · OCart
De vita Christi; Meditationes ad BMV; De mysterio redemptionis humanae dialogus inter Jesum et Mariam; etc.
VL(2),1,488f.; LMA,IV,2136
Arnoldi, Heinrich
Arnoldi, Henri
Arnoldi, Henricus
Arnoldi de Alleveldia, Henri
Arnoldi von Alfeld, Heinrich
Heinrich ⟨Arnold⟩
Heinrich ⟨Arnoldi⟩
Heinrich ⟨Arnoldi von Alfeld⟩
Heinrich ⟨von Alfeld⟩
Heinricus ⟨Arnoldi von Alfeld⟩
Henri ⟨Arnoldi⟩
Henricus ⟨Arnold von Alfeld⟩
Henricus ⟨Arnoldi de Alleveldia⟩
Henricus ⟨Arnoldi de Alveldia⟩
Henricus ⟨de Alveldia⟩

Henricus ⟨Auceps⟩
→ **Heinrich ⟨Römisch-Deutsches Reich, König, I.⟩**

Henricus ⟨Augiensis⟩
gest. 1234
Vermutl. Verf. der Vita S. Pirmini Augiensis metrica
Rep.Font. V,417
Heinrich ⟨von Reichenau⟩
Henricus ⟨Abbas Augiensis⟩

Henricus ⟨Augustanus⟩
gest. 1083
Planctus Evae
Tusculum-Lexikon; LMA,IV,2088
Augustanus, Henricus
Heinrich ⟨von Augsburg⟩
Henri ⟨d'Augsbourg⟩
Henricus ⟨Augustensis⟩
Henricus ⟨Canonicus⟩

Henricus ⟨aus Brabant⟩
→ **Henricus ⟨Bruxellensis Sancti Aegidii⟩**

Henricus ⟨Balasensis⟩
um 1434 · OP
Nur von A. Sanderus genannt
Kaeppeli,II,183
Henri ⟨Balasensis⟩

Henricus ⟨Banthensis⟩
→ **Henricus ⟨Banzensis⟩**

Henricus ⟨Banzensis⟩
gest. 1123
Fundatio monasterii Banzensis
Potth.
Heinrich ⟨von Bantz⟩
Heinrich ⟨von Banz⟩
Henricus ⟨Abbas⟩
Henricus ⟨Banthensis⟩

Henricus ⟨Barchoff de Blomberg⟩
um 1422
Exercitium novae logicae
Lohr
Barchoff, Henricus ¬de¬
Barchoff de Blomberg, Henricus
Blomberg, Henricus ¬de¬
Henricus ⟨Barchoff⟩
Henricus ⟨de Blomberg⟩

Henricus ⟨Basileensis⟩
→ **Henricus ⟨de Basilea⟩**
→ **Henricus ⟨Frater⟩**

Henricus ⟨Bate⟩
1246 – 1310
LMA,IV,2088/89
Bate, Henri
Bate, Henricus
Bate, Henry
Bate de Malines, Henri
Enrico ⟨Bate⟩
Heinrich ⟨Bate de Malines⟩
Heinrich Bate ⟨von Mecheln⟩
Henri ⟨Bate⟩
Henricus ⟨Batenus Mechlinensis⟩
Henricus ⟨de Malinis⟩
Henricus ⟨Mechlinensis⟩
Henry ⟨Bate⟩
Malines, Henri Bate ¬de¬

Henricus ⟨Bavaria, Dux, XXXI.⟩
→ **Heinrich ⟨Römisch-Deutsches Reich, Kaiser, II.⟩**

Henricus ⟨Beauclerc⟩
→ **Henry ⟨England, King, I.⟩**

Henricus ⟨Bellovacensis⟩
→ **Henricus ⟨Remensis⟩**

Henricus ⟨Berchtoltsgadensis⟩
→ **Henricus ⟨Salisburgensis⟩**

Henricus ⟨Blancford⟩
→ **Blaneforde, Henricus ¬de¬**

Henricus ⟨Boetterman de Orsoe⟩
→ **Henricus ⟨de Orsoy⟩**

Henricus ⟨Bogaert⟩
→ **Henricus ⟨de Pomerio⟩**

Henricus ⟨Bohicus⟩
gest. 1390
LMA,IV,2137
Bohic, Henri
Bohic, Hervé
Bohicus, Henricus
Boic, Henri
Boich, Henri
Boich, Henricus
Boick, Henri
Bouhic, Henricus
Henri ⟨Bohic⟩
Henricus ⟨Bohic⟩
Henricus ⟨Bouhic⟩
Hervaeus ⟨Bohicus⟩
Hervé ⟨Bohic⟩

Henricus ⟨Bonicollius⟩
→ **Henricus ⟨Gandavensis⟩**

Henricus ⟨Bouhic⟩
→ **Henricus ⟨Bohicus⟩**

Henricus ⟨Brabantinus⟩
→ **Heinrich ⟨von Löwen⟩**
→ **Henricus ⟨Bruxellensis Sancti Aegidii⟩**

Henricus ⟨Brachedunus⟩
→ **Henricus ⟨de Bracton⟩**

Henricus ⟨Breitenowensis⟩
→ **Henricus ⟨de Breitenau⟩**

Henricus ⟨Brekenar⟩
um 1373
Quaestiones porphyriales; Quaestiones circa librum Praedicamentorum
Lohr
Brekenar, Henricus

Henricus ⟨Britenaviensis⟩
→ **Henricus ⟨de Breitenau⟩**

Henricus ⟨Bruxellensis⟩
→ **Henricus ⟨Bruxellensis Sancti Aegidii⟩**
→ **Henricus ⟨de Bruxella⟩**

Henricus ⟨Bruxellensis⟩
um 1310 · OSB
De scriptoribus ecclesiasticis (= Catalogus virorum illustrium)
Rep.Font. V,411
Heinrich ⟨von Brüssel⟩
Henri ⟨Bénédictin⟩
Henri ⟨de Afflighem⟩
Henri ⟨de Bruxelles⟩
Henri ⟨Moine d'Affligen⟩
Henricus ⟨Affligemensis⟩
Henricus ⟨Affligensis⟩
Henricus ⟨de Afflighem⟩
Henricus ⟨Monachus Affligensis⟩

Henricus ⟨Bruxellensis Sancti Aegidii⟩
gest. 1182 (laut Jöcher 1284) · OSB
De processione Spiritus Sancti
Henri ⟨Abbé de Saint-Gilles⟩
Henri ⟨Abbé de Saint-Gilles à Brunswick⟩
Henri ⟨de Brunswick⟩
Henri ⟨de Bruxelles⟩
Henri ⟨de Lubeck⟩
Henri ⟨de Saint-Gilles⟩
Henri ⟨Evêque de Lübeck⟩
Henricus ⟨aus Brabant⟩
Henricus ⟨Brabantinus⟩
Henricus ⟨Bruxellensis⟩
Henricus ⟨Lubecensis⟩
Henricus ⟨Sancti Aegidii⟩

Henricus ⟨Budovicensis⟩
um 1419
De sacra communione
Kaeppeli,II,187

Henricus ⟨Caecus⟩
→ **Harry ⟨the Minstrel⟩**

Henricus ⟨Calcarensis⟩
→ **Henricus ⟨de Calcar⟩**

Henricus ⟨Calteizenius⟩
→ **Henricus ⟨Kalteisen⟩**

Henricus ⟨Campaniensis⟩
→ **Henricus ⟨Trecensis⟩**

Henricus ⟨Canonicus⟩
→ **Henricus ⟨Augustanus⟩**
→ **Henricus ⟨Herbipolensis⟩**

Henricus ⟨Canonicus Marchthalensis⟩
→ **Henricus ⟨Marchtelanensis⟩**

Henricus ⟨Capellanus⟩
→ **Henricus ⟨de Diessenhofen⟩**

Henricus ⟨Caper⟩
→ **Heinrich ⟨Caper⟩**

Henricus ⟨Cappellyce⟩
um 1420
Auctoritates Bibliae
Stegmüller, Repert. bibl. 3150
Cappellyce, Henricus

Henricus ⟨Cardinalis⟩
→ **Henricus ⟨de Segusia⟩**

Henricus ⟨Caretus⟩
→ **Carretto, Henricus ¬de¬**

Henricus ⟨Carmelita⟩
→ **Henricus ⟨de Dollendorf⟩**

Henricus ⟨Catalorcius⟩
→ **Henricus ⟨de Cremona⟩**

Henricus ⟨Chanoine de Magdeburg⟩
→ **Toke, Henricus**

Henricus ⟨Chicot⟩
gest. 1413
Principium circa librum Ethicorum
Lohr
Chicot, Henri
Chicot, Henricus
Chicoti, Henricus
Henri ⟨Chanoine⟩
Henri ⟨de Chartres⟩
Henricus ⟨Chiquoti⟩

Henricus ⟨Cisterciensis⟩
→ **Henricus ⟨de Marsiaco⟩**

Henricus ⟨Citharaedus⟩
→ **Henricus ⟨Herpius⟩**

Henricus ⟨Claraevallensis⟩
→ **Henricus ⟨de Marsiaco⟩**
→ **Henricus ⟨Remensis⟩**

Henricus ⟨Clericus Treverensis⟩
→ **Henricus ⟨Treverensis⟩**

Henricus ⟨Cnitthon⟩
→ **Knighton, Henricus**

Henricus ⟨Coesveldius⟩
→ **Henricus ⟨de Coesveldia⟩**

Henricus ⟨Coloniensis⟩
→ **Henricus ⟨Teuto, ...⟩**

Henricus ⟨Comes Trecensis⟩
→ **Henricus ⟨Trecensis⟩**

Henricus ⟨Confluentinus⟩
→ **Henricus ⟨Kalteisen⟩**

Henricus ⟨Constantiensis⟩
→ **Seuse, Heinrich**

Henricus ⟨Constantiensis Episcopus⟩
→ **Henricus ⟨de Klingenberg⟩**

Henricus ⟨Consueldius⟩
→ **Henricus ⟨de Coesveldia⟩**

Henricus ⟨Cosseius⟩
→ **Henricus ⟨de Cossey⟩**

Henricus ⟨Costeseius⟩
→ **Henricus ⟨de Cossey⟩**

Henricus ⟨Cremonensis⟩
→ **Henricus ⟨de Cremona⟩**

Henricus ⟨Croylandensis⟩
um 1207/28 · OSB
Epistola nuncupatoria
Rep.Font. V,422; DOC,2,916
Enrico ⟨di Crowland⟩
Henri ⟨de Croyland⟩
Henricus ⟨Abbas Croylandensis⟩
Henricus ⟨Croilandiae Abbas⟩
Henricus ⟨Sancti Guthlaci⟩

Henricus ⟨Dacus⟩
→ **Harpestraeng, Henricus**

Henricus ⟨d'Altendorf⟩
→ **Henricus ⟨de Hassia⟩**

Henricus ⟨Daniel⟩
um 1378/79
Liber uricrisiarum
Kaeppeli,II,192
Daniel, Henri
Daniel, Henricus
Henri ⟨Daniel⟩
Henricus ⟨Daniel Anglicus⟩
Henricus ⟨Danyel⟩
Henricus ⟨Danyell⟩
Henry ⟨Danyell⟩

Henricus ⟨Dapifer⟩
→ **Henricus ⟨de Diessenhofen⟩**

Henricus ⟨Dasle de Hildesheim⟩
um 1430/41
Quaestiones super libros (I-V) Ethicorum; Vermutl. Verf. des „Exercitium circa libros De anima"
Lohr
Dasle, Henricus
Dasle de Hildesheim, Henricus
Henricus ⟨Dasle⟩
Henricus ⟨de Hildesem⟩
Henricus ⟨de Hildesheim⟩
Hildesheim, Henricus ¬de¬

Henricus ⟨Daventriae Regens⟩
Lebensdaten nicht ermittelt
Quaestiones parvorum naturalium
Lohr
Henricus
Henricus ⟨Magister⟩
Henricus ⟨Regens⟩
Henricus ⟨Regens Daventriae⟩

Henricus ⟨de Abrincis⟩
gest. ca. 1250
Legenda verificata S. Francisci
LMA,IV,2088
Abrincis, Henricus ¬de¬
Heinrich ⟨von Avranches⟩
Henri ⟨d'Avranches⟩
Henricus ⟨Abrincensis⟩
Henricus ⟨Magister⟩
Henry ⟨of Avranches⟩

Henricus ⟨de Afflighem⟩
→ **Henricus ⟨Bruxellensis⟩**

Henricus ⟨de Alemannia⟩
→ **Henricus ⟨de Frimaria⟩**
→ **Münsinger, Heinrich**

Henricus ⟨de Altendorf⟩
→ **Henricus ⟨de Hassia⟩**

Henricus ⟨de Alveldia⟩
→ **Henricus ⟨Arnoldi⟩**

Henricus ⟨de Amandavilla⟩
→ **Henricus ⟨de Mondavilla⟩**

Henricus ⟨de Andonia⟩
→ **Henricus ⟨de Eyndonia⟩**

Henricus ⟨de Anglia⟩
12./14. Jh. · OP
Tractatus de insolubilibus
Schneyer,II,622
Anglia, Henricus ¬de¬
Henry ⟨d'Angleterre⟩

Henricus ⟨de Antwerpe⟩
um 1217/27
Tractatus de urbe Brandenburg
Rep.Font. V,413
Antwerpe, Henricus ¬de¬
Henri ⟨de Leitzkau⟩
Henri ⟨d'Anvers⟩
Henricus ⟨Prior Ecclesiae Brandenburgensis⟩

Henricus ⟨de Aquila⟩
gest. ca. 1345 · OCarm
In Cantica canticorum commentaria
Stegmüller, Repert. bibl. 3147
Adler, Heinrich
Aquila, Henricus ¬de¬
Heinrich ⟨Adler⟩
Henri ⟨de Aquila⟩
Henri ⟨d'Aquila⟩
Henricus ⟨Aquila⟩

Henricus ⟨de Arimino⟩
um 1314 · OP
De septem vitiis capitalibus; De quattuor virtutibus cardinalibus ad cives Venetos
Schneyer,II,676; Rep.Font. V,414
Arimino, Henricus ¬de¬
Enrico ⟨da Rimini⟩
Henri ⟨de Rimini⟩
Henricus ⟨Ariminensis⟩
Henricus ⟨de Rimini⟩
Henricus ⟨Riminensis⟩

Henricus ⟨de Armondavilla⟩
→ **Henricus ⟨de Mondavilla⟩**

Henricus ⟨de Baila⟩
12. Jh.
Disputatio; Glossae in Codicem Iustinianum
Rep.Font. V,417; DOC,2,916
Baila, Henricus ¬de¬
Henri ⟨de Baila⟩
Henricus ⟨de Bulla⟩

Henricus ⟨de Balsee⟩
um 1427
Chronicon Wismariense
Rep.Font. V,418
Balsee, Henricus ¬de¬
Heinrich ⟨von Balsee⟩
Henri ⟨de Baaltze⟩
Henri ⟨de Balsee⟩
Henricus ⟨Wismariensis⟩

Henricus ⟨de Bartholomaeis⟩
→ **Henricus ⟨de Segusia⟩**

Henricus ⟨de Basilea⟩
13. Jh. · OP
Verskünsteleien; Gedichte (lat.)
Kaeppeli,II,183/184; VL(2),3,691/692
Basilea, Henricus ¬de¬
Heinrich ⟨von Basel⟩
Heinricus ⟨Medicus Basiliensis⟩
Henri ⟨Médecin de Bâle⟩
Henri ⟨Physicus⟩
Henricus ⟨Basiliensis⟩
Henricus ⟨Prior Basileensis⟩
Henricus ⟨Prior Basiliensis⟩

Henricus ⟨de Bernten⟩
um 1426/62 · OCist
Chronicon monasterii Marienrodensis
Rep.Font. V,418
Bernten, Henricus ¬de¬
Heinrich ⟨von Bernten⟩
Henri ⟨de Bernten⟩
Henri ⟨de Marienrode⟩
Henricus ⟨Marienrodensis⟩

Henricus ⟨de Bitterfeld⟩
gest. ca. 1405 · OP
De formatione et reformatione Ord. Praed.; De institutione sacramenti Eucharistiae; De crebra communione; etc.
LMA,IV,2089; VL(2),33,699ff.
Bitterfeld, Henricus ¬de¬
Heinrich ⟨von Bitterfeld⟩
Henricus ⟨Wenceslai Venken de Bitterfeld⟩
Pseudo-Henricus ⟨de Bitterfeld⟩

Henricus ⟨de Blaneforde⟩
→ **Blaneforde, Henricus ¬de¬**

Henricus ⟨de Blienschwiller⟩
13. Jh.
Sermones de tempore, de sanctis; Excerptum de Britone
Blienschwiller, Henricus ¬de¬
Henricus ⟨de Blienswilre⟩

Henricus ⟨de Blomberg⟩
→ **Henricus ⟨Barchoff de Blomberg⟩**

Henricus ⟨de Bracton⟩
gest. 1268
Tusuclum-Lexikon; Potth.; LMA,IV,2137
Brachedunus, Henricus
Bracton, Heinrich ¬von¬
Bracton, Henricus ¬de¬
Heinrich ⟨von Bracton⟩
Heinrich ⟨von Bratton⟩
Henri ⟨de Bracton⟩
Henricus ⟨Brachedunus⟩
Henricus ⟨de Bratton⟩
Henricus ⟨de Bryctona⟩
Henry ⟨of Bratton⟩

Henricus ⟨de Breitenau⟩
um 1132/70 · OSB
Passio S. Thiemonis
Rep.Font. V,420/21; VL(2),3,703/704
Breitenau, Henricus ¬de¬
Heinrich ⟨von Breitenau⟩
Henri ⟨de Bredenow⟩
Henri ⟨de Breidnawe⟩
Henri ⟨de Bretenau⟩
Henricus ⟨Breitenowensis⟩
Henricus ⟨Britenaviensis⟩
Henricus ⟨de Bretenau⟩

Henricus ⟨de Bremen⟩
→ **Toke, Henricus**

Henricus ⟨de Bretenau⟩
→ **Henricus ⟨de Breitenau⟩**

Henricus ⟨de Broke⟩
→ **Heinrich ⟨von Broke⟩**

Henricus ⟨de Bruxella⟩
um 1286/1318
Quaestiones super librum posteriorum; Scriptum super Topica; Quaestiones super metaphysicam; etc.; nicht identisch mit Henricus ⟨Bruxellensis⟩
Lohr
Bruxella, Henricus ¬de¬
Heinrich ⟨von Brüssel⟩
Henricus ⟨Bruxellensis⟩
Henricus ⟨de Brüssel⟩

Henricus ⟨de Bruxellis⟩
Henricus ⟨Magister Parisiensis⟩
Henry ⟨of Brussels⟩

Henricus ⟨de Bryctona⟩
→ **Henricus ⟨de Bracton⟩**

Henricus ⟨de Bulla⟩
→ **Henricus ⟨de Baila⟩**

Henricus ⟨de Calcar⟩
1323 – 1408
LThK; CSGL; Potth.; LMA,IV,2090
Calcar, Henricus ¬de¬
Heinrich ⟨Aeger⟩
Heinrich ⟨Egher⟩
Heinrich ⟨von Kalkar⟩
Henri ⟨de Kalkar⟩
Henricus ⟨Calcarensis⟩
Henricus ⟨Calcariensis⟩
Henricus ⟨de Egher⟩
Henricus ⟨Egher Kalkarensis⟩
Henricus ⟨Kalkarensis⟩
Henricus ⟨von Kalkar⟩

Henricus ⟨de Caleto⟩
→ **Carretto, Henricus ¬de¬**

Henricus ⟨de Calstris⟩
→ **Heinrich ⟨von Löwen⟩**

Henricus ⟨de Campo⟩
→ **Heymericus ⟨de Campo⟩**

Henricus ⟨de Carretto⟩
→ **Carretto, Henricus ¬de¬**

Henricus ⟨de Casalorciis⟩
→ **Henricus ⟨de Cremona⟩**

Henricus ⟨de Castro Marsiaco⟩
→ **Henricus ⟨de Marsiaco⟩**

Henricus ⟨de Cervo⟩
um 1362 · OP
Thomista Coloniensis; In Sententias P. Lombardi; Quaestio de latitudinibus seu gradibus specierum
Stegmüller, Repert. sentent. 315; Kaeppeli,II,189/190
Cervo, Henricus ¬de¬
Henri ⟨de Cervo⟩
Henricus ⟨de Cervo Coloniensis⟩
Henricus ⟨vanme Hirtze⟩

Henricus ⟨de Coesveldia⟩
1349 – 1410 · OCart
Exod.; Rom.
Stegmüller, Repert. bibl. 3185;3186
Coesfeldt, Heinrich ¬von¬
Coesveldia, Henricus ¬de¬
Heinrich ⟨von Coesfeld⟩
Heinrich ⟨von Goesfeld⟩
Henri ⟨de Kemenade⟩
Henri ⟨de Koesfeld⟩
Henricus ⟨Coesfeldius⟩
Henricus ⟨Coesveldius⟩
Henricus ⟨Consueldius⟩
Henricus ⟨de Consveldia⟩
Henricus ⟨de Cosweldia⟩
Henricus ⟨de Koesfeld⟩
Henricus ⟨Kemenadius⟩
Kemenadius, Henricus

Henricus ⟨de Colonia⟩
→ **Henricus ⟨Teuto, ...⟩**

Henricus ⟨de Consveldia⟩
→ **Henricus ⟨de Coesveldia⟩**

Henricus ⟨de Cossey⟩
gest. 1336 · OFM
Conciones et lecturae Scripturarum
Schneyer,II,639; Stegmüller, Repert. bibl. 3152
Cossey, Henricus ¬de¬
Heinrich ⟨von Cossey⟩
Heinrich ⟨von Costerey⟩
Henri ⟨de Costesey⟩
Henri ⟨de Costessey⟩
Henricus ⟨Cosseius⟩
Henricus ⟨Cossey⟩
Henricus ⟨Costesaius⟩
Henricus ⟨Costesegus⟩
Henricus ⟨Costeseius⟩
Henricus ⟨de Costesey⟩
Henricus ⟨de Costeseye⟩
Henricus ⟨de Costessey⟩
Henricus ⟨Tanner⟩
Henry ⟨Costesay⟩
Henry ⟨Tanner⟩

Henricus ⟨de Cosweldia⟩
→ **Henricus ⟨de Coesveldia⟩**

Henricus ⟨de Cremona⟩
gest. 1312
De potestate papae
Schönberger/Kible, Repertorium, 13673; Rep.Font. V,421
Cremona, Henricus ¬de¬
Heinrich ⟨von Cremona⟩
Henri ⟨de Crémone⟩
Henricus ⟨Catalorcius⟩
Henricus ⟨Cremonensis⟩
Henricus ⟨de Casalorciis⟩
Henricus ⟨Episcopus Regii Lepidi⟩
Henricus ⟨Regiensis⟩
Henricus ⟨Regiensis Episcopus⟩

Henricus ⟨de Dacia⟩
→ **Harpestraeng, Henricus**

Henricus ⟨de Delendor⟩
→ **Henricus ⟨de Dollendorf⟩**

Henricus ⟨de Diessenhofen⟩
ca. 1302 – 1376
Historia ecclesiae
Tusculum-Lexikon; LThK; VL(2); LMA,IV,2090
Dapifer, Henricus
Diessenhofen, Heinrich ¬von¬
Diessenhofen, Henricus ¬de¬
Heinrich ⟨Truchsess⟩
Heinrich ⟨von Diessenhofen⟩
Heinrich ⟨von Diessenhoven⟩
Heinricus ⟨de Diessenhofen⟩
Henri ⟨de Diessenhofen⟩
Henricus ⟨a Diessenhoven⟩
Henricus ⟨Capellanus⟩
Henricus ⟨Dapifer⟩
Truchsess von Diessenhoven, Heinrich

Henricus ⟨de Dollendorf⟩
gest. 1366 · OCarm
In Ethicam sive philosophiam moralem
Lohr
Dollendorf, Henricus ¬de¬
Henri ⟨de Cologne⟩
Henri ⟨de Dollendorf⟩
Henricus ⟨Carmelita⟩
Henricus ⟨de Delendor⟩
Henricus ⟨de Dollendorp⟩
Henricus ⟨de Dollendorpp⟩

Henricus ⟨de Dynst⟩
15. Jh.
Disputata veteris artis
Lohr
Dynst, Henricus ¬de¬
Henricus ⟨de Dymst⟩

Henricus ⟨de Eggewint⟩
→ **Heinrich ⟨von Ekkewint⟩**

Henricus ⟨de Egher⟩
→ **Henricus ⟨de Calcar⟩**

Henricus ⟨de Erfordia⟩
→ **Henricus ⟨de Hervordia⟩**
→ **Henricus ⟨de Sancto Severo⟩**

Henricus ⟨de Esseburne⟩
um 1280 · OP
Lecturae Bibliorum
Schneyer,II,639; Stegmüller, Repert. bibl. 3162-3164
Esseburne, Henricus ¬de¬
Henri ⟨d'Escheburn⟩
Henricus ⟨de Esseburn⟩
Henricus ⟨Escheburnus⟩

Henricus ⟨de Euta⟩
→ **Henricus ⟨Totting⟩**

Henricus ⟨de Eyndonia⟩
um 1482
Porph.; Praed.; Perih.; etc.
Lohr
Eyndonia, Henricus ¬de¬
Henricus ⟨de Andonia⟩

Henricus ⟨de Ferraria⟩
→ **Henricus ⟨de Frimaria⟩**

Henricus ⟨de Ferro Frigido⟩
→ **Henricus ⟨Kalteisen⟩**

Henricus ⟨de Firmaria⟩
→ **Henricus ⟨de Frimaria...⟩**

Henricus ⟨de Franchoven⟩
gest. ca. 1410 · OP
Sermones de tempore et de sanctis; Identität von Henricus ⟨de Franchoven⟩ mit Henricus ⟨de Hachenburg⟩ von Kaeppeli (gegen Quétif-Echard, Chevalier, Jöcher) angenommen.
Kaeppeli,II,195
Franchovar, Henricus ¬de¬
Franchoven, Henricus ¬de¬
Hachemburgo, Henricus ¬de¬
Henri ⟨de Franchovar⟩
Henri ⟨de Hachenburg⟩
Henricus ⟨de Hachemburgo⟩
Henricus ⟨de Hachenburgo⟩

Henricus ⟨de Frigido Ferro⟩
→ **Henricus ⟨Kalteisen⟩**

Henricus ⟨de Frimaria⟩
ca. 1245 – 1340
Praeceptorium divinae legis
LThK; CSGL; Potth.; LMA,IV,2091
Firmaria, Henricus ¬de¬
Freimar, Heinrich ¬von¬
Friemar, Henricus ¬de¬
Frimaria, Henricus ¬de¬
Heinrich ⟨von Friemar⟩
Henri ⟨de Vrimach⟩
Henricus ⟨Alemanus⟩
Henricus ⟨de Alemannia⟩
Henricus ⟨de Ferraria⟩
Henricus ⟨de Firmatia⟩
Henricus ⟨de Fricmar⟩
Henricus ⟨de Friemar⟩
Henricus ⟨de Frimaria, Senior⟩
Henricus ⟨de Primaria⟩
Henricus ⟨de Urimaria⟩
Henricus ⟨de Viri⟩
Henricus ⟨de Vrimaria⟩
Henricus ⟨de Wrimaria⟩
Henricus ⟨Firmaria⟩
Henricus ⟨Wimaria⟩
Henry ⟨of Friemar⟩

Henricus ⟨de Frimaria, Iunior⟩
ca. 1285 – 1354 · OESA
Commentarius in sententias (liber IV.); De octo beatitudinibus
LMA,IV,2091
Frimaria, Henricus ¬de¬
Heinrich ⟨von Friemar, der Jüngere⟩
Henri ⟨de Friemar, Augustin⟩
Henri ⟨de Frimach⟩
Henri ⟨de Frimaria⟩
Henri ⟨de Weimar⟩
Henricus ⟨de Firmaria⟩
Henricus ⟨de Urmaria⟩
Henricus ⟨de Vrimaria⟩

Henricus ⟨de Gand⟩
→ **Henricus ⟨Gandavensis⟩**

Henricus ⟨de Gandavo⟩
→ **Henricus ⟨Gandavensis⟩**

Henricus ⟨de Gandavo⟩
um 1482
Elench.
Lohr
Gandavo, Henricus ¬de¬

Henricus ⟨de Gauda⟩
→ **Henricus ⟨de Gouda⟩**

Henricus ⟨de Gavio⟩
um 1265
Verf. eines Teils der Annales Ianuenses
Rep.Font. V,425
Gavio, Henricus ¬de¬
Henri ⟨de Gavi⟩
Henri ⟨Marquis de'Gavi⟩
Henricus ⟨Marchio de Gavio⟩

Henricus ⟨de Gorcum⟩
→ **Henricus ⟨de Gorrichem⟩**

Henricus ⟨de Gorrichem⟩
ca. 1378 – 1431
LThK; Potth.; LMA,IV,2092
Gorchyam, Henricus ¬von¬
Gorcum, Henricus ¬de¬
Goricheim, Henricus ¬de¬
Gorichem, Henricus ¬de¬
Gorichen, Henricus
Gorinchem, Henricus ¬de¬
Gorkheim, Heinrich ¬von¬
Gorrichem, Henricus ¬de¬
Heinrich ⟨von Gorichem⟩
Heinrich ⟨von Gorkum⟩
Henri ⟨de Gorkum⟩
Henricus ⟨de Gorckheim⟩
Henricus ⟨de Gorcum⟩
Henricus ⟨de Gorichem⟩
Henricus ⟨de Gorickem⟩
Henricus ⟨de Gorikym⟩
Henricus ⟨de Gorinchem⟩
Henricus ⟨de Gorkum⟩
Henricus ⟨Gorcomius⟩
Henricus ⟨Gorichemus⟩
Henricus ⟨Gorichensis⟩
Henricus ⟨Gorychem⟩

Henricus ⟨de Gouda⟩
gest. 1428 · OESA
Cant.; Principium in theologiam; Principium in Ecclesiasticum; etc.
Stegmüller, Repert. bibl. 3175-3178; Stegmüller, Repert. sentent. 324;325
Gouda, Henricus ¬de¬
Heinrich ⟨von Gouda⟩
Henri ⟨de Gouda⟩
Henricus ⟨a Gouda⟩
Henricus ⟨de Gauda⟩

Henricus ⟨de Hachemburgo⟩
→ **Henricus ⟨de Franchoven⟩**

Henricus ⟨de Hagenau⟩
→ **Fuller, Henricus**

Henricus ⟨de Hagenoia⟩
14. Jh.
Überarb. des „Opus de moribus praelatorum" von Fuller, Henricus
VL(2),2,1009
Hagenoia, Henricus ¬de¬
Heinrich ⟨von Hagenau⟩
Henricus ⟨de Haguenau⟩
Henricus ⟨Theologus et Capellanus⟩

Henricus ⟨de Hallis⟩
gest. 1282 · OP
Libellus spiritualis gratiae; Bearb. der lat. Übers. des Lebensberichts der Mechthild ⟨von Magdeburg⟩ (VL(2),6,260)
Halle, Heinrich ¬von¬
Hallis, Henricus ¬de¬
Heinrich ⟨von Halle⟩
Henri ⟨de Halle⟩

Henricus ⟨de Harclay⟩
ca. 1270 – 1317
Sentenzenkommentar
LMA,IV,2092/93; Schneyer,II,674; Stegmüller, Repert. sentent. 328
Harchelegus, Henri
Harclay, Henricus ¬de¬
Harkeley, Henri
Heinrich ⟨Harcley⟩
Heinrich ⟨Herceley⟩
Heinrich ⟨Hercle⟩
Heinrich ⟨von Harclay⟩
Heinrich ⟨von Herceley⟩
Heinrich ⟨von Hercle⟩
Henri ⟨de Harclay⟩
Henri ⟨Harchelegus⟩
Henri ⟨Harkeley⟩
Henricus ⟨de Harcley⟩
Henricus ⟨de Harkele⟩
Henricus ⟨Harkeley⟩
Henricus ⟨Herkley⟩
Henry ⟨of Harclay⟩
Pseudo-Henricus ⟨de Harclay⟩

Henricus ⟨de Harph⟩
→ **Henricus ⟨Herpius⟩**

Henricus ⟨de Hassia⟩
→ **Henricus ⟨de Langenstein⟩**

Henricus ⟨de Hassia⟩
gest. 1427 · OCart
Dialogus de rara seu frequenti celebratione missae; Gen.; Exod.; etc.
VL(2),3,756; Stegmüller, Repert. sentent. 314; Stegmüller, Repert. bibl. 3143-3146
Hassia, Henricus ¬de¬
Heinrich ⟨von Altendorf⟩
Heinrich ⟨von Hassen⟩
Heinrich ⟨von Hessen, der Jüngere⟩
Henri ⟨de Hesse⟩
Henri ⟨d'Altendorf⟩
Henricus ⟨Altendorfius⟩
Henricus ⟨de Altendorf⟩
Henricus ⟨de Hassia, Iunior⟩
Henricus ⟨d'Altendorf⟩

Henricus ⟨de Heimburg⟩
1242 – 1300
Annales (sive Chronica Bohemorum 861-1300); Chronica domus Sarnensis
Rep.Font. V,426
Heimburg, Henricus ¬de¬
Heinrich ⟨von Heimburg⟩
Henri ⟨de Heimburg⟩
Henricus ⟨Heimburgensis⟩
Henricus ⟨Sarnensis⟩

Henricus ⟨de Herp⟩
→ **Henricus ⟨Herpius⟩**

Henricus ⟨de Hervordia⟩
gest. 1370 · OP
Liber de rebus memorabilioribus sive Chronicon; De conceptione virginis gloriose; Catena aurea entium; nicht identisch mit Hartwig ⟨von Erfurt⟩
Tusculum-Lexikon; LThK; Potth.; LMA,IV,2093
Bruder ⟨von Erfforte⟩
Enrico ⟨di Herford⟩

Heinrich ⟨von Erdfurd⟩
Heinrich ⟨von Erfurt⟩
Heinrich ⟨von Herford⟩
Henri ⟨de Herford⟩
Henri ⟨d'Erfurth⟩
Henricus ⟨de Erfordia⟩
Henricus ⟨de Erfurt⟩
Henricus ⟨de Munden⟩
Henricus ⟨Herefordiensis⟩
Henricus ⟨Hervordiensis⟩
Henry ⟨de Herworden⟩
Hervordia, Henricus ¬de¬

Henricus ⟨de Hildesheim⟩
→ **Henricus ⟨Dasle de Hildesheim⟩**

Henricus ⟨de Hohenlohe⟩
→ **Heinrich ⟨von Hohenlohe⟩**

Henricus ⟨de Hoita⟩
→ **Henricus ⟨Totting⟩**

Henricus ⟨de Homberg⟩
um 1438
Luc.
Stegmüller, Repert. bibl. 3180
Homberg, Henricus ¬de¬

Henricus ⟨de Honover⟩
→ **Honover, Henricus**

Henricus ⟨de Huecta⟩
→ **Henricus ⟨Totting⟩**

Henricus ⟨de Humis⟩
→ **Henricus ⟨de Hunnis⟩**

Henricus ⟨de Hunnis⟩
um 1357
In Sent. P. Lombardi
Kaeppeli,II,199
Henricus ⟨de Humis⟩
Henricus ⟨de Hums⟩
Henry ⟨de Hums⟩
Humis, Henricus
Hums, Henricus ¬de¬
Hunnis, Henricus ¬de¬

Henricus ⟨de Huntingdon⟩
→ **Henricus ⟨Huntendunensis⟩**

Henricus ⟨de Isernia⟩
um 1209/78
Codex epistolaris Primislai Ottocari II Bohemorum regis
Rep.Font. V,429; LMA,IV,2138
Enrico ⟨d'Isernia⟩
Heinrich ⟨Italicus⟩
Heinrich ⟨von Isernia⟩
Henri ⟨d'Isernia⟩
Henri ⟨Italicus⟩
Henri ⟨Italien⟩
Henri ⟨Notaire Bohème⟩
Henricus ⟨Italicus⟩
Isernia, Henricus ¬de¬

Henricus ⟨de Isny⟩
→ **Henricus ⟨Goeckelmann⟩**

Henricus ⟨de Kaiserswerth⟩
→ **Henricus ⟨Keyserswerde⟩**

Henricus ⟨de Klingenberg⟩
ca. 1240 – 1306
Liber quartarum
Rep.Font. V,430; VL(2),3,759/761
Heinrich ⟨von Klingenberg⟩
Henri ⟨de Klingenberg⟩
Henricus ⟨Constantiensis Episcopus⟩
Klingenberg, Henricus ¬de¬

Henricus ⟨de Koesfeld⟩
→ **Henricus ⟨de Coesveldia⟩**

Henricus ⟨de Kolmas⟩
→ **Kolmas, ¬Der von¬**

Henricus ⟨de la Vyle⟩
gest. 1329
Quaestiones super III libros De anima; Alia commentaria super Aristotele
Lohr
DeLaVyle, Henry
Henricus ⟨de la Wyle⟩
Henricus ⟨de LaVyle⟩
Henricus ⟨de Wile⟩
Henricus ⟨Wyle⟩
Henricus ⟨Wyly⟩
Henry ⟨de la Wyle⟩
Henry ⟨of Wile⟩
Henry ⟨Socius du Merton College Oxford⟩
LaVyle, Henricus ¬de¬
Vyle, Henricus ¬de la¬

Henricus ⟨de Langenstein⟩
1325 – 1397
Tusculum-Lexikon; LThK; CSGL; LMA,IV,2095/96
Hassia, Henricus ¬de¬
Heinbuche, Heinrich
Heinrich ⟨Heinbuche von Langenstein⟩
Heinrich ⟨Heynbuch⟩
Heinrich ⟨von Hainbuch⟩
Heinrich ⟨von Hassen⟩
Heinrich ⟨von Hessen⟩
Heinrich ⟨von Hessen, der Ältere⟩
Heinrich ⟨von Langenstein⟩
Henri ⟨de Hesse⟩
Henricus ⟨de Hassia⟩
Henricus ⟨de Hassia, Senior⟩
Henricus ⟨Heinbuche⟩
Henricus ⟨Heinbuche de Langenstein⟩
Henricus ⟨Hembuche⟩
Henricus ⟨Langensteiniensis⟩
Henry ⟨of Hesse⟩
Langensteijn de Hassia, Henricus
Langenstein, Heinrich ¬von¬
Langenstein, Heinrich Heinbuche ¬de¬
Langenstein, Henricus ¬de¬
Pseudo-Henricus ⟨de Hassia⟩

Henricus ⟨de Lausanna⟩
12. Jh.
Schneyer,II,674
Heinrich ⟨von Lausanne⟩
Henri ⟨de Lausanne⟩
Henri ⟨Hérésiarque⟩
Henri ⟨l'Hérétique⟩
Henricus ⟨de Lausanne⟩
Henricus ⟨Haereticus⟩
Henricus ⟨Lausanensis⟩
Henricus ⟨Seismaticus⟩

Henricus ⟨de Lettis⟩
→ **Henricus ⟨Lettus⟩**

Henricus ⟨de Lexington⟩
gest. 1258
Stegmüller, Repert. bibl. 3213
Henri ⟨de Lexington⟩
Henricus ⟨Episcopus Lincolniensis⟩
Henricus ⟨Lincolniensis⟩
Lexington, Henricus ¬de¬

Henricus ⟨de Liechtstal⟩
→ **Rietmüller, Henricus**

Henricus ⟨de Lovanio⟩
→ **Heinrich ⟨von Löwen⟩**

Henricus ⟨de Lübeck⟩
→ **Henricus ⟨Lubecensis⟩**

Henricus ⟨de Magdeburch⟩
→ **Henricus ⟨Merseburgensis⟩**

Henricus ⟨de Malinis⟩
→ **Henricus ⟨Bate⟩**

Henricus ⟨de Marburg⟩
→ **Henricus ⟨Teuto, Senior⟩**

Henricus ⟨de Marlborough⟩
→ **Henricus ⟨de Marleburgh⟩**

Henricus ⟨de Marleburgh⟩
um 1421
Cronica excerpta de medulla diversorum cronicorum, precipue Ranulphi monachi Cestrensis, e Christo nata ad MCCCCXXI ... una cum quibusdam capitulis de cronicis Hibernie
Rep.Font. V,435
Henri ⟨de Marlborough⟩
Henri ⟨de Marleburg⟩
Henricus ⟨de Marlborough⟩
Henricus ⟨Marleburgensis⟩
Henry ⟨of Marleburrough⟩
Marleburgh, Henricus ¬de¬

Henricus ⟨de Marsberk⟩
→ **Henricus ⟨Teuto, Senior⟩**

Henricus ⟨de Marsiaco⟩
ca. 1140 – 1189 · OCist
De peregrinatione ecclesiae Dei; Epistulae; Tractatus de peregrinante civitate Dei
LMA,IV,2097; Rep.Font. V,421
Enrico ⟨di Chiaravalle⟩
Heinrich ⟨Kardinalbischof⟩
Heinrich ⟨von Albano⟩
Heinrich ⟨von Clairvaux⟩
Heinrich ⟨von Marcy⟩
Henri ⟨Abbé⟩
Henri ⟨Bienheureux⟩
Henri ⟨Cardinal⟩
Henri ⟨Cistercien⟩
Henri ⟨de Clairvaux⟩
Henri ⟨de Hautecombe⟩
Henri ⟨de Marcy⟩
Henri ⟨d'Albano⟩
Henricus ⟨Abbas⟩
Henricus ⟨Abbot⟩
Henricus ⟨Cisterciensis⟩
Henricus ⟨Claraevallensis⟩
Henricus ⟨de Castro Marsiaco⟩
Henricus ⟨de Marsiaco Claraevallensis⟩
Henricus ⟨of Clairvaux⟩
Henry ⟨of Albano⟩
Marsiaco, Henricus ¬de¬

Henricus ⟨de Martismonte⟩
→ **Henricus ⟨Teuto, Senior⟩**

Henricus ⟨de Mellerstat⟩
→ **Stercker, Henricus**

Henricus ⟨de Merica⟩
1420 – 1479
Epistola reformatoria; Historia compendiosa de cladibus Leodiensium
Rep.Font. V,436
Hendrik ⟨van der Heyde⟩
Henri ⟨de Merica⟩
Henri ⟨van der Heyden⟩
Henricus ⟨Prior Monasterii Bethleemetici⟩
Merica, Henricus ¬de¬

Henricus ⟨de Mersburg⟩
→ **Henricus ⟨Merseburgensis⟩**

Henricus ⟨de Mondavilla⟩
gest. ca. 1320
Tusculum-Lexikon; LMA,IV,2100/01
Heinrich ⟨von Mondeville⟩
Henri ⟨Amandaville⟩
Henri ⟨de Mondeville⟩
Henri ⟨Hermondaville⟩
Henricus ⟨de Amandavilla⟩
Henricus ⟨de Armondavilla⟩
Henricus ⟨de Mondevilla⟩
Henricus ⟨de Mondeville⟩
Henricus ⟨Hermondavilla⟩
Mondavilla, Henricus ¬de¬
Mondeville, Henri ¬de¬

Henricus ⟨de Monteiardino⟩
um 1350 · OFM
Joh.; Apoc.
Stegmüller, Repert. bibl. 3216;3217; Schneyer,II,674
Henri ⟨de Gênes⟩
Henri ⟨de Mongardino⟩
Henricus ⟨de Monteiardino⟩
Henricus ⟨Genuensis⟩
Monteiardino, Henricus ¬de¬

Henricus ⟨de Morungen⟩
→ **Heinrich ⟨von Morungen⟩**

Henricus ⟨de Munden⟩
→ **Henricus ⟨de Hervordia⟩**

Henricus ⟨de Munsingen⟩
→ **Münsinger, Heinrich**

Henricus ⟨de Opprebais⟩
→ **Henri ⟨d'Opprebais⟩**

Henricus ⟨de Orsoy⟩
um 1450
Lohr
Boetterman, Henricus
Boetterman de Orsoe, Henricus
Henri ⟨d'Orsoy⟩
Henricus ⟨Boetterman⟩
Henricus ⟨Boetterman de Orsoe⟩
Henricus ⟨de Orsoe⟩
Orsoy, Henricus ¬de¬

Henricus ⟨de Osterburk⟩
Lebensdaten nicht ermittelt · OFM (?)
Quaestiones theologicae
Stegmüller, Repert. sentent. 1095
Osterburk, Henricus ¬de¬

Henricus ⟨de Osthoven⟩
um 1252 · OP
De institutione Paradysi
Kaeppeli,II,212; Rep.Font. V,437; Schönberger/Kible, Repertorium, 13753
Henri ⟨de Osthoven⟩
Henri ⟨de Soest⟩
Henricus ⟨de Osthoven Susatensis⟩
Henricus ⟨de Paradiso Prior⟩
Hinrich ⟨de Osthoven⟩
Hinricus ⟨de Osthoven⟩
Osthoven, Henricus ¬de¬

Henricus ⟨de Oyta⟩
→ **Henricus ⟨Totting⟩**

Henricus ⟨de Paradiso Prior⟩
→ **Henricus ⟨de Osthoven⟩**

Henricus ⟨de Plano⟩
→ **Henricus ⟨de Platio⟩**

Henricus ⟨de Platio⟩
um 1454/63 · OP
Sermones quadragesimales
Kaeppeli,II,213
Henri ⟨de Plano⟩
Henricus ⟨de Plano⟩
Henricus ⟨de Platio Astensis⟩
Platio, Henricus ¬de¬

Henricus ⟨de Pomerio⟩
1382 – 1469
De origine monasterii Viridisvallis; Speculum caritatis; Vita Rusbrochii; etc.
Potth. 934; Schönberger/Kible, Repertorium, 13754; Rep.Font. V,437
Hendrik ⟨Utenbogaerde⟩
Henri ⟨de Pomerio⟩
Henri ⟨van den Bogaerde⟩
Henricus ⟨Bogaert⟩
Henricus ⟨Pomerius⟩
Henricus ⟨Utenbogaerde⟩
Henricus ⟨van den Bogairde⟩
Pomerio, Henricus ¬de¬
Pomerius, Henricus

Henricus ⟨de Portula⟩
→ **Heinrich ⟨von dem Türlin⟩**

Henricus ⟨de Primaria⟩
→ **Henricus ⟨de Frimaria⟩**

Henricus ⟨de Provincia Argentinensi⟩
15. Jh. · OFM
Extractum ex Metaphysica Nicolai Boneti
Lohr
Provincia Argentinensi, Henricus ¬de¬

Henricus ⟨de Provins⟩
um 1272/73 · OP
Sermones
Schneyer,II,675; Kaeppeli,II,213/214
Henri ⟨de Provins⟩
Henricus ⟨de Provinis⟩
Henricus ⟨Pruvinensis⟩
Henry ⟨of Provins⟩
Provins, Henricus ¬de¬

Henricus ⟨de Ratispona⟩
→ **Henricus ⟨Ratisbonensis⟩**

Henricus ⟨de Ravilno⟩
→ **Georgius ⟨de Sclavonia⟩**

Henricus ⟨de Rebdorf⟩
→ **Henricus ⟨Surdus⟩**

Henricus ⟨de Rechenberg⟩
→ **Heinrich ⟨von Rang⟩**

Henricus ⟨de Renham⟩
13./14. Jh.
Phys.; CMund.; Meteora; etc.; Identität von Henricus ⟨de Renham⟩ mit Brainham (In Physica) und Guilelmus ⟨de Renham⟩ umstritten
Lohr
Brainham
Guilelmus ⟨de Renham⟩
Henri ⟨de Renham⟩
Henri ⟨Etudiant à Oxford⟩
Henry ⟨Scholar of Oxford⟩
Renham, Henri ¬de¬
Renham, Henricus ¬de¬

Henricus ⟨de Retz⟩
um 1348 · OP
Commentarium in Luc.
Kaeppeli,II,214
Retz, Henricus ¬de¬

Henricus ⟨de Revenaco⟩
→ **Heinrich ⟨von Rübenach⟩**

Henricus ⟨de Rimini⟩
→ **Henricus ⟨de Arimino⟩**

Henricus ⟨de Risa⟩
gest. ca. 1247 · OFM
Schneyer,II,679
Risa, Henricus ¬de¬

Henricus ⟨de Rübenach⟩
→ **Heinrich ⟨von Rübenach⟩**

Henricus ⟨de Rugge⟩
→ **Heinrich ⟨von Rugge⟩**

Henricus ⟨de Runen⟩
→ **Henricus ⟨Ryen⟩**

Henricus ⟨de Salvanez⟩
→ **Hugo ⟨Salvaniensis⟩**

Henricus ⟨de Sancto Severo⟩
um 1343
Reportata super libro Posteriorum; Reportata super Metaphysicam; Reportata super libro Physicorum; etc.
Lohr

Henricus ⟨de Erfordia⟩
Henricus ⟨Erfordiensis⟩
Henricus ⟨Magister⟩
Henricus ⟨Regens ad Sanctum Severum⟩
Henricus ⟨Regens apud Sanctum Severum⟩
Sancto Severo, Henricus ¬de¬

Henricus ⟨de Sancto Victore⟩
12. Jh. · OSACan
Sermo de apostolis
Schneyer,II,680
Henricus ⟨Magister⟩
Sancto Victore, Henricus ¬de¬

Henricus ⟨de Saxonia⟩
13. Jh.
Tractatus de secretis mulierum
Heinrich ⟨von Sachsen⟩
Henri ⟨de Saxe⟩
Henri ⟨Disciple d'Albert le Grand⟩
Henricus ⟨Alberti Magni Discipulus⟩
Saxonia, Henricus ¬de¬

Henricus ⟨de Segusia⟩
ca. 1200 – ca. 1270
Tusculum-Lexikon; LThK; Meyer; LMA,IV,2138/39
Bartholomaeis, Henricus ¬de¬
Heinrich ⟨Hostiensis⟩
Heinrich ⟨von Segusia⟩
Heinrich ⟨von Segusio⟩
Heinrich ⟨von Susa⟩
Henri ⟨de Suse⟩
Henri ⟨de Suze⟩
Henri ⟨d'Ostie⟩
Henricus ⟨Cardinalis⟩
Henricus ⟨de Bartholomaeis⟩
Henricus ⟨de Secusia⟩
Henricus ⟨de Segusa⟩
Henricus ⟨de Segusio⟩
Henricus ⟨Ebredunensis⟩
Henricus ⟨Hostiensis⟩
Henricus ⟨Ostiensis⟩
Henricus ⟨Sistaricensis⟩
Segusia, Henricus ¬de¬
Segusio, Henricus ¬de¬

Henricus ⟨de Selbach⟩
→ **Henricus ⟨Surdus⟩**

Henricus ⟨de Septime⟩
→ **Henricus ⟨Septimellensis⟩**

Henricus ⟨de Signi⟩
gest. ca. 1279 · OCist
Schneyer,II,680
Henri ⟨de Signi⟩
Henri ⟨de Signy⟩
Henricus ⟨Signiacensis⟩
Henricus ⟨Signiacus⟩
Signi, Henricus ¬de¬

Henricus ⟨de Silegrave⟩
um 1274
Potth.
Henri ⟨de Silegrave⟩
Henricus ⟨de Silgrave⟩
Henry ⟨of Silgrave⟩
Silegrave, Henricus ¬de¬
Silgrave, Henricus ¬de¬

Henricus ⟨de Stethin⟩
Lebensdaten nicht ermittelt
Sap.
Stegmüller, Repert. bibl. 3225
Henri ⟨de Stethin⟩
Stethin, Henricus ¬de¬

Henricus ⟨de Stretelingen⟩
→ **Heinrich ⟨von Stretelingen⟩**

Henricus ⟨de Suonishain⟩
um 1350
Heinrich ⟨Magister⟩
Heinrich ⟨Thopping⟩
Heinrich ⟨Thopping von Sinsheim⟩
Heinrich ⟨von Sinsheim⟩
Henricus ⟨Almanus⟩
Henricus ⟨Almanus de Suonishain⟩
Suonishain, Henricus ¬de¬

Henricus ⟨de Sutton⟩
ca. 1262 – 1327 · OFM
Schneyer,II,680
Henri ⟨de Sutton⟩
Sutton, Henri ¬de¬
Sutton, Henricus ¬de¬

Henricus ⟨de Swevia⟩
→ **Seuse, Heinrich**

Henricus ⟨de Talheim⟩
um 1313/29
Allegationes; Sprüche der zwölf Meister
VL(2),3,882/884; Rep.Font. V,442
Der von Talhain
Heinrich ⟨von Tailheim⟩
Heinrich ⟨von Talheim⟩
Heinrich ⟨von Teylheim⟩
Henri ⟨de Thalheim⟩
Henricus ⟨de Tailheim de Bavaria⟩
Talhain, ¬Der von¬
Talheim, Henricus ¬de¬

Henricus ⟨de Thocken⟩
→ **Toke, Henricus**

Henricus ⟨de Urimaria⟩
→ **Henricus ⟨de Frimaria ...⟩**

Henricus ⟨de Veldeck⟩
→ **Heinrich ⟨von Veldeke⟩**

Henricus ⟨de Verlis⟩
→ **Henricus ⟨de Werla⟩**

Henricus ⟨de Villanova⟩
13./14. Jh.
Hexametrisches Preisgedicht
LMA,IV,2110
Heinrich ⟨von Villanova⟩
Henricus ⟨von Villanova⟩
Villanova, Henricus ¬de¬

Henricus ⟨de Vrimaria⟩
→ **Henricus ⟨de Frimaria ...⟩**

Henricus ⟨de Wabern⟩
gest. 1441
Libellus asceticus. Sermones
Kaeppeli,II,221
Henricus ⟨de Wabern Bernensis⟩
Wabern, Henricus ¬de¬

Henricus ⟨de Wellis⟩
15. Jh.
Quaedam copulata lecta
Lohr
Wellis, Henricus ¬de¬

Henricus ⟨de Werla⟩
gest. 1463
Tractatus de immaculata conceptione
LThK
Fabricius, Henricus
Heinrich ⟨von Werl⟩
Henri ⟨Verkleir⟩
Henricus ⟨de Verlis⟩
Henricus ⟨de Werl⟩
Henricus ⟨Fabricius⟩
Henricus ⟨Werlius⟩
Henry ⟨of Werl⟩
Verkleir, Henri
Werla, Henricus ¬de¬

Henricus ⟨de Westfalia Monasterii⟩
→ **Henricus ⟨Decretorum Doctor⟩**

Henricus ⟨de Wile⟩
→ **Henricus ⟨de la Vyle⟩**

Henricus ⟨de Wintonia⟩
→ **Henricus ⟨Wintoniensis⟩**

Henricus ⟨de Wrimaria⟩
→ **Henricus ⟨de Frimaria⟩**

Henricus ⟨de Ymera⟩
→ **Henricus ⟨Lettus⟩**

Henricus ⟨de Zdar⟩
→ **Henricus ⟨Sarensis⟩**

Henricus ⟨de Zoemeren⟩
gest. 1472
Henri ⟨de Zoemeren⟩
Zoemeren, Henricus ¬de¬
Zomeren, Henricus ¬de¬

Henricus ⟨Decretorum Doctor⟩
um 1451
Tractatulus dans modum teutonisandi casus et tempora
VL(2),3,931/932
Heinrich ⟨Verfasser eines grammatikalischen Lehrbuchs⟩
Henricus ⟨de Westfalia Monasterii⟩
Henricus ⟨Magister⟩

Henricus ⟨Domarus⟩
→ **Domar, Heinrich**

Henricus ⟨Drocus⟩
→ **Enricus ⟨Drocus⟩**

Henricus ⟨Ebredunensis⟩
→ **Henricus ⟨de Segusia⟩**

Henricus ⟨Egher Kalkarensis⟩
→ **Henricus ⟨de Calcar⟩**

Henricus ⟨Episcopus Lincolniensis⟩
→ **Henricus ⟨de Lexington⟩**

Henricus ⟨Episcopus Lincopensis⟩
→ **Henricus ⟨Tidemanni⟩**

Henricus ⟨Episcopus Regii Lepidi⟩
→ **Henricus ⟨de Cremona⟩**

Henricus ⟨Erfordiensis⟩
→ **Henricus ⟨de Sancto Severo⟩**

Henricus ⟨Escheburnus⟩
→ **Henricus ⟨de Esseburne⟩**

Henricus ⟨Fabri de Schönensteinbach⟩
→ **Fabri, Heinrich**

Henricus ⟨Fabricius⟩
→ **Henricus ⟨de Werla⟩**

Henricus ⟨Filius Ludovici VI.⟩
→ **Henricus ⟨Remensis⟩**

Henricus ⟨Filius Troiani⟩
→ **Henricus ⟨Troiani⟩**

Henricus ⟨Firmaria⟩
→ **Henricus ⟨de Frimaria⟩**

Henricus ⟨Florentinus⟩
→ **Henricus ⟨Septimellensis⟩**

Henricus ⟨Francia, Rex, I.⟩
→ **Henri ⟨France, Roi, I.⟩**

Henricus ⟨Francigena⟩
um 1121/24
Aurea gemma
LMA,IV,2137; Rep.Font. V,423
Francigena, Henricus
Pseudo-Henricus ⟨Francigena⟩

Henricus ⟨Frater⟩
→ **Heinrich ⟨von Zürich⟩**
→ **Henricus ⟨Teuto, Iunior⟩**

Henricus ⟨Frater⟩
15. Jh. · OFM
Chronica
Rep.Font. V,436
Henri ⟨Franciscain⟩
Henricus ⟨Basileensis⟩

Henricus ⟨Frater Communis Vitae Gaudani⟩
→ **Henricus ⟨Arnhemiensis⟩**

Henricus ⟨Fuller⟩
→ **Fuller, Henricus**

Henricus ⟨Fykeis⟩
um 1311
Rep.Font. V,423
Fykeis, Henricus

Henricus ⟨Gandavensis⟩
ca. 1217 – 1293
Nicht identisch mit Henricus ⟨de Gandavo⟩ (um 1482)
Tusculum-Lexikon; LThK; CSGL; LMA,IV,2091/92
Enrico ⟨di Gand⟩
Gandavo, Henricus ¬a¬
Goethals, Henricus
Heinrich ⟨von Gent⟩
Hendrik ⟨van Gent⟩
Henri ⟨de Gand⟩
Henri ⟨Goethals⟩
Henricus ⟨a Gandavo⟩
Henricus ⟨Archidiaconus⟩
Henricus ⟨Bonicollius⟩
Henricus ⟨de Gand⟩
Henricus ⟨de Gandavo⟩
Henricus ⟨Gandensis⟩
Henricus ⟨Goethals⟩
Henricus ⟨Mudanus⟩
Henricus ⟨Tornacensis⟩
Henry ⟨of Ghent⟩
Henryk ⟨z Gandawy⟩

Henricus ⟨Genuensis⟩
→ **Henricus ⟨de Monteiardino⟩**

Henricus ⟨Germania, Imperator, ...⟩
→ **Heinrich ⟨Römisch-Deutsches Reich, König, ...⟩**
→ **Heinrich Raspe ⟨Römisch-Deutsches Reich, König, Gegenkönig⟩**

Henricus ⟨Gerung de Windsheim⟩
→ **Henricus ⟨Ierung⟩**

Henricus ⟨Goeckelmann⟩
gest. 1288 · OFM
Stegmüller, Repert. sentent. 122;320
Goeckelmann, Heinrich
Goeckelmann, Henricus
Heinrich ⟨Erzbischof von Mainz, II.⟩
Heinrich ⟨Goeckelmann⟩
Heinrich ⟨Knoderer⟩
Heinrich ⟨Kugullin⟩
Heinrich ⟨von Isny⟩
Heinrich ⟨von Mainz, II.⟩
Henri ⟨d'Isny⟩
Henri ⟨Gürtelknopf⟩
Henri ⟨Knoderer⟩
Henricus ⟨de Isny⟩
Henricus ⟨Goeckelmann de Isny⟩
Henricus ⟨Lector Turicensis⟩

Henricus ⟨Goethals⟩
→ **Henricus ⟨Gandavensis⟩**

Henricus ⟨Gorichemus⟩
→ **Henricus ⟨de Gorrichem⟩**

Henricus ⟨Gottfrid⟩
um 1424
Stegmüller, Repert. sentent. 323
Gottfrid, Henricus

Henricus ⟨Gundelfingen⟩
→ **Gundelfingen, Heinrich**

Henricus ⟨Haereticus⟩
→ **Henricus ⟨de Lausanna⟩**

Henricus ⟨Hager⟩
um 1359/74 · OP
In Sent. P. Lombardi
Stegmüller, Repert. sentent. 326;327; Kaeppeli,II,196
Hager, Henricus
Henricus ⟨Herbipolensis⟩
Henricus ⟨Lector Coloniae⟩

Henricus ⟨Harkeley⟩
→ **Henricus ⟨de Harclay⟩**

Henricus ⟨Harpestraeng⟩
→ **Harpestraeng, Henricus**

Henricus ⟨Harphius⟩
→ **Henricus ⟨Herpius⟩**

Henricus ⟨Harrer⟩
14. Jh. · OP
Tractatulus contra Beghardos
Kaeppeli,II,196
Harrer, Henricus
Herricus ⟨Harrer⟩

Henricus ⟨Heimburgensis⟩
→ **Henricus ⟨de Heimburg⟩**

Henricus ⟨Heinbuche de Langenstein⟩
→ **Henricus ⟨de Langenstein⟩**

Henricus, ⟨Helkerus⟩
→ **Henricus ⟨Krelker⟩**

Henricus ⟨Herbipolensis⟩
→ **Henricus ⟨Hager⟩**

Henricus ⟨Herbipolensis⟩
um 1280
De statu curiae Romanae; früher Galfredus ⟨de Vinosalvo⟩ zugeschrieben, stammt in Wirklichkeit von Henricus ⟨Herbipolensis⟩
Rep.Font. V,426; 442; VL(2),3,924/26
Heinrich ⟨der Poet⟩
Heinrich ⟨von Würzburg⟩
Henricus ⟨Canonicus⟩
Henricus ⟨Herbipolensis Clericus⟩
Henricus ⟨Poeta⟩
Henricus ⟨Wirciburgensis⟩
Henricus ⟨Wirziburgensis⟩
Poeta, Henricus

Henricus ⟨Herefordiensis⟩
→ **Henricus ⟨de Hervordia⟩**

Henricus ⟨Herkley⟩
→ **Henricus ⟨de Harclay⟩**

Henricus ⟨Hermondavilla⟩
→ **Henricus ⟨de Mondavilla⟩**

Henricus ⟨Herpius⟩
gest. 1477 · OFM
LThK
Harphius, Henricus
Heinrich ⟨Herp⟩
Henri ⟨de Erp⟩
Henri ⟨de Herp⟩
Henri ⟨de la Harpe⟩
Henri ⟨Herp⟩
Henricus ⟨Citharaedus⟩
Henricus ⟨de Harph⟩
Henricus ⟨de Herp⟩
Henricus ⟨de Herph⟩
Henricus ⟨Harphius⟩
Henricus ⟨Herp⟩

Henricus ⟨Herphius⟩
Henry ⟨Harphius⟩
Henry ⟨of Herp⟩
Herp, Enrique
Herp, Hendrik
Herp, Henri
Herp, Henri ¬de¬
Herp, Henricus
Herpf, Heinrich
Herpf, Hendrik
Herpf, Henri
Herpf, Henricus ¬de¬
Herpius, Henricus

Henricus ⟨Hervordiensis⟩
→ **Henricus ⟨de Hervordia⟩**

Henricus ⟨Honover⟩
→ **Honover, Henricus**

Henricus ⟨Horn⟩
um 1470
Stegmüller, Repert. sentent. 332
Horn, Henricus

Henricus ⟨Horneborg⟩
um 1426/58 · OP
Expositio VII Psalmorum poenitentialium
Kaeppeli,II,198/199
Henricus ⟨Horneborch⟩
Hinricus ⟨Horneborch⟩
Horneborg, Henricus

Henricus ⟨Hostiensis⟩
→ **Henricus ⟨de Segusia⟩**

Henricus ⟨Huntendunensis⟩
1084 – 1155
Tusculum-Lexikon; LThK; CSGL; LMA,IV,2094
Heinrich ⟨von Huntingdon⟩
Heinrich ⟨von Huntington⟩
Henri ⟨de Huntingdon⟩
Henricus ⟨Archidiaconus⟩
Henricus ⟨de Huntingdon⟩
Henricus ⟨de Huntington⟩
Henricus ⟨Huntindoniensis⟩
Henricus ⟨Huntingdonensis⟩
Henry ⟨of Huntingdon⟩

Henricus ⟨Iacobita⟩
→ **Henricus ⟨Teuto, Senior⟩**

Henricus ⟨Ierung⟩
um 1450
Elucidarius Scripturam; Identität mit Henricus ⟨Gerung de Windsheim⟩ umstritten
Stegmüller, Repert. bibl. 3182
Henri ⟨Jerung⟩
Henricus ⟨Gerung de Windsheim⟩
Henricus ⟨Ierung⟩
Jerung, Henri
Jerung, Henricus

Henricus ⟨Illustris⟩
→ **Heinrich ⟨Meißen, Markgraf, III.⟩**

Henricus ⟨Imperium Romanum-Germanicum, Imperator, ...⟩
→ **Heinrich ⟨Römisch-Deutsches Reich, Kaiser, ...⟩**
→ **Heinrich Raspe ⟨Römisch-Deutsches Reich, König, Gegenkönig⟩**

Henricus ⟨Imperium Romanum-Germanicum, Rex, ...⟩
→ **Heinrich ⟨Römisch-Deutsches Reich, König, ...⟩**

Henricus ⟨Iselin⟩
→ **Iselin, Henricus**

Henricus ⟨Italicus⟩
→ **Henricus ⟨de Isernia⟩**

Henricus ⟨Jacobita⟩
→ **Henricus ⟨Teuto, Senior⟩**

Henricus ⟨Jerung⟩
→ **Henricus ⟨Ierung⟩**

Henricus ⟨Kalkarensis⟩
→ **Henricus ⟨de Calcar⟩**

Henricus ⟨Kalteisen⟩
ca. 1390 – 1465 · OP
Sermones capitulares Viennae habiti; Tractatus contra Hussitas; Scripta de indulgentiis; etc.
LMA,IV,2094/95; VL(2),4,966/80; Stegmüller, Repert. bibl. 3183;3184
Heinrich ⟨Kalteisen⟩
Heinrich ⟨Kalteysen⟩
Henri ⟨de Kalt-Eysen⟩
Henri ⟨Kalteisen⟩
Henricus ⟨Caltaesemius⟩
Henricus ⟨Calteizenius⟩
Henricus ⟨Caltysenius⟩
Henricus ⟨Confluentinus⟩
Henricus ⟨de Ferro Frigido⟩
Henricus ⟨de Frigido Ferro⟩
Henricus ⟨Kalteisen, Confluentinus⟩
Henricus ⟨Kaltisen⟩
Henricus ⟨Kaltisenus⟩
Henrik ⟨Kalteisen⟩
Kalteisen, Heinrich
Kalteisen, Henricus

Henricus ⟨Keko⟩
um 1356
Glossa libri Priorum
Lohr
Keko, Henricus

Henricus ⟨Keli⟩
ca. 15. Jh.
In Priora
Lohr
Keli, Henricus

Henricus ⟨Kemenadius⟩
→ **Henricus ⟨de Coesveldia⟩**

Henricus ⟨Keyserswerde⟩
gest. 1487 · OP
Tabula super Speculum historiale Vincentii Bellovacensis
Kaeppeli,II,209
Henricus ⟨de Kaiserswerth⟩
Keyserswerde, Henricus

Henricus ⟨Khudorfer⟩
→ **Kudorfer, Heinrich**

Henricus ⟨Knighton⟩
→ **Knighton, Henricus**

Henricus ⟨Krauter⟩
→ **Krauter, Heinrich**

Henricus ⟨Krelker⟩
um 1428/50 · OP
De potestate summi pontificis
Kaeppeli,II,209/210
Helkerus, Henricus
Henricus ⟨Helkerus⟩
Krelker, Henricus

Henricus ⟨Lange⟩
→ **Lange, Hinrik**

Henricus ⟨Langensteiniensis⟩
→ **Henricus ⟨de Langenstein⟩**

Henricus ⟨Laurishamensis⟩
Lebensdaten nicht ermittelt
Mutmaßl. Verf. von „Summarium Heinrici"
Henricus ⟨Laureshamensis⟩

Henricus ⟨Lausanensis⟩
→ **Henricus ⟨de Lausanna⟩**

Henricus ⟨Lector⟩
um 1285 · OP
Mechthildis Magdeburgensis Lux divinitatis
Kaeppeli,II,180/181; Schönberger/Kible, Repertorium, 13668
Lector, Henricus

Henricus ⟨Lector Coloniae⟩
→ **Henricus ⟨Hager⟩**

Henricus ⟨Lector Turicensis⟩
→ **Henricus ⟨Goeckelmann⟩**

Henricus ⟨Leo⟩
→ **Heinrich ⟨Sachsen, Herzog, III.⟩**

Henricus ⟨Letthorum Magister⟩
→ **Henricus ⟨Lettus⟩**

Henricus ⟨Lettus⟩
gest. ca. 1259
Chronicon Livoniae
Tusculum-Lexikon; LThK; Potth.; LMA,IV,2096/97
Heinrich
Heinrich ⟨der Lette⟩
Heinrich ⟨von Lettland⟩
Henri ⟨de Livonie⟩
Henricus ⟨de Lettis⟩
Henricus ⟨de Ymera⟩
Henricus ⟨Letthorum Magister⟩
Henricus ⟨Livonicus⟩
Henricus ⟨Sacerdos⟩
Henrik
Latvis, Henrikas
Lettis, Heinricus ¬de¬
Lettis, Henricus ¬de¬
Lettland, Heinrich ¬von¬
Lettus, Henricus

Henricus ⟨Lincolniensis⟩
→ **Henricus ⟨de Lexington⟩**

Henricus ⟨Lincopensis⟩
→ **Henricus ⟨Tidemanni⟩**

Henricus ⟨Livonicus⟩
→ **Henricus ⟨Lettus⟩**

Henricus ⟨Loen⟩
1406 – 1481 · OCart
Ps.
Stegmüller, Repert. bibl. 3214
Henri ⟨de Loen⟩
Henri ⟨Loe⟩
Henri ⟨Loen⟩
Henricus ⟨Logen⟩
Henricus ⟨Lovaniensis⟩
Loe, Henri
Loen, Henri
Loen, Henricus

Henricus ⟨Logen⟩
→ **Henricus ⟨Loen⟩**

Henricus ⟨Lovaniensis⟩
→ **Heinrich ⟨von Löwen⟩**
→ **Henricus ⟨Loen⟩**

Henricus ⟨Lubecensis⟩
gest. ca. 1336 · OP
Quodlibeta; Quaestiones de moto creaturarum
VL(2),3,781/785; Kaeppeli,II,210/211
Enrico ⟨di Lubecca⟩
Heinrich ⟨von Lübeck⟩
Henri ⟨de Lubeck⟩
Henri ⟨de Lubeck, OP⟩
Henricus ⟨de Lübeck⟩
Henricus ⟨de Lubecke⟩
Henricus ⟨von Lübeck⟩

Henricus ⟨Lugardi⟩
1410 – 1482 · OP
Oratio ad Christi vultum
Kaeppeli,II,211
Lugardi, Henricus

Henricus ⟨Lugdunensis⟩
→ **Aimericus ⟨Lugdunensis⟩**

Henricus ⟨Lur⟩
→ **Lur, Henricus**

Henricus ⟨Lusatia, Marchio, III.⟩
→ **Heinrich ⟨Meißen, Markgraf, III.⟩**

Henricus ⟨Magister⟩
→ **Heinrich ⟨von Zwickau⟩**
→ **Heinricus ⟨Magister⟩**
→ **Henricus ⟨Daventriae Regens⟩**
→ **Henricus ⟨de Abrincis⟩**
→ **Henricus ⟨de Sancto Severo⟩**
→ **Henricus ⟨de Sancto Victore⟩**
→ **Henricus ⟨Decretorum Doctor⟩**
→ **Henricus ⟨Ratisbonensis⟩**
→ **Henricus ⟨Wintoniensis⟩**

Henricus ⟨Magister Ordinis Teutonici Generalis⟩
→ **Heinrich ⟨von Hohenlohe⟩**

Henricus ⟨Magister Parisiensis⟩
→ **Henricus ⟨de Bruxella⟩**

Henricus ⟨Magister Theodorici⟩
um 1469/74 · OP
Litterae de participatione bonorum spiritualium
Kaeppeli,II,220; Schönberger/Kible, Repertorium, 13769
Henricus ⟨Magister⟩
Magister Henricus

Henricus ⟨Marchio de Gavio⟩
→ **Henricus ⟨de Gavio⟩**

Henricus ⟨Marchtelanensis⟩
um 1300
Liber fundationis Marchtalensis
Rep.Font. V,435
Henri ⟨de Marchthal⟩
Henricus ⟨Canonicus Marchthalensis⟩

Henricus ⟨Marienrodensis⟩
→ **Henricus ⟨de Bernten⟩**

Henricus ⟨Marleburgensis⟩
→ **Henricus ⟨de Marleburgh⟩**

Henricus ⟨Mechlinensis⟩
→ **Henricus ⟨Bate⟩**

Henricus ⟨Mediolanensis⟩
13. Jh.
Heinrich ⟨von Mailand⟩
Henri ⟨de Milan⟩

Henricus ⟨Merseburgensis⟩
um 1242
VL(2),3,797ff.; LMA,IV,2100
Heinrich ⟨von Magdeburg⟩
Heinrich ⟨von Merseburg⟩
Henri ⟨de Mersbourg⟩
Henri ⟨de Mersebourg⟩
Henricus ⟨de Magdeburch⟩
Henricus ⟨de Mersburch⟩
Henricus ⟨de Mersburg⟩

Henricus ⟨Mettensis⟩
→ **Henricus ⟨Stero⟩**

Henricus ⟨Miles de Clanx⟩
→ **Heinrich ⟨von Sax⟩**

Henricus ⟨Miles de Rugge⟩
→ **Heinrich ⟨von Rugge⟩**

Henricus ⟨Misnia, Marchio, III.⟩
→ **Heinrich ⟨Meißen, Markgraf, III.⟩**

Henricus ⟨Monachus Affligensis⟩
→ **Henricus ⟨Bruxellensis⟩**

Henricus ⟨Monachus Leycestrensis⟩
→ **Knighton, Henricus**

Henricus ⟨Monachus Sancti Mathiae⟩
→ **Henricus ⟨Treverensis⟩**

Henricus ⟨Monachus Tegernseensis⟩
→ **Henricus ⟨Tegernseensis⟩**

Henricus ⟨Monogallus⟩
13. Jh. · OSB
Liber de ortu charitatis; Relatio de inventione reliquiarum
Rep.Font. V,436
Henricus ⟨Sanctae Mariae Lacensis⟩
Monogallus, Henricus

Henricus ⟨Moréri⟩
→ **Henricus ⟨Totting⟩**

Henricus ⟨Mudanus⟩
→ **Henricus ⟨Gandavensis⟩**

Henricus ⟨Murer⟩
→ **Murer, Henricus**

Henricus ⟨Mynsinger⟩
→ **Münsinger, Heinrich**

Henricus ⟨Niger⟩
→ **Heinrich ⟨Römisch-Deutsches Reich, Kaiser, III.⟩**

Henricus ⟨Nolt de Argentina⟩
→ **Nolt, Heinrich**

Henricus ⟨of Clairvaux⟩
→ **Henricus ⟨de Marsiaco⟩**

Henricus ⟨Offermann de Breyl⟩
→ **Breyell, Heinrich**

Henricus ⟨Olting de Oyta⟩
→ **Henricus ⟨Totting⟩**

Henricus ⟨Ostiensis⟩
→ **Henricus ⟨de Segusia⟩**

Henricus ⟨Palatinus Comes⟩
→ **Heinrich, ⟨Pfalz, Pfalzgraf⟩**

Henricus ⟨Parker⟩
→ **Parker, Henry**

Henricus ⟨Pauper⟩
→ **Henricus ⟨Septimellensis⟩**

Henricus ⟨Pelagalli⟩
um 1417 · OP
Sermones
Kaeppeli,II,212
Henricus ⟨Pellagali⟩
Pelagalli, Henricus

Henricus ⟨Petri⟩
um 1380 · OP
In IV libros Sent.
Kaeppeli,II,212/213
Petri, Henricus

Henricus ⟨Physicus Argentinensis⟩
→ **Heinrich ⟨von Sachsen⟩**

Henricus ⟨Pisanus⟩
um 1115
Virgo parens gaudeat
Tusculum-Lexikon; LThK
Heinrich ⟨von Pisa⟩
Henri ⟨de Pise⟩
Pisanus, Henricus

Henricus ⟨Plantagenetus⟩
→ **Henry ⟨England, King, II.⟩**

Henricus ⟨Platerburger⟩
15. Jh.
Fundamentum philosophiae naturalis
Lohr
Henricus ⟨Platenburger⟩
Platerburger, Henricus

Henricus ⟨Poeta⟩
→ **Henricus ⟨Herbipolensis⟩**

Henricus ⟨Pomerius⟩
→ **Henricus ⟨de Pomerio⟩**

Henricus ⟨Prior⟩
→ **Henricus ⟨Salisburgensis⟩**
→ **Henricus ⟨Teuto, Iunior⟩**

Henricus ⟨Prior Basileensis⟩
→ **Henricus ⟨de Basilea⟩**

Henricus ⟨Prior Ecclesiae Brandenburgensis⟩
→ **Henricus ⟨de Antwerpe⟩**

Henricus ⟨Prior Monasterii Bethleemetici⟩
→ **Henricus ⟨de Merica⟩**

Henricus ⟨Pruveningensis⟩
um 1150
Relationes seniorum
VL(2),3,864/865
Heinrich ⟨von Prüfening⟩
Henri ⟨de Prüfening⟩

Henricus ⟨Pruvinensis⟩
→ **Henricus ⟨de Provins⟩**

Henricus ⟨Rasponis⟩
→ **Heinrich Raspe ⟨Römisch-Deutsches Reich, König, Gegenkönig⟩**

Henricus ⟨Ratisbonensis⟩
14. Jh. · OESA
Kompilation: Lucianus
VL(2),3,868/69
Heinrich ⟨von Regensburg⟩
Henricus ⟨de Ratispona⟩
Henricus ⟨Magister⟩

Henricus ⟨Rebdorfiensis⟩
→ **Henricus ⟨Surdus⟩**

Henricus ⟨Regens ad Sanctum Severum⟩
→ **Henricus ⟨de Sancto Severo⟩**

Henricus ⟨Regens Daventriae⟩
→ **Henricus ⟨Daventriae Regens⟩**

Henricus ⟨Regiensis⟩
→ **Henricus ⟨de Cremona⟩**

Henricus ⟨Remensis⟩
gest. 1175 · OCist
Epistolae
Rep.Font. V,437
Henri ⟨de France⟩
Henricus ⟨Archiepiscopus Remensis⟩
Henricus ⟨Bellovacensis⟩
Henricus ⟨Claraevallensis⟩
Henricus ⟨Filius Ludovici VI.⟩
Henry ⟨of Rheims⟩

Henricus ⟨Rietmüller⟩
→ **Rietmüller, Henricus**

Henricus ⟨Riminensis⟩
→ **Henricus ⟨de Arimino⟩**

Henricus ⟨Risz de Rheinfelden⟩
→ **Riß, Heinrich**

Henricus ⟨Rosla⟩
→ **Rosla, Henricus**

Henricus ⟨Rotenberg⟩
gest. ca. 1492 · OP
Principia et lectura in I-IV Sent.
Kaeppeli,II,216
Henricus ⟨Rotenberg de Basilea⟩
Rotenberg, Henricus

Henricus ⟨Rotstock⟩
ca. 1400 – 1447 · OP
Principium in lib. Gen.; Principium super ep. ad Hebr.; Principia in I-IV Sent.
Kaeppeli,II,216/217
Henricus ⟨Rotstock de Colonia⟩
Rotstock, Henricus

Henricus ⟨Runen⟩
→ **Henricus ⟨Ryen⟩**

Henricus ⟨Ryen⟩
um 1430/1467
Disputata super metaphysicam
Lohr
Henricus ⟨de Runen⟩
Henricus ⟨Runen⟩
Runen, Henricus ¬de¬
Ryen, Henricus

Henricus ⟨Sacerdos⟩
→ **Henricus ⟨Lettus⟩**

Henricus ⟨Salisburgensis⟩
um 1168/77
Historia calamitatum ecclesiae Salisburgensis; Vita Chuonradi archiepiscopi Salisburgensis;
LThK; CSGL; Potth.; Rep.Font. V,413/14
Heinrich ⟨of Berchtoldsgaden⟩
Heinrich ⟨von Salzburg⟩
Henri ⟨de Berchtoldsgaden⟩
Henri ⟨de Salzbourg⟩
Henricus ⟨Archidiaconus⟩
Henricus ⟨Berchtoltsgadensis⟩
Henricus ⟨Prior⟩
Henricus ⟨Salzburgensis⟩
Henry ⟨of Berchtoldsgaden⟩

Henricus ⟨Salteriensis⟩
um 1150
Tractatus de purgatorio
LThK; CSGL
Heinrich ⟨von Sawtrey⟩
Henri ⟨de Saltrey⟩
Henry ⟨of Saltrey⟩

Henricus ⟨Salvaniensis⟩
→ **Hugo ⟨Salvaniensis⟩**

Henricus ⟨Salzburgensis⟩
→ **Henricus ⟨Salisburgensis⟩**

Henricus ⟨Samariensis⟩
→ **Henricus ⟨Septimellensis⟩**

Henricus ⟨Sanctae Mariae Lacensis⟩
→ **Henricus ⟨Monogallus⟩**

Henricus ⟨Sancti Aegidii⟩
→ **Henricus ⟨Bruxellensis Sancti Aegidii⟩**

Henricus ⟨Sancti Germani⟩
→ **Heiricus ⟨Altissiodorensis⟩**

Henricus ⟨Sancti Guthlaci⟩
→ **Henricus ⟨Croylandensis⟩**

Henricus ⟨Sanctus⟩
→ **Heinrich ⟨Römisch-Deutsches Reich, Kaiser, II.⟩**

Henricus ⟨Sangelsinus⟩
→ **Henricus ⟨Septimellensis⟩**

Henricus ⟨Sarensis⟩
1242 – ca. 1300
Cronica domus Sarensis; angeblich zu Unrecht verwechselt mit Henricus ⟨de Heimburg⟩
LMA,IV,2105; VL(2),3,874/76
Heinrich ⟨von Saar⟩
Henri ⟨de Saar⟩
Henricus ⟨de Zdar⟩

Henricus ⟨Sarnensis⟩
→ **Henricus ⟨de Heimburg⟩**

Henricus ⟨Scacabarosius⟩
→ **Orricus ⟨Scacabarotius⟩**

Henricus ⟨Schönfeld⟩
um 1399/1416 · OP
Quaestio; Extracta de morte Christi
Kaeppeli,II,218
Henricus ⟨Schoneveld⟩
Heyricus ⟨Schoneflet⟩
Hinricus ⟨Sconnevelde⟩
Schönfeld, Henricus

Henricus ⟨Scotus⟩
→ **Harry ⟨the Minstrel⟩**

Henricus ⟨Scriba⟩
→ **Heinrich ⟨von Zwickau⟩**

Henricus ⟨Seismaticus⟩
→ **Henricus ⟨de Lausanna⟩**

Henricus ⟨Septimellensis⟩
12. Jh.
Tusculum-Lexikon; LThK; CSGL; LMA,IV,2106
Arrighetto ⟨da Settimello⟩
Arrighettus
Arrigo ⟨da Settimello⟩
Heinrich ⟨der Arme⟩
Heinrich ⟨von Settimello⟩
Henri ⟨le Pauvre⟩
Henricus ⟨de Septime⟩
Henricus ⟨Florentinus⟩
Henricus ⟨Pauper⟩
Henricus ⟨Samariensis⟩
Henricus ⟨Samariensis Septimolensis⟩
Henricus ⟨Sangelsinus⟩
Henricus ⟨Septimelensis⟩
Henricus ⟨Septimolensis⟩
Herigetus ⟨de Settimello⟩

Henricus ⟨Sews⟩
→ **Seuse, Heinrich**

Henricus ⟨Signiacensis⟩
→ **Henricus ⟨de Signi⟩**

Henricus ⟨Sistaricensis⟩
→ **Henricus ⟨de Segusia⟩**

Henricus ⟨Steinrück de Trimberg⟩
→ **Steinruck, Heinrich**

Henricus ⟨Steoro⟩
→ **Henricus ⟨Stero⟩**

Henricus ⟨Stercker⟩
→ **Stercker, Henricus**

Henricus ⟨Stero⟩
13./14. Jh. · OSB
De Hermanni Altahensis morte; vielleicht Verf. eines Teils der Annales SS. Udalrici et Afrae (1266 – 1300)
Rep.Font. V,441; II,250; Potth. 1031
Heinrich ⟨Stero⟩
Henri ⟨de Nieder-Altaich⟩
Henri ⟨d'Oettingen⟩
Henri ⟨Stereo⟩
Henri ⟨Stero⟩
Henricus ⟨Altahensis⟩
Henricus ⟨Mettensis⟩
Henricus ⟨Steoro⟩
Henricus ⟨Steronis⟩
Steoro, Henri
Stereo, Henri
Stero, Henricus

Henricus ⟨Surdus⟩
gest. 1364
Tusculum-Lexikon; LThK; VL(2); LMA,IV,2106
Heinrich ⟨der Taube⟩
Heinrich ⟨Taube⟩
Heinrich ⟨von Eichstätt⟩
Heinrich ⟨von Rebdorf⟩
Heinrich ⟨von Selbach⟩
Henricus ⟨de Rebdorf⟩
Henricus ⟨de Selbach⟩
Henricus ⟨Rebdorfiensis⟩
Surdus ⟨der Taub⟩
Surdus, Henricus
Taube, Heinrich ¬der¬

Henricus ⟨Suso⟩
→ **Seuse, Heinrich**

Henricus ⟨Tanner⟩
→ **Henricus ⟨de Cossey⟩**

Henricus ⟨Tegernseensis⟩
um 1164
Passio Quirini mart.
VL(2),3,660/661; Rep.Font. V,442
Heinrich ⟨Mönch⟩
Heinrich ⟨Tegernseer Mönch⟩
Heinrich ⟨von Tegernsee⟩
Henricus ⟨Monachus Tegernseensis⟩

Henricus ⟨Teuffenbeck⟩
→ **Teuffenbeck, Henricus**

Henricus ⟨Teuto, Iunior⟩
gest. ca. 1234 · OP
Wird von Iordanus ⟨de Saxonia⟩ zitiert
Schneyer,II,639
Henricus ⟨Coloniensis⟩
Henricus ⟨de Colonia⟩
Henricus ⟨Frater⟩
Henricus ⟨Prior⟩
Henricus ⟨Teutonicus⟩
Teuto, Henricus ⟨Iunior⟩

Henricus ⟨Teuto, Senior⟩
gest. 1254 · OP
Identität mit Henricus ⟨Jacobita⟩ umstritten
Schneyer,II,638/680; Kaeppeli,II,190/191
Henri ⟨de Marbourg⟩
Henricus ⟨Coloniensis⟩
Henricus ⟨de Colonia⟩
Henricus ⟨de Colonia, I.⟩
Henricus ⟨de Marburg⟩
Henricus ⟨de Marsberk⟩
Henricus ⟨de Martismonte⟩
Henricus ⟨Iacobita⟩
Henricus ⟨Jacobita⟩
Henricus ⟨Teutonicus, Senior⟩
Teuto, Henricus ⟨Senior⟩

Henricus ⟨Tewfenpeckh⟩
→ **Teuffenbeck, Henricus**

Henricus ⟨Teynbint⟩
→ **Honover, Henricus**

Henricus ⟨Théologien de Erfurt⟩
→ **Toke, Henricus**

Henricus ⟨Theologus et Capellanus⟩
→ **Henricus ⟨de Hagenoia⟩**

Henricus ⟨Tidemanni⟩
gest. 1500
Carmen de Carolo VIII Canuto rege Sueciae et Norvegiae
Rep.Font. V,442
Henri ⟨Tidemann⟩
Henricus ⟨Episcopus Lincopensis⟩
Henricus ⟨Lincopensis⟩
Henricus ⟨Tidemannus⟩
Tidemann, Henri
Tidemanni, Henricus
Tidemannus, Henricus

Henricus ⟨Toke⟩
→ **Toke, Henricus**

Henricus ⟨Tornacensis⟩
→ **Henricus ⟨Gandavensis⟩**

Henricus ⟨Totting⟩
ca. 1330 – 1397
Lectura textualis super I - IV libros sententiarum; Tractatus de contractibus; Quaestiones; Identität mit Henricus ⟨Olting de Oyta⟩ wahrscheinlich
LMA,IV,2107
Euta, Heinrich
Heinrich ⟨Euta⟩
Heinrich ⟨Totting⟩
Heinrich ⟨Totting von Oyta⟩
Heinrich ⟨von Oyta⟩
Henri ⟨de Oyta⟩
Henri ⟨d'Oyta⟩
Henricus ⟨de Euta⟩
Henricus ⟨de Hoita⟩
Henricus ⟨de Huecta⟩
Henricus ⟨de Oyta⟩
Henricus ⟨Moréri⟩
Henricus ⟨Olting⟩
Henricus ⟨Olting de Oyta⟩
Henricus ⟨Totting de Oyta⟩
Moréri, Heinrich
Oyta, Henricus ¬de¬
Totting, Heinrich
Totting, Henricus
Totting de Oyta, Henricus

Henricus ⟨Trecensis⟩
gest. 1181
Epistolae
Rep.Font. V,442; DOC,2,918
Henri ⟨de Troyes⟩
Henri ⟨Troyes, Comte⟩
Henricus ⟨Campaniensis⟩
Henricus ⟨Comes Trecensis⟩

Henricus ⟨Treverensis⟩
um 1272
Gesta Henrici, archiepiscopi Treverensis et Theoderici, Abbatis S. Eucharii
Henri ⟨de Fénétrange⟩
Henri ⟨de Finstingen⟩
Henri ⟨de Trèves⟩
Henri ⟨de Vinstingen⟩
Henricus ⟨Clericus Treverensis⟩
Henricus ⟨Monachus Sancti Mathiae⟩

Henricus ⟨Tröglein⟩
14./15. Jh. · OP
Scripta sive Henrici sive aliorum; Sermo Henrici Troeglin in capitulari domo maioris ecclesie in die S. Gregorii Spoletani ep. et mart.
Schneyer,II,681; Kaeppeli,II,220/221
Heinrich ⟨Tröglein⟩
Henricus ⟨Troeglin Eystettensis⟩
Henricus ⟨Tröglin⟩
Tröglein, Henricus
Tröglin, Heinrich
Tröglin, Henricus

Henricus ⟨Troiani⟩
Lebensdaten nicht ermittelt
Stegmüller, Repert. bibl. 3226
Henricus ⟨Filius Troiani⟩
Troiani, Henricus

Henricus ⟨Utenbogaerde⟩
→ **Henricus ⟨de Pomerio⟩**

Henricus ⟨van de Velde⟩
→ **Heymericus ⟨de Campo⟩**

Henricus ⟨van den Bogairde⟩
→ **Henricus ⟨de Pomerio⟩**

Henricus ⟨van Inxhem⟩
um 1491
Verf. des 2. Buchs der Coutumes d'Alost (= Aelst)
Rep.Font. III,661; V,429
Inxhem, Henricus ¬van¬

Henricus ⟨van Santen⟩
→ **Hendrik ⟨van Santen⟩**

Henricus ⟨van Veldeken⟩
→ **Heinrich ⟨von Veldeke⟩**

Henricus ⟨vanme Hirtze⟩
→ **Henricus ⟨de Cervo⟩**

Henricus ⟨Vicanus⟩
→ **Henricus ⟨Wichinghamus⟩**

Henricus ⟨von Kalkar⟩
→ **Henricus ⟨de Calcar⟩**

Henricus ⟨von Lammespringe⟩
→ **Heinrich ⟨von Lammespringe⟩**

Henricus ⟨von Lubeck⟩
→ **Heinrich ⟨von Lübeck⟩**
→ **Henricus ⟨Lubecensis⟩**

Henricus ⟨von Villanova⟩
→ **Henricus ⟨de Villanova⟩**

Henricus ⟨Wenceslai Venken de Bitterfeld⟩
→ **Henricus ⟨de Bitterfeld⟩**

Henricus ⟨Werlius⟩
→ **Henricus ⟨de Werla⟩**

Henricus ⟨Wichinghamus⟩
gest. 1447 · OCarm
Apoc. lect.
Stegmüller, Repert. bibl. 3227;3228
Henri ⟨Wichingham⟩
Henricus ⟨Anglus⟩
Henricus ⟨Vicanus⟩
Henricus ⟨Wichingamus⟩
Henricus ⟨Wichynghamus⟩
Henry ⟨Wichingham⟩
Henry ⟨Wikingham⟩
Wichingham, Henri
Wichinghamus, Henricus

Henricus ⟨Wimaria⟩
→ **Henricus ⟨de Frimaria⟩**

Henricus ⟨Wintoniensis⟩
um 1305/16
De Aegritudinibus Fleubotomandis
Henri ⟨de Winchester⟩
Henricus ⟨de Wintonia⟩
Henricus ⟨Magister⟩
Henricus ⟨Woodlock⟩
Henry ⟨of Winchester⟩
Henry ⟨Woodlock⟩
Wintonia, Henricus ¬de¬
Woodlock, Henricus
Woodlock, Henry

Henricus ⟨Wirziburgensis⟩
→ **Henricus ⟨Herbipolensis⟩**

Henricus ⟨Wismariensis⟩
→ **Henricus ⟨de Balsee⟩**

Henricus ⟨Wolter⟩
→ **Wolter, Henricus**

Henricus ⟨Woodlock⟩
→ **Henricus ⟨Wintoniensis⟩**

Henricus ⟨Wyle⟩
→ **Henricus ⟨de la Vyle⟩**

Henricus ⟨Xantis⟩
→ **Hendrik ⟨van Santen⟩**

Henricus ⟨Zwickowiensis⟩
→ **Heinrich ⟨von Zwickau⟩**

Henrik
→ **Henricus ⟨Lettus⟩**

Henrik ⟨Harpestraeng⟩
→ **Harpestraeng, Henricus**

Henrik ⟨Kalteisen⟩
→ **Henricus ⟨Kalteisen⟩**

Henrik ⟨Rosla⟩
→ **Rosla, Henricus**

Henrikas ⟨Latvis⟩
→ **Henricus ⟨Lettus⟩**

Henrique ⟨de Villena⟩
→ **Enrique ⟨de Villena⟩**

Henrisone, Robert
→ **Henryson, Robert**

Henry ⟨Bate⟩
→ **Henricus ⟨Bate⟩**

Henry ⟨Bavaria and Saxony, Duke⟩
→ **Heinrich ⟨Sachsen, Herzog, III.⟩**

Henry ⟨Blaneford⟩
→ **Blaneforde, Henricus ¬de¬**

Henry ⟨Blankfrount⟩
→ **Blaneforde, Henricus ¬de¬**

Henry ⟨Chester, Count⟩
→ **Henry ⟨England, King, V.⟩**

Henry ⟨Cornwell, Duke⟩
→ **Henry ⟨England, King, V.⟩**

Henry ⟨Costesay⟩
→ **Henricus ⟨de Cossey⟩**

Henry, ⟨d'Angleterre⟩
→ **Henricus ⟨de Anglia⟩**

Henry ⟨Danyell⟩
→ **Henricus ⟨Daniel⟩**

Henry ⟨de Andeli⟩
→ **Henri ⟨d'Andeli⟩**

Henry ⟨de Berg⟩
→ **Seuse, Heinrich**

Henry ⟨de Herworden⟩
→ **Henricus ⟨de Hervordia⟩**

Henry ⟨de Hums⟩
→ **Henricus ⟨de Hunnis⟩**

Henry ⟨de la Wyle⟩
→ **Henricus ⟨de la Vyle⟩**

Henry ⟨de Valenciennes⟩
→ **Henri ⟨de Valenciennes⟩**

Henry ⟨England, King, I.⟩
1068 – 1135
CSGL; Meyer; LMA,IV,2049/50
Heinrich ⟨Beauclerk⟩
Heinrich ⟨England, König, I.⟩
Henri ⟨Angleterre, Roi, I.⟩
Henri ⟨Beauclerc⟩
Henricus ⟨Anglia, Rex, I.⟩
Henricus ⟨Beauclerc⟩

Henry ⟨England, King, II.⟩
1133 – 1189
CSGL; Meyer; LMA,IV,2050/51
Heinrich ⟨England, König, II.⟩
Heinrich ⟨Kurzmantel⟩
Henri ⟨Angleterre, Roi, II.⟩
Henri ⟨Plantagenet⟩
Henricus ⟨Anglia, Rex, II.⟩
Henricus ⟨Plantagenetus⟩

Henry ⟨England, King, III.⟩
1207 – 1272
Meyer; LMA,IV,2051/52
Heinrich ⟨England, König, III.⟩
Henri ⟨Angleterre, Roi, III.⟩
Henricus ⟨Anglia, Rex, III.⟩

Henry ⟨England, King, IV.⟩
1367 – 1413
Meyer; LMA,IV,2052/53
Heinrich ⟨Derby, Graf⟩
Heinrich ⟨England, König, IV.⟩
Henri ⟨Angleterre, Roi, IV.⟩
Henri ⟨Bolingbroke, Duke⟩
Henri ⟨Derby, Count⟩
Henricus ⟨Anglia, Rex, IV.⟩
Henry ⟨Lancaster, Duke⟩

Henry ⟨England, King, V.⟩
1387 – 1422
Meyer; LMA,IV,2053
Heinrich ⟨England, König, V.⟩
Henri ⟨Angleterre, Roi, V.⟩
Henri ⟨Cornouailles, Duc⟩
Henricus ⟨Anglia, Rex, V.⟩
Henry ⟨Chester, Count⟩
Henry ⟨Cornwell, Duke⟩
Henry ⟨of Monmouth⟩

Henry ⟨England, King, VI.⟩
1421 – 1471
Meyer; LMA,IV,2053/54
Heinrich ⟨England, König, VI.⟩
Henri ⟨Angleterre, Roi, VI.⟩
Henricus ⟨Anglia, Rex, VI.⟩
Henry ⟨of Windsor⟩

Henry ⟨England, King, VII.⟩
1457 – 1509
Meyer; LMA,IV,2054
Heinrich ⟨England, König, VII.⟩
Henri ⟨Angleterre, Roi, VII.⟩
Henri ⟨le Sage⟩
Henri ⟨le Salomon de l'Angleterre⟩
Henri ⟨Tudor⟩
Henricus ⟨Anglia, Rex, VII.⟩
Henrie ⟨Angleterre, Roi, VII.⟩
Henry ⟨Richmond, Count⟩

Henry ⟨France, King, I.⟩
→ **Henri ⟨France, Roi, I.⟩**

Henry ⟨Germany, Emperor, ...⟩
→ **Heinrich ⟨Römisch-Deutsches Reich, Kaiser, ...⟩**

Henry ⟨Harphius⟩
→ **Henricus ⟨Herpius⟩**

Henry ⟨Holy Roman Empire, Emperor, ...⟩
→ **Heinrich ⟨Römisch-Deutsches Reich, Kaiser, ...⟩**

Henry ⟨Holy Roman Empire, King, ...⟩
→ **Heinrich ⟨Römisch-Deutsches Reich, König, ...⟩**

Henry ⟨Knighton⟩
→ **Knighton, Henricus**

Henry ⟨Lancaster, Duke⟩
→ **Henry ⟨England, King, IV.⟩**

Henry ⟨Lancaster, Duke⟩
ca. 1310 – 1351
LMA,IV,2071
Grosmont, Heinrich ¬von¬
Heinrich ⟨von Grosmont⟩
Henri ⟨de Lancastre⟩
Henri ⟨Lancastre, Duc⟩
Henry ⟨of Derby⟩
Henry ⟨of Lancaster⟩

Henry ⟨Lovelich⟩
→ **Lovelich, Henry**

Henry ⟨of Albano⟩
→ **Henricus ⟨de Marsiaco⟩**

Henry ⟨of Avranches⟩
→ **Henricus ⟨de Abrincis⟩**

Henry ⟨of Berchtoldsgaden⟩
→ **Henricus ⟨Salisburgensis⟩**

Henry ⟨of Bratton⟩
→ **Henricus ⟨de Bracton⟩**

Henry ⟨of Brussels⟩
→ **Henricus ⟨de Bruxella⟩**

Henry ⟨of Derby⟩
→ **Henry ⟨Lancaster, Duke⟩**

Henry ⟨of Friemar⟩
→ **Henricus ⟨de Frimaria⟩**

Henry ⟨of Ghent⟩
→ **Henricus ⟨Gandavensis⟩**

Henry ⟨of Harclay⟩
→ **Henricus ⟨de Harclay⟩**

Henry ⟨of Herp⟩
→ **Henricus ⟨Herpius⟩**

Henry ⟨of Hesse⟩
→ **Henricus ⟨de Langenstein⟩**

Henry ⟨of Huntingdon⟩
→ **Henricus ⟨Huntendunensis⟩**

Henry ⟨of Lancaster⟩
→ **Henry ⟨Lancaster, Duke⟩**

Henry ⟨of Marleburrough⟩
→ **Henricus ⟨de Marleburgh⟩**

Henry ⟨of Monmouth⟩
→ **Henry ⟨England, King, V.⟩**

Henry ⟨of Provins⟩
→ **Henricus ⟨de Provins⟩**

Henry ⟨of Rheims⟩
→ **Henricus ⟨Remensis⟩**

Henry ⟨of Saltrey⟩
→ **Henricus ⟨Salteriensis⟩**

Henry ⟨of Silgrave⟩
→ **Henricus ⟨de Silegrave⟩**

Henry ⟨of Werl⟩
→ **Henricus ⟨de Werla⟩**

Henry ⟨of Wile⟩
→ **Henricus ⟨de la Vyle⟩**

Henry ⟨of Winchester⟩
→ **Henricus ⟨Wintoniensis⟩**

Henry ⟨of Windsor⟩
→ **Henry ⟨England, King, VI.⟩**

Henry ⟨Parker⟩
→ **Parker, Henry**

Henry ⟨Richmond, Count⟩
→ **Henry ⟨England, King, VII.⟩**

Henry ⟨Saxony, Duke⟩
→ **Heinrich ⟨Sachsen, Herzog, III.⟩**

Henry ⟨Scholar of Oxford⟩
→ **Henricus ⟨de Renham⟩**

Henry ⟨Socius du Merton College Oxford⟩
→ **Henricus ⟨de la Vyle⟩**

Henry ⟨Susonne⟩
→ **Seuse, Heinrich**

Henry ⟨Tanner⟩
→ **Henricus ⟨de Cossey⟩**

Henry ⟨the Lion⟩
→ **Heinrich ⟨Sachsen, Herzog, III.⟩**

Henry ⟨the Minstrel⟩
→ **Harry ⟨the Minstrel⟩**

Henry ⟨Wichingham⟩
→ **Henricus ⟨Wichinghamus⟩**

Henry ⟨Woodlock⟩
→ **Henricus ⟨Wintoniensis⟩**

Henryk ⟨Suzo⟩
→ **Seuse, Heinrich**

Henryk ⟨z Gandawy⟩
→ **Henricus ⟨Gandavensis⟩**

Henryson, Robert
ca. 1425 – ca. 1506
Meyer; LMA,IV,2139
Henrisone, Robert
Robert ⟨Henryson⟩

Hentinger, Johannes
um 1463/77 · OP
Predigt über die 15 Arten der höllischen Pein
VL(2),3,1015
Johannes ⟨Hentinger⟩
Johannes ⟨Kursser⟩

Hentisberus, Guilelmus
→ **Guilelmus ⟨Hentisberus⟩**

Hentonus, Simon
→ **Simon ⟨de Hinton⟩**

Hentze, Heinrich
→ **Henze, Heinrich**

Henverardus ⟨Notarius⟩
um 1199
Liber de divisionibus paludis comunis Verone
Rep.Font. V,443; DOC,2,918
Notarius Henverardus

Henze ⟨Gutjar⟩
→ **Gutjar, Henze**

Henze, Heinrich
Lebensdaten nicht ermittelt
Zusätze zu „Wündärznei"
VL(2),3,1016/1017
Heinrich ⟨Hentze⟩
Heinrich ⟨Henze⟩
Hentze, Heinrich

Hepidannus
→ **Hermannus ⟨Sangallensis⟩**

Her, Johannes
→ **Johannes ⟨Her⟩**

Her, Mechithar ¬von¬
→ **Mxit'ar ⟨Herac'i⟩**

Heracleopolis Magna, Stephanus
→ **Stephanus ⟨Heracleopolis Magna⟩**

Heraclia
5./6. Jh.
Adressatin eines Briefes „Ad Heracliam" von Severus ⟨Antiochenus⟩
Cpg 7071

Heraclianus ⟨Chalcedonensis⟩
6. Jh.
Ad Soterichum, Contra Manichaeos
Cpg 6800 - 6801
Heraclianus ⟨Chalcedoniensis⟩
Heraclianus ⟨Theologus⟩
Heraclien ⟨de Chalcédoine⟩
Heraclien ⟨Evêque⟩

Heraclius ⟨Imperium Byzantinum, Imperator, I.⟩
575 – 641
Ecthesis; Epistulae; Methodus; etc.
Cpg 7607
Heraclios ⟨Kaiser⟩
Héraclius ⟨Empereur, I.⟩
Heraclius ⟨Imperator⟩
Herakleios ⟨Kaiser⟩
Heraklios ⟨Kaiser⟩

Hérard ⟨de Tours⟩
→ **Herardus ⟨Turonensis⟩**

Herardi, Petrus
→ **Petrus ⟨Herardi⟩**

Herardus ⟨Turonensis⟩
um 856/71
S. Chrodegandi vita, translationes et miracula
Rep.Font. V,444; DOC,2,920
Hérard ⟨de Tours⟩
Herardus ⟨Archiepiscopus Turonensis⟩

Héraut Berry, ¬Le¬
→ **Gilles ⟨le Bouvier⟩**

Herbanus ⟨Iudaeus⟩
Lebensdaten nicht ermittelt
Disputatio cum Herbano Iudaeo von Pseudo-Gregentius
Cpg 7009
Iudaeus, Herbanus

Herbelo
13./14. Jh.
Vita metrica Bilihildis ducissae Franciae orientalis
Rep.Font. V,444

Herberdus ⟨de Lesinga⟩
→ **Herbertus ⟨de Losinga⟩**

Herbern ⟨de Marmoutier⟩
→ **Hebernus ⟨Turonensis⟩**

Herbern ⟨de Tours⟩
→ **Hebernus ⟨Turonensis⟩**

Herbert
um 1200/10
Li romans de Dolopathos (altfranz. Versepos auf der Grundlage des „Dolopathos" von Johannes ⟨de Alta Silva⟩)
LMA,III,1174
Herbert ⟨de Paris⟩

Herbert ⟨Abbé de Mores⟩
→ **Herbertus ⟨Claraevallensis⟩**

Herbert ⟨Cistercien⟩
→ **Herbertus ⟨Claraevallensis⟩**

Herbert ⟨d'Auxerre⟩
→ **Herbertus ⟨de Altissiodoro⟩**

Herbert ⟨de Clairvaux⟩
→ **Herbertus ⟨Claraevallensis⟩**

Herbert ⟨de Damartin⟩
→ **Herbert ⟨le Duc⟩**

Herbert ⟨de Losinga⟩
→ **Herbertus ⟨de Losinga⟩**

Herbert ⟨de Paris⟩
→ **Herbert**

Herbert ⟨de Torres⟩
→ **Herbertus ⟨Claraevallensis⟩**

Herbert ⟨d'Exmes⟩
→ **Herbertus ⟨de Losinga⟩**

Herbert ⟨Evêque⟩
→ **Herbertus ⟨Claraevallensis⟩**

Herbert ⟨le Duc⟩
13. Jh.
Foulque de candie
Damartin, Herbert ¬de¬
Dammartin, Herbert ¬de¬
Danmartin, Herbert le Duc ¬de¬
Duc, Herbert ¬le¬
Duc de Dammartin, Herbert ¬le¬
Herbert ⟨de Damartin⟩
Herbert ⟨de Dammartin⟩
Herbert ⟨Trouvère de Danmartin⟩
LeDuc, Herbert
LeDuc de Danmartin, Herbert

Herbert ⟨le Louangeur⟩
→ **Herbertus ⟨de Losinga⟩**

Herbert ⟨Losigna⟩
→ **Herbertus ⟨de Losinga⟩**

Herbert ⟨Schene⟩
→ **Schene, Herbord**

Herbert ⟨Trouvère de Danmartin⟩
→ **Herbert ⟨le Duc⟩**

Herbert ⟨von Auxerre⟩
→ **Herbertus ⟨de Altissiodoro⟩**

Herbert ⟨von Boseham⟩
→ **Herbertus ⟨de Boseham⟩**

Herbert ⟨von Clairvaux⟩
→ **Herbertus ⟨Claraevallensis⟩**

Herbert ⟨von Fritzlar⟩
→ **Herbort ⟨von Fritzlar⟩**

Herbert, Robert
→ **Robertus ⟨Herbertus⟩**

Herbert, William
→ **Guilelmus ⟨Herebertus⟩**

Herbertus ⟨Altissiodorensis⟩
→ **Herbertus ⟨de Altissiodoro⟩**

Herbertus ⟨Bosehamensis⟩
→ **Herbertus ⟨de Boseham⟩**

Herbertus ⟨Claraevallensis⟩
um 1168/98 · OCist
De miraculis cisterciensium monachorum; Vita beati Schetzelonis
Rep.Font. V,445; LMA,IV,2149
Herbert ⟨Abbé de Mores⟩
Herbert ⟨Cistercien⟩
Herbert ⟨de Clairvaux⟩
Herbert ⟨de Torres⟩
Herbert ⟨Evêque⟩
Herbert ⟨von Clairvaux⟩
Herbertus ⟨de Moris⟩
Herbertus ⟨de Torrès⟩
Herbertus ⟨Disciple de Saint Bernard⟩

Herbertus ⟨de Altissiodoro⟩
gest. ca. 1252
Abbreviatio; Summa de sacramentis
Stegmüller, Repert. sentent. 344
Altissiodoro, Herbertus ¬de¬
Herbert ⟨d'Auxerre⟩
Herbert ⟨von Auxerre⟩
Herbertus ⟨Altissiodorensis⟩
Herbertus ⟨Autissiodorensis⟩
Herbertus ⟨de Auxerre⟩

Herbertus ⟨de Auxerre⟩
→ **Herbertus ⟨de Altissiodoro⟩**

Herbertus ⟨de Boseham⟩
ca. 1120 – ca. 1194
Liber melorum
Tusculum-Lexikon; LThK; CSGL; LMA,IV,2148/49
Boseham, Herbertus ¬de¬
Bosham, Herbertus ¬de¬
Herbert ⟨von Boseham⟩
Herbert ⟨von Bosham⟩
Herbertus ⟨Bosehamensis⟩
Herbertus ⟨Bossanhamensis⟩
Herbertus ⟨de Bosham⟩
Herebertus ⟨Bosehamensis⟩
Heribertus ⟨Bosehamensis⟩

Herbertus ⟨de Losinga⟩
1054 – 1119
CSGL; Potth.
Herberdus ⟨de Lesinga⟩
Herberdus ⟨de Losinga⟩
Herbert ⟨de Losinga⟩
Herbert ⟨d'Exmes⟩
Herbert ⟨le Louangeur⟩
Herbert ⟨Losigna⟩
Herbertus ⟨Episcopus⟩
Herbertus ⟨Losinga⟩
Herbertus ⟨Norwicensis⟩
Herbertus ⟨Oximensis⟩
Losinga, Herbertus ¬de¬

Herbertus ⟨de Moris⟩
→ **Herbertus ⟨Claraevallensis⟩**

Herbertus ⟨de Torrès⟩
→ **Herbertus ⟨Claraevallensis⟩**

Herbertus ⟨Disciple de Saint Bernard⟩
→ **Herbertus ⟨Claraevallensis⟩**

Herbertus ⟨Episcopus⟩
→ **Herbertus ⟨de Losinga⟩**

Herbertus ⟨Losinga⟩
→ **Herbertus ⟨de Losinga⟩**

Herbertus ⟨Norwicensis⟩
→ **Herbertus ⟨de Losinga⟩**

Herbertus ⟨Oximensis⟩
→ **Herbertus ⟨de Losinga⟩**

Herbertus, Robertus
→ **Robertus ⟨Herbertus⟩**

Herbolzheim, Berthold ¬von¬
→ **Berthold ⟨von Herbolzheim⟩**

Herbord ⟨de Bergame⟩
→ **Herbordus ⟨de Bergamo⟩**

Herbord ⟨de Hongrie⟩
→ **Herbordus ⟨de Bergamo⟩**

Herbord ⟨Schene⟩
→ **Schene, Herbord**

Herbord ⟨von Michelsberg⟩
→ **Herbordus ⟨Scholasticus⟩**

Herbordi de Bockenheim, Jean
→ **Johannes ⟨Bockenheim⟩**

Herbordus ⟨Bambergensis⟩
→ **Herbordus ⟨Scholasticus⟩**

Herbordus ⟨de Bergamo⟩
gest. 1272 · OP
Tractatus adversus haereses; Commentarium in septem psalmos poenitentiales; Sermones de tempore; Sermones varii
Schneyer,II,682
Bergamo, Herbordus ¬de¬
Herbord ⟨de Bergame⟩
Herbord ⟨de Hongrie⟩
Herbordus ⟨Frater⟩
Herbordus ⟨Hungarus⟩

Herbordus ⟨de Lippia⟩
um 1430
Puncta materiarum librorum quasi omnium, quae pro baccalaureatus gradu Erfordiae leguntur et examinantur; Aliqua puncta circa V ethicorum; Identität mit Siburdus ⟨de Lippia⟩ umstritten
Lohr
Herbordus ⟨Scholasticus⟩
Lippia, Herbordus ¬de¬

Herbordus ⟨Frater⟩
→ **Herbordus ⟨de Bergamo⟩**

Herbordus ⟨Hungarus⟩
→ **Herbordus ⟨de Bergamo⟩**

Herbordus ⟨Michelsbergensis⟩
→ **Herbordus ⟨Scholasticus⟩**

Herbordus ⟨Scholasticus⟩
→ **Herbordus ⟨de Lippia⟩**

Herbordus ⟨Scholasticus⟩
gest. 1168
Vita Ottonis
Tusculum-Lexikon; Potth.; LMA,IV,2149
Herbord ⟨von Michelsberg⟩
Herbordus ⟨Bambergensis⟩
Herbordus ⟨Michelsbergensis⟩
Herbordus ⟨Michelsburgensis⟩
Herbordus ⟨Montis Sancti Michaelis⟩
Scholasticus, Herbordus

Herbort ⟨von Fritzlar⟩
um 1190
Liet von Troye
LThK; VL(2); Meyer; LMA,IV,2149/50
Fritslar, Herbort
Fritzlar, Herbort ¬von¬
Herbert ⟨von Fritslar⟩
Herbert ⟨von Fritzlar⟩
Herbort ⟨von Fritslâr⟩

Herbrunner, Christianus
→ **Christianus ⟨Herbrunner⟩**

Herchembert
→ **Erchembertus ⟨Casinensis⟩**

Hercumbertus ⟨Frisingensis⟩
→ **Erchanbertus ⟨Frisingensis⟩**

Herdegen, Konrad
1406 – 1479
Nürnberger Denkwürdigkeiten
Rep.Font. V,447
Conrad ⟨Herdegen⟩
Herdegen, Conrad
Konrad ⟨Herdegen⟩

Herduch, Johannes ¬de¬
→ **Johannes ⟨de Herduch⟩**

Herebertus ⟨Bosehamensis⟩
→ **Herbertus ⟨de Boseham⟩**

Herebertus, Guilelmus
→ **Guilelmus ⟨Herebertus⟩**

Heredia, Juan Fernández ¬de¬
→ **Fernández de Heredia, Juan**

Heredia, Paulus ¬de¬
→ **Paulus ⟨de Heredia⟩**

Hereford, Nicolaus ¬de¬
→ **Nicolaus ⟨Herefordensis⟩**

Herefridus ⟨Lindisfarnensis⟩
um 669/705
Mitverf. der Vita Cuthberti
Cpl 1379
Herefridus ⟨Monachus⟩
Herefrith ⟨Abbé⟩
Herefrith ⟨de Lindisfarne⟩

Herembertus ⟨Casinensis⟩
→ **Erchembertus ⟨Casinensis⟩**

Heremitus, Vincentius
→ **Vincentius ⟨Heremitus⟩**

Herempertus ⟨Casinensis⟩
→ **Erchembertus ⟨Casinensis⟩**

Herentals, Petrus ¬de¬
→ **Petrus ⟨de Herentals⟩**

Herger
12. Jh.
4 Pentaden: Lieder, Sprüche
VL(2),3,1035/1041
Anonymus Spervogel
Spervogel ⟨Anonymus⟩
Spervogel ⟨der Alte⟩
Spervogel ⟨I.⟩
Spervogel-H.

Heri ⟨d'Auxerre⟩
→ **Heiricus ⟨Altissiodorensis⟩**

Heribert ⟨Bishop⟩
→ **Heribertus ⟨Eichstetensis⟩**

Héribert ⟨de Modène⟩
→ **Heribertus ⟨Regii Lepidi⟩**

Héribert ⟨de Reggio d'Emilie⟩
→ **Heribertus ⟨Regii Lepidi⟩**

Héribert ⟨d'Eichstätt⟩
→ **Heribertus ⟨Eichstetensis⟩**

Heribert ⟨d'Epternach⟩
→ **Heribertus ⟨Epternacensis⟩**

Heribert ⟨Ecolâtre⟩
→ **Heribertus ⟨Epternacensis⟩**

Héribert ⟨Evêque⟩
→ **Heribertus ⟨Eichstetensis⟩**
→ **Heribertus ⟨Regii Lepidi⟩**

Heribert ⟨von Eichstätt⟩
→ **Heribertus ⟨Eichstetensis⟩**

Heribert ⟨von Mailand⟩
→ **Aribertus ⟨Mediolanensis⟩**

Heribertus ⟨Bosehamensis⟩
→ **Herbertus ⟨de Boseham⟩**

Heribertus ⟨de Reggio Emilia⟩
→ **Heribertus ⟨Regii Lepidi⟩**

Heribertus ⟨de Rothenburg⟩
→ **Heribertus ⟨Eichstetensis⟩**

Heribertus ⟨Eichstetensis⟩
gest. 1042
Hymni; Herkunft aus der Familie der Grafen von Rothenburg nicht erwiesen
VL(2),3,1042/43; LMA,IV,2155
Heribert ⟨Bishop⟩
Héribert ⟨d'Eichstätt⟩
Héribert ⟨Evêque⟩
Heribert ⟨of Eichstädt⟩
Heribert ⟨von Eichstätt⟩
Heribertus ⟨de Rothenburg⟩
Heribertus ⟨Eichstettensis⟩
Heribertus ⟨Episcopus Eichstetensis⟩

Heribertus ⟨Episcopus Eichstetensis⟩
→ **Heribertus ⟨Eichstetensis⟩**

Heribertus ⟨Episcopus Regii Lepidi⟩
→ **Heribertus ⟨Regii Lepidi⟩**

Heribertus ⟨Epternacensis⟩
gest. 970 · OSB
Stegmüller, Repert. bibl. 3233
Heribert ⟨d'Epternach⟩
Heribert ⟨Ecolâtre⟩
Heribertus ⟨Magister Scholarum⟩

Heribertus ⟨Magister Scholarum⟩
→ **Heribertus ⟨Epternacensis⟩**

Heribertus ⟨Regii Lepidi⟩
gest. 1092
Expositio in VII psalmos paenitentiales (= Pseudo-Gregorius ⟨Magnus⟩); Epistulae
Stegmüller, Repert. bibl. 1427, 2649, 3234; Rep.Font. V,447
Aribertus ⟨de Reggio Emilia⟩
Eriberto ⟨di Modena⟩
Eriberto ⟨Vescovo⟩
Héribert ⟨de Modène⟩
Héribert ⟨de Reggio d'Emilie⟩
Héribert ⟨Evêque⟩
Heribertus ⟨de Reggio Emilia⟩
Heribertus ⟨Episcopus⟩
Heribertus ⟨Episcopus Regii Lepidi⟩
Regii Lepidi, Heribertus

Héribrand ⟨de Foux⟩
→ **Heribrandus ⟨Leodiensis⟩**

Héribrand ⟨de Liège⟩
→ **Heribrandus ⟨Leodiensis⟩**

Héribrand ⟨de Saint-Laurent⟩
→ **Heribrandus ⟨Leodiensis⟩**

Heribrandus ⟨Leodiensis⟩
gest. 1128
B. Theodorici abbatis Andaginensis Vita
Rep.Font. V,448
Héribrand ⟨de Foux⟩
Héribrand ⟨de Liège⟩
Héribrand ⟨de Saint-Laurent⟩
Heribrandus ⟨Abbas Sancti Laurentii Leodiensis⟩
Heribrandus ⟨Sancti Laurentii⟩

Héric ⟨d'Auxerre⟩
→ **Heiricus ⟨Altissiodorensis⟩**

Hericus ⟨Altissiodorensis⟩
→ **Heiricus ⟨Altissiodorensis⟩**

Heriger ⟨von Lobbes⟩
→ **Herigerus ⟨Lobiensis⟩**

Herigerus ⟨Lobiensis⟩
gest. 1007
Tusculum-Lexikon; LThK; CSGL; LMA,IV,2156
Hariger ⟨Abbas⟩
Harigerus ⟨Laubacensis⟩
Harigerus ⟨Leodiensis⟩
Hériger ⟨de Lobbes⟩
Heriger ⟨von Lobbes⟩
Herigerus ⟨Abbas⟩
Herigerus ⟨Laubacensis⟩
Herigerus ⟨Leodiensis⟩
Herigerus ⟨of Lobbes⟩

Herigetus ⟨de Settimello⟩
→ **Henricus ⟨Septimellensis⟩**

Herimann ⟨der Lahme⟩
→ **Hermannus ⟨Augiensis⟩**

Herimann ⟨von Reichenau⟩
→ **Hermannus ⟨Augiensis⟩**

Herimannus ⟨...⟩
→ **Hermannus ⟨...⟩**

Herimanus ⟨...⟩
→ **Hermannus ⟨...⟩**

Herimbertus ⟨Diaconus⟩
um 712/715 bzw. 13. Jh.
Vielleicht Verf. der Vita Vincentiani confessoris in Aquitania (gest. 672)
Rep.Font. V,452
Diaconus Herimbertus
Herimbert ⟨Diacre⟩
Herimbert ⟨Hagiographe⟩
Hermenbertus
Hermenbertus ⟨Diaconus⟩

Heristallo, Pippinus ¬ab¬
→ **Pippinus ⟨ab Heristallo⟩**

Herlewin
→ **Elmerus ⟨Cantuariensis⟩**

Herman ⟨Damen⟩
→ **Damen, Hermann**

Herman ⟨de Prague⟩
→ **Hermannus ⟨de Praga⟩**

Herman ⟨de Valenciennes⟩
→ **Hermann ⟨de Valenciennes⟩**

Herman ⟨Helewegh⟩
→ **Helewegh, Herman**

Herman ⟨le Teuton⟩
→ **Hermannus ⟨de Terbbec⟩**

Herman ⟨Limburg⟩
→ **Limburg, Hermann ¬von¬**

Herman ⟨Malouel⟩
→ **Limburg Hermann ¬von¬**

Herman ⟨Manuel⟩
→ **Limburg, Hermann ¬von¬**

Herman ⟨the Brother⟩
→ **Hermann ⟨Bruder, ...⟩**

Herman ⟨van Merchtem⟩
→ **Jan ⟨van Merchtene⟩**

Herman ⟨van Ovesvelt⟩
→ **Hermann ⟨von Oesfeld⟩**

Herman ⟨von Reichenau⟩
→ **Hermannus ⟨Augiensis⟩**

Herman ⟨von Sachsenheym⟩
→ **Hermann ⟨von Sachsenheim⟩**

Hermanas ⟨iš Vartbergės⟩
→ **Hermannus ⟨de Wartberge⟩**

Hermann ⟨Alemannus⟩
→ **Hermannus ⟨Alemannus⟩**

Hermann ⟨Archidiacre⟩
→ **Hermannus ⟨Archidiaconus⟩**

Hermann ⟨Bienheureux⟩
→ **Hermannus Josephus ⟨Steinfeldensis⟩**

Hermann ⟨Bruder⟩
→ **Hermann ⟨von Wiedenbach⟩**

Hermann ⟨Bruder, I.⟩
13. Jh. · OP
Leben der Gräfin Jolande von Vianden; Constitutiones et ritus Ord. FF. Praed. rythmis Germanicis redditi
VL(2),3,1049/51; Kaeppeli,II,222
Bruder Hermann
Herman ⟨the Brother⟩
Hermann ⟨Bruder⟩
Hermann ⟨Bruder, OP⟩
Hermann ⟨le Frère⟩
Hermann ⟨von Luxemburg⟩
Hermann ⟨von Veldenz⟩
Hermannus ⟨de Luxemburgo⟩
Hermannus ⟨de Veldenz⟩
Hermannus ⟨I.⟩
Herrmann ⟨Bruder⟩

Hermann ⟨Bruder, II.⟩
um 1481 · OFM
Plum der zeytt (Übers. der „Flores temporum"); Küster und Mesner des Ordens der Minderbrüder
Bruder Hermann
Hermann ⟨Bruder, OFM⟩
Hermann ⟨Frère⟩
Hermannus ⟨Bruder⟩
Hermannus ⟨Custer und Mesner des Ordens der Mynneren Bruder⟩

Hermann ⟨Chanoine à Cologne⟩
→ **Hermannus ⟨de Winterswijk⟩**

Hermann ⟨Cloit⟩
→ **Hermannus ⟨Cloit⟩**

Hermann ⟨Contract⟩
→ **Hermannus ⟨Augiensis⟩**

Hermann ⟨Corner⟩
→ **Korner, Hermannus**

Hermann ⟨Curé⟩
→ **Hermannus ⟨de Sancto Portu⟩**

Hermann ⟨d'Althaen⟩
→ **Hermannus ⟨Altahensis⟩**

Hermann ⟨Damen⟩
→ **Damen, Hermann**

Hermann ⟨d'Augsbourg⟩
→ **Hermannus ⟨de Augusta⟩**

Hermann ⟨de Bamberg⟩
→ **Hermannus ⟨Bambergensis⟩**

Hermann ⟨de Bibra⟩
→ **Hermannus ⟨de Bibra⟩**

Hermann ⟨de Cologne⟩
→ **Hermann ⟨von Wiedenbach⟩**

Hermann ⟨de Gênes⟩
→ **Hermannus ⟨Gigas⟩**

Hermann ⟨de Kastel⟩
→ **Lubens, Hermann**

Hermann ⟨de Lerbeck⟩
→ **Hermannus ⟨de Lerbecke⟩**

Hermann ⟨de Metz⟩
→ **Hermannus ⟨Metensis⟩**

Hermann ⟨de Minden⟩
→ **Hermannus ⟨de Lerbecke⟩**
→ **Hermannus ⟨de Minda⟩**

Hermann ⟨de Norwich⟩
→ **Hermannus ⟨Archidiaconus⟩**

Hermann ⟨de Petra⟩
→ **Hermannus ⟨de Petra⟩**

Hermann ⟨de Saint-Paul de Minden⟩
→ **Hermannus ⟨de Lerbecke⟩**

Hermann ⟨de Saldis⟩
→ **Hermannus ⟨de Schildis⟩**

Hermann ⟨de Salza⟩
→ **Hermann ⟨von Salza⟩**

Hermann ⟨de Schilditz⟩
→ **Hermannus ⟨de Schildis⟩**

Hermann ⟨de Steinfeld⟩
→ **Hermannus Josephus ⟨Steinfeldensis⟩**

Hermann ⟨de Trévise⟩
→ **Hermannus ⟨de Terbbec⟩**

Hermann ⟨de Valenciennes⟩
12. Jh.
Trouvère
LMA,IV,2169
Herman ⟨de Valenciennes⟩
Valenciennes, Hermann ¬de¬

Hermann ⟨de Wartberge⟩
→ **Hermannus ⟨de Wartberge⟩**

Hermann ⟨de Weidenbach⟩
→ **Hermann ⟨von Wiedenbach⟩**

Hermann ⟨de Winterswick⟩
→ **Hermannus ⟨de Winterswijk⟩**

Hermann ⟨de Worms⟩
→ **Hermannus ⟨Wormaciensis⟩**

Hermann ⟨de Zittard⟩
→ **Hermannus ⟨Zittart⟩**

Hermann ⟨de Zoest⟩
→ **Hermannus ⟨de Soest⟩**

Hermann ⟨der Damen⟩
→ **Damen, Hermann**

Hermann ⟨der Lahme⟩
→ **Hermannus ⟨Augiensis⟩**

Hermann ⟨d'Erfurt⟩
→ **Hermann ⟨von Erfurt⟩**

Hermann ⟨d'Heiligenhafen⟩
→ **Hermannus ⟨de Sancto Portu⟩**

Hermann ⟨Disciple d'Abélard⟩
→ **Hermannus ⟨Magister⟩**

Hermann ⟨Doyen de Notre-Dame à Erfurt⟩
→ **Hermannus ⟨de Bibra⟩**

Hermann ⟨Etzen⟩
→ **Etzen, Hermannus**

Hermann ⟨Franck⟩
→ **Franck, Hermann**

Hermann ⟨Frère⟩
→ **Hermann ⟨Bruder, ...⟩**

Hermann ⟨Fressant⟩
→ **Fressant, Hermann**

Hermann ⟨Gigas⟩
→ **Hermannus ⟨Gigas⟩**

Hermann ⟨Hagiographe⟩
→ **Hermannus ⟨Archidiaconus⟩**

Hermann ⟨Helewegh⟩
→ **Helewegh, Herman**

Hermann ⟨Ianuensis⟩
→ **Hermannus ⟨Gigas⟩**

Hermann ⟨Kappel⟩
→ **Kappel, Hermann**

Hermann ⟨Kerkhere zu Heilighafen⟩
→ **Hermannus ⟨de Sancto Portu⟩**

Hermann ⟨Koerner⟩
→ **Korner, Hermannus**

Hermann ⟨Kogelherr⟩
→ **Hermann ⟨von Wiedenbach⟩**

Hermann ⟨Konemund⟩
→ **Edelend ⟨Schreiber⟩**

Hermann ⟨Korner⟩
→ **Korner, Hermannus**

Hermann ⟨Kremmeling⟩
→ **Kremmeling, Hermann**

Hermann ⟨Künig⟩
→ **Künig, Hermann**

Hermann ⟨l'Allemand⟩
→ **Hermannus ⟨Alemannus⟩**

Hermann ⟨le Dalmate⟩
→ **Hermannus ⟨Dalmata⟩**

Hermann ⟨le Frère⟩
→ **Hermann ⟨Bruder, ...⟩**

Hermann ⟨Lesemeister⟩
→ **Hermann ⟨von Metten⟩**

Hermann ⟨Lubens⟩
→ **Lubens, Hermann**

Hermann ⟨Maelwael⟩
→ **Limburg, Hermann ¬von¬**

Hermann ⟨Maelweel⟩
→ **Limburg, Hermann ¬von¬**

Hermann ⟨Marburg, Graf⟩
→ **Hermann ⟨von Marburg⟩**

Hermann ⟨Meistersinger⟩
→ **Hermann ⟨von Marburg⟩**

Hermann ⟨Minorita⟩
→ **Hermannus ⟨Gigas⟩**

Hermann ⟨Örtel⟩
→ **Örtel, Hermann**

Hermann ⟨of Carinthia⟩
→ **Hermannus ⟨Dalmata⟩**

Hermann ⟨of Cologne⟩
→ **Hermannus ⟨Coloniensis⟩**

Hermann ⟨of Salza⟩
→ **Hermann ⟨von Salza⟩**

Hermann ⟨Ortel⟩
→ **Örtel, Hermann**

Hermann ⟨Sakch⟩
→ **Sakch, Hermann**

Hermann ⟨Sangspruchdichter⟩
→ **Hermann ⟨von Marburg⟩**

Hermann ⟨Schedel⟩
→ **Schedel, Hermann**

Hermann ⟨Schwab⟩
→ **Schwab, Hermannus**

Hermann ⟨Scyne⟩
→ **Hermannus ⟨de Minda⟩**

Hermann ⟨Smed⟩
→ **Smid, Hermann**

Hermann ⟨Smid⟩
→ **Smid, Hermann**

Hermann ⟨Teutonicus⟩
→ **Hermannus ⟨de Terbbec⟩**
→ **Hermannus ⟨Teutonicus⟩**

Hermann ⟨the Cripple⟩
→ **Hermannus ⟨Augiensis⟩**

Hermann ⟨Umbehauwen⟩
→ **Umbehauwen, Hermann**

Hermann ⟨van den Steen⟩
→ **Hermannus ⟨de Petra⟩**

Hermann ⟨Veringensis⟩
→ **Hermannus ⟨Augiensis⟩**

Hermann ⟨von Altaich⟩
→ **Hermannus ⟨Altahensis⟩**

Hermann ⟨von Arberg⟩
→ **Hermann ⟨von Marburg⟩**

Hermann ⟨von Bamberg⟩
→ **Hermannus ⟨Bambergensis⟩**

Hermann ⟨von Brüninghausen⟩
→ **Hermann ⟨von Bruychoyfen⟩**

Hermann ⟨von Bruychoyfen⟩
15. Jh.
Heroldsbuch
VL(2),3,1052/1054
Bruychoyfen, Hermann ¬von¬
Hermann ⟨von Brunchoyften⟩
Hermann ⟨von Brüninghausen⟩

Hermann ⟨von Cappenberg⟩
→ **Hermannus ⟨Coloniensis⟩**

Hermann ⟨von Carinthia⟩
→ **Hermannus ⟨Dalmata⟩**

Hermann ⟨von der Dahme⟩
→ **Damen, Hermann**

Hermann ⟨von der Loveia⟩
→ **Hermann ⟨von Loveia⟩**

Hermann ⟨von Erfurt⟩
→ **Hermann ⟨von Loveia⟩**

Hermann ⟨von Erfurt⟩
um 1355/67
Bittschrift
VL(2),3,1055
Erfurt, Hermann ¬von¬
Hermann ⟨d'Erfurt⟩

Hermann ⟨von Fritzlar⟩
14. Jh.
LThK; VL(2)
Fritzlar, Hermann ¬von¬
Hermannus ⟨de Frislar⟩
Hermannus ⟨de Fritzlar⟩

Hermann ⟨von Heilighafen⟩
→ **Hermannus ⟨de Sancto Portu⟩**

Hermann ⟨von Kärnten⟩
→ **Hermannus ⟨Dalmata⟩**

Hermann ⟨von Kappenberg⟩
→ **Hermannus ⟨Coloniensis⟩**

Hermann ⟨von Köln⟩
→ **Hermann ⟨von Metten⟩**
→ **Hermannus ⟨Coloniensis⟩**

Hermann ⟨von Leipzig⟩
ca. 14./15. Jh.
De tempore
Schneyer, Winke, 19
Leipzig, Hermann ¬von¬

Hermann ⟨von Lerbeck⟩
→ **Hermannus ⟨de Lerbecke⟩**

Hermann ⟨von Limburg⟩
→ **Limburg, Hermann ¬von¬**

Hermann ⟨von Linz⟩
14. Jh.
Sentenz über das Leiden
VL(2),3,1071/1072
Linz, Hermann ¬von¬

Hermann ⟨von Loveia⟩
um 1300 · OP
3 Predigten
VL(2),3,1072/1074; Kaeppeli,II,225/226
Hermann ⟨von der Loveia⟩
Hermann ⟨von Erfurt⟩
Hermannus ⟨de Loveia⟩
Loveia, Hermann ¬von¬

Hermann ⟨von Luxemburg⟩
→ **Hermann ⟨Bruder, I.⟩**

Hermann ⟨von Marburg⟩
Lebensdaten nicht ermittelt
VL(2),3,1074/1075
Hermann ⟨Marburg, Graf⟩
Hermann ⟨Meistersinger⟩
Hermann ⟨Sangspruchdichter⟩
Hermann ⟨von Arberg⟩
Hermann ⟨von Warburg⟩
Hermon ⟨von Barpurgkh⟩
Hermon ⟨von Marpurck⟩
Marburg, Hermann ¬von¬

Hermann ⟨von Metten⟩
um 1481/84 · OP
1 Predigt
VL(2),3,1075/1076; Kaeppeli,II,226/227
Hermann ⟨Lesemeister⟩
Hermann ⟨von Köln⟩
Hermann ⟨von Metunia⟩
Hermannus ⟨de Metunia⟩
Metten, Hermann ¬von¬

Hermann ⟨von Metunia⟩
→ **Hermann ⟨von Metten⟩**

Hermann ⟨von Mindelheim⟩
→ **Schwab, Hermannus**

Hermann ⟨von Minden⟩
→ **Hermannus ⟨de Lerbecke⟩**
→ **Hermannus ⟨de Minda⟩**

Hermann ⟨von Mühlhausen⟩
→ **Kappel, Hermann**

Hermann ⟨von Niederaltaich⟩
→ **Hermannus ⟨Altahensis⟩**

Hermann ⟨von Oesfeld⟩
gest. 1359
Cautela et Premis
Rep.Font. V,464
Herman ⟨van Ovesvelt⟩
Hermann ⟨von Ossvelde⟩
Hermannus ⟨de Oesfeld⟩
Oesfeld, Hermann ¬von¬

Hermann ⟨von Prag⟩
→ **Hermannus ⟨de Praga⟩**

Hermann ⟨von Reichenau⟩
→ **Hermannus ⟨Augiensis⟩**

Hermann ⟨von Reun⟩
→ **Hermannus ⟨de Runa⟩**

Hermann ⟨von Sachsenheim⟩
ca. 1365 – 1458
VL(2); Meyer; LMA,VIII,1239/40
Sachsenheim, Hermann ¬von¬
Sachsenheym, Herman ¬von¬
Sachsenheym, Hermann ¬von¬
Sachßenheim, Herman ¬von¬

Hermann ⟨von Sachsenheym⟩
→ **Hermann ⟨von Sachsenheim⟩**

Hermann ⟨von Salza⟩
ca. 1179 – 1239
LMA,VII,1329; Rep.Font. V,465
Hermann ⟨de Salza⟩
Hermann ⟨of Salza⟩
Hermannus ⟨de Salza⟩
Salza, Hermann ¬von¬

Hermann ⟨von Salzburg⟩
→ **Mönch ⟨von Salzburg⟩**

Hermann ⟨von Sankt Gallen⟩
→ **Hermannus ⟨Sangallensis⟩**

Hermann ⟨von Sankt Martin⟩
→ **Hermannus ⟨Tornacensis⟩**

Hermann ⟨von Scheda⟩
→ **Hermannus ⟨Coloniensis⟩**

Hermann ⟨von Schildesche⟩
→ **Hermannus ⟨de Schildis⟩**

Hermann ⟨von Tournai⟩
→ **Hermannus ⟨Tornacensis⟩**

Hermann ⟨von Vach⟩
→ **Künig, Hermann**

Hermann ⟨von Vechelde⟩
ca. 1350 – 1420
Hemelik rekenscop (Rechenschaftsbericht)
VL(2),3,1112/1113
Vechelde, Hermann ¬von¬

Hermann ⟨von Veldenz⟩
→ **Hermann ⟨Bruder, I.⟩**

Hermann ⟨von Vöringen⟩
→ **Hermannus ⟨Augiensis⟩**

Hermann ⟨von Warburg⟩
→ **Hermann ⟨von Marburg⟩**

Hermann ⟨von Wartberg⟩
→ **Hermannus ⟨de Wartberge⟩**

Hermann ⟨von Weißenburg⟩
um 1463/99
Chronik über die Zeit des moldauischen Fürsten Stephan des Großen
VL(2),3,1115/1116
Hermann ⟨Weißenburg, Burggraf⟩
Weißenburg, Hermann ¬von¬

Hermann ⟨von Werden⟩
→ **Hermannus ⟨Werdensis⟩**

Hermann ⟨von Wiedenbach⟩
15. Jh.
Anweisung für einen jungen Kleriker
VL(2),3,1117
Hermann ⟨Bruder⟩
Hermann ⟨de Cologne⟩
Hermann ⟨de Weidenbach⟩
Hermann ⟨Kogelherr⟩
Wiedenbach, Hermann ¬von¬

Hermann ⟨Weißenburg, Burggraf⟩
→ **Hermann ⟨von Weißenburg⟩**

Hermann ⟨Zoestius von Marienfeld⟩
→ **Hermannus ⟨de Soest⟩**

Hermann, Guillaume
→ **Guilelmus ⟨de Gouda⟩**

Hermann, Nicolaus
→ **Nicolaus ⟨Hermanni⟩**

Hermann Josef ⟨von Steinfeld⟩
→ **Hermannus Josephus ⟨Steinfeldensis⟩**

Hermann Joseph ⟨Heiliger⟩
→ **Hermannus Josephus ⟨Steinfeldensis⟩**

Hermann Peter ⟨aus Andlau⟩
→ **Petrus ⟨de Andlo⟩**

Hermanni, Nicolaus
→ **Nicolaus ⟨Hermanni⟩**

Hermannsson, Nikolaus
→ **Nicolaus ⟨Hermanni⟩**

Hermannus ⟨Abbas⟩
→ **Hermannus ⟨Altahensis⟩**
→ **Hermannus ⟨Tornacensis⟩**

Hermannus ⟨Abbas Flechtorfensis⟩
→ **Hermannus ⟨Frowin⟩**

Hermannus ⟨Abbatiae Custos⟩
→ **Hermannus ⟨Werdensis⟩**

Hermannus ⟨Alemannus⟩
gest. 1272
Tusculum-Lexikon; LMA,IV,2170/71
Alemannus, Hermannus
Hermann ⟨Alemannus⟩
Hermann ⟨l'Allemand⟩

Hermannus ⟨Altahensis⟩
ca. 1200 – 1275
Annales
Tusculum-Lexikon; LThK; Potth.
Hermann ⟨d'Althaen⟩
Hermann ⟨von Altaich⟩
Hermann ⟨von Niederaltaich⟩
Hermannus ⟨Abbas⟩
Hermannus ⟨Altaichiensis⟩

Hermannus ⟨Archidiaconus⟩
gest. ca. 1095 · OSB
Liber de miraculis S. Edmundi
Rep.Font. V,457
Archidiaconus Hermannus
Hermann ⟨Archidiacre⟩
Hermann ⟨de Norwich⟩
Hermann ⟨Hagiographe⟩
Hermannus ⟨Sancti Edmundi⟩

Hermannus ⟨Augiensis⟩
1013 – 1054
Tusculum-Lexikon; LThK; CSGL; LMA,IV,2167/68
Contractus, Hermannus
Herimannus ⟨der Lahme⟩
Herimannus ⟨de Reichenau⟩
Herman ⟨von Reichenau⟩
Hermann ⟨Contract⟩
Hermann ⟨der Lahme⟩
Hermann ⟨the Cripple⟩
Hermann ⟨Veringensis⟩
Hermann ⟨von Reichenau⟩
Hermann ⟨von Vöringen⟩
Hermannus ⟨Augiae Divitis⟩
Hermannus ⟨Contractus⟩
Hermann ⟨von Reichenau⟩
Hermannus ⟨Reichnauensis⟩
Hermannus ⟨Veringensis⟩

Hermannus ⟨Augustanus⟩
→ **Hermannus ⟨de Augusta⟩**

Hermannus ⟨Balkon⟩
um 1251
Ius Culmense
Rep.Font. V,457; VI,480/1
Balkon, Hermannus

Hermannus ⟨Bambergensis⟩
gest. 1084
Epistola ad Henricum IV regem
Rep.Font. V,457; DOC,2,923
Hermann ⟨de Bamberg⟩
Hermann ⟨von Bamberg⟩
Hermannus ⟨Episcopus Bambergensis⟩

Hermannus ⟨Beatus⟩
→ **Hermannus ⟨Teutonicus⟩**

Hermannus ⟨Bruder⟩
→ **Hermann ⟨Bruder, ...⟩**

Hermannus ⟨Cappenbergensis⟩
→ **Hermannus ⟨Coloniensis⟩**

Hermannus ⟨Cisterciensis⟩
→ **Hermannus ⟨de Runa⟩**

Hermannus ⟨Clericus Wormatiensis⟩
→ **Hermannus ⟨Wormaciensis⟩**

Hermannus ⟨Cloit⟩
um 1500 · OP
Vocabularium Lat.-Germanicum
Kaeppeli,II,223/224
Cloit, Hermann
Cloit, Hermannus
Hermann ⟨Cloit⟩

Hermannus ⟨Coloniensis⟩
gest. 1181
Opusculum de conversione
Tusculum-Lexikon; LThK; CSGL; LMA,IV,2166/67
Hermann ⟨of Cologne⟩
Hermann ⟨von Cappenberg⟩
Hermann ⟨von Kappenberg⟩
Hermann ⟨von Köln⟩
Hermann ⟨von Scheda⟩
Hermannus ⟨Cappenbergensis⟩
Hermannus ⟨de Sceida⟩
Hermannus ⟨Eckberti⟩
Hermannus ⟨Iudaeus⟩
Hermannus ⟨Judaeus⟩
Hermannus ⟨Judas⟩
Hermannus ⟨Tuitensis⟩

Hermannus ⟨Contractus⟩
→ **Hermannus ⟨Augiensis⟩**

Hermannus ⟨Custer und Mesner des Ordens der Mynneren Bruder⟩
→ **Hermann ⟨Bruder, II.⟩**

Hermannus ⟨Dalmata⟩
um 1138/43
Tusculum-Lexikon; CSGL; LMA,IV,2166
Dalmata, Hermannus
Hermann ⟨le Dalmate⟩
Hermann ⟨of Carinthia⟩
Hermann ⟨von Carinthia⟩
Hermann ⟨von Kärnten⟩
Hermannus ⟨Dalmaticus⟩
Hermannus ⟨Dalmatinus⟩
Hermannus ⟨de Carinthia⟩
Hermannus ⟨de Karinthia⟩
Hermannus ⟨Nellingauensis⟩
Hermannus ⟨Nellingaunensis⟩
Hermannus ⟨Sclavus⟩
Hermannus ⟨Secundus⟩

Hermannus ⟨Damen⟩
→ **Damen, Hermann**

Hermannus ⟨de Alemania⟩
→ **Hermannus ⟨de Schildis⟩**

Hermannus ⟨de Augusta⟩
14. Jh. · OP
Super I Sent.; Tract. de cognitione creata; Quodlibeta „multa“ et quaestionum determinatione
Kaeppeli,II,223; Schönberger/Kible, Repertorium, 13794
Augusta, Hermannus ¬de¬
Hartmannus ⟨Coloniensis⟩
Hartmannus ⟨de Augusta⟩
Hermann ⟨d'Augsbourg⟩
Hermannus ⟨Augustanus⟩
Hermannus ⟨Lector Coloniensis⟩

Hermannus ⟨de Bibra⟩
um 1332
Pensiones, redditus, obvenciones et iura Moguntinae ecclesiae per partes Thuringiae
Rep.Font. V,457
Bibra, Hermannus ¬de¬
Hermann ⟨de Bibra⟩
Hermann ⟨Doyen de Notre-Dame à Erfurt⟩

Hermannus ⟨de Campo Sanctae Mariae⟩
→ **Hermannus ⟨de Soest⟩**

Hermannus ⟨de Carinthia⟩
→ **Hermannus ⟨Dalmata⟩**

Hermannus ⟨de Cerbbec⟩
→ **Hermannus ⟨de Terbbec⟩**

Hermannus ⟨de Curis⟩
14. Jh.
Commentarius in quaestiones a Johanne Buridano de libris physicorum Aristotelis institutas
Lohr
Curis, Hermannus ¬de¬

Hermannus ⟨de Frislar⟩
→ **Hermann ⟨von Fritzlar⟩**

Hermannus ⟨de Fritzlar⟩
→ **Hermann ⟨von Fritzlar⟩**

Hermannus ⟨de Grevenstein⟩
um 1441
Puncta sive notata Sententiarum
Stegmüller, Repert. sentent. 347
Grevenstein, Hermannus ¬de¬

Hermannus ⟨de Hettstede⟩
gest. 1376 · OP
Super II Sent.
Kaeppeli,II,224; Stegmüller, Repert. sentent. 347,1; 1351,1; 1351,2
Hermannus ⟨de Hettstedt⟩
Hermannus ⟨Hetzstede⟩
Hettstede, Hermannus ¬de¬
Hetzstede, Hermannus

Hermannus ⟨de Karinthia⟩
→ **Hermannus ⟨Dalmata⟩**

Hermannus ⟨de Lerbecke⟩
ca. 1345 – ca. 1416 · OP
Cronica Mindensis et Wedechindi; Catalogus episcoporum Mindensium; Chronicon comitum Schawenburgensium
VL(2),3,1069/71; Rep.Font. V,464
Hermann ⟨de Lerbeck⟩
Hermann ⟨de Minden⟩
Hermann ⟨de Saint-Paul de Minden⟩
Hermann ⟨von Lerbeck⟩
Hermann ⟨von Lerbecke⟩
Hermann ⟨von Lerbeke⟩
Hermann ⟨von Minden⟩
Hermann ⟨von Minden, Lerbecke⟩
Hermannus ⟨de Lerbeck⟩
Hermannus ⟨de Lerbeke⟩
Hermannus ⟨de Minden⟩
Lerbeck, Hermann ¬von¬
Lerbecke, Hermannus ¬de¬
Lerbeke, Hermann ¬von¬
Lerbeke, Hermannus ¬de¬

Hermannus ⟨de Loveia⟩
→ **Hermann ⟨von Loveia⟩**

Hermannus ⟨de Lübeck⟩
→ **Korner, Hermannus**

Hermannus ⟨de Luxemburgo⟩
→ **Hermann ⟨Bruder, I.⟩**

Hermannus ⟨de Marienfeld⟩
→ **Hermannus ⟨de Soest⟩**

Hermannus ⟨de Metunia⟩
→ **Hermann ⟨von Metten⟩**

Hermannus ⟨de Minda⟩
gest. 1299 · OP
LThK
Hermann ⟨de Minden⟩
Hermann ⟨Scyne⟩
Hermann ⟨von Minden⟩
Hermann ⟨von Minden, Schinna⟩
Hermann ⟨von Minden, Scynne⟩
Hermannus ⟨de Minden⟩
Hermannus ⟨de Mynda⟩
Hermannus ⟨Mindensis⟩
Hermannus ⟨Mindonensis⟩
Hermannus ⟨Schinna⟩
Hermannus ⟨Scynne⟩
Minda, Hermannus ¬de¬

Hermannus ⟨de Mindelheim⟩
→ **Schwab, Hermannus**

Hermannus ⟨de Minden⟩
→ **Hermannus ⟨de Lerbecke⟩**
→ **Hermannus ⟨de Minda⟩**

Hermannus ⟨de Oesfeld⟩
→ **Hermann ⟨von Oesfeld⟩**

Hermannus ⟨de Petra⟩
gest. 1428 · OCart
Pater noster, sermo 1-50
Stegmüller, Repert. bibl. 3240
Hermann ⟨de Petra⟩
Hermann ⟨van den Steen⟩
Hermannus ⟨de Santdorpe⟩
Hermannus ⟨Petri⟩
Hermannus ⟨Stutdorpaeus⟩
Hermannus ⟨van den Steen⟩
Petra, Hermannus ¬de¬

Hermannus ⟨de Praga⟩
gest. 1350
Summula de concordantia scriptorum theol. et iurid.; Opusculum de casibus reservatis
Stegmüller, Repert. bibl. 3241
Herman ⟨de Prague⟩
Hermann ⟨von Prag⟩
Hermannus ⟨Pragensis⟩
Praga, Hermannus ¬de¬

Hermannus ⟨de Reichenau⟩
→ **Hermannus ⟨Augiensis⟩**

Hermannus ⟨de Runa⟩
12./13. Jh. · OCist
Hermann ⟨von Reun⟩
Hermannus ⟨Cisterciensis⟩
Hermannus ⟨de Reun⟩
Hermannus ⟨de Sancto Johanne Baptista⟩
Hermannus ⟨Monachus⟩
Hermannus ⟨Runensis⟩
Runa, Hermannus ¬de¬

Hermannus ⟨de Salza⟩
→ **Hermann ⟨von Salza⟩**

Hermannus ⟨de Sancto Johanne Baptista⟩
→ **Hermannus ⟨de Runa⟩**

Hermannus ⟨de Sancto Portu⟩
um 1246/84
Herbarius communis
LMA,IV,2166; VL(2),3,1061f.
Hermann ⟨Curé⟩
Hermann ⟨d'Heiligenhafen⟩
Hermann ⟨Kerkhere to der Hilgenhavene⟩
Hermann ⟨Kerkhere zu Heilighafen⟩
Hermann ⟨von Heilighafen⟩
Sancto Portu, Hermannus ¬de¬

Hermannus ⟨de Santdorpe⟩
→ **Hermannus ⟨de Petra⟩**

Hermannus ⟨de Sceida⟩
→ **Hermannus ⟨Coloniensis⟩**

Hermannus ⟨de Schildesche⟩
→ **Hermannus ⟨de Schildis⟩**

Hermannus ⟨de Schildis⟩
ca. 1290 – 1357 · OESA
Scriptum super Rhetoricorum
Tusculum-Lexikon; LThK; Potth.; LMA,IV,2169
Hermann ⟨de Saldis⟩
Hermann ⟨de Schilditz⟩
Hermann ⟨von Schildesche⟩
Hermann ⟨von Schildiz⟩
Hermann ⟨von Scildesche⟩
Hermannus ⟨de Alemania⟩
Hermannus ⟨de Schildesche⟩
Hermannus ⟨de Scildis⟩
Hermannus ⟨de Westfalia⟩
Hermannus ⟨Saldi⟩
Hermannus ⟨Schilder⟩
Hermannus ⟨Schilditz⟩
Hermannus ⟨Westphaliensis⟩
Schildis, Hermannus ¬de¬

Hermannus ⟨de Soest⟩
gest. 1445 · OCist
Calendarium biblicum; wahrscheinl. Verf. des Chronicon Campi S. Mariae
Stegmüller, Repert. bibl. 3246-3247,1; Potth. 1125
Hermann ⟨de Zoest⟩
Hermann ⟨Zoestius von Marienfeld⟩
Hermannus ⟨de Campo Sanctae Mariae⟩
Hermannus ⟨de Marienfeld⟩
Hermannus ⟨Monachus Campi Sanctae Mariae⟩
Hermannus ⟨Zoest⟩
Hermannus ⟨Zoestius⟩
Hermannus ⟨Zoestius de Marienfeld⟩
Hermannus ⟨Zoestius de Münster⟩
Soest, Hermannus ¬de¬
Zoestius, Hermannus

Hermannus ⟨de Terbbec⟩
um 1400 · OP
Postilla super Cantica; nicht identisch mit Hermannus ⟨Teutonicus⟩
Stegmüller, Repert. bibl. 3248; QE,I,727
Herman ⟨le Teuton⟩
Hermann ⟨de Trévise⟩
Hermann ⟨Teutonicus⟩
Hermannus ⟨de Cerbbec⟩
Hermannus ⟨de Cerbek⟩
Hermannus ⟨de Terblec⟩
Hermannus ⟨de Terroisit⟩
Hermannus ⟨de Trarbach⟩
Hermannus ⟨de Travisio⟩
Hermannus ⟨de Trivisio⟩
Hermannus ⟨de Zerbst⟩
Hermannus ⟨Teutonicus⟩
Terbbec, Hermannus ¬de¬

Hermannus ⟨de Terroisit⟩
→ **Hermannus ⟨de Terbbec⟩**

Hermannus ⟨de Trarbach⟩
→ **Hermannus ⟨de Terbbec⟩**

Hermannus ⟨de Travisio⟩
→ **Hermannus ⟨de Terbbec⟩**

Hermannus ⟨de Veldenz⟩
→ **Hermann ⟨Bruder, I.⟩**

Hermannus ⟨de Wartberge⟩
gest. 1380
Tusculum-Lexikon; LThK; Potth.; LMA,IV,2169/70
Hermanas ⟨iš Vartbergės⟩
Hermann ⟨de Wartberge⟩
Hermann ⟨von Wartberg⟩
Hermann ⟨von Wartberge⟩
Vartbergė, Hermanas
Vartbergės, Hermanas ¬iš¬
Wartberg, Hermann ¬von¬
Wartberge, Hermann ¬von¬
Wartberge, Hermannus ¬de¬

Hermannus ⟨de Westfalia⟩
→ **Hermannus ⟨de Schildis⟩**

Hermannus ⟨de Winterswijk⟩
um 1370
Quaestiones VI ultimorum librorum metaphysicae
Lohr
Hermann ⟨Chanoine à Cologne⟩
Hermann ⟨de Winterswick⟩
Hermannus ⟨de Winterswiche⟩
Winterswijk, Hermannus ¬de¬

Hermannus ⟨de Zerbst⟩
→ **Hermannus ⟨de Terbbec⟩**

Hermannus ⟨Discipulus Petri Abaelardi⟩
→ **Hermannus ⟨Magister⟩**

Hermannus ⟨Dominus⟩
→ **Hermannus ⟨OP⟩**

Hermannus ⟨Eckberti⟩
→ **Hermannus ⟨Coloniensis⟩**

Hermannus ⟨Episcopus⟩
→ **Hermannus ⟨Metensis⟩**
→ **Hermannus ⟨Pragensis⟩**

Hermannus ⟨Episcopus Bambergensis⟩
→ **Hermannus ⟨Bambergensis⟩**

Hermannus ⟨Erfordiensis Magister⟩
um 1352
Expositio supra IV tractatum summae naturalium; Reportata de anima; Reportata peri hermeneias
Lohr
Hermannus ⟨Magister Erfordiensis⟩
Hermannus ⟨Recteur de Saint Sever⟩

Hermannus ⟨Etzen⟩
→ **Etzen, Hermannus**

Hermannus ⟨Flechtorfensis⟩
→ **Hermannus ⟨Frowin⟩**

Hermannus ⟨Frowin⟩
um 1457/82 · OSB
Historia fundationis monasterii Flechtorfensis et notae historicae variae (1101-1480)
Rep.Font. V,463
Frowin, Hermannus
Hermannus ⟨Abbas Flechtorfensis⟩
Hermannus ⟨Flechtorfensis⟩

Hermannus ⟨Genuensis⟩
→ **Hermannus ⟨Gigas⟩**

Hermannus ⟨Gigas⟩
1292 – 1349 · OFM
Flores temporum 1292-1349
Fortsetzung von Martinus ⟨Alaunovicanus⟩, Identität mit Hermannus ⟨Minorita⟩ wahrscheinlich
Stegmüller, Repert. bibl. 3239; Rep.Font. IV,474/475
Gigas, Hermann
Gigas, Hermannus
Gygas, Hermannus
Hermann ⟨de Gênes⟩
Hermann ⟨Gigas⟩
Hermann ⟨Ianuensis⟩
Hermann ⟨Minorita⟩
Hermannus ⟨Genuensis⟩
Hermannus ⟨Gygas⟩
Hermannus ⟨Ianuensis⟩
Hermannus ⟨Minorita⟩

Hermannus ⟨Grabner⟩
um 1366
Summa magnorum naturalium
Lohr
Grabner, Hermannus

Hermannus ⟨Gresemund⟩
→ **Gresemund, Hermannus**

Hermannus ⟨Gygas⟩
→ **Hermannus ⟨Gigas⟩**

Hermannus ⟨Hetzstede⟩
→ **Hermannus ⟨de Hettstede⟩**

Hermannus ⟨Hetzstede⟩
15. Jh.
Stegmüller, Repert. sentent. 347,1; 1351,1; 1351,2
Hetzstede, Hermannus

Hermannus ⟨I.⟩
→ **Hermann ⟨Bruder, I.⟩**

Hermannus ⟨Ianuensis⟩
→ **Hermannus ⟨Gigas⟩**

Hermannus ⟨II.⟩
→ **Hermannus ⟨OP⟩**

Hermannus ⟨Iudaeus⟩
→ **Hermannus ⟨Coloniensis⟩**

Hermannus ⟨Korner⟩
→ **Korner, Hermannus**

Hermannus ⟨Künig von Vach⟩
→ **Künig, Hermann**

Hermannus ⟨Laudunensis⟩
→ **Hermannus ⟨Tornacensis⟩**

Hermannus ⟨Lector Coloniensis⟩
→ **Hermannus ⟨de Augusta⟩**

Hermannus ⟨Lector Magdeburgensis⟩
14. Jh. · OP
Tractatus contra Iudaeos
Kaeppeli,II,222/223
Hermannus ⟨Magdeburgensis⟩
Lector, Hermannus

Hermannus ⟨Lubens⟩
→ **Lubens, Hermann**

Hermannus ⟨Magdeburgensis⟩
→ **Hermannus ⟨Lector Magdeburgensis⟩**

Hermannus ⟨Magister⟩
um 1130
Sententiae; Rom.
VL(2),3,1051f.; LMA,IV,2171
Hermann ⟨Disciple d'Abélard⟩
Hermannus ⟨Discipulus Abaelardi⟩
Hermannus ⟨Discipulus Petri Abaelardi⟩
Hermannus ⟨Schüler Abaelards⟩
Magister Hermannus

Hermannus ⟨Magister Erfordiensis⟩
→ **Hermannus ⟨Erfordiensis Magister⟩**

Hermannus ⟨Metensis⟩
gest. 1090
LMA,IV,2164/65
De translatione S. Clementis
Hermann ⟨de Metz⟩
Hermannus ⟨Episcopus⟩
Hermannus ⟨of Metz⟩

Hermannus ⟨Mindensis⟩
→ **Hermannus ⟨de Minda⟩**

Hermannus ⟨Minorita⟩
→ **Hermannus ⟨Gigas⟩**

Hermannus ⟨Monachus⟩
→ **Hermannus ⟨de Runa⟩**

Hermannus ⟨Monachus Campi Sanctae Mariae⟩
→ **Hermannus ⟨de Soest⟩**

Hermannus ⟨Monachus Sangallensis⟩
→ **Hermannus ⟨Sangallensis⟩**

Hermannus ⟨Nellingauensis⟩
→ **Hermannus ⟨Dalmata⟩**

Hermannus ⟨of Metz⟩
→ **Hermannus ⟨Metensis⟩**

Hermannus ⟨of Tournai⟩
→ **Hermannus ⟨Tornacensis⟩**

Hermannus ⟨Oorwist⟩
→ **Hermannus ⟨Teutonicus⟩**

Hermannus ⟨OP⟩
15. Jh. · OP
Recommendatio theologiae
Kaeppeli,II,222
Hermannus ⟨Dominus⟩
Hermannus ⟨II.⟩

Hermannus ⟨Osnabrugensis Rector⟩
ca. 14. Jh.
Quaestiones libri De caelo et mundo
Lohr
Hermannus ⟨Osnaburgensis Rector⟩
Hermannus ⟨Rector Osnabrugensis⟩

Hermannus ⟨Petri⟩
→ **Hermannus ⟨de Petra⟩**

Hermannus ⟨Pragensis⟩
→ **Hermannus ⟨de Praga⟩**

Hermannus ⟨Pragensis⟩
1099 – 1122
Homiliarium (= Sermones)
LMA,IV,2165
Hermannus ⟨Episcopus⟩

Hermannus ⟨Recteur de Saint Sever⟩
→ **Hermannus ⟨Erfordiensis Magister⟩**

Hermannus ⟨Rector Osnabrugensis⟩
→ **Hermannus ⟨Osnabrugensis Rector⟩**

Hermannus ⟨Reichnauensis⟩
→ **Hermannus ⟨Augiensis⟩**

Hermannus ⟨Rose⟩
14./15. Jh.
Vielleicht Verfasser von Dat nuwe Boich (=Liber novus; 1360-1396)
Rep.Font. I,551; V,465
Hermannus ⟨Scriba Civitatis Coloniae⟩
Rose, Hermannus

Hermannus ⟨Runensis⟩
→ **Hermannus ⟨de Runa⟩**

Hermannus ⟨Saldi⟩
→ **Hermannus ⟨de Schildis⟩**

Hermannus ⟨Sancti Edmundi⟩
→ **Hermannus ⟨Archidiaconus⟩**

Hermannus ⟨Sancti Martini⟩
→ **Hermannus ⟨Tornacensis⟩**

Hermannus ⟨Sangallensis⟩
um 1034/76
Vita et miracula Wiboradae reclusae
VL(2),3,1059/1061; Rep.Font. V,451
Hepidannus
Herimannus ⟨Monachus⟩
Herimannus ⟨Sangallensis⟩
Hermann ⟨von Sankt Gallen⟩
Hermannus ⟨Monachus Sangallensis⟩
Hermannus ⟨von Sankt Gallen⟩

Hermannus ⟨Schilder⟩
→ **Hermannus ⟨de Schildis⟩**

Hermannus ⟨Schilditz⟩
→ **Hermannus ⟨de Schildis⟩**

Hermannus ⟨Schinna⟩
→ **Hermannus ⟨de Minda⟩**

Hermannus ⟨Schüler Abaelards⟩
→ **Hermannus ⟨Magister⟩**

Hermannus ⟨Schwab⟩
→ **Schwab, Hermannus**

Hermannus ⟨Sclavus⟩
→ **Hermannus ⟨Dalmata⟩**

Hermannus ⟨Scriba Civitatis Coloniae⟩
→ **Hermannus ⟨Rose⟩**

Hermannus ⟨Scynne⟩
→ **Hermannus ⟨de Minda⟩**

Hermannus ⟨Secundus⟩
→ **Hermannus ⟨Dalmata⟩**

Hermannus ⟨Socius Sancti Dominici⟩
→ **Hermannus ⟨Teutonicus⟩**

Hermannus ⟨Stutdorpaeus⟩
→ **Hermannus ⟨de Petra⟩**

Hermannus ⟨Teutonicus⟩
→ **Hermannus ⟨de Terbbec⟩**

Hermannus ⟨Teutonicus⟩
um 1218 · OP
Cant.; nicht identisch mit Hermannus ⟨de Terbbec⟩
Stegmüller, Repert. bibl. 3237; QE,I,727
Hermann ⟨Teutonicus⟩
Hermannus ⟨Beatus⟩
Hermannus ⟨Oorwist⟩
Hermannus ⟨Socius Sancti Dominici⟩
Teutonicus, Hermannus

Hermannus ⟨Tornacensis⟩
ca. 1090 – ca. 1147
De restauratione monasterii...
Rep.Font. V,451; LMA,IV,2169
Hermann ⟨von Sankt Martin⟩
Hermann ⟨von Tournai⟩
Hermannus ⟨Abbas⟩
Hermannus ⟨Laudunensis⟩
Hermannus ⟨of Tournai⟩
Hermannus ⟨Sancti Martini⟩

Hermannus ⟨Tuitensis⟩
→ **Hermannus ⟨Coloniensis⟩**

Hermannus ⟨van den Steen⟩
→ **Hermannus ⟨de Petra⟩**

Hermannus ⟨Veringensis⟩
→ **Hermannus ⟨Augiensis⟩**

Hermannus ⟨von Sankt Gallen⟩
→ **Hermannus ⟨Sangallensis⟩**

Hermannus ⟨Werdensis⟩
um 1225/26
Hortus deliciarum Salomonis
LMA,IV,2170; VL(2),3,1116f.
Hermann ⟨von Werden⟩
Hermannus ⟨Abbatiae Custos⟩
Hermannus ⟨Werdinensis⟩

Hermannus ⟨Westphaliensis⟩
→ **Hermannus ⟨de Schildis⟩**

Hermannus ⟨Wormaciensis⟩
12. Jh.
Prologus de privilegiis Burchardi Wormatiensis ecclesiae episcopi
Rep.Font. V,452
Herimannus ⟨Wormatiensis⟩
Hermann ⟨de Worms⟩
Hermannus ⟨Clericus Wormatiensis⟩

Hermannus ⟨Zittart⟩
um 1499 · OP
Manuale confessorum metricum; Mare magnum privilegiorum Ord. Praed.
Kaeppeli,II,229; Schönberger/Kible, Repertorium, 13823/24
Hermann ⟨de Zittard⟩
Hermannus ⟨Zittard⟩
Hermannus ⟨Zittardus⟩
Zittart, Hermannus

Hermannus ⟨Zoest⟩
→ **Hermannus ⟨de Soest⟩**

Hermannus, Guilelmus
→ **Guilelmus ⟨de Gouda⟩**

Hermannus, Raimundus
→ **Raimundus ⟨Hermannus⟩**

Hermannus Josephus ⟨Steinfeldensis⟩
ca. 1150/60 – gest. 1241 bzw. 1252 · OPraem
Hymnen; Summa regis cor; Iubilus de b. Maria virgine; etc.
VL(2),3,1062/66; Rep.Font. V,463
Gioseffo Ermanno ⟨da Steinfelt⟩
Hermann ⟨Bienheureux⟩
Hermann ⟨de Steinfeld⟩
Hermann Josef
Hermann Josef ⟨Seliger⟩
Hermann Josef ⟨von Steinfeld⟩
Hermann Joseph ⟨Bienheureux⟩
Hermann Joseph ⟨de Cologne⟩
Hermann Joseph ⟨Heiliger⟩
Hermann Joseph ⟨Prämonstratenser⟩
Hermann Joseph ⟨Prémontré⟩
Hermann Joseph ⟨von Köln⟩
Hermann Joseph ⟨von Steinfeld⟩
Hermann-Jozef
Hermannus Josephus
Hermannus Josephus ⟨Canonicus⟩
Hermannus Josephus ⟨Steinfeldiensis⟩
Josephus ⟨Canonicus⟩
Josephus ⟨Presbyter⟩
Josephus ⟨Steinfeldensis⟩
Josephus ⟨Steinveldensis⟩

Hermanrich ⟨von Ellwangen⟩
→ **Ermenricus ⟨Elwangensis⟩**

Hermanse ⟨Kremmelinge⟩
→ **Kremmeling, Hermann**

Hermeion ⟨Alexandrinus⟩
→ **Ammonius ⟨Hermiae⟩**

Hermeli, Felix
→ **Hemmerlin, Felix**

Hermenbertus ⟨Diaconus⟩
→ **Herimbertus ⟨Diaconus⟩**

Hermenopulus, Constantinus
→ **Constantinus ⟨Harmenopulus⟩**

Herment ⟨Meleuel⟩
→ **Limburg, Hermann ¬von¬**

Hermiae, Ammonius
→ **Ammonius ⟨Hermiae⟩**

Hermianus, Facundus
→ **Facundus ⟨Hermianensis⟩**

Hermiricus
→ **Adso ⟨Dervensis⟩**

Hermolaus ⟨Barbarus⟩
→ **Barbarus, Hermolaus ⟨...⟩**

Hermoldus ⟨Nigellus⟩
→ **Ermoldus ⟨Nigellus⟩**

Hermon ⟨von Barpurgkh⟩
→ **Hermann ⟨von Marburg⟩**

Hermon ⟨von Marpurck⟩
→ **Hermann ⟨von Marburg⟩**

Hermoniacus, Constantinus
→ **Constantinus ⟨Hermoniacus⟩**

Hermopolitanus, Theodorus
→ **Theodorus ⟨Scholasticus⟩**

Hernandez ⟨Lopez⟩
→ **Lopes, Fernão**

Hernandez de San Pedro, Diego
→ **San Pedro, Diego Fernández ¬de¬**

Hernando ⟨de Baeza⟩
→ **Baeza, Hernando ¬de¬**

Hernando ⟨del Pulgar⟩
ca. 1425 – ca. 1490
Claros varones de Castilla; Tratado de los reyes de Granada
LMA,IV,2172
Ferdinand ⟨del Pulgar⟩
Fernando ⟨del Pulgar⟩
Hernando ⟨Pérez del Pulgar⟩
Pérez del Pulgar, Hernando
Pulgar, Ferdinand ¬del¬
Pulgar, Fernando ¬del¬
Pulgar, Hernando ¬del¬

Hernando ⟨Pérez del Pulgar⟩
→ **Hernando ⟨del Pulgar⟩**

Herneton, Simon
→ **Simon ⟨de Hinton⟩**

Hernßheimer, Peter
um 1493
Almanach auf das Jahr 1492
VL(2),3,1121/1122
Peter ⟨Hernßheimer⟩

Herold, Gelre
→ **Gelre ⟨Herold⟩**

Herolt, Johannes
gest. 1468 · OP
Sermones de tempore; De eruditione Christifidelium; Promptuarium exemplorum secundum ordinem alphabeti
VL(2),3,1123ff.; LMA,IV,2175; Stegmüller, Repert. bibl. 4548-4550
Herold, Johann
Herold, Johannes
Herolt, Jean
Johann ⟨Herold⟩
Johann ⟨Herolt⟩
Johannes ⟨Berolis⟩
Johannes ⟨Discipulus⟩
Johannes ⟨Herold⟩
Johannes ⟨Heroldus⟩
Johannes ⟨Herolt⟩
Johannes ⟨Herolt de Nuremberg⟩

Heron, Thomas
→ **Thomas ⟨Heron⟩**

Herp, Henricus
→ **Henricus ⟨Herpius⟩**

Herp, Petrus
14. Jh. · OP
Annales breves Dominicorum Francofurtensium
Rep.Font. V,467
Herp, Peter
Herp, Pierre
Peter ⟨Herp⟩
Petrus ⟨Herp⟩
Pierre ⟨Herp⟩

Herpf, Heinrich
→ **Henricus ⟨Herpius⟩**

Herpius, Henricus
→ **Henricus ⟨Herpius⟩**

Herr Eberhard
→ **Eberhard ⟨Herr⟩**

Herrad ⟨Äbtissin⟩
→ **Herradis ⟨Landsbergensis⟩**

Herrad ⟨of Hohenburg⟩
→ **Herradis ⟨Landsbergensis⟩**

Herradis ⟨Landsbergensis⟩
1125/31 – 1195
Tusculum-Lexikon; LThK; CSGL; LMA,IV,2179/80
Herrad ⟨Äbtissin⟩
Herrad ⟨of Hohenburg⟩
Herrad ⟨von Landsberg⟩
Herrade ⟨de Landsberg⟩
Herradis ⟨Hohenburgensis⟩
Herrat ⟨Abbatissa⟩
Herrat ⟨Landsbergensis⟩

Herrand ⟨de Wildonie⟩
→ **Herrand ⟨von Wildonie⟩**

Herrand ⟨d'Halberstadt⟩
→ **Herrandus ⟨Halberstadensis⟩**

Herrand ⟨d'Isenbourg⟩
→ **Herrandus ⟨Halberstadensis⟩**

Herrand ⟨von Wildonie⟩
ca. 1230 – 1278
VL(2); Meyer; LMA,IV,2180
Herrand ⟨de Wildonie⟩
Herrand ⟨von Wildon⟩
Wildonie, Herrand ¬von¬

Herrandus ⟨Halberstadensis⟩
gest. 1102
De morte Burchardi II episcopi Halberstadensis
Rep.Font. V,468; DOC,2,932
Herrand ⟨d'Halberstadt⟩
Herrand ⟨d'Ilsenburg⟩
Herrand ⟨d'Isenbourg⟩
Herrandus ⟨Episcopus Halberstadensis⟩

Herrat ⟨Landsbergensis⟩
→ **Herradis ⟨Landsbergensis⟩**

Herricus ⟨...⟩
→ **Henricus ⟨...⟩**

Herrison, Johannes
→ **Herryson, Johannes**

Herrmann ⟨...⟩
→ **Hermann ⟨...⟩**

Herrmannus ⟨...⟩
→ **Hermannus ⟨...⟩**

Herryson, Johannes
um 1465
Vielleicht Verfasser der Chronica abbreviata ab a. 1377 usque ad a. 1469; De fundatoribus univers. Cantabrigiensis libellum
Rep.Font. III,257; V,468
Harrison, Johannes
Herrison, Johannes
Herryson, John
Johannes ⟨Harrison⟩
Johannes ⟨Herrison⟩
Johannes ⟨Herryson⟩
John ⟨Herryson⟩

Herse, Johann ¬von¬
→ **Johann ⟨Wolthus von Herse⟩**

Hersha Deva ⟨Thanesar and Kanauj, King⟩
→ **Harṣa ⟨Kanauj, König⟩**

Herstal, Pépin ¬d'¬
→ **Pippinus ⟨ab Heristallo⟩**

Hertenstein, Hans
15. Jh.
Spezialrezept zur Pulverherstellung
VL(2),3,1150
Hans ⟨Hertenstein⟩
Hertenstein, Jacques ¬de¬
Jacques ⟨de Hertenstein⟩

Hertepol, Hugo ¬de¬
→ **Hugo ⟨de Hartlepool⟩**

Hertwig ⟨von Passau⟩
15. Jh.
Chirurg. Manual
VL(2),3,1150/51
Hertwig ⟨Wundarzt⟩
Passau, Hertwig ¬von¬

Hertze, Johann
gest. 1476
Verf. des 1. Teils (1401-1469) der Lübecker Ratschronik (1401-1482)
VL(2),5,932/35; Rep.Font. V,468
Johann ⟨Hertze⟩

Herudus
Lebensdaten nicht ermittelt
Cant.; Lev.; Deut.
Stegmüller, Repert. bibl. 3248-3250

Hervaeus ⟨Abbas Maioris Monasterii⟩
→ **Hervaeus ⟨de Villepreux⟩**

Hervaeus ⟨Bohicus⟩
→ **Henricus ⟨Bohicus⟩**

Hervaeus ⟨Brito⟩
→ **Hervaeus ⟨Natalis⟩**

Hervaeus ⟨Burgidolensis⟩
ca. 1075 – ca. 1150
LThK; CSGL; LMA,IV,2186
Hervaeus ⟨Burdidolensis⟩
Hervaeus ⟨Burgidolensis⟩
Hervaeus ⟨Cenomanensis⟩
Hervaeus ⟨de Bourg⟩
Hervaeus ⟨de Bourg Dieu⟩
Hervaeus ⟨de Bourg-Déols⟩
Hervaeus ⟨de Bourg-Dieu⟩
Hervaeus ⟨de Déols⟩
Hervaeus ⟨de Dieu⟩
Hervaeus ⟨Dolensis⟩
Hervaeus ⟨of Bourg-Dieu⟩
Hervaeus ⟨von Bourg-Déols⟩
Hervaeus ⟨von Déols⟩
Hervé ⟨du Bourgdieu⟩

Hervaeus ⟨Cenomanensis⟩
→ **Hervaeus ⟨Burgidolensis⟩**

Hervaeus ⟨de Cauda⟩
um 1350/66 · OP
Tabula operum Sanctae Thomae de Aquino
Stegmüller, Repert. sentent. 880
Cauda, Hervaeus ¬de¬
Hervaeus ⟨de la Queue⟩
Hervaeus ⟨de LaQueue⟩
Hervé ⟨de la Queue-en-Brie⟩

Hervaeus ⟨de Déols⟩
→ **Hervaeus ⟨Burgidolensis⟩**

Hervaeus ⟨de Dieu⟩
→ **Hervaeus ⟨Burgidolensis⟩**

Hervaeus ⟨de Gif⟩
um 1273/1303 · OP
Sermo predic. ad S. Lefredum; Sermo ad S. Gervasium; Sermo predicat. ad S. Iohannem in Gravia
Kaeppeli,II,230
Arneus ⟨de Gif⟩
Gif, Hervaeus ¬de¬
Harney ⟨de Gif⟩
Harvetus ⟨de Gif⟩
Harvetus ⟨de Gith⟩
Hervé ⟨de Gif⟩

Hervaeus ⟨de la Queue⟩
→ **Hervaeus ⟨de Cauda⟩**

Hervaeus ⟨de Villepreux⟩
um 1177/78
Sermones
Schneyer,II,701
Hervaeus ⟨Abbas Maioris Monasterii⟩
Hervaeus ⟨de Villa Petrosa⟩
Hervaeus ⟨de Villapetrosa⟩
Hervé ⟨Abbé⟩
Hervé ⟨de Marmoutier⟩
Hervé ⟨de Villepreux⟩
Villepreux, Hervaeus ¬de¬

Hervaeus ⟨Dolensis⟩
→ **Hervaeus ⟨Burgidolensis⟩**

Hervaeus ⟨Natalis⟩
gest. 1323
Defensio doctrinae
Tusculum-Lexikon; LThK; LMA,IV,2185
Brito, Hervaeus
Harvey ⟨of Nedellec⟩
Hervaeus ⟨Brito⟩
Hervé ⟨Nédellec⟩
Natalis, Hervaeus
Nédellec, Hervé

Hervaeus ⟨of Bourg-Dieu⟩
→ **Hervaeus ⟨Burgidolensis⟩**

Hervaeus ⟨Sophista⟩
um 1250
Schönberger/Kible, Repertorium, 13868
Hervé ⟨le Sophiste⟩
Hervé ⟨Sophiste⟩
Hervicus ⟨Magister⟩
Sophista Hervaeus

Hervaeus ⟨von Bourg-Déols⟩
→ **Hervaeus ⟨Burgidolensis⟩**

Hervaeus, Johannes
→ **Johannes ⟨Hervaeus⟩**

Hervardus ⟨Leodiensis⟩
um 1209
Triumphus S. Lamberti in Steppes
Rep.Font. V,469; DOC,2,932
Firnandus
Hervard ⟨Archidiacre⟩
Hervard ⟨de Fosses⟩
Hervard ⟨de Liège⟩
Hervard ⟨de Saint-Lambert⟩
Hervard ⟨l'Archidiacre⟩

Hervard ⟨Neveu de Gobert de Laon⟩
Hervardus ⟨Archidiaconus Leodiensis⟩
Hervardus ⟨Leodicensis⟩
Hervardus ⟨Praepositus Ecclesiae Sancti Johannis Leodiensis⟩
Hirnandus

Hervé ⟨Abbé⟩
→ **Hervaeus ⟨de Villepreux⟩**

Hervé ⟨Bohic⟩
→ **Henricus ⟨Bohicus⟩**

Hervé ⟨de Gif⟩
→ **Hervaeus ⟨de Gif⟩**

Hervé ⟨de la Queue-en-Brie⟩
→ **Hervaeus ⟨de Cauda⟩**

Hervé ⟨de Marmoutier⟩
→ **Hervaeus ⟨de Villepreux⟩**

Hervé ⟨de Villepreux⟩
→ **Hervaeus ⟨de Villepreux⟩**

Hervé ⟨du Bourgdieu⟩
→ **Hervaeus ⟨Burgidolensis⟩**

Hervé ⟨le Sophiste⟩
→ **Hervaeus ⟨Sophista⟩**

Hervé ⟨Nédellec⟩
→ **Hervaeus ⟨Natalis⟩**

Herveseus, Eduardus
→ **Eduardus ⟨Herveseus⟩**

Herveus ⟨...⟩
→ **Hervaeus ⟨...⟩**

Hervicus ⟨Magister⟩
→ **Hervaeus ⟨Sophista⟩**

Hervordia, Henricus ¬de¬
→ **Henricus ⟨de Hervordia⟩**

Herwersleyben, Hartungus ¬de¬
→ **Hartungus ⟨de Herwersleyben⟩**

Herxen, Theodoricus ¬de¬
→ **Theodoricus ⟨de Herxen⟩**

Herz, Narcissus
→ **Narcissus ⟨de Berching⟩**

Herzo
→ **Gerardus ⟨de Brolio⟩**

Herzogenburg, Johannes ¬de¬
→ **Johannes ⟨Zink de Herzogenburg⟩**

Hesdin, Jean Acart ¬de¬
→ **Jean ⟨Acart de Hesdin⟩**

Hesdin, Simon ¬de¬
→ **Simon ⟨de Hesdin⟩**

Hesdinio, Johannes ¬de¬
→ **Johannes ⟨de Hesdinio⟩**

Hese, Johannes ¬de¬
→ **Johannes ⟨de Hese⟩**

Hesel, Erhart
ca. 13. Jh.
Arzneibuch
VL(2),3,1191/92
Erhart ⟨Hesel⟩

Heselloher, Hans
um 1451/83
Tanzlieder
VL(2),3,1192/96
Hans ⟨Heselloher⟩
Heselloher ⟨Minnesänger⟩
Heselloher, ¬Der¬

Heseus, Johannes
→ **Johannes ⟨de Hese⟩**

Hesler, Heinrich ¬von¬
→ **Heinrich ⟨von Hesler⟩**

Hesse ⟨der Jude⟩
→ **Jude ⟨von Salms⟩**

Hesse ⟨Meister⟩
um 1233/37
Bearbeitung des „Tristan" (fragwürdig)
VL(2),3,1196/97
Hesse ⟨Stadtschreiber von Straßburg⟩
Hesso ⟨Notarius Burgensium⟩
Meister Hesse

Hesse ⟨von Salmsse⟩
→ **Jude ⟨von Salms⟩**

Hesse, Benedictus
→ **Benedictus ⟨Hesse⟩**

Hesse, Johannes ¬de¬
→ **Johannes ⟨de Hese⟩**

Hesso ⟨Argentinensis⟩
12. Jh.
Relatio de concilio Remensi
Rep.Font. V,470; DOC,2,934
Hesso ⟨Remensis⟩
Hesso ⟨Scholasticus⟩
Hesso ⟨Scholasticus Argentinensis⟩
Hesso ⟨Scolasticus⟩
Hesso ⟨Strasburgensis⟩
Hesson ⟨de Strasbourg⟩
Hesson ⟨Ecolâtre⟩

Hesso ⟨Notarius Burgensium⟩
→ **Hesse ⟨Meister⟩**

Hesso ⟨Remensis⟩
→ **Hesso ⟨Argentinensis⟩**

Hesso ⟨Scholasticus⟩
→ **Hesso ⟨Argentinensis⟩**

Hesso ⟨Strasburgensis⟩
→ **Hesso ⟨Argentinensis⟩**

Hesso ⟨von Rinach⟩
gest. 1280
2 Minnelieder
VL(2),3,1200/01
Hesso ⟨von Reinach⟩
Rinach, Hesso ¬von¬

Hesson ⟨de Strasbourg⟩
→ **Hesso ⟨Argentinensis⟩**

Hesson ⟨Ecolâtre⟩
→ **Hesso ⟨Argentinensis⟩**

Hestonius, Gualterus
→ **Gualterus ⟨Hestonius⟩**

Hesychius ⟨Illustrius⟩
→ **Hesychius ⟨Milesius⟩**

Hesychius ⟨Milesius⟩
6. Jh.
Tusculum-Lexikon; LMA,IV,2196
Esichio ⟨Milesio⟩
Hēsychios ⟨ho Milēsios⟩
Hesychios ⟨Illustrios⟩
Hesychios ⟨von Milet⟩
Hesychius ⟨Illustrius⟩
Milesius, Hesychius

Hesychius ⟨Sinaita⟩
ca. 7. Jh.
De temperantia et virtute
Cpg 7862
Hesychius ⟨le Sinaïte⟩
Hesychius ⟨von Jerusalem⟩
Sinaita, Hesychius

Hesychius ⟨von Jerusalem⟩
→ **Hesychius ⟨Sinaita⟩**

Hetenig ⟨Hebernand⟩
→ **Ebernand ⟨von Erfurt⟩**

Heterianus, Hugo
→ **Eterianus, Hugo**

Heterius ⟨Episcopus⟩
→ **Etherius ⟨Uxamensis⟩**

Heterius ⟨von Osma⟩
→ **Etherius ⟨Uxamensis⟩**

Hethum
→ **Het'owm ⟨Patmič'⟩**

Heton, Thomas Gray ¬of¬
→ **Gray, Thomas**

Hetoum
→ **Het'owm ⟨Patmič'⟩**

Het'owm ⟨Patmič'⟩
ca. 1235 – ca. 1314 · OPraem
Aitone ⟨Armeno⟩
Aitonus
Ayton
Haitho
Haitho ⟨der Armenier⟩
Haithon
Haithon ⟨Armeno⟩
Haithon ⟨Armenus⟩
Haithon, Armenus
Haithonus ⟨Armenus⟩
Haitonus
Haycon ⟨le Frère⟩
Haytho
Haythonus
Haythonus ⟨Armenus⟩
Hayton
Hethum
Hethum ⟨Korghoc, Prince⟩
Hethum ⟨von Korikos⟩
Hethum ⟨von Korykos⟩
Hetoum
Hetoum ⟨the Prince of Gorigos⟩
Het'owm Patmich'
Patmič', Het'owm

Hetti ⟨Treverensis⟩
gest. 847
Epistolae; Interrogationes
VL(2),3,1203/1204
Hetti ⟨Archiepiscopus Treverensis⟩
Hetti ⟨de Métloc⟩
Hetti ⟨Erzbischof⟩
Hetti ⟨von Trier⟩
Hettius ⟨Treverensis⟩
Hetton ⟨de Métloc⟩

Hettius ⟨Treverensis⟩
→ **Hetti ⟨Treverensis⟩**

Hetto ⟨von Basel⟩
→ **Hatto ⟨Basiliensis⟩**

Hetton ⟨de Métloc⟩
→ **Hetti ⟨Treverensis⟩**

Hetton ⟨de Reichenau⟩
→ **Hatto ⟨Basiliensis⟩**

Hettstede, Hermannus ¬de¬
→ **Hermannus ⟨de Hettstede⟩**

Hetzbold, Heinrich
um 1319/45
Minnelieder
VL(2),3,1204/1205
Heinrich ⟨Hetzbold⟩
Heinrich ⟨Hetzebolt⟩
Heinrich ⟨von Weißensee⟩
Henri ⟨Hetzbold⟩
Hetzbold, Henri
Hetzbold von Weißensee, Heinrich
Hetzebolt, Heinrich
Weißensee, Heinrich Hetzbold ¬von¬

Hetzstede, Hermannus
→ **Hermannus ⟨de Hettstede⟩**

Heusden, Johannes ¬van¬
→ **Vos, Johannes**

Hewndl, Wolfgangus
→ **Wolfgangus ⟨Haindl⟩**

Heyden, Jacques ¬van der¬
→ **Jacobus ⟨Tymaeus de Amersfordia⟩**

Heyden, Petrus ¬van der¬
→ **Petrus ⟨de Thymo⟩**

Heylgerus ⟨de Burgis⟩
→ **Hilgerus ⟨de Burgis⟩**

Heylwighe ⟨Blomardinne⟩
→ **Blomardinne, Heylwighe**

Heymerich ⟨von Kamp⟩
→ **Heymericus ⟨de Campo⟩**

Heymerick, Arnold
ca. 1424 – 1491
Epistola ad Ludolphum ad Venna decanum Traiectensem; Epistola doctrinalis de esurie et arte mendicandi; Itinerarii Romani argumentum; Registrum sophologicum
Rep.Font. II,400
Arnold ⟨Heymerick⟩
Arnoldus ⟨Heymerici de Clivis⟩
Arnoldus ⟨Heymericus⟩
Arnoldus ⟨Heymricus⟩
Heimricius, Arnoldus
Heinrichius ⟨de Clève⟩
Heinrichius, Arnold
Heymricius ⟨Clivensis⟩
Heymricius, Arnold
Heymricus ⟨Clevensis⟩
Hymerick, Arnold

Heymericus ⟨de Campo⟩
1395 – 1460
LMA,IV,2205/06
Campo, Heymericus ¬de¬
Heimeric ⟨van den Velde⟩
Heimerich ⟨van de Velde⟩
Heimericus ⟨de Campo⟩
Heimericus ⟨van de Velde⟩
Heimeryka ⟨de Campo⟩
Heimric ⟨van den Velde⟩
Hemericus ⟨de Campo⟩
Henricus ⟨de Campo⟩
Henricus ⟨van de Velde⟩
Heymeric ⟨de Campo⟩
Heymeric ⟨van de Velde⟩
Heymerich ⟨von Kamp⟩
Velde, Heymeric ¬van¬

Heymo ⟨...⟩
→ **Haimo ⟨...⟩**

Heymricius ⟨Clivensis⟩
→ **Heymerick, Arnold**

Heynen
→ **Gelre ⟨Herold⟩**

Heynenszone, Claes
→ **Claes ⟨Heinenzsoon de Ruyris⟩**

Heynlin, Johannes
ca. 1433 – 1496
LThK; VL(2); Potth.; LMA,V,586/87
Heynlin, Johann
Jean ⟨de la Pierre⟩
Jean ⟨de Stein⟩
Jean ⟨Heynlin⟩
Johann ⟨Heynlin⟩
Johannes ⟨de Lapide⟩
Johannes ⟨Heynlin⟩
Johannes ⟨Lapidarius⟩
Johannes ⟨Lapideus⟩
Johannes ⟨von Stein⟩
Lapide, Johannes ¬de¬
Stein, Johann ¬von¬

Heynricus ⟨Magister Artium⟩
→ **Honover, Henricus**

Heynrijck ⟨van Veldeke⟩
→ **Heinrich ⟨von Veldeke⟩**

Heyricus ⟨Schoneflet⟩
→ **Henricus ⟨Schönfeld⟩**

Heysso ⟨de Haserieth⟩
um 1080
Mutmaßl. Verf. von De episcopis Eichstetensibus
Rep.Font. V,471; IV,141; LMA,I,672
Anonymus ⟨Haserensis⟩
Anonymus ⟨von Eichstätt⟩
Haserieth, Heysso ¬de¬
Heysso ⟨Archidiaconus⟩
Heysso ⟨de Haserieth⟩
Heysso ⟨de Herrieden⟩
Heysso ⟨Praepositus Sancti Salvatoris in Haserieth⟩
Heysso ⟨Propst⟩

Heytesbury, William
→ **Guilelmus ⟨Hentisberus⟩**

Ḥibarī, al-Ḥusain Ibn-al-Ḥakam ¬al-¬
gest. ca. 900
Ḥabrī, al-Ḥusain Ibn-al-Ḥakam ¬al-¬
Ḥibrī, al-Ḥusain Ibn-al-Ḥakam ¬al-¬
Ḥusain Ibn-al-Ḥakam al-Ḥibarī ¬al-¬
Ibn-al-Ḥakam, al-Ḥusain al-Ḥibarī

Hibatallāh Ibn-al-Ḥasan al-Lālakā'ī
→ **Lālakā'ī, Hibatallāh Ibn-al-Ḥasan ¬al-¬**

Hibatallāh Ibn-ʿAlī Ibn-aš-Šağarī
→ **Ibn-aš-Šağarī, Hibatallāh Ibn-ʿAlī**

Hibatallāh Ibn-Malkā al-Baġdādī, Abu-'l-Barakāt
→ **Abu-'l-Barakāt al-Baġdādī, Hibatallāh Ibn-Malkā**

Hibatallāh Ibn-Naṣr Ibn-Salāma
→ **Ibn-Salāma, Hibatallāh Ibn-Naṣr**

Hibbān Ibn-Qais an-Nābiġa al-Ğaʿdī
→ **Nābiġa al-Ğaʿdī, Hibbān Ibn-Qais ¬an-¬**

Hibernia, Patricius ¬de¬
→ **Patricius ⟨de Hibernia⟩**

Hibernia, Petrus ¬de¬
→ **Petrus ⟨de Hibernia⟩**

Hibernia, Thomas ¬de¬
→ **Thomas ⟨Palmeranus⟩**

Hibernicus ⟨Exul⟩
→ **Dungalus ⟨Hibernicus⟩**

Hibernicus ⟨Exul⟩
8. Jh.
Lat. Gedichtfragment; (Sieg Karls des Großen über Tassilo III.); nicht identisch mit Dungalus ⟨Hibernicus⟩
LMA,IV,2207
Exul, Hibernicus

Hibernicus, Augustinus
→ **Augustinus ⟨Hibernicus⟩**

Hibernicus, Deicola
→ **Deicola ⟨Hibernicus⟩**

Hibernicus, Dungalus
→ **Dungalus ⟨Hibernicus⟩**

Hibernicus, Malachias
→ **Malachias ⟨Hibernicus⟩**

Hibernicus, Mauritius
→ **Mauritius ⟨Hibernicus⟩**
→ **O'Fihely, Maurice**

Hibernus, Abedoc
→ **Abedoc ⟨Hibernus⟩**

Hibernus, Cummianus
→ **Cummianus ⟨Hibernus⟩**

Ḥibrī, al-Ḥusain Ibn-al-Ḥakam ¬al-¬
→ **Ḥibarī, al-Ḥusain Ibn-al-Ḥakam ¬al-¬**

Hicfelt, Eberhard
15. Jh.
Über die Falkenzucht
VL(2),3,1219/20
Eberhard ⟨Hicfelt⟩

Hiclyng
um 1292/93 · OFM
Schneyer,II,706
Hyclink

Ḥidāš Ibn-Zuhair al-ʿĀmirī
um 600
ʿĀmirī, Ḥidāš Ibn-Zuhair ¬al-¬
Ibn-Zuhair al-ʿĀmirī, Ḥidāš
Khidāsh ibn Zuhayr al-ʿĀmirī

Hiddestorf, Christianus ¬de¬
→ **Christianus (de Hiddestorf)**

Ḥiḍr, ʿUmar Ibn-Muḥammad ¬al-¬
→ **Ardabīlī, ʿUmar Ibn-Muḥammad ¬al-¬**

Hientins, Gerardus
→ **Gerardus (de Hancinis)**

Hieremia, Petrus ¬de¬
→ **Petrus (de Hieremia)**

Hieremias (de Montagnone)
ca. 1250 – ca. 1320
Epitoma sapientiae; Compendium moralium notabilium
Lohr; Rep.Font. V,471; LMA,V,350
Geremia (da Montagnone)
Jeremias (de Montagnone)
Jeremias (Montagnonus)
Jeremiasza (da Montagnone)
Jérémie (de Montagnone)
Montagnone, Geremia ¬da¬
Montagnone, Hieremias ¬de¬
Montagnonus, Jeremias

Hieremias, Petrus
→ **Petrus (de Hieremia)**

Hierocles (Byzantinus)
6. Jh.
Tusculum-Lexikon; LMA,V,1
Byzantinus, Hierocles
Hierocles (Grammaticus)
Hierokles (Byzantinischer Grammatiker)

Hieromonachus, Gabriel
→ **Gabriel (Hieromonachus)**

Hieromonachus, Georgius
→ **Georgius (Hieromonachus)**

Hieromonachus, Niphon
→ **Niphon (Hieromonachus)**

Hieronymus (a Rottenburg)
→ **Rotenpeck, Hieronymus**

Hieronymus (a Sancta Fide)
gest. 1412
Ha-Lorquí, Yĕhošúʿa
Jérôme (de Santa Fe)
Jerónimo (de Santa Fe)
Jerónimo (de Santaffe)
Josua (Lorki)
Josua (Lurki)
Lorki, Josua
Lurki, Josua
Sancta Fide, Hieronymus ¬a¬
Usualurguin
Yĕhošúʿa (ha-Lorquí)

Hieronymus (Albertucci)
1432 – 1497 · OP
Cronica brevis a principio mundi usque ad Christum; Cronica Martiniana; Tractatus de origine civitatum Ytalie
Kaeppeli,II,244/246; Rep.Font. II,170
Albertucci, Hieronymus
Albertucci, Jérôme
Albertucci de'Borselli, Girolamo
Gerolamo (Albertucci)
Gerolamo (de'Borselli)
Girolamo (Albertucci de'Borselli)
Hieronymus (Albertuccius)
Hieronymus (Albertuccius Bursellus)
Hieronymus (Albertuccius de Borsellis)
Hieronymus (Albertucii de Bursellis Bononiensis)
Hieronymus (Albertutius)
Hieronymus (Bononiensis)
Hieronymus (Bursellus)
Hieronymus (de Bononia)
Hieronymus (de Borsellis)
Hieronymus (de Bursellis)
Hieronymus (de'Borselli)
Hieronymus (Petri Albertucii Bononiae)
Jérôme (de Bologne)
Jérôme (Albertucci)

Hieronymus (Aretinus)
um 1144/77
Schneyer,II,706
Aretinus, Hieronymus
Hieronymus (Episcopus)
Jérôme (d'Arezzo)
Jérôme (Evêque)

Hieronymus (Asculanus)
→ **Nicolaus (Papa, IV.)**

Hieronymus (Bononiensis)
→ **Hieronymus (Albertucci)**

Hieronymus (Bursellus)
→ **Hieronymus (Albertucci)**

Hieronymus (Carameius de Monteregali)
um 1340
Cant.
Stegmüller, Repert. bibl. 3465
Carameius, Hieronymus
Carameius de Monteregali, Hieronymus
Hieronymus (Carameius)
Hieronymus (de Monteregali)
Monteregali, Hieronymus ¬de¬

Hieronymus (Clarus)
→ **Remigius (de Florentia)**

Hieronymus (Cribellus)
→ **Cribellus, Hieronymus**

Hieronymus (de Ascoli)
→ **Nicolaus (Papa, IV.)**

Hieronymus (de Bononia)
→ **Hieronymus (Albertucci)**

Hieronymus (de Borsellis)
→ **Hieronymus (Albertucci)**

Hieronymus (de Ferrara)
→ **Savonarola, Girolamo**

Hieronymus (de Flochis)
→ **Hieronymus (de Forlivio)**

Hieronymus (de Florentia)
→ **Hieronymus (Johannis de Florentia)**

Hieronymus (de Forli)
→ **Hieronymus (de Forlivio)**

Hieronymus (de Forlivio)
ca. 1347/48 – ca. 1437 · OP
Memoriale super libro Physicorum; Sermones varii de tempore, de sanctis, de mortuis; Chronicon Foroliviense
Lohr; Schneyer,II,714; Rep.Font. V,472
Forlivio, Hieronymus ¬de¬
Girolamo (da Forlì)
Hieronymus (de Flochis)
Hieronymus (de Flochis a Forlivio)
Hieronymus (de Forli)
Hieronymus (Foroliviensis)
Jérôme (de Forli)
Jérôme (Foroliviensis)

Hieronymus (de Ianua)
15. Jh. · OP
Commentarius in libros Metaphysicorum; Commentarius in libros De caelo et mundo; Commentarius in libros De anima
Lohr
Hieronymus (de Janua)
Ianua, Hieronymus ¬de¬
Janua, Hieronymus ¬de¬

Hieronymus (de Matelica)
→ **Hieronymus (de Mathelica)**

Hieronymus (de Mathelica)
15. Jh.
Tractatus de vita solitaria
Schönberger/Kible, Repertorium, 13884
Hieronymus (de Matelica)
Jérôme (de Matelica)
Mathelica, Hieronymus ¬de¬

Hieronymus (de Mondsee)
ca. 1420 – 1475 · OSB
Commentarius in libros Priorum; Commentarius in libros Posteriorum; Commentarius in libros Topicorum; etc.; auch fälschlich als Johannes (Faber de Werdea) bezeichnet; nicht identisch mit dem Verf. von „Dormi secure", Johannes (de Werdena) (gest. 1437) bzw. dem Dichter Fabri, Johannes (gest. 1504)
Lohr, Stegmüller, Repert. sentent. 360; VL(2),4,799/811; Rep.Font. V,473; LMA,V,5/6
Hieronymus (de Werdea)
Hieronymus (von Mondsee)
Jérôme (de Mondsee)
Jérôme (de Werdea)
Jeronimus (von Mondsee)
Johannes (de Werdea)
Johannes (Faber de Werdea)
Johannes (von Werden)
Mondsee, Hieronymus ¬de¬
Werdea, Johannes ¬de¬

Hieronymus (de Monteregali)
→ **Hieronymus (Carameius de Monteregali)**

Hieronymus (de Moravia)
13. Jh. · OP
Tractatus de musica
LMA,V,4/5
Hieronymus (Moravus)
Jérôme (de Moravie)
Moravia, Hieronymus ¬de¬

Hieronymus (de Ocon)
um 1410/25 · OCarm
Macc.
Stegmüller, Repert. bibl. 3469
Hieronymus (de Ochon)
Hieronymus (Elnensis Episcopus)
Hieronymus (Helenensis Episcopus)
Hieronymus (Ochus)
Hieronymus (Otho)
Jérôme (d'Ochon)
Ocon, Hieronymus ¬de¬

Hieronymus (de Praga dictus Johannes Silvanus)
→ **Hieronymus (Pragensis, Camaldulensis)**

Hieronymus (de Praga Magister)
→ **Hieronymus (Pragensis)**

Hieronymus (de Tortis)
gest. 1484
Tortis, Hieronymus ¬de¬

Hieronymus (de Utino)
um 1459 · OFM
Vita S. Johannis de Capistrano
Rep.Font. V,477
Jérôme (d'Udine)
Utino, Hieronymus ¬de¬

Hieronymus (de Villa Vitis)
um 1500
Hieronymus (von Rebdorf)
Villa Vitis, Hieronymus ¬de¬
Villavitis, Hieronymus ¬de¬

Hieronymus (de Werdea)
→ **Hieronymus (de Mondsee)**

Hieronymus (Drabolt)
→ **Drabolt, Hieronymus**

Hieronymus (Elnensis Episcopus)
→ **Hieronymus (de Ocon)**

Hieronymus (Episcopus)
→ **Hieronymus (Aretinus)**

Hieronymus (Foroliviensis)
→ **Hieronymus (de Forlivio)**

Hieronymus (Graecus)
→ **Hieronymus (Hierosolymitanus)**

Hieronymus (Helenensis Episcopus)
→ **Hieronymus (de Ocon)**

Hieronymus (Hierosolymitanus)
7. Jh. bzw. 958
Dialogus de S. Trinitate inter Iudaeum et Christianum (fragm.); De effectu baptismi; Fragmenta in psalmos
Cpg 7815-7818
Hieronymus (Graecus)
Hieronymus (Theologus)
Hieronymus (Theologus Graecus)
Hierosolymitanus, Hieronymus
Jérome (de Jérusalem)

Hieronymus (Johannis de Florentia)
1387 – 1454 · OP
Quadragesimale „Rotimata"; Quadragesimale „De antiphoniis"; Legenda b. Villanae de Bottis de Florentia; etc.
Kaeppeli,II,249/284; Rep.Font. V,472
Giovanni, Jérôme ¬di¬
Hieronymus (de Florentia)
Hieronymus (Johannis)
Hieronymus (Johannis Florentinus)
Jérôme (de Florence)
Johannis, Hieronymus
Johannis de Florentia, Hieronymus

Hieronymus (Magister)
→ **Hieronymus (Pragensis)**

Hieronymus (Masci)
→ **Nicolaus (Papa, IV.)**

Hieronymus (Mediolanensis)
→ **Cribellus, Hieronymus**

Hieronymus (Moravus)
→ **Hieronymus (de Moravia)**

Hieronymus (Nicolaus, IV.)
→ **Nicolaus (Papa, IV.)**

Hieronymus (Nogarolus)
15. Jh.
Pro Vincentinis habita oratio
Nogarola, Hieronymus
Nogarolus, Hieronymus

Hieronymus (Ochus)
→ **Hieronymus (de Ocon)**

Hieronymus (Otho)
→ **Hieronymus (de Ocon)**

Hieronymus (Paternoster)
→ **Paternoster, Hieronymus**

Hieronymus (Paulus)
→ **Paulus, Hieronymus**

Hieronymus (Petri Albertucii Bononiae)
→ **Hieronymus (Albertucci)**

Hieronymus (Picenus)
→ **Nicolaus (Papa, IV.)**

Hieronymus (Poczner)
→ **Posser, Hieronymus**

Hieronymus (Posser)
→ **Posser, Hieronymus**

Hieronymus (Pragensis)
ca. 1370 – 1416
Historia et monumenta Johannis Hussii et Hieronymi Pragensis; Epistola M. Hieronymi Pragensis domino Lackoni de Kravar e carcere in Constantia a. 1415, Sept 12 scripta; Positio de universalibus; Anhänger von Johannes Hus
LMA,V,5; Rep.Font. V,473
Girolamo (da Praga)
Hieronymus (de Praga Magister)
Hieronymus (Magister)
Hieronymus (von Prag)
Hieronymus (von Prag, I.)
Jérôme (de Prague)
Jerome (of Prague)
Jeronym (Mistr)
Jeroným (Pražský)
Jeronym (von Prag)

Hieronymus (Pragensis, Camaldulensis)
ca. 1370 – 1440 · OSBCam
Tractatus contra quatuor articulos Bohemorum; Sermo modernus de Corpore Christi ... contra Hussitas haereticos; Tractatus contra haereticos Bohemos; Gegner der Hussiten
LMA,V,5; Rep.Font. V,474
Hieronymus (de Praga dictus Johannes Silvanus)
Hieronymus (von Prag)
Hieronymus (von Prag, II.)
Johannes (Eremita)
Johannes (Mníšek)
Johannes (Polonus)
Johannes (Silvanus)
Johannes (Sylvanus)

Hieronymus (Raynerii)
um 1487
Stegmüller, Repert. sentent. 361
Raynerii, Hieronymus

Hieronymus (Rotenpeck)
→ **Rotenpeck, Hieronymus**

Hieronymus (Savonarola)
→ **Savonarola, Girolamo**

Hieronymus (Senensis)
→ **Girolamo (da Siena)**

Hieronymus (Theologus)
→ **Hieronymus (Hierosolymitanus)**

Hieronymus (Vicecomes)
gest. ca. 1477/78 · OP
Laminarium; Opusculum de striis; Compendium quaestionis de obligatione papali
Kaeppeli,II,249/250; Schönberger/Kible, Repertorium, 13887/13889

Geronimo ⟨Visconti⟩
Hieronymus ⟨Vicecomes de Mediolano⟩
Jérôme ⟨Visconti⟩
Vicecomes, Hieronymus
Visconti, Jérôme

Hieronymus ⟨von Mondsee⟩
→ **Hieronymus ⟨de Mondsee⟩**

Hieronymus ⟨von Prag⟩
→ **Hieronymus ⟨Pragensis⟩**
→ **Hieronymus ⟨Pragensis, Camaldulensis⟩**

Hieronymus ⟨von Rebdorf⟩
→ **Hieronymus ⟨de Villa Vitis⟩**

Hieronymus ⟨von Salzburg⟩
14./15. Jh.
Rustilogus; De sanctis; Identität mit Peregrinus ⟨de Oppeln⟩ umstritten
Schneyer, Winke, 20.
Salzburg, Hieronymus ¬von¬

Hieronymus ⟨Waldau⟩
→ **Waldau, Hieronymus**

Hieronymus Paulus ⟨Barcionensis⟩
→ **Paulus, Hieronymus**

Hierosolymitanus, Basilius
→ **Basilius ⟨Hierosolymitanus⟩**

Hierosolymitanus, Cosmas
→ **Cosmas ⟨Hierosolymitanus⟩**

Hierosolymitanus, Elias
→ **Elias ⟨Hierosolymitanus⟩**

Hierosolymitanus, Hieronymus
→ **Hieronymus ⟨Hierosolymitanus⟩**

Hierosolymitanus, Johannes
→ **Johannes ⟨Hierosolymitanus, ...⟩**

Hierosolymitanus, Laudivius
→ **Laudivius ⟨Hierosolymitanus⟩**

Hierosolymitanus, Leontius
→ **Leontius ⟨Hierosolymitanus⟩**
→ **Leontius ⟨Presbyter Hierosolymitanus⟩**

Hierosolymitanus, Orestes
→ **Orestes ⟨Hierosolymitanus⟩**

Hierosolymitanus, Pamphilus
→ **Pamphilus ⟨Hierosolymitanus⟩**

Hierosolymitanus, Petrus
→ **Petrus ⟨Hierosolymitanus⟩**

Hierosolymitanus, Sophronius
→ **Sophronius ⟨Hierosolymitanus⟩**

Hierosolymitanus, Tanchum
→ **Tanḥûm Ben-Yôsēf ⟨hay-Yerûšalmî⟩**

Hierosolymitanus, Theodorus
→ **Theodorus ⟨Hierosolymitanus⟩**

Hierosolymitanus, Timotheus
→ **Timotheus ⟨Hierosolymitanus⟩**

Hierosolymitanus, Zacharias
→ **Zacharias ⟨Hierosolymitanus⟩**

Hierszmann, Hans
um 1418/63
Bericht d. letzten Stunden Albrechts
Rep.Font. V,477
Hanns ⟨Hierszmann⟩
Hans ⟨Hierszmann⟩
Hierszmann, Hanns
Hierszmann, Jean
Jean ⟨Hierszmann⟩

Hiez ⟨von Kolmas⟩
→ **Kolmas, ¬Der von¬**

Higbaldus ⟨Scotus⟩
gest. 803
Ps.
Stegmüller, Repert. bibl. 3523
Higbald ⟨Abbé⟩
Higbald ⟨Bearnensis⟩
Higbald ⟨de Lindisfarne⟩
Higbald ⟨Evêque⟩
Higbaldus ⟨Abbas Lindissae Insulae⟩
Higbaldus ⟨Episcopus⟩
Higbaldus ⟨Lindisfarnensis⟩
Higebaldus ⟨Scotus⟩
Scotus, Higbaldus

Higden, Ranulfus
gest. 1364 · OSB
LThK; Potth.; Meyer; LMA,V,6
Higden, Randal
Higden, Ranulphus
Higdenus, Ranulfus
Higdon, Ranulf
Higedenus, Ranulfus
Hikeden, Ranulf
Hyden, Ranulf
Hygden, Ranulf
Hygden, Ranulphus ¬de¬
Radulfus ⟨de Higden⟩
Radulfus ⟨de Hyden⟩
Radulfus ⟨de Hygden⟩
Radulfus ⟨Hickeden⟩
Radulfus ⟨Hygden⟩
Ralph ⟨Higden⟩
Ranulf ⟨Higden⟩
Ranulf ⟨of Chester⟩
Ranulfus ⟨Cestrensis⟩
Ranulfus ⟨de Higden⟩
Ranulfus ⟨Hickeden⟩
Ranulfus ⟨Higden⟩
Ranulfus ⟨Higdenus⟩
Ranulfus ⟨Hygden⟩
Ranulfus ⟨Sanctae Werburgae Monachus⟩
Ranulphus ⟨Cestrensis⟩

Higebaldus ⟨Scotus⟩
→ **Higbaldus ⟨Scotus⟩**

Higedenus, Ranulfus
→ **Higden, Ranulfus**

Hilaire ⟨d'Orléans⟩
→ **Hilarius ⟨Aurelianensis⟩**

Hilaire ⟨le Disciple d'Abélard⟩
→ **Hilarius ⟨Aurelianensis⟩**

Hilāl aṣ-Ṣābī, Abu-'l-Ḥusain Ibn-al-Muḥassin
→ **Hilāl aṣ-Ṣābī, Ibn-al-Muḥassin**

Hilāl aṣ-Ṣābī, Ibn-al-Muḥassin
gest. 1056
Hilāl aṣ-Ṣābī, Abu-'l-Ḥusain Ibn-al-Muḥassin
Hilāl Ibn-al-Muḥassin aṣ-Ṣābī
Ṣābī, Hilāl Ibn-al-Muḥassin ¬aṣ-¬

Hilāl Ibn-al-Muḥassin aṣ-Ṣābī
→ **Hilāl aṣ-Ṣābī, Ibn-al-Muḥassin**

Hilālī, Ḥumaid Ibn-Ṯaur ¬al-¬
→ **Ḥumaid Ibn-Ṯaur al-Hilālī**

Hilandarski, Teodozije
→ **Teodozije ⟨Hilandarski⟩**

Hilarion ⟨de Kiew⟩
→ **Ilarion ⟨Kievskij⟩**

Hilarion ⟨de Verona⟩
→ **Hilarion ⟨Veronensis⟩**

Hilarion ⟨Veronensis⟩
ca. 1440 – 1516; laut Rep.Font. gest. 1485 · OSB
Ex Paraphrasi Hermogenis Rhetorices compendium; Beati Dorothei Archimandritae de vita recte et pie instituenda; Crisias; etc.
Rep.Font. V,478
Hilario ⟨Monachus⟩
Hilarion
Hilarion ⟨da Verona⟩
Hilarion ⟨de Verona⟩
Hilarion ⟨de Vérone⟩
Hilarion ⟨di Verona⟩
Hilarion ⟨Monachus Veronensis⟩
Hilarion ⟨of Verona⟩
Hilarion ⟨Veronaeus⟩
Hilarius ⟨Veronensis⟩
Hilaro ⟨Monachus⟩
Ilarion ⟨de Vérone⟩
Ilarione ⟨da Verona⟩
Ilarione ⟨de Verona⟩
Ilarione ⟨di Verona⟩
Ilarione ⟨Veronaeus⟩
Ilarione ⟨Veronensis⟩
Verona, Hilarion ¬of¬
Verona, Ilarione ¬da¬

Hilarion ⟨von Kiew⟩
→ **Ilarion ⟨Kievskij⟩**

Hilarius ⟨Andegavensis⟩
→ **Hilarius ⟨Aurelianensis⟩**

Hilarius ⟨Aurelianensis⟩
ca. 1075 – ca. 1145/50
LMA,V,10
Hilaire ⟨d'Angers⟩
Hilaire ⟨d'Orléans⟩
Hilaire ⟨le Disciple d'Abélard⟩
Hilarius ⟨Abaelardi Discipulus⟩
Hilarius ⟨Andegavensis⟩
Hilarius ⟨Discipulus Abaelardi⟩
Hilarius ⟨Poeta⟩
Hilarius ⟨the Disciple of Abelard⟩
Hilarius ⟨von Angers⟩
Hilarius ⟨von Orléans⟩

Hilarius ⟨Discipulus Abaelardi⟩
→ **Hilarius ⟨Aurelianensis⟩**

Hilarius ⟨Litomericensis⟩
→ **Hilarius ⟨Litoměřický⟩**

Hilarius ⟨Litoměřický⟩
ca. 1412 – 1468
Disputatio cum Johanne Rokycana coram rege Bohemiae; Tractatus Katholicus dictus
Rep.Font. V,480; LMA,V,10
Hilarius ⟨de Lithomerzicz⟩
Hilarius ⟨Litomericensis⟩
Hilarius ⟨von Leitmeritz⟩
Hilarius ⟨z Litoměřice⟩
Leitmeritz, Hilarius ¬von¬
Limtoměřický, Hilarius
Litoměřický, Hilarius

Hilarius ⟨Poeta⟩
→ **Hilarius ⟨Aurelianensis⟩**

Hilarius ⟨Veronensis⟩
→ **Hilarion ⟨Veronensis⟩**

Hilarius ⟨von Leitmeritz⟩
→ **Hilarius ⟨Litoměřický⟩**

Hilarius ⟨von Orléans⟩
→ **Hilarius ⟨Aurelianensis⟩**

Hilaro ⟨Monachus⟩
→ **Hilarion ⟨Veronensis⟩**

Hilarus ⟨Constantinopolitanus⟩
5./6. Jh.
Adressat eines Briefes von Felix ⟨Papa, III.⟩
Cpg 9150
Constantinopolitanus, Hilarus
Hilarus ⟨Archimandrita⟩

Hilbolt
15. Jh.
Anweisung zur Behandlung von Schußwunden
VL(2),3,1239

Hilbrant
→ **Albrant ⟨der Meister⟩**

Hildebertus ⟨Lavardinensis⟩
ca. 1056 – 1133
Tusculum-Lexikon; LThK; CSGL; LMA,V,11/12
Aldebertus ⟨Lavardinensis⟩
Childebertus ⟨Lavardinensis⟩
Dyldalbertus ⟨Lavardinensis⟩
Gildebertus ⟨Lavardinensis⟩
Hildebert ⟨Cenomanensis⟩
Hildebert ⟨de Lavardin⟩
Hildebert ⟨von Lavardin⟩
Hildebert ⟨von LeMans⟩
Hildebert ⟨von Tours⟩
Hildebertus ⟨Archiepiscopus⟩
Hildebertus ⟨Cenomanensis⟩
Hildebertus ⟨Cluniacensis⟩
Hildebertus ⟨de Lavardin⟩
Hildebertus ⟨de Lavardino⟩
Hildebertus ⟨Episcopus⟩
Hildebertus ⟨of Tours⟩
Hildebertus ⟨Turonensis⟩
Idebertus ⟨Lavardinensis⟩
Ildebertus ⟨Lavardinensis⟩

Hildebold ⟨de Schwangau⟩
→ **Hiltbold ⟨von Schwangau⟩**

Hildebrand ⟨Commentateur⟩
→ **Hildebrandus ⟨Iunior⟩**

Hildebrand ⟨Goffredus⟩
→ **Hildebrandus ⟨Goffredus⟩**

Hildebrand ⟨Papst⟩
→ **Gregorius ⟨Papa, VII.⟩**

Hildebrand ⟨Veckinchusen⟩
→ **Veckinchusen, Hildebrand**

Hildebrand ⟨von Tzerstede⟩
→ **Tzerstede, Brand ¬von¬**

Hildebrandi, Matthias
→ **Matthias ⟨de Liegnitz⟩**

Hildebrandus ⟨de Cavalcantibus⟩
→ **Cavalcanti, Aldobrandinus**

Hildebrandus ⟨de Tuscanella⟩
→ **Aldobrandinus ⟨de Tuscanella⟩**

Hildebrandus ⟨Goffredus⟩
gest. 1500
Epp. Pauli
Stegmüller, Repert. bibl. 3558
Goffredus, Hildebrand
Goffredus, Hildebrandus
Hildebrand ⟨Goffredus⟩

Hildebrandus ⟨Iunior⟩
um 1150
Mt. lib. 6 (hom. 41) - lib. 10 (hom. 83)
Stegmüller, Repert. bibl. 3559
Hildebrand ⟨Commentateur⟩
Hildebrand ⟨le Jeune⟩
Iunior, Hildebrandus

Hildebrandus ⟨Papa⟩
→ **Gregorius ⟨Papa, VII.⟩**

Hildebrandus ⟨Subdiaconus⟩
→ **Gregorius ⟨Papa, VII.⟩**

Hildebrandus ⟨Tuscus⟩
→ **Gregorius ⟨Papa, VII.⟩**

Hildebrant
→ **Albrant ⟨der Meister⟩**

Hildefonsus ⟨Toletanus⟩
→ **Ildephonsus ⟨Toletanus⟩**

Hildegaersberch, Willem ¬van¬
→ **Willem ⟨van Hildgaersberch⟩**

Hildegaire ⟨de Meaux⟩
→ **Hildegarius ⟨Meldensis⟩**

Hildegaire ⟨de Saint-Denis⟩
→ **Hildegarius ⟨Meldensis⟩**

Hildegard ⟨Sankt⟩
→ **Hildegardis ⟨Bingensis⟩**

Hildegardis ⟨Bingensis⟩
1098 – 1179
Liber vitae meritorum
Tusculum-Lexikon; LThK; CSGL; LMA,V,13/15
Bingen, Hildegard ¬von¬
Hildegard ⟨die Heilige⟩
Hildegard ⟨Heilige⟩
Hildegard ⟨of Bingen⟩
Hildegard ⟨Sankt⟩
Hildegard ⟨von Bingen⟩
Hildegarda ⟨de Bingen⟩
Hildegarda ⟨di Bingen⟩
Hildegarde ⟨de Bingen⟩
Hildegarde ⟨Sainte⟩
Hildegardis
Hildegardis ⟨Abbatissa⟩
Hildegardis ⟨Abbess⟩
Hildegardis ⟨de Bingen⟩
Hildegardis ⟨de Monte Sancti Ruperti⟩
Hildegardis ⟨Sancta⟩
Hildegardt
Ildegarda ⟨di Bingen⟩
Ildegarda ⟨Santa⟩
Ildegarda ⟨Sant'⟩

Hildegardis ⟨de Monte Sancti Ruperti⟩
→ **Hildegardis ⟨Bingensis⟩**

Hildegarius ⟨Meldensis⟩
gest. ca. 873 · OSB
Vita Sancti Faronis
Rep.Font. V,492; DOC,2,959
Hildegaire ⟨de Meaux⟩
Hildegaire ⟨de Saint-Denis⟩
Hildegaire ⟨de Saint-Denys⟩
Hildegarius ⟨Sancti Dionysii⟩

Hildegarius ⟨Sancti Dionysii⟩
→ **Hildegarius ⟨Meldensis⟩**

Hildegund ⟨von Schönau⟩
gest. 1188 · OCist
VL(2),4,4/8
Hildegonde ⟨Cistercienne⟩
Hildegonde ⟨de Schönau⟩
Hildegundis ⟨von Schönau⟩
Schönau, Hildegund ¬von¬

Hildemarus ⟨Corbiensis⟩
um 821/50 · OSB
Commentarium in Regulam S. Benedicti; Epistola ad Pacificum archidiaconum Veronensem; Epistola ad Ursum Beneventanum episcopum de ratione bene legendi
LMA,V,15/16; Rep.Font. V,492
Hildemar ⟨de Milan⟩
Hildemar ⟨Français⟩
Hildemar ⟨Magister⟩
Hildemar ⟨Moine⟩
Hildemar ⟨von Civate⟩
Hildemar ⟨von Corbie⟩
Hildemarus ⟨Civate⟩
Hildemarus ⟨Civatensis⟩
Hildemarus ⟨Corbeiensis⟩
Hildemarus ⟨de Civate⟩
Hildemarus ⟨Francus⟩
Hildemarus ⟨Mediolanensis⟩

Hildemarus ⟨Monachus⟩
Ildemaro ⟨Monaco⟩

Hildephonsus ⟨von Toledo⟩
→ **Ildephonsus ⟨Toletanus⟩**

Hildesheim, Henningus ¬de¬
→ **Henningus ⟨de Hildesheim⟩**

Hildesheim, Henricus ¬de¬
→ **Henricus ⟨Dasle de Hildesheim⟩**

Hildesheim, Johannes
→ **Johannes ⟨Hildesheimensis⟩**

Hildewardus ⟨Halberstadensis⟩
um 968/996
Epistola ad Adalberonem II episcopum Mettensem
Rep.Font. V,494; DOC,2,959
Hildeward ⟨de Werle⟩
Hildeward ⟨d'Halberstadt⟩
Hildewardus ⟨Episcopus Halberstadensis⟩

Hildewinus ⟨Cancellarius Parisiensis⟩
→ **Hilduinus ⟨Cancellarius Parisiensis⟩**

Hildgaersberch, Willem ¬van¬
→ **Willem ⟨van Hildgaersberch⟩**

Hildgard ⟨von Hürnheim⟩
geb. ca. 1255 · OCist
Übersetzung von „Secretum secretorum" ins Deutsche
VL(2),4,1/4
Hiltgart ⟨von Hürnheim⟩
Hürnheim, Hildgard ¬von¬

Hilduinus ⟨Cancellarius Parisiensis⟩
um 1179/91
Sermones; Evv.
Stegmüller, Repert. bibl. 3560; Schneyer,II,715
Hildewinus ⟨Cancellarius Parisiensis⟩
Hilduin ⟨Chancelier de l'Université de Paris⟩
Hilduin ⟨Sermonnaire⟩
Hilduinus ⟨Parisiensis Cancellarius⟩

Hilduinus ⟨Sancti Dionysii⟩
gest. 840
Tusculum-Lexikon; LThK; CSGL; LMA,V,20
Haldoinus ⟨Sancti Dionysii⟩
Hilduin
Hilduin ⟨von Saint-Denis⟩
Hilduinus
Hilduinus ⟨Abbas⟩
Sancti Dionysii, Hilduinus

Hilgerus ⟨de Burgis⟩
gest. 1452 · OCarm
Epp. Pauli
Stegmüller, Repert. bibl. 3561
Bilgerius ⟨a Burgis⟩
Bilgerus ⟨a Burgis⟩
Bilgerus ⟨de Burgis⟩
Burgerus ⟨a Burgis⟩
Burgerus ⟨de Burgis⟩
Burgis, Hilgerus ¬de¬
Heylgerus ⟨a Burgis⟩
Heylgerus ⟨de Burgis⟩
Hilger ⟨de Bruges⟩
Hilger ⟨de Brugis⟩
Hilger ⟨von Brugis⟩
Hilger ⟨von Burgis⟩
Hilgerus ⟨a Burgis⟩

Hilla, Safi E. ¬von¬
→ **Ḥillī, Ṣafī-ad-Dīn ʿAbd-al-ʿAzīz Ibn-Sarāya ¬al-¬**

Hillebrandi, Matthias
→ **Matthias ⟨de Liegnitz⟩**

Hillegaersberch, Willem ¬van¬
→ **Willem ⟨van Hildgaersberch⟩**

Hillel ⟨von Verona⟩
→ **Hillēl Ben-Šemûʾēl**

Hillēl Ben-Šemûʾēl
ca. 1220 – ca. 1300
Sefer tagmule han-nefeš
LMA,V,20/21
Hillel ⟨ben Samuel⟩
Hillel ⟨von Verona⟩

Ḥillī, ʿAbd-al-ʿAzīz Ibn-Sarāya ¬al-¬
→ **Ḥillī, Ṣafī-ad-Dīn ʿAbd-al-ʿAzīz Ibn-Sarāya ¬al-¬**

Ḥillī, al-Ḥasan Ibn-Yūsuf ¬al-¬
1250 – 1325
ʿAllāma al-Ḥillī
ʿAllāmā-i Ḥillī ¬al-¬
B. ʿAlī B. Muṭahhar
Ḥasan Ibn-Yūsuf al-Ḥillī
Ḥillī, Djamāl al-Dīn Ḥasan B. Yūsuf
Ḥillī, Djamāl al-Dīn Ḥasan b. Yūsuf b. ʿAlī b. Muṭahhar ¬al-¬
Ḥillī, Ǧamāl-ad-Dīn al-Ḥasan Ibn-Yūsuf ¬al-¬
Ḥillī, Ḥasan Ibn-Yūsuf ¬al-¬
Ibn-al-Muṭahhar al-Ḥillī al-ʿAllāma, al-Ḥasan Ibn-Yūsuf ¬al-¬
Ibn-Yūsuf, al-Ḥasan al-Ḥillī
Muṭahhar al-Ḥillī al-ʿAllāma Āyatallāh ¬al-¬

Ḥillī, Djamāl al-Dīn Ḥasan b. Yūsuf b. ʿAlī b. Muṭahhar ¬al-¬
→ **Ḥillī, al-Ḥasan Ibn-Yūsuf ¬al-¬**

Ḥillī, Ǧamāl-ad-Dīn al-Ḥasan Ibn-Yūsuf ¬al-¬
→ **Ḥillī, al-Ḥasan Ibn-Yūsuf ¬al-¬**

Ḥillī, Ḥasan Ibn-Yūsuf ¬al-¬
→ **Ḥillī, al-Ḥasan Ibn-Yūsuf ¬al-¬**

Ḥillī, Ṣafī-ad-Dīn ʿAbd-al-ʿAzīz Ibn-Sarāya ¬al-¬
1278 – ca. 1349
Hilla, Safi E. ¬von¬
Ḥillī, ʿAbd-al-ʿAzīz Ibn-Sarāya ¬al-¬
Ḥillī, Ṣafīyaddīn
Ḥillī, Ṣafī-ʾd-Dīn Abu-ʾl-Faḍl ¬al-¬
Safī al-Dīn Abd al Azīz al Hillī
Safi Eddin ⟨von Hilla⟩
Safijjeddin Al-Hilli
Ṣafīyaddīn Ḥillī
Ṣafī-ʾd-Dīn al-Ḥillī
Szafieddinus

Ḥillī, Ṣafī-ʾd-Dīn Abu-ʾl-Faḍl ¬al-¬
→ **Ḥillī, Ṣafī-ad-Dīn ʿAbd-al-ʿAzīz Ibn-Sarāya ¬al-¬**

Ḥillī, Ṣafīyaddīn
→ **Ḥillī, Ṣafī-ad-Dīn ʿAbd-al-ʿAzīz Ibn-Sarāya ¬al-¬**

Hillinus ⟨Fossensis⟩
12. Jh.
Miracula S. Foillani; Vita metrica S. Foillani
Rep.Font. V,497; DOC,2,960
Hillin ⟨de Fosses⟩
Hillinus ⟨Canonicus Fossensis⟩
Illino ⟨di Fosses⟩

Hillinus ⟨Treverensis⟩
gest. 1169
Epistolae fictae Hillini; Epistula ad Adrianum IV. papam
Rep.Font. V,498; DOC,2,960
Hillin ⟨de Fallemagne⟩
Hillin ⟨de Trèves⟩
Hillin ⟨Trier, Erzbischof⟩
Hillin ⟨von Fallemanien⟩
Hillin ⟨von Trier⟩
Hillinus ⟨Archiepiscopus Trevirensis⟩
Hillinus ⟨Trevirensis⟩

Hilpericus ⟨Monachus⟩
→ **Helpericus, Levinus**

Hilpericus ⟨Seligenstadensis⟩
→ **Helpericus, Levinus**

Hilpericus, Levinus
→ **Helpericus, Levinus**

Hiltalingen, Johannes
→ **Johannes ⟨de Basilea⟩**

Hiltbold ⟨von Schwangau⟩
um 1221/56
Kreuzzugslieder; Minnelieder
VL(2),4,12/17
Hildebold ⟨de Schwangau⟩
Hildebold ⟨Minnesinger⟩
Hiltbold ⟨Minnesänger⟩
Hiltbold ⟨von Hohenschwangau⟩
Hiltbolt ⟨von Schwangau⟩
Hilteboldus ⟨de Swangiu⟩
Schwangau, Hiltbolt ¬von¬

Hiltgart ⟨von Hürnheim⟩
→ **Hildgard ⟨von Hürnheim⟩**

Hilton, Walter
→ **Walter ⟨Hilton⟩**

Hilzing
→ **Hülzing**

Himberger ⟨Magister⟩
ca. 14. Jh.
Quaestiones in libros Physicorum
Lohr
Himberger
Magister Himberger

Himbertus ⟨de Garda⟩
→ **Humbertus ⟨de Garda⟩**

Himmel, Johannes
gest. 1450
Determinatio; Epistola promulgatoria; Sermones scolaris; etc.
VL(2),4,24-27; Stegmüller, Repert. sentent. 903;1022
Hans ⟨Himel⟩
Himel, Hans
Hymel, Johannes
Johannes ⟨Coeli⟩
Johannes ⟨de Weits⟩
Johannes ⟨Himmel⟩
Johannes ⟨Himmel aus Weiz⟩
Johannes ⟨Himmel de Weits⟩
Johannes ⟨Hymel⟩
Johannes ⟨Hymel de Weits⟩
Johannes ⟨von Weits⟩

Ḥimṣī, ʿAbd-as-Salām Ibn-Raġbān ¬al-¬
→ **Dīk al-Ǧinn al-Ḥimṣī, ʿAbd-as-Salām Ibn-Raġbān**

Ḥimṣī, Dīk al-Ǧinn ¬al-¬
→ **Dīk al-Ǧinn al-Ḥimṣī, ʿAbd-as-Salām Ibn-Raġbān**

Himyarī, Abū-ʿAbdallāh Muḥammad Ibn-ʿAbd-al-Munʿim ¬al-¬
→ **Ḥimyarī, Muḥammad Ibn-ʿAbd-al-Munʿim ¬al-¬**

Ḥimyarī, Abu-ʾl-ʿAbbās ʿAbdallāh Ibn-Ǧaʿfar ¬al-¬
→ **Ḥimyarī al-Qummī, ʿAbdallāh Ibn-Ǧaʿfar ¬al-¬**

Ḥimyarī, Muḥammad Ibn-ʿAbd-al-Munʿim ¬al-¬
um 1397
Himyarī, Abū-ʿAbdallāh Muḥammad Ibn-ʿAbd-al-Munʿim ¬al-¬
Ibn-ʿAbd-al-Munʿim, Muḥammad al-Ḥimyarī
Muḥammad Ibn-ʿAbd-al-Munʿim al-Ḥimyarī

Ḥimyarī al-Qummī, ʿAbdallāh Ibn-Ǧaʿfar ¬al-¬
gest. ca. 912
ʿAbdallāh Ibn-Ǧaʿfar al-Ḥimyarī al-Qummī
Ḥimyarī, Abu-ʾl-ʿAbbās ʿAbdallāh Ibn-Ǧaʿfar ¬al-¬
Qummī, ʿAbdallāh Ibn-Ǧaʿfar ¬al-¬

Hince Ian ⟨te Borghe⟩
→ **Hintze Jan ⟨te Borghe⟩**

Hincmarus ⟨Laudunensis⟩
ca. 806 – 882
Pittaciolus
LMA,V,29
Hincmar ⟨de Laon⟩
Hincmar ⟨Evêque⟩
Hincmar ⟨of Laon⟩
Hincmarus ⟨Bishop⟩
Hincmarus ⟨Episcopus⟩
Hincmarus ⟨of Laon⟩
Hinkmar ⟨von Laon⟩

Hincmarus ⟨Remensis⟩
ca. 806 – 882
De ordine palatii
Tusculum-Lexikon; LThK; CSGL; LMA,V,29/30
Hincmar ⟨de Reims⟩
Hincmar ⟨of Reims⟩
Hincmarus ⟨Archbishop⟩
Hincmarus ⟨Archiepiscopus⟩
Hincmarus ⟨Rhemensis⟩
Hincmarus ⟨von Reims⟩
Hinkmar ⟨Erzbischof⟩
Hinkmar ⟨von Reims⟩

Hinderbach ⟨Hesse⟩
→ **Hinderbach, Johannes**

Hinderbach, Johannes
1418 – 1486
Historia rerum a Friderico II...
LThK; VL(2); Potth.
Hinderbach ⟨Hesse⟩
Johannes ⟨Hinderbach⟩

Hindī, Muḥammad Ibn-ʿAbd-ar-Raḥīm ¬al-¬
1246 – 1315
Hindī, Muḥammad Ibn-ʿAlī Ibn-ʿAbdallāh ¬al-¬
Ibn-ʿAbd-ar-Raḥīm al-Hindī, Muḥammad
Muḥammad Ibn-ʿAbd-ar-Raḥīm al-Hindī

Hindī, Muḥammad Ibn-ʿAlī Ibn-ʿAbdallāh ¬al-¬
→ **Hindī, Muḥammad Ibn-ʿAbd-ar-Raḥīm ¬al-¬**

Hindī, ʿUmar Ibn-Isḥāq ¬al-¬
gest. 1372
Ġaznawī, ʿUmar Ibn-Isḥāq ¬al-¬
Ibn-Isḥāq, ʿUmar al-Hindī
Ibn-Isḥāq al-Hindī, ʿUmar
ʿUmar Ibn-Isḥāq al-Hindī

Hinkhofer, Rüdeger ¬der¬
→ **Rüdeger ⟨der Hinkhofer⟩**

Hinkmar ⟨von Laon⟩
→ **Hincmarus ⟨Laudunensis⟩**

Hinkmar ⟨von Reims⟩
→ **Hincmarus ⟨Remensis⟩**

Hinojosa, Gundisalvus ¬de¬
→ **Gundisalvus ⟨de Hinojosa⟩**

Hinrek ⟨van Alkmaar⟩
→ **Hendrik ⟨van Alkmaar⟩**

Hinrich ⟨de Osthoven⟩
→ **Henricus ⟨de Osthoven⟩**

Hinrick ⟨Sticker⟩
→ **Sticker, Hinrick**

Hinrick ⟨van Loeven⟩
→ **Heinrich ⟨von Löwen⟩**

Hinricus ⟨de Honover⟩
→ **Honover, Henricus**

Hinricus ⟨de Osthoven⟩
→ **Henricus ⟨de Osthoven⟩**

Hinricus ⟨Horneborch⟩
→ **Henricus ⟨Horneborg⟩**

Hinricus ⟨Krumestl⟩
→ **Krumestl, Heinrich**

Hinricus ⟨Sconnevelde⟩
→ **Henricus ⟨Schönfeld⟩**

Hinricus ⟨Teynbint⟩
→ **Honover, Henricus**

Hinrik ⟨Krummessen⟩
→ **Krummessen, Hinrik**

Hinrik ⟨Kule⟩
→ **Kule, Hinrik**

Hinrik ⟨Lange⟩
→ **Lange, Hinrik**

Hinton, Simon ¬de¬
→ **Simon ⟨de Hinton⟩**

Hintze Jan ⟨te Borghe⟩
Lebensdaten nicht ermittelt
Scheidelied
VL(2),4,45
Borghe, Hintze Jan ¬te¬
Hince Ian ⟨te Borghe⟩
Hintze ⟨te Borghe⟩
Hintze, Jan
Jan ⟨Hintze⟩

Hipace ⟨d'Ephèse⟩
→ **Hypatius ⟨Ephesius⟩**

Hippolitus ⟨...⟩
→ **Hippolytus ⟨...⟩**

Hippolytus ⟨Astrologus⟩
→ **Hippolytus ⟨Thebanus⟩**

Hippolytus ⟨Biographus⟩
→ **Hippolytus ⟨Thebanus⟩**

Hippolytus ⟨Bostrensis⟩
6. Jh.
Angebl. Verf. der „Fragmenta in Octateuchum" (in armen. Sammlungen), deren wirkl. Verf. Hippolytus ⟨Romanus⟩ (gest. 235 n. Chr.) ist
Cpg 1880
Hippolyte ⟨de Bostra⟩
Hippolytus ⟨Bostrenus⟩
Hippolytus ⟨Theologus⟩
Ippolito ⟨di Bostra⟩

Hippolytus ⟨Episcopus et Martyr⟩
→ **Hippolytus ⟨Thebanus⟩**

Hippolytus ⟨Florentinus⟩
gest. 1250 · OFM
De apparitionibus post mortem b. Humilianae de Circulis; Miracula b. Humilianae de Circulis
Rep.Font. V,509
Florentinus, Hippolytus
Hippolitus ⟨Florentinus⟩
Hippolitus ⟨Frater⟩
Hippolyte ⟨de Florence⟩
Hippolyte ⟨Franciscain⟩
Hippolytus ⟨OFM⟩

Hippolytus ⟨Historicus⟩
→ **Hippolytus ⟨Thebanus⟩**

Hippolytus ⟨OFM⟩
→ **Hippolytus ⟨Florentinus⟩**

Hippolytus ⟨Sanctus⟩
→ **Hippolytus ⟨Thebanus⟩**

Hippolytus ⟨Thebanus⟩
um 650/750, bzw. 10./11. Jh.
Chronicon
Tusculum-Lexikon; LThK
Hippolytos ⟨ho Thēbaios⟩
Hippolytos ⟨von Theben⟩
Hippolytus ⟨Astrologus⟩
Hippolytus ⟨Biographus⟩
Hippolytus ⟨Episcopus et Martyr⟩
Hippolytus ⟨Historicus⟩
Hippolytus ⟨Sanctus⟩
Ippolito ⟨di Tebe⟩
Thebanus, Hippolytus

Hippolytus ⟨Theologus⟩
→ **Hippolytus ⟨Bostrensis⟩**

Ḥīra, Georgios ¬al-¬
→ **Georgios ⟨al-Ḥīra⟩**

Ḫirbāwī, Ibrāhīm Ibn-ʿUmar ¬al-¬
→ **Biqāʿī, Ibrāhīm Ibn-ʿUmar ¬al-¬**

Hirnandus
→ **Hervardus ⟨Leodiensis⟩**

Hirnerius ⟨Bononiensis⟩
→ **Irnerius ⟨Bononiensis⟩**

Hirsau, Peregrinus ¬de¬
→ **Peregrinus ⟨Hirsaugiensis⟩**

Hirschhorn, Konrad ¬von¬
→ **Konrad ⟨von Hirschhorn⟩**

Hirzelin
um 1298
Die Schlacht bei Göllheim
Rep.Font. V,509; VL(2),4,51-53
Hirzelin ⟨Cantor⟩
Hirzelin ⟨Historien⟩
Hirzelin ⟨Poète Allemand⟩

Hišām Ibn-Muḥammad al-Kalbī
→ **Kalbī, Hišām Ibn-Muḥammad ¬al-¬**

Hisdinio, Florentius ¬de¬
→ **Florentius ⟨de Hisdinio⟩**

Hispania, Durandus ¬de¬
→ **Durandus ⟨de Hispania⟩**

Hispania, Fernandus ¬de¬
→ **Fernandus ⟨de Hispania⟩**

Hispania, Guilelmus ¬de¬
→ **Guilelmus ⟨de Hispania⟩**

Hispanus, Alexander
→ **Alexander ⟨Hispanus⟩**

Hispanus, Alfonsus
→ **Alfonsus ⟨Hispanus⟩**

Hispanus, Andreas
→ **Andreas ⟨de Escobar⟩**

Hispanus, Bartholomaeus
→ **Bartholomaeus ⟨Hispanus⟩**

Hispanus, Gonsalvus
→ **Gonsalvus ⟨Hispanus⟩**

Hispanus, Johannes
→ **Johannes ⟨Hispanus⟩**

Hispanus, Laurentius
→ **Laurentius ⟨Hispanus⟩**

Hispanus, Melendus
→ **Melendus ⟨Hispanus⟩**

Hispanus, Petrus
→ **Johannes ⟨Papa, XXI.⟩**
→ **Petrus ⟨Hispanus⟩**

Hispanus, Vincentius
→ **Vincentius ⟨Hispanus⟩**
→ **Vincentius ⟨Hispanus Poeta⟩**

Hispanus de Petesella, Johannes
→ **Johannes ⟨Hispanus de Petesella⟩**

Hispanus Diaconus, Johannes
→ **Johannes ⟨Hispanus Diaconus⟩**

Hister, Aeticus
→ **Aethicus ⟨Ister⟩**

Hittendorf, Nicolaus ¬de¬
→ **Nicolaus ⟨de Hittendorf⟩**

Hitto
→ **Hatto ⟨Basiliensis⟩**

Hitto ⟨Episcopus⟩
gest. 835
Urkunden und Traditionsbuch
LMA,V,56
Episcopus Hitto
Hitto ⟨Bischof⟩
Hitto ⟨Freising, Bischof⟩
Hitto ⟨von Freising⟩
Hitton ⟨de Freising⟩
Hitton ⟨Evêque⟩

Hiuan-Kio
→ **Xuanjue**

Hizkiya ben Ya'qov ⟨mi-Magdeburg⟩
→ **Ḥizqiyyāhû Ben-Yaʿaqov ⟨von Magdeburg⟩**

Ḥizqiyyāhû Ben-Yaʿaqov ⟨von Magdeburg⟩
gest. 1283
Pisqê mahariḥ
Rep.Font. V,548
Hizkiya ben Ya'qov ⟨mi-Magdeburg⟩
Magdeburg, Ḥizqiyyāhû Ben-Yaʿaqov ¬von¬

Hlodwig ⟨Fränkisches Reich, König, I.⟩
→ **Chlodwig ⟨Fränkisches Reich, König, I.⟩**

Hlotar ⟨Imperator⟩
→ **Lothar ⟨Römisch-Deutsches Reich, Kaiser, III.⟩**

Hlotar ⟨Rex Anglorum⟩
→ **Hlothhere ⟨Kent, King⟩**

Hlothhere ⟨Kent, King⟩
um 671/85
Leges Hlotaeris et Eadredi
Cpl 1828; LMA,V,56
Hlotar ⟨Rex Anglorum⟩
Hlotarius ⟨Rex⟩
Hlotharius ⟨Kent, King⟩
Hlothhere ⟨König⟩
Lothaire ⟨King of Kent⟩
Lothaire ⟨Roi de Kent⟩

Ho, Robert ¬de¬
→ **Robert ⟨de Ho⟩**

Ho, Tsung-mi
→ **Zongmi**

Hoberge, Eilhart ¬von¬
→ **Eilhart ⟨von Oberg⟩**

Hoccalus, Jean
→ **Jean ⟨Surquet⟩**

Hoccleve, Thomas
→ **Occleve, Thomas**

Hochalemannischer Prediger
14. Jh. · OP
Predigtensammlung
VL(2),4,76/77
Prediger ⟨Hochalemannischer⟩
Prediger ⟨Schweizer⟩
Schweizer Prediger

Hocsemius, Johannes
→ **Johannes ⟨Hocsemius⟩**

Hodane ⟨Poetria⟩
→ **Dhuoda**

Hodětina, Jan Hájek ¬z¬
→ **Hájek z Hodětina, Jan**

Höllefeuer
13. Jh.
In diser wise daz erste liet
VL(2),4,108/109
Hellefiwer
Hellevius
Hellevivr
Hellviur
Höllefeuer ⟨Poète Allemand⟩

Hoelus ⟨Wales, King⟩
→ **Hywel ⟨Cymru, Brenhin⟩**

Höneke, Bartholomäus
um 1340/49
Reimchronik über die Geschichte Livlands 1315-1348
Rep.Font. V,550; VL(2),4,120/121
Barthélemy ⟨Höneke⟩
Bartholomäus ⟨Höneke⟩
Höneke, Barthélemy

Höpp, Ulrich
um 1460/89
Gedicht an Kaiser Friedrich III.; Klage der Treue
VL(2),4,138/139
Höpp, Ulric
Ulric ⟨Höpp⟩
Ulrich ⟨Höpp⟩

Hoern, Arnold
→ **Arnold ⟨van Hoorne⟩**

Hoest, Stephanus
gest. 1472
In novam translationem Ethicorum; Modus praedicandi; Oratio ad clerum Spirensem
VL(2),4,79/81; Lohr
Etienne ⟨Hoest⟩
Hoest, Etienne
Hoest, Stephan
Stephan ⟨Hoest⟩
Stephanus ⟨de Laudenburg⟩
Stephanus ⟨Hoest⟩
Stephanus ⟨Hoest de Laudenbourg⟩
Stephanus ⟨Hoest de Laudenburg⟩

Höxter, Jean
→ **Johannes ⟨de Huxaria⟩**

Hof, Dorothea ¬von¬
→ **Dorothea ⟨von Hof⟩**

Hofer
um 1435
Lied; nicht identisch mit Hans ⟨von Hof⟩
VL(2),4,81/82
Einer aus Hof
Hans ⟨von Hof⟩
Hof, ¬Einer aus¬

Hofer, Wilhelmus
gest. 1483 · OCart
Elenchus (Index) priorum, fratrum et conversorum domus Troni b. Mariae
Rep.Font. V,551
Guillaume ⟨Hofer⟩
Hofer, Guillaume
Hofer, Wilhelm
Wilhelm ⟨Hofer⟩
Wilhelmus ⟨Hofer⟩

Hoger, Robertus
→ **Robertus ⟨Hoger⟩**

Hohenberg, Albrecht ¬von¬
→ **Albrecht ⟨von Hohenberg⟩**

Hohenburg, Konrad ¬von¬
→ **Püller, ¬Der¬**

Hohenburg, Markgraf ¬von¬
um 1220/45
Carmina qui quondam studio florente ...; Lamentatio (ital.)
LMA,VI,304; VL(2),4,91/94
Hohenburg, Marggraue ¬von¬
Hohenburg, Margrave ¬of¬
Marggraue ⟨von Hohenburg⟩
Margrave ⟨of Hohenburg⟩
Markgraf ⟨von Hohenburg⟩

Hohenfels, Burkhart ¬von¬
→ **Burkhart ⟨von Hohenfels⟩**

Hohenkirche, Gerhard
1390 – ca. 1429/48
Kapitel; Regel für die Pest
VL(2),4,99/100
Gerhard ⟨de Hamborch⟩
Gerhard ⟨de Homburch⟩
Gerhard ⟨Hoenkerken⟩
Gerhard ⟨Hogenkergh⟩
Gerhard ⟨Hoghenkerke⟩
Gerhard ⟨Meinster⟩
Gerhard ⟨Hohenkirche⟩
Gerhard ⟨van Hoenkerken⟩

Hohenlohe, Gottfried ¬von¬
→ **Gottfried ⟨von Hohenlohe⟩**

Hohenlohe, Heinrich ¬von¬
→ **Heinrich ⟨von Hohenlohe⟩**

Hohenstein, Abbickh ¬von¬
→ **Abbickh ⟨von Hohenstein⟩**

Hoilandia, Gilbertus ¬de¬
→ **Gilbertus ⟨de Hoilandia⟩**

Hoio, Gerardus ¬de¬
→ **Gerardus ⟨de Hoio⟩**

Hōjōji Nyūdō Sadaijin
→ **Fujiwara, Michinaga**

Hōjōji Sessho
→ **Fujiwara, Michinaga**

Hokelim, Johannes
→ **Johannes ⟨Hokelim⟩**

Holcot, Robertus
→ **Robertus ⟨Holcot⟩**

Holem, Gottschalk
→ **Hollen, Godescalcus**

Holesov, Johannes ¬de¬
→ **Johannes ⟨de Holesov⟩**

Holkot, Robertus
→ **Robertus ⟨Holcot⟩**

Holland, Johann
geb. ca. 1390
Turnierreime
VL(2),4,106/108
Ehrenhold, Johann
Johann ⟨aus Eggenfelden⟩
Johann ⟨Ehrenhold⟩
Johann ⟨Holland⟩

Holland, John ¬of¬
→ **Johannes ⟨de Hollandia⟩**

Holland, Richard
→ **Richard ⟨Holland⟩**

Hollandia, Guilelmus ¬de¬
→ **Wilhelm ⟨Römisch-Deutsches Reich, König⟩**

Hollandia, Johannes ¬de¬
→ **Johannes ⟨de Hollandia⟩**

Holle, Berthold ¬von¬
→ **Berthold ⟨von Holle⟩**

Hollen, Godescalcus
ca. 1411 – ca. 1481 · OESA
Sentenzenkommentar; De septem peccatis mortalibus; De officio missae; etc.
LMA,V,98; VL(2),4,109
Godescalc ⟨Hollen⟩
Godescalcus ⟨de Meppis⟩
Godescalcus ⟨Hollen⟩
Godescalcus ⟨Hollen de Meppen⟩
Godescalcus ⟨Hollen de Meppis⟩
Godeschalcus ⟨Hollen⟩
Gotscalcus ⟨Holem⟩
Gotscalcus ⟨Hollen⟩
Gottschalk ⟨Holem⟩
Gottschalk ⟨Hollen⟩
Gottschalk ⟨Hollen von Meppen⟩
Gottschalk ⟨von Meppen⟩
Holem, Gotscalcus
Holem, Gottschalk
Hollem, Gottschalck
Hollen, Godescalc
Hollen, Gotscalcus
Hollen, Gottschalk

Holobolus, Manuel
→ **Manuel ⟨Holobolus⟩**

Holtnicker, Konrad
→ **Conradus ⟨de Saxonia⟩**

Holywood, John
→ **Johannes ⟨de Sacrobosco⟩**

Homberg, Henricus ¬de¬
→ **Henricus ⟨de Homberg⟩**

Homberg, Wasmodus ¬de¬
→ **Wasmodus ⟨de Homberg⟩**

Homburg, Simon ¬de¬
→ **Simon ⟨Baechcz de Homburg⟩**

Homebon ⟨de Barcelone⟩
→ **Homobonus ⟨de Barcelona⟩**

Homerus
→ **Angilbertus ⟨Centulensis⟩**

Homery, Konrad
→ **Humery, Konrad**

Homobonus ⟨de Barcelona⟩
11. Jh. · OSB
Liber iudicum popularis
Rep.Font. V,552; DOC,2,973
Barcelona, Homobonus ¬de¬
Homebon ⟨de Barcelone⟩
Homebon ⟨Diacre⟩
Homobonus ⟨Barcinonensis⟩
Homobonus ⟨de Barcelona⟩
Homobonus ⟨Levita Barcinonensis⟩
Homobonus ⟨Valensis⟩

Homodeis, Signorolus ¬de¬
gest. ca. 1362/71
Consilia
Rep.Font. V,552
Homodeus, Signorinus
Omodei, Signorolo
Signorinus ⟨Homodeus⟩
Signorolo ⟨degli Omodei⟩
Signorolo ⟨Omodei⟩
Signorolus ⟨de Homodeis⟩
Signorolus ⟨Homodeus⟩

Homologetes, Maximus
→ **Maximus ⟨Confessor⟩**

Homologetes, Nicephorus
→ **Nicephorus ⟨Constantinopolitanus, I.⟩**

Homologetes, Theophanes
→ **Theophanes ⟨Confessor⟩**

Honecort, Wilars ¬de¬
→ **Villard ⟨de Honnecourt⟩**

Honestis, Christophorus ¬de¬
→ **Christophorus ⟨de Honestis⟩**

Hongwu ⟨China, Kaiser⟩
→ **Ming Taizu ⟨China, Kaiser⟩**

Hongzhi
→ **Zhengjue**

Honiger, Jakob
Lebensdaten nicht ermittelt
Almanach auf das Jahr 1494 mit tabula civitatum
VL(2),4,121/122
Honniger, Jacques
Honniger, Jakob
Jacques ⟨de Grüssen⟩
Jacques ⟨Honniger⟩
Jakob ⟨Honiger⟩
Jakob ⟨Honniger⟩

Honnecourt, Villard ¬de¬
→ **Villard ⟨de Honnecourt⟩**

Honofrius ⟨Parentus⟩
→ **Parentus, Honofrius**

Honofrius ⟨Tricaricensis⟩
→ **Onufrius ⟨de Sancta Cruce⟩**

Honoratus
→ **Honoré ⟨Maître⟩**

Honoratus ⟨Archiepiscopus Mediolanensis⟩
→ **Honoratus ⟨Mediolanensis⟩**

Honoratus ⟨Boneti⟩
→ **Bonet, Honoré**

Honoratus ⟨Boveti⟩
→ **Bonet, Honoré**

Honoratus ⟨Castillionaeus⟩
→ **Honoratus ⟨Mediolanensis⟩**

Honoratus ⟨Mediolanensis⟩
gest. 572
Commentarii in S. Scripturam
Stegmüller, Repert. bibl. 3563
Honorat ⟨de Milan⟩
Honorat ⟨Evêque⟩
Honoratus ⟨Archiepiscopus Mediolanensis⟩
Honoratus ⟨Castillionaeus⟩

Honoré ⟨Bouvet⟩
→ **Bonet, Honoré**

Honoré ⟨d'Autun⟩
→ **Honorius ⟨Augustodunensis⟩**

Honoré ⟨Enluminateur⟩
→ **Honoré ⟨Maître⟩**

Honoré ⟨Maître⟩
um 1292
Franz. Buchmaler
LMA,VI,147
Honoratus
Honoré ⟨Enluminateur⟩
Maître Honoré

Honorius
5./6. Jh.
Diligentia Armonii et Honorii de libris canonicis
Cpl 1757
Armonius et Honorius
Honorius ⟨Moine⟩

Honorius ⟨Augustodunensis⟩
ca. 1080 – ca. 1154
De luminaribus ecclesiae; Inevitabile; Elucidarium (wurde teilw. auch für ein Pseud. von Honorius ⟨Augustodunensis⟩ gehalten); etc.
LMA,V,122/23; Rep.Font. V,555/558
Honoré ⟨d'Autun⟩
Honorius ⟨de Augustoduno⟩
Honorius ⟨d'Autun⟩
Honorius ⟨Inclusus⟩
Honorius ⟨Presbyter⟩
Honorius ⟨Presbyter et Scholasticus⟩
Honorius ⟨Scholasticus⟩
Honorius ⟨Solitarius⟩
Honorius ⟨von Autun⟩

Honorius ⟨Cantuariensis⟩
gest. 653
Adressat der Epistula 10 von Honorius ⟨Papa, I.⟩
Cpl 1726
Honorius ⟨Erzbischof⟩
Honorius ⟨von Canterbury⟩

Honorius ⟨de la Campagnie⟩
→ **Honorius ⟨Papa, I.⟩**

Honorius ⟨Inclusus⟩
→ **Honorius ⟨Augustodunensis⟩**

Honorius ⟨Magister⟩
12. Jh.
Summa Quaestionum; anglonormann. Kirchenrechtler
Magister, Honorius

Honorius ⟨Moine⟩
→ **Honorius**

Honorius ⟨Papa, I.⟩
um 625/38
CSGL; Meyer; LMA,V,119/20
Honorius ⟨de la Campagnie⟩
Onorio ⟨della Campania⟩
Onorio ⟨Papa, I.⟩

Honorius ⟨Papa, II.⟩
gest. 1130
CSGL; Meyer; LMA,V,120
Lambert ⟨de Fagnano⟩
Lambert ⟨Scannabecchi⟩
Lamberto ⟨di Fiagnano⟩
Lambertus ⟨Scannabecchi⟩
Onorio ⟨Papa, II.⟩

Honorius ⟨Papa, II., Antipapa⟩
ca. 1009 – 1072
Meyer; LMA,V,120
Cadalo ⟨del Veronese⟩
Cadalus ⟨von Parma⟩
Onorio ⟨Papa, II., Antipapa⟩

Honorius ⟨Papa, III.⟩
1150 – 1227
CSGL; Meyer; LMA,V,120/21
Cencio ⟨Savelli⟩
Censius ⟨de Sabellis⟩
Centius ⟨Camerarius⟩
Onorio ⟨Papa, III.⟩
Sabellis, Censius ¬de¬
Savelli, Cencio

Honorius ⟨Papa, IV.⟩
1210 – 1287
Meyer; LMA,V,121
Giacomo ⟨Savelli⟩
Jacobus ⟨de Sabellis⟩
Jacques ⟨Savelli⟩
Onorio ⟨Papa, IV.⟩
Sabellis, Jacobus ¬de¬
Savelli, Jacobus

Honorius ⟨Presbyter⟩
→ **Honorius ⟨Augustodunensis⟩**

Honorius ⟨Scholasticus⟩
→ **Honorius ⟨Augustodunensis⟩**

Honorius ⟨Scholasticus⟩
6. Jh.
Rescriptum ad Iordanem
Cpl 193
Scholasticus, Honorius

Honorius ⟨Scotus⟩
um 1452
Paraphrasis in universum Vet. Test.
Stegmüller, Repert. bibl. 3580
Scotus, Honorius

Honorius ⟨Solitarius⟩
→ **Honorius ⟨Augustodunensis⟩**

Honorius ⟨von Autun⟩
→ **Honorius ⟨Augustodunensis⟩**

Honorius ⟨von Canterbury⟩
→ **Honorius ⟨Cantuariensis⟩**

Honover, Henricus
ca. 1400
Magisterium Christi in septem artibus liberalibus; Sermones; De hospitalitate; etc.
VL(2),4,132/37
Heinrich ⟨Honover⟩
Henricus ⟨de Honover⟩
Henricus ⟨Honover⟩
Henricus ⟨Teynbint⟩
Heynricus ⟨Magister Artium⟩
Hinricus ⟨de Honover⟩
Hinricus ⟨de Honover Teynbint⟩
Hinricus ⟨Teynbint⟩
Honover, Heinrich

Honsemius, Johannes
→ **Johannes ⟨Hocsemius⟩**

Hoorn, Petrus
→ **Horn, Petrus**

Hoorne, Arnold ¬van¬
→ **Arnold ⟨van Hoorne⟩**

Hopeman, Thomas
→ **Thomas ⟨Hopeman⟩**

Horace ⟨de Rome⟩
→ **Horatius ⟨Romanus⟩**

Horant, Ulrich
gest. 1461
Vom geistlichen Menschen
VL(2),4,139/140
Ulrich ⟨Horant⟩
Ulricus ⟨Custos Novi Hospitalis⟩
Ulricus ⟨Magister⟩

Horatius ⟨de Castillione⟩
→ **Horatius ⟨Pandulphinus⟩**

Horatius ⟨Italus⟩
→ **Horatius ⟨Pandulphinus⟩**

Horatius ⟨Pandulphinus⟩
um 930 · OSB
Ps.
Stegmüller, Repert. bibl. 3581
Horatius ⟨de Castillione⟩
Horatius ⟨Italus⟩
Pandulphinus, Horatius

Horatius ⟨Romanus⟩
gest. 1467
Persuasio contra Turcum; Porcaria
Rep.Font. V,560
Horace ⟨de Rome⟩
Horace ⟨Poète Latin⟩
Romanus, Horatius

Horazdierowicz, Wenceslaus ¬de¬
→ **Wenceslaus ⟨de Horazdierowicz⟩**

Hord, Jobst
um 1476/89
Tafeln der Neu- und Vollmonde für 1476, 1477, 1479-82, 1484-86, 1489
VL(2),4,140
Hord, Joss
Hordt, Joss
Jobst ⟨Hord⟩
Joss ⟨Astrologue Allemand⟩
Joss ⟨Hord⟩
Joss ⟨Hordt⟩

Horheim, Bernger ¬von¬
→ **Bernger ⟨von Horheim⟩**

Hormisdas ⟨Papa⟩
um 514/23
CSGL; Meyer; LMA,V,126
Hormisda ⟨Papst⟩
Hormisdas ⟨de Frosinone⟩
Hormisdas ⟨Sanctus⟩
Ormisda ⟨di Frosinone⟩
Ormisda ⟨Papa⟩

Hormisdas ⟨Sanctus⟩
→ **Hormisdas ⟨Papa⟩**

Horn, Henricus
→ **Henricus ⟨Horn⟩**

Horn, Petrus
1424 – 1479
Vita magistri Gerardi Magni; Continuatio scripti Rudolphi Dies de Muden
Rep.Font. V,560; LMA,V,123
Hoorn, Petrus
Hoorn, Pierre
Hoorn, Pieter
Horn, Pieter
Petrus ⟨Hoorn⟩
Petrus ⟨Horn⟩
Pierre ⟨Hoorn⟩
Pieter ⟨Hoorn⟩
Pieter ⟨Horn⟩

Horn, Ulrich
um 1490 · OFM
Übersetzer von „De adhaerendo Deo"; Betrachtung des Leidens Christi
VL(2),4,141/143
Ulrich ⟨Horn⟩

Hornberg, Bruno ¬von¬
→ **Bruno ⟨von Hornberg⟩**

Hornburg, Lupold
14. Jh.
Die Landpredigt; Des Reiches Klage; Der Zunge Streit
VL(2),4,143/146
Hornburg, Leopold
Léopold ⟨de Rotenburg⟩
Leopold ⟨Hornburg⟩
Lupold ⟨Hornburg⟩
Luppolt ⟨der Reuhe Lange⟩
Luppolt ⟨Knappe⟩
Luppolt ⟨Langer⟩

Hornby, Johannes
→ **Johannes ⟨Hornby⟩**

Horneborg, Henricus
→ **Henricus ⟨Horneborg⟩**

Horneck, Ottokar ¬von¬
→ **Ottokar ⟨von Steiermark⟩**

Horner, Thomas
15. Jh.
Livoniae historia in compendium ex annalibus contracta
Hornerus, Thomas
Thomas ⟨Horner⟩
Thomas ⟨Hornerus⟩

Hornklaue, Thorbjörn
→ **Thorbjörn ⟨Hornklofi⟩**

Hornklofi, Thorbjörn
→ **Thorbjörn ⟨Hornklofi⟩**

Hořovic, Beneš ¬z¬
→ **Beneš ⟨z Hořovic⟩**

Horst, Derick ¬van der¬
→ **Derick ⟨van der Horst⟩**

Horto, Obertus ¬de¬
→ **Obertus ⟨de Horto⟩**

Horto Caeli, Nicolaus ¬de¬
→ **Nicolaus ⟨de Horto Caeli⟩**

Hortulanus
14. Jh. bzw. 11./12. Jh.
Super Tabulam Smaragdinam Hermetis Commentarius; Compendium alchimiae; nicht identisch mit Johannes ⟨de Garlandia⟩
LMA,V,130
Hortolanus
Hortolanus, Martinus
Hortolanus, Richardus
Hortulanus ⟨Alchemista⟩
Johannes ⟨Garlandinus⟩
Martin ⟨Ortulanus⟩
Martinus ⟨Hortolanus⟩
Ortholanus
Ortolain
Ortulanus, Martin
Ortulanus, Richard
Richard ⟨Ortulanus⟩
Richardus ⟨Hortolanus⟩

Hortulus, Laurentius
→ **Laurentius ⟨Hortulus⟩**

Hosdenc, Petrus
→ **Petrus ⟨Cantor⟩**

Hosimundus
→ **Osmundus ⟨Sarisberiensis⟩**

Hothby, Johannes
gest. 1487 · OCarm
De musica mensurabili; Dialogus in arte musica; La Calliope legale
Hothby, Jean
Hothby, John
Hothobi, Johannes
Jean ⟨Hothby⟩
Johannes ⟨Hothby⟩
Johannes ⟨Hothobi⟩
Johannes ⟨Octobus⟩
Johannes ⟨Ottobus⟩
John ⟨Hothby⟩
Octobus, Johannes
Ottobus, Johannes

Hothum, Guilelmus ¬de¬
→ **Guilelmus ⟨de Hothum⟩**

Hotoft, Guilelmus
→ **Guilelmus ⟨Hotoft⟩**

Hotot, Radulfus ¬de¬
→ **Radulfus ⟨de Hotot⟩**

Hotricus ⟨Abendon⟩
um 1415
Panegyricus in concilio Constantiensi d. 27. Oct. 1415 habitus
Rep.Font. V,561
Abendon, Hotricus

Houdenc, Raoul ¬de¬
→ **Raoul ⟨de Houdenc⟩**

Hoveden, Rogerus ¬de¬
→ **Rogerus ⟨de Hoveden⟩**

Hovedena, Johannes ¬de¬
→ **Johannes ⟨de Hovedena⟩**

Hovhan ⟨Mamikonean⟩
→ **Yovhan ⟨Mamikonean⟩**

Hovhannes ⟨Drasxanakertc'i⟩
→ **Yovhannēs ⟨Drasxanakertc'i⟩**

Hovhannes ⟨Imastaser⟩
→ **Yovhannēs ⟨Sarkavag⟩**

Hovhannês ⟨Mamikonean⟩
→ **Yovhan ⟨Mamikonean⟩**

Hovhannes ⟨Sarkavag⟩
→ **Yovhannês ⟨Sarkavag⟩**

Howden, Adamus ¬de¬
→ **Adamus ⟨de Howden⟩**

Howden, Johannes
→ **Johannes ⟨de Hovedena⟩**

Howel ⟨South Wales, King⟩
→ **Hywel ⟨Cymru, Brenhin⟩**

Howel ⟨the Good⟩
→ **Hywel ⟨Cymru, Brenhin⟩**

Hoxem, Johannes ¬von¬
→ **Johannes ⟨Hocsemius⟩**

Hoyer, Bartholomäus
1423 – 1482
Gedicht von der Gründung des Klosters Reichersberg; Registrum procurationis rei domesticae pro familia Reichersperg
Rep.Font. V,561; VL(2),4,164/166
Barthélemy ⟨Cellérier de la Famille Reichersperg⟩
Barthélemy ⟨Schirmer⟩
Bartholomäus ⟨Hoyer⟩
Bartholomäus ⟨Hoyer genannt Schirmer⟩
Bartholomäus ⟨Schirmer⟩
Hoyer, Barthélemy
Schirmer, Barthélemy
Schirmer, Bartholomäus

Hoyo, Lambertus ¬de¬
→ **Lambertus ⟨Guerrici de Hoyo⟩**

Hrabanus ⟨Maurus⟩
ca. 780 – 856
Pseudo-Hrabanus ⟨Maurus⟩ (lt. Lohr 12. Jh.): Super Porphyrium; Super Perihermenias
LThK; Potth.; Meyer; LMA,V,144/47
Hraban
Hrabanus ⟨Magnentius⟩
Hrabanus ⟨Magnentius Maurus⟩
Hrabanus Magnentius ⟨Maurus⟩
Magnentius Hrabanus ⟨Maurus⟩
Maurus, Hrabanus
Maurus, Rabanus
Pseudo-Hrabanus ⟨Maurus⟩
Raban ⟨Maur⟩
Rabanus
Rabanus ⟨Magnentius⟩
Rabanus ⟨Maurus⟩
Rabbanus ⟨Maurus⟩
Rhabanus ⟨Maurus⟩

Hrancović, Dujam
→ **Cranchis, Domnius ¬de¬**

Hrodpertus ⟨Abbas⟩
→ **Rupertus ⟨Tuitensis⟩**

Hrodwinus ⟨Cracoviensis⟩
→ **Frowinus ⟨Cracoviensis⟩**

Hroswitha ⟨von Gandersheim⟩
→ **Hrotsvita ⟨Gandeshemensis⟩**

Hrotsvita ⟨Gandeshemensis⟩
ca. 935 – ca. 974
LThK; VL(2); Potth.; LMA,V,148/49
Gandersheim, Hrotsvit ¬von¬
Gandersheim, Hrotsvitha ¬von¬
Gandersheim, Roswitha ¬von¬
Hroswitha ⟨of Gandersheim⟩
Hroswitha ⟨von Gandersheim⟩
Hrotsvit ⟨von Gandersheim⟩
Hrotsvita ⟨von Gandersheim⟩
Hrotsvith ⟨von Gandersheim⟩
Hrotsvitha ⟨Gandersheimensis⟩
Hrotsvitha ⟨Gandeshemensis⟩
Hrotsvitha ⟨Monialis⟩
Hrotsvitha ⟨von Gandersheim⟩
Hrotsvithae ⟨von Gandersheim⟩
Rosvita ⟨Suor⟩
Roswitha ⟨Gandeshemensis⟩
Roswitha ⟨Monialis⟩
Roswitha ⟨von Gandersheim⟩

Hsing-hsiu
→ **Xingxiu**

Hsüan-chüeh
→ **Xuanjue**

Hsüan-tsang
→ **Xuanzang**

Hu, Zeng
um 877

Huabaldus ⟨de Sancto Amando⟩
→ **Hucbaldus ⟨de Sancto Amando⟩**

Huan Wu
→ **Yuanwu**

Huang, Po
→ **Xiyun**

Huang, T'ing-chien
→ **Huang, Tingjian**

Huang, Tingjian
1045 – 1105
Huang, T'ing-chien

Huangbo
→ **Xiyun**

Huang-po
→ **Xiyun**

Huan-wu
→ **Yuanwu**

Hubaldus ⟨de Sancto Amando⟩
→ **Hucbaldus ⟨de Sancto Amando⟩**

Huber, Ambrosius
→ **Affenschmalz**

Huber, Christoph
um 1476/77
Modus legendi; Rethorica vulgaris
VL(2),4,210
Christoph ⟨Huber⟩
Huberus, Christophorus
Hueber, Christoph
Hueber, Kristoff
Kristoff ⟨Hueber⟩

Huber, Martin
15. Jh.
Macer
VL(2),4,211
Martin ⟨Huber⟩

Hubert ⟨Archevêque de Milan⟩
→ **Hubertus ⟨Magister Mediolanensis⟩**

Hubert ⟨Clerc de la Sorbonne⟩
→ **Hubertus ⟨de Sorbonio⟩**

Hubert ⟨Crivelli⟩
→ **Urbanus ⟨Papa, III.⟩**

Hubert ⟨de Bobbio⟩
→ **Hubertus ⟨de Bobbio⟩**

Hubert ⟨de Brabant⟩
→ **Hubertus ⟨Brabantinus⟩**

Hubert ⟨de Bruxelles⟩
→ **Hubertus ⟨Brabantinus⟩**

Hubert ⟨de Casal⟩
→ **Ubertinus ⟨de Casale⟩**

Hubert ⟨de la Sorbonne⟩
→ **Hubertus ⟨de Sorbonio⟩**

Hubert ⟨de Milan⟩
→ **Hubertus ⟨Magister Mediolanensis⟩**
→ **Urbanus ⟨Papa, III.⟩**

Hubert ⟨de Moyenmoutier⟩
→ **Humbertus ⟨Silvae Candidae⟩**

Hubert ⟨de Pirovano⟩
→ **Hubertus ⟨Magister Mediolanensis⟩**

Hubert ⟨de Saint-Vaast⟩
→ **Hubertus ⟨Atrebatensis⟩**

Hubert ⟨Decembrio⟩
→ **Hubertus ⟨Decembrius⟩**

Hubert ⟨Hagiographe⟩
→ **Hubertus ⟨Atrebatensis⟩**
→ **Hubertus ⟨Brabantinus⟩**

Hubert ⟨Lampugnani⟩
→ **Hubertus ⟨de Lampugnano⟩**

Hubert ⟨le Prévost⟩
15. Jh.
Vie de monseigneur sainct Hubert d'Ardeine
Rep.Font. V,571
Hubertus ⟨le Prévost⟩
LePrévost, Hubert
Prévost, Hubert ¬le¬
Prévost, Hubertus ¬le¬

Hubert ⟨Léonard⟩
→ **Humbertus ⟨Leonardi⟩**

Hubert ⟨Maître⟩
→ **Hubertus ⟨Magister Mediolanensis⟩**

Hubert ⟨Prédicateur⟩
→ **Hubertus ⟨de Sorbonio⟩**

Hubert ⟨Prêtre à Saint-Vaast⟩
→ **Hubertus ⟨Atrebatensis⟩**

Hubertin ⟨Clerc à Crescentino⟩
→ **Hubertinus ⟨Crescentinas⟩**

Hubertin ⟨de Casale⟩
→ **Ubertinus ⟨de Casale⟩**

Hubertin ⟨de Crescentino⟩
→ **Hubertinus ⟨Crescentinas⟩**

Hubertin ⟨de Ilia⟩
→ **Ubertinus ⟨de Casale⟩**

Hubertinus ⟨Clericus⟩
→ **Hubertinus ⟨Crescentinas⟩**

Hubertinus ⟨Crescentinas⟩
um 1476
Carmina duo ad Franciscum Philelphum; Oratio in laudem illustrissimi quondam domini Francisci Sphortiae
Rep.Font. V,570
Crescentinas, Hubertinus
Crescentius, Ubertinus
Hubertin ⟨Clerc à Crescentino⟩
Hubertin ⟨de Crescentino⟩
Hubertinus ⟨Clericus⟩
Hubertinus ⟨Clericus Crescentinas⟩
Hubertinus ⟨de Crescentino⟩
Ubertino ⟨Clerico da Crescentino⟩
Ubertino ⟨da Crescentino⟩
Ubertinus ⟨Clericus⟩
Ubertinus ⟨Crescentinas⟩

Hubertinus ⟨de Albiziis⟩
→ **Humbertus ⟨de Albiziis⟩**

Hubertinus ⟨de Casale⟩
→ **Ubertinus ⟨de Casale⟩**

Hubertinus ⟨de Crescentino⟩
→ **Hubertinus ⟨Crescentinas⟩**

Hubertinus ⟨de Ilia⟩
→ **Ubertinus ⟨de Casale⟩**

Hubertus ⟨Atrebatensis⟩
um 850
Apparitio S. Vedasti episcopi Atrebatensis et Cameracensis
Rep.Font. V,571; DOC,2,994
Hubert ⟨de Saint-Vaast⟩
Hubert ⟨Hagiographe⟩
Hubert ⟨Prêtre à Saint-Vaast⟩
Hubertus ⟨Discipulus Haimini⟩
Hubertus ⟨Presbyter Ecclesiae Sancti Vedasti Atrebatensis⟩
Hubertus ⟨Sancti Vedasti⟩

Hubertus ⟨Bonacursius⟩
→ **Ubertus ⟨de Bonacurso⟩**

Hubertus ⟨Brabantinus⟩
um 1050
Vita S. Gudilae
Rep.Font. V,570; DOC,2,994
Brabantinus, Hubertus
Hubert ⟨de Brabant⟩
Hubert ⟨de Bruxelles⟩
Hubert ⟨Hagiographe⟩
Hubertus ⟨Lobiensis⟩
Hubertus ⟨Monachus Lobiensis⟩
Hubertus ⟨Scriptor Vitae Sanctae Gudilae⟩

Hubertus ⟨de Balesmo⟩
→ **Hubertus ⟨Magister de Balesma⟩**

Hubertus ⟨de Barlesmar⟩
→ **Hubertus ⟨Magister de Balesma⟩**

Hubertus ⟨de Bobbio⟩
gest. 1245
Erklärungen zum Codex und zum Digestum vetus mit zahlreichen Quaestiones; De positionibus; De officio iudicis, Libellus (=Liber de cautelae et doctrinae)
LMA,VIII,1169
Bobbio, Hubertus ¬de¬
Bobio, Hubertus ¬de¬
Bovio, Hubertus ¬de¬
Hubert ⟨de Bobbio⟩
Hubertus ⟨de Bobio⟩
Hubertus ⟨de Bovio⟩
Ubertus ⟨de Bobio⟩

Hubertus ⟨de Bonacurso⟩
→ **Ubertus ⟨de Bonacurso⟩**

Hubertus ⟨de Colonia⟩
Lebensdaten nicht ermittelt
Stegmüller, Repert. sentent. 364
Colonia, Hubertus ¬de¬

Hubertus ⟨de Lampugnano⟩
gest. ca. 1395
Utrum omnes christiani subsunt Romano imperio
Rep.Font. V,571
Hubert ⟨Lampugnani⟩
Lampugnani, Hubert
Lampugnano, Hubertus ¬de¬
Ubert ⟨de Lampugnano⟩
Ubertus ⟨de Lampugnano⟩

Hubertus ⟨de Pirovano⟩
→ **Hubertus ⟨Magister Mediolanensis⟩**

Hubertus ⟨de Sorbonio⟩
um 1272/73
Schneyer,II,733
Hubert ⟨Clerc de la Sorbonne⟩
Hubert ⟨de la Sorbonne⟩
Hubert ⟨Prédicateur⟩
Hubertus ⟨Sorboniensium⟩
Sorbonio, Hubertus ¬de¬

Hubertus ⟨Decembrius⟩
gest. 1427
Prologus in Platone De Republica
Schönberger/Kible, Repertorium, 18932
December, Obertus
Decembrio, Hubert
Decembrio, Uberto
Decembrius, Hubertus
Decembrius, Obertus
Hubert ⟨Decembrio⟩
Obertus ⟨December⟩
Uberto ⟨Decembrio⟩
Ubertus ⟨December⟩
Ubertus ⟨Decembrius⟩

Hubertus ⟨Discipulus Haimini⟩
→ **Hubertus ⟨Atrebatensis⟩**

Hubertus ⟨Frater⟩
um 1235/53 · OFM
De vita beati Roberti quondam Lincolniensis episcopi
Rep.Font. V,571
Frater Hubertus
Hubertus ⟨Frater, OFM⟩
Hubertus ⟨OFM⟩

Hubertus ⟨le Prévost⟩
→ **Hubert ⟨le Prévost⟩**

Hubertus ⟨Leonardi⟩
→ **Humbertus ⟨Leonardi⟩**

Hubertus ⟨Lobiensis⟩
→ **Hubertus ⟨Brabantinus⟩**

Hubertus ⟨Lombardus⟩
→ **Ubertus ⟨Lombardus⟩**

Hubertus ⟨Magister de Balesma⟩
12. Jh.
Sermo „Ecce virgo concipiet"; Identität mit Hubertus ⟨Magister Mediolanensis⟩ umstritten
Balesma, Hubertus ¬de¬
Hubertus ⟨de Balesmo⟩
Hubertus ⟨de Balsamo⟩
Hubertus ⟨de Barlernar⟩
Hubertus ⟨de Barlesmar⟩
Hubertus ⟨Magister⟩
Humbertus ⟨de Balesma⟩

Hubertus ⟨Magister Mediolanensis⟩
um 1170/1211
Summa theologica („Colligite fragmenta")
Stegmüller, Repert. sentent. 363
Hubert ⟨Archevêque de Milan⟩
Hubert ⟨de Milan⟩
Hubert ⟨de Pirovano⟩
Hubert ⟨Maître⟩
Hubertus ⟨de Pirovano⟩
Hubertus ⟨Magister⟩

Hubertus ⟨Mediolanensis⟩
→ **Urbanus ⟨Papa, III.⟩**

Hubertus ⟨Monachus Lobiensis⟩
→ **Hubertus ⟨Brabantinus⟩**

Hubertus ⟨OFM⟩
→ **Hubertus ⟨Frater⟩**

Hubertus ⟨Presbyter Ecclesiae Sancti Vedasti Atrebatensis⟩
→ **Hubertus ⟨Atrebatensis⟩**

Hubertus ⟨Schenck⟩
gest. 1408 · OP
Litterae duae ad Gerardum Magnum
Kaeppeli,II,250/251
Schenck, Hubertus

Hubertus ⟨Scriptor Vitae Sanctae Gudilae⟩
→ **Hubertus ⟨Brabantinus⟩**

Hubertus ⟨Sorboniensium⟩
→ **Hubertus ⟨de Sorbonio⟩**

Hubertus, Leonardus
→ **Humbertus ⟨Leonardi⟩**

Huberus, Christophorus
→ **Huber, Christoph**

Huberus, Leonardus
→ **Humbertus ⟨Leonardi⟩**

Hûc ⟨von Trimperc⟩
→ **Hugo ⟨von Trimberg⟩**

Hucbaldus ⟨de Sancto Amando⟩
ca. 840 – 930
Tusculum-Lexikon; LThK; CSGL; LMA,V,150/51
Huabaldus ⟨de Sancto Amando⟩
Hubaldus ⟨de Sancto Amando⟩
Hucbald ⟨von Sankt Amand⟩
Hucbaldus
Hucbaldus ⟨Elnonensis⟩
Hucbaldus ⟨Monachus⟩
Hucbaldus ⟨Sancti Amandi⟩
Hugbald ⟨von Sankt Amand⟩
Hugbaldus
Hugbaldus ⟨de Sancto Amando⟩
Hugbaldus ⟨Monachus⟩
Hugbaldus ⟨Sancti Amandi⟩
Sancto Amando, Hucbaldus ¬de¬
Ubaldus ⟨de Sancto Amando⟩
Uchubaldus ⟨de Sancto Amando⟩

Hūd ibn Muḥkim al-Ḥawwārī
→ **Hūd Ibn-Muḥkim al-Ḥauwārī**

Hūd Ibn-Muḥakkam al-Ḥauwārī
→ **Hūd Ibn-Muḥkim al-Ḥauwārī**

Hūd Ibn-Muḥkim al-Ḥauwārī
9. Jh.
Ḥauwārī, Hūd Ibn-Muḥkim ¬al-¬
Hūd ibn Muḥkim al-Ḥawwārī
Hūd Ibn-Muḥakkam al-Ḥauwārī
Ibn-Muḥkim al-Ḥauwārī, Hūd

Ḥudairī, Muḥammad Ibn-Muḥammad ¬al-¬
→ **Ḥaidarī, Muḥammad Ibn-Muḥammad ¬al-¬**

Hue ⟨de Rotelande⟩
→ **Huon ⟨de Rotelande⟩**

Hue ⟨l'Archevêque⟩
13. Jh.
Archevêque, Hue ¬l'¬
Hue ⟨Archevêque⟩
Hugues ⟨Archevesque⟩
Hugues ⟨l'Archevêque⟩
L'Archevêque, Hue

Hueber, Christoph
→ **Huber, Christoph**

Hüendler, Veit
→ **Hündler, Veit**

Hueglein, Johann
→ **Lindau, Johannes**

Huelen, Berthold
→ **Berthold ⟨der Bruder⟩**

Hülzing
15. Jh.
Meisterlieder
VL(2),4,294/297
Hilzing
Hulczing, ¬Der¬
Hülzing ⟨Troubadour Allemand⟩
Hülzing, ¬Der¬

Huen, Nicolas ¬le¬
→ **Nicolas ⟨le Huen⟩**

Hündler, Veit
ca. 1400 – 1471 · OCarm
Briefbuch; Elf Sprüche
VL(2),4,308/311
Hüendler, Veit
Huendler, Vitus
Veit ⟨de Wyenna⟩
Veit ⟨Hündler⟩
Vitus ⟨Huendler⟩

Huenlen, Berthold ¬von¬
→ **Berthold ⟨der Bruder⟩**

Huerben, Christianus ¬de¬
→ **Christianus ⟨Tiendorfer de Huerben⟩**

Hürnheim, Hildgard ¬von¬
→ **Hildgard ⟨von Hürnheim⟩**

Hürwin, Johannes ¬de¬
→ **Johannes ⟨de Hürwin⟩**

Huesca, Durandus ¬de¬
→ **Durandus ⟨de Huesca⟩**

Hüsrev ⟨Molla⟩
gest. 1480
Osman. Gelehrter
Molla, Hüsrev

Huete, Pedro Carrillo ¬de¬
→ **Carrillo de Huete, Pedro**

Hueth, Georg
um 1400
Behandlungsanleitung gegen Krankheiten aller Art
VL(2),4,219
Georg ⟨Hueth⟩
Hueth, Jorge
Jorge ⟨Hueth⟩

Hug ⟨...⟩
→ **Hugo ⟨...⟩**

Hugbaldus ⟨de Sancto Amando⟩
→ **Hucbaldus ⟨de Sancto Amando⟩**

Huge ⟨de Lesemaister⟩
→ **Hugo ⟨von Konstanz⟩**

Hugeburc ⟨Heidenheimensis⟩
ca. 730/40 – 778
Nicht identisch mit Walpurga ⟨Sancta⟩, Schwester von Wunibald und Willibald; Vita Willibaldi; Vita Wynnebaldi
Tusculum-Lexikon; VL(2); Meyer
Heidenheim, Hugeburc ¬von¬
Hugeburc ⟨Monialis⟩
Hugeburc ⟨von Heidenheim⟩
Huneberc ⟨of Heidenheim⟩

Hugh ⟨Candidus⟩
→ **Hugo ⟨Candidus⟩**

Hugh ⟨Carthusian⟩
→ **Hugo ⟨Lincolniensis⟩**

Hugh ⟨de Avalon⟩
→ **Hugo ⟨Lincolniensis⟩**

Hugh ⟨de Birley⟩
→ **Hugo ⟨de Virley⟩**

Hugh ⟨de Nonant⟩
→ **Nonantus, Hugo**

Hugh ⟨d'York⟩
→ **Hugo ⟨Cantor⟩**

Hugh ⟨of Cluny⟩
→ **Hugo ⟨Cluniacensis, ...⟩**

Hugh ⟨of Digne⟩
→ **Hugo ⟨de Digna⟩**

Hugh ⟨of Grenoble⟩
→ **Hugo ⟨Gratianopolitanus⟩**

Hugh ⟨of Honau⟩
→ **Hugo ⟨Honaugiensis⟩**

Hugh ⟨of Lawton⟩
→ **Hugo ⟨de Lawton⟩**

Hugh ⟨of Lincoln⟩
→ **Hugo ⟨Lincolniensis⟩**

Hugh ⟨of Lucca⟩
→ **Hugo ⟨de Lucca⟩**

Hugh ⟨of Peterborough⟩
→ **Hugo ⟨Candidus⟩**

Hugh ⟨of Pontigny⟩
→ **Hugo ⟨Matisconensis⟩**

Hugh ⟨of Utrecht⟩
→ **Hugo ⟨de Traiecto⟩**

Hugh ⟨of York⟩
→ **Hugo ⟨Cantor⟩**

Hugh ⟨Sottovagina⟩
→ **Hugo ⟨Cantor⟩**

Hugh ⟨the Chantor⟩
→ **Hugo ⟨Cantor⟩**

Hugh ⟨the Primas⟩
→ **Hugo ⟨Aurelianensis⟩**

Hugh ⟨Virley⟩
→ **Hugo ⟨de Virley⟩**

Hugh ⟨Whyte⟩
→ **Hugo ⟨Candidus⟩**

Hugo ⟨a Fano Neoti⟩
→ **Hugo ⟨de Sancto Neoto⟩**

Hugo ⟨a Sancto Caro⟩
→ **Hugo ⟨de Sancto Caro⟩**

Hugo ⟨Abbas⟩
→ **Hugo ⟨Cluniacensis, I.⟩**
→ **Hugo ⟨Farfensis⟩**
→ **Hugo ⟨Farsitus⟩**
→ **Hugo ⟨Venusinus⟩**

Hugo ⟨Abbas Cambron⟩
→ **Hugo ⟨de Escaille⟩**

Hugo ⟨Abbas Praemonstratensis⟩
→ **Hugo ⟨Fossensis⟩**

Hugo ⟨Adversarius Gregorii VII Papae⟩
→ **Hugo ⟨Orthodoxus⟩**

Hugo ⟨Aetherianus⟩
→ **Eterianus, Hugo**

Hugo ⟨Agni⟩
→ **Hugo ⟨von Ehenheim⟩**

Hugo ⟨Aisselini de Billon⟩
→ **Hugo ⟨de Billom⟩**

Hugo ⟨Albus⟩
→ **Hugo ⟨Candidus⟩**
→ **Hugo ⟨de Remiremont⟩**

Hugo ⟨Altissiodorensis⟩
→ **Hugo ⟨Matisconensis⟩**

Hugo ⟨Alvernus⟩
→ **Hugo ⟨de Billom⟩**

Hugo ⟨Ambianensis⟩
→ **Hugo ⟨de Ribomonte⟩**

Hugo ⟨Ambianensis⟩
1080 – 1164
Nicht identisch mit Hugo ⟨de Ribemonte⟩
LThK; CSGL; Potth.; LMA,V,169
Ambianis, Hugo ¬de¬
Hugo ⟨Ambianensis Rothomagensis⟩
Hugo ⟨Archiepiscopus⟩
Hugo ⟨de Ambianis⟩
Hugo ⟨de Amiens⟩
Hugo ⟨de Reading⟩
Hugo ⟨de Rouen⟩
Hugo ⟨d'Amiens⟩
Hugo ⟨Rothomagensis⟩
Hugo ⟨von Amiens⟩
Hugo ⟨von Rouen⟩
Hugues ⟨d'Amiens⟩
Hugues ⟨of Amiens⟩
Hugues ⟨of Rouen⟩

Hugo ⟨Andegavensis⟩
→ **Hugo ⟨de Cleriis⟩**

Hugo ⟨Anglicus⟩
14. Jh. · OP
Item sermo de adventu; Sermo secundum fr. Hugonem predicat
Kaeppeli,II,251
Anglicus, Hugo
Hugo ⟨Frater⟩
Hugo ⟨Frater, OP⟩

Hugo ⟨Archidiaconus⟩
→ **Hugo ⟨Cantor⟩**

Hugo ⟨Archiepiscopus⟩
→ **Hugo ⟨Ambianensis⟩**
→ **Hugo ⟨Diensis⟩**
→ **Hugo ⟨Edessenus⟩**
→ **Hugo ⟨Senonensis⟩**

Hugo ⟨Archiepiscopus Magdeburgensis⟩
→ **Hugo ⟨Magdeburgensis⟩**

Hugo ⟨Argentinensis⟩
1210 – ca. 1270 · OP
Compendium theologicae veritatis
Tusculum-Lexikon; LThK; VL(2),4,252/66; LMA,V,176
Hugo ⟨de Argentina⟩
Hugo ⟨de Ripla⟩
Hugo ⟨de Strassburg⟩
Hugo ⟨de Straßburg⟩
Hugo ⟨Ripeli⟩
Hugo ⟨Ripelin⟩
Hugo ⟨Ripelin von Straßburg⟩
Hugo ⟨Ripelinus⟩
Hugo ⟨Ripelinus de Argentina⟩
Hugo ⟨von Strassburg⟩
Hugo ⟨von Straßburg⟩
Hugues ⟨de Strasbourg⟩
Ripelin
Ripelin, Hugues
Ripelins, Hugo
Ripillinus, Hugo

Hugo ⟨Atratus de Evesham⟩
gest. 1287
Postillae super Biblia
Stegmüller, Repert. bibl. 3586; Schneyer,II,734
Atratus, Hugo
Atratus de Evesham, Hugo
Evesham, Hugo ¬de¬
Hugo ⟨Atratus⟩
Hugo ⟨Atratus de Eversham⟩
Hugo ⟨de Evesham⟩
Hugo ⟨Eveshamensis⟩
Hugues ⟨d'Evesham⟩
Hugues ⟨le Noir⟩

Hugo ⟨Aurelianensis⟩
ca. 1095 – ca. 1160
Tusculum-Lexikon; Meyer; LMA,V,174/76
Hugh ⟨the Primas⟩
Hugo ⟨der Primas⟩
Hugo ⟨of Orléans⟩
Hugo ⟨Primas⟩
Hugo ⟨von Orléans⟩
Hugues ⟨d'Orléans⟩
Hugues ⟨the Primat⟩
Orleans, Hugo ¬von¬
Primat, Hugues

Hugo ⟨Aycelinus⟩
→ **Hugo ⟨de Billom⟩**

Hugo ⟨Beatus⟩
→ **Hugo ⟨de Sancto Victore⟩**

Hugo ⟨Bentius⟩
1376 – 1439
LMA,I,1924
Benci, Hugues
Bentius, Hugo
Benzi, Ugo
Benzo, Ugo
Hugo ⟨Benzi⟩
Hugo ⟨de Senis⟩
Hugo ⟨de Siena⟩
Hugo ⟨Senensis⟩
Hugues ⟨Benci⟩
Hugues ⟨de Sienne⟩
Ugo ⟨Benzi⟩
Ugo ⟨Benzo⟩
Ugo ⟨de Siena⟩
Ugo ⟨Senensis⟩

Hugo ⟨Billonius⟩
→ **Hugo ⟨de Billom⟩**

Hugo ⟨Birleius⟩
→ **Hugo ⟨de Virley⟩**

Hugo ⟨Blancus⟩
→ **Hugo ⟨Candidus⟩**
→ **Hugo ⟨de Remiremont⟩**

Hugo ⟨Bononiensis⟩
um 1119/30
Rationes dictandi prosaice
Rep.Font. V,577; LMA,V,169
Hugo ⟨von Bologna⟩
Hugues ⟨Chanoine⟩
Hugues ⟨de Bologne⟩
Ugo ⟨Bononiensis⟩

Hugo ⟨Britolius⟩
gest. 1051
Tractatus de corpore et sanguine Christi contra Berengarium
LThK; LMA,V,167; Stegmüller, Repert. bibl. 3598
Breteuil, Hugo ¬de¬
Britolius, Hugo
Hugo ⟨Episcopus⟩
Hugo ⟨de Langres⟩
Hugo ⟨Lingonensis⟩
Hugo ⟨of Langres⟩
Hugo ⟨von Bréteuil⟩
Hugues ⟨de Bréteuil⟩
Hugues ⟨de Langres⟩

Hugo ⟨Bulliomius⟩
→ **Hugo ⟨de Billom⟩**

Hugo ⟨Burgensis⟩
→ **Hugo ⟨Candidus⟩**

Hugo ⟨Cancellarius⟩
12./13. Jh.
De clericis et rustico
LMA,V,169
Cancellarius, Hugo

Hugo ⟨Candidus⟩
→ **Hugo ⟨de Remiremont⟩**

Hugo ⟨Candidus⟩
gest. 1155 · OSB
Historia coenobii Burgensis; nicht identisch mit Hugo ⟨de Remiremont⟩ (gest. ca. 1099)
Rep.Font. V,577
Candidus, Hugo
Hugh ⟨Candidus⟩
Hugh ⟨of Peterborough⟩
Hugh ⟨Whyte⟩
Hugo ⟨Albus⟩
Hugo ⟨Blancus⟩
Hugo ⟨Burgensis⟩
Hugo ⟨de Petriburgo⟩
Hugo ⟨Petriburgensis⟩
Hugues ⟨le Blanc⟩

Hugo ⟨Canonicus⟩
→ **Hugo ⟨de Sancto Victore⟩**
→ **Hugo ⟨Farsitus⟩**

Hugo ⟨Canonicus Floreffiensis⟩
→ **Hugo ⟨Floreffiensis⟩**

Hugo ⟨Canonicus Ratisponensis⟩
→ **Hugo ⟨de Lerchenfeld⟩**

Hugo ⟨Canonicus Regularis⟩
14. Jh.
Vita S. Joannis Bridlingtoniensis
Rep.Font. V,578

Hugo ⟨Cantor⟩
12. Jh.
De adventu Willelmi ducis in Anglicam
CSGL; Potth.
Cantor, Hugo
Hugh ⟨d'York⟩
Hugh ⟨of York⟩
Hugh ⟨Sottovagina⟩
Hugh ⟨the Chantor⟩
Hugo ⟨Archidiaconus⟩
Hugo ⟨Eboracensis⟩
Hugo ⟨Sottewain⟩
Hugo ⟨Sottovagina⟩
Hugo ⟨the Chantor⟩
Sottewain, Hugo
Sottovagina, Hugo

Hugo ⟨Cardinal⟩
→ **Hugo ⟨de Folieto⟩**
→ **Hugo ⟨de Sancto Caro⟩**
→ **Hugo ⟨Ostiensis⟩**

Hugo ⟨Carensis⟩
→ **Hugo ⟨de Sancto Caro⟩**

Hugo ⟨Carthusianus⟩
→ **Guigo ⟨Cartusianus⟩**

Hugo ⟨Cisterciensis⟩
→ **Hugo ⟨Ostiensis⟩**

Hugo ⟨Clericus⟩
→ **Hugo ⟨Orthodoxus⟩**

Hugo ⟨Cluniacensis, I.⟩
1024 – 1109
6. Abt von Cluny
LMA,V,165/66
Dalmatius, Hugo
Hugh ⟨of Cluny⟩
Hugo ⟨Abbas⟩
Hugo ⟨Dalmatius⟩
Hugo ⟨der Große⟩
Hugo ⟨Farsitus⟩
Hugo ⟨Sanctus⟩
Hugo ⟨von Cluny⟩
Hugo ⟨von Semur⟩
Hugues ⟨Dalmace⟩
Hugues ⟨de Cluny⟩
Hugues ⟨de Semur⟩

Hugo ⟨Cluniacensis, V.⟩
gest. 1207
CSGL
Hugo ⟨Cluniacensis⟩
Hugues ⟨de Cluny⟩
Hugues ⟨de Cluny, V.⟩
Hugues ⟨de Reading⟩

Hugo ⟨Comes Sancti Pauli⟩
→ **Hugo ⟨Sancti Pauli⟩**

Hugo ⟨Constantiensis⟩
→ **Hugo ⟨von Konstanz⟩**

Hugo ⟨Corbeiensis⟩
→ **Hugo ⟨de Folieto⟩**

Hugo ⟨Dalmatius⟩
→ **Hugo ⟨Cluniacensis, I.⟩**

Hugo ⟨d'Amiens⟩
→ **Hugo ⟨Ambianensis⟩**

Hugo ⟨de Aballone⟩
→ **Hugo ⟨Lincolniensis⟩**

Hugo ⟨de Abbatisvilla⟩
ca. 15. Jh.
Quaestiones super I-II De anima
Lohr
Abbatisvilla, Hugo ¬de¬

Hugo ⟨de Ambianis⟩
→ **Hugo ⟨Ambianensis⟩**

Hugo ⟨de Argentina⟩
→ **Hugo ⟨Argentinensis⟩**
→ **Hugo ⟨von Ehenheim⟩**

Hugo ⟨de Avalon⟩
→ **Hugo ⟨Lincolniensis⟩**

Hugo ⟨de Balma⟩
um 1289/1304
Theologia mystica
LThK; CSGL; LMA,V,169
Balma, Hugo ¬de¬
Heinrich ⟨de Balma⟩
Hugo ⟨de Dorchiis⟩
Hugo ⟨de Palma⟩
Hugo ⟨von Balma⟩
Hugo ⟨von Balmey⟩
Hugo ⟨von Dorche⟩
Hugues ⟨de Balme⟩
Hugues ⟨de Dorche⟩

Hugo ⟨de Barjola⟩
→ **Hugo ⟨de Digna⟩**

Hugo ⟨de Billom⟩
1230 – 1297 · OP
Contra corruptorem Thomae; In quinque libros Salomonis; Identität mit Hugo ⟨de Vitonio⟩ umstritten
Stegmüller, Repert. sentent. 892; Schneyer,II,734; Stegmüller, Repert. bibl. 3587-3589
Aycelin, Hugues ¬de¬
Billom, Hugo ¬de¬
Hugo ⟨Aicelinus⟩
Hugo ⟨Aisselin de Billom⟩
Hugo ⟨Aisselini de Billon⟩
Hugo ⟨Alvernus⟩
Hugo ⟨Aycelin⟩
Hugo ⟨Aycelin de Billom Alvernus⟩
Hugo ⟨Aycelinus⟩
Hugo ⟨Bilhomensis⟩
Hugo ⟨Biliomensis⟩
Hugo ⟨Billonius⟩
Hugo ⟨Bulliomius⟩
Hugo ⟨de Bilhonio⟩
Hugo ⟨de Billiomo⟩
Hugo ⟨de Billomo⟩
Hugo ⟨de Billonio⟩
Hugo ⟨de Bilomio⟩
Hugo ⟨Seguin⟩
Hugo ⟨Seguinus⟩
Hugo ⟨Sevinus⟩
Hugues ⟨Aicelin⟩
Hugues ⟨de Aycelin⟩
Hugues ⟨de Billom⟩
Hugues ⟨de Montaigu⟩
Hugues ⟨Séguin⟩

Hugo ⟨de Blankenburg⟩
→ **Hugo ⟨de Sancto Victore⟩**

Hugo ⟨de Borgognonibus⟩
gest. 1322 · OP
Epistola ad fratres conv. Lucani; Chronica provinciae Romanae Ord. Praed.; nicht identisch mit Hugo ⟨de Lucca⟩ (gest. 1252)
Kaeppeli,II,253
Borgognoni, Hugues
Borgognonibus, Hugo ¬de¬
Hugo ⟨de Borgognonibus Lucanus⟩
Hugues ⟨Borgognoni⟩
Hugues ⟨de Lucques⟩

Hugo ⟨de Brielis⟩
→ **Hugo ⟨de Brylis⟩**

Hugo ⟨de Brulleis⟩
→ **Hugo ⟨de Montegisonis⟩**

Hugo ⟨de Brylis⟩
um 1450
Vita beatae Lidwinae virginis
Rep.Font. V,577
Brylis, Hugo ¬de¬
Hugo ⟨de Brielis⟩
Hugo ⟨de Brielle⟩

Hugo ⟨de Campo Florido⟩
gest. 1175
Volumen epistolarum...
LThK; CSGL; Potth.; LMA,V,182
Campo Florido, Hugo ¬de¬
Hugo ⟨de Campfleury⟩
Hugo ⟨Episcopus⟩
Hugo ⟨Franciae Cancellarius⟩
Hugo ⟨of Soissons⟩
Hugo ⟨Suessionensis⟩
Hugo ⟨von Champfleury⟩
Hugues ⟨de Campfleury⟩
Hugues ⟨de Champfleury⟩

Hugo ⟨de Carthusia Montis Rivii⟩
→ **Hugo ⟨de Miromari⟩**

Hugo ⟨de Castello⟩
um 1318/58 · OP
In sphaeram Ioh. de Sacrobusco; Tract. de Eclipsibus; De diebus criticis; etc.
Kaeppeli,II,254
Castello, Hugo ¬de¬
Hugo ⟨Episcopus Philadelphiae⟩
Hugues ⟨de Castello⟩
Ugo ⟨de Castello⟩

Hugo ⟨de Castro Novo⟩
→ **Hugo ⟨de Novo Castro⟩**

Hugo ⟨de Celidorio⟩
→ **Hugo ⟨de Sancto Caro⟩**

Hugo ⟨de Cleriis⟩
12. Jh.
Commentarius
CSGL; Potth.
Cleeriis, Hugo ¬de¬
Cleriis, Hugo ¬de¬
Hugo ⟨Andegavensis⟩
Hugo ⟨de Cleeriis⟩
Hugo ⟨Miles⟩
Hugues ⟨de Clères⟩
Huo ⟨de Cleriis⟩

Hugo ⟨de Croyndon⟩
um 1250 · OP
Concordantiae Anglicanae
Stegmüller, Repert. bibl. 3605
Croyndon, Hugo ¬de¬
Hugues ⟨de Croyndon⟩

Hugo ⟨de Digna⟩
gest. ca. 1260 · OFM
Libellus de finibus paupertatis iuxta votum Minorum Fratrum; Disputatio inter zelatorem paupertatis et inimicum domesticum eius; Expositio regulae fratrum minorum
Rep.Font. V,580; Scheyer,II,735; LMA,V,169/170
Digna, Hugo ¬de¬
Hugh ⟨of Digne⟩
Hugo ⟨de Barjola⟩
Hugo ⟨de Digne⟩
Hugo ⟨de Dina⟩
Hugo ⟨de Montepessulano⟩
Hugo ⟨di Digne⟩
Hugo ⟨von Digne⟩
Hugues ⟨Bienheureux⟩
Hugues ⟨de Digne⟩
Ugo ⟨di Digne⟩

Hugo ⟨de Dorchiis⟩
→ **Hugo ⟨de Balma⟩**

Hugo ⟨de Dordraco⟩
15. Jh.
Quaestiones super libris Topicorum
Lohr
Dordraco, Hugo ¬de¬

Hugo ⟨de Dutton⟩
gest. 1339/40 · OP
Conciones de tempore et sanctis
Schneyer,II,735
Dutton, Hugo ¬de¬
Hugo ⟨de Ductona⟩
Hugues ⟨de Dutton⟩

Hugo ⟨de Ehenheim⟩
→ **Hugo ⟨von Ehenheim⟩**

Hugo ⟨de Escaille⟩
gest. 1288 · OCist
Schneyer,II,735
Escaille, Hugo ¬de¬
Hugo ⟨Abbas Cambron⟩
Hugues ⟨de l'Escaille⟩

Hugo ⟨de Evesham⟩
→ **Hugo ⟨Atratus de Evesham⟩**

Hugo ⟨de Floriaco⟩
→ **Hugo ⟨Floriacensis⟩**

Hugo ⟨de Foliaco⟩
→ **Hugo ⟨de Folieto⟩**

Hugo ⟨de Folieto⟩
ca. 1100 – 1174 · OPraem
Tusculum-Lexikon; LThK; CSGL; LMA,V,171/72
Folietinus, Hugo
Folieto, Hugo ¬de¬
Hugo ⟨Cardinalis⟩
Hugo ⟨Corbeiensis⟩
Hugo ⟨de Foliaco⟩
Hugo ⟨de Fouilloi⟩
Hugo ⟨de Fouilloy⟩
Hugo ⟨de Fulleio⟩
Hugo ⟨de Sancto Laurentio⟩
Hugo ⟨Folietinus⟩
Hugo ⟨Praemonstratensis⟩
Hugo ⟨Saxo⟩
Hugo ⟨von Folietum⟩
Hugo ⟨von Fouilloy⟩
Hugues ⟨de Fouilloy⟩

Hugo ⟨de Fouilloy⟩
→ **Hugo ⟨de Folieto⟩**

Hugo ⟨de Hartlepool⟩
gest. 1302 · OFM
Schneyer,II,736; Stegmüller, Repert. sentent. 293
Hartlepool, Hugo ¬de¬
Hertepol, Hugo ¬de¬
Hugo ⟨de Hertepol⟩
Hugo ⟨de Hertipoll⟩
Hugo ⟨Hargi Lopo⟩
Hugues ⟨de Hartlepool⟩
Hugues ⟨de Hertelpoll⟩
Hugues ⟨de Hertipoll⟩

Hugo ⟨de Henen⟩
→ **Hugo ⟨von Ehenheim⟩**

Hugo ⟨de Hertepol⟩
→ **Hugo ⟨de Hartlepool⟩**

Hugo ⟨de Kyrkestal⟩
um 1181/90 · OCist
Narratio de fundatione monasterii de Fontibus
Rep.Font. V,587; DOC,2,1001
Hugo ⟨de Kirkstall⟩
Hugo ⟨Kerkestedes⟩
Hugo ⟨Kircostallensis⟩
Hugo ⟨Kirkostallensis⟩
Hugues ⟨de Kirkstall⟩
Kirkstall, Hugo ¬de¬
Kyrkestal, Hugo ¬de¬

Hugo ⟨de Lacerta⟩
gest. 1157
Liber de doctrina
Rep.Font. V,587; DOC,2,997
Hugues ⟨de Chaluz⟩
Hugues ⟨de Lacerta⟩
Lacerta, Hugo ¬de¬

Hugo ⟨de Langres⟩
→ **Hugo ⟨Britolius⟩**

Hugo ⟨de Lanton⟩
→ **Hugo ⟨de Lawton⟩**

Hugo ⟨de Lawton⟩
14. Jh. · OCarm
Quaestiones selectae sup. Sent.; In 1 Sent. 2; De locutione interiore
Schönberger/Kible, Repertorium, 14032
Hugh ⟨of Lawton⟩
Hugo ⟨de Lanton⟩
Hugo ⟨de Lauton⟩
Hugo ⟨de Lawthona⟩
Hugo ⟨de Lawtona⟩
Lawton, Hugo ¬de¬

Hugo ⟨de Lerchenfeld⟩
gest. ca. 1217
Annales Ratisponenses
Rep.Font. II,321/322; V,590; DOC,2,997
Hugo ⟨Canonicus Ratisponensis⟩
Hugo ⟨de Lerchenfelt⟩
Hugo ⟨Ratisbonensis⟩
Hugo ⟨Ratisponensis⟩
Hugues ⟨Chanoine de Ratisbonne⟩
Hugues ⟨de Lerchenfeld⟩
Hugues ⟨de Ratisbonne⟩
Lerchenfeld, Hugo ¬von¬
Lerchenfeld, Hugo ¬de¬

Hugo ⟨de Lincoln⟩
→ **Hugo ⟨Lincolniensis⟩**

Hugo ⟨de Lincolnshire⟩
→ **Hugo ⟨de Sancto Neoto⟩**

Hugo ⟨de Llupia i Bagés⟩
gest. 1427
Constituciones sobre officios divinos
Rep.Font. V,587
Bagés, Hugo de Llupia ¬i¬
Hugues ⟨de Lupia y Bagés⟩
Llupia i Bagés, Hugo ¬de¬
Lupia y Bagés, Hugues ¬de¬

Hugo ⟨de Lucca⟩
gest. 1252
Arzt; nicht identisch mit Hugo ⟨de Borgognonibus⟩ (gest. 1322)
LMA,II,457/58
Borgognoni, Ugo ¬dei¬
Hugh ⟨of Lucca⟩
Hugo ⟨Lucensis⟩
Hugo ⟨von Lucca⟩
Hugues ⟨Borgognoni⟩
Hugues ⟨de Lucques⟩
Lucca, Hugo ¬de¬
Ugo ⟨Borgognoni⟩
Ugo ⟨dei Borgognoni⟩
Ugone ⟨da Lucca⟩

Hugo ⟨de Machenheim⟩
13. Jh. · OP
De neglegentiis circa Missam
Kaeppeli,II,256/257
Hugo ⟨de Macenheim⟩
Hugo ⟨de Machenhein⟩
Hugo ⟨de Mackenheim⟩
Hugo ⟨de Matzenheim⟩
Machenheim, Hugo ¬de¬

Hugo ⟨de Manchester⟩
gest. ca. 1307 · OP
Compendium theologiae; De fanaticorum deliriis
Kaeppeli,II,257
Hugo ⟨de Mavecestria⟩
Hugo ⟨Manchestriensis⟩
Hugues ⟨de Mancestria⟩
Hugues ⟨de Manchester⟩
Manchester, Hugo ¬de¬

Hugo ⟨de Matiscone⟩
→ **Hugo ⟨Matisconensis⟩**

Hugo ⟨de Matzenheim⟩
→ **Hugo ⟨de Machenheim⟩**

Hugo ⟨de Mavecestria⟩
→ **Hugo ⟨de Manchester⟩**

Hugo ⟨de Metz⟩
um 1255/57 · OP
Super Sent. P. Lombardi
Stegmüller, Repert. sentent. 365
Hugo ⟨Metensis⟩
Hugues ⟨de Metz⟩
Metz, Hugo ¬de¬

Hugo ⟨de Miramar⟩
→ **Hugo ⟨de Miromari⟩**

Hugo ⟨de Miromari⟩
gest. 1242 · OCart
Apoc.; De Quaternario I-X; Liber de miseria hominis
Stegmüller, Repert. bibl. 3599;3600
Hugo ⟨de Carthusia Montis Rivii⟩
Hugo ⟨de Miramar⟩
Hugo ⟨de Miramaris⟩
Hugo ⟨de Miramor⟩
Hugo ⟨de Miramors⟩
Hugo ⟨de Monterivo⟩
Hugo ⟨de Montrieux⟩
Hugo ⟨Magdalonensis⟩
Hugo ⟨Monachus de Miramare⟩
Hugues ⟨de Miramar⟩
Hugues ⟨de Miramas⟩
Hugues ⟨de Miramors⟩
Hugues ⟨de Montrieux⟩
Miramars, Hugo ¬de¬
Miromari, Hugo ¬de¬

Hugo ⟨de Montegisonis⟩
um 1358
Narratio de tribulationibus suis, Anglis Franciam invadentibus, a. 1358
Rep.Font. V,588
Hugo ⟨de Brulleis⟩
Hugues ⟨de Brailet⟩
Hugues ⟨de Broillet⟩
Hugues ⟨de Montgeron⟩
Hugues ⟨Prieur de Brailet⟩
Hugues ⟨Prieur de Broillet⟩
Montegisonis, Hugo ¬de¬

Hugo ⟨de Montepessulano⟩
→ **Hugo ⟨de Digna⟩**

Hugo ⟨de Monterivo⟩
→ **Hugo ⟨de Miromari⟩**

Hugo ⟨de Montrieux⟩
→ **Hugo ⟨de Miromari⟩**

Hugo ⟨de Mordon⟩
um 1274/83 · OP
Sermo in die Pentecostes
Kaeppeli,II,257
Hugo ⟨de Mordon Anglicus⟩
Mordon, Hugo ¬de¬

Hugo ⟨de Neufchateau⟩
→ **Hugo ⟨de Novo Castro⟩**

Hugo ⟨de Novo Castro⟩
um 1320
De victoris Christi...
LThK; LMA,V,173/74
Hugo ⟨de Castro Novo⟩
Hugo ⟨de Neufchateau⟩
Hugo ⟨de Novocastro⟩
Hugo ⟨Skotist⟩
Hugues ⟨de Newcastle⟩
Novo Castro, Hugo ¬de¬

Hugo ⟨de Palma⟩
→ **Hugo ⟨de Balma⟩**

Hugo ⟨de Petragoris⟩
Lebensdaten nicht ermittelt
Commentarius in sententias (lib. III)
Stegmüller, Repert. sentent. 367
Hugo ⟨de Petragoriis⟩
Petragoris, Hugo ¬de¬

Hugo ⟨de Petriburgo⟩
→ **Hugo ⟨Candidus⟩**

Hugo ⟨de Pisa⟩
→ **Hugutio**

Hugo ⟨de Pontefracto⟩
um 1140
Versus de Thurstino
Rep.Font. V,589; DOC,2,997
Hugo ⟨Sancti Johannis de Pontefracto⟩
Hugues ⟨de Pontefract⟩
Pontefracto, Hugo ¬de¬
Ugo ⟨di Pontefract⟩
Ugo ⟨di San Giovanni di Pontefract⟩

Hugo ⟨de Pontigny⟩
→ **Hugo ⟨Matisconensis⟩**

Hugo ⟨de Porta Ravennate⟩
gest. 1168
Quaestiones disputatae; Ordo iudiciorum; Distinctiones
LMA,V,174
Hugo ⟨de Porta-Ravennate⟩
Hugo ⟨Ravennatis⟩
Hugo ⟨von Ravennas⟩
Hugues ⟨de Porta Ravennate⟩
Porta Ravennate, Hugo ¬de¬
Ugo ⟨de Porta Ravennate⟩

Hugo ⟨de Prato⟩
→ **Hugo ⟨de Prato Florido⟩**

Hugo ⟨de Prato Florido⟩
gest. 1322
Sermones dominicales per annum; Sermones quadragesimales
Kaeppeli,II,258/260
Hugo ⟨de Prato⟩
Hugo ⟨de Prato de Vinacensibus⟩
Hugo ⟨de Vinac⟩
Hugo ⟨de Vinacensibus⟩
Hugo ⟨Pratensis⟩
Prato Florido, Hugo ¬de¬
Vinac, Hugo ¬de¬

Hugo ⟨de Reading⟩
→ **Hugo ⟨Ambianensis⟩**

Hugo ⟨de Remiremont⟩
gest. ca. 1099 · OSB
Streitschriften gegen die Gregorianer; nicht identisch mit Hugo ⟨Candidus⟩ (gest. 1155)
LMA,V,163
Hugo ⟨Albus⟩
Hugo ⟨Blancus⟩
Hugo ⟨Candidus⟩
Hugo ⟨Candidus, Kardinal⟩
Hugo ⟨Candidus de Remiremont⟩
Hugo ⟨der Weiße⟩
Hugo ⟨Kardinal-Presbyter von San Clemente⟩
Hugo ⟨von Remiremont⟩
Hugues ⟨Candide⟩
Hugues ⟨Cardinal⟩
Hugues ⟨Cardinal-Prêtre de Saint-Clément⟩
Hugues ⟨de Remiremont⟩
Hugues ⟨de Trente⟩
Hugues ⟨le Blanc⟩
Remiremont, Hugo ¬de¬
Ugo ⟨Candido⟩
Ugo ⟨il Bianco⟩

Hugo ⟨de Ribomonte⟩
12. Jh.
In Pentateuchum; Brief über die Natur der Seele; zu Unrecht mit Hugo ⟨Ambianensis⟩, Erzbischof von Rouen, verwechselt
LMA,V,176
Hugo ⟨Ambianensis⟩
Hugo ⟨Ribodimontensis⟩
Hugo ⟨Ribodimontis⟩
Hugo ⟨Ribomontensis⟩
Hugo ⟨von Amiens⟩
Hugues ⟨de Ribemont⟩
Ribomonte, Hugo ¬de¬

Hugo ⟨de Ripla⟩
→ **Hugo ⟨Argentinensis⟩**

Hugo ⟨de Rotelanda⟩
→ **Huon ⟨de Rotelande⟩**

Hugo ⟨de Rouen⟩
→ **Hugo ⟨Ambianensis⟩**

Hugo ⟨de Rütlinga⟩
→ **Spechtshart, Hugo**

Hugo ⟨de Saint Not⟩
→ **Hugo ⟨de Sancto Neoto⟩**

Hugo ⟨de Saint-Cher⟩
→ **Hugo ⟨de Sancto Caro⟩**

Hugo ⟨de Saint-Circ⟩
→ **Uc ⟨de Saint-Circ⟩**

Hugo ⟨de Salinis⟩
gest. 1066
Liber precum; Pontificale
LMA,V,164
Hugo ⟨Erzbischof von Besançon⟩
Hugo ⟨von Besançon⟩
Hugo ⟨von Salins⟩
Hugues ⟨Archevêque⟩
Hugues ⟨de Besançon⟩
Hugues ⟨de Salins⟩
Salinis, Hugo ¬de¬

Hugo ⟨de Salvanez⟩
→ **Hugo ⟨Salvaniensis⟩**

Hugo ⟨de Sancta Maria⟩
→ **Hugo ⟨Floriacensis⟩**

Hugo ⟨de Sancto Caro⟩
gest. 1263
Speculum ecclesiae
Kaeppeli,II,269/281; LMA,V,176/77
Hugo ⟨a Sancto Caro⟩
Hugo ⟨Cardinal⟩
Hugo ⟨Carensis⟩
Hugo ⟨de Celidorio⟩
Hugo ⟨de Saint-Cher⟩
Hugo ⟨de Sancto Charo⟩
Hugo ⟨de Sancto Theoderico⟩
Hugo ⟨de Vienna⟩
Hugo ⟨Viennensis⟩
Hugo ⟨von Sankt Cher⟩
Hugues ⟨de Saint-Cher⟩
Pseudo-Hugo ⟨de Sancto Caro⟩
Sancto Caro, Hugo ¬de¬
Ugo ⟨de Sancto Caro⟩

Hugo ⟨de Sancto Laurentio⟩
→ **Hugo ⟨de Folieto⟩**

Hugo ⟨de Sancto Neoto⟩
gest. 1340 · OCarm
Luc.
Stegmüller, Repert. bibl. 3785
Hugo ⟨a Fano Neoti⟩
Hugo ⟨de Lincolnshire⟩
Hugo ⟨de Saint Not⟩
Hugues ⟨de Saint Neot's⟩
Sancto Neoto, Hugo ¬de¬

Hugo ⟨de Sancto Theoderico⟩
→ **Hugo ⟨de Sancto Caro⟩**

Hugo ⟨de Sancto Victore⟩
1096 – 1141 · CRSA
Tusculum-Lexikon; LThK; CSGL; LMA,V,177/78
Hugo ⟨Beatus⟩
Hugo ⟨Canonicus⟩
Hugo ⟨de Blankenburg⟩
Hugo ⟨Magister⟩
Hugo ⟨Magnus⟩
Hugo ⟨of Saint Victor⟩
Hugo ⟨Parisiensis⟩
Hugo ⟨Philosophus⟩
Hugo ⟨Sanctus⟩
Hugo ⟨Theologus⟩
Hugo ⟨Victorius⟩
Hugo ⟨von Sankt Victor⟩
Hugues ⟨de Saint-Victor⟩
Pseudo-Hugo ⟨de Sancto Victore⟩
Sancto Victore, Hugo ¬de¬
Ugo ⟨de Sancto Victore⟩
Ugo ⟨di Santo Vittore⟩
Victorius, Hugo

Hugo ⟨de Saxonia⟩
11./12. Jh.
Synopsis physicorum Aristotelis
Lohr
Hugo ⟨de Sansconia⟩
Saxonia, Hugo ¬de¬

Hugo ⟨de Schlettstadt⟩
14./15. Jh. · OFM
Stegmüller, Repert. sentent. 266;377
Hugo ⟨Provincialis Germaniae Superioris⟩
Hugo ⟨Selestadiensis⟩
Hugo ⟨Slestadiensis⟩
Hugo ⟨Sletstadt⟩
Hugo ⟨von Schlettstadt⟩
Hugues ⟨de Schlestadt⟩
Hugues ⟨de Sélestat⟩
Schlettstadt, Hugo ¬de¬

Hugo ⟨de Siena⟩
→ **Hugo ⟨Bentius⟩**

Hugo ⟨de Silvanes⟩
→ **Hugo ⟨Salvaniensis⟩**

Hugo ⟨de Sneth⟩
→ **Hugo ⟨de Sneyth⟩**

Hugo ⟨de Sneyth⟩
um 1282/90 · OP
Sermones; De arte praedicandi
Schneyer,II,814; Kaeppeli,II,281
Hugo ⟨de Sneth⟩
Hugo ⟨de Sneyth Anglicus⟩
Hugo ⟨de Suetonia⟩
Hugo ⟨de Sutona⟩
Hugo ⟨Suethus⟩
Hugo ⟨Svethus⟩
Hugues ⟨Suethus⟩
Sneyth, Hugo ¬de¬
Suethus, Hugo

Hugo ⟨de Straßburg⟩
→ **Hugo ⟨Argentinensis⟩**

Hugo ⟨de Suetonia⟩
→ **Hugo ⟨de Sneyth⟩**

Hugo ⟨de Sutona⟩
→ **Hugo ⟨de Sneyth⟩**

Hugo ⟨de Traiecto⟩
14. Jh.
Questiones in Aristotelis De anima; Quaestio utrum universale; Quaestiones de Porphyrii logica, etc.
Lohr
Hugh ⟨of Utrecht⟩
Hugo ⟨de Trapecto⟩
Traiecto, Hugo ¬de¬
Trapecto, Hugo ¬de¬
Ugo ⟨di Trapecto⟩

Hugo ⟨de Tribus Fontanis⟩
→ **Hugo ⟨Ostiensis⟩**

Hugo ⟨de Tuciano⟩
→ **Hugo ⟨Senonensis⟩**

Hugo ⟨de Vaucemain⟩
gest. 1341 · OP
Litterae de terminis conv. Divionen. et Autissiodoren.; Litterae encyclicae ad Ord. Praed.
Schneyer,II,814; Kaeppeli,II,281/282
Hugo ⟨de Vauceman⟩
Hugues ⟨de Vaucemain⟩
Vaucemain, Hugo ¬de¬

Hugo ⟨de Vercellis⟩
→ **Hugutio**

Hugo ⟨de Viconio⟩
→ **Hugo ⟨de Vitonio⟩**

Hugo ⟨de Vienna⟩
→ **Hugo ⟨de Sancto Caro⟩**

Hugo ⟨de Vinac⟩
→ **Hugo ⟨de Prato Florido⟩**

Hugo ⟨de Virley⟩
gest. 1344 · OCarm
De figuris historiarum sacrae Scripturae
Stegmüller, Repert. bibl. 3855-3859
Hugh ⟨de Birley⟩
Hugh ⟨Virley⟩
Hugo ⟨Birleius⟩
Hugo ⟨Verolegus⟩
Hugo ⟨Vireleius⟩
Hugo ⟨Virleius⟩
Hugo ⟨Virleyus⟩
Hugo ⟨Werleius⟩
Hugues ⟨Virley⟩
Thomas ⟨Birleius⟩
Thomas ⟨de Virley⟩
Thomas ⟨Verolegus⟩
Thomas ⟨Vireleius⟩
Thomas ⟨Virley⟩
Thomas ⟨Werleius⟩
Virley, Hugo ¬de¬
Virley, Hugues
Virley, Thomas

Hugo ⟨de Vitonio⟩
um 1340/71 · OP
Ps.; Eccl; Identität mit Hugo ⟨de Billom⟩ umstritten; Identität mit Ivo ⟨de Begaignon⟩ (Stegmüller, Repert. bibl. 5336) wahrscheinlich
Stegmüller, Repert. bibl. 3860-3861
Evenus ⟨de Begaignon⟩
Hugo ⟨de Viconio⟩
Hugo ⟨Vitonius⟩
Hugues ⟨de Vitonio⟩
Ivo ⟨de Begaignon⟩
Udo ⟨de Viconio⟩
Udo ⟨de Vitonio⟩
Vitonio, Hugo ¬de¬
Yvo ⟨de Begaignon⟩

Hugo ⟨de Werbenwag⟩
→ **Hugo ⟨von Werbenwag⟩**

Hugo ⟨de Wern⟩
→ **Hugo ⟨von Trimberg⟩**

Hugo ⟨der Große⟩
→ **Hugo ⟨Cluniacensis, I.⟩**

Hugo ⟨der Kellner⟩
→ **Hawich ⟨der Kellner⟩**

Hugo ⟨der Lesemaister⟩
→ **Hugo ⟨von Konstanz⟩**

Hugo ⟨der Primas⟩
→ **Hugo ⟨Aurelianensis⟩**

Hugo ⟨der Weiße⟩
→ **Hugo ⟨de Remiremont⟩**

Hugo ⟨di Digne⟩
→ **Hugo ⟨de Digna⟩**

Hugo ⟨Diensis⟩
gest. 1106
Epistolae
LThK; CSGL; Potth.; LMA,V,166
Hugo ⟨Archiepiscopus⟩
Hugo ⟨Divionensis⟩
Hugo ⟨Episcopus⟩
Hugo ⟨Lugdunensis⟩
Hugo ⟨of Lyon⟩
Hugo ⟨von Die⟩
Hugo ⟨von Lyon⟩
Hugo ⟨von Romans⟩
Hugues ⟨de Die⟩
Hugues ⟨de Lyon⟩

Hugo ⟨Divionensis⟩
→ **Hugo ⟨Diensis⟩**

Hugo ⟨Eboracensis⟩
→ **Hugo ⟨Cantor⟩**

Hugo ⟨Edessenus⟩
gest. 1142
Epistola ad R. Remensem archiep.
CSGL
Edessenus, Hugo
Hugo ⟨Archiepiscopus⟩
Hugo ⟨of Edessa⟩
Hugues ⟨d'Edesse⟩

Hugo ⟨Episcopus⟩
→ **Hugo ⟨Britolius⟩**
→ **Hugo ⟨de Campo Florido⟩**
→ **Hugo ⟨Diensis⟩**
→ **Hugo ⟨Gratianopolitanus⟩**
→ **Hugo ⟨Lincolniensis⟩**
→ **Hugo ⟨Matisconensis⟩**

Hugo ⟨Episcopus Philadelphiae⟩
→ **Hugo ⟨de Castello⟩**

Hugo ⟨Episcopus Portugalensis⟩
→ **Hugo ⟨Portuensis⟩**

Hugo ⟨Erzbischof von Besançon⟩
→ **Hugo ⟨de Salinis⟩**

Hugo ⟨Eterianus⟩
→ **Eterianus, Hugo**

Hugo ⟨Eveshamensis⟩
→ **Hugo ⟨Atratus de Evesham⟩**

Hugo ⟨Falcandus⟩
→ **Falcandus, Hugo**

Hugo ⟨Farfensis⟩
gest. 1039
LThK; CSGL; Potth.; LMA,V,170/71
Hugo ⟨Abbas⟩
Hugo ⟨von Farfa⟩
Hugues ⟨de Farfa⟩
Ugo ⟨di Farfa⟩

Hugo ⟨Farsitus⟩
→ **Hugo ⟨Cluniacensis, I.⟩**

Hugo ⟨Farsitus⟩
gest. 1143
Libellus de miraculis S. Mariae
CSGL; Potth.
Farsitus, Hugo
Hugo ⟨Abbas⟩
Hugo ⟨Canonicus⟩
Hugo ⟨Suessionensis⟩
Hugues ⟨de Saint-Jean⟩
Hugues ⟨Farsit⟩
Hugues ⟨le Prémontré⟩

Hugo ⟨Ferrariensis⟩
→ **Hugutio**

Hugo ⟨Flaviniacensis⟩
1065 – ca. 1140
Chronicon Virdunense
Tusculum-Lexikon; LThK; CSGL; LMA,V,171
Hugo ⟨Flaviniensis⟩
Hugo ⟨Sancti Vitoni⟩
Hugo ⟨Virdunensis⟩
Hugo ⟨von Flavigny⟩
Hugo ⟨von Saint Vannes⟩
Hugues ⟨de Flavigny⟩

Hugo ⟨Floreffiensis⟩
um 1228 · OPraem
Vita beatae Iuettae
Rep.Font. V,584
Hugo ⟨Canonicus Floreffiensis⟩
Hugues ⟨de Floreffe⟩
Hugues ⟨Prémontré à Floreffe⟩

Hugo ⟨Floriacensis⟩
gest. ca. 1135
Historia ecclesiastica
Tusculum-Lexikon; LThK; CSGL; LMA,V,171
Hugo ⟨de Floriaco⟩
Hugo ⟨de Sancta Maria⟩
Hugo ⟨Monachus Sanctae Mariae⟩
Hugo ⟨Sanctae Mariae Monachus⟩
Hugo ⟨von Fleury⟩
Hugues ⟨de Fleury⟩
Hugues ⟨de Sainte-Marie⟩

Hugo ⟨Folietinus⟩
→ **Hugo ⟨de Folieto⟩**

Hugo ⟨Fossensis⟩
gest. 1164 · OPraem
Ordinarius Praemonstratensis Ordinis; Statuta Ordinis Praemonstratensis
Rep.Font. V,585; DOC,2,1001
Hugo ⟨Abbas Praemonstratensis⟩
Hugo ⟨Praemonstratensis⟩
Hugues ⟨de Fosses⟩
Hugues ⟨de Prémontré⟩

Hugo ⟨Franciae Cancellarius⟩
→ **Hugo ⟨de Campo Florido⟩**

Hugo ⟨Francigena⟩
→ **Hugo ⟨Salvaniensis⟩**

Hugo ⟨Frater, OP⟩
→ **Hugo ⟨Anglicus⟩**

Hugo ⟨Fulcandus⟩
→ **Falcandus, Hugo**

Hugo ⟨Gratianopolitanus⟩
gest. 1132
LThK; CSGL; LMA,V,166/67
Gratianopolitanus, Hugo
Hugh ⟨of Grenoble⟩
Hugo ⟨Episcopus⟩
Hugo ⟨Gratianopolitensis⟩
Hugo ⟨Sanctus⟩
Hugo ⟨von Grenoble⟩
Hugues ⟨of Grenoble⟩

Hugo ⟨Hargi Lopo⟩
→ **Hugo ⟨de Hartlepool⟩**

Hugo ⟨Heterianus⟩
→ **Eterianus, Hugo**

Hugo ⟨Honaugiensis⟩
12. Jh.
Liber de diversitate naturae ...
Tusculum-Lexikon; LMA,V,172
Hugh ⟨of Honau⟩
Hugo ⟨von Honau⟩
Hugues ⟨de Honau⟩

Hugo ⟨Illuminator⟩
um 1332 · OFM
Iter versus Terram Sanctam cum Symone Semeonis
Rep.Font. V,586
Hugues ⟨Illuminator⟩
Illuminator, Hugo

Hugo ⟨Investitus Ecclesiae Sancti Christophori⟩
→ **Hugo ⟨Leodiensis⟩**

Hugo ⟨Kardinal-Presbyter von San Clemente⟩
→ **Hugo ⟨de Remiremont⟩**

Hugo ⟨Kerkestedes⟩
→ **Hugo ⟨de Kyrkestal⟩**

Hugo ⟨Kirkostallensis⟩
→ **Hugo ⟨de Kyrkestal⟩**

Hugo ⟨Lector Constantiensis⟩
→ **Hugo ⟨von Konstanz⟩**

Hugo ⟨Leodiensis⟩
um 1342
Peregrinarius
Rep.Font. V,587; VL(2),4,239/42
Hugo ⟨Investitus Ecclesiae Sancti Christophori⟩
Hugo ⟨Priester an der Christophoruskirche⟩
Hugo ⟨von Lüttich⟩
Hugues ⟨de Liège⟩
Lüttich, Hugo ¬von¬

Hugo ⟨Lesemeister⟩
→ **Hugo ⟨von Konstanz⟩**

Hugo ⟨Lincolniensis⟩
1140 – 1200 · OCart
LThK; CSGL; LMA,V,167
Hugh ⟨Carthusian⟩
Hugh ⟨de Avalon⟩
Hugh ⟨of Lincoln⟩
Hughes ⟨of Lincoln⟩
Hugo ⟨de Aballone⟩
Hugo ⟨de Avalon⟩
Hugo ⟨de Lincoln⟩
Hugo ⟨Episcopus⟩
Hugo ⟨Sanctus⟩
Hugo ⟨von Avalon⟩
Hugo ⟨von Lincoln⟩
Hugues ⟨de Lincoln⟩
Hugues ⟨d'Avallon⟩
Hugues ⟨le Chartreux⟩

Hugo ⟨Lingonensis⟩
→ **Hugo ⟨Britolius⟩**

Hugo ⟨Lobiensis⟩
um 1159/74 · OSB
Fundatio monasterii Lobbiensis
Rep.Font. V,587; DOC,2,1001
Hugo ⟨Prior Lobiensis⟩
Hugues ⟨de Lobbes⟩

Hugo ⟨Lucensis⟩
→ **Hugo ⟨de Lucca⟩**

Hugo ⟨Lugdunensis⟩
→ **Hugo ⟨Diensis⟩**

Hugo ⟨Magdalonensis⟩
→ **Hugo ⟨de Miromari⟩**

Hugo ⟨Magdeburgensis⟩
um 1157/61 · OPraem
Galt früher fälschlich als Verf. der Vita S. Norberti Magdeburgensis
Rep.Font. V,588
Hugo ⟨Archiepiscopus Magdeburgensis⟩

Hugo ⟨Magister⟩
→ **Hugo ⟨de Sancto Victore⟩**

Hugo ⟨Magister⟩
13. Jh.
Post. An.
Lohr; Stegmüller, Repert. sentent. 598
Magister Hugo

Hugo ⟨Magnus⟩
→ **Hugo ⟨de Sancto Victore⟩**

Hugo ⟨Manchestriensis⟩
→ **Hugo ⟨de Manchester⟩**

Hugo ⟨Matisconensis⟩
ca. 1082 – 1151
Gesta militum; Epistolae ad Sugerium II
CSGL; LMA,V,172/73
Hugh ⟨of Pontigny⟩
Hugo ⟨Altissiodorensis⟩
Hugo ⟨de Matiscone⟩
Hugo ⟨de Pontigny⟩
Hugo ⟨Episcopus⟩
Hugo ⟨Matisconus⟩
Hugo ⟨Pontiniacensis⟩
Hugo ⟨Vitriacensis⟩
Hugo ⟨von Auxerre⟩
Hugo ⟨von Mâcon⟩
Hugo ⟨von Vitry⟩
Hugues ⟨de Mâcon⟩
Hugues ⟨de Pontigny⟩
Hugues ⟨d'Auxerre⟩
Hugues ⟨of Auxerre⟩
Mâcon, Hugo ¬von¬

Hugo ⟨Metellus⟩
gest. ca. 1157
Epistolae
CSGL; Potth.
Hugo ⟨Tullensis⟩
Hugues ⟨Métel⟩
Metellus, Hugo

Hugo ⟨Metensis⟩
→ **Hugo ⟨de Metz⟩**

Hugo ⟨Miles⟩
→ **Hugo ⟨de Cleriis⟩**

Hugo ⟨Monachus de Miramare⟩
→ **Hugo ⟨de Miromari⟩**

Hugo ⟨Monachus Sanctae Mariae⟩
→ **Hugo ⟨Floriacensis⟩**

Hugo ⟨Montfort-Bregenz, Graf⟩
→ **Hugo ⟨von Montfort⟩**

Hugo ⟨Nonantus⟩
→ **Nonantus, Hugo**

Hugo ⟨Nouvant⟩
→ **Nonantus, Hugo**

Hugo ⟨Novantus⟩
→ **Nonantus, Hugo**

Hugo ⟨of Edessa⟩
→ **Hugo ⟨Edessenus⟩**

Hugo ⟨of Langres⟩
→ **Hugo ⟨Britolius⟩**

Hugo ⟨of Lyon⟩
→ **Hugo ⟨Diensis⟩**

Hugo ⟨of Orléans⟩
→ **Hugo ⟨Aurelianensis⟩**

Hugo ⟨of Saint Victor⟩
→ **Hugo ⟨de Sancto Victore⟩**

Hugo ⟨of Santalla⟩
→ **Hugo ⟨Sanctallensis⟩**

Hugo ⟨of Sens⟩
→ **Hugo ⟨Senonensis⟩**

Hugo ⟨of Soissons⟩
→ **Hugo ⟨de Campo Florido⟩**

Hugo ⟨of Venusia⟩
→ **Hugo ⟨Venusinus⟩**

Hugo ⟨Orthodoxus⟩
um 1085
Versus contra Manegoldum
Rep.Font. V,589
Hugo ⟨Adversarius Gregorii VII Papae⟩
Hugo ⟨Clericus⟩
Hugues ⟨Clerc Orthodoxe⟩
Hugues ⟨Orthodoxe⟩
Orthodoxus, Hugo

Hugo ⟨Ostiensis⟩
gest. 1158 · OCist
Vet. Test.; Eccle.; Epp. Pauli
Stegmüller, Repert. bibl. 3590-3596
Hugo ⟨Cardinalis⟩
Hugo ⟨Cisterciensis⟩
Hugo ⟨de Tribus Fontanis⟩
Hugolinus ⟨Ostiensis⟩
Hugues ⟨Cardinal-Evêque⟩
Hugues ⟨de Trois Fontaines⟩
Hugues ⟨de Velletrie⟩
Hugues ⟨d'Ostie⟩

Hugo ⟨Parisiensis⟩
→ **Hugo ⟨de Sancto Victore⟩**

Hugo ⟨Petriburgensis⟩
→ **Hugo ⟨Candidus⟩**

Hugo ⟨Philosophus⟩
→ **Hugo ⟨de Sancto Victore⟩**

Hugo ⟨Pictaviensis⟩
12. Jh.
Historia Vizeliacensis coenobii
CSGL; Potth.
Hugo ⟨Pictavinus⟩
Hugo ⟨Vezeliacensis⟩
Hugo ⟨von Poitiers⟩
Hugues ⟨de Poitiers⟩

Hugo ⟨Pontiniacensis⟩
→ **Hugo ⟨Matisconensis⟩**

Hugo ⟨Portuensis⟩
gest. 1136
Translatio Compostellam Sancti Fructuosi; Epistola ad Mauritium
LMA,V,167/68; Rep.Font. V,589
Hugo ⟨Episcopus Portugalensis⟩
Hugo ⟨Portugalensis⟩
Hugo ⟨Portugallensis⟩
Hugo ⟨von Oporto⟩
Hugo ⟨von Porto⟩
Hugues ⟨de Compostelle⟩
Hugues ⟨de Porto⟩
Hugues ⟨de Saint-Jacques de Compostelle⟩

Hugo ⟨Portugallensis⟩
→ **Hugo ⟨Portuensis⟩**

Hugo ⟨Praemonstratensis⟩
→ **Hugo ⟨de Folieto⟩**
→ **Hugo ⟨Fossensis⟩**

Hugo ⟨Pratensis⟩
→ **Hugo ⟨de Prato Florido⟩**

Hugo ⟨Priester an der Christophoruskirche⟩
→ **Hugo ⟨Leodiensis⟩**

Hugo ⟨Primas⟩
→ **Hugo ⟨Aurelianensis⟩**

Hugo ⟨Prior Lobiensis⟩
→ **Hugo ⟨Lobiensis⟩**

Hugo ⟨Provincialis Germaniae Superioris⟩
→ **Hugo ⟨de Schlettstadt⟩**

Hugo ⟨Ratisbonensis⟩
→ **Hugo ⟨de Lerchenfeld⟩**

Hugo ⟨Ravennatis⟩
→ **Hugo ⟨de Porta Ravennate⟩**

Hugo ⟨Reutlingensis⟩
→ **Spechtshart, Hugo**

Hugo ⟨Ribomontensis⟩
→ **Hugo ⟨de Ribomonte⟩**

Hugo ⟨Ripelin⟩
→ **Hugo ⟨Argentinensis⟩**

Hugo ⟨Rothomagensis⟩
→ **Hugo ⟨Ambianensis⟩**

Hugo ⟨Salvaniensis⟩
12. Jh.
Tractatus de conversione
CSGL; Potth.
Henri ⟨de Salvanez⟩
Henricus ⟨de Salvanez⟩
Henricus ⟨Salvaniensis⟩
Hugo ⟨de Salvanez⟩
Hugo ⟨de Silvanes⟩
Hugo ⟨Francigena⟩
Hugo ⟨von Sylvanès⟩
Hugues ⟨de Silvanes⟩
Hugues ⟨Francigena⟩
Ugo ⟨dei Frangipane⟩

Hugo ⟨Sanctae Mariae Monachus⟩
→ **Hugo ⟨Floriacensis⟩**

Hugo ⟨Sanctallensis⟩
um 1119/51
Ars geomantiae; Centiloquium; Hermetis Trimegisti liber de secretis naturae et occultis rerum causis ab Apollonio translatus; Liber Abdalaben Zeleman de spatula
Rep.Font. V,590; DOC,2,1002/03
Hugo ⟨of Santalla⟩
Hugo ⟨Sanctelliensis⟩
Hugo ⟨Sandaliensis⟩
Hugo ⟨Satilliensis⟩
Hugues ⟨de Santalla⟩
Hugues ⟨de Satalia⟩
Ugo ⟨di Santalla⟩

Hugo ⟨Sancti Johannis de Pontefracto⟩
→ **Hugo ⟨de Pontefracto⟩**

Hugo ⟨Sancti Pauli⟩
gest. 1205
Epistola de Constantinopolitanae urbis expugnatione per Latinos facta, a. 1204
Rep.Font. V,593; DOC,2,1003
Hugo ⟨Comes Sancti Pauli⟩
Hugues ⟨de Saint-Pol⟩
Hugues ⟨Saint-Pol, Comte, IV.⟩
Sancti Pauli, Hugo
Ugo ⟨di Saint-Pol⟩

Hugo ⟨Sancti Vitoni⟩
→ **Hugo ⟨Flaviniacensis⟩**

Hugo ⟨Sanctus⟩
→ **Hugo ⟨Cluniacensis, I.⟩**
→ **Hugo ⟨de Sancto Victore⟩**
→ **Hugo ⟨Gratianopolitanus⟩**
→ **Hugo ⟨Lincolniensis⟩**

Hugo ⟨Sandaliensis⟩
→ **Hugo ⟨Sanctallensis⟩**

Hugo ⟨Sangspruchdichter⟩
→ **Hugo ⟨von Meiningen⟩**

Hugo ⟨Satilliensis⟩
→ **Hugo ⟨Sanctallensis⟩**

Hugo ⟨Saxo⟩
→ **Hugo ⟨de Folieto⟩**

Hugo ⟨Sebilot⟩
→ **Sibolt ⟨von Straßburg⟩**

Hugo ⟨Seguin⟩
→ **Hugo ⟨de Billom⟩**

Hugo ⟨Selestadiensis⟩
→ **Hugo ⟨de Schlettstadt⟩**

Hugo ⟨Senensis⟩
→ **Hugo ⟨Bentius⟩**

Hugo ⟨Senonensis⟩
gest. 1169
Epistolae
Potth.
Hugo ⟨Archiepiscopus⟩
Hugo ⟨de Tuciaco⟩
Hugo ⟨de Tuciano⟩
Hugo ⟨of Sens⟩
Hugues ⟨de Sens⟩
Hugues ⟨de Toucy⟩
Tuciano, Hugo ¬de¬

Hugo ⟨Sevinus⟩
→ **Hugo ⟨de Billom⟩**

Hugo ⟨Skotist⟩
→ **Hugo ⟨de Novo Castro⟩**

Hugo ⟨Slestadiensis⟩
→ **Hugo ⟨de Schlettstadt⟩**

Hugo ⟨Sottewain⟩
→ **Hugo ⟨Cantor⟩**

Hugo ⟨Spechtshart⟩
→ **Spechtshart, Hugo**

Hugo ⟨Suessionensis⟩
→ **Hugo ⟨de Campo Florido⟩**
→ **Hugo ⟨Farsitus⟩**

Hugo ⟨Suethus⟩
→ **Hugo ⟨de Sneyth⟩**

Hugo ⟨the Chantor⟩
→ **Hugo ⟨Cantor⟩**

Hugo ⟨Theologus⟩
→ **Hugo ⟨de Sancto Victore⟩**

Hugo ⟨Trimbergensis⟩
→ **Hugo ⟨von Trimberg⟩**

Hugo ⟨Tullensis⟩
→ **Hugo ⟨Metellus⟩**

Hugo ⟨Tuscus⟩
→ **Eterianus, Hugo**

Hugo ⟨Venusinus⟩
12. Jh.
Vitae
Hugo ⟨Abbas⟩
Hugo ⟨of Venusia⟩
Hugo ⟨von Venosa⟩
Hugues ⟨de Venosa⟩
Ugo ⟨of Venosa⟩
Venusinus, Hugo

Hugo ⟨Verfasser des Darmstädter Novus Avianus⟩
13./14. Jh.
Novus Avianus
VL(2),4,223

Hugo ⟨Verolegus⟩
→ **Hugo ⟨de Virley⟩**

Hugo ⟨Vezeliacensis⟩
→ **Hugo ⟨Pictaviensis⟩**

Hugo ⟨Victorius⟩
→ **Hugo ⟨de Sancto Victore⟩**

Hugo ⟨Viennensis⟩
→ **Hugo ⟨de Sancto Caro⟩**

Hugo ⟨Virdunensis⟩
→ **Hugo ⟨Flaviniacensis⟩**

Hugo ⟨Virleius⟩
→ **Hugo ⟨de Virley⟩**

Hugo ⟨Vitonius⟩
→ **Hugo ⟨de Vitonio⟩**

Hugo ⟨Vitriacensis⟩
→ **Hugo ⟨Matisconensis⟩**

Hugo ⟨von Amiens⟩
→ **Hugo ⟨Ambianensis⟩**
→ **Hugo ⟨de Ribomonte⟩**

Hugo ⟨von Auxerre⟩
→ **Hugo ⟨Matisconensis⟩**

Hugo ⟨von Avalon⟩
→ **Hugo ⟨Lincolniensis⟩**

Hugo ⟨von Balma⟩
→ **Hugo ⟨de Balma⟩**

Hugo ⟨von Berzé⟩
→ **Hugues ⟨de Berzé⟩**

Hugo ⟨von Besançon⟩
→ **Hugo ⟨de Salinis⟩**

Hugo ⟨von Bologna⟩
→ **Hugo ⟨Bononiensis⟩**

Hugo ⟨von Bréteuil⟩
→ **Hugo ⟨Britolius⟩**

Hugo ⟨von Champfleury⟩
→ **Hugo ⟨de Campo Florido⟩**

Hugo ⟨von Cluny⟩
→ **Hugo ⟨Cluniacensis, I.⟩**

Hugo ⟨von Constanz⟩
→ **Hugo ⟨von Konstanz⟩**

Hugo ⟨von Die⟩
→ **Hugo ⟨Diensis⟩**

Hugo ⟨von Digne⟩
→ **Hugo ⟨de Digna⟩**

Hugo ⟨von Dorche⟩
→ **Hugo ⟨de Balma⟩**

Hugo ⟨von Ehenheim⟩
um 1421/35 · OP
26 Predigten, 3 predigtnahe Texte; Identität mit dem 1437 erwähnten gleichnamigen Bischof von Nikopolis umstritten
VL(2),4,226/229; Kaeppeli,II,255/256
Ehenheim, Hugo ¬von¬
Hugo ⟨Agni⟩
Hugo ⟨Agni de Argentina⟩
Hugo ⟨de Argentina⟩
Hugo ⟨de Ehenheim⟩
Hugo ⟨de Ehenheim Argentinensis⟩
Hugo ⟨de Henen⟩
Hugo ⟨von Straßburg⟩

Hugo ⟨von Farfa⟩
→ **Hugo ⟨Farfensis⟩**

Hugo ⟨von Flavigny⟩
→ **Hugo ⟨Flaviniacensis⟩**

Hugo ⟨von Fleury⟩
→ **Hugo ⟨Floriacensis⟩**

Hugo ⟨von Folietum⟩
→ **Hugo ⟨de Folieto⟩**

Hugo ⟨von Fouilloy⟩
→ **Hugo ⟨de Folieto⟩**

Hugo ⟨von Grenoble⟩
→ **Hugo ⟨Gratianopolitanus⟩**

Hugo ⟨von Honau⟩
→ **Hugo ⟨Honaugiensis⟩**

Hugo ⟨von Konstanz⟩
13. Jh. · OP
Dt. Predigten
VL(2),4,232; Kaeppeli,II,255
Huge ⟨de Lesemaister⟩
Hugo ⟨Constantiensis⟩
Hugo ⟨der Lesemaister⟩
Hugo ⟨Lector Constantiensis⟩
Hugo ⟨Lektor⟩
Hugo ⟨Lesemeister⟩
Hugo ⟨von Constanz⟩
Konstanz, Hugo ¬von¬

Hugo ⟨von Langenstein⟩
gest. 1319
LThK; LMA,V,172
Hugues ⟨de Langenstein⟩
Langenstein, Hugo ¬von¬

Hugo ⟨von Langres⟩
→ **Hugo ⟨de Breteuil⟩**

Hugo ⟨von Lincoln⟩
→ **Hugo ⟨Lincolniensis⟩**

Hugo ⟨von Lucca⟩
→ **Hugo ⟨de Lucca⟩**

Hugo ⟨von Lüttich⟩
→ **Hugo ⟨Leodiensis⟩**

Hugo ⟨von Lyon⟩
→ **Hugo ⟨Diensis⟩**

Hugo ⟨von Mâcon⟩
→ **Hugo ⟨Matisconensis⟩**

Hugo ⟨von Meiningen⟩
14. Jh.
Lieder
VL(2),4,242/243
Hug ⟨von Meiningen⟩
Hugo ⟨Sangspruchdichter⟩
Meiningen, Hugo ¬von¬

Hugo ⟨von Montfort⟩
1357 – 1423
LMA,V,173
Haug ⟨von Montfort⟩
Hug ⟨von Montfort⟩
Hugo ⟨Montfort-Bregenz, Graf, V.⟩
Hugo ⟨Montfort-Bregenz, Graf, VIII.⟩
Montfort, Hugo ¬von¬

Hugo ⟨von Mühldorf⟩
um 1230/70
Lieder
VL(2),4,251/252
Chuonze ⟨von Rosenheim⟩
Hug ⟨von Mulndorf⟩
Kunz ⟨von Rosenheim⟩
Kunze ⟨von Rosenheim⟩
Mühldorf, Hugo ¬von¬

Hugo ⟨von Oporto⟩
→ **Hugo ⟨Portuensis⟩**

Hugo ⟨von Orléans⟩
→ **Hugo ⟨Aurelianensis⟩**

Hugo ⟨von Pisa⟩
→ **Hugutio**

Hugo ⟨von Poitiers⟩
→ **Hugo ⟨Pictaviensis⟩**

Hugo ⟨von Porto⟩
→ **Hugo ⟨Portuensis⟩**

Hugo ⟨von Ravennas⟩
→ **Hugo ⟨de Porta Ravennate⟩**

Hugo ⟨von Remiremont⟩
→ **Hugo ⟨de Remiremont⟩**

Hugo ⟨von Reutlingen⟩
→ **Spechtshart, Hugo**

Hugo ⟨von Romans⟩
→ **Hugo ⟨Diensis⟩**

Hugo ⟨von Rouen⟩
→ **Hugo ⟨Ambianensis⟩**

Hugo ⟨von Saint Vannes⟩
→ **Hugo ⟨Flaviniacensis⟩**

Hugo ⟨von Salins⟩
→ **Hugo ⟨de Salinis⟩**

Hugo ⟨von Sankt Cher⟩
→ **Hugo ⟨de Sancto Caro⟩**

Hugo ⟨von Sankt Victor⟩
→ **Hugo ⟨de Sancto Victore⟩**

Hugo ⟨von Schlettstadt⟩
→ **Hugo ⟨de Schlettstadt⟩**

Hugo ⟨von Segni⟩
→ **Gregorius ⟨Papa, VIIII.⟩**

Hugo ⟨von Semur⟩
→ **Hugo ⟨Cluniacensis, I.⟩**

Hugo ⟨von Straßburg⟩
→ **Hugo ⟨Argentinensis⟩**
→ **Hugo ⟨von Ehenheim⟩**

Hugo ⟨von Sylvanès⟩
→ **Hugo ⟨Salvaniensis⟩**

Hugo ⟨von Toul⟩
→ **Hugues ⟨de Toul⟩**

Hugo ⟨von Trimberg⟩
gest. ca. 1313
Tusculum-Lexikon; LThK; VL(2); LMA,V,178/79
Hûc ⟨von Trimperc⟩
Hugo ⟨de Wern⟩
Hugo ⟨Trimbergensis⟩
Hugues ⟨de Trimberg⟩
Trimberg, Hugo ¬von¬

Hugo ⟨von Venosa⟩
→ **Hugo ⟨Venusinus⟩**

Hugo ⟨von Vitry⟩
→ **Hugo ⟨Matisconensis⟩**

Hugo ⟨von Werbenwag⟩
13. Jh.
VL(2)
Hugo ⟨de Werbenwag⟩
Hugues ⟨de Werbenwak⟩
Werbenwag, Hugo ¬von¬

Hugo ⟨Werleius⟩
→ **Hugo ⟨de Virley⟩**

Hugo, Jacobus ¬de¬
→ **Jacobus ⟨de Hugo⟩**

Hugolin ⟨de Donorio⟩
→ **Hugolinus ⟨de Donorio⟩**

Hugolin ⟨de Ferrare⟩
→ **Hugolinus ⟨de Donorio⟩**

Hugolin ⟨de Montecatini⟩
→ **Hugolinus ⟨de Monte Catino⟩**

Hugolin ⟨de Rimini⟩
→ **Hugolinus ⟨de Arimino⟩**

Hugolin ⟨de Santa-Maria in Monte⟩
→ **Hugolinus ⟨de Monte Georgio⟩**

Hugolin ⟨de Segni⟩
→ **Gregorius ⟨Papa, VIIII.⟩**

Hugolin ⟨de'Conti⟩
→ **Gregorius ⟨Papa, VIIII.⟩**

Hugolin ⟨von Orvieto⟩
→ **Hugolinus ⟨de Urbe Vetere⟩**

Hugolinus ⟨Ariminensis⟩
→ **Hugolinus ⟨de Arimino⟩**

Hugolinus ⟨de Arimino⟩
gest. 1249 · OP
Sermones de tempore per annum
Schneyer,II,818; QE,I,122
Arimino, Hugolinus ¬de¬
Hugolin ⟨de Rimini⟩
Hugolinus ⟨Ariminensis⟩
Hugolinus ⟨de Rimini⟩
Rimini, Hugolinus ¬de¬
Ugolin ⟨de Rimini⟩

Hugolinus ⟨de Donorio⟩
um 1308 · OFM
Schneyer,II,814
Donorio, Hugolinus ¬de¬
Hugolin ⟨de Donorio⟩
Hugolin ⟨de Ferrare⟩
Hugolinus ⟨de Ferraria⟩
Hugolinus ⟨Ferrariensis⟩
Ugolino ⟨de Ferrara⟩

Hugolinus ⟨de Ferraria⟩
→ **Hugolinus ⟨de Donorio⟩**

Hugolinus ⟨de Monte Catino⟩
gest. 1425
Caccini, Ugolino
Hugolin ⟨de Montecatini⟩
Monte Catino, Hugolinus ¬de¬
Montecatini, Ugolino ¬da¬
Ugolino ⟨Caccini⟩
Ugolino ⟨da Montecatini⟩
Ugolinus ⟨de Monte Catino⟩

Hugolinus ⟨de Monte Georgio⟩
ca. 1260 – ca. 1331 · OFM
Actus Francisci et sociorum eius
Rep.Font. V,607
Hugolin ⟨de Santa-Maria in Monte⟩
Hugolinus ⟨de Monte Giorgio⟩
Hugolinus ⟨de Monte Sanctae Mariae⟩
Hugolinus ⟨de Sancta Maria in Georgio⟩
Monte Georgio, Hugolinus ¬de¬

Hugolinus ⟨de Monte Sanctae Mariae⟩
→ **Hugolinus ⟨de Monte Georgio⟩**

Hugolinus ⟨de Orvieto⟩
→ **Hugolinus ⟨de Urbe Vetere⟩**

Hugolinus ⟨de Presbyteris⟩
gest. ca. 1233
LMA,V,179/80
Hugolinus ⟨de Presbiteris⟩
Hugolinus ⟨Presbyteri⟩
Presbiteris, Hugolinus ¬de¬
Presbyteris, Hugolinus ¬de¬
Ugolino ⟨dei Presbiteri⟩
Ugolinus ⟨de Presbyteris⟩

Hugolinus ⟨de Rimini⟩
→ **Hugolinus ⟨de Arimino⟩**

Hugolinus ⟨de Sancta Maria in Georgio⟩
→ **Hugolinus ⟨de Monte Georgio⟩**

Hugolinus ⟨de Urbe Vetere⟩
gest. 1373 · OESA
Stegmüller, Repert. sentent. 378; LMA,V,180; VIII,1180
Hugolin ⟨von Orvieto⟩
Hugolinus ⟨de Orvieto⟩
Hugolinus ⟨de Urbe Veteri⟩
Hugolinus ⟨de Urbeveteri⟩
Hugolinus ⟨Malabranca de Urbe Veteri⟩
Hugolinus ⟨von Orvieto⟩
Ugolino ⟨da Orvieto⟩
Ugolino ⟨di Orvieto⟩
Ugolino ⟨Orvietano⟩
Ugolinus ⟨de Urbe Vetere⟩
Ugolinus ⟨Urbevetanus⟩
Urbe Vetere, Hugolinus ¬de¬
Urbeveteri, Hugolinus ¬de¬

Hugolinus ⟨Ferrariensis⟩
→ **Hugolinus ⟨de Donorio⟩**

Hugolinus ⟨Malabranca de Urbe Veteri⟩
→ **Hugolinus ⟨de Urbe Vetere⟩**

Hugolinus ⟨Novi Cavallosari⟩
gest. 1364 · OP
Continuator Necrologii Pisani
Kaeppeli,II,282
Cavallosari, Hugolinus Novi
Hugolinus ⟨Novi Cavallosari Pisanus⟩
Hugolinus ⟨Pisanus⟩
Hugolinus ⟨Ser Novi Cavallosari Pisanus⟩
Novi Cavallosari, Hugolinus

Hugolinus ⟨Ostiensis⟩
→ **Hugo ⟨Ostiensis⟩**

Hugolinus ⟨Pisanus⟩
→ **Hugolinus ⟨Novi Cavallosari⟩**

Hugolinus ⟨Presbyteri⟩
→ **Hugolinus ⟨de Presbyteris⟩**

Hugolinus ⟨Segni⟩
→ **Gregorius ⟨Papa, VIIII.⟩**

Hugolinus ⟨Ser Novi Cavallosari Pisanus⟩
→ **Hugolinus ⟨Novi Cavallosari⟩**

Hugolinus ⟨von Orvieto⟩
→ **Hugolinus ⟨de Urbe Vetere⟩**

Hugon ⟨de Méry⟩
→ **Huon ⟨de Méry⟩**

Hugonis, Raimundus
→ **Raimundus ⟨Hugonis⟩**

Huguccio
→ **Hugutio**

Huguenetti, Johannes
→ **Johannes ⟨Huguenetti⟩**

Hugues ⟨Aicelin⟩
→ **Hugo ⟨de Billom⟩**

Hugues ⟨Archevêque⟩
→ **Hue ⟨l'Archevêque⟩**
→ **Hugo ⟨de Salinis⟩**

Hugues ⟨Benci⟩
→ **Hugo ⟨Bentius⟩**

Hugues ⟨Bienheureux⟩
→ **Hugo ⟨de Digna⟩**

Hugues ⟨Borgognoni⟩
→ **Hugo ⟨de Borgognonibus⟩**
→ **Hugo ⟨de Lucca⟩**

Hugues ⟨Caleffini⟩
→ **Caleffini, Ugo**

Hugues ⟨Candide⟩
→ **Hugo ⟨de Remiremont⟩**

Hugues ⟨Cardinal⟩
→ **Hugo ⟨de Remiremont⟩**

Hugues ⟨Cardinal-Evêque⟩
→ **Hugo ⟨Ostiensis⟩**

Hugues ⟨Chanoine⟩
→ **Hugo ⟨Bononiensis⟩**

Hugues ⟨Chanoine de Ratisbonne⟩
→ **Hugo ⟨de Lerchenfeld⟩**

Hugues ⟨Chansonnier⟩
→ **Huon ⟨de Saint-Quentin⟩**

Hugues ⟨Clerc Orthodoxe⟩
→ **Hugo ⟨Orthodoxus⟩**

Hugues ⟨Dalmace⟩
→ **Hugo ⟨Cluniacensis, I.⟩**

Hugues ⟨d'Amiens⟩
→ **Hugo ⟨Ambianensis⟩**

Hugues ⟨d'Auvergne⟩
→ **Huon ⟨d'Auvergne⟩**

Hugues ⟨d'Auxerre⟩
→ **Hugo ⟨Matisconensis⟩**

Hugues ⟨d'Avallon⟩
→ **Hugo ⟨Lincolniensis⟩**

Hugues ⟨de Aycelin⟩
→ **Hugo ⟨de Billom⟩**

Hugues ⟨de Balme⟩
→ **Hugo ⟨de Balma⟩**

Hugues ⟨de Bersil⟩
→ **Hugues ⟨de Berzé⟩**

Hugues ⟨de Berzé⟩
ca. 1170 – ca. 1225
LMA,V,182
Berzé, Hugues ¬de¬
Hugo ⟨von Berzé⟩
Hugues ⟨de Bersil⟩
Hugues ⟨de Berzé-le-Châtel⟩
Hugues ⟨de Berzy⟩
Hugues ⟨de Bregi⟩

Hugues ⟨de Besançon⟩
→ **Hugo ⟨de Salinis⟩**

Hugues ⟨de Billom⟩
→ **Hugo ⟨de Billom⟩**

Hugues ⟨de Bologne⟩
→ **Hugo ⟨Bononiensis⟩**

Hugues ⟨de Brailet⟩
→ **Hugo ⟨de Montegisonis⟩**

Hugues ⟨de Bregi⟩
→ **Hugues ⟨de Berzé⟩**

Hugues ⟨de Bréteuil⟩
→ **Hugo ⟨Britolius⟩**

Hugues ⟨de Broillet⟩
→ **Hugo ⟨de Montegisonis⟩**

Hugues ⟨de Cambrai⟩
→ **Huon ⟨de Cambrai⟩**

Hugues ⟨de Campfleury⟩
→ **Hugo ⟨de Campo Florido⟩**

Hugues ⟨de Castello⟩
→ **Hugo ⟨de Castello⟩**

Hugues ⟨de Chaluz⟩
→ **Hugo ⟨de Lacerta⟩**

Hugues ⟨de Champfleury⟩
→ **Hugo ⟨de Campo Florido⟩**

Hugues ⟨de Clères⟩
→ **Hugo ⟨de Cleriis⟩**

Hugues ⟨de Cluny⟩
→ **Hugo ⟨Cluniacensis, ...⟩**

Hugues ⟨de Compostelle⟩
→ **Hugo ⟨Portuensis⟩**

Hugues ⟨de Croyndon⟩
→ **Hugo ⟨de Croyndon⟩**

Hugues ⟨de Die⟩
→ **Hugo ⟨Diensis⟩**

Hugues ⟨de Digne⟩
→ **Hugo ⟨de Digna⟩**

Hugues ⟨de Dorche⟩
→ **Hugo ⟨de Balma⟩**

Hugues ⟨de Dutton⟩
→ **Hugo ⟨de Dutton⟩**

Hugues ⟨de Farfa⟩
→ **Hugo ⟨Farfensis⟩**

Hugues ⟨de Flavigny⟩
→ **Hugo ⟨Flaviniacensis⟩**

Hugues ⟨de Fleury⟩
→ **Hugo ⟨Floriacensis⟩**

Hugues ⟨de Floreffe⟩
→ **Hugo ⟨Floreffiensis⟩**

Hugues ⟨de Fosses⟩
→ **Hugo ⟨Fossensis⟩**

Hugues ⟨de Fouilloy⟩
→ **Hugo ⟨de Folieto⟩**

Hugues ⟨de Hartlepool⟩
→ **Hugo ⟨de Hartlepool⟩**

Hugues ⟨de Honau⟩
→ **Hugo ⟨Honaugiensis⟩**

Hugues ⟨de Kirkstall⟩
→ **Hugo ⟨de Kyrkestal⟩**

Hugues ⟨de Lacerta⟩
→ **Hugo ⟨de Lacerta⟩**

Hugues ⟨de Langenstein⟩
→ **Hugo ⟨von Langenstein⟩**

Hugues ⟨de Langres⟩
→ **Hugo ⟨Britolius⟩**

Hugues ⟨de Lerchenfeld⟩
→ **Hugo ⟨de Lerchenfeld⟩**

Hugues ⟨de l'Escaille⟩
→ **Hugo ⟨de Escaille⟩**

Hugues ⟨de Liège⟩
→ **Hugo ⟨Leodiensis⟩**

Hugues ⟨de Lincoln⟩
→ **Hugo ⟨Lincolniensis⟩**

Hugues ⟨de Lobbes⟩
→ **Hugo ⟨Lobiensis⟩**

Hugues ⟨de Lucques⟩
→ **Hugo ⟨de Borgognonibus⟩**
→ **Hugo ⟨de Lucca⟩**

Hugues ⟨de Lupia y Bagés⟩
→ **Hugo ⟨de Llupia i Bagés⟩**

Hugues ⟨de Lyon⟩
→ **Hugo ⟨Diensis⟩**

Hugues ⟨de Mâcon⟩
→ **Hugo ⟨Matisconensis⟩**

Hugues ⟨de Manchester⟩
→ **Hugo ⟨de Manchester⟩**

Hugues ⟨de Mataplana⟩
→ **Uguet ⟨de Mataplana⟩**

Hugues ⟨de Méry⟩
→ **Huon ⟨de Méry⟩**

Hugues ⟨de Metz⟩
→ **Hugo ⟨de Metz⟩**

Hugues ⟨de Miramar⟩
→ **Hugo ⟨de Miromari⟩**

Hugues ⟨de Montaigu⟩
→ **Hugo ⟨de Billom⟩**

Hugues ⟨de Montgeron⟩
→ **Hugo ⟨de Montegisonis⟩**

Hugues ⟨de Montrieux⟩
→ **Hugo ⟨de Miromari⟩**

Hugues ⟨de Newcastle⟩
→ **Hugo ⟨de Novo Castro⟩**

Hugues ⟨de Nonant⟩
→ **Nonantus, Hugo**

Hugues ⟨de Poitiers⟩
→ **Hugo ⟨Pictaviensis⟩**

Hugues ⟨de Pontefract⟩
→ **Hugo ⟨de Pontefracto⟩**

Hugues ⟨de Pontigny⟩
→ **Hugo ⟨Matisconensis⟩**

Hugues ⟨de Porta Ravennate⟩
→ **Hugo ⟨de Porta Ravennate⟩**

Hugues ⟨de Porto⟩
→ **Hugo ⟨Portuensis⟩**

Hugues ⟨de Prémontré⟩
→ **Hugo ⟨Fossensis⟩**

Hugues ⟨de Ratisbonne⟩
→ **Hugo ⟨de Lerchenfeld⟩**

Hugues ⟨de Reading⟩
→ **Hugo ⟨Cluniacensis, V.⟩**

Hugues ⟨de Remiremont⟩
→ **Hugo ⟨de Remiremont⟩**

Hugues ⟨de Ribemont⟩
→ **Hugo ⟨de Ribomonte⟩**

Hugues ⟨de Rotelande⟩
→ **Huon ⟨de Rotelande⟩**

Hugues ⟨de Saint Neot's⟩
→ **Hugo ⟨de Sancto Neoto⟩**

Hugues ⟨de Saint-Cher⟩
→ **Hugo ⟨de Sancto Caro⟩**

Hugues ⟨de Saint-Circ⟩
→ **Uc ⟨de Saint-Circ⟩**

Hugues ⟨de Sainte-Marie⟩
→ **Hugo ⟨Floriacensis⟩**

Hugues ⟨de Saint-Jacques de Compostelle⟩
→ **Hugo ⟨Portuensis⟩**

Hugues ⟨de Saint-Jean⟩
→ **Hugo ⟨Farsitus⟩**

Hugues ⟨de Saint-Pol⟩
→ **Hugo ⟨Sancti Pauli⟩**

Hugues ⟨de Saint-Quentin⟩
→ **Huon ⟨de Saint-Quentin⟩**

Hugues ⟨de Saint-Victor⟩
→ **Hugo ⟨de Sancto Victore⟩**

Hugues ⟨de Salins⟩
→ **Hugo ⟨de Salinis⟩**

Hugues ⟨de Santalla⟩
→ **Hugo ⟨Sanctallensis⟩**

Hugues ⟨de Satalia⟩
→ **Hugo ⟨Sanctallensis⟩**

Hugues ⟨de Schlestadt⟩
→ **Hugo ⟨de Schlettstadt⟩**

Hugues ⟨de Segni⟩
→ **Gregorius ⟨Papa, VIIII.⟩**

Hugues ⟨de Sélestat⟩
→ **Hugo ⟨de Schlettstadt⟩**

Hugues ⟨de Semur⟩
→ **Hugo ⟨Cluniacensis, I.⟩**

Hugues ⟨de Sens⟩
→ **Hugo ⟨Senonensis⟩**

Hugues ⟨de Sienne⟩
→ **Hugo ⟨Bentius⟩**

Hugues ⟨de Silvanes⟩
→ **Hugo ⟨Salvaniensis⟩**

Hugues ⟨de Strasbourg⟩
→ **Hugo ⟨Argentinensis⟩**

Hugues ⟨de Toucy⟩
→ **Hugo ⟨Senonensis⟩**

Hugues ⟨de Toul⟩
13. Jh.
Histoire de Lorraine
Hugo ⟨von Toul⟩
Toul, Hugues ¬de¬

Hugues ⟨de Trente⟩
→ **Hugo ⟨de Remiremont⟩**

Hugues ⟨de Trimberg⟩
→ **Hugo ⟨von Trimberg⟩**

Hugues ⟨de Trois Fontaines⟩
→ **Hugo ⟨Ostiensis⟩**

Hugues ⟨de Vaucemain⟩
→ **Hugo ⟨de Vaucemain⟩**

Hugues ⟨de Velletrie⟩
→ **Hugo ⟨Ostiensis⟩**

Hugues ⟨de Venosa⟩
→ **Hugo ⟨Venusinus⟩**

Hugues ⟨de Vitonio⟩
→ **Hugo ⟨de Vitonio⟩**

Hugues ⟨de Werbenwak⟩
→ **Hugo ⟨von Werbenwag⟩**

Hugues ⟨d'Edesse⟩
→ **Hugo ⟨Edessenus⟩**

Hugues ⟨d'Evesham⟩
→ **Hugo ⟨Atratus de Evesham⟩**

Hugues ⟨d'Oisy⟩
→ **Huon ⟨d'Oisi⟩**

Hugues ⟨d'Orléans⟩
→ **Hugo ⟨Aurelianensis⟩**

Hugues ⟨d'Ostie⟩
→ **Hugo ⟨Ostiensis⟩**

Hugues ⟨Eteriano⟩
→ **Eterianus, Hugo**

Hugues ⟨Falcand⟩
→ **Falcandus, Hugo**

Hugues ⟨Farsit⟩
→ **Hugo ⟨Farsitus⟩**

Hugues ⟨Foucault⟩
→ **Falcandus, Hugo**

Hugues ⟨Francigena⟩
→ **Hugo ⟨Salvaniensis⟩**

Hugues ⟨Illuminator⟩
→ **Hugo ⟨Illuminator⟩**

Hugues ⟨l'Archevêque⟩
→ **Hue ⟨l'Archevêque⟩**

Hugues ⟨le Blanc⟩
→ **Hugo ⟨Candidus⟩**
→ **Hugo ⟨de Remiremont⟩**

Hugues ⟨le Chartreux⟩
→ **Hugo ⟨Lincolniensis⟩**

Hugues ⟨le Noir⟩
→ **Hugo ⟨Atratus de Evesham⟩**

Hugues ⟨le Prémontré⟩
→ **Hugo ⟨Farsitus⟩**

Hugues ⟨Métel⟩
→ **Hugo ⟨Metellus⟩**

Hugues ⟨of Amiens⟩
→ **Hugo ⟨Ambianensis⟩**

Hugues ⟨of Auxerre⟩
→ **Hugo ⟨Matisconensis⟩**

Hugues ⟨of Grenoble⟩
→ **Hugo ⟨Gratianopolitanus⟩**

Hugues ⟨of Rouen⟩
→ **Hugo ⟨Ambianensis⟩**

Hugues ⟨Orthodoxe⟩
→ **Hugo ⟨Orthodoxus⟩**

Hugues ⟨Prémontré à Floreffe⟩
→ **Hugo ⟨Floreffiensis⟩**

Hugues ⟨Prieur de Brailet⟩
→ **Hugo ⟨de Montegisonis⟩**

Hugues ⟨Saint-Pol, Comte, IV.⟩
→ **Hugo ⟨Sancti Pauli⟩**

Hugues ⟨Séguin⟩
→ **Hugo ⟨de Billom⟩**

Hugues ⟨Spechtshart⟩
→ **Spechtshart, Hugo**

Hugues ⟨Suethus⟩
→ **Hugo ⟨de Sneyth⟩**

Hugues ⟨the Primat⟩
→ **Hugo ⟨Aurelianensis⟩**

Hugues ⟨Virley⟩
→ **Hugo ⟨de Virley⟩**

Hugues, Raymond
→ **Raimundus ⟨Hugonis⟩**

Huguet ⟨de Mataplana⟩
→ **Uguet ⟨de Mataplana⟩**

Huguet, Jaume
ca. 1414 – 1492
Katalan. Maler
LMA,V,182
Huguet, Jaime
Hugueton, Jaime
Jaime ⟨Huguet⟩
Jaime ⟨Hugueton⟩
Jaume ⟨Huguet⟩

Hugueton, Jaime
→ **Huguet, Jaume**

Hugutio
gest. 1210
Agiographia; Derivationes; Summa Decretorum
Rep.Font. V,609; LMA,V,181/82
Eugetio ⟨Ferrariensis⟩
Hugo ⟨de Pisa⟩
Hugo ⟨de Vercellis⟩
Hugo ⟨Ferrariensis⟩
Hugo ⟨von Pisa⟩
Huguccio
Huguccio ⟨Ferrariensis⟩
Huguccio ⟨Pisanus⟩
Huguccio ⟨von Ferrara⟩
Huguitio
Hugutius ⟨Ferrariensis⟩
Ugo ⟨de Vercellis⟩
Ugo ⟨Ferrariensis⟩
Ugotio
Uguccione
Ugutio
Ugutton
Vigetio ⟨Ferrariensis⟩

Hui-chiao
→ **Huijiao**

Huijiao
497 – 554
Gao-seng-zhuan
Chuej-Czjao
Hui-chiao

Huikai
1183 – 1260
Wumen-guan
Ekai ⟨Mönch⟩
Hui-k'ai
Hyegae
Mumon
Mumon Ekai
Wu-men
Wumen Huikai
Wumen Huikai Mumon
Wu-men Hui-k'ai

Huili
615 – ca. 675
Biograph von Xuanzang
Zhao, Huili

Huineng
638 – 713

Huisbertus ⟨Pickenham⟩
→ **Osbertus ⟨Anglicus⟩**

Huismann, Rudolf
→ **Agricola, Rudolf**

Huitace ⟨de Fontaines⟩
→ **Eustachius ⟨Atrebatensis⟩**

Hui-yuan ⟨Jingying⟩
523 – 592
Ching-ying Hui-yüan
Hui-yüan

Hui-yüan
→ **Hui-yuan ⟨Jingying⟩**

Hulczing, ¬Der¬
→ **Hülzing**

Hulrich ⟨von Augsburg⟩
→ **Udalricus ⟨Augustanus⟩**

Hulsout, Johannes
→ **Johannes ⟨de Mechlinia⟩**

Hulst, Jan ¬van¬
→ **Jan ⟨van Hulst⟩**

Hulsthout, Johannes
→ **Johannes ⟨de Mechlinia⟩**

Ḥumaid Ibn-Maḫlad Ibn-Zanǧawaih
→ **Ibn-Zanǧawaih, Ḥumaid Ibn-Maḫlad**

Ḥumaid Ibn-Ṯaur al-Hilālī
7. Jh.
Hilālī, Ḥumaid Ibn-Ṯaur ¬al-¬
Ḥumayd Ibn Thaur al-Hilālī
Ibn-Ṯaur al-Hilālī Ḥumaid

Ḥumaid Ibn-Zanǧawaih
→ **Ibn-Zanǧawaih, Ḥumaid Ibn-Maḫlad**

Ḥumaidī, ʿAbdallāh Ibn-az-Zubair ¬al-¬
gest. 834
ʿAbdallāh Ibn-az-Zubair al-Ḥumaidī
Ḥumaydī, ʿAbd Allāh ibn al-Zubayr
Ibn-az-Zubair, ʿAbdallāh al-Ḥumaidī

Ḥumaidī, Muḥammad Ibn-Abī-Naṣr ¬al-¬
ca. 1029 – 1095
Ḥumaydī, Muḥammad ibn Abī Naṣr
Ibn-Abī-Naṣr, Muḥammad al-Ḥumaidī
Muḥammad Ibn-Abī-Naṣr al-Ḥumaidī

Ḥumayd Ibn Thaur al-Hilālī
→ **Ḥumaid Ibn-Ṯaur al-Hilālī**

Ḥumaydī, ʿAbd Allāh ibn al-Zubayr
→ **Ḥumaidī, ʿAbdallāh Ibn-az-Zubair ¬al-¬**

Ḥumaydī, Muḥammad ibn Abī Naṣr
→ **Ḥumaidī, Muḥammad Ibn-Abī-Naṣr ¬al-¬**

Humbert ⟨de Dijon⟩
→ **Humbertus ⟨de Divione⟩**

Humbert ⟨de Gendrey⟩
→ **Humbertus ⟨de Prulliaco⟩**

Humbert ⟨de Moyenmoutier⟩
→ **Humbertus ⟨Silvae Candidae⟩**

Humbert ⟨de Pas de Wonck⟩
→ **Humbertus ⟨de Pas⟩**

Humbert ⟨de Preuilly⟩
→ **Humbertus ⟨de Prulliaco⟩**

Humbert ⟨de Romans⟩
→ **Humbertus ⟨de Romanis⟩**

Humbert ⟨le Bienheureux⟩
→ **Humbertus ⟨de Romanis⟩**

Humbert ⟨Pilat⟩
→ **Humbertus ⟨Pilatus⟩**

Humbert ⟨von Preuilly⟩
→ **Humbertus ⟨de Prulliaco⟩**

Humbert ⟨von Romans⟩
→ **Humbertus ⟨de Romanis⟩**

Humbert ⟨von Silva Candida⟩
→ **Humbertus ⟨Silvae Candidae⟩**

Humbert, Albericus ¬de¬
→ **Albericus ⟨de Humbert⟩**

Humbertus ⟨Abbé⟩
→ **Humbertus ⟨de Prulliaco⟩**

Humbertus ⟨Burgundio⟩
→ **Humbertus ⟨de Garda⟩**

Humbertus ⟨Cardinalis⟩
→ **Humbertus ⟨Silvae Candidae⟩**

Humbertus ⟨de Albiziis⟩
gest. 1434 · OP
Glossae super libris Metaphysicae
Lohr; Kaeppeli,IV,412/412
Albiziis, Humbertus ¬de¬
Albizzi, Humbertus ¬de¬
Hubertinus ⟨de Albiziis⟩
Hubertinus ⟨de Albizzi⟩
Hubertinus ⟨d'Albizzi⟩
Humbertus ⟨de Albizzi⟩
Humbertus ⟨d'Albizzi⟩
Ubertinus ⟨Bartholomaei⟩
Ubertinus ⟨Bartholomaei de Albizis⟩
Ubertinus ⟨Bartholomaei de Albizis Florentinus⟩
Ubertinus ⟨Bartholomei de Albizis⟩
Ubertinus ⟨de Albizis⟩

Humbertus ⟨de Balesma⟩
→ **Hubertus ⟨Magister de Balesma⟩**

Humbertus ⟨de Divione⟩
um 1330/32 · OP
Liber de locis et conditionibus Terrae sanctae et de Sepulchro
Kaeppeli,II,283; Schönberger/Kible, Repertorium, 14181; Rep.Font. V,612
Divione, Humbertus ¬de¬
Humbert ⟨de Dijon⟩
Humbertus ⟨Divionensis⟩

Humbertus ⟨de Garda⟩
Lebensdaten nicht ermittelt · OFM
Stegmüller, Repert. sentent.
Burgundio, Humbertus
Garda, Humbertus ¬de¬
Himbertus ⟨de Garda⟩
Humbertus ⟨Burgundio⟩
Imbertus ⟨de Garda⟩
Ymbertus ⟨de Garda⟩

Humbertus ⟨de Pas⟩
ca. 1350/60 – 1432
Chronicon Leodiense (fragm.)
Rep.Font. V,612
Humbert ⟨de Pas de Wonck⟩
Humbertus ⟨de Pas de Wonck⟩
Humbertus ⟨de Wonck⟩
Pas, Humbertus ¬de¬
Pas de Wonck, Humbertus ¬de¬
Wonck, Humbertus ¬de¬

Humbertus ⟨de Prulliaco⟩
gest. 1298 · OCist
Sententia super librum Metaphysicae; Commentarium in libros De anima; Propositiones notabiles super X libros Ethicae; etc.
Lohr; LMA,V,208/09
Humbert ⟨de Gendrey⟩
Humbert ⟨de Preuilly⟩
Humbert ⟨de Prully⟩
Humbert ⟨von Preuilly⟩
Humbert ⟨von Prulli⟩
Humbertus ⟨Abbé⟩
Humbertus ⟨de Preuilly⟩
Imbert ⟨de Preuilly⟩
Imbert ⟨de Preuilly⟩
Prulliaco, Humbertus ¬de¬

Humbertus ⟨de Romanis⟩
gest. 1277
LThK; LMA,V,209
Humbert ⟨de Romans⟩
Humbert ⟨le Bienheureux⟩
Humbert ⟨von Romans⟩
Humbertus ⟨Monsmoretanus⟩
Monsmoretanus, Hubertus
Romanis, Humbertus ¬de¬
Umbertus ⟨de Romanis⟩

Humbertus ⟨de Silva Candida⟩
→ **Humbertus ⟨Silvae Candidae⟩**

Humbertus ⟨de Wonck⟩
→ **Humbertus ⟨de Pas⟩**

Humbertus ⟨Divionensis⟩
→ **Humbertus ⟨de Divione⟩**

Humbertus ⟨Leodiensis⟩
→ **Humbertus ⟨Leonardi⟩**

Humbertus ⟨Leonardi⟩
gest. ca. 1490/1500 · OCarm
Luc.; Identität mit Leonardus ⟨Huberus⟩ bzw. Leonardus ⟨Hubertus⟩ umstritten
Stegmüller, Repert. bibl. 3865, 3865
Bernardus ⟨Leonardus⟩
Bernardus ⟨Leonhardus⟩
Hubert ⟨Léonard⟩
Hubert ⟨Leonardi⟩
Hubertus ⟨Leonardi⟩
Hubertus ⟨Leonardus⟩
Hubertus ⟨Leonhardus⟩
Hubertus, Leonardus
Huberus, Leonardus
Humbertus ⟨Leodiensis⟩
Humbertus ⟨Leonardus⟩
Leonardi, Hubert
Leonardi, Humbertus
Leonardus ⟨Hubertus⟩
Leonardus ⟨Huberus⟩

Humbertus ⟨Monsmoretanus⟩
→ **Humbertus ⟨de Romanis⟩**

Humbertus ⟨Pilatus⟩
gest. 1373
Memorabilia
Rep.Font. V,612
Humbert ⟨Pilat⟩
Humbert ⟨Pilat de la Buissière⟩
Pilat, Humbert
Pilatus, Humbertus

Humbertus ⟨Siciliae⟩
→ **Humbertus ⟨Silvae Candidae⟩**

Humbertus ⟨Silvae Candidae⟩
gest. 1061
Sentenzensammlungen
Tusculum-Lexikon; LThK; CSGL
Hubert ⟨de Moyenmoutier⟩
Humbert ⟨de Moyenmoutier⟩
Humbert ⟨von Silva Candida⟩
Humbertus ⟨Cardinalis⟩
Humbertus ⟨de Silva Candida⟩
Humbertus ⟨Siciliae⟩
Humbertus ⟨Sylvae Candidae⟩
Silva Candida, Humbertus ¬de¬
Silvae Candidae, Humbertus

Humbloneria, Ranulfus ¬de¬
→ **Ranulfus ⟨de Humbloneria⟩**

Humery, Konrad
ca. 1405 – 1470
Übersetzer der „Consolatio philosophiae“
VL(2),4,301/304
Conrad ⟨de Mayence⟩
Conrad ⟨Humerii⟩
Homery, Konrad
Hommery, Konrad
Humerii, Conrad
Konrad ⟨Homery⟩
Konrad ⟨Hommery⟩
Konrad ⟨Humery⟩

Humilis ⟨de Mediolano⟩
um 1238 · OFM
Is.; Matth.
Stegmüller, Repert. bibl. 3865
Humilis ⟨Lector in Conventu Fano⟩
Mediolano, Humilis ¬de¬

Humilis ⟨Frater⟩
um 1273 · OFM (OP?)
Identität mit Matthaeus ⟨de Aquasparta⟩ umstritten
Schneyer,II,819
Frater Humilis
Humilis ⟨Frère⟩
Humilis ⟨Prédicateur⟩

Humilis ⟨Lector in Conventu Fano⟩
→ **Humilis ⟨de Mediolano⟩**

Humilis ⟨Prédicateur⟩
→ **Humilis ⟨Frater⟩**

Humilitas ⟨de Faventia⟩
1226 – 1310
Sermones
Rep.Font. V,618
Faventia, Humilitas ¬de¬
Humilitas ⟨Abbatissa⟩
Humilitas ⟨Äbtissin⟩
Humilitas ⟨dei Faventi⟩
Humilitas ⟨Sancta⟩
Humilitas ⟨von Faenza⟩
Humilité ⟨Sainte⟩
Humiltà ⟨da Faenza⟩
Rosanna ⟨de Negusanti⟩
Umiltà ⟨Santa⟩

Humis, Henricus
→ **Henricus ⟨de Hunnis⟩**

Hummel, Matthäus
1425 – 1477
Festrede; Rektoratsrede
VL(2),4,304/306
Hummel von Villingen, Matthäus
Matthäus ⟨Hummel⟩
Matthäus ⟨Hummel von Villingen⟩
Matthäus ⟨von Villingen⟩

Hums, Henricus ¬de¬
→ **Henricus ⟨de Hunnis⟩**

Ḥunain Ibn-Isḥāq
809 – 873
Abu Jacub Isaak ben Honein ben Isaak el Ibadi et-Tabib
Ḥunain Ibn-Isḥāq Abū-Zaid al-ʿIbādī
Ḥunayn ibn Isḥāq
Ibn-Isḥāq, Ḥunain
Isaac ⟨Honeini Filius⟩
Isaacus ben Honein
Isḥāq Ibn-Ḥunain

Ḥunain Ibn-Isḥāq Abū-Zaid al-ʿIbādī
→ **Ḥunain Ibn-Isḥāq**

Hunaldus
um 1150 · OPraem
Carmen de anulo et baculo
Rep.Font. V,620; DOC,2,1005
Hunald ⟨de Bonne-Espérance⟩
Hunald ⟨Prémontré⟩
Hunaldus ⟨Scholasticus⟩
Hunaldus ⟨Tullensis⟩

Ḥunayn ibn Isḥāq
→ **Ḥunain Ibn-Isḥāq**

Hundfeld, Martin
15. Jh.
Fechtlehre
VL(2),4,308
Hundsfeld, Martin
Hundsfelder, Martin
Martin ⟨Hundfeld⟩
Martin ⟨Hundsfeld⟩
Martin ⟨Hundsfelder⟩

Hundsbichler, Leonhard
→ **Huntpichler, Leonardus**

Hundsfelder, Martin
→ **Hundfeld, Martin**

Huneberc ⟨of Heidenheim⟩
→ **Hugeburc ⟨Heidenheimensis⟩**

Hungaria, Georgius ¬de¬
→ **Georgius ⟨de Hungaria⟩**

Hungaria, Michael ¬de¬
→ **Michael ⟨de Hungaria⟩**

Hungarus, Andreas
→ **Andreas ⟨Hungarus⟩**

Hungarus, Benedictus
→ **Benedictus ⟨Hungarus⟩**

Hungarus, Damasus
→ **Damasus ⟨Hungarus⟩**

Hungarus, Ioanca
→ **Ioanca ⟨Hungarus⟩**

Hungarus, Iulianus
→ **Iulianus ⟨Hungarus⟩**

Hungwu ⟨China, Kaiser⟩
→ **Ming Taizu ⟨China, Kaiser⟩**

Hunnis, Henricus ¬de¬
→ **Henricus ⟨de Hunnis⟩**

Huno, Alexander
um 1277/1311
Stadtchronik; Zeitgeschehen
VL(2),4,311
Alexander ⟨Huno⟩

Hunold, Heinrich
15. Jh.
Medizinische Sammelhandschrift
VL(2),4,312
Heinrich ⟨Hunold⟩

Hunt, ¬Der¬
um 1400
Sätze über die Weisheit
VL(2),4,312
Der Hunt
Hunt ⟨Mystischer Prediger⟩

Hunt, Walter
→ **Gualterus ⟨Huntus⟩**

Huntpichler, Leonardus
ca. 1405 – 1478 · OP
In Topica; Directio paedagogorum; Tractatus de auctoriate ecclesiastica ; Epistola ad archiducem
Rep.Font. V,621; Lohr; VL(2),4,312
Hundsbichler, Leonhard
Huntpichler, Leonhard
Huntpichler, Leonhardus
Huntpuhler, Leonhard
Léonard ⟨de Brixen⟩
Leonard ⟨Huntpichler⟩
Leonardus ⟨a Valle Brixinensi⟩
Leonardus ⟨Brixinensis⟩
Leonardus ⟨de Valle Brixiensi⟩
Leonardus ⟨de Valle Brixinensi⟩
Leonardus ⟨Huntpichler⟩
Leonardus ⟨Huntpichler de Valle Brixinensi⟩
Leonardus ⟨von Brixental⟩
Leonhard ⟨Hundsbichler⟩
Leonhard ⟨Huntpichler⟩
Leonhard ⟨Huntpuhler⟩
Leonhardus ⟨Huntpichler⟩
Valle Brixiensi, Leonardus ¬de¬

Huntpuhler, Leonhard
→ **Huntpichler, Leonardus**

Huntus, Gualterus
→ **Gualterus ⟨Huntus⟩**

Hunyadi, Mátyás
→ **Mátyás ⟨Magyarország, Király, I.⟩**

Huo ⟨de Cleriis⟩
→ **Hugo ⟨de Cleriis⟩**

Huon ⟨d'Auvergne⟩
14. Jh.
Chanson de geste
Auvergne, Huon ¬d'¬
Hugues ⟨d'Auvergne⟩
Huon ⟨de Auvergne⟩
Huon ⟨von Auvergne⟩
Ugo ⟨d'Alvernia⟩
Ugo ⟨d'Avernia⟩
Ugone ⟨d'Alvernia⟩

Huon ⟨de Cambrai⟩
um 1264
Identität mit Huon ⟨le Roi⟩ (Verf. von Le vair palefroi) nicht gesichert; Li regrés Nostre Dame; Vie de Saint Quentin; möglicherweise identisch mit dem Verf. von La male honte
LMA,V,229
Cambrai, Huon ¬de¬
Hugues ⟨de Cambrai⟩
Huon ⟨le Roi⟩
Huon LeRoi ⟨de Cambrai⟩
LeRoi ⟨de Cambrai⟩

Huon ⟨de Méry⟩
um 1234
LMA,V,228/29
Hugon ⟨de Méry⟩
Hugues ⟨de Méry⟩
Hugues ⟨de Méry-sur-Seine⟩
Méry, Huon ¬de¬
Méry sur Seine, Huon ¬de¬

Huon ⟨de Rotelande⟩
12. Jh.
LMA,V,152
Hue ⟨de Rotelande⟩
Hugo ⟨de Rotelanda⟩
Hugues ⟨de Rotelande⟩
Hugues ⟨de Rutland⟩
Rotelande, Huon ¬de¬
Rutland, Hugues ¬de¬

Huon ⟨de Saint-Quentin⟩
um 1198
Complainte de Jérusalem
Rep.Font. V,622
Hugues ⟨Chansonnier⟩
Hugues ⟨de Saint-Quentin⟩
Saint-Quentin, Hugues ¬de¬
Saint-Quentin, Huon ¬de¬

Huon ⟨d'Oisi⟩
um 1187/89
Tournoiement des dames
Rep.Font. V,622; LMA,V,229
Hugues ⟨d'Oisy⟩
Oisi, Huon ¬d'¬
Oisy, Hugues ¬d'¬

Huon ⟨le Roi⟩
→ **Huon ⟨de Cambrai⟩**

Huon ⟨von Auvergne⟩
→ **Huon ⟨d'Auvergne⟩**

Hurasānī, Bišr Ibn-Ġānim ¬al-¬
→ **Bišr Ibn-Ġānim**

Hus, Jan
1369 – 1415
Tusculum-Lexikon; LThK; CSGL; LMA,V,230/31
Constantius, Paulus
Hus, Johannes
Huss, Johannes
Jan ⟨Hus⟩
Jean ⟨de Hussinecz⟩
Johannes ⟨Bohemus⟩
Johannes ⟨de Hussenytz⟩
Johannes ⟨Hus⟩
Johannes ⟨Husius⟩
Johannes ⟨Hussus⟩
Paulus ⟨Constantius⟩

Husain, Ali ibn
→ **Abu-'l-Farağ al-Iṣfahānī, 'Alī Ibn-al-Ḥusain**

Ḥusain Ibn-'Abdallāh aṭ-Ṭībī ¬al-¬
→ **Ṭībī, al-Ḥusain Ibn-'Abdallāh ¬aṭ-¬**

Ḥusain Ibn-aḍ-Ḍaḥḥāk ¬al-¬
779 – 864
Ašqar ¬al-¬
Ḫalī' ¬al-¬
Ḥusain Ibn-aḍ-Ḍaḥḥāk al-Ḫalī' al-Ašqar
Ḥusayn Ibn al-Ḍaḥḥāk
Ibn-aḍ-Ḍaḥḥāk, al-Ḥusain
Ibn-aḍ-Ḍaḥḥāk, Ḥusain

Ḥusain Ibn-aḍ-Ḍaḥḥāk al-Ḫalī' al-Ašqar
→ **Ḥusain Ibn-aḍ-Ḍaḥḥāk ¬al-¬**

Ḥusain Ibn-Aḥmad ad-Damġānī ¬al-¬
→ **Damġānī, al-Ḥusain Ibn-Aḥmad ¬ad-¬**

Ḥusain Ibn-Aḥmad Ibn-Bukair, Abū-'Abdallāh ¬al-¬
→ **Abū-'Abdallāh Ibn-Bukair, al-Ḥusain Ibn-Aḥmad**

Ḥusain Ibn-Aḥmad Ibn-Ḫālawaih ¬al-¬
→ **Ibn-Ḫālawaih, al-Ḥusain Ibn-Aḥmad**

Ḥusain Ibn-Aḥmad Ibn-Ya'qūb ¬al-¬
10. Jh.
Ḥusayn Ibn Aḥmad Ibn Ya'qūb
Ibn-Aḥmad, al-Ḥusain Ibn-Ya'qūb
Ibn-Ya'qūb, al-Ḥusain Ibn-Aḥmad

Ḥusain Ibn-al-Ḥakam al-Ḥibarī ¬al-¬
→ **Ḥibarī, al-Ḥusain Ibn-al-Ḥakam ¬al-¬**

Ḥusain Ibn-al-Ḥasan al-Ḥalīmī ¬al-¬
→ **Ḥalīmī, al-Ḥusain Ibn-al-Ḥasan ¬al-¬**

Ḥusain Ibn-'Alī al-Wazīr al-Maġribī
→ **Wazīr al-Maġribī al-Ḥusain Ibn-'Alī**

Ḥusain Ibn-'Alī ar-Rağrāğī
→ **Rağrāğī, Ḥusain Ibn-'Alī ¬ar-¬**

Ḥusain Ibn-'Alī az-Zauzanī ¬al-¬
→ **Zauzanī, al-Ḥusain Ibn-'Alī ¬az-¬**

Ḥusain Ibn-Bisṭām ¬al-¬
um 900
Ḥusayn ibn Bisṭām
Ibnā Bisṭām an-Nīsābūrīyain
Ibn-Bisṭām, al-Ḥusain
Ibn-Sābūr, al-Ḥusain Ibn-Bisṭām
Nīsābūrī, al-Ḥusain Ibn-Bisṭām ¬an-¬

Ḥusain Ibn-Ismā'īl al-Maḥāmalī ¬al-¬
→ **Maḥāmalī, al-Ḥusain Ibn-Ismā'īl ¬al-¬**

Ḥusain Ibn-Mas'ūd al-Baġawī ¬al-¬
→ **Baġawī, al-Ḥusain Ibn-Mas'ūd ¬al-¬**

Ḥusain Ibn-Muḥammad al-Ġaiyānī ¬al-¬
→ **Ġaiyānī, al-Ḥusain Ibn-Muḥammad ¬al-¬**

Ḥusain Ibn-Muḥammad al-Ḥarrānī, Abū-'Arūba
→ **Abū-'Arūba al-Ḥarrānī, al-Ḥusain Ibn-Muḥammad**

Ḥusain Ibn-Muḥammad ar-Rāġib al-Iṣfahānī ¬al-¬
→ **Rāġib al-Iṣfahānī, al-Ḥusain Ibn-Muḥammad ¬ar-¬**

Ḥusain Ibn-Sa'īd al-Ahwāzī
→ **Ahwāzī, al-Ḥusain Ibn-Sa'īd ¬al-¬**

Ḥusain Ibn-Sulaimān Ibn-Raiyān ¬al-¬
→ **Ibn-Raiyān, al-Ḥusain Ibn-Sulaimān**

Ḥusainī, al-Muẓaffar Ibn-Abī-Sa'īd ¬al-¬
gest. 1258
Ibn-Abī-Sa'īd, al-Muẓaffar al-Ḥusainī
Muẓaffar al-Ḥusainī ¬al-¬
Muẓaffar Ibn-Abī-Sa'īd al-Ḥusainī

Hušanī, Muḥammad Ibn-al-Ḥāriṯ ¬al-¬
gest. ca. 971
Hušanī, Muḥammad Ibn-Ḥāriṯ ¬al-¬
Ibn-al-Ḥāriṯ, Muḥammad al-Ḫūšānī
Jušanī, Muḥammad B. Ḥāriṯ ¬al-¬
Khušanī, Muḥammad ibn al-Ḥāriṯ
Khūshānī, Muḥammad ibn al-Ḥārith
Muchammad ibn Chāriṣ al-Chušanī
Muḥammad b. Ḥārith al-Khushanī
Muḥammad Ibn-al-Ḥāriṯ al-Ḫūšānī

Hušanī, Muḥammad Ibn-Ḥāriṯ ¬al-¬
→ **Hušanī, Muḥammad Ibn-al-Ḥāriṯ ¬al-¬**

Ḥusayn Ibn Aḥmad Ibn Ya'qūb
→ **Ḥusain Ibn-Aḥmad Ibn-Ya'qūb ¬al-¬**

Ḥusayn Ibn al-Ḍaḥḥāk
→ **Ḥusain Ibn-aḍ-Ḍaḥḥāk ¬al-¬**

Ḥusayn ibn Bisṭām
→ **Ḥusain Ibn-Bisṭām ¬al-¬**

Husrau, Amīr
→ **Amīr Husrau**

Husrau, Nāṣir
→ **Nāṣir Husrau**

Husrau Dihlawī, Amīr
→ **Amīr Husrau**

Ḥuṣrī, Ibrāhīm Ibn-'Alī ¬al-¬
gest. 1022
Ibn-'Alī, Ibrāhīm al-Ḥuṣrī
Ibn-'Alī al-Ḥuṣrī, Ibrāhīm
Ibrāhīm Ibn-'Alī al-Ḥuṣrī

Huss, Johannes
→ **Hus, Jan**

Huswardus
→ **Usuardus ⟨Sangermanensis⟩**

Ḥuṭai'a, Ǧarwal Ibn-Aus ¬al-¬
gest. ca. 665
Ǧarwal Ibn-Aus al-Ḥuṭai'a
Ḥuṭay'a, Jarwal Ibn Aws
Ibn-Aus, Ǧarwal al-Ḥuṭai'a
Ibn-Aus al-Ḥuṭai'a, Ǧarwal

Ḥuṭay'a, Jarwal Ibn Aws
→ **Ḥuṭai'a, Ǧarwal Ibn-Aus ¬al-¬**

Huttacius ⟨Frater⟩
→ **Eustachius ⟨Atrebatensis⟩**

Ḫuttalī, Abū-Isḥāq Ibrāhīm Ibn-'Abdallāh ¬al-¬
→ **Ḫuttalī, Ibrāhīm Ibn-'Abdallāh ¬al-¬**

Ḫuttalī, Ibrāhīm Ibn-'Abdallāh ¬al-¬
gest. 874
Ḫuttalī, Abū-Isḥāq Ibrāhīm Ibn-'Abdallāh ¬al-¬
Ibn-'Abdallāh, Ibrāhīm al-Ḫuttalī
Ibrāhīm Ibn-'Abdallāh al-Ḫuttalī
Khuttalī, Ibrāhīm ibn 'Abd Allāh

Huttatius ⟨d'Arras⟩
→ **Eustachius ⟨Atrebatensis⟩**

Huusman, Roelof
→ **Agricola, Rudolf**

Huvetbert ⟨de Wearmouth⟩
→ **Eusebius ⟨Wiremuthensis⟩**

Huxaria, Conradus ¬de¬
→ **Conradus ⟨de Huxaria⟩**

Huxaria, Johannes ¬de¬
→ **Johannes ⟨de Huxaria⟩**

Huysburg, Egbertus ¬de¬
→ **Egbertus ⟨de Huysburg⟩**

Huysmans, Roelof
→ **Agricola, Rudolf**

Ḫuzā'ī, Di'bil Ibn-'Alī ¬al-¬
→ **Di'bil Ibn-'Alī al-Ḫuzā'ī**

Ḫuzā'ī, Muḥammad Ibn-Dāniyāl
→ **Ibn-Dāniyāl, Muḥammad**

Ḫuzā'ī, Nu'aim Ibn-Ḥammād ¬al-¬
→ **Nu'aim Ibn-Ḥammād al-Ḫuzā'ī**

Hwaetberhtus ⟨Wiremuthensis⟩
→ **Eusebius ⟨Wiremuthensis⟩**

Ḫwārizmī, Abū ¬al-¬
→ **Ḫwārizmī, Muḥammad Ibn-Mūsā ¬al-¬**

Ḫwārizmī, Abū-'Abdallāh Muḥammad Ibn-Mūsā ¬al-¬
→ **Ḫwārizmī, Muḥammad Ibn-Mūsā ¬al-¬**

Ḫwārizmī, Abū-Bakr Muḥammad Ibn-al-'Abbās ¬al-¬
→ **Abū-Bakr al-Ḫwārizmī, Muḥammad Ibn-al-'Abbās**

Ḫwārizmī, al-Qāsim Ibn-al-Ḥusain ¬al-¬
gest. 1220
Ibn-al-Ḥusain, al-Qāsim al-Hwārizmī
Khwārizmī, al-Qāsim ibn al-Ḥusayn
Qāsim Ibn-al-Ḥusain al-Hwārizmī ¬al-¬

Ḫwārizmī, Muḥammad Ibn-al-'Abbās ¬al-¬
→ **Abū-Bakr al-Ḫwārizmī, Muḥammad Ibn-al-'Abbās**

Ḫwārizmī, Muḥammad Ibn-Mūsā ¬al-¬
um 813/33
LMA,V,241
Abū Ga'far Muḥammad Ibn Mūsā al-Ḫwārizmī
Abū-'Abdallāh Muḥammad Ibn-Mūsā ⟨al-Ḫwārizmī⟩
Algoarizmi, Mahumed
Al-Khwārizmī

Ḫwārizmī, Abū ¬al-¬
Ḫwārizmī, Abū-ʿAbdallāh Muḥammad Ibn-Mūsā ¬al-¬
Khwārizmī, Muḥammad Ibn-Mūsā ¬al-¬
Mohammed ben Musa
Mohammed Ibn Musa Alchwarizmi
Muḥammad Ibn-Mūsā ⟨al-Ḫwārizmī⟩

Hwitto
→ **Wizo**

Hyacinthe ⟨Orsini⟩
→ **Coelestinus ⟨Papa, III.⟩**

Hyacinthus ⟨Bobone⟩
→ **Coelestinus ⟨Papa, III.⟩**

Hyazinth ⟨Bobo⟩
→ **Coelestinus ⟨Papa, III.⟩**

Hybernicus, Thomas
→ **Thomas ⟨Palmeranus⟩**

Hyclink
→ **Hiclyng**

Hyegae
→ **Huikai**

Hygden, Ranulf
→ **Higden, Ranulfus**

Hylton, Walter
→ **Walter ⟨Hilton⟩**

Hymel, Johannes
→ **Himmel, Johannes**

Hymerick, Arnold
→ **Heymerick, Arnold**

Hymmonides, Johannes
→ **Johannes ⟨Hymmonides⟩**

Hymnographus, Josephus
→ **Josephus ⟨Hymnographus⟩**

Hynek ⟨von Podiebrad⟩
→ **Hynek ⟨z Poděbrad⟩**

Hynek ⟨z Poděbrad⟩
1452 – 1492
Majovýsen
LMA,V,248
Hynek ⟨von Podiebrad⟩
Hynek ⟨z Podebrad von Münsterberg⟩
Hynek z Podebrad ⟨Prinz⟩
Podebrad, Hynek ¬z¬

Hyondon, T. ¬de¬
→ **T. ⟨de Hyondon⟩**

Hyŏngak
→ **Xuanjue**

Hypatius ⟨Ephesius⟩
gest. ca. 540
Tusculum-Lexikon; CSGL; LThK
Ephesius, Hypatius
Hipace ⟨d'Ephèse⟩
Hypathius ⟨von Ephesos⟩
Hypatios ⟨von Ephesos⟩
Hypatius ⟨Archiepiscopus⟩
Hypatius ⟨Ephesinus⟩
Hypatius ⟨Metropolita⟩

Hypatius ⟨Magister Militum⟩
um 553
Adressat eines Briefes von Iustinianus ⟨Imperium Byzantinum, Imperator, I.⟩
Cpg 9361
Hypatios
Magister Hypatius
Magister Militum Hypatius

Hypatius ⟨Metropolita⟩
→ **Hypatius ⟨Ephesius⟩**

Hypatus
um 1450
De corporis partibus et mensuris
Georges ⟨Sanginatic⟩
Georgius ⟨Sanginaticius⟩
Sanginaticius, Georgius

Hyporegia, Guilelmus ¬de¬
→ **Guilelmus ⟨de Hyporegia⟩**

Hyrtacenus, Theodorus
→ **Theodorus ⟨Hyrtacenus⟩**

Hyrte, Georgius
um 1480
Vielleicht Verfasser eines Teils des Chronicon episcoporum Verdensium
Rep.Font. V,625
Georg ⟨Hyrte⟩
Georges ⟨Hyrte⟩
Georgius ⟨Hyrte⟩
Hyrte, Georg
Hyrte, Georges

Hyvanus, Antonius
→ **Antonius ⟨Hyvanus⟩**

Hywel ⟨ApCadell⟩
→ **Hywel ⟨Cymru, Brenhin⟩**

Hywel ⟨Cymru, Brenhin⟩
um 942/949
Hoelus ⟨Wales, King⟩
Howel ⟨South Wales, King⟩
Howel ⟨the Good⟩
Howel ⟨Wales, King⟩
Howel ⟨Wales, König⟩
Hywel ⟨ApCadell⟩
Hywel ⟨Dda⟩
Hywel ⟨Son of Cadell⟩
Hywel ⟨the Good⟩

Hywel ⟨Son of Cadell⟩
→ **Hywel ⟨Cymru, Brenhin⟩**

Hywel ⟨the Good⟩
→ **Hywel ⟨Cymru, Brenhin⟩**

I Ching
→ **Yijing**

Iacinthus ⟨Hispanus⟩
→ **Iacinthus ⟨Presbyter⟩**

Iacinthus ⟨Presbyter⟩
5./6. bzw. 10. Jh.
Descriptio Terrae Sanctae
Cpl 2331; Rep.Font. VI,105
Iachintus
Iacinthus ⟨Hispanus⟩
Iacintus ⟨Presbyter Legionensis⟩
Presbyter, Iacinthus

Iaclyn, Guilelmus
→ **Guilelmus ⟨Iaclyn⟩**

Iacobinus ⟨...⟩
→ **Jacobinus ⟨...⟩**

Iacobitis, Aurelius Symmachus ¬de¬
15. Jh.
Liber miracolorum vitae et mortis fratris Jacobi de Marchia; Homerübers.
Rep.Font. VI,105
Aurelio Simmaco ⟨de Jacobictis⟩
Aurelio Simmaco ⟨de Jacobiti⟩
Aurelio Simmaco ⟨de Jacobucci⟩
Aurelius Symmachus ⟨de Iacobitis⟩
Aurelius Symmachus ⟨de Jacobitis⟩
Jacobictis, Aurelio Simmaco ¬de¬
Jacobiti, Aurelio Simmaco ¬de¬
Jacobitis, Aurelius Symmachus ¬de¬
Jacobucci, Aurelio Simmaco / de

Iacōbos ⟨...⟩
→ **Jacobus ⟨...⟩**

Iacobuccio ⟨di Ranallo⟩
→ **Buccio ⟨di Ranallo⟩**

Iacobus ⟨...⟩
→ **Jacobus ⟨...⟩**

Iacomi, Petrus
→ **Petrus ⟨Iacomi⟩**

Iacominus ⟨de Bononia⟩
→ **Jacobinus ⟨de Bononia⟩**

Iacopinus ⟨de Colle⟩
→ **Minus ⟨de Colle⟩**

Iacopo ⟨...⟩
→ **Jacopo ⟨...⟩**

Iacopone ⟨da Todi⟩
→ **Jacopone ⟨da Todi⟩**

Iadra, Martinus ¬de¬
→ **Martinus ⟨de Iadra⟩**

Iakov ⟨Černorizec⟩
→ **Iakov ⟨Mnikh⟩**

Iakov ⟨Mnikh⟩
11. Jh.
Pamjat'i pochvala knjazju Vladimiru
Rep.Font. VI,149
Iakov ⟨Černorizec⟩
Iakov ⟨Mnich⟩
Iakov ⟨Monach⟩
Iakov ⟨Monachus⟩
Mnikh, Iakov

Iakov ⟨Monachus⟩
→ **Iakov ⟨Mnikh⟩**

Iakovos ⟨...⟩
→ **Jacobus ⟨...⟩**

Iamatus, Johannes
→ **Johannes ⟨Iamatus⟩**

Iamboninus ⟨Cremonensis⟩
15. Jh.
Liber de ferculis et condimentis
VL(2),4,500
Giambonino
Giambono
Jambobino ⟨da Cremona⟩
Jambobino ⟨Maestro⟩
Jamboninus ⟨Magister⟩
Jamboninus ⟨von Cremona⟩
Johannes ⟨Bonus⟩
Zambonino ⟨da Gazzo⟩

Iamerius, Johannes
→ **Johannes ⟨Iamatus⟩**

Iamsilla, Nicolaus ¬de¬
→ **Nicolaus ⟨de Iamsilla⟩**

Iamsin, Aegidius
→ **Aegidius ⟨Iamsin⟩**

Ianduno, Johannes ¬de¬
→ **Johannes ⟨de Ianduno⟩**

Ianetus ⟨Manettus⟩
→ **Manettus, Iannotius**

Ianinus ⟨de Pistorio⟩
14. Jh. · OP
Super VI principia; Super De caelo et mundo
Lohr
Iannius ⟨de Pistorio⟩
Janinus ⟨de Pistorio⟩
Jannius ⟨de Pistorio⟩
Pistorio, Ianinus ¬de¬
Rannius ⟨de Pistorio⟩

Iannis, Andreas
→ **Andreas ⟨Iannis⟩**

Iannius ⟨de Pistorio⟩
→ **Ianinus ⟨de Pistorio⟩**

Iannotius ⟨Florentinus⟩
→ **Manettus, Iannotius**

Iannotius ⟨Manettus⟩
→ **Manettus, Iannotius**

Iano, Iordanus ¬de¬
→ **Iordanus ⟨de Iano⟩**

Ianos ⟨Cisinge⟩
→ **Ianus ⟨Pannonius⟩**

Ianova, Matthias ¬de¬
→ **Matthias ⟨de Ianova⟩**

Ianua, Albertus ¬de¬
→ **Albertus ⟨de Ianua⟩**

Ianua, Antonius ¬de¬
→ **Antonius ⟨de Ianua⟩**

Ianua, Hieronymus ¬de¬
→ **Hieronymus ⟨de Ianua⟩**

Ianua, Jacobus ¬de¬
→ **Jacobus ⟨de Ianua⟩**

Ianua, Lanfranchinus ¬de¬
→ **Lanfranchinus ⟨de Ianua⟩**

Ianus ⟨Damascenus⟩
→ **Johannes ⟨Damascenus⟩**

Ianus ⟨Episcopus⟩
→ **Ianus ⟨Pannonius⟩**

Ianus ⟨Kesincei⟩
→ **Ianus ⟨Pannonius⟩**

Ianus ⟨Pannonius⟩
1434 – 1472
Epigramme, Elegien, Panegyriken
LMA,V,301
Ianos ⟨Cisinge⟩
Ianus ⟨Episcopus⟩
Ianus ⟨Kesincei⟩
Ianus ⟨Quinque Ecclesiarum⟩
Ianus ⟨von Fünfkirchen⟩
Ivan ⟨Česmički⟩
János ⟨Césinge⟩
Janus ⟨Pannonius⟩
Jean ⟨de Cinq-Eglises⟩
Jean ⟨de Cisinge⟩
Johannes ⟨Csezmiczei⟩
Johannes ⟨of Pécs⟩
Johannes ⟨Pannonius⟩
Johannes ⟨von Csezmicze⟩
Pannonius, Ianus
Pannonius, Janus
Pannonius, Johannes

Ianus ⟨Quinque Ecclesiarum⟩
→ **Ianus ⟨Pannonius⟩**

Ianus ⟨von Fünfkirchen⟩
→ **Ianus ⟨Pannonius⟩**

Iaquerius, Nicolaus
→ **Nicolaus ⟨Iaquerius⟩**

Iarlandinus ⟨Bisuntinus⟩
→ **Gerlandus ⟨Bisuntinus⟩**

Iarlandus ⟨Chrysopolitanus⟩
→ **Gerlandus ⟨Bisuntinus⟩**

Iaroslaus ⟨de Strahovia⟩
13. Jh.
Vielleicht Autor eines Teils (1143-1283) der Forts. der "Chronica Bohemorum„
Rep.Font. VI,150
Iaroslaus ⟨Canonicus Regis Sancti Norberti in Strahovia⟩
Strahovia, Iaroslaus ¬de¬

Iaroslaus ⟨Gnesensis⟩
gest. 1378
Synodicon
Rep.Font. VI,149
Iaroslaus ⟨Archiepiscopus Gneznensis⟩
Iaroslaus ⟨Gneznensis⟩
Jaroslaw ⟨de Gniezno⟩
Jaroslaw ⟨de Skotniki Bogaria⟩

Iaroslaus ⟨Pragensis⟩
12./13. Jh.
Rep.Font. VI,150
Iaroslaus ⟨Canonicus Pragensis⟩

Iasites, Job
→ **Job ⟨Iasites⟩**

Iaslo, Bartholomaeus ¬de¬
→ **Bartholomaeus ⟨de Iaslo⟩**

Iathecen
→ **Lathcen**

Iawor, Nicolaus Magni ¬de¬
→ **Nicolaus ⟨Magni de Iawor⟩**

Ibbiyānī, ʿAbdallāh Ibn-Aḥmad ¬al-¬
gest. ca. 963
ʿAbdallāh Ibn-Aḥmad al-Ibbiyānī
Abu-'l-ʿAbbās al-Ibbiyānī
Ibn-Aḥmad, ʿAbdallāh al-Ibbiyānī

Ibelin, Jean ¬d'¬
1215 – 1266
Graf von Jaffa und Ascalon
LMA,VI,511; Rep.Font. I,413; VI,505,530
Ibelin ⟨Comte⟩
Ibelin, Johann ¬von¬
Jean ⟨d'Ibelin⟩
Johann ⟨Jaffa, Graf⟩
Johann ⟨von Ibelin⟩
John ⟨Jaffa et Ascalon, Comte⟩
John ⟨of Ibelin⟩
John ⟨of Jaffa⟩

Ibn ʿAbd al-Barr, Abū ʿUmar Yūsuf b. ʿAbd Allāh b. ʿAbd al-Barr al-Namarī
→ **Ibn-ʿAbd-al-Barr, Yūsuf Ibn-ʿAbdallāh**

Ibn ʿAbd al-Ḥakam, ʿAbd al-Raḥmān Ibn ʿAbdallāh
→ **Ibn-ʿAbd-al-Ḥakam, ʿAbd-ar-Raḥmān Ibn-ʿAbdallāh**

Ibn ʿAbd al-Rafīʿ, Ibrāhīm Ibn Ḥasan
→ **Ibn-ʿAbd-ar-Rafīʿ, Ibrāhīm Ibn-Ḥasan**

Ibn ʿAbd al-Raʾūf, Aḥmad b. ʿAbd Allāh b. ʿAbd al-Raʾūf
→ **Ibn-ʿAbd-ar-Raʾūf, Aḥmad Ibn-ʿAbdallāh**

Ibn ʿAbd al-Raʾūf, Aḥmad Ibn ʿAbd Allāh
→ **Ibn-ʿAbd-ar-Raʾūf, Aḥmad Ibn-ʿAbdallāh**

Ibn ʿAbd al-Ẓāhir, Abu-'l-Faḍl Muḥyī 'l-dīn ʿAbd Allāh b. Rašīd al-dīn Abī Muḥammad ʿAbd al-Ẓāhir b. Našwān b. ʿAbd al-Ẓāhir b. Naǧda al-Saʿdī al-Rawḥī
→ **Ibn-ʿAbd-aẓ-Ẓāhir, Muḥyi-'d-Dīn ʿAbdallāh Ibn-Rašīd-ad-Dīn**

Ibn ʿAbd al-Ẓāhir, Muḥyī al-Dīn
→ **Ibn-ʿAbd-aẓ-Ẓāhir, Muḥyi-'d-Dīn ʿAbdallāh Ibn-Rašīd-ad-Dīn**

Ibn ʿAbd Rabbih, Aḥmad Ibn Muḥammad
→ **Ibn-ʿAbd-Rabbihī, Aḥmad Ibn-Muḥammad**

Ibn ʿAbd Rabbihi, Abū ʿUmar Aḥmad b. Muḥammad
→ **Ibn-ʿAbd-Rabbihī, Muḥammad Ibn-ʿAlī**

Ibn ʿAbdallāh
→ **ʿAbd-ar-Raḥmān ⟨Spanien, Kalif, I.⟩**

Ibn Abdoun
→ **Ibn-ʿAbdūn, ʿAbd-al-Maǧīd Ibn-ʿAbdallāh**

Ibn ʿAbdūn, ʿAbd al-Maǧīd ibn ʿAbd Allāh
→ **Ibn-ʿAbdūn, ʿAbd-al-Maǧīd Ibn-ʿAbdallāh**

Ibn ʿAbdūn, Muḥammad b. ʿAbd Allāh al-Naḫāʿī
→ **Ibn-ʿAbdūn an-Naḫāʿī, Muḥammad Ibn-ʿAbdallāh**

Ibn ʿAbdūn, Abū Muḥammad ʿAbd al-Maǧīd ibn ʿAbdūn al-Yāburī al-Fihrī
→ **Ibn-ʿAbdūn, ʿAbd-al-Maǧīd Ibn-ʿAbdallāh**

Ibn ʿAbdūn al-Nakhāʿī, Muḥammad Ibn ʿAbd Allāh
→ **Ibn-ʿAbdūn an-Naḫāʿī, Muḥammad Ibn-ʿAbdallāh**

Ibn Abī al-Dūnyā, ʿAbd Allāh Ibn Muḥammad
→ **Ibn-Abi-'d-Dunyā, ʿAbdallāh Ibn-Muḥammad**

Ibn Abī al-Ḥadīd, ʿAbd al-Ḥamīd Ibn Hibat Allāh
→ **Ibn-Abi-'l-Ḥadīd, ʿAbd-al-Ḥamīd Ibn-Hibatallāh**

Ibn Abī al-Rabīʿ, ʿUbayd Allāh Ibn Aḥmad
→ **Ibn-Abi-'r-Rabīʿ, ʿUbaidallāh Ibn-Aḥmad**

Ibn Abī al-Riqāʿ, ʿAlī Ibn Sulaymān
→ **Ibn-Abi-'r-Riqāʿ, ʿAlī Ibn-Sulaimān**

Ibn Abī ʿAtīḳ, ʿAbd Allāh B. Muḥammad
→ **Ibn-Abī-ʿAtīq, ʿAbdallāh Ibn-Muḥammad**

Ibn Abī ʿAtīq, ʿAbd Allāh Ibn Muḥammad
→ **Ibn-Abī-ʿAtīq, ʿAbdallāh Ibn-Muḥammad**

Ibn Abī ʿAun
→ **Ibn-Abī-ʿAun, Ibrāhīm Ibn-Muḥammad**

Ibn Abī ʿAwn, Ibrāhīm Ibn Muḥammad
→ **Ibn-Abī-ʿAun, Ibrāhīm Ibn-Muḥammad**

Ibn Abī Ḥadjala, Ahmad Ibn Yaḥyā
→ **Ibn-Abī-Ḥağala, Aḥmad Ibn-Yaḥyā**

Ibn Abī Ḥajala, Ahmad Ibn Yaḥyā
→ **Ibn-Abī-Ḥağala, Aḥmad Ibn-Yaḥyā**

Ibn Abī Jamra, ʿAbd Allāh ibn Saʿd
→ **Ibn-Abī-Ğamra, ʿAbdallāh Ibn-Saʿd**

Ibn Abī 'l-Riqāʿ
→ **Ibn-Abi-'r-Riqāʿ, ʿAlī Ibn-Sulaimān**

Ibn Abī Maryam, Naṣr ibn ʿAlī
→ **Ibn-Abī-Maryam, Naṣr Ibn-ʿAlī**

Ibn Abī Riǧāl Abū l-Ḥasan ʿAlī
→ **Ibn-Abi-'r-Riǧāl, Abu-'l-Ḥasan ʿAlī**

Ibn Abī Shayba, ʿAbd Allāh Ibn Muḥammad
→ **Ibn-Abī-Šaiba, ʿAbdallāh Ibn-Muḥammad**

Ibn Abī Ṭayyi', Yaḥyā b. Hamīd al-Naǧǧar al-Ḥalabī
→ **Ibn-Abī-Ṭaiyi', Yaḥyā Ibn-Ḥamīd**

Ibn Abī Ṭayyi', Yaḥyā Ibn Ḥamīd
→ **Ibn-Abī-Ṭaiyi', Yaḥyā Ibn-Ḥamīd**

Ibn Abī Uṣaybiʿah, Aḥmad Ibn al Qāsim
→ **Ibn-Abī-Uṣaibiʿa, Aḥmad Ibn-al-Qāsim**

Ibn Abī Zarʿ, Abū 'l-Ḥasan ʿAlī b. Muḥammad al-Fāsī
→ **Ibn-Abī-Zarʿ, ʿAlī Ibn-ʿAbdallāh**

Ibn Abī Zarʿ, ʿAlī ibn ʿAbdallāh
→ **Ibn-Abī-Zarʿ, ʿAlī Ibn-ʿAbdallāh**

Ibn ach-Chiḥna
→ **Ibn-aš-Šiḥna, Muḥammad Ibn-Muḥammad**

Ibn Ādjurrūm, Muḥammad ibn Muḥammad
→ **Ibn-Āǧurrūm, Muḥammad Ibn-Muḥammad**

Ibn Adschurum
→ **Ibn-Āǧurrūm, Muḥammad Ibn-Muḥammad**

Ibn Ājurrūm, Muḥammad ibn Muḥammad
→ **Ibn-Āǧurrūm, Muḥammad Ibn-Muḥammad**

Ibn Al Baitar, Abd Allah Ibn Ahmad
→ **Ibn-al-Baiṭār, ʿAbdallāh Ibn-Aḥmad**

Ibn Al Chatib, Lisan Ad Din Muhammad
→ **Ibn-al-Ḫaṭīb Lisān-ad-Dīn, Muḥammad Ibn-ʿAbdallāh**

Ibn Al Farid, Umar
→ **Ibn-al-Fāriḍ, ʿUmar Ibn-ʿAlī**

Ibn Al Haitham
→ **Ibn-al-Haiṯam, al-Ḥasan Ibn-al-Ḥasan**

Ibn Al Hatib, Lisan Ad Din Muhammad
→ **Ibn-al-Ḫaṭīb Lisān-ad-Dīn, Muḥammad Ibn-ʿAbdallāh**

Ibn al ʿIbrī
→ **Barhebraeus**

Ibn al Saʿati
→ **Ibn-as-Saʿātī, ʿAlī Ibn-Muḥammad**

Ibn al Zayyât al Tâdilî
→ **Ibn-az-Zaiyāt at-Tādilī, Yūsuf Ibn-Yaḥyā**

Ibn al-Abbār, Abū ʿAbd Allāh Muḥammad b. ʿAbd Allāh b. Abī Bakr b. al-Abbār al-Quḍāʿī al-Balansī
→ **Ibn-al-Abbār, Muḥammad Ibn-ʿAbdallāh**

Ibn al-ʿAdīm, Kamāl al-Dīn
→ **Ibn-al-ʿAdīm, ʿUmar Ibn-Aḥmad**

Ibn al-ʿAdīm Abū 'l-Qāsim Kamāl al-Dīn ʿUmar b. Aḥmad b. Hibat Allāh
→ **Ibn-al-ʿAdīm, ʿUmar Ibn-Aḥmad**

Ibn al-Aḥmar, Abū 'l-Walīd Ismāʿīl b. Yūsuf b. al-Qā'im bi-Amr Allāh Muḥammad b. Abī Saʿīd b. Farağ b. Ismāʿīl b. al-Aḥmar
→ **Ibn-al-Aḥmar, Ismāʿīl Ibn-Yūsuf**

Ibn al-ʿArabī, al-Qāḍī Abū Bakr Muḥammad b. ʿAbd Allāh b. al-ʿArabī al-Mālikī
→ **Ibn-al-ʿArabī, Abū-Bakr Muḥammad Ibn-ʿAbdallāh**

Ibn al-Asir, ʿIzz al-Dīn
→ **Ibn-al-Aṯīr, ʿIzz-ad-Dīn Abu-'l-Ḥasan ʿAlī**

Ibn Al-Athir
→ **Ibn-al-Aṯīr, ʿIzz-ad-Dīn Abu-'l-Ḥasan ʿAlī**

Ibn al-Athīr, Abou'l Hasan ʿAlī ibn Abī'l-Karam Mohammad ibn Mohammad
→ **Ibn-al-Aṯīr, ʿIzz-ad-Dīn Abu-'l-Ḥasan ʿAlī**

Ibn al-Athīr, ʿIzz al-Dīn
→ **Ibn-al-Aṯīr, ʿIzz-ad-Dīn Abu-'l-Ḥasan ʿAlī**

Ibn al-Athīr, Majd al-Dīn al-Mubārak ibn Muḥammad
→ **Ibn-al-Aṯīr, Maǧd-ad-Dīn al-Mubārak Ibn-Muḥammad**

Ibn al-Athir al-Jazzarī
→ **Ibn-al-Aṯīr, ʿIzz-ad-Dīn Abu-'l-Ḥasan ʿAlī**

Ibn al-Atir
→ **Ibn-al-Aṯīr, ʿIzz-ad-Dīn Abu-'l-Ḥasan ʿAlī**

Ibn al-Aṯīr, Abū 'l-Ḥasan ʿIzz al-Dīn ʿAlī
→ **Ibn-al-Aṯīr, ʿIzz-ad-Dīn Abu-'l-Ḥasan ʿAlī**

Ibn al-ʿAwwām, Abū Zakarīyā Yaḥyā b. Muḥammad
→ **Ibn-al-ʿAuwām, Yaḥyā Ibn-Muḥammad**

Ibn al-Baiṭār ⟨de Malaga⟩
→ **Ibn-al-Baiṭār, ʿAbdallāh Ibn-Aḥmad**

Ibn al-Bukhārī, Fakhr al-Dīn ʿAlī Ibn Aḥmad
→ **Ibn-al-Buḫārī, Faḫr-ad-Dīn ʿAlī Ibn-Aḥmad**

Ibn al-Dahhān, Muḥammad ibn ʿAlī
→ **Ibn-ad-Dahhān, Muḥammad Ibn-ʿAlī**

Ibn al-Dahhān, Saʿīd ibn al-Mubārak
→ **Ibn-ad-Dahhān, Saʿīd Ibn-al-Mubārak**

Ibn al-Dāya, Aḥmad ibn Yūsuf
→ **Ibn-ad-Dāya, Aḥmad Ibn-Yūsuf**

Ibn al-Djannān, Muḥammad Ibn Muḥammad
→ **Ibn-al-Ğannān, Muḥammad Ibn-Muḥammad**

Ibn al-Djawzī, Yūsuf Ibn ʿAbd al-Raḥmān
→ **Ibn-al-Ğauzī, Yūsuf Ibn-ʿAbd-ar-Raḥmān**

Ibn al-Djayʿān, Yaḥyā Ibn Shākir
→ **Ibn-al-Ğaiʿān, Yaḥyā Ibn-Šākir**

Ibn al-Djunayd, Tammām ibn Muḥammad
→ **Ibn-al-Ğunaid, Tammām Ibn-Muḥammad**

Ibn al-Faraḍī, Abū 'l-Walīd ʿAbd Allāh b. Muḥammad b. Yūsuf b. Naṣr al-Azdī b. al-Faraḍī
→ **Ibn-al-Faraḍī, ʿAbdallāh Ibn-Muḥammad**

Ibn al-Farid, Omar Ibn Ali
→ **Ibn-al-Fāriḍ, ʿUmar Ibn-ʿAlī**

Ibn al-Fuwaṭī, ʿAbd al-Razzāq Ibn Aḥmad
→ **Ibn-al-Fuwaṭī, ʿAbd-ar-Razzāq Ibn-Aḥmad**

Ibn al-Ğazzār, Abū Ğaʿfar Aḥmad b. Ibrāhīm b. Abī Ḫālid al-Ğazzār
→ **Ibn-al-Ğazzār, Aḥmad Ibn-Ibrāhīm**

Ibn al-Ğîʿân, Charaf il dîn Yaḥya ibn il Makarr
→ **Ibn-al-Ğaiʿān, Yaḥyā Ibn-Šākir**

Ibn al-Ḥādjdj, Aḥmad ibn Muḥammad
→ **Ibn-al-Ḥāǧǧ, Aḥmad Ibn-Muḥammad**

Ibn al-Haiṯam, Abū ʿAlī al-Ḥasan Ibn al-Ḥasan
→ **Ibn-al-Haiṯam, al-Ḥasan Ibn-al-Ḥasan**

Ibn al-Ḥajj, Aḥmad ibn Muḥammad
→ **Ibn-al-Ḥāǧǧ, Aḥmad Ibn-Muḥammad**

Ibn al-Ḫaṭīb, Abū ʿAbd Allāh Muḥammad b. ʿAbd Allāh b. Saʿīd b. ʿAbd Allāh b. al-Salmānī
→ **Ibn-al-Ḫaṭīb Lisān-ad-Dīn, Muḥammad Ibn-ʿAbdallāh**

Ibn al-Ḫaṭīb, Muḥammad b. ʿAbdallāh
→ **Ibn-al-Ḫaṭīb Lisān-ad-Dīn, Muḥammad Ibn-ʿAbdallāh**

Ibn al-Ḫaṭīb Lisānaddīn
→ **Ibn-al-Ḫaṭīb Lisān-ad-Dīn, Muḥammad Ibn-ʿAbdallāh**

Ibn al-Jannān, Muḥammad Ibn Muḥammad
→ **Ibn-al-Ğannān, Muḥammad Ibn-Muḥammad**

Ibn al-Jarrāṭ al-Isbīlī
→ **Ibn-al-Ḫarrāṭ, ʿAbd-al-Ḥaqq Ibn-ʿAbd-ar-Raḥmān**

Ibn al-Jawzī, Yūsuf Ibn ʿAbd al-Raḥmān
→ **Ibn-al-Ğauzī, Yūsuf Ibn-ʿAbd-ar-Raḥmān**

Ibn al-Jayʿān, Yaḥyā Ibn Shākir
→ **Ibn-al-Ğaiʿān, Yaḥyā Ibn-Šākir**

Ibn al-Junayd, Tammām ibn Muḥammad
→ **Ibn-al-Ğunaid, Tammām Ibn-Muḥammad**

Ibn al-Kharrāṭ, ʿAbd al-Ḥaqq ibn ʿAbd al-Raḥmān
→ **Ibn-al-Ḫarrāṭ, ʿAbd-al-Ḥaqq Ibn-ʿAbd-ar-Raḥmān**

Ibn al-Ḳuff, Yaʿqūb ibn Isḥāq
→ **Ibn-al-Quff, Yaʿqūb Ibn-Isḥāq**

Ibn al-Ḳūṭija, Muḥammad ibn ʿUmar
→ **Ibn-al-Qūṭīya, Muḥammad Ibn-ʿUmar**

Ibn al-Labbān, Muḥammad Ibn Aḥmad
→ **Ibn-al-Labbān, Muḥammad Ibn-Aḥmad**

Ibn al-Labbūdī, Aḥmad Ibn Khalīl
→ **Ibn-al-Labbūdī, Aḥmad Ibn-Ḫalīl**

Ibn al-Miskawayh, Aḥmad ibn Muḥammad
→ **Miskawaih, Aḥmad Ibn-Muḥammad**

Ibn al-Mukaffa
→ **Ibn-al-Muqaffaʿ, ʿAbdallāh**

Ibn al-Munayyir, Aḥmad ibn Muḥammad
→ **Ibn-al-Munaiyir, Aḥmad Ibn-Muḥammad**

Ibn al-Mundhir, Abū Bakr b. Badr
→ **Ibn-al-Munḏir al-Baiṭār, Abū-Bakr Ibn-Badr**

Ibn al-Mundhir al-Bayṭār, Abū Bakr Ibn Badr-
→ **Ibn-al-Munḏir al-Baiṭār, Abū-Bakr Ibn-Badr**

Ibn al-Mustawfī, al-Mubārak Ibn Aḥmad
→ **Ibn-al-Mustaufī, al-Mubārak Ibn-Aḥmad**

Ibn al-Mutass
→ **Ibn-al-Muʿtazz, ʿAbdallāh**

Ibn al-Nabīh, ʿAlī Ibn Muḥammad
→ **Ibn-an-Nabīh, ʿAlī Ibn-Muḥammad**

Ibn al-Nadīm
→ **Ibn-an-Nadīm, Muḥammad Ibn-Isḥāq**

Ibn al-Nadjdjār, Muḥammad Ibn Maḥmūd
→ **Ibn-an-Naǧǧār, Muḥammad Ibn-Maḥmūd**

Ibn al-Najjār, Muḥammad Ibn Maḥmūd
→ **Ibn-an-Naǧǧār, Muḥammad Ibn-Maḥmūd**

Ibn al-Naqīb, Muḥammad Ibn Sulaymān
→ **Ibn-an-Naqīb, Muḥammad Ibn-Sulaimān**

Ibn al-Qunfudh, Aḥmad ibn al-Ḥusayn
→ **Ibn-al-Qunfuḏ, Aḥmad Ibn-al-Ḥusain**

Ibn al-Qūṭiyya, Abū Bakr b. ʿUmar b. ʿAbd al-ʿAzīz b. Ibrāhīm b. ʿĪsā b. Muzāḥim
→ **Ibn-al-Qūṭīya, Muḥammad Ibn-ʿUmar**

Ibn al-Razzāz al-Jazarī
→ **Ğazarī, Ismāʿīl Ibn-ar-Razzāz ¬al-¬**

Ibn al-Ṣabbāgh, Muḥammad ibn Abī al-Qāsim
→ **Ibn-aṣ-Ṣabbāġ, Muḥammad Ibn-Abi-'l-Qāsim**

Ibn al-Ṣaghīr
→ **Ibn-aṣ-Ṣaġīr**

Ibn al-Sāʿī, ʿAlī Ibn Anjab
→ **Ibn-as-Sāʿī, ʿAlī Ibn-Anğab**

Ibn al-Ṣāʾigh, ʿAbd al-Raḥmān Ibn-Yūsuf
→ **Ibn-aṣ-Ṣāʾiġ, ʿAbd-ar-Raḥmān Ibn-Yūsuf**

Ibn al-Ṣalāḥ, Aḥmad Ibn Muḥammad
→ **Ibn-as-Sarī, Aḥmad Ibn-Muḥammad**

Ibn al-Samḥ, Asbagh ibn Muḥammad
→ **Ibn-as-Samḥ, Asbaġ Ibn-Muḥammad**

Ibn al-Sarī, Aḥmad Ibn Muḥammad
→ **Ibn-as-Sarī, Aḥmad Ibn-Muḥammad**

Ibn al-Sarrāj, Muḥammad ibn al-Sarī
→ **Ibn-as-Sarrāǧ, Muḥammad Ibn-as-Sarī**

Ibn al-Šāṭir, ʿAlī Ibn-Ibrāhīm
→ **Ibn-aš-Šāṭir, ʿAlī Ibn-Ibrāhīm**

Ibn al-Ṣaykal, Maʿadd Ibn Naṣrallāh
→ **Ibn-aṣ-Ṣaiqal, Maʿadd Ibn-Naṣrallāh**

Ibn al-Ṣayqal, Maʿadd Ibn Naṣrallāh
→ **Ibn-aṣ-Ṣaiqal, Maʿadd Ibn-Naṣrallāh**

Ibn al-Ṣayrafī, ʿAlī ibn Munjib
→ **Ibn-aṣ-Ṣairafī, ʿAlī Ibn-Munǧib**

Ibn al-Shaʿʿār, al-Mubārak Ibn Aḥmad
→ **Ibn-aš-Šaʿʿār, al-Mubārak Ibn-Aḥmad**

Ibn al-Shadjarī, Hibatallāh ibn ʿAlī
→ **Ibn-aš-Šaǧarī, Hibatallāh Ibn-ʿAlī**

Ibn al-Shajarī, Hibatallāh ibn ʿAlī
→ **Ibn-aš-Šaǧarī, Hibatallāh Ibn-ʿAlī**

Ibn al-Shāṭir, ʿAlī ibn Ibrāhīm
→ **Ibn-aš-Šāṭir, ʿAlī Ibn-Ibrāhīm**

Ibn al-Shiḥna, Muḥammad Ibn Muḥammad
→ **Ibn-aš-Šiḥna, Muḥammad Ibn-Muḥammad**

Ibn al-Sīd al-Baṭalyawsī, Abū Muḥammad ʿAbd Allāh b. Muḥammad b. al-Sīd al-Baṭalyawsī
→ **Baṭalyausī, ʿAbdallāh Ibn-Muḥammad ¬al-¬**

Ibn al-Sikkīt, Yaʿqūb ibn Isḥāq
→ **Ibn-as-Sikkīt, Yaʿqūb Ibn-Isḥāq**

Ibn al-Sīrāfī, Yūsuf ibn al-Ḥasan
→ **Ibn-as-Sīrāfī, Yūsuf Ibn-al-Ḥasan**

Ibn al-Sunnī, Aḥmad ibn Muḥammad
→ **Ibn-as-Sunnī, Aḥmad Ibn-Muḥammad**

Ibn al-Ṭarāwa, Sulaymān Ibn Muḥammad
→ **Ibn-aṭ-Ṭarāwa, Sulaimān Ibn-Muḥammad**

Ibn al-Ṭawwāḥ, ʿAbd al-Wāḥid Ibn Muḥammad
→ **Ibn-aṭ-Ṭauwāḥ, ʿAbd al-Wāḥid Ibn-Muḥammad**

Ibn al-Ṭiqṭaqa, Muḥammad ibn ʿAlī
→ **Ibn-aṭ-Ṭiqṭaqa, Muḥammad Ibn-ʿAlī**

Ibn al-Ẓāhirī, Jamāl al-Dīn Aḥmad Ibn Muḥammad
→ **Ibn-aẓ-Ẓāhirī, Ǧamāl-ad-Dīn Aḥmad Ibn-Muḥammad**

Ibn al-Zayyāt, Muḥammad
→ **Ibn-az-Zaiyāt, Muḥammad**

Ibn Ar Rumi, Ali Ibn Al Abbas
→ **Ibn-ar-Rūmī, ʿAlī Ibn-al-ʿAbbās**

Ibn ʿArabî
→ **Ibn-al-ʿArabī, Muḥyi-'d-Dīn Muḥammad Ibn-ʿAlī**

Ibn Asakir, Ali Ibn Al Hasan
→ **Ibn-ʿAsākir, ʿAlī Ibn-al-Ḥasan**

Ibn ʿĀṣim al-Mawqifī, Muḥammad
→ **Ibn-ʿĀṣim al-Mauqifī, Muḥammad**

Ibn aš-Šaǧarī, Hibatullāh B. ʿAlī Abū s-Saʿādāt al-ʿArawī al-Ḥasanī
→ **Ibn-aš-Šaǧarī, Hibatallāh Ibn-ʿAlī**

Ibn at-Tufail Abu Bakr
→ **Ibn-Ṭufail, Muḥammad Ibn-ʿAbd-al-Malik**

Ibn Bābawayh, ʿAlī ibn al-Ḥusayn
→ **Ibn-Bābawaih, ʿAlī Ibn-al-Ḥusain**

Ibn Badroun ʿAbd al Malik Ibn ʿAbd Allah
→ **Ibn-Badrūn, ʿAbd-al-Malik Ibn-ʿAbdallāh**

Ibn Badrūn, Abū 'l-Qāsim ʿAbd al-Malik b. ʿAbd Allāh al-Ḥaḍramī
→ **Ibn-Badrūn, ʿAbd-al-Malik Ibn-ʿAbdallāh**

Ibn Bāja
→ **Ibn-Bāǧǧa, Muḥammad Ibn-Yaḥyā**

Ibn Bakī, Yaḥyā B. Aḥmad
→ **Ibn-Baqī, Yaḥyā Ibn-Aḥmad**

Ibn Baqī, Yaḥyā Ibn Aḥmad
→ **Ibn-Baqī, Yaḥyā Ibn-Aḥmad**

Ibn Bashkuwāl, Khalaf ibn ʿAbd al-Malik
→ **Ibn-Baškuwāl, Ḫalaf Ibn-ʿAbd-al-Malik**

Ibn Baṭṭa, ʿUbayd Allāh Ibn Muḥammad
→ **Ibn-Baṭṭa, ʿUbaidallāh Ibn-Muḥammad**

Ibn Battuta
→ **Ibn-Baṭṭūṭa, Muḥammad Ibn-ʿAbdallāh**

Ibn Battuta, Abu Abd Allah Muhammad
→ **Ibn-Baṭṭūṭa, Muḥammad Ibn-ʿAbdallāh**

Ibn Baṭṭūṭa, Šamš al-Dīn Abū ʿAbd Allāh Muḥammad b. ʿAbd Allāh b. Muḥammad b. Ibrāhīm b. Muḥammad b. Ibrahīm b. Yūsuf al-Lawatī al-Tanǧī
→ **Ibn-Baṭṭūṭa, Muḥammad Ibn-ʿAbdallāh**

Ibn Batuta
→ **Ibn-Baṭṭūṭa, Muḥammad Ibn-ʿAbdallāh**

Ibn Bibi
→ **Ibn-Bībī**

Ibn Bībī, al-Ḥusayn b. Muḥammad b. ʿAlī al-Ǧaʿfarī
→ **Ibn-Bībī**

Ibn Bukhtīshūʿ, ʿAlī Ibn Ibrāhīm
→ **Ibn-Buḫtīšūʿ, ʿAlī Ibn-Ibrāhīm**

Ibn Buqi
→ **Ibn-Baqī, Yaḥyā Ibn-Aḥmad**

Ibn Chaldun, Abd Ar Rahman
→ **Ibn-Ḫaldūn, ʿAbd-ar-Raḥmān Ibn-Muḥammad**

Ibn Chordadbeh, Ubaid Allah ibn Ahmed
→ **Ibn-Ḫurdāḏbih, ʿUbaidallāh Ibn-ʿAbdallāh**

Ibn Darrādj al-Ḳasṭallī, Aḥmad B. Muḥammad
→ **Ibn-Darrāǧ al-Qasṭallī, Aḥmad Ibn-Muḥammad**

Ibn Darrāg, Abū ʿUmar Aḥmad b. Muḥammad b. al-ʿĀṣī b. Aḥmad b. Sulaymān b. ʿĪsā b. Darrāǧ
→ **Ibn-Darrāǧ al-Qasṭallī, Aḥmad Ibn-Muḥammad**

Ibn Darrāǧ al-Kasṭallī
→ **Ibn-Darrāǧ al-Qasṭallī, Aḥmad Ibn-Muḥammad**

Ibn Darrāj al-Qasṭallī, Aḥmad Ibn Muḥammad
→ **Ibn-Darrāǧ al-Qasṭallī, Aḥmad Ibn-Muḥammad**

Ibn Darrâŷ
→ **Ibn-Darrāǧ al-Qasṭallī, Aḥmad Ibn-Muḥammad**

Ibn Dāwūd, Johannes
→ **Johannes ⟨Hispanus⟩**

Ibn Diḥyah, ʿUmar Ibn al-Ḥasan
→ **Ibn-Diḥya, ʿUmar Ibn-al-Ḥasan**

Ibn Djābir, Muḥammad b. Aḥmad
→ **Ibn-Ǧābir, Muḥammad Ibn-Aḥmad**

Ibn Djamāʿa, ʿIzz al-Dīn ʿAbd al-ʿAzīz Ibn Badr al-Dīn
→ **Ibn-Ǧamāʿa, ʿIzz-ad-Dīn ʿAbd-al-ʿAzīz Ibn-Badr-ad-Dīn**

Ibn Djuldjul, Sulaymān ibn Ḥassān
→ **Ibn-Ǧulǧul, Sulaimān Ibn-Ḥassān**

Ibn Djuraydj, ʿAbd al-Malik b. ʿAbd al-ʿAzīz
→ **Ibn-Ǧuraiǧ, ʿAbd-al-Malik Ibn-ʿAbd-al-ʿAzīz**

Ibn Doreid
→ **Ibn-Duraid, Muḥammad Ibn-al-Ḥasan**

Ibn Dschubair
→ **Ibn-Ǧubair, Muḥammad Ibn-Aḥmad**

Ibn Dschubair, Muhammad Ibn Ahmad
→ **Ibn-Ǧubair, Muḥammad Ibn-Aḥmad**

Ibn Dukmāk, Ibrāhīm Ibn-Muḥammad
→ **Ibn-Duqmāq, Ibrāhīm Ibn-Muḥammad**

Ibn Durayd, Muḥammad ibn al-Ḥasan
→ **Ibn-Duraid, Muḥammad Ibn-al-Ḥasan**

Ibn El-Athir
→ **Ibn-al-Aṯīr, ʿIzz-ad-Dīn Abu-'l-Ḥasan ʿAlī**

Ibn Ezra, Abraham ben Meʾîr
→ **Ibn-ʿEzrā, Avrāhām**

Ibn ʿEzra, Moše
→ **Ibn-ʿEzrâ, Moše Ben-Yaʿaqov**

Ibn Faḍl Allāh, Abū 'l-ʿAbbās Ahmad b. Yaḥyā Šihāb al-Dīn al-ʿUmarī
→ **Ibn-Faḍlallāh al-ʿUmarī, Aḥmad Ibn-Yaḥyā**

Ibn Faḍlān, Aḥmad b. Faḍlān b. al-ʿAbbās b. Rāšid b. Ḥammād
→ **Ibn-Faḍlān, Aḥmad Ibn-al-ʿAbbās**

Ibn Falaquera, Šem Ṭob
→ **Ibn-Falāqīra, Šem-Ṭôv**

Ibn Faris
→ **Ibn-Fāris, Aḥmad Ibn-Zakarīyāʾ**

Ibn Fāris al-Qazwīnī, Aḥmad
→ **Ibn-Fāris al-Qazwīnī, Aḥmad**

Ibn Fariun
→ **Ibn-Farīʿūn**

Ibn Fayrūz, Aḥmad Ibn Yūsuf
→ **Ibn-Fairūz, Aḥmad Ibn-Yūsuf**

Ibn Foszlan
→ **Ibn-Faḍlān, Aḥmad Ibn-al-ʿAbbās**

Ibn Gabirol, Salomon ben Judah
→ **Ben-Gabirol, Šelomo Ben-Yehûdā**

Ibn Gabriol, Salomon ben Judah
→ **Ben-Gabirol, Šelomo Ben-Yehûdā**

Ibn Ghalbūn, ʿAbd-al-Munʿim ibn ʿUbaydallāh
→ **Ibn-Ġalbūn, ʿAbd-al-Munʿim Ibn-ʿUbaidallāh**

Ibn Ghalbūn al-Ṣūrī, ʿAbd-al-Muḥsin ibn Muḥammad
→ **Ibn-Ġalbūn aṣ-Ṣūrī, ʿAbd-al-Muḥsin Ibn-Muḥammad**

Ibn Ǧubair
→ **Ibn-Ǧubair, Muḥammad Ibn-Aḥmad**

Ibn Ǧubayr, Abū 'l-Ḥusayn Muḥammad b. Aḥmad al-Kinānī
→ **Ibn-Ǧubair, Muḥammad Ibn-Aḥmad**

Ibn Ǧulǧul ⟨al-Andalusī⟩
→ **Ibn-Ǧulǧul, Sulaimān Ibn-Ḥassān**

Ibn Ǧulǧul, Abū Dāʾūd Sulaymān b. Ḥassān b. Ǧulǧul al-Andalusī
→ **Ibn-Ǧulǧul, Sulaimān Ibn-Ḥassān**

Ibn Ǧulǧul al-Andalusī, Abū Dāwūd Sulaimān b. Ḥassān
→ **Ibn-Ǧulǧul, Sulaimān Ibn-Ḥassān**

Ibn Ḥabīb, Abū Marwān ʿAbd al-Malik b. Ḥabīb b. Sulaymān b. Hārūn b. Ǧāhima b. al-ʿAbbās b. Mirdās b. Ḥabīb al-Sulamī al-Ilbirī al-Qurṭubī
→ **ʿAbd-al-Malik Ibn-Ḥabīb as-Sulamī**

Ibn Hadjar, Ahmed Ibn Ali Ibn Mohammed al-Askalani
→ **Ibn-Ḥaǧar al-ʿAsqalānī, Aḥmad Ibn-ʿAlī**

Ibn Hadschib
→ **Ibn-al-Ḥāǧib, ʿUṯmān Ibn-ʿUmar**

Ibn Ḫaldūn, Abū Zayd ʿAbd al-Raḥmān Muḥammad b. Muḥammad b. Ḫaldūn Walī al-Dīn al-Tūnisī al-Ḥaḍramī al-Išbīlī al-Mālikī
→ **Ibn-Ḫaldūn, ʿAbd-ar-Raḥmān Ibn-Muḥammad**

Ibn Ḥamdīs, ʿAbd al-Ǧabbār Abū Muḥammad b. Abī Bakr al-Azdī
→ **Ibn-Ḥamdīs, ʿAbd-al-Ǧabbār Ibn-Abī-Bakr**

Ibn Hanbal, Ahmed
→ **Aḥmad Ibn-Ḥanbal**

Ibn Ḥasdai, Abraham ben Samuel
→ **Ibn-Ḥasdây, Avrāhām hal-Lēwī Ben-Šemûʾēl**

Ibn Hasm, Ali
→ **Ibn-Ḥazm, ʿAlī Ibn-Aḥmad**

Ibn Ḫātima, Abū Ǧaʿfar Aḥmad b. ʿAlī b. Muḥammad b. ʿAlī al-Anṣārī
→ **Ibn-Ḫātima, Aḥmad Ibn-ʿAlī**

Ibn Haukal
→ **Ibn-Ḥauqal, Abu-'l-Qāsim Ibn-ʿAlī**

Ibn Ḥauḳal, Abū l-Ḳāsim
→ **Ibn-Ḥauqal, Abu-'l-Qāsim Ibn-ʿAlī**

İbn Havkal, Ebu-'l-Kasim
→ **Ibn-Ḥauqal, Abu-'l-Qāsim Ibn-ʿAlī**

Ibn Ḥawḳal, Abu 'l-Ḳāsim b. ʿAlī
→ **Ibn-Ḥauqal, Abu-'l-Qāsim Ibn-ʿAlī**

Ibn Ḥawqal, Abū al-Qāsim ibn ʿAlī
→ **Ibn-Ḥauqal, Abu-'l-Qāsim Ibn-ʿAlī**

Ibn Ḥawqal, Abū 'l-Qāsim b. ʿAlī al-Naṣībī
→ **Ibn-Ḥauqal, Abu-'l-Qāsim Ibn-ʿAlī**

Ibn Ḥawshab, al-Ḥasan Ibn Faraj
→ **Manṣūr al-Yaman**

Ibn Ḥayyān, Abū Marwān Ḥayyān b. Ḫalaf b. Ḥayyān
→ **Ibn-Ḥaiyān, Ḥaiyān Ibn-Ḫalaf**

Ibn Ḥayyān, Ḥayyān ibn Khalaf
→ **Ibn-Ḥaiyān, Ḥaiyān Ibn-Ḫalaf**

Ibn Ḥayyūs, Muḥammad ibn Sulṭān
→ **Ibn-Ḥaiyūs, Muḥammad Ibn-Sulṭān**

Ibn Ḥayyuwayh, Muḥammad ibn al-ʿAbbās
→ **Ibn-Ḥaiyuwaih, Muḥammad Ibn-al-ʿAbbās**

Ibn Ḥazm, Abū Muḥammad ʿAlī b. Aḥmad b. Saʿīd
→ **Ibn-Ḥazm, ʿAlī Ibn-Aḥmad**

Ibn Hišām al-Lajmī
→ **Laḫmī, Muḥammad Ibn-Aḥmad ¬al-¬**

Ibn Hischam, Abd Al Malik
→ **Ibn-Hišām, ʿAbd-al-Malik**

Ibn Hubayra, Yaḥyā Ibn Muḥammad
→ **Ibn-Hubaira, Yaḥyā Ibn-Muḥammad**

Ibn Ḥubaysh, ʿAbd al-Raḥmān ibn Muḥammad
→ **Ibn-Ḥubaiš, ʿAbd-ar-Raḥmān Ibn-Muḥammad**

Ibn Huḏayl, Abū 'l-Ḥasan ʿAlī b. ʿAbd al-Raḥmān b. Huḏayl al-Fazārī al-Andalusī
→ **Ibn-Huḏail al-Andalusī, ʿAlī Ibn-ʿAbd-ar-Raḥmān**

Ibn Hudhayl al-Andalusī, ʿAlī Ibn ʿAbd al-Raḥmān
→ **Ibn-Huḏail al-Andalusī, ʿAlī Ibn-ʿAbd-ar-Raḥmān**

Ibn ʿIḏārī al-Marrākušī, Abu-ʾl-ʿAbbās Aḥmad b. Muḥammad b. ʿIḏārī al-Marrākušī
→ **Ibn-ʿIḏārī ʾl-Marrākušī, Aḥmad Ibn-Muḥammad**

Ibn ʿIdhārī al-Marrākushī, Aḥmad ibn Muḥammad
→ **Ibn-ʿIḏārī ʾl-Marrākušī, Aḥmad Ibn-Muḥammad**

Ibn Ishak, Muhammad
→ **Ibn-Isḥāq, Muḥammad**

Ibn Jābir, Muḥammad ibn Aḥmad
→ **Ibn-Ǧābir, Muḥammad Ibn-Aḥmad**

Ibn Jamāʿa, ʿIzz al-Dīn ʿAbd al-ʿAzīz Ibn Badr al-Dīn
→ **Ibn-Ǧamāʿa, ʿIzz-ad-Dīn ʿAbd-al-ʿAzīz Ibn-Badr-ad-Dīn**

Ibn Jemin
→ **Ibn-Yamīn, Faḫr-ad-Dīn Maḥmūd**

Ibn Julǧul, Sulaymān ibn Ḥassān
→ **Ibn-Ǧulǧul, Sulaimān Ibn-Ḥassān**

Ibn Jurayj, ʿAbd al-Malik ibn ʿAbd al-ʿAzīz
→ **Ibn-Ǧuraiǧ, ʿAbd-al-Malik Ibn-ʿAbd-al-ʿAzīz**

Ibn Ḳais ar-Rukajjāt
→ **Ibn-Qais ar-Ruqaiyāt**

Ibn Ḳays al-Ruqayyāt
→ **Ibn-Qais ar-Ruqaiyāt**

Ibn Kaysān, Muhammad Ibn Aḥmad
→ **Ibn-Kaisān, Muḥammad Ibn-Aḥmad**

Ibn Khaldun
→ **Ibn-Ḫaldūn, ʿAbd-ar-Raḥmān Ibn-Muḥammad**

Ibn Khaldun, ʿAbdarraḥmān
→ **Ibn-Ḫaldūn, ʿAbd-ar-Raḥmān Ibn-Muḥammad**

Ibn Khalfūn, Muḥammad ibn Ismāʿīl
→ **Ibn-Ḫalfūn, Muḥammad Ibn-Ismāʿīl**

Ibn Khalṣūn, Muḥammad Ibn Yūsuf
→ **Ibn-Ḫalṣūn, Muḥammad Ibn-Yūsuf**

Ibn Kharūf, ʿAlī Ibn Muḥammad
→ **Ibn-Ḫarūf, ʿAlī Ibn-Muḥammad**

Ibn Khātima, Aḥmad ibn ʿAlī
→ **Ibn-Ḫātima, Aḥmad Ibn-ʿAlī**

Ibn Khurdadhbih, ʿUbayd Allāh ibn ʿAbd Allāh
→ **Ibn-Ḫurdāḏbih, ʿUbaidallāh Ibn-ʿAbdallāh**

Ibn Koteibah
→ **Ibn-Qutaiba, ʿAbdallāh Ibn-Muslim**

Ibn Kothaibah
→ **Ibn-Qutaiba, ʿAbdallāh Ibn-Muslim**

Ibn Kusman
→ **Ibn-Quzmān, Muḥammad Ibn-ʿAbd-al-Malik**

Ibn Kutaiba
→ **Ibn-Qutaiba, ʿAbdallāh Ibn-Muslim**

Ibn Kutaibah, Abd Allah ibn Muslim
→ **Ibn-Qutaiba, ʿAbdallāh Ibn-Muslim**

Ibn Ḳuṭlūbughā, Ḳāsim
→ **Ibn-Quṭlūbuġā, Qāsim Ibn-ʿAbdallāh**

Ibn Mādja, Muḥammad ibn Yazīd
→ **Ibn-Māǧa, Muḥammad Ibn-Yazīd**

Ibn Māja, Muḥammad ibn Yazīd
→ **Ibn-Māǧa, Muḥammad Ibn-Yazīd**

Ibn Mājid al-Saʿdī, Aḥmad
→ **Ibn-Māǧid as-Saʿdī, Aḥmad**

Ibn Malik al Gaiyani
→ **Ibn-Mālik, Muḥammad Ibn-ʿAbdallāh**

Ibn Mālik al-Qaṭīʿī, Aḥmad Ibn Jaʿfar
→ **Ibn-Mālik al-Qaṭīʿī, Aḥmad Ibn-Ǧaʿfar**

Ibn Mammātī, al-Asʿad b. Muhaḏḏab b. Zakarīyāʾ b. Qudāma b. Mīnā Šaraf al-Dīn Abūʾl-Makārim b. Saʿīd b. Abīʾl-Malīḥ Ibn Mammātī
→ **Ibn-Mammātī, Asʿad Ibn-al-Muhaḏḏab**

Ibn Mardawayh, Aḥmad Ibn Muḥammad
→ **Ibn-Mardawaih, Aḥmad Ibn-Muḥammad**

Ibn Marzūq, Abū ʿAbd Allāh Muḥammad b. Aḥmad b. Muḥammad b. Muḥammad b. Abī Bakr b. Marzūq al-ʿAǧīsī al-Tilimsānī
→ **Ibn-Marzūq, Muḥammad Ibn-Aḥmad**

Ibn Masawaih
→ **Ibn-Māsawaih, Abū-Zakarīyāʾ Yūḥannā**

Ibn Maymūn, Muḥammad Ibn al-Mubārak
→ **Ibn-Maimūn, Muḥammad Ibn-al-Mubārak**

Ibn Muʿāḏ
→ **Ǧaiyānī, Abū-ʿAbdallāh Muḥammad Ibn-Muʿāḏ ¬al-¬**

Ibn Muʿāwiya, ʿAlī Ibn Ḥasan
→ **Ibn-Muʿāwiya, ʿAlī Ibn-Ḥasan**

Ibn Mukaffa
→ **Ibn-al-Muqaffaʿ, ʿAbdallāh**

Ibn Nahas
→ **Ibn-an-Naḥḥās**

Ibn Qāḍī Shuhba, Abū Bakr Ibn Aḥmad
→ **Ibn-Qāḍī Šuhba, Abū-Bakr Ibn-Aḥmad**

Ibn Qāḍī Shuhba, Yūsuf ibn Muḥammad
→ **Ibn-Qāḍī Šuhba, Yūsuf Ibn-Muḥammad**

Ibn Qāḍī Simawnah, Badr al-Dīn Maḥmūd
→ **Ibn-Qāḍī Samāwna, Badr-ad-Dīn Maḥmūd**

Ibn Qāniʿ, ʿAbd al-Bāqī
→ **Ibn-Qāniʿ, ʿAbd-al-Bāqī**

Ibn Qays al-Ruqayyāt
→ **Ibn-Qais ar-Ruqaiyāt**

Ibn Qayyim al-Ǧauzīya
→ **Ibn-Qaiyim al-Ǧauzīya, Muḥammad Ibn-Abī-Bakr**

Ibn Qibah, Abū Jaʿfar Muḥammad ibn ʿAbd al-Raḥmān
→ **Ibn-Qiba, Abū-Ǧaʿfar Muḥammad Ibn-ʿAbd-ar-Raḥmān**

Ibn Qudāmah al-Maqdisī, ʿAbd al-Raḥmān Ibn Abī ʿUmar
→ **Ibn-Qudāma al-Maqdisī, ʿAbd-ar-Raḥmān Ibn-Abī-ʿUmar**

Ibn Quṭlūbughā, Qāsim Ibn ʿAbd Allāh
→ **Ibn-Quṭlūbuġā, Qāsim Ibn-ʿAbdallāh**

Ibn Quzmān, Muḥammad Ibn ʿĪsā
→ **Ibn-Quzmān, Muḥammad Ibn-ʿAbd-al-Malik**

Ibn Rāhwayh, Isḥāq ibn Ibrāhīm
→ **Ibn-Rāhwaih, Isḥāq Ibn-Ibrāhīm**

Ibn Rashīd al-Fihrī, Muḥammad Ibn ʿUmar
→ **Ibn-Rašīd al-Fihrī, Muḥammad Ibn-ʿUmar**

Ibn Rashīq, al-Ḥasan ibn ʿAlī
→ **Ibn-Rašīq, al-Ḥasan Ibn-ʿAlī**

Ibn Riḍwān, Abu al-Qāsim
→ **Ibn-Riḍwān, Abu-ʾl-Qāsim**

Ibn Riḍwān, ʿAlī
→ **Ibn-Riḍwān, ʿAlī**

Ibn Rochd, Abu El-Walid
→ **Averroes**

Ibn Rosteh
→ **Ibn-Rustah, Aḥmad Ibn-ʿUmar**

Ibn Rosteh, Abu Ali Ahmed ibn Omar
→ **Ibn-Rustah, Aḥmad Ibn-ʿUmar**

Ibn Rušayd, Abū ʿAbd Allāh Muḥammad b. ʿUmar b. Muḥammad al-Sabtī
→ **Ibn-Rušaid, Muḥammad Ibn-ʿUmar**

Ibn Rušd
→ **Averroes**

Ibn Rushayd, Muḥammad ibn ʿUmar
→ **Ibn-Rušaid, Muḥammad Ibn-ʿUmar**

Ibn Rushd, Abū al-Walīd Muḥammad ibn Aḥmad
→ **Ibn-Rušd, Abu-ʾl-Walīd Muḥammad Ibn-Aḥmad**

Ibn Rusta, Abū ʿAlī Aḥmad b. ʿUmar b. Rusta
→ **Ibn-Rustah, Aḥmad Ibn-ʿUmar**

Ibn Rustah, Aḥmad ibn ʿUmar
→ **Ibn-Rustah, Aḥmad Ibn-ʿUmar**

Ibn Sabʿīn, Quṭb al-Dīn Abū Muḥammad ʿAbd al-Ḥaqq
→ **Ibn-Sabʿīn, ʿAbd-al-Ḥaqq Ibn-Ibrāhīm**

Ibn Sad, Mohammed Ibn Sad Ibn Mani
→ **Ibn-Saʿd az-Zuhrī, Muḥammad**

Ibn Sad, Muhammad
→ **Ibn-Saʿd az-Zuhrī, Muḥammad**

Ibn Šaddād, Bahāʾ al-Dīn Abū ʾl-Maḥāsin Yūsuf b. Rāfiʿ b. Tamīm
→ **Ibn-Šaddād, Yūsuf Ibn-Rāfiʿ**

Ibn Šaddād, ʿIzz al-Dīn Abū ʿAbd Allāh Muḥammad b. ʿAlī al-Ḥalabī
→ **Ibn-Šaddād, Muḥammad Ibn-Ibrāhīm**

Ibn Sahl, Abū ʾl-Aṣbaġ ʿĪsā b. Sahl b. ʿAbd Allāh al-Asadī
→ **Ibn-Sahl, Abu-ʾl-Aṣbaġ ʿĪsā**

Ibn Saʿīd al-Maghribī
→ **Ibn-Saʿīd, ʿAlī Ibn-Mūsā**

Ibn Saʿīd al-Maġribī, Abu-ʾl-Ḥasan ʿAlī b. Mūsā
→ **Ibn-Saʿīd, ʿAlī Ibn-Mūsā**

Ibn Saidun, Ahmed ibn Abdallah ibn Ahmed
→ **Ibn-Zaidūn, Aḥmad Ibn-ʿAbdallāh**

Ibn Sajjād, Yūsuf ibn Rāfiʿ
→ **Ibn-Šaddād, Yūsuf Ibn-Rāfiʿ**

Ibn Samajūn, Abū Bakr Ḥāmid
→ **Ibn-Samaǧūn, Ḥāmid**

Ibn Samajūn, Ḥāmid
→ **Ibn-Samaǧūn, Ḥāmid**

Ibn Sarābī
→ **Serapio ⟨Iunior⟩**

Ibn Sayf al-Dīn, Muḥammad Aydamur
→ **Ibn-Saif-ad-Dīn, Muḥammad Aidamur**

Ibn Shāhīn al-Ẓāhirī, Khalīl
→ **Ibn-Šāhīn aẓ-Ẓāhirī, Ḫalīl**

Ibn Shākir al-Kutubī, Muḥammad
→ **Kutubī, Muḥammad Ibn-Šākir ¬al-¬**

Ibn Shams al-Khilāfa, Jaʿfar
→ **Ibn-Šams-al-Ḫilāfa, Ǧaʿfar**

Ibn Shem Tov, Joseph Ben Shem Tov
→ **Ibn-Šēm-Ṭôv, Šēm-Ṭôv Ben-Yôsēf**

Ibn Shuhayd, Aḥmad ibn Abī Marwān
→ **Ibn-Šuhaid al-Andalusī, Aḥmad Ibn-Abī-Marwān**

Ibn Sīda, Abū ʾl-Ḥasan ʿAlī b. Ismāʿīl al-Mursī
→ **Ibn-Sīda, ʿAlī Ibn-Ismāʿīl**

Ibn Sīdah, ʿAli Ibn Ismāʿīl
→ **Ibn-Sīda, ʿAlī Ibn-Ismāʿīl**

Ibn Sina
→ **Avicenna**

Ibn Šuhayd, Abū Marwān ʿAbd al-Malik b. Aḥmad
→ **Ibn-Šuhaid al-Andalusī, Aḥmad Ibn-Abī-Marwān**

Ibn Šuhayd, Aḥmad b. a. Marwān
→ **Ibn-Šuhaid al-Andalusī, Aḥmad Ibn-Abī-Marwān**

Ibn Taghrī Birdi
→ **Ibn-Taġrībirdī, Abu-ʾl-Maḥāsin Yūsuf Ibn-ʿAbdallāh**

Ibn Taghrībirdī, Abū al-Maḥāsin Yūsuf ibn ʿAbdallāh
→ **Ibn-Taġrībirdī, Abu-ʾl-Maḥāsin Yūsuf Ibn-ʿAbdallāh**

Ibn Taimijja, Taki Ad Din Ahmad
→ **Ibn-Taimīya, Aḥmad Ibn-ʿAbd-al-Ḥalīm**

Ibn Ṭāʾūs, Aḥmad ibn Mūsā
→ **Ibn-Ṭāʾūs, Aḥmad Ibn-Mūsā**

Ibn Taymiyya
→ **Ibn-Taimīya, Aḥmad Ibn-ʿAbd-al-Ḥalīm**

Ibn Thabāt, Aḥmad
→ **Ibn-Ṯabāt, Aḥmad**

Ibn Thābit, Sinān
→ **Sinān Ibn-Ṯābit**

Ibn Tibbon, Samuel Ben Judah
→ **Ibn-Tibbon, Šemûʾēl Ben-Yehûdā**

Ibn Tibbôn, Yehûdā Ben-Šāʾûl
→ **Ibn-Tibbôn, Yehûdā Ben-Šāʾûl**

Ibn Tophail
→ **Ibn-Ṭufail, Muḥammad Ibn-ʿAbd-al-Malik**

Ibn Tufail, Abu Bakr
→ **Ibn-Ṭufail, Muḥammad Ibn-ʿAbd-al-Malik**

Ibn Ṭufail al-Qasī, Abū B.
→ **Ibn-Ṭufail, Muḥammad Ibn-ʿAbd-al-Malik**

Ibn Tulun
→ **Ibn-Ṭūlūn, Muḥammad Ibn-ʿAlī**

Ibn Tumart, Mohammed
→ **Ibn-Tūmart, Muḥammad Ibn-ʿAbdallāh**

Ibn Tūmart, Muḥammad ibn ʿAbd Allāh
→ **Ibn-Tūmart, Muḥammad Ibn-ʿAbdallāh**

Ibn Turayk, Gabriel
→ **Gabriel ⟨Bābā, II.⟩**

Ibn Turk, ʿAbd al-Ḥamīd ibn Wāsiʿ
→ **Ibn-Turk, ʿAbd-al-Ḥamīd Ibn-Wāsiʿ**

İbn ül-Farız, Ebu-Hafs Ömer
→ **Ibn-al-Fāriḍ, ʿUmar Ibn-ʿAlī**

Ibn Umayl, Muḥammad
→ **Ibn-Umail, Muḥammad**

Ibn Unain Sharaf al Din Abu Mahasin Muhammad ibn Nasr
→ **Ibn-ʿUnain, Muḥammad Ibn-Naṣr**

Ibn ʿUnayn, Muḥammad ibn Naṣr
→ **Ibn-ʿUnain, Muḥammad Ibn-Naṣr**

Ibn ʿUthmān, Maḥmūd
→ **Maḥmūd Ibn-ʿUṯmān**

Ibn Waḍḍāḥ, Abū ʿAbd Allāh Muḥammad b. Waḍḍāḥ b. Yaziʿa
→ **Ibn-Waḍḍāḥ, Muḥammad**

Ibn Waḍḍāḥ, Muḥammad
→ **Ibn-Waḍḍāḥ, Muḥammad**

Ibn Wāfid, Abū ʾl-Mutarrif ʿAbd al-Raḥmān b. Muḥammad b. ʿAbd al-Kabīr b. Yaḥyā b. Wāfid Ibn Muḥammad al-Laḫmī
→ **Ibn-Wāfid, ʿAbd-ar-Raḥmān Ibn-Muḥammad**

Ibn Waḥshiyya, Aḥmad ibn ʿAlī
→ **Ibn-Waḥšīya, Aḥmad Ibn-ʿAlī**

Ibn Waḥšiyya, Abū Bakr Aḥmad b. ʿAlī al-Kasdānī
→ **Ibn-Waḥšīya, Aḥmad Ibn-ʿAlī**

Ibn Wallād, Aḥmad ibn Muḥammad
→ **Ibn-Wallād, Aḥmad Ibn-Muḥammad**

Ibn Wokai
→ **Ibn-Wakīʿ at-Tinnīsī, al-Ḥasan Ibn-ʿAlī**

Ibn Yamīn, Fakhr al-Dīn Maḥmūd
→ **Ibn-Yamīn, Faẖr-ad-Dīn Maḥmūd**

Ibn Yūnus, Abūʾ l-Ḥasan ʿAlī b. ʿAbdarraḥmān
→ **Ibn-Yūnis, ʿAlī Ibn-Abī-Saʿīd**

Ibn Ẓafar, Muḥammad ibn ʿAbd Allāh
→ **Ibn-Ẓafar, Muḥammad Ibn-ʿAbdallāh**

Ibn Zafer
→ **Ibn-Ẓafar, Muḥammad Ibn-ʿAbdallāh**

Ibn Zaghdūn, Muḥammad Ibn Aḥmad
→ **Ibn-Zaġdūn, Muḥammad Ibn-Aḥmad**

Ibn Zanjawayh, Ḥumayd ibn Makhlad
→ **Ibn-Zanǧawaih, Ḥumaid Ibn-Maẖlad**

Ibn Zuhr, Abū Marwān ʿAbd al-Malik Ibn Abī al-ʿAlāʾ Zuhr
→ **Ibn-Zuhr, Abū-Marwān ʿAbd-al-Malik Ibn-Abi-ʾl-ʿAlāʾ Zuhr**

Ibn Zurʿa, Abū ʿAlī ʿĪsā ibn Isḥāḳ
→ **Ibn-Zurʿa, Abū-ʿAlī ʿĪsā Ibn-Isḥāq**

Ibnā Bisṭām an-Nīsābūrīyain
→ **Ḥusain Ibn-Bisṭām ¬al-¬**

Ibn-ʿAbada, ʿAlqama
→ **ʿAlqama Ibn-ʿAbada**

Ibn-ʿAbbâd ‹de Ronda›
→ **Ibn-ʿAbbād, Muḥammad Ibn-Abī-Isḥāq**

Ibn-ʿAbbād ‹of Ronda›
→ **Ibn-ʿAbbād, Muḥammad Ibn-Abī-Isḥāq**

Ibn-ʿAbbād, Aḥmad al-Qināʾī
→ **Qināʾī, Aḥmad Ibn-ʿAbbād ¬al-¬**

Ibn-ʿAbbād, al-Muʿtamid
→ **Muʿtamid Ibn-ʿAbbād ¬al-¬**

Ibn-ʿAbbād, aṣ-Ṣāḥib Ismāʿīl
→ **Ṣāḥib Ibn-ʿAbbād, Ismāʿīl ¬aṣ-¬**

Ibn-ʿAbbād, Ismāʿīl aṣ-Ṣāḥib
→ **Ṣāḥib Ibn-ʿAbbād, Ismāʿīl ¬aṣ-¬**

Ibn-ʿAbbād, Muḥammad Ibn-Abī-Isḥāq
1333 – 1390
Ibn-ʿAbbâd ‹de Ronda›
Ibn-ʿAbbād ‹of Ronda›
Ibn-ʿAbbād, Muḥammad Ibn-Ibrāhīm
Ibn-ʿAbbâd an-Nafzī ar-Rundī
Ibn-ʿAbbād ar-Rundī
Ibn-Abī-Isḥāq, Muḥammad Ibn-ʿAbbād
Muḥammad Ibn-Abī-Isḥāq Ibn-ʿAbbād

Ibn-ʿAbbād, Muḥammad Ibn-Ibrāhīm
→ **Ibn-ʿAbbād, Muḥammad Ibn-Abī-Isḥāq**

Ibn-ʿAbbād an-Nafzī ar-Rundī
→ **Ibn-ʿAbbād, Muḥammad Ibn-Abī-Isḥāq**

Ibn-ʿAbbād ar-Rundī
→ **Ibn-ʿAbbād, Muḥammad Ibn-Abī-Isḥāq**

Ibn-ʿAbbās, ʿAbdallāh
gest. ca. 688
ʿAbdallāh Ibn-ʿAbbās

Ibn-ʿAbbās, H̱alaf az-Zahrāwī
→ **Zahrāwī, H̱alaf Ibn-ʿAbbās ¬az-¬**

Ibn-Abbas al-Madschusi Abbas
→ **ʿAlī Ibn-al-ʿAbbās al-Maǧūsī**

Ibn-ʿAbd-ad-Dāʾim, Muḥammad al-Baramāwī
→ **Baramāwī, Muḥammad Ibn-ʿAbd-ad-Dāʾim ¬al-¬**

Ibn-ʿAbd-al-ʿAzīz, ʿAbdallāh al-Bakrī
→ **Abū-ʿUbaid al-Bakrī, ʿAbdallāh Ibn-ʿAbd-al-ʿAzīz**

Ibn-ʿAbd-al-ʿAzīz, ʿAbd-al-Malik Ibn-Ǧuraiǧ
→ **Ibn-Ǧuraiǧ, ʿAbd-al-Malik Ibn-ʿAbd-al-ʿAzīz**

Ibn-ʿAbd-al-ʿAzīz, Aḥmad al-Fihrī
→ **Fihrī, Aḥmad Ibn-ʿAbd-al-ʿAzīz ¬al-¬**

Ibn-ʿAbd-al-ʿAzīz, ʿĪsā al-Ǧuzūlī
→ **Ǧuzūlī, ʿĪsā Ibn-ʿAbd-al-ʿAzīz ¬al-¬**

Ibn-ʿAbd-al-ʿAzīz, Muḥammad al-Idrīsī
→ **Idrīsī, Muḥammad Ibn-ʿAbd-al-ʿAzīz ¬al-¬**

Ibn-ʿAbd-al-Barr, Yūsuf Ibn-ʿAbdallāh
978 – 1071
Rep.Font. VI,152
Ibn ʿAbd al-Barr, Abū ʿUmar Yūsuf b. ʿAbd Allāh b. ʿAbd al-Barr al-Namarī
Ibn-ʿAbdallāh, Yūsuf Ibn-ʿAbd-al-Barr
Yūsuf Ibn-ʿAbdallāh Ibn-ʿAbd-al-Barr

Ibn-ʿAbd-al-Ǧabbār, Muḥammad an-Niffarī
→ **Niffarī, Muḥammad Ibn-ʿAbd-al-Ǧabbār ¬an-¬**

Ibn-ʿAbd-al-Ǧalīl, ʿAbd-al-Ǧalīl Ibn-Mūsā
→ **Qaṣrī, ʿAbd-al-Ǧalīl Ibn-Mūsā ¬al-¬**

Ibn-ʿAbd-al-Ġanī, Muḥammad Ibn-Nuqṭa
→ **Ibn-Nuqṭa, Muḥammad Ibn-ʿAbd-al-Ġanī**

Ibn-ʿAbd-al-Hādī, Muḥammad Ibn-Aḥmad
→ **Ibn-Qudāma al-Maqdisī, Muḥammad Ibn-Aḥmad**

Ibn-ʿAbd-al-Hādī, Muḥammad Ibn-Aḥmad
gest. 1367
Fūwī, Muḥammad Ibn-ʿAbd-al-Hādī ¬al-¬
Ibn-ʿAbd-al-Hādī al-Fūwī, Muḥammad Ibn-Aḥmad
Ibn-ʿAbd-al-Hādī al-Ḥanbalī, Muḥammad Ibn-Aḥmad
Muḥammad Ibn-Aḥmad Ibn-ʿAbd-al-Hādī

Ibn-ʿAbd-al-Hādī, Yūsuf Ibn-Ḥasan
→ **Ibn-al-Mibrad, Yūsuf Ibn-al-Ḥasan**

Ibn-ʿAbd-al-Hādī al-Fūwī, Muḥammad Ibn-Aḥmad
→ **Ibn-ʿAbd-al-Hādī, Muḥammad Ibn-Aḥmad**

Ibn-ʿAbd-al-Hādī al-Ḥanbalī, Muḥammad Ibn-Aḥmad
→ **Ibn-ʿAbd-al-Hādī, Muḥammad Ibn-Aḥmad**

Ibn-ʿAbd-al-Ḥakam, ʿAbd-ar-Raḥmān Ibn-ʿAbdallāh
gest. 871
Rep.Font. VI,152/53
ʿAbd-ar-Raḥmān Ibn-ʿAbdallāh Ibn-ʿAbd-al-Ḥakam
Ibn ʿAbd al-Ḥakam, ʿAbd al-Raḥmān Ibn ʿAbdallāh
Ibn-ʿAbd-al-Ḥakam, Abu-ʾl-Qāsim ʿAbd-ar-Raḥmān Ibn-ʿAbdallāh
Ibn-ʿAbdallāh, ʿAbd-ar-Raḥmān Ibn-ʿAbd-al-Ḥakam

Ibn-ʿAbd-al-Ḥakam, Abu-ʾl-Qāsim ʿAbd-ar-Raḥmān Ibn-ʿAbdallāh
→ **Ibn-ʿAbd-al-Ḥakam, ʿAbd-ar-Raḥmān Ibn-ʿAbdallāh**

Ibn-ʿAbd-al-Ḥalīm, Aḥmad Ibn-Taimīya
→ **Ibn-Taimīya, Aḥmad Ibn-ʿAbd-al-Ḥalīm**

Ibn-ʿAbd-al-Ḥamīd, Abān al-Lāḥiqī
→ **Abān al-Lāḥiqī, Ibn-ʿAbd-al-Ḥamīd**

Ibn-ʿAbd-al-Kāfī, Taqī-ad-Dīn ʿAlī as-Subkī
→ **Subkī, Taqī-ad-Dīn ʿAlī Ibn-ʿAbd-al-Kāfī ¬as-¬**

Ibn-ʿAbd-al-Karīm, Muḥammad aš-Šahrastānī
→ **Šahrastānī, Muḥammad Ibn-ʿAbd-al-Karīm ¬aš-¬**

Ibn-ʿAbd-al-Karīm aš-Šahrastānī, Muḥammad
→ **Šahrastānī, Muḥammad Ibn-ʿAbd-al-Karīm ¬aš-¬**

Ibn-ʿAbdallāh, ʿAbdallāh al-Mayurqī
→ **Mayurqī, ʿAbdallāh Ibn-ʿAbdallāh ¬al-¬**

Ibn-ʿAbdallāh, ʿAbd-al-Maǧīd Ibn-ʿAbdūn
→ **Ibn-ʿAbdūn, ʿAbd-al-Maǧīd Ibn-ʿAbdallāh**

Ibn-ʿAbdallāh, ʿAbd-al-Malik al-Ǧuwainī
→ **Ǧuwainī, ʿAbd-al-Malik Ibn-ʿAbdallāh ¬al-¬**

Ibn-ʿAbdallāh, ʿAbd-al-Malik Ibn-Badrūn
→ **Ibn-Badrūn, ʿAbd-al-Malik Ibn-ʿAbdallāh**

Ibn-ʿAbdallāh, ʿAbd-al-Qāhir as-Suhrawardī
→ **Suhrawardī, ʿAbd-al-Qāhir Ibn-ʿAbdallāh ¬as-¬**

Ibn-ʿAbdallāh, ʿAbd-ar-Raḥmān as-Suhailī
→ **Suhailī, ʿAbd-ar-Raḥmān Ibn-ʿAbdallāh ¬as-¬**

Ibn-ʿAbdallāh, ʿAbd-ar-Raḥmān Ibn-ʿAbd-al-Ḥakam
→ **Ibn-ʿAbd-al-Ḥakam, ʿAbd-ar-Raḥmān Ibn-ʿAbdallāh**

Ibn-ʿAbdallāh, Abū-Bakr ad-Dawādārī
→ **Dawādārī, Abū-Bakr Ibn-ʿAbdallāh ¬ad-¬**

Ibn-ʿAbdallāh, Abū-Bakr Muḥammad Ibn-al-ʿArabī
→ **Ibn-al-ʿArabī, Abū-Bakr Muḥammad Ibn-ʿAbdallāh**

Ibn-ʿAbdallāh, Abū-Hilāl al-Ḥasan al-ʿAskarī
→ **Abū-Hilāl al-ʿAskarī, al-Ḥasan Ibn-ʿAbdallāh**

Ibn-ʿAbdallāh, Aḥmad al-Maẖzūmī
→ **Maẖzūmī, Aḥmad Ibn-ʿAbdallāh ¬al-¬**

Ibn-ʿAbdallāh, Aḥmad aṭ-Ṭabarī
→ **Ṭabarī, Aḥmad Ibn-ʿAbdallāh ¬aṭ-¬**

Ibn-ʿAbdallāh, Aḥmad Ibn-ʿAbd-ar-Raʾūf
→ **Ibn-ʿAbd-ar-Raʾūf, Aḥmad Ibn-ʿAbdallāh**

Ibn-ʿAbdallāh, Aḥmad Ibn-Zaidūn
→ **Ibn-Zaidūn, Aḥmad Ibn-ʿAbdallāh**

Ibn-ʿAbdallāh, al-H̱alīl al-H̱alīlī
→ **H̱alīlī, al-H̱alīl Ibn-ʿAbdallāh ¬al-¬**

Ibn-ʿAbdallāh, al-Ḥusain aṭ-Ṭībī
→ **Ṭībī, al-Ḥusain Ibn-ʿAbdallāh ¬aṭ-¬**

Ibn-ʿAbdallāh, ʿAlī al-Madīnī
→ **Madīnī, ʿAlī Ibn-ʿAbdallāh ¬al-¬**

Ibn-ʿAbdallāh, ʿAlī aš-Šāḏilī
→ **Šāḏilī, ʿAlī Ibn-ʿAbdallāh ¬aš-¬**

Ibn-ʿAbdallāh, ʿAlī Ibn-Abī-Zarʿ
→ **Ibn-Abī-Zarʿ, ʿAlī Ibn-ʿAbdallāh**

Ibn-ʿAbdallāh, Ǧamīl Ibn-Maʿmar
→ **Ǧamīl Ibn-ʿAbdallāh Ibn-Maʿmar**

Ibn-ʿAbdallāh, H̱ālid al-Azharī
→ **Azharī, H̱ālid Ibn-ʿAbdallāh ¬al-¬**

Ibn-ʿAbdallāh, Ibrāhīm al-H̱uttalī
→ **H̱uttalī, Ibrāhīm Ibn-ʿAbdallāh ¬al-¬**

Ibn-ʿAbdallāh, Ibrāhīm Ibn-Abi-ʾd-Dam
→ **Ibn-Abi-ʾd-Dam, Ibrāhīm Ibn-ʿAbdallāh**

Ibn-ʿAbdallāh, Ibrāhīm Ibn-al-Ḥaǧǧ
→ **Ibn-al-Ḥaǧǧ, Ibrāhīm Ibn-ʿAbdallāh**

Ibn-ʿAbdallāh, Muḥammad al-Ḥākim an-Nīsābūrī
→ **Ḥākim an-Nīsābūrī, Muḥammad Ibn-ʿAbdallāh ¬al-¬**

Ibn-ʿAbdallāh, Muḥammad al-H̱aṭīb at-Tibrīzī
→ **H̱aṭīb at-Tibrīzī, Muḥammad Ibn-ʿAbdallāh ¬al-¬**

Ibn-ʿAbdallāh, Muḥammad as-Sāmarrī
→ **Sāmarrī, Muḥammad Ibn-ʿAbdallāh ¬as-¬**

Ibn-ʿAbdallāh, Muḥammad Ibn-ʿAbdūn an-Naḥāʿī
→ **Ibn-ʿAbdūn an-Naḥāʿī, Muḥammad Ibn-ʿAbdallāh**

Ibn-ʿAbdallāh, Muḥammad Ibn-Abī-Zamanīn
→ **Ibn-Abī-Zamanīn, Muḥammad Ibn-ʿAbdallāh**

Ibn-ʿAbdallāh, Muḥammad Ibn-al-Abbār
→ **Ibn-al-Abbār, Muḥammad Ibn-ʿAbdallāh**

Ibn-ʿAbdallāh, Muḥammad Ibn-al-H̱aṭīb Lisān-ad-Dīn
→ **Ibn-al-H̱aṭīb Lisān-ad-Dīn, Muḥammad Ibn-ʿAbdallāh**

Ibn-ʿAbdallāh, Muḥammad Ibn-Baṭṭūṭa
→ **Ibn-Baṭṭūṭa, Muḥammad Ibn-ʿAbdallāh**

Ibn-ʿAbdallāh, Muḥammad Ibn-Mālik
→ **Ibn-Mālik, Muḥammad Ibn-ʿAbdallāh**

Ibn-ʿAbdallāh, Muḥammad Ibn-Masarra
→ **Ibn-Masarra, Muḥammad Ibn-ʿAbdallāh**

Ibn-ʿAbdallāh, Muḥammad Ibn-Nāṣir-ad-Dīn
→ **Ibn-Nāṣir-ad-Dīn, Muḥammad Ibn-ʿAbdallāh**

Ibn-ʿAbdallāh, Muḥammad Ibn-Tūmart
→ **Ibn-Tūmart, Muḥammad Ibn-ʿAbdallāh**

Ibn-ʿAbdallāh, Muḥammad Ibn-Ẓafar
→ **Ibn-Ẓafar, Muḥammad Ibn-ʿAbdallāh**

Ibn-ʿAbdallāh, Saʿd al-Qummī
→ **Qummī, Saʿd Ibn-ʿAbdallāh ¬al-¬**

Ibn-ʿAbdallāh, ʿUbaidallāh Ibn-H̱urdāḏbih
→ **Ibn-H̱urdāḏbih, ʿUbaidallāh Ibn-ʿAbdallāh**

Ibn-ʿAbdallāh, Yāqūt ar-Rūmī
→ **Yāqūt Ibn-ʿAbdallāh ar-Rūmī**

Ibn-ʿAbdallāh, Yūsuf Ibn-ʿAbd-al-Barr
→ **Ibn-ʿAbd-al-Barr, Yūsuf Ibn-ʿAbdallāh**

Ibn-ʿAbdallāh ad-Dawādārī, Abū-Bakr
→ **Dawādārī, Abū-Bakr Ibn-ʿAbdallāh ¬ad-¬**

Ibn-ʿAbdallāh al-Ǧuwainī, ʿAbd-al-Malik
→ **Ǧuwainī, ʿAbd-al-Malik Ibn-ʿAbdallāh ¬al-¬**

Ibn-ʿAbdallāh ar-Rūmī, Yāqūt
→ **Yāqūt Ibn-ʿAbdallāh ar-Rūmī**

Ibn-ʿAbdallāh as-Suhailī, ʿAbd-ar-Raḥmān
→ **Suhailī, ʿAbd-ar-Raḥmān Ibn-ʿAbdallāh ¬as-¬**

Ibn-ʿAbd-al-Maǧīd, ʿAbd-al-Bāqī al-Yamānī
→ **Yamānī, ʿAbd-al-Bāqī Ibn-ʿAbd-al-Maǧīd ¬al-¬**

Ibn-ʿAbd-al-Malik, Abu-ʾl-Aʿlā Zuhr
→ **Abu-ʾl-Aʿlā Zuhr Ibn-ʿAbd-al-Malik**

Ibn-ʿAbd-al-Malik, H̱alaf Ibn-Baškuwāl
→ **Ibn-Baškuwāl, H̱alaf Ibn-ʿAbd-al-Malik**

Ibn-ʿAbd-al-Malik, Muḥammad
Ibn-Quzmān
→ **Ibn-Quzmān, Muḥammad Ibn-ʿAbd-al-Malik**

Ibn-ʿAbd-al-Malik, Muḥammad
Ibn-Ṭufail
→ **Ibn-Ṭufail, Muḥammad Ibn-ʿAbd-al-Malik**

Ibn-ʿAbd-al-Munʿim,
Muḥammad al-Ḥimyarī
→ **Ḥimyarī, Muḥammad Ibn-ʿAbd-al-Munʿim ¬al-¬**

Ibn-ʿAbd-al-Qawī, ʿAbd-al-ʿAẓīm
al-Mundiri
→ **Mundirī, ʿAbd-al-ʿAẓīm Ibn-ʿAbd-al-Qawī ¬al-¬**

Ibn-ʿAbd-al-Qawī, Sulaimān
aṭ-Ṭūfī
→ **Ṭūfī, Sulaimān Ibn-ʿAbd-al-Qawī ¬aṭ-¬**

Ibn-ʿAbd-al-Qawī al-Mundirī,
ʿAbd-al-ʿAẓīm
→ **Mundirī, ʿAbd-al-ʿAẓīm Ibn-ʿAbd-al-Qawī ¬al-¬**

Ibn-ʿAbd-al-Qawī aṭ-Ṭūfī,
Sulaimān
→ **Ṭūfī, Sulaimān Ibn-ʿAbd-al-Qawī ¬aṭ-¬**

Ibn-ʿAbd-al-Wahhāb, Aḥmad
an-Nuwairī
→ **Nuwairī, Aḥmad Ibn-ʿAbd-al-Wahhāb ¬an-¬**

Ibn-ʿAbd-al-Wahhāb,
Muḥammad al-Ǧubbāʾī
→ **Ǧubbāʾī, Muḥammad Ibn-ʿAbd-al-Wahhāb ¬al-¬**

Ibn-ʿAbd-al-Wāḥid, ʿAbd-al-Ġanī
al-Ǧammāʿīlī
→ **Ǧammāʿīlī, ʿAbd-al-Ġanī Ibn-ʿAbd-al-Wāḥid ¬al-¬**

Ibn-ʿAbd-al-Wāḥid, Muḥammad
al-Maqdisī
→ **Maqdisī, Muḥammad Ibn-ʿAbd-al-Wāḥid ¬al-¬**

Ibn-ʿAbd-al-Wāḥid al-Ǧammāʿīlī,
ʿAbd-al-Ġanī
→ **Ǧammāʿīlī, ʿAbd-al-Ġanī Ibn-ʿAbd-al-Wāḥid ¬al-¬**

Ibn-ʿAbd-an-Nūr, ʿAbd-al-Karīm
al-Ḥalabī
→ **Ḥalabī, ʿAbd-al-Karīm Ibn-ʿAbd-an-Nūr ¬al-¬**

Ibn-ʿAbd-ar-Rafīʿ, Ibrāhīm Ibn-Ḥasan
gest. 1322
Ibn ʿAbd al-Rafīʿ, Ibrāhīm Ibn Ḥasan
Ibn-Ḥasan, Ibrāhīm Ibn-ʿAbd-ar-Rafīʿ
Ibrāhīm Ibn-Ḥasan Ibn-ʿAbd-ar-Rafīʿ

Ibn-ʿAbd-ar-Raḥīm, Aḥmad
al-ʿIrāqī
→ **ʿIrāqī, Aḥmad Ibn-ʿAbd-ar-Raḥīm ¬al-¬**

Ibn-ʿAbd-ar-Raḥīm, Muḥammad
al-Māzinī
→ **Māzinī, Muḥammad Ibn-ʿAbd-ar-Raḥīm ¬al-¬**

Ibn-ʿAbd-ar-Raḥīm al-Hindī,
Muḥammad
→ **Hindī, Muḥammad Ibn-ʿAbd-ar-Raḥīm ¬al-¬**

Ibn-ʿAbd-ar-Raḥmān,
ʿAbd-al-Ḥaqq Ibn-al-Ḫarrāṭ
→ **Ibn-al-Ḫarrāṭ, ʿAbd-al-Ḥaqq Ibn-ʿAbd-ar-Raḥmān**

Ibn-ʿAbd-ar-Raḥmān, ʿAbdallāh
ad-Dārimī
→ **Dārimī, ʿAbdallāh Ibn-ʿAbd-ar-Raḥmān ¬ad-¬**

Ibn-ʿAbd-ar-Raḥmān, ʿAbdallāh
Ibn-ʿAqīl
→ **Ibn-ʿAqīl, ʿAbdallāh Ibn-ʿAbd-ar-Raḥmān**

Ibn-ʿAbd-ar-Raḥmān,
ʿAbd-al-Qāhir al-Ǧurǧānī
→ **Ǧurǧānī, ʿAbd-al-Qāhir Ibn-ʿAbd-ar-Raḥmān ¬al-¬**

Ibn-ʿAbd-ar-Raḥmān, al-Ḥasan
ar-Rāmahurmuzī
→ **Rāmahurmuzī, al-Ḥasan Ibn-ʿAbd-ar-Raḥmān ¬ar-¬**

Ibn-ʿAbd-ar-Raḥmān, ʿAlī
Ibn-Hudail al-Andalusī
→ **Ibn-Hudail al-Andalusī, ʿAlī Ibn-ʿAbd-ar-Raḥmān**

Ibn-ʿAbd-ar-Raḥmān, Ismāʿīl
aṣ-Ṣābūnī
→ **Ṣābūnī, Ismāʿīl Ibn-ʿAbd-ar-Raḥmān ¬aṣ-¬**

Ibn-ʿAbd-ar-Raḥmān, Ismāʿīl
as-Suddī
→ **Suddī, Ismāʿīl Ibn-ʿAbd-ar-Raḥmān ¬as-¬**

Ibn-ʿAbd-ar-Raḥmān, Maḥmūd
al-Iṣfahānī
→ **Iṣfahānī, Maḥmūd Ibn-ʿAbd-ar-Raḥmān ¬al-¬**

Ibn-ʿAbd-ar-Raḥmān,
Muḥammad al-Ḫaṭīb Dimašq
al-Qazwīnī
→ **Qazwīnī, Muḥammad Ibn-ʿAbd-ar-Raḥmān ¬al-¬**

Ibn-ʿAbd-ar-Raḥmān,
Muḥammad al-Maqdisī
→ **Maqdisī, Muḥammad Ibn-ʿAbd-ar-Raḥmān ¬al-¬**

Ibn-ʿAbd-ar-Raḥmān,
Muḥammad al-Qazwīnī
→ **Qazwīnī, Muḥammad Ibn-ʿAbd-ar-Raḥmān ¬al-¬**

Ibn-ʿAbd-ar-Raḥmān,
Muḥammad al-ʿUṯmānī
→ **ʿUṯmānī, Muḥammad Ibn-ʿAbd-ar-Raḥmān ¬al-¬**

Ibn-ʿAbd-ar-Raḥmān,
Muḥammad as-Saḫāwī
→ **Saḫāwī, Muḥammad Ibn-ʿAbd-ar-Raḥmān ¬as-¬**

Ibn-ʿAbd-ar-Raḥmān, Yūsuf
Ibn-al-Ǧauzī
→ **Ibn-al-Ǧauzī, Yūsuf Ibn-ʿAbd-ar-Raḥmān**

Ibn-ʿAbd-ar-Raḥmān ad-Dārimī,
ʿAbdallāh
→ **Dārimī, ʿAbdallāh Ibn-ʿAbd-ar-Raḥmān ¬ad-¬**

Ibn-ʿAbd-ar-Raḥmān al-Ǧurǧānī,
ʿAbd-al-Qāhir
→ **Ǧurǧānī, ʿAbd-al-Qāhir Ibn-ʿAbd-ar-Raḥmān ¬al-¬**

Ibn-ʿAbd-ar-Raḥmān al-Maqdisī,
Muḥammad
→ **Maqdisī, Muḥammad Ibn-ʿAbd-ar-Raḥmān ¬al-¬**

Ibn-ʿAbd-ar-Raḥmān al-Qazwīnī,
Muḥammad
→ **Qazwīnī, Muḥammad Ibn-ʿAbd-ar-Raḥmān ¬al-¬**

Ibn-ʿAbd-ar-Raḥmān
ar-Rāmahurmuzī, al-Ḥasan
→ **Rāmahurmuzī, al-Ḥasan Ibn-ʿAbd-ar-Raḥmān ¬ar-¬**

Ibn-ʿAbd-ar-Raḥmān as-Saḫāwī,
Muḥammad
→ **Saḫāwī, Muḥammad Ibn-ʿAbd-ar-Raḥmān ¬as-¬**

Ibn-ʿAbd-ar-Raʾūf, Aḥmad Ibn-ʿAbdallāh
10. Jh.
Rep.Font. VI,154
Aḥmad Ibn-ʿAbdallāh Ibn-ʿAbd-ar-Raʾūf
Ibn ʿAbd al-Raʾūf, Aḥmad b. ʿAbd Allāh b. ʿAbd al-Raʾūf
Ibn ʿAbd al-Raʾūf, Aḥmad Ibn ʿAbd Allāh
Ibn-ʿAbdallāh, Aḥmad Ibn-ʿAbd-ar-Raʾūf

Ibn-ʿAbd-ar-Razzāq,
ʿAbd-ar-Raḥmān
Ibn-Makānis
→ **Ibn-Makānis, ʿAbd-ar-Raḥmān Ibn-ʿAbd-ar-Razzāq**

Ibn-ʿAbd-as-Saiyid, Nāṣir
al-Muṭarrizī
→ **Muṭarrizī, Nāṣir Ibn-ʿAbd-as-Saiyid ¬al-¬**

Ibn-ʿAbd-as-Salām,
ʿAbd-al-ʿAzīz
→ **Sulamī, ʿAbd-al-ʿAzīz Ibn-ʿAbd-as-Salām ¬as-¬**

Ibn-ʿAbd-as-Salām,
ʿAbd-al-ʿAzīz as-Sulamī
→ **Sulamī, ʿAbd-al-ʿAzīz Ibn-ʿAbd-as-Salām ¬as-¬**

Ibn-ʿAbd-as-Salām,
ʿAbd-ar-Raḥmān aṣ-Ṣaffūrī
→ **Ṣaffūrī, ʿAbd-ar-Raḥmān Ibn-ʿAbd-as-Salām ¬aṣ-¬**

Ibn-ʿAbd-as-Salām, Aḥmad
al-Ǧurāwī
→ **Ǧurāwī, Aḥmad Ibn-ʿAbd-as-Salām ¬al-¬**

Ibn-ʿAbd-as-Salām aṣ-Ṣaffūrī,
ʿAbd-ar-Raḥmān
→ **Ṣaffūrī, ʿAbd-ar-Raḥmān Ibn-ʿAbd-as-Salām ¬aṣ-¬**

Ibn-ʿAbd-as-Salām as-Sulamī,
ʿAbd-al-ʿAzīz
→ **Sulamī, ʿAbd-al-ʿAzīz Ibn-ʿAbd-as-Salām ¬as-¬**

Ibn-ʿAbd-aṣ-Ṣamad,
ʿAbd-al-Karīm al-Qaṭṭān
aṭ-Ṭabarī
→ **Qaṭṭān aṭ-Ṭabarī, ʿAbd-al-Karīm Ibn-ʿAbd-aṣ-Ṣamad ¬al-¬**

Ibn-ʿAbd-aẓ-Ẓāhir, Muḥyi-ʾd-Dīn ʿAbdallāh Ibn-Rašīd-ad-Dīn
1223 – 1292
Rep.Font. VI,155
ʿAbdallāh Ibn-Rašīd-ad-Dīn Ibn-ʿAbd-aẓ-Ẓāhir
Ibn ʿAbd al-Ẓāhir, Abu- ʾl-Faḍl Muḥyī ʾl-dīn ʿAbd Allāh b. Rašīd al-dīn Abī Muḥammad ʿAbd al-Ẓāhir b. Našwān b. ʿAbd al-Ẓāhir b. Naǧda al-Saʿdī al-Rawḥī
Ibn ʿAbd al-Ẓāhir, Muḥyī al-Dīn
Muḥyi-ʾd-Dīn ʿAbdallāh Ibn-Rašīd-ad-Dīn Ibn-ʿAbd-aẓ-Ẓāhir
Muḥyi-ʾd-Dīn Ibn-ʿAbd-aẓ-Ẓāhir
Saʿdī, Muḥyi-ʾd-Dīn Ibn-ʿAbd-aẓ-Ẓāhir ¬as-¬

Ibn-ʿAbd-Rabbih, Aḥmad
Ibn-Muḥammad
→ **Ibn-ʿAbd-Rabbihī, Aḥmad Ibn-Muḥammad**

Ibn-ʿAbd-Rabbih, Muḥammad
Ibn-ʿAlī
→ **Ibn-ʿAbd-Rabbihī, Muḥammad Ibn-ʿAlī**

Ibn-ʿAbdrabbihī, Aḥmad b.
Muḥammad
→ **Ibn-ʿAbd-Rabbihī, Aḥmad Ibn-Muḥammad**

Ibn-ʿAbd-Rabbihī, Aḥmad Ibn-Muḥammad
860 – 940
LMA,V,312
Aḥmad Ibn-Muḥammad Ibn-ʿAbd-Rabbihī
Ibn ʿAbd Rabbih, Aḥmad Ibn Muḥammad
Ibn-ʿAbd-Rabbih, Aḥmad Ibn-Muḥammad
Ibn-ʿAbdrabbihī, Aḥmad b. Muḥammad
Ibn-Abi al-Rabi, Aḥmad Ibn Muḥammad
Ibn-Muḥammad, Aḥmad Ibn-ʿAbd-Rabbihī

Ibn-ʿAbd-Rabbihī, Muḥammad Ibn-ʿAlī
12. Jh.
Rep.Font. VI,153
Ibn ʿAbd Rabbihi, Abū ʿUmar Aḥmad b. Muḥammad
Ibn-ʿAbd-Rabbih, Muḥammad Ibn-ʿAlī
Ibn-ʿAbd-Rabbihī al-Ḥafīd
Muḥammad Ibn-ʿAlī Ibn-ʿAbd-Rabbihī

Ibn-ʿAbd-Rabbihī al-Ḥafīd
→ **Ibn-ʿAbd-Rabbihī, Muḥammad Ibn-ʿAlī**

Ibn-ʿAbdūn, ʿAbdalmaǧīd ibn
ʿAbdallāh
→ **Ibn-ʿAbdūn, ʿAbd-al-Maǧīd Ibn-ʿAbdallāh**

Ibn-ʿAbdūn, ʿAbd-al-Maǧīd Ibn-ʿAbdallāh
gest. ca. 1126/34
Al-Bassāma
LMA,V,312; Rep.Font. VI,155
ʿAbd-al-Maǧīd Ibn-ʿAbdallāh Ibn-ʿAbdūn
Ibn Abdoun
Ibn ʿAbdūn, ʿAbd al-Maǧīd ibn ʿAbd Allāh
Ibn ʿAbdūn, Abū Muḥammad ʿAbd al-Maǧīd ibn ʿAbdūn al-Yāburī al-Fihrī
Ibn-ʿAbdallāh, ʿAbd-al-Maǧīd Ibn-ʿAbdūn
Ibn-ʿAbdūn, ʿAbdalmaǧīd ibn ʿAbdallāh
Ibn-ʿAbdūn, Abū-Muḥammad ʿAbd-al-Maǧīd Ibn-ʿAbdallāh
Yāburī, ʿAbd-al-Maǧīd Ibn-ʿAbdallāh ¬al-¬

Ibn-ʿAbdūn, Abū-Muḥammad
ʿAbd-al-Maǧīd Ibn-ʿAbdallāh
→ **Ibn-ʿAbdūn, ʿAbd-al-Maǧīd Ibn-ʿAbdallāh**

Ibn-ʿAbdūn an-Naḫāʿī, Muḥammad Ibn-ʿAbdallāh
11./12. Jh.
Rep.Font. VI,156
Ibn ʿAbdūn, Muḥammad b. ʿAbd Allāh al-Naḫāʿī
Ibn ʿAbdūn al-Nakhāʿī, Muḥammad Ibn ʿAbd Allāh
Ibn-ʿAbdallāh, Muḥammad Ibn-ʿAbdūn an-Naḫāʿī
Muḥammad Ibn-ʿAbdallāh Ibn-ʿAbdūn an-Naḫāʿī
Nahai, Muhammad Ibn-Abdun ¬an-¬

Ibn-Abi al-Rabi, Aḥmad Ibn
Muḥammad
→ **Ibn-ʿAbd-Rabbihī, Aḥmad Ibn-Muḥammad**

Ibn-Abī-ʿAlī, ʿAlī al-Āmidī
→ **Āmidī, ʿAlī Ibn-Abī-ʿAlī ¬al-¬**

Ibn-Abī-ʿĀṣim, Aḥmad Ibn-ʿAmr
→ **Nabīl, Aḥmad Ibn-ʿAmr ¬an-¬**

Ibn-Abī-ʿĀṣim aḍ-Ḍaḥḥāk,
Aḥmad Ibn-ʿAmr
→ **Nabīl, Aḥmad Ibn-ʿAmr ¬an-¬**

Ibn-Abī-ʿĀṣim aš-Šaibānī
→ **Nabīl, Aḥmad Ibn-ʿAmr ¬an-¬**

Ibn-Abī-ʿAtīq, ʿAbdallāh Ibn-Muḥammad
8. Jh.
ʿAbdallāh Ibn-Muḥammad Ibn-Abī-ʿAtīq
Ibn Abī ʿAtīḳ, ʿAbd Allāh B. Muḥammad
Ibn Abī ʿAtīq, ʿAbd Allāh Ibn Muḥammad
Ibn-Abī-ʿAtīq, Abū-Muḥammad ʿAbdallāh Ibn-Muḥammad
Ibn-Muḥammad, ʿAbdallāh Ibn-Abī-ʿAtīq

Ibn-Abī-ʿAtīq, Abū-Muḥammad
ʿAbdallāh Ibn-Muḥammad
→ **Ibn-Abī-ʿAtīq, ʿAbdallāh Ibn-Muḥammad**

Ibn-Abī-ʿAun, Ibrāhīm Ibn-Muḥammad
gest. 934
Ibn Abī ʿAun
Ibn Abī ʿAwn, Ibrāhīm Ibn Muḥammad
Ibn-Abī-ʿAun al-Baġdādī
Ibn-Abī-ʿAwn, Ibrāhīm Ibn-Muḥammad
Ibn-Muḥammad, Ibrāhīm Ibn-Abī-ʿAun
Ibrāhīm Ibn-Muḥammad Ibn-Abī-ʿAun

Ibn-Abī-ʿAun al-Baġdādī
→ **Ibn-Abī-ʿAun, Ibrāhīm Ibn-Muḥammad**

Ibn-Abī-ʿAwn, Ibrāhīm
Ibn-Muḥammad
→ **Ibn-Abī-ʿAun, Ibrāhīm Ibn-Muḥammad**

Ibn-Abī-Bakr, ʿAbd-al-Ǧabbār
Ibn-Ḥamdīs
→ **Ibn-Ḥamdīs, ʿAbd-al-Ǧabbār Ibn-Abī-Bakr**

Ibn-Abī-Bakr, ʿAbd-al-Laṭīf
az-Zabīdī
→ **Zabīdī, ʿAbd-al-Laṭīf Ibn-Abī-Bakr ¬az-¬**

Ibn-Abī-Bakr, Aḥmad
Ibn-Qaimāz al-Būṣīrī
→ **Ibn-Qaimāz al-Būṣīrī, Aḥmad Ibn-Abī-Bakr**

Ibn-Abī-Bakr, ʿAlī Ibn-Ḥaǧar
al-Haiṯamī
→ **Ibn-Ḥaǧar al-Haiṯamī, ʿAlī Ibn-Abī-Bakr**

Ibn-Abī-Bakr, Ǧalāl-ad-Dīn
ʿAbd-ar-Raḥmān as-Suyūṭī
→ **Suyūṭī, Ǧalāl-ad-Dīn ʿAbd-ar-Raḥmān Ibn-Abī-Bakr ¬as-¬**

Ibn-Abī-Bakr, Ismāʿīl
Ibn-al-Muqri'
→ **Ibn-al-Muqri', Ismāʿīl Ibn-Abī-Bakr**

Ibn-Abī-Bakr, Muḥammad
ad-Damāmīmī
→ **Damāmīmī, Muḥammad Ibn-Abī-Bakr ¬ad-¬**

Ibn-Abī-Bakr, Muḥammad
Ibn-Qaiyim al-Ǧauzīya
→ **Ibn-Qaiyim al-Ǧauzīya, Muḥammad Ibn-Abī-Bakr**

Ibn-Abī-Bakr, Yaḥyā al-ʿĀmirī
→ **ʿĀmirī, Yaḥyā Ibn-Abī-Bakr ¬al-¬**

Ibn-Abī-Bakr, Yaḥyā
al-Warǧalānī
→ **Warǧalānī, Yaḥyā Ibn-Abī-Bakr ¬al-¬**

Ibn-Abī-Bakr, Yūsuf as-Sakkākī
→ **Sakkākī, Yūsuf Ibn-Abī-Bakr ¬as-¬**

Ibn-Abī-Bakr ad-Damāmīmī, Muḥammad
→ **Damāmīmī, Muḥammad Ibn-Abī-Bakr ¬ad-¬**

Ibn-Abī-Bakr al-Ašʿarī, Muḥammad Ibn-Yaḥyā
→ **Ašʿarī, Muḥammad Ibn-Yaḥyā ¬al-¬**

Ibn-Abī-Bakr as-Suyūṭī, Ǧalāl-ad-Dīn
ʿAbd-ar-Raḥmān
→ **Suyūṭī, Ǧalāl-ad-Dīn ʿAbd-ar-Raḥmān Ibn-Abī-Bakr ¬as-¬**

Ibn-Abī-Dāwūd as-Siǧistānī, ʿAbdallāh Ibn-Sulaimān
→ **Siǧistānī, ʿAbdallāh Ibn-Sulaimān ¬as-¬**

Ibn-Abi-'d-Dam, Ibrāhīm Ibn-ʿAbdallāh
1187 – 1244
Ibn-ʿAbdallāh, Ibrāhīm
Ibn-Abi-'d-Dam
Ibrāhīm Ibn-ʿAbdallāh
Ibn-Abi-'d-Dam
Šihāb-ad-Dīn Ibrāhīm
Ibn-'Abdallāh

Ibn-Abi-'d-Dunyā, ʿAbdallāh Ibn-Muḥammad
823 – 894
ʿAbdallāh Ibn-Muḥammad
Ibn-Abi-'d-Dunyā
Ibn Abī al-Dūnyā, ʿAbd Allāh
Ibn Muḥammad
Ibn-Muḥammad, ʿAbdallāh
Ibn-Abi-'d-Dunyā

Ibn-Abī-Ǧamra, ʿAbdallāh Ibn-Saʿd
gest. ca. 1300
ʿAbdallāh Ibn-Saʿd
Ibn-Abī-Ǧamra
Azdī, ʿAbdallāh Ibn-Saʿd ¬al-¬
Ibn Abī Jamra, ʿAbd Allāh ibn Saʿd
Ibn-Abī-Ḥamza, ʿAbdallāh
Ibn-Saʿd
Ibn-Saʿd, ʿAbdallāh
Ibn-Abī-Ǧamra

Ibn-Abīh, Ziyād
→ **Ziyād Ibn-Abīh**

Ibn-Abī-Ḥafṣa, Marwān
→ **Marwān Ibn-Abī-Ḥafṣa**

Ibn-Abī-Ḥafṣa Marwān
→ **Marwān Ibn-Abī-Ḥafṣa**

Ibn-Abī-Ḥaǧala, Abu-'l-ʿAbbās
Aḥmad Ibn-Yaḥyā
→ **Ibn-Abī-Ḥaǧala, Aḥmad Ibn-Yaḥyā**

Ibn-Abī-Ḥaǧala, Aḥmad Ibn-Yaḥyā
1325 – 1375
Aḥmad Ibn-Yaḥyā
Ibn-Abī-Ḥaǧala
Ibn Abī Ḥadjala, Ahmad Ibn Yaḥyā
Ibn Abī Ḥajala, Ahmad Ibn Yaḥyā
Ibn-Abī-Ḥaǧala, Abu-'l-ʿAbbās
Aḥmad Ibn-Yaḥyā
Ibn-Yaḥyā, Aḥmad
Ibn-Abī-Ḥaǧala

Ibn-Abī-Ḥamza, ʿAbdallāh
Ibn-Saʿd
→ **Ibn-Abī-Ǧamra, ʿAbdallāh Ibn-Saʿd**

Ibn-Abī-Hāšim, ʿAbd-al-Wāḥid
Ibn-ʿUmar
→ **Abū-Ṭāhir Ibn-Abī-Hāšim al-Baġdādī**

Ibn-Abī-Hāšim, Abū-Ṭāhir
ʿAbd-al-Wāḥid
→ **Abū-Ṭāhir Ibn-Abī-Hāšim al-Baġdādī**

Ibn-Abī-Ḥāzim, Bišr
→ **Bišr Ibn-Abī-Ḥāzim**

Ibn-Abī-Isḥāq, Muḥammad
Ibn-ʿAbbād
→ **Ibn-ʿAbbād, Muḥammad Ibn-Abī-Isḥāq**

Ibn-Abī-Kāhil, Suwaid
→ **Suwaid Ibn-Abī-Kāhil**

Ibn-Abi-'l-ʿAlā', Abū-Marwān
ʿAbd-al-Malik Ibn-Zuhr
→ **Ibn-Zuhr, Abū-Marwān ʿAbd-al-Malik Ibn-Abi-'l-ʿAlā' Zuhr**

Ibn-Abi-'l-Fatḥ, Ibrāhīm
Ibn-Ḫafāǧa
→ **Ibn-Ḫafāǧa, Ibrāhīm Ibn-Abi-'l-Fatḥ**

Ibn-Abi-'l-Ḥadīd, ʿAbd-al-Ḥamīd Ibn-Hibatallāh
1190 – 1257
ʿAbd-al-Ḥamīd Ibn-Hibatallāh
Ibn-Abi-'l-Ḥadīd
Ibn Abī al-Ḥadīd, ʿAbd
al-Ḥamīd Ibn Hibat Allāh
Ibn-Abi-'l-Ḥadīd, ʿIzz-ad-Dīn
ʿAbd-al-Ḥamīd Ibn-Hibatallāh
Ibn-Hibatallāh,
Ibn-Abi-'l-Ḥadīd
ʿAbd-al-Ḥamīd

Ibn-Abi-'l-Ḥadīd, ʿIzz-ad-Dīn
ʿAbd-al-Ḥamīd Ibn-Hibatallāh
→ **Ibn-Abi-'l-Ḥadīd, ʿAbd-al-Ḥamīd Ibn-Hibatallāh**

Ibn-Abi-'l-Ḫair, Rašīd-ad-Dīn
Faḍlallāh
→ **Rašīd-ad-Dīn Faḍlallāh**

Ibn-Abi-'l-Ḥasan,
ʿAbd-al-Mu'min ad-Dimyāṭī
→ **Dimyāṭī, ʿAbd-al-Mu'min Ibn-Abi-'l-Ḥasan ¬ad-¬**

Ibn-Abi-'l-Ḥasan, al-Ḥasan
ad-Dailamī
→ **Dailamī, al-Ḥasan Ibn-Abi-'l-Ḥasan ¬ad-¬**

Ibn-Abi-'l-Ḥasan, Maḥmūd
an-Nīsābūrī
→ **Nīsābūrī, Maḥmūd Ibn-Abi-'l-Ḥasan ¬an-¬**

Ibn-Abi-'l-Ḥasan ad-Dailamī,
al-Ḥasan
→ **Dailamī, al-Ḥasan Ibn-Abi-'l-Ḥasan ¬ad-¬**

Ibn-Abi-'l-Ḥasan ad-Dimyāṭī,
ʿAbd-al-Mu'min
→ **Dimyāṭī, ʿAbd-al-Mu'min Ibn-Abi-'l-Ḥasan ¬ad-¬**

Ibn-Abi-'l-Ḥasan an-Nīsābūrī,
Maḥmūd
→ **Nīsābūrī, Maḥmūd Ibn-Abi-'l-Ḥasan ¬an-¬**

Ibn-Abi-'l-Ḫaṭṭāb, Muḥammad
al-Qurašī
→ **Qurašī, Muḥammad Ibn-Abi-'l-Ḫaṭṭāb ¬al-¬**

Ibn-Abi-'l-Ḫaṭṭāb al-Qurašī,
Muḥammad
→ **Qurašī, Muḥammad Ibn-Abi-'l-Ḫaṭṭāb ¬al-¬**

Ibn-Abi-'l-Maḥāsin, Ḫalīfa
al-Ḥalabī
→ **Ḥalabī, Ḫalīfa Ibn-Abi-'l-Maḥāsin ¬al-¬**

Ibn-Abi-'l-Qāsim, Muḥammad
Ibn-aṣ-Ṣabbāġ
→ **Ibn-aṣ-Ṣabbāġ, Muḥammad Ibn-Abi-'l-Qāsim**

Ibn-Abī-Manẓūr, Yaḥyā
→ **Yaḥyā Ibn-Abī-Manẓūr**

Ibn-Abī-Marwān, Aḥmad
Ibn-Šuhaid
→ **Ibn-Šuhaid al-Andalusī, Aḥmad Ibn-Abī-Marwān**

Ibn-Abī-Maryam, Naṣr Ibn-ʿAlī
12. Jh.
Ibn Abī Maryam, Naṣr ibn ʿAlī
Ibn-ʿAlī, Naṣr Ibn-Abī-Maryam
Naṣr Ibn-ʿAlī Ibn-Abī-Maryam
Naṣr Ibn-ʿAlī Ibn-Muḥammad
Abū-ʿAbdallāh aš-Šīrāzī
al-Fārisī al-Fasawī an-Naḥwī

Ibn-Abī-Naṣr, Muḥammad
al-Ḥumaidī
→ **Ḥumaidī, Muḥammad Ibn-Abī-Naṣr ¬al-¬**

Ibn-Abī-Rabīʿa, ʿUmar
→ **ʿUmar Ibn-Abī-Rabīʿa**

Ibn-Abī-Riǧāl, Abu-'l-Ḥasan
→ **Ibn-Abi-'r-Riǧāl, Abu-'l-Ḥasan ʿAlī**

Ibn-Abi-'r-Rabīʿ, ʿUbaidallāh Ibn-Aḥmad
1202 – 1289
Ibn Abī al-Rabīʿ, ʿUbayd Allāh
Ibn Aḥmad
Ibn-Aḥmad, ʿUbaidallāh
Ibn-Abi-'r-Rabīʿ
ʿUbaidallāh Ibn-Aḥmad
Ibn-Abi-'r-Rabīʿ

Ibn-Abi-'r-Riǧāl, Abu-'l-Ḥasan ʿAlī
gest. ca. 940
Arab. Astrologe; „al-Bāriʿ fī aḥkām an-nuǧūm“
LMA,V,319/20
Abenragel
Abu-'l-Ḥasan ⟨Ibn-Abī-Riǧāl⟩
Albohacen
Albohazen
Albohazen Haly
Haly Abenragel
Ibn Abī Riǧāl Abū l-Ḥasan ʿAlī
Ibn-Abī-Riǧāl, Abu-'l-Ḥasan

Ibn-Abi-'r-Riqāʿ, Abu-'l-Ḥasan
ʿAlī Ibn-Sulaimān
→ **Ibn-Abi-'r-Riqāʿ, ʿAlī Ibn-Sulaimān**

Ibn-Abi-'r-Riqāʿ, ʿAlī Ibn-Sulaimān
gest. 838
Rep.Font. VI,156
ʿAlī Ibn-Sulaimān
Ibn-Abi-'r-Riqāʿ
Ibn Abī al-Riqāʿ, ʿAlī Ibn Sulaymān
Ibn Abī 'l-Riqāʿ
Ibn-Abi-'r-Riqāʿ, Abu-'l-Ḥasan
ʿAlī Ibn-Sulaimān
Ibn-Sulaimān, ʿAlī
Ibn-Abi-'r-Riqāʿ
Iḫmīmī, ʿAlī Ibn-Sulaimān
¬al-¬

Ibn-Abī-Šaiba, ʿAbdallāh Ibn-Muḥammad
775 – 849
ʿAbdallāh Ibn-Muḥammad
Ibn-Abī-Šaiba
Ibn Abī Shayba, ʿAbd Allāh Ibn Muḥammad
Ibn-Abī-Šayba, ʿAbdallāh
Ibn-Muḥammad
Ibn-Muḥammad, ʿAbdallāh
Ibn-Abī-Šaiba

Ibn-Abī-Saʿīd, ʿAlī Ibn-Yūnis
→ **Ibn-Yūnis, ʿAlī Ibn-Abī-Saʿīd**

Ibn-Abī-Saʿīd, al-Muẓaffar
al-Ḥusainī
→ **Ḥusainī, al-Muẓaffar Ibn-Abī-Saʿīd ¬al-¬**

Ibn-Abī-Ṣāliḥ, ʿAbd-al-Qādir
al-Ǧīlānī
→ **ʿAbd-al-Qādir al-Ǧīlānī, Ibn-Abī-Ṣāliḥ**

Ibn-Abī-Sanīna, Muḥammad
Ibn-ʿAbdallāh
→ **Sāmarrī, Muḥammad Ibn-ʿAbdallāh ¬as-¬**

Ibn-Abī-Šayba, ʿAbdallāh
Ibn-Muḥammad
→ **Ibn-Abī-Šaiba, ʿAbdallāh Ibn-Muḥammad**

Ibn-Abi-'ṣ-Ṣalt, Abu-'ṣ-Ṣalt
Umaiya
→ **Abu-'ṣ-Ṣalt Umaiya Ibn-Abi-'ṣ-Ṣalt**

Ibn-Abī-Sulmā, Zuhair
→ **Zuhair Ibn-Abī-Sulmā**

Ibn-Abī-Ṯābit, Ṯābit
→ **Ṯābit Ibn-Abī-Ṯābit**

Ibn-Abī-Ṭaiyi', Yaḥyā Ibn-Ḥamīd
gest. ca. 1200
Rep.Font. VI,157
Ibn Abī Ṭayyi', Yaḥyā b. Ḥamīd
al-Naǧǧar al-Ḥalabī
Ibn Abī Ṭayyi', Yaḥyā Ibn Ḥamīd
Ibn-Ḥamīd, Yaḥyā
Ibn-Abī-Ṭaiyi'
Yaḥyā Ibn-Ḥamīd Ibn-Abī-Ṭaiyi'

Ibn-Abī-Ṭālib, ʿAlī
→ **ʿAlī ⟨Kalif⟩**

Ibn-Abī-Ṭālib, Makkī al-Qaisī
→ **Makkī Ibn-Abī-Ṭālib al-Qaisī**

Ibn-Abī-Ṭālib al-Qaisī, Makkī
→ **Makkī Ibn-Abī-Ṭālib al-Qaisī**

Ibn-Abī-ʿUmar, ʿAbd-ar-Raḥmān
Ibn-Qudāma al-Maqdisī
→ **Ibn-Qudāma al-Maqdisī, ʿAbd-ar-Raḥmān Ibn-Abī-ʿUmar**

Ibn-Abī-Uṣaibiʿa, Aḥmad Ibn-al-Qāsim
ca. 1194 – 1270
Aḥmad Ibn-al-Qāsim
Ibn-Abī-Uṣaibiʿa
Ibn Abī Uṣaybiʿah, Aḥmad Ibn al Qāsim
Ibn-al-Qāsim, Aḥmad
Ibn-Abī-Uṣaibiʿa

Ibn-Abī-Yaʿqūb, Aḥmad
al-Yaʿqūbī
→ **Yaʿqūbī, Aḥmad Ibn-Abī-Yaʿqūb ¬al-¬**

Ibn-Abī-Zaid al-Qairawānī, ʿAbdallāh
922 – 996
ʿAbdallāh Ibn-Abī-Zaid
al-Qairawānī
Ibn-Abī-Zayd al-Qayrawānī, ʿAbdallāh
Qairawānī, ʿAbdallāh ¬al-¬
Qairawānī, ʿAbdallāh
Ibn-Abī-Zaid ¬al-¬

Ibn-Abi-Zamanayn
→ **Ibn-Abī-Zamanīn, Muḥammad Ibn-ʿAbdallāh**

Ibn-Abī-Zamanīn, Abū-ʿAbdallāh
Muḥammad Ibn-ʿAbdallāh
→ **Ibn-Abī-Zamanīn, Muḥammad Ibn-ʿAbdallāh**

Ibn-Abī-Zamanīn, Muḥammad Ibn-ʿAbdallāh
936 – 1008
Ibn-ʿAbdallāh, Muḥammad
Ibn-Abī-Zamanīn
Ibn-Abi-Zamanayn
Ibn-Abī-Zamanīn,
Abū-ʿAbdallāh Muḥammad
Ibn-ʿAbdallāh
Muḥammad Ibn-ʿAbdallāh
Ibn-Abī-Zamanīn

Ibn-Abī-Zarʿ, ʿAlī Ibn-ʿAbdallāh
gest. nach 1326
Rep.Font. VI,157
ʿAlī Ibn-ʿAbdallāh Ibn-Abī-Zarʿ
Ibn Abī Zarʿ, Abū 'l-Ḥasan ʿAlī
b. Muḥammad al-Fāsī
Ibn Abī Zarʿ, ʿAlī ibn ʿAbdallāh
Ibn-ʿAbdallāh, ʿAlī Ibn-Abī-Zarʿ

Ibn-Abī-Zayd al-Qayrawānī, ʿAbdallāh
→ **Ibn-Abī-Zaid al-Qairawānī, ʿAbdallāh**

Ibn-ach-Chiḥna,
Mouḥibb-ad-Dîn Aboû-l-Faḍl
Moḥammad
→ **Ibn-aš-Šiḥna, Muḥammad Ibn-Muḥammad**

Ibn-aḍ-Ḍaḥḥāk, al-Ḥusain
→ **Ḥusain Ibn-aḍ-Ḍaḥḥāk ¬al-¬**

Ibn-aḍ-Ḍaḥḥāk, Ḥusain
→ **Ḥusain Ibn-aḍ-Ḍaḥḥāk ¬al-¬**

Ibn-ad-Dahhān, Muḥammad Ibn-ʿAlī
gest. 1193
Ibn al-Dahhān, Muḥammad ibn ʿAlī
Ibn-ʿAlī, Muḥammad Ibn-ad-Dahhān
Muḥammad Ibn-ʿAlī Ibn-ad-Dahhān

Ibn-ad-Dahhān, Saʿīd Ibn-al-Mubārak
1101 – 1174
Ibn al-Dahhān, Saʿīd ibn al-Mubārak
Ibn-al-Mubārak, Saʿīd Ibn-ad-Dahhān
Saʿīd Ibn-al-Mubārak Ibn-ad-Dahhān

Ibn-ad-Dāya, Aḥmad Ibn-Yūsuf
gest. 951
Aḥmad ibn Yūsuf ibn Ibrāhīm ibn ad-Dāya
Aḥmad Ibn-Yūsuf Ibn-ad-Dāya
Ahmed ibn Jusuf
Ametus
Ametus ⟨Filius Josephi⟩
Ibn al-Dāya, Aḥmad ibn Yūsuf
Ibn-Yūsuf, Aḥmad Ibn-ad-Dāya

Ibn-Adham, Ibrāhīm az-Zāhid
→ **Ibrāhīm Ibn-Adham az-Zāhid**

Ibn-Adham az-Zāhid, Ibrāhīm
→ **Ibrāhīm Ibn-Adham az-Zāhid**

Ibn-ʿAdī, ʿAbdallāh Ibn-al-Qaṭṭān
→ **Ibn-al-Qaṭṭān, ʿAbdallāh Ibn-ʿAdī**

Ibn-ʿAdī, Yaḥyā
→ **Yaḥyā Ibn-ʿAdī**

Ibn-ʿĀdiyā, as-Samauʾal
→ **Samauʾal Ibn-ʿĀdiyā ¬as-¬**

Ibn-Adyana, ʿUrwa
→ **ʿUrwa Ibn-Uḏaina**

Ibn-ʿAzrā
→ **Ibn-ʿEzrâ, Avrāhām**

Ibn-Aǧā, Muḥammad Ibn-Maḥmūd
gest. 1476
Ibn-Maḥmūd, Muḥammad Ibn-Aǧā
Muḥammad Ibn-Maḥmūd Ibn-Aǧā

Ibn-Āǧurrūm, Muḥammad Ibn-Muḥammad
gest. 1323
Ibn Ādjurrūm, Muḥammad ibn Muḥammad
Ibn Adschurum
Ibn Ājurrūm, Muḥammad ibn Muḥammad
Ibn-Muḥammad, Muḥammad Ibn-Āǧurrūm
Muḥammad Ibn-Muḥammad ⟨Ibn-Āǧurrūm⟩
Muḥammad Ibn-Muḥammad Ibn-Āǧurrūm

Ibn-Aḥmad, ʿAbd-al-Ǧabbār
→ **ʿAbd-al-Ǧabbār Ibn-Aḥmad**

Ibn-Aḥmad, ʿAbd-al-Ǧabbār al-Asadābādī
→ **Asadābādī, ʿAbd-al-Ǧabbār Ibn-Aḥmad ¬al-¬**

Ibn-Aḥmad, ʿAbdallāh al-Ibbiyānī
→ **Ibbiyānī, ʿAbdallāh Ibn-Aḥmad ¬al-¬**

Ibn-Aḥmad, ʿAbdallāh Ibn-al-Baiṭār
→ **Ibn-al-Baiṭār, ʿAbdallāh Ibn-Aḥmad**

Ibn-Aḥmad, ʿAbdallāh Ibn-Ḥanbal
→ **ʿAbdallāh Ibn-Aḥmad Ibn-Ḥanbal**

Ibn-Aḥmad, ʿAbdallāh Ibn-Qudāma al-Maqdisī
→ **Ibn-Qudāma al-Maqdisī, ʿAbdallāh Ibn-Aḥmad**

Ibn-Aḥmad, ʿAbd-ar-Raḥīm al-Qināʾī
→ **Qināʾī, ʿAbd-ar-Raḥīm Ibn-Aḥmad ¬al-¬**

Ibn-Aḥmad, ʿAbd-ar-Raḥmān ar-Rāzī
→ **Rāzī, ʿAbd-ar-Raḥmān Ibn-Aḥmad ¬ar-¬**

Ibn-Aḥmad, ʿAbd-ar-Raḥmān Ibn-Raǧab
→ **Ibn-Raǧab, ʿAbd-ar-Raḥmān Ibn-Aḥmad**

Ibn-Aḥmad, ʿAbd-ar-Razzāq Ibn-al-Fuwaṭī
→ **Ibn-al-Fuwaṭī, ʿAbd-ar-Razzāq Ibn-Aḥmad**

Ibn-Aḥmad, ʿAbd-as-Salām Ibn-Ġānim al-Maqdisī
→ **Ibn-Ġānim al-Maqdisī, ʿAbd-as-Salām Ibn-Aḥmad**

Ibn-Aḥmad, Abū-Aḥmad Muḥammad al-Ġiṭrīfī
→ **Ġiṭrīfī, Abū-Aḥmad Muḥammad Ibn-Aḥmad ¬al-¬**

Ibn-Aḥmad, Abū-ʿAlī al-Ḥasan al-Fārisī
→ **Abū-ʿAlī al-Fārisī, al-Ḥasan Ibn-Aḥmad**

Ibn-Aḥmad, Abū-Bišr Muḥammad ad-Dūlābī ¬ad-¬
→ **Dūlābī, Abū-Bišr Muḥammad Ibn-Aḥmad ¬ad-¬**

Ibn-Aḥmad, Aḥmad aš-Šarǧī
→ **Šarǧī, Aḥmad Ibn-Aḥmad ¬aš-¬**

Ibn-Aḥmad, Aḥmad az-Zarrūq
→ **Zarrūq, Aḥmad Ibn-Aḥmad ¬az-¬**

Ibn-Aḥmad, al-Ḫalīl Ibn-ʿAmr
→ **Ḫalīl Ibn-Aḥmad, Ibn-ʿAmr ¬al-¬**

Ibn-Aḥmad, al-Ḥasan al-Hamdānī
→ **Hamdānī, al-Ḥasan Ibn-Aḥmad ¬al-¬**

Ibn-Aḥmad, al-Ḥasan Ibn-al-Bannāʾ
→ **Ibn-al-Bannāʾ, al-Ḥasan Ibn-Aḥmad**

Ibn-Aḥmad, al-Ḥusain ad-Damġānī
→ **Damġānī, al-Ḥusain Ibn-Aḥmad ¬ad-¬**

Ibn-Aḥmad, al-Ḥusain Ibn-Ḫālawaih
→ **Ibn-Ḫālawaih, al-Ḥusain Ibn-Aḥmad**

Ibn-Aḥmad, al-Ḥusain Ibn-Yaʿqūb
→ **Ḥusain Ibn-Aḥmad Ibn-Yaʿqūb ¬al-¬**

Ibn-Aḥmad, ʿAlī an-Nasawī
→ **Nasawī, ʿAlī Ibn-Aḥmad ¬an-¬**

Ibn-Aḥmad, ʿAlī Ibn-Ḥazm
→ **Ibn-Ḥazm, ʿAlī Ibn-Aḥmad**

Ibn-Aḥmad, al-Mubārak Ibn-al-Mustaufī
→ **Ibn-al-Mustaufī, al-Mubārak Ibn-Aḥmad**

Ibn-Aḥmad, al-Mubārak Ibn-aš-Šaʿʿār
→ **Ibn-aš-Šaʿʿār, al-Mubārak Ibn-Aḥmad**

Ibn-Aḥmad, al-Muwaffaq al-Bakrī
→ **Bakrī, al-Muwaffaq Ibn-Aḥmad ¬al-¬**

Ibn-Aḥmad, as-Sarī ar-Raffāʾ
→ **Raffāʾ, as-Sarī Ibn-Aḥmad ¬ar-¬**

Ibn-Aḥmad, Ḥamza Ibn-Asbāṭ
→ **Ibn-Asbāṭ, Ḥamza Ibn-Aḥmad**

Ibn-Aḥmad, ʿĪsā ar-Rāzī
→ **Rāzī, ʿĪsā Ibn-Aḥmad ¬ar-¬**

Ibn-Aḥmad, Luʾluʾ an-Naǧīb
→ **Naǧīb, Luʾluʾ Ibn-Aḥmad ¬an-¬**

Ibn-Aḥmad, Maḥfūẓ al-Kalwaḏānī
→ **Kalwaḏānī, Maḥfūẓ Ibn-Aḥmad ¬al-¬**

Ibn-Aḥmad, Maḥmud al-ʿAintābī al-Amšāṭī
→ **ʿAintābī al-Amšāṭī, Maḥmūd Ibn-Aḥmad ¬al-¬**

Ibn-Aḥmad, Masʿūd al-Kāsānī
→ **Kāsānī, Masʿūd Ibn-Aḥmad ¬al-¬**

Ibn-Aḥmad, Mauhūb al-Ǧawālīqī
→ **Ǧawālīqī, Mauhūb Ibn-Aḥmad ¬al-¬**

Ibn-Aḥmad, Muḥammad aḏ-Ḏahabī
→ **Ḏahabī, Muḥammad Ibn-Aḥmad ¬aḏ-¬**

Ibn-Aḥmad, Muḥammad al-Azharī
→ **Azharī, Muḥammad Ibn-Aḥmad ¬al-¬**

Ibn-Aḥmad, Muḥammad al-Fāsī
→ **Fāsī, Muḥammad Ibn-Aḥmad ¬al¬**

Ibn-Aḥmad, Muḥammad al-Ibšīhī
→ **Ibšīhī, Muḥammad Ibn-Aḥmad ¬al-¬**

Ibn-Aḥmad, Muḥammad al-Isfarāʾīnī
→ **Isfarāʾīnī, Muḥammad Ibn-Aḥmad ¬al-¬**

Ibn-Aḥmad, Muḥammad al-Laḫmī
→ **Laḫmī, Muḥammad Ibn-Aḥmad ¬al-¬**

Ibn-Aḥmad, Muḥammad al-Muqaddasī
→ **Muqaddasī, Muḥammad Ibn-Aḥmad ¬al-¬**

Ibn-Aḥmad, Muḥammad al-Qurṭubī
→ **Qurṭubī, Muḥammad Ibn-Aḥmad**

Ibn-Aḥmad, Muḥammad al-Waššāʾ
→ **Waššāʾ, Muḥammad Ibn-Aḥmad ¬al-¬**

Ibn-Aḥmad, Muḥammad as-Samarqandī
→ **Samarqandī, Muḥammad Ibn-Aḥmad ¬as-¬**

Ibn-Aḥmad, Muḥammad as-Saraḫsī
→ **Saraḫsī, Muḥammad Ibn-Aḥmad ¬as-¬**

Ibn-Aḥmad, Muḥammad at-Tiǧānī
→ **Tiǧānī, Muḥammad Ibn-Aḥmad ¬at-¬**

Ibn-Aḥmad, Muḥammad Ibn-al-Labbān
→ **Ibn-al-Labbān, Muḥammad Ibn-Aḥmad**

Ibn-Aḥmad, Muḥammad Ibn-aṣ-Ṣauwaf
→ **Ibn-aṣ-Ṣauwāf, Muḥammad Ibn-Aḥmad**

Ibn-Aḥmad, Muḥammad Ibn-Fūrraǧa
→ **Ibn-Fūrraǧa, Muḥammad Ibn-Aḥmad**

Ibn-Aḥmad, Muḥammad Ibn-Ǧābir
→ **Ibn-Ǧābir, Muḥammad Ibn-Aḥmad**

Ibn-Aḥmad, Muḥammad Ibn-Ǧubair
→ **Ibn-Ǧubair, Muḥammad Ibn-Aḥmad**

Ibn-Aḥmad, Muḥammad Ibn-Ǧuzaiy
→ **Ibn-Ǧuzaiy, Muḥammad Ibn-Aḥmad**

Ibn-Aḥmad, Muḥammad Ibn-Ḥibbān al-Bustī
→ **Ibn-Ḥibbān al-Bustī, Muḥammad Ibn-Aḥmad**

Ibn-Aḥmad, Muḥammad Ibn-Kaisān
→ **Ibn-Kaisān, Muḥammad Ibn-Aḥmad**

Ibn-Aḥmad, Muḥammad Ibn-Marzūq
→ **Ibn-Marzūq, Muḥammad Ibn-Aḥmad**

Ibn-Aḥmad, Muḥammad Ibn-Qudāma al-Maqdisī
→ **Ibn-Qudāma al-Maqdisī, Muḥammad Ibn-Aḥmad**

Ibn-Aḥmad, Muḥammad Ibn-Ṭabāṭabā
→ **Abu-ʾl-Ḥasan Ibn-Ṭabāṭabā, Muḥammad Ibn-Aḥmad**

Ibn-Aḥmad, Muḥammad Ibn-Zaǧdūn
→ **Ibn-Zaǧdūn, Muḥammad Ibn-Aḥmad**

Ibn-Aḥmad, Sulaimān aṭ-Ṭabarānī
→ **Ṭabarānī, Sulaimān Ibn-Aḥmad ¬aṭ-¬**

Ibn-Aḥmad, ʿUbaidallāh az-Zaǧǧālī
→ **Zaǧǧālī, ʿUbaidallāh Ibn-Aḥmad ¬az-¬**

Ibn-Aḥmad, ʿUbaidallāh Ibn-Abi-ʾr-Rabīʿ
→ **Ibn-Abi-ʾr-Rabīʿ, ʿUbaidallāh Ibn-Aḥmad**

Ibn-Aḥmad, ʿUmar Ibn-al-ʿAdīm
→ **Ibn-al-ʿAdīm, ʿUmar Ibn-Aḥmad**

Ibn-Aḥmad, ʿUmar Ibn-Šāhīn
→ **Ibn-Šāhīn, ʿUmar Ibn-Aḥmad**

Ibn-Aḥmad, Yaḥyā Ibn-Baqī
→ **Ibn-Baqī, Yaḥyā Ibn-Aḥmad**

Ibn-Aḥmad aḏ-Ḏahabī, Muḥammad
→ **Ḏahabī, Muḥammad Ibn-Aḥmad ¬aḏ-¬**

Ibn-Aḥmad ad-Dūlābī, Abū-Bišr Muḥammad
→ **Dūlābī, Abū-Bišr Muḥammad Ibn-Aḥmad ¬ad-¬**

Ibn-Aḥmad al-Fārisī, Abū-ʿAlī al-Ḥasan
→ **Abū-ʿAlī al-Fārisī, al-Ḥasan Ibn-Aḥmad**

Ibn-Aḥmad al-Ǧawālīqī, Mauhūb
→ **Ǧawālīqī, Mauhūb Ibn-Aḥmad ¬al-¬**

Ibn-Aḥmad al-Kāsānī, Masʿūd
→ **Kāsānī, Masʿūd Ibn-Aḥmad ¬al-¬**

Ibn-Aḥmad al-Laḫmī, Muḥammad
→ **Laḫmī, Muḥammad Ibn-Aḥmad ¬al-¬**

Ibn-Aḥmad al-Waššāʾ, Muḥammad
→ **Waššāʾ, Muḥammad Ibn-Aḥmad ¬al-¬**

Ibn-Aḥmad aṭ-Ṭabarānī, Sulaimān
→ **Ṭabarānī, Sulaimān Ibn-Aḥmad ¬aṭ-¬**

Ibn-Aḥmad at-Tiǧānī, Muḥammad
→ **Tiǧānī, Muḥammad Ibn-Aḥmad ¬at-¬**

Ibn-Aḥmad Ibn-Ḥanbal, Ṣāliḥ
→ **Ṣāliḥ Ibn-Aḥmad Ibn-Ḥanbal**

Ibn-Aibak, Ḫalīl aṣ-Ṣafadī
→ **Ṣafadī, Ḫalīl Ibn-Aibak ¬aṣ-¬**

Ibn-Aibak aṣ-Ṣafadī, Ḫalīl
→ **Ṣafadī, Ḫalīl Ibn-Aibak ¬aṣ-¬**

Ibn-Aiyūb, Muḥammad aṭ-Ṭabarī
→ **Ṭabarī, Muḥammad Ibn-Aiyūb ¬aṭ-¬**

Ibn-ʿAlāʾ-ad-Dīn, ʿAbdallāh al-Anṣārī
→ **ʿAbdallāh Ibn-ʿAlāʾ-ad-Dīn al-Anṣārī**

Ibn-ʿAlāʾ-ad-Dīn al-Anṣārī, ʿAbdallāh
→ **ʿAbdallāh Ibn-ʿAlāʾ-ad-Dīn al-Anṣārī**

Ibn-al-Abbār, Muḥammad Ibn-ʿAbdallāh
1199 – 1260
Rep.Font. VI,150/51
Ibn al-Abbār, Abū ʿAbd Allāh Muḥammad b. ʿAbd Allāh b. Abī Bakr b. al-Abbār al-Quḍāʿī al-Balansī
Ibn-ʿAbdallāh, Muḥammad Ibn-al-Abbār
Muḥammad Ibn-ʿAbdallāh Ibn-al-Abbār

Ibn-al-ʿAbbas, ʿAlī al-Maǧūsī
→ **ʿAlī Ibn-al-ʿAbbās al-Maǧūsī**

Ibn-al-ʿAbbās, ʿAlī Ibn-ar-Rūmī
→ **Ibn-ar-Rūmī, ʿAlī Ibn-al-ʿAbbās**

Ibn-al-ʿAbbās, Muḥammad Ibn-Haiyuwaih
→ **Ibn-Haiyuwaih, Muḥammad Ibn-al-ʿAbbās**

Ibn-al-ʿAbbās aṣ-Ṣūlī, Ibrāhīm
→ **Ibrāhīm Ibn-al-ʿAbbās aṣ-Ṣūlī**

Ibn-al-ʿAbd, Ṭarafa
→ **Ṭarafa Ibn-al-ʿAbd**

Ibn-al-Abrad, ar-Rammāḥ Ibn-Maiyāda
→ **Ibn-Maiyāda, ar-Rammāḥ Ibn-al-Abrad**

Ibn-al-Abraṣ, ʿAbīd
→ **ʿAbīd Ibn-al-Abraṣ**

Ibn-al-ʿAdīm, Kamāl-ad-Dīn
→ **Ibn-al-ʿAdīm, ʿUmar Ibn-Aḥmad**

Ibn-al-ʿAdīm, ʿUmar Ibn-Aḥmad
1193 - 1262
Rep.Font. VI,158/59
Ibn al-ʿAdīm, Kamāl al-Dīn
Ibn al-ʿAdīm Abū 'l-Qāsim Kamāl al-Dīn ʿUmar b. Aḥmad b. Hibat Allāh
Ibn-Aḥmad, ʿUmar Ibn-al-ʿAdīm
Ibn-al-ʿAdīm, Kamāl-ad-Dīn
Kamāl al-Dīn Ibn al-ʿAdīm
Kamāl-ad-Dīn Ibn-al-ʿAdīm
ʿUmar Ibn-Aḥmad Ibn-al-ʿAdīm

Ibn-al-Aḥmar, Ismāʿīl Ibn-Yūsuf
gest. ca. 1414
Rep.Font. VI,159
Abu-'l-Walīd Ismāʿīl Ibn-Yūsuf Ibn-al-Aḥmar
Ibn al-Aḥmar, Abū 'l-Walīd Ismāʿīl b. Yūsuf b. al-Qāʾim bi-Amr Allāh Muḥammad b. Abī Saʿīd b. Faraǧ b. Ismāʿīl b. al-Aḥmar
Ibn-al-Aḥmar an-Naṣrī, Ismāʿīl Ibn-Yūsuf
Ibn-Yūsuf, Ismāʿīl Ibn-al-Aḥmar
Ismāʿīl Ibn-Yūsuf Ibn-al-Aḥmar

Ibn-al-Aḥmar an-Naṣrī, Ismāʿīl Ibn-Yūsuf
→ **Ibn-al-Aḥmar, Ismāʿīl Ibn-Yūsuf**

Ibn-al-Aḥnaf, ʿAbbās
→ **ʿAbbās Ibn-al-Aḥnaf**

Ibn-al-Akfānī, Muḥammad Ibn-Ibrāhīm
gest. 1348
Ibn-Ibrāhīm, Muḥammad Ibn-al-Akfānī
Muḥammad Ibn-Ibrāhīm Ibn-al-Akfānī

Ibn-al-ʿAlāʾ, Abū-ʿAmr
→ **Abū-ʿAmr Ibn-al-ʿAlāʾ**

Ibn-al-ʿAmīd, Abu-'l-Faḍl
→ **Ibn-al-ʿAmīd, Muḥammad Ibn-al-Ḥusain**

Ibn-al-ʿAmīd, Ǧirǧīs al-Makīn
→ **Makīn Ibn-al-ʿAmīd, Ǧirǧīs ¬al¬**

Ibn-al-ʿAmīd, Muḥammad Ibn-al-Ḥusain
gest. 970
Abū l-Faḍl Ibn al-ʿAmīd
Abu-'l-Faḍl Ibn-al-ʿAmīd
Ibn-al-ʿAmīd, Abu-'l-Faḍl
Ibn-al-Ḥusain, Muḥammad Ibn-al-ʿAmīd
Muḥammad Ibn-al-Ḥusain Ibn-al-ʿAmīd

Ibn-al-Anbārī, Muḥammad Ibn-al-Qāsim
885 - 939
Anbārī, Muḥammad Ibn-al-Qāsim ¬al-¬
Ibn-al-Qāsim, Muḥammad Ibn-al-Anbārī
Muḥammad Ibn-al-Qāsim Ibn-al-Anbārī

Ibn-al-ʿĀqūlī, Muḥammad Ibn-Muḥammad
1333 - 1394
ʿĀqūlī ¬al-¬
Ibn-Muḥammad, Muḥammad Ibn-al-ʿĀqūlī
Muḥammad Ibn-Muḥammad Ibn-al-ʿĀqūlī

Ibn-al-ʿArabī, Abū-Bakr Muḥammad Ibn-ʿAbdallāh
1076 - 1148
Rep.Font. VI,161
Abū-Bakr Ibn-al-ʿArabī, Muḥammad Ibn-ʿAbdallāh
Ibn al-ʿArabī, al-Qāḍī Abū Bakr Muḥammad b. ʿAbd Allāh b. al-ʿArabī al-Mālikī
Ibn-ʿAbdallāh, Abū-Bakr Muḥammad Ibn-al-ʿArabī
Ibn-al-ʿArabī, Muḥammad Ibn-ʿAbdallāh
Maʿāfirī, Abū-Bakr Ibn-al-ʿArabī ¬al-¬
Muḥammad Ibn-ʿAbdallāh Ibn-al-ʿArabī, Abū-Bakr

Ibn-al-ʿArabī, Muḥammad Ibn-ʿAbdallāh
→ **Ibn-al-ʿArabī, Abū-Bakr Muḥammad Ibn-ʿAbdallāh**

Ibn-al-Aʿrābī, Muḥammad Ibn-Ziyād
gest. ca. 844
Ibn-Ziyād, Muḥammad Ibn-al-Aʿrābī
Muḥammad Ibn-Ziyād Ibn-al-Aʿrābī

Ibn-al-ʿArabī, Muḥyi-'d-Dīn
→ **Ibn-al-ʿArabī, Muḥyi-'d-Dīn Muḥammad Ibn-ʿAlī**

Ibn-al-ʿArabī, Muḥyi-'d-Dīn Muḥammad Ibn-ʿAlī
1155 - 1240
Abū-ʿAbdallāh Muḥammad Ibn ʿArabî
Ibn-al-ʿArabī, Muḥyi-'d-Dīn Ibn-ʿAlī
Ibn-ʿArabī
Muḥyi-'d-Din ‹Ibn-al-ʿArabī›

Ibn-al-ʿArīf, Abu-'l-ʿAbbās
→ **Ibn-al-ʿArīf, Aḥmad Ibn-Muḥammad**

Ibn-al-ʿArīf, Aḥmad Ibn-Muḥammad
1088 - 1141
Aḥmad Ibn-Muḥammad Ibn-al-ʿArīf
Ibn-al-ʿArīf, Abu-'l-ʿAbbās
Ibn-Muḥammad, Aḥmad Ibn-al-ʿArīf

Ibn-al-Ašʿaṯ as-Siǧistānī, Abū-Dāwūd Sulaimān
→ **Abū-Dāwūd as-Siǧistānī, Sulaimān Ibn-al-Ašʿaṯ**

Ibn-al-ʿAssāl, al-Ṣāfī
→ **Ibn-al-ʿAssāl, aṣ-Ṣāfī Abu-'l-Faḍāʾil**

Ibn-al-ʿAssāl, al-Ṣāfī Abu al-Faḍāʾil
→ **Ibn-al-ʿAssāl, aṣ-Ṣāfī Abu-'l-Faḍāʾil**

Ibn-al-ʿAssāl, aṣ-Ṣāfī Abu-'l-Faḍāʾil
um 1236/42
GCAL
Abu-'l-Faḍāʾil aṣ-Ṣāfī Ibn-al-ʿAssāl
Al-Ṣāfī Ibn-al-ʿAssāl
Ibn-al-ʿAssāl, al-Ṣāfī
Ibn-al-ʿAssāl, al-Ṣāfī Abu al-Faḍāʾil
Ṣāfī Abu-'l-Faḍāʾil Ibn-al-ʿAssāl ¬aṣ-¬
Ṣāfī Ibn-al-ʿAssāl ¬al-¬

Ibn-al-Aʿṯam al-Kūfī, Muḥammad Ibn-ʿAlī
→ **Ibn-Aʿṯam al-Kūfī, Muḥammad Ibn-ʿAlī**

Ibn-al-Aṯīr, al-Mubārak Ibn-Muḥammad
→ **Ibn-al-Aṯīr, Maǧd-ad-Dīn al-Mubārak Ibn-Muḥammad**

Ibn-al-Aṯīr, Ḍiyāʾ-ad-Dīn Naṣrallāh Ibn-Muḥammad
1163 - 1239
Ḍiyāʾ-ad-Dīn Ibn-al-Aṯīr
Ibn-al-Aṯīr, Naṣrallāh Ibn-Muḥammad

Ibn-al-Aṯīr, ʿIzz-ad-Dīn Abu-'l-Ḥasan ʿAlī
1160 - 1233
Rep.Font. VI,162/63
Al-Athir, Ibn
ʿAlī ibn Muḥammad ibn ʿAbd al-Karīm ‹ʿIzzal-Dīn Abū al-Hasan›
ʿAlī Ibn-al-Aṯīr, ʿIzz-ad-Dīn Abu-'l-Ḥasan
Ibn al-Asir, ʿIzz al-Dīn
Ibn Al-Athir
Ibn al-Athīr, Abou'l Hasan ʿAlī ibn Abī'l-Karam Mohammad ibn Mohammad
Ibn al-Athīr, ʿIzz al-Dīn
Ibn al-Athir al-Jazzarī
Ibn al-Atir
Ibn al-Aṯīr, Abū 'l-Ḥasan ʿIzz al-Dīn ʿAlī
Ibn El-Athir
Ibn-al-Aṯīr, ʿIzz-ad-Dīn ʿAlī
Ibn-Alatyr
ʿIzz-ad-Dīn Abu-'l-Ḥasan ʿAlī Ibn-al-Aṯīr
ʿIzz-ad-Dīn Ibn-al-Aṯīr, Abu-'l-Ḥasan ʿAlī

Ibn-al-Aṯīr, ʿIzz-ad-Dīn ʿAlī
→ **Ibn-al-Aṯīr, ʿIzz-ad-Dīn Abu-'l-Ḥasan ʿAlī**

Ibn-al-Aṯīr, Maǧd-ad-Dīn al-Mubārak Ibn-Muḥammad
1149 - 1210
Ibn al-Athīr, Majd al-Dīn al-Mubārak ibn Muḥammad
Ibn-al-Aṯīr, al-Mubārak Ibn-Muḥammad
Maǧd-ad-Dīn Ibn-al-Aṯīr, al-Mubārak Ibn-Muḥammad
Mubārak Ibn-Muḥammad Ibn-al-Aṯīr /al-

Ibn-al-Aṯīr, Naṣrallāh Ibn-Muḥammad
→ **Ibn-al-Aṯīr, Ḍiyāʾ-ad-Dīn Naṣrallāh Ibn-Muḥammad**

Ibn-al-ʿAṭṭār, ʿAlī Ibn-Ibrāhīm
1256 - 1324
ʿAlī Ibn-Ibrāhīm Ibn-al-ʿAṭṭār
Ibn-Ibrāhīm, ʿAlī Ibn-al-ʿAṭṭār

Ibn-al-ʿAṭṭār, Dāwud Ibn-Abī-Naṣr
um 1260
ʿAṭṭār al-Hārūnī, Dāwud Ibn-Abī-Naṣr ¬al-¬
Dāwud Ibn-Abī-Naṣr Ibn-al-ʿAṭṭār

Ibn-Alatyr
→ **Ibn-al-Aṯīr, ʿIzz-ad-Dīn Abu-'l-Ḥasan ʿAlī**

Ibn-al-ʿAuwām, Yaḥyā Ibn-Muḥammad
12. Jh.
Rep.Font. VI,163; LMA,V,313
Ibn al-ʿAwwām, Abū Zakarīyā Yaḥyā b. Muḥammad
Ibn-al-ʿAwwām, Yaḥyā b. Muḥammad
Ibn-Muḥammad, Ibn-al-ʿAuwām Yaḥyā
Yaḥyā Ibn-Muḥammad Ibn-al-ʿAuwām

Ibn-al-ʿAwāmm, ʿUrwa Ibn-az-Zubair
→ **ʿUrwa Ibn-az-Zubair**

Ibn-al-ʿAwwām, Yaḥyā b. Muḥammad
→ **Ibn-al-ʿAuwām, Yaḥyā Ibn-Muḥammad**

Ibn-al-Bāǧandī, Muḥammad Ibn-Muḥammad
gest. 925
Ibn-al-Bāghandī, Muḥammad ibn Muḥammad
Ibn-Muḥammad, Muḥammad Ibn-al-Bāǧandī
Muḥammad Ibn-Muḥammad Ibn-al-Bāǧandī

Ibn-al-Bahlūl, al-Ḥasan
→ **Ḥasan Ibn-al-Bahlūl ¬al-¬**

Ibn-al-Baiṭār ‹de Malaga›
→ **Ibn-al-Baiṭār, ʿAbdallāh Ibn-Aḥmad**

Ibn-al-Baiṭār, ʿAbdallāh Ibn-Aḥmad
gest. 1249
Hispano-arab. Botaniker; „Kitāb al-Ǧāmiʿ li-mufradat al-adwiya wa-l-aġdiya"
LMA,V,313
ʿAbdallāh Ibn-Aḥmad Ibn-al-Baiṭār
Albeitar
Baiṭār, ʿAbdallāh Ibn-Aḥmad ¬al-¬
Ebenbitar
Ebn Baithar
Ibn Al Baitar, Abd Allah Ibn Ahmad
Ibn al-Baïṭār ‹de Malaga›
Ibn-Aḥmad, ʿAbdallāh Ibn-al-Baiṭār
Ibn-al-Baiṭār ‹de Malaga›
Ibn-al-Baiṭār Ḍiyāʾ, ad-Dīn abū Muḥammad ʿAbdallāh b. Aḥmad
Ibn-al-Bayṭār ‹de Malaga›
Ibn-al-Bayṭār, ʿAbdallāh Ibn-Aḥmad

Ibn-al-Baiṭār Ḍiyāʾ, ad-Dīn abū Muḥammad ʿAbdallāh b. Aḥmad
→ **Ibn-al-Baiṭār, ʿAbdallāh Ibn-Aḥmad**

Ibn-al-Bannāʾ, Aḥmad Ibn-Muḥammad
1251 - 1321
Aḥmad Ibn-Muḥammad Ibn-al-Bannāʾ
Ibn-Muḥammad, Aḥmad Ibn-al-Bannāʾ

Ibn-al-Bannāʾ, al-Ḥasan Ibn-Aḥmad
1006 - 1078
Ḥasan Ibn-Aḥmad Ibn-al-Bannāʾ ¬al-¬
Ibn-Aḥmad, al-Ḥasan Ibn-al-Bannāʾ

Ibn-al-Batanūnī, ʿAlī Ibn-ʿUmar
→ **Batanūnī, ʿAlī Ibn-ʿUmar ¬al-¬**

Ibn-al-Bayṭār ‹de Malaga›
→ **Ibn-al-Baiṭār, ʿAbdallāh Ibn-Aḥmad**

Ibn-al-Bayṭār, ʿAbdallāh Ibn-Aḥmad
→ **Ibn-al-Baiṭār, ʿAbdallāh Ibn-Aḥmad**

Ibn-al-Buḫārī, ʿAlī Ibn-Aḥmad
→ **Ibn-al-Buḫārī, Faḫr-ad-Dīn ʿAlī Ibn-Aḥmad**

Ibn-al-Buḫārī, ʿAlī Ibn-al-Buḫārī
→ **Ibn-al-Buḫārī, Faḫr-ad-Dīn ʿAlī Ibn-Aḥmad**

Ibn-al-Buḫārī, Faḫr-ad-Dīn ʿAlī Ibn-Aḥmad
1199 - 1291
ʿAlī Ibn-Aḥmad Ibn-al-Buḫārī
Buḫārī, Faḫr-ad-Dīn ʿAlī Ibn-Aḥmad ¬al-¬
Faḫr-ad-Dīn ʿAlī Ibn-Aḥmad Ibn-al-Buḫārī
Faḫr-ad-Dīn Ibn-al-Buḫārī
Ibn al-Bukhārī, Fakhr al-Dīn ʿAlī Ibn Aḥmad
Ibn-al-Buḫārī, ʿAlī Ibn-Aḥmad
Ibn-al-Buḫārī, ʿAlī Ibn-al-Buḫārī
Maqdisī, Faḫr-ad-Dīn ʿAlī Ibn-Aḥmad ¬al-¬

Ibn-al-Djazzar, Aḥmad b. Ibrāhīm
→ **Ibn-al-Ǧazzār, Aḥmad Ibn-Ibrāhīm**

Ibn-al-Fakîh al-Hamadhânî
→ **Ibn-al-Faqīh al-Hamaḏānī, Aḥmad Ibn-Muḥammad**

Ibn-al-Faqīh al-Hamaḏānī, Aḥmad Ibn-Muḥammad
gest. 902
Aḥmad Ibn-Muḥammad Ibn-al-Faqīh al-Hamaḏānī
Faqīh al-Hamaḏānī, Aḥmad Ibn-Muḥammad Ibn-al-
Hamaḏānī, Aḥmad Ibn-Muḥammad Ibn-al-Faqīh ¬al-¬
Ibn-al-Fakîh al-Hamadhânî
Ibn-Muḥammad al-Hamaḏānī, Aḥmad Ibn-al-Faqīh

Ibn-al-Faraḏī, ʿAbdallāh Ibn-Muḥammad
962 - 1012
Rep.Font. VI,170/71; LMA,V,314
ʿAbdallāh Ibn-Muḥammad Ibn-al-Faraḏī
Ibn al-Faraḏī, Abū 'l-Walīd ʿAbd Allāh b. Muḥammad b. Yūsuf b. Naṣr al-Azdī b. al-Faraḏī
Ibn-al-Faraḏī al-Andalusī
Ibn-Muḥammad, ʿAbdallāh Ibn-al-Faraḏī

Ibn-al-Faraḏī al-Andalusī
→ **Ibn-al-Faraḏī, ʿAbdallāh Ibn-Muḥammad**

Ibn-al-Farḫān aṭ-Ṭabarī
→ **ʿUmar Ibn-al-Farruḫān aṭ-Ṭabarī**

Ibn-al-Fāriḍ, ʿUmar Ibn-ʿAlī
1182 – 1235
Ibn Al Farid, Umar
Ibn al-Farid, Omar Ibn Ali
İbn ül-Farız, Ebu-Hafs Ömer
Ibn-ʿAlī, ʿUmar Ibn-al-Fāriḍ
Ibn-Faredh, Omar
Ibn-Fāriḍ
İbn-i Farız
ʿUmar Ibn-ʿAlī Ibn-al-Fāriḍ

Ibn-al-Farrāʾ, Muḥammad Ibn-Muḥammad
1059 – 1133
Abu-'l-Ḥusain ‹al-Qāḍī›
Ibn-Muḥammad, Muḥammad Ibn-al-Farrāʾ
Muḥammad Ibn-Muḥammad Ibn-al-Farrāʾ
Qāḍī Abu-'l-Ḥusain ¬al-¬

Ibn-al-Farruḫān aṭ-Ṭabarī, ʿUmar
→ **ʿUmar Ibn-al-Farruḫān aṭ-Ṭabarī**

Ibn-al-Fuwaṭī, ʿAbd-ar-Razzāq Ibn-Aḥmad
1244 – 1323
ʿAbd-ar-Razzāq Ibn-Aḥmad Ibn-al-Fuwaṭī
Ibn al-Fuwaṭī, ʿAbd al-Razzāq Ibn Aḥmad
Ibn-Aḥmad, ʿAbd-ar-Razzāq Ibn-al-Fuwaṭī
Ibn-al-Fuwaṭī, Abu-'l-Faḍāʾil ʿAbd-ar-Razzāq Ibn-Aḥmad

Ibn-al-Fuwaṭī, Abu-'l-Faḍāʾil ʿAbd-ar-Razzāq Ibn-Aḥmad
→ **Ibn-al-Fuwaṭī, ʿAbd-ar-Razzāq Ibn-Aḥmad**

Ibn-al-Ǧaʿd, ʿAlī Ibn-ʿUbaid
750 – 845
ʿAlī Ibn-ʿUbaid Ibn-al-Ǧaʿd
Ibn-ʿUbaid, ʿAlī Ibn-al-Ǧaʿd

Ibn-al-Ǧaiʿān, Šaraf-ad-Dīn Yaḥyā Ibn-Šākir
→ **Ibn-al-Ǧaiʿān, Yaḥyā Ibn-Šākir**

Ibn-al-Ǧaiʿān, Yaḥyā Ibn-al-Maqarr
→ **Ibn-al-Ǧaiʿān, Yaḥyā Ibn-Šākir**

Ibn-al-Ǧaiʿān, Yaḥyā Ibn-Šākir
gest. 1480
Ibn al-Djayʿān, Yaḥyā Ibn Shākir
Ibn al-Ǧîʿân, Charaf il dîn Yaḥya ibn il Makarr
Ibn al-Jayʿān, Yaḥyā Ibn Shākir
Ibn-al-Ǧaiʿān, Šaraf-ad-Dīn Yaḥyā Ibn-Šākir
Ibn-al-Ǧaiʿān, Yaḥyā Ibn-al-Maqarr
Ibn-al-Ǧīʿān, Yaḥyā Ibn-Šākir
Ibn-Šākir, Yaḥyā Ibn-al-Ǧaiʿān
Yaḥyā Ibn-Šākir Ibn-al-Ǧaiʿān

Ibn-al-Ǧannān, Abū-ʿAdballāh Muḥammad Ibn-Muḥammad
→ **Ibn-al-Ǧannān, Muḥammad Ibn-Muḥammad**

Ibn-al-Ǧannān, Muḥammad Ibn-Muḥammad
13. Jh.
Anṣārī, Muḥammad Ibn-Muḥammad ¬al-¬
Ibn al-Djannān, Muḥammad Ibn Muḥammad
Ibn al-Jannān, Muḥammad Ibn Muḥammad
Ibn-al-Ǧannān, Abū-ʿAdballāh Muḥammad Ibn-Muḥammad
Ibn-al-Ǧannān al-Anṣārī al-Andalusī
Ibn-Muḥammad, Muḥammad Ibn-al-Ǧannān
Muḥammad Ibn-Muḥammad Ibn-al-Ǧannān

Ibn-al-Ǧannān al-Anṣārī al-Andalusī
→ **Ibn-al-Ǧannān, Muḥammad Ibn-Muḥammad**

Ibn-al-Ǧarrāḥ, Wakīʿ
→ **Wakīʿ Ibn-al-Ǧarrāḥ**

Ibn-al-Ǧārūd, Sulaimān aṭ-Ṭayālisī
→ **Abū-Dāwūd aṭ-Ṭayālisī, Sulaimān Ibn-al-Ǧārūd**

Ibn-al-Ǧārūd aṭ-Ṭayālisī, Sulaimān Ibn-Dāʾūd
→ **Abū-Dāwūd aṭ-Ṭayālisī, Sulaimān Ibn-al-Ǧārūd**

Ibn-al-Ǧaun, Abū-Dulāma Zand
→ **Abū-Dulāma Zand Ibn-al-Ǧaun**

Ibn-al-Ǧauzī, ʿAbd-ar-Raḥmān Ibn-ʿAlī
1108 – 1200
ʿAbd-ar-Raḥmān Ibn-ʿAlī Ibn-al-Ǧauzī
Ǧauzī, ʿAbd-ar-Raḥmān Ibn-ʿAlī Ibn-al-Ǧauzī, Abu-'l-Faraǧ ʿAbd-ar-Raḥmān Ibn-ʿAlī
Ibn-ʿAlī Ibn-al-Ǧauzī, ʿAbd-ar-Raḥmān

Ibn-al-Ǧauzī, Abu-'l-Faraǧ ʿAbd-ar-Raḥmān Ibn-ʿAlī
→ **Ibn-al-Ǧauzī, ʿAbd-ar-Raḥmān Ibn-ʿAlī**

Ibn-al-Gauzi, Muhyi-'d-Dīn Yūsuf Ibn-ʿAbd-ar-Raḥmān
→ **Ibn-al-Ǧauzī, Yūsuf Ibn-ʿAbd-ar-Raḥmān**

Ibn-al-Ǧauzī, Yūsuf Ibn-ʿAbd-ar-Raḥmān
gest. 1258
Ibn al-Djawzī, Yūsuf Ibn ʿAbd al-Raḥmān
Ibn al-Jawzī, Yūsuf Ibn ʿAbd al-Raḥmān
Ibn-ʿAbd-ar-Raḥmān, Yūsuf Ibn-al-Ǧauzī
Ibn-al-Gauzi, Muhyi-'d-Dīn Yūsuf Ibn-ʿAbd-ar-Raḥmān
Yūsuf Ibn-ʿAbd-ar-Raḥmān Ibn-al-Ǧauzī

Ibn-al-Ǧawālīqī, Mauhūb Ibn-Aḥmad
→ **Ǧawālīqī, Mauhūb Ibn-Aḥmad ¬al-¬**

Ibn-al-Ǧazarī, Muḥammad Ibn-Muḥammad
1350 – 1429
Ǧazarī, Muḥammad Ibn-Muḥammad ¬al-¬
Ibn-Muḥammad, Muḥammad Ibn-al-Ǧazarī
Muḥammad Ibn-Muḥammad Ibn-al-Ǧazarī

Ibn-al-Ǧazzār, Aḥmad Ibn-Ibrāhīm
gest. 979
Das im LMA angegebene Todesdatum 1004 ist laut Sezgin III,304 falsch
LMA,V,314
Abou Djàfar Ahmad
Aḥmad Ibn-Ibrāhīm Ibn-al-Ǧazzār
Ibn al-Ǧazzār, Abū Ǧaʿfar Aḥmad b. Ibrāhīm b. Abī Ḫālid al-Ǧazzār
Ibn-al-Djazzar, Aḥmad b. Ibrāhīm
Ibn-al-Jazzār, Aḥmad Ibn-Ibrāhīm
Ibn-Ibrāhīm, Aḥmad Ibn-al-Ǧazzār

Ibn-al-Ǧīʿān, Yaḥyā Ibn-Šākir
→ **Ibn-al-Ǧaiʿān, Yaḥyā Ibn-Šākir**

Ibn-al-Ġiṭrīf, Muḥammad Ibn-Aḥmad
→ **Ġiṭrīfī, Abū-Aḥmad Muḥammad Ibn-Aḥmad ¬al-¬**

Ibn-al-Ǧunaid, Tammām Ibn-Muḥammad
941 – 1023
Dimašqī, Tammām Ibn-Muḥammad ¬al-¬
Ibn al-Djunayd, Tammām ibn Muḥammad
Ibn al-Junayd, Tammām ibn Muḥammad
Ibn-Muḥammad, Tammām Ibn-al-Ǧunaid
Rāzī, Tammām Ibn-Muḥammad ¬ar-¬
Tammām Ibn-Muḥammad Ibn-al-Ǧunaid

Ibn-al-Ḥāǧǧ an-Numayri
→ **Ibn-al-Ḥāǧǧ, Ibrāhīm Ibn-ʿAbdallāh**

Ibn-al-Ḥāǧǧ, Aḥmad Ibn-Muḥammad
gest. 1249/1253
Aḥmad Ibn-Muḥammad Ibn-al-Ḥāǧǧ
Ibn al-Ḥādjdj, Aḥmad ibn Muḥammad
Ibn al-Ḥājj, Aḥmad ibn Muḥammad
Ibn-Muḥammad, Aḥmad Ibn-al-Ḥāǧǧ
Išbīlī, Aḥmad Ibn-Muḥammad Ibn-al-Ḥāǧǧ

Ibn-al-Ḥāǧǧ, Ibrāhīm Ibn-ʿAbdallāh
geb. 1313
Ibn-ʿAbdallāh, Ibrāhīm Ibn-al-Ḥāǧǧ
Ibn-al-Ḥāǧǧ an-Numayri
Ibrāhīm Ibn-ʿAbdallāh Ibn-al-Ḥāǧǧ

Ibn-al-Ḥaǧǧāǧ, Muslim
→ **Muslim Ibn-al-Ḥaǧǧāǧ al-Qušairī**

Ibn-al-Ḥaǧǧāǧ, Šuʿba
→ **Šuʿba Ibn-al-Ḥaǧǧāǧ**

Ibn-al-Ḥāǧib, ʿUṯmān Ibn-ʿUmar
1174 – 1249
Ibn Hadschib
Ibn-Hâdschib
Ibn-Ḥāǧib, ʿUṯmān Ibn-ʿUmar
Ibn-ʿUmar, ʿUṯmān Ibn-al-Ḥāǧib
ʿUṯmān Ibn-Ḥāǧib
ʿUṯmān Ibn-ʿUmar Ibn-al-Ḥāǧib

Ibn-al-Hāʾim, Aḥmad Ibn-Muḥammad
gest. 1412
Aḥmad Ibn-Muḥammad Ibn-al-Hāʾim
Ibn-Muḥammad, Aḥmad Ibn-al-Hāʾim

Ibn-al-Haiṯam, Abū ʿAlī al-Ḥasan Ibn al-Ḥasan
→ **Ibn-al-Haiṯam, al-Ḥasan Ibn-al-Ḥasan**

Ibn-al-Haiṯam, al-Ḥasan Ibn-al-Ḥasan
965 – 1039
LMA,V,315/16
Alhazen
Ḥasan Ibn-al-Ḥasan, Ibn-al-Haiṯam ¬al-¬
Ibn Al Haitham
Ibn-al-Haiṯam, Abū ʿAlī al-Ḥasan Ibn al-Ḥasan
Ibn al-Haiṯam, Abū-ʿAlī al-Ḥasan Ibn al-Ḥasan
Ibn-al-Haiṯam, Abū-ʿAlī al-Ḥasan Ibn-al-Ḥasan
Ibn-al-Ḥasan, al-Ḥasan Ibn-al-Haiṯam
Ibn-al-Haytham
Ibn-al-Haytham, al-Ḥasan Ibn-al-Ḥusayn
Ibn-Haiṯam, Abū-al-Miṣrī

Ibn-al-Ḥakam, al-Ḥusain al-Ḥibarī
→ **Ḥibarī, al-Ḥusain Ibn-al-Ḥakam ¬al-¬**

Ibn-al-Ḥāriṯ, ʿĀmir Ǧirān al-ʿAud
→ **Ǧirān al-ʿAud, ʿĀmir Ibn-al-Ḥāriṯ**

Ibn-al-Ḥāriṯ, Muḥammad al-Ḫušānī
→ **Ḫušanī, Muḥammad Ibn-al-Ḥāriṯ ¬al-¬**

Ibn-al-Ḫarrāṭ, ʿAbd-al-Ḥaqq Ibn-ʿAbd-ar-Raḥmān
1116 – 1185
ʿAbd-al-Ḥaqq Ibn-ʿAbd-ar-Raḥmān Ibn-al-Ḫarrāṭ
Andalusī, ʿAbd-al-Ḥaqq Ibn-ʿAbd-ar-Raḥmān ¬al-¬
Azdī, ʿAbd-al-Ḥaqq Ibn-ʿAbd-ar-Raḥmān ¬al-¬
Ibn al-Jarrāṭ al-Išbīlī
Ibn al-Kharrāṭ, ʿAbd al-Ḥaqq ibn ʿAbd al-Raḥmān
Ibn-ʿAbd-ar-Raḥmān, ʿAbd-al-Ḥaqq Ibn-al-Ḫarrāṭ
Ibn-al-Jarrāṭ al-Išbīlī
Išbīlī, ʿAbd-al-Ḥaqq Ibn-ʿAbd-ar-Raḥmān ¬al-¬

Ibn-al-Ḥasan, ʿAbd-ar-Raḥīm al-Asnawī
→ **Asnawī, ʿAbd-ar-Raḥīm Ibn-al-Ḥasan ¬al-¬**

Ibn-al-Ḥasan, al-Faḍl aṭ-Ṭabarsī
→ **Ṭabarsī, al-Faḍl Ibn-al-Ḥasan ¬aṭ-¬**

Ibn-al-Ḥasan, al-Ḥasan Ibn-al-Haiṯam
→ **Ibn-al-Haiṯam, al-Ḥasan Ibn-al-Ḥasan**

Ibn-al-Ḥasan, al-Ḥusain al-Ḥalīmī
→ **Ḥalīmī, al-Ḥusain Ibn-al-Ḥasan ¬al-¬**

Ibn-al-Ḥasan, ʿAlī Ibn-ʿAsākir
→ **Ibn-ʿAsākir, ʿAlī Ibn-al-Ḥasan**

Ibn-al-Ḥasan, al-Muḫtār Ibn-Buṭlān
→ **Ibn-Buṭlān, al-Muḫtār Ibn-al-Ḥasan**

Ibn-al-Ḥasan, Ḥamza al-Iṣfahānī
→ **Ḥamza al-Iṣfahānī, Ibn-al-Ḥasan**

Ibn-al-Ḥasan, Hibatallāh al-Lālakāʾī
→ **Lālakāʾī, Hibatallāh Ibn-al-Ḥasan ¬al-¬**

Ibn-al-Ḥasan, Maḥmūd al-Qazwīnī
→ **Qazwīnī, Maḥmūd Ibn-al-Ḥasan ¬al-¬**

Ibn-al-Ḥasan, Muḥammad al-Ǧarbādqānī
→ **Ǧarbādqānī, Muḥammad Ibn-al-Ḥasan ¬al-¬**

Ibn-al-Ḥasan, Muḥammad al-Ḥātimī
→ **Ḥātimī, Muḥammad Ibn-al-Ḥasan ¬al-¬**

Ibn-al-Ḥasan, Muḥammad al-Karaǧī
→ **Karaǧī, Muḥammad Ibn-al-Ḥasan ¬al-¬**

Ibn-al-Ḥasan, Muḥammad aš-Šaibānī
→ **Šaibānī, Muḥammad Ibn-al-Ḥasan ¬aš-¬**

Ibn-al-Ḥasan, Muḥammad az-Zubaidī
→ **Zubaidī, Muḥammad Ibn-al-Ḥasan ¬az-¬**

Ibn-al-Ḥasan, Muḥammad Ibn-aṭ-Ṭaḥḥān
→ **Ibn-aṭ-Ṭaḥḥān, Muḥammad Ibn-al-Ḥasan**

Ibn-al-Ḥasan, Muḥammad Ibn-Duraid
→ **Ibn-Duraid, Muḥammad Ibn-al-Ḥasan**

Ibn-al-Ḥasan, Muḥammad Ibn-Fūrak
→ **Ibn-Fūrak, Muḥammad Ibn-al-Ḥasan**

Ibn-al-Ḥasan, Muḥammad Ibn-Ḥamdūn
→ **Ibn-Ḥamdūn, Muḥammad Ibn-al-Ḥasan**

Ibn-al-Ḥasan, ʿUmar Ibn-Diḥya
→ **Ibn-Diḥya, ʿUmar Ibn-al-Ḥasan**

Ibn-al-Ḥasan, Yūsuf as-Sīrāfī
→ **Sīrāfī, Yūsuf Ibn-al-Ḥasan ¬as-¬**

Ibn-al-Ḥasan, Yūsuf Ibn-al-Mibrad
→ **Ibn-al-Mibrad, Yūsuf Ibn-al-Ḥasan**

Ibn-al-Ḥasan, Yūsuf Ibn-as-Sīrāfī
→ **Ibn-as-Sīrāfī, Yūsuf Ibn-al-Ḥasan**

Ibn-al-Ḥasan al-Ǧarbādqānī, Muḥammad
→ **Ǧarbādqānī, Muḥammad Ibn-al-Ḥasan ¬al-¬**

Ibn-al-Ḫaṭīb Lisān-ad-Dīn, Muḥammad Ibn-ʿAbdallāh
1313 – 1374
Al-Iḥāṭa fī taʾrīḫ Ġarnāṭa
Rep.Font. VI,178-82; LMA,V,317
Ibn Al Chatib, Lisan Ad Din Muhammad
Ibn Al Hatib, Lisan Ad Din Muhammad
Ibn al-Ḫaṭīb, Abū ʿAbd Allāh Muḥammad b. ʿAbd Allāh b. Saʿīd b. ʿAbd Allāh b. al-Salmānī
Ibn al-Ḫaṭīb, Muḥammad b. ʿAbdallāh
Ibn al-Ḫaṭīb Lisānaddīn
Ibn-ʿAbdallāh, Muḥammad Ibn-al-Ḫaṭīb Lisān-ad-Dīn
Lisān-ad-Dīn, Muḥammad Ibn-ʿAbdallāh Ibn-al-Ḫaṭīb
Lisān-ad-Dīn Ibn-al-Ḫaṭīb
Muḥammad Ibn-ʿAbdallāh Ibn-al-Ḫaṭīb Lisān-ad-Dīn

Ibn-al-Haytham
→ **Ibn-al-Haiṯam, al-Ḥasan Ibn-al-Ḥasan**

Ibn-al-Haytham, al-Ḥasan Ibn-al-Ḥusayn
→ **Ibn-al-Haiṯam, al-Ḥasan Ibn-al-Ḥasan**

Ibn-al-Ḥazm, ʿAlī Ibn-an-Nafīs
→ **Ibn-an-Nafīs, ʿAlī Ibn-al-Ḥazm**

Ibn-al-Huḏail, Abu-'l-Huḏail al-ʿAllāf
→ **Abu-'l-Huḏail al-ʿAllāf, Muḥammad Ibn-al-Huḏail**

Ibn-al-Ḥusain, ʿAbdallāh al-ʿUkbarī
→ **ʿUkbarī, ʿAbdallāh Ibn-al-Ḥusain ¬al-¬**

Ibn-al-Ḥusain, ʿAbdallāh Ibn-Ḥasnūn
→ **Ibn-Ḥasnūn, ʿAbdallāh Ibn-al-Ḥusain**

Ibn-al-Ḥusain, ʿAbd-ar-Raḥīm al-ʿIrāqī
→ **ʿIrāqī, ʿAbd-ar-Raḥīm Ibn-al-Ḥusain ¬al-¬**

Ibn-al-Ḥusain, Abū-Bakr Aḥmad Ibn-Šuqair
→ **Abū-Bakr Ibn-Šuqair, Aḥmad Ibn-al-Ḥusain**

Ibn-al-Ḥusain, Abū-Ǧaʿfar Muḥammad
→ **Abū-Ǧaʿfar Muḥammad Ibn-al-Ḥusain**

Ibn-al-Ḥusain, Aḥmad al-Baihaqī
→ **Baihaqī, Aḥmad Ibn-al-Ḥusain ¬al-¬**

Ibn-al-Ḥusain, Aḥmad Ibn-al-Qunfuḏ
→ **Ibn-al-Qunfuḏ, Aḥmad Ibn-al-Ḥusain**

Ibn-al-Ḥusain, Aḥmad Ibn-Mihrān
→ **Ibn-Mihrān, Aḥmad Ibn-al-Ḥusain**

Ibn-al-Ḥusain, ʿAlī al-Masʿūdī
→ **Masʿūdī, ʿAlī Ibn-al-Ḥusain ¬al-¬**

Ibn-al-Ḥusain, ʿAlī aš-Šarīf al-Murtaḍā
→ **Šarīf al-Murtaḍā, ʿAlī Ibn-al-Ḥusain ¬aš-¬**

Ibn-al-Ḥusain, ʿAlī Ibn-Bābawaih
→ **Ibn-Bābawaih, ʿAlī Ibn-al-Ḥusain**

Ibn-al-Ḥusain, ʿAlī Zain-al-ʿĀbidīn
→ **Zain-al-ʿĀbidīn, ʿAlī Ibn-al-Ḥusain**

Ibn-al-Ḥusain, al-Qāsim al-Ḫwārizmī
→ **Ḫwārizmī, al-Qāsim Ibn-al-Ḥusain ¬al-¬**

Ibn-al-Ḥusain, Badīʿ-az-Zamān al-Hamaḏānī
→ **Badīʿ-az-Zamān al-Hamaḏānī, Aḥmad Ibn-al-Ḥusain**

Ibn-al-Ḥusain, Ibrāhīm al-Ḥāmidī
→ **Ḥāmidī, Ibrāhīm Ibn-al-Ḥusain ¬al-¬**

Ibn-al-Ḥusain, Maḥmūd Kušāǧim
→ **Kušāǧim, Maḥmūd Ibn-al-Ḥusain**

Ibn-al-Ḥusain, Mu'aiyad Billāh Aḥmad
→ **Mu'aiyad Billāh Aḥmad Ibn-al-Ḥusain ¬al-¬**

Ibn-al-Ḥusain, Muḥammad al-Āǧurrī
→ **Āǧurrī, Muḥammad Ibn-al-Ḥusain ¬al-¬**

Ibn-al-Ḥusain, Muḥammad al-Armawī
→ **Armawī, Muḥammad Ibn-al-Ḥusain ¬al-¬**

Ibn-al-Ḥusain, Muḥammad al-Azdī
→ **Azdī, Muḥammad Ibn-al-Ḥusain ¬al-¬**

Ibn-al-Ḥusain, Muḥammad al-Burǧulānī
→ **Burǧulānī, Muḥammad Ibn-al-Ḥusain ¬al-¬**

Ibn-al-Ḥusain, Muḥammad al-Fārisī
→ **Fārisī, Muḥammad Ibn-al-Ḥusain ¬al-¬**

Ibn-al-Ḥusain, Muḥammad aš-Šarīf ar-Raḍī
→ **Šarīf ar-Raḍī, Muḥammad Ibn-al-Ḥusain ¬aš-¬**

Ibn-al-Ḥusain, Muḥammad as-Sulamī
→ **Sulamī, Muḥammad Ibn-al-Ḥusain ¬as-¬**

Ibn-al-Ḥusain, Muḥammad Ibn-al-ʿAmīd
→ **Ibn-al-ʿAmīd, Muḥammad Ibn-al-Ḥusain**

Ibn-al-Ḥusain, Ṣāliḥ al-Ǧaʿfarī
→ **Ǧaʿfarī, Ṣāliḥ Ibn-al-Ḥusain ¬al-¬**

Ibn-al-Ḥusain al-Baihaqī, Aḥmad
→ **Baihaqī, Aḥmad Ibn-al-Ḥusain ¬al-¬**

Ibn-al-Ḥusain al-Ǧaʿfarī, Ṣāliḥ
→ **Ǧaʿfarī, Ṣāliḥ Ibn-al-Ḥusain ¬al-¬**

Ibn-al-Ḥusain al-Ḥāmidī, Ibrāhīm
→ **Ḥāmidī, Ibrāhīm Ibn-al-Ḥusain ¬al-¬**

Ibn-al-Ḥusain al-Masʿūdī, ʿAlī
→ **Masʿūdī, ʿAlī Ibn-al-Ḥusain ¬al-¬**

Ibn-al-Ḥusain al-ʿUkbarī, ʿAbdallāh
→ **ʿUkbarī, ʿAbdallāh Ibn-al-Ḥusain ¬al-¬**

Ibn-al-Ḥusain aš-Šarīf ar-Raḍī, Muḥammad
→ **Šarīf ar-Raḍī, Muḥammad Ibn-al-Ḥusain ¬aš-¬**

Ibn-ʿAlī
→ **Ibn-al-ʿArabī, Muḥyi-'d-Dīn Muḥammad Ibn-ʿAlī**

Ibn-ʿAlī, ʿAbd-aṣ-Ṣamad aṭ-Ṭastī
→ **Ṭastī, ʿAbd-aṣ-Ṣamad Ibn-ʿAlī ¬aṭ-¬**

Ibn-ʿAlī, Abū-Bakr al-Baiḏaq
→ **Baiḏaq, Abū-Bakr Ibn-ʿAlī ¬al-¬**

Ibn-ʿAlī, Abū-Bakr aš-Šaibānī
→ **Šaibānī, Abū-Bakr Ibn-ʿAlī ¬aš-¬**

Ibn-ʿAlī, Abū-Bakr Ibn-Ẓuhaira
→ **Ibn-Ẓuhaira, Abū-Bakr Ibn-ʿAlī**

Ibn-ʿAlī, Abu-'l-Faḍāʾil Muḥammad Ibn-ʿAlī ¬al-¬
→ **Ḥamawī, Muḥammad Ibn-ʿAlī ¬al-¬**

Ibn-ʿAlī, Abū-Naṣr ʿAbdallāh as-Sarrāǧ
→ **Sarrāǧ, Abū-Naṣr ʿAbdallāh Ibn-ʿAlī ¬as-¬**

Ibn-ʿAlī, Aḥmad al-Badawī
→ **Badawī, Aḥmad Ibn-ʿAlī ¬al-¬**

Ibn-ʿAlī, Aḥmad al-Ǧaṣṣāṣ
→ **Ǧaṣṣāṣ, Aḥmad Ibn-ʿAlī ¬al-¬**

Ibn-ʿAlī, Aḥmad al-Maqrīzī
→ **Maqrīzī, Aḥmad Ibn-ʿAlī ¬al-¬**

Ibn-ʿAlī, Aḥmad al-Qalqašandī
→ **Qalqašandī, Aḥmad Ibn-ʿAlī ¬al-¬**

Ibn-ʿAlī, Aḥmad an-Naǧāšī
→ **Naǧāšī, Aḥmad Ibn-ʿAlī ¬an-¬**

Ibn-ʿAlī, Aḥmad an-Nasāʾī
→ **Nasāʾī, Aḥmad Ibn-ʿAlī ¬an-¬**

Ibn-ʿAlī, Aḥmad ar-Rifāʿī
→ **Rifāʿī, Aḥmad Ibn-ʿAlī ¬ar-¬**

Ibn-ʿAlī, Aḥmad Ibn-Ḥaǧar al-ʿAsqalānī
→ **Ibn-Ḥaǧar al-ʿAsqalānī, Aḥmad Ibn-ʿAlī**

Ibn-ʿAlī, Aḥmad Ibn-Ḥaǧar al-ʿAsqalānī
→ **Ibn-Ḥaǧar al-ʿAsqalānī, Aḥmad Ibn-ʿAlī**

Ibn-ʿAlī, Aḥmad Ibn-Ḫātima
→ **Ibn-Ḫātima, Aḥmad Ibn-ʿAlī**

Ibn-ʿAlī, Aḥmad Ibn-Masʿūd
→ **Ibn-Masʿūd, Aḥmad Ibn-ʿAlī**

Ibn-ʿAlī, Aḥmad Ibn-Waḥšīya
→ **Ibn-Waḥšīya, Aḥmad Ibn-ʿAlī**

Ibn-ʿAlī, Aidamur al-Ǧildakī
→ **Ǧildakī, Aidamur Ibn-ʿAlī ¬al-¬**

Ibn-ʿAlī, al-Ḥasan al-Barbahārī
→ **Barbahārī, al-Ḥasan Ibn-ʿAlī ¬al-¬**

Ibn-ʿAlī, al-Ḥasan aš-Šāmūḫī
→ **Šāmūḫī, al-Ḥasan Ibn-ʿAlī ¬aš-¬**

Ibn-ʿAlī, al-Ḥasan aṭ-Ṭuǧrāʾī
→ **Ṭuǧrāʾī, al-Ḥasan Ibn-ʿAlī ¬aṭ-¬**

Ibn-ʿAlī, al-Ḥasan Ibn-Rašīq
→ **Ibn-Rašīq, al-Ḥasan Ibn-ʿAlī**

Ibn-ʿAlī, al-Ḥusain al-Wazīr al-Maġribī
→ **Wazīr al-Maġribī al-Ḥusain Ibn-ʿAlī ¬al-¬**

Ibn-ʿAlī, al-Ḥusain az-Zauzanī
→ **Zauzanī, al-Ḥusain Ibn-ʿAlī ¬az-¬**

Ibn-ʿAlī, al-Muḥassin at-Tanūḫī
→ **Tanūḫī, al-Muḥassin Ibn-ʿAlī ¬at-¬**

Ibn-ʿAlī, al-Qāsim al-Ḥarīrī
→ **Ḥarīrī, al-Qāsim Ibn-ʿAlī ¬al-¬**

Ibn-ʿAlī, Diʿbil al-Ḫuzāʿī
→ **Diʿbil Ibn-ʿAlī al-Ḫuzāʿī**

Ibn-ʿAlī, Hibatallāh Ibn-aš-Šaǧarī
→ **Ibn-aš-Šaǧarī, Hibatallāh Ibn-ʿAlī**

Ibn-ʿAlī, Ḥusain ar-Raǧrāǧī
→ **Raǧrāǧī, Ḥusain Ibn-ʿAlī ¬ar-¬**

Ibn-ʿAlī, Ibrāhīm al-Ḥuṣrī
→ **Ḥuṣrī, Ibrāhīm Ibn-ʿAlī ¬al-¬**

Ibn-ʿAlī, Ibrāhīm al-Kafʿamī
→ **Kafʿamī, Ibrāhīm Ibn-ʿAlī ¬al-¬**

Ibn-ʿAlī, Ibrāhīm aṭ-Ṭarsūsī
→ **Ṭarsūsī, Ibrāhīm Ibn-ʿAlī ¬aṭ-¬**

Ibn-ʿAlī, Ibrāhīm Ibn-Farḥūn
→ **Ibn-Farḥūn, Ibrāhīm Ibn-ʿAlī**

Ibn-ʿAlī, Ibrāhīm Ibn-Harma
→ **Ibn-Harma, Ibrāhīm Ibn-ʿAlī**

Ibn-ʿAlī, Isḥāq ar-Ruhāwī
→ **Ruhāwī, Isḥāq Ibn-ʿAlī ¬ar-¬**

Ibn-ʿAlī, Ismāʿīl Abu-'l-Fidā
→ **Abu-'l-Fidā Ismāʿīl Ibn-ʿAlī**

Ibn-ʿAlī, Muḥammad al-ʿAlawī
→ **ʿAlawī, Muḥammad Ibn-ʿAlī ¬al-¬**

Ibn-ʿAlī, Muḥammad al-Balansī
→ **Balansī, Muḥammad Ibn-ʿAlī ¬al-¬**

Ibn-ʿAlī, Muḥammad al-Bāqir
→ **Bāqir, Muḥammad Ibn-ʿAlī ¬al¬**

Ibn-ʿAlī, Muḥammad al-Ḥakīm at-Tirmiḏī
→ **Ḥakīm at-Tirmiḏī, Muḥammad Ibn-ʿAlī ¬al-¬**

Ibn-ʿAlī, Muḥammad al-Karāǧakī
→ **Karāǧakī, Muḥammad Ibn-ʿAlī ¬al-¬**

Ibn-ʿAlī, Muḥammad al-Maḥallī
→ **Maḥallī, Muḥammad Ibn-ʿAlī ¬al-¬**

Ibn-ʿAlī, Muḥammad aṣ-Ṣūrī
→ **Ṣūrī, Muḥammad Ibn-ʿAlī ¬aṣ-¬**

Ibn-ʿAlī, Muḥammad Ibn-ad-Dahhān
→ **Ibn-ad-Dahhān, Muḥammad Ibn-ʿAlī**

Ibn-ʿAlī, Muḥammad Ibn-an-Naqqāš
→ **Ibn-an-Naqqāš, Muḥammad Ibn-ʿAlī**

Ibn-ʿAlī, Muḥammad Ibn-aṣ-Ṣābūnī
→ **Ibn-aṣ-Ṣābūnī, Muḥammad Ibn-ʿAlī**

Ibn-ʿAlī, Muḥammad Ibn-Aʿṯam al-Kūfī
→ **Ibn-Aʿṯam al-Kūfī, Muḥammad Ibn-ʿAlī**

Ibn-ʿAlī, Muḥammad Ibn-aṭ-Ṭiqṭāqa
→ **Ibn-aṭ-Ṭiqṭāqa, Muḥammad Ibn-ʿAlī**

Ibn-ʿAlī, Muḥammad Ibn-Bābūya
→ **Ibn-Bābūya, Muḥammad Ibn-ʿAlī**

Ibn-ʿAlī, Muḥammad Ibn-Daqīq al-ʿĪd
→ **Ibn-Daqīq al-ʿĪd, Muḥammad Ibn-ʿAlī**

Ibn-ʿAlī, Muḥammad Ibn-Dāʾūd al-Iṣfahānī
→ **Ibn-Dāʾūd al-Iṣfahānī, Muḥammad Ibn-ʿAlī**

Ibn-ʿAlī, Muḥammad Ibn-Ḥammād
→ **Ibn-Ḥammād, Muḥammad Ibn-ʿAlī**

Ibn-ʿAlī, Muḥammad Ibn-Ṭūlūn
→ **Ibn-Ṭūlūn, Muḥammad Ibn-ʿAlī**

Ibn-ʿAlī, Naṣr Ibn-Abī-Maryam
→ **Ibn-Abī-Maryam, Naṣr Ibn-ʿAlī**

Ibn-ʿAlī, Qāsim aṣ-Ṣaffār
→ **Ṣaffār, Qāsim Ibn-ʿAlī ¬aṣ-¬**

Ibn-ʿAlī, Sulaimān at-Tilimsānī
→ **Tilimsānī, Sulaimān Ibn-ʿAlī ¬at-¬**

Ibn-ʿAlī, ʿUbaidallāh ar-Raqqī
→ **Raqqī, ʿUbaidallāh Ibn-ʿAlī ¬ar-¬**

Ibn-ʿAlī, ʿUmar Ibn-al-Fāriḍ
→ **Ibn-al-Fāriḍ, ʿUmar Ibn-ʿAlī**

Ibn-ʿAlī, ʿUmar Ibn-al-Mulaqqin
→ **Ibn-al-Mulaqqin, ʿUmar Ibn-ʿAlī**

Ibn-ʿAlī, Yaḥyā at-Tibrīzī
→ **Tibrīzī, Yaḥyā Ibn-ʿAlī ¬at-¬**

Ibn-ʿAlī, Yaʿīš Ibn-Yaʿīš
→ **Ibn-Yaʿīš, Yaʿīš Ibn-ʿAlī**

Ibn-ʿAlī, Zaid
→ **Zaid Ibn-ʿAlī**

Ibn-ʿAlī Afḍal-ad-Dīn Ibrāhīm Ḫāqānī
→ **Ḫāqānī, Afḍal-ad-Dīn Ibrāhīm Ibn-ʿAlī**

Ibn-ʿAlī al-Ḥarīrī, al-Qāsim
→ **Ḥarīrī, al-Qāsim Ibn-ʿAlī ¬al-¬**

Ibn-ʿAlī al-Ḥuṣrī, Ibrāhīm
→ **Ḥuṣrī, Ibrāhīm Ibn-ʿAlī ¬al-¬**

Ibn-ʿAlī al-Maqrīzī, Aḥmad
→ **Maqrīzī, Aḥmad Ibn-ʿAlī ¬al-¬**

Ibn-ʿAlī al-Marwazī, Abū-Bakr Aḥmad
→ **Abū-Bakr al-Marwazī, Aḥmad Ibn-ʿAlī**

Ibn-ʿAlī al-Qalqašandī, Aḥmad
→ **Qalqašandī, Aḥmad Ibn-ʿAlī ¬al-¬**

Ibn-ʿAlī an-Naǧāšī, Aḥmad
→ **Naǧāšī, Aḥmad Ibn-ʿAlī ¬an-¬**

Ibn-ʿAlī an-Nasāʾī, Aḥmad
→ **Nasāʾī, Aḥmad Ibn-ʿAlī ¬an-¬**

Ibn-ʿAlī aš-Šaibānī, Abū-Bakr
→ **Šaibānī, Abū-Bakr Ibn-ʿAlī ¬aš-¬**

Ibn-ʿAlī as-Sarrāǧ, Abū-Naṣr ʿAbdallāh
→ **Sarrāǧ, Abū-Naṣr ʿAbdallāh Ibn-ʿAlī ¬as-¬**

Ibn-ʿAlī Ibn-al-Ǧauzī, ʿAbd-ar-Raḥmān
→ **Ibn-al-Ǧauzī, ʿAbd-ar-Raḥmān Ibn-ʿAlī**

Ibn-al-ʿIbrī, Gregorios Abu-'l-Faraǧ
→ **Barhebraeus**

Ibn-Alī-Ǧumhūr al-Aḥsāʾī
→ **Aḥsāʾī, Muḥammad Ibn-ʿAlī ¬al-¬**

Ibn-al-ʿImād, Aḥmad Ibn-ʿImād-ad-Dīn
→ **Aqfahsī, Aḥmad Ibn-ʿImād-ad-Dīn ¬al-¬**

Ibn-al-Imām, Muḥammad Ibn-Muḥammad
1278 – 1344
Abu-'l-Farağ Muḥammad Ibn-Muḥammad Ibn-ʿAlī Ibn-Humām Ibn-al-Imām
Ibn-Muḥammad, Muḥammad Ibn-al-Imām
Muḥammad Ibn-Muḥammmad Ibn-al-Imām

Ibn-al-Jarrāṭ al-Išbīlī
→ **Ibn-al-Ḫarrāṭ, ʿAbd-al-Ḥaqq Ibn-ʿAbd-ar-Raḥmān**

Ibn-al-Jazzār, Aḥmad Ibn-Ibrāhīm
→ **Ibn-al-Ğazzār, Aḥmad Ibn-Ibrāhīm**

Ibn-al-Kalbī, Hišām Ibn-Muḥammad
→ **Kalbī, Hišām Ibn-Muḥammad ¬al-¬**

Ibn-al-Labbād, ʿAbd-al-Laṭīf Ibn-Yūsuf
→ **ʿAbd-al-Laṭīf al-Baġdādī**

Ibn-al-Labbān, Muḥammad Ibn-Aḥmad
gest. 1349
Ibn al-Labbān, Muḥammad Ibn Aḥmad
Ibn-Aḥmad, Muḥammad Ibn-al-Labbān
Isʿirdī, Muḥammad Ibn-al-Labbān ¬al-¬
Muḥammad Ibn-Aḥmad Ibn-al-Labbān

Ibn-al-Labbūdī, Abu-'l-ʿAbbās Aḥmad Ibn-Ḫalīl
→ **Ibn-al-Labbūdī, Aḥmad Ibn-Ḫalīl**

Ibn-al-Labbūdī, Aḥmad Ibn-Ḫalīl
gest. ca. 1490
Aḥmad Ibn-Ḫalīl Ibn-al-Labbūdī
Ibn al-Labbūdī, Aḥmad Ibn Khalīl
Ibn-al-Labbūdī, Abu-'l-ʿAbbās Aḥmad Ibn-Ḫalīl
Ibn-al-Lubūdī, Aḥmad Ibn-Ḫalīl
Ibn-Ḫalīl, Aḥmad Ibn-al-Labbūdī
Lubūdī, Aḥmad Ibn-Ḫalīl ¬al-¬

Ibn-al-Lubūdī, Aḥmad Ibn-Ḫalīl
→ **Ibn-al-Labbūdī, Aḥmad Ibn-Ḫalīl**

Ibn-al-Mabrad, Yūsuf Ibn-al-Ḥasan
→ **Ibn-al-Mibrad, Yūsuf Ibn-al-Ḥasan**

Ibn-al-Madīnī, ʿAlī Ibn-ʿAbdallāh
→ **Madīnī, ʿAlī Ibn-ʿAbdallāh ¬al-¬**

Ibn-al-Maḥāmilī, Abu-'l-Ḥasan Aḥmad Ibn-Muḥammad
→ **Ibn-al-Maḥāmilī, Aḥmad Ibn-Muḥammad**

Ibn-al-Maḥāmilī, Aḥmad Ibn-Muḥammad
978 – 1024
Aḥmad Ibn-Muḥammad Ibn-al-Maḥāmilī
Ḍabbī, Aḥmad Ibn-Muḥammad ¬aḍ-¬
Ibn-al-Maḥāmilī, Abu-'l-Ḥasan Aḥmad Ibn-Muḥammad
Ibn-Muḥammad, Aḥmad Ibn-al-Maḥāmilī
Maḥāmilī, Aḥmad Ibn-Muḥammad ¬al-¬
Qāḍī al-Maḥāmilī, Aḥmad Ibn-Muḥammad ¬al-¬

Ibn-al-Mahdī, Ibrāhīm
→ **Ibrāhīm Ibn-al-Mahdī**

Ibn-al-Marzubān, Yūsuf as-Sīrāfī
→ **Ibn-as-Sīrāfī, Yūsuf Ibn-al-Ḥasan**

Ibn-al-Marzubān Muḥammad Ibn-Ḫalaf
gest. 921
Ibn-Ḫalaf, Muḥammad Ibn-al-Marzubān
Muḥammad Ibn-Ḫalaf Ibn-al-Marzubān

Ibn-al-Mibrad, Yūsuf Ibn-al-Ḥasan
gest. 1503
Ibn-ʿAbd-al-Hādī, Yūsuf Ibn-Ḥasan
Ibn-al-Ḥasan, Yūsuf Ibn-al-Mibrad
Ibn-al-Mabrad, Yūsuf Ibn-al-Ḥasan
Ibn-al-Mubarrad, Yūsuf Ibn-al-Ḥasan
Maqdisī, Yūsuf Ibn-al-Ḥasan ¬al-¬
Yūsuf Ibn-al-Ḥasan Ibn-al-Mibrad
Yūsuf Ibn-Ḥasan Ibn-ʿAbd-al-Hādī

Ibn-al-Miskawaih, Aḥmad Ibn-Muḥammad
→ **Miskawaih, Aḥmad Ibn-Muḥammad**

Ibn-al-Muʿallim, al-Mufīd Muḥammad
→ **Mufīd Ibn-al-Muʿallim, Muḥammad Ibn-Muḥammad ¬al-¬**

Ibn-al-Muʿallīm, al-Mufīd Muḥammad Ibn-Muḥammad
→ **Mufīd Ibn-al-Muʿallim, Muḥammad Ibn-Muḥammad ¬al-¬**

Ibn-al-Muʿallim, Muḥammad Ibn-Muḥammad
→ **Mufīd Ibn-al-Muʿallim, Muḥammad Ibn-Muḥammad ¬al-¬**

Ibn-al-Mubārak, ʿAbdallāh
736 – 797
ʿAbdallāh Ibn-al-Mubārak
Ibn-Mubārak, ʿAbdallāh

Ibn-al-Mubārak, Muḥammad Ibn-Maimūn
→ **Ibn-Maimūn, Muḥammad Ibn-al-Mubārak**

Ibn-al-Mubārak, Saʿīd Ibn-ad-Dahhān
→ **Ibn-ad-Dahhān, Saʿīd Ibn-al-Mubārak**

Ibn-al-Mubarrad, Yūsuf Ibn-al-Ḥasan
→ **Ibn-al-Mibrad, Yūsuf Ibn-al-Ḥasan**

Ibn-al-Mufaḍḍal, ʿAlī al-Maqdisī
→ **Maqdisī, ʿAlī Ibn-al-Mufaḍḍal ¬al-¬**

Ibn-al-Muhaḏḏab, Asʿad Ibn Mammātī
→ **Ibn-Mammātī, Asʿad Ibn-al-Muhaḏḏab**

Ibn-al-Muhalhil al-Ḫazrağī, Abū-Dulaf Misʿar
→ **Abū-Dulaf Misʿar Ibn-al-Muhalhil al-Ḫazrağī**

Ibn-al-Muḫāriq, ʿAbdallah an-Nābiġa aš-Šaibānī
→ **Nābiġa aš-Šaibānī, ʿAbdallāh Ibn-al-Muḫāriq ¬an-¬**

Ibn-al-Muḥassin, ʿAlī at-Tanūḫī
→ **Tanūḫī, ʿAlī Ibn-al-Muḥassin ¬at-¬**

Ibn-al-Muʿizz, Tamīm al-Fāṭimī
→ **Tamīm Ibn-al-Muʿizz al-Fāṭimī**

Ibn-al-Mulaqqin, ʿUmar Ibn-ʿAlī
1332 – 1401
Ibn-ʿAlī, ʿUmar Ibn-al-Mulaqqin
Ibn-an-Naḥwī, ʿUmar Ibn-ʿAlī
ʿUmar Ibn-ʿAlī Ibn-al-Mulaqqin

Ibn-al-Mulauwaḥ, Qais
→ **Qais Ibn-al-Mulauwaḥ**

Ibn-al-Munaiyir, Aḥmad Ibn-Muḥammad
gest. 1284
Aḥmad Ibn-Muḥammad Ibn-al-Munaiyir
Ibn al-Munayyir, Aḥmad ibn Muḥammad
Ibn-al-Munaiyir, Nāṣir-ad-Dīn Abu-'l-ʿAbbās Aḥmad Ibn-Muḥammad
Ibn-al-Munīr, Aḥmad Ibn-Muḥammad
Ibn-al-Munīr al-Iskandarī, Aḥmad Ibn-Muḥammad
Ibn-Muḥammad, Aḥmad Ibn-al-Munaiyir

Ibn-al-Munaiyir, Nāṣir-ad-Dīn Abu-'l-ʿAbbās Aḥmad Ibn-Muḥammad
→ **Ibn-al-Munaiyir, Aḥmad Ibn-Muḥammad**

Ibn-al-Munauwar, Muḥammad
→ **Muḥammad Ibn-al-Munauwar**

Ibn-al-Munawwar, Muḥammad
→ **Muḥammad Ibn-al-Munauwar**

Ibn-al-Munḏir, Abū-Bakr Ibn-Badr
→ **Ibn-al-Munḏir al-Baiṭār, Abū-Bakr Ibn-Badr**

Ibn-al-Munḏir, Muḥammad Ibn-Ibrāhīm
856 – 931
Ibn-Ibrāhīm, Muḥammad Ibn-al-Munḏir
Muḥammad Ibn-Ibrāhīm Ibn-al-Munḏir
Munḏir, Muḥammad Ibn-Ibrāhīm ¬al-¬
Nīsābūrī, Muḥammad Ibn-Ibrāhīm ¬an-¬

Ibn-al-Munḏir al-Baiṭār, Abū-Bakr Ibn-Badr
gest. 1340
Abū-Bakr Ibn-Badr Ibn-al-Munḏir al-Baiṭār
Baiṭār, Abū-Bakr Ibn-Badr ¬al-¬
Baiṭār, al-Baiṭār Ibn-al-Munḏir ¬al-¬
Baiṭār an-Nāṣirī ¬al-¬
Biṭār, Abū-Bakr Ibn-Badr ¬al-¬
Ibn al-Mundhir, Abū Bakr b. Badr
Ibn al-Mundhir al-Bayṭār, Abū Bakr Ibn Badr-
Ibn-al-Munḏir, Abū-Bakr Ibn-Badr
Ibn-Badr, Abū-Bakr Ibn-al-Munḏir al-Baiṭār
Nāṣirī, Abū-Bakr Ibn-Badr ¬an-¬

Ibn-al-Munīr, Aḥmad Ibn-Muḥammad
→ **Ibn-al-Munaiyir, Aḥmad Ibn-Muḥammad**

Ibn-al-Munīr al-Iskandarī, Aḥmad Ibn-Muḥammad
→ **Ibn-al-Munaiyir, Aḥmad Ibn-Muḥammad**

Ibn-al-Muqaffaʿ, ʿAbdallāh
724 – 759
Abdallah Ibn Almocaffa
ʿAbdallāh Ibn Almocaffaʿ, Rouzbeh
ʿAbdallāh Ibn-al Muqaffaʿ Rūzbih
ʿAbdallāh Ibn-al-Muqaffaʿ al Muqaffaʿ Rūzbih A.-
Ebn Al Moghaffa, Abu Amr Abdolla
Ibn al-Mukaffa
Ibn Mukaffa
Ibn-al-Muqaffaʿ Rūzbih
Muqaffaʿ, ʿAbdallāh Ibn-al-

Ibn-al-Muqaffaʿ, Sāwīrīs
→ **Severus Ibn-al-Muqaffaʿ**

Ibn-al-Muqaffaʿ, Severus
→ **Severus Ibn-al-Muqaffaʿ**

Ibn-al-Muqaffaʿ al-Qibṭī al-Miṣrī, Abu'l-Bišr
→ **Severus Ibn-al-Muqaffaʿ**

Ibn-al-Muqaffaʿ Rūzbih
→ **Ibn-al-Muqaffaʿ, ʿAbdallāh**

Ibn-al-Muqriʾ, Abū-Bakr Muḥammad Ibn-Ibrāhīm
898 – 991
Abū-Bakr Ibn-al-Muqriʾ, Muḥammad Ibn-Ibrāhīm
Abū-Bakr Muḥammad Ibn-Ibrāhīm Ibn-al-Muqriʾ
Ibn-al-Muqriʾ, Muḥammad Ibn-Ibrāhīm
Ibn-Ibrāhīm, Abū-Bakr Muḥammad Ibn-al-Muqriʾ
Muḥammad Ibn-Ibrāhīm Ibn-al-Muqriʾ

Ibn-al-Muqriʾ, Ismāʿīl Ibn-Abī-Bakr
1363 – 1433
Ibn-Abī-Bakr, Ismāʿīl Ibn-al-Muqriʾ
Ismāʿīl Ibn-Abī-Bakr Ibn-al-Muqriʾ
Muqriʾ, Ismāʿīl Ibn-Abī-Bakr ¬al-¬

Ibn-al-Muqriʾ, Muḥammad Ibn-Ibrāhīm
→ **Ibn-al-Muqriʾ, Abū-Bakr Muḥammad Ibn-Ibrāhīm**

Ibn-al-Mustanīr, Muḥammad al-Quṭrub
→ **Quṭrub, Muḥammad Ibn-al-Mustanīr ¬al-¬**

Ibn-al-Mustanīr al-Quṭrub, Muḥammad
→ **Quṭrub, Muḥammad Ibn-al-Mustanīr ¬al-¬**

Ibn-al-Mustaufī, al-Mubārak Ibn-Aḥmad
1170 – 1239
Ibn al-Mustawfī, al-Mubārak Ibn Aḥmad
Ibn-Aḥmad, al-Mubārak Ibn-al-Mustaufī
Ibn-al-Mustaufī al-Irbilī, al-Mubārak Ibn-Aḥmad
Irbilī, al-Mubārak Ibn-al-Mustaufī ¬al-¬

Ibn-al-Mustaufī al-Irbilī, al-Mubārak Ibn-Aḥmad
→ **Ibn-al-Mustaufī, al-Mubārak Ibn-Aḥmad**

Ibn-al-Muṭahhar al-Ḥillī al-ʿAllāma, al-Ḥasan Ibn-Yūsuf ¬al-¬
→ **Ḥillī, al-Ḥasan Ibn-Yūsuf ¬al-¬**

Ibn-al-Muṯannā, Abū-ʿUbaida Maʿmar
→ **Abū-ʿUbaida Maʿmar Ibn-al-Muṯannā**

Ibn-al-Muṯannā, Maʿmar
→ **Abū-ʿUbaida Maʿmar Ibn-al-Muṯannā**

Ibn-al-Muṯannā, Muḥammad Ibn-al-Qāsim
gest. ca. 820
Ibn-al-Qāsim, Muḥammad Ibn-al-Muṯannā
Muḥammad Ibn-al-Qāsim Ibn-al-Muṯannā

Ibn-al-Muʿtazz, ʿAbdallāh
861 – 908
ʿAbdallāh Ibn-al-Muʿtazz
Ibn al-Mutass

Ibn-al-Qaisarānī, Muḥammad Ibn-Ṭāhir
1058 – 1113
Ibn-Ṭāhir, Muḥammad Ibn-al-Qaisarānī
Muḥammad Ibn-Ṭāhir Ibn-al-Qaisarānī

Ibn-al-Qāsim, Abu-'l-ʿAināʾ Muḥammad
→ **Abu-'l-ʿAināʾ Muḥammad Ibn-al-Qāsim**

Ibn-al-Qāsim, Abu-'l-ʿAtāhiya Ismāʿīl
→ **Abu-'l-ʿAtāhiya Ismāʿīl Ibn-al-Qāsim**

Ibn-al-Qāsim, Aḥmad Ibn-Abī-Uṣaibiʿa
→ **Ibn-Abī-Uṣaibiʿa, Aḥmad Ibn-al-Qāsim**

Ibn-al-Qāsim, Muḥammad al-Anṣārī
→ **Anṣārī, Muḥammad Ibn-al-Qāsim ¬al-¬**

Ibn-al-Qāsim, Muḥammad ar-Raṣṣāʿ
→ **Raṣṣāʿ, Muḥammad Ibn-al-Qāsim ¬ar-¬**

Ibn-al-Qāsim, Muḥammad Ibn-al-Anbārī
→ **Ibn-al-Anbārī, Muḥammad Ibn-al-Qāsim**

Ibn-al-Qāsim, Muḥammad Ibn-al-Muṯannā
→ **Ibn-al-Muṯannā, Muḥammad Ibn-al-Qāsim**

Ibn-al-Qaṣṣār al-Baġdādī, Aḥmad Ibn-ʿUmar
gest. 1008
Baġdādī, Aḥmad Ibn-al-Qaṣṣār ¬al-¬
Baġdādī Aḥmad Ibn-al-Qaṣṣār ¬al-¬
Ibn-ʿUmar, Aḥmad Ibn-al-Qaṣṣār al-Baġdādī

Ibn-al-Qaṭṭāʿ, Abu-'l-Qāsim ʿAlī Ibn-Ğaʿfar
→ **Ibn-al-Qaṭṭāʿ, ʿAlī Ibn-Ğaʿfar**

Ibn-al-Qaṭṭāʿ, ʿAlī Ibn-Ǧaʿfar
1041 – 1120
ʿAlī Ibn-Ǧaʿfar Ibn-al-Qaṭṭāʿ
Ibn-al-Qaṭṭāʿ, Abu-'l-Qāsim ʿAlī Ibn-Ǧaʿfar
Ibn-al-Qaṭṭāʿ aṣ-Ṣaqalī, ʿAlī Ibn-Ǧaʿfar
Ibn-Ǧaʿfar, ʿAlī Ibn-al-Qaṭṭāʿ Saʿdī, ʿAlī Ibn-Ǧaʿfar ¬as-¬
Ṣaqalī, ʿAlī Ibn-Ǧaʿfar ¬aṣ-¬

Ibn-al-Qaṭṭaʿ aṣ-Ṣaqalī, ʿAlī Ibn-Ǧaʿfar
→ **Ibn-al-Qaṭṭāʿ, ʿAlī Ibn-Ǧaʿfar**

Ibn-al-Qaṭṭān, ʿAbdallāh Ibn-ʿAdī
890 – ca. 976
ʿAbdallāh Ibn-ʿAdī Ibn-al-Qaṭṭān
Ǧurǧānī, ʿAbdallāh Ibn-ʿAdī ¬al-¬
Ibn-ʿAdī, ʿAbdallāh Ibn-al-Qaṭṭān

Ibn-al-Qaṭṭān al-Fāsī, ʿAlī Ibn-Muḥammad
gest. 1230
ʿAlī Ibn-Muḥammad Ibn-al-Qaṭṭān al-Fāsī
Fāsī, ʿAlī Ibn-al-Qaṭṭān ¬al-¬

Ibn-al-Quff, Yaʿqūb Ibn-Isḥāq
1233 – 1286
Ibn al-Ḳuff, Yaʿqūb ibn Isḥāq
Ibn-Isḥāq, Yaʿqūb Ibn-al-Quff
Karakī, Yaʿqūb Ibn-Isḥāq ¬al-¬
Yaʿqūb Ibn-Isḥāq Ibn-al-Quff

Ibn-al-Qunfuḏ, Aḥmad Ibn-al-Ḥusain
gest. 1407/1408
Aḥmad Ibn-al-Ḥusain Ibn-al-Qunfuḏ
Ibn al-Qunfudh, Aḥmad ibn al-Ḥusayn
Ibn-al-Ḥusain, Aḥmad Ibn-al-Qunfuḏ

Ibn-al-Qutaibī, ʿAbdallāh Ibn-Muslim
→ **Ibn-Qutaiba, ʿAbdallāh Ibn-Muslim**

Ibn-al-Qūṭīya, Muḥammad Ibn-ʿUmar
gest. 977
Rep.Font. VI,196
Ibn al-Ḳūṭijja, Muḥammad ibn ʿUmar
Ibn al-Qūṭiyya, Abū Bakr b. ʿUmar b. ʿAbd al-ʿAzīz b. Ibrāhīm b. ʿĪsā b. Muzāḥim
Ibn-ʿUmar, Muḥammad Ibn-al-Qūṭīya
Muḥammad Ibn-ʿUmar Ibn-al-Qūṭīya

Ibn-al-Ṣawwāf, Muḥammad Ibn Aḥmad
→ **Ibn-aṣ-Ṣauwāf, Muḥammad Ibn-Aḥmad**

Ibn-al-Ṭaḥḥān, Muḥammad Ibn-al-Ḥasan
→ **Ibn-aṭ-Ṭaḥḥān, Muḥammad Ibn-al-Ḥasan**

Ibn-al-Ṭaiyyib, Abū al-Faraj ʿAbd Allāh
→ **Ibn-aṭ-Ṭaiyib, Abu-'l-Farağ ʿAbdallāh**

Ibn-al-Vardi
→ **Ibn-al-Wardī, ʿUmar Ibn-Muẓaffar**

Ibn-al-Walīd, Muḥammad aṭ-Ṭurṭūšī
→ **Ṭurṭūšī, Muḥammad Ibn-al-Walīd ¬aṭ-¬**

Ibn-al-Walīd, Muslim
→ **Muslim Ibn-al-Walīd**

Ibn-al-Walīd aṭ-Ṭurṭūšī, Muḥammad
→ **Ṭurṭūšī, Muḥammad Ibn-al-Walīd ¬aṭ-¬**

Ibn-al-Ward, ʿUrwa
→ **ʿUrwa Ibn-al-Ward**

Ibn-al-Wardī, Sirāğ-ad-Dīn
→ **Ibn-al-Wardī, Sirāğ-ad-Dīn ʿUmar Ibn-Muẓaffar**

Ibn-al-Wardī, Sirāğ-ad-Dīn ʿUmar Ibn-Muẓaffar
um 1446
Brockelmann
Ibn-al-Wardī, Sirāğ-ad-Dīn

Ibn-al-Wardī, ʿUmar Ibn-Mu Zaffar
→ **Ibn-al-Wardī, ʿUmar Ibn-Muẓaffar**

Ibn-al-Wardī, ʿUmar Ibn-Muẓaffar
1290 – 1349
Ibn-al-Vardi
Ibn-al-Wardī, Zain-ad-Dīn
Ibn-al-Wardī, Zain-ad-Dīn ʿUmar Ibn-Muẓaffar
Ibn-Muẓaffar, ʿUmar Ibn-al-Wardī
ʿUmar Ibn-Muẓaffar
ʿUmar Ibn-Muẓaffar Ibn-al-Wardī
Zain-ad-Dīn Ibn-al-Wardī, Abū-Ḥ.

Ibn-al-Wardī, Zain-ad-Dīn
→ **Ibn-al-Wardī, ʿUmar Ibn-Muẓaffar**

Ibn-al-Wardī, Zain-ad-Dīn ʿUmar Ibn-Muẓaffar
→ **Ibn-al-Wardī, ʿUmar Ibn-Muẓaffar**

Ibn-al-Wazīr, Muḥammad Ibn-Ibrāhīm
1357 – 1420
Ibn-Ibrāhīm, Muḥammad Ibn-al-Wazīr
Muḥammad Ibn-Ibrāhīm Ibn-al-Wazīr

Ibn-ʿAmmār, Aḥmad al-Mahdawī
→ **Mahdawī, Aḥmad Ibn-ʿAmmār ¬al-¬**

Ibn-ʿAmmār, Muḥammad
1031 – 1086
LMA,V,312
Ibn-ʿAmmār al-Andalusī, Muḥammad
Muḥammad Ibn-ʿAmmār

Ibn-ʿAmmār al-Andalusī, Muḥammad
→ **Ibn-ʿAmmār, Muḥammad**

Ibn-ʿAmr, ʿAbd-ar-Raḥmān al-Auzāʿī
→ **Auzāʿī, ʿAbd-ar-Raḥmān Ibn-ʿAmr ¬al-¬**

Ibn-ʿAmr, Aḥmad al-Bazzār
→ **Bazzār, Aḥmad Ibn-ʿAmr ¬al-¬**

Ibn-ʿAmr, Aḥmad an-Nabīl
→ **Nabīl, Aḥmad Ibn-ʿAmr ¬an-¬**

Ibn-ʿAmr, al-Ḫalīl Ibn-Aḥmad
→ **Ḫalīl Ibn-Aḥmad, Ibn-ʿAmr ¬al-¬**

Ibn-ʿAmr, Kulṯūm al-ʿAttābī
→ **Kulṯūm Ibn-ʿAmr al-ʿAttābī**

Ibn-ʿAmr, Ṣalāʿa al-Afwah al-Audī
→ **Afwah al-Audī, Ṣalāʿa Ibn-ʿAmr ¬al-¬**

Ibn-ʿAmr an-Nabīl, Aḥmad
→ **Nabīl, Aḥmad Ibn-ʿAmr ¬an-¬**

Ibn-ʿAmr as-Sulamī, Ašğaʿ
→ **Ašğaʿ Ibn-ʿAmr as-Sulamī**

Ibn-Anas, Mālik
→ **Mālik Ibn-Anas**

Ibn-Anğab, ʿAlī Ibn-as-Sāʿī
→ **Ibn-as-Sāʿī, ʿAlī Ibn-Anğab**

Ibn-an-Nabīh, Abu-'l-Ḥasan ʿAlī Ibn-Muḥammad
→ **Ibn-an-Nabīh, ʿAlī Ibn-Muḥammad**

Ibn-an-Nabīh, ʿAlī Ibn-Muḥammad
gest. ca. 1287
ʿAlī Ibn-Muḥammad Ibn-an-Nabīh
Ibn al-Nabīh, ʿAlī Ibn Muḥammad
Ibn-an-Nabīh, Abu-'l-Ḥasan ʿAlī Ibn-Muḥammad
Ibn-an-Nabīh al-Miṣrī
Ibn-Muḥammad, ʿAlī Ibn-an-Nabīh

Ibn-an-Nabīh al-Miṣrī
→ **Ibn-an-Nabīh, ʿAlī Ibn-Muḥammad**

Ibn-an-Nadim
→ **Ibn-an-Nadīm, Muḥammad Ibn-Isḥāq**

Ibn-an-Nadīm, Muḥammad Ibn-Isḥāq
ca. 935 – 990
Abû'lfaradsch Muḥammad Benlsḥaḳ al-Warrâḳ
Ibn al-Nadīm
Ibn-an-Nadim
Ibn-Isḥāq, Muḥammad Ibn-an-Nadīm
Muḥammad Ibn-Isḥāq Ibn-an-Nadīm
Nadīm, Muḥammad Ibn-Isḥāq ¬an-¬
Nadīm, Muḥammad Ibn-Isḥāq ¬an-¬
Nadīm, Muḥammad Ibn-Isḥāq Ibn-an-

Ibn-an-Nadjdjār, Muḥammad Ibn Djaʿfar
→ **Ibn-an-Naǧǧār, Muḥammad Ibn-Ǧaʿfar**

Ibn-an-Nafīs, ʿAlī Ibn-Abi-'l-Ḥazm
→ **Ibn-an-Nafīs, ʿAlī Ibn-al-Ḥazm**

Ibn-an-Nafīs, ʿAlī Ibn-al-Ḥazm
ca. 1210 – 1288
ʿAlī Ibn-al-Ḥazm <Ibn-an-Nafīs>
ʿAlī Ibn-al-Ḥazm Ibn-an-Nafīs
Ibn-al-Ḥazm, ʿAlī Ibn-an-Nafīs
Ibn-an-Nafīs, ʿAlī Ibn-Abi-'l-Ḥazm

Ibn-an-Naǧǧār, Abū-ʿAbdallāh Muḥammad Ibn-Maḥmūd
→ **Ibn-an-Naǧǧār, Muḥammad Ibn-Maḥmūd**

Ibn-an-Naǧǧār, Abu-'l-Ḥasan Muḥammad Ibn-Ǧaʿfar
→ **Ibn-an-Naǧǧār, Muḥammad Ibn-Ǧaʿfar**

Ibn-an-Naǧǧār, Muḥammad Ibn-Ǧaʿfar
gest. 1011
Ibn-an-Nadjdjār, Muḥammad Ibn Djaʿfar
Ibn-an-Naǧǧār, Abu-'l-Ḥasan Muḥammad Ibn-Ǧaʿfar
Ibn-an-Najjār, Muḥammad Ibn-Jaʿfar
Ibn-Ǧaʿfar, Muḥammad Ibn-an-Naǧǧār
Muḥammad Ibn-Ǧaʿfar Ibn-an-Naǧǧār

Ibn-an-Naǧǧār, Muḥammad Ibn-Maḥmūd
gest. 1245
Ibn al-Nadjdjār, Muḥammad Ibn Maḥmūd
Ibn al-Najjār, Muḥammad Ibn Maḥmūd
Ibn-an-Naǧǧār, Abū-ʿAbdallāh Muḥammad Ibn-Maḥmūd
Ibn-Maḥmūd, Muḥammad Ibn-an-Naǧǧār
Muḥammad Ibn-Maḥmūd Ibn-an-Naǧǧār

Ibn-an-Naḥḥās
Lebensdaten nicht ermittelt
Sezgin
Ibn Nahas
Ibn-Nahas
Nahasus
Naihasius

Ibn-an-Naḥwī, ʿUmar Ibn-ʿAlī
→ **Ibn-al-Mulaqqin, ʿUmar Ibn-ʿAlī**

Ibn-an-Najjār, Muḥammad Ibn-Jaʿfar
→ **Ibn-an-Naǧǧār, Muḥammad Ibn-Ǧaʿfar**

Ibn-an-Naqīb, Abū-ʿAbdallāh Muḥammad Ibn-Sulaimān
→ **Ibn-an-Naqīb, Muḥammad Ibn-Sulaimān**

Ibn-an-Naqīb, Muḥammad Ibn-Sulaimān
gest. 1298
Balḫī, Muḥammad Ibn-Sulaimān ¬al-¬
Ibn al-Naqīb, Muḥammad Ibn Sulaymān
Ibn-an-Naqīb, Abū-ʿAbdallāh Muḥammad Ibn-Sulaimān
Ibn-Sulaimān, Muḥammad Ibn-an-Naqīb
Muḥammad Ibn-Sulaimān Ibn-an-Naqīb

Ibn-an-Naqqāš, Muḥammad Ibn-ʿAlī
1320 – 1362
Ibn-ʿAlī, Muḥammad Ibn-an-Naqqāš
Muḥammad Ibn-ʿAlī Ibn-an-Naqqāš

Ibn-an-Naqqāš az-Zarqālluh
→ **Zarqālī, Ibrāhīm Ibn-Yaḥyā ¬az-¬**

Ibn-an-Naẓīm, Muḥammad Ibn-Muḥammad
gest. 1287
Ibn-Muḥammad, Muḥammad Ibn-an-Naẓīm
Muḥammad Ibn-Muḥammad Ibn-an-Naẓīm

Ibn-an-Nuqṭa, Muḥammad Ibn-ʿAbd-al-Ġanī
→ **Ibn-Nuqṭa, Muḥammad Ibn-ʿAbd-al-Ġanī**

Ibn-ʿAqīl, ʿAbdallāh Ibn-ʿAbd-ar-Raḥmān
1294 – 1367
ʿAbdallā Ibn-ʿAbd-ar-Raḥmān
ʿAbdallāh Ibn-ʿAbd-ar-Raḥmān Ibn-ʿAqīl
Ibn-ʿAbd-ar-Raḥmān, ʿAbdallāh Ibn-ʿAqīl

Ibn-ʿAqīl, Abu-'l-Wafāʾ ʿAlī
1040 – 1119
Abu-'l-Wafāʾ ʿAlī Ibn-ʿAqīl
ʿAlī Ibn-ʿAqīl, Abu-'l-Wafāʾ

Ibn-ʿArabī
→ **Ibn-al-ʿArabī, Muḥyi-'d-Dīn Muḥammad Ibn-ʿAlī**

Ibn-ʿArabšāh, Aḥmad Ibn-Muḥammad
gest. 1450
Aḥmad Ibn-Muḥammad Ibn-ʿArabšāh
Ibn-Muḥammad, Aḥmad Ibn-ʿArabšāh

Ibn-ar-Rāwandī, Aḥmad Ibn-Yaḥyā
9. Jh.
Ibn-ar-Rēwandī, Aḥmad Ibn-Yaḥyā
Rāwandī, Aḥmad Ibn-Yaḥyā ¬ar-¬

Ibn-ar-Razzāz, Ismāʿīl al-Ǧazarī
→ **Ǧazarī, Ismāʿīl Ibn-ar-Razzāz ¬al-¬**

Ibn-ar-Razzāz al-Ǧazarī
→ **Ǧazarī, Ismāʿīl Ibn-ar-Razzāz ¬al-¬**

Ibn-ar-Rēwandī, Aḥmad Ibn-Yaḥyā
→ **Ibn-ar-Rāwandī, Aḥmad Ibn-Yaḥyā**

Ibn-ar-Riqāʿ, ʿAdī
→ **ʿAdī Ibn-ar-Riqāʿ**

Ibn-ar-Rūmī, ʿAlī Ibn-al-ʿAbbās
836 – 896
ʿAlī Ibn-al-ʿAbbās Ibn-ar-Rūmī
Ibn Ar Rumi, Ali Ibn Al Abbas
Ibn-al-ʿAbbās, ʿAlī Ibn-ar-Rūmī

Ibn-Asʿad, ʿAbdallāh al-Yāfiʿī
→ **Yāfiʿī, ʿAbdallāh Ibn-Asʿad ¬al-¬**

Ibn-Asad, al-Ḥāriṯ al-Muḥāsibī
→ **Muḥāsibī, al-Ḥāriṯ Ibn-Asad ¬al-¬**

Ibn-ʿAsākir, ʿAbd-ar-Raḥmān Ibn-Muḥammad
1155 – 1223
ʿAbd-ar-Raḥmān Ibn-Muḥammad Ibn-ʿAsākir
Ibn-Muḥammad, ʿAbd-ar-Raḥmān Ibn-ʿAsākir

Ibn-ʿAsākir, ʿAlī Ibn-al-Ḥasan
1106 – 1176
ʿAlī Ibn-al-Ḥasan Ibn-ʿAsākir
Ibn Asakir, Ali Ibn Al Hasan
Ibn-al-Ḥasan, ʿAlī Ibn-ʿAsākir

Ibn-Asbāṭ, Ḥamza Ibn-Aḥmad
gest. 1520
Ḥamza Ibn-Aḥmad Ibn-Asbāṭ
Ibn-Aḥmad, Ḥamza Ibn-Asbāṭ
Ibn-Sibāṭ, Ḥamza Ibn-Aḥmad

Ibn-ʿĀṣim, ʿAbdallāh
→ **Ibn-ʿĀṣim, ʿAbdallāh Ibn-Ḥusain**

Ibn-ʿĀṣim, ʿAbdallāh Ibn-Ḥusain
gest. 1013
ʿAbdallāh Ibn-Ḥusain Ibn-ʿĀṣim
Ibn-ʿĀṣim, ʿAbdallāh

Ibn-ʿĀṣim, Abū-Bakr ʿAbdallāh Ibn-Ḥusain
Ibn-Ḥusain, ʿAbdallāh Ibn-ʿĀṣim

Ibn-ʿĀṣim, Abū-Bakr ʿAbdallāh Ibn-Ḥusain
→ **Ibn-ʿĀṣim, ʿAbdallāh Ibn-Ḥusain**

Ibn-ʿĀṣim, Muḥammad Ibn-Muḥammad
1358 – 1426
Ibn-ʿĀṣim al-Ġarnāṭī
Ibn-Muḥammad, Muḥammad Ibn-ʿĀṣim
Mālikī al-Ġarnāṭī, Ibn-ʿĀṣim ¬al-¬
Muḥammad Ibn-Muḥammad Ibn-ʿĀṣim

Ibn-ʿĀṣim al-Ġarnāṭī
→ **Ibn-ʿĀṣim, Muḥammad Ibn-Muḥammad**

Ibn-ʿĀṣim al-Mauqifī, Muḥammad
9. Jh.
Ibn ʿĀṣim al-Mawqifī, Muḥammad
Mauqifī, Muḥammad Ibn-ʿĀṣim ¬al-¬
Muḥammad Ibn-ʿĀṣim al-Mauqifī

Ibn-Aslam, Abū-Kāmil Šuǧāʿ
→ **Abū-Kāmil Šuǧāʿ Ibn-Aslam**

Ibn-aš-Šaʿʿār, al-Mubārak Ibn-Aḥmad
1196 – 1256
Ibn al-Shaʿʿār, al-Mubārak Ibn Aḥmad
Ibn-Aḥmad, al-Mubārak Ibn-aš-Šaʿʿār
Ibn-aš-Šaʿʿār al-Mauṣilī, al-Mubārak Ibn-Aḥmad
Mauṣilī, al-Mubārak Ibn-aš-Šaʿʿār ¬al-¬
Mubārak Ibn-Aḥmad Ibn-aš-Šaʿār ¬al-¬

Ibn-aš-Šaʿʿār al-Mauṣilī, al-Mubārak Ibn-Aḥmad
→ **Ibn-aš-Šaʿʿār, al-Mubārak Ibn-Aḥmad**

Ibn-as-Saʿātī, ʿAlī Ibn-Muḥammad
1160 – 1207
ʿAlī Ibn-Muḥammad Ibn-as-Saʿātī
Baha al Din Abu Hasan ʿAli Ibn Rustum Ibn Harduz al Khurasani Ibn al Saʿati
Ibn al Saʿati
Ibn-Muḥammad, ʿAlī Ibn-as-Saʿātī

Ibn-aṣ-Ṣabbāġ, Muḥammad Ibn-Abi-'l-Qāsim
um 1320
Ibn al-Ṣabbāgh, Muḥammad ibn Abī al-Qāsim
Ibn-Abi-'l-Qāsim, Muḥammad Ibn-aṣ-Ṣabbāġ
Muḥammad Ibn-Abi-'l-Qāsim Ibn-aṣ-Ṣabbāġ

Ibn-aṣ-Ṣābūnī, Muḥammad Ibn-ʿAlī
1207 – 1282
Ibn-ʿAlī, Muḥammad Ibn-aṣ-Ṣābūnī
Muḥammad Ibn-ʿAlī Ibn-aṣ-Ṣābūnī

Ibn-aš-Šaǧarī, Hibatallāh Ibn-ʿAlī
1058 – 1148
Hibatallāh Ibn-ʿAlī Ibn-aš-Šaǧarī
Ibn al-Shadjarī, Hibatallāh ibn ʿAlī
Ibn al-Shajarī, Hibatallāh ibn ʿAlī
Ibn aš-Šağarī, Hibatullāh B. ʿAlī Abū s-Saʿādāt al-ʿArawī al-Ḥasanī
Ibn-ʿAlī, Hibatallāh Ibn-aš-Šaǧarī

Ibn-aṣ-Ṣaġīr
um 912
Ibn al-Ṣaghīr
Ibn-aṣ-Ṣaġīr al-Mālikī

Ibn-aṣ-Ṣaġīr al-Mālikī
→ **Ibn-aṣ-Ṣaġīr**

Ibn-as-Sāʿī, ʿAlī Ibn-Anǧab
1197 – 1275
ʿAlī Ibn-Anǧab Ibn-as-Sāʿī
Baġdādī, ʿAlī Ibn-Anǧab as-Sāʿī ¬al-¬
Ibn al-Sāʿī, ʿAlī Ibn Anjab
Ibn-Anǧab, ʿAlī Ibn-as-Sāʿī

Ibn-aṣ-Ṣāʾiġ, ʿAbd-ar-Raḥmān Ibn-Yūsuf
1367 – 1441
ʿAbd-ar-Raḥmān Ibn-Yūsuf Ibn-aṣ-Ṣāʾiġ
Ibn al-Ṣāʾigh, ʿAbd al-Raḥmān Ibn-Yūsuf
Ibn-aṣ-Ṣāʾiġ, Zain-ad-Dīn ʿAbd-ar-Raḥmān Ibn-Yūsuf
Ibn-Yūsuf, ʿAbd-ar-Raḥmān Ibn-aṣ-Ṣāʾiġ

Ibn-aṣ-Ṣāʾiġ, Zain-ad-Dīn ʿAbd-ar-Raḥmān Ibn-Yūsuf
→ **Ibn-aṣ-Ṣāʾiġ, ʿAbd-ar-Raḥmān Ibn-Yūsuf**

Ibn-aṣ-Ṣaiqal, Maʿadd Ibn-Muḥammad
→ **Ibn-aṣ-Ṣaiqal, Maʿadd Ibn-Naṣrallāh**

Ibn-aṣ-Ṣaiqal, Maʿadd Ibn-Naṣrallāh
gest. 1301
Ibn al-Ṣaykal, Maʿadd Ibn Naṣrallāh
Ibn al-Ṣayqal, Maʿadd Ibn Naṣrallāh
Ibn-aṣ-Ṣaiqal, Maʿadd Ibn-Muḥammad
Ibn-Naṣrallāh, Maʿadd Ibn-aṣ-Ṣaiqal
Maʿadd Ibn-Naṣrallāh Ibn-aṣ-Ṣaiqal

Ibn-aṣ-Ṣairafī, ʿAlī Ibn-Munǧib
1071 – 1147
ʿAlī Ibn-Munǧib Ibn-aṣ-Ṣairafī
Ibn al-Ṣayrafī, ʿAlī ibn Munjib
Ibn-Munǧib, ʿAlī Ibn-aṣ-Ṣairafī

Ibn-aṣ-Ṣalāḥ, Aḥmad Ibn-Muḥammad
→ **Ibn-as-Sarī, Aḥmad Ibn-Muḥammad**

Ibn-aṣ-Ṣalāḥ aš-Šahrazūrī, ʿUṯmān Ibn-Ṣalāḥ-ad-Dīn
1181 – 1243
Ibn-Essalāh
Ibn-Ṣalāḥ-ad-Dīn, ʿUṯmān Ibn-aṣ-Ṣalāḥ
Šahrazūrī, ʿUṯmān Ibn-Ṣalāḥ-ad-Dīn ¬aš-¬
ʿUṯmān Ibn-Ṣalāḥ-ad-Dīn Ibn-aṣ-Ṣalāḥ aš-Šahrazūrī

Ibn-aš-Šalaubīn, ʿUmar Ibn-Muḥammad
→ **Šalaubīnī, ʿUmar Ibn-Muḥammad ¬aš-¬**

Ibn-as-Samḥ, Asbaġ Ibn-Muḥammad
gest. 1035
Asbaġ Ibn-Muḥammad Ibn-as-Samḥ
Ibn al-Samḥ, Asbagh ibn Muḥammad
Ibn-Muḥammad, Asbaġ Ibn-as-Samḥ

Ibn-as-Sarī, Abu-'l-Futūḥ Aḥmad Ibn-Muḥammad
→ **Ibn-as-Sarī, Aḥmad Ibn-Muḥammad**

Ibn-as-Sarī, Aḥmad Ibn-aṣ-Ṣalāḥ
→ **Ibn-as-Sarī, Aḥmad Ibn-Muḥammad**

Ibn-as-Sarī, Aḥmad Ibn-Muḥammad
gest. 1153
Aḥmad Ibn-Muḥammad Ibn-as-Sarī
Ibn al-Ṣalāḥ, Aḥmad Ibn Muḥammad
Ibn al-Sarī, Aḥmad Ibn Muḥammad
Ibn-aṣ-Ṣalāḥ, Aḥmad Ibn-Muḥammad
Ibn-as-Sarī, Abu-'l-Futūḥ Aḥmad Ibn-Muḥammad
Ibn-as-Sarī, Aḥmad Ibn-aṣ-Ṣalāḥ
Ibn-Muḥammad, Aḥmad Ibn-as-Sarī

Ibn-as-Sarī, Hannād
→ **Hannād Ibn-as-Sarī**

Ibn-as-Sarī, Ibrāhīm az-Zaǧǧāǧ
→ **Zaǧǧāǧ, Ibrāhīm Ibn-as-Sarī ¬az-¬**

Ibn-as-Sarī, Muḥammad Ibn-as-Sarrāǧ
→ **Ibn-as-Sarrāǧ, Muḥammad Ibn-as-Sarī**

Ibn-as-Sarrāǧ, Abū-Bakr Muḥammad Ibn-as-Sarī
→ **Ibn-as-Sarrāǧ, Muḥammad Ibn-as-Sarī**

Ibn-as-Sarrāǧ, Muḥammad Ibn-as-Sarī
gest. 928
Abū-Bakr Ibn-as-Sarrāǧ
Ibn al-Sarrāj, Muḥammad ibn al-Sarī
Ibn-as-Sarī, Muḥammad Ibn-as-Sarrāǧ
Ibn-as-Sarrāǧ, Abū-Bakr Muḥammad Ibn-as-Sarī
Muḥammad Ibn-as-Sarī Ibn-as-Sarrāǧ

Ibn-aš-Šāṭir, ʿAlāʾ-ad-Dīn Abu-'l-Ḥasan ʿAlī Ibn-Ibrāhīm
→ **Ibn-aš-Šāṭir, ʿAlī Ibn-Ibrāhīm**

Ibn-aš-Šāṭir, ʿAlī Ibn-Ibrāhīm
ca. 1305 – ca. 1375
Nihāyat al-Sūʾl
LMA,V,320
ʿAlī Ibn-Ibrāhīm Ibn-aš-Šāṭir
Ibn al-Šāṭir, ʿAlī Ibn-Ibrāhīm
Ibn al-Shāṭir, ʿAlī ibn Ibrāhīm
Ibn-aš-Šāṭir, ʿAlāʾ-ad-Dīn Abu-'l-Ḥasan ʿAlī Ibn-Ibrāhīm

Ibn-aṣ-Ṣauwāf, Abū-ʿAlī Muḥammad Ibn-Aḥmad
→ **Ibn-aṣ-Ṣauwāf, Muḥammad Ibn-Aḥmad**

Ibn-aṣ-Ṣauwāf, Muḥammad Ibn-Aḥmad
883 – 961
Ibn-Aḥmad, Muḥammad Ibn-aṣ-Ṣauwāf
Ibn-al-Ṣawwāf, Muḥammad Ibn Aḥmad
Ibn-aṣ-Ṣauwāf, Abū-ʿAlī Muḥammad Ibn-Aḥmad
Muḥammad Ibn-Aḥmad Ibn-aṣ-Ṣauwāf
Ṣauwāf, Muḥammad Ibn-Aḥmad ¬as-¬

Ibn-as-Sīd al-Baṭalyausī
→ **Baṭalyausī, ʿAbdallāh Ibn-Muḥammad ¬al-¬**

Ibn-aš-Šiḥna, Abu-'l-Faḍl Muḥammad Ibn-Muḥammad
→ **Ibn-aš-Šiḥna, Muḥammad Ibn-Muḥammad**

Ibn-aš-Šiḥna, Muḥammad Ibn-Muḥammad
1402 – 1485
Ibn ach-Chihna
Ibn al-Shiḥna, Muḥammad Ibn Muḥammad
Ibn-ach-Chiḥna, Mouḥibb-ad-Dîn Aboû-l-Faḍl Moḥammad
Ibn-aš-Šiḥna, Abu-'l-Faḍl Muḥammad Ibn-Muḥammad
Ibn-aš-Šiḥna, Muḥibb-ad-Dīn Muḥammad Ibn-Muḥammad
Ibn-Muḥammad, Muḥammad Ibn-aš-Šiḥna
Muḥammad Ibn-Muḥammad Ibn-aš-Šiḥna

Ibn-aš-Šiḥna, Muḥibb-ad-Dīn Muḥammad Ibn-Muḥammad
→ **Ibn-aš-Šiḥna, Muḥammad Ibn-Muḥammad**

Ibn-as-Sikkīt, Yaʿqūb Ibn-Isḥāq
802 – ca. 857
Ibn al-Sikkīt, Yaʿqūb ibn Isḥāq
Ibn-Isḥāq, Yaʿqūb Ibn-as-Sikkīt
Yaʿqūb Ibn-Isḥāq Ibn-as-Sikkīt

Ibn-aṣ-Ṣimma, Duraid
→ **Duraid Ibn-aṣ-Ṣimma**

Ibn-as-Sīrāfī, Yūsuf Ibn-al-Ḥasan
gest. 995
Ibn al-Sīrāfī, Yūsuf ibn al-Ḥasan
Ibn-al-Ḥasan, Yūsuf Ibn-as-Sīrāfī
Ibn-al-Marzubān, Yūsuf as-Sīrāfī
Sīrāfī, Abū-Muḥammad Yūsuf Ibn-al-Ḥasan ¬as-¬
Sīrāfī, Yūsuf Ibn-al-Ḥasan ¬as-¬
Yūsuf Ibn-al-Ḥasan as-Sīrāfī
Yūsuf Ibn-al-Ḥasan Ibn-as-Sīrāfī

Ibn-as-Sulaka, Sulaik
→ **Sulaik Ibn-as-Sulaka ¬as-¬**

Ibn-as-Sunnī, Aḥmad Ibn-Muḥammad
gest. 974
Aḥmad Ibn-Muḥammad Ibn-as-Sunnī
Dīnawarī, Aḥmad Ibn-Muḥammad ¬ad-¬
Ibn al-Sunnī, Aḥmad ibn Muḥammad
Ibn-Muḥammad, Aḥmad Ibn-as-Sunnī

Ibn-ʿAṭāʾ, Abu-'l-ʿAbbās
→ **Abu-'l-ʿAbbās Ibn-ʿAṭāʾ**

Ibn-ʿAṭāʾ, Aḥmad Ibn-Muḥammad
→ **Abu-'l-ʿAbbās Ibn-ʿAṭāʾ**

Ibn-ʿAṭā, Wāṣil
→ **Wāṣil Ibn-ʿAṭā**

Ibn-ʿAṭāʾallāh, Aḥmad Ibn-Muḥammad
gest. 1309
Aḥmad Ibn-Muḥammad Ibn-ʿAṭāʾallāh
Ibn-Muḥammad, Aḥmad Ibn-ʿAṭāʾallāh

Ibn-Aʿṯam, Muḥammad Ibn-ʿAlī
→ **Ibn-Aʿṯam al-Kūfī, Muḥammad Ibn-ʿAlī**

Ibn-Aʿṯam al-Kūfī, Muḥammad Ibn-ʿAlī
gest. ca. 926
Ibn-al-Aʿṯam al-Kūfī, Muḥammad Ibn-ʿAlī
Ibn-ʿAlī, Muḥammad Ibn-Aʿṯam al-Kūfī
Ibn-Aʿṯam, Muḥammad Ibn-ʿAlī
Kūfī, Muḥammad Ibn-ʿAlī ¬al-¬
Muḥammad Ibn-ʿAlī Ibn-Aʿṯam al-Kūfī

Ibn-Aṯarī, Māšāʾallāh
→ **Māšāʾallāh Ibn-Aṯarī**

Ibn-ʿAṭīya, ʿAbd-al-Ḥaqq Ibn-Abī-Bakr
→ **Ibn-ʿAṭīya, ʿAbd-al-Ḥaqq Ibn-Ġālib**

Ibn-ʿAṭīya, ʿAbd-al-Ḥaqq Ibn-Ġālib
1088 – 1147
Rep.Font. VI,163
ʿAbd-al-Ḥaqq Ibn-Ġālib Ibn-ʿAṭīya
Ibn-ʿAṭīya, ʿAbd-al-Ḥaqq Ibn-Abī-Bakr
Ibn-Ġālib, ʿAbd-al-Ḥaqq Ibn-ʿAṭīya

Ibn-ʿAṭīya, Ǧarīr
→ **Ǧarīr Ibn-ʿAṭīya**

Ibn-aṭ-Ṭaḥḥān, Muḥammad Ibn-al-Ḥasan
11. Jh.
Ibn-al-Ḥasan, Muḥammad Ibn-aṭ-Ṭaḥḥān
Ibn-al-Ṭaḥḥān, Muḥammad Ibn-al-Ḥasan
Ibn-aṭ-Ṭaḥḥān al-Mūsīqī, Muḥammad Ibn-al-Ḥasan
Muḥammad Ibn-al-Ḥasan Ibn-aṭ-Ṭaḥḥān

Ibn-aṭ-Ṭaḥḥān al-Mūsīqī, Muḥammad Ibn-al-Ḥasan
→ **Ibn-aṭ-Ṭaḥḥān, Muḥammad Ibn-al-Ḥasan**

Ibn-aṭ-Ṭaiyib, Abu-'l-Faraǧ ʿAbdallāh
gest. 1043
Graf GCAL II,160-176; LMA,I,69/70
ʿAbdallāh Abu-'l-Faraǧ
ʿAbdallāh Ibn-aṭ-Ṭaiyib
Abu-'l-Faraǧ ʿAbdallāh Ibn-aṭ-Ṭaiyib
Abulfaragius
Ibn-al-Ṭaiyyib, Abū al-Faraj ʿAbd Allāh
ʿIrāqī, Abu-'l-Faraǧ ʿAbdallāh ¬al-¬

Ibn-aṭ-Ṭaiyib, Muḥammad al-Bāqillānī
→ **Bāqillānī, Muḥammad Ibn-aṭ-Ṭaiyib ¬al-¬**

Ibn-aṭ-Ṭaiyib al-Bāqillānī, Muḥammad
→ **Bāqillānī, Muḥammad Ibn-aṭ-Ṭaiyib ¬al-¬**

Ibn-aṭ-Ṭarāwa, Abu-'l-Ḥusain Sulaimān Ibn-Muḥammad
→ **Ibn-aṭ-Ṭarāwa, Sulaimān Ibn-Muḥammad**

Ibn-aṭ-Ṭarāwa, Sulaimān Ibn-Muḥammad
1046 – 1133
Abu-'l-Ḥusain Ibn-aṭ-Ṭarāwa
Ibn al-Ṭarāwa, Sulaymān Ibn Muḥammad
Ibn-aṭ-Ṭarāwa, Abu-'l-Ḥusain Sulaimān Ibn-Muḥammad
Ibn-Muḥammad, Sulaimān Ibn-aṭ-Ṭarāwa
Mālaqī, Sulaimān Ibn-Muḥammad ¬al-¬
Sulaimān Ibn-Muḥammad Ibn-aṭ-Ṭarāwa

Ibn-aṭ-Ṭaṯrīya, Yazīd
→ **Yazīd Ibn-aṭ-Ṭaṯrīya**

Ibn-aṭ-Ṭauwāḥ, 'Abd al-Wāḥid Ibn-Muḥammad
1275 – ca. 1318
'Abd al-Wāḥid Ibn-Muḥammad Ibn-aṭ-Ṭauwāḥ
Ibn al-Ṭawwāḥ, 'Abd al-Wāḥid Ibn Muḥammad
Ibn-aṭ-Ṭauwāḥ, Abū-Salāma 'Abd-al-Wāḥid Ibn-Muḥammad
Ibn-Muḥammad, 'Abd-al-Wāḥid Ibn-aṭ-Ṭauwāḥ

Ibn-aṭ-Ṭauwāḥ, Abū-Salāma 'Abd-al-Wāḥid Ibn-Muḥammad
→ **Ibn-aṭ-Ṭauwāḥ, 'Abd al-Wāḥid Ibn-Muḥammad**

Ibn-aṭ-Ṭāwūs, 'Alī Ibn-Mūsā
→ **Ṭā'ūsī, 'Alī Ibn-Mūsā ¬aṭ-¬**

Ibn-aṭ-Ṭiqṭāqa, Muḥammad Ibn-'Alī
um 1301
Ibn al-Ṭiqṭāqa, Muḥammad ibn 'Alī
Ibn-'Alī, Muḥammad Ibn-aṭ-Ṭiqṭāqa
Muḥammad Ibn-'Alī Ibn-aṭ-Ṭiqṭāqa

Ibn-aṭ-Ṭufail, 'Āmir
→ **'Āmir Ibn-aṭ-Ṭufail**

Ibn-Aus, Abū-Tammām Ḥabīb
→ **Abū-Tammām Ḥabīb Ibn-Aus aṭ-Ṭā'ī**

Ibn-Aus, Ǧarwal al-Ḥuṭai'a
→ **Ḥuṭai'a, Ǧarwal Ibn-Aus ¬al-¬**

Ibn-Aus al-Ḥuṭai'a, Ǧarwal
→ **Ḥuṭai'a, Ǧarwal Ibn-Aus ¬al-¬**

Ibn-az-Ẓāhirī, Ǧamāl-ad-Dīn Abu-'l-'Abbās Aḥmad Ibn-Muḥammad
→ **Ibn-az-Ẓāhirī, Ǧamāl-ad-Dīn Aḥmad Ibn-Muḥammad**

Ibn-az-Ẓāhirī, Ǧamāl-ad-Dīn Aḥmad Ibn-Muḥammad
1228 – 1296
Aḥmad Ibn-Muḥammad Ibn-az-Ẓāhirī
Ǧamāl-ad-Dīn Aḥmad Ibn-Muḥammad Ibn-az-Ẓāhirī
Ǧamāl-ad-Dīn Aḥmad Ibn-Muḥammad Ibn-az-Ẓāhirī
Ibn al-Ẓāhirī, Jamāl al-Dīn Aḥmad Ibn Muḥammad
Ibn-az-Ẓāhirī, Ǧamāl-ad-Dīn Abu-'l-'Abbās Aḥmad Ibn-Muḥammad
Ibn-Muḥammad, Ǧamāl-ad-Dīn Aḥmad Ibn-az-Ẓāhirī

Ibn-az-Zaiyāt, Muḥammad
gest. 1402
Ibn al-Zayyāt, Muḥammad
Ibn-az-Zaiyāt, Muḥammad Ibn-Nāṣir-ad-Dīn
Ibn-az-Zaiyāt, Šams-ad-Dīn Muḥammad
Muḥammad Ibn-az-Zaiyāt

Ibn-az-Zaiyāt, Muḥammad Ibn-Nāṣir-ad-Dīn
→ **Ibn-az-Zaiyāt, Muḥammad**

Ibn-az-Zaiyāt, Šams-ad-Dīn Muḥammad
→ **Ibn-az-Zaiyāt, Muḥammad**

Ibn-az-Zaiyāt at-Tādilī, Yūsuf Ibn-Yaḥyā
gest. ca. 1299
Ibn al Zayyât al Tâdilî
Tādilī, Yūsuf Ibn-az-Zaiyāt ¬at-¬
Yūsuf Ibn-Yaḥyā Ibn-az-Zaiyāt at-Tādilī

Ibn-az-Zakī, Yūsuf al-Mizzī
→ **Mizzī, Yūsuf Ibn-az-Zakī ¬al-¬**

Ibn-az-Zakī al-Mizzī, Yūsuf
→ **Mizzī, Yūsuf Ibn-az-Zakī ¬al-¬**

Ibn-az-Zarqāla, Ibrāhīm Ibn-Yaḥyā
→ **Zarqālī, Ibrāhīm Ibn-Yaḥyā ¬az-¬**

Ibn-az-Zubair, 'Abdallāh
→ **'Abdallāh Ibn-az-Zubair**

Ibn-az-Zubair, 'Abdallāh al-Ḥumaidī
→ **Ḥumaidī, 'Abdallāh Ibn-az-Zubair ¬al-¬**

Ibn-az-Zubair, 'Urwa
→ **'Urwa Ibn-az-Zubair**

Ibn-Bābawaih, 'Alī Ibn-al-Ḥusain
gest. 940
'Alī Ibn-al-Ḥusain Ibn-Bābawaih
Ibn Bābawayh, 'Alī ibn al-Ḥusayn
Ibn-al-Ḥusain, 'Alī Ibn-Bābawaih
Ibn-Bābawaih al-Qummī, Abu-'l-Ḥasan 'Alī Ibn-al-Ḥusain

Ibn-Bābawaih, Muḥammad Ibn-'Alī
→ **Ibn-Bābūya, Muḥammad Ibn-'Alī**

Ibn-Bābawaih al-Qummī, Abu-'l-Ḥasan 'Alī Ibn-al-Ḥusain
→ **Ibn-Bābawaih, 'Alī Ibn-al-Ḥusain**

Ibn-Bābūya, 'Alī Ibn-'Ubaidallāh
→ **Ibn-Bābūya al-Qummī, 'Alī Ibn-'Ubaidallāh**

Ibn-Bābūya, Muḥammad Ibn-'Alī
gest. 991
Ibn-'Alī, Muḥammad Ibn-Bābūya
Ibn-Bābawaih, Muḥammad Ibn-'Alī
Muḥammad Ibn-'Alī Ibn-Bābūya
Ṣadūq ¬aṣ-¬

Ibn-Bābūya al-Qummī, 'Alī Ibn-'Ubaidallāh
1101 – 1184
'Alī Ibn-'Ubaidallāh Ibn-Bābūya al-Qummī
'Alī Ibn-'Ubaidallāh Ibn-Bābūya ar-Rāzī
Ibn-Bābūya, 'Alī Ibn-'Ubaidallāh
Ibn-Bābūya ar-Rāzī, 'Alī Ibn-'Ubaidallāh
Qummī, 'Alī Ibn-'Ubaidallāh

Ibn-Babūya ar-Rāzī, 'Alī Ibn-'Ubaidallāh
→ **Ibn-Bābūya al-Qummī, 'Alī Ibn-'Ubaidallāh**

Ibn-Bādīs, Mu'izz
→ **Mu'izz Ibn-Bādīs ¬al-¬**

Ibn-Badr, Abū-Bakr Ibn-al-Munḏir al-Baiṭār
→ **Ibn-al-Munḏir al-Baiṭār, Abū-Bakr Ibn-Badr**

Ibn-Badr, 'Umar al-Mauṣilī
→ **Mauṣilī, 'Umar Ibn-Badr ¬al-¬**

Ibn-Badr-ad-Dīn, 'Izz-ad-Dīn 'Abd-al-'Azīz Ibn-Ǧamā'a
→ **Ibn-Ǧamā'a, 'Izz-ad-Dīn 'Abd-al-'Azīz Ibn-Badr-ad-Dīn**

Ibn-Badrūn, 'Abd-al-Malik Ibn-'Abdallāh
gest. ca. 1215
Rep.Font. VI,164
'Abd-al-Malik Ibn-'Abdallāh Ibn-Badrūn
'Abd-al-Malik Ibn-'Abdallāh Ibn-Badrūn, Abu-'l-Qāsim
Ibn Badroun 'Abd al Malik Ibn 'Abd Allah
Ibn Badrūn, Abū 'l-Qāsim 'Abd al-Malik b. 'Abd Allāh al-Ḥaḍramī
Ibn-'Abdallāh, 'Abd-al-Malik Ibn-Badrūn

Ibn-Bāǧǧa, Abū-Bakr Muḥammad Ibn-Yaḥyā
→ **Ibn-Bāǧǧa, Muḥammad Ibn-Yaḥyā**

Ibn-Bāǧǧa, Muḥammad
→ **Ibn-Bāǧǧa, Muḥammad Ibn-Yaḥyā**

Ibn-Bāǧǧa, Muḥammad Ibn-Yaḥyā
gest. 1138
Abū-Bakr Muḥammad Ibn-Yaḥyā ⟨Ibn-Bāǧǧa⟩
Avempace
Avenpace
Ibn Bāja
Ibn-Bāǧǧa, Abū-Bakr Muḥammad Ibn-Yaḥyā
Ibn-Bāǧǧa, Muḥammad
Ibn-Yaḥyā

Ibn-Bahādur, Muḥammad az-Zarkašī
→ **Zarkašī, Muḥammad Ibn-Bahādur ¬az-¬**

Ibn-Bahādur az-Zarkašī, Muḥammad
→ **Zarkašī, Muḥammad Ibn-Bahādur ¬az-¬**

Ibn-Baḥr, 'Amr al-Ǧāḥiẓ
→ **Ǧāḥiẓ, 'Amr Ibn-Baḥr ¬al-¬**

Ibn-Baḥr al-Ǧāḥiẓ, 'Amr
→ **Ǧāḥiẓ, 'Amr Ibn-Baḥr ¬al-¬**

Ibn-Bakkār, al-'Abbās
→ **'Abbās Ibn-Bakkār ¬al-¬**

Ibn-Bāḳūdā
→ **Baḥyê Ben-Yôsēf**

Ibn-Balašk, Isḥāq
→ **Isaak ⟨Velasquez⟩**

Ibn-Baqī, Abū-Bakr Yaḥyā Ibn-Aḥmad
→ **Ibn-Baqī, Yaḥyā Ibn-Aḥmad**

Ibn-Baqī, Yaḥyā Ibn-Aḥmad
gest. ca. 1150
Ibn Bakī, Yaḥyā B. Aḥmad
Ibn Baqī, Yaḥyā Ibn Aḥmad
Ibn Buqi
Ibn-Aḥmad, Yaḥyā Ibn-Baqī
Ibn-Baqī, Abū-Bakr Yaḥyā Ibn-Aḥmad
Ṭulaiṭilī, Aḥmad Ibn-Baqī ¬aṭ-¬
Yaḥyā Ibn-Aḥmad Ibn-Baqī

Ibn-Barrāq, 'Amr
→ **'Amr Ibn-Barrāqa al-Hamdānī**

Ibn-Barrāqa, 'Amr
→ **'Amr Ibn-Barrāqa al-Hamdānī**

Ibn-Barrī, 'Abdallāh
1106 – 1187
'Abdallāh Ibn-Barrī

Ibn-Baškuwāl, Ḫalaf Ibn-'Abd-al-Malik
1101 – 1183
LMA,V,313
Ḫalaf Ibn-'Abd-al-Malik Ibn-Baškuwāl
Ibn Bashkuwāl, Khalaf ibn 'Abd al-Malik
Ibn-'Abd-al-Malik, Ḫalaf Ibn-Baškuwāl

Ibn-Baṭṭa, Abū-'Abdallāh 'Ubaidallāh Ibn-Muḥammad
→ **Ibn-Baṭṭa, 'Ubaidallāh Ibn-Muḥammad**

Ibn-Baṭṭa, 'Ubaidallāh Ibn-Muḥammad
916 – 997
Ibn Baṭṭa, 'Ubayd Allāh Ibn Muḥammad
Ibn-Baṭṭa, Abū-'Abdallāh 'Ubaidallāh Ibn-Muḥammad
Ibn-Muḥammad, 'Ubaidallāh Ibn-Baṭṭa
'Ubaidallāh Ibn-Muḥammad Ibn-Baṭṭa
'Ukbarī, 'Ubaidallāh Ibn-Muḥammad ¬al-¬

Ibn-Baṭṭāl, 'Alī Ibn-Ḫalaf
gest. 1057
'Alī Ibn-Ḫalaf Ibn-Baṭṭāl
Ibn-Ḫalaf, 'Alī Ibn-Baṭṭāl

Ibn-Baṭṭūṭa, Abū-'Abdallāh Muḥammad
→ **Ibn-Baṭṭūṭa, Muḥammad Ibn-'Abdallāh**

Ibn-Baṭṭūṭa, Muḥammad Ibn-'Abdallāh
1304 – 1377
LMA,V,313/14; Rep.Font. VI,166/67
Ebn Batuta
Ibn Batouta, ...
Ibn Battuta
Ibn Battuta, Abu Abd Allah Muhammad
Ibn Baṭṭūṭa, Šamš al-Dīn Abū 'Abd Allāh Muḥammad b. 'Abd Allāh b. Muḥammad b. Ibrāhīm b. Muḥammad b. Ibrahīm b. Yūsuf al-Lawatī al-Tanǧī
Ibn Batuta
Ibn-'Abdallāh, Muḥammad Ibn-Baṭṭūṭa
Ibn-Baṭṭūṭa, Abū-'Abdallāh Muḥammad
Mohammed ⟨Ibn Batuta⟩
Mohammed Ibn Batuta
Muḥammad Ibn-'Abdallāh ⟨Ibn-Baṭṭūṭa⟩
Muḥammad Ibn-'Abdallāh Ibn-Baṭṭūṭa

Ibn-Batutah, ...
→ **Ibn-Baṭṭūṭa, Muḥammad Ibn-'Abdallāh**

Ibn-Bībī
gest. ca. 1286
Al- Awāmir al-'Alā'īya fi 'l-umūr al-'Alā'īya
LMA,V,314; Rep.Font. VI,167
Ǧa'farī ar-Ruġadī, Ḥusain Ibn-Muḥammad ¬al-¬
Ibn Bibi
Ibn Bībī, al-Ḥusayn b. Muḥammad b. 'Alī al-Ǧa'farī
Ruġadī, Ḥusain Ibn-Muḥammad al-Ǧa'farī ¬ar-¬

Ibn-Bišr, al-Ḥasan al-Āmidī
→ **Āmidī, al-Ḥasan Ibn-Bišr ¬al-¬**

Ibn-Bišr, Sahl
→ **Sahl Ibn-Bišr**

Ibn-Bisṭām, al-Ḥusain
→ **Ḥusain Ibn-Bisṭām ¬al-¬**

Ibn-Boḫtyešū', 'Alī Ibn-Ibrāhīm
→ **Ibn-Buḫtīšū', 'Alī Ibn-Ibrāhīm**

Ibn-Botlân
→ **Ibn-Buṭlān, al-Muḫtār Ibn-al-Ḥasan**

Ibn-Buḫtīšū', 'Alī Ibn-Ibrāhīm
gest. ca. 1067
'Alī Ibn-Ibrāhīm Ibn-Buḫtīšū'
Ibn Bukhtīshū', 'Alī Ibn Ibrāhīm
Ibn-Boḫtyešū', 'Alī Ibn-Ibrāhīm
Ibn-Ibrāhīm, 'Alī Ibn-Buḫtīšū'
Kafarṭābī, 'Alī Ibn-Ibrāhīm ¬al-¬

Ibn-Bukair, Abū-'Abdallāh al-Ḥusain Ibn-Aḥmad
→ **Abū-'Abdallāh Ibn-Bukair, al-Ḥusain Ibn-Aḥmad**

Ibn-Bukair, al-Ḥusain Ibn-Aḥmad
→ **Abū-'Abdallāh Ibn-Bukair, al-Ḥusain Ibn-Aḥmad**

Ibn-Buluġġīn, 'Abdallāh
→ **'Abdallāh Ibn-Buluġġīn**

Ibn-Burd, Baššār
→ **Baššār Ibn-Burd**

Ibn-Buṭlān
→ **Ibn-Buṭlān, al-Muḫtār Ibn-al-Ḥasan**

Ibn-Buṭlān, Abu- l.-
→ **Ibn-Buṭlān, al-Muḫtār Ibn-al-Ḥasan**

Ibn-Buṭlān, al-Muḫtār Ibn-al-Ḥasan
gest. ca. 1068
Baġdādī, Ibn-Buṭlān
Elluchasem Elimithar
Eluchasem Elimitar
Eluchasen Elimitar
Ibn-al-Ḥasan, al-Muḫtār Ibn-Buṭlān
Ibn-Botlân
Ibn-Buṭlān
Ibn-Buṭlān, Abu- l.-
Ibn-Buṭlān Baġdādī
Mukhtār, Ibn Al Hasan

Ibn-Buṭlān Baġdādī
→ **Ibn-Buṭlān, al-Muḫtār Ibn-al-Ḥasan**

Ibn-Chaldun
→ **Ibn-Ḫaldūn, ʿAbd-ar-Raḥmān Ibn-Muḥammad**

Ibn-Chaldun, Abd-ar-Rahman
→ **Ibn-Ḫaldūn, ʿAbd-ar-Raḥmān Ibn-Muḥammad**

Ibn-Coteiba
→ **Ibn-Qutaiba, ʿAbdallāh Ibn-Muslim**

Ibn-Dāniyāl, Muḥammad
gest. 1310
Ḫuzāʿī, Muḥammad Ibn-Dāniyāl
Ibn-Dāniyāl al-Ḫuzāʿī, Muḥammad
Muḥammad Ibn-Dāniyāl

Ibn-Dāniyāl al-Ḫuzāʿī, Muḥammad
→ **Ibn-Dāniyāl, Muḥammad**

Ibn-Daqīq al-ʿĪd, Muḥammad Ibn-ʿAlī
1228 – 1302
Ibn-ʿAlī, Muḥammad Ibn-Daqīq al-ʿĪd
Muḥammad Ibn-ʿAlī Ibn-Daqīq al-ʿĪd

Ibn-Ḏarīḥ, Qais
→ **Qais Ibn-Ḏarīḥ**

Ibn-Darrāǧ al-Qasṭallī, Aḥmad Ibn-Muḥammad
958 – 1030
Rep.Font. VI,167/68
Aḥmad Ibn-Muḥammad Ibn-Darrāǧ al-Qasṭallī
Ibn Darrādj al-Ḳasṭallī, Aḥmad B. Muḥammad
Ibn Darrāg, Abū ʿUmar Aḥmad b. Muḥammad b. al-ʿĀṣī b. Aḥmad b. Sulaymān b. ʿĪsā b. Darrāǧ
Ibn Darrāǧ al-Kasṭallī
Ibn Darrāj al-Qasṭallī, Aḥmad Ibn Muḥammad
Ibn Darrâĝ
Qasṭallī, Aḥmad Ibn-Darrāǧ ¬al-¬

Ibn-Daud, Abraham
→ **Avrāhām Ibn-Dā'ûd**

Ibn-Dā'ûd, Avrāhām
→ **Avrāhām Ibn-Dā'ûd**

Ibn-Da'ûd, Avrāhām Ben-Dāwid hal-Lēwî
→ **Avrāhām Ibn-Dā'ûd**

Ibn-Dā'ūd al-Iṣfahānī, Abū-Bakr Muḥammad
→ **Ibn-Dā'ūd al-Iṣfahānī, Muḥammad Ibn-ʿAlī**

Ibn-Dā'ūd al-Iṣfahānī, Muḥammad Ibn-ʿAlī
868 – 898
Ibn-ʿAlī, Muḥammad Ibn-Dā'ūd al-Iṣfahānī
Ibn-Dā'ūd al-Iṣfahānī, Abū-Bakr Muḥammad
Iṣfahānī, Muḥammad Ibn-ʿAlī ¬al-¬
Muḥammad Ibn-ʿAlī Ibn-Dā'ūd al-Iṣfahānī

Ibn-Dāya, ʿAbdallāh Ibn-Muḥammad
→ **Dāya, ʿAbdallāh Ibn-Muḥammad**

Ibn-Diʿāma, Qatāda
→ **Qatāda Ibn-Diʿāma**

Ibn-Diḥya, Abu-'l-Ḫaṭṭāb ʿUmar Ibn-al-Ḥasan
→ **Ibn-Diḥya, ʿUmar Ibn-al-Ḥasan**

Ibn-Diḥya, ʿUmar Ibn-al-Ḥasan
1149 – 1235
Rep.Font. VI,168
Ibn Diḥyah, ʿUmar Ibn al-Ḥasan
Ibn-al-Ḥasan, ʿUmar Ibn-Diḥya
Ibn-Diḥya, Abu-'l-Ḫaṭṭāb ʿUmar Ibn-al-Ḥasan
ʿUmar Ibn-al-Ḥasan Ibn-Diḥya

Ibn-Dirham, Ḥammād Ibn-Zaid
→ **Ḥammād Ibn-Zaid**

Ibn-Ḍiyā'-ad-Dīn, Naǧm-ad-Dīn Maḥmūd aš-Šīrāzī
→ **Šīrāzī, Naǧm-ad-Dīn Maḥmūd Ibn-Ḍiyā'-ad-Dīn ¬aš-¬**

Ibn-Djaʿfar, Kodâma
→ **Qudāma Ibn-Ǧaʿfar al-Kātib al-Baġdādī**

IbnDschubair
→ **Ibn-Ǧubair, Muḥammad Ibn-Aḥmad**

Ibn-Dukain, al-Faḍl
→ **Faḍl Ibn-Dukain ¬al-¬**

Ibn-Duqmāq, Ibrāhīm Ibn-Muḥammad
gest. 1407
Ibn Dukmāḳ, Ibrāhīm Ibn-Muḥammad
Ibn-Muḥammad, Ibrāhīm Ibn-Duqmāq
Ibrāhīm Ibn-Muḥammad Ibn-Duqmāq

Ibn-Duraid, Muḥammad Ibn-al-Ḥasan
838 – 933
Ebn Doreid, Abu Becr Mohammed Ebn Hosein
Ibn Doreid
Ibn Durayd, Muḥammad ibn al-Ḥasan
Ibn-al-Ḥasan, Muḥammad Ibn-Duraid
Muḥammad Ibn-al-Ḥasan Ibn-Duraid

Ibn-Duraihim, ʿAlī Ibn-Muḥammad
gest. 1361
ʿAlī Ibn-Muḥammad Ibn-Duraihim
Ibn-Muḥammad, ʿAlī Ibn-Duraihim

Ibn-el-Kayem el-Jawziah
→ **Ibn-Qaiyim al-Ǧauzīya, Muḥammad Ibn-Abī-Bakr**

Ibn-ʿEsrâ
→ **Ibn-ʿEzrâ, Avrāhām**

Ibn-Essalāh
→ **Ibn-aṣ-Ṣalāḥ aš-Šahrazūrī, ʿUṯmān Ibn-Ṣalāḥ-ad-Dīn**

Ibn-ʿEzrâ, Avrāhām
1089 – 1164
LMA,I,51
Aben Esra
Aben Esra, Abraham
Aben Ezra
Abraham ⟨Avenaris⟩
Abraham ⟨Ben Meir Ibn Esra⟩
Abraham ⟨Ben-Ezra⟩
Abraham ⟨Ebn Esra⟩
Abraham ⟨Ibn Esra⟩
Abraham ⟨Judaeus⟩
Abraham, Ibn'Ezra
Abrāhām bar Hiyyā, ha-Nasi
Abraham Ben Mē'īr Ibn Ezra
Abraham Ibn-Esra
Abramius ⟨Filius Esrae⟩
Avenare
Avenaris, Abraham
Avenezra
Avrāhām ⟨Bēn Me'îr Ibn-ʿEzra⟩
Avrāhām ⟨Ibn-ʿEzrâ⟩
Avraham, Ben-Ezr'a
Ibn Ezra, Abraham ben Me'īr
Ibn-ʿĀzrā
Ibn-ʿEsrâ

Ibn-ʿEzrâ, Mōše Ben-Yaʿaqov
ca. 1055 – ca. 1135
Abū Hārūn Mūsā
Ibn ʿEzra, Moše
Mose ⟨Ibn Esra⟩
Moše ⟨Ibn ʿEzra⟩
Moše ⟨Ibn Yacob Ibn ʿEzra⟩
Moše Ben-Yaʿaqov ⟨Ibn-ʿEzrâ⟩

Ibn-Faḍḍāl, ʿAlī al-Muǧāšiʿī
→ **Muǧāšiʿī, ʿAlī Ibn-Faḍḍāl ¬al-¬**

Ibn-Faḍlallāh al-ʿUmarī, Aḥmad Ibn-Yaḥyā
gest. 1349
Rep.Font. VI,168/69
Aḥmad Ibn-Yaḥyā Ibn-Faḍlallāh al-ʿUmarī
Faḍlallāh al-ʿUmarī, Aḥmad Ibn-Yaḥyā Ibn-
Ibn Faḍl Allāh, Abū 'l-ʿAbbās Ahmad b. Yaḥyā Šihāb al-Dīn al-ʿUmarī
Ibn-Yaḥyā, Aḥmad Ibn-Faḍlallāh al-ʿUmarī
ʿUmarī, Aḥmad Ibn-Yaḥyā ¬al-¬

Ibn-Faḍlān, Aḥmad Ibn-al-ʿAbbās
10. Jh.
LMA,V,314; Rep.Font. VI,169/70
Aḥmad Ibn-al-ʿAbbās Ibn-Faḍlān
Aḥmad Ibn-Faḍlān
Faḍlān, Aḥmad Ibn-al-ʿAbbās Ibn-
Ibn Faḍlān, Aḥmad b. Faḍlān b. al-ʿAbbās b. Rāšid b. Ḥammād
Ibn Foszlan

Ibn-Fahd, Maḥmūd Ibn-Salmān
1246 – 1325
Ibn-Salmān, Maḥmūd Ibn-Fahd
Maḥmūd Ibn-Salmān Ibn-Fahd

Ibn-Fairūz, Aḥmad Ibn-Yūsuf
15. Jh.
Aḥmad Ibn-Yūsuf Ibn-Fairūz
Ibn Fayrūz, Aḥmad Ibn Yūsuf
Ibn-Yūsuf, Aḥmad Ibn-Fairūz

Ibn-Falāqīra, Šem-Tôv
ca. 1225 – ca. 1295
Ibn Falaquera, Šem Ṭob
Šem Ṭob ⟨Ibn Falaquera⟩
Šem-Tov ⟨Ibn-Falāqīra⟩

Ibn-Farağ, Muḥammad Ibn-Aḥmad
→ **Qurṭubī, Muḥammad Ibn-Aḥmad**

Ibn-Farağ al-Qurṭubī, Muḥammad Ibn-Aḥmad
→ **Qurṭubī, Muḥammad Ibn-Aḥmad**

Ibn-Faraḥ, Abu-'l-ʿAbbās Aḥmad Ibn-Muḥammad
→ **Ibn-Faraḥ, Aḥmad Ibn-Muḥammad**

Ibn-Faraḥ, Aḥmad Ibn-Muḥammad
1227 – 1300
Aḥmad Ibn-Muḥammad al-Laḫmī al-Išbīlī
Aḥmad Ibn-Muḥammad Ibn-Faraḥ
Ibn-Faraḥ, Abu-'l-ʿAbbās Aḥmad Ibn-Muḥammad
Išbīlī, Aḥmad Ibn-Muḥammad ¬al-¬
Laḫmī, Aḥmad Ibn-Muḥammad ¬al-¬

Ibn-Faraḥ al-Qurṭubī, Muḥammad Ibn-Aḥmad
→ **Qurṭubī, Muḥammad Ibn-Aḥmad**

Ibn-Faredh, Omar
→ **Ibn-al-Fāriḍ, ʿUmar Ibn-ʿAlī**

Ibn-Farḥ al-Qurṭubī, Muḥammad Ibn-Aḥmad
→ **Qurṭubī, Muḥammad Ibn-Aḥmad**

Ibn-Farḥūn, Ibrāhīm Ibn-ʿAlī
gest. 1397
Ibn-ʿAlī, Ibrāhīm Ibn-Farḥūn
Ibrāhīm Ibn-ʿAlī Ibn-Farḥūn

Ibn-Fāriḍ
→ **Ibn-al-Fāriḍ, ʿUmar Ibn-ʿAlī**

Ibn-Fāris, Aḥmad Ibn-Zakarīyā'
941 – 1005
Aḥmad Ibn-Zakarīyā' Ibn-Fāris
Ibn Faris
Ibn-Zakarīyā', Aḥmad Ibn-Fāris
Rāzī, Aḥmad Ibn-Fāris ¬ar-¬

Ibn-Fāris al-Qazwīnī, Aḥmad
10. Jh.
Abu-'l-Ḥusain Aḥmad Ibn-Fāris ar-Rāzī
Aḥmad Ibn-Fāris al-Qazwīnī
Ibn Fāris al-Qazwīnī, Aḥmad
Ibn-Fāris ar-Rāzī, Aḥmad
Qazwīnī, Aḥmad Ibn-Fāris ¬al-¬
Rāzī, Aḥmad Ibn-Fāris ¬ar-¬

Ibn-Fāris ar-Rāzī, Aḥmad
→ **Ibn-Fāris al-Qazwīnī, Aḥmad**

Ibn-Farīʿūn
10. Jh.
Ǧawāmiʿ al-ʿulūm
Ibn Fariun

Ibn-Farruḫān aṭ-Ṭabarī, ʿUmar
→ **ʿUmar Ibn-al-Farruḫān aṭ-Ṭabarī**

Ibn-Fūrak, Muḥammad Ibn-al-Ḥasan
gest. 1015
Abū Bakr b. Fūrak
Ibn-al-Ḥasan, Muḥammad Ibn-Fūrak
Muḥammad Ibn-al-Ḥasan Ibn-Fūrak

Ibn-Fūrraǧa, Muḥammad Ibn-Aḥmad
1009 – 1063
Ibn-Aḥmad, Muḥammad Ibn-Fūrraǧa
Muḥammad Ibn-Aḥmad Ibn-Fūrraǧa

Ibn-Ǧābir, Muḥammad Ibn-Aḥmad
gest. 1378
Ibn Djābir, Muḥammad b. Aḥmad
Ibn Jābir, Muḥammad ibn Aḥmad
Ibn-Aḥmad, Muḥammad Ibn-Ǧābir
Ibn-Ǧābir al-Hauwārī, Muḥammad Ibn-Aḥmad
Muḥammad Ibn-Aḥmad Ibn-Ǧābir

Ibn-Ǧābir al-Battānī, Muḥammad
→ **Battānī, Muḥammad Ibn-Ǧābir ¬al-¬**

Ibn-Ǧābir al-Hauwārī, Muḥammad Ibn-Aḥmad
→ **Ibn-Ǧābir, Muḥammad Ibn-Aḥmad**

Ibn-Gabîrôl, Šelomo Ben-Yehûdā
gest. 1058
LMA,IV,1072/73
Avencebrol
Avicebiron
Avicebron
Gabirol, Salomo ben Jehuda
Gabirol, Šelomo Ben-Yehûdā Ben-
Ibn Gabirol, Salomon ben Judah
Ibn Gabriol, Salomon ben Judah
Ibn-Gabirol, Salomo
Salomo ⟨Ben Gabriol⟩
Salomon ⟨Ben Jehuda Ibn Gabirol⟩
Salomon ⟨Ben Gabirol⟩
Šelomo Ben-Gavirol
Šelomo Ben-Yehûdā ⟨Ben-Gabirol⟩
Šelomo Ibn-Gabirol
Solomon ⟨Ben Judah⟩

Ibn-Ǧabr, Muǧāhid
→ **Muǧāhid Ibn-Ǧabr**

Ibn-Ǧaʿfar, Aḥmad Ǧaḥẓa al-Barmakī
→ **Ǧaḥẓa al-Barmakī, Aḥmad Ibn-Ǧaʿfar**

Ibn-Ǧaʿfar, Aḥmad Ibn-Mālik al-Qaṭīʿī
→ **Ibn-Mālik al-Qaṭīʿī, Aḥmad Ibn-Ǧaʿfar**

Ibn-Ǧaʿfar, ʿAlī Ibn-al-Qaṭṭāʿ
→ **Ibn-al-Qaṭṭāʿ, ʿAlī Ibn-Ǧaʿfar**

Ibn-Ǧaʿfar, Muḥammad al-Ḫarā'iṭī
→ **Ḫarā'iṭī, Muḥammad Ibn-Ǧaʿfar ¬al-¬**

Ibn-Ǧaʿfar, Muḥammad al-Qazzāz
→ **Qazzāz, Muḥammad Ibn-Ǧaʿfar ¬al-¬**

Ibn-Ǧaʿfar, Muḥammad Ibn-an-Naǧǧār
→ **Ibn-an-Naǧǧār, Muḥammad Ibn-Ǧaʿfar**

Ibn-Ǧaʿfar, Qudāma al-Kātib al-Baġdādī
→ **Qudāma Ibn-Ǧaʿfar al-Kātib al-Baġdādī**

Ibn-Ǧaʿfar al-Ḫarā'iṭī, Muḥammad
→ **Ḫarā'iṭī, Muḥammad Ibn-Ǧaʿfar ¬al-¬**

Ibn-Ǧahbal, Aḥmad Ibn-Muḥyi-'d-Dīn
1271 – 1333
Aḥmad Ibn-Muḥyi-'d-Dīn Ibn-Ǧahbal
Ibn-Muḥyi-'d-Dīn, Aḥmad Ibn-Ǧahbal

Ibn-Ġalbūn, ʿAbd-al-Munʿim Ibn-ʿUbaidallāh
gest. 999
ʿAbd-al-Munʿim Ibn-ʿUbaidallāh Ibn-Ġalbūn
Ibn Ghalbūn, ʿAbd-al-Munʿim ibn ʿUbaydallāh
Ibn-ʿUbaidallāh, ʿAbd-al-Munʿim Ibn-Ġalbūn

Ibn-Ġalbūn aṣ-Ṣūrī, ʿAbd-al-Muḥsin Ibn-Muḥammad
950 – 1028
ʿAbd-al-Muḥsin Ibn-Ġalbūn aṣ-Ṣūrī
ʿAbd-al-Muḥsin Ibn-Muḥammad aṣ-Ṣūrī
Ibn Ghalbūn al-Ṣūrī, ʿAbd-al-Muḥsin ibn Muḥammad
Ṣūrī, ʿAbd-al-Muḥsin Ibn-Muḥammad ¬aṣ-¬

Ibn-Ġālib, ʿAbd-al-Ḥaqq Ibn-ʿAṭīya
→ **Ibn-ʿAṭīya, ʿAbd-al-Ḥaqq Ibn-Ġālib**

Ibn-Ġālib, Abū-ʿAlī Yaḥyā al-Ḫaiyāṭ
→ **Abū-ʿAlī al-Ḫaiyāṭ, Yaḥyā Ibn-Ġālib**

Ibn-Ġālib, Hammām al-Farazdaq
→ **Farazdaq, Hammām Ibn-Ġālib ¬al-¬**

Ibn-Ġālib al-Farazdaq, Hammām
→ **Farazdaq, Hammām Ibn-Ġālib ¬al-¬**

Ibn-Ğamʿ, Šemûʾēl
→ **Šemûʾēl Ibn-Ğamʿ**

Ibn-Ğamāʿa, ʿAbd-al-ʿAzīz Ibn-Badr-ad-Dīn
→ **Ibn-Ğamāʿa, ʿIzz-ad-Dīn ʿAbd-al-ʿAzīz Ibn-Badr-ad-Dīn**

Ibn-Ğamāʿa, ʿIzz-ad-Dīn ʿAbd-al-ʿAzīz Ibn-Badr-ad-Dīn
1294 – 1366
Ibn Djamāʿa, ʿIzz al-Dīn ʿAbd al-ʿAzīz Ibn Badr al-Dīn
Ibn Jamāʿa, ʿIzz al-Dīn ʿAbd al-ʿAzīz Ibn Badr al-Dīn
Ibn-Badr-ad-Dīn, ʿIzz-ad-Dīn ʿAbd-al-ʿAzīz Ibn-Ğamāʿa
Ibn-Ğamāʿa, ʿAbd-al-ʿAzīz Ibn-Badr-ad-Dīn
ʿIzz-ad-Dīn ʿAbd-al-ʿAzīz Ibn-Badr-ad-Dīn Ibn-Ğamāʿa
Kinānī, ʿIzz-ad-Dīn ʿAbd-al-ʿAzīz Ibn-Ğamāʿa ¬al-¬

Ibn-Ğamāʿa, Muḥammad Ibn-Ibrāhīm
1241 – 1333
Ibn-Ibrāhīm, Muḥammad Ibn-Ğamāʿa
Muḥammad Ibn-Ibrāhīm Ibn-Ğamāʿa

Ibn-Ğanāḥ, Abul-Walīd Merwan
→ **Ibn-Ğanāḥ, Yônā**

Ibn-Ğanāḥ, Marwān
→ **Ibn-Ğanāḥ, Yônā**

Ibn-Ğanāḥ, Yônā
ca. 990 – ca. 1050
Qutub wa-rasaʾil
Abou'l-Walid Merwan Ibn Djanah ⟨de Cordoue⟩
Abou-'l-Walid Merwan Ibn-Djanah
Abulwalîd Merwân Ibn Ganâh
Abuwalid Merwan Ibn-Ganach
Abu-'l-Walid Marwān Ibn-Ğanāḥ ⟨al-Qurṭubī⟩
Abu-'l-Walīd Marwān Ibn-Janāh
Ibn-Ğanāḥ, Abul-Walīd Merwan
Ibn-Ğanāḥ, Marwān
Ibn-Ğannāch, Jona
Ibn-Janāḥ ⟨Abu al-Walīd Marwān⟩
Ibn-Janah, Abu Al-Walid Merwan
Ibn-Janāḥ, Abū-Walīd Marwān
Ibn-Janāḥ, Jonah
Jona ⟨de Cordoba⟩
Jona ⟨Rabbi⟩
Jona, Marinus
Jonah ⟨Rabbi⟩
Marwān Ibn-Ğanāḥ
Marwān Ibn-Ğanāḥ, Abu-'l-Walīd
Merwan Ibn-Djanach
Qurṭubī, Abu-'l-Walid Marwān Ibn-Ğannāḥ ¬al-¬
Yônā ⟨Ibn-Ğanāḥ⟩
Yônā ⟨Rabbi⟩

Ibn-Ġānim, Bišr
→ **Bišr Ibn-Ġānim**

Ibn-Ġānim al-Maqdisī, ʿAbd-as-Salām Ibn-Aḥmad
gest. ca. 1279
ʿAbd-as-Salām Ibn-Aḥmad Ibn-Ġānim al-Maqdisī
Ibn-Aḥmad, ʿAbd-as-Salām Ibn-Ġānim al-Maqdisī
Maqdisī, ʿAbd-as-Salām Aḥmad ¬al-¬
Maqdisī, ʿAbd-as-Salām Ibn-Aḥmad ¬al-¬

Ibn-Ğannāch, Jona
→ **Ibn-Ğanāḥ, Yônā**

Ibn-Ğarīr, Muḥammad aṭ-Ṭabarī
→ **Ṭabarī, Muḥammad Ibn-Ğarīr ¬aṭ-¬**

Ibn-Ğarīr aṭ-Ṭabarī, Muḥammad
→ **Ṭabarī, Muḥammad Ibn-Ğarīr ¬aṭ-¬**

Ibn-Ġauṯ, Ġiyāṯ al-Aḫṭal
→ **Aḫṭal, Ġiyāṯ Ibn-Ġauṯ ¬al-¬**

Ibn-Ġauṯ al-Aḫṭal, Ġiyāṯ
→ **Aḫṭal, Ġiyāṯ Ibn-Ġauṯ ¬al-¬**

Ibn-Ğinnī, Abu-'l-Fatḥ ʿUṯmān
912 – 1002
Abu-'l-Fatḥ ʿUṯmān Ibn-Ğinnī
ʿUṯmān Ibn-Ğinnī, Abu-'l-Fatḥ

Ibn-Ğîqaṭîlā, Moše Bar-Šemûʾēl
11. Jh.
LMA,IV,1448
Gikatilla, Moses B.
Gikatilla, Moses B. Samuel
Moše Bar-Šemûʾēl ⟨Ibn-Ğîqaṭîlā⟩

Ibn-Ġiyāṯ, Bišr al-Marīsī
→ **Marīsī, Bišr Ibn-Ġiyāṯ ¬al-¬**

Ibn-Ğubair, Abu-'l-Ḥusain Muḥammad Ibn-Aḥmad
→ **Ibn-Ğubair, Muḥammad Ibn-Aḥmad**

Ibn-Ğubair, Muḥammad Ibn-Aḥmad
1145 – 1217
Rep.Font. VI,172/73; LMA,V,315
Ibn Dschubair
Ibn Dschubair, Muhammad Ibn Ahmad
Ibn Ğubair
Ibn Ğubayr, Abū 'l-Ḥusayn Muḥammad b. Aḥmad al-Kinānī
Ibn-Aḥmad, Muḥammad Ibn-Ğubair
IbnDschubair
Ibn-Ğubair, Abu-'l-Ḥusain Muḥammad Ibn-Aḥmad
Ibn-Gubayr
Muḥammad Ibn-Aḥmad Ibn-Ğubair

Ibn-Gubayr
→ **Ibn-Ğubair, Muḥammad Ibn-Aḥmad**

Ibn-Ğulğul, Sulaimān Ibn-Ḥassān
944 – ca. 994
Arab. Arzt und Medizinhistoriker
LMA,V,315; Rep.Font. VI,173
Ibn Djuldjul, Sulaymān ibn Ḥassān
Ibn Ğulğul ⟨al-Andalusī⟩
Ibn Ğulğul, Abū Dāʾūd Sulaymān b. Ḥassān b. Ğulğul al-Andalusī
Ibn Ğulğul al-Andalusī, Abū Dāwūd Sulaimān b. Ḥassān
Ibn Juljul, Sulaymān ibn Ḥassān
Ibn-Ḥassān, Sulaimān Ibn-Ğulğul
Sulaimān Ibn-Ḥassān Ibn-Ğulğul

Ibn-Ğuraiğ, ʿAbd-al-Malik Ibn-ʿAbd-al-ʿAzīz
699 – 767
ʿAbd-al-Malik Ibn-ʿAbd-al-ʿAzīz Ibn-Ğuraiğ
Ibn Djuraydj, ʿAbd al-Malik b. ʿAbd al-ʿAzīz
Ibn Jurayj, ʿAbd al-Malik ibn ʿAbd al-ʿAzīz
Ibn-ʿAbd-al-ʿAzīz, ʿAbd-al-Malik Ibn-Ğuraiğ

Ibn-Ğuzaiy, Muḥammad Ibn-Aḥmad
1294 – 1340
Ibn-Aḥmad, Muḥammad Ibn-Ğuzaiy
Ibn-Juzayy, Muḥammad Ibn-Aḥmad
Muḥammad Ibn-Aḥmad Ibn-Ğuzaiy

Ibn-Ḥabaš, Yaḥyā as-Suhrawardī
→ **Suhrawardī, Yaḥyā Ibn-Ḥabaš ¬as-¬**

Ibn-Ḥabaš as-Suhrawardī, Yaḥyā
→ **Suhrawardī, Yaḥyā Ibn-Ḥabaš ¬as-¬**

Ibn-Ḥabīb, ʿAbd-al-Malik as-Sulamī
→ **ʿAbd-al-Malik Ibn-Ḥabīb as-Sulamī**

Ibn-Ḥabīb, Abū-Muḥammad al-Ḥasan Ibn-ʿUmar
→ **Ibn-Ḥabīb, al-Ḥasan Ibn-ʿUmar**

Ibn-Ḥabīb, al-Ḥasan Ibn-ʿUmar
15. Jh.
Ḥasan Ibn-ʿUmar Ibn-Ḥabīb ¬al-¬
Ibn-Ḥabīb, Abū-Muḥammad al-Ḥasan Ibn-ʿUmar
Ibn-Ḥabīb, al-Ḥusain Ibn-ʿUmar
Ibn-ʿUmar, al-Ḥasan Ibn-Ḥabīb

Ibn-Ḥabīb, al-Ḥusain Ibn-ʿUmar
→ **Ibn-Ḥabīb, al-Ḥasan Ibn-ʿUmar**

Ibn-Ḥabīb, Ibrāhīm al-Fazārī
→ **Fazārī, Ibrāhīm Ibn-Ḥabīb ¬al-¬**

Ibn-Habib, Jacob
→ **Ibn-Ḥavîv, Yaʿaqov Ben-Šelomo**

Ibn-Ḥabīb, Rabīʿ
→ **Rabīʿ Ibn-Ḥabīb ¬ar-¬**

Ibn-Ḥabīb an-Nīsābūrī, al-Ḥasan Ibn-Muḥammad
gest. 1015
Ḥasan Ibn-Muḥammad Ibn-Ḥabīb an-Nīsābūrī ¬al-¬
Ibn-Muḥammad, al-Ḥasan Ibn-Ḥabīb an-Nīsābūrī
Nīsābūrī, al-Ḥasan Ibn-Muḥammad ¬an-¬

Ibn-Hâdschib
→ **Ibn-al-Ḥāğib, ʿUṯmān Ibn-ʿUmar**

Ibn-Ḫafāğa, Ibrāhīm Ibn-Abi-'l-Fatḥ
1058 – 1138
Ibn-Abi-'l-Fatḥ, Ibrāhīm Ibn-Ḫafāğa
Ibrāhīm Ibn-Abi-'l-Fatḥ Ibn-Ḫafāğa

Ibn-Ḥağar al-ʿAsqalānī, Aḥmad Ibn-ʿAlī
1372 – 1449
Aḥmad Ibn-ʿAlī Ibn-Ḥağar al-ʿAsqalānī
ʿAsqalānī, Aḥmad Ibn-ʿAlī ¬al-¬
Ibn Hadjar, Ahmed Ibn Ali Ibn Mohammed al-Askalani
Ibn-ʿAlī, Aḥmad Ibn-Ḥağar al-ʿAsqalānī
Ibn-Hajar

Ibn-Ḥağar al-Haiṯamī, ʿAlī Ibn-Abī-Bakr
1334 – 1405
ʿAlī Ibn-Abī-Bakr Ibn-Ḥağar al-Haiṯamī
Haiṯamī, ʿAlī Ibn-Abī-Bakr ¬al-¬
Haiṯamī, ʿAlī Ibn-Ḥağar ¬al-¬
Haiṯamī, Nūr-ad-Dīn ¬al-¬
Ibn-Abī-Bakr, ʿAlī Ibn-Ḥağar al-Haiṯamī

Ibn-Ḥāğib, ʿUṯmān Ibn-ʿUmar
→ **Ibn-al-Ḥāğib, ʿUṯmān Ibn-ʿUmar**

Ibn-Haiṯam, Abū-al-Miṣrī
→ **Ibn-al-Haiṯam, al-Ḥasan Ibn-al-Ḥasan**

Ibn-Ḥaiyān, Ğābir
→ **Ğābir Ibn-Ḥaiyān**

Ibn-Ḥaiyān, Ḥaiyān Ibn-Ḫalaf
987/88 – 1076
Gesamtdarst. der Geschichte von Andalusien
LMA,V,318; Rep.Font. VI,184/86
Ḥaiyān Ibn-Ḫalaf Ibn-Ḥaiyān
Ibn Ḥayyān, Abū Marwān Ḥayyān b. Ḫalaf b. Ḥayyān
Ibn Ḥayyān, Ḥayyān ibn Khalaf
Ibn-Ḫalaf, Ḥaiyān Ibn-Ḥaiyān

Ibn-Ḥaiyān al-Iṣbahānī, ʿAbdallāh Ibn-Ğafār
→ **Abu-'š-Šaiḫ, ʿAbdallāh Ibn Muḥammad**

Ibn-Ḥaiyūs, Muḥammad Ibn-Sulṭān
1003 – 1080
Ibn Ḥayyūs, Muḥammad ibn Sulṭān
Ibn-Sulṭān, Muḥammad Ibn-Ḥaiyūs
Muḥammad Ibn-Sulṭān Ibn-Ḥaiyūs

Ibn-Haiyuwaih, Muḥammad Ibn-al-ʿAbbās
gest. 991
Ibn Ḥayyuwayh, Muḥammad ibn al-ʿAbbās
Ibn-al-ʿAbbās, Muḥammad Ibn-Haiyuwaih
Muḥammad Ibn-al-ʿAbbās Ibn-Haiyuwaih

Ibn-Hajar
→ **Ibn-Ḥağar al-ʿAsqalānī, Aḥmad Ibn-ʿAlī**

Ibn-Ḥakam, Yaḥyā al-Ġazāl
→ **Ġazāl, Yaḥyā Ibn-Ḥakam ¬al-¬**

Ibn-Ḫalaf, ʿAlī Ibn-Baṭṭāl
→ **Ibn-Baṭṭāl, ʿAlī Ibn-Ḫalaf**

Ibn-Halaf, Dāwūd aẓ-Ẓāhirī
→ **Dāwūd Ibn-Ḫalaf aẓ-Ẓāhirī**

Ibn-Ḫalaf, Ḥaiyān Ibn-Ḥaiyān
→ **Ibn-Ḥaiyān, Ḥaiyān Ibn-Ḫalaf**

Ibn-Ḫalaf, Muḥammad Ibn-al-Marzubān
→ **Ibn-al-Marzubān Muḥammad Ibn-Ḫalaf**

Ibn-Ḫalaf, Sulaimān al-Bāğī
→ **Bāğī, Sulaimān Ibn-Ḫalaf ¬al-¬**

Ibn-Ḫalaf al-Bāğī, Sulaimān
→ **Bāğī, Sulaimān Ibn-Ḫalaf ¬al-¬**

Ibn-Ḫalaf al-Kātib, ʿAlī
→ **ʿAlī Ibn-Ḫalaf al-Kātib**

Ibn-Ḫālawaih, al-Ḥusain Ibn-Aḥmad
gest. 980
Ḥusain Ibn-Aḥmad Ibn-Ḫālawaih ¬al-¬
Ibn-Aḥmad, al-Ḥusain Ibn-Ḫālawaih

Ibn-Ḫaldūn
→ **Ibn-Ḫaldūn, ʿAbd-ar-Raḥmān Ibn-Muḥammad**

Ibn-Ḫaldūn, ʿAbd-ar-Raḥmān Ibn-Muḥammad
1332 – 1406
Rep.Font. VI,174-77; LMA,V,316/17
ʿAbdarraḥman Ibn-Ḥaldun
ʿAbd-ar-Raḥmān Ibn-Muḥammad Ibn-Ḫaldūn
Caliduno
Eben Caliduno
Ibn Chaldun, Abd Ar Rahman
Ibn Ḫaldūn, Abū Zayd ʿAbd al-Raḥmān Muḥammad b. Muḥammad b. Ḫaldūn Walī al-Dīn al-Tūnisī al-Ḥaḍramī al-Išbīlī al-Mālikī
Ibn Khaldun
Ibn Khaldun, ʿAbdarraḥmān
Ibn-Chaldun
Ibn-Chaldun, Abd-ar-Rahman
Ibn-Ḫaldūn
Ibn-Khaldoun
Ibn-Khaldoun al-Hadrami al-Maghribi, Abd-ar-Rahman

Ibn-Ḫalfūn, Muḥammad Ibn-Ismāʿīl
1160 – 1238
Ibn Khalfūn, Muḥammad ibn Ismāʿīl
Ibn-Ismāʿīl, Muḥammad Ibn-Ḫalfūn
Muḥammad Ibn-Ismāʿīl Ibn-Ḫalfūn

Ibn-Ḫalīl, Aḥmad Ibn-al-Labbūdī
→ **Ibn-al-Labbūdī, Aḥmad Ibn-Ḫalīl**

Ibn-Ḫalīl, Muḥammad al-Maqdisī
→ **Maqdisī, Muḥammad Ibn-Ḫalīl ¬al-¬**

Ibn-Ḫalīl, Muḥammad as-Sakūnī
→ **Sakūnī, Muḥammad Ibn-Ḫalīl ¬as-¬**

Ibn-Ḫalīl al-Maqdisī, Muḥammad
→ **Maqdisī, Muḥammad Ibn-Ḫalīl ¬al-¬**

Ibn-Ḥalīm, al-Ḥusain Ibn-al-Ḥasan
→ **Ḥalīmī, al-Ḥusain Ibn-al-Ḥasan ¬al-¬**

Ibn-Ḫalṣūn, Muḥammad Ibn-Yūsuf
13. Jh.
Ibn Khalṣūn, Muḥammad Ibn Yūsuf
Ibn-Yūsuf, Muḥammad Ibn-Ḫalṣūn
Muḥammad Ibn-Yūsuf Ibn-Ḫalṣūn
Muḥammad Ibn-Yūsuf Ibn-Ḫalṣūn

Ibn-Ḥamdīs, ʿAbd al Jabbar
→ **Ibn-Ḥamdīs, ʿAbd-al-Ǧabbār Ibn-Abī-Bakr**

Ibn-Ḥamdīs, ʿAbd-al-Ǧabbār Ibn-Abī-Bakr
1055 – 1132
Rep.Font. VI,177/78
ʿAbd al Jabbar ibn Hamdis
ʿAbd-al-Ǧabbār Ibn-Abī-Bakr Ibn-Ḥamdīs
Hamdis, ʿAbd al Jabbar ¬ibn-¬
Ibn Ḥamdīs, ʿAbd al-Ǧabbār Abū Muḥammad b. Abī Bakr al-Azdī
Ibn-Abī-Bakr, ʿAbd-al-Ǧabbār Ibn-Ḥamdīs
Ibn-Ḥamdīs, ʿAbd al Jabbar

Ibn-Ḥamdūn, Abu-'l-Maʿālī Muḥammad Ibn-al-Ḥasan
→ **Ibn-Ḥamdūn, Muḥammad Ibn-al-Ḥasan**

Ibn-Ḥamdūn, Muḥammad Ibn-Abī-Saʿd
→ **Ibn-Ḥamdūn, Muḥammad Ibn-al-Ḥasan**

Ibn-Ḥamdūn, Muḥammad Ibn-al-Ḥasan
1101 – ca. 1167
Ibn-al-Ḥasan, Muḥammad Ibn-Ḥamdūn
Ibn-Ḥamdūn, Abu-'l-Maʿālī Muḥammad Ibn-al-Ḥasan
Ibn-Ḥamdūn, Muḥammad Ibn-Abī-Saʿd
Muḥammad Ibn-al-Ḥasan Ibn-Ḥamdūn

Ibn-Ḥamīd, ʿAbd
→ **ʿAbd Ibn-Ḥamīd**

Ibn-Ḥamīd, Yaḥyā Ibn-Abī-Ṭaiyiʾ
→ **Ibn-Abī-Ṭaiyiʾ, Yaḥyā Ibn-Ḥamīd**

Ibn-Ḥammād, Abū-ʿAbdallāh Muḥammad Ibn-ʿAlī
→ **Ibn-Ḥammād, Muḥammad Ibn-ʿAlī**

Ibn-Ḥammād, Ismāʿīl al-Ǧauharī
→ **Ǧauharī, Ismāʿīl Ibn-Ḥammād ¬al-¬**

Ibn-Ḥammād, Muḥammad Ibn-ʿAlī
um 1202
Ibn-ʿAlī, Muḥammad Ibn-Ḥammād
Ibn-Ḥammād, Abū-ʿAbdallāh Muḥammad Ibn-ʿAlī
Muḥammad Ibn-ʿAlī Ibn-Ḥammād

Ibn-Ḥammād al-Ḫuzāʿī, Nuʿaim
→ **Nuʿaim Ibn-Ḥammād al-Ḫuzāʿī**

Ibn-Hammām, ʿAbd-ar-Razzāq
→ **ʿAbd-ar-Razzāq Ibn-Hammām**

Ibn-Ḥamza, Maḥmūd al-Kirmānī
→ **Kirmānī, Maḥmūd Ibn-Ḥamza ¬al-¬**

Ibn-Ḥamza, Yaḥyā
→ **Muʾaiyad Billāh, Yaḥyā Ibn-Ḥamza ¬al-¬**

Ibn-Ḥanbal, ʿAbdallāh Ibn-Aḥmad
→ **ʿAbdallāh Ibn-Aḥmad Ibn-Ḥanbal**

Ibn-Ḥanbal, Aḥmad Ibn-Muḥammad
→ **Aḥmad Ibn-Ḥanbal**

Ibn-Ḥanbal, Ṣāliḥ Ibn-Aḥmad
→ **Ṣāliḥ Ibn-Aḥmad Ibn-Ḥanbal**

Ibn-Hāniʾ, Abū-Nuwās al-Ḥasan
→ **Abū-Nuwās al-Ḥasan Ibn-Hāniʾ**

Ibn-Hāniʾ al-Andalusī, Muḥammad
938 –973
LMA,V,317
Andalusī, Muḥammad Ibn-Hāniʾ ¬al-¬
Muḥammad Ibn-Hāniʾ al-Andalusī

Ibn-Harma, Ibrāhīm Ibn-ʿAlī
709 – ca. 768
Ibn-ʿAlī, Ibrāhīm Ibn-Harma
Ibrāhīm Ibn-ʿAlī Ibn-Harma

Ibn-Ḫarūf, Abu-'l-Ḥasan ʿAlī Ibn-Muḥammad
→ **Ibn-Ḫarūf, ʿAlī Ibn-Muḥammad**

Ibn-Ḫarūf, ʿAlī Ibn-Muḥammad
gest. 1212
ʿAlī Ibn-Muḥammad Ibn-Ḫarūf
Ibn Kharūf, ʿAlī Ibn Muḥammad
Ibn-Ḫarūf, Abu-'l-Ḥasan ʿAlī Ibn-Muḥammad
Ibn-Muḥammad, ʿAlī Ibn-Ḫarūf

Ibn-Hārūn, Aḥmad al-Bardīǧī
→ **Bardīǧī, Aḥmad Ibn-Hārūn ¬al-¬**

Ibn-Hārūn, Yūsuf ar-Ramādī
→ **Ramādī, Yūsuf Ibn-Hārūn ¬ar-¬**

Ibn-Ḥasan, ʿAlī Ibn-Muʿāwiya
→ **Ibn-Muʿāwiya, ʿAlī Ibn-Ḥasan**

Ibn-Ḥasan, Ibrāhīm Ibn-ʿAbd-ar-Rafīʿ
→ **Ibn-ʿAbd-ar-Rafīʿ, Ibrāhīm Ibn-Ḥasan**

Ibn-Ḥasan, Maḥmūd al-Warrāq
→ **Warrāq, Maḥmūd Ibn-Ḥasan ¬al-¬**

Ibn-Ḥasan, Muḥammad an-Nawāǧī
→ **Nawāǧī, Muḥammad Ibn-Ḥasan ¬an-¬**

Ibn-Ḥasan, Mūsā al-Mauṣilī
→ **Mauṣilī, Mūsā Ibn-Ḥasan ¬al-¬**

Ibn-Ḥasan al-Mauṣilī, Mūsā
→ **Mauṣilī, Mūsā Ibn-Ḥasan ¬al-¬**

Ibn-Ḥasdây, Avrāhām hal-Lēwī Ben-Šemûʾēl
ca. 1180 – 1240
LMA,I,51
Abraham Bar-Chasdai
Abraham ibn Hasday
Avrāhām ‹Ibn-Ḥasdây›
Bar-Chasdai, Abraham
Ḥasdai ‹ha-Levi›
Ḥasdai, Abraham ben Samuel
Ibn Ḥasdai, Abraham ben Samuel

Ibn-Ḥasnūn, ʿAbdallāh Ibn-al-Ḥusain
908 – 996
ʿAbdallāh Ibn-al-Ḥusain Ibn-Ḥasnūn
Ibn-al-Ḥusain, ʿAbdallāh Ibn-Ḥasnūn

Ibn-Ḥassān, Sulaimān Ibn-Ǧulǧul
→ **Ibn-Ǧulǧul, Sulaimān Ibn-Ḥassān**

Ibn-Ḥātim, al-Faḍl an-Nairīzī
→ **Nairīzī, al-Faḍl Ibn-Ḥātim ¬an-¬**

Ibn-Ḫātima, Aḥmad Ibn-ʿAlī
gest. um 1369
Rep.Font. VI,182/83
Aḥmad Ibn-ʿAlī Ibn-Ḫātima
Anṣārī, Aḥmad Ibn-ʿAlī ¬al-¬
Ibn Ḫātima, Abū Ǧaʿfar Aḥmad b. ʿAlī b. Muḥammad b. ʿAlī al-Anṣārī
Ibn Khātima, Aḥmad ibn ʿAlī
Ibn-ʿAlī, Aḥmad Ibn-Ḫātima

Ibn-Ḥauqal, Abu-'l-Qāsim Ibn-ʿAlī
um 945
LMA,V,317/18; Rep.Font. VI,183/84
Abū l-Ḳāsim Ibn Ḥauḳal al-Naṣībī
Abu-'l-Qāsim Ibn-Ḥauqal
Ebn Haukal
Ibn Haukal
Ibn Ḥauḳal, Abū l-Ḳāsim
Ibn Havkal, Ebu-'l-Kasim
Ibn Ḥawḳal, Abu 'l-Ḳāsim b. ʿAlī
Ibn Ḥawqal, Abū al-Qāsim ibn ʿAlī
Ibn Ḥawqal, Abū 'l-Qāsim b. ʿAlī al-Naṣībī
Naṣībī, Abu-'l-Qāsim Ibn-ʿAlī ¬an-¬

Ibn-Haušab, Abu-'l-Qāsim al-Ḥasan Ibn-Faraǧ
→ **Manṣūr al-Yaman**

Ibn-Haušab, al-Ḥasan Ibn-Faraǧ
→ **Manṣūr al-Yaman**

Ibn-Haušab, al-Ḥasan Ibn-Zādān
→ **Manṣūr al-Yaman**

Ibn-Ḥavîv, Yaʿaqov Ben-Šelomo
ca. 1460 – 1516
Chabib, Jacob Ibn
Ibn-Habib, Jacob
Jacob ‹Ibn Chabib›
Jakob ‹Chabib›
Yaʿaqov Ben-Šelomo ‹Ibn-Ḥavîv›

Ibn-Hawāzin, ʿAbd-al-Karīm al-Qušairī
→ **Qušairī, ʿAbd-al-Karīm Ibn-Hawāzin ¬al-¬**

Ibn-Hawāzin al-Qušairī, ʿAbd-al-Karīm
→ **Qušairī, ʿAbd-al-Karīm Ibn-Hawāzin ¬al-¬**

Ibn-Ḥazm, Abū-Muḥammad ʿAlī Ibn-Aḥmad
→ **Ibn-Ḥazm, ʿAlī Ibn-Aḥmad**

Ibn-Ḥazm, ʿAlī Ibn-Aḥmad
993 – 1064
Rep.Font. VI,186-88; LMA,V,318
ʿAlī Ibn-Aḥmad Ibn-Ḥazm
ʿAlī Ibn-Aḥmad Ibn-Ḥazm al-Andalusī
Andalusī, Ibn-Ḥazm ¬al-¬
Ibn Hasm, Ali
Ibn Ḥazm, Abū Muḥammad ʿAlī b. Aḥmad b. Saʿīd
Ibn-Aḥmad, ʿAlī Ibn-Ḥazm
Ibn-Ḥazm, Abū-Muḥammad ʿAlī Ibn-Aḥmad
Ibn-Ḥazm al-Andalusī
Ibn-Ḥazm al-Andalusī, Abū-Muḥammad
Ibn-Ḥazm aẓ-Ẓāhirī
Ẓāhirī, ʿAlī Ibn-Ḥazm ¬aẓ-¬

Ibn-Ḥazm al-Andalusī
→ **Ibn-Ḥazm, ʿAlī Ibn-Aḥmad**

Ibn-Ḥazm al-Andalusī, Abū-Muḥammad
→ **Ibn-Ḥazm, ʿAlī Ibn-Aḥmad**

Ibn-Ḥazm aẓ-Ẓāhirī
→ **Ibn-Ḥazm, ʿAlī Ibn-Aḥmad**

Ibn-Hibatallāh, ʿAlī Ibn-Mākūlāʾ
→ **Ibn-Mākūlāʾ, ʿAlī Ibn-Hibatallāh**

Ibn-Hibatallāh, Ibn-Abi-'l-Ḥadīd ʿAbd-al-Ḥamīd
→ **Ibn-Abi-'l-Ḥadīd, ʿAbd-al-Ḥamīd Ibn-Hibatallāh**

Ibn-Hibatallāh, Saʿīd
→ **Saʿīd Ibn-Hibatallāh**

Ibn-Hibatallāh, Saʿīd ar-Rāwandī
→ **Rāwandī, Saʿīd Ibn-Hibatallāh ¬ar-¬**

Ibn-Ḥibbān al-Bustī, Muḥammad Ibn-Aḥmad
884 – 965
Bustī, Muḥammad Ibn-Ḥibbān ¬al-¬
Ibn-Aḥmad, Muḥammad Ibn-Ḥibbān al-Bustī
Muḥammad Ibn-Aḥmad Ibn-Ḥibbān al-Bustī

Ibn-Hibintā
gest. nach 929

Ibn-Ḫidma, Abū-Rāʾiṭa Ḥabīb
→ **Abū-Rāʾiṭa, Ḥabīb Ibn-Ḫidma**

Ibn-Hilāl aṯ-Ṯaqafī, Ibrāhīm Ibn-Muḥammad
→ **Ṯaqafī, Ibrāhīm Ibn-Muḥammad ¬aṯ-¬**

Ibn-Ḥilliza, al-Ḥāriṯ
→ **Ḥāriṯ Ibn-Ḥilliza ¬al-¬**

Ibn-Hišām
→ **ʿAbd-ar-Raḥmān ‹Spanien, Emir, I.›**

Ibn-Hišām, ʿAbdallāh Ibn-Yūsuf
1308 – 1360
ʿAbdallāh Ibn-Yūsuf Ibn-Hišām
ʿAbdallāh Ibn-Yūsuf Ibn-Hišām al-Anṣārī
Anṣārī, ʿAbdallāh Ibn-Yūsuf ¬al-¬
Ibn-Hišām al-Anṣārī, ʿAbdallāh Ibn-Yūsuf
Ibn-Hišām al-Anṣārī ʿAbdallāh Ibn-Yūsuf
Ibn-Yūsuf, ʿAbdallāh Ibn-Hišām

Ibn-Hišām, ʿAbd-al-Malik
gest. 834
ʿAbd-al-Malik Ibn-Hišām
Ibn Hischam, Abd Al Malik

Ibn-Hišām al-Anṣārī, ʿAbdallāh Ibn-Yūsuf
→ **Ibn-Hišām, ʿAbdallāh Ibn-Yūsuf**

Ibn-Hišām al-Laḫmī, Muḥammad Ibn-Aḥmad
→ **Laḫmī, Muḥammad Ibn-Aḥmad ¬al-¬**

Ibn-Ḥiya, as-Samauʾal
→ **Samauʾal Ibn-ʿĀdiyā ¬as-¬**

Ibn-Ḥubāb, Wāliba
→ **Wāliba Ibn-Ḥubāb**

Ibn-Hubaira, Abu-'l-Muẓaffar Yaḥyā Ibn-Muḥammad
→ **Ibn-Hubaira, Yaḥyā Ibn-Muḥammad**

Ibn-Hubaira, ʿAun-ad-Dīn Yaḥyā Ibn-Muḥammad
→ **Ibn-Hubaira, Yaḥyā Ibn-Muḥammad**

Ibn-Hubaira, Yaḥyā Ibn-Muḥammad
gest. 1165
Ibn Hubayra, Yaḥyā Ibn Muḥammad
Ibn-Hubaira, Abu-'l-Muẓaffar Yaḥyā Ibn-Muḥammad
Ibn-Hubaira, ʿAun-ad-Dīn Yaḥyā Ibn-Muḥammad
Ibn-Muḥammad, Yaḥyā Ibn-Hubaira
Yaḥyā Ibn-Muḥammad Ibn-Hubaira

Ibn-Ḥubaiš, ʿAbd-ar-Raḥmān Ibn-Muḥammad
1110 – 1188
ʿAbd-ar-Raḥmān Ibn-Muḥammad Ibn-Ḥubaiš
Ibn Ḥubaysh, ʿAbd al-Raḥmān ibn Muḥammad
Ibn-Muḥammad, ʿAbd-ar-Raḥmān Ibn-Ḥubaiš

Ibn-Huḏail, Abu'l-Ḥasan ʿAlī Ibn-ʿAbd-ar-Raḥmān
→ **Ibn-Huḏail al-Andalusī, ʿAlī Ibn-ʿAbd-ar-Raḥmān**

Ibn-Huḏail, ʿAlī Ibn-ʿAbd-ar-Raḥmān
→ **Ibn-Huḏail al-Andalusī, ʿAlī Ibn-ʿAbd-ar-Raḥmān**

Ibn-Huḏail al-Andalusī, ʿAlī Ibn-ʿAbd-ar-Raḥmān
um 1361
Rep.Font. VI,188/89
ʿAlī Ibn-ʿAbd-ar-Raḥmān Ibn-Huḏail al-Andalusī
ʿAlī Ibn-ʿAbd-ar-Raḥmān Ibn-Huḏail al-Fazārī al-Andalusī, Abu'l-Ḥasan

ʿAly ben Abderraḥman ben Hoḏeïl el Andalusy
Andalusī, ʿAlī Ibn-ʿAbd-ar-Raḥmān ¬al-¬
Ibn Huḏayl, Abū ʾl-Ḥasan ʿAlī b. ʿAbd al-Raḥmān b. Huḏayl al-Fazārī al-Andalusī
Ibn Hudhayl al-Andalusī, ʿAlī Ibn ʿAbd al-Raḥmān
Ibn-ʿAbd-ar-Raḥmān, ʿAlī Ibn-Huḏail al-Andalusī
Ibn-Huḏail, Abuʾl-Ḥasan ʿAlī Ibn-ʿAbd-ar-Raḥmān
Ibn-Huḏail, ʿAlī Ibn-ʿAbd-ar-Raḥmān

Ibn-Ḫulaid, Abu-ʾl-ʿAmaiṯal ʿAbdallāh
→ **Abu-ʾl-ʿAmaiṯal ʿAbdallāh Ibn-Ḫulaid**

Ibn-Ḫurdāḏbih, ʿUbaidallāh Ibn-ʿAbdallāh
ca. 820 – ca. 912
Ibn Chordadbeh, Ubaid Allah ibn Ahmed
Ibn Khurdadhbih, ʿUbayd Allāh ibn ʿAbd Allāh
Ibn-ʿAbdallāh, ʿUbaidallāh Ibn-Ḫurdāḏbih
Ibn-Ḫurradāḏbih, ʿUbaidallāh Ibn-ʿAbdallāh
Ibn-Khordâdhbeh, Abuʾl-Kâsim Obaidallah Ibn-Abdallah
ʿUbaidallāh Ibn-ʿAbdallāh Ibn-Ḫurdāḏbih

Ibn-Ḫurradāḏbih, ʿUbaidallāh Ibn-ʿAbdallāh
→ **Ibn-Ḫurdāḏbih, ʿUbaidallāh Ibn-ʿAbdallāh**

Ibn-Ḥusain, ʿAbdallāh Ibn-ʿĀṣim
→ **Ibn-ʿĀṣim, ʿAbdallāh Ibn-Ḥusain**

Ibn-Ḫuzaima, Muḥammad Ibn-Isḥāq
838 – 924
Ibn-Isḥāq, Muḥammad Ibn-Ḫuzaima
Muḥammad Ibn-Isḥāq Ibn-Ḫuzaima

İbn-i Fariz
→ **Ibn-al-Fāriḍ, ʿUmar Ibn-ʿAlī**

Ibn-i Yamīn, Amīr Fakhr al-Dīn Maḥmūd
→ **Ibn-Yamīn, Faḫr-ad-Dīn Maḥmūd**

Ibn-Ibrāhīm, ʿAbd-al-Ḥaqq Ibn-Sabʿīn
→ **Ibn-Sabʿīn, ʿAbd-al-Ḥaqq Ibn-Ibrāhīm**

Ibn-Ibrāhīm, ʿAbd-al-Karīm an-Nahšalī
→ **Nahšalī, ʿAbd-al-Karīm Ibn-Ibrāhīm ¬an-¬**

Ibn-Ibrāhīm, ʿAbdallah al-Ḫabrī
→ **Ḫabrī, ʿAbdallah Ibn-Ibrāhīm ¬al-¬**

Ibn-Ibrāhīm, ʿAbd-al-Wahhāb az-Zanǧānī
→ **Zanǧānī, ʿAbd-al-Wahhāb Ibn-Ibrāhīm ¬az-¬**

Ibn-Ibrāhīm, Abū-Bakr Muḥammad Ibn-al-Muqriʾ
→ **Ibn-al-Muqriʾ, Abū-Bakr Muḥammad Ibn-Ibrāhīm**

Ibn-Ibrāhīm, Abū-Ḏarr Aḥmad Sibṭ-Ibn-al-ʿAǧamī
→ **Sibṭ-Ibn-al-ʿAǧamī, Abū-Ḏarr Aḥmad Ibn-Ibrāhīm**

Ibn-Ibrāhīm, Abū-Yūsuf Yaʿqūb
→ **Abū-Yūsuf Yaʿqūb Ibn-Ibrāhīm**

Ibn-Ibrāhīm, Aḥmad ad-Dauraqī
→ **Dauraqī, Aḥmad Ibn-Ibrāhīm ¬ad-¬**

Ibn-Ibrāhīm, Aḥmad ad-Dimyāṭī
→ **Dimyāṭī, Aḥmad Ibn-Ibrāhīm ¬ad¬**

Ibn-Ibrāhīm, Aḥmad al-Ḥanbalī
→ **Aḥmad Ibn-Ibrāhīm al-Ḥanbalī**

Ibn-Ibrāhīm, Aḥmad al-Ismāʿīlī
→ **Ismāʿīlī, Aḥmad Ibn-Ibrāhīm ¬al-¬**

Ibn-Ibrāhīm, Aḥmad Ibn-al-Ǧazzār
→ **Ibn-al-Ǧazzār, Aḥmad Ibn-Ibrāhīm**

Ibn-Ibrāhīm, ʿAlī Ibn-al-ʿAṭṭār
→ **Ibn-al-ʿAṭṭār, ʿAlī Ibn-Ibrāhīm**

Ibn-Ibrāhīm, ʿAlī Ibn-Buḫtīšūʿ
→ **Ibn-Buḫtīšūʿ, ʿAlī Ibn-Ibrāhīm**

Ibn-Ibrāhīm, al-Qāsim
→ **Qāsim Ibn-Ibrāhīm ar-Rassī ¬ar-¬**

Ibn-Ibrāhīm, Isḥāq aš-Šāšī
→ **Šāšī, Isḥāq Ibn-Ibrāhīm ¬aš-¬**

Ibn-Ibrāhīm, Isḥāq Ibn-Rāhwaih
→ **Ibn-Rāhwaih, Isḥāq Ibn-Ibrāhīm**

Ibn-Ibrāhīm, Muḥammad al-Waṭwāṭ
→ **Waṭwāṭ, Muḥammad Ibn-Ibrāhīm ¬al-¬**

Ibn-Ibrāhīm, Muḥammad al-Wazīr
→ **Wazīr, Muḥammad Ibn-Ibrāhīm ¬al-¬**

Ibn-Ibrāhīm, Muḥammad Ibn-al-Akfānī
→ **Ibn-al-Akfānī, Muḥammad Ibn-Ibrāhīm**

Ibn-Ibrāhīm, Muḥammad Ibn-al-Munḏir
→ **Ibn-al-Munḏir, Muḥammad Ibn-Ibrāhīm**

Ibn-Ibrāhīm, Muḥammad Ibn-al-Wazīr
→ **Ibn-al-Wazīr, Muḥammad Ibn-Ibrāhīm**

Ibn-Ibrāhīm, Muḥammad Ibn-Ǧamāʿa
→ **Ibn-Ǧamāʿa, Muḥammad Ibn-Ibrāhīm**

Ibn-Ibrāhīm, Muḥammad Ibn-Šaddād
→ **Ibn-Šaddād, Muḥammad Ibn-Ibrāhīm**

Ibn-Ibrāhīm, ʿUṯmān an-Nābulusī
→ **Nābulusī, ʿUṯmān Ibn-Ibrāhīm ¬an-¬**

Ibn-Ibrāhīm, Yaʿīš al-Umawī
→ **Umawī, Yaʿīš Ibn-Ibrāhīm ¬al-¬**

Ibn-Ibrāhīm ad-Dauraqī, Aḥmad
→ **Dauraqī, Aḥmad Ibn-Ibrāhīm ¬ad-¬**

Ibn-Ibrāhīm ad-Dimyāṭī, Aḥmad
→ **Dimyāṭī, Aḥmad Ibn-Ibrāhīm ¬ad¬**

Ibn-Ibrāhīm al-Mauṣilī, Isḥāq
→ **Isḥāq Ibn-Ibrāhīm al-Mauṣilī**

Ibn-Ibrāhīm al-Waṭwāṭ, Muḥammad
→ **Waṭwāṭ, Muḥammad Ibn-Ibrāhīm ¬al-¬**

Ibn-Ibrāhīm al-Wazīr, Muḥammad
→ **Wazīr, Muḥammad Ibn-Ibrāhīm ¬al-¬**

Ibn-Ibrāhīm an-Nābulusī, ʿUṯmān
→ **Nābulusī, ʿUṯmān Ibn-Ibrāhīm ¬an-¬**

Ibn-ʿIḏāri ʾl-Marrākušī, Aḥmad Ibn-Muḥammad
13. Jh.
Marokkan. Historiker
LMA,V,318; Rep.Font. VI,190/92
Aḥmad Ibn-ʿIḏāri al-Marrākušī
Ibn ʿIḏārī al-Marrākušī, Abu-ʾl-ʿAbbās Aḥmad b. Muḥammad b. ʿIḏārī al-Marrākušī
Ibn ʿIdhārī al-Marrākushī, Aḥmad ibn Muḥammad
Marrākušī, Aḥmad Ibn-ʿIḏāri ¬al-¬

Ibn-Idrīs, ʿAbd-al-Malik al-Ǧazīrī
→ **ʿAbd-al-Malik Ibn-Idrīs al-Ǧazīrī**

Ibn-Idrīs, Aḥmad al-Qarāfī
→ **Qarāfī, Aḥmad Ibn-Idrīs ¬al-¬**

Ibn-Idrīs, Muḥammad aš-Šāfiʿī
→ **Šāfiʿī, Muḥammad Ibn-Idrīs ¬aš-¬**

Ibn-Idrīs, Muḥammad Marǧ al-Kuḥl
→ **Marǧ al-Kuḥl, Muḥammad Ibn-Idrīs**

Ibn-ʿImād-ad-Dīn, Aḥmad al-Aqfahsī
→ **Aqfahsī, Aḥmad Ibn-ʿImād-ad-Dīn ¬al-¬**

Ibn-ʿImrān, Isḥāq
→ **Isḥāq Ibn-ʿImrān**

Ibn-ʿImrān, Muḥammad al-Marzubānī
→ **Marzubānī, Muḥammad Ibn-ʿImrān ¬al-¬**

Ibn-ʿImrān al-Marzubānī, Muḥammad
→ **Marzubānī, Muḥammad Ibn-ʿImrān ¬al-¬**

Ibn-ʿIrāq, Abū-Naṣr Manṣūr Ibn-ʿAlī
→ **Abū-Naṣr Ibn-ʿIrāq, Manṣūr Ibn-ʿAlī**

Ibn-ʿIrāq, Manṣūr Ibn-ʿAlī
→ **Abū-Naṣr Ibn-ʿIrāq, Manṣūr Ibn-ʿAlī**

Ibn-ʿĪsā, Aḥmad
→ **Aḥmad Ibn-ʿĪsā**

Ibn-ʿĪsā, ʿAlī
→ **ʿAlī Ibn-ʿĪsā**

Ibn-ʿĪsā, ʿAlī al-Irbilī
→ **Irbilī, ʿAlī Ibn-ʿĪsā ¬al-¬**

Ibn-ʿĪsā, ʿAlī al-Kaḥḥāl
→ **ʿAlī Ibn-ʿĪsā al-Kaḥḥāl**

Ibn-ʿĪsā, ʿAlī ar-Rummānī
→ **Rummānī, ʿAlī Ibn-ʿĪsā ¬ar-¬**

Ibn-ʿĪsā, Ḫālid al-Balawī
→ **Balawī, Ḫālid Ibn-ʿĪsā ¬al-¬**

Ibn-ʿĪsā, Muḥammad at-Tirmiḏī
→ **Tirmiḏī, Muḥammad Ibn-ʿĪsā ¬at-¬**

Ibn-ʿĪsā, Yaḥyā Ibn-Maṭrūḥ
→ **Ibn-Maṭrūḥ, Yaḥyā Ibn-ʿĪsā**

Ibn-ʿĪsā ar-Rummānī ʿAlī
→ **Rummānī, ʿAlī Ibn-ʿĪsā ¬ar-¬**

Ibn-ʿĪsā at-Tirmiḏī, Muḥammad
→ **Tirmiḏī, Muḥammad Ibn-ʿĪsā ¬at-¬**

Ibn-Ishâq
→ **Ibn-Isḥāq, Muḥammad**

Ibn-Isḥāq, ʿAbd-ar-Raḥmān az-Zaǧǧāǧī
→ **Zaǧǧāǧī, ʿAbd-ar-Raḥmān Ibn-Isḥāq ¬az-¬**

Ibn-Isḥāq, Abū-ʿAbdallāh Muḥammad
→ **Ibn-Isḥāq, Muḥammad**

Ibn-Isḥāq, Abū-Aḥmad Muḥammad Ibn-Muḥammad
→ **Ḥākim al-Kabīr, Abū-Aḥmad Muḥammad Ibn-Muḥammad ¬al-¬**

Ibn-Isḥāq, Abū-ʿAlī ʿĪsā Ibn-Zurʿa
→ **Ibn-Zurʿa, Abū-ʿAlī ʿĪsā Ibn-Isḥāq**

Ibn-Isḥāq, Ḥunain
→ **Ḥunain Ibn-Isḥāq**

Ibn-Isḥāq, Ibrāhīm al-Ḥarbī
→ **Ḥarbī, Ibrāhīm Ibn-Isḥāq ¬al-¬**

Ibn-Isḥāq, Ismāʿīl al-Ǧahḍamī
→ **Ǧahḍamī, Ismāʿīl Ibn-Isḥāq ¬al-¬**

Ibn-Isḥāq, Muḥammad
704 – 767/8
LMA,V,318/19
Ibn Ishak, Muhammad
Ibn-Ishâq
Ibn-Isḥāq, Abū-ʿAbdallāh Muḥammad
Muḥammad Ibn-Isḥāq
Muḥammad Ibn-Iṣḥāq
Ibn-Yasār, Abū-ʿAbdallāh

Ibn-Isḥāq, Muḥammad al-Kalābāḏī
→ **Kalābāḏī, Muḥammad Ibn-Isḥāq ¬al¬**

Ibn-Isḥāq, Muḥammad al-Qūnawī
→ **Qūnawī, Ṣadr-ad-Dīn Muḥammad Ibn-Isḥāq ¬al-¬**

Ibn-Isḥāq, Muḥammad Ibn-an-Nadīm
→ **Ibn-an-Nadīm, Muḥammad Ibn-Isḥāq**

Ibn-Isḥāq, Muḥammad Ibn-Ḫuzaima
→ **Ibn-Ḫuzaima, Muḥammad Ibn-Isḥāq**

Ibn-Isḥāq, Muḥammad Ibn-Manda
→ **Ibn-Manda, Muḥammad Ibn-Isḥāq**

Ibn-Isḥāq, Ṣadr-ad-Dīn Muḥammad al-Qūnawī
→ **Qūnawī, Ṣadr-ad-Dīn Muḥammad Ibn-Isḥāq ¬al-¬**

Ibn-Isḥāq, ʿUmar al-Hindī
→ **Hindī, ʿUmar Ibn-Isḥāq ¬al-¬**

Ibn-Isḥāq, Yaʿqūb Ibn-al-Quff
→ **Ibn-al-Quff, Yaʿqūb Ibn-Isḥāq**

Ibn-Isḥāq, Yaʿqūb Ibn-as-Sikkīt
→ **Ibn-as-Sikkīt, Yaʿqūb Ibn-Isḥāq**

Ibn-Isḥāq al-Ḥarbī, Ibrāhīm
→ **Ḥarbī, Ibrāhīm Ibn-Isḥāq ¬al-¬**

Ibn-Isḥāq al-Hindī, ʿUmar
→ **Hindī, ʿUmar Ibn-Isḥāq ¬al-¬**

Ibn-Ismāʿīl, ʿAbd-al-Ġāfir al-Fārisī
→ **Fārisī, ʿAbd-al-Ġāfir Ibn-Ismāʿīl ¬al-¬**

Ibn-Ismāʿīl, Abu-ʿl-Ḥasan ʿAlī al-Ašʿarī
→ **Ašʿarī, Abu-ʾl-Ḥasan ʿAlī Ibn-Ismāʿīl ¬al-¬**

Ibn-Ismāʿīl, Abū-Šāma Abd-ar-Raḥmān
→ **Abū-Šāma, ʿAbd-ar-Raḥmān Ibn-Ismāʿīl**

Ibn-Ismāʿīl, al-Ḥusain al-Maḥāmalī
→ **Maḥāmalī, al-Ḥusain Ibn-Ismāʿīl ¬al-¬**

Ibn-Ismāʿīl, Ibn-Sīda ʿAlī
→ **Ibn-Sīda, ʿAlī Ibn-Ismāʿīl**

Ibn-Ismāʿīl, Muḥammad al-Buḫārī
→ **Buḫārī, Muḥammad Ibn-Ismāʿīl ¬al-¬**

Ibn-Ismāʿīl, Muḥammad Ibn-Ḫalfūn
→ **Ibn-Ḫalfūn, Muḥammad Ibn-Ismāʿīl**

Ibn-Ismāʿīl al-Ašʿarī, Abu-ʿl-Ḥasan ʿAlī
→ **Ašʿarī, Abu-ʾl-Ḥasan ʿAlī Ibn-Ismāʿīl ¬al-¬**

Ibn-Ismāʿīl al-Buḫārī, Muḥammad
→ **Buḫārī, Muḥammad Ibn-Ismāʿīl ¬al-¬**

Ibn-Ismāʿīl al-Fārisī, ʿAbd-al-Ġāfir
→ **Fārisī, ʿAbd-al-Ġāfir Ibn-Ismāʿīl ¬al-¬**

Ibn-Ismāʿīl aṯ-Ṯaqafī, Ṭuraiḥ
→ **Ṭuraiḥ aṯ-Ṯaqafī, Ibn-Ismāʿīl**

Ibn-ʿIyāḍ, al-Fuḍail
→ **Fuḍail Ibn-ʿIyāḍ ¬al-¬**

Ibn-Jakub, Ibrahim
→ **Ibrāhīm Ibn-Yaʿqūb**

Ibn-Janah, Abu Al-Walid Merwan
→ **Ibn-Ǧanāḥ, Yônā**

Ibn-Janāḥ, Abū-Walīd Marwān
→ **Ibn-Ǧanāḥ, Yônā**

Ibn-Janāḥ, Jonah
→ **Ibn-Ǧanāḥ, Yônā**

Ibn-Juzayy, Muḥammad Ibn-Aḥmad
→ **Ibn-Ǧuzaiy, Muḥammad Ibn-Aḥmad**

Ibn-Kaʿb, Ubaiy
→ **Ubaiy Ibn-Kaʿb**

Ibn-Kaikalawī al-ʿAlāʾī, Ṣalāḥ-ad-Dīn Ḫalīl
→ **Ibn-Kaikaldī al-ʿAlāʾī, Ṣalāḥ-ad-Dīn Ḫalīl**

Ibn-Kaikaldī, Ḫalīl Ibn-ʿAbdallāh
→ **Ibn-Kaikaldī al-ʿAlāʾī, Ṣalāḥ-ad-Dīn Ḫalīl**

Ibn-Kaikaldī al-ʿAlāʾī, Ṣalāḥ-ad-Dīn Ḫalīl
1295 – 1359
ʿAlāʾī, Ḫalīl Ibn-Kaikaldī ¬al-¬
ʿAlāʾī, Ṣalāḥ-ad-Dīn Ḫalīl ¬al-¬

Ibn-Kaikalawī al-ʻAlā'ī, Ṣalāḥ-ad-Dīn Ḫalīl
Ibn-Kaikaldī, Ḫalīl Ibn-ʻAbdallāh
Ṣalāḥ-ad-Dīn Ḫalīl Ibn-Kaikaldī al-ʻAlā'ī

Ibn-Kaisān, Muḥammad Ibn-Aḥmad
gest. 911
Ibn Kaysān, Muhammad Ibn Aḥmad
Ibn-Aḥmad, Muḥammad Ibn-Kaisān
Muḥammad Ibn-Aḥmad Ibn-Kaisān

Ibn-Kāmil, al-Mubārak al-Ḫaffāf
→ **Ḫaffāf, al-Mubārak Ibn-Kāmil ¬al-¬**

Ibn-Kammūna, Saʻd Ibn-Manṣūr
gest. 1284
Ibn-Kammūna al-Yahūdī
Ibn-Manṣūr, Saʻd Ibn-Kammūna
Saʻd Ibn-Manṣūr Ibn-Kammūna

Ibn-Kammūna al-Yahūdī
→ **Ibn-Kammūna, Saʻd Ibn-Manṣūr**

Ibn-Kaškarīya, Abu-'l-Ḥusain
→ **Yaʻqūb al-Kaškarī**

Ibn-Kaspi, Joseph
→ **Kaspî, Yôsēf**

Ibn-Kaṯīr, Ismāʻīl Ibn-ʻUmar
1301 – 1373
Ibn-ʻUmar, Ismāʻīl Ibn-Kaṯīr
Ismāʻīl Ibn-ʻUmar Ibn-Kaṯīr

Ibn-Kaṯīr al-Farġānī, Aḥmad Ibn-Muḥammad
→ **Farġānī, Aḥmad Ibn-Muḥammad ¬al-¬**

Ibn-Khaldoun
→ **Ibn-Ḫaldūn, ʻAbd-ar-Raḥmān Ibn-Muḥammad**

Ibn-Khaldoun al-Hadrami al-Maghribi, Abd-ar-Rahman
→ **Ibn-Ḫaldūn, ʻAbd-ar-Raḥmān Ibn-Muḥammad**

Ibn-Khordâdhbeh, Abu'l-Kâsim Obaidallah Ibn-Abdallah
→ **Ibn-Ḫurdāḏbih, ʻUbaidallāh Ibn-ʻAbdallāh**

Ibn-Kulṯūm, ʻAmr
→ **ʻAmr Ibn-Kulṯūm**

Ibn-Lahīʻa, ʻAbdallāh
gest. 790
ʻAbdallāh Ibn-Lahīʻa
Ibn-Luhaiʻa, ʻAbdallāh

Ibn-Luhaiʻa, ʻAbdallāh
→ **Ibn-Lahīʻa, ʻAbdallāh**

Ibn-Lūqā, Qusṭā
→ **Qusṭā Ibn-Lūqā**

Ibn-Maʻdīkarib, Abū-Ṯaur ʻAmr
→ **ʻAmr Ibn-Maʻdīkarib, Abū-Ṯaur**

Ibn-Maʻdīkarib, ʻAmr
→ **ʻAmr Ibn-Maʻdīkarib, Abū-Ṯaur**

Ibn-Mänglī, Muḥammad
→ **Ibn-Manglī, Muḥammad**

Ibn-Mänglī an-Nāṣirī, Muḥammad
→ **Ibn-Manglī, Muḥammad**

Ibn-Māǧa, Muḥammad Ibn-Yazīd
824 – 886
Ibn Mādja, Muḥammad ibn Yazīd
Ibn Māja, Muḥammad ibn Yazīd
Ibn-Yazīd, Muḥammad Ibn-Māǧa
Muḥammad Ibn-Yazīd Ibn-Māǧa

Ibn-Maǧd-ad-Dīn, ʻAlī Muṣannifak
→ **Muṣannifak, ʻAlī Ibn-Maǧd-ad-Dīn**

Ibn-Māǧid as-Saʻdī, Aḥmad
um 1490
Aḥmad Ibn-Māǧid as-Saʻdī
Ibn Mājid al-Saʻdī, Aḥmad
Saʻdī, Aḥmad Ibn-Māǧid ¬as-¬

Ibn-Maḫlad ad-Dūrī
→ **Dūrī, Muḥammad Ibn-Maḫlad ¬ad-¬**

Ibn-Maḥmūd, Ǧunaid al-ʻUmarī
→ **ʻUmarī, Ǧunaid Ibn-Maḥmūd ¬al-¬**

Ibn-Maḥmūd, Muḥammad al-Ustrūšanī
→ **Ustrūšanī, Muḥammad Ibn-Maḥmūd ¬al-¬**

Ibn-Maḥmūd, Muḥammad Ibn-Aġā
→ **Ibn-Aġā, Muḥammad Ibn-Maḥmūd**

Ibn-Maḥmūd, Muḥammad Ibn-an-Naǧǧār
→ **Ibn-an-Naǧǧār, Muḥammad Ibn-Maḥmūd**

Ibn-Maḥmūd, Muslim aš-Šaizarī
→ **Šaizarī, Muslim Ibn-Maḥmūd ¬aš-¬**

Ibn-Maimūn, ʻAbdallāh
→ **ʻAbdallāh Ibn-Maimūn**

Ibn-Maimūn, Muḥammad Ibn-al-Mubārak
gest. ca. 1200
Ibn Maymūn, Muḥammad Ibn al-Mubārak
Ibn-al-Mubārak, Muḥammad Ibn-Maimūn
Muḥammad Ibn-al-Mubārak Ibn-Maimūn

Ibn-Maimūn al-Qurṭubī al-Andalusī
→ **Maimonides, Moses**

Ibn-Maʻīn, Yaḥyā
→ **Yaḥyā Ibn-Maʻīn**

Ibn-Maiyāda, ar-Rammāḥ Ibn-al-Abrad
gest. ca. 754
Ibn-al-Abrad, ar-Rammāḥ Ibn-Maiyāda
Rammāḥ Ibn-Maiyāda ¬ar-¬

Ibn-Makānis, ʻAbd-ar-Raḥmān Ibn-ʻAbd-ar-Razzāq
1344 – 1392
ʻAbd-ar-Raḥmān Ibn-ʻAbd-ar-Razzāq Ibn-Makānis
Ibn-ʻAbd-ar-Razzāq, ʻAbd-ar-Raḥmān Ibn-Makānis

Ibn-Mākūlā', ʻAlī Ibn-Hibatallāh
1031 – ca. 1094
ʻAlī Ibn-Hibatallāh Ibn-Mākūlā'
Ibn-Hibatallāh, ʻAlī Ibn-Mākūlā'

Ibn-Mālik, Muḥammad Ibn-ʻAbdallāh
1203 – 1273
Djemal-Eddin, Mohammed
Djémal-Eddin Mohammad
Ebn-Malec
Ebn-Malec, Djemal-Eddin Mohammed
Ǧamāl-ad-Dīn Ibn-Mālik
Ibn Malik al Gaiyani
Ibn-ʻAbdallāh, Muḥammad Ibn-Mālik
Ibn-Mālik aṭ-Ṭā'ī, Ǧamāl-ad-Dīn Muḥammad Ibn-ʻAbdallāh
Mālik, Ibn
Muhammad Ibn 'Abd Allah Ibn Mālik
Muhammad Ibn-Abd-Allah
Muḥammad Ibn-ʻAbdallāh Ibn-Mālik
Muḥammad Ibn-ʻAbdallāh Ibn-Mālik aṭ-Ṭā'ī, Ǧamāl-ad-Dīn Abū-ʻAbdallāh

Ibn-Mālik al-Anṣārī, Kaʻb
→ **Kaʻb Ibn-Mālik al-Anṣārī**

Ibn-Mālik al-Qaṭīʻī, Aḥmad Ibn-Ǧaʻfar
888 – 979
Aḥmad Ibn-Ǧaʻfar Ibn-Mālik al-Qaṭīʻī
Ibn Mālik al-Qaṭīʻī, Aḥmad Ibn Jaʻfar
Ibn-Ǧaʻfar, Aḥmad Ibn-Mālik al-Qaṭīʻī
Qaṭīʻī, Aḥmad Ibn-Ǧaʻfar ¬al-¬

Ibn-Mālik aṭ-Ṭā'ī, Ǧamāl-ad-Dīn Muḥammad Ibn-ʻAbdallāh
→ **Ibn-Mālik, Muḥammad Ibn-ʻAbdallāh**

Ibn-Malkā, Abu-'l-Barakāt Hibatallāh al-Baġdādī
→ **Abu-'l-Barakāt al-Baġdādī, Hibatallāh Ibn-Malkā**

Ibn-Malkā, Hibatallāh al-Baġdādī
→ **Abu-'l-Barakāt al-Baġdādī, Hibatallāh Ibn-Malkā**

Ibn-Maʻmar, Ǧamīl Ibn-ʻAbdallāh
→ **Ǧamīl Ibn-ʻAbdallāh Ibn-Maʻmar**

Ibn-Mammātī, Asʻad Ibn-al-Muhaḏḏab
1149 – 1209
Rep.Font. VI,194
Asʻad Ibn-al-Muhaḏḏab Ibn-Mammātī
Ibn Mammātī, al-As'ad b. Muhaḏḏab b. Zakarīyā' b. Qudāma b. Mīnā Šaraf al-Dīn Abū'l-Makārim b. Sa'īd b. Abī'l-Malīḥ Ibn Mammātī
Ibn-al-Muhaḏḏab, Asʻad Ibn Mammātī

Ibn-Manda, Muḥammad Ibn-Isḥāq
922 – 1005
Ibn-Isḥāq, Muḥammad Ibn-Manda
Muḥammad Ibn-Isḥāq Ibn-Manda

Ibn-Manglī, Muḥammad
gest. 1384
Ibn-Mänglī, Muḥammad
Ibn-Mänglī an-Nāṣirī, Muḥammad
Ibn-Manklī, Muḥammad
Mank Ibn-Manklī, Muḥammad
Mank Manklī, Muḥammad
Muḥammad Ibn-Manglī

Ibn-Manīʻ, Muḥammad Ibn-Saʻd
→ **Ibn-Saʻd az-Zuhrī, Muḥammad**

Ibn-Manklī, Muḥammad
→ **Ibn-Manglī, Muḥammad**

Ibn-Manṣūr, ʻAlī Ibn-Muqrib
→ **Ibn-Muqrib, ʻAlī Ibn-Manṣūr**

Ibn-Manṣūr, Saʻd Ibn-Kammūna
→ **Ibn-Kammūna, Saʻd Ibn-Manṣūr**

Ibn-Manṣūr Saʻīd
→ **Saʻīd Ibn-Manṣūr**

Ibn-Manẓūr, Muḥammad Ibn-Mukarram
1232 – 1311
Ibn-Mukarram, Muḥammad Ibn-Manẓūr
Muḥammad Ibn-Mukarram Ibn-Manẓūr

Ibn-Mardawaih, Abū-Bakr Aḥmad Ibn-Muḥammad
→ **Ibn-Mardawaih, Aḥmad Ibn-Muḥammad**

Ibn-Mardawaih, Aḥmad Ibn-Muḥammad
1018 – 1104
Abū Bakr Ibn-Mardawaih, Aḥmad Ibn-Muḥammad
Aḥmad Ibn-Muḥammad Ibn-Mardawaih
Ibn Mardawayh, Aḥmad Ibn Muḥammad
Ibn-Mardawaih, Abū-Bakr Aḥmad Ibn-Muḥammad

Ibn-Marǧ al-Kuḥl, Muḥammad Ibn-Idrīs
→ **Marǧ al-Kuḥl, Muḥammad Ibn-Idrīs**

Ibn-Marwān, Aḥmad ad-Dīnawarī
→ **Dīnawarī, Aḥmad Ibn-Marwān ¬ad-¬**

Ibn-Marzawaih, Mihyār ad-Dailamī
→ **Mihyār Ibn-Marzawaih ad-Dailamī**

Ibn-Marzūq, Abū-ʻAbdallāh Muḥammad Ibn-Aḥmad
→ **Ibn-Marzūq, Muḥammad Ibn-Aḥmad**

Ibn-Marzūq, Muḥammad Ibn-Aḥmad
1310 – 1379
Rep.Font. VI,194
Ibn Marzūq, Abū ʻAbd Allāh Muḥammad b. Aḥmad b. Muḥammad b. Muḥammad b. Abī Bakr b. Marzūq al-ʻAǧīsī al-Tilimsānī
Ibn-Aḥmad, Muḥammad Ibn-Marzūq
Ibn-Marzūq, Abū-ʻAbdallāh Muḥammad Ibn-Aḥmad
Muḥammad Ibn-Aḥmad Ibn-Marzūq

Ibn-Masʻada, al-Aḫfaš al-Ausaṭ
→ **Aḫfaš al-Ausaṭ, Saʻīd Ibn-Masʻada ¬al-¬**

Ibn-Masarra, Muḥammad Ibn-ʻAbdallāh
gest. 931
Ibn-ʻAbdallāh, Muḥammad Ibn-Masarra
Muḥammad Ibn-ʻAbdallāh Ibn-Masarra

Ibn-Māsawaih, Abū-Zakarīyā' Yūḥannā
777 – 857
Syr. Arzt; Kitāb ǧawāhir aṭ-ṭīb al-mufrada; zahlr. Übers. griech. Werke ins Syrische
LMA,VI,567; Sezgin,III,231
Abū-Zakarīyā' Yūḥannā Ibn-Māsawaih
Ibn Masawaih
Ibn-Māsawaih, Yūḥannā
Ibn-Māsūya, Abū-Zakarīyā' Yūḥannā
Johannes ⟨Mesuë⟩
Mesua, Johannes
Mesuë
Mesue
Mesuë ⟨Antiquior⟩
Mesuë ⟨der Lateiner⟩
Mesuë ⟨Maior⟩
Mesuë ⟨Senior⟩
Mesuë ⟨Senior, Filius⟩
Mesuë ⟨the Elder⟩
Mesue, Johannes
Mesue Damascenus, Johannes
Mesue Damascenus, Yohannes
Pseudo-Ibn-Māsawaih
Pseudo-Mesuë
Pseudo-Mesue

Ibn-Māsawaih, Yūḥannā
→ **Ibn-Māsawaih, Abū-Zakarīyā' Yūḥannā**

Ibn-Masʻūd, ʻAbdallāh
gest. 653
ʻAbdallāh Ibn-Masʻūd

Ibn-Masʻūd, Aḥmad Ibn-ʻAlī
13. Jh.
Aḥmad B. ʻAlī B. Masʻūd
Aḥmad Ibn-ʻAlī Ibn-Masʻūd
B. Masʻūd, Aḥmad B. ʻAlī
Ibn-ʻAlī, Aḥmad Ibn-Masʻūd
Masʻūd, Aḥmad B. ʻAlī

Ibn-Masʻūd, al-Ḥusain al-Baġawī
→ **Baġawī, al-Ḥusain Ibn-Masʻūd ¬al-¬**

Ibn-Masʻūd, Ǧamšīd al-Kāšī
→ **Kāšī, Ǧamšīd Ibn-Masʻūd ¬al-¬**

Ibn-Masʻūd, Ibrāhīm al-Ilbīrī
→ **Ilbīrī, Ibrāhīm Ibn-Masʻūd ¬al-¬**

Ibn-Masʻūd, ʻUbaidallāh al-Maḥbūbī
→ **Maḥbūbī, ʻUbaidallāh Ibn-Masʻūd ¬al-¬**

Ibn-Masʻūd al-Baġawī, al-Ḥusain
→ **Baġawī, al-Ḥusain Ibn-Masʻūd ¬al-¬**

Ibn-Māsūya, Abū-Zakarīyā' Yūḥannā
→ **Ibn-Māsawaih, Abū-Zakarīyā' Yūḥannā**

Ibn-Maṭrūḥ, Yaḥyā Ibn-ʻĪsā
1196 – 1251
Ibn-ʻĪsā, Yaḥyā Ibn-Maṭrūḥ
Yaḥyā Ibn-ʻĪsā Ibn-Maṭrūḥ

Ibn-Mehmed Fahri, Fahreddin Yakub
→ **Fahri, Fahreddin Yakub Ibn-Mehmed**

Ibn-Mihrān, Aḥmad Ibn-al-Ḥusain
908 – 991
Aḥmad Ibn-al-Ḥusain Ibn-Mihrān
Ibn-al-Ḥusain, Aḥmad Ibn-Mihrān

Ibn-Mihrān, Sulaimān al-Aʻmaš
→ **Aʻmaš, Sulaimān Ibn-Mihrān ¬al-¬**

Ibn-Miḥṣan, ʻĀʼid Muṯaqqib al-ʻAbdī
→ **Muṯaqqib al-ʻAbdī, ʻĀʼid Ibn-Miḥṣan**

Ibn-Misʻar, al-Mufaḍḍal Ibn-Muḥammad
→ **Tanūḫī, Abu-ʼl-Maḥāsin al-Mufaḍḍal Ibn-Muḥammad ¬at-¬**

Ibn-Miskawaih, Aḥmad Ibn-Muḥammad
→ **Miskawaih, Aḥmad Ibn-Muḥammad**

Ibn-Motot, Šemûʼēl Ben-Saʻadyā
14. Jh.
Motot, Samuel
Samuel ⟨Ben Saadias Ibn Motot⟩
Samuel ⟨Motot⟩
Šemûʼēl Ben-Saʻadyā ⟨Ibn-Motot⟩

Ibn-Muʻāḏ, Abū-ʻAbdallāh Muḥammad al-Ǧaiyānī
→ **Ǧaiyānī, Abū-ʻAbdallāh Muḥammad Ibn-Muʻāḏ ¬al-¬**

Ibn-Muʻāwiya, ʻAlī Ibn-Ḥasan
12. Jh.
ʻAlī Ibn-Ḥasan Ibn-Muʻāwiya
Ibn Muʻāwiya, ʻAlī Ibn Ḥasan
Ibn-Ḥasan, ʻAlī Ibn-Muʻāwiya

Ibn-Mubārak, ʻAbdallāh
→ **Ibn-al-Mubārak, ʻAbdallāh**

Ibn-Mufliḥ, Muḥammad al-Qāqūnī
→ **Qāqūnī, Muḥammad Ibn-Mufliḥ ¬al-¬**

Ibn-Mufliḥ al-Maqdisī, Muḥammad
→ **Qāqūnī, Muḥammad Ibn-Mufliḥ ¬al-¬**

Ibn-Muḥammad, ʻAbd-al-Karīm al-Qaisī
→ **Qaisī, ʻAbd-al-Karīm Ibn-Muḥammad ¬al-¬**

Ibn-Muḥammad, ʻAbd-al-Karīm ar-Rāfiʻī
→ **Rāfiʻī, ʻAbd-al-Karīm Ibn-Muḥammad ¬ar-¬**

Ibn-Muḥammad, ʻAbdallāh al-Aḥwas
→ **Aḥwas, ʻAbdallāh Ibn-Muḥammad ¬al-¬**

Ibn-Muḥammad, ʻAbdallāh al-Baġawī
→ **Baġawī, ʻAbdallāh Ibn-Muḥammad ¬al-¬**

Ibn-Muḥammad, ʻAbdallāh al-Baṭalyausī
→ **Baṭalyausī, ʻAbdallāh Ibn-Muḥammad ¬al-¬**

Ibn-Muḥammad, ʻAbdallāh al-Harawī
→ **Anṣārī al-Harawī, ʻAbdallāh Ibn-Muḥammad ¬al-¬**

Ibn-Muḥammad, ʻAbdallāh at-Tauwazī
→ **Tauwazī, ʻAbdallāh Ibn-Muḥammad ¬at-¬**

Ibn-Muḥammad, ʻAbdallāh Dāya
→ **Dāya, ʻAbdallāh Ibn-Muḥammad**

Ibn-Muḥammad, ʻAbdallāh Ibn-Abī-ʻAtīq
→ **Ibn-Abī-ʻAtīq, ʻAbdallāh Ibn-Muḥammad**

Ibn-Muḥammad, ʻAbdallāh Ibn-Abi-ʼd-Dunyā
→ **Ibn-Abi-ʼd-Dunyā, ʻAbdallāh Ibn-Muḥammad**

Ibn-Muḥammad, ʻAbdallāh Ibn-Abī-Šaiba
→ **Ibn-Abī-Šaiba, ʻAbdallāh Ibn-Muḥammad**

Ibn-Muḥammad, ʻAbdallāh Ibn-al-Faraḍī
→ **Ibn-al-Faraḍī, ʻAbdallāh Ibn-Muḥammad**

Ibn-Muḥammad, ʻAbd-al-Malik aṯ-Ṯaʻālibī
→ **Ṯaʻālibī, ʻAbd-al-Malik Ibn-Muḥammad ¬aṯ-¬**

Ibn-Muḥammad, ʻAbd-al-Wāḥid Ibn-aṭ-Ṭauwāḥ
→ **Ibn-aṭ-Ṭauwāḥ, ʻAbd al-Wāḥid Ibn-Muḥammad**

Ibn-Muḥammad, ʻAbd-ar-Raḥīm al-Ḫaiyāṭ
→ **Ḫaiyāṭ, ʻAbd-ar-Raḥīm Ibn-Muḥammad ¬al-¬**

Ibn-Muḥammad, ʻAbd-ar-Raḥīm al-Mauṣilī
→ **Mauṣilī, ʻAbd-ar-Raḥīm Ibn-Muḥammad ¬al-¬**

Ibn-Muḥammad, ʻAbd-ar-Raḥmān al-Anbārī
→ **Anbārī, ʻAbd-ar-Raḥmān Ibn-Muḥammad ¬al-¬**

Ibn-Muḥammad, ʻAbd-ar-Raḥmān al-Labīdī
→ **Labīdī, ʻAbd-ar-Raḥmān Ibn-Muḥammad ¬al-¬**

Ibn-Muḥammad, ʻAbd-ar-Raḥmān aṯ-Ṯaʻālibī
→ **Ṯaʻālibī, ʻAbd-ar-Raḥmān Ibn-Muḥammad ¬aṯ-¬**

Ibn-Muḥammad, ʻAbd-ar-Raḥmān Ibn-ʻAsākir
→ **Ibn-ʻAsākir, ʻAbd-ar-Raḥmān Ibn-Muḥammad**

Ibn-Muḥammad, ʻAbd-ar-Raḥmān Ibn-Ḥubaiš
→ **Ibn-Ḥubaiš, ʻAbd-ar-Raḥmān Ibn-Muḥammad**

Ibn-Muḥammad, ʻAbd-ar-Raḥmān Ibn-Wāfid
→ **Ibn-Wāfid, ʻAbd-ar-Raḥmān Ibn-Muḥammad**

Ibn-Muḥammad, Abū-Bakr ʻAbdallāh al-Mālikī
→ **Abū-Bakr al-Mālikī, ʻAbdallāh Ibn-Muḥammad**

Ibn-Muḥammad, Abū-Maʻšar Ǧaʻfar
→ **Abū-Maʻšar Ǧaʻfar Ibn-Muḥammad**

Ibn-Muḥammad, Abū-Saʻd ʻAbd-al-Karīm as-Samʻānī
→ **Samʻānī, Abū-Saʻd ʻAbd-al-Karīm Ibn-Muḥammad ¬as-¬**

Ibn-Muḥammad, Abu-ʼš-Šaiḫ ʻAbdallāh
→ **Abu-ʼš-Šaiḫ, ʻAbdallāh Ibn Muḥammad**

Ibn-Muḥammad, Aḥmad al-ʻArūḍī
→ **ʻArūḍī, Aḥmad Ibn-Muḥammad ¬al-¬**

Ibn-Muḥammad, Aḥmad al-Ašʻarī
→ **Ašʻarī, Aḥmad Ibn-Muḥammad ¬al-¬**

Ibn-Muḥammad, Aḥmad al-Basīlī
→ **Basīlī, Aḥmad Ibn-Muḥammad ¬al-¬**

Ibn-Muḥammad, Aḥmad al-Faiyūmī
→ **Faiyūmī, Aḥmad Ibn-Muḥammad ¬al-¬**

Ibn-Muḥammad, Aḥmad al-Ġāfiqī
→ **Ġāfiqī, Aḥmad Ibn-Muḥammad ¬al-¬**

Ibn-Muḥammad, Aḥmad al-Ġazzālī
→ **Ġazzālī, Aḥmad Ibn-Muḥammad ¬al-¬**

Ibn-Muḥammad, Aḥmad al-Ǧurǧānī
→ **Ǧurǧānī, Aḥmad Ibn-Muḥammad ¬al-¬**

Ibn-Muḥammad, Aḥmad al-Ḥaddādī
→ **Ḥaddādī, Aḥmad Ibn-Muḥammad ¬al-¬**

Ibn-Muḥammad, Aḥmad al-Ḫallāl
→ **Ḫallāl, Aḥmad Ibn-Muḥammad ¬al-¬**

Ibn-Muḥammad, Aḥmad al-Kalābāḏī
→ **Kalābāḏī, Aḥmad Ibn-Muḥammad ¬al-¬**

Ibn-Muḥammad, Aḥmad al-Maidānī
→ **Maidānī, Aḥmad Ibn-Muḥammad ¬al-¬**

Ibn-Muḥammad, Aḥmad al-Mālīnī
→ **Mālīnī, Aḥmad Ibn-Muḥammad ¬al-¬**

Ibn-Muḥammad, Aḥmad al-Marwazī
→ **Marwazī, Aḥmad Ibn-Muḥammad ¬al-¬**

Ibn-Muḥammad, Aḥmad al-Marzūqī
→ **Marzūqī, Aḥmad Ibn-Muḥammad ¬al-¬**

Ibn-Muḥammad, Aḥmad al-Qudūrī
→ **Qudūrī, Aḥmad Ibn-Muḥammad ¬al-¬**

Ibn-Muḥammad, Aḥmad an-Naḥḥās
→ **Naḥḥās, Aḥmad Ibn-Muḥammad ¬an-¬**

Ibn-Muḥammad, Aḥmad ar-Rāzī
→ **Rāzī, Aḥmad Ibn-Muḥammad ¬ar-¬**
→ **Rāzī, Aḥmad Ibn-Muḥammad ¬ar-¬ ⟨Abū-Bakr⟩**

Ibn-Muḥammad, Aḥmad aṣ-Ṣanaubarī
→ **Ṣanaubarī, Aḥmad Ibn-Muḥammad ¬aṣ-¬**

Ibn-Muḥammad, Aḥmad as-Silafī
→ **Silafī, Aḥmad Ibn-Muḥammad ¬as-¬**

Ibn-Muḥammad, Aḥmad aṭ-Ṭaḥāwī
→ **Ṭaḥāwī, Aḥmad Ibn-Muḥammad ¬aṭ-¬**

Ibn-Muḥammad, Aḥmad Ibn-ʻAbd-Rabbihī
→ **Ibn-ʻAbd-Rabbihī, Aḥmad Ibn-Muḥammad**

Ibn-Muḥammad, Aḥmad Ibn-al-ʻArīf
→ **Ibn-al-ʻArīf, Aḥmad Ibn-Muḥammad**

Ibn-Muḥammad, Aḥmad Ibn-al-Bannāʼ
→ **Ibn-al-Bannāʼ, Aḥmad Ibn-Muḥammad**

Ibn-Muḥammad, Aḥmad Ibn-al-Ḥāǧǧ
→ **Ibn-al-Ḥāǧǧ, Aḥmad Ibn-Muḥammad**

Ibn-Muḥammad, Aḥmad Ibn-al-Hāʼim
→ **Ibn-al-Hāʼim, Aḥmad Ibn-Muḥammad**

Ibn-Muḥammad, Aḥmad Ibn-al-Maḥāmilī
→ **Ibn-al-Maḥāmilī, Aḥmad Ibn-Muḥammad**

Ibn-Muḥammad, Aḥmad Ibn-al-Munaiyir
→ **Ibn-al-Munaiyir, Aḥmad Ibn-Muḥammad**

Ibn-Muḥammad, Aḥmad Ibn-ʻArabšāh
→ **Ibn-ʻArabšāh, Aḥmad Ibn-Muḥammad**

Ibn-Muḥammad, Aḥmad Ibn-as-Sarī
→ **Ibn-as-Sarī, Aḥmad Ibn-Muḥammad**

Ibn-Muḥammad, Aḥmad Ibn-as-Sunnī
→ **Ibn-as-Sunnī, Aḥmad Ibn-Muḥammad**

Ibn-Muḥammad, Aḥmad Ibn-ʻAṭāʼallāh
→ **Ibn-ʻAṭāʼallāh, Aḥmad Ibn-Muḥammad**

Ibn-Muḥammad, Aḥmad Ibn-Wallād
→ **Ibn-Wallād, Aḥmad Ibn-Muḥammad**

Ibn-Muḥammad, Aḥmad Miskawaih
→ **Miskawaih, Aḥmad Ibn-Muḥammad**

Ibn-Muḥammad, al-Ḥasan aṣ-Ṣaġānī
→ **Ṣaġānī, al-Ḥasan Ibn-Muḥammad ¬aṣ-¬**

Ibn-Muḥammad, al-Ḥasan Ibn-Ḥabīb an-Nīsābūrī
→ **Ibn-Ḥabīb an-Nīsābūrī, al-Ḥasan Ibn-Muḥammad**

Ibn-Muḥammad, al-Ḥusain al-Ǧaiyānī
→ **Ǧaiyānī, al-Ḥusain Ibn-Muḥammad ¬al-¬**

Ibn-Muḥammad, al-Ḥusain ar-Rāġib al-Iṣfahānī
→ **Rāġib al-Iṣfahānī, al-Ḥusain Ibn-Muḥammad ¬ar-¬**

Ibn-Muḥammad, ʻAlī al-Faḫrī
→ **Faḫrī, ʻAlī Ibn-Muḥammad ¬al-¬**

Ibn-Muḥammad, ʻAlī al-Ǧurǧānī
→ **Ǧurǧānī, ʻAlī Ibn-Muḥammad ¬al-¬**

Ibn-Muḥammad, ʻAlī al-Māwardī
→ **Māwardī, ʻAlī Ibn-Muḥammad ¬al-¬**

Ibn-Muḥammad, ʻAlī al-Muʻāfirī
→ **Muʻāfirī, ʻAlī Ibn-Muḥammad ¬al-¬**

Ibn-Muḥammad, ʻAlī al-Qalaṣādī
→ **Qalaṣādī, ʻAlī Ibn-Muḥammad ¬al-¬**

Ibn-Muḥammad, ʻAlī al-Ubbadī
→ **Ubbadī, ʻAlī Ibn-Muḥammad ¬al-¬**

Ibn-Muḥammad, ʻAlī as-Saḫāwī
→ **Saḫāwī, ʻAlī Ibn-Muḥammad ¬as-¬**

Ibn-Muḥammad, ʻAlī Ibn-an-Nabīh
→ **Ibn-an-Nabīh, ʻAlī Ibn-Muḥammad**

Ibn-Muḥammad, ʻAlī Ibn-as-Saʻātī
→ **Ibn-as-Saʻātī, ʻAlī Ibn-Muḥammad**

Ibn-Muḥammad, ʻAlī Ibn-Duraihim
→ **Ibn-Duraihim, ʻAlī Ibn-Muḥammad**

Ibn-Muḥammad, ʻAlī Ibn-Ḫarūf
→ **Ibn-Ḫarūf, ʻAlī Ibn-Muḥammad**

Ibn-Muḥammad, al-Muḥsin al-Baihaqī
→ **Baihaqī, al-Muḥsin Ibn-Muḥammad ¬al-¬**

Ibn-Muḥammad, al-Qāḍī an-Nuʻmān
→ **Qāḍī an-Nuʻmān Ibn-Muḥammad**

Ibn-Muḥammad, al-Qāsim al-Birzalī
→ **Birzalī, al-Qāsim Ibn-Muḥammad ¬al-¬**

Ibn-Muḥammad, Asbaġ Ibn-as-Samḥ
→ **Ibn-as-Samḥ, Asbaġ Ibn-Muḥammad**

Ibn-Muḥammad, Ǧamāl-ad-Dīn Aḥmad Ibn-aẓ-Ẓāhirī
→ **Ibn-aẓ-Ẓāhirī, Ǧamāl-ad-Dīn Aḥmad Ibn-Muḥammad**

Ibn-Muḥammad, Ḥamd al-Ḫaṭṭābī
→ **Ḫaṭṭābī, Ḥamd Ibn-Muḥammad ¬al-¬**

Ibn-Muḥammad, Hišām al-Kalbī
→ **Kalbī, Hišām Ibn-Muḥammad ¬al-¬**

Ibn-Muḥammad, Ibn-al-ʻAuwām Yaḥyā
→ **Ibn-al-ʻAuwām, Yaḥyā Ibn-Muḥammad**

Ibn-Muḥammad, Ibrāhīm al-Baihaqī
→ **Baihaqī, Ibrāhīm Ibn-Muḥammad ¬al-¬**

Ibn-Muḥammad, Ibrāhīm aṯ-Ṯaqafī
→ **Ṯaqafī, Ibrāhīm Ibn-Muḥammad ¬aṯ-¬**

Ibn-Muḥammad, Ibrāhīm Ibn-Abī-ʻAun
→ **Ibn-Abī-ʻAun, Ibrāhīm Ibn-Muḥammad**

Ibn-Muḥammad, Ibrāhīm Ibn-Duqmāq
→ **Ibn-Duqmāq, Ibrāhīm Ibn-Muḥammad**

Ibn-Muḥammad, Ibrāhīm Sibṭ-Ibn-al-ʻAǧamī
→ **Sibṭ-Ibn-al-ʻAǧamī, Ibrāhīm Ibn-Muḥammad**

Ibn-Muḥammad, Maimūn an-Nasafī
→ **Nasafī, Maimūn Ibn-Muḥammad ¬an-¬**

Ibn-Muḥammad, Manṣūr as-Samʿānī
→ **Samʿānī, Manṣūr Ibn-Muḥammad ¬as-¬**

Ibn-Muḥammad, Muḥammad al-Ḥaidarī
→ **Ḥaidarī, Muḥammad Ibn-Muḥammad ¬al-¬**

Ibn-Muḥammad, Muḥammad al-Idrīsī
→ **Idrīsī, Muḥammad Ibn-Muḥammad ¬al-¬**

Ibn-Muḥammad, Muḥammad al-Manbiǧī
→ **Manbiǧī, Muḥammad Ibn-Muḥammad ¬al-¬**

Ibn-Muḥammad, Muḥammad al-Maqqarī
→ **Maqqarī, Muḥammad Ibn-Muḥammad ¬al-¬**

Ibn-Muḥammad, Muḥammad al-Māturīdī
→ **Māturīdī, Muḥammad Ibn-Muḥammad ¬al-¬**

Ibn-Muḥammad, Muḥammad as-Saʿdī
→ **Saʿdī, Muḥammad Ibn-Muḥammad ¬as-¬**

Ibn-Muḥammad, Muḥammad Ibn-Āǧurrūm
→ **Ibn-Āǧurrūm, Muḥammad Ibn-Muḥammad**

Ibn-Muḥammad, Muḥammad Ibn-al-ʿĀqūlī
→ **Ibn-al-ʿĀqūlī, Muḥammad Ibn-Muḥammad**

Ibn-Muḥammad, Muḥammad Ibn-al-Bāġandī
→ **Ibn-al-Bāġandī, Muḥammad Ibn-Muḥammad**

Ibn-Muḥammad, Muḥammad Ibn-al-Farrāʾ
→ **Ibn-al-Farrāʾ, Muḥammad Ibn-Muḥammad**

Ibn-Muḥammad, Muḥammad Ibn-al-Ǧannān
→ **Ibn-al-Ǧannān, Muḥammad Ibn-Muḥammad**

Ibn-Muḥammad, Muḥammad Ibn-al-Ǧazarī
→ **Ibn-al-Ǧazarī, Muḥammad Ibn-Muḥammad**

Ibn-Muḥammad, Muḥammad Ibn-al-Imām
→ **Ibn-al-Imām, Muḥammad Ibn-Muḥammad**

Ibn-Muḥammad, Muḥammad Ibn-an-Naẓīm
→ **Ibn-an-Naẓīm, Muḥammad Ibn-Muḥammad**

Ibn-Muḥammad, Muḥammad Ibn-ʿĀṣim
→ **Ibn-ʿĀṣim, Muḥammad Ibn-Muḥammad**

Ibn-Muḥammad, Muḥammad Ibn-aš-Šiḥna
→ **Ibn-aš-Šiḥna, Muḥammad Ibn-Muḥammad**

Ibn-Muḥammad, Muḥammad Ibn-Saiyid an-Nās
→ **Ibn-Saiyid an-Nās, Muḥammad Ibn-Muḥammad**

Ibn-Muḥammad, Musallam al-Laḥǧī
→ **Laḥǧī, Musallam Ibn-Muḥammad ¬al-¬**

Ibn-Muḥammad, Naṣīr-ad-Dīn aṭ-Ṭūsī
→ **Ṭūsī, Naṣīr-ad-Dīn Muḥammad Ibn-Muḥammad ¬aṭ-¬**

Ibn-Muḥammad, Šaʿbān al-Āṯārī
→ **Āṯārī, Šaʿbān Ibn-Muḥammad ¬al-¬**

Ibn-Muḥammad, Sulaimān Ibn-aṭ-Ṭarāwa
→ **Ibn-aṭ-Ṭarāwa, Sulaimān Ibn-Muḥammad**

Ibn-Muḥammad, Tammām Ibn-al-Ǧunaid
→ **Ibn-al-Ǧunaid, Tammām Ibn-Muḥammad**

Ibn-Muḥammad, ʿUbaidallāh Ibn-Baṭṭa
→ **Ibn-Baṭṭa, ʿUbaidallāh Ibn-Muḥammad**

Ibn-Muḥammad, ʿUmar al-Ardabīlī
→ **Ardabīlī, ʿUmar Ibn-Muḥammad ¬al-¬**

Ibn-Muḥammad, ʿUmar an-Naṣafī
→ **Naṣafī, ʿUmar Ibn-Muḥammad ¬an-¬**

Ibn-Muḥammad, ʿUmar aš-Šalaubīnī
→ **Šalaubīnī, ʿUmar Ibn-Muḥammad ¬aš-¬**

Ibn-Muḥammad, ʿUmar as-Suhrawardī
→ **Suhrawardī, ʿUmar Ibn-Muḥammad ¬as-¬**

Ibn-Muḥammad, Yaḥyā Ibn-Hubaira
→ **Ibn-Hubaira, Yaḥyā Ibn-Muḥammad**

Ibn-Muḥammad, Yaḥyā Ibn-Ṣāʿid
→ **Ibn-Ṣāʿid, Yaḥyā Ibn-Muḥammad**

Ibn-Muḥammad, Yūsuf al-Baiyāsī
→ **Baiyāsī, Yūsuf Ibn-Muḥammad ¬al-¬**

Ibn-Muḥammad, Yūsuf as-Surramarrī
→ **Surramarrī, Yūsuf Ibn-Muḥammad ¬as-¬**

Ibn-Muḥammad, Yūsuf Ibn-Qāḍī Šuhba
→ **Ibn-Qāḍī Šuhba, Yūsuf Ibn-Muḥammad**

Ibn-Muḥammad, Zakarīyāʾ al-Qazwīnī
→ **Qazwīnī, Zakarīyāʾ Ibn-Muḥammad ¬al-¬**

Ibn-Muḥammad al-Anbārī, ʿAbd-ar-Raḥmān
→ **Anbārī, ʿAbd-ar-Raḥmān Ibn-Muḥammad ¬al-¬**

Ibn-Muḥammad al-Baġawī, ʿAbdallāh
→ **Baġawī, ʿAbdallāh Ibn-Muḥammad ¬al-¬**

Ibn-Muḥammad al-Baṭalyausī, ʿAbdallāh
→ **Baṭalyausī, ʿAbdallāh Ibn-Muḥammad ¬al-¬**

Ibn-Muḥammad al-Birzalī, al-Qāsim
→ **Birzalī, al-Qāsim Ibn-Muḥammad ¬al-¬**

Ibn-Muḥammad al-Firyābī, Ǧaʿfar
→ **Firyābī, Ǧaʿfar Ibn-Muḥammad ¬al-¬**

Ibn-Muḥammad al-Ǧunaid
→ **Ǧunaid Ibn-Muḥammad ¬al-¬**

Ibn-Muḥammad al-Ḫaiyāṭ, ʿAbd-ar-Raḥīm
→ **Ḫaiyāṭ, ʿAbd-ar-Raḥīm Ibn-Muḥammad ¬al-¬**

Ibn-Muḥammad al-Ḫallāl, Aḥmad
→ **Ḫallāl, Aḥmad Ibn-Muḥammad ¬al-¬**

Ibn-Muḥammad al-Hamaḏānī, Aḥmad Ibn-al-Faqīh
→ **Ibn-al-Faqīh al-Hamaḏānī, Aḥmad Ibn-Muḥammad**

Ibn-Muḥammad al-Ḫaṭṭābī, Ḥamd
→ **Ḫaṭṭābī, Ḥamd Ibn-Muḥammad ¬al-¬**

Ibn-Muḥammad al-Kalbī, Hišām
→ **Kalbī, Hišām Ibn-Muḥammad ¬al-¬**

Ibn-Muḥammad al-Maidānī, Aḥmad
→ **Maidānī, Aḥmad Ibn-Muḥammad ¬al-¬**

Ibn-Muḥammad al-Mālikī, Abū-Bakr ʿAbdallāh
→ **Abū-Bakr al-Mālikī, ʿAbdallāh Ibn-Muḥammad**

Ibn-Muḥammad al-Maqqarī, Muḥammad
→ **Maqqarī, Muḥammad Ibn-Muḥammad ¬al-¬**

Ibn-Muḥammad al-Māwardī, ʿAlī
→ **Māwardī, ʿAlī Ibn-Muḥammad ¬al-¬**

Ibn-Muḥammad al-Qazwīnī, Zakarīyāʾ
→ **Qazwīnī, Zakarīyāʾ Ibn-Muḥammad ¬al-¬**

Ibn-Muḥammad al-Qudūrī, Aḥmad
→ **Qudūrī, Aḥmad Ibn-Muḥammad ¬al-¬**

Ibn-Muḥammad an-Naḥḥās, Aḥmad
→ **Naḥḥās, Aḥmad Ibn-Muḥammad ¬an-¬**

Ibn-Muḥammad an-Naṣafī, ʿUmar
→ **Naṣafī, ʿUmar Ibn-Muḥammad ¬an-¬**

Ibn-Muḥammad ar-Rāġib al-Iṣfahānī, al-Ḥusain
→ **Rāġib al-Iṣfahānī, al-Ḥusain Ibn-Muḥammad ¬ar-¬**

Ibn-Muḥammad ar-Rāzī, Aḥmad
→ **Rāzī, Aḥmad Ibn-Muḥammad ¬ar-¬**

Ibn-Muḥammad as-Saʿdī, Muḥammad
→ **Saʿdī, Muḥammad Ibn-Muḥammad ¬as-¬**

Ibn-Muḥammad aṣ-Ṣaġānī, al-Ḥasan
→ **Ṣaġānī, al-Ḥasan Ibn-Muḥammad ¬aṣ-¬**

Ibn-Muḥammad aṯ-Ṯaʿālibī, ʿAbd-ar-Raḥmān
→ **Ṯaʿālibī, ʿAbd-ar-Raḥmān Ibn-Muḥammad ¬aṯ-¬**

Ibn-Muḥammad aṯ-Ṯaqafī, Ibrāhīm
→ **Ṯaqafī, Ibrāhīm Ibn-Muḥammad ¬aṯ-¬**

Ibn-Muḥammad at-Tauḥīdī, Abū-Ḥaiyān ʿAlī
→ **Abū-Ḥaiyān at-Tauḥīdī, ʿAlī Ibn-Muḥammad**

Ibn-Muḥammad Ḥāzim al-Qartaǧannī
→ **Qartaǧannī, Ḥāzim Ibn-Muḥammad ¬al-¬**

Ibn-Muḥammad Sibṭ-Ibn-al-ʿAǧamī, Ibrāhīm
→ **Sibṭ-Ibn-al-ʿAǧamī, Ibrāhīm Ibn-Muḥammad**

Ibn-Muḥkim al-Hauwārī, Hūd
→ **Hūd Ibn-Muḥkim al-Hauwārī**

Ibn-Muḥyi-ʾd-Dīn, Aḥmad Ibn-Ġahbal
→ **Ibn-Ġahbal, Aḥmad Ibn-Muḥyi-ʾd-Dīn**

Ibn-Mukarram, Muḥammad Ibn-Manẓūr
→ **Ibn-Manẓūr, Muḥammad Ibn-Mukarram**

Ibn-Muʾmin, ʿAlī Ibn-ʿUṣfūr
→ **Ibn-ʿUṣfūr, ʿAlī Ibn-Muʾmin**

Ibn-Munabbih Hammām
→ **Hammām Ibn-Munabbih**

Ibn-Munǧib, ʿAlī Ibn-aṣ-Ṣairafī
→ **Ibn-aṣ-Ṣairafī, ʿAlī Ibn-Munǧib**

Ibn-Munīr aṭ-Ṭarābulusī, Aḥmad
→ **Ṭarābulusī, Aḥmad Ibn-Munīr ¬aṭ-¬**

Ibn-Munqiḏ, Usāma
→ **Usāma Ibn-Munqiḏ**

Ibn-Muqrib, ʿAlī Ibn-Manṣūr
1176 – 1232
ʿAlī Ibn-Manṣūr Ibn-Muqrib
Ibn-Manṣūr, ʿAlī Ibn-Muqrib

Ibn-Mūsā, ʿAbd-al-Ǧalil al-Qaṣrī
→ **Qaṣrī, ʿAbd-al-Ǧalīl Ibn-Mūsā ¬al-¬**

Ibn-Mūsā, Aḥmad Ibn-Ṭāʾūs
→ **Ibn-Ṭāʾūs, Aḥmad Ibn-Mūsā**

Ibn-Mūsā, al-Ḥasan an-Naubaḫtī
→ **Naubaḫtī, al-Ḥasan Ibn-Mūsā ¬an-¬**

Ibn-Mūsā, ʿAlī aṭ-Ṭāʾūsī
→ **Ṭāʾūsī, ʿAlī Ibn-Mūsā ¬aṭ-¬**

Ibn-Mūsā, Asad
→ **Asad Ibn-Mūsā**

Ibn-Mûsâ, Ḥayyîm Ben-Yehûdâ
ca. 1380 – ca. 1460
Sefer māgēn we-rômaḥ
Rep.Font. V,395; Enṣ. ʿIvrît
Ḥayyîm Ben-Yehûdâ ⟨Ibn-Mûsâ⟩
Hayyim Ibn Mussaʾ

Ibn-Mūsā, Ibrāhīm aš-Šāṭibī
→ **Šāṭibī, Ibrāhīm Ibn-Mūsā ¬aš-¬**

Ibn-Mūsā, ʿIyāḍ
→ **ʿIyāḍ Ibn-Mūsā**

Ibn-Mūsā, Muḥammad ad-Damīrī
→ **Damīrī, Muḥammad Ibn-Mūsā ¬ad-¬**

Ibn-Mūsā, Muḥammad al-Ḥāzimī
→ **Ḥāzimī, Muḥammad Ibn-Mūsā ¬al-¬**

Ibn-Mūsā, Sulaimān al-Kalāʿī
→ **Kalāʿī, Sulaimān Ibn-Mūsā ¬al-¬**

Ibn-Mūsā ad-Damīrī, Muḥammad
→ **Damīrī, Muḥammad Ibn-Mūsā ¬ad-¬**

Ibn-Mūsā aṭ-Ṭāʾūsī, ʿAlī
→ **Ṭāʾūsī, ʿAlī Ibn-Mūsā ¬aṭ-¬**

Ibn-Muslim, ʿAbdallāh Ibn-Qutaiba
→ **Ibn-Qutaiba, ʿAbdallāh Ibn-Muslim**

Ibn-Muslim, Muḥammad az-Zuhrī
→ **Zuhrī, Muḥammad Ibn-Muslim ¬az-¬**

Ibn-Muslim, Salama al-ʿAutabī
→ **ʿAutabī, Salama Ibn-Muslim ¬al-¬**

Ibn-Muslim az-Zuhrī, Muḥammad
→ **Zuhrī, Muḥammad Ibn-Muslim ¬az-¬**

Ibn-Muẓaffar, ʿUmar Ibn-al-Wardī
→ **Ibn-al-Wardī, ʿUmar Ibn-Muẓaffar**

Ibn-Nahas
→ **Ibn-an-Naḥḥās**

Ibn-Nāṣir-ad-Dīn, Muḥammad Ibn-ʿAbdallāh
gest. 1348
Ibn-ʿAbdallāh, Muḥammad Ibn-Nāṣir-ad-Dīn
Ibn-Nāṣir-ad-Dīn ad-Dimašqī
Muḥammad Ibn-ʿAbdallāh Ibn-Nāṣir-ad-Dīn

Ibn-Nāṣir-ad-Dīn ad-Dimašqī
→ **Ibn-Nāṣir-ad-Dīn, Muḥammad Ibn-ʿAbdallāh**

Ibn-Naṣr, ʿAbd-ar-Raḥmān aš-Šaizarī
→ **Šaizarī, ʿAbd-ar-Raḥmān Ibn-Naṣr ¬aš-¬**

Ibn-Naṣr, ʿAbd-ar-Raḥmān aš-Šīrāzī
→ **Šīrāzī, ʿAbd-ar-Raḥmān Ibn-Naṣr ¬aš-¬**

Ibn-Naṣr, Hibatallāh Ibn-Salāma
→ **Ibn-Salāma, Hibatallāh Ibn-Naṣr**

Ibn-Naṣr, Muḥammad al-Marwazī
→ **Marwazī, Muḥammad Ibn-Naṣr ¬al-¬**

Ibn-Naṣr, Muḥammad Ibn-ʿUnain
→ **Ibn-ʿUnain, Muḥammad Ibn-Naṣr**

Ibn-Naṣrallāh, Maʿadd Ibn-aṣ-Ṣaiqal
→ **Ibn-aṣ-Ṣaiqal, Maʿadd Ibn-Naṣrallāh**

Ibn-Nuqṭa, Muḥammad Ibn-ʿAbd-al-Ġanī
gest. 1231
Ibn-ʿAbd-al-Ġanī, Muḥammad Ibn-Nuqṭa
Ibn-an-Nuqṭa, Muḥammad Ibn-ʿAbd-al-Ġanī
Muḥammad Ibn-ʿAbd-al-Ġanī Ibn-Nuqṭa

Ibn-Paqûda, Bahya
→ **Bahyê Ben-Yôsef**

Ibn-Parḥôn, Šelomo
um 1130
Ibn-Parḥon, Solomon ben Abraham
Parchon ⟨Rabbi⟩
Parchon, Salomon
Salomo Ben-Abraham Ibn-Parchon
Salomon ⟨Ibn-Parchon⟩
Salomon ⟨Parchon⟩
Salomon Parchon Ben-Abraham
Ṣalomon Parhon ben Abraham
Šelomo ⟨Ibn-Parḥôn⟩

Ibn-Parḥon, Solomon ben Abraham
→ **Ibn-Parḥôn, Šelomo**

Ibn-Qāḍī Samāuna, Badr-ad-Dīn Maḥmūd
→ **Ibn-Qāḍī Samāwna, Badr-ad-Dīn Maḥmūd**

Ibn-Qāḍī Samāwna, Badr-ad-Dīn Maḥmūd
gest. ca. 1420
Badr-ad-Dīn Maḥmūd Ibn-Qāḍī Samāwna
Badruddin ⟨of Simawna⟩
Bedreddin ⟨Şeyh⟩
Bedreddin Mahmud ibn Kadi-i Simavna
Ibn Qāḍī Simawnah, Badr al-Dīn Maḥmūd
Ibn-Qāḍī Samāuna, Badr-ad-Dīn Maḥmūd
Ibn-Qāḍī Samāwna, Maḥmūd Ibn-Isrā'īl
Maḥmūd Ibn-Qāḍī Samāwna
Şeyh Bedreddin
Simavna Kadısıoğlu Bedreddin
Simawna, Badruddin ¬of¬

Ibn-Qāḍī Samāwna, Maḥmūd Ibn-Isrā'īl
→ **Ibn-Qāḍī Samāwna, Badr-ad-Dīn Maḥmūd**

Ibn-Qāḍī Šuhba, Abū-Bakr Ibn-Aḥmad
1377 – 1448
Abū-Bakr Ibn-Aḥmad Ibn-Qāḍī Šuhba
Ibn Qāḍī Shuhba, Abū Bakr Ibn Aḥmad
Ibn-Qāḍī Šuhba, Taqī-ad-Dīn
Ibn-Schohba
Qāḍī Šuhba, Abū-Bakr Ibn-Aḥmad Ibn-
Šuhba, Abū-Bakr Ibn-Aḥmad Ibn-Qāḍī
Taqī-ad-Dīn Ibn-Qāḍī Šuhba

Ibn-Qāḍī Šuhba, Taqī-ad-Dīn
→ **Ibn-Qāḍī Šuhba, Abū-Bakr Ibn-Aḥmad**

Ibn-Qāḍī Šuhba, Yūsuf Ibn-Muḥammad
gest. 1387
Ibn Qāḍī Shuhba, Yūsuf ibn Muḥammad
Ibn-Muḥammad, Yūsuf Ibn-Qāḍī Šuhba
Šuhba, Yūsuf Ibn-Muḥammad
Šuhba, Yūsuf Ibn-Qāḍī
Yūsuf Ibn-Muḥammad Ibn-Qāḍī Šuhba

Ibn-Qaimāz al-Būṣīrī, Aḥmad Ibn-Abī-Bakr
1360 – 1436
Aḥmad Ibn-Abī-Bakr Ibn-Qaimāz al-Būṣīrī
Būṣīrī, Aḥmad Ibn-Abī-Bakr ¬al-¬
Būṣīrī, Aḥmad Ibn-Qaimāz ¬al-¬
Ibn-Abī-Bakr, Aḥmad Ibn-Qaimāz al-Būṣīrī

Ibn-Qais, Hibbān an-Nābiġa al-Ǧa'dī
→ **Nābiġa al-Ǧa'dī, Hibbān Ibn-Qais ¬an-¬**

Ibn-Qais ar-Ruqaiyāt
ca. 631 – ca. 683
Ibn Ḳais ar-Ruḳajjāt
Ibn Ḳays al-Ruqayyāt
Ibn Qays al-Ruqayyāt
Ruqaiyāt, Ibn-Qais ¬ar-¬
Ruqayyāt, Ibn Qays
'Ubaid-Allāh Ibn Ḳais ar-Ruḳajjāt
'Ubaidallah Ibn-Qais ar-Ruqaiyāt

Ibn-Qaiyim al-Ǧauzīya, Muḥammad Ibn-Abī-Bakr
1292 – 1350
Ǧauzīya, Muḥammad Ibn-Abī-Bakr ¬al-¬
Ibn Qayyim al-Ǧauzīya
Ibn-Abī-Bakr, Muḥammad Ibn-Qaiyim al-Ǧauzīya
Ibn-el-Kayem el-Jawziah
Muḥammad Ibn-Abī-Bakr Ibn-Qaiyim al-Ǧauzīya

Ibn-Qamī'a, 'Amr
→ **'Amr Ibn-Qamī'a**

Ibn-Qāni', 'Abd-al-Bāqī
879 – 962
'Abd-al-Bāqī Ibn-Qāni'
Ibn Qāni', 'Abd al-Bāqī
Ibn-Qāni', Abu-'l-Ḥusain 'Abd-al-Bāqī

Ibn-Qāni', Abu-'l-Ḥusain 'Abd-al-Bāqī
→ **Ibn-Qāni', 'Abd-al-Bāqī**

Ibn-Qāsim, 'Abdallāh al-Ḥarīrī
→ **Ḥarīrī, 'Abdallāh Ibn-Qāsim ¬al-¬**

Ibn-Qassūm, Muḥammad al-Ġāfiqī
→ **Ġāfiqī, Muḥammad Ibn-Qassūm ¬al-¬**

Ibn-Qiba, Abū-Ǧa'far Muḥammad Ibn-'Abd-ar-Raḥmān
9./10. Jh.
Abū Ja'far ibn Qiba al-Rāzī
Abū-Ǧa'far Ibn-Qiba ar-Rāzī
Abū-Ǧa'far Muḥammad Ibn-'Abd-ar-Raḥmān Ibn-Qiba
Ibn Qibah, Abū Ja'far Muḥammad ibn 'Abd al-Raḥmān
Ibn-Qiba, Muḥammad Ibn-'Abd-ar-Raḥmān
Muḥammad Ibn-'Abd-ar-Raḥmān Ibn-Qiba
Rāzī, Abū-Ǧa'far Ibn-Qiba ¬ar-¬

Ibn-Qiba, Muḥammad Ibn-'Abd-ar-Raḥmān
→ **Ibn-Qiba, Abū-Ǧa'far Muḥammad Ibn-'Abd-ar-Raḥmān**

Ibn-Qiz-Uġlū, Yūsuf Sibṭ-Ibn-al-Ǧauzī
→ **Sibṭ-Ibn-al-Ǧauzī, Yūsuf Ibn-Qiz-Uġlū**

Ibn-Qudāma al-Ġassānī, al-Ġiṭrīf
→ **Ġiṭrīf Ibn-Qudāma al-Ġassānī, al-**

Ibn-Qudāma al-Maqdisī, 'Abdallāh Ibn-Aḥmad
1147 – 1223
'Abdallāh Ibn-Aḥmad Ibn-Qudāma al-Maqdisī
Al-Mowaffaq Abu Muhammad Abdullah Bin Muhammad
Ibn-Aḥmad, 'Abdallāh Ibn-Qudāma al-Maqdisī
Ibn-Qudāma al-Maqdisī, Muwaffaq-ad-Dīn
Ibn-Qudāma al-Maqdisī, Muwaffaq-ad-Dīn 'Abdallāh Ibn-Aḥmad
Maqdisī, 'Abdallāh Ibn-Aḥmad ¬al-¬
Muwaffaq-ad-Dīn Ibn-Qudāma al-Maqdisī

Ibn-Qudāma al-Maqdisī, 'Abd-ar-Raḥmān Ibn-Abī-'Umar
1200 – 1283
'Abd-ar-Raḥmān Ibn-Abī-'Umar Ibn-Qudāma al-Maqdisī
Ibn Qudāmah al-Maqdisī, 'Abd al-Raḥmān Ibn Abī 'Umar
Ibn-Abī-'Umar, 'Abd-ar-Raḥmān Ibn-Qudāma al-Maqdisī
Ibn-Qudāma al-Maqdisī, Abu-'l-Farağ 'Abd-ar-Raḥmān Ibn-Abī-'Umar
Maqdisī, 'Abd-ar-Raḥmān Ibn-Abī-'Umar Ibn-Qudāma ¬al-¬

Ibn-Qudāma al-Maqdisī, Abu-'l-Farağ 'Abd-ar-Raḥmān Ibn-Abī-'Umar
→ **Ibn-Qudāma al-Maqdisī, 'Abd-ar-Raḥmān Ibn-Abī-'Umar**

Ibn-Qudāma al-Maqdisī, Muḥammad Ibn-Aḥmad
1306 – 1344
Ibn-'Abd-al-Hādī, Muḥammad Ibn-Aḥmad
Ibn-Aḥmad, Muḥammad Ibn-Qudāma al-Maqdisī
Maqdisī, Muḥammad Ibn-Aḥmad ¬al-¬
Muḥammad Ibn-Aḥmad Ibn-Qudāma al-Maqdisī

Ibn-Qudāma al-Maqdisī, Muwaffaq-ad-Dīn
→ **Ibn-Qudāma al-Maqdisī, 'Abdallāh Ibn-Aḥmad**

Ibn-Qudāma al-Maqdisī, Muwaffaq-ad-Dīn 'Abdallāh Ibn-Aḥmad
→ **Ibn-Qudāma al-Maqdisī, 'Abdallāh Ibn-Aḥmad**

Ibn-Quraib, 'Abd-al-Malik al-Aṣma'ī
→ **Aṣma'ī, 'Abd-al-Malik Ibn-Quraib ¬al-¬**

Ibn-Quraib al-Aṣma'ī, 'Abd-al-Malik
→ **Aṣma'ī, 'Abd-al-Malik Ibn-Quraib ¬al-¬**

Ibn-Qurra, Ṯābit
→ **Ṯābit Ibn-Qurra**

Ibn-Qutaiba, 'Abdallāh Ibn-Muslim
828 – 889
'Abdallāh Ibn-Musallam Ibn-Qutaiba, Abū-Muḥammad
'Abdallāh Ibn-Muslim Ibn-Qutaiba
Ibn Koteibah
Ibn Kothaibah
Ibn Kutaiba
Ibn Kutaibah, Abd Allah ibn Muslim
Ibn-al-Qutaibī, 'Abdallāh Ibn-Muslim
Ibn-Coteiba
Ibn-Muslim, 'Abdallāh Ibn-Qutaiba
Ibn-Qutaiba, Abū-Muḥammad 'Abdallāh Ibn-Musallam
Ibn-Qutaiba, Abū-Muḥammad 'Abdallāh Ibn-Muslim
Ibn-Qutaiba ad-Dīnāwārī, 'Abdallāh Ibn-Muslim

Ibn-Qutaiba, Abū-Muḥammad 'Abdallāh Ibn-Musallam
→ **Ibn-Qutaiba, 'Abdallāh Ibn-Muslim**

Ibn-Qutaiba, Abū-Muḥammad 'Abdallāh Ibn-Muslim
→ **Ibn-Qutaiba, 'Abdallāh Ibn-Muslim**

Ibn-Qutaiba ad-Dīnāwārī, 'Abdallāh Ibn-Muslim
→ **Ibn-Qutaiba, 'Abdallāh Ibn-Muslim**

Ibn-Quṭlūbuġā, al-Qāsim Ibn-'Abdallāh
→ **Ibn-Quṭlūbuġā, Qāsim Ibn-'Abdallāh**

Ibn-Quṭlūbuġā, Qāsim Ibn-'Abdallāh
1399 – 1474
Ibn Ḳuṭlūbughā, Ḳāsim
Ibn Quṭlūbughā, Qāsim Ibn 'Abd Allāh
Ibn-Quṭlūbuġā, al-Qāsim Ibn-'Abdallāh
Ibn-Quṭlūbuġā, Zain-ad-Dīn Qāsim Ibn-'Abdallāh
Qāsim al-Ḥanafī
Qāsim Ibn-'Abdallāh Ibn-Quṭlūbuġā
Sudūnī, Qāsim Ibn-Quṭlūbuġā ¬as-¬

Ibn-Quṭlūbuġā, Zain-ad-Dīn Qāsim Ibn-'Abdallāh
→ **Ibn-Quṭlūbuġā, Qāsim Ibn-'Abdallāh**

Ibn-Quzmān, Muḥammad Ibn 'Īsā
→ **Ibn-Quzmān, Muḥammad Ibn-'Abd-al-Malik**

Ibn-Quzmān, Muḥammad Ibn-'Abd-al-Malik
gest. 1160
LMA,V,319
Ibn Kusman
Ibn Quzmān, Muḥammad Ibn 'Īsā
Ibn-'Abd-al-Malik, Muḥammad Ibn-Quzmān
Ibn-Quzmān, Muḥammad Ibn 'Īsā
Muḥammad Ibn-'Abd-al-Malik Ibn-Quzmān

Ibn-Rabban, 'Alī aṭ-Ṭabarī
→ **'Alī Ibn-Rabban aṭ-Ṭabarī**

Ibn-Rabī'a, Muhalhil
→ **Muhalhil, 'Adī Ibn-Rabī'a**

Ibn-Rāfi', Muḥammad
1305 – 1372
Muḥammad Ibn-Rāfi'

Ibn-Rāfi', Yūsuf Ibn-Šaddād
→ **Ibn-Šaddād, Yūsuf Ibn-Rāfi'**

Ibn-Rağab, 'Abd-ar-Raḥmān Ibn-Aḥmad
1309 – 1393
'Abd-ar-Raḥmān Ibn-Aḥmad Ibn-Rağab
Ḥanbalī, Ibn-Rağab ¬al-¬
Ibn-Aḥmad, 'Abd-ar-Raḥmān Ibn-Rağab
Ibn-Rağab al-Ḥanbalī, 'Abd-ar-Raḥmān Ibn-Aḥmad

Ibn-Rağab al-Ḥanbalī, 'Abd-ar-Raḥmān Ibn-Aḥmad
→ **Ibn-Rağab, 'Abd-ar-Raḥmān Ibn-Aḥmad**

Ibn-Rāhwaih, Isḥāq Ibn-Ibrāhīm
ca. 778 – ca. 852
Ibn Rāhwayh, Isḥāq ibn Ibrāhīm
Ibn-Ibrāhīm, Isḥāq Ibn-Rāhwaih
Isḥāq Ibn-Ibrāhīm Ibn-Rāhwaih

Ibn-Raiyān, al-Ḥusain Ibn-Sulaimān
1302 – 1368/69
Ḥusain Ibn-Sulaimān Ibn-Raiyān ¬al-¬
Ibn-Raiyān, Šaraf-ad-Dīn al-Ḥusain Ibn-Sulaimān Ibn-Raiyān
Ibn-Rayyān, al-Husayn Ibn Sulaymān
Ibn-Sulaimān, al-Ḥusain Ibn-Raiyān

Ibn-Raiyān, Šaraf-ad-Dīn al-Ḥusain Ibn-Sulaimān Ibn-Raiyān
→ **Ibn-Raiyān, al-Ḥusain Ibn-Sulaimān**

Ibn-Rašīd al-Fihrī, Muḥammad Ibn-'Umar
1258 – 1321
Fihrī, Muḥammad Ibn-Rašīd ¬al-¬
Ibn Rashīd al-Fihrī, Muḥammad Ibn 'Umar
Ibn-'Umar, Muḥammad Ibn-Rašīd al-Fihrī
Muḥammad Ibn-'Umar Ibn-Rašīd al-Fihrī

Ibn-Rašīq, al-Ḥasan Ibn-'Alī
gest. 1064 bzw. 1070
Azdī, al-Ḥasan Ibn-Rašīq ¬al-¬
Ḥasan Ibn-'Alī Ibn-Rašīq ¬al-¬
Ibn Rashīq, al-Ḥasan ibn 'Alī
Ibn-'Alī, al-Ḥasan Ibn-Rašīq
Qairawānī, al-Ḥasan Ibn-Rašīq ¬al-¬

Ibn-Rawāḥa, 'Abdallāh
→ **'Abdallāh Ibn-Rawāḥa**

Ibn-Rayyān, al-Husayn Ibn Sulaymān
→ **Ibn-Raiyān, al-Ḥusain Ibn-Sulaimān**

Ibn-Riḍwān, Abu-'l-Qāsim
gest. 1381
Abu-'l-Qāsim Ibn-Riḍwān
Ibn Riḍwān, Abu al-Qāsim
Mālaqī, Abu-'l-Qāsim Ibn-Riḍwān ¬al-¬

Ibn-Riḍwān, 'Alī
gest. ca. 1067
'Alī, Ibn-Riḍwān
Ibn Riḍwān, 'Alī

Ibn-Rosteh, Abû Alî Ahmed Ibn-Omar
→ **Ibn-Rustah, Aḥmad Ibn-'Umar**

Ibn-Rušaid, Muḥammad Ibn-ʿUmar
1259 – 1321
Rep.Font. VI,196
Ibn Rušayd, Abū ʿAbd Allāh Muḥammad b. ʿUmar b. Muḥammad al-Sabtī
Ibn Rushayd, Muḥammad ibn ʿUmar
Ibn-ʿUmar, Muḥammad Ibn-Rušaid
Muḥammad Ibn-ʿUmar Ibn-Rušaid

Ibn-Ruschd
→ **Averroes**

Ibn-Rušd
→ **Averroes**

Ibn-Rušd, Abu-'l-Walīd Muḥammad Ibn-Aḥmad
gest. 1126
Großvater des Averroes
Rep.Font. VI,197-202
Abu-'l-Walīd Muḥammad Ibn-Aḥmad Ibn-Rušd
Ibn Rushd, Abū al-Walīd Muḥammad ibn Aḥmad
Muḥammad Ibn-Aḥmad Ibn-Rušd, Abu-'l-Walīd

Ibn-Rušd, Abu-'l-Walīd Muḥammad Ibn-Aḥmad ⟨al-Ḥafīd⟩
→ **Averroes**

Ibn-Rushd
→ **Averroes**

Ibn-Rusta, Aḥmad Ibn-ʿUmar
→ **Ibn-Rustah, Aḥmad Ibn-ʿUmar**

Ibn-Rustah, Abū-ʿAlī Aḥmad Ibn-ʿUmar
→ **Ibn-Rustah, Aḥmad Ibn-ʿUmar**

Ibn-Rustah, Aḥmad Ibn-ʿUmar
um 922
Rep.Font. VI,203
Aḥmad Ibn-ʿUmar Ibn-Rustah
Ibn Rosteh
Ibn Rosteh, Abu Ali Ahmed ibn Omar
Ibn Rusta, Abū ʿAlī Aḥmad b. ʿUmar b. Rusta
Ibn Rustah, Aḥmad ibn ʿUmar
Ibn-Rosteh, Abû Alî Ahmed Ibn-Omar
Ibn-Rusta, Aḥmad Ibn-ʿUmar
Ibn-Rustah, Abū-ʿAlī Aḥmad Ibn-ʿUmar
Ibn-ʿUmar, Aḥmad Ibn-Rustah

Ibn-Rustam, Abū-Sahl al-Kūhī Waiǧan
→ **Abū-Sahl al-Kūhī, Waiǧan Ibn-Rustam**

Ibn-Šabba, ʿUmar Ibn-Zaid
789 – 877
Ibn-Zaid, ʿUmar Ibn-Šabba
Šabba, ʿUmar Ibn-Zaid
ʿUmar Ibn-Zaid Ibn-Šabba

Ibn-Sabʿīn, ʿAbd-al-Ḥaqq Ibn-Ibrāhīm
1215 – 1270
Rep.Font. VI,203/04
ʿAbd-al-Ḥaqq Ibn-Ibrāhīm Ibn-Sabʿīn
Ibn Sabʿīn, Quṭb al-Dīn Abū Muḥammad ʿAbd al-Ḥaqq
Ibn-Ibrāhīm, ʿAbd-al-Ḥaqq Ibn-Sabʿīn

Ibn-Sābūr, al-Ḥusain Ibn-Bisṭām
→ **Ḥusain Ibn-Bisṭām ¬al-¬**

Ibn-Saʿd, ʿAbdallāh Ibn-Abī-Ǧamra
→ **Ibn-Abī-Ǧamra, ʿAbdallāh Ibn-Saʿd**

Ibn-Saʿd, al-Lait
→ **Lait Ibn-Saʿd ¬al-¬**

Ibn-Saʿd al-Qurṭubī, ʿArīb
→ **ʿArīb Ibn-Saʿd al-Qurṭubī**

Ibn-Saʿd az-Zuhrī, Muḥammad
784 – 845
Ibn Sad, Mohammed Ibn Sad Ibn Mani
Ibn Sad, Muhammad
Ibn-Manīʿ, Muḥammad Ibn-Saʿd
Muḥammad Ibn-Saʿd az-Zuhrī
Zuhrī, Muḥammad Ibn-Saʿd ¬az-¬

Ibn-Šaddād, Muḥammad Ibn-Ibrāhīm
1217 – 1285
Rep.Font. VI,204/05
Ibn Šaddād, ʿIzz al-Dīn Abū ʿAbd Allāh Muḥammad b. ʿAlī al-Ḥalabī
Ibn-Ibrāhīm, Muḥammad Ibn-Šaddād
Muḥammad Ibn-Ibrāhīm Ibn-Šaddād

Ibn-Šaddād, Yūsuf Ibn-Rāfiʿ
1145 – 1234
Rep.Font. VI,204
Behaêddin Ibn Chaddad
Bohadin Ibn Chaddad
Bohadino f. Sjeddadi
Bohadinus
Bohadinus Filius Sjeddadi
Ibn Šaddād, Bahāʾ al-Dīn Abū 'l-Maḥāsin Yūsuf b. Rāfiʿ b. Tamīm
Ibn Sajjād, Yūsuf ibn Rāfiʿ
Ibn-Rāfiʿ, Yūsuf Ibn-Šaddād
Sjeddad, Bohadino
Yūsuf Ibn-Rāfiʿ Ibn-Šaddād

Ibn-Šaddād al-Falḥāʾ, ʿAntara
→ **ʿAntara Ibn-Šaddād**

Ibn-Šāhīn, ʿUmar Ibn-Aḥmad
909 – 995
Ibn-Aḥmad, ʿUmar Ibn-Šāhīn
ʿUmar Ibn-Aḥmad Ibn-Šāhīn

Ibn-Šāhīn aẓ-Ẓāhirī, Ḫalīl
1410 – 1468
Ḍâhiry, Khalîl ¬aḍ-¬
Dhaheri, Khalil B.-
Ġars-ad-Dīn Ḫalīl Ibn-Šāhīn aẓ-Ẓāhirī
Ḫalīl Ibn-Šāhīn
Ḫalīl Ibn-Šāhīn aẓ-Ẓāhirī
Ibn Shāhīn al-Ẓāhirī, Khalīl
Khalil eḍ-Dâhiry
Ẓāhirī, Ḫalīl Ibn-Šāhīn ¬aẓ-¬

Ibn-Sahl, Abu-'l-Aṣbaġ ʿĪsā
1022/23 – 1093
Rep.Font. VI,205
Abu-'l-Aṣbaġ ʿĪsā Ibn-Sahl
Ibn Sahl, Abū 'l-Aṣbaġ ʿIsā b. Sahl b. ʿAbd Allāh al-Asadī

Ibn-Sahl, Abū-Saʿd al-ʿAlāʾ
→ **Abū-Saʿd al-ʿAlāʾ Ibn-Sahl**

Ibn-Sahl, Aḥmad al-Balḫī
→ **Balḫī, Aḥmad Ibn-Sahl ¬al-¬**

Ibn-Sahl, Sābūr
→ **Sābūr Ibn-Sahl**

Ibn-Sahl al-Andalusī, Ibrāhīm
gest. ca. 1251
Andalusī, Ibrāhīm Ibn-Sahl ¬al-¬
Ibrāhīm Ibn-Sahl al-Andalusī

Ibn-Sahl Sābūr
→ **Sābūr Ibn-Sahl**

Ibn-Sahlān, ʿUmar as-Sāwī
→ **Sāwī, ʿUmar Ibn-Sahlān ¬as-¬**

Ibn-Šahridār, Šīrawaih
→ **Šīrawaih Ibn-Šahridār**

Ibn-Saʿīd, ʿAbd-al-Ġanī al-Azdī
→ **ʿAbd-al-Ġanī al-Azdī, Ibn-Saʿīd**

Ibn-Saʿīd, ʿAbd-as-Salām Saḥnūn
→ **Saḥnūn, ʿAbd-as-Salām Ibn-Saʿīd**

Ibn-Saʿīd, Abū-Firās al-Ḥāriṯ al-Ḥamdānī
→ **Abū-Firās al-Ḥamdānī, al-Ḥāriṯ Ibn-Saʿīd**

Ibn-Ṣāʿid, Abū-Muḥammad Yaḥyā Ibn-Muḥammad
→ **Ibn-Ṣāʿid, Yaḥyā Ibn-Muḥammad**

Ibn-Saʿīd, Aḥmad ad-Darǧīnī
→ **Darǧīnī, Aḥmad Ibn-Saʿīd ¬ad-¬**

Ibn-Saʿīd, al-Ḥusain al-Ahwāzī
→ **Ahwāzī, al-Ḥusain Ibn-Saʿīd ¬al-¬**

Ibn-Saʿīd, ʿAlī Ibn-Mūsā
1213 – 1286
Rep.Font. VI,205/07
ʿAlī Ibn-Mūsā Ibn-Saʿīd
Ibn Saʿīd al-Maghribī
Ibn Saʿīd al-Maġribī, Abu-'l-Ḥasan ʿAlī b. Mūsā
Ibn-Saʿīd al-Andalusī, ʿAlī Ibn-Mūsā
Ibn-Saʿīd al-Maġribī
Ibn-Saʿīd al-Maġribī, ʿAlī Ibn-Mūsā

Ibn-Saʿīd, Ibrāhīm al-Ḥabbāl
→ **Ḥabbāl, Ibrāhīm Ibn-Saʿīd ¬al-¬**

Ibn-Saʿīd, Muḥammad al-Būṣīrī
→ **Būṣīrī, Muḥammad Ibn-Saʿīd ¬al-¬**

Ibn-Saʿīd, Saʿīd al-Fāriqī
→ **Fāriqī, Saʿīd Ibn-Saʿīd ¬al-¬**

Ibn-Ṣāʿid, Ṣāʿid Ibn-Aḥmad
→ **Andalusī, Ṣāʿid Ibn-Aḥmad ¬al-¬**

Ibn-Saʿīd, Sufyān aṯ-Ṯaurī
→ **Sufyān aṯ-Ṯaurī, Ibn-Saʿīd**

Ibn-Saʿīd, Suwaid al-Ḥadaṯānī
→ **Suwaid Ibn-Saʿīd al-Ḥadaṯānī**

Ibn-Saʿīd, ʿUṯmān ad-Dānī
→ **Dānī, ʿUṯmān Ibn-Saʿīd ¬ad-¬**

Ibn-Saʿīd, ʿUṯmān ad-Dārimī
→ **Dārimī, Abū-Saʿīd ʿUṯmān Ibn-Saʿīd ¬ad-¬**

Ibn-Ṣāʿid, Yaḥyā Ibn-Muḥammad
843 – 930
Ibn-Muḥammad, Yaḥyā Ibn-Ṣāʿid
Ibn-Ṣāʿid, Abū-Muḥammad Yaḥyā Ibn-Muḥammad
Yaḥyā Ibn-Muḥammad Ibn-Ṣāʿid

Ibn-Saʿīd ad-Darǧīnī, Aḥmad
→ **Darǧīnī, Aḥmad Ibn-Saʿīd ¬ad-¬**

Ibn-Saʿīd ad-Dārimī, ʿUṯmān
→ **Dārimī, Abū-Saʿīd ʿUṯmān Ibn-Saʿīd ¬ad-¬**

Ibn-Saʿīd al-Andalusī, ʿAlī Ibn-Mūsā
→ **Ibn-Saʿīd, ʿAlī Ibn-Mūsā**

Ibn-Ṣāʿid al-Andalusī, Ṣāʿid Ibn-Aḥmad
→ **Andalusī, Ṣāʿid Ibn-Aḥmad ¬al-¬**

Ibn-Saʿīd al-Maġribī
→ **Ibn-Saʿīd, ʿAlī Ibn-Mūsā**

Ibn-Saʿīd al-Maġribī, ʿAlī Ibn-Mūsā
→ **Ibn-Saʿīd, ʿAlī Ibn-Mūsā**

Ibn-Saif-ad-Dīn, Muḥammad Aidamur
gest. 1258
Aidamur, Muḥammad Ibn-Saif-ad-Dīn
Dīn, Muḥammad Aidamur Ibn-Saif-ad-
Ibn Sayf al-Dīn, Muḥammad Aydamur
Muḥammad Aidamur Ibn-Saif-ad-Dīn
Muḥammad Ibn-Saif-ad-Dīn Aidamur
Saif-ad-Dīn, Muḥammad Aidamur Ibn-

Ibn-Saiyār, Ibrāhīm an-Naẓẓām
→ **Naẓẓām, Ibrāhīm Ibn-Saiyār ¬an-¬**

Ibn-Saiyār an-Naẓẓām, Ibrāhīm
→ **Naẓẓām, Ibrāhīm Ibn-Saiyār ¬an-¬**

Ibn-Saiyid an-Nās, Muḥammad Ibn-Muḥammad
1263 – 1334
Ibn-Muḥammad, Muḥammad Ibn-Saiyid an-Nās
Muḥammad Ibn-Muḥammad Ibn-Saiyid an-Nās

Ibn-Šākir, Muḥammad al-Kutubī
→ **Kutubī, Muḥammad Ibn-Šākir ¬al-¬**

Ibn-Šākir, Yaḥyā Ibn-al-Ǧaiʿān
→ **Ibn-al-Ǧaiʿān, Yaḥyā Ibn-Šākir**

Ibn-Šākir al-Kutubī, Muḥammad
→ **Kutubī, Muḥammad Ibn-Šākir ¬al-¬**

Ibn-Ṣalāḥ-ad-Dīn, ʿUṯmān Ibn-aṣ-Ṣalāḥ
→ **Ibn-aṣ-Ṣalāḥ aš-Šahrazūrī, ʿUṯmān Ibn-Ṣalāḥ-ad-Dīn**

Ibn-Salama, Ḥammād
→ **Ḥammād Ibn-Salama**

Ibn-Salāma, Hibatallāh Ibn-Naṣr
gest. 1019
Hibatallāh Ibn-Naṣr Ibn-Salāma
Ibn-Naṣr, Hibatallāh Ibn-Salāma

Ibn-Ṣāliḥ, ʿAbd-ar-Rašīd al-Bākuwī
→ **Bākuwī, ʿAbd-ar-Rašīd Ibn-Ṣāliḥ ¬al-¬**

Ibn-Sallām, Abū-ʿUbaid al-Qāsim
→ **Abū-ʿUbaid al-Qāsim Ibn-Sallām**

Ibn-Sallām, Yaḥyā
→ **Taimī, Yaḥyā Ibn-Salām ¬at-¬**

Ibn-Salmān, Maḥmūd Ibn-Fahd
→ **Ibn-Fahd, Maḥmūd Ibn-Salmān**

Ibn-Samaǧūn, Ḥāmid
10. Jh.
Ḥāmid Ibn-Samaǧūn
Ḥāmid Ibn-Samaǧūn
Ibn Samajūn, Abū Bakr Ḥāmid
Ibn Samajūn, Ḥāmid
Ibn-Samǧūn, Ḥāmid
Samaǧūn, Ḥāmid Ibn-

Ibn-Samǧūn, Ḥāmid
→ **Ibn-Samaǧūn, Ḥāmid**

Ibn-Sammāk al-Umawī, Yaʿīš Ibn-Ibrāhīm
→ **Umawī, Yaʿīš Ibn-Ibrāhīm ¬al-¬**

Ibn-Šams-al-Ḫilāfa, Abu-'l-Faḍl Ǧaʿfar
→ **Ibn-Šams-al-Ḫilāfa, Ǧaʿfar**

Ibn-Šams-al-Ḫilāfa, Ǧaʿfar
1148 – 1225
Ibn Shams al-Khilāfa, Jaʿfar
Ibn-Šams-al-Ḫilāfa, Abu-'l-Faḍl Ǧaʿfar
Ibn-Šams-al-Ḫilāfa, Maǧd-al-Mulk Ǧaʿfar
Maǧd-al-Mulk Ǧaʿfar Ibn-Šams-al-Ḫilāfa

Ibn-Šams-al-Ḫilāfa, Maǧd-al-Mulk Ǧaʿfar
→ **Ibn-Šams-al-Ḫilāfa, Ǧaʿfar**

Ibn-Šaprûṭ, Šem Ṭôv Ben-Yiṣḥāq
um 1375/80
Ben-Shaprut, Shem-Tob ben-Isaac
Ibn-Shaprut, Shem Tov ben Yitshak
Schem-Tob ben-Isaac Ben-Shaprut
Schem-Tow ⟨Ben Schaprut⟩
Šem Ṭôv Ben-Yiṣḥāq ⟨Ibn-Šaprûṭ⟩

Ibn-Sarābiyūn, Yūḥannā
→ **Serapio ⟨Iunior⟩**

Ibn-Šaraf, Yaḥyā an-Nawawī
→ **Nawawī, Yaḥyā Ibn-Šaraf ¬an-¬**

Ibn-Šaraf an-Nawawī, Yaḥyā
→ **Nawawī, Yaḥyā Ibn-Šaraf ¬an-¬**

Ibn-Schohba
→ **Ibn-Qāḍī Šuhba, Abū-Bakr Ibn-Aḥmad**

Ibn-Šēm-Ṭôv, Šēm-Ṭôv Ben-Yôsēf
ca. 1461 – 1489
Derāšôṯ hat-tôrā
Ben Šēm Ṭôv, Yôsēf
Ibn Shem Tov, Joseph Ben Shem Tov
Ibn-Shem-Tob, Shem-Tob Ben Joseph
Schemtob Ben-Schemtob Ben-Josef
Šēm-Ṭôv Ben-Yôsēf ⟨Ibn-Šēm-Ṭôv⟩
Šēm-Ṭôv Ben-Yôsēf Ibn-Šēm-Ṭôv

Ibn-Serapion
→ **Serapio ⟨Iunior⟩**

Ibn-Shaprut, Shem Tov ben Yitshak
→ **Ibn-Šaprûṭ, Šem Ṭôv Ben-Yiṣḥāq**

Ibn-Shem-Tob, Shem-Tob Ben Joseph
→ **Ibn-Šēm-Ṭôv, Šēm-Ṭôv Ben-Yôsēf**

Ibn-Shuʿeib, Joshua
→ **Ibn-Šuʿaib, Yehôšuaʿ**

Ibn-Sibāṭ, Ḥamza Ibn-Aḥmad
→ **Ibn-Asbāṭ, Ḥamza Ibn-Aḥmad**

Ibn-Sīda, Abu-'l-Ḥasan ʿAlī Ibn-Ismāʿīl
→ **Ibn-Sīda, ʿAlī Ibn-Ismāʿīl**

Ibn-Sīda, ʿAlī Ibn-Ismāʿīl
gest. 1066
Rep.Font. VI,207/08
ʿAlī Ibn-Ismāʿīl Ibn-Sīda
Ibn Sīda, Abū 'l-Ḥasan ʿAlī b. Ismāʿīl al-Mursī
Ibn Sīdah, ʿAli Ibn Ismāʿīl
Ibn-Ismāʿīl, Ibn-Sīda ʿAlī
Ibn-Sīda, Abu-'l-Ḥasan ʿAlī Ibn-Ismāʿīl
Ibn-Sīduh, ʿAlī Ibn-Ismāʿīl
Mursī, ʿAlī Ibn-Ismāʿīl ¬al-¬

Ibn-Sīduh, ʿAlī Ibn-Ismāʿīl
→ **Ibn-Sīda, ʿAlī Ibn-Ismāʿīl**

Ibn-Šihāb-ad-Dīn, Muḥammad al-Asyūṭī
→ **Asyūṭī, Muḥammad Ibn-Šihāb-ad-Dīn ¬al-¬**

Ibn-Silafa, Aḥmad Ibn-Muḥammad
→ **Silafī, Aḥmad Ibn-Muḥammad ¬as-¬**

Ibn-Sīnā
→ **Avicenna**

Ibn-Sīnā, Abū-ʿAlī al-Ḥusain Ibn-ʿAbdallāh
→ **Avicenna**

Ibn-Sīnā, al-Husain ʿibn-ʿAbdallāh
→ **Avicenna**

Ibn-Sīnā al-Qānūnī, Abū-
→ **Avicenna**

Ibn-Sinān, Abū-Isḥāq Ibrāhīm
→ **Ibrāhīm Ibn-Sinān**

Ibn-Sinān, Ibrāhīm
→ **Ibrāhīm Ibn-Sinān**

Ibn-Sīrīn, Aḥmad
→ **Muḥammad Ibn-Sīrīn**

Ibn-Sīrīn, Muḥammad
→ **Muḥammad Ibn-Sīrīn**

Ibn-Šiyaim, ʿUmair al-Quṭāmī
→ **Quṭāmī, ʿUmair Ibn-Šiyaim ¬al-¬**

Ibn-Šuʿaib, Yehôšuaʿ
14. Jh.
Ibn-Shu'eib, Joshua
Joshua Ibn-Shu'eib
Yehôšuaʿ ⟨Ibn-Šuʿaib⟩

Ibn-Sufyān, al-Ḥasan an-Nasawī
→ **Nasawī, al-Ḥasan Ibn-Sufyān ¬an-¬**

Ibn-Sufyān an-Nasawī, al-Ḥasan
→ **Nasawī, al-Ḥasan Ibn-Sufyān ¬an-¬**

Ibn-Šuhaid, Aḥmad Ibn-Abī-Marwān
→ **Ibn-Šuhaid al-Andalusī, Aḥmad Ibn-Abī-Marwān**

Ibn-Šuhaid al-Andalusī, Aḥmad Ibn-Abī-Marwān
992 – 1035
LMA,V,320; Rep.Font. VI,214
Aḥmad Ibn-Abī-Marwān Ibn-Šuhaid
Andalusī, Aḥmad Ibn-Abī-Marwān ¬al-¬
Ibn Shuhayd, Aḥmad ibn Abī Marwān
Ibn Šuhayd, Abū Marwān ʿAbd al-Malik b. Aḥmad
Ibn Šuhayd, Aḥmad b. a. Marwān
Ibn-Abī-Marwān, Aḥmad Ibn-Šuhaid
Ibn-Šuhaid, Aḥmad Ibn-Abī-Marwān

Ibn-Suhair, Kab
→ **Kaʿb Ibn-Zuhair**

Ibn-Šuʿlā, Muḥammad Ibn-Aḥmad
→ **Suʿlā, Muḥammad Ibn-Aḥmad**

Ibn-Sulaimān, ʿAbdallāh as-Siǧistānī
→ **Siǧistānī, ʿAbdallāh Ibn-Sulaimān ¬as-¬**

Ibn-Sulaimān, al-Ḥusain Ibn-Raiyān
→ **Ibn-Raiyān, al-Ḥusain Ibn-Sulaimān**

Ibn-Sulaimān, ʿAlī Ibn-Abi-'r-Riqāʿ
→ **Ibn-Abi-'r-Riqāʿ, ʿAlī Ibn-Sulaimān**

Ibn-Sulaimān, Isḥāq al-Isrāʾīlī
→ **Isrāʾīlī, Isḥāq Ibn-Sulaimān ¬al-¬**

Ibn-Sulaimān, Muḥammad al-Ǧazūlī
→ **Ǧazūlī, Muḥammad Ibn-Sulaimān ¬al-¬**

Ibn-Sulaimān, Muḥammad al-Kāfiyaǧī
→ **Kāfiyaǧī, Muḥammad Ibn-Sulaimān ¬al-¬**

Ibn-Sulaimān, Muḥammad Ibn-an-Naqīb
→ **Ibn-an-Naqīb, Muḥammad Ibn-Sulaimān**

Ibn-Sulaimān al-Kāfiyaǧī, Muḥammad
→ **Kāfiyaǧī, Muḥammad Ibn-Sulaimān ¬al-¬**

Ibn-Sulṭān, Muḥammad Ibn-Ḥaiyūs
→ **Ibn-Ḥaiyūs, Muḥammad Ibn-Sulṭān**

Ibn-Šuqair, Abū-Bakr Aḥmad Ibn-al-Ḥusain
→ **Abū-Bakr Ibn-Šuqair, Aḥmad Ibn-al-Ḥusain**

Ibn-Šuqair, Aḥmad Ibn-al-Ḥusain
→ **Abū-Bakr Ibn-Šuqair, Aḥmad Ibn-al-Ḥusain**

Ibn-Ṯabāt, Aḥmad
gest. 1234
Abu-'l-ʿAbbās Aḥmad Ibn-Ṯabāt
Aḥmad Ibn-Ṯabāt
Ǧamāl-ad-Dīn Aḥmad Ibn-Ṯabāt
Ibn Thabāt, Aḥmad
Ibn-Ṯābit, Aḥmad
Qāḍī al-Humāmīya, Aḥmad Ibn-Ṯabāt

Ibn-Ṭabāṭabā, Abu-'l-Ḥasan Muḥammad Ibn-Aḥmad
→ **Abu-'l-Ḥasan Ibn-Ṭabāṭabā, Muḥammad Ibn-Aḥmad**

Ibn-Ṭabāṭabā, Muḥammad Ibn-Aḥmad
→ **Abu-'l-Ḥasan Ibn-Ṭabāṭabā, Muḥammad Ibn-Aḥmad**

Ibn-Ṭabāṭabā al-ʿAlawī, Muḥammad Ibn-Aḥmad
→ **Abu-'l-Ḥasan Ibn-Ṭabāṭabā, Muḥammad Ibn-Aḥmad**

Ibn-Ṯābit, Abū-Ḥanīfa an-Nuʿmān
→ **Abū-Ḥanīfa an-Nuʿmān Ibn-Ṯābit**

Ibn-Ṯābit, Aḥmad
→ **Ibn-Ṯabāt, Aḥmad**

Ibn-Ṯābit, Ḥassān
→ **Ḥassān Ibn-Ṯābit**

Ibn-Ṯābit, Sinān
→ **Sinān Ibn-Ṯābit**

Ibn-Ṯābit, Zaid
→ **Zaid Ibn-Ṯābit**

Ibn-Taġrībirdī, Abu-'l-Maḥāsin Yūsuf Ibn-ʿAbdallāh
1411 – 1469
Abu-'l-Maḥāsin Yūsuf Ibn-ʿAbdallāh Ibn-Taġrībirdī
Ibn Taghrī Birdi
Ibn Taghrībirdī, Abū al-Maḥāsin Yūsuf ibn ʿAbdallāh
Ibn-Taġrībirdī, Yūsuf Ibn-ʿAbdallāh
Jemaleddin Togri-Bardius
Jemaleddinus ⟨Filius Togri-Bardii⟩
Togri-Bardius
Yūsuf Ibn-ʿAbdallāh Ibn-Taġrībirdī

Ibn-Taġrībirdī, Yūsuf Ibn-ʿAbdallāh
→ **Ibn-Taġrībirdī, Abu-'l-Maḥāsin Yūsuf Ibn-ʿAbdallāh**

Ibn-Ṭāhir, ʿAbd-al-Qāhir al-Baġdādī
→ **Baġdādī, ʿAbd-al-Qāhir Ibn-Ṭāhir ¬al-¬**

Ibn-Ṭāhir, Muḥammad Ibn-al-Qaisarānī
→ **Ibn-al-Qaisarānī, Muḥammad Ibn-Ṭāhir**

Ibn-Ṭāhir al-Baġdādī, ʿAbd-al-Qāhir
→ **Baġdādī, ʿAbd-al-Qāhir Ibn-Ṭāhir ¬al-¬**

Ibn-Ṭāhir al-Maqdisī, Muṭahhar
→ **Muṭahhar Ibn-Ṭāhir al-Maqdisī**

Ibn-Ṭaifūr, Muḥammad as-Saǧāwandī
→ **Saǧāwandī, Muḥammad Ibn-Ṭaifūr ¬as-¬**

Ibn-Taimijja, Taki-ad-Din Ahmad
→ **Ibn-Taimīya, Aḥmad Ibn-ʿAbd-al-Ḥalīm**

Ibn-Taimīya, Aḥmad Ibn-ʿAbd-al-Ḥalīm
1263 – 1328
Aḥmad Ibn-ʿAbd-al-Ḥalīm Ibn-Taimīya
Ibn Taimijja, Taki Ad Din Ahmad
Ibn Taymiyya
Ibn-ʿAbd-al-Ḥalīm, Aḥmad Ibn-Taimīya
Ibn-Taimijja, Taki-ad-Din Ahmad
Ibn-Taimīya, Taqi-'d-Dīn

Ibn-Taimīya, Taqi-'d-Dīn
→ **Ibn-Taimīya, Aḥmad Ibn-ʿAbd-al-Ḥalīm**

Ibn-Ṭaiyib al-Bāqillānī
→ **Bāqillānī, Muḥammad Ibn-aṭ-Ṭaiyib ¬al-¬**

Ibn-Ṯaʿlab, Ǧaʿfar al-Adfuwī
→ **Adfuwī, Ǧaʿfar Ibn-Ṯaʿlab ¬al-¬**

Ibn-Tarīk, Gabriel
→ **Gabriel ⟨Bābā, II.⟩**

Ibn-Ṯaur al-Hilālī Ḥumaid
→ **Ḥumaid Ibn-Ṯaur al-Hilālī**

Ibn-Ṭāʾūs, Aḥmad Ibn-Mūsā
gest. 1274
Aḥmad Ibn-Mūsā Ibn-Ṭāʾūs
Ǧamāl-ad-Dīn Ibn-Ṭāʾūs
Ibn Ṭāʾūs, Aḥmad ibn Mūsā
Ibn-Mūsā, Aḥmad Ibn-Ṭāʾūs
Ibn-Ṭāwūs, Aḥmad Ibn-Mūsā

Ibn-Ṭāʾūs, ʿAlī Ibn-Mūsā
→ **Ṭāʾūsī, ʿAlī Ibn-Mūsā ¬aṭ-¬**

Ibn-Ṭāwūs, Aḥmad Ibn-Mūsā
→ **Ibn-Ṭāʾūs, Aḥmad Ibn-Mūsā**

Ibn-Tibbon, Šemûʾēl Ben-Yehûdā
ca. 1150 – 1230
Ibn Tibbon, Samuel Ben Judah
Samuel ⟨Ben Judah Ibn Tibbon⟩
Samuel ⟨Ibn Tabon⟩
Šemûʾēl Ben-Yehûdā ⟨Ibn-Tibbon⟩
Tibbon, Jehuda

Ibn-Tibbōn, Yaʿaqov Ben-Māḵīr
ca. 1236 – ca. 1304
Almanach perpetuum Prophatii
LMA,VII, 251/252
Jacob ben Machir ibn Tibbon
Prophatius ⟨Iudaeus⟩
Yaʿaqov Ben-Māḵîr ⟨Ibn-Tibbōn⟩

Ibn-Tibbôn, Yehûdā
→ **Ibn-Tibbôn, Yehûdā Ben-Šāʾûl**

Ibn-Tibbôn, Yehûdā Ben-Šāʾûl
ca. 1120 – ca. 1190
LMA,V,348
Aben Tybbon, Jehudah
Ibn Tibbôn, Yehûdā Ben-Šāʾûl
Ibn-Tibbôn, Yehûdā
Jehuda ben Tibbon
Jehuda Ibn Tabbon
Jehuda Ibn Tibbon
Jehūdā Ibn-Tibbōn
Jehudah Aben Tybbon
Juda ben Saul ibn Tibbon
Tybbon, Jehudah A.
Yeuda Aben Tibon

Ibn-Ṭufail, Muḥammad Ibn-ʿAbd-al-Malik
gest. 1185
LMA,I,69
Abubacer
Abu-Bakr Ibn-at-Tufail
Bakr Ibn at-Tufail Abu
Ebn Tophail, Abi Iaafar
Ibn at-Tufail, Abu Bakr
Ibn at-Tufail Abu Bakr
Ibn Tophail
Ibn Tufail, Abu Bakr
Ibn Ṭufail al-Qasī, Abū B.
Ibn-ʿAbd-al-Malik, Muḥammad Ibn-Ṭufail
Muḥammad Ibn-ʿAbd-al-Malik Ibn-Ṭufail
Qasī, Abū B.
Tufail, Abu Bakr Ibn

Ibn-Tūmart, Muḥammad Ibn-ʿAbdallāh
ca. 1080 – ca. 1130
Ibn Tumart, Mohammed
Ibn Tūmart, Muḥammad ibn ʿAbd Allāh
Ibn-ʿAbdallāh, Muḥammad Ibn-Tūmart
Muḥammad Ibn-ʿAbdallāh Ibn-Tūmart

Ibn-Turaik, Gabriel
→ **Gabriel ⟨Bābā, II.⟩**

Ibn-Turaik, Ġubriyāl
→ **Gabriel ⟨Bābā, II.⟩**

Ibn-Turk, ʿAbd-al-Ḥamīd Ibn-Wāsiʿ
9. Jh.
ʿAbd-al-Ḥamīd Ibn-Wāsiʿ Ibn-Turk
Ibn Turk, ʿAbd al-Ḥamīd ibn Wāsiʿ
Ibn-Wāsiʿ, ʿAbd-al-Ḥamīd Ibn-Turk

Ibn-ʿUbaid, ʿAlī Ibn-al-Ǧaʿd
→ **Ibn-al-Ǧaʿd, ʿAlī Ibn-ʿUbaid**

Ibn-ʿUbaid, al-Walīd al-Buḥturī
→ **Buḥturī, al-Walīd Ibn-ʿUbaid ¬al-¬**

Ibn-ʿUbaidallāh, ʿAbd-al-Munʿim Ibn-Ġalbūn
→ **Ibn-Ġalbūn, ʿAbd-al-Munʿim Ibn-ʿUbaidallāh**

Ibn-Uḏaina, ʿUrwa
→ **ʿUrwa Ibn-Uḏaina**

Ibn-Umail, Abū-ʿAbdallāh Muḥammad
→ **Ibn-Umail, Muḥammad**

Ibn-Umail, Muḥammad
ca. 900 – 960
Risālat' aš-Šams ilā 'l-hilāl (lat.); Kitab al-Mā al-waraqi wa-l-ard an-naǧmīya (lat.)
VL(2),1100/02; LMA,VII,1757/58
Ibn Umayl, Muḥammad
Ibn-Umail, Abū-ʿAbdallāh Muḥammad
Ibn-Umail al-Ḥakīm aṣ-Ṣādiq at-Tamīmī, Abū-ʿAbdallāh Muḥammad
Ibn-Umail at-Tamīmī, Muḥammad
Muḥammad ibn Umail
Muḥammad Ibn-Umail at-Tamīmī
Senior, Zadith
Zadith ⟨Senior⟩

Ibn-Umail al-Ḥakīm aṣ-Ṣādiq at-Tamīmī, Abū-ʿAbdallāh Muḥammad
→ **Ibn-Umail, Muḥammad**

Ibn-Umail at-Tamīmī, Muḥammad
→ **Ibn-Umail, Muḥammad**

Ibn-ʿUmaira, Aḥmad Ibn-ʿAbdallāh
→ **Maḫzūmī, Aḥmad Ibn-ʿAbdallāh ¬al-¬**

Ibn-ʿUmar, ʿAbdallāh ad-Dabūsī
→ **Dabūsī, ʿAbdallāh Ibn-ʿUmar ¬ad-¬**

Ibn-ʿUmar, ʿAbdallāh al-ʿArǧī
→ **ʿArǧī, ʿAbdallāh Ibn-ʿUmar ¬al-¬**

Ibn-ʿUmar, ʿAbdallāh al-Baiḍāwī
→ **Baiḍāwī, ʿAbdallāh Ibn-ʿUmar ¬al-¬**

Ibn-ʿUmar, ʿAbd-al-Munʿim
al-Ġilyānī
→ **Ġilyānī, ʿAbd-al-Munʿim Ibn-ʿUmar ¬al-¬**

Ibn-ʿUmar, ʿAbd-ar-Raḥmān
aṣ-Ṣūfī
→ **ʿAbd-ar-Raḥmān aṣ-Ṣūfī, Ibn-ʿUmar**

Ibn-ʿUmar, Aḥmad al-Ḫaṣṣāf
→ **Ḫaṣṣāf, Aḥmad Ibn-ʿUmar ¬al-¬**

Ibn-ʿUmar, Aḥmad al-Qurṭubī
→ **Qurṭubī, Aḥmad Ibn-ʿUmar ¬al-¬**

Ibn-ʿUmar, Aḥmad Ibn-al-Qaṣṣār
al-Baġdādī
→ **Ibn-al-Qaṣṣār al-Baġdādī, Aḥmad Ibn-ʿUmar**

Ibn-ʿUmar, Aḥmad Ibn-Rustah
→ **Ibn-Rustah, Aḥmad Ibn-ʿUmar**

Ibn-ʿUmar, al-Ḥasan
al-Marrākušī
→ **Marrākušī, al-Ḥasan Ibn-ʿUmar ¬al-¬**

Ibn-ʿUmar, al-Ḥasan Ibn-Ḥabīb
→ **Ibn-Ḥabīb, al-Ḥasan Ibn-ʿUmar**

Ibn-ʿUmar, ʿAlī ad-Dāraquṭnī
→ **Dāraquṭnī, ʿAlī Ibn-ʿUmar ¬ad-¬**

Ibn-ʿUmar, ʿAlī al-Batanūnī
→ **Batanūnī, ʿAlī Ibn-ʿUmar ¬al-¬**

Ibn-ʿUmar, ʿAlī al-Kātibī
→ **Kātibī, ʿAlī Ibn-ʿUmar ¬al-¬**

Ibn-ʿUmar, Ḥafṣ ad-Dūrī
→ **Dūrī, Ḥafṣ Ibn-ʿUmar ¬ad-¬**

Ibn-ʿUmar, Ḥammād ʿAǧrad
→ **Ḥammād ʿAǧrad, Ibn-ʿUmar**

Ibn-ʿUmar, Ibrāhīm al-Biqāʿī
→ **Biqāʿī, Ibrāhīm Ibn-ʿUmar ¬al-¬**

Ibn-ʿUmar, Ibrāhīm al-Ǧaʿbarī
→ **Ǧaʿbarī, Ibrāhīm Ibn-ʿUmar ¬al-¬**

Ibn-ʿUmar, Ismāʿīl Ibn-Kaṯīr
→ **Ibn-Kaṯīr, Ismāʿīl Ibn-ʿUmar**

Ibn-ʿUmar, Maḥmūd
az-Zamaḫšarī
→ **Zamaḫšarī, Maḥmūd Ibn-ʿUmar ¬az-¬**

Ibn-ʿUmar, Masʿūd at-Taftazānī
→ **Taftazānī, Masʿūd Ibn-ʿUmar ¬at-¬**

Ibn-ʿUmar, Muḥammad al-Ġamrī
→ **Ġamrī, Muḥammad Ibn-ʿUmar ¬al-¬**

Ibn-ʿUmar, Muḥammad
al-Wāqidī
→ **Wāqidī, Muḥammad Ibn-ʿUmar ¬al-¬**

Ibn-ʿUmar, Muḥammad
Ibn-al-Qūṭīya
→ **Ibn-al-Qūṭīya, Muḥammad Ibn-ʿUmar**

Ibn-ʿUmar, Muḥammad
Ibn-Rašīd al-Fihrī
→ **Ibn-Rašīd al-Fihrī, Muḥammad Ibn-ʿUmar**

Ibn-ʿUmar, Muḥammad
Ibn-Rušaid
→ **Ibn-Rušaid, Muḥammad Ibn-ʿUmar**

Ibn-ʿUmar, ʿUṯmān Ibn-al-Ḥāǧib
→ **Ibn-al-Ḥāǧib, ʿUṯmān Ibn-ʿUmar**

Ibn-ʿUmar ad-Dāraquṭnī, ʿAlī
→ **Dāraquṭnī, ʿAlī Ibn-ʿUmar ¬ad-¬**

Ibn-ʿUmar ad-Dūrī, Ḥafṣ
→ **Dūrī, Ḥafṣ Ibn-ʿUmar ¬ad-¬**

Ibn-ʿUmar al-ʿArǧī, ʿAbdallāh
→ **ʿArǧī, ʿAbdallāh Ibn-ʿUmar ¬al-¬**

Ibn-ʿUmar al-Baiḍāwī, ʿAbdallāh
→ **Baiḍāwī, ʿAbdallāh Ibn-ʿUmar ¬al-¬**

Ibn-ʿUmar al-Batanūnī, ʿAlī
→ **Batanūnī, ʿAlī Ibn-ʿUmar ¬al-¬**

Ibn-ʿUmar al-Biqāʿī, Ibrāhīm
→ **Biqāʿī, Ibrāhīm Ibn-ʿUmar ¬al-¬**

Ibn-ʿUmar al-Ǧaʿbarī, Ibrāhīm
→ **Ǧaʿbarī, Ibrāhīm Ibn-ʿUmar ¬al-¬**

Ibn-ʿUmar al-Ġamrī, Muḥammad
→ **Ġamrī, Muḥammad Ibn-ʿUmar ¬al-¬**

Ibn-ʿUmar al-Ġilyānī,
ʿAbd-al-Munʿim
→ **Ġilyānī, ʿAbd-al-Munʿim Ibn-ʿUmar ¬al-¬**

Ibn-ʿUmar al-Ǧuʿfī, al-Mufaḍḍal
→ **Mufaḍḍal Ibn-ʿUmar al-Ǧuʿfī ¬al-¬**

Ibn-ʿUmar al-Wāqidī,
Muḥammad
→ **Wāqidī, Muḥammad Ibn-ʿUmar ¬al-¬**

Ibn-ʿUmar ar-Rāzī, Faḫr-ad-Dīn
Muḥammad
→ **Faḫr-ad-Dīn ar-Rāzī, Muḥammad Ibn-ʿUmar**

Ibn-ʿUmar at-Taftazānī, Masʿūd
→ **Taftazānī, Masʿūd Ibn-ʿUmar ¬at-¬**

Ibn-ʿUmar az-Zamaḫšarī,
Maḥmūd
→ **Zamaḫšarī, Maḥmūd Ibn-ʿUmar ¬az-¬**

Ibn-Umm-Qāsim, al-Ḥasan
Ibn-al-Qāsim al-Murādī
→ **Murādī Ibn-Umm-Qāsim, al-Ḥasan Ibn-al-Qāsim ¬al-¬**

Ibn-ʿUnain, Muḥammad Ibn-Naṣr
1154 – 1233
Ibn Unain Sharaf al Din Abu Mahasin Muhammad ibn Nasr
Ibn ʿUnayn, Muḥammad ibn Naṣr
Ibn-Naṣr, Muḥammad Ibn-ʿUnain
Muḥammad Ibn-Naṣr Ibn-ʿUnain

Ibn-ʿUqba, Ġailān Ḏu-'r-Rumma
→ **Ḏu-'r-Rumma, Ġailān Ibn-ʿUqba**

Ibn-ʿUqba, Mūsā
→ **Mūsā Ibn-ʿUqba**

Ibn-ʿUṣfūr, ʿAlī Ibn-Mu'min
1200 – 1270
ʿAlī Ibn-Mu'min Ibn-ʿUṣfūr
Ibn-Mu'min, ʿAlī Ibn-ʿUṣfūr

Ibn-ʿUṯmān, ʿAbd-al-ʿAzīz
al-Qabīṣī
→ **Qabīṣī, Abu-'ṣ-Ṣaqr ʿAbd-al-ʿAzīz Ibn-ʿUṯmān ¬al-¬**

Ibn-ʿUṯmān, Maḥmūd
→ **Maḥmūd Ibn-ʿUṯmān**

Ibn-ʿUṯmān, Muḥammad
al-Māridīnī
→ **Māridīnī, Muḥammad Ibn-ʿUṯmān**

Ibn-ʿUyaina, Sufyān
→ **Sufyān Ibn-ʿUyaina**

Ibn-ʿUzair, Muḥammad
as-Siǧistānī
→ **Siǧistānī, Muḥammad Ibn-ʿUzair ¬as-¬**

Ibn-ʿUzair as-Siǧistānī,
Muḥammad
→ **Siǧistānī, Muḥammad Ibn-ʿUzair ¬as-¬**

Ibn-Verga, Salomon
→ **Ibn-Wīrgā, Šelomo**

Ibn-Verga, Šelomo
→ **Ibn-Wīrgā, Šelomo**

Ibn-Verga, Solomon
→ **Ibn-Wīrgā, Šelomo**

Ibn-Waḍḍāḥ, Muḥammad
815 – 899
Rep.Font. VI,214
Ibn Waḍḍāḥ, Abū ʿAbd Allāh Muḥammad b. Waḍḍāḥ b. Yaziʿa
Ibn Waḍḍāḥ, Muḥammad
Muḥammad Ibn-Waḍḍāḥ

Ibn-Wāfid, ʿAbd-ar-Raḥmān
→ **Ibn-Wāfid, ʿAbd-ar-Raḥmān Ibn-Muḥammad**

Ibn-Wāfid, ʿAbd-ar-Raḥmān Ibn-Muḥammad
999 – 1075
Rep.Font. VI,214; LMA,VIII,1905
ʿAbd-ar-Raḥmān Ibn-Muḥammad Ibn-Wāfid
Aben Nufit
Abencenif
Abenguefit
Abengüefit
Abhenguefit Arabe
Abu'l-Muṭarrif, ʿAbd-ar-Raḥmān Ibn-Muḥammad
Ibn Wāfid, Abū 'l-Mutarrif ʿAbd al-Raḥmān b. Muḥammad b. ʿAbd al-Kabīr b. Yaḥyā b. Wāfid Ibn Muḥammad al-Laḫmī
Ibn-Muḥammad, ʿAbd-ar-Raḥmān Ibn-Wāfid
Ibn-Wāfid, ʿAbd-ar-Raḥmān
Ibn-Wāfid, Abu-'l-Muṭarrif ʿAbd-ar-Raḥmān Ibn-Muḥammad
Ibn-Wāfid al-Laḫmī
Laḫmī, ʿAbd-ar-Raḥmān Ibn-Muḥammad ¬al-¬
Wāfid al-Laḫmī

Ibn-Wāfid, Abu-'l-Muṭarrif
ʿAbd-ar-Raḥmān
Ibn-Muḥammad
→ **Ibn-Wāfid, ʿAbd-ar-Raḥmān Ibn-Muḥammad**

Ibn-Wāfid al-Laḫmī
→ **Ibn-Wāfid, ʿAbd-ar-Raḥmān Ibn-Muḥammad**

Ibn-Wahb, ʿAbdallāh
→ **ʿAbdallāh Ibn-Wahb**

Ibn-Waḥšīya, Aḥmad Ibn-ʿAlī
9. Jh.
Aḥmad Ibn-ʿAlī Ibn-Waḥšīya
Ibn Waḥshiyya, Aḥmad ibn ʿAlī
Ibn Waḥšiyya, Abū Bakr Aḥmad b. ʿAlī al-Kasdānī
Ibn-ʿAlī, Aḥmad Ibn-Waḥšīya

Ibn-Wakīʿ at-Tinnīsī, al-Ḥasan Ibn-ʿAlī
gest. 1003
Ḍabbī, al-Ḥasan Ibn-ʿAlī ¬aḍ-¬
Ḥasan Ibn-ʿAlī aḍ-Ḍabbī ¬al-¬
Ḥasan Ibn-ʿAlī Ibn-Wakīʿ at-Tinnīsī ¬al-¬
Ibn Wokai
Tinnīsī, al-Ḥasan Ibn-Wakīʿ ¬at-¬

Ibn-Wallād, Aḥmad Ibn-Muḥammad
gest. 943
Aḥmad Ibn-Muḥammad Ibn-Wallād
Ibn Wallād, Aḥmad ibn Muḥammad
Ibn-Muḥammad, Aḥmad ibn-Wallād
Ibn-Muḥammad, Aḥmad Ibn-Wallād
Wallād, Aḥmad Ibn-Muḥammad Ibn-

Ibn-Wāsiʿ, ʿAbd-al-Ḥamīd
Ibn-Turk
→ **Ibn-Turk, ʿAbd-al-Ḥamīd Ibn-Wāsiʿ**

Ibn-Wīrgā, Šelomo
um 1492/1506
Sēfer Šēveṭ Yehûdā
Potth. 1085
Aben-Verga
Ibn-Verga, Salomon
Ibn-Verga, Šelomo
Ibn-Verga, Solomon
Salomo Ben-Virgae
Salomo Ibn-Verga
Salomon ⟨Aben Verga⟩
Salomon ⟨Filius Virgae⟩
Salomon Ibn-Verga
Šelomō Ben- Wīrgā
Šelomō Ben-Yehûdā Ben-Verga
Šelomō Ibn-Verga
Šelomoh ben Jehudah ben Werga
Solomon ⟨Ben Verga⟩
Verga, R. Salomon Aben
Verga, Salomon Aben
Verga, Solomon Ben

Ibn-Yaḫlaftan, ʿAbd-ar-Raḥmān
al-Fāzāzī
→ **Fāzāzī, ʿAbd-ar-Raḥmān Ibn-Yaḫlaftan ¬al-¬**

Ibn-Yaḥyā
→ **Ibn-Bāǧǧa, Muḥammad Ibn-Yaḥyā**

Ibn-Yaḥyā, ʿAbd-al-ʿAzīz
al-Kinānī
→ **Kinānī, ʿAbd-al-ʿAzīz Ibn-Yaḥyā ¬al-¬**

Ibn-Yaḥyā, ʿAbd-al-Ḥamīd
→ **ʿAbd-al-Ḥamīd Ibn-Yaḥyā**

Ibn-Yaḥyā, Aḥmad al-Balāḏurī
→ **Balāḏurī, Aḥmad Ibn-Yaḥyā ¬al-¬**

Ibn-Yaḥyā, Aḥmad al-Wanšarīsī
→ **Wanšarīsī, Aḥmad Ibn-Yaḥyā ¬al-¬**

Ibn-Yaḥyā, Aḥmad
Ibn-Abī-Ḥaǧala
→ **Ibn-Abī-Ḥaǧala, Aḥmad Ibn-Yaḥyā**

Ibn-Yaḥyā, Aḥmad Ibn-Faḍlallāh
al-ʿUmarī
→ **Ibn-Faḍlallāh al-ʿUmarī, Aḥmad Ibn-Yaḥyā**

Ibn-Yaḥyā, Aḥmad Ṯaʿlab
→ **Ṯaʿlab, Aḥmad Ibn-Yaḥyā**

Ibn-Yaḥyā, as-Samauʾal
al-Maġribī
→ **Maġribī, as-Samauʾal Ibn-Yaḥyā ¬al-¬**

Ibn-Yaḥyā, Ibrāhīm az-Zarqālī
→ **Zarqālī, Ibrāhīm Ibn-Yaḥyā ¬az-¬**

Ibn-Yaḥyā, Ismāʿīl al-Muzanī
→ **Muzanī, Ismāʿīl Ibn-Yaḥyā ¬al-¬**

Ibn-Yaḥyā, Muʿāwiya
al-Aṭrābulusī
→ **Aṭrābulusī, Muʿāwiya Ibn-Yaḥyā ¬al-¬**

Ibn-Yaḥyā, Muḥammad al-Ašʿarī
→ **ʿAšʿarī, Muḥammad Ibn-Yaḥyā ¬al-¬**

Ibn-Yaḥyā al-Wanšarīsī, Aḥmad
→ **Wanšarīsī, Aḥmad Ibn-Yaḥyā ¬al-¬**

Ibn-Yaḥyā Ṯaʿlab, Aḥmad
→ **Ṯaʿlab, Aḥmad Ibn-Yaḥyā**

Ibn-Yaʿīš, Yaʿīš Ibn-ʿAlī
1155 – 1245
Ibn-ʿAlī, Yaʿīš Ibn-Yaʿīš
Yaʿīš Ibn-ʿAlī Ibn-Yaʿīš

Ibn-Yamīn, Faḫr-ad-Dīn Maḥmūd
1287 – 1368
Persischer Dichter; Dīwān
EI
Faḫr-ad-Dīn Maḥmūd Ibn Yamīn
Fakhr al-Dīn Maḥmūd Ibn Yamīn
Faryūmadī, Ibn-Yamīn
Ibn Jemin
Ibn Yamīn, Fakhr al-Dīn Maḥmūd
Ibn-i Yamīn, Amīr Fakhr al-Dīn Maḥmūd
Ibn-Yamīn al-Faryūmadī
Ibn-Yamīn Faryūmadī

Ibn-Yamīn al-Faryūmadī
→ **Ibn-Yamīn, Faḫr-ad-Dīn Maḥmūd**

Ibn-Yamīn Faryūmadī
→ **Ibn-Yamīn, Faḫr-ad-Dīn Maḥmūd**

Ibn-Yaʿqūb, al-Ḥusain
Ibn-Aḥmad
→ **Ḥusain Ibn-Aḥmad Ibn-Yaʿqūb ¬al-¬**

Ibn-Yaʿqūb, Ibrāhīm
→ **Ibrāhīm Ibn-Yaʿqūb**

Ibn-Yaʿqūb, Muḥammad
al-Fīrūzābādī
→ **Fīrūzābādī, Muḥammad Ibn-Yaʿqūb ¬al-¬**

Ibn-Yaʿqūb, Muḥammad
al-Kulīnī
→ **Kulīnī, Muḥammad Ibn-Yaʿqūb ¬al-¬**

Ibn-Yasīr ar-Riyāšī, Muḥammad
→ **Muḥammad Ibn-Yasīr ar-Riyāšī**

Ibn-Yazīd, Ibrāhīm an-Naḫaʿī
→ **Naḫaʿī, Ibrāhīm Ibn-Yazīd ¬an-¬**

Ibn-Yazīd, Muḥammad
al-Mubarrad
→ **Mubarrad, Muḥammad Ibn-Yazīd ¬al-¬**

Ibn-Yazīd, Muḥammad
Ibn-Māğa
→ **Ibn-Māğa, Muḥammad Ibn-Yazīd**

Ibn-Yazīd al-Kātib, Ḫālid
→ **Ḫālid Ibn-Yazīd al-Kātib**

Ibn-Yazīd al-Mubarrad, Muḥammad
→ **Mubarrad, Muḥammad Ibn-Yazīd ¬al-¬**

Ibn-Yūnis, ʿAlī Ibn-ʿAbd-ar-Raḥmān
→ **Ibn-Yūnis, ʿAlī Ibn-Abī-Saʿīd**

Ibn-Yūnis, ʿAlī Ibn-Abī-Saʿīd
gest. 1009
LMA,V,320
ʿAlī Ibn-Abī-Saʿīd Ibn-Yūnis
Ibn Yūnus, Abū' l-Ḥasan ʿAlī b. ʿAbdarraḥmān
Ibn-Abī-Saʿīd, ʿAlī Ibn-Yūnis
Ibn-Yūnis, ʿAlī Ibn-ʿAbd-ar-Raḥmān
Ibn-Yūnus, ʿAlī Ibn-Abī-Saʿīd

Ibn-Yūnus, ʿAlī Ibn-Abī-Saʿīd
→ **Ibn-Yūnis, ʿAlī Ibn-Abī-Saʿīd**

Ibn-Yūnus al-Mauṣilī, ʿAbd-ar-Raḥīm Ibn-Muḥammad
→ **Mauṣilī, ʿAbd-ar-Raḥīm Ibn-Muḥammad ¬al-¬**

Ibn-Yūsuf, ʿAbdallāh al-Ğuwainī
→ **Ğuwainī, ʿAbdallāh Ibn-Yūsuf ¬al-¬**

Ibn-Yūsuf, ʿAbdallāh Ibn-Hišām
→ **Ibn-Hišām, ʿAbdallāh Ibn-Yūsuf**

Ibn-Yūsuf, ʿAbd-al-Muʾmin al-Armawī
→ **Armawī, ʿAbd-al-Muʾmin Ibn-Yūsuf ¬al-¬**

Ibn-Yūsuf, ʿAbd-ar-Raḥmān Ibn-aṣ-Ṣāʾiġ
→ **Ibn-aṣ-Ṣāʾiġ, ʿAbd-ar-Raḥmān Ibn-Yūsuf**

Ibn-Yūsuf, Aḥmad ar-Ruʿainī
→ **Ruʿainī, Aḥmad Ibn-Yūsuf ¬ar-¬**

Ibn-Yūsuf, Aḥmad as-Samīn al-Ḥalabī
→ **Samīn al-Ḥalabī, Aḥmad Ibn-Yūsuf ¬as-¬**

Ibn-Yūsuf, Aḥmad at-Tīfāšī
→ **Tīfāšī, Aḥmad Ibn-Yūsuf ¬at-¬**

Ibn-Yūsuf, Aḥmad Ibn-ad-Dāya
→ **Ibn-ad-Dāya, Aḥmad Ibn-Yūsuf**

Ibn-Yūsuf, Aḥmad Ibn-Fairūz
→ **Ibn-Fairūz, Aḥmad Ibn-Yūsuf**

Ibn-Yūsuf, al-Ḥasan al-Ḥillī
→ **Ḥillī, al-Ḥasan Ibn-Yūsuf ¬al-¬**

Ibn-Yūsuf, ʿAlī al-Qifṭī
→ **Qifṭī, ʿAlī Ibn-Yūsuf ¬al-¬**

Ibn-Yūsuf, ʿAlī az-Zarandī
→ **Zarandī, ʿAlī Ibn-Yūsuf ¬az-¬**

Ibn-Yūsuf, Ismāʿīl Ibn-al-Aḥmar
→ **Ibn-al-Aḥmar, Ismāʿīl Ibn-Yūsuf**

Ibn-Yūsuf, Muḥammad al-Ğazarī
→ **Ğazarī, Muḥammad Ibn-Yūsuf ¬al-¬**

Ibn-Yūsuf, Muḥammad al-Kindī
→ **Kindī, Muḥammad Ibn-Yūsuf ¬al-¬**

Ibn-Yūsuf, Muḥammad as-Sanūsī
→ **Sanūsī, Muḥammad Ibn-Yūsuf ¬as-¬**

Ibn-Yūsuf, Muḥammad Ibn-Ḫalṣūn
→ **Ibn-Ḫalṣūn, Muḥammad Ibn-Yūsuf**

Ibn-Yūsuf, Muḥammad Ibn-Zamrak
→ **Ibn-Zamrak, Muḥammad Ibn-Yūsuf**

Ibn-Yūsuf, Ṣalāḥ ad-Dīn al-Kaḥḥāl al-Ḥamawī
→ **Kaḥḥāl al-Ḥamawī, Ṣalāḥ-ad-Dīn Ibn-Yūsuf ¬al-¬**

Ibn-Yūsuf, ʿUmar
→ **ʿUmar Ibn-Yūsuf ⟨Jemen, Sultan⟩**

Ibn-Yūsuf al-Andalusī, Abū-Ḥaiyān Muḥammad
→ **Abū-Ḥaiyān al-Andalusī, Muḥammad Ibn-Yūsuf**

Ibn-Yūsuf ar-Ruʿainī, Aḥmad
→ **Ruʿainī, Aḥmad Ibn-Yūsuf ¬ar-¬**

Ibn-Yūsuf as-Samīn al-Ḥalabī, Aḥmad
→ **Samīn al-Ḥalabī, Aḥmad Ibn-Yūsuf ¬as-¬**

Ibn-Ẓafar, Muḥammad Ibn-ʿAbdallāh
gest. ca. 1169
Ibn Ẓafar, Muḥammad ibn ʿAbd Allāh
Ibn Zafer
Ibn-ʿAbdallāh, Muḥammad Ibn-Ẓafar
Ibn-Ẓufur, Muḥammad Ibn-ʿAbdallāh
Muḥammad Ibn-ʿAbdallāh Ibn-Ẓafar

Ibn-Ẓāfir, ʿAlī al-Azdī
→ **Azdī, ʿAlī Ibn-Ẓāfir ¬al-¬**

Ibn-Ẓāfir al-Azdī, ʿAlī
→ **Azdī, ʿAlī Ibn-Ẓāfir ¬al-¬**

Ibn-Zaġdān, Muḥammad Ibn-Aḥmad
→ **Ibn-Zaġdūn, Muḥammad Ibn-Aḥmad**

Ibn-Zaġdūn, Abu-'l-Mawāhib Muḥammad Ibn-Aḥmad
→ **Ibn-Zaġdūn, Muḥammad Ibn-Aḥmad**

Ibn-Zaġdūn, Muḥammad Ibn-Aḥmad
1417 – 1477
Ibn Zaghdūn, Muḥammad Ibn Aḥmad
Ibn-Aḥmad, Muḥammad Ibn-Zaġdūn
Ibn-Zaġdān, Muḥammad Ibn-Aḥmad
Ibn-Zaġdūn, Abu-'l-Mawāhib Muḥammad Ibn-Aḥmad
Muḥammad Ibn-Aḥmad Ibn-Zaġdūn

Ibn-Zahīra, Abū-Bakr Ibn-ʿAlī
→ **Ibn-Ẓuhaira, Abū-Bakr Ibn-ʿAlī**

Ibn-Zaid, ʿAlī al-Baihaqī
→ **Baihaqī, ʿAlī Ibn-Zaid ¬al-¬**

Ibn-Zaid, Ğābir
→ **Ğābir Ibn-Zaid**

Ibn-Zaid, Ḥammād Ibn-Dirham
→ **Ḥammād Ibn-Zaid**

Ibn-Zaid, Kumait al-Asadī
→ **Kumait Ibn-Zaid al-Asadī**

Ibn-Zaid, Maḥmūd al-Lāmišī
→ **Lāmišī, Maḥmūd Ibn-Zaid ¬al-¬**

Ibn-Zaid, ʿUmar Ibn-Šabba
→ **Ibn-Šabba, ʿUmar Ibn-Zaid**

Ibn-Zaid al-Asadī, Kumait
→ **Kumait Ibn-Zaid al-Asadī**

Ibn-Zaidūn
→ **Ibn-Zaidūn, Aḥmad Ibn-ʿAbdallāh**

Ibn-Zaidūn, Aḥmad Ibn-ʿAbdallāh
1003 – 1070
LMA,V,320/21
Abilwalidi ibn Zeiduni
Aḥmad Ibn-ʿAbdallāh, Abū'l-Walīd
Aḥmad Ibn-ʿAbdallāh Ibn-Zaidūn
Ibn Saidun, Ahmed ibn Abdallah ibn Ahmed
Ibn-ʿAbdallāh, Aḥmad Ibn-Zaidūn
Ibn-Zaidūn
Ibn-Zaydūn, Aḥmad Ibn ʿAbd-Allāh
Ibn-Zeidoun

Ibn-Zakarīyāʾ, Aḥmad Ibn-Fāris
→ **Ibn-Fāris, Aḥmad Ibn-Zakarīyāʾ**

Ibn-Zakarīyāʾ, al-Muʿāfā al-Ğarīrī
→ **Muʿāfā Ibn-Zakarīyāʾ al-Ğarīrī ¬al-¬**

Ibn-Zakarīyā, Hārūn al-Haǧrī
→ **Haǧrī, Hārūn Ibn-Zakarīyā ¬al-¬**

Ibn-Zakarīyā, Muḥammad ar-Rāzī
→ **Rāzī, Muḥammad Ibn-Zakarīyā ¬ar-¬**

Ibn-Zakarīyā ar-Rāzī, Muḥammad
→ **Rāzī, Muḥammad Ibn-Zakarīyā ¬ar-¬**

Ibn-Zamrak, Abū-ʿAbdallāh Muḥammad Ibn-Yūsuf
→ **Ibn-Zamrak, Muḥammad Ibn-Yūsuf**

Ibn-Zamrak, Abū-ʿUbaidallāh Muḥammad Ibn-Yūsuf
→ **Ibn-Zamrak, Muḥammad Ibn-Yūsuf**

Ibn-Zamrak, Muḥammad Ibn-Yūsuf
1333 – 1393
Ibn-Yūsuf, Muḥammad Ibn-Zamrak
Ibn-Zamrak, Abū-ʿAbdallāh Muḥammad Ibn-Yūsuf
Ibn-Zamrak, Abū-ʿUbaidallāh Muḥammad Ibn-Yūsuf
Ibn-Zumruk, Muḥammad Ibn-Yūsuf
Muḥammad Ibn-Yūsuf Ibn-Zamrak

Ibn-Zanǧawaih, Ḥumaid Ibn-Maḫlad
gest. ca. 865
Ḥumaid Ibn-Maḫlad Ibn-Zanǧawaih
Ḥumaid Ibn-Zanǧawaih
Ibn Zanjawayh, Ḥumayd ibn Makhlad

Ibn-Zaydūn, Aḥmad Ibn ʿAbd-Allāh
→ **Ibn-Zaidūn, Aḥmad Ibn-ʿAbdallāh**

Ibn-Zeidoun
→ **Ibn-Zaidūn, Aḥmad Ibn-ʿAbdallāh**

Ibn-Ziyād, Muḥammad Ibn-al-Aʿrābī
→ **Ibn-al-Aʿrābī, Muḥammad Ibn-Ziyād**

Ibn-Ziyād, Yaḥyā al-Farrāʾ
→ **Farrāʾ, Yaḥyā Ibn-Ziyād ¬al-¬**

Ibn-Ziyād al-Farrāʾ, Yaḥyā
→ **Farrāʾ, Yaḥyā Ibn-Ziyād ¬al-¬**

Ibn-Ẓufur, Muḥammad Ibn-ʿAbdallāh
→ **Ibn-Ẓafar, Muḥammad Ibn-ʿAbdallāh**

Ibn-Zuhair, Kaʿb
→ **Kaʿb Ibn-Zuhair**

Ibn-Zuhair al-ʿĀmirī, Ḫidāš
→ **Ḫidāš Ibn-Zuhair al-ʿĀmirī**

Ibn-Ẓuhaira, Abū-Bakr Ibn-ʿAlī
1409 – 1484
Abū-Bakr Ibn-ʿAlī Ibn-Ẓuhaira
Ibn-ʿAlī, Abū-Bakr Ibn-Ẓuhaira
Ibn-Ẓahīra, Abū-Bakr Ibn-ʿAlī
Ibn-Ẓuhaira, Faḫr-ad-Dīn Abū-Bakr Ibn-ʿAlī
Ibn-Ẓuhayrah, Abū Bakr Ibn ʿAlī

Ibn-Ẓuhaira, Faḫr-ad-Dīn Abū-Bakr Ibn-ʿAlī
→ **Ibn-Ẓuhaira, Abū-Bakr Ibn-ʿAlī**

Ibn-Ẓuhayrah, Abū Bakr Ibn ʿAlī
→ **Ibn-Ẓuhaira, Abū-Bakr Ibn-ʿAlī**

Ibn-Zuhr, Abu-'l-ʿAlāʾ Zuhr Ibn-ʿAbd-al-Malik
→ **Abu-'l-Aʿlā Zuhr Ibn-ʿAbd-al-Malik**

Ibn-Zuhr, Abū-Marwān ʿAbd-al-Malik Ibn-Abi-'l-ʿAlāʾ Zuhr
1091/94 – 1162
LMA,I,1290
ʿAbd-al-Malik Ibn-Abi-'l-ʿAlāʾ Ibn-Zuhr
Abhomeron Abynzohar
Abhomeron Avenzoar
Abū-Marwān ʿAbd-al-Malik Ibn-Abi-'l-ʿAlāʾ Zuhr Ibn-Zuhr
Abū-Marwān Ibn-Zuhr
Abynzoar
Abynzohar
Avenzoar
Avenzohar
Ibn Zuhr, Abū Marwān ʿAbd al-Malik Ibn Abī al-ʿAlāʾ Zuhr
Ibn-Abi-'l-ʿAlāʾ, Abū-Marwān ʿAbd-al-Malik Ibn-Zuhr
Ibn-Zuhr, Abū-Marwān Ibn-Abī-Bakr

Ibn-Zuhr, Abū-Marwān Ibn-Abī-Bakr
→ **Ibn-Zuhr, Abū-Marwān ʿAbd-al-Malik Ibn-Abi-'l-ʿAlāʾ Zuhr**

Ibn-Zuhr, Zuhr Ibn-ʿAbd-al-Malik
→ **Abu-'l-Aʿlā Zuhr Ibn-ʿAbd-al-Malik**

Ibn-Zuhr al-Išbīlī, Zuhr Ibn-ʿAbd-al-Malik
→ **Abu-'l-Aʿlā Zuhr Ibn-ʿAbd-al-Malik**

Ibn-Zumruk, Muḥammad Ibn-Yūsuf
→ **Ibn-Zamrak, Muḥammad Ibn-Yūsuf**

Ibn-Zurʿa, Abū-ʿAlī ʿĪsā Ibn-Isḥāq
943 – 1008
Abū-ʿAlī Ibn-Zurʿa, Abū-ʿAlī Ibn-Isḥāq
Abū-ʿAlī ʿĪsā Ibn-Isḥāq Ibn-Zurʿa
Abū-ʿAlī ʿĪsā Ibn-Isḥāq Ibn-Zurʿa ʿĪsā
Ibn Zurʿa, Abū ʿAlī ʿĪsā ibn Isḥāḳ
Ibn-Isḥāq, Abū-ʿAlī ʿĪsā Ibn-Zurʿa
Ibn-Zurʿa, ʿĪsā Ibn-Isḥāq
ʿĪsā Ibn-Isḥāq Ibn-Zurʿa, Abū-ʿAlī

Ibn-Zurʿa, ʿĪsā Ibn-Isḥāq
→ **Ibn-Zurʿa, Abū-ʿAlī ʿĪsā Ibn-Isḥāq**

Ibrāhīm b. Yaḥyā az-Zarqālī, Abū Isḥāq
→ **Zarqālī, Ibrāhīm Ibn-Yaḥyā ¬az-¬**

Ibrāhīm ibn al-ʿAbbās al-Ṣūlī
→ **Ibrāhīm Ibn-al-ʿAbbās aṣ-Ṣūlī**

Ibrāhīm ibn al-Mahdī
→ **Ibrāhīm Ibn-al-Mahdī**

Ibrāhīm Ibn Yaʿkūb ⟨al-Isrāʾīlī⟩
→ **Ibrāhīm Ibn-Yaʿqūb**

Ibrāhīm Ibn-ʿAbdallāh al-Ḫuttalī
→ **Ḫuttalī, Ibrāhīm Ibn-ʿAbdallāh ¬al-¬**

Ibrāhīm Ibn-ʿAbdallāh Ibn-Abi-'d-Dam
→ **Ibn-Abi-'d-Dam, Ibrāhīm Ibn-ʿAbdallāh**

Ibrāhīm Ibn-ʿAbdallāh Ibn-al-Ḥāǧǧ
→ **Ibn-al-Ḥāǧǧ, Ibrāhīm Ibn-ʿAbdallāh**

Ibrāhīm Ibn-Abi-'l-Fatḥ Ibn-Ḫafāǧa
→ **Ibn-Ḫafāǧa, Ibrāhīm Ibn-Abi-'l-Fatḥ**

Ibrāhīm Ibn-Adham az-Zāhid
gest. 779
Ibn-Adham, Ibrāhīm az-Zāhid
Ibn-Adham az-Zāhid, Ibrāhīm
Zāhid, Ibrāhīm Ibn-Adham ¬az-¬

Ibrāhīm Ibn-al-ʿAbbās aṣ-Ṣūlī
ca. 792 – 857
Ibn-al-ʿAbbās aṣ-Ṣūlī, Ibrāhīm
Ibrāhīm ibn al-ʿAbbās al-Ṣūlī
Ṣūlī, Ibrāhīm Ibn-al-ʿAbbās ¬aṣ-¬

Ibrāhīm Ibn-al-Ḥusain al-Ḥāmidī
→ **Ḥāmidī, Ibrāhīm Ibn-al-Ḥusain ¬al-¬**

Ibrāhīm Ibn-ʿAlī al-Ḥuṣrī
→ **Ḥuṣrī, Ibrāhīm Ibn-ʿAlī ¬al-¬**

Ibrāhīm Ibn-ʿAlī al-Kafʿamī
→ **Kafʿamī, Ibrāhīm Ibn-ʿAlī ¬al-¬**

Ibrāhīm Ibn-ʿAlī aš-Šīrāzī, Abū-Isḥāq
→ **Šīrāzī, Abū-Isḥāq Ibrāhīm Ibn-ʿAlī ¬aš-¬**

Ibrāhīm Ibn-ʿAlī aṭ-Ṭarsūsī
→ **Ṭarsūsī, Ibrāhīm Ibn-ʿAlī ¬aṭ-¬**

Ibrāhīm Ibn-ʿAlī Ḫāqānī
→ **Ḫāqānī, Afḍal-ad-Dīn Ibrāhīm Ibn-ʿAlī**

Ibrāhīm Ibn-ʿAlī Ibn-Farḥūn
→ **Ibn-Farḥūn, Ibrāhīm Ibn-ʿAlī**

Ibrāhīm Ibn-ʿAlī Ibn-Harma
→ **Ibn-Harma, Ibrāhīm Ibn-ʿAlī**

Ibrāhīm Ibn-al-Mahdī
gest. 839
Ibn-al-Mahdī, Ibrāhīm
Ibrāhīm ibn al-Mahdī

Ibrāhīm Ibn-as-Sarī az-Zaǧǧāǧ
→ **Zaǧǧāǧ, Ibrāhīm Ibn-as-Sarī ¬az-¬**

Ibrāhīm Ibn-Ḥabīb al-Fazārī
→ **Fazārī, Ibrāhīm Ibn-Ḥabīb ¬al-¬**

Ibrāhīm Ibn-Ḥasan Ibn-ʿAbd-ar-Rafīʿ
→ **Ibn-ʿAbd-ar-Rafīʿ, Ibrāhīm Ibn-Ḥasan**

Ibrāhīm Ibn-Isḥāq al-Ḥarbī
→ **Ḥarbī, Ibrāhīm Ibn-Isḥāq ¬al-¬**

Ibrahim Ibn-Jakub
→ **Ibrāhīm Ibn-Yaʿqūb**

Ibrāhīm Ibn-Masʿūd al-Ilbīrī
→ **Ilbīrī, Ibrāhīm Ibn-Masʿūd ¬al-¬**

Ibrāhīm Ibn-Muḥammad al-Baihaqī
→ **Baihaqī, Ibrāhīm Ibn-Muḥammad ¬al-¬**

Ibrāhīm Ibn-Muḥammad al-Iṣṭaḫrī
→ **Iṣṭaḫrī, Ibrāhīm Ibn-Muḥammad ¬al-¬**

Ibrāhīm Ibn-Muḥammad aṯ-Ṯaqafī
→ **Ṯaqafī, Ibrāhīm Ibn-Muḥammad ¬aṯ-¬**

Ibrāhīm Ibn-Muḥammad Ibn-Abī-ʿAun
→ **Ibn-Abī-ʿAun, Ibrāhīm Ibn-Muḥammad**

Ibrāhīm Ibn-Muḥammad Ibn-Duqmāq
→ **Ibn-Duqmāq, Ibrāhīm Ibn-Muḥammad**

Ibrāhīm Ibn-Muḥammad Sibṭ-Ibn-al-ʿAǧamī
→ **Sibṭ-Ibn-al-ʿAǧamī, Ibrāhīm Ibn-Muḥammad**

Ibrāhīm Ibn-Mūsā aš-Šāṭibī
→ **Šāṭibī, Ibrāhīm Ibn-Mūsā ¬aš-¬**

Ibrāhīm Ibn-Sahl al-Andalusī
→ **Ibn-Sahl al-Andalusī, Ibrāhīm**

Ibrāhīm Ibn-Saʿīd al-Ḥabbāl
→ **Ḥabbāl, Ibrāhīm Ibn-Saʿīd ¬al-¬**

Ibrāhīm Ibn-Saiyār an-Naẓẓām
→ **Naẓẓām, Ibrāhīm Ibn-Saiyār ¬an-¬**

Ibrāhīm Ibn-Sinān
909 – 946
Ibn-Sinān, Abū-Isḥāq Ibrāhīm
Ibn-Sinān, Ibrāhīm

Ibrāhīm Ibn-ʿUmar al-Biqāʿī
→ **Biqāʿī, Ibrāhīm Ibn-ʿUmar ¬al-¬**

Ibrāhīm Ibn-ʿUmar al-Ǧaʿbarī
→ **Ǧaʿbarī, Ibrāhīm Ibn-ʿUmar ¬al-¬**

Ibrāhīm Ibn-Yaḥyā az-Zarqālī
→ **Zarqālī, Ibrāhīm Ibn-Yaḥyā ¬az-¬**

Ibrāhīm Ibn-Yaʿkūb
→ **Ibrāhīm Ibn-Yaʿqūb**

Ibrāhīm Ibn-Yaʿqūb
um 965/66
LMA,V,321/22
Abraham ⟨Jakobsen⟩
Ibn-Jakub, Ibrahim
Ibn-Yaʿqūb, Ibrāhīm
Ibrāhīm Ibn Yaʿkūb ⟨al-Isrāʾīlī⟩
Ibrahim Ibn-Jakub
Ibrāhīm Ibn-Yaʿkūb
Jakobsen, Abraham

Ibrāhīm Ibn-Yazīd an-Naḫaʿī
→ **Naḫaʿī, Ibrāhīm Ibn-Yazīd ¬an-¬**

Ibšīhī, Muḥammad Ibn-Aḥmad ¬al-¬
1388 – 1446
Ibn-Aḥmad, Muḥammad al-Ibšīhī
Muḥammad Ibn-Aḥmad al-Ibšīhī

Iburg, Maur ¬d'¬
→ **Rost, Maurus**

Icasia
→ **Casia**

Icenus, Benedictus
→ **Benedictus ⟨Icenus⟩**

I-ching
→ **Yijing**

I-ching Sha-men
→ **Yijing**

Icpa
→ **Iepa**

Ictus Florentinus ⟨Sanzanome⟩
→ **Sanzanomis**

Idalius ⟨Barcinonensis⟩
gest. 689
Epistulae
Cpl 1258
Rep.Font. VI,215
Idale ⟨de Barcelone⟩
Idale ⟨Evêque⟩
Idalius
Idalius ⟨de Barcelone⟩
Idalius ⟨Episcopus⟩
Idalius ⟨Presbyter⟩

Idebertus ⟨Lavardinensis⟩
→ **Hildebertus ⟨Lavardinensis⟩**

Idiota ⟨Sapiens⟩
→ **Raimundus ⟨Iordanus⟩**

Idle, Peter
gest. ca. 1474
Instructions to his son
Idley, Peter
Peter ⟨Idle⟩
Peter ⟨Idley⟩

Idley, Peter
→ **Idle, Peter**

Ido ⟨Presbyter⟩
um 857
Historia translationis Liborii
DOC,2,1014
Ido ⟨Kleriker⟩
Idon ⟨de Paderborn⟩
Idon ⟨Hagiographe⟩
Idon ⟨Prêtre⟩
Presbyter, Ido
Pseudo-Ido ⟨Presbyter⟩

Idrisi
→ **Idrīsī, Muḥammad Ibn-Muḥammad ¬al-¬**

Idrīsī, Abū ʿAbd Allāh Muḥammad b. Muḥammad b. ʿAbd Allāh b. Idrīs al-Ḥammūdī al-Ḥasanī
→ **Idrīsī, Muḥammad Ibn-Muḥammad ¬al-¬**

Idrisi, Mohammad Ibn-Mohammad al-Charifa ¬al-¬
→ **Idrīsī, Muḥammad Ibn-Muḥammad ¬al-¬**

Idrīsī, Muḥammad ibn ʿAbd al-ʿAzīz
→ **Idrīsī, Muḥammad Ibn-ʿAbd-al-ʿAzīz ¬al-¬**

Idrīsī, Muḥammad Ibn-ʿAbd-al-ʿAzīz ¬al-¬
gest. 1251
Abū Jaʿfar al-Idrīsī
Abū-Ǧaʿfar al-Idrīsī
Ibn-ʿAbd-al-ʿAzīz, Muḥammad al-Idrīsī
Idrīsī, Muḥammad ibn ʿAbd al-ʿAzīz
Muḥammad Ibn-ʿAbd-al-ʿAzīz al-Idrīsī
Muḥammad Ibn-ʿAzīz al-Idrīsī

Idrīsī, Muḥammad Ibn-Muḥammad ¬al-¬
1100 – 1166
Rep.Font. VI,215-223; LMA,V,326/27
Aledris, Xerif
Edrisi
Ibn-Muḥammad, Muḥammad al-Idrīsī
Idrisi
Idrīsī, Abū ʿAbd Allāh Muḥammad b. Muḥammad b. ʿAbd Allāh b. Idrīs al-Ḥammūdī al-Ḥasanī
Idrisi, Abu Abd Allah Muhammad Ibn Muhammad ¬al¬
Idrīsī, Abū-ʿAbdallāh Muḥammad ¬al-¬
Idrisi, Mohammad Ibn-Mohammad al-Charifa ¬al-¬
Muḥammad Ibn-Muḥammad ⟨al-Idrīsī⟩
Muḥammad Ibn-Muḥammad al-Idrīsī
Šarīf al-Idrīsī
Sharīf al-Idrīsī, ¬al-¬

Idronto, Marcus ¬de¬
→ **Marcus ⟨de Idronto⟩**

Idungus ⟨Emmeramensis⟩
12. Jh.
Rep.Font. VI,223; LMA,V,327
Idung ⟨de Saint-Emmeran⟩
Idung ⟨von Prüfening⟩
Idung ⟨von Sankt Emmeran⟩
Idungus ⟨Magister Scholarum⟩
Idungus ⟨Monachus⟩

Ieiunator, Johannes
→ **Johannes ⟨Ieiunator⟩**

Iepa
9./10. Jh.
Glossae in Porphyrium
Lohr
Icpa
Jepa

Ieremija
10. Jh.
LMA,V,349/50
Jeremias ⟨Bulgarischer Priester⟩
Jeremias ⟨Priester⟩

Ieronimus ⟨de Salczburga⟩
→ **Posser, Hieronymus**

Ierung, Henricus
→ **Henricus ⟨Ierung⟩**

Iesenic, Johannes ¬de¬
→ **Johannes ⟨de Iesenic⟩**

Ieshu ⟨Stilit⟩
→ **ʿIšoʿ ⟨Stylites⟩**

Iglavia, Martinus ¬de¬
→ **Martinus ⟨de Iglavia⟩**

ʿIglī, Abu-'n-Naǧm ¬al-¬
→ **Abu-'n-Naǧm al-ʿIǧlī**

Igmarus
→ **Imarus**

Ignace ⟨de Prague⟩
→ **Ignatius ⟨Pragensis⟩**

Ignace ⟨de Smolensk⟩
→ **Ignatij ⟨Smolenskij⟩**

Ignace ⟨Prieur du Mont-Cassin⟩
→ **Ignatius ⟨Pragensis⟩**

Ignatij ⟨Smolenskij⟩
gest. 1405
Choždenie (Narratio de itinere a Mosqua usque Constantinopolim 1389-1393) (russ.)
Rep.Font. VI,224
Ignace ⟨de Smolensk⟩
Ignatij ⟨Smol'njanin⟩
Ignatius ⟨Smolensis⟩
Smolenskij, Ignatij

Ignatij ⟨Smol'njanin⟩
→ **Ignatij ⟨Smolenskij⟩**

Ignatio ⟨von Selymbria⟩
→ **Johannes ⟨Chortasmenus⟩**

Ignatios ⟨Diakonos⟩
→ **Ignatius ⟨Diaconus⟩**

Ignatios ⟨Skeuophylax⟩
→ **Ignatius ⟨Diaconus⟩**

Ignatios ⟨Xanthopulos⟩
→ **Ignatius ⟨Xanthopulus⟩**

Ignatius ⟨Biographus⟩
→ **Ignatius ⟨Diaconus⟩**

Ignatius ⟨Casinensis⟩
→ **Ignatius ⟨Pragensis⟩**

Ignatius ⟨Chortasmenus⟩
→ **Johannes ⟨Chortasmenus⟩**

Ignatius ⟨Constantinopolitanus⟩
→ **Ignatius ⟨Diaconus⟩**

Ignatius ⟨Diaconus⟩
um 845
Tusculum-Lexikon; CSGL
Diaconus Ignatius
Ignatios ⟨Diakonos⟩
Ignatios ⟨Skeuophylax⟩
Ignatius ⟨Biographus⟩
Ignatius ⟨Constantinopolitanus⟩
Ignatius ⟨Hagiae Sophiae⟩
Ignatius ⟨Melodus⟩
Ignatius ⟨Metropolita⟩
Ignatius ⟨Nicaenus⟩

Ignatius ⟨Hagiae Sophiae⟩
→ **Ignatius ⟨Diaconus⟩**

Ignatius ⟨Melodus⟩
→ **Ignatius ⟨Diaconus⟩**

Ignatius ⟨Metropolita⟩
→ **Johannes ⟨Chortasmenus⟩**
→ **Ignatius ⟨Diaconus⟩**

Ignatius ⟨Nicaenus⟩
→ **Ignatius ⟨Diaconus⟩**

Ignatius ⟨Pragensis⟩
15. Jh.
Passio S. Bertharii abbatis Casinensis
Rep.Font. VI,225
Ignace ⟨de Prague⟩
Ignace ⟨Prieur du Mont-Cassin⟩
Ignatius ⟨Casinensis⟩
Ignatius ⟨Prior Casinensis⟩

Ignatius ⟨Prior Casinensis⟩
→ **Ignatius ⟨Pragensis⟩**

Ignatius ⟨Selybriaeus⟩
→ **Johannes ⟨Chortasmenus⟩**

Ignatius ⟨Smolensis⟩
→ **Ignatij ⟨Smolenskij⟩**

Ignatius ⟨Xanthopulus⟩
um 1397
Ignatios ⟨Xanthopulos⟩
Xanthopulus, Ignatius

Ignetius ⟨Contardus⟩
→ **Ingetus ⟨Contardus⟩**

Ignotus, Goswinus
→ **Goswinus ⟨Ignotus⟩**

Igor' Svjatoslavič
1151 – 1202
„Slovo o polku Igoreve" ; mutmaßlicher Verfasser
LMA,V,369
Igor
Igor Sviatoslavich
Igor Svyatoslavich ⟨Prince⟩
Igor Swatoslawič
Igor Swjatoslawitsch ⟨Nowgorod, Fürst⟩
Igor Swjatoslawitsch ⟨Nowgorod-Sewersk, Fürst⟩

Igor Swjatoslawitsch ⟨Nowgorod-Sewersk, Fürst⟩
→ **Igor' Svjatoslavič**

Igumen, Daniil
→ **Daniil ⟨Palomnik⟩**

Igumen, Sil'vestr
→ **Sil'vestr ⟨Igumen⟩**

Iḫmīmī, ʿAlī Ibn-Sulaimān ¬al-¬
→ **Ibn-Abi-'r-Riqāʿ, ʿAlī Ibn-Sulaimān**

Ihringen, Antonius ¬de¬
→ **Antonius ⟨de Ihringen⟩**

I-hsüan
→ **Yixuan**

Ikasia
→ **Casia**

Ikkyū
→ **Ikkyū, Sōjun**

Ikkyū, Sōjun
15. Jh.
Ikkyū
Sōjun, Ikkyū
Verrückte Wolke
Zen-Meister Verrückte Wolke

Il Buchiello
→ **Burchiello, ¬Il¬**

Ilarion ⟨de Vérone⟩
→ **Hilarion ⟨Veronensis⟩**

Ilarion ⟨Gruzin⟩
→ **Ilarion ⟨K'art'veli⟩**

Ilarion ⟨K'art'veli⟩
822 – 875
Georg. Geistlicher
K'art'uli sabč'ot'a enc'iklopedia
Gruzin, Ilarion
Ilarion ⟨Gruzin⟩
K'art'veli, Ilarion

Ilarion ⟨Kievskij⟩
gest. 1071
LThK; Meyer; LMA,V,376
Hilarion ⟨de Kiew⟩
Hilarion ⟨von Kiew⟩
Ilarion ⟨Metropolit⟩
Ilarion ⟨Metropolitan⟩
Ilarion ⟨Mitropolit⟩
Ilarion ⟨Pervyj Kievskij Mitropolit iz Russkich⟩

Ilarion ⟨von Kiew⟩
Kievskij, Ilarion

Ilarion ⟨Mitropolit⟩
→ **Ilarion ⟨Kievskij⟩**

Ilarion ⟨von Kiew⟩
→ **Ilarion ⟨Kievskij⟩**

Ilarione ⟨da Verona⟩
→ **Hilarion ⟨Veronensis⟩**

Ilau, Scherer ¬von¬
→ **Scherer ⟨von Ilau⟩**

Ilbīrī, Ibrāhīm Ibn-Mas'ūd ¬al-¬
gest. ca. 1067
Abū-Isḥāq al-Ilbīrī al-Andalusī
Ibn-Mas'ūd, Ibrāhīm al-Ilbīrī
Ibrāhīm Ibn-Mas'ūd al-Ilbīrī

Ildebertus ⟨Lavardinensis⟩
→ **Hildebertus ⟨Lavardinensis⟩**

Ildebrandinus ⟨de Cavalcantibus⟩
→ **Cavalcanti, Aldobrandinus**

Ildebrando ⟨della Tuscia⟩
→ **Gregorius ⟨Papa, VII.⟩**

Ildebrandus ⟨Scheme⟩
15. Jh.
Catalogus pontificum Aquilanorum
Rep.Font. III, 159; VI,226
Scheme, Ildebrandus

Ildefons ⟨von Toledo⟩
→ **Ildephonsus ⟨Toletanus⟩**

Ildegarda ⟨di Bingen⟩
→ **Hildegardis ⟨Bingensis⟩**

Ildemaro ⟨Monaco⟩
→ **Hildemarus ⟨Corbiensis⟩**

Ildephonsus ⟨Toletanus⟩
ca. 607 – 669
De virorum illustrium scriptis
LThK; CSGL; Tusculum-Lexikon; LMA,V,378
Adifonsus ⟨Toletanus⟩
Alfonsus ⟨Toletanus⟩
Alonsus ⟨Toletanus⟩
Eldefonsus ⟨Toletanus⟩
Hildefonsus ⟨Toletanus⟩
Hildephonsus ⟨von Toledo⟩
Ildefons ⟨von Toledo⟩
Ildefonsus ⟨Toletanus⟩
Ildephonse ⟨de Tolède⟩
Ildephonsus ⟨Episcopus⟩
Ilefonsus ⟨Toletanus⟩
Olfus ⟨Toletanus⟩
Pseudo-Ildephonsus ⟨Toletanus⟩
Toletanus, Ildephonsus

Ilerda, Pontius ¬de¬
→ **Pontius ⟨de Ilerda⟩**

Ilija ⟨Archiepiskop⟩
→ **Ilija ⟨Novgorodskij⟩**

Ilija ⟨Novgorodskij⟩
gest. 1186
Nastavlenie svjaščennikam; Poučenie duchovenstvu
LMA,V,380; Rep.Font. VI,228
Elia ⟨von Novgorod⟩
Elias ⟨Episcopus⟩
Elias ⟨Novgorodiensis⟩
Ilija ⟨Archiepiskop⟩
Ilija ⟨Svjatoj⟩
Ilija ⟨Vladyka⟩
Il'ja ⟨Bischof⟩
Il'ja ⟨von Novgorod⟩
Novgorod, Il'ja ¬von¬
Novgorodskij, Ilija

Iljâs ben Jûssuf Nisâmî
→ **Niẓāmī Ganǧawī, Ilyās Ibn-Yūsuf**

Illeia, Thomas ¬de¬
→ **Thomas ⟨de Illeia⟩**

Illino ⟨di Fosses⟩
→ **Hillinus ⟨Fossensis⟩**

Illuminator, Hugo
→ **Hugo ⟨Illuminator⟩**

Illustratore
ca. 1348
Italien. Illuminator
Dict. of art, 20, 695
Pseudo-Niccolò

Illustrius, Theodorus
→ **Theodorus ⟨Illustrius⟩**

Ilperinis, Petrus ¬de¬
→ **Petrus ⟨de Ilperinis⟩**

Ilsung, Sebastian
um 1446
Reisebeschreibung
VL(2),4,364/365
Ilsund, Sébastien
Sebastian ⟨Ilsung⟩
Sébastien ⟨d'Augsbourg⟩
Sébastien ⟨Ilsund⟩

Ilyās Ibn-Yūsif ⟨Niẓāmī Ganǧwī⟩
→ **Niẓāmī Ganǧawī, Ilyās Ibn-Yūsuf**

Ilyās Ibn-Yūsuf ⟨Niẓāmī Ganǧawī⟩
→ **Niẓāmī Ganǧawī, Ilyās Ibn-Yūsuf**

Imad ⟨von Paderborn⟩
→ **Imadus ⟨Paderbrunnensis⟩**

'Imād ¬al-¬
→ **Kātib al-Iṣfahānī, Muḥammad Ibn-Muḥammad ¬al-¬**

'Imād al-Dīn, Muḥammad b. Muḥammad al-Kātib al-Iṣfahānī
→ **Kātib al-Iṣfahānī, Muḥammad Ibn-Muḥammad ¬al-¬**

'Imād al-Iṣfahānī ¬al-¬
→ **Kātib al-Iṣfahānī, Muḥammad Ibn-Muḥammad ¬al-¬**

'Imād-ad-Dīn al-Iṣfahānī
→ **Kātib al-Iṣfahānī, Muḥammad Ibn-Muḥammad ¬al-¬**

Imadus ⟨Paderbrunnensis⟩
um 1051/76
Epistola ad dominum papam
Rep.Font. VI,229; DOC,2,1016
Imad ⟨de Paderborn⟩
Imad ⟨von Paderborn⟩
Imadus ⟨Episcopus Paderbornensis⟩
Imadus ⟨Paderbornensis⟩
Imicho ⟨de Paderborn⟩

Imâm Abu Zakarîyâ Yahyâ ibn Scharaf an-Nawai
→ **Nawawī, Yaḥyā Ibn-Šaraf ¬an-¬**

Imām al-Ḥaramain al-Ǧuwainī, 'Abd-al-Malik Ibn-'Abdallāh
→ **Ǧuwainī, 'Abd-al-Malik Ibn-'Abdallāh ¬al-¬**

Imam Ali
→ **'Alī ⟨Kalif⟩**

Imarus
gest. 1164 · OSB
Commentaria in varios Sacrae Scripturae libros
Stegmüller, Repert. bibl. 4003
Igmarus
Imar ⟨de Châlon-sur-Mer⟩
Imar ⟨de Frascati⟩
Imar ⟨Evêque de Frascati⟩
Imar ⟨Tusculanus⟩
Imarus ⟨Episcopus⟩
Imarus ⟨Gallus⟩
Imarus ⟨Monachus⟩
Imarus ⟨Sancto Martini de Campo⟩
Imarus ⟨Tusculanus⟩
Maurus ⟨Gallus⟩
Ymarus

Imbert ⟨de Preuilly⟩
→ **Humbertus ⟨de Prulliaco⟩**

Imbert ⟨du Puy⟩
→ **Imbertus ⟨de Puteo⟩**

Imbert ⟨Dupuis⟩
→ **Imbertus ⟨de Puteo⟩**

Imbertus ⟨de Garda⟩
→ **Humbertus ⟨de Garda⟩**

Imbertus ⟨de Puteo⟩
gest. 1348
Schneyer,III,284
Dupuis, Imbert
Imbert ⟨de Puteo⟩
Imbert ⟨du Puy⟩
Imbert ⟨Dupuis⟩
Puteo, Imbertus

Imbricho ⟨Episcopus⟩
→ **Embricho ⟨Wurceburgensis⟩**

Imbrius ⟨Critopulus⟩
→ **Michael ⟨Critopulus⟩**

Imhoff, Martin
15. Jh.
Liebeslied
VL(2),4,365/366
Martin ⟨Imhoff⟩
Mertein ⟨Imhov⟩

Imicho ⟨de Paderborn⟩
→ **Imadus ⟨Paderbrunnensis⟩**

Immanuel ⟨Ben Salomon⟩
→ **'Immānû'ēl Ben-Šelomo**

Immanuel ⟨von Rom⟩
→ **'Immānû'ēl Ben-Šelomo**

'Immānû'ēl Ben-Šelomo
gest. 1330
Hölle und Paradies
LMA,V,389
Ben-Šelomo, 'Immānû'ēl
Immanuel ⟨Ben Salomon⟩
Immanuel ⟨Ben Solomon⟩
Immanuel ⟨di Roma⟩
Immanuel ⟨ha-Romi⟩
Immanuel ⟨von Rom⟩
Salomo, Immanuel ¬ben¬
Salomon, Immanuel ¬ben¬

'Immānû'ēl Ben-Ya'aqov Ṭôv-'Elem
→ **Ṭôv-'Elem, 'Immānû'ēl Ben-Ya'aqov**

Immessen, Arnold
um 1480/86
Sündenfall
VL(2),4,366/368
Arnold ⟨de Goslar⟩
Arnold ⟨Immessen⟩
Arnoldus ⟨Ymmessen Dominus⟩

Imola, Alexander ¬de¬
→ **Alexander ⟨de Imola⟩**

Imola, Benvenutus ¬da¬
→ **Benevenutus ⟨Imolensis⟩**

Imola, Francischinus ¬de¬
→ **Francischinus ⟨de Imola⟩**

Imola, Jacopo ¬da¬
→ **Jacopo ⟨da Imola⟩**

Imola, Johannes ¬de¬
→ **Johannes ⟨Datus de Imola⟩**
→ **Johannes ⟨de Imola⟩**

Imperial, Francisco
gest. ca. 1409
Decir a las syete virtudes; Decir al nacimiento de Juan
LMA,V,395
Francisco ⟨Imperial⟩
François ⟨Imperiale⟩
Imperiale, François

Importunus ⟨Parisiensis⟩
um 666
Epistulae rhythmicae ad Importunum (Briefwechsel zwischen Chrodebertus ⟨Turonensis⟩ und Importunus ⟨Parisiensis⟩ möglicherweise fingiert)
Rep.Font. IV,563
Importun ⟨Evêque⟩
Importunus ⟨de Paris⟩
Importunus ⟨Episcopus⟩
Importunus ⟨Evêque⟩

Imra'-al-Qais
gest. ca. 550
Amralkeis
Amrilkais
Imra'ulqais
Imru Al Kais
Imru'ulqais
Umru Al Kais

Imra'ulqais
→ **Imra'-al-Qais**

Imru Al Kais
→ **Imra'-al-Qais**

Ina ⟨Rex Anglorum⟩
→ **Ine ⟨Wessex, King⟩**

Inclusus, Neophytus
→ **Neophytus ⟨Inclusus⟩**

Incontri de Pera, Philippus
→ **Philippus ⟨Incontri de Pera⟩**

Incontris, Gregorius ¬de¬
→ **Gregorius ⟨de Incontris⟩**

Indagine, Johannes ¬de¬
→ **Johannes ⟨de Indagine⟩**

Indersdorf, Johannes ¬von¬
→ **Johannes ⟨von Indersdorf⟩**

Indicopleustes, Cosmas
→ **Cosmas ⟨Indicopleustes⟩**

Indie ⟨Placentinus⟩
13. Jh.
Inventio SS. Marciani et Johannis
Rep.Font. VI,237
Indies ⟨Placentinus⟩
Iudex ⟨Placentinus⟩
Placentinus, Indie

Ine ⟨Wessex, King⟩
gest. ca. 726/30
Leges Inae Regis
Cpl 1830
Ina ⟨Rex⟩
Ina ⟨Rex Anglorum⟩
Ina ⟨Wessex, Roi⟩
Ine ⟨Wessex, König⟩
Ine ⟨Wessex, Roi⟩
Ini ⟨Wessex, Roi⟩

Infessura, Stefano
gest. ca. 1500
Diarium urbis Romae
LThK
Etienne ⟨Infessura⟩
Infessura, Stephanus
Infestura, Stefano
Stefano ⟨Infessura⟩
Stephanus ⟨Infessura⟩

Ingelramnus ⟨Abbas⟩
→ **Angelramnus ⟨Centulensis⟩**

Ingelramnus ⟨Centulensis⟩
→ **Angelramnus ⟨Centulensis⟩**

Ingen, Marsilius ¬de¬
→ **Marsilius ⟨de Ingen⟩**

Ingetus ⟨Contardus⟩
um 1186
Disputatio contra Iudeos
Contardo, Ignetus
Contardo, Inghetto
Contardus, Ignetius
Contardus, Ignetus
Contardus, Ingetus
Ignetius ⟨Contardus⟩
Ignetus ⟨Contardo⟩
Ignetus ⟨Contardus⟩
Inghetto ⟨Contardo⟩

Inghen, Marsilius ¬de¬
→ **Marsilius ⟨de Ingen⟩**

Inghetto ⟨Contardo⟩
→ **Ingetus ⟨Contardus⟩**

Inghirami, Gimignano
1370 – 1460
Ricordanze (1433-1452)
Rep.Font. VI,239; LUI
Gimignano ⟨Inghirami⟩
Gimignano ⟨Messer⟩

Inglevert
→ **Angilbertus ⟨Centulensis⟩**

Ingold ⟨Meister⟩
gest. ca. 1440/50 · OP
Das Guldîn spil; Predigten; Sermones sup. Magnificat; Sermones et tractatus; Allegationes iuris can. circa confessionem
VL(2),4,381/386; Kaeppeli,II,370/371
Ingold ⟨de Strasbourg⟩
Ingold ⟨Dominicain⟩
Ingold ⟨Frater⟩
Ingold ⟨Priester Predigerordens Mayster⟩
Ingold ⟨Wild⟩
Ingoldus ⟨de Basilea⟩
Ingoldus ⟨Lesemeister⟩
Ingoldus ⟨Magister Bullatus⟩
Ingoldus ⟨Teuto⟩
Ingoldus ⟨Wild⟩
Meister Ingold
Wild, Ingold

Ingold ⟨Wild⟩
→ **Ingold ⟨Meister⟩**

Ingoldus ⟨Teuto⟩
→ **Ingold ⟨Meister⟩**

Ingomar ⟨Britonnus⟩
11. Jh.
Vita Iudicaeli regis
Rep.Font. VI,241; DOC,2,1019
Britonnus, Ingomar
Ingomar ⟨Breton⟩
Ingomar ⟨Hagiographe Breton⟩
Ingomar ⟨Historien Breton⟩

Inguen, Marsilius ¬ab¬
→ **Marsilius ⟨de Ingen⟩**

Ingulphus ⟨Croylandensis⟩
1030 – 1109
Historia seu descriptio abbatiae Croylandensis
Rep.Font. VI,242
Croyland, Ingulf ¬of¬
Croyland, Ingulphus ¬de¬
Ingulf ⟨Abbot⟩
Ingulf ⟨of Croyland⟩
Ingulfus ⟨Croylandensis⟩
Ingulphe ⟨Abbé⟩
Ingulphe ⟨de Croyland⟩
Ingulphus
Ingulphus ⟨Abbas⟩
Ingulphus ⟨Abbot⟩

Ingulphus ⟨de Croyland⟩
Ingulphus ⟨of Croyland⟩
Pseudo-Ingulphus

Ini ⟨Wessex, Roi⟩
→ **Ine ⟨Wessex, King⟩**

Iñigo López ⟨de Mendoza⟩
→ **Santillana, Iñigo López ¬de¬**

Innocent ⟨Pape, ...⟩
→ **Innocentius ⟨Papa, ...⟩**

Innocentius ⟨Episcopus⟩
→ **Innocentius ⟨Maroniaeus⟩**

Innocentius ⟨Maroniaeus⟩
6. Jh.
Tusculum-Lexikon; CSGL
Innocentius ⟨Episcopus⟩
Innocentius ⟨Maronita⟩
Innocentius ⟨Sanctus⟩
Innokentios ⟨von Maroneia⟩
Maroniaeus, Innocentius

Innocentius ⟨Maronita⟩
→ **Innocentius ⟨Maroniaeus⟩**

Innocentius ⟨Papa, II.⟩
um 1130/43
LMA,V,433/34
Grégoire ⟨Papareschi⟩
Gregor ⟨Papareschi⟩
Gregorio ⟨Papareschi⟩
Gregorius ⟨Papareschi⟩
Innocent ⟨Pape, II.⟩
Innocenzo ⟨Papa, II.⟩
Innozenz ⟨Papst, II.⟩
Papareschi, Gregorio

Innocentius ⟨Papa, III.⟩
um 1198/1216
LMA,V,434/37
Conti, Lotario
Conti, Lothaire ¬de'¬
Innocent ⟨Pape, III.⟩
Innocentius ⟨Romanus Pontifex, III.⟩
Innocenz ⟨Papst, III.⟩
Innocenzo ⟨Papa, III.⟩
Innozenz ⟨Papst, III.⟩
Johannes ⟨Lotharius⟩
Lotario ⟨de Segni⟩
Lotario ⟨di Segni⟩
Lothaire ⟨de'Conti⟩
Lothar ⟨von Segni⟩
Lotharius ⟨Anagninus⟩
Lotharius ⟨de Segni⟩
Lotharius ⟨di Segni⟩
Lotharius ⟨Diacon⟩
Lotharius, Johannes
Segni, Lothar ¬von¬

Innocentius ⟨Papa, III., Antipapa⟩
gest. 1180
LMA,V,434
Innocent ⟨Pape, III., Antipape⟩
Innocenzo ⟨Papa, III., Antipapa⟩
Innozenz ⟨Papst, III., Gegenpapst⟩
Lando ⟨di Sezze⟩
Lando ⟨Sitino⟩
Lando ⟨von Sezze⟩
Landus ⟨Sitinus⟩

Innocentius ⟨Papa, IV.⟩
1195 – 1254
LMA,V,437/38
Fieschi, Sinibaldo
Innocent ⟨Pape, IV.⟩
Innocenzo ⟨Papa, IV.⟩
Innozenz ⟨Papst, IV.⟩
Sinibaldo ⟨di Genova⟩
Sinibaldo ⟨Fieschi⟩
Sinibaldus ⟨de Flisco⟩
Sinibaldus ⟨Fieschi⟩
Sinibaldus ⟨Genuensis⟩
Sinibaldus ⟨Ianuensis⟩

Innocentius ⟨Papa, V.⟩
ca. 1224 – 1276
LMA,V,438
Innocent ⟨Pape, V.⟩
Innocenzo ⟨Papa, V.⟩
Innozenz ⟨Papst, V.⟩
Peter ⟨of Tartentasia⟩
Petrus ⟨de Tarantasia⟩
Petrus ⟨de Tarentasia⟩
Petrus ⟨von Tarentaise⟩
Pierre ⟨de Champagny⟩
Pierre ⟨de Les-Cours⟩
Pierre ⟨de Lyon⟩
Pierre ⟨de Tarentaise⟩
Pietro ⟨della Savoia⟩
Pietro ⟨di Tarantasia⟩
Tarantasia, Petrus ¬de¬

Innocentius ⟨Papa, VI.⟩
gest. 1362
LMA,V,438/39
Aubert, Etienne
Etienne ⟨Aubert⟩
Etienne ⟨du Mont⟩
Innocent ⟨Papa, VI.⟩
Innocent ⟨Pape, VI.⟩
Innocenzo ⟨Papa, VI.⟩
Innozenz ⟨Papst, VI.⟩
Stefano ⟨Aliberti⟩
Stefano ⟨Aubert⟩
Stephanus ⟨Aliberti⟩

Innocentius ⟨Papa, VII.⟩
ca. 1336 – 1406
LMA,V,439
Cosimo ⟨Gentile de'Migliorati⟩
Cosimo Gentile ⟨de'Migliorati⟩
Cosma ⟨de'Migliorati⟩
Cosmas ⟨Migliorati⟩
Cosme ⟨Migliorati⟩
Innocent ⟨Pape, VII.⟩
Innocenzo ⟨Papa, VII.⟩
Innozenz ⟨Papst, VII.⟩
Migliorati, Cosmas

Innocentius ⟨Papa, VIII.⟩
1432 – 1492
LMA,V,439/40
Cibo, Giovanni Battista
Cibo, Giovanni-Battista
Cibò, Jean-Baptiste
Cibo, Johannes Baptista
Giovanni-Battista ⟨Cibo⟩
Innocencius ⟨Papa, VIII.⟩
Innocent ⟨Pape, VIII.⟩
Innocenzo ⟨Papa, VIII.⟩
Innozenz ⟨Papst, VIII.⟩
Innozenzo ⟨Cibo⟩
Jean-Baptiste ⟨Cibò⟩
Johannes Baptista ⟨Cibo⟩

Innocentius ⟨Ringelhammer⟩
gest. 1473 · OP
Principium in libros Maccab.
Kaeppeli,II,371/372
Innocentius ⟨Ringelhammer Viennensis⟩
Ringelhammer, Innocentius

Innocentius ⟨Sanctus⟩
→ **Innocentius ⟨Maroniaeus⟩**

Innocenzo ⟨Papa, ...⟩
→ **Innocentius ⟨Papa, ...⟩**

Innokentios ⟨von Maroneia⟩
→ **Innocentius ⟨Maroniaeus⟩**

Innozenz ⟨Papst, ...⟩
→ **Innocentius ⟨Papa, ...⟩**

Innozenzo ⟨Cibo⟩
→ **Innocentius ⟨Papa, VIII.⟩**

Inok Akindin
→ **Akindin ⟨Tverskij⟩**

Inok Andrej
→ **Andrej ⟨Inok⟩**

Inok Antonij
→ **Antonij ⟨Jaroslavskij⟩**

Inok Efrem
→ **Efrem ⟨Smolenskij⟩**

Inok Foma
→ **Foma**

Inslinger, Johannes
→ **Einzlinger, Johannes**

Institor, Johannes
→ **Johannes ⟨Institor⟩**

Insula, Petrus ¬de¬
→ **Petrus ⟨de Insula⟩**

Insula, Richardus ¬de¬
→ **Richardus ⟨de Insula⟩**

Insula, Thomas ¬de¬
→ **Thomas ⟨de Insula⟩**

Insulanus, Philippus Gualterus
→ **Gualterus ⟨de Castellione⟩**

Insulis, Alanus ¬ab¬
→ **Alanus ⟨ab Insulis⟩**

Insulis, Franciscus Michael ¬de¬
→ **François, Michel**

Insulis, Lietbertus ¬de¬
→ **Lietbertus ⟨de Insulis⟩**

Insulis, Michel ¬de¬
→ **François, Michel**

Insulis, Sigerus ¬de¬
→ **Sigerus ⟨de Insulis⟩**

Inxhem, Henricus ¬van¬
→ **Henricus ⟨van Inxhem⟩**

Ioan ⟨...⟩
→ **Joan ⟨...⟩**

Ioanca ⟨Hungarus⟩
14. Jh. · OFM
Epistola de Tartaris
Rep.Font. VI,269
Hungarus, Ioanca
Jean ⟨de Hongrie⟩

Ioane ⟨Minč'xi⟩
10. Jh.
Ioane ⟨Minčchi⟩
Ioann ⟨Minčchi⟩
Johannes ⟨Minčhi⟩
Johannes ⟨Minĉhi⟩
Minč'xi, Ioane

Ioann ⟨...⟩
→ **Joan ⟨...⟩**

Ioannes ⟨...⟩
→ **Johannes ⟨...⟩**

Iōannēs ⟨apo Grammatikōn⟩
→ **Johannes ⟨Caesariensis⟩**

Iōannēs ⟨Cheilas⟩
→ **Johannes ⟨Chilas⟩**

Iōannēs ⟨ho Aktuarios⟩
→ **Johannes Zacharias ⟨Actuarius⟩**

Iōannēs ⟨ho Antiocheus⟩
→ **Johannes ⟨Antiochenus, Chronista⟩**

Iōannēs ⟨ho Argyropulus⟩
→ **Johannes ⟨Argyropulus⟩**

Iōannēs ⟨ho Damaskēnos⟩
→ **Johannes ⟨Damascenus⟩**

Iōannēs ⟨ho Ephesos⟩
→ **Johannes ⟨Eugenicus⟩**

Iōannēs ⟨ho Eugenikos⟩
→ **Johannes ⟨Eugenicus⟩**

Iōannēs ⟨ho Geōmetrēs⟩
→ **Johannes ⟨Geometra⟩**

Iōannēs ⟨ho Geōrgidēs⟩
→ **Johannes ⟨Georgida⟩**

Iōannēs ⟨ho Glykys⟩
→ **Johannes ⟨Glycys⟩**

Iōannēs ⟨ho Grammatikos⟩
→ **Johannes ⟨Tzetzes⟩**

Iōannēs ⟨ho Kameniatēs⟩
→ **Johannes ⟨Cameniata⟩**

Iōannēs ⟨ho Kantakuzēnos⟩
→ **Johannes ⟨Imperium Byzantinum, Imperator, VI.⟩**

Iōannēs ⟨ho Kyparrisseus⟩
→ **Johannes ⟨Cyparissiota⟩**

Iōannēs ⟨ho Kyriōtēs⟩
→ **Johannes ⟨Geometra⟩**

Iōannēs ⟨ho Pediasimos⟩
→ **Johannes ⟨Pediasimus⟩**

Iōannēs ⟨ho Philoponos⟩
→ **Johannes ⟨Philoponus⟩**

Iōannēs ⟨ho Plusiadēnos⟩
→ **Josephus ⟨Methonensis⟩**

Iōannēs ⟨ho Prōtospatharios⟩
→ **Johannes ⟨Protospatharius⟩**

Iōannēs ⟨ho Sikeliōtēs⟩
→ **Johannes ⟨Siceliotes⟩**

Iōannēs ⟨ho Skylitzes⟩
→ **Johannes ⟨Scylitza⟩**

Iōannēs ⟨ho Sophos⟩
→ **Johannes ⟨Cyparissiota⟩**

Iōannēs ⟨ho Syropulos⟩
→ **Johannes ⟨Sguropulus⟩**

Iōannēs ⟨ho tu Chalkēdonos⟩
→ **Johannes ⟨Agapetus⟩**

Iōannēs ⟨ho Tzetzēs⟩
→ **Johannes ⟨Tzetzes⟩**

Iōannēs ⟨ho Xiphilinos⟩
→ **Johannes ⟨Xiphilinus⟩**

Iōannēs ⟨ho Zōnaras⟩
→ **Johannes ⟨Zonaras⟩**

Iōannēs ⟨Hypatos tōn Philosophōn⟩
→ **Johannes ⟨Pediasimus⟩**

Iōannēs ⟨Rhōsias⟩
→ **Johannes ⟨Kiovensis⟩**

Iōannēs ⟨tu Bulgarias Chartophylax⟩
→ **Johannes ⟨Pediasimus⟩**

Iōannēs ⟨Zachariu⟩
→ **Johannes Zacharias ⟨Actuarius⟩**

Ioannes ⟨ze Trzciany⟩
→ **Johannes ⟨de Arundine⟩**

Ioasaphus ⟨Ephesius⟩
14./15. Jh.
Tusculum-Lexikon
Ephesius, Ioasaphus
Ioasaphus ⟨Hieromonachus⟩
Ioasaphus ⟨Metropolita⟩
Ioasaphus ⟨Protosyncellus⟩
Joasaph ⟨von Ephesos⟩

Ioasaphus ⟨Protosyncellus⟩
→ **Ioasaphus ⟨Ephesius⟩**

Iobin ⟨Magister⟩
→ **Jobin ⟨Magister⟩**

Iobius ⟨...⟩
→ **Job ⟨...⟩**

Iobus ⟨...⟩
→ **Job ⟨...⟩**

Iocelinus ⟨de Brakelonda⟩
um 1173/1203
LMA,V,492
Brakelond, Jocelin ¬of¬
Brakelonda, Iocelinus ¬de¬
Goscelinus ⟨de Brakelonda⟩
Iocelinus ⟨de Bracelonda⟩
Jocelin ⟨de Brakelond⟩
Jocelin ⟨of Brakelond⟩
Jocelinus ⟨de Brakelonda⟩
Joscelin ⟨de Brakelond⟩

Iocelinus ⟨de Furness⟩
12. Jh.
LMA,V,492
Furness, Iocelinus ¬de¬
Iocelinus
Iocelinus ⟨de Furnesio⟩
Iocelinus ⟨Furnensis⟩
Iocelinus ⟨Furnesciensis⟩
Iocelinus ⟨Furnesiensis⟩
Jocelin
Jocelin ⟨of Furness⟩
Jocelin ⟨von Furness⟩
Jocelinus ⟨of Furness⟩
Jocelyn
Joulin ⟨von Furness⟩

Iocelinus ⟨Turonensis⟩
→ **Ioscelinus ⟨Turonensis⟩**

Iocundus ⟨Presbyter⟩
11. Jh. · OSB
Vita Sancti Servatii
Tusculum-Lexikon
Iocundus ⟨Sacerdos⟩
Iocundus ⟨Traiectensis⟩
Jocundus ⟨Presbyter⟩
Presbyter, Iocundus

Iodocus ⟨Bidermann⟩
→ **Bidermann, Jodocus**

Iodocus ⟨de Calwa⟩
→ **Eichmann, Iodocus**

Iodocus ⟨de Czeginhals⟩
→ **Iodocus Bertholdus ⟨de Glucholazow⟩**

Iodocus ⟨de Heidelberg⟩
→ **Eichmann, Iodocus**

Iodocus ⟨de Heilbronn⟩
→ **Weiler, Iodocus**

Iodocus ⟨de Kalw⟩
→ **Eichmann, Iodocus**

Iodocus ⟨de Marbach⟩
um 1446/47
Expositio libri VII metaphysicae
Lohr
Iodocus ⟨Marbacensis⟩
Jodocus ⟨de Marbach⟩
Marbach, Iodocus ¬de¬

Iodocus ⟨de Ziegenhals⟩
→ **Iodocus Bertholdus ⟨de Glucholazow⟩**

Iodocus ⟨Eichmann⟩
→ **Eichmann, Iodocus**

Iodocus ⟨Fabri⟩
→ **Jos ⟨von Pfullendorf⟩**

Iodocus ⟨Gartner⟩
→ **Gartner, Iodocus**

Iodocus ⟨Glucholazy⟩
→ **Iodocus Bertholdus ⟨de Glucholazow⟩**

Iodocus ⟨Magister⟩
→ **Gartner, Iodocus**

Iodocus ⟨Marbacensis⟩
→ **Iodocus ⟨de Marbach⟩**

Iodocus ⟨Pflanzmann⟩
→ **Pflanzmann, Jodocus**

Iodocus ⟨Pragensis⟩
→ **Jodocus ⟨von Prag⟩**

Iodocus ⟨Turonensis⟩
→ **Ioscelinus ⟨Turonensis⟩**

Iodocus ⟨von Pfullendorf⟩
→ **Jos ⟨von Pfullendorf⟩**

Iodocus ⟨Weiler⟩
→ **Weiler, Iodocus**

Iodocus Bertholdus ⟨de Glucholazow⟩
gest. 1447
In artem veterem; Chronica abbatum B. Mariae Virginis in Arena
Lohr; VL(2),4,527/29; Rep.Font. VI,566
Bertholdus Iodocus ⟨Ziegenhals⟩
Bertholdus Jodocus ⟨de Głuchołazów⟩
Bertholdus Jodocus ⟨Ziegenhals⟩
Glucholazow, Iodocus Bertholdus ¬de¬
Iodocus ⟨de Czeginhals⟩
Iodocus ⟨de Ziegenhals⟩
Iodocus ⟨Glucholazy⟩
Jodocus ⟨de Ziegenhals⟩
Jodocus Berthold ⟨de Czeginhals⟩
Jodocus Berthold ⟨von Ziegenhals⟩
Jodok ⟨z Głuchołazów⟩
Josse ⟨de Breslau⟩
Josse ⟨de Silésie⟩
Josse ⟨de Ziegenhals⟩
Ziegenhals, Bertholdus Iodocus

Iodocus Sifridus ⟨de Wildberg⟩
→ **Wilperg ⟨Teutonicus⟩**

Ioel ⟨Chronographus⟩
→ **Joel ⟨Chronographus⟩**

Ioffridi, Johannes
→ **Johannes ⟨Ioffridi⟩**

Iofroi, Johannes
→ **Johannes ⟨Iofroi⟩**

Iogan ⟨Mamikonian⟩
→ **Yovhan ⟨Mamikonean⟩**

Iohannes ⟨...⟩
→ **Johannes ⟨...⟩**

Iohanninus ⟨de Mantua⟩
→ **Johanninus ⟨de Mantua⟩**

Iohannis ⟨...⟩
→ **Johannes ⟨...⟩**

Iohlinus ⟨Bohemus⟩
→ **Iohlinus ⟨de Vodňany⟩**

Iohlinus ⟨de Vodňany⟩
gest. 1416
Postilla Zderasiensis
Rep.Font. VI,429
Iohlinus ⟨Bohemus⟩
Jessek ⟨de Vodňany⟩
Johlin ⟨z Vodňan⟩
Johlinus ⟨de Vodňany⟩
Vodňany, Iohlinus ¬de¬

Ioliahan
→ **Johannes ⟨de Folsham⟩**

Iolo ⟨Goch⟩
ca. 1320 – 1398
Goch, Iolo

Iona ⟨Svjatoj⟩
gest. 1461
Duchovnaja gramota; Poslanija
Rep.Font. VI,430
Iona ⟨Galickij⟩
Iona ⟨Heiliger⟩
Iona ⟨Mitropolit⟩
Iona ⟨Moskovskij⟩
Jonas ⟨de Galic⟩
Jonas ⟨de Kiew⟩
Jonas ⟨de Moscou⟩
Jonas ⟨de Rezan⟩
Jonas ⟨Heiliger⟩
Jonas ⟨le Thaumaturge⟩
Jonas ⟨Metropolita Kievensis et Totius Russiae⟩
Jonas ⟨Rjazaniensis⟩
Jonas ⟨Saint⟩
Svjatoj, Iona

Iona, Adamnanus ¬de¬
→ **Adamnanus ⟨de Iona⟩**

Ionas ⟨...⟩
→ **Jonas ⟨...⟩**

Ionata, Marino
→ **Jonata, Marino**

Iordaens, Wilhelm
→ **Jordaens, Wilhelm**

Iordan ⟨von Jane⟩
→ **Iordanus ⟨de Iano⟩**

Iordanes ⟨de Saxonia⟩
→ **Iordanus ⟨de Saxonia⟩**

Iordanes ⟨Gotus⟩
6. Jh.
Tusculum-Lexikon; CSGL; LThK; LMA,V,626/27
Gotus, Iordanes
Iordanes
Iordanes ⟨Alanus⟩
Iordanes ⟨de Ravenna⟩
Jorandes
Jordanes
Jordanes ⟨de Ravenne⟩
Jordanes ⟨Evêque de Ravenne⟩
Jordanes ⟨Gotus⟩
Jordanes ⟨Historien des Goths⟩
Jordanis
Jordanis ⟨de Ravenne⟩
Jordanus
Jornandes
Jornandes ⟨Gotus⟩

Iordanes ⟨Magister Generalis⟩
→ **Iordanus ⟨de Saxonia⟩**

Iordani, Adamus
→ **Adamus ⟨Iordani⟩**

Iordani, Guilelmus
→ **Jordaens, Wilhelm**

Iordani Romanus, Johannes
→ **Johannes ⟨Iordani Romanus⟩**

Iordanis ⟨de Bergomo⟩
→ **Iordanus ⟨de Bergamo⟩**

Iordanis ⟨de Pisis⟩
→ **Giordano ⟨da Rivalto⟩**

Iordanis ⟨Wormaciensis⟩
um 1350 · OP
Epistola de decimis
Kaeppeli,III,55
Iordanis ⟨Lector Wormatiensis⟩

Iordanis, Johannes
→ **Johannes ⟨Iordanis⟩**

Iordanus ⟨a Iano⟩
→ **Iordanus ⟨de Iano⟩**

Iordanus ⟨Bricius⟩
→ **Bricius, Iordanus**

Iordanus ⟨Canonicus⟩
→ **Iordanus ⟨Osnabrugensis⟩**

Iordanus ⟨Cardinal⟩
→ **Iordanus ⟨de Terracina⟩**

Iordanus ⟨Catalani⟩
gest. 1336 · OP
Mirabilia descripta; Epistulae
Tusculum-Lexikon; LMA,II,1575
Catalani, Iordanus
Cathala de Séverac, Jourdain
Iordanus ⟨Catalani de Severaco⟩
Iordanus ⟨de Severaco⟩
Iordanus ⟨Episcopus⟩
Jordain ⟨de Sévérac⟩
Jordan ⟨Catala⟩
Jordan ⟨de Colombo⟩
Jordan ⟨de Quilon⟩
Jordan ⟨de Séverac⟩
Jourdain ⟨Catalani⟩
Jourdain ⟨Cathala de Séverac⟩
Jourdain ⟨de Columbum⟩

Iordanus ⟨da Pisa⟩
→ **Giordano ⟨da Rivalto⟩**

Iordanus ⟨de Bergamo⟩
um 1469/70 · OP
Epitome libri De anima; Collectae de anima extractae de libris Aristotelis
Lohr
Bergamo, Iordanus ¬de¬
Iordanis ⟨de Bergomo⟩
Iordanus ⟨de Bergomo⟩
Jordanes ⟨von Bergamo⟩
Jordanus ⟨de Bergamo⟩
Jordanus ⟨von Bergamo⟩

Iordanus ⟨de Bortergo⟩
→ **Iordanus ⟨de Saxonia⟩**

Iordanus ⟨de Iano⟩
gest. 1262 · OFM
LMA,V,627/28; LThK
Iano, Iordanus ¬de¬
Iordan ⟨von Jane⟩
Iordanus ⟨a Iano⟩
Iordanus ⟨a Yano⟩
Iordanus ⟨de Jano⟩
Iordanus ⟨de Yano⟩
Iordanus ⟨Vallis Spoletanae⟩
Jano, Iordanus ¬de¬
Jordan ⟨de Giano⟩
Jordan ⟨der Bruder⟩
Jordanus ⟨de Jane⟩
Jordanus ⟨von Giano⟩

Iordanus ⟨de Loron⟩
→ **Iordanus ⟨Lemovicensis⟩**

Iordanus ⟨de Nemore⟩
→ **Iordanus ⟨Nemorarius⟩**

Iordanus ⟨de Pisis⟩
→ **Giordano ⟨da Rivalto⟩**

Iordanus ⟨de Quedlinburgo⟩
ca. 1300 – 1380
LThK; Tusculum-Lexikon; LMA,V,629
Iordanus ⟨de Saxonia⟩
Iordanus ⟨Eremita⟩
Iordanus ⟨Quedlinburgensis⟩
Iordanus ⟨Saxo Quedlimburgensis⟩
Jordan ⟨le Teutonique⟩
Jordan ⟨of Quedlinburg⟩
Jordan ⟨von Quedlinburg⟩
Jordanus ⟨de Quedlinburg⟩
Jordanus ⟨van Quedlinburg⟩
Jordanus ⟨von Quedlinburg⟩
Jordanus ⟨von Sachsen⟩
Jourdain ⟨de Saxe⟩
Quedlinburgo, Iordanus ¬de¬

Iordanus ⟨de Ripa Alta⟩
→ **Giordano ⟨da Rivalto⟩**

Iordanus ⟨de Saxonia⟩
→ **Iordanus ⟨de Quedlinburgo⟩**

Iordanus ⟨de Saxonia⟩
gest. 1237
Nicht identisch mit Iordanus ⟨de Quedlinburgo⟩ und Iordanus ⟨Nemorarius⟩
LThK; CSGL; LMA,V,629
Giordano ⟨di Sassania⟩
Iordanes ⟨de Saxonia⟩
Iordanes ⟨Magister Generalis⟩
Iordanus ⟨de Bortergo⟩
Iordanus ⟨Saxo⟩
Jordain ⟨de Saxe⟩
Jordan ⟨de Borcberge⟩
Jordan ⟨de Borrentrick⟩
Jordan ⟨de Saxe⟩
Jordan ⟨der Sachse⟩
Jordan ⟨le Teutonique⟩
Jordan ⟨of Saxony⟩
Jordan ⟨von Sachsen⟩
Jordanus ⟨von Sachsen⟩
Saxonia, Iordanus ¬de¬

Iordanus ⟨de Severaco⟩
→ **Iordanus ⟨Catalani⟩**

Iordanus ⟨de Terracina⟩
gest. 1269
Giordano ⟨da Terracina⟩
Giordano ⟨Pironti⟩
Iordanus ⟨Cardinal⟩
Iordanus ⟨de Tarracina⟩
Iordanus ⟨Notarius⟩
Iordanus ⟨Sanctae Romanae Ecclesiae Vicecancellarius et Notarius⟩
Iordanus ⟨Subdiaconus⟩
Iordanus ⟨Vicecancellarius⟩
Terracina, Iordanus ¬de¬

Iordanus ⟨de Turre⟩
um 1313/35
Gilt neben Arnoldus ⟨de Villa Nova⟩ und Raimundus ⟨de Moleriis⟩ als möglicher Verfasser des „Tractatus de sterilitate"
Iordanus ⟨de Turre of Montpellier⟩
Jordán ⟨de Turre⟩
Turre, Iordanus ¬de¬

Iordanus ⟨de Yano⟩
→ **Iordanus ⟨de Iano⟩**

Iordanus ⟨Episcopus⟩
→ **Iordanus ⟨Catalani⟩**

Iordanus ⟨Eremita⟩
→ **Iordanus ⟨de Quedlinburgo⟩**

Iordanus ⟨Fantasma⟩
um 1158/74
Rep.Font. VI,436; LMA,IV,283
Fantasma, Iordanus
Fantosme, Jordan
Fantosme, Jourdain
Jordan ⟨Fantosme⟩
Jourdain ⟨Fantosme⟩

Iordanus ⟨Lemovicensis⟩
gest. 1052
Iordanus ⟨de Loron⟩
Jordan ⟨de Laron⟩
Jordan ⟨de Loron⟩
Jordanus ⟨of Limoges⟩
Loran, Jordanus ¬de¬

Iordanus ⟨Magister⟩
Lebensdaten nicht ermittelt
Notulae super Priscianum Minorem (früher Iordanus ⟨de Saxonia⟩ zugeschrieben)
Schönberger/Kible, Repertorium, 15257
Magister Iordanus

Iordanus ⟨Nemorarius⟩
gest. ca. 1235
Nicht identisch mit dem Dominikaner Iordanus ⟨de Saxonia⟩
Tusculum-Lexikon; LMA,V,628
Eberstein, Jordan
Eberstein, Jordan ¬von¬
Iordanus ⟨de Nemore⟩
Jordan ⟨le Forestier⟩
Jordan ⟨von Eberstein⟩
Jordanus
Jordanus ⟨de Nemore⟩
Jordanus ⟨Nemorarius⟩
Jourdain ⟨le Forestier⟩
Memorarius, Jordanus
Memoravius
Nemorarius, Iordanus
Nemorarius, Jordanus
Nemoratius, Iordanus
Nemoratius, Jordanus
Nemore, Iordanus ¬de¬
Nemore, Jordanus ¬de¬

Iordanus ⟨Notarius⟩
→ **Iordanus ⟨de Terracina⟩**

Iordanus ⟨of Limoges⟩
→ **Iordanus ⟨Lemovicensis⟩**

Iordanus ⟨Osnabrugensis⟩
13. Jh.
LThK; Tusculum-Lexikon; LMA,V,628/29
Iordanus ⟨Canonicus⟩
Jordan ⟨d'Osnabrück⟩
Jordan ⟨le Teutonique⟩
Jordan ⟨von Osnabrück⟩
Jordanus ⟨Osnabrugensis⟩
Jordanus ⟨von Osnabrück⟩

Iordanus ⟨Quedlinburgensis⟩
→ **Iordanus ⟨de Quedlinburgo⟩**

Iordanus ⟨Rufus⟩
um 1250
Tusculum-Lexikon
Giordano ⟨Rufo⟩
Iordanus ⟨Ruffus⟩
Jordan ⟨Ruffo⟩
Ruffo, Giordano
Ruffo, Jordan
Ruffus, Iordanus
Ruffus, Jordan
Ruffus, Jordanus
Rufus, Iordanus

Iordanus ⟨Sanctae Romanae Ecclesiae Vicecancellarius et Notarius⟩
→ **Iordanus ⟨de Terracina⟩**

Iordanus ⟨Saxo⟩
→ **Iordanus ⟨de Saxonia⟩**

Iordanus ⟨Saxo Quedlimburgensis⟩
→ **Iordanus ⟨de Quedlinburgo⟩**

Iordanus ⟨Subdiaconus⟩
→ **Iordanus ⟨de Terracina⟩**

Iordanus ⟨Vallis Spoletanae⟩
→ **Iordanus ⟨de Iano⟩**

Iordanus ⟨Vicecancellarius⟩
→ **Iordanus ⟨de Terracina⟩**

Iordanus ⟨van Quedlinburg⟩
→ **Iordanus ⟨de Quedlinburgo⟩**

Iordanus ⟨von Bergamo⟩
→ **Iordanus ⟨de Bergamo⟩**

Iordanus ⟨von Giano⟩
→ **Iordanus ⟨de Iano⟩**

Iordanus ⟨von Osnabrück⟩
→ **Iordanus ⟨Osnabrugensis⟩**

Iordanus ⟨von Quedlinburg⟩
→ **Iordanus ⟨de Quedlinburgo⟩**

Iordanus ⟨von Sachsen⟩
→ **Iordanus ⟨de Quedlinburgo⟩**
→ **Iordanus ⟨de Saxonia⟩**

Iordanus, Guilelmus
→ **Guilelmus ⟨Iordanus⟩**

Iordanus, Raimundus
→ **Raimundus ⟨Iordanus⟩**

Iordi ⟨de Sant Jordi⟩
→ **Jordi ⟨de Sant Jordi⟩**

Iorge ⟨Manrique⟩
→ **Manrique, Jorge**

Iorius, Robertus
→ **Robertus ⟨Iorius⟩**

Ioroslaus ⟨de Strahovia⟩
um 1276
Continuator Chronicae, cuius autor Cosmas fuit
Rep.Font. VI,574
Jaroslaw ⟨Chanoine à Saint-Vit de Prague⟩
Jaroslaw ⟨de Strahov⟩
Jaroslaw ⟨Prémontré à Strahof⟩

Joroslaus ⟨de Strahovia⟩
Strahovia, Ioroslaus ¬de¬

Iorsius, Gualterus
→ **Gualterus ⟨Iorsius⟩**

Iorsius, Thomas
→ **Thomas ⟨de Jorz⟩**

Iorzo ⟨Rusbrotelin⟩
→ **Godefridus ⟨Wisbrodelin⟩**

Iosaphat
→ **Josaphat**

Ioscelinus ⟨de Vierzy⟩
→ **Ioslenus ⟨Suessionensis⟩**

Ioscelinus ⟨Turonensis⟩
gest. 1173/74
Epistulae
Rep.Font. VI,444
Gocius ⟨Turo⟩
Gothon ⟨de Tours⟩
Iocelinus ⟨Turonensis⟩
Iodocus ⟨Turo⟩
Iodocus ⟨Turonensis⟩
Ioscelinus ⟨Archiepiscopus⟩
Ioscius ⟨Archiepiscopus⟩
Ioscius ⟨Turonensis⟩
Iudocus ⟨Turonensis⟩
Jodocus ⟨Turo⟩
Joscelinus ⟨Turonensis Archiepiscopus⟩
Joscius ⟨Turonensis⟩
Joscius ⟨Turonensis Archiepiscopus⟩
Josse ⟨de Saint-Brieuc⟩
Josse ⟨de Tours⟩
Josselin ⟨de Tours⟩
Jothon ⟨de Tours⟩
Judocus ⟨Turonensis⟩

Ioscius ⟨Archiepiscopus⟩
→ **Ioscelinus ⟨Turonensis⟩**

Iōsēf ⟨...⟩
→ **Josephus ⟨...⟩**

Iosefus ⟨...⟩
→ **Josephus ⟨...⟩**

Iosephus ⟨...⟩
→ **Josephus ⟨...⟩**

Ioseppus ⟨...⟩
→ **Josephus ⟨...⟩**

Ioslenus ⟨de Vierzy⟩
→ **Ioslenus ⟨Suessionensis⟩**

Ioslenus ⟨Rufus⟩
→ **Ioslenus ⟨Suessionensis⟩**

Ioslenus ⟨Suessionensis⟩
gest. 1152
Pater noster; Credo
Stegmüller, Repert. bibl. 5148-5149
Goslenus ⟨de Vierzy⟩
Ioscelinus ⟨de Vierzy⟩
Ioslenus ⟨de Vierzy⟩
Ioslenus ⟨Rufus⟩
Joscelin ⟨de Soissons⟩
Joscelin ⟨de Vierzy⟩
Joscelin ⟨le Roux⟩
Joscelinus ⟨de Vierzy⟩
Joscellino ⟨di Soissons⟩
Joslenus ⟨de Vierzy⟩
Rufus, Ioslenus

Iotsaldus ⟨Cluniacensis⟩
gest. ca. 1051
Tusculum-Lexikon; LMA,V,638
Jotsald ⟨von Cluny⟩
Jotsaldus ⟨Cluniacensis⟩
Jotsaldus ⟨of Cluny⟩
Jotsaldus ⟨von Cluny⟩
Jotsand ⟨of Cluny⟩
Jotsaud ⟨de Cluny⟩

Iovianus Pontanus, Joannes
→ **Pontano, Giovanni Giovano**

Iovinianus, Johannes
→ **Pontano, Giovanni Giovano**

Ippen
1239 – 1289

Ippolito ⟨di Bostra⟩
→ **Hippolytus ⟨Bostrensis⟩**

Ippolito ⟨di Tebe⟩
→ **Hippolytus ⟨Thebanus⟩**

ʿIrāqī, ʿAbd-ar-Raḥīm Ibn-al-Ḥusain ¬al-¬
1325 – 1404
ʿAbd-ar-Raḥīm Ibn-al-Ḥusain al-ʿIrāqī
Ibn-al-Ḥusain, ʿAbd-ar-Raḥīm al-ʿIrāqī

ʿIrāqī, Abu-'l-Farağ ʿAbdallāh ¬al-¬
→ **Ibn-aṭ-Ṭaiyib, Abu-'l-Farağ ʿAbdallāh**

ʿIrāqī, Aḥmad Ibn-ʿAbd-ar-Raḥīm ¬al-¬
1361 – 1423
Aḥmad Ibn-ʿAbd-ar-Raḥīm al-ʿIrāqī
Ibn-ʿAbd-ar-Raḥīm, Aḥmad al-ʿIrāqī

Irbilī, ʿAlī Ibn-ʿĪsā ¬al-¬
gest. 1293
ʿAlī Ibn-ʿĪsā al-Irbilī
Bahā'-ad-Dīn al-Munšī' al-Irbilī
Ibn-ʿĪsā, ʿAlī al-Irbilī

Irbilī, al-Mubārak Ibn-al-Mustaufī ¬al-¬
→ **Ibn-al-Mustaufī, al-Mubārak Ibn-Aḥmad**

Ireland, John ¬of¬
→ **John ⟨of Ireland⟩**

Irena ⟨Augusta⟩
→ **Irene ⟨Imperium Byzantinum, Imperatrix⟩**

Irenaeus ⟨Epigrammaticus⟩
→ **Irenaeus ⟨Referendarius⟩**

Irenaeus ⟨Harpasi Episcopus⟩
6. Jh.
Contra synodum Chalcedonensem et tomum Leonis
Cpg 7113
Irenaeus ⟨Episcopus Harpasi⟩
Irenaeus ⟨Harpasi⟩

Irenaeus ⟨Referendarius⟩
6. Jh.
Irenaeus ⟨Epigrammaticus⟩
Referendarius, Irenaeus

Irene ⟨Imperium Byzantinum, Imperatrix⟩
ca. 1066 – ca. 1118
Irena ⟨Augusta⟩
Irene ⟨Augusta⟩
Irene ⟨Byzantinisches Reich, Kaiserin⟩
Irene ⟨Consort of Alexius I.⟩
Irène ⟨Ducas⟩
Irene Augusta ⟨Empress⟩

Irene Eulogia ⟨Chumnaina⟩
gest. ca. 1360
Chumnaina, Irene Eulogia
Eulogia ⟨Basilissa⟩
Irene Eulogia ⟨Abbess⟩
Irene Eulogia ⟨Choumnaina Palaiologina⟩
Irene Eulogia ⟨of Philanthropos Soter⟩
Irene Eulogia ⟨Palaiologina⟩
Irène Eulogie ⟨Choumnaina Paléologine⟩
Irène Eulogie ⟨Choumnos Paléologine⟩
Irene-Eulogia ⟨Princess⟩
Palaiologina, Irene Eulogia

Irimbertus ⟨Admontensis⟩
gest. 1176 · OSB
LThK; CSGL; Tusculum-Lexikon
Irimbert ⟨von Admont⟩
Irimbertus ⟨Abbas⟩
Irimbertus ⟨de Admont⟩
Irinbert ⟨von Admont⟩

Irmhart ⟨Öser⟩
1310 – ca. 1358
LThK; VL(2)
Fremhart ⟨Ösr⟩
Irinhart ⟨Öser⟩
Liehart ⟨Öser⟩
Öser, Irmhart
Vrimhart ⟨Öser⟩

Irmi, Stephanus
→ **Stephanus ⟨Irmi⟩**

Irmino ⟨Sangermanensis⟩
um 800/820
LMA,V,662/63
Irmino ⟨Abbot⟩
Irmino ⟨Abt⟩
Irmino ⟨von Saint-Germain-des-Prés⟩
Irminon ⟨Abbé⟩
Irminon ⟨Abbot⟩
Irminon ⟨de Saint-Germain-des-Prés⟩

Irnerius ⟨Bononiensis⟩
ca. 1050 – 1130
Formularium tabellionum
Tusculum-Lexikon; CSGL; LMA,V,663
Guardnerius ⟨Bononiensis⟩
Guarnerius ⟨Bononiensis⟩
Hirnerius ⟨Bononiensis⟩
Irnerio ⟨da Bologna⟩
Irnerius
Irnerius ⟨de Bologne⟩
Irnerius ⟨the Jurist⟩
Vernerus ⟨Bononiensis⟩
Warnerius ⟨Bononiensis⟩
Wernerius ⟨Bononiensis⟩
Yrnerius ⟨Bononiensis⟩

Irregang ⟨Meister⟩
15. Jh.
Gedicht
VL(2),4,420/421
Meister Irregang

Irrfrid
um 1468
Vom Haußhaben ein Stucklin
VL(2),4,421/422

Irwin, Alexander
→ **Alexander ⟨Irwin⟩**

ʿĪsā Ibn-ʿAbd-al-ʿAzīz al-Ğuzūlī
→ **Ğuzūlī, ʿĪsā Ibn-ʿAbd-al-ʿAzīz ¬al-¬**

ʿĪsā Ibn-Aḥmad ar-Rāzī
→ **Rāzī, ʿĪsā Ibn-Aḥmad ¬ar-¬**

ʿĪsā Ibn-ʿAlī
→ **ʿAlī Ibn-ʿĪsā**

ʿĪsā Ibn-Isḥāq Ibn-Zurʿa, Abū-ʿAlī
→ **Ibn-Zurʿa, Abū-ʿAlī ʿĪsā Ibn-Isḥāq**

Isaac ⟨Arama⟩
→ **ʿArâmā, Yiṣḥāq**

Isaac ⟨Argyrus⟩
gest. ca. 1373
Tusculum-Lexikon; CSGL; LMA,V,667
Argiro, Isacco
Argyros, Isaac
Argyros, Isaak
Argyrus ⟨Monachus⟩
Argyrus, Isaac
Argyrus, Isaacus
Isaac ⟨Monachus⟩
Isaacus ⟨Argyrus⟩
Isaak ⟨Argyros⟩
Isacco ⟨Argiro⟩

Isaac ⟨Ben-Salomon⟩
→ **Isrāʾīlī, Isḥāq Ibn-Sulaimān ¬al-¬**

Isaac ⟨Cisterciensis⟩
→ **Isaac ⟨de Stella⟩**

Isaac ⟨Comnenus⟩
um 1081/1118
Tusculum-Lexikon; LThK; LMA,V,665/66
Comnenus, Isaac
Isaakios ⟨Komnenos⟩
Isacco ⟨Comneno⟩
Komnenos, Isaakios

Isaac ⟨de Langres⟩
→ **Isaac ⟨Lingonensis⟩**

Isaac ⟨de l'Étoile⟩
→ **Isaac ⟨de Stella⟩**

Isaac ⟨de Ninive⟩
→ **Isaac ⟨Ninivita⟩**

Isaac ⟨de Stella⟩
gest. 1178 · OCist
LThK; Tusculum-Lexikon; LMA,V,665
Isaac ⟨Cisterciensis⟩
Isaac ⟨de l'Étoile⟩
Isaak ⟨von Stella⟩
Stella, Isaac ¬de¬

Isaac ⟨Débonnaire⟩
→ **Isaac ⟨Lingonensis⟩**

Isaac ⟨Erama⟩
→ **ʿArâmā, Yiṣḥāq**

Isaac ⟨Evêque⟩
→ **Isaac ⟨Lingonensis⟩**

Isaac ⟨Evêque de Ninive⟩
→ **Isaac ⟨Ninivita⟩**

Isaac ⟨Honeini Filius⟩
→ **Ḥunain Ibn-Isḥāq**

Isaac ⟨Israeli⟩
→ **Isrāʾīlī, Isḥāq Ibn-Sulaimān ¬al-¬**

Isaac ⟨Iudaeus⟩
→ **Isrāʾīlī, Isḥāq Ibn-Sulaimān ¬al-¬**

Isaac ⟨le Bon⟩
→ **Isaac ⟨Lingonensis⟩**

Isaac ⟨le Débonnaire⟩
→ **Isaac ⟨Lingonensis⟩**

Isaac ⟨Lingonensis⟩
ca. 820 – 880
Canones seu selecta capitula
LMA,V,667
Isaac ⟨de Langres⟩
Isaac ⟨Débonnaire⟩
Isaac ⟨Evêque⟩
Isaac ⟨le Bon⟩
Isaac ⟨le Débonnaire⟩
Isaac ⟨Lingoniensis⟩
Isaac ⟨von Langres⟩
Isaak ⟨der Gute⟩
Isaak ⟨von Langres⟩

Isaac ⟨Mar⟩
→ **Isaac ⟨Ninivita⟩**

Isaac ⟨Methodensis⟩
→ **Josephus ⟨Methonensis⟩**

Isaac ⟨Monachus⟩
→ **Isaac ⟨Argyrus⟩**

Isaac ⟨Ninivita⟩
7. Jh.
Sermones ascetici et epistulae; Capita ascetica
Cpg 7868 - 7869; Tusculum-Lexikon; LMA,V,667
Isaac ⟨de Ninive⟩
Isaac ⟨Evêque de Ninive⟩
Isaac ⟨Mar⟩
Isaac ⟨of Mosul⟩
Isaac ⟨of Nineveh⟩
Isaac ⟨of Niniveh⟩
Isaac ⟨Saint⟩
Isaac ⟨Sanctus⟩
Isaak ⟨aus Bēt Quatraje⟩
Isaak ⟨Hagios⟩
Isaak ⟨ho Syros⟩
Isaak ⟨von Ninive⟩
Ninivita, Isaac
Syrus, Isaac

Isaac ⟨of Mosul⟩
→ **Isaac ⟨Ninivita⟩**

Isaac ⟨of Nineveh⟩
→ **Isaac ⟨Ninivita⟩**

Isaac ⟨Porphyrogennetus⟩
11. Jh.
Tusculum-Lexikon
Isaakios ⟨Porphyrogennetos⟩
Porphyrogennetus, Isaac

Isaac ⟨Sanctus⟩
→ **Isaac ⟨Ninivita⟩**

Isaac ⟨Sebastocrator⟩
11. Jh.
Isaak ⟨Sebastokrator⟩
Sebastocrator, Isaac

Isaac ⟨Syrus⟩
7. Jh.
Tusculum-Lexikon
Isaac ⟨of Nineveh⟩
Isaac ⟨von Ninive⟩
Isaak ⟨aus Bēt Quatraje⟩
Isaak ⟨Syros⟩
Syrus, Isaac

Isaac ⟨Tzetzes⟩
gest. 1138
Tusculum-Lexikon
Isaakios ⟨ho Tzetzēs⟩
Tzetes, Isaak
Tzetzes, Isaac

Isaac ⟨Velasquez⟩
→ **Isaak ⟨Velasquez⟩**

Isaac ⟨von Langres⟩
→ **Isaac ⟨Lingonensis⟩**

Isaac ⟨von Ninive⟩
→ **Isaac ⟨Ninivita⟩**

Isaac ben Moyses Farḥi
→ **Eśtôrî hap-Parḥî, Yiṣḥāq Ben-Mošė**

Isaac Nathan ⟨ben Kalonymus⟩
→ **Yiṣḥāq Nātān Ben-Qālônîmôs**

Isaac Nathan ⟨Mardochai⟩
→ **Yiṣḥāq Nātān Ben-Qālônîmôs**

Isaacinus, Theophanes
→ **Theophanes ⟨Confessor⟩**

Isaacius ⟨...⟩
→ **Isaac ⟨...⟩**

Isaacus ⟨...⟩
→ **Isaac ⟨...⟩**

Isaak
15. Jh.
Buch von den acht Steinen
VL(2),4,423/424

Isaak ⟨Argyros⟩
→ **Isaac ⟨Argyrus⟩**

Isaak ⟨aus Bēt Quatraje⟩
→ **Isaac ⟨Ninivita⟩**

Isaak ⟨der Gute⟩
→ **Isaac ⟨Lingonensis⟩**

Isaak ⟨Hagios⟩
→ **Isaac ⟨Ninivita⟩**

Isaak ⟨ho Syros⟩
→ **Isaac ⟨Ninivita⟩**

Isaak ⟨Sebastokrator⟩
→ **Isaac ⟨Sebastocrator⟩**

Isaak ⟨Syros⟩
→ **Isaac ⟨Ninivita⟩**

Isaak ⟨Velasquez⟩
um 946
Versio arabica Evangelii latini
Cpg 1106; GCAL,1,167
Ibn-Balašk, Isḥāq
Isaac ⟨Velasquez⟩
Isaak ⟨Velasco⟩
Isaak ⟨von Cordoba⟩
Isḥāq Ibn-Balašk
Velasquez, Isaak

Isaak ⟨von Cordoba⟩
→ **Isaak ⟨Velasquez⟩**

Isaak ⟨von Langres⟩
→ **Isaac ⟨Lingonensis⟩**

Isaak ⟨von Ninive⟩
→ **Isaac ⟨Ninivita⟩**

Isaak ⟨von Stella⟩
→ **Isaac ⟨de Stella⟩**

Isaakios ⟨ho Tzetzēs⟩
→ **Isaac ⟨Tzetzes⟩**

Isaakios ⟨Komnenos⟩
→ **Isaac ⟨Comnenus⟩**

Isaakios ⟨Porphyrogennetos⟩
→ **Isaac ⟨Porphyrogennetus⟩**

Isacco ⟨Argiro⟩
→ **Isaac ⟨Argyrus⟩**

Isacco ⟨Comneno⟩
→ **Isaac ⟨Comnenus⟩**

Isaias ⟨Abbas⟩
um 1204
Metrikon
Abbas Isaias
Esaias ⟨Abt⟩

Isaias ⟨Canonicus⟩
→ **Isaias ⟨de Padua⟩**

Isaias ⟨Cyprius⟩
um 1430
De processione Spiritus Sancti
DOC,2,1070
Cyprius, Isaias
Esaias ⟨Cyprius⟩
Esaias ⟨Kyprios⟩
Isaïe ⟨de Chypre⟩

Isaias ⟨de Padua⟩
15. Jh.
Cant.
Stegmüller, Repert. bibl. 5157
Isaias ⟨Canonicus⟩
Isaias ⟨Estensis⟩
Isaïe ⟨Chanoine du Latran⟩
Isaïe ⟨d'Este⟩
Padua, Isaias ¬de¬

Isaias ⟨Estensis⟩
→ **Isaias ⟨de Padua⟩**

Isaias ⟨Rabbi⟩
→ **Yešaʿyā Ben-Mâlî ⟨di Ṭranî⟩**

Isaias ⟨Tranensis⟩
→ **Yešaʿyā ⟨di Ṭranî⟩**
→ **Yešaʿyā Ben-Mâlî ⟨di Ṭranî⟩**

Isaïe ⟨Chanoine du Latran⟩
→ **Isaias ⟨de Padua⟩**

Isaïe ⟨de Chypre⟩
→ **Isaias ⟨Cyprius⟩**

Isaïe ⟨d'Este⟩
→ **Isaias ⟨de Padua⟩**

Isarn
12. Jh. · OP
Débat d'Izarn et de Sicart de Figueiras (poème provençal)
Rep.Font. VI,454
Izarn ⟨Inquisiteur Dominicain⟩
Izarn ⟨Poète⟩

Isauricus, Leo
→ **Leo ⟨Imperium Byzantinum, Imperator, III.⟩**

Isauricus, Theophanes
→ **Theophanes ⟨Confessor⟩**

Iṣbahānī, ʿAbdallāh Ibn-Ǧafār ¬al-¬
→ **Abu-'š-Šaiḫ, ʿAbdallāh Ibn Muḥammad**

Iṣbahānī, Aḥmad Ibn-Muḥammad ¬al-¬
→ **Silafī, Aḥmad Ibn-Muḥammad ¬as-¬**

Išbīlī, ʿAbd-al-Ḥaqq Ibn-ʿAbd-ar-Raḥmān ¬al-¬
→ **Ibn-al-Ḫarrāṭ, ʿAbd-al-Ḥaqq Ibn-ʿAbd-ar-Raḥmān**

Išbīlī, ʿAbdallāh Ibn-Qāsim ¬al-¬
→ **Ḥarīrī, ʿAbdallāh Ibn-Qāsim ¬al-¬**

Išbīlī, Abu-'l-Ḫair ¬al-¬
→ **Abu-'l-Ḫair al-Išbīlī**

Išbīlī, Aḥmad Ibn-Muḥammad ¬al-¬
→ **Ibn-Faraḥ, Aḥmad Ibn-Muḥammad**

Išbīlī, Aḥmad Ibn-Muḥammad Ibn-al-Ḥāǧǧ
→ **Ibn-al-Ḥāǧǧ, Aḥmad Ibn-Muḥammad**

Iscanus, Joseph
→ **Josephus ⟨Exoniensis⟩**

Iselin, Conradus
1377 – 1436
Cronica familiaris
Rep.Font. VI,454
Conradus ⟨Iselin⟩

Iselin, Henricus
um 1364/1404
Cronica familiaris
Rep.Font. VI,454
Heinrich ⟨Iselin von Rosenfeld⟩
Heinricus ⟨Iselin⟩
Henricus ⟨Iselin⟩
Iselin, Heinricus

Isembardus ⟨Floriacensis⟩
um 1010 · OSB
Vita, inventio et miracula sancti Iudoci
Rep.Font. VI,454; DOC,2,1070
Isembard ⟨de Fleury⟩
Isembardus ⟨Bibliothecarius⟩

Isenach, Johannes ¬de¬
→ **Johannes ⟨de Isenach⟩**

Isenbrandus
um 1329 · OP
Kalendarium novum
Kaeppeli,III,55

Isenburg, Diether ¬von¬
→ **Diether ⟨von Isenburg⟩**

Isenhofer
um 1444
Schmählied
VL(2),4,424/425
Isenhofer ⟨von Waltzhut⟩

Iseo, Bonaventura ¬de¬
→ **Bonaventura ⟨de Iseo⟩**

Isernia, Andreas ¬de¬
→ **Andreas ⟨de Isernia⟩**

Isernia, Henricus ¬de¬
→ **Henricus ⟨de Isernia⟩**

Iṣfahānī, Abu-'l-Farağ ʿAlī Ibn-al-Ḥusain ¬al-¬
→ **Abu-'l-Farağ al-Iṣfahānī, ʿAlī Ibn-al-Ḥusain**

Iṣfahānī, Abū-Nuʿaim Aḥmad Ibn-ʿAbdallāh ¬al-¬
→ **Abū-Nuʿaim al-Iṣfahānī, Aḥmad Ibn-ʿAbdallāh**

Iṣfahānī, Aḥmad Ibn-ʿAbdallāh ¬al-¬
→ **Abū-Nuʿaim al-Iṣfahānī, Aḥmad Ibn-ʿAbdallāh**

Iṣfahānī, al-Ḥusain Ibn-Muḥammad ¬al-¬
→ **Rāġib al-Iṣfahānī, al-Ḥusain Ibn-Muḥammad ¬ar-¬**

Iṣfahānī, ʿAlī Ibn-al-Ḥusain ¬al-¬
→ **Abu-'l-Farağ al-Iṣfahānī, ʿAlī Ibn-al-Ḥusain**

Iṣfahānī, ʿAlī Ibn-al-Ḥusain Abu-'l-Farağ ¬al-¬
→ **Abu-'l-Farağ al-Iṣfahānī, ʿAlī Ibn-al-Ḥusain**

Iṣfahānī, ar-Rāġib al-Ḥusain Ibn-Muḥammad ¬al-¬
→ **Rāġib al-Iṣfahānī, al-Ḥusain Ibn-Muḥammad ¬ar-¬**

Iṣfahānī, Ḥamza Ibn-al-Ḥasan ¬al-¬
→ **Ḥamza al-Iṣfahānī, Ibn-al-Ḥasan**

Iṣfahānī, ʿImād-ad-Dīn ¬al-¬
→ **Kātib al-Iṣfahānī, Muḥammad Ibn-Muḥammad ¬al-¬**

Iṣfahānī, Maḥmūd Ibn-ʿAbd-ar-Raḥmān ¬al-¬
gest. 1348
Ibn-ʿAbd-ar-Raḥmān, Maḥmūd al-Iṣfahānī
Maḥmūd Ibn-ʿAbd-ar-Raḥmān al-Iṣfahānī

Iṣfahānī, Muḥammad Ibn-ʿAlī ¬al-¬
→ **Ibn-Dā'ūd al-Iṣfahānī, Muḥammad Ibn-ʿAlī**

Iṣfahānī, Muḥammad Ibn-Muḥammad ¬al-¬
→ **Kātib al-Iṣfahānī, Muḥammad Ibn-Muḥammad ¬al-¬**

Isfarā'īnī, Muḥammad Ibn-Aḥmad ¬al-¬
gest. 1285
Ibn-Aḥmad, Muḥammad al-Isfarā'īnī
Isfarā'īnī, Muḥammad Ibn-Muḥammad ¬al-¬
Isfarā'īnī, Tāğ-ad-Dīn Muḥammad Ibn-Aḥmad ¬al-¬
Muḥammad Ibn-Aḥmad al-Isfarā'īnī

Isfarā'īnī, Muḥammad Ibn-Muḥammad ¬al-¬
→ **Isfarā'īnī, Muḥammad Ibn-Aḥmad ¬al-¬**

Isfarā'īnī, Tāğ-ad-Dīn Muḥammad Ibn-Aḥmad ¬al-¬
→ **Isfarā'īnī, Muḥammad Ibn-Aḥmad ¬al-¬**

Isfarāyīnī, Abū-ʿAwāna Yaʿqūb Ibn-Isḥāq ¬al-¬
→ **Abū-ʿAwāna al-Isfarayīnī, Yaʿqūb Ibn-Isḥāq**

Isḥāk ibn Ibrāhīm al-Mawṣilī
→ **Isḥāq Ibn-Ibrāhīm al-Mauṣilī**

Isḥāq al-Mauṣilī
→ **Isḥāq Ibn-Ibrāhīm al-Mauṣilī**

Isḥāq ibn Ibrāhīm al-Mawṣilī
→ **Isḥāq Ibn-Ibrāhīm al-Mauṣilī**

Isḥāq Ibn ʿImrān
→ **Isḥāq Ibn-ʿImrān**

Isḥāq Ibn-Aḥmad as-Siğistānī, Abū-Yaʿqūb
→ **Abū-Yaʿqūb as-Siğistānī, Isḥāq Ibn-Aḥmad**

Isḥāq Ibn-ʿAlī ar-Ruhāwī
→ **Ruhāwī, Isḥāq Ibn-ʿAlī ¬ar-¬**

Isḥāq Ibn-ʿAmrān
→ **Isḥāq Ibn-ʿImrān**

Isḥāq Ibn-Balašk
→ **Isaak ⟨Velasquez⟩**

Isḥāq Ibn-Ḥunain
→ **Ḥunain Ibn-Isḥāq**

Isḥāq Ibn-Ibrāhīm al-Mauṣilī
767 – 849
Sänger, Instrumentalist, Musiktheoretiker
LMA,VI,417
Ibn-Ibrāhīm al-Mauṣilī, Isḥāq
Isḥāk ibn Ibrāhīm al-Mawṣilī
Isḥāq al-Mauṣilī
Isḥāq ibn Ibrāhīm al-Mawṣilī
Mauṣilī, Isḥāq ¬al-¬
Mauṣilī, Isḥāq Ibn-Ibrāhīm ¬al-¬
Mawṣilī, Isḥāk ibn Ibrāhīm ¬al-¬

Isḥāq Ibn-Ibrāhīm aš-Šāšī
→ **Šāšī, Isḥāq Ibn-Ibrāhīm ¬aš-¬**

Isḥāq Ibn-Ibrāhīm Ibn-Rāhwaih
→ **Ibn-Rāhwaih, Isḥāq Ibn-Ibrāhīm**

Isḥāq Ibn-ʿImrān
gest. ca. 907
Maqāla fī 'l-Mālīḫūliyā
Ibn-ʿImrān, Isḥāq
Isḥāq Ibn ʿImrān
Isḥāq Ibn-ʿAmrān
Samm Sāʿa

Isḥāq Ibn-Sulaimān al-Isrā'īlī
→ **Isrā'īlī, Isḥāq Ibn-Sulaimān ¬al-¬**

Ishodad ⟨of Hadatha⟩
→ **Išoʿdad ⟨Marw⟩**

Ishōʿdādh ⟨Bishop⟩
→ **Išoʿdad ⟨Marw⟩**

Ishōʿdādh ⟨of Merv⟩
→ **Išoʿdad ⟨Marw⟩**

Isidor ⟨Buchiras⟩
→ **Isidorus ⟨Buchiras⟩**

Isidor ⟨Patriarch von Konstantinopel⟩
→ **Isidorus ⟨Buchiras⟩**

Isidor ⟨von Kiev⟩
→ **Isidorus ⟨Kiovensis⟩**

Isidor ⟨von Konstantinopel⟩
→ **Isidorus ⟨Buchiras⟩**

Isidor ⟨von Milet⟩
→ **Isidorus ⟨Milesius⟩**

Isidor ⟨von Sevilla⟩
→ **Isidorus ⟨Hispalensis⟩**

Isidore ⟨Bishop⟩
→ **Isidorus ⟨Pacensis⟩**

Isidore ⟨Boucheiras⟩
→ **Isidorus ⟨Buchiras⟩**

Isidore ⟨Chroniqueur⟩
→ **Isidorus ⟨Pacensis⟩**

Isidore ⟨de Badajoz⟩
→ **Isidorus ⟨Pacensis⟩**

Isidore ⟨de Beja⟩
→ **Isidorus ⟨Pacensis⟩**

Isidore ⟨de Constantinople⟩
→ **Isidorus ⟨Buchiras⟩**

Isidore ⟨de Kiev⟩
→ **Isidorus ⟨Kiovensis⟩**

Isidore ⟨de Monembaise⟩
→ **Isidorus ⟨Buchiras⟩**

Isidore ⟨de Moscou⟩
→ **Isidorus ⟨Kiovensis⟩**

Isidore ⟨de Russie⟩
→ **Isidorus ⟨Kiovensis⟩**

Isidore ⟨de Séville⟩
→ **Isidorus ⟨Hispalensis⟩**

Isidore ⟨de Thessalonique⟩
→ **Isidorus ⟨Glabas⟩**

Isidore ⟨Evêque⟩
→ **Isidorus ⟨Pacensis⟩**

Isidore ⟨Evêque de Monembaise⟩
→ **Isidorus ⟨Buchiras⟩**

Isidore ⟨Glabas⟩
→ **Isidorus ⟨Glabas⟩**

Isidore ⟨Mercator⟩
→ **Isidorus ⟨Mercator⟩**

Isidore ⟨Metropolitain of Kiev and All Russia⟩
→ **Isidorus ⟨Kiovensis⟩**

Isidore ⟨of Badajoz⟩
→ **Isidorus ⟨Pacensis⟩**

Isidore ⟨of Kiev⟩
→ **Isidorus ⟨Kiovensis⟩**

Isidore ⟨of Sevilla⟩
→ **Isidorus ⟨Hispalensis⟩**

Isidore ⟨Peccator⟩
→ **Isidorus ⟨Mercator⟩**

Isidoro ⟨di Mileto⟩
→ **Isidorus ⟨Milesius⟩**

Isidoros ⟨Buchiras⟩
→ **Isidorus ⟨Buchiras⟩**

Isidoros ⟨Glabas⟩
→ **Isidorus ⟨Glabas⟩**

Isidōros ⟨ho Rutēnos⟩
→ **Isidorus ⟨Kiovensis⟩**

Isidōros ⟨ho Thessalonikeus⟩
→ **Isidorus ⟨Glabas⟩**

Isidōros ⟨Kievensis⟩
→ **Isidorus ⟨Buchiras⟩**
→ **Isidorus ⟨Kiovensis⟩**

Isidoros ⟨Thessalonicensis⟩
→ **Isidorus ⟨Glabas⟩**

Isidoros ⟨von Kiev⟩
→ **Isidorus ⟨Kiovensis⟩**

Isidoros ⟨von Milet⟩
→ **Isidorus ⟨Milesius⟩**

Isidorus ⟨Bishop⟩
→ **Isidorus ⟨Pacensis⟩**

Isidorus ⟨Bolbythiaeus⟩
→ **Isidorus ⟨Scholasticus⟩**

Isidorus ⟨Buchiras⟩
ca. 1300/10 – 1350
LMA,V,676; Rep.Font. VI,454
Buchiras, Isidorus
Isidor ⟨Buchiras⟩
Isidor ⟨Konstantinopel, Patriarch, I.⟩
Isidor ⟨Patriarch von Konstantinopel⟩
Isidor ⟨von Konstantinopel⟩
Isidore ⟨Boucheiras⟩
Isidore ⟨Buchiram⟩
Isidore ⟨Constantinople, Patriarche⟩

Isidore ⟨de Constantinople⟩
Isidore ⟨de Monembaise⟩
Isidore ⟨Evêque de Monembaise⟩
Isidoros ⟨Buchiras⟩
Isidōros ⟨Kievensis⟩
Isidōros ⟨Metropolita Kievensis⟩
Isidorus ⟨Patriarcha Constantinopolitanus⟩

Isidorus ⟨de Sevilla⟩
→ **Isidorus ⟨Hispalensis⟩**

Isidorus ⟨Epigrammatricus⟩
→ **Isidorus ⟨Scholasticus⟩**

Isidorus ⟨Episcopus⟩
→ **Isidorus ⟨Hispalensis⟩**

Isidorus ⟨Glabas⟩
1342 – ca. 1396
In nativitatem beatae virginis Mariae
Tusculum-Lexikon; CSGL; Rep.Font. V,160/164
Glabas, Isidoros
Glabas, Isidorus
Glabas, Johannes
Isidore ⟨de Thessalonique⟩
Isidore ⟨Glabas⟩
Isidoros ⟨Glabas⟩
Isidōros ⟨ho Thessalonikeus⟩
Isidoros ⟨Thessalonicensis⟩
Isidōrus ⟨ho Thessalonikeus⟩
Isidorus ⟨Metropolita⟩
Johannes ⟨Glabas⟩

Isidorus ⟨Hispalensis⟩
ca. 570 – 636
De summo bono; Etymologiarum sive originum libri
LThK; Tusculum-Lexikon; LMA,V,677/80
Hispalensis, Isidorus
Isidore ⟨de Séville⟩
Isidore ⟨of Sevilla⟩
Isidorus
Isidorus ⟨de Sevilla⟩
Isidorus ⟨Episcopus⟩
Isidorus ⟨Hispaliensis⟩
Isidorus ⟨Sanctus⟩
Isidorus ⟨von Sevilla⟩
Pseudo-Isidorus ⟨Hispalensis⟩

Isidorus ⟨Iurisperitus⟩
→ **Isidorus ⟨Mercator⟩**

Isidorus ⟨Kiovensis⟩
ca. 1380/90 – 1463
Epistulae; Anaphorai; Orationes ad Concilium Florentinum
Rep.Font. VI,454/56; Tusculum-Lexikon; CSGL; LMA,V,675/76
Isidor ⟨von Kiev⟩
Isidore ⟨de Kiev⟩
Isidore ⟨de Moscou⟩
Isidore ⟨de Russie⟩
Isidore ⟨Metropolitain of Kiev and All Russia⟩
Isidore ⟨of Kiev⟩
Isidōros ⟨ho Rutēnos⟩
Isidōros ⟨Kieviensis⟩
Isidoros ⟨von Kiev⟩
Isidorus ⟨Ruthenus⟩
Isidorus ⟨Thessalonicensis⟩
Rutenos, Isidoros
Ruthenus, Isidorus

Isidorus ⟨Mercator⟩
um 851
Collectio canonum; Decretales
Rep.Font. VI,460; Cpl 1223;1568; Cpg 1764
Isidore ⟨Mercator⟩
Isidore ⟨Peccator⟩
Isidorus ⟨Iurisperitus⟩
Isidorus ⟨Peccator⟩
Isidorus ⟨Setubensis⟩
Mercator, Isidorus
Peccator, Isidorus
Pseudo-Isidor
Pseudo-Isidore
Pseudo-Isidorus ⟨Mercator⟩

Isidorus ⟨Metropolita⟩
→ **Isidorus ⟨Glabas⟩**

Isidorus ⟨Milesius⟩
6. Jh.
Tusculum-Lexikon; CSGL; LMA,V,676/77
Isidor ⟨von Milet⟩
Isidoro ⟨di Mileto⟩
Isidoros ⟨von Milet⟩
Milesius, Isidorus

Isidorus ⟨of Badajoz⟩
→ **Isidorus ⟨Pacensis⟩**

Isidorus ⟨Pacensis⟩
um 754
Chronicon
Rep.Font. VI,460
Anonyme ⟨de Cordoue⟩
Isidore ⟨Bishop⟩
Isidore ⟨Chroniqueur⟩
Isidore ⟨de Badajoz⟩
Isidore ⟨de Beja⟩
Isidore ⟨Evêque⟩
Isidore ⟨of Badajoz⟩
Isidorus ⟨Bishop⟩
Isidorus ⟨of Badajoz⟩
Pseudo-Isidorus ⟨Pacensis⟩

Isidorus ⟨Patriarcha Constantinopolitanus⟩
→ **Isidorus ⟨Buchiras⟩**

Isidorus ⟨Peccator⟩
→ **Isidorus ⟨Mercator⟩**

Isidorus ⟨Ruthenus⟩
→ **Isidorus ⟨Kiovensis⟩**

Isidorus ⟨Sanctus⟩
→ **Isidorus ⟨Hispalensis⟩**

Isidorus ⟨Scholasticus⟩
6. Jh.
Isidorus ⟨Bolbythiaeus⟩
Isidorus ⟨Epigrammatricus⟩
Scholasticus, Isidorus

Isidorus ⟨Setubensis⟩
→ **Isidorus ⟨Mercator⟩**

Isidorus ⟨Thessalonicensis⟩
→ **Isidorus ⟨Kiovensis⟩**

Isidorus ⟨von Sevilla⟩
→ **Isidorus ⟨Hispalensis⟩**

Isingrimus ⟨Ottenburanus⟩
gest. 1180 · OSB
Annales Ottenburani
Rep.Font. VI,462
Isingrim ⟨Abbé⟩
Isingrim ⟨Abt⟩
Isingrim ⟨d'Ottobeuren⟩
Isingrim ⟨von Ottobeuren⟩
Isingrim ⟨von Sankt Ulrich in Augsburg⟩
Isingrimus ⟨Abbas Ottenburanus⟩

Is'irdī, Muḥammad Ibn-al-Labbān ¬al-¬
→ **Ibn-al-Labbān, Muḥammad Ibn-Aḥmad**

Iskandarī, Abu-'l-Fatḥ Naṣr Ibn-'Abd-ar-Raḥmān ¬al-¬
→ **Abu-'l-Fatḥ al-Iskandarī, Naṣr Ibn-'Abd-ar-Raḥmān**

Iskandarī, al-Wafā' Muḥammad Ibn-Muḥammad ¬al-¬
→ **Wafā' al-Iskandarī, Muḥammad Ibn-Muḥammad ¬al-¬**

Iskandarī, Naṣr Ibn-'Abd-ar-Raḥmān Abu-'l-Fatḥ al-
→ **Abu-'l-Fatḥ al-Iskandarī, Naṣr Ibn-'Abd-ar-Raḥmān**

Isle, Gaultier ¬de l'¬
→ **Gualterus ⟨de Castellione⟩**

Isle, Thomas ¬de l'¬
→ **Thomas ⟨de Insula⟩**

Ismael Abu'l-Feda
→ **Abu-'l-Fidā Ismā'īl Ibn-'Alī**

Ismail ⟨Ibn-Nagdilah⟩
→ **Šemû'ēl han-Nāgîd**

Ismā'īl aṣ-Ṣāḥib Ibn-'Abbād
→ **Ṣāḥib Ibn-'Abbād, Ismā'īl ¬aṣ-¬**

Ismā'īl Ibn-'Abd-ar-Raḥmān aṣ-Ṣābūnī
→ **Ṣābūnī, Ismā'īl Ibn-'Abd-ar-Raḥmān ¬aṣ-¬**

Ismā'īl Ibn-'Abd-ar-Raḥmān as-Suddī
→ **Suddī, Ismā'īl Ibn-'Abd-ar-Raḥmān ¬as-¬**

Ismā'īl Ibn-Abī-Bakr Ibn-al-Muqri'
→ **Ibn-al-Muqri', Ismā'īl Ibn-Abī-Bakr**

Ismā'īl Ibn-'Alī, Abu-'l-Fidā
→ **Abu-'l-Fidā Ismā'īl Ibn-'Alī**

Ismā'īl Ibn-al-Qāsim, Abu-'l-'Atāhīya
→ **Abu-'l-'Atāhiya Ismā'īl Ibn-al-Qāsim**

Ismā'īl Ibn-al-Qāsim al-Qālī, Abū-'Alī
→ **Abū-'Alī al-Qālī, Ismā'īl Ibn-al-Qāsim**

Ismā'īl Ibn-ar-Razzāz al-Ǧazarī
→ **Ǧazarī, Ismā'īl Ibn-ar-Razzāz ¬al-¬**

Ismā'īl Ibn-Ḥammād al-Ǧauharī
→ **Ǧauharī, Ismā'īl Ibn-Ḥammād ¬al-¬**

Ismā'īl Ibn-Isḥāq al-Ǧahḍamī
→ **Ǧahḍamī, Ismā'īl Ibn-Isḥāq ¬al-¬**

Ismā'īl Ibn-Isḥāq al-Qāḍī
→ **Ǧahḍamī, Ismā'īl Ibn-Isḥāq ¬al-¬**

Ismā'īl Ibn-'Umar Ibn-Kaṯīr
→ **Ibn-Kaṯīr, Ismā'īl Ibn-'Umar**

Ismā'īl Ibn-Yaḥyā al-Muzanī
→ **Muzanī, Ismā'īl Ibn-Yaḥyā ¬al-¬**

Ismā'īl Ibn-Yūsuf Ibn-al-Aḥmar
→ **Ibn-al-Aḥmar, Ismā'īl Ibn-Yūsuf**

Ismā'īlī, Abū-Bakr Aḥmad Ibn-Ibrāhīm ¬al-¬
→ **Ismā'īlī, Aḥmad Ibn-Ibrāhīm ¬al-¬**

Ismā'īlī, Aḥmad Ibn-Ibrāhīm ¬al-¬
890 – 981
Aḥmad Ibn-Ibrāhīm al-Ismā'īlī
Ibn-Ibrāhīm, Aḥmad al-Ismā'īlī
Ismā'īlī, Abū-Bakr Aḥmad Ibn-Ibrāhīm ¬al-¬

Isnawī, 'Abd-ar-Raḥīm Ibn-al-Ḥasan ¬al-¬
→ **Asnawī, 'Abd-ar-Raḥīm Ibn-al-Ḥasan ¬al-¬**

Isneri, Johannes
→ **Johannes ⟨Isneri⟩**

Isnigarius, Fridericus
→ **Fridericus ⟨Isnigarius⟩**

Iso ⟨Sangallensis⟩
ca. 830 – ca. 871 · OSB
Glossae veteres; De miraculis S. Othmari
Stegmüller, Repert. bibl. 5313; VL(2),4,425; Rep.Font. VI,463; Potth. 1123
Iso ⟨de Saint-Gallen⟩
Iso ⟨Doctor Nominatissimus⟩
Iso ⟨Magister⟩
Iso ⟨Monachus⟩
Iso ⟨Monk⟩
Iso ⟨of Saint Gall⟩
Iso ⟨von Sankt Gallen⟩
Ison ⟨de Grandfeld⟩
Ison ⟨de Saint-Gall⟩
Ison ⟨Écolâtre⟩
Ison ⟨Moine⟩
Pseudo-Iso ⟨Sangallensis⟩
Sankt Gallen, Iso ¬von¬
Yso
Yso ⟨Magister⟩
Yso ⟨Monachus⟩
Yso ⟨Sancti Galli⟩

Iso ⟨von Sankt Gallen⟩
→ **Iso ⟨Sangallensis⟩**

'Išo' ⟨Stylites⟩
um 515
Chronik der Jahre 495-506 (syr.)
Ieshu ⟨Stilit⟩
Ieshu ⟨Stilit⟩
Iso ⟨Stylites⟩
Jesus ⟨the Stylite⟩
Joshua ⟨Stylites⟩
Joshua ⟨the Stylite⟩
Josua ⟨Stylita⟩
Josua ⟨Stylites⟩
Josue ⟨der Stylite⟩
Josué ⟨le Stylite⟩
Josué ⟨Stylite⟩
Stilit, Ieshu
Stylites, Joshua
Stylites, Josua
Yeshua ⟨the Stylite⟩

Išo'dad ⟨Marw⟩
Lebensdaten nicht ermittelt
Kommentar über das A.T.
Cpg 3827; LThK
Ishodad ⟨of Hadatha⟩
Ishō'dādh ⟨Bishop⟩
Ishō'dādh ⟨of Merv⟩
Išo'dad ⟨de Merv⟩
Išo'dad ⟨Mervensem⟩
Isodad ⟨Mervensis⟩
Išô'dâdh ⟨Bishop⟩
Išô'dadh ⟨of Al-Haditha⟩
Išô'dâdh
Marw, Išo'dad
Merv, Išo'dad ¬de¬
Yĕshūdādh ⟨Bishop⟩

Ison ⟨de Grandfeld⟩
→ **Iso ⟨Sangallensis⟩**

Ison ⟨de Saint-Gall⟩
→ **Iso ⟨Sangallensis⟩**

Isotta ⟨Nogarola⟩
1420 – 1466
Isota ⟨Nogarola⟩
Isota ⟨Nogarola, Gräfin⟩
Isota ⟨Nogarola Veronensis⟩
Isota ⟨Nogarole⟩
Nogarola, Isota
Nogarola, Isotta
Nogarole, Isota

Israel ⟨Erlandi⟩
gest. ca. 1332 · OP
Miracula S. Erici regis et martyris
Schönberger/Kible, Repertorium, 15307; Kaeppeli,III,55/56; Rep.Font. VI,463
Angel ⟨Erland⟩
Erland, Angel
Erland, Israel
Erlandi, Israel
Erlandsson, Israel
Israel ⟨Canonicus Upsaliensis⟩
Israel ⟨Erlandi Suecus⟩
Israel ⟨Erlandsson⟩
Israel ⟨Suecus⟩

Israel ⟨Grammaticus⟩
→ **Israel ⟨Scotus⟩**

Israel ⟨of Kashkar⟩
→ **Isrā'īl ⟨al-Kaškarī⟩**

Israel ⟨Scotus⟩
gest. ca. 968/69
Versus Israhelis de grammatica super nomen et verbum; Glossae in Donati artem minorem; Glossae in Porphyrii Isagogen; etc.
LMA,V,699
Israel ⟨Episcopus⟩
Israel ⟨Evêque Irlandais⟩
Israel ⟨Grammaticus⟩
Israel ⟨Irlandais⟩
Israel ⟨le Grammairien⟩
Israel ⟨Scotigena⟩
Israel ⟨Scott⟩
Scotus, Israel

Israel ⟨Suecus⟩
→ **Israel ⟨Erlandi⟩**

Israeli, Isaac
→ **Isrā'īlī, Isḥāq Ibn-Sulaimān ¬al-¬**

Israeli, Isaak ben Salomo
→ **Isrā'īlī, Isḥāq Ibn-Sulaimān ¬al-¬**

Isrā'īl ⟨al-Kaškarī⟩
gest. 872
Israel ⟨of Kashkar⟩
Kaškarī, Isrā'īl ¬al-¬

Isrā'īlī, Isḥāq Ibn-Sulaimān ¬al-¬
ca. 832 – ca. 932
Diaetae particulares, universales ; Liber febrium ; Liber urinarum
LMA,V,665
Ibn-Sulaimān, Isḥāq al-Isrā'īlī
Isaac ⟨Ben-Salomon⟩
Isaac ⟨Israeli⟩
Isaac ⟨Israelita⟩
Isaac ⟨Iudaeus⟩
Isḥāq Ibn-Sulaimān al-Isrā'īlī
Israeli, Isaac
Israeli, Isaak ben Salomo
Issac Judaeus
Yāhūdī, Isḥāq Ibn-Sulaimān ¬al-¬
Yāhūdī, Isḥāq Ibn-Sulaimān al-Isrā'īlī
Yiṣḥāq ben Šelomo Yīsrā'elī
Ysaac

Isrā'īlī, Sahl Ibn-Bišr
→ **Sahl Ibn-Bišr**

Issac Judaeus
→ **Isrā'īlī, Isḥāq Ibn-Sulaimān ¬al-¬**

Issickemer, Jakob
um 1494/97
Das buchlein der zuflucht zu Maria der muter gottes in alten Oding
VL(2),4,427
Issickemer, Jacques
Jacques ⟨Issickemer⟩
Jakob ⟨Issickemer⟩

Issthachri, Abu Ishaq el-Faresi ¬el-¬
→ **Iṣṭaḫrī, Ibrāhīm Ibn-Muḥammad ¬al-¬**

Iṣṭaḫrī, Abū Isḥāk Ibrāhīm b. Muḥammad al-Fārisī al-Karḫī
→ **Iṣṭaḫrī, Ibrāhīm Ibn-Muḥammad ¬al-¬**

Iṣṭahrī, Abū Isḥāq Ibrāhīm ibn Muḥammad ¬al-¬
→ **Iṣṭaḫrī, Ibrāhīm Ibn-Muḥammad ¬al-¬**

Iṣṭaḫrī, Abū-Isḥāq al-Fārisi
→ **Iṣṭaḫrī, Ibrāhīm Ibn-Muḥammad ¬al-¬**

Iṣṭaḫrī, Abū-Isḥāq Ibrāhīm Ibn-Muḥammad ¬al-¬
→ **Iṣṭaḫrī, Ibrāhīm Ibn-Muḥammad ¬al-¬**

Iṣṭaḫrī, Ibrāhīm Ibn-Muḥammad ¬al-¬
10. Jh.
Buch der Wegstrecken und Provinzen
LMA,V,700; Rep.Font. VI,464
Al-Istahri
Al-Istakhri, Abu Ishak al-Farisi
El-Issthachri, Abu Ishaq el-Faresi
Ibrāhīm Ibn-Muḥammad al-Iṣṭaḫrī
Issthachri, Abu Ishaq el-Faresi ¬el-¬
Iṣṭaḫrī, Abū Isḥāk Ibrāhīm b. Muḥammad al-Fārisī al-Karḫī
Iṣṭaḫrī, Abū-Isḥāq al-Fārisi
Iṣṭaḫrī, Abū-Isḥāq Ibrāhīm Ibn-Muḥammad ¬al-¬
Iṣṭakhrī, Ibrāhīm ibn Muḥammad
Iṣṭahrī, Abū Isḥāq Ibrāhīm ibn Muḥammad ¬al-¬
Isztachri, Ebu Ishak el Farisi

Iṣṭakhrī, Ibrāhīm ibn Muḥammad
→ **Iṣṭaḫrī, Ibrāhīm Ibn-Muḥammad ¬al-¬**

Ister, Aethicus
→ **Aethicus ⟨Ister⟩**

István ⟨Magyarország, Király, I.⟩
969 – 1038
De institutione morum ad Emericum ducem
CSGL; Potth. 2,1034; LMA,VIII,112/114
Etienne ⟨Hongrie, Roi, I.⟩
István ⟨Szent⟩
István ⟨Ungarn, König, I.⟩
Stephan ⟨der Heilige⟩
Stephan ⟨Ungarn, König, I.⟩
Stephanus ⟨Hungaria, Rex, I.⟩
Stephanus ⟨Rex Hungariae⟩
Stephanus ⟨Sanctus⟩
Stephen ⟨Hungary, King, I.⟩

István ⟨Ungarn, König, I.⟩
→ **István ⟨Magyarország, Király, I.⟩**

Isztachri, Ebu Ishak el Farisi
→ **Iṣṭaḫrī, Ibrāhīm Ibn-Muḥammad ¬al-¬**

Italicus, Gibertus
→ **Gilbertus**

Italicus, Michael
→ **Michael ⟨Italicus⟩**

Italicus, Nicolaus
Lebensdaten nicht ermittelt
Mnemonischer Traktat
VL(2),4,427/428
Nicolaus ⟨Italicus⟩
Nicolaus ⟨Magister Sancti Iodoci⟩
Nicolaus ⟨Ytalicus⟩

Italus, Johannes
→ **Johannes ⟨Italus⟩**

Italus, Theodulus
→ **Theodulus ⟨Italus⟩**

Iterius, Bernardus
→ **Bernardus ⟨Iterius⟩**

Itherii, Gerardus
→ **Gerardus ⟨Itherii⟩**

Itherius, Gerardus
→ **Gerardus ⟨Itherii⟩**

I-tsing
→ **Yijing**

Iudaeus ⟨Meyer⟩
→ **Meyer, Judaeus**

Iudaeus, Abrahamus
→ **Abraham ⟨Iudaeus⟩**

Iudaeus, Herbanus
→ **Herbanus ⟨Iudaeus⟩**

Iudaeus, Jacobus
→ **Jacobus ⟨Iudaeus⟩**

Iudaeus, Paulus
→ **Paulus ⟨Iudaeus⟩**

Iudaeus, Themo
→ **Themo ⟨Iudaeus⟩**

Iudex ⟨Placentinus⟩
→ **Indie ⟨Placentinus⟩**

Iudex, Jacobus
→ **Jacobus ⟨Iudex⟩**

Iudicibus, Johannes Baptista ¬de¬
→ **Baptista ⟨de Finario⟩**

Iudoci, Florentius
→ **Florentius ⟨Iudoci⟩**

Iudocus ⟨Fabri⟩
→ **Jos ⟨von Pfullendorf⟩**

Iudocus ⟨Turonensis⟩
→ **Ioscelinus ⟨Turonensis⟩**

Iudocus Sifridus ⟨de Wilperg⟩
→ **Wilperg ⟨Teutonicus⟩**

Iuliacus, Stephanus
→ **Stephanus ⟨Iuliacus⟩**

Iuliana ⟨Anchoreta⟩
→ **Iuliana ⟨Norvicensis⟩**

Iuliana ⟨Anicia⟩
gest. 527
Briefe von/an Hormisdas; Collectio Avellana,164;198
Cpl 1620
Anicia, Iuliana
Juliana ⟨Anicia⟩
Julienne ⟨Anicie⟩

Iuliana ⟨Norvicensis⟩
gest. 1443
Meditationes
LThK; LMA,V,800
Iuliana ⟨Anchoreta⟩
Julian ⟨Anchoress at Norwich⟩
Julian ⟨Lady⟩
Julian ⟨of Norwich⟩
Juliana ⟨Anchoret⟩
Juliana ⟨Anchorite⟩
Juliana ⟨Norvicensis⟩
Juliana ⟨of Norwich⟩
Juliana ⟨von Norwich⟩
Julienne ⟨de Norwich⟩

Iuliani, Petrus
→ **Johannes ⟨Papa, XXI.⟩**

Iulianus
→ **Iulianus ⟨Antecessor⟩**

Iulianus ⟨Abbas Monasterii Mar Bassi⟩
→ **Iulianus ⟨Monasterii Mar Bassi Abbas⟩**

Iulianus ⟨Aegyptius⟩
6. Jh.
DOC,2,1904
Aegyptius, Iulianus
Iulianus ⟨Byzantius⟩
Iulianus ⟨Epigrammaticus⟩
Iulianus ⟨Meteorus Scholasticus⟩
Iulianus ⟨Praefectus⟩
Julian ⟨the Egyptian⟩
Julianos ⟨aus Ägypten⟩
Julianus ⟨Aegyptius⟩
Julien ⟨l'Égyptien⟩

Iulianus ⟨Andrea⟩
ca. 1382 – ca. 1455
Oratio in funere Manuelis Chrysolorae
Rep.Font. VI,471
Andrea, Giuliano
Andrea, Iulianus
Giuliano ⟨Andrea⟩
Zulian

Iulianus ⟨Antecessor⟩
6. Jh.
DOC,2,1904
Antecessor, Iulianus
Iulianus
Iulianus ⟨Epigrammaticus⟩
Iulianus ⟨Scholasticus⟩
Julianus ⟨Antecessor⟩

Iulianus ⟨Antecessor Constantinopolitanus⟩
→ **Iulianus ⟨Constantinopolitanus⟩**

Iulianus ⟨Archiepiscopus⟩
→ **Iulianus ⟨Toletanus⟩**

Iulianus ⟨Byzantius⟩
→ **Iulianus ⟨Aegyptius⟩**

Iulianus ⟨Caesarinus⟩
→ **Iulianus ⟨de Caesarinis⟩**

Iulianus ⟨Canonicus⟩
→ **Iulianus ⟨Cividatensis⟩**

Iulianus ⟨Cardinalis⟩
→ **Iulianus ⟨de Caesarinis⟩**

Iulianus ⟨Censor⟩
→ **Iulianus ⟨Constantinopolitanus⟩**

Iulianus ⟨Cesarini⟩
→ **Iulianus ⟨de Caesarinis⟩**

Iulianus ⟨Cividatensis⟩
gest. 1315
Giuliano ⟨Canon⟩
Giuliano ⟨of Cividale⟩
Iulianus ⟨Canonicus⟩
Iulianus ⟨Civitatensis⟩
Julien ⟨de Cividale⟩

Iulianus ⟨Constantinopolitanus⟩
um 555/65
Epitome novellarum Iustiniani
Constantinopolitanus, Iulianus
Iulianus ⟨Antecessor Constantinopolitanus⟩
Iulianus ⟨Censor⟩
Iulianus ⟨Iurisconsultus⟩
Iulianus ⟨Iurisconsultus Constantinopolitanus⟩
Iulianus ⟨Patricius et Antecessor Urbis Constantinopolitanus⟩

Iulianus ⟨Dacus⟩
→ **Iulius ⟨Dacus⟩**

Iulianus ⟨de Caesarinis⟩
1398 – 1444
Epistolae
LMA,II,1639/40
Caesarini, Giuliano
Caesarinis, Iulianus ¬de¬
Caesarinus, Iulianus
Cesarini, Giuliano
Giuliano ⟨Caesarini⟩
Iulianus ⟨Caesarinus⟩
Iulianus ⟨Cardinalis⟩
Iulianus ⟨Possessor⟩
Iulianus ⟨Sancti Angeli⟩
Iulianus ⟨Senior⟩
Julian ⟨the Cardinal⟩
Juliano ⟨Cesarini⟩
Julianus ⟨Cesarini⟩
Julianus ⟨Possessor⟩

Iulianus ⟨de Lapaccinis⟩
1414-1458 · OP
Annalia conv. Sancti Marci de Florentia
Schönberger/Kible, Repertorium, 15309; Kaeppeli,III,56/57
Giuliano ⟨Lapaccini⟩
Iulianus ⟨de Lapaccinis Florentinus⟩
Iulianus ⟨Philippi de Lapaccinis Filius⟩
Lapaccini, Giuliano
Lapaccinis, Iulianus ¬de¬

Iulianus ⟨de Salemo⟩
um 1451/59 · OESA
Registrum generalatus 1451-1459
Iulianus ⟨de Salem⟩
Iulianus ⟨de Salemi⟩
Iulianus ⟨de Salen⟩
Julianus ⟨de Salemo⟩
Julianus ⟨de Salen⟩
Julien ⟨de Salemi⟩
Salem, Julianus
Salemo, Iulianus ¬de¬

Iulianus ⟨de Spira⟩
gest. ca. 1250 · OFM
LThK; Tusculum-Lexikon; LMA,V,803
Iulianus ⟨Spirensis⟩
Iulianus ⟨Teutonicus⟩
Julian ⟨von Speyer⟩
Juliano ⟨a Spira⟩
Julien ⟨de Spire⟩
Julien ⟨le Teutonique⟩
Spira, Iulianus ¬de¬

Iulianus ⟨de Toledo⟩
→ **Iulianus ⟨Toletanus⟩**

Iulianus ⟨Epigrammaticus⟩
→ **Iulianus ⟨Aegyptius⟩**
→ **Iulianus ⟨Antecessor⟩**

Iulianus ⟨Episcopus⟩
→ **Iulianus ⟨Halicarnassensis⟩**

Iulianus ⟨Frater⟩
→ **Iulianus ⟨Hungarus⟩**
→ **Iulianus ⟨Vizeliacensis⟩**

Iulianus ⟨Halicarnassensis⟩
gest. ca. 527
LThK; LMA,V,800
Iulianus ⟨Episcopus⟩
Iulianus ⟨Scriptor Ecclesiasticus⟩
Julianos ⟨Bischof⟩
Julianos ⟨Monophysit⟩
Julianos ⟨von Halikarnossos⟩
Julien ⟨d'Halicarnasse⟩

Iulianus ⟨Hispanus⟩
→ **Iulianus ⟨Toletanus⟩**

Iulianus ⟨Hungarus⟩
um 1434/37 · OP
Epistula de vita Tartarorum
Schönberger/Kible, Repertorium, 15310; Rep.Font. VI, 472/474; Kaeppeli,III,56
Hungarus, Iulianus
Iulianus ⟨Frater⟩
Iulianus ⟨OP⟩
Julien ⟨d'Hongrie⟩

Iulianus ⟨Ianuensis⟩
gest. 1436 · OSB
Vita b. Nicolai de Prussia monachi congregationis S. Iustinae de Padua
Rep.Font. V,156
Giuliano ⟨da Genova⟩
Julien ⟨de Gênes⟩
Julien ⟨Ianuensis⟩

Iulianus ⟨Iurisconsultus⟩
→ **Iulianus ⟨Constantinopolitanus⟩**

Iulianus ⟨Johannis⟩
gest. 1436 · OCarm
Lucubrationes in Sacram Scripturam
Stegmüller, Repert. bibl. 5320
Johannis, Iulianus
Julianus ⟨Johannis⟩

Iulianus ⟨Lucas⟩
um 717
Wurde für den Verf. des Chronicae regum Visigothorum gehalten (vielleicht fiktiver Name)
Rep.Font. VI,472
Iulianus ⟨Lucas Diaconus Toletanus⟩
Julien ⟨Lucas⟩
Julien ⟨Lucas de Thessalonique⟩
Julien ⟨Lucas Diacre à Tolède⟩
Lucas, Iulianus

Iulianus ⟨Meteorus Scholasticus⟩
→ **Iulianus ⟨Aegyptius⟩**

Iulianus ⟨Monasterii Mar Bassi Abbas⟩
6. Jh.
Epistula ad Severum Antiochenum (syr.)
Cpg 7115
Iulianus ⟨Abbas Monasterii Mar Bassi⟩
Julian ⟨Abbot of the Monastery of Mar Bassos⟩
Julian ⟨of Mar Bas⟩
Julian ⟨of Mar Bassos⟩

Iulianus ⟨OP⟩
→ **Iulianus ⟨Hungarus⟩**

Iulianus ⟨Patricius et Antecessor Urbis Constantinopolitanus⟩
→ **Iulianus ⟨Constantinopolitanus⟩**

Iulianus ⟨Philippi de Lapaccinis Filius⟩
→ **Iulianus ⟨de Lapaccinis⟩**

Iulianus ⟨Possessor⟩
→ **Iulianus ⟨de Caesarinis⟩**

Iulianus ⟨Praefectus⟩
→ **Iulianus ⟨Aegyptius⟩**

Iulianus ⟨Sancti Angeli⟩
→ **Iulianus ⟨de Caesarinis⟩**

Iulianus ⟨Sanctus⟩
→ **Iulianus ⟨Toletanus⟩**

Iulianus ⟨Scholasticus⟩
→ **Iulianus ⟨Antecessor⟩**

Iulianus ⟨Scriptor Ecclesiasticus⟩
→ **Iulianus ⟨Halicarnassensis⟩**

Iulianus ⟨Senior⟩
→ **Iulianus ⟨de Caesarinis⟩**

Iulianus ⟨Spirensis⟩
→ **Iulianus ⟨de Spira⟩**

Iulianus ⟨Teutonicus⟩
→ **Iulianus ⟨de Spira⟩**

Iulianus ⟨Toletanus⟩
gest. 690
LThK; CSGL; Tusculum-Lexikon; LMA,V,802/03
Iulianus ⟨Archiepiscopus⟩
Iulianus ⟨de Toledo⟩
Iulianus ⟨de Toleto⟩
Iulianus ⟨Hispanus⟩
Iulianus ⟨Sanctus⟩
Julian ⟨of Toledo⟩
Julian ⟨von Toledo⟩
Julianus ⟨de Toledo⟩
Julianus ⟨Toletanus⟩
Julien ⟨de Tolède⟩
Pseudo-Iulianus ⟨Toletanus⟩
Toletanus, Iulianus

Iulianus ⟨Verrochius⟩
gest. 1413 · OFM
Annotationes in dialecticam
Lohr
Julianus ⟨Verrochius⟩
Julien ⟨Verrocchio⟩
Verrocchio, Julien
Verrochius, Iulianus
Verrochius, Julianus

Iulianus ⟨Vizeliacensis⟩
12. Jh.
Sermones
Schönberger/Kible, Repertorium, 15323
Iulianus ⟨Frater⟩
Iulianus ⟨Vizelaciensis⟩
Julian ⟨Vizeliacensis⟩
Julien ⟨de Vézelay⟩
Julien ⟨Moine⟩

Iulianus, Stephanus
→ **Stephanus ⟨Iuliacus⟩**

Iulius ⟨Dacus⟩
um 1399
Super duodecim prophetas minores; Tractatus de potentiis animae
Stegmüller, Repert. bibl. 5314; Kaeppeli,IV,410
Dacus, Iulius
Iulianus ⟨Dacus⟩
Jules ⟨Dacus⟩
Jules ⟨Danois⟩
Julius ⟨Dacus⟩
Tulius ⟨Dacus⟩
Tullius ⟨Dacus⟩

Iulius ⟨Flavius⟩
→ **Constans ⟨Imperium Byzantinum, Imperator, II.⟩**

Iulius ⟨Florus⟩
um 1140
Chronica mundi usque ad 1134
Rep.Font. VI,477
Florus, Iulius
Jules ⟨Florus⟩

Iulius ⟨Millius⟩
15. Jh.
Naturae morborum decernentis arcanum opus
Giulio ⟨Milio⟩
Milio, Giulio
Millius, Iulius

Iulius ⟨Pomponius Laetus⟩
→ **Pomponius Laetus, Iulius**

Iulius ⟨Urgellensis⟩
→ **Iustus ⟨Urgellensis⟩**

Iuncta ⟨Bevegnatis⟩
gest. ca. 1312 · OFM
Legenda de vita et miraculis beatae Margaritae de Cortona
Rep.Font. VI,477
Giunta ⟨Bevegnati⟩
Giunta ⟨de Bevagna⟩
Juncta ⟨de Bevagna⟩

Iunianus ⟨Maius⟩
→ **Maius, Iunianus**

Iunilius ⟨Africanus⟩
gest. ca. 552
LMA,V,810
Africanus, Iunilius
Iunillus ⟨Africanus⟩
Iunillus ⟨Quaestor⟩
Junilius ⟨Africanus⟩
Junilius ⟨Afrikanus⟩

Iunior, Adamus
→ **Adamus ⟨Iunior⟩**

Iunior, Eccardus
→ **Eccardus ⟨Iunior⟩**

Iunior, Hildebrandus
→ **Hildebrandus ⟨Iunior⟩**

Iunior, Nilus
→ **Nilus ⟨Iunior⟩**

Iunior, Thalelaeus
→ **Thalelaeus ⟨Iunior⟩**

Iunterburgius, Jacobus
→ **Jacobus ⟨de Paradiso⟩**

Iurisconsultus, Rogerus
→ **Rogerus ⟨Iurisconsultus⟩**

Iustiniano, Lunardo
→ **Giustiniani, Leonardo**

Iustinianus ⟨Imperium Byzantinum, Imperator, I.⟩
ca. 482 – 565
CSGL; LMA,V,821/22
Flavius ⟨Iustinianus⟩
Flavius ⟨Sabbatius Iustinianus⟩
Flavius Petrus ⟨Sabbatius Iustinianus⟩
Iustinian ⟨Imperator⟩
Iustinianus ⟨Augustus⟩
Iustinianus ⟨Constantinopolitanus⟩
Iustinianus ⟨Imperator⟩
Iustinianus, Flavius Sabbatius
Justinian
Justinian ⟨Byzantinisches Reich, Kaiser, I.⟩
Justinian ⟨der Große⟩
Justinianus ⟨Augustus⟩
Justinianus ⟨Imperium Byzantinum, Imperator, I.⟩
Justinianus, Flavius
Justinien
Justinien ⟨Empire Byzantin, Empereur, I.⟩
Petrus ⟨Sabbatius⟩
Sabbatius Iustinianus, Flavius

Iustinianus, Bernardus
1409 – 1489
De origine urbis Venetiarum; De divi Marci evangelistae vita translatione et sepulturae loco; Vita beati Laurentii Iustiniani
LMA,IV,1471; Rep.Font. V,157
Bernardinus ⟨Iustinianus⟩
Bernardinus ⟨Justinianus⟩
Bernardo ⟨Giustiniano⟩
Bernardus ⟨Iustinianus⟩
Giustinian, Bernardo
Giustiniani, Bernard
Giustiniani, Bernardo
Giustiniano, Bernardo
Justinianus, Bernardinus
Justinianus, Bernardus

Iustinianus, Flavius Sabbatius
→ **Iustinianus ⟨Imperium Byzantinum, Imperator, I.⟩**

Iustinianus, Laurentius
1380 – 1456
1. Patriarch von Venedig; De disciplina et perfectione monasticae conversationis; De institutione et regimine praelatorum
Rep.Font. V,159
Giustinian, Lorenzo
Giustiniani, Lorenzo
Laurent ⟨Justinien⟩
Laurentius ⟨Iustinianus⟩
Laurentius Iustinianus ⟨Sanctus⟩
Lawrence ⟨Justinian⟩
Lorenzo ⟨Giustinian⟩
Lorenzo ⟨Giustiniani⟩
Lorenzo ⟨Giustiniano⟩

Iustinianus, Leonardus
→ **Giustiniani, Leonardo**

Iustinopoli, Monaldus ¬de¬
→ **Monaldus ⟨de Iustinopoli⟩**

Iustinus ⟨Imperium Byzantinum, Imperator, I.⟩
450 – 527
In laudem Iustini; Collectio Avellana; Epistulae ad Hormisdam papam
Cpl 1516; 1620; LMA,V,820
Iustinus ⟨Augustus⟩
Iustinus ⟨Orient, Empereur, I.⟩
Iustinus ⟨Römischer Kaiser⟩
Justin ⟨Byzantinischer Kaiser, I.⟩
Justin ⟨l'Ancien⟩
Justin ⟨Orient, Empereur⟩
Justin ⟨Oströmisches Reich, Kaiser, I.⟩
Justinos ⟨Byzantinischer Kaiser, I.⟩

Iustinus ⟨Imperium Byzantinum, Imperator, II.⟩
um 565/78
LMA,V,820/21
Iustinus ⟨Augustus, Minor⟩
Iustinus ⟨Imperium Romanum, Imperator, II.⟩
Iustinus ⟨Neffe Iustinians⟩
Justin ⟨Byzantinischer Kaiser, II.⟩
Justin ⟨le Jeune⟩
Justin ⟨Orient, Empereur, II.⟩
Justin ⟨Oströmisches Reich, Kaiser, II.⟩
Justinos ⟨Byzantinischer Kaiser, II.⟩

Iustinus ⟨Lippiensis⟩
gest. 1280
Tusculum-Lexikon; LMA,V,824/25
Justin ⟨de Lippspringe⟩
Justin ⟨de Lippstadt⟩
Justinus ⟨Lippiensis⟩
Justinus ⟨von Lippstadt⟩

Iustitiae, Johannes
→ **Johannes ⟨Iustitiae⟩**

Iustus ⟨Archipresbyter⟩
um 1125/28
Vita S. Amandi
Archipresbyter Iustus
Juste ⟨Archiprêtre⟩
Juste ⟨de Clermont⟩
Juste ⟨de Riom⟩

Iustus ⟨Argentinensis⟩
um 680
Cant.
Stegmüller, Repert. bibl. 5331
Iustus ⟨Argentoratensis⟩
Iustus ⟨Episcopus⟩
Justus ⟨Argentinensis⟩

Iustus ⟨Argentoratensis⟩
→ **Iustus ⟨Argentinensis⟩**

Iustus ⟨Cantuariensis⟩
um 604/27
Mitverf. der „Epistula ad episcopos et abbates Scottiae"
Cpl 1328; LMA,V,830
Iustus ⟨Episcopus Cantuariensis⟩
Iustus ⟨Episcopus Roffensis⟩
Iustus ⟨Roffensis⟩
Iustus ⟨Roffensis Episcopus⟩
Juste ⟨de Cantorbéry⟩
Juste ⟨de Rochester⟩
Juste ⟨de Rome⟩
Justus ⟨Erzbischof⟩
Justus ⟨von Canterbury⟩

Iustus ⟨de Urgel⟩
→ **Iustus ⟨Urgellensis⟩**

Iustus ⟨Episcopus⟩
→ **Iustus ⟨Argentinensis⟩**
→ **Iustus ⟨Cantuariensis⟩**
→ **Iustus ⟨Toletanus⟩**
→ **Iustus ⟨Urgellensis⟩**

Iustus ⟨Hispanus⟩
→ **Iustus ⟨Urgellensis⟩**

Iustus ⟨Isidori Aequalis⟩
→ **Iustus ⟨Toletanus⟩**

Iustus ⟨Roffensis⟩
→ **Iustus ⟨Cantuariensis⟩**

Iustus ⟨Toletanus⟩
→ **Iustus ⟨Urgellensis⟩**

Iustus ⟨Toletanus⟩
gest. 636
De aenigmatibus Salomonis; Excerpta S. Gregorii; nicht identisch mit Iustus ⟨Urgellensis⟩
Cpl 1235; 1269
Iustus ⟨Episcopus⟩
Iustus ⟨Isidori Aequalis⟩
Juste ⟨de Tolède⟩
Toletanus, Iustus

Iustus ⟨Urgellensis⟩
gest. ca. 550
Epistulae duae; In cantica canticorum explicatio mystica; Sermo in die Sancti Vincentii martyris; Nicht identisch mit Iustus ⟨Toletanus⟩
Rep.Font. VI,484
Iulius ⟨Urgellensis⟩
Iulius ⟨Urgellitanus⟩
Iustus ⟨de Urgel⟩
Iustus ⟨de Urgelo⟩
Iustus ⟨Episcopus⟩
Iustus ⟨Hispanus⟩
Iustus ⟨Toletanus⟩
Iustus ⟨Urgellitanus⟩
Just ⟨d'Urgel⟩
Just ⟨Saint⟩
Juste ⟨de Tolède⟩
Juste ⟨d'Urgel⟩
Justo ⟨de Toledo⟩
Justo ⟨de Urgel⟩
Justus ⟨de Urgel⟩
Pseudo-Iustus ⟨Urgellensis⟩
Pseudo-Iustus ⟨Urgellitanus⟩

Iuvenalis, Guido
→ **Jouenneaux, Guy**

Iuvenatio, Matthaeus ¬de¬
→ **Matteo ⟨di Giovenazzo⟩**

Iuvencus ⟨Coelius Calanus⟩
→ **Calanus, Iuvencus Coelius**

Iuvenis, Balduinus
→ **Balduinus ⟨Iuvenis⟩**

Iuventinus ⟨Coelius Calanus⟩
→ **Calanus, Iuvencus Coelius**

Iuzico, Bernardus ¬de¬
→ **Bernardus ⟨de Iuzico⟩**

Iuzzo, Giovanni ¬di¬
→ **Giovanni ⟨di Iuzzo⟩**

Ivan ⟨Česmički⟩
→ **Ianus ⟨Pannonius⟩**

Ivan ⟨Papa, ...⟩
→ **Johannes ⟨Papa, ...⟩**

Ivan ⟨Rilski⟩
876/80 – 946
Zavet
Rep.Font. VI,485
Iwan ⟨von Rila⟩
Jean ⟨de Rylsk⟩
Jean ⟨Hégoumène de Rylsk⟩
Johannes ⟨Rylensis⟩
Johannes ⟨von Rila⟩
Rila, Iwan ¬von¬
Rila, Johannes ¬von¬
Rilski, Ivan

Ivan ⟨Stojković⟩
→ **Johannes ⟨de Ragusa⟩**

Ivani, Antonio
→ **Antonius ⟨Hyvanus⟩**

Ivar ⟨Axelsson Tott⟩
gest. 1487
LMA,V,838/39
Ivar ⟨Herr⟩
Iver Akselsön ⟨Tot⟩
Iver Axelsön ⟨Tott⟩
Tott, Ivar Axelsson
Tott, Iver Axelsson

Ívar ⟨Bárdarson⟩
um 1349/68
Bárdarson, Ívar
Bere, Iver
Ivarr ⟨Bárdarson⟩
Iver ⟨Bere⟩

Ivarr ⟨Bárdarson⟩
→ **Ívar ⟨Bárdarson⟩**

Ive, Guilelmus
→ **Guilelmus ⟨Ive⟩**

Iver ⟨Akselsön Tot⟩
→ **Ivar ⟨Axelsson Tott⟩**

Iver ⟨Bere⟩
→ **Ívar ⟨Bárdarson⟩**

Ives ⟨de Chartres⟩
→ **Ivo ⟨Carnotensis Magister⟩**

Ives ⟨de Saint-Victor⟩
→ **Ivo ⟨de Sancto Victore⟩**

Ives ⟨le Breton⟩
→ **Yvo ⟨Brito⟩**

Iveus, Guillaume
→ **Guilelmus ⟨Ive⟩**

Ivo ⟨Belvacensis⟩
→ **Ivo ⟨Carnotensis⟩**

Ivo ⟨Carnotensis⟩
gest. ca. 1115
Epistulae
LThK; CSGL; Tusculum-Lexikon
Ivo ⟨Belvacensis⟩
Ivo ⟨Carnothensis⟩
Ivo ⟨Cartusiensis⟩
Ivo ⟨de Chartres⟩
Ivo ⟨Episcopus⟩
Ivo ⟨of Chartres⟩
Ivo ⟨Sancti Quintini⟩
Ivo ⟨Sanctus⟩
Ivo ⟨von Chartres⟩
Ivone ⟨di Chartres⟩
Yves ⟨de Chartres⟩
Yvo ⟨Carnotensis⟩

Ivo ⟨Carnotensis Magister⟩
12. Jh.
De convenientia Vet. Nov. Test.
Stegmüller, Repert. bibl. 5337-5340; LMA,V,839/40
Ives ⟨de Chartres⟩
Ivo ⟨Carnotensis⟩
Ivo ⟨Carnotensis, Iunior⟩
Ivo ⟨de Chartres⟩

Ivo ⟨Gilberti Porretani Discipulus⟩
Ivo ⟨Magister⟩
Ivo ⟨Master⟩
Ivo ⟨of Chartres⟩
Pseudo-Ivo ⟨Carnotensis Magister⟩
Yves ⟨de Chartres⟩
Yves ⟨Maître⟩

Ivo ⟨Cartusiensis⟩
→ **Ivo ⟨Carnotensis⟩**

Ivo ⟨de Begaignon⟩
→ **Hugo ⟨de Vitonio⟩**

Ivo ⟨de Chartres⟩
→ **Ivo ⟨Carnotensis⟩**
→ **Ivo ⟨Carnotensis Magister⟩**

Ivo ⟨de Sancto Victore⟩
um 1138/42
Epistola ad Severinum de caritate
Schönberger/Kible, Repertorium, 15311
Ives ⟨Cardinal-Prêtre de Saint-Laurent⟩
Ives ⟨de Saint-Victor⟩
Ives ⟨de Sancto Victore⟩
Ivo ⟨Frater⟩
Sancto Victore, Ivo ¬de¬
Yvo ⟨Frater⟩

Ivo ⟨Episcopus⟩
→ **Ivo ⟨Carnotensis⟩**

Ivo ⟨Frater⟩
→ **Ivo ⟨de Sancto Victore⟩**

Ivo ⟨Gilberti Porretani Discipulus⟩
→ **Ivo ⟨Carnotensis Magister⟩**

Ivo ⟨Magister⟩
→ **Ivo ⟨Carnotensis Magister⟩**

Ivo ⟨Prior Provincialis in Terra sancta⟩
→ **Yvo ⟨Brito⟩**

Ivo ⟨Sancti Quintini⟩
→ **Ivo ⟨Carnotensis⟩**

Ivo ⟨Sanctus⟩
→ **Ivo ⟨Carnotensis⟩**

Ivoire, Robert
→ **Robertus ⟨Anglus⟩**
→ **Robertus ⟨Iorius⟩**

Ivy, Guillaume
→ **Guilelmus ⟨Ive⟩**

Iwan ⟨von Rila⟩
→ **Ivan ⟨Rilski⟩**

ʿIyāḍ b. Mūsā, Abū 'l-Faḍl ʿIyāḍ b. Mūsā b. ʿIyāḍ al-Yaḥṣubī al-Sabtī al-Mālikī
→ **ʿIyāḍ Ibn-Mūsā**

ʿIyāḍ Ibn-Mūsā
1083 – 1149
Rep.Font. VI,495
Abu-'l-Faḍl al-Qāḍī ʿIyāḍ as-Sabtī
ʿAiyāḍ Ibn-Mūsā
Ibn-Mūsā, ʿIyāḍ
ʿIyāḍ b. Mūsā, Abū 'l-Faḍl ʿIyāḍ b. Mūsā b. ʿIyāḍ al-Yaḥṣubī al-Sabtī al-Mālikī
Qāḍī ʿIyāḍ Ibn-Mūsā ¬al-¬
Sabtī, al-Qāḍī ʿIyāḍ ¬as-¬
Yaḥṣubī, ʿIyāḍ Ibn-Mūsā ¬al-¬

Izabel ⟨de Ungaria⟩
→ **Elisabeth ⟨Thüringen, Landgräfin⟩**

Izarn ⟨Inquisiteur Dominicain⟩
→ **Isarn**

ʿIzz-ad-Dīn ʿAbd-al-ʿAzīz Ibn-Badr-ad-Dīn Ibn-Ǧamāʿa
→ **Ibn-Ǧamāʿa, ʿIzz-ad-Dīn ʿAbd-al-ʿAzīz Ibn-Badr-ad-Dīn**

ʿIzz-ad-Dīn Abu-'l-Ḥasan ʿAlī Ibn-al-Aṯīr
→ **Ibn-al-Aṯīr, ʿIzz-ad-Dīn Abu-'l-Ḥasan ʿAlī**

ʿIzz-ad-Dīn Ibn-al-Aṯīr, Abu-'l-Ḥasan ʿAlī
→ **Ibn-al-Aṯīr, ʿIzz-ad-Dīn Abu-'l-Ḥasan ʿAlī**

Jaʿbarī, Ibrāhīm Ibn ʿUmar
→ **Ǧaʿbarī, Ibrāhīm Ibn-ʿUmar ¬al-¬**

Jābir ⟨al-Tarasūsī⟩
→ **Ǧābir Ibn-Ḥaiyān**

Jābir ⟨ibn Haiyān⟩
→ **Ǧābir Ibn-Ḥaiyān**

Jābir ⟨ibn Hayyān⟩
→ **Ǧābir Ibn-Ḥaiyān**

Jābir ibn Aflaḥ
→ **Ǧābir Ibn-Aflaḥ**

Jābir ibn Ḥayyān ⟨al-Ṭarasūsī⟩
→ **Ǧābir Ibn-Ḥaiyān**

Jābir Ibn Zayd
→ **Ǧābir Ibn-Zaid**

Jābir Ibn-Haiyan
→ **Ǧābir Ibn-Ḥaiyān**

Jābir Ibn-Ḥayyān
→ **Ǧābir Ibn-Ḥaiyān**

Jabobus ⟨de Campis⟩
→ **Jacobus ⟨de Hattem⟩**

Jaci, Atanasiu ¬di¬
→ **Atanasiu ⟨di Jaci⟩**

Jack ⟨Upland⟩
um 1390/1407
Rejoinder
LMA,V,252/3
Upland, Jack

Jaclyn, Guilelmus
→ **Guilelmus ⟨Iaclyn⟩**

Jacme ⟨Conessa⟩
ca. 1313 – 1375
Historia Troyanes
Rep.Font. VI,499
Conesa, Jacques
Conessa, Jacme
Jacques ⟨Conesa⟩

Jacme ⟨de Aragó⟩
→ **Jaime ⟨Aragón, Rey, I.⟩**

Jacme ⟨lo Conqueridor⟩
→ **Jaime ⟨Aragón, Rey, I.⟩**

Jacme ⟨Mascaro⟩
um 1415
Libre de memorias (Chronicon 1336-1390 cum 2 notis additis: 1409 et 1415)
Rep.Font. VI,499
Jacques ⟨Mascaro⟩
Mascaro, Jacme
Mascaro, Jacques

Jacme ⟨Roig⟩
→ **Roig, Jaume**

Jacob ⟨Ackermann⟩
→ **Ackermann, Jacobus**

Jacob ⟨Baradaeus⟩
→ **Jacobus ⟨Baradaeus⟩**

Jacob ⟨Bishop of Edessa⟩
→ **Jacobus ⟨Baradaeus⟩**

Jacob ⟨Būrdʿānā⟩
→ **Jacobus ⟨Baradaeus⟩**

Jacob ⟨Butrigarius⟩
→ **Jacobus ⟨Butrigarius⟩**

Jacob ⟨de Edessa⟩
→ **Jacobus ⟨Edessenus⟩**

Jacob ⟨Enngelin⟩
→ **Engelin, Jakob**

Jacob ⟨Helfer⟩
→ **Jakob ⟨von Augsburg⟩**

Jacob ⟨Ibn Chabib⟩
→ **Ibn-Ḥavîv, Yaʿaqov Ben-Šelomo**

Jacob ⟨Juncker⟩
→ **Jakob ⟨von Liechtenberg⟩**

Jacob ⟨Kirkisani⟩
→ **Qirqisânî, Yaʿaqov Ben-Yiṣḥāq**

Jacob ⟨Malvecius⟩
→ **Malvetiis, Jacobus ¬de¬**

Jacob ⟨Monophysite⟩
→ **Jacobus ⟨Baradaeus⟩**

Jacob ⟨Mozius⟩
→ **Motz, Jacobus**

Jacob ⟨of Edessa⟩
→ **Jacobus ⟨Baradaeus⟩**
→ **Jacobus ⟨Edessenus⟩**

Jacob ⟨of Miez⟩
→ **Jacobus ⟨de Misa⟩**

Jacob ⟨of Milan⟩
→ **Jacobus ⟨Mediolanensis⟩**

Jacob ⟨of Serug⟩
→ **Jacobus ⟨Sarugensis⟩**

Jacob ⟨Palladino⟩
→ **Jacobus ⟨de Teramo⟩**

Jacob ⟨Parfuess⟩
→ **Johannes ⟨Ensdorfensis⟩**

Jacob ⟨Pueterich⟩
→ **Püterich von Reichertshausen, Jakob**

Jacob ⟨Ryman⟩
→ **Ryman, Jacob**

Jacob ⟨Schottland, König, IV.⟩
→ **James ⟨Scotland, King, IV.⟩**

Jacob ⟨Stadtarzt⟩
→ **Jakob ⟨von Landsberg⟩**

Jacob ⟨Stoßelin⟩
→ **Stoßelin, Jacob**

Jacob ⟨van Maerlant⟩
ca. 1230 – ca. 1305
Spiegel historiael
LMA,V,291/93
Jacobus ⟨de Maerlant⟩
Jacques ⟨de Maerlant⟩
Jacques ⟨van Maerlant⟩
Jakob ⟨van Maerlant⟩
Maerland, Jacob ¬van¬
Maerlandt, Jacob ¬van¬
Maerlant, Jacob ¬van¬

Jacob ⟨van Rotynge⟩
→ **Jakob ⟨von Ratingen⟩**

Jacob ⟨Veter⟩
→ **Vetter, Jakob**

Jacob ⟨von Eltville⟩
→ **Jacobus ⟨de Altavilla⟩**

Jacob ⟨von Landtsberg⟩
→ **Jakob ⟨von Landsberg⟩**

Jacob ⟨von Liechtenperg⟩
→ **Jakob ⟨von Liechtenberg⟩**

Jacob ⟨von Viterbo⟩
→ **Jacobus ⟨de Viterbio⟩**

Jacob ⟨von Vitry⟩
→ **Jacobus ⟨de Vitriaco⟩**

Jacob ⟨zu Landsperg⟩
→ **Jakob ⟨von Landsberg⟩**

Jacob ben Machir ibn Tibbon
→ **Ibn-Tibbōn, Yaʿaqov Ben-Mākîr**

Jacoba ⟨Pollicino⟩
15. Jh.
Leggenda della beata Eustochi
Giacoma ⟨Polliciano⟩
Jacoba ⟨de Polichino⟩
Jacoba ⟨Suor⟩
Jacopa ⟨Pollicino⟩
Pollicino, Giacoma
Pollicino, Jacoba
Pollicino, Jacopa

Jacobellus ⟨de Misa⟩
→ **Jacobus ⟨de Misa⟩**

Jacobellus ⟨de Stříbo⟩
→ **Jacobus ⟨de Misa⟩**

Jacobi, Petrus
→ **Petrus ⟨Jacobi⟩**

Jacobi Sebastiani, Bartholomaeus
→ **Bartholomaeus ⟨Jacobi Sebastiani⟩**

Jacobictis, Aurelio Simmaco ¬de¬
→ **Iacobitis, Aurelius Symmachus ¬de¬**

Jacobin ⟨de Ferrare⟩
→ **Jacobinus ⟨Ferrariensis⟩**

Jacobino ⟨de Colle⟩
→ **Minus ⟨de Colle⟩**

Jacobinus ⟨de Bononia⟩
um 1441/59 · OP
Epistula ad Maurum Lapum Ord. Camald. S. Matthiae de Murano
Kaeppeli,II,295
Bononia, Jacobinus ¬de¬
Iacobinus ⟨de Bononia⟩
Iacominus ⟨de Bononia⟩

Jacobinus ⟨de Sancto Georgio⟩
gest. 1494
San Giorgio, Giacomino ¬da¬
Sancto Georgio, Jacobinus ¬de¬

Jacobinus ⟨de Verona⟩
13. Jh. · OFM
De Jerusalem caelesti et de Babilonia civitate infernali
LMA,IV,1439; Rep.Font. V,113
Giacomino ⟨da Verona⟩
Jacomino ⟨de Verone⟩
Verona, Jacobinus ¬de¬

Jacobinus ⟨Ferrariensis⟩
um 1292 · OFM
Sermones quadragesimales
Schneyer,III,1
Ferrare, Jacobin ¬de¬
Jacobin ⟨de Ferrare⟩

Jacobitis, Aurelius Symmachus ¬de¬
→ **Iacobitis, Aurelius Symmachus ¬de¬**

Jacobo ⟨d'Albizzotto Guidi⟩
→ **Jacopo ⟨d'Albizzotto Guidi⟩**

Jacobo ⟨Maestro⟩
→ **Albinus, Jacobus**

Jacobo ⟨Perez⟩
→ **Jacobus ⟨de Valentia⟩**

Jacobo ⟨Stefaneschi⟩
→ **Jacobus ⟨Gaetani Stefaneschi⟩**

Jacobs, Berta
→ **Bertken ⟨Suster⟩**

Jacobucci, Aurelio Simmaco ¬de-¬
→ **Iacobitis, Aurelius Symmachus ¬de¬**

Jacobuccio ⟨di Ranallo⟩
→ **Buccio ⟨di Ranallo⟩**

Jacobus
ca. 14. Jh.
Commentarius in Aristotelis Physicam
Lohr

Jacobus ⟨a Benevento⟩
→ **Jacobus ⟨de Benevento⟩**

Jacobus ⟨a Brugis⟩
→ **Jacobus ⟨de Brugis⟩**

Jacobus ⟨a Cruce⟩
15. Jh.
Cruce, Jacobus ¬a¬
Crucius, Jacobus
Jacobus ⟨Bononiensis⟩
Jacques ⟨de Bologne⟩
Jacques ⟨della Croce⟩

Jacobus ⟨a Fermo⟩
→ **Jacobus ⟨Firmiano⟩**

Jacobus ⟨a Monte Iudaico⟩
→ **Jacobus ⟨de Monte Iudaico⟩**

Jacobus ⟨a Porta Ravennate⟩
→ **Jacobus ⟨de Porta Ravennate⟩**

Jacobus ⟨a Ravanis⟩
→ **Jacobus ⟨de Ravanis⟩**

Jacobus ⟨a Voragine⟩
→ **Jacobus ⟨de Voragine⟩**

Jacobus ⟨ab Aquis⟩
→ **Jacobus ⟨de Aquis⟩**

Jacobus ⟨Abbas Caroliloci⟩
→ **Jacobus ⟨de Therinis⟩**

Jacobus ⟨Abbas Pontiniacensis⟩
→ **Jacobus ⟨de Therinis⟩**

Jacobus ⟨Achonensis⟩
→ **Jacobus ⟨de Vitriaco⟩**

Jacobus ⟨Achridae⟩
→ **Jacobus ⟨Bulgariae⟩**

Jacobus ⟨Ackermann⟩
→ **Ackermann, Jacobus**

Jacobus ⟨Aegidii⟩
um 1418/73 · OP
De veritate conceptionis B. Mariae V.; Summa tractatum praescriptorum; De martyrio Baptistae Iohannis; etc.
Kaeppeli,II,295/297
Aegidii, Jacobus
Gil, Jacobus
Gil, Jacques
Jacobus ⟨Gil⟩
Jacobus ⟨Xativensis⟩
Jacques ⟨de Jativa⟩
Jacques ⟨Gil⟩

Jacobus ⟨Aggregator⟩
→ **Jacobus ⟨de Dondis⟩**

Jacobus ⟨Albi⟩
→ **Jacobus ⟨de Alexandria⟩**

Jacobus ⟨Albinus⟩
→ **Albinus, Jacobus**

Jacobus ⟨Albus⟩
→ **Jacobus ⟨de Alexandria⟩**

Jacobus ⟨Alcanisensis⟩
→ **Jacobus ⟨Catalanus⟩**

Jacobus ⟨Alexandrinus⟩
→ **Jacobus ⟨de Alexandria⟩**

Jacobus ⟨Ambianensis⟩
13. Jh.
De arte amandi
LMA,V,266/67
Jacques ⟨d'Amiens⟩
Jakob ⟨von Amiens⟩

Jacobus ⟨Ammannati⟩
→ **Ammannati, Jacobus**

Jacobus ⟨Angelus⟩
→ **Engelin, Jakob**

Jacobus ⟨Angelus de Scarperia⟩
ca. 1360 – 1410/11
Epigrammata de morte Colucii; Epistula ad Manuelem Chrysoloram; Übers. von Plutarch
LMA,V,255; Rep.Font. VI,106
Angeli, Jacob
Angelo, Jacopo ¬d'¬
Angelus, Jacobus
Angelus de Scarperia, Jacobus
Jacobus ⟨Angeli de Scarperia⟩
Jacobus ⟨Angelus⟩
Jacobus Angelus ⟨de Scarparia⟩
Jacopo ⟨Angeli⟩
Jacopo ⟨Angeli da Scarperia⟩
Jacopo ⟨di Angelo⟩
Jacopo ⟨d'Angelo⟩
Jacques ⟨d'Angelo⟩
Scarperia, Jacobus Angelus ¬de¬

Jacobus ⟨Angelus de Ulma⟩
→ **Engelin, Jakob**

Jacobus ⟨Anglicus⟩
gest. ca. 1270 · OCist
Sermones super evangelia; Cant.
Stegmüller, Repert. bibl. 3868; Schneyer,III,1
Anglicus, Jacobus
Jacobus ⟨Cisterciensis⟩
Jacques ⟨l'Anglais⟩

Jacobus ⟨Antiquus Doctor⟩
→ **Jacobus ⟨de Porta Ravennate⟩**

Jacobus ⟨Antonii⟩
um 1490
Antoine, Jacques
Antonii, Jacobus
Antonius, Jacobus
Jacobus ⟨Middelburgensis⟩
Jacques ⟨Antoine⟩
Middelburg, Jacob ¬von¬

Jacobus ⟨Aquensis⟩
→ **Jacobus ⟨de Aquis⟩**

Jacobus ⟨Aquinas⟩
→ **Jacobus ⟨de Aquis⟩**

Jacobus ⟨Aragonia, Rex, ...⟩
→ **Jaime ⟨Aragón, Rey, ...⟩**

Jacobus ⟨Archiepiscopus⟩
→ **Jacobus ⟨Bulgariae⟩**

Jacobus ⟨Archiepiscopus Gnesnensis⟩
→ **Jacobus ⟨de Żnin⟩**

Jacobus ⟨Arenatus⟩
→ **Jacobus ⟨de Arena⟩**

Jacobus ⟨Argolicensis Episcopus⟩
→ **Jacobus ⟨Petri Pigalordi⟩**

Jacobus ⟨Armenus⟩
→ **Jacobus ⟨Laudensis⟩**

Jacobus ⟨Arrigoni Laudensis⟩
→ **Jacobus ⟨Laudensis⟩**

Jacobus ⟨Asculanus⟩
→ **Jacobus ⟨de Aesculo⟩**

Jacobus ⟨Atrebatensis⟩
→ **Jacobus ⟨de Arras⟩**

Jacobus ⟨Auria⟩
um 1270/79
Für den Zeitraum 1270-1279 einer von mehreren Verfassern, für den Zeitraum 1280-1293 alleiniger Verfasser einer Continuatio zu den Annales Ianuenses (1099-1293)
Rep.Font. I,291/292; LMA,III,1313; Rep.Font. III,291/92; Rep.Font. VI,145
Auria, Jacobus
Auria, Jacques
Aurie, Jacobus
Dora, Giacomo
Dora, Jacques
Giacomo ⟨Dora⟩
Jacobus ⟨Aurie⟩
Jacobus ⟨d'Oria⟩
Jacopo ⟨d'Oria⟩
Jacques ⟨Auria⟩
Jaques ⟨Doria⟩
Oria, Jacopa ¬d'¬

Jacobus ⟨Aurie⟩
→ **Jacobus ⟨Auria⟩**

Jacobus ⟨aus Varazze⟩
→ **Jacobus ⟨de Voragine⟩**

Jacobus ⟨Avenionensis⟩
→ **Jacobus ⟨Villeti⟩**

Jacobus ⟨Bairischer Laienarzt⟩
→ **Jacobus ⟨Schneider⟩**

Jacobus ⟨Balduinus⟩
gest. 1235
Libellus instructionis advocatorum; Summula de fratribus insimul habitantibus; De primo et secundo decreto; Bologneser Rechtslehrer
Rep.Font. VI,111; LMA,V,256
Baldovini, Jacopo
Balduini, Jacopo ¬di¬
Balduini, Jacques
Balduino, Jacopo ¬di¬
Balduinus, Jacobus
Bononia, Jacobus ¬de¬
DiBalduino, Jacopo
Jacobus ⟨Baldoinus⟩
Jacobus ⟨Balduini⟩
Jacobus ⟨de Bolonia⟩
Jacobus ⟨de Bononia⟩
Jacopo ⟨di Balduino⟩
Jacques ⟨de Boulogne⟩
Pseudo-Jacobus ⟨Balduini⟩

Jacobus ⟨Bar Salibi⟩
→ **Dionysios Bar-Ṣalibi**

Jacobus ⟨Baradaeus⟩
ca. 500 – 578
Epistulae u.a.; nicht ident. mit Bardesanes ⟨Edessenus⟩
Cpg 7170-7199
Baradaeus, Jacobus
Bardesanus ⟨Syrus⟩
Jacob ⟨Baradaeas⟩
Jacob ⟨Baradaeus⟩
Jacob ⟨Baradaios⟩
Jacob ⟨Bishop of Edessa⟩
Jacob ⟨Būrdĕʿānā⟩
Jacob ⟨Monophysite⟩
Jacob ⟨of Edessa⟩
Jacobus ⟨Baradaeus-Zanzalus⟩
Jacobus ⟨Bishop of Edessa⟩
Jacques ⟨Baradaeus-Zanzalus⟩
Jacques ⟨Baradée⟩
Jacques ⟨de Tella⟩
Jakobos ⟨Barādai⟩
Jaʿqōb ⟨Būrdeʿanā⟩
Jaʿqōbh ⟨Būrdeʿanā⟩
Yaʿqob ⟨Baradaeus⟩
Yaʿqob ⟨Burdʿanā⟩

Jacobus ⟨Barcinonensis⟩
→ **Jacobus ⟨de Sancto Johanne Barcinonensis⟩**

Jacobus ⟨Belvisius⟩
→ **Jacobus ⟨de Belviso⟩**

Jacobus ⟨Beneventanus⟩
→ **Jacobus ⟨de Benevento⟩**

Jacobus ⟨Benfatti⟩
→ **Jacobus ⟨de Benefactis⟩**

Jacobus ⟨Berenguarii⟩
ca. 14. Jh. · OSB
Vermutl. Verf. von „Themata Cod. Vat. lat. 6398" (14. Jh.)
Schneyer,III,1
Berenguarii, Jacobus
Jacobus ⟨Casinensis⟩
Jacobus ⟨Frater⟩
Jacobus ⟨Monachus Cassinensis⟩

Jacobus ⟨Bertaldus⟩
gest. 1315
Splendor Venetorum Civitatis consuetudinum
LMA,V,263/4; Rep.Font. VI,112
Bertaldo, Jacopo
Bertaldo, Jacques
Bertaldus, Jacobus
Jacopo ⟨Bertaldo⟩
Jacques ⟨Bertaldo⟩

Jacobus ⟨Bianconi de Mevania⟩
→ **Jacobus ⟨de Blanconibus⟩**

Jacobus ⟨Bishop of Edessa⟩
→ **Jacobus ⟨Baradaeus⟩**

Jacobus ⟨Blanais⟩
→ **Jacobus ⟨de Blanconibus⟩**

Jacobus ⟨Blancus⟩
→ **Jacobus ⟨de Alexandria⟩**

Jacobus ⟨Bohemus⟩
→ **Jacobus ⟨de Misa⟩**

Jacobus ⟨Bonaediei⟩
um 1361
Canones et tabulae astronomicae
Bonaediei, Jacobus
Bonel, Jacobus
Bonet, Jacobus
Bonjorn, Jacobus
Jacobus ⟨Bonel⟩
Jacobus ⟨Bonet⟩
Jacobus ⟨Bonjorn⟩
Jacobus ⟨Filius David⟩

Jacobus ⟨Bonel⟩
→ **Jacobus ⟨Bonaediei⟩**

Jacobus ⟨Bonet⟩
→ **Jacobus ⟨Bonaediei⟩**

Jacobus ⟨Bonjorn⟩
→ **Jacobus ⟨Bonaediei⟩**

Jacobus ⟨Bononiensis⟩
→ **Jacobus ⟨a Cruce⟩**
→ **Jacobus ⟨de Dinanto⟩**
→ **Jacopo ⟨da Bologna⟩**

Jacobus ⟨Bottrigari⟩
→ **Jacobus ⟨Butrigarius⟩**

Jacobus ⟨Bracellus⟩
→ **Bracellus, Jacobus**

Jacobus ⟨Brancus Albensis⟩
→ **Jacobus ⟨de Alexandria⟩**

Jacobus ⟨Brugensis⟩
→ **Jacobus ⟨de Brugis⟩**
→ **Jacobus ⟨de Brugis, OP⟩**

Jacobus ⟨Bulgariae⟩
13. Jh.
Oratio in dominum nostrum venerabilem et principem et imperatorem Ioannem Ducam Vatatzem (a. 1222-1254)
Rep.Font. VI,149; DOC,2,1106
Bulgariae, Jacobus
Giacomo ⟨di Bulgaria⟩
Iacōbos ⟨Boulgarias⟩
Jacobus ⟨Achridae⟩
Jacobus ⟨Archiepiscopus⟩
Jacques ⟨de Bulgarie⟩
Jakob ⟨Metropolit⟩
Jakob ⟨von Bulgarien⟩
Jakobos ⟨von Achrida⟩

Jacobus ⟨Burgundus⟩
→ **Jacobus ⟨de Tonerra⟩**

Jacobus ⟨Buti⟩
gest. 1450 · OP
Sermones per annum
Kaeppeli,II,309/310
Buti, Jacobus
Buti, Jacques
Jacobus ⟨Buti de Senis⟩
Jacobus ⟨de Senis⟩
Jacques ⟨Buti⟩
Jacques ⟨de Sienne⟩

Jacobus ⟨Butrigarius⟩
1294 – 1347
LMA,V,257
Bottrigari, Giacomo
Bottrigari, Jacobus
Bottrigari, Jacopo
Butrigarii, Jacobus
Butrigariis, Jacobus ¬de¬
Butrigarius, Jacob
Butrigarius, Jacobus
Giacomo ⟨Bottrigari⟩
Jacob ⟨Butrigarius⟩
Jacobus ⟨Buttrigarius⟩
Jacobus ⟨de Buttrigariis⟩
Jacobus ⟨Lumen Iuris⟩
Jacopo ⟨Bottrigari⟩

Jacobus ⟨Caietanus de Stephanescis⟩
→ **Jacobus ⟨Gaetani Stefaneschi⟩**

Jacobus ⟨Callis⟩
→ **Callis, Jacobus**

Jacobus ⟨Camfaro⟩
→ **Jacopo ⟨Camphora⟩**

Jacobus ⟨Capelli de Milano⟩
→ **Cappellis, Jacobus ¬de¬**

Jacobus ⟨Capocci⟩
→ **Jacobus ⟨de Viterbio⟩**

Jacobus ⟨Capra⟩
gest. ca. 1319 · OP
Sermones quadragesimales
Kaeppeli,II,311
Capra, Jacobus
Capra, Jacques
Jacques ⟨Capra⟩

Jacobus ⟨Cardinalis⟩
→ **Jacobus ⟨de Vitriaco⟩**

Jacobus ⟨Cardinalis Papiensis⟩
→ **Ammannati, Jacobus**

Jacobus ⟨Caroliloci⟩
→ **Jacobus ⟨de Therinis⟩**

Jacobus ⟨Carthusiensis⟩
→ **Jacobus ⟨de Paradiso⟩**

Jacobus ⟨Casalbutano⟩
→ **Jacobus ⟨Castelbonus⟩**

Jacobus ⟨Casinensis⟩
→ **Jacobus ⟨Berenguarii⟩**

Jacobus ⟨Castelbonus⟩
um 1286 · OP
Sermones
Schneyer,III,47
Castelbonus, Jacobus
Jacobus ⟨Casalbutano⟩
Jacobus ⟨Italus⟩
Jacobus ⟨Perusinus⟩
Jacobus ⟨Umber⟩
Jacques ⟨de Casalbuttano⟩

Jacobus ⟨Catalanus⟩
→ **Jacobus ⟨de Sancto Johanne, Barcinonensis⟩**

Jacobus ⟨Catalanus⟩
gest. 1493 · OP
Expos. ep. ad Romanos
Kaeppeli,II,311
Catalanus, Jacobus
Jacobus ⟨Alcanisensis⟩
Jacques ⟨Catalan⟩
Jacques ⟨d'Alcaniz⟩

Jacobus ⟨Cephaludensis⟩
→ **Jacobus ⟨de Narnia⟩**

Jacobus ⟨Cerretanus⟩
→ **Jacobus ⟨de Cerretanis⟩**

Jacobus ⟨Chirurgicus⟩
→ **Albinus, Jacobus**

Jacobus ⟨Christopolitanus⟩
→ **Jacobus ⟨de Valentia⟩**

Jacobus ⟨Cini⟩
→ **Jacobus ⟨de Sancto Andrea⟩**

Jacobus ⟨Cisterciensis⟩
→ **Jacobus ⟨Anglicus⟩**
→ **Jacobus ⟨de Paradiso⟩**

Jacobus ⟨Clericus de Venetia⟩
→ **Jacobus ⟨de Venetiis⟩**

Jacobus ⟨Coccinobaphus⟩
12. Jh.
Marienhomiliar
LMA,V,297
Coccinobaphus, Jacobus
Iakovos ⟨Monk⟩
Jacobus ⟨Monachus⟩
Jacobus ⟨Monk⟩
Jacobus ⟨of Brusa⟩
Jacques ⟨Coccinobaphi⟩
Jacques ⟨Moine⟩
Jakob ⟨Mönch des Klosters Kokkinobaphos⟩
Jakob ⟨Panegyriker⟩
Jakob ⟨von Kokkinobaphu⟩
Jakobos ⟨Mönch⟩
Jakobos ⟨von Kokkinobaphos⟩

Jacobus ⟨Columbi⟩
um 1221/44
Wird als Verf. der Glossa ordinaria zum „Liber feudorum" und einer „Summa feudorum" betrachtet; wirkl. Verf. ist Accursius, Franciscus ⟨Senior⟩
LMA,V,257/8; Rep.Font. VI,115
Colombi, Jacopo
Colombi, Jacques
Columbi, Jacobus
Columbinus, Jacobus
Columbus, Jacobus
Jacobus ⟨Colombi⟩
Jacobus ⟨Colombi de Regio⟩
Jacobus ⟨Columbinus⟩
Jacobus ⟨Columbus⟩
Jacques ⟨Colombi⟩

Jacobus ⟨Congelshovius⟩
→ **Twinger von Königshofen, Jakob**

Jacobus ⟨Coquiliberitanus⟩
→ **Domènec, Jaume**

Jacobus ⟨de Acqui⟩
→ **Jacobus ⟨de Aquis⟩**

Jacobus ⟨de Acquino⟩
→ **Jacobus ⟨de Aquis⟩**

Jacobus ⟨de Aesculo⟩
um 1309/11 · OFM
Tabula super doctrinam Johannis Scoti; Quaestiones ordinariae; Quodlibet
Stegmüller, Repert. sentent. 385; Schneyer,III,51; LMA,V,255; Rep.Font. VI,106
Aesculo, Jacobus ¬de¬
Jacobus ⟨Ascolanus⟩
Jacobus ⟨Asculanus⟩
Jacobus ⟨de Ascoli⟩

Jacobus ⟨de Esculo⟩
Jacobus ⟨de Esquillo⟩
Jacques ⟨d'Ascoli⟩
Jakob ⟨von Aesculo⟩
Pseudo-Jacobus ⟨Ascolanus⟩

Jacobus ⟨de Albenga⟩
gest. ca. 1273
Glossa ordinaria
LMA,V,255
Albenga, Jacobus ¬de¬
Jacques ⟨de Albenga⟩
Jacques ⟨d'Albenga⟩
Jacques ⟨Evêque de Faenza⟩

Jacobus ⟨de Albis⟩
→ **Jacobus ⟨de Alexandria⟩**

Jacobus ⟨de Alessandria⟩
→ **Jacobus ⟨de Aquis⟩**

Jacobus ⟨de Alexandria⟩
um 1340 · OFM
Compilatio super totam philosophiam naturalem et moralem; Opusculum per conclusiones in omnes libros Aristotelis; Joh.; etc.
Lohr; Schneyer,III,2; Stegmüller, Repert. bibl. 3866;3867
Alexandria, Jacobus ¬de¬
Branco, Jacques
Branco, Jacques H.
Branco, Jacques-Henri
Jacobus ⟨Albi⟩
Jacobus ⟨Albus⟩
Jacobus ⟨Alexandrinus⟩
Jacobus ⟨Blancus⟩
Jacobus ⟨Brancus⟩
Jacobus ⟨Brancus Albensis⟩
Jacobus ⟨de Albis⟩
Jacobus ⟨de Blanchis⟩
Jacques ⟨Branco⟩
Jacques ⟨Branco d'Alba⟩
Jacques ⟨d'Alessandria⟩
Jacques-Henri ⟨Branco⟩

Jacobus ⟨de Altavilla⟩
gest. 1393 · OCist
Super IV libros Sententiarum
Stegmüller, Repert. sentent. 331;384;951; VL(2),4,473/74
Altavilla, Jacobus ¬de¬
Jacob ⟨von Eltville⟩
Jacobus ⟨de Alta Villa⟩
Jacobus ⟨de Eltville⟩
Jacobus ⟨von Eltville⟩
Jacques ⟨de Altavilla⟩
Jacques ⟨d'Eltville⟩

Jacobus ⟨de Amersfordia⟩
→ **Jacobus ⟨Tymaeus de Amersfordia⟩**

Jacobus ⟨de Amida⟩
→ **Dionysios Bar-Ṣalibi**

Jacobus ⟨de Ancharano⟩
→ **Jacobus ⟨de Teramo⟩**

Jacobus ⟨de Aqua Malorum⟩
→ **Jacobus ⟨de Regno⟩**

Jacobus ⟨de Aquino⟩
→ **Jacobus ⟨de Aquis⟩**

Jacobus ⟨de Aquis⟩
um 1334
Secunda pars cronice libri Imaginis mundi
Kaeppeli,II,298
Aquis, Jacobus ¬de¬
Jacobus ⟨ab Aquis⟩
Jacobus ⟨Aquensis⟩
Jacobus ⟨Aquinas⟩
Jacobus ⟨de Acqui⟩
Jacobus ⟨de Acquino⟩
Jacobus ⟨de Alessandria⟩
Jacobus ⟨de Aquino⟩
Jacopo ⟨d'Acqui⟩
Jacopus ⟨de Alessandria⟩
Jacques ⟨d'Acqui⟩
Jakob ⟨von Acqui⟩

Jacobus ⟨de Ardizone⟩
um 1220/40
Summa super usibus feudorum
LMA,V,256
Ardizone, Jacobus ¬de¬
Ardizzone, Jacques ¬di¬
Jacobus ⟨de Ardizone de Broilo⟩
Jacobus ⟨de Broilo⟩
Jacques ⟨de Broilo⟩
Jacques ⟨di Ardizzone⟩
Jacques ⟨d'Ardizo⟩
Jacques ⟨d'Ardizzone⟩

Jacobus ⟨de Ardizone de Broilo⟩
→ **Jacobus ⟨de Ardizone⟩**

Jacobus ⟨de Arena⟩
ca. 1270 – ca. 1320
Commentarii in universum ius civile; De bannitis; De excussionibus bonorum
Rep.Font. VI,109
Arena, Jacobus ¬de¬
Arena, Jacques ¬d'¬
Arenatus, Jacobus
Harena, Jacobus
Jacobus ⟨Arenatus⟩
Jacobus ⟨de Harena⟩

Jacobus ⟨de Arras⟩
gest. 1227 · OPraem
In ultimam visionem Ezechielis; Sermones ad populum
Stegmüller, Repert. bibl. 3869; Schneyer,III,1
Arras, Jacobus ¬de¬
Jacobus ⟨Atrebas⟩
Jacobus ⟨Atrebatensis⟩
Jacques ⟨Abbé du Mont Saint-Martin⟩
Jacques ⟨d'Arras⟩

Jacobus ⟨de Ascoli⟩
→ **Jacobus ⟨de Aesculo⟩**

Jacobus ⟨de Avellino⟩
→ **Jacobus ⟨de Velino⟩**

Jacobus ⟨de Baisio⟩
um 1283/86
Quaestiones; Bruder des Guido ⟨de Baisio⟩
Baisio, Jacobus ¬de¬
Baisio, Jacques ¬de¬
Jacobus ⟨de Baysio⟩
Jacques ⟨de Baisio⟩
Jacques ⟨de Baysio⟩

Jacobus ⟨de Balardis⟩
→ **Jacobus ⟨Laudensis⟩**

Jacobus ⟨de Baysio⟩
→ **Jacobus ⟨de Baisio⟩**

Jacobus ⟨de Bellovisu⟩
→ **Jacobus ⟨de Belviso⟩**

Jacobus ⟨de Belviso⟩
ca. 1275 – ca. 1330
LMA,V,256/57
Bello Visu, Jacobus ¬de¬
Belloviso, Jacobus ¬de¬
Bellovisu, Jacobus ¬de¬
Belvisi, Giacomo
Belviso, Jacobus ¬de¬
Jacobus ⟨Belvisius⟩
Jacobus ⟨de Bellovisu⟩
Jacobus ⟨de Belvisio⟩
Jacques ⟨de Beauvoir⟩

Jacobus ⟨de Benedictis⟩
→ **Jacopone ⟨da Todi⟩**

Jacobus ⟨de Benefactis⟩
gest. 1328 · OP
Schneyer,III,1
Benefactis, Jacobus ¬de¬
Giacomo ⟨Benfatti⟩
Jacobus ⟨Benfatti⟩
Jacobus ⟨Episcopus Mantuae⟩
Jacobus ⟨Mantuae Episcopus⟩
Jacopo ⟨del Benfatti⟩
Jacques ⟨Benfatti⟩

Jacobus ⟨de Benevento⟩
um 1255/71 bzw. um 1360 · OP
Viridarium consolationis; De potentiis animae; De oratione Dominica; etc.
Stegmüller, Repert. bibl. 3874-3875,2; Schneyer,III,6; Kaeppeli,II,304/309; Rep.Font. VI,112
Benevento, Jacobus ¬de¬
Jacobus ⟨a Benevento⟩
Jacobus ⟨Beneventanus⟩
Jacobus ⟨de Bovenato⟩
Jacopo ⟨da Benevento⟩
Jacques ⟨de Bénévent⟩

Jacobus ⟨de Bevagna⟩
→ **Jacobus ⟨de Blanconibus⟩**

Jacobus ⟨de Bingen⟩
um 1413
Retractatio
Schönberger/Kible, Repertorium, 14221
Bingen, Jacobus ¬de¬
Jacobus ⟨de Pinguia⟩
Jacques ⟨de Bingen⟩

Jacobus ⟨de Blanchis⟩
→ **Jacobus ⟨de Alexandria⟩**

Jacobus ⟨de Blanconibus⟩
1220 – 1301 · OP
Speculum humanitatis Christi; Speculum peccatorum et de ultimo iudicio
Schneyer,III,2; Kaeppeli,II,331/332
Bianconi, Jacobus
Blanais, Jacobus
Blanconibus, Jacobus ¬de¬
Jacobus ⟨Bianconi⟩
Jacobus ⟨Bianconi de Mevania⟩
Jacobus ⟨Bianconi von Mevania⟩
Jacobus ⟨Blanais⟩
Jacobus ⟨de Bevagna⟩
Jacobus ⟨de Bevagnio⟩
Jacobus ⟨de Mevania⟩
Jacques ⟨Bianconi⟩
Jacques ⟨de Bevagno⟩

Jacobus ⟨de Bolonia⟩
→ **Jacobus ⟨Balduinus⟩**
→ **Jacopo ⟨da Bologna⟩**

Jacobus ⟨de Bolonia⟩
gest. 1301
Quaestiones; Repetitiones
LMA,V,257
Bolonia, Jacobus ¬de¬
Jacques ⟨de Boulogne⟩
Jacques ⟨le Moiste⟩

Jacobus ⟨de Boragine⟩
→ **Jacobus ⟨de Voragine⟩**

Jacobus ⟨de Bovenato⟩
→ **Jacobus ⟨de Benevento⟩**

Jacobus ⟨de Broilo⟩
→ **Jacobus ⟨de Ardizone⟩**

Jacobus ⟨de Brugis⟩
um 1314 · OCarm
De impassibilitate animae; De motu intellectus
Brugis, Jacobus ¬de¬
Jacobus ⟨a Brugis⟩
Jacobus ⟨Brugensis⟩
Jacobus ⟨Florentinus⟩
Jacobus ⟨Masius⟩
Jacques ⟨de Bruges⟩

Jacobus ⟨de Brugis, OP⟩
1478/95 · OP
Tract. de meditatione mortis
Brugensis, Jacobus
Brugis, Jacobus ¬de¬
Jacobus ⟨Brugensis⟩
Jacobus ⟨de Brugis⟩

Jacobus ⟨de Buttrigariis⟩
→ **Jacobus ⟨Butrigarius⟩**

Jacobus ⟨de Calicio⟩
→ **Callis, Jacobus**

Jacobus ⟨de Campis⟩
→ **Jacobus ⟨de Promontorio de Campis⟩**

Jacobus ⟨de Capo d'Istria⟩
→ **Jacobus ⟨Textor⟩**

Jacobus ⟨de Cappellis⟩
→ **Cappellis, Jacobus ¬de¬**

Jacobus ⟨de Casulis⟩
→ **Jacobus ⟨de Cessolis⟩**

Jacobus ⟨de Cercinis⟩
→ **Jacobus ⟨Pamphiliae de Cercinis⟩**

Jacobus ⟨de Cerretanis⟩
gest. 1440
LThK
Cerretanis, Jacobus ¬de¬
Jacobus ⟨Cerretanus⟩
Jacobus ⟨Episcopus⟩

Jacobus ⟨de Cervera⟩
→ **Jacobus ⟨de Sancto Johanne, Barcinonensis⟩**

Jacobus ⟨de Cessolis⟩
um 1317/22
Tusculum-Lexikon; LThK; LMA,V,257
Casalis, Jakob ¬von¬
Cassalis, Jacobus ¬de¬
Cessoles, Jacques ¬de¬
Cessolis, Jacobus ¬de¬
Giacomo ⟨de Cessolis⟩
Giacomo ⟨di Cessolles⟩
Jacobus ⟨de Cassalis⟩
Jacobus ⟨de Casulis⟩
Jacobus ⟨de Cesolis⟩
Jacobus ⟨de Cessoilis⟩
Jacobus ⟨de Cessulis⟩
Jacques ⟨de Cessole⟩
Jacques ⟨de Cessoles⟩
Jakob ⟨von Casalis⟩
Jakob ⟨von Cessole⟩
Jakob ⟨von Cessoles⟩

Jacobus ⟨de Chiavari⟩
→ **Jacobus ⟨de Clavaro⟩**

Jacobus ⟨de Christopolis⟩
→ **Jacobus ⟨de Valentia⟩**

Jacobus ⟨de Claratumba⟩
→ **Jacobus ⟨de Paradiso⟩**

Jacobus ⟨de Clavaro⟩
gest. ca. 1431 · OP
Tractatum contra quattuor articulos Hussitarum
Kaeppeli,II,318/319; Rep.Font. VI,114
Clavaro, Jacobus ¬de¬
Jacobus ⟨de Chiavari⟩
Jacobus ⟨de Claverio⟩
Jacques ⟨de Chiavari⟩
Jacques ⟨de Clavaro⟩

Jacobus ⟨de Clusa⟩
→ **Jacobus ⟨de Paradiso⟩**

Jacobus ⟨de Concosio⟩
gest. 1329 · OP
Responsio et dicta episcopi Lodovensis
Kaeppeli,II,319
Concosio, Jacobus ¬de¬
Jacques ⟨de Conquosio⟩

Jacobus ⟨de Cracovia⟩
→ **Jacobus ⟨de Paradiso⟩**

Jacobus ⟨de Curte⟩
um 1480 · OESA
De obsidione urbis Rhodiae
Rep.Font. VI,115
Curte, Jacobus ¬de¬
Jacques ⟨de Curte⟩

Jacobus ⟨de Dacia⟩
→ **Jacobus ⟨Nicholai de Dacia⟩**

Jacobus ⟨de Delayto⟩
um 1394/1409
Chronica nova illustris et magnifici domini Nicolai marchionis Estensis
Rep.Font. VI,115
Delayto, Jacobus ¬de¬
Jacobus ⟨Nicolai Estensis Cancellarius⟩
Jacques ⟨de Delayto⟩

Jacobus ⟨de Dinanto⟩
ca. 1280 – 1300 · OCist (?)
Summa dictaminis; Breviloquium dictaminis; Expositio breviloquii; etc.
LMA,V,258
Dinanto, Jacobus ¬de¬
Giacomo ⟨di Dinant⟩
Jacobus ⟨Bononiensis⟩
Jacobus ⟨de Dinando⟩
Jacobus ⟨de Dinanto⟩
Jacobus ⟨von Dinant⟩
Jacques ⟨de Dinant⟩

Jacobus ⟨de Dondis⟩
gest. 1359
LMA,III,1246/47
Dondi, Jacopo
Dondi, Jacques
Dondis, Jacobus ¬de¬
Dondus, Jacobus
Giacomo ⟨Dondi⟩
Jacobus ⟨Aggregator⟩
Jacobus ⟨Dondus⟩
Jacobus ⟨Paduanus⟩
Jacopo ⟨Dondi⟩
Jacques ⟨Dondi⟩

Jacobus ⟨de Duaco⟩
13. Jh.
Summa super totum librum Priorum; Super Posteriora; Summa quarti libri Meteororum; etc.
Lohr; LMA,V,258
Duaco, Jacobus ¬de¬
Jacobus ⟨Duacensis⟩
Jacobus ⟨von Douai⟩
Jacques ⟨de Douai⟩
Jakob ⟨von Douai⟩
Pseudo-Jacobus ⟨de Duaco⟩
Pseudo-Jacobus ⟨Duacensis⟩

Jacobus ⟨de Eltville⟩
→ **Jacobus ⟨de Altavilla⟩**

Jacobus ⟨de Erfordia⟩
→ **Jacobus ⟨de Paradiso⟩**

Jacobus ⟨de Esquillo⟩
→ **Jacobus ⟨de Aesculo⟩**

Jacobus ⟨de Eugubio⟩
14. Jh. · OESA
Laut Lohr: Quaestiones super secundo et tertio libris De anima Aristotelis (Verfasserschaft umstritten)
Lohr
Eugubio, Jacobus ¬de¬

Jacobus ⟨de Ferraria⟩
→ **Jacobus ⟨de Zocchis⟩**

Jacobus ⟨de Firmio⟩
→ **Jacobus ⟨Firmiano⟩**

Jacobus ⟨de Foragine⟩
→ **Jacobus ⟨de Voragine⟩**

Jacobus ⟨de Forli⟩
→ **Jacobus ⟨de Forlivio⟩**

Jacobus ⟨de Forlivio⟩
gest. 1413
LMA,V,264
Forlivio, Jacobus ¬de¬
Giacomo ⟨della Torre⟩
Jacobus ⟨de Forli⟩
Jacobus ⟨Forliviensis⟩
Jacobus ⟨Foroliviensis⟩
Jacopo ⟨da Forlì⟩
Jacques ⟨de Forlì⟩
Jacques ⟨della Torre⟩

Jacobus ⟨de Furno⟩
→ **Benedictus ⟨Papa, XII.⟩**

Jacobus ⟨de Fusignano⟩
gest. 1333 · OP
Libellus artis praedicationis; Responsio et dicta de paupertate Christi
Kaeppeli,II,321/322
Fusigna, Jacobus
Fusigna, Jacques
Fusignano, Jacobus ¬de¬
Jacobus ⟨Fusigna⟩
Jacques ⟨Fusigna⟩

Jacobus ⟨de Gruytrode⟩
gest. ca. 1472
Colloquium peccatoris et Jesu Christi
Gruitroede, Jacobus ¬de¬
Gruitroedius, Jacobus
Gruytrode, Jacobus ¬de¬
Jacobus ⟨de Gruitrode⟩
Jacobus ⟨de Gruitroede⟩
Jacobus ⟨Gruitroedius⟩
Jacobus ⟨Leodiensis⟩
Jacques ⟨de Gruitrode⟩

Jacobus ⟨de Guisia⟩
gest. 1399
Guise, Jacques ¬de¬
Guisia, Jacobus ¬de¬
Guyse, Jacques ¬de¬
Jacobus ⟨Guisianus⟩
Jacobus ⟨Guisius⟩
Jacques ⟨de Guise⟩
Jacques ⟨de Guyse⟩
Jakob ⟨von Guise⟩

Jacobus ⟨de Harena⟩
→ **Jacobus ⟨de Arena⟩**

Jacobus ⟨de Hattem⟩
um 1436
Computus
Hattem, Jacobus ¬de¬
Jabobus ⟨de Campis⟩
Jacobus ⟨Hat⟩
Jacobus ⟨Hattem⟩
Jacobus ⟨Magister⟩
Jacobus ⟨von Hattem⟩
Jacobus ⟨von Kampen⟩

Jacobus ⟨de Hugo⟩
14. Jh. · OP
Sermones de sanctis
Schneyer,III,54
Hugo, Jacobus ¬de¬
Jacobus ⟨de Lugo⟩
Jacques ⟨de Hugo⟩

Jacobus ⟨de Ianua⟩
15. Jh. · OP
Sermo (inc.: Veneranda auctoritas prime assertionis); Liber de modis significandi; Kaeppeli unterscheidet 2 Personen, davon wird die eine nur in der Tabula Stamsensis erwähnt
Kaeppeli,II,323
Ianua, Jacobus ¬de¬
Jacobus ⟨Ianuensis⟩

Jacobus ⟨de Iurono⟩
→ **Jacobus ⟨Mediolanensis⟩**

Jacobus ⟨de Iustinopoli⟩
→ **Jacobus ⟨Textor⟩**

Jacobus ⟨de Jüterbog⟩
→ **Jacobus ⟨de Paradiso⟩**

Jacobus ⟨de Koenigshofen⟩
→ **Twinger von Königshofen, Jakob**

Jacobus ⟨de Lausanna⟩
gest. 1322 · OP
Compendium moralitatum; Pentat.; Prov.
Stegmüller, Repert. bibl. 2067-2069; 3887-3969; Stegmüller, Repert. sentent. 199; 386; Schneyer, III,54; LMA,V,259
Didace ⟨de Lausanne⟩
Didacus ⟨de Lausanna⟩
Didacus ⟨Lausanensis⟩
Giacomo ⟨di Losanna⟩
Jacobus ⟨de Lausana⟩
Jacobus ⟨de Losanna⟩
Jacobus ⟨de Osanna⟩
Jacobus ⟨von Lausanne⟩
Jacques ⟨de Lausanne⟩
Jakob ⟨von Lausanne⟩
Lausanna, Jacobus ¬de¬
Pseudo-Jacobus ⟨de Lausanna⟩
Pseudo-Jacobus ⟨de Lausanne⟩

Jacobus ⟨de Liaco⟩
ca. 12./13. Jh. · OP
Apoc.; ihm wurde fälschlich die „Postilla in Apoc." des Pseudo-Albertus ⟨Magnus⟩ zugeschrieben
Stegmüller, Repert. bibl. 3970
Jacobus ⟨de Liniaco⟩
Jacobus ⟨de Lyaco⟩
Liaco, Jacobus ¬de¬

Jacobus ⟨de Liniaco⟩
→ **Jacobus ⟨de Liaco⟩**

Jacobus ⟨de Losanna⟩
→ **Jacobus ⟨de Lausanna⟩**

Jacobus ⟨de Lugo⟩
→ **Jacobus ⟨de Hugo⟩**

Jacobus ⟨de Lyaco⟩
→ **Jacobus ⟨de Liaco⟩**

Jacobus ⟨de Maerlant⟩
→ **Jacob ⟨van Maerlant⟩**

Jacobus ⟨de Malvetiis⟩
→ **Malvetiis, Jacobus ¬de¬**

Jacobus ⟨de Marchia⟩
1394 – 1476
LThK; CSGL; LMA,V,259/60
Giacomo ⟨della Marca⟩
Giacomo ⟨Francescano⟩
Jacobus ⟨Picenus⟩
Jacobus ⟨Sanctus⟩
Jacomo ⟨della Marcha⟩
Jacques ⟨de la Marche⟩
James ⟨Gangala Ruscius⟩
Marchia, Jacobus ¬de¬

Jacobus ⟨de Mediolano⟩
→ **Jacobus ⟨Mediolanensis⟩**

Jacobus ⟨de Metz⟩
→ **Jacobus ⟨Metensis⟩**

Jacobus ⟨de Mevania⟩
→ **Jacobus ⟨de Blanconibus⟩**

Jacobus ⟨de Milano⟩
→ **Cappellis, Jacobus ¬de¬**

Jacobus ⟨de Misa⟩
gest. 1429
Překlad Viklefova Dialogu; Sermones in Bethlehem; Výklad na Zjevení sv. Jana; etc.
Rep.Font. VI,121; LMA,V,296
Jacob ⟨of Miez⟩
Jacobellus ⟨de Misa⟩
Jacobellus ⟨de Stříbo⟩
Jacobus ⟨Bohemus⟩
Jacobus ⟨de Strziebo⟩
Jacobus ⟨Pragensis⟩
Jacques ⟨de Misa⟩
Jakob ⟨von Mies⟩
Jakobell ⟨von Mies⟩
Jakoubek ⟨ze Stříba⟩
Jakoubek ⟨ze Stříbra⟩
Misa, Jacobus ¬de¬

Jacobus ⟨de Moguntia⟩
um 1330
VL(2)
Jacobus ⟨Moguntinus⟩
Jacobus ⟨Notarius⟩
Jacques ⟨de Mayence⟩
Jakob ⟨von Mainz⟩
Moguntia, Jacobus ¬de¬

Jacobus ⟨de Mollayo⟩
ca. 1244 – 1314
Consilium magistri Templi datum Clementi V super negotio Terre Sancte; De unione Templi et Hospitalis ordinum ad Clementem papam relatio
Rep.Font. VI,121
Jacques ⟨de Molay⟩
Molay, Jacques ¬de¬
Mollayo, Jacobus ¬de¬

Jacobus ⟨de Monte Iudaico⟩
gest. 1321
Super Usaticos Barcinonenses aparatus; Iurispertus Bononiae, Iudex Barcinonae
Rep.Font. VI,122
Jacobus ⟨a Monte Iudaico⟩
Jacques ⟨de Monte Iudaico⟩
Jacques ⟨de Montjouy⟩
Monte Iudaico, Jacobus ¬de¬

Jacobus ⟨de Montecaliero⟩
→ **Albinus, Jacobus**

Jacobus ⟨de Montepulciano⟩
→ **Jacopo ⟨da Montepulciano⟩**

Jacobus ⟨de Mühldorf⟩
14. Jh.
Ave virginalis forma
VL(2),4,477/78
Jacobus ⟨in Muldorf⟩
Jacobus ⟨Optimus Rhetor et Musicus⟩
Jacobus ⟨Scholarius⟩
Jacobus ⟨Schuelmaister ze Muldorf⟩
Jacobus ⟨von Mühldorf⟩
Jakob ⟨von Mühldorf⟩
Mühldorf, Jacobus ¬de¬

Jacobus ⟨de Narnia⟩
ca. 1324
Dialogus de vita beati Gandolphi confessoris
Rep.Font. VI,122/123
Jacobus ⟨Cephaludensis⟩
Jacobus ⟨de Nernia⟩
Jacques ⟨de Cefalù⟩
Jacques ⟨de Nernia⟩
Narnia, Jacobus ¬de¬

Jacobus ⟨de Noviano⟩
um 1374/1407
Disputatio cum Hussitis; Journal de l'ambassade de 1407
Rep.Font. VI,505
Jacques ⟨de Nouvion⟩
Jacques ⟨de Noviano⟩
Jacques ⟨de Novion⟩
Jacques ⟨de Noyan⟩
Noviano, Jacobus ¬de¬

Jacobus ⟨de Osanna⟩
→ **Jacobus ⟨de Lausanna⟩**

Jacobus ⟨de Padua⟩
um 1344/48 · OFM
Schneyer,III,157
Jacques ⟨de Padoue⟩
Padua, Jacobus ¬de¬

Jacobus ⟨de Paradiso⟩
1381 – 1465
De animabus exutis a corporibus
LThK; VL(2); CSGL; Tusculum-Lexikon; LMA,V,291
Iunterburgius, Jacobus
Jacobus ⟨Carthusiensis⟩
Jacobus ⟨Cisterciensis⟩
Jacobus ⟨de Claratumba⟩
Jacobus ⟨de Clusa⟩
Jacobus ⟨de Cracovia⟩
Jacobus ⟨de Erfordia⟩
Jacobus ⟨de Junterborck⟩
Jacobus ⟨de Jüterbog⟩
Jacobus ⟨de Jutirbock⟩
Jacobus ⟨de Polonia⟩
Jacobus ⟨Iunterburgius⟩
Jacobus ⟨Junterbuck⟩
Jacobus ⟨Junterburgius⟩
Jacobus ⟨of Jüterbogk⟩
Jakob ⟨Carthuser zu Erdfurt⟩
Jakob ⟨Coneken⟩
Jakob ⟨de Juterbog⟩
Jakob ⟨der Karthäuser⟩
Jakob ⟨Kunike⟩
Jakob ⟨Kuniken⟩
Jakob ⟨von Jüterbog⟩
Jakob ⟨von Paradies⟩
Jakób ⟨z Paradyża⟩
Junterburgius, Jacobus
Paradiso, Jacobus ¬de¬

Jacobus ⟨de Partibus⟩
gest. 1458
LMA,III,730/31
Despars, Jacques
Desparts, Jacques
Dissars, Jakob
Jacques ⟨Despars⟩
Jakob ⟨Dissars⟩
Partibus, Jacobus ¬de¬

Jacobus ⟨de Perusio⟩
gest. ca. 1408 · OP
Chronicon Ecclesiae Narniensis; Sermones
Jacobus ⟨Narniensis⟩
Jacques ⟨de Narni⟩
Jacques ⟨de Pérouse⟩
Jacques ⟨Evêque⟩
Perusio, Jacobus ¬de¬

Jacobus ⟨de Petris⟩
→ **Jacobus ⟨Petri Brixiensis⟩**

Jacobus ⟨de Pinguia⟩
→ **Jacobus ⟨de Bingen⟩**

Jacobus ⟨de Pistorio⟩
13. Jh.
Quaestio de felicitate
LMA,V,260; Rep.Font. VI,129
Jacobus ⟨de Pistoia⟩
Jacobus ⟨Pistoriensis⟩
Jacobus ⟨Pistorius⟩
Jacques ⟨de Pistoie⟩
Pistorio, Jacobus ¬de¬

Jacobus ⟨de Placentia⟩
gest. 1346
LMA,V,260/61
Jacobus ⟨Placentinus⟩
Jacopo ⟨da Piacenza⟩
Jacques ⟨de Plaisance⟩
Piacentino, Jacopo
Placentia, Jacobus ¬de¬

Jacobus ⟨de Polonia⟩
→ **Jacobus ⟨de Paradiso⟩**

Jacobus ⟨de Porta Ravennate⟩
gest. 1178
Glossae in codicem Iustinianum; Tractatus criminum; Ad legem Iuliam maiestatis; etc.
LMA,V,261; Rep.Font. VI,130
Jacobus ⟨a Porta Ravennate⟩
Jacobus ⟨Antiquus Doctor⟩
Jacobus ⟨de Porta Ravegnana⟩
Jacobus ⟨de Porta-Ravennate⟩
Jacques ⟨a Porta Ravennate⟩
Jacques ⟨de Porte Ravennate⟩
Porta Ravennate, Jacobus ¬de¬

Jacobus ⟨de Promontorio de Campis⟩
ca. 1405/10 – 1487
Recollecta
LMA,V,261
Campis, Jacobus ¬de¬
Jacopo ⟨de Promontorio de Campis⟩
Promontorio, Jacobus ¬de¬
Promontorio de Campis, Jacobus ¬de¬

Jacobus ⟨de Provino⟩
um 1273 · OFM
Schneyer,III,161
Jacobus ⟨de Provinis⟩
Jacobus ⟨de Provino Gallus⟩
Jacobus ⟨de Provins⟩
Jacobus ⟨de Pruvinis⟩
Jacobus ⟨Gallus⟩
Jacques ⟨de Provins⟩
Provino, Jacobus ¬de¬

Jacobus ⟨de Provins⟩
→ **Jacobus ⟨de Provino⟩**

Jacobus ⟨de Ravanis⟩
1230/40 – 1296
LMA,VII,772/73
Jacobus ⟨a Ravanis⟩
Jacobus ⟨de Ravenneio⟩
Jacobus ⟨de Revanis⟩
Jacques ⟨de Révigny⟩
Jakob ⟨von Révigny⟩
Ravanis, Jacobus ¬de¬
Révigny, Jacques ¬de¬

Jacobus ⟨de Ravenna⟩
um 1465 · OP
Dialogus consolatorius in casibus fortuitis inter fr. Jacobum de Ravenna ord. pred. et Zampetrum de Villa Veronensem
Kaeppeli,II,337
Jacobus ⟨Ravennas⟩
Ravenna, Jacobus ¬de¬

Jacobus ⟨de Ravenneio⟩
→ **Jacobus ⟨de Ravanis⟩**

Jacobus ⟨de Regio⟩
gest. 1465 · OCarm
Commentaria in Vet. Nov. Test.
Stegmüller, Repert. bibl. 3880-3881
Ferrari, Jacques
Jacobus ⟨Ferrarius de Regio⟩
Jacobus ⟨Peregrini de Regio⟩
Jacobus ⟨Regiensis⟩
Jacques ⟨de Reggio⟩
Jacques ⟨Ferrari⟩
Regio, Jacobus ¬de¬

Jacobus ⟨de Regno⟩
gest. ca. 1450 · OP
In die Sancti Francisci sermo
Kaeppeli,II,337/338
Jacobus ⟨de Aqua Malorum⟩
Jacobus ⟨dell'Aqua della Mela⟩

Jacques ⟨de Aqua Malorum⟩
Jacques ⟨dell'Acqua della Mela⟩
Regno, Jacobus ¬de¬

Jacobus ⟨de Revanis⟩
→ **Jacobus ⟨de Ravanis⟩**

Jacobus ⟨de Rodo⟩
um 1381 · OFM
Evangelia dominicalia; laut Sbaralea Verf. von „Collectio sermonum de tempore variorum auctorum"
Stegmüller, Repert. bibl. 3987,1; Schneyer,III,162
Jacques ⟨de Rhodes⟩
Jacques ⟨de Rodo⟩
Rodo, Jacobus ¬de¬

Jacobus ⟨de Rotenburg⟩
→ **Jacobus ⟨de Tückelhausen⟩**

Jacobus ⟨de Sabellis⟩
→ **Honorius ⟨Papa, IV.⟩**

Jacobus ⟨de Sancto Amando⟩
14. Jh.
Summa compendiosa de locis; Tractatus de locis sophisticis
Lohr
Sancto Amando, Jacobus ¬de¬

Jacobus ⟨de Sancto Andrea⟩
gest. 1378 · OP
Schneyer,III,162
Cini, Giacomo
Cino, Giacomo
Giacomo ⟨Cini⟩
Giacomo ⟨Cino⟩
Jacobus ⟨Cini⟩
Jacobus ⟨Cinus⟩
Jacobus ⟨de Sancto Andrea Senensis⟩
Jacobus ⟨Senensis⟩
Sancto Andrea, Jacobus ¬de¬

Jacobus ⟨de Sancto Johanne⟩
gest. 1500 · OP
Sermonum volumina quaedam et opuscula plura gravioris momenti
Jacques ⟨de San Juan⟩
Jacques ⟨de San Juan de Saragosse⟩
Sancto Johanne, Jacobus ¬de¬

Jacobus ⟨de Sancto Johanne, Barcinonensis⟩
gest. 1458 · OP
Relatio de transitu Sancti Raimundi de Peñafort per mare super cappam
Kaeppeli,II,340; Schönberger/Kible, Repertorium, 14245
Jacobus ⟨Barcinonensis⟩
Jacobus ⟨Catalanus⟩
Jacobus ⟨de Cervera⟩
Jacobus ⟨de Sancto Johanne⟩
Jacobus ⟨de Sancto Johanne Catalanus⟩
Jacques ⟨a Sancto Johanne⟩
Jacques ⟨de San-Juan⟩
Jacques ⟨de San-Juan de Cervera⟩
Sancto Johanne, Jacobus ¬de¬

Jacobus ⟨de Saraponte⟩
Lebensdaten nicht ermittelt
Aurissa; De modo sermocinandi
Stegmüller, Repert. sentent. 393
Jacobus ⟨de Sarepta⟩
Saraponte, Jacobus ¬de¬

Jacobus ⟨de Sarepta⟩
→ **Jacobus ⟨de Saraponte⟩**

Jacobus ⟨de Senis⟩
→ **Jacobus ⟨Buti⟩**

Jacobus ⟨de Sicilia⟩
14. Jh.
Expositiones super librum Meteororum; Scriptum super libro De anima
Lohr
Sicilia, Jacobus ¬de¬

Jacobus ⟨de Soest⟩
→ **Jacobus ⟨de Susato⟩**

Jacobus ⟨de Spinello⟩
Lebensdaten nicht ermittelt · OFM
Adnotationes in universa Biblia
Stegmüller, Repert. bibl. 3988
Jacques ⟨de Spinello⟩
Spinello, Jacobus ¬de¬

Jacobus ⟨de Stralen⟩
um 1415/85
Apoc.
Stegmüller, Repert. bibl. 3989
Jacobus ⟨Theologus Coloniensis⟩
Jacques ⟨de Stralen⟩
Stralen, Jacobus ¬de¬

Jacobus ⟨de Strziebo⟩
→ **Jacobus ⟨de Misa⟩**

Jacobus ⟨de Stubach⟩
gest. ca. 1489 · OP
Positiones
Stegmüller, Repert. sentent. 1152
Fabri, Jacobus
Jacobus ⟨Fabri⟩
Jacobus ⟨Fabri de Stubach⟩
Stubach, Jacobus ¬de¬

Jacobus ⟨de Susato⟩
gest. 1440
Chronicon
LThK; LMA,V,294
Jacobus ⟨de Soest⟩
Jacobus ⟨de Sosato⟩
Jacobus ⟨de Suzato⟩
Jacobus ⟨de Sweve⟩
Jacobus ⟨Inquisitor⟩
Jacobus ⟨von Soest⟩
Jacques ⟨de Soest⟩
Jakob ⟨von Soest⟩
Susato, Jacobus ¬de¬

Jacobus ⟨de Sweve⟩
→ **Jacobus ⟨de Susato⟩**

Jacobus ⟨de Teramo⟩
ca. 1350/51 – 1417
LMA,V,261
Giacomo ⟨da Teramo⟩
Giacomo ⟨Palladino⟩
Jacob ⟨Palladino⟩
Jacobus ⟨de Ancharano⟩
Jacobus ⟨de Theramo⟩
Jacobus ⟨Palladini⟩
Jacobus ⟨Palladino⟩
Jacobus ⟨Tranensis⟩
Jacopo ⟨da Teramo⟩
Jacopo ⟨di Ancarano⟩
Jacques ⟨de Teramo⟩
Jakob ⟨von Teramo⟩
Palladini, Jacobus
Palladino, Jacob
Palladino, Jacobus
Palladino, Jacopo
Palladinus, Jacobus
Teramo, Jacobus ¬de¬
Teramo, Jacopo Palladino ¬de¬
Theramo, Jacobus ¬de¬

Jacobus ⟨de Tharmis⟩
→ **Jacobus ⟨de Therinis⟩**

Jacobus ⟨de Theramo⟩
→ **Jacobus ⟨de Teramo⟩**

Jacobus ⟨de Therinis⟩
gest. 1321 · OCist
Collationes super Apocalypsim; Contra impugnatores exemptionum et compendium contra impugnatores exemptionum
Stegmüller, Repert. bibl. 3993; LMA,V,261
Jacobus ⟨Abbas Caroliloci⟩
Jacobus ⟨Abbas Pontiniacensis⟩
Jacobus ⟨Caroliloci⟩
Jacobus ⟨de Tharmis⟩
Jacobus ⟨de Thermis⟩
Jacobus ⟨Pontiniacensis⟩
Jacobus ⟨von Pontigny⟩
Jacobus ⟨von Thérines⟩
Jacques ⟨de Chaalis⟩
Jacques ⟨de Châlis⟩
Jacques ⟨de Chalis⟩
Jacques ⟨de Thérines⟩
Jacques ⟨de Thermes⟩
Jakob ⟨de Tharmes⟩
Jakob ⟨von Thérines⟩
Pseudo-Jacobus ⟨de Therinis⟩
Therinis, Jacobus ¬de¬

Jacobus ⟨de Thermis⟩
→ **Jacobus ⟨de Therinis⟩**

Jacobus ⟨de Thymo⟩
→ **Jacobus ⟨Tymaeus de Amersfordia⟩**

Jacobus ⟨de Tonerra⟩
um 1350 · OP
Sermones per totum annum
Schneyer,III,
Jacobus ⟨Burgundus⟩
Jacobus ⟨de Tonnera⟩
Jacobus ⟨de Tonnerre⟩
Jacobus ⟨de Tornedoro⟩
Jacobus ⟨de Tornodoro⟩
Jacobus ⟨Gallus⟩
Jacobus ⟨Terno Dura⟩
Jacobus ⟨Tornodoro⟩
Jacques ⟨de Ternodoro⟩
Jacques ⟨de Tonerre⟩
Jacques ⟨de Tonnerre⟩
Jacques ⟨de Tornodoro⟩
Tonerra, Jacobus ¬de¬

Jacobus ⟨de Tornedoro⟩
→ **Jacobus ⟨de Tonerra⟩**

Jacobus ⟨de Toulouse⟩
→ **Jacobus ⟨Fouquerii⟩**

Jacobus ⟨de Trisancto⟩
um 1308/1323 · OFM
Abbreviatio Richardi de Mediavilla
Stegmüller, Repert. sentent. 396; Schneyer,III,165
Jacobus ⟨de Trisanctis⟩
Jacobus ⟨Petrisancti⟩
Jacobus ⟨Trisanto⟩
Jacques ⟨de Trisanto⟩
Trisancto, Jacobus ¬de¬
Trisanto, Jacobus

Jacobus ⟨de Tückelhausen⟩
gest. ca. 1473 · OCart
4 Briefe
VL(2),4,495/497
Jacobus ⟨de Rotenburg⟩
Jakob ⟨von Tückelhausen⟩
Tückelhausen, Jacobus ¬de¬

Jacobus ⟨de Ulma⟩
→ **Engelin, Jakob**

Jacobus ⟨de Urbeveteri⟩
→ **Jacobus ⟨Scalza de Urbeveteri⟩**

Jacobus ⟨de Valentia⟩
gest. 1490
In CL psalmos expositio
LMA,V,260; LThK
Jacobo ⟨Perez⟩
Jacobus ⟨Christopolitanus⟩
Jacobus ⟨de Christopolis⟩
Jacobus ⟨de Valencia⟩
Jacobus ⟨Episcopus⟩
Jacobus ⟨Perez⟩
Jacobus ⟨Pérez de Valencia⟩
Jacques ⟨de Valence⟩
Jacques ⟨d'Ayora⟩
Jaime ⟨Pérez de Valencia⟩
Jakob ⟨Pérez⟩
Jakob ⟨von Valencia⟩
Perez, Jacobus
Perez de Valencia, Jacobus
Pérez de Valencia, Jaime
Perez de Valentia, Jacobus
Perez de Valentia, Jaime
Valencia, Jaime Pérez ¬de¬
Valentia, Jacobus ¬de¬

Jacobus ⟨de Varagine⟩
→ **Jacobus ⟨de Voragine⟩**

Jacobus ⟨de Varazze⟩
→ **Jacobus ⟨de Voragine⟩**

Jacobus ⟨de Velino⟩
14. Jh.
Iter Italicum Urbani V Romani pontificis (1367-1370); Iter italicum Gregorii XI (1376-1377); Electio Urbani VI (1378)
Rep.Font. VI,139
Jacobus ⟨de Avellino⟩
Velino, Jacobus ¬de¬

Jacobus ⟨de Venetiis⟩
→ **Jacobus ⟨Petri de Venetiis⟩**

Jacobus ⟨de Venetiis⟩
um 1136/50
Aristotelis Analytica posteriora
Tusculum-Lexikon
Giacomo ⟨Veneto⟩
Jacobus ⟨Clericus⟩
Jacobus ⟨Clericus de Venetia⟩
Jacobus ⟨de Venetia⟩
Jacobus ⟨Graecus⟩
Jacobus ⟨Veneticus⟩
Jacobus ⟨Veneticus Clericus⟩
Jacobus ⟨Veneticus Graecus⟩
Jacobus ⟨Venetus⟩
Jacques ⟨de Venise⟩
Jakob ⟨Kleriker⟩
Jakob ⟨von Venedig⟩
Venetiis, Jacobus ¬de¬

Jacobus ⟨de Verona⟩
um 1335 · OESA
Liber peregrationis; Identität mit gleichnamigen Prior des Augustinerklosters S. Ephemia in Verona nicht gesichert.
VL(2),4,447/448
Jacopo ⟨da Verona⟩
Jacques ⟨de Vérone⟩
Jakob ⟨von Bern⟩
Verona, Jacobus ¬de¬

Jacobus ⟨de Vienna⟩
15. Jh. · OP
Tract. de confessionibus audiendis
Kaeppeli,II,348
Jacobus ⟨de Wienna⟩
Vienna, Jacobus ¬de¬

Jacobus ⟨de Villaco⟩
um 1359
Schneyer, III,165
Villaco, Jacobus ¬de¬

Jacobus ⟨de Viraggio⟩
→ **Jacobus ⟨de Voragine⟩**

Jacobus ⟨de Viterbio⟩
gest. 1308
De regimine christiano
LThK; LMA,V,262
Capocci, Giacomo
Capoccio, Jacques
Capocius, Jacobus
Giacomo ⟨Capocci⟩
Giacomo ⟨da Viterbo⟩
Jacob ⟨von Viterbo⟩
Jacobus ⟨Capocci⟩
Jacobus ⟨de Viterbo⟩
Jacobus ⟨Viterbiensis⟩
Jacques ⟨Capoccio⟩
Jacques ⟨de Viterbe⟩
Jakob ⟨von Viterbo⟩
James ⟨of Viterbo⟩
Viterbio, Jacobus ¬de¬

Jacobus ⟨de Vitreio⟩
→ **Jacobus ⟨de Vitriaco⟩**

Jacobus ⟨de Vitriaco⟩
ca. 1165 – 1240
Historia orientalis
LThK; CSGL; Tusculum-Lexikon; LMA,V,294/95
Jacobus ⟨Acconensis⟩
Jacobus ⟨Achonensis⟩
Jacobus ⟨Cardinalis⟩
Jacobus ⟨de Vitreio⟩
Jacobus ⟨Episcopus⟩
Jacobus ⟨Tusculanus Ptolemaidis⟩
Jacobus ⟨Vitriacensis⟩
Jacobus ⟨Vitriacus⟩
Jacques ⟨de Saint-Jean-d'Acre⟩
Jacques ⟨de Vitry⟩
Jakob ⟨von Vitry⟩
Vitriaco, Jacobus ¬de¬
Vitry, Jacob ¬von¬
Vitry, Jacques ¬de¬

Jacobus ⟨de Voragine⟩
ca. 1228 – 1298
LThK; Tusculum-Lexikon; LMA,V,262
Giacobo ⟨di Voragine⟩
Giacomo ⟨da Varazze⟩
Iacopo ⟨da Varagine⟩
Jacobus ⟨a Voragine⟩
Jacobus ⟨aus Varazze⟩
Jacobus ⟨de Boragine⟩
Jacobus ⟨de Foragine⟩
Jacobus ⟨de Varaggio⟩
Jacobus ⟨de Varagine⟩
Jacobus ⟨de Varazze⟩
Jacobus ⟨de Varragio⟩
Jacobus ⟨de Viraggio⟩
Jacobus ⟨de Viragine⟩
Jacobus ⟨Genuensis⟩
Jacobus ⟨Ianuensis⟩
Jacobus ⟨Januensis⟩
Jacobus ⟨Vico Virginis⟩
Jacopo ⟨da Varazze⟩
Jacopo ⟨di Genova⟩
Jacopo ⟨di Varagine⟩
Jacques ⟨Archevêque de Gênes⟩
Jacques ⟨de Gênes⟩
Jacques ⟨de Voragine⟩
Jakob ⟨von Voragine⟩
Varagine, Iacopo ¬da¬
Varagine, Jacobus ¬a¬
Voragine, Jacobus ¬de¬

Jacobus ⟨de Wienna⟩
→ **Jacobus ⟨de Vienna⟩**

Jacobus ⟨de Wuldersdorf⟩
um 1448
Positiones
Stegmüller, Repert. sentent. 1144
Wuldersdorf, Jacobus ¬de¬

Jacobus ⟨de Żnin⟩
12. Jh.
Vielleicht Verf. der Annales vetusti Cracovienses dicti S. Crucis
Rep.Font. VI,145; LMA,V,288

Jacobus ⟨Archiepiscopus Gnesnensis⟩
Jacobus ⟨Gnesnensis⟩
Żnin, Jacobus ¬de¬

Jacobus ⟨de Zocchis⟩
gest. 1457
Jacobus ⟨de Ferraria⟩
Jacques ⟨de Ferrare⟩
Jacques ⟨de Zocchis⟩
Jacques ⟨Zocchi de Ferrare⟩
Zocchi, Jacques
Zocchis, Jacobus ¬de¬

Jacobus ⟨dell'Aqua della Mela⟩
→ **Jacobus ⟨de Regno⟩**

Jacobus ⟨des Alleus⟩
um 1284
Schneyer,III,1
Alleus, Jacobus ¬des¬
DesAlleus, Jacobus
Jacques ⟨des Alleus⟩

Jacobus ⟨Domenech⟩
→ **Domènec, Jaume**

Jacobus ⟨Dominici⟩
→ **Domènec, Jaume**

Jacobus ⟨Donadei⟩
→ **Donadei, Jacobus**

Jacobus ⟨Dondus⟩
→ **Jacobus ⟨de Dondis⟩**

Jacobus ⟨d'Oria⟩
→ **Jacobus ⟨Auria⟩**

Jacobus ⟨Duacensis⟩
→ **Jacobus ⟨de Duaco⟩**

Jacobus ⟨Duese⟩
→ **Johannes ⟨Papa, XXII.⟩**

Jacobus ⟨Ebredunensis⟩
→ **Jacobus ⟨Gelu⟩**

Jacobus ⟨Edessenus⟩
ca. 640 – 708
Hexaemeron; Epistula ad Georgium episcopum Sarugensem
Cpg 7035; LMA,V,258/59
Edessa, Jacobus ¬von¬
Édesse, Jacques ¬de¬
Edessenus, Jacobus
Giacomo ⟨d'Edessa⟩
Jacob ⟨de Edessa⟩
Jacob ⟨of Edessa⟩
Jacobus ⟨von Edessa⟩
Jacques ⟨d'Edesse⟩
Jacques ⟨Evêque⟩
Jakob ⟨von Edessa⟩
Jakobos ⟨von Edessa⟩
James ⟨of Edessa⟩
Ya'qob ⟨von Edessa⟩

Jacobus ⟨Engelhart⟩
→ **Engelin, Jakob**

Jacobus ⟨Engelin⟩
→ **Engelin, Jakob**

Jacobus ⟨Episcopus⟩
→ **Jacobus ⟨de Benefactis⟩**
→ **Jacobus ⟨de Cerretanis⟩**
→ **Jacobus ⟨de Valentia⟩**
→ **Jacobus ⟨de Vitriaco⟩**
→ **Jacobus ⟨Laudensis⟩**
→ **Jacobus ⟨Sarugensis⟩**

Jacobus ⟨Fabri de Stubach⟩
→ **Jacobus ⟨de Stubach⟩**

Jacobus ⟨Ferrariensis⟩
um 1470 · OP
Commentarius in De caelo et mundo; Commentarius in De generatione et corruptione; Commentarius in De anima; etc.
Lohr
Ferrare, Jacques ¬de¬
Jacobus ⟨Inquisitor⟩
Jacques ⟨de Ferrare⟩

Jacobus ⟨Ferrarius de Regio⟩
→ **Jacobus ⟨de Regio⟩**

Jacobus ⟨Filius David⟩
→ **Jacobus ⟨Bonaediei⟩**

Jacobus ⟨Firmiano⟩
14. Jh. · OP
Sermones de tempore et de festis; Tractatus de antepraedicamentis
Schneyer,III,51
Firmiano, Jacobus
Jacobus ⟨a Fermo⟩
Jacobus ⟨a Firmio⟩
Jacobus ⟨a Firmo⟩
Jacobus ⟨de Fermo⟩
Jacobus ⟨de Firmio⟩
Jacobus ⟨de Firmo⟩
Jacques ⟨Firmiano⟩
Jacques ⟨Fitiviano⟩

Jacobus ⟨Florentinus⟩
→ **Jacobus ⟨de Brugis⟩**

Jacobus ⟨Folcradi de Itzsteyn⟩
→ **Volradi, Jacobus**

Jacobus ⟨Folquerii⟩
→ **Jacobus ⟨Fouquerii⟩**

Jacobus ⟨Fornerius⟩
→ **Benedictus ⟨Papa, XII.⟩**

Jacobus ⟨Foroliviensis⟩
→ **Jacobus ⟨de Forlivio⟩**

Jacobus ⟨Fouquerii⟩
um 1345 · OESA
Viridarium Gregorianum
Stegmüller, Repert. bibl. 3882
Folquerius, Jacobus
Folquier, Jacobus
Fouquerii, Jacobus
Fouquier, Jacques
Jacobus ⟨de Toulouse⟩
Jacobus ⟨Folquerii⟩
Jacobus ⟨Folquerius⟩
Jacobus ⟨Folquier⟩
Jacques ⟨Fouquier de Toulouse⟩

Jacobus ⟨Franceschini de Ambroxiis⟩
um 1396
Verf. einer angehängten Notiz über 1396 zu den Storie pistoresi (anonym)
Rep.Font. VI,116
Framceschini de Ambroxiis, Jacobus
Franceschini, Jacobus
Franceschini de Ambrosiis, Jacobus
Jacobus ⟨Franceschini⟩
Jacobus ⟨Franceschini de Ambrosiis⟩

Jacobus ⟨Frater⟩
→ **Jacobus ⟨Berenguarii⟩**

Jacobus ⟨Fusigna⟩
→ **Jacobus ⟨de Fusignano⟩**

Jacobus ⟨Fusniaco⟩
→ **Benedictus ⟨Papa, XII.⟩**

Jacobus ⟨Gaetani Stefaneschi⟩
ca. 1260 – 1341
Opus metricum; De centesimo seu Jubileo anno
LMA,VIII,94/95
Cajetan, Jacques
Gaetani Stefaneschi, Jacobus
Jacobo ⟨Stefaneschi⟩
Jacobus ⟨Caietanus⟩
Jacobus ⟨Cajetanus⟩
Jacobus ⟨Gaetani Stefaneschi⟩
Jacobus ⟨Gaytanus⟩
Jacobus ⟨Stefaneschi⟩
Jacopo Gaetano ⟨Stefaneschi⟩
Jacques ⟨Cajetan⟩
Jacques ⟨Stefaneschi⟩
Stefaneschi, Jacobo
Stefaneschi, Jacobus Gaetani
Stefaneschi, Jacopo Gaetano
Stefaneschi, Jacques

Jacobus ⟨Gallus⟩
→ **Jacobus ⟨de Provino⟩**
→ **Jacobus ⟨de Tonerra⟩**

Jacobus ⟨Gaytanus⟩
→ **Jacobus ⟨Gaetani Stefaneschi⟩**

Jacobus ⟨Gelu⟩
gest. 1432
Tractatus de Puella; Vita Jacobi Gelu, archiepiscopi Turonensis, ab ipso conscripta
Rep.Font. VI,116
Gelu, Jacobus
Gélu, Jacques
Jacobus ⟨Ebredunensis⟩
Jacobus ⟨Turonensis⟩
Jacques ⟨Gélu⟩

Jacobus ⟨Genuensis⟩
→ **Bracellus, Jacobus**
→ **Jacobus ⟨de Voragine⟩**

Jacobus ⟨Gil⟩
→ **Jacobus ⟨Aegidii⟩**

Jacobus ⟨Gnesnensis⟩
→ **Jacobus ⟨de Żnin⟩**

Jacobus ⟨Graecus⟩
→ **Jacobus ⟨de Venetiis⟩**

Jacobus ⟨Gruitroedius⟩
→ **Jacobus ⟨de Gruytrode⟩**

Jacobus ⟨Guisius⟩
→ **Jacobus ⟨de Guisia⟩**

Jacobus ⟨Haldenstoun⟩
gest. 1443
Contra Lollardos; Processus contra haereticos; Copiale prioratus Sanctiandreae
Haldenstone, Jacobus
Haldenstoun, Jacobus
Haldenstoun, Jacques
Haldenstoun, James
Jacobus ⟨Haldenstone⟩
Jacques ⟨Haldenstoun⟩
James ⟨Haldenstone⟩
James ⟨Haldenstoun⟩

Jacobus ⟨Hat⟩
→ **Jacobus ⟨de Hattem⟩**

Jacobus ⟨Hattem⟩
→ **Jacobus ⟨de Hattem⟩**

Jacobus ⟨Ianuensis⟩
→ **Jacobus ⟨de Ianua⟩**
→ **Jacobus ⟨de Voragine⟩**

Jacobus ⟨in Muldorf⟩
→ **Jacobus ⟨de Mühldorf⟩**

Jacobus ⟨Inquisitor⟩
→ **Jacobus ⟨de Susato⟩**
→ **Jacobus ⟨Ferrariensis⟩**

Jacobus ⟨Italus⟩
→ **Jacobus ⟨Castelbonus⟩**

Jacobus ⟨Iudaeus⟩
Lebensdaten nicht ermittelt
Doctrina Jacobi nuper baptizati (anonymes Werk)
Cpg 7793
Iudaeus, Jacobus
Jacobus ⟨Nuper Baptizatus⟩

Jacobus ⟨Iudex⟩
13. Jh.
Nicht ident. mit Jacobus ⟨de Benevento⟩, OP, um 1360; De uxore cerdonis (comedia); Proverbia
Rep.Font. VI,117
Iudex, Jacobus
Jacobus ⟨Iudex Beneventus⟩
Jacques ⟨de Bénévent⟩

Jacobus ⟨Iunterburgius⟩
→ **Jacobus ⟨de Paradiso⟩**

Jacobus ⟨Iust⟩
→ **Jacobus ⟨Just⟩**

Jacobus ⟨Junterburgius⟩
→ **Jacobus ⟨de Paradiso⟩**

Jacobus ⟨Just⟩
gest. 1459 · OP
Sermones; Lecturae et scripta de logica
Kaeppeli,II,323
Jacobus ⟨Iust⟩
Jacobus ⟨Valentinus⟩
Jacques ⟨Just⟩
Just, Jacobus
Just, Jacques

Jacobus ⟨Lapus⟩
→ **Lapus ⟨de Castellione⟩**

Jacobus ⟨Laudensis⟩
ca. 1368 – 1435
Kaeppeli,II,298/304
Arigonius, Jacobus
Arrigoni, Jacobus
Jacobus ⟨Arigonius⟩
Jacobus ⟨Armenus⟩
Jacobus ⟨Arrigoni⟩
Jacobus ⟨Arrigoni Laudensis⟩
Jacobus ⟨de Balardis⟩
Jacobus ⟨Episcopus⟩
Jacobus ⟨of Lodi⟩
Jacques ⟨de Lodi⟩
Jakob ⟨von Lodi⟩

Jacobus ⟨Leodiensis⟩
→ **Jacobus ⟨de Gruytrode⟩**

Jacobus ⟨Leodiensis⟩
ca. 1260 – ca. 1330
Speculum musicae; nicht identisch mit Jacobus ⟨de Gruytrode⟩
LMA,V,259
Jacobus ⟨von Lüttich⟩
Jacques ⟨de Liège⟩

Jacobus ⟨Lombardus⟩
ca. 14. Jh.
Supra librum De anima
Lohr
Lombardus, Jacobus

Jacobus ⟨Lopes Stunica⟩
→ **Stúñiga, Lope ¬de¬**

Jacobus ⟨Lumen Iuris⟩
→ **Jacobus ⟨Butrigarius⟩**

Jacobus ⟨Magister⟩
→ **Albinus, Jacobus**
→ **Jacobus ⟨de Hattem⟩**

Jacobus ⟨Magnus⟩
→ **Legrand, Jacques**

Jacobus ⟨Maiorica, Rex, III.⟩
→ **Jaime ⟨Mallorca, Rey, III.⟩**

Jacobus ⟨Malvecius⟩
→ **Malvetiis, Jacobus ¬de¬**

Jacobus ⟨Mantuae Episcopus⟩
→ **Jacobus ⟨de Benefactis⟩**

Jacobus ⟨Masius⟩
→ **Jacobus ⟨de Brugis⟩**

Jacobus ⟨Mediolanensis⟩
gest. ca. 1244 · OP
Responsio fr. Iacobi Mediolanensis de ord. fr. Pred.
Kaeppeli,II,330
Jacob ⟨of Milan⟩
Jacobus ⟨de Iurono⟩
Jacobus ⟨de Mediolano⟩
Jacques ⟨de Milan⟩
Jakob ⟨von Mailand⟩
James ⟨of Milan⟩

Jacobus ⟨Meister⟩
Lebensdaten nicht ermittelt
Cgm 317,20; 340,4: Aderlaßtraktat; Identität mit anderen Ärzten gleichen Namens offen
VL(2),4,438
Jacobus ⟨Wundarzt⟩
Meister Jacobus

Jacobus ⟨Mercerii⟩
um 1422/34
Kaeppeli,II,330
Mercerii, Jacobus

Jacobus ⟨Metensis⟩
um 1295/1302
Sup. lib. I-IV Sent.
Kaeppeli,II,330/331; LMA,V,293
Giacomo ⟨di Metz⟩
Jacobus ⟨de Metz⟩
Jacques ⟨de Metz⟩
Jakob ⟨von Metz⟩

Jacobus ⟨Middelburgensis⟩
→ **Jacobus ⟨Antonii⟩**

Jacobus ⟨Moguntinus⟩
→ **Jacobus ⟨de Moguntia⟩**

Jacobus ⟨Monachus⟩
→ **Jacobus ⟨Coccinobaphus⟩**

Jacobus ⟨Monachus Cassinensis⟩
→ **Jacobus ⟨Berenguarii⟩**

Jacobus ⟨Motz⟩
→ **Motz, Jacobus**

Jacobus ⟨Muevin⟩
→ **Muevin, Jacques**

Jacobus ⟨Narniensis⟩
→ **Jacobus ⟨de Perusio⟩**

Jacobus ⟨Neubauer⟩
→ **Jacobus ⟨Nigebur⟩**

Jacobus ⟨Nicholai de Dacia⟩
14. Jh.
Liber de distinctione metrorum
Dacia, Jacobus ¬de¬
Jacobus ⟨de Dacia⟩
Jacobus ⟨Nicholai⟩
Jacobus ⟨Nicholai Roskildensis⟩
Jacobus ⟨Nicolai⟩
Jacobus ⟨Nicolai de Dacia⟩
Jacobus ⟨Roskildensis⟩
Nicholai, Jacobus
Nicholai de Dacia, Jacobus

Jacobus ⟨Nicolai Estensis Cancellarius⟩
→ **Jacobus ⟨de Delayto⟩**

Jacobus ⟨Nigebur⟩
15. Jh.
Lectura super logicam
Lohr
Jacobus ⟨Neubauer⟩
Neubauer, Jacobus
Nigebur, Jacobus

Jacobus ⟨Notarius⟩
→ **Jacobus ⟨de Moguntia⟩**

Jacobus ⟨Novelli⟩
→ **Benedictus ⟨Papa, XII.⟩**

Jacobus ⟨Nuper Baptizatus⟩
→ **Jacobus ⟨Iudaeus⟩**

Jacobus ⟨of Brusa⟩
→ **Jacobus ⟨Coccinobaphus⟩**

Jacobus ⟨of Jüterbogk⟩
→ **Jacobus ⟨de Paradiso⟩**

Jacobus ⟨of Lodi⟩
→ **Jacobus ⟨Laudensis⟩**

Jacobus ⟨of Serug⟩
→ **Jacobus ⟨Sarugensis⟩**

Jacobus ⟨Optimus Rhetor et Musicus⟩
→ **Jacobus ⟨de Mühldorf⟩**

Jacobus ⟨Paduanus⟩
→ **Jacobus ⟨de Dondis⟩**

Jacobus ⟨Palladini⟩
→ **Jacobus ⟨de Teramo⟩**

Jacobus ⟨Pamphiliae de Cercinis⟩
14. Jh. · OP
Super Topicam
Lohr
Cercinis, Jacobus ¬de¬
Jacobus ⟨de Cercinis⟩
Jacobus ⟨Pamphiliae⟩
Jacobus ⟨Pamphiliae Viterbiensis⟩
Jacobus ⟨Pamphilie⟩
Jacques ⟨de Cercinis⟩
Jacques ⟨Pamphiliae⟩
Jacques ⟨Pamphiliae de Cercinis⟩
Pamphiliae, Jacobus
Pamphiliae, Jacques
Pamphiliae de Cercinis, Jacobus

Jacobus ⟨Pantaleone⟩
→ **Urbanus ⟨Papa, IV.⟩**

Jacobus ⟨Pappatikius⟩
13./14. Jh.
Super libros II-III De anima
Lohr
Pappatikius, Jacobus

Jacobus ⟨Parcossius de Zorawice⟩
→ **Parkosz, Jakub**

Jacobus ⟨Parent⟩
14. Jh.
Extractiones commenti supra librum De anima
Lohr
Parent, Jacobus

Jacobus ⟨Parfuess⟩
→ **Johannes ⟨Ensdorfensis⟩**

Jacobus ⟨Parkosch de Żórawice⟩
→ **Parkosz, Jakub**

Jacobus ⟨Parmensis⟩
14. Jh. · OESA
Sermones quadragesimales
Schneyer,III,158
Jacques ⟨de Parme⟩

Jacobus ⟨Passavanti⟩
→ **Passavanti, Jacobus**

Jacobus ⟨Peregrini de Regio⟩
→ **Jacobus ⟨de Regio⟩**

Jacobus ⟨Pérez de Valencia⟩
→ **Jacobus ⟨de Valentia⟩**

Jacobus ⟨Perusinus⟩
→ **Jacobus ⟨Castelbonus⟩**

Jacobus ⟨Perusinus, OESA⟩
gest. 1362 · OESA
In Quatuor libros Sententiarum; Epositio super Threnos Jeremiae
Jacobus ⟨Perusinus⟩
Jacobus ⟨von Perugia⟩
Jacobus ⟨von Terracina⟩
Jacques ⟨de Pérouse, OESA⟩
Jacques ⟨de Terracino⟩
Perusinus, Jacobus

Jacobus ⟨Perusinus, OP⟩
um 1266/1322 · OP
Sermones de tempore; Sermones de sanctis
Kaeppeli,II,334/335; Schneyer,III,161

Jacobus ⟨Perusinus⟩
Perusinus, Jacobus

Jacobus ⟨Petri Brixiensis⟩
gest. 1470 · OP
Tractatus de divinitate sanguinis Christi
Kaeppeli,II,335/336; Rep.Font. VI,128
Jacobus ⟨de Petris⟩
Jacobus ⟨Petri⟩
Jacques ⟨de Brescia⟩
Jacques ⟨Petri⟩
Jacques ⟨Petri de Brescia⟩
Petri, Jacobus
Petri, Jacques
Petris, Jacobus ¬de¬

Jacobus ⟨Petri de Venetiis⟩
um 1418/22 · OP
Quadragesimale; Septenarium (Sermones de tempore)
Schneyer, Winke, 22
Jacobus ⟨de Venetiis⟩
Jacobus ⟨Petri⟩
Petri, Jacobus
Petri de Venetiis, Jacobus
Venetiis, Jacobus ¬de¬

Jacobus ⟨Petri Pigalordi⟩
um 1367/94 · OP
Epistulae 2 ad Angelum Acciaioli, ep. Florent., card.
Kaeppeli,II,336
Jacobus ⟨Argolicensis Episcopus⟩
Jacobus ⟨Petri⟩
Jacobus ⟨Pigalordi⟩
Petri Pigalordi, Jacobus

Jacobus ⟨Petrisancti⟩
→ **Jacobus ⟨de Trisancto⟩**

Jacobus ⟨Piccolomineus⟩
→ **Ammannati, Jacobus**

Jacobus ⟨Picenus⟩
→ **Jacobus ⟨de Marchia⟩**

Jacobus ⟨Pigalordi⟩
→ **Jacobus ⟨Petri Pigalordi⟩**

Jacobus ⟨Pistoriensis⟩
→ **Jacobus ⟨de Pistorio⟩**

Jacobus ⟨Placentinus⟩
→ **Jacobus ⟨de Placentia⟩**
→ **Jacobus ⟨Zinedolus⟩**

Jacobus ⟨Poeta⟩
→ **Jacobus ⟨Scriba⟩**

Jacobus ⟨Poggius Brocciolinus⟩
→ **Poggio Bracciolini, Jacopo ¬di¬**

Jacobus ⟨Pontiniacensis⟩
→ **Jacobus ⟨de Therinis⟩**

Jacobus ⟨Praedicator⟩
um 1318/25 · OP
Epistula ad Andronicum Palaeologum maiorem
Kaeppeli,II,295; Schönberger/ Kible, Repertorium, 14299
Jacobus ⟨Societatis Fratrum Ordinis Praedicatorum Peregrinantium⟩
Jacques ⟨de la Société des Frerès Pérégrinants⟩
Praedicator Jacobus

Jacobus ⟨Pragensis⟩
→ **Jacobus ⟨de Misa⟩**

Jacobus ⟨Presbyter⟩
10./11. bzw. 15. Jh.
Carmen de miraculis S. Zenonis
Rep.Font. VI,130
Jacques ⟨Hagiographe⟩
Jacques ⟨Prêtre⟩
Presbyter, Jacobus

Jacobus ⟨Ravennas⟩
→ **Jacobus ⟨de Ravenna⟩**

Jacobus ⟨Regiensis⟩
→ **Jacobus ⟨de Regio⟩**

Jacobus ⟨Rex Maioricarum, III.⟩
→ **Jaime ⟨Mallorca, Rey, III.⟩**

Jacobus ⟨Roskildensis⟩
→ **Jacobus ⟨Nicholai de Dacia⟩**

Jacobus ⟨Salviatus⟩
→ **Jacopo ⟨Salviati⟩**

Jacobus ⟨Sanctus⟩
→ **Jacobus ⟨de Marchia⟩**
→ **Jacobus ⟨Sarugensis⟩**

Jacobus ⟨Sarugensis⟩
ca. 451 – 521
LThK; CSGL; LMA,V,293
Giacomo ⟨di Sarûg⟩
Jacob ⟨of Serug⟩
Jacobus ⟨Episcopus⟩
Jacobus ⟨of Serug⟩
Jacobus ⟨Sanctus⟩
Jacobus ⟨Syrus⟩
Jacobus ⟨von Sarug⟩
Jacques ⟨de Haura⟩
Jacques ⟨de Sarug⟩
Jakob ⟨von Batnae⟩
Jakob ⟨von Sarug⟩
Jakobus ⟨von Sarug⟩
Jakobus ⟨von Serugh⟩
James ⟨of Batnan in Serugh⟩
Sarug, Jakob ¬von¬

Jacobus ⟨Scalza de Urbeveteri⟩
um 1266/1331 · OP
Sermones praedicabiles
Schneyer,III,165
Giacomo ⟨Scalza⟩
Jacobus ⟨de Urbeveteri⟩
Jacobus ⟨Scalza⟩
Jacobus ⟨Scalza Urbevetanus⟩
Jacobus ⟨Urbevetanus⟩
Jacques ⟨d'Orvieto⟩
Jacques ⟨Scalza d'Orvieto⟩
Scalza, Jacobus
Urbeveteri, Jacobus ¬de¬

Jacobus ⟨Scalza Urbevetanus⟩
→ **Jacobus ⟨Scalza de Urbeveteri⟩**

Jacobus ⟨Schneider⟩
15. Jh.
Rezept; Repositionsverfahren; Kosmetisches Rezept; etc.
VL(2),4,436/437
Jäckel ⟨Schneider⟩
Jacobus ⟨Bairischer Laienarzt⟩
Jäkel ⟨Sneider⟩
Schneider, Jäckel
Schneider, Jacobus
Sneider, Jäkel

Jacobus ⟨Schuelmaister ze Muldorf⟩
→ **Jacobus ⟨de Mühldorf⟩**

Jacobus ⟨Scotia, Rex, ...⟩
→ **James ⟨Scotland, King, ...⟩**

Jacobus ⟨Scriba⟩
9. Jh.
Versus ad Karolum Magnum
Rep.Font. VI,132
Jacobus ⟨Poeta⟩
Scriba, Jacobus

Jacobus ⟨Senensis⟩
→ **Jacobus ⟨de Sancto Andrea⟩**

Jacobus ⟨Societatis Fratrum Ordinis Praedicatorum Peregrinantium⟩
→ **Jacobus ⟨Praedicator⟩**

Jacobus ⟨Sprenger⟩
→ **Sprenger, Jakob**

Jacobus ⟨Stefaneschi⟩
→ **Jacobus ⟨Gaetani Stefaneschi⟩**

Jacobus ⟨Syrus⟩
→ **Jacobus ⟨Sarugensis⟩**

Jacobus ⟨Terno Dura⟩
→ **Jacobus ⟨de Tonerra⟩**

Jacobus ⟨Textor⟩
um 1459 · OFM
Tabula super conflatum Francisci de Mayronis
Stegmüller, Repert. sentent. 235
Jacobus ⟨de Capo d'Istria⟩
Jacobus ⟨de Iustinopoli⟩
Jacobus ⟨de Justinopoli⟩
Jacobus ⟨Textor de Iustinopoli⟩
Jacques ⟨de Capo d'Istria⟩
Jacques ⟨Textor de Capo d'Istria⟩
Textor, Jacobus
Textor, Jacques

Jacobus ⟨Theologus Coloniensis⟩
→ **Jacobus ⟨de Stralen⟩**

Jacobus ⟨Tolner⟩
um 1432 · OP
Continentia capitulorum Bibliae
Kaeppeli,II,347
Tolner, Jacobus

Jacobus ⟨Tolosanus⟩
gest. ca. 1250
Dictionarium theologicum; Distinctiones
Stegmüller, Repert. bibl. 3994
Jacques ⟨de Toulouse⟩
Tolosanus, Jacobus

Jacobus ⟨Tolosanus⟩
→ **Legrand, Jacques**

Jacobus ⟨Tornodoro⟩
→ **Jacobus ⟨de Tonerra⟩**

Jacobus ⟨Torriti⟩
→ **Torriti, Jacopo**

Jacobus ⟨Tranensis⟩
→ **Jacobus ⟨de Teramo⟩**

Jacobus ⟨Trisanto⟩
→ **Jacobus ⟨de Trisancto⟩**

Jacobus ⟨Turonensis⟩
→ **Jacobus ⟨Gelu⟩**

Jacobus ⟨Tusculanus Ptolemaidis⟩
→ **Jacobus ⟨de Vitriaco⟩**

Jacobus ⟨Twinger von Königshofen⟩
→ **Twinger von Königshofen, Jakob**

Jacobus ⟨Tymaeus de Amersfordia⟩
gest. 1493
De generatione et corruptione; Aristotelis Meteororum secundum processum Albertistarum
Lohr
Amersfordia, Jacobus ¬de¬
Heyden, Jacques ¬van der¬
Jacobus ⟨de Amersfordia⟩
Jacobus ⟨de Thymo⟩
Jacobus ⟨Tymaeus⟩
Jacobus ⟨Tymanni de Amersfordia⟩
Jacques ⟨Tymaeus⟩
Jacques ⟨van der Heyden⟩
Tymaeus, Jacobus
Tymaeus, Jacques

Jacobus ⟨Umber⟩
→ **Jacobus ⟨Castelbonus⟩**

Jacobus ⟨Urbevetanus⟩
→ **Jacobus ⟨Scalza de Urbeveteri⟩**

Jacobus ⟨Valentinus⟩
→ **Jacobus ⟨Just⟩**

Jacobus ⟨Vavassori⟩
14. Jh.
Summarium in quosdam Aristotelis tractatus; Distinctiones quaestionabiles super logicam
Lohr
Vavassori, Jacobus

Jacobus ⟨Veneticus⟩
→ **Jacobus ⟨de Venetiis⟩**

Jacobus ⟨Vico Virginis⟩
→ **Jacobus ⟨de Voragine⟩**

Jacobus ⟨Villeti⟩
um 1412/51 · OCarm
In libros quosdam Sacrae Scripturae
Stegmüller, Repert. bibl. 3995
Jacobus ⟨Avenionensis⟩
Jacobus ⟨Vilheti⟩
Jacobus ⟨Villetus⟩
Jacques ⟨Villeti⟩
Vilheti, Jacobus
Villeti, Jacobus
Villeti, Jacques

Jacobus ⟨Viterbiensis⟩
→ **Jacobus ⟨de Viterbio⟩**

Jacobus ⟨Vitriacensis⟩
→ **Jacobus ⟨de Vitriaco⟩**

Jacobus ⟨Volradi⟩
→ **Volradi, Jacobus**

Jacobus ⟨von Achrida⟩
→ **Jacobus ⟨Bulgariae⟩**

Jacobus ⟨von Dinant⟩
→ **Jacobus ⟨de Dinanto⟩**

Jacobus ⟨von Douai⟩
→ **Jacobus ⟨de Duaco⟩**

Jacobus ⟨von Edessa⟩
→ **Jacobus ⟨Edessenus⟩**

Jacobus ⟨von Eltville⟩
→ **Jacobus ⟨de Altavilla⟩**

Jacobus ⟨von Hattem⟩
→ **Jacobus ⟨de Hattem⟩**

Jacobus ⟨von Kampen⟩
→ **Jacobus ⟨de Hattem⟩**

Jacobus ⟨von Kokkinobaphus⟩
→ **Jacobus ⟨Coccinobaphus⟩**

Jacobus ⟨von Lausanne⟩
→ **Jacobus ⟨de Lausanna⟩**

Jacobus ⟨von Lüttich⟩
→ **Jacobus ⟨Leodiensis⟩**

Jacobus ⟨von Mühldorf⟩
→ **Jacobus ⟨de Mühldorf⟩**

Jacobus ⟨von Perugia⟩
→ **Jacobus ⟨Perusinus, ...⟩**

Jacobus ⟨von Pontigny⟩
→ **Jacobus ⟨de Therinis⟩**

Jacobus ⟨von Sarug⟩
→ **Jacobus ⟨Sarugensis⟩**

Jacobus ⟨von Soest⟩
→ **Jacobus ⟨de Susato⟩**

Jacobus ⟨von Terracina⟩
→ **Jacobus ⟨Perusinus, OESA⟩**

Jacobus ⟨von Thérines⟩
→ **Jacobus ⟨de Therinis⟩**

Jacobus ⟨Warnierus⟩
um 1475
Coutumes du duché de Limbourg (franz. und niederländ.)
Rep.Font. III,666; VI,144

Jacobus ⟨Warnierus de Limburg⟩
Warnierus, Jacobus

Jacobus ⟨Wundarzt⟩
→ **Jacobus ⟨Meister⟩**

Jacobus ⟨Xativensis⟩
→ **Jacobus ⟨Aegidii⟩**

Jacobus ⟨Zenedolus⟩
→ **Jacobus ⟨Zinedolus⟩**

Jacobus ⟨Zenus⟩
→ **Zenus, Jacobus**

Jacobus ⟨Zinedolus⟩
um 1372/73 · OP
Principia; Collationes
Kaeppeli,II,369
Giacomo ⟨Zinedolo⟩
Jacobus ⟨Placentinus⟩
Jacobus ⟨Zenedolus⟩
Jacques ⟨de Plaisance⟩
Jacques ⟨Zinedolo⟩
Zinedolo, Jacques
Zinedolus, Jacobus

Jacobus ⟨Fournier⟩
→ **Benedictus ⟨Papa, XII.⟩**

Jacobus Angelus ⟨de Scarparia⟩
→ **Jacobus ⟨Angelus de Scarperia⟩**

Jacobus Baptista ⟨Aloisi⟩
15. Jh. · OESA
Lohr
Aloisi, Jacques-Baptiste
Jacobus Baptista ⟨Alovisianus⟩
Jacobus Baptista ⟨de Alovisiis⟩
Jacobus Baptista ⟨degli Aloysi⟩
Jacques Baptiste ⟨Aloisi de Ravenne⟩
Jacques Baptiste ⟨de Ravenne⟩
Jacques-Baptiste ⟨Aloisi de Ravenne⟩
Jacques-Baptiste ⟨de Ravenne⟩

Jacobus Philippus ⟨Bergamensis⟩
→ **Foresti, Jacopo Filippo**

Jacobus Philippus ⟨de Padua⟩
14./15. Jh. · OESA
Herausgeber des „Libro agregà de Serapiom"
Rep.Font. VI,129
Jacobus Philippus ⟨Frater⟩
Jacques Philippe ⟨de Padoue⟩
Jacques-Philippe ⟨de Padoue⟩
Padua, Jacobus Philippus ¬de¬

Jacobus Philippus ⟨Frater⟩
→ **Jacobus Philippus ⟨de Padua⟩**

Jacomino ⟨...⟩
→ **Giacomino**

Jacomo ⟨...⟩
→ **Giacomo ⟨...⟩**

Jacop ⟨...⟩
→ **Jakob ⟨...⟩**

Jacopa ⟨Pollicino⟩
→ **Jacoba ⟨Pollicino⟩**

Jacopino ⟨da Tradate⟩
15. Jh.
Jacopo ⟨da Tradate⟩
Tradate, Jacopino ¬da¬

Jacopino ⟨de Colle⟩
→ **Minus ⟨de Colle⟩**

Jacopo ⟨Acoretori ab Ymola⟩
→ **Jacopo ⟨da Imola⟩**

Jacopo ⟨Alighieri⟩
→ **Alighieri, Jacopo**

Jacopo ⟨Ammannati-Piccolomini⟩
→ **Ammannati, Jacobus**

Jacopo ⟨Angeli da Scarperia⟩
→ **Jacobus ⟨Angelus de Scarperia⟩**

Jacopo ⟨Bertaldo⟩
→ **Jacobus ⟨Bertaldus⟩**

Jacopo ⟨Bottrigari⟩
→ **Jacobus ⟨Butrigarius⟩**

Jacopo ⟨Bracelli⟩
→ **Bracellus, Jacobus**

Jacopo ⟨Camphora⟩
gest. ca. 1451
Dialogo dell'immortalità dell'anima
Camphora, Jacopo
Campora, Jacques
Campora de Ianua, Jacobus
Iacopo ⟨Camphora de Genua⟩
Jacobus ⟨Camfaro⟩
Jacobus ⟨Campora⟩
Jacobus ⟨Campora de Ianua⟩
Jacopo ⟨Camphora de Genoa⟩
Jacques ⟨Campora⟩

Jacopo ⟨Carradori⟩
→ **Jacopo ⟨da Imola⟩**

Jacopo ⟨Castiglione⟩
→ **Lapus ⟨de Castellione⟩**

Jacopo ⟨Colombi⟩
→ **Jacobus ⟨Columbi⟩**

Jacopo ⟨da Benevento⟩
→ **Jacobus ⟨de Benevento⟩**

Jacopo ⟨da Bologna⟩
um 1339/49
Ital. Komponist und Musiktheoretiker
LMA,V,264
Bologna, Jacopo ¬da¬
Jacobus ⟨Bononiensis⟩
Jacobus ⟨de Bononia⟩
Jacques ⟨de Bologne⟩

Jacopo ⟨da Forlì⟩
→ **Jacobus ⟨de Forlivio⟩**

Jacopo ⟨da Imola⟩
14. Jh.
Rime
Rep.Font. VI,145
Acoretori ab Ymola, Jacopo
Carradori, Jacopo
Garatori, Jacopo ¬de'¬
Garatori, Jacques ¬de'¬
Iacopo ⟨da Imola⟩
Imola, Jacopo ¬da¬
Jacopo ⟨Acoretori ab Ymola⟩
Jacopo ⟨Carradori⟩
Jacopo ⟨de'Garatori⟩
Jacques ⟨de Garatori da Imola⟩

Jacopo ⟨da Lentini⟩
→ **Giacomo ⟨da Lentini⟩**

Jacopo ⟨da Lentino⟩
→ **Giacomo ⟨da Lentini⟩**

Jacopo ⟨da Montepulciano⟩
14. Jh.
La fimerodia
Rep.Font. VI,147
Iacopo ⟨da Montepulciano⟩
Iacopo ⟨del Pecora⟩
Jacobus ⟨de Montepulciano⟩
Jacopo ⟨del Pecora⟩
Jacopo ⟨del Pecora da Montepulciano⟩
Jacques ⟨de Montepulciano⟩
Montepulciano, Jacopo ¬da¬

Jacopo ⟨da Morra⟩
→ **Giacomino ⟨Pugliese⟩**

Jacopo ⟨da Piacenza⟩
→ **Jacobus ⟨de Placentia⟩**

Jacopo ⟨da Pratovecchio⟩
→ **Jacopo ⟨Landini⟩**

Jacopo ⟨da Teramo⟩
→ **Jacobus ⟨de Teramo⟩**

Jacopo ⟨da Todi⟩
→ **Jacopone ⟨da Todi⟩**

Jacopo ⟨da Tradate⟩
→ **Jacopino ⟨da Tradate⟩**

Jacopo ⟨da Varazze⟩
→ **Jacobus ⟨de Voragine⟩**

Jacopo ⟨da Verona⟩
→ **Jacobus ⟨de Verona⟩**

Jacopo ⟨d'Acqui⟩
→ **Jacobus ⟨de Aquis⟩**

Jacopo ⟨d'Albizzotto Guidi⟩
1377 – ca. 1442
Poema su Venezia
Rep.Font. V,274
Albizzoto Guidi, Jacopo ¬d'¬
Albizzotto Guidi, Jacobo ¬d'¬
Albizzotto Guidi, Jacopo ¬d'¬
D'Albizzotto Guidi, Jacopo
Guidi, Jacobo d'Albizzotto
Guidi, Jacopo
Guidi, Jacopo d'Albizzotto
Guidi, Jacques
Jacobo ⟨d'Albizzotto Guidi⟩
Jacopo ⟨Guidi⟩

Jacopo ⟨d'Angelo⟩
→ **Jacobus ⟨Angelus de Scarperia⟩**

Jacopo ⟨de Promontorio de Campis⟩
→ **Jacobus ⟨de Promontorio de Campis⟩**

Jacopo ⟨de'Benedetti⟩
→ **Jacopone ⟨da Todi⟩**

Jacopo ⟨de'Garatori⟩
→ **Jacopo ⟨da Imola⟩**

Jacopo ⟨del Benfatti⟩
→ **Jacobus ⟨de Benefactis⟩**

Jacopo ⟨del Pecora da Montepulciano⟩
→ **Jacopo ⟨da Montepulciano⟩**

Jacopo ⟨della Lana⟩
ca. 1290 – ca. 1365
Commentarium in Dantis Comedia, 1324-1328 vulgari sermone exaratum (ital.)
Rep.Font. VI,146; LUI
DellaLana, Jacopo
Giacomo ⟨della Lana⟩
Iacopo ⟨della Lana⟩
Lana, Iacopo ¬della¬
Lana, Jacopo ¬della¬
Lana, Jacques ¬della¬

Jacopo ⟨della Quercia⟩
1374-1438
LMA,VII,362
DellaQuercia, Jacopo
Iacopo ⟨della Quercia⟩
Iacopo ⟨di Pietro d'Angelo della Quercia⟩
Jacopo ⟨di Pietro d'Angelo⟩
Quercia, Jacopo ¬della¬

Jacopo ⟨di Ancarano⟩
→ **Jacobus ⟨de Teramo⟩**

Jacopo ⟨di Angelo⟩
→ **Jacobus ⟨Angelus de Scarperia⟩**

Jacopo ⟨di Balduino⟩
→ **Jacobus ⟨Balduinus⟩**

Jacopo ⟨di Casentino⟩
→ **Jacopo ⟨Landini⟩**

Jacopo ⟨di Genova⟩
→ **Jacobus ⟨de Voragine⟩**

Jacopo ⟨di Pietro d'Angelo⟩
→ **Jacopo ⟨della Quercia⟩**

Jacopo ⟨di Poggio Bracciolini⟩
→ **Poggio Bracciolini, Jacopo ¬di¬**

Jacopo ⟨di Varagine⟩
→ **Jacobus ⟨de Voragine⟩**

Jacopo ⟨Donadei⟩
→ **Donadei, Jacobus**

Jacopo ⟨Dondi⟩
→ **Jacobus ⟨de Dondis⟩**

Jacopo ⟨d'Oria⟩
→ **Jacobus ⟨Auria⟩**

Jacopo ⟨Doria⟩
→ **Jacobus ⟨Auria⟩**

Jacopo ⟨Fiorentino⟩
→ **Poggio Bracciolini, Jacopo ¬di¬**

Jacopo ⟨Girolami⟩
→ **Girolami, Jacopo**

Jacopo ⟨Guidi⟩
→ **Jacopo ⟨d'Albizzotto Guidi⟩**

Jacopo ⟨Landini⟩
1297 – ca. 1358
Ital. Maler
Casentino, Jacopo ¬di¬
Iacopo ⟨Landini⟩
Jacopo ⟨da Pratovecchio⟩
Jacopo ⟨di Casentino⟩
Landini, Jacopo
Pratovecchio, Jacopo ¬di¬

Jacopo ⟨Malvezzi⟩
→ **Malvetiis, Jacobus ¬de¬**

Jacopo ⟨Mariano⟩
→ **Mariano ⟨Taccola⟩**

Jacopo ⟨Passavanti⟩
→ **Passavanti, Jacobus**

Jacopo ⟨Piacentino⟩
→ **Jacobus ⟨de Placentia⟩**

Jacopo ⟨Rizzardo⟩
→ **Rizzardo, Jacopo**

Jacopo ⟨Salviati⟩
gest. ca. 1404
Cronica
LMA,VII,1322/23
Giacomo ⟨Salviati⟩
Jacobus ⟨Salviatus⟩
Jacopo ⟨Salviato⟩
Salviati, Giacomo
Salviati, Jacopo
Salviatus, Jacobus

Jacopo ⟨Tedaldi⟩
→ **Tedaldi, Jacques**

Jacopo ⟨Torriti⟩
→ **Torriti, Jacopo**

Jacopo ⟨Zeno⟩
→ **Zenus, Jacobus**

Jacopo, Mariano ¬di¬
→ **Mariano ⟨Taccola⟩**

Jacopo Gaetano ⟨Stefaneschi⟩
→ **Jacobus ⟨Gaetani Stefaneschi⟩**

Jacopo Palladino ⟨de Teramo⟩
→ **Jacobus ⟨de Teramo⟩**

Jacopone ⟨da Todi⟩
ca. 1230 – 1306
Cantici
Tusculum-Lexikon; CSGL; Potth.; LMA,V,264/65
Benedetti, Giacomo ¬de¬
Benedetti, Jacopo ¬de¬
Benedetti, Jacopone ¬de¬
Benedictis, Jacobus ¬de¬
Benedictis, Jacoponus ¬de¬
Giacopone ⟨de'Benedetti⟩
Iacopone ⟨da Todi⟩
Jacobus ⟨de Benedictis⟩
Jacopo ⟨da Todi⟩
Jacopone ⟨de Benedetti⟩
Jacopone ⟨de Tuderto⟩
Jacoponus ⟨de Benedictis⟩
Jacoponus ⟨Tudertinus⟩
Todi, Jacopone ¬da¬

Jacopone ⟨de Benedetti⟩
→ **Jacopone ⟨da Todi⟩**

Jacopone ⟨de Tuderto⟩
→ **Jacopone ⟨da Todi⟩**

Jacopo-Taccola, Mariano ¬di¬
→ **Mariano ⟨Taccola⟩**

Jacoppi ⟨von San Gimignano⟩
→ **Johannes ⟨de Sancto Geminiano⟩**

Jacopus ⟨...⟩
→ **Jacobus ⟨...⟩**

Jacot ⟨de Forest⟩
13./14. Jh.
Gilt neben Jean ⟨de Thuin⟩ als möglicher Verf. von „Li roumanz de Julius Cesar"
LMA,II,1358
Forest, Jacot ¬de¬

Jacquemart ⟨Giélée⟩
um 1288
Giélée, Jacquemart
Jacquemard ⟨Gelée⟩
Jacquemars ⟨Giélée⟩

Jacquemès
→ **Jakemes**

Jacquerius, Nicolaus
→ **Nicolaus ⟨Iaquerius⟩**

Jacques ⟨a Porta Ravennate⟩
→ **Jacobus ⟨de Porta Ravennate⟩**

Jacques ⟨a Sancto Johanne⟩
→ **Jacobus ⟨de Sancto Johanne, Barcinonensis⟩**

Jacques ⟨Abbé du Mont Saint-Martin⟩
→ **Jacobus ⟨de Arras⟩**

Jacques ⟨Ammanati⟩
→ **Ammannati, Jacobus**

Jacques ⟨Antoine⟩
→ **Jacobus ⟨Antonii⟩**

Jacques ⟨Aragon, Roi, ...⟩
→ **Jaime ⟨Aragón, Rey, ...⟩**

Jacques ⟨Archevêque de Gênes⟩
→ **Jacobus ⟨de Voragine⟩**

Jacques ⟨Auria⟩
→ **Jacobus ⟨Auria⟩**

Jacques ⟨Baradée⟩
→ **Jacobus ⟨Baradaeus⟩**

Jacques ⟨Bar-Salibi⟩
→ **Dionysios Bar-Ṣalibi**

Jacques ⟨Bauchant⟩
→ **Bauchant, Jacques**

Jacques ⟨Benfatti⟩
→ **Jacobus ⟨de Benefactis⟩**

Jacques ⟨Bertaldo⟩
→ **Jacobus ⟨Bertaldus⟩**

Jacques ⟨Bianconi⟩
→ **Jacobus ⟨de Blanconibus⟩**

Jacques ⟨Branco d'Alba⟩
→ **Jacobus ⟨de Alexandria⟩**

Jacques ⟨Bretel⟩
um 1285
Bretel, Jacques
Brétex, Jacques
Bretiaux, Jacques
Jacques ⟨Brétex⟩
Jacques ⟨Bretiaus⟩
Jacques ⟨Bretiaux⟩
Jacques ⟨Bretius⟩

Jacques ⟨Bretiaux⟩
→ **Jacques ⟨Bretel⟩**

Jacques ⟨Bretius⟩
→ **Jacques ⟨Bretel⟩**

Jacques ⟨Buti⟩
→ **Jacobus ⟨Buti⟩**

Jacques ⟨Cajetan⟩
→ **Jacobus ⟨Gaetani Stefaneschi⟩**

Jacques ⟨Callis⟩
→ **Callis, Jacobus**

Jacques ⟨Campora⟩
→ **Jacopo ⟨Camphora⟩**

Jacques ⟨Capoccio⟩
→ **Jacobus ⟨de Viterbio⟩**

Jacques ⟨Capra⟩
→ **Jacobus ⟨Capra⟩**

Jacques ⟨Catalan⟩
→ **Jacobus ⟨Catalanus⟩**

Jacques ⟨Coccinobaphi⟩
→ **Jacobus ⟨Coccinobaphus⟩**

Jacques ⟨Colombi⟩
→ **Jacobus ⟨Columbi⟩**

Jacques ⟨Conesa⟩
→ **Jacme ⟨Conessa⟩**

Jacques ⟨Cudrefin⟩
→ **Cudrefin, Jacques**

Jacques ⟨d'Ableiges⟩
1340 – 1402
Grand coutumier de France
Rep.Font. VI,502; LMA,I,46-47
Ableiges, Jacques ¬d'¬

Jacques ⟨d'Acqui⟩
→ **Jacobus ⟨de Aquis⟩**

Jacques ⟨d'Albenga⟩
→ **Jacobus ⟨de Albenga⟩**

Jacques ⟨d'Alcaniz⟩
→ **Jacobus ⟨Catalanus⟩**

Jacques ⟨d'Alessandria⟩
→ **Jacobus ⟨de Alexandria⟩**

Jacques ⟨d'Amida⟩
→ **Dionysios Bar-Ṣalibi**

Jacques ⟨d'Amiens⟩
→ **Jacobus ⟨Ambianensis⟩**

Jacques ⟨d'Angelo⟩
→ **Jacobus ⟨Angelus de Scarperia⟩**

Jacques ⟨d'Ardizzone⟩
→ **Jacobus ⟨de Ardizone⟩**

Jacques ⟨d'Arena⟩
→ **Jacobus ⟨de Arena⟩**

Jacques ⟨d'Arras⟩
→ **Jacobus ⟨de Arras⟩**

Jacques ⟨d'Ascoli⟩
→ **Jacobus ⟨de Aesculo⟩**

Jacques ⟨d'Ayora⟩
→ **Jacobus ⟨de Valentia⟩**

Jacques ⟨de Albenga⟩
→ **Jacobus ⟨de Albenga⟩**

Jacques ⟨de Altavilla⟩
→ **Jacobus ⟨de Altavilla⟩**

Jacques ⟨de Aqua Malorum⟩
→ **Jacobus ⟨de Regno⟩**

Jacques ⟨de Bagno⟩
→ **Giacomo ⟨da Bagno⟩**

Jacques ⟨de Baisieux⟩
13. Jh.
Dits et poèmes
Baisieux, Jacques ¬de¬
Jakob ⟨von Baisieux⟩

Jacques ⟨de Baisio⟩
→ **Jacobus ⟨de Baisio⟩**

Jacques ⟨de Beauvoir⟩
→ **Jacobus ⟨de Belviso⟩**

Jacques ⟨de Bénévent⟩
→ **Jacobus ⟨de Benevento⟩**
→ **Jacobus ⟨Iudex⟩**

Jacques ⟨de Bevagno⟩
→ **Jacobus ⟨de Blanconibus⟩**

Jacques ⟨de Bingen⟩
→ **Jacobus ⟨de Bingen⟩**

Jacques ⟨de Bologne⟩
→ **Jacobus ⟨a Cruce⟩**
→ **Jacopo ⟨da Bologna⟩**

Jacques ⟨de Boulogne⟩
→ **Jacobus ⟨Balduinus⟩**
→ **Jacobus ⟨de Bolonia⟩**

Jacques ⟨de Brescia⟩
→ **Jacobus ⟨Petri Brixiensis⟩**

Jacques ⟨de Brézé⟩
ca. 1440 – 1490
La chasse; Dits du bon chien Souillard; Louanges de Madame Anne de France
Rep.Font. VI,503
Brézé, Jacques ¬de¬
Jacques ⟨Grand Sénéchal de Normandie⟩

Jacques ⟨de Broilo⟩
→ **Jacobus ⟨de Ardizone⟩**

Jacques ⟨de Bruges⟩
→ **Jacobus ⟨de Brugis⟩**

Jacques ⟨de Bulgarie⟩
→ **Jacobus ⟨Bulgariae⟩**

Jacques ⟨de Calicio⟩
→ **Callis, Jacobus**

Jacques ⟨de Cambrai⟩
→ **Jakemes**

Jacques ⟨de Capellis⟩
→ **Cappellis, Jacobus ¬de¬**

Jacques ⟨de Capo d'Istria⟩
→ **Jacobus ⟨Textor⟩**

Jacques ⟨de Casalbuttano⟩
→ **Jacobus ⟨Castelbonus⟩**

Jacques ⟨de Cefalù⟩
→ **Jacobus ⟨de Narnia⟩**

Jacques ⟨de Cercinis⟩
→ **Jacobus ⟨Pamphiliae de Cercinis⟩**

Jacques ⟨de Cessoles⟩
→ **Jacobus ⟨de Cessolis⟩**

Jacques ⟨de Châlis⟩
→ **Jacobus ⟨de Therinis⟩**

Jacques ⟨de Chiavari⟩
→ **Jacobus ⟨de Clavaro⟩**

Jacques ⟨de Collioure⟩
→ **Domènec, Jaume**

Jacques ⟨de Conquosio⟩
→ **Jacobus ⟨de Concosio⟩**

Jacques ⟨de Curte⟩
→ **Jacobus ⟨de Curte⟩**

Jacques ⟨de Delayto⟩
→ **Jacobus ⟨de Delayto⟩**

Jacques ⟨de Dinant⟩
→ **Jacobus ⟨de Dinanto, ...⟩**

Jacques ⟨de Douai⟩
→ **Jacobus ⟨de Duaco⟩**

Jacques ⟨de Ferrare⟩
→ **Jacobus ⟨de Zocchis⟩**
→ **Jacobus ⟨Ferrariensis⟩**

Jacques ⟨de Forli⟩
→ **Jacobus ⟨de Forlivio⟩**

Jacques ⟨de Garatori da Imola⟩
→ **Jacopo ⟨da Imola⟩**

Jacques ⟨de Gênes⟩
→ **Jacobus ⟨de Voragine⟩**

Jacques ⟨de Grüssen⟩
→ **Honiger, Jakob**

Jacques ⟨de Gruitrode⟩
→ **Jacobus ⟨de Gruytrode⟩**

Jacques ⟨de Guyse⟩
→ **Jacobus ⟨de Guisia⟩**

Jacques ⟨de Haura⟩
→ **Jacobus ⟨Sarugensis⟩**

Jacques ⟨de Hemricourt⟩
gest. 1403
Miroir des nobles de Hasbaye
Hemricourt, Jacques ¬de¬
Jacques ⟨de Saint-Jean de Jérusalem⟩

Jacques ⟨de Hertenstein⟩
→ **Hertenstein, Hans**

Jacques ⟨de Hugo⟩
→ **Jacobus ⟨de Hugo⟩**

Jacques ⟨de Jativa⟩
→ **Jacobus ⟨Aegidii⟩**

Jacques ⟨de la Marche⟩
→ **Jacobus ⟨de Marchia⟩**

Jacques ⟨de la Société des Frerès Pérégrinants⟩
→ **Jacobus ⟨Praedicator⟩**

Jacques ⟨de Lausanne⟩
→ **Jacobus ⟨de Lausanna⟩**

Jacques ⟨de Lentini⟩
→ **Giacomo ⟨da Lentini⟩**

Jacques ⟨de Liège⟩
→ **Jacobus ⟨Leodiensis⟩**

Jacques ⟨de Lodi⟩
→ **Jacobus ⟨Laudensis⟩**

Jacques ⟨de Longuyon⟩
gest. 1312
LMA,V,267
Longuyon, Jacques ¬de¬

Jacques ⟨de Maerlant⟩
→ **Jacob ⟨van Maerlant⟩**

Jacques ⟨de Mayence⟩
→ **Jacobus ⟨de Moguntia⟩**

Jacques ⟨de Metz⟩
→ **Jacobus ⟨Metensis⟩**

Jacques ⟨de Milan⟩
→ **Jacobus ⟨Mediolanensis⟩**

Jacques ⟨de Misa⟩
→ **Jacobus ⟨de Misa⟩**

Jacques ⟨de Molay⟩
→ **Jacobus ⟨de Mollayo⟩**

Jacques ⟨de Monte Iudaico⟩
→ **Jacobus ⟨de Monte Iudaico⟩**
→ **Jaume ⟨de Montjuich⟩**

Jacques ⟨de Montepulciano⟩
→ **Jacopo ⟨da Montepulciano⟩**

Jacques ⟨de Montjouy⟩
→ **Jacobus ⟨de Monte Iudaico⟩**
→ **Jaume ⟨de Montjuich⟩**

Jacques ⟨de Morra⟩
→ **Giacomino ⟨Pugliese⟩**

Jacques ⟨de Narni⟩
→ **Jacobus ⟨de Perusio⟩**

Jacques ⟨de Nernia⟩
→ **Jacobus ⟨de Narnia⟩**

Jacques ⟨de Novion⟩
→ **Jacobus ⟨de Noviano⟩**

Jacques ⟨de Noyan⟩
→ **Jacobus ⟨de Noviano⟩**

Jacques ⟨de Padoue⟩
→ **Jacobus ⟨de Padua⟩**

Jacques ⟨de Parme⟩
→ **Jacobus ⟨Parmensis⟩**

Jacques ⟨de Pérouse⟩
→ **Jacobus ⟨de Perusio⟩**
→ **Jacobus ⟨Perusinus, ...⟩**

Jacques ⟨de Pistoie⟩
→ **Jacobus ⟨de Pistorio⟩**

Jacques ⟨de Plaisance⟩
→ **Jacobus ⟨de Placentia⟩**
→ **Jacobus ⟨Zinedolus⟩**

Jacques ⟨de Porte Ravennate⟩
→ **Jacobus ⟨de Porta Ravennate⟩**

Jacques ⟨de Provins⟩
→ **Jacobus ⟨de Provino⟩**

Jacques ⟨de Ratingen⟩
→ **Jakob ⟨von Ratingen⟩**

Jacques ⟨de Reggio⟩
→ **Jacobus ⟨de Regio⟩**

Jacques ⟨de Révigny⟩
→ **Jacobus ⟨de Ravanis⟩**

Jacques ⟨de Rhodes⟩
→ **Jacobus ⟨de Rodo⟩**

Jacques ⟨de Saint-Jean de Jérusalem⟩
→ **Jacques ⟨de Hemricourt⟩**

Jacques ⟨de Saint-Jean-d'Acre⟩
→ **Jacobus ⟨de Vitriaco⟩**

Jacques ⟨de San Juan⟩
→ **Jacobus ⟨de Sancto Johanne⟩**

Jacques ⟨de San-Juan de Cervera⟩
→ **Jacobus ⟨de Sancto Johanne, Barcinonensis⟩**

Jacques ⟨de Sarug⟩
→ **Jacobus ⟨Sarugensis⟩**

Jacques ⟨de Sienne⟩
→ **Jacobus ⟨Buti⟩**

Jacques ⟨de Soest⟩
→ **Jacobus ⟨de Susato⟩**

Jacques ⟨de Spinello⟩
→ **Jacobus ⟨de Spinello⟩**

Jacques ⟨de Stralen⟩
→ **Jacobus ⟨de Stralen⟩**

Jacques ⟨de Tella⟩
→ **Jacobus ⟨Baradaeus⟩**

Jacques ⟨de Teramo⟩
→ **Jacobus ⟨de Teramo⟩**

Jacques ⟨de Ternodoro⟩
→ **Jacobus ⟨de Tonerra⟩**

Jacques ⟨de Terracino⟩
→ **Jacobus ⟨Perusinus, OESA⟩**

Jacques ⟨de Thérines⟩
→ **Jacobus ⟨de Therinis⟩**

Jacques ⟨de Thermes⟩
→ **Jacobus ⟨de Therinis⟩**

Jacques ⟨de Tonerre⟩
→ **Jacobus ⟨de Tonerra⟩**

Jacques ⟨de Tornodoro⟩
→ **Jacobus ⟨de Tonerra⟩**

Jacques ⟨de Toulouse⟩
→ **Jacobus ⟨Tolosanus⟩**

Jacques ⟨de Trisanto⟩
→ **Jacobus ⟨de Trisancto⟩**

Jacques ⟨de Troyes⟩
→ **Urbanus ⟨Papa, IV.⟩**

Jacques ⟨de Valence⟩
→ **Jacobus ⟨de Valentia⟩**

Jacques ⟨de Venise⟩
→ **Jacobus ⟨de Venetiis⟩**

Jacques ⟨de Vérone⟩
→ **Jacobus ⟨de Verona⟩**

Jacques ⟨de Viterbe⟩
→ **Jacobus ⟨de Viterbio⟩**

Jacques ⟨de Vitry⟩
→ **Jacobus ⟨de Vitriaco⟩**

Jacques ⟨de Voragine⟩
→ **Jacobus ⟨de Voragine⟩**

Jacques ⟨de Zocchis⟩
→ **Jacobus ⟨de Zocchis⟩**

Jacques ⟨d'Edesse⟩
→ **Jacobus ⟨Edessenus⟩**

Jacques ⟨della Croce⟩
→ **Jacobus ⟨a Cruce⟩**

Jacques ⟨della Torre⟩
→ **Jacobus ⟨de Forlivio⟩**

Jacques ⟨dell'Acqua della Mela⟩
→ **Jacobus ⟨de Regno⟩**

Jacques ⟨d'Eltville⟩
→ **Jacobus ⟨de Altavilla⟩**

Jacques ⟨des Alleus⟩
→ **Jacobus ⟨des Alleus⟩**

Jacques ⟨d'Esch⟩
→ **Jaique ⟨Dex⟩**

Jacques ⟨Despars⟩
→ **Jacobus ⟨de Partibus⟩**

Jacques ⟨d'Euse⟩
→ **Johannes ⟨Papa, XXII.⟩**

Jacques ⟨di Ardizzone⟩
→ **Jacobus ⟨de Ardizone⟩**

Jacques ⟨dit Piccolomini⟩
→ **Ammannati, Jacobus**

Jacques ⟨Dominici⟩
→ **Domènec, Jaume**

Jacques ⟨Dondi⟩
→ **Jacobus ⟨de Dondis⟩**

Jacques ⟨Doria⟩
→ **Jacobus ⟨Auria⟩**

Jacques ⟨d'Orvieto⟩
→ **Jacobus ⟨Scalza de Urbeveteri⟩**

Jacques ⟨Duèze⟩
→ **Johannes ⟨Papa, XXII.⟩**

Jacques ⟨Ecosse, Roi, ...⟩
→ **James ⟨Scotland, King, ...⟩**

Jacques ⟨Evêque⟩
→ **Jacobus ⟨de Perusio⟩**
→ **Jacobus ⟨Edessenus⟩**

Jacques ⟨Evêque de Faenza⟩
→ **Jacobus ⟨de Albenga⟩**

Jacques ⟨Ferrari⟩
→ **Jacobus ⟨de Regio⟩**

Jacques ⟨Ferrer⟩
→ **Ferrer de Blanes, Jaime**

Jacques ⟨Firmiano⟩
→ **Jacobus ⟨Firmiano⟩**

Jacques ⟨Fitiviano⟩
→ **Jacobus ⟨Firmiano⟩**

Jacques ⟨Fouquier de Toulouse⟩
→ **Jacobus ⟨Fouquerii⟩**

Jacques ⟨Fournier⟩
→ **Benedictus ⟨Papa, XII.⟩**

Jacques ⟨Fusigna⟩
→ **Jacobus ⟨de Fusignano⟩**

Jacques ⟨Gélu⟩
→ **Jacobus ⟨Gelu⟩**

Jacques ⟨Gil⟩
→ **Jacobus ⟨Aegidii⟩**

Jacques ⟨Grand Sénéchal de Normandie⟩
→ **Jacques ⟨de Brézé⟩**

Jacques ⟨Hagiographe⟩
→ **Jacobus ⟨Presbyter⟩**

Jacques ⟨Haldenstoun⟩
→ **Jacobus ⟨Haldenstoun⟩**

Jacques ⟨Honniger⟩
→ **Honiger, Jakob**

Jacques ⟨Issickemer⟩
→ **Issickemer, Jakob**

Jacques ⟨Just⟩
→ **Jacobus ⟨Just⟩**

Jacques ⟨Kebitz⟩
→ **Kebicz, Jakob**

Jacques ⟨l'Anglais⟩
→ **Jacobus ⟨Anglicus⟩**

Jacques ⟨LeBouvier⟩
→ **Gilles ⟨le Bouvier⟩**

Jacques ⟨le Conquérant⟩
→ **Jaime ⟨Aragón, Rey, I.⟩**

Jacques ⟨le Grand⟩
→ **Legrand, Jacques**

Jacques ⟨le Juste⟩
→ **Jaime ⟨Aragón, Rey, II.⟩**

Jacques ⟨le Moiste⟩
→ **Jacobus ⟨de Bolonia⟩**

Jacques ⟨Legrand⟩
→ **Legrand, Jacques**

Jacques ⟨Majorque, Roi, III.⟩
→ **Jaime ⟨Mallorca, Rey, III.⟩**

Jacques ⟨Malvezzi⟩
→ **Malvetiis, Jacobus ¬de¬**

Jacques ⟨Marquilles⟩
→ **Jaume ⟨Marquilles⟩**

Jacques ⟨Mascaro⟩
→ **Jacme ⟨Mascaro⟩**

Jacques ⟨Métropolitain d'Amida⟩
→ **Dionysios Bar-Ṣalibi**

Jacques ⟨Milet⟩
→ **Milet, Jacques**

Jacques ⟨Moine⟩
→ **Jacobus ⟨Coccinobaphus⟩**

Jacques ⟨Motz⟩
→ **Motz, Jacobus**

Jacques ⟨Muevin⟩
→ **Muevin, Jacques**

Jacques ⟨Oddi de Pérouse⟩
→ **Oddi, Giacomo**

Jacques ⟨Pamphiliae de Cercinis⟩
→ **Jacobus ⟨Pamphiliae de Cercinis⟩**

Jacques ⟨Pantaléon⟩
→ **Urbanus ⟨Papa, IV.⟩**

Jacques ⟨Parfues⟩
→ **Johannes ⟨Ensdorfensis⟩**

Jacques ⟨Passavanti⟩
→ **Passavanti, Jacobus**

Jacques ⟨Petri de Brescia⟩
→ **Jacobus ⟨Petri Brixiensis⟩**

Jacques ⟨Pfister⟩
→ **Pfister, Hans**

Jacques ⟨Prêtre⟩
→ **Jacobus ⟨Presbyter⟩**

Jacques ⟨Pütrich⟩
→ **Püterich von Reichertshausen, Jakob**

Jacques ⟨Roig⟩
→ **Roig, Jaume**

Jacques ⟨Ryman⟩
→ **Ryman, Jacob**

Jacques ⟨Savelli⟩
→ **Honorius ⟨Papa, IV.⟩**

Jacques ⟨Scalza d'Orvieto⟩
→ **Jacobus ⟨Scalza de Urbeveteri⟩**

Jacques ⟨Stefaneschi⟩
→ **Jacobus ⟨Gaetani Stefaneschi⟩**

Jacques ⟨Tedaldi⟩
→ **Tedaldi, Jacques**

Jacques ⟨Textor de Capo d'Istria⟩
→ **Jacobus ⟨Textor⟩**

Jacques ⟨Torriti⟩
→ **Torriti, Jacopo**

Jacques ⟨Tymaeus⟩
→ **Jacobus ⟨Tymaeus de Amersfordia⟩**

Jacques ⟨van der Heyden⟩
→ **Jacobus ⟨Tymaeus de Amersfordia⟩**

Jacques ⟨van Maerlant⟩
→ **Jacob ⟨van Maerlant⟩**

Jacques ⟨Veter⟩
→ **Vetter, Jakob**

Jacques ⟨Villeti⟩
→ **Jacobus ⟨Villeti⟩**

Jacques ⟨Zeno⟩
→ **Zenus, Jacobus**

Jacques ⟨Zinedolo⟩
→ **Jacobus ⟨Zinedolus⟩**

Jacques ⟨Zocchi de Ferrare⟩
→ **Jacobus ⟨de Zocchis⟩**

Jacques Baptiste ⟨Aloisi de Ravenne⟩
→ **Jacobus Baptista ⟨Aloisi⟩**

Jacques Philippe ⟨de Padoue⟩
→ **Jacobus Philippus ⟨de Padua⟩**

Jacques-Henri ⟨Branco⟩
→ **Jacobus ⟨de Alexandria⟩**

Jacquier, Nicolas
→ **Nicolaus ⟨Iaquerius⟩**

Jacut
→ **Yāqūt Ibn-ʿAbdallāh ar-Rūmī**

Jadwiga ⟨von Schlesien⟩
→ **Hedwig ⟨Schlesien, Herzogin⟩**

Jäck, Heinrich
1430 – 1491
6 Predigten
VL(2),4,433/435
Heinrich ⟨Jäck⟩

Jäck, Johannes
gest. 1466
Epistola ad Monicam
VL(2),4,435/436
Johannes ⟨Jäck⟩
Johannes ⟨Jäck, Prediger⟩
Johannes ⟨Jäck von Bybrach⟩

Jäckel ⟨Schneider⟩
→ **Jacobus ⟨Schneider⟩**

Jaʿfar al-Ṣādiq
→ **Ǧaʿfar aṣ-Ṣādiq**

Ja'far IbnMuhammad
→ **Abū-Maʿšar Ǧaʿfar Ibn-Muḥammad**

Jaʿfarī, Ṣāliḥ Ibn al-Ḥusayn
→ **Ǧaʿfarī, Ṣāliḥ Ibn-al-Ḥusain ¬al-¬**

Jāfiʿī, ʿAbdallāh Ibn-Asād ¬al-¬
→ **Yāfiʿī, ʿAbdallāh Ibn-Asʿad ¬al-¬**

Jahḏamī, Ismāʿīl Ibn Isḥāq
→ **Ǧahḍamī, Ismāʿīl Ibn-Isḥāq ¬al-¬**

Jāḥiẓ, ʿAmr Ibn Baḥr
→ **Ǧāḥiẓ, ʿAmr Ibn-Baḥr ¬al-¬**

Jaḥẓa al-Barmakī, Aḥmad Ibn Jaʿfar
→ **Ǧaḥẓa al-Barmakī, Aḥmad Ibn-Ǧaʿfar**

Jaime ⟨Aragón, Rey, I.⟩
gest. 1276
LMA,V,281/82
Giacomo ⟨Aragona, Re, I.⟩
Jacme ⟨de Aragó⟩
Jacme ⟨lo Conqueridor⟩
Jacobus ⟨Aragonia, Rex, I.⟩
Jacques ⟨Aragon, Roi, I.⟩
Jacques ⟨le Conquérant⟩
Jaime ⟨el Conquistador⟩
Jaime ⟨Primero⟩
Jakob ⟨Aragon, König, I.⟩
Jakob ⟨der Eroberer⟩
James ⟨Aragon, King, I.⟩
James ⟨the Conqueror⟩
Jaume ⟨de Aragó⟩

Jaime ⟨Aragón, Rey, II.⟩
gest. 1327
LMA,V,282
Giacomo ⟨Aragona, Re, II.⟩
Jacobus ⟨Aragonia, Rex, II.⟩
Jacques ⟨Aragon, Roi, II.⟩
Jacques ⟨le Juste⟩
Jakob ⟨Aragon, König, II.⟩
James ⟨Aragon, King, II.⟩

Jaime ⟨Callis⟩
→ **Callis, Jacobus**

Jaime ⟨el Conquistador⟩
→ **Jaime ⟨Aragón, Rey, I.⟩**

Jaime ⟨el Desdichado⟩
→ **Jaime ⟨Mallorca, Rey, III.⟩**

Jaime ⟨Ferrer de Blanes⟩
→ **Ferrer de Blanes, Jaime**

Jaime ⟨Huguet⟩
→ **Huguet, Jaume**

Jaime ⟨Hugueton⟩
→ **Huguet, Jaume**

Jaime ⟨Mallorca, Rey, III.⟩
1315 – 1349
Leges Palatinae
Rep.Font. VI,120; LMA,V,283/84
Jacobus ⟨Maiorica, Rex, III.⟩
Jacobus ⟨Rex Maioricarum, III.⟩
Jacques ⟨Majorque, Roi, III.⟩
Jaime ⟨el Desdichado⟩
Jakob ⟨Mallorca, König, III.⟩
Jakob ⟨von Mallorka⟩
James ⟨Majorca, King, III.⟩

Jaime ⟨Pérez de Valencia⟩
→ **Jacobus ⟨de Valentia⟩**

Jaime ⟨Primero⟩
→ **Jaime ⟨Aragón, Rey, I.⟩**

Jaime ⟨Roig⟩
→ **Roig, Jaume**

Jaique ⟨Dex⟩
14. Jh.
Chronique messine des empereurs et des rois de la maison de Luxembourg
Rep.Font. VI,507
Dex, Jaique
Esch, Jacques ¬d'¬
Jacques ⟨d'Esch⟩

Jakemes
13. Jh.
Le roman du castelain de Couci et de la dame de Fayel
Rep.Font. VI,507
Cambrai, Jacques ¬de¬
Jacquemès
Jacques ⟨de Cambrai⟩
Jakemon ⟨Sakesep⟩
Jaqueme ⟨Saint⟩
Sakesep, Jakemon

Jakemon ⟨Sakesep⟩
→ **Jakemes**

Jakob ⟨Abt⟩
→ **Appet, Jakob**

Jakob ⟨Appet⟩
→ **Appet, Jakob**

Jakob ⟨Aragon, König, ...⟩
→ **Jaime ⟨Aragón, Rey, ...⟩**

Jakob ⟨Ben Ascher⟩
→ **Yaʿaqov Ben-Āšēr**

Jakob ⟨Carthuser zu Erdfurt⟩
→ **Jacobus ⟨de Paradiso⟩**

Jakob ⟨Chabib⟩
→ **Ibn-Ḥavîv, Yaʿaqov Ben-Šelomo**

Jakob ⟨Coneken⟩
→ **Jacobus ⟨de Paradiso⟩**

Jakob ⟨de Juterbog⟩
→ **Jacobus ⟨de Paradiso⟩**

Jakob ⟨de Tharmes⟩
→ **Jacobus ⟨de Therinis⟩**

Jakob ⟨der Eroberer⟩
→ **Jaime ⟨Aragón, Rey, I.⟩**

Jakob ⟨der Jude⟩
→ **Jakob ⟨von Landshut⟩**

Jakob ⟨der Karthäuser⟩
→ **Jacobus ⟨de Paradiso⟩**

Jakob ⟨Dissars⟩
→ **Jacobus ⟨de Partibus⟩**

Jakob ⟨Egeli⟩
→ **Engelin, Jakob**

Jakob ⟨Engelin⟩
→ **Engelin, Jakob**

Jakob ⟨Fournier⟩
→ **Benedictus ⟨Papa, XII.⟩**

Jakob ⟨Honiger⟩
→ **Honiger, Jakob**

Jakob ⟨Issickemer⟩
→ **Issickemer, Jakob**

Jakob ⟨Jude⟩
→ **Jakob ⟨von Landshut⟩**

Jakob ⟨Kebicz⟩
→ **Kebicz, Jakob**

Jakob ⟨Kleriker⟩
→ **Jacobus ⟨de Venetiis⟩**

Jakob ⟨Kunike⟩
→ **Jacobus ⟨de Paradiso⟩**

Jakob ⟨Lantzenperger⟩
→ **Lantzenperger, Jakob**

Jakob ⟨Leibarzt Herzog Stephans von Bayern⟩
→ **Jakob ⟨von Landshut⟩**

Jakob ⟨Mallorca, König, III.⟩
→ **Jaime ⟨Mallorca, Rey, III.⟩**

Jakob ⟨Metropolit⟩
→ **Jacobus ⟨Bulgariae⟩**

Jakob ⟨Mönch des Klosters Kokkinobaphos⟩
→ **Jacobus ⟨Coccinobaphus⟩**

Jakob ⟨Motz⟩
→ **Motz, Jacobus**

Jakob ⟨Panegyriker⟩
→ **Jacobus ⟨Coccinobaphus⟩**

Jakob ⟨Pérez⟩
→ **Jacobus ⟨de Valentia⟩**

Jakob ⟨Peterswald⟩
→ **Peterswald, Jakob**

Jakob ⟨Pinchwanger⟩
→ **Pinchwanger, Jakob**

Jakob ⟨Püterich von Reichertshausen⟩
→ **Püterich von Reichertshausen, Jakob**

Jakob ⟨Schottland, König, ...⟩
→ **James ⟨Scotland, King, ...⟩**

Jakob ⟨Sprenger⟩
→ **Sprenger, Jakob**

Jakob ⟨Twinger von Königshofen⟩
→ **Twinger von Königshofen, Jakob**

Jakob ⟨van Maerlant⟩
→ **Jacob ⟨van Maerlant⟩**

Jakob ⟨van Roten⟩
→ **Jacob ⟨von Ratingen⟩**

Jakob ⟨Vetter⟩
→ **Vetter, Jakob**

Jakob ⟨Volradi⟩
→ **Volradi, Jacobus**

Jakob ⟨von Acqui⟩
→ **Jacobus ⟨de Aquis⟩**

Jakob ⟨von Aesculo⟩
→ **Jacobus ⟨de Aesculo⟩**

Jakob ⟨von Amiens⟩
→ **Jacobus ⟨Ambianensis⟩**

Jakob ⟨von Augsburg⟩
um 1495
4 Predigten
VL(2),4,470/471
Augsburg, Jakob ¬von¬
Jacob ⟨Helfer⟩

Jakob ⟨von Baisieux⟩
→ **Jacques ⟨de Baisieux⟩**

Jakob ⟨von Batnae⟩
→ **Jacobus ⟨Sarugensis⟩**

Jakob ⟨von Bern⟩
→ **Jacobus ⟨de Verona⟩**

Jakob ⟨von Bulgarien⟩
→ **Jacobus ⟨Bulgariae⟩**

Jakob ⟨von Casalis⟩
→ **Jacobus ⟨de Cessolis⟩**

Jakob ⟨von Douai⟩
→ **Jacobus ⟨de Duaco⟩**

Jakob ⟨von Edessa⟩
→ **Jacobus ⟨Edessenus⟩**

Jakob ⟨von Guise⟩
→ **Jacobus ⟨de Guisia⟩**

Jakob ⟨von Jüterbog⟩
→ **Jacobus ⟨de Paradiso⟩**

Jakob ⟨von Königshofen⟩
→ **Twinger von Königshofen, Jakob**

Jakob ⟨von Kokkinobaphu⟩
→ **Jacobus ⟨Coccinobaphus⟩**

Jakob ⟨von Landsberg⟩
Lebensdaten nicht ermittelt
Rezept gegen die Rähe
VL(2),4,475
Jacob ⟨Stadtarzt⟩
Jacob ⟨von Landtsberg⟩
Jacob ⟨zu Landsperg⟩
Landsberg, Jakob ¬von¬

Jakob ⟨von Landshut⟩
um 1366
Medizin. Anweisungen; Rezepte; etc.
VL(2),4,475/476
Jakob ⟨der Jude⟩
Jakob ⟨Jude⟩
Jakob ⟨Leibarzt Herzog Stephans von Bayern⟩
Jakob ⟨Wundarzt⟩
Landshut, Jakob ¬von¬

Jakob ⟨von Lausanne⟩
→ **Jacobus ⟨de Lausanna⟩**

Jakob ⟨von Liechtenberg⟩
Lebensdaten nicht ermittelt
Aqua aurea; Rezept
VL(2),4,476
Jacob ⟨Juncker⟩
Jacob ⟨von Liechtenperg⟩
Liechtenberg, Jakob ¬von¬

Jakob ⟨von Lodi⟩
→ **Jacobus ⟨Laudensis⟩**

Jakob ⟨von Mailand⟩
→ **Jacobus ⟨Mediolanensis⟩**

Jakob ⟨von Mainz⟩
→ **Jacobus ⟨de Moguntia⟩**

Jakob ⟨von Mallorka⟩
→ **Jaime ⟨Mallorca, Rey, III.⟩**

Jakob ⟨von Metz⟩
→ **Jacobus ⟨Metensis⟩**

Jakob ⟨von Mies⟩
→ **Jacobus ⟨de Misa⟩**

Jakob ⟨von Mühldorf⟩
→ **Jacobus ⟨de Mühldorf⟩**

Jakob ⟨von Paradies⟩
→ **Jacobus ⟨de Paradiso⟩**

Jakob ⟨von Ratingen⟩
um 1453
Lieder
VL(2)
Jacob ⟨van Rotynge⟩
Jacop ⟨von Roten⟩
Jacques ⟨de Ratingen⟩
Jakob ⟨von Rotynge⟩
Ratingen, Jakob ¬von¬

Jakob ⟨von Reichertshausen⟩
→ **Püterich von Reichertshausen, Jakob**

Jakob ⟨von Révigny⟩
→ **Jacobus ⟨de Ravanis⟩**

Jakob ⟨von Rotynge⟩
→ **Jakob ⟨von Ratingen⟩**

Jakob ⟨von Sarug⟩
→ **Jacobus ⟨Sarugensis⟩**

Jakob ⟨von Soest⟩
→ **Jacobus ⟨de Susato⟩**

Jakob ⟨von Solothurn⟩
14./15. Jh.
Flores moralium, wahrscheinlich identisch mit „Speculum morum metrice"
VL(2),4,494/95
Solothurn, Jakob ¬von¬

Jakob ⟨von Teramo⟩
→ **Jacobus ⟨de Teramo⟩**

Jakob ⟨von Thérines⟩
→ **Jacobus ⟨de Therinis⟩**

Jakob ⟨von Tückelhausen⟩
→ **Jacobus ⟨de Tückelhausen⟩**

Jakob ⟨von Ulm⟩
→ **Engelin, Jakob**

Jakob ⟨von Valencia⟩
→ **Jacobus ⟨de Valentia⟩**

Jakob ⟨von Venedig⟩
→ **Jacobus ⟨de Venetiis⟩**

Jakob ⟨von Viterbo⟩
→ **Jacobus ⟨de Viterbio⟩**

Jakob ⟨von Vitry⟩
→ **Jacobus ⟨de Vitriaco⟩**

Jakob ⟨von Voragine⟩
→ **Jacobus ⟨de Voragine⟩**

Jakob ⟨von Warte⟩
13. Jh.
6 Lieder
VL(2),4,497/498
Warte, Jakob ¬von¬

Jakob ⟨Wundarzt⟩
→ **Jakob ⟨von Landshut⟩**

Jakób ⟨z Paradyża⟩
→ **Jacobus ⟨de Paradiso⟩**

Jakob Ben Abba Mari Anatoli
→ **Anaṭôlî, Ya'aqov Ben-Abbâ Mārî**

Jakob Ben Anatoli
→ **Anaṭôlî, Ya'aqov Ben-Abbâ Mārî**

Jakobell ⟨von Mies⟩
→ **Jacobus ⟨de Misa⟩**

Jakobos ⟨...⟩
→ **Jacobus ⟨...⟩**

Jakobsen, Abraham
→ **Ibrāhīm Ibn-Ya'qūb**

Jakobus ⟨...⟩
→ **Jacobus ⟨...⟩**

Jakoubek ⟨ze Stříba⟩
→ **Jacobus ⟨de Misa⟩**

Jakub ⟨Parkosz⟩
→ **Parkosz, Jakub**

Jakub ⟨Parkoszowic⟩
→ **Parkosz, Jakub**

Jakub ⟨z Żórawic⟩
→ **Parkosz, Jakub**

Jakûbî, Ahmed ibn abi Jakûb ibn Wâdhih ¬ad-¬
→ **Ya'qūbī, Aḥmad Ibn-Abī-Ya'qūb ¬al-¬**

Jakut ar-Rumi al-Hamawi
→ **Yāqūt Ibn-'Abdallāh ar-Rūmī**

Jal ⟨Episcopus⟩
→ **Gallus ⟨Claromontanus⟩**

Jalál al-Dín Rúmí, Maulana
→ **Ǧalāl-ad-Dīn Rūmī**

Jalāl al-Dīn Rumī, Mavlānā
→ **Ǧalāl-ad-Dīn Rūmī**

Jalāl al-Dīn Rumī, Mawlānā
→ **Ǧalāl-ad-Dīn Rūmī**

Jalāluddīn Rūmī
→ **Ǧalāl-ad-Dīn Rūmī**

Jaligny, Guillaume ¬de¬
→ **Guillaume ⟨de Jaligny⟩**

Jambertus ⟨Boreis⟩
→ **Lambertus ⟨de Legio⟩**

Jambes, Jean ¬de¬
→ **Jean ⟨de Chambes⟩**

Jambobino ⟨da Cremona⟩
→ **Iamboninus ⟨Cremonensis⟩**

Jamerius
→ **Johannes ⟨Iamatus⟩**

Jamerius, Johannes
→ **Johannes ⟨Iamatus⟩**

James ⟨Aragon, King, ...⟩
→ **Jaime ⟨Aragón, Rey, ...⟩**

James ⟨Gangala Ruscius⟩
→ **Jacobus ⟨de Marchia⟩**

James ⟨Haldenstoun⟩
→ **Jacobus ⟨Haldenstoun⟩**

James ⟨Majorca, King, III.⟩
→ **Jaime ⟨Mallorca, Rey, III.⟩**

James ⟨of Batnan in Serugh⟩
→ **Jacobus ⟨Sarugensis⟩**

James ⟨of Edessa⟩
→ **Jacobus ⟨Edessenus⟩**

James ⟨of Milan⟩
→ **Jacobus ⟨Mediolanensis⟩**

James ⟨of Viterbo⟩
→ **Jacobus ⟨de Viterbio⟩**

James ⟨Ryman⟩
→ **Ryman, Jacob**

James ⟨Scotland, King, I.⟩
1394 – 1437
LMA,V,284/85
Jacobus ⟨Scotia, Rex, I.⟩
Jacques ⟨Ecosse, Roi, I.⟩
Jakob ⟨Schottland, König, I.⟩

James ⟨Scotland, King, II.⟩
1430 – 1460
LMA,V,285/86
Jacobus ⟨Scotia, Rex, II.⟩
Jacques ⟨Ecosse, Roi, II.⟩
Jakob ⟨Schottland, König, II.⟩

James ⟨Scotland, King, III.⟩
1451 – 1488
LMA,V,286
Jacobus ⟨Scotia, Rex, III.⟩
Jacques ⟨Ecosse, Roi, III.⟩
Jakob ⟨Schottland, König, III.⟩

James ⟨Scotland, King, IV.⟩
1473 – 1513
LMA,V,286
Jacob ⟨Schottland, König, IV.⟩
Jacobus ⟨Scotia, Rex, IV.⟩
Jacobus ⟨Scotorum, Rex, IV.⟩
Jacques ⟨Ecosse, Roi, IV.⟩
Jakob ⟨Schottland, König, IV.⟩

James ⟨the Conqueror⟩
→ **Jaime ⟨Aragón, Rey, I.⟩**

Jamier
→ **Johannes ⟨Iamatus⟩**

Jamīl ibn 'Abdallāh ibn Ma'mar
→ **Ǧamīl Ibn-'Abdallāh Ibn-Ma'mar**

Jammā'īlī, 'Abd al-Ghanī Ibn 'Abd al-Wāḥid
→ **Ǧammā'īlī, 'Abd-al-Ġanī Ibn-'Abd-al-Wāḥid ¬al-¬**

Jamsilla, Niccolò ¬de¬
→ **Nicolaus ⟨de Iamsilla⟩**

Jamsin, Gilles
→ **Aegidius ⟨Iamsin⟩**

Jan ⟨Ballivus Furnensis⟩
→ **Jan ⟨van den Berghe⟩**

Jan ⟨Bertrand⟩
14./15. Jh.
Fläm. Wundarzt, Übersetzer; „Rogerglosse"
VL(2),4,503/04; LMA,I,2044
Bertrand, Jan

Jan ⟨Boek⟩
→ **Johannes ⟨von Buch⟩**

Jan ⟨Boendale⟩
→ **Boendale, Jan ¬van¬**

Jan ⟨Bok⟩
→ **Johannes ⟨von Buch⟩**

Jan ⟨Bottelgier⟩
→ **Jean ⟨le Boutillier⟩**

Jan ⟨Brabant, Hertog, I.⟩
gest. 1294
VL(2),4,544; LMA,V,506/07
Jean ⟨Brabant, Duc, I.⟩
Jean ⟨le Victorieux⟩
Johann ⟨Brabant, Herzog, I.⟩
Johann ⟨von Brabant⟩
Johannes ⟨Brabant, Herzog, I.⟩
John ⟨Brabant, Duke, I.⟩

Jan ⟨Brabant, Hertog, II.⟩
1275 – 1312
LMA,V,507
Jean ⟨Brabant, Duc, II.⟩
Jean ⟨le Pacifique⟩
Johann ⟨Brabant, Herzog, II.⟩
Johannes ⟨Brabant, Herzog, II.⟩
John ⟨Brabant, Duke, II.⟩

Jan ⟨Brabant, Hertog, III.⟩
1300 – 1355
LMA,V,507
Jean ⟨Brabant, Duc, III.⟩
Jean ⟨le Triomphant⟩
Johann ⟨Brabant, Herzog, III.⟩
Johannes ⟨Brabant, Herzog, III.⟩
John ⟨Brabant, Duke, III.⟩

Jan ⟨Brugman⟩
→ **Brugmanus, Johannes**

Jan ⟨Buk⟩
→ **Johannes ⟨von Buch⟩**

Jan ⟨Čapek⟩
→ **Čapek, Jan**

Jan ⟨Čechy, Král⟩
1296 – 1346
Epistola de morte Henrici VII imperatoris; Privilegia
Rep.Font. VI,353; LMA,V,496/97
Jan ⟨Hrabě Lucemburský⟩
Jean ⟨Arlon, Marquis⟩
Jean ⟨Bohème, Roi⟩
Jean ⟨de Bohème⟩
Jean ⟨de Luxembourg⟩
Jean ⟨Luxembourg, Comte⟩
Jean ⟨l'Aveugle⟩
Johann ⟨Böhmen, König⟩
Johann ⟨der Blinde⟩
Johann ⟨Luxemburg, Graf⟩
Johann ⟨von Böhmen⟩
Johann ⟨von Luxemburg⟩
Johannes ⟨Bohemia, Rex⟩
Johannes ⟨Lucemburgensis⟩
Johannes ⟨Lucemburk⟩
Johannes ⟨Lucimburgensis⟩

Jan ⟨Coussemaecker⟩
→ **Johannes ⟨Caligator⟩**

Jan ⟨Czarnkowski⟩
→ **Johannes ⟨de Czarnkow⟩**

Jan ⟨Dabrowki⟩
→ **Johannes ⟨de Dabrowka⟩**

Jan ⟨de Clerc⟩
→ **Boendale, Jan ¬van¬**

Jan ⟨de Goede Kok⟩
→ **Jan ⟨van Leeuwen⟩**

Jan ⟨de Jonville⟩
→ **Jean ⟨de Joinville⟩**

Jan ⟨de Klerk⟩
→ **Boendale, Jan ¬van¬**

Jan ⟨de Nova Domo⟩
→ **Johannes ⟨de Nova Domo⟩**

Jan ⟨de Schone⟩
→ **Jean ⟨le Bel⟩**

Jan ⟨de Slupczy⟩
→ **Johannes ⟨de Slupcza⟩**

Jan ⟨de Weert⟩
→ **Weert, Jan ¬de¬**

Jan ⟨Deckers⟩
→ **Boendale, Jan ¬van¬**

Jan ⟨Długosz⟩
→ **Dlugossius, Johannes**

Jan ⟨Elgot⟩
→ **Johannes ⟨Elgote⟩**

Jan ⟨Gerbrandszoon⟩
→ **Jan ⟨van Leyden⟩**

Jan ⟨Głogowczyk⟩
→ **Głogowczyk, Jan**

Jan ⟨Hájek z Hodětina⟩
→ **Hájek z Hodětina, Jan**

Jan ⟨Heere⟩
→ **Dadizeele, Jan ¬van¬**

Jan ⟨Hintze⟩
→ **Hintze Jan ⟨te Borghe⟩**

Jan ⟨Hrabě Lucemburský⟩
→ **Jan ⟨Čechy, Král⟩**

Jan ⟨Hus⟩
→ **Hus, Jan**

Jan ⟨Kousmaker⟩
→ **Johannes ⟨Caligator⟩**

Jan ⟨le Damoisiau⟩
→ **Johannes ⟨le Damoiseau⟩**

Jan ⟨Limburg⟩
→ **Limburg, Jan ¬von¬**

Jan ⟨Mandervijl⟩
→ **John ⟨Mandeville⟩**

Jan ⟨Mer⟩
→ **Dadizeele, Jan ¬van¬**

Jan ⟨Merkelin⟩
→ **Johannes ⟨Merkelin⟩**

Jan ⟨Mílic z Kromerize⟩
→ **Johannes ⟨Milič⟩**

Jan ⟨Mombaer⟩
→ **Mauburnus, Johannes**

Jan ⟨Nepomucký⟩
→ **Johannes ⟨Nepomucenus⟩**

Jan ⟨Očko von Vlašim⟩
→ **Johannes ⟨Oczko⟩**

Jan ⟨Orient⟩
→ **Johannes ⟨Orient⟩**

Jan ⟨Papoušek ze Soběslavě⟩
→ **Johannes ⟨Papuskonis⟩**

Jan ⟨Rockycana⟩
→ **Johannes ⟨Rokycana⟩**

Jan ⟨Roháč z Dubé⟩
→ **Johannes ⟨Roháč de Dubá⟩**

Jan ⟨Ruysbroeck⟩
→ **Ruusbroec, Jan ¬van¬**

Jan ⟨Scabinus Brugensis⟩
→ **Jan ⟨van den Berghe⟩**

Jan ⟨Sloesgin⟩
→ **Sleosgin, Johann**

Jan ⟨van Biervliet⟩
→ **Johannes ⟨de Biervliet⟩**

Jan ⟨van Boek⟩
→ **Johannes ⟨von Buch⟩**

Jan ⟨van Boendale⟩
→ **Boendale, Jan ¬van¬**

Jan ⟨van Brederode⟩
geb. 1415
Brederode, Jan ¬van¬
Jan ⟨van Zeelhem⟩
Jean ⟨van Brederode⟩

Jan ⟨van Dadiselle⟩
→ **Dadizeele, Jan ¬van¬**

Jan ⟨van den Berghe⟩
gest. 1439
Dat kaetspel ghemoralizeert; De juridictien van Vlaendren; Protocole in Vlaemsche; nicht identisch mit Johannes ⟨van den Berghe⟩
Rep.Font. VI,508
Berghe, Jan ¬van den¬
Jan ⟨Ballivus Furnensis⟩
Jan ⟨Scabinus Brugensis⟩

Jan ⟨van Eyck⟩
→ **Eyck, Jan ¬van¬**

Jan ⟨van Groendendael⟩
→ **Jan ⟨van Leeuwen⟩**
→ **Ruusbroec, Jan ¬van¬**

Jan ⟨van Heelu⟩
um 1288
Yeeste van den slag van Woeringen
Rep.Font. VI,331
Heelu, Jan ¬van¬
Heelu, Jean ¬van¬
Jean ⟨van Heelu⟩
Jean ⟨van Leeuwe⟩
Jean ⟨van Leeuwen⟩
Johannes ⟨van Heelu⟩
Leeuwen, Jan ¬van¬

Jan ⟨van Hulst⟩
um 1400
Hulst, Jan ¬van¬
Jean ⟨van Hulst⟩

Jan ⟨van Ketham⟩
→ **Johannes ⟨de Ketham⟩**

Jan ⟨van Leeuwen⟩
um 1377
Van vijfmanieren broederliker minnen
Jan ⟨de Goede Kok⟩
Jan ⟨van Groenendael⟩
Jan ⟨van Leeuw⟩
Jan ⟨van Leevwen⟩
Jean ⟨de Groenendael⟩
Jean ⟨de Leewis⟩
Jean ⟨d'Afflighem⟩
Jean ⟨van Leeuw⟩
Johannes ⟨Bonus Cocus⟩
Johannes ⟨Bonus Coquus Viridisvallis⟩
Johannes ⟨de Afflighem⟩
Johannes ⟨de Affliginio⟩
Johannes ⟨de Groenendael⟩
Johannes ⟨Leonis⟩

Johannes ⟨Leonius⟩
Johannes ⟨Lovaniensis⟩
Johannes ⟨Primus Coquus⟩
Johannes ⟨Vallis Viridis⟩
Johannes ⟨van Löwen⟩
Johannes ⟨von Löwen⟩
Leeuwen, Jan ¬van¬

Jan ⟨van Leyden⟩
gest. 1504
Beukelsz, Jan
Geerbrand, Johannes
Geerbrandus, Johannes
Gerberant, Jean
Gerbrand, Jean
Gerbrandiz von Leyden, Johann
Gerbrandus, Johannes
Jan ⟨Gerbrandszoon⟩
Jean ⟨de Leyde⟩
Jean ⟨Gerberant⟩
Jean ⟨Gerbrand⟩
Johann ⟨a Leidis⟩
Johann ⟨Gerbrandiz von Leyden⟩
Johannes ⟨a Leida⟩
Johannes ⟨de Leydis⟩
Johannes ⟨Gerbrandi a Leydis⟩
Johannes ⟨Gerbrandus⟩
Johannes ⟨Leidanus⟩
John ⟨of Leyden⟩
Leidis, Johann ¬a¬
Leyden, Jan ¬van¬
Leydis, Johannes ¬de¬

Jan ⟨von Limburg⟩
→ **Limburg, Jan ¬von¬**

Jan ⟨van Mandaville⟩
→ **John ⟨Mandeville⟩**

Jan ⟨van Merchtene⟩
ca. 1355 – ca. 1425
Cornicke van Brabant
Rep.Font. VI,511
Hendrik ⟨van Merchtene⟩
Hennen ⟨van Merchtem⟩
Hennen ⟨van Merchtenen⟩
Herman ⟨van Merchtem⟩
Jean ⟨de Merchtem⟩
Merchtem, Hennen ¬van¬
Merchtem, Herman ¬van¬
Merchtem, Jean ¬de¬
Merchtene, Hendrik ¬van¬
Merchtene, Jan ¬van¬
Merchtenen, Hennen ¬van¬

Jan ⟨van Naeldwijk⟩
gest. 1489
Möglicherweise einer der Verf. von Oude Goudtsche kronycxken of historie van Hollandt ...
Rep.Font. VI,512
Jan ⟨van Naaldwijk⟩
Jan ⟨van Naaldwyck⟩
Jean ⟨de Naaldwyk⟩
Naaldwijk, Jan ¬van¬
Naaldwyck, Jan ¬van¬
Naaldwyk, Jean ¬de¬
Naeldwijk, Jan ¬van¬

Jan ⟨van Riedt⟩
→ **Johannes ⟨de Arundine⟩**

Jan ⟨van Ruusbroec⟩
→ **Ruusbroec, Jan ¬van¬**

Jan ⟨van Zeelhem⟩
→ **Jan ⟨van Brederode⟩**

Jan ⟨Veldenar⟩
→ **Veldenar, Jan**

Jan ⟨von Buch⟩
→ **Johannes ⟨von Buch⟩**

Jan ⟨von Hulshout⟩
→ **Johannes ⟨de Mechlinia⟩**

Jan ⟨Yperman⟩
→ **Jehan ⟨Yperman⟩**

Jan ⟨z Czarnkowa⟩
→ **Johannes ⟨de Czarnkow⟩**

Jan ⟨z Dabrowki⟩
→ **Johannes ⟨de Dabrowka⟩**

Jan ⟨z Dražic⟩
→ **Johannes ⟨de Dražice⟩**

Jan ⟨z Gelnhausen⟩
→ **Johannes ⟨de Gelnhausen⟩**

Jan ⟨z Głogowa⟩
→ **Głogowczyk, Jan**

Jan ⟨z Grotkowa⟩
→ **Johannes ⟨de Grotków⟩**

Jan ⟨z Jenštejna⟩
→ **Johannes ⟨de Jenzenstein⟩**

Jan ⟨z Jesenice⟩
→ **Johannes ⟨de Iesenic⟩**

Jan ⟨z Ket⟩
→ **Johannes ⟨Cantius⟩**

Jan ⟨z Kluczborka⟩
→ **Johannes ⟨Cruczeburg⟩**

Jan ⟨z Kwidzyna⟩
→ **Marienwerder, Johannes**

Jan ⟨z Ludziska⟩
→ **Johannes ⟨de Ludzisko⟩**

Jan ⟨z Příbramě⟩
gest. 1448
Knížky o zarmúceních velikých cierkve svaté i každe duše věrné; Tractatus; Život kněží Táborských
Rep.Font. VI,397
Johannes ⟨de Příbram⟩
Johannes ⟨de Prizbran⟩
Johannes ⟨de Prizbrun⟩
Johannes ⟨de Probram⟩
Johannes ⟨de Przibram⟩
Johannes ⟨Probram⟩
Johannes ⟨Przibram⟩
Przibram, Johannes ¬de¬

Jan ⟨z Rabštejna⟩
→ **Johannes ⟨de Rabenstein⟩**

Jan ⟨z Salisbury⟩
→ **Johannes ⟨Sarisberiensis⟩**

Jan ⟨z Toszka⟩
→ **Johannes ⟨de Thosth⟩**

Jan ⟨z Želiva⟩
gest. 1422 · OESA
LMA,IX,520
Jan ⟨Želivský⟩
Jean ⟨de Zeliv⟩
Johannes ⟨Selenius⟩
Johannes ⟨Siloensis⟩
Želiva, Jan ¬z¬
Želivský, Jan

Jan ⟨ze Słupczy⟩
→ **Johannes ⟨de Slupcza⟩**

Jan ⟨ze Stredy⟩
→ **Johannes ⟨von Neumarkt⟩**

Jan ⟨Želivský⟩
→ **Jan ⟨z Želiva⟩**

Jan Jakub ⟨Canis⟩
→ **Canis, Johannes Jacobus**

Janārdana
→ **Ānandagiri**

Janinus ⟨de Pistorio⟩
→ **Ianinus ⟨de Pistorio⟩**

Janko ⟨z Czarnkowa⟩
→ **Johannes ⟨de Czarnkow⟩**

Jankowitz, Niklas
um 1426
Texte aus "Alchymey teuczsch„
VL(2),4,510
Niklas ⟨Jankowitz⟩

Jannis, Andreas
→ **Andreas ⟨Iannis⟩**

Jannius ⟨de Pistorio⟩
→ **Ianinus ⟨de Pistorio⟩**

Jano, Iordanus ¬de¬
→ **Iordanus ⟨de Iano⟩**

János ⟨Capistranói⟩
→ **Johannes ⟨de Capestrano⟩**

János ⟨Césinge⟩
→ **Ianus ⟨Pannonius⟩**

János ⟨Küküllei⟩
→ **Johannes ⟨de Kükülló⟩**

János ⟨of Esztergom⟩
→ **Vitez, Johannes**

János ⟨Thuróczy⟩
→ **Johannes ⟨de Thurocz⟩**

Janos ⟨Váradi⟩
→ **Johannes ⟨Pannonius⟩**

János ⟨Vitéz⟩
→ **Vitez, Johannes**

Janova, Matěj ¬z¬
→ **Matthias ⟨de Ianova⟩**

Jans ⟨Jansen Enikel⟩
→ **Jansen Enikel, Jans**

Jansen Enikel, Jans
13. Jh.
LMA,III,2012/13
Enenchel, Jans ¬der¬
Enenchel, Jans der
Enenchel, Jansen
Enenckel, Jansen
Enenkel, Jansen
Enikel, Jans
Enikel, Jans Jansen
Enikel, Jansen
Ennichel, Johann
Ennichel, Johannes
Jans ⟨Jansen Enikel⟩
Jansen ⟨der Enenchel⟩
Jansen ⟨der Eninkel⟩
Jansen ⟨Enenkel⟩
Jansen-Enikel, Jans

Janus ⟨...⟩
→ **Ianus ⟨...⟩**

Ja'qōb ⟨Būrde'anā⟩
→ **Jacobus ⟨Baradaeus⟩**

Ja'qub al-Qirqisānī
→ **Qirqisânî, Ya'aqov Ben-Yiṣḥāq**

Jaqueme ⟨Saint⟩
→ **Jakemes**

Jaquerius, Nicolaus
→ **Nicolaus ⟨Iaquerius⟩**

Jāqūt ar-Rūmī
→ **Yāqūt Ibn-'Abdallāh ar-Rūmī**

Jāqūt Ibn-'Abdallāh ar-Rūmī
→ **Yāqūt Ibn-'Abdallāh ar-Rūmī**

Jarbādhqānī, Muḥammad Ibn al-Ḥasan
→ **Ǧarbāḏqānī, Muḥammad Ibn-al-Ḥasan ¬al-¬**

Jarchi, Salomon
→ **Šelomo Ben-Yiṣḥāq**

Jarīr ibn 'Aṭīya
→ **Ǧarīr Ibn-'Aṭīya**

Jarlandinus ⟨Bisuntinus⟩
→ **Gerlandus ⟨Bisuntinus⟩**

Jarloch ⟨Milewský⟩
→ **Gerlacus ⟨Milovicensis⟩**

Jarloch ⟨von Mühlhausen⟩
→ **Gerlacus ⟨Milovicensis⟩**

Jaroslaus ⟨...⟩
→ **Iaroslaus ⟨...⟩**

Jaroslaw ⟨Chanoine à Saint-Vit de Prague⟩
→ **Ioroslaus ⟨de Strahovia⟩**

Jaroslaw ⟨de Gniezno⟩
→ **Iaroslaus ⟨Gnesensis⟩**

Jaroslaw ⟨de Skotniki Bogaria⟩
→ **Iaroslaus ⟨Gnesensis⟩**

Jaroslaw ⟨de Sternberg⟩
→ **Jaroslaw ⟨von Sternberg⟩**

Jaroslaw ⟨de Strahov⟩
→ **Iaroslaus ⟨de Strahovia⟩**

Jaroslaw ⟨von Sternberg⟩
gest. 1277
Böhm. Feldherr
Jaroslaw ⟨de Sternberg⟩
Sternberg, Jaroslaw ¬von¬

Jasites, Job
→ **Job ⟨Iasites⟩**

Jaṣṣāṣ, Aḥmad Ibn 'Alī
→ **Ǧaṣṣāṣ, Aḥmad Ibn-'Alī ¬al-¬**

Jastrzabije, Johannes ¬de¬
→ **Johannes ⟨de Jastrzabije⟩**

Jathecen ⟨MacBaith⟩
→ **Lathcen**

Jaufré ⟨Rudel⟩
12. Jh.
Chansons
LMA,VII,1069
Geoffroy ⟨de Blaye⟩
Geoffroy ⟨Rudel⟩
Rudel, Geoffroy
Rudel, Jaufré

Jaume ⟨Callís⟩
→ **Callis, Jacobus**

Jaume ⟨de Aragó⟩
→ **Jaime ⟨Aragón, Rey, ...⟩**

Jaume ⟨de Erla⟩
15. Jh.
Doctrina conque los pares deven criar los fills are al servey de Déu com ha honor del mon
Rep.Font. VI,518
Erla, Jaume ¬de¬

Jaume ⟨de Montjuich⟩
um 1321
Erste Bibelübersetzung ins Katalanische; Regis Aragoniae consiliarius
Rep.Font. VI,519
Jacques ⟨de Monte Iudaico⟩
Jacques ⟨de Montjouy⟩
Montjouy, Jacques ¬de¬
Montjuich, Jaume ¬de¬

Jaume ⟨Domènec⟩
→ **Domènec, Jaume**

Jaume ⟨Huguet⟩
→ **Huguet, Jaume**

Jaume ⟨Marquilles⟩
um 1424/45
Glossae ad consuetudines (katalan.)
Rep.Font. VI,518
Jacques ⟨Marquilles⟩
Marquilles, Jacques
Marquilles, Jaume

Jaume ⟨Roig⟩
→ **Roig, Jaume**

Jaume, Matheu
14./15. Jh.
Commentarius quidam ad „Usaticos" ...
Rep.Font. VI,519
Matheu ⟨Jaume⟩

Jausep ⟨Ḥazzāyā⟩
→ **Yausep ⟨Ḥazzāyā⟩**

Jawād, Muḥammad ¬al-¬
→ **Ǧawād, Muḥammad ¬al-¬**

Jawālīqī, Mawhūb Ibn Aḥmad
→ **Ǧawālīqī, Mauhūb Ibn-Aḥmad ¬al-¬**

Jawharī, Abū Bakr Aḥmad Ibn 'Abd al-'Azīz
→ **Abū-Bakr al-Ǧauharī, Aḥmad Ibn-'Abd-al-'Azīz**

Jawharī, Ismā'īl ibn Ḥammād
→ **Ǧauharī, Ismā'īl Ibn-Ḥammād ¬al-¬**

Jayyānī, Abū 'Abd Allāh Muḥammad Ibn-Mu'ādh
→ **Ǧaiyānī, Abū-'Abdallāh Muḥammad Ibn-Mu'āḏ ¬al-¬**

Jazarī, Ismā'īl ibn al-Razzaz
→ **Ǧazarī, Ismā'īl Ibn-ar-Razzāz ¬al-¬**

Jazarī, Muḥammad ibn Yūsuf
→ **Ǧazarī, Muḥammad Ibn-Yūsuf ¬al-¬**

Jazarī ¬al-¬
→ **Ǧazarī, Ismā'īl Ibn-ar-Razzāz ¬al-¬**

Jazūlī, Muḥammad Ibn Sulaymān
→ **Ǧazūlī, Muḥammad Ibn-Sulaimān ¬al-¬**

Jean ⟨a Caulibus⟩
→ **Johannes ⟨de Caulibus⟩**

Jean ⟨à la Barbe⟩
→ **Johannes ⟨ad Barbam⟩**

Jean ⟨a Taliacotio⟩
→ **Johannes ⟨de Tagliacotio⟩**

Jean ⟨Abbé⟩
→ **Johannes ⟨Canaparius⟩**

Jean ⟨Abbé de Kennesré⟩
→ **Yôḥannān Bar-Aptonyā**

Jean ⟨Abbé de Prémontré⟩
→ **Johannes ⟨de Roquignies⟩**

Jean ⟨Abbé de Raïthe⟩
→ **Johannes ⟨Raithenus⟩**

Jean ⟨Abbé des Ecossais à Vienne⟩
→ **Johannes ⟨de Ochsenhausen⟩**

Jean ⟨Acars⟩
→ **Jean ⟨Acart de Hesdin⟩**

Jean ⟨Acart de Hesdin⟩
um 1332
La prise amoureuse; Identität mit Johannes ⟨de Hesdinio⟩ nicht gesichert
LMA,V,336
Acars, Jean
Acars d'Hesdin, Jean
Acart de Hesdin, Jean
Hesdin, Jean Acart ¬de¬
Jean ⟨Acars⟩
Jean ⟨Acars d'Hesdin⟩
Jean ⟨Acart⟩
Johannes ⟨de Hesdinio⟩

Jean ⟨Acton⟩
→ **Johannes ⟨de Actona⟩**

Jean ⟨Agazzari⟩
→ **Agazzarius, Johannes**

Jean ⟨Agnellus⟩
→ **Johannes ⟨Agnelli⟩**

Jean ⟨Albert⟩
→ **Johannes ⟨Albertus⟩**

Jean ⟨Albini⟩
→ **Albinus, Johannes**

Jean ⟨Alère⟩
→ **Johannes ⟨de Alerio⟩**

Jean ⟨Algrin⟩
→ **Johannes ⟨Algrinus⟩**

Jean ⟨Amundesham⟩
→ **Amundesham, Johannes**

Jean ⟨André⟩
→ **Johannes ⟨Andreae⟩**

Jean ⟨Angleterre, Roi, I.⟩
→ **John ⟨England, King, I.⟩**

Jean ⟨Antipape au Latran⟩
→ **Johannes ⟨Hymmonides⟩**

Jean ⟨Arabe⟩
→ **Johannes ⟨Rufus⟩**

Jean ⟨Aragon, Roi, ...⟩
→ **Juan ⟨Aragón, Rey, ...⟩**

Jean ⟨Archevêque⟩
→ **Johannes ⟨Arelatensis, I.⟩**

Jean ⟨Archevêque, IV.⟩
→ **Johannes ⟨Ravennatensis⟩**

Jean ⟨Archevêque de Bulgarie⟩
→ **Johannes ⟨Camaterus, Astronomus⟩**

Jean ⟨Archevêque de Rouen⟩
→ **Johannes ⟨Rothomagensis⟩**

Jean ⟨Archevêque de Toulouse⟩
→ **Johannes ⟨de Cardalhaco⟩**

Jean ⟨Archevêque de York⟩
→ **Johannes ⟨Beverlacensis⟩**

Jean ⟨Archidiacre de Bari⟩
→ **Johannes ⟨Barensis⟩**

Jean ⟨Argyropulo⟩
→ **Johannes ⟨Argyropulus⟩**

Jean ⟨Arlon, Marquis⟩
→ **Jan ⟨Čechy, Král⟩**

Jean ⟨Aven Daud⟩
→ **Johannes ⟨Hispanus⟩**

Jean ⟨Aylino de Maniago⟩
→ **Johannes ⟨Aylini de Maniaco⟩**

Jean ⟨Baconthorp⟩
→ **Johannes ⟨Baco⟩**

Jean ⟨Bagnyon⟩
→ **Bagnyon, Jean**

Jean ⟨Baignon⟩
→ **Bagnyon, Jean**

Jean ⟨Balétrier⟩
→ **Johannes ⟨Balistarii⟩**

Jean ⟨Ballester⟩
→ **Johannes ⟨Ballester⟩**

Jean ⟨Bar Aphtonia⟩
→ **Yôḥannān Bar-Aptonyā**

Jean ⟨Barath⟩
→ **Johannes ⟨Barath⟩**

Jean ⟨Barbucallus⟩
→ **Johannes ⟨Barbucallus⟩**

Jean ⟨Basinge⟩
→ **Johannes ⟨de Basingstoke⟩**

Jean ⟨Bassenhammer⟩
→ **Bassenhaimer, Johannes**

Jean ⟨Bassol⟩
→ **Johannes ⟨de Bassolis⟩**

Jean ⟨Bate⟩
→ **Johannes ⟨Bate⟩**

Jean ⟨Baudouin⟩
→ **Baudouin, Jean**

Jean ⟨Baudouin de Resly⟩
→ **Johannes ⟨de Reli⟩**

Jean ⟨Bayon⟩
→ **Johannes ⟨de Bayon⟩**

Jean ⟨Beccos⟩
→ **Johannes ⟨Beccus⟩**

Jean ⟨Bedel⟩
13. Jh.
Nicht identisch mit Jean ⟨Bodel⟩; Fabliaux
Bedel, Jean
Bedel, Joannes
Bedel, Johannes

Jean ⟨Beleth⟩
→ **Johannes ⟨Belethus⟩**

Jean ⟨Bembo⟩
→ **Bembus, Johannes**

Jean ⟨Bénédictin de Saint-Evroul⟩
→ **Johannes ⟨Remensis⟩**

Jean ⟨Bercht de Diest⟩
→ **Johannes ⟨de Bercht⟩**

Jean ⟨Bernier de Fayt⟩
→ **Johannes ⟨de Fayt⟩**

Jean ⟨Bianchi⟩
→ **Johannes ⟨Nicolaus Blancus⟩**

Jean ⟨Bienheureux⟩
→ **Dominici, Giovanni**
→ **Johannes ⟨Agnelli⟩**
→ **Johannes ⟨de Nivelle⟩**

Jean ⟨Bissoli⟩
→ **Bissoli, Giovanni**

Jean ⟨Blakman⟩
→ **Blakman, Johannes**

Jean ⟨Blanc⟩
→ **Johannes ⟨Blancus⟩**

Jean ⟨Blanqui⟩
→ **Johannes ⟨Blancus⟩**

Jean ⟨Bodel⟩
ca. 1165 – 1210
Trouv'ere; Fabliaux, Congr'es d'Arras, Chansons de Saisnes, Pastourelles, Jeu de Saint-Nicolas
LMA,II,306
Bodel, Jean
Bodel, Jehan
Jehan ⟨Bodel⟩

Jean ⟨Bohème, Roi⟩
→ **Jan ⟨Čechy, Král⟩**

Jean ⟨Boinenfant⟩
um 1314/30
Correspondance
Rep.Font. VI,522
Boinenfant, Jean

Jean ⟨Bondi⟩
→ **Johannes ⟨Bondi Aquileiensis⟩**

Jean ⟨Boucicaut, ...⟩
→ **Boucicaut, Jean ⟨...⟩**

Jean ⟨Bougival, Sire⟩
→ **Jean ⟨Paniers⟩**

Jean ⟨Bouin⟩
→ **Johannes ⟨de Sancto Victore⟩**

Jean ⟨Boumal⟩
→ **Johannes ⟨de Bomalia⟩**

Jean ⟨Bourgeois de Valenciennes⟩
→ **Jean ⟨de Tournai⟩**

Jean ⟨Bourgogne, Duc⟩
gest. 1419
LMA,V,334
Jean ⟨Sans Peur⟩
Johann ⟨Burgund, Herzog⟩
Johann ⟨der Unerschrockene⟩
Johann ⟨Ohne Furcht⟩
Johannes ⟨Burgundia, Dux⟩
Johannes ⟨den Onbevreesden⟩
John ⟨Burgundy, Duke⟩
John ⟨the Fearless⟩

Jean ⟨Boutillier⟩
→ **Jean ⟨le Boutillier⟩**

Jean ⟨Brabant, Duc, ...⟩
→ **Jan ⟨Brabant, Hertog, ...⟩**

Jean ⟨Brammaert⟩
→ **Johannes ⟨Brammart⟩**

Jean ⟨Brandebourg, Margrave, I.⟩
→ **Johann ⟨Brandenburg, Markgraf, I.⟩**

Jean ⟨Brandon⟩
→ **Johannes ⟨Brando⟩**

Jean ⟨Brands⟩
→ **Johannes ⟨Brando⟩**

Jean ⟨Bras-de-fer⟩
13./14. Jh.
Fabliaux
Bras-de-fer, Jean
Jean ⟨de Dammartin⟩

Jean ⟨Brasiator⟩
→ **Johannes ⟨Brasiator de Frankenstein⟩**

Jean ⟨Bréhal⟩
→ **Johannes ⟨Brehallus⟩**

Jean ⟨Bremer⟩
→ **Bremer, Johannes**

Jean ⟨Bretagne, Duc, I.⟩
gest. 1286
LMA,V,332
Jean ⟨le Roux⟩
Johann ⟨Bretagne, Herzog, I.⟩
Johannes ⟨Britannia, Dux, I.⟩
John ⟨Brittany, Duke, I.⟩

Jean ⟨Bretagne, Duc, II.⟩
gest. 1305
LMA,V,332/33
Johann ⟨Bretagne, Herzog, II.⟩
Johannes ⟨Britannia, Dux, II.⟩
John ⟨Brittany, Duke, II.⟩

Jean ⟨Bretagne, Duc, III.⟩
gest. 1341
LMA,V,333
Jean ⟨le Bon⟩
Johann ⟨Bretagne, Herzog, III.⟩
Johannes ⟨Britannia, Dux, III.⟩
John ⟨Brittany, Duke, III.⟩

Jean ⟨Bretagne, Duc, IV.⟩
gest. 1345
Zählung als IV. Duc de Bretagne laut Grande Encyclopédie Larousse
Jean ⟨de Montfort⟩
Jean ⟨le Captif⟩
Johann ⟨Bretagne, Herzog, IV.⟩
Johannes ⟨Britannia, Dux, IV.⟩
John ⟨Brittany, Duke, IV.⟩

Jean ⟨Bretagne, Duc, V.⟩
gest. 1399
lt. LMA IV. Herzog der Bretagne, Zählung nach Grande Encyclopédie Larousse
LMA,V,333
Jean ⟨le Conquéreur Vaillant⟩
Johann ⟨Bretagne, Herzog, V.⟩
Johannes ⟨Britannia, Dux, V.⟩
John ⟨Brittany, Duke, V.⟩

Jean ⟨Bretagne, Duc, VI.⟩
gest. 1442
lt. LMA V. Herzog der Bretagne, Zählung nach Grande Encyclopédie Larousse
LMA,V,333
Jean ⟨Bretagne, Duc, V.⟩
Jean ⟨le Bon-Sage⟩
Johann ⟨Bretagne, Herzog, VI.⟩
Johannes ⟨Britannia, Dux, VI.⟩
John ⟨Brittany, Duke, VI.⟩

Jean ⟨Bretel⟩
gest. 1272
Jeux partis
LMA,V,337
Bretel, Jean
Bretiaux, Jean
Jean ⟨Bretiaux⟩

Jean ⟨Bretiaux⟩
→ **Jean ⟨Bretel⟩**

Jean ⟨Bricy⟩
→ **Johannes ⟨Bricius⟩**

Jean ⟨Brinckerinck⟩
→ **Johannes ⟨Brinckerinck⟩**

Jean ⟨Brisebarre⟩
→ **Brisebarre, Jean**

Jean ⟨Brugman⟩
→ **Brugmanus, Johannes**

Jean ⟨Brunius⟩
→ **Johannes ⟨de Bruyne⟩**

Jean ⟨Bucheler⟩
→ **Bucheler, Hans**

Jean ⟨Buchler⟩
→ **Johannes ⟨Buchler⟩**

Jean ⟨Buralli⟩
→ **Johannes ⟨de Parma⟩**

Jean ⟨Burgundio de Pise⟩
→ **Burgundius ⟨Pisanus⟩**

Jean ⟨Buridan⟩
→ **Johannes ⟨Buridanus⟩**

Jean ⟨Caballini⟩
→ **Johannes ⟨Caballinus de Cerronibus⟩**

Jean ⟨Cacheng⟩
→ **Johannes ⟨Cochinger⟩**

Jean ⟨Caligator⟩
→ **Johannes ⟨Caligator⟩**

Jean ⟨Calojean-le-Maure⟩
→ **Johannes ⟨Imperium Byzantinum, Imperator, II.⟩**

Jean ⟨Camatère⟩
→ **Johannes ⟨Camaterus⟩**

Jean ⟨Camatère, Archevêque de Bulgarie⟩
→ **Johannes ⟨Camaterus, Astronomus⟩**

Jean ⟨Campano⟩
→ **Campanus, Johannes**

Jean ⟨Canaparius⟩
→ **Johannes ⟨Canaparius⟩**

Jean ⟨Canonici⟩
→ **Johannes ⟨Canonicus⟩**

Jean ⟨Cantacuzène⟩
→ **Johannes ⟨Imperium Byzantinum, Imperator, VI.⟩**

Jean ⟨Cantius⟩
→ **Johannes ⟨Cantius⟩**

Jean ⟨Capo di Gallo⟩
→ **Johannes ⟨Novariensis⟩**

Jean ⟨Caprioli⟩
→ **Johannes ⟨Capreolus⟩**

Jean ⟨Caput⟩
→ **Johannes ⟨Caput⟩**

Jean ⟨Caputagnus⟩
→ **Codagnellus, Johannes**

Jean ⟨Caraffa⟩
→ **Caraffa, Johannes**

Jean ⟨Carme à Ipswich⟩
→ **Johannes ⟨de Sancto Edmundo⟩**

Jean ⟨Castel⟩
gest. 1476
LMA,II,1556
Castel, Jean
Jean ⟨de Castel⟩

Jean ⟨Castille, Roi, II.⟩
→ **Juan ⟨Castilla, Rey, II.⟩**

Jean ⟨Cattelin⟩
→ **Johannes ⟨Papa, III.⟩**

Jean ⟨Caussemaeker⟩
→ **Johannes ⟨Caligator⟩**

Jean ⟨Cenomanus⟩
→ **Johannes ⟨Cenomanensis⟩**

Jean ⟨Cervantes de Lora⟩
→ **Johannes ⟨Cervantes⟩**

Jean ⟨Chanoine de Crémone⟩
→ **Johannes ⟨Cremonensis⟩**

Jean ⟨Chanoine de Parme⟩
→ **Johannes ⟨de Parma, Medicus⟩**

Jean ⟨Chanoine de Saint-Victor⟩
→ **Johannes ⟨de Alneto⟩**

Jean ⟨Chanoine Régulier de Saint-Victor⟩
→ **Johannes ⟨de Sancto Victore⟩**

Jean ⟨Chansonnier⟩
→ **Jean ⟨le Teinturier⟩**

Jean ⟨Charlier de Gerson⟩
→ **Gerson, Johannes**

Jean ⟨Charolais⟩
→ **Lefèvre de Saint-Rémy, Jean**

Jean ⟨Chartier⟩
gest. 1464
LMA,II,1744/45
Chartier, Jean
Jean ⟨de Saint-Denis⟩

Jean ⟨Chartreux⟩
→ **Johannes ⟨Institor⟩**

Jean ⟨Chef Nestorien⟩
→ **Johannes ⟨Presbyter⟩**

Jean ⟨Chopinel⟩
→ **Jean ⟨de Meung⟩**

Jean ⟨Christophe⟩
→ **Johannes ⟨Christophori de Saxonia⟩**

Jean ⟨Chroniqueur Byzantin⟩
→ **Johannes ⟨Antiochenus, Chronista⟩**

Jean ⟨Chroniqueur de Zittau⟩
→ **Johann ⟨von Guben⟩**

Jean ⟨Chuffart⟩
→ **Chuffart, Jean**

Jean ⟨Cimeliarcha⟩
→ **Johannes ⟨Cimeliarcha⟩**

Jean ⟨Cinname⟩
→ **Johannes ⟨Cinnamus⟩**

Jean ⟨Cirita⟩
→ **Johannes ⟨Cirita⟩**

Jean ⟨Climaque⟩
→ **Johannes ⟨Climacus⟩**

Jean ⟨Clipston⟩
→ **Johannes ⟨de Clipston⟩**

Jean ⟨Clivoth⟩
→ **Johannes ⟨Clivoth⟩**

Jean ⟨Clopinel⟩
→ **Jean ⟨de Meung⟩**

Jean ⟨Clynn⟩
→ **Clyn, Johannes**

Jean ⟨Cochinger⟩
→ **Johannes ⟨Cochinger⟩**

Jean ⟨Codagnelli⟩
→ **Codagnellus, Johannes**

Jean ⟨Colombe⟩
→ **Colombe, Jean**

Jean ⟨Colombini⟩
→ **Johannes ⟨Colombinus⟩**

Jean ⟨Colonna⟩
→ **Columna, Johannes ¬de¬**

Jean ⟨Comminges⟩
→ **Commingiis, Johannes ¬de¬**

Jean ⟨Comnène⟩
→ **Johannes ⟨Imperium Byzantinum, Imperator, II.⟩**

Jean ⟨Consobrinus⟩
→ **Johannes ⟨Consobrinus⟩**

Jean ⟨Contractus⟩
→ **Johannes ⟨Contractus⟩**

Jean ⟨Cornazzano⟩
→ **Johannes ⟨de Cornazano⟩**

Jean ⟨Cotton⟩
→ **Johannes ⟨Affligemensis⟩**

Jean ⟨Courtecuisse⟩
→ **Johannes ⟨de Brevicoxa⟩**

Jean ⟨Coussemaecker⟩
→ **Johannes ⟨Caligator⟩**

Jean ⟨Crastoni⟩
→ **Johannes ⟨Crastonus⟩**

Jean ⟨Craus⟩
→ **Craws, Johannes**

Jean ⟨Crestoni⟩
→ **Johannes ⟨Crastonus⟩**

Jean ⟨Creton⟩
→ **Creton, Jean**

Jean ⟨Cunningham⟩
→ **Johannes ⟨Kiningham⟩**

Jean ⟨Cuvelier⟩
→ **Cuvelier, Jean**

Jean ⟨Cuzin⟩
→ **Johannes ⟨Cuzin⟩**

Jean ⟨d'Abbeville⟩
→ **Johannes ⟨Algrinus⟩**

Jean ⟨d'Acton⟩
→ **Johannes ⟨de Actona⟩**

Jean ⟨d'Adorf⟩
→ **Johannes ⟨Permeter⟩**

Jean ⟨d'Afflighem⟩
→ **Jan ⟨van Leeuwen⟩**

Jean ⟨d'Aix-la-Chapelle⟩
→ **Johannes ⟨Brammart⟩**

Jean ⟨d'Alcobaça⟩
→ **Johannes ⟨de Alcobaca⟩**

Jean ⟨Dalderby⟩
→ **Johannes ⟨Dalderby⟩**

Jean ⟨d'Alerio⟩
→ **Johannes ⟨de Alerio⟩**

Jean ⟨d'Aleth⟩
→ **Johannes ⟨de Craticula⟩**

Jean ⟨d'Alexandrie⟩
→ **Johannes ⟨Alexandrinus⟩**

Jean ⟨Dalich⟩
→ **Johannes ⟨Alich⟩**

Jean ⟨d'Alich⟩
→ **Johannes ⟨Alich⟩**

Jean ⟨dalle Celle⟩
→ **Giovanni ⟨dalle Celle⟩**

Jean ⟨d'Alneto⟩
→ **Johannes ⟨de Alneto⟩**

Jean ⟨d'Alvernia⟩
→ **Johannes ⟨de Alvernia⟩**

Jean ⟨Dalyata⟩
→ **Yôḫannān ⟨von Dalyatā⟩**

Jean ⟨d'Amalfi⟩
→ **Johannes ⟨Amalfitanus⟩**

Jean ⟨Damascène⟩
→ **Johannes ⟨Damascenus⟩**

Jean ⟨d'Amathonte⟩
→ **Johannes ⟨Eleemosynarius⟩**

Jean ⟨d'Anagni⟩
→ **Johannes ⟨de Anania⟩**

Jean ⟨d'Anneux⟩
→ **Johannes ⟨de Annosio⟩**

Jean ⟨d'Anneville⟩
→ **Johannes ⟨de Alta Villa⟩**

Jean ⟨d'Annonay⟩
→ **Johannes ⟨Antiochenus, Chronista⟩**
→ **Johannes ⟨Malalas⟩**
→ **Johannes ⟨Oxites⟩**
→ **Johannes ⟨Porta de Annoniaco⟩**

Jean ⟨d'Antioche⟩
→ **Johannes ⟨Antiochenus⟩**

Jean ⟨d'Anvers⟩
→ **Boendale, Jan ¬van¬**

Jean ⟨d'Apamée⟩
→ **Yoḥannan ⟨Apameia⟩**

Jean ⟨d'Aquila⟩
→ **Johannes ⟨Aquilanus⟩**

Jean ⟨d'Aquilée⟩
→ **Johannes ⟨Aquileiensis⟩**
→ **Johannes ⟨Bondi Aquileiensis⟩**

Jean ⟨d'Aragon⟩
→ **Johannes ⟨de Aragonia⟩**
→ **Johannes ⟨de Aragonia, Cardinalis⟩**

Jean ⟨d'Arbois⟩
→ **Johannes ⟨Arbosiensium⟩**

Jean ⟨Dardel⟩
gest. 1384 · OFM
Chronique d'Arménie
Rep.Font. VI,527
Dardel, Jean
Etampes, Jean ¬d'¬
Jean ⟨de Tortiboli⟩
Jean ⟨d'Etampes⟩
Tortiboli, Jean ¬de¬

Jean ⟨d'Ardembourg⟩
→ **Johannes ⟨de Ardemburgo⟩**

Jean ⟨d'Arles⟩
→ **Johannes ⟨Arelatensis, ...⟩**

Jean ⟨d'Arras⟩
→ **Jean ⟨le Teinturier⟩**

Jean ⟨d'Arras⟩
ca. 1350 – ca. 1394
LMA,V,337; LMA,VI,503
Arras, Jean ¬d'¬
Arras, Jehan ¬d'¬

Jean ⟨d'Ascoli⟩
→ **Johannes ⟨de Asculo⟩**

Jean ⟨d'Ashwardby⟩
→ **Johannes ⟨Ashuvarbi⟩**

Jean ⟨Dastin⟩
→ **Dastin, Johannes**

Jean ⟨Dati d'Imola⟩
→ **Johannes ⟨Datus de Imola⟩**

Jean ⟨d'Aubigné⟩
→ **Johannes ⟨de Albiniaco⟩**

Jean ⟨d'Audenarde⟩
gest. 1293
Audenarde, Jean ¬d'¬
Jean ⟨de Pamele-Audenarde⟩
Pamele-Audenarde, Jean ¬de¬

Jean ⟨Daudin⟩
→ **Daudin, Jean**

Jean ⟨d'Aunay⟩
→ **Johannes ⟨de Alneto⟩**

Jean ⟨d'Aurbach⟩
→ **Johannes ⟨de Auerbach⟩**

Jean ⟨d'Auxerre⟩
→ **Johannes ⟨de Altissiodoro⟩**

Jean ⟨d'Avranches⟩
→ **Johannes ⟨Rothomagensis⟩**

Jean ⟨de Annosis⟩
→ **Johannes ⟨de Annosio⟩**

Jean ⟨de Arundine⟩
→ **Johannes ⟨de Arundine⟩**

Jean ⟨de Aswardby⟩
→ **Johannes ⟨Ashuvarbi⟩**

Jean ⟨de Aurillac⟩
→ **Johannes ⟨de Rupescissa, OFM⟩**

Jean ⟨de Bacon⟩
→ **Johannes ⟨Baco⟩**

Jean ⟨de Baconthorpe⟩
→ **Johannes ⟨Baco⟩**

Jean ⟨de Bairreut⟩
→ **Johannes ⟨Parreudt⟩**

Jean ⟨de Bâle⟩
→ **Johannes ⟨de Basilea⟩**

Jean ⟨de Bamberg⟩
→ **Johannes ⟨de Auerbach⟩**

Jean ⟨de Barastre⟩
→ **Johannes ⟨de Sancto Quintino⟩**

Jean ⟨de Bari⟩
→ **Johannes ⟨Barensis⟩**

Jean ⟨de Barningham⟩
→ **Johannes ⟨de Barningham⟩**

Jean ⟨de Bartfeld⟩
→ **Johannes ⟨de Bartpha⟩**

Jean ⟨de Bartpha⟩
→ **Johannes ⟨de Bartpha⟩**

Jean ⟨de Barwick⟩
→ **Johannes ⟨de Berwick⟩**

Jean ⟨de Basingstoke⟩
→ **Johannes ⟨de Basingstoke⟩**

Jean ⟨de Bassolles⟩
→ **Johannes ⟨de Bassolis⟩**

Jean ⟨de Baugerais⟩
→ **Johannes ⟨de Baugesio⟩**

Jean ⟨de Baume⟩
→ **Johannes ⟨de Balma⟩**

Jean ⟨de Bayeux⟩
→ **Johannes ⟨Rothomagensis⟩**

Jean ⟨de Bayon⟩
→ **Johannes ⟨de Bayon⟩**

Jean ⟨de Bayreuth⟩
→ **Hans ⟨von Bayreuth⟩**
→ **Johannes ⟨Parreudt⟩**

Jean ⟨de Bazzano⟩
→ **Johannes ⟨de Bazano⟩**

Jean ⟨de Beaune⟩
→ **Johannes ⟨de Belna⟩**

Jean ⟨de Beauvais⟩
→ **Johannes ⟨Bellovacensis⟩**

Jean ⟨de Beets⟩
→ **Johannes ⟨de Beets⟩**

Jean ⟨de Beka⟩
→ **Johannes ⟨de Beka⟩**

Jean ⟨de Belesta⟩
um 1490
Voyage à Jérusalem de Philippe de Voisins, seigneur de Montaut
Rep.Font. VI,520
Belesta, Jean ¬de¬
Binèle, Jean ¬de¬
Jean ⟨de Binèle⟩
Jean ⟨de la Binèle⟩

Jean ⟨de Bellencourt⟩
→ **Johannes ⟨de Bullencuria⟩**

Jean ⟨de Belmeis⟩
→ **Johannes ⟨de Belmeis⟩**

Jean ⟨de Belna⟩
→ **Johannes ⟨de Belna⟩**

Jean ⟨de Bercht⟩
→ **Johannes ⟨de Bercht⟩**

Jean ⟨de Bernier⟩
→ **Johannes ⟨de Fayt⟩**

Jean ⟨de Berwick⟩
→ **Johannes ⟨de Berwick⟩**

Jean ⟨de Besançon⟩
→ **Jean ⟨Priorat⟩**

Jean ⟨de Béthune⟩
→ **Johannes ⟨Buridanus⟩**

Jean ⟨de Beverley⟩
→ **Johannes ⟨Beverlacensis⟩**
→ **Johannes ⟨Beverlaius⟩**

Jean ⟨de Bèze⟩
→ **Johannes ⟨Besuensis⟩**

Jean ⟨de Béziers⟩
→ **Johan ⟨Esteve⟩**

Jean ⟨de Biblia⟩
→ **Johannes ⟨de Biblia⟩**

Jean ⟨de Biclar⟩
→ **Johannes ⟨de Biclaro⟩**

Jean ⟨de Biervliet⟩
→ **Johannes ⟨de Biervliet⟩**

Jean ⟨de Binèle⟩
→ **Jean ⟨de Belesta⟩**

Jean ⟨de Bisignano⟩
→ **Johannes ⟨de Marignollis⟩**

Jean ⟨de Blanasque⟩
→ **Blanasco, Johannes ¬de¬**

Jean ⟨de Blanay⟩
→ **Blanasco, Johannes ¬de¬**

Jean ⟨de Blanchin⟩
→ **Blanchin, Jehan**

Jean ⟨de Blanot⟩
→ **Blanasco, Johannes ¬de¬**

Jean ⟨de Blois⟩
um 1216
Chevalier au Barisel
Blois, Jean ¬de¬
Jean ⟨de la Chapelle⟩

Jean ⟨de Blois, Franciscain⟩
→ **Johannes ⟨Blesensis⟩**

Jean ⟨de Blomendal⟩
→ **Johannes ⟨Blomendal⟩**

Jean ⟨de Bloxham, Carme⟩
→ **Johannes ⟨Bloxham⟩**

Jean ⟨de Bloxham, Théologien à Oxford⟩
→ **Johannes ⟨Bloxham, Iunior⟩**

Jean ⟨de Blumenthal⟩
→ **Johannes ⟨Blomendal⟩**

Jean ⟨de Bockenheim⟩
→ **Johannes ⟨Bockenheim⟩**

Jean ⟨de Bodman⟩
→ **Johann ⟨von Bodman⟩**

Jean ⟨de Bohème⟩
→ **Jan ⟨Čechy, Král⟩**

Jean ⟨de Bomale⟩
→ **Johannes ⟨de Bomalia⟩**

Jean ⟨de Bory⟩
um 1268
Ps.; franz. Übersetzer des Augustinus
Stegmüller, Repert. bibl. 4259
Bory, Jean ¬de¬
Jehan ⟨de Bory⟩
Johannes ⟨de Bory⟩
Johannes ⟨Episcopus Meldensis⟩

Jean ⟨de Bottisham⟩
→ **Guilelmus ⟨Botelsham⟩**

Jean ⟨de Bougival⟩
→ **Jean ⟨Paniers⟩**

Jean ⟨de Bourbon⟩
→ **Johannes ⟨de Borbone⟩**

Jean ⟨de Brabant⟩
→ **Johannes ⟨de Bomalia⟩**

Jean ⟨de Braga⟩
→ **Johannes ⟨de Cardalhaco⟩**

Jean ⟨de Brammart⟩
→ **Johannes ⟨Brammart⟩**

Jean ⟨de Brandebourg⟩
→ **Johann ⟨Brandenburg, Markgraf, I.⟩**

Jean ⟨de Brescia⟩
→ **Johannes ⟨de Brixia⟩**

Jean ⟨de Bridlington⟩
→ **Johannes ⟨de Bridlington⟩**

Jean ⟨de Brie⟩
um 1379
Brie, Jean ¬de¬
Brie, Jehan ¬de¬
Jean ⟨le Bon Berger⟩
Jehan ⟨de Brie⟩

Jean ⟨de Brievecuisse⟩
→ **Johannes ⟨de Brevicoxa⟩**

Jean ⟨de Brixia⟩
→ **Johannes ⟨de Brixia⟩**

Jean ⟨de Bromyard⟩
→ **Johannes ⟨Bromiardus⟩**

Jean ⟨de Bruxelles⟩
→ **Johannes ⟨de Bruyne⟩**
→ **Mauburnus, Johannes**

Jean ⟨de Bruyne⟩
→ **Johannes ⟨de Bruyne⟩**

Jean ⟨de Bühel⟩
→ **Hans ⟨von Bühel⟩**

Jean ⟨de Bueil⟩
→ **Bueil, Jean ¬de¬**

Jean ⟨de Buken⟩
→ **Klenkok, Johannes**

Jean ⟨de Bulgarie⟩
→ **Joan ⟨Bălgarski⟩**

Jean ⟨de Bury-Saint-Edmond⟩
→ **Johannes ⟨Burensis⟩**

Jean ⟨de Buxaria⟩
→ **Johannes ⟨de Buscaria⟩**

Jean ⟨de Buxheim⟩
→ **Johannes ⟨Institor⟩**

Jean ⟨de Cambaloue⟩
→ **Johannes ⟨de Monte Corvino⟩**

Jean ⟨de Camerino⟩
→ **Giovanni ⟨di Niccolò⟩**

Jean ⟨de Capistrano⟩
→ **Johannes ⟨de Capestrano⟩**

Jean ⟨de Capoue⟩
→ **Johannes ⟨de Capua⟩**

Jean ⟨de Cappadoce⟩
→ **Johannes ⟨Cappadoces⟩**
→ **Johannes ⟨Ieiunator⟩**

Jean ⟨de Carcassone⟩
→ **Johannes ⟨de Carcassona⟩**

Jean ⟨de Cardaillac⟩
→ **Johannes ⟨de Cardalhaco⟩**

Jean ⟨de Carpathos⟩
→ **Johannes ⟨Carpathius⟩**

Jean ⟨de Casale⟩
→ **Johannes ⟨de Casali⟩**

Jean ⟨de Casanova⟩
→ **Casanova, Johannes ¬de¬**

Jean ⟨de Castel⟩
→ **Jean ⟨Castel⟩**

Jean ⟨de Castelnou⟩
→ **Johan ⟨de Castelnou⟩**

Jean ⟨de Castilione⟩
→ **Johannes ⟨de Castellione⟩**

Jean ⟨de Caux⟩
→ **Johannes ⟨de Caleto⟩**

Jean ⟨de Celano⟩
→ **Johannes ⟨de Celano⟩**

Jean ⟨de Cermenate⟩
→ **Johannes ⟨de Cermenate⟩**

Jean ⟨de Césarée⟩
→ **Johannes ⟨Caesariensis⟩**

Jean ⟨de Chambes⟩
um 1422/61
Relatio de son ambassade auprès de la seigneurie de Venise
Rep.Font. VI,525

Chambes, Jean ¬de¬
Jambes, Jean ¬de¬
Jean ⟨de Jambes⟩

Jean ⟨de Châtillon⟩
→ **Johannes ⟨de Castellione⟩**
→ **Johannes ⟨de Craticula⟩**

Jean ⟨de Cinq-Eglises⟩
→ **Ianus ⟨Pannonius⟩**

Jean ⟨de Cirey⟩
→ **Cirey, Jean ¬de¬**

Jean ⟨de Cisinge⟩
→ **Ianus ⟨Pannonius⟩**

Jean ⟨de Citri⟩
→ **Johannes ⟨Citri Episcopus⟩**

Jean ⟨de Cluny⟩
→ **Johannes ⟨Cluniacensis⟩**

Jean ⟨de Cologne⟩
→ **Johannes ⟨de Colonia⟩**

Jean ⟨de Condé⟩
→ **Johannes ⟨de Condeto⟩**

Jean ⟨de Condé⟩
gest. 1345
LMA,V,338
Condé, Jean ¬de¬
Condet, Jean ¬de¬
Condet, Jehan ¬de¬
Jean ⟨de Condet⟩
Jean ⟨le Trouvère⟩
Jean ⟨Trouvère⟩
Jehan ⟨de Condé⟩
Jehan ⟨de Condet⟩

Jean ⟨de Constantinople⟩
→ **Johannes ⟨Constantinopolitanus⟩**
→ **Johannes ⟨Xiphilinus⟩**

Jean ⟨de Constantinople, II.⟩
→ **Johannes ⟨Cappadoces⟩**

Jean ⟨de Constantinople, III.⟩
→ **Johannes ⟨Scholasticus⟩**

Jean ⟨de Constantinople, IV.⟩
→ **Johannes ⟨Ieiunator⟩**

Jean ⟨de Constantinople, VI.⟩
→ **Johannes ⟨Constantinopolitanus, VI.⟩**

Jean ⟨de Cornillon⟩
→ **Johannes ⟨Montis Sancti Cornelii⟩**

Jean ⟨de Cornouailles⟩
→ **Johannes ⟨Cornubiensis⟩**

Jean ⟨de Corsendonck⟩
→ **Johannes ⟨de Meerhout⟩**

Jean ⟨de Courcy⟩
1360 – 1431
Bouquechardière; Chemin de vaillance
Rep.Font. VI,526
Courcy, Jean ¬de¬

Jean ⟨de Courtecuisse⟩
→ **Johannes ⟨de Brevicoxa⟩**

Jean ⟨de Coutances⟩
→ **Johannes ⟨Constantiensis⟩**

Jean ⟨de Cracovie⟩
→ **Głogowczyk, Jan**

Jean ⟨de Craticula⟩
→ **Johannes ⟨de Craticula⟩**

Jean ⟨de Crémone⟩
→ **Johannes ⟨Cremonensis⟩**
→ **Johannes ⟨de Persico⟩**

Jean ⟨de Croisy⟩
→ **Jean ⟨de Garencières⟩**

Jean ⟨de Cyparisse⟩
→ **Johannes ⟨Cyparissiota⟩**

Jean ⟨de Czarnkow⟩
→ **Johannes ⟨de Czarnkow⟩**

Jean ⟨de Dacie⟩
→ **Johannes ⟨Dacus⟩**

Jean ⟨de Dadizeele⟩
→ **Dadizeele, Jan ¬van¬**

Jean ⟨de Dalyatha⟩
→ **Yôḥannān ⟨von Dalyatā⟩**

Jean ⟨de Damas⟩
→ **Johannes ⟨Damascenus⟩**

Jean ⟨de Dammartin⟩
→ **Jean ⟨Bras-de-fer⟩**

Jean ⟨de Darlington⟩
→ **Johannes ⟨de Derlington⟩**

Jean ⟨de Diest⟩
→ **Johannes ⟨de Bercht⟩**
→ **Johannes ⟨de Diest⟩**
→ **Johannes ⟨de Meerhout⟩**

Jean ⟨de Dieu⟩
→ **Johannes ⟨de Deo⟩**

Jean ⟨de Dobergos⟩
→ **Johannes ⟨de Dobergos⟩**

Jean ⟨de Doncaster⟩
→ **Johannes ⟨Marro⟩**

Jean ⟨de Dorsten⟩
→ **Johannes ⟨de Dorsten⟩**

Jean ⟨de Douai⟩
→ **Johannes ⟨de Duaco⟩**

Jean ⟨de Drazic⟩
→ **Johannes ⟨de Dražice⟩**

Jean ⟨de Dueñas⟩
→ **Juan ⟨de Dueñas⟩**

Jean ⟨de Dumbleton⟩
→ **Johannes ⟨Dumbleton⟩**

Jean ⟨de Eboraco⟩
→ **Johannes ⟨de Eboraco⟩**

Jean ⟨de Fabriano⟩
→ **Johannes ⟨Bechetti⟩**

Jean ⟨de Faenza⟩
→ **Johannes ⟨Faventinus⟩**
→ **Johannes ⟨Faventinus, OFM⟩**
→ **Johannes ⟨Faventinus, OP⟩**
→ **Johannes ⟨Faventinus Presbyter⟩**

Jean ⟨de Fayt⟩
→ **Johannes ⟨de Fayt⟩**

Jean ⟨de Fécamp⟩
→ **Johannes ⟨Fiscannensis⟩**

Jean ⟨de Fermo⟩
→ **Johannes ⟨de Alvernia⟩**

Jean ⟨de Ferrare⟩
→ **Johannes ⟨Ferrariensis⟩**

Jean ⟨de Flagy⟩
12. Jh.
Flagy, Jean ¬de¬

Jean ⟨de Fleury⟩
→ **Johannes ⟨de Sancto Benedicto⟩**

Jean ⟨de Flixecourt⟩
→ **Johannes ⟨de Flissicuria⟩**

Jean ⟨de Florence⟩
→ **Giovanni ⟨Fiorentino⟩**

Jean ⟨de Flores⟩
→ **Flores, Juan ¬de¬**

Jean ⟨de Fonte⟩
→ **Johannes ⟨de Fonte⟩**

Jean ⟨de Ford⟩
→ **Johannes ⟨de Forda⟩**

Jean ⟨de Fordun⟩
→ **Johannes ⟨de Fordun⟩**

Jean ⟨de Francford⟩
→ **Johannes ⟨de Francfordia⟩**
→ **Johannes ⟨Smitzkil⟩**

Jean ⟨de Francières⟩
gest. 1488
Livre de fauconnerie
Rep.Font. VI,529
Francières, Jean ¬de¬

Jean ⟨de Frankenstein⟩
→ **Johannes ⟨Brasiator de Frankenstein⟩**
→ **Johannes ⟨von Frankenstein⟩**

Jean ⟨de Fribourg⟩
→ **Johannes ⟨Cochinger⟩**
→ **Johannes ⟨de Friburgo⟩**

Jean ⟨de Gaddesden⟩
→ **Johannes ⟨de Gadesden⟩**

Jean ⟨de Gaète⟩
→ **Gelasius ⟨Papa, II.⟩**

Jean ⟨de Galles⟩
→ **Johannes ⟨Guallensis⟩**

Jean ⟨de Galles, Canoniste⟩
→ **Johannes ⟨Guallensis de Volterra⟩**

Jean ⟨de Galles, Franciscain⟩
→ **Johannes ⟨Welle⟩**

Jean ⟨de Galles de Volterra⟩
→ **Johannes ⟨Guallensis de Volterra⟩**

Jean ⟨de Gamundia⟩
→ **Johannes ⟨de Gmunden⟩**

Jean ⟨de Gand⟩
→ **John ⟨Lancaster, Duke⟩**

Jean ⟨de Garencières⟩
gest. 1415
Garencières, Jean ¬de¬
Jean ⟨de Croisy⟩

Jean ⟨de Geet-Betz⟩
→ **Johannes ⟨de Beets⟩**

Jean ⟨de Geilnhausen⟩
→ **Johannes ⟨de Gelnhausen⟩**

Jean ⟨de Gembloux⟩
→ **Johannes ⟨Gemblacensis⟩**

Jean ⟨de Gênes⟩
→ **Johannes ⟨Ianuensis⟩**
→ **Johannes ⟨Ianuensis Astronomus⟩**

Jean ⟨de Gerresheim⟩
→ **Johannes ⟨Manthen⟩**

Jean ⟨de Gerson⟩
→ **Gerson, Johannes**

Jean ⟨de Girone⟩
→ **Johannes ⟨de Biclaro⟩**

Jean ⟨de Glastonbury⟩
→ **Johannes ⟨Glastoniensis⟩**

Jean ⟨de Glogau⟩
→ **Głogowczyk, Jan**

Jean ⟨de Gmunden⟩
→ **Johannes ⟨de Gmunden⟩**

Jean ⟨de Gnesen⟩
→ **Johannes ⟨de Czarnkow⟩**

Jean ⟨de Goch⟩
→ **Johannes ⟨Pupper von Goch⟩**

Jean ⟨de Goettingue⟩
→ **Johannes ⟨de Eberhausen⟩**

Jean ⟨de Gommerville⟩
→ **Johannes ⟨de Gommerville⟩**

Jean ⟨de Gorze⟩
→ **Johannes ⟨de Sancto Arnulfo⟩**

Jean ⟨de Grimbergen⟩
→ **Jean ⟨d'Enghien, Chroniqueur⟩**

Jean ⟨de Groenendael⟩
→ **Jan ⟨van Leeuwen⟩**
→ **Johannes ⟨de Bercht⟩**

Jean ⟨de Grouchy⟩
→ **Johannes ⟨de Grocheo⟩**

Jean ⟨de Guben⟩
→ **Johann ⟨von Guben⟩**

Jean ⟨de Guise⟩
→ **Jean ⟨de Noyal⟩**

Jean ⟨de Harlem⟩
→ **Johannes ⟨Albertus⟩**

Jean ⟨de Hasselt⟩
→ **Johannes ⟨de Hasselt⟩**

Jean ⟨de Hauteselve⟩
→ **Johannes ⟨de Alta Silva⟩**

Jean ⟨de Hauteville⟩
→ **Johannes ⟨de Alta Villa⟩**

Jean ⟨de Hayn⟩
→ **Johannes ⟨de Indagine⟩**

Jean ⟨de Haynin et de Louvegnies⟩
→ **Haynin, Jean ¬de¬**

Jean ⟨de Herbordi de Bocklenahem⟩
→ **Johannes ⟨Bockenheim⟩**

Jean ⟨de Hesdin⟩
→ **Johannes ⟨de Hesdinio⟩**

Jean ⟨de Hocsem⟩
→ **Johannes ⟨Hocsemius⟩**

Jean ⟨de Holleschow⟩
→ **Johannes ⟨de Holesov⟩**

Jean ⟨de Holywood⟩
→ **Johannes ⟨de Sacrobosco⟩**

Jean ⟨de Hongrie⟩
→ **Johannes ⟨de Bartpha⟩**
→ **Ioanca ⟨Hungarus⟩**

Jean ⟨de Hoveden⟩
→ **Johannes ⟨de Hovedena⟩**

Jean ⟨de Hoxem⟩
→ **Johannes ⟨Hocsemius⟩**

Jean ⟨de Hussinecz⟩
→ **Hus, Jan**

Jean ⟨de Immenhausen⟩
→ **Johannes ⟨de Ymenhusen⟩**

Jean ⟨de Jambes⟩
→ **Jean ⟨de Chambes⟩**

Jean ⟨de Jandun⟩
→ **Johannes ⟨de Ianduno⟩**

Jean ⟨de Jenstein⟩
→ **Johannes ⟨de Jenzenstein⟩**

Jean ⟨de Jérusalem⟩
→ **Johannes ⟨Hierosolymitanus ...⟩**

Jean ⟨de Jessenetz⟩
→ **Johannes ⟨de Iesenic⟩**

Jean ⟨de Joinville⟩
gest. 1319
LMA,V,620/21
Jehan ⟨de Joinville⟩
Johannes ⟨de Joinvilla⟩
Johannes ⟨Joinvillius⟩
John ⟨of Joinville⟩
Joinville, Jean ¬de¬
Joinville, Jehan ¬de¬
Jonville, Jan ¬de¬
Jonville, Jean ¬de¬

Jean ⟨de Journy⟩
um 1288
Jean ⟨de Journi⟩
Jean ⟨von Journi⟩
Journi, Jean ¬de¬
Journy, Jean ¬de¬

Jean ⟨de Justice⟩
→ **Johannes ⟨Iustitiae⟩**

Jean ⟨de Kanty⟩
→ **Johannes ⟨Cantius⟩**

Jean ⟨de Kastl⟩
→ **Johannes ⟨de Castello⟩**

Jean ⟨de Kenty⟩
→ **Johannes ⟨Cantius⟩**

Jean ⟨de Kestergat⟩
→ **Jean ⟨d'Enghien, Chroniqueur⟩**

Jean ⟨de Ketham⟩
→ **Johannes ⟨de Ketham⟩**

Jean ⟨de Khambalik⟩
→ **Johannes ⟨de Monte Corvino⟩**

Jean ⟨de Kitros⟩
→ **Johannes ⟨Citri Episcopus⟩**

Jean ⟨de Klingenberg⟩
→ **Johann ⟨von Klingenberg⟩**

Jean ⟨de Kluczbork⟩
→ **Johannes ⟨Cruczeburg⟩**

Jean ⟨de Kwidzyn⟩
→ **Marienwerder, Johannes**

Jean ⟨de la Binèle⟩
→ **Jean ⟨de Belesta⟩**

Jean ⟨de la Chapelle⟩
→ **Jean ⟨de Blois⟩**
→ **Johannes ⟨de Capella⟩**

Jean ⟨de la Cour⟩
→ **Johannes ⟨de Ardemburgo⟩**

Jean ⟨de la Grille⟩
→ **Johannes ⟨de Craticula⟩**

Jean ⟨de la Molineyrie⟩
→ **Johannes ⟨de Molendino⟩**

Jean ⟨de la Mote⟩
→ **Jean ⟨de le Mote⟩**

Jean ⟨de la Pierre⟩
→ **Heynlin, Johannes**

Jean ⟨de la Rive⟩
→ **Johannes ⟨de Ripa⟩**

Jean ⟨de la Rochelle⟩
→ **Johannes ⟨de Rupella⟩**

Jean ⟨de la Rochetaillée⟩
→ **Johannes ⟨de Rupescissa⟩**

Jean ⟨de la Véprie⟩
→ **Vepria, Jean ¬de¬**

Jean ⟨de Lagadeuc⟩
→ **Lagadeuc, Jean**

Jean ⟨de Lairdieu⟩
gest. 1444 · OSB
Vita Henrici Ade
Rep.Font. VI,536
Lairdieu, Jean ¬de¬

Jean ⟨de l'Alleu⟩
→ **Johannes ⟨de Allodiis⟩**

Jean ⟨de l'Alverne⟩
→ **Johannes ⟨de Alvernia⟩**

Jean ⟨de Lambsheim⟩
→ **Johannes ⟨de Lambsheim⟩**

Jean ⟨de Lampsheim⟩
→ **Johannes ⟨de Lambsheim⟩**

Jean ⟨de Langhe⟩
→ **Johannes ⟨Longus⟩**

Jean ⟨de Langton⟩
→ **Johannes ⟨Langton⟩**

Jean ⟨de Lansheim⟩
→ **Johannes ⟨de Lambsheim⟩**

Jean ⟨de Launha⟩
→ **Johannes ⟨Lemovicensis⟩**

Jean ⟨de le Mote⟩
14. Jh.
LMA,V,340
Jean ⟨de la Mote⟩
Jean ⟨de la Motte⟩
Jean ⟨de LeMote⟩
Jean ⟨de LeMotte⟩
Jean ⟨de Mote⟩
Jehan ⟨de la Mote⟩
Jehan ⟨de le Mote⟩
LaMote, Jean ¬de¬
LeMote, Jean ¬de¬
Mote, Jean ¬de le¬

Jean ⟨de Leewis⟩
→ **Jan ⟨van Leeuwen⟩**

Jean ⟨de Legio⟩
→ **Johannes ⟨de Legio⟩**

Jean ⟨de Legnano⟩
→ **Johannes ⟨de Lignano⟩**

Jean ⟨de Léon⟩
→ **Johannes ⟨Legionensis⟩**

Jean ⟨de Leubus⟩
→ **Johannes ⟨de Bartpha⟩**

Jean ⟨de Leyde⟩
→ **Jan ⟨van Leyden⟩**

Jean ⟨de Lichtenberg⟩
→ **Johannes ⟨de Lucidomonte⟩**

Jean ⟨de Liège⟩
→ **Jean ⟨le Bel⟩**
→ **Johannes ⟨Alich⟩**
→ **Johannes ⟨de Legio⟩**
→ **Johannes ⟨Leodiensis⟩**

Jean ⟨de Lignières⟩
→ **Johannes ⟨de Lineriis⟩**

Jean ⟨de Lilleshall⟩
→ **Johannes ⟨Miraeus⟩**

Jean ⟨de Limbourg⟩
→ **Limburg, Jan ¬von¬**

Jean ⟨de Limoges⟩
→ **Johannes ⟨Lemovicensis⟩**

Jean ⟨de Lincoln⟩
→ **Johannes ⟨de Rodington⟩**

Jean ⟨de Lindau⟩
→ **Lindau, Johannes**

Jean ⟨de Linières⟩
→ **Johannes ⟨de Lineriis⟩**

Jean ⟨de Lirot⟩
→ **Johannes ⟨de Lirot⟩**

Jean ⟨de Lisbonne⟩
→ **Johannes ⟨Consobrinus⟩**

Jean ⟨de Llandaff⟩
→ **Johannes ⟨Paschall⟩**

Jean ⟨de Lodi⟩
→ **Johannes ⟨Laudensis⟩**

Jean ⟨de Londres⟩
→ **Johannes ⟨de Hovedena⟩**

Jean ⟨de Louvain⟩
→ **Johannes ⟨de Bomalia⟩**

Jean ⟨de Louvegnies⟩
→ **Haynin, Jean ¬de¬**

Jean ⟨de Lubeck⟩
→ **Johannes ⟨de Lubec⟩**

Jean ⟨de Lucemburc⟩
→ **Johannes ⟨de Lucidomonte⟩**

Jean ⟨de Lugo⟩
→ **Johannes ⟨de Lugo⟩**

Jean ⟨de Luna⟩
→ **Johannes ⟨Hispalensis⟩**

Jean ⟨de Luto⟩
→ **Johannes ⟨de Luto⟩**

Jean ⟨de Lutrea⟩
→ **Johannes ⟨de Lutrea⟩**

Jean ⟨de Luxembourg⟩
→ **Jan ⟨Čechy, Král⟩**
→ **Johannes ⟨Cuzin⟩**

Jean ⟨de Lyon⟩
→ **Johannes ⟨de Belmeis⟩**

Jean ⟨de Mâcon⟩
→ **Johannes ⟨de Monte⟩**

Jean ⟨de Mâcon⟩
gest. ca. 1448
Mutmaßl. Verf.der Chronique du siège d'Orléans et de l'établissement de la fête du 8 mai
Rep.Font. VI,538; III,401
Johannes ⟨de Matiscone⟩
Mâcon, Jean ¬de¬
Matiscone, Johannes ¬de¬

Jean ⟨de Mailly⟩
→ **Johannes ⟨de Malliaco⟩**

Jean ⟨de Maiouma⟩
→ **Johannes ⟨Rufus⟩**

Jean ⟨de Mairemoustier⟩
→ **Johannes ⟨Maioris Monasterii⟩**

Jean ⟨de Maisonneuve⟩
→ **Johannes ⟨de Nova Domo⟩**

Jean ⟨de Malvern⟩
→ **Johannes ⟨Malvernaeus⟩**
→ **Johannes ⟨Malvernius⟩**

Jean ⟨de Mamigonean⟩
→ **Yovhan ⟨Mamikonean⟩**

Jean ⟨de Mandeville⟩
→ **John ⟨Mandeville⟩**

Jean ⟨de Mantoue⟩
→ **Johanninus ⟨de Mantua⟩**

Jean ⟨de Manusio⟩
→ **Johannes ⟨de Manusio⟩**

Jean ⟨de Marfeld⟩
→ **Johannes ⟨de Mirfeld⟩**

Jean ⟨de Marienwerder⟩
→ **Marienwerder, Johannes**

Jean ⟨de Marignola⟩
→ **Johannes ⟨de Marignollis⟩**

Jean ⟨de Marin Gondola⟩
→ **Gondola, Johannes**

Jean ⟨de Marmoutier⟩
→ **Johannes ⟨Maioris Monasterii⟩**

Jean ⟨de Marrey⟩
→ **Johannes ⟨Marro⟩**

Jean ⟨de Marsico⟩
→ **Johannes ⟨Marsicanus⟩**

Jean ⟨de Matera⟩
→ **Johannes ⟨de Matera⟩**

Jean ⟨de Matha⟩
→ **Johannes ⟨de Matha⟩**

Jean ⟨de Mayence⟩
→ **Johannes ⟨Gawer⟩**

Jean ⟨de Meerhout⟩
→ **Johannes ⟨de Meerhout⟩**

Jean ⟨de Mehun⟩
→ **Jean ⟨de Meung⟩**

Jean ⟨de Mella⟩
→ **Johannes ⟨de Mella⟩**

Jean ⟨de Melrose⟩
→ **Johannes ⟨Mailrosus⟩**

Jean ⟨de Menezes de Silva⟩
→ **Amadeus ⟨Menesius de Silva⟩**

Jean ⟨de Meppen⟩
→ **Schiphower, Johann**

Jean ⟨de Merchtem⟩
→ **Jan ⟨van Merchtene⟩**

Jean ⟨de Mercour⟩
→ **Johannes ⟨de Mirecuria⟩**

Jean ⟨de Mergenthal⟩
→ **Hans ⟨von Mergenthal⟩**

Jean ⟨de Merré⟩
→ **Johannes ⟨Myreius⟩**

Jean ⟨de Meth⟩
→ **Johannes ⟨de Meth⟩**

Jean ⟨de Metingham⟩
→ **Johannes ⟨de Metingham⟩**

Jean ⟨de Metz⟩
→ **Johannes ⟨de Meth⟩**
→ **Johannes ⟨de Sancto Arnulfo⟩**

Jean ⟨de Meung⟩
gest. 1305
Clopinel, Jean
Clopinel, Jean de Meun-
Jean ⟨Chopinel⟩
Jean ⟨Clopinel⟩
Jean ⟨de Mehun⟩
Jehan ⟨de Meung⟩
Johannes ⟨a Mehung⟩
Johannes ⟨Meldinensis⟩
Meun, Jean ¬de¬
Meun-Clopinel, Jean ¬de¬
Meung, Jean ¬de¬
Meung-Clopinel, Jean ¬de¬

Jean ⟨de Meurs⟩
→ **Johannes ⟨de Muris⟩**

Jean ⟨de Michaille⟩
→ **Johannes ⟨Michaelensis⟩**

Jean ⟨de Milan⟩
→ **Johannes ⟨de Lampugnano⟩**
→ **Johannes ⟨Mediolanensis⟩**

Jean ⟨de Milverton⟩
→ **Johannes ⟨Milverton⟩**

Jean ⟨de Minden⟩
→ **Johannes ⟨Christophori de Saxonia⟩**
→ **Johannes ⟨de Minden⟩**
→ **Johannes ⟨de Minden, OSB⟩**

Jean ⟨de Mirecourt⟩
→ **Johannes ⟨de Mirecuria⟩**

Jean ⟨de Molinis⟩
→ **Johannes ⟨de Molendino⟩**

Jean ⟨de Monchy⟩
→ **Johannes ⟨de Monciaco⟩**

Jean ⟨de Mons⟩
→ **Johannes ⟨de Montibus⟩**

Jean ⟨de Monstereul⟩
→ **Johannes ⟨de Monsterolio⟩**

Jean ⟨de Mont Corvin⟩
→ **Johannes ⟨de Monte Corvino⟩**

Jean ⟨de Mont-Cornillon⟩
→ **Johannes ⟨Montis Sancti Cornelii⟩**

Jean ⟨de Montenero⟩
→ **Johannes ⟨de Monte Nigro⟩**

Jean ⟨de Montesono⟩
→ **Johannes ⟨de Montesono⟩**

Jean ⟨de Monte-Vergine⟩
→ **Johannes ⟨a Nusco⟩**

Jean ⟨de Montfort⟩
→ **Jean ⟨Bretagne, Duc, IV.⟩**

Jean ⟨de Montibus⟩
→ **Johannes ⟨de Montibus⟩**

Jean ⟨de Montlhéry⟩
→ **Johannes ⟨de Monteletherico⟩**

Jean ⟨de Montmédi⟩
→ **Johannes ⟨de Montemedio⟩**

Jean ⟨de Montmoyen⟩
→ **Johannes ⟨de Montemedio⟩**

Jean ⟨de Montreuil⟩
→ **Johannes ⟨de Monsterolio⟩**

Jean ⟨de Monzon⟩
→ **Johannes ⟨de Montesono⟩**

Jean ⟨de Mortegliano⟩
→ **Johannes ⟨de Utino⟩**

Jean ⟨de Mote⟩
→ **Jean ⟨de le Mote⟩**

Jean ⟨de Moutchi⟩
→ **Johannes ⟨de Moussy⟩**

Jean ⟨de Moveta⟩
→ **Johannes ⟨de Moneta⟩**

Jean ⟨de Moyenmoutier⟩
→ **Johannes ⟨de Bayon⟩**

Jean ⟨de Mühlbach⟩
→ **Johannes ⟨de Mühlbach⟩**

Jean ⟨de Muris⟩
→ **Johannes ⟨de Muris⟩**

Jean ⟨de Muro Vallium⟩
→ **Johannes ⟨de Murro⟩**

Jean ⟨de Murrho⟩
→ **Johannes ⟨de Murro⟩**

Jean ⟨de Murs⟩
→ **Johannes ⟨de Muris⟩**

Jean ⟨de Murvaux⟩
→ **Johannes ⟨de Murro⟩**

Jean ⟨de Mussi⟩
→ **Johannes ⟨de Mussis⟩**

Jean ⟨de Naaldwyk⟩
→ **Jan ⟨van Naeldwijk⟩**

Jean ⟨de Naone⟩
→ **Johannes ⟨de Nono⟩**

Jean ⟨de Naples⟩
→ **Johannes ⟨Cimeliarcha⟩**
→ **Johannes ⟨de Cataldis⟩**
→ **Johannes ⟨de Regina de Neapoli⟩**
→ **Johannes ⟨Diaconus Neapolitanus⟩**
→ **Johannes ⟨Mediocris⟩**

Jean ⟨de Naples, IV.⟩
→ **Johannes ⟨Scriba, IV.⟩**

Jean ⟨de Narbonne⟩
→ **Johannes ⟨de Belmeis⟩**

Jean ⟨de Narni⟩
→ **Johannes ⟨Papa, XIII.⟩**

Jean ⟨de Nassau⟩
→ **Johann ⟨von Nassau⟩**

Jean ⟨de Nemours⟩
→ **Johannes ⟨de Nemosio⟩**

Jean ⟨de Népomuk⟩
→ **Johannes ⟨Nepomucenus⟩**

Jean ⟨de Neumarkt⟩
→ **Johannes ⟨von Neumarkt⟩**

Jean ⟨de Neuville⟩
13. Jh.
Jean ⟨de Nevele⟩
Jean ⟨de Nivelle⟩
Jean ⟨de Nueville⟩
Jean ⟨le Nevelois⟩
Neuville, Jean ¬de¬

Jean ⟨de Nicopolis⟩
→ **Johannes ⟨Nicopolitanus⟩**

Jean ⟨de Nikiou⟩
→ **Johannes ⟨Niciensis⟩**

Jean ⟨de Nivelle⟩
→ **Jean ⟨de Neuville⟩**
→ **Johannes ⟨de Nivelle⟩**
→ **Johannes ⟨Nivigellensis⟩**

Jean ⟨de Nonantola⟩
→ **Johannes ⟨Nonantulanus⟩**

Jean ⟨de Nono⟩
→ **Johannes ⟨de Nono⟩**

Jean ⟨de Norfolk⟩
→ **Johannes ⟨Elinus⟩**

Jean ⟨de Nottingham⟩
→ **Johannes ⟨de Clipston⟩**

Jean ⟨de Nouelles⟩
→ **Jean ⟨de Noyal⟩**

Jean ⟨de Nova Domo⟩
→ **Johannes ⟨de Nova Domo⟩**

Jean ⟨de Novare⟩
→ **Johannes ⟨Novariensis⟩**

Jean ⟨de Noyal⟩
um 1368/96 · OSB
Miroir historial
Rep.Font. VI,549
Desnouelles, Jean
Guise, Jean ¬de¬
Jean ⟨de Guise⟩
Jean ⟨de Nouelles⟩
Jean ⟨de Saint-Vincent à Laon⟩
Jean ⟨Desnouelles⟩
Nouelles, Jean ¬de¬
Noyal, Jean ¬de¬

Jean ⟨de Noyers⟩
→ **Tapissier, Jean**

Jean ⟨de Nueville⟩
→ **Jean ⟨de Neuville⟩**

Jean ⟨de Nusco⟩
→ **Johannes ⟨a Nusco⟩**

Jean ⟨de Ochsenhausen⟩
→ **Johannes ⟨de Ochsenhausen⟩**

Jean ⟨de Opreno⟩
→ **Johannes ⟨de Opreno⟩**

Jean ⟨de Ostriis⟩
→ **Johannes ⟨de Ostriis⟩**

Jean ⟨de Palomar⟩
→ **Johannes ⟨Palomar⟩**

Jean ⟨de Palz⟩
→ **Johannes ⟨von Paltz⟩**

Jean ⟨de Pamele-Audenarde⟩
→ **Jean ⟨d'Audenarde⟩**

Jean ⟨de Paris⟩
→ **Johannes ⟨de Sancto Victore⟩**
→ **Johannes ⟨Parisiensis⟩**
→ **Johannes ⟨Pungens Asinum⟩**

Jean ⟨de Parme⟩
→ **Johannes ⟨de Parma⟩**

Jean ⟨de Pékin⟩
→ **Johannes ⟨de Monte Corvino⟩**

Jean ⟨de Périer⟩
→ **Jean ⟨du Prier⟩**

Jean ⟨de Peronne⟩
→ **Jean ⟨le Marchand⟩**

Jean ⟨de Persico⟩
→ **Johannes ⟨de Persico⟩**

Jean ⟨de Peterborough⟩
→ **Johannes ⟨de Burgo⟩**

Jean ⟨de Petesella⟩
→ **Johannes ⟨Hispanus de Petesella⟩**

Jean ⟨de Phintona⟩
→ **Johannes ⟨de Phintona⟩**

Jean ⟨de Piemont⟩
→ **Johannes ⟨de Casali⟩**

Jean ⟨de Pigna⟩
→ **Johannes ⟨de Pigna⟩**

Jean ⟨de Piscina⟩
→ **Johannes ⟨de Piscina⟩**

Jean ⟨de Pistoie⟩
→ **Johannes ⟨Petri de Pistorio⟩**

Jean ⟨de Plaisance⟩
→ **Codagnellus, Johannes**

Jean ⟨de Podionucis⟩
→ **Johannes ⟨de Podionucis⟩**

Jean ⟨de Poitiers⟩
→ **Johannes ⟨de Belmeis⟩**

Jean ⟨de Pontoise⟩
→ **Johannes ⟨de Pontissara⟩**

Jean ⟨de Portugal⟩
→ **João ⟨Portugal, Infant⟩**

Jean ⟨de Posilge⟩
→ **Johannes ⟨de Posilge⟩**

Jean ⟨de Pouilly⟩
→ **Johannes ⟨de Polliaco⟩**

Jean ⟨de Prato⟩
→ **Johannes ⟨de Prato, ...⟩**

Jean ⟨de Prémontré⟩
→ **Johannes ⟨de Roquignies⟩**

Jean ⟨de Procida⟩
→ **Giovanni ⟨da Procida⟩**

Jean ⟨de Puinoix⟩
→ **Johannes ⟨de Podionucis⟩**

Jean ⟨de Pulsano⟩
→ **Johannes ⟨de Matera⟩**

Jean ⟨de Pusilie⟩
→ **Johannes ⟨de Posilge⟩**

Jean ⟨de Rabenstein⟩
→ **Johannes ⟨de Rabenstein⟩**

Jean ⟨de Raguse⟩
→ **Johannes ⟨de Ragusa⟩**

Jean ⟨de Raïthe⟩
→ **Johannes ⟨Raithenus⟩**

Jean ⟨de Ramsey⟩
→ **Johannes ⟨de Sawtrey⟩**

Jean ⟨de Ratisbonne⟩
→ **Johannes ⟨de Ratisbona⟩**

Jean ⟨de Ravenne⟩
→ **Johannes ⟨Ravennatensis⟩**

Jean ⟨de Reading⟩
→ **Johannes ⟨de Radingia⟩**

Jean ⟨de Reggio⟩
→ **Johannes ⟨Marchesinus⟩**

Jean ⟨de Regina⟩
→ **Johannes ⟨de Regina de Neapoli⟩**

Jean ⟨de Regno⟩
→ **Johannes ⟨de Regno⟩**

Jean ⟨de Reims⟩
→ **Johannes ⟨Remensis⟩**

Jean ⟨de Rely⟩
→ **Johannes ⟨de Reli⟩**

Jean ⟨de Ressons⟩
→ **Jean ⟨le Fèvre⟩**

Jean ⟨de Retz⟩
→ **Johannes ⟨de Retz⟩**

Jean ⟨de Riccio⟩
→ **Johannes ⟨de Riccio⟩**

Jean ⟨de Ripa⟩
→ **Johannes ⟨de Ripa⟩**

Jean ⟨de Rochester⟩
→ **Johannes ⟨Sheppey⟩**

Jean ⟨de Rochetaillade⟩
→ **Johannes ⟨de Rupescissa⟩**
→ **Johannes ⟨de Rupescissa, OFM⟩**

Jean ⟨de Rocquigny⟩
→ **Johannes ⟨de Roquignies⟩**

Jean ⟨de Rodington⟩
→ **Johannes ⟨de Rodington⟩**

Jean ⟨de Rokyczany⟩
→ **Johannes ⟨Rokycana⟩**

Jean ⟨de Rouen⟩
→ **Johannes ⟨Rothomagensis⟩**

Jean ⟨de Royaumont⟩
→ **Johannes ⟨Myreius⟩**

Jean ⟨de Roye⟩
ca. 1425 – 1483
Rep.Font. VI,555
Jean ⟨de Troyes⟩
Roye, Jean ¬de¬
Troyes, Jean ¬de¬

Jean ⟨de Ruysbroeck⟩
→ **Ruusbroec, Jan ¬van¬**

Jean ⟨de Ruysselède⟩
→ **Johannes ⟨Varenacker⟩**

Jean ⟨de Rylsk⟩
→ **Ivan ⟨Rilski⟩**

Jean ⟨de Sabine⟩
→ **Silvester ⟨Papa, III., Antipapa⟩**

Jean ⟨de Sacrobosco⟩
→ **Johannes ⟨de Sacrobosco⟩**

Jean ⟨de Saint-Amand⟩
→ **Johannes ⟨de Annosio⟩**
→ **Johannes ⟨de Fayt⟩**
→ **Johannes ⟨de Sancto Amando⟩**

Jean ⟨de Saint-Amand-en-Pevele⟩
→ **Johannes ⟨Elnonensis⟩**

Jean ⟨de Saint-Andrew⟩
→ **Johannes ⟨Listaer⟩**

Jean ⟨de Saint-Arnoul⟩
→ **Johannes ⟨de Sancto Arnulfo⟩**

Jean ⟨de Saint-Bavon⟩
→ **Johannes ⟨de Thielrode⟩**

Jean ⟨de Saint-Bavon de Gand⟩
→ **Johannes ⟨de Fayt⟩**

Jean ⟨de Saint-Benoît-sur-Loire⟩
→ **Johannes ⟨de Sancto Benedicto⟩**

Jean ⟨de Saint-Bertin⟩
→ **Johannes ⟨de Sancto Bertino⟩**
→ **Johannes ⟨Longus⟩**

Jean ⟨de Saint-Denis⟩
→ **Jean ⟨Chartier⟩**

Jean ⟨de Saint-Edmond⟩
→ **Johannes ⟨de Sancto Edmundo⟩**

Jean ⟨de Sainte-Geneviève⟩
→ **Johannes ⟨de Tociaco⟩**

Jean ⟨de Saint-Etienne de Piscina⟩
→ **Johannes ⟨de Piscina⟩**

Jean ⟨de Saint-Evroul⟩
→ **Johannes ⟨de Sancto Ebrulfo⟩**

Jean ⟨de Saint-Faith⟩
→ **Johannes ⟨de Sancta Fide⟩**

Jean ⟨de Saint-Germain⟩
→ **Johannes ⟨de Sancto Germano⟩**

Jean ⟨de Saint-Gilles⟩
→ **Johannes ⟨de Sancto Aegidio⟩**

Jean ⟨de Saint-Jean des Vignes⟩
→ **Johannes ⟨de Vineis⟩**

Jean ⟨de Saint-Lambert⟩
→ **Jean ⟨le Bel⟩**

Jean ⟨de Saint-Malo⟩
→ **Johannes ⟨de Craticula⟩**

Jean ⟨de Saint-Michel⟩
→ **Johannes ⟨Michaelensis⟩**

Jean ⟨de Saint-Ouen⟩
→ **Johannes ⟨de Sancto Audoeno⟩**

Jean ⟨de Saint-Paul⟩
→ **Johannes ⟨de Sancto Paulo⟩**
→ **Saint-Paul, Jean ¬de¬**

Jean ⟨de Saint-Pierre⟩
→ **Jean ⟨le Sénéchal⟩**

Jean ⟨de Saint-Quentin⟩
→ **Johannes ⟨de Sancto Quintino⟩**

Jean ⟨de Saint-Quentin⟩
13./14. Jh.
Dits
LMA,V,340
Saint-Quentin, Jean ¬de¬

Jean ⟨de Saint-Remy⟩
→ **Lefèvre de Saint-Rémy, Jean**

Jean ⟨de Saints Boniface et Alexis⟩
→ **Johannes ⟨Canaparius⟩**

Jean ⟨de Saint-Victor⟩
→ **Johannes ⟨de Sancto Victore⟩**
→ **Johannes ⟨de Sancto Victore, Teutonicus⟩**

Jean ⟨de Saint-Vincent⟩
→ **Johannes ⟨de Sancto Vincentio⟩**

Jean ⟨de Saint-Vincent à Laon⟩
→ **Jean ⟨de Noyal⟩**

Jean ⟨de Salerne⟩
→ **Johannes ⟨Cluniacensis⟩**
→ **Johannes ⟨de Sancto Paulo⟩**

Jean ⟨de Salisbury⟩
→ **Johannes ⟨Sarisberiensis⟩**

Jean ⟨de Samois⟩
→ **Johannes ⟨de Semorsio⟩**

Jean ⟨de San-Gimignano⟩
→ **Johannes ⟨de Caulibus⟩**
→ **Johannes ⟨de Sancto Geminiano⟩**

Jean ⟨de Sanzois⟩
→ **Johannes ⟨de Semorsio⟩**

Jean ⟨de Sardes⟩
→ **Johannes ⟨Sardianus⟩**

Jean ⟨de Sarisbéry⟩
→ **Johannes ⟨Sarisberiensis⟩**

Jean ⟨de Sautre⟩
→ **Johannes ⟨de Sawtrey⟩**

Jean ⟨de Saxe⟩
→ **Johann ⟨von Sachsen⟩**
→ **Johannes ⟨Danck de Saxonia⟩**
→ **Johannes ⟨de Erfordia⟩**
→ **Johannes ⟨Saxonius⟩**

Jean ⟨de Scala Dei⟩
→ **Johannes ⟨Fortis Valentinus⟩**

Jean ⟨de Scapeya⟩
→ **Johannes ⟨Sheppey⟩**

Jean ⟨de Schaftholzheim⟩
→ **Johannes ⟨de Schaftholzheim⟩**

Jean ⟨de Schoonhoven⟩
→ **Johannes ⟨de Schonhavia⟩**

Jean ⟨de Sècheville⟩
→ **Johannes ⟨de Siccavilla⟩**

Jean ⟨de Segni⟩
→ **Johannes ⟨Signiensis⟩**

Jean ⟨de Ségovie⟩
→ **Johannes ⟨de Segovia⟩**

Jean ⟨de Séville⟩
→ **Johannes ⟨Hispalensis⟩**
→ **Johannes ⟨Spalensis⟩**

Jean ⟨de Sezze⟩
→ **Johannes ⟨Setinus⟩**

Jean ⟨de Sheppy⟩
→ **Johannes ⟨Sheppey⟩**

Jean ⟨de Siccavilla⟩
→ **Johannes ⟨de Siccavilla⟩**

Jean ⟨de Sicile⟩
→ **Johannes ⟨Siceliotes⟩**

Jean ⟨de Sicile, Astronome⟩
→ **Johannes ⟨de Sicilia⟩**

Jean ⟨de Sienne⟩
→ **Johannes ⟨Colombinus⟩**

Jean ⟨de Sivry⟩
gest. ca. 1320 · OPraem
Chronicon Bonae Spei
Rep.Font. VI,557
Sivry, Jean ¬de¬

Jean ⟨de Soest⟩
→ **Johannes ⟨Blomendal⟩**

Jean ⟨de Solmona⟩
→ **Johannes ⟨de Sulmona⟩**

Jean ⟨de Somerton⟩
→ **Johannes ⟨Somerton⟩**

Jean ⟨de Soncino⟩
→ **Johannes ⟨de Soncino⟩**

Jean ⟨de Spire⟩
→ **Johannes ⟨de Spira⟩**

Jean ⟨de Spolète⟩
→ **Johannes ⟨de Spoleto⟩**

Jean ⟨de Stavelot⟩
gest. 1449
Johannes ⟨de Stavulo⟩
Johannes ⟨Stabulanus⟩
Stabulanus, Johannes
Stavelot, Jean ¬de¬

Jean ⟨de Stein⟩
→ **Heynlin, Johannes**

Jean ⟨de Sterngassen⟩
→ **Johannes ⟨de Sterngassen⟩**

Jean ⟨de Stratford⟩
→ **Stratford, Johannes**

Jean ⟨de Sulmone⟩
→ **Johannes ⟨de Sulmona⟩**

Jean ⟨de Sy⟩
→ **Johannes ⟨de Siaco⟩**

Jean ⟨de Tagliacozzo⟩
→ **Johannes ⟨de Tagliacotio⟩**

Jean ⟨de Tambach⟩
→ **Johannes ⟨de Tambaco⟩**

Jean ⟨de Tayster⟩
→ **Johannes ⟨de Tayster⟩**

Jean ⟨de Terre Rouge⟩
→ **Johannes ⟨de Terra Rubea⟩**

Jean ⟨de Terrevermeille⟩
→ **Johannes ⟨de Terra Rubea⟩**

Jean ⟨de Tetzen⟩
→ **Johannes ⟨Ticinensis⟩**

Jean ⟨de Tewkesbury⟩
→ **Johannes ⟨Tewkesbury⟩**

Jean ⟨de Thessalonique⟩
→ **Johannes ⟨Thessalonicensis⟩**

Jean ⟨de Thielrode⟩
→ **Johannes ⟨de Thielrode⟩**

Jean ⟨de Thorpe⟩
→ **Johannes ⟨Thorpus⟩**

Jean ⟨de Thuin⟩
13./14. Jh.
Gilt neben Jacques ⟨de Forest⟩ als möglicher Verf. von „Li roumanz de Julius Cesar"
LMA,II,1358
Jean ⟨de Tuim⟩
Jehan ⟨de Tuim⟩
Thuin, Jean ¬de¬

Jean ⟨de Thwrocz⟩
→ **Johannes ⟨de Thurocz⟩**

Jean ⟨de Tibur⟩
→ **Johannes ⟨Papa, VIIII.⟩**

Jean ⟨de Tilbury⟩
→ **Johannes ⟨Tilberius⟩**

Jean ⟨de Tilney⟩
→ **Johannes ⟨Tillonegonus⟩**

Jean ⟨de Tinmouth⟩
→ **Johannes ⟨Tinmouthensis⟩**

Jean ⟨de Tirlemont⟩
→ **Johannes ⟨de Beets⟩**

Jean ⟨de Titleshall⟩
→ **Johannes ⟨Titleshale⟩**

Jean ⟨de Tolve⟩
→ **Johannes ⟨de Tulbia⟩**

Jean ⟨de Torquemada⟩
→ **Johannes ⟨de Turrecremata⟩**

Jean ⟨de Tortiboli⟩
→ **Jean ⟨Dardel⟩**

Jean ⟨de Tossignano⟩
→ **Johannes ⟨Papa, X.⟩**

Jean ⟨de Toucy⟩
→ **Johannes ⟨de Tociaco⟩**

Jean ⟨de Tournai⟩
gest. 1499
Journal de pèlerinage à Rome, en Terre Sainte et à Saint-Jacques de Compostelle, 25 février 1488 - 7 mars 1489
Rep.Font. VI,558
Jean ⟨Bourgeois de Valenciennes⟩
Tournai, Jean ¬de¬

Jean ⟨de Tournemire⟩
→ **Johannes ⟨de Tornamira⟩**

Jean ⟨de Trébizonde⟩
→ **Johannes ⟨Xiphilinus⟩**
→ **Johannes ⟨Xiphilinus, Iunior⟩**

Jean ⟨de Trecio⟩
→ **Johannes ⟨de Mediolano⟩**

Jean ⟨de Trégnier⟩
→ **Johannes ⟨Rigaldi⟩**

Jean ⟨de Tresiaus⟩
→ **Johannes ⟨de Borbone⟩**

Jean ⟨de Trèves⟩
→ **Rode, Johannes**

Jean ⟨de Trevi⟩
→ **Johannes ⟨de Trevio⟩**

Jean ⟨de Trévise⟩
→ **John ⟨Trevisa⟩**

Jean ⟨de Trokelowe⟩
→ **Johannes ⟨de Trokelowe⟩**

Jean ⟨de Troyes⟩
→ **Jean ⟨de Roye⟩**
→ **Johannes ⟨de Trecis⟩**

Jean ⟨de Tuim⟩
→ **Jean ⟨de Thuin⟩**

Jean ⟨de Tulbia⟩
→ **Johannes ⟨de Tulbia⟩**

Jean ⟨de Turin⟩
→ **Johannes ⟨de Taurino⟩**

Jean ⟨de Turno⟩
→ **Johannes ⟨de Turno⟩**

Jean ⟨de Tynemouth⟩
→ **Johannes ⟨de Tynemouth⟩**
→ **Johannes ⟨Tinmouthensis⟩**

Jean ⟨de Valence⟩
→ **Johannes ⟨Fortis Valentinus⟩**

Jean ⟨de Varzy⟩
→ **Johannes ⟨de Varziaco⟩**

Jean ⟨de Vaucelles⟩
→ **Johannes ⟨de Vacellis⟩**

Jean ⟨de Venette⟩
→ **Fillous, Jean**
→ **Johannes ⟨de Veneta⟩**

Jean ⟨de Venise⟩
→ **Johannes ⟨de Marcanova⟩**
→ **Johannes ⟨Diaconus Venetus⟩**
→ **Johannes ⟨Nicolaus Blancus⟩**

Jean ⟨de Vepria⟩
→ **Vepria, Jean ¬de¬**

Jean ⟨de Verceil⟩
→ **Johannes ⟨de Vercellis⟩**

Jean ⟨de Verde⟩
→ **Johannes ⟨de Verdi⟩**

Jean ⟨de Verdy⟩
→ **Johannes ⟨de Wardo⟩**

Jean ⟨de Veridi⟩
→ **Johannes ⟨de Verdi⟩**

Jean ⟨de Vernon⟩
→ **Johannes ⟨de Vernone⟩**

Jean ⟨de Vicence⟩
→ **Johannes ⟨de Vincentia⟩**

Jean ⟨de Victring⟩
→ **Johannes ⟨de Victring⟩**

Jean ⟨de Vignay⟩
14. Jh.
LMA,VIII,1656
Jean ⟨de Vignai⟩
Vignai, Jean ¬de¬
Vignay, Jean ¬de¬
Vignay, Jehan ¬de¬

Jean ⟨de Villiers⟩
→ **Johannes ⟨de Villario⟩**
→ **Villiers, Jean ¬de¬**

Jean ⟨de Virgilio⟩
→ **Johannes ⟨de Virgilio⟩**

Jean ⟨de Viridi⟩
→ **Johannes ⟨de Wardo⟩**

Jean ⟨de Viterbe⟩
→ **Nanni, Giovanni**

Jean ⟨de Wackerzeele⟩
→ **Johannes ⟨de Wackerzeele⟩**

Jean ⟨de Wainfleet⟩
→ **Johannes ⟨Wanifletus⟩**

Jean ⟨de Waldheim⟩
→ **Hans ⟨von Waltheym⟩**

Jean ⟨de Waldsassen⟩
→ **Johannes ⟨de Cubito⟩**

Jean ⟨de Walsingham⟩
→ **Johannes ⟨Walsingham⟩**

Jean ⟨de Waradschin⟩
→ **Johannes ⟨Varadiensis⟩**

Jean ⟨de Warde⟩
→ **Johannes ⟨de Wardo⟩**

Jean ⟨de Warnant⟩
→ **Johannes ⟨de Warnant⟩**

Jean ⟨de Wavrin⟩
gest. 1474
LMA,VIII,2080/81
Jean ⟨du Forestel⟩
Waurin, Jean ¬de¬
Wavrin, Jean ¬de¬
Wavrin, Jehan ¬de¬

Jean ⟨de Waynflete⟩
→ **Johannes ⟨Wanifletus⟩**

Jean ⟨de Weerde⟩
→ **Johannes ⟨de Wardo⟩**

Jean ⟨de Weert⟩
→ **Weert, Jan ¬de¬**

Jean ⟨de Weidenberg⟩
→ **Johannes ⟨Pfeffer de Weidenberg⟩**

Jean ⟨de Welming⟩
→ **Johannes ⟨de Welming⟩**

Jean ⟨de Whethamsted⟩
→ **Johannes ⟨Whethamstede⟩**

Jean ⟨de Widdenbrügge⟩
→ **Johannes ⟨de Widenbrugge⟩**

Jean ⟨de Wildeshausen⟩
→ **Johannes ⟨Teutonicus de Wildeshusen⟩**

Jean ⟨de Wilton⟩
→ **Johannes ⟨Wilton⟩**

Jean ⟨de Winchelsey⟩
→ **Johannes ⟨de Winchelsea⟩**

Jean ⟨de Winningen⟩
→ **Johannes ⟨de Wyninghen⟩**

Jean ⟨de Winterthur⟩
→ **Johannes ⟨Vitoduranus⟩**

Jean ⟨de Wissembourg⟩
→ **Johannes ⟨von Weißenburg⟩**

Jean ⟨de Witlich⟩
→ **Johannes ⟨de Wittlich⟩**

Jean ⟨de Würzbourg⟩
→ **Johann ⟨von Würzburg⟩**
→ **Johannes ⟨Herbipolensis⟩**
→ **Ludovici, Johannes**

Jean ⟨de Wycliffe⟩
→ **Wyclif, Johannes**

Jean ⟨de Wyninghen⟩
→ **Johannes ⟨de Wyninghen⟩**

Jean ⟨de Ymenhusen⟩
→ **Johannes ⟨de Ymenhusen⟩**

Jean ⟨de York⟩
→ **Johannes ⟨Goldestonus⟩**
→ **Johannes ⟨Marro⟩**

Jean ⟨de Zara⟩
→ **Johannes ⟨Papa, IV.⟩**

Jean ⟨de Želiv⟩
→ **Jan ⟨z Želiva⟩**

Jean ⟨d'Eberbach⟩
→ **Johannes ⟨de Eberbach⟩**

Jean ⟨d'Eberhausen⟩
→ **Johannes ⟨de Eberhausen⟩**

Jean ⟨Dedic⟩
→ **Johannes ⟨Dedecus⟩**

Jean ⟨d'Eichstätt⟩
→ **Johannes ⟨de Eich⟩**

Jean ⟨Deir⟩
→ **Johannes ⟨Deirus⟩**

Jean ⟨d'Eisenach⟩
→ **Johannes ⟨de Isenach⟩**

Jean ⟨del Giudice de Parme⟩
→ **Johannes ⟨del Giudice⟩**

Jean ⟨d'Elnbogen⟩
→ **Johannes ⟨de Cubito⟩**

Jean ⟨d'Elne⟩
→ **Casanova, Johannes ¬de¬**

Jean ⟨d'Enghien, Chanoine⟩
gest. 1281
Enghien, Jean ¬d'¬
Jean ⟨d'Enghien⟩

Jean ⟨d'Enghien, Chroniqueur⟩
gest. 1487
Le livre des chroniques de Brabant
Rep.Font. VI,528
Enghien, Jean ¬d'¬
Jean ⟨de Grimbergen⟩
Jean ⟨de Kestergat⟩
Jean ⟨d'Enghien⟩

Jean ⟨Denis⟩
um 1434/41
Journal (Fragm.)
Rep.Font. VI,528
Denis, Jean

Jean ⟨d'Epiphanie⟩
→ **Johannes ⟨de Epiphania⟩**

Jean ⟨d'Erfurt⟩
→ **Johannes ⟨de Erfordia⟩**

Jean ⟨des Alleux⟩
→ **Johannes ⟨de Allodiis⟩**

Jean ⟨des Moulins⟩
→ **Johannes ⟨de Molendino⟩**

Jean ⟨des Prés⟩
1338 – 1399
LMA,V,340
DesPrés, Jean
Desprez, Jean
Jean ⟨des Preis⟩
Jean ⟨Desprez⟩
Jean ⟨d'Outremeuse⟩
Johannes ⟨de Pratis⟩
Johannes ⟨de Ultra-Mosam⟩
Johannes ⟨Transmosanus⟩
Johannes ⟨Ultramosanus⟩
Outremeuse, Jean ¬d'¬
Prés, Jean ¬des¬

Jean ⟨des Ruelles⟩
→ **Jeannet ⟨de la Ruyelle⟩**

Jean ⟨des Vignes⟩
→ **Johannes ⟨de Vineis⟩**

Jean ⟨Desnouelles⟩
→ **Jean ⟨de Noyal⟩**

Jean ⟨d'Espagne⟩
→ **Johannes ⟨Garsias⟩**
→ **Johannes ⟨Hispanus⟩**

Jean ⟨d'Espagne, Diacre⟩
→ **Johannes ⟨Hispanus Diaconus⟩**

Jean ⟨Desprez⟩
→ **Jean ⟨des Prés⟩**

Jean ⟨d'Essen⟩
→ **Johannes ⟨de Essendia⟩**

Jean ⟨d'Essonnes⟩
→ **Johannes ⟨de Essone⟩**

Jean ⟨DesUrsins Jouvenel⟩
→ **Juvénal DesUrsins, Jean ⟨...⟩**

Jean ⟨d'Etampes⟩
→ **Jean ⟨Dardel⟩**

Jean ⟨d'Etienne⟩
ca. 1333 – 1395
Bischof von Toulon
Etienne, Jean ¬d'¬
Jean ⟨Stephani⟩
Jean ⟨Stephani de Valon⟩
Stephani, Jean
Stephani de Valon, Jean
Valon, Jean Stephani ¬de¬

Jean ⟨d'Eu⟩
→ **Jean ⟨le Sénéchal⟩**

Jean ⟨d'Eubée⟩
→ **Johannes ⟨de Euboea⟩**

Jean ⟨d'Euchaita⟩
→ **Johannes ⟨Mauropus⟩**

Jean ⟨d'Evernhusen⟩
→ **Johannes ⟨de Eberhausen⟩**

Jean ⟨d'Eversden⟩
→ **Johannes ⟨Everisden⟩**

Jean ⟨d'Hayton⟩
→ **Johannes ⟨Haitonus⟩**

Jean ⟨d'Herbon⟩
→ **Juan ⟨Rodriguez del Padrón⟩**

Jean ⟨d'Herbuch⟩
→ **Johannes ⟨de Herduch⟩**

Jean ⟨d'Hesdin⟩
→ **Johannes ⟨de Hesdinio⟩**

Jean ⟨d'Hexham⟩
→ **Johannes ⟨Hagustaldensis⟩**

Jean ⟨d'Hiérapolis⟩
→ **Ludovici, Johannes**

Jean ⟨d'Hildesheim⟩
→ **Johannes ⟨Hildesheimensis⟩**

Jean ⟨di Niccolo⟩
→ **Giovanni ⟨di Niccolò⟩**

Jean ⟨di Paolo Morelli⟩
→ **Morelli, Giovanni di Paolo**

Jean ⟨di Ser Piero⟩
→ **Piero, Giovanni**

Jean ⟨Diacre, Antipape⟩
→ **Johannes ⟨Hymmonides⟩**

Jean ⟨Diacre de l'Eglise Romaine⟩
→ **Johannes ⟨Diaconus Romanus⟩**
→ **Johannes ⟨Hymmonides⟩**

Jean ⟨Diacre de Naples⟩
→ **Johannes ⟨Diaconus Neapolitanus⟩**

Jean ⟨Diacrimonemus⟩
→ **Johannes ⟨Diacrinomenus⟩**

Jean ⟨d'Ibelin⟩
→ **Ibelin, Jean ¬d'¬**

Jean ⟨d'Imola⟩
→ **Johannes ⟨de Imola⟩**

Jean ⟨d'Irlande⟩
→ **John ⟨of Ireland⟩**

Jean ⟨Disciple de Saint-Basile⟩
→ **Johannes ⟨Monachus⟩**

Jean ⟨dit Fillons⟩
→ **Fillous, Jean**

Jean ⟨d'Itri⟩
→ **Johannes ⟨Itrensis⟩**

Jean ⟨Dlugosz⟩
→ **Dlugossius, Johannes**

Jean ⟨Domenici⟩
→ **Johannes ⟨Dominici de Eugubio⟩**

Jean ⟨Domer⟩
ca. 1420 – ca. 1460
Möglicherweise Verf. einer verlorenen Chronica Franciae breviata (franz.)
Rep.Font. VI,528
Domer, Jean

Jean ⟨Dominicain⟩
→ **Johannes ⟨Dominicanus⟩**

Jean ⟨Dominicain à Soest⟩
→ **Johannes ⟨de Orsna⟩**

Jean ⟨Dominicain de Lerida⟩
→ **Johannes ⟨Linconiensis⟩**

Jean ⟨Dominici⟩
→ **Dominici, Giovanni**
→ **Johannes ⟨Dominici de Montepessulano⟩**

Jean ⟨d'Orense⟩
→ **Johannes ⟨de Cardalhaco⟩**

Jean ⟨d'Orléans⟩
→ **Johannes ⟨de Allodiis⟩**
→ **Johannes ⟨Aurelianensis⟩**

Jean ⟨d'Orsna⟩
→ **Johannes ⟨de Orsna⟩**

Jean ⟨d'Orvieto⟩
→ **Johannes ⟨Urbevetanus⟩**

Jean ⟨d'Outremeuse⟩
→ **Jean ⟨des Prés⟩**

Jean ⟨d'Oxenedes⟩
→ **Johannes ⟨de Oxenedes⟩**

Jean ⟨Doyen d'Autun⟩
→ **Johannes ⟨de Borbone⟩**

Jean ⟨Doyen de Naumburg⟩
→ **Johannes ⟨de Isenach⟩**

Jean ⟨Doyen de Saint-Lambert de Liège⟩
→ **Johannes ⟨de Nivelle⟩**

Jean ⟨Doyen de Saint-Quentin⟩
→ **Johannes ⟨de Sancto Quintino⟩**

Jean ⟨du Fay⟩
→ **Johannes ⟨de Fayt⟩**

Jean ⟨du Forestel⟩
→ **Jean ⟨de Wavrin⟩**

Jean ⟨du Mans⟩
→ **Johannes ⟨Cenomanensis⟩**

Jean ⟨du Mont⟩
→ **Johannes ⟨de Monte⟩**

Jean ⟨du Mont-Cassin⟩
→ **Johannes ⟨Casinensis⟩**

Jean ⟨du Pin⟩
→ **Jean ⟨Dupin⟩**

Jean ⟨du Plan de Carpin⟩
→ **Johannes ⟨de Plano Carpini⟩**

Jean ⟨du Prat, Dominicain⟩
→ **Johannes ⟨de Prato, OP⟩**

Jean ⟨du Pray⟩
→ **Johannes ⟨de Prato, OP⟩**

Jean ⟨du Prier⟩
15. Jh.
DuPrier, Jean
Jean ⟨de Périer⟩
Jean ⟨le Prieur⟩
Jean ⟨Prieur⟩
Prier, Jean ¬du¬

Jean ⟨du Puy⟩
→ **Johannes ⟨de Podio⟩**

Jean ⟨du Quercy⟩
→ **Johannes ⟨de Cardalhaco⟩**

Jean ⟨Ducas⟩
→ **Johannes ⟨Imperium Byzantinum, Imperator, III.⟩**
→ **Michael ⟨Ducas⟩**

Jean ⟨d'Udine⟩
→ **Johannes ⟨de Utino⟩**

Jean ⟨Dupin⟩
1302 – 1374
Livre de Mandevin
Rep.Font. VI,528
Dupin, Jean
Jean ⟨du Pin⟩
Jean ⟨Prieur de Saint-Martin-des-Champs⟩

Jean ⟨Duplan de Carpin⟩
→ **Johannes ⟨de Plano Carpini⟩**

Jean ⟨Dupuy⟩
→ **Johannes ⟨de Podio⟩**

Jean ⟨d'York⟩
→ **Johannes ⟨de Bridlington⟩**
→ **Johannes ⟨de Eboraco⟩**

Jean ⟨d'Ypres⟩
→ **Jehan ⟨Yperman⟩**
→ **Johannes ⟨de Sancto Bertino⟩**
→ **Johannes ⟨Longus⟩**

Jean ⟨Ecolâtre de Saint-Matthias à Trèves⟩
→ **Johannes ⟨de Coenobio ad Sanctum Matthiam⟩**

Jean ⟨Ecosse⟩
→ **Duns Scotus, Johannes**

Jean ⟨Edaeus⟩
→ **Johannes ⟨Edaeus⟩**

Jean ⟨Elgot⟩
→ **Johannes ⟨Elgote⟩**

Jean ⟨Elin⟩
→ **Johannes ⟨Elinus⟩**

Jean ⟨Elnonensis⟩
→ **Johannes ⟨Elnonensis⟩**

Jean ⟨Emmerich⟩
→ **Emmerich, Johann**

Jean ⟨Erart⟩
→ **Jehan ⟨Erart⟩**

Jean ⟨Espagnol de Petesella⟩
→ **Johannes ⟨Hispanus de Petesella⟩**

Jean ⟨Estève⟩
→ **Esteve, Joan**

Jean ⟨Estève⟩
→ **Johan ⟨Esteve⟩**

Jean ⟨Evêque⟩
→ **Johannes ⟨Mediocris⟩**
→ **Johannes ⟨Niciensis⟩**

Jean ⟨Evêque d'Avranches⟩
→ **Johannes ⟨Rothomagensis⟩**

Jean ⟨Evêque de Feltre et Bellune⟩
→ **Johannes ⟨Novariensis⟩**

Jean ⟨Evêque de Hexham⟩
→ **Johannes ⟨Beverlacensis⟩**

Jean ⟨Evêque de Maiouma⟩
→ **Johannes ⟨Rufus⟩**

Jean ⟨Évêque de Nikiou⟩
→ **Johannes ⟨Niciensis⟩**

Jean ⟨Evêque de Padoue⟩
→ **Johannes ⟨Iordani Romanus⟩**

Jean ⟨Evêque de Prague⟩
→ **Johannes ⟨de Dražice⟩**

Jean ⟨Evêque de Saint-Malo⟩
→ **Johannes ⟨de Craticula⟩**

Jean ⟨Evêque d'Utrecht⟩
→ **Johannes ⟨de Diest⟩**

Jean ⟨Everisden⟩
→ **Johannes ⟨Everisden⟩**

Jean ⟨Fagelli⟩
→ **Johannes ⟨Fasolus⟩**

Jean ⟨Falkenberg⟩
→ **Falkenberg, Johannes**

Jean ⟨Fantuzzi⟩
→ **Johannes ⟨de Fantutiis⟩**

Jean ⟨Farbers⟩
→ **Johannes ⟨Tinctoris⟩**

Jean ⟨Fasoli⟩
→ **Johannes ⟨Fasolus⟩**

Jean ⟨Fazelli⟩
→ **Johannes ⟨Fasolus⟩**

Jean ⟨Febvre⟩
→ **Lefèvre de Saint-Rémy, Jean**

Jean ⟨Felmingham⟩
→ **Johannes ⟨de Felmingham⟩**

Jean ⟨Felton⟩
→ **Johannes ⟨Felton⟩**

Jean ⟨Fernandez⟩
→ **Fernández de Heredia, Juan**

Jean ⟨Ferron⟩
um 1347 · OP
Übers d. der „Moralisatio super ludum scaccorum" von Jacobus ⟨de Cessolis⟩ ins Französische
Kaeppeli,II,421/422
Ferron, Jean
Ferron, Johannes
Jehan ⟨Ferron⟩
Johannes ⟨Ferron⟩

Jean ⟨Fillons⟩
→ **Fillous, Jean**
→ **Johannes ⟨de Veneta⟩**

Jean ⟨Fillous⟩
→ **Fillous, Jean**

Jean ⟨Fils de Gundon⟩
→ **Johannes ⟨Papa, VIII.⟩**

Jean ⟨Fils de Léon⟩
→ **Johannes ⟨Papa, XV.⟩**

Jean ⟨Fils de Marosie⟩
→ **Johannes ⟨Papa, XI.⟩**

Jean ⟨Fistenport de Mayence⟩
→ **Fistenport, Johannes**

Jean ⟨Flameng⟩
gest. 1490 · OP
Sermones quadragesimales (franz.)
Kaeppeli,II,422
Flameng, Jean
Flameng, Johannes
Johannes ⟨Flameng⟩

Jean ⟨Flete⟩
→ **Flete, Johannes**

Jean ⟨Folsham⟩
→ **Johannes ⟨de Folsham⟩**

Jean ⟨Fontana de Venise⟩
→ **Johannes ⟨de Fontana⟩**

Jean ⟨Forbiteus⟩
→ **Johannes ⟨Forbitoris⟩**

Jean ⟨Fort⟩
→ **Johannes ⟨Fortis Valentinus⟩**

Jean ⟨Fortescue⟩
→ **Fortescue, John**

Jean ⟨Foulquart⟩
15. Jh.
Journal
Rep.Font. VI,529
Foulquart, Jean
Fouquart, Jean
Jean ⟨Fouquart⟩

Jean ⟨Fouquet⟩
→ **Fouquet, Jean**

Jean ⟨Foxal⟩
→ **Johannes ⟨Foxal⟩**

Jean ⟨France, Roi, I.⟩
gest. 1316
LMA,V,328
Johann ⟨Frankreich, König, I.⟩
Johannes ⟨Francia, Rex, I.⟩
John ⟨France, King, I.⟩

Jean ⟨France, Roi, II.⟩
gest. 1364
LMA,V,328
Jean ⟨le Bon⟩
Johann ⟨der Gute⟩
Johann ⟨Frankreich, König, II.⟩
Johannes ⟨Francia, Rex, II.⟩
John ⟨France, King, II.⟩
John ⟨the Good⟩

Jean ⟨Francesh⟩
→ **Francesch, Joan**

Jean ⟨Franciscain⟩
→ **Johannes ⟨Anglicus, OFM⟩**

Jean ⟨Franciscain Anglais⟩
→ **Johannes ⟨Angelus⟩**

Jean ⟨Frank⟩
→ **Frank, Johannes**

Jean ⟨Froissart⟩
→ **Froissart, Jean**

Jean ⟨Gässler⟩
→ **Gässeler, Johannes**

Jean ⟨Gairius de Nordlingen⟩
→ **Gairius, Johannes**

Jean ⟨Gallicus⟩
15. Jh.
Sur les causes pourquoy les pseaumes du psautier furent faiz et composez
Kaeppeli,II,373
Gallicus, Jean
Gallicus, Johannes
Johannes ⟨Gallicus⟩

Jean ⟨Gallus Calumniator de Pétrarque⟩
→ **Johannes ⟨de Hesdinio⟩**

Jean ⟨Garcia de Castrogeriz⟩
→ **García de Castrojeriz, Juan**

Jean ⟨Garcias⟩
→ **Johannes ⟨Garsias⟩**

Jean ⟨Gawer, de Mayence⟩
→ **Johannes ⟨Gawer⟩**

Jean ⟨Geoffroy⟩
→ **Johannes ⟨Ioffridi⟩**

Jean ⟨Gerbrand⟩
→ **Jan ⟨van Leyden⟩**

Jean ⟨Gerlac⟩
→ **Gerlach, Johannes**

Jean ⟨Germeyn⟩
→ **Johannes ⟨de Sancto Germano⟩**

Jean ⟨Gerson⟩
→ **Gerson, Johannes**

Jean ⟨Gherardi⟩
→ **Gherardi, Giovanni**

Jean ⟨Gielemans⟩
→ **Johannes ⟨Gielemans⟩**

Jean ⟨Gobi⟩
→ **Johannes ⟨Gobi, ...⟩**

Jean ⟨Godwicus⟩
→ **Johannes ⟨Goodwyck⟩**

Jean ⟨Goldeston⟩
→ **Johannes ⟨Goldestonus⟩**

Jean ⟨Golein⟩
→ **Golein, Johannes**

Jean ⟨Goodwyck⟩
→ **Johannes ⟨Goodwyck⟩**

Jean ⟨Goossens Vos⟩
→ **Vos, Johannes**

Jean ⟨Gorini⟩
→ **Johannes ⟨Gorini de Sancto Geminiano⟩**

Jean ⟨Gorini di Coppo⟩
→ **Johannes ⟨de Sancto Geminiano⟩**

Jean ⟨Goudemont⟩
→ **Johannes ⟨Goudemont⟩**

Jean ⟨Grammairien⟩
→ **Johannes ⟨Caesariensis⟩**

Jean ⟨Grand-Bailli de Flandre⟩
→ **Dadizeele, Jan ¬van¬**

Jean ⟨Grand-Maître de l'Ordre du Christ⟩
→ **João ⟨Portugal, Infant⟩**

Jean ⟨Gratien⟩
→ **Gregorius ⟨Papa, VI.⟩**

Jean ⟨Gruyère⟩
→ **Gruyère, Johannes**

Jean ⟨Gualbert⟩
→ **Johannes ⟨Gualbertus⟩**

Jean ⟨Gualterii⟩
→ **Johannes ⟨Gualteri⟩**

Jean ⟨Hagiographe⟩
→ **Johannes ⟨Dominicanus⟩**
→ **Johannes ⟨Hymmonides⟩**

Jean ⟨Halbsuter⟩
→ **Halbsuter**

Jean ⟨Halgrin⟩
→ **Johannes ⟨Algrinus⟩**

Jean ⟨Haller⟩
→ **Haller, Johannes**

Jean ⟨Harding⟩
→ **Hardyng, John**

Jean ⟨Hayton⟩
→ **Johannes ⟨Haitonus⟩**

Jean ⟨Hégoumène de Rylsk⟩
→ **Ivan ⟨Rilski⟩**

Jean ⟨Heise de Francfort⟩
→ **Heise, Johann**

Jean ⟨Herbordi de Bockenheim⟩
→ **Johannes ⟨Bockenheim⟩**

Jean ⟨Heynlin⟩
→ **Heynlin, Johannes**

Jean ⟨Hierszmann⟩
→ **Hierszmann, Hans**

Jean ⟨Hispanus de Petesella⟩
→ **Johannes ⟨Hispanus de Petesella⟩**

Jean ⟨Historien Grec⟩
→ **Johannes ⟨Siceliotes⟩**

Jean ⟨Hoccalus⟩
→ **Jean ⟨Surquet⟩**

Jean ⟨Höxter⟩
→ **Johannes ⟨de Huxaria⟩**

Jean ⟨Horneby⟩
→ **Johannes ⟨Hornby⟩**

Jean ⟨Hospitalier⟩
→ **Johannes ⟨de Hesdinio⟩**

Jean ⟨Hothby⟩
→ **Hothby, Johannes**

Jean ⟨Institor⟩
→ **Johannes ⟨Institor⟩**

Jean ⟨Isenacensis⟩
→ **Johannes ⟨de Isenach⟩**

Jean ⟨Italus⟩
→ **Johannes ⟨Italus⟩**

Jean ⟨IV., le Scribe⟩
→ **Johannes ⟨Scriba, IV.⟩**

Jean ⟨Jeannelin⟩
→ **Johannes ⟨Fiscannensis⟩**

Jean ⟨Jérusalem, Patriarche, III.⟩
→ **Johannes ⟨Hierosolymitanus, III.⟩**

Jean ⟨Jouffroy⟩
→ **Johannes ⟨Ioffridi⟩**
→ **Johannes ⟨Iofroi⟩**

Jean ⟨Juvénal DesUrsins⟩
→ **Juvénal DesUrsins, Jean ⟨...⟩**

Jean ⟨Keck⟩
→ **Keckius, Johannes**

Jean ⟨Kenyngale⟩
→ **Johannes ⟨Keninghale⟩**

Jean ⟨Kerckhörde⟩
→ **Kerckhörde, Johann**

Jean ⟨Kerckmeister⟩
→ **Kerckmeister, Johannes**

Jean ⟨Kettner de Geisenfeld⟩
→ **Kettner, Johannes**

Jean ⟨Kiningham⟩
→ **Johannes ⟨Kiningham⟩**

Jean ⟨Klenke⟩
→ **Klenkok, Johannes**

Jean ⟨Knebel⟩
→ **Knebel, Johannes**

Jean ⟨Koelhoff⟩
→ **Koelhoff, Johann**

Jean ⟨Kortz⟩
→ **Johannes ⟨Contractus⟩**

Jean ⟨Kungstein⟩
→ **Kungstein, Johannes**

Jean ⟨Kurtz⟩
→ **Kurtz, Johann**

Jean ⟨la Gougue⟩
→ **Jehan ⟨la Gougue⟩**

Jean ⟨la Loue⟩
→ **Johannes ⟨la Loue⟩**

Jean ⟨Lagadeuc⟩
→ **Lagadeuc, Jean**

Jean ⟨l'Agneau⟩
→ **Johannes ⟨Agnelli⟩**

Jean ⟨Lambspring⟩
→ **Lamspring**

Jean ⟨Lammens⟩
→ **Johannes ⟨Agnelli⟩**

Jean ⟨Lampugnani⟩
→ **Johannes ⟨de Lampugnano⟩**

Jean ⟨Lancastre, Duc⟩
→ **John ⟨Lancaster, Duke⟩**

Jean ⟨l'Anglais⟩
→ **Johannes ⟨Anglicus, OFM⟩**
→ **Johannes ⟨de Garlandia⟩**

Jean ⟨Langley⟩
→ **Johannes ⟨Langley⟩**

Jean ⟨Lascaris⟩
→ **Johannes ⟨Imperium Byzantinum, Imperator, IV.⟩**

Jean ⟨Lathbury⟩
→ **Johannes ⟨de Lathbury⟩**

Jean ⟨l'Aumônier⟩
→ **Johannes ⟨Eleemosynarius⟩**

Jean ⟨l'Aveugle⟩
→ **Jan ⟨Čechy, Král⟩**

Jean ⟨Laziardus⟩
→ **Laziardus, Johannes**

Jean ⟨le Beau⟩
→ **Jean ⟨le Bel⟩**

Jean ⟨le Bel⟩
gest. 1370
LMA,V,337
Bel, Jean ¬le¬
Jan ⟨de Schone⟩
Jean ⟨de Liège⟩
Jean ⟨de Saint-Lambert⟩
Jean ⟨le Beau⟩
Jean ⟨li Beaulx⟩
Jean ⟨li Bials⟩
Jehan ⟨le Bel⟩
LeBel, Jean
LeBel, Jehan

Jean ⟨le Bon⟩
→ **Jean ⟨Bretagne, Duc, III.⟩**
→ **Jean ⟨France, Roi, II.⟩**

Jean ⟨le Bon Berger⟩
→ **Jean ⟨de Brie⟩**

Jean ⟨le Bon-Sage⟩
→ **Jean ⟨Bretagne, Duc, VI.⟩**

Jean ⟨le Boutillier⟩
ca. 1340 – 1395
Somme rurale
LMA,V,337; Rep.Font. VI,522
Bottelgier, Jan
Boutillier, Jean
Boutillier, Jehan
Jan ⟨Bottelgier⟩
Jean ⟨Boutillier⟩
Jehan ⟨Boutillier⟩
LeBoutillier, Jean

Jean ⟨le Captif⟩
→ **Jean ⟨Bretagne, Duc, IV.⟩**

Jean ⟨le Chanoine⟩
→ **Johannes ⟨Canonicus⟩**

Jean ⟨le Chansonnier⟩
→ **Jean ⟨le Teinturier⟩**

Jean ⟨le Charlier⟩
→ **Gerson, Johannes**

Jean ⟨le Chartreux⟩
→ **Johannes ⟨Mantuanus⟩**

Jean ⟨le Clerc⟩
→ **Boendale, Jan ¬van¬**

Jean ⟨le Conquéreur Vaillant⟩
→ **Jean ⟨Bretagne, Duc, V.⟩**

Jean ⟨le Coq⟩
→ **LeCoq, Jean**

Jean ⟨le Court⟩
→ **Brisebarre, Jean**

Jean ⟨le Danois⟩
→ **Johannes ⟨Dacus⟩**

Jean ⟨le Diacre⟩
→ **Johannes ⟨Constantinopolitanus⟩**
→ **Johannes ⟨Diaconus Venetus⟩**
→ **Johannes ⟨Hymmonides⟩**

Jean ⟨le Fèvre⟩
gest. 1390
Journal; Nicht identisch mit Jean ⟨Lefèvre de Saint-Rémy⟩
Potth. 715; LMA,V,1794
Fèvre, Jean ¬le¬
Jean ⟨de Ressons⟩
Jean ⟨Lefèvre⟩
LeFèvre, Jean

Jean ⟨le Fourbisseur⟩
→ **Johannes ⟨Forbitoris⟩**

Jean ⟨le Grand⟩
→ **João ⟨Portugal, Rei, I.⟩**

Jean ⟨le Jars⟩
→ **Laziardus, Johannes**

Jean ⟨le Jeuneur⟩
→ **Johannes ⟨Ieiunator⟩**

Jean ⟨le Juif⟩
→ **Johannes ⟨de Regina de Neapoli⟩**

Jean ⟨le Liseur⟩
→ **Johannes ⟨de Friburgo⟩**

Jean ⟨le Long⟩
→ **Johannes ⟨Longus⟩**

Jean ⟨le Maître⟩
→ **Johannes ⟨Magistri⟩**

Jean ⟨le Marchand⟩
um 1262
Jean ⟨de Peronne⟩
Jean ⟨le Marchant⟩
Jehan ⟨le Marchant⟩
Jehan ⟨LeMarchant⟩
LeMarchand, Jean
LeMarchant, Jean
LeMarchant, Jehan
Marchand, Jean ¬le¬

Jean ⟨le Meingre⟩
→ **Boucicaut, Jean ⟨...⟩**

Jean ⟨le Munerat⟩
→ **LeMunerat, Jean**

Jean ⟨le Nevelois⟩
→ **Jean ⟨de Neuville⟩**

Jean ⟨le Névelon⟩
12. Jh.
Vita Alexandri
Jean ⟨le Venelais⟩
Johannes ⟨Nevelonis⟩
LeNévelon, Jean
Névelon, Jean ¬le¬

Jean ⟨le Pacifique⟩
→ **Jan ⟨Brabant, Hertog, II.⟩**

Jean ⟨le Page⟩
→ **Johannes ⟨Pagus⟩**

Jean ⟨le Parfait⟩
→ **João ⟨Portugal, Rei, II.⟩**

Jean ⟨le Petit⟩
→ **Johannes ⟨Sarisberiensis⟩**
→ **Petit, Jean**

Jean ⟨le Prêtre⟩
→ **Johannes ⟨de Warnant⟩**
→ **Johannes ⟨Presbyter⟩**

Jean ⟨le Prieur⟩
→ **Jean ⟨du Prier⟩**

Jean ⟨le Romeyn⟩
→ **LeRomeyn, John**

Jean ⟨le Roux⟩
→ **Jean ⟨Bretagne, Duc, I.⟩**

Jean ⟨le Sage⟩
→ **Johannes ⟨Cyparissiota⟩**

Jean ⟨le Scolastique⟩
→ **Johannes ⟨Climacus⟩**
→ **Johannes ⟨Scholasticus⟩**

Jean ⟨le Sénéchal⟩
gest. 1396
Jean ⟨de Saint-Pierre⟩
Jean ⟨d'Eu⟩
Jean ⟨le Seneschal⟩
Jean ⟨Sénéchal⟩
Johannes ⟨der Seneschall⟩
LeSénéchal, Jean
Sénéchal, Jean ¬le¬

Jean ⟨le Sourd⟩
→ **Johannes ⟨Parisiensis⟩**

Jean ⟨le Teinturier⟩
13. Jh.
LMA,V,345/46
Jean ⟨Chansonnier⟩
Jean ⟨d'Arras⟩
Jean ⟨le Chansonnier⟩
Jean ⟨le Teinturier d'Arras⟩
Jehan ⟨le Teinturier d'Arras⟩
LeTeinturier, Jean
Teinturier, Jean ¬le¬

Jean ⟨le Teutonique⟩
→ **Johannes ⟨de Friburgo⟩**
→ **Johannes ⟨de Sancto Victore, Teutonicus⟩**
→ **Johannes ⟨Teutonicus⟩**
→ **Johannes ⟨Teutonicus de Wildeshusen⟩**

Jean ⟨le Triomphant⟩
→ **Jan ⟨Brabant, Hertog, III.⟩**

Jean ⟨le Trouvère⟩
→ **Jean ⟨de Condé⟩**

Jean ⟨le Venelais⟩
→ **Jean ⟨le Névelon⟩**

Jean ⟨le Victorieux⟩
→ **Jan ⟨Brabant, Hertog, I.⟩**

Jean ⟨Leckūchner⟩
→ **Leckūchner, Hans**

Jean ⟨l'Ecosse⟩
→ **Duns Scotus, Johannes**

Jean ⟨Lecteur à Assise⟩
→ **Johannes ⟨de Aquila⟩**

Jean ⟨Lefebvre⟩
→ **Jean ⟨le Fèvre⟩**
→ **Lefèvre de Saint-Rémy, Jean**

Jean ⟨Lefèvre de Saint-Rémy⟩
→ **Lefèvre de Saint-Rémy, Jean**

Jean ⟨Legatius⟩
→ **Legatius, Johannes**

Jean ⟨Lelong⟩
→ **Johannes ⟨Longus⟩**

Jean ⟨LeMeingre⟩
→ **Boucicaut, Jean ⟨Père⟩**

Jean ⟨Lemoine⟩
→ **Johannes ⟨Monachus⟩**

Jean ⟨LeMunerat⟩
→ **LeMunerat, Jean**

Jean ⟨l'Ermite⟩
→ **Johannes ⟨Eremita⟩**

Jean ⟨Lesage⟩
→ **Johannes ⟨Lesage⟩**

Jean ⟨L'Escurel⟩
→ **L'Escurel, Jehannot ¬de¬**

Jean ⟨li Beaulx⟩
→ **Jean ⟨le Bel⟩**

Jean ⟨Linconiensis⟩
→ **Johannes ⟨Linconiensis⟩**

Jean ⟨Listaer⟩
→ **Johannes ⟨Listaer⟩**

Jean ⟨l'Italien⟩
→ **Johannes ⟨Cluniacensis⟩**
→ **Johannes ⟨Italus⟩**

Jean ⟨Liturgiste⟩
→ **Johannes ⟨Rothomagensis⟩**

Jean ⟨Lochner⟩
→ **Lochner, Hans**

Jean ⟨Lopez⟩
→ **Johannes ⟨Lupus⟩**

Jean ⟨López de Salamanca⟩
→ **Juan ⟨López⟩**

Jean ⟨López de Zamora⟩
→ **Juan ⟨López⟩**

Jean ⟨l'Oxite⟩
→ **Johannes ⟨Oxites⟩**

Jean ⟨Ludovici⟩
→ **Ludovici, Johannes**

Jean ⟨Lupi⟩
→ **Lupi, Johannes**

Jean ⟨Lutterell⟩
→ **Johannes ⟨Lutterell⟩**

Jean ⟨Luxembourg, Comte⟩
→ **Jan ⟨Čechy, Král⟩**

Jean ⟨Mactei Caccia⟩
→ **Caccia, Johannes Matthaei**

Jean ⟨Maillart⟩
um 1316
LMA,VI,125/26
Maillard, Jean
Maillart, Jean

Jean ⟨Maître à Paris⟩
→ **Johannes ⟨de Nova Domo⟩**

Jean ⟨Malalas⟩
→ **Johannes ⟨Malalas⟩**

Jean ⟨Malgrin⟩
→ **Johannes ⟨Algrinus⟩**

Jean ⟨Malverne⟩
→ **Johannes ⟨Malvernaeus⟩**

Jean ⟨Malvernius⟩
→ **Johannes ⟨Malvernius⟩**

Jean ⟨Mambaer de Bruxella⟩
→ **Mauburnus, Johannes**

Jean ⟨Mamboir⟩
→ **Mauburnus, Johannes**

Jean ⟨Mambre⟩
→ **Johannes ⟨Canonicus⟩**

Jean ⟨Manduith⟩
→ **Johannes ⟨Maudith⟩**

Jean ⟨Manesdorfer⟩
→ **Manesdorfer, Johann**

Jean ⟨Mansel⟩
1400/01 – 1473/74
Fleur des histoires; Histoires romaines
Rep.Font. VI,541
Jean ⟨Mansel d'Hesdin⟩
Mansel, Jean

Jean ⟨Manthen⟩
→ **Johannes ⟨Manthen⟩**

Jean ⟨Manzini⟩
→ **Johannes ⟨Manzini de Motta⟩**

Jean ⟨Marbres⟩
→ **Johannes ⟨Canonicus⟩**

Jean ⟨Marcanova⟩
→ **Johannes ⟨de Marcanova⟩**

Jean ⟨Marchesini⟩
→ **Johannes ⟨Marchesinus⟩**

Jean ⟨Marliani⟩
→ **Johannes ⟨de Marliano⟩**
→ **Johannes ⟨de Marliano, Medicus⟩**

Jean ⟨Marliani, Augustin⟩
→ **Johannes ⟨de Marliano⟩**

Jean ⟨Marliani, de Milan⟩
→ **Johannes ⟨de Marliano⟩**

Jean ⟨Maron⟩
→ **Yoḥannan ⟨de-Mārōn⟩**

Jean ⟨Martin⟩
gest. 1495 · OP
Übersetzer der „La légende de Monseigneur S. Dominique, père et premier fondateur de l'ordre des Frères Prêcheurs"; Mystère de l'institution des frères Prêcheurs
Kaeppeli,II,474/475
Jehan ⟨Martin⟩
Johannes ⟨Martin⟩
Johannes ⟨Martin de Valencenis⟩
Johannes ⟨Martinus⟩
Martin, Jean
Martin de Valencenis, Johannes
Valencenis, Johannes Martin ¬de¬

Jean ⟨Masselin⟩
→ **Masselin, Jean**

Jean ⟨Massue⟩
→ **Jehan ⟨Massue⟩**

Jean ⟨Masuer⟩
→ **Johannes ⟨Masuer⟩**

Jean ⟨Mattiotti⟩
→ **Mattiotti, Giovanni**

Jean ⟨Mauburne⟩
→ **Mauburnus, Johannes**

Jean ⟨Mauduith⟩
→ **Johannes ⟨Maudith⟩**

Jean ⟨Maupoint de Paris⟩
→ **Maupoint, Jean**

Jean ⟨Mauropous⟩
→ **Johannes ⟨Mauropus⟩**

Jean ⟨Maxence⟩
→ **Johannes ⟨Maxentius⟩**

Jean ⟨Mayence, Archevêque, II.⟩
→ **Johann ⟨von Nassau⟩**

Jean ⟨Mechtel⟩
→ **Mechtel, Johannes**

Jean ⟨Médecin⟩
→ **Johannes ⟨de Sancto Paulo⟩**

Jean ⟨Médecin à l'Ecole de Salerne⟩
→ **Johannes ⟨Mediolanensis⟩**

Jean ⟨Médecin Strasbourgeois⟩
→ **Johann ⟨von Sachsen⟩**

Jean ⟨Melber de Gerolzhofen⟩
→ **Melber, Johannes**

Jean ⟨Mercure⟩
→ **Johannes ⟨Papa, II.⟩**

Jean ⟨Merkelin⟩
→ **Johannes ⟨Merkelin⟩**

Jean ⟨Meschinot⟩
→ **Meschinot, Jean**

Jean ⟨Meyger⟩
→ **Johannes ⟨Meyger de Lübeck⟩**

Jean ⟨Michaelis⟩
→ **Johannes ⟨Michaelis⟩**

Jean ⟨Miélot⟩
→ **Miélot, Jean**

Jean ⟨Milicz⟩
→ **Johannes ⟨Milič⟩**

Jean ⟨Milverodunus⟩
→ **Johannes ⟨Milverton⟩**

Jean ⟨Mincio⟩
→ **Benedictus ⟨Papa, X.⟩**

Jean ⟨Minio⟩
→ **Johannes ⟨de Murro⟩**

Jean ⟨Minner⟩
→ **Minner, Hans**

Jean ⟨Moine⟩
→ **Johannes ⟨Amalfitanus⟩**
→ **Johannes ⟨Monachus⟩**

Jean ⟨Moine Cistercien⟩
→ **Johannes ⟨Cisterciensis⟩**

Jean ⟨Moine de Saint-Vincent⟩
→ **Johannes ⟨de Sancto Vincentio⟩**

Jean ⟨Moine de Whitby⟩
→ **Johannes ⟨Beverlacensis⟩**

Jean ⟨Myreius⟩
→ **Johannes ⟨Myreius⟩**

Jean ⟨Nederhoff⟩
→ **Nederhoff, Johannes**

Jean ⟨Nepomucène⟩
→ **Johannes ⟨Nepomucenus⟩**

Jean ⟨Neuhaus⟩
→ **Johannes ⟨de Nova Domo⟩**

Jean ⟨Nicolai⟩
→ **Jean ⟨Nicolay⟩**

Jean ⟨Nicolai Bianchi⟩
→ **Johannes ⟨Nicolaus Blancus⟩**

Jean ⟨Nicolay⟩
15. Jh.
Kalendrier de la guerre de Tournay; Carmina et ballatas
Rep.Font. VI,549
Jean ⟨Nicolai⟩
Nicolai, Jean
Nicolay, Jean

Jean ⟨Noblet⟩
→ **Johannes ⟨Noblet⟩**

Jean ⟨Nunez de Villasan⟩
→ **Núñez de Villaizán, Juan**

Jean ⟨Octavien⟩
→ **Johannes ⟨Papa, XII.⟩**

Jean ⟨Oczko de Wlasim⟩
→ **Johannes ⟨Oczko⟩**

Jean ⟨Oddi⟩
→ **Johannes ⟨Oddi⟩**

Jean ⟨Opremi⟩
→ **Johannes ⟨de Opreno⟩**

Jean ⟨Orient, Empereur, ...⟩
→ **Johannes ⟨Imperium Byzantinum, Imperator, ...⟩**

Jean ⟨Orum⟩
→ **Johannes ⟨Orum⟩**

Jean ⟨Ottonis de Münsterberg⟩
→ **Johannes ⟨Ottonis de Münsterberg⟩**

Jean ⟨Oxrack⟩
→ **Johannes ⟨Oxrach⟩**

Jean ⟨Page⟩
→ **Johannes ⟨Pagus⟩**

Jean ⟨Paléologue⟩
→ **Johannes ⟨Imperium Byzantinum, Imperator, V.⟩**
→ **Johannes ⟨Imperium Byzantinum, Imperator, VII.⟩**

Jean ⟨Paniers⟩
15. Jh.
Entrée de Charles VIII à Rouen
Rep.Font. VI,551
Bougival, Jean ¬de¬
Jean ⟨Bougival, Sire⟩
Jean ⟨de Bougival⟩
Jean ⟨Panier⟩
Panier, Jean
Paniers, Jean

Jean ⟨Pape, ...⟩
→ **Johannes ⟨Papa, ...⟩**

Jean ⟨Parleberg de Greifswald⟩
→ **Parleberg, Johannes**

Jean ⟨Parreut⟩
→ **Johannes ⟨Parreudt⟩**

Jean ⟨Parvus⟩
→ **Petit, Jean**

Jean ⟨Paschal⟩
→ **Johannes ⟨Paschall⟩**

Jean ⟨Patriarche⟩
→ **Yuḥannā ⟨Sedrā, I.⟩**

Jean ⟨Patriarche, II.⟩
→ **Johannes ⟨Cappadoces⟩**

Jean ⟨Patriarche, III.⟩
→ **Johannes ⟨Hierosolymitanus, III.⟩**

Jean ⟨Patriarche, IV.⟩
→ **Johannes ⟨Hierosolymitanus, IV.⟩**

Jean ⟨Patriarche, V.⟩
→ **Johannes ⟨Hierosolymitanus, V.⟩**

Jean ⟨Patriarche, VI.⟩
→ **Johannes ⟨Hierosolymitanus, VI.⟩**

Jean ⟨Patriarche, VI.⟩
→ **Johannes ⟨Constantinopolitanus, VI.⟩**

Jean ⟨Patriarche, VIII.⟩
→ **Johannes ⟨Hierosolymitanus, VIII.⟩**
→ **Johannes ⟨Xiphilinus⟩**

Jean ⟨Patriarche d'Alexandrie⟩
→ **Johannes ⟨de Cardalhaco⟩**

Jean ⟨Patriarche Schismatique⟩
→ **Johannes ⟨Aquileiensis⟩**

Jean ⟨Pedro de Jativa⟩
→ **Johannes ⟨Pedro⟩**

Jean ⟨Petit⟩
→ **Johannes ⟨Sarisberiensis⟩**
→ **Petit, Jean**

Jean ⟨Pfeffer de Weidenberg⟩
→ **Johannes ⟨Pfeffer de Weidenberg⟩**

Jean ⟨Philopon⟩
→ **Johannes ⟨Philoponus⟩**

Jean ⟨Picardi⟩
→ **Johannes ⟨de Lucidomonte⟩**

Jean ⟨Pidoie⟩
→ **Johannes ⟨de Pidoie⟩**

Jean ⟨Pirckheimer⟩
→ **Pirckheimer, Hans**

Jean ⟨Platine⟩
→ **Platina, Bartholomaeus**

Jean ⟨Plousiadenos⟩
→ **Josephus ⟨Methonensis⟩**

Jean ⟨Point-l'Ane⟩
→ **Johannes ⟨Pungens Asinum⟩**

Jean ⟨Poloner⟩
→ **Johannes ⟨Poloner⟩**

Jean ⟨Polostede⟩
→ **Johannes ⟨Polstead⟩**

Jean ⟨Porner⟩
→ **Porner, Hans**

Jean ⟨Porta⟩
→ **Johannes ⟨Porta de Annoniaco⟩**

Jean ⟨Portugal, Roi, ...⟩
→ **João ⟨Portugal, Rei, ...⟩**

Jean ⟨Préchantre à Saint-Pierre⟩
→ **Johannes ⟨Archicantor⟩**

Jean ⟨Prédicateur à Paris⟩
→ **Johannes ⟨Blesensis⟩**

Jean ⟨Prêtre⟩
→ **Johannes ⟨Presbyter⟩**

Jean ⟨Prévot de Prato⟩
→ **Johannes ⟨de Parma, Medicus⟩**

Jean ⟨Prieur⟩
→ **Jean ⟨du Prier⟩**

Jean ⟨Prieur de Gand⟩
→ **Johannes ⟨de Bruyne⟩**

Jean ⟨Prieur de l'Abbaye de Saint-Jean des Vignes⟩
→ **Johannes ⟨de Vineis⟩**

Jean ⟨Prieur de Louvain⟩
→ **Johannes ⟨de Bomalia⟩**

Jean ⟨Prieur de Saint-Evroult⟩
→ **Johannes ⟨Remensis⟩**

Jean ⟨Prieur de Saint-Martin-des-Champs⟩
→ **Jean ⟨Dupin⟩**

Jean ⟨Prior Ebrulfi⟩
→ **Johannes ⟨Remensis⟩**

Jean ⟨Priorat⟩
gest. 1290
Jean ⟨de Besançon⟩
Jean Priorat ⟨de Besançon⟩
Priorat ⟨von Besançon⟩
Priorat, Jean

Jean ⟨Prochyta⟩
→ **Giovanni ⟨da Procida⟩**

Jean ⟨Professeur à Paris⟩
→ **Johannes ⟨de Nova Domo⟩**

Jean ⟨Pucheler⟩
→ **Bucheler, Hans**

Jean ⟨Pungens Asinum⟩
→ **Johannes ⟨Pungens Asinum⟩**

Jean ⟨Pupper⟩
→ **Johannes ⟨Pupper von Goch⟩**

Jean ⟨Qui Dort⟩
→ **Johannes ⟨Parisiensis⟩**

Jean ⟨Raoulet⟩
→ **Raoulet, Jean**

Jean ⟨Raveneau⟩
→ **Jehan ⟨Raveneau⟩**

Jean ⟨Raynaud⟩
→ **Raynaldus, Johannes**

Jean ⟨Recteur des Ecoles d'Arbois⟩
→ **Johannes ⟨Arbosiensium⟩**

Jean ⟨Regnaud⟩
→ **Raynaldus, Johannes**

Jean ⟨Regnier⟩
gest. 1468
Regnier, Jean

Jean ⟨Rellach⟩
→ **Rellach, Johannes**

Jean ⟨Renart⟩
→ **Renaut**

Jean ⟨Renart⟩
gest. 1210
Lai d'Ignaurès; Le lai d'ombre; Guillaume de Dole; Escoufle; wahrscheinlich nicht identisch mit Renaut (Verf. von Galeran de Bretagne)
LMA,VII,724
Jean ⟨Renaut⟩
Jean Renart
Renart, Jean
Renaut ⟨le Trouvère⟩
Renaut ⟨Troubadour⟩
Renaut ⟨Trouvère⟩
Renaut, Jean

Jean ⟨Ridevall⟩
→ **Johannes ⟨Ridewall⟩**

Jean ⟨Riedesel⟩
→ **Riedesel, Johann**

Jean ⟨Riedner⟩
→ **Riedner, Johannes**

Jean ⟨Rigaud⟩
→ **Johannes ⟨Rigaldi⟩**

Jean ⟨Rode⟩
→ **Rode, Johannes**

Jean ⟨Rode de Hambourg⟩
→ **Rode, Johannes ⟨von Hamburg⟩**

Jean ⟨Roisin⟩
13. Jh.
Livre Roisin
Rep.Font. VI,555
Roisin, Jean

Jean ⟨Romain, Dominicain⟩
→ **Columna, Johannes ¬de¬**

Jean ⟨Romeu⟩
→ **Johan ⟨Romeu⟩**

Jean ⟨Rorbach⟩
→ **Rorbach, Job**

Jean ⟨Roscelin⟩
→ **Roscelinus**

Jean ⟨Ross⟩
→ **Ross, Johannes**

Jean ⟨Rot⟩
→ **Rot, Hans**

Jean ⟨Rothe⟩
→ **Rothe, Johannes**

Jean ⟨Rucellai⟩
→ **Santi ⟨Rucellai⟩**

Jean ⟨Rufus⟩
→ **Johannes ⟨Rufus⟩**
→ **Rufus ⟨de Lübeck⟩**

Jean ⟨Runsic-Teutonique⟩
→ **Johannes ⟨de Friburgo⟩**

Jean ⟨Rusbroek⟩
→ **Ruusbroec, Jan ¬van¬**

Jean ⟨Russell⟩
→ **Johannes ⟨Russell⟩**

Jean ⟨Saint⟩
→ **Johannes ⟨Cantius⟩**
→ **Johannes ⟨Cappadoces⟩**
→ **Johannes ⟨Eleemosynarius⟩**
→ **Johannes ⟨Nicopolitanus⟩**
→ **Yoḥannan ⟨de-Māron⟩**

Jean ⟨Sandale⟩
→ **Johannes ⟨de Sandala⟩**

Jean ⟨Sander⟩
→ **Sanders, Johannes**

Jean ⟨Sans Peur⟩
→ **Jean ⟨Bourgogne, Duc⟩**

Jean ⟨Sans-Terre⟩
→ **John ⟨England, King, I.⟩**

Jean ⟨Sarrazin⟩
→ **Johannes ⟨Sarracenus⟩**

Jean ⟨Saxon⟩
→ **Johannes ⟨Christophori de Saxonia⟩**

Jean ⟨Schadland⟩
→ **Johannes ⟨Schadland⟩**

Jean ⟨Schio⟩
→ **Johannes ⟨de Vincentia⟩**

Jean ⟨Schlitpacher⟩
→ **Schlitpacher, Johannes**

Jean ⟨Schneeperger⟩
→ **Schneeberger, Hans**

Jean ⟨Schoemaker⟩
→ **Johannes ⟨Caligator⟩**

Jean ⟨Schönfelder⟩
→ **Schönfelder, Johannes**

Jean ⟨Schram⟩
→ **Schram, Johannes**

Jean ⟨Schürpff⟩
→ **Schürpff, Hans**

Jean ⟨Schüssler⟩
→ **Schüßler, Johann**

Jean ⟨Scot Erigène⟩
→ **Johannes ⟨Scotus Eriugena⟩**

Jean ⟨Sedra⟩
→ **Yuḥannā ⟨Sedrā, I.⟩**

Jean ⟨Seffried⟩
→ **Johannes ⟨Seffried⟩**

Jean ⟨Sénéchal⟩
→ **Jean ⟨le Sénéchal⟩**

Jean ⟨Sensenschmid⟩
→ **Sensenschmidt, Johann**

Jean ⟨Sercambi⟩
→ **Sercambi, Giovanni**

Jean ⟨Serra⟩
→ **Johannes ⟨Serra⟩**

Jean ⟨Setinus⟩
→ **Johannes ⟨Setinus⟩**

Jean ⟨Seton⟩
→ **Johannes ⟨Setonus⟩**

Jean ⟨Shillingford⟩
→ **Shillingford, John**

Jean ⟨Shirley⟩
→ **Shirley, John**

Jean ⟨Sicile, Vice-Roi⟩
→ **Johannes ⟨de Podionucis⟩**

Jean ⟨Sicola de Naples⟩
→ **Johannes ⟨de Regina de Neapoli⟩**

Jean ⟨Simon⟩
→ **Johannes ⟨Simonis⟩**

Jean ⟨Simonetta⟩
→ **Simonetta, Johannes**

Jean ⟨Sinname⟩
→ **Johannes ⟨Cinnamus⟩**

Jean ⟨Sithivensis⟩
→ **Johannes ⟨de Sancto Bertino⟩**

Jean ⟨Sobrinho⟩
→ **Johannes ⟨Consobrinus⟩**

Jean ⟨Somer⟩
→ **Johannes ⟨Somer⟩**

Jean ⟨Somerton⟩
→ **Johannes ⟨Somerton⟩**

Jean ⟨Stadtweg de Poppendyck⟩
→ **Statwech, Johann**

Jean ⟨Stella⟩
→ **Stella, Johannes**

Jean ⟨Stephani de Valon⟩
→ **Jean ⟨d'Etienne⟩**

Jean ⟨Stockes⟩
→ **Johannes ⟨Stokes⟩**

Jean ⟨Suilkilfrans⟩
→ **Johannes ⟨Smitzkil⟩**

Jean ⟨Supérieur du Monastère de Beith-Aphtonia⟩
→ **Yôḥannān ⟨Bēt Aptonyā⟩**

Jean ⟨Surquet⟩
15. Jh.
Mémoire en forme de chronique, ou histoire des guerres et troubles de Flandres, mutinations et rebellions des Flamens contre Maximilien, roy des Romains
Rep.Font. VI,558
Jean ⟨Hoccalus⟩
Jean ⟨Surquet Dictus Hoccalus⟩
Surquet, Jean

Jean ⟨Tabari⟩
gest. 1403
Relation de la mort de Charles V
Rep.Font. VI,558
Jean ⟨Tabari de Limoges⟩
Tabari, Jean

Jean ⟨Tallat⟩
→ **Tallat, Johannes**

Jean ⟨Tapissier⟩
→ **Tapissier, Jean**

Jean ⟨Tartays⟩
→ **Johannes ⟨Tarteys⟩**

Jean ⟨Tascherio⟩
→ **Johannes ⟨Tascherius⟩**

Jean ⟨Tauler⟩
→ **Tauler, Johannes**

Jean ⟨Taurinus⟩
→ **Johannes ⟨de Taurino⟩**

Jean ⟨Thompson⟩
→ **Johannes ⟨Tomsonus⟩**

Jean ⟨Thorpe⟩
→ **Johannes ⟨Thorpus⟩**

Jean ⟨Tigart⟩
→ **Johannes ⟨Tigart⟩**

Jean ⟨Tillonegus⟩
→ **Johannes ⟨Tillonegonus⟩**

Jean ⟨Tinctor⟩
→ **Johannes ⟨Tinctoris⟩**

Jean ⟨Tiptoft⟩
→ **Tiptoft, John**

Jean ⟨Tirel⟩
→ **Johannes ⟨Tirel⟩**

Jean ⟨Tisserand⟩
→ **Tisserandus, Johannes**

Jean ⟨Tittleshall⟩
→ **Johannes ⟨Titleshale⟩**

Jean ⟨Tortelli⟩
→ **Johannes ⟨Tortellius⟩**

Jean ⟨Traiectensis Episcopus⟩
→ **Johannes ⟨de Diest⟩**

Jean ⟨Trésorier de Naples⟩
→ **Johannes ⟨Cimeliarcha⟩**

Jean ⟨Trisse⟩
→ **Johannes ⟨Trissa⟩**

Jean ⟨Troster⟩
→ **Tröster, Johannes**

Jean ⟨Troubadour Toulousain⟩
→ **Johan ⟨de Castelnou⟩**

Jean ⟨Trouvère⟩
→ **Jean ⟨de Condé⟩**

Jean ⟨Tucher⟩
→ **Tucher, Hans**

Jean ⟨Tylich⟩
→ **Tylichius, Johannes**

Jean ⟨Tzetzès⟩
→ **Johannes ⟨Tzetzes⟩**

Jean ⟨Tzimiscès⟩
→ **Johannes ⟨Imperium Byzantinum, Imperator, I.⟩**

Jean ⟨Uyt den Hove⟩
→ **Johannes ⟨Utenhove⟩**

Jean ⟨Uzsai⟩
→ **Johannes ⟨de Uzsa⟩**

Jean ⟨Vaillant⟩
→ **Vaillant**

Jean ⟨van Brederode⟩
→ **Jan ⟨van Brederode⟩**

Jean ⟨van den Berghe⟩
→ **Johannes ⟨van den Berghe⟩**

Jean ⟨van Heelu⟩
→ **Jan ⟨van Heelu⟩**

Jean ⟨van Hulst⟩
→ **Jan ⟨van Hulst⟩**

Jean ⟨van Leeuw⟩
→ **Jan ⟨van Leeuwen⟩**

Jean ⟨van Leeuwe⟩
→ **Jan ⟨van Heelu⟩**

Jean ⟨van Leeuwen⟩
→ **Jan ⟨van Heelu⟩**

Jean ⟨van Riedt⟩
→ **Johannes ⟨de Arundine⟩**

Jean ⟨Varenacker⟩
→ **Johannes ⟨Varenacker⟩**

Jean ⟨Vasco⟩
→ **Johannes ⟨Vasco⟩**

Jean ⟨Vatace⟩
→ **Johannes ⟨Imperium Byzantinum, Imperator, III.⟩**

Jean ⟨Vate⟩
→ **Johannes ⟨Vate⟩**

Jean ⟨Veldenar⟩
→ **Veldenar, Jan**

Jean ⟨Versor⟩
→ **Johannes ⟨Versor⟩**

Jean ⟨Ververs⟩
→ **Johannes ⟨Tinctoris⟩**

Jean ⟨Vineti⟩
→ **Johannes ⟨Vineti⟩**

Jean ⟨Vintler⟩
→ **Vintler, Hans**

Jean ⟨Vital⟩
→ **Johannes ⟨Vitalis⟩**

Jean ⟨Vogolon⟩
→ **Johannes ⟨Vogolon⟩**

Jean ⟨von Journi⟩
→ **Jean ⟨de Journy⟩**

Jean ⟨Waes⟩
→ **Johannes ⟨de Wasia⟩**

Jean ⟨Wal⟩
→ **Wal, Johan**

Jean ⟨Waldeby⟩
→ **Johannes ⟨de Waldeby⟩**

Jean ⟨Walton⟩
→ **Walton, John**

Jean ⟨Wanifletus⟩
→ **Johannes ⟨Wanifletus⟩**

Jean ⟨Warkworth⟩
→ **Warkworth, John**

Jean ⟨Wauquelin⟩
→ **Jehan ⟨Wauquelin⟩**

Jean ⟨Wenceslai⟩
→ **Johannes ⟨Wenceslai de Praga⟩**

Jean ⟨Wessel⟩
→ **Gansfort, Johannes**

Jean ⟨Whethamstede⟩
→ **Johannes ⟨Whethamstede⟩**

Jean ⟨Wilton⟩
→ **Johannes ⟨Wilton⟩**

Jean ⟨Wishler⟩
→ **Johannes ⟨de Spira⟩**

Jean ⟨Wrotham⟩
→ **Johannes ⟨Wrothamus⟩**

Jean ⟨Wünschelburg⟩
→ **Johannes ⟨de Wünschelburg⟩**

Jean ⟨Xiphilin⟩
→ **Johannes ⟨Xiphilinus⟩**
→ **Johannes ⟨Xiphilinus, Iunior⟩**

Jean ⟨z Janduno⟩
→ **Johannes ⟨de Ianduno⟩**

Jean ⟨Zacharia de Rose⟩
→ **Johannes ⟨Zachariae⟩**

Jean ⟨Zimiscès⟩
→ **Johannes ⟨Imperium Byzantinum, Imperator, I.⟩**

Jean ⟨Zonare⟩
→ **Johannes ⟨Zonaras⟩**

Jean Baudouin ⟨de Rely⟩
→ **Johannes ⟨de Reli⟩**

Jean Baudouin ⟨de Rosières-aux-Salines⟩
→ **Baudouin, Jean**

Jean Cajetan ⟨Orsini⟩
→ **Nicolaus ⟨Papa, III.⟩**

Jean Juvénal ⟨des Ursins⟩
→ **Juvénal DesUrsins, Jean ⟨...⟩**

Jean L. ⟨de Bonis d'Arezzo⟩
→ **Bonis, Johannes L. ¬de¬**

Jean Mactei ⟨Caccia⟩
→ **Caccia, Johannes Matthaei**

Jean Maron ⟨Saint⟩
→ **Yoḥannan ⟨de-Mārōn⟩**

Jean Priorat ⟨de Besançon⟩
→ **Jean ⟨Priorat⟩**

Jean Raymond ⟨de Comminges⟩
→ **Commingiis, Johannes ¬de¬**

Jean Vital ⟨du Four⟩
→ **Johannes Vitalis ⟨a Furno⟩**

Jean-André ⟨Gatti⟩
→ **Johannes ⟨Gatti⟩**

Jean-Antoine ⟨di Faie⟩
→ **Faie, Giovanni Antonio**

Jean-Antoine ⟨Pandoni⟩
→ **Porcellius ⟨Neapolitanus⟩**

Jean-Antoine ⟨Panteo⟩
→ **Pantheus, Johannes Antonius**

Jean-Antoine ⟨Petrucci⟩
→ **Giovanni Antonio ⟨Petrucci⟩**

Jean-Baptiste ⟨Caccialupi de San-Severino⟩
→ **Caccialupus, Johannes Baptista**

Jean-Baptiste ⟨Cibò⟩
→ **Innocentius ⟨Papa, VIII.⟩**

Jean-Erhard ⟨Tusch⟩
→ **Tüsch, Hans Erhart**

Jean-Etienne ⟨Emiliano⟩
→ **Aemilianus, Johannes Stephanus**

Jean-Fernandez ⟨de Heredia⟩
→ **Fernández de Heredia, Juan**

Jean-François ⟨le Pogge⟩
→ **Poggio Bracciolini, Gian Francesco**

Jean-Galéas ⟨Visconti⟩
→ **Giangaleazzo ⟨Visconti⟩**

Jean-Génès ⟨Quaglia⟩
→ **Johannes ⟨Genesius Quaia de Parma⟩**

Jean-Gilles ⟨de Zamora⟩
→ **Johannes Aegidius ⟨de Zamora⟩**

Jean-Jacques ⟨de'Cani⟩
→ **Canis, Johannes Jacobus**

Jean-Jordan ⟨Savelli⟩
→ **Johannes ⟨Iordani Romanus⟩**

Jean-Louis ⟨Toscano⟩
→ **Johannes Aloisius ⟨Toscanus⟩**

Jean-Marius ⟨Philelfe⟩
→ **Philelphus, Johannes Marius**

Jean-Matthias ⟨Tiberino⟩
→ **Johannes Matthias ⟨Tiberinus⟩**

Jean-Matthieu ⟨Ferrari⟩
→ **Johannes Matthaeus ⟨de Ferrariis⟩**

Jean-Michel-Albert ⟨Carrara⟩
→ **Carrara, Johannes Michael Albertus**

Jeanne ⟨Bretagne, Duchesse⟩
1319 – 1384
Actes; Gemahlin von Charles ⟨Bretagne, Duc⟩
LMA,VI,1875
Jeanne ⟨de Penthièvre⟩
Jeanne ⟨de Penthièvres la Boiteuse⟩
Jeanne ⟨Fille de Guy de Bretagne⟩
Jeanne ⟨la Boiteuse⟩
Jeanne ⟨Penthièvre, Comtesse⟩
Johanna ⟨Bretagne, Herzogin⟩
Johanna ⟨von Penthièvre⟩
Penthièvre, Jeanne ¬de¬

Jeanne ⟨de Penthièvre⟩
→ **Jeanne ⟨Bretagne, Duchesse⟩**

Jeanne ⟨la Boiteuse⟩
→ **Jeanne ⟨Bretagne, Duchesse⟩**

Jeannelin ⟨de Fécamp⟩
→ **Johannes ⟨Fiscannensis⟩**

Jeannet ⟨de la Ruyelle⟩
um 1482
Relation des états généraux tenus à Gand aux mois d'avril et de mai 1482
Rep.Font. VI,563
Jean ⟨des Ruelles⟩
Jeannet ⟨de la Ruyelle⟩
LaRuyelle, Jeannet ¬de¬
Ruelle, Jeannet ¬de¬
Ruyelle, Jeannet ¬de la¬

Jean-Philippe ⟨de Lignamine de Messine⟩
→ **Lignamine, Johannes Philippus ¬de¬**

Jean-Pierre ⟨Cagnola⟩
→ **Cagnola, Giovanni Pietro**

Jean-Pierre ⟨Ferrari⟩
→ **Johannes Petrus ⟨de Ferrariis⟩**

Jean-Pierre ⟨Leostello⟩
→ **Leostello, Joampiero**

Jean-Roch ⟨de Portiis⟩
→ **Johannes Rochus ⟨de Portiis⟩**

Jean-Vital ⟨du Four⟩
→ **Johannes Vitalis ⟨a Furno⟩**

Jedaiah ⟨ha-Bedersi⟩
→ **Penînî, Yeda'yā ¬hap-¬**

Jedaiah ben Abraham
→ **Penînî, Yeda'yā ¬hap-¬**

Jedaja ⟨Penini⟩
→ **Penînî, Yeda'yā ¬hap-¬**

Jeda'ja Ben Abraham ha-Penini
→ **Penînî, Yeda'yā ¬hap-¬**

Jedajah ⟨Happenini⟩
→ **Penînî, Yeda'yā ¬hap-¬**

Jeffrey ⟨...⟩
→ **Geoffroy ⟨...⟩**

Jefimija ⟨Monahinja⟩
gest. 1359
Euphemia ⟨Ratibor⟩
Euphemia ⟨the Nun⟩
Evphimija ⟨die Nonne⟩
Jelena
Monahinja, Jefimija
Yefimia ⟨Moniale⟩

Jehan ⟨...⟩
→ **Jean ⟨...⟩**

Jehan ⟨Blanchin⟩
→ **Blanchin, Jehan**

Jehan ⟨Erart⟩
ca. 1200/20 – ca. 1258/59
Franz. Trouvère
LMA,V,345
Erart, Jean
Erart, Jehan
Jean ⟨Erart⟩
Jehan ⟨Erars⟩

Jehan ⟨la Gougue⟩
15. Jh. · OSB
Histoire des princes des Deols et seigneurs de Chasteauroux
Rep.Font. VI,536
Gougue, Jehan ¬la¬
Jean ⟨LaGougue⟩
Jehan ⟨la Gougue⟩
LaGougue, Jean
LaGougue, Jehan

Jehan ⟨Massue⟩
15. Jh.
Les marguerites historiales
Rep.Font. VI,542
Jean ⟨Massue⟩
Massue, Jean
Massue, Jehan

Jehan ⟨Raveneau⟩
15. Jh. · OSB
Compilation
Rep.Font. VI,553; Potth. 954
Jean ⟨Raveneau⟩
Raveneau, Jean
Raveneau, Jehan

Jehan ⟨Wauquelin⟩
gest. 1452
Annales de Haynnau; Chronique des ducs de Brabant; Historia regum Britanniae (Übers.)
Rep.Font. VI,561; LMA,VIII,2079
Jean ⟨Wauquelin⟩
Wauquelin, Jean
Wauquelin, Jehan

Jehan ⟨Yperman⟩
1270 – 1329
Belg. Chirurg
LMA,IX,423/24
Giovanni ⟨Yperman⟩
Jan ⟨Yperman⟩
Jean ⟨d'Ypres⟩
Johannes ⟨Yperman⟩
Yperman, Jan
Yperman, Jehan

Jehanequin ⟨Malouel⟩
→ **Limburg, Jan ¬von¬**

Jehannot ⟨de l'Escurel⟩
→ **L'Escurel, Jehannot ¬de¬**

Jehuda ⟨Hedessi⟩
→ **Hadassî, Yehûdā Ben-Ēliyyāhû**

Jehuda ⟨Levita⟩
→ **Yehûdā hal-Lēwî**

Jehuda al-Ḥarisi
→ **Alḥarîzî, Yehûdā Ben-Šelomo**

Jehuda Bar-Barsilai
→ **Yehûdā Ben-Barzillay**

Jehuda ben Tibbon
→ **Ibn-Tibbôn, Yehûdā Ben-Šā'ûl**

Jehuda Ben-Barsilai ⟨hab-Barṣelônî⟩
→ **Yehûdā Ben-Barzillay**

Jehuda Ben-Jehiel
→ **Yehûdā Meser Lê'ôn**

Jehuda Halevi
→ **Yehûdā hal-Lēwî**

Jehuda ha-Levi
→ **Yehûdā hal-Lēwî**

Jehuda Ibn Tabbon
→ **Ibn-Tibbôn, Yehûdā Ben-Šā'ûl**

Jehūdā Ibn-Tibbōn
→ **Ibn-Tibbôn, Yehûdā Ben-Šā'ûl**

Jehuda Levi
→ **Yehûdā hal-Lēwî**

Jehudah ⟨el Romano⟩
→ **Yehûdā Ben-Dāniyyêl ⟨Rômanô⟩**

Jehudah ⟨Levita⟩
→ **Yehûdā hal-Lēwî**

Jehudah ⟨Rabbi⟩
→ **Yehûdā Ben-Dāniyyêl ⟨Rômanô⟩**

Jehudah Aben Tybbon
→ **Ibn-Tibbôn, Yehûdā Ben-Šā'ûl**

Jehudah ben Chemouel ⟨le Hassid⟩
→ **Yehûdā BenŠemû'ēl ⟨he-Ḥāsîd⟩**

Jehudah ben Mošeh ⟨ben Danj'el⟩
→ **Yehûdā Ben-Dāniyyêl ⟨Rômanô⟩**

Jehudah ben Mošeh ⟨ben Jekutj⟩
→ **Yehûdā Ben-Dāniyyêl ⟨Rômanô⟩**

Jehudah ben Mošeh ⟨ben Mošeh⟩
→ **Yehûdā Ben-Dāniyyêl ⟨Rômanô⟩**

Jehudah ben Salomon ben Charizi
→ **Alḥarîzî, Yehûdā Ben-Šelomo**

Jehudah ben Semuel ⟨hā Chasid⟩
→ **Yehûdā BenŠemû'ēl ⟨he-Ḥāsîd⟩**

Jehudah Ben-Jehiel
→ **Yehûdā Meser Lê'ôn**

Jehudah BenMošeh BenDani'èl ⟨Romano⟩
→ **Yehûdā Ben-Dāniyyêl ⟨Rômanô⟩**

Jehūdāh hal-Lēwī
→ **Yehûdā hal-Lēwî**

Jehudah Levita
→ **Yehûdā hal-Lēwî**

Jelaluddin ⟨Rumi⟩
→ **Ǧalāl-ad-Dīn Rūmī**

Jelena
→ **Jefimija ⟨Monahinja⟩**

Jellal-ed-Din Rumi
→ **Ǧalāl-ad-Dīn Rūmī**

Jemaleddin Togri-Bardius
→ **Ibn-Taġrībirdī, Abu-'l-Maḥāsin Yūsuf Ibn-'Abdallāh**

Jemaleddinus ⟨Filius Togri-Bardii⟩
→ **Ibn-Taġrībirdī, Abu-'l-Maḥāsin Yūsuf Ibn-'Abdallāh**

Jenko ⟨Wenceslai de Praga⟩
→ **Johannes ⟨Wenceslai de Praga⟩**

Jenzenstein, Johannes ¬de¬
→ **Johannes ⟨de Jenzenstein⟩**

Jeoffroi ⟨...⟩
→ **Geoffroy ⟨...⟩**

Jeoffroy ⟨...⟩
→ **Geoffroy ⟨...⟩**

Jeorgius ⟨...⟩
→ **Georgius ⟨...⟩**

Jepa
→ **Iepa**

Jeremias ⟨Bulgarischer Priester⟩
→ **Ieremija**

Jeremias ⟨de Montagnone⟩
→ **Hieremias ⟨de Montagnone⟩**

Jeremias ⟨de Simeonibus⟩
→ **Simeoni, Jeremias**

Jeremias ⟨Simeoni⟩
→ **Simeoni, Jeremias**

Jeremias, Petrus
→ **Petrus ⟨de Hieremia⟩**

Jérémie ⟨de Montagnone⟩
→ **Hieremias ⟨de Montagnone⟩**

Jérôme ⟨Albertucci⟩
→ **Hieronymus ⟨Albertucci⟩**

Jérôme ⟨Crivelli⟩
→ **Cribellus, Hieronymus**

Jérôme ⟨d'Arezzo⟩
→ **Hieronymus ⟨Aretinus⟩**

Jérôme ⟨d'Ascoli⟩
→ **Nicolaus ⟨Papa, IV.⟩**

Jérôme ⟨de Bologne⟩
→ **Hieronymus ⟨Albertucci⟩**

Jérôme ⟨de Casas⟩
→ **Jerónimo ⟨de Casas⟩**

Jérôme ⟨de Castellione⟩
→ **Castiglione, Girolamo**

Jérôme ⟨de Ferrare⟩
→ **Savonarola, Girolamo**

Jérôme ⟨de Florence⟩
→ **Hieronymus ⟨Johannis de Florentia⟩**

Jérôme ⟨de Forli⟩
→ **Hieronymus ⟨de Forlivio⟩**

Jérôme ⟨de Jérusalem⟩
→ **Hieronymus ⟨Hierosolymitanus⟩**

Jérôme ⟨de Matelica⟩
→ **Hieronymus ⟨de Mathelica⟩**

Jérôme ⟨de Mondsee⟩
→ **Hieronymus ⟨de Mondsee⟩**

Jérôme ⟨de Moravie⟩
→ **Hieronymus ⟨de Moravia⟩**

Jérôme ⟨de Prague⟩
→ **Hieronymus ⟨Pragensis⟩**

Jérôme ⟨de Santa Fe⟩
→ **Hieronymus ⟨a Sancta Fide⟩**

Jérôme ⟨de Saragosse⟩
→ **Jerónimo ⟨de Casas⟩**

Jérôme ⟨de Sienne⟩
→ **Girolamo ⟨da Siena⟩**

Jérôme ⟨de Werdea⟩
→ **Hieronymus ⟨de Mondsee⟩**

Jérôme ⟨d'Ochon⟩
→ **Hieronymus ⟨de Ocon⟩**

Jérôme ⟨d'Udine⟩
→ **Hieronymus ⟨de Utino⟩**

Jérôme ⟨Evêque⟩
→ **Hieronymus ⟨Aretinus⟩**

Jérôme ⟨Foroliviensis⟩
→ **Hieronymus ⟨de Forlivio⟩**

Jérôme ⟨Masci⟩
→ **Nicolaus ⟨Papa, IV.⟩**

Jerome ⟨of Prague⟩
→ **Hieronymus ⟨Pragensis⟩**

Jérôme ⟨Pauli⟩
→ **Paulus, Hieronymus**

Jérôme ⟨Savonarole⟩
→ **Savonarola, Girolamo**

Jérôme ⟨Verità de Vérone⟩
→ **Verità, Girolamo**

Jérôme ⟨Visconti⟩
→ **Hieronymus ⟨Vicecomes⟩**

Jerónimo ⟨Celtiber Subtilis⟩
→ **Jerónimo ⟨de Casas⟩**

Jerónimo ⟨de Casas⟩
gest. 1456 · OCarm
Lecturae theologicae
Rep.Font. VI,563
Casas, Jérôme ¬de¬
Casas, Jerónimo ¬de¬
Jérôme ⟨de Casas⟩
Jérôme ⟨de Saragosse⟩
Jerónimo ⟨Celtiber Subtilis⟩
Saragosse, Jérôme ¬de¬

Jerónimo ⟨de Santa Fe⟩
→ **Hieronymus ⟨a Sancta Fide⟩**

Jerónimo ⟨Pau⟩
→ **Paulus, Hieronymus**

Jeronimus ⟨de Salczburga⟩
→ **Posser, Hieronymus**

Jeronimus ⟨von Mondsee⟩
→ **Hieronymus ⟨de Mondsee⟩**

Jeronimus ⟨Ferrariensis⟩
→ **Savonarola, Girolamo**

Jeronym ⟨von Prag⟩
→ **Hieronymus ⟨Pragensis⟩**

Jerónymo ⟨Pau⟩
→ **Paulus, Hieronymus**

Jeroschin, Nikolaus ¬von¬
→ **Nikolaus ⟨von Jeroschin⟩**

Jerung, Henricus
→ **Henricus ⟨Ierung⟩**

Jerxheim, Könemann ¬von¬
→ **Könemann ⟨von Jerxheim⟩**

Jerzy ⟨y Drohobysza⟩
→ **Georgius ⟨de Drogobyč⟩**

Jesaja ⟨Ben Mali⟩
→ **Yešaʿyā Ben-Mâlî ⟨di Ṭranî⟩**

Jesaja ⟨di Trani⟩
→ **Yešaʿyā Ben-Mâlî ⟨di Ṭranî⟩**

Jessek ⟨de Vodňany⟩
→ **Iohlinus ⟨de Vodňany⟩**

Jesselinus ⟨de Cassanis⟩
→ **Zenzelinus ⟨de Cassanis⟩**

Jesus ⟨Halus⟩
→ **ʿAlī Ibn-ʿĪsā al-Kaḥḥāl**

Jesus ⟨the Stylite⟩
→ **ʾIšoʿ ⟨Stylites⟩**

Jeuser, Johannes
→ **Johannes ⟨von Paltz⟩**

Jhean ⟨...⟩
→ **Jean ⟨...⟩**

Jiang, Baishi
→ **Jiang, Kui**

Jiang, Kui
ca. 1155 – 1235
Xu-shupu
Baishi-daoren
Chiang, K'uei
Chiang, Pai-shih
Chiang, Yao-chang
Jiang, Baishi
Jiang, Yaozhang
Pai-shih-tao-jen

Jiang, Yaozhang
→ **Jiang, Kui**

Jildakī, Aydamur ibn ʿAlī
→ **Ǧildakī, Aidamur Ibn-ʿAlī ¬al-¬**

Jīlī, ʿAbdal-Karīm ibn Ibrāhīm ¬al-¬
→ **Ǧīlānī, ʿAbd-al-Karīm Ibn-Ibrāhīm ¬al-¬**

Jilyānī, ʿAbd al-Munʿim Ibn ʿUmar
→ **Ǧilyānī, ʿAbd-al-Munʿim Ibn-ʿUmar ¬al-¬**

Jiménez de Cisneros, García
→ **Cisneros, García Jiménez ¬de¬**

Jiménez de Rada, Rodrigo
→ **Ximenius de Rada, Rodericus**

Jinadatta ⟨Sūri⟩
1075 – 1154
Jinadatta Suri
Jinadattasūri

Jinaprabha ⟨Sūri⟩
14. Jh.
Jinaprabha Suri
Jinaprabhasūri

Jingmai
um 660
Chines. Biograph von Xuanzang
Jingmai ⟨aus Jianzhou⟩

Jirān al-ʿAwd, Āmir Ibn al-Ḥārith
→ **Ǧirān al-ʿAud, ʿĀmir Ibn-al-Ḥāriṯ**

Jirjis Ibn al-ʿAmid
→ **Makīn Ibn-al-ʿAmīd, Ǧirǧīs ¬al¬**

Jizchak, Salomon
→ **Šelomo Ben-Yiṣḥāq**

Jñānānandagiri
→ **Madhva**

Jñānasiṃha
→ **Naḍapāda**

Joachim ⟨Abbas⟩
→ **Joachim ⟨de Flore⟩**

Joachim ⟨Castiglione⟩
→ **Joachim ⟨Castillionaeus⟩**

Joachim ⟨Castillionaeus⟩
gest. ca. 1472 · OP
Epistulae, Orationes
Kaeppeli,II,372/373
Castiglione, Joachim
Castillionaeus, Joachim
Gioacchino ⟨Castiglione⟩
Gioacchino ⟨Castiglione Marcanova⟩
Giovacchino ⟨Castiglioni Milanese⟩
Joachim ⟨Castiglione⟩
Joachim ⟨Castiglioni Mediolanensis⟩
Joachim ⟨Castillioneus⟩
Joachim ⟨de Marcanova⟩
Joachimus ⟨de Mercato Novo⟩

Joachim ⟨Costen⟩
→ **Costen, Joachim**

Joachim ⟨de Celico⟩
→ **Joachim ⟨de Flore⟩**

Joachim ⟨de Flore⟩
ca. 1132 – 1202
LMA,V,485/87
Fiore, Giacomo ¬da¬
Fiore, Gioacchino ¬da¬
Fiore, Joachim ¬von¬
Flore, Joachim ¬de¬
Flores, Juan ¬de¬
Giacchino ⟨da Fiore⟩
Gioacchino ⟨da Fiore⟩
Gioachino ⟨Abbate⟩
Gioachino ⟨da Fiore⟩
Joachim ⟨Abbas⟩
Joachim ⟨de Celico⟩
Joachim ⟨de Fiore⟩
Joachim ⟨de Floris⟩
Joachim ⟨di Fiore⟩
Joachim ⟨Florensis⟩
Joachim ⟨le Prophète⟩
Joachim ⟨of Fiore⟩
Joachim ⟨of Flora⟩
Joachim ⟨von Fiore⟩
Joachim ⟨von Floris⟩
Joachimus ⟨Abbas⟩
Joachimus ⟨Abbas Florensis⟩
Joachimus ⟨de Celico⟩
Joachimus ⟨Florensis⟩
Joachimus ⟨of Fiore⟩
Joaquín ⟨de Fiore⟩

Joachim ⟨de Marcanova⟩
→ **Joachim ⟨Castillionaeus⟩**

Joachim ⟨de Parma⟩
13./14. Jh.
Quaestiones super librum Physicorum
Lohr
Joachim ⟨Magister⟩
Parma, Joachim ¬de¬

Joachim ⟨de Turre⟩
→ **Joachim ⟨Turrianus⟩**

Joachim ⟨di Fiore⟩
→ **Joachim ⟨de Flore⟩**

Joachim ⟨le Prophète⟩
→ **Joachim ⟨de Flore⟩**

Joachim ⟨Magister⟩
→ **Joachim ⟨de Parma⟩**

Joachim ⟨Turrianus⟩
gest. 1500 · OP
Litteris encyclicis; Registrum litterarum
Joachim ⟨de Torre⟩
Joachim ⟨de Turre⟩
Joachim ⟨Turranus⟩
Joachimus ⟨de la Torre⟩
Joachimus ⟨de Turre⟩
Joachimus ⟨Turranus⟩
Joachimus ⟨Turrianus⟩
Torre, Joachim ¬de¬
Turre, Joachim ¬de¬
Turrianus, Joachim
Turrianus, Joachimus

Joachim ⟨von Fiore⟩
→ **Joachim ⟨de Flore⟩**

Joachim ⟨Westfal⟩
→ **Westfal, Joachim**

Joachimus ⟨...⟩
→ **Joachim ⟨...⟩**

Joam ⟨...⟩
→ **Juan ⟨...⟩**

Joampiero ⟨Leostello⟩
→ **Leostello, Joampiero**

Joan ⟨Airas⟩
12./13. Jh.
Pelo suoto de Crexente
LMA,V,487
Airas, Joan
João ⟨Airas⟩

Joan ⟨Bălgarski⟩
um 930
LMA,V,574/75
Bălgarski, Joan
Ioan ⟨Bălgarski⟩
Ioan ⟨Bogoslov⟩
Ioan ⟨Bŭlgarski⟩
Ioan ⟨Ekzarch⟩
Ioann ⟨Bolgaskij⟩
Ioann ⟨Exarch⟩
Jean ⟨de Bulgarie⟩
Joan ⟨Ekzarch⟩
Johannes ⟨der Exarch⟩
Johannes ⟨Exarch⟩
Johannes ⟨Exarcha⟩
Johannes ⟨von Bulgarien⟩

Joan ⟨Basset⟩
→ **Basset, Joan**

Joan ⟨de Casanova⟩
→ **Casanova, Johannes ¬de¬**

Joan ⟨de Castellnou⟩
→ **Johan ⟨de Castelnou⟩**

Joan ⟨de Corella⟩
→ **Joan ⟨Rois de Corella⟩**

Joan ⟨Eixemeno⟩
→ **Francesc ⟨Eiximenis⟩**

Joan ⟨Ekzarch⟩
→ **Joan ⟨Bălgarski⟩**

Joan ⟨Esteve⟩
→ **Esteve, Joan**

Joan ⟨Esteve⟩
→ **Johan ⟨Esteve⟩**

Joan ⟨Francesch⟩
→ **Francesch, Joan**

Joan ⟨García de Guilhade⟩
→ **Guilhade, Joan García ¬de¬**

Joan ⟨Goer⟩
→ **Gower, John**

Joan ⟨Guerau⟩
→ **Guerau, Joan**

Joan ⟨Kukuzel⟩
→ **Johannes ⟨Cucuzelus⟩**

Joan ⟨López⟩
→ **Johannes ⟨Lupus⟩**

Joan ⟨Margarit⟩
→ **Margarit, Johannes**

Joan ⟨Minčchi⟩
→ **Ioane ⟨Minč'xi⟩**

Joan ⟨Perot⟩
um 1456
Carmina
Rep.Font. VI,564
Perot, Joan

Joan ⟨Rois de Corella⟩
gest. 1497
La vida de la gloriosa S. Ana; Història de la gloriosa S. Magdalena; Lo passi en cobles; etc.
LMA,V,487
Corella, Joan Rois ¬de¬
Joan ⟨de Corella⟩
Juan ⟨Ruíz de Corella⟩
Roiç de Corella, Joan
Roís de Corella, Joan
Ruíz de Corella, Juan

Joan ⟨Toralles⟩
15. Jh.
Noticiari
Rep.Font. VI,564
Toralles, Joan

Joan de Galba, Martí
→ **Martí Joan ⟨de Galba⟩**

Joan García ⟨de Guilhade⟩
→ **Guilhade, Joan García ¬de¬**

Joannes ⟨...⟩
→ **Johannes ⟨...⟩**

Joanninus ⟨de Mantua⟩
→ **Johanninus ⟨de Mantua⟩**

Joannis, Albert
→ **Johannes ⟨Albertus⟩**

Joannot ⟨Martorell⟩
→ **Martorell, Joannot**

João ⟨Airas⟩
→ **Joan ⟨Airas⟩**

João ⟨Alvares⟩
→ **Alvares, Johannes**

João ⟨Amadeus⟩
→ **Amadeus ⟨Menesius de Silva⟩**

João ⟨Consobrinho⟩
→ **Johannes ⟨Consobrinus⟩**

João ⟨de Alcobaça⟩
→ **Johannes ⟨de Alcobaca⟩**

João ⟨de Deus⟩
→ **Johannes ⟨de Deo⟩**

João ⟨de Guilhade⟩
→ **Guilhade, Joan García ¬de¬**

João ⟨de Lucena⟩
→ **Lucena, Juan ¬de¬**

João ⟨Frei⟩
→ **João ⟨Verba⟩**

João ⟨Idanha⟩
→ **Johannes ⟨Egitaniensis⟩**

João ⟨Portugal, Infant⟩
1400 – 1442
Parecer sobre a guerra de África
Rep.Font. VI,565; LMA,V,505
Jean ⟨de Portugal⟩
Jean ⟨Grand-Maître de l'Ordre du Christ⟩
Johann ⟨Portugal, Infant⟩
John ⟨Portugal, Infant⟩

João ⟨Portugal, Rei, I.⟩
1357 – 1433
LMA,V,502/04

Jean ⟨le Grand⟩
Jean ⟨Portugal, Roi, I.⟩
Johann ⟨der Große⟩
Johann ⟨Portugal, König, I.⟩
Johannes ⟨der Große⟩
Johannes ⟨Lusitania, Rex, I.⟩
Johannes ⟨Portugalia, Rex, I.⟩
John ⟨Portugal, King, I.⟩
John ⟨the Great⟩

João ⟨Portugal, Rei, II.⟩
1455 – 1495
LMA,V,504
Jean ⟨le Parfait⟩
Jean ⟨Portugal, Roi, II.⟩
Johann ⟨Portugal, König, II.⟩
Johannes ⟨Lusitania, Rex, II.⟩
Johannes ⟨Portugalia, Rex, II.⟩
John ⟨Portugal, King, II.⟩

João ⟨Verba⟩
um 1420/30
Beichtvater von Pedro ⟨Portugal, Infant⟩; Bearb. bzw. möglicherweise Verf. des Livro da vertuosa benfeytoria, das dem Infanten zugeschrieben wird
João ⟨Frei⟩
Verba, João

Joaquín ⟨de Fiore⟩
→ **Joachim ⟨de Flore⟩**

Joasaf ⟨Bdinski⟩
14. Jh.
Pochval'noe slovo i ot česti čujdes i žitel'stva pripodobn'ie i triblaženn'ie matere nase Filotee
Rep.Font. VI,565
Bdinski, Joasaf
Joasaf ⟨Mitropolit⟩
Joasaf ⟨Vidinski⟩

Joasaph ⟨Cantacuzenus⟩
→ **Johannes ⟨Imperium Byzantinum, Imperator, VI.⟩**

Joasaph ⟨von Ephesos⟩
→ **Ioasaphus ⟨Ephesius⟩**

Job ⟨Antiochenus⟩
gest. ca. 842
Synodalbrief von 836
Antiochenus, Job
Job ⟨d'Antioche⟩
Job ⟨of Antioch⟩
Job ⟨Patriarch⟩
Job ⟨Patriarche⟩
Job ⟨von Antiocheia⟩
Job ⟨von Antiochien⟩

Job ⟨Hieromonachus⟩
→ **Job ⟨Iasites⟩**

Job ⟨Iasites⟩
gest. ca. 1280
Tusculum-Lexikon; LThK; CSGL; LMA,V,490/91
Iasites, Job
Jasites, Job
Job ⟨Hieromonachus⟩
Job ⟨Jasites⟩
Job ⟨Meles⟩
Job ⟨Melias⟩
Job ⟨Melius⟩

Job ⟨Melius⟩
→ **Job ⟨Iasites⟩**

Job ⟨Monachus⟩
6. Jh.
De verbo incarnato commentarius
Cpg 6984
Tusculum-Lexikon
Iobius ⟨Monachus⟩
Iobus ⟨Monachus⟩
Jobius ⟨Monachus⟩
Jobus ⟨Monachus⟩
Monachus, Job

Job ⟨Patriarch⟩
→ **Job ⟨Antiochenus⟩**

Job ⟨Patriarche⟩
→ **Job ⟨Antiochenus⟩**

Job ⟨Rorbach⟩
→ **Rorbach, Job**

Job ⟨Vener⟩
→ **Vener, Job**

Job ⟨von Antiocheia⟩
→ **Job ⟨Antiochenus⟩**

Jobin ⟨Magister⟩
Lebensdaten nicht ermittelt
3 Rezepte
VL(2),4,525
Iobin ⟨Magister⟩
Magister Jobin

Jobius ⟨...⟩
→ **Job ⟨...⟩**

Jobst ⟨Hord⟩
→ **Hord, Jobst**

Jobst ⟨Stuler⟩
→ **Stuler, Jörg**

Jobst ⟨von Calwe⟩
→ **Eichmann, Iodocus**

Jobus ⟨...⟩
→ **Job ⟨...⟩**

Jocelin ⟨de Brakelond⟩
→ **Iocelinus ⟨de Brakelonda⟩**

Jocelin ⟨von Furness⟩
→ **Iocelinus ⟨de Furness⟩**

Jocelinus ⟨...⟩
→ **Iocelinus ⟨...⟩**

Jocundus ⟨Presbyter⟩
→ **Iocundus ⟨Presbyter⟩**

Jodocus ⟨Bidermann⟩
→ **Bidermann, Jodocus**

Jodocus ⟨de Heilbronn⟩
→ **Weiler, Iodocus**

Jodocus ⟨de Marbach⟩
→ **Iodocus ⟨de Marbach⟩**

Jodocus ⟨de Ziegenhals⟩
→ **Iodocus Bertholdus ⟨de Glucholazow⟩**

Jodocus ⟨Gartner⟩
→ **Gartner, Iodocus**

Jodocus ⟨Turo⟩
→ **Ioscelinus ⟨Turonensis⟩**

Jodocus ⟨von Heilbronn⟩
→ **Weiler, Iodocus**

Jodocus ⟨von Pfullendorf⟩
→ **Jos ⟨von Pfullendorf⟩**

Jodocus ⟨von Prag⟩
um 1400
Übersetzung des „Lilium medicinae“
VL(2),4,529/530
Iodocus ⟨Pragensis⟩
Iodocus ⟨Studens Pragensis⟩
Prag, Jodocus ¬von¬

Jodocus ⟨Weiler de Heilbronn⟩
→ **Weiler, Iodocus**

Jodocus Berthold ⟨von Ziegenhals⟩
→ **Iodocus Bertholdus ⟨de Glucholazow⟩**

Jodok ⟨z Glucholazów⟩
→ **Iodocus Bertholdus ⟨de Glucholazow⟩**

Jodokus ⟨Pflanzmann⟩
→ **Pflanzmann, Jodocus**

Joel ⟨Chronographus⟩
13. Jh.
LMA,V,494
Chronographus, Joel
Gioele
Iōēl
Ioel ⟨Chronographus⟩
Ioelius
Joel

Joensson, Nicolas
→ **Nicolaus ⟨Lundensis⟩**

Jörg ⟨Capitaine en Turquie⟩
→ **Jörg ⟨von Nürnberg⟩**

Jörg ⟨der Meister⟩
→ **Preining, Jörg**

Jörg ⟨Haller⟩
→ **Jörg ⟨von Hall⟩**

Jörg ⟨Kazmair⟩
→ **Kazmair, Jörg**

Jörg ⟨Meister⟩
→ **Ortenburger Prognostiker**

Jörg ⟨Mülich⟩
→ **Mülich, Jörg**

Jörg ⟨Pfinzing⟩
→ **Pfinzing, Jörg**

Jörg ⟨Preining⟩
→ **Preining, Jörg**

Jörg ⟨Schilcher⟩
→ **Schilher, Jörg**

Jörg ⟨Schilknecht⟩
→ **Schilknecht, Jörg**

Jörg ⟨Schiller⟩
→ **Schilher, Jörg**

Jörg ⟨Stuler⟩
→ **Stuler, Jörg**

Jörg ⟨von Hall⟩
um 1498
Von der newen kranckait de blotern
VL(2),4,865/866
Hall, Jörg ¬von¬
Haller, Jörg
Jörg ⟨Haller⟩
Jörgen ⟨von Hall⟩

Jörg ⟨von Nürnberg⟩
gest. ca. 1481
Geschicht von der Turckey
VL(2),4,867/869; Rep.Font. VI,574
Jörg ⟨Capitaine en Turquie⟩
Jörg ⟨de Nuremberg⟩
Jörg ⟨von Nuremberg⟩
Nürnberg, Jörg ¬von¬

Jörg ⟨von Ungarn⟩
→ **Georgius ⟨de Hungaria⟩**

Jörgen ⟨von Hall⟩
→ **Jörg ⟨von Hall⟩**

Joffroi ⟨...⟩
→ **Geoffroy ⟨...⟩**

Jofré ⟨de Biure⟩
13./14. Jh.
Apparatus super constitutionibus concilii Tarraconensis (katalan.)
Rep.Font. VI,567
Biure, Geoffroy ¬de¬
Biure, Jofré ¬de¬
Geoffroy ⟨de Biure⟩

Jofré ⟨de Loaysa⟩
→ **Loaysa, Jofré ¬de¬**

Jofreiz ⟨...⟩
→ **Geoffroy ⟨...⟩**

Jofroi ⟨...⟩
→ **Geoffroy ⟨...⟩**

Jofroi, Johannes
→ **Johannes ⟨Iofroi⟩**

Johan ⟨aun Sorg⟩
→ **Ohnsorge, Johann**

Johan ⟨Basset⟩
→ **Basset, Joan**

Johan ⟨Cotton⟩
→ **Johannes ⟨Affligemensis⟩**

Johan ⟨de Bezers⟩
→ **Johan ⟨Esteve⟩**

Johan ⟨de Béziers⟩
→ **Johan ⟨Esteve⟩**

Johan ⟨de Castelnou⟩
14. Jh.
Compendi de la conaxença dels viais que poden esdevenir en los dictatz de Gay Saber; Glosari; Carmina
Rep.Font. VI,567
Castellnou, Joan ¬de¬
Castellnou, Johan ¬de¬
Castelnou, Jean ¬de¬
Castelnou, Johan ¬de¬
Jean ⟨de Castelnou⟩
Jean ⟨Troubadour Toulousain⟩
Joan ⟨de Castellnou⟩
Johan ⟨de Castellnou⟩

Johan ⟨de Flores⟩
→ **Flores, Juan ¬de¬**

Johan ⟨Esteve⟩
um 1270/89
Troubadour aus Béziers
Esteban, Juan
Esteve, Jean
Esteve, Joan
Esteve, Johan
Jean ⟨de Béziers⟩
Jean ⟨Estève⟩
Joan ⟨Esteve⟩
Johan ⟨de Bezers⟩
Johan ⟨de Béziers⟩
Johan ⟨Esteve Olier de Bezers⟩
Johannes ⟨Stephanus⟩
Stephanus, Johannes

Johan ⟨Franke, der Lesemeister⟩
→ **Franke, Johannes**

Johan ⟨Limburg⟩
→ **Limburg, Jan ¬von¬**

Johan ⟨Romeu⟩
um 1360/90 · OP
Exposició dels seet Psalms penitencials
Kaeppeli,II,534/535
Jean ⟨Romeu⟩
Johannes ⟨Romeu⟩
Romeu, Jean
Romeu, Johan
Romeu, Johannes

Johan ⟨Tucher⟩
→ **Tucher, Hans**

Johan ⟨van Segen⟩
→ **Johann ⟨van Seghen⟩**

Johan ⟨Veldenaer⟩
→ **Veldenar, Jan**

Johan ⟨von Tockenburgk⟩
→ **Johann ⟨von Toggenburg⟩**

Johan ⟨Wal⟩
→ **Wal, Johan**

Johan ⟨Wessel Ganzevoort⟩
→ **Gansfort, Johannes**

Johanelinus ⟨Fiscannensis⟩
→ **Johannes ⟨Fiscannensis⟩**

Johann ⟨a Leidis⟩
→ **Jan ⟨van Leyden⟩**

Johann ⟨Abt⟩
→ **Johannes ⟨de Sancto Arnulfo⟩**

Johann ⟨Aragonien, König, ...⟩
→ **Juan ⟨Aragón, Rey, ...⟩**

Johann ⟨Arndes⟩
→ **Arndes, Johann**

Johann ⟨Arsen von Langenfeld⟩
→ **Johannes ⟨Langewelt⟩**

Johann ⟨Aurbach⟩
→ **Johannes ⟨de Auerbach⟩**

Johann ⟨aus Eggenfelden⟩
→ **Holland, Johann**

Johann ⟨Bedford, Duke⟩
→ **John ⟨Lancaster, Duke⟩**

Johann ⟨Bereith⟩
→ **Bereith, Johann**

Johann ⟨Böhmen, König⟩
→ **Jan ⟨Čechy, Král⟩**

Johann ⟨Brabant, Herzog, ...⟩
→ **Jan ⟨Brabant, Hertog, ...⟩**

Johann ⟨Bracht⟩
→ **Bracht, Johann**

Johann ⟨Brandenburg, Markgraf, I.⟩
1213 – 1266
LMA,V,508
Jean ⟨Brandebourg, Margrave, I.⟩
Jean ⟨de Brandebourg⟩
Johannes ⟨Brandenburg, Markgraf, I.⟩
Johannes ⟨von Brandenburg⟩

Johann ⟨Bretagne, Herzog, ...⟩
→ **Jean ⟨Bretagne, Duc, ...⟩**

Johann ⟨Bulder⟩
→ **Bulder, Johann**

Johann ⟨Burgund, Herzog⟩
→ **Jean ⟨Bourgogne, Duc⟩**

Johann ⟨Buridan⟩
→ **Johannes ⟨Buridanus⟩**

Johann ⟨Busch⟩
→ **Busch, Johannes**

Johann ⟨Cochinger⟩
→ **Johannes ⟨Cochinger⟩**

Johann ⟨Danck⟩
→ **Johannes ⟨Danck de Saxonia⟩**

Johann ⟨de Geylnhusen⟩
→ **Johannes ⟨de Gelnhausen⟩**

Johann ⟨de Grocho⟩
→ **Johannes ⟨de Grocheo⟩**

Johann ⟨de Königsberg⟩
→ **Regiomontanus, Johannes**

Johann ⟨de Mandeville⟩
→ **John ⟨Mandeville⟩**

Johann ⟨de Plano Carpini⟩
→ **Johannes ⟨de Plano Carpini⟩**

Johann ⟨der Blinde⟩
→ **Jan ⟨Čechy, Král⟩**

Johann ⟨der Große⟩
→ **João ⟨Portugal, Rei, I.⟩**

Johann ⟨der Gute⟩
→ **Jean ⟨France, Roi, II.⟩**

Johann ⟨der Priester⟩
→ **Johannes ⟨Presbyter⟩**

Johann ⟨der Unerschrockene⟩
→ **Jean ⟨Bourgogne, Duc⟩**

Johann ⟨Deumgen⟩
→ **Deumgen, Johann**

Johann ⟨Dieppurg⟩
→ **Johannes ⟨de Francfordia⟩**

Johann ⟨Ehrenhold⟩
→ **Holland, Johann**

Johann ⟨Emmerich⟩
→ **Emmerich, Johann**

Johann ⟨Erzbischof von Toledo⟩
→ **Johannes ⟨de Aragonia⟩**

Johann ⟨Frankreich, König, ...⟩
→ **Jean ⟨France, Roi, ...⟩**

Johann ⟨Frauenburg⟩
→ **Frauenburg, Johann**

Johann ⟨Fuchsmündel⟩
→ **Fuchsmündel, Johannes**

Johann ⟨Gäßler⟩
→ **Gösseler, Johann**

Johann ⟨Geiler⟩
→ **Geiler von Kaysersberg, Johannes**

Johann ⟨Gerbrandiz von Leyden⟩
→ **Jan ⟨van Leyden⟩**

Johann ⟨Geßler⟩
→ **Gösseler, Johann**

Johann ⟨Gösseler⟩
→ **Gösseler, Johann**

Johann ⟨Gredinger⟩
→ **Gredinger, Johann**

Johann ⟨Gualbert⟩
→ **Johannes ⟨Gualbertus⟩**

Johann ⟨Hadloub⟩
→ **Hadloub, Johannes**

Johann ⟨Harghe⟩
→ **Harghe, Johann**

Johann ⟨Hartlieb⟩
→ **Hartlieb, Johannes**

Johann ⟨Hechtlein⟩
→ **Hechtlein, Johann**

Johann ⟨Heise⟩
→ **Heise, Johann**

Johann ⟨Hemeling⟩
→ **Johannes ⟨Hemelingius⟩**

Johann ⟨Herold⟩
→ **Herolt, Johannes**

Johann ⟨Hertze⟩
→ **Hertze, Johann**

Johann ⟨Heynlin⟩
→ **Heynlin, Johannes**

Johann ⟨Holland⟩
→ **Holland, Johann**

Johann ⟨Hueglein⟩
→ **Lindau, Johannes**

Johann ⟨Jaffa, Graf⟩
→ **Ibelin, Jean ¬d'¬**

Johann ⟨Jeuser⟩
→ **Johannes ⟨von Paltz⟩**

Johann ⟨Jüng⟩
→ **Jüng, Johann**

Johann ⟨Kastilien, König, II.⟩
→ **Juan ⟨Castilla, Rey, II.⟩**

Johann ⟨Kerkhörde⟩
→ **Kerkhörde, Johann**

Johann ⟨Kestner⟩
→ **Kestner, Johann**

Johann ⟨Kimpel⟩
→ **Kimpel, Johannes**

Johann ⟨Koelhoff⟩
→ **Koelhoff, Johann**

Johann ⟨Koerbecke⟩
→ **Koerbecke, Johann**

Johann ⟨Kungstein⟩
→ **Kungstein, Johannes**

Johann ⟨Kurtz⟩
→ **Kurtz, Johann**

Johann ⟨Lancaster, Herzog⟩
→ **John ⟨Lancaster, Duke⟩**

Johann ⟨Lang⟩
→ **Lange, Johannes**

Johann ⟨Laziardus⟩
→ **Laziardus, Johannes**

Johann ⟨Lindau⟩
→ **Lindau, Johannes**

Johann ⟨Lindenblatt⟩
→ **Johannes ⟨de Posilge⟩**

Johann ⟨Lochner⟩
→ **Lochner, Hans**

Johann ⟨Lorchner⟩
→ **Lorchner, Johann**

Johann ⟨Lupus⟩
→ **Johannes ⟨Lupus⟩**

Johann ⟨Luxemburg, Graf⟩
→ **Jan ⟨Čechy, Král⟩**

Johann ⟨Mainz, Erzbischof, II.⟩
→ **Johann ⟨von Nassau⟩**

Johann ⟨Manesdorfer⟩
→ **Manesdorfer, Johann**

Johann ⟨Meister des Deutschen Ordens in Livland⟩
→ **Johann ⟨Wolthus von Herse⟩**

Johann ⟨Menestarffer⟩
→ **Manesdorfer, Johann**

Johann ⟨Messemaker⟩
ca. 1427 – 1477/78 · OP
Übersetzung der „Regula mon. Zutphaniensis 'Olde Convent'" ins Niederländische
Kaeppeli,II,476
Johannes ⟨Messemaker⟩
Johannes ⟨Messemaker Zutphaniensis⟩
Johannes ⟨Zutphaniensis⟩
Messemaker, Johann

Johann ⟨Meurer⟩
→ **Meurer, Johann**

Johann ⟨Milic von Kremsier⟩
→ **Johannes ⟨Milič⟩**

Johann ⟨Mincio⟩
→ **Benedictus ⟨Papa, X.⟩**

Johann ⟨Minner⟩
→ **Minner, Hans**

Johann ⟨Monacensis Poeta⟩
→ **Kurtz, Johann**

Johann ⟨Muntz⟩
→ **Muntz, Johann**

Johann ⟨Muntzinger⟩
→ **Müntzinger, Johannes**

Johann ⟨Nederhoff⟩
→ **Nederhoff, Johannes**

Johann ⟨Ockko⟩
→ **Johannes ⟨Oczko⟩**

Johann ⟨Ohne Furcht⟩
→ **Jean ⟨Bourgogne, Duc⟩**

Johann ⟨Ohne Land⟩
→ **John ⟨England, King, I.⟩**

Johann ⟨Ohnsorge⟩
→ **Ohnsorge, Johann**

Johann ⟨Papst, ...⟩
→ **Johannes ⟨Papa, ..⟩**

Johann ⟨Parleberg⟩
→ **Parleberg, Johannes**

Johann ⟨Petit⟩
→ **Petit, Jean**

Johann ⟨Portugal, Infant⟩
→ **João ⟨Portugal, Infant⟩**

Johann ⟨Portugal, König, ...⟩
→ **João ⟨Portugal, Rei, ...⟩**

Johann ⟨Praunperger⟩
→ **Praunperger, Johann**

Johann ⟨Priester⟩
→ **Johannes ⟨Presbyter⟩**

Johann ⟨Pupper⟩
→ **Johannes ⟨Pupper von Goch⟩**

Johann ⟨Riedesel⟩
→ **Riedesel, Johann**

Johann ⟨Ritter⟩
→ **Johann ⟨von Toggenburg⟩**

Johann ⟨Rode⟩
→ **Rode, Johannes**
→ **Rode, Johannes ⟨von Hamburg⟩**

Johann ⟨Rothe⟩
→ **Rothe, Johannes**

Johann ⟨Sasse⟩
→ **Sasse, Johann**

Johann ⟨Schenck⟩
→ **Schenk, Johann**

Johann ⟨Schenck von Würzburg⟩
→ **Schenk, Johann**

Johann ⟨Schiltberger⟩
→ **Schiltberger, Hans**

Johann ⟨Schiphower⟩
→ **Schiphower, Johann**

Johann ⟨Schlitpacher⟩
→ **Schlitpacher, Johannes**

Johann ⟨Schüßler⟩
→ **Schüßler, Johann**

Johann ⟨Schwalb⟩
→ **Schwalb, Johannes**

Johann ⟨Seffner⟩
→ **Seffner, Johann**

Johann ⟨Seffried⟩
→ **Johannes ⟨Seffried⟩**

Johann ⟨Sefner⟩
→ **Seffner, Johann**

Johann ⟨Semeca⟩
→ **Johannes ⟨Teutonicus⟩**

Johann ⟨Sensenschmidt⟩
→ **Sensenschmidt, Johann**

Johann ⟨Simmering⟩
→ **Simmering, Johann**

Johann ⟨Sloesgin⟩
→ **Sleosgin, Johann**

Johann ⟨Spies⟩
→ **Spies, Johannes**

Johann ⟨Sprottau⟩
→ **Meurer, Johann**

Johann ⟨Stadtweg⟩
→ **Statwech, Johann**

Johann ⟨Staßburger Klerikerarzt⟩
→ **Johann ⟨von Sachsen⟩**

Johann ⟨Statwech⟩
→ **Statwech, Johann**

Johann ⟨Sternhals⟩
→ **Sternhals, Johann**

Johann ⟨Stetter⟩
→ **Stetter, Johannes**

Johann ⟨Tauler⟩
→ **Tauler, Johannes**

Johann ⟨Turs⟩
→ **Turs, Johann**

Johann ⟨Ungerech⟩
→ **Ungerech, Johann**

Johann ⟨Uyt-Ten-Hove⟩
→ **Johannes ⟨de Ardemburgo⟩**

Johann ⟨van Ruysbroeck⟩
→ **Ruusbroec, Jan ¬van¬**

Johann ⟨van Seghen⟩
15. Jh.
Arsedige-bûk
VL(2),4,743/744
Johan ⟨van Segen⟩
Johann ⟨van Siegen⟩
Johann ⟨von Siegen⟩
Seghen, Johann ¬van¬

Johann ⟨van Siegen⟩
→ **Johann ⟨van Seghen⟩**

Johann ⟨Veldenaer⟩
→ **Veldenar, Jan**

Johann ⟨von Aragon⟩
→ **Johannes ⟨de Aragonia⟩**

Johann ⟨von Arderne⟩
→ **Arderne, John**

Johann ⟨von Bieris⟩
→ **Beris, Johannes**

Johann ⟨von Bock⟩
→ **Johannes ⟨von Buch⟩**

Johann ⟨von Bodman⟩
um 1376
Reise nach Jerusalem
VL(2),4,542
Bodman, Johann ¬von¬
Jean ⟨de Bodman⟩

Johann ⟨von Böhmen⟩
→ **Jan ⟨Čechy, Král⟩**

Johann ⟨von Boich⟩
→ **Johannes ⟨von Buch⟩**

Johann ⟨von Bopfingen⟩
um 1343/76
Dt. Lieder
VL(2),4,543
Bopfingen, Johann ¬von¬

Johann ⟨von Brabant⟩
→ **Jan ⟨Brabant, Hertog, ...⟩**

Johann ⟨von Bregen⟩
um 1450
Pesttraktat
VL(2),4,550
Bregen, Johann ¬von¬

Johann ⟨von Buk⟩
→ **Johannes ⟨von Buch⟩**

Johann ⟨von Capua⟩
→ **Johannes ⟨de Capua⟩**

Johann ⟨von der Etsch⟩
um 1492
Rezepte
VL(2),4,589
Etsch, Johann ¬von der¬
Johann ⟨von der Etzsch zu Korb⟩
Johann ⟨zum Korb⟩
Johannes ⟨de Attes⟩
Johannes ⟨de Esch⟩
Johannes ⟨de Etsch⟩

Johann ⟨von Dockenburg⟩
→ **Johann ⟨von Toggenburg⟩**

Johann ⟨von Dorstein⟩
→ **Johannes ⟨de Dorsten⟩**

Johann ⟨von Dorsten⟩
→ **Johannes ⟨de Dorsten⟩**

Johann ⟨von Dörsten⟩
→ **Johannes ⟨de Dorsten⟩**

Johann ⟨von Eberhausen⟩
→ **Johannes ⟨de Eberhausen⟩**

Johann ⟨von Eich, III.⟩
→ **Johannes ⟨de Eich⟩**

Johann ⟨von Eichstätt⟩
→ **Johannes ⟨de Eich⟩**

Johann ⟨von Erfurt⟩
→ **Johannes ⟨de Erfordia⟩**

Johann ⟨von Essen⟩
→ **Johannes ⟨de Essendia⟩**

Johann ⟨von Eych⟩
→ **Johannes ⟨de Eich⟩**

Johann ⟨von Frankenstein⟩
→ **Johannes ⟨von Frankenstein⟩**

Johann ⟨von Frankfurt⟩
→ **Johannes ⟨de Francfordia⟩**

Johann ⟨von Freiburg⟩
→ **Johannes ⟨de Friburgo⟩**

Johann ⟨von Gelnhausen⟩
→ **Johannes ⟨de Gelnhausen⟩**

Johann ⟨von Geuterbog⟩
→ **Bereith, Johann**

Johann ⟨von Geylnhausen⟩
→ **Johannes ⟨de Gelnhausen⟩**

Johann ⟨von Glogau⟩
→ **Głogowczyk, Jan**

Johann ⟨von Göttingen⟩
→ **Johannes ⟨de Gottinga⟩**

Johann ⟨von Gorze⟩
→ **Johannes ⟨de Sancto Arnulfo⟩**

Johann ⟨von Guben⟩
gest. ca. 1387
Stadtchronik von Zittau
VL(2),4,635; Rep.Font. VI,569
Gobin, Johannes
Guben, Johann ¬von¬
Hannos ⟨Gobin⟩
Jean ⟨Chroniqueur de Zittau⟩
Jean ⟨de Guben⟩
Johannes ⟨de Gubyn⟩
Johannes ⟨Gobin⟩
Johannes ⟨von Guben⟩

Johann ⟨von Habsburg⟩
gest. 1380
Lied
VL(2),4,636
Habsburg, Johann ¬von¬
Hans ⟨Habsburg-Laufenburg-Rapperswil, Graf, II.⟩

Johann ⟨von Herse⟩
→ **Johann ⟨Wolthus von Herse⟩**

Johann ⟨von Hildesheim⟩
→ **Johannes ⟨Hildesheimensis⟩**

Johann ⟨von Ibelin⟩
→ **Ibelin, Jean ¬d'¬**

Johann ⟨von Jenstein⟩
→ **Johannes ⟨de Jenzenstein⟩**

Johann ⟨von Jüterbog⟩
→ **Bereith, Johann**

Johann ⟨von Kastl⟩
→ **Johannes ⟨de Castello⟩**

Johann ⟨von Kaysersberg⟩
→ **Geiler von Kaysersberg, Johannes**

Johann ⟨von Klingenberg⟩
13. Jh.
Klingenberger Chronik
Klingenberg, Jean ¬de¬
Klingenberg, Johann ¬von¬

Johann ⟨von Konstanz⟩
um 1281/1313
Minnelehre
VL(2),4,660
Konstanz, Johann ¬von¬

Johann ⟨von Lübeck⟩
→ **Johannes ⟨de Lubec⟩**

Johann ⟨von Lünen⟩
→ **Johannes ⟨de Lünen⟩**

Johann ⟨von Lüttich⟩
→ **Johannes ⟨Leodiensis⟩**

Johann ⟨von Luxemburg⟩
→ **Jan ⟨Čechy, Král⟩**

Johann ⟨von Mainz⟩
→ **Johann ⟨von Nassau⟩**

Johann ⟨von Mandeville⟩
→ **John ⟨Mandeville⟩**

Johann ⟨von Marienwerder⟩
→ **Marienwerder, Johannes**

Johann ⟨von Marignola⟩
→ **Johannes ⟨de Marignollis⟩**

Johann ⟨von Marignolla⟩
→ **Johannes ⟨de Marignollis⟩**

Johann ⟨von Mergenthal⟩
→ **Hans ⟨von Mergenthal⟩**

Johann ⟨von Metz⟩
→ **Johannes ⟨de Sancto Arnulfo⟩**

Johann ⟨von Molsheim⟩
um 1380/84
Fachschriften
VL(2),4,682/683
Johann ⟨von Moilßhem⟩
Johann ⟨von Mollesheim⟩
Johann ⟨Wundarzt⟩
Molsheim, Johann ¬von¬

Johann ⟨von Nassau⟩
ca. 1360 – 1419
Jean ⟨de Nassau⟩
Jean ⟨Mayence, Archevêque, II.⟩
Johann ⟨Mainz, Kurfürst, II.⟩
Johann ⟨von Mainz⟩
Johann ⟨von Nassau⟩
Nassau, Johann ¬von¬

Johann ⟨von Nepomuk⟩
→ **Johannes ⟨Nepomucenus⟩**

Johann ⟨von Neumarkt⟩
→ **Johannes ⟨von Neumarkt⟩**

Johann ⟨von Nürnberg⟩
14. Jh.
De vita vagorum (dt.)
VL(2),4,697
Johann ⟨von Nurmberg⟩
Nürnberg, Johann ¬von¬

Johann ⟨von Olmütz⟩
→ **Johannes ⟨von Neumarkt⟩**

Johann ⟨von Paltz⟩
→ **Johannes ⟨von Paltz⟩**

Johann ⟨von Parisijs⟩
→ **Beris, Johannes**

Johann ⟨von Posen⟩
um 1361/66
Bearbeitung des „Roßarzneibuch"
VL(2),4,710
Posen, Johann ¬von¬

Johann ⟨von Posilge⟩
→ **Johannes ⟨de Posilge⟩**

Johann ⟨von Rabenstein⟩
→ **Johannes ⟨de Rabenstein⟩**

Johann ⟨von Ringgenberg⟩
um 1291/1350
17 Strophen; Identität mit Freiherr Johannes I. von Ringgenberg wahrscheinlich
VL(2),4,771/772
Johannes ⟨von Ringgenberg⟩
Ringgenberg, Johann ¬von¬

Johann ⟨von Saaz⟩
→ **Johannes ⟨von Tepl⟩**

Johann ⟨von Sachsen⟩
→ **Johannes ⟨Danck de Saxonia⟩**

Johann ⟨von Sachsen⟩
um 1392/1409
Compendium de epidemia
VL(2),4,730/31
Jean ⟨de Saxe⟩
Jean ⟨Médecin Strasbourgeois⟩
Johann ⟨Staßburger Klerikerarzt⟩
John ⟨of Saxony⟩
Sachsen, Johann ¬von¬

Johann ⟨von Sacrobosco⟩
→ **Johannes ⟨de Sacrobosco⟩**

Johann ⟨von Salzburg⟩
→ **Mönch ⟨von Salzburg⟩**

Johann ⟨von Sankt Arnulf⟩
→ **Johannes ⟨de Sancto Arnulfo⟩**

Johann ⟨von Schönbrunn⟩
Lebensdaten nicht ermittelt
Zinnoberpraktik
VL(2),4,737
Schönbrunn, Johann ¬von¬

Johann ⟨von Siegen⟩
→ **Johann ⟨van Seghen⟩**

Johann ⟨von Soest⟩
1448 – 1506
VL(2)
Johannes ⟨de Susato⟩
Johannes ⟨Steinwert⟩
Johannes ⟨von Soest⟩
Soest, Johann ¬von¬
Soest, Johannes Steinwert ¬von¬
Soestius, Johannes
Steinwert, Johannes
Steinwert von Soest, Johann
Susato, Johannes ¬de¬

Johann ⟨von Sterngassen⟩
→ **Johannes ⟨de Sterngassen⟩**

Johann ⟨von Stybor⟩
→ **Johannes ⟨von Tepl⟩**

Johann ⟨von Toggenburg⟩
um 1468/91
Operationsbericht (diktiert)
VL(2),4,783/784
Hans ⟨Ritter⟩
Hans ⟨von Toggenburg⟩
Johan ⟨von Tockenburgk⟩
Johann ⟨Ritter⟩
Johann ⟨von Dockenburg⟩
Toggenburg, Johann ¬von¬

Johann ⟨von Vandières⟩
→ **Johannes ⟨de Sancto Arnulfo⟩**

Johann ⟨von Velletri⟩
→ **Benedictus ⟨Papa, X.⟩**

Johann ⟨von Vicenza⟩
→ **Johannes ⟨de Vincentia⟩**

Johann ⟨von Viktring⟩
→ **Johannes ⟨de Victring⟩**

Johann ⟨von Vippach⟩
→ **Johannes ⟨von Vippach⟩**

Johann ⟨von Viterbo⟩
→ **Johannes ⟨Viterbiensis⟩**

Johann ⟨von Vitpech⟩
→ **Johannes ⟨von Vippach⟩**

Johann ⟨von Werden⟩
→ **Johannes ⟨de Werdena⟩**

Johann ⟨von Wesel⟩
→ **Johannes ⟨de Wesalia⟩**

Johann ⟨von Wiclif⟩
→ **Wyclif, Johannes**

Johann ⟨von Winterthur⟩
→ **Johannes ⟨Vitoduranus⟩**

Johann ⟨von Wünschelburg⟩
→ **Johannes ⟨de Wünschelburg⟩**

Johann ⟨von Würzburg⟩
um 1314
nicht identisch mit Johannes ⟨Herbipolensis⟩
LMA,V,520/21;
Jean ⟨de Wurtzbourg⟩
Jean ⟨de Würzbourg⟩
Johann ⟨von Würzburg, II.⟩
Johannes ⟨von Würzburg⟩
Würzburg, Johann ¬von¬

Johann ⟨von Würzburg, I.⟩
→ **Johannes ⟨Herbipolensis⟩**

Johann ⟨von Würzburg, II.⟩
→ **Johann ⟨von Würzburg⟩**

Johann ⟨von Wunschilburg⟩
→ **Johannes ⟨de Wünschelburg⟩**

Johann ⟨Wessel⟩
→ **Gansfort, Johannes**

Johann ⟨Wolthus von Herse⟩
gest. 1471/73
LMA,V,513
Herse, Johann ¬von¬
Johann ⟨Meister des Deutschen Ordens in Livland⟩
Johann ⟨von Herse⟩
Johann ⟨Wolthus⟩
Wolthus, Johann
Wolthus von Herse, Johann

Johann ⟨Wundarzt⟩
→ **Johann ⟨von Molsheim⟩**

Johann ⟨Zenser⟩
→ **Johannes ⟨von Paltz⟩**

Johann ⟨zu Schwarz⟩
→ **Kestner, Johann**

Johann ⟨zum Korb⟩
→ **Johann ⟨von der Etsch⟩**

Johann Ulrich ⟨Rosenheimer⟩
→ **Rosenheimer, Johann Ulrich**

Johanna ⟨Bretagne, Herzogin⟩
→ **Jeanne ⟨Bretagne, Duchesse⟩**

Johanna ⟨von Penthièvre⟩
→ **Jeanne ⟨Bretagne, Duchesse⟩**

Jōhannān ⟨von Bēt Aphtōnjā⟩
→ **Yôḥannān ⟨Bēt Aptonyā⟩**

Joḥannan b. Serapion
→ **Serapio ⟨Iunior⟩**

Johannelinus ⟨von Fécamp⟩
→ **Johannes ⟨Fiscannensis⟩**

Johanne-Matteo ⟨da Gradi⟩
→ **Johannes Matthaeus ⟨de Ferrariis⟩**

Johannes
→ **Johannes ⟨Balloce⟩**

Johannes ⟨a Beka⟩
→ **Johannes ⟨de Beka⟩**

Johannes ⟨a Capistrano⟩
→ **Johannes ⟨de Capestrano⟩**

Johannes ⟨a Casali Montisferrati⟩
→ **Johannes ⟨de Casali⟩**

Johannes ⟨a Castilione⟩
→ **Johannes ⟨de Castellione⟩**

Johannes ⟨a Condeto⟩
→ **Johannes ⟨de Condeto⟩**

Johannes ⟨a Craticula⟩
→ **Johannes ⟨de Craticula⟩**

Johannes ⟨a Curribus⟩
→ **Johannes ⟨Ferrariensis⟩**

Johannes ⟨a Launha⟩
→ **Johannes ⟨Lemovicensis⟩**

Johannes ⟨a Laurentiis⟩
Lebensdaten nicht ermittelt · OCist
Stegmüller, Repert. bibl. 4764
Laurentiis, Johannes ¬a¬

Johannes ⟨a Leida⟩
→ **Jan ⟨van Leyden⟩**

Johannes ⟨a Matre Dei⟩
→ **Johannes ⟨Damascenus⟩**

Johannes ⟨a Mehung⟩
→ **Jean ⟨de Meung⟩**

Johannes ⟨a Nusco⟩
um 1142 · OSB
Guilielmi confessoris et heremitae vita
Rep.Font. VI,378
Jean ⟨de Monte-Vergine⟩
Jean ⟨de Nusco⟩
Johannes ⟨Nuscanus⟩
Johannes ⟨Nuscensis⟩
Nusco, Johannes ¬a¬

Johannes ⟨a Pigna⟩
→ **Johannes ⟨de Pigna⟩**

Johannes ⟨a Ripa Transonum⟩
→ **Johannes ⟨de Ripa⟩**

Johannes ⟨a Rupescissa⟩
→ **Johannes ⟨de Rupescissa, ...⟩**

Johannes ⟨a Sancta Maria Magdalena⟩
→ **Johannes ⟨Damascenus⟩**

Johannes ⟨a Sancto Geminiano⟩
→ **Johannes ⟨de Sancto Geminiano⟩**

Johannes ⟨a Sancto Savo⟩
→ **Johannes ⟨Damascenus⟩**

Johannes ⟨a Tambaco⟩
→ **Johannes ⟨de Tambaco⟩**

Johannes ⟨a Turrecremata⟩
→ **Johannes ⟨de Turrecremata⟩**

Johannes ⟨a Vepria⟩
→ **Vepria, Jean ¬de¬**

Johannes ⟨ab Arundine⟩
→ **Johannes ⟨de Arundine⟩**

Johannes ⟨ab Hildesheim⟩
→ **Johannes ⟨Hildesheimensis⟩**

Johannes ⟨ab Imola⟩
→ **Johannes ⟨de Imola⟩**

Johannes ⟨ab Indagine⟩
→ **Johannes ⟨de Indagine⟩**

Johannes ⟨Abbaevillanus⟩
→ **Johannes ⟨Algrinus⟩**

Johannes ⟨Abbas⟩
→ **Cirey, Jean ¬de¬**
→ **Johannes ⟨de Alneto⟩**
→ **Johannes ⟨de Biclaro⟩**
→ **Johannes ⟨de Cubito⟩**
→ **Johannes ⟨de Vercellis⟩**
→ **Johannes ⟨de Victring⟩**
→ **Johannes ⟨de Welming⟩**
→ **Johannes ⟨Fiscannensis⟩**
→ **Johannes ⟨Godard⟩**
→ **Johannes ⟨Lemovicensis⟩**
→ **Johannes ⟨Nivigellensis⟩**

Johannes ⟨Abbas⟩
12. Jh.
Liber de septem viciis et septem virtutibus (= Carmen Ardua Virtutum) (teils anonym, teils unter anderem Namen überliefert)
VL(2),4,535
Abbas Johannes

Johannes ⟨Abbas, OSB⟩
um 940 · OSB
Sententiae morales super Iob
Stegmüller, Repert. bibl. 4130
Abbas Johannes
Johannes ⟨Abbas⟩
Johannes ⟨Odonis Cluniacensis Discipulus⟩

Johannes ⟨Abbas Aulae Regiae⟩
→ **Johannes ⟨Aulae Regiae⟩**

Johannes ⟨Abbas de Baugesio⟩
→ **Johannes ⟨de Baugesio⟩**

Johannes ⟨Abbas de Forda⟩
→ **Johannes ⟨de Forda⟩**

Johannes ⟨Abbas de Sancta Maria de Transtévère⟩
→ **Johannes ⟨Sanctae Mariae Trans Tiberim⟩**

Johannes ⟨Abbas Fontanus⟩
→ **Johannes ⟨Serlo⟩**

Johannes ⟨Abbas Fordensis⟩
→ **Johannes ⟨de Forda⟩**

Johannes ⟨Abbas Maulbronn⟩
→ **Johannes ⟨de Weinsheim⟩**

Johannes ⟨Abbas Mettensis⟩
→ **Johannes ⟨de Sancto Arnulfo⟩**

Johannes ⟨Abbas Monasterii Gemblacensis⟩
→ **Johannes ⟨Gemblacensis⟩**

Johannes ⟨Abbas Montis Regalis⟩
→ **Johannes ⟨Myreius⟩**

Johannes ⟨Abbas Nonantulanus⟩
→ **Johannes ⟨Nonantulanus⟩**

Johannes ⟨Abbas Sancti Bonifatii et Alexii Romae⟩
→ **Johannes ⟨Canaparius⟩**

Johannes ⟨Abbas Theoloci⟩
→ **Johannes ⟨de Divione⟩**

Johannes ⟨Abbas Vercellensis⟩
→ **Johannes ⟨Scotus Vercellensis⟩**

Johannes ⟨Abbé de Saint-Bavon⟩
→ **Johannes ⟨de Fayt⟩**

Johannes ⟨Abrincensis⟩
→ **Johannes ⟨Rothomagensis⟩**

Johannes ⟨Abrivacensis⟩
um 1231 · OP
Schneyer,III,336
Avranches, Johannes ¬d'¬
Johannes ⟨Decanus Abrivacensis⟩
Johannes ⟨d'Avranches⟩

Johannes ⟨Achedunus⟩
→ **Johannes ⟨Acton⟩**
→ **Johannes ⟨de Actona⟩**

Johannes ⟨Aconis⟩
→ **Johannes ⟨Acton⟩**

Johannes ⟨Acton⟩
um 1378/1403 · OP
Responsiones datae da VII quaest.; Istas conclusiones subscriptas posuit fr. Ioh. Aconis ord. Praed.
Kaeppeli,II,374; Schönberger/Kible, Repertorium, 14352
Achedunus ⟨Anglus⟩
Acton, Johannes
Actonus ⟨Anglus⟩
Johannes ⟨Achedunus⟩
Johannes ⟨Aconis⟩
Johannes ⟨Acton Anglicus⟩
Johannes ⟨Actonus⟩
Johannes ⟨de Actona⟩
Johannes ⟨de Altono⟩
Johannes ⟨Hacon⟩

Johannes ⟨Actuarius⟩
→ **Johannes Zacharias ⟨Actuarius⟩**

Johannes ⟨ad Albas Manus⟩
→ **Johannes ⟨de Belmeis⟩**

Johannes ⟨ad Barbam⟩
um 1356/70
Arzt in Lüttich, Pestschrift
Barbam, Johannes ¬ad¬
Jean ⟨à la Barbe⟩

Johannes ⟨Administrator von Tarragona⟩
→ **Johannes ⟨de Aragonia⟩**

Johannes ⟨Adrianopolitanus⟩
→ **Johannes ⟨Diaconus⟩**

Johannes ⟨Advocatus et Civis Massiliensis⟩
→ **Johannes ⟨Blancus⟩**

Johannes ⟨Aedituus Maioricensis⟩
→ **Johannes ⟨Burgundi⟩**

Johannes ⟨Aegidii⟩
→ **Johannes ⟨de Sancto Aegidio⟩**

Johannes ⟨Aegidii Zamorensis⟩
→ **Johannes Aegidius ⟨de Zamora⟩**

Johannes ⟨Aegidius⟩
→ **Aegidius ⟨Corbeiensis⟩**
→ **Johannes ⟨Elinus⟩**
→ **Johannes Aegidius ⟨de Zamora⟩**

Johannes ⟨Aegyptius⟩
6. Jh.
Epistula ad archimandritas Orientis (syr.)
Cpg 7200
Aegyptius, Johannes
Johannes ⟨Episcopus Hephaisti⟩
Johannes ⟨Hephaisti Episcopus⟩

Johannes ⟨Aeschendenus⟩
→ **Johannes ⟨de Eschenden⟩**

Johannes ⟨Aesculanus⟩
→ **Johannes ⟨de Asculo⟩**

Johannes ⟨Affligemensis⟩
12. Jh.
Musica
LMA,V,554
Cotto, Johannes
Cotton, Johannes
Cottonius, Johannes
Jean ⟨Cotton⟩
Johan ⟨Cotton⟩
Johannes ⟨Cotto⟩
Johannes ⟨Cottonis⟩
Johannes ⟨Cottonius⟩
Johannes ⟨Musicus⟩
Johannes ⟨von Affligem⟩
John ⟨Cotton⟩
John ⟨of Affligem⟩

Johannes ⟨Agapetus⟩
um 1111/34
Tusculum-Lexikon; CSGL; LThK
Agapetus, Johannes
Iōannēs ⟨ho tu Chalkēdonos⟩
Johannes ⟨Chalcedonius⟩
Johannes ⟨Constantinopolitanus⟩
Johannes ⟨Hieromnemon⟩
Johannes ⟨Patriarcha, VIIII.⟩

Johannes ⟨Agazzarius⟩
→ **Agazzarius, Johannes**

Johannes ⟨Agnelli⟩
gest. 1296 · OP
Sermo fr. Iohannis pred. in die Natalis Domini ad Magdalenam, post prandium
Schneyer,III,286; Kaeppeli,II,374/375
Agnelli, Johannes
Agni, Johannes
Jean ⟨Agnellus⟩
Jean ⟨Bienheureux⟩
Jean ⟨Lammens⟩
Jean ⟨l'Agneau⟩
Johannes ⟨Agnelli Flamingus⟩
Johannes ⟨Agnellus⟩
Johannes ⟨Agni⟩
Johannes ⟨Agnus⟩
Johannes ⟨Flamingus⟩
Johannes ⟨Lammens⟩
Lammens, Jean

Johannes ⟨Agnellus⟩
12./13. Jh. · OSB
Liber miraculorum B. Mariae Dolensis; nicht identisch mit Johannes ⟨Agnelli⟩
Rep.Font. VI,273; DOC,2,1114
Agnellus, Johannes
Johannes ⟨Dolensis⟩

Johannes ⟨Aichenfeld⟩
→ **Aichenfeld, Johannes**

Johannes ⟨Alberti de Brixia⟩
um 1467 · OP
Statuta Communis et hominum terrae Amandulae
Kaeppeli,II,392; Schönberger/Kible, Repertorium, 14451
Alberti, Johannes
Alberti de Brixia, Johannes
Brixia, Johannes ¬de¬
Johannes ⟨Alberti⟩
Johannes ⟨Alberti de Brissia⟩
Johannes ⟨de Brixia⟩

Johannes ⟨Albertus⟩
gest. 1496 · OCarm
Eccli.; I Joh.
Stegmüller, Repert. bibl. 4134;4135
Albert ⟨de Harlem⟩
Albert ⟨de Harlem⟩
Albert ⟨Fils de Jean⟩
Albert, Jean
Albertus ⟨Belga⟩
Albertus ⟨de Haarlem⟩
Albertus ⟨Doctor Lovaniensis⟩
Albertus ⟨Harlemius⟩
Albertus ⟨Joannis⟩
Albertus ⟨Johannis⟩
Albertus, Johannes
Jean ⟨Albert⟩
Jean ⟨de Harlem⟩
Joannis, Albert
Johannes ⟨de Haarlem⟩
Johannes ⟨Doctor Lovaniensis⟩

Johannes ⟨Albinus⟩
→ **Albinus, Johannes**

Johannes ⟨Alchimista⟩
12./13. Jh.
Liber sacerdotum
Alchimista Johannes

Johannes ⟨Alcobacensis⟩
→ **Johannes ⟨de Alcobaca⟩**

Johannes ⟨Alcock⟩
1430 – 1500
Stegmüller, Repert. bibl. 4136
Alcoch, Johannes
Alcock, Johannes
Alcock, John
Alkoch, Johannes
Johannes ⟨Alcoccus⟩
Johannes ⟨Alcoch⟩
Johannes ⟨Alkoch⟩
Johannes ⟨Eliensis⟩
Johannes ⟨Episcopus Eliensis⟩
John ⟨Alcock⟩

Johannes ⟨Aldemburgensis⟩
→ **Johannes ⟨de Ardemburgo⟩**

Johannes ⟨Alemannus⟩
→ **Johannes ⟨de Erfordia⟩**
→ **Johannes ⟨de Gottinga⟩**

Johannes ⟨Aleriensis Episcopus⟩
→ **Johannes ⟨Andreas⟩**

Johannes ⟨Alerius⟩
→ **Johannes ⟨de Alerio⟩**

Johannes ⟨Alestensis⟩
→ **Johannes ⟨Gobi, Iunior⟩**

Johannes ⟨Alexandrinus⟩
→ **Johannes ⟨Philoponus⟩**

Johannes ⟨Alexandrinus⟩
7. Jh.
Commentaria in Galeni librum
Tusculum-Lexikon
Alexandrinus, Johannes
Ioannes ⟨Alexandrinus⟩
Jean ⟨d'Alexandrie⟩
Johannes ⟨von Alexandreia⟩
John ⟨of Alexandria⟩

Johannes ⟨Alexandrinus Eleemosinarius⟩
→ **Johannes ⟨Eleemosynarius⟩**

Johannes ⟨Alfonsi⟩
→ **Johannes ⟨de Segovia⟩**

Johannes ⟨Algrinus⟩
gest. 1237
CSGL
Alegrinus, Johannes
Algrinus ⟨ab Abbatisvilla⟩
Algrinus, Johannes
Halgrinus ⟨ab Abbatisvilla⟩
Halgrinus, Johannes
Jean ⟨Algrin⟩
Jean ⟨d'Abbeville⟩
Jean ⟨Halgrin⟩
Jean ⟨Malgrin⟩
Johannes ⟨Abbaevillanus⟩
Johannes ⟨Ambianensis⟩
Johannes ⟨Ambiliatus⟩
Johannes ⟨Bisuntinus⟩
Johannes ⟨de Abbatisvilla⟩
Johannes ⟨de Abbevilla⟩
Johannes ⟨Halgrinus⟩
Johannes ⟨Malgrinus⟩

Johannes ⟨alias Ioliahan⟩
→ **Johannes ⟨de Folsham⟩**

Johannes ⟨Alich⟩
um 1200
Composuit sermones de dominicis et de festis
Schneyer,III,286
Alich, Johannes
Dalich, Jean
Dalich, Johannes
Jean ⟨Dalich⟩
Jean ⟨de Liège⟩
Jean ⟨d'Alich⟩
Johannes ⟨Dalich⟩

Johannes ⟨Alkoch⟩
→ **Johannes ⟨Alcock⟩**

Johannes ⟨Alou⟩
um 1392/1437 · OP
Sermones
Kaeppeli,II,375/376
Alou, Johannes

Johannes ⟨Alphart⟩
→ **Alphart, Johannes**

Johannes ⟨Alvares⟩
→ **Alvares, Johannes**

Johannes ⟨Alverniensis⟩
→ **Johannes ⟨de Alvernia⟩**

Johannes ⟨Amalfitanus⟩
10./11. Jh.
Liber de miraculis; Miraculum beati Georgii; Sermo de obitu beati Nicolai; etc.
LMA,V,554; Rep.Font. VI,274
Amalfitanus, Johannes
Jean ⟨d'Amalfi⟩
Jean ⟨Moine⟩
Johannes ⟨Amalphitanus⟩
Johannes ⟨Monachus⟩
Johannes ⟨Monachus Amalphitanus⟩
Johannes ⟨Monachus et Presbyter Amalfitanus⟩
Johannes ⟨Mönch⟩
Johannes ⟨Übersetzer⟩
Johannes ⟨von Amalfi⟩

Johannes ⟨Amalphitanus⟩
→ **Johannes ⟨Amalfitanus⟩**

Johannes ⟨Ambianensis⟩
→ **Johannes ⟨Algrinus⟩**
→ **Johannes ⟨de Lineriis⟩**

Johannes ⟨Ambiliatus⟩
→ **Johannes ⟨Algrinus⟩**

Johannes ⟨Amundesham⟩
→ **Amundesham, Johannes**

Johannes ⟨Andreae⟩
ca. 1270 – 1348
Novella super decretales
Rep.Font. V,276/277; LMA,V,555
André, Jean
Andrea, Giovanni ¬d'¬
Andreae, Johannes
Andreas, Johannes
Andree, Johannes
Giovanni ⟨Andrea⟩
Giovanni ⟨d'Andrea⟩
Jean ⟨André⟩
Johannes ⟨Andree⟩

Johannes ⟨Andreas⟩
gest. 1475
Nicht identisch mit Johannes ⟨Andreae⟩
Stegmüller, Repert. bibl. 4139
Andreas, Johannes
Johannes ⟨Aleriensis Episcopus⟩
Johannes ⟨Andreas, Aleriensis Episcopus⟩

Johannes ⟨Angelus⟩
→ **Johannes ⟨de Garlandia⟩**

Johannes ⟨Angelus⟩
15. Jh. · OFM
Opus Davidicum; aus Leonessa, Lazio
Rep.Font. VI,277
Angelus, Johannes
Jean ⟨Franciscain Anglais⟩

Johannes ⟨Anglia, Rex, I.⟩
→ **John ⟨England, King, I.⟩**

Johannes ⟨Anglicus⟩
→ **Duns Scotus, Johannes**
→ **Johannes ⟨de Eschenden⟩**
→ **Johannes ⟨de Gadesden⟩**

Johannes ⟨Anglicus⟩
12. Jh.
Pater noster, metrice, ad Henricum II. Anglorum regem
Stegmüller, Repert. bibl. 4139,1
Anglicus, Johannes

Johannes ⟨Anglicus, OFM⟩
um 1344/50 · OFM
Summa Johannae in Magistrum Sententiarum; In Apocalypsin Johannis; De perfectione evangelica; etc.
Stegmüller, Repert. bibl. 4140
Anglicus, Johannes
Jean ⟨Franciscain⟩
Jean ⟨l'Anglais⟩
Johannes ⟨Anglicus⟩
Johannes ⟨Anglicus, Ordinis Sancti Francisci⟩
Johannes ⟨Anglicus, Theologus Parisiensis⟩

Johannes ⟨Anglus⟩
→ **Johannes ⟨Beverlaius⟩**
→ **Johannes ⟨Boston⟩**
→ **Johannes ⟨de Clipston⟩**
→ **Johannes ⟨de Garlandia⟩**
→ **Johannes ⟨de Sacrobosco⟩**
→ **Johannes ⟨Deirus⟩**
→ **Johannes ⟨Haitonus⟩**
→ **Johannes ⟨Serlo⟩**

Johannes ⟨Anglus Cestrensis⟩
→ **Johannes ⟨Bloxham⟩**

Johannes ⟨Anglus Wingorniensis⟩
→ **Johannes ⟨Malvernaeus⟩**

Johannes ⟨Annaevillanus⟩
→ **Johannes ⟨de Alta Villa⟩**

Johannes ⟨Annius de Viterbio⟩
→ **Nanni, Giovanni**

Johannes ⟨Anselmi Laudunensis Discipulus⟩
→ **Johannes ⟨de Tours⟩**

Johannes ⟨Antiochenus⟩
→ **Johannes ⟨Antiochenus, Chronista⟩**
→ **Johannes ⟨Malalas⟩**
→ **Johannes ⟨Oxites⟩**
→ **Johannes ⟨Scholasticus⟩**

Johannes ⟨Antiochenus, Chronista⟩
um 610
Verf. einer griech. Weltchronik
Rep.Font. VI,278; LMA,V,555/56
Antiochenus, Johannes
Giovanni ⟨Antiocheno⟩
Iōannēs ⟨Antiocheus⟩
Iōannēs ⟨ho Antiocheus⟩
Jean ⟨Chroniqueur Byzantin⟩
Jean ⟨d'Antioche⟩
Johannes ⟨Antiochenus⟩
Johannes ⟨Chronist⟩
Johannes ⟨von Antiocheia⟩
Johannes ⟨von Antiocheia, Chronist⟩
Johannes ⟨von Antiochia⟩
John ⟨of Antioch⟩

Johannes ⟨Apamensis⟩
→ **Yoḥannan ⟨Apameia⟩**

Johannes ⟨Apocaucus⟩
1150/60 – 1232/35
Tusculum-Lexikon; CSGL; LThK; LMA,I,758
Apocaucus, Johannes
Apokaukos, Johannes
Johannes ⟨Naupactus⟩
Naupactus, Johannes

Johannes ⟨Apród de Tótsolymos⟩
→ **Johannes ⟨de Küküllő⟩**

Johannes ⟨Aquaedunus⟩
→ **Johannes ⟨Haitonus⟩**

Johannes ⟨Aquensis⟩
→ **Johannes ⟨Brammart⟩**

Johannes ⟨Aquilanus⟩
gest. 1479 · OP
Kaeppeli,II,376
Aquila, Giovanni
Aquila, Johannes
Aquilanus, Johannes
Giovanni ⟨Aquila⟩
Giovanni ⟨Aquilano⟩
Giovanni ⟨d'Aquila⟩
Ioannes ⟨de Aquila⟩
Jean ⟨d'Aquila⟩
Johannes ⟨de Aquila⟩
Johannes ⟨Ordinis Praedicatorum⟩
Johannes ⟨Patavinus⟩

Johannes ⟨Aquileiensis⟩
um 605/606
Epistula ad Agilulfum regem Langobardorum
Rep.Font. VI,279; DOC,2,1116
Jean ⟨d'Aquilée⟩
Jean ⟨Patriarche Schismatique⟩
Johannes ⟨Aquileiensis Episcopus⟩
Johannes ⟨Aquileiensis Schismaticus⟩
Johannes ⟨Episcopus Aquileiensis⟩

Johannes ⟨Aragonensis⟩
→ **Johannes ⟨Fortis Aragonensis⟩**

Johannes ⟨Aragonia, Rex, ...⟩
→ **Juan ⟨Aragón, Rey, I.⟩**

Johannes ⟨Aragonus⟩
→ **Johannes ⟨Linconiensis⟩**

Johannes ⟨Arbor Vitae⟩
→ **Johannes ⟨Guallensis⟩**

Johannes ⟨Arbosiensium⟩
um 1315
Epistolae (Formulae epistolarum ad usum scholarium); Dictamen
Rep.Font. VI,279
Jean ⟨d'Arbois⟩
Jean ⟨Recteur des Ecoles d'Arbois⟩
Johannes ⟨Rector Scholarum Arbosiensium⟩

Johannes ⟨Archicantor⟩
7./8. Jh.
Dokumente aus dem Ordo romano-monasticus
Cpl 1998;2015
Archicantor, Johannes
Jean ⟨Préchantre à Saint-Pierre⟩
Johannes ⟨Archicantor von Sankt Peter⟩

Johannes ⟨Archidiaconus⟩
→ **Johannes ⟨de Anania⟩**

Johannes ⟨Archidiaconus Barensis⟩
→ **Johannes ⟨Barensis⟩**

Johannes ⟨Archidiaconus Barnstapliensis⟩
→ **Johannes ⟨Orum⟩**

Johannes ⟨Archidiaconus de Küküllő⟩
→ **Johannes ⟨de Küküllő⟩**

Johannes ⟨Archidiaconus Goriciensis⟩
→ **Johannes ⟨Goriciensis⟩**

Johannes ⟨Archidiaconus Pragensis⟩
→ **Johannes ⟨Milič⟩**

Johannes ⟨Archiepiscopus⟩
→ **Johannes ⟨Arelatensis, I.⟩**
→ **Johannes ⟨Constantinopolitanus, VI.⟩**
→ **Johannes ⟨de Jenzenstein⟩**
→ **Johannes ⟨Nicaenus⟩**
→ **Johannes ⟨Oczko⟩**
→ **Johannes ⟨Peckham⟩**
→ **Johannes ⟨Rothomagensis⟩**
→ **Johannes ⟨Thessalonicensis⟩**

Johannes ⟨Archiepiscopus Sultaniensis⟩
→ **Johannes ⟨Sultaniensis⟩**

Johannes ⟨Archiepiscopus Toletanus⟩
→ **Johannes ⟨Toletanus⟩**

Johannes ⟨Archiepiscopus Toletanus⟩
→ **Johannes ⟨Segubinus⟩**

Johannes ⟨Architectus Ecclesiae Bremensis⟩
→ **Johannes ⟨Hemelingius⟩**

Johannes ⟨Archithrenius⟩
→ **Johannes ⟨de Alta Villa⟩**

Johannes ⟨Ardemburgensis⟩
→ **Johannes ⟨de Ardemburgo⟩**

Johannes ⟨Arela⟩
→ **Johannes ⟨Damascenus⟩**

Johannes ⟨Arelatensis, I.⟩
um 659/68
Epistula ad virgines monasterii Sanctae Mariae
Cpl 1848
Jean ⟨Archevêque⟩
Jean ⟨d'Arles⟩
Johannes ⟨Archiepiscopus⟩
Johannes ⟨Arelatensis⟩
Johannes ⟨Episcopus, I.⟩

Johannes ⟨Arelatensis, II.⟩
um 811/16
De baptismo
Cpl 1848
Jean ⟨d'Arles⟩
Johannes ⟨Arelatensis⟩
Johannes ⟨Episcopus, II.⟩

Johannes ⟨Aretinus⟩
15. Jh.
De medicinae et legum praestantia; nicht identisch mit Johannes ⟨Tortellius⟩ und Johannes ⟨Aretinus Lippi⟩
Rep.Font. VI,279
Aretinus, Johannes
Johannes ⟨Aretinus Medicus⟩
Johannes ⟨Physicus⟩

Johannes ⟨Aretinus Lippi⟩
15. Jh.
De procuratione cordis; nicht identisch mit Johannes ⟨Aretinus⟩
Aretinus Lippi, Johannes
Johannes ⟨Lippi⟩
Lippi, Johannes

Johannes ⟨Aretius⟩
→ **Bonis, Johannes L. ¬de¬**

Johannes ⟨Argentinensis⟩
→ **Johannes ⟨Friss⟩**

Johannes ⟨Argyropulus⟩
1415 – 1487
Tusculum-Lexikon; CSGL; LThK; LMA,I,925
Argiropolus, Johannes
Argiropylus, Iōannēs
Argiropylus, Johannes
Argyropilos, Iōannēs
Argyropilus, Johannes
Argyropolus, Johannes
Argyropoulos, Johannes
Argyropulos, Iōannēs
Argyropulos, Johannes
Argyropulus
Argyropulus, Johannes
Argyropylos, Iōannēs
Argyropylos, Johannes
Argyropylus ⟨Byzantius⟩
Argyropylus, Iōannēs
Argyropylus, Johannes
Iōannēs ⟨ho Argyropulus⟩
Jean ⟨Argyropulo⟩

Johannes ⟨Arnaldi de Spira⟩
→ **Johannes ⟨Arnoldus de Spira⟩**

Johannes ⟨Arnaudi Charlier⟩
→ **Gerson, Johannes**

Johannes ⟨Arnoldus de Spira⟩
um 1386/92 · OP
Sermones de tempore
Kaeppeli,II,377/378
Arnaldi, Johannes
Arnaldi de Spira, Johannes
Arnoldi, Johannes
Arnoldus de Spira, Johannes
Johannes ⟨Arnaldi⟩
Johannes ⟨Arnaldi de Spira⟩
Johannes ⟨Arnoldi⟩
Johannes ⟨Arnoldi de Spira⟩

Johannes ⟨Arsen⟩
→ **Johannes ⟨Langewelt⟩**

Johannes ⟨Arundinensis⟩
→ **Johannes ⟨de Arundine⟩**

Johannes ⟨Asbwarbius⟩
→ **Johannes ⟨Ashuvarbi⟩**

Johannes ⟨Asculanus⟩
→ **Johannes ⟨de Asculo⟩**

Johannes ⟨Ashenton⟩
→ **Johannes ⟨de Eschenden⟩**

Johannes ⟨Ashuvarbi⟩
um 1380/90
Lecturae Scripturarum; Identität mit Thomas ⟨Asheburnus⟩ umstritten
Stegmüller, Repert. bibl. 4165
Ashurvabi, Johannes
Ashwarbi, Johannes
Jean ⟨de Aswardby⟩
Jean ⟨d'Ashwardby⟩
Johannes ⟨Asbwarbius⟩
Johannes ⟨Ashwarbi⟩
Johannes ⟨Ashwarbius⟩

Johannes ⟨Asiaticus⟩
→ **Johannes ⟨Ephesius⟩**

Johannes ⟨Asser⟩
→ **Asser, Johannes**

Johannes ⟨Assessor Potestatis Florentiae⟩
→ **Johannes ⟨Viterbiensis⟩**

Johannes ⟨Auer⟩
→ **Auer, Johannes**

Johannes ⟨Auerbach⟩
→ **Johannes ⟨de Auerbach⟩**

Johannes ⟨Aulae Regiae⟩
gest. 1424 · OCist
Vielleicht Verf. von De origine Taboritarum
Rep.Font. VI,280; IV,163
Aulae Regiae, Johannes
Johannes ⟨Abbas Aulae Regiae⟩

Johannes ⟨Aurelianensis⟩
→ **Johannes ⟨de Allodiis⟩**

Johannes ⟨Aurelianensis⟩
um 1202
Litterae super confirmatione compositionis et pacis praedictae
CSGL
Jean ⟨d'Orléans⟩
Johannes ⟨Aurelianensis Presbyter⟩
Johannes ⟨von Orléans⟩

Johannes ⟨Aurifaber⟩
→ **Aurifaber, Johannes**

Johannes ⟨Aurifaber, Magister⟩
um 1397
Quaestiones super libros Physicorum; Quaestiones super De generatione; Quaestiones De somno et vigilia; nicht identisch mit Aurifaber, Johannes
Lohr
Aurifaber, Johannes
Johannes ⟨Aurifaber⟩
Johannes ⟨Aurifaber, Parisiensis⟩

Johannes ⟨Aurifaber, Erfordiensis⟩
→ **Aurifaber, Johannes**

Johannes ⟨Aurifaber, Parisiensis⟩
→ **Johannes ⟨Aurifaber, Magister⟩**

Johannes ⟨Aurispa⟩
→ **Aurispa, Giovanni**

Johannes ⟨aus Blanot⟩
→ **Blanasco, Johannes ¬de¬**

Johannes ⟨aus Capestrano⟩
→ **Johannes ⟨de Capestrano⟩**

Johannes ⟨aus Capua⟩
→ **Johannes ⟨de Capua⟩**

Johannes ⟨aus Epiphaneia⟩
→ **Johannes ⟨de Epiphania⟩**

Johannes ⟨aus Trapezunt⟩
→ **Johannes ⟨Xiphilinus⟩**

Johannes ⟨Avendauth⟩
→ **Johannes ⟨Hispanus⟩**

Johannes ⟨Aychfeld⟩
→ **Aichenfeld, Johannes**

Johannes ⟨Aylini de Maniaco⟩
14. Jh.
Historia belli Foroiuliensis
Rep.Font. VI,280
Aylini, Johannes
Aylini de Maniaco, Johannes
Aylino, Jean
Jean ⟨Aylino de Maniago⟩
Johannes ⟨Aylini⟩
Johannes ⟨de Maniaco⟩
Maniaco, Johannes Aylini ¬de¬

Johannes ⟨Baco⟩
ca. 1290 – ca. 1348 · OCarm
Lectura super Metaphysicam; In libros De anima; In libros Ethicorum; etc.
Lohr; LMA,V,617; Stegmüller, Repert. sentent. 402;529; Stegmüller, Repert. bibl. 4167
Baco, Johannes
Bacon, John
Baconthorpe, Jean
Baconthorpe, John
Giovanni ⟨Bacon⟩
Giovanni ⟨Baconthorp⟩
Jean ⟨Baconthorp⟩
Jean ⟨de Bacon⟩
Jean ⟨de Baconthorpe⟩
Johannes ⟨Bacconis⟩
Johannes ⟨Baconis⟩
Johannes ⟨Baconthorp⟩
Johannes ⟨Baconthorpe⟩
Johannes ⟨Baconthorpius⟩
Johannes ⟨de Bachone⟩
Johannes ⟨de Baconstop⟩
Johannes ⟨Doctor Resolutus⟩
John ⟨Bacon⟩
John ⟨Baconthorp⟩
John ⟨Baconthorpe⟩
Juan ⟨Bacón⟩

Johannes ⟨Baconthorpe⟩
→ **Johannes ⟨Baco⟩**

Johannes ⟨Badariensis⟩
→ **Johannes ⟨de Biclaro⟩**

Johannes ⟨Baiocensis⟩
→ **Johannes ⟨Rothomagensis⟩**

Johannes ⟨Bakel de Diest⟩
um 1429
Quaestiones de arte veteri; Quaestiones de nova logica; die Identität von Johannes ⟨Discht⟩, Exercitium Physicorum, mit Johannes ⟨Bakel de Diest⟩ ist umstritten
Lohr
Bakel, Johannes
Diest, Johannes ¬de¬
Discht, Johannes
Johannes ⟨Bakel⟩
Johannes ⟨de Diest⟩
Johannes ⟨Discht⟩

Johannes ⟨Balbi von Genua⟩
→ **Johannes ⟨Ianuensis⟩**

Johannes ⟨Balernae Abbas⟩
→ **Johannes ⟨de Divione⟩**

Johannes ⟨Baletrier⟩
→ **Johannes ⟨Balistarii⟩**

Johannes ⟨Balinus⟩
→ **Paulinus, Johannes**

Johannes ⟨Balistarii⟩
gest. ca. 1260 · OP
Sermones
Schneyer,III,337
Balétrier, Jean
Baletrier, Johannes
Balistarii, Johannes
Jean ⟨Balétrier⟩
Johannes ⟨Baletrier⟩
Johannes ⟨Balistarii Lemovicensis⟩
Johannes ⟨Balistarius⟩

Johannes ⟨Ballester⟩
1309 – 1374 · OCarm
Constitutiones carmelitanae
Ballester, Jean
Ballester, Johannes
Ballester, Juan
Ballistarius, Johannes
Jean ⟨Ballester⟩
Johannes ⟨Ballistarius⟩
Juan ⟨Ballester⟩

Johannes ⟨Balloce⟩
um 1300
Abbreviatio magistri Franconis; Compendium musicae mensurabilis
Balloce, Johannes
Johannes
Johannes ⟨dictus Balloce⟩

Johannes ⟨Bambergensis⟩
→ **Johannes ⟨de Auerbach⟩**

Johannes ⟨Bandini⟩
→ **Bandini, Johannes**

Johannes ⟨Bar-Aphthonia⟩
→ **Yôḥannān Bar-Aptonyā**

Johannes ⟨Barath⟩
um 1430 · OCarm
De relevatione divinarum Scripturarum
Stegmüller, Repert. bibl. 4222-4226
Barath, Jean
Barath, Johannes
Jean ⟨Barath⟩
Johannes ⟨Barathus de Valenciennes⟩
Johannes ⟨Belga⟩
Johannes ⟨de Valenciennes⟩
Johannes ⟨Hannonius⟩

Johannes ⟨Barbucallus⟩
um 550
Barbucallus, Jean
Barbucallus, Johannes
Barbucalus, Johannes
Jean ⟨Barbucallus⟩
Johannes ⟨Barbucalus⟩
Johannes ⟨Berytensis⟩
Johannes ⟨Caesariensis⟩
Johannes ⟨Grammaticus⟩

Johannes ⟨Barcinonensis⟩
→ **Casanova, Johannes ¬de¬**

Johannes ⟨Barensis⟩
gest. ca. 1103
Carmen di vita sancti Sabini episcopi Canusini; Historia inventionis sancti Sabini episcopi Canusini; Translatio sancti Nicolai episcopi in Barium (9.7.1087) et duodecim praeclara miracula
Rep.Font. VI,282; DOC,2,1117
Giovanni ⟨Arcidiacono⟩
Giovanni ⟨di Bari⟩
Jean ⟨Archidiacre de Bari⟩
Jean ⟨de Bari⟩
Johannes ⟨Archidiaconus Barensis⟩

Johannes ⟨Baris⟩
→ **Beris, Johannes**

Johannes ⟨Barningham⟩
→ **Johannes ⟨de Barningham⟩**

Johannes ⟨Barnstapliensis⟩
→ **Johannes ⟨Orum⟩**

Johannes ⟨Bartscherer⟩
um 1400
VL(2),4,540
Bartscherer, Johannes
Johannes ⟨Magister⟩

Johannes ⟨Bartt⟩
→ **Johannes ⟨Part⟩**

Johannes ⟨Basiliensis⟩
→ **Johannes ⟨de Basilea⟩**

Johannes ⟨Basilius⟩
→ **Gansfort, Johannes**

Johannes ⟨Basingtochius⟩
→ **Johannes ⟨de Basingstoke⟩**

Johannes ⟨Basingus⟩
→ **Johannes ⟨de Basingstoke⟩**

Johannes ⟨Bassenhaimer⟩
→ **Bassenhaimer, Johannes**

Johannes ⟨Bassianus⟩
gest. 1197
LMA,V,556/57
Bassianus, Johannes
Bessian, Jean
Bessianus, Johannes
Bessionus, Joannis
Bossianus, Johannes
Giovanni ⟨Bassiani⟩
Giovanni ⟨Bassiano⟩
Giovanni ⟨Bossiani⟩
Joannes ⟨Bassianus⟩
Joannes ⟨Glossator⟩
Johannes ⟨Bazianus⟩
Johannes ⟨Bossianus⟩

Johannes ⟨Bassolius⟩
→ **Johannes ⟨de Bassolis⟩**

Johannes ⟨Bastonus⟩
→ **Johannes ⟨Boston⟩**

Johannes ⟨Bate⟩
gest. 1430 · OCarm
Super universalia Porphyrii; Super Praedicamenta; In VI Principia; etc.
Lohr
Bate, Jean
Bate, Johannes
Bate, John
Jean ⟨Bate⟩
Johannes ⟨Batus⟩
John ⟨Bate⟩
John ⟨Bates⟩

Johannes ⟨Bauer von Dorsten⟩
→ **Johannes ⟨de Dorsten⟩**

Johannes ⟨Baugeziensis⟩
→ **Johannes ⟨de Baugesio⟩**

Johannes ⟨Baverius⟩
→ **Baverius ⟨de Baveriis⟩**

Johannes ⟨Bazianus⟩
→ **Johannes ⟨Bassianus⟩**

Johannes ⟨Beberleius⟩
→ **Johannes ⟨Beverlaius⟩**

Johannes ⟨Becanus⟩
→ **Johannes ⟨de Beka⟩**

Johannes ⟨Beccus⟩
1235 – 1297
Tusculum-Lexikon; CSGL; LThK; LMA,V,550/51
Beccus, Johannes
Bekkos, Johannes
Giovanni ⟨Becco⟩
Jean ⟨Beccos⟩
Johannes ⟨Bekkos⟩
Johannes ⟨Constantinopolitanus⟩
Johannes ⟨Constantinopolitanus, XI.⟩
Johannes ⟨Patriarcha, XI.⟩
Johannes ⟨Veccus⟩

Johannes ⟨Bechetti⟩
gest. ca. 1420 · OESA
Libri X in Ethicam; Libri VIII in Politicam; De concordia Platonis ad Sacram Scripturam
Lohr; Stegmüller, Repert. bibl. 4230 ;4231
Bechetti, Johannes
Fabriano, Johannes ¬de¬
Jean ⟨de Fabriano⟩
Johannes ⟨Bechetti de Fabriano⟩
Johannes ⟨de Fabriano⟩

Johannes ⟨Bedellus⟩
15. Jh.
Tabula intervalli
VL(2),4,541
Bedellus, Johannes

Johannes ⟨Beetzius⟩
→ **Johannes ⟨de Beets⟩**

Johannes ⟨Bekkos⟩
→ **Johannes ⟨Beccus⟩**

Johannes ⟨Bela de Pannonia⟩
14. Jh. · OESA
Sermones de sanctis per circulum anni compilati
Rep.Font. VI,287
Bela, Johannes
Bela de Pannonia, Johannes
Johannes ⟨Bela⟩
Pannonia, Johannes Bela ¬de¬

Johannes ⟨Belesmeius⟩
→ **Johannes ⟨de Belmeis⟩**

Johannes ⟨Belethus⟩
gest. ca. 1185
Summa de ecclesiasticis officiis
LThK; CSGL; Tusculum-Lexikon; LMA,V,557
Beleth, Johannes
Belethus, Johannes
Jean ⟨Beleth⟩
Johannes ⟨Beleth⟩
Johannes ⟨Bilethus⟩

Johannes ⟨Belga⟩
→ **Johannes ⟨Barath⟩**

Johannes ⟨Belga Hanno⟩
→ **Johannes ⟨de Condeto⟩**

Johannes ⟨Bellemanus⟩
→ **Johannes ⟨de Belmeis⟩**

Johannes ⟨Bellovacensis⟩
14. Jh.
Jean ⟨de Beauvais⟩
Johannes ⟨von Beauvais⟩
John ⟨of Beauvais⟩

Johannes ⟨Bellunensis⟩
→ **Johannes ⟨Novariensis⟩**

Johannes ⟨Belnensis⟩
→ **Johannes ⟨de Belna⟩**

Johannes ⟨Bembus⟩
→ **Bembus, Johannes**

Johannes ⟨Berardus⟩
um 1182
Berardi, Giovanni
Berardi, Johannes
Berardus, Johannes
Giovanni ⟨Berardi⟩
Giovanni ⟨di Berardi⟩
Johannes ⟨Sancti Clementis Casauriensis⟩
Johannes ⟨Sancti Clementis Piscariensis⟩

Johannes ⟨Bereith⟩
→ **Bereith, Johann**

Johannes ⟨Beret⟩
11./13. Jh.
Vatican, lat.700f.130
Schneyer,III,359
Beret, Johannes
Johannes ⟨Magister Beret⟩

Johannes ⟨Beris⟩
→ **Beris, Johannes**

Johannes ⟨Bernegamus⟩
→ **Johannes ⟨de Barningham⟩**

Johannes ⟨Berner⟩
→ **Berner, Johannes**

Johannes ⟨Bernier de Fayt⟩
→ **Johannes ⟨de Fayt⟩**

Johannes ⟨Berolis⟩
→ **Herolt, Johannes**

Johannes ⟨Bertinianus⟩
→ **Johannes ⟨Longus⟩**

Johannes ⟨Berwardi de Villingen⟩
gest. 1411
Stegmüller, Repert. sentent. 407
Berwardi, Johannes
Johannes ⟨Berwardi⟩
Johannes ⟨de Villingen⟩
Villingen, Johannes ¬de¬
Berwardi de Villingen, Johannes

Johannes ⟨Berytensis⟩
→ **Johannes ⟨Barbucallus⟩**

Johannes ⟨Besodunus⟩
→ **Johannes ⟨Boston⟩**

Johannes ⟨Bessarion⟩
→ **Bessarion**

Johannes ⟨Bestonus⟩
→ **Johannes ⟨Boston⟩**

Johannes ⟨Besuensis⟩
gest. ca. 1125
CSGL
Jean ⟨de Bèze⟩
Johannes ⟨Beznensis⟩
Johannes ⟨von Bèze⟩

Johannes ⟨Beth-Aphtoniensis⟩
→ **Yôḥannān ⟨Bēt Aptonyā⟩**

Johannes ⟨Beugedantz⟩
→ **Beugedantz, Johannes**

Johannes ⟨Beverlacensis⟩
gest. 721
Commentarius in regulam S. Benedicti; Luc.; Vita
Stegmüller, Repert. bibl. 4240
Jean ⟨Archevêque de York⟩
Jean ⟨de Beverley⟩
Jean ⟨Evêque de Hexham⟩
Jean ⟨Moine de Whitby⟩
Johannes ⟨Beverlacius⟩
Johannes ⟨de Beverlaye⟩
Johannes ⟨de Beverley⟩
Johannes ⟨Magister Bedae⟩
Johannes ⟨Sanctus⟩
Johannes ⟨von Beverley⟩

Johannes ⟨Beverlaius⟩
um 1360 · OCarm
Beverlaius, Johannes
Jean ⟨de Beverley⟩
Johannes ⟨Anglus⟩
Johannes ⟨Beberleius⟩
Johannes ⟨Beverleius⟩

Johannes ⟨Beznensis⟩
→ **Johannes ⟨Besuensis⟩**

Johannes ⟨Bianchi⟩
→ **Johannes ⟨Nicolaus Blancus⟩**

Johannes ⟨Biclarensis⟩
→ **Johannes ⟨de Biclaro⟩**

Johannes ⟨Bilethus⟩
→ **Johannes ⟨Belethus⟩**

Johannes ⟨Binder⟩
→ **Johannes ⟨von Mainz⟩**

Johannes ⟨Bires⟩
→ **Beris, Johannes**

Johannes ⟨Birk⟩
→ **Birk, Johannes**

Johannes ⟨Bischof⟩
→ **Johannes ⟨Gabalensis⟩**

Johannes ⟨Bischof von Alet⟩
→ **Johannes ⟨de Craticula⟩**

Johannes ⟨Bischof von Clonfert⟩
→ **Johannes ⟨de Alatre⟩**

Johannes ⟨Bischoff⟩
→ **Bischoff, Johannes**

Johannes ⟨Bissolus⟩
→ **Bissoli, Giovanni**

Johannes ⟨Bisuntinus⟩
→ **Johannes ⟨Algrinus⟩**

Johannes ⟨Blakman⟩
→ **Blakman, Johannes**

Johannes ⟨Blanchin⟩
→ **Blanchin, Jehan**

Johannes ⟨Blanchinus⟩
→ **Johannes ⟨de Blanchinis⟩**

Johannes ⟨Blanchus Marsiliensis⟩
→ **Johannes ⟨Blancus⟩**

Johannes ⟨Blancus⟩
→ **Johannes ⟨Nicolaus Blancus⟩**

Johannes ⟨Blancus⟩
gest. ca. 1269
LMA,V,557
Bianchi, Giovanni
Blanc, Jean
Blanchus, Ioannes
Blanchus, Johannes
Blancus, Johannes
Blanqui, Jean
Jean ⟨Blanc⟩
Jean ⟨Blanqui⟩
Johannes ⟨Advocatus et Civis Massiliensis⟩
Johannes ⟨Blanchus⟩
Johannes ⟨Blanchus Marsiliensis⟩
Johannes ⟨Blancus Massiliensis⟩
Johannes ⟨Blancus Massiliensis⟩
Johannes ⟨Marsiliensis⟩

Johannes ⟨Blesensis⟩
um 1231 · OFM
Schneyer,III,373
Jean ⟨de Blois⟩
Jean ⟨de Blois, Franciscain⟩
Jean ⟨Prédicateur à Paris⟩
Johannes ⟨de Blois⟩

Johannes ⟨Blomenberg⟩
→ **Blomenberg, Johannes**

Johannes ⟨Blomendal⟩
um 1330 · OFM
Expositio litteralis psalmorum; Identität mit Johannes ⟨von Köln⟩ umstritten
Stegmüller, Repert. bibl. 4241-4245; Schneyer,III,373
Bloemendal, Johannes
Blomendal, Johannes
Jean ⟨de Blomendal⟩
Jean ⟨de Blumenthal⟩
Jean ⟨de Soest⟩
Johannes ⟨Bloemendal⟩
Johannes ⟨Bloemendal de Colonia⟩
Johannes ⟨Blomendahl⟩
Johannes ⟨Blomendal de Colonia⟩
Johannes ⟨Blomendal von Köln⟩
Johannes ⟨Blumentahl⟩
Johannes ⟨de Blomendal⟩
Johannes ⟨de Colonia⟩
Johannes ⟨Plomendal⟩
Johannes ⟨von Köln⟩

Johannes ⟨Blondus⟩
→ **Johannes ⟨Blundus⟩**

Johannes ⟨Bloxham⟩
gest. 1334 · OCarm
Apoc.
Stegmüller, Repert. bibl. 4246
Bloxham, Johannes
Jean ⟨de Bloxham⟩
Jean ⟨de Bloxham, Carme⟩
Johannes ⟨Anglus Cestrensis⟩
Johannes ⟨Bloxamus⟩
Johannes ⟨Bloxcham⟩
Johannes ⟨Bloxhamus⟩
Johannes ⟨Bloxhamus, Carmelita⟩
Johannes ⟨Bloxhamus, Senior⟩

Johannes ⟨Bloxham, Iunior⟩
gest. ca. 1400
Bloxham, Johannes
Jean ⟨de Bloxham, Théologien à Oxford⟩
Johannes ⟨Bloxham⟩
Johannes ⟨Bloxhamus, Collegii Mertonensis Rector⟩
Johannes ⟨Bloxhamus, Iunior⟩

Johannes ⟨Blumentahl⟩
→ **Johannes ⟨Blomendal⟩**

Johannes ⟨Blundus⟩
gest. 1248
Blondus, Johannes
Blount, John
Blundus, Johannes
Johannes ⟨Blondus⟩
Johannes ⟨Blund⟩
Johannes ⟨Cantuariensis⟩
John ⟨Blount⟩
John ⟨Blund⟩

Johannes ⟨Boccacius⟩
→ **Boccaccio, Giovanni**

Johannes ⟨Bockenheim⟩
15. Jh.
Registrum coquine; La cucina di Papa Martino V.
Bockenheim, Jean ¬de¬
Bockenheim, Johannes
Bockenheym, Giovanni
Buckehen, Johannes
Giovanni ⟨Bockenheym⟩
Herbordi, Jean
Herbordi de Bockenheim, Jean
Jean ⟨de Bockenheim⟩
Jean ⟨de Herbordi de Bocklenahem⟩
Jean ⟨Herbordi⟩
Jean ⟨Herbordi de Bockenheim⟩
Johannes ⟨Buckehen⟩
Johannes ⟨Herbordi⟩

Johannes ⟨Boek⟩
→ **Johannes ⟨von Buch⟩**

Johannes ⟨Bohemia, Rex⟩
→ **Jan ⟨Čechy, Král⟩**

Johannes ⟨Bohemus⟩
→ **Beheim, ¬Der¬**
→ **Hus, Jan**

Johannes ⟨Bok⟩
→ **Johannes ⟨von Buch⟩**

Johannes ⟨Bolandus⟩
→ **Johannes ⟨Fabricius Bolandus⟩**

Johannes ⟨Bonadies⟩
→ **Bonadies, Johannes**
→ **Johannes ⟨Bondi Aquileiensis⟩**

Johannes ⟨Bonandreae⟩
→ **Johannes ⟨de Bonandrea⟩**

Johannes ⟨Bonardus⟩
→ **Bonardi, Giovanni**

Johannes ⟨Bonaventura⟩
→ **Bonaventura ⟨Sanctus⟩**

Johannes ⟨Bondi Aquileiensis⟩
um 1300; laut Rep.Font. gest. ca. 1448
Flores regularum artis dictaminis; Lucerna dictaminis super formis diversi modo variandis
LMA,V,558; Rep.Font. V,134
Bondi, Jean
Bondi Aquileiensis, Johannes
Giovanni ⟨da Aquileia⟩
Giovanni ⟨de Pitacoli⟩
Jean ⟨Bondi⟩
Jean ⟨d'Aquilée⟩
Johannes ⟨Bonadies⟩
Johannes ⟨Bondi⟩
Johannes ⟨Bondi de Aquilegia⟩

Johannes ⟨Boninsegna⟩
ca. 15. Jh. · OP
Sermones 4
Kaeppeli,II,387
Boninsegna, Johannes
Johannes ⟨Boninsegna Mantuanus⟩

Johannes ⟨Bononiensis⟩
→ **Johannes ⟨de Anania⟩**
→ **Johannes ⟨de Biblia⟩**
→ **Johannes ⟨de Bonandrea⟩**
→ **Johannes ⟨de Deo⟩**

Johannes ⟨Bonus⟩
→ **Iamboninus ⟨Cremonensis⟩**

Johannes ⟨Bonus Coquus Viridisvallis⟩
→ **Jan ⟨van Leeuwen⟩**

Johannes ⟨Borellus⟩
→ **Johannes ⟨de Parma⟩**

Johannes ⟨Bossianus⟩
→ **Johannes ⟨Bassianus⟩**

Johannes ⟨Boston⟩
gest. 1428 · OSB
Lecturae Scripturarum; Catalogus scriptorum ecclesiae; Speculum coenobitorum
Stegmüller, Repert. bibl. 4260; Rep.Font. VI,290
Boston ⟨Buriensis⟩
Boston, Johannes
Boston, John
Bostonus ⟨Buriensis⟩
Johannes ⟨Anglus⟩
Johannes ⟨Bastonus⟩
Johannes ⟨Besodunus⟩
Johannes ⟨Bestonus⟩
Johannes ⟨Buriensis⟩
Johannes ⟨Buriensis Monachus⟩
Johannes ⟨Linnensis⟩
John ⟨Baston⟩
John ⟨Beston⟩
John ⟨Boston⟩
Pseudo-Johannes ⟨Boston⟩
Pseudo-Johannes ⟨Buriensis⟩

Johannes ⟨Boteleshamensis⟩
→ **Guilelmus ⟨Botelsham⟩**

Johannes ⟨Boucicaut⟩
→ **Boucicaut, Jean ⟨...⟩**

Johannes ⟨Bower⟩
→ **Johannes ⟨de Forda⟩**

Johannes ⟨Brabant, Herzog, ...⟩
→ **Jan ⟨Brabant, Hertog, ...⟩**

Johannes ⟨Brabanter Lexikograph⟩
→ **Johannes ⟨de Mera⟩**

Johannes ⟨Brammart⟩
ca. 1340 – 1407 · OCarm
Lectura super I sentent.; Index quaestionum
Stegmüller, Repert. sentent. 409
Brammaert, Jean
Brammart, Jean ¬de¬
Brammart, Johannes
Jean ⟨Brammaert⟩
Jean ⟨de Brammart⟩
Jean ⟨d'Aix-la-Chapelle⟩
Johannes ⟨Aquensis⟩
Johannes ⟨Brammaert⟩
Johannes ⟨Brammart de Aquisgrano⟩
Johannes ⟨Brammatius⟩
Johannes ⟨Teutonicus⟩

Johannes ⟨Brandenburg, Markgraf, I.⟩
→ **Johann ⟨Brandenburg, Markgraf, I.⟩**

Johannes ⟨Brando⟩
gest. 1428
Brando, Johannes
Brandon, Jean
Brands, Jean
Brandt, Jean
Brant, Jean
Jean ⟨Brandon⟩
Jean ⟨Brands⟩

Johannes ⟨Brasiator de Frankenstein⟩
gest. 1446 · OP
Auctoritates Ethicorum; Auctoritates Politicorum; Auctoritates Oeconomicorum Arist; Sermo ad clerum
Lohr; Stegmüller, Repert. bibl. 4261; Kaeppeli,II,387/389
Brasiator, Jean
Brasiator, Johannes
Brasiator de Frankenstein, Johannes
Frankenstein, Johannes ¬de¬
Jean ⟨Brasiator⟩
Jean ⟨de Frankenstein⟩
Johannes ⟨Brasiator⟩
Johannes ⟨Brasiator de Frankenstein Polonus⟩
Johannes ⟨Brasicator de Frankenstein⟩
Johannes ⟨Brassiator⟩
Johannes ⟨de Frankenstein⟩
Johannes ⟨Franckestenius⟩
Johannes ⟨Frankenstein⟩
Johannes ⟨Frankenstein dit Brassiator⟩
Johannes ⟨Inquisitor Wratislaviensis⟩
Johannes ⟨Melzer⟩
Johannes ⟨Polonus⟩
Johannes ⟨Provincialis Poloniae⟩

Johannes ⟨Braunschweig-Grubenhagen, Herzog⟩
→ **Johannes ⟨Brunsvicensis⟩**

Johannes ⟨Brehallus⟩
um 1443/78 · OP
Epistula ad Leonardum de Valle Brixiensi; Summarium et Recollectio causae rehabilitationis Johannae d'Arc; De libera auctoritate audiendi confessiones religionis mendicantibus concessa
Kaeppeli,II,389/390
Bréhal, Jean
Bréhal, Johannes
Brehallus, Johannes
Jean ⟨Bréhal⟩
Johannes ⟨Bréhal⟩
Johannes ⟨Brehalli⟩

Johannes ⟨Bremer⟩
→ **Bremer, Johannes**

Johannes ⟨Breslauer de Braunsberg⟩
um 1482 · OP
Super veteri arte; Super nova logica; Quaestiones super libros Physicorum; etc.; Identität des Johannes ⟨Breslauer de Braunsberg⟩ mit Johannes ⟨Preslawicz de Elbing⟩ wahrscheinlich
Lohr; Stegmüller, Repert. bibl. 4868;4869; Kaeppeli,II,390/391
Braunsberg, Johannes ¬de¬
Breslauer, Johannes
Breslauer de Braunsberg, Johannes
Johannes ⟨Breslauer⟩
Johannes ⟨Breslauer de Elbing⟩
Johannes ⟨de Braunsberg⟩
Johannes ⟨de Elbing⟩
Johannes ⟨Preslawicz de Elbing⟩
Johannes ⟨Preslawiz⟩

Johannes ⟨Breviscoxae⟩
→ **Johannes ⟨de Brevicoxa⟩**

Johannes ⟨Brewer⟩
→ **Johannes ⟨de Indagine⟩**

Johannes ⟨Bricius⟩
→ **Bricius, Iordanus**

Johannes ⟨Bricius⟩
um 1293/1342 · OP
Determinatio et replicatio
Kaeppeli,II,391/392
Bricius, Johannes
Bricy, Jean
Jean ⟨Bricy⟩
Johannes ⟨Bricii Conventus Montispessulani⟩
Johannes ⟨Bricy⟩
Johannes ⟨Brissus⟩
Johannes ⟨Brizius⟩
Johannes ⟨Lector Montispessulanus⟩

Johannes ⟨Bridlingtonensis⟩
→ **Johannes ⟨de Bridlington⟩**

Johannes ⟨Brinckerinck⟩
1359 – 1419
Kollation (Devotio moderna)
VL(2),1,1037/38; LMA,II,692/93
Brinckerinck, Jean
Brinckerinck, Johannes
Jean ⟨Brinckerinck⟩

Johannes ⟨Brissus⟩
→ **Johannes ⟨Bricius⟩**

Johannes ⟨Britannia, Dux, ...⟩
→ **Jean ⟨Bretagne, Duc, ...⟩**

Johannes ⟨Britton⟩
ca. 14. Jh.
Glossae in libros Physicorum; Glossae in libros De generatione et corruptione; Glossae in libros Meteororum; etc.
Lohr
Britton, Johannes

Johannes ⟨Brixiensis⟩
→ **Johannes ⟨de Brixia⟩**

Johannes ⟨Brizius⟩
→ **Johannes ⟨Bricius⟩**

Johannes ⟨Bromiardus⟩
gest. ca. 1390, bzw. ca. 1409 · OP
Summa praedicantium; Opus trivium materiarum praedicabilium (unter der Namensform Bronnerde, Philippus de erschienen)
LMA,V,558
Bromiardus, Johannes
Bromiardus, Philippus
Bromyard, John
Bromyarde, John ¬de¬
Bromyardus, Johannes
Bronnerde, Philippus ¬de¬
Jean ⟨de Bromyard⟩
Johannes ⟨Bromyard⟩
Johannes ⟨Cromiardus⟩
Johannes ⟨de Bromyard⟩
Johannes ⟨de Bromyerde⟩
Johannes ⟨von Bromyard⟩
John ⟨de Bromyarde⟩
Philippe ⟨de Bromyarde⟩
Philippus ⟨Bromiardus⟩
Philippus ⟨Cromiardus⟩
Philippus ⟨de Bronnerde⟩

Johannes ⟨Brompton⟩
um 1436
Chronicon 588 - 1198
Brompton, Johannes
Brompton, John
Bromton, Johannes
Bromton, John
John ⟨Brompton⟩

Johannes ⟨Bromsbem⟩
→ **Johannes ⟨Krosbein⟩**

Johannes ⟨Bromyard⟩
→ **Johannes ⟨Bromiardus⟩**

Johannes ⟨Bruder⟩
→ **Johannes ⟨von Weißenburg⟩**

Johannes ⟨Brugmannus⟩
→ **Brugmanus, Johannes**

Johannes ⟨Brunius Bruxellensis⟩
→ **Johannes ⟨de Bruyne⟩**

Johannes ⟨Brunner⟩
→ **Brunner, Johannes**

Johannes ⟨Brunsvicensis⟩
ca. 1340 – 1401 · OCart
Epistula de triplici pace; Meditatio super missam; Summa de confessione
VL(2),4,548
Braunschweig-Grubenhagen, Johannes ¬von¬
Johannes ⟨Braunschweig-Grubenhagen, Herzog⟩
Johannes ⟨de Brunswig⟩
Johannes ⟨von Braunschweig-Grubenhagen⟩

Johannes ⟨Brunwart⟩
→ **Brunwart ⟨von Augheim⟩**

Johannes ⟨Bruxellensis⟩
→ **Johannes ⟨de Bruyne⟩**

Johannes ⟨Buchler⟩
um 1466 · OSB
De scrutinio Scripturarum
Stegmüller, Repert. bibl. 4276
Buchler, Jean
Buchler, Johannes
Jean ⟨Buchler⟩

Johannes ⟨Buckehen⟩
→ **Johannes ⟨Bockenheim⟩**

Johannes ⟨Büer⟩
→ **Johannes ⟨de Dorsten⟩**

Johannes ⟨Bürn⟩
→ **Bürn, Johannes**

Johannes ⟨Buk⟩
→ **Johannes ⟨von Buch⟩**

Johannes ⟨Burallus⟩
→ **Johannes ⟨de Parma⟩**

Johannes ⟨Burensis⟩
gest. ca. 1460 · OESA
Joh.
Stegmüller, Repert. bibl. 4277
Bury, John ¬de¬
Jean ⟨de Bury⟩
Jean ⟨de Bury-Saint-Edmond⟩
Johannes ⟨Buriensis⟩
John ⟨de Bury⟩

Johannes ⟨Burgensis⟩
→ **Johannes ⟨de Burgo⟩**

Johannes ⟨Burgh⟩
→ **Johannes ⟨de Burgo⟩**

Johannes ⟨Burghe⟩
→ **Johannes ⟨de Burgo⟩**

Johannes ⟨Burgundi⟩
13./14. Jh.
Epistolae (ad Clementem papam V; ad Jacobum regem)
Rep.Font. VI,291
Burgundi, Johannes
Johannes ⟨Aedituus Maioricensis⟩
Johannes ⟨Burgundus de Maioricis⟩

Johannes ⟨Burgundia, Dux⟩
→ **Jean ⟨Bourgogne, Duc⟩**

Johannes ⟨Burgundius⟩
→ **Burgundius ⟨Pisanus⟩**

Johannes ⟨Buri⟩
→ **Johannes ⟨de Dorsten⟩**

Johannes ⟨Buridanus⟩
ca. 1304/05 – 1358
De anima
LThK; Tusculum-Lexikon; LMA,V,558/60
Buridan, Jean
Buridan, John
Buridano, Giovanni
Buridanus, Johann
Buridanus, Johannes
Giovanni ⟨Buridano⟩
Jean ⟨Buridan⟩
Jean ⟨de Béthune⟩
Johann ⟨Buridan⟩
John ⟨Buridan⟩

Johannes ⟨Buriensis⟩
→ **Johannes ⟨Boston⟩**
→ **Johannes ⟨Burensis⟩**
→ **Johannes ⟨de Burgo⟩**

Johannes ⟨Burnhamiensis⟩
→ **Johannes ⟨Walsingham⟩**

Johannes ⟨Buschius⟩
→ **Busch, Johannes**

Johannes ⟨Buwer⟩
→ **Johannes ⟨de Dorsten⟩**

Johannes ⟨Buxheimensis⟩
→ **Johannes ⟨Institor⟩**

Johannes ⟨Byzantinisches Reich, Kaiser, ...⟩
→ **Johannes ⟨Imperium Byzantinum, Imperator, ...⟩**

Johannes ⟨Caballinus de Cerronibus⟩
ca. 1300 – 1349
Polistoria de virtutibus et dotibus Romanorum
Rep.Font. III,97
Caballini, Jean
Caballini, Johannes
Caballini, Johannes de Cerronibus
Caballini de Cerronibus, Johannes
Caballinus, Johannes
Caballinus de Cerronibus, Johannes

Cavallini, Giovanni
Cavallini de'Cerroni, Giovanni
Cerroni, Giovanni
Cerronibus, Johannes ¬de¬
Giovanni ⟨Cavallini⟩
Giovanni ⟨Cerroni⟩
Jean ⟨Caballini⟩
Johannes ⟨Caballini⟩
Johannes ⟨Caballini de Cerronibus⟩
Johannes ⟨Cavallini⟩
Johannes ⟨de Cerronibus⟩

Johannes ⟨Cacheng⟩
→ **Johannes ⟨Cochinger⟩**

Johannes ⟨Caesariensis⟩
→ **Johannes ⟨Barbucallus⟩**

Johannes ⟨Caesariensis⟩
um 512
Cpg 6855-6862
Iōannēs ⟨apo Grammatikōn⟩
Jean ⟨de Césarée⟩
Jean ⟨Grammairien⟩
Johannes ⟨Caesariensis Grammaticus⟩
Johannes ⟨Grammaticus⟩
Johannes ⟨Presbyter et Grammaticus⟩
Johannes ⟨Presbyter und Grammatikos⟩
Johannes ⟨von Kaisareia⟩

Johannes ⟨Caetani⟩
→ **Gelasius ⟨Papa, II.⟩**

Johannes ⟨Calderinus⟩
ca. 1300 – 1365
CSGL
Calderini, Giovanni
Calderino, Giovanni
Calderinus, Johannes
Giovanni ⟨Calderino⟩
Johannes ⟨Calderini⟩

Johannes ⟨Caleca⟩
1283 – 1347
Tusculum-Lexikon; CSGL; LThK; LMA,V,551/52
Caleca, Johannes
Iōannēs ⟨Kalekas⟩
Johannes ⟨Constantinopolitanus⟩
Johannes ⟨Kalekas⟩
Johannes ⟨Patriarcha, XIV.⟩
Kalekas, Johannes

Johannes ⟨Caleti⟩
→ **Johannes ⟨de Caleto⟩**

Johannes ⟨Caligator⟩
ca. 1322 – ca. 1355
Speculum morale principis
LMA,IV,560; Rep.Font. VI,296
Caligator, Jean
Caligator, Johannes
Coussemaecker, Jan
Jan ⟨Coussemaecker⟩
Jan ⟨Kousmaker⟩
Jean ⟨Caligator⟩
Jean ⟨Caussemaeker⟩
Jean ⟨Coussemaecker⟩
Jean ⟨Schoemaker⟩
Johannes ⟨Lovaniensis⟩

Johannes ⟨Camaterus⟩
gest. 1206
Tusculum-Lexikon; LMA,V,550
Camatère, Jean
Camaterus, Johannes
Giovanni ⟨Camatero⟩
Jean ⟨Camatère⟩
Johannes ⟨Constantinopolitanus⟩
Johannes ⟨Constantinopolitanus, X.⟩
Johannes ⟨Kamateros⟩
Johannes ⟨Patriarcha, X.⟩
Kamateros, Johannes

Johannes ⟨Camaterus, Astronomus⟩
um 1183
Perī zōdiaku kyklu
Camatère, Jean
Camaterus, Johannes
Jean ⟨Archevêque de Bulgarie⟩
Jean ⟨Camatère⟩
Jean ⟨Camatère, Archevêque de Bulgarie⟩
Johannes ⟨Camaterus⟩
Johannes ⟨Kamateros⟩

Johannes ⟨Camber Britannus⟩
→ **Johannes ⟨de Gwent⟩**

Johannes ⟨Cambico⟩
→ **Johannes ⟨de Tambaco⟩**

Johannes ⟨Cameniata⟩
geb. ca. 875
De expugnatione Thessalonicae
Rep.Font. VI,342/43; Tusculum-Lexikon; CSGL; LMA,V,884
Cameniata, Johannes
Giovanni ⟨Cameniate⟩
Iōannēs ⟨ho Kameniatēs⟩
Iōannēs ⟨ho Kaminiatēs⟩
Johannes ⟨Kameniates⟩
Johannes ⟨Kaminiates⟩
Johannes ⟨Thessalonicensis⟩
Kameniates, Johannes
Kaminiates, Johannes

Johannes ⟨Camillus⟩
→ **Regiomontanus, Johannes**

Johannes ⟨Campanus⟩
→ **Campanus, Johannes**

Johannes ⟨Campsenus⟩
→ **Johannes ⟨Tomsonus⟩**

Johannes ⟨Canabocensis⟩
→ **Johannes ⟨Canabutius⟩**

Johannes ⟨Canabutius⟩
15. Jh.
Ad principem Aeni et Samothraces, de Dionysio Halicarnassensi commentarius
Tusculum-Lexikon; CSGL
Canabutius, Johannes
Giovanni ⟨Canabutzes⟩
Iōannēs ⟨Kanabutzēs⟩
Johannes ⟨Canabocensis⟩
Johannes ⟨Canabutzes⟩
Johannes ⟨Kanabutzes⟩
Johannes ⟨Magister⟩
Kanabutzēs, Iōannēs
Kanabutzes, Johannes

Johannes ⟨Canales⟩
→ **Johannes ⟨Ferrariensis⟩**

Johannes ⟨Cananus⟩
gest. ca. 1422
De urbe Constantinopolitana a. 1422 a Turcis oppugnata
Tusculum-Lexikon; CSGL; LMA,V,898
Cananus, Johannes
Giovanni ⟨Canano⟩
Giovanni ⟨Cananos⟩
Iōannēs ⟨Kananos⟩
Johannes ⟨Kananos⟩
Kananos, Iōannēs
Kananos, Johannes

Johannes ⟨Canaparius⟩
gest. 1004
Vita Sancti Adalberti Pragensis Episcopi
LThK
Canaparius, Johannes
Giovanni ⟨Canapario⟩
Jean ⟨Abbé⟩
Jean ⟨Canaparius⟩
Jean ⟨de Saints Boniface et Alexis⟩
Johannes ⟨Abbas⟩
Johannes ⟨Abbas Sancti Bonifatii et Alexii Romae⟩
Johannes ⟨Canatarius⟩
Johannes ⟨Sancti Alexii Romani⟩

Johannes ⟨Canepanova⟩
→ **Johannes ⟨Papa, XIV.⟩**

Johannes ⟨Canonicus⟩
→ **Johannes ⟨de Beka⟩**
→ **Johannes ⟨de Sancto Amando⟩**
→ **Johannes ⟨Faventinus⟩**
→ **Johannes ⟨Hocsemius⟩**

Johannes ⟨Canonicus⟩
um 1329
Quaestiones super VIII libros Physicorum; In logica; Identität von Petrus ⟨Casuelis⟩ mit Johannes ⟨Canonicus⟩ vmtl. gegeben (vgl. Clm 5874)
Lohr
Canonici, Jean
Canonicus, Johannes
Jean ⟨Canonici⟩
Jean ⟨le Chanoine⟩
Jean ⟨Mambre⟩
Jean ⟨Marbres⟩
Johannes ⟨Canonicus Dartusiensis⟩
Johannes ⟨Canonicus Marbres⟩
Johannes ⟨Mambre⟩
Johannes ⟨Mambres⟩
Johannes ⟨Marbres⟩
Johannes ⟨Marlo⟩
Johannes ⟨Tolosanus⟩
John ⟨Canonicus⟩
Mambre, Jean
Petrus ⟨Casuelis⟩

Johannes ⟨Canonicus Cremonensis⟩
→ **Johannes ⟨Cremonensis⟩**

Johannes ⟨Canonicus Dartusiensis⟩
→ **Johannes ⟨Canonicus⟩**

Johannes ⟨Canonicus Ecclesiae Hamelensis⟩
→ **Johannes ⟨de Pohle⟩**

Johannes ⟨Canonicus Ecclesiae Zagrabiensis⟩
→ **Johannes ⟨Goriciensis⟩**

Johannes ⟨Canonicus Klosterneuburg⟩
→ **Johannes ⟨de Rusbach⟩**

Johannes ⟨Canonicus Lateranensis⟩
→ **Johannes ⟨Lateranensis⟩**

Johannes ⟨Canonicus Laudunensis⟩
→ **Johannes ⟨de Nemosio⟩**

Johannes ⟨Canonicus Marbres⟩
→ **Johannes ⟨Canonicus⟩**

Johannes ⟨Canonicus Salmanticensis⟩
→ **Johannes ⟨Pelagii⟩**

Johannes ⟨Canonicus Sancti Victoris⟩
→ **Johannes ⟨de Alneto⟩**
→ **Johannes ⟨de Sancto Victore⟩**

Johannes ⟨Canonicus Urbevetanus⟩
→ **Johannes ⟨Urbevetanus⟩**

Johannes ⟨Canonicus Walthamensis⟩
→ **Johannes ⟨Wratingus⟩**

Johannes ⟨Cantabrigiensis⟩
→ **Johannes ⟨Wanifletus⟩**

Johannes ⟨Cantacuzenus⟩
→ **Johannes ⟨Imperium Byzantinum, Imperator, VI.⟩**

Johannes ⟨Cantius⟩
ca. 1360 – 1473
Epp. Pauli; Disputata super VIII libros Physicorum secundum Bendictum Hesse
Lohr; Stegmüller, Repert. bibl. 4281;4282
Cantius, Johannes
Giovanni ⟨Cansio⟩
Giovanni ⟨Canzio⟩
Jan ⟨z Ket⟩
Jean ⟨Cantius⟩
Jean ⟨de Kanty⟩
Jean ⟨de Kenty⟩
Jean ⟨Saint⟩
Johannes ⟨de Kanthi⟩
Johannes ⟨Kant⟩
Johannes ⟨Sanctus⟩

Johannes ⟨Cantuariensis⟩
→ **Johannes ⟨Blundus⟩**
→ **Johannes ⟨Peckham⟩**

Johannes ⟨Čapek⟩
→ **Čapek, Jan**

Johannes ⟨Capellanus⟩
→ **Johannes ⟨de Foxton⟩**
→ **Johannes ⟨Porta de Annoniaco⟩**

Johannes ⟨Capellanus Monasterii Sanctae Catharinae⟩
→ **Johannes ⟨Vend⟩**

Johannes ⟨Capgrave⟩
→ **John ⟨Capgrave⟩**

Johannes ⟨Capistranus⟩
→ **Johannes ⟨de Capestrano⟩**

Johannes ⟨Capogrevus⟩
→ **John ⟨Capgrave⟩**

Johannes ⟨Cappadoces⟩
gest. 520
LMA,IV,548
Cappadoces, Johannes
Jean ⟨de Cappadoce⟩
Jean ⟨de Constantinople, II.⟩
Jean ⟨Patriarche, II.⟩
Jean ⟨Saint⟩
Johannes ⟨Cappadoces, II.⟩
Johannes ⟨Cappadox⟩
Johannes ⟨Constantinopolitanus, II.⟩
Johannes ⟨Kappadokes, II.⟩
Johannes ⟨Patriarch, II.⟩
Johannes ⟨Patriarcha, II.⟩
Johannes ⟨von Konstantinopel, II.⟩

Johannes ⟨Cappadox⟩
→ **Johannes ⟨Cappadoces⟩**
→ **Johannes ⟨Ieiunator⟩**

Johannes ⟨Capreolus⟩
ca. 1380 – 1444
LMA,V,561
Capreolus, Johannes
Caprioli, Jean
Jean ⟨Caprioli⟩
Johannes ⟨Thomistarum Princeps⟩

Johannes ⟨Capupper von Goch⟩
→ **Johannes ⟨Pupper von Goch⟩**

Johannes ⟨Caput⟩
ca. 1246 · OPraem
Historia monasterii Ilfeldensis
Rep.Font. VI,298
Caput, Jean
Caput, Johannes
Jean ⟨Caput⟩
Johannes ⟨Ilfeldensis⟩

Johannes ⟨Caraffa⟩
→ **Caraffa, Johannes**

Johannes ⟨Cardinal⟩
→ **Dominici, Giovanni**

Johannes ⟨Cardinalis⟩
→ **Johannes ⟨de Aragonia, Cardinalis⟩**

Johannes ⟨Carlerius de Gerson⟩
→ **Gerson, Johannes**

Johannes ⟨Carmelita⟩
um 1398/1402 · OP
Sermones tres
Kaeppeli,II,396
Johannes ⟨dictus Carmelita⟩

Johannes ⟨Carmelita Burnhamiensis⟩
→ **Johannes ⟨Walsingham⟩**

Johannes ⟨Carmelita Eboracensis⟩
→ **Johannes ⟨Goldestonus⟩**

Johannes ⟨Carmelitanus⟩
→ **Johannes ⟨Crastonus⟩**

Johannes ⟨Carmen⟩
→ **Carmen, Johannes**

Johannes ⟨Carnificis de Lutrea⟩
→ **Johannes ⟨de Lutrea⟩**

Johannes ⟨Carnotensis⟩
→ **Johannes ⟨Sarisberiensis⟩**

Johannes ⟨Carpathius⟩
7. Jh.
Ad monachos in India
Tusculum-Lexikon; CSGL; LMA,V,583
Carpathius, Johannes
Caveus, Johannes
Jean ⟨de Carpathos⟩
Johannes ⟨Caveus⟩
Johannes ⟨von Karpathos⟩
John ⟨of Karpathos⟩
Karpathos, John ¬of¬

Johannes ⟨Carthusianus⟩
→ **Johannes ⟨de Montemedio⟩**
→ **Johannes ⟨Institor⟩**
→ **Johannes ⟨Mantuanus⟩**

Johannes ⟨Casinensis⟩
um 1090
Passio translatio corporis et miracula S. Johannis episcopi Spoletani
Rep.Font. VI,299; DOC,2,1119/20
Jean ⟨du Mont-Cassin⟩
Johannes ⟨Monachus Casinensis⟩

Johannes ⟨Castelensis⟩
→ **Johannes ⟨de Castello⟩**

Johannes ⟨Castella, Rex, II.⟩
→ **Juan ⟨Castilla, Rey, II.⟩**

Johannes ⟨Castellanus⟩
→ **Johannes ⟨de Castello⟩**

Johannes ⟨Castellanus⟩
um 1373/87 · OP
Nicht identisch mit Johannes ⟨de Castello⟩ (gest. 1426); Archiepiscopus Salmanticensis; Responsum ad Petrum archiep. Toletanum
Kaeppeli,II,397
Castellanus, Johannes

Johannes ⟨Catalanus⟩
→ **Johannes ⟨de Clarano⟩**

Johannes ⟨Catholicos⟩
→ **Yovhannēs ⟨Draxanakertc'i⟩**

Johannes ⟨Catraras⟩
14. Jh.
Tusculum-Lexikon; CSGL

Catraras, Johannes
Giovanni ⟨Catrara⟩
Johannes ⟨Katrares⟩
Johannes ⟨Katrarios⟩
Katrares, Johannes
Katrarios, Johannes

Johannes ⟨Cattelin⟩
→ **Johannes ⟨Papa, III.⟩**

Johannes ⟨Cavalerius⟩
→ **Johannes ⟨Faventinus⟩**

Johannes ⟨Cavallini⟩
→ **Johannes ⟨Caballinus de Cerronibus⟩**

Johannes ⟨Caveus⟩
→ **Johannes ⟨Carpathius⟩**

Johannes ⟨Cellarum Episcopus⟩
6. Jh.
Anathema (syr.); Epistula ad Longinum (syr.)
Cpg 7229-7230
Cellarum Episcopus, Johannes
Johannes ⟨Episcopus Cellarum⟩

Johannes ⟨Cellerarius⟩
→ **Johannes ⟨Librarius⟩**

Johannes ⟨Cemeca⟩
→ **Johannes ⟨Teutonicus⟩**

Johannes ⟨Cenomanensis⟩
um 1272/86 · OFM
Sermones
Schneyer,III,577
Jean ⟨Cenomanus⟩
Jean ⟨du Mans⟩
Johannes ⟨Cenomanus⟩
Johannes ⟨du Mans⟩

Johannes ⟨Cermenatensis⟩
→ **Johannes ⟨de Cermenate⟩**

Johannes ⟨Cervantes⟩
gest. 1453
LMA,II,1634
Cervantes, Jean
Cervantes, Johannes
Cervantes, Juan
Jean ⟨Cervantes⟩
Jean ⟨Cervantes de Lora⟩
Juan ⟨Cervantes⟩

Johannes ⟨Chalcedonius⟩
→ **Johannes ⟨Agapetus⟩**

Johannes ⟨Charax⟩
6. Jh.
Tusculum-Lexikon
Charax, Johannes
Giovanni ⟨Carace⟩

Johannes ⟨Charetanus⟩
→ **Johannes ⟨de Ketham⟩**

Johannes ⟨Charlier⟩
→ **Gerson, Johannes**

Johannes ⟨Chartophylax⟩
→ **Johannes ⟨Stauracius⟩**

Johannes ⟨Chilas⟩
um 1195
Logos...kata schismatikōn...; Pros ton autokratora
Rep.Font. III,237
Cheilas, Iōannēs
Chilas, Jean
Chilas, Johannes
Iōannēs ⟨Cheilas⟩

Johannes ⟨Chilmark⟩
→ **Johannes ⟨de Chymiacho⟩**

Johannes ⟨Choriantus⟩
→ **Johannes ⟨de Friburgo⟩**

Johannes ⟨Chortasmenus⟩
ca. 1370 – ca. 1436
Tusculum-Lexikon; CSGL; LMA,V,562/63
Chortasmenos, Johannes
Chortasmenus, Johannes
Ignatio ⟨von Selymbria⟩
Ignatius ⟨Chortasmenus⟩
Ignatius ⟨Metropolita⟩
Ignatius ⟨Selybriaeus⟩
Johannes ⟨Constantinopolitanus⟩
Johannes ⟨Selymbrius⟩

Johannes ⟨Chrastonus⟩
→ **Johannes ⟨Crastonus⟩**

Johannes ⟨Chrestomus⟩
→ **Johannes ⟨Crastonus⟩**

Johannes ⟨Christodulus⟩
→ **Christodulus ⟨Monachus⟩**
→ **Johannes ⟨Imperium Byzantinum, Imperator, VI.⟩**

Johannes ⟨Christophori de Saxonia⟩
um 1240 bzw. 1335 · OP
In Elenchos; In libros De anima; Epp. Pauli; etc.
Lohr; Stegmüller, Repert. bibl. 4312-4314
Christophe, Jean
Christophori, Johannes
Christophori de Saxonia, Johannes
Jean ⟨Christophe⟩
Jean ⟨de Minden⟩
Jean ⟨Saxon⟩
Johannes ⟨Christophori⟩
Johannes ⟨de Merleburg⟩
Johannes ⟨de Minda⟩
Johannes ⟨de Minden⟩
Johannes ⟨de Saxonia⟩
Saxonia, Johannes ¬de¬

Johannes ⟨Chronist⟩
→ **Johannes ⟨Antiochenus, Chronista⟩**

Johannes ⟨Chrysolythus⟩
→ **Johannes ⟨Goldestonus⟩**

Johannes ⟨Chrysorrhoas⟩
→ **Johannes ⟨Damascenus⟩**

Johannes ⟨Ciconia⟩
→ **Ciconia, Johannes**

Johannes ⟨Cimeliarcha⟩
um 1260
Vita Johannes episcopi Neapolitani
Rep.Font. VI,300
Cimeliarcha, Johannes
Jean ⟨Cimeliarcha⟩
Jean ⟨de Naples⟩
Jean ⟨Trésorier de Naples⟩
Johannes ⟨Thesaurarius Ecclesiae Neapolitanae⟩

Johannes ⟨Cinnamus⟩
12. Jh.
Tusculum-Lexikon; LMA,V,1160
Cinname, Jean
Cinnamus, Johannes
Giovanni ⟨Cinnamo⟩
Jean ⟨Cinname⟩
Jean ⟨Sinname⟩
Johannes ⟨Kinnamos⟩
Johannes ⟨Sinnamos⟩
Kinnamos, Johannes
Sinnamos, Johannes

Johannes ⟨Cippicus⟩
→ **Cippicus, Johannes**

Johannes ⟨Cirita⟩
gest. 1164 · OCist
Epistolae; Regula ordinis militaris Avisii
Rep.Font. VI,301; DOC,2,1155
Cirita, Johannes
Jean ⟨Cirita⟩
Johannes ⟨Cirita Tharaucanus⟩
Johannes ⟨Tharaucanus⟩

Johannes ⟨Cisterciensis⟩
→ **Cirey, Jean ¬de¬**

Johannes ⟨Cisterciensis⟩
um 1417 · OCist
Compendium theologiae, tract. 1-20
Stegmüller, Repert. sentent. 815
Jean ⟨Moine Cistercien⟩

Johannes ⟨Citri Episcopus⟩
13.Jh.
Eratopokriseis
LMA,V,584
Citri, Johannes
Jean ⟨de Citri⟩
Jean ⟨de Kitros⟩
Johannes ⟨Citri⟩
Johannes ⟨von Kitros⟩
Johannes ⟨von Kytros⟩

Johannes ⟨Clenckock⟩
→ **Klenkok, Johannes**

Johannes ⟨Clericus Wirziburgensis⟩
→ **Johannes ⟨Herbipolensis⟩**

Johannes ⟨Cleynecoch⟩
→ **Klenkok, Johannes**

Johannes ⟨Climacus⟩
6. Jh.
Tusculum-Lexikon; LThK; CSGL; LMA,V,585/86
Climaco, Giovanni
Climacus, Ioannes
Climacus, Iohannes
Climacus, Johannes
Climakus, Johannes
Clymacus, Johannes
Giovanni ⟨Climaco⟩
Ioannes ⟨Climacus⟩
Iōannēs ⟨Sinaïtēs⟩
Iohannes ⟨Climacus⟩
Jean ⟨Climaque⟩
Jean ⟨le Scolastique⟩
Johannes ⟨Climax⟩
Johannes ⟨Klimacus⟩
Johannes ⟨Klimakos⟩
Johannes ⟨Klimax⟩
Johannes ⟨Montis Sinai⟩
Johannes ⟨Scholasticus⟩
Johannes ⟨Sinaiticus⟩
John ⟨Climacus⟩
Juan ⟨Climaco⟩
Klimakos, Johannes
Klimakus, Johannes

Johannes ⟨Clipstonus⟩
→ **Johannes ⟨de Clipston⟩**

Johannes ⟨Clivoth⟩
um 1395 · OESA
Act.
Stegmüller, Repert. bibl. 4410
Clivoth, Jean
Clivoth, Johannes
Jean ⟨Clivoth⟩

Johannes ⟨Cluniacensis⟩
um 945
Vita Odonis
LThK; CSGL
Jean ⟨de Cluny⟩
Jean ⟨de Salerne⟩
Jean ⟨l'Italien⟩
Johannes ⟨Italus⟩
Johannes ⟨Italus Monachus Cluniacensis⟩
Johannes ⟨Monachus⟩
Johannes ⟨Salernensis⟩
Johannes ⟨Salernitanus⟩
Johannes ⟨Salernus⟩
Johannes ⟨Sancti Odonis Discipulus⟩
Johannes ⟨von Cluny⟩
Johannes ⟨von Salerno⟩
John ⟨of Salerno⟩
Salernus, Johannes

Johannes ⟨Clyn⟩
→ **Clyn, Johannes**

Johannes ⟨Coccoveia⟩
→ **Johannes ⟨de Rubeis⟩**

Johannes ⟨Cochinger⟩
um 1350 · OP
Rom.
Stegmüller, Repert. bibl. 4411;4412; Kaeppeli,II,463/464
Cachen, Jean
Cacheng, Jean
Cochinger, Jean
Cochinger, Johannes
Jean ⟨Cachen⟩
Jean ⟨Cacheng⟩
Jean ⟨Cochinger⟩
Jean ⟨de Fribourg⟩
Johann ⟨Cochinger⟩
Johannes ⟨Cachen⟩
Johannes ⟨Cacheng⟩
Johannes ⟨Cachengda⟩
Johannes ⟨Cochingerus⟩
Johannes ⟨Cochniger⟩
Johannes ⟨Friburgensis⟩
Johannes ⟨Kochinger⟩
Kochinger, Johannes

Johannes ⟨Cochniger⟩
→ **Johannes ⟨Cochinger⟩**

Johannes ⟨Codagnellus⟩
→ **Codagnellus, Johannes**

Johannes ⟨Coeli⟩
→ **Himmel, Johannes**

Johannes ⟨Coenobii Valencensis Carmelita⟩
→ **Johannes ⟨de Condeto⟩**

Johannes ⟨Collede Erfordiensis⟩
gest. 1471
Exercitium veteris artis
Lohr
Collede Erfordiensis, Johannes
Johannes ⟨Colle de Erfordiensis⟩
Johannes ⟨Collede⟩
Johannes ⟨Collede Erffordiensis⟩
Johannes ⟨Erfordiensis⟩

Johannes ⟨Collegiatus Collegii Maioris Lipsiensis⟩
→ **Johannes ⟨de Ratisbona⟩**

Johannes ⟨Colombinus⟩
1305 – 1367
LThK
Colombinus, Johannes
Columbini, Johannes
Giovanni ⟨Colombini⟩
Giovanni ⟨da Siena⟩
Jean ⟨Colombini⟩
Jean ⟨de Sienne⟩
Johannes ⟨Columbini⟩
Johannes ⟨Sanctus⟩
John ⟨Columbini⟩

Johannes ⟨Coloniensis⟩
→ **Johannes ⟨de Colonia⟩**

Johannes ⟨Colonna⟩
→ **Columna, Johannes ¬de¬**

Johannes ⟨Concionator⟩
→ **Johannes ⟨Felton⟩**

Johannes ⟨Confessor Margaretae⟩
→ **Johannes ⟨Magdeburgensis⟩**

Johannes ⟨Consobrinus⟩
gest. 1475 bzw. 1486 (Rep.Font.) · OCarm
De iustitia commutativa, arte camposoria ac alearum ludo
Lohr; Rep.Font. III,617
Consobrinho, João
Consobrinus, Jean
Consobrinus, Johannes
Jean ⟨Consobrinus⟩
Jean ⟨de Lisbonne⟩
Jean ⟨Sobrinho⟩
João ⟨Consobrinho⟩
Johannes ⟨Lusitanus⟩
Johannes ⟨Magnus Magister⟩
Johannes ⟨Sobrinho⟩
Johannes ⟨Ulyssiponensis⟩
Sobrinho, Jean
Sobrinho, Johannes

Johannes ⟨Constantiensis⟩
→ **Johannes ⟨de Hürwin⟩**

Johannes ⟨Constantiensis⟩
11./12. Jh.
CSGL
Jean ⟨de Coutances⟩
Johannes ⟨von Coutances⟩

Johannes ⟨Constantinopolitanus⟩
→ **Johannes ⟨Agapetus⟩**
→ **Johannes ⟨Caleca⟩**
→ **Johannes ⟨Chortasmenus⟩**
→ **Johannes ⟨Grammaticus⟩**
→ **Johannes ⟨Scylitza⟩**

Johannes ⟨Constantinopolitanus⟩
9./11. Jh.
Vita Sancti Josephi Hymnographi
PG CXX,1291/92
Constantinopolitanus, Johannes
Jean ⟨de Constantinople⟩
Jean ⟨le Diacre⟩
Johannes ⟨Diaconus⟩
Johannes ⟨Diakonos⟩
John ⟨of Constantinople⟩

Johannes ⟨Constantinopolitanus, II.⟩
→ **Johannes ⟨Cappadoces⟩**

Johannes ⟨Constantinopolitanus, III.⟩
→ **Johannes ⟨Scholasticus⟩**

Johannes ⟨Constantinopolitanus, IV.⟩
→ **Johannes ⟨Ieiunator⟩**

Johannes ⟨Constantinopolitanus, VI.⟩
gest. 715
Epistula ad Constantinum papam
Cpg 8000
Constantinopolitanus, Johannes
Jean ⟨de Constantinople, VI.⟩
Jean ⟨Patriarche, VI.⟩
Johannes ⟨Archiepiscopus⟩
Johannes ⟨Constantinopolitanus⟩
Johannes ⟨Patriarcha, VI.⟩

Johannes ⟨Constantinopolitanus, VIII.⟩
→ **Johannes ⟨Xiphilinus⟩**

Johannes ⟨Constantinopolitanus, X.⟩
→ **Johannes ⟨Camaterus⟩**

Johannes ⟨Constantinopolitanus, XI.⟩
→ **Johannes ⟨Beccus⟩**

Johannes ⟨Constantinopolitanus, XIII.⟩
→ **Johannes ⟨Glycys⟩**

Johannes ⟨Contractus⟩
um 1373 · OFM
Schneyer,III,433
Contractus, Johannes
Jean ⟨Contractus⟩
Jean ⟨Kortz⟩
Johannes ⟨Kortz⟩
Johannes ⟨Korz⟩
Kortz, Johannes

Johannes ⟨Coppi de Sancto Geminiano⟩
→ **Johannes ⟨de Sancto Geminiano⟩**

Johannes ⟨Corisbenus⟩
→ **Johannes ⟨Krosbein⟩**

Johannes ⟨Cornubiensis⟩
ca. 1127 – ca. 1199
LThK; CSGL; LMA,V,564/65
Cornubius, Johannes
Jean ⟨de Cornouailles⟩
Johannes ⟨Cornubius⟩
Johannes ⟨de Cornubia⟩
Johannes ⟨de Cornwall⟩
Johannes ⟨von Cornwall⟩
John ⟨of Cornwall⟩

Johannes ⟨Cornubiensis Anglus⟩
→ **John ⟨Trevisa⟩**

Johannes ⟨Cottonis⟩
→ **Johannes ⟨Affligemensis⟩**

Johannes ⟨Courte Cuisse⟩
→ **Johannes ⟨de Brevicoxa⟩**

Johannes ⟨Cracoviensis⟩
→ **Johannes ⟨de Dabrowka⟩**

Johannes ⟨Crafthorn⟩
→ **Crathorn**

Johannes ⟨Crastonus⟩
um 1475/92
CSGL; LMA,III,335/36
Craston, Giovanni
Crastoni, Giovanni
Crastoni, Johannes
Crastonus, Johannes
Crestonus, Johannes
Groslatius, Johannes
Jean ⟨Crastoni⟩
Jean ⟨Crestoni⟩
Johannes ⟨Carmelitanus⟩
Johannes ⟨Chrastonus⟩
Johannes ⟨Chrestomus⟩
Johannes ⟨Creestomus⟩
Johannes ⟨Crestonus⟩
Johannes ⟨Groslatius⟩
Johannes ⟨Groslotius⟩
Johannes ⟨Placentinus⟩
Placentinus, Johannes

Johannes ⟨Crathorn⟩
→ **Crathorn**

Johannes ⟨Craws⟩
→ **Craws, Johannes**

Johannes ⟨Creestomus⟩
→ **Johannes ⟨Crastonus⟩**

Johannes ⟨Cremonensis⟩
→ **Johannes ⟨de Persico⟩**

Johannes ⟨Cremonensis⟩
um 1168/85
Miracula sancti Hymerii episcopi Americae
Rep.Font. VI,302
Jean ⟨Chanoine de Crémone⟩
Jean ⟨de Crémone⟩
Johannes ⟨Canonicus Cremonensis⟩
Johannes ⟨Cremonensis Canonicus⟩

Johannes ⟨Cressiacus Ambianensis⟩
→ **Johannes ⟨Monachus⟩**

Johannes ⟨Crestonus⟩
→ **Johannes ⟨Crastonus⟩**

Johannes ⟨Cromiardus⟩
→ **Johannes ⟨Bromiardus⟩**

Johannes ⟨Cronisbenus⟩
→ **Johannes ⟨Krosbein⟩**

Johannes ⟨Cruczeburg⟩
ca. 1355/60 – ca. 1423/32
In librum Posteriorum; Collatio quam fecit magister Johannes Cruczeburg pro honore regis Poloniae in Cracovia ratione victoriae contra Prothenos
Lohr; Rep.Font. VI,303; IRHT
Cruczeburg, Johannes
Jan ⟨z Kluczborka⟩
Jean ⟨de Kluczbork⟩
Johannes ⟨de Cruczeburg⟩
Johannes ⟨de Kluczbork⟩
Johannes ⟨Hildebrandi de Cruczburg⟩
Johannes ⟨Hildebrandi de Kluczbork⟩
Johannes ⟨Hildebrandi Filius⟩
Johannes ⟨von Kreuzburg⟩
Kluczbork, Johannes ¬de¬

Johannes ⟨Csezmiczei⟩
→ **Ianus ⟨Pannonius⟩**

Johannes ⟨Cubitensis⟩
→ **Johannes ⟨de Cubito⟩**

Johannes ⟨Cucuzelus⟩
gest. ca. 1360/75
Vertonte Lehrschrift über die Tonfiguren; Diagramm über das Verhältnis der Tonarten zueinander
LMA,V,1561
Cucuzelus, Johannes
Ioan ⟨Kukusel⟩
Ioan ⟨Kukuzel⟩
Joan ⟨Kukuzel⟩
Johannes ⟨Kukuzeles⟩
Johannes ⟨Kukuzelis⟩
John ⟨Kukuzel⟩
Koukouzeles, Johannes
Kukusel, Ioan
Kukuzel, Ioan
Kukuzeles, Johannes
Kukuzelis, Johannes
Papadopulos, Johannes

Johannes ⟨Cultellinus⟩
→ **Johannes ⟨de Cultellinis⟩**

Johannes ⟨Cuniganus⟩
→ **Johannes ⟨Kiningham⟩**

Johannes ⟨Curopalata⟩
→ **Johannes ⟨Scylitza⟩**

Johannes ⟨Currifex⟩
→ **Johannes ⟨de Gamundia⟩**

Johannes ⟨Curtius⟩
→ **Kurtz, Johann**

Johannes ⟨Cusin⟩
→ **Kuse, ¬Der¬**

Johannes ⟨Cuzin⟩
um 1368 · OP
Mt. c.1-15; Identität mit Johannes ⟨Russim⟩ (Stegmüller, Repert. bibl. 4917-4918) wahrscheinlich, mit Kuse, ¬Der¬ nicht gesichert
Stegmüller, Repert. bibl. 4424; Kaeppeli,II,466/467
Cussim, Johannes
Cuzin, Jean
Cuzin, Johannes
Jean ⟨Cuzin⟩
Jean ⟨de Luxembourg⟩
Johannes ⟨Cussim⟩
Johannes ⟨Cussin⟩
Johannes ⟨Cuzim⟩
Johannes ⟨Kusin⟩
Johannes ⟨Kustin⟩
Johannes ⟨Luxemburgensis⟩
Johannes ⟨Moguntinus⟩
Johannes ⟨Russim⟩
Kustin, Johannes
Russim, Johannes

Johannes ⟨Cyparissiota⟩
14. Jh.
Tusculum-Lexikon; LThK; CSGL
Cyparissiota, Johannes
Giovanni ⟨Ciparissiote⟩
Iōannēs ⟨ho Kyparrisseus⟩
Iōannēs ⟨ho Sophos⟩
Jean ⟨de Cyparisse⟩
Jean ⟨le Sage⟩
Johannes ⟨Kyparissiotes⟩
Johannes ⟨Sapiens⟩
John ⟨Cyparissiota⟩
John ⟨the Wise⟩
Kyparissiotes, Johannes

Johannes ⟨Cypriotes⟩
→ **Johannes ⟨Geometra⟩**

Johannes ⟨Cyriota⟩
→ **Johannes ⟨Geometra⟩**

Johannes ⟨Cyropalata⟩
→ **Johannes ⟨Scylitza⟩**

Johannes ⟨Dąbrówka⟩
→ **Johannes ⟨de Dabrowka⟩**

Johannes ⟨Dacus⟩
13. Jh.
Summa grammatica
Tusculum-Lexikon; LMA,V,566
Dacus, Johannes
Jean ⟨de Dacie⟩
Jean ⟨le Danois⟩
Johannes ⟨Dachus⟩
Johannes ⟨de Dacia⟩
Johannes ⟨von Dacien⟩
Johannes ⟨von Dänemark⟩

Johannes ⟨Dalat⟩
→ **Tallat, Johannes**

Johannes ⟨Dalderby⟩
gest. 1320
Quaestio est an in passione Christi pena vel tristicia attingebat superiorem partem racionis
Schönberger/Kible, Repertorium, 14442
Dalderby, Jean
Dalderby, Johannes
Jean ⟨Dalderby⟩

Johannes ⟨Dalich⟩
→ **Johannes ⟨Alich⟩**

Johannes ⟨d'Alie⟩
→ **Johannes ⟨Fiscannensis⟩**

Johannes ⟨Dalmata⟩
→ **Johannes ⟨Papa, IV.⟩**

Johannes ⟨Dalye⟩
→ **Johannes ⟨Fiscannensis⟩**

Johannes ⟨Damascenus⟩
gest. 749
LThK; CSGL; Tusculum-Lexikon; LMA,V,566/68
Arela, Johannes
Damascenus, Johannes
Damaskenos, Johannes
Giovanni ⟨Damasceno⟩
Ianus ⟨Damascenus⟩
Iōannēs ⟨Damaskēnos⟩
Iōannēs ⟨ho Damaskēnos⟩
Janus ⟨Damascenus⟩
Jean ⟨Damascène⟩
Jean ⟨de Damas⟩
Johannes ⟨a Matre Dei⟩
Johannes ⟨a Sancta Maria Magdalena⟩
Johannes ⟨a Sancto Savo⟩
Johannes ⟨Arela⟩
Johannes ⟨Chrysorrhoas⟩
Johannes ⟨Damaskenos⟩
Johannes ⟨Mansur⟩
Johannes ⟨Sancti Sabbae⟩
Johannes ⟨Sanctus⟩
Johannes ⟨von Damaskos⟩
Johannes ⟨von Damaskus⟩
John ⟨Damascene⟩
John ⟨of Damascus⟩
John ⟨Saint⟩
Mesuë ⟨der Ältere⟩

Johannes ⟨Dambacensis⟩
→ **Johannes ⟨de Dambach⟩**

Johannes ⟨Dambacensis⟩
→ **Johannes ⟨de Tambaco⟩**

Johannes ⟨Danck de Saxonia⟩
um 1323/55
Canones super tabulas Alfonsi regis Costelle; Kommentar zu al-Quabisi
LMA,V,568
Counnout, Johannes ¬de¬
Danck, Jean
Danck, Johannes
Danck de Saxonia, Johannes
Danckonis, Johannes
Danekow, Johannes
Hans ⟨Danekow⟩
Hans ⟨Dankow⟩
Jean ⟨de Saxe⟩
Johann ⟨Danck⟩
Johann ⟨von Sachsen⟩
Johannes ⟨Danck⟩
Johannes ⟨Danckow⟩
Johannes ⟨Danconis⟩
Johannes ⟨Danekow⟩
Johannes ⟨Danekow de Magdeborth⟩
Johannes ⟨de Counnout⟩
Johannes ⟨de Danckonis⟩
Johannes ⟨de Saxonia⟩
Johannes ⟨Saxo⟩
Johannes ⟨Saxonius⟩
Johannes ⟨von Sachsen⟩
Saxonia, Johannes ¬de¬
Saxonius, Johannes

Johannes ⟨Danekow de Magdeborth⟩
→ **Johannes ⟨Danck de Saxonia⟩**

Johannes ⟨Dastin⟩
→ **Dastin, Johannes**

Johannes ⟨Datus de Imola⟩
gest. 1471 · OESA
Libri II in Priora Aristotelis; Libri II in Posteriora Aristotelis
Lohr
Dati, Jean
Datus, Johannes
Datus de Imola, Johannes
Imola, Johannes ¬de¬
Jean ⟨Dati⟩
Jean ⟨Dati d'Imola⟩
Johannes ⟨Datus⟩
Johannes ⟨de Imola⟩
Johannes ⟨Forocorneliensis⟩

Johannes ⟨d'Aubigné⟩
→ **Johannes ⟨de Albiniaco⟩**

Johannes ⟨Dauler⟩
→ **Tauler, Johannes**

Johannes ⟨d'Aunay⟩
→ **Johannes ⟨de Alneto⟩**

Johannes ⟨Daustenius⟩
→ **Dastin, Johannes**

Johannes ⟨David⟩
→ **Johannes ⟨Hispanus⟩**

Johannes ⟨d'Avranches⟩
→ **Johannes ⟨Abrivacensis⟩**

Johannes ⟨Dawler⟩
→ **Tauler, Johannes**

Johannes ⟨de Abbatisvilla⟩
→ **Johannes ⟨Algrinus⟩**

Johannes ⟨de Actona⟩
→ **Johannes ⟨Acton⟩**

Johannes ⟨de Actona⟩
um 1329/51; laut Chevalier um 1290
Constitutiones legatinae
Rep.Font. II,416
Achedunus, Johannes
Acton, Jean
Acton, Johannes ¬de¬
Actona, Johannes ¬de¬
Athona, Johannes ¬de¬
Ayton, Johannes ¬de¬
Eaton, Johannes ¬de¬
Jean ⟨Acton⟩
Jean ⟨d'Acton⟩
Johannes ⟨Achedunus⟩
Johannes ⟨de Acton⟩
Johannes ⟨de Actono⟩
Johannes ⟨de Athona⟩
Johannes ⟨de Aton⟩
Johannes ⟨de Ayton⟩
Johannes ⟨de Eaton⟩

Johannes ⟨de Adorff⟩
→ **Johannes ⟨Permeter⟩**

Johannes ⟨de Afflighem⟩
→ **Jan ⟨van Leeuwen⟩**

Johannes ⟨de Agnania⟩
→ **Johannes ⟨de Anania⟩**

Johannes ⟨de Alatre⟩
um 1266/95
LMA,V,548
Alatre, Johannes ¬de¬
Johannes ⟨Bischof von Clonfert⟩
Johannes ⟨von Clonfert⟩

Johannes ⟨de Albertis⟩
um 1456
Albertis, Giovanni ¬de¬
Albertis, Johannes ¬de¬
Giovanni ⟨da Capodistria⟩
Giovanni ⟨de Albertis⟩

Johannes ⟨de Albiniaco⟩
um 1285 · OP
Schneyer,III,286
Albiniaco, Johannes ¬de¬
Aubigné, Jean ¬de¬
Jean ⟨d'Aubigné⟩
Johannes ⟨d'Aubigné⟩

Johannes ⟨de Alcobaca⟩
13./14. Jh. · OCist
Speculum disputationis contra Hebraeos
Rep.Font. VI,273
Alcobaca, Johannes ¬de¬
Jean ⟨d'Alcobaça⟩
João ⟨de Alcobaça⟩
Johannes ⟨Alcobaca⟩
Johannes ⟨Alcobacensis⟩

Johannes ⟨de Aldemburgo⟩
→ **Johannes ⟨de Ardemburgo⟩**

Johannes ⟨de Alemania⟩
→ **Johannes ⟨de Huxaria⟩**

Johannes ⟨de Alerio⟩
gest. 1342 · OCarm
Eccli.
Stegmüller, Repert. bibl. 4137
Alerio, Johannes ¬de¬
Jean ⟨Alère⟩
Jean ⟨d'Alerio⟩
Johannes ⟨Alerius⟩
Johannes ⟨Tolosanus⟩

Johannes ⟨de Allhallowgate⟩
→ **Allhallowgate, Johannes ¬de¬**

Johannes ⟨de Allodiis⟩
ca. 1228 – 1306 · OP
Sermones Parisiis habiti
Schneyer,III,330
Allodiis, Johannes ¬de¬
Jean ⟨de l'Alleu⟩
Jean ⟨des Alleux⟩
Jean ⟨d'Orléans⟩
Johannes ⟨Aurelianensis⟩
Johannes ⟨Aurelianus⟩
Johannes ⟨de Allodio⟩
Johannes ⟨de Aurelia⟩
Johannes ⟨de Aurelianis⟩
Johannes ⟨des Alleux⟩
Johannes ⟨d'Orleans⟩

Johannes ⟨de Alneto⟩
ca. 12./14. Jh. · OESACan
Sermones
Schneyer,III,287
Alneto, Johannes ¬de¬
Jean ⟨Chanoine de Saint-Victor⟩
Jean ⟨d'Alneto⟩
Jean ⟨d'Aunay⟩
Johannes ⟨Abbas⟩
Johannes ⟨Canonicus Sancti Victoris⟩
Johannes ⟨de Parisiis⟩
Johannes ⟨d'Aunay⟩
Johannes ⟨Launay⟩

Johannes ⟨de Alsfeldia⟩
→ **Johannes ⟨Schaufus⟩**

Johannes ⟨de Alta Silva⟩
um 1200
Tusculum-Lexikon
Alta Silva, Johannes ¬de¬
Jean ⟨de Haute-Seille⟩
Jean ⟨de Hauteselve⟩
Johannes ⟨de Hauteselves⟩
Johannes ⟨von Alta Silva⟩

Johannes ⟨de Alta Villa⟩
gest. 1184
Architrenius
LThK; CSGL; Tusculum-Lexikon; LMA,V,580/81
Alta Villa, Johannes ¬de¬
Jean ⟨de Hauteville⟩
Jean ⟨d'Anneville⟩
Johannes ⟨Annaevillanus⟩
Johannes ⟨Archithrenius⟩
Johannes ⟨de Auvilla⟩
Johannes ⟨de Hauvilla⟩
Johannes ⟨de Neustria⟩
Johannes ⟨Hanvillensis⟩
Johannes ⟨Hautivillensis⟩
Johannes ⟨Magnavillanus⟩
Johannes ⟨Nantvillensis⟩
Johannes ⟨Neustrius⟩
Johannes ⟨Normannus⟩
Johannes ⟨von Auvilla⟩
Johannes ⟨von Hanvilla⟩
Johannes ⟨von Hauvilla⟩
John ⟨de Hanville⟩
John ⟨de Hauteville⟩

Johannes ⟨de Altamuta⟩
→ **Johannes ⟨von Neumarkt⟩**

Johannes ⟨de Altissiodoro⟩
um 1438
Anon. Pater noster, secundum reportata a Johanne de Altissiodoro, compendium
Stegmüller, Repert. bibl. 4138
Altissiodoro, Johannes ¬de¬
Jean ⟨d'Auxerre⟩

Johannes ⟨de Altono⟩
→ **Johannes ⟨Acton⟩**

Johannes ⟨de Altzeya⟩
15. Jh.
Stegmüller, Repert. sentent. 111;122;399,1
Altzeya, Johannes ¬de¬

Johannes ⟨de Alvernia⟩
1259 – 1322 · OFM
Verba fratris Johannis de Alvernia
Rep.Font. V,141; LMA,V,575
Alvernia, Johannes ¬de¬
Firmanus, Giovanni
Giovanni ⟨della Verna⟩
Giovanni ⟨Firmanus⟩
Halvernia, Johannes ¬von¬
Jean ⟨de Fermo⟩
Jean ⟨de l'Alverne⟩
Jean ⟨d'Alverna⟩
Jean ⟨d'Alvernia⟩
Johannes ⟨Alverniensis⟩
Johannes ⟨Firmanus⟩
Johannes ⟨von Alverna⟩
Johannes ⟨von Halvernia⟩
Verna, Giovanni ¬della¬

Johannes ⟨de Amberg⟩
→ **Johannes ⟨de Castello⟩**
→ **Mendel, Johannes**

Johannes ⟨de Anania⟩
gest. 1457
IRHT
Agnania, Johannes ¬de¬
Anania, Joannes ¬de¬
Anania, Johannes ¬de¬
Cattani, Giovanni
Giovanni ⟨Cattani⟩
Giovanni ⟨d'Anagni⟩
Jean ⟨d'Anagni⟩
Johannes ⟨Archidiaconus⟩
Johannes ⟨Bononiensis⟩
Johannes ⟨de Agnania⟩

Johannes ⟨de Ancona⟩
um 1240/60
Summa de feudis; Summa iuris canonici; Prokurator des Templerordens
LMA,V,555; Rep.Font. VI,276
Ancona, Johannes ¬de¬

Johannes ⟨de Annoniaco⟩
→ **Johannes ⟨Porta de Annoniaco⟩**

Johannes ⟨de Annosio⟩
gest. ca. 1329
Contra fratres; De regimine principum
LMA,V,336
Annosio, Johannes ¬de¬
Jean ⟨de Annosis⟩
Jean ⟨de Saint-Amand⟩
Jean ⟨d'Anneux⟩

Johannes ⟨de Aquila⟩
→ **Johannes ⟨Aquilanus⟩**

Johannes ⟨de Aquila⟩
Lebensdaten nicht ermittelt · OFM
Commentarius in Sententias
Aquila, Johannes ¬de¬
Jean ⟨Lecteur à Assise⟩

Johannes ⟨de Aquila, Eboracensis⟩
Lebensdaten nicht ermittelt
Totius Bibliae historia versificata
Stegmüller, Repert. bibl. 4151
Aquila, Johannes ¬de¬
Aquila Eboracensis, Johannes ¬de¬
Johannes ⟨de Aquila⟩
Johannes ⟨Eboracensis⟩

Johannes ⟨de Aragonia⟩
1301 – 1334
De visione beata
LMA,V,516; Schneyer,III,295
Aragon y Anjou, Juan ¬de¬
Aragonia, Johannes ¬de¬
Jean ⟨d'Aragon⟩
Johann ⟨Erzbischof von Toledo⟩
Johann ⟨von Aragon⟩
Johannes ⟨Administrator von Tarragona⟩
Johannes ⟨de Aragon⟩
Johannes ⟨Erzbischof von Toledo⟩
Johannes ⟨Patriarcha⟩
Juan ⟨de Aragon y Anjou⟩

Johannes ⟨de Aragonia, Cardinalis⟩
gest. 1485
Oratio ad Sixtum IV. papam
Stegmüller, Repert. sentent. 846
Aragonia, Johannes ¬de¬
Jean ⟨d'Aragon⟩
Johannes ⟨Cardinalis⟩
Johannes ⟨de Aragonia⟩

Johannes ⟨de Ardemburgo⟩
gest. 1296 · OP
Lectura super totam Bibliam; Postillae super omnes alios libros Bibliae
Stegmüller, Repert. bibl. 4154-4160; Schneyer,III,329; Kaeppeli,II,376/377
Ardemburgo, Johannes ¬de¬
Jean ⟨de la Cour⟩
Jean ⟨d'Ardembourg⟩
Johann ⟨Uyt-Ten-Hove⟩
Johannes ⟨Aldemburgensis⟩
Johannes ⟨Ardemburgensis⟩
Johannes ⟨Ardenburgo, Flamingus⟩
Johannes ⟨de Aldemburgo⟩
Johannes ⟨de Aldenburgo⟩
Johannes ⟨de Ardembourg⟩
Johannes ⟨de Ardenburgo, Flamingus⟩
Johannes ⟨de Erdemburgo⟩
Johannes ⟨de Erdenberch⟩
Johannes ⟨de la Cour⟩
Johannes ⟨Ecdebergensis⟩
Johannes ⟨Ecdenbergius⟩
Johannes ⟨Eckenbergius⟩
Johannes ⟨Eckendenbergius⟩
Johannes ⟨ex Curia⟩
Johannes ⟨Utenhove⟩
Johannes ⟨Utentune⟩
Johannes ⟨Utentuune⟩

Johannes ⟨de Arida Villa⟩
→ **Johannes ⟨de Siccavilla⟩**

Johannes ⟨de Arnstede⟩
→ **Johannes ⟨Wolffis de Arnstede⟩**

Johannes ⟨de Arundine⟩
gest. 1497
LThK
Arundine, Johannes ¬de¬
Ioannes ⟨ze Trzciany⟩
Jan ⟨van Riedt⟩
Jan ⟨van Riet⟩
Jean ⟨de Arundine⟩
Jean ⟨van Riedt⟩
Johannes ⟨ab Arundine⟩
Johannes ⟨Arundinensis⟩
Johannes ⟨von Riedt⟩
Riedt, Jan ¬van¬
Riet, Jan ¬van¬

Johannes ⟨de Asculo⟩
um 1270 · OFM
Sermones de tempore et de sanctis
Schneyer,III,329
Asculo, Johannes ¬de¬
Jean ⟨d'Ascoli⟩
Johannes ⟨Aesculanus⟩
Johannes ⟨Asculanus⟩
Johannes ⟨de Esculo⟩
Johannes ⟨Esculanus⟩

Johannes ⟨de Ashenden⟩
→ **Johannes ⟨de Eschenden⟩**

Johannes ⟨de Athona⟩
→ **Johannes ⟨de Actona⟩**

Johannes ⟨de Attes⟩
→ **Johann ⟨von der Etsch⟩**

Johannes ⟨de Auerbach⟩
gest. ca. 1469
Processus judicii; Summa de auditione confessionis et de sacramentis
LThK; CSGL; VL(2),10,117/121
Auerbach, Johannes ¬de¬
Aurbach, Johann
Jean ⟨de Bamberg⟩
Jean ⟨d'Aurbach⟩
Johann ⟨Aurbach⟩
Johannes ⟨Auerbach⟩
Johannes ⟨Bambergensis⟩
Johannes ⟨de Aurbach⟩
Johannes ⟨de Northusen⟩
Johannes ⟨de Urbach⟩
Johannes ⟨Urbech⟩
Johannes ⟨Urbech de Northusen⟩
Johannes ⟨von Auerbach⟩
Urbach, Johann

Johannes ⟨de Aurelianis⟩
→ **Johannes ⟨de Allodiis⟩**

Johannes ⟨de Auvilla⟩
→ **Johannes ⟨de Alta Villa⟩**

Johannes ⟨de Aversa⟩
um 1339/40 · OP
Lectura super Psalmos; Identität mit Petrus ⟨de Aversa⟩ nicht gesichert
Stegmüller, Repert. bibl. 4166
Aversa, Johannes ¬de¬
Johannes ⟨de Aversa, Iunior⟩
Johannes ⟨Lector in Conventu Sancti Dominici⟩
Johannes ⟨Sancti Dominici de Neapoli⟩

Johannes ⟨de Aversa, Iunior⟩
→ **Johannes ⟨de Aversa⟩**

Johannes ⟨de Ayton⟩
→ **Johannes ⟨de Actona⟩**

Johannes ⟨de Bachone⟩
→ **Johannes ⟨Baco⟩**

Johannes ⟨de Baconstop⟩
→ **Johannes ⟨Baco⟩**

Johannes ⟨de Baion⟩
→ **Johannes ⟨de Bayon⟩**

Johannes ⟨de Balbis Ianuensis⟩
→ **Johannes ⟨Ianuensis⟩**

Johannes ⟨de Balma⟩
um 1300 · OP
Schneyer,III,349
Balma, Johannes ¬de¬
Jean ⟨de Baume⟩
Johannes ⟨de Baume⟩
Johannes ⟨de Palma⟩

Johannes ⟨de Barastre⟩
→ **Johannes ⟨de Sancto Quintino⟩**

Johannes ⟨de Barningham⟩
gest. 1448 · OCarm
Lecturae Scripturarum
Stegmüller, Repert. sentent. 402,1; Stegmüller, Repert. bibl. 4227
Barmyngham, John
Barningham, Johannes ¬de¬
Barningham, John
Jean ⟨de Barningham⟩
Johannes ⟨Barningham⟩
Johannes ⟨Barningham Bernegamus⟩
Johannes ⟨Bernegamus⟩
Johannes ⟨de Bernegamo⟩
Johannes ⟨Gippeswicensis⟩
John ⟨Barmyngham⟩
John ⟨Barningham⟩

Johannes ⟨de Bartpha⟩
gest. 1480 · OCist
Addicio super planctum pii patris nostri Bernardi super nostro Cisterciensi ordine; Annales Lubenses
Rep.Font. VI,283
Bartpha, Johannes ¬de¬
Jean ⟨de Bartfeld⟩
Jean ⟨de Bartpha⟩
Jean ⟨de Hongrie⟩
Jean ⟨de Leubus⟩
Johannes ⟨de Luba⟩
Johannes ⟨Hungarus⟩
Johannes ⟨Leubusii⟩
Johannes ⟨Lubensis⟩

Johannes ⟨de Barwick⟩
→ **Johannes ⟨de Berwick⟩**

Johannes ⟨de Basel⟩
→ **Johannes ⟨de Basilea⟩**

Johannes ⟨de Basilea⟩
→ **Mulberg, Johannes**

Johannes ⟨de Basilea⟩
ca. 1313 – 1392 · OESA
CSGL; LMA,V,556
Basilea, Johannes ¬de¬
Hiltalingen, Johannes
Jean ⟨de Bâle⟩
Johannes ⟨Basiliensis⟩
Johannes ⟨de Basel⟩
Johannes ⟨Hiltalingen⟩
Johannes ⟨Hiltaltinger⟩
Johannes ⟨Hiltaltinger de Basel⟩
Johannes ⟨Lomberiensis⟩
Johannes ⟨von Basel⟩

Johannes ⟨de Basingstoke⟩
gest. 1252
Übers. der „Concordia evangeliorum"
Stegmüller, Repert. bibl. 4228;4229
Basing, John
Basingstoke, Johannes ¬de¬
Basingstoke, John
Jean ⟨Basinge⟩
Jean ⟨de Basingstoke⟩
Johannes ⟨Basingestockes⟩
Johannes ⟨Basingtochius⟩
Johannes ⟨Basingus⟩
Johannes ⟨de Basing⟩
John ⟨Basing⟩
John ⟨Basingstoke⟩

Johannes ⟨de Bassolis⟩
gest. 1347
LThK
Bassol, Jean
Bassolis, Johannes ¬de¬
Bassols, Juan
Jean ⟨Bassol⟩
Jean ⟨de Bassolles⟩
Johannes ⟨Bassolius⟩
Juan ⟨Bassols⟩

Johannes ⟨de Baugesio⟩
um 1173/93 · OCist
Epistulae ad Gaufridum
Rep.Font. VI,285; DOC,2,1117
Baugesio, Johannes ¬de¬
Giovanni ⟨Abbate⟩
Giovanni ⟨di Baugercy⟩
Jean ⟨de Baugerais⟩
Johannes ⟨Abbas Baugesei⟩
Johannes ⟨Abbas de Baugesio⟩
Johannes ⟨Baugesei⟩
Johannes ⟨Baugesii⟩
Johannes ⟨Baugeziensis⟩
Johannes ⟨Beaugecii⟩

Johannes ⟨de Baume⟩
→ **Johannes ⟨de Balma⟩**

Johannes ⟨de Bayon⟩
um 1326 · OP
Chronicon Mediani in Monte Vosago monasterii
Kaeppeli,II,384; Rep.Font. VI,286
Bayon, Johannes ¬de¬
Jean ⟨Bayon⟩
Jean ⟨de Bayon⟩
Jean de ⟨Moyenmoutier⟩
Johannes ⟨de Baion⟩
Johannes ⟨de Bayon Lotaringus⟩

Johannes ⟨de Bazano⟩
14. Jh.
Bazano, Johannes ¬de¬
Bazzano, Giovanni ¬da¬
Giovanni ⟨da Bazzano⟩
Jean ⟨de Bazzano⟩

Johannes ⟨de Beaune⟩
→ **Johannes ⟨de Belna⟩**

Johannes ⟨de Beets⟩
gest. 1470 · OCarm
Praeceptorium divinae legis
Stegmüller, Repert. bibl. 4232
Beets, Jean ¬de¬
Beets, Johannes ¬de¬
Jean ⟨de Beets⟩
Jean ⟨de Beetz⟩
Jean ⟨de Geet-Betz⟩
Jean ⟨de Tirlemont⟩
Johannes ⟨Beetzius⟩
Johannes ⟨de Beithz⟩
Johannes ⟨de Beriz⟩
Johannes ⟨de Bethz⟩

Johannes ⟨de Beithz⟩
→ **Johannes ⟨de Beets⟩**

Johannes ⟨de Beka⟩
14. Jh.
Beca, Joannes ¬de¬
Becanus, Johannes
Beka, Johannes ¬de¬
Jean ⟨de Beka⟩
Johannes ⟨a Beka⟩
Johannes ⟨Becanus⟩
Johannes ⟨Canonicus⟩
Johannes ⟨Traiectensis⟩
Johannes ⟨Ultraiectinus⟩
Johannes ⟨van der Beke⟩

Johannes ⟨de Bellencourt⟩
→ **Johannes ⟨de Bullencuria⟩**

Johannes ⟨de Bellis Manibus⟩
→ **Johannes ⟨de Belmeis⟩**

Johannes ⟨de Bellobeco⟩
12./13. Jh.
Schneyer,III,349
Bellobeco, Johannes ¬de¬

Johannes ⟨de Belmeis⟩
gest. ca. 1202
CSGL; LThK
Belmeis, Johannes ¬de¬
Jean ⟨de Belmeis⟩
Jean ⟨de Lyon⟩
Jean ⟨de Narbonne⟩
Jean ⟨de Poitiers⟩
Johannes ⟨ad Albas Manus⟩
Johannes ⟨Belesmeius⟩
Johannes ⟨Bellemanus⟩
Johannes ⟨de Bellis Manibus⟩
Johannes ⟨Lugdunensis⟩
Johannes ⟨Pictaviensis⟩
Johannes ⟨Thesaurarius Eboracensis⟩

Johannes ⟨de Belna⟩
gest. 1324 · OP
Responsio ad dubia quaedam sibi transmissa
Kaeppeli,II,384/385; Schönberger/Kible, Repertorium, 14449
Beaune, Jean ¬de¬
Belna, Johannes ¬de¬
Jean ⟨de Beaune⟩
Jean ⟨de Belna⟩
Johannes ⟨Belnensis⟩
Johannes ⟨de Beaune⟩

Johannes ⟨de Bercht⟩
um 1470 · OESACan
Elucidatorium in Psalmos
Stegmüller, Repert. bibl. 4235;4236
Bercht, Jean ¬de¬
Bercht, Johannes ¬de¬
Jean ⟨Bercht de Diest⟩
Jean ⟨de Bercht⟩
Jean ⟨de Diest⟩
Jean ⟨de Groenendal⟩
Johannes ⟨Diestensis⟩
Johannes ⟨Viridis Vallis⟩

Johannes ⟨de Beriz⟩
→ **Johannes ⟨de Beets⟩**

Johannes ⟨de Berlington⟩
→ **Johannes ⟨de Derlington⟩**

Johannes ⟨de Bernegamo⟩
→ **Johannes ⟨de Barningham⟩**

Johannes ⟨de Berwick⟩
um 1290/1340 · OFM
Quaestiones in VI (Z) Metaphysicae
Stegmüller, Repert. sentent. 408; Lohr; Schneyer,III,349
Barwick, John
Berwick, Johannes ¬de¬
Berwick, John ¬de¬
Jean ⟨de Barwick⟩
Jean ⟨de Berwick⟩
Johannes ⟨de Barwick⟩
John ⟨Barwick⟩
John ⟨de Berwick⟩

Johannes ⟨de Bethz⟩
→ **Johannes ⟨de Beets⟩**

Johannes ⟨de Beverley⟩
→ **Johannes ⟨Beverlacensis⟩**

Johannes ⟨de Biblia⟩
um 1307/38 · OP
Sermones ad clerum; Quodlibeta XX seu XXVIII; Sermones de sanctis et festis
Schneyer,III,359; Kaeppeli,II,385/386
Biblia, Johannes ¬de¬
Jean ⟨de Biblia⟩
Johannes ⟨Bononiensis⟩
Johannes ⟨de Bibia⟩
Johannes ⟨de Biblia Bononiensis⟩

Johannes ⟨de Biblia Bononiensis⟩
→ **Johannes ⟨de Biblia⟩**

Johannes ⟨de Biclaro⟩
ca. 540 – 621
LThK; CSGL; LMA,V,557
Biclaro, Johannes ¬de¬
Jean ⟨de Biclar⟩
Jean ⟨de Girone⟩
Johannes ⟨Abbas⟩
Johannes ⟨Badariensis⟩
Johannes ⟨Biclarensis⟩
Johannes ⟨Biclariensis⟩
Johannes ⟨de Gerona⟩
Johannes ⟨de Valleclara⟩
Johannes ⟨Episcopus⟩
Johannes ⟨Gerundensis⟩
Johannes ⟨Girundinensis⟩
Johannes ⟨of Biclara⟩
Johannes ⟨of Gerona⟩
Johannes ⟨of Santarem⟩
Johannes ⟨von Biclaro⟩
Juan ⟨Biclarense⟩
Juan ⟨de Biclara⟩

Johannes ⟨de Biervliet⟩
gest. 1308 · OSB
Miracula posthuma s. Arnulfi
Rep.Font. VI,509
Biervliet, Johannes ¬de¬
Jan ⟨van Biervliet⟩
Jean ⟨de Biervliet⟩

Johannes ⟨de Bila⟩
gest. 1415
Bearbeiter des „Brevilogus"
VL(2),4,541
Bila, Johannes ¬de¬
Johannes ⟨von Biel⟩
Johannes ⟨von Bielen⟩
Johannes ⟨von Pielach⟩

Johannes ⟨de Bischofsdorf⟩
→ **Johannes ⟨de Villa Episcopi⟩**

Johannes ⟨de Blanasco⟩
→ **Blanasco, Johannes ¬de¬**

Johannes ⟨de Blanchinis⟩
gest. ca. 1465
Italien. Astronom
LMA,II,38
Bianchini, Giovanni
Blanchinis, Johannes ¬de¬
Blanchinus, Johannes
Giovanni ⟨Bianchini⟩
Johannes ⟨Blanchinus⟩
Johannes ⟨Ferrariensis⟩

Johannes ⟨de Blavasco⟩
→ **Blanasco, Johannes ¬de¬**

Johannes ⟨de Blois⟩
→ **Johannes ⟨Blesensis⟩**

Johannes ⟨de Blomendal⟩
→ **Johannes ⟨Blomendal⟩**

Johannes ⟨de Bomalia⟩
gest. 1477 · OP
Prov.; Eccle.; Apoc.
Stegmüller, Repert. bibl. 4255-4257
Bomalia, Johannes ¬de¬
Jean ⟨Boumal⟩
Jean ⟨de Bomal⟩
Jean ⟨de Bomale⟩
Jean ⟨de Bommels⟩
Jean ⟨de Brabant⟩
Jean ⟨de Louvain⟩
Jean ⟨Prieur de Louvain⟩
Johannes ⟨de Bomal⟩
Johannes ⟨de Bomale⟩
Johannes ⟨de Bomelia⟩
Johannes ⟨de Bommalia⟩

Johannes ⟨de Bonandrea⟩
gest. 1321
Brevis introductio ad dictamen
LMA,V,557; Rep.Font. VI,289
Bonandrea, Johannes ¬de¬
Giovanni ⟨Bonandree⟩
Giovanni ⟨di Bonandrea⟩
Johannes ⟨Bonandreae⟩
Johannes ⟨Bononiensis⟩
Johannes ⟨de Bonandrea, Bononiensis⟩

Johannes ⟨de Bonis⟩
→ **Bonis, Johannes L. ¬de¬**

Johannes ⟨de Bononia⟩
→ **Johannes ⟨de Cultellinis⟩**

Johannes ⟨de Bononia, qui dicitur de Lana⟩
→ **Johannes ⟨de Lana⟩**

Johannes ⟨de Borbone⟩
gest. 1330
De materia irregularitatis
Rep.Font. VI,290
Borbone, Johannes ¬de¬
Bourbon, Jean ¬de¬
Jean ⟨de Tresiaus⟩
Jean ⟨Doyen d'Autun⟩
Johannes ⟨de Borbonio⟩
Johannes ⟨Decanus Augustodunensis⟩

Johannes ⟨de Borotin⟩
gest. ca. 1441
Lectura libri Meteororum
Lohr
Borotin ⟨Magister⟩
Borotin, Johannes ¬de¬

Johannes ⟨de Borough⟩
→ **Johannes ⟨de Burgo⟩**

Johannes ⟨de Bory⟩
→ **Jean ⟨de Bory⟩**

Johannes ⟨de Bosco⟩
→ **Johannes ⟨de Sacrobosco⟩**

Johannes ⟨de Bracchiis de Taliatis⟩
→ **Johannes ⟨de Mediolano⟩**

Johannes ⟨de Braculis⟩
gest. ca. 1385 · OESA
Super VI Physicorum; Übers. des Aegidius Romanus in Mittelniederdt.
Lohr; VL(2),4,545
Braculis, Johannes ¬de¬
Johannes ⟨de Brakel⟩
Johannes ⟨von Brack⟩
Johannes ⟨von Brakel⟩

Johannes ⟨de Brakel⟩
→ **Johannes ⟨de Braculis⟩**

Johannes ⟨de Braunsberg⟩
→ **Johannes ⟨Breslauer de Braunsberg⟩**

Johannes ⟨de Brema⟩
→ **Johannes ⟨Teyerberch in Brema⟩**

Johannes ⟨de Bresnov⟩
→ **Johannes ⟨de Holesov⟩**

Johannes ⟨de Brevicoxa⟩
ca. 1350 – 1423
CSGL; LMA,III,316/17
Brevicoxa, Johannes ¬de¬
Courtecuisse, Jean
Curtacoxa, Johannes ¬de¬
Jean ⟨Courtecuisse⟩
Jean ⟨de Brievecuisse⟩
Jean ⟨de Courtecuisse⟩
Johannes ⟨Brevis Coxa⟩
Johannes ⟨Breviscoxae⟩
Johannes ⟨Courte Cuisse⟩
Johannes ⟨de Brevi Coxa⟩
Johannes ⟨de Cortahosa⟩
Johannes ⟨de Curtacoxa⟩

Johannes ⟨de Bridlington⟩
ca. 1320 – 1379 · OESACan
Vaticinium (umstritten)
Stegmüller, Repert. bibl. 4270; LMA,V,617
Bridlington, Johannes ¬de¬
Jean ⟨de Bridlington⟩
Jean ⟨d'York⟩
Johannes ⟨Bridlingtonensis⟩
Johannes ⟨von Bridlington⟩
John ⟨of Bridlington⟩
Pseudo-Johannes ⟨de Bridlington⟩

Johannes ⟨de Brixia⟩
→ **Johannes ⟨Alberti de Brixia⟩**

Johannes ⟨de Brixia⟩
um 1250 · OP
Schneyer,III,373
Brixia, Johannes ¬de¬
Jean ⟨de Brescia⟩
Jean ⟨de Brixia⟩
Johannes ⟨Brixiensis⟩

Johannes ⟨de Bromyard⟩
→ **Johannes ⟨Bromiardus⟩**

Johannes ⟨de Bronnbach⟩
→ **Johannes ⟨de Brumbach⟩**

Johannes ⟨de Brumbach⟩
um 1431 · OCist
Princ. theol.
Stegmüller, Repert. sentent. 410,1;464; Stegmüller, Repert. bibl. 4273
Brumbach, Johannes ¬de¬
Johannes ⟨de Bronnbach⟩
Johannes ⟨Magister Heidelbergensis⟩

Johannes ⟨de Bruna⟩
um 1335/50 · OP
Confessio
Kaeppeli,II,394/395; Schönberger/Kible, Repertorium, 14452/14453
Bruna, Johannes ¬de¬
Johannes ⟨de Brunna⟩

Johannes ⟨de Brunswig⟩
→ **Johannes ⟨Brunsvicensis⟩**

Johannes ⟨de Bruxella⟩
→ **Johannes ⟨de Villario⟩**
→ **Mauburnus, Johannes**

Johannes ⟨de Bruyne⟩
gest. 1450 · OCarm
Epp. Pauli
Stegmüller, Repert. bibl. 4275
Bruyne, Johannes ¬de¬
Jean ⟨Brunius⟩
Jean ⟨de Bruxelles⟩
Jean ⟨de Bruyn⟩
Jean ⟨de Bruyne⟩
Jean ⟨Prieur de Gand⟩
Johannes ⟨Brunius⟩
Johannes ⟨Brunius Bruxellensis⟩
Johannes ⟨Bruxellensis⟩

Johannes ⟨de Bucca⟩
um 1418/26
Epistola ad Conradum episcopum Olomucensem; Sententia de concordiae conditionibus
Rep.Font. VI,291
Bucca, Johannes ¬de¬
Johannes ⟨Episcopus Luthomuslensis⟩
Johannes ⟨Episcopus Olomucensis⟩
Johannes ⟨Luthomuslensis⟩
Johannes ⟨Olomucensis⟩

Johannes ⟨de Bullencuria⟩
um 1200 · OCist
Schneyer,III,374
Bullencuria, Johannes ¬de¬
Jean ⟨de Bellencourt⟩
Johannes ⟨de Bellencourt⟩

Johannes ⟨de Bulzano⟩
ca. 15. Jh.
Super XII Metaphysicae
Lohr
Bulzano, Johannes ¬de¬

Johannes ⟨de Burgis⟩
→ **Johannes ⟨Gundisalvi de Burgis⟩**

Johannes ⟨de Burgo⟩
gest. ca. 1400
CSGL
Burgh, Johannes
Burghe, Johannes
Burgo, Johannes ¬de¬
Jean ⟨de Peterborough⟩
Johannes ⟨Burgensis⟩
Johannes ⟨Burgi Sancti Petri⟩
Johannes ⟨Buriensis⟩
Johannes ⟨de Borough⟩
Johannes ⟨de Peterborough⟩
Johannes ⟨Petriburgensis⟩
Johannes ⟨Petroburgensis⟩

Johannes ⟨de Bury Saint Edmond's⟩
→ **Johannes ⟨de Sancto Edmundo⟩**

Johannes ⟨de Buscaria⟩
Lebensdaten nicht ermittelt · OESA
Stegmüller, Repert. bibl. 4278
Buscaria, Johannes ¬de¬
Jean ⟨de Buxaria⟩

Johannes ⟨de Butzbach⟩
→ **Johannes ⟨Juff de Butzbach⟩**

Johannes ⟨de Caleto⟩
um 1271/1285
Formularium (Collectio 550 epist. regum divers.)
Rep.Font. VI,525
Caleto, Johannes ¬de¬
Caux, Jean ¬de¬
Jean ⟨de Caux⟩
Johannes ⟨Caleti⟩

Johannes ⟨de Cambaco⟩
→ **Johannes ⟨de Tambaco⟩**

Johannes ⟨de Cambico⟩
→ **Johannes ⟨de Dambach⟩**

Johannes ⟨de Campana⟩
→ **Johannes ⟨de Capua⟩**

Johannes ⟨de Canabaco⟩
→ **Gerson, Johannes**

Johannes ⟨de Capella⟩
15. Jh.
Cronica abbreviata super gestis et factis dominorum et sanctorum abbatum Sancti-Richarii
Rep.Font. VI,298
Capella, Johannes ¬de¬
Jean ⟨de la Chapelle⟩

Johannes ⟨de Capestrano⟩
1386 – 1456
LThK; Tusculum-Lexikon
Capestrano, Johannes ¬de¬
Capistranis, Johannes ¬de¬
Capistrano, Giovanni ¬da¬
Capistrano, Johannes ¬de¬
Capistranus, Johannes
Capistro, Johannes ¬de¬
Caposton, Johannes ¬de¬
Giovanni ⟨da Capistrano⟩
János ⟨Capistranói⟩
Jean ⟨de Capistrano⟩
Johannes ⟨a Capistrano⟩
Johannes ⟨aus Capestrano⟩
Johannes ⟨Capistranus⟩
Johannes ⟨Capistron⟩
Johannes ⟨de Capistranis⟩
Johannes ⟨de Capistrano⟩
Johannes ⟨de Caposton⟩
Johannes ⟨Kapistran⟩
Johannes ⟨von Capestrano⟩
John ⟨of Capistrano⟩
Kapisztrán, János

Johannes ⟨de Capua⟩
um 1262/78
LMA,V,561
Capua, Giovanni ¬da¬
Capua, Johannes ¬de¬
Capua, Juan ¬de¬
Giovanni ⟨da Capua⟩
Jean ⟨de Capoue⟩
Johann ⟨von Capua⟩
Johannes ⟨aus Capua⟩
Johannes ⟨de Campana⟩
Johannes ⟨de Campania⟩
Johannes ⟨de Padua⟩
Johannes ⟨Patavinus⟩
Johannes ⟨von Campana⟩
Johannes ⟨von Campania⟩
Johannes ⟨von Capua⟩
John ⟨of Capua⟩
Juan ⟨de Capua⟩

Johannes ⟨de Carcassona⟩
um 1350 · OESA
IV Evv.
Stegmüller, Repert. bibl. 4304,1
Carcassona, Johannes ¬de¬
Jean ⟨de Carcassone⟩
Johannes ⟨e Carcassona⟩

Johannes ⟨de Cardalhaco⟩
ca. 1313 – 1390
Liber regalis
LMA,II,1501; Schneyer, Winke, 23
Cardaillac, Jean ¬de¬
Cardalhaco, Johannes ¬de¬
Jean ⟨Archevêque de Toulouse⟩
Jean ⟨de Braga⟩
Jean ⟨de Cardaillac⟩
Jean ⟨du Quercy⟩
Jean ⟨d'Orense⟩
Jean ⟨Patriarche d'Alexandrie⟩
Johannes ⟨de Cardailhaco⟩
Johannes ⟨Patriarcha⟩
Johannes ⟨von Alexandrien⟩

Johannes ⟨de Casa Nova⟩
→ **Casanova, Johannes ¬de¬**

Johannes ⟨de Casali⟩
um 1346/75 · OFM
Quaestiones super librum De generatione animalium; Quaestiones super librum De partibus animalium; I Cor.; etc.
Lohr; Stegmüller, Repert. bibl. 4305 - 4311; Rep.Font. VI,299
Casali, Johannes ¬de¬
Jean ⟨de Casale⟩
Jean ⟨de Casali⟩
Jean ⟨de Piemont⟩
Johannes ⟨a Casali Montisferrati⟩
Johannes ⟨de Casale Monferrato⟩
Johannes ⟨de Casali, OFM⟩
Johannes ⟨de Casali Montisferrati⟩
Johannes ⟨de Piedmont⟩
Johannes ⟨von Casale⟩

Johannes ⟨de Casanova⟩
→ **Casanova, Johannes ¬de¬**

Johannes ⟨de Cassil⟩
→ **Johannes ⟨von Kassel⟩**

Johannes ⟨de Castellione⟩
um 1273 · OFM
Nicht identisch mit Johannes ⟨de Castello⟩ (gest. 1426) und Johannes ⟨Castellanus⟩ (um 1373/87)
Schneyer,III,431
Castellione, Johannes ¬de¬
Jean ⟨de Castilione⟩
Jean ⟨de Châtillon⟩
Johannes ⟨a Castilione⟩
Johannes ⟨de Castello⟩
Johannes ⟨de Châtillon⟩

Johannes ⟨de Castellione⟩
→ **Vepria, Jean ¬de¬**

Johannes ⟨de Castello⟩
→ **Johannes ⟨de Castellione⟩**

Johannes ⟨de Castello⟩
gest. 1426
Nicht identisch mit Johannes ⟨de Castellione⟩ (um 1273) und Johannes ⟨Castellanus⟩ (um 1373/87); Spiritualis philosophia
VL(2),4,652/658; Schneyer,III,374; LMA,V,583/84
Castello, Johannes ¬de¬
Giovanni ⟨di Kastl⟩
Jean ⟨de Kastl⟩
Johann ⟨von Kastl⟩
Johannes ⟨Castelensis⟩
Johannes ⟨Castellanus⟩
Johannes ⟨de Amberg⟩
Johannes ⟨von Kastl⟩
Kastl, Johannes ¬von¬

Johannes ⟨de Cataldis⟩
um 1437/65 · OP
Sermones et materie subsequentes sunt et fuerunt ad clerum; Dictum in vulgari
Kaeppeli,II,499
Cataldi, Giovanni
Cataldis, Johannes ¬de¬
Giovanni ⟨Cataldi⟩
Giovanni ⟨da Napoli⟩
Giovanni ⟨di Napoli⟩
Jean ⟨de Naples⟩
Johannes ⟨de Cataldis, Neopolitanus⟩
Johannes ⟨de Neapoli⟩
Johannes ⟨de Neapoli, II⟩

Johannes ⟨de Caulaincourt⟩
15. Jh.
In libros Metaphysicorum
Lohr
Caulaincourt, Johannes ¬de¬
Johannes ⟨Procurator Nationis Picardiae⟩

Johannes ⟨de Caulibus⟩
um 1376 · OFM
Meditationes vitae Christi
Rep.Font. VI,299
Caulibus, Johannes ¬de¬
Giovanni ⟨da Caulibus da San-Gemignano⟩
Jean ⟨a Caulibus⟩
Jean ⟨de San-Gimignano⟩

Johannes ⟨de Celano⟩
um 1270 · OFM bzw. OP
Vita Sancti Francisci; Sermones
Schneyer,III,431; Rep.Font. VI,299
Celano, Johannes ¬de¬
Jean ⟨de Celano⟩

Johannes ⟨de Cellis⟩
→ **Giovanni ⟨dalle Celle⟩**

Johannes ⟨de Cercinis⟩
→ **Johannes ⟨de Rubeis⟩**

Johannes ⟨de Cermenate⟩
gest. ca. 1340
Historia de situ, origine, et cultoribus Ambrosianae urbis
Tusculum-Lexikon
Cermenate, Giovanni ¬da¬
Cermenate, Joannes ¬de¬
Cermenate, Johannes ¬de¬
Giovanni ⟨da Cermenate⟩
Jean ⟨de Cermenate⟩
Johannes ⟨Cermenatensis⟩
Johannes ⟨von Cermenate⟩

Johannes ⟨de Cerronibus⟩
→ **Johannes ⟨Caballinus de Cerronibus⟩**

Johannes ⟨de Cesterlade⟩
um 1291/1306 · OP
Schneyer,III,432
Cesterlade, Johannes ¬de¬
Johannes ⟨von Chesterlade⟩
John ⟨de Cesterlade⟩

Johannes ⟨de Châtillon⟩
→ **Johannes ⟨de Castellione⟩**

Johannes ⟨de Chent⟩
→ **Johannes ⟨de Kent⟩**

Johannes ⟨de Chepey⟩
→ **Johannes ⟨Sheppey⟩**

Johannes ⟨de Chymiacho⟩
um 1377
Quaestiones libri Physicorum; Identität mit Johannes ⟨Chilmark⟩ umstritten
Lohr
Chymiacho, Johannes ¬de¬
Johannes ⟨Chilmark⟩
Johannes ⟨de Chyniaco⟩
Johannes ⟨de Chyviaco⟩
Johannes ⟨de Symaco⟩

Johannes ⟨de Cireyo⟩
→ **Cirey, Jean ¬de¬**

Johannes ⟨de Cis⟩
→ **Johannes ⟨de Siaco⟩**

Johannes ⟨de Clarano⟩
um 1332/56 · OCarm
Schneyer,III,432
Clarano, Johannes ¬de¬
Johannes ⟨Catalanus⟩
Johannes ⟨de Claravalle⟩
Johannes ⟨de Claravo⟩
Johannes ⟨von Clarano⟩
Johannes ⟨von Terralba⟩

Johannes ⟨de Claravalle⟩
→ **Johannes ⟨de Clarano⟩**

Johannes ⟨de Clipston⟩
gest. ca. 1378 · OCarm
Expositorium Bibliorum; In varios sacros textus
Stegmüller, Repert. bibl. 4406-4409
Clipston, Jean
Clipston, Johannes ¬de¬
Jean ⟨Clipston⟩
Jean ⟨de Nottingham⟩
Johannes ⟨Anglus⟩
Johannes ⟨Clipstonus⟩
Johannes ⟨Nortlinghamus⟩

Johannes ⟨de Coenobio ad Sanctum Matthiam⟩
um 1047 · OSB
Epp. Pauli
Stegmüller, Repert. bibl. 4128
Jean ⟨Ecolâtre de Saint-Matthias à Trèves⟩
Johannes ⟨OSB⟩
Johannes ⟨Scholasticus, OSB⟩
Johannes ⟨Scholasticus in Coenobio ad Sanctum Matthiam⟩

Johannes ⟨de Colonia⟩
→ **Johannes ⟨Blomendal⟩**

Johannes ⟨de Colonia⟩
15. Jh. · OFM
Quaestiones magistri Johannis Scoti abbreviatae et ordinatae per alphabetum super IV libris Sententiarum quodlibetisque metaphysicae et de anima; De posituris; Identität mit Johannes ⟨Blomendal⟩ umstritten
Lohr; Stegmüller, Repert. bibl. 4417,1/2
Colonia, Johannes ¬de¬
Jean ⟨de Cologne⟩
Jean ⟨de Cologne, Franciscain⟩
Johannes ⟨Coloniensis⟩
Johannes ⟨von Köln, OFM⟩
Johannes ⟨von Köln, Skotist⟩

Johannes ⟨de Columna⟩
→ **Columna, Johannes ¬de¬**

Johannes ⟨de Commingiis⟩
→ **Commingiis, Johannes ¬de¬**

Johannes ⟨de Condeto⟩
um 1380 · OCarm
I Job
Stegmüller, Repert. bibl. 4418
Condeto, Johannes ¬de¬
Jean ⟨de Condato⟩
Jean ⟨de Condé⟩
Johannes ⟨a Condato⟩
Johannes ⟨a Condeto⟩
Johannes ⟨Belga Hanno⟩
Johannes ⟨Coenobii Valencensis Carmelita⟩
Johannes ⟨e Condeto⟩

Johannes ⟨de Constancia⟩
→ **Mütinger, Johannes**

Johannes ⟨de Cornazano⟩
um 1355 · OP
Gilt gelegentlich als Verfasser einer Historia Parmensis, die vermutlich von Johannes ⟨Parmensis⟩ stammt
IRHT
Cornazanis, Johannes ¬de¬
Cornazano, Johannes ¬de¬
Cornazzano, Giovanni ¬da¬
Cornazzano, Jean
Giovanni ⟨da Cornazzano⟩
Jean ⟨Cornazzano⟩
Johannes ⟨de Cornazanis⟩

Johannes ⟨de Cornubia⟩
→ **Johannes ⟨de Sancto Germano⟩**
→ **Johannes ⟨Cornubiensis⟩**

Johannes ⟨de Cornwall⟩
→ **Johannes ⟨Cornubiensis⟩**

Johannes ⟨de Cortahosa⟩
→ **Johannes ⟨de Brevicoxa⟩**

Johannes ⟨de Counnout⟩
→ **Johannes ⟨Danck de Saxonia⟩**

Johannes ⟨de Craticula⟩
gest. 1163 · Zunächst OESA, nicht OCist
Fälschlich Johannes ⟨von Châtillon⟩
LMA,V,565
Craticula, Johannes ¬de¬
Jean ⟨de Châtillon⟩
Jean ⟨de Craticula⟩
Jean ⟨de la Grille⟩
Jean ⟨de Saint-Malo⟩
Jean ⟨d'Aleth⟩
Jean ⟨Evêque de Saint-Malo⟩
Johannes ⟨a Craticula⟩
Johannes ⟨Bischof von Alet⟩
Johannes ⟨von Châtillon⟩
Johannes ⟨von Craticula⟩

Johannes ⟨de Cremona⟩
um 1420
Carmen: Victoria domini ducis Mediolani in Dominum Pandulphum de Malatestis
Cremona, Johannes ¬de¬
Jean ⟨de Crémone, Littérateur⟩
Johannes ⟨de Cremona, Grammaticus⟩

Johannes ⟨de Cronberg⟩
um 1300 · OCarm
Schneyer,III,443
Cronberg, Johannes ¬de¬

Johannes ⟨de Cruczeburg⟩
→ **Johannes ⟨Cruczeburg⟩**

Johannes ⟨de Cruyllis⟩
14. Jh.
Lu libru di la maniscalchia
Rep.Font. VI,304
Cruyllis, Johannes ¬de¬

Johannes ⟨de Cubito⟩
um 1313/25 · OCist
De vita monachorum monasterii
Cubito, Johannes ¬de¬
Ellenbogen, Johannes ¬de¬
Jean ⟨de Waldsassen⟩

Jean ⟨d'Elnbogen⟩
Johannes ⟨Abbas⟩
Johannes ⟨Cubicensis⟩
Johannes ⟨Cubitensis⟩
Johannes ⟨de Ellenbogen⟩
Johannes ⟨von Ellenbogen⟩
Johannes ⟨von Elnbogen⟩
Johannes ⟨von Waldsassen⟩
Johannes ⟨Waldsassensis⟩

Johannes ⟨de Cultellinis⟩
gest. 1437 · OFM
Expositio in aliquot Aristotelis libros
Lohr
Cultellinis, Johannes ¬de¬
Johannes ⟨Cultellinus⟩
Johannes ⟨de Bononia⟩

Johannes ⟨de Curribus⟩
ca. 1410 – ca. 1462 · OFM
De caelesti vita; De immortalitate animae; Excerpta ex annalium libris illustris familiae Marchionum Estensium
Rep.Font. VI,304
Curribus, Johannes ¬de¬

Johannes ⟨de Curtacoxa⟩
→ **Johannes ⟨de Brevicoxa⟩**

Johannes ⟨de Czarnkow⟩
gest. 1387
Chronicon Polonorum 1370 - 1385
LMA,V,565; Rep.Font. VI,304
Archidiaconus ⟨Gneznensis⟩
Czarnkow, Johannes ¬de¬
Jan ⟨Czarnkowski⟩
Jan ⟨z Czarnkowa⟩
Janko ⟨von Czarnków⟩
Janko ⟨z Czarnkowa⟩
Jean ⟨de Czarnkow⟩
Jean ⟨de Gnesen⟩
Johannes ⟨de Gnesen⟩
Johannes ⟨de Gniezno⟩
Johannes ⟨Gneznensis⟩
Johannes ⟨Posnaniensis⟩
Johannes ⟨von Czarnków⟩

Johannes ⟨de Czölcz⟩
→ **Johannes ⟨Menlen⟩**

Johannes ⟨de Dabrowka⟩
gest. 1472
Marc. Quaestiones, pars II; Commentum super magistri Vincentii Chronicam Polonorum; Generatio ducum Polonorum
Stegmüller, Repert. sentent. 415; Stegmüller, Repert. bibl. 4425; Rep.Font. IV,97
Dąbrówka, Johannes
Dabrowka, Johannes ¬de¬
Jan ⟨Dabrowki⟩
Jan ⟨z Dabrowki⟩
Johannes ⟨Cracoviensis⟩
Johannes ⟨Dąbrówka⟩
Johannes ⟨de Dabrowska⟩
Johannes ⟨de Dambrowka⟩
Johannes ⟨de Darrówka⟩

Johannes ⟨de Dacia⟩
→ **Johannes ⟨Dacus⟩**
→ **Johannes ⟨Petri de Dacia⟩**

Johannes ⟨de Dambach⟩
→ **Johannes ⟨de Tambaco⟩**

Johannes ⟨de Dambrowka⟩
→ **Johannes ⟨de Dabrowka⟩**

Johannes ⟨de Danckonis⟩
→ **Johannes ⟨Danck de Saxonia⟩**

Johannes ⟨de Darlington⟩
→ **Johannes ⟨de Derlington⟩**

Johannes ⟨de Deo⟩
→ **Alfonsus ⟨de Deo⟩**

Johannes ⟨de Deo⟩
ca. 1190 – 1267
Potth.; LMA,V,569
Deo, Johannes ¬de¬
Giovanni ⟨di Dio⟩
Jean ⟨de Dieu⟩
João ⟨de Deus⟩
Johannes ⟨Bononiensis⟩
Johannes ⟨Ictus⟩
Johannes ⟨Yspanus⟩
Juan ⟨de Dios⟩

Johannes ⟨de Derli⟩
→ **Johannes ⟨de Reli⟩**

Johannes ⟨de Derlington⟩
gest. 1284 · OP
Partes habuit in componendis „Concordantiis Magnis sive Anglicanis"
Stegmüller, Repert. bibl. 4426; Schneyer,III,444
Derlington, Johannes
Derlington, Johannes ¬de¬
Derlyngton, Johannes
Jean ⟨de Darlington⟩
Jean ⟨de Derlington⟩
Johannes ⟨de Berlington⟩
Johannes ⟨de Darlington⟩
Johannes ⟨de Derlingtonia⟩
Johannes ⟨Derlington⟩
Johannes ⟨Derlingtonus⟩
Johannes ⟨Derlyngton⟩
Johannes ⟨Durolendunus⟩

Johannes ⟨de Dienstknecht Godts⟩
→ **Rothe, Johannes**

Johannes ⟨de Diepurgo⟩
→ **Johannes ⟨de Francfordia⟩**

Johannes ⟨de Diest⟩
→ **Johannes ⟨Bakel de Diest⟩**

Johannes ⟨de Diest⟩
gest. 1341
Schneyer,III,444
Diest, Johannes ¬de¬
Jean ⟨de Diest⟩
Jean ⟨Evêque d'Utrecht⟩
Jean ⟨Traiectensis Episcopus⟩

Johannes ⟨de Dinkelsbühl⟩
→ **Johannes ⟨Widmann de Dinkelsbühl⟩**

Johannes ⟨de Divione⟩
Lebensdaten nicht ermittelt · OCist
Stegmüller, Repert. bibl. 4435
Divione, Johannes ¬de¬
Johannes ⟨Abbas Theoloci⟩
Johannes ⟨Balernae Abbas⟩
Johannes ⟨Theoloci Abbas⟩

Johannes ⟨de Dobergos⟩
Lebensdaten nicht ermittelt
Sermones
Dobergos, Johannes ¬de¬
Jean ⟨de Dobergos⟩
Johannes ⟨de Dobergest⟩
Johannes ⟨de Dobergoz⟩

Johannes ⟨de Doerstin⟩
→ **Johannes ⟨de Dorsten⟩**

Johannes ⟨de Dondis⟩
gest. 1389
Dall'Orologio, Giovanni de Dondi
DeDondi Dall'Orologio, Giovanni
Dondi, Giovanni ¬de'¬
Dondi Dall'Orologio, Giovanni ¬de¬
Dondis, Johannes ¬de¬
Giovanni ⟨dall'Orlogio⟩
Giovanni ⟨de'Dondi⟩
Giovanni ⟨Dondi⟩
Johannes ⟨de Horologio⟩
Johannes ⟨Dondus⟩
Johannes ⟨Horologius⟩
Orologio, Giovanni de Dondi ¬dall'¬

Johannes ⟨de Dora⟩
12./14. Jh.
Sermones de festis per annum, themata e Daniele sumpta
Schneyer,III,445
Dora, Johannes ¬de¬

Johannes ⟨de Dorebeltone⟩
→ **Johannes ⟨Dumbleton⟩**

Johannes ⟨de Dorsten⟩
ca. 1420 – 1481 · OESA
Chronica imperatorum; Sermones de tempore; Tractatus sive collatio synodalis de statutis ecclesiarum; etc.
VL(2),4,577; LMA,V,570; Rep.Font. VI,313
Bauer, Johannes
Bauer von Dorsten, Johannes
Dorstein, Johann ¬von¬
Dorsten, Johann ¬von¬
Dörsten, Johann ¬von¬
Dorsten, Johannes ¬de¬
Jean ⟨de Dorsten⟩
Johannes ⟨Bauer⟩
Johannes ⟨Bauer de Dorsten⟩
Johannes ⟨Bauer von Dorsten⟩
Johannes ⟨Büer⟩
Johannes ⟨Buri⟩
Johannes ⟨Buwer⟩
Johannes ⟨de Doerstin⟩
Johannes ⟨de Dorsen⟩
Johannes ⟨de Dorste⟩
Johannes ⟨de Dursten⟩
Johannes ⟨von Dorsten⟩

Johannes ⟨de Douai⟩
→ **Johannes ⟨de Duaco⟩**

Johannes ⟨de Dražice⟩
gest. 1343
Cancellaria (Formularum liber ad usum cancellariae ep. Pragensis)
Rep.Font. VI,313
Dražice, Johannes ¬de¬
Jan ⟨z Dražic⟩
Jean ⟨de Drazic⟩
Jean ⟨Evêque de Prague⟩

Johannes ⟨de Dresden⟩
15. Jh.
Commentarius in Summam Alberti
Lohr
Dresden, Johannes ¬de¬
Johannes ⟨Dresdensis⟩

Johannes ⟨de Duaco⟩
um 1271 · OFM
Schneyer,III,446
Duaco, Johannes ¬de¬
Jean ⟨de Douai⟩
Jean ⟨de Duaco⟩
Johannes ⟨de Douai⟩

Johannes ⟨de Dubá⟩
→ **Johannes ⟨Roháč de Dubá⟩**

Johannes ⟨de Dumbleton⟩
→ **Johannes ⟨Dumbleton⟩**

Johannes ⟨de Dunis⟩
→ **Johannes ⟨de Wardo⟩**

Johannes ⟨de Dursten⟩
→ **Johannes ⟨de Dorsten⟩**

Johannes ⟨de Dydneshale⟩
→ **Johannes ⟨de Tytynsale⟩**

Johannes ⟨de Eaton⟩
→ **Johannes ⟨de Actona⟩**

Johannes ⟨de Eberbach⟩
um 1370 · OCist
Super Missus est
Stegmüller, Repert. bibl. 4452 - 4454
Eberbach, Johannes ¬de¬
Jean ⟨d'Eberbach⟩

Johannes ⟨de Eberhausen⟩
gest. 1479
Eberhausen, Johannes ¬de¬
Jean ⟨de Goettingue⟩
Jean ⟨d'Eberhausen⟩
Jean ⟨d'Evernhusen⟩
Johann ⟨von Eberhausen⟩
Johannes ⟨von Eberhausen⟩

Johannes ⟨de Eboraco⟩
um 1390 · OCarm
Praeconia sacrae Scripturae
Stegmüller, Repert. bibl. 5129
Eboraco, Johannes ¬de¬
Jean ⟨de Eboraco⟩
Jean ⟨d'York⟩
Johannes ⟨de Eboraco, Anglus⟩
Johannes ⟨Yorchus⟩

Johannes ⟨de Efringen Basileensis⟩
→ **Johannes ⟨von Offringen⟩**

Johannes ⟨de Eger⟩
→ **Johannes ⟨Frater, OFM⟩**

Johannes ⟨de Egher⟩
Lebensdaten nicht ermittelt
Ps. 1-150
Stegmüller, Repert. bibl. 4456 - 4457
Egher, Johannes ¬de¬
Johannes ⟨de Eigh⟩

Johannes ⟨de Eich⟩
ca. 1404 – 1464
Epistula ad sanctimoniales monasterii Sanctae Walpurgae; Epistula ad Jacobum Carthusiensem; etc.
VL(2),4,591; LMA,V,514; Rep.Font. VI,315
Eich, Johannes ¬de¬
Jean ⟨d'Eich⟩
Jean ⟨d'Eichstätt⟩
Johann ⟨von Eich, III.⟩
Johann ⟨von Eichstätt⟩
Johann ⟨von Eych⟩
Johannes ⟨de Eych⟩
Johannes ⟨de Eych, III.⟩
Johannes ⟨Episcopus Eichstettensis⟩
Johannes ⟨Eystensis, III.⟩
Johannes ⟨Eystetensis⟩

Johannes ⟨de Eigh⟩
→ **Johannes ⟨de Egher⟩**

Johannes ⟨de Elbing⟩
→ **Johannes ⟨Breslauer de Braunsberg⟩**

Johannes ⟨de Ellenbogen⟩
→ **Johannes ⟨de Cubito⟩**

Johannes ⟨de Engelsdorf⟩
→ **Johannes ⟨Zärtel de Engelsdorf⟩**

Johannes ⟨de Epiphania⟩
um 570/93
Historiai; De bello inter Graecos et Persas a. 571/572-592/593
Rep.Font. VI,314; Tusculum-Lexikon
Epiphania, Johannes ¬de¬
Epiphanius, Johannes
Iōannēs ⟨Epiphaneus⟩
Jean ⟨d'Epiphanie⟩
Johannes ⟨aus Epiphaneia⟩
Johannes ⟨Epiphaniensis⟩
Johannes ⟨Epiphanius⟩
Johannes ⟨Scholasticus⟩
John ⟨of Epiphaneia⟩

Johannes ⟨de Erdemburgo⟩
→ **Johannes ⟨de Ardemburgo⟩**

Johannes ⟨de Erfordia⟩
gest. 1320 · OFM
Kanonist, Theologe; Sentenzenkommentare; Summa confessorum
LThK; VL(2); CSGL; Tusculum-Lexikon; LMA,V,574
Erfordia, Johannes ¬de¬
Jean ⟨de Saxe⟩
Jean ⟨d'Erfurt⟩
Johann ⟨von Erfurt⟩
Johannes ⟨Alamannus⟩
Johannes ⟨Alemannus⟩
Johannes ⟨de Herfordia⟩
Johannes ⟨de Saxonia⟩
Johannes ⟨Erfordensis⟩
Johannes ⟨Herfordensis⟩
Johannes ⟨Saxo⟩
Johannes ⟨Saxonicus⟩
Johannes ⟨von Erfurt⟩
Johannes ⟨von Sachsen⟩
Saxonius, Johannes

Johannes ⟨de Esch⟩
→ **Johann ⟨von der Etsch⟩**

Johannes ⟨de Eschenden⟩
um 1336/55
De accidentibus mundi summa iudicialis; viell. Verf. von „Regimen de preservatione a pestilentia"
LMA,V,618
Ashenden, John
Eschenden, Johannes ¬de¬
Johannes ⟨Aeschendenus⟩
Johannes ⟨Aeschendunus⟩
Johannes ⟨Aeschendus⟩
Johannes ⟨Anglicus⟩
Johannes ⟨Ashenton⟩
Johannes ⟨de Ashenden⟩
Johannes ⟨de Estwode⟩
Johannes ⟨Eschenden⟩
Johannes ⟨Eschwidi⟩
Johannes ⟨Estvidi⟩
Johannes ⟨Estwode⟩
Johannes ⟨Ostrovodus⟩
John ⟨Ashenden⟩
John ⟨Estwood⟩
John ⟨of Ashenden⟩
John ⟨of Eschenden⟩
John ⟨of Eschnid⟩

Johannes ⟨de Esculo⟩
→ **Johannes ⟨de Asculo⟩**

Johannes ⟨de Essendia⟩
gest. 1456 · OP
Historia belli a Carolo Magno contra Saxones gesti; Narratio de spiritu quodam in villa Meyerich apparentis; Collatia de Annunciatione domini; etc.
Schönberger/Kible, Repertorium, 14469; Kaeppeli,II,415/416; Rep.Font. VI,568
Essendia, Johannes ¬de¬
Jean ⟨d'Essen⟩
Johann ⟨von Essen⟩

Johannes ⟨de Esslinga⟩
→ **Johannes ⟨Spies de Esslinga⟩**

Johannes ⟨de Essone⟩
12./14. Jh.
Paris, Nat. lat. 16499 e.g. f. 157r, 172v.; sermones f. 149-199v
Schneyer,III,468
Essone, Johannes ¬de¬

Jean ⟨d'Essonnes⟩
Johannes ⟨de Estone⟩

Johannes ⟨de Estone⟩
→ **Johannes ⟨de Essone⟩**

Johannes ⟨de Estwode⟩
→ **Johannes ⟨de Eschenden⟩**

Johannes ⟨de Etsch⟩
→ **Johann ⟨von der Etsch⟩**

Johannes ⟨de Euboea⟩
7./8. Jh.
LThK; CSGL; Tusculum-Lexikon
Euboea, Johannes ¬de¬
Jean ⟨d'Eubée⟩
Johannes ⟨Euboeensis⟩
Johannes ⟨von Euboia⟩
John ⟨of Euboea⟩

Johannes ⟨de Eugubio⟩
→ **Johannes ⟨Dominici de Eugubio⟩**

Johannes ⟨de Eych⟩
→ **Johannes ⟨de Eich⟩**

Johannes ⟨de Fabriano⟩
→ **Johannes ⟨Bechetti⟩**

Johannes ⟨de Facio⟩
12./14. Jh. · OFM
Turin, Univ. D. VI. 1 f. 60vb.
Schneyer,III,471
Facio, Johannes ¬de¬

Johannes ⟨de Fageto⟩
→ **Johannes ⟨de Fayt⟩**

Johannes ⟨de Falckenberch⟩
→ **Falkenberg, Johannes**

Johannes ⟨de Fantutiis⟩
gest. 1391
Fantutiis, Johannes ¬de¬
Fantuzzi, Johannes
Jean ⟨Fantuzzi⟩
Johannes ⟨de Fantustis⟩
Johannes ⟨Fantuzzi⟩

Johannes ⟨de Faventia⟩
→ **Johannes ⟨Faventinus, ...⟩**

Johannes ⟨de Fayt⟩
gest. 1395 · OSB
Manipulus moralis philosophiae; Sermones; Tabulae; etc.
Lohr; Schneyer,III,471; Rep.Font. VI,315
Bernier, Jean ¬de¬
Fayt, Jean Bernier ¬de¬
Fayt, Johannes ¬de¬
Jean ⟨Bernier de Fayt⟩
Jean ⟨Bernier du Fayt⟩
Jean ⟨de Bernier⟩
Jean ⟨de Fayt⟩
Jean ⟨de Saint-Amand⟩
Jean ⟨de Saint-Bavon de Gand⟩
Jean ⟨du Fay⟩
Johannes ⟨Abbé de Saint-Bavon⟩
Johannes ⟨Bernerii de Fageto⟩
Johannes ⟨Bernier de Fayt⟩
Johannes ⟨de Fageto⟩
Johannes ⟨Faita⟩
Johannes ⟨Sancti Bavonis Abbas⟩

Johannes ⟨de Fécamp⟩
→ **Johannes ⟨Fiscannensis⟩**

Johannes ⟨de Felmingham⟩
um 1330
Quaestiones super librum De sophisticis elenchis; viell. Expositio super libros Meteorum; viell. Expositio super libros De sensu et sensato
Lohr
Felmingham, Jean
Felmingham, Johannes ¬de¬
Jean ⟨Felmingham⟩
Johannes ⟨Felminghamus⟩

Johannes ⟨de Ferentino⟩
13. Jh.
Vielleicht Verf. der Vita Gregorii IX.
Rep.Font. VI,317
Ferentino, Johannes ¬de¬

Johannes ⟨de Flissicuria⟩
um 1275 · OSB
Li Romans de Troies; Tractatus de reliquario dicto Prima sancti Petri
Rep.Font. VI,318
Flissicuria, Johannes ¬de¬
Jean ⟨de Flissecuria⟩
Jean ⟨de Flixecourt⟩

Johannes ⟨de Florentia⟩
→ **Bertini, Giovanni**

Johannes ⟨de Folsham⟩
gest. 1348 · OCarm
Isagoge in Metaphysicam; De natura rerum vel moralitates rerum; In aliquot libros Salomonis Commentaria
Lohr; LMA,V,576; Stegmüller, Repert. bibl. 4465
Folsham, Jean
Folsham, Johannes ¬de¬
Ioliahan
Jean ⟨Folsham⟩
Johannes ⟨alias Ioliahan⟩
Johannes ⟨Folsham⟩
Johannes ⟨Folshamus⟩
Johannes ⟨Ioliahan⟩
Johannes ⟨Joliahan⟩
Joliahan

Johannes ⟨de Fontana⟩
ca. 1395 – ca. 1455
Bellicorum instrumentorum liber
LMA,IV,1458
Fontana, Giovanni
Fontana, Jean
Fontana, Johannes ¬de¬
Giovanni ⟨da Fontana⟩
Giovanni ⟨Fontana⟩
Jean ⟨Fontana⟩
Jean ⟨Fontana de Venise⟩
Johannes ⟨de Fontana Venetus⟩
Johannes ⟨Fontana de Venise⟩
Johannes ⟨Fontana Venetus⟩

Johannes ⟨de Fontana de Placentia⟩
um 1420 · OP
Liber ad instar Speculi historialis Vincentii Bellovacensis
Kaeppeli,II
Fontana, Johannes
Fontana de Placentia, Johannes ¬de¬
Johannes ⟨de Fontana Placentinus⟩
Johannes ⟨Fontana⟩
Placentia, Johannes ¬de¬

Johannes ⟨de Fontana Venetus⟩
→ **Johannes ⟨de Fontana⟩**

Johannes ⟨de Fonte⟩
um 1300 · OFM
Conclusiones in IV libros sententiarum
LThK
Fonte, Johannes ¬de¬
Jean ⟨de Fonte⟩
Joannes ⟨de Fonte⟩
Johannes ⟨de Fontibus⟩
Johannes ⟨Lector in Monte Pessulano⟩
Johannes ⟨von den Bornen⟩

Johannes ⟨de Fontibus⟩
14. Jh. · OP
Tract. de processione Spiritus S.; Epistula ad abbatem et conventum monasterii cuiusdam Constantinopolitani
Kaeppeli,II
Fontibus, Johannes ¬de¬

Johannes ⟨de Forda⟩
ca. 1145 – ca. 1215 · OCist
Vita Wolfrici; Expositio super Hieremiam; De contemptu mundi; etc.
Rep.Font. VI,318
Bower, Johannes
Forda, Johannes ¬de¬
Jean ⟨de Ford⟩
Johannes ⟨Abbas de Forda⟩
Johannes ⟨Abbas Fordensis⟩
Johannes ⟨Bower⟩
Johannes ⟨de Ford⟩
Johannes ⟨de Fordeham⟩
Johannes ⟨de Fordeham Devoniensis⟩
Johannes ⟨de Fordon⟩
Johannes ⟨Devoniensis⟩
Johannes ⟨Devonius⟩
Johannes ⟨Fordensis⟩
John ⟨of Devon⟩
John ⟨of Ford⟩

Johannes ⟨de Fordeham⟩
→ **Johannes ⟨de Forda⟩**
→ **Johannes ⟨de Fordun⟩**

Johannes ⟨de Fordun⟩
gest. ca. 1386
Scotichronicon
Fordun, Johannes ¬de¬
Fordun, John
Jean ⟨de Fordun⟩
Johannes ⟨de Fordeham⟩
Johannes ⟨Fordonius⟩
Johannes ⟨Fordonius, Scotus Historicus⟩
Johannes ⟨Fordun⟩
Johannes ⟨Fordunensis⟩
Johannes ⟨Scotus Historicus⟩
John ⟨Fordun⟩
John ⟨of Ford⟩
John ⟨of Fordoun⟩
John ⟨of Fordun⟩

Johannes ⟨de Foxton⟩
ca. 1369 – ca. 1450
DeFoxton, John
Foxton, Johannes ¬de¬
Johannes ⟨Capellanus⟩
John ⟨de Foxton⟩

Johannes ⟨de Francfordia⟩
ca. 1380 – 1440
CSGL; Rep.Font.
Dieburg, Johannes ¬de¬
Dieppurg, Johann
Flaschner, Johannes
Francfordia, Johannes ¬de¬
Franckfordia, Johannes ¬de¬
Jean ⟨de Francford⟩
Johann ⟨Dieppurg⟩
Johann ⟨von Frankfurt⟩
Johannes ⟨de Diepurgo⟩
Johannes ⟨de Franckfordia⟩
Johannes ⟨de Frankfurt⟩
Johannes ⟨Dieppurg⟩
Johannes ⟨Flaschner⟩
Johannes ⟨Francfordensis⟩
Johannes ⟨Heidelbergensis⟩
Johannes ⟨Lägeler⟩
Johannes ⟨Lagenator⟩
Johannes ⟨Lägler⟩
Johannes ⟨von Frankfurt⟩
Lägeler, Johannes
Lagenator, Johannes
Lägler, Johannes
Langenator, Johannes

Johannes ⟨de Franchenstain⟩
→ **Johannes ⟨von Frankenstein⟩**

Johannes ⟨de Francofordia⟩
→ **Johannes ⟨Smitzkil⟩**
→ **Streler, Johannes**

Johannes ⟨de Frankenstein⟩
→ **Johannes ⟨Brasiator de Frankenstein⟩**

Johannes ⟨de Friburgo⟩
→ **Johannes ⟨von Rheinfelden⟩**

Johannes ⟨de Friburgo⟩
ca. 1250 – 1314 · OP
Summa confessorum; Libellus de quaestionibus casualibus; Manuale super Summam Confessorum; etc.; nicht identisch mit Johannes ⟨von Rheinfelden⟩
VL(2),4,605/611; Kaeppeli,II,428/436; Tusculum-Lexikon; LMA,V,576
Friburgo, Johannes ¬de¬
Jean ⟨de Fribourg⟩
Jean ⟨le Liseur⟩
Jean ⟨le Teutonique⟩
Jean ⟨Runsic⟩
Jean ⟨Runsic-Teutonique⟩
Johann ⟨von Freiburg⟩
Johannes ⟨Choriantus⟩
Johannes ⟨de Hasela⟩
Johannes ⟨de Haslach⟩
Johannes ⟨Friburgensis⟩
Johannes ⟨Lector⟩
Johannes ⟨Rumsik⟩
Johannes ⟨Runsic⟩
Johannes ⟨Teuto⟩
Johannes ⟨Teutonicus⟩
Johannes ⟨von Freiburg⟩
Johannes ⟨von Haslach⟩
Rumsik, Johannes
Runsic, Johannes
Runsick, Jean

Johannes ⟨de Fruttuaria⟩
→ **Johannes ⟨Fiscannensis⟩**

Johannes ⟨de Gadesden⟩
1280 – 1361
Anglicus, Johannes
Gaddesden, Johannes ¬de¬
Gadesden, Johannes ¬de¬
Jean ⟨de Gaddesden⟩
Johannes ⟨Anglicus⟩
Johannes ⟨de Gaddesden⟩
Johannes ⟨Gadesdenus⟩
Johannes ⟨Gastidenus⟩
Johannes ⟨Gatisdenus⟩
Johannes ⟨Physicus⟩
John ⟨of Gaddesden⟩

Johannes ⟨de Gales⟩
→ **Johannes ⟨Guallensis⟩**

Johannes ⟨de Gallesio⟩
13. Jh. · OP
Ioh. de Gallesio fecit opus collectionis rei publice
Kaeppeli,III,46
Gallesio, Johannes ¬de¬
Johannes ⟨de Viterbio⟩

Johannes ⟨de Gallicano⟩
→ **Columna, Johannes ¬de¬**

Johannes ⟨de Galonifontibus⟩
→ **Johannes ⟨Sultaniensis⟩**

Johannes ⟨de Gamundia⟩
→ **Johannes ⟨de Gmunden⟩**

Johannes ⟨de Gamundia⟩
gest. ca. 1441 · OESA
Sermones parati; nicht identisch mit Johannes ⟨de Gmunden⟩
Schneyer, Winke, 25
Currifex, Johannes
Gamundia, Johannes ¬de¬
Gayswegner, Johannes
Johannes ⟨Currifex⟩
Johannes ⟨de Gmunden⟩
Johannes ⟨Gayswegner⟩
Johannes ⟨Gayswegner de Gamundia⟩
Johannes ⟨von Gmunden⟩

Johannes ⟨de Gandavo⟩
→ **Johannes ⟨de Ianduno⟩**

Johannes ⟨de Garlandia⟩
ca. 1195 – ca. 1272
Ars lectoria; Dictionarius; Compendium grammaticale; Identität mit Johannes ⟨de Garlandia, Gallicus⟩ umstritten
Rep.Font. VI,322; DOC,2,1163/64; LMA,V,577/578; VL(2),4,612/623
Garland, John ¬of¬
Garlande, Jean ¬de¬
Garlandia, Johannes ¬de¬
Garlandius, Johannes
Garlandria, Johannes ¬de¬
Gerlandus, Johannes
Giovanni ⟨di Garlandia⟩
Jean ⟨l'Anglais⟩
Johannes ⟨Angelus⟩
Johannes ⟨Anglus⟩
Johannes ⟨de Garlandia Anglicus⟩
Johannes ⟨de Garlandia Anglus⟩
Johannes ⟨de Garlandis⟩
Johannes ⟨Garlandius⟩
Johannes ⟨Grammaticus⟩
Johannes ⟨Ordinis Praedicatorum⟩
Johannes ⟨von Garlandia⟩
John ⟨de Garlande⟩
John ⟨of Garland⟩

Johannes ⟨de Garlandia, Gallicus⟩
13. Jh.
Identität mit Johannes ⟨de Garlandia⟩ umstritten; De mensurabili musica; De plana musica
Rep.Font. VI,322/323; DOC,2,1163; LMA,V,577/578
Garlandia Gallicus, Johannes ¬de¬
Giovanni ⟨di Garlandia⟩
Johannes ⟨de Garlandia⟩
Johannes ⟨de Garlandia Musicus⟩
Johannes ⟨de Garlandia Primarius⟩
Johannes ⟨de Garlangia⟩
Johannes ⟨de Guerlandia⟩
Johannes ⟨de Guerlangia⟩
Johannes ⟨Gallicus⟩
Johannes ⟨Primarius⟩

Johannes ⟨de Garlandia, Musicus⟩
→ **Johannes ⟨de Garlandia, Gallicus⟩**

Johannes ⟨de Gauduno⟩
→ **Johannes ⟨de Ianduno⟩**

Johannes ⟨de Gaule⟩
→ **Johannes ⟨Guallensis⟩**

Johannes ⟨de Gaza⟩
→ **Johannes ⟨Gazaeus⟩**

Johannes ⟨de Gelnhausen⟩
um 1370
LThK; VL(2); LMA,V,517
Gelnhausen, Johannes ¬de¬
Geylnhausen, Johann ¬von¬
Jan ⟨z Gelnhausen⟩
Jean ⟨de Geilnhausen⟩

Joannes ⟨de Geylnhusen⟩
Johann ⟨de Geylnhusen⟩
Johann ⟨von Geilnhusen⟩
Johann ⟨von Gelnhausen⟩
Johann ⟨von Geylnhausen⟩
Johannes ⟨de Geylnhusen⟩
Johannes ⟨von Gelnhausen⟩

Johannes ⟨de Genduno⟩
→ **Johannes ⟨de Ianduno⟩**

Johannes ⟨de Genua⟩
→ **Johannes ⟨Ianuensis⟩**

Johannes ⟨de Gerona⟩
→ **Johannes ⟨de Biclaro⟩**

Johannes ⟨de Gersonio⟩
→ **Gerson, Johannes**

Johannes ⟨de Geylnhusen⟩
→ **Johannes ⟨de Gelnhausen⟩**

Johannes ⟨de Gherretzem⟩
→ **Johannes ⟨Manthen⟩**

Johannes ⟨de Giengen⟩
→ **Keckius, Johannes**

Johannes ⟨de Glogovia⟩
→ **Głogowczyk, Jan**

Johannes ⟨de Gmunden⟩
→ **Johannes ⟨de Gamundia⟩**

Johannes ⟨de Gmunden⟩
1380 – 1442
Astronom, Mathematiker und Theologe; nicht identisch mit Johannes ⟨de Gamundia⟩
LMA,V,579; VL(2),4,630/31
Gmunden, Johannes ¬de¬
Jean ⟨de Gamundia⟩
Jean ⟨de Gmunden⟩
Johannes ⟨de Gamundia⟩
Johannes ⟨Krafft⟩
Johannes ⟨le Mathematicien de Vienne⟩
Johannes ⟨von Gemünden⟩
Johannes ⟨von Gmunden⟩
Johannes ⟨von Gmunden am Traunsee⟩
John ⟨of Gmunden⟩
Krafft, Johannes

Johannes ⟨de Gnesen⟩
→ **Johannes ⟨de Czarnkow⟩**

Johannes ⟨de Gnesen⟩
15. Jh.
Stegmüller, Repert. sentent. 450
Gnesen, Johannes ¬de¬

Johannes ⟨de Goettingen⟩
→ **Johannes ⟨de Gottinga⟩**

Johannes ⟨de Gommerville⟩
um 1273 · OP
Schneyer,III,480
Gommerville, Johannes ¬de¬
Jean ⟨de Gommerville⟩

Johannes ⟨de Goro⟩
→ **Johannes ⟨Gorini de Sancto Geminiano⟩**

Johannes ⟨de Gottinga⟩
ca. 1280 – 1349
Sophisma de intellectu et intentione; De cautela a venenis
VL(2),4,632
Gottinga, Johannes ¬de¬
Hacke, Johannes
Johann ⟨von Göttingen⟩
Johannes ⟨Alamanus de Gottinghe⟩
Johannes ⟨Alemanus⟩
Johannes ⟨Almannus⟩
Johannes ⟨de Goetinge⟩
Johannes ⟨de Goettingen⟩
Johannes ⟨de Gottingen⟩
Johannes ⟨de Gottinghe⟩
Johannes ⟨Griese von Westerholt⟩
Johannes ⟨Hacke⟩
Johannes ⟨Hake de Gottinga⟩
John ⟨of Göttingen⟩

Johannes ⟨de Gouda⟩
→ **Johannes ⟨Gulde⟩**

Johannes ⟨de Graez⟩
→ **Johannes ⟨Tosthus de Graez⟩**

Johannes ⟨de Graez⟩
1405 – 1450
Expositio symboli apostolorum; Expositio evangeliorum
Stegmüller, Repert. bibl. 4506;4507
Graez, Johannes ¬de¬

Johannes ⟨de Grocheo⟩
um 1300
De musica
LThK; LMA,V,580
Grocheo, Johannes ¬de¬
Jean ⟨de Grouchy⟩
Johann ⟨de Grocho⟩
Johannes ⟨de Grocheio⟩
Johannes ⟨de Grochio⟩
Johannes ⟨de Grocho⟩

Johannes ⟨de Groenendael⟩
→ **Jan ⟨van Leeuwen⟩**

Johannes ⟨de Grotków⟩
gest. 1352
Quaestiones in De ente et essentia; Da claribus intentionum
Schönberger/Kible, Repertorium, 14513/14514
Grotków, Johannes ¬de¬
Jan ⟨z Grotkowa⟩

Johannes ⟨de Gubyn⟩
→ **Johann ⟨von Guben⟩**

Johannes ⟨de Guerlandia⟩
→ **Johannes ⟨de Garlandia, ...⟩**

Johannes ⟨de Guerriscis⟩
→ **Johannes ⟨Guerriscus de Viterbio⟩**

Johannes ⟨de Gwent⟩
gest. 1348 · OFM
Schneyer,III,510
Gwent, Johannes ¬de¬
Johannes ⟨Camber Britannus⟩
Johannes ⟨Guentus⟩

Johannes ⟨de Gwidernia⟩
14. Jh. · OP
Tractatus de modo praedicandi
Kaeppeli,II,447/448
Gwidernia, Johannes ¬de¬
Johannes ⟨de Gwidernia Anglicus⟩

Johannes ⟨de Haarlem⟩
→ **Johannes ⟨Albertus⟩**

Johannes ⟨de Halberstadt⟩
um 1409/27 · OP
Sermones 3; Sermo fr. Iohannis de Halbirstad in Aula; Sermo doct. Ioh. de Halberstat factus in exequiis doct. Andree de Broda
Kaeppeli,II,448
Halberstadt, Johannes ¬de¬
Iohannes ⟨de Halberstat⟩
Johannes ⟨de Halbirstad⟩

Johannes ⟨de Ham⟩
um 1382
Coutumes de Namur; Formulaire
Rep.Font. III,667; VI,330
Ham, Johannes ¬de¬
Johannes ⟨Notarius⟩
Johannes ⟨Scabinus Namurcensis⟩

Johannes ⟨de Hamburg⟩
→ **Johannes ⟨Snerveding de Hamburg⟩**

Johannes ⟨de Harderwijck⟩
um 1490/1500
In Physica
Lohr
Harderwijck, Johannes ¬de¬

Johannes ⟨de Harlennes⟩
→ **Johannes ⟨de Namurco⟩**

Johannes ⟨de Haslach⟩
→ **Johannes ⟨de Friburgo⟩**

Johannes ⟨de Hasselt⟩
um 1428/44
Manuale repertorium libri Ethicorum
Lohr
Hasselt, Johannes ¬de¬
Jean ⟨de Hasselt⟩
Jean ⟨de Hasselt, Recteur de l'Université de Louvain⟩
Johannes ⟨Leyten de Hasselt⟩

Johannes ⟨de Hauteselves⟩
→ **Johannes ⟨de Alta Silva⟩**

Johannes ⟨de Hauvilla⟩
→ **Johannes ⟨de Alta Villa⟩**

Johannes ⟨de Heilbronn⟩
→ **Johannes ⟨Härrer de Heilbronn⟩**
→ **Johannes ⟨Trutzenbach de Heilbronn⟩**

Johannes ⟨de Helden⟩
Lebensdaten nicht ermittelt · OESACan
Opus secundum alphabetum
Stegmüller, Repert. bibl. 4543
Helden, Johannes ¬de¬
Johannes ⟨Prior de Rebdorf⟩

Johannes ⟨de Herduch⟩
um 1262 · OP
In Genesim et plures alios Bibliorum libros
Stegmüller, Repert. bibl. 4547
Herduch, Johannes ¬de¬
Jean ⟨d'Herbuch⟩

Johannes ⟨de Hereford⟩
→ **Johannes ⟨Edaeus⟩**

Johannes ⟨de Herfordia⟩
→ **Johannes ⟨de Erfordia⟩**

Johannes ⟨de Herrenberg⟩
→ **Johannes ⟨Wenck⟩**

Johannes ⟨de Herzogenburg⟩
→ **Johannes ⟨Zink de Herzogenburg⟩**

Johannes ⟨de Hesdinio⟩
um 1357/70 · OHospSJoh
In omnes epistolas Pauli, ad Philippum episcopum Rothomagensem
Stegmüller, Repert. bibl. 4551-4557; Schneyer,III,567
Hesdinio, Johannes ¬de¬
Jean ⟨de Hesdin⟩
Jean ⟨de Hisdino⟩
Jean ⟨d'Hesdin⟩
Jean ⟨Gallus Calumniator de Pétrarque⟩
Jean ⟨Hospitalier⟩
Johannes ⟨de Hesdino⟩
Johannes ⟨de Hisdino⟩
Johannes ⟨de Isdinio⟩

Johannes ⟨de Hesdinio⟩
→ **Jean ⟨Acart de Hesdin⟩**

Johannes ⟨de Hese⟩
14. Jh.
Hese, Johann
Hese, Johannes ¬de¬
Heseus, Johannes
Hesse, Johannes ¬de¬
Hesseus, Johannes
Johannes ⟨de Hesse⟩
Johannes ⟨Heseus⟩
Johannes ⟨Hesseus⟩

Johannes ⟨de Hesse⟩
→ **Johannes ⟨de Hese⟩**

Johannes ⟨de Hocsem⟩
→ **Johannes ⟨Hocsemius⟩**

Johannes ⟨de Holesov⟩
um 1366 · OSB
An credi possit in papam
Holesov, Johannes ¬de¬
Jean ⟨de Holleschow⟩
Johannes ⟨de Bresnov⟩
Johannes ⟨de Holeschov⟩
Johannes ⟨de Holešov⟩
Johannes ⟨Holeschoviensis⟩

Johannes ⟨de Hollandia⟩
gest. ca. 1376
Obligationes
Schönberger/Kible, Repertorium, 14515/14516
Holland, John ¬of¬
Hollandia, Johannes ¬de¬
Johannes ⟨de Holland⟩
John ⟨of Holland⟩

Johannes ⟨de Horologio⟩
→ **Johannes ⟨de Dondis⟩**

Johannes ⟨de Hovedena⟩
gest. 1275
Philomena
LMA,V,582; Tusculum-Lexikon
Hoveden, Johannes
Hovedena, Johannes ¬de¬
Howden, Johannes
Jean ⟨de Hoveden⟩
Jean ⟨de Londres⟩
Johannes ⟨Houdemius⟩
Johannes ⟨Houden⟩
Johannes ⟨Hovedenus⟩
Johannes ⟨von Hoveden⟩
John ⟨of Hoveden⟩
John ⟨of Howden⟩

Johannes ⟨de Hürwin⟩
um 1346/85 · OP
Kaeppeli,II,460/461
Hürwin, Johannes ¬de¬
Johannes ⟨Constantiensis⟩
Johannes ⟨de Hürben⟩

Johannes ⟨de Hulmo⟩
→ **Johannes ⟨de Oxenedes⟩**

Johannes ⟨de Hussenytz⟩
→ **Hus, Jan**

Johannes ⟨de Huxaria⟩
ca. 1335 – 1419 · OESA
Invitatorium; Doctrinale; Epistulae
Stegmüller, Repert. sentent. 378
Höxter, Jean
Huxaria, Johannes ¬de¬
Jean ⟨Höxter⟩
Johannes ⟨de Alemania⟩
Johannes ⟨de Usaria⟩
Pseudo-Johannes ⟨de Huxaria⟩

Johannes ⟨de Ianduno⟩
ca. 1280 – 1328
LThK; Tusculum-Lexikon; LMA,V,582
Gandovo, Johannes ¬de¬
Giovanni ⟨di Jandun⟩
Ianduno, Johannes ¬de¬
Ioannes ⟨de Janduno⟩
Jean ⟨de Jandun⟩
Jean ⟨z Janduno⟩
Johannes ⟨de Gandano⟩
Johannes ⟨de Gandavo⟩
Johannes ⟨de Gauduno⟩
Johannes ⟨de Gendunis⟩
Johannes ⟨de Genduno⟩
Johannes ⟨de Janduno⟩
Johannes ⟨de Leuduno⟩
Johannes ⟨Iandunensis⟩
Johannes ⟨Iandunus⟩
Johannes ⟨Perusinus⟩
Johannes ⟨von Jandun⟩
John ⟨of Jandun⟩

Johannes ⟨de Iānua⟩
→ **Johannes ⟨Ianuensis⟩**

Johannes ⟨de Ienczenstein⟩
→ **Johannes ⟨de Jenzenstein⟩**

Johannes ⟨de Iesenic⟩
gest. ca. 1420
Replicatio Quidamistarum
Rep.Font. VI,342
Iesenic, Johannes ¬de¬
Jan ⟨z Jesenice⟩
Jean ⟨de Jessenetz⟩
Johannes ⟨de Jesenic⟩
Johannes ⟨de Jesenice⟩

Johannes ⟨de Immenhausen⟩
→ **Johannes ⟨de Ymenhusen⟩**

Johannes ⟨de Imola⟩
→ **Johannes ⟨Datus de Imola⟩**

Johannes ⟨de Imola⟩
gest. 1436
Commentaria in tres libros Decretalium, in Clementinas
LThK(3),5,917
Giovanni ⟨da Imola⟩
Imola, Giovanni ¬da¬
Imola, Johannes ¬de¬
Jean ⟨d'Imola⟩
Johannes ⟨ab Imola⟩
Johannes ⟨Immolensis⟩
Johannes ⟨Imolensis⟩
Johannes ⟨Nicoletti⟩
Nicoletti, Johannes

Johannes ⟨de Indagine⟩
1415 – 1475
CSGL
Brewer, Johannes
Hagen, Johannes
Hagen, Johannes ¬van der¬
Hayn, Jean ¬de¬
Indagine, Johannes ¬de¬
Indagine, Johannes ¬ab¬
Jean ⟨de Hayn⟩
Johannes ⟨ab Indagine⟩
Johannes ⟨Hagen⟩

Johannes ⟨de Inferno⟩
→ **Johannes ⟨Peklo⟩**

Johannes ⟨de Insula⟩
→ **Johannes ⟨Iordani Romanus⟩**

Johannes ⟨de Iobeto⟩
→ **Johannes Evangelista ⟨de Iobeto⟩**

Johannes ⟨de Ipra⟩
→ **Johannes ⟨Longus⟩**

Johannes ⟨de Irlandia⟩
→ **John ⟨of Ireland⟩**

Johannes ⟨de Isdinio⟩
→ **Johannes ⟨de Hesdinio⟩**

Johannes ⟨de Isenach⟩
gest. 1467
Acta et facta praesulum Neuenborgensium, breviter notata ab a. 968 ad a. 1493, ficta sunt
Rep.Font. VI,338
Isenach, Johannes ¬de¬
Jean ⟨Doyen de Naumburg⟩
Jean ⟨d'Eisenach⟩
Jean ⟨Isenacensis⟩
Johannes ⟨Isenacensis⟩

Johannes ⟨de Janduno⟩
→ **Johannes ⟨de Ianduno⟩**

Johannes ⟨de Janua⟩
→ **Johannes ⟨Ianuensis⟩**

Johannes ⟨de Jastrzabije⟩
um 1421/46
Stegmüller, Repert. bibl. 4584-4590
Jastrzabije, Johannes ¬de¬
Johannes ⟨de Jastrzebski⟩
Johannes ⟨de Yastrzambye⟩
Johannes ⟨de Yestrzambe⟩

Johannes ⟨de Jenstein⟩
→ **Johannes ⟨de Jenzenstein⟩**

Johannes ⟨de Jenzenstein⟩
1348 – 1400
Hymnen
LMA,V,553/54; LThK
Jan ⟨z Jenštejna⟩
Jean ⟨de Jenstein⟩
Jenstein, Johann ¬von¬
Jenštejna, Jan ¬z¬
Jenzenstein, Johannes ¬de¬
Johann ⟨von Jenstein⟩
Johann ⟨von Jenzenstein⟩
Johannes ⟨Archiepiscopus⟩
Johannes ⟨de Ienczenstein⟩
Johannes ⟨de Jenstein⟩
Johannes ⟨de Jenstejn⟩
Johannes ⟨Episcopus⟩
Johannes ⟨Misnensis⟩
Johannes ⟨Pragensis⟩
Johannes ⟨von Jentzenstein⟩
Johannes ⟨von Jenzenstein⟩

Johannes ⟨de Jersona⟩
→ **Gerson, Johannes**

Johannes ⟨de Jesenic⟩
→ **Johannes ⟨de Iesenic⟩**

Johannes ⟨de Jobeto⟩
→ **Johannes Evangelista ⟨de Iobeto⟩**

Johannes ⟨de Joinvilla⟩
→ **Jean ⟨de Joinville⟩**

Johannes ⟨de Kanthi⟩
→ **Johannes ⟨Cantius⟩**

Johannes ⟨de Kent⟩
um 1199/1220
Summa de paenitentia; Quaestiones Londinenses
LMA,V,584
Johannes ⟨de Chent⟩
Johannes ⟨Kanzler von Saint-Paul's⟩
Johannes ⟨von Kent⟩
John ⟨of Kent⟩
Kent, Johannes ¬de¬

Johannes ⟨de Ketham⟩
ca. 1415 – ca. 1470
Charetanus, Johannes
Jan ⟨van Ketham⟩
Jean ⟨de Ketham⟩
Johannes ⟨Charetanus⟩
Johannes ⟨de Ketham Alemannus⟩
Johannes ⟨der Kellner von Kirchheim⟩
Johannes ⟨Kirchham⟩
Ketham, Johannes ¬de¬
Kirchheimer, Johannes

Johannes ⟨de Kéty⟩
→ **Johannes ⟨Frater, OFM⟩**

Johannes ⟨de Kikuleo⟩
→ **Johannes ⟨de Küküllő⟩**

Johannes ⟨de Kluczbork⟩
→ **Johannes ⟨Cruczeburg⟩**

Johannes ⟨de Königsberg⟩
→ **Regiomontanus, Johannes**

Johannes ⟨de Kremsier⟩
→ **Johannes ⟨Milič⟩**

Johannes ⟨de Küküllő⟩
ca. 1320 – ca. 1393
De vita et gestis Ludovici Hungariae regis
Rep.Font. VI,344
János ⟨Küküllei⟩
Johannes ⟨Apród de Tótsolymos⟩
Johannes ⟨Archidiaconus⟩
Johannes ⟨Archidiaconus de Kikullew⟩
Johannes ⟨Archidiaconus de Küküllo⟩
Johannes ⟨de Kikuleo⟩
Johannes ⟨de Kikullew⟩
Küküllei, János
Küküllő, Johannes ¬de¬

Johannes ⟨de Kwidzin⟩
→ **Marienwerder, Johannes**

Johannes ⟨de la Cour⟩
→ **Johannes ⟨de Ardemburgo⟩**
→ **Johannes ⟨Utenhove⟩**

Johannes ⟨de la Fierte⟩
12./14. Jh.
Schneyer,III,471
Fierte, Johannes ¬de la¬
LaFierte, Johannes ¬de¬

Johannes ⟨de la Penna⟩
→ **Johannes ⟨de Penna⟩**

Johannes ⟨de la Rochelle⟩
→ **Johannes ⟨de Rupella⟩**

Johannes ⟨de Lambsheim⟩
um 1494/95
Speculum officii missae expositorium; Arra aeternae salutis; Speculum conscientiae; etc.
VL(2),4,663
Jean ⟨de Lambsheim⟩
Jean ⟨de Lampsheim⟩
Jean ⟨de Lansheim⟩
Johannes ⟨de Lamheym⟩
Johannes ⟨de Lamshein⟩
Johannes ⟨von Lambsheim⟩
Lambsheim, Johannes ¬de¬

Johannes ⟨de Lampugnano⟩
gest. 1293 · OP
Schneyer,III,567
Giovanni ⟨Lampugnano⟩
Jean ⟨de Milan⟩
Jean ⟨Lampugnani⟩
Johannes ⟨Lampugano⟩
Johannes ⟨Lampugnanus⟩
Johannes ⟨Mediolanensis⟩
Lampugnani, Jean
Lampugnano, Johannes ¬de¬

Johannes ⟨de Lamshein⟩
→ **Johannes ⟨de Lambsheim⟩**

Johannes ⟨de Lana⟩
gest. ca. 1350 · OESA
Quaestiones in libros Physicorum; Quaestiones de anima humana
Lohr
DellaLana, Jean
Johannes ⟨de Bononia⟩
Johannes ⟨de Bononia, qui dicitur de Lana⟩
Lana, Jean ¬della¬
Lana, Johannes ¬de¬

Johannes ⟨de Landshut⟩
→ **Johannes ⟨Stedler de Landshut⟩**

Johannes ⟨de Lanthony⟩
Lebensdaten nicht ermittelt · OSB
Apoc.
Stegmüller, Repert. bibl. 4757
Johannes ⟨Subprior⟩
Lanthony, Johannes ¬de¬

Johannes ⟨de Lapide⟩
→ **Heynlin, Johannes**

Johannes ⟨de Lasnioro⟩
→ **Laaz, Johannes**

Johannes ⟨de Lathbury⟩
um 1350 bzw. 1406 · OFM
Distinctiones theologicae
Stegmüller, Repert. bibl. 4758-4763
Jean ⟨Lathbery⟩
Jean ⟨Lathbury⟩
Johannes ⟨Lathberius⟩
Johannes ⟨Lathbirius⟩
Johannes ⟨Lathburius⟩
Johannes ⟨Lathebirus⟩
Johannes ⟨Lattebur⟩
Johannes ⟨Latteburius⟩
John ⟨Lathbir⟩
John ⟨Lattebiry⟩
Lathbery, Jean
Lathbury, Jean
Lathbury, Johannes ¬de¬

Johannes ⟨de Laukka⟩
→ **Johannes ⟨Lemovicensis⟩**

Johannes ⟨de Launha⟩
→ **Johannes ⟨Lemovicensis⟩**

Johannes ⟨de Lauterbach⟩
um 1348/50 · OSB
Vita Sancti Kiliani; Vita Sancti Burchardi
VL(2),4,668/69; Rep.Font. VI,346
Johannes ⟨de Luterbech⟩
Johannes ⟨von Lauterbach⟩
Lauterbach, Johannes ¬de¬

Johannes ⟨de Lawton⟩
→ **Johannes ⟨Langton⟩**

Johannes ⟨de Legio⟩
um 1273 · OP
Schneyer,III,576
Jean ⟨de Legio⟩
Jean ⟨de Liège⟩
Johannes ⟨de Leodio⟩
Johannes ⟨de Lüttich⟩
Legio, Johannes ¬de¬

Johannes ⟨de Legnano⟩
→ **Johannes ⟨de Lignano⟩**

Johannes ⟨de Lemmo⟩
→ **Giovanni ⟨di Lemmo⟩**

Johannes ⟨de Lemoviciis⟩
→ **Johannes ⟨Lemovicensis⟩**

Johannes ⟨de Lenzinghen⟩
Lebensdaten nicht ermittelt · OCist
Job
Stegmüller, Repert. bibl. 4765
Johannes ⟨de Maulbronn⟩
Lenzinghen, Johannes ¬de¬

Johannes ⟨de Leodio⟩
→ **Ciconia, Johannes**
→ **Johannes ⟨de Legio⟩**
→ **Johannes ⟨Leodiensis⟩**

Johannes ⟨de Leuduno⟩
→ **Johannes ⟨de Ianduno⟩**

Johannes ⟨de Leydis⟩
→ **Jan ⟨van Leyden⟩**

Johannes ⟨de Lichtenberg⟩
→ **Johannes ⟨de Lucidomonte⟩**

Johannes ⟨de Lignano⟩
gest. 1383
Tractatus de bello
Tusculum-Lexikon; LMA,V,1977/78
Giovanni ⟨da Legnano⟩
Jean ⟨de Legnano⟩
Johannes ⟨de Legnano⟩
Johannes ⟨Lignanus⟩
Johannes ⟨von Lignano⟩
Legnano, Giovanni
Legnano, Giovanni ¬da¬
Legnano, Johannes ¬de¬
Lignano, Johannes ¬de¬
Lignanus, Johannes
Ligniano, Johannes ¬de¬

Johannes ⟨de Ligneriis⟩
→ **Johannes ⟨de Lineriis⟩**

Johannes ⟨de Ligniano⟩
→ **Johannes ⟨de Lignano⟩**

Johannes ⟨de Limoges⟩
→ **Johannes ⟨Lemovicensis⟩**

Johannes ⟨de Lineriis⟩
um 1320/35
Liber de sphaera; Canones; Tabulae primi mobilis
LMA,V,587
Jean ⟨de Lignères⟩
Jean ⟨de Lignières⟩
Jean ⟨de Linières⟩
Johannes ⟨Ambianensis⟩
Johannes ⟨de Ligneriis⟩
Johannes ⟨de Liveriis⟩
Johannes ⟨Liverius⟩
John ⟨de Linières⟩
Lineriis, Johannes ¬de¬

Johannes ⟨de Lirot⟩
um 1200
Schneyer,III,577
Jean ⟨de Lirot⟩
Lirot, Johannes ¬de¬

Johannes ⟨de Liveriis⟩
→ **Johannes ⟨de Lineriis⟩**

Johannes ⟨de Loco Frumenti⟩
→ **Johannes ⟨Whethamstede⟩**

Johannes ⟨de Londonia⟩
um 1308
Wahrscheinl. Verf. der Commendatio lamentabilis in transitu magni regis Edwardi
Rep.Font. VI,351
John ⟨of London⟩
Londonia, Johannes ¬de¬

Johannes ⟨de Luba⟩
→ **Johannes ⟨de Bartpha⟩**

Johannes ⟨de Lubec⟩
um 1474
Prognosticum
Jean ⟨de Lubeck⟩
Johann ⟨von Lübeck⟩
Johannes ⟨de Lubec, Alemannus⟩
Johannes ⟨de Lubeck⟩
Johannes ⟨Lubecensis⟩
Johannes ⟨Lubicensis⟩
Lubec, Johannes ¬de¬

Johannes ⟨de Lucidomonte⟩
gest. ca. 1314 · OP
Quaestiones disputatae; Quaestiones super Sentenentias
Stegmüller, Repert. sentent. 478; Schneyer,III,576;673; VL(2),4,706/10
Jean ⟨de Lichtenberg⟩
Jean ⟨de Lucemberc⟩
Jean ⟨de Lucemburc⟩
Jean ⟨de Lucido Monte⟩
Jean ⟨Picardi⟩
Johannes ⟨de Lichtenberg⟩
Johannes ⟨Picard Lichtenberg⟩
Johannes ⟨Picardi⟩
Johannes ⟨Picardi de Lichtenberg⟩
Johannes ⟨Picardi de Lucemburc⟩
Johannes ⟨Picardi von Lichtenberg⟩
Johannes ⟨von Lichtenberg⟩
Lucidomonte, Johannes ¬de¬
Picardi, Johannes

Johannes ⟨de Luckow⟩
→ **Johannes ⟨Stoffman de Luckow⟩**

Johannes ⟨de Ludzisko⟩
um 1460
De laudibus et dignitate philosophiae oratio
Schönberger/Kible, Repertorium, 14538; Rep.Font. VI,353
Jan ⟨z Ludziska⟩
Ludzisko, Johannes ¬de¬

Johannes ⟨de Lübeck⟩
→ **Johannes ⟨de Lubec⟩**
→ **Johannes ⟨Meyger de Lübeck⟩**

Johannes ⟨de Lünen⟩
um 1418/48 · OP
Narracio
VL(2),4,674/75; Rep.Font. VI,355
Johann ⟨von Lünen⟩
Johannes ⟨de Luna⟩
Johannes ⟨de Lunen⟩
Johannes ⟨Groningensis Lector⟩
Johannes ⟨Mindensis Lector⟩
Johannes ⟨Susatensis Lector⟩
Johannes ⟨Tremonensis Lector⟩
Lünen, Johannes ¬de¬

Johannes ⟨de Lüttich⟩
→ **Johannes ⟨de Legio⟩**
→ **Johannes ⟨Leodiensis⟩**

Johannes ⟨de Lugio⟩
gest. ca. 1260
Liber de duobus principiis (Verfasserschaft nicht gesichert)
LMA,IV,1458
Giovanni ⟨di Lugio⟩
Giovanni ⟨Lugio⟩
Lugio, Johannes ¬de¬

Johannes ⟨de Lugo⟩
gest. 1468 · OFM
Epitome secundae partis Summae Alexandri
Stegmüller, Repert. sentent. 61,3
Jean ⟨de Lugo⟩
Johannes ⟨Lugiensis⟩
Lugo, Johannes ¬de¬

Johannes ⟨de Luna⟩
→ **Johannes ⟨Hispalensis⟩**

Johannes ⟨de Lunen⟩
→ **Johannes ⟨de Lünen⟩**

Johannes ⟨de Luterbech⟩
→ **Johannes ⟨de Lauterbach⟩**

Johannes ⟨de Luto⟩
um 1301 · OP
Admonitiones ad sorores mon. Metensis
Kaeppeli,II,473
Jean ⟨de Luto⟩
Luto, Joahnnes ¬de¬

Johannes ⟨de Lutrea⟩
gest. 1479
Quaestiones in libros De anima
Lohr
Carnificis, Johannes
Carnificis de Lutrea, Johannes
Jean ⟨de Lutrea⟩
Johannes ⟨Carnificis de Lutrea⟩
Johannes ⟨de Lutria⟩
Lutrea, Johannes ¬de¬
Lutree, Johannes ¬de¬
Lutria, Johannes ¬de¬

Johannes ⟨de Lutterell⟩
→ **Johannes ⟨Lutterell⟩**

Johannes ⟨de Lutzenburg⟩
→ **Schumann, Johannes**

Johannes ⟨de Magdovillanus⟩
→ **John ⟨Mandeville⟩**

Johannes ⟨de Magistris⟩
→ **Johannes ⟨Magistri⟩**

Johannes ⟨de Maiensibus⟩
um 1380 · OP
Breve chronicon conv. S. Mariae ad Gradus Viterbien
Kaeppeli,II,473
Johannes ⟨de Maiensibus de Viterbio⟩
Johannes ⟨de Viterbio⟩
Maiensibus, Johannes ¬de¬

Johannes ⟨de Malliaco⟩
um 1250 · OP
Abbreviatio in gestis et miraculis sanctorum; Chronica universalis Metensis
Schneyer,III,577; LMA,V,339; Rep.Font. VI,358
Jean ⟨de Mailly⟩
Johannes ⟨von Mailly⟩
Malliaco, Johannes ¬de¬

Johannes ⟨de Malmoya⟩
→ **Johannes ⟨Petri de Dacia⟩**

Johannes ⟨de Mandeville⟩
→ **John ⟨Mandeville⟩**

Johannes ⟨de Maniaco⟩
→ **Johannes ⟨Aylini de Maniaco⟩**

Johannes ⟨de Manusio⟩
um 1290 · OCarm
In universam Aristotelis philosophiam commentaria
Lohr
Jean ⟨de Manusio⟩
Manusio, Johannes ¬de¬

Johannes ⟨de Marcanova⟩
gest. 1467
Expositio commentariorum Averrois in libros VIII Physicorum; Quaedam antiquitatum fragmenta
Lohr
Giovanni ⟨Marcanova⟩
Jean ⟨de Venise⟩
Jean ⟨Marcanova⟩
Marcanova, Jean
Marcanova, Johannes ¬de¬

Johannes ⟨de Marchia⟩
→ **Johannes ⟨de Ripa⟩**
→ **Johannes ⟨Marchesinus⟩**

Johannes ⟨de Marienwerder⟩
→ **Marienwerder, Johannes**

Johannes ⟨de Marignollis⟩
gest. ca. 1358/59 · OFM
Chronicon Bohemiae; Chronica ab Adam - 1362
Potth. 767; LMA,VI,292
Giovanni ⟨de'Marignolli⟩
Jean ⟨de Bisignano⟩
Jean ⟨de Marignola⟩
Johann ⟨von Marignola⟩
Johann ⟨von Marignolla⟩
Johannes ⟨de Marignola⟩
Johannes ⟨de Marignolis⟩
Johannes ⟨de Marignolli⟩
Johannes ⟨von Marignola⟩
Marignala, Johannes ¬von¬
Marignola, Jean ¬de¬
Marignola, Johannes ¬de¬
Marignolis, Johannes ¬de¬
Marignolli, Giovanni
Marignolli, Giovanni ¬de'¬
Marignollis, Johannes ¬de¬

Johannes ⟨de Marliano⟩
gest. 1451 · OESA
Abbreviatio in I. Sent. Michaelis de Massa
Stegmüller, Repert. sentent. 541,2
Jean ⟨Marliani⟩
Jean ⟨Marliani, Augustin⟩
Jean ⟨Marliani, de Milan⟩
Johannes ⟨de Marliano, Mediolanensis⟩
Johannes ⟨Marlianus⟩
Marliani, Jean
Marliano, Johannes ¬de¬

Johannes ⟨de Marliano, Medicus⟩
gest. 1483
De proportione motuum in velocitate; De febribus cognoscendis et curandis; etc.
Giovanni ⟨Marliani⟩
Jean ⟨Marliani⟩
Johannes ⟨de Marliano⟩
Johannes ⟨de Marliano, Mathematicus⟩
Johannes ⟨de Marliano, Mediolanensis⟩
Johannes ⟨Marlianus⟩
Marliani, Jean
Marliano, Johannes ¬de¬

Johannes ⟨de Marrey⟩
→ **Johannes ⟨Marro⟩**

Johannes ⟨de Matera⟩
ca. 1070 – 1139 · OSB
LMA,V,589
Jean ⟨de Matera⟩
Jean ⟨de Pulsano⟩
Johannes ⟨de Mathera⟩
Johannes ⟨von Matera⟩
Johannes ⟨von Pulsano⟩
Matera, Johannes ¬de¬

Johannes ⟨de Matha⟩
1160 – 1213
Chronicon
Jean ⟨de Matha⟩
Johannes ⟨de Matta⟩
Johannes ⟨von Matha⟩
John ⟨of Matha⟩
Juan ⟨de Mata⟩
Juan ⟨de Matha⟩
Matha, Johannes ¬de¬

Johannes ⟨de Matiscone⟩
→ **Jean ⟨de Mâcon⟩**

Johannes ⟨de Matociis⟩
→ **Johannes ⟨Mansionarius⟩**

Johannes ⟨de Matta⟩
→ **Johannes ⟨de Matha⟩**

Johannes ⟨de Maulbronn⟩
→ **Johannes ⟨de Lenzinghen⟩**

Johannes ⟨de Mechlinia⟩
gest. 1489 · OCarm
Ps. 1-100; Commentaria in veterem et novam logicam; Commantaria librorum De anima; Commentarium librorum Parvorum naturalium
Stegmüller, Repert. sentent. 463; Stegmüller, Repert. bibl. 4782; Lohr
Hulsout, Johannes
Hulsthout, Johannes
Jan ⟨von Hulshout⟩
Johannes ⟨Hulsout⟩
Johannes ⟨Hulsout de Mechlinia⟩
Johannes ⟨Hulsthout⟩
Johannes ⟨Mechliniensis⟩
Johannes ⟨von Mecheln⟩
Mechlinia, Johannes ¬de¬

Johannes ⟨de Mediolano⟩
um 1323/85
Practica chirurgiae; Identität mit Johannes ⟨Mediolanensis⟩ (12. Jh.) umstritten
Jean ⟨de Trecio⟩
Johannes ⟨de Bracchiis de Taliatis⟩
Johannes ⟨de Braccia⟩
Johannes ⟨de Prattia⟩
Johannes ⟨de Ptraccia⟩
Johannes ⟨de Tracia⟩
John ⟨de Tracia⟩
John ⟨de Tracio⟩
Mediolano, Johannes ¬de¬

Johannes ⟨de Meerhout⟩
gest. 1476
Cronica de ducibus Brabantiae; Gesta Pontificum Tungrensium et Leodiensium usque ad Ludovicum Borbonicum
Rep.Font. VI,366
Jean ⟨de Corsendonck⟩
Jean ⟨de Diest⟩
Jean ⟨de Meerhout⟩
Johannes ⟨Meerhout⟩
Johannes ⟨Meerhout Diestensis⟩
Meerhout, Johannes ¬de¬

Johannes ⟨de Mella⟩
1397 – 1467
Allegationes super XLII legibus factis per regem Portugalliae
Rep.Font. VI,577
Jean ⟨de Mella⟩
Juan ⟨de Mella⟩
Juan Alfonso ⟨de Mella⟩
Mella, Jean ¬de¬
Mella, Johannes ¬de¬
Mella, Juan ¬de¬

Johannes ⟨de Mena⟩
um 1370/1405 · OP
Chronicon breviusculum de suis temporibus
Kaeppeli,II,476; Schönberger/ Kible, Repertorium, 14543
Mena, Johannes ¬de¬

Johannes ⟨de Meppis⟩
→ **Schiphower, Johann**

Johannes ⟨de Mera⟩
um 1350/54
Puericus; Brachylogus; Dictamina
VL(2),4,677/79
Johannes ⟨Brabanter Lexikograph⟩
Johannes ⟨Grammaticus⟩
Mera, Johannes ¬de¬

Johannes ⟨de Mercuria⟩
→ **Johannes ⟨de Mirecuria⟩**

Johannes ⟨de Merleburg⟩
→ **Johannes ⟨Christophori de Saxonia⟩**

Johannes ⟨de Messina⟩
→ **Johannes ⟨de Sicilia⟩**

Johannes ⟨de Meth⟩
um 1273 · OFM
Schneyer,III,578
Jean ⟨de Meth⟩
Jean ⟨de Metz⟩
Johannes ⟨de Metz⟩
Meth, Johannes ¬de¬

Johannes ⟨de Metingham⟩
um 1296
Vielleicht einer der Verf. der Exceptiones ad cassandum brevia
Rep.Font. IV,403; VI,569
Jean ⟨de Metingham⟩
John ⟨de Metingham⟩
Metingham, Johannes ¬de¬

Johannes ⟨de Metz⟩
→ **Johannes ⟨de Meth⟩**
→ **Johannes ⟨de Sancto Arnulfo⟩**

Johannes ⟨de Minden⟩
→ **Johannes ⟨Christophori de Saxonia⟩**

Johannes ⟨de Minden⟩
gest. 1413 · OFM
Postilla super epistulas; Quadragesimale; Liber logicalis sophistriae; etc.
Stegmüller, Repert. sentent. 317; VL(2),4,679
Jean ⟨de Minden⟩
Johannes ⟨de Minda⟩
Johannes ⟨de Minden, OFM⟩
Johannes ⟨Lector Erfordensis⟩
Johannes ⟨von Minden⟩
Minden, Johannes ¬de¬

Johannes ⟨de Minden, OSB⟩
gest. 1439 · OSB
Abbreviatum lyrae super psalterium
VL(2),4,680
Jean ⟨de Minden⟩
Johannes ⟨de Minden⟩
Johannes ⟨von Minden⟩
Minden, Johannes ¬de¬

Johannes ⟨de Minio⟩
→ **Johannes ⟨de Murro⟩**

Johannes ⟨de Mirecuria⟩
um 1344/47 · OCist
Stegmüller, Repert. sentent. 466-468;1336; LMA,V,589
Giovanni ⟨di Mirecourt⟩
Jean ⟨de Mercour⟩
Jean ⟨de Mirecourt⟩
Johannes ⟨de Mercuria⟩
Johannes ⟨de Mirecourt⟩
Johannes ⟨Monachus Albus⟩
Johannes ⟨von Mirecourt⟩
John ⟨of Mirecourt⟩
Mirecuria, Johannes ¬de¬

Johannes ⟨de Mirfeld⟩
gest. 1407 · OESA
Breviarium Bartholomaei; Florarium Bartholomaei
Jean ⟨de Marfeld⟩
Johannes ⟨de Mirfeld of Saint Bartholomew's⟩
Johannes ⟨Marfeldus⟩
Johannes ⟨Marifeldus⟩
Johannes ⟨Marisfeldus⟩
Johannes ⟨of Saint Bartholomew's⟩
John ⟨de Mirfeld⟩
John ⟨Mirfeld⟩
John ⟨Mirfield⟩
John ⟨Muryfeld⟩
Marfeld, Jean ¬de¬
Marfeldus, Johannes
Marifeldus, Johannes
Mirfeld, Johannes ¬de¬
Mirfeld, John
Mirfield, John

Johannes ⟨de Moguntia⟩
→ **Johannes ⟨von Mainz⟩**

Johannes ⟨de Mohausen⟩
→ **Bürn, Johannes**

Johannes ⟨de Molendino⟩
gest. 1353 · OP
Schneyer,III,600
Jean ⟨de la Molineyrie⟩
Jean ⟨de Molendino⟩
Jean ⟨de Molinis⟩
Jean ⟨des Moulins⟩
Johannes ⟨de Molendinis⟩
Johannes ⟨de Molineyrie⟩
Johannes ⟨de Molinis⟩
Johannes ⟨de Molino⟩
Johannes ⟨Morlandinus⟩
Molendino, Johannes ¬de¬

Johannes ⟨de Molineyrie⟩
→ **Johannes ⟨de Molendino⟩**

Johannes ⟨de Molinis⟩
→ **Johannes ⟨de Molendino⟩**

Johannes ⟨de Monciaco⟩
um 1300 · OP
Lectura in codicem; Sermones
Schneyer,III,600; Stegmüller, Repert. sentent. 469,1;1252; Kaeppeli,II,490
Jean ⟨de Monchy⟩
Jean ⟨de Monciaco⟩
Johannes ⟨de Monci⟩
Johannes ⟨de Moussy⟩
Monciaco, Johannes ¬de¬

Johannes ⟨de Moneta⟩
um 1364 · OP
Excerptum de libro Decretorum per ordinem alphabeti; Identität von Johannes ⟨de Moneta⟩ mit Johannes ⟨von der Müntz⟩ anzunehmen
Kaeppeli,II,482 und 494
Jean ⟨de Moveta⟩
Johannes ⟨de Moveta⟩
Johannes ⟨von der Müntz⟩
Moneta, Johannes ¬de¬
Müntz, Johannes ¬von der¬

Johannes ⟨de Monmouth⟩
gest. 1323 · OP
Schneyer,III,601
Monmouth, Johannes ¬de¬

Johannes ⟨de Monsterberg⟩
→ **Johannes ⟨Ottonis de Münsterberg⟩**

Johannes ⟨de Monsterolio⟩
1354 – 1418
Epistulae; Libellus adversus Anglos; Regali ex progenie; etc.
LMA,VI,818; Rep.Font. VI,369
Jean ⟨de Montreuil⟩
Jehan ⟨de Monstereul⟩
Monsterolio, Johannes ¬de¬
Montreuil, Jean ¬de¬

Johannes ⟨de Monte⟩
gest. 1498
Lectiones super libros Praedicabilium; Lectiones super libros Praedicamentorum; Lectiones super libros Perihermenias; etc.
Stegmüller, Repert. sentent. 454; Lohr
Jean ⟨de Mâcon⟩
Jean ⟨de Monte⟩
Jean ⟨du Mont⟩
Johannes ⟨du Mont⟩
Monte, Johannes ¬de¬

Johannes ⟨de Monte Corvino⟩
ca. 1247 – 1328/30 · OFM
Briefe
LMA,V,590; Rep.Font. VI,371
Jean ⟨de Cambaloue⟩
Jean ⟨de Khambalik⟩
Jean ⟨de Mont Corvin⟩
Jean ⟨de Monte Corvino⟩
Jean ⟨de Pékin⟩
Johannes ⟨de Montecorvino⟩
Johannes ⟨Erzbischof von Khan Baliq⟩
Johannes ⟨Kambalicensis⟩
Johannes ⟨Pico von Montecorvino⟩
Johannes ⟨von Khanbaliq⟩
Monte Corvino, Johannes ¬de¬

Johannes ⟨de Monte Letherico⟩
→ **Johannes ⟨de Monteletherico⟩**

Johannes ⟨de Monte Nigro⟩
gest. 1444
Giovanni ⟨di Montenero⟩
Jean ⟨de Monte-Negro⟩
Jean ⟨de Montenero⟩
Johannes ⟨de Montenigro⟩
Johannes ⟨de Nigro Monte⟩
John ⟨of Montenero⟩
Monte Nigro, Johannes ¬de¬
Montenero, Giovanni ¬di¬

Johannes ⟨de Monte Regio⟩
→ **Regiomontanus, Johannes**

Johannes ⟨de Montecorvino⟩
→ **Johannes ⟨de Monte Corvino⟩**

Johannes ⟨de Monteletherico⟩
um 1303 · OP
Sermones; De instructione novitiorum
CSGL
Jean ⟨de Montlhéry⟩
Johannes ⟨de Monte Letherico⟩
Johannes ⟨de Montelectorici⟩
Johannes ⟨de Montelherico⟩
Johannes ⟨de Monthléry⟩
Johannes ⟨de Montlheri⟩
Monteletherico, Johannes ¬de¬
Montlhéry, Jean ¬de¬

Johannes ⟨de Montemedio⟩
gest. ca. 1161 · OCart
CSGL
Jean ⟨de Montmédi⟩
Jean ⟨de Montmoyen⟩
Johannes ⟨Carthusianus⟩
Johannes ⟨de Portes⟩
Johannes ⟨Portarum⟩
Montemedio, Johannes ¬de¬

Johannes ⟨de Montenigro⟩
→ **Johannes ⟨de Monte Nigro⟩**

Johannes ⟨de Montepessulano⟩
→ **Johannes ⟨Dominici de Montepessulano⟩**

Johannes ⟨de Monteregio⟩
→ **Regiomontanus, Johannes**

Johannes ⟨de Montesono⟩
gest. 1412 · OP
Littera super 14 propositionibus condemnatis; Defensio conclusionis positae in lectura Sententiarum; Tractatus de electione papae ad materiam schismatis nunc currentis, qui dicitur Informatorium; etc.
Kaeppeli,II,487/490
Jean ⟨de Montesono⟩
Jean ⟨de Monzon⟩
Johannes ⟨de Montesono Valentinus⟩
Johannes ⟨de Montessono⟩
Juan ⟨de Monzon⟩
Montesono, Johannes ¬de¬

Johannes ⟨de Monthléry⟩
→ **Johannes ⟨de Monteletherico⟩**

Johannes ⟨de Montibus⟩
um 1272/73 · OFM
Schneyer,III,602
Jean ⟨de Mons⟩
Jean ⟨de Montibus⟩
Montibus, Johannes ¬de¬

Johannes ⟨de Montlheri⟩
→ **Johannes ⟨de Monteletherico⟩**

Johannes ⟨de Morovalle⟩
→ **Johannes ⟨de Murro⟩**

Johannes ⟨de Mortiliano⟩
→ **Johannes ⟨de Utino⟩**

Johannes ⟨de Moussy⟩
→ **Johannes ⟨de Monciaco⟩**

Johannes ⟨de Moussy⟩
um 1242/45
Super ⟨I⟩ lib. Sent. de predicatoribus (Introitus, d. 1-27); Introitus ad IV Sent. (Super 4. fr. l. de mc.y)
Kaeppeli,II,490; HLF XXVII,395
Jean ⟨de Moutchi⟩
Johannes ⟨de Mouçi⟩
Johannes ⟨de Moutchi⟩
Johannes ⟨Monzi⟩
Johannes ⟨von Moussy⟩
Monzi, Johannes
Moussy, Johannes ¬de¬

Johannes ⟨de Moveta⟩
→ **Johannes ⟨de Moneta⟩**

Johannes ⟨de Mühlbach⟩
um 1490/94
In Paulum lib. I-XIII; Epp. Pauli
Stegmüller, Repert. bibl. 4815,3;4811
Jean ⟨de Mühlbach⟩
Johannes ⟨de Muhlbach⟩
Johannes ⟨de Mylbach⟩
Johannes ⟨Milbachius⟩
Mühlbach, Johannes ¬de¬

Johannes ⟨de Münsterberg⟩
→ **Johannes ⟨Ottonis de Münsterberg⟩**

Johannes ⟨de Muglio⟩
gest. 1418
Expositio in Analyticorum priorum; Expositio in librum De sophisticis elenchis
Lohr
Johannes ⟨de Mulglio⟩
Muglio, Johannes ¬de¬

Johannes ⟨de Muhlbach⟩
→ **Johannes ⟨de Mühlbach⟩**

Johannes ⟨de Muntisol⟩
14. Jh.
Glossulae super librum Perihermenias
Lohr
Muntisol, Johannes ¬de¬

Johannes ⟨de Muris⟩
ca. 1300 – 1350
LThK; LMA,V,591
Jean ⟨de Meurs⟩
Jean ⟨de Muris⟩
Jean ⟨de Murs⟩
Jehan ⟨de Murs⟩
Johannes ⟨Normannus⟩
Meurs, Jean ¬de¬
Muris, Johannes ¬de¬
Murs, Jean ¬de¬

Johannes ⟨de Muro Vallium⟩
→ **Johannes ⟨de Murro⟩**

Johannes ⟨de Murro⟩
gest. 1312/13 · OFM
Dan.
Stegmüller, Repert. sentent. 676,3; Stegmüller, Repert. bibl. 4820; Schneyer,III,603
Giovanni ⟨Murro⟩
Jean ⟨de Muro Vallium⟩
Jean ⟨de Murrho⟩
Jean ⟨de Murro⟩
Jean ⟨de Murvaux⟩
Jean ⟨Minio⟩
Johannes ⟨de Minio⟩
Johannes ⟨de Morovalle⟩
Johannes ⟨de Muro Vallium⟩
Johannes ⟨de Muroualle⟩
Johannes ⟨de Murovale⟩
Johannes ⟨de Murrho⟩
Johannes ⟨Minio⟩
Johannes ⟨Minius⟩
Johannes ⟨Minuo⟩
Johannes ⟨von Murro⟩
Johannes ⟨von Murrovalle⟩
Minio, Jean
Murro, Johannes ¬de¬
Pseudo-Johannes ⟨de Murrho⟩
Pseudo-Johannes ⟨de Murro⟩

Johannes ⟨de Mussis⟩
14./15. Jh.
Chronicon Placentinum; Placentinae urbis ac nonnullarum nobilium tum in ea, tum per Italiam familiarum descriptio
Rep.Font. VI,373
Jean ⟨de Mussi⟩
Mussi, Jean ¬de¬
Mussis, Johannes ¬de¬

Johannes ⟨de Muta⟩
Lebensdaten nicht ermittelt
Ps. 26-41
Stegmüller, Repert. bibl. 4821
Muta, Johannes ¬de¬

Johannes ⟨de Mutterstatt⟩
→ **Johannes ⟨Seffried⟩**

Johannes ⟨de Mylbach⟩
→ **Johannes ⟨de Mühlbach⟩**

Johannes ⟨de Namurco⟩
gest. ca. 1475/76 · OP
Sermones et tractatus lingua Neerlandica
Kaeppeli,II,495
Johannes ⟨de Harlennes⟩
Namurco, Johannes ¬de¬

Johannes ⟨de Naone⟩
→ **Johannes ⟨de Nono⟩**

Johannes ⟨de Narbona⟩
→ **Johannes ⟨Dominici de Montepessulano⟩**

Johannes ⟨de Narni⟩
→ **Johannes ⟨Papa, XIII.⟩**

Johannes ⟨de Neapoli⟩
→ **Johannes ⟨de Cataldis⟩**
→ **Johannes ⟨de Regina de Neapoli⟩**

Johannes ⟨de Nemosio⟩
13. Jh.
Notabilia super Rom.; Notabilia super I. Cor.; Notabilia super Hebr.
Stegmüller, Repert. bibl. 4831-4831,3
Jean ⟨de Nemosio⟩
Jean ⟨de Nemours⟩
Johannes ⟨Canonicus Laudunensis⟩
Johannes ⟨de Nemours⟩
Nemosio, Johannes ¬de¬

Johannes ⟨de Nemours⟩
→ **Johannes ⟨de Nemosio⟩**

Johannes ⟨de Neustria⟩
→ **Johannes ⟨de Alta Villa⟩**

Johannes ⟨de Nigro Monte⟩
→ **Johannes ⟨de Monte Nigro⟩**

Johannes ⟨de Nivelle⟩
gest. 1233
Nicht identisch mit Johannes ⟨Nivigellensis⟩
Schneyer,III,616
Jean ⟨Bienheureux⟩
Jean ⟨de Nivelle⟩
Jean ⟨Doyen de Saint-Lambert de Liège⟩
Johannes ⟨Decanus Sancti Lamberti Leodii⟩
Nivelle, Johannes ¬de¬

Johannes ⟨de Nono⟩
ca. 1270/80 – 1346
De origine Patavii urbis; Liber de generatione aliquorum civium urbis Padue, tam nobilium quam ignobilium; Visio Egidii regis Patavie
Rep.Font. VI,375
Giovanni ⟨di Nono⟩
Jean ⟨de Naone⟩
Jean ⟨de Nono⟩
Johannes ⟨de Naone⟩
Nono, Johannes ¬de¬

Johannes ⟨de Norimberga⟩
→ **Johannes ⟨Vend⟩**

Johannes ⟨de Northusen⟩
→ **Johannes ⟨de Auerbach⟩**

Johannes ⟨de Nova Domo⟩
um 1400/15
LThk(2),IX,951
Jan ⟨de Nova Domo⟩
Jean ⟨de Maisonneuve⟩
Jean ⟨de Nova Domo⟩
Jean ⟨Maître à Paris⟩
Jean ⟨Neuhaus⟩
Jean ⟨Professeur à Paris⟩
Johannes ⟨de Novadomo⟩
Johannes ⟨von Neuhaus⟩
Neuhaus, Johannes ¬von¬
Nova Domo, Johannes ¬de¬
Novadomo, Johannes ¬de¬
Pseudo-Johannes ⟨de Nova Domo⟩

Johannes ⟨de Novaria⟩
→ **Campanus, Johannes**

Johannes ⟨de Novoforo⟩
→ **Johannes ⟨von Neumarkt⟩**

Johannes ⟨de Nürnberg⟩
→ **Johannes ⟨Sachs de Nürnberg⟩**

Johannes ⟨de Ochsenhausen⟩
um 1426 · OSB
Abbreviatio lecturae Mellicensis Nicolai de Dinkelsbühl
Stegmüller, Repert. sentent. 471
Jean ⟨Abbé des Ecossais à Vienne⟩
Jean ⟨de Ochsenhausen⟩
Ochsenhausen, Johannes ¬de¬

Johannes ⟨de Opreno⟩
um 1270 · OP
Schneyer,III,616
Jean ⟨de Opreno⟩
Jean ⟨Opremi⟩
Johannes ⟨de Opremo⟩
Opreno, Johannes ¬de¬

Johannes ⟨de Ordine Fratrum Minorum⟩
→ **Johannes ⟨Vitoduranus⟩**

Johannes ⟨de Orsna⟩
um 1371/1407 · OP
Sermones
Kaeppeli,II,516/517
Jean ⟨Dominicain à Soest⟩
Jean ⟨d'Orsna⟩
Johannes ⟨de Ursna⟩
Orsna, Johannes ¬de¬

Johannes ⟨de Ostriis⟩
um 1301 · OFM
Schneyer,III,665
Jean ⟨de Ostriis⟩
Johannes ⟨de Ostris⟩
Johannes ⟨de Tongres⟩
Ostriis, Johannes ¬de¬

Johannes ⟨de Oxenedes⟩
gest. 1293
Jean ⟨d'Oxenedes⟩
Jean ⟨d'Oxnead⟩
Johannes ⟨de Hulmo⟩
Johannes ⟨Hulmensis⟩
Johannes ⟨Sancti Benedicti⟩
John ⟨de Oxenedes⟩
John ⟨of Oxnead⟩
Oxenedes, Johannes ¬de¬

Johannes ⟨de Padua⟩
→ **Johannes ⟨de Capua⟩**

Johannes ⟨de Padua⟩
um 1212
Consummata sapientia; Alchemist
Padua, Johannes ¬de¬

Johannes ⟨de Pagaham⟩
Lebensdaten nicht ermittelt
Ps.
Stegmüller, Repert. bibl. 4839
Pagaham, Johannes ¬de¬

Johannes ⟨de Palma⟩
→ **Johannes ⟨de Balma⟩**

Johannes ⟨de Palomar⟩
→ **Johannes ⟨Palomar⟩**

Johannes ⟨de Parisiis⟩
→ **Johannes ⟨de Alneto⟩**

Johannes ⟨de Parma⟩
→ **Johannes ⟨Genesius Quaia de Parma⟩**

Johannes ⟨de Parma⟩
1208 – 1289 · OFM
LThK; LMA,V,592/93
Borellus, Johannes
Buralli, Giovanni
Giovanni ⟨Buralli⟩
Giovanni ⟨da Parma⟩
Jean ⟨Buralli⟩
Jean ⟨de Parme⟩
Johannes ⟨Borellus⟩
Johannes ⟨Burallus⟩
Johannes ⟨Parmensis⟩
John ⟨of Parma⟩
Parma, Giovanni ¬da¬
Parma, Johannes ¬de¬

Johannes ⟨de Parma, Medicus⟩
um 1350
Jean ⟨Chanoine de Parme⟩
Jean ⟨de Parme⟩
Jean ⟨de Parme, Chanoine⟩
Jean ⟨de Parme, Médecin⟩
Jean ⟨Prévot de Prato⟩
Johannes ⟨de Parma⟩
Johannes ⟨de Parma, Canonicus⟩
Parma, Johannes ¬de¬

Johannes ⟨de Parma, OP⟩
um 1304/15 · OP
Quaestio disputata; Identität des Aristoteleskommentators mit dem Dominikaner wahrscheinlich
Lohr; Schneyer,III,666; Kaeppeli,II,524/525
Jean ⟨de Parme, Dominicain⟩
Jean ⟨de Parme, Théologien à Paris⟩
Johannes ⟨de Parma⟩
Johannes ⟨Parmensis⟩
Johannes ⟨Parmensis, OP⟩
Parma, Johannes ¬de¬

Johannes ⟨de Payraco⟩
14. Jh. · OESA
Notabilia super librum Porphyrii; Notabilia super librum Praedicamentorum
Lohr
Johannes ⟨Provinciae Tolosae⟩
Payraco, Johannes ¬de¬

Johannes ⟨de Pechano⟩
→ **Johannes ⟨Peckham⟩**

Johannes ⟨de Peierrout⟩
→ **Johannes ⟨de Ratisbona⟩**

Johannes ⟨de Penis⟩
→ **Johannes ⟨de Penna⟩**

Johannes ⟨de Penna⟩
gest. 1348
Consilium contra pestem; Tractatus de peste
Rep.Font. VI,390
Johannes ⟨de la Penna⟩
Johannes ⟨de Penis⟩
Penna, Johannes ¬de¬

Johannes ⟨de Pera⟩
um 1456/63 · OP
Sermones dominicales
Kaeppeli,II,526
Pera, Johannes ¬de¬

Johannes ⟨de Persico⟩
um 1336 · OESA
Expositiones super Biblia
Stegmüller, Repert. bibl. 4856
Jean ⟨de Crémone⟩
Jean ⟨de Persico⟩
Johannes ⟨Cremonensis⟩
Persico, Johannes ¬de¬

Johannes ⟨de Peterborough⟩
→ **Johannes ⟨de Burgo⟩**

Johannes ⟨de Petesella⟩
→ **Johannes ⟨Hispanus de Petesella⟩**

Johannes ⟨de Phintona⟩
13. Jh.
Divisiones (Partes) der Distinktionen und Quaestionen des Decretum Gratiani
LMA,V,594
Jean ⟨de Phintona⟩
Johannes ⟨von Phintona⟩
Phintona, Johannes ¬de¬

Johannes ⟨de Picardie⟩
→ **Johannes ⟨de Polliaco⟩**

Johannes ⟨de Pidoie⟩
um 1272/73 · OP
Schneyer,III,673
Jean ⟨Pidoie⟩
Pidoie, Jean
Pidoie, Johannes ¬de¬

Johannes ⟨de Piedmont⟩
→ **Johannes ⟨de Casali⟩**

Johannes ⟨de Pigna⟩
13. Jh.
Summa artis grammaticae
Rep.Font. VI,391
Jean ⟨de Pigna⟩
Johannes ⟨a Pigna⟩
Pigna, Johannes ¬de¬

Johannes ⟨de Piscina⟩
12. Jh.
De transfretatione Friderici I
Rep.Font. VI,391
Jean ⟨de Piscina⟩
Jean ⟨de Saint-Etienne de Piscina⟩
Johannes ⟨Sancti Stephani de Piscina⟩
Piscina, Johannes ¬de¬

Johannes ⟨de Pistorio⟩
→ **Johannes ⟨Petri de Pistorio⟩**

Johannes ⟨de Pizzigotis⟩
um 1310/23 · OP
Registrum inquisitionis Ferrariensis, Mutinensis et Regiensis
Schönberger/Kible, Repertorium, 14579; Kaeppeli,II,528
Johannes ⟨de Pizzigotis de Bononia⟩
Pizzigotis, Johannes ¬de¬

Johannes ⟨de Plano Carpini⟩
ca. 1182 – 1252 · OFM
LMA,V,594
Carpin, Jean du Plan ¬de¬
Carpini, Johannes de Plano
DuPlan de Carpin, Jean
Giovanni ⟨da Pian del Carpine⟩
Giovanni ⟨dal Piano di Carpini⟩
Giovanni ⟨di Pian di Carpine⟩
Jean ⟨du Plan⟩
Jean ⟨du Plan de Carpin⟩
Jean ⟨Duplan de Carpin⟩
Johann ⟨de Plano Carpini⟩
Johann ⟨de Plano Carpino⟩
Johannes ⟨de Plano Carpino⟩
John ⟨de Plano Carpini⟩
John ⟨of Pian de Carpine⟩
Plano Carpini, Johannes ¬de¬
Žiovanni ⟨del' Plano Karpini⟩

Johannes ⟨de Plano Carpino⟩
→ **Johannes ⟨de Plano Carpini⟩**

Johannes ⟨de Platea⟩
gest. 1427
Platea, Johannes ¬de¬

Johannes ⟨de Podio⟩
1360 – 1438 · OP
Collectarium historiarum; De concilii generalis ac summi pontificis potestate
Schönberger/Kible, Repertorium, 14580; Kaeppeli,II,528/529; Rep.Font. VI,393
Delpuech, Johannes
Dupuy, Jean
Dupuy, Johannes
Jean ⟨du Puy⟩
Jean ⟨Dupuy⟩
Johannes ⟨de Podio, OP⟩
Johannes ⟨Delpuech⟩
Johannes ⟨Dupuy⟩
Podio, Johannes ¬de¬

Johannes ⟨de Podionucis⟩
gest. 1483 · OP
Sermo in electione Martini V; Sermo in conclusione Concilii Constant.
Schönberger/Kible, Repertorium, 14581; Kaeppeli,II,529/530
Jean ⟨de Podionucis⟩
Jean ⟨de Puinoix⟩
Jean ⟨Sicile, Vice-Roi⟩
Johannes ⟨de Puinoix⟩
Johannes ⟨de Puy de Noix⟩
Podionucis, Johannes ¬de¬
Puinoix, Jean ¬de¬

Johannes ⟨de Pohle⟩
gest. 1395
Chronica ecclesiae Hamelensis
Rep.Font. VI,394
Johannes ⟨Canonicus Ecclesiae Hamelensis⟩
Johannes ⟨de Polde⟩
Pohle, Johannes ¬de¬

Johannes ⟨de Poilliaco⟩
→ **Johannes ⟨de Polliaco⟩**

Johannes ⟨de Polde⟩
→ **Johannes ⟨de Pohle⟩**

Johannes ⟨de Polliaco⟩
gest. ca. 1350
LThK; LMA,V,595
Jean ⟨de Pouilly⟩
Johannes ⟨de Picardie⟩
Johannes ⟨de Poilliaco⟩
Poilliaco, Johannes ¬de¬
Polliaco, Johannes ¬de¬

Johannes ⟨de Pomuk⟩
→ **Johannes ⟨Nepomucenus⟩**

Johannes ⟨de Pontissara⟩
gest. 1304
Jean ⟨de Pontoise⟩
John ⟨de Pontissara⟩
John ⟨of Winchester⟩
Pontissara, Johannes ¬de¬
Pontissara, John ¬de¬

Johannes ⟨de Portes⟩
→ **Johannes ⟨de Montemedio⟩**

Johannes ⟨de Posilge⟩
ca. 1340 – 1405
Lat. Chronik von Preußen; Jahrbücher
LMA,VI,596; VL(2),4,710; Rep.Font. VI,395
Jean ⟨de Posilge⟩
Jean ⟨de Pusilie⟩
Joannes ⟨von der Pusilie⟩
Johann ⟨Lindenblatt⟩
Johann ⟨von Posilge⟩
Johannes ⟨de Pusilie⟩
Johannes ⟨Lindenblatt⟩
Johannes ⟨von der Pusilie⟩
Johannes ⟨von Malbork⟩
Johannes ⟨von Marienburg⟩
Johannes ⟨von Posilge⟩
Lindenblatt, Johann
Lindenblatt, Johannes
Posilge, Johann ¬von¬
Posilge, Johannes ¬de¬
Pusilie, Johannes ¬von der¬

Johannes ⟨de Praga⟩
→ **Johannes ⟨Wenceslai de Praga⟩**

Johannes ⟨de Pratis⟩
→ **Jean ⟨des Prés⟩**

Johannes ⟨de Prato⟩
15. Jh.
Lectio über Sextus
Prato, Johannes ¬de¬

Johannes ⟨de Prato, OFM⟩
gest. ca. 1455 · OFM
Canciones quadrigesimales
Jean ⟨de Prato⟩
Jean ⟨de Prato, Franciscain⟩
Prato, Jean ¬de¬
Prato, Johannes ¬de¬

Johannes ⟨de Prato, OP⟩
gest. 1343 · OP
Sermones
Schneyer,III,674
Jean ⟨de Prato⟩
Jean ⟨du Prat⟩
Jean ⟨du Prat, Dominicain⟩
Jean ⟨du Pray⟩
Johannes ⟨de Prato⟩
Johannes ⟨du Prat⟩
Prato, Johannes ¬de¬

Johannes ⟨de Prattia⟩
→ **Johannes ⟨de Mediolano⟩**

Johannes ⟨de Příbram⟩
→ **Jan ⟨z Příbramě⟩**

Johannes ⟨de Procida⟩
→ **Giovanni ⟨da Procida⟩**

Johannes ⟨de Pruck⟩
→ **Johannes ⟨Wuel de Pruck⟩**

Johannes ⟨de Ptraccia⟩
→ **Johannes ⟨de Mediolano⟩**

Johannes ⟨de Pusilie⟩
→ **Johannes ⟨de Posilge⟩**

Johannes ⟨de Puy de Noix⟩
→ **Johannes ⟨de Podionucis⟩**

Johannes ⟨de Quatrariis de Sulmona⟩
→ **Johannes ⟨Quatrarius⟩**

Johannes ⟨de Quineriis⟩
14. Jh. · OP
Tabula super Gregorium; Moralia
Stegmüller, Repert. bibl. 4872; Kaeppeli,II,532
Johannes ⟨de Sancto Quintino⟩
Quineriis, Johannes ¬de¬

Johannes ⟨de Rabenstein⟩
1437 – 1473
LThK
Jan ⟨z Rabštejna⟩
Jean ⟨de Rabenstein⟩
Johann ⟨von Rabenstein⟩
Johannes ⟨Rabensteinensis⟩
Johannes ⟨von Rabenstein⟩
Johannes ⟨von Rabstein⟩
Rabenstein, Jean ¬de¬
Rabenstein, Johannes ¬de¬
Rabštejna, Jan ¬z¬

Johannes ⟨de Racziborsko⟩
um 1444/45
In Metaph.
Lohr
Racziborsko, Johannes ¬de¬

Johannes ⟨de Radingia⟩
gest. ca. 1368/69
Giovanni ⟨di Reading⟩
Jean ⟨de Reading⟩
Johannes ⟨de Reading⟩
Johannes ⟨Radingiae⟩
Johannes ⟨von Reading⟩
John ⟨of Reading⟩
Radingia, Johannes ¬de¬

Johannes ⟨de Ragusa⟩
gest. 1443 · OP
Oratio de communione sub utraque specie; Monumenta conc. gen. saec. XV; Concordantiae vocum indeclinabilium sacrorum Bibliorum
Stegmüller, Repert. bibl. 4873; LMA,V,596
Ivan ⟨Stojković⟩
Jean ⟨de Raguse⟩
Johannes ⟨de Ragusio⟩
Johannes ⟨Ragusinus⟩
Johannes ⟨Stoicovic⟩
Johannes ⟨Stoicus⟩
Johannes ⟨Stojkovic de Ragusio⟩
Johannes ⟨Stojković von Ragusa⟩
Johannes ⟨von Ragusa⟩
Ragusa, Johannes ¬de¬
Stojković, Ivan

Johannes ⟨de Ramsey⟩
→ **Johannes ⟨de Sawtrey⟩**

Johannes ⟨de Ratibor⟩
→ **Johannes ⟨Taczel de Ratibor⟩**

Johannes ⟨de Ratisbona⟩
gest. 1476
Ars dictandi
VL(2),4,715/718; Stegmüller, Repert. bibl. 4876
Jean ⟨de Ratisbonne⟩
Johannes ⟨Collegiatus Collegii Maioris Lipsiensis⟩
Johannes ⟨de Peierrout⟩
Johannes ⟨de Ratispana⟩
Johannes ⟨de Ratispona⟩
Johannes ⟨de Ratispona de Krailsheym⟩
Johannes ⟨Morman⟩
Johannes ⟨Morman de Beyrute⟩
Johannes ⟨Murman⟩
Johannes ⟨Murman de Beireut⟩
Johannes ⟨Murman de Berreut alias de Ratispona⟩
Johannes ⟨Ratisbona⟩
Morman, Johannes
Murman, Johannes
Ratisbona, Johannes ¬de¬
Regensburg, Johannes ¬de¬

Johannes ⟨de Reading⟩
→ **Johannes ⟨de Radingia⟩**

Johannes ⟨de Recz⟩
→ **Johannes ⟨de Retz⟩**

Johannes ⟨de Regina de Neapoli⟩
gest. ca. 1350 · OP
Quodlibeta I-XIII; Quaestiones variae; Sermones
Lohr; Stegmüller, Repert. sentent. 192;199;200;470; Schneyer,III,604; Kaeppeli,II,495/498; Rep.Font. VI,400
Giovanni ⟨di Napoli⟩
Giovanni ⟨Regina di Napoli⟩
Jean ⟨de Naples⟩
Jean ⟨de Regina⟩
Jean ⟨le Juif⟩
Jean ⟨Sicola de Naples⟩
Johannes ⟨de Neapoli⟩
Johannes ⟨de Regina⟩
Johannes ⟨de Regina von Neapel⟩
Johannes ⟨Neapolitanus⟩
Johannes ⟨Neapolitanus de Regina⟩
Johannes ⟨Regina von Neapel⟩
Johannes ⟨von Neapel⟩
John ⟨of Naples⟩
Juan ⟨Regina de Nápoles⟩
Neapoli, Johannes ¬de¬
Regina, Johannes ¬de¬
Regina de Neapoli, Johannes ¬de¬

Johannes ⟨de Regiomonte⟩
→ **Regiomontanus, Johannes**

Johannes ⟨de Regno⟩
gest. ca. 1361 · OCarm
Matth.
Stegmüller, Repert. bibl. 4877
Jean ⟨de Regno⟩
Johannes ⟨de Regno, Tolosanus⟩
Johannes ⟨Tolosanus⟩
Regno, Johannes ¬de¬

Johannes ⟨de Reli⟩
ca. 1430/35 – 1499
Super Porphyrium; Super Praedicamenta; Super Perihermenias; etc.
Lohr
Jean ⟨Baudouin de Resly⟩
Jean ⟨de Rely⟩
Jean Baudouin ⟨de Rely⟩
Jean Baudouin ⟨de Resly⟩
Johannes ⟨de Derli⟩
Johannes ⟨Derli⟩
Reli, Johannes ¬de¬
Rely, Jean ¬de¬

Johannes ⟨de Retz⟩
gest. 1402 · OESA
Pater noster
Stegmüller, Repert. bibl. 4879-4881
Jean ⟨de Retz⟩
Johannes ⟨de Recz⟩
Johannes ⟨von Retz⟩
Recz, Johannes ¬de¬
Retz, Johannes ¬de¬

Johannes ⟨de Riccio⟩
um 1436 · OP
Expositio in libros Ethicorum
Lohr; Kaeppeli,II,534

Jean ⟨de Riccio⟩
Johannes ⟨de Riccio, Siculus⟩
Johannes ⟨Siculus⟩
Riccio, Johannes ¬de¬

Johannes ⟨de Ridewall⟩
→ **Johannes ⟨Ridewall⟩**

Johannes ⟨de Ripa⟩
gest. ca. 1330 · OFM
LThK; LMA,V,597
Giovanni ⟨di Marca⟩
Jean ⟨de la Rive⟩
Jean ⟨de Ripa⟩
Johannes ⟨a Ripa Transonum⟩
Johannes ⟨de Marchia⟩
Johannes ⟨de Ripis⟩
Johannes ⟨Doctor Supersubtilis⟩
Johannes ⟨Ripatransone⟩
Marchia, Johannes ¬de¬
Ripa, Johannes ¬de¬

Johannes ⟨de Rochetaillade⟩
→ **Johannes ⟨de Rupescissa, OFM⟩**

Johannes ⟨de Rochetaillée⟩
→ **Johannes ⟨de Rupescissa⟩**

Johannes ⟨de Rockyzana⟩
→ **Johannes ⟨Rokycana⟩**

Johannes ⟨de Rodington⟩
gest. 1348 · OFM
Sentenzenkommentar; Determinationes theologicae; Quodlibet de conscientia
Stegmüller, Repert. sentent. 293;488
Jean ⟨de Lincoln⟩
Jean ⟨de Rodington⟩
Johannes ⟨de Rodinko⟩
Johannes ⟨Lincolniensis⟩
Johannes ⟨Rodensis⟩
Johannes ⟨Rodingtonus⟩
Johannes ⟨von Rodindon⟩
Johannes ⟨von Rodington⟩
Johannes ⟨von Rondin⟩
Rodington, Jean ¬de¬
Rodington, Johannes ¬de¬

Johannes ⟨de Roemhilt⟩
→ **Johannes ⟨Weicker de Roemhilt⟩**

Johannes ⟨de Roethaw⟩
→ **Roethaw, Johannes**

Johannes ⟨de Roma⟩
→ **Johannes ⟨Iordani Romanus⟩**

Johannes ⟨de Roquignies⟩
um 1247 · OPraem
Schneyer,III,703
Jean ⟨Abbé de Prémontré⟩
Jean ⟨de Prémontré⟩
Jean ⟨de Rocquigny⟩
Roquignies, Johannes ¬de¬

Johannes ⟨de Rosa⟩
→ **Johannes ⟨Zachariae⟩**

Johannes ⟨de Rubeis⟩
13./14. Jh. · OP
Super totam logicam
Lohr
Coccoveia, Johannes
Johannes ⟨Coccoveia⟩
Johannes ⟨de Cercinis⟩
Johannes ⟨de Rubeis, Viterbiensis⟩
Johannes ⟨de Rubeis de Cercinis⟩
Johannes ⟨Viterbiensis⟩
Rubeis, Johannes ¬de¬

Johannes ⟨de Rupella⟩
gest. 1245
CSGL; LMA,V,598
Jean ⟨de la Rochelle⟩
Johannes ⟨de la Rochelle⟩
Johannes ⟨Petragoricensis⟩
Johannes ⟨von La Rochelle⟩
Johannes ⟨von Rupella⟩
John ⟨de la Rochelle⟩
John ⟨de Rupella⟩
Rupella, Johannes ¬de¬

Johannes ⟨de Rupescissa⟩
gest. 1437
De famulatu philosophiae
LThK
Jean ⟨de la Rochetaillée⟩
Jean ⟨de Rochetaillade⟩
Jean ⟨de Rochetaillée⟩
Jean ⟨de Rupescissa⟩
Johannes ⟨de Rochetaillée⟩
Johannes ⟨de Rupescissa, Cardinalis⟩
Rupescissa, Johannes ¬de¬

Johannes ⟨de Rupescissa, OFM⟩
gest. ca. 1365 · OFM
Visiones seu revelationes; Vademecum in tribulatione; De consideratione quintae essentiae; De confectione veri lapidis philosophorum
LMA,V,597; Stegmüller, Repert. bibl. 4915,1-3
Jean ⟨de Aurillac⟩
Jean ⟨de Rochetaillade⟩
Jean ⟨de Roquetaillade⟩
Jean ⟨de Rupescissa⟩
Johannes ⟨a Rupescissa⟩
Johannes ⟨de Rochetaillade⟩
Johannes ⟨de Rupescissa⟩
Johannes ⟨von Aurillac⟩
Johannes ⟨von Roquetaillade⟩
John ⟨of Rupescissa⟩
Rupescissa, Johannes ¬de¬

Johannes ⟨de Rusbach⟩
gest. 1417
Eccli. c. 1-2
Stegmüller, Repert. bibl. 4916
Johannes ⟨Canonicus Klosterneuburg⟩
Rusbach, Johannes ¬de¬

Johannes ⟨de Sabelliis⟩
→ **Johannes ⟨Iordani Romanus⟩**

Johannes ⟨de Sacaberiis⟩
→ **Johannes ⟨Sarisberiensis⟩**

Johannes ⟨de Sacrobosco⟩
gest. 1256
De anni ratione
Tusculum-Lexikon; LMA,V,598/99
Holywood, John
Jean ⟨de Holybusch⟩
Jean ⟨de Holywood⟩
Johann ⟨von Sacrobosco⟩
Johannes ⟨Anglus⟩
Johannes ⟨de Bosco⟩
Johannes ⟨de Sacrobusto⟩
Johannes ⟨Sacroboscus⟩
Johannes ⟨Sacrobuschus⟩
Johannes ⟨von Halifax⟩
Johannes ⟨von Holywood⟩
Johannes ⟨von Sacrobosco⟩
John ⟨Holywood⟩
John ⟨of Halifax⟩
John ⟨of Holybush⟩
John ⟨of Holywalde⟩
Sacro Bosco, Johannes ¬de¬
Sacrobosco, Giovanni
Sacrobosco, Jean ¬de¬
Sacrobosco, Johannes ¬de¬
Sacrobusco, Johannes ¬de¬
Sacrobusto, Johannes ¬de¬

Johannes ⟨de Saint-Albans⟩
→ **Johannes ⟨de Sancto Aegidio⟩**

Johannes ⟨de Saint-Eyroul⟩
→ **Johannes ⟨de Sancto Ebrulfo⟩**

Johannes ⟨de Salerna⟩
→ **Johannes ⟨Italus⟩**

Johannes ⟨de Salfeld⟩
→ **Salvelt, Johannes**

Johannes ⟨de Salis⟩
→ **Baptista ⟨de Salis⟩**

Johannes ⟨de Salisbury⟩
→ **Johannes ⟨Sarisberiensis⟩**

Johannes ⟨de Salveld⟩
→ **Salvelt, Johannes**

Johannes ⟨de Samois⟩
→ **Johannes ⟨de Semorsio⟩**

Johannes ⟨de Sampis⟩
13. Jh.
Quaestiones de generatione et corruptione
Lohr
Sampis, Johannes ¬de¬

Johannes ⟨de San Giminiano⟩
→ **Johannes ⟨de Sancto Geminiano⟩**

Johannes ⟨de Sancta Fide⟩
gest. 1359 · OCarm
In I-II De caelo et mundo; Annotationes I Joh.
Lohr; Stegmüller, Repert. bibl. 4925-4931
Jean ⟨de Saint-Faith⟩
Johannes ⟨de Sanctafide⟩
Johannes ⟨Norfordiensis⟩
Johannes ⟨Prior Burnhamensis⟩
Johannes ⟨Sanctafidensis⟩
Johannes ⟨Sanfidensis⟩
Sancta Fide, Johannes ¬de¬

Johannes ⟨de Sancto Aegidio⟩
→ **Aegidius ⟨Corbeiensis⟩**

Johannes ⟨de Sancto Aegidio⟩
ca. 1180 – ca. 1259
LThK; CSGL
Jean ⟨de Saint-Gilles⟩
Johannes ⟨Aegidii⟩
Johannes ⟨de Saint-Albans⟩
Johannes ⟨de Sancto Aegidio Anglicus⟩
Johannes ⟨von Sankt Egidio⟩
John ⟨of Saint Giles⟩
Sancto Aegidio, Johannes ¬de¬

Johannes ⟨de Sancto Albano⟩
→ **John ⟨Mandeville⟩**

Johannes ⟨de Sancto Amando⟩
ca. 1262 – 1312
Areolae; Concordanciae
Tusculum-Lexikon; LMA,V,601
Jean ⟨de Saint-Amand⟩
Johannes ⟨Canonicus⟩
Johannes ⟨Tornacensis⟩
Johannes ⟨von Sankt Amand⟩
Sancto Amando, Johannes ¬de¬

Johannes ⟨de Sancto Angelo⟩
um 1268 · OP
Schneyer,III,720
Sancto Angelo, Johannes ¬de¬

Johannes ⟨de Sancto Arnulfo⟩
gest. ca. 974/84 · OSB
Vita Johannis Gorziensis; Vita S. Glodesindis; Miracula
VL(2),IV,537; LMA,V,514; Rep.Font. VI,366
Jean ⟨de Gorze⟩
Jean ⟨de Metz⟩
Jean ⟨de Saint-Arnoul⟩
Johann ⟨Abt⟩
Johann ⟨von Gorze⟩
Johann ⟨von Metz⟩
Johann ⟨von Sankt Arnulf⟩
Johann ⟨von Vandières⟩
Johannes ⟨Abbas⟩
Johannes ⟨Abbas Mettensis⟩
Johannes ⟨Abbé de Metz⟩
Johannes ⟨de Metis⟩
Johannes ⟨de Metz⟩
Johannes ⟨Gorziensis⟩
Johannes ⟨Metensis⟩
Johannes ⟨Mettensis⟩
Johannes ⟨von Sankt-Arnulf⟩
Sancto Arnulfo, Johannes ¬de¬

Johannes ⟨de Sancto Audoeno⟩
gest. ca. 1120
CSGL
Jean ⟨de Saint-Ouen⟩
Johannes ⟨Diaconus Sancti Audoeni⟩
Johannes ⟨Monachus Sancti Audoeni Rothomagensis⟩
Johannes ⟨Sancti Audoeni⟩
Johannes ⟨von Saint-Ouen⟩
Sancto Audoeno, Johannes ¬de¬

Johannes ⟨de Sancto Benedicto⟩
um 1281/83 · OP
Sermones
Schneyer,III,721; Kaeppeli,II,537/538
Jean ⟨de Fleury⟩
Jean ⟨de Saint-Benoît⟩
Jean ⟨de Saint-Benoît-sur-Loire⟩
Johannes ⟨de Sancto Benedicto, Aurelianensis⟩
Johannes ⟨de Sancto Benedicto, Floriacensis⟩
Sancto Benedicto, Johannes ¬de¬

Johannes ⟨de Sancto Bertino⟩
1187 – 1230 · OSB
Vita S. Erkembodi episcopi Tarvanensis et abbatis Sithivensis
Rep.Font. VI,417
Jean ⟨de Saint-Bertin⟩
Jean ⟨d'Ypres⟩
Jean ⟨Sithivensis⟩
Johannes ⟨Monachus Sithivensis⟩
Johannes ⟨Sancti Bertini Sithivensis⟩
Johannes ⟨Sithivensis⟩
Sancto Bertino, Johannes ¬de¬

Johannes ⟨de Sancto Eadmundo⟩
→ **Johannes ⟨de Sancto Edmundo⟩**

Johannes ⟨de Sancto Ebrulfo⟩
gest. 1225
Schneyer,III,722
Jean ⟨de Saint-Evroul⟩
Johannes ⟨de Saint-Eyroul⟩
Sancto Ebrulfo, Johannes ¬de¬

Johannes ⟨de Sancto Edmundo⟩
um 1350 · OCarm
Luc.
Stegmüller, Repert. bibl. 4924
Jean ⟨Carme à Ipswich⟩
Jean ⟨de Saint-Edmond⟩
Jean ⟨de Saint-Edmonds⟩
Johannes ⟨de Bury Saint Edmond's⟩
Johannes ⟨de Sancto Eadmundo⟩
Sancto Edmundo, Johannes ¬de¬

Johannes ⟨de Sancto Geminiano⟩
→ **Johannes ⟨Gorini de Sancto Geminiano⟩**

Johannes ⟨de Sancto Geminiano⟩
gest. ca. 1332 · OP
Liber exemplorum (Verfasserschaft nicht gesichert); Legenda S. Finae
Kaeppeli,II,539/543; LMA,V,601
Coppi ⟨von San Gimignano⟩
Coppo, Giovanni ¬di¬
Geminiano, Johannes de Sancto
Geminianus, Johannes
Giovanni ⟨da San Gemignano⟩
Giovanni ⟨da San Geminiano⟩
Giovanni ⟨da Sangimignano⟩
Giovanni ⟨di Coppo⟩
Jacoppi ⟨von San Gimignano⟩
Jean ⟨de San-Gimignano⟩
Jean ⟨Gorini di Coppo⟩
Johannes ⟨a Sancto Geminiano⟩
Johannes ⟨Coppi de Sancto Geminiano⟩
Johannes ⟨de San Giminiano⟩
Johannes ⟨de Sancto Geminiano, I.⟩
Johannes ⟨Geminianus⟩
Johannes ⟨Iacoppi de Sancto Geminiano⟩
Johannes ⟨von Sankt Gimignano⟩
San Giminiano, Johannes
Sancto Geminiano, Johannes ¬de¬

Johannes ⟨de Sancto Geminiano, I.⟩
→ **Johannes ⟨de Sancto Geminiano⟩**

Johannes ⟨de Sancto Geminiano, II.⟩
→ **Johannes ⟨Gorini de Sancto Geminiano⟩**

Johannes ⟨de Sancto Germano⟩
gest. ca. 1320 · OSB
Quaestiones in libros Posteriorum
Lohr
Jean ⟨de Saint-Germain⟩
Jean ⟨Germeyn⟩
Johannes ⟨de Cornubia⟩
Johannes ⟨de Sancto Germano de Cornubia⟩
Sancto Germano, Johannes ¬de¬

Johannes ⟨de Sancto Lamberto⟩
Lebensdaten nicht ermittelt · OSB
Expositio passionis secundum Johannem
Stegmüller, Repert. bibl. 4938
Johannes ⟨Monachus Monasterii Sancti Lamberti⟩
Sancto Lamberto, Johannes ¬de¬

Johannes ⟨de Sancto Paulo⟩
gest. 1216
Flores diaetarum; Ps.; Cant.
Stegmüller, Repert. bibl. 4939;4940

Giovanni ⟨da San Paolo⟩
Jean ⟨de Saint-Paul⟩
Jean ⟨de Salerne⟩
Jean ⟨Médecin⟩
Johannes ⟨de Sancto Paulo, Medicus⟩
Johannes ⟨Episcopus Sabinensis⟩
Johannes ⟨von Sankt Paul⟩
Sancto Paulo, Johannes ¬de¬

Johannes ⟨de Sancto Quintino⟩
gest. ca. 1233
Job.
Stegmüller, Repert. bibl. 4941
Jean ⟨de Barastre⟩
Jean ⟨de Saint-Quentin⟩
Jean ⟨Doyen de Saint-Quentin⟩
Johannes ⟨de Barastre⟩
Sancto Quintino, Johannes ¬de¬

Johannes ⟨de Sancto Quintino⟩
→ **Johannes ⟨de Quineriis⟩**

Johannes ⟨de Sancto Victore⟩
um 1332
Memoriale historiarum
Rep.Font. VI,385
Jean ⟨Bouin⟩
Jean ⟨Chanoine Régulier de Saint-Victor⟩
Jean ⟨de Paris⟩
Jean ⟨de Saint-Victor⟩
Johannes ⟨Canonicus Sancti Victoris⟩
Johannes ⟨Parisiensis Canonicus Sancti Victoris⟩
Sancto Victore, Johannes ¬de¬

Johannes ⟨de Sancto Victore, Teutonicus⟩
gest. 1229 · OESACan
Epistula ad Jacobum de Vitriaco; Sermones
Schneyer,III,765
Jean ⟨de Saint-Victor⟩
Jean ⟨le Teutonique⟩
Johannes ⟨de Sancto Victore⟩
Johannes ⟨Teutonicus⟩
Johannes ⟨Teutonicus, Abbas Sancti Victoris⟩
Sancto Victore, Johannes ¬de¬
Teutonicus, Johannes

Johannes ⟨de Sancto Vincentio⟩
11./12. Jh.
Chronicon Vulturnense
LMA,V,601; Rep.Font. VI,427; Tusculum-Lexikon
Giovanni ⟨Monaco⟩
Jean ⟨de Saint-Vincent⟩
Jean ⟨Moine de Saint-Vincent⟩
Johannes ⟨de Volturno⟩
Johannes ⟨Monachus Sancti Vincentii⟩
Johannes ⟨Monachus Vulturnensis⟩
Johannes ⟨Sancti Vincentii⟩
Johannes ⟨von San Vincenzo al Volturno⟩
Johannes ⟨von Sankt Vincenzo al Volturno⟩
Johannes ⟨von Sankt Vinzenz⟩
Johannes ⟨Vulturnensis⟩
Sancto Vincentio, Johannes ¬de¬

Johannes ⟨de Sandala⟩
gest. 1319
Jean ⟨Sandale⟩
Johannes ⟨Episcopus⟩
Johannes ⟨Wintoniensis⟩
John ⟨de Sandale⟩
John ⟨of Winchester⟩
Sandala, Johannes ¬de¬
Sandale, John ¬de¬

Johannes ⟨de Sanzois⟩
→ **Johannes ⟨de Semorsio⟩**

Johannes ⟨de Sawtrey⟩
um 1285/1316 · OSB
Epistolae
Rep.Font. VI,410
Jean ⟨de Ramsey⟩
Jean ⟨de Sautre⟩
Johannes ⟨de Ramsey⟩
Johannes ⟨de Sautre⟩
Johannes ⟨Ramesiensis⟩
Sawtrey, Johannes ¬de¬

Johannes ⟨de Saxonia⟩
→ **Johannes ⟨Christophori de Saxonia⟩**
→ **Johannes ⟨Danck de Saxonia⟩**
→ **Johannes ⟨de Erfordia⟩**

Johannes ⟨de Saxonia⟩
um 1234/38 · OP
Luc.; Apoc.
Stegmüller, Repert. bibl. 4943;4943,1
Johannes ⟨Episcopus Bonensis⟩
Saxonia, Johannes ¬de¬

Johannes ⟨de Scapeya⟩
→ **Johannes ⟨Sheppey⟩**

Johannes ⟨de Schaftholzheim⟩
um 1356/81 · OESA
Übersetzung des „Neunfelsenbuches" aus dem Dt. ins Lat., mit Zusätzen
VL(2),4,736
Jean ⟨de Schäffolsheim⟩
Jean ⟨de Schaftholzheim⟩
Johannes ⟨in Poenitentialibus Vicarius⟩
Johannes ⟨von Schaftholzheim⟩
Schaftholzheim, Johannes ¬de¬

Johannes ⟨de Schepeye⟩
→ **Johannes ⟨Sheppey⟩**

Johannes ⟨de Schlettstadt⟩
14. Jh.
Tractatus libri De caelo et mundo
Lohr
Johannes ⟨de Sletstat⟩
Schlettstadt, Johannes ¬de¬
Sletstat, Johannes ¬de¬

Johannes ⟨de Schonhavia⟩
1356 – 1432
Collatio in Windesim; Declaratio sermonis de monte aureo; Epistulae
Rep.Font. VI,411; CSGL
Jean ⟨de Schoonhoven⟩
Johannes ⟨de Schoenhoven⟩
Johannes ⟨de Schoonovia⟩
Johannes ⟨Schonovius⟩
Johannes ⟨Schoonhonius⟩
Johannes ⟨Sconhovius⟩
Schoenhoven, Johannes ¬de¬
Schonhavia, Johannes ¬de¬
Sconhovius, Johannes

Johannes ⟨de Schwenkenfeld⟩
um 1332
Examen testium super vita et moribus Beguinarum per inquisitorem haer. pravitalis in Sweydnitz
Schönberger/Kible, Repertorium, 14635/14636
Schwenkenfeld, Johannes ¬de¬

Johannes ⟨de Segovia⟩
→ **Johannes ⟨Lupus⟩**

Johannes ⟨de Segovia⟩
ca. 1395 – 1458
Liber de conceptione Mariae
LThK; LMA,V,605; Tusculum-Lexikon; LMA,II,1634/35
Alfonsi ⟨von Segovia⟩
Alfonsi, Johannes
Jean ⟨de Segevie⟩
Jean ⟨de Ségovie⟩
Johannes ⟨Alfonsi⟩
Johannes ⟨de Secubia⟩
Johannes ⟨de Segobia⟩
Johannes ⟨Segobiensis⟩
Johannes ⟨Segoviensis⟩
Johannes ⟨von Segovia⟩
Juan ⟨de Palencia⟩
Juan ⟨de Segovia⟩
Palencia, Juan ¬de¬
Secubia, Johannes ¬de¬
Segobia, Johannes ¬de¬
Segovia, Johannes ¬de¬

Johannes ⟨de Semorsio⟩
gest. 1302 · OFM
Schneyer,III,765
Jean ⟨de Samois⟩
Jean ⟨de Sanzois⟩
Johannes ⟨de Samois⟩
Johannes ⟨de Sanzois⟩
Samois, Johannes ¬de¬
Sanzois, Johannes ¬de¬
Semorsio, Johannes ¬de¬

Johannes ⟨de Septem Castris⟩
14. Jh. · OFM
Speculum
Rep.Font. VI,415
Johannes ⟨Transsilvanus⟩
Septem Castris, Johannes ¬de¬

Johannes ⟨de Shepey⟩
→ **Johannes ⟨Sheppey⟩**

Johannes ⟨de Shyheborna⟩
13. Jh.
In De anima
Lohr
John ⟨de Shirborn⟩
Shirborn, John ¬de¬
Shyheborna, Johannes ¬de¬

Johannes ⟨de Siaco⟩
um 1346/50 · OP
Translatio Bibliae in linguam Gallicam; Expositio declamationum Senece ; Consolation de Boèce
Kaeppeli,III,12
Jean ⟨de Sy⟩
Johannes ⟨de Cis⟩
Johannes ⟨de Siaco Campanus⟩
Johannes ⟨de Sy⟩
Johannes ⟨de Syaco⟩
Siaco, Johannes ¬de¬
Sy, Jean ¬de¬

Johannes ⟨de Siccavilla⟩
gest. ca. 1270
Dritonus, Johannes
Jean ⟨de Sècheville⟩
Jean ⟨de Secqueville⟩
Jean ⟨de Siccavilla⟩
Johannes ⟨de Arida Villa⟩
Johannes ⟨Dritonus⟩
John ⟨Driton⟩
John ⟨Sackville⟩
Sackville, John
Siccavilla, Johannes ¬de¬

Johannes ⟨de Sicilia⟩
um 1290
Scriptum super canones Arzachelis de tabulis Toletanis; Ars dictaminis; nicht identisch mit Johannes ⟨de Lineriis⟩; Identität mit Johannes ⟨de Messina⟩ umstritten
LMA,V,606
Jean ⟨de Sicile, Astronome⟩
Johannes ⟨de Messina⟩
Johannes ⟨Siculus⟩
Johannes ⟨von Sizilien⟩
John ⟨of Sicily⟩
Sicilia, Johannes ¬de¬

Johannes ⟨de Silvadia⟩
→ **Salvelt, Johannes**

Johannes ⟨de Sitbor⟩
→ **Johannes ⟨von Tepl⟩**

Johannes ⟨de Sletstat⟩
→ **Johannes ⟨de Schlettstadt⟩**

Johannes ⟨de Slupcza⟩
1408 – 1488
Puncta super libros Metaphysicae; In CMund.; In SSens.; etc.
Lohr
Jan ⟨de Slupczy⟩
Jan ⟨ze Słupczy⟩
Slupcza, Johannes ¬de¬

Johannes ⟨de Soardis⟩
→ **Johannes ⟨Parisiensis⟩**

Johannes ⟨de Sommerfeld⟩
um 1348/61 · OFM
Psalterium glossatum
VL(2),4,755; Stegmüller, Repert. bibl. 4965;4966
Johannes ⟨von Sommerfeld⟩
Sommerfeld, Johannes ¬de¬

Johannes ⟨de Soncino⟩
gest. ca. 1363
Opera grammatica
Rep.Font. VI,417
Jean ⟨de Soncino⟩
Soncino, Johannes ¬de¬

Johannes ⟨de Sorbonia⟩
um 1268
Paris nat. lat. 10698f. 37va
Schneyer,III,775
Sorbonia, Johannes ¬de¬

Johannes ⟨de Spaciis⟩
um 1405/14 · OP
Sermones per annum
Kaeppeli,III,13
Johannes ⟨de Spatiis⟩
Spaciis, Johannes ¬de¬

Johannes ⟨de Spira⟩
1383 – ca. 1456
LMA,VII,2121
Giovanni ⟨da Spira⟩
Hans ⟨von Speyer⟩
Jean ⟨de Spire⟩
Jean ⟨Wishler⟩
Johannes ⟨de Weilhaim⟩
Johannes ⟨Mellicensis⟩
Johannes ⟨Prior⟩
Johannes ⟨von Speyer⟩
Johannes ⟨Wischler⟩
Johannes ⟨Wyszheller⟩
Spira, Johannes ¬de¬
Wischler, Johannes
Wishler, Jean
Wyszheller, Johannes

Johannes ⟨de Spoleto⟩
ca. 1370 – ca. 1445
Opera grammatica
Rep.Font. VI,418
Giovanni ⟨da Spoleto⟩
Jean ⟨de Spolète⟩
Johannes ⟨di Ser Buccio⟩
Spoleto, Johannes ¬de¬

Johannes ⟨de Stamberg⟩
→ **Johannes ⟨Stamberius⟩**

Johannes ⟨de Standel⟩
um 1374/76 · OP
Scriptum super Alkabicium; Postilla sup. Matth.; Postilla sup. Ioh.
Stegmüller, Repert. bibl. 4969
Johannes ⟨de Stendal⟩
Johannes ⟨Regens Studii Generalis Domus Magdeburgensis⟩
Standel, Johannes ¬de¬
Stendal, Johannes ¬de¬

Johannes ⟨de Stavulo⟩
→ **Jean ⟨de Stavelot⟩**

Johannes ⟨de Stendal⟩
→ **Johannes ⟨de Standel⟩**

Johannes ⟨de Sterngassen⟩
gest. ca. 1327
VL(2); CSGL; LThK; LMA,V,606/07
Giovanni ⟨di Sterngassen⟩
Jean ⟨de Sterngassen⟩
Johann ⟨von Sterngassen⟩
Johannes ⟨Korngin⟩
Johannes ⟨Korngin de Spernegasse⟩
Johannes ⟨Korngin de Sterngassen⟩
Johannes ⟨Spernegasse⟩
Johannes ⟨Sterlingatius⟩
Johannes ⟨Sternagesten⟩
Johannes ⟨Sternegatij⟩
Johannes ⟨von Sterngassen⟩
Sterngassen, Johannes ¬de¬

Johannes ⟨de Stratford⟩
→ **Stratford, Johannes**

Johannes ⟨de Stychorn⟩
um 1292
Quaestiones libri Porphyrii; Quaestiones de libro Praedicamentorum; Quaestiones super librum Perihermenias
Lohr
Stychorn, Johannes ¬de¬

Johannes ⟨de Sulmona⟩
→ **Johannes ⟨Quatrarius⟩**

Johannes ⟨de Sulmona⟩
um 1341 · OESA
Cant.; Apoc.
Stegmüller, Repert. bibl. 4979;4980
Jean ⟨de Solmona⟩
Jean ⟨de Sulmona⟩
Jean ⟨de Sulmone⟩
Johannes ⟨Sulmonensis⟩
Sulmona, Johannes ¬de¬

Johannes ⟨de Susato⟩
→ **Johann ⟨von Soest⟩**

Johannes ⟨de Suso⟩
→ **Seuse, Heinrich**

Johannes ⟨de Swinford⟩
ca. 13./14. Jh. · OP
Brevis compilatio de anima eiusque facultatibus; De virtutibus animae; De natura angelorum
Kaeppeli,III,19; Schönberger/Kible, Repertorium, 14643
Johannes ⟨de Swinford Anglicus⟩
Swinford, Johannes ¬de¬

Johannes ⟨de Sy⟩
→ **Johannes ⟨de Siaco⟩**

Johannes ⟨de Symaco⟩
→ **Johannes ⟨de Chymiacho⟩**

Johannes ⟨de Tagliacotio⟩
gest. 1468 · OFM
Epistulae
Rep.Font. VI,418
Jean ⟨a Taliacotio⟩
Jean ⟨de Tagliacozzo⟩
Tagliacotio, Johannes ¬de¬

Johannes ⟨de Tambaco⟩
1288 – 1372
De sensibilibus deliciis paradisi; De culpa et gratia; De consolatione theologiae
Schneyder,III,444; LMA,V,568; LThK; CSGL
Dambach, Johannes ¬de¬
Jean ⟨de Tambach⟩
Johannes ⟨a Tambaco⟩
Johannes ⟨Cambico⟩
Johannes ⟨Dambacensis⟩
Johannes ⟨de Cambaco⟩
Johannes ⟨de Dambach⟩
Johannes ⟨de Tambico⟩
Johannes ⟨de Tambuco⟩
Johannes ⟨de Thanbuco⟩
Johannes ⟨de Zambaco⟩
Johannes ⟨de Zumbacho⟩
Johannes ⟨Tambacensis⟩
Johannes ⟨von Dambach⟩
Johannes ⟨von Tambach⟩
Johannes ⟨Zambico⟩
Johannes ⟨Zumbacho⟩
Tambaco, Johannes ¬de¬
Thanbuco, Johannes ¬de¬
Zumbacho, Johannes ¬de¬

Johannes ⟨de Targowisko⟩
gest. 1492
Annales; Ad Innocentium octavum pontificem summum Oratio
Rep.Font. VI,419
Johannes ⟨Episcopus Premisliensis⟩
Johannes ⟨Premisliensis⟩
Targowisko, Johannes ¬de¬

Johannes ⟨de Taurino⟩
um 1243/78 · OP
Auctoritates sanctorum; Sermones selecti de sanctis
Kaeppeli,III,21/22
Jean ⟨de Turin⟩
Jean ⟨Taurinus⟩
Johannes ⟨Taurinensis⟩
Taurino, Johannes ¬de¬

Johannes ⟨de Taxter⟩
→ **Johannes ⟨de Tayster⟩**

Johannes ⟨de Tayster⟩
gest. 1265
Jean ⟨de Tayster⟩
Johannes ⟨de Taxter⟩
Johannes ⟨Sancti Edmundi⟩
John ⟨de Tayster⟩
Taxster, John ¬de¬
Tayster, Johannes ¬de¬

Johannes ⟨de Tegernsee⟩
→ **Keckius, Johannes**

Johannes ⟨de Terra Rubea⟩
ca. 1370 – 1430
Contra rebelles suorum regnorum; Tractatus de iure futuri successoris legitimi in regiis hereditatibus
LMA,V,341
Jean ⟨de Terre Rouge⟩
Jean ⟨de Terrevermeille⟩
Terra Rubea, Johannes ¬de¬

Johannes ⟨de Teschen⟩
→ **Johannes ⟨Ticinensis⟩**

Johannes ⟨de Tetzen⟩
→ **Johannes ⟨Ticinensis⟩**

Johannes ⟨de Teukesbery⟩
→ **Johannes ⟨Tewkesbury⟩**

Johannes ⟨de Thanbuco⟩
→ **Johannes ⟨de Tambaco⟩**

Johannes ⟨de Thessin⟩
→ **Johannes ⟨Ticinensis⟩**

Johannes ⟨de Thielrode⟩
13. Jh. · OSB
Chronicon S. Bavonis
Rep.Font. VI,420
Jean ⟨de Saint-Bavon⟩
Jean ⟨de Thielrode⟩
Johannes ⟨de Thilrode⟩
Thielrode, Johannes ¬de¬

Johannes ⟨de Thilrode⟩
→ **Johannes ⟨de Thielrode⟩**

Johannes ⟨de Thosth⟩
gest. 1482
Puncta Physicorum; Quaestiones super VIII libros Physicorum
Lohr
Jan ⟨z Toszka⟩
Johannes ⟨de Thost⟩
Johannes ⟨z Toszka⟩
Thosth, Johannes ¬de¬

Johannes ⟨de Thurocz⟩
geb. ca. 1435
János ⟨Thuróczy⟩
Jean ⟨de Thwrocz⟩
Johannes ⟨de Thwrocz⟩
Johannes ⟨de Turotz⟩
Johannes ⟨Pronotarius⟩
Johannes ⟨Thurocius⟩
Thurocz, János ¬de¬
Thurocz, Johannes ¬de¬
Thuroczi, János
Thuróczy, János
Thuroczy, János
Thwrocz, Johannes ¬de¬

Johannes ⟨de Tinemue⟩
13. Jh.
De curvis superficiebus; Paraphrasen von „De quadratura circuli", „De ysoperimetris"; Identität mit dem Kanonisten Johannes ⟨de Tynemouth⟩ wenig wahrscheinlich
LMA,V,610
Johannes ⟨de Tynemouth⟩
Johannes ⟨von Tynemouth⟩
John ⟨of Tynemouth⟩
Tinemue, Johannes ¬de¬
Tynemouth, John ¬of¬

Johannes ⟨de Tittmoning⟩
gest. 1467
Stegmüller, Repert. bibl. 4508-4512; Stegmüller, Repert. sentent. 451;451,1; 619
Grössel, Johannes
Johannes ⟨de Tittmaning⟩
Johannes ⟨Groessel de Titmaning⟩
Johannes ⟨Grössel de Tittmoning⟩
Tittmoning, Johannes ¬de¬

Johannes ⟨de Tivoli⟩
→ **Johannes ⟨Papa, VIIII.⟩**

Johannes ⟨de Tociaco⟩
gest. 1222 · OESACan
Schneyer,III,790
Jean ⟨de Sainte-Geneviève⟩
Jean ⟨de Toucy⟩
Johannes ⟨de Toucy⟩
Tociaco, Johannes ¬de¬
Toucy, Jean ¬de¬

Johannes ⟨de Tongres⟩
→ **Johannes ⟨de Ostriis⟩**

Johannes ⟨de Tornaco⟩
→ **Johannes ⟨Tinctoris⟩**

Johannes ⟨de Tornamira⟩
gest. 1396
Jean ⟨de Tournemire⟩
Tornamira, Johannes ¬de¬
Tournemire, Jean ¬de¬

Johannes ⟨de Torrecremata⟩
→ **Johannes ⟨de Turrecremata⟩**

Johannes ⟨de Tortellis de Aretio⟩
→ **Johannes ⟨Tortellius⟩**

Johannes ⟨de Toucy⟩
→ **Johannes ⟨de Tociaco⟩**

Johannes ⟨de Tour⟩
→ **Johannes ⟨de Turno⟩**

Johannes ⟨de Tours⟩
um 1120
Möglicherweise Verf. der Pauluskommentare, als deren Verf. Bruno ⟨Cartusianus⟩ gilt
Stegmüller, Repert. bibl.
Johannes ⟨Anselmi Laudunensis Discipulus⟩
Tours, Johannes ¬de¬

Johannes ⟨de Tracia⟩
→ **Johannes ⟨de Mediolano⟩**

Johannes ⟨de Traiecto⟩
→ **Johannes ⟨Hokelim⟩**

Johannes ⟨de Transtévère⟩
→ **Johannes ⟨Sanctae Mariae Trans Tiberim⟩**

Johannes ⟨de Trecis⟩
um 1300 · OCist
Schneyer,III,792
Jean ⟨de Troyes⟩
Johannes ⟨de Troyes⟩
Trecis, Johannes ¬de¬

Johannes ⟨de Trevio⟩
15. Jh.
Jean ⟨de Trevi⟩
Johannes ⟨de Treviso⟩
Johannes ⟨Treviensis⟩
Johannes ⟨von Trevi⟩
Trevio, Johannes ¬de¬

Johannes ⟨de Trevisa⟩
→ **John ⟨Trevisa⟩**

Johannes ⟨de Treviso⟩
→ **Johannes ⟨de Trevio⟩**

Johannes ⟨de Treviso⟩
um 1230/35 · OP
Summa de theologia brevis et utilis
Kaeppeli,III,22
Johannes ⟨de Trevisio⟩
Johannes ⟨von Treviso⟩
Treviso, Johannes ¬de¬

Johannes ⟨de Trokelowe⟩
um 1295/1322 · OSB
Chronica monasterii S. Albani
Rep.Font. VI,422
Jean ⟨de Trokelowe⟩
John ⟨de Trokelowe⟩
Trokelowe, Jean ¬de¬
Trokelowe, Johannes ¬de¬
Trokelowe, John ¬de¬

Johannes ⟨de Troyes⟩
→ **Johannes ⟨de Trecis⟩**

Johannes ⟨de Tulbia⟩
13. Jh.
Gesta obsidionis Damiate
Rep.Font. VI,422
Jean ⟨de Tolve⟩
Jean ⟨de Tulbia⟩
Tulbia, Johannes ¬de¬

Johannes ⟨de Turno⟩
um 1277/79 · OP
Schneyer,III,790; HLF XXV,385
Jean ⟨de Turno⟩
Johannes ⟨de Tour⟩
Johannes ⟨de Turno Normannus⟩
Johannes ⟨Normannus⟩
Johannes ⟨Prior Sancti Jacobi⟩
Turno, Johannes ¬de¬

Johannes ⟨de Turotz⟩
→ **Johannes ⟨de Thurocz⟩**

Johannes ⟨de Turrecremata⟩
1388 – 1468
LThK; Tusculum-Lexikon; LMA,V,609
Jean ⟨de Torquemada⟩
Joannes ⟨de Turrecremata⟩
Johannes ⟨a Turrecremata⟩
Johannes ⟨de Torrecremata⟩
Johannes ⟨von Brandenturn⟩
Johannes ⟨von Torquemada⟩
Johannes ⟨von Turrecremata⟩
Juan ⟨de Torquemada⟩
Torquemada, Johannes ¬de¬
Torquemada, Juan ¬de¬
Turrecremata, Johannes ¬de¬
Turrecremata, Johannes ¬a¬

Johannes ⟨de Tydenshale⟩
→ **Johannes ⟨de Tytynsale⟩**

Johannes ⟨de Tynemouth⟩
→ **Johannes ⟨de Tinemue⟩**
→ **Johannes ⟨Tinmouthensis⟩**

Johannes ⟨de Tynemouth⟩
um 1188/1221
Kanonist der anglo-normannischen Schule
LMA,V,610
Jean ⟨de Tynemouth⟩
Johannes ⟨von Tynemouth⟩
Johannes ⟨von Tynemouth, Kanonist⟩
John ⟨of Tynemouth⟩
Tynemouth, Johannes ¬de¬

Johannes ⟨de Tytyngsale⟩
→ **Johannes ⟨de Tytynsale⟩**

Johannes ⟨de Tytynsale⟩
gest. ca. 1289
Quaestiones XII librorum Metaphysicae; Quaestiones super libros De anima; Quaestiones VI librorum Ethicorum; etc.
Lohr; LMA,V,610
Johannes ⟨de Dydneshale⟩
Johannes ⟨de Tydenshale⟩
Johannes ⟨de Tytyngsale⟩
Johannes ⟨Dymsdale⟩
Johannes ⟨von Dymsdale⟩
Johannes ⟨von Tydenshale⟩
Johannes ⟨von Tytynsale⟩
John ⟨of Tytyngsale⟩
John ⟨of Tytynsale⟩
Tytynsale, Johannes ¬de¬

Johannes ⟨de Udine⟩
→ **Johannes ⟨de Utino⟩**

Johannes ⟨de Ultra-Mosam⟩
→ **Jean ⟨des Prés⟩**

Johannes ⟨de Urbach⟩
→ **Johannes ⟨de Auerbach⟩**

Johannes ⟨de Urbe⟩
→ **Johannes ⟨Novariensis⟩**

Johannes ⟨de Ursna⟩
→ **Johannes ⟨de Orsna⟩**

Johannes ⟨de Usaria⟩
→ **Johannes ⟨de Huxaria⟩**

Johannes ⟨de Utino⟩
gest. 1363 · OFM
Compilatio librorum historiarum totius bibliae; Summa de aetatibus; Brevis narratio de regibus Hungariae
Stegmüller, Repert. bibl. 5025; VL(2),4,785; Rep.Font. VI,423
Jean ⟨de Mortegliano⟩
Jean ⟨de Mortiliano⟩
Jean ⟨d'Udine⟩
Johannes ⟨de Mortiliano⟩
Johannes ⟨de Udine⟩
Johannes ⟨Frater⟩
Johannes ⟨Longus⟩
Johannes ⟨Minorum Ordinis⟩
Johannes ⟨Utinensis⟩
Johannes ⟨von Udine⟩
Udine, Johannes ¬de¬
Utino, Johannes ¬de¬

Johannes ⟨de Uzsa⟩
14. Jh.
Ars notaria
Rep.Font. VI,423
Jean ⟨Uzsai⟩
Johannes ⟨Uzsai⟩
Uzsa, Johannes ¬de¬

Johannes ⟨de Vacellis⟩
gest. 1199 · OCist
Troyes 1249f. 166 rb
Schneyer,III,792
Jean ⟨de Vaucelles⟩
Vacellis, Johannes ¬de¬

Johannes ⟨de Valenciennes⟩
→ **Johannes ⟨Barath⟩**

Johannes ⟨de Vallato⟩
gest. ca. 1447 · OESA
Lohr
Vallato, Johannes ¬de¬

Johannes ⟨de Valleclara⟩
→ **Johannes ⟨de Biclaro⟩**

Johannes ⟨de Varad⟩
→ **Johannes ⟨Pannonius⟩**

Johannes ⟨de Varziaco⟩
gest. 1278 · OP
Postillae super Cant.
Stegmüller, Repert. bibl. 5029-5032; Schneyer,III,792
Jean ⟨de Varzy⟩
Johannes ⟨de Vardiaco⟩
Johannes ⟨de Varsiaco⟩
Johannes ⟨de Varzy⟩
Johannes ⟨de Verdiaco⟩
Johannes ⟨de Versiaco⟩
Varziaco, Johannes ¬de¬

Johannes ⟨de Varzy⟩
→ **Johannes ⟨de Varziaco⟩**

Johannes ⟨de Veneta⟩
um 1368 · OCarm
Chronica 1340 - 1368; nicht identisch mit Fillous, Jean (Verf. von Chronicon sui ordinis, Histoire des trois Maries)
Stegmüller, Repert. bibl. 5038; Rep.Font. VI,558
Jean ⟨de Venette⟩
Johannes ⟨de Vineta⟩
Johannes ⟨Gallus Compendiensis⟩
Pseudo-Johannes ⟨de Veneta⟩
Veneta, Johannes ¬de¬

Johannes ⟨de Vepria⟩
→ **Vepria, Jean ¬de¬**

Johannes ⟨de Vercellis⟩
gest. 1283 · OP
Sermones
Kaeppeli,III,41/42
Giovanni ⟨da Vercelli⟩
Jean ⟨de Verceil⟩

Johannes ⟨Abbas⟩
Johannes ⟨Garbella⟩
Johannes ⟨Vercellensis⟩
Johannes ⟨Vincellensis⟩
Johannes ⟨von Vercelli⟩
Vercellis, Johannes ¬de¬

Johannes ⟨de Verdena⟩
→ **Johannes ⟨de Werdena⟩**

Johannes ⟨de Verdi⟩
um 1250
Sap.; nicht identisch mit Johannes ⟨de Varziaco⟩
Stegmüller, Repert. bibl. 5038,1; Schneyer,III,793
Jean ⟨de Verde⟩
Jean ⟨de Verdi⟩
Jean ⟨de Veridi⟩
Johannes ⟨de Veridi⟩
Verdi, Johannes ¬de¬
Veridi, Johannes ¬de¬

Johannes ⟨de Verdiaco⟩
→ **Johannes ⟨de Varziaco⟩**

Johannes ⟨de Vergilio⟩
→ **Johannes ⟨de Virgilio⟩**

Johannes ⟨de Veridi⟩
→ **Johannes ⟨de Verdi⟩**

Johannes ⟨de Vernone⟩
gest. 1461 · OCarm
Apoc.
Stegmüller, Repert. bibl. 5039
Jean ⟨de Vernon⟩
Johannes ⟨Neustrius⟩
Vernone, Johannes ¬de¬

Johannes ⟨de Versiaco⟩
→ **Johannes ⟨de Varziaco⟩**

Johannes ⟨de Vesalia⟩
→ **Johannes ⟨de Wesalia⟩**

Johannes ⟨de Vexalia⟩
ca. 15. Jh.
Quaestiones super artem veterem; nicht identisch mit Johannes ⟨de Wesalia⟩
Lohr
Johannes ⟨de Vexallia⟩
Vexalia, Johannes ¬de¬

Johannes ⟨de Vicentia⟩
→ **Johannes ⟨de Vincentia⟩**

Johannes ⟨de Victoria⟩
→ **Johannes ⟨de Victring⟩**

Johannes ⟨de Victring⟩
gest. 1345
LThK; Tusculum-Lexikon; LMA,V,519/20
Jean ⟨de Victring⟩
Johann ⟨von Viktring⟩
Johannes ⟨Abbas⟩
Johannes ⟨de Victoria⟩
Johannes ⟨de Viktring⟩
Johannes ⟨Victoriensis⟩
Johannes ⟨Victringensis⟩
Johannes ⟨von Viktring⟩
Victring, Johannes ¬de¬
Viktring, Johannes ¬von¬

Johannes ⟨de Vigne⟩
→ **Johannes ⟨de Vineis⟩**

Johannes ⟨de Viktring⟩
→ **Johannes ⟨de Victring⟩**

Johannes ⟨de Vilari⟩
→ **Johannes ⟨de Villario⟩**

Johannes ⟨de Villa Episcopi⟩
um 1342/69 · OP
Lectura sup. Apoc.
Kaeppeli,III,45
Johannes ⟨de Bischofsdorf⟩
Johannes ⟨de Biscopstorp⟩
Villa Episcopi, Johannes ¬de¬

Johannes ⟨de Villario⟩
gest. 1333/36 · OCist
Belg. Prediger
CSGL
Jean ⟨de Villiers⟩
Johannes ⟨de Bruxella⟩
Johannes ⟨de Vilari⟩
Johannes ⟨de Villiers⟩
Johannes ⟨Villariensis⟩
Johannes ⟨Villers⟩
Villario, Johannes ¬de¬

Johannes ⟨de Villiaco⟩
12./14. Jh.
Paris, Nat. lat. 14889 f. 64ra
Schneyer,III,800
Villiaco, Johannes ¬de¬

Johannes ⟨de Villiers⟩
→ **Johannes ⟨de Villario⟩**

Johannes ⟨de Villingen⟩
→ **Johannes ⟨Berwardi de Villingen⟩**

Johannes ⟨de Vincentia⟩
ca. 1200 – ca. 1263 · OP
Stegmüller, Repert. bibl. 5041; Schneyer,III,796
Jean ⟨de Vicence⟩
Jean ⟨Schio⟩
Johann ⟨von Vicenza⟩
Johannes ⟨de Vicentia⟩
Johannes ⟨Vicentinus⟩
Johannes ⟨von Vicenza⟩
Vincentia, Johannes ¬de¬

Johannes ⟨de Vineis⟩
um 1220
Schneyer,III,796
Jean ⟨de Saint-Jean des Vignes⟩
Jean ⟨des Vignes⟩
Jean ⟨Prieur de l'Abbaye de Saint-Jean des Vignes⟩
Johannes ⟨de Vigne⟩
Johannes ⟨Prior Sancti Johannis de Vineis⟩
Vineis, Johannes ¬de¬

Johannes ⟨de Vineta⟩
→ **Johannes ⟨de Veneta⟩**

Johannes ⟨de Virgilio⟩
gest. ca. 1327
LMA,V,610/11
Giovanni ⟨del Vergilio⟩
Giovanni ⟨del Virgilio⟩
Giovanni ⟨Virgiolesi⟩
Jean ⟨de Virgilio⟩
Johannes ⟨de Vergilio⟩
Virgilio, Johannes ¬de¬

Johannes ⟨de Viridi⟩
→ **Johannes ⟨de Wardo⟩**

Johannes ⟨de Viterbio⟩
→ **Johannes ⟨de Gallesio⟩**
→ **Johannes ⟨de Maiensibus⟩**
→ **Johannes ⟨Guerriscus de Viterbio⟩**
→ **Nanni, Giovanni**

Johannes ⟨de Vockenbecke⟩
Lebensdaten nicht ermittelt
Mc.
Stegmüller, Repert. bibl. 5042
Vockenbecke, Johannes ¬de¬

Johannes ⟨de Volterra⟩
→ **Johannes ⟨Guallensis de Volterra⟩**

Johannes ⟨de Volturno⟩
→ **Johannes ⟨de Sancto Vincentio⟩**

Johannes ⟨de Waarde⟩
→ **Johannes ⟨de Wardo⟩**

Johannes ⟨de Wacfeld⟩
13. Jh.
Quaestiones primi libri Physicorum
Lohr
Wacfeld, Johannes ¬de¬

Johannes ⟨de Wackerzeele⟩
um 1390/97 · OESA
Historia sive Legenda Beatissimae virginis Barbarae
Rep.Font. VI,427
Jean ⟨de Wackerzeele⟩
Johannes ⟨Wackerzeel⟩
Wackerzeele, Johannes ¬de¬

Johannes ⟨de Waes⟩
→ **Johannes ⟨de Wasia⟩**

Johannes ⟨de Waldeby⟩
gest. 1393 · OESA
Pater noster; Ave Maria; Credo
Stegmüller, Repert. bibl. 5044-5049
Jean ⟨Waldeby⟩
Johannes ⟨Eboracensis⟩
Johannes ⟨Waldebius⟩
John ⟨Waldeby⟩
Waldeby, Jean
Waldeby, Johannes ¬de¬
Waldeby, John

Johannes ⟨de Wales⟩
→ **Johannes ⟨Guallensis⟩**

Johannes ⟨de Walingforda⟩
gest. ca. 1214
Johannes ⟨de Wallingford⟩
Johannes ⟨Sancti Albani⟩
Johannes ⟨Wallingfordus⟩
John ⟨of Wallingford⟩
Walingforda, Johannes ¬de¬
Wallingford, Johannes ¬de¬

Johannes ⟨de Walleis⟩
→ **Johannes ⟨Guallensis⟩**

Johannes ⟨de Wallingford⟩
→ **Johannes ⟨de Walingforda⟩**

Johannes ⟨de Walsham⟩
14. Jh. · OFM
Quaest. disp. 1.: utrum sole via fidei certificet viatorem naturam Ihesu Christi esse summe et infinite perfectam
Schönberger/Kible, Repertorium, 15199
Johannes ⟨von Walsham⟩
Johannes ⟨Walsham⟩
Walsham, Johannes ¬de¬

Johannes ⟨de Wardo⟩
gest. 1293 · OCist
Quodlibeta
CSGL; DThC
Dunis, Johannes ¬de¬
Jean ⟨de Verdy⟩
Jean ⟨de Viridi⟩
Jean ⟨de Warde⟩
Jean ⟨de Wardo⟩
Jean ⟨de Weerde⟩
Johannes ⟨de Dunis⟩
Johannes ⟨de Viridi⟩
Johannes ⟨de Waarde⟩
Johannes ⟨de Weerde⟩
Verdy, Jean ¬de¬
Viridi, Jean ¬de¬
Wardo, Jean ¬de¬
Wardo, Johannes ¬de¬
Werden, Johannes ¬de¬
Weerde, Jean ¬de¬

Johannes ⟨de Warnant⟩
um 1346
Gesta pontificum Leodiensium
Rep.Font. VI,428
Jean ⟨de Warnant⟩
Jean ⟨le Prêtre⟩
Warnant, Johannes ¬de¬

Johannes ⟨de Wartberg⟩
gest. 1433
Disputata de anima
Lohr; Stegmüller, Repert. sentent. 503,1
Johannes ⟨de Wartheberg⟩
Johannes ⟨Wartburg⟩
Wartberg, Johannes ¬de¬
Wartburg, Johannes

Johannes ⟨de Wasia⟩
gest. ca. 1402
Joh. quaest. Apoc. princ.
Stegmüller, Repert. sentent. 504; Stegmüller, Repert. bibl. 5053-5055
Jean ⟨Waes⟩
Johannes ⟨de Waes⟩
Johannes ⟨Waes⟩
Waes, Jean
Waes, Johannes
Wasia, Johannes ¬de¬

Johannes ⟨de Weerde⟩
→ **Johannes ⟨de Wardo⟩**

Johannes ⟨de Weidenberg⟩
→ **Johannes ⟨Pfeffer de Weidenberg⟩**

Johannes ⟨de Weilheim⟩
→ **Johannes ⟨de Spira⟩**
→ **Schlitpacher, Johannes**

Johannes ⟨de Weinsheim⟩
um 1465 · OCist
Cant. vet. nov. test.; IV Evv.
Stegmüller, Repert. bibl. 5057-5058
Johannes ⟨Abbas Maulbronn⟩
Weinsheim, Johannes ¬de¬

Johannes ⟨de Weits⟩
→ **Himmel, Johannes**

Johannes ⟨de Wells⟩
→ **Johannes ⟨Guallensis⟩**

Johannes ⟨de Welming⟩
um 1459
Jean ⟨de Welming⟩
Johannes ⟨Abbas⟩
Johannes ⟨Hauschamer⟩
Johannes ⟨Mellicensis⟩
Welming, Johannes ¬de¬

Johannes ⟨de Werdea⟩
→ **Hieronymus ⟨de Mondsee⟩**

Johannes ⟨de Werdena⟩
gest. 1437 · OFM
Dormi secure; nicht identisch mit Hieronymus ⟨de Mondsee⟩ (ca. 1420 - 1475)
VL(2),4,811/13
Johann ⟨von Werden⟩
Johannes ⟨de Verdena⟩
Johannes ⟨de Verdenna⟩
Johannes ⟨de Werden⟩
Johannes ⟨Müschelburg⟩
Johannes ⟨Müschelburg von Oberbach⟩
Johannes ⟨von Verden⟩
Johannes ⟨von Werden⟩
Verdena, Johannes ¬de¬
Werden, Johann ¬von¬
Werdena, Johannes ¬de¬

Johannes ⟨de Wesalia⟩
ca. 1425 – 1481
LMA,V,598
Johann ⟨von Wesel⟩
Johannes ⟨de Vesalia⟩
Johannes ⟨Erfordiensis⟩
Johannes ⟨Moguntinus⟩
Johannes ⟨Ruchardus⟩
Johannes ⟨Rucherath⟩
Johannes ⟨Vesaliensis⟩
Johannes ⟨von Oberwesel⟩
Johannes ⟨von Wesel⟩
Johannes ⟨Wormaciensis⟩
Johannes Ruchardus ⟨de Vesalia⟩
John ⟨of Wesel⟩
John ⟨Wesel⟩
Rucherat, Johannes
Rucherath, Johann
Rucherath, Johannes
Ruchrath von Wesel, Johann
Wesalia, Johannes ¬de¬
Wesel, Johann ¬von¬
Wesel, Johann Rucherath ¬von¬

Johannes ⟨de Westerfeld⟩
→ **Johannes ⟨Westerfeld⟩**

Johannes ⟨de Westlaria⟩
→ **Lange, Johannes**

Johannes ⟨de Wetflaria⟩
→ **Lange, Johannes**

Johannes ⟨de Wetzlaria⟩
→ **Lange, Johannes**

Johannes ⟨de Widenberg⟩
→ **Johannes ⟨Pfeffer de Weidenberg⟩**

Johannes ⟨de Widenbrugge⟩
um 1446 · OESA
Vaniloquium
Stegmüller, Repert. bibl. 5124
Jean ⟨de Widdenbrügge⟩
Widenbrugge, Johannes ¬de¬

Johannes ⟨de Wildeshusen⟩
→ **Johannes ⟨Teutonicus de Wildeshusen⟩**

Johannes ⟨de Winchelsea⟩
gest. 1326 · OFM
Super logicam Aristotelis
Lohr; Schneyer,III,802
Jean ⟨de Winchelsea⟩
Jean ⟨de Winchelsey⟩
Johannes ⟨de Winchelsey⟩
Johannes ⟨Winchelsaeus⟩
Winchelsea, Johannes ¬de¬

Johannes ⟨de Wininghen⟩
→ **Johannes ⟨de Wyninghen⟩**

Johannes ⟨de Wittlich⟩
um 1415
Epp. Pauli
Stegmüller, Repert. bibl. 5125
Jean ⟨de Witlich⟩
Wittlich, Johannes ¬de¬

Johannes ⟨de Wünschelburg⟩
um ca. 1385 – 1438
Apellatio pulchra; De signis et miraculis falsis; Tractatus de superstitionibus; etc.
VL(2),4,818/822
Hans ⟨von Wunschlwurg⟩
Jean ⟨Wünschelburg⟩
Johann ⟨von Wünschelberg⟩
Johann ⟨von Wünschelburg⟩
Johann ⟨von Wünschelwurg⟩
Johann ⟨von Wunschilburg⟩
Johann ⟨von Wunslburg⟩
Johannes ⟨Praedicator Oppidi Amberg⟩
Johannes ⟨Presbyter Pragensis⟩
Wünschelburg, Jean
Wünschelburg, Johannes ¬de¬

Johannes ⟨de Wyninghen⟩
gest. 1449 · OP
Rom.
Stegmüller, Repert. bibl. 5124,1
Jean ⟨de Winningen⟩
Jean ⟨de Wyninghen⟩
Johannes ⟨de Wininghen⟩
Johannes ⟨de Winninghem⟩
Wyninghen, Johannes ¬de¬

Johannes ⟨de Yastrzambye⟩
→ **Johannes ⟨de Jastrzabije⟩**

Johannes ⟨de Ymenhusen⟩
um 1355
Quaestiones Scripturarum; In quosdam Bibliorum locos
Stegmüller, Repert. bibl. 5128;5128,1
Jean ⟨de Immenhausen⟩
Jean ⟨de Ymenhusen⟩
Johannes ⟨de Immenhausen⟩
Johannes ⟨Imenhusanus⟩
Ymenhusen, Johannes ¬de¬

Johannes ⟨de Ypra⟩
→ **Johannes ⟨Longus⟩**

Johannes ⟨de Zambaco⟩
→ **Johannes ⟨de Tambaco⟩**

Johannes ⟨de Žatec⟩
→ **Johannes ⟨Nemec de Žatec⟩**

Johannes ⟨de Zreda⟩
→ **Vitez, Johannes**

Johannes ⟨de Zumbacho⟩
→ **Johannes ⟨de Tambaco⟩**

Johannes ⟨Deacon⟩
→ **Johannes ⟨Diaconus Neapolitanus⟩**

Johannes ⟨Decanus⟩
→ **Marienwerder, Johannes**

Johannes ⟨Decanus Abrivacensis⟩
→ **Johannes ⟨Abrivacensis⟩**

Johannes ⟨Decanus Augustodunensis⟩
→ **Johannes ⟨de Borbone⟩**

Johannes ⟨Decanus Ecclesiae Baiocensis⟩
→ **Johannes ⟨Monachus⟩**

Johannes ⟨Decanus Plocensis⟩
→ **Johannes ⟨Plocensis⟩**

Johannes ⟨Decanus Sancti Lamberti Leodii⟩
→ **Johannes ⟨de Nivelle⟩**

Johannes ⟨Dedecus⟩
14./15. Jh.
Quaestiones in Ethica; In Physica
Lohr
Dedacus, Johannes
Dedecius, Johannes
Dedecus, Johannes
Dedic, Jean
Dedicus, Johannes
Jean ⟨Dedic⟩
Johannes ⟨Dedacus⟩
Johannes ⟨Dedecius⟩
Johannes ⟨Dedicus⟩

Johannes ⟨Deirus⟩
um 1364
Illustrationes super historias Sacrae Scripturae
Stegmüller, Repert. bibl. 4427
Deir, Jean
Deirus, Johannes
Jean ⟨Deir⟩
Johannes ⟨Anglus⟩
Johannes ⟨Deuros⟩

Johannes ⟨Dekretalist⟩
→ **Johannes ⟨Galensis⟩**

Johannes ⟨del Giudice⟩
um 1360 · OP
Gilt gelegentlich als Verfasser einer Historia Parmensis, die vermutlich von Johannes ⟨Parmensis⟩ stammt
Rep.Font. VI,387
DelGiudice, Johannes
Giudice, Jean ¬del¬
Giudice, Johannes ¬del¬
Jean ⟨del Giudice⟩
Jean ⟨del Giudice de Parme⟩

Johannes ⟨Delpuech⟩
→ **Johannes ⟨de Podio⟩**

Johannes ⟨den Onbevreesden⟩
→ **Jean ⟨Bourgogne, Duc⟩**

Johannes ⟨der Almosengeber⟩
→ **Johannes ⟨Eleemosynarius⟩**

Johannes ⟨der Barmherzige⟩
→ **Johannes ⟨Eleemosynarius⟩**

Johannes ⟨der Einsiedler⟩
→ **Yoḥannan ⟨Apameia⟩**

Johannes ⟨der Exarch⟩
→ **Joan ⟨Bălgarski⟩**

Johannes ⟨der Faster⟩
→ **Johannes ⟨Ieiunator⟩**

Johannes ⟨der Große⟩
→ **João ⟨Portugal, Rei, I.⟩**

Johannes ⟨der Kellner⟩
→ **Johannes ⟨Librarius⟩**

Johannes ⟨der Kellner von Kirchheim⟩
→ **Johannes ⟨de Ketham⟩**

Johannes ⟨der Lesemeister⟩
→ **Franke, Johannes**

Johannes ⟨der Meister⟩
→ **Johannes ⟨Teutonicus⟩**

Johannes ⟨der Mitleidige⟩
→ **Johannes ⟨Eleemosynarius⟩**

Johannes ⟨der Mönch⟩
→ **Johannes ⟨Gazaeus Monachus⟩**

Johannes ⟨der Prediger⟩
→ **Franke, Johannes**

Johannes ⟨der Priester⟩
→ **Johannes ⟨Presbyter⟩**

Johannes ⟨der Prophet⟩
→ **Johannes ⟨Grazaeus Monachus⟩**

Johannes ⟨der Seneschall⟩
→ **Jean ⟨le Sénéchal⟩**

Johannes ⟨der Sizilier⟩
→ **Johannes ⟨Siceliotes⟩**

Johannes ⟨der Weise⟩
Lebensdaten nicht ermittelt
Marienlob
VL(2),4,798
Johannes ⟨der Wise⟩
Weise, Johannes ¬der¬

Johannes ⟨Derli⟩
→ **Johannes ⟨de Reli⟩**

Johannes ⟨Derlingtonus⟩
→ **Johannes ⟨de Derlington⟩**

Johannes ⟨des Alleux⟩
→ **Johannes ⟨de Allodiis⟩**

Johannes ⟨Deuros⟩
→ **Johannes ⟨Deirus⟩**

Johannes ⟨Devoniensis⟩
→ **Johannes ⟨de Forda⟩**

Johannes ⟨di Lelmo⟩
→ **Giovanni ⟨di Lemmo⟩**

Johannes ⟨di Prochita⟩
→ **Giovanni ⟨da Procida⟩**

Johannes ⟨di Ser Buccio⟩
→ **Johannes ⟨de Spoleto⟩**

Johannes ⟨Diaconus⟩
→ **Johannes ⟨Papa, I.⟩**
→ **Johannes ⟨Constantinopolitanus⟩**

Johannes ⟨Diaconus⟩
um 1425/48
Carmen 'politicum' in laudem imperatoris Johannis VIII Palaeologi
Tusculum-Lexikon
Adrianopolitanus, Johannes
Diaconus Johannes
Hadrianopolitanus, Johannes
Iōannēs ⟨Diakonos⟩
Iōannēs ⟨Hadrianopoleos⟩
Johannes ⟨Adrianopolitanus⟩
Johannes ⟨Diakonos⟩
Johannes ⟨Hadrianopolitanus⟩
John ⟨of Adrianople⟩

Johannes ⟨Diaconus, Epistolographus ad Senarium⟩
→ **Johannes ⟨Diaconus Romanus⟩**

Johannes ⟨Diaconus, Epistolographus de Baptismo⟩
→ **Johannes ⟨Diaconus Romanus⟩**

Johannes ⟨Diaconus Aragonensis⟩
→ **Johannes ⟨Hispanus Diaconus⟩**

Johannes ⟨Diaconus Hispanus⟩
→ **Johannes ⟨Hispanus Diaconus⟩**

Johannes ⟨Diaconus Legionensis⟩
→ **Johannes ⟨Legionensis⟩**

Johannes ⟨Diaconus Neapolitanus⟩
ca. 880 – ca. 910
Vita Athanasii; Vita Nicolai Myrensis; Chronica seu gesta episcoporum Neapolitanorum; Translatio Severini Neapolim
Rep.Font. VI,374; LThK
Giovanni ⟨Diacono Napoletano⟩
Jean ⟨de Naples⟩
Jean ⟨Diacre de Naples⟩
Jean ⟨Diacre de Saint-Janvier⟩
Johannes ⟨Deacon⟩
Johannes ⟨Diaconus von Neapel⟩
Johannes ⟨Neapolitanus Diaconus⟩
Johannes ⟨of Naples⟩
Pseudo-Johannes ⟨Diaconus Neapolitanus⟩

Johannes ⟨Diaconus Romanus⟩
→ **Johannes ⟨Hymmonides⟩**

Johannes ⟨Diaconus Romanus⟩
5./6. Jh.
Um 523: Cpl 950: Epistula de variis baptismi ritibus ad Senarium; Identität mit Johannes ⟨Papa, I.⟩, Johannes ⟨Papa, II.⟩, Johannes ⟨Papa, III.⟩ umstritten; um 554: Cpl 951: Expositum in Heptateuchum; Commentarius in Epistulas S. Pauli; Identität mit Johannes ⟨Papa, III.⟩ bzw. Johannes ⟨Papa, IV.⟩ umstritten
Cpl 950,951
Diaconus Romanus Johannes
Jean ⟨Diacre⟩
Jean ⟨Diacre de l'Eglise Romaine⟩
Johannes ⟨Diaconus⟩
Johannes ⟨Diaconus, Epistolographus ad Senarium⟩
Johannes ⟨Diaconus, Epistolographus de Baptismo⟩
Johannes ⟨Freund des Boethius⟩
Pseudo-Johannes ⟨Diaconus Romanus⟩

Johannes ⟨Diaconus Romanus Lateranensis⟩
→ **Johannes ⟨Lateranensis⟩**

Johannes ⟨Diaconus Sanctae Mariae Matritensis⟩
→ **Johannes ⟨Diaconus Sancti Andreae⟩**

Johannes ⟨Diaconus Sancti Andreae⟩
um 1275
Identität mit Johannes Aegidius ⟨de Zamora⟩ nicht gesichert; Acta de S. Isidora Agricola
Rep.Font. VI,311
Johannes ⟨Diaconus⟩
Johannes ⟨Diaconus Sanctae Mariae Matritensis⟩

Johannes ⟨Diaconus Sancti Audoeni⟩
→ **Johannes ⟨de Sancto Audoeno⟩**

Johannes ⟨Diaconus Venetus⟩
10./11. Jh.
LThK; CSGL; Tusculum-Lexikon; LMA,V,569/70
Diaconus Venetus Johannes
Giovanni ⟨il Diacono⟩
Jean ⟨de Venise⟩
Jean ⟨le Diacre⟩
Johannes ⟨Sagornino⟩
Johannes ⟨Ursedus⟩
Johannes ⟨Venetus⟩
Johannes ⟨von Venedig⟩
Sagorninus, Johannes
Urseolus, Johannes
Venetus, Johannes
Venetus, Johannes D.

Johannes ⟨Diacrinomenus⟩
um 512/13
Kirchengeschichte
Cpg 7509; LMA,V,570
Diacrinomenus, Johannes
Jean ⟨Diacrimonemus⟩
Johannes ⟨Diakrinomenos⟩
Johannes ⟨Monophysit⟩

Johannes ⟨Diakon und Chartophylax⟩
→ **Johannes ⟨Pediasimus⟩**

Johannes ⟨dictus Balloce⟩
→ **Johannes ⟨Balloce⟩**

Johannes ⟨dictus Carmelita⟩
→ **Johannes ⟨Carmelita⟩**

Johannes ⟨Didueshalus⟩
→ **Johannes ⟨Titleshale⟩**

Johannes ⟨Diemar⟩
→ **Diemar, Johannes**

Johannes ⟨Dieppurg⟩
→ **Johannes ⟨de Francfordia⟩**

Johannes ⟨Diestensis⟩
→ **Johannes ⟨de Bercht⟩**

Johannes ⟨Diogenes⟩
→ **Diogenes, Johannes**

Johannes ⟨Discht⟩
→ **Johannes ⟨Bakel de Diest⟩**

Johannes ⟨Discipulus⟩
→ **Herolt, Johannes**

Johannes ⟨Discipulus Petri Damiani⟩
→ **Johannes ⟨Laudensis⟩**

Johannes ⟨Dlugossius⟩
→ **Dlugossius, Johannes**

Johannes ⟨Docianus⟩
15. Jh.
Rep.Font. IV,229; Tusculum-Lexikon; CSGL
Docianus, Johannes
Dokeianos, Johannes
Iōannēs ⟨Dokeianos⟩
Johannes ⟨Dokeianos⟩

Johannes ⟨Doctor⟩
→ **Johannes ⟨von Kassel⟩**

Johannes ⟨Doctor Ingeniosus⟩
→ **Johannes ⟨Thorpus⟩**

Johannes ⟨Doctor Lovaniensis⟩
→ **Johannes ⟨Albertus⟩**

Johannes ⟨Doctor Parisiensis⟩
→ **Johannes ⟨Magistri⟩**

Johannes ⟨Doctor Resolutus⟩
→ **Johannes ⟨Baco⟩**

Johannes ⟨Doctor Supersubtilis⟩
→ **Johannes ⟨de Ripa⟩**

Johannes ⟨Doctor und Priester⟩
→ **Johannes ⟨Ticinensis⟩**

Johannes ⟨Dokeianos⟩
→ **Johannes ⟨Docianus⟩**

Johannes ⟨Dolensis⟩
→ **Johannes ⟨Agnellus⟩**

Johannes ⟨Dominicanus⟩
13. Jh. · OP
Vita Margaritae virg. inclusae Magdeburgi
Kaeppeli,II,373
Jean ⟨Dominicain⟩
Jean ⟨Hagiographe⟩
Johannes ⟨ex Provincia Teutoniae⟩
Johannes ⟨OP⟩

Johannes ⟨Dominici⟩
→ **Dominici, Giovanni**

Johannes ⟨Dominici de Eugubio⟩
um 1391 · OP
Epistula et tractatus de origine et veritate sacramenti mirabilis in monte Andechs
Kaeppeli,II,405/406; Rep.Font. VI,313
Domenici, Jean
Dominici, Johannes
Dominici de Eugubio, Johannes
Eugubio, Johannes ¬de¬
Jean ⟨Domenici⟩
Johannes ⟨de Eugubio⟩
Johannes ⟨Dominici⟩

Johannes ⟨Dominici de Montepessulano⟩
um 1324/35 · OP
Tabula super Thomae de Aq. Summam theol. I-III; Abbreviatio S. Thomae; Johannes ⟨Dominici de Narbona⟩ ist vermutl. eine andere Person, unter ihm wird das Werk jedoch mitunter auch nachgewiesen
Kaeppeli,II,413/414
Dominici, Jean
Dominici, Johannes
Dominici de Montepessulano, Johannes
Dominici de Narbona, Johannes
Johannes ⟨de Montepessulano⟩
Johannes ⟨de Narbona⟩
Johannes ⟨Dominici⟩
Johannes ⟨Dominici de Narbona⟩
Johannes ⟨Dominici, Gallus⟩

Johannes ⟨Dominici Montepessulanus⟩
Montepessulano, Johannes ¬de¬
Narbona, Johannes ¬de¬

Johannes ⟨Dominus⟩
→ **Johannes ⟨von Brünn⟩**

Johannes ⟨Dondus⟩
→ **Johannes ⟨de Dondis⟩**

Johannes ⟨d'Orleans⟩
→ **Johannes ⟨de Allodiis⟩**

Johannes ⟨Dormiens⟩
→ **Johannes ⟨Parisiensis⟩**

Johannes ⟨d'Oxford⟩
→ **Johannes ⟨Sharpe⟩**

Johannes ⟨Doxipatrius⟩
gest. ca. 1100
Tusculum-Lexikon
Doxapatres, Johannes
Doxipater, Johannes
Doxipatrius, Johannes
Doxopater, Johannes
Doxopatrius, Johannes
Giovanni ⟨Dossopatre⟩
Johannes ⟨Doxipater⟩
Johannes ⟨Doxopater⟩
Johannes ⟨Doxopatrius⟩

Johannes ⟨Dresdensis⟩
→ **Johannes ⟨de Dresden⟩**

Johannes ⟨Dritonus⟩
→ **Johannes ⟨de Siccavilla⟩**

Johannes ⟨Drungarius⟩
7. Jh.
Tusculum-Lexikon; CSGL
Drungarius, Johannes
Giovanni ⟨Drungario⟩

Johannes ⟨du Mans⟩
→ **Johannes ⟨Cenomanensis⟩**

Johannes ⟨du Mont⟩
→ **Johannes ⟨de Monte⟩**

Johannes ⟨du Prat⟩
→ **Johannes ⟨de Prato, ...⟩**

Johannes ⟨Ducas⟩
→ **Michael ⟨Ducas⟩**

Johannes ⟨Düsch⟩
→ **Tüsch, Hans Erhart**

Johannes ⟨Dukas Batatzes⟩
→ **Johannes ⟨Imperium Byzantinum, Imperator, III.⟩**

Johannes ⟨Dumbleton⟩
um 1338/1348
Summa logicae et philosophiae naturalis; De logica intellectuali; in philosophiam moralem; etc.
Lohr; Stegmüller, Repert. sentent. 420,1; Stegmüller, Repert. bibl. 4444; Schneyer,III,446; LMA,V,570
Dumbleton, Johannes
Dumbleton, John
Giovanni ⟨Dumbleton⟩
Jean ⟨de Dumbleton⟩
Johannes ⟨de Dorebeltone⟩
Johannes ⟨de Dumbleton⟩
John ⟨Dumbleton⟩
Pseudo-Johannes ⟨Dumbleton⟩

Johannes ⟨Duns Scotus⟩
→ **Duns Scotus, Johannes**

Johannes ⟨Dunstonensis⟩
→ **Duns Scotus, Johannes**

Johannes ⟨Dupuy⟩
→ **Johannes ⟨de Podio⟩**

Johannes ⟨Duro⟩
→ **Duro, Johannes**

Johannes ⟨Durolendunus⟩
→ **Johannes ⟨de Derlington⟩**

Johannes ⟨Dyckmann⟩
um 1459
Stegmüller, Repert. sentent. 443,1
Dyckmann, Johannes

Johannes ⟨Dymsdale⟩
→ **Johannes ⟨de Tytynsale⟩**

Johannes ⟨e Carcassona⟩
→ **Johannes ⟨de Carcassona⟩**

Johannes ⟨e Condeto⟩
→ **Johannes ⟨de Condeto⟩**

Johannes ⟨Eboracensis⟩
→ **Johannes ⟨de Aquila Eboracensis⟩**
→ **Johannes ⟨de Waldeby⟩**
→ **Johannes ⟨Marro⟩**

Johannes ⟨Eckenbergius⟩
→ **Johannes ⟨de Ardemburgo⟩**

Johannes ⟨Edaeus⟩
gest. 1406 · OFM
Apoc.; In logicam Aristotelis; In Physica eiusdem
Lohr; Stegmüller, Repert. bibl. 4455
Edaeus, Jean
Edaeus, Johannes
Jean ⟨Edaeus⟩
Johannes ⟨de Hereford⟩
Johannes ⟨Edaeus de Hereford⟩
Johannes ⟨Ede⟩

Johannes ⟨Edelmann⟩
um 1421 · OP
Sermo ad clerum in die nativitatis b. Virginis
Kaeppeli,II,414
Edelmann, Johannes

Johannes ⟨Ediling⟩
→ **Ediling, Johannes**

Johannes ⟨Egitaniensis⟩
13. Jh.
Commentarii ad Arborem actionum; Lectura Arborum consanguinitatis et affinitatis
Rep.Font. VI,313/314
João ⟨Idanha⟩
Johannes ⟨Idanha⟩
Johannes ⟨Lusitanus⟩

Johannes ⟨Eichenfeld⟩
→ **Aichenfeld, Johannes**

Johannes ⟨ein Mönch⟩
→ **Mönch ⟨von Salzburg⟩**

Johannes ⟨Einczinger⟩
→ **Einzlinger, Johannes**

Johannes ⟨Einkurn⟩
um 1360 · OCist
Schneyer,III,447
Einkurn, Johannes
Johannes ⟨Einkurnensis⟩
Johannes ⟨Prior von Heilsbronn⟩

Johannes ⟨Einzlinger⟩
→ **Einzlinger, Johannes**

Johannes ⟨Eleemosynarius⟩
gest. 617
Vita Tychonis
Cpg 7977; LMA,V,547
Eleemosynarius, Johannes
Giovanni ⟨di Alessandria⟩
Giovanni ⟨Elemosinario⟩
Giovanni ⟨il Limosiniere⟩
Giovanni ⟨Patriarca⟩
Iōannēs ⟨Eleēmōn⟩
Jean ⟨d'Amathonte⟩
Jean ⟨l'Aumônier⟩
Jean ⟨Saint⟩
Johannes ⟨Alexandrinus, III.⟩
Johannes ⟨Alexandrinus Eleemosinarius⟩
Johannes ⟨der Almosengeber⟩
Johannes ⟨der Barmherzige⟩
Johannes ⟨der Mitleidige⟩
Johannes ⟨Eleemon⟩
Johannes ⟨Eleemosinarino⟩
Johannes ⟨Patriarch⟩
Johannes ⟨Patriarcha, III.⟩
Johannes ⟨von Alexandria⟩
John ⟨Eleemon⟩
John ⟨of Alexandria⟩
John ⟨Patriarch⟩
John ⟨the Merciful⟩

Johannes ⟨Elemosina⟩
um 1335/36
Vielleicht identisch mit Elemosina ⟨Frater⟩, der für den Verf. der Cronica seu Liber memorialium diversarum historiarum gehalten wird
Rep.Font. VI,314
Elemosina ⟨Frater⟩
Elemosina, Johannes

Johannes ⟨Elgote⟩
gest. 1452
Sermo in recommendatione Hedvigis Reginae; Epistulae; Orationes coram universitate studii generalis Cracoviensis habitae; etc.
Schönberger/Kible, Repertorium, 14798/14799; Rep.Font. IV,307
Elgot, Jan
Elgot, Jean
Elgot, Johannes
Elgote, Johannes
Jan ⟨Elgot⟩
Jean ⟨Elgot⟩
Johannes ⟨Elgot⟩

Johannes ⟨Eliensis⟩
→ **Johannes ⟨Alcock⟩**

Johannes ⟨Elinus⟩
gest. 1379 · OCarm
Lecturae Scripturam; Apoc.
Stegmüller, Repert. bibl. 4458-4459;4133
Elin, Jean
Elinus, Johannes
Jean ⟨de Norfolk⟩
Jean ⟨Elin⟩
Johannes ⟨Aegidius⟩
Johannes ⟨Helinius⟩
Johannes ⟨Helinus⟩
Johannes ⟨Norfolcensis⟩
John ⟨Elin⟩
John ⟨Helin⟩

Johannes ⟨Elnonensis⟩
10./11. Jh. · OSB
Vita metrica S. Richtrudis abbatissae Marchianensis
Rep.Font. VI,314; DOC,2,1164
Jean ⟨de Saint-Amand-en-Pevele⟩
Jean ⟨Elnonensis⟩
Johannes ⟨Monachus Sancti Amandi Elnonensis⟩
Johannes ⟨Sancti Amandi⟩

Johannes ⟨Engelmar⟩
→ **Engelmar, Johannes**

Johannes ⟨Ensdorfensis⟩
gest. ca. 1480
Chronicon Ensdorfense
Jacob ⟨Parfuess⟩
Jacobus ⟨Parfuess⟩
Jacques ⟨Parfues⟩
Johannes ⟨Monachus⟩
Johannes ⟨Parfuess⟩
Parfues, Jacques
Parfues, Johannes
Parfuess, Jacobus
Parfuess, Johannes

Johannes ⟨Ephesius⟩
ca. 507 – 586
CSGL; LMA,V,574
Ephesius, Johannes
Johannes ⟨Asiaticus⟩
Johannes ⟨von Asien⟩
Johannes ⟨von Ephesos⟩

Johannes ⟨Ephesus⟩
→ **Johannes ⟨Eugenicus⟩**

Johannes ⟨Epigrammaticus⟩
→ **Johannes ⟨Geometra⟩**

Johannes ⟨Epiphaniensis⟩
→ **Johannes ⟨de Epiphania⟩**

Johannes ⟨Episcopi⟩
→ **Johannes ⟨Episcopus⟩**

Johannes ⟨Episcopius⟩
→ **Bischoff, Johannes**

Johannes ⟨Episcopus⟩
→ **Johannes ⟨de Biclaro⟩**
→ **Johannes ⟨de Jenzenstein⟩**
→ **Johannes ⟨de Sandala⟩**
→ **Johannes ⟨Mediocris⟩**
→ **Johannes ⟨Sarisberiensis⟩**
→ **Johannes ⟨von Neumarkt⟩**

Johannes ⟨Episcopus⟩
12./14. Jh.
Quadragesimale
Schneyer,III,465 (Clm 3543)
Episcopi, Johannes
Episcopus Johannes
Johannes ⟨Episcopi⟩

Johannes ⟨Episcopus, I.⟩
→ **Johannes ⟨Arelatensis, I.⟩**

Johannes ⟨Episcopus, II.⟩
→ **Johannes ⟨Arelatensis, II.⟩**

Johannes ⟨Episcopus Aquileiensis⟩
→ **Johannes ⟨Aquileiensis⟩**

Johannes ⟨Episcopus Bellunensis⟩
→ **Johannes ⟨Novariensis⟩**

Johannes ⟨Episcopus Bonensis⟩
→ **Johannes ⟨de Saxonia, ...⟩**

Johannes ⟨Episcopus Cellarum⟩
→ **Johannes ⟨Cellarum Episcopus⟩**

Johannes ⟨Episcopus Eichstettensis⟩
→ **Johannes ⟨de Eich⟩**

Johannes ⟨Episcopus Eliensis⟩
→ **Johannes ⟨Alcock⟩**

Johannes ⟨Episcopus Feltrensis⟩
→ **Johannes ⟨Novariensis⟩**

Johannes ⟨Episcopus Hephaisti⟩
→ **Johannes ⟨Aegyptius⟩**

Johannes ⟨Episcopus Luthomuslensis⟩
→ **Johannes ⟨de Bucca⟩**

Johannes ⟨Episcopus Meldensis⟩
→ **Jean ⟨de Bory⟩**

Johannes ⟨Episcopus Olomucensis⟩
→ **Johannes ⟨de Bucca⟩**

Johannes ⟨Episcopus Premisliensis⟩
→ **Johannes ⟨de Targowisko⟩**

Johannes ⟨Episcopus Sabinensis⟩
→ **Johannes ⟨de Sancto Paulo⟩**

Johannes ⟨Episcopus Segubinus⟩
→ **Johannes ⟨Segubinus⟩**

Johannes ⟨Episcopus Setinus⟩
→ **Johannes ⟨Setinus⟩**

Johannes ⟨Episcopus Signiensis⟩
→ **Johannes ⟨Signiensis⟩**

Johannes ⟨Eremita⟩
→ **Hieronymus ⟨Pragensis, Camaldulensis⟩**

Johannes ⟨Eremita⟩
11./12. Jh.
CSGL
Eremita, Johannes
Jean ⟨l'Ermite⟩

Johannes ⟨Erfordiensis⟩
→ **Johannes ⟨Collede Erfordiensis⟩**
→ **Johannes ⟨de Erfordia⟩**
→ **Johannes ⟨de Wesalia⟩**

Johannes ⟨Erigena⟩
→ **Johannes ⟨Scotus Eriugena⟩**

Johannes ⟨Erycles⟩
14. Jh.
Vermutlich Verf. des Albertus ⟨de Saxonia⟩ zugeschriebenen Werks Quaestiones in Aristotelis De anima
Schönberger/Kible, Repertorium, 14800
Erycles, Johannes

Johannes ⟨Erzbischof⟩
→ **Johannes ⟨Thessalonicensis⟩**

Johannes ⟨Erzbischof von Khan Baliq⟩
→ **Johannes ⟨de Monte Corvino⟩**

Johannes ⟨Erzbischof von Toledo⟩
→ **Johannes ⟨de Aragonia⟩**

Johannes ⟨Erzpriester⟩
→ **Johannes ⟨Presbyter⟩**

Johannes ⟨Eschenbach⟩
→ **Eschenbach, Johannes**

Johannes ⟨Eschenden⟩
→ **Johannes ⟨de Eschenden⟩**

Johannes ⟨Eschwidi⟩
→ **Johannes ⟨de Eschenden⟩**

Johannes ⟨Esculanus⟩
→ **Johannes ⟨de Asculo⟩**

Johannes ⟨Esteve⟩
→ **Esteve, Joan**

Johannes ⟨Estvidi⟩
→ **Johannes ⟨de Eschenden⟩**

Johannes ⟨Estwode⟩
→ **Johannes ⟨de Eschenden⟩**

Johannes ⟨Euboeensis⟩
→ **Johannes ⟨de Euboea⟩**

Johannes ⟨Euchaites⟩
→ **Johannes ⟨Mauropus⟩**

Johannes ⟨Euchaitensis⟩
→ **Johannes ⟨Mauropus⟩**

Johannes ⟨Euchaites⟩
→ **Johannes ⟨Mauropus⟩**

Johannes ⟨Eucles⟩
um 1412
Quaestiones in Aristotelis libros De anima
Schönberger/Kible, Repertorium, 14801
Eucles, Johannes

Johannes ⟨Eugenicus⟩
ca. 1380 – 1453
Tusculum-Lexikon
Eugenicus, Johannes
Eugenikos, Johannes

Giovanni ⟨Eugenico⟩
Iōannēs ⟨ho Ephesos⟩
Iōannēs ⟨ho Eugenikos⟩
Johannes ⟨Ephesus⟩
Johannes ⟨Eugenikos⟩

Johannes ⟨Eukratas⟩
→ **Johannes ⟨Moschus⟩**

Johannes ⟨Everisden⟩
um 1336 · OSB
Concordantiae divinae historiae
Stegmüller, Repert. bibl. 4462
Everisden, Jean
Everisden, Johannes
Jean ⟨d'Eversden⟩
Jean ⟨Everisden⟩
Johannes ⟨Everisdenus⟩
Johannes ⟨Everistinus⟩

Johannes ⟨ex Curia⟩
→ **Johannes ⟨de Ardemburgo⟩**

Johannes ⟨ex Provincia Teutoniae⟩
→ **Johannes ⟨Dominicanus⟩**

Johannes ⟨Exarcha⟩
→ **Joan ⟨Bălgarski⟩**

Johannes ⟨Excuria Gandavensis⟩
→ **Johannes ⟨Utenhove⟩**

Johannes ⟨Exiguus⟩
→ **Johannes ⟨Sarisberiensis⟩**

Johannes ⟨Exoniensis⟩
→ **Johannes ⟨Sarisberiensis⟩**

Johannes ⟨Eystensis, III.⟩
→ **Johannes ⟨de Eich⟩**

Johannes ⟨Eystetensis⟩
→ **Johannes ⟨de Eich⟩**

Johannes ⟨Faber⟩
→ **Schmid, Johannes**

Johannes ⟨Faber de Werdea⟩
→ **Hieronymus ⟨de Mondsee⟩**

Johannes ⟨Fabri⟩
→ **Schmid, Johannes**

Johannes ⟨Fabricius Bolandus⟩
Lebensdaten nicht ermittelt
Ps. metrice
Stegmüller, Repert. bibl. 4463
Bolandus, Johannes
Fabricius, Johannes
Fabricius Bolandus, Johannes
Johannes ⟨Bolandus⟩
Johannes ⟨Fabricius⟩

Johannes ⟨Faita⟩
→ **Johannes ⟨de Fayt⟩**

Johannes ⟨Falkenberg⟩
→ **Falkenberg, Johannes**

Johannes ⟨Fantuzzi⟩
→ **Johannes ⟨de Fantutiis⟩**

Johannes ⟨Fasanus⟩
→ **Johannes ⟨Papa, XVIII.⟩**

Johannes ⟨Fasolus⟩
gest. 1286
De summa cognitione
Fasoli, Jean
Fasolus, Johannes
Faxiolus, Johannes
Jean ⟨Fagelli⟩
Jean ⟨Fasoli⟩
Jean ⟨Fasolis⟩
Jean ⟨Fazelli⟩
Jean ⟨Fazeoli⟩
Jean ⟨Fazolis⟩
Johannes ⟨Faxiolus⟩

Johannes ⟨Faster⟩
→ **Johannes ⟨Ieiunator⟩**

Johannes ⟨Faventinus⟩
gest. ca. 1187
Glossae ad Decretum; Summa Decreti
Rep. Font. VI,316; LThK; LMA,V,575
Faventinus, Johannes
Giovanni ⟨di Faënza⟩
Jean ⟨de Faenza⟩
Jean ⟨de Faenza Canoniste⟩
Johannes ⟨Canonicus⟩
Johannes ⟨Cavalerius⟩
Johannes ⟨Faventinus Canonista⟩
Johannes ⟨Faventinus Glossator⟩
Johannes ⟨Magister⟩
Johannes ⟨von Faenza⟩

Johannes ⟨Faventinus, OFM⟩
um 1370 · OFM
Vita B. Petri Thomasii
Faventinus, Johannes
Jean ⟨de Faenza⟩
Jean ⟨de Faenza, Franciscain⟩
Johannes ⟨Faventinus⟩

Johannes ⟨Faventinus, OP⟩
13./14. Jh. · OP
Tractatus de unitate formarum
Kaeppeli,II,421
Faventinus, Johannes
Jean ⟨de Faenza⟩
Jean ⟨de Faenza, Dominicain⟩
Johannes ⟨de Faventia⟩
Johannes ⟨Faventinus⟩

Johannes ⟨Faventinus Presbyter⟩
um 1330
Elevatio et miraculum beatae Margaritae de Faventia
Rep.Font. VI,317
Faventinus, Johannes
Faventinus Presbyter, Johannes
Jean ⟨de Faenza⟩
Jean ⟨de Faenza, Hagiographe⟩
Jean ⟨de Faenza, Prêtre⟩
Johannes ⟨Faventinus⟩
Johannes ⟨Presbyter Faventinus⟩

Johannes ⟨Faxiolus⟩
→ **Johannes ⟨Fasolus⟩**

Johannes ⟨Felminghamus⟩
→ **Johannes ⟨de Felmingham⟩**

Johannes ⟨Felton⟩
gest. ca. 1434
Dictionarium theologicum; Sermones
Stegmüller, Repert. bibl. 4464
Felton, Jean
Felton, Johannes
Jean ⟨Felton⟩
Johannes ⟨Concionator⟩
Johannes ⟨Feltonus⟩
Johannes ⟨Homiliarius⟩
Johannes ⟨Vicarius⟩
John ⟨Felton⟩

Johannes ⟨Feltrensis⟩
→ **Johannes ⟨Novariensis⟩**

Johannes ⟨Ferrariensis⟩
→ **Johannes ⟨de Blanchinis⟩**

Johannes ⟨Ferrariensis⟩
gest. ca. 1462
Canales, Johannes
Giovanni ⟨Canales⟩
Giovanni ⟨da Ferrara⟩
Jean ⟨de Ferrare⟩
Johannes ⟨a Curribus⟩
Johannes ⟨Canales⟩

Johannes ⟨Ferrati⟩
um 1349
Commentarius in sententias
Stegmüller, Repert. sentent. 444,1
Ferrati, Johannes

Johannes ⟨Ferron⟩
→ **Jean ⟨Ferron⟩**

Johannes ⟨Fidanza⟩
→ **Bonaventura ⟨Sanctus⟩**

Johannes ⟨Filius Mesuë Filii Hamech Filii Abdela Regis Damasci⟩
→ **Mesuë ⟨Iunior⟩**

Johannes ⟨Filius Oboedientiae⟩
→ **Johannes ⟨Ieiunator⟩**

Johannes ⟨Filius Zachariae⟩
→ **Johannes Zacharias ⟨Actuarius⟩**

Johannes ⟨Filius Zilioli⟩
→ **Johannes ⟨Parmensis⟩**

Johannes ⟨Firmanus⟩
→ **Johannes ⟨de Alvernia⟩**

Johannes ⟨Fiscannensis⟩
ca. 990 – 1079 · OSB
Confessio theologica; Libellus de scripturis et verbis patrum; die Namensformen Johannes ⟨Dalye⟩ und Johannes ⟨d'Alie⟩ beruhen auf einem Irrtum
LMA,V,575; LThK; Tusculum-Lexikon
Giovanni ⟨di Fescamps⟩
Jean ⟨de Fécamp⟩
Jean ⟨Jeannelin⟩
Jeannelin ⟨de Fécamp⟩
Johanelinus ⟨Fiscannensis⟩
Johannelinus ⟨von Fécamp⟩
Johannes ⟨Abbas⟩
Johannes ⟨Dalye⟩
Johannes ⟨de Fécamp⟩
Johannes ⟨de Fruttuaria⟩
Johannes ⟨d'Alie⟩
Johannes ⟨Fiscamnensis⟩
Johannes ⟨Fiscamnensis⟩
Johannes ⟨Johannelinus⟩
Johannes ⟨of Fécamp⟩
Johannes ⟨von Fécamp⟩
John ⟨of Fécamp⟩

Johannes ⟨Fistenport⟩
→ **Fistenport, Johannes**

Johannes ⟨Flameng⟩
→ **Jean ⟨Flameng⟩**

Johannes ⟨Flamingus⟩
→ **Johannes ⟨Agnelli⟩**

Johannes ⟨Flaschner⟩
→ **Johannes ⟨de Francfordia⟩**

Johannes ⟨Flete⟩
→ **Flete, Johannes**

Johannes ⟨Florentinus⟩
→ **Giovanni ⟨Fiorentino⟩**

Johannes ⟨Folshamus⟩
→ **Johannes ⟨de Folsham⟩**

Johannes ⟨Fontana⟩
→ **Johannes ⟨de Fontana de Placentia⟩**

Johannes ⟨Fontana Venetus⟩
→ **Johannes ⟨de Fontana⟩**

Johannes ⟨Fontanus⟩
→ **Johannes ⟨Serlo⟩**

Johannes ⟨Forbitoris⟩
um 1363/79 · OP
Comment. super Sent.; Sermones
Kaeppeli,II,423/424
Forbitoris, Johannes
Jean ⟨Forbiteus⟩
Jean ⟨le Fourbisseur⟩
Johannes ⟨Forbiteus⟩
Johannes ⟨Fribitoris⟩

Johannes ⟨Fordensis⟩
→ **Johannes ⟨de Forda⟩**

Johannes ⟨Fordonius⟩
→ **Johannes ⟨de Fordun⟩**

Johannes ⟨Forocorneliensis⟩
→ **Johannes ⟨Datus de Imola⟩**

Johannes ⟨Forrestarius⟩
14. Jh.
Stegmüller, Repert. sentent. 447,1
Forrestarius, Johannes

Johannes ⟨Fortescue⟩
→ **Fortescue, John**

Johannes ⟨Fortis Aragonensis⟩
um 1314/43 · OP
Praedicabilia
Kaeppeli,II,424
Fortis Aragonensis, Johannes
Johannes ⟨Aragonensis⟩
Johannes ⟨Fortis Hispanus⟩

Johannes ⟨Fortis Valentinus⟩
gest. 1464 · OCart
Praedicabilia
Lohr
Fort, Jean
Fortis, Johannes
Fortis Valentinus, Johannes
Jean ⟨de Scala Dei⟩
Jean ⟨de Valence⟩
Jean ⟨Fort⟩
Jean ⟨Fort, de Valence⟩
Johannes ⟨Fortis⟩
Johannes ⟨Valentinus⟩
Valentinus, Johannes

Johannes ⟨Foxal⟩
gest. 1476/77 · OFM
Commentum super quaestionibus de universalibus Johannis Scoti; Opusculum super libros Posteriorum; Expositio super Metphysicam Antonii Andreae
Lohr; Stegmüller, Repert. sentent. 231
Foxal, Jean
Foxal, Johannes
Foxalls, Johannes
Jean ⟨Foxal⟩
Johannes ⟨Foxalls⟩

Johannes ⟨fra Saaz⟩
→ **Johannes ⟨von Tepl⟩**

Johannes ⟨Francfordensis⟩
→ **Johannes ⟨de Francfordia⟩**

Johannes ⟨Francia, Rex, ...⟩
→ **Jean ⟨France, Roi, ...⟩**

Johannes ⟨Francus⟩
→ **Regiomontanus, Johannes**

Johannes ⟨Frank⟩
→ **Frank, Johannes**

Johannes ⟨Franke⟩
→ **Franke, Johannes**

Johannes ⟨Frankenstein⟩
→ **Johannes ⟨Brasiator de Frankenstein⟩**

Johannes ⟨Frater⟩
→ **Johannes ⟨de Utino⟩**

Johannes ⟨Frater, OFM⟩
um 1363 · OFM
Liber de rebus gestis Ludovici regis Hungariae; Identität mit Johannes ⟨de Kéty⟩ wahrscheinlich
Rep.Font. VI,378
Johannes ⟨de Eger⟩
Johannes ⟨de Kéty⟩
Johannes ⟨Lector Aulae Regiae Hungaricae⟩
Johannes ⟨Lector Scholae Claustri Agriensis⟩
Johannes ⟨OFM⟩

Johannes ⟨Frater, OSB⟩
um 1250 · OSB
Visio seu prophetia fratris Johannis
Rep.Font. VI,319
Johannes ⟨Montalti⟩
Johannes ⟨OSB⟩

Johannes ⟨Frater Ordinis Praedicatorum⟩
→ **Johannes ⟨von Rheinfelden⟩**

Johannes ⟨Freund des Boethius⟩
→ **Johannes ⟨Diaconus Romanus⟩**

Johannes ⟨Fribitoris⟩
→ **Johannes ⟨Forbitoris⟩**

Johannes ⟨Friburgensis⟩
→ **Johannes ⟨Cochinger⟩**
→ **Johannes ⟨de Friburgo⟩**

Johannes ⟨Friess⟩
→ **Johannes ⟨Friss⟩**

Johannes ⟨Friker⟩
→ **Friker, Johannes**

Johannes ⟨Friss⟩
um 1478/92 · OP
Quaestiones super libros Physicorum
Lohr
Friess, Johannes
Friss, Johannes
Johannes ⟨Argentinensis⟩
Johannes ⟨Friess⟩
Johannes ⟨Friess de Argentina⟩
Johannes ⟨Friss de Argentina⟩
Johannes ⟨Lovaniensis⟩

Johannes ⟨Frumentarius⟩
→ **Johannes ⟨Whethamstede⟩**

Johannes ⟨Fuchsmündel⟩
→ **Fuchsmündel, Johannes**

Johannes ⟨Furia⟩
→ **Furia, Johannes**

Johannes ⟨Futerer⟩
→ **Futerer, Johannes**

Johannes ⟨Fyntzel⟩
→ **Johannes ⟨von Mainz⟩**

Johannes ⟨Gabalensis⟩
6. Jh.
Vita Severi
Cpg 7525
Johannes ⟨Bischof⟩
Johannes ⟨von Gabala⟩

Johannes ⟨Gabras⟩
14. Jh.
Tusculum-Lexikon
Gabras, Johannes

Johannes ⟨Gabrielis de Piccolominibus⟩
1351 – 1410 · OP
Sermones de sanctis
Kaeppeli,II,438
Gabrielis de Piccolominibus, Johannes

Johannes ⟨Gactus⟩
→ **Johannes ⟨Gatti⟩**

Johannes ⟨Gadesdenus⟩
→ **Johannes ⟨de Gadesden⟩**

Johannes ⟨Gässeler⟩
→ **Gässeler, Johannes**

Johannes ⟨Gafridi⟩
→ **Johannes ⟨Ioffridi⟩**

Johannes ⟨Gaii⟩
um 1380/96 · OP
Lectura sup. libros Sent.; Sermo fer. Vi hebdom. sanctae Avenione habitus
Kaeppeli,II,438
Gaii, Johannes
Johannes ⟨Gaii Gallicus⟩

Johannes ⟨Gaillon⟩
→ **Golein, Johannes**

Johannes ⟨Gairius⟩
→ **Gairius, Johannes**

Johannes ⟨Galenos⟩
→ **Johannes ⟨Galenus⟩**

Johannes ⟨Galensis⟩
→ **Johannes ⟨Guallensis⟩**

Johannes ⟨Galensis⟩
um 1210/12
Compilatio II; Glossen zur Compilatio III
LMA,V,576; LThK(Nr.2)
Johannes ⟨Dekretalist⟩
Johannes ⟨Glossator⟩
Johannes ⟨Guallensis⟩
Johannes ⟨Kanonist⟩
Johannes ⟨von Galles⟩
Johannes ⟨von Wales⟩
Johannes ⟨von Waleys⟩
Johannes ⟨von Wells⟩

Johannes ⟨Galenus⟩
12. Jh.
Nicht identisch mit Johannes ⟨Pediasimus⟩
Tusculum-Lexikon
Galenos, Johannes
Galenus, Johannes
Iōannēs ⟨Galēnos⟩

Johannes ⟨Gallicus⟩
→ **Jean ⟨Gallicus⟩**
→ **Johannes ⟨de Garlandia Gallicus⟩**

Johannes ⟨Gallicus⟩
12. Jh.
Vielleicht Kompilator des Hildesheimer Formelbuchs
Rep.Font. VI,320; IV,503
Gallicus, Johannes
Johannes ⟨Magister et Plebanus Ecclesiae Sancti Andreae Hildesheimensis⟩

Johannes ⟨Gallus⟩
→ **LeCoq, Jean**

Johannes ⟨Gallus Compendiensis⟩
→ **Johannes ⟨de Veneta⟩**

Johannes ⟨Ganser⟩
→ **Ganser, Johannes**

Johannes ⟨Gansfort⟩
→ **Gansfort, Johannes**

Johannes ⟨Ganwer⟩
→ **Johannes ⟨Gawer⟩**

Johannes ⟨Garbella⟩
→ **Johannes ⟨de Vercellis⟩**

Johannes ⟨Garcia⟩
gest. 1459 · OP
Oratio coram ss. d. n. papa; De rebus Alphonsi V; Ex expugnatione insulae Maioricensis a Iacobo rege I Aragoniae facta; etc.
Kaeppeli,II,439/440
Garcia, Johannes
Johannes ⟨Garcia de Calatayud⟩
Johannes ⟨Garciae⟩
Johannes ⟨Maioricensis⟩

Johannes ⟨Garcias⟩
→ **Johannes ⟨Garsias⟩**

Johannes ⟨Garlandinus⟩
→ **Hortulanus**

Johannes ⟨Garlandius⟩
→ **Johannes ⟨de Garlandia⟩**

Johannes ⟨Garsias⟩
um 1276/79
Commentarii in decretales Gregorii X; Apparatus ad constitutionem Nicolai III; Quaestionum disputatarum
Rep.Font. VI,323
Garcias, Johannes
Garsias, Johannes
Jean ⟨d'Espagne⟩
Jean ⟨Garcias⟩
Jean ⟨Garsias⟩
Johannes ⟨Garcias⟩
Johannes ⟨Garsias Hispanus⟩
Johannes ⟨Hispanus⟩

Johannes ⟨Gatisdenus⟩
→ **Johannes ⟨de Gadesden⟩**

Johannes ⟨Gatti⟩
gest. 1484 · OP
Oratio de sacra historia Vet. Testamenti; Questio solempnis eruditissimi mag. Joh. Gatti de Sycilia ord. pred. quod ens mobile est subiectum in phylosophia naturali; Ioannis Gatti praesulis Catinensis oratio quam habuit die Veneris sancti coram Paulo II pont. max.; etc.
Kaeppeli,II,440/442; Schönberger/Kible, Repertorium, 14813
Gatti, Jean-André
Gatti, Johannes
Giovanni Andrea ⟨Gatti⟩
Jean-André ⟨Gatti⟩
Johannes ⟨Gactus⟩
Johannes ⟨Gatti de Messana⟩
Johannes ⟨Gatti de Sycilia⟩
Johannes ⟨Gattus⟩
Johannes Andreas ⟨Gactus⟩
Johannes Andreas ⟨Gattus⟩

Johannes ⟨Gawer⟩
gest. 1438 · OCarm
Exod.
Stegmüller, Repert. bibl. 4476
Gawer, Jean
Gawer, Johannes
Jean ⟨de Mayence⟩
Jean ⟨Gawer⟩
Jean ⟨Gawer, de Mayence⟩
Johannes ⟨Gantver⟩
Johannes ⟨Ganwer⟩
Johannes ⟨Gauver⟩
Johannes ⟨Grauver⟩
Johannes ⟨Gutwer⟩
Johannes ⟨Hervor⟩
Johannes ⟨Lector Moguntinus⟩
Johannes ⟨Moguntinus⟩
Johannes ⟨Ternor⟩
Johannes ⟨Trevor⟩

Johannes ⟨Gaws⟩
→ **Geuß, Johannes**

Johannes ⟨Gayswegner de Gamundia⟩
→ **Johannes ⟨de Gamundia⟩**

Johannes ⟨Gazaeus⟩
gest. ca. 530
Anakreont. Gedichte; Ekphrasis tu kosmiku pinakos
Tusculum-Lexikon; CSGL; LMA,V,578
Gaza, Johannes ¬von¬
Gazaeus, Johannes
Giovanni ⟨di Gaza⟩
Johannes ⟨de Gaza⟩
Johannes ⟨von Gaza⟩
Johannes ⟨von Palästina⟩

Johannes ⟨Gazaeus Monachus⟩
6. Jh.
Schüler des Hl. Barsanuphius
Tusculum-Lexikon
Gaza, Johannes ¬von¬
Gazaeus Monachus, Johannes
Johannes ⟨de Gaza⟩
Johannes ⟨der Mönch⟩
Johannes ⟨der Prophet⟩
Johannes ⟨Schüler des Barsanuphios⟩
Johannes ⟨von Palästina⟩

Johannes ⟨Gebwilerensis⟩
→ **Kreutzer, Johannes**

Johannes ⟨Geiler von Kaysersberg⟩
→ **Geiler von Kaysersberg, Johannes**

Johannes ⟨Geisser⟩
→ **Johannes ⟨von Paltz⟩**

Johannes ⟨Geiz⟩
→ **Geuß, Johannes**

Johannes ⟨Gemblacensis⟩
gest. 1195 · OSB
Epistola implorandi auxilium a christianis pro reconstructione monasterii Gemblacensis
Rep.Font. VI,323
Jean ⟨de Gembloux⟩
Johannes ⟨Abbas Monasterii Gemblacensis⟩

Johannes ⟨Geminianus⟩
→ **Johannes ⟨de Sancto Geminiano⟩**

Johannes ⟨genannt Binder⟩
→ **Johannes ⟨von Mainz⟩**

Johannes ⟨Genesius Quaia de Parma⟩
gest. ca. 1391 · OFM
De civitate Christi; Expositio super Pater Noster; Hexaemeron; etc.
Stegmüller, Repert. bibl. 4478-4482
Genesius, Johannes
Giovanni ⟨di Genesio Quaia di Parma⟩
Jean-Génès ⟨Quaglia⟩
Johannes ⟨de Parma⟩
Johannes ⟨Genesii Quaye de Parma⟩
Johannes ⟨Genesius⟩
Johannes ⟨Genesius Quaglia de Parma⟩
Johannes ⟨Genesius Quaia von Parma⟩
Johannes ⟨Genesius Quaja de Parma⟩
Johannes ⟨Genesius Quaya de Parma⟩
Johannes ⟨Genesius Quaye de Parma⟩
Parma, Johannes ¬de¬
Quaglia, Jean-Génès
Quaia de Parma, Johannes

Johannes ⟨Genser⟩
→ **Johannes ⟨von Paltz⟩**

Johannes ⟨Genuensis⟩
→ **Johannes ⟨Ianuensis⟩**

Johannes ⟨Geometra⟩
10. Jh.
Scholien zu Gregor von Nazianz; Carmina; Versus funebres
Tusculum-Lexikon; LMA,IV,1271
Cyriota, Johannes
Geometra, Johannes
Geometres, Johannes
Iōannēs ⟨ho Geōmetrēs⟩
Iōannēs ⟨ho Kyriōtēs⟩
Johannes ⟨Cypriotes⟩
Johannes ⟨Cyriota⟩
Johannes ⟨Epigrammaticus⟩
Johannes ⟨Grammaticus⟩
Johannes ⟨Hagiographus⟩
Johannes ⟨Hymnographus⟩
Johannes ⟨Kyriotes⟩
Johannes ⟨Metropolita Melitenes⟩
Johannes ⟨Poeta⟩
Johannes ⟨Praedicator⟩
Johannes ⟨Protospatharius Melitenes⟩
Kyriotes, Johannes

Johannes ⟨Georgida⟩
9. – 11. Jh. (LThK und Tusculum-Lexikon), bzw. 14. Jh.
Tusculum-Lexikon; CSGL
Georgida, Johannes
Georgides, Johannes
Giovanni ⟨Georgide⟩
Giovanni ⟨il Monaco⟩
Giovanni ⟨Monaco⟩
Iōannēs ⟨ho Geōrgidēs⟩
Johannes ⟨Georgides⟩
Johannes ⟨Monachus⟩

Johannes ⟨Gerbrandi a Leydis⟩
→ **Jan ⟨van Leyden⟩**

Johannes ⟨Gerlach⟩
→ **Gerlach, Johannes**

Johannes ⟨Germanus⟩
→ **Regiomontanus, Johannes**

Johannes ⟨Gerson⟩
→ **Gerson, Johannes**

Johannes ⟨Gerundensis⟩
→ **Johannes ⟨de Biclaro⟩**

Johannes ⟨Gesler⟩
→ **Gässeler, Johannes**

Johannes ⟨Gesler de Ravenspurg⟩
→ **Gösseler, Johann**

Johannes ⟨Geus⟩
→ **Geuß, Johannes**

Johannes ⟨Geuser⟩
→ **Johannes ⟨von Paltz⟩**

Johannes ⟨Geuß⟩
→ **Geuß, Johannes**

Johannes ⟨Gews⟩
→ **Geuß, Johannes**

Johannes ⟨Geyss⟩
→ **Geuß, Johannes**

Johannes ⟨Gielemans⟩
1427 – 1487 · CRSA
Sanctilogium; Hagiologium Brabantinorum; Novale Sanctorum; etc.
LMA,VI,578; Rep.Font. VI,327
Gielemans, Jean
Gielemans, Johannes
Gilemans, Jean
Gillemannus, Johannes
Jean ⟨Gielemans⟩
Jean ⟨Gilemans⟩
Johannes ⟨Gillemannus⟩

Johannes ⟨Gippeswicensis⟩
→ **Johannes ⟨de Barningham⟩**
→ **Johannes ⟨Kiningham⟩**

Johannes ⟨Girundinensis⟩
→ **Johannes ⟨de Biclaro⟩**

Johannes ⟨Glabas⟩
→ **Isidorus ⟨Glabas⟩**

Johannes ⟨Glastoniensis⟩
um 1400
Jean ⟨de Glastonbury⟩
Johannes ⟨von Glastonbury⟩
John ⟨of Glastonbury⟩

Johannes ⟨Glodestonus⟩
→ **Johannes ⟨Goldestonus⟩**

Johannes ⟨Glogoviensis⟩
→ **Głogowczyk, Jan**

Johannes ⟨Glossator⟩
→ **Johannes ⟨Bassianus⟩**
→ **Johannes ⟨Galensis⟩**

Johannes ⟨Glycas⟩
→ **Johannes ⟨Glycys⟩**

Johannes ⟨Glycys⟩
ca. 1260 – ca. 1320
A. Jahn verwendet in seiner Edition von „De vera syntaxeos ratione" die falsche Namensform Johannes ⟨Glycas⟩
Tusculum-Lexikon; LThK; LMA,V,551
Giovanni ⟨Glichis⟩
Glycis, Johannes
Glycys, Johannes
Glykys, Johannes
Iōannēs ⟨ho Glykys⟩
Johannes ⟨Constantinopolitanus⟩
Johannes ⟨Constantinopolitanus, XIII.⟩
Johannes ⟨Glycas⟩
Johannes ⟨Glycis⟩
Johannes ⟨Glykys⟩
Johannes ⟨Patriarcha, XIII.⟩

Johannes ⟨Gneznensis⟩
→ **Johannes ⟨de Czarnkow⟩**

Johannes ⟨Gobi, Iunior⟩
ca. 1300 – 1350 · OP
De spiritu Guidonis; Scala coeli
LMA,V,579; Kaeppeli,II,442/446
Gobi ⟨Dominicain⟩
Gobi, Jean
Gobi, Jean ⟨le Jeune⟩
Gobi, Johannes
Gobius, Johannes
Jean ⟨Gobi⟩
Jean ⟨Gobi, Iunior⟩
Johannes ⟨Alestensis⟩
Johannes ⟨Gobi⟩
Johannes ⟨Gobi Alestensis⟩
Johannes ⟨Gobi Alestensis, Iunior⟩
Johannes ⟨Gobii, Iunior⟩
Johannes ⟨Gobius⟩

Johannes ⟨Gobi, Senior⟩
ca. 1260 – 1328
Miracula beatae Mariae Magdalenae
Kaeppeli,II,442
Gobi ⟨Dominicain⟩
Gobi ⟨d'Alais⟩
Gobi ⟨Prieur⟩
Gobi, Jean
Gobi, Jean ⟨l'Ancien⟩
Gobi, Jean ⟨Senior⟩
Gobi, Johannes
Jean ⟨Gobi⟩
Jean ⟨Gobi⟩
Jean ⟨Gobi, l'Ancien⟩
Johannes ⟨Gobi⟩
Johannes ⟨Gobi Alestensis⟩
Johannes ⟨Gobi Alestensis, Senior⟩
Johannes ⟨Gobii⟩

Johannes ⟨Gobin⟩
→ **Johann ⟨von Guben⟩**

Johannes ⟨Gochius⟩
→ **Johannes ⟨Pupper von Goch⟩**

Johannes ⟨Godard⟩
gest. ca. 1250
Godard, Johannes
Goddart, John
Johannes ⟨Abbas⟩
Johannes ⟨Magister⟩

John ⟨Godard⟩
John ⟨of Newenham⟩

Johannes ⟨Godefridus⟩
→ **Johannes ⟨Ioffridi⟩**

Johannes ⟨Godendach⟩
→ **Bonadies, Johannes**

Johannes ⟨Godeston⟩
→ **Johannes ⟨Goldestonus⟩**

Johannes ⟨Godwicus⟩
→ **Johannes ⟨Goodwyck⟩**

Johannes ⟨Golam⟩
→ **Golein, Johannes**

Johannes ⟨Goldestonus⟩
um 1320 · OCarm
Moralitates in Ps.; Moralitates in Matth.; Commentaria in Matth.
Stegmüller, Repert. bibl. 4493-4497
Goldeston, Jean
Goldestonus, Johannes
Jean ⟨de York⟩
Jean ⟨Goldeston⟩
Johannes ⟨Carmelita Eboracensis⟩
Johannes ⟨Chrysolithus⟩
Johannes ⟨Chrysolythus⟩
Johannes ⟨Glodeston⟩
Johannes ⟨Glodestonus⟩
Johannes ⟨Godeston⟩
Johannes ⟨Goldestenus⟩
John ⟨Goldeston⟩

Johannes ⟨Golein⟩
→ **Golein, Johannes**

Johannes ⟨Golem⟩
→ **Golein, Johannes**

Johannes ⟨Gondola⟩
→ **Gondola, Johannes**

Johannes ⟨Goodwyck⟩
gest. 1360 · OESA
In quaedam Pauli dicta
Stegmüller, Repert. bibl. 4501-4505
Godwicus, Jean
Goodwyck, Jean
Goodwyck, Johannes
Jean ⟨Godwicus⟩
Jean ⟨Goodwyck⟩
Johannes ⟨Godwicus⟩
Johannes ⟨Gotwicus⟩
John ⟨Goodwyck⟩

Johannes ⟨Goriciensis⟩
ca. 1280 – ca. 1353
Chronologia seu Annales; Statuta capituli Zagrabiensis
Rep.Font. VI,328
Johannes ⟨Archidiaconus Goriciensis⟩
Johannes ⟨Canonicus Ecclesiae Zagrabiensis⟩

Johannes ⟨Gorini de Sancto Geminiano⟩
14. Jh. · OP
Legenda de vita et obitu gloriosi conf. b. Petri de Fulgineo
Kaeppeli,II,544; Rep.Font. V,188
Giovanni ⟨Gorini⟩
Gorini, Jean
Gorini, Johannes
Gorini de Sancto Geminiano, Johannes
Gorus, Johannes
Jean ⟨Gorini⟩
Johannes ⟨de Goro⟩
Johannes ⟨de Sancto Geminiano⟩
Johannes ⟨de Sancto Geminiano, II.⟩
Johannes ⟨Gorini⟩
Johannes ⟨Gorinus⟩
Johannes ⟨Gorus⟩

Johannes ⟨Gorziensis⟩
→ **Johannes ⟨de Sancto Arnulfo⟩**

Johannes ⟨Goswini van Heusden⟩
→ **Vos, Johannes**

Johannes ⟨Gotstich⟩
um 1443/58 · OP
Sermones IV de via et modo post naufragium revertendi ad portum; Sermones X per Quadragesimam de VII dei misericordiis; Sermones VI de penitentia per Quadragesimam
Kaeppeli,II,446
Gotstich, Johannes
Johannes ⟨Gotstich Brandenburgensis⟩

Johannes ⟨Gotwicus⟩
→ **Johannes ⟨Goodwyck⟩**

Johannes ⟨Goudemont⟩
um 1478/82 · OP
Concionum volumen
Kaeppeli,II,447
Goudemont, Jean
Goudemont, Johannes
Jean ⟨Goudemont⟩

Johannes ⟨Goulain⟩
→ **Golein, Johannes**

Johannes ⟨Gowerus⟩
→ **Gower, John**

Johannes ⟨Graf von Zimmern⟩
→ **Johannes Werner ⟨von Zimmern⟩**

Johannes ⟨Grammaticus⟩
→ **Johannes ⟨Barbucallus⟩**
→ **Johannes ⟨Caesariensis⟩**
→ **Johannes ⟨de Garlandia⟩**
→ **Johannes ⟨Geometra⟩**
→ **Johannes ⟨de Mera⟩**
→ **Johannes ⟨Mantuanus⟩**
→ **Johannes ⟨Philoponus⟩**
→ **Johannes ⟨Tzetzes⟩**

Johannes ⟨Grammaticus⟩
um 837/43
Tusculum-Lexikon; CSGL; LMA,V,549/50
Grammaticus, Johannes
Johannes ⟨Constantinopolitanus⟩
Johannes ⟨Grammatikos⟩
Johannes ⟨Hylilas⟩
Johannes ⟨Patriarcha, VII.⟩

Johannes ⟨Grassus⟩
13. Jh.
LMA,VI,1657/58
Giovanni ⟨Grasso⟩
Grasso, Giovanni
Grassus, Johannes
Johannes ⟨von Otranto⟩

Johannes ⟨Gratianus⟩
→ **Gregorius ⟨Papa, VI.⟩**

Johannes ⟨Grauver⟩
→ **Johannes ⟨Gawer⟩**

Johannes ⟨Greffenstein⟩
→ **Johannes ⟨von Paltz⟩**

Johannes ⟨Greiers⟩
→ **Gruyère, Johannes**

Johannes ⟨Griese von Westerholt⟩
→ **Johannes ⟨de Gottinga⟩**

Johannes ⟨Grimaldi⟩
um 1318 · OP
Lectura super II-III De anima, secundum summam venerabilis fr. Thomae doctoris
Lohr
Grimaldi, Johannes

Johannes ⟨Gritsch⟩
→ **Grütsch, Conrad**

Johannes ⟨Grössel de Tittmoning⟩
→ **Johannes ⟨de Tittmoning⟩**

Johannes ⟨Groninganus⟩
→ **Gansfort, Johannes**

Johannes ⟨Groningensis Lector⟩
→ **Johannes ⟨de Lünen⟩**

Johannes ⟨Groslatius⟩
→ **Johannes ⟨Crastonus⟩**

Johannes ⟨Grueris⟩
→ **Gruyère, Johannes**

Johannes ⟨Grütsch⟩
→ **Grütsch, Conrad**

Johannes ⟨Gruyère⟩
→ **Gruyère, Johannes**

Johannes ⟨Gualbertus⟩
gest. 1073
LThK; LMA,V,580
Giovanni ⟨Gualberto⟩
Gualbert, Jean
Gualbertus, Johannes
Jean ⟨Gualbert⟩
Johann ⟨Gualbert⟩
Johannes ⟨Sanctus⟩
Johannes Gualbertus ⟨Sanctus⟩
John ⟨Gualberto⟩

Johannes ⟨Guallensis⟩
→ **Johannes ⟨Galensis⟩**
→ **Johannes ⟨Welle⟩**
→ **Johannes ⟨Wells⟩**

Johannes ⟨Guallensis⟩
gest. 1285 · OFM
Postillae in Evangelium Johannis; Communiloquium sive Summa Collationum; De sapientia sanctorum; De virtutibus antiquorum; Alphabetum vitae religiosae; etc.;
LMA,V,577; LThK (Nr. 3); CSGL
Gaule, Johannes ¬de¬
Giovanni ⟨Gallese⟩
Jean ⟨de Galles⟩
Johannes ⟨Arbor Vitae⟩
Johannes ⟨de Gales⟩
Johannes ⟨de Galles⟩
Johannes ⟨de Gaule⟩
Johannes ⟨de Wales⟩
Johannes ⟨de Waleys⟩
Johannes ⟨de Walleis⟩
Johannes ⟨de Wells⟩
Johannes ⟨Galensis⟩
Johannes ⟨Gallensis⟩
Johannes ⟨Valensis⟩
Johannes ⟨Vallensis⟩
Johannes ⟨von Galles⟩
Johannes ⟨von Wales⟩
Johannes ⟨von Waleys⟩
Johannes ⟨von Wells⟩
Johannes ⟨Walensis⟩
Johannes ⟨Wales⟩
Johannes ⟨Wallensis⟩
John ⟨of Wales⟩
John ⟨of Waleys⟩
John ⟨Waleys⟩
Waleys, John
Waleys, John ¬of¬

Johannes ⟨Guallensis de Volterra⟩
gest. 1194
Compilationes decretalium
LThK(Nr.1)
Jean ⟨de Galles, Canoniste⟩
Jean ⟨de Galles de Volterra⟩
Johannes ⟨de Volterra⟩
Johannes ⟨Guallensis⟩
Johannes ⟨Guallensis, Kanonist⟩
Johannes ⟨von Galles von Volterra⟩
Johannes ⟨von Wales von Volterra⟩
Johannes ⟨von Waleys von Volterra⟩
Johannes ⟨von Wells von Volterra⟩
Volterra, Johannes ¬de¬

Johannes ⟨Gualteri⟩
um 1474
Stegmüller, Repert. bibl. 4523
Galterius, Petrus
Gualteri, Johannes
Gualteri, Petrus
Jean ⟨Gualterii⟩
Johannes ⟨Gualterius⟩
Petrus ⟨Galterius⟩
Petrus ⟨Gualteri⟩

Johannes ⟨Guarinus⟩
→ **Guarini, Giovanni Battista**

Johannes ⟨Guentus⟩
→ **Johannes ⟨de Gwent⟩**

Johannes ⟨Guerriscus de Viterbio⟩
13. Jh. · OP
Super Politicam Aristotelis; Dialogus contra patarenes
Lohr; Kaeppeli,III,46
Guerriscus, Johannes
Guerriscus de Viterbio, Johannes
Johannes ⟨de Guerriscis⟩
Johannes ⟨de Viterbio⟩
Johannes ⟨Guerriscus⟩
Johannes ⟨Verreschi⟩
Viterbio, Johannes ¬de¬

Johannes ⟨Gulde⟩
15. Jh.
Quaestiones veteris et novae logicae; Identität mit Johannes ⟨Theodorici de Gouda⟩ (um 1410) und Johannes ⟨de Gouda⟩ (um 1466) umstritten
Lohr
Gulde, Johannes
Johannes ⟨de Gouda⟩
Johannes ⟨Theodorici de Gouda⟩

Johannes ⟨Gundisalvi de Burgis⟩
12. Jh.
De caelo et mundi Avicennae
Schönberger/Kible, Repertorium, 15008
Burgis, Johannes ¬de¬
Gundisalvi, Johannes
Gundisalvi de Burgis, Johannes
Johannes ⟨de Burgis⟩
Johannes ⟨Gundisalvi⟩
Johannes ⟨Gundissalinus⟩
Juan ⟨Gonzalez de Burgos⟩

Johannes ⟨Gundissalinus⟩
→ **Johannes ⟨Gundisalvi de Burgis⟩**

Johannes ⟨Gundula⟩
→ **Gondola, Johannes**

Johannes ⟨Gutenberg⟩
→ **Gutensperg, Johannes**

Johannes ⟨Gutensperg⟩
→ **Gutensperg, Johannes**

Johannes ⟨Gutentach⟩
→ **Bonadies, Johannes**

Johannes ⟨Gutwer⟩
→ **Johannes ⟨Gawer⟩**

Johannes ⟨Hacke⟩
→ **Johannes ⟨de Gottinga⟩**

Johannes ⟨Hacon⟩
→ **Johannes ⟨Acton⟩**

Johannes ⟨Hadloub⟩
→ **Hadloub, Johannes**

Johannes ⟨Hadrianopolitanus⟩
→ **Johannes ⟨Diaconus⟩**

Johannes ⟨Hadunus⟩
→ **Johannes ⟨Haitonus⟩**

Johannes ⟨Härrer de Heilbronn⟩
um 1442/69
In Artem Veterem; Disputata super quaestionibus Buridani super III libris De anima
Lohr; Stegmüller, Repert. sentent. 452
Harrer, Johannes
Härrer, Johannes
Härrer de Heilbronn, Johannes
Heilbronn, Johannes ¬de¬
Johannes ⟨de Heilbronn⟩
Johannes ⟨Harrer⟩
Johannes ⟨Härrer⟩
Johannes ⟨Harrer de Heilbronn⟩
Johannes ⟨Härrer de Heilprunn⟩

Johannes ⟨Hagen⟩
→ **Johannes ⟨de Indagine⟩**

Johannes ⟨Hagiograph⟩
→ **Johannes ⟨Thessalonicensis⟩**

Johannes ⟨Hagiographus⟩
→ **Johannes ⟨Geometra⟩**

Johannes ⟨Hagustaldensis⟩
gest. 1170
Jean ⟨d'Hexham⟩
Johannes ⟨Haugustaldensis⟩
Johannes ⟨Prior⟩
Johannes ⟨von Hexham⟩
John ⟨of Hexham⟩

Johannes ⟨Haidunus⟩
→ **Johannes ⟨Haitonus⟩**

Johannes ⟨Haitonus⟩
um 1428 · OCarm
Stegmüller, Repert. bibl. 4141-4150;4524-4531
Haitonus, Johannes
Hayton, Jean
Jean ⟨d'Hayton⟩
Jean ⟨Hayton⟩
Johannes ⟨Anglus⟩
Johannes ⟨Aquaedunus⟩
Johannes ⟨Hadunus⟩
Johannes ⟨Haidunus⟩
Johannes ⟨Hainctonus⟩
Johannes ⟨Haintonus⟩
Johannes ⟨Hayton⟩
Johannes ⟨Haytonus⟩
Johannes ⟨Heinodunus⟩
Johannes ⟨Lincolniensis⟩

Johannes ⟨Hake de Gottinga⟩
→ **Johannes ⟨de Gottinga⟩**

Johannes ⟨Halgrinus⟩
→ **Johannes ⟨Algrinus⟩**

Johannes ⟨Halldórsson⟩
gest. 1339 · OP
Klarisaga
Kaeppeli,II,448/449
Halldórsson, Johannes
Johannes ⟨Saxa⟩
Johannes Halldórsson

Johannes ⟨Haller⟩
→ **Haller, Johannes**

Johannes ⟨Hanboys⟩
→ **Hanboys, John**

Johannes ⟨Hannonius⟩
→ **Johannes ⟨Barath⟩**

Johannes ⟨Hanvillensis⟩
→ **Johannes ⟨de Alta Villa⟩**

Johannes ⟨Harley⟩
14. Jh. · OP
Super Sent.; Quodlibeta plura; Tract. de praedestinatione
Kaeppeli,II,449
Harley, Johannes
Johannes ⟨Harley Anglicus⟩

Johannes ⟨Harrer⟩
→ **Johannes ⟨Härrer de Heilbronn⟩**

Johannes ⟨Harrison⟩
→ **Herryson, Johannes**

Johannes ⟨Hartlieb⟩
→ **Hartlieb, Johannes**

Johannes ⟨Hartmann⟩
→ **Hartmann, Hans**

Johannes ⟨Harvey⟩
→ **Johannes ⟨Hervaeus⟩**

Johannes ⟨Haugustaldensis⟩
→ **Johannes ⟨Hagustaldensis⟩**

Johannes ⟨Hauschamer⟩
→ **Johannes ⟨de Welming⟩**

Johannes ⟨Hautivillensis⟩
→ **Johannes ⟨de Alta Villa⟩**

Johannes ⟨Hayton⟩
→ **Johannes ⟨Haitonus⟩**

Johannes ⟨Hechinger⟩
→ **Hechinger, Johannes**

Johannes ⟨Heidelbergensis⟩
→ **Johannes ⟨de Francfordia⟩**

Johannes ⟨Heinodunus⟩
→ **Johannes ⟨Haitonus⟩**

Johannes ⟨Heise⟩
→ **Heise, Johann**

Johannes ⟨Hekelem⟩
→ **Johannes ⟨Hokelim⟩**

Johannes ⟨Helenensis⟩
→ **Casanova, Johannes ¬de¬**

Johannes ⟨Helinus⟩
→ **Johannes ⟨Elinus⟩**

Johannes ⟨Hemelingius⟩
ca. 1358 – 1428, der Jüngere
Hemeling, Johann
Hemeling, Johann Hermann
Hemelingius, Johann
Hemelingius, Johannes
Hemmeling, Johann
Johann ⟨Hemeling⟩
Johannes ⟨Architectus Ecclesiae Bremensis⟩
Johannes ⟨Hemelingh⟩

Johannes ⟨Hennon⟩
um 1463
In logicam veterem et novam; Liber philosophiae Aristotelis
Lohr
Hennon, Johannes

Johannes ⟨Henslini de Sitbor⟩
→ **Johannes ⟨von Tepl⟩**

Johannes ⟨Hentinger⟩
→ **Hentinger, Johannes**

Johannes ⟨Hephaisti Episcopus⟩
→ **Johannes ⟨Aegyptius⟩**

Johannes ⟨Her⟩
um 1490
Roßarzneibuch
VL(2),4,530/531
Her, Johannes
Her Johannes

Johannes ⟨Herbipolensis⟩
um 1160/70
Descriptio terrae sanctae
Tusculum-Lexikon
Jean ⟨de Wurtzbourg⟩
Jean ⟨de Würzbourg⟩
Johann ⟨von Würzburg⟩
Johann ⟨von Würzburg, I.⟩
Johannes ⟨Clericus Wirziburgensis⟩
Johannes ⟨Presbyter⟩
Johannes ⟨von Würzburg⟩
Johannes ⟨von Würzburg, I.⟩
Johannes ⟨Wirceburgensis⟩
Johannes ⟨Wirzburgensis⟩
John ⟨of Würzburg⟩

Johannes ⟨Herbordi⟩
→ **Johannes ⟨Bockenheim⟩**

Johannes ⟨Herfordensis⟩
→ **Johannes ⟨de Erfordia⟩**

Johannes ⟨Herolt⟩
→ **Herolt, Johannes**

Johannes ⟨Herryson⟩
→ **Herryson, Johannes**

Johannes ⟨Hervaeus⟩
15. Jh.
In libros I-V Metaphysicae
Lohr
Hervaeus, Johannes
Johannes ⟨Harvey⟩
Johannes ⟨Hervey⟩

Johannes ⟨Hervor⟩
→ **Johannes ⟨Gawer⟩**

Johannes ⟨Heseus⟩
→ **Johannes ⟨de Hese⟩**

Johannes ⟨Heynlin⟩
→ **Heynlin, Johannes**

Johannes ⟨Hieromnemon⟩
→ **Johannes ⟨Agapetus⟩**

Johannes ⟨Hieromonachus⟩
→ **Johannes ⟨Thessalonicensis⟩**

Johannes ⟨Hierosolymitanus, III.⟩
6. Jh.
Epistula ad Joannem Constantinopolitanum
Cpg 6828
Hierosolymitanus, Johannes
Jean ⟨de Jérusalem, III.⟩
Jean ⟨Jérusalem, Patriarche⟩
Jean ⟨Jérusalem, Patriarche, III.⟩
Jean ⟨Patriarche, III.⟩
Johannes ⟨Hierosolymitanus⟩

Johannes ⟨Hierosolymitanus, IV.⟩
um 574/594
Epistula ad Abatem episcopum Albanorum (arm.)
Cpg 7021; DOC,2,1169
Giovanni ⟨di Gerusalemme⟩
Giovanni ⟨Patriarca, IV.⟩
Hierosolymitanus, Johannes
Jean ⟨de Jérusalem⟩
Jean ⟨de Jérusalem, IV.⟩
Jean ⟨Patriarche, IV.⟩
Johannes ⟨Hierosolymitanus⟩
Johannes ⟨von Jerusalem⟩
Johannes ⟨von Jerusalem, IV.⟩

Johannes ⟨Hierosolymitanus, V.⟩
8. Jh.
Adversus iconoclastas; Im DOC fälschlich nicht von Johannes ⟨Hierosolymitanus, VI.⟩ unterschieden
DOC,2,1169
Giovanni ⟨di Gerusalemme⟩
Giovanni ⟨Patriarca, V.⟩
Hierosolymitanus, Johannes
Jean ⟨de Jérusalem⟩
Jean ⟨de Jérusalem, V.⟩
Jean ⟨Patriarche, V.⟩
Johannes ⟨Hierosolymitanus⟩

Johannes ⟨Hierosolymitanus, VI.⟩
um 965/69
Vita Johannis Damasceni; Zählung im Tusculum fälschlich VII.
DOC,2,1169; Tusculum-Lexikon
Hierosolymitanus, Johannes
Jean ⟨de Jérusalem⟩
Jean ⟨de Jérusalem⟩
Jean ⟨Patriarche, VI.⟩
Johannes ⟨Hierosolymitanus⟩
Johannes ⟨Hierosolymitanus, VII.⟩
Johannes ⟨Patriarch, VI.⟩
Johannes ⟨Patriarcha, VI.⟩
Johannes ⟨von Jerusalem⟩
Johannes ⟨von Jerusalem, VI.⟩

Johannes ⟨Hierosolymitanus, VII.⟩
→ **Johannes ⟨Hierosolymitanus, VI.⟩**

Johannes ⟨Hierosolymitanus, VIII.⟩
12. Jh.
Tusculum-Lexikon; CSGL
Hierosolymitanus, Johannes
Jean ⟨de Jérusalem⟩
Jean ⟨Patriarche, VIII.⟩
Johannes ⟨Hierosolymitanus⟩
Johannes ⟨Patriarch, VIII.⟩
Johannes ⟨Patriarcha, VIII.⟩
Johannes ⟨von Jerusalem⟩
Johannes ⟨von Jerusalem, VIII.⟩

Johannes ⟨Hierosolymitanus Monachus⟩
um 770
Narratio de iconomachis (fälschl. Johannes ⟨Damascenus⟩ zugeschrieben); Contra Caballinum (wird im DOC fälschl. bei Johannes ⟨Hierosolymitanus, VI.⟩ aufgeführt)
DOC,2,1168; Tusculum-Lexikon
Hierosolymitanus, Johannes
Jean ⟨de Jérusalem⟩
Johannes ⟨Hierosolymitanus⟩
Johannes ⟨Monachus⟩
Johannes ⟨Mönch⟩
Johannes ⟨Mönch von Jerusalem⟩
Johannes ⟨Syncellus⟩
Johannes ⟨Syncellus Hierosolymitanus⟩
Johannes ⟨von Jerusalem⟩
Syncellus, Johannes

Johannes ⟨Hildebrandi de Kluczbork⟩
→ **Johannes ⟨Cruczeburg⟩**

Johannes ⟨Hildesheimensis⟩
ca. 1315 – 1375
De fonte vitae
LThK; VL(2); CSGL; Tusculum-Lexikon; LMA,V,581
Giovanni ⟨di Hildesheim⟩
Hildesheim, Johann
Hildesheim, Johannes
Jean ⟨d'Hildesheim⟩
Joannes ⟨of Hildesheim⟩
Johann ⟨von Hildesheim⟩
Johannes ⟨ab Hildesheim⟩
Johannes ⟨Hildeshemiensis⟩
Johannes ⟨of Hildesheim⟩
Johannes ⟨von Hildesheim⟩
John ⟨of Hildesheim⟩

Johannes ⟨Hiltaltinger⟩
→ **Johannes ⟨de Basilea⟩**

Johannes ⟨Himmel⟩
→ **Himmel, Johannes**

Johannes ⟨Hinderbach⟩
→ **Hinderbach, Johannes**

Johannes ⟨Hiperius⟩
→ **Johannes ⟨Longus⟩**

Johannes ⟨Hispalensis⟩
→ **Johannes ⟨Hispanus⟩**
→ **Johannes ⟨Spalensis⟩**

Johannes ⟨Hispalensis⟩
um 1120/53
Practica arismetrice; Liber mahameleth; nicht identisch mit Avrāhām Ben-Dawid und Johannes ⟨Hispanus⟩
LMA,V,605
Giovanni ⟨de Luna⟩
Giovanni ⟨di Siviglia⟩
Giovanni ⟨Ispalese⟩
Jean ⟨de Luna⟩
Jean ⟨de Séville⟩
Johannes ⟨de Luna⟩
Johannes ⟨Hispaniensis⟩
Johannes ⟨Lunensis⟩
Johannes ⟨Luniensis⟩
Johannes ⟨Toletanus⟩
Johannes ⟨von Sevilla⟩
John ⟨of Seville⟩
John ⟨of Toledo⟩

Johannes ⟨Hispanus⟩
→ **Johannes ⟨Garsias⟩**

Johannes ⟨Hispanus⟩
um 1140
Nicht identisch mit Johannes ⟨Hispalensis⟩ und Avrāhām Ben-Dawid; Tractatus de anima; Liber de causis; Übers. aus dem Arab.
LMA,V,581
Avendauth, Johannes
Giovanni ⟨Ibn Dāwūd⟩
Giovanni ⟨il Ispano⟩
Hispanus, Johannes
Ibn Dāwūd, Johannes
Jean ⟨Aven Daud⟩
Jean ⟨d'Espagne⟩
Johannes ⟨Avendaeth⟩
Johannes ⟨Avendauth⟩
Johannes ⟨David⟩
Johannes ⟨Hispalensis⟩
Johannes ⟨Ibn Daūd⟩
Johannes ⟨Ibn Dawūd⟩
Johannes ⟨Philosophus Israelita⟩
Johannes ⟨von Spanien⟩
John ⟨of Spain⟩
Juan ⟨Hispano⟩
Juan ⟨Ibn Dāwūd⟩

Johannes ⟨Hispanus de Petesella⟩
um 1223/36
Summa super titulis decretalium (Gregors XI.)
LMA,V,581; Rep.Font. VI,390
Hispanus de Petesella, Johannes
Jean ⟨de Petesella⟩
Jean ⟨Espagnol de Petesella⟩
Jean ⟨Hispanus de Petesella⟩
Johannes ⟨de Petesella⟩
Johannes ⟨Hispanus⟩
Johannes ⟨Hispanus Compostellanus⟩
Petesella, Johannes ¬de¬

Johannes ⟨Hispanus Diaconus⟩
um 1200
Wirklicher Verfasser von „Flos decreti", das zunächst Johannes ⟨de Deo⟩ zugeschrieben wurde
LMA,V,581; Rep.Font. VI,311
Hispanus Diaconus, Johannes
Jean ⟨d'Espagne, Canoniste⟩
Jean ⟨d'Espagne, Diacre⟩
Johannes ⟨Diaconus Aragonensis⟩
Johannes ⟨Diaconus Hispanus⟩
Johannes ⟨Hispanus, Diaconus Aragonensis⟩

Johannes ⟨Hocklin⟩
→ **Johannes ⟨Hokelim⟩**

Johannes ⟨Hocsemius⟩
gest. 1348
Hocsem, Johannes
Hocsemius, Johannes
Honsemius, Johannes
Hoxem, Johannes ¬von¬
Jean ⟨de Hocsem⟩
Jean ⟨de Hoxem⟩
Johannes ⟨Canonicus⟩
Johannes ⟨de Hocsem⟩
Johannes ⟨Hocsem⟩
Johannes ⟨Honsemius⟩
Johannes ⟨Leodiensis⟩
Johannes ⟨von Hoxem⟩

Johannes ⟨Hokelim⟩
um 1385/1421
Quaestiones super primum Priorum
Lohr
Hokelim, Johannes
Johannes ⟨de Traiecto⟩
Johannes ⟨Hekelem⟩
Johannes ⟨Hocklin⟩
Johannes ⟨Hugelinus⟩

Johannes ⟨Holeschoviensis⟩
→ **Johannes ⟨de Holesov⟩**

Johannes ⟨Holin⟩
→ **Golein, Johannes**

Johannes ⟨Homiliarius⟩
→ **Johannes ⟨Felton⟩**

Johannes ⟨Honsemius⟩
→ **Johannes ⟨Hocsemius⟩**

Johannes ⟨Hornby⟩
gest. 1380 · OCarm
Sermo ad populum de materia tangente ordinem nostrum; Mitigatam regulam susceperunt Carmelite, et deinceps sunt in urbibus habitare permissi
Schönberger/Kible, Repertorium, 15017/15018
Hornby, Johannes
Horneby, Jean
Jean ⟨Horneby⟩
Johannes ⟨Hornebius⟩

Johannes ⟨Horologius⟩
→ **Johannes ⟨de Dondis⟩**

Johannes ⟨Hospes Monasterii Sanctae Mariae trans Tiberim⟩
→ **Johannes ⟨Sanctae Mariae Trans Tiberim⟩**

Johannes ⟨Hothby⟩
→ **Hothby, Johannes**

Johannes ⟨Houden⟩
→ **Johannes ⟨de Hovedena⟩**

Johannes ⟨Hugelinus⟩
→ **Johannes ⟨Hokelim⟩**

Johannes ⟨Huguenetti⟩
um 1414/1418
Collatio de beato Dominico; Sermo pro maturanda ecclesiae reformatione
Rep.Font. VI,334
Huguenetti, Johannes
Johannes ⟨Hugenetti⟩
Johannes ⟨Hugenetti de Metis⟩
Johannes ⟨Huguenetti de Metis⟩

Johannes ⟨Hulmensis⟩
→ **Johannes ⟨de Oxenedes⟩**

Johannes ⟨Hulsout⟩
→ **Johannes ⟨de Mechlinia⟩**

Johannes ⟨Hungarus⟩
→ **Johannes ⟨de Bartpha⟩**

Johannes ⟨Hus⟩
→ **Hus, Jan**

Johannes ⟨Hussomastix⟩
→ **Johannes ⟨Zachariae⟩**

Johannes ⟨Hylilas⟩
→ **Johannes ⟨Grammaticus⟩**

Johannes ⟨Hymel⟩
→ **Himmel, Johannes**

Johannes ⟨Hymmonides⟩
825 – 880
Exod.; Levit.; Num.; Vita S. Gregori Magni; etc.
LMA,V,540;569; Stegmüller, Repert. bibl. 4428-4434; Tusculum-Lexikon
Hymmonides, Johannes
Jean ⟨Antipape au Latran⟩
Jean ⟨Diacre, Antipape⟩
Jean ⟨Diacre de l'Eglise Romaine⟩
Jean ⟨Hagiographe⟩
Jean ⟨le Diacre⟩
Johannes ⟨Diaconus⟩
Johannes ⟨Diaconus Romanus⟩
Johannes ⟨Diaconus Romanus, Hagiographus⟩
Johannes ⟨Diaconus von Rom, Hymmonides⟩
Johannes ⟨Diacre Romain⟩
Johannes ⟨Papa, VIII., Antipapa⟩
Johannes ⟨Papst, VIII., Gegenpapst⟩
Johannes ⟨Sohn des Immo⟩

Johannes ⟨Hymnographus⟩
→ **Johannes ⟨Geometra⟩**

Johannes ⟨Iacoppi de Sancto Geminiano⟩
→ **Johannes ⟨de Sancto Geminiano⟩**

Johannes ⟨Iamascicus⟩
→ **Johannes ⟨Iamatus⟩**

Johannes ⟨Iamatus⟩
12./13. Jh.
Chirurgia quae dicitur thesaurus secretorum
Iamatus, Johannes
Iamerius, Johannes
Jamer
Jamerius
Jamérius ⟨Médecin⟩
Jamerius, Johannes
Jamier
Johannes ⟨Iamascicus⟩
Johannes ⟨Iamerius⟩
Johannes ⟨Jamati⟩
Johannes ⟨Jamerius⟩

Johannes ⟨Iamerius⟩
→ **Johannes ⟨Iamatus⟩**

Johannes ⟨Iandunensis⟩
→ **Johannes ⟨de Ianduno⟩**

Johannes ⟨Ianuensis⟩
gest. 1298 · OP
Catholicon; Dialogus de quaestionibus animae ad spiritum; Catholicon sive Prosodia
Kaeppeli,II,379/383; LThK; Tusculum-Lexikon; LMA,V,556
Balbi, Giovanni
Balbis, Johannes ¬de¬
Balbus, Johannes
Giovanni ⟨Balbi⟩
Giovanni ⟨da Genova⟩
Giovanni ⟨de Balbi⟩
Giovanni ⟨de Ianua⟩
Jean ⟨de Gênes⟩
Johannes ⟨Balbi⟩
Johannes ⟨Balbi von Genua⟩
Johannes ⟨Balbus⟩
Johannes ⟨Balbus de Ianua⟩
Johannes ⟨de Balbis⟩
Johannes ⟨de Balbis Ianuensis⟩
Johannes ⟨de Genova⟩
Johannes ⟨de Genua⟩
Johannes ⟨de Ianua⟩
Johannes ⟨de Janua⟩
Johannes ⟨Genuensis⟩
Johannes ⟨von Genua⟩
John ⟨of Genoa⟩

Johannes ⟨Ianuensis Astronomus⟩
14. Jh.
Canon eclypsium anno 1332; Canones tabulares; nicht identisch mit Johannes ⟨Ianuensis⟩, mit Beinamen Balbus
Jean ⟨de Gênes⟩
Johannes ⟨Ianuensis⟩

Johannes ⟨Ibn Daūd⟩
→ **Johannes ⟨Hispanus⟩**

Johannes ⟨Ictus⟩
→ **Johannes ⟨de Deo⟩**

Johannes ⟨Idanha⟩
→ **Johannes ⟨Egitaniensis⟩**

Johannes ⟨Ieiunator⟩
um 582/95
Tusculum-Lexikon; CSGL; LMA,V,549
Ieiunator, Johannes
Jean ⟨de Cappadoce⟩
Jean ⟨de Constantinople⟩
Jean ⟨de Constantinople, IV.⟩
Jean ⟨le Jeuneur⟩
Johannes ⟨Cappadox⟩
Johannes ⟨Constantinopolitanus⟩
Johannes ⟨Constantinopolitanus, IV.⟩
Johannes ⟨der Faster⟩
Johannes ⟨Faster⟩
Johannes ⟨Filius Oboedientiae⟩
Johannes ⟨Nesteutes⟩
Johannes ⟨Patriarcha, IV.⟩
Johannes ⟨Texnon Hypaxoes⟩
Nesteutes, Johannes

Johannes ⟨Ilfeldensis⟩
→ **Johannes ⟨Caput⟩**

Johannes ⟨Imenhusanus⟩
→ **Johannes ⟨de Ymenhusen⟩**

Johannes ⟨Imolensis⟩
→ **Johannes ⟨de Imola⟩**

Johannes ⟨Imperium Byzantinum, Imperator, I.⟩
924 – 976
LMA,V,532
Jean ⟨Orient, Empereur, I.⟩
Jean ⟨Tzimiscès⟩
Jean ⟨Zimiscès⟩
Johannes ⟨Tzimiskes⟩
Tzimiskes, Johannes

Johannes ⟨Imperium Byzantinum, Imperator, II.⟩
1087 – 1143
LMA,V,532
Jean ⟨Calojean-le-Maure⟩
Jean ⟨Comnène⟩
Jean ⟨Orient, Empereur, II.⟩
Johannes ⟨Komnenos⟩
Komnenos, Johannes

Johannes ⟨Imperium Byzantinum, Imperator, III.⟩
ca. 1192 – 1254
LMA,V,533
Dukas Vatatzes, Johannes
Jean ⟨Ducas⟩
Jean ⟨Ducas Vatace⟩
Jean ⟨Orient, Empereur, III.⟩
Jean ⟨Vatace⟩
Johannes ⟨Dukas Batatzes⟩
Johannes ⟨Dukas Vatatzes⟩

Johannes ⟨Imperium Byzantinum, Imperator, IV.⟩
1250 – ca. 1291
LMA,V,534
Jean ⟨Lascaris⟩
Jean ⟨Orient, Empereur, IV.⟩
Johannes ⟨Laskaris⟩
Laskaris, Johannes

Johannes ⟨Imperium Byzantinum, Imperator, V.⟩
1332 – 1391
LMA,V,534
Jean ⟨Orient, Empereur, V.⟩
Jean ⟨Paléologue⟩
Johannes ⟨Palaiologos⟩
Palaiologos, Johannes

Johannes ⟨Imperium Byzantinum, Imperator, VI.⟩
ca. 1295 – 1383
Historiarum libri IV (verf. unter dem literar. Namen Christodulos)
Tusculum-Lexikon, LMA,V,534/35; LThK
Cantacuzenus, Johannes
Christodulos
Christodulus ⟨Monachus⟩
Giovanni ⟨Cantacuzeno⟩
Iōannēs ⟨ho Kantakuzēnos⟩
Iōannēs ⟨Kantakuzēnos⟩
Jean ⟨Cantacuzène⟩
Joasaph ⟨Cantacuzenus⟩
Johannes ⟨Byzantinisches Reich, Kaiser VI.⟩
Johannes ⟨Byzantinus⟩
Johannes ⟨Cantacuzenus⟩
Johannes ⟨Christodulus⟩
Johannes ⟨Imperium Constantinopolitanum, Imperator, VI.⟩
Johannes ⟨Kantakuzenos⟩
Kantakuzēnos, Iōannēs
Kantakuzenos, Johannes
Nilus ⟨Cantacuzenus⟩

Johannes ⟨Imperium Byzantinum, Imperator, VII.⟩
1370 – 1408
LMA,V,535
Jean ⟨Orient, Empereur, VII.⟩
Jean ⟨Paléologue⟩
Johannes ⟨Palaiologos⟩
John ⟨Palaeologus, VII.⟩
Palaiologos, Johannes

Johannes ⟨Imperium Byzantinum, Imperator, VIII.⟩
1392 – 1448
LMA,V,535
Johannes ⟨Palaiologos⟩
John ⟨Palaeologue, VIII.⟩
Jovana ⟨Paleologa, VIII.⟩
Palaiologos, Johannes

Johannes ⟨in Poenitentialibus Vicarius⟩
→ **Johannes ⟨de Schaftholzheim⟩**

Johannes ⟨Inquisitor Wratislaviensis⟩
→ **Johannes ⟨Brasiator de Frankenstein⟩**

Johannes ⟨Inslinger⟩
→ **Einzlinger, Johannes**

Johannes ⟨Institor⟩
gest. ca. 1440
Breviloquium
Institor, Jean
Institor, Johannes
Jean ⟨Chartreux⟩
Jean ⟨de Buxheim⟩
Jean ⟨Institor⟩
Johannes ⟨Buxheimensis⟩
Johannes ⟨Carthusianus⟩
Johannes ⟨Kramer⟩
Johannes ⟨von Buxheim⟩
Kramer, Johannes

Johannes ⟨Insulae Columbae Coenobiarcha⟩
→ **Johannes ⟨Listaer⟩**

Johannes ⟨Ioffridi⟩
1412 – 1473 · OSB
Oratio ad Pium papam II de Philippo duce Burgundiae
Rep.Font. VI,328
Geoffroy, Jean
Godefridus, Johannes
Ioffridi, Johannes
Jean ⟨Geoffroy⟩
Jean ⟨Jouffroy⟩
Jean ⟨Jouffroy, Cardinal d'Albi⟩
Johannes ⟨Gafridi⟩
Johannes ⟨Godefridus⟩
Jouffroy, Jean

Johannes ⟨Iofroi⟩
1309 – 1361 · OSB
Notae de vita sua
Rep.Font. VI,342; LMA,V,638/39
Jean ⟨Jouffroy⟩
Jofroi, Johannes
Jouffroy, Jean

Johannes ⟨Ioliahan⟩
→ **Johannes ⟨de Folsham⟩**

Johannes ⟨Iordani Romanus⟩
gest. 1302 · OP
Sermones
Schneyer,III,703; Kaeppeli,II,461/462
Iordani Romanus, Johannes
Jean ⟨Evêque de Padoue⟩
Jean-Jordan ⟨Savelli⟩
Johannes ⟨de Insula⟩
Johannes ⟨de Roma⟩
Johannes ⟨de Sabelliis⟩
Johannes ⟨Iordani de Insula⟩
Johannes ⟨Iordani de Sabelliis⟩
Johannes ⟨Iordanis⟩
Johannes ⟨Romanus⟩
Johannes ⟨Romanus, OP⟩
Johannes ⟨Savelli⟩
Savelli, Jean-Jordan
Savelli, Johannes

Johannes ⟨Iordanis⟩
um 1338/42 · OP
Quadragesimale I; Quadragesimale II; nicht identisch mit Johannes ⟨Petri de Pistorio⟩
Kaeppeli,II,461
Iordanis, Johannes
Johannes ⟨Iordanis de Pistorio⟩
Johannes ⟨Ser Iordanis de Pistorio⟩

Johannes ⟨Iprensis⟩
→ **Johannes ⟨Longus⟩**

Johannes ⟨Irlandus⟩
→ **Johannes ⟨Scotus Parisiensis⟩**

Johannes ⟨Isenacensis⟩
→ **Johannes ⟨de Isenach⟩**

Johannes ⟨Isneri⟩
1345 – 1411
Puncta super Porphyrium; Puncta Physicorum
Lohr
Isneri, Johannes
Johannes ⟨Isner⟩
Johannes ⟨Isneri de Cracovie⟩
Johannes ⟨Isnerus⟩
Johannes ⟨Pragensis⟩
Johannes ⟨Ysner⟩

Johannes ⟨Istrensis⟩
→ **Johannes ⟨Itrensis⟩**

Johannes ⟨Italus⟩
→ **Johannes ⟨Cluniacensis⟩**

Johannes ⟨Italus⟩
geb. ca. 1018/25
Tusculum-Lexikon; LMA,V,583
Giovanni ⟨Italo⟩
Ioannes ⟨Italos⟩
Italus, Johannes
Jean ⟨Italus⟩
Jean ⟨l'Italien⟩
Johannes ⟨de Salerna⟩
Johannes ⟨Italos⟩
John ⟨Italus⟩

Johannes ⟨Itrensis⟩
15. Jh.
Giovanni ⟨d'Itri⟩
Jean ⟨d'Itri⟩
Johannes ⟨Istrensis⟩
Johannes ⟨Magnus⟩
Johannes ⟨Nardi de Ytro⟩

Johannes ⟨Iudex Parmensis⟩
→ **Johannes ⟨Parmensis⟩**

Johannes ⟨Iustitiae⟩
gest. 1353
Iustitiae, Johannes
Jean ⟨de Justice⟩
Justice, Jean ¬de¬

Johannes ⟨IV., Scriba⟩
→ **Johannes ⟨Scriba, IV.⟩**

Johannes ⟨Jäck⟩
→ **Jäck, Johannes**

Johannes ⟨Jamerius⟩
→ **Johannes ⟨Iamatus⟩**

Johannes ⟨Jarson⟩
→ **Gerson, Johannes**

Johannes ⟨Jeuser⟩
→ **Johannes ⟨von Paltz⟩**

Johannes ⟨Jofroi⟩
→ **Johannes ⟨Iofroi⟩**

Johannes ⟨Johannelinus⟩
→ **Johannes ⟨Fiscannensis⟩**

Johannes ⟨Joinvillius⟩
→ **Jean ⟨de Joinville⟩**

Johannes ⟨Joliahan⟩
→ **Johannes ⟨de Folsham⟩**

Johannes ⟨Juff de Butzbach⟩
um 1451/66
Dubia et quaestiones super Priorum collectae ex Augustino de Ancona; In librum Priorum analyticorum; In librum Topicorum
Lohr
Butzbach, Johannes ¬de¬
Johannes ⟨de Butzbach⟩
Johannes ⟨Juff⟩
Johannes ⟨Juff de Buczbach⟩
Johannes ⟨Juff de Buczpach⟩
Juff, Johannes

Johannes ⟨Kalekas⟩
→ **Johannes ⟨Caleca⟩**

Johannes ⟨Kamateros⟩
→ **Johannes ⟨Camaterus⟩**
→ **Johannes ⟨Camaterus, Astronomus⟩**

Johannes ⟨Kambalicensis⟩
→ **Johannes ⟨de Monte Corvino⟩**

Johannes ⟨Kameniates⟩
→ **Johannes ⟨Cameniata⟩**

Johannes ⟨Kanabutzes⟩
→ **Johannes ⟨Canabutius⟩**

Johannes ⟨Kananos⟩
→ **Johannes ⟨Cananus⟩**

Johannes ⟨Kannemann⟩
→ **Kannemann, Johannes**

Johannes ⟨Kanonist⟩
→ **Johannes ⟨Galensis⟩**

Johannes ⟨Kant⟩
→ **Johannes ⟨Cantius⟩**

Johannes ⟨Kantakuzenos⟩
→ **Johannes ⟨Imperium Byzantinum, Imperator, VI.⟩**

Johannes ⟨Kanzler von Saint-Paul's⟩
→ **Johannes ⟨de Kent⟩**

Johannes ⟨Kapistran⟩
→ **Johannes ⟨de Capestrano⟩**

Johannes ⟨Kappadokes, II.⟩
→ **Johannes ⟨Cappadoces⟩**

Johannes ⟨Karpf⟩
→ **Karpf, Johannes**

Johannes ⟨Karvilem⟩
→ **Johannes ⟨Kervyle⟩**

Johannes ⟨Katrares⟩
→ **Johannes ⟨Catraras⟩**

Johannes ⟨Keckius⟩
→ **Keckius, Johannes**

Johannes ⟨Keninghale⟩
gest. 1451 · OCarm
In Aristotelem De animalibus
Lohr
Jean ⟨Kenyngale⟩
Johannes ⟨Keningalus⟩
Johannes ⟨Kenyngale⟩
Johannes ⟨Nordwicensis⟩
Johannes ⟨Norwicensis⟩
Keninghale, Johannes
Kenyngale, Jean

Johannes ⟨Kent⟩
→ **John ⟨Kent⟩**

Johannes ⟨Kerberch⟩
→ **Kerberch, Johannes**

Johannes ⟨Kerckmeister⟩
→ **Kerckmeister, Johannes**

Johannes ⟨Kervyle⟩
um 1372 · OESA
Super libros Politicorum Aristotelis cum duabus tabulis Aegidii De regimine principum; Abbreviatio super libros Politicorum Sancti Thomae
Lohr
Johannes ⟨Karvilem⟩
Karvilem, Johannes
Kervyle, Johannes

Johannes ⟨Kessel⟩
→ **Kessel, Johannes**

Johannes ⟨Ketel⟩
→ **Kessel, Johannes**

Johannes ⟨Kettner⟩
→ **Kettner, Johannes**

Johannes ⟨Kimpel⟩
→ **Kimpel, Johannes**

Johannes ⟨Kinigal⟩
→ **Johannes ⟨Kiningham⟩**

Johannes ⟨Kiningham⟩
gest. 1399 · OCarm
Praeconia sacrae Scripturae; Ez.; Jac.; etc.
Lohr; Stegmüller, Repert. sentent. 457; Stegmüller, Repert. bibl. 4749-4752
Jean ⟨Cuningamus⟩
Jean ⟨Cunningham⟩
Jean ⟨Kiningham⟩
Johannes ⟨Cuniganus⟩
Johannes ⟨Gippeswicensis⟩
Johannes ⟨Kinigal⟩
Johannes ⟨Kinimghamus⟩
Johannes ⟨Kininghamus⟩
Johannes ⟨Kylyngham⟩
Johannes ⟨Kynyngham⟩
Johannes ⟨Sodovolgius⟩
Kiningham, Jean
Kiningham, Johannes

Johannes ⟨Kinnamos⟩
→ **Johannes ⟨Cinnamus⟩**

Johannes ⟨Kiovensis⟩
ca. 1080 – 1089
Epistula ad Clementem III antipapam de azymis
Rep.Font. VI,280/281
Christos ⟨Prodromos⟩
Christus ⟨Prodromus⟩
Iōannēs ⟨Mētropolitēs⟩
Iōannēs ⟨Mētropolitēs Rōsias⟩
Iōannēs ⟨Rhōsias⟩
Iōannēs ⟨Rōsias⟩
Johannes ⟨Metropolita⟩
Johannes ⟨Metropolita, II.⟩
Johannes ⟨von Kiev⟩

Johannes ⟨Kirchham⟩
→ **Johannes ⟨de Ketham⟩**

Johannes ⟨Kirchmeier⟩
→ **Kirchmaier, Hans**

Johannes ⟨Kirchschlag⟩
→ **Kirchschlag, Johannes**

Johannes ⟨Klatovy⟩
→ **Čapek, Jan**

Johannes ⟨Kleine⟩
um 1473/75
Stegmüller, Repert. sentent. 458
Kleine, Johannes

Johannes ⟨Kleinkoch⟩
→ **Klenkok, Johannes**

Johannes ⟨Klenkok⟩
→ **Klenkok, Johannes**

Johannes ⟨Klimakos⟩
→ **Johannes ⟨Climacus⟩**

Johannes ⟨Klimax⟩
→ **Johannes ⟨Climacus⟩**

Johannes ⟨Knebel⟩
→ **Knebel, Johannes**

Johannes ⟨Kochberger⟩
→ **Kochberger, Johannes**

Johannes ⟨Kochinger⟩
→ **Johannes ⟨Cochinger⟩**

Johannes ⟨Königsberger⟩
→ **Regiomontanus, Johannes**

Johannes ⟨Komnenos⟩
→ **Johannes ⟨Imperium Byzantinum, Imperator, II.⟩**

Johannes ⟨Kone⟩
→ **Johannes ⟨Kune⟩**

Johannes ⟨Korngin⟩
→ **Johannes ⟨de Sterngassen⟩**

Johannes ⟨Korones⟩
→ **Korones, Xenos**

Johannes ⟨Kortz⟩
→ **Johannes ⟨Contractus⟩**

Johannes ⟨Kotman⟩
→ **Kotman, Johannes**

Johannes ⟨Krafft⟩
→ **Johannes ⟨de Gmunden⟩**

Johannes ⟨Kramer⟩
→ **Johannes ⟨Institor⟩**

Johannes ⟨Kraus⟩
→ **Kraus, Johannes**

Johannes ⟨Kreutzer⟩
→ **Kreutzer, Johannes**

Johannes ⟨Kromspein⟩
→ **Johannes ⟨Krosbein⟩**

Johannes ⟨Krosbein⟩
15. Jh. bzw. 14. Jh. · OP
Philosophia ⟨Compendium naturalis philosophiae⟩; Compendium moralis philosophiae
Lohr
Johannes ⟨Bromsbem⟩
Johannes ⟨Corisbenus⟩
Johannes ⟨Cronisbenus⟩
Johannes ⟨Kromspein⟩
Johannes ⟨Kronsbein⟩
Krosbein, Johannes

Johannes ⟨Künlin⟩
→ **Künlin, Johannes**

Johannes ⟨Kukuzeles⟩
→ **Johannes ⟨Cucuzelus⟩**

Johannes ⟨Kune⟩
gest. 1451 · OP
Sermones 5 Lipsiae habiti; In Vesperiis et Aula
Kaeppeli,II,465/466
Johannes ⟨Kone⟩
Johannes ⟨Kuned⟩
Kune, Johannes

Johannes ⟨Kuned⟩
→ **Johannes ⟨Kune⟩**

Johannes ⟨Kungstein⟩
→ **Kungstein, Johannes**

Johannes ⟨Kunisperger⟩
→ **Regiomontanus, Johannes**

Johannes ⟨Kurfi⟩
→ **Kurfi, Johannes**

Johannes ⟨Kursser⟩
→ **Hentinger, Johannes**

Johannes ⟨Kurtz⟩
→ **Kurtz, Johann**

Johannes ⟨Kusin⟩
→ **Johannes ⟨Cuzin⟩**

Johannes ⟨Kusiner⟩
→ **Kuse, ¬Der¬**

Johannes ⟨Kustin⟩
→ **Johannes ⟨Cuzin⟩**

Johannes ⟨Kylyngham⟩
→ **Johannes ⟨Kiningham⟩**

Johannes ⟨Kynyngham⟩
→ **Johannes ⟨Kiningham⟩**

Johannes ⟨Kyparissiotes⟩
→ **Johannes ⟨Cyparissiota⟩**

Johannes ⟨Kyriotes⟩
→ **Johannes ⟨Geometra⟩**

Johannes ⟨la Loue⟩
13. Jh.
Paris, Nat. lat. 14899f. 172 rb.
Schneyer,III,577
Jean ⟨la Loue⟩
Johannes ⟨Magister⟩
LaLoue, Johannes
Loue, Johannes ¬la¬

Johannes ⟨Laaz⟩
→ **Laaz, Johannes**

Johannes ⟨Lägeler⟩
→ **Johannes ⟨de Francfordia⟩**

Johannes ⟨Lagadeuc⟩
→ **Lagadeuc, Jean**

Johannes ⟨Lagenator⟩
→ **Johannes ⟨de Francfordia⟩**

Johannes ⟨Laicus⟩
→ **Johannes ⟨Parmensis⟩**

Johannes ⟨Lammens⟩
→ **Johannes ⟨Agnelli⟩**

Johannes ⟨Lampugnanus⟩
→ **Johannes ⟨de Lampugnano⟩**

Johannes ⟨Lancaster, Herzog⟩
→ **John ⟨Lancaster, Duke⟩**

Johannes ⟨Landaviensis⟩
→ **Johannes ⟨Paschall⟩**

Johannes ⟨Lange⟩
→ **Lange, Johannes**

Johannes ⟨Langewelt⟩
um 1384/1404
In Metaph.; Lectura super totum Ethicorum
Lohr
Arsen, Johannes
Artzen, Johannes
Johann ⟨Arsen von Langenfeld⟩
Johannes ⟨Arsen⟩
Johannes ⟨Artzen⟩
Johannes ⟨Langewelt alias Artzen⟩
Langewelt, Johannes

Johannes ⟨Langley⟩
um 1350 · OP
Sermones
Schneyer,III,567
Jean ⟨Langley⟩
Langley, Johannes

Johannes ⟨Langton⟩
gest. 1434 · OCarm
Identität mit Johannes ⟨de Lawton⟩ nicht gesichert
Stegmüller, Repert. sentent. 459
Jean ⟨de Langton⟩
Johannes ⟨de Lawton⟩
Johannes ⟨Langtonus⟩
Johannes ⟨Lanton⟩
Johannes ⟨Londinensis⟩
Langton, Johannes

Johannes ⟨Lapidarius⟩
→ **Heynlin, Johannes**

Johannes ⟨Lapus⟩
→ **Lapus ⟨de Castellione⟩**

Johannes ⟨Laskaris⟩
→ **Johannes ⟨Imperium Byzantinum, Imperator, IV.⟩**

Johannes ⟨Lateranensis⟩
12. Jh.
Liber de sanctis sanctorum
LThK
Johannes ⟨Canonicus⟩
Johannes ⟨Canonicus Lateranensis⟩
Johannes ⟨Diaconus Romanus Lateranensis⟩

Johannes ⟨Lathburius⟩
→ **Johannes ⟨de Lathbury⟩**

Johannes ⟨Laudensis⟩
1026 – 1105
Vita Petri Damiani
Rep. Font. VI,345/346
Giovanni ⟨da Lodi⟩
Jean ⟨de Lodi⟩
Johannes ⟨Discipulus Petri Damiani⟩
Johannes ⟨Sanctus Laudensis⟩
Johannes ⟨von Lodi⟩

Johannes ⟨Launay⟩
→ **Johannes ⟨de Alneto⟩**

Johannes ⟨Laurentius⟩
→ **Johannes ⟨Lydus⟩**

Johannes ⟨Laurentius de Wetslaria⟩
→ **Lange, Johannes**

Johannes ⟨Laziardus⟩
→ **Laziardus, Johannes**

Johannes ⟨le Damoiseau⟩
um 1482/88
In libros I-VI Metaphysicae; In Phys.
Lohr
Damoiseau, Johannes ¬le¬
Jan ⟨le Damoisiau⟩
Johannes ⟨le Damoisiau⟩
Johannes ⟨le Damoisiaulx⟩
LeDamoiseau, Johannes

Johannes ⟨le Maistre⟩
→ **Johannes ⟨Magistri⟩**

Johannes ⟨le Mathematicien de Vienne⟩
→ **Johannes ⟨de Gmunden⟩**

Johannes ⟨le Moine⟩
→ **Johannes ⟨Monachus⟩**

Johannes ⟨le Tourneur⟩
→ **Johannes ⟨Versor⟩**

Johannes ⟨Leckūchner⟩
→ **Leckūchner, Hans**

Johannes ⟨Lector⟩
→ **Johannes ⟨de Friburgo⟩**

Johannes ⟨Lector Aulae Regiae Hungaricae⟩
→ **Johannes ⟨Frater, OFM⟩**

Johannes ⟨Lector Erfordensis⟩
→ **Johannes ⟨de Minden⟩**

Johannes ⟨Lector in Conventu Sancti Dominici⟩
→ **Johannes ⟨de Aversa⟩**

Johannes ⟨Lector in Monte Pessulano⟩
→ **Johannes ⟨de Fonte⟩**

Johannes ⟨Lector Moguntinus⟩
→ **Johannes ⟨Gawer⟩**

Johannes ⟨Lector Montispessulanus⟩
→ **Johannes ⟨Bricius⟩**

Johannes ⟨Lector Scholae Claustri Agriensis⟩
→ **Johannes ⟨Frater, OFM⟩**

Johannes ⟨Legatius⟩
→ **Legatius, Johannes**

Johannes ⟨Legatus in Galliam⟩
→ **Johannes ⟨Monachus⟩**

Johannes ⟨Legionensis⟩
um 905
Verf. der Glossen zu Vita S. Froilani episcopi Legionensis; gilt fälschlich als deren Verfasser
Rep.Font. VI,312
Jean ⟨de Léon⟩
Johannes ⟨Diaconus Legionensis⟩

Johannes ⟨Lei⟩
→ **Johannes ⟨Leonis⟩**

Johannes ⟨Leidanus⟩
→ **Jan ⟨van Leyden⟩**

Johannes ⟨Lelmi⟩
→ **Giovanni ⟨di Lemmo⟩**

Johannes ⟨Lemoine⟩
→ **Johannes ⟨Monachus⟩**

Johannes ⟨Lemovicensis⟩
gest. ca. 1250 · OCist später OFM
Dictamen; Elucidatio religionis; Tractatus de silentio religionis; etc.
LThK; CSGL
Jean ⟨de Launha⟩
Jean ⟨de Limoges⟩
Johannes ⟨a Launha⟩
Johannes ⟨Abbas⟩
Johannes ⟨de Launha⟩
Johannes ⟨de Launka⟩
Johannes ⟨de Lemoviciis⟩
Johannes ⟨de Limoges⟩
Johannes ⟨of Zirc⟩
Johannes ⟨von Limoges⟩
Laukka, Johannes ¬de¬
Launha, Johannes ¬de¬

Johannes ⟨Lemoyne⟩
→ **Johannes ⟨Monachus⟩**

Johannes ⟨Leo⟩
→ **Johannes ⟨Leonis⟩**

Johannes ⟨Leodiensis⟩
→ **Ciconia, Johannes**
→ **Johannes ⟨Hocsemius⟩**

Johannes ⟨Leodiensis⟩
12. Jh. · OSB
Statuta synodalia
Jean ⟨de Liège⟩
Johann ⟨von Lüttich⟩
Johannes ⟨de Leodio⟩
Johannes ⟨de Lüttich⟩
Johannes ⟨Sancti Laurentii⟩
Johannes ⟨von Lüttich⟩

Johannes ⟨Leonis⟩
→ **Jan ⟨van Leeuwen⟩**
→ **Leo ⟨Africanus⟩**

Johannes ⟨Leonis⟩
gest. 1463 · OP
De synodis et ecclesiastica potestate libri Vi ad Eugenium IV; De visione beata libri VI ad Eugenium IV; Dialogus de temporibus antichristi; etc.
Kaeppeli,II,469/470; Schönberger/Kible, Repertorium, 15024
Giovanni ⟨Leone⟩
Johannes ⟨Lei⟩
Johannes ⟨Leo⟩
Johannes ⟨Leonis de Roma⟩
Johannes ⟨Leonis de Rome⟩
Johannes ⟨Ley⟩
Leo, Johannes
Leonis, Johannes
Ley, Johannes

Johannes ⟨Lesage⟩
um 1301/03
Quodlibetum I
Schönberger/Kible, Repertorium, 15025
Jean ⟨Lesage⟩
Lesage, Johannes

Johannes ⟨Lesmeister⟩
→ **Johannes ⟨von Nördlingen⟩**

Johannes ⟨Leubusii⟩
→ **Johannes ⟨de Bartpha⟩**

Johannes ⟨Ley⟩
→ **Johannes ⟨Leonis⟩**

Johannes ⟨Leyten de Hasselt⟩
→ **Johannes ⟨de Hasselt⟩**

Johannes ⟨Librarius⟩
gest. 1467 · OESA
Memoriale Benefactorum Novacellensium; Liber Anniversariorum Novacellae; Index Warellianus
VL(2),4,672
Johannes ⟨Cellerarius⟩
Johannes ⟨der Kellner⟩
Librarius, Johannes

Johannes ⟨Liechtenauer⟩
→ **Liechtenauer, Johannes**

Johannes ⟨Lignanus⟩
→ **Johannes ⟨de Lignano⟩**

Johannes ⟨Lilius⟩
um 1475 · OFM
Tractatus super Porphyrium; Tractatus super Praedicamenta
Lohr
Lilius, Johannes

Johannes ⟨Lilleshallensis⟩
→ **Johannes ⟨Miraeus⟩**

Johannes ⟨Limpurgensis⟩
→ **Elhen von Wolfhagen, Tilemann**

Johannes ⟨Lincolniensis⟩
→ **Johannes ⟨de Rodington⟩**
→ **Johannes ⟨Haitonus⟩**

Johannes ⟨Linconiensis⟩
15. Jh. · OP
De logica et philosophia
Lohr
Jean ⟨Dominicain de Lerida⟩
Jean ⟨Linconiensis⟩
Johannes ⟨Aragonus⟩
Johannes ⟨Linconiensis Aragonus⟩

Johannes ⟨Lindau⟩
→ **Lindau, Johannes**

Johannes ⟨Lindenblatt⟩
→ **Johannes ⟨de Posilge⟩**

Johannes ⟨Linnensis⟩
→ **Johannes ⟨Boston⟩**

Johannes ⟨Lippi⟩
→ **Johannes ⟨Aretinus Lippi⟩**

Johannes ⟨Listaer⟩
um 1419
Epp. Pauli
Jean ⟨de Saint-Andrew⟩
Jean ⟨Listaer⟩
Johannes ⟨Insulae Columbae Coenobiarcha⟩
Johannes ⟨Listaer Scotus⟩
Johannes ⟨Tinctor⟩
Johannes ⟨Tinctor Scotus⟩
Listaer, Jean
Listaer, Johannes

Johannes ⟨Liverius⟩
→ **Johannes ⟨de Lineriis⟩**

Johannes ⟨Lock⟩
→ **Lock, Johannes**

Johannes ⟨Lock de Windsheim⟩
→ **Johannes ⟨Lock⟩**

Johannes ⟨Lodewici de Herbipoli⟩
→ **Ludovici, Johannes**

Johannes ⟨Lombardus⟩
→ **Campanus, Johannes**

Johannes ⟨Lomberiensis⟩
→ **Johannes ⟨de Basilea⟩**

Johannes ⟨Londinensis⟩
→ **Johannes ⟨Langton⟩**
→ **Johannes ⟨Wrothamus⟩**

Johannes ⟨Longinus⟩
→ **Dlugossius, Johannes**

Johannes ⟨Longus⟩
→ **Johannes ⟨de Utino⟩**

Johannes ⟨Longus⟩
gest. ca. 1383
Jean ⟨de Langhe⟩
Jean ⟨de Saint-Bertin⟩
Jean ⟨d'Ypres⟩
Jean ⟨le Long⟩
Jean ⟨Lelong⟩
Johannes ⟨Bertinianus⟩
Johannes ⟨de Ipra⟩
Johannes ⟨de Ypra⟩
Johannes ⟨Hiperius⟩
Johannes ⟨Iperius⟩
Johannes ⟨Iprensis⟩
Johannes ⟨Sancti Bertini⟩
Johannes ⟨Yprensis⟩
Langhe, Jean ¬de¬
Lelong, Jean
Longus, Johannes

Johannes ⟨Loossa⟩
→ **Johannes ⟨Petri Rode Loossa⟩**

Johannes ⟨Lopes⟩
→ **Juan ⟨López⟩**
→ **Johannes ⟨Lupus⟩**

Johannes ⟨Lopez⟩
→ **Johannes ⟨Lupus⟩**

Johannes ⟨Lose⟩
→ **Lose, Johannes**

Johannes ⟨Lotharius⟩
→ **Innocentius ⟨Papa, III.⟩**

Johannes ⟨Lovaniensis⟩
→ **Jan ⟨van Leeuwen⟩**
→ **Johannes ⟨Caligator⟩**
→ **Johannes ⟨Friss⟩**

Johannes ⟨Lubecensis⟩
→ **Johannes ⟨de Lubec⟩**

Johannes ⟨Lubensis⟩
→ **Johannes ⟨de Bartpha⟩**

Johannes ⟨Lucemburgensis⟩
→ **Jan ⟨Čechy, Král⟩**

Johannes ⟨Ludovici⟩
→ **Ludovici, Johannes**

Johannes ⟨Lugdunensis⟩
→ **Johannes ⟨de Belmeis⟩**

Johannes ⟨Lugiensis⟩
→ **Johannes ⟨de Lugo⟩**

Johannes ⟨Lunensis⟩
→ **Johannes ⟨Hispalensis⟩**

Johannes ⟨Lupi⟩
→ **Johannes ⟨Lupus⟩**
→ **Juan ⟨López⟩**
→ **Lupi, Johannes**

Johannes ⟨Luppi⟩
→ **Lupi, Johannes**

Johannes ⟨Lupus⟩
gest. 1496
Jean ⟨Lopez⟩
Joan ⟨López⟩
Johannes ⟨de Segobia⟩
Johannes ⟨de Segovia⟩
Juan ⟨López⟩
Lopes, Johannes
Lopez, Giovanni
Lopez, Jean
López, Joan
Lopez, Johannes
López, Juan
Lupi, Giovanni
Lupi, Johannes
Lupus ⟨de Segovia⟩
Lupus, Johann
Lupus, Johannes

Johannes ⟨Lusitania, Rex, ...⟩
→ **João ⟨Portugal, Rei, ...⟩**

Johannes ⟨Lusitanus⟩
→ **Johannes ⟨Consobrinus⟩**
→ **Johannes ⟨Egitaniensis⟩**

Johannes ⟨Lutheri Antisignans⟩
→ **Gansfort, Johannes**

Johannes ⟨Luthomuslensis⟩
→ **Johannes ⟨de Bucca⟩**

Johannes ⟨Lutterell⟩
gest. 1335
Libellus contra doctrinam Guilelmi Occam; Epistula de visione beatifica
LMA,V,586; Stegmüller, Repert. sentent. 294; Schönberger/Kible, Repertorium, 15027/15028
Jean ⟨Lutterell⟩
Johannes ⟨de Lutterell⟩
Johannes ⟨Lutterellus⟩
John ⟨Lutterell⟩
Lutterell, Jean
Lutterell, Johannes
Lutterell, John

Johannes ⟨Luxemburgensis⟩
→ **Johannes ⟨Cuzin⟩**

Johannes ⟨Lycopolitanus⟩
→ **Yoḥannan ⟨Apameia⟩**

Johannes ⟨Lydus⟩
ca. 490 – ca. 559
De magistratibus rei publicae Romanorum
Rep.Font. VI,346; Tusculum-Lexikon; CSGL; LMA,V,587
Iōannēs ⟨Laurentios Lydos⟩
Johannes ⟨Laurentius⟩
Johannes ⟨Lydes⟩
Johannes ⟨Lydos⟩
Johannes ⟨Philadelphius⟩
Johannes Laurentius ⟨Lydus Philadelphinus⟩
Johannes Laurentius ⟨Philadelphenus Lydus⟩
John ⟨Lydos⟩
Laurentius ⟨Lydus⟩
Lydus, Johannes
Lydus, Johannes Laurentius

Johannes ⟨Mändel de Amberg⟩
→ **Mendel, Johannes**

Johannes ⟨Magdeburgensis⟩
13. Jh. · OP
Die Vita der Margareta contracta
Johannes ⟨Confessor Margaretae⟩
Johannes ⟨Praedicator⟩
Johannes ⟨von Magdeburg⟩
Magdeburg, Johannes ¬von¬

Johannes ⟨Magdovillanus⟩
→ **John ⟨Mandeville⟩**

Johannes ⟨Magirus⟩
→ **Klenkok, Johannes**

Johannes ⟨Magister⟩
→ **Johannes ⟨Bartscherer⟩**
→ **Johannes ⟨Canabutius⟩**
→ **Johannes ⟨Faventinus⟩**
→ **Johannes ⟨Godard⟩**
→ **Johannes ⟨la Loue⟩**

Johannes ⟨Magister Artium⟩
13./14. Jh.
Quaestiones super totum librum Meteororum
Lohr
Johannes ⟨Magister⟩
Johannes ⟨Magister Quaestionum super Librum Meteorum⟩
Johannes ⟨Maître ès Arts⟩
Magister Johannes

Johannes ⟨Magister Bedae⟩
→ **Johannes ⟨Beverlacensis⟩**

Johannes ⟨Magister Beret⟩
→ **Johannes ⟨Beret⟩**

Johannes ⟨Magister et Plebanus Ecclesiae Sancti Andreae Hildesheimensis⟩
→ **Johannes ⟨Gallicus⟩**

Johannes ⟨Magister Heidelbergensis⟩
→ **Johannes ⟨de Brumbach⟩**

Johannes ⟨Magister Parisiensis⟩
ca. 15. Jh.
Tabula super libros Topicorum et Elenchorum; Identität mit Johannes ⟨Magistri⟩ umstritten
Lohr
Johannes ⟨Magister⟩
Johannes ⟨Parisiensis⟩
Magister Johannes

Johannes ⟨Magister Quaestionum super Librum Meteorum⟩
→ **Johannes ⟨Magister Artium⟩**

Johannes ⟨Magister Regens Venetiis⟩
→ **Johannes ⟨Spies de Esslinga⟩**

Johannes ⟨Magister Salernitanus⟩
→ **Johannes ⟨Platearius⟩**

Johannes ⟨Magistri⟩
15. Jh.
Quaestiones super totum cursum logicae Porphyrii et Philosophi cum explanatione textus secundum mentem Doctoris subtilis Scoti; vmtl. nicht identisch mit Johannes ⟨Magistri⟩ OP um 1431
Lohr
Jean ⟨le Maître⟩
Johannes ⟨de Magistris⟩
Johannes ⟨Doctor Parisiensis⟩
Johannes ⟨le Maistre⟩
Johannes ⟨Parisiensis, Iunior⟩
LeMaître, Jean
Maître, Jean ¬le¬

Johannes ⟨Magnavillanus⟩
→ **Johannes ⟨de Alta Villa⟩**

Johannes ⟨Magnovillanus⟩
→ **John ⟨Mandeville⟩**

Johannes ⟨Magnus⟩
→ **Johannes ⟨Itrensis⟩**

Johannes ⟨Magnus Magister⟩
→ **Johannes ⟨Consobrinus⟩**

Johannes ⟨Mailrosus⟩
um 792
Matth. lib. I-III
Stegmüller, Repert. bibl. 4471
Jean ⟨de Melrose⟩
Mailrosus, Johannes

Johannes ⟨Maioricensis⟩
→ **Johannes ⟨Garcia⟩**

Johannes ⟨Maioris Monasterii⟩
gest. ca. 1151
Jean ⟨de Mairemoustier⟩
Jean ⟨de Marmoutier⟩
Johannes ⟨Monachus⟩
Johannes ⟨of Marmoutier⟩
Johannes ⟨Turonensis⟩
Maioris Monasterii, Johannes

Johannes ⟨Maître ès Arts⟩
→ **Johannes ⟨Magister Artium⟩**

Johannes ⟨Malalas⟩
ca. 490 – 578
LMA,V,588
Jean ⟨d'Antioche⟩
Jean ⟨Malalas⟩
Johannes ⟨Antiochenus⟩
Johannes ⟨Malelas⟩
Johannes ⟨von Antiochia⟩
John ⟨Malalas⟩
John ⟨of Antioch⟩
Malalas, Johannes

Johannes ⟨Malgrinus⟩
→ **Johannes ⟨Algrinus⟩**

Johannes ⟨Malvernaeus⟩
um 1377 · OSB
Nicht identisch mit Johannes ⟨Malvernius⟩; Continuatio Polychronicorum Ranulphi Higden (1348-1381)
Rep.Font. VI,358
Jean ⟨de Malvern⟩
Jean ⟨Malverne⟩
Johannes ⟨Anglus Wingorniensis⟩
Johannes ⟨Malvern⟩
Johannes ⟨Malvernaeus, Anglus Wingorniensis⟩
Johannes ⟨Malverne⟩

Johannes ⟨Milvernaeus⟩
Johannes ⟨Wingorniensis⟩
Malvernaeus, Johannes
Malverne, Jean

Johannes ⟨Malvernius⟩
um 1414
De remediis spiritualibus et corporalibus contra pestilentiam; nicht identisch mit Johannes ⟨Malvernaeus⟩
Jean ⟨de Malvern⟩
Jean ⟨Malvernius⟩
Malvern, Jean ¬de¬
Malvernius, Johannes

Johannes ⟨Mambres⟩
→ **Johannes ⟨Canonicus⟩**

Johannes ⟨Mandl⟩
→ **Mendel, Johannes**

Johannes ⟨Mansionarius⟩
um 1350
Brevis adnotatio de duobus Pliniis
Rep.Font. VI,363
Johannes ⟨de Matociis⟩
Mansionarius, Johannes

Johannes ⟨Mansur⟩
→ **Johannes ⟨Damascenus⟩**

Johannes ⟨Manthen⟩
um 1477/78
Stegmüller, Repert. sentent. 432 n.11;n.12;n.13;n.14
Jean ⟨de Gerresheim⟩
Jean ⟨de Gerretzem⟩
Jean ⟨Manthen⟩
Johannes ⟨de Gherretzem⟩
Manthen, Jean
Manthen, Johannes

Johannes ⟨Mantuanus⟩
gest. 1083 · OCart
Comm. in Cantica Canticorum; Liber de S. Maria
LMA,V,588/89; Tusculum-Lexikon
Baptista ⟨Mantuanus⟩
Giovanni ⟨da Mantova⟩
Jean ⟨le Chartreux⟩
Johannes ⟨Carthusiensis⟩
Johannes ⟨Grammaticus⟩
Johannes ⟨von Mantua⟩
Mantuanus, Baptista
Mantuanus, Johannes
Mantuanus, Johannes Baptista

Johannes ⟨Manzini de Motta⟩
ca. 1364 – ca. 1406
Epistulae; Chronichetta latina; nicht identisch mit Giovanni Manzini (um 1471/84)
Rep.Font. VII,441; Potth. 763
Fivizzano di Lunigiana, Giovanni Manzini ¬di¬
Giovanni ⟨Manzini⟩
Giovanni ⟨Manzini della Motta di Fivizzano⟩
Giovanni ⟨Manzini di Fivizzano di Lunigiana⟩
Jean ⟨Manzini⟩
Johannes ⟨Manzinus⟩
Johannes ⟨Manzinus de Motta⟩
Lunigiana, Giovanni Manzini di Fivizzano ¬di¬
Manzini, Giovanni
Manzini de Motta, Johannes
Manzinus, Johannes
Motta, Johannes Manzini ¬de¬

Johannes ⟨Marbres⟩
→ **Johannes ⟨Canonicus⟩**

Johannes ⟨Marchesinus⟩
um 1300 · OFM
Mammothreptus pars I;II; Centiloquium
Stegmüller, Repert. bibl. 4776-4779; Stegmüller, Repert. sentent. 486
Jean ⟨de Reggio⟩
Jean ⟨Marchesini⟩
Johannes ⟨de Marchia⟩
Johannes ⟨Marchesini⟩
Johannes ⟨Regiensis⟩
Marchesini, Jean
Marchesinus ⟨de Reggio⟩
Marchesinus ⟨Frater⟩
Marchesinus, Johannes
Reggio, Marchesinus ¬de¬

Johannes ⟨Maregus⟩
→ **Johannes ⟨Marro⟩**

Johannes ⟨Marfeldus⟩
→ **Johannes ⟨de Mirfeld⟩**

Johannes ⟨Margarit⟩
→ **Margarit, Johannes**

Johannes ⟨Marienwerder⟩
→ **Marienwerder, Johannes**

Johannes ⟨Marietta⟩
→ **Marietta, Johannes**

Johannes ⟨Marisfeldus⟩
→ **Johannes ⟨de Mirfeld⟩**

Johannes ⟨Marlianus⟩
→ **Johannes ⟨de Marliano, ...⟩**

Johannes ⟨Marlo⟩
→ **Johannes ⟨Canonicus⟩**

Johannes ⟨Maro⟩
→ **Yoḥannan ⟨de-Mārōn⟩**

Johannes ⟨Marro⟩
gest. 1407 · OCarm
Cant.
Stegmüller, Repert. bibl. 4781
Jean ⟨de Doncaster⟩
Jean ⟨de Marrey⟩
Jean ⟨de York⟩
Johannes ⟨de Marre⟩
Johannes ⟨de Marrey⟩
Johannes ⟨Eboracensis⟩
Johannes ⟨Maregus⟩
Johannes ⟨Maronis⟩
Johannes ⟨Marreius⟩
Marro, Johannes

Johannes ⟨Marsicanus⟩
gest. ca. 1120
CSGL; LMA,V,610
Jean ⟨de Marsico⟩
Johannes ⟨Tusculanus⟩
Marsicanus, Johannes
Tusculanus, Johannes

Johannes ⟨Marsiliensis⟩
→ **Johannes ⟨Blancus⟩**

Johannes ⟨Martin de Valencenis⟩
→ **Jean ⟨Martin⟩**

Johannes ⟨Martinez⟩
gest. ca. 1464 · OP
Epistola ad Ferdinandum filium; Decires
Kaeppeli,II,475
Johannes ⟨Martinez Burgensis⟩
Martinez, Johannes

Johannes ⟨Martinus⟩
→ **Jean ⟨Martin⟩**

Johannes ⟨Masuer⟩
ca. 1370 – ca. 1450
Practica forensis
Rep.Font. VI,542
Jean ⟨Masuer⟩
Jean ⟨Masuyer⟩
Johannes ⟨Masuerius⟩
Johannes ⟨Masuerus⟩
Masuer, Jean
Masuer, Johannes
Masuerius, Johannes
Masuerus, Johannes
Masuyer, Jean

Johannes ⟨Matthaei Caccia de Urbeveteri⟩
→ **Caccia, Johannes Matthaei**

Johannes ⟨Mattiotti⟩
→ **Mattiotti, Giovanni**

Johannes ⟨Mauburnus⟩
→ **Mauburnus, Johannes**

Johannes ⟨Maudith⟩
um 1309/43
Astronomische und trigonometrische Tafeln
LMA,V,618
Jean ⟨Manduith⟩
Jean ⟨Mauduith⟩
John ⟨Maudith⟩
Manduith, Jean
Maudith, Johannes
Maudith, John
Mauduith, Jean

Johannes ⟨Mauropus⟩
11. Jh.
Oratio in anniversarium magni triumphatoris et in nunc factum de barbaris miraculum; Oratio in diem magni triumphatoris (die 23 Apr. 1047)
Rep.Font. VI,364/65; LThK; CSGL; Tusculum-Lexikon; LMA,VI,414/15
Euchaita, Johannes
Euchaites, Johannes
Giovanni ⟨Mauropode⟩
Iōannēs ⟨Mauropus⟩
Jean ⟨d'Euchaita⟩
Jean ⟨Mauropous⟩
Johannes ⟨Euchaitensis⟩
Johannes ⟨Euchaitorum Metropolita⟩
Johannes ⟨Mauropus von Euchaita⟩
Johannes ⟨Metropolita Euchaitorum⟩
Johannes ⟨von Euchaita⟩
John ⟨Mauropous⟩
Mauropus, Johannes

Johannes ⟨Maxentius⟩
um 520
Ad ep. Hermisdae responsio
LThK; CSGL; LMA,VI,418
Jean ⟨Maxence⟩
Johannes ⟨Maxentios⟩
Johannes ⟨Tomitanus⟩
Maxentios, Johannes
Maxentius ⟨Scytha Monachus⟩
Maxentius ⟨Skythischer Mönch⟩
Maxentius, Johannes
Tomitanus, Johannes

Johannes ⟨Mechliniensis⟩
→ **Johannes ⟨de Mechlinia⟩**

Johannes ⟨Mechtel⟩
→ **Mechtel, Johannes**

Johannes ⟨Mediocris⟩
um 533/53
Sermones XXXI
Cpl 915; Rep.Font. VI,365
Chrysostomus ⟨Latinus⟩
Jean ⟨de Naples⟩
Jean ⟨Evêque⟩
Johannes ⟨Episcopus⟩
Johannes ⟨Mediocris Episcopus Neapolitanus⟩
Johannes ⟨Mediocris Neapolitanus⟩
Johannes ⟨Neapolitanus⟩
Johannes ⟨von Neapel⟩
Mediocris, Johannes
Pseudo-Chrysostomus
Pseudo-Johannes ⟨Mediocris⟩

Johannes ⟨Mediolanensis⟩
→ **Johannes ⟨de Lampugnano⟩**
→ **Johannes ⟨Presbyter Mediolanensis⟩**

Johannes ⟨Mediolanensis⟩
12. Jh.
Aus Mailand stammender Arzt; Regimen sanitatis Salernitanum; Identität mit Johannes ⟨de Mediolano⟩ (um 1323/85) umstritten
LMA,V,589; VL(2),7,1105/11
Giovanni ⟨da Como⟩
Giovanni ⟨da Milano⟩
Giovanni ⟨di Jacopo di Guido da Kaverzaío⟩
Jean ⟨de Milan⟩
Jean ⟨Médecin à l'Ecole de Salerne⟩

Johannes ⟨Meerhout⟩
→ **Johannes ⟨de Meerhout⟩**

Johannes ⟨Melber⟩
→ **Melber, Johannes**

Johannes ⟨Meldinensis⟩
→ **Jean ⟨de Meung⟩**

Johannes ⟨Mellicensis⟩
→ **Johannes ⟨de Spira⟩**
→ **Johannes ⟨de Welming⟩**

Johannes ⟨Melzer⟩
→ **Johannes ⟨Brasiator de Frankenstein⟩**

Johannes ⟨Mendel⟩
→ **Mendel, Johannes**

Johannes ⟨Menesius⟩
→ **Amadeus ⟨Menesius de Silva⟩**

Johannes ⟨Menlen⟩
geb. ca. 1430
Epistola ad Bartphenses
Rep.Font. VI,366
Johannes ⟨de Czölcz⟩
Johannes ⟨Menlen de Czölcz⟩
Menlen, Johannes

Johannes ⟨Mercurius⟩
→ **Johannes ⟨Papa, II.⟩**

Johannes ⟨Merkelin⟩
15. Jh.
Schönberger/Kible, Repertorium, 14302
Jan ⟨Merkelin⟩
Jean ⟨Merkelin⟩
Merkelin, Jean
Merkelin, Johannes

Johannes ⟨Messemaker⟩
→ **Johann ⟨Messemaker⟩**

Johannes ⟨Mesuë⟩
→ **Ibn-Māsawaih, Abū-Zakarīyā' Yūḥannā**

Johannes ⟨Metensis⟩
→ **Johannes ⟨de Sancto Arnulfo⟩**

Johannes ⟨Metropolita, II.⟩
→ **Johannes ⟨Kiovensis⟩**

Johannes ⟨Metropolita Euchaitorum⟩
→ **Johannes ⟨Mauropus⟩**

Johannes ⟨Metropolita Melitenes⟩
→ **Johannes ⟨Geometra⟩**

Johannes ⟨Mettensis⟩
→ **Johannes ⟨de Sancto Arnulfo⟩**

Johannes ⟨Meyer⟩
→ **Johannes ⟨Meyger de Lübeck⟩**
→ **Meyer, Johannes**

Johannes ⟨Meyger de Lübeck⟩
um 1458
Quaestiones metaphysicae, philosophiae naturalis et logicae
Lohr
Jean ⟨Meyger⟩
Johannes ⟨de Lübeck⟩
Johannes ⟨Meyer⟩
Johannes ⟨Meyer de Lübeck⟩
Johannes ⟨Meyger⟩
Meyer, Johannes
Meyger, Jean
Meyger, Johannes

Johannes ⟨Michaelensis⟩
um 1128
Regula Templariorum
CSGL
Jean ⟨de Michaille⟩
Jean ⟨de Saint-Michel⟩

Johannes ⟨Michaelis⟩
15. Jh. · OFM
De mansionibus Israelitarum
Stegmüller, Repert. bibl. 4783-4810
Gallus, Michael
Jean ⟨Michaelis⟩
Johannes ⟨Michael de Provence⟩
Johannes ⟨Michael Gallus⟩
Michaelis, Johannes
Michel ⟨Gallus⟩

Johannes ⟨Milbachius⟩
→ **Johannes ⟨de Mühlbach⟩**

Johannes ⟨Miles de Ochein⟩
→ **Brunwart ⟨von Augheim⟩**

Johannes ⟨Milič⟩
ca. 1325 – 1374
Libellus de Antichristo; Epistula ad papam Urbanum V.
Schneyer,III,578; VL(2),6,522/527; LMA,V,625; Rep.Font. VI,367
Jan ⟨Milič⟩
Jan ⟨Milíc z Kromerize⟩
Jean ⟨Milicz⟩
Johann ⟨Milic von Kremsier⟩
Johannes ⟨Archidiaconus Pragensis⟩
Johannes ⟨de Kremsier⟩
Johannes ⟨Milic de Kromeriz⟩
Johannes ⟨Milicius de Cremsir⟩
Johannes ⟨Milicius de Kroměříž⟩
Johannes ⟨Militius⟩
Johannes ⟨Militsch⟩
Johannes ⟨Militsch von Kremsier⟩
Milič ⟨z Kroměříže⟩
Milič, Jan
Milič, Johannes
Milič von Kremsier, Jan
Milič von Kroměříž, Jan
Milič z Kroměříže, Jan
Milicius ⟨de Kroměříž⟩
Milicz, Jean
Militsch von Kremsier, Johannes

Johannes ⟨Milvernaeus⟩
→ **Johannes ⟨Malvernaeus⟩**

Johannes ⟨Milverton⟩
gest. 1486 · OCarm
Symbolum fidei; In div. Sacrae Scripturae textus
Stegmüller, Repert. bibl. 4812;4813
Jean ⟨de Milverton⟩
Jean ⟨Milverodunus⟩

Johannes ⟨Milverodunus⟩
Johannes ⟨Milvertonus⟩
Johannes ⟨Milvertunus⟩
Johannes ⟨Mylverton⟩
Milverton, Johannes

Johannes ⟨Minčhi⟩
→ **Ioane ⟨Minč'xi⟩**

Johannes ⟨Mincio⟩
→ **Benedictus ⟨Papa, X.⟩**

Johannes ⟨Mindensis Lector⟩
→ **Johannes ⟨de Lünen⟩**

Johannes ⟨Minius⟩
→ **Johannes ⟨de Murro⟩**

Johannes ⟨Minner⟩
→ **Minner, Hans**

Johannes ⟨Minorum Ordinis⟩
→ **Johannes ⟨de Utino⟩**

Johannes ⟨Minuo⟩
→ **Johannes ⟨de Murro⟩**

Johannes ⟨Miraeus⟩
um 1400 · OESA
CSGL; LMA,VI,665
Jean ⟨de Lilleshall⟩
Johannes ⟨Lilleshallensis⟩
Johannes ⟨Mircus⟩
John ⟨Mirk⟩
John ⟨Myrc⟩
Miraeus, Johannes
Mircus, Johannes
Mirk, John
Myrc, John

Johannes ⟨Mircus⟩
→ **Johannes ⟨Miraeus⟩**

Johannes ⟨Misnensis⟩
→ **Johannes ⟨de Jenzenstein⟩**

Johannes ⟨Mníšek⟩
→ **Hieronymus ⟨Pragensis, Camaldulensis⟩**

Johannes ⟨Mönch⟩
→ **Johannes ⟨Amalfitanus⟩**

Johannes ⟨Mönch von Jerusalem⟩
→ **Johannes ⟨Hierosolymitanus Monachus⟩**

Johannes ⟨Moeynen⟩
→ **Moeynen, Johannes**

Johannes ⟨Moguntinus⟩
→ **Johannes ⟨Cuzin⟩**
→ **Johannes ⟨de Wesalia⟩**
→ **Johannes ⟨Gawer⟩**

Johannes ⟨Molinerius⟩
um 1397
De visus debilitate
Molinerius, Johannes

Johannes ⟨Molitor⟩
→ **Regiomontanus, Johannes**

Johannes ⟨Molitor⟩
um 1462/85 · OSB
Visibilis demonstratio; Vitae Christi; Abbas in Beinwil (Maria Stein)
Stegmüller, Repert. bibl. 4815-4815,2
Johannes ⟨Müller⟩
Molitor, Johannes
Müller, Johannes

Johannes ⟨Momburnus⟩
→ **Mauburnus, Johannes**

Johannes ⟨Monachus⟩
→ **Johannes ⟨Cluniacensis⟩**
→ **Johannes ⟨Ensdorfensis⟩**
→ **Johannes ⟨Georgida⟩**
→ **Johannes ⟨Hierosolymitanus Monachus⟩**
→ **Johannes ⟨Maioris Monasterii⟩**
→ **Johannes ⟨Zonaras⟩**

Johannes ⟨Monachus⟩
1250 – 1313
Glossa aurea zum Liber Sextus; Apparatus ad Extravagantes; Glossen zu Dekretalen; Sermones
LMA,V,589;1871; Rep.Font. VI,368
Jean ⟨Disciple de Saint-Basile⟩
Jean ⟨Lemoine⟩
Jean ⟨Moine⟩
Johannes ⟨Cressiacus Ambianensis⟩
Johannes ⟨Decanus Ecclesiae Baiocensis⟩
Johannes ⟨le Moine⟩
Johannes ⟨Legatus in Galliam⟩
Johannes ⟨Lemoine⟩
Johannes ⟨Lemoyne⟩
Johannes ⟨Monachus Picardus Cardinalis⟩
Johannes ⟨Monachus Picardus Cisterciensis⟩
Lemoine ⟨Cardinal⟩
Lemoine, Jean

Johannes ⟨Monachus Abbatiae Nonantulanae⟩
→ **Johannes ⟨Nonantulanus⟩**

Johannes ⟨Monachus Albus⟩
→ **Johannes ⟨de Mirecuria⟩**

Johannes ⟨Monachus Amalphitanus⟩
→ **Johannes ⟨Amalfitanus⟩**

Johannes ⟨Monachus Casinensis⟩
→ **Johannes ⟨Casinensis⟩**

Johannes ⟨Monachus Episcopus Pomesaniensis⟩
→ **Johannes ⟨Pomesaniensis⟩**

Johannes ⟨Monachus et Presbyter Amalfitanus⟩
→ **Johannes ⟨Amalfitanus⟩**

Johannes ⟨Monachus Monasterii Sanctae Mariae⟩
→ **Johannes ⟨Rivipullensis⟩**

Johannes ⟨Monachus Monasterii Sancti Lamberti⟩
→ **Johannes ⟨de Sancto Lamberto⟩**

Johannes ⟨Monachus Picardus Cardinalis⟩
→ **Johannes ⟨Monachus⟩**

Johannes ⟨Monachus Sancti Amandi Elnonensis⟩
→ **Johannes ⟨Elnonensis⟩**

Johannes ⟨Monachus Sancti Audoeni Rothomagensis⟩
→ **Johannes ⟨de Sancto Audoeno⟩**

Johannes ⟨Monachus Sancti Vincentii⟩
→ **Johannes ⟨de Sancto Vincentio⟩**

Johannes ⟨Monachus Sithivensis⟩
→ **Johannes ⟨de Sancto Bertino⟩**

Johannes ⟨Monachus Vulturnensis⟩
→ **Johannes ⟨de Sancto Vincentio⟩**

Johannes ⟨Monaldus⟩
→ **Monaldus ⟨de Iustinopoli⟩**

Johannes ⟨Monoculus⟩
→ **Johannes ⟨Parisiensis⟩**

Johannes ⟨Monophysit⟩
→ **Johannes ⟨Diacrinomenus⟩**
→ **Yōḥannān Bar-Aptonyā**

Johannes ⟨Montalti⟩
→ **Johannes ⟨Frater, OSB⟩**

Johannes ⟨Montevilla⟩
→ **John ⟨Mandeville⟩**

Johannes ⟨Montis Sancti Cornelii⟩
um 1230/40 · OESA
Animarum cibus
VL(2),4,662
Jean ⟨de Cornillon⟩
Jean ⟨de Mont-Cornillon⟩
Johannes ⟨vom Kornelienberge⟩
Johannes ⟨von Kornelienberg bei Lüttich⟩

Johannes ⟨Montis Sinai⟩
→ **Johannes ⟨Climacus⟩**

Johannes ⟨Monzi⟩
→ **Johannes ⟨de Moussy⟩**

Johannes ⟨Morlandinus⟩
→ **Johannes ⟨de Molendino⟩**

Johannes ⟨Morman⟩
→ **Johannes ⟨de Ratisbona⟩**

Johannes ⟨Moschus⟩
ca. 550 – ca. 621/34
Tusculum-Lexikon; LMA,V,590/91
Eviratus, John
Giovanni ⟨Mosco⟩
Johannes ⟨Eukratas⟩
Johannes ⟨Moschos⟩
John ⟨Eviratus⟩
John ⟨Moschos⟩
Moschos, Johannes
Moschos, John
Moschus, Johannes

Johannes ⟨Müleysen⟩
→ **Muleysen, Johannes**

Johannes ⟨Müller⟩
→ **Johannes ⟨Molitor⟩**
→ **Regiomontanus, Johannes**

Johannes ⟨Münich⟩
→ **Münich, Johannes**

Johannes ⟨Münnerstadt⟩
→ **Münnerstadt, Johannes**

Johannes ⟨Müntzinger⟩
→ **Müntzinger, Johannes**

Johannes ⟨Müschelburg von Oberbach⟩
→ **Johannes ⟨de Werdena⟩**

Johannes ⟨Mütinger⟩
→ **Mütinger, Johannes**

Johannes ⟨Mulberg⟩
→ **Mulberg, Johannes**

Johannes ⟨Muleysen⟩
→ **Muleysen, Johannes**

Johannes ⟨Mullerus⟩
→ **Regiomontanus, Johannes**

Johannes ⟨Muratoris⟩
um 1441 · OP
Quadragesimale (Verfasserschaft unsicher)
Kaeppeli,II,494
Johannes ⟨Muratoris de Wimpfen⟩
Johannes ⟨Muratoris Wimpinensis⟩
Muratoris, Johannes

Johannes ⟨Murman de Beireut⟩
→ **Johannes ⟨de Ratisbona⟩**

Johannes ⟨Murner⟩
→ **Murner, Johannes**

Johannes ⟨Musicus⟩
→ **Ciconia, Johannes**
→ **Johannes ⟨Affligemensis⟩**

Johannes ⟨Mutius⟩
um 1450/67 · OP
De officiis continendae vitae religiosae
Kaeppeli,II,494/495
Johannes ⟨Mutius Ianuensis⟩
Mutius, Johannes

Johannes ⟨Mylverton⟩
→ **Johannes ⟨Milverton⟩**

Johannes ⟨Myreius⟩
gest. 1490 · OCist
Joh.
Stegmüller, Repert. bibl. 4822
Jean ⟨de Merré⟩
Jean ⟨de Royaumont⟩
Jean ⟨Myreius⟩
Johannes ⟨Abbas Montis Regalis⟩
Merré, Jean ¬de¬
Myreius, Jean

Johannes ⟨Nannius⟩
→ **Nanni, Giovanni**

Johannes ⟨Nantvillensis⟩
→ **Johannes ⟨de Alta Villa⟩**

Johannes ⟨Nardi de Ytro⟩
→ **Johannes ⟨Itrensis⟩**

Johannes ⟨Natalis⟩
→ **Nadal, Giovanni Girolamo**

Johannes ⟨Naupactus⟩
→ **Johannes ⟨Apocaucus⟩**

Johannes ⟨Neapolitanus⟩
→ **Johannes ⟨Mediocris⟩**

Johannes ⟨Neapolitanus de Regina⟩
→ **Johannes ⟨de Regina de Neapoli⟩**

Johannes ⟨Neapolitanus Diaconus⟩
→ **Johannes ⟨Diaconus Neapolitanus⟩**

Johannes ⟨Nederhoff⟩
→ **Nederhoff, Johannes**

Johannes ⟨Nemec de Žatec⟩
15. Jh.
Tractatulus de eucharistia
Rep.Font. VI,375
Johannes ⟨de Žatec⟩
Johannes ⟨Theutonicus de Zacz⟩
Nemec de Žatec, Johannes
Žatec, Johannes Nemec ¬de¬

Johannes ⟨Nepomucenus⟩
ca. 1350 – 1393
LMA,V,595
Giovanni ⟨Nepomuceno⟩
Jan ⟨Nepomucký⟩
Jean ⟨de Népomuk⟩
Jean ⟨Nepomucène⟩
Johann ⟨von Nepomuck⟩
Johann ⟨von Nepomuk⟩
Johannes ⟨de Pomuk⟩
Johannes ⟨Nepomucensis⟩
Johannes ⟨von Nepomuck⟩
Johannes ⟨von Nepomuk⟩
Johannes ⟨von Pomuk⟩
John ⟨Nepomucen⟩
John ⟨Nepomucene⟩
Juan ⟨Nepomuceno⟩
Nepomucenus, Johannes
Nepomuck, Johannes ¬von¬
Nepomuk, Johannes ¬von¬

Johannes ⟨Nesteutes⟩
→ **Johannes ⟨Ieiunator⟩**

Johannes ⟨Neustrius⟩
→ **Johannes ⟨de Alta Villa⟩**
→ **Johannes ⟨de Vernone⟩**

Johannes ⟨Nevelonis⟩
→ **Jean ⟨le Névelon⟩**

Johannes ⟨Nicaenus⟩
9./10. Jh.
CSGL
Johannes ⟨Archiepiscopus⟩
Johannes ⟨Thracius⟩
Johannes ⟨von Nike⟩
Nicaenus, Johannes

Johannes ⟨Niciensis⟩
7. Jh.
Tusculum-Lexikon; CSGL; LThK; LMA,V,552/53
Giovanni ⟨Cronista⟩
Giovanni ⟨di Nikius⟩
Jean ⟨de Nikiou⟩
Jean ⟨Evêque⟩
Jean ⟨Évêque de Nikiou⟩
Johannes ⟨Nikiu⟩
Johannes ⟨von Nikiu⟩
John ⟨Bishop of Nikou⟩
John ⟨of Nikiu⟩

Johannes ⟨Nicolaus Blancus⟩
1439 – 1499 · OCarm
In Praedicamenta; In libros Posteriorum; In logicam parvam; etc.
Lohr
Bianchi, Jean
Giovanni ⟨da Venetia⟩
Jean ⟨Bianchi⟩
Jean ⟨de Venise⟩
Jean ⟨Nicolai Bianchi⟩
Johannes ⟨Bianchi⟩
Johannes ⟨Blancus⟩
Johannes ⟨Nicolai Blancus⟩
Johannes ⟨Nicolaus Albus⟩
Johannes ⟨Nicolaus Florentinus⟩
Johannes ⟨Venetus⟩
Johannes Nicolaus ⟨Albus⟩
Johannes Nicolaus ⟨Blancus⟩
Johannes Nicolaus ⟨Florentinus⟩
Nicolai Bianchi, Jean
Nicolaus Blancus, Johannes

Johannes ⟨Nicoletti⟩
→ **Johannes ⟨de Imola⟩**

Johannes ⟨Nicopolitanus⟩
um 516
Epistula 117 bei Hormisdas; Collectio Avellana; 117
Cpl 1620
Jean ⟨de Nicopolis⟩
Jean ⟨Saint⟩
Nicopolitanus, Johannes

Johannes ⟨Nider⟩
→ **Nider, Johannes**

Johannes ⟨Niger⟩
→ **Nider, Johannes**

Johannes ⟨Nigri⟩
gest. 1489 · OP
Expositio super Salve Regina
Schneyer, Winke, 33
Johannes ⟨Schwartz⟩
Johannes ⟨Schwarz⟩
Johannes ⟨Swarz⟩
Nigri, Johannes
Schwartz, Johannes
Schwarz, Johannes

Johannes ⟨Nikiu⟩
→ **Johannes ⟨Niciensis⟩**

Johannes ⟨Nivigellensis⟩
gest. ca. 1460
Concordantia Bibliae et canonum; nicht identisch mit Johannes ⟨de Nivelle⟩
Jean ⟨de Nivelle⟩
Johannes ⟨Abbas⟩
Johannes ⟨Nivicellensis⟩
Johannes ⟨of Nivelle⟩

Johannes ⟨Noblet⟩
gest. 1410/40 · OCarm
In varios Sacrae Scripturae libros lecturae
Stegmüller, Repert. bibl. 4835-4836,1
Jean ⟨Noblet⟩
Noblet, Jean
Noblet, Johannes

Johannes ⟨Nohe⟩
→ **Nuhn, Johannes**

Johannes ⟨Nonantulanus⟩
12. Jh. · OSB
Vita S. Fortunati episcopi Fanensis
Rep.Font. VI,376; DOC,2,1175
Jean ⟨de Nonantola⟩
Johannes ⟨Abbas Nonantulanus⟩
Johannes ⟨Monachus Abbatiae Nonantulanae⟩
Nonantulanus, Johannes

Johannes ⟨Nordwicensis⟩
→ **Johannes ⟨Keninghale⟩**

Johannes ⟨Norennberga⟩
→ **Norennberga, Johannes**

Johannes ⟨Norfolcensis⟩
→ **Johannes ⟨Elinus⟩**

Johannes ⟨Norfordiensis⟩
→ **Johannes ⟨de Sancta Fide⟩**

Johannes ⟨Normannus⟩
→ **Johannes ⟨de Alta Villa⟩**
→ **Johannes ⟨de Muris⟩**
→ **Johannes ⟨de Turno⟩**

Johannes ⟨Nortlinghamus⟩
→ **Johannes ⟨de Clipston⟩**

Johannes ⟨Norvicensis⟩
→ **Johannes ⟨Walsingham⟩**

Johannes ⟨Norwicensis⟩
→ **Johannes ⟨Keninghale⟩**
→ **Johannes ⟨Thorpus⟩**

Johannes ⟨Notarius⟩
→ **Johannes ⟨de Ham⟩**

Johannes ⟨Notarius Civitatis⟩
→ **Johannes ⟨von Brünn⟩**

Johannes ⟨Novariensis⟩
gest. 1413 · OSB
Oratio contra schismaticos in conc. Pisano
Rep.Font. VI,376
Jean ⟨Capo di Gallo⟩
Jean ⟨de Novare⟩
Jean ⟨Evêque de Feltre et Bellune⟩
Johannes ⟨Bellunensis⟩
Johannes ⟨de Urbe⟩
Johannes ⟨Episcopus Bellunensis⟩
Johannes ⟨Episcopus Feltrensis⟩
Johannes ⟨Feltrensis⟩

Johannes ⟨Novariensis⟩
→ **Campanus, Johannes**

Johannes ⟨Noviforensis⟩
→ **Johannes ⟨von Neumarkt⟩**

Johannes ⟨Nuhn⟩
→ **Nuhn, Johannes**

Johannes ⟨Nuscanus⟩
→ **Johannes ⟨a Nusco⟩**

Johannes ⟨Nyder⟩
→ **Nider, Johannes**

Johannes ⟨Ockeghem⟩
→ **Ockeghem, Johannes**

Johannes ⟨Ocreatus⟩
→ **Ocreatus**

Johannes ⟨Octavianus⟩
→ **Johannes ⟨Papa, XII.⟩**

Johannes ⟨Octobus⟩
→ **Hothby, Johannes**

Johannes ⟨Oczko⟩
gest. 1380 · OPraem
In Caroli IV obitum sermo funebris
Rep.Font. VI,396
Jan ⟨Očko⟩
Jan ⟨Očko von Vlašim⟩
Jan ⟨Očko z Vlašimi⟩
Jean ⟨Oczko⟩
Jean ⟨Oczko de Wlasim⟩
Johann ⟨Ockko⟩
Johannes ⟨Archiepiscopus⟩
Johannes ⟨Prag, Erzbischof⟩
Johannes ⟨Pragensis⟩
Ockko, Johann
Očko, Jan
Očko von Vlašim, Jan
Oczko, Jean
Oczko, Johannes
Oczko de Wlasim, Jean

Johannes ⟨Oddi⟩
um 1312
Annali brevi della città di Perugia dal 1194 al 1352 (lat.)
Potth. 99; 873
DegliOddi, Giovanni
Giovanni ⟨degli Oddi⟩
Jean ⟨Oddi⟩
Johannes ⟨Oddonus⟩
Johannes ⟨Ohdonus⟩
Oddi, Giovanni ¬degli¬
Oddi, Jean
Oddi, Johannes
Ohdonus, Johannes

Johannes ⟨Oddonus⟩
→ **Johannes ⟨Oddi⟩**

Johannes ⟨Odonis Cluniacensis Discipulus⟩
→ **Johannes ⟨Abbas, OSB⟩**

Johannes ⟨of Avranches⟩
→ **Johannes ⟨Rothomagensis⟩**

Johannes ⟨of Biclara⟩
→ **Johannes ⟨de Biclaro⟩**

Johannes ⟨of Chartres⟩
→ **Johannes ⟨Sarisberiensis⟩**

Johannes ⟨of Fécamp⟩
→ **Johannes ⟨Fiscannensis⟩**

Johannes ⟨of Gerona⟩
→ **Johannes ⟨de Biclaro⟩**

Johannes ⟨of Hildesheim⟩
→ **Johannes ⟨Hildesheimensis⟩**

Johannes ⟨of Marmoutier⟩
→ **Johannes ⟨Maioris Monasterii⟩**

Johannes ⟨of Naples⟩
→ **Johannes ⟨Diaconus Neapolitanus⟩**

Johannes ⟨of Nivelle⟩
→ **Johannes ⟨Nivigellensis⟩**

Johannes ⟨of Pécs⟩
→ **Ianus ⟨Pannonius⟩**

Johannes ⟨of Rouen⟩
→ **Johannes ⟨Rothomagensis⟩**

Johannes ⟨of Saint Bartholomew's⟩
→ **Johannes ⟨de Mirfeld⟩**

Johannes ⟨of Santa Maria⟩
→ **Johannes ⟨Sanctae Mariae Trans Tiberim⟩**

Johannes ⟨of Santarem⟩
→ **Johannes ⟨de Biclaro⟩**

Johannes ⟨of Sardis⟩
→ **Johannes ⟨Sardianus⟩**

Johannes ⟨of Trastevere⟩
→ **Johannes ⟨Sanctae Mariae Trans Tiberim⟩**

Johannes ⟨of Zirc⟩
→ **Johannes ⟨Lemovicensis⟩**

Johannes ⟨OFM⟩
→ **Johannes ⟨Frater, OFM⟩**

Johannes ⟨Ohdonus⟩
→ **Johannes ⟨Oddi⟩**

Johannes ⟨Oktavian⟩
→ **Johannes ⟨Papa, XII.⟩**

Johannes ⟨Olomucensis⟩
→ **Johannes ⟨de Bucca⟩**
→ **Johannes ⟨von Neumarkt⟩**

Johannes ⟨OP⟩
→ **Johannes ⟨Aquilanus⟩**
→ **Johannes ⟨de Garlandia⟩**
→ **Johannes ⟨Dominicanus⟩**

Johannes ⟨Orient⟩
um 1405/42
Ps. 1-150; Lectura cum textu et quaestionibus omnium XII librorum Meatphysicae collecta et scripto Alexandri
Lohr; Stegmüller, Repert. bibl. 4837
Jan ⟨Orient⟩
Johannes ⟨Orienth⟩
Orient, Jan
Orient, Johannes
Orienth, Johannes

Johannes ⟨Orum⟩
um 1400/36
Apoc.
Stegmüller, Repert. bibl. 4838
Jean ⟨Orum⟩
Johannes ⟨Archidiaconus Barnstapliensis⟩
Johannes ⟨Barnstapliensis⟩
Orum, Jean
Orum, Johannes

Johannes ⟨OSB⟩
→ **Johannes ⟨de Coenobio ad Sanctum Matthiam⟩**
→ **Johannes ⟨Frater, OSB⟩**

Johannes ⟨Ostrovodus⟩
→ **Johannes ⟨de Eschenden⟩**

Johannes ⟨Ottobus⟩
→ **Hothby, Johannes**

Johannes ⟨Ottonis de Münsterberg⟩
gest. 1416
In Artem veterem; Disputata Priorum; Disputata Posteriorum; etc.
Lohr; Stegmüller, Repert. sentent. 229
Jean ⟨Ottonis⟩
Jean ⟨Ottonis de Münsterberg⟩
Johannes ⟨de Monsterberg⟩
Johannes ⟨de Münsterberg⟩
Johannes ⟨Ottonis z Ziembic⟩
Johannes ⟨z Ziembic⟩
Ottonis, Jean

Johannes ⟨Ottonis z Ziembic⟩
→ **Johannes ⟨Ottonis de Münsterberg⟩**

Johannes ⟨Oxites⟩
gest. ca. 1112
Oratio ad Imp. Alexium I Comnenum; Oratio in impios lucratores honorum monasteriorum; Consilium ad Imp. Alexium transmissum; 4. Patriarch von Antiochia, bisweilen auch als 5. bezeichnet.
Rep.Font. VI,378/79; Tusculum-Lexikon
Iōannēs ⟨Oxeitēs⟩
Jean ⟨d'Antioche⟩
Jean ⟨d'Antioche, IV.⟩
Jean ⟨d'Antioche, V.⟩
Jean ⟨l'Oxite⟩
Johannes ⟨Antiochenus⟩
Johannes ⟨Antiochenus, IV.⟩
Johannes ⟨Antiochenus, V.⟩
Johannes ⟨Antiochia, Patriarch, IV.⟩
Johannes ⟨Oxeites⟩
Johannes ⟨Patriarcha, IV.⟩
Johannes ⟨Patriarcha, V.⟩
Johannes ⟨Patriarcha Antiochiae⟩
Johannes ⟨von Antiochia⟩
Oxeites, Johannes
Oxites, Johannes

Johannes ⟨Oxrach⟩
Lebensdaten nicht ermittelt
In Posteriora
Lohr
Jean ⟨Oxrack⟩
Johannes ⟨Oxraccus⟩
Oxrach, Johannes
Oxrack, Jean

Johannes ⟨Page⟩
→ **John ⟨Page⟩**

Johannes ⟨Pagesius⟩
→ **Johannes ⟨Pagus⟩**

Johannes ⟨Pagus⟩
um 1231/45
Appellationes; Syncategoremata; Lectura Porphyrii; etc.; Identität mit Johannes ⟨Pagesius⟩ laut Lohr umstritten
Lohr; Stegmüller, Repert. sentent. 472; LThK(3),5,942
Giovanni ⟨Pago⟩
Jean ⟨le Page⟩
Jean ⟨Page⟩
Jean ⟨Pagus⟩
Johannes ⟨Pagesius⟩
Johannes ⟨Pagi⟩
John ⟨Page⟩
Page, Jean
Page, John
Pagus, Johannes

Johannes ⟨Palaiologos⟩
→ **Johannes ⟨Imperium Byzantinum, Imperator, V.⟩**
→ **Johannes ⟨Imperium Byzantinum, Imperator, VII.⟩**
→ **Johannes ⟨Imperium Byzantinum, Imperator, VIII.⟩**

Johannes ⟨Palatinus⟩
→ **Johannes ⟨von Paltz⟩**

Johannes ⟨Palomar⟩
um 1437
Quaestio cui parendum est ...
LThK; LMA,V,778
Jean ⟨de Palomar⟩
Johannes ⟨de Palomar⟩
Juan ⟨de Palomar⟩
Palomar, Jean ¬de¬
Palomar, Johannes

Johannes ⟨Pandolphus⟩
→ **Santi ⟨Rucellai⟩**

Johannes ⟨Pannonius⟩
→ **Ianus ⟨Pannonius⟩**

Johannes ⟨Pannonius⟩
geb. ca. 1430 · OESA
Commentaria in Canticum Canticorum; Epistola ad Marsilium Ficinum (um1484)
Rep.Font. VI,379
Giovanni ⟨Unghero⟩
Janos ⟨Váradi⟩
Johannes ⟨de Varad⟩
Varad, Johannes ¬de¬
Váradi, Janos

Johannes ⟨Papa, Antipapa⟩
um 844
Giovanni ⟨Papa, Antipapa⟩
Jean ⟨Pape, Antipape⟩
Johann ⟨Papst, Gegenpapst⟩
John ⟨Pope, Antipope⟩

Johannes ⟨Papa, I.⟩
gest. 526
LMA,V,538
Giovanni ⟨della Tuscia⟩
Giovanni ⟨Papa, I.⟩
Jean ⟨Pape, I.⟩
Johann ⟨Papst, I.⟩
Johannes ⟨Diaconus⟩
Johannes ⟨Sanctus⟩

Johannes ⟨Papa, II.⟩
gest. 535
LMA,V,538
Giovanni ⟨Papa, II.⟩
Jean ⟨Mercure⟩
Jean ⟨Pape, II.⟩
Johann ⟨Papst, II.⟩
Johannes ⟨Mercurius⟩
John ⟨Pope, II.⟩
Mercurius, Johannes

Johannes ⟨Papa, III.⟩
gest. 574
LMA,V,538
Cattelin, Johannes
Giovanni ⟨Papa, III.⟩
Jean ⟨Cattelin⟩
Jean ⟨Pape, III.⟩
Johann ⟨Papst, III.⟩
Johannes ⟨Cattelin⟩
John ⟨Pope, III.⟩

Johannes ⟨Papa, IV.⟩
gest. 642
LMA,V,538/39
Giovanni ⟨Dalmata⟩
Giovanni ⟨Papa, IV.⟩
Jean ⟨de Zara⟩
Jean ⟨Pape, IV.⟩
Johann ⟨Papst, IV.⟩
Johannes ⟨Dalmata⟩
John ⟨Pope, IV.⟩

Johannes ⟨Papa, V.⟩
gest. 686
LMA,V,539
Giovanni ⟨Papa, V.⟩
Jean ⟨Pape, V.⟩
Johann ⟨Papst, V.⟩
John ⟨Pope, V.⟩

Johannes ⟨Papa, VI.⟩
gest. 705
LMA,V,539
Giovanni ⟨Papa, VI.⟩
Jean ⟨Pape, VI.⟩
Johann ⟨Papst, VI.⟩
John ⟨Pope, VI.⟩

Johannes ⟨Papa, VII.⟩
gest. 707
LMA,V,539
Giovanni ⟨Papa, VII.⟩
Jean ⟨Pape, VII.⟩
Johann ⟨Papst, VII.⟩
John ⟨Pope, VII.⟩

Johannes ⟨Papa, VIII.⟩
gest. 882
LMA,V,539/40
Giovanni ⟨Papa, VIII.⟩
Ivan ⟨Papa, VIII.⟩
Jean ⟨Fils de Gundon⟩
Jean ⟨Pape, VIII.⟩
Johann ⟨Papst, VIII.⟩
John ⟨Pope, VIII.⟩

Johannes ⟨Papa, VIII., Antipapa⟩
→ **Johannes ⟨Hymmonides⟩**

Johannes ⟨Papa, VIIII.⟩
gest. 900
LMA,V,540

Giovanni ⟨di Tivoli⟩
Giovanni ⟨Papa, VIIII.⟩
Jean ⟨de Tibur⟩
Jean ⟨Pape, VIIII.⟩
Johann ⟨Papst, VIIII.⟩
Johannes ⟨de Tivoli⟩
John ⟨Pope, VIIII.⟩

Johannes ⟨Papa, X.⟩
gest. 929
LMA,V,540/41
Giovanni ⟨Papa, X.⟩
Jean ⟨de Tossignano⟩
Jean ⟨Pape, X.⟩
Johann ⟨Papst, X.⟩
Johannes ⟨von Tossignano⟩
John ⟨Pope, X.⟩

Johannes ⟨Papa, XI.⟩
gest. 936
LMA,V,541
Giovanni ⟨Papa, XI.⟩
Jean ⟨Fils de Marosie⟩
Jean ⟨Pape, XI.⟩
Johann ⟨Papst, XI.⟩
John ⟨Pope, XI.⟩

Johannes ⟨Papa, XII.⟩
ca. 937 – 964
LMA,V,541
Giovanni ⟨Papa, XII.⟩
Jean ⟨Octavien⟩
Jean ⟨Pape, XII.⟩
Johann ⟨Papst, XII.⟩
Johannes ⟨Octavianus⟩
Johannes ⟨Oktavian⟩
John ⟨Pope, XII.⟩
Octavianus ⟨de Tusculo⟩
Ottaviano ⟨di Tuscolo⟩

Johannes ⟨Papa, XIII.⟩
gest. 972
LMA,V,541/42
Giovanni ⟨Papa, XIII.⟩
Jean ⟨de Narni⟩
Jean ⟨Pape, XIII.⟩
Johann ⟨Papst, XIII.⟩
Johannes ⟨de Narni⟩
John ⟨Pope, XIII.⟩

Johannes ⟨Papa, XIV.⟩
gest. 984
LMA,V,542
Canepanova, Johannes
Canepanova, Petrus
Giovanni ⟨Papa, XIV.⟩
Jean ⟨Pape, XIV.⟩
Johann ⟨Papst, XIV.⟩
Johannes ⟨Canepanova⟩
John ⟨Pope, XIV.⟩
Petrus ⟨Canepanova⟩
Pierre ⟨Canepanova⟩
Pierre ⟨de Pavie⟩
Pietro ⟨di Pavia⟩

Johannes ⟨Papa, XV.⟩
gest. 996
LMA,V,542
Giovanni ⟨Papa, XV.⟩
Jean ⟨Fils de Léon⟩
Jean ⟨Pape, XV.⟩
Johann ⟨Papst, XV.⟩
John ⟨Pope, XV.⟩

Johannes ⟨Papa, XVI., Antipapa⟩
um 998
LMA,V,542/43
Filagato, Giovanni
Giovanni ⟨Filagato⟩
Giovanni ⟨Papa, XVI., Antipapa⟩
Jean ⟨Pape, XVI., Antipape⟩
Johann ⟨Papst, XVI., Gegenpapst⟩
Johannes ⟨Philagathos⟩
John ⟨Pope, XVI., Antipope⟩
Philagathos, Johannes

Johannes ⟨Papa, XVII.⟩
gest. 1003
LMA,V,543
Giovanni ⟨Papa, XVII.⟩
Jean ⟨Pape, XVII.⟩
Johann ⟨Papst, XVII.⟩
John ⟨Pope, XVII.⟩
Sicco
Siccone

Johannes ⟨Papa, XVIII.⟩
gest. 1009
LMA,V,543
Fasano, Giovanni
Fasanus, Johannes
Giovanni ⟨Fasano⟩
Giovanni ⟨Papa, XVIII.⟩
Jean ⟨Pape, XVIII.⟩
Johann ⟨Papst, XVIII.⟩
Johannes ⟨Fasanus⟩
John ⟨Pope, XVIII.⟩
Phasan, Johannes

Johannes ⟨Papa, XVIIII.⟩
gest. 1032
LMA,V,543
Giovanni ⟨Papa, XVIIII.⟩
Jean ⟨Pape, XVIIII.⟩
Johann ⟨Papst, XVIIII.⟩
Johannes ⟨Romanus⟩
John ⟨Pope, XVIIII.⟩
Romano ⟨di Tuscolo⟩
Romanus ⟨de Tusculo⟩

Johannes ⟨Papa, XXI.⟩
ca. 1210 – 1277
LThK; Tusculum-Lexikon; LMA,V,544
Giovanni ⟨Papa, XXI.⟩
Hispanus, Petrus
Iuliani, Petrus
Jean ⟨Pape, XXI.⟩
Johann ⟨Papst, XXI.⟩
John ⟨Pope, XXI.⟩
Pedro ⟨Hispano⟩
Pedro ⟨Julião Rebello⟩
Peter ⟨of Spain⟩
Petrus ⟨Compostellanus⟩
Petrus ⟨de Hispania⟩
Petrus ⟨Hispanus⟩
Petrus ⟨Hispanus Portugalensis⟩
Petrus ⟨Hyspanus⟩
Petrus ⟨Illyssiponnensis⟩
Petrus ⟨Iuliani⟩
Petrus ⟨Portugalensis⟩
Petrus ⟨Sanctus⟩
Petrus ⟨von Lissabon⟩
Pierre ⟨de Frascati⟩
Pierre ⟨d'Espagne⟩
Pierre ⟨Fils de Julien⟩
Pietro ⟨di Giuliano⟩
Pietro ⟨il Ispano⟩
Pietro ⟨Iuliani⟩

Johannes ⟨Papa, XXII.⟩
ca. 1244 – 1334
LMA,V,544/46
Duèse, Giacomo
Duèse, Jacques
Euse, Jacques ¬d'¬
Giacomo ⟨Duèse⟩
Giovanni ⟨Papa, XXII.⟩
Jacobus ⟨Duese⟩
Jacobus ⟨Duèze⟩
Jacques ⟨Duèse⟩
Jacques ⟨Duèze⟩
Jacques ⟨d'Euse⟩
Jean ⟨Pape, XXII.⟩
Joannes ⟨Papa, XXII.⟩
Johann ⟨Papa, XXII.⟩
Johann ⟨Papst, XXII.⟩
John ⟨Pope, XXII.⟩
Juan ⟨Papa, XXII.⟩

Johannes ⟨Papa, XXIII.⟩
gest. 1419
LMA,V,546/47
Baldassare ⟨Cossa⟩
Baldassarre ⟨Cossa⟩
Balthasar ⟨Cossa⟩
Cossa, Balthasar
Giovanni ⟨Papa, XXIII.⟩
Ioannes ⟨Papa, XXIII.⟩
Jean ⟨Pape, XXIII.⟩
Johann ⟨Papst, XXIII.⟩
Johannes ⟨Papst, XXIII.⟩
John ⟨Pope, XXIII.⟩
Roncalli, Angelo
Roncalli, Angelo Giuseppe

Johannes ⟨Papst, ...⟩
→ **Johannes ⟨Papa, ...⟩**

Johannes ⟨Papuskonis⟩
gest. 1455
Edicio compactorum et decreti in Basilea facti pro communione unius speciei; Querelae de motibus Bohemiae
Rep.Font. VI,384
Jan ⟨Papoušek ze Soběslavě⟩
Papuskonis, Johannes

Johannes ⟨Parfuess⟩
→ **Johannes ⟨Ensdorfensis⟩**

Johannes ⟨Paris⟩
→ **Beris, Johannes**

Johannes ⟨Parisiensis⟩
→ **Beris, Johannes**
→ **Johannes ⟨Magister Parisiensis⟩**
→ **Johannes ⟨Magistri⟩**
→ **Johannes ⟨Pungens Asinum⟩**

Johannes ⟨Parisiensis⟩
gest. 1306 · OP
Super Meteora; Tractatus de formis; Sermones; etc.
Kaeppeli,II,517/524; LMA,V,592
Giovanni ⟨da Parigi⟩
Giovanni ⟨il Dormiente⟩
Jean ⟨de Paris⟩
Jean ⟨le Sourd⟩
Jean ⟨Qui Dort⟩
Jean ⟨Quidort⟩
Johannes ⟨de Soardis⟩
Johannes ⟨Dormiens⟩
Johannes ⟨Monoculus⟩
Johannes ⟨Parisiensis Quidort⟩
Johannes ⟨Qui Dort⟩
Johannes ⟨Quidort⟩
Johannes ⟨Surdus⟩
Johannes ⟨von Paris⟩
John ⟨of Paris⟩
Quidort, Jean
Quidort, Johannes
Soardis, Johannes ¬de¬
Surdus, Johannes

Johannes ⟨Parisiensis Canonicus Sancti Victoris⟩
→ **Johannes ⟨de Sancto Victore⟩**

Johannes ⟨Parleberg⟩
→ **Parleberg, Johannes**

Johannes ⟨Parmensis⟩
→ **Johannes ⟨de Parma⟩**
→ **Johannes ⟨de Parma, OP⟩**

Johannes ⟨Parmensis⟩
14. Jh.
Historia Parmensis (=Chronicon); als Verf. gilt gelegentlich Johannes ⟨de Cornazano⟩
Rep.Font. VI,387
Johannes ⟨Filius Zilioli⟩
Johannes ⟨Iudex Parmensis⟩
Johannes ⟨Laicus⟩

Johannes ⟨Parreudt⟩
gest. 1495
Exercitationes veteris artis
Lohr
Jean ⟨de Bairreut⟩
Jean ⟨de Bayreuth⟩
Jean ⟨Parreut⟩
Johannes ⟨Payrreit⟩
Parreudt, Johannes
Parreut, Jean

Johannes ⟨Part⟩
gest. 1442 · OP
Sermo de omnibus sanctis
Kaeppeli,II,525
Bartt, Johannes
Johannes ⟨Bartt⟩
Part, Johannes

Johannes ⟨Parvus⟩
→ **Johannes ⟨Sarisberiensis⟩**
→ **Petit, Jean**

Johannes ⟨Paschall⟩
gest. 1361 · OCarm
Lectiones Scripturarum
Stegmüller, Repert. bibl. 4840
Jean ⟨de Llandaff⟩
Jean ⟨Paschal⟩
Johannes ⟨Landaviensis⟩
Johannes ⟨Pascallus⟩
Johannes ⟨Paschalis⟩
Johannes ⟨Paschallus⟩
John ⟨Paschall⟩
Paschal, Jean
Paschall, Johannes
Paschall, John

Johannes ⟨Passenhaimer⟩
→ **Bassenhaimer, Johannes**

Johannes ⟨Patavinus⟩
→ **Johannes ⟨Aquilanus⟩**
→ **Johannes ⟨de Capua⟩**

Johannes ⟨Patriarcha von Alexandria⟩
→ **Johannes ⟨de Aragonia⟩**
→ **Johannes ⟨de Cardalhaco⟩**
→ **Johannes ⟨Thessalonicensis⟩**
→ **Yuḥannā ⟨Sedrā, I.⟩**

Johannes ⟨Patriarcha, II.⟩
→ **Johannes ⟨Cappadoces⟩**

Johannes ⟨Patriarcha, III.⟩
→ **Johannes ⟨Eleemosynarius⟩**
→ **Johannes ⟨Scholasticus⟩**

Johannes ⟨Patriarcha, IV.⟩
→ **Johannes ⟨Ieiunator⟩**
→ **Johannes ⟨Oxites⟩**

Johannes ⟨Patriarcha, V.⟩
→ **Johannes ⟨Oxites⟩**

Johannes ⟨Patriarcha, VI.⟩
→ **Johannes ⟨Constantinopolitanus, VI.⟩**
→ **Johannes ⟨Hierosolymitanus, VI.⟩**

Johannes ⟨Patriarcha, VII.⟩
→ **Johannes ⟨Grammaticus⟩**

Johannes ⟨Patriarcha, VIII.⟩
→ **Johannes ⟨Hierosolymitanus, VIII.⟩**
→ **Johannes ⟨Xiphilinus⟩**

Johannes ⟨Patriarcha, VIIII.⟩
→ **Johannes ⟨Agapetus⟩**

Johannes ⟨Patriarcha, X.⟩
→ **Johannes ⟨Camaterus⟩**

Johannes ⟨Patriarcha, XI.⟩
→ **Johannes ⟨Beccus⟩**

Johannes ⟨Patriarcha, XIII.⟩
→ **Johannes ⟨Glycys⟩**

Johannes ⟨Patriarcha, XIV.⟩
→ **Johannes ⟨Caleca⟩**

Johannes ⟨Patriarcha Antiochiae⟩
→ **Johannes ⟨Oxites⟩**

Johannes ⟨Patriarcha Armeniae⟩
→ **Yovhannēs ⟨Drasxanakertc'i⟩**

Johannes ⟨Paulinus⟩
→ **Johannes ⟨Pungens Asinum⟩**
→ **Paulinus, Johannes**

Johannes ⟨Payrreit⟩
→ **Johannes ⟨Parreudt⟩**

Johannes ⟨Peckham⟩
ca. 1227 – 1292 · OFM
LThK; CSGL; Tusculum-Lexikon; LMA,VI,1848
Giovanni ⟨Pecham⟩
Johannes ⟨Archiepiscopus⟩
Johannes ⟨Cantuariensis⟩
Johannes ⟨de Pecano⟩
Johannes ⟨de Pecham⟩
Johannes ⟨de Pechano⟩
Johannes ⟨de Peckam⟩
Johannes ⟨Peachamus⟩
Johannes ⟨Pecham⟩
Johannes ⟨Pechamus⟩
Johannes ⟨Pechanus⟩
Johannes ⟨Peckam⟩
John ⟨Pecham⟩
John ⟨Peckham⟩
Pecano, Johannes ¬de¬
Pecham, Johannes
Pecham, John
Pechanus, Johannes
Peckham, Johannes
Peckham, John
Pithsanus, Johannes

Johannes ⟨Pediasimus⟩
13./14. Jh.
Nicht identisch mit Johannes ⟨Galenus⟩
Tusculum-Lexikon; LMA,VI,1850
Giovanni ⟨Pediasimo⟩
Iōannēs ⟨ho Pediasimos⟩
Iōannēs ⟨Hypatos tōn Philosophōn⟩
Iōannēs ⟨tu Bulgarias Chartophylax⟩
Johannes ⟨Diakon und Chartophylax⟩
Johannes ⟨Philosophorum Princeps⟩
Pediasimos, Johannes
Pediasimus, Johannes

Johannes ⟨Pedro⟩
um 1470 · OP
Stegmüller, Repert. bibl. 4858-4860
Jean ⟨Pedro⟩
Jean ⟨Pedro de Jativa⟩
Johannes ⟨Pedro Saetabiensis⟩
Johannes ⟨Petri⟩
Johannes ⟨Saetabiensis⟩
Pedro, Jean
Pedro, Johannes

Johannes ⟨Peklo⟩
um 1414
Attestata; Epistolae
Rep.Font. VI,389
Johannes ⟨de Inferno⟩
Peklo, Johannes

Johannes ⟨Pelagii⟩
um 1258
Epistola Aprili ep. Urgulensi missa
Rep.Font. VI,390
Johannes ⟨Canonicus Salmanticensis⟩
Johannes ⟨Salmanticensis⟩
Pelagii, Johannes

Johannes ⟨Penneter⟩
→ **Johannes ⟨Permeter⟩**

Johannes ⟨Permeter⟩
um 1491
Exercitium veteris artis
Lohr
Jean ⟨d'Adorf⟩
Johannes ⟨de Adorff⟩
Johannes ⟨Penneter⟩
Johannes ⟨Permeter de Adorff⟩
Permeter, Johannes

Johannes ⟨Perusinus⟩
→ **Johannes ⟨de landuno⟩**

Johannes ⟨Petitus⟩
→ **Johannes ⟨Sarisberiensis⟩**
→ **Petit, Jean**

Johannes ⟨Petragoricensis⟩
→ **Johannes ⟨de Rupella⟩**

Johannes ⟨Petri⟩
→ **Johannes ⟨Pedro⟩**

Johannes ⟨Petri de Dacia⟩
gest. 1464
Stegmüller, Repert. bibl. 4857
Dacia, Johannes ¬de¬
Johannes ⟨de Dacia⟩
Johannes ⟨de Malmoya⟩
Johannes ⟨Petri⟩
Petri, Johannes
Petri de Dacia, Johannes

Johannes ⟨Petri de Pistorio⟩
gest. 1493 (lt. Schneyer um 1266) · OP
Sermones; Epist. ad opera S. Jacobi de Pistorio operatorios et officiales
Schneyer,III,674; Kaeppeli,II,526
Jean ⟨de Pistoie⟩
Johannes ⟨de Pistorio⟩
Johannes ⟨Petri⟩
Johannes ⟨Pistoriensis⟩
Petri, Johannes
Petri de Pistorio, Johannes

Johannes ⟨Petri Rode Loossa⟩
gest. 1327 · OP
Liber meditationum
Kaeppeli,II,526
Johannes ⟨Loossa⟩
Johannes ⟨Petri⟩
Johannes ⟨Rode⟩
Loossa, Johannes
Petri, Johannes
Petri Rode Loossa, Johannes
Rode, Johannes

Johannes ⟨Petriburgensis⟩
→ **Johannes ⟨de Burgo⟩**

Johannes ⟨Pfeffer de Weidenberg⟩
gest. 1493
Stegmüller, Repert. sentent. 504,1; Stegmüller, Repert. bibl. 4861;4861,1
Jean ⟨de Weidenberg⟩
Jean ⟨Pfeffer⟩
Jean ⟨Pfeffer de Weidenberg⟩
Johannes ⟨de Weidenberg⟩
Johannes ⟨de Widenberg⟩
Johannes ⟨Pfeffer⟩
Johannes ⟨Pfeffer de Wydenberg⟩
Johannes ⟨Pfeffer von Weidenberg⟩
Johannes ⟨Phefer⟩
Johannes ⟨Vitembergensis⟩
Pfeffer, Jean
Pfeffer, Johannes
Pfeffer de Weidenberg, Johannes

Johannes ⟨Philadelphius⟩
→ **Johannes ⟨Lydus⟩**

Johannes ⟨Philagathos⟩
→ **Johannes ⟨Papa, XVI., Antipapa⟩**

Johannes ⟨Philoponus⟩
ca. 490 – 570
De aeternitate mundi contra Proclum; Arbiter sive de unione
Rep.Font. VI,390/91; Tusculum-Lexikon; LThK; LMA,V,593/94
Giovanni ⟨Filopono⟩
Giovanni ⟨il Filopono⟩
Iōannēs ⟨Grammatikos⟩
Iōannēs ⟨ho Philoponos⟩
Iōannēs ⟨Philoponos⟩
Ioannes ⟨Philoponus⟩
Jean ⟨Philopon⟩
Johannes ⟨Alexandrinus⟩
Johannes ⟨Grammaticus⟩
Johannes ⟨Grammaticus Philoponus Alexandrinus⟩
Johannes ⟨Grammatikos⟩
Johannes ⟨Philiponos⟩
John ⟨Philoponus⟩
Philopon, Jean
Philoponus, Johannes
Pseudo-Johannes ⟨Philoponus⟩

Johannes ⟨Philosophorum Princeps⟩
→ **Johannes ⟨Pediasimus⟩**

Johannes ⟨Philosophus Israelita⟩
→ **Johannes ⟨Hispanus⟩**

Johannes ⟨Physicus⟩
→ **Johannes ⟨Aretinus⟩**
→ **Johannes ⟨de Gadesden⟩**

Johannes ⟨Picardi de Lichtenberg⟩
→ **Johannes ⟨de Lucidomonte⟩**

Johannes ⟨Piciuneri⟩
→ **Aurispa, Giovanni**

Johannes ⟨Pico von Montecorvino⟩
→ **Johannes ⟨de Monte Corvino⟩**

Johannes ⟨Pictaviensis⟩
→ **Johannes ⟨de Belmeis⟩**

Johannes ⟨Picus Mirandolanus⟩
→ **Pico DellaMirandola, Giovanni**

Johannes ⟨Pisensis⟩
→ **Giovanni ⟨Pisense⟩**

Johannes ⟨Pistoriensis⟩
→ **Johannes ⟨Petri de Pistorio⟩**

Johannes ⟨Pithsanus⟩
→ **Johannes ⟨Peckham⟩**

Johannes ⟨Placentinus⟩
→ **Johannes ⟨Crastonus⟩**

Johannes ⟨Platearius⟩
11. Jh.
De simplici medicina liber „Circa instans vocitatus"; Vater des Matthaeus ⟨Platearius⟩
Tusculum-Lexikon
Johannes ⟨Magister Salernitanus⟩
Johannes ⟨Salernitanus⟩
Platearius, Johannes

Johannes ⟨Platterberger⟩
→ **Platterberger, Johannes**

Johannes ⟨Plebanus et Rector⟩
→ **Johannes ⟨von Gablingen⟩**

Johannes ⟨Plocensis⟩
12. Jh.
Narratio de morte Werneri episcopi Plocensis (gest. ca. 1165); Verfasserschaft des Johannes ⟨Plocensis⟩ ist ungewiß
Rep.Font. VI,393
Johannes ⟨Decanus Plocensis⟩

Johannes ⟨Plomendal⟩
→ **Johannes ⟨Blomendal⟩**

Johannes ⟨Plusiadenus⟩
→ **Josephus ⟨Methonensis⟩**

Johannes ⟨Poeta⟩
→ **Johannes ⟨Geometra⟩**

Johannes ⟨Pointlasne⟩
→ **Johannes ⟨Pungens Asinum⟩**

Johannes ⟨Polestede⟩
→ **Johannes ⟨Polstead⟩**

Johannes ⟨Polinus⟩
→ **Johannes ⟨Pungens Asinum⟩**

Johannes ⟨Poloner⟩
15. Jh.
Jean ⟨Poloner⟩
Poloner, Johannes

Johannes ⟨Polonus⟩
→ **Hieronymus ⟨Pragensis, Camaldulensis⟩**
→ **Johannes ⟨Brasiator de Frankenstein⟩**

Johannes ⟨Polostadius⟩
→ **Johannes ⟨Polstead⟩**

Johannes ⟨Polstead⟩
gest. 1341 · OCarm
In libros VIII Physicorum
Lohr
Jean ⟨Polostadius⟩
Jean ⟨Polostede⟩
Johannes ⟨Polestede⟩
Johannes ⟨Polostadius⟩
Polestede, Johannes
Polostadius, Jean
Polostadius, Johannes
Polostede, Jean
Polstead, Johannes

Johannes ⟨Pomeranus⟩
→ **Falkenberg, Johannes**

Johannes ⟨Pomesaniensis⟩
→ **Marienwerder, Johannes**

Johannes ⟨Pomesaniensis⟩
1379 – 1409
Notae historicae; nicht identisch mit Marienwerder, Johannes
Rep.Font. VI,369
Johannes ⟨Monachus Episcopus Pomesaniensis⟩

Johannes ⟨Porta de Annoniaco⟩
gest. ca. 1361
Tusculum-Lexikon
Annoniaco, Johannes Porta ¬de¬
Jean ⟨d'Annonay⟩
Jean ⟨Porta⟩
Johannes ⟨Capellanus⟩
Johannes ⟨de Annoniaco⟩
Johannes ⟨Viennensis⟩
Porta, Johannes
Porta de Annoniaco, Johannes

Johannes ⟨Portarum⟩
→ **Johannes ⟨de Montemedio⟩**

Johannes ⟨Portugalia, Rex, ...⟩
→ **João ⟨Portugal, Rei, ...⟩**

Johannes ⟨Posnaniensis⟩
→ **Johannes ⟨de Czarnkow⟩**

Johannes ⟨Praedicator⟩
→ **Johannes ⟨Geometra⟩**
→ **Johannes ⟨Magdeburgensis⟩**

Johannes ⟨Praedicator Oppidi Amberg⟩
→ **Johannes ⟨de Wünschelburg⟩**

Johannes ⟨Pragensis⟩
→ **Johannes ⟨de Jenzenstein⟩**
→ **Johannes ⟨Isneri⟩**
→ **Johannes ⟨Oczko⟩**

Johannes ⟨Praunperger⟩
→ **Praunperger, Johann**

Johannes ⟨Prausser⟩
→ **Prausser, Johannes**

Johannes ⟨Preciosus⟩
→ **Johannes ⟨Presbyter⟩**

Johannes ⟨Premisliensis⟩
→ **Johannes ⟨de Targowisko⟩**

Johannes ⟨Presbyter⟩
→ **Johannes ⟨Herbipolensis⟩**
→ **Johannes ⟨Presbyter Mediolanensis⟩**

Johannes ⟨Presbyter⟩
gest. 1203
Legendäre Gestalt; Brief des Presbyters Johannes
LThK; Rep.Font. VI,396
Gianni ⟨Prete⟩
Giovanni ⟨il Presto⟩
Ioann ⟨Presviter⟩
Jean ⟨Chef Nestorien⟩
Jean ⟨le Prêtre⟩
Jean ⟨Prêtre⟩
Johann ⟨der Priester⟩
Johann ⟨Priester⟩
Johannes ⟨der Priester⟩
Johannes ⟨Erzpriester⟩
Johannes ⟨Preciosus⟩
Johannes ⟨Presbyter Regis Indiae⟩
Johannes ⟨Priester⟩
Johannes ⟨Priesterkönig⟩
John ⟨Prester⟩
John ⟨the Prester⟩
Presbyter, Johannes

Johannes ⟨Presbyter et Grammaticus⟩
→ **Johannes ⟨Caesariensis⟩**

Johannes ⟨Presbyter Faventinus⟩
→ **Johannes ⟨Faventinus Presbyter⟩**

Johannes ⟨Presbyter Mediolanensis⟩
8. Jh.
Passio Fidei, Spei, Caritatis
Johannes ⟨Mediolanensis⟩
Johannes ⟨Presbyter⟩
Johannes ⟨Prêtre de Milan⟩

Johannes ⟨Presbyter Pragensis⟩
→ **Johannes ⟨de Wünschelburg⟩**

Johannes ⟨Presbyter Regis Indiae⟩
→ **Johannes ⟨Presbyter⟩**

Johannes ⟨Preslawicz de Elbing⟩
→ **Johannes ⟨Breslauer de Braunsberg⟩**

Johannes ⟨Priesterkönig⟩
→ **Johannes ⟨Presbyter⟩**

Johannes ⟨Primarius⟩
→ **Johannes ⟨de Garlandia, Gallicus⟩**

Johannes ⟨Primus Coquus⟩
→ **Jan ⟨van Leeuwen⟩**

Johannes ⟨Prior⟩
→ **Johannes ⟨de Spira⟩**
→ **Johannes ⟨Hagustaldensis⟩**

Johannes ⟨Prior Burnhamensis⟩
→ **Johannes ⟨de Sancta Fide⟩**

Johannes ⟨Prior de Rebdorf⟩
→ **Johannes ⟨de Helden⟩**

Johannes ⟨Prior Sancti Jacobi⟩
→ **Johannes ⟨de Turno⟩**

Johannes ⟨Prior Sancti Johannis de Vineis⟩
→ **Johannes ⟨de Vineis⟩**

Johannes ⟨Prior von Heilsbronn⟩
→ **Johannes ⟨Einkurn⟩**

Johannes ⟨Probram⟩
→ **Jan ⟨z Příbramě⟩**

Johannes ⟨Procurator Nationis Picardiae⟩
→ **Johannes ⟨de Caulaincourt⟩**

Johannes ⟨Pronotarius⟩
→ **Johannes ⟨de Thurocz⟩**

Johannes ⟨Protospatharius⟩
13./14. Jh.
Tusculum-Lexikon; CSGL
Iōannēs ⟨ho Prōtospatharios⟩
Protospatharius, Johannes

Johannes ⟨Protospatharius Melitenes⟩
→ **Johannes ⟨Geometra⟩**

Johannes ⟨Provinciae Tolosae⟩
→ **Johannes ⟨de Payraco⟩**

Johannes ⟨Provincialis Poloniae⟩
→ **Johannes ⟨Brasiator de Frankenstein⟩**

Johannes ⟨Przibram⟩
→ **Jan ⟨z Příbramě⟩**

Johannes ⟨Pucheler⟩
→ **Bucheler, Hans**

Johannes ⟨Pungens Asinum⟩
um 1247/48 · OP
Identität mit Johannes ⟨de Monciaco⟩ umstritten, mit Johannes ⟨Polinus⟩ möglich
Schneyer,III,673; Kaeppeli,II,530 und 531/532; LThK
Jean ⟨de Paris⟩
Jean ⟨Point-l'Ane⟩
Jean ⟨Pungens Asinum⟩
Johannes ⟨Parisiensis⟩
Johannes ⟨Parisiensis, Pungens Asinum⟩
Johannes ⟨Paulinus⟩
Johannes ⟨Point Lane⟩
Johannes ⟨Pointlasne⟩
Johannes ⟨Polinus⟩
Johannes ⟨Punge Asinum⟩
Johannes ⟨Pungensasinum⟩
Johannes ⟨Pungensasinum Parisiensis⟩
Johannes ⟨von Paris⟩
Pseudo-Johannes ⟨Pungens Asinum⟩

Johannes ⟨Pupper von Goch⟩
ca. 1400 – 1475
De libertate religionis christianae; Epistula apologetica; Dialogus de 4 erroribus circa evangeliam legem
Rep.Font. V,166; LMA,V,596
Gocchius, Johannes
Goch, Johannes ¬von¬
Gochius, Johannes
Iohannes ⟨Gochius⟩
Jean ⟨de Goch⟩
Jean ⟨Pupper⟩
Johann ⟨Pupper⟩
Johannes ⟨Capupper von Goch⟩
Johannes ⟨Gochius⟩
Johannes ⟨Pupperus⟩
Johannes ⟨von Goch⟩
John ⟨Puffer of Goch⟩

John ⟨Pupper of Goch⟩
Pupper, Johannes

Johannes ⟨Puraeus⟩
→ **John ⟨Purvey⟩**

Johannes ⟨Quatrarius⟩
1336 – 1402
Carmen bucolicum
Giovanni ⟨da Sulmona⟩
Giovanni ⟨Quatrario⟩
Giovanni ⟨Quatrario da Sulmona⟩
Johannes ⟨de Quatrariis⟩
Johannes ⟨de Quatrariis de Sulmona⟩
Johannes ⟨de Sulmona⟩
Quatrariis, Johannes ¬de¬
Quatrarius, Johannes

Johannes ⟨Qui Dort⟩
→ **Johannes ⟨Parisiensis⟩**

Johannes ⟨Rabensteinensis⟩
→ **Johannes ⟨de Rabenstein⟩**

Johannes ⟨Radingiae⟩
→ **Johannes ⟨de Radingia⟩**

Johannes ⟨Ragusinus⟩
→ **Dominici, Giovanni**
→ **Johannes ⟨de Ragusa⟩**

Johannes ⟨Raithenus⟩
7. Jh.
Jean ⟨Abbé de Raïthe⟩
Jean ⟨de Raïthe⟩
Johannes ⟨Raithuensis⟩
Johannes ⟨Vorsteher des Klosters Raithu⟩
Raithenus, Johannes

Johannes ⟨Ramesiensis⟩
→ **Johannes ⟨de Sawtrey⟩**

Johannes ⟨Ratisbona⟩
→ **Johannes ⟨de Ratisbona⟩**

Johannes ⟨Ravennatensis⟩
gest. 595
Epistula III,66 bei Gregorius d. Gr.
Cpl 1714
Jean ⟨Archevêque, IV.⟩
Jean ⟨de Ravenne⟩
Johannes ⟨Ravennas Episcopus⟩

Johannes ⟨Raymundus⟩
→ **Raynaldus, Johannes**

Johannes ⟨Raynaldus⟩
→ **Raynaldus, Johannes**

Johannes ⟨Rector Scholarum Arbosiensium⟩
→ **Johannes ⟨Arbosiensium⟩**

Johannes ⟨Redovallensis⟩
→ **Johannes ⟨Ridewall⟩**

Johannes ⟨Reffensis⟩
→ **Fisher, John**

Johannes ⟨Regens Studii Generalis Domus Magdeburgensis⟩
→ **Johannes ⟨de Standel⟩**

Johannes ⟨Regiensis⟩
→ **Johannes ⟨Marchesinus⟩**

Johannes ⟨Regina von Neapel⟩
→ **Johannes ⟨de Regina de Neapoli⟩**

Johannes ⟨Regiomontanus⟩
→ **Regiomontanus, Johannes**

Johannes ⟨Regnaudus⟩
→ **Raynaldus, Johannes**

Johannes ⟨Rellach⟩
→ **Rellach, Johannes**

Johannes ⟨Remensis⟩
gest. 1125
Psalmenkommentar Werk von Pseudo-Ivo ⟨Carnotensis Magister⟩
Stegmüller, Repert. bibl. 4878
Jean ⟨Bénédictin de Saint-Evroul⟩
Jean ⟨de Reims⟩
Jean ⟨Prieur de Saint-Evroult⟩
Jean ⟨Prior Ebrulfi⟩

Johannes ⟨Rhetor⟩
→ **Johannes ⟨Siculus⟩**

Johannes ⟨Ricardi⟩
14. Jh.
Schneyer,III,676
Ricardi, Johannes

Johannes ⟨Riddlintone⟩
um 1330 · OP
Sermo fr. Joh. Riddlintone pred. Dom. prima XL
Kaeppeli,II,534
Riddlintone, Johannes

Johannes ⟨Ridewall⟩
um 1330 · OFM
Lecturae Scripturarum; Epp. Pauli; Fulgentius metaforalis
Stegmüller, Repert. bibl. 4882-4886
Jean ⟨Ridevall⟩
Johannes ⟨de Ridewall⟩
Johannes ⟨Redovallensis⟩
Johannes ⟨Ridevallus⟩
John ⟨de Ridevans⟩
John ⟨Ridevalle⟩
John ⟨Ridewall⟩
Ridevall, Jean
Ridewall, Johannes

Johannes ⟨Riedner⟩
→ **Riedner, Johannes**

Johannes ⟨Rigaldi⟩
gest. 1323 · OFM
Compendium theologiae pauperis; Vita Sancti Antonii Patavini; Formula confessionum
Stegmüller, Repert. sentent. 368;484; Schneyer,III,677; Rep.Font. VI,401
Jean ⟨de Trégnier⟩
Jean ⟨Rigaud⟩
Jean ⟨Rigauld⟩
Johannes ⟨Rigaldus⟩
Johannes ⟨Trecoriensis Episcopus⟩
Rigaldi, Johannes
Rigaud, Jean
Rigauld, Jean

Johannes ⟨Ripatransone⟩
→ **Johannes ⟨de Ripa⟩**

Johannes ⟨Rivipullensis⟩
11. Jh. · OSB
Laus Olibae episcopi Ausonensis
Rep.Font. VI,402; DOC,2,1180
Johannes ⟨Monachus Monasterii Sanctae Mariae⟩

Johannes ⟨Rockycana⟩
→ **Johannes ⟨Rokycana⟩**

Johannes ⟨Rode⟩
→ **Johannes ⟨Petri Rode Loossa⟩**
→ **Rode, Johannes ⟨...⟩**

Johannes ⟨Rodingtonus⟩
→ **Johannes ⟨de Rodington⟩**

Johannes ⟨Roethaw⟩
→ **Roethaw, Johannes**

Johannes ⟨Roffensis⟩
→ **Johannes ⟨Sheppey⟩**

Johannes ⟨Roháč de Dubá⟩
gest. 1437
Articuli; Litterae diffidationis
Rep.Font. VI,403; LMA,VII,948
Jan ⟨Roháč z Dubé⟩
Johannes ⟨de Dubá⟩
Roháč de Dubá, Johannes

Johannes ⟨Rokycana⟩
ca. 1390/92 – 1471
Historia Hussitarum; De vita et moribus sacerdotum; De septem sacramentis; etc.
LMA,VII,952
Jan ⟨Rockycana⟩
Jean ⟨de Rokyczany⟩
Johannes ⟨de Rockyzana⟩
Johannes ⟨Rockycana⟩
Johannes ⟨Rokyczana⟩
Rokycana, Jan
Rokycana, Johannes
Rokyczana, Johannes

Johannes ⟨Rollius⟩
→ **Rollius, Johannes**

Johannes ⟨Romanus⟩
→ **Johannes ⟨Papa, XVIIII.⟩**

Johannes ⟨Romanus, OP⟩
→ **Johannes ⟨Iordani Romanus⟩**

Johannes ⟨Romeu⟩
→ **Johan ⟨Romeu⟩**

Johannes ⟨Roselinus⟩
→ **Roscelinus**

Johannes ⟨Ross⟩
→ **Ross, Johannes**

Johannes ⟨Rossensis⟩
→ **Fisher, John**

Johannes ⟨Rothe⟩
→ **Rothe, Johannes**

Johannes ⟨Rothomagensis⟩
gest. 1079
De officiis ecclesiasticis
Rep.Font. VI,270; LThK; CSGL
Jean ⟨Archevêque⟩
Jean ⟨Archevêque de Rouen⟩
Jean ⟨de Bayeux⟩
Jean ⟨de Rouen⟩
Jean ⟨d'Avranches⟩
Jean ⟨Evêque⟩
Jean ⟨Evêque d'Avranches⟩
Jean ⟨Liturgiste⟩
Joannes ⟨Rothomagensis⟩
Johannes ⟨Abricensis⟩
Johannes ⟨Abrincensis⟩
Johannes ⟨Archiepiscopus⟩
Johannes ⟨Baiocensis⟩
Johannes ⟨of Avranches⟩
Johannes ⟨of Rouen⟩

Johannes ⟨Rothut⟩
→ **Johannes ⟨von Indersdorf⟩**

Johannes ⟨Rowse⟩
→ **Ross, Johannes**

Johannes ⟨Rucellai⟩
→ **Santi ⟨Rucellai⟩**

Johannes ⟨Rucherath⟩
→ **Johannes ⟨de Wesalia⟩**

Johannes ⟨Ruffus⟩
→ **Rode, Johannes ⟨von Lübeck⟩**

Johannes ⟨Rufus⟩
→ **Ross, Johannes**

Johannes ⟨Rufus⟩
um 515
Vita Petri Iberi; Plerophoriae
Cpg 7505-7508
Jean ⟨Arabe⟩
Jean ⟨de Maiouma⟩
Jean ⟨Evêque de Maiouma⟩
Jean ⟨Rufus⟩
Rufus, Johannes

Johannes ⟨Rumsik⟩
→ **Johannes ⟨de Friburgo⟩**

Johannes ⟨Rusbrochius⟩
→ **Ruusbroec, Jan ¬van¬**

Johannes ⟨Russell⟩
gest. ca. 1306
Apoc.
Stegmüller, Repert.bibl. 4919;4920
Jean ⟨Russell⟩
John ⟨Russell⟩
Russell, Jean
Russell, Johannes
Russell, John

Johannes ⟨Russim⟩
→ **Johannes ⟨Cuzin⟩**

Johannes ⟨Ruysbroeck⟩
→ **Ruusbroec, Jan ¬van¬**

Johannes ⟨Rylensis⟩
→ **Ivan ⟨Rilski⟩**

Johannes ⟨Ryman⟩
ca. 1377 – 1407
Ryman, Johannes

Johannes ⟨Sachs de Nürnberg⟩
um 1425/31
Stegmüller, Repert. sentent. 334;479
Johannes ⟨de Nürnberg⟩
Johannes ⟨Sachs⟩
Sachs, Johannes
Sachs de Nürnberg, Johannes

Johannes ⟨Sacroboscus⟩
→ **Johannes ⟨de Sacrobosco⟩**

Johannes ⟨Saetabiensis⟩
→ **Johannes ⟨Pedro⟩**

Johannes ⟨Sagornino⟩
→ **Johannes ⟨Diaconus Venetus⟩**

Johannes ⟨Sailer⟩
→ **Sailer, Johannes**

Johannes ⟨Salernitanus⟩
→ **Johannes ⟨Cluniacensis⟩**
→ **Johannes ⟨Platearius⟩**

Johannes ⟨Salernus⟩
→ **Johannes ⟨Cluniacensis⟩**

Johannes ⟨Salflet⟩
→ **Salvelt, Johannes**

Johannes ⟨Salisburiensis⟩
→ **Johannes ⟨Sarisberiensis⟩**

Johannes ⟨Salmanticensis⟩
→ **Johannes ⟨Pelagii⟩**

Johannes ⟨Salvelt⟩
→ **Salvelt, Johannes**

Johannes ⟨Sanctae Mariae Trans Tiberim⟩
um 1171
Tractatus politicus; De vera pace
Schönberger/Kible, Repertorium, 15254; Rep.Font. VI,270
Johannes ⟨Abbas de Sancta Maria de Transtévère⟩
Johannes ⟨de Transtévère⟩
Johannes ⟨Hospes Monasterii Sanctae Mariae trans Tiberim⟩
Johannes ⟨of Santa Maria⟩
Johannes ⟨of Trastevere⟩
Johannes ⟨von Sankt Maria in Trastevere⟩
Sanctae Mariae Trans Tiberim, Johannes

Johannes ⟨Sanctafidensis⟩
→ **Johannes ⟨de Sancta Fide⟩**

Johannes ⟨Sancti Albani⟩
→ **Johannes ⟨de Walingforda⟩**

Johannes ⟨Sancti Alexii Romani⟩
→ **Johannes ⟨Canaparius⟩**

Johannes ⟨Sancti Amandi⟩
→ **Johannes ⟨Elnonensis⟩**

Johannes ⟨Sancti Audoeni⟩
→ **Johannes ⟨de Sancto Audoeno⟩**

Johannes ⟨Sancti Bavonis Abbas⟩
→ **Johannes ⟨de Fayt⟩**

Johannes ⟨Sancti Benedicti⟩
→ **Johannes ⟨de Oxenedes⟩**

Johannes ⟨Sancti Bertini⟩
→ **Johannes ⟨Longus⟩**

Johannes ⟨Sancti Bertini Sithivensis⟩
→ **Johannes ⟨de Sancto Bertino⟩**

Johannes ⟨Sancti Clementis Casauriensis⟩
→ **Johannes ⟨Berardus⟩**

Johannes ⟨Sancti Dominici de Neapoli⟩
→ **Johannes ⟨de Aversa⟩**

Johannes ⟨Sancti Edmundi⟩
→ **Johannes ⟨de Tayster⟩**

Johannes ⟨Sancti Laurentii⟩
→ **Johannes ⟨Leodiensis⟩**

Johannes ⟨Sancti Odonis Discipulus⟩
→ **Johannes ⟨Cluniacensis⟩**

Johannes ⟨Sancti Sabbae⟩
→ **Johannes ⟨Damascenus⟩**

Johannes ⟨Sancti Stephani de Piscina⟩
→ **Johannes ⟨de Piscina⟩**

Johannes ⟨Sancti Vincentii⟩
→ **Johannes ⟨de Sancto Vincentio⟩**

Johannes ⟨Sanctus⟩
→ **Johannes ⟨Beverlacensis⟩**
→ **Johannes ⟨Cantius⟩**
→ **Johannes ⟨Colombinus⟩**
→ **Johannes ⟨Damascenus⟩**
→ **Johannes ⟨Gualbertus⟩**
→ **Johannes ⟨Papa, I.⟩**

Johannes ⟨Sanctus Laudensis⟩
→ **Johannes ⟨Laudensis⟩**

Johannes ⟨Sanders⟩
→ **Sanders, Johannes**

Johannes ⟨Sanfidensis⟩
→ **Johannes ⟨de Sancta Fide⟩**

Johannes ⟨Sangallensis⟩
→ **Johannes ⟨Scotus Sangallensis⟩**

Johannes ⟨Sapiens⟩
→ **Johannes ⟨Cyparissiota⟩**

Johannes ⟨Saracenus⟩
→ **Johannes ⟨Sarracenus⟩**

Johannes ⟨Sardianus⟩
10. Jh.
Jean ⟨de Sardes⟩
Johannes ⟨of Sardis⟩
John ⟨of Sardes⟩
Sardianus, Johannes

Johannes ⟨Sarisberiensis⟩
ca. 1115/20 – 1180
Polycratis
LThK; CSGL; Tusculum-Lexikon; LMA,V,599/601
Jan ⟨z Salisbury⟩
Jean ⟨de Salisbury⟩
Jean ⟨de Sarisbéry⟩
Jean ⟨le Petit⟩
Jean ⟨Petit⟩
Joannes ⟨Saresberiensis⟩
Johannes ⟨Carnotensis⟩

Johannes ⟨de Sacaberiis⟩
Johannes ⟨de Salisbury⟩
Johannes ⟨Episcopus⟩
Johannes ⟨Exiguus⟩
Johannes ⟨Exoniensis⟩
Johannes ⟨of Chartres⟩
Johannes ⟨Parvus⟩
Johannes ⟨Petitus⟩
Johannes ⟨Salisburiensis⟩
Johannes ⟨Saresberiensis⟩
Johannes ⟨Severianus⟩
Johannes ⟨von Salisbury⟩
John ⟨of Chartres⟩
John ⟨of Salisbury⟩
Sacaberiis, Johannes ¬de¬
Severianus, Johannes

Johannes ⟨Sarkavag⟩
→ **Yovhannês ⟨Sarkavag⟩**

Johannes ⟨Sarracenus⟩
12. Jh.
Tusculum-Lexikon; LMA,V,602
Jean ⟨Sarrasin⟩
Jean ⟨Sarrazin⟩
Johannes ⟨Saracenus⟩
Johannes ⟨Sarrazinus⟩
Sarracenus, Johannes
Sarrasin, Jean

Johannes ⟨Sartoris⟩
um 1373 · OP
Itinerarium s. Thomae de Aquino
Kaeppeli,III,9
Johannes ⟨Sartoris Polonus⟩
Johannes ⟨Swidnicensis⟩
Sartoris, Johannes

Johannes ⟨Savelli⟩
→ **Johannes ⟨Iordani Romanus⟩**

Johannes ⟨Saxa⟩
→ **Johannes ⟨Halldórsson⟩**

Johannes ⟨Saxo⟩
→ **Johannes ⟨Danck de Saxonia⟩**
→ **Johannes ⟨de Erfordia⟩**

Johannes ⟨Saxonius⟩
um 1412 · OServ
Homiliae in aliquot Psalmos; Is.
Stegmüller, Repert. bibl. 4942;4942,1
Jean ⟨de Saxe⟩
Johannes ⟨Saxonius, OServ⟩
Johannes ⟨Saxonius, Servita⟩
Saxonius, Johannes

Johannes ⟨Scabinus Namurcensis⟩
→ **Johannes ⟨de Ham⟩**

Johannes ⟨Scandeberus⟩
→ **Johannes ⟨Stamberius⟩**

Johannes ⟨Scerefelt⟩
→ **Stetefeld, Johannes**

Johannes ⟨Schadland⟩
1312 – 1373 · OP
Tractatus de virtutibus cardinalibus
Kaeppeli,III,9
Jean ⟨Schadland⟩
Johannes ⟨Schadelant⟩
Johannes ⟨Schadland Coloniensis⟩
Johannes ⟨Schandenland⟩
Schadland, Jean
Schadland, Johannes

Johannes ⟨Scharpe⟩
→ **Johannes ⟨Sharpe⟩**

Johannes ⟨Schaufus⟩
gest. 1480
In III libros De anima
Lohr
Johannes ⟨de Alsfeldia⟩
Schaufus, Johannes

Johannes ⟨Schelling⟩
→ **Głogowczyk, Jan**

Johannes ⟨Scherl⟩
→ **Scherl, Johannes**

Johannes ⟨Scherrer⟩
→ **Scherrer, Johannes**

Johannes ⟨Schiltberger⟩
→ **Schiltberger, Hans**

Johannes ⟨Schiltl⟩
um 1475
Stegmüller, Repert. sentent. 495; Kaeppeli,III,11
Johannes ⟨Schiltel⟩
Schiltel, Johannes
Schiltl, Johannes

Johannes ⟨Schindel⟩
→ **Sindel, Johannes**

Johannes ⟨Schiphower⟩
→ **Schiphower, Johann**

Johannes ⟨Schlitpacher⟩
→ **Schlitpacher, Johannes**

Johannes ⟨Schmid⟩
→ **Schmid, Johannes**

Johannes ⟨Schmidt von Elmendingen⟩
→ **Schmid, Johannes**

Johannes ⟨Schmuezichein⟩
→ **Johannes ⟨Smitzkil⟩**

Johannes ⟨Schönfelder⟩
→ **Schönfelder, Johannes**

Johannes ⟨Scholasticus⟩
→ **Johannes ⟨Climacus⟩**
→ **Johannes ⟨de Epiphania⟩**

Johannes ⟨Scholasticus⟩
ca. 525 – 577
Tusculum-Lexikon; CSGL; LThK; LMA,V,648/49
Giovanni ⟨il Scolastico⟩
Giovanni ⟨Scolastico⟩
Jean ⟨de Constantinople⟩
Jean ⟨de Constantinople, III.⟩
Jean ⟨le Scholastique⟩
Jean ⟨le Scolastique⟩
Johannes ⟨Antiochenus⟩
Johannes ⟨Constantinopolitanus⟩
Johannes ⟨Constantinopolitanus, III.⟩
Johannes ⟨Patriarcha, III.⟩
Johannes ⟨Scholastikos⟩
Scholasticus, Johannes

Johannes ⟨Scholasticus, OSB⟩
→ **Johannes ⟨de Coenobio ad Sanctum Matthiam⟩**

Johannes ⟨Schonovius⟩
→ **Johannes ⟨de Schonhavia⟩**

Johannes ⟨Schoup⟩
→ **Schoup, Johannes**

Johannes ⟨Schram⟩
→ **Schram, Johannes**

Johannes ⟨Schüler des Barsanuphios⟩
→ **Johannes ⟨Gazaeus Monachus⟩**

Johannes ⟨Schürpf⟩
→ **Schürpff, Hans**

Johannes ⟨Schüssler⟩
→ **Schüßler, Johann**

Johannes ⟨Schumann⟩
→ **Schumann, Johannes**

Johannes ⟨Schwalb⟩
→ **Schwalb, Johannes**

Johannes ⟨Schwartz⟩
→ **Johannes ⟨Nigri⟩**

Johannes ⟨Scillizza⟩
→ **Johannes ⟨Scylitza⟩**

Johannes ⟨Sconhovius⟩
→ **Johannes ⟨de Schonhavia⟩**

Johannes ⟨Scotigena⟩
→ **Johannes ⟨Scotus Eriugena⟩**

Johannes ⟨Scotus⟩
→ **Duns Scotus, Johannes**

Johannes ⟨Scotus Eriugena⟩
ca. 810 – ca. 877
De divina praedestinatione
LThK; CSGL; Tusculum-Lexikon; LMA,V,602/05
Erigena ⟨Scotus⟩
Erigena, Johannes Scotus
Eriugena ⟨Scotus⟩
Eriugena, Johannes Scotus
Jean ⟨Scot⟩
Jean ⟨Scot Erigène⟩
Johannes ⟨Erigena⟩
Johannes ⟨Scottus⟩
Johannes ⟨Scotus⟩
Johannes ⟨Scotus Erigena⟩
Scotigena, Johannes
Scottus, Johannes
Scotus Erigena, Johannes
Scotus Eriugena, Johannes

Johannes ⟨Scotus Historicus⟩
→ **Johannes ⟨de Fordun⟩**

Johannes ⟨Scotus Parisiensis⟩
um 1344/45
Stegmüller, Repert. sentent. 496,1
Johannes ⟨Irlandus⟩
Johannes ⟨Scotus⟩
Johannes ⟨Scotus, Iunior⟩
Johannes ⟨Scotus Sententiarius Parisiensis Anni 1344/45⟩
Scotus, Johannes
Scotus Parisiensis, Johannes

Johannes ⟨Scotus Sangallensis⟩
um 650
Florilegia in Psalterium
Stegmüller, Repert. bibl. 4956
Johannes ⟨Sangallensis⟩
Johannes ⟨Scotus⟩
Scotus, Johannes

Johannes ⟨Scotus Sententiarius Parisiensis Anni 1344/45⟩
→ **Johannes ⟨Scotus Parisiensis⟩**

Johannes ⟨Scotus Vercellensis⟩
um 829 · OSB
Matth.
Stegmüller, Repert. bibl. 4957
Johannes ⟨Abbas Vercellensis⟩
Johannes ⟨Scotus⟩
Johannes ⟨Vercellensis⟩
Scotus, Johannes

Johannes ⟨Scriba⟩
12. Jh.
Giovanni ⟨Scriba⟩
Scriba, Johannes

Johannes ⟨Scriba, IV.⟩
gest. ca. 850
Vielleicht Verfasser des 1. Teils des Chronicon episcoporum Neapolitanae ecclesiae usque ad a. 762
Rep.Font. VI,415
Giovanni ⟨di Napoli, IV.⟩
Jean ⟨de Naples, IV.⟩
Jean ⟨IV., le Scribe⟩
Johannes ⟨IV., Scriba⟩
Johannes ⟨von Neapel⟩
Johannes ⟨von Neapel, IV.⟩

Johannes ⟨Scultetus de Nuwenburg⟩
→ **Brunwart ⟨von Augheim⟩**

Johannes ⟨Scylitza⟩
11. Jh.
Tusculum-Lexikon; CSGL; LMA,VII,1998
Curopalata, Johannes
Curopalates, Joannes
Curopalates, Johann
Giovanni ⟨Schilizze⟩
Iōannēs ⟨ho Skylitzes⟩
Iōannēs ⟨Skylitzēs⟩
Johannes ⟨Constantinopolitanus⟩
Johannes ⟨Curopalata⟩
Johannes ⟨Cyropalata⟩
Johannes ⟨Scillizza⟩
Johannes ⟨Scylitia⟩
Johannes ⟨Scylitzes⟩
Johannes ⟨Thracesius⟩
Johannes ⟨Thracisius⟩
Scilliza, Johannes
Scillizes, Johannes Curopalata
Scylitza, Johannes
Scylitzes, Johannes
Skylitzēs, Iōannēs
Skylitzes, Johannes
Thracisius, Johannes

Johannes ⟨Scythopolitanus⟩
6. Jh.
Tusculum-Lexikon; CSGL; LMA,V,606
Johannes ⟨Thracesius⟩
Johannes ⟨von Skythopolis⟩
Scythopolitanus, Johannes

Johannes ⟨Sechne⟩
→ **Johannes ⟨Segno⟩**

Johannes ⟨Sedra, I.⟩
→ **Yuḥannā ⟨Sedrā, I.⟩**

Johannes ⟨Seffried⟩
gest. 1472
Chronica
Jean ⟨Seffried⟩
Johann ⟨Seffried⟩
Johannes ⟨de Mutterstatt⟩
Johannes ⟨Seffried de Mutterstadt⟩
Johannes ⟨Seffried von Mutterstadt⟩
Johannes ⟨Spirensis⟩
Johannes ⟨Vicarius⟩
Mutterstatt, Johannes ¬de¬
Seffried, Jean
Seffried, Johannes

Johannes ⟨Segno⟩
um 1397 · OP
Sermones
Kaeppeli,III,11/12
Johannes ⟨Sechne⟩
Johannes ⟨Segnew⟩
Johannes ⟨Segnew Anglicus⟩
Segnew, Johannes
Segno, Johannes

Johannes ⟨Segoviensis⟩
→ **Johannes ⟨de Segovia⟩**

Johannes ⟨Segubinus⟩
gest. 1166 · Vielleicht OCist
Identität mit Johannes ⟨Hispanus⟩ nicht gesichert
Rep.Font. VI,415
Johannes ⟨Archiepiscopus Toletanus⟩
Johannes ⟨Episcopus Segubinus⟩
Segubinus, Johannes

Johannes ⟨Seidenschwantz⟩
→ **Seidenschwantz, Johannes**

Johannes ⟨Seld⟩
→ **Seld, Johannes**

Johannes ⟨Selenius⟩
→ **Jan ⟨z Želiva⟩**

Johannes ⟨Selymbrius⟩
→ **Johannes ⟨Chortasmenus⟩**

Johannes ⟨Semeca⟩
→ **Johannes ⟨Teutonicus⟩**

Johannes ⟨Semur⟩
→ **Johannes ⟨Somer⟩**

Johannes ⟨Sensenschmidt⟩
→ **Sensenschmidt, Johann**

Johannes ⟨Ser Iordanis de Pistorio⟩
→ **Johannes ⟨Iordanis⟩**

Johannes ⟨Serapio⟩
→ **Serapio ⟨Iunior⟩**

Johannes ⟨Serlo⟩
um 1160 · OCist
Pater noster; nicht identisch mit Serlo ⟨Fontanus⟩
Stegmüller, Repert. bibl. 4962;4963
Johannes ⟨Abbas Fontanus⟩
Johannes ⟨Anglus⟩
Johannes ⟨Fontanensis⟩
Johannes ⟨Fontanus⟩
Serlo, Johannes

Johannes ⟨Serra⟩
ca. 1400 – ca. 1470
Jean ⟨Serra⟩
Johannes ⟨Serra de Valence⟩
Johannes ⟨Valentinus⟩
Serra, Jean
Serra, Johannes

Johannes ⟨Setinus⟩
um 1150/1217
Verf. des 3. Teils der Vita et miracula S. Lidani confessoris de civitate Antenae, deren 1. u. 2. Teil von Dionysius ⟨Monachus⟩ stammt
Rep.Font. IV,207
Jean ⟨de Sezze⟩
Jean ⟨Setinus⟩
Johannes ⟨Episcopus Setinus⟩
Setinus, Johannes

Johannes ⟨Setonus⟩
um 1310
In Metaphysicam
Lohr
Jean ⟨Seton⟩
Seton, Jean
Setonus, Johannes

Johannes ⟨Severianus⟩
→ **Johannes ⟨Sarisberiensis⟩**

Johannes ⟨Sguropulus⟩
um 1185/95
Tusculum-Lexikon; LMA,VIII,387
Iōannēs ⟨ho Syropulos⟩
Johannes ⟨Syropulos⟩
Johannes ⟨Syropulus⟩
Sguropulus, Johannes
Syropulos, Johannes
Syropulus, Johannes

Johannes ⟨Sharpe⟩
ca. 1360 – 1410/20
Johannes ⟨d'Oxford⟩
Johannes ⟨Scharpe⟩
Johannes ⟨Sharpaeus⟩
Johannes ⟨Sharpus⟩
John ⟨Scarp⟩
John ⟨Sharpe⟩
Scaraph, John
Scarp, John
Scarph, John
Scharp, John
Sharpe ⟨de Alemannia⟩
Sharpe ⟨de Hannonia⟩
Sharpe, Johannes
Sharpe, John
Sharpeus, Johannes
Sharpus, Johannes

Johannes ⟨Sheppey⟩
gest. 1366 · OSB
Schneyer,III,765
Jean ⟨de Rochester⟩
Jean ⟨de Scapeya⟩
Jean ⟨de Sheppy⟩
Johannes ⟨de Chepey⟩
Johannes ⟨de Scapeya⟩
Johannes ⟨de Scepeia⟩
Johannes ⟨de Schepeye⟩
Johannes ⟨de Shepey⟩
Johannes ⟨Roffensis⟩
Johannes ⟨Shepeius⟩
John ⟨Sheppey⟩
Sheppey, Johannes
Sheppey, John

Johannes ⟨Siceliotes⟩
um 866
Name unsicher, möglicherweise Erfindung des Andreas Darmarios (ca. 1540-1587); Chronikon syntomon (in Wirklichkeit Werk des Georgius ⟨Hamartolus⟩); Synopsis chronikē (in Wirklichkeit Fälschung des Andreas Darmarios)
Rep.Font. VI,416
Giovanni ⟨Cronografo Bizantino⟩
Giovanni ⟨Sicolo⟩
Iōannēs ⟨ho Sikeliōtēs⟩
Jean ⟨de Sicile⟩
Jean ⟨Historien Grec⟩
Johannes ⟨der Sizilier⟩
Johannes ⟨Sikeliota⟩
Johannes ⟨Sikeliotes⟩
Siceliotes, Johannes

Johannes ⟨Siculus⟩
→ **Johannes ⟨de Riccio⟩**
→ **Johannes ⟨de Sicilia⟩**

Johannes ⟨Siculus⟩
11. Jh.
Johannes ⟨Rhetor⟩
Siculus, Johannes

Johannes ⟨Signiensis⟩
gest. 1178
Vita S. Berardi episcopi Marsorum
Rep.Font. VI,416
Jean ⟨de Segni⟩
Johannes ⟨Episcopus Signiensis⟩
Johannes ⟨Signinus⟩

Johannes ⟨Sikeliotes⟩
→ **Johannes ⟨Siceliotes⟩**

Johannes ⟨Siloensis⟩
→ **Jan ⟨z Želiva⟩**

Johannes ⟨Silvanus⟩
→ **Hieronymus ⟨Pragensis, Camaldulensis⟩**

Johannes ⟨Simon⟩
→ **Simon, Johannes**

Johannes ⟨Simonetta⟩
→ **Simonetta, Johannes**

Johannes ⟨Simonis⟩
gest. ca. 1476 · OCarm
Sermonum liber unus; De potestate summi pontificis, conciliorum & caesaris
Jean ⟨Simon⟩
Simon, Jean
Simonis, Johannes

Johannes ⟨Sinaiticus⟩
→ **Johannes ⟨Climacus⟩**

Johannes ⟨Sindel⟩
→ **Sindel, Johannes**

Johannes ⟨Sine Terra⟩
→ **John ⟨England, King, I.⟩**

Johannes ⟨Sinnamos⟩
→ **Johannes ⟨Cinnamus⟩**

Johannes ⟨Sintram⟩
→ **Sintram, Johannes**

Johannes ⟨Sithivensis⟩
→ **Johannes ⟨de Sancto Bertino⟩**

Johannes ⟨Skelton⟩
um 1402 · OP
In Sent. Petri Lombardi
Kaeppeli,III,13
Johannes ⟨Skelton Anglicus⟩
Skelton, Johannes

Johannes ⟨Slitpacher⟩
→ **Schlitpacher, Johannes**

Johannes ⟨Smitzgew⟩
→ **Johannes ⟨Smitzkil⟩**

Johannes ⟨Smitzkil⟩
14. Jh. · OP
Expos. Epist. can.; Expos. in Iob; Expos. evang. et epist. per Quadragesimam; etc.
Kaeppeli,II,426/427; Stegmüller, Repert. bibl. 4977;4978
Jean ⟨de Francfort⟩
Jean ⟨Suilkilfrans⟩
Johannes ⟨de Francofordia⟩
Johannes ⟨Schmuezichein⟩
Johannes ⟨Smitzgew⟩
Johannes ⟨Suilkilfrans⟩
Johannes ⟨Svilkilfrans⟩
Johannes ⟨Teuto⟩
Smitzgew, Johannes
Smitzkil, Johannes
Suilkilfrans, Johannes

Johannes ⟨Snerveding de Hamburg⟩
um 1401/20
Disputata veteris artis; Disputata de caelo; Disputata de generatione
Lohr
Hamburg, Johannes ¬de¬
Johannes ⟨de Hamburg⟩
Johannes ⟨Snerveding⟩
Snerveding, Johannes

Johannes ⟨Sneszewicz⟩
Lebensdaten nicht ermittelt
Commentarius in sententias
Stegmüller, Repert. sentent. 500
Johannes ⟨Sneszchewicz⟩
Johannes ⟨Suesthewicz⟩
Sneszchewicz, Johannes
Sneszewicz, Johannes
Suesthewicz, Johannes

Johannes ⟨Sobrinho⟩
→ **Johannes ⟨Consobrinus⟩**

Johannes ⟨Sodovolgius⟩
→ **Johannes ⟨Kiningham⟩**

Johannes ⟨Sohn des Immo⟩
→ **Johannes ⟨Hymmonides⟩**

Johannes ⟨Solitarius⟩
→ **Yoḥannan ⟨Apameia⟩**

Johannes ⟨Somarius⟩
→ **Johannes ⟨Somer⟩**

Johannes ⟨Somer⟩
um 1380/1408 · OFM
Calendarium universitatis Oxoniae
LMA,V,618
Jean ⟨Somer⟩
Jean ⟨Somers⟩
Johannes ⟨Semur⟩
Johannes ⟨Somarius⟩
Johannes ⟨Somerarius⟩
Johannes ⟨Somerius⟩
Johannes ⟨Somersetensis⟩
Johannes ⟨Sommer⟩
Johannes ⟨Summer⟩
John ⟨Somer⟩
John ⟨Somers⟩
Somer, Jean
Somer, Johannes
Somerarius, Johannes
Somers, Jean

Johannes ⟨Somersetensis⟩
→ **Johannes ⟨Somer⟩**

Johannes ⟨Somerton⟩
um 1439 · OP
Schneyer,III,775
Jean ⟨de Somerton⟩
Jean ⟨Somerton⟩
Johannes ⟨Sommertonus⟩
Somerton, Jean
Somerton, Johannes

Johannes ⟨Sommer⟩
→ **Johannes ⟨Somer⟩**

Johannes ⟨Sommertonus⟩
→ **Johannes ⟨Somerton⟩**

Johannes ⟨Sorethus⟩
1394 – 1471
CSGL
Johannes ⟨Soreth⟩
John ⟨Soreth⟩
Soreth, John
Sorethus, Johannes

Johannes ⟨Sp. de Esslinga⟩
→ **Johannes ⟨Spies de Esslinga⟩**

Johannes ⟨Spalensis⟩
gest. ca. 839
Epistolae
Rep.Font. VI,417; PL 121,420-427
Jean ⟨de Séville⟩
Johannes ⟨Hispalensis⟩

Johannes ⟨Span⟩
um 1478/80 · OP
Confessionale; Opera deperdita: Peregrinationes civitatis S. Ierusalem
Kaeppeli,III,13/14
Span, Johannes

Johannes ⟨Spanberger⟩
Lebensdaten nicht ermittelt · OSB
Abbreviatio lecturae Mellicensis Nicolai de Dinkelsbühl
Stegmüller, Repert. sentent. 498
Spanberger, Johannes

Johannes ⟨Spernegasse⟩
→ **Johannes ⟨de Sterngassen⟩**

Johannes ⟨Spies⟩
→ **Spies, Johannes**

Johannes ⟨Spies de Esslinga⟩
um 1471 · OFM
Tabula super conflatum Francisci de Mayronio; Commentarius in sententias (I, Prol.)
Stegmüller, Repert. sentent. 233;498,1
Esslinga, Johannes ¬de¬
Johannes ⟨de Esslinga⟩
Johannes ⟨Magister Regens Venetiis⟩
Johannes ⟨Sp. de Esslinga⟩
Johannes ⟨Spies⟩
Johannes ⟨Spies de Esslingen⟩
Spies, Johannes

Johannes ⟨Spirensis⟩
→ **Johannes ⟨Seffried⟩**

Johannes ⟨Spolderman⟩
→ **Spolderman, Johannes**

Johannes ⟨Stabulanus⟩
→ **Jean ⟨de Stavelot⟩**

Johannes ⟨Stadtschreiber von Brünn⟩
→ **Johannes ⟨von Brünn⟩**

Johannes ⟨Stadtweg⟩
→ **Statwech, Johann**

Johannes ⟨Städler⟩
→ **Johannes ⟨Stedler de Landshut⟩**

Johannes ⟨Stamberius⟩
gest. 1474 · OCarm
Expositio in symbolum fidei
Stegmüller, Repert. bibl. 4968-4968,2
Johannes ⟨de Stamberg⟩
Johannes ⟨Scandbery⟩
Johannes ⟨Scandeberus⟩
Johannes ⟨Scandebery⟩
Johannes ⟨Stanberius⟩
Johannes ⟨Stanbery⟩
Johannes ⟨Stanbrigius⟩
Johannes ⟨Stanbury⟩
Johannes ⟨Stenobrigius⟩
Johannes ⟨Stenobrigus⟩
Johannes ⟨Stenoburgus⟩
John ⟨Stanbery⟩
John ⟨Stanbridge⟩
Stamberius, Johannes
Stanbery, John

Johannes ⟨Staphidaces⟩
14. Jh.
Tusculum-Lexikon; CSGL
Johannes ⟨Staphidakes⟩
Staphidaces, Johannes
Staphidakes, Johannes

Johannes ⟨Statwech⟩
→ **Statwech, Johann**

Johannes ⟨Stauracius⟩
13. Jh.
Tusculum-Lexikon; CSGL; LMA,VIII,80
Johannes ⟨Chartophylax⟩
Johannes ⟨Thessalonicensis⟩
Stauracius, Johannes
Staurakios, Johannes

Johannes ⟨Stedler de Landshut⟩
um 1415/25
Disputata in libris Physicorum; Disputata librorum De generatione et corruptione; Disputata de anima; etc.
Lohr; Stegmüller, Repert. bibl. 4970-4972
Johannes ⟨de Landshut⟩
Johannes ⟨Städler⟩
Johannes ⟨Stedler⟩
Landshut, Johannes ¬de¬
Städler, Johannes
Stedler, Johannes
Stedler de Landshut, Johannes

Johannes ⟨Stegeler⟩
→ **Stegeler, Johannes**

Johannes ⟨Steinwert⟩
→ **Johann ⟨von Soest⟩**

Johannes ⟨Stella⟩
→ **Stella, Johannes**

Johannes ⟨Stenobrigius⟩
→ **Johannes ⟨Stamberius⟩**

Johannes ⟨Stephanus⟩
→ **Esteve, Joan**

Johannes ⟨Stephanus⟩
→ **Johan ⟨Esteve⟩**

Johannes ⟨Sterlingatius⟩
→ **Johannes ⟨de Sterngassen⟩**

Johannes ⟨Stetefeld⟩
→ **Stetefeld, Johannes**

Johannes ⟨Stetter⟩
→ **Stetter, Johannes**

Johannes ⟨Stoccus⟩
→ **Johannes ⟨Stokes⟩**

Johannes ⟨Stoffman de Luckow⟩
um 1438/51
Exercitium veteris artis
Lohr
Johannes ⟨de Luckow⟩
Johannes ⟨Stoffman⟩
Luckow, Johannes ¬de¬
Stoffman, Johannes
Stoffman de Luckow, Johannes

Johannes ⟨Stojkovic de Ragusio⟩
→ **Johannes ⟨de Ragusa⟩**

Johannes ⟨Stokes⟩
gest. 1374 · OP
Contra Carmelitas; Ad rationes Hornebii; Sermo
Kaeppeli,III,17
Jean ⟨Stockes⟩
Johannes ⟨Stoccus⟩
Johannes ⟨Stochus⟩
Johannes ⟨Stockesius⟩
Johannes ⟨Stokes Anglicus⟩
John ⟨Stokes⟩
Stockes, Jean
Stokes, Johannes

Johannes ⟨Stratford⟩
→ **Stratford, Johannes**

Johannes ⟨Streler⟩
→ **Streler, Johannes**

Johannes ⟨Stuckey⟩
gest. ca. 1500 · OSB
Commentarii in Sacram Scripturam
Stegmüller, Repert. bibl. 4976
Johannes ⟨Stucceius⟩
Johannes ⟨Stuccheius⟩
Johannes ⟨Stukey⟩
John ⟨Stukey⟩
Stuckey, Johannes
Stukey, Johannes
Stukey, John

Johannes ⟨Stumpp⟩
→ **Stump ⟨I.⟩**

Johannes ⟨Subprior⟩
→ **Johannes ⟨de Lanthony⟩**

Johannes ⟨Sucket⟩
15. Jh.
Quaestiones libri Topicorum
Lohr
Johannes ⟨Sulket⟩
Sucket, Johannes
Sulket, Johannes

Johannes ⟨Suesthewicz⟩
→ **Johannes ⟨Sneszewicz⟩**

Johannes ⟨Suevus Magister⟩
12./13. Jh.
Scriptum super Categorias
Lohr
Johannes ⟨Suevus⟩
Suevus, Johannes
Suevus Magister, Johannes

Johannes ⟨Suilkilfrans⟩
→ **Johannes ⟨Smitzkil⟩**

Johannes ⟨Sulket⟩
→ **Johannes ⟨Sucket⟩**

Johannes ⟨Sulmonensis⟩
→ **Johannes ⟨de Sulmona⟩**

Johannes ⟨Sultaniensis⟩
um 1398/1412 · OP
Histoire de Tamerlan; Libellus de notitia orbis; Identität mit Johannes ⟨de Galonifontibus⟩ nicht gesichert
Kaeppeli,III,18/19; Schönberger/Kible, Repertorium, 14355/14356; Rep. Font. VI,418
Johannes ⟨Archiepiscopus Sultaniensis⟩
Johannes ⟨de Galonifontibus⟩

Johannes ⟨Summer⟩
→ **Johannes ⟨Somer⟩**

Johannes ⟨Surdus⟩
→ **Johannes ⟨Parisiensis⟩**

Johannes ⟨Susatensis Lector⟩
→ **Johannes ⟨de Lünen⟩**

Johannes ⟨Suzobonus⟩
ca. 13. Jh.
Einer der Verf. der Annales Ianuenses (1265-1266)
Rep.Font. VI,418; I,291
Suzobonus, Johannes

Johannes ⟨Svilkilfrans⟩
→ **Johannes ⟨Smitzkil⟩**

Johannes ⟨Swalb in Mulbronnen⟩
→ **Schwalb, Johannes**

Johannes ⟨Swarz⟩
→ **Johannes ⟨Nigri⟩**

Johannes ⟨Swidnicensis⟩
→ **Johannes ⟨Sartoris⟩**

Johannes ⟨Sylvanus⟩
→ **Hieronymus ⟨Pragensis, Camaldulensis⟩**

Johannes ⟨Syncellus⟩
→ **Johannes ⟨Hierosolymitanus Monachus⟩**

Johannes ⟨Syndel⟩
→ **Sindel, Johannes**

Johannes ⟨Syropulus⟩
→ **Johannes ⟨Sguropulus⟩**

Johannes ⟨Taborita⟩
→ **Čapek, Jan**

Johannes ⟨Tacesphalus⟩
→ **Johannes ⟨Titleshale⟩**

Johannes ⟨Taczel de Ratibor⟩
um 1477
Quaestiones III. Sent. Johannis de Gnesen collectae per Johannes Taczel de Ratibor
Stegmüller, Repert. sentent. 450
Johannes ⟨de Ratibor⟩
Johannes ⟨Taczel⟩
Ratibor, Johannes ¬de¬
Taczel, Johannes
Taczel de Ratibor, Johannes

Johannes ⟨Tallat⟩
→ **Tallat, Johannes**

Johannes ⟨Tambacensis⟩
→ **Johannes ⟨de Tambaco⟩**

Johannes ⟨Tapissier⟩
→ **Tapissier, Jean**

Johannes ⟨Tartaius⟩
→ **Johannes ⟨Tarteys⟩**

Johannes ⟨Tarteys⟩
um 1422
Problema correspondens libello Porphyrii; Quaestiones naturales
Lohr
Jean ⟨Tartays⟩
Johannes ⟨Tartaius⟩
Johannes ⟨Tartajus⟩
Johannes ⟨Tartay⟩
Tartay, Johannes
Tartays, Jean
Tarteys, Johannes

Johannes ⟨Tascherius⟩
um 1305 · OP
Commentaria in Evangelia
Stegmüller, Repert. bibl. 4981
Jean ⟨Tascherio⟩
Tascherio, Jean
Tascherius, Johannes

Johannes ⟨Tauler⟩
→ **Tauler, Johannes**

Johannes ⟨Taurinensis⟩
→ **Johannes ⟨de Taurino⟩**

Johannes ⟨Tawler⟩
→ **Tauler, Johannes**

Johannes ⟨Tecenensis⟩
→ **Johannes ⟨Ticinensis⟩**

Johannes ⟨Temporalis⟩
→ **Mauburnus, Johannes**

Johannes ⟨Ternor⟩
→ **Johannes ⟨Gawer⟩**

Johannes ⟨Teschinensis⟩
→ **Johannes ⟨Ticinensis⟩**

Johannes ⟨Testehnen⟩
→ **Johannes ⟨Ticinensis⟩**

Johannes ⟨Tetzen⟩
→ **Johannes ⟨Ticinensis⟩**

Johannes ⟨Teukesburiensis⟩
→ **Johannes ⟨Tewkesbury⟩**

Johannes ⟨Teuler⟩
→ **Tauler, Johannes**

Johannes ⟨Teuto⟩
→ **Johannes ⟨de Friburgo⟩**
→ **Johannes ⟨Smitzkil⟩**
→ **Johannes ⟨von Rheinfelden⟩**

Johannes ⟨Teutonicus⟩
→ **Johannes ⟨Brammart⟩**
→ **Johannes ⟨de Friburgo⟩**
→ **Johannes ⟨de Sancto Victore, Teutonicus⟩**
→ **Johannes ⟨Teutonicus de Wildeshusen⟩**

Johannes ⟨Teutonicus⟩
gest. ca. 1243
VL(2); Potth.; LThK; LMA,V,608
Giovanni ⟨Teutonico⟩
Jean ⟨le Teutonique⟩
Joannes ⟨Teutonicus⟩
Johann ⟨Semeca⟩
Johannes ⟨Cemeca⟩
Johannes ⟨der Meister⟩
Johannes ⟨Semeca⟩
Johannes ⟨Semeko⟩
Johannes ⟨Theutonicus⟩
Johannes ⟨Zemeche⟩
Johannes ⟨Zemecke⟩
John ⟨the Teuton⟩
Semeca, Johannes
Teutonicus, Johannes
Zemecke, Johannes

Johannes ⟨Teutonicus de Wildeshusen⟩
ca. 1180 – 1252 · OP
Epistulae ad sorores S. Agnetae Bononiensis
Schneyer,III,802; Rep.Font. VI,428
Jean ⟨de Wildeshausen⟩
Jean ⟨le Teutonique⟩
Johannes ⟨de Wildeshusen⟩
Johannes ⟨de Wildshausen Teutonicus⟩
Johannes ⟨Teutonicus⟩
Johannes ⟨Teutonicus, OP⟩
Johannes ⟨Teutonicus von Wildeshausen⟩
Johannes ⟨von Wildeshausen⟩
Johannes ⟨Wildeshemensis⟩
Teutonicus, Johannes
Teutonicus de Wildeshusen, Johannes
Wildeshusen, Johannes ¬de¬

Johannes ⟨Teutonicus de Zacz⟩
→ **Johannes ⟨Nemec de Žatec⟩**

Johannes ⟨Teuxburiensis⟩
→ **Johannes ⟨Tewkesbury⟩**

Johannes ⟨Tewkesbury⟩
um 1388 · OFM
Sophismatum elenchi
Lohr
Jean ⟨de Tewkesbury⟩
Johannes ⟨de Teukesbery⟩
Johannes ⟨Teukesburiensis⟩
Johannes ⟨Teuxburiensis⟩
Tewkesbury, Johannes

Johannes ⟨Texnon Hypaxoes⟩
→ **Johannes ⟨Ieiunator⟩**

Johannes ⟨Teyerberch in Brema⟩
um 1423
Disputata de anima
Lohr
Brema, Johannes ¬de¬
Johannes ⟨de Brema⟩
Johannes ⟨Teyerberch⟩
Teyerberch, Johannes
Teyerberch in Brema, Johannes

Johannes ⟨Tharaucanus⟩
→ **Johannes ⟨Cirita⟩**

Johannes ⟨Thaulerus⟩
→ **Tauler, Johannes**

Johannes ⟨Theodorici de Gouda⟩
→ **Johannes ⟨Gulde⟩**

Johannes ⟨Theoloci Abbas⟩
→ **Johannes ⟨de Divione⟩**

Johannes ⟨Thesaurarius Eboracensis⟩
→ **Johannes ⟨de Belmeis⟩**

Johannes ⟨Thesaurarius Ecclesiae Neapolitanae⟩
→ **Johannes ⟨Cimeliarcha⟩**

Johannes ⟨Thessalonicensis⟩
→ **Johannes ⟨Cameniata⟩**
→ **Johannes ⟨Stauracius⟩**

Johannes ⟨Thessalonicensis⟩
gest. 630
Cpg 7920-7931; Tusculum-Lexikon; CSGL
Jean ⟨de Thessalonique⟩
Johannes ⟨Archepiscopus⟩
Johannes ⟨Erzbischof⟩
Johannes ⟨Hagiograph⟩
Johannes ⟨Hieromonachus⟩
Johannes ⟨Patriarcha⟩
Johannes ⟨Thessalonicensis, I.⟩
Johannes ⟨von Thessalonike⟩

Johannes ⟨Thomaesonus⟩
→ **Johannes ⟨Tomsonus⟩**

Johannes ⟨Thomistarum Princeps⟩
→ **Johannes ⟨Capreolus⟩**

Johannes ⟨Thompson⟩
→ **Johannes ⟨Tomsonus⟩**

Johannes ⟨Thorpus⟩
gest. 1440 · OCarm
Apoc.
Stegmüller, Repert. bibl. 4982
Jean ⟨de Thorpe⟩
Jean ⟨Thorpe⟩
Johannes ⟨Doctor Ingeniosus⟩
Johannes ⟨Norwicensis⟩
Johannes ⟨Thorpe⟩
Johannes ⟨Torpe⟩
Thorpe, Jean
Thorpus, Johannes

Johannes ⟨Thracesius⟩
→ **Johannes ⟨Scylitza⟩**
→ **Johannes ⟨Scythopolitanus⟩**

Johannes ⟨Thracius⟩
→ **Johannes ⟨Nicaenus⟩**

Johannes ⟨Thurocius⟩
→ **Johannes ⟨de Thurocz⟩**

Johannes ⟨Ticinensis⟩
14. Jh.
Probleuma; Enigmata; Lumen secretorum; etc.; Identität mit Johannes de Theschin (um 1392/97) umstritten
VL(2),4,774; LMA,VIII,563
Jean ⟨de Teschen⟩
Jean ⟨de Tetzen⟩
Johannes ⟨de Tetzen⟩
Johannes ⟨de Theschin⟩
Johannes ⟨de Thesen⟩
Johannes ⟨de Thessin⟩
Johannes ⟨Doctor und Priester⟩
Johannes ⟨Tecenensis⟩
Johannes ⟨Tecensis⟩
Johannes ⟨Teschinensis⟩
Johannes ⟨Tessinensis⟩
Johannes ⟨Testehnen⟩
Johannes ⟨Teszschinensis⟩
Johannes ⟨Tetzen⟩
Johannes ⟨von Detschin⟩
Johannes ⟨von Teschen⟩
Johannes ⟨von Tetzen⟩
Johannes ⟨von Theschin⟩
Johannes ⟨von Thesen⟩
Johannes ⟨von Thessin⟩
John ⟨of Teschen⟩
Teschen, Johannes ¬de¬
Tetzen, Johann ¬von¬

Johannes ⟨Tigart⟩
15. Jh. · OP
Bellum spirituale de conflictu vitiorum et virtutum
Kaeppeli,III,22
Jean ⟨Tigart⟩
Johannes ⟨Tigart Gallicus⟩
Tigart, Jean
Tigart, Johannes

Johannes ⟨Tilaburgensis⟩
→ **Johannes ⟨Tilberius⟩**

Johannes ⟨Tilberius⟩
12. Jh.
CSGL
Jean ⟨de Tilbury⟩
Johannes ⟨Tilaburgensis⟩
Johannes ⟨Tilleberensis⟩
Tilberius, Johannes

Johannes ⟨Tileskelus⟩
→ **Johannes ⟨Titleshale⟩**

Johannes ⟨Tilleberensis⟩
→ **Johannes ⟨Tilberius⟩**

Johannes ⟨Tillonegonus⟩
um 1436 · OCarm
Compendium sententiarum;Joh.; Apoc.
Stegmüller, Repert. sentent. 500,1; Stegmüller, Repert. bibl. 4983;4984
Jean ⟨de Tilney⟩
Jean ⟨Tillonegus⟩
Johannes ⟨Tillonegus⟩
Johannes ⟨Tilmaeus⟩
Johannes ⟨Tilnaeus⟩
Johannes ⟨Tilney⟩
Johannes ⟨Tylney⟩
Tillonegonus, Johannes

Johannes ⟨Tilney⟩
→ **Johannes ⟨Tillonegonus⟩**

Johannes ⟨Tinctor de Tornaco⟩
→ **Johannes ⟨Tinctoris⟩**

Johannes ⟨Tinctor Scotus⟩
→ **Johannes ⟨Listaer⟩**

Johannes ⟨Tinctoris⟩
gest. 1469
Textualia vel copulata Metaphysicae; Copulata super librum De physico auditu; Quaestiones physicorum; etc.
Lohr; Stegmüller, Repert. sentent. 501
Jean ⟨Farbers⟩
Jean ⟨Tinctor⟩
Jean ⟨Ververs⟩
Johannes ⟨de Tornaco⟩
Johannes ⟨Tinctor de Tornaco⟩
Johannes ⟨Tinctoris Coloniensis⟩
Johannes ⟨Tinctoris de Tornaco⟩
Tinctoris, Johannes

Johannes ⟨Tinmouthensis⟩
gest. ca. 1370
Historia Aurea; Sanctilogium Angliae, Walliae, Scotiae et Hiberniae
Rep.Font. VI,420
Jean ⟨de Tinmouth⟩
Jean ⟨de Tynemouth⟩
Johannes ⟨de Tynmouth⟩
Johannes ⟨Tinmuthensis⟩
Johannes ⟨Tinnemuthensis⟩
John ⟨de Tinmouth⟩
John ⟨of Tinmouth⟩
John ⟨of Tynemouth⟩
Tynemouth, John ¬of¬

Johannes ⟨Tirel⟩
um 1426
Vermutlich Fortsetzer des Chronicon abbatum Maioris Monasterii
Potth. 248; 1067
Jean ⟨Tirel⟩
Tirel, Jean
Tirel, Johannes

Johannes ⟨Tiscephale⟩
→ **Johannes ⟨Titleshale⟩**

Johannes ⟨Tisserandus⟩
→ **Tisserandus, Johannes**

Johannes ⟨Titelesaulus⟩
→ **Johannes ⟨Titleshale⟩**

Johannes ⟨Titleshale⟩
gest. 1427 · OCarm
Praelectiones Bibliorum; Apoc.; Identität mit Johannes ⟨Tacesphalus⟩, OCarm, gest. 1354, umstritten
Stegmüller, Repert. bibl. 4985;4986
Jean ⟨de Titleshall⟩
Jean ⟨Tittleshall⟩
Johannes ⟨Didueshalus⟩
Johannes ⟨Didveshalus⟩
Johannes ⟨Tacesphalus⟩
Johannes ⟨Tileskelus⟩
Johannes ⟨Tiscephale⟩
Johannes ⟨Titelesaulus⟩
Johannes ⟨Titleshalus⟩
Johannes ⟨Tytleshale⟩
Titleshale, Johannes
Tittleshall, Jean

Johannes ⟨Toelner⟩
→ **Toelner, Johannes**

Johannes ⟨Toletanus⟩
→ **Johannes ⟨Hispalensis⟩**

Johannes ⟨Toletanus⟩
um 1321/28
Epistola ad patrem suum, Jacobum II regem Aragoniae
Rep.Font. VI,421

Johannes ⟨Archiepiscopus Toletanus⟩
Toletanus, Johannes

Johannes ⟨Tollat⟩
→ **Tallat, Johannes**

Johannes ⟨Tolosanus⟩
→ **Johannes ⟨Canonicus⟩**
→ **Johannes ⟨de Alerio⟩**
→ **Johannes ⟨de Regno⟩**

Johannes ⟨Tomaesonus⟩
→ **Johannes ⟨Tomsonus⟩**

Johannes ⟨Tomitanus⟩
→ **Johannes ⟨Maxentius⟩**

Johannes ⟨Tompsonus⟩
→ **Johannes ⟨Tomsonus⟩**

Johannes ⟨Tomsonus⟩
um 1380 · OCarm
Loci communes lectionum; Abbreviationes doctorum
Stegmüller, Repert. bibl. 4987-4993
Jean ⟨Thompson⟩
Johannes ⟨Campscenus⟩
Johannes ⟨Campsconensis⟩
Johannes ⟨Campsenus⟩
Johannes ⟨Thomaesonus⟩
Johannes ⟨Thompson⟩
Johannes ⟨Tomaesonus⟩
Johannes ⟨Tompsonus⟩
John ⟨Thompson⟩
Thompson, Jean
Thompson, John
Tomsonus, Johannes

Johannes ⟨Tornacensis⟩
→ **Johannes ⟨de Sancto Amando⟩**

Johannes ⟨Torpe⟩
→ **Johannes ⟨Thorpus⟩**

Johannes ⟨Tortellius⟩
gest. ca. 1466
De orthographia; Vita b. Zenobi episcopi florentini; De medicina et medicis; etc.
LMA,VIII,882/83
Aretinus
Giovanni ⟨Tortelli⟩
Jean ⟨Tortelli⟩
Johannes ⟨de Tortellis de Aretio⟩
Johannes ⟨Tortelius⟩
Johannes ⟨Tortellius Aretinus⟩
Tortelius, Johannes
Tortelli, Giovanni
Tortelli, Jean
Tortellius, Johannes

Johannes ⟨Tortsch⟩
→ **Tortsch, Johannes**

Johannes ⟨Tosthus de Graez⟩
um 1459
Stegmüller, Repert. sentent. 502
Graez, Johannes ¬de¬
Johannes ⟨de Graez⟩
Johannes ⟨Tosthus⟩
Tosthus, Johannes
Tosthus de Graez, Johannes

Johannes ⟨Traiectensis⟩
→ **Johannes ⟨de Beka⟩**

Johannes ⟨Transmosanus⟩
→ **Jean ⟨des Prés⟩**

Johannes ⟨Transsilvanus⟩
→ **Johannes ⟨de Septem Castris⟩**

Johannes ⟨Trapezuntius⟩
→ **Johannes ⟨Xiphilinus⟩**

Johannes ⟨Trecoriensis Episcopus⟩
→ **Johannes ⟨Rigaldi⟩**

Johannes ⟨Tremonensis Lector⟩
→ **Johannes ⟨de Lünen⟩**

Johannes ⟨Trester⟩
→ **Tröster, Johannes**

Johannes ⟨Treviensis⟩
→ **Johannes ⟨de Trevio⟩**

Johannes ⟨Trevisa⟩
→ **John ⟨Trevisa⟩**

Johannes ⟨Trevor⟩
→ **Johannes ⟨Gawer⟩**

Johannes ⟨Trissa⟩
gest. 1363 · OCarm
Lecturae Scripturarum; Kommentare zur Heiligen Schrift und zu den Sentenzen; Kataloge der Pariser Magister seines Ordens
Stegmüller, Repert. bibl. 4996
Jean ⟨Trisse⟩
Trissa, Johannes
Trisse, Jean

Johannes ⟨Tröster⟩
→ **Tröster, Johannes**

Johannes ⟨Trutzenbach de Heilbronn⟩
um 1449
Matth.; Luc.; Joh.
Stegmüller, Repert. bibl. 4999-5002
Heilbronn, Johannes ¬de¬
Johannes ⟨de Heilbronn⟩
Johannes ⟨Truczenbach de Heilbronn⟩
Johannes ⟨Trutzenbach⟩
Trutzenbach, Johannes
Trutzenbach de Heilbronn, Johannes

Johannes ⟨Tucher⟩
→ **Tucher, Hans**

Johannes ⟨Turicensis⟩
→ **Meyer, Johannes**

Johannes ⟨Turonensis⟩
→ **Johannes ⟨Maioris Monasterii⟩**

Johannes ⟨Tusculanus⟩
→ **Johannes ⟨Marsicanus⟩**

Johannes ⟨Tylichius⟩
→ **Tylichius, Johannes**

Johannes ⟨Tylney⟩
→ **Johannes ⟨Tillonegonus⟩**

Johannes ⟨Tytleshale⟩
→ **Johannes ⟨Titleshale⟩**

Johannes ⟨Tzetzes⟩
ca. 1110 – ca. 1180
Tusculum-Lexikon; LMA,VIII,1140/42
Iōannēs ⟨ho Grammatikos⟩
Iōannēs ⟨ho Tzetzēs⟩
Ioannes ⟨Tzetzes⟩
Iohannes ⟨Tzetzes⟩
Johannes ⟨Grammaticus⟩
Tzetza, Johannes
Tzetzēs, Iōannēs
Tzetzes, Johannes
Tzetzès, Jean

Johannes ⟨Tzimiskes⟩
→ **Johannes ⟨Imperium Byzantinum, Imperator, I.⟩**

Johannes ⟨Übersetzer⟩
→ **Johannes ⟨Amalfitanus⟩**

Johannes ⟨Ultraiectinus⟩
→ **Johannes ⟨de Beka⟩**

Johannes ⟨Ultramosanus⟩
→ **Jean ⟨des Prés⟩**

Johannes ⟨Ulyssiponensis⟩
→ **Johannes ⟨Consobrinus⟩**

Johannes ⟨Undersdorfensis⟩
→ **Johannes ⟨von Indersdorf⟩**

Johannes ⟨Unthlinger⟩
→ **Einzlinger, Johannes**

Johannes ⟨Urbech⟩
→ **Johannes ⟨de Auerbach⟩**

Johannes ⟨Urbevetanus⟩
um 1194/1213
Vita sancti Petri Parentii
Rep.Font. VI,422
Jean ⟨d'Orvieto⟩
Johannes ⟨Canonicus Urbevetanus⟩
Urbevetanus, Johannes

Johannes ⟨Ursedus⟩
→ **Johannes ⟨Diaconus Venetus⟩**

Johannes ⟨Utenhove⟩
→ **Johannes ⟨de Ardemburgo⟩**

Johannes ⟨Utenhove⟩
gest. 1489 · OP
Epistola responsiva ad litteras Caroli ducis Burgundiae de reformatione religiosorum; Litterae confraternitatis pro Fraternitate B. Virginis et S. Dominici de Duaco
Kaeppeli,II,417
Excuria, Johannes
Jean ⟨Uyt den Hove⟩
Johannes ⟨de la Cour⟩
Johannes ⟨Excuria⟩
Johannes ⟨Excuria Gandavensis⟩
Johannes ⟨Uyt den Hove⟩
Johannes ⟨Wtenhove⟩
Utenhove, Johannes

Johannes ⟨Utentune⟩
→ **Johannes ⟨de Ardemburgo⟩**

Johannes ⟨Utinensis⟩
→ **Johannes ⟨de Utino⟩**

Johannes ⟨Uyt den Hove⟩
→ **Johannes ⟨Utenhove⟩**

Johannes ⟨Uzsai⟩
→ **Johannes ⟨de Uzsa⟩**

Johannes ⟨Vacta⟩
→ **Johannes ⟨Vate⟩**

Johannes ⟨Valckendolius⟩
gest. 1485
Vetus et Novum Testamentum per vocabula sub ordine alphabeti distinctum
Stegmüller, Repert. bibl. 5026
Valckendolius, Johannes

Johannes ⟨Valensis⟩
→ **Johannes ⟨Guallensis⟩**

Johannes ⟨Valentinus⟩
→ **Johannes ⟨Fortis Valentinus⟩**
→ **Johannes ⟨Serra⟩**

Johannes ⟨Vallis Viridis⟩
→ **Jan ⟨van Leeuwen⟩**

Johannes ⟨van den Berghe⟩
um 1477 · OP
nicht identisch mit Jan ⟨van den Berghe⟩
Kaeppeli,III,42
Berghe, Johannes ¬van den¬
Jean ⟨van den Berghe⟩

Johannes ⟨van der Beke⟩
→ **Johannes ⟨de Beka⟩**

Johannes ⟨van der Hagen⟩
→ **Johannes ⟨de Indagine⟩**

Johannes ⟨van Heelu⟩
→ **Jan ⟨van Heelu⟩**

Johannes ⟨van Heusden⟩
→ **Vos, Johannes**

Johannes ⟨van Löwen⟩
→ **Jan ⟨van Leeuwen⟩**

Johannes ⟨van Ruysbroeck⟩
→ **Ruusbroec, Jan ¬van¬**

Johannes ⟨Varadiensis⟩
13./14. Jh. · OESA
Cant.; vielleicht nur Kopist des von Johannes ⟨Russell⟩ verfaßten Hohelied-Kommentars
Stegmüller, Repert. bibl. 5028
Jean ⟨de Waradschin⟩
Waradschin, Jean ¬de¬

Johannes ⟨Varenacker⟩
gest. 1475
Sap.; Rom.; Hebr.
Stegmüller, Repert. bibl. 5033-5036
Jean ⟨de Ruysselède⟩
Jean ⟨Varenacker⟩
Varenacker, Jean
Varenacker, Johannes

Johannes ⟨Vasco⟩
um 1390 · OFM
Biblia metrificata
Stegmüller, Repert. bibl. 5037
Jean ⟨Vasco⟩
Vasco, Jean
Vasco, Johannes

Johannes ⟨Vate⟩
13. Jh.
Quaestiones super librum De generatione animalium; Quaestiones de quodlibet
Lohr
Jean ⟨Vate⟩
Johannes ⟨Vacta⟩
Johannes ⟨Vataeus⟩
Johannes ⟨Vath⟩
Johannes ⟨Wate⟩
Vate, Jean
Vate, Johannes
Wate, Johannes

Johannes ⟨Vath⟩
→ **Johannes ⟨Vate⟩**

Johannes ⟨Veccus⟩
→ **Johannes ⟨Beccus⟩**

Johannes ⟨Vend⟩
15. Jh. · OP(?)
Sermo et tractatus de Christo
Kaeppeli,III,42; VL(2),10,206
Johannes ⟨Capellanus Monasterii Sanctae Catharinae⟩
Johannes ⟨de Norimberga⟩
Vend, Johannes

Johannes ⟨Venetus⟩
→ **Johannes ⟨Diaconus Venetus⟩**
→ **Johannes ⟨Nicolaus Blancus⟩**

Johannes ⟨Vent⟩
→ **Johannes ⟨Went⟩**

Johannes ⟨Ventofluctus⟩
→ **Johannes ⟨Wanifletus⟩**

Johannes ⟨Vercellensis⟩
→ **Johannes ⟨de Vercellis⟩**
→ **Johannes ⟨Scotus Vercellensis⟩**

Johannes ⟨Verreschi⟩
→ **Johannes ⟨Guerriscus de Viterbio⟩**

Johannes ⟨Verriet⟩
Lebensdaten nicht ermittelt
Versio gallica Gregorii Magni; Cant.
Stegmüller, Repert. bibl. 5040
Verriet, Johannes

Johannes ⟨Versor⟩
gest. ca. 1482
Quaestiones super veterem artem; Quaestiones in totam novam logicam; Quaestiones super libros Metaphysicae; etc.
Lohr
Jean ⟨Versor⟩
Johannes ⟨le Tourneur⟩
Johannes ⟨Versoris⟩
Johannes ⟨Versorius⟩
Juan ⟨Versoris⟩
LeTourneur, Johannes
Tourneur, Johannes ¬le¬
Versor, Jean
Versor, Johannes

Johannes ⟨Vesaliensis⟩
→ **Johannes ⟨de Wesalia⟩**

Johannes ⟨Vetulus⟩
→ **Johannes ⟨de Anania⟩**

Johannes ⟨Vicarius⟩
→ **Johannes ⟨Felton⟩**
→ **Johannes ⟨Seffried⟩**

Johannes ⟨Vicarius Barkeley⟩
→ **John ⟨Trevisa⟩**

Johannes ⟨Vicentinus⟩
→ **Johannes ⟨de Vincentia⟩**

Johannes ⟨Victoriensis⟩
→ **Johannes ⟨de Victring⟩**

Johannes ⟨Victringensis⟩
→ **Johannes ⟨de Victring⟩**

Johannes ⟨Viennensis⟩
→ **Johannes ⟨Porta de Annoniaco⟩**

Johannes ⟨Villani⟩
→ **Villani, Giovanni**

Johannes ⟨Villers⟩
→ **Johannes ⟨de Villario⟩**

Johannes ⟨Vincellensis⟩
→ **Johannes ⟨de Vercellis⟩**

Johannes ⟨Vineti⟩
um 1428/50 · OP
Tract. contra daemonum invocatores
Kaeppeli,III,45/46; Schönberger/Kible, Repertorium, 15198
Jean ⟨Vineti⟩
Vineti, Jean
Vineti, Johannes

Johannes ⟨Viridis Vallis⟩
→ **Johannes ⟨de Bercht⟩**

Johannes ⟨Vitalis⟩
um 1390 · OFM
Sermo de conceptione Beatae Mariae
Stegmüller, Repert. bibl.
Jean ⟨Vital⟩
Jean ⟨Vitalis⟩
Johannes ⟨Vitalis Hispanus⟩
Vital, Jean
Vitalis, Jean
Vitalis, Johannes

Johannes ⟨Vitalis de Furno⟩
→ **Johannes Vitalis ⟨a Furno⟩**

Johannes ⟨Vitembergensis⟩
→ **Johannes ⟨Pfeffer de Weidenberg⟩**

Johannes ⟨Viterbiensis⟩
→ **Johannes ⟨de Rubeis⟩**
→ **Nanni, Giovanni**

Johannes ⟨Viterbiensis⟩
um 1228
De regimine civitatum
LMA,V,520; Rep.Font. VI,426
Giovanni ⟨da Viterbo⟩

Johann ⟨von Viterbo⟩
Johannes ⟨Assessor Potestatis Florentiae⟩

Johannes ⟨Vitez⟩
→ **Vitez, Johannes**

Johannes ⟨Vitoduranus⟩
ca. 1300/02 – 1348 · OFM
LThK; VL(2); Tusculum-Lexikon; LMA,V,611
Jean ⟨de Winterthur⟩
Johann ⟨von Winterthur⟩
Johannes ⟨de Ordine Fratrum Minorum⟩
Johannes ⟨von Winterthur⟩
Vito Duranus, Johannes
Vitoduranus, Johannes

Johannes ⟨Vogolon⟩
gest. ca. 1340 · OCarm
IV Evv.
Stegmüller, Repert. bibl. 5043
Jean ⟨Vogolon⟩
Vogolon, Jean
Vogolon, Johannes

Johannes ⟨vom Kornelienberge⟩
→ **Johannes ⟨Montis Sancti Cornelii⟩**

Johannes ⟨von Affligem⟩
→ **Johannes ⟨Affligemensis⟩**

Johannes ⟨von Aichstetten⟩
15. Jh.
VL(2),4,536
Aichstetten, Johannes ¬von¬
Hanns ⟨Maister⟩

Johannes ⟨von Alexandreia⟩
→ **Johannes ⟨Alexandrinus⟩**

Johannes ⟨von Alexandria⟩
→ **Johannes ⟨Eleemosynarius⟩**

Johannes ⟨von Alexandrien⟩
→ **Johannes ⟨de Cardalhaco⟩**

Johannes ⟨von Alta Silva⟩
→ **Johannes ⟨de Alta Silva⟩**

Johannes ⟨von Alven⟩
15. Jh.
Niederdeutsches Gebet
VL(2),4,536
Alven, Johannes ¬von¬

Johannes ⟨von Alverna⟩
→ **Johannes ⟨de Alvernia⟩**

Johannes ⟨von Amalfi⟩
→ **Johannes ⟨Amalfitanus⟩**

Johannes ⟨von Antiocheia, Chronist⟩
→ **Johannes ⟨Antiochenus, Chronista⟩**

Johannes ⟨von Antiochia⟩
→ **Johannes ⟨Malalas⟩**
→ **Johannes ⟨Oxites⟩**

Johannes ⟨von Apamea⟩
→ **Yoḥannan ⟨Apameia⟩**

Johannes ⟨von Asien⟩
→ **Johannes ⟨Ephesius⟩**

Johannes ⟨von Auerbach⟩
→ **Johannes ⟨de Auerbach⟩**

Johannes ⟨von Auggen⟩
→ **Brunwart ⟨von Augheim⟩**

Johannes ⟨von Aurillac⟩
→ **Johannes ⟨de Rupescissa, OFM⟩**

Johannes ⟨von Auvilla⟩
→ **Johannes ⟨de Alta Villa⟩**

Johannes ⟨von Basel⟩
→ **Johannes ⟨de Basilea⟩**

Johannes ⟨von Beauvais⟩
→ **Johannes ⟨Bellovacensis⟩**

Johannes ⟨von Beris⟩
→ **Beris, Johannes**

Johannes ⟨von Bet Aphtonia⟩
→ **Yôḥannān ⟨Bēt Aptonyā⟩**

Johannes ⟨von Beverley⟩
→ **Johannes ⟨Beverlacensis⟩**

Johannes ⟨von Bèze⟩
→ **Johannes ⟨Besuensis⟩**

Johannes ⟨von Biclaro⟩
→ **Johannes ⟨de Biclaro⟩**

Johannes ⟨von Biel⟩
→ **Johannes ⟨de Bila⟩**

Johannes ⟨von Boek⟩
→ **Johannes ⟨von Buch⟩**

Johannes ⟨von Brakel⟩
→ **Johannes ⟨de Braculis⟩**

Johannes ⟨von Brandenburg⟩
→ **Johann ⟨Brandenburg, Markgraf, I.⟩**

Johannes ⟨von Brandenturn⟩
→ **Johannes ⟨de Turrecremata⟩**

Johannes ⟨von Braunschweig⟩
→ **Kerberch, Johannes**

Johannes ⟨von Braunschweig-Grubenhagen⟩
→ **Johannes ⟨Brunsvicensis⟩**

Johannes ⟨von Bridlington⟩
→ **Johannes ⟨de Bridlington⟩**

Johannes ⟨von Bromyard⟩
→ **Johannes ⟨Bromiardus⟩**

Johannes ⟨von Brünn⟩
um 1343/57
Brünner Schöffenbuch (lat.; Codex Johannis); nicht identisch mit Johannes ⟨de Gelnhausen⟩
VL(2),4,531
Brünn, Johannes ¬von¬
Johannes ⟨Dominus⟩
Johannes ⟨Notarius Civitatis⟩
Johannes ⟨Stadtschreiber von Brünn⟩

Johannes ⟨von Brüssel⟩
→ **Mauburnus, Johannes**

Johannes ⟨von Buch⟩
ca. 1290 – ca. 1356
Glosse zum Sachsenspiegel Landrecht; Richtsteig Landrechts
VL(2),4,551; Rep.Font. II,599; LMA,II,811
Bock, Johann ¬von¬
Boich, Johann ¬von¬
Buch, Johann ¬von¬
Buch, Johannes ¬von¬
Buk, Johann ¬von¬
Henning ⟨Boek⟩
Henning ⟨Bok⟩
Henning ⟨Buk⟩
Henning ⟨von Buch⟩
Jan ⟨Boek⟩
Jan ⟨Bok⟩
Jan ⟨Buk⟩
Jan ⟨van Boek⟩
Jan ⟨von Buch⟩
Johann ⟨von Bock⟩
Johann ⟨von Boich⟩
Johann ⟨von Buch⟩
Johann ⟨von Buk⟩
Johannes ⟨Boek⟩
Johannes ⟨Bok⟩
Johannes ⟨Buk⟩
Johannes ⟨von Boek⟩
Johannes ⟨von Bok⟩
Johannes ⟨von Buk⟩

Johannes ⟨von Bulgarien⟩
→ **Joan ⟨Bălgarski⟩**

Johannes ⟨von Buxheim⟩
→ **Johannes ⟨Institor⟩**

Johannes ⟨von Campana⟩
→ **Johannes ⟨de Capua⟩**

Johannes ⟨von Capestrano⟩
→ **Johannes ⟨de Capestrano⟩**

Johannes ⟨von Capua⟩
→ **Johannes ⟨de Capua⟩**

Johannes ⟨von Casale⟩
→ **Johannes ⟨de Casali⟩**

Johannes ⟨von Cermenate⟩
→ **Johannes ⟨de Cermenate⟩**

Johannes ⟨von Châtillon⟩
→ **Johannes ⟨de Craticula⟩**

Johannes ⟨von Chesterlade⟩
→ **Johannes ⟨de Cesterlade⟩**

Johannes ⟨von Clarano⟩
→ **Johannes ⟨de Clarano⟩**

Johannes ⟨von Clonfert⟩
→ **Johannes ⟨de Alatre⟩**

Johannes ⟨von Cluny⟩
→ **Johannes ⟨Cluniacensis⟩**

Johannes ⟨von Cornwall⟩
→ **Johannes ⟨Cornubiensis⟩**

Johannes ⟨von Coutances⟩
→ **Johannes ⟨Constantiensis⟩**

Johannes ⟨von Crathorn⟩
→ **Crathorn**

Johannes ⟨von Craticula⟩
→ **Johannes ⟨de Craticula⟩**

Johannes ⟨von Csezmicze⟩
→ **Ianus ⟨Pannonius⟩**

Johannes ⟨von Czarnków⟩
→ **Johannes ⟨de Czarnkow⟩**

Johannes ⟨von Dacien⟩
→ **Johannes ⟨Dacus⟩**

Johannes ⟨von Dänemark⟩
→ **Johannes ⟨Dacus⟩**

Johannes ⟨von Dalyatha⟩
→ **Yôh̲annān ⟨von Dalyatā⟩**

Johannes ⟨von Damaskus⟩
→ **Johannes ⟨Damascenus⟩**

Johannes ⟨von Dambach⟩
→ **Johannes ⟨de Tambaco⟩**

Johannes ⟨von den Bornen⟩
→ **Johannes ⟨de Fonte⟩**

Johannes ⟨von der Müntz⟩
→ **Johannes ⟨de Moneta⟩**

Johannes ⟨von der Pusilie⟩
→ **Johannes ⟨de Posilge⟩**

Johannes ⟨von Detschin⟩
→ **Johannes ⟨Ticinensis⟩**

Johannes ⟨von Dorsten⟩
→ **Johannes ⟨de Dorsten⟩**

Johannes ⟨von Dymsdale⟩
→ **Johannes ⟨de Tytynsale⟩**

Johannes ⟨von Eberhausen⟩
→ **Johannes ⟨de Eberhausen⟩**

Johannes ⟨von Effringen⟩
→ **Johannes ⟨von Offringen⟩**

Johannes ⟨von Ellenbogen⟩
→ **Johannes ⟨de Cubito⟩**

Johannes ⟨von Ephesos⟩
→ **Johannes ⟨Ephesius⟩**

Johannes ⟨von Erfurt⟩
→ **Aurifaber, Johannes**
→ **Johannes ⟨de Erfordia⟩**

Johannes ⟨von Euboia⟩
→ **Johannes ⟨de Euboea⟩**

Johannes ⟨von Euchaita⟩
→ **Johannes ⟨Mauropus⟩**

Johannes ⟨von Faenza⟩
→ **Johannes ⟨Faventinus⟩**

Johannes ⟨von Fécamp⟩
→ **Johannes ⟨Fiscannensis⟩**

Johannes ⟨von Fidanza Bonaventura⟩
→ **Bonaventura ⟨Sanctus⟩**

Johannes ⟨von Florenz⟩
→ **Giovanni ⟨Fiorentino⟩**

Johannes ⟨von Frankenstein⟩
um 1300
Kreuziger
VL(2),4,595/9
Frankenstein, Johannes ¬von¬
Jean ⟨de Frankenstein⟩
Johann ⟨von Frankenstein⟩
Johannes ⟨de Franchenstain⟩

Johannes ⟨von Frankfurt⟩
→ **Johannes ⟨de Francfordia⟩**

Johannes ⟨von Freiberg⟩
13. Jh.
Das Rädlein
VL(2),4,603/605
Freiberg, Johannes ¬von¬

Johannes ⟨von Freiburg⟩
→ **Johannes ⟨de Friburgo⟩**
→ **Johannes ⟨von Rheinfelden⟩**

Johannes ⟨von Gabala⟩
→ **Johannes ⟨Gabalensis⟩**

Johannes ⟨von Gablingen⟩
um 1429
Vocabularius fundamentarius
VL(2),4,611
Gablingen, Johannes ¬von¬
Johannes ⟨Plebanus et Rector⟩

Johannes ⟨von Gaeta⟩
→ **Gelasius ⟨Papa, II.⟩**

Johannes ⟨von Galles⟩
→ **Johannes ⟨Galensis⟩**
→ **Johannes ⟨Guallensis⟩**
→ **Johannes ⟨Welle⟩**
→ **Johannes ⟨Wells⟩**

Johannes ⟨von Galles von Volterra⟩
→ **Johannes ⟨Guallensis de Volterra⟩**

Johannes ⟨von Garlandia⟩
→ **Johannes ⟨de Garlandia⟩**

Johannes ⟨von Gaza⟩
→ **Johannes ⟨Gazaeus⟩**

Johannes ⟨von Gelnhausen⟩
→ **Johannes ⟨de Gelnhausen⟩**

Johannes ⟨von Gemünden⟩
→ **Johannes ⟨de Gmunden⟩**

Johannes ⟨von Genua⟩
→ **Johannes ⟨Ianuensis⟩**

Johannes ⟨von Glastonbury⟩
→ **Johannes ⟨Glastoniensis⟩**

Johannes ⟨von Glogau⟩
→ **Głogowczyk, Jan**

Johannes ⟨von Gmunden⟩
→ **Johannes ⟨de Gamundia⟩**
→ **Johannes ⟨de Gmunden⟩**

Johannes ⟨von Goch⟩
→ **Johannes ⟨Pupper von Goch⟩**

Johannes ⟨von Guben⟩
→ **Johann ⟨von Guben⟩**

Johannes ⟨von Halberstadt⟩
→ **Aurifaber, Johannes**

Johannes ⟨von Halifax⟩
→ **Johannes ⟨de Sacrobosco⟩**

Johannes ⟨von Halvernia⟩
→ **Johannes ⟨de Alvernia⟩**

Johannes ⟨von Hanvilla⟩
→ **Johannes ⟨de Alta Villa⟩**

Johannes ⟨von Haslach⟩
→ **Johannes ⟨de Friburgo⟩**

Johannes ⟨von Hauvilla⟩
→ **Johannes ⟨de Alta Villa⟩**

Johannes ⟨von Hexham⟩
→ **Johannes ⟨Hagustaldensis⟩**

Johannes ⟨von Hildesheim⟩
→ **Johannes ⟨Hildesheimensis⟩**

Johannes ⟨von Holywood⟩
→ **Johannes ⟨de Sacrobosco⟩**

Johannes ⟨von Hoveden⟩
→ **Johannes ⟨de Hovedena⟩**

Johannes ⟨von Hoxem⟩
→ **Johannes ⟨Hocsemius⟩**

Johannes ⟨von Indersdorf⟩
1382 – 1470
LMA,V,582
Indersdorf, Johannes ¬von¬
Johannes ⟨Rothuet⟩
Johannes ⟨Rothut⟩
Johannes ⟨Undersdorfensis⟩
Rothuet, Johannes
Rothut, Johannes

Johannes ⟨von Jandun⟩
→ **Johannes ⟨de Ianduno⟩**

Johannes ⟨von Jenzenstein⟩
→ **Johannes ⟨de Jenzenstein⟩**

Johannes ⟨von Jerusalem⟩
→ **Johannes ⟨Hierosolymitanus, ...⟩**

Johannes ⟨von Kaisareia⟩
→ **Johannes ⟨Caesariensis⟩**

Johannes ⟨von Karpathos⟩
→ **Johannes ⟨Carpathius⟩**

Johannes ⟨von Kassel⟩
15. Jh.
Practica (dt.)
VL(2),4,651
Johannes ⟨de Cassil⟩
Johannes ⟨Doctor⟩
Kassel, Johannes ¬von¬

Johannes ⟨von Kastl⟩
→ **Johannes ⟨de Castello⟩**

Johannes ⟨von Keneschre⟩
→ **Yôḥannān Bar-Aptonyā**

Johannes ⟨von Kent⟩
→ **Johannes ⟨de Kent⟩**

Johannes ⟨von Khanbaliq⟩
→ **Johannes ⟨de Monte Corvino⟩**

Johannes ⟨von Kiev⟩
→ **Johannes ⟨Kiovensis⟩**

Johannes ⟨von Kitros⟩
→ **Johannes ⟨Citri Episcopus⟩**

Johannes ⟨von Kluczbork⟩
→ **Johannes ⟨Cruczeburg⟩**

Johannes ⟨von Köln⟩
→ **Johannes ⟨Blomendal⟩**

Johannes ⟨von Köln, OFM⟩
→ **Johannes ⟨de Colonia⟩**

Johannes ⟨von Konstantinopel, II.⟩
→ **Johannes ⟨Cappadoces⟩**

Johannes ⟨von Kornelienberg bei Lüttich⟩
→ **Johannes ⟨Montis Sancti Cornelii⟩**

Johannes ⟨von Kreuzburg⟩
→ **Johannes ⟨Cruczeburg⟩**

Johannes ⟨von Kytros⟩
→ **Johannes ⟨Citri Episcopus⟩**

Johannes ⟨von La Rochelle⟩
→ **Johannes ⟨de Rupella⟩**

Johannes ⟨von Lambsheim⟩
→ **Johannes ⟨de Lambsheim⟩**

Johannes ⟨von Lasnioro⟩
→ **Laaz, Johannes**

Johannes ⟨von Lauburg⟩
14. Jh.
Compendium metricum
VL(2),4,668
Lauburg, Johannes ¬von¬

Johannes ⟨von Lauterbach⟩
→ **Johannes ⟨de Lauterbach⟩**

Johannes ⟨von Lichtenberg⟩
→ **Johannes ⟨de Lucidomonte⟩**

Johannes ⟨von Lignano⟩
→ **Johannes ⟨de Lignano⟩**

Johannes ⟨von Limoges⟩
→ **Johannes ⟨Lemovicensis⟩**

Johannes ⟨von Lindau⟩
→ **Lindau, Johannes**

Johannes ⟨von Lodi⟩
→ **Johannes ⟨Laudensis⟩**

Johannes ⟨von Löwen⟩
→ **Jan ⟨van Leeuwen⟩**

Johannes ⟨von Lüttich⟩
→ **Johannes ⟨Leodiensis⟩**

Johannes ⟨von Luzern⟩
→ **Hartmann, Hans**

Johannes ⟨von Lykopolis⟩
→ **Yoḥannan ⟨Apameia⟩**

Johannes ⟨von Magdeburg⟩
→ **Johannes ⟨Magdeburgensis⟩**

Johannes ⟨von Mailly⟩
→ **Johannes ⟨de Malliaco⟩**

Johannes ⟨von Mainz⟩
gest. 1457 · OP
Leben der Reformdominikaner; 2 Abendansprachen; Geistliche Mahn- und Trostschreiben
VL(2),4,675/677; Kaeppeli,II,480/481
Binder, Johannes
Fyntzel, Johannes
Johannes ⟨Binder⟩
Johannes ⟨de Moguntia⟩
Johannes ⟨Fyntzel⟩
Johannes ⟨genannt Binder⟩
Johannes ⟨von Maincze⟩
Johannes ⟨von Mencz⟩
Johannes ⟨von Mentz⟩
Mainz, Johannes ¬von¬

Johannes ⟨von Malbork⟩
→ **Johannes ⟨de Posilge⟩**

Johannes ⟨von Mandeville⟩
→ **John ⟨Mandeville⟩**

Johannes ⟨von Mantua⟩
→ **Johannes ⟨Mantuanus⟩**

Johannes ⟨von Marienburg⟩
→ **Johannes ⟨de Posilge⟩**

Johannes ⟨von Marienwerder⟩
→ **Marienwerder, Johannes**

Johannes ⟨von Marignola⟩
→ **Johannes ⟨de Marignollis⟩**

Johannes ⟨von Matera⟩
→ **Johannes ⟨de Matera⟩**

Johannes ⟨von Matha⟩
→ **Johannes ⟨de Matha⟩**

Johannes ⟨von Mecheln⟩
→ **Johannes ⟨de Mechlinia⟩**

Johannes ⟨von Mencz⟩
→ **Johannes ⟨von Mainz⟩**

Johannes ⟨von Minden⟩
→ **Johannes ⟨de Minden, OSB⟩**
→ **Johannes ⟨de Minden⟩**

Johannes ⟨von Mirecourt⟩
→ **Johannes ⟨de Mirecuria⟩**

Johannes ⟨von Montaville⟩
→ **John ⟨Mandeville⟩**

Johannes ⟨von Moussy⟩
→ **Johannes ⟨de Moussy⟩**

Johannes ⟨von Murro⟩
→ **Johannes ⟨de Murro⟩**

Johannes ⟨von Murrovalle⟩
→ **Johannes ⟨de Murro⟩**

Johannes ⟨von Neapel⟩
→ **Johannes ⟨de Regina de Neapoli⟩**
→ **Johannes ⟨Mediocris⟩**
→ **Johannes ⟨Scriba, IV.⟩**

Johannes ⟨von Nepomuk⟩
→ **Johannes ⟨Nepomucenus⟩**

Johannes ⟨von Neuhaus⟩
→ **Johannes ⟨de Nova Domo⟩**

Johannes ⟨von Neumarkt⟩
ca. 1315 – 1380
Summa cancellariae
VL(2); LMA,V,518
Giovanni ⟨di Neumarkt⟩
Jan ⟨ze Stredy⟩
Jean ⟨de Neumarkt⟩
Joannes ⟨Novoforensis⟩
Joannes ⟨von Olomutz⟩
Johann ⟨von Neumarkt⟩
Johann ⟨von Olmütz⟩
Johannes ⟨de Altamuta⟩
Johannes ⟨de Novoforo⟩
Johannes ⟨Episcopus⟩
Johannes ⟨Noviforensis⟩
Johannes ⟨Olomucensis⟩
Johannes ⟨von Olmütz⟩
Johannes ⟨von Olmütz, VIII.⟩
Neumarkt, Johannes ¬von¬

Johannes ⟨von Nike⟩
→ **Johannes ⟨Nicaenus⟩**

Johannes ⟨von Nikiu⟩
→ **Johannes ⟨Niciensis⟩**

Johannes ⟨von Nördlingen⟩
14. Jh. · OFM (?)
Predigten
VL(2),4,696/697
Johannes ⟨Lesmeister⟩
Johannes ⟨von Nörtlingen⟩
Nördlingen, Johannes ¬von¬

Johannes ⟨von Oberwesel⟩
→ **Johannes ⟨de Wesalia⟩**

Johannes ⟨von Ochsenfurt⟩
→ **Münich, Johannes**

Johannes ⟨von Offringen⟩
gest. 1375 · OP
2 Predigten über Joh. Ev.
VL(2),4,697/698
Johannes ⟨de Efringen Basileensis⟩
Johannes ⟨von Effringen⟩
Johannes ⟨von Efringen⟩
Offringen, Johannes ¬von¬

Johannes ⟨von Olmütz⟩
→ **Johannes ⟨von Neumarkt⟩**

Johannes ⟨von Orléans⟩
→ **Johannes ⟨Aurelianensis⟩**

Johannes ⟨von Otranto⟩
→ **Johannes ⟨Grassus⟩**

Johannes ⟨von Palästina⟩
→ **Johannes ⟨Gazaeus⟩**

Johannes ⟨von Paltz⟩
1455 – 1511 · OESA
LMA,V,592
Geisser, Johannes
Genser, Johannes
Geuser, Johannes
Greffenstein, Johannes
Jean ⟨de Palz⟩
Jeuser, Johannes
Johann ⟨Jeuser⟩
Johann ⟨von Paltz⟩
Johann ⟨von Palz⟩
Johann ⟨Zenser⟩
Johannes ⟨Geisser⟩
Johannes ⟨Genser⟩
Johannes ⟨Geuser⟩
Johannes ⟨Greffenstein⟩
Johannes ⟨Jeuser⟩
Johannes ⟨Palatinus⟩
Johannes ⟨von Palz⟩
Johannes ⟨von Pfaltz⟩
Johannes ⟨Zenser⟩
Paltz, Joannes ¬de¬
Paltz, Johann ¬von¬
Paltz, Johannes ¬von¬
Palz, Johannes ¬de¬
Valtz, Johann ¬von¬
Zenser, Johannes

Johannes ⟨von Paris⟩
→ **Johannes ⟨Parisiensis⟩**
→ **Johannes ⟨Pungens Asinum⟩**

Johannes ⟨von Parisiis⟩
→ **Beris, Johannes**

Johannes ⟨von Pfaltz⟩
→ **Johannes ⟨von Paltz⟩**

Johannes ⟨von Phintona⟩
→ **Johannes ⟨de Phintona⟩**

Johannes ⟨von Pielach⟩
→ **Johannes ⟨de Bila⟩**

Johannes ⟨von Pomuk⟩
→ **Johannes ⟨Nepomucenus⟩**

Johannes ⟨von Posilge⟩
→ **Johannes ⟨de Posilge⟩**

Johannes ⟨von Pulsano⟩
→ **Johannes ⟨de Matera⟩**

Johannes ⟨von Rabenstein⟩
→ **Johannes ⟨de Rabenstein⟩**

Johannes ⟨von Ragusa⟩
→ **Johannes ⟨de Ragusa⟩**

Johannes ⟨von Reading⟩
→ **Johannes ⟨de Radingia⟩**

Johannes ⟨von Redwitz zu Theißenort⟩
→ **Hans ⟨von Redwitz⟩**

Johannes ⟨von Resöm⟩
→ **Rellach, Johannes**

Johannes ⟨von Retz⟩
→ **Johannes ⟨de Retz⟩**

Johannes ⟨von Rheinfelden⟩
um 1377 · OP
Ludus cartularum moralisatus; De moribus et disciplina humanae conversationis; nicht identisch mit Johannes ⟨de Friburgo⟩ (gest. 1314)
VL(2),4,718; Kaeppeli,II,436/437
Johannes ⟨de Friburgo⟩
Johannes ⟨Frater Ordinis Praedicatorum⟩
Johannes ⟨Teuto⟩
Johannes ⟨von Freiburg⟩
Rheinfelden, Johannes ¬von¬

Johannes ⟨von Riedt⟩
→ **Johannes ⟨de Arundine⟩**

Johannes ⟨von Rila⟩
→ **Ivan ⟨Rilski⟩**

Johannes ⟨von Ringgenberg⟩
→ **Johann ⟨von Ringgenberg⟩**

Johannes ⟨von Rinstetten⟩
um 1384/99 · OESA
Vita des sel. Bruder Heinrich
VL(2),4,722/723
Rinstetten, Johannes ¬von¬

Johannes ⟨von Rodington⟩
→ **Johannes ⟨de Rodington⟩**

Johannes ⟨von Roquetaillade⟩
→ **Johannes ⟨de Rupescissa, OFM⟩**

Johannes ⟨von Rupella⟩
→ **Johannes ⟨de Rupella⟩**

Johannes ⟨von Saaz⟩
→ **Johannes ⟨von Tepl⟩**

Johannes ⟨von Sabina⟩
→ **Silvester ⟨Papa, III., Antipapa⟩**

Johannes ⟨von Sachsen⟩
→ **Johannes ⟨Danck de Saxonia⟩**
→ **Johannes ⟨de Erfordia⟩**

Johannes ⟨von Sacrobosco⟩
→ **Johannes ⟨de Sacrobosco⟩**

Johannes ⟨von Saint-Ouen⟩
→ **Johannes ⟨de Sancto Audoeno⟩**

Johannes ⟨von Salerno⟩
→ **Johannes ⟨Cluniacensis⟩**

Johannes ⟨von Salisbury⟩
→ **Johannes ⟨Sarisberiensis⟩**

Johannes ⟨von Salzburg⟩
→ **Mönch ⟨von Salzburg⟩**

Johannes ⟨von San Vincenzo al Volturno⟩
→ **Johannes ⟨de Sancto Vincentio⟩**

Johannes ⟨von Sankt Amand⟩
→ **Johannes ⟨de Sancto Amando⟩**

Johannes ⟨von Sankt Egidio⟩
→ **Johannes ⟨de Sancto Aegidio⟩**

Johannes ⟨von Sankt Gimignano⟩
→ **Johannes ⟨de Sancto Geminiano⟩**

Johannes ⟨von Sankt Maria in Trastevere⟩
→ **Johannes ⟨Sanctae Mariae Trans Tiberim⟩**

Johannes ⟨von Sankt Paul⟩
→ **Johannes ⟨de Sancto Paulo⟩**

Johannes ⟨von Sankt Vinzenz⟩
→ **Johannes ⟨de Sancto Vincentio⟩**

Johannes ⟨von Sankt-Arnulf⟩
→ **Johannes ⟨de Sancto Arnulfo⟩**

Johannes ⟨von Schaftholzheim⟩
→ **Johannes ⟨de Schaftholzheim⟩**

Johannes ⟨von Schönfeld⟩
→ **Schönfelder, Johannes**

Johannes ⟨von Segovia⟩
→ **Johannes ⟨de Segovia⟩**

Johannes ⟨von Sevilla⟩
→ **Johannes ⟨Hispalensis⟩**

Johannes ⟨von Sizilien⟩
→ **Johannes ⟨de Sicilia⟩**

Johannes ⟨von Skythopolis⟩
→ **Johannes ⟨Scythopolitanus⟩**

Johannes ⟨von Soest⟩
→ **Johann ⟨von Soest⟩**

Johannes ⟨von Sommerfeld⟩
→ **Johannes ⟨de Sommerfeld⟩**

Johannes ⟨von Spanien⟩
→ **Johannes ⟨Hispanus⟩**

Johannes ⟨von Speyer⟩
→ **Johannes ⟨de Spira⟩**

Johannes ⟨von Stein⟩
→ **Heynlin, Johannes**

Johannes ⟨von Sterngassen⟩
→ **Johannes ⟨de Sterngassen⟩**

Johannes ⟨von Struma⟩
→ **Callistus ⟨Papa, III., Antipapa⟩**

Johannes ⟨von Tambach⟩
→ **Johannes ⟨de Tambaco⟩**

Johannes ⟨von Tepl⟩
ca. 1350 – 1414
Ackermann aus Böhmen
VL(2),4,763/74; LMA,V,607/08
Johann ⟨von Saaz⟩
Johann ⟨von Stybor⟩
Johannes ⟨de Sitbor⟩
Johannes ⟨fra Saaz⟩
Johannes ⟨Henslini de Sitbor⟩
Johannes ⟨von Saaz⟩
Johannes ⟨Zacensis⟩
Tepl, Johannes ¬von¬

Johannes ⟨von Terralba⟩
→ **Johannes ⟨de Clarano⟩**

Johannes ⟨von Teschen⟩
→ **Johannes ⟨Ticinensis⟩**

Johannes ⟨von Tetzen⟩
→ **Johannes ⟨Ticinensis⟩**

Johannes ⟨von Thessalonike⟩
→ **Johannes ⟨Thessalonicensis⟩**

Johannes ⟨von Thessin⟩
→ **Johannes ⟨Ticinensis⟩**

Johannes ⟨von Torquemada⟩
→ **Johannes ⟨de Turrecremata⟩**

Johannes ⟨von Tossignano⟩
→ **Johannes ⟨Papa, X.⟩**

Johannes ⟨von Tras-chanagerd⟩
→ **Yovhannēs ⟨Drasxanakertc'i⟩**

Johannes ⟨von Trevi⟩
→ **Johannes ⟨de Trevio⟩**

Johannes ⟨von Treviso⟩
→ **Johannes ⟨de Treviso⟩**

Johannes ⟨von Trier⟩
→ **Rode, Johannes**

Johannes ⟨von Turrecremata⟩
→ **Johannes ⟨de Turrecremata⟩**

Johannes ⟨von Tydenshale⟩
→ **Johannes ⟨de Tytynsale⟩**

Johannes ⟨von Tynemouth⟩
→ **Johannes ⟨de Tinemue⟩**
→ **Johannes ⟨de Tynemouth⟩**

Johannes ⟨von Tytynsale⟩
→ **Johannes ⟨de Tytynsale⟩**

Johannes ⟨von Udine⟩
→ **Johannes ⟨de Utino⟩**

Johannes ⟨von Velletri⟩
→ **Benedictus ⟨Papa, X.⟩**

Johannes ⟨von Venedig⟩
→ **Johannes ⟨Diaconus Venetus⟩**

Johannes ⟨von Vercelli⟩
→ **Johannes ⟨de Vercellis⟩**

Johannes ⟨von Verden⟩
→ **Johannes ⟨de Werdena⟩**

Johannes ⟨von Vicenza⟩
→ **Johannes ⟨de Vincentia⟩**

Johannes ⟨von Viktring⟩
→ **Johannes ⟨de Victring⟩**

Johannes ⟨von Vippach⟩
ca. 1344 – 1375
Johann ⟨von Vippach⟩
Johann ⟨von Vitpech⟩
Johannes ⟨von Vitpech⟩
Vippach, Johannes ¬von¬

Johannes ⟨von Vitpech⟩
→ **Johannes ⟨von Vippach⟩**

Johannes ⟨von Waldsassen⟩
→ **Johannes ⟨de Cubito⟩**

Johannes ⟨von Wales⟩
→ **Johannes ⟨Galensis⟩**
→ **Johannes ⟨Guallensis⟩**
→ **Johannes ⟨Welle⟩**
→ **Johannes ⟨Wells⟩**

Johannes ⟨von Wales von Volterra⟩
→ **Johannes ⟨Guallensis de Volterra⟩**

Johannes ⟨von Walsham⟩
→ **Johannes ⟨de Walsham⟩**

Johannes ⟨von Weilheim⟩
→ **Schlitpacher, Johannes**

Johannes ⟨von Weißenburg⟩
um 1379/99 · OP
Traktat über die Armut
VL(2),4,798/799; Kaeppeli,II,48
Jean ⟨de Wissembourg⟩
Johannes ⟨Bruder⟩
Johannes ⟨von Wissenburg⟩
Weißenburg, Johannes ¬von¬
Wissenburg, Johannes ¬de¬

Johannes ⟨von Weits⟩
→ **Himmel, Johannes**

Johannes ⟨von Wells⟩
→ **Johannes ⟨Galensis⟩**
→ **Johannes ⟨Guallensis⟩**
→ **Johannes ⟨Welle⟩**
→ **Johannes ⟨Wells⟩**

Johannes ⟨von Wells von Volterra⟩
→ **Johannes ⟨Guallensis de Volterra⟩**

Johannes ⟨von Werden⟩
→ **Hieronymus ⟨de Mondsee⟩**
→ **Johannes ⟨de Werdena⟩**

Johannes ⟨von Wesel⟩
→ **Johannes ⟨de Wesalia⟩**

Johannes ⟨von Wetzlar⟩
→ **Lange, Johannes**

Johannes ⟨von Wildeshausen⟩
→ **Johannes ⟨Teutonicus de Wildeshusen⟩**

Johannes ⟨von Winterthur⟩
→ **Johannes ⟨Vitoduranus⟩**

Johannes ⟨von Wissenburg⟩
→ **Johannes ⟨von Weißenburg⟩**

Johannes ⟨von Würzburg⟩
→ **Johann ⟨von Würzburg⟩**
→ **Johannes ⟨Herbipolensis⟩**

Johannes ⟨von Zamora⟩
→ **Johannes Aegidius ⟨de Zamora⟩**

Johannes ⟨von Zazenhausen⟩
gest. 1380 · OFM
Passionshistorie; Predigt über das Altarsakrament
VL(2),4,827/830
Zazenhausen, Johannes ¬von¬

Johannes ⟨Voretan⟩
→ **Johannes ⟨Wrothamus⟩**

Johannes ⟨Vorsteher des Klosters Raithu⟩
→ **Johannes ⟨Raithenus⟩**

Johannes ⟨Vorster⟩
→ **Vorster, Johannes**

Johannes ⟨Vos⟩
→ **Vos, Johannes**

Johannes ⟨Vulturnensis⟩
→ **Johannes ⟨de Sancto Vincentio⟩**

Johannes ⟨Wackerzeel⟩
→ **Johannes ⟨de Wackerzeele⟩**

Johannes ⟨Waes⟩
→ **Johannes ⟨de Wasia⟩**

Johannes ⟨Wagner⟩
→ **Wagner, Johannes**

Johannes ⟨Wainflete⟩
→ **Johannes ⟨Wanifletus⟩**

Johannes ⟨Waint⟩
→ **Johannes ⟨Went⟩**

Johannes ⟨Waldebius⟩
→ **Johannes ⟨de Waldeby⟩**

Johannes ⟨Waldsassensis⟩
→ **Johannes ⟨de Cubito⟩**

Johannes ⟨Walensis⟩
→ **Johannes ⟨Guallensis⟩**

Johannes ⟨Walgram⟩
→ **Johannes ⟨Walsingham⟩**

Johannes ⟨Wallingfordus⟩
→ **Johannes ⟨de Walingforda⟩**

Johannes ⟨Walsergam⟩
→ **Johannes ⟨Walsingham⟩**

Johannes ⟨Walsham⟩
→ **Johannes ⟨de Walsham⟩**

Johannes ⟨Walsingham⟩
gest. 1393 · OCarm
De sacrae Scripturae cursu
Stegmüller, Repert. bibl. 5050
Jean ⟨de Walsingham⟩
Johannes ⟨Burnhamiensis⟩
Johannes ⟨Carmelita Burnhamiensis⟩
Johannes ⟨Norvicensis⟩
Johannes ⟨Walgram⟩
Johannes ⟨Walsergam⟩
Johannes ⟨Walsgram⟩
Johannes ⟨Walsigham⟩
Johannes ⟨Walsinghamus⟩
Walsingham, Johannes

Johannes ⟨Walthamensis Canonicus⟩
→ **Johannes ⟨Wratingus⟩**

Johannes ⟨Wanifletus⟩
um 1418 · OCarm
Commentaria plura in sacram Scripturam
Stegmüller, Repert. bibl. 5052
Jean ⟨de Wainfleet⟩
Jean ⟨de Waynflete⟩
Jean ⟨Wanifletus⟩
Johannes ⟨Cantabrigiensis⟩
Johannes ⟨Ventofluctus⟩
Johannes ⟨Wainflete⟩
Wanifletus, Johannes

Johannes ⟨Wartburg⟩
→ **Johannes ⟨de Wartberg⟩**

Johannes ⟨Wate⟩
→ **Johannes ⟨Vate⟩**

Johannes ⟨Weicker de Roemhilt⟩
um 1440
Quaestio in vesperiis pro Stephano de Prettin
Stegmüller, Repert. sentent. 833
Johannes ⟨de Roemhilt⟩
Johannes ⟨Weicker⟩
Roemhilt, Johannes ¬de¬
Weicker, Johannes
Weicker de Roemhilt, Johannes

Johannes ⟨Welle⟩
um 1368/72 · OFM
Comment. in IV libros sentent.; Disputationes
LThK(Nr.4)
Jean ⟨de Galles, Franciscain⟩
Johannes ⟨Guallensis⟩
Johannes ⟨von Galles⟩
Johannes ⟨von Wales⟩
Johannes ⟨von Waleys⟩
Johannes ⟨von Wells⟩
Johannes ⟨Wells⟩
Welle, Johannes

Johannes ⟨Wells⟩
um 1377 · OSB
De socii sui ingratitudine; Epistolae; Pro religione privata; Super cleri praerogativa; Super eucharistiae negotio
LThK(Nr.5)
Johannes ⟨Guallensis⟩
Johannes ⟨Guallensis, OSB⟩
Johannes ⟨von Galles⟩
Johannes ⟨von Wales⟩
Johannes ⟨von Waleys⟩
Johannes ⟨von Wells⟩
John ⟨Wells⟩
Wells, Johannes

Johannes ⟨Wenceslai de Praga⟩
gest. ca. 1388
Expositio libri Physicorum; Dicta super librum De caelo et mundo; Expositio libri De generatione et corruptione; etc.
Lohr
Jean ⟨Wenceslai⟩
Jenek ⟨de Praga⟩
Jenka ⟨Vaclavova z Prahy⟩
Jenko ⟨de Praga⟩
Jenko ⟨Wenceslai de Praga⟩
Johannes ⟨de Praga⟩
Johannes ⟨Wenceslai⟩
Johannes ⟨Wenceslaus⟩
Johannes ⟨Wenceslaus de Praga⟩
Johannes ⟨Wenczeslai⟩
Praga, Johannes ¬de¬
Wenceslai, Jean
Wenceslai, Johannes
Wenceslai de Praga, Johannes

Johannes ⟨Wenck⟩
gest. 1460
Quaestiones disputatae; Memoriale divinorum officiorum; De ignota litteratura; etc.
Stegmüller, Repert. sentent. 464; Lohr; Stegmüller, Repert. bibl. 5059-5062; LMA,V,611
Johannes ⟨de Herrenberg⟩
Johannes ⟨Wenck de Herrenberg⟩
Johannes ⟨Wenck von Herrenberg⟩
Johannes ⟨Wenk⟩
Wenck, Johannes
Wenk, Johannes

Johannes ⟨Went⟩
Lebensdaten nicht ermittelt · OFM
Stegmüller, Repert. sentent. 400;401;505
Johannes ⟨Vent⟩
Johannes ⟨Waint⟩
Johannes ⟨Went de Anglia⟩
Went, Johannes

Johannes ⟨Wesselus⟩
→ **Gansfort, Johannes**

Johannes ⟨Westerfeld⟩
um 1292/93 · OP
Schneyer,III,801; Kaeppeli,III,46/47
Johannes ⟨de Westerfeld⟩
Westerfeld, Johannes

Johannes ⟨Wetflariensis⟩
→ **Lange, Johannes**

Johannes ⟨Whethamstede⟩
gest. 1465 · OSB
In varios Scripturae textus commentarius; Granarium Sacrae Scripturae
Stegmüller, Repert. bibl. 5064;5064,1;5064,2
Bostock, John
Jean ⟨de Wheathampstead⟩
Jean ⟨de Whethamsted⟩
Jean ⟨Whethamstede⟩
Johannes ⟨de Loco Frumenti⟩
Johannes ⟨Frumentarius⟩
Johannes ⟨Whethamstedus⟩
John ⟨Bostock⟩
John ⟨Whethamstede⟩
Pseudo-Johannes ⟨de Whethamstede⟩
Pseudo-Johannes ⟨Whethamstede⟩
Whethamstede, Jean
Whethamstede, Johannes
Whethamstede, John

Johannes ⟨Whethamstedus⟩
→ **Johannes ⟨Whethamstede⟩**

Johannes ⟨Wiclif⟩
→ **Wyclif, Johannes**

Johannes ⟨Widmann de Dinkelsbühl⟩
um 1419/48
Quaestiones in libros Physicorum
Lohr
Dinkelsbühl, Johannes ¬de¬
Johannes ⟨de Dinkelsbühl⟩
Johannes ⟨Widmann⟩
Widmann, Johannes
Widmann de Dinkelsbühl, Johannes

Johannes ⟨Wigorniensis⟩
um 1120
John ⟨of Worcester⟩
Worcester, John ¬of¬

Johannes ⟨Wildeshemensis⟩
→ **Johannes ⟨Teutonicus de Wildeshusen⟩**

Johannes ⟨Wilton⟩
gest. ca. 1310 · OESA
In Priora; In Posteriora; In Ethica
Lohr
Jean ⟨de Wilton⟩
Jean ⟨de Wilton, Senior⟩
Jean ⟨Wilton⟩
Johannes ⟨Wilton, Senior⟩
Johannes ⟨Wiltonus⟩
Wilton, Jean
Wilton, Johannes

Johannes ⟨Winchelsaeus⟩
→ **Johannes ⟨de Winchelsea⟩**

Johannes ⟨Wingorniensis⟩
→ **Johannes ⟨Malvernaeus⟩**

Johannes ⟨Wintoniensis⟩
→ **Johannes ⟨de Sandala⟩**

Johannes ⟨Wirceburgensis⟩
→ **Johannes ⟨Herbipolensis⟩**

Johannes ⟨Wischler⟩
→ **Johannes ⟨de Spira⟩**

Johannes ⟨Wolff⟩
→ **Lupi, Johannes**

Johannes ⟨Wolffis de Arnstede⟩
gest. 1439
In I-VI libros Physicorum
Lohr
Arnstede, Johannes ¬de¬
Johannes ⟨de Arnstede⟩
Johannes ⟨Wolffis⟩
Wolffis, Johannes
Wolffis de Arnstede, Johannes

Johannes ⟨Wolgemuth⟩
→ **Ludovicus ⟨de Prussia⟩**

Johannes ⟨Wormaciensis⟩
→ **Johannes ⟨de Wesalia⟩**

Johannes ⟨Wratingus⟩
Lebensdaten nicht ermittelt
Tabula super Glossam Epistularum Pauli
Stegmüller, Repert. bibl. 5125,1
Johannes ⟨Canonicus Walthamensis⟩
Johannes ⟨Walthamensis Canonicus⟩
Wratingus, Johannes

Johannes ⟨Wrothamus⟩
gest. 1407 · OCarm
Commentaria in varios Sacrae Scripturae textus
Stegmüller, Repert. sentent. 507,1;Stegmüller, Repert. bibl. 5126
Jean ⟨Wrotham⟩
Johannes ⟨Londinensis⟩
Johannes ⟨Voretan⟩
Johannes ⟨Wrothanus⟩
Johannes ⟨Wrotharius⟩
Johannes ⟨Wurotam⟩
Wrotham, Jean
Wrothamus, Johannes

Johannes ⟨Wtenhove⟩
→ **Johannes ⟨Utenhove⟩**

Johannes ⟨Wuel de Pruck⟩
um 1422
Quaestio an logica aristotelica valeat in doctrina de trinitate
Stegmüller, Repert. sentent. 508; Schönberger/Kible, Repertorium, 15206
Johannes ⟨de Pruck⟩
Johannes ⟨Wuel⟩
Pruck, Johannes ¬de¬
Wuel, Johannes
Wuel de Pruck, Johannes

Johannes ⟨Wurotam⟩
→ **Johannes ⟨Wrothamus⟩**

Johannes ⟨Wyclif⟩
→ **Wyclif, Johannes**

Johannes ⟨Wyszheller⟩
→ **Johannes ⟨de Spira⟩**

Johannes ⟨Xiphilinus⟩
ca. 1010/12 – 1075
Decreta matrimonialia; Orationes
Tusculum-Lexikon; LThK; LMA,V,550
Giovanni ⟨di Trebisondo⟩
Giovanni ⟨Sifilino⟩
Iōannēs ⟨ho Xiphilinos⟩
Jean ⟨de Constantinople⟩
Jean ⟨de Trébizonde⟩
Jean ⟨Patriarche, VIII.⟩
Jean ⟨Xiphilin⟩
Johannes ⟨aus Trapezunt⟩
Johannes ⟨Constantinopolitanus⟩
Johannes ⟨Constantinopolitanus, VIII.⟩
Johannes ⟨Patriarcha, VIII.⟩
Johannes ⟨Trapezuntius⟩
Johannes ⟨Xiphilinus Senior⟩
Xiphilin, Jean
Xiphilinos, Johannes
Xiphilinus, Johannes

Johannes ⟨Xiphilinus, Iunior⟩
11. Jh.
Cassi Dionis Historiae Romanae epitome; Neffe des Johannes ⟨Xiphilinus⟩
DOC,2,1191; LThK; LMA,IX,406
Giovanni ⟨Sifilino⟩
Giovanni ⟨Sifilino, Cronista⟩

Jean ⟨de Trébizonde⟩
Jean ⟨Xiphilin⟩
Johannes ⟨Xiphilinos⟩
Johannes ⟨Xiphilinos, der Jüngere⟩
Johannes ⟨Xiphilinos, von Trapezunt⟩
Johannes ⟨Xiphilinus⟩
Xiphilin, Jean
Xiphilinus, Johannes

Johannes ⟨Yorchus⟩
→ **Johannes ⟨de Eboraco⟩**

Johannes ⟨Yperman⟩
→ **Jehan ⟨Yperman⟩**

Johannes ⟨Yprensis⟩
→ **Johannes ⟨Longus⟩**

Johannes ⟨Ysner⟩
→ **Johannes ⟨Isneri⟩**

Johannes ⟨Yspanus⟩
→ **Johannes ⟨de Deo⟩**

Johannes ⟨z Toszka⟩
→ **Johannes ⟨de Thosth⟩**

Johannes ⟨z Ziembic⟩
→ **Johannes ⟨Ottonis de Münsterberg⟩**

Johannes ⟨Zacensis⟩
→ **Johannes ⟨von Tepl⟩**

Johannes ⟨Zachariae⟩
gest. 1428 · OESA
Gen.; Exod.; Levit.; Apoc. lib. I-III
Stegmüller, Repert. bibl. 5131-5135; LMA,V,612
Jean ⟨Zacharia⟩
Jean ⟨Zacharia de Rose⟩
Jean ⟨Zacharia d'Erfurt⟩
Jean ⟨Zacharie⟩
Johannes ⟨de Rosa⟩
Johannes ⟨Hussomastix⟩
Johannes ⟨Zachariae Erfordiensis⟩
Pseudo-Johannes ⟨Zachariae⟩
Zacharia, Jean
Zachariae, Johannes

Johannes ⟨Zacharias⟩
→ **Johannes Zacharias ⟨Actuarius⟩**

Johannes ⟨Zadube⟩
um 1411
Stegmüller, Repert. sentent. 509
Johannes ⟨Zaduba⟩
Zadube, Johannes

Johannes ⟨Zärtel de Engelsdorf⟩
um 1410/18
Quaestiones super librum Priorum
Lohr
Engelsdorf, Johannes ¬de¬
Johannes ⟨de Engelsdorf⟩
Johannes ⟨de Engelstorf⟩
Johannes ⟨de Engersdorf⟩
Johannes ⟨Zärtel⟩
Johannes ⟨Zärtel de Engersdorf⟩
Zärtel, Johannes
Zärtel de Engelsdorf, Johannes

Johannes ⟨Zambico⟩
→ **Johannes ⟨de Tambaco⟩**

Johannes ⟨Zamorensis⟩
→ **Johannes Aegidius ⟨de Zamora⟩**

Johannes ⟨Zemecke⟩
→ **Johannes ⟨Teutonicus⟩**

Johannes ⟨Zenser⟩
→ **Johannes ⟨von Paltz⟩**

Johannes ⟨Zierer⟩
um 1470 · OP
Predigt „uff dz hochzit Conceptionis b. Mariae a.d. MCCCCLXXIX jor"
Kaeppeli,II,48/49
Zierer, Johannes

Johannes ⟨Zigabenus⟩
→ **Euthymius ⟨Zigabenus⟩**

Johannes ⟨Zink de Herzogenburg⟩
um 1410/21
Marc.
Stegmüller, Repert. bibl. 5136
Herzogenburg, Johannes ¬de¬
Johannes ⟨de Herzogenburg⟩
Johannes ⟨Zink⟩
Zink, Johannes
Zink de Herzogenburg, Johannes

Johannes ⟨Zolner⟩
um 1483/85 · OP
Sermones 4 Norimbergae habiti
Kaeppeli,III,49
Johannes ⟨Zollner⟩
Zollner, Johannes
Zolner, Johannes

Johannes ⟨Zonaras⟩
gest. ca. 1130
Tusculum-Lexikon; CSGL; LThK; LMA,IX,673/74
Giovanni ⟨Zonara⟩
Iōannēs ⟨ho Zōnaras⟩
Ioannes ⟨Zonaras⟩
Jean ⟨Zonare⟩
Johannes ⟨Monachus⟩
Zonara, Johannes
Zōnaras
Zonaras ⟨Lexicographus⟩
Zonaras, Johannes
Zonare, Jean

Johannes ⟨Zumbacho⟩
→ **Johannes ⟨de Tambaco⟩**

Johannes ⟨Zutphaniensis⟩
→ **Johann ⟨Messemaker⟩**

Johannes, Nikolaus
um 1475
Kleines Arzneibuch
VL(2),4,696
Nikolaus ⟨Johannes⟩

Johannes Aegidius ⟨de Zamora⟩
gest. ca. 1300 · OFM
Ars musica; Liber illustrium personarum; Identität mit Johannes ⟨Diaconus⟩ nicht gesichert
LThK; LMA,V,776
Aegidius ⟨Zamorensis⟩
Jean-Gilles ⟨de Zamora⟩
Johannes ⟨Aegidii Zamorensis⟩
Johannes ⟨Aegidius⟩
Johannes ⟨von Zamora⟩
Johannes ⟨Zamorensis⟩
Johannes Aegidius ⟨Zamorensis⟩
Johannes-Aegidius ⟨Zamorensis⟩
Juan ⟨de Zamora⟩
Juan ⟨el Diácono⟩
Juan ⟨Gil⟩
Juan Gil ⟨de Zamora⟩
Juan Gil ⟨von Zamora⟩
Zamora, Johannes Aegidius ¬de¬

Johannes Aegidius ⟨de Zierikzee⟩
13. Jh.
Littera super captione civitatis Damiatae
Rep.Font. VI,272
Johannes Aegidius ⟨Lovaniensis⟩
Johannes Aegidius ⟨Plebanus Ecclesiae Sancti Petri Lovaniensis⟩
Zierikzee, Johannes Aegidius ¬de¬

Johannes Aegidius ⟨Lovaniensis⟩
→ **Johannes Aegidius ⟨de Zierikzee⟩**

Johannes Aegidius ⟨Plebanus Ecclesiae Sancti Petri Lovaniensis⟩
→ **Johannes Aegidius ⟨de Zierikzee⟩**

Johannes Aegidius ⟨Zamorensis⟩
→ **Johannes Aegidius ⟨de Zamora⟩**

Johannes Alfonsus ⟨de Benavente⟩
→ **Benavente, Johannes Alfonsus ¬de¬**

Johannes Aloisius ⟨Toscanus⟩
gest. 1478
Herausgeber von Durantis, Guilelmus „Rationale divinorum officiorum"
Giovanni Aloise ⟨Toscani⟩
Jean-Louis ⟨Toscano⟩
Johannes Aloisius ⟨Tuscanus⟩
Johannes Aloysius ⟨Toscanus⟩
Toscano, Jean-Louis
Toscanus, Johannes Aloisius

Johannes Andreas ⟨Gattus⟩
→ **Johannes ⟨Gatti⟩**

Johannes Antonius ⟨Campanus⟩
→ **Campanus, Johannes Antonius**

Johannes Antonius ⟨de Petruciis⟩
→ **Giovanni Antonio ⟨Petrucci⟩**

Johannes Antonius ⟨Pandoni⟩
→ **Porcellius ⟨Neapolitanus⟩**

Johannes Antonius ⟨Pantheus⟩
→ **Pantheus, Johannes Antonius**

Johannes Antonius ⟨Scotius Parthenopaeus⟩
15. Jh.
Prooemium ad Priora
Lohr
Johannes Antonius ⟨Parthenopaeus⟩
Johannes Antonius ⟨Scotius⟩
Scotius Parthenopaeus, Johannes Antonius

Johannes Baptista ⟨a Gratia Dei⟩
→ **Gratiadei, Johannes Baptista**

Johannes Baptista ⟨Caccialupus⟩
→ **Caccialupus, Johannes Baptista**

Johannes Baptista ⟨Cambius⟩
um 1472
Commentariola seu capita potius supra libros Ethicorum
Lohr
Cambius, Johannes Baptista
Johannes-Baptista ⟨Cambius⟩

Johannes Baptista ⟨Cibo⟩
→ **Innocentius ⟨Papa, VIII.⟩**

Johannes Baptista ⟨de Finario⟩
→ **Baptista ⟨de Finario⟩**

Johannes Baptista ⟨de Gazalupis⟩
→ **Caccialupus, Johannes Baptista**

Johannes Baptista ⟨de Iudicibus⟩
→ **Baptista ⟨de Finario⟩**

Johannes Baptista ⟨de San Severino⟩
→ **Caccialupus, Johannes Baptista**

Johannes Baptista ⟨de Teolo⟩
gest. 1395 · OP
Distinctiones
Kaeppeli,II,383/384
Johannes Baptista ⟨Paduanus⟩
Teolo, Johannes Baptista ¬de¬

Johannes Baptista ⟨De'Giudici⟩
→ **Baptista ⟨de Finario⟩**

Johannes Baptista ⟨Gratiadei⟩
→ **Gratiadei, Johannes Baptista**

Johannes Baptista ⟨Guarinus⟩
→ **Guarini, Giovanni Battista**

Johannes Baptista ⟨Paduanus⟩
→ **Johannes Baptista ⟨de Teolo⟩**

Johannes Baptista ⟨Verae Crucis⟩
→ **Gratiadei, Johannes Baptista**

Johannes Bonus ⟨de Monticulo Maiori⟩
→ **Zanebonus ⟨Vicentinus⟩**

Johannes Caietanus ⟨Orsini⟩
→ **Nicolaus ⟨Papa, III.⟩**

Johannes Christophorus ⟨de Galvez⟩
→ **Johannes Christophorus ⟨de Gualbes⟩**

Johannes Christophorus ⟨de Gualbes⟩
gest. ca. 1490/91 · OP
Quadraginta materiae praedicabiles; Tabula super opera Sancti Antonini de Florentia; Tract. de Agareno magno
Kaeppeli,II,398/399
Christophe ⟨Galvez⟩
Christophorus ⟨de Galvez⟩
Christophorus ⟨de Galvez Catalanus⟩
Christophorus ⟨de Gualbes⟩
Christophorus ⟨de Gualbis⟩
Galvez, Christophe
Gualbes, Johannes Christophorus ¬de¬
Johannes Christophorus ⟨de Galvez⟩
Johannes Christophorus ⟨de Gualbis⟩

Johannes Christophorus ⟨de Gualbis⟩
→ **Johannes Christophorus ⟨de Gualbes⟩**

Johannes Evangelista ⟨de Iobeto⟩
um 1390 · OESA
In aliquot Psalmos
Stegmüller, Repert. bibl. 4742
Johannes ⟨de Iobeto⟩
Johannes ⟨de Jobeto⟩
Johannes Evangelista ⟨de Jobeto⟩
Johannes-Evangelista ⟨de Iobeto⟩
Johannes-Evangelista ⟨de Jobeto⟩

Johannes Franciscus ⟨de Pavinis⟩
gest. 1486
Gianfrancesco ⟨Pavini⟩
Giovanni Francesco ⟨Pavini⟩
Johannes Franciscus ⟨Pavinius⟩
Patavinus
Pavini, Giovanni Francesco
Pavinis, Franciscus ¬de¬
Pavinis, Giovanni Francesco ¬de¬
Pavinis, Johannes Franciscus ¬de¬
Pavinius, Johannes Franciscus

Johannes Franciscus ⟨Poggio Bracciolini⟩
→ **Poggio Bracciolini, Gian Francesco**

Johannes Gaetano ⟨Orsini⟩
→ **Nicolaus ⟨Papa, III.⟩**

Johannes Gualbertus ⟨Sanctus⟩
→ **Johannes ⟨Gualbertus⟩**

Johannes Halldórsson
→ **Johannes ⟨Halldórsson⟩**

Johannes Iovanus ⟨Pontanus⟩
→ **Pontano, Giovanni Giovano**

Johannes Jacobus ⟨Canis⟩
→ **Canis, Johannes Jacobus**

Johannes Jacobus ⟨de Manliis⟩
→ **Manlius, Johannes Jacobus**

Johannes Jacobus ⟨de Uvis⟩
15. Jh.
Fortsetzer der Chronica Casaemariensis bis zum 15. Jh.
Rep.Font. VI,338
Johannes Jacopus ⟨de Uvis⟩
Uvis, Johannes Jacobus ¬de¬

Johannes Jacobus ⟨Manlius⟩
→ **Manlius, Johannes Jacobus**

Johannes L. ⟨de Bonis⟩
→ **Bonis, Johannes L. ¬de¬**

Johannes Laurentius ⟨Lydus Philadelphinus⟩
→ **Johannes ⟨Lydus⟩**

Johannes Maria ⟨Riminaldus⟩
→ **Riminaldus, Johannes Maria**

Johannes Marius ⟨Philelphus⟩
→ **Philelphus, Johannes Marius**

Johannes Marsilius ⟨von Inghen⟩
→ **Marsilius ⟨de Ingen⟩**

Johannes Matthaei ⟨Caccia⟩
→ **Caccia, Johannes Matthaei**

Johannes Matthaeus ⟨de Agrate⟩
→ **Johannes Matthaeus ⟨de Ferrariis⟩**

Johannes Matthaeus ⟨de Ferrariis⟩
gest. ca. 1472
Consilia ad diversas aegritudines; Expositiones super Tractatum de Urinis et vigesimam secundam Fentertii Canonis Domini Avicennae; Practica cum textu Rhasis Libri noni ad Almansorem
Rep. Font. VI,364

Ferrari, Jean-Matthieu
Ferrariis, Johannes Matthaeus ¬de¬
Giovanni-Matteo ⟨de Ferrari d'Agrate⟩
Jean-Matthieu ⟨Ferrari⟩
Johanne-Matteo ⟨da Gradi⟩
Johannes Matthaeus ⟨de Agrate⟩
Johannes Matthaeus ⟨de Ferrariis de Gradi⟩
Johannes Matthaeus ⟨Ferrari de Gradi⟩
Johannes Matthaeus ⟨Ferrariis de Gradibus⟩
Johannes Matthaeus ⟨Ferrarius⟩

Johannes Matthias ⟨Tabarino⟩
→ **Johannes Matthias ⟨Tiberinus⟩**

Johannes Matthias ⟨Tiberinus⟩
gest. ca. 1482
Passio beati Simonis
Rep.Font. VI,362
Jean-Matthias ⟨Tiberino⟩
Johannes Matthias ⟨Tabarino⟩
Johannes Matthias ⟨Tiberino⟩
Johannes Matthias ⟨Tuberinus⟩
Johannes Matthias ⟨Tyberinus⟩
Tabarino, Johannes Matthias
Tiberini, Giovanni Maria
Tiberino, Gianmattia
Tiberino, Jean-Matthias
Tiberino, Johannes Matthias
Tiberinus, Johannes Maria
Tiberinus, Johannes Matthias
Tuberinus, Johannes Matthias
Tubertini, Giovanni Maria
Tubertinus, Johannes Maria
Tyberinus, Johannes Matthias

Johannes Michael ⟨Patavinus⟩
→ **Johannes Michael ⟨Savonarola⟩**

Johannes Michael ⟨Savonarola⟩
gest. 1461
Commentarius de laudibus Patavii
LMA,VII,1413/14
Giovanni Michele ⟨Savonarole⟩
Johannes Michael ⟨Patavinus⟩
Johannes-Michael ⟨Savonarola⟩
Michael ⟨Savonarola⟩
Savonarola, Giovanni Michele
Savonarola, Johannes Michael
Savonarola, Michael
Savonarola, Michele
Savonarole, Giovanni Michele
Savonarole, Jean-Michel
Savonarole, Michele
Savonarole, Miguel

Johannes Michael Albertus ⟨Carrara⟩
→ **Carrara, Johannes Michael Albertus**

Johannes Nicolaus ⟨Albus⟩
→ **Johannes ⟨Nicolaus Blancus⟩**

Johannes Nicolaus ⟨Florentinus⟩
→ **Johannes ⟨Nicolaus Blancus⟩**

Johannes Petri ⟨de Ferrariis⟩
→ **Johannes Petrus ⟨de Ferrariis⟩**

Johannes Petrus ⟨de Ferrariis⟩
um 1400/50
Practica iudicialis Papiensis
Ferrari, Giampetro
Ferrari, Giovanni Pietro ¬de¬
Ferrari, Jean-Pierre
Ferrariis, Johannes Petrus ¬de¬
Giampetro ⟨Ferrari⟩
Giovanni Pietro ⟨de Ferrari⟩
Jean-Pierre ⟨Ferrari⟩
Johannes Petri ⟨de Ferrariis⟩

Johannes Petrus ⟨Lucensis⟩
→ **Pietro ⟨da Lucca⟩**

Johannes Philippus ⟨de Lignamine⟩
→ **Lignamine, Johannes Philippus ¬de¬**

Johannes Pico ⟨de Mirandola⟩
→ **Pico DellaMirandola, Giovanni**

Johannes Rochus ⟨de Portiis⟩
ca. 1389 – 1461 · OESA
Epp. Pauli
Stegmüller, Repert. bibl. 4887
Jean-Roch ⟨de Portiis⟩
Johannes-Rochus ⟨de Portiis⟩
Portiis, Jean-Roch ¬de¬
Portiis, Johannes Rochus ¬de¬

Johannes Ruchardus ⟨de Vesalia⟩
→ **Johannes ⟨de Wesalia⟩**

Johannes Serapion ⟨Maior⟩
→ **Serapio ⟨Senior⟩**

Johannes Stephanus ⟨Aemilianus⟩
→ **Aemilianus, Johannes Stephanus**

Johannes Vitalis ⟨a Furno⟩
ca. 1260 – 1327 · OFM
Schneyer,III,801; CSGL; LMA,VIII,1764/65
DuFour, Jean Vital
Four, Jean Vital ¬du¬
Furno, Johannes Vitalis ¬a¬
Furno, Vitalis ¬de¬
Jean Vital ⟨du Four⟩
Jean-Vital ⟨du Four⟩
Johannes ⟨Vitalis de Furno⟩
Johannes Vitalis ⟨Vasatensis⟩
Vidal ⟨du Four⟩
Vital ⟨Cardinal⟩
Vital ⟨du Four⟩
Vitalis ⟨a Furno⟩
Vitalis ⟨de Furno⟩

Johannes Vitalis ⟨Vasatensis⟩
→ **Johannes Vitalis ⟨a Furno⟩**

Johannes Werner ⟨von Zimmern⟩
ca. 1444/54 – 1495
Übersetzungen aus dem Lateinischen; Reimbriefwechsel; Schwankhafte Märe
VL(2),4,813/816
Johannes ⟨Graf von Zimmern⟩
Zimmern, Johannes Werner ¬von¬

Johannes Wessel ⟨Gansfort⟩
→ **Gansfort, Johannes**

Johannes Zacharias ⟨Actuarius⟩
11., bzw. 13./14. Jh.
De urinis (7 Bücher); De actionibus et affectibus spiritus animalis huiusque nutritione; De methodo medendi
LMA,IX,436
Actuarius ⟨Filius Zachariae⟩
Actuarius ⟨Zacharias⟩
Actuarius, Johannes
Actuarius, Johannes Zacharias
Actuarius, Zacharias
Aktuarios, Johannes
Giovanni ⟨Attuario⟩
Iōannēs ⟨ho Aktuarios⟩
Iōannēs ⟨Zachariu⟩
Johannes ⟨Actuarius⟩
Johannes ⟨Filius Zachariae⟩
Johannes ⟨Zacharias⟩
Johannes ⟨Zachariou⟩
Zachariou, Johannes

Johanninus ⟨de Grassis⟩
→ **Grassi, Giovannino ¬de'¬**

Johanninus ⟨de Mantua⟩
um 1315/16 · OP
Epistola fr. Johannini de Mantua Ord. Praed. quam misit ⟨Albertino⟩ Muxato poetae Paduano, invehens contra poeticam, et Epistola Muxati responiva ad eundem fr. Johanninum
Schönberger/Kible, Repertorium, 15255; Kaeppeli,III,49/50
Iohanninus ⟨de Mantua⟩
Jean ⟨de Mantoue⟩
Joannin ⟨de Mantoue⟩
Joannino ⟨de Mantone⟩
Joanninus ⟨de Mantua⟩
Mantua, Johanninus ¬de¬

Johanninus ⟨Grassus⟩
→ **Grassi, Giovannino ¬de'¬**

Johannis, Antonius
→ **Antonius ⟨Johannis⟩**

Johannis, Bartholomaeus
→ **Bartholomaeus ⟨Johannis⟩**

Johannis, Christophorus
→ **Christophorus ⟨Johannis⟩**

Johannis, Hieronymus
→ **Hieronymus ⟨Johannis de Florentia⟩**

Johannis, Iulianus
→ **Iulianus ⟨Johannis⟩**

Johannis, Nicolaus
→ **Nicolaus ⟨Johannis⟩**

Johannis, Thomas
→ **Thomas ⟨Johannis⟩**

Johannsdorf, Albrecht ¬von¬
→ **Albrecht ⟨von Johannsdorf⟩**

Johans ⟨Brunward⟩
→ **Brunwart ⟨von Augheim⟩**

Johans ⟨der Futrer⟩
→ **Futerer, Johannes**

Johans ⟨Hadlaub⟩
→ **Hadloub, Johannes**

Johlin ⟨z Vodňan⟩
→ **Iohlinus ⟨de Vodňany⟩**

John ⟨Alcock⟩
→ **Johannes ⟨Alcock⟩**

John ⟨Amundesham⟩
→ **Amundesham, Johannes**

John ⟨Aragon, King, ...⟩
→ **Juan ⟨Aragón, Rey, ...⟩**

John ⟨Arderne⟩
→ **Arderne, John**

John ⟨Ashenden⟩
→ **Johannes ⟨de Eschenden⟩**

John ⟨Bacon⟩
→ **Johannes ⟨Baco⟩**

John ⟨Baconthorpe⟩
→ **Johannes ⟨Baco⟩**

John ⟨Barbour⟩
→ **Barbour, John**

John ⟨Barmyngham⟩
→ **Johannes ⟨de Barningham⟩**

John ⟨Barwick⟩
→ **Johannes ⟨de Berwick⟩**

John ⟨Basing⟩
→ **Johannes ⟨de Basingstoke⟩**

John ⟨Basingstoke⟩
→ **Johannes ⟨de Basingstoke⟩**

John ⟨Baston⟩
→ **Johannes ⟨Boston⟩**

John ⟨Bate⟩
→ **Johannes ⟨Bate⟩**

John ⟨Bedford, Duke⟩
→ **John ⟨Lancaster, Duke⟩**

John ⟨Beston⟩
→ **Johannes ⟨Boston⟩**

John ⟨Bishop of Nikou⟩
→ **Johannes ⟨Niciensis⟩**

John ⟨Blakman⟩
→ **Blakman, Johannes**

John ⟨Blount⟩
→ **Johannes ⟨Blundus⟩**

John ⟨Bostock⟩
→ **Johannes ⟨Whethamstede⟩**

John ⟨Boston⟩
→ **Johannes ⟨Boston⟩**

John ⟨Brabant, Duke, ...⟩
→ **Jan ⟨Brabant, Hertog, ...⟩**

John ⟨Brittany, Duke, ...⟩
→ **Jean ⟨Bretagne, Duc, ...⟩**

John ⟨Brompton⟩
→ **Johannes ⟨Brompton⟩**

John ⟨Burgundy, Duke⟩
→ **Jean ⟨Bourgogne, Duc⟩**

John ⟨Buridan⟩
→ **Johannes ⟨Buridanus⟩**

John ⟨Canonicus⟩
→ **Johannes ⟨Canonicus⟩**

John ⟨Capellanus⟩
→ **Allhallowgate, Johannes ¬de¬**

John ⟨Capgrave⟩
1393 – 1464 · OESA
LThK; LMA,II,1471
Capegrave, John
Capgrave, John
Capgravius, Johannes
Johannes ⟨Capgrave⟩
Johannes ⟨Capogrevus⟩

John ⟨Catrick⟩
→ **Catrick, John**

John ⟨Chantry Priest in Ripon⟩
→ **Allhallowgate, Johannes ¬de¬**

John ⟨Climacus⟩
→ **Johannes ⟨Climacus⟩**

John ⟨Clyn⟩
→ **Clyn, Johannes**

John ⟨Colonna⟩
→ **Columna, Johannes ¬de¬**

John ⟨Columbini⟩
→ **Johannes ⟨Colombinus⟩**

John ⟨Cotton⟩
→ **Johannes ⟨Affligemensis⟩**

John ⟨Cremer⟩
→ **Cremerus**

John ⟨Cyparissiota⟩
→ **Johannes ⟨Cyparissiota⟩**

John ⟨Damascene⟩
→ **Johannes ⟨Damascenus⟩**

John ⟨Dasteyn⟩
→ **Dastin, Johannes**

John ⟨de Allhallowgate⟩
→ **Allhallowgate, Johannes ¬de¬**

John ⟨de Berwick⟩
→ **Johannes ⟨de Berwick⟩**

John ⟨de Bromyarde⟩
→ **Johannes ⟨Bromiardus⟩**

John ⟨de Bury⟩
→ **Johannes ⟨Burensis⟩**

John ⟨de Cesterlade⟩
→ **Johannes ⟨de Cesterlade⟩**

John ⟨de Foxton⟩
→ **Johannes ⟨de Foxton⟩**

John ⟨de Garlande⟩
→ **Johannes ⟨de Garlandia⟩**

John ⟨de Grimestone⟩
→ **John ⟨of Grimestone⟩**

John ⟨de Hanville⟩
→ **Johannes ⟨de Alta Villa⟩**

John ⟨de Hauteville⟩
→ **Johannes ⟨de Alta Villa⟩**

John ⟨de la Rochelle⟩
→ **Johannes ⟨de Rupella⟩**

John ⟨de Linières⟩
→ **Johannes ⟨de Lineriis⟩**

John ⟨de Mandeville⟩
→ **John ⟨Mandeville⟩**

John ⟨de Metingham⟩
→ **Johannes ⟨de Metingham⟩**

John ⟨de Mirfeld⟩
→ **Johannes ⟨de Mirfeld⟩**

John ⟨de Mondeville⟩
→ **John ⟨Mandeville⟩**

John ⟨de Oxenedes⟩
→ **Johannes ⟨de Oxenedes⟩**

John ⟨de Plano Carpini⟩
→ **Johannes ⟨de Plano Carpini⟩**

John ⟨de Pontissara⟩
→ **Johannes ⟨de Pontissara⟩**

John ⟨de Ridevans⟩
→ **Johannes ⟨Ridewall⟩**

John ⟨de Rupella⟩
→ **Johannes ⟨de Rupella⟩**

John ⟨de Sandale⟩
→ **Johannes ⟨de Sandala⟩**

John ⟨de Shirborn⟩
→ **Johannes ⟨de Shyheborna⟩**

John ⟨de Tayster⟩
→ **Johannes ⟨de Tayster⟩**

John ⟨de Tinmouth⟩
→ **Johannes ⟨Tinmouthensis⟩**

John ⟨de Tracia⟩
→ **Johannes ⟨de Mediolano⟩**

John ⟨de Trokelowe⟩
→ **Johannes ⟨de Trokelowe⟩**

John ⟨Driton⟩
→ **Johannes ⟨de Siccavilla⟩**

John ⟨Dumbleton⟩
→ **Johannes ⟨Dumbleton⟩**

John ⟨Duns Scotus⟩
→ **Duns Scotus, Johannes**

John ⟨Eleemon⟩
→ **Johannes ⟨Eleemosynarius⟩**

John ⟨Elin⟩
→ **Johannes ⟨Elinus⟩**

John ⟨England, King, I.⟩
gest. 1216
LMA,V,497/98
Jean ⟨Angleterre, Roi, I.⟩
Jean ⟨Sans-Terre⟩
Johann ⟨Ohne Land⟩
Johannes ⟨Anglia, Rex, I.⟩
Johannes ⟨Sine Terra⟩
John ⟨Lackland⟩

John ⟨Estwood⟩
→ **Johannes ⟨de Eschenden⟩**

John ⟨Eviratus⟩
→ **Johannes ⟨Moschus⟩**

John ⟨Felton⟩
→ **Johannes ⟨Felton⟩**

John ⟨Flete⟩
→ **Flete, Johannes**

John ⟨Fordun⟩
→ **Johannes ⟨de Fordun⟩**

John ⟨Fortescue⟩
→ **Fortescue, John**

John ⟨France, King, ...⟩
→ **Jean ⟨France, Roi, ...⟩**

John ⟨Godard⟩
→ **Johannes ⟨Godard⟩**

John ⟨Goldeston⟩
→ **Johannes ⟨Goldestonus⟩**

John ⟨Goodwyck⟩
→ **Johannes ⟨Goodwyck⟩**

John ⟨Gower⟩
→ **Gower, John**

John ⟨Gualberto⟩
→ **Johannes ⟨Gualbertus⟩**

John ⟨Hanboys⟩
→ **Hanboys, John**

John ⟨Hardyng⟩
→ **Hardyng, John**

John ⟨Helin⟩
→ **Johannes ⟨Elinus⟩**

John ⟨Herryson⟩
→ **Herryson, Johannes**

John ⟨Holywood⟩
→ **Johannes ⟨de Sacrobosco⟩**

John ⟨Hothby⟩
→ **Hothby, Johannes**

John ⟨Irlande⟩
→ **John ⟨of Ireland⟩**

John ⟨Italus⟩
→ **Johannes ⟨Italus⟩**

John ⟨Jaffa et Ascalon, Comte⟩
→ **Ibelin, Jean ¬d'¬**

John ⟨Kent⟩
um 1400
LMA,II,1617
Cent, Sion
Johannes ⟨Kent⟩
John ⟨of Kentchurch⟩
Kent, John
Sion ⟨Cent⟩

John ⟨Kukuzel⟩
→ **Johannes ⟨Cucuzelus⟩**

John ⟨Lackland⟩
→ **John ⟨England, King, I.⟩**

John ⟨Lancaster, Duke⟩
1340 – 1399
LMA,V,616/17
Gaunt, John ¬of¬
Jean ⟨de Gand⟩
Jean ⟨Lancastre, Duc⟩
Johann ⟨Bedford, Duke⟩
Johann ⟨Lancaster, Herzog⟩
Johannes ⟨Lancaster, Herzog⟩
John ⟨Bedford, Duke⟩
John ⟨of Gaunt⟩

John ⟨Lattebiry⟩
→ **Johannes ⟨de Lathbury⟩**

John ⟨le Romeyn⟩
→ **LeRomeyn, John**

John ⟨Lutterell⟩
→ **Johannes ⟨Lutterell⟩**

John ⟨Lydgate⟩
→ **Lydgate, John**

John ⟨Lydos⟩
→ **Johannes ⟨Lydus⟩**

John ⟨Malalas⟩
→ **Johannes ⟨Malalas⟩**

John ⟨Mandeville⟩
gest. 1372
Potth.; Meyer
Giovanni ⟨da Mandavilla⟩
Hans ⟨von Montevilla⟩
Jan ⟨Mandervijl⟩
Jan ⟨van Mandaville⟩
Jean ⟨de Mandevilla⟩
Jean ⟨de Mandeville⟩
Johann ⟨de Mandeville⟩
Johann ⟨von Mandeville⟩
Johannes ⟨de Magdovillanus⟩
Johannes ⟨de Mandavilla⟩
Johannes ⟨de Mandeville⟩
Johannes ⟨de Sancto Albano⟩
Johannes ⟨Magdovillanus⟩
Johannes ⟨Magnovillanus⟩
Johannes ⟨Montevilla⟩
Johannes ⟨von Mandeville⟩
Johannes ⟨von Montaville⟩
John ⟨de Mandeville⟩
John ⟨de Mondeville⟩
John ⟨Manduith⟩
John ⟨Mandvith⟩
John ⟨Maundeville⟩
Mandavilla, Giovanni ¬da¬
Mandaville, Jan ¬van¬
Mandervijl, Jan
Mandevilla, Johannes ¬de¬
Mandeville, Jean ¬de¬
Mandeville, Johann ¬de¬
Mandeville, Johannes ¬de¬
Mandeville, John
Manduith, John
Mandvith, John
Maundeville, John
Mondeville, John ¬de¬
Montaville, Johannes ¬von¬
Montevilla, Johannes
Montevilla, Johannes ¬de¬

John ⟨Manduith⟩
→ **John ⟨Mandeville⟩**

John ⟨Master⟩
→ **Arderne, John**

John ⟨Maudith⟩
→ **Johannes ⟨Maudith⟩**

John ⟨Maundeville⟩
→ **John ⟨Mandeville⟩**

John ⟨Mauropus⟩
→ **Johannes ⟨Mauropus⟩**

John ⟨Metham⟩
→ **Metham, John**

John ⟨Mirfield⟩
→ **Johannes ⟨de Mirfeld⟩**

John ⟨Mirk⟩
→ **Johannes ⟨Miraeus⟩**

John ⟨Moschos⟩
→ **Johannes ⟨Moschus⟩**

John ⟨Muryfeld⟩
→ **Johannes ⟨de Mirfeld⟩**

John ⟨Myrc⟩
→ **Johannes ⟨Miraeus⟩**

John ⟨Nepomucen⟩
→ **Johannes ⟨Nepomucenus⟩**

John ⟨of Adrianople⟩
→ **Johannes ⟨Diaconus⟩**

John ⟨of Affligem⟩
→ **Johannes ⟨Affligemensis⟩**

John ⟨of Alexandria⟩
→ **Johannes ⟨Alexandrinus⟩**
→ **Johannes ⟨Eleemosynarius⟩**

John ⟨of Antioch⟩
→ **Johannes ⟨Antiochenus, Chronista⟩**
→ **Johannes ⟨Malalas⟩**
→ **Yoḥannan ⟨de-Māron⟩**

John ⟨of Ashenden⟩
→ **Johannes ⟨de Eschenden⟩**

John ⟨of Beauvais⟩
→ **Johannes ⟨Bellovacensis⟩**

John ⟨of Bridlington⟩
→ **Johannes ⟨de Bridlington⟩**

John ⟨of Capistrano⟩
→ **Johannes ⟨de Capestrano⟩**

John ⟨of Capua⟩
→ **Johannes ⟨de Capua⟩**

John ⟨of Chartres⟩
→ **Johannes ⟨Sarisberiensis⟩**

John ⟨of Constantinople⟩
→ **Johannes ⟨Constantinopolitanus⟩**

John ⟨of Cornwall⟩
→ **Johannes ⟨Cornubiensis⟩**

John ⟨of Damascus⟩
→ **Johannes ⟨Damascenus⟩**

John ⟨of Devon⟩
→ **Johannes ⟨de Forda⟩**

John ⟨of Epiphaneia⟩
→ **Johannes ⟨de Epiphania⟩**

John ⟨of Eschenden⟩
→ **Johannes ⟨de Eschenden⟩**

John ⟨of Eschnid⟩
→ **Johannes ⟨de Eschenden⟩**

John ⟨of Euboea⟩
→ **Johannes ⟨de Euboea⟩**

John ⟨of Fécamp⟩
→ **Johannes ⟨Fiscannensis⟩**

John ⟨of Ford⟩
→ **Johannes ⟨de Forda⟩**
→ **Johannes ⟨de Fordun⟩**

John ⟨of Gaddesden⟩
→ **Johannes ⟨de Gadesden⟩**

John ⟨of Garland⟩
→ **Johannes ⟨de Garlandia⟩**

John ⟨of Gaunt⟩
→ **John ⟨Lancaster, Duke⟩**

John ⟨of Genoa⟩
→ **Johannes ⟨Ianuensis⟩**

John ⟨of Glastonbury⟩
→ **Johannes ⟨Glastoniensis⟩**

John ⟨of Gmunden⟩
→ **Johannes ⟨de Gmunden⟩**

John ⟨of Göttingen⟩
→ **Johannes ⟨de Gottinga⟩**

John ⟨of Grimestone⟩
um 1372 · OFM(?)
Preaching book
LMA,V,618
Grimestone, John ¬of¬
John ⟨de Grimestone⟩

John ⟨of Halifax⟩
→ **Johannes ⟨de Sacrobosco⟩**

John ⟨of Hexham⟩
→ **Johannes ⟨Hagustaldensis⟩**

John ⟨of Hildesheim⟩
→ **Johannes ⟨Hildesheimensis⟩**

John ⟨of Holland⟩
→ **Johannes ⟨de Hollandia⟩**

John ⟨of Holybush⟩
→ **Johannes ⟨de Sacrobosco⟩**

John ⟨of Holywalde⟩
→ **Johannes ⟨de Sacrobosco⟩**

John ⟨of Howden⟩
→ **Johannes ⟨de Hovedena⟩**

John ⟨of Ibelin⟩
→ **Ibelin, Jean ¬d'¬**

John ⟨of Ireland⟩
gest. 1490
Potth.
Ireland, John ¬of¬
Irlande, John
Jean ⟨d'Irlande⟩
Johannes ⟨de Irlandia⟩
John ⟨Irlande⟩

John ⟨of Jaffa⟩
→ **Ibelin, Jean ¬d'¬**

John ⟨of Jandun⟩
→ **Johannes ⟨de Ianduno⟩**

John ⟨of Joinville⟩
→ **Jean ⟨de Joinville⟩**

John ⟨of Karpathos⟩
→ **Johannes ⟨Carpathius⟩**

John ⟨of Kent⟩
→ **Johannes ⟨de Kent⟩**

John ⟨of Kentchurch⟩
→ **John ⟨Kent⟩**

John ⟨of Leyden⟩
→ **Jan ⟨van Leyden⟩**

John ⟨of London⟩
→ **Johannes ⟨de Londonia⟩**

John ⟨of Matha⟩
→ **Johannes ⟨de Matha⟩**

John ⟨of Mirecourt⟩
→ **Johannes ⟨de Mirecuria⟩**

John ⟨of Montenero⟩
→ **Johannes ⟨de Monte Nigro⟩**

John ⟨of Naples⟩
→ **Johannes ⟨de Regina de Neapoli⟩**

John ⟨of Newark⟩
→ **Arderne, John**

John ⟨of Newenham⟩
→ **Johannes ⟨Godard⟩**

John ⟨of Nikiu⟩
→ **Johannes ⟨Niciensis⟩**

John ⟨of Oxnead⟩
→ **Johannes ⟨de Oxenedes⟩**

John ⟨of Paris⟩
→ **Johannes ⟨Parisiensis⟩**

John ⟨of Parma⟩
→ **Johannes ⟨de Parma⟩**

John ⟨of Pian de Carpine⟩
→ **Johannes ⟨de Plano Carpini⟩**

John ⟨of Reading⟩
→ **Johannes ⟨de Radingia⟩**

John ⟨of Rupescissa⟩
→ **Johannes ⟨de Rupescissa, OFM⟩**

John ⟨of Saint Giles⟩
→ **Johannes ⟨de Sancto Aegidio⟩**

John ⟨of Salerno⟩
→ **Johannes ⟨Cluniacensis⟩**

John ⟨of Salisbury⟩
→ **Johannes ⟨Sarisberiensis⟩**

John ⟨of Sardes⟩
→ **Johannes ⟨Sardianus⟩**

John ⟨of Saxony⟩
→ **Johann ⟨von Sachsen⟩**

John ⟨of Seville⟩
→ **Johannes ⟨Hispalensis⟩**

John ⟨of Sicily⟩
→ **Johannes ⟨de Sicilia⟩**

John ⟨of Spain⟩
→ **Johannes ⟨Hispanus⟩**

John ⟨of Stratford⟩
→ **Stratford, Johannes**

John ⟨of Teschen⟩
→ **Johannes ⟨Ticinensis⟩**

John ⟨of Tinmouth⟩
→ **Johannes ⟨Tinmouthensis⟩**

John ⟨of Toledo⟩
→ **Johannes ⟨Hispalensis⟩**

John ⟨of Tynemouth⟩
→ **Johannes ⟨de Tinemue⟩**
→ **Johannes ⟨de Tynemouth⟩**
→ **Johannes ⟨Tinmouthensis⟩**

John ⟨of Tytyngsale⟩
→ **Johannes ⟨de Tytynsale⟩**

John ⟨of Waleys⟩
→ **Johannes ⟨Guallensis⟩**

John ⟨of Wallingford⟩
→ **Johannes ⟨de Walingforda⟩**

John ⟨of Wesel⟩
→ **Johannes ⟨de Wesalia⟩**

John ⟨of Winchester⟩
→ **Johannes ⟨de Pontissara⟩**
→ **Johannes ⟨de Sandala⟩**

John ⟨of Worcester⟩
→ **Johannes ⟨Wigorniensis⟩**

John ⟨of Würzburg⟩
→ **Johannes ⟨Herbipolensis⟩**

John ⟨Oldcastle⟩
→ **Oldcastle, John**

John ⟨Page⟩
→ **Johannes ⟨Pagus⟩**

John ⟨Page⟩
um 1419/21
Poem on the siege of Rouen
Johannes ⟨Page⟩
Page, John

John ⟨Palaeologue, VIII.⟩
→ **Johannes ⟨Imperium Byzantinum, Imperator, VIII.⟩**

John ⟨Palaeologus, VII.⟩
→ **Johannes ⟨Imperium Byzantinum, Imperator, VII.⟩**

John ⟨Paschall⟩
→ **Johannes ⟨Paschall⟩**

John ⟨Patriarch⟩
→ **Johannes ⟨Eleemosynarius⟩**
→ **Yoḥannan ⟨de-Māron⟩**

John ⟨Pecham⟩
→ **Johannes ⟨Peckham⟩**

John ⟨Philoponus⟩
→ **Johannes ⟨Philoponus⟩**

John ⟨Pope, ...⟩
→ **Johannes ⟨Papa, ...⟩**

John ⟨Portugal, Infant⟩
→ **João ⟨Portugal, Infant⟩**

John ⟨Portugal, King, ...⟩
→ **João ⟨Portugal, Rei, ...⟩**

John ⟨Prester⟩
→ **Johannes ⟨Presbyter⟩**

John ⟨Prophete⟩
→ **Prophete, John**

John ⟨Pupper of Goch⟩
→ **Johannes ⟨Pupper von Goch⟩**

John ⟨Purvey⟩
ca. 1353 – 1428
Prologus in versionem anglicam Bibliae posteriorem
Stegmüller, Repert. bibl. 4870-4870,1
Johannes ⟨Puraeus⟩
Johannes ⟨Purvey⟩
Purvey, John

John ⟨Ridevalle⟩
→ **Johannes ⟨Ridewall⟩**

John ⟨Romanus⟩
→ **LeRomeyn, John**

John ⟨Russell⟩
→ **Johannes ⟨Russell⟩**

John ⟨Sackville⟩
→ **Johannes ⟨de Siccavilla⟩**

John ⟨Saint⟩
→ **Johannes ⟨Damascenus⟩**

John ⟨Scarp⟩
→ **Johannes ⟨Sharpe⟩**

John ⟨Sheppey⟩
→ **Johannes ⟨Sheppey⟩**

John ⟨Shillingford⟩
→ **Shillingford, John**

John ⟨Shirley⟩
→ **Shirley, John**

John ⟨Somers⟩
→ **Johannes ⟨Somer⟩**

John ⟨Soreth⟩
→ **Johannes ⟨Sorethus⟩**

John ⟨Stanbery⟩
→ **Johannes ⟨Stamberius⟩**

John ⟨Stanbridge⟩
→ **Johannes ⟨Stamberius⟩**

John ⟨Stokes⟩
→ **Johannes ⟨Stokes⟩**

John ⟨Stratford⟩
→ **Stratford, Johannes**

John ⟨Stukey⟩
→ **Johannes ⟨Stuckey⟩**

John ⟨the Fearless⟩
→ **Jean ⟨Bourgogne, Duc⟩**

John ⟨the Good⟩
→ **Jean ⟨France, Roi, II.⟩**

John ⟨the Great⟩
→ **João ⟨Portugal, Rei, I.⟩**

John ⟨the Maronite⟩
→ **Yoḥannan ⟨de-Mārōn⟩**

John ⟨the Merciful⟩
→ **Johannes ⟨Eleemosynarius⟩**

John ⟨the Philosopher⟩
→ **Yovhannês ⟨Sarkavag⟩**

John ⟨the Prester⟩
→ **Johannes ⟨Presbyter⟩**

John ⟨the Scot⟩
→ **Duns Scotus, Johannes**

John ⟨the Teuton⟩
→ **Johannes ⟨Teutonicus⟩**

John ⟨the Wise⟩
→ **Johannes ⟨Cyparissiota⟩**

John ⟨Thompson⟩
→ **Johannes ⟨Tomsonus⟩**

John ⟨Tibetot⟩
→ **Tiptoft, John**

John ⟨Trevisa⟩
gest. 1402
Übers. d. Bibel ins Englische; De sua Bibliorum in anglicum sermonem translatione dialogus; Defensio curatorum; De proprietatibus rerum; etc.
Stegmüller, Repert. bibl. 4995; Rep.Font. VI,421; LMA,VIII,980
Jean ⟨de Trévise⟩
Johannes ⟨Cornubiensis Anglus⟩
Johannes ⟨de Trevisa⟩
Johannes ⟨Trevisa⟩
Johannes ⟨Vicarius Barkeley⟩
Trevisa, John

John ⟨Waldeby⟩
→ **Johannes ⟨de Waldeby⟩**

John ⟨Waleys⟩
→ **Johannes ⟨Guallensis⟩**

John ⟨Walton⟩
→ **Walton, John**

John ⟨Warkworth⟩
→ **Warkworth, John**

John ⟨Wells⟩
→ **Johannes ⟨Wells⟩**

John ⟨Wesel⟩
→ **Johannes ⟨de Wesalia⟩**

John ⟨Wessel⟩
→ **Gansfort, Johannes**

John ⟨Whethamstede⟩
→ **Johannes ⟨Whethamstede⟩**

John ⟨Wyclif⟩
→ **Wyclif, Johannes**

John Emanuel ⟨Castile, Infant⟩
→ **Juan Manuel ⟨Castilla, Infante⟩**

Joinville, Jean ¬de¬
→ **Jean ⟨de Joinville⟩**

Joliahan
→ **Johannes ⟨de Folsham⟩**

Jomtob Muehlhausen
→ **Mühlhausen, Yôm-Ṭôv**

Jona ⟨de Cordoba⟩
→ **Ibn-Ǧanāḥ, Yônā**

Jona ⟨Rabbi⟩
→ **Ibn-Ǧanāḥ, Yônā**

Jona, Marinus
→ **Ibn-Ǧanāḥ, Yônā**

Jonarāja
gest. 1459
Rājataraṅgiṇī; kaschmir. Schriftsteller, Historiker
Jonarāja ⟨Rājānaka⟩

Jonas ⟨Abbas⟩
→ **Jonas ⟨Aurelianensis⟩**
→ **Jonas ⟨Bobiensis⟩**

Jonas ⟨Aurelianensis⟩
gest. 843
Tusculum-Lexikon; LThK; CSGL; LMA,V,625
Aurelianus, Jonas
Jonas ⟨Abbas⟩
Jonas ⟨d'Orléans⟩
Jonas ⟨Episcopus⟩
Jonas ⟨von Orléans⟩

Jonas ⟨Bobiensis⟩
7. Jh.
LThK; CSGL; Tusculum-Lexikon; LMA,V,624/25
Jonas ⟨Abbas⟩
Jonas ⟨de Bobbio⟩
Jonas ⟨de Suse⟩
Jonas ⟨Elnonensis⟩
Jonas ⟨Hibernus⟩
Jonas ⟨Italus⟩
Jonas ⟨Lirinensis⟩
Jonas ⟨Luxoviensis⟩
Jonas ⟨Scotus⟩
Jonas ⟨von Bobbio⟩
Jonas ⟨von Elno⟩
Jonas ⟨von Susa⟩

Jonas ⟨de Bobbio⟩
→ **Jonas ⟨Bobiensis⟩**

Jonas ⟨de Galic⟩
→ **Iona ⟨Svjatoj⟩**

Jonas ⟨de Kiew⟩
→ **Iona ⟨Svjatoj⟩**

Jonas ⟨de Moscou⟩
→ **Iona ⟨Svjatoj⟩**

Jonas ⟨de Rezan⟩
→ **Iona ⟨Svjatoj⟩**

Jonas ⟨de Suse⟩
→ **Jonas ⟨Bobiensis⟩**

Jonas ⟨d'Orléans⟩
→ **Jonas ⟨Aurelianensis⟩**

Jonas ⟨Elnonensis⟩
→ **Jonas ⟨Bobiensis⟩**

Jonas ⟨Episcopus⟩
→ **Jonas ⟨Aurelianensis⟩**

Jonas ⟨Heiliger⟩
→ **Iona ⟨Svjatoj⟩**

Jonas ⟨Hibernus⟩
→ **Jonas ⟨Bobiensis⟩**

Jonas ⟨Italus⟩
→ **Jonas ⟨Bobiensis⟩**

Jonas ⟨le Thaumaturge⟩
→ **Iona ⟨Svjatoj⟩**

Jonas ⟨Lirinensis⟩
→ **Jonas ⟨Bobiensis⟩**

Jonas ⟨Luxoviensis⟩
→ **Jonas ⟨Bobiensis⟩**

Jonas ⟨Metropolita Kievensis et Totius Russiae⟩
→ **Iona ⟨Svjatoj⟩**

Jonas ⟨Rjazaniensis⟩
→ **Iona ⟨Svjatoj⟩**

Jonas ⟨Saint⟩
→ **Iona ⟨Svjatoj⟩**

Jonas ⟨Scotus⟩
→ **Jonas ⟨Bobiensis⟩**

Jonas ⟨von Bobbio⟩
→ **Jonas ⟨Bobiensis⟩**

Jonas ⟨von Elno⟩
→ **Jonas ⟨Bobiensis⟩**

Jonas ⟨von Orléans⟩
→ **Jonas ⟨Aurelianensis⟩**

Jonas ⟨von Susa⟩
→ **Jonas ⟨Bobiensis⟩**

Jonata, Marino
gest. 1465
El giardeno
Rep.Font. VI,434
Ionata, Marino
Jonathan, Marin
Marin, Jonathan
Marino ⟨Ionata⟩
Marino ⟨Jonata⟩

Jonathan, Marin
→ **Jonata, Marino**

Jonghe Lanfranc
→ **Lanfranc ⟨Jonghe⟩**

Jónsson, Brandr
→ **Brandr ⟨Jónsson⟩**

Jonville, Jean ¬de¬
→ **Jean ⟨de Joinville⟩**

Jorandes
→ **Iordanes ⟨Gotus⟩**

Jordaens, Adam
→ **Adamus ⟨Iordani⟩**

Jordaens, Wilhelm
ca. 1321 – 1372 · OESA
Avellana; Conflictus virtutum et viciorum; De oris osculo; nicht identisch mit Guilelmus ⟨Iordanus⟩
VL(2),4,839/49
Guilelmus ⟨de Groenendaal⟩
Guilelmus ⟨de Viridi Valle⟩
Guilelmus ⟨Iordaens⟩
Guilelmus ⟨Iordani⟩
Guilelmus ⟨Jordaens⟩
Guillaume ⟨de Jordaens⟩
Iordaens, Guillemus
Iordaens, Wilhelm
Iordani, Guilelmus
Iordani, Wilhelmus
Jordaens, Guillaume ¬de¬
Jordaens, Willem
Wilhelm ⟨Jordaens⟩
Willem ⟨Jordaens⟩

Jordain ⟨de Saxe⟩
→ **Iordanus ⟨de Saxonia⟩**

Jordain ⟨de Sévérac⟩
→ **Iordanus ⟨Catalani⟩**

Jordan ⟨Catala⟩
→ **Iordanus ⟨Catalani⟩**

Jordan ⟨de Borcberge⟩
→ **Iordanus ⟨de Saxonia⟩**

Jordan ⟨de Borrentrick⟩
→ **Iordanus ⟨de Saxonia⟩**

Jordan ⟨de Colombo⟩
→ **Iordanus ⟨Catalani⟩**

Jordan ⟨de Giano⟩
→ **Iordanus ⟨de Iano⟩**

Jordan ⟨de Laron⟩
→ **Iordanus ⟨Lemovicensis⟩**

Jordan ⟨de Quilon⟩
→ **Iordanus ⟨Catalani⟩**

Jordan ⟨de Rivalto⟩
→ **Giordano ⟨da Rivalto⟩**

Jordan ⟨de Saxe⟩
→ **Iordanus ⟨de Saxonia⟩**

Jordan ⟨de Séverac⟩
→ **Iordanus ⟨Catalani⟩**

Jordán ⟨de Turre⟩
→ **Iordanus ⟨de Turre⟩**

Jordan ⟨der Bruder⟩
→ **Iordanus ⟨de Iano⟩**

Jordan ⟨der Sachse⟩
→ **Iordanus ⟨de Saxonia⟩**

Jordan ⟨d'Osnabrück⟩
→ **Iordanus ⟨Osnabrugensis⟩**

Jordan ⟨Fantosme⟩
→ **Iordanus ⟨Fantasma⟩**

Jordan ⟨le Forestier⟩
→ **Iordanus ⟨Nemorarius⟩**

Jordan ⟨le Teutonique⟩
→ **Iordanus ⟨de Quedlinburgo⟩**
→ **Iordanus ⟨de Saxonia⟩**
→ **Iordanus ⟨Osnabrugensis⟩**

Jordan ⟨Ruffo⟩
→ **Iordanus ⟨Rufus⟩**

Jordan ⟨Schindler⟩
→ **Schindler, Jordan**

Jordan ⟨Tömlinger⟩
→ **Tömlinger, Jordan**

Jordan ⟨von Boizenburg⟩
um 1236/69
Liber privilegiorum quadratus; Ordeelbook
VL(2),4,849/852
Boizenburg, Jordan ¬von¬

Jordan ⟨von Eberstein⟩
→ **Iordanus ⟨Nemorarius⟩**

Jordan ⟨von Osnabrück⟩
→ **Iordanus ⟨Osnabrugensis⟩**

Jordan ⟨von Quedlinburg⟩
→ **Iordanus ⟨de Quedlinburgo⟩**

Jordan ⟨von Sachsen⟩
→ **Iordanus ⟨de Saxonia⟩**

Jordan, Guillaume
→ **Guilelmus ⟨Iordanus⟩**

Jordan, Raimon
→ **Raimon ⟨Jordan⟩**

Jordanes
→ **Iordanes ⟨Gotus⟩**

Jordanes ⟨von Bergamo⟩
→ **Iordanus ⟨de Bergamo⟩**

Jordanis
→ **Iordanes ⟨Gotus⟩**

Jordano ⟨de Pise⟩
→ **Giordano ⟨da Rivalto⟩**

Jordanus
→ **Iordanes ⟨Gotus⟩**

Jordanus ⟨...⟩
→ **Iordanus ⟨...⟩**

Jordi ⟨de Sant Jordi⟩
gest. 1424
LMA,V,629/30
Georgius ⟨de Valentia⟩
Iordi ⟨de Sant Jordi⟩
Jordi, Mossèn
Sant Jordi, Jordi ¬de¬
Valentia, Georgius ¬de¬

Jorg ⟨Haß⟩
→ **Haß, Georg**

Jorg ⟨Pader⟩
→ **Georg ⟨Bader⟩**

Jorg ⟨von Lintz⟩
→ **Georg ⟨von Linz⟩**

Jorg ⟨von Nurmbergk⟩
→ **Georg ⟨von Nürnberg⟩**

Jorge ⟨Hueth⟩
→ **Hueth, Georg**

Jorge ⟨Manrique⟩
→ **Manrique, Jorge**

Jorgius, Thomas
→ **Thomas ⟨de Jorz⟩**

Jori ⟨de Amberga⟩
→ **Mayr von Amberg, Georg**

Jornandes
→ **Iordanes ⟨Gotus⟩**

Joroslaus ⟨de Strahovia⟩
→ **Ioroslaus ⟨de Strahovia⟩**

Jorz, Gautier ¬de¬
→ **Gualterus ⟨Iorsius⟩**

Jorz, Thomas ¬de¬
→ **Thomas ⟨de Jorz⟩**

Jorzo ⟨Rusbrotelin⟩
→ **Godefridus ⟨Wisbrodelin⟩**

Jos ⟨von Pfullendorf⟩
gest. 1433
Rottweiler Hofgerichtsordnung; Fuchsfalle; Tuchblätter
VL(2),4,871/873
Iodocus ⟨Fabri⟩
Iodocus ⟨von Pfullendorf⟩
Jodocus ⟨von Pfullendorf⟩
Josse ⟨de Nordlingen⟩
Josse ⟨de Phullendorf⟩
Judocus ⟨Fabri de Phullendorf⟩
Pfullendorf, Jos ¬von¬

Josaphat
um 1392
Enkomion des hl. Philotheos
LMA,V,630
Iosafat
Iosaphat
Josafat
Josaphat ⟨Metropolit⟩
Josaphat ⟨von Vidin⟩

Joscelin ⟨de Brakelond⟩
→ **Iocelinus ⟨de Brakelonda⟩**

Joscelin ⟨de Soissons⟩
→ **Ioslenus ⟨Suessionensis⟩**

Joscelin ⟨de Vierzy⟩
→ **Ioslenus ⟨Suessionensis⟩**

Joscelin ⟨le Roux⟩
→ **Ioslenus ⟨Suessionensis⟩**

Joscelinus ⟨...⟩
→ **Ioscelinus ⟨...⟩**

Joscellino ⟨di Soissons⟩
→ **Ioslenus ⟨Suessionensis⟩**

Joscius ⟨...⟩
→ **Ioscelinus ⟨...⟩**

José ⟨Albo⟩
→ **Albô, Yôsēf**

Josef ben Isaak ⟨Kimchi⟩
→ **Qimḥî, Yôsēf**

Josef Ben-Abba-Mari ⟨Bonafoux⟩
→ **Kaspî, Yôsēf**

Josefus ⟨...⟩
→ **Josephus ⟨...⟩**

Josep
um 1430/50
Sündenspiegel
VL(2),4,873/876
Josep ⟨Kleriker⟩
Josepe ⟨Poète Allemand⟩

Joseph ⟨al-Baṣīr⟩
→ **Yūsuf ⟨al-Baṣīr⟩**

Joseph ⟨Albo⟩
→ **Albô, Yôsēf**

Joseph ⟨Ben Abraham⟩
→ **Yūsuf ⟨al-Baṣīr⟩**

Joseph ⟨Bonfos⟩
→ **Kaspî, Yôsēf**

Joseph ⟨Bryenne⟩
→ **Josephus ⟨Bryennius⟩**

Joseph ⟨Chrétien⟩
→ **Josephus ⟨Christianus⟩**

Joseph ⟨de Constantinople⟩
→ **Josephus ⟨Constantinopolitanus, ...⟩**

Joseph ⟨de Gales⟩
→ **Josephus ⟨Constantinopolitanus, I.⟩**

Joseph ⟨de Methone⟩
→ **Josephus ⟨Methonensis⟩**

Joseph ⟨de Modon⟩
→ **Josephus ⟨Methonensis⟩**

Joseph ⟨d'Ephèse⟩
→ **Josephus ⟨Constantinopolitanus, II.⟩**

Joseph ⟨der Hymnograph⟩
→ **Josephus ⟨Hymnographus⟩**

Joseph ⟨der Philosoph⟩
→ **Josephus ⟨Philosophus⟩**

Joseph ⟨Devoniensis⟩
→ **Josephus ⟨Exoniensis⟩**

Joseph ⟨Disciple d'Alcuin⟩
→ **Josephus ⟨Scotus⟩**

Joseph ⟨Exoniensis⟩
→ **Josephus ⟨Exoniensis⟩**

Joseph ⟨Genesius⟩
→ **Josephus ⟨Genesius⟩**

Joseph ⟨Gikatilla⟩
→ **Ĝîqaṭîlā, Yôsēf Ben-Avrāhām**

Joseph ⟨Ḥazzāyā⟩
→ **Yausep ⟨Ḥazzāyā⟩**

Joseph ⟨Hypomnesticon⟩
→ **Josephus ⟨Christianus⟩**

Joseph ⟨Kalothetos⟩
→ **Josephus ⟨Calothetus⟩**

Joseph ⟨Kaspi⟩
→ **Kaspî, Yôsēf**

Joseph ⟨Konstantinopel, Patriarch⟩
→ **Josephus ⟨Constantinopolitanus, ...⟩**

Joseph ⟨of Exeter⟩
→ **Josephus ⟨Exoniensis⟩**

Joseph ⟨Philagres⟩
→ **Josephus ⟨Philagrius⟩**

Joseph ⟨Philagrios⟩
→ **Josephus ⟨Philagrius⟩**

Joseph ⟨Pinaros⟩
→ **Josephus ⟨Philosophus⟩**

Joseph ⟨Rhakendytes⟩
→ **Josephus ⟨Philosophus⟩**

Joseph ⟨Scottus⟩
→ **Josephus ⟨Scotus⟩**

Joseph ⟨von Ephesos⟩
→ **Josephus ⟨Constantinopolitanus, II.⟩**

Joseph ⟨von Exeter⟩
→ **Josephus ⟨Exoniensis⟩**

Joseph ⟨von Konstantinopel⟩
→ **Josephus ⟨Constantinopolitanus, ...⟩**

Joseph ⟨von Methone⟩
→ **Josephus ⟨Methonensis⟩**

Joseph ⟨von Thessalonike⟩
→ **Josephus ⟨Thessalonicensis⟩**

Joseph ben Abba Mari ⟨Caspi⟩
→ **Kaspî, Yôsēf**

Joseph Ben-Samuel ⟨Bonfils⟩
→ **Ṭôv-ʿElem, Yôsēf Ben-Šemû'ēl**

Josephos ⟨...⟩
→ **Josephus ⟨...⟩**

Josephus ⟨Albo⟩
→ **Albô, Yôsēf**

Josephus ⟨Alcuini Discipulus⟩
→ **Josephus ⟨Scotus⟩**

Josephus ⟨Anglicus⟩
→ **Josephus ⟨Scotus⟩**

Josephus ⟨Asceticus⟩
→ **Josephus ⟨Thessalonicensis⟩**

Josephus ⟨Baiocensis⟩
Lebensdaten nicht ermittelt
Vermutlich Verfasser der Vita S. Ragnoberti Baiocensis, die früher Lupus ⟨de Baiona⟩ zugeschrieben wurde
Rep.Font. VI,445; Potth. 2,1542
Josephus ⟨Presbyter⟩
Josephus ⟨Presbyter Baiocensis⟩

Josephus ⟨Bryennius⟩
ca. 1350 – ca. 1431
Tusculum-Lexikon; LThK; LMA,II,799/800
Bryennios, Joseph
Bryennius, Josephus
Giuseppe ⟨Briennio⟩
Joseph ⟨Bryenne⟩
Joseph ⟨Bryennios⟩
Joseph ⟨Bryennius⟩

Josephus ⟨Byzantinus⟩
→ **Josephus ⟨Calothetus⟩**

Josephus ⟨Calothetus⟩
14. Jh.
Tusculum-Lexikon; CSGL
Calothetus, Josephus
Joseph ⟨Kalothetos⟩
Josephus ⟨Byzantinus⟩
Kalothetos, Joseph

Josephus ⟨Canonicus⟩
→ **Hermannus Josephus ⟨Steinfeldensis⟩**

Josephus ⟨Chacanus Chazaricus⟩
→ **Josephus ⟨Chazaricus⟩**

Josephus ⟨Chazaricus⟩
gest. 961
Epistola
Rep.Font. VI,444
Chazaricus, Josephus
Josephus ⟨Chacanus Chazaricus⟩

Josephus ⟨Christianus⟩
9./10. Jh.
Libellus memorialis
Christianus, Josephus
Ioseppus ⟨Christianus⟩
Iosippus ⟨Christianus⟩
Joseph ⟨Chrétien⟩
Joseph ⟨Hypomnesticon⟩
Josephus ⟨Hypomnesticus⟩

Josephus ⟨Constantinopolitanus⟩
→ **Josephus ⟨Philosophus⟩**

Josephus ⟨Constantinopolitanus, I.⟩
gest. 1283
LMA,V,631/32; Tusculum-Lexikon; CSGL; LThK
Constantinopolitanus, Josephus
Joseph ⟨de Constantinople⟩
Joseph ⟨de Gales⟩
Joseph ⟨Patriarche, I.⟩
Joseph ⟨von Konstantinopel⟩
Josephus ⟨Galesiotes⟩
Josephus ⟨Patriarcha, I.⟩
Josephus ⟨von Konstantinopel⟩
Josephus ⟨von Konstantinopel, II.⟩

Josephus ⟨Constantinopolitanus, II.⟩
ca. 1360 – 1439
LMA,V,632; LThK
Constantinopolitanus, Josephus
Joseph ⟨de Constantinople⟩
Joseph ⟨d'Ephèse⟩
Joseph ⟨Konstantinopel, Patriarch⟩
Joseph ⟨Konstantinopel, Patriarch, II.⟩
Joseph ⟨Métropolitain⟩
Joseph ⟨Patriarch, II.⟩
Joseph ⟨Patriarche, II.⟩
Joseph ⟨von Ephesos⟩
Joseph ⟨von Konstantinopel⟩
Joseph ⟨von Konstantinopel, II.⟩
Josephus ⟨von Konstantinopel⟩
Josephus ⟨von Konstantinopel, II.⟩

Josephus ⟨Devonius⟩
→ **Josephus ⟨Exoniensis⟩**

Josephus ⟨Epistolographus⟩
→ **Josephus ⟨Thessalonicensis⟩**

Josephus ⟨Excestrensis⟩
→ **Josephus ⟨Exoniensis⟩**

Josephus ⟨Exoniensis⟩
gest. ca. 1210
LMA,V,632; Tusculum-Lexikon
Iscanus, Joseph
Iscanus, Josephus
Joseph ⟨Devoniensis⟩
Joseph ⟨Exoniensis⟩
Joseph ⟨of Exeter⟩
Joseph ⟨von Exeter⟩
Josephus ⟨Devonius⟩
Josephus ⟨Excestrensis⟩
Josephus ⟨Iscanus⟩

Josephus ⟨Galesiotes⟩
→ **Josephus ⟨Constantinopolitanus, I.⟩**

Josephus ⟨Genesius⟩
10. Jh.
Gilt als Verf. einer byzantin. Kaisergeschichte
LMA,IV,1223; Rep.Font. IV,670
Genesios, Iōsēf
Genesios, Joseph
Genesios, Josephos
Genesius, Joseph
Genesius, Josephus
Iōsēf ⟨Genesios⟩
Iosephus ⟨Genesius⟩
Joseph ⟨Genesius⟩
Josephos ⟨Genesios⟩

Josephus ⟨Hagiographus⟩
→ **Josephus ⟨Thessalonicensis⟩**

Josephus ⟨Hymnographus⟩
810/18 – 883/86
CSGL; Tusculum-Lexikon; LMA,V,633/34
Hymnographus, Josephus
Joseph ⟨der Hymnograph⟩
Josephos ⟨Hymnographos⟩
Josephus ⟨Melodus⟩
Josephus ⟨Poeta⟩
Josephus ⟨Siculus⟩
Josephus ⟨Thessalonicensis⟩

Josephus ⟨Hypomnesticus⟩
→ **Josephus ⟨Christianus⟩**

Josephus ⟨Iscanus⟩
→ **Josephus ⟨Exoniensis⟩**

Josephus ⟨Ithacensis⟩
→ **Josephus ⟨Philosophus⟩**

Josephus ⟨Liturgicus⟩
→ **Josephus ⟨Thessalonicensis⟩**

Josephus ⟨Melodus⟩
→ **Josephus ⟨Hymnographus⟩**

Josephus ⟨Methonensis⟩
1430 – 1500
Tusculum-Lexikon; CSGL; LMA,V,594/95
Iōannēs ⟨ho Plusiadēnos⟩
Iōsēph ⟨ho Methōnaios⟩
Isaac ⟨Methodensis⟩
Jean ⟨Plousiadenos⟩
Johannes ⟨Plusiadenus⟩
Joseph ⟨de Methone⟩
Joseph ⟨de Modon⟩
Joseph ⟨von Methone⟩
Josephus ⟨Plusiadenus⟩
Plusiadenus, Josephus

Josephus ⟨Metropolita⟩
→ **Josephus ⟨Thessalonicensis⟩**

Josephus ⟨Monachus⟩
→ **Josephus ⟨Thessalonicensis⟩**

Josephus ⟨Patriarcha, ...⟩
→ **Josephus ⟨Constantinopolitanus, ...⟩**

Josephus ⟨Philagrius⟩
14. Jh.
Tusculum-Lexikon; CSGL; LThK
Joseph ⟨Philagres⟩
Philagres, Joseph
Philagrios, Joseph
Philagrius, Josephus

Josephus ⟨Philosophus⟩
ca. 1280 – 1330
Tusculum-Lexikon; CSGL; LThK; LMA,V,632/33
Giuseppe ⟨Rachendite⟩
Joseph ⟨der Philosoph⟩
Joseph ⟨Pinaros⟩
Joseph ⟨Rhakendytes⟩
Josephus ⟨Constantinopolitanus⟩
Josephus ⟨Ithacensis⟩
Josephus ⟨Pinarus⟩
Josephus ⟨Rhacendyta⟩
Josephus ⟨Thessalonicensis⟩
Philosophus, Josephus
Rhacendyta, Josephus

Josephus ⟨Pinarus⟩
→ **Josephus ⟨Philosophus⟩**

Josephus ⟨Plusiadenus⟩
→ **Josephus ⟨Methonensis⟩**

Josephus ⟨Poeta⟩
→ **Josephus ⟨Hymnographus⟩**
→ **Josephus ⟨Thessalonicensis⟩**

Josephus ⟨Praedicator⟩
→ **Josephus ⟨Thessalonicensis⟩**

Josephus ⟨Presbyter⟩
→ **Hermannus Josephus ⟨Steinfeldensis⟩**

Josephus ⟨Presbyter Baiocensis⟩
→ **Josephus ⟨Baiocensis⟩**

Josephus ⟨Rhacendyta⟩
→ **Josephus ⟨Philosophus⟩**

Josephus ⟨Sanctus⟩
→ **Josephus ⟨Thessalonicensis⟩**

Josephus ⟨Scotus⟩
gest. ca. 804
Epitome commentarii Hieronymi in Isaiam; Carmina
Stegmüller, Repert. bibl. 5146; LMA,V,633; Rep.Font. VI,445
Joseph ⟨Disciple d'Alcuin⟩
Joseph ⟨Scottus⟩
Josephus ⟨Alcuini Discipulus⟩
Josephus ⟨Anglicus⟩
Josephus ⟨Scottus⟩
Scotus, Josephus

Josephus ⟨Siculus⟩
→ **Josephus ⟨Hymnographus⟩**

Josephus ⟨Steinfeldensis⟩
→ **Hermannus Josephus ⟨Steinfeldensis⟩**

Josephus ⟨Syracusanus⟩
→ **Josephus ⟨Thessalonicensis⟩**

Josephus ⟨Thessalonicensis⟩
→ **Josephus ⟨Hymnographus⟩**
→ **Josephus ⟨Philosophus⟩**

Josephus ⟨Thessalonicensis⟩
ca. 760 – ca. 836
Nicht identisch mit Josephus ⟨Hymnographus⟩ ; „Homilia de cruce"
Tusculum-Lexikon; CSGL; LThK
Giuseppe ⟨di Tessalonica⟩
Joseph ⟨von Thessalonike⟩
Josephus ⟨Asceticus⟩
Josephus ⟨Epistolographus⟩
Josephus ⟨Hagiographus⟩
Josephus ⟨Liturgicus⟩
Josephus ⟨Metropolita⟩
Josephus ⟨Monachus⟩
Josephus ⟨Poeta⟩
Josephus ⟨Praedicator⟩
Josephus ⟨Sanctus⟩
Josephus ⟨Syracusanus⟩

Josephus ⟨von Konstantinopel⟩
→ **Josephus ⟨Constantinopolitanus, ...⟩**

Josfroi ⟨...⟩
→ **Geoffroy ⟨...⟩**

Joshua ⟨Stylites⟩
→ **'Išo' ⟨Stylites⟩**

Joshua Ibn-Shu'eib
→ **Ibn-Šu'aib, Yehôšua'**

Joslenus ⟨de Vierzy⟩
→ **Ioslenus ⟨Suessionensis⟩**

Joss ⟨Astrologue Allemand⟩
→ **Hord, Jobst**

Joss ⟨Hord⟩
→ **Hord, Jobst**

Josse ⟨de Breslau⟩
→ **Iodocus Bertholdus ⟨de Glucholazow⟩**

Josse ⟨de Calwa⟩
→ **Eichmann, Iodocus**

Josse ⟨de Heidelberg⟩
→ **Eichmann, Iodocus**

Josse ⟨de Nordlingen⟩
→ **Jos ⟨von Pfullendorf⟩**

Josse ⟨de Phullendorf⟩
→ **Jos ⟨von Pfullendorf⟩**

Josse ⟨de Saint-Brieuc⟩
→ **Ioscelinus ⟨Turonensis⟩**

Josse ⟨de Silésie⟩
→ **Iodocus Bertholdus ⟨de Glucholazow⟩**

Josse ⟨de Tours⟩
→ **Ioscelinus ⟨Turonensis⟩**

Josse ⟨de Ziegenhals⟩
→ **Iodocus Bertholdus ⟨de Glucholazow⟩**

Josse ⟨Eichmann⟩
→ **Eichmann, Iodocus**

Josselin ⟨de Tours⟩
→ **Ioscelinus ⟨Turonensis⟩**

Jost ⟨Börpful⟩
→ **Börpful, Jost**

Jost ⟨Börpful von Konstanz⟩
→ **Börpful, Jost**

Jost ⟨Meister⟩
→ **Jost ⟨von Unterwalden⟩**

Jost ⟨von Calwe⟩
→ **Eichmann, Iodocus**

Jost ⟨von Konstanz⟩
→ **Börpful, Jost**

Jost ⟨von Unterwalden⟩
15. Jh.
Verfahren der Wundbehandlung; Ulcus-cruris-Behandlung; Verfahren der Bauchwundenbehandlung
VL(2),4,880/882
Jost ⟨Meister⟩
Unterwalden, Jost ¬von¬

Josua ⟨Lorki⟩
→ **Hieronymus ⟨a Sancta Fide⟩**

Josua ⟨Stylita⟩
→ **'Išo' ⟨Stylites⟩**

Jothon ⟨de Tours⟩
→ **Ioscelinus ⟨Turonensis⟩**

Jotsaldus ⟨Cluniacensis⟩
→ **Iotsaldus ⟨Cluniacensis⟩**

Jouenneaux, Guy
1450 – 1507
Guido ⟨Abbas⟩
Guido ⟨Iuvenalis⟩
Guido ⟨Juvenalis⟩
Guido ⟨Juvenalis Cenomanus⟩
Guy ⟨de Saint-Sulpice⟩
Guy ⟨Jouenneaux⟩
Iuvenalis, Guido
Jouennaux, Guy
Juvenalis, Guido

Jouffroy, Jean
→ **Johannes ⟨Ioffridi⟩**
→ **Johannes ⟨Iofroi⟩**

Joulin ⟨von Furness⟩
→ **Iocelinus ⟨de Furness⟩**

Jourdain ⟨Brice⟩
→ **Bricius, Iordanus**

Jourdain ⟨Cathala de Séverac⟩
→ **Iordanus ⟨Catalani⟩**

Jourdain ⟨de Blaye⟩
12./13. Jh.
Blaye, Jourdain ¬de¬
Jourdain ⟨de Blaive⟩
Jourdain ⟨de Blaives⟩
Jourdains ⟨de Blaivies⟩
Jourdains ⟨de Blavies⟩

Jourdain ⟨de Columbum⟩
→ **Iordanus ⟨Catalani⟩**

Jourdain ⟨de Saxe⟩
→ **Iordanus ⟨de Quedlinburgo⟩**

Jourdain ⟨Fantosme⟩
→ **Iordanus ⟨Fantasma⟩**

Jourdain ⟨le Forestier⟩
→ **Iordanus ⟨Nemorarius⟩**

Jourdain, Raymond
→ **Raimundus ⟨Iordanus⟩**

Journy, Jean ¬de¬
→ **Jean ⟨de Journy⟩**

Jouvenel, Jean
→ **Juvénal DesUrsins, Jean ⟨...⟩**

Jovianus, Johannes
→ **Pontano, Giovanni Giovano**

Juan ⟨Aragón, Rey, I.⟩
gest. 1395
LMA,V,494/95
Jean ⟨Aragon, Roi, I.⟩
Johann ⟨Aragonien, König, I.⟩
Johannes ⟨Aragonia, Rex, I.⟩
Johannes ⟨Aragonien, König, I.⟩
John ⟨Aragon, King, I.⟩

Juan ⟨Aragón, Rey, II.⟩
gest. 1479
LMA,V,495
Jean ⟨Aragon, Roi, II.⟩
Johann ⟨Aragonien, König, II.⟩
Johannes ⟨Aragonia, Rex, II.⟩
Johannes ⟨Aragonien, König, II.⟩
John ⟨Aragon, King, II.⟩

Juan ⟨Bacón⟩
→ **Johannes ⟨Baco⟩**

Juan ⟨Ballester⟩
→ **Johannes ⟨Ballester⟩**

Juan ⟨Bassols⟩
→ **Johannes ⟨de Bassolis⟩**

Juan ⟨Biclarense⟩
→ **Johannes ⟨de Biclaro⟩**

Juan ⟨Castilla, Rey, II.⟩
1405 – 1454
LMA,VI,500
Jean ⟨Castille, Roi, II.⟩
Johann ⟨Kastilien, König, II.⟩
Johannes ⟨Castella, Rex, II.⟩

Juan ⟨Cervantes⟩
→ **Johannes ⟨Cervantes⟩**

Juan ⟨Climaco⟩
→ **Johannes ⟨Climacus⟩**

Juan ⟨de Aragon y Anjou⟩
→ **Johannes ⟨de Aragonia⟩**

Juan ⟨de Biclara⟩
→ **Johannes ⟨de Biclaro⟩**

Juan ⟨de Capua⟩
→ **Johannes ⟨de Capua⟩**

Juan ⟨de Casanova⟩
→ **Casanova, Johannes ¬de¬**

Juan ⟨de Dios⟩
→ **Johannes ⟨de Deo⟩**

Juan ⟨de Dueñas⟩
gest. ca. 1460
Nao de amores; Misa de amor; Poesías
LMA,V,775; Rep.Font. VI,578
Dueñas, Juan ¬de¬
Jean ⟨de Dueñas⟩

Juan ⟨de Flores⟩
→ **Flores, Juan ¬de¬**

Juan ⟨de la Cámara⟩
→ **Juan ⟨Rodriguez del Padrón⟩**

Juan ⟨de Lucena⟩
→ **Lucena, Juan ¬de¬**

Juan ⟨de Mata⟩
→ **Johannes ⟨de Matha⟩**

Juan ⟨de Mella⟩
→ **Johannes ⟨de Mella⟩**

Juan ⟨de Monzon⟩
→ **Johannes ⟨de Montesono⟩**

Juan ⟨de Palencia⟩
→ **Johannes ⟨de Segovia⟩**

Juan ⟨de Palomar⟩
→ **Johannes ⟨Palomar⟩**

Juan ⟨de San Juan⟩
gest. 1497 · OSB
Tractatus de Spiritu Sancto
Rep.Font. VI,581
Juan ⟨de San Juan de Luz⟩
San Juan, Juan ¬de¬

Juan ⟨de Segovia⟩
→ **Johannes ⟨de Segovia⟩**

Juan ⟨de Tapia⟩
→ **Tapia, Juan ¬de¬**

Juan ⟨de Torquemada⟩
→ **Johannes ⟨de Turrecremata⟩**

Juan ⟨de Vinuesa⟩
um 1483/89
Tria conclusiones et corollaria
Rep.Font. VI,581
Juan ⟨de Vinessa⟩
Juan ⟨de Vinuessa⟩
Vinuesa, Juan ¬de¬

Juan ⟨de Zamora⟩
→ **Johannes Aegidius ⟨de Zamora⟩**

Juan ⟨del Encina⟩
→ **Encina, Juan ¬del¬**

Juan ⟨del Padrón⟩
→ **Juan ⟨Rodriguez del Padrón⟩**

Juan ⟨del Pino⟩
um 1394/1412 · OFM
Explicatio sermonis dominicae
Rep.Font. VI,581
Pino, Juan ¬del¬

Juan ⟨el Diácono⟩
→ **Johannes Aegidius ⟨de Zamora⟩**

Juan ⟨Escoto⟩
→ **Duns Scotus, Johannes**

Juan ⟨Esteban⟩
→ **Esteve, Joan**

Juan ⟨Fernández de Heredia⟩
→ **Fernández de Heredia, Juan**

Juan ⟨García de Castrojeriz⟩
→ **García de Castrojeriz, Juan**

Juan ⟨Gil⟩
→ **Johannes Aegidius ⟨de Zamora⟩**

Juan ⟨Gonzalez de Burgos⟩
→ **Johannes ⟨Gundisalvi de Burgis⟩**

Juan ⟨Ibn Dāwūd⟩
→ **Johannes ⟨Hispanus⟩**

Juan ⟨López⟩
→ **Johannes ⟨Lupus⟩**

Juan ⟨López⟩
ca. 1410 – 1479 · OP
Libro...en el qual acomulase e iuntasse las deuotissimas e santissimas historias...de nuestra Señora; Tratamiento de la penitencia según la Iglesia Romana contra los errores del maestro Pedro Martínez de Osma; Defensorium fidei Christi contra garrullos preceptores; etc.
Kaeppeli,II,470/472
Jean ⟨López de Salamanca⟩
Jean ⟨López de Zamora⟩
Johannes ⟨Lopes⟩
Johannes ⟨Lopez de Calahorra⟩
Johannes ⟨Lopez de Salamanque⟩
Johannes ⟨Lupi⟩
Johannes ⟨Lupi Salmanticensis⟩
Johannes ⟨Lupi Zamorensis⟩
Johannes ⟨Luppus Salamantinus⟩
Juan ⟨Lopez de Salamanca⟩
Lopez, Jean
López, Juan
Lopez de Salamanca, Juan

Juan ⟨Menez de Silva⟩
→ **Amadeus ⟨Menesius de Silva⟩**

Juan ⟨Nepomuceno⟩
→ **Johannes ⟨Nepomucenus⟩**

Juan ⟨Núñez de Villaizán⟩
→ **Núñez de Villaizán, Juan**

Juan ⟨Papa, ...⟩
→ **Johannes ⟨Papa, ...⟩**

Juan ⟨Regina de Nápoles⟩
→ **Johannes ⟨de Regina de Neapoli⟩**

Juan ⟨Rodríguez del Padrón⟩
1390 – ca. 1450 · OFM
LMA,V,778
Jean ⟨d'Herbon⟩
Juan ⟨de la Cámara⟩
Juan ⟨del Padrón⟩
Juan ⟨Rodriguez de la Cámara⟩
Padrón, Juan Rodríguez ¬del¬
Rodríguez de la Cámara, Juan
Rodríguez del Padrón, Juan

Juan ⟨Ruiz⟩
→ **Ruiz, Juan**

Juan ⟨Ruíz de Corella⟩
→ **Joan ⟨Rois de Corella⟩**

Juan ⟨Versoris⟩
→ **Johannes ⟨Versor⟩**

Juan Alfonso ⟨Canonista⟩
→ **Benavente, Johannes Alfonsus ¬de¬**

Juan Alfonso ⟨de Baena⟩
→ **Baena, Juan Alfonso ¬de¬**

Juan Alfonso ⟨de Benavente⟩
→ **Benavente, Johannes Alfonsus ¬de¬**

Juan Alfonso ⟨de Mella⟩
→ **Johannes ⟨de Mella⟩**

Juan Fernández ⟨de Heredia⟩
→ **Fernández de Heredia, Juan**

Juan Gil ⟨de Zamora⟩
→ **Johannes Aegidius ⟨de Zamora⟩**

Juan Manuel ⟨Castilla, Infante⟩
1282 – 1348
LMA,V,776/77
John Emanuel ⟨Castile, Infant⟩
John Emmanuel ⟨Spain, Infant⟩
Juan Manuel ⟨Don⟩
Juan Manuel ⟨Espagne, Infant⟩
Manuel, Juan

J̌uanšeri
11. Jh.
Georg. Historiker
Džuanšer
Juansher

Juansher
→ **J̌uanšeri**

Jubbā'ī, Muḥammad Ibn 'Abd al-Wahhāb
→ **Ǧubbā'ī, Muḥammad Ibn-'Abd-al-Wahhāb ¬al-¬**

Jud, Michael
→ **Michael ⟨de Leone⟩**

Juda ⟨le Hassid⟩
→ **Yehûdā BenŠemû'ēl ⟨he-Ḥāsîd⟩**

Juda ⟨Messer Leon⟩
→ **Yehûdā Meser Lê'ôn**

Juda ben Saul ibn Tibbon
→ **Ibn-Tibbôn, Yehûdā Ben-Šā'ûl**

Juda Hallévi
→ **Yehûdā hal-Lēwî**

Juda Levita
→ **Yehûdā hal-Lēwî**

Judaeus ⟨Meyer⟩
→ **Meyer, Judaeus**

Judah ⟨ben Samuel⟩
→ **Yehûdā BenŠemû'ēl ⟨he-Ḥāsîd⟩**

Judah ⟨Ben-Eliyahu Hadassi⟩
→ **Hadassî, Yehûdā Ben-Ēliyyāhû**

Judah ⟨of Regensburg⟩
→ **Yehûdā BenŠemû'ēl ⟨he-Ḥāsîd⟩**

Judah Ben-Jehiel
→ **Yehûdā Meser Lê'ôn**

Judah Halevi
→ **Yehûdā hal-Lēwî**

Jude ⟨von Salms⟩
geb. ca. 1360
LMA,IV,2194; VL(2),4,889/90
Hesse ⟨der Jude⟩
Hesse ⟨von Salmsse⟩
Hesse ⟨von Salyns⟩
Jude ⟨von Salmsse⟩
Jude ⟨von Solms⟩
Salms, Jude ¬von¬

Jude ⟨von Solms⟩
→ **Jude ⟨von Salms⟩**

Jude, Ott ¬der¬
→ **Ott ⟨der Jude⟩**

Judenburg, Gundacker ¬von¬
→ **Gundacker ⟨von Judenburg⟩**

Judensit, Hans
15. Jh.
Poëma (Lied in der Speyerischen Chronik)
Rep.Font. VI,581
Hans ⟨Judensint⟩
Hans ⟨Judensit⟩
Judensint, Hans

Judith ⟨Römisch-Deutsches Reich, Kaiserin⟩
ca. 800 – 843
LMA,V,797
Judith ⟨Bayern, Herzogin⟩
Judith ⟨de Bavière⟩
Judith ⟨France, Impératrice⟩
Judith ⟨France, Reine⟩
Judith ⟨Gemahlin Ludwigs des Frommen⟩
Judith ⟨Tochter des Welf von Bayern⟩
Juditha ⟨Augusta⟩
Juditha ⟨Francia, Regina⟩

Judocus ⟨Fabri de Phullendorf⟩
→ **Jos ⟨von Pfullendorf⟩**

Judocus ⟨Turonensis⟩
→ **Ioscelinus ⟨Turonensis⟩**

Jüng, Johann
um 1388
Vermutl. Verf. der „Sprüche der zwölf Meister"
VL(2),4,907/908
Johann ⟨Jüng⟩

Juff, Johannes
→ **Johannes ⟨Juff de Butzbach⟩**

Juhannā Ibn-Serapion
→ **Serapio ⟨Senior⟩**

Jules ⟨Dacus⟩
→ **Iulius ⟨Dacus⟩**

Jules ⟨Florus⟩
→ **Iulius ⟨Florus⟩**

Juliacus, Stephanus
→ **Stephanus ⟨Iuliacus⟩**

Julian ⟨Abbot of the Monastery of Mar Bassos⟩
→ **Iulianus ⟨Monasterii Mar Bassi Abbas⟩**

Julian ⟨Anchoress at Norwich⟩
→ **Iuliana ⟨Norvicensis⟩**

Julian ⟨of Mar Bas⟩
→ **Iulianus ⟨Monasterii Mar Bassi Abbas⟩**

Julian ⟨of Norwich⟩
→ **Iuliana ⟨Norvicensis⟩**

Julian ⟨of Toledo⟩
→ **Iulianus ⟨Toletanus⟩**

Julian ⟨the Cardinal⟩
→ **Iulianus ⟨de Caesarinis⟩**

Julian ⟨the Egyptian⟩
→ **Iulianus ⟨Aegyptius⟩**

Julian ⟨Vizeliacensis⟩
→ **Iulianus ⟨Vizeliacensis⟩**

Julian ⟨von Speyer⟩
→ **Iulianus ⟨de Spira⟩**

Julian ⟨von Toledo⟩
→ **Iulianus ⟨Toletanus⟩**

Juliana ⟨...⟩
→ **Iuliana ⟨...⟩**

Juliano ⟨a Spira⟩
→ **Iulianus ⟨de Spira⟩**

Juliano ⟨Cesarini⟩
→ **Iulianus ⟨de Caesarinis⟩**

Julianos ⟨aus Ägypten⟩
→ **Iulianus ⟨Aegyptius⟩**

Julianos ⟨Bischof⟩
→ **Iulianus ⟨Halicarnassensis⟩**

Julianos ⟨Monophysit⟩
→ **Iulianus ⟨Halicarnassensis⟩**

Julianos ⟨von Halikarnossos⟩
→ **Iulianus ⟨Halicarnassensis⟩**

Julianus ⟨...⟩
→ **Iulianus ⟨...⟩**

Julien ⟨de Cividale⟩
→ **Iulianus ⟨Cividatensis⟩**

Julien ⟨de Gênes⟩
→ **Iulianus ⟨Ianuensis⟩**

Julien ⟨de Majano⟩
→ **Giuliano ⟨da Maiano⟩**

Julien ⟨de Salemi⟩
→ **Iulianus ⟨de Salemo⟩**

Julien ⟨de Spire⟩
→ **Iulianus ⟨de Spira⟩**

Julien ⟨de Tolède⟩
→ **Iulianus ⟨Toletanus⟩**

Julien ⟨de Vézelay⟩
→ **Iulianus ⟨Vizeliacensis⟩**

Julien ⟨d'Halicarnasse⟩
→ **Iulianus ⟨Halicarnassensis⟩**

Julien ⟨d'Hongrie⟩
→ **Iulianus ⟨Hungarus⟩**

Julien ⟨Ianuensis⟩
→ **Iulianus ⟨Ianuensis⟩**

Julien ⟨le Teutonique⟩
→ **Iulianus ⟨de Spira⟩**

Julien ⟨l'Égyptien⟩
→ **Iulianus ⟨Aegyptius⟩**

Julien ⟨Lucas⟩
→ **Iulianus ⟨Lucas⟩**

Julien ⟨Moine⟩
→ **Iulianus ⟨Vizeliacensis⟩**

Julien ⟨Verrocchio⟩
→ **Iulianus ⟨Verrochius⟩**

Julienne ⟨Anicie⟩
→ **Iuliana ⟨Anicia⟩**

Julienne ⟨de Norwich⟩
→ **Iuliana ⟨Norvicensis⟩**

Julius ⟨...⟩
→ **Iulius ⟨...⟩**

Junayd Ibn Muḥammad
→ **Ǧunaid Ibn-Muḥammad ¬al-¬**

Juncta ⟨de Bevagna⟩
→ **Iuncta ⟨Bevegnatis⟩**

Jundinta ⟨von Tegesingen⟩
→ **Mulier ⟨de Tesingen⟩**

Junge Meißner, ¬Der¬
→ **Meißner ⟨der Junge⟩**

Junge Reinmar, ¬Der¬
→ **Reinmar ⟨der Junge⟩**

Junge Stolle, ¬Der¬
→ **Stolle ⟨der Junge⟩**

Jungfrauenlob
15. Jh.
Was ist Liebe
VL(2),4,932

Junianus ⟨Majus⟩
→ **Maius, Iunianus**

Junilius ⟨Africanus⟩
→ **Iunilius ⟨Africanus⟩**

Junterburgius, Jacobus
→ **Jacobus ⟨de Paradiso⟩**

Junus Emre
→ **Yunus Emre**

Juraj ⟨Kostica⟩
→ **Georgius ⟨Arbensis⟩**

Jurāwī, Aḥmad ibn 'Abd al-Salām
→ **Ǧurāwī, Aḥmad Ibn-'Abd-as-Salām ¬al-¬**

Jur'ev, Andrej
→ **Andrej ⟨Jur'ev⟩**

Juriac, Stephanus
→ **Stephanus ⟨Iuliacus⟩**

Jurij ⟨da Drogobyč⟩
→ **Georgius ⟨de Drogobyč⟩**

Jurij ⟨de Russia⟩
→ **Georgius ⟨de Drogobyč⟩**

Jurij ⟨Kotermak⟩
→ **Georgius ⟨de Drogobyč⟩**

Jurjānī, 'Abd al-Qāhir Ibn 'Abd al-Raḥmān
→ **Ǧurǧānī, 'Abd-al-Qāhir Ibn-'Abd-ar-Raḥmān ¬al-¬**

Jurjānī, Aḥmad ibn Muḥammad
→ **Ǧurǧānī, Aḥmad Ibn-Muḥammad ¬al-¬**

Jurjānī, 'Alī ibn Muḥammad
→ **Ǧurǧānī, 'Alī Ibn-Muḥammad ¬al-¬**

Jurjānī, Fakhr al-Dīn
→ **Gurgānī, Faḫraddīn**

Jurjānī al-Saiyid al-Sharīf, 'Alī ibn Muḥammad
→ **Ǧurǧānī, 'Alī Ibn-Muḥammad ¬al-¬**

Jusaki, Motokijo
→ **Zeami**

Jušanī, Muḥammad B. Ḥāriṯ ¬al-¬
→ **Ḫušanī, Muḥammad Ibn-al-Ḥāriṯ ¬al-¬**

Just ⟨d'Urgel⟩
→ **Iustus ⟨Urgellensis⟩**

Just ⟨Saint⟩
→ **Iustus ⟨Urgellensis⟩**

Just, Jacobus
→ **Jacobus ⟨Just⟩**

Juste ⟨Archiprêtre⟩
→ **Iustus ⟨Archipresbyter⟩**

Juste ⟨de Cantorbéry⟩
→ **Iustus ⟨Cantuariensis⟩**

Juste ⟨de Clermont⟩
→ **Iustus ⟨Archipresbyter⟩**

Juste ⟨de Riom⟩
→ **Iustus ⟨Archipresbyter⟩**

Juste ⟨de Rochester⟩
→ **Iustus ⟨Cantuariensis⟩**

Juste ⟨de Rome⟩
→ **Iustus ⟨Cantuariensis⟩**

Juste ⟨de Tolède⟩
→ **Iustus ⟨Toletanus⟩**
→ **Iustus ⟨Urgellensis⟩**

Juste ⟨d'Urgel⟩
→ **Iustus ⟨Urgellensis⟩**

Justice, Jean ¬de¬
→ **Johannes ⟨Iustitiae⟩**

Justin ⟨Byzantinischer Kaiser, ...⟩
→ **Iustinus ⟨Imperium Byzantinum, Imperator, ...⟩**

Justin ⟨de Lippspringe⟩
→ **Iustinus ⟨Lippiensis⟩**

Justin ⟨de Lippstadt⟩
→ **Iustinus ⟨Lippiensis⟩**

Justin ⟨l'Ancien⟩
→ **Iustinus ⟨Imperium Byzantinum, Imperator, I.⟩**

Justin ⟨le Jeune⟩
→ **Iustinus ⟨Imperium Byzantinum, Imperator, II.⟩**

Justin ⟨Orient, Empereur, ...⟩
→ **Iustinus ⟨Imperium Byzantinum, Imperator, ...⟩**

Justina ⟨Blarer⟩
→ **Blarer, Justina**

Justinger, Konrad
gest. 1438
Berner Stadtchronik; Chronik der Stadt Zürich
VL(2),4,934/936; Rep.Font. VI,582
Conrad ⟨Justinger⟩
Justinger, Conrad
Konrad ⟨Justinger⟩

Justinian ⟨Byzantinisches Reich, Kaiser, I.⟩
→ **Iustinianus ⟨Imperium Byzantinum, Imperator, I.⟩**

Justiniano, Leonardo
→ **Giustiniani, Leonardo**

Justinus ⟨...⟩
→ **Iustinus ⟨...⟩**

Justo ⟨de Toledo⟩
→ **Iustus ⟨Urgellensis⟩**

Justo ⟨de Urgel⟩
→ **Iustus ⟨Urgellensis⟩**

Justus ⟨...⟩
→ **Iustus ⟨...⟩**

Juvaini, 'Ala-ad-Din 'Ata-Malik
→ **Ǧuwainī, 'Alā'-ad-Dīn**

Juvayni, 'Alā' al-Din 'Aṭā-Malik b. Muḥammad
→ **Ǧuwainī, 'Alā'-ad-Dīn**

Juvénal DesUrsins, Jean ⟨Fils⟩
1388 – 1473
Advis, a ceux qui ont le gouvernement de la juridiction tant spirituelle que temporelle; Deliberation faicte a Tours; Harangue au roi Louis XI a son avenement
LMA,V,640; Rep.Font. VI,533
DesUrsins, Jean Juvénal
Jean ⟨DesUrsins Jouvenel⟩
Jean ⟨Juvénal⟩
Jean ⟨Juvénal DesUrsins⟩
Jouvenel DesUrsins, Jean
Juvénal, Jean
Ursins, Jean Juvénal ¬des¬

Juvénal DesUrsins, Jean ⟨Père⟩
1360 – 1431
Arrest du parlement de Paris; Parlamentspräsident in Poitiers und Toulouse
LMA,V,640
DesUrsins, Jean Juvénal
Jean ⟨Jouvenel⟩
Jean ⟨Juvénal⟩
Jean Juvénal ⟨des Ursins⟩
Jean Juvénal ⟨DesUrsins⟩
Jouvenel, Jean
Jouvenel DesUrsins, Jean
Juvénal, Jean
Ursins, Jean Juvénal ¬des¬

Juvenalis, Guido
→ **Jouenneaux, Guy**

Juwainī, 'Abd al-Malik Ibn 'Abd Allāh
→ **Ǧuwainī, 'Abd-al-Malik Ibn-'Abdallāh ¬al-¬**

Juwaynī, 'Abd Allāh Ibn Yūsuf
→ **Ǧuwainī, 'Abdallāh Ibn-Yūsuf ¬al-¬**

Juyão ⟨Bolseyro⟩
→ **Bolseyro, Juyão**

Juzuli, 'Īsā Ibn 'Abd al-'Azīz
→ **Ǧuzūlī, 'Īsā Ibn-'Abd-al-'Azīz ¬al-¬**

Ka'b Ibn-Mālik al-Anṣārī
gest. ca. 670
Anṣārī, Ka'b Ibn-Mālik
Ibn-Mālik al-Anṣārī, Ka'b

Kab Ibn-Suhair
→ **Ka'b Ibn-Zuhair**

Ka'b Ibn-Zuhair
7. Jh.
Caab Ben Zoheir
Caab Ben-Zoheir
Caabi Ben-Sohair
Ibn-Suhair, Kab
Ibn-Zuhair, Ka'b
Kab Ibn-Suhair
Kab Ibn-Zohaïr
Ka'b IbnZuhayr

Kabasilas, Neilos
→ **Nilus ⟨Cabasilas⟩**

Kabasilas, Nikolaos
→ **Nicolaus ⟨Cabasilas⟩**

Kabīr, al-Ḥākim
→ **Ḥākim al-Kabīr, Abū-Aḥmad Muḥammad Ibn-Muḥammad ¬al-¬**

Kabirāja, Biśvanātha
→ **Viśvanātha Kavirāja**

Ḳabīsī, 'Abd-al-'Azīs Ibn-Utmān ¬al-¬
→ **Qabīṣī, Abu-'ṣ-Ṣaqr 'Abd-al-'Azīz Ibn-'Uṯmān ¬al-¬**

Kadlubek, Vincentius
1160 – 1223
Chronica Polonorum
Tusculum-Lexikon; LThK; CSGL; LMA,VIII,1700/01
Kadłubek, Wincenty
Kadłubko, Vincentius
Kadlubko, Vincentius
Vincent ⟨de Cracovie⟩
Vincent ⟨Kadłubek⟩
Vincentius ⟨Cadlubkus⟩
Vincentius ⟨Cadlucus⟩
Vincentius ⟨Cracoviensis⟩
Vincentius ⟨de Kadlubko⟩
Vincentius ⟨Kadlubek⟩
Vincentius ⟨of Cracow⟩
Wincent ⟨Bogusławicz⟩
Wincenty ⟨Kadłubek⟩

Kadłubek, Wincenty
→ **Kadlubek, Vincentius**

Ḳānǧävi, Nizami
→ **Niẓāmī Ganǧawī, Ilyās Ibn-Yūsuf**

Kaf'amī, Ibrāhīm Ibn-'Alī ¬al-¬
um 1489
Ibn-'Alī, Ibrāhīm al-Kaf'amī
Ibrāhīm Ibn-'Alī al-Kaf'amī
Taqī-ad-Dīn al-Kaf'amī

Kafarṭābī, 'Alī Ibn-Ibrāhīm ¬al-¬
→ **Ibn-Buḫtīšū', 'Alī Ibn-Ibrāhīm**

Kafarṭābī, Tūmā ¬al-¬
→ **Tūmā al-Kafarṭābī**

Kāfiyaǧī, Muḥammad Ibn-Sulaimān ¬al-¬
1386 – 1474
Ibn-Sulaimān, Muḥammad al-Kāfiyaǧī
Ibn-Sulaimān al-Kāfiyaǧī, Muḥammad
Kāfiyaǧī, Muḥyi-'d-Dīn ¬al-¬
Kāfiyaǧī al-Ḥanafī, Muḥammad Ibn-Sulaimān ¬al-¬
Muḥammad Ibn-Sulaimān al-Kāfiyaǧī

Kāfiyaǧī, Muḥyi-'d-Dīn ¬al-¬
→ **Kāfiyaǧī, Muḥammad Ibn-Sulaimān ¬al-¬**

Kāfiyaǧī al-Ḥanafī, Muḥammad Ibn-Sulaimān ¬al-¬
→ **Kāfiyaǧī, Muḥammad Ibn-Sulaimān ¬al-¬**

Kaḥḥāl, 'Alī Ibn-'Īsā ¬al-¬
→ **'Alī Ibn-'Īsā al-Kaḥḥāl**

Kaḥḥāl al-Ḥamawī, Ṣalāḥ-ad-Dīn Ibn-Yūsuf ¬al-¬
um 1296
Ḥamawī, al-Kaḥḥāl
Ḥamawī, Ṣalāḥ-ad-Dīn Ibn-Yūsuf ¬al-¬
Ḥamawī, Ṣalāḥ-ad-Dīn Yūsuf ¬al-¬
Ibn-Yūsuf, Ṣalāḥ ad-Dīn al-Kaḥḥāl al-Ḥamawī
Kaḥḥāl al-Ḥamawī, Ṣalāḥ al-Dīn ibn Yūsuf
Ṣalāḥ-ad-Dīn Ibn-Yūsuf al-Kaḥḥāl al-Ḥamawī

Kaisersperg, Johannes Geiler ¬von¬
→ **Geiler von Kaysersberg, Johannes**

Kajankatvac'i, Movses
→ **Movses ⟨Kajankatvac'i⟩**

Kal, Paulus
um 1460
Fechtbuch
VL(2),4,964/966
Paulus ⟨Kal⟩

Kalabādhī, Aḥmad Ibn Muḥammad
→ **Kalābāḏī, Aḥmad Ibn-Muḥammad ¬al-¬**

Kalābādhī, Muḥammad Ibn Isḥāq
→ **Kalābāḏī, Muḥammad Ibn-Isḥāq ¬al¬**

Kalabāḏī, Abū-Bakr Muḥammad Ibn-Isḥāq ¬al-¬
→ **Kalābāḏī, Muḥammad Ibn-Isḥāq ¬al¬**

Kalābādī, Abū-Naṣr Aḥmad Ibn-Muḥammad ¬al-¬
→ **Kalābādī, Aḥmad Ibn-Muḥammad ¬al-¬**

Kalābādī, Aḥmad Ibn-Muḥammad ¬al-¬
935 – 1008
Aḥmad Ibn-Muḥammad al-Kalābādī
Ibn-Muḥammad, Aḥmad al-Kalābādī
Kalabādhī, Aḥmad Ibn Muḥammad
Kalābādī, Abū-Naṣr Aḥmad Ibn-Muḥammad ¬al-¬

Kalābādī, Muḥammad Ibn-Isḥāq ¬al-¬
gest. ca. 990
Kitab al-Ta'arruf
Schönberger/Kible, Repertorium, 1003
Abu Bakr al Kalabadhi
Abū-Bakr al-Kalabādī, Muḥammad Ibn-Isḥāq
Ibn-Isḥāq, Muḥammad al-Kalabādī
Kalābādhī, Muḥammad Ibn Isḥāq
Kalabādī, Abū-Bakr Muḥammad Ibn-Isḥāq ¬al-¬
Muḥammad Ibn-Isḥāq al-Kalabādī

Kalāʾī, Abu-'r-Rabīʿ Sulaimān Ibn-Mūsā ¬al-¬
→ **Kalāʾī, Sulaimān Ibn-Mūsā ¬al-¬**

Kalāʾī, Sulaimān Ibn-Mūsā ¬al-¬
1172 – 1237
Ibn-Mūsā, Sulaimān al-Kalāʾī
Kalāʾī, Abu-'r-Rabīʿ Sulaimān Ibn-Mūsā ¬al-¬
Kalāʾī, Sulayman Ibn Mūsā
Sulaimān Ibn-Mūsā al-Kalāʾī

Kalāʾī, Sulayman Ibn Mūsā
→ **Kalāʾī, Sulaimān Ibn-Mūsā ¬al-¬**

Kalbī, Hišām Ibn-Muḥammad ¬al-¬
gest. 819
Hišām Ibn-Muḥammad al-Kalbī
Ibn-al-Kalbī, Hišām Ibn-Muḥammad
Ibn-Muḥammad, Hišām al-Kalbī
Ibn-Muḥammad al-Kalbī, Hišām

Kalekas, Johannes
→ **Johannes ⟨Caleca⟩**

Kalekas, Manuēl
→ **Manuel ⟨Caleca⟩**

Kalff, Peter
15. Jh.
VL(2)
Peter ⟨Kalff⟩

Kalika, Vasilij
→ **Vasilij ⟨Kalika⟩**

Kalir, Eleasar Ben-Jakob
→ **Qallîrî, El'āzār**

Kalixt ⟨Papst, ...⟩
→ **Callistus ⟨Papa, ...⟩**

Kalliklēs, Nikolaos
→ **Nicolaus ⟨Callicles⟩**

Kallir, Eleazar
→ **Qallîrî, El'āzār**

Kallistos ⟨A.⟩
→ **Callistus ⟨Constantinopolitanus⟩**

Kallistos ⟨Angelikudes⟩
→ **Callistus ⟨Angelicudes⟩**

Kallistos ⟨Kataphrygiotes⟩
→ **Callistus ⟨Cataphrygiota⟩**

Kallistos ⟨Melenikeotes⟩
→ **Callistus ⟨Angelicudes⟩**

Kallistos ⟨Telikudes⟩
→ **Callistus ⟨Angelicudes⟩**

Kallistos ⟨tōn Xanthopulōn⟩
→ **Callistus ⟨Xanthopulus⟩**

Kallistos ⟨von Konstantinopel⟩
→ **Callistus ⟨Constantinopolitanus⟩**

Kallistos ⟨Xanthopulos⟩
→ **Callistus ⟨Xanthopulus⟩**

Kallistus ⟨Papst, ...⟩
→ **Callistus ⟨Papa, ...⟩**

Kalonymos Ben-Kalonymos
→ **Qālônîmûs Ben-Qālônîmûs**

Kaloreites, Makarios
→ **Macarius ⟨Calorites⟩**

Kalothetos, Joseph
→ **Josephus ⟨Calothetus⟩**

Kalteisen, Heinrich
→ **Henricus ⟨Kalteisen⟩**

Kaltenbach
15. Jh.
Rechte Liebe
VL(2),4,980/981

Kalwadānī, Abu-'l-Ḫaṭṭāb Maḥfūẓ Ibn-Aḥmad
→ **Kalwadānī, Maḥfūẓ Ibn-Aḥmad ¬al-¬**

Kalwadānī, Maḥfūẓ Ibn-Aḥmad ¬al-¬
1040 – 1116
Ibn-Aḥmad, Maḥfūẓ al-Kalwadānī
Kalwadānī, Abu-'l-Ḫaṭṭāb Maḥfūẓ Ibn-Aḥmad
Kalwadhānī, Maḥfūẓ Ibn Aḥmad
Maḥfūẓ Ibn-Aḥmad al-Kalwadānī

Kalwadhānī, Maḥfūẓ Ibn Aḥmad
→ **Kalwadānī, Maḥfūẓ Ibn-Aḥmad ¬al-¬**

Kamāl-ad-Dīn al-Fārisī
→ **Fārisī, Kamāl-ad-Dīn ¬al-¬**

Kamāl-ad-Dīn al-Fārisī, Muḥammad Ibn-al-Ḥasan
→ **Fārisī, Kamāl-ad-Dīn Muḥammad Ibn-al-Ḥasan ¬al-¬**

Kamāl-ad-Dīn Ibn-al-ʿAdīm
→ **Ibn-al-ʿAdīm, ʿUmar Ibn-Aḥmad**

Kamalashila
→ **Kamalaśīla**

Kamalaśīla
um 713/63
Kamalashila
Santaraksita
Shantaraksita

Kamariōtēs, Matthaios
→ **Matthaeus ⟨Camariota⟩**

Kamateros, Andronikos
→ **Andronicus ⟨Camaterus⟩**

Kamateros, Johannes
→ **Johannes ⟨Camaterus⟩**

Kambertus ⟨de Bononia⟩
→ **Rambertus ⟨de Bononia⟩**

Kameniates, Johannes
→ **Johannes ⟨Cameniata⟩**

Kamina, Timo ¬de¬
→ **Timo ⟨de Kamina⟩**

Kamintus ⟨Arosiensis⟩
→ **Kanuti, Benedictus**

Kammermeister, Hartung
ca. 1400 – 1476
Bürgermeister von Erfurt; Chronik
VL(2),3,532/35; LMA,II,1420
Cammermeister, Hartung
Hartung ⟨Cammermeister⟩
Hartung ⟨d'Erfurt⟩
Hartung ⟨Kammermeister⟩
Hartung ⟨von Erfurt⟩

Kamo, Chomei
1155 – 1216
Hōjōki
Kamo ⟨No Chomei⟩
Kamo-no-Chomei

Kamo-no-Chomei
→ **Kamo, Chomei**

Kanabutzēs, Iōannēs
→ **Johannes ⟨Canabutius⟩**

Kananos, Iōannēs
→ **Johannes ⟨Cananus⟩**

Kananos, Laskaris
→ **Lascaris ⟨Cananus⟩**

Kaneyoshi
→ **Yoshida, Kenkō**

Kannemann, Johannes
um 1460/69 · OFM
De decem Praeceptis; Determinationes Defensorium sui; Pater noster; etc.
Stegmüller, Repert. bibl. 4744-4746; VL(2),4,983
Johannes ⟨Kannemann⟩

Kantakuzenos, Demetrios
→ **Kantakuzin, Dimităr**

Kantakuzēnos, Iōannēs
→ **Johannes ⟨Imperium Byzantinum, Imperator, VI.⟩**

Kantakuzin, Dimităr
gest. ca. 1478
Gebet an die Gottesmutter; Vita d. Hl. Johannes von Rila; Žitije s pohvalom Jovana Rilskog
LMA,V,909; Rep.Font. VI,598
Demetrios ⟨Kantakuzenos⟩
Demetrius ⟨Cantacusenus⟩
Démétrius ⟨Cantacuzène⟩
Dimităr ⟨Kantakuzin⟩
Dimitrije ⟨Kantakuzin⟩
Dimitŭr ⟨Kantakuzin⟩
Kantakuzenos, Demetrios
Kantakuzin, Dimitr
Kantakuzin, Dimitrije

Kanuti, Benedictus
gest. ca. 1462
Regimen contra epidemiam...
Benedictus ⟨Canuti⟩
Benedictus ⟨Kanuti⟩
Canuti, Benedictus
Canuti, Bénoît
Canutus
Canutus ⟨Arhusiensis⟩
Canutus ⟨Arosiensis⟩
Canutus ⟨Västerås⟩
Canutus, Benedictus
Kamintus ⟨Arosiensis⟩
Kamintus, Benedictus
Kanutus
Kanutus ⟨Arosiensis⟩
Kanutus ⟨Västerås⟩
Knut ⟨Biskop⟩
Knutsson, Bengt

Kanutus ⟨Arosiensis⟩
→ **Kanuti, Benedictus**

Kanutus ⟨Arusiensis⟩
→ **Mikkelsen, Knud**

Kanutus ⟨de Arusia⟩
→ **Mikkelsen, Knud**

Kanutus ⟨Västerås⟩
→ **Kanuti, Benedictus**

Kanutuz ⟨Wiborg⟩
→ **Mikkelsen, Knud**

Kanzan
→ **Han-shan**

Kanze, Motokiyo
→ **Zeami**

Kanze, Zeami
→ **Zeami**

Kanzler, ¬Der¬
13. Jh.
Lieddichtungen; Spruchdichtungen
LMA,V,929; VL(2),4,986/992
Chancelier, ¬le¬
Der Kanzler
Kanzler ⟨Schriber⟩

Kaper, Heinrich
→ **Heinrich ⟨Caper⟩**

Kapfman, Steffan
um 1491
Reisebericht
VL(2),4,992
Etienne ⟨Kapfmann de Saint-Gall⟩
Kapffmann, Steffan
Kapfmann, Etienne
Kauffmann, Steffan
Steffan ⟨Kapfman⟩
Steffan ⟨Kauffmann⟩

Kapisztrán, János
→ **Johannes ⟨de Capestrano⟩**

Kappel, Hermann
um 1425
„Hubrilugus"-Vokabular
VL(2),4,993/994
Cappil
Hermann ⟨Kappel⟩
Hermann ⟨Kappel von Mühlhausen⟩
Hermann ⟨von Mühlhausen⟩
Kappel von Mühlhausen, Hermann

Kara, Simeon
→ **Sim'ôn ⟨had-Daršān⟩**

Karāğakī, Muḥammad Ibn-ʿAlī ¬al-¬
gest. 1057
Ibn-ʿAlī, Muḥammad al-Karāğakī
Karājakī, Muḥammad ibn ʿAlī
Muḥammad Ibn-ʿAlī al-Karāğakī

Karağī, Muḥammad Ibn-al-Ḥasan ¬al-¬
gest. 1019/1029
LMA,V,948
Ibn-al-Ḥasan, Muḥammad al-Karağī
Karajī, Muḥammad ibn al-Ḥasan
Muḥammad Ibn-al-Ḥasan al-Karağī

Karājakī, Muḥammad ibn ʿAlī
→ **Karāğakī, Muḥammad Ibn-ʿAlī ¬al-¬**

Karajī, Muḥammad ibn al-Ḥasan
→ **Karağī, Muḥammad Ibn-al-Ḥasan ¬al-¬**

Karakī, Ya'qūb Ibn-Isḥāq ¬al-¬
→ **Ibn-al-Quff, Ya'qūb Ibn-Isḥāq**

Karewe, Robert
→ **Robertus ⟨Cary⟩**

Karīm Aqsarāʾī ¬al-¬
→ **Aqsarāyī, Karīm-ad-Dīn Maḥmūd Ibn-Muḥammad**

Karkassani, Abu-Yussuf Jakub
→ **Qirqisânî, Ya'aqov Ben-Yiṣḥāq**

Karl ⟨Bretagne, Herzog⟩
→ **Charles ⟨Bretagne, Duc⟩**

Karl ⟨Burgund, König⟩
→ **Karl ⟨Römisch-Deutsches Reich, Kaiser, IV.⟩**

Karl ⟨der Dicke⟩
→ **Karl ⟨Römisch-Deutsches Reich, Kaiser, III.⟩**

Karl ⟨der Große⟩
→ **Karl ⟨Römisch-Deutsches Reich, Kaiser, I.⟩**

Karl ⟨der Hammer⟩
→ **Karl ⟨Martell⟩**

Karl ⟨Fränkischer Hausmeier⟩
→ **Karl ⟨Martell⟩**

Karl ⟨Fränkischer König⟩
→ **Karl ⟨Römisch-Deutsches Reich, Kaiser, III.⟩**

Karl ⟨König in Burgund⟩
→ **Charles ⟨Provence, Roi⟩**

Karl ⟨Mähren, Markgraf⟩
→ **Karl ⟨Römisch-Deutsches Reich, Kaiser, IV.⟩**

Karl ⟨Martell⟩
ca. 688 – 741
LMA,V,954
Carolus ⟨Dux⟩
Carolus ⟨Egregius Bellator⟩
Carolus ⟨Maior Domus⟩
Carolus ⟨Martellus⟩
Carolus ⟨Princeps⟩
Carolus ⟨Tudes⟩
Carolus ⟨Tudites⟩
Charles ⟨Martel⟩
Charles Martel ⟨Duke of Austrasia⟩
Karl ⟨der Hammer⟩
Karl ⟨Fränkischer Hausmeier⟩
Martell, Karl

Karl ⟨Navarra, Prinz⟩
→ **Viana, Carlos ¬de¬**

Karl ⟨Orléans, Herzog⟩
→ **Charles ⟨Orléans, Duc⟩**

Karl ⟨Ostfränkisches Reich, König, III.⟩
→ **Karl ⟨Römisch-Deutsches Reich, Kaiser, III.⟩**

Karl ⟨Provence, König⟩
→ **Charles ⟨Provence, Roi⟩**

Karl ⟨Römisch-Deutsches Reich, Kaiser, I.⟩
747 – 814
Capitularia
LMA,V,956/67
Carl ⟨der Grosse⟩
Carl ⟨der Große⟩
Carl ⟨Römisch-Deutsches Reich, Kaiser, I.⟩
Carolus ⟨Germania, Imperator, I.⟩
Carolus ⟨Imperium Romanum-Germanicum, Imperator, I.⟩
Carolus ⟨Magnus⟩
Charlemagne
Karl ⟨der Grosse⟩
Karl ⟨der Große⟩
Karl ⟨Römischer Kaiser, I.⟩
Karolus ⟨Magnus⟩

Karl ⟨Römisch-Deutsches Reich, Kaiser, III.⟩
839 – 888
LMA,V,968
Charles ⟨Emperor, III.⟩
Charles ⟨le Gros⟩
Charles ⟨the Fat⟩
Karl ⟨der Dicke⟩
Karl ⟨Fränkischer König⟩
Karl ⟨III.⟩
Karl ⟨Kaiser⟩
Karl ⟨Ostfränkisches Reich, König, III.⟩
Karl ⟨Römischer Kaiser, III.⟩
Karolus ⟨Crassus⟩

Karl ⟨Römisch-Deutsches Reich, Kaiser, IV.⟩
1316 – 1378
LMA,V,971/74
Carl ⟨Römisch-Deutsches Reich, Kaiser, IV.⟩
Carlo ⟨di Lussemburgo⟩
Carolus ⟨Bohemia, Rex⟩
Carolus ⟨Germania, Imperator, IV.⟩
Carolus ⟨Imperator, IV.⟩
Carolus ⟨Imperium Romanum-Germanicum, Imperator, IV.⟩
Carolus ⟨Romanorum Imperator, IV.⟩
Carolus ⟨Römisch-Deutsches Reich, Kaiser, IV.⟩
Charles ⟨Allemagne, Empereur, IV.⟩
Charles ⟨Bourgogne, Roi⟩
Charles ⟨de Luxembourg⟩
Charles ⟨Germany, Emperor, IV.⟩
Karl ⟨Burgund, König⟩
Karl ⟨Mähren, Markgraf⟩
Karl ⟨von Luxemburg⟩
Karolus ⟨Imperator Romanorum, IV.⟩
Karolus ⟨Römisch-Deutsches Reich, Kaiser, IV.⟩
Wenceslas
Wenzel

Karl ⟨Römischer Kaiser, ...⟩
→ **Karl ⟨Römisch-Deutsches Reich, Kaiser, ...⟩**

Karl ⟨von Blois⟩
→ **Charles ⟨Bretagne, Duc⟩**

Karl ⟨von der Provence⟩
→ **Charles ⟨Provence, Roi⟩**

Karl ⟨von Luxemburg⟩
→ **Karl ⟨Römisch-Deutsches Reich, Kaiser, IV.⟩**

Karl ⟨von Viana⟩
→ **Viana, Carlos ¬de¬**

Karlmann ⟨Bayern, König⟩
→ **Karlmann ⟨Ostfränkisches Reich, König⟩**

Karlmann ⟨Hausmeier⟩
ca. 714 – 754
LMA,V,995/96
Carloman ⟨Duc des Francs en Austrasie⟩
Carloman ⟨Fils de Charles Martell⟩
Hausmeier, Karlmann
Karlmann ⟨Fränkischer Hausmeier⟩

Karlmann ⟨Italien, König⟩
→ **Karlmann ⟨Ostfränkisches Reich, König⟩**

Karlmann ⟨Ostfränkisches Reich, König⟩
ca. 830 – 880
Urkunden
LMA,V,996/97
Carloman ⟨Fils de Louis le Gérmanique⟩
Carloman ⟨Italie, Roi⟩
Karlmann ⟨Bayern, König⟩
Karlmann ⟨Italien, König⟩
Karlmann ⟨König in Ostfranken⟩
Karlmann ⟨Ostfränkischer König⟩

Karma-gliṅ-pa
14. Jh.

Karmelit, Hane ¬der¬
→ **Hane ⟨der Karmelit⟩**

Karmeliter Erasmus
→ **Erasmus ⟨Karmeliter⟩**

Karoch von Lichtenberg, Samuel
15. Jh.
Schülergesprächsbuch; De beano et studente; Gedichte
VL(2),4,1030/41
Caroch von Lichtenberg, Samuel
Karoch, Samuel
Karoth von Lichtenberg, Samuel
Karuch, Samuel
Lichtenberg, Samuel ¬von¬
Samuel ⟨de Monte Rutilo⟩
Samuel ⟨Karoch von Lichtenberg⟩
Samuel ⟨Karuch de Lichtenberg⟩
Samuel ⟨von Lichtenberg⟩

Karolus ⟨Arrettinus⟩
→ **Marsuppini, Carolus**

Karolus ⟨Crassus⟩
→ **Karl ⟨Römisch-Deutsches Reich, Kaiser, III.⟩**

Karolus ⟨de Tocco⟩
→ **Tocco, Carolus ¬de¬**

Karolus ⟨Imperator Romanorum, ...⟩
→ **Karl ⟨Römisch-Deutsches Reich, Kaiser, ...⟩**

Karolus ⟨Magnus⟩
→ **Karl ⟨Römisch-Deutsches Reich, Kaiser, I.⟩**

Karolus ⟨Virulus⟩
→ **Virulus, Carolus**

Karoth von Lichtenberg, Samuel
→ **Karoch von Lichtenberg, Samuel**

Karpathos, John ¬of¬
→ **Johannes ⟨Carpathius⟩**

Karpf, Johannes
15. Jh.
Verfahren zur Kupfervergoldung
VL(2),4,1046
Johannes ⟨Karpf⟩
Johannes ⟨Karpff de Nierenburg⟩

Kartäuser, Nikolaus ¬der¬
→ **Nikolaus ⟨von Nürnberg, der Kartäuser⟩**

K'art'veli, Ilarion
→ **Ilarion ⟨K'art'veli⟩**

Karuch, Samuel
→ **Karoch von Lichtenberg, Samuel**

Karvilem, Johannes
→ **Johannes ⟨Kervyle⟩**

Kāsānī, 'Abd-ar-Razzāq ¬al-¬
→ **'Abd-ar-Razzāq al-Qāšānī**

Kāsānī, Abū-Bakr Mas'ūd Ibn-Aḥmad ¬al-¬
→ **Kāsānī, Mas'ūd Ibn-Aḥmad ¬al-¬**

Kāsānī, Mas'ūd Ibn-Aḥmad ¬al-¬
gest. 1191
Ibn-Aḥmad, Mas'ūd al-Kāsānī
Ibn-Aḥmad al-Kāsānī, Mas'ūd
Kāsānī, Abū-Bakr Mas'ūd Ibn-Aḥmad ¬al-¬
Mas'ūd Ibn-Aḥmad al-Kāsānī

Kaschi, Dschamschid Ibn Masud Ibn Maḥmud ¬al¬
→ **Kāšī, Ǧamšīd Ibn-Mas'ūd ¬al-¬**

Kāshī, Jamshīd ibn Mas'ūd
→ **Kāšī, Ǧamšīd Ibn-Mas'ūd ¬al-¬**

Kāšī, 'Abd-ar-Razzāq ¬al-¬
→ **'Abd-ar-Razzāq al-Qāšānī**

Kāšī, Ǧamšīd Ibn-Mas'ūd ¬al-¬
ca. 1380 – 1429
LMA,V,1029/30
Al-Kashī
Ǧamšēd Ibn-Mas'ud al-Kāšī
Ǧamšīd Ibn-Mas'ūd al-Kāšī
Ibn-Mas'ūd, Ǧamšīd al-Kāšī
Kaschi, Dschamschid Ibn Masud Ibn Mahmud ¬al¬
Kāshī, Jamshīd ibn Mas'ūd
Kāšī, Ġiyāṯaddīn Ǧamšid b. Mas'ud ¬al-¬

Kāšī, Ġiyāṯaddīn Ǧamšid b. Mas'ud ¬al-¬
→ **Kāšī, Ǧamšīd Ibn-Mas'ūd ¬al-¬**

Kasia
→ **Casia**

Kāsim b. Ibrāhīm ¬'l-¬
→ **Qāsim Ibn-Ibrāhīm ar-Rassī ¬ar-¬**

Kāsim Ibn-Ibrāhīm al-Ḥasanī
→ **Qāsim Ibn-Ibrāhīm ar-Rassī ¬ar-¬**

Kasimir ⟨der Große⟩
→ **Kazimierz ⟨Polska, Król, III.⟩**

Kasimir ⟨Polen, König, III.⟩
→ **Kazimierz ⟨Polska, Król, III.⟩**

Kaškarānī, Ya'qūb ¬al-¬
→ **Ya'qūb al-Kaškarī**

Kaškarī, Isrā'īl ¬al-¬
→ **Isrā'īl ⟨al-Kaškarī⟩**

Kaškarī, Ya'qūb ¬al-¬
→ **Ya'qūb al-Kaškarī**

Kaspar ⟨Augspurger⟩
→ **Kaspar ⟨de Oegspurg⟩**

Kaspar ⟨de Oegspurg⟩
gest. 1491 · OSB
Das ist ein tafel des anefangs des wirdigen Closters und Aptie auff sant Jörgenberg im Intal und Brixner bistumb und von dem loblichen heyltumb daz do ist und wirdigklich da gehalten wird
Rep.Font. VI,600
Augspurger, Kaspar
Kaspar ⟨Augspurger⟩
Oegspurg, Kaspar ¬de¬

Kaspar ⟨Enenkel⟩
→ **Enenkel, Kaspar**

Kaspar ⟨Engelsüß⟩
→ **Engelsüß, Kaspar**

Kaspar ⟨Grießenpeck⟩
→ **Grießenpeck, Kaspar**

Kaspar ⟨Lunder⟩
→ **Lunder, Kaspar**

Kaspar ⟨Popplau⟩
→ **Popplau, Kaspar**

Kaspar ⟨Tobritsch⟩
→ **Tobritsch, Kaspar**

Kaspar ⟨von Altenburg⟩
→ **Caspar ⟨de Altenburga⟩**

Kaspar ⟨von der Rhön⟩
15. Jh.
VL(2)
Caspar ⟨von der Roen⟩
Kaspar ⟨von der Roen⟩
Kasper ⟨von der Rhön⟩
Rhön, Kaspar ¬von der¬
Röhn, Caspar ¬von der¬
Röhn, Kaspar ¬von der¬

Kaspar ⟨von Maiselstein⟩
→ **Maiselstein, Caspar**

Kaspar ⟨von Ringenstein⟩
→ **Affenschmalz**

Kaspî, Yôsēf
ca. 1280 – ca. 1340
Bonafoux, Josef Ben-Abba-Mari
Bonfos, Joseph
Caspi, Joseph ben Abba Mari
Ibn-Kaspi, Joseph
Josef Ben-Abba-Mari ⟨Bonafoux⟩
Joseph ⟨Bonfos⟩
Joseph ⟨Kaspi⟩
Joseph ben Abba Mari ⟨Caspi⟩
Kaspi, Josef
Kaspi, Joseph
Kaspî, Yôsēf
Yôsēf ⟨Kaspî⟩
Yoseph Ibn-Kaspi

Ḳaṣrī, 'Abd al-Djalīl B. Mūsā
→ **Qaṣrī, 'Abd-al-Ǧalīl Ibn-Mūsā ¬al-¬**

Kassel, Johannes ¬von¬
→ **Johannes ⟨von Kassel⟩**

Kassia
→ **Casia**

Kastav, Vincent ¬von¬
→ **Vincentius ⟨de Castua⟩**

Kastl, Johannes ¬von¬
→ **Johannes ⟨de Castello⟩**

Kastriotēs, Geōrgios
→ **Georgius ⟨Castriota⟩**

Kaswini, Sakarijja Ibn Muhammad ¬al¬
→ **Qazwīnī, Zakarīyā' Ibn-Muḥammad ¬al-¬**

Katalin ⟨Sziénai Szent⟩
→ **Catharina ⟨Senensis⟩**

Kataphrygiotes, Kallistos
→ **Callistus ⟨Cataphrygiota⟩**

Katharina ⟨Benincasa⟩
→ **Catharina ⟨Senensis⟩**

Katharina ⟨Ederin⟩
→ **Eder, Katharina**

Katharina ⟨Tucher⟩
→ **Tucher, Katharina**

Katharina ⟨von Bologna⟩
→ **Catharina ⟨Bononiensis⟩**

Katharina ⟨von Geberschweier⟩
→ **Catharina ⟨Gueberschwihrensis⟩**

Katharina ⟨von Genua⟩
→ **Caterina ⟨da Genova⟩**

Katharina ⟨von Guebwiller⟩
→ **Catharina ⟨Gueberschwihrensis⟩**

Katharina ⟨von Siena⟩
→ **Catharina ⟨Senensis⟩**

Kathvults
→ **Catulfus**

Kātib, 'Alī Ibn-Ḫalaf ¬al-¬
→ **'Alī Ibn-Ḫalaf al-Kātib**

Kātib, Ḫālid Ibn-Yazīd ¬al-¬
→ **Ḫālid Ibn-Yazīd al-Kātib**

Kātib al Ya'qūbī ¬al-¬
→ **Ya'qūbī, Aḥmad Ibn-Abī-Ya'qūb ¬al-¬**

Kātib al-Baġdādī, Qudāma Ibn-Ǧa'far ¬al-¬
→ **Qudāma Ibn-Ǧa'far al-Kātib al-Baġdādī**

Kātib al-Iṣfahānī, al-'Imād Muḥammad Ibn-Muḥammad
→ **Kātib al-Iṣfahānī, Muḥammad Ibn-Muḥammad ¬al-¬**

Kātib al-Iṣfahānī, 'Imād-ad-Dīn Muḥammad Ibn-Muḥammad
→ **Kātib al-Iṣfahānī, Muḥammad Ibn-Muḥammad ¬al-¬**

Kātib al-Iṣfahānī, Muḥammad Ibn-Muḥammad ¬al-¬
1125 – 1201
Rep.Font. VI,229; LMA,V,383/84
Al-'Imād
'Imād ¬al-¬
'Imād al-Dīn, Muḥammad b. Muḥammad al-Kātib al-Iṣfahānī
'Imād al-Iṣfahānī ¬al-¬
'Imād-ad-Dīn al-Iṣfahānī
Iṣfahānī, 'Imād-ad-Dīn ¬al-¬
Iṣfahānī, Muḥammad Ibn-Muḥammad ¬al-¬
Kātib al-Iṣfahānī, al-'Imād Muḥammad Ibn-Muḥammad
Kātib al-Iṣfahānī, 'Imād-ad-Dīn Muḥammad Ibn-Muḥammad
Muḥammad Ibn-Muḥammad al-Kātib al-Iṣfahānī

Kātib Baihaqī, Abu-'l-Faḍl Muḥammad Ibn-Ḥusain
→ **Baihaqī, Abu-'l-Faḍl Muḥammad Ibn-Ḥusain**

Kātibī, 'Alī Ibn-'Umar ¬al-¬
gest. 1276/94
'Alī Ibn-'Umar al-Kātibī
Ibn-'Umar, 'Alī al-Kātibī

Katrarios, Johannes
→ **Johannes ⟨Catraras⟩**

Katzenelnbogen, Philipp ¬von¬
→ **Philipp ⟨von Katzenelnbogen⟩**

Katzmair, Jörg
→ **Kazmair, Jörg**

Kauffmann, Steffan
→ **Kapfman, Steffan**

Kaufringer, Heinrich
15. Jh.
Dt. Reimpaardichtungen; Mären
LMA,V,1086; VL(2),4,1076ff.
Heinrich ⟨Kaufringer⟩
Henri ⟨Kaufringer⟩
Kaufringer, Henri

Kavirāja, Viśvanātha
→ **Viśvanātha Kavirāja**

Ḳaysarānī, Muḥammad Ibn Ṭāhir
→ **Ibn-al-Qaisarānī, Muḥammad Ibn-Ṭāhir**

Kaysersberg, Johannes Geiler ¬von¬
→ **Geiler von Kaysersberg, Johannes**

Kāzarūnī, Muḥammad Ibn-Mas'ūd ¬al-¬
gest. 1357
Kāzarūnī, Sa'd-ad-Dīn Muḥammad Ibn-Mas'ūd al-Kāzarūnī

Kāzarūnī, Saʿd-ad-Dīn
→ **Kāzarūnī, Muḥammad Ibn-Masʿūd ¬al-¬**

Kāẓim, Mūsā ¬al-¬
→ **Mūsā al-Kāẓim**

Kazimierz ⟨Polska, Król, III.⟩
1310 – 1370
Statuty Kazimierza Wielkiego
Rep.Font. III,149
Casimir ⟨le Grand⟩
Casimir ⟨Pologne, Roi, III.⟩
Casimirus ⟨Magnus⟩
Casimirus ⟨Polonia, Rex, III.⟩
Kasimir ⟨der Große⟩
Kasimir ⟨Polen, König, III.⟩
Kazimierz ⟨Polen, König, III.⟩
Kazimierz ⟨Wielki⟩

Kazimierz ⟨Wielki⟩
→ **Kazimierz ⟨Polska, Król, III.⟩**

Kazmair, Jörg
ca. 1350 – 1417
Georg ⟨Kazmair⟩
Georges ⟨de Munich⟩
Jörg ⟨Katzmair⟩
Jörg ⟨Kazmair⟩
Katzmair, Jörg
Kazmer, Jörgen

Kazwini, Mahmud el-Zaharia ben
→ **Qazwīnī, Zakarīyāʾ Ibn-Muḥammad ¬al-¬**

Kebicz, Jakob
um 1457
Lieder, Briefe, Rezepte
VL(2),4,1087/90
Jacques ⟨Kebitz⟩
Jakob ⟨Kebicz⟩
Kebitz, Jacques
Kebitz, Jakob

Kebitz, Jakob
→ **Kebicz, Jakob**

Kecellus, Guilelmus
→ **Guilelmus ⟨Ketellus⟩**

Keckius, Johannes
1400 – 1450 · OSB
LThK; VL(2)
Jean ⟨Keck⟩
Johannes ⟨de Giengen⟩
Johannes ⟨de Tegernsee⟩
Johannes ⟨Keck⟩
Johannes ⟨Keckius⟩
Johannes ⟨Kek⟩
Keck, Jean
Keck, Johannes
Kek, Johannes

Kedrenos, Georgios
→ **Georgius ⟨Cedrenus⟩**

Keihō ⟨Mönch⟩
→ **Zongmi**

Keihō Shūmitsu
→ **Zongmi**

Keisersberg, Johann Geiler ¬von¬
→ **Geiler von Kaysersberg, Johannes**

Keita, Soundiata
→ **Sundjata ⟨Mali, König⟩**

Keizan
1268 – 1325

Kek, Johannes
→ **Keckius, Johannes**

Kekaumenos
→ **Cecaumenus ⟨Tacticus⟩**

Keko, Henricus
→ **Henricus ⟨Keko⟩**

Keler
→ **Celer**

Keli, Henricus
→ **Henricus ⟨Keli⟩**

Kelin
13. Jh.
Lieder
VL(2),4,1105/07
Kelin ⟨Lieddichter⟩
Kelyn

Kellner, Hawich ¬der¬
→ **Hawich ⟨der Kellner⟩**

Kellner, Heinz ¬der¬
→ **Heinz ⟨der Kellner⟩**

Kelse, Gobelinus ¬de¬
→ **Godefridus ⟨de Kelse⟩**

Kelse, Godefridus ¬de¬
→ **Godefridus ⟨de Kelse⟩**

Kelyn
→ **Kelin**

Kemenadius, Henricus
→ **Henricus ⟨de Coesveldia⟩**

Kemenaten, Albrecht ¬von¬
→ **Albrecht ⟨von Kemenaten⟩**

Kemli, Gallus
um 1417/28 · OSB
Autobiographie; Mariologie; Promptuarium ecclesiasticum
VL(2),4,1107/12
Gallus ⟨Kemli⟩

Kemmechen, Goswin
→ **Kempgyn, Goswinus**

Kemnat, Matthias ¬von¬
→ **Matthias ⟨von Kemnat⟩**

Kemnat, Volkmar ¬von¬
→ **Volkmar ⟨von Kemnat⟩**

Kemnater, Hans
um 1460
Cato-Parodie
VL(2),4,1112/14
Chemnater, Hans
Hans ⟨Chemnater⟩
Hans ⟨Kemnater⟩
Hans ⟨Kempnater⟩
Kempnater, Hans
Schilchhans

Kempe, Margery
→ **Margery ⟨Kempe⟩**

Kempen, Thomas ¬von¬
→ **Thomas ⟨a Kempis⟩**

Kempensen
14. Jh.
VL(2)
Kempensenn
Keppensen ⟨de Lunebourg⟩

Kempf, Elisabeth
1415 – 1485 · OP
Übersetzung und Fortsetzung der „Vita Sororum"
VL(2),4,1115/17
Elisabeth ⟨Kempf⟩

Kempf, Nicolaus
gest. ca. 1497 · OCart
Nicht identisch mit Nicolaus ⟨de Argentina⟩
LThK; VL(2); LMA,VI,1181
Kempf, Nicolas
Kempf, Nikolaus
Kemph, Nicolaus
Kemph, Nikolaus
Kempht, Nicolaus
Kempht, Nicolaus
Kempht, Nikolaus
Nicholas ⟨Kempf⟩
Nicolas ⟨de Strasbourg⟩
Nicolas ⟨Kempf⟩
Nicolaus ⟨Gemnicensis⟩
Nicolaus ⟨Gemnicus⟩
Nicolaus ⟨Kempf⟩
Nicolaus ⟨Kempf de Argentina⟩
Nicolaus ⟨Kemph⟩
Nicolaus ⟨Kempht⟩
Nicolaus ⟨Kempht⟩
Nikolaus ⟨Kemp⟩
Nikolaus ⟨Kempf⟩
Nikolaus ⟨Kemph⟩
Nikolaus ⟨Kempht⟩
Nikolaus ⟨von Gaming⟩
Nikolaus ⟨von Straßburg⟩

Kempgyn, Goswinus
ca. 1420/25 – 1483
Trivita studentium
LMA,IV,1572; VL(2),4,1124/25
Goswin ⟨Kemmechen⟩
Goswin ⟨Kemmechen⟩
Goswin ⟨Kempgyn⟩
Goswin ⟨Kempken⟩
Goswin ⟨Kempken⟩
Goswinus ⟨de Neuß⟩
Goswinus ⟨de Nussia⟩
Goswinus ⟨Kempgyn⟩
Goswinus ⟨Kempgyn de Nussia⟩
Goswinus ⟨Kempken⟩
Kemmechen, Goswin
Kempken, Goswin

Kempis, Thomas ¬a¬
→ **Thomas ⟨a Kempis⟩**

Kempken, Goswin
→ **Kempgyn, Goswinus**

Kempnater, Hans
→ **Kemnater, Hans**

Keninghale, Johannes
→ **Johannes ⟨Keninghale⟩**

Kenkō
→ **Yoshida, Kenkō**

Kent, Johannes ¬de¬
→ **Johannes ⟨de Kent⟩**

Kent, John
→ **John ⟨Kent⟩**

Kent, Thomas ¬de¬
→ **Thomas ⟨de Kent⟩**

Kenton, Nicolaus
→ **Nicolaus ⟨Kenton⟩**

Kenulfe
→ **Chaenulfus**

Kenyngale, Jean
→ **Johannes ⟨Keninghale⟩**

Keppensen ⟨de Lunebourg⟩
→ **Kempensen**

Ker
→ **Kero**

Kerameus, Theophanes
→ **Theophanes ⟨Cerameus⟩**

Kerberch, Johannes
um 1419/30
Conclusiones de libertatibus fratrum ad officium audiendarum confessionum; Declaratio regule
VL(2),4,1126/27
Johannes ⟨Kerberch⟩
Johannes ⟨Kerberch von Braunschweig⟩
Johannes ⟨von Braunschweig⟩

Kerchoff
14. bzw. 15. Jh.
Streitgespräch zwischen „Wîsheit" und „Manheit"
VL(2),4,1127/28

Kerckhörde, Jean
→ **Kerkhörde, Johann**

Kerckhörde, Reinold
→ **Kerkhörde, Reinold**

Kerckmeister, Johannes
um 1485
Jean ⟨Kerckmeister⟩
Johannes ⟨Kerckmeister⟩
Kerckmeister, Jean

Kerkering, Dietrich
→ **Theodoricus ⟨de Monasterio⟩**

Kerkhörde, Johann
15. Jh.
VL(2); Potth.
Johann ⟨Kerkhörde⟩
Kerckhörde, Jean

Kerkhörde, Reinold
15. Jh.
VL(2); Potth.
Kerckhörde, Reinold
Reinold ⟨Kerkhörde⟩

Kerkow, Gerke ¬von¬
→ **Gerke ⟨von Kerkow⟩**

Kero
um 720 · OSB
Glossarium biblicum alphabeticum latino-germanicum
Stegmüller, Repert. bibl. 5341
Gero ⟨Monachus⟩
Ker
Kero ⟨Monachus⟩
Kero ⟨Sancti Galli Monachus⟩
Kéron ⟨de Saint-Gall⟩
Kéron ⟨Moine⟩

Kērullarios, Michaēl
→ **Michael ⟨Cerularius⟩**

Kervyle, Johannes
→ **Johannes ⟨Kervyle⟩**

Kessel, Johannes
gest. 1398
Übung zu Fraterherrenviten des Thomas ⟨a Kempis⟩
VL(2),4,1136/37
Johannes ⟨Kessel⟩
Johannes ⟨Ketel⟩
Ketel, Johannes

Kestner, Johann
14. bzw. 15. Jh.
Roßarzneibüchlein
VL(2),4,1138
Johann ⟨Kestner⟩
Johann ⟨Kestner zu Schwarz⟩
Johann ⟨zu Schwarz⟩
Restner ⟨zu Schwatz⟩

Kestner, Martinus
→ **Martinus ⟨Kestner⟩**

Keszi, Simon ¬de¬
→ **Simon ⟨de Keza⟩**

Ketel, Guilelmus
→ **Guilelmus ⟨Ketellus⟩**

Ketel, Johannes
→ **Kessel, Johannes**

Ketellus, Guilelmus
→ **Guilelmus ⟨Ketellus⟩**

Ketham, Johannes ¬de¬
→ **Johannes ⟨de Ketham⟩**

Kettner, Fritz
um 1392/1411
Mariologische Themen in Liedform des Meistergesangs
VL(2),4,1138/41
Fritz ⟨Kettner⟩
Ketner, Fricz

Kettner, Johannes
um 1469
Schreiber einer Beschreibung des Hl. Grabes
VL(2),4,1141/42
Jean ⟨Kettner de Geisenfeld⟩
Johannes ⟨Kettner⟩
Kettner, Jean

Ketza, Simon ¬de¬
→ **Simon ⟨de Keza⟩**

Ketzel, Martin
um 1476
Beschreibung der Pilgerfahrt ins Hl. Land
VL(2),4,1142
Martin ⟨Ketzel⟩
Martin ⟨Ketzel de Augsbourg⟩

Keyerslach, Petrus
→ **Kirchschlag, Petrus**

Keysersberg, Johann Geiler ¬von¬
→ **Geiler von Kaysersberg, Johannes**

Keysersperg
Lebensdaten nicht ermittelt
Verfahren zur Therapie von Unterschenkelgeschwüren
VL(2),4,1143

Keyserswerde, Henricus
→ **Henricus ⟨Keyserswerde⟩**

Keza, Simon ¬de¬
→ **Simon ⟨de Keza⟩**

Kfarṭābī, Tūmā ¬al-¬
→ **Tūmā al-Kafarṭābī**

Khabrī, ʿAbd Allāh Ibn Ibrāhīm
→ **Ḥabrī, ʿAbdallah Ibn-Ibrāhīm ¬al-¬**

Khaffāf, al-Mubārak ibn Kāmil
→ **Ḥaffāf, al-Mubārak Ibn-Kāmil ¬al-¬**

Khajamitt, Omar
→ **ʿUmar Ḫaiyām**

Khajjam, Omar
→ **ʿUmar Ḫaiyām**

Khalaf al-Aḥmar
→ **Ḫalaf al-Aḥmār**

Khālid al-Kātib
→ **Ḫālid Ibn-Yazīd al-Kātib**

Khalil eḏ-Dâhiry
→ **Ibn-Šāhīn aẓ-Ẓāhirī, Ḫalīl**

Khalīlī, al-Khalīl ibn ʿAbdallāh
→ **Ḫalīlī, al-Ḫalīl Ibn-ʿAbdallāh ¬al-¬**

Khallāl, Aḥmad Ibn Muḥammad
→ **Ḫallāl, Aḥmad Ibn-Muḥammad ¬al-¬**

Khansāʾ, Tumāḍir Bint ʿAmr
→ **Ḫansāʾ, Tumāḍir Bint-ʿAmr ¬al-¬**

Khāqānī, Afḍal-ad-Dīn Ibrāhīm Ibn-ʿAlī
→ **Ḫāqānī, Afḍal-ad-Dīn Ibrāhīm Ibn-ʿAlī**

Khāqānī, Afẓal al-Dīn Shirvānī
→ **Ḫāqānī, Afḍal-ad-Dīn Ibrāhīm Ibn-ʿAlī**

Kharāʾiṭī, Muḥammad Ibn Jaʿfar
→ **Ḫarāʾiṭī, Muḥammad Ibn-Ǧaʿfar ¬al-¬**

Khatîb al-Bagdâdhî, Aḥmad Ibn Thâbit
→ **Ḫaṭīb al-Baġdādī, Aḥmad Ibn-ʿAlī ¬al-¬**

Khaṭīb al-Baghdādī, Aḥmad ibn ʿAlī
→ **Ḫaṭīb al-Baġdādī, Aḥmad Ibn-ʿAlī ¬al-¬**

Khaṭīb al-Tibrīzī, Muḥammad ibn ʿAbdallah ¬al-¬
→ **Ḫaṭīb at-Tibrīzī, Muḥammad Ibn-ʿAbdallāh ¬al-¬**

Khaṭīb Dimashq al-Qazwīnī, Muḥammad Ibn ʿAbd al-Raḥmān
→ **Qazwīnī, Muḥammad Ibn-ʿAbd-ar-Raḥmān ¬al-¬**

Khaṭṭābī, Ḥamd Ibn Muḥammad
→ **Ḫaṭṭābī, Ḥamd Ibn-Muḥammad ¬al-¬**

Khayam, Omar
→ **ʿUmar Ḫaiyām**

Khaydarī, Muḥammad Ibn Muḥammad
→ **Ḥaidarī, Muḥammad Ibn-Muḥammad ¬al-¬**

Khayyām, Omar
→ **ʿUmar Ḫaiyām**

Khayyāṭ, ʿAbd al-Raḥīm Ibn Muḥammad
→ **Ḫaiyāṭ, ʿAbd-ar-Raḥīm Ibn-Muḥammad ¬al-¬**

Khāzinī, ʿAbd al-Raḥmān
→ **Ḫāzinī, ʿAbd-ar-Raḥmān ¬al-¬**

Khidāsh ibn Zuhayr al-ʿĀmirī
→ **Ḫidāš Ibn-Zuhair al-ʿĀmirī**

Khoffski, Vinzenz
→ **Kofski, Vinzenz**

Khosrau, Emir
→ **Amīr Ḫusrau**

Khosrou, Naser
→ **Nāṣir Ḫusrau**

Khrabr ⟨Chernorizets⟩
→ **Chrabăr ⟨Černorizec⟩**

Khrypffs, Nicolaus
→ **Nicolaus ⟨de Cusa⟩**

Khušanī, Muḥammad ibn al-Ḥārit̲
→ **Ḫušanī, Muḥammad Ibn-al-Ḥārit̲ ¬al-¬**

Khusrau, Ameer
→ **Amīr Ḫusrau**

Khusraw, Amīr
→ **Amīr Ḫusrau**

Khusraw, Nāṣir
→ **Nāṣir Ḫusrau**

Khusru, Amir
→ **Amīr Ḫusrau**

Khuttalī, Ibrāhīm ibn ʿAbd Allāh
→ **Ḫuttalī, Ibrāhīm Ibn-ʿAbdallāh ¬al-¬**

Khuwarazmi ¬al-¬
→ **Abū-Bakr al-Ḫwārizmī, Muḥammad Ibn-al-ʿAbbās**

Khwārizmī, al-Qāsim ibn al-Ḥusayn
→ **Ḫwārizmī, al-Qāsim Ibn-al-Ḥusain ¬al-¬**

Khwārizmī, Muḥammad Ibn-Mūsā ¬al-¬
→ **Ḫwārizmī, Muḥammad Ibn-Mūsā ¬al-¬**

Kidrer, Wolfgang
→ **Kydrer, Wolfgang**

Kielce, Vincentius ¬de¬
→ **Vincentius ⟨de Kielce⟩**

Kievskij, Georgij
→ **Georgij ⟨Kievskij⟩**

Kievskij, Ilarion
→ **Ilarion ⟨Kievskij⟩**

Kievskij, Nikifor
→ **Nikifor ⟨Kievskij⟩**

Ḳifṭī, ʿAlī Ibn Yūsuf ¬al¬
→ **Qifṭī, ʿAlī Ibn-Yūsuf ¬al-¬**

Kīlānī, ʿAbd-al-Karīm Ibn-Ibrāhīm ¬al-¬
→ **Ǧīlānī, ʿAbd-al-Karīm Ibn-Ibrāhīm ¬al-¬**

Kilianus ⟨Stetzing⟩
→ **Stetzing, Kilianus**

Ḳilliri
→ **Qallîrî, Elʿāzār**

Kilvington, Richardus ¬de¬
→ **Richardus ⟨de Kilvington⟩**

Kilwardby, Robertus
ca. 1200 – 1279 · OP
Quaestiones in lib I sententiarum
LThK; Tusculum-Lexikon; LMA,VII,907/08
Kilwardby, Robert
Pseudo-Robertus ⟨Kilwardby⟩
Robert ⟨Kilwardby⟩
Robert ⟨Kilwardeby⟩
Robert ⟨of Canterbury⟩
Robert ⟨Ridverbius⟩
Robertus ⟨Archiepiscopus⟩
Robertus ⟨Cantuariensis⟩
Robertus ⟨Chilwardebius⟩
Robertus ⟨de Kilwardby⟩
Robertus ⟨Kilwarbius⟩
Robertus ⟨Kilwardbius⟩
Robertus ⟨Kilwardby⟩
Robertus ⟨Ribverbius⟩
Robertus ⟨Ribverius⟩
Robertus ⟨Ridverbius⟩

Kimchi, David
→ **Qimḥî, Dawid**

Kimchi, Isaak
→ **Qimḥî, Yiṣḥāq**

Kimchi, Josef ben Isaak
→ **Qimḥî, Yôsēf**

Kimchi, Mordechai
→ **Qimḥî, Mordekay**

Kimchi, Moses
→ **Qimḥî, Mošе**

Kimpel, Johannes
1422 – 1474
Kimpelsche Chronik
VL(2),4,1146/47; Rep.Font. VI,610
Johann ⟨Kimpel⟩
Johannes ⟨Kimpel⟩
Kimpel, Johann

Kinānī, ʿAbd-al-ʿAzīz Ibn-Yaḥyā ¬al-¬
gest. 849
ʿAbd-al-ʿAzīz Ibn-Yaḥyā al-Kinānī
Ibn-Yaḥyā, ʿAbd-al-ʿAzīz al-Kinānī
Kinānī, Abu-'l-Ḥasan ʿAbd-al-ʿAzīz Ibn-Yaḥyā ¬al-¬

Kinānī, Abu-'l-Ḥasan ʿAbd-al-ʿAzīz Ibn-Yaḥyā ¬al-¬
→ **Kinānī, ʿAbd-al-ʿAzīz Ibn-Yaḥyā ¬al-¬**

Kinānī, ʿIzz-ad-Dīn ʿAbd-al-ʿAzīz Ibn-Ǧamāʿa ¬al-¬
→ **Ibn-Ǧamāʿa, ʿIzz-ad-Dīn ʿAbd-al-ʿAzīz Ibn-Badr-ad-Dīn**

Kindi, Abou-Omar Mohammad Ibn-Youssouf Ibn-Yacoub ¬al-¬
→ **Kindī, Muḥammad Ibn-Yūsuf ¬al-¬**

Kindī, Abū-ʿUmar Muḥammad Ibn-Jūsuf Ibn-Jaʿqūb at-Tuǧībī ¬al-¬
→ **Kindī, Muḥammad Ibn-Yūsuf ¬al-¬**

Kindī, Abū-ʿUmar Muḥammad Ibn-Yūsuf ¬al-¬
→ **Kindī, Muḥammad Ibn-Yūsuf ¬al-¬**

Kindī, Muḥammad Ibn-Yūsuf ¬al-¬
895 – 961
Abū-ʿUmar Muḥammad Ibn-Yūsuf al-Kindī
Ibn-Yūsuf, Muḥammad al-Kindī
Kindi, Abou-Omar Mohammad Ibn-Youssouf Ibn-Yacoub ¬al-¬
Kindī, Abū-ʿUmar Muḥammad Ibn-Jūsuf Ibn-Jaʿqūb at-Tuǧībī ¬al-¬
Kindī, Abū-ʿUmar Muḥammad Ibn-Yūsuf ¬al-¬
Muḥammad Ibn-Yūsuf al-Kindī
Tuǧībī, Muḥammad Ibn-Yūsuf ¬at-¬

Kingsham, Guilelmus ¬de¬
→ **Guilelmus ⟨de Kingsham⟩**

Kingston, Guilelmus
→ **Guilelmus ⟨Kingston⟩**

Kiningham, Johannes
→ **Johannes ⟨Kiningham⟩**

Kinnamos, Johannes
→ **Johannes ⟨Cinnamus⟩**

Kipfenberger
15. Jh.
2 politische Lieder
VL(2),4,1149/50
Chiphenwerger
Kyppinberger

Kippenheim, Dorothea ¬von¬
→ **Dorothea ⟨von Kippenheim⟩**

Kiprian ⟨Kievskij⟩
→ **Kiprian ⟨Svjatoj⟩**

Kiprian ⟨Metropolit von Kiev und ganz Rußland⟩
→ **Kiprian ⟨Svjatoj⟩**

Kiprian ⟨Svjatoj⟩
gest. 1406
Duchovnaja gramota; Nastavlenija o soveršenii služb i o raznych voprosach cerkovnoj praktiki; Poslanija o neprikosnovennosti cerkovnych sudov, pošlin i votčin
Rep.Font. VI,611; LMA,V,1161
Cyprian ⟨Metropolitan of Kiev⟩
Cyprian ⟨Saint⟩
Kiprian
Kiprian ⟨Heiliger⟩
Kiprian ⟨Kievensis⟩
Kiprian ⟨Kievskij⟩
Kiprian ⟨Lithuaniae⟩
Kiprian ⟨Metropolit von Kiev und ganz Rußland⟩
Kiprian ⟨Metropolita⟩
Kiprian ⟨Totius Russiae⟩
Kiprian ⟨von Kiew⟩
Kyprianos ⟨der Serbe⟩
Kyprianos ⟨Heiliger⟩
Kyprianos ⟨Kiew, Metropolit⟩
Kyprianos ⟨Moskau, Metropolit⟩
Kyprianos ⟨von Moskau⟩
Svjatoj, Kilian

Kirchberg, Elisabeth ¬von¬
→ **Elisabeth ⟨von Kirchberg⟩**

Kirchberg, Ernst ¬von¬
→ **Ernst ⟨von Kirchberg⟩**

Kirchberg, Konrad ¬von¬
→ **Konrad ⟨von Kirchberg⟩**

Kirchheimer, Johannes
→ **Johannes ⟨de Ketham⟩**

Kirchmaier, Hans
um 1453/83
Chronikale Aufzeichnungen
VL(2),4,1158
Hans ⟨Kirchmaier⟩
Johannes ⟨Kirchmeier⟩
Johannes ⟨Kirchmer⟩
Kirchmeier, Johannes
Kirchmer, Johannes

Kirchmer, Johannes
→ **Kirchmaier, Hans**

Kirchschlag, Johannes
ca. 1450 – 1494 · OP
Predigtnachschriften
VL(2),4,1154/56
Johannes ⟨Kirchschlag⟩

Kirchschlag, Petrus
gest. 1483 · OP
Passio Christi ex IV Evangelistis; Litterae confraternitatis pro sororibus domus Beethleem in oppido Novimagensi
VL(2),4,1156/57
Keyerslach, Petrus
Keyerslach, Pierre
Kirchschlag, Peter
Kyerslach, Petrus
Kyrslaken, Petrus
Kyrszlacken, Petrus
Peter ⟨Kirchschlag⟩
Petrus ⟨Keyerslach⟩
Petrus ⟨Kirchschlag⟩
Petrus ⟨Kyerslach⟩
Petrus ⟨Kyrslaken⟩
Petrus ⟨Kyrszlacken⟩
Pierre ⟨Keyerslach⟩

Kiriacus ⟨Anconitanus⟩
→ **Cyriacus ⟨Anconitanus⟩**

Kirik ⟨Novgorodec⟩
1108 – ca. 1138
Učenie im že vedati čeloveku čisla vsech let; Voprošanija
Rep.Font. VI,614
Kirik ⟨Diakon⟩
Kirik ⟨Monach⟩
Kirik ⟨Monachus Monasterii Sancti Antonii⟩
Kirik ⟨Novgorodskij⟩
Novgorodec, Kirik

Kiril ⟨Belozerskij⟩
→ **Kirill ⟨Belozerskij⟩**

Kiril ⟨Svjatyj⟩
→ **Cyrillus ⟨Sanctus⟩**

Kirill ⟨Belozerskij⟩
1337 – 1427
Duchovnaja gramota; Poslanija
Rep.Font. VI,615; LMA,V,1599
Belozerici, Cyrille
Belozerskij, Kiril
Belozerskij, Kirill
Cosmas
Cyrille ⟨Belozerici⟩
Cyrille ⟨Saint⟩
Kiril ⟨Belozerskij⟩
Kirill ⟨Heiliger⟩
Kirill ⟨Prepodobnyj⟩
Kosma
Kozʼma
Kuzʼma
Kyrill ⟨von Beloozero⟩

Kirill ⟨Episkop⟩
→ **Kirill ⟨Turovskij⟩**

Kirill ⟨Heiliger⟩
→ **Kirill ⟨Belozerskij⟩**

Kirill ⟨Prepodobnyj⟩
→ **Kirill ⟨Belozerskij⟩**

Kirill ⟨Turovskij⟩
ca. 1130 – 1182
„Erzählung über die Seele und den Körper“; Moralisch-religiöse Erzählungen; Festpredigten; 30 Gebete; 2 liturg. Kanones
LThK; LMA,V,1598
Cyrill ⟨of Turov⟩
Cyrille ⟨de Turov⟩
Cyrille ⟨de Turow⟩
Cyryl ⟨Turowski⟩
Kirill ⟨Episkop⟩
Kirill ⟨von Turov⟩
Kirill ⟨von Turow⟩
Kyrylo ⟨Turivsʼkyj⟩
Turivsʼkyj, Kyrylo
Turovskij, Kirill

Kirill ⟨von Turow⟩
→ **Kirill ⟨Turovskij⟩**

Kirkham, Everard ¬de¬
→ **Everard ⟨de Kirkham⟩**

Kirkisani, Jacob
→ **Qirqisânî, Yaʿaqov Ben-Yiṣḥāq**

Kirkstall, Hugo ¬de¬
→ **Hugo ⟨de Kyrkestal⟩**

Kirmānī, Aḥmad Ibn-ʿAbdallāh ¬al-¬
→ **Kirmānī, Ḥamīd-ad-Dīn Aḥmad Ibn-ʿAbdallāh ¬al-¬**

Kirmānī, Ḥamīd-ad-Dīn Aḥmad Ibn-ʿAbdallāh ¬al-¬
gest. ca. 1017
Aḥmad Ibn-ʿAbdallāh al-Kirmānī
Ḥamīd-ad-Dīn Aḥmad Ibn-ʿAbdallāh al-Kirmānī
Ḥamīd-ad-Dīn al-Kirmānī
Kirmānī, Aḥmad Ibn-ʿAbdallāh ¬al-¬

Kirmānī, Maḥmūd Ibn-Ḥamza ¬al-¬
gest. nach 1106
Ibn-Ḥamza, Maḥmūd al-Kirmānī
Maḥmūd Ibn-Ḥamza al-Kirmānī

Kirstian ⟨Bruder⟩
14. Jh. · OP
Sermo; möglicherweise identisch mit Christian ⟨van der Lüven⟩ bzw. Christian ⟨Sprimunder⟩
Kaeppeli,I,262
Bruder Kirstian
Christian ⟨Sprimunder⟩
Christian ⟨van der Lüven⟩
Kristian ⟨Bruder⟩
Lüven, Christian ¬van der¬
Sprimunder, Christian

Kistener, Kunz
14. Jh.
VL(2)
Cunz ⟨Kistener⟩
Kistener, Cuntze
Kunz ⟨Kistener⟩

Kittlitz, Nikolaus ¬von¬
→ **Nikolaus ⟨von Kittlitz⟩**

Klapwell, Richard
→ **Richardus ⟨Knapwell⟩**

Klara ⟨Hätzler⟩
→ **Hätzler, Clara**

Klara ⟨von Assisi⟩
→ **Clara ⟨Assisias⟩**

Klaret
→ **Claretus**

Klaus ⟨Cranc⟩
→ **Kranc, Klaus**

Klaus ⟨der Bruder⟩
→ **Nikolaus ⟨von Flüe⟩**

Klaus ⟨der Schirmer⟩
15. Jh.
Johannes-Predigt
VL(2),4,1193/94
Nicolaus ⟨Custor⟩
Schirmer, Klaus ¬der¬

Klaus ⟨Kranc⟩
→ **Kranc, Klaus**

Klaus ⟨Sluter⟩
→ **Sluter, Claus**

Klaus ⟨von Flüe⟩
→ **Nikolaus ⟨von Flüe⟩**

Klaus ⟨von Matrei⟩
ca. 1435 – 1488
VL(2),4,1190/93; LMA,V,1194/95
Claus ⟨von Metry⟩
Klaus ⟨von Metry⟩
Matrei, Klaus ¬von¬
Metri, Nicolaus ¬de¬
Nicolaus ⟨de Metri⟩

Klaus ⟨von Metry⟩
→ **Klaus ⟨von Matrei⟩**

Klaus ⟨von Unterwalden⟩
→ **Nikolaus ⟨von Flüe⟩**

Klausdotter, Margareta
→ **Margareta ⟨Clausdotter⟩**

Klausner, Heinrich ¬der¬
→ **Heinrich ⟨der Klausner⟩**

Klein, Heinze
→ **Heinzelin ⟨von Konstanz⟩**

Kleine, Johannes
→ **Johannes ⟨Kleine⟩**

Klemens ⟨der Bulgare⟩
→ **Kliment ⟨Ochridski⟩**

Klemens ⟨Papst, ...⟩
→ **Clemens ⟨Papa, ...⟩**

Klenegker, Ulrich
ca. 1420 – ca. 1482
Formularbuch
VL(2),4,1204/06; Rep.Font. VI,619
Ulrich ⟨Klenegker⟩

Klenkok, Johannes
ca. 1310 – 1374 · OESA
Dekadikon; Replicatio; Super librum Actuum Apostolorum; etc.
VL(2),4,1206; LMA,V,584/85; Stegmüller, Repert. bibl. 4752,1-4752,7; Rep.Font. VI,619
Clenke, Johannes
Clenkoc, Johannes
Jean ⟨de Buken⟩
Jean ⟨Klenke⟩
Jean ⟨Klenkok⟩
Johannes ⟨Clenck⟩
Johannes ⟨Clenckock⟩
Johannes ⟨Clenckott⟩
Johannes ⟨Clenk⟩
Johannes ⟨Clenke⟩
Johannes ⟨Clenkoc⟩
Johannes ⟨Cleynecoch⟩
Johannes ⟨Kleinkoch⟩
Johannes ⟨Klenkok⟩
Johannes ⟨Magirus⟩
Klenke, Jean
Klenkok, Jean

Klerk, Jan ¬de¬
→ **Boendale, Jan ¬van¬**

Klesse, Dietrich
→ **Dietrich ⟨von der Glesse⟩**

Klesse, Nikolaus
→ **Reise, Nikolaus**

Klim ⟨Smoljatič⟩
→ **Kliment ⟨Smoljatič⟩**

Klimakos, Johannes
→ **Johannes ⟨Climacus⟩**

Kliment ⟨Archiepiskop⟩
→ **Kliment ⟨Novgorodskij⟩**

Kliment ⟨Heiliger⟩
→ **Kliment ⟨Ochridski⟩**

Kliment ⟨Kievskij i Vseja Rusi⟩
→ **Kliment ⟨Smoljatič⟩**

Kliment ⟨Mitropolit⟩
→ **Kliment ⟨Smoljatič⟩**

Kliment ⟨Novgorodskij⟩
gest. 1299
Duchovnaja gramota
Rep.Font. VI,620
Kliment ⟨Archiepiskop⟩
Kliment ⟨Novgorodec⟩
Novgorodec, Kliment
Novgorodskij, Kliment

Kliment ⟨Ochridski⟩
ca. 835 – 916
Methodii archiepiscopi Slavorum vita
Rep.Font. III,493; LMA,II,2146/47
Achrida, Clemens ¬de¬
Clemens ⟨Achridensis⟩
Clemens ⟨Bulgarorum Archiepiscopus⟩
Clemens ⟨Bulgarus⟩
Clemens ⟨Episcopus Achridensis⟩
Clemens ⟨Episcopus Bulgarorum⟩
Clemens ⟨Tiberiopolitanus⟩
Clemens ⟨Velicensis⟩
Clemens ⟨von Ochrid⟩
Clément ⟨d'Achrida⟩
Clément ⟨de Bulgarie⟩
Clément ⟨d'Ocrida⟩
Clément ⟨Saint⟩
Klemens ⟨der Bulgare⟩
Kliment ⟨Heiliger⟩
Kliment ⟨Ohridski⟩
Kliment ⟨Slava⟩
Kliment ⟨von Ochrid⟩
Ochridski, Kliment

Kliment ⟨Slava⟩
→ **Kliment ⟨Ochridski⟩**

Kliment ⟨Smoljatič⟩
gest. ca. 1164
Apologie an den Priester Thomas; Poslanie k Smolenskomu presviteru Fome
Rep.Font. VI,621; LMA,V,1215/16
Klim ⟨Smoljatič⟩
Kliment ⟨Kievskij i Vseja Rusi⟩
Kliment ⟨Metropolit von Kiev⟩
Kliment ⟨Mitropolit⟩
Kliment ⟨von Smolensk⟩
Smolensk, Kliment ¬von¬
Smoljatič, Kliment

Kliment ⟨von Ochrid⟩
→ **Kliment ⟨Ochridski⟩**

Kliment ⟨von Smolensk⟩
→ **Kliment ⟨Smoljatič⟩**

Klingen, Walter ¬von¬
→ **Walter ⟨von Klingen⟩**

Klingenberg, Henricus ¬de¬
→ **Henricus ⟨de Klingenberg⟩**

Klingenberg, Johann ¬von¬
→ **Johann ⟨von Klingenberg⟩**

Klingenberg, Rudolf ¬von¬
→ **Rudolf ⟨von Klingenberg⟩**

Klingnau, Berthold Steinmar ¬von¬
→ **Steinmar, Berthold**

Kloṅ chen-pa Dri-med-'od-zer
→ **Dri-med-'od-zer ⟨Kloṅ chen-pa⟩**

Klosener, Fritsche
→ **Closener, Fritsche**

Klosterneuburg, Rutgerus ¬de¬
→ **Rutgerus ⟨de Klosterneuburg⟩**

Kluczbork, Johannes ¬de¬
→ **Johannes ⟨Cruczeburg⟩**

Kluge, Hans
ca. 15. Jh.
Rezeptautor einer „Vixatio ac coagulatio mercurii pro vixacione lune"
VL(2),4,1264
Hans ⟨Kluge⟩

Knab, Erhardus
1420 – 1480
Porph.; Praed.; Perih.; etc.
Loh; VL(2),4,1264ff.; LMA,V,1230
Erhard ⟨Knab⟩
Erhard ⟨von Zwiefalten⟩
Erhardus ⟨de Zwifalten⟩
Erhardus ⟨Knab⟩
Knab, Erhard
Knal, Erhardus

Knabe, Der Elende
→ **Elende Knabe, ¬Der¬**

Knake, Marquart
gest. 1469
17 Briefe an den Danziger Rat
VL(2),4,1271/72; Rep.Font. VI,622
Knake, Marquard
Marquard ⟨Knake⟩
Marquart ⟨Knake⟩

Knal, Erhardus
→ **Knab, Erhardus**

Knapwell, Richardus
→ **Richardus ⟨Knapwell⟩**

Knebel, Johannes
ca. 1414 – 1481
Johannis Knebel capellani ecclesiae Basiliensis diarium
VL(2),4,1272/74; Rep.Font. VI,622
Hans ⟨Knebel⟩
Jean ⟨Knebel⟩
Johannes ⟨Knebel⟩
Knebel, Hans
Knebel, Jean
Knebel, Johann

Knecht, Friedrich ¬der¬
→ **Friedrich ⟨der Knecht⟩**

Knight ⟨of la Tour Landry⟩
→ **LaTour Landry, Geoffroy ¬de¬**

Knighton, Henricus
gest. 1396 · OCanSA
Chronicon (Hist. Angliae 1066-1395)
Rep.Font. VI,625
Henri ⟨de Knighton⟩
Henricus ⟨Cnitthon⟩
Henricus ⟨Knighton⟩
Henricus ⟨Monachus Leycestrensis⟩
Henry ⟨Knighton⟩
Knighton, Henry

Knud ⟨Danmark, Konge, II.⟩
ca. 995 – 1035
Leges Anglo-Saxonicae
Rep.Font. III,119; LMA,V,1238/39
Canut ⟨Angleterre, Roi⟩
Canut ⟨Danemark, Roi, II.⟩
Canut ⟨le Grand⟩
Canut ⟨Norvège, Roi⟩
Canute ⟨Denmark, King, II.⟩
Canute ⟨England, King⟩
Canutius ⟨Danmark, Konge, II.⟩
Canutus ⟨Dania, Rex, II.⟩
Canutus ⟨Danmark, Konge, II.⟩
Canutus ⟨Magnus⟩
Canutus ⟨Norvège, Roi⟩
Cnutus ⟨Magnus⟩
Cnutus ⟨Rex Anglorum⟩
Knud ⟨der Große⟩
Knut ⟨Dänemark, König, II.⟩
Knut ⟨Danmark, Konge, II.⟩
Knut ⟨der Große⟩
Knut ⟨England, König⟩
Knut ⟨Norwegen, König⟩

Knud ⟨der Große⟩
→ **Knud ⟨Danmark, Konge, II.⟩**

Knud ⟨Mikkelsen⟩
→ **Mikkelsen, Knud**

Knut ⟨Biskop⟩
→ **Kanuti, Benedictus**

Knut ⟨England, König⟩
→ **Knud ⟨Danmark, Konge, II.⟩**

Knut ⟨Norwegen, König⟩
→ **Knud ⟨Danmark, Konge, II.⟩**

Knutsson, Bengt
→ **Kanuti, Benedictus**

Kōbō Daishi
→ **Kūkai**

Kobsen, Knud
→ **Mikkelsen, Knud**

Koburger, Heinrich
um 1450
Niederlassungsankündigung
VL(2),4,1280
Heinrich ⟨Koburger⟩

Kochberger, Johannes
15. Jh.
Verfahren; Rezepte
VL(2),5,1
Johannes ⟨Kochberger⟩

Kochinger, Johannes
→ **Johannes ⟨Cochinger⟩**

Kodâma Ibn-Dja'far
→ **Qudāma Ibn-Ǧa'far al-Kātib al-Baġdādī**

Kodinos, Georgios
→ **Georgius ⟨Codinus⟩**

Koduri, Abdul-Hassan Achmed Ben-Mohammed
→ **Qudūrī, Aḥmad Ibn-Muḥammad ¬al-¬**

Koebs, Nicolas
→ **Nicolaus ⟨de Cusa⟩**

Köditz, Friedrich
um 1313/1404
Übersetzungen, Abschriften (z.B. Lebensbeschreibung des Landgrafen Ludwig IV. von Thüringen)
VL(2),5,5/7; Rep.Font. VI,628
Frédéric ⟨Ködiz⟩
Friedrich ⟨Köditz⟩
Friedrich ⟨Ködiz⟩
Friedrich ⟨Ködiz von Salfeld⟩
Köditz, Friedrich von Saalfeld
Ködiz, Frédéric
Ködiz, Friedrich
Ködiz von Salfeld, Friedrich
Salfeld, Friedrich Ködiz ¬von¬

Kögelin, Konrad
→ **Kügelin, Konrad**

Koelhoff, Johann
gest. 1493
Pilgerführer; Erbauungslit.; Verleger der „Cronica van der hilliger Stat van Coellen"
LMA,V,1247
Jean ⟨Koelhoff⟩
Johann ⟨Koelhoff⟩
Koelhoff, Jean
Koelhoff, Johann ⟨der Ältere⟩

Kölner, Friedrich
gest. 1451
Übersetzungen der 4 Viten der St. Galler Hausheiligen; Abschriften von „Elsäßische Legenda aurea"
VL(2),5,46/47
Colner, Friedrich
Friedrich ⟨Colner⟩
Friedrich ⟨Kolner⟩
Friedrich ⟨Kölner⟩
Kolner, Friedrich

Kölner, Paulus
14./15. Jh.
De paenitentia; De predicatione; De tempore-Predigten; etc.
Schneyer,Winke; VL(2),5,59/60
Cholner, Paul
Cholner, Paulus
Kolner, Paul
Kölner, Paul
Paul ⟨Cholner⟩
Paul ⟨Kölner⟩
Paulus ⟨Cholner⟩
Paulus ⟨Kanoniker in Passau⟩
Paulus ⟨Kölner⟩

Köne ⟨Finke⟩
→ **Finke, Köne**

Könemann ⟨von Jerxheim⟩
ca. 1240/45 – 1316
Reimbibel; Der Kaland; Der Wurzgarten Mariens
LMA,V,1297; VL(2),5,64ff.
Jerxheim, Könemann ¬von¬
Konemann ⟨von Jerxheim⟩

König ⟨vom Odenwald⟩
um 1348/54
12 Reimpaargedichte
VL(2),5,78/82
Der König vom Odenwald
Odenwald, König ¬vom¬

Königgrätz, Siegmund ¬von¬
→ **Siegmund ⟨von Königgrätz⟩**

Königsberg
um 1400
Politische Reimpaarrede
VL(2),5,103/04
Königsberg ⟨Héraut⟩
Königsberg ⟨Poète Allemand⟩

Königsberg, Johann
→ **Regiomontanus, Johannes**

Königschlacher, Peter
um 1428/82
Übersetzung des „Liber de natura rerum" vom Lat. ins Dt.; Identität mit Petrus ⟨Kunigschlacher de Sulgen⟩ wahrscheinlich
VL(2),5,105/06
Küngslacher, Peter
Peter ⟨Königschlacher⟩
Petrus ⟨Kunigschlacher de Sulgen⟩

Königshofen, Jacob Twinger ¬von¬
→ **Twinger von Königshofen, Jakob**

Königshofen, Melchior ¬von¬
→ **Melchior ⟨von Königshofen⟩**

Königsperger, Johannes
→ **Regiomontanus, Johannes**

Koenraad ⟨van Marburg⟩
→ **Conradus ⟨Marburgensis⟩**

Koerbecke, Johann
1410 – 1491
Maler
Johann ⟨Koerbecke⟩

Koerner, Hermann
→ **Korner, Hermannus**

Koflin, H.
→ **H. ⟨Koflin Constantiensis⟩**

Kofski, Vinzenz
gest. 1488 · OP
Von der Tinkturwurzel; Hermetische Schriften; Name evtl. Pseudonym
VL(2),5,10/14
Khoffski, Vinzenz
Koffskhius, Vincentius
Koffskhy, Vinzenz
Koffskius, Vincentius
Koffsky, Vincentius
Koffsky, Vinzenz
Vincentius ⟨Koffskius⟩
Vinzenz ⟨Kofski⟩

Koka
→ **Kokkoka**

Kokkinos, Philotheos
→ **Philotheus ⟨Coccinus⟩**

Kokkoka
ca. 12. Jh.
Koka-Shastra
Koka
Kukkoka

Kokorzyn, Andreas ¬de¬
→ **Andreas ⟨de Kokorzyn⟩**

Kol ⟨von Niunzen⟩
13. Jh.
Mittelhochdt. Lyriker
VL(2),5,14/16
Kol ⟨von Niussen⟩
Kol von Niunze, ¬Der¬
Niunzen, Kol ¬von¬

Kolda ⟨Frater⟩
um 1302/23 · OP
De strenuo milite; De mansionibus caelestibus
VL(2),5,17/19; Kaeppeli,I,270
Colda ⟨de Coldicz⟩
Colda ⟨de Koldicz⟩
Colda ⟨de Prague⟩
Colda ⟨Dominicain⟩
Colda ⟨Frater⟩
Frater Kolda
Kolda ⟨de Koldicz⟩

Koler, Konrad
→ **Conradus ⟨de Susato⟩**

Kolin, Stephanus ¬de¬
→ **Stephanus ⟨de Kolin⟩**

Kolluthos
→ **Colluthus ⟨Lycopolitanus⟩**

Kolmar, Andreas ¬von¬
→ **Andreas ⟨von Kolmar⟩**

Kolmas, ¬Der von¬
um 1262/79
Gedicht
VL(2),5,39/40
Der von Kolmas
Heinricus ⟨de Kolmas⟩
Heinricus ⟨Miles⟩
Henricus ⟨de Kolmas⟩
Hiez ⟨von Kolmas⟩
Kolmas, ¬von¬

Kolnen, Arnoldus
→ **Arnoldus ⟨Kolnen⟩**

Kolner, Friedrich
→ **Kölner, Friedrich**

Kolner, Paul
→ **Kölner, Paulus**

Koloman ⟨Mühlwanger⟩
→ **Mühlwanger, Koloman**

Kolumban ⟨von Luxeuil⟩
→ **Columbanus ⟨Sanctus⟩**

Koluthos
→ **Colluthus ⟨Lycopolitanus⟩**

Kolybas, Sergios
→ **Sergius ⟨Colybas⟩**

Kometas ⟨Chartularios⟩
→ **Cometas ⟨Chartularius⟩**

Kometas ⟨Scholastikos⟩
→ **Cometas ⟨Chartularius⟩**

Komnena, Anna
→ **Anna ⟨Comnena⟩**

Komnēnos ⟨Monachos⟩
→ **Comnenus ⟨Monachus⟩**

Komnenos, Alexios
→ **Alexius ⟨Imperium Byzantinum, Imperator, I.⟩**

Komnenos, Andronikos
→ **Andronicus ⟨Imperium Byzantinum, Imperator, I.⟩**

Komnenos, Isaakios
→ **Isaac ⟨Comnenus⟩**

Komnenos, Johannes
→ **Johannes ⟨Imperium Byzantinum, Imperator, II.⟩**

Komnēnos et Proklos
→ **Comnenus ⟨Monachus⟩**
→ **Proclus ⟨Monachus⟩**

Komtino, Mordekhai
→ **Mordekay Ben-Elî'ezer Comtino**

Konemann ⟨von Jerxheim⟩
→ **Könemann ⟨von Jerxheim⟩**

Konemund, Hermann
→ **Edelend ⟨Schreiber⟩**

Konington, Richardus
→ **Richardus ⟨de Conington⟩**

Konon ⟨Papst⟩
→ **Conon ⟨Papa⟩**

Konon ⟨von Tarsos⟩
→ **Conon ⟨Episcopus⟩**

Konrad ⟨Abt⟩
→ **Conradus ⟨de Ebraco⟩**

Konrad ⟨Apotheker⟩
→ **Konrad ⟨Meister⟩**

Konrad ⟨Axspitz⟩
→ **Axspitz, Konrad**

Konrad ⟨Bischoff⟩
→ **Bischoff, Konrad**

Konrad ⟨Bitschin⟩
→ **Bitschin, Conradus**

Konrad ⟨Bömlin⟩
→ **Bömlin, Konrad**

Konrad ⟨Bollstatter⟩
→ **Bollstatter, Konrad**

Konrad ⟨Bram⟩
→ **Bram, Konrad**

Konrad ⟨Byczynski⟩
→ **Bitschin, Conradus**

Konrad ⟨Constantiensis Episcopus⟩
→ **Konrad ⟨von Konstanz⟩**

Konrad ⟨Dangkrotzheim⟩
→ **Dangkrotzheim, Konrad**

Konrad ⟨de Alberstat⟩
→ **Conradus ⟨Halberstadensis⟩**

Konrad ⟨de Albis⟩
→ **Conradus ⟨Halberstadensis⟩**

Konrad ⟨de Grossis⟩
→ **Conradus ⟨de Prussia⟩**

Konrad ⟨de Hallis⟩
→ **Conradus ⟨Halberstadensis⟩**

Konrad ⟨de Media Civitate⟩
→ **Conradus ⟨Halberstadensis⟩**

Konrad ⟨der Arme⟩
14. Jh.
Frau Metze
VL(2),1,454/455
Arme Konrad, ¬Der¬
Der arme Konrad

Konrad ⟨der Junge⟩
1252 – 1268
2 Minneklagen
VL(2),5,210/13
Konrad ⟨König⟩
Konrad ⟨König, der Junge⟩

Konrad ⟨der Marner⟩
13. Jh.
Lieder
Conrad ⟨der Marner⟩
Marner
Marner, ¬Der¬
Marner, Konrad ¬der¬

Konrad ⟨der Pfaffe⟩
12. Jh.
Rolandslied
LMA,V,1363/64
Conrad ⟨der Pfaffe⟩
Conrad ⟨Pfaffe⟩
Konrad ⟨Pfaffe⟩
Konrad ⟨Priest⟩
Pfaffe, Konrad ¬der¬

Konrad ⟨der Priester⟩
12. Jh.
Dt. Predigtbuch
LMA,V,1364
Conrad ⟨Priester⟩
Cunradus ⟨Prespiter⟩
Konrad ⟨Priester⟩
Priester, Konrad ¬der¬

Konrad ⟨Derrer⟩
→ **Derrer, Konrad**

Konrad ⟨Deutschland, König, ...⟩
→ **Konrad ⟨Römisch-Deutsches Reich, Kaiser, II.⟩**

Konrad ⟨Dinkmuth⟩
→ **Dinkmuth, Konrad**

Konrad ⟨Dreuben⟩
→ **Dreuben, Conradus**

Konrad ⟨Erzbischof⟩
→ **Conradus ⟨Salisburgensis⟩**

Konrad ⟨Fleck⟩
→ **Fleck, Konrad**

Konrad ⟨Friedrich⟩
→ **Friedrich, Konrad**

Konrad ⟨Fünfbrunner⟩
→ **Fünfbrunner, Konrad**

Konrad ⟨Gesselen⟩
→ **Gesselen, Conradus**

Konrad ⟨Grünenberg⟩
→ **Grünenberg, Konrad**

Konrad ⟨Grütsch⟩
→ **Grütsch, Conrad**

Konrad ⟨Gürtler⟩
→ **Gürtler, Konrad**

Konrad ⟨Harder⟩
→ **Harder, Konrad**

Konrad ⟨Heiliger⟩
→ **Konrad ⟨von Konstanz⟩**

Konrad ⟨Herdegen⟩
→ **Herdegen, Konrad**

Konrad ⟨Holtnicker⟩
→ **Conradus ⟨de Saxonia⟩**

Konrad ⟨Homery⟩
→ **Humery, Konrad**

Konrad ⟨Humery⟩
→ **Humery, Konrad**

Konrad ⟨Justinger⟩
→ **Justinger, Konrad**

Konrad ⟨Ketzerinquisitor⟩
→ **Conradus ⟨Marburgensis⟩**

Konrad ⟨Kögelin⟩
→ **Kügelin, Konrad**

Konrad ⟨König⟩
→ **Konrad ⟨der Junge⟩**

Konrad ⟨Koler von Susato⟩
→ **Conradus ⟨de Susato⟩**

Konrad ⟨Konstanz, Bischof⟩
→ **Konrad ⟨von Konstanz⟩**

Konrad ⟨Kügelin⟩
→ **Kügelin, Konrad**

Konrad ⟨Kyeser⟩
→ **Kyeser, Conradus**

Konrad ⟨Laienarzt⟩
→ **Konrad ⟨Meister⟩**

Konrad ⟨Lappleder von Deiningen⟩
→ **Bollstatter, Konrad**

Konrad ⟨Magister⟩
→ **Conradus ⟨Magister⟩**

Konrad ⟨Mainz, Erzbischof, I.⟩
→ **Conradus ⟨de Wittelsbach⟩**

Konrad ⟨Meister⟩
um 1495
Pest-Ratschlag
VL(2),5,115
Konrad ⟨Apotheker⟩
Konrad ⟨Laienarzt⟩
Meister Konrad

Konrad ⟨Menger⟩
→ **Menger, Konrad**

Konrad ⟨Molitor⟩
→ **Bollstatter, Konrad**

Konrad ⟨Müller⟩
→ **Bollstatter, Konrad**

Konrad ⟨Müntzmeister⟩
→ **Müntzmeister, Konrad**

Konrad ⟨Mulitor⟩
→ **Bollstatter, Konrad**

Konrad ⟨Muskatblut⟩
→ **Muskatblüt**

Konrad ⟨Öttinger⟩
→ **Öttinger, Konrad**

Konrad ⟨of Scheira⟩
→ **Conradus ⟨Schirensis⟩**

Konrad ⟨Päsdorfer⟩
→ **Paesdorfer, Conradus**

Konrad ⟨Paumann⟩
→ **Paumann, Konrad**

Konrad ⟨Paumgartner⟩
→ **Paumgartner, Konrad**

Konrad ⟨Pfaffe⟩
→ **Konrad ⟨der Pfaffe⟩**

Konrad ⟨Priest⟩
→ **Konrad ⟨der Pfaffe⟩**

Konrad ⟨Priester⟩
→ **Konrad ⟨der Priester⟩**

Konrad ⟨Reichskanzler⟩
→ **Conradus ⟨de Wittelsbach⟩**

Konrad ⟨Römisch-Deutsches Reich, Kaiser, II.⟩
gest. 1039
CSGL; LMA,V,1338/39
Conradus ⟨Germania, Imperator, II.⟩
Conradus ⟨Imperium Romanum-Germanicum, Imperator, II.⟩
Conradus ⟨Salicus⟩
Konrad ⟨Deutschland, König, II.⟩
Salicus, Conradus

Konrad ⟨Römisch-Deutsches Reich, König, I.⟩
um 911/18
LMA,V,1337/38
Conradus ⟨Imperium Romanum-Germanicum, Rex, I.⟩

Konrad ⟨Römisch-Deutsches Reich, König, III.⟩
1093 – 1151
LMA,V,1339/40
Conrad ⟨Roi, III.⟩

Konrad ⟨Römisch-Deutsches Reich, König, IV.⟩
1228 – 1254
LMA,V,1340/41
Conrad ⟨Roi, IV.⟩
Conrad ⟨Sicile, Roi⟩
Conradus ⟨Germania, Rex, IV.⟩
Conradus ⟨Römisch-Deutsches Reich, König, IV.⟩
Konrad ⟨Römischer König, IV.⟩

Konrad ⟨Sälder⟩
→ **Sälder, Konrad**

Konrad ⟨Salzburg, Erzbischof, I.⟩
→ **Conradus ⟨Salisburgensis⟩**

Konrad ⟨Schenk von Landeck⟩
→ **Konrad ⟨von Landeck⟩**

Konrad ⟨Schlapperitzin⟩
→ **Schlapperitzin, Konrad**

Konrad ⟨Schlatter⟩
→ **Schlatter, Konrad**

Konrad ⟨Schongau⟩
→ **Schongau, Konrad**

Konrad ⟨Schreiber von Öttingen⟩
→ **Bollstatter, Konrad**

Konrad ⟨Selder⟩
→ **Sälder, Konrad**

Konrad ⟨Silberdrat⟩
→ **Silberdrat, Konrad**

Konrad ⟨Soltau⟩
→ **Conradus ⟨de Soltau⟩**

Konrad ⟨Spitzer⟩
gest. 1380 · OFM
Büchlein von der geistlichen Gemahelschaft
VL(2),5,111/14
Chunradus ⟨de Wienna⟩
Spitzer, Konrad

Konrad ⟨Stadtwundarzt⟩
→ **Konrad ⟨von Bontenbach⟩**

Konrad ⟨Steckel⟩
→ **Steckel, Konrad**

Konrad ⟨Stokker⟩
→ **Steckel, Konrad**

Konrad ⟨Stolle⟩
→ **Stolle, Konrad**

Konrad ⟨Ströber⟩
→ **Ströber, Konrad**

Konrad ⟨Suchendank⟩
→ **Suchendank, Konrad**

Konrad ⟨Téchel⟩
→ **Steckel, Konrad**

Konrad ⟨Terrer⟩
→ **Derrer, Konrad**

Konrad ⟨Ülin von Rottenburg⟩
→ **Conradus ⟨de Rotenburg⟩**

Konrad ⟨van Danckrotzheim⟩
→ **Dangkrotzheim, Konrad**

Konrad ⟨Vogelsang⟩
→ **Vogelsang, Konrad**

Konrad ⟨von Abensberg⟩
→ **Conradus ⟨Salisburgensis⟩**

Konrad ⟨von Altdorf⟩
→ **Konrad ⟨von Konstanz⟩**

Konrad ⟨von Altstetten⟩
13./14. Jh.
Altstetten, Konrad ¬von¬
Conrad ⟨von Altstetten⟩

Konrad ⟨von Alzey⟩
→ **Conradus ⟨de Altzeya⟩**

Konrad ⟨von Ammenhausen⟩
14. Jh.
LThK; LMA,V,1356
Ammenhausen, Conrad von
Ammenhausen, Konrad ¬von¬
Conrad ⟨von Ammenhausen⟩
Kunrat ⟨von Ammenhausen⟩

Konrad ⟨von Bickenbach⟩
um 1313
Lied
VL(2),5,139/41
Bickenbach, Konrad ¬von¬

Konrad ⟨von Bontenbach⟩
um 1423/36
Gesuch um Wiedereinstellung
VL(2),5,145/46
Bontenbach, Konrad ¬von¬
Konrad ⟨Stadtwundarzt⟩
Konrad ⟨von Buntenbach⟩

Konrad ⟨von Braunschweig⟩
→ **Conradus ⟨de Saxonia⟩**

Konrad ⟨von Brauweiler⟩
→ **Conradus ⟨Brunvilarensis⟩**

Konrad ⟨von Brundelsheim⟩
→ **Conradus ⟨de Brundelsheim⟩**

Konrad ⟨von Buntenbach⟩
→ **Konrad ⟨von Bontenbach⟩**

Konrad ⟨von Butzbach⟩
um 1425
Kompendium über Astronomie, Astrologie und Medizin
VL(2),5,153/55
Butzbach, Konrad ¬von¬

Konrad ⟨von Dangkrotzheim⟩
→ **Dangkrotzheim, Konrad**

Konrad ⟨von der Weyden⟩
15. Jh.
Übersetzung von „Practica ac via universalis que fuerat a rege Francie data regi seu cesari Sigismundo"
VL(2),5,271/72
Weyden, Konrad ¬von der¬

Konrad ⟨von Eberbach⟩
→ **Conradus ⟨Eberbacensis⟩**

Konrad ⟨von Ebrach⟩
→ **Conradus ⟨de Ebraco⟩**

Konrad ⟨von Eichstätt⟩
→ **Conradus ⟨Eichstetensis⟩**

Konrad ⟨von Esslingen⟩
→ **Conradus ⟨Ruffi⟩**

Konrad ⟨von Fabaria⟩
→ **Conradus ⟨de Fabaria⟩**

Konrad ⟨von Fussesbrunnen⟩
12. Jh.
LThK; LMA,V,1357/58
Conrad ⟨von Fussesbrunnen⟩
Fussesbrunnen, Konrad ¬von¬
Fußesbrunnen, Konrad ¬von¬

Konrad ⟨von Gaming⟩
→ **Conradus ⟨Gemnicensis⟩**

Konrad ⟨von Geisenfeld⟩
→ **Conradus ⟨de Geisenfeld⟩**

Konrad ⟨von Gelnhausen⟩
gest. 1390
LThK; LMA,V,1358
Conrad ⟨von Gelnhausen⟩
Conradus ⟨Cancellarius⟩
Conradus ⟨de Gelnhausen⟩
Conradus ⟨de Geyllenhausen⟩
Conradus ⟨Gerbenhusenensis⟩
Conradus ⟨Heidelbergensis⟩
Conradus ⟨Wormatiensis⟩
Gelnhausen, Konrad ¬von¬
Sifridi ⟨von Gelnhausen⟩

Konrad ⟨von Haimburg⟩
→ **Conradus ⟨Gemnicensis⟩**

Konrad ⟨von Halberstadt⟩
→ **Conradus ⟨Halberstadensis⟩**
→ **Conradus ⟨Halberstadensis, Senior⟩**

Konrad ⟨von Haslau⟩
13. Jh.
Der Jüngling
VL(2),5,194/98
Haslau, Konrad ¬von¬

Konrad ⟨von Heilsbronn⟩
→ **Conradus ⟨de Brundelsheim⟩**

Konrad ⟨von Heimesfurt⟩
13. Jh.
VL(2); Meyer; LMA,V,1359
Conrad ⟨d'Heimesfurt⟩
Cunrat ⟨von Heimesvurt⟩
Heimesfurt, Konrad ¬von¬
Kuonrat ⟨von Heimesfürte⟩

Konrad ⟨von Heinrichau⟩
um 1340 · OCist
Codex Wrocław: Glossare
VL(2),5,202/04
Heinrichau, Konrad ¬von¬

Konrad ⟨von Helmsdorf⟩
14. Jh.
Conrad ⟨von Helmsdorf⟩
Helmsdorf, Konrad ¬von¬

Konrad ⟨von Hirsau⟩
→ **Conradus ⟨Hirsaugiensis⟩**

Konrad ⟨von Hirschhorn⟩
gest. 1413
Kasuistik; Ler von gesuchte
VL(2),5,209
Conrad ⟨von Hirschhorn⟩
Hirschhorn, Konrad ¬von¬

Konrad ⟨von Höxter⟩
→ **Conradus ⟨de Huxaria⟩**

Konrad ⟨von Hohenburg⟩
→ **Püller, ¬Der¬**

Konrad ⟨von Hohenstoffeln⟩
→ **Konrad ⟨von Stoffeln⟩**

Konrad ⟨von Kirchberg⟩
13. Jh.
VL(2)
Conrad ⟨de Kirchberg⟩
Conrad ⟨von Kirchberg⟩
Kirchberg, Konrad ¬von¬
Konrad ⟨von Kilchberg⟩

Konrad ⟨von Königsberg⟩
→ **Canonicus ⟨Sambiensis⟩**

Konrad ⟨von Konstanz⟩
um 900 – 975
Conrad ⟨Constantiensis Episcopus⟩
Conrad ⟨de Constance⟩
Conrad ⟨d'Altdorf⟩
Conrad ⟨Saint⟩
Conradus ⟨Constantiensis⟩
Conradus ⟨Constantiensis Episcopus⟩
Conradus ⟨Episcopus⟩
Conradus ⟨Sanctus⟩
Conradus ⟨von Altdorf⟩
Conradus ⟨von Constanz⟩
Conradus ⟨von Konstanz⟩
Konrad ⟨Constantiensis Episcopus⟩
Konrad ⟨Heiliger⟩
Konrad ⟨Konstanz, Bischof⟩
Konrad ⟨von Altdorf⟩

Konrad ⟨von Landeck⟩
gest. 1304
Lieder
Conrad ⟨Schenke von Landegge⟩
Conradus ⟨Miles⟩
Conradus ⟨Ministerialis Monasterii Sancti Galli⟩
Conradus ⟨Pincerna de Landegge⟩
Konrad ⟨Schenk⟩
Konrad ⟨Schenk von Landeck⟩
Konrad ⟨von Landegg⟩
Landeck, Konrad ¬von¬
Schenk, Konrad

Konrad ⟨von Lichtenau⟩
→ **Conradus ⟨de Lichtenau⟩**

Konrad ⟨von Liebenberg⟩
15. Jh.
Predigt über St. Jakob
VL(2),5,218
Conrat ⟨von Liebenberg⟩
Liebenberg, Konrad ¬von¬

Konrad ⟨von Luppburg⟩
→ **Conradus ⟨Schirensis⟩**

Konrad ⟨von Mainz⟩
→ **Conradus ⟨de Wittelsbach⟩**

Konrad ⟨von Marburg⟩
→ **Conradus ⟨Marburgensis⟩**

Konrad ⟨von Megenberg⟩
→ **Conradus ⟨de Megenberg⟩**

Konrad ⟨von Morimond⟩
→ **Conradus ⟨de Ebraco⟩**

Konrad ⟨von Mure⟩
→ **Conradus ⟨de Mure⟩**

Konrad ⟨von Nürnberg⟩
15. Jh.
Übersetzung von „Prophetische Bücher"; Identität mit Conrad ⟨Kunhofer⟩ (Dompropst, gest. 1452) wahrscheinlich
VL(2),5,244
Conrad ⟨de Nuremberg⟩
Conrad ⟨Kunhofer⟩
Cuonrat ⟨Propst⟩
Cuonrat ⟨von Nierenberg⟩
Kunhofer, Conrad
Nürnberg, Konrad ¬von¬

Konrad ⟨von Pfäfers⟩
→ **Conradus ⟨de Fabaria⟩**

Konrad ⟨von Pitschen⟩
→ **Bitschin, Conradus**

Konrad ⟨von Preußen⟩
→ **Conradus ⟨de Prussia⟩**

Konrad ⟨von Queinfurt⟩
gest. 1382
Nicht identisch mit Conradus ⟨de Querfordia⟩ (gest. 1202); Lentz
Conradus ⟨von Queinfurt⟩
Queinfurt, Konrad ¬von¬

Konrad ⟨von Querfurt⟩
→ **Conradus ⟨de Querfordia⟩**

Konrad ⟨von Rheinau⟩
14. Jh.
Didaktisches Gedicht; Herkunft „von Rheinau" ungewiß
VL(2),5,110/11
Rheinau, Konrad ¬von¬

Konrad ⟨von Sachsen⟩
→ **Conradus ⟨de Saxonia⟩**

Konrad ⟨von Salzburg⟩
→ **Conradus ⟨Salisburgensis⟩**

Konrad ⟨von Schamoppia⟩
15. Jh.
Rezeptblock: funff sticklen von mayster Cuonrat
VL(2),5,251/54
Cuonrat ⟨Mayster⟩
Konrad ⟨von Scharnoppia⟩
Schamoppia, Konrad ¬von¬

Konrad ⟨von Scharnoppia⟩
→ **Konrad ⟨von Schamoppia⟩**

Konrad ⟨von Scheyern⟩
→ **Conradus ⟨Schirensis⟩**

Konrad ⟨von Soest⟩
→ **Conradus ⟨de Susato⟩**

Konrad ⟨von Soest⟩
ca. 1370 – ca. 1425
Westfäl. Maler
LMA,V,1365
Conrad ⟨von Soest⟩
Soest, Konrad ¬von¬

Konrad ⟨von Soltau⟩
→ **Conradus ⟨de Soltau⟩**

Konrad ⟨von Souneck, I.⟩
→ **Suonegge, ¬Der von¬**

Konrad ⟨von Stoffeln⟩
13. Jh.
Mutmaßl. Verf. des Artusromans „Gauriel von Muntabel"; Identität mit Konrad ⟨von Hohenstoffeln⟩ umstritten
LMA,V,1365
Conrad ⟨de Stoffeln⟩
Counrat ⟨von Stoffel⟩
Konrad ⟨von Hohenstoffeln⟩
Kunhart ⟨von Stoffel⟩
Stoffeln, Konrad ¬von¬

Konrad ⟨von Suburra⟩
→ **Anastasius ⟨Papa, IV.⟩**

Konrad ⟨von Susato⟩
→ **Conradus ⟨de Susato⟩**

Konrad ⟨von Ursperg⟩
→ **Conradus ⟨de Lichtenau⟩**

Konrad ⟨von Waldhausen⟩
→ **Waldhausen, Konrad ¬von¬**

Konrad ⟨von Walse⟩
→ **Kügelin, Konrad**

Konrad ⟨von Weinsberg⟩
1370 – 1448
LMA,V,1366
Conrad ⟨von Weinsberg⟩
Weinsberg, Konrad ¬von¬

Konrad ⟨von Weißenburg⟩
13. Jh. · OSB bzw. OCist bzw. OP
Anthologie von kürzeren Predigten und Erbauungstexten
VL(2),5,270/71
Conradus ⟨de Weissenburg⟩
Cuonrat ⟨von Wisenburc⟩
Pseudo-Konrad ⟨von Weißenburg⟩
Weißenburg, Konrad ¬von¬

Konrad ⟨von Wittelsbach⟩
→ **Conradus ⟨de Wittelsbach⟩**

Konrad ⟨von Wormelingen⟩
→ **Conradus ⟨de Wurmelingen⟩**

Konrad ⟨von Würzburg⟩
gest. 1287
Engelhard
LThK; LMA,V,1366/68
Conrad ⟨von Würzburg⟩
Conradus ⟨Herbipolita⟩
Conradus ⟨Herbipolitanus⟩
Conradus ⟨von Würzburg⟩
Cuonradus ⟨von Würzburg⟩
Cuonrat ⟨von Würzeburc⟩
Kuonrât ⟨von Wirceburc⟩
Kuonze ⟨Meister⟩
Kuonze ⟨von Würzburg⟩
Würzburg, Conrad ¬von¬
Würzburg, Konrad ¬von¬

Konrad ⟨von Wurmelingen⟩
→ **Conradus ⟨de Wurmelingen⟩**

Konrad ⟨von Zabern⟩
→ **Conradus ⟨de Zabernia⟩**

Konrad ⟨von Zenn⟩
→ **Conradus ⟨de Zenn⟩**

Konrad ⟨Wagner⟩
→ **Wagner, Konrad**

Konrad ⟨Waldhauser⟩
→ **Waldhausen, Konrad ¬von¬**

Konrad Frydunk ⟨Kuchenmaister⟩
→ **Kuchenmaister, Konrad Frydunk**

Konrad Otto ⟨Čechy, Kníže⟩
gest. 1191
Statut Otových neb Konradových; Statuta Conradi
Potth. 200; Rep.Font. III,615
Conradus Otto ⟨Bohemia, Rex⟩
Conradus Otto ⟨Bohemia et Moravia, Princeps⟩
Konrad Otto ⟨Čechy a Morava, Kníže⟩

Konradus ⟨...⟩
→ **Conradus ⟨...⟩**

Konstandin ⟨of Erznka⟩
→ **Kostandin ⟨Erznkac'i⟩**

Konstans ⟨Oströmischer Kaiser, II.⟩
→ **Constans ⟨Imperium Byzantinum, Imperator, II.⟩**

Konstantin ⟨Africanus⟩
→ **Constantinus ⟨Africanus⟩**

Konstantin ⟨aus Thessalonike⟩
→ **Cyrillus ⟨Sanctus⟩**

Konstantin ⟨Byzantinischer Kaiser, ...⟩
→ **Constantinus ⟨Imperium Byzantinum, Imperator, ...⟩**

Konstantin ⟨der Philosoph⟩
→ **Konstantin ⟨Filozof⟩**

Konstantin ⟨Episkop⟩
→ **Konstantin ⟨Preslavski⟩**

Konstantin ⟨Ersnkatzi⟩
→ **Kostandin ⟨Erznkac'i⟩**

Konstantin ⟨Filosof⟩
→ **Cyrillus ⟨Sanctus⟩**

Konstantin ⟨Filozof⟩
ca. 1380 – 1431
Skazanie izjavljenno o pismenech
LMA,V,1381/82
Filozof, Konstantin
Konstantin ⟨der Philosoph⟩
Konstantin ⟨Kostenečki⟩
Konstantin ⟨Kostenetski⟩
Konstantin ⟨the Philosopher⟩
Konstantin ⟨von Kostenec⟩
Konstantyn ⟨Kostenecki⟩
Kostenecki, Konstantyn
Kostenetski, Konstantin

Konstantin ⟨Harmenopulos⟩
→ **Constantinus ⟨Harmenopulus⟩**

Konstantin ⟨Kostenetski⟩
→ **Konstantin ⟨Filozof⟩**

Konstantin ⟨Manasi⟩
→ **Constantinus ⟨Manasses⟩**

Konstantin ⟨Papst, ...⟩
→ **Constantinus ⟨Papa, ...⟩**

Konstantin ⟨Porphyrogennetus⟩
→ **Constantinus ⟨Imperium Byzantinum, Imperator, VII.⟩**

Konstantin ⟨Preslaviensis⟩
→ **Konstantin ⟨Preslavski⟩**

Konstantin ⟨Preslavski⟩
9./10. Jh.
Azbučna molitva; Evangelienperikopen; Sammlung von 51 Homilien; Offizium auf Methodios
Rep.Font. VI,634; LMA,V,1382
Constantinus ⟨Presbyter⟩
Konstantin ⟨Episkop⟩
Konstantin ⟨Preslaviensis⟩
Konstantin ⟨Presviter⟩
Konstantin ⟨von Preslav⟩
Konstantin ⟨von Preslaw⟩
Preslaw, Konstantin ¬von¬

Konstantin ⟨Presviter⟩
→ **Konstantin ⟨Preslavski⟩**

Konstantin ⟨the Philosopher⟩
→ **Konstantin ⟨Filozof⟩**

Konstantin ⟨von Asiūṭ⟩
6. Jh.
GCAL
Asiūṭ, Konstantin ¬von¬
Assiut, Konstantin ¬von¬
Constantinus ⟨Episcopus Urbis Siout⟩
Costantino ⟨d'Assiut⟩
Konstantin ⟨von Assiut⟩
Konstantinos ⟨von Assiut⟩

Konstantin ⟨von Erznka⟩
→ **Kostandin ⟨Erznkac'i⟩**

Konstantin ⟨von Kostenec⟩
→ **Konstantin ⟨Filozof⟩**

Konstantin ⟨von Preslaw⟩
→ **Konstantin ⟨Preslavski⟩**

Konstantin-Kyrill
→ **Cyrillus ⟨Sanctus⟩**

Konstantinos ⟨Akropolites⟩
→ **Constantinus ⟨Acropolita⟩**

Konstantinos ⟨Anagnostes⟩
→ **Constantinus ⟨Anagnosta⟩**

Konstantinos ⟨Armenopulos⟩
→ **Constantinus ⟨Harmenopulus⟩**

Konstantinos ⟨Byzantinischer Kaiser, ...⟩
→ **Constantinus ⟨Imperium Byzantinum, Imperator, ...⟩**

Konstantinos ⟨Chartophylax⟩
→ **Constantinus ⟨Diaconus⟩**

Konstantinos ⟨der Rhodier⟩
→ **Constantinus ⟨Rhodius⟩**

Konstantinos ⟨der Sizilier⟩
→ **Constantinus ⟨Siculus⟩**

Konstantinos ⟨Diakon⟩
→ **Constantinus ⟨Diaconus⟩**

Konstantinos ⟨Harmenopulos⟩
→ **Constantinus ⟨Harmenopulus⟩**

Konstantinos ⟨Hermoniakos⟩
→ **Constantinus ⟨Hermoniacus⟩**

Kōnstantinos ⟨ho Akropolitēs⟩
→ **Constantinus ⟨Acropolita⟩**

Kōnstantinos ⟨ho Anagnōstēs⟩
→ **Constantinus ⟨Anagnosta⟩**

Kōnstantinos ⟨ho Harmenopulos⟩
→ **Constantinus ⟨Harmenopulus⟩**

Kōnstantinos ⟨ho Manassēs⟩
→ **Constantinus ⟨Manasses⟩**

Kōnstantinos ⟨ho Melitēniōtēs⟩
→ **Constantinus ⟨Meliteniota⟩**

Konstantinos ⟨ho Philosophos⟩
→ **Cyrillus ⟨Sanctus⟩**

Kōnstantinos ⟨ho Porphyrogennētos⟩
→ **Constantinus ⟨Imperium Byzantinum, Imperator, VII.⟩**

Kōnstantinos ⟨ho Stilbēs⟩
→ **Constantinus ⟨Stilbes⟩**

Kōnstantinos ⟨Laskaris⟩
→ **Laskaris, Kōnstantinos**

Konstantinos ⟨Logothetes⟩
→ **Constantinus ⟨Acropolita⟩**

Konstantinos ⟨Manasses⟩
→ **Constantinus ⟨Manasses⟩**

Konstantinos ⟨Meliteniotes⟩
→ **Constantinus ⟨Meliteniota⟩**

Konstantinos ⟨Oströmischer Kaiser, ...⟩
→ **Constantinus ⟨Imperium Byzantinum, Imperator, ...⟩**

Konstantinos ⟨Philosophos⟩
→ **Cyrillus ⟨Sanctus⟩**

Konstantinos ⟨Pogonatos⟩
→ **Constantinus ⟨Imperium Byzantinum, Imperator, IV.⟩**

Kōnstantinos ⟨Porphyrogennētos⟩
→ **Constantinus ⟨Imperium Byzantinum, Imperator, VII.⟩**

Konstantinos ⟨Psellos⟩
→ **Michael ⟨Psellus⟩**

Konstantinos ⟨Stilbes⟩
→ **Constantinus ⟨Stilbes⟩**

Konstantinos ⟨von Assiut⟩
→ **Konstantin ⟨von Asiūṭ⟩**

Konstantinos ⟨von Kerkyra⟩
→ **Cyrillus ⟨Sanctus⟩**

Konstantinos ⟨Rhodios⟩
→ **Constantinus ⟨Rhodius⟩**

Konstantyn ⟨Kostenecki⟩
→ **Konstantin ⟨Filozof⟩**

Konstanz, Heinzelin ¬von¬
→ **Heinzelin ⟨von Konstanz⟩**

Konstanz, Hugo ¬von¬
→ **Hugo ⟨von Konstanz⟩**

Konstanz, Johann ¬von¬
→ **Johann ⟨von Konstanz⟩**

Koplär, Hans
um 1461
Bericht über Pilgerreise nach Jerusalem
VL(2),5,316
Coplär ⟨von Salzburg⟩
Coplär, Hans
Hans ⟨Coplär⟩
Hans ⟨Koplär⟩

Kopman, Nicolaus
→ **Mercatoris, Nicolaus**

Korner, Hermannus
ca. 1365 – ca. 1438 · OP
Chronica novella
LMA,IV,2167; VL(2),5,317; Rep.Font. VI,641
Corner, Hermann
Hermann ⟨Corner⟩
Hermann ⟨Koerner⟩
Hermann ⟨Korner⟩
Hermannus ⟨de Lübeck⟩
Hermannus ⟨Korner⟩
Hermannus ⟨Korner de Lübeck⟩
Koerner, Hermann
Korner, Hermann

Korngin ⟨von Sterngassen⟩
→ **Gerardus ⟨de Sterngassen⟩**

Korones, Xenos
geb. ca. 1270/80
Umfangreiches musikalisches Oeuvre; Vertonung von Hymnen; Übungsstücke; Lehrschrift über d. Phthorai
LMA,V,1446/47
Johannes ⟨Korones⟩
Koronis, Xenos
Xenos ⟨Korones⟩
Xenos ⟨Koronis⟩

Kortz, Johannes
→ **Johannes ⟨Contractus⟩**

Korvei, Widukind ¬von¬
→ **Widukindus ⟨Corbeiensis⟩**

Kościan, Andreas ¬de¬
→ **Andreas ⟨Ruczel⟩**

Kosel, Nikolaus ¬von¬
→ **Nikolaus ⟨von Kosel⟩**

Kosma
→ **Kirill ⟨Belozerskij⟩**

Kosmas
→ **Cosmas ⟨Pragensis⟩**

Kosmas ⟨Bestetor⟩
→ **Cosmas ⟨Vestitor⟩**

Kosmas ⟨der Melode⟩
→ **Cosmas ⟨Hierosolymitanus⟩**

Kosmas ⟨Hagiopolites⟩
→ **Cosmas ⟨Hierosolymitanus⟩**

Kosmas ⟨Indikopleustes⟩
→ **Cosmas ⟨Indicopleustes⟩**

Kosmas ⟨von Jerusalem⟩
→ **Cosmas ⟨Hierosolymitanus⟩**

Kosmas ⟨von Maguma⟩
→ **Cosmas ⟨Hierosolymitanus⟩**

Kosmas ⟨von Prag⟩
→ **Cosmas ⟨Pragensis⟩**

Kosmograph ⟨von Ravenna⟩
→ **Anonymus ⟨Ravennas⟩**

Kostandin ⟨Erznkac'i⟩
ca. 1250 – 1314/28
Haykakan sovetakan hanragitaran
Ersnkatzi, Konstantin
Erznka, Kostandin ¬of¬
Erznkac'i, Kostandin
Konstandin ⟨of Erznka⟩
Konstantin ⟨Ersnkatzi⟩
Konstantin ⟨von Erznka⟩
Kostandin ⟨of Erznka⟩

Kostandin ⟨of Erznka⟩
→ **Kostandin ⟨Erznkac'i⟩**

Kostenetski, Konstantin
→ **Konstantin ⟨Filozof⟩**

Koster, Bernd
→ **Bernd ⟨Koster⟩**

Kōtai
→ **Āṇṭāḷ**

Kotbus, Martin
→ **Martin ⟨von Bolkenhain⟩**

Kotermak, Jurij
→ **Georgius ⟨de Drogobyč⟩**

Kotman, Johannes
gest. 1350
Vocabularius optimus
VL(2),5,325/326
Johannes ⟨Kotman⟩
Johannes ⟨Kotmann⟩
Kotmann, Johannes

Kotrugli-Raugeo, Benedetto
→ **Cotrugli, Benedetto**

Kotruljević, Benko
→ **Cotrugli, Benedetto**

Kottanner, Helene
um 1400/42
Erinnerungen (älteste Frauenmemoiren des dt. Mittelalters)
Rep.Font. VI,645; LMA,V,1463
Helena ⟨Kottannerin⟩
Helene ⟨Kotannerin⟩
Helene ⟨Kottanner⟩
Helene ⟨Kottannerin⟩
Kottannerin, Helene

Koukouzeles, Johannes
→ **Johannes ⟨Cucuzelus⟩**

Kourteses, Georgius
→ **Gennadius ⟨Scholarius⟩**

Kozlowski, Nicolaus
gest. ca. 1439
Sermo in exequiis pro anima regis Poloniae Vladislai Iagellonis Basileae habitus
Rep.Font. VI,648
Nicolaus ⟨de Koszlow⟩
Nicolaus ⟨Kozlowski⟩

Koz'ma
→ **Kirill ⟨Belozerskij⟩**

Kozma ⟨Presviter⟩
10. Jh.
LMA,V,1458
Cosmas ⟨Presbyter⟩
Kozma
Kozma ⟨Presbyter⟩
Kozma ⟨Prezviter⟩
Kozmas ⟨Presbyter⟩
Presviter, Kozma

Kozroh ⟨Frisingensis⟩
→ **Cozrohus ⟨Frisingensis⟩**

Kozroh ⟨von Freising⟩
→ **Cozrohus ⟨Frisingensis⟩**

Krabice de Weitmühl, Benedictus
→ **Benessius ⟨Krabice de Weitmühl⟩**

Krafft, Bartholomaeus
gest. 1490 · OSB
Passionale sanctorum decimum
Rep.Font. VI,651
Bartholomaeus ⟨Krafft⟩

Kraft ⟨von Boyberg⟩
14. Jh.
Predigt (Zuschreibung fraglich); Identität mit Krafto ⟨de Bogsberg⟩ (OP; um 1302) und Erastus ⟨de Bogsberg⟩ (gest. 1329) umstritten
VL(2),5,328/30; Kaeppeli,I,295
Boyberg, Kraft ¬von¬
Erastus ⟨de Bogsberg⟩
Kraft ⟨de Bogsberg⟩
Kraft ⟨de Boyberg⟩
Krafto ⟨de Bogsberg⟩

Kraft ⟨von Toggenburg⟩
13. Jh.
7 Lieder; von 3 Personen vermutl. Kraft ⟨II.⟩
VL(2),5,330/32
Kraft ⟨de Toggenburg⟩
Kraft ⟨Minnesinger Suisse⟩
Kraft ⟨von Toggenburg, Graf⟩
Toggenburg, Kraft ¬von¬

Krafto ⟨de Bogsberg⟩
→ **Kraft ⟨von Boyberg⟩**

Kraiburg, Bernardus ¬de¬
→ **Bernardus ⟨de Kraiburg⟩**

Kramer, Bernhard
→ **Bernardus ⟨de Kraiburg⟩**

Kramer, Heinrich
um 1478
Schreiber, möglicherweise Übersetzer o. Redakteur von „Plenar"
VL(2),5,336/37
Heinrich ⟨Kramer⟩
Heinrich ⟨Lermeister⟩
Heinrich ⟨Schulmeister⟩
Heinrich ⟨von Zürich⟩

Kramer, Johannes
→ **Johannes ⟨Institor⟩**

Kranc, Klaus
um 1347/59
Übersetzung der Großen und Kleinen Propheten in mod. Prosa
VL(2),5,337/38
Cranc, Klaus
Klaus ⟨Cranc⟩
Klaus ⟨Kranc⟩

Krauel, Heinrich
→ **Münsinger, Heinrich**

Kraus, Johannes
gest. ca. 1484
Weltchronik; Cato
VL(2),5,343/44
Johannes ⟨Kraus⟩

Krauter, Heinrich
gest. 1434 · OP
3 seelsorgerische Traktate; 135 Artikel zur Betrachtung des Leidens Christi; Auslegung der 10 Gebote; Beichtspiegel nach den 10 Geboten und Hauptsünden
VL(2),5,345/46
Heinrich ⟨Krauter⟩
Henricus ⟨Krauter⟩

Krebs, Nikolaus
→ **Nicolaus ⟨de Cusa⟩**

Kreckwitz, Georg
gest. 1422
Übersetzung der Apokalypse mit Kommentar; Evangelienharmonisierung
VL(2),5,351/53
Georg ⟨Kreckwitz⟩

Krelker, Henricus
→ **Henricus ⟨Krelker⟩**

Kremer, Marquart
Lebensdaten nicht ermittelt · OESA
Übersetzung des „Speygel der samwittikeit"
VL(2),5,353/54
Marquart ⟨Kremer⟩

Kremmeling, Hermann
um 1392/96
Marienpreis
VL(2),5,354/55
Hermann ⟨Kremmeling⟩
Hermanse ⟨Kremmelinge⟩

Kremsmünster, Bernardus ¬de¬
→ **Bernardus ⟨de Kremsmünster⟩**

Kreutzer, Johannes
ca. 1424/28 – 1468 · OP
Traktate; Predigten; Sendschreiben; etc.
VL(2),5,358/63; Kaeppeli,II,464
Johannes ⟨Gebwilerensis⟩
Johannes ⟨Kreutzer⟩
Johannes ⟨Kreutzer Gebwilerensis⟩

Kreuznach, Nicolaus ¬de¬
→ **Nicolaus ⟨de Kreuznach⟩**

Kristian ⟨Bruder⟩
→ **Kirstian ⟨Bruder⟩**

Kristian ⟨von Troyes⟩
→ **Chrétien ⟨de Troyes⟩**

Kristoff ⟨Hueber⟩
→ **Huber, Christoph**

Kritobulos ⟨von Imbrios⟩
→ **Michael ⟨Critopulus⟩**

Kritopolus
→ **Michael ⟨Critopulus⟩**

Kröllwitz, Heinrich ¬von¬
→ **Heinrich ⟨von Kröllwitz⟩**

Kron ⟨Meister⟩
15. Jh.
Lehre über die Fechtkunst
VL(2),5,383/84
Cron ⟨Meister⟩
Meister Kron

Kronenberg, ¬Der von¬
→ **Hartmann ⟨von Kronenberg⟩**

Krosbein, Johannes
→ **Johannes ⟨Krosbein⟩**

Krossen, Antonius
15. Jh. · OESA
Laurentiuspredigt; Glossen; Kirchenlieder; etc.
VL(2),5,392
Antonius ⟨Crossen⟩
Antonius ⟨Krossen⟩
Crossen, Antonius

Krotinphul, Bernardus
→ **Bernardus ⟨Mikosz de Nissa⟩**

Krug ⟨von Augsburg⟩
→ **Krug, Hans**

Krug, Hans
15. Jh.
Neujahrsgruß an die Frauen
VL(2),5,392/94
Der Krug
Hans ⟨Krug⟩
Krug ⟨von Augsburg⟩
Krug, ¬Der¬

Krum ⟨Bălgarija, Chan⟩
gest. 814
Erste schriftl. Gesetzgebung Bulgariens
Enc. Bălg.; LMA,V,1552
Krum ⟨Bulgaria, Khan⟩
Krum ⟨Bulgarien, Chan⟩

Krumestl, Heinrich
15. Jh.
Eyne gutte arstedige beschribet Meister Hinricus Krumestl
VL(2),5,394
Heinrich ⟨Krumestl⟩
Hinricus ⟨Krumestl⟩

Krummendik, Albertus ¬de¬
→ **Albertus ⟨de Krummendik⟩**

Krummessen, Hinrik
14. Jh.
2 Kapitel von „Wedder dat vuer"; Identität mit Krumestl, Heinrich umstritten
VL(2),5,394/95
Hinrik ⟨Krummessen⟩

Krus, Hans
um 1448/94
Der sumer hat sich gescheiden
VL(2),5,395
Hans ⟨Krus⟩

Krymeci, Akop
→ **Hakob ⟨Ġrimec'i⟩**

Kubrā ⟨Šaiḫ⟩
→ **Kubrā, Naǧm-ad-Dīn Aḥmad Ibn-ʿUmar**

Kubrā, Abu 'l-Djannāb Aḥmad B. ʿUmar Nadjm al-Dīn
→ **Kubrā, Naǧm-ad-Dīn Aḥmad Ibn-ʿUmar**

Kubrā, Aḥmad Ibn-ʿUmar
→ **Kubrā, Naǧm-ad-Dīn Aḥmad Ibn-ʿUmar**

Kubrā, Naǧm-ad-Dīn Aḥmad Ibn-ʿUmar
1145 – 1220
Kubrā ⟨Šaiḫ⟩
Kubrā, Abu 'l-Djannāb Aḥmad B. ʿUmar Nadjm al-Dīn
Kubrā, Aḥmad Ibn-ʿUmar
Kubrā, Nadjm al-Dīn
Kubrā, Naǧm-ad-Dīn
Kubrā, Najm al-Dīn
Naǧm-ad-Dīn, Aḥmad Ibn-ʿUmar Kubrā
Naǧm-ad-Dīn Kubrā

Kubrā, Najm al-Dīn
→ **Kubrā, Naǧm-ad-Dīn Aḥmad Ibn-ʿUmar**

Kuchenmaister, Konrad Frydunk
15. Jh.
Mitverfasser von „Entwurf zur Regelung der Bergwerksverhältnisse in Gossensaß und Schwaz"
VL(2),5,396
Konrad Frydunk ⟨Kuchenmaister⟩

Kuchimaister, Christian
14. Jh.
Nüwe Casus Monasterii Sancti Galli
VL(2),5,400/06; Rep.Font. VI,656
Christian ⟨de Saint-Gall⟩
Christian ⟨der Küchenmeister⟩
Christian ⟨Kuchimaister⟩
Christian ⟨von Sankt Gallen⟩
Cristân ⟨der Kuchimaister⟩
Küchenmeister, Christian
Kuchimaister, Cristân
Küchimeister, Christian
Kuchimeister, Christian

Kudorfer, Heinrich
15. Jh.
Alchemistische Prozesse und Rezepte
VL(2),5,409/10
Heinrich ⟨Kudorfer⟩
Henricus ⟨Khudorfer⟩
Kudorff, Heinrich

Kübeler, ¬Der¬
14. Jh.
1 Predigtexempel
VL(2),5,396
Der Kübeler

Küchenmeister, Christian
→ **Kuchimaister, Christian**

Küchlin
um 1437/42
Herkomen der stat zu Augspurg
VL(2),5,407/09; Rep.Font. VI,656
Küchlin ⟨Augustanus⟩
Küchlin ⟨Clericus⟩

Kügelin, Konrad
1364 – 1428 · OESA
Beschreibung des Lebens der Elsbeth Aichler
VL(2),5,426/29; Rep.Font. VI,658
Kögelin, Konrad
Konrad ⟨Kögelin⟩
Konrad ⟨Kügelin⟩
Konrad ⟨von Walse⟩

Kuei-feng ⟨Mönch⟩
→ **Zongmi**

Kükülló, Johannes ¬de¬
→ **Johannes ⟨de Kükülló⟩**

Kuel, Albert
→ **Suho, Albertus**

Künglein ⟨von Straßburg⟩
15. Jh.
Name aus dem Dichterkatalog des Konrad Nachtigall
VL(2),5,436
Künglein ⟨Meistersinger⟩
Künglein ⟨Sangspruchdichter⟩
Künglein ⟨von Strasspurck⟩
Straßburg, Künglein ¬von¬

Küngslacher, Peter
→ **Königschlacher, Peter**

Küngsperger, Johann
→ **Regiomontanus, Johannes**

Künig, Hermann
um 1495 · OServ
Sant Jacobs Straß
VL(2),5,437/38
Hermann ⟨Künig⟩
Hermann ⟨von Vach⟩
Hermannus ⟨Künig von Vach⟩
Künig von Vach, Hermann
Vach, Hermann Künig ¬von¬

Künigsperger, Johann
→ **Regiomontanus, Johannes**

Künlin, Johannes
14./15. Jh.
Von den zehn Geboten
VL(2),5,438/39
Johannes ⟨Künlin⟩

Künzingen, Wachsmut ¬von¬
→ **Wachsmut ⟨von Künzingen⟩**

Kürenberg, ¬Der von¬
12. Jh.
VL(2),5,454/55; LMA,V,1581
Der von Kuerenberg
Kuerenberger, ...
Kuernberc, ...
Kürenberg, ...
Kürenberger, ¬Der¬
Kürneberger, ¬Der¬

Kūfī, ʿAbd Allāh
→ **Ǧābir Ibn-Ḥaiyān**

Kūfī, Hannād Ibn-as-Sarī ¬al-¬
→ **Hannād Ibn-as-Sarī**

Kūfī, Muḥammad Ibn-ʿAlī ¬al-¬
→ **Ibn-Aʿṯam al-Kūfī, Muḥammad Ibn-ʿAlī**

Kufstein, Christianus ¬de¬
→ **Christianus ⟨Prezner de Kufstein⟩**

Kugler, Hans
gest. 1495
Schüttensam; Der Windbeutel
VL(2),5,429/32
Hans ⟨Kugler⟩

Kūhī, Abū-Sahl Waiǧan Ibn-Rustam ¬al-¬
→ **Abū-Sahl al-Kūhī, Waiǧan Ibn-Rustam**

Kūhī, Waiǧan Ibn-Rustam ¬al-¬
→ **Abū-Sahl al-Kūhī, Waiǧan Ibn-Rustam**

Kuḥl, Marǧ ¬al-¬
→ **Marǧ al-Kuḥl, Muḥammad Ibn-Idrīs**

Kūkai
774 – 835
Kōbō Daishi
Kōbō Daishi Kūkai

Kukkoka
→ **Kokkoka**

Kukuzeles, Johannes
→ **Johannes ⟨Cucuzelus⟩**

Kulacēkarar
um 800
Ind. König und Heiliger
Kulacēkarāḻvār
Kulacēkarap Perumāḷ
Kulacēkarar ⟨Kerala, König⟩
Kulaśekhara
Kulaśekharāḻvār
Kulaśekharavarmā

Kule, Hinrik
um 1399/1411
Bericht über die Ursulanacht von 1371
VL(2),5,432/33; Rep.Font. VI,658
Hinrik ⟨Kule⟩

Kulīnī, Abū-Ǧaʿfar Muḥammad Ibn-Yaʿqūb ¬as-¬
→ **Kulīnī, Muḥammad Ibn-Yaʿqūb ¬al-¬**

Kulīnī, Muḥammad Ibn-Yaʿqūb ¬al-¬
gest. 939
Ibn-Yaʿqūb, Muḥammad al-Kulīnī
Kulīnī, Abū-Ǧaʿfar Muḥammad Ibn-Yaʿqūb ¬as-¬
Muḥammad Ibn-Yaʿqūb al-Kulīnī

Kulm, Tilo ¬von¬
→ **Tilo ⟨von Kulm⟩**

Kulmacher, Philipp
um 1490
Pestregimen
VL(2),5,433
Culmacher, Philipp
Philipp ⟨Culmacher⟩
Philipp ⟨Kulmacher⟩

Kulthūm ibn ʿAmr al-ʿAttābī
→ **Kulṯūm Ibn-ʿAmr al-ʿAttābī**

Kulṯūm Ibn-ʿAmr al-ʿAttābī
gest. 823/835
ʿAttābī, Kulṯūm Ibn-ʿAmr ¬al-¬
Ibn-ʿAmr, Kulṯūm al-ʿAttābī
Kulthūm ibn ʿAmr al-ʿAttābī

Kumait Ibn-Zaid al-Asadī
679 – 743
Asadī, Kumait Ibn-Zaid ¬al-¬
Ibn-Zaid, Kumait al-Asadī
Ibn-Zaid al-Asadī, Kumait

Kumārila
ca. 600 – ca. 660
Tantravārttika
Bhaṭṭa Kumārila
Kumarila ⟨Bhaṭṭa⟩
Kumārila Bhaṭṭa
Kumārilabhaṭṭa
Kumārilasvāmī

Kumārilabhaṭṭa
→ **Kumārila**

Kumārilasvāmī
→ **Kumārila**

Kún, László
→ **László ⟨Magyarország, Király, IV.⟩**

Ḳūnawī, Muḥammad Ibn-Isḥāq ¬al-¬
→ **Qūnawī, Ṣadr-ad-Dīn Muḥammad Ibn-Isḥāq ¬al-¬**

Kune, Johannes
→ **Johannes ⟨Kune⟩**

Kungstein, Johannes
gest. um 1405/06
Chronicon Moguntinum
Rep.Font. VI,660
Jean ⟨Kungstein⟩
Johann ⟨Kungstein⟩
Johannes ⟨Kungstein⟩
Kungstein, Jean

Kunhart ⟨von Stoffel⟩
→ **Konrad ⟨von Stoffeln⟩**

Kunhofer, Conrad
→ **Konrad ⟨von Nürnberg⟩**

Kuno ⟨von Falkenstein⟩
ca. 1320 – 1388
Expositio principis Simonis de Flakenstein Archiepiscop. Trevirensis; Verfasser bzw. Auftraggeber von Ausarbeitungen alchem. Inhalts
VL(2),5,439/41; LMA,V,1572/73
Conradus ⟨de Falckenstein⟩
Conrat ⟨von Falckenstein⟩
Cuno ⟨de Falkestein⟩
Cuno ⟨Falchenstein⟩
Cuno ⟨Treverensis⟩
Cuno ⟨Trier, Erzbischof, II.⟩
Cuno ⟨von Falkenstein⟩
Cuno ⟨von Trier⟩
Cunon ⟨de Falkenstein⟩
Falkenstein, Kuno ¬von¬
Kunratz ⟨von Falkenstein⟩
Simon ⟨de Falkestein⟩

Kuno ⟨von Winenburg und Beilstein⟩
um 1471/88
Jagdbuch
VL(2),5,441/42
Beilstein, Kuno von Winenburg ¬und¬
Winenburg und Beilstein, Kuno ¬von¬

Kunrat ⟨...⟩
→ **Konrad ⟨...⟩**

Kunratz ⟨von Falkenstein⟩
→ **Kuno ⟨von Falkenstein⟩**

Kunsberg ⟨van Valkene⟩
15. Jh.
Cunsberchs Arzneibuch
VL(2),5,442/444
Cunsberch ⟨van Valkene⟩
Valkene, Kunsberg ¬van¬

Kuntaka
10./11. Jh.
Sanskrit-Poetiker
Kuntaka ⟨Rājānaka⟩
Kuntaka Rājānaka
Kuntala
Kuntala ⟨Rājānaka⟩
Kuntala Rājānaka
Rājānaka, Kuntaka
Rājānaka, Kuntala

Kuntala Rājānaka
→ **Kuntaka**

Kunz ⟨Kistener⟩
→ **Kistener, Kunz**

Kunz ⟨Meistersinger⟩
→ **Kunz ⟨von Wille⟩**

Kunz ⟨Schneider⟩
→ **Schneider, Kunz**

Kunz ⟨Vogelsang⟩
→ **Vogelsang, Konrad**

Kunz ⟨von Rosenheim⟩
→ **Hugo ⟨von Mühldorf⟩**

Kunz ⟨von Wille⟩
15. Jh.
Genannt bei Hans Folz
VL(2),5,444/45
Contz ⟨von Wille⟩
Kunz ⟨Meistersinger⟩
Wille, Kunz ¬von¬

Kunze ⟨von Rosenheim⟩
→ **Hugo ⟨von Mühldorf⟩**

Kuonrat ⟨...⟩
→ **Konrad ⟨...⟩**

Kuonze ⟨Meister⟩
→ **Konrad ⟨von Würzburg⟩**

Kuonze ⟨von Würzburg⟩
→ **Konrad ⟨von Würzburg⟩**

Kurā' an-Naml, 'Alī Ibn-al-Ḥasan
gest. 922
'Alī Ibn-al-Ḥasan Kurā' an-Naml
Naml, Kurā' 'Alī Ibn-al-Ḥasan ¬an-¬

Kūranārāyaṇa
11.Jh.
Potter
Kūrattālvān
Kūreśa ⟨Svāmī⟩
Miṣra, Śrīvatsāṅka
Śrīvatsacihna
Śrīvatṣānkāmiśra
Śrīvatsārika Miśra

Kūrattālvān
→ **Kūranārāyaṇa**

Kūreśa ⟨Svāmī⟩
→ **Kūranārāyaṇa**

Kurfi, Johannes
um 1493/99
Ain hailsame nütze lere und ußlegung der hailgen lerer über die vier passion der vier hailgen ewangelisten
VL(2),5,461/63
Johannes ⟨Kurfi⟩
Kurfius, Johannes
Kursi, Johannes

Kursi, Johannes
→ **Kurfi, Johannes**

Kurtesis, Georgios
→ **Gennadius ⟨Scholarius⟩**

Kurtz ⟨von Eberspach⟩
→ **Kurtz, Johann**

Kurtz, Johann
um 1492/97
Irseer Reimchronik; Reimchronik über den Schwabenkrieg; Spruch über den Landshuter Erbfolgekrieg; etc.
VL(2),5,463/68; Rep.Font. VI,664
Jean ⟨Kurtz⟩
Johann ⟨Kurtz⟩
Johann ⟨Monacensis Poeta⟩
Johannes ⟨Curti⟩
Johannes ⟨Curtius⟩
Johannes ⟨Kurtz⟩
Kurtz ⟨von Eberspach⟩
Kurtz, Jean
Kurtz, Johannes

Kurzmann, Andreas
um 1396/1431
St. Alban; Amicus und Amelius; Speculum humanae salvationis
VL(2),5,469/471
André ⟨Kurzmann⟩
Andreas ⟨Kurzmann⟩
Kurzmann, André

Kusa, Nicolas
→ **Nicolaus ⟨de Cusa⟩**

Kušāğim, Maḥmūd Ibn-al-Ḥusain
gest. ca. 971
Ibn-al-Ḥusain, Maḥmūd Kušāğim
Kushājim, Maḥmūd Ibn al-Ḥusayn
Maḥmūd Ibn-al-Ḥusain Kušāğim

Kuschairi
→ **Qušairī, 'Abd-al-Karīm Ibn-Ḫawāzin ¬al-¬**

Kuşçu, Ali
→ **Ali Kuşçu**

Kuse, ¬Der¬
um 1368/72 · OP
Lîden were daz aller edelste, wan sin nie niman würdig wart wan got' alleine; Regula quinque quando aliquid peccatum sit mortale sive veniale; Identität mit Johannes ⟨Cuzin⟩ nicht gesichert
VL(2),5,471/472
Cusin, Johannes
Der Kuse
Der Kusin
Johannes ⟨Cusin⟩
Johannes ⟨Kusiner⟩
Kusin, ¬Der¬
Kusiner, Johannes

Kushājim, Maḥmūd Ibn al-Ḥusayn
→ **Kušāğim, Maḥmūd Ibn-al-Ḥusain**

Kusin, ¬Der¬
→ **Kuse, ¬Der¬**

Kusiner, Johannes
→ **Kuse, ¬Der¬**

Kustin, Johannes
→ **Johannes ⟨Cuzin⟩**

Kuṯaiyir 'Azza
gest. 723
'Azza, Kuṯaiyir
Kuṯaiyir Ibn-'Abd-ar-Raḥmān
Kuthayyir 'Azza

Kuṯaiyir Ibn-'Abd-ar-Raḥmān
→ **Kuṯaiyir 'Azza**

Kuthayyir 'Azza
→ **Kuṯaiyir 'Azza**

Kuttenmann
um 1480 · OESA
Vom Reuer, Wirker und Schauer
VL(2),5,472/474

Kutubī, Muḥammad Ibn-Šākir ¬al-¬
gest. 1336
Sezgin,II,48
Ibn-Šākir, Muḥammad al-Kutubī
Ibn-Šākir al-Kutubī, Muḥammad
Muḥammad Ibn-Šākir al-Kutubī

Kuyl, Albert
→ **Suho, Albertus**

Kuz'ma
→ **Kirill ⟨Belozerskij⟩**

Kwidzin, Johannes ¬de¬
→ **Marienwerder, Johannes**

Kydones, Demetrios
→ **Demetrius ⟨Cydonius⟩**

Kydones, Prochoros
→ **Prochorus ⟨Cydonius⟩**

Kydrer, Wolfgang
gest. 1487
Tractatus per modum sermonum de securo moriendi; Sermo de caritate; Von der klag der Kirchen (Übersetzung); etc.
VL(2),5,474/477
Kidrer, Wolfgang
Wolfgang ⟨Kidrer⟩
Wolfgang ⟨Kydrer⟩
Wolfgang ⟨Kydrer von Salzburg⟩

Kyerslach, Petrus
→ **Kirchschlag, Petrus**

Kyeser, Conradus
1366 – 1402
Bellifortis
VL(2),5,477/483; Rep.Font. VI,665
Conrad ⟨Kyeser⟩
Conradus ⟨Kyeser⟩
Conradus ⟨Kyeser de Eichstätt⟩
Konrad ⟨Kyeser⟩
Kyeser, Conrad
Kyeser, Konrad

Kykeley
um 1323
Quodlibet
Schönberger/Kible, Repertorium, 15325

Kylmington
→ **Richardus ⟨de Kilvington⟩**

Kynewulf
→ **Cynewulf**

Kyōgoku, Tamekane
1254 – 1332
Japan. Dichter

Kyparissiotes, Johannes
→ **Johannes ⟨Cyparissiota⟩**

Kyppinberger
→ **Kipfenberger**

Kyprianos ⟨der Serbe⟩
→ **Kiprian ⟨Svjatoj⟩**

Kyprianos ⟨von Moskau⟩
→ **Kiprian ⟨Svjatoj⟩**

Kyriacus ⟨...⟩
→ **Cyriacus ⟨...⟩**

Kyrill ⟨aus Thessalonike⟩
→ **Cyrillus ⟨Sanctus⟩**

Kyrill ⟨von Beloozero⟩
→ **Kirill ⟨Belozerskij⟩**

Kyrillos ⟨ho Philosophos⟩
→ **Cyrillus ⟨Sanctus⟩**

Kyrillos ⟨Monachos⟩
→ **Cyrillus ⟨Scythopolitanus⟩**

Kyrillos ⟨Philosophos⟩
→ **Cyrillus ⟨Sanctus⟩**

Kyrillos ⟨von Skythopolis⟩
→ **Cyrillus ⟨Scythopolitanus⟩**

Kyriotes, Johannes
→ **Johannes ⟨Geometra⟩**

Kyrkestal, Hugo ¬de¬
→ **Hugo ⟨de Kyrkestal⟩**

Kyros ⟨von Alexandria⟩
→ **Cyrus ⟨Alexandrinus⟩**

Kyros ⟨von Phasis⟩
→ **Cyrus ⟨Alexandrinus⟩**

Kyrslaken, Petrus
→ **Kirchschlag, Petrus**

Kyrylo ⟨Turivs'kyj⟩
→ **Kirill ⟨Turovskij⟩**

Kžai, Simon
→ **Simon ⟨de Keza⟩**

Laa, Thomas ¬von¬
→ **Thomas ⟨von Laa⟩**

Laaz, Johannes
15. Jh.
De lapide philosophico (auch: Via universalis)
LMA,V,1601
Johannes ⟨de Lasnioro⟩
Johannes ⟨Laaz⟩
Johannes ⟨von Lasnioro⟩
Lasnioro, Johannes ¬de¬

LaBarrière, Pierre-Raymond ¬de¬
→ **Barreria, Petrus Raymundus ¬de¬**

LaBassée, Robert ¬de¬
→ **Robertus ⟨de Bassia⟩**

Labeo, Notker
→ **Notker ⟨Labeo⟩**

Laber, Hadamar ¬von¬
→ **Hadamar ⟨von Laber⟩**

Labīdī, 'Abd-ar-Raḥmān Ibn-Muḥammad ¬al-¬
gest. 1049
'Abd-ar-Raḥmān Ibn-Muḥammad al-Labīdī
Abû l-Qâsim al-Labîdî
Ibn-Muḥammad, 'Abd-ar-Raḥmān al-Labīdī
Labīdī, Abu-'l-Qāsim 'Abd-ar-Raḥmān Ibn-Muḥammad ¬al-¬

Labīdī, Abu-'l-Qāsim 'Abd-ar-Raḥmān Ibn-Muḥammad ¬al-¬
→ **Labīdī, 'Abd-ar-Raḥmān Ibn-Muḥammad ¬al-¬**

LaBigne, Gace ¬de¬
→ **Gace ⟨de la Buigne⟩**

Laborans ⟨Cardinalis⟩
ca. 1120/25 – 1189/91
Compilatio decretorum; De iustitia et iusto; De vera libertate; etc.
LMA,V,1601/02
Cardinalis, Laborans
Laborans ⟨Cardinal-Diacre⟩
Laborans ⟨Chanoine⟩
Laborans ⟨de Capoue⟩
Laborans ⟨de Pontormo⟩
Laborans ⟨de Sainte-Marie⟩
Laborans ⟨de Sancta Maria⟩
Laborans ⟨Kanonist⟩
Laborans ⟨Kardinal⟩
Laborante ⟨Cardinal⟩
Pseudo-Laborans

LaBroquière, Bertrandon ¬de¬
→ **Bertrandon ⟨de la Broquière⟩**

LaBuigne, Gace ¬de¬
→ **Gace ⟨de la Buigne⟩**

Lacapenus, Georgius
→ **Georgius ⟨Lacapenus⟩**

LaCépède, Pierre ¬de¬
→ **Pierre ⟨de la Cépède⟩**

Lacepiera, Petrus
→ **Petrus ⟨de Lemovicis⟩**

LaCerda, Antoine ¬de¬
→ **Antonius ⟨Cerda⟩**

LaCerlata, Petrus ¬de¬
→ **Petrus ⟨de Argellata⟩**

Lacerta, Hugo ¬de¬
→ **Hugo ⟨de Lacerta⟩**

Lack, Nicolaus ¬de¬
→ **Nicolaus ⟨de Lack⟩**

LaCoupele, Pierrekin ¬de¬
→ **Pierrekin ⟨de la Coupele⟩**

LaCouroierie, Oede ¬de¬
→ **Oede ⟨de la Couroierie⟩**

Lactantius ⟨Grammaticus⟩
→ **Lactantius ⟨Placidus⟩**

Lactantius ⟨Placidus⟩
6. Jh.
Lactantius
Lactantius ⟨Grammaticus⟩
Lactantius, Placidus
Luctantius ⟨Placidus⟩
Luctatius ⟨Placidus⟩
Placidius, Lactantius
Placidus, Lactantius

Ladislas ⟨Hongrie, Roi, ...⟩
→ **László ⟨Magyarország, Király, ...⟩**

Ladislas ⟨le Cumain⟩
→ **László ⟨Magyarország, Király, IV.⟩**

Ladislas ⟨le Posthume⟩
→ **László ⟨Magyarország, Király, V.⟩**

Ladislaus ⟨Böhmen, König⟩
→ **László ⟨Magyarország, Király, V.⟩**

Ladislaus ⟨Canonicus⟩
→ **Suntheim, Ladislaus**

Ladislaus ⟨der Kumane⟩
→ **László ⟨Magyarország, Király, IV.⟩**

Ladislaus ⟨der Nachgeborene⟩
→ **László ⟨Magyarország, Király, V.⟩**

Ladislaus ⟨Hungaria, Rex, ...⟩
→ **László ⟨Magyarország, Király, ...⟩**

Ladislaus ⟨Posthumus⟩
→ **László ⟨Magyarország, Király, V.⟩**

Ladislaus ⟨Ravenspurgensis⟩
→ **Suntheim, Ladislaus**

Ladislaus ⟨Sancti Stephani⟩
→ **Suntheim, Ladislaus**

Ladislaus ⟨Suntheim⟩
→ **Suntheim, Ladislaus**

Ladislaus ⟨Ungarn, König, ...⟩
→ **László ⟨Magyarország, Király, ...⟩**

Ladislaus ⟨Vindobonensis⟩
→ **Suntheim, Ladislaus**

Ladislaus ⟨von Suntheim⟩
→ **Suntheim, Ladislaus**

Ladkenus ⟨MacBaith⟩
→ **Lathcen**

Lägeler, Johannes
→ **Johannes ⟨de Francfordia⟩**

Laelii Petroni, Paulus
→ **Paulus ⟨Petroni⟩**

Laelius, Theodorus
→ **Lellis, Theodorus ¬de¬**

Laetus, Iulius Pomponius
→ **Pomponius Laetus, Iulius**

LaFierte, Johannes ¬de¬
→ **Johannes ⟨de la Fierte⟩**

Lagadeuc, Jean
um 1464
Iehan ⟨de Lagadeuc⟩
Jean ⟨de Lagadeuc⟩

Jean ⟨Lagadec⟩
Jean ⟨Lagadeuc⟩
Jehan ⟨Lagadeuc⟩
Johannes ⟨Lagadeuc⟩
Lagadec, Jean
Lagadec, Jehan
Lagadec, Johan
Lagadeuc, Jehan

Lagamon
→ **Layamon**

Lagen Landen, Clerc ¬uten¬
→ **Clerc ⟨uten Lagen Landen⟩**

Lagenator, Johannes
→ **Johannes ⟨de Francfordia⟩**

Laghamon
→ **Layamon**

Lagneto, Dominicus ¬de¬
→ **Dominicus ⟨de Lagneto⟩**

Lagny, Godefroy ¬de¬
→ **Godefroy ⟨de Lagny⟩**

LaGougue, Jehan
→ **Jehan ⟨la Gougue⟩**

LaHalle, Adam ¬de¬
→ **Adam ⟨de la Halle⟩**

LaHaye, Olivier ¬de¬
um 1426
Poème sur la grande peste de 1348
Potth. 703
Olivier ⟨de la Haye⟩
Olivier ⟨de LaHaye⟩

Lahazardière, Petrus ¬de¬
→ **Petrus ⟨de Lahazardière⟩**

Lahǧī, Musallam Ibn-Muḥammad ¬al-¬
um 1230
Ibn-Muḥammad, Musallam al-Lahǧī
Lahǧī, Musallim Ibn-Muḥammad ¬al-¬
Lahǧī, Muslim Ibn-Muḥammad ¬al-¬
Laḥjī, Musallam ¬al-¬
Laḥjī,Musallam ibn Muḥammad
Musallam Ibn-Muḥammad al-Lahǧī

Lahǧī, Musallim Ibn-Muḥammad ¬al-¬
→ **Lahǧī, Musallam Ibn-Muḥammad ¬al-¬**

Lahǧī, Muslim Ibn-Muḥammad ¬al-¬
→ **Lahǧī, Musallam Ibn-Muḥammad ¬al-¬**

Lāḥiqī, Abān Ibn-ʿAbd-al-Ḥamīd ¬al-¬
→ **Abān al-Lāḥiqī, Ibn-ʿAbd-al-Ḥamīd**

Laḥjī, Musallam ¬al-¬
→ **Lahǧī, Musallam Ibn-Muḥammad ¬al-¬**

Laḥjī,Musallam ibn Muḥammad
→ **Lahǧī, Musallam Ibn-Muḥammad ¬al-¬**

Laḫmī, ʿAbd-ar-Raḥmān Ibn-Muḥammad ¬al-¬
→ **Ibn-Wāfid, ʿAbd-ar-Raḥmān Ibn-Muḥammad**

Laḫmī, Abū-Muḥammad ʿAbdallāh Ibn-ʿAlī ¬al-¬
→ **Rušāṭī, Abū-Muḥammad ʿAbdallāh Ibn-ʿAlī ¬ar-¬**

Laḫmī, Aḥmad Ibn-Muḥammad ¬al-¬
→ **Ibn-Faraḥ, Aḥmad Ibn-Muḥammad**

Laḫmī, Muḥammad Ibn-Aḥmad ¬al-¬
gest. ca. 1162
Ibn Hišām al-Lajmī
Ibn-Aḥmad, Muḥammad al-Laḫmī
Ibn-Aḥmad al-Laḫmī, Muḥammad
Ibn-Hišām al-Laḫmī, Muḥammad Ibn-Aḥmad
Laḫmī, Muḥammad I.- ¬al-¬
Lajmī, Ibn-Hišām ¬al-¬
Muḥammad Ibn-Aḥmad al-Laḫmī

Laicus, Georgius
→ **Georgius ⟨Laicus⟩**

Laidcenn
→ **Lathcen**

Lairdieu, Jean ¬de¬
→ **Jean ⟨de Lairdieu⟩**

L'Aire, Guillaume ¬de¬
um 1407/10
Gouverneur du Dauphiné; Hrsg. einer Verordnung über die Organisation der Rechtsprechung in der Dauphiné
LMA,I,245
Aire, Guillaume ¬de l'¬
Guillaume ⟨de l'Aire⟩
Guillaume ⟨von Cornillon⟩

Laiṯ Ibn-Saʿd ¬al-¬
713 – 791
Ibn-Saʿd, al-Laiṯ
Layth ibn Saʿd

Laitschuch, Hans
14./15. Jh.
4 Verse
VL(2),5,487
Hans ⟨Laitschuch⟩

Lajmī, Ibn-Hišām ¬al-¬
→ **Laḫmī, Muḥammad Ibn-Aḥmad ¬al-¬**

Lakapenos, Georgios
→ **Georgius ⟨Lacapenus⟩**

Lake, Bartholomäus ¬van der¬
→ **Bartholomäus ⟨van der Lake⟩**

Lakmann, Nicolaus
→ **Nicolaus ⟨Lakmann⟩**

Lalaing, Arnoldus ¬de¬
→ **Arnoldus ⟨de Lalaing⟩**

Lālakāʾī, Abu-'l-Qāsim Hibatallāh Ibn-al-Ḥasan ¬al-¬
→ **Lālakāʾī, Hibatallāh Ibn-al-Ḥasan ¬al-¬**

Lālakāʾī, Hibat Allāh ibn al-Ḥasan
→ **Lālakāʾī, Hibatallāh Ibn-al-Ḥasan ¬al-¬**

Lālakāʾī, Hibatallāh Ibn-al-Ḥasan ¬al-¬
gest. 1027
Hibatallāh Ibn-al-Ḥasan al-Lālakāʾī
Ibn-al-Ḥasan, Hibatallāh al-Lālakāʾī
Lālakāʾī, Abu-'l-Qāsim Hibatallāh Ibn-al-Ḥasan ¬al-¬
Lālakāʾī, Hibat Allāh ibn al-Ḥasan

LaLoue, Johannes
→ **Johannes ⟨la Loue⟩**

Lamara, Guilelmus ¬de¬
→ **Guilelmus ⟨de Lamara⟩**

LaMarche Trevisane, Bernard ¬de¬
→ **Bernardus ⟨Trevisanus⟩**

LaMare, Guillaume ¬de¬
→ **Guilelmus ⟨de Lamara⟩**

Lamballo, Petrus ¬de¬
→ **Petrus ⟨de Lamballo⟩**

Lambert ⟨a Hersfeld⟩
→ **Lambertus ⟨Hersfeldensis⟩**

Lambert ⟨Beggh⟩
→ **Lambertus ⟨Leodiensis Balbus⟩**

Lambert ⟨Boreis⟩
→ **Lambertus ⟨de Legio⟩**

Lambert ⟨d'Ardre⟩
→ **Lambertus ⟨Ardensis⟩**

Lambert ⟨d'Arles⟩
→ **Lambertus ⟨Ardensis⟩**

Lambert ⟨d'Arras⟩
→ **Lambertus ⟨Atrebatensis⟩**

Lambert ⟨d'Auxerre⟩
→ **Lambertus ⟨Altissiodorensis⟩**

Lambert ⟨de Châteaudun⟩
→ **Lambert ⟨le Tort⟩**

Lambert ⟨de Deutz⟩
→ **Lambertus ⟨Tuitiensis⟩**

Lambert ⟨de Fagnano⟩
→ **Honorius ⟨Papa, II.⟩**

Lambert ⟨de Gueldre⟩
→ **Lambertus ⟨de Geldern⟩**

Lambert ⟨de Guines⟩
→ **Lambertus ⟨Atrebatensis⟩**

Lambert ⟨de Lagny⟩
→ **Lambertus ⟨Altissiodorensis⟩**

Lambert ⟨de Liège⟩
→ **Lambertus ⟨de Legia⟩**
→ **Lambertus ⟨de Legio⟩**
→ **Lambertus ⟨Parvus⟩**
→ **Lambertus ⟨Sancti Laurentii Leodiensis⟩**
→ **Lambertus ⟨Tuitiensis⟩**

Lambert ⟨de Pouthières⟩
→ **Lambertus ⟨Pultariensis⟩**

Lambert ⟨de Ratisbonne⟩
→ **Lamprecht ⟨von Regensburg⟩**

Lambert ⟨de Saint-Bertin⟩
→ **Lambertus ⟨Sancti Bertini⟩**

Lambert ⟨de Saint-Christophe⟩
→ **Lambertus ⟨Leodiensis Balbus⟩**

Lambert ⟨de Saint-Laurent⟩
→ **Lambertus ⟨Sancti Laurentii Leodiensis⟩**
→ **Lambertus ⟨Tuitiensis⟩**

Lambert ⟨de Saint-Omer⟩
→ **Lambertus ⟨Audomarensis⟩**

Lambert ⟨de Saint-Vaast d'Arras⟩
→ **Lambertus ⟨Sancti Vedasti Atrebatensis⟩**

Lambert ⟨de Squillace⟩
→ **Lambertus ⟨Squillacensis⟩**

Lambert ⟨de Thérouanne⟩
→ **Lambertus ⟨Atrebatensis⟩**

Lambert ⟨de Tuy⟩
→ **Lambertus ⟨Tuitiensis⟩**

Lambert ⟨der Kleine⟩
→ **Lambertus ⟨Parvus⟩**

Lambert ⟨dit Boreis⟩
→ **Lambertus ⟨de Legio⟩**

Lambert ⟨Ecolâtre de Saint-Vaast⟩
→ **Lambertus ⟨Sancti Vedasti Atrebatensis⟩**

Lambert ⟨Goetman⟩
→ **Goetman, Lambert**

Lambert ⟨Guerric⟩
→ **Lambertus ⟨Guerrici de Hoyo⟩**

Lambert ⟨Instituteur des Béguines⟩
→ **Lambertus ⟨Leodiensis Balbus⟩**

Lambert ⟨Italien, Kaiser⟩
→ **Lamberto ⟨Italia, Imperatore⟩**

Lambert ⟨l'Aveugle⟩
13. Jh.
Chansons
Aveugle, Lambert ¬l'¬
L'Aveugle, Lambert

Lambert ⟨le Bègue⟩
→ **Lambertus ⟨Leodiensis Balbus⟩**

Lambert ⟨le Chanoine⟩
→ **Lambertus ⟨Audomarensis⟩**

Lambert ⟨le Court⟩
→ **Lambert ⟨le Tort⟩**

Lambert ⟨le Petit⟩
→ **Lambertus ⟨Parvus⟩**

Lambert ⟨le Tort⟩
12. Jh.
Lambert ⟨de Châteaudun⟩
Lambert ⟨le Court⟩
Lambert ⟨li Cors⟩
Lambert ⟨li Tors⟩
LeTort, Lambert
Tort, Lambert ¬le¬

Lambert ⟨of Auxerre⟩
→ **Lambertus ⟨Altissiodorensis⟩**

Lambert ⟨of Liège⟩
→ **Lambertus ⟨de Legia⟩**
→ **Lambertus ⟨Parvus⟩**

Lambert ⟨of Poultières⟩
→ **Lambertus ⟨Pultariensis⟩**

Lambert ⟨of Saint-Jacques⟩
→ **Lambertus ⟨Parvus⟩**

Lambert ⟨of Saint-Omer⟩
→ **Lambertus ⟨Audomarensis⟩**

Lambert ⟨Prêtre de Liège⟩
→ **Lambertus ⟨Leodiensis Balbus⟩**

Lambert ⟨Prieur⟩
→ **Lambertus ⟨de Legio⟩**
→ **Lambertus ⟨Squillacensis⟩**

Lambert ⟨Scannabecchi⟩
→ **Honorius ⟨Papa, II.⟩**

Lambert ⟨Spoleto, Herzog, I.⟩
→ **Lamberto ⟨Italia, Imperatore⟩**

Lambert ⟨the Little⟩
→ **Lambertus ⟨Parvus⟩**

Lambert ⟨von Ardre⟩
→ **Lambertus ⟨Ardensis⟩**

Lambert ⟨von Arras⟩
→ **Lambertus ⟨Atrebatensis⟩**

Lambert ⟨von Aschaffenburg⟩
→ **Lambertus ⟨Hersfeldensis⟩**

Lambert ⟨von Auxerre⟩
→ **Lambertus ⟨Altissiodorensis⟩**

Lambert ⟨von Geldern⟩
→ **Lambertus ⟨de Geldern⟩**

Lambert ⟨von Heerenberg⟩
→ **Lambertus ⟨de Monte Domini⟩**

Lambert ⟨von Hersfeld⟩
→ **Lambertus ⟨Hersfeldensis⟩**

Lambert ⟨von Lüttich⟩
→ **Lambertus ⟨de Legia⟩**
→ **Lambertus ⟨Parvus⟩**

Lambert ⟨von Sankt Bertin⟩
→ **Lambertus ⟨Sancti Bertini⟩**

Lambert ⟨von Sankt Omer⟩
→ **Lambertus ⟨Audomarensis⟩**

Lambert ⟨von Spoleto⟩
→ **Lamberto ⟨Italia, Imperatore⟩**

Lambert ⟨von Squillace⟩
→ **Lambertus ⟨Squillacensis⟩**

Lambert ⟨Waterlos⟩
→ **Lambertus ⟨Waterlosius⟩**

Lambertini, Mattasala
um 1245
Ricordi di una famiglia senese dal 1233 al 1243
Potth. 704
Mattasala ⟨di Spinello Lambertini⟩
Mattasala ⟨Lambertini⟩
Spinello Lambertini, Mattasala ¬di¬

Lambertinus ⟨Papiensis⟩
13./14. Jh.
Postilla in Ecclesiasten
Stegmüller, Repert. bibl. 5343
Lambertinus ⟨Pavanensis⟩

Lamberto ⟨di Auxerre⟩
→ **Lambertus ⟨Altissiodorensis⟩**

Lamberto ⟨di Fiagnano⟩
→ **Honorius ⟨Papa, II.⟩**

Lamberto ⟨Italia, Imperatore⟩
ca. 880 – 898
Capitulare Ravennas a 898
Potth. 707; LMA,V,1624; LUI
Lambert ⟨Italie, Empereur⟩
Lambert ⟨Italien, Kaiser⟩
Lambert ⟨Italien, König⟩
Lambert ⟨Spolète, Duc⟩
Lambert ⟨Spoleto, Herzog, I.⟩
Lambert ⟨von Spoleto⟩
Lamberto ⟨Italia, Re⟩
Lambertus ⟨Italia, Imperator⟩
Spoleto, Lambert ¬von¬

Lamberto ⟨Italia, Re⟩
→ **Lamberto ⟨Italia, Imperatore⟩**

Lambertus ⟨Abbas⟩
→ **Lambertus ⟨Sancti Bertini⟩**

Lambertus ⟨Abbas Leodiensis⟩
→ **Lambertus ⟨Tuitiensis⟩**

Lambertus ⟨Altissiodorensis⟩
um 1250
LMA,V,1625
Lambert ⟨de Autissiodoro⟩
Lambert ⟨de Lagny⟩
Lambert ⟨d'Auxerre⟩
Lambert ⟨of Auxerre⟩
Lambert ⟨von Auxerre⟩
Lamberto ⟨di Auxerre⟩
Lambertus ⟨Autissiodorensis⟩
Lambertus ⟨de Autissiodoro⟩
Lambertus ⟨de Liniaco Castro⟩

Lambertus ⟨Anglicus⟩
→ **Lambertus ⟨Magister⟩**

Lambertus ⟨Ardensis⟩
um 1200
Historia comitum Ghisnensium et Ardensium dominorum ab a. 800-1203 seu Chronique de Guines et d'Ardres
Tusculum-Lexikon; Potth. 704; LMA,V,1624/25

Lambert ⟨d'Ardre⟩
Lambert ⟨d'Ardres⟩
Lambert ⟨d'Arles⟩
Lambert ⟨von Ardre⟩
Lambertus ⟨Presbyter⟩

Lambertus ⟨Aschaffenburgensis⟩
→ **Lambertus ⟨Hersfeldensis⟩**

Lambertus ⟨Atrebatensis⟩
gest. 1115
LMA,V,1625
Guisnes, Lambert ¬de¬
Lambert ⟨de Guines⟩
Lambert ⟨de Guisnes⟩
Lambert ⟨de Thérouanne⟩
Lambert ⟨d'Arras⟩
Lambert ⟨von Arras⟩
Lambertus ⟨Canonicus⟩
Lambertus ⟨Episcopus⟩
Lambertus ⟨Insulanus⟩

Lambertus ⟨Audomarensis⟩
um 1090/1120
Liber floridus; früher zu Unrecht mit Lambertus ⟨Sancti Bertini⟩ identifiziert
LMA,V,1626; LThK
Lambert ⟨de Saint-Omer⟩
Lambert ⟨le Chanoine⟩
Lambert ⟨of Saint-Omer⟩
Lambert ⟨von Saint-Omer⟩
Lambert ⟨von Sankt Omer⟩
Lambertus ⟨Canonicus⟩
Lambertus ⟨Sancti Audomari⟩
Lambertus ⟨Sithiensis⟩

Lambertus ⟨Autissiodorensis⟩
→ **Lambertus ⟨Altissiodorensis⟩**

Lambertus ⟨Balbus⟩
→ **Lambertus ⟨Leodiensis Balbus⟩**

Lambertus ⟨Blandiniensis⟩
um 1079
Libellus de loco sepulturae S. Florberti
Potth. 707,1313; DOC,2,1199
Lambertus ⟨Blandinensis⟩
Lambertus ⟨Monachus Blandiniensis⟩
Lantbertus ⟨Blandiniensis⟩

Lambertus ⟨Boreis⟩
→ **Lambertus ⟨de Legio⟩**

Lambertus ⟨Brocker⟩
um 1450/71 · OP
Questio rev. p. lectoris Lamberti Brokers
Kaeppeli,III,58
Brocker, Lambertus
Broker, Lambertus
Lambertus ⟨Broker⟩
Lambertus ⟨Brokers⟩

Lambertus ⟨Cameracensis⟩
→ **Lambertus ⟨Waterlosius⟩**

Lambertus ⟨Canonicus⟩
→ **Lambertus ⟨Atrebatensis⟩**
→ **Lambertus ⟨Audomarensis⟩**
→ **Lambertus ⟨Waterlosius⟩**

Lambertus ⟨de Autissiodoro⟩
→ **Lambertus ⟨Altissiodorensis⟩**

Lambertus ⟨de Bononia⟩
→ **Rambertus ⟨de Bononia⟩**

Lambertus ⟨de Geldern⟩
gest. 1419
Nahum; Agg.; Osec.
Stegmüller, Repert. bibl. 5345-5364
Geldern, Lambertus ¬de¬
Geldern, Lambertus ¬de¬
Lambert ⟨de Gueldre⟩
Lambert ⟨von Geldern⟩
Lambertus ⟨de Gelria⟩
Lambertus ⟨Professor Universitatis Wiennensis⟩
Lampertus ⟨de Geldern⟩

Lambertus ⟨de Gelria⟩
→ **Lambertus ⟨de Geldern⟩**

Lambertus ⟨de Herrenberg⟩
→ **Lambertus ⟨de Monte Domini⟩**

Lambertus ⟨de Hoyo⟩
→ **Lambertus ⟨Guerrici de Hoyo⟩**

Lambertus ⟨de Legia⟩
12. Jh. · OSB
Mönch im Kloster St. Eucharius/ Matthias in Lüttich; Ex inventione miraculis S. Matthiae
VL(2),5,491
Lambert ⟨de Liège⟩
Lambert ⟨of Liège⟩
Lambert ⟨von Lüttich⟩
Lambertus ⟨Leodiensis⟩
Lambertus ⟨Treverensis⟩
Legia, Lambertus ¬de¬

Lambertus ⟨de Legio⟩
um 1272/73 · OP
Versus „Vado mori"
Schneyer,II,1; Kaeppeli,III,59/ 60; Schönberger/Kible, Repertorium, 15330; VL(2),10,15
Boreis, Lambertus
Jambertus ⟨Boreis⟩
Lambert ⟨Boreis⟩
Lambert ⟨de Liège⟩
Lambert ⟨dit Boreis⟩
Lambert ⟨Prieur⟩
Lambertus ⟨Boreis⟩
Lambertus ⟨de Leodio⟩
Lambertus ⟨dictus Boreis⟩
Lambertus ⟨Faré⟩
Lambertus ⟨Farreis⟩
Lambertus ⟨Pharé⟩
Lambertus ⟨Poenitentiarius Hugonis⟩
Lambertus ⟨Prior Ordinis Praedicatorum Leodiensium⟩
Legio, Lambertus ¬de¬

Lambertus ⟨de Leodio⟩
→ **Lambertus ⟨de Legio⟩**

Lambertus ⟨de Lille⟩
→ **Lietbertus ⟨de Insulis⟩**

Lambertus ⟨de Liniaco Castro⟩
→ **Lambertus ⟨Altissiodorensis⟩**

Lambertus ⟨de Monte Domini⟩
gest. 1499
Lambert ⟨von Heerenberg⟩
Lambertus ⟨de Herrenberg⟩
Lambertus ⟨de Monte⟩
Lambertus ⟨van's Heerenberg⟩
Monte, Lambertus ¬de¬
Monte Domini, Lambertus ¬de¬

Lambertus ⟨de Sancto Rufo⟩
→ **Lietbertus ⟨de Insulis⟩**

Lambertus ⟨de Tectis⟩
→ **Lambertus ⟨Leodiensis Balbus⟩**

Lambertus ⟨de Theux⟩
→ **Lambertus ⟨Leodiensis Balbus⟩**

Lambertus ⟨dictus Boreis⟩
→ **Lambertus ⟨de Legio⟩**

Lambertus ⟨Episcopus⟩
→ **Lambertus ⟨Atrebatensis⟩**

Lambertus ⟨Faré⟩
→ **Lambertus ⟨de Legio⟩**

Lambertus ⟨Farreis⟩
→ **Lambertus ⟨de Legio⟩**

Lambertus ⟨Goetmann⟩
→ **Goetman, Lambert**

Lambertus ⟨Guerrici de Hoyo⟩
um 1328
Liber de commendatione Johannis XXII sie.
Schönberger/Kible, Repertorium, 15329
Guerric, Lambert
Guerrici, Lambertus
Guerrici de Hoyo, Lambertus
Hoyo, Lambertus ¬de¬
Lambert ⟨Guerric⟩
Lambertus ⟨de Hoyo⟩
Lambertus ⟨Guerrici⟩

Lambertus ⟨Haserensis⟩
→ **Lambertus ⟨Hersfeldensis⟩**

Lambertus ⟨Hersfeldensis⟩
ca. 1025 – ca. 1081
Annales
LThK; VL(2); CSGL; Tusculum-Lexikon; LMA,V,1632/33
Lambert ⟨a Hersfeld⟩
Lambert ⟨von Aschaffenburg⟩
Lambert ⟨von Hersfeld⟩
Lambertus ⟨Aschaffenburgensis⟩
Lambertus ⟨Aschafnaburgensis⟩
Lambertus ⟨Haserensis⟩
Lambertus ⟨Schaffnaburgensis⟩
Lambertus ⟨Schafnaburgensis⟩
Lampert ⟨von Hersfeld⟩
Lampertus ⟨Hersfeldensis⟩
Lampertus ⟨Monachus Hersfeldensis⟩
Landebertus ⟨Schafnaburgensis⟩
Lantpertus ⟨Schafnaburgensis⟩

Lambertus ⟨Insulanus⟩
→ **Lambertus ⟨Atrebatensis⟩**

Lambertus ⟨Insulensis⟩
→ **Lietbertus ⟨de Insulis⟩**

Lambertus ⟨Italia, Imperator⟩
→ **Lamberto ⟨Italia, Imperatore⟩**

Lambertus ⟨Leodiensis⟩
→ **Lambertus ⟨de Legia⟩**
→ **Lambertus ⟨Sancti Laurentii Leodiensis⟩**
→ **Lambertus ⟨Tuitiensis⟩**

Lambertus ⟨Leodiensis⟩
→ **Lambertus ⟨Parvus⟩**

Lambertus ⟨Leodiensis Balbus⟩
gest. ca. 1187
Verm. ident. mit Lambertus ⟨de Tectis⟩; Computus; Psalterium; Antigraphum Petri
DOC,2,1199
Balbus, Lambertus
Begh, Lambert
Lambert ⟨Beggh⟩
Lambert ⟨Begghe⟩
Lambert ⟨Begh⟩
Lambert ⟨de Saint-Christophe⟩
Lambert ⟨Instituteur des Béguines⟩
Lambert ⟨le Bègue⟩
Lambert ⟨Prêtre de Liège⟩
Lambertus ⟨Balbus⟩
Lambertus ⟨de Tectis⟩
Lambertus ⟨de Theux⟩
Lambertus ⟨Leodiensis⟩
Lambertus ⟨li Beges⟩
Lambertus ⟨Presbyter Leodiensis⟩

Lambertus ⟨li Beges⟩
→ **Lambertus ⟨Leodiensis Balbus⟩**

Lambertus ⟨Magister⟩
→ **Lambertus ⟨Squillacensis⟩**

Lambertus ⟨Magister⟩
um 1270
Tractatus de musica
Riemann; LMA,V,1628
Lambertus ⟨Anglicus⟩
Lambertus ⟨Magister Anglicus⟩
Magister Lambertus

Lambertus ⟨Monachus Blandiniensis⟩
→ **Lambertus ⟨Blandiniensis⟩**

Lambertus ⟨Monachus Tuitiensis⟩
→ **Lambertus ⟨Tuitiensis⟩**

Lambertus ⟨Parvus⟩
gest. 1194
Annales sive Chronicon S. Jacobi Leodiensis
CSGL; Potth.
Lambert ⟨der Kleine⟩
Lambert ⟨le Petit⟩
Lambert ⟨of Liège⟩
Lambert ⟨of Saint-Jacques⟩
Lambert ⟨the Little⟩
Lambert ⟨von Lüttich⟩
Lambertus ⟨Leodiensis⟩
Lambertus ⟨Sancti Jacobi Monachus⟩
Parvus, Lambertus

Lambertus ⟨Pharé⟩
→ **Lambertus ⟨de Legio⟩**

Lambertus ⟨Poenitentiarius Hugonis⟩
→ **Lambertus ⟨de Legio⟩**

Lambertus ⟨Presbyter⟩
→ **Lambertus ⟨Ardensis⟩**

Lambertus ⟨Presbyter Leodiensis⟩
→ **Lambertus ⟨Leodiensis Balbus⟩**

Lambertus ⟨Prior⟩
→ **Lambertus ⟨Squillacensis⟩**

Lambertus ⟨Prior et Armarius Sancti Vedasti Atrebatensis⟩
→ **Lambertus ⟨Sancti Vedasti Atrebatensis⟩**

Lambertus ⟨Prior Ordinis Praedicatorum Leodiensium⟩
→ **Lambertus ⟨de Legio⟩**

Lambertus ⟨Professor Universitatis Wiennensis⟩
→ **Lambertus ⟨de Geldern⟩**

Lambertus ⟨Pultariensis⟩
9. Jh.
Epistulae
Lambert ⟨de Pothières⟩
Lambert ⟨de Pouthières⟩
Lambert ⟨of Poultières⟩

Lambertus ⟨Sancti Audomari⟩
→ **Lambertus ⟨Audomarensis⟩**

Lambertus ⟨Sancti Bertini⟩
ca. 1061 – 1125 · OSB
Sermones de Vet. Test.; Disputationes; Früher wurde ihm zu Unrecht der „Liber floridus" zugeschrieben, der tatsächlich von Lambertus ⟨Audomarensis⟩ stammt
LMA,V,1625/26
Lambert ⟨de Saint-Bertin⟩
Lambert ⟨von Saint-Bertin⟩
Lambert ⟨von Sankt Bertin⟩
Lambertus ⟨Abbas⟩
Lambertus ⟨Sancti Bertini Abbas⟩
Sancti Bertini, Lambertus

Lambertus ⟨Sancti Jacobi Monachus⟩
→ **Lambertus ⟨Parvus⟩**

Lambertus ⟨Sancti Laurentii Leodiensis⟩
→ **Lambertus ⟨Tuitiensis⟩**

Lambertus ⟨Sancti Laurentii Leodiensis⟩
12. Jh.
Kommentar zu Fabeln des Äsop
Lambert ⟨de Liège⟩
Lambert ⟨de Saint-Laurent⟩
Lambertus ⟨Leodiensis⟩
Lambertus ⟨Sancti Laurentii⟩
Sancti Laurentii, Lambertus

Lambertus ⟨Sancti Vedasti Atrebatensis⟩
um 1160 · OSB
Versus dedicatorii in librum possessionum S. Vedasti; Carmina de officiis ecclesiasticis
Potth. 707
Lambert ⟨de Saint-Vaast d'Arras⟩
Lambert ⟨Ecolâtre de Saint-Vaast⟩
Lambertus ⟨Prior et Armarius Sancti Vedasti Atrebatensis⟩

Lambertus ⟨Scannabecchi⟩
→ **Honorius ⟨Papa, II.⟩**

Lambertus ⟨Schaffnaburgensis⟩
→ **Lambertus ⟨Hersfeldensis⟩**

Lambertus ⟨Sithiensis⟩
→ **Lambertus ⟨Audomarensis⟩**

Lambertus ⟨Squillacensis⟩
gest. 1125
Lambert ⟨de Squillace⟩
Lambert ⟨Prieur⟩
Lambert ⟨von Squillace⟩
Lambertus ⟨Magister⟩
Lambertus ⟨Prior⟩

Lambertus ⟨Treverensis⟩
→ **Lambertus ⟨de Legia⟩**

Lambertus ⟨Tuitiensis⟩
gest. 1070 · OSB
Vita et miracula Heriberti Coloniensis archiepiscopi
Potth. 704; DOC,2,1199
Lambert ⟨de Deutz⟩
Lambert ⟨de Liège⟩
Lambert ⟨de Saint-Laurent⟩
Lambert ⟨de Tuy⟩
Lambertus ⟨Abbas Leodiensis⟩
Lambertus ⟨Leodiensis⟩
Lambertus ⟨Monachus Tuitiensis⟩
Lambertus ⟨Sancti Laurentii Leodiensis⟩

Lambertus ⟨van's Heerenberg⟩
→ **Lambertus ⟨de Monte Domini⟩**

Lambertus ⟨Waterlosius⟩
12. Jh.
Annales Cameracenses
Lambert ⟨Waterlos⟩
Lambertus ⟨Cameracensis⟩
Lambertus ⟨Canonicus⟩
Lambertus ⟨Waterlos⟩
Waterlosius, Lambertus

Lambrecht ⟨...⟩
→ **Lamprecht ⟨...⟩**

Lambronac'i, Nerses
→ **Nerses ⟨Lambronac'i⟩**

Lambsheim, Antonius ¬von¬
→ **Antonius ⟨von Lambsheim⟩**

Lambsheim, Johannes ¬de¬
→ **Johannes ⟨de Lambsheim⟩**

Lambsprinck
→ **Lamspring**

Lamfridus ⟨Monachus⟩
→ **Landfredus ⟨Wintoniensis⟩**

Lāmišī, Abu-'ṯ-Ṯanā' Maḥmūd Ibn-Zaid ¬al-¬
→ **Lāmišī, Maḥmūd Ibn-Zaid ¬al-¬**

Lāmišī, Maḥmūd Ibn-Zaid ¬al-¬
um 1100
Ibn-Zaid, Maḥmūd al-Lāmišī
Lāmišī, Abu-'ṯ-Ṯanā' Maḥmūd Ibn-Zaid ¬al-¬
Maḥmūd Ibn-Zaid al-Lāmišī
Māturīdī, Maḥmūd Ibn-Zaid ¬al-¬

Lamme, Heinrich
um 1392/1411
Collectum de peste
VL(2),5,512/513
Heinrich ⟨Lamme⟩

Lammens, Jean
→ **Johannes ⟨Agnelli⟩**

Lammespringe, Heinrich ¬von¬
→ **Heinrich ⟨von Lammespringe⟩**

LaMore, Thomas ¬de¬
1309 – 1396 · OSB
Verf. der franz. Version von Vita et mors Edwardi II regis Angliae des Galfredus ⟨le Baker⟩
Potth. 487, 796, 1064
Mare, Thomas ¬de la¬
Moore, Thomas ¬de la¬
Thomas ⟨de la Mare⟩
Thomas ⟨de la Moore⟩
Thomas ⟨de la More⟩
Thomas ⟨de Saint-Albans⟩
Thomas ⟨de Tynemouth⟩

LaMote, Bernardus ¬de¬
→ **Mote, Bernardus ¬de la¬**

LaMote, Jean ¬de¬
→ **Jean ⟨de le Mote⟩**

Lampacher, Thomas
→ **Thomas ⟨von Lampertheim⟩**

Lampadarius, Manuel
→ **Manuel ⟨Chrysaphes⟩**

Lamparthen, Thomas
→ **Thomas ⟨von Lampertheim⟩**

Lampenus, Demetrius
→ **Demetrius ⟨Lampenus⟩**

Lampenus, Nicolaus
→ **Nicolaus ⟨Lampenus⟩**

Lampert ⟨von Hersfeld⟩
→ **Lambertus ⟨Hersfeldensis⟩**

Lampert Spring
→ **Lamspring**

Lampertheim, Thomas ¬von¬
→ **Thomas ⟨von Lampertheim⟩**

Lampertus ⟨...⟩
→ **Lambertus ⟨...⟩**

Lamprecht ⟨Chirurg⟩
→ **Lamprecht ⟨Meister⟩**

Lamprecht ⟨der Pfaffe⟩
12. Jh.
LMA,V,1633
Lambrecht ⟨der Pfaffe⟩
Lambrecht ⟨Pfaffe⟩
Lamprecht ⟨Pfaffe⟩
Pfaffe, Lamprecht ¬der¬

Lamprecht ⟨Meister⟩
15. Jh.
8 Rezepte
VL(2),5,520
Lamprecht ⟨Chirurg⟩
Lamprecht ⟨Wundarzt⟩
Meister Lamprecht

Lamprecht ⟨Pfaffe⟩
→ **Lamprecht ⟨der Pfaffe⟩**

Lamprecht ⟨von Regensburg⟩
geb. 1215
Sanct Francisken Leben
VL(2); LThK; LMA,V,1634
Lambert ⟨de Ratisbonne⟩
Regensburg, Lamprecht ¬von¬

Lamprecht ⟨Wundarzt⟩
→ **Lamprecht ⟨Meister⟩**

Lampugnano, Guilelmus ¬de¬
→ **Guilelmus ⟨de Lampugnano⟩**

Lampugnano, Hubertus ¬de¬
→ **Hubertus ⟨de Lampugnano⟩**

Lampugnano, Johannes ¬de¬
→ **Johannes ⟨de Lampugnano⟩**

Lamspring
15. Jh.
„Vom Stein der Weisen" oder „Vom philosophischen Stein"
VL(2),5,524/530
Abraham ⟨Edler von Lambspring⟩
Jean ⟨Lambspring⟩
Lambsprinck
Lambspring
Lambspring, Jean
Lambspringk
Lampert Spring

Lana, Jacopo ¬della¬
→ **Jacopo ⟨della Lana⟩**

Lana, Johannes ¬de¬
→ **Johannes ⟨de Lana⟩**

Lancea, Guilelmus ¬de¬
→ **Guilelmus ⟨de Lancea⟩**

Lancham, Philippus
→ **Philippus ⟨Lavenham⟩**

Lanchkmann, Niklas
→ **Lanckmannus, Nicolaus**

Lancia ⟨Marquis, I.⟩
→ **Lancia, Manfredi**

Lancia, Andrea
ca. 1280 – 1360
Ottimo commento
LMA,V,1641
André ⟨Lancia⟩
Andrea ⟨Lancia⟩
Lancia, André

Lancia, Manfredi
ca. 1168 – 1215
LMA,V,1641
Lancia ⟨Marquis, I.⟩
Lancia, Manfred
Lancia, Manfredi ⟨der Ältere⟩
Lancia, Manfredi ⟨I.⟩
Manfredi ⟨I.⟩
Manfredi ⟨Lancia⟩

Lancicia, Martinus ¬de¬
→ **Martinus ⟨de Lancicia⟩**

Lancillotus ⟨de Zerlis⟩
15. Jh.
Declaratio compendiosa Alfarabii super libris Rhetoricorum
Lohr
Zerlis, Lancillotus ¬de¬

Lanckmannus, Nicolaus
um 1451
Historia desponsationis ... Friderici III.
Falckenstein, Nikolaus
Falkenstein, Nicolaus
Lanchkmann, Niklas
Lanckman de Valckenstein, Nicolau
Lanckmann, Nicolas
Lanckmann, Niklas
Lanckmann de Valckenstein, Nicolaus
Langemann de Valckenstein, Nikolaus
Lankmann, Niklas
Nicolau ⟨Lanckman de Valckenstein⟩
Nicolaus ⟨de Falckenstein⟩
Nicolaus ⟨de Hippone Regio⟩
Nicolaus ⟨de Valckenstein⟩
Nicolaus ⟨Lanckmann⟩
Nicolaus ⟨Lanckmannus⟩
Nicolaus ⟨Ypponensis⟩
Niklas ⟨Lankmann⟩
Niklas ⟨von Falkenstein⟩
Valckenstein, Nicolau Lanckman ¬de¬
Valckenstein, Nikolaus

Landau, Mauricius ¬von¬
→ **Mauricius ⟨von Landau⟩**

Landau, Nikolaus ¬von¬
→ **Nikolaus ⟨von Landau⟩**

Landebertus ⟨Schafnaburgensis⟩
→ **Lambertus ⟨Hersfeldensis⟩**

Landeck, Konrad ¬von¬
→ **Konrad ⟨von Landeck⟩**

Landenulphus ⟨Caracciolus⟩
→ **Landulfus ⟨Caracciolus⟩**

Landfrank ⟨von Mailand⟩
→ **Lanfrancus ⟨Mediolanensis⟩**

Landfredus ⟨Wintoniensis⟩
um 950 · OSB
Vita S. Swithuni (hist. transl.)
Potth. 711; DOC,2,1201
Lamfrid ⟨de Winchester⟩
Lamfridus ⟨Anglus⟩
Lamfridus ⟨Monachus⟩
Lamfridus ⟨Monachus Wintoniensis⟩
Lanfredus ⟨Monachus⟩
Lanfredus ⟨Wintoniensis⟩
Lantfredus ⟨Monachus⟩
Lantfredus ⟨Wintoniensis⟩
Lantfridus ⟨Monachus Wintoniensis⟩

Landini, Cristoforo
→ **Landinus, Christophorus**

Landini, Francesco
ca. 1325 – 1397
LThK; LMA,V,1669
Francesco ⟨Landini⟩
Franciscus ⟨Landinus⟩
François ⟨Landino⟩
Landino, Francesco

Landini, Jacopo
→ **Jacopo ⟨Landini⟩**

Landinius
→ **Laudivius ⟨Hierosolymitanus⟩**

Landinus, Christophorus
1424 – 1498
De vera nobilitate; De nobilitate animae; Disputationes Camaldulenses; etc.
Tusculum-Lexikon; LMA,V,1669
Christoforo ⟨Landino⟩
Christopherus ⟨Landinus⟩
Christophorus ⟨Landinus⟩
Cristoforo ⟨Landino⟩
Landini, Cristoforo
Landino, Christophe
Landino, Christophorus
Landino, Cristoforo

Lando ⟨di Sezze⟩
→ **Innocentius ⟨Papa, III., Antipapa⟩**

Lando ⟨Papa⟩
gest. 914
LMA,V,1671
Lando ⟨Papst⟩
Landon ⟨Pape⟩
Landone ⟨della Sabina⟩
Landone ⟨Papa⟩
Landos ⟨Papa⟩

Lando ⟨von Sezze⟩
→ **Innocentius ⟨Papa, III., Antipapa⟩**

Landolfo ⟨Colonna⟩
→ **Columna, Landulphus ¬de¬**

Landolfo ⟨Cotta⟩
→ **Landulfus ⟨Mediolanensis⟩**

Landolfus ⟨Sagax⟩
→ **Landulfus ⟨Sagax⟩**

Landon ⟨Pape⟩
→ **Lando ⟨Papa⟩**

Landone ⟨della Sabina⟩
→ **Lando ⟨Papa⟩**

Landry, Geoffroy de LaTour
→ **LaTour Landry, Geoffroy ¬de¬**

Landsberg, Jakob ¬von¬
→ **Jakob ⟨von Landsberg⟩**

Landsberg, Stadtarzt ¬von¬
→ **Stadtarzt ⟨von Landsberg⟩**

Landshut, Eberhart ¬von¬
→ **Eberhart ⟨von Landshut⟩**

Landshut, Hans ¬von¬
→ **Hans ⟨von Landshut⟩**

Landshut, Heinrich ¬von¬
→ **Heinrich ⟨von Landshut⟩**

Landshut, Jakob ¬von¬
→ **Jakob ⟨von Landshut⟩**

Landshut, Johannes ¬de¬
→ **Johannes ⟨Stedler de Landshut⟩**

Landshut, Thomas ¬de¬
→ **Thomas ⟨Teufl de Landshut⟩**

Landskron, Stephan ¬von¬
→ **Stephan ⟨von Landskron⟩**

Landulf ⟨Continuator⟩
→ **Landulfus ⟨de Sancto Paulo⟩**

Landulf ⟨der Ältere⟩
→ **Landulfus ⟨Mediolanensis⟩**

Landulf ⟨der Jüngere⟩
→ **Landulfus ⟨de Sancto Paulo⟩**

Landulf ⟨von Mailand⟩
→ **Landulfus ⟨Mediolanensis⟩**

Landulf ⟨von Neapel⟩
→ **Landulfus ⟨Caracciolus⟩**
→ **Landulfus ⟨Sagax⟩**

Landulf ⟨von Sankt Paul⟩
→ **Landulfus ⟨de Sancto Paulo⟩**

Landulfo ⟨Caracciolo⟩
→ **Landulfus ⟨Caracciolus⟩**

Landulfus ⟨Alemanus⟩
→ **Ludolphus ⟨de Saxonia⟩**

Landulfus ⟨Amalfitanus Archiepiscopus⟩
→ **Landulfus ⟨Caracciolus⟩**

Landulfus ⟨Barensis⟩
um 1408/09
Epistola ad dominos cardinales de successibus suis in Alemannia. Datum Argentinae
Potth. 709
Landulfus ⟨Cardinalis⟩
Landulfus ⟨Diaconus Sancti Nicolai in Carcere Tulliano⟩
Landulphus ⟨Barensis⟩

Landulfus ⟨Canonicus Carnotensis⟩
→ **Columna, Landulphus ¬de¬**

Landulfus ⟨Caracciolus⟩
gest. 1351 · OFM
In librum secundum sententiarum; Sermones de tempore; Quodlibeta scholastica; etc.
Stegmüller, Repert. sentent. 514; Stegmüller, Repert. bibl. 5365-5367; Schneyer,IV,1
Caracciolo, Landulfo
Caracciolus, Landulfus
Landenulphus ⟨Caracciolus⟩
Landulf ⟨von Neapel⟩
Landulfo ⟨Caracciolo⟩
Landulfus ⟨Amalfitanus Archiepiscopus⟩
Landulfus ⟨Caraccioli⟩
Landulfus ⟨Caracciolo⟩
Landulfus ⟨Caracioli de Neapel⟩
Landulfus ⟨Neapolitanus⟩
Landulphe ⟨Caracciolo⟩
Landulphus ⟨Caracciolus⟩

Landulfus ⟨Cardinalis⟩
→ **Landulfus ⟨Barensis⟩**

Landulfus ⟨Carnotensis⟩
→ **Columna, Landulphus ¬de¬**

Landulfus ⟨Carthusiensis⟩
→ **Ludolphus ⟨de Saxonia⟩**

Landulfus ⟨Clericus Mediolanensis⟩
→ **Landulfus ⟨Mediolanensis⟩**

Landulfus ⟨Continuator⟩
→ **Landulfus ⟨de Sancto Paulo⟩**

Landulfus ⟨de Columna⟩
→ **Columna, Landulphus ¬de¬**

Landulfus ⟨de Neapoli⟩
→ **Landulfus ⟨Sagax⟩**

Landulfus ⟨de Sancto Paulo⟩
1077 – 1137
Historia Mediolanensis, pars II
Landulf ⟨Continuator⟩
Landulf ⟨der Jüngere⟩
Landulf ⟨von Sankt Paul⟩
Landulfus ⟨Continuator⟩
Landulfus ⟨de Sancto Paulo Mediolanensis⟩
Landulfus ⟨Iunior⟩
Landulfus ⟨Mediolanensis, Iunior⟩
Landulfus ⟨Minor⟩
Landulfus ⟨Presbyter⟩
Landulfus ⟨the Younger⟩
Landulphe ⟨de Milan⟩
Landulphe ⟨de Saint-Paul⟩
Landulphe ⟨le Jeune⟩
Sancto Paulo, Landulfus ¬de¬

Landulfus ⟨Diaconus Sancti Nicolai in Carcere Tulliano⟩
→ **Landulfus ⟨Barensis⟩**

Landulfus ⟨Iunior⟩
→ **Landulfus ⟨de Sancto Paulo⟩**

Landulfus ⟨Maior⟩
→ **Landulfus ⟨Mediolanensis⟩**

Landulfus ⟨Mediolanensis⟩
gest. ca. 1085
Historia Mediolanensis, pars I
Tusculum-Lexikon; LMA,V,1680/81
Cotta, Landolfo
Landolfo ⟨Cotta⟩
Landulf ⟨der Ältere⟩
Landulf ⟨von Mailand⟩
Landulfus ⟨Clericus⟩
Landulfus ⟨Clericus Mediolanensis⟩
Landulfus ⟨Maior⟩
Landulfus ⟨Mediolanensis, Senior⟩
Landulfus ⟨Milanus⟩
Landulfus ⟨Presbyter⟩
Landulfus ⟨Senior⟩
Landulfus ⟨the Elder⟩
Landulphe ⟨de Milan⟩
Landulphe ⟨l'Ancien⟩

Landulfus ⟨Mediolanensis, Iunior⟩
→ **Landulfus ⟨de Sancto Paulo⟩**

Landulfus ⟨Mediolanensis, Senior⟩
→ **Landulfus ⟨Mediolanensis⟩**

Landulfus ⟨Minor⟩
→ **Landulfus ⟨de Sancto Paulo⟩**

Landulfus ⟨Neapolitanus⟩
→ **Landulfus ⟨Caracciolus⟩**

Landulfus ⟨Presbyter⟩
→ **Landulfus ⟨de Sancto Paulo⟩**
→ **Landulfus ⟨Mediolanensis⟩**

Landulfus ⟨Romanus⟩
→ **Landulfus ⟨Sagax⟩**

Landulfus ⟨Sagax⟩
9./10. Jh.
Historia Romana; wird häufig mit Columna, Landulphus ¬de¬ verwechselt
LThK; CSGL; Tusculum-Lexikon; LMA,V,1671
Landolfus ⟨Sagax⟩
Landulf ⟨von Neapel⟩
Landulfus ⟨de Neapoli⟩
Landulfus ⟨Romanus⟩
Landulphe ⟨Sagax⟩
Landulphus ⟨de Neapoli⟩
Landulphus ⟨Sagax⟩
Sagace, Landolfo
Sagax, Landulfus
Sagax, Landulphus

Landulfus ⟨Senior⟩
→ **Landulfus ⟨Mediolanensis⟩**

Landulfus ⟨Teutonicus⟩
→ **Ludolphus ⟨de Saxonia⟩**

Landulfus ⟨the Elder⟩
→ **Landulfus ⟨Mediolanensis⟩**

Landulfus ⟨the Younger⟩
→ **Landulfus ⟨de Sancto Paulo⟩**

Landulphe ⟨Caracciolo⟩
→ **Landulfus ⟨Caracciolus⟩**

Landulphe ⟨Colonna⟩
→ **Columna, Landulphus ¬de¬**

Landulphe ⟨de Milan⟩
→ **Landulfus ⟨de Sancto Paulo⟩**
→ **Landulfus ⟨Mediolanensis⟩**

Landulphe ⟨de Saint-Paul⟩
→ **Landulfus ⟨de Sancto Paulo⟩**

Landulphe ⟨l'Ancien⟩
→ **Landulfus ⟨Mediolanensis⟩**

Landulphe ⟨le Jeune⟩
→ **Landulfus ⟨de Sancto Paulo⟩**

Landulphe ⟨Sagax⟩
→ **Landulfus ⟨Sagax⟩**

Landulphus ⟨...⟩
→ **Landulfus ⟨...⟩**

Landus ⟨Sitinus⟩
→ **Innocentius ⟨Papa, III., Antipapa⟩**

Lanfranc ⟨aus Pavia⟩
→ **Lanfrancus ⟨Cantuariensis⟩**

Lanfranc ⟨de Milan⟩
→ **Lanfrancus ⟨Mediolanensis⟩**

Lanfranc ⟨d'Oriano⟩
→ **Lanfrancus ⟨de Oriano⟩**

Lanfranc ⟨Jonghe⟩
14. Jh.
Pseudonym; Die Slotel van Surgien
VL(2),4,836/838
Jonghe Lanfranc

Lanfranc ⟨Pignolo⟩
→ **Pignollus, Lanfrancus**

Lanfranc ⟨von Canterbury⟩
→ **Lanfrancus ⟨Cantuariensis⟩**

Lanfranc ⟨von Mailand⟩
→ **Lanfrancus ⟨Mediolanensis⟩**

Lanfranchinus ⟨de Ianua⟩
13. Jh. · OP
Orationes de passione Christi piissimae; Identität mit Lanfranchinus ⟨Frater⟩ nicht gesichert
Ianua, Lanfranchinus ¬de¬
Lanfranchinus ⟨de Janua⟩

Lanfranchinus ⟨Frater⟩
13. Jh. · OP
Versus de mendacio; Identität mit Lanfranchinus ⟨de Ianua⟩ nicht gesichert
Kaeppeli,III,60
Frater Lanfranchinus

Lanfranco ⟨Cigala⟩
→ **Cigala ⟨Lanfranco⟩**

Lanfranco ⟨da Oriano⟩
→ **Lanfrancus ⟨de Oriano⟩**

Lanfranco ⟨di Pavia⟩
→ **Lanfrancus ⟨Cantuariensis⟩**

Lanfranco ⟨of Milan⟩
→ **Lanfrancus ⟨Mediolanensis⟩**

Lanfranco, Cigala
→ **Cigala ⟨Lanfranco⟩**

Lanfrancus ⟨Archiepiscopus⟩
→ **Lanfrancus ⟨Cantuariensis⟩**

Lanfrancus ⟨Cantuariensis⟩
ca. 1005 – 1089
Epistolae
Tusculum-Lexikon; LMA,V,1684/86
Cantuaria, Lanfrancus ¬de¬
Lanfranc ⟨aus Pavia⟩
Lanfranc ⟨von Canterbury⟩
Lanfranco ⟨di Pavia⟩
Lanfrancus ⟨Archiepiscopus⟩
Lanfrancus ⟨Archiepiscopus Cantuariensis⟩
Lanfrancus ⟨de Canterbury⟩
Lanfrancus ⟨de Cantuaria⟩

Lanfrancus ⟨de Mediolano⟩
→ **Lanfrancus ⟨Mediolanensis⟩**

Lanfrancus ⟨de Oriano⟩
gest. 1488
Tractatus
Ariadno, Lanfrancus ¬de¬
Ariadno, Lanfrancus ¬ab¬
Lanfranc ⟨d'Oriano⟩
Lanfranco ⟨da Oriano⟩
Oriano, Lanfrancus ¬de¬

Lanfrancus ⟨Mediolanensis⟩
gest. ca. 1306
Tusculum-Lexikon; LMA,V,1686
Alaffranco ⟨di Milano⟩
Alanfranc ⟨de Milan⟩
Allafranco ⟨di Milano⟩
Allanfrancus ⟨Mediolanensis⟩
Guido ⟨Lanfranchi⟩
Landfrank ⟨von Mailand⟩
Lanfranc ⟨de Milan⟩
Lanfranc ⟨von Mailand⟩
Lanfranchi ⟨von Mailand⟩
Lanfranco ⟨of Milan⟩
Lanfrancus ⟨de Mediolano⟩
Lanfrank
Lanfrank ⟨von Mailand⟩
Langfrank ⟨von Mailand⟩
Leofrancus ⟨Mediolanensis⟩
Mediolano, Lanfrancus ¬de¬

Lanfrancus ⟨Pignollus⟩
→ **Pignollus, Lanfrancus**

Lanfredus ⟨Monachus⟩
→ **Landfredus ⟨Wintoniensis⟩**

Lang, Johannes
→ **Lange, Johannes**

Lange ⟨de Wetflaria⟩
→ **Lange, Johannes**

Lange, Dietrich
→ **Longus, Theodoricus**

Lange, Gottfried
gest. 1458
In commendationem rectoris universitatis domini Hertnidi de Lapide laudatiuncula; Historia excidii et ruinae Constantinopolitanae urbis
VL(2),5,580/582
Godefroy ⟨Lange⟩
Gottfried ⟨Lange⟩
Lange, Godefroy

Lange, Hans
→ **Lange, Johannes**

Lange, Hinrik
ca. 1395 – 1467
Erinnerungen an den Prälatenkrieg; Denkschriften; Amtliche Aufzeichnungen
VL(2),5,582/584; Potth. 710
Henri ⟨Lange⟩
Henricus ⟨Lange⟩
Hinrik ⟨Lange⟩
Lange, Henri
Lange, Henricus

Lange, Johannes
gest. ca. 1430
Dialogus novus ad laudem b. Mariae Virginis; Forma scholaris; Aureae claves; Compendium de epidemia; etc.
VL(2),5,584/90; Stegmüller, Repert. bibl. 5063
Hans ⟨Lange von Wepfflar⟩
Johann ⟨Lang⟩
Johann ⟨Lang von Wetzlar⟩
Johannes ⟨de Westlaria⟩
Johannes ⟨de Wetflaria⟩
Johannes ⟨de Wetslaria⟩
Johannes ⟨de Wetzlaria⟩
Johannes ⟨Lange⟩
Johannes ⟨Lange von Wetzlar⟩
Johannes ⟨Laurentius de Wetslaria⟩
Johannes ⟨von Westlar⟩
Johannes ⟨von Wetzlar⟩
Johannes ⟨Westlaris⟩
Johannes ⟨Wetflariensis⟩
Johannes ⟨Wetflariensis⟩
Lang, Johann
Lang, Johannes
Lange ⟨de Wetflaria⟩
Lange, Hans
Lange, Joannes
Lange, Johann
Lange de Wetflaria, Johannes
Lange von Wepfflar, Hans
Westlaris, Johannes ¬de¬
Wetzlar, Johannes ¬von¬
Wetzlar, Johannes ¬de¬

Lange, Thierry
→ **Longus, Theodoricus**

Lange de Wetflaria, Johannes
→ **Lange, Johannes**

Lange von Wepfflar, Hans
→ **Lange, Johannes**

Langemann de Valckenstein, Nikolaus
→ **Lanckmannus, Nicolaus**

Langen, Tiderich
→ **Longus, Theodoricus**

Langenator, Johannes
→ **Johannes ⟨de Francfordia⟩**

Langenstein, Henricus ¬de¬
→ **Henricus ⟨de Langenstein⟩**

Langenstein, Hugo ¬von¬
→ **Hugo ⟨von Langenstein⟩**

Langewelt, Johannes
→ **Johannes ⟨Langewelt⟩**

Langford, Thomas
→ **Thomas ⟨Langford⟩**

Langfrank ⟨von Mailand⟩
→ **Lanfrancus ⟨Mediolanensis⟩**

Langham, Reginaldus
→ **Reginaldus ⟨Langham⟩**

Langhe, Jean ¬de¬
→ **Johannes ⟨Longus⟩**

Langheim, Engelhardus ¬de¬
→ **Engelhardus ⟨de Langheim⟩**

Langland, William
ca. 1332 – ca. 1400
Piers the plowman
LThK; LMA,V,1686/88
Langlande, William
Langley, William
Longland, Robert
Longlande, Robert
Longlande, William
Robert ⟨Longland⟩
Wilhelm ⟨Langland⟩
William ⟨Langland⟩
William ⟨Longland⟩

Langley, Johannes
→ **Johannes ⟨Langley⟩**

Langley, William
→ **Langland, William**

Langmann, Adelheid
1306 – 1375
LThK; LMA,V,1688
Adelheid ⟨Langmann⟩
Adelheid ⟨zu Engeltal⟩
Engeltal, Adelheid ¬zu¬

Langres, Theobaldus ¬de¬
→ **Theobaldus ⟨de Langres⟩**

Langres, Warnachar ¬von¬
→ **Warnaharius ⟨Lingonensis⟩**

Langtoft, Pierre ¬de¬
gest. 1307
Langtoft, Peter
Peter ⟨of Langtoft⟩
Peter ⟨von Langtoft⟩
Petrus ⟨Bridlingtoniensis⟩
Petrus ⟨de Langtoft⟩
Petrus ⟨de Longtofta⟩
Petrus ⟨Langtoftus⟩
Pierre ⟨de Langetost⟩
Pierre ⟨de Langtoft⟩

Langton, Johannes
→ **Johannes ⟨Langton⟩**

Langton, Simon ¬de¬
→ **Simon ⟨de Langton⟩**

Langton, Stephanus
ca. 1155 – 1228
Commentarius in Sententias
Tusculum-Lexikon; CSGL; LThK; LMA,V,1703/04
Etienne ⟨de Langton⟩
Etienne ⟨Langton⟩
Etienne ⟨l'Anglais⟩
Langton, Stephen
Stephan ⟨Langton⟩
Stephanus ⟨Anglicus⟩
Stephanus ⟨Archiepiscopus⟩
Stephanus ⟨Cantuariensis⟩
Stephanus ⟨Cardinalis⟩
Stephanus ⟨de Lingua Tonante⟩
Stephanus ⟨Langton⟩
Stephanus ⟨Longodunus⟩
Stephen ⟨Langton⟩
Stephen ⟨of Canterbury⟩

Lankmann, Niklas
→ **Lanckmannus, Nicolaus**

Lannenberg, Albrecht ¬von¬
→ **Albrecht ⟨von Lannenberg⟩**

Lannoy, Ghillebert ¬de¬
1386 – 1462
Ghillebert ⟨de Lannoy⟩
Guillebert ⟨de Lannoy⟩
Lannoy, Guillebert ¬de¬

Lanoy, Pierre ¬de¬
→ **Pierre ⟨de Lanoy⟩**

Lantbertus ⟨...⟩
→ **Lambertus ⟨...⟩**

Lanteri, Antonius
→ **Antonius ⟨Lanteri⟩**

Lantfredus ⟨Monachus⟩
→ **Landfredus ⟨Wintoniensis⟩**

Lanthony, Johannes ¬de¬
→ **Johannes ⟨de Lanthony⟩**

Lantins, Arnoldus ¬de¬
um 1431
Frankofläm. Komponist
Arnoldus ⟨de Lantins⟩
Lantins, Arnold ¬de¬

Lantpertus ⟨...⟩
→ **Lambertus ⟨...⟩**

Lantzenperger, Jakob
um 1460
Expositio symboli (Übersetzung)
VL(2),5,612
Jakob ⟨Lantzenperger⟩

Lanzkranna, Stephan ¬von¬
→ **Stephan ⟨von Landskron⟩**

Laodicea, Petrus ¬de¬
→ **Petrus ⟨de Laodicea⟩**

Laof
→ **Faova ⟨Cabillonensis⟩**

Laonicus ⟨Chalcocondyles⟩
ca. 1423 – ca. 1490
Tusculum-Lexikon; CSGL; LMA,II,1655/56
Chalcocandyles, Laonicus
Chalcocondylas, Laonicus

Chalcocondyles, Laonicus
Chalcocondyles, Nicolaus
Chalcondylas, Laonicus
Chalcondyle, Laonic
Chalcondyle, Nicolas
Chalcondyles, Laonicus
Chalcondyles, Nicolaus
Chalkokondylēs, Laonikos
Chalkondyles, Laonikos
Laonic ⟨Chalcondyle⟩
Laonico ⟨Calcondila⟩
Laonicus ⟨Chalcocandyles⟩
Laonicus ⟨Chalcocandylus⟩
Laonicus ⟨Chalcocondylas⟩
Laonicus ⟨Chalcondyles⟩
Laonikos ⟨Chalkokondylēs⟩
Laonikos ⟨Chalkondylēs⟩
Leonycus ⟨Chalcondyles⟩
Nicolaus ⟨Chalcocondyles⟩
Nicolaus ⟨Chalcondyles⟩
Nikolaos ⟨Chalkokondylēs⟩
Nikolaos ⟨Chalkondylēs⟩

Lapacci, Barthélemy de'Rimbertini
→ **Bartholomaeus ⟨Lapaccius⟩**

Lapaccinis, Iulianus ¬de¬
→ **Iulianus ⟨de Lapaccinis⟩**

Lapaccius, Bartholomaeus
→ **Bartholomaeus ⟨Lapaccius⟩**

LaPalud, Pierre ¬de¬
→ **Petrus ⟨de Palude⟩**

LaPape, Guy ¬de¬
→ **Guido ⟨Papa⟩**

LaPenne, Guillaume ¬de¬
→ **Guillaume ⟨de la Penne⟩**

LaPerenne, Guillaume ¬de¬
→ **Guillaume ⟨de la Penne⟩**

LaPergola, Gaugello Gaugelli ¬de¬
→ **Gaugelli, Gaugello**

Lapide, Johannes ¬de¬
→ **Heynlin, Johannes**

Lapischino, Matthaeus ¬de¬
→ **Matthaeus ⟨de Lapischino⟩**

Lapitha, Georgius
→ **Georgius ⟨Lapitha⟩**

Lapo ⟨da Casteglionchio⟩
→ **Lapus ⟨de Castellione⟩**

Lapo ⟨de Castelho⟩
→ **Lapus ⟨de Castellione⟩**

Lapo ⟨dei Zanchini da Castiglionchio⟩
→ **Lapus ⟨de Castellione⟩**

Lapo ⟨Mazzei⟩
→ **Mazzei, Lapo**

Lapo ⟨Ser⟩
→ **Mazzei, Lapo**

Lapo, Gianni
→ **Gianni ⟨Lapo⟩**

Lapo, Giovanni
→ **Gianni ⟨Lapo⟩**

LaPorrée, Gilbert ¬de¬
→ **Gilbertus ⟨Porretanus⟩**

Lapus ⟨de Castellione⟩
gest. 1381
Allegationes iuris; Orationes III coram Papam Urbanum V.; Repetitiones; Tractatus hospitalis
Rep.Font. III,154
Castelho, Lapus ¬de¬
Castellione, Lapus ¬de¬
Castiglionchio, Lapo ¬da¬
Castiglionchio, Lapus ¬de¬
Castiglione, Lapo ¬da¬
Jacobus ⟨Lapus⟩
Jacopo ⟨Castiglione⟩
Johannes ⟨Lapus⟩
Lapo ⟨da Casteglionchio⟩
Lapo ⟨da Castiglionchio⟩
Lapo ⟨da Castiglionchio, der Ältere⟩
Lapo ⟨de Castelho⟩
Lapo ⟨dei Zanchini da Castiglionchio⟩
Lapo ⟨di Casteglionchio⟩
Lapus ⟨Castelliunculus, Senior⟩
Lapus ⟨Castilonchius⟩
Lapus ⟨Castinionelius⟩
Lapus ⟨de Castellione, der Ältere⟩
Lapus ⟨de Castiglionchio⟩
Lapus Castileneus, Johannes
Zanchini da Castiglionchio, Lapo ¬dei¬

Lapus ⟨de Castellione, Iunior⟩
ca. 1406 – 1438
Comparatio inter rem militarem et studia litterarum; De curiae commodis
LMA,V,1715; Rep.Font. III,154; Tusculum-Lexikon
Castellione, Lapus ¬de¬
Lapo ⟨da Castiglionchio, der Jüngere⟩
Lapo ⟨da Castiglionchio, Juniore⟩
Lapus ⟨Castelliunculus, Iunior⟩
Lapus ⟨de Castiglionchio⟩
Lapus ⟨de Castiglionchio, Iunior⟩

L'Archevêque, Hue
→ **Hue ⟨l'Archevêque⟩**

Largelata, Petrus ¬de¬
→ **Petrus ⟨de Argellata⟩**

Larissenus, Stephanus
→ **Stephanus ⟨Larissenus⟩**

Lars ⟨Romare⟩
gest. 1431
Laurentius ⟨Romanus⟩
Romare, Lars

LaRuyelle, Jeannet ¬de¬
→ **Jeannet ⟨de la Ruyelle⟩**

LaSale, Antoine ¬de¬
→ **Antoine ⟨de la Sale⟩**

Lascaris ⟨Cananus⟩
um 1438
Tusculum-Lexikon; CSGL
Cananus, Lascaris
Kananos, Laskaris
Laskaris ⟨Kananos⟩

Lascaris, Andreas
→ **Lascharius, Andreas**

Lascaris, Constantinus
→ **Laskaris, Kōnstantinos**

Lascaris, Theodorus
→ **Theodorus ⟨Imperium Byzantinum, Imperator, II.⟩**

Lascarius, Constantinus
→ **Laskaris, Kōnstantinos**

Lascary, André
→ **Lascharius, Andreas**

Lascellas, Petrus
→ **Petrus ⟨Lascellas⟩**

Lascharius, Andreas
1362 – 1426
Oratio ad Sigismundum imp. in Constatiensi concilio a. 1415 mense Ian. habita de pace et unione Ecclesiae per imperatorem parando
Potth. 711
André ⟨Lascary⟩
André ⟨Lascary de Goslawitz⟩
Andrea ⟨Lascharius⟩
Andreas ⟨Lascaris⟩
Andreas ⟨Lascary Goszlawicki⟩
Andreas ⟨Lascharis⟩
Andreas ⟨Lascharius⟩
Andreas ⟨Laskarz de Goslawice⟩
Andrzej ⟨Laskarz z Goslawic⟩
Lascaris, Andreas
Lascary, André
Lascharis, Andreas
Lascharius, Andrea

Laskaris ⟨Kananos⟩
→ **Lascaris ⟨Cananus⟩**

Laskaris, Johannes
→ **Johannes ⟨Imperium Byzantinum, Imperator, IV.⟩**

Laskaris, Kōnstantinos
1434 – 1501
Tusculum-Lexikon; LMA,V,1721
Constantin ⟨Lascaris⟩
Constantinus ⟨Lascaris⟩
Costantino ⟨Lascaris⟩
Hermoniacus, Constantinus
Hermoniakos, Konstantinos
Kōnstantinos ⟨Laskaris⟩
Lascaris, Constantin
Lascaris, Constantinus
Lascarius, Constantinus

Laskaris, Theodoros
→ **Theodorus ⟨Imperium Byzantinum, Imperator, II.⟩**

Lasnioro, Johannes ¬de¬
→ **Laaz, Johannes**

Lastivertc'i, Aristakes
→ **Aristakes ⟨Lastivertc'i⟩**

László ⟨Magyarország, Király, II.⟩
1134 – 1162
LMA,VIII,1804/05
Ladislas ⟨Hongrie, Roi, II.⟩
Ladislaus ⟨Ungarn, König, II.⟩
Vladislaus ⟨Bohemia et Hungaria, Rex, II.⟩
Wladislaus ⟨Hungaria, Rex, II.⟩

László ⟨Magyarország, Király, IV.⟩
ca. 1250 – 1290
Új magyar lexikon; LMA,V,1611
Kún, László
Ladislas ⟨Hongrie, Roi, IV.⟩
Ladislas ⟨le Cumain⟩
Ladislaus ⟨der Kumane⟩
Ladislaus ⟨Hungaria, Rex, IV.⟩
Ladislaus ⟨Magyarország, Király, IV.⟩
Ladislaus ⟨Ungarn, König, IV.⟩
László ⟨Kún⟩
László ⟨Ungarn, König, IV.⟩

László ⟨Magyarország, Király, IV.⟩
ca. 1440 – 1457
Epistola ad Calixtum III. pp. a. 1456 scripta paullo ante cladem quam deinde tulit a Turcis
Potth. 703; LMA,V,1611
Ladislas ⟨Hongrie, Roi, V.⟩
Ladislas ⟨le Posthume⟩
Ladislaus ⟨Bohemia, Rex⟩
Ladislaus ⟨Böhmen, König⟩
Ladislaus ⟨der Nachgeborene⟩
Ladislaus ⟨Hungaria, Rex, V.⟩
Ladislaus ⟨Posthumus⟩
Ladislaus ⟨Ungarn, König, V.⟩
Ladislaw ⟨Ungarn, König, V.⟩
Ladislaw ⟨Ungarn und Böhmen, König, V.⟩
Wladislaus ⟨Hungaria, Rex, V.⟩

László ⟨Ungarn, König, ...⟩
→ **László ⟨Magyarország, Király, ...⟩**

LaTaverne, Antoine ¬de¬
→ **Antoine ⟨de la Taverne⟩**

Lathacan
→ **Lathcen**

Lathamon
→ **Layamon**

Lathbury, Johannes ¬de¬
→ **Johannes ⟨de Lathbury⟩**

Lathcen
gest. 661
Hymnus seu lorica; Ecloga de moralibus Iob quae Gregorius fecit
Stegmüller, Repert. bibl. 5384; Cpl. 1139,1716; LMA,V,1616
lathecen
Jathecen ⟨MacBaith⟩
Ladkenus ⟨MacBaith⟩
Laïd-cend ⟨MacBaith Bannaig⟩
Laidcenn
Laidcenn ⟨MacBáith Bandaig⟩
Laidcenn ⟨MacBaith Bandag⟩
Laidcenn ⟨Sohn des Báith Bandach⟩
Lathacan
Lathacan ⟨Hymnographe⟩
Lathacan ⟨Scotigena⟩
Lathcen ⟨de Cluain-Ferta-Molúa⟩
Lathcen ⟨Monachus⟩
Lathcenn
Lathlen ⟨Mac Baith⟩
Mo-Lagae

Latini, Brunetto
1220 – 1295
Brunet ⟨Latin⟩
Brunetto ⟨Latini⟩
Brunettus ⟨Latinus⟩
Latin, Brunet

Latinus ⟨de Ursinis, Malabranca⟩
→ **Latinus ⟨Malabranca⟩**

Latinus ⟨Frangipanus⟩
→ **Latinus ⟨Malabranca⟩**

Latinus ⟨Malabranca⟩
gest. 1294 · OP
Planctus de morte fr. Thomae (de Aquino); Liber quando episcopus cardinalis Missarum sollemnia celebraturus est; Prosa de B. Maria Virgine
Schneyer,IV,11; Schönberger/ Kible, Repertorium, 15349/ 15354
Latino ⟨d'Ostie⟩
Latino ⟨Malabranca⟩
Latinus ⟨de Ursinis, Malabranca⟩
Latinus ⟨Frangipanus⟩
Latinus ⟨Malabranca Romanus⟩
Latinus ⟨Ostiensis⟩
Latinus ⟨Romanus⟩
Latinus ⟨Ursinius⟩
Malabranca, Latino
Malabranca, Latinus

Latinus ⟨Ostiensis⟩
→ **Latinus ⟨Malabranca⟩**

Latinus ⟨Romanus⟩
→ **Latinus ⟨Malabranca⟩**

Latinus ⟨Ursinius⟩
→ **Latinus ⟨Malabranca⟩**

LaTor, Guilhem ¬de¬
→ **Guilhem ⟨de la Tor⟩**

LaTour, Bertrand ¬de¬
→ **Bertrandus ⟨de Turre⟩**

LaTour Landry, Geoffroy ¬de¬
14. Jh.
LMA,V,1748
Chevalier ⟨de la Tour Landry⟩
Geoffroy ⟨de la Tour Landry⟩
Geoffroy ⟨de LaTour Landry⟩
Knight ⟨of la Tour Landry⟩
Landry, Geoffroy de LaTour
LaTour-Landry, Geoffroy ¬de¬
Ritter ⟨vom Turm⟩
Tour, Gottfried
Tour Landry, Geoffroy ¬de la¬
Tour Landry, Geoffroy ¬de¬

Latvis, Henrikas
→ **Henricus ⟨Lettus⟩**

Lauburg, Johannes ¬von¬
→ **Johannes ⟨von Lauburg⟩**

Lauda, Albertus ¬de¬
→ **Albertus ⟨de Lauda⟩**

Laude, Martinus ¬de¬
→ **Martinus ⟨de Garatis⟩**

Laude, Oldradus ¬de¬
→ **Oldradus ⟨de Ponte⟩**

Laude, Paganus ¬de¬
→ **Paganus ⟨de Laude⟩**

Laudinius ⟨Hierosolymitanus⟩
→ **Laudivius ⟨Hierosolymitanus⟩**

Laudivio ⟨Vezzanese⟩
→ **Laudivius ⟨Hierosolymitanus⟩**

Laudivio ⟨Zacchia⟩
→ **Laudivius ⟨Hierosolymitanus⟩**

Laudivius ⟨Hierosolymitanus⟩
um 1473
Hierosolymitanus, Laudivius
Landinius
Laudinius ⟨Hierosolymitanus⟩
Laudinus
Laudivio ⟨Vezzanese⟩
Laudivio ⟨Zacchia⟩
Laudivio, Zacchia
Laudivius
Laudivius ⟨Vezzanensis⟩
Laudivius ⟨Zacchia da Vezzano⟩
Laudivius, Zacharias
Zacchia, Laudivio

Laudivius ⟨Vezzanensis⟩
→ **Laudivius ⟨Hierosolymitanus⟩**

Laudivius ⟨Zacchia da Vezzano⟩
→ **Laudivius ⟨Hierosolymitanus⟩**

Laudivius, Zacharias
→ **Laudivius ⟨Hierosolymitanus⟩**

Lauduno, Guilelmus ¬de¬
→ **Guilelmus ⟨de Lauduno⟩**

Lauduno, Martinus ¬de¬
→ **Martinus ⟨de Lauduno⟩**

Laufenberg, Heinrich
ca. 1390 – 1460
Regimen; Spiegel menschlichen Heils; Buch der Figuren
VL(2),5,614/25 ; LMA,IV,2096
Heinrich ⟨Laufenberg⟩
Heinrich ⟨von Laufenberg⟩
Laufenberg, Heinrich ¬von¬

Lauingen, Heinrich ¬von¬
→ **Heinrich ⟨von Lauingen⟩**

Laukka, Johannes ¬de¬
→ **Johannes ⟨Lemovicensis⟩**

Launha, Johannes ¬de¬
→ **Johannes ⟨Lemovicensis⟩**

Laur, Heinrich
→ **Lur, Henricus**

Lauren ⟨Pignon⟩
→ **Laurentius ⟨Pignon⟩**

Laurence ⟨Blumenon⟩
→ **Blumenau, Laurentius**

Laurence ⟨de Lindores⟩
→ **Laurentius ⟨de Londorio⟩**

Laurence ⟨Minot⟩
→ **Minot, Laurence**

Laurence ⟨of Durham⟩
→ **Laurentius ⟨Dunelmensis⟩**

Laurence ⟨of Lindores⟩
→ **Laurentius ⟨de Londorio⟩**

Laurens ⟨...⟩
→ **Laurent ⟨...⟩**

Laurent ⟨Aretinus⟩
→ **Laurentius ⟨Aretinus⟩**

Laurent ⟨Blumenau⟩
→ **Blumenau, Laurentius**

Laurent ⟨Calcagni⟩
→ **Laurentius ⟨Calcaneus⟩**

Laurent ⟨Chanoine de l'Ordre du Val des Ecoliers⟩
→ **Laurentius ⟨de Pollengio⟩**

Laurent ⟨d'Aquilée⟩
→ **Laurentius ⟨de Aquilegia⟩**

Laurent ⟨d'Arezzo⟩
→ **Laurentius ⟨Aretinus⟩**

Laurent ⟨de Bologne⟩
→ **Laurentius ⟨de Bononia⟩**

Laurent ⟨de Brezina⟩
→ **Laurentius ⟨de Brezowa⟩**

Laurent ⟨de Calabre⟩
→ **Laurentius ⟨Rutiensis⟩**

Laurent ⟨de Cantorbéry⟩
→ **Laurentius ⟨Cantuariensis⟩**

Laurent ⟨de Castelfiorentino⟩
→ **Laurentius ⟨Giacomini⟩**

Laurent ⟨de Durham⟩
→ **Laurentius ⟨Dunelmensis⟩**

Laurent ⟨de Liège⟩
→ **Laurentius ⟨de Leodio⟩**

Laurent ⟨de Lisieux⟩
→ **Laurentius ⟨Gervasii⟩**

Laurent ⟨de Lutiano⟩
→ **Lorenzo ⟨da Lutiano⟩**

Laurent ⟨de Medicis⟩
→ **Medici, Lorenzo ¬de'¬**

Laurent ⟨de Monacis⟩
→ **Lorenzo ⟨Monaco⟩**

Laurent ⟨de Mont-Cassin⟩
→ **Laurentius ⟨Casinensis⟩**

Laurent ⟨de Mugello⟩
→ **Lorenzo ⟨da Lutiano⟩**

Laurent ⟨de Poitiers⟩
→ **Laurentius ⟨Pictavensis⟩**

Laurent ⟨de Poulangy⟩
→ **Laurentius ⟨de Pollengio⟩**

Laurent ⟨de Premierfait⟩
gest. 1418
Laurens ⟨de Premierfait⟩
Laurentius ⟨de Primofacto⟩
Premierfait, Laurent ¬de¬
Primofacto, Laurentius ¬de¬

Laurent ⟨de Racibórz⟩
→ **Laurentius ⟨de Ratibor⟩**

Laurent ⟨de Rome⟩
→ **Laurentius ⟨Cantuariensis⟩**

Laurent ⟨de Sainte-Catherine⟩
→ **Laurentius ⟨de Pollengio⟩**

Laurent ⟨de Saint-Vannes à Verdun⟩
→ **Laurentius ⟨Sancti Vitoni⟩**

Laurent ⟨de Somercote⟩
→ **Laurentius ⟨de Somercote⟩**

Laurent ⟨de Subiaco⟩
→ **Laurentius ⟨Loricatus⟩**

Laurent ⟨de Varna⟩
→ **Laurentius ⟨Veronensis⟩**

Laurent ⟨de Vérone⟩
→ **Laurentius ⟨Veronensis⟩**

Laurent ⟨de'Monaci⟩
→ **Lorenzo ⟨Monaco⟩**

Laurent ⟨Dominicain⟩
→ **Laurent ⟨d'Orléans⟩**

Laurent ⟨d'Orléans⟩
um 1279/85 · OP
Schneyer,IV,13
Gallus, Laurentius
Laurent ⟨Dominicain⟩
Laurent ⟨le Dominicain⟩
Laurent ⟨le Frère⟩
Laurentius ⟨Aurelianensis⟩
Laurentius ⟨Aurelianus⟩
Laurentius ⟨Dominicanus⟩
Laurentius ⟨Gallus⟩
Lorens ⟨d'Orléans⟩
Lorenzo ⟨de'Predicatori⟩
Orléans, Laurent ¬d'¬

Laurent ⟨du Val-des-Ecoliers⟩
→ **Laurentius ⟨de Pollengio⟩**

Laurent ⟨Egen⟩
→ **Egen, Lorenz**

Laurent ⟨Espagnol⟩
→ **Laurentius ⟨Hispanus⟩**

Laurent ⟨Gervais⟩
→ **Laurentius ⟨Gervasii⟩**

Laurent ⟨Giacomini⟩
→ **Laurentius ⟨Giacomini⟩**

Laurent ⟨Gualtieri Spirito⟩
→ **Spirito, Lorenzo**

Laurent ⟨Justinien⟩
→ **Iustinianus, Laurentius**

Laurent ⟨l'Anglais, Adversaire des Dominicains⟩
→ **Laurentius ⟨Anglicus⟩**

Laurent ⟨l'Anglais, Dominicain⟩
→ **Laurentius ⟨Anglicus, OP⟩**

Laurent ⟨le Dominicain⟩
→ **Laurent ⟨d'Orléans⟩**

Laurent ⟨le Frère⟩
→ **Laurent ⟨d'Orléans⟩**

Laurent ⟨le Magnifique⟩
→ **Medici, Lorenzo ¬de'¬**

Laurent ⟨l'Encuirassé⟩
→ **Laurentius ⟨Loricatus⟩**

Laurent ⟨l'Espagnol⟩
→ **Laurentius ⟨Hispanus⟩**

Laurent ⟨Lippi⟩
→ **Laurentius ⟨Lippius⟩**

Laurent ⟨Minot⟩
→ **Minot, Laurence**

Laurent ⟨Opimo⟩
→ **Laurentius ⟨de Bononia⟩**

Laurent ⟨Pape, Antipape⟩
→ **Laurentius ⟨Papa, Antipapa⟩**

Laurent ⟨Pignon⟩
→ **Laurentius ⟨Pignon⟩**

Laurent ⟨Rutiensis⟩
→ **Laurentius ⟨Rutiensis⟩**

Laurent ⟨Saint⟩
→ **Laurentius ⟨Cantuariensis⟩**

Laurent ⟨Servite⟩
→ **Laurentius ⟨de Bononia⟩**

Laurent ⟨the Magnificent⟩
→ **Medici, Lorenzo ¬de'¬**

Laurent ⟨Valla⟩
→ **Valla, Laurentius**

Laurentiis, Johannes ¬a¬
→ **Johannes ⟨a Laurentiis⟩**

Laurentius ⟨a Fanello⟩
→ **Laurentius ⟨Loricatus⟩**

Laurentius ⟨Abbas Sancti Vitoni Virdunensis⟩
→ **Laurentius ⟨Sancti Vitoni⟩**

Laurentius ⟨Amalfitanus⟩
→ **Laurentius ⟨Casinensis⟩**

Laurentius ⟨Anglicus⟩
gest. ca. 1264
Collectiones catholicae et canonicae de Scriptura (wahrscheinlich Werk des Guilelmus ⟨de Sancto Amore⟩); Contra Pseudo-Praedicatores et defensorium Guilelmi
Schneyer,IV,12
Anglicus, Laurentius
Laurent ⟨l'Anglais⟩
Laurent ⟨l'Anglais, Adversaire des Dominicains⟩
Laurentius ⟨Brito⟩
Pseudo-Laurentius ⟨Anglicus⟩

Laurentius ⟨Anglicus, OP⟩
gest. ca. 1220 · OP
Commentarius in sententias
Archivum franciscanum historicum
Stegmüller, Repert. sentent. 515
Anglicus, Laurentius
Laurent ⟨l'Anglais, Dominicain⟩
Laurentius ⟨Anglicus, Dominicanus⟩

Laurentius ⟨Aquileiensis⟩
→ **Laurentius ⟨de Aquilegia⟩**

Laurentius ⟨Archidiaconus⟩
→ **Laurentius ⟨Papa, Antipapa⟩**

Laurentius ⟨Archiepiscopus Amalfitanus⟩
→ **Laurentius ⟨Casinensis⟩**

Laurentius ⟨Aretinus⟩
um 1419
Proemium in quo numerantur omnes qui scripserunt in ista materia; Liber de ecclesiastica potestate
Schönberger/Kible, Repertorium, 15355/15357
Aretinus, Laurentius
Laurent ⟨Aretinus⟩
Laurent ⟨d'Arezzo⟩
Laurentius ⟨von Arezzo⟩

Laurentius ⟨Atrebatensis⟩
→ **Laurentius ⟨de Pratis⟩**

Laurentius ⟨Aurelianensis⟩
→ **Laurent ⟨d'Orléans⟩**

Laurentius ⟨av Vaxala⟩
→ **Laurentius ⟨de Vaxala⟩**

Laurentius ⟨Blumenau⟩
→ **Blumenau, Laurentius**

Laurentius ⟨Bonincontri⟩
→ **Buonincontro, Lorenzo**

Laurentius ⟨Bononiensis⟩
→ **Laurentius ⟨de Bononia⟩**

Laurentius ⟨Braciforte⟩
→ **Laurentius ⟨Brancofordius⟩**

Laurentius ⟨Brancofordius⟩
um 1341 · OP
Ps.
Stegmüller, Repert. bibl. 5385; Schneyer,IV,13
Braciforte, Lorenzo
Brancofordius, Laurentius
Laurentius ⟨Braciforte⟩
Laurentius ⟨Braciforte de Placentia⟩
Laurentius ⟨Brancfordius⟩
Laurentius ⟨Branchofordius⟩
Laurentius ⟨Placentinus⟩
Lorenzo ⟨Braciforte⟩

Laurentius ⟨Brito⟩
→ **Laurentius ⟨Anglicus⟩**

Laurentius ⟨Brito⟩
um 1307/12 · OP
Quodlibeta
Kaeppeli,III,65
Brito, Laurentius
Laurentius ⟨Brito Nannetensis⟩
Laurentius ⟨Nannetensis⟩

Laurentius ⟨Byzinius⟩
→ **Laurentius ⟨de Brezowa⟩**

Laurentius ⟨Calcaneus⟩
gest. 1478
Consilia
Calcagni, Laurent
Calcagno, Lorenzo
Calcaneo, Lorenzo
Calcaneus, Laurentius
Calchaneus, Laurentius
Lorenzo ⟨Calcagno⟩

Laurentius ⟨Canonicus⟩
→ **Laurentius ⟨de Somercote⟩**

Laurentius ⟨Cantuariensis⟩
um 619
Epistula ad episcopos et abbates Scottiae
Cpl 1328; LThK
Laurent ⟨de Cantorbéry⟩
Laurent ⟨de Rome⟩
Laurent ⟨Saint⟩
Laurentius ⟨Episcopus⟩
Laurentius ⟨Heiliger⟩
Laurentius ⟨Sanctus⟩
Laurentius ⟨von Canterbury⟩

Laurentius ⟨Casinensis⟩
gest. 1049
Vita s. Zenobii; Passio s. Wenzeslai regis; Sermo in vigiliis S. Benedicti
LMA,V,1759; Tusculum-Lexikon
Laurent ⟨de Mont-Cassin⟩
Laurentius ⟨Amalfitanus⟩
Laurentius ⟨Amalphitanus⟩
Laurentius ⟨Archiepiscopus Amalfitanus⟩
Laurentius ⟨von Amalfi⟩
Laurentius ⟨von Monte Cassino⟩
Lorenz ⟨von Monte Cassino⟩

Laurentius ⟨Collensis⟩
→ **Laurentius ⟨Lippius⟩**

Laurentius ⟨de Aquilegia⟩
um 1269/1304
Practica dictaminis
LMA,V,1759
Aquilegia, Laurentius ¬de¬
Laurent ⟨d'Aquilée⟩
Laurentius ⟨Aquileiensis⟩
Laurentius ⟨von Aquileia⟩
Lawrence ⟨of Aquileia⟩
Lorenzo ⟨Canonico di Aquileia⟩
Lorenzo ⟨d'Aquileia⟩
Lorenzo ⟨Maestro⟩

Laurentius ⟨de Bononia⟩
um 1360 · OServ
Placita theologica; Abbreviata; Commentarium in VI libros sententiarum
Stegmüller, Repert. sentent. 516
Bononia, Laurentius ¬de¬
Laurent ⟨de Bologne⟩
Laurent ⟨Opimo⟩
Laurent ⟨Servite⟩
Laurentius ⟨Bononiensis⟩
Laurentius ⟨Doctor Parisiensis⟩
Laurentius ⟨Italus⟩
Laurentius ⟨Opimus⟩
Laurentius ⟨Ordinis Servorum Mariae⟩
Lorenzo ⟨da Bologna⟩
Lorenzo ⟨Opimo dei Servi di Maria⟩

Laurentius ⟨de Březina⟩
→ **Laurentius ⟨de Brezowa⟩**

Laurentius ⟨de Brezowa⟩
gest. 1438
Chronica
LMA,V,1760
Brezowa, Laurentius ¬de¬
Byzinius, Laurentius
Laurent ⟨de Brezina⟩
Laurentius ⟨Byzinius⟩
Laurentius ⟨Byzynus⟩
Laurentius ⟨de Březina⟩
Laurentius ⟨de Brzezova⟩
Laurentius ⟨Magister⟩
Laurentius ⟨von Březová⟩
Laurenz ⟨von Březowa⟩
Laurenz ⟨von Byzyn⟩
Vavřinec ⟨z Březové⟩
Wawřinec ⟨z Březowé⟩

Laurentius ⟨de Castroflorentino⟩
→ **Laurentius ⟨Giacomini⟩**

Laurentius ⟨de Dresden⟩
→ **Laurentius ⟨Meissner de Dresden⟩**

Laurentius ⟨de Dreux⟩
→ **Laurentius ⟨de Pollengio⟩**

Laurentius ⟨de Durham⟩
→ **Laurentius ⟨Dunelmensis⟩**

Laurentius ⟨de Hungaria⟩
→ **Laurentius ⟨Hortulus⟩**

Laurentius ⟨de Landario⟩
→ **Laurentius ⟨de Londorio⟩**

Laurentius ⟨de Leodio⟩
gest. 1144
Gesta episc. Virdunensium
Laurent ⟨de Liège⟩
Laurentius ⟨Leodiensis⟩
Laurentius ⟨of Saint Laurent⟩
Laurentius ⟨Sancti Laurentii⟩
Leodio, Laurentius ¬de¬
Lorenz ⟨von Lüttich⟩

Laurentius ⟨de Lindores⟩
→ **Laurentius ⟨de Londorio⟩**

Laurentius ⟨de Londorio⟩
gest. 1437
Commentarius in Aristotelis De physicam
Laurence ⟨de Lindores⟩
Laurence ⟨of Lindores⟩
Laurentius ⟨de Landario⟩
Laurentius ⟨de Lindores⟩
Laurentius ⟨de Lundoris⟩
Laurentius ⟨Lundorius⟩
Laurentius ⟨de Scotia⟩
Laurentius ⟨Landorpius⟩
Laurentius ⟨Londorius⟩
Laurentius ⟨Londorius de Scotia⟩
Laurentius ⟨Londorius Scotus⟩
Lawrence ⟨of Lindores⟩

Laurentius ⟨de Lundoris⟩
→ **Laurentius ⟨de Londorio⟩**

Laurentius ⟨de Medicis⟩
→ **Medici, Lorenzo ¬de'¬**

Laurentius ⟨de Monacis⟩
→ **Lorenzo ⟨Monaco⟩**

Laurentius ⟨de Nocera⟩
→ **Laurentius ⟨Papa, Antipapa⟩**

Laurentius ⟨de Pollengio⟩
um 1282/1309
Schneyer,IV,14
Laurent ⟨Chanoine de l'Ordre du Val des Ecoliers⟩
Laurent ⟨de Pollengio⟩

Laurent ⟨de Poulangy⟩
Laurent ⟨de Poulengi⟩
Laurent ⟨de Sainte-Catherine⟩
Laurent ⟨du Val-des-Ecoliers⟩
Laurentius ⟨de Dreux⟩
Laurentius ⟨de Poulengy⟩
Laurentius ⟨de Valle Scholarum⟩
Pollengio, Laurentius ¬de¬
Poulengy, Laurentius ¬de¬

Laurentius ⟨de Posnania⟩
→ **Laurentius ⟨Grodziski de Posnania⟩**

Laurentius ⟨de Poulengy⟩
→ **Laurentius ⟨de Pollengio⟩**

Laurentius ⟨de Pratis⟩
um 1451 · OP
Liber praescientie dei de praedestinatione ac libero arbitrio contra curiosos Parisius publice disputatus
Kaeppeli,III,67/68
Laurentius ⟨Atrebatensis⟩
Laurentius ⟨de Pratis Gallicus⟩
Pratis, Laurentius ¬de¬

Laurentius ⟨de Primofacto⟩
→ **Laurent ⟨de Premierfait⟩**

Laurentius ⟨de Ratibor⟩
1381 – 1446/50
Expositio libri Politicorum; Canon tabulae radicum (tabula astronomica)
Lohr; Schönberger/Kible, Repertorium, 15360
Laurent ⟨de Racibórz⟩
Laurent ⟨de Raciborz⟩
Laurentius ⟨de Rathibor⟩
Ratibor, Laurentius ¬de¬
Wawrzyniec ⟨z Raciborza⟩

Laurentius ⟨de Ridolfis⟩
→ **Laurentius ⟨de Rudolphis⟩**

Laurentius ⟨de Rudolphis⟩
gest. 1439
Vita da Vespasisano d. Bisticci
Laurentius ⟨de Ridolfis⟩
Laurentius ⟨de Rodulphis⟩
Lorenzo ⟨Ridolfi⟩
Ridolfi, Lorenzo
Rudolphis, Laurentius ¬de¬

Laurentius ⟨de San-Miniato⟩
→ **Buonincontro, Lorenzo**

Laurentius ⟨de Scotia⟩
→ **Laurentius ⟨de Londorio⟩**

Laurentius ⟨de Somercote⟩
13. Jh.
LThK
Laurent ⟨de Somercote⟩
Laurentius ⟨Canonicus⟩
Laurentius ⟨von Chichester⟩
Laurentius ⟨von Sumentote⟩
Lorenz ⟨von Somercote⟩
Somercote, Laurent
Somercote, Laurentius ¬de¬
Somerton, Laurent

Laurentius ⟨de Valle Scholarum⟩
→ **Laurentius ⟨de Pollengio⟩**

Laurentius ⟨de Vaxala⟩
gest. 1332 · OP
Summa de ministris et sacramentis ecclesiasticis; Suffragium curatorum
Kaeppeli,III,68/69
Laurentius ⟨av Vaxala⟩
Laurentius ⟨de Vaxald⟩
Laurentius ⟨de Waxald⟩
Laurentius ⟨Olavi⟩
Laurentius ⟨Olavi de Vaxala⟩
Vaxala, Laurentius ¬de¬
Vaxald, Laurentius ¬de¬
Waxald, Laurentius ¬de¬

Laurentius ⟨Decanus Pictaviensis⟩
→ **Laurentius ⟨Pictavensis⟩**

Laurentius ⟨Diaconus⟩
→ **Laurentius ⟨Veronensis⟩**

Laurentius ⟨dictus Hortulus⟩
→ **Laurentius ⟨Hortulus⟩**

Laurentius ⟨Doctor Parisiensis⟩
→ **Laurentius ⟨de Bononia⟩**

Laurentius ⟨Dominicanus⟩
→ **Laurent ⟨d'Orléans⟩**

Laurentius ⟨Dunelmensis⟩
gest. 1154
LThK; CSGL; Tusculum-Lexikon; LMA,V,1760/61
Laurence ⟨of Durham⟩
Laurent ⟨de Durham⟩
Laurentius ⟨de Durham⟩
Laurentius ⟨of Durham⟩
Laurentius ⟨Prior⟩
Laurentius ⟨von Durham⟩

Laurentius ⟨Episcopus⟩
→ **Laurentius ⟨Cantuariensis⟩**
→ **Laurentius ⟨Hispanus⟩**

Laurentius ⟨Florentinus⟩
→ **Laurentius ⟨Lippius⟩**

Laurentius ⟨Gallus⟩
→ **Laurent ⟨d'Orléans⟩**

Laurentius ⟨Gervasii⟩
um 1451/67 · OP
Copulata super totam Summam theol. S. Thomae
Kaeppeli,III,65/66
Gervais, Laurent
Gervasii, Laurentius
Laurent ⟨de Lisieux⟩
Laurent ⟨Gervais⟩
Laurentius ⟨Gervais⟩
Laurentius ⟨Gervasii Lexovicensis⟩

Laurentius ⟨Giacomini⟩
1372 – 1455 · OP
Vita di S. Verdiana (lat.)
Kaeppeli,III,66; Rep.Font. V,113
Giacomini, Laurent
Giacomini, Laurentius
Giacomini, Lorenzo di Pietro
Laurent ⟨de Castelfiorentino⟩
Laurent ⟨Giacomini⟩
Laurentius ⟨de Castroflorentino⟩
Laurentius ⟨Giacomini de Castroflorentino⟩
Lorenzo ⟨Giacomini⟩

Laurentius ⟨Grodziski de Posnania⟩
um 1472/75
In I-II De anima
Lohr
Grodziski, Laurentius
Grodziski de Posnania, Laurentius
Laurentius ⟨de Posnania⟩

Laurentius ⟨Heiliger⟩
→ **Laurentius ⟨Cantuariensis⟩**

Laurentius ⟨Hispanus⟩
gest. 1248
LThK; Tusculum-Lexikon; LMA,V,1761
Hispanus, Laurentius
Laurent ⟨Espagnol⟩
Laurent ⟨l'Espagnol⟩
Laurentius ⟨Episcopus⟩
Laurentius ⟨of Orense⟩
Lorenzo ⟨il Ispano⟩

Laurentius ⟨Hortulus⟩
14. Jh.
Sermones
Kaeppeli,III,66
Hortulus, Laurentius
Laurentius ⟨de Hungaria⟩
Laurentius ⟨dictus Hortulus⟩
Laurentius ⟨Hortulus de Hungaria⟩
Laurentius ⟨Ortulus⟩

Laurentius ⟨Insulensis⟩
→ **Laurentius ⟨Svevus⟩**

Laurentius ⟨Italus⟩
→ **Laurentius ⟨de Bononia⟩**

Laurentius ⟨Iustinianus⟩
→ **Iustinianus, Laurentius**

Laurentius ⟨Landorpius⟩
→ **Laurentius ⟨de Londorio⟩**

Laurentius ⟨Leodiensis⟩
→ **Laurentius ⟨de Leodio⟩**

Laurentius ⟨Lippius⟩
1442 – 1485
Laurent ⟨Lippi⟩
Laurent ⟨Lippi de Colle⟩
Laurentius ⟨Collensis⟩
Laurentius ⟨Florentinus⟩
Lippi, Laurent
Lippi, Lorenzo
Lippius, Laurentius
Lorenzo ⟨Lippi⟩

Laurentius ⟨Londorius⟩
→ **Laurentius ⟨de Londorio⟩**

Laurentius ⟨Loricatus⟩
gest. 1243
LThK; CSGL
Laurent ⟨de Subiaco⟩
Laurent ⟨l'Encuirassé⟩
Laurentius ⟨a Fanello⟩
Laurentius ⟨Sublacensis⟩
Lawrence ⟨of Subiaco⟩
Loricatus, Laurentius

Laurentius ⟨Lydus⟩
→ **Johannes ⟨Lydus⟩**

Laurentius ⟨Magister⟩
→ **Laurentius ⟨de Brezowa⟩**

Laurentius ⟨Magnificus⟩
→ **Medici, Lorenzo ¬de'¬**

Laurentius ⟨Mediceus⟩
→ **Medici, Lorenzo ¬de'¬**

Laurentius ⟨Meissner de Dresden⟩
um 1444
Commentaria in Summam naturalium Alberti Magni
Lohr
Dresden, Laurentius ¬de¬
Laurentius ⟨de Dresden⟩
Laurentius ⟨in Dresden⟩
Laurentius ⟨Meissner⟩
Meissner, Laurentius
Meissner de Dresden, Laurentius

Laurentius ⟨Miniatensis⟩
→ **Buonincontro, Lorenzo**

Laurentius ⟨Monachus Rutiensis in Calabria⟩
→ **Laurentius ⟨Rutiensis⟩**

Laurentius ⟨Nannetensis⟩
→ **Laurentius ⟨Brito⟩**

Laurentius ⟨of Durham⟩
→ **Laurentius ⟨Dunelmensis⟩**

Laurentius ⟨of Orense⟩
→ **Laurentius ⟨Hispanus⟩**

Laurentius ⟨of Pisa⟩
→ **Laurentius ⟨Veronensis⟩**

Laurentius ⟨of Saint Laurent⟩
→ **Laurentius ⟨de Leodio⟩**

Laurentius ⟨Olavi⟩
→ **Laurentius ⟨de Vaxala⟩**

Laurentius ⟨Opimus⟩
→ **Laurentius ⟨de Bononia⟩**

Laurentius ⟨Ordinis Servorum Mariae⟩
→ **Laurentius ⟨de Bononia⟩**

Laurentius ⟨Ortulus⟩
→ **Laurentius ⟨Hortulus⟩**

Laurentius ⟨Papa, Antipapa⟩
gest. 506
Laurent ⟨Pape, Antipape⟩
Laurentius ⟨Archidiaconus⟩
Laurentius ⟨de Nocera⟩
Lawrence ⟨Pope, Antipope⟩
Lorenz ⟨Papst, Gegenpapst⟩
Lorenzo ⟨Arciprete⟩
Lorenzo ⟨Papa, Antipapa⟩

Laurentius ⟨Pictavensis⟩
gest. 1161
Planctus in funere Gisleberti Porretani episcopi Pictavensis (gest. 1154)
Potth. 713
Laurent ⟨de Poitiers⟩
Laurentius ⟨Decanus Pictaviensis⟩
Laurentius ⟨Pictaviensis⟩

Laurentius ⟨Pignon⟩
gest. 1449 · OP
Catalogus fratrum spectabilium ordinis fr. Praed.; Cronica compendiosa de capitulis gen. Ord. fr. Praed.; Sermones
Schönberger/Kible, Repertorium, 15364/15365; Kaeppeli,III,67
Lauren ⟨Pignon⟩
Laurent ⟨Pignon⟩
Laurent ⟨Pinon⟩
Laurentius ⟨Pignon Burgundus⟩
Laurentius ⟨Pinon⟩
Pignon, Lauren
Pignon, Laurent
Pignon, Laurentius
Pinon, Laurent

Laurentius ⟨Pisanus⟩
→ **Laurentius ⟨Veronensis⟩**

Laurentius ⟨Placentinus⟩
→ **Laurentius ⟨Brancofordius⟩**

Laurentius ⟨Prior⟩
→ **Laurentius ⟨Dunelmensis⟩**

Laurentius ⟨Romanus⟩
→ **Lars ⟨Romare⟩**

Laurentius ⟨Rutiensis⟩
Lebensdaten nicht ermittelt
Acta S. Anthusae solit.; Martyrium SS. Bassae et fil.; Vita S. Callinici patriach.; Martyrium S. Diomedis medici; Martyrium SS. Flori et Lauri
Potth. 713
Laurent ⟨de Calabre⟩
Laurent ⟨Rutiensis⟩
Laurentius ⟨Monachus Rutiensis in Calabria⟩
Laurentius ⟨Ruttiensis⟩
Laurentius ⟨Ruttiensis Calabrius Monachus⟩

Laurentius ⟨Sancti Laurentii⟩
→ **Laurentius ⟨de Leodio⟩**

Laurentius ⟨Sancti Vitoni⟩
gest. 1139 · OSB
Epistola apologetica contra canonicos eiusdem urbis anno 1111
Potth. 712
Laurent ⟨de Saint-Vannes à Verdun⟩
Laurentius ⟨Abbas Sancti Vitoni Virdunensis⟩
Laurentius ⟨Virdunensis⟩
Sancti Vitoni, Laurentius

Laurentius ⟨Sanctus⟩
→ **Laurentius ⟨Cantuariensis⟩**

Laurentius ⟨Stralius⟩
→ **Stralius, Laurentius**

Laurentius ⟨Sublacensis⟩
→ **Laurentius ⟨Loricatus⟩**

Laurentius ⟨Svevus⟩
um 1278/79
Kaeppeli,III,68
Laurentius ⟨Insulensis⟩
Laurentius ⟨Suevus⟩
Laurentius ⟨Sweus⟩
Suevus, Laurentius
Svevus, Laurentius

Laurentius ⟨Valla⟩
→ **Valla, Laurentius**

Laurentius ⟨Veronensis⟩
12. Jh.
De bello Balearico
Laurent ⟨de Varna⟩
Laurent ⟨de Vérone⟩
Laurentius ⟨Diaconus⟩
Laurentius ⟨of Pisa⟩
Laurentius ⟨Pisanus⟩
Laurentius ⟨Vernensis⟩
Lorenz ⟨von Verona⟩
Lorenzo ⟨di Pisa⟩
Lorenzo ⟨il Diacono⟩

Laurentius ⟨Virdunensis⟩
→ **Laurentius ⟨Sancti Vitoni⟩**

Laurentius ⟨von Amalfi⟩
→ **Laurentius ⟨Casinensis⟩**

Laurentius ⟨von Aquileia⟩
→ **Laurentius ⟨de Aquilegia⟩**

Laurentius ⟨von Arezzo⟩
→ **Laurentius ⟨Aretinus⟩**

Laurentius ⟨von Březová⟩
→ **Laurentius ⟨de Brezowa⟩**

Laurentius ⟨von Canterbury⟩
→ **Laurentius ⟨Cantuariensis⟩**

Laurentius ⟨von Chichester⟩
→ **Laurentius ⟨de Somercote⟩**

Laurentius ⟨von Durham⟩
→ **Laurentius ⟨Dunelmensis⟩**

Laurentius ⟨von Monte Cassino⟩
→ **Laurentius ⟨Casinensis⟩**

Laurentius ⟨von Sumentote⟩
→ **Laurentius ⟨de Somercote⟩**

Laurentius Iustinianus ⟨Sanctus⟩
→ **Iustinianus, Laurentius**

Laurus ⟨Quirini⟩
→ **Quirini, Laurus**

Laurus ⟨Quirinus⟩
um 1480/81
De nobilitate contra Poggium; De sacerdotio Christi; wohl nicht identisch mit Quirini, Laurus (gest. ca. 1466)
Quirinus, Laurus

Lausanna, Jacobus ¬de¬
→ **Jacobus ⟨de Lausanna⟩**

Lautenbach, Manegold ¬von¬
→ **Manegoldus ⟨Lautenbacensis⟩**

Lauterbach, Johannes ¬de¬
→ **Johannes ⟨de Lauterbach⟩**

Lauterius ⟨de Baldinis⟩
um 1330/52 · OP
Capistrum Iudeorum
Kaeppeli,III,89
Baldinis, Lauterius ¬de¬
Eleuterius ⟨de Ubaldinis de Florentia⟩
Lauterius ⟨de Batineis⟩
Lauterius ⟨de Waldinis⟩

Lotherius ⟨de Ubaldinis⟩
Lotherius ⟨de Ubaldinis de Florentia⟩
Ubaldinis, Lotherius ¬de¬

Lav ⟨Chirosfakt⟩
→ **Leo ⟨Choerosphactes⟩**

Laval, Guy ¬de¬
→ **Guy ⟨de Laval⟩**

Lavania, Bonifatius ¬de¬
→ **Bonifatius ⟨de Lavania⟩**

Lavello, Rogerus ¬de¬
→ **Rogerus ⟨de Lavello⟩**

Lavenham, Philippus
→ **Philippus ⟨Lavenham⟩**

Lavenham, Richardus ¬de¬
→ **Richardus ⟨de Lavingham⟩**

LaVéprie, Jean ¬de¬
→ **Vepria, Jean ¬de¬**

L'Aveugle, Lambert
→ **Lambert ⟨l'Aveugle⟩**

Lavicea, Guilelmus ¬de¬
→ **Guilelmus ⟨de Lancea⟩**

LaVigne, Pierre ¬de¬
→ **Petrus ⟨de Vinea⟩**

Lavingham, Richardus ¬de¬
→ **Richardus ⟨de Lavingham⟩**

LaVyle, Henricus ¬de¬
→ **Henricus ⟨de la Vyle⟩**

Lawman
→ **Layamon**

Lawrence ⟨Justinian⟩
→ **Iustinianus, Laurentius**

Lawrence ⟨Minot⟩
→ **Minot, Laurence**

Lawrence ⟨of Aquileia⟩
→ **Laurentius ⟨de Aquilegia⟩**

Lawrence ⟨of Lindores⟩
→ **Laurentius ⟨de Londorio⟩**

Lawrence ⟨of Subiaco⟩
→ **Laurentius ⟨Loricatus⟩**

Lawrence ⟨Pope, Antipope⟩
→ **Laurentius ⟨Papa, Antipapa⟩**

Lawton, Hugo ¬de¬
→ **Hugo ⟨de Lawton⟩**

Layamon
geb. ca. 1200
Lagamon's Brut or Chronicle of Britain; a poetical semi-Saxon paraphrase of the Brut of Wace
Potth. 703; Meyer
 Lagamon
 Laghamon
 Lathamon
 Lawman

Layth ibn Sa'd
→ **Laiṯ Ibn-Saʿd ¬al-¬**

Lazari, Petrus
→ **Petrus ⟨Lazari⟩**

Lazaro ⟨da Padova⟩
→ **Lazarus ⟨de Padua⟩**

Lazaronus, Petrus
um 1494
De nuptiis imperatoriae maiestatis Maximiliani
Potth. 714
 Lazzaroni, Pierre
 Petrus ⟨Lazaronus⟩
 Pierre ⟨Lazzaroni⟩
 Pierre ⟨Lazzaroni de Brescia⟩

Lazarus ⟨Beham⟩
→ **Beham, Lazarus**

Lazarus ⟨Damiani de Pola Filius⟩
→ **Lazarus ⟨de Padua⟩**

Lazarus ⟨de Padua⟩
gest. 1490 · OP
Sonetto di maestro Lazaro da Padova essendo a Granvicci, fuggito la moria da Londra; a Giov. Frescobaldi, mercante fiorentino dimorante a Londra; Oratio Parisius habita ad clerum in festo S. Bernardi abb. et doct. apud collegium Cist.; Tract. pseudo-Aristot: De virtute in linguam Italicam versus et Bern. Iustiniani Veneto oblatus
Kaeppeli,III,69/70
 Lazare ⟨de Padoue⟩
 Lazaro ⟨da Padova⟩
 Lazarus ⟨Damiani de Pola Filius⟩
 Lazarus ⟨Galineta⟩
 Lazarus ⟨Gallineta⟩
 Lazarus ⟨Patavus⟩
 Lazzaro ⟨da Padova⟩
 Padua, Lazarus ¬de¬

Lazarus ⟨Galineta⟩
→ **Lazarus ⟨de Padua⟩**

Lazarus ⟨Practicus Quadrivio⟩
→ **Beham, Lazarus**

Laziardus, Johannes
gest. 1467
Historiae universalis epitome ab O.C. ad a. 1467
Potth. 714
 Jean ⟨Laziardus⟩
 Jean ⟨le Jars⟩
 Johann ⟨Laziardus⟩
 Johannes ⟨Laziardus⟩
 Laziardus, Jean
 Laziardus, Johann
 LeJars, Jean

Lazzaro ⟨Bernabei⟩
→ **Bernabei, Lazzaro**

Lazzaro ⟨da Padova⟩
→ **Lazarus ⟨de Padua⟩**

Lazzaroni, Pierre
→ **Lazaronus, Petrus**

Leander ⟨Hispalensis⟩
gest. 595
LMA,V,1776
 Leander ⟨Episcopus⟩
 Leander ⟨of Seville⟩
 Leander ⟨Sanctus⟩
 Leander ⟨von Sevilla⟩
 Léandre ⟨de Carthagène⟩
 Léandre ⟨de Séville⟩
 Léandre ⟨Saint⟩
 Leandro ⟨de Sevilla⟩
 Leandro ⟨di Siviglia⟩
 Leandro ⟨Hispalense⟩
 Leandro ⟨San⟩

LeBaker, Galfredus
→ **Galfredus ⟨le Baker⟩**

LeBel, Gilles
→ **Gilles ⟨le Bel⟩**

LeBel, Jean
→ **Jean ⟨le Bel⟩**

Lebenstein, Gabriel ¬von¬
→ **Gabriel ⟨von Lebenstein⟩**

LeBercheur, Petrus
→ **Berchorius, Petrus**

LeBescochier, Arnoldus
→ **Arnoldus ⟨le Bescochier⟩**

Lebkhomer, Hans
→ **Lecküchner, Hans**

Lebküchner, Hans
→ **Lecküchner, Hans**

LeBoutillier, Jean
→ **Jean ⟨le Boutillier⟩**

LeBouvier, Gilles
→ **Gilles ⟨le Bouvier⟩**

LeBouvier, Jacques
→ **Gilles ⟨le Bouvier⟩**

Lecapenus, Georgius
→ **Georgius ⟨Lacapenus⟩**

LeCaron, Michault
→ **Michault ⟨Taillevent⟩**

LeChapelain, Rober
→ **Rober ⟨le Chapelain⟩**

Lechnitz, Bernardus ¬de¬
→ **Bernardus ⟨de Lechnitz⟩**

Leckkochner, Hans
→ **Lecküchner, Hans**

Lecküchner, Hans
gest. 1482
Messerfechtlehre
VL(2),5,6441/644
 Hans ⟨Lecküchner⟩
 Jean ⟨Lecküchner⟩
 Johannes ⟨Lecküchner⟩
 Lebkhomer, Hans
 Lebküchner, Hans
 Leckkochner, Hans
 Lecküchner, Jean
 Lecküchner, Johannes
 Lekkurchner, Hans

LeClerc, Guillaume
→ **Guillaume ⟨le Clerc⟩**

LeClerc, Robert
→ **Robert ⟨le Clerc⟩**

Lecoq, Gallus
→ **LeCoq, Jean**

LeCoq, Jean
gest. ca. 1400
Quaestiones Johannis Galli; Möglicherweise Autor von „Examen de traicté de M. Jean Savaron de la souveraineté du Roy...", das auch Jean LeJan zugeschrieben wird
 Coq, Jean ¬le¬
 Jean ⟨le Coq⟩
 Johannes ⟨Gallus⟩
 Lecoq, Gallus

LeCourt, Jean
→ **Brisebarre, Jean**

Lector, Henricus
→ **Henricus ⟨Lector⟩**

Lector, Hermannus
→ **Hermannus ⟨Lector Magdeburgensis⟩**

Lector, Theodorus
→ **Theodorus ⟨Anagnosta⟩**

LeDamoiseau, Johannes
→ **Johannes ⟨le Damoiseau⟩**

LeDuc, Herbert
→ **Herbert ⟨le Duc⟩**

LeDuc de Danmartin, Herbert
→ **Herbert ⟨le Duc⟩**

Lee, Guilelmus ¬de¬
→ **Guilelmus ⟨de Lee⟩**

Leeuwen, Jan ¬van¬
→ **Jan ⟨van Heelu⟩**
→ **Jan ⟨van Leeuwen⟩**

Leeuwerck, Eustache
→ **Eustachius ⟨Alaudae⟩**

Leewis, Denis ¬de¬
→ **Dionysius ⟨Cartusianus⟩**

LeFèvre, Jean
→ **Jean ⟨le Fèvre⟩**
→ **Lefèvre de Saint-Rémy, Jean**

Lefèvre, Raoul
gest. ca. 1467
L'histoire de Jason; Le recoeil des histoires de Troyes
LMA,V,1794

Fèvre, Raoul ¬le¬
Raoul ⟨Lefèvre⟩

Lefèvre de Saint-Rémy, Jean
ca. 1396 – 1468
Chronique; Epître; nicht identisch mit Jean ⟨le Fèvre⟩
LMA,V,1794/95f.; Rep.Font. VI,536
 Alphonse Bernard ⟨de Calonne⟩
 Calonne, Alphonse Bernard ¬de¬
 Jean ⟨Charolais⟩
 Jean ⟨de Saint-Remy⟩
 Jean ⟨Febvre⟩
 Jean ⟨Lefebvre⟩
 Jean ⟨LeFèvre⟩
 Jean ⟨Lefèvre de Saint-Rémy⟩
 LeFèvre, Jean
 Saint-Rémy, Jean Lefèvre ¬de¬
 Toison d'Or

Lefranc, Martin
→ **Martin ⟨Lefranc⟩**

LeFruitier, Pierre
→ **Pierre ⟨Salmon⟩**

Legatius, Johannes
um 1500 · OSB
Chronicon coenobii S. Godehardi in Hildesheim ab a. 1132 ad sua usque tempora
Potth. 715
 Jean ⟨Legatius⟩
 Johannes ⟨Legati⟩
 Johannes ⟨Legatius⟩
 Legatius, Jean

Léger ⟨Abbé de Romans⟩
→ **Leodegarius ⟨Viennensis⟩**

Léger ⟨d'Autun⟩
→ **Leodegarius ⟨Augustodunensis⟩**

Léger ⟨de Clérieux⟩
→ **Leodegarius ⟨Viennensis⟩**

Léger ⟨de Vienne⟩
→ **Leodegarius ⟨Viennensis⟩**

Léger ⟨Frère⟩
→ **Leodegarius ⟨Frater⟩**

Léger ⟨Prédicateur⟩
→ **Leodegarius ⟨Frater⟩**

Léger ⟨Saint⟩
→ **Leodegarius ⟨Augustodunensis⟩**

Legia, Lambertus ¬de¬
→ **Lambertus ⟨de Legia⟩**

Legio, Johannes ¬de¬
→ **Johannes ⟨de Legio⟩**

Legio, Lambertus ¬de¬
→ **Lambertus ⟨de Legia⟩**

Legname, Giovanni Filippo ¬da¬
→ **Lignamine, Johannes Philippus ¬de¬**

Legnano, Giovanni
→ **Johannes ⟨de Lignano⟩**

LeGois, Chrétien
→ **Chrétien ⟨Legouais⟩**

Legrand, Jacques
ca. 1360 – 1415 · OESA
Sophilogium; Compendium philosophiae; De arte memorandi
LMA,V,259
 Grand, Jacques ¬le¬
 Grant, Jacques ¬le¬
 Jacobus ⟨Magni⟩
 Jacobus ⟨Magnus⟩
 Jacobus ⟨Tolosanus⟩
 Jacques ⟨le Grand⟩
 Jacques ⟨Legrand⟩
 Jacques ⟨Legrand⟩
 LeGrant, Jacques
 Magnus, Jacobus

LeHuen, Nicolas
→ **Nicolas ⟨le Huen⟩**

Leibitz, Martin ¬von¬
→ **Martinus ⟨Leibitzensis⟩**

Leicester, Robertus ¬de¬
→ **Robertus ⟨de Leicester⟩**

Leiden, Nicolaus Gerhaert ¬von¬
→ **Gerhaert von Leiden, Nicolaus**

Leidis, Johann ¬a¬
→ **Jan ⟨van Leyden⟩**

Leidnitz, Fröschel ¬von¬
→ **Fröschel ⟨von Leidnitz⟩**

Leidradus ⟨Lugdunensis⟩
gest. 816
Epistulae
Cpl 1790 a; LMA,V,1855
 Leidrad ⟨Bischof⟩
 Leidrad ⟨de Lyon⟩
 Leidrad ⟨von Lyon⟩
 Leidrade ⟨Archevêque⟩
 Leidrade ⟨Bibliothécaire⟩
 Leidrade ⟨de la Norique⟩
 Leidrade ⟨de Lyon⟩
 Leidradus ⟨Archbishop⟩
 Leidradus ⟨Bibliothecarius⟩
 Leidradus ⟨Episcopus⟩
 Leidradus ⟨Noricus⟩
 Leidradus ⟨of Lyons⟩
 Leidrat ⟨de la Norique⟩
 Leidrat ⟨de Lyon⟩

Leifsson, Gunnlaugr
→ **Gunnlaugr ⟨Leifsson⟩**

Leinau, Heinrich ¬von¬
→ **Heinrich ⟨von Leinau⟩**

Leiningen, Friedrich ¬von¬
→ **Friedrich ⟨von Leiningen⟩**

Leinpucher
→ **Lenipucher**

Leipzig, Hermann ¬von¬
→ **Hermann ⟨von Leipzig⟩**

Leitmeritz, Hilarius ¬von¬
→ **Hilarius ⟨Litoměřický⟩**

LeJars, Jean
→ **Laziardus, Johannes**

Lekkurchner, Hans
→ **Lecküchner, Hans**

Lelando ⟨Wicoclivus⟩
→ **Wyclif, Johannes**

LeLeu, Gautier
→ **Gautier ⟨le Leu⟩**

Lelius, Theodorus
→ **Lellis, Theodorus ¬de¬**

Lellis, Theodorus ¬de¬
1427 – 1466
Replica pro papa Pio II et sede Romana adversus Gregorium de Heimburg a. 1461; Contra supercilium eorum qui plenitudinem potestatis Christi vicario divinitus attributam ita cardinalibus communicatam censent, ...;
Potth. 703; Rep.Font. IV,154
 De'Lelli, Teodoro
 Laelius, Theodorus
 Lelius, Theodorus
 Lelli, Teodoro ¬de'¬
 Lelli, Théodore
 Lelli, Théodore ¬de¬
 Teodoro ⟨de'Lelli⟩
 Teodoro ⟨von Feltre und Treviso⟩

Théodore ⟨Lelli⟩
Theodorus ⟨de Lellis⟩
Theodorus ⟨Laelius⟩
Theodorus ⟨Lelius⟩

Lelmo, Giovanni ¬di¬
→ **Giovanni ⟨di Lemmo⟩**

Lelong, Jean
→ **Johannes ⟨Longus⟩**

LeMaingre de Boucicaut, Jean ¬de¬
→ **Boucicaut, Jean ⟨...⟩**

LeMaire, Guillaume
→ **Guilelmus ⟨Maior⟩**

LeMaistre, Martin
→ **Martinus ⟨Magistri⟩**

LeMaître, Jean
→ **Johannes ⟨Magistri⟩**

Leman, Ulrich
um 1472/80
Reisebericht
VL(2),5,703/704
Leman, Ulric
Ulric ⟨Leman⟩
Ulrich ⟨Leman⟩

LeMarchand, Jean
→ **Jean ⟨le Marchand⟩**

LeMeingre de Boucicaut, Jean
→ **Boucicaut, Jean ⟨...⟩**

Lemet, Petrus ¬de¬
→ **Petrus ⟨de Lemet⟩**

LeMiusit, Gilles
→ **Gilles ⟨le Muisit⟩**

Lemmo, Giovanni ¬di¬
→ **Giovanni ⟨di Lemmo⟩**

Lemoine ⟨Cardinal⟩
→ **Johannes ⟨Monachus⟩**

Lemoine, Jean
→ **Johannes ⟨Monachus⟩**

LeMoine, Robert
→ **Robertus ⟨Remensis⟩**

LeMote, Jean ¬de¬
→ **Jean ⟨de le Mote⟩**

Lemovicis, Petrus ¬de¬
→ **Petrus ⟨de Lemovicis⟩**

Lempfrit ⟨Bruder⟩
14. Jh. · OESA
4 Predigtexzerpte
VL(2),5,704
Bruder Lempfrit
Lempfrit ⟨Augustiner⟩
Lempfrit ⟨Prediger⟩

Lemposa, Angelus ¬de¬
→ **Angelus ⟨de Lemposa⟩**

LeMuisit, Gilles
→ **Gilles ⟨le Muisit⟩**

LeMunerat, Jean
15. Jh.
Jean ⟨le Munerat⟩
Jean ⟨LeMunerat⟩
LeMunerat, Johannes
Munerat, Jean ¬le¬

LeMyésier, Thomas
→ **Thomas ⟨Migerii⟩**

Lendinara, Francesco ¬da¬
→ **Francesco ⟨da Lendinara⟩**

LeNévelon, Jean
→ **Jean ⟨le Névelon⟩**

Lenham, Rauf ¬de¬
→ **Rauf ⟨de Lenham⟩**

Lenipucher
15. Jh.
Practica für den grieß
VL(2),5,704/705
Leinpucher

Lenis, Simon ¬de¬
→ **Simon ⟨de Lenis⟩**

Lenk T'imur
→ **Tīmūr ⟨Timuridenreich, Amir⟩**

Leno, Antonius ¬de¬
→ **Antonius ⟨de Leno⟩**

LeNoir, Azémar
→ **Azémar ⟨le Noir⟩**

LeNoir, Roger
→ **Rogerus ⟨Niger⟩**

Lensius, Eustachius
→ **Eustachius ⟨Lensius⟩**

Lentini, Giacomo ¬da¬
→ **Giacomo ⟨da Lentini⟩**

Lentini, Simone ¬da¬
→ **Simon ⟨de Leontio⟩**

Lenzinghen, Johannes ¬de¬
→ **Johannes ⟨de Lenzinghen⟩**

Lenzuolo, Rodrigue
→ **Alexander ⟨Papa, VI.⟩**

Leo ⟨Abbas⟩
um 995
Ad Hugonem et Robertum epistola
Abbas, Leo
Leo ⟨Legatus⟩
Leo ⟨of Santi Bonifacio e Alessio⟩
Leo ⟨Romanus⟩
Léon ⟨le Légat du Pape Jean XV.⟩
Léon ⟨l'Abbé⟩

Leo ⟨Achridanus⟩
→ **Leo ⟨de Achrida⟩**

Leo ⟨Aetherianus⟩
→ **Leo ⟨Etherianus⟩**

Leo ⟨Archiepiscopus⟩
→ **Leo ⟨Atinensis⟩**
→ **Leo ⟨de Achrida⟩**

Leo ⟨Archipresbyter⟩
→ **Leo ⟨Neapolitanus⟩**

Leo ⟨Armenius⟩
→ **Leo ⟨Imperium Byzantinum, Imperator, V.⟩**

Leo ⟨Asianus⟩
→ **Leo ⟨Grammaticus⟩**

Leo ⟨Assisias⟩
gest. ca. 1278
Speculum perfectionis
LThK; LMA,V,1882
Assisias, Leo
Leo ⟨Assisiensis⟩
Leo ⟨der Bruder⟩
Leo ⟨Franciscan⟩
Leo ⟨Frater⟩
Leo ⟨the Brother⟩
Leo ⟨the Franciscan⟩
Leo ⟨von Assisi⟩
Léon ⟨d'Assise⟩
Léon ⟨le Frère⟩

Leo ⟨Atinensis⟩
gest. 1072
De inventione corporis
Leo ⟨Archiepiscopus⟩
Leo ⟨Atinens⟩
Leo ⟨Capuanus⟩
Leo ⟨Episcopus⟩
Leo ⟨von Atina⟩
Léon ⟨d'Atino⟩

Leo ⟨Austriacus⟩
14. Jh. · OCist
Cist.-Chronik 77 (1970), 55-60
Schneyer,IV,14
Austriacus, Leo
Leo ⟨Cistercien⟩
Leo ⟨Cisterciensis⟩

Leo ⟨Bardales⟩
um 1332
Bardales, Leo
Bardales, Leon
Leo ⟨Bardalas⟩
Leo ⟨Epigrammaticus⟩
Léon ⟨Bardales⟩
Leon ⟨Bardales⟩
Léon ⟨Bardas⟩
Léon ⟨Despota⟩
Léon ⟨Poète Byzantin⟩

Leo ⟨Bohemus⟩
→ **Leo ⟨de Rozmital⟩**

Leo ⟨Bulgarorum Episcopus⟩
→ **Leo ⟨de Achrida⟩**

Leo ⟨Byzanz, Kaiser, ...⟩
→ **Leo ⟨Imperium Byzantinum, Imperator, ...⟩**

Leo ⟨Caloensis⟩
→ **Leo ⟨Diaconus⟩**

Leo ⟨Capuanus⟩
→ **Leo ⟨Atinensis⟩**

Leo ⟨Caramenus⟩
→ **Leo ⟨Grammaticus⟩**

Leo ⟨Cardinalis⟩
→ **Leo ⟨Marsicanus⟩**

Leo ⟨Casinensis⟩
→ **Leo ⟨Marsicanus⟩**

Leo ⟨Castellanus⟩
→ **Castellanus ⟨de Bassano⟩**

Leo ⟨Choerosphactes⟩
ca. 824 – 919
CSGL; Tusculum-Lexikon; LMA,V,1891/92
Choerosphactes, Leo
Choirosphaktes, Leo
Lav ⟨Chirosfakt⟩
Leo ⟨Choirosphaktes⟩
Leo ⟨Magister⟩
Leon ⟨Choirosphaktes⟩
Leon ⟨Magister et Patricius Constantinopolitanus⟩

Leo ⟨Cisterciensis⟩
→ **Leo ⟨Austriacus⟩**

Leo ⟨Coloensis⟩
→ **Leo ⟨Diaconus⟩**

Leo ⟨Constantinopolitanus⟩
→ **Leo ⟨Imperium Byzantinum, Imperator, VI.⟩**
→ **Leo ⟨Philosophus⟩**

Leo ⟨de Achrida⟩
gest. 1057
Epistolae
CSGL; LThK; Tusculum-Lexikon; LMA,V,1892/93
Achrida, Leo ¬de¬
Leo ⟨Achridanus⟩
Leo ⟨Archiepiscopus⟩
Leo ⟨Bulgarorum Episcopus⟩
Leo ⟨of Achrida⟩
Leo ⟨of Bulgaria⟩
Leo ⟨von Ohrid⟩
Léon ⟨de Bulgarie⟩
Léon ⟨d'Achrida⟩
Leon ⟨von Achrid⟩
Leon ⟨von Ochrid⟩

Leo ⟨de Ardea⟩
→ **Leo ⟨Papa, V.⟩**

Leo ⟨de Ostia⟩
→ **Leo ⟨Marsicanus⟩**

Leo ⟨de Peregro⟩
→ **Leo ⟨Valvassorius⟩**

Leo ⟨de Rozmital⟩
gest. 1485
Reisebeschreibungen
Blatna, Löw von Rozmital ¬und¬
Blatné, Jaroslav Lev ¬z¬
Leo ⟨Bohemus⟩
Leo ⟨de Rosmital⟩
Leo ⟨de Rosmithal⟩
Leo ⟨von Rožmital⟩
Léon ⟨de Rozmital⟩
Lev ⟨z Blatné⟩
Lev ⟨z Rožmitálu⟩
Lev z Rožmitála a z Blatné, Jaroslav
Lev z Rožmitálu a z Blatné, ...
Löw ⟨von Rozmital und Blatna⟩
Rosmital und Blatna, Leo
Rozmital, Leo ¬de¬
Rožmital a Blatné a na Přimdě, Lev
Rožmital und Blatna, Löw ¬von¬
Rožmitála a z Blatné, Jaroslav Lev ¬z¬
Rožmitála Blatné, Jaroslav Lev
Rožmitála Blatné, Lev

Leo ⟨de Urbeveteri⟩
→ **Leo ⟨Urbevetanus⟩**

Leo ⟨der Armenier⟩
→ **Leo ⟨Imperium Byzantinum, Imperator, V.⟩**

Leo ⟨der Bruder⟩
→ **Leo ⟨Assisias⟩**

Leo ⟨der Weise⟩
→ **Leo ⟨Imperium Byzantinum, Imperator, VI.⟩**

Leo ⟨Diaconus⟩
ca. 950 – ca. 992
Tusculum-Lexikon; LThK; CSGL; LMA,V,1892
Diaconus Leo
Diakon Lev
Leo ⟨Caloënsis⟩
Leo ⟨Caloensis⟩
Leo ⟨Coloensis⟩
Leo ⟨the Deacon⟩
Léon ⟨de Caloé⟩
Leon ⟨der Asiate⟩
Leon ⟨der Karier⟩
Leon ⟨Diakonos⟩
Léon ⟨le Diacre⟩
Leone ⟨il Diacono⟩
Lev ⟨Diakon⟩
Lev ⟨Kalojskij⟩

Leo ⟨Egmundensis⟩
um 1370 · OSB
Breviculi maiores positi super sepulchra comitum et comitissarum Hollandiae in monasterio Egmundensi quiescentium, cum epitaphiis 900-1203
Potth. 719
Leo ⟨Haecmundensis⟩
Leo ⟨Monachus Egmundensis⟩
Léon ⟨d'Egmond⟩

Leo ⟨Epigrammaticus⟩
→ **Leo ⟨Bardales⟩**

Leo ⟨Episcopus⟩
→ **Leo ⟨Atinensis⟩**
→ **Leo ⟨Senonensis⟩**
→ **Leo ⟨Vercellensis⟩**

Leo ⟨Etherianus⟩
gest. ca. 1182
Bruder von Eterianus, Hugo
LThK; Meyer; LMA,V,1882/83
Etherianus, Leo
Leo ⟨Aetherianus⟩
Leo ⟨Eterianus⟩
Leo ⟨Heterianus⟩
Leo ⟨Thuscus⟩
Leo ⟨Toscanus⟩
Leo ⟨Tuscus⟩
Léon ⟨de Pise⟩
Léon ⟨Eteriano⟩
Léon ⟨le Toscan⟩
Léon ⟨Toscanus⟩
Thuscus, Leo
Tuscus, Leo

Leo ⟨Flavius⟩
→ **Leo ⟨Imperium Byzantinum, Imperator, VI.⟩**

Leo ⟨Frater⟩
→ **Leo ⟨Assisias⟩**

Leo ⟨Grammaticus⟩
10./11. Jh.
Tusculum-Lexikon; CSGL; LThK; LMA,V,1892
Caramenus, Leo
Grammaticus, Leo
Leo ⟨Asianus⟩
Leo ⟨Car⟩
Leo ⟨Caramenus⟩
Leon ⟨ho Grammatikos⟩
Leone ⟨il Grammatico⟩

Leo ⟨Haecmundensis⟩
→ **Leo ⟨Egmundensis⟩**

Leo ⟨Heterianus⟩
→ **Leo ⟨Etherianus⟩**

Leo ⟨Hispanus⟩
→ **Leo ⟨Monachus⟩**

Leo ⟨Hostiensis⟩
→ **Leo ⟨Marsicanus⟩**

Leo ⟨Imperium Byzantinum, Imperator, III.⟩
680 – 740
LMA,V,1890
Isauricus, Leo
Leo ⟨Isauricus⟩
Leo ⟨Isaurus⟩
Leo ⟨the Isaurian⟩
Leon ⟨der Isaurier⟩
Leon ⟨der Syrer⟩
Léon ⟨l'Iconomaque⟩
Léon ⟨l'Isaurien⟩
Leone ⟨il Isaurico⟩

Leo ⟨Imperium Byzantinum, Imperator, IV.⟩
750 – 780
LMA,V,1890
Léon ⟨Chazare⟩
Leon ⟨der Chazare⟩

Leo ⟨Imperium Byzantinum, Imperator, V.⟩
um 813/20
LMA,V,1890/91
Leo ⟨Armenius⟩
Leo ⟨der Armenier⟩
Léon ⟨l'Arménien⟩

Leo ⟨Imperium Byzantinum, Imperator, VI.⟩
866 – 912
CSGL; LMA,V,1891
Leo ⟨Byzanz, Kaiser, VI.⟩
Leo ⟨Constantinopolitanus⟩
Leo ⟨der Weise⟩
Leo ⟨Flavius⟩
Leo ⟨Philosophus⟩
Leo ⟨Rex⟩
Leo ⟨Sapiens⟩
Leo ⟨the Philosopher⟩
Leo ⟨the Wise⟩
Leon ⟨der Weise⟩
Leōn ⟨ho Sophos⟩
Léon ⟨le Philosophe⟩
Léon ⟨le Philosophe-Sage⟩
Léon ⟨le Sage⟩
Leone ⟨il Saggio⟩

Leo ⟨Isauricus⟩
→ **Leo ⟨Imperium Byzantinum, Imperator, III.⟩**

Leo ⟨Legatus⟩
→ **Leo ⟨Abbas⟩**

Leo ⟨Magentinus⟩
13./14. Jh.
Leo ⟨Magentenus⟩
Leo ⟨Metropolita⟩
Leo ⟨Mytilenaeus⟩
Leo ⟨Mytilinensis⟩
Leo ⟨of Mytilene⟩
Leo ⟨Philosophus⟩
Leōn ⟨ho Magentēnos⟩
Leon ⟨Magentinos⟩
Magentenus ⟨Mitylenaeus⟩
Magentenus, Leo
Magentinos, Leon
Magentinus, Leo

Leo ⟨Magister⟩
→ **Leo ⟨Choerosphactes⟩**

Leo ⟨Marsicanus⟩
gest. 1115
LThK; CSGL; Tusculum-Lexikon; LMA,V,1882
Leo ⟨Cardinalis⟩
Leo ⟨Casinensis⟩
Leo ⟨de Ostia⟩
Leo ⟨Hostiensis⟩
Leo ⟨Ostiensis⟩
Leo ⟨von Ostia⟩
Léon ⟨de Marsico⟩
Léon ⟨d'Ostie⟩
Leone ⟨Marsicano⟩
Marsicanus, Leo

Leo ⟨Masconensis⟩
→ **Leo ⟨Urbevetanus⟩**

Leo ⟨Mathematicus⟩
→ **Leo ⟨Philosophus⟩**

Leo ⟨Medicus⟩
→ **Leo ⟨Philosophus⟩**

Leo ⟨Metropolita⟩
→ **Leo ⟨Magentinus⟩**

Leo ⟨Monachus⟩
7. Jh.
Computus paschalis (=Epistula ad Sesuldum archidiaconum)
Cpl 2300
Leo ⟨Hispanus⟩
Léon ⟨Computiste⟩
Léon ⟨Moine⟩
Léon ⟨Moine Grec⟩
Monachus, Leo

Leo ⟨Monachus Egmundensis⟩
→ **Leo ⟨Egmundensis⟩**

Leo ⟨Mytilinensis⟩
→ **Leo ⟨Magentinus⟩**

Leo ⟨Neapolitanus⟩
10. Jh.
Leo ⟨Archipresbyter⟩
Leo ⟨of Constantinople⟩
Leo ⟨von Neapel⟩
Léon ⟨de Naples⟩
Leone ⟨Archipresbytero⟩
Leone ⟨il Neapolitano⟩
Neapolitanus, Leo

Leo ⟨Oddonis Masconensis Urbevetanus⟩
→ **Leo ⟨Urbevetanus⟩**

Leo ⟨of Achrida⟩
→ **Leo ⟨de Achrida⟩**

Leo ⟨of Bulgaria⟩
→ **Leo ⟨de Achrida⟩**

Leo ⟨of Constantinople⟩
→ **Leo ⟨Neapolitanus⟩**

Leo ⟨of Mytilene⟩
→ **Leo ⟨Magentinus⟩**

Leo ⟨of Santi Bonifacio e Alessio⟩
→ **Leo ⟨Abbas⟩**

Leo ⟨Ostiensis⟩
→ **Leo ⟨Marsicanus⟩**

Leo ⟨Papa, II.⟩
gest. 683
LMA,V,1877
Leo ⟨Sanctus⟩
Léon ⟨Pape, II.⟩
Leone ⟨Papa, II.⟩

Leo ⟨Papa, III.⟩
gest. 816
LMA,V,1877/78
Leo ⟨Sanctus⟩
Léon ⟨Pape, III.⟩
Leone ⟨Papa, III.⟩

Leo ⟨Papa, IV.⟩
gest. 855
LMA,V,1878
Leo ⟨Sanctus⟩
Léon ⟨Pape, IV.⟩
Leone ⟨Papa, IV.⟩

Leo ⟨Papa, V.⟩
um 903
LMA,V,1878/79
Leo ⟨de Ardea⟩
Léon ⟨d'Ardea⟩
Léon ⟨Pape, V.⟩
Leone ⟨Papa, V.⟩

Leo ⟨Papa, VI.⟩
um 928
LMA,V,1879
Léon ⟨Pape, VI.⟩
Leone ⟨Papa, VI.⟩

Leo ⟨Papa, VII.⟩
gest. 939
LMA,V,1879
Léon ⟨Pape, VII.⟩
Leone ⟨Papa, VII.⟩

Leo ⟨Papa, VIII.⟩
gest. 965
LMA,V,1879/80
Léon ⟨Pape, VIII.⟩
Leone ⟨Papa, VIII.⟩

Leo ⟨Papa, VIIII.⟩
1002 – 1054
LMA,V,1880/81
Bruno ⟨von Dagsburg⟩
Bruno ⟨von Egisheim⟩
Brunon ⟨d'Egisheim⟩
Brunone ⟨di Egisheim-Dagsburg⟩
Leo ⟨Sanctus⟩
Léon ⟨Pape, VIIII.⟩
Leone ⟨Papa, VIIII.⟩

Leo ⟨Philosophus⟩
→ **Leo ⟨Imperium Byzantinum, Imperator, VI.⟩**
→ **Leo ⟨Magentinus⟩**

Leo ⟨Philosophus⟩
8./9. Jh.
CSGL; LMA,V,1892; Tusculum-Lexikon
Leo ⟨Constantinopolitanus⟩
Leo ⟨Mathematicus⟩
Leo ⟨Medicus⟩
Leo ⟨the Philosopher⟩
Leo ⟨the Physician⟩
Leon ⟨der Mathematiker⟩
Leon ⟨der Philosoph⟩
Leōn ⟨Iatros⟩
Leon ⟨Iatrosophistes⟩
Philosophus, Leo

Leo ⟨Presbyter⟩
um 1006
Prologus ad passionem SS. Rufi et Respicii; Prologus in vitam S. Johannis Chrysostomi
Potth. 719; DOC,2,1217
Léon ⟨Clerc à Rome⟩
Léon ⟨Hagiographe⟩
Léon ⟨Prêtre à Rome⟩
Presbyter, Leo

Leo ⟨Rex⟩
→ **Leo ⟨Imperium Byzantinum, Imperator, ...⟩**

Leo ⟨Romanus⟩
→ **Leo ⟨Abbas⟩**

Leo ⟨Sanctus⟩
→ **Leo ⟨Papa, II.⟩**
→ **Leo ⟨Papa, III.⟩**
→ **Leo ⟨Papa, IV.⟩**
→ **Leo ⟨Papa, VIIII.⟩**

Leo ⟨Sapiens⟩
→ **Leo ⟨Imperium Byzantinum, Imperator, VI.⟩**

Leo ⟨Senonensis⟩
um 540
Epistola
Leo ⟨Episcopus⟩
Leo ⟨von Sens⟩
Léon ⟨de Sens⟩

Leo ⟨Sibrandus⟩
gest. 1238
Chronica abbatum Horti Mariani
Leonius ⟨Sibrandus⟩
Sibrand ⟨de Mariengarten⟩
Sibrandus ⟨Abbas Horti Beatae Mariae⟩
Sibrandus ⟨Lidlumensis⟩
Sibrandus ⟨of Lidlum⟩
Sibrandus, Leo

Leo ⟨the Brother⟩
→ **Leo ⟨Assisias⟩**

Leo ⟨the Deacon⟩
→ **Leo ⟨Diaconus⟩**

Leo ⟨the Franciscan⟩
→ **Leo ⟨Assisias⟩**

Leo ⟨the Isaurian⟩
→ **Leo ⟨Imperium Byzantinum, Imperator, III.⟩**

Leo ⟨the Philosopher⟩
→ **Leo ⟨Imperium Byzantinum, Imperator, VI.⟩**
→ **Leo ⟨Philosophus⟩**

Leo ⟨the Physician⟩
→ **Leo ⟨Philosophus⟩**

Leo ⟨the Wise⟩
→ **Leo ⟨Imperium Byzantinum, Imperator, VI.⟩**

Leo ⟨Tuscus⟩
→ **Leo ⟨Etherianus⟩**

Leo ⟨Urbevetanus⟩
gest. 1314 · OP
Lectura super Luca secundum; Chronica Summorum Pontificum; Chronica imperatorum
Potth. 720; Kaeppeli,III,71; Schönberger/Kible, Repertorium,15366
Leo ⟨de Urbeveteri⟩
Leo ⟨Masconensis⟩
Leo ⟨Oddonis Masconensis Urbevetanus⟩
Léon ⟨d'Orvieto⟩
Urbevetanus, Leo

Leo ⟨Valvassorius⟩
gest. 1263 · OFM
Schneyer,IV,40
Leo ⟨de Peregro⟩
Leo ⟨Valvasorius de Peregro⟩
Léon ⟨de Perego⟩
Léon ⟨Valvassore de Perego⟩
Valvassorius, Leo

Leo ⟨Vercellensis⟩
gest. 1026
Epistola
Tusculum-Lexikon
Leo ⟨Episcopus⟩
Leo ⟨von Vercelli⟩
Léon ⟨de Verceil⟩

Leo ⟨von Assisi⟩
→ **Leo ⟨Assisias⟩**

Leo ⟨von Atina⟩
→ **Leo ⟨Atinensis⟩**

Leo ⟨von Neapel⟩
→ **Leo ⟨Neapolitanus⟩**

Leo ⟨von Ohrid⟩
→ **Leo ⟨de Achrida⟩**

Leo ⟨von Ostia⟩
→ **Leo ⟨Marsicanus⟩**

Leo ⟨von Rožmital⟩
→ **Leo ⟨de Rozmital⟩**

Leo ⟨von Sens⟩
→ **Leo ⟨Senonensis⟩**

Leo ⟨von Vercelli⟩
→ **Leo ⟨Vercellensis⟩**

Leo, Dominicus
→ **Dominicus ⟨Leo⟩**

Leo Baptista ⟨Albertus⟩
→ **Alberti, Leon Battista**

Leodegar ⟨Heiliger⟩
→ **Leodegarius ⟨Augustodunensis⟩**

Leodegar ⟨von Altzelle⟩
→ **Ludgerus ⟨de Altzelle⟩**

Leodegar ⟨von Autun⟩
→ **Leodegarius ⟨Augustodunensis⟩**

Leodegarius ⟨Augustodunensis⟩
ca. 616 – 677/80
Epistula ad Sigradam; Canones monastici Concilii Augustodunensis; Testamentum; Vita S. Leodegarii
Potth. 720; Cpl 1077; LMA,V,1883
Léger
Léger ⟨d'Autun⟩
Léger ⟨Saint⟩
Leodegar
Leodegar ⟨Heiliger⟩
Leodegar ⟨von Autun⟩
Leodegario ⟨di Autun⟩
Leodegarius ⟨Episcopus⟩
Leodegarius ⟨Martyr⟩
Leodegarius ⟨Sanctus⟩
Leudegarius
Lutgar

Leodegarius ⟨Episcopus⟩
→ **Leodegarius ⟨Augustodunensis⟩**

Leodegarius ⟨Frater⟩
um 1270
Schneyer,IV,40
Frater Leodegarius
Leger ⟨Frater⟩
Léger ⟨Frère⟩
Léger ⟨Prédicateur⟩
Liger ⟨Frater⟩

Leodegarius ⟨Martyr⟩
→ **Leodegarius ⟨Augustodunensis⟩**

Leodegarius ⟨Sanctus⟩
→ **Leodegarius ⟨Augustodunensis⟩**

Leodegarius ⟨Viennensis⟩
gest. 1070
Chartae
Potth. 720; DOC,2,1217
Léger ⟨Abbé de Romans⟩
Léger ⟨de Clérieux⟩
Léger ⟨de Vienne⟩

Leodewinus
→ **Liutwinus ⟨Treverensis⟩**

Leodio, Laurentius ¬de¬
→ **Laurentius ⟨de Leodio⟩**

Leodrisius ⟨Cribellus⟩
→ **Cribellus, Leodrisius**

Leofrancus ⟨Mediolanensis⟩
→ **Lanfrancus ⟨Mediolanensis⟩**

Leomarte
14. Jh.
Sumas de la historia troyana
Leonardo

Leominstre, Guilelmus ¬de¬
→ **Guilelmus ⟨de Leominstre⟩**

Léon ⟨Bardales⟩
→ **Leo ⟨Bardales⟩**

Léon ⟨Bardas⟩
→ **Leo ⟨Bardales⟩**

Léon ⟨Chazare⟩
→ **Leo ⟨Imperium Byzantinum, Imperator, IV.⟩**

Leon ⟨Choirosphaktes⟩
→ **Leo ⟨Choerosphactes⟩**

Léon ⟨Clerc à Rome⟩
→ **Leo ⟨Presbyter⟩**

Léon ⟨Cobelli⟩
→ **Cobelli, Leone**

Léon ⟨Computiste⟩
→ **Leo ⟨Monachus⟩**

Léon ⟨d'Achrida⟩
→ **Leo ⟨de Achrida⟩**

Léon ⟨d'Ardea⟩
→ **Leo ⟨Papa, V.⟩**

Léon ⟨d'Assise⟩
→ **Leo ⟨Assisias⟩**

Léon ⟨d'Atino⟩
→ **Leo ⟨Atinensis⟩**

Léon ⟨de Bulgarie⟩
→ **Leo ⟨de Achrida⟩**

Léon ⟨de Caloé⟩
→ **Leo ⟨Diaconus⟩**

Léon ⟨de Marsico⟩
→ **Leo ⟨Marsicanus⟩**

Léon ⟨de Naples⟩
→ **Leo ⟨Neapolitanus⟩**

Léon ⟨de Perego⟩
→ **Leo ⟨Valvassorius⟩**

Léon ⟨de Pise⟩
→ **Leo ⟨Etherianus⟩**

Léon ⟨de Rozmital⟩
→ **Leo ⟨de Rozmital⟩**

Léon ⟨de Sens⟩
→ **Leo ⟨Senonensis⟩**

Léon ⟨de Verceil⟩
→ **Leo ⟨Vercellensis⟩**

Léon ⟨d'Egmond⟩
→ **Leo ⟨Egmundensis⟩**

Leon ⟨der Asiate⟩
→ **Leo ⟨Diaconus⟩**

Leon ⟨der Chazare⟩
→ **Leo ⟨Imperium Byzantinum, Imperator, IV.⟩**

Leon ⟨der Isaurier⟩
→ **Leo ⟨Imperium Byzantinum, Imperator, III.⟩**

Leon ⟨der Karier⟩
→ **Leo ⟨Diaconus⟩**

Leon ⟨der Mathematiker⟩
→ **Leo ⟨Philosophus⟩**

Leon ⟨der Philosoph⟩
→ **Leo ⟨Philosophus⟩**

Leon ⟨der Syrer⟩
→ **Leo ⟨Imperium Byzantinum, Imperator, III.⟩**

Leon ⟨der Weise⟩
→ **Leo ⟨Imperium Byzantinum, Imperator, VI.⟩**

Léon ⟨Despota⟩
→ **Leo ⟨Bardales⟩**

Leon ⟨Diakonos⟩
→ **Leo ⟨Diaconus⟩**

Léon ⟨d'Orvieto⟩
→ **Leo ⟨Urbevetanus⟩**

Leon ⟨d'Ostie⟩
→ **Leo ⟨Marsicanus⟩**

Léon ⟨d'Ostie⟩
→ **Leo ⟨Marsicanus⟩**

Léon ⟨Eteriano⟩
→ **Leo ⟨Etherianus⟩**

Léon ⟨Hagiographe⟩
→ **Leo ⟨Presbyter⟩**

Leon ⟨ho Grammatikos⟩
→ **Leo ⟨Grammaticus⟩**

Leōn ⟨ho Magentēnos⟩
→ **Leo ⟨Magentinus⟩**

Leōn ⟨ho Sophos⟩
→ **Leo ⟨Imperium Byzantinum, Imperator, VI.⟩**

Leōn ⟨Iatros⟩
→ **Leo ⟨Philosophus⟩**

Leon ⟨Iatrosophistes⟩
→ **Leo ⟨Philosophus⟩**

Léon ⟨l'Abbé⟩
→ **Leo ⟨Abbas⟩**

Léon ⟨l'Arménien⟩
→ **Leo ⟨Imperium Byzantinum, Imperator, V.⟩**

Leon ⟨le Diacre⟩
→ **Leo ⟨Diaconus⟩**

Léon ⟨le Frère⟩
→ **Leo ⟨Assisias⟩**

Léon ⟨le Légat du Pape Jean XV.⟩
→ **Leo ⟨Abbas⟩**

Léon ⟨le Philosophe-Sage⟩
→ **Leo ⟨Imperium Byzantinum, Imperator, VI.⟩**

Léon ⟨le Toscan⟩
→ **Leo ⟨Etherianus⟩**

Léon ⟨l'Iconomaque⟩
→ **Leo ⟨Imperium Byzantinum, Imperator, III.⟩**

Léon ⟨l'Isaurien⟩
→ **Leo ⟨Imperium Byzantinum, Imperator, III.⟩**

Leon ⟨Magentinos⟩
→ **Leo ⟨Magentinus⟩**

Leon ⟨Magister et Patricius Constantinopolitanus⟩
→ **Leo ⟨Choerosphactes⟩**

Leon ⟨Messer⟩
→ **Yehûdā Meser Lê'ôn**

Léon ⟨Moine Grec⟩
→ **Leo ⟨Monachus⟩**

Léon ⟨Pape, ...⟩
→ **Leo ⟨Papa, ...⟩**

Léon ⟨Poète Byzantin⟩
→ **Leo ⟨Bardales⟩**

Léon ⟨Prêtre à Rome⟩
→ **Leo ⟨Presbyter⟩**

Léon ⟨Toscanus⟩
→ **Leo ⟨Etherianus⟩**

Léon ⟨Valvassore de Perego⟩
→ **Leo ⟨Valvassorius⟩**

Leon ⟨von Ochrid⟩
→ **Leo ⟨de Achrida⟩**

León, Diego de Valencia ¬de¬
→ **Diego ⟨de Valencia⟩**

Leon, Judah Messer
→ **Yehûdā Meser Lê'ôn**

Leon Battista ⟨Alberti⟩
→ **Alberti, Leon Battista**

Léonard ⟨Bertapaglia⟩
→ **Bertipalia, Leonardus ¬de¬**

Léonard ⟨d'Arezzo⟩
→ **Bruni, Leonardo**

Léonard ⟨de Brixen⟩
→ **Huntpichler, Leonardus**

Léonard ⟨de Chifano⟩
→ **Leonardus ⟨de Giffono⟩**

Léonard ⟨de Chio⟩
→ **Leonardus ⟨Chiensis⟩**

Léonard ⟨de Giffone⟩
→ **Leonardus ⟨de Giffono⟩**

Léonard ⟨de Pise⟩
→ **Leonardus ⟨Pisanus⟩**

Léonard ⟨de Pistoie⟩
→ **Leonardus ⟨de Pistorio⟩**

Léonard ⟨de Raguse⟩
→ **Leonardus ⟨Ragusinus⟩**

Léonard ⟨d'Udine⟩
→ **Leonardus ⟨de Utino⟩**

Léonard ⟨Gessel⟩
→ **Gessel, Leonhard**

Léonard ⟨Giustiniani⟩
→ **Giustiniani, Leonardo**

Léonard ⟨Griffi⟩
→ **Gryphius, Leonardus**

Leonard ⟨Huntpichler⟩
→ **Huntpichler, Leonardus**

Léonard ⟨Mainardi⟩
→ **Leonardus ⟨de Cremona⟩**

Léonard ⟨Mansueti⟩
→ **Leonardus ⟨Mansuetus⟩**

Leonard ⟨of Bertipaglia⟩
→ **Bertipalia, Leonardus ¬de¬**

Léonard ⟨Peuger⟩
→ **Peuger, Lienhart**

Léonard ⟨Rossi⟩
→ **Leonardus ⟨de Giffono⟩**

Léonard ⟨Ser-Uberti⟩
→ **Leonardus ⟨Ser Uberti⟩**

Leonard ⟨Statius⟩
→ **Leonardus ⟨de Datis⟩**

Leonardi, Camillo
um 1502
Camillo ⟨Leonardi⟩
Camillus ⟨Leonardus⟩
Leonardus, Camillus

Leonardi, Humbertus
→ **Humbertus ⟨Leonardi⟩**

Leonardo
→ **Leomarte**

Leonardo ⟨Aretino⟩
→ **Bruni, Leonardo**

Leonardo ⟨Bertapalia⟩
→ **Bertipalia, Leonardus ¬de¬**

Leonardo ⟨Bigollo Pisano⟩
→ **Leonardus ⟨Pisanus⟩**

Leonardo ⟨Bonacci⟩
→ **Leonardus ⟨Pisanus⟩**

Leonardo ⟨Bruni⟩
→ **Bruni, Leonardo**

Leonardo ⟨Cremonese⟩
→ **Leonardus ⟨de Cremona⟩**

Leonardo ⟨da Pistoia⟩
→ **Leonardus ⟨de Pistorio⟩**

Leonardo ⟨da Scio⟩
→ **Leonardus ⟨Chiensis⟩**

Leonardo ⟨Dati⟩
→ **Leonardus ⟨Datus⟩**

Leonardo ⟨de Antoniis⟩
→ **Leonardus ⟨de Cremona⟩**

Leonardo ⟨di Matteo⟩
→ **Leonardus ⟨de Utino⟩**

Leonardo ⟨di Piero Dati⟩
→ **Leonardus ⟨Datus⟩**

Leonardo ⟨Fibonacci⟩
→ **Leonardus ⟨Pisanus⟩**

Leonardo ⟨Frescobaldi⟩
→ **Frescobaldi, Leonardo**

Leonardo ⟨Giustiniani⟩
→ **Giustiniani, Leonardo**

Leonardo ⟨Griffi⟩
→ **Gryphius, Leonardus**

Leonardo ⟨Justiniano⟩
→ **Giustiniani, Leonardo**

Leonardo ⟨Mainardi⟩
→ **Leonardus ⟨de Cremona⟩**

Leonardo ⟨Mansueti⟩
→ **Leonardus ⟨Mansuetus⟩**

Leonardo ⟨Massanus⟩
→ **Leonardus ⟨Datus⟩**

Leonardo ⟨Nogarola⟩
→ **Leonardus ⟨Nogarolus⟩**

Leonardo ⟨Pisano⟩
→ **Leonardus ⟨Pisanus⟩**

Leonardo ⟨Ser-Uberti⟩
→ **Leonardus ⟨Ser Uberti⟩**

Leonardo ⟨von Pisa⟩
→ **Leonardus ⟨Pisanus⟩**

Leonardos ⟨Dellaporta⟩
→ **Leonardus ⟨Ntellaportas⟩**

Leonardus ⟨a Chio⟩
→ **Leonardus ⟨Chiensis⟩**

Leonardus ⟨a Valle Brixinensi⟩
→ **Huntpichler, Leonardus**

Leonardus ⟨Archiepiscopus⟩
→ **Leonardus ⟨Chiensis⟩**

Leonardus ⟨Aretinus⟩
→ **Bruni, Leonardo**

Leonardus ⟨Brixinensis⟩
→ **Huntpichler, Leonardus**

Leonardus ⟨Brunus Aretinus⟩
→ **Bruni, Leonardo**

Leonardus ⟨Cardinalis⟩
→ **Leonardus ⟨de Giffono⟩**

Leonardus ⟨Chiensis⟩
ca. 1365 – 1459
LThK; CSGL
Léonard ⟨de Chio⟩
Leonardo ⟨da Scio⟩
Leonardus ⟨a Chio⟩
Leonardus ⟨Archiepiscopus⟩
Leonardus ⟨Episcopus⟩
Leonardus ⟨Mytileneus⟩
Leonardus ⟨of Chios⟩
Leonhard ⟨von Chios⟩

Leonardus ⟨Datus⟩
→ **Leonardus ⟨de Datis⟩**

Leonardus ⟨Datus⟩
1408 – 1472
Hiempsel
Dathus, Leonardus
Datus, Leonardus
Leonardo ⟨Dati⟩
Leonardo ⟨di Piero Dati⟩
Leonardo ⟨Massanus⟩
Leonardus ⟨Datus, de Massa Maritima⟩
Leonardus ⟨de Massa Maritima⟩
Leonardus ⟨Evêque de Massa Maritima⟩

Leonardus ⟨de Bertipalia⟩
→ **Bertipalia, Leonardus ¬de¬**

Leonardus ⟨de Ciffono⟩
→ **Leonardus ⟨de Giffono⟩**

Leonardus ⟨de Cremona⟩
um 1380/1438
Artis metrice practice compilatio; Practica minutiarum; Algorismus minutiarum; Identität mit dem Philosophen und Arzt Mainardi, Leonardo umstritten
LMA,V,1893
Cremona, Leonardus ¬de¬
Léonard ⟨Mainardi⟩
Leonardo ⟨Cremonensis⟩
Leonardo ⟨Cremonese⟩
Leonardo ⟨de Antoniis⟩
Leonardo ⟨Mainardi⟩
Leonardo ⟨Mainardus Cremonensis⟩
Mainardi, Léonard
Mainardi, Leonardo

Leonardus ⟨de Datis⟩
gest. 1425 · OP
Commentarii super libros Meteororum; Sermones quadragesimales de flagellis peccatorum; Sermones quadragesimales de petitionibus animae; Sermo in Concilio Constant.
Potth. 1029; Lohr; Schönberger/ Kible, Repertorium, 15371/ 15375
Datis, Leonardus ¬de¬
Datus, Leonardus
Leonard ⟨Statius⟩
Leonardus ⟨Dati⟩
Leonardus ⟨Datus⟩
Leonardus ⟨Datus de Florentia⟩
Leonardus ⟨de Datis Florentinus⟩
Leonardus ⟨de Datis Statius⟩
Leonardus ⟨de Florentia⟩
Leonardus ⟨de Utino⟩
Leonardus ⟨Florentinus⟩
Leonardus ⟨Statii⟩
Leonardus ⟨Statius⟩
Leonardus ⟨Statius de Florentia⟩
Statius, Leonardus
Statius, Leonardus

Leonardus ⟨de Felizano⟩
um 1370/1405 · OP
Tabula Policrati⟨ci⟩ (Joh. Saresberiensis) per alphabetum compilata; Tabula alphabetica in Summam Guill. Peraldi de vitiis et virtutibus; Tabula super Sermones Bernardi in Cant. Cant.; etc.
Kaeppeli,III,77/78
Felizano, Leonardus ¬de¬
Leonardus ⟨de Felizano Genuensis⟩
Leonardus ⟨de Felizano Ianuensis⟩
Leonardus ⟨de Ianua⟩
Leonardus ⟨Genuensis⟩
Leonardus ⟨Ianuensis⟩

Leonardus ⟨de Florentia⟩
→ **Leonardus ⟨de Datis⟩**

Leonardus ⟨de Giffono⟩
gest. 1407
Utrum via renuntiationis
LThK; CSGL
Giffono, Leonardus ¬de¬
Léonard ⟨de Chifano⟩
Léonard ⟨de Giffone⟩
Léonard ⟨Rossi⟩
Leonardus ⟨Cardinalis⟩
Leonardus ⟨de Chiffano⟩
Leonardus ⟨de Ciffono⟩
Leonardus ⟨de Giffoni⟩
Leonardus ⟨de Giffonibus⟩
Leonardus ⟨de Grifonio⟩
Leonardus ⟨de Iovis Fano⟩
Leonardus ⟨de Rossi⟩
Leonardus ⟨de Rubeis⟩
Leonardus ⟨Giffonensis⟩

Leonardus ⟨de Ianua⟩
→ **Leonardus ⟨de Felizano⟩**

Leonardus ⟨de Iovis Fano⟩
→ **Leonardus ⟨de Giffono⟩**

Leonardus ⟨de Mansuetis⟩
→ **Leonardus ⟨Mansuetus⟩**

Leonardus ⟨de Massa Maritima⟩
→ **Leonardus ⟨Datus⟩**

Leonardus ⟨de Nogarolis⟩
→ **Leonardus ⟨Nogarolus⟩**

Leonardus ⟨de Pistorio⟩
um 1338/42 · OP
Mathematica; Tractatus de praescientia et praedestinatione divina; Computus; etc.
Schönberger/Kible, Repertorium, 15381/15382; Kaeppeli,III,85/86
Léonard ⟨de Pistoie⟩
Leonardo ⟨da Pistoia⟩
Leonardus ⟨Pistoriensis⟩
Pistorio, Leonardus ¬de¬

Leonardus ⟨de Predapalia⟩
→ **Bertipalia, Leonardus ¬de¬**

Leonardus ⟨de Rossi⟩
→ **Leonardus ⟨de Giffono⟩**

Leonardus ⟨de Rubeis⟩
→ **Leonardus ⟨de Giffono⟩**

Leonardus ⟨de Serubertis⟩
→ **Leonardus ⟨Ser Uberti⟩**

Leonardus ⟨de Utino⟩
→ **Leonardus ⟨de Datis⟩**

Leonardus ⟨de Utino⟩
ca. 1400 – 1470 · OP
LThK
Léonard ⟨d'Udine⟩
Leonardo ⟨di Matteo⟩
Leonardus ⟨Matthaei⟩
Leonardus ⟨Matthaei de Utino⟩
Leonardus ⟨Uticensis⟩
Leonhard ⟨Mattei⟩
Leonhard ⟨von Udine⟩
Matteo, Leonardo ¬di¬
Matthaei, Leonardus
Utino, Leonardus ¬de¬

Leonardus ⟨de Valle Brixiensi⟩
→ **Huntpichler, Leonardus**

Leonardus ⟨Dellaporta⟩
→ **Leonardus ⟨Ntellaportas⟩**

Leonardus ⟨Episcopus⟩
→ **Leonardus ⟨Chiensis⟩**

Leonardus ⟨Evêque de Massa Maritima⟩
→ **Leonardus ⟨Datus⟩**

Leonardus ⟨Fibonaccius⟩
→ **Leonardus ⟨Pisanus⟩**

Leonardus ⟨Florentinus⟩
→ **Leonardus ⟨de Datis⟩**

Leonardus ⟨Gans⟩
gest. 1496
Positiones
Stegmüller, Repert. sentent. 1155;1159;1160
Gans, Leonardus

Leonardus ⟨Genuensis⟩
→ **Leonardus ⟨de Felizano⟩**

Leonardus ⟨Giffonensis⟩
→ **Leonardus ⟨de Giffono⟩**

Leonardus ⟨Gryphius⟩
→ **Gryphius, Leonardus**

Leonardus ⟨Heff⟩
→ **Heff, Leonhard**

Leonardus ⟨Hubertus⟩
→ **Humbertus ⟨Leonardi⟩**

Leonardus ⟨Huntpichler⟩
→ **Huntpichler, Leonardus**

Leonardus ⟨Ianuensis⟩
→ **Leonardus ⟨de Felizano⟩**

Leonardus ⟨Iustinianus⟩
→ **Giustiniani, Leonardo**

Leonardus ⟨Mansuetus⟩
gest. 1481 · OP
Litterae encyclicae; Sermones
Léonard ⟨Mansueti⟩
Leonardo ⟨Mansueti⟩
Leonardus ⟨de Mansuetis⟩
Leonardus ⟨Mansuetus, de Pérouse⟩
Mansueti, Léonard
Mansuetus, Leonardus

Leonardus ⟨Matthaei⟩
→ **Leonardus ⟨de Utino⟩**

Leonardus ⟨Monachus⟩
Lebensdaten nicht ermittelt
Positiones; Clm 18906, f. 107-111
Stegmüller, Repert. sentent. 1148
Monachus, Leonardus

Leonardus ⟨Mytileneus⟩
→ **Leonardus ⟨Chiensis⟩**

Leonardus ⟨Nogarolus⟩
15. Jh.
De beatitudine
Leonardo ⟨Nogarola⟩
Leonardus ⟨de Nogarolis⟩
Nogarola, Leonardo
Nogarolis, Leonardus ¬de¬
Nogarolo, Léonard
Nogarolus, Leonardus

Leonardus ⟨Ntellaportas⟩
1350 – 1420
Dellaporta, Leonardus
Leonardos ⟨Dellaporta⟩
Leonardus ⟨Dellaporta⟩
Ntellaportas, Leonardus

Leonardus ⟨of Chios⟩
→ **Leonardus ⟨Chiensis⟩**

Leonardus ⟨Pisanus⟩
gest. 1240
Liber abaci
Tusculum-Lexikon
Bigollus, Pisanus
Bonacci, Leonardo
Bonacci, Leonardus
Fibonacci, Leonardo
Léonard ⟨de Pise⟩
Leonardo ⟨Bigollo Pisano⟩
Leonardo ⟨Bonacci⟩
Leonardo ⟨Fibonacci⟩
Leonardo ⟨Pisano⟩
Leonardo ⟨von Pisa⟩
Leonardus ⟨Fibonaccius⟩
Leonhard ⟨von Pisa⟩
Pisano, Leonardo
Pisanus, Leonardus

Leonardus ⟨Pistoriensis⟩
→ **Leonardus ⟨de Pistorio⟩**

Leonardus ⟨Ragusinus⟩
gest. 1480 · OP
Scholia seu commentaria in S. Thomae summam theologicam universam
Kaeppeli,III,86
Léonard ⟨de Raguse⟩
Leonardus ⟨Tralassus⟩
Leonardus ⟨Tralassus Ragusinus⟩
Ragusinus, Leonardus
Tralassus, Leonardus

Leonardus ⟨Regensperger⟩
→ **Regensperger, Leonardus**

Leonardus ⟨Romolt⟩
gest. 1496 · OCarm
Stegmüller, Repert. sentent. 518
Romolt, Leonardus

Leonardus ⟨Ser Uberti⟩
gest. ca. 1480 · OP
Sermo in cena Domini; Relationes de 2 miraculis intercessione S. Catharinae Senensis paratis; Epistulae 2 ad Laurentium de Medicis; etc.
Potth. 720; Schönberger/Kible, Repertorium, 15383; Kaeppeli,III,87/88
Léonard ⟨Ser-Uberti⟩
Leonardo ⟨Ser-Uberti⟩
Leonardus ⟨de Serubertis⟩
Leonardus ⟨Ser Uberti de Florentia⟩
Leonardus ⟨Ser-Uberti⟩
Ser Uberti, Leonardus
Uberti, Leonardus Ser

Leonardus ⟨Statius⟩
→ **Leonardus ⟨de Datis⟩**

Leonardus ⟨Tralassus⟩
→ **Leonardus ⟨Ragusinus⟩**

Leonardus ⟨Uticensis⟩
→ **Leonardus ⟨de Utino⟩**

Leonardus ⟨von Brixental⟩
→ **Huntpichler, Leonardus**

Leonardus, Camillus
→ **Leonardi, Camillo**

Léonce ⟨de Byzance⟩
→ **Leontius ⟨Byzantinus⟩**

Léonce ⟨de Damas⟩
→ **Leontius ⟨Damascenus⟩**

Léonce ⟨de Jérusalem⟩
→ **Leontius ⟨Hierosolymitanus⟩**

Léonce ⟨Prêtre de Constantinople⟩
→ **Leontius ⟨Constantinopolitanus⟩**

Leone ⟨Archipresbytero⟩
→ **Leo ⟨Neapolitanus⟩**

Leone ⟨Cobelli⟩
→ **Cobelli, Leone**

Leone ⟨il Diacono⟩
→ **Leo ⟨Diaconus⟩**

Leone ⟨il Grammatico⟩
→ **Leo ⟨Grammaticus⟩**

Leone ⟨il Isaurico⟩
→ **Leo ⟨Imperium Byzantinum, Imperator, III.⟩**

Leone ⟨il Neapolitano⟩
→ **Leo ⟨Neapolitanus⟩**

Leone ⟨il Saggio⟩
→ **Leo ⟨Imperium Byzantinum, Imperator, VI.⟩**

Leone ⟨Marsicano⟩
→ **Leo ⟨Marsicanus⟩**

Leone ⟨Papa, ...⟩
→ **Leo ⟨Papa, ...⟩**

Leone, Michael ¬de¬
→ **Michael ⟨de Leone⟩**

Leonel ⟨de Ferrare⟩
→ **Leonellus ⟨Estensis⟩**

Leonel ⟨d'Este⟩
→ **Leonellus ⟨Estensis⟩**

Leonello ⟨Chieregati⟩
→ **Leonellus ⟨Clericatus⟩**

Leonellus ⟨Clericatus⟩
um 1463/95
Dialogus; Sermo in publicatione confoederationis
Clericatus, Leonellus
Leonello ⟨Chieregati⟩
Leonello ⟨Chieregato⟩
Leonello ⟨Chreregati⟩

Leonellus ⟨Estensis⟩
1407 – 1450
Epistula ad Guarinum Veronensem; Oratio ad Sigismundum imperatorem
Stegmüller, Repert. sentent. 72
Leonel ⟨de Ferrare⟩
Leonel ⟨d'Este⟩
Leonel ⟨Seigneur de Ferrare⟩

Leonhard ⟨Eckelstein⟩
→ **Lienhart ⟨der Eckelzain⟩**

Leonhard ⟨Gessel⟩
→ **Gessel, Leonhard**

Leonhard ⟨Heff⟩
→ **Heff, Leonhard**

Leonhard ⟨Heffter⟩
→ **Heff, Leonhard**

Leonhard ⟨Huntpichler⟩
→ **Huntpichler, Leonardus**

Leonhard ⟨Huntpuhler⟩
→ **Huntpichler, Leonardus**

Leonhard ⟨Mattei⟩
→ **Leonardus ⟨de Utino⟩**

Leonhard ⟨Nunnenbeck⟩
→ **Nunnenpeck, Lienhard**

Leonhard ⟨Regensperger⟩
→ **Regensperger, Leonardus**

Leonhard ⟨Reynmann⟩
→ **Reynmann, Leonhard**

Leonhard ⟨Rynman⟩
→ **Reynmann, Leonhard**

Leonhard ⟨Seybold⟩
→ **Seybold, Leonhard**

Leonhard ⟨von Chios⟩
→ **Leonardus ⟨Chiensis⟩**

Leonhard ⟨von Pisa⟩
→ **Leonardus ⟨Pisanus⟩**

Leonhard ⟨von Udine⟩
→ **Leonardus ⟨de Utino⟩**

Leonhardus ⟨...⟩
→ **Leonardus ⟨...⟩**

Leonhart ⟨Bergrichter zu Sledmyng⟩
→ **Lienhart ⟨der Eckelzain⟩**

Leonhart ⟨der Egkltzain⟩
→ **Lienhart ⟨der Eckelzain⟩**

Leonhart ⟨Nestler von Speyer⟩
→ **Nestler ⟨von Speyer⟩**

Leonicenus, Omnibonus
→ **Omnibonus ⟨Leonicenus⟩**

Leonino ⟨de Padoue⟩
→ **Leoninus ⟨de Padua⟩**

Leoninus ⟨de Mediolano⟩
14. Jh. · OESA
Sermones dominicales et quadragesimales
Mediolano, Leoninus ¬de¬

Leoninus ⟨de Padua⟩
gest. ca. 1360 · OESA
Aegidii Romani de regimine principum libri 3 abbreviati; Logica
Potth. 720
Leonino ⟨de Padoue⟩
Leonino ⟨de Padova⟩
Leoninus ⟨Paduensis⟩
Leoninus ⟨Patavinus⟩
Padua, Leoninus ¬de¬
Patavinus, Leoninus

Leoninus ⟨OP⟩
14. Jh. · OP
Sermones quadragesimales
Kaeppeli,III,88

Leoninus ⟨Patavinus⟩
→ **Leoninus ⟨de Padua⟩**

Leonis, Johannes
→ **Johannes ⟨Leonis⟩**

Leonissa, Augustinus ¬de¬
→ **Augustinus ⟨de Leonissa⟩**

Leonius ⟨...⟩
→ **Leo ⟨...⟩**

Leonor ⟨de Córdoba⟩
→ **Leonor ⟨López de Córdoba⟩**

Leonor ⟨López de Córdoba⟩
1362/63 – ca. 1412
Memorie (kastil.)
Leonor ⟨a Cordova⟩
Leonor ⟨de Córdoba⟩
Leonor ⟨Donna⟩
Leonor ⟨López⟩
López, Leonor
López de Córdoba, Leonor

Leonora ⟨d'Arborea⟩
→ **Eleonora ⟨d'Arborea⟩**

Leonora ⟨Österreich, Erzherzogin⟩
→ **Eleonore ⟨Österreich, Erzherzogin⟩**

Leonora ⟨Schottland, Königin⟩
→ **Eleonore ⟨Österreich, Erzherzogin⟩**

Leonti ⟨Mroveli⟩
11. Jh.
Georg. Bischof
LThK(3),5,1275; Rep.Font., VII,193; K'art 'uli sab cot'a enc'iklopedia
Leonti ⟨Bischof⟩
Leonti ⟨Ruisis Episkoposi⟩
Leonti ⟨von Ruisi⟩
Leontij ⟨Mroveli⟩
Mroveli, Leonti

Leonti ⟨von Ruisi⟩
→ **Leonti ⟨Mroveli⟩**

Leontio, Simon ¬de¬
→ **Simon ⟨de Leontio⟩**

Leontios ⟨Machairas⟩
→ **Leontius ⟨Macheras⟩**

Leontios ⟨Macheiras⟩
→ **Leontius ⟨Macheras⟩**

Leontios ⟨Mönch der Sabas-Laura⟩
→ **Leontius ⟨Sancti Sabae⟩**

Leontios ⟨Scholastikos⟩
→ **Leontius ⟨Scholasticus⟩**

Leontios ⟨von Byzanz⟩
→ **Leontius ⟨Byzantinus⟩**

Leontios ⟨von Jerusalem⟩
→ **Leontius ⟨Hierosolymitanus⟩**

Leontios ⟨von Neapolis⟩
→ **Leontius ⟨Neapolitanus⟩**

Leontius ⟨Byzantinus⟩
ca. 480 – 543
Contra Nestorianos et Eutychianos; Epilyseis; Epaporemata; Liber de sectis (Cpg 6823) von Pseudo-Leontius ⟨Byzantinus⟩ (=Leontius ⟨Scholasticus⟩); nicht identisch mit Leontius ⟨Hierosolymitanus Monachus⟩
Tusculum-Lexikon; CSGL; LThK(3),6,838; Cpg 6813/14; LMA,V,1896/97
Byzantinus, Leontius
Léonce ⟨de Byzance⟩
Leontios ⟨von Byzanz⟩
Leontius ⟨Monachus⟩
Leontius ⟨of Byzantium⟩
Leontius ⟨Scholasticus⟩
Leonzio ⟨di Bizanzio⟩
Pseudo-Leontius ⟨Byzantinus⟩

Leontius ⟨Constantinopolitanus⟩
6./7. Jh.
Homiliae
Cpg 7887 – 7900
Constantinopolitanus, Leontius
Léonce ⟨Prêtre de Constantinople⟩
Leontius ⟨of Constantinople⟩
Leontius ⟨Presbyter⟩
Leontius ⟨Presbyter Constantinopolitanus⟩

Leontius ⟨Cyprius⟩
→ **Leontius ⟨Neapolitanus⟩**

Leontius ⟨Damascenus⟩
7. bzw. 12. Jh.
Damascenus, Leontius
Léonce ⟨de Damas⟩
Leonzio ⟨di Damasco⟩
Liyuntiyūs ad-Dimašqī

Leontius ⟨Epigrammaticus⟩
→ **Leontius ⟨Minotaurus⟩**
→ **Leontius ⟨Scholasticus⟩**

Leontius ⟨Hagiopeleus⟩
→ **Leontius ⟨Neapolitanus⟩**

Leontius ⟨Hierosolymitanus⟩
→ **Leontius ⟨Presbyter Hierosolymitanus⟩**

Leontius ⟨Hierosolymitanus⟩
gest. 1185
Kephalaia theologika; Peri diaphoras erōtos
Tusculum-Lexikon
Hierosolymitanus, Leontius
Léonce ⟨de Jérusalem⟩
Leontios ⟨von Jerusalem⟩
Leontius ⟨of Jerusalem⟩
Leontius ⟨Patriarcha⟩

Leontius ⟨Hierosolymitanus Monachus⟩
um 536/44
Contra Monophysitas; Aporien zur Christologie des Severus ⟨Antiochenus⟩; Contra Nestorianus; nicht identisch mit Leontius ⟨Byzantinus⟩
LThK(3),6,839; Cpg 6918; Rep.Font. VII,193/95
Hierosolymitanus Monachus, Leontius
Leontios ⟨Mönch und Polemischer Theologe⟩
Leontios ⟨Monachus Graecus⟩
Leontios ⟨von Jerusalem⟩

Leontius ⟨Machairas⟩
→ **Leontius ⟨Macheras⟩**

Leontius ⟨Macheras⟩
15. Jh.
Tusculum-Lexikon; CSGL; LMA,VI,58
Leontios ⟨Machairas⟩
Leontios ⟨Macheiras⟩
Leontios ⟨Makhairas⟩
Leontius ⟨Machairas⟩
Machairas, Leontios
Macheiras, Leontios
Macheras, Leontius

Leontius ⟨Mathematicus⟩
7. Jh.
Mathematicus, Leontius

Leontius ⟨Minotaurus⟩
6. Jh.
Leontius ⟨Epigrammaticus⟩
Minotaurus, Leontius

Leontius ⟨Monachus⟩
→ **Leontius ⟨Byzantinus⟩**

Leontius ⟨Neapolitanus⟩
ca. 600 – ca. 670
Tusculum-Lexikon; CSGL; LThK; LMA,V,1897
Leontios ⟨von Neapolis⟩
Leontius ⟨Cyprius⟩
Leontius ⟨Hagiopeleus⟩
Leontius ⟨Neapoleos in Cypro⟩
Leontius ⟨Nicopolitanus⟩
Leonzio ⟨di Napoli⟩
Neapolitanus, Leontius

Leontius ⟨Nicopolitanus⟩
→ **Leontius ⟨Neapolitanus⟩**

Leontius ⟨of Byzantium⟩
→ **Leontius ⟨Byzantinus⟩**

Leontius ⟨of Constantinople⟩
→ **Leontius ⟨Constantinopolitanus⟩**

Leontius ⟨of Jerusalem⟩
→ **Leontius ⟨Hierosolymitanus⟩**

Leontius ⟨Patriarcha⟩
→ **Leontius ⟨Hierosolymitanus⟩**

Leontius ⟨Pilatus⟩
→ **Pilatus, Leontius**

Leontius ⟨Presbyter⟩
→ **Leontius ⟨Constantinopolitanus⟩**
→ **Leontius ⟨Hierosolymitanus⟩**
→ **Leontius ⟨Presbyter Hierosolymitanus⟩**

Leontius ⟨Presbyter Hierosolymitanus⟩
7. Jh.
Homiliae in Samaritanam
Cpg 7911 - 7912
Hierosolymitanus, Leontius
Leontius ⟨Hierosolymitanus⟩
Leontius ⟨Presbyter⟩
Presbyter, Leontius

Leontius ⟨Presbyter Romanus⟩
um 680
Vita des Hl. Gregorius von Agrigent; nicht identisch mit Leontius ⟨Sancti Sabae⟩
LThK(3),4,997; Potth. 1347
Leontios ⟨aus Sabas-Laura in Rom⟩
Leontios ⟨Hegumenos des Sabas-Klosters in Rom⟩
Leontios ⟨Mönch der Sabas-Laura in Rom⟩
Leontios ⟨Presbyteros⟩
Leontios ⟨Priestermönch⟩
Leontios ⟨von Rom⟩
Leontios ⟨Presbyter⟩
Leontius ⟨Monachus et Praefectus H. Monasterii Sancti Sabae Urbis Romane⟩

Leontius ⟨Sancti Sabae⟩
8./9. Jh.
Biographie von Stephanus ⟨Sabaita⟩
Tusculum-Lexikon; CSGL
Leontios ⟨aus Sabas-Laura⟩
Leontios ⟨Mönch der Sabas-Laura⟩
Leontios ⟨Mönch der Sabas-Laura in Jerusalem⟩
Leontius ⟨Sancti Stephani Sabaitae Discipulus⟩
Sancti Sabae, Leontius

Leontius ⟨Scholasticus⟩
→ **Leontius ⟨Byzantinus⟩**

Leontius ⟨Scholasticus⟩
6. Jh.
Leontios ⟨Scholastikos⟩
Leontius ⟨Epigrammaticus⟩
Scholasticus, Leontius

Leontius ⟨Scriptor Ecclesiasticus⟩
→ **Leontius ⟨Hierosolymitanus⟩**

Leontius ⟨von Jerusalem⟩
→ **Leontius ⟨Hierosolymitanus⟩**

Leonycus ⟨Chalcondyles⟩
→ **Laonicus ⟨Chalcocondyles⟩**

Leonzio ⟨di Bizanzio⟩
→ **Leontius ⟨Byzantinus⟩**

Leonzio ⟨di Damasco⟩
→ **Leontius ⟨Damascenus⟩**

Leonzio ⟨di Napoli⟩
→ **Leontius ⟨Neapolitanus⟩**

Leonzio ⟨Pilato⟩
→ **Pilatus, Leontius**

Léopold ⟨Alsace, Landgrave, VIII.⟩
→ **Leopold ⟨Österreich, Herzog, III.⟩**

Leopold ⟨Astronom⟩
→ **Leopoldus ⟨de Austria⟩**

Léopold ⟨Autriche, Duc, VIII.⟩
→ **Leopold ⟨Österreich, Herzog, III.⟩**

Léopold ⟨d'Autriche⟩
→ **Leopoldus ⟨de Austria⟩**

Léopold ⟨de Bamberg⟩
→ **Lupoldus ⟨de Bebenburg⟩**

Léopold ⟨de Campiglio⟩
→ **Leopoldus ⟨Campililiensis⟩**

Léopold ⟨de Rotenburg⟩
→ **Hornburg, Lupold**

Leopold ⟨Hornburg⟩
→ **Hornburg, Lupold**

Léopold ⟨le Pieux-Vertueux⟩
→ **Leopold ⟨Österreich, Herzog, III.⟩**

Leopold ⟨Österreich, Herzog, III.⟩
1351 – 1386
Reden, Lieder, Kompositionen
VL(2),5,715/716 ; LMA,V,1902
Léopold ⟨Alsace, Landgrave, VIII.⟩
Léopold ⟨Autriche, Duc, VIII.⟩
Léopold ⟨le Pieux-Vertueux⟩

Leopold ⟨of Austria⟩
→ **Leopoldus ⟨de Austria⟩**

Leopold ⟨von Babenberg⟩
→ **Lupoldus ⟨de Bebenburg⟩**

Leopold ⟨von Bamberg⟩
→ **Lupoldus ⟨de Bebenburg⟩**

Leopold ⟨von Egloffstein⟩
→ **Lupoldus ⟨de Bebenburg⟩**

Leopold ⟨von Österreich⟩
→ **Leopoldus ⟨de Austria⟩**

Leopold ⟨von Wien⟩
→ **Leopoldus ⟨de Vienna⟩**

Leopoldus ⟨Campililiensis⟩
um 1157
Breve excerptum e chron. Ricardi canon. Newnburgensis de S. Leopoldo; fiktiver Autor; Werk ist eine Fälschung von Chrysostomus Hanthaler
Potth. 723; Rep.Font. VII,195
Campiglio, Léopold ¬de¬
Léopold ⟨de Campiglio⟩
Lewpoldus ⟨Campililiensis⟩

Leopoldus ⟨de Austria⟩
13. Jh.
Compilatio de scientia astrorum
Stegmüller, Repert. sentent. 665; LMA,V,1903
Austria, Leopoldus ¬de¬
Leopold ⟨Astronom⟩
Léopold ⟨Astronome⟩
Léopold ⟨d'Autriche⟩
Leopold ⟨of Austria⟩
Leopold ⟨von Österreich⟩
Leupoldus ⟨Ducatus Austriae Filius⟩

Leopoldus ⟨de Bebenburg⟩
→ **Lupoldus ⟨de Bebenburg⟩**

Leopoldus ⟨de Vienna⟩
gest. ca. 1400
Chronica Austriae
VL(2),5,716; LMA,VIII,39/40
Leopold ⟨von Wien⟩
Leopoldus ⟨Stainreuter de Vienna⟩
Leupold ⟨Stainreuter⟩
Leupold ⟨Stainreuter von Wien⟩
Leupoldus ⟨de Wienna⟩
Lutoldus ⟨Stainrueter⟩
Stainreuter, Leopoldus
Stainreuter, Leupold
Steinreuter, Leopold
Vienna, Leopoldus ¬de¬

Leopoldus ⟨Stainreuter de Vienna⟩
→ **Leopoldus ⟨de Vienna⟩**

Leostello, Joampiero
um 1484/91
Effemeridi delle cose fatte per il duce di Calabria 1484-1491
Potth. 721
Giampiero ⟨Leostello⟩
Jean-Pierre ⟨Leostello⟩
Joampiero ⟨Leostello⟩
Joampiero ⟨Leostello di Volterra⟩
Leostello, Giampiero
Leostello, Jean-Pierre

LePetit, Jean
→ **Petit, Jean**

LePicard, Pierre
→ **Pierre ⟨de Beauvais⟩**

LePrestre, Pierre
→ **Pierre ⟨le Prestre⟩**

LePrévost, Hubert
→ **Hubert ⟨le Prévost⟩**

Lerbecke, Hermannus ¬de¬
→ **Hermannus ⟨de Lerbecke⟩**

Lerchenfeld, Hugo ¬de¬
→ **Hugo ⟨de Lerchenfeld⟩**

LeRéchin, Fulco
→ **Fulco ⟨le Réchin⟩**

LeRoi ⟨de Cambrai⟩
→ **Huon ⟨de Cambrai⟩**

LeRoi, Adam
→ **Adenet ⟨le Roi⟩**

LeRoi, Adenet
→ **Adenet ⟨le Roi⟩**

LeRomeyn, John
ca. 1210 – 1296
Register
Jean ⟨le Romeyn⟩
John ⟨le Romeyn⟩
John ⟨LeRomeyn⟩
John ⟨Romanus⟩
Romanus
Romanus, John
Romeyn, Jean ¬le¬
Romeyn, John ¬le¬

Lerv, Peter
→ **Petrus ⟨de Hallis⟩**

Lesage, Johannes
→ **Johannes ⟨Lesage⟩**

Lesch, Albrecht
gest. 1393/94
Goldenes Schloß; Tagweise; Goldener Reihen; etc.
VL(2),5,726/733
Albert ⟨Lesch⟩
Albrecht ⟨Lesch⟩
Lesch, Albert

Lescher, Paulus
um 1458/86
Rhetorica
VL(2),5,733/734
Lescher, Paul
Lesgher, Paul
Letscher, Paul
Paul ⟨Lescher⟩
Paul ⟨Lesgher⟩
Paul ⟨Letscher⟩
Paulus ⟨Lescher⟩

Lescot, Richard
14. Jh.
Chronique
Richard ⟨le Scot⟩
Richard ⟨Lescot⟩
Richardus ⟨Scotus⟩

LeScrope, Richard
→ **Richardus ⟨Scropus⟩**

L'Escurel, Jehannot ¬de¬
um 1300
Franz. Liederdichter
LMA,V,346
Escurel, Jehannot ¬de l'¬
Jean ⟨L'Escurel⟩
Jehannot ⟨de l'Escurel⟩
L'Escurel, Jean

Lesemeister Albrecht, ¬Der¬
→ **Albrecht ⟨der Lesemeister⟩**

LeSénéchal, Jean
→ **Jean ⟨le Sénéchal⟩**

Leseur, Guillaume
um 1436/72
Histoire de Gaston IV.
Potth. 721; LMA,V,1910; Rep.Font. V,337
Guillaume ⟨Leseur⟩

Lesgher, Paul
→ **Lescher, Paulus**

Lessinia, Aegidius ¬de¬
→ **Aegidius ⟨de Lessinia⟩**

Leszczyn, Mikołaj Bylina ¬z¬
→ **Mikołaj Bylina ⟨z Leszczyn⟩**

Letald ⟨de Micy⟩
→ **Letaldus ⟨Miciacensis⟩**

Letald ⟨de Saint-Mesmin⟩
→ **Letaldus ⟨Miciacensis⟩**

Letaldus ⟨Miciacensis⟩
gest. 996
Vita S. Juliani Miciacensis
Tusculum-Lexikon; LMA,V,1912/13
Letald ⟨de Micy⟩
Letald ⟨de Saint-Mesmin⟩
Letald ⟨von Micy⟩
Letaldus ⟨Monachus⟩
Lethaldus ⟨Miciacensis⟩

Letaldus ⟨Monachus⟩
→ **Letaldus ⟨Miciacensis⟩**

Letbert ⟨de Lille⟩
→ **Lietbertus ⟨de Insulis⟩**

Letbert ⟨de Saint-Ruf⟩
→ **Lietbertus ⟨de Insulis⟩**

LeTeinturier, Jean
→ **Jean ⟨le Teinturier⟩**

Leteltun, Thomas
→ **Littleton, Thomas**

Lethaldus ⟨Miciacensis⟩
→ **Letaldus ⟨Miciacensis⟩**

Leto, Giulio Pomponio
→ **Pomponius Laetus, Iulius**

LeTort, Lambert
→ **Lambert ⟨le Tort⟩**

LeTourneur, Johannes
→ **Johannes ⟨Versor⟩**

LeTrésorier, Bernard
→ **Bernard ⟨le Trésorier⟩**

Letscher, Paul
→ **Lescher, Paulus**

Letselinus ⟨Crispiacensis⟩
gest. ca. 1031
Vita S. Arnulfi mart. episc. Turon. (vita metr.)
Potth. 723
Letselin ⟨de Crépy-en-Valois⟩
Letselinus
Letselinus ⟨Abbas Crispiacensis⟩

Lettus, Henricus
→ **Henricus ⟨Lettus⟩**

Leu, Gautier ¬le¬
→ **Gautier ⟨le Leu⟩**

Leubmann, Paulus
→ **Paulus ⟨de Mellico⟩**

Leuciis, Mundinus ¬de¬
→ **Mundinus ⟨Lucius⟩**

Leucius ⟨Biographe Gnostique⟩
→ **Leucius, Charinus**

Leucius ⟨Photio⟩
→ **Leucius, Charinus**

Leucius, Charinus
7. Jh.
Acta S. Philippi apostoli
Potth. 723
Charinus ⟨Leucius⟩
Charinus, Leucius
Charinus, Lucius
Leucius ⟨Biographe Gnostique⟩
Leucius ⟨Charinus⟩
Leucius ⟨Disciple de Saint-Jean⟩
Leucius ⟨Photio⟩
Lucius ⟨Charinus⟩

Leuco, Thomas ¬de¬
→ **Thomas ⟨de Leuco⟩**

Leudegarius
→ **Leodegarius ⟨Augustodunensis⟩**

Leugis, Galfredus ¬de¬
→ **Galfredus ⟨Carnotensis⟩**

Leulinus ⟨Anglicus⟩
→ **Leulyn ⟨Anglicus⟩**

Leulyn ⟨Anglicus⟩
um 1292 · OP
Schneyer,IV,41
Anglicus, Leulyn
Leulinus ⟨Anglicus⟩
Leylyn ⟨Anglicus⟩

Leupold ⟨Stainreuter⟩
→ **Leopoldus ⟨de Vienna⟩**

Leupold ⟨von Bemberg⟩
→ **Lupoldus ⟨de Bebenburg⟩**

Leupoldus ⟨de Wienna⟩
→ **Leopoldus ⟨de Vienna⟩**

Leupoldus ⟨Ducatus Austriae Filius⟩
→ **Leopoldus ⟨de Austria⟩**

Leusius, Eustachius
→ **Eustachius ⟨Lensius⟩**

Leuthold ⟨von Seven⟩
13. Jh.
Lieder
VL(2),5,735/738

Leuthold ⟨von Saven⟩
Leutold ⟨de Seven⟩
Liutolt ⟨von Seven⟩
Livtolt ⟨Savene⟩
Livtolt ⟨von Seven⟩
Lutolt ⟨von Seven⟩
Seven, Leuthold ¬von¬

Leutholfus ⟨...⟩
→ **Ludolphus ⟨...⟩**

Leutis, Thomas ¬de¬
→ **Thomas ⟨de Leutis⟩**

Leutold ⟨de Seven⟩
→ **Leuthold ⟨von Seven⟩**

Leutolphus ⟨...⟩
→ **Ludolphus ⟨...⟩**

Leutwin
→ **Lutwin**

Leuwis, Dionysius ¬de¬
→ **Dionysius ⟨Cartusianus⟩**

Lev ⟨Diakon⟩
→ **Leo ⟨Diaconus⟩**

Lev ⟨Kalojskij⟩
→ **Leo ⟨Diaconus⟩**

Lev ⟨z Blatné⟩
→ **Leo ⟨de Rozmital⟩**

Lev ⟨z Rožmitálu⟩
→ **Leo ⟨de Rozmital⟩**

Levalossi, Sagacius
gest. 1357
Verf. eines Teils des Chronicon Regiense (1303 – 1353), als dessen alleiniger Verf. gelegentlich Gazata, Petrus ¬de¬ gilt
Potth. 723
Gazzata, Sagaccino Levalossi ¬della¬
Levalosi, Sagacio ¬de'¬
Levalossi ⟨Sagacinus⟩
Levalossi, Sagaccino
Levalossi della Gazzata, Sagaccino
Sagaccino ⟨Levalossi⟩
Sagaccino ⟨Levalossi della Gazzata⟩
Sagacino ⟨Levalossi⟩
Sagacinus ⟨Levalossi⟩
Sagacio ⟨de'Levalosi⟩
Sagacius ⟨Levalossi⟩

Levanto, Galvanus ¬de¬
→ **Galvanus ⟨de Levanto⟩**

LeVer, Firmin
→ **Firminus ⟨Verris⟩**

Levibus, Guilelmus ¬de¬
→ **Guilelmus ⟨de Levibus⟩**

LeVinier, Guillaume
→ **Guillaume ⟨le Vinier⟩**

Levinus ⟨Helpericus⟩
→ **Helpericus, Levinus**

Levita, Adalbertus
→ **Adalbertus ⟨Levita⟩**

Levita, Benedictus
→ **Benedictus ⟨Levita⟩**

Levita, Jehudah
→ **Yehûdā hal-Lēwî**

Levita, Paulus
→ **Paulus ⟨Diaconus⟩**

Levoldus ⟨de Northof⟩
1279 – 1358
Catalogus archiep. Coloniensium
Tusculum-Lexikon; LThK; VL(2); LMA,V,1925
Levold ⟨von Northof⟩
Lewold ⟨von Northoff⟩
Northof, Levoldus ¬de¬
Northof, Lewold

Lew
15. Jh.
Fechthandschrift
VL(2),5,742/743
Lew ⟨der Jude⟩

Lewis ⟨Glyn Cothi⟩
ca. 1440 – ca. 1495
Engl. Arzt u. Astronom
LMA,V,1927
Caerlon, Lewis ¬von¬
Cothi, Lewis Glyn
Glyn Cothi, Lewis
Lewis ⟨von Caerlon⟩
Lewis ⟨von Caerlyon⟩
Lewis ⟨von Kaerlion⟩
Lewis ⟨y Glyn⟩
Lewys ⟨von Caerlon⟩

Lewis ⟨of Caerleon⟩
→ **Lewis ⟨Glyn Cothi⟩**
→ **Ludovicus ⟨de Caerleon⟩**

Lewis ⟨y Glyn⟩
→ **Lewis ⟨Glyn Cothi⟩**

Lewis, Matthias ¬de¬
→ **Matthias ⟨de Lewis⟩**

Lewold ⟨von Northoff⟩
→ **Levoldus ⟨de Northof⟩**

Lewpoldus ⟨Campililiensis⟩
→ **Leopoldus ⟨Campililiensis⟩**

Lexington, Henricus ¬de¬
→ **Henricus ⟨de Lexington⟩**

Lexinton, Stephanus ¬de¬
→ **Stephanus ⟨de Lexinton⟩**

Lexovio, Guilelmus ¬de¬
→ **Guilelmus ⟨de Lexovio⟩**

Ley, Johannes
→ **Johannes ⟨Leonis⟩**

Leyden, Jan ¬van¬
→ **Jan ⟨van Leyden⟩**

Leydis, Johannes ¬de¬
→ **Jan ⟨van Leyden⟩**

Leydis, Philippus ¬de¬
→ **Philippus ⟨de Leydis⟩**

Leydis, Theodoricus ¬a¬
→ **Theodoricus ⟨a Leydis⟩**

Leylyn ⟨Anglicus⟩
→ **Leulyn ⟨Anglicus⟩**

Leyneman, Henningus
→ **Henningus ⟨de Hildesheim⟩**

Lézin ⟨d'Angers⟩
→ **Licinius ⟨Turonensis⟩**

Lézin ⟨de Tours⟩
→ **Licinius ⟨Turonensis⟩**

Li, Bai
701 – 762
Chin. Lyriker
Bai ⟨Li⟩
Li, Bo
Li, Pai
Li, Po
Li, Taibai
Li, Tai-bo
Li, Tai-peh
Li, T'ai-po
Li Bo
Li Po
Li Taibo
Li Tai-peh
Li T'ai-po
Li-Tai-Pe
Li-Tai-Po

Li, Bo
→ **Li, Bai**

Li, Gonglin
ca. 1040 – ca. 1106
Chines. Maler
Li, Kung-lin

Li, Gou
1009 – 1059
Li, Kou

Li, Kou
→ **Li, Gou**

Li, Kung-lin
→ **Li, Gonglin**

Li, Pai
→ **Li, Bai**

Li, Po
→ **Li, Bai**

Li, Taibai
→ **Li, Bai**

Li, Tai-bo
→ **Li, Bai**

Li, Tai-peh
→ **Li, Bai**

Liaco, Jacobus ¬de¬
→ **Jacobus ⟨de Liaco⟩**

Liazariis, Paulus ¬de¬
→ **Paulus ⟨de Liazariis⟩**

Libadenus, Andreas
→ **Andreas ⟨Libadenus⟩**

Libadinarius, Andreas
→ **Andreas ⟨Libadenus⟩**

Libanus, Marcus Georgius
→ **Marcus Georgius ⟨Libanus⟩**

Libelli ⟨Tifernas⟩
→ **Tifernas, Lilius**

Liberatus ⟨Archidiaconus⟩
→ **Liberatus ⟨Carthaginiensis⟩**

Liberatus ⟨Byzacenus⟩
um 525
Briefe innerhalb der Akten des Concilium Carthaginense vom Jahr 525
Cpl 1767
Byzacenus, Liberatus
Liberatus ⟨Carthaginiensis⟩
Liberatus ⟨Senis Byzacenae⟩

Liberatus ⟨Carthaginiensis⟩
→ **Liberatus ⟨Byzacenus⟩**

Liberatus ⟨Carthaginiensis⟩
um 560
Breviarum causae Nestorianorum et Eutychianorum
Potth. 739; Cpl 865; Cpg 5901
Liberat ⟨Archidiacre⟩
Liberat ⟨de Carthage⟩
Liberat ⟨Diacre⟩
Liberatus ⟨Archdeacon⟩
Liberatus ⟨Archidiaconus⟩
Liberatus ⟨Carthageniensis⟩
Liberatus ⟨Carthaginensis⟩
Liberatus ⟨Diaconus⟩
Liberatus ⟨Ecclesiae Carthaginiensis⟩
Liberatus ⟨of Carthage⟩
Liberatus ⟨Theologus⟩

Liberatus ⟨Diaconus⟩
→ **Liberatus ⟨Carthaginiensis⟩**

Liberatus ⟨Senis Byzacenae⟩
→ **Liberatus ⟨Byzacenus⟩**

Liberatus ⟨Theologus⟩
→ **Liberatus ⟨Carthaginiensis⟩**

Libertus ⟨Bericensis⟩
um 1500
Libert ⟨de Beirut⟩
Libertus ⟨Gericensis⟩
Libertus ⟨of Berissa⟩
Libertus ⟨of Beyrout⟩

Libertus ⟨Gericensis⟩
→ **Libertus ⟨Bericensis⟩**

Liborius ⟨Naker⟩
→ **Naker, Liborius**

Librarius, Johannes
→ **Johannes ⟨Librarius⟩**

Libri, Matteo ¬dei¬
→ **Matthaeus ⟨de Libris⟩**

Libuinus ⟨Subdiaconus⟩
um 1054
Vita S. Leonis IX pp. (historia mortis)
Potth. 740
Libuin ⟨Hagiographe⟩
Libuin ⟨Sous-Diacre de l'Eglise Romaine⟩
Libuinus ⟨Ecclesiae Romanae Subdiaconus⟩
Subdiaconus, Libuinus

Licentiatus, Valentinus
→ **Valentinus ⟨Licentiatus⟩**

Lichtenau, Conradus ¬de¬
→ **Conradus ⟨de Lichtenau⟩**

Lichtenauer, Johannes
→ **Liechtenauer, Johannes**

Lichtenawer ⟨Meister⟩
→ **Liechtenauer, Johannes**

Lichtenberg, Samuel ¬von¬
→ **Karoch von Lichtenberg, Samuel**

Lichtenstein, Ulrich ¬von¬
→ **Ulrich ⟨von Lichtenstein⟩**

Lichtenthaler, Regula
→ **Regula ⟨Lichtenthaler⟩**

Liciaco, Stephanus ¬de¬
→ **Stephanus ⟨de Liciaco⟩**

Licinianus ⟨Carthaginiensis⟩
um 582/602
Liciniano ⟨de Cartagena⟩
Liciniano ⟨el Obispo⟩
Licinianus ⟨Carthaginis Spartariae⟩
Licinianus ⟨Episcopus⟩
Licinianus ⟨Sanctus⟩
Licinianus ⟨Spartariae⟩
Licinianus ⟨von Cartagena⟩
Lucinianus ⟨Carthaginiensis⟩

Licinius ⟨Turonensis⟩
um 511
Mitverf. der „Epistula ad Lovocatum et Catihernum presbyteros"
Cpl 1000a
Lézin ⟨de Tours⟩
Lézin ⟨d'Angers⟩
Licinius ⟨Episcopus⟩

Licio, Augustinus ¬de¬
→ **Augustinus ⟨de Licio⟩**

Licio, Robertus ¬de¬
→ **Caraccioli, Roberto**

Lidlington, Guilelmus
→ **Guilelmus ⟨Lidlington⟩**

Liebe ⟨von Giengen⟩
um 1400
Jahr- oder Radweise; Beichtlied; Frauenpreis; etc.
VL(2),5,781/783
Giengen, Liebe ¬von¬
Liebe ⟨de Giengen⟩
Liebe ⟨Sangspruchdichter⟩
Liebe ⟨von Gengen⟩
Lieber

Liebegg, Rudolfus ¬de¬
→ **Rudolfus ⟨de Liebegg⟩**

Liebenberg, Konrad ¬von¬
→ **Konrad ⟨von Liebenberg⟩**

Lieber
→ **Liebe ⟨von Giengen⟩**

Liebesberg, Schenk ¬von¬
→ **Schenk ⟨von Lißberg⟩**

Liebhard ⟨Eghenvelder⟩
→ **Eghenvelder, Liebhard**

Liebhard ⟨von Prüfening⟩
→ **Liebhardus ⟨de Prufening⟩**

Liebhardus ⟨de Prufening⟩
13. Jh.
VL(2),5,808/811
Liebhard ⟨von Prüfening⟩
Prufening, Liebhardus ¬de¬

Liechtenau, Conrad ¬von¬
→ **Conradus ⟨de Lichtenau⟩**

Liechtenauer, Johannes
15. Jh.
Fechtlehre mit dem "langen Schwert„
VL(2),5,811/816
Johannes ⟨Liechtenauer⟩
Lichtenauer, Johannes
Lichtenawer ⟨Meister⟩
Lichtnawer ⟨Meister⟩
Liechtenauer, Johann

Liechtenberg, Jakob ¬von¬
→ **Jakob ⟨von Liechtenberg⟩**

Liechtenstein, Ulrich ¬von¬
→ **Ulrich ⟨von Lichtenstein⟩**

Liegnitz, Matthias ¬de¬
→ **Matthias ⟨de Liegnitz⟩**

Liegnitz, Peregrinus ¬de¬
→ **Peregrinus ⟨de Liegnitz⟩**

Liegnitzer, Andreas
um 1452
Die Kunst der „kurcz swert zur gewappenter hant, die stuck mit dem pucklär"; Die Kunst der „ringen"; Die "stuck mit dem tegen„
VL(2),5,822/823
Andreas ⟨der Liegnitzer⟩
Andreas ⟨Liegnitzer⟩
Andres ⟨der Lignitzer⟩
Andres ⟨Lintzinger⟩

Liehart ⟨Öser⟩
→ **Irmhart ⟨Öser⟩**

Lienhard ⟨Nunnenpeck⟩
→ **Nunnenpeck, Lienhard**

Lienhart ⟨der Eckelzain⟩
um 1408/23
Schladminger Bergbrief
VL(2),5,823/825
Eckelstein, Leonhard
Eckelzain, Lienhart ¬der¬
Eckelzain, ¬Der¬
Eggelzain, Leonhard
Egkelzhain, Leonhard
Egkltzain, Leonhard
Leonhard ⟨Eckelstein⟩
Leonhard ⟨Eggelzain⟩
Leonhard ⟨Egkelzhain⟩
Leonhard ⟨Egkltzain⟩
Leonhart ⟨Bergrichter zu Sledmyng⟩
Leonhart ⟨der Egkltzain⟩

Lienhart ⟨Peuger⟩
→ **Peuger, Lienhart**

Lienhart ⟨Prius Monasterii Sancti Lamperti⟩
→ **Peuger, Lienhart**

Lienz, Burggraf ¬von¬
→ **Burggraf ⟨von Lienz⟩**

Liet Scouwere, ¬Der¬
→ **Litschauer, ¬Der¬**

Lietard ⟨de Soissons⟩
→ **Lisiardus ⟨Suessionensis⟩**

Lietardus ⟨Episcopus⟩
→ **Lisiardus ⟨Suessionensis⟩**

Lietbert ⟨de Lille⟩
→ **Lietbertus ⟨de Insulis⟩**

Lietbertus ⟨de Insulis⟩
um 1110 · OESACan
Mutmaßl. Verf. des „Commentarium in LXXV Davidis psalmos" (=Flores psalmorum) des Pseudo-Rufinus
Cpl 199; Potth. 740; Stegmüller, Repert. bibl. 5395
Insulis, Lietbertus ¬de¬
Lambertus ⟨de Lille⟩
Lambertus ⟨de Sancto Rufo⟩
Lambertus ⟨Insulensis⟩
Letbert ⟨de Lille⟩
Letbert ⟨de Saint-Pierre de Lille⟩
Letbert ⟨de Saint-Ruf⟩
Lietbert ⟨de Lille⟩
Lietbert ⟨de Saint-Pierre de Lille⟩
Lietbert ⟨de Saint-Ruf⟩
Lietbert ⟨von Lille⟩
Lietbertus ⟨Abbas Sancti Rufi⟩
Lietbertus ⟨de Lille⟩
Lietbertus ⟨de Sancto Rufo⟩
Lietbertus ⟨Insulensis⟩

Lietbertus ⟨de Lille⟩
→ **Lietbertus ⟨de Insulis⟩**

Liger ⟨Frater⟩
→ **Leodegarius ⟨Frater⟩**

Lignamine, Johannes Philippus ¬de¬
gest. 1493
Chronica summorum pontificum imperatorumque ab a. 1316-1469; Vita et laudes Philippi Ferdinandi regis
Potth. 740
Giovan Filippo ⟨da Legname⟩
Giovanni Filippo ⟨da Legname⟩
Jean-Philippe ⟨de Lignamine⟩
Jean-Philippe ⟨de Lignamine de Messine⟩
Johannes Philippus ⟨de Lignamine⟩
Legname, Giovanni Filippo ¬da¬
Lignamine, Jean-Philippe ¬de¬

Lignano, Johannes ¬de¬
→ **Johannes ⟨de Lignano⟩**

Ligniaco, Guilelmus ¬de¬
→ **Guilelmus ⟨de Ligniaco⟩**

Lilgenfein
15. Jh.
Marienlob
VL(2),5,827/828
Gilgenfein
Lilgen fein
Lilgenvein

Lilienfeld, Christan ¬von¬
→ **Christanus ⟨Campililiensis⟩**

Lilio ⟨de Città di Castello⟩
→ **Tifernas, Lilius**

Lilio Gregorio ⟨de Tiphernum⟩
→ **Gregorius ⟨de Tipherno⟩**

Lilius ⟨Tifernas⟩
→ **Tifernas, Lilius**

Lilius, Johannes
→ **Johannes ⟨Lilius⟩**

Lilius, Thomas
→ **Thomas ⟨de Insula⟩**

Limbourg, Herman ¬de¬
→ **Limburg, Hermann ¬von¬**

Limbourg, Jean ¬de¬
→ **Limburg, Jan ¬von¬**

Limbourg, Paul ¬de¬
→ **Limburg, Paul ¬von¬**

Limburg, Gerlach ¬von¬
→ **Gerlach ⟨von Limburg, ...⟩**

Limburg, Hermann ¬von¬
1380 – 1416
Franz. Miniaturenmaler
Herman ⟨Limburg⟩
Hermann ⟨von Limburg⟩
Limbourg, Herman ¬de¬
Limburg, Herman
Maelwael, Hermann
Maelweel, Hermann
Malouel, Herman
Manuel, Herman
Meleuel, Herment

Limburg, Jan ¬von¬
15. Jh.
Franz. Miniaturenmaler
Hennequin, Johan ¬of¬
Jan ⟨Limburg⟩
Jan ⟨von Limburg⟩
Limbourg, Jean ¬de¬
Limburg, Jan
Limburg, Jehannequin ¬von¬
Limburg, Johan
Maelwael, Jan
Maelweel, Jan
Malouel, Jehanequin
Maluel, Jehanequin
Manuel, Jehanequin

Limburg, Paul ¬von¬
15. Jh.
Franz. Miniaturenmaler
Limbourg, Paul ¬de¬
Limburg, Paul
Limburg, Pol ¬von¬
Maelwael, Paul
Maelweel, Paul
Malouel, Polequin
Maluel, Polequin
Manuel, Polequin
Paul ⟨Limburg⟩
Paul ⟨von Limburg⟩
Pol ⟨de Limbourg⟩

Limburg, Rupertus ¬de¬
→ **Rupertus ⟨de Limburg⟩**

Limburg, Schenk ¬von¬
→ **Schenk ⟨von Limburg⟩**

Limenita, Georgilla
→ **Geōrgillas, Emmanuēl**

Limoges, Petrus ¬de¬
→ **Petrus ⟨de Lemovicis⟩**

Limtoměřický, Hilarius
→ **Hilarius ⟨Litoměřický⟩**

LiMuisis, Gilles
→ **Gilles ⟨le Muisit⟩**

Lin, Hejing
967 – 1028
Lin, He Jing

Lin Chi I Hsüan
→ **Yixuan**

Lin-chi
→ **Yixuan**

Lin-chi, Yi-hsüan
→ **Yixuan**

Lincoln, Guilelmus ¬de¬
→ **Guilelmus ⟨de Lincoln⟩**

Lincoln, Richardus
→ **Richardus ⟨Lincoln⟩**

Lincolnia, Adamus ¬de¬
→ **Adamus ⟨de Lincolnia⟩**

Lincolnia, Guilelmus ¬de¬
→ **Guilelmus ⟨de Lincolnia⟩**

Lindau, Johannes
ca. 1425 – ca. 1483
VL(2),4,673/74; Potth.
Hueglein, Johann
Jean ⟨de Lindau⟩
Johann ⟨Hueglein⟩
Johann ⟨Lindau⟩
Johannes ⟨Lindau⟩
Johannes ⟨von Lindau⟩

Lindau, Marquard ¬von¬
→ **Marquard ⟨von Lindau⟩**

Lindelbach, Michael
um 1479/90
Precepta latinitatis
VL(2),5,839/840
Lindelbacher, Michel
Michael ⟨Lindelbach⟩
Michel ⟨Lindelbacher⟩

Lindenblatt, Johann
→ **Johannes ⟨de Posilge⟩**

Lindprandus ⟨Cremonensis⟩
→ **Liutprandus ⟨Cremonensis⟩**

Lindprandus ⟨Ticinensis⟩
→ **Liutprandus ⟨Cremonensis⟩**

Lineriis, Johannes ¬de¬
→ **Johannes ⟨de Lineriis⟩**

Linji
→ **Yixuan**

Linji-Yixuan
→ **Yixuan**

Linna, Nicolaus ¬de¬
→ **Nicolaus ⟨de Linna⟩**

Lino ⟨di Camaino⟩
→ **Tino ⟨di Camaino⟩**

Lino Coluccio ⟨dei Salutati⟩
→ **Salutati, Coluccio**

Linowe, Heinrich ¬von¬
→ **Heinrich ⟨von Leinau⟩**

Linz, Georg ¬von¬
→ **Georg ⟨von Linz⟩**

Linz, Hermann ¬von¬
→ **Hermann ⟨von Linz⟩**

Lionardo ⟨Bruni⟩
→ **Bruni, Leonardo**

Lionardo ⟨di Niccolò Frescobaldi⟩
→ **Frescobaldi, Leonardo**

Lionardo ⟨Giustiniani⟩
→ **Giustiniani, Leonardo**

Lios ⟨Eliae Monachus⟩
→ **Lios ⟨Monocus⟩**

Lios ⟨Monocus⟩
9. Jh.
Libellus sacerdotalis
DOC 2,1256
Lios ⟨d'Elie⟩
Lios ⟨Eliae Monachus⟩
Lios ⟨Moine⟩
Lios ⟨Monachus Eliae⟩
Lios ⟨Pòete Latin⟩
Monocus, Lios

Lipmann ⟨of Muhlhausen⟩
→ **Mühlhausen, Yôm-Ṭôv**

Lipmann, Yom-Tob ben Solomon
→ **Mühlhausen, Yôm-Ṭôv**

Lippe, Reinolt ¬von der¬
→ **Reinolt ⟨von der Lippe⟩**

Lippi, Filippo
ca. 1406 – 1469
Filippino ⟨Lippi⟩
Filippo ⟨del Carmine⟩
Filippo ⟨Fra⟩
Filippo ⟨Lippi⟩
Lippi, Filippino

Lippi, Johannes
→ **Johannes ⟨Aretinus Lippi⟩**

Lippi, Lorenzo
→ **Laurentius ⟨Lippius⟩**

Lippia, Herbordus ¬de¬
→ **Herbordus ⟨de Lippia⟩**

Lippia, Siburdus ¬de¬
→ **Siburdus ⟨de Lippia⟩**

Lippius, Laurentius
→ **Laurentius ⟨Lippius⟩**

Lippo
→ **Aurelius ⟨Brandolinus⟩**

Lippo ⟨di Giovanni⟩
→ **Vanni, Lippo**

Lippo ⟨Memmi⟩
→ **Memmi, Lippo**

Lippo ⟨Vanni⟩
→ **Vanni, Lippo**

Lippus
→ **Aurelius ⟨Brandolinus⟩**

Lira, Nicolaus ¬de¬
→ **Nicolaus ⟨de Lyra⟩**

Lire, Theobaldus ¬de¬
→ **Theobaldus ⟨de Lire⟩**

Lirer, Thomas
um 1475
Chronik, Von Karl d. Gr. - 1462
Potth. 741
Lirar, Thomas
Thomas ⟨Leirer⟩
Thomas ⟨Lirar⟩
Thomas ⟨Lirar aus Rankweil⟩
Thomas ⟨Lirer⟩

Lirot, Johannes ¬de¬
→ **Johannes ⟨de Lirot⟩**

Lisa, Gerardus ¬de¬
→ **Gerardo ⟨de Fiandra⟩**

Lisān-ad-Dīn, Muḥammad Ibn-ʿAbdallāh Ibn-al-Ḫaṭīb
→ **Ibn-al-Ḫaṭīb Lisān-ad-Dīn, Muḥammad Ibn-ʿAbdallāh**

Lisān-ad-Dīn Ibn-al-Ḫaṭīb
→ **Ibn-al-Ḫaṭīb Lisān-ad-Dīn, Muḥammad Ibn-ʿAbdallāh**

Lisci, Biagio
15. Jh.
Il sacco di Volterra nel MCDLXXII
Biagio ⟨Lisci⟩
Biagius ⟨Liscius⟩
Blaise ⟨Lisci⟩
Lisci, Blaise
Liscius, Biagius

Lisiard ⟨de Crépy⟩
→ **Lisiardus ⟨Suessionensis⟩**

Lisiard ⟨de Laon⟩
→ **Lisiardus ⟨Turonensis⟩**

Lisiard ⟨de Soissons⟩
→ **Lisiardus ⟨Suessionensis⟩**

Lisiard ⟨de Tours⟩
→ **Lisiardus ⟨Turonensis⟩**

Lisiardus ⟨Clericus Turonensis⟩
→ **Lisiardus ⟨Turonensis⟩**

Lisiardus ⟨Decanus Laudunensis⟩
→ **Lisiardus ⟨Turonensis⟩**

Lisiardus ⟨Episcopus⟩
→ **Lisiardus ⟨Suessionensis⟩**

Lisiardus ⟨Suessionensis⟩
gest. 1126
Vita S. Arnulfi Suessionensis
Potth. 741
Lietard ⟨de Soissons⟩
Lietardus ⟨Episcopus⟩
Lietardus ⟨Suessionensis⟩
Lisiard ⟨de Crépy⟩
Lisiard ⟨de Soissons⟩
Lisiard ⟨Evêque⟩
Lisiardus ⟨Episcopus⟩

Lisiardus ⟨Turonensis⟩
gest. 1168
Historia Hierosolymitana
Potth. 741
Lisiard ⟨Clerc⟩
Lisiard ⟨de Laon⟩
Lisiard ⟨de Tours⟩
Lisiard ⟨Doyen⟩
Lisiardus ⟨Clericus Turonensis⟩
Lisiardus ⟨Decanus Laudunensis⟩
Pseudo-Lisiardus ⟨Turonensis⟩

L'Isle, Gautier ¬de¬
→ **Gualterus ⟨de Castellione⟩**

L'Isle, Thomas
→ **Thomas ⟨de Insula⟩**

Lisorius ⟨Poeta⟩
→ **Luxurius ⟨Carthaginiensis⟩**

Lißberg, Schenk ¬von¬
→ **Schenk ⟨von Lißberg⟩**

Lissy, Guilelmus ¬de¬
→ **Guilelmus ⟨de Lissy⟩**

Listaer, Johannes
→ **Johannes ⟨Listaer⟩**

Li-Tai-Pe
→ **Li, Bai**

Li-Tai-Po
→ **Li, Bai**

Litheldus ⟨Teutonicus⟩
→ **Lutoldus ⟨Teutonicus⟩**

Litle, William
→ **Guilelmus ⟨Neubrigensis⟩**

Litleton, Thomas
→ **Littleton, Thomas**

Litobrandus ⟨Cremonensis⟩
→ **Liutprandus ⟨Cremonensis⟩**

Litoldus ⟨Cartusiensis⟩
→ **Ludolphus ⟨de Saxonia⟩**

Litoměřický, Hilarius
→ **Hilarius ⟨Litoměřický⟩**

Litomyšle, Mikuláš ¬z¬
→ **Mikuláš ⟨z Litomyšle⟩**

Litschauer, ¬Der¬
13. Jh.
2 Tonsprüche
VL(2),5,851/852
Liet Scouwere, ¬Der¬
Litschower, ¬Der¬
Litzschower, ¬Der¬

Littara, Vincentius
14. Jh.
Vita b. Conradi Placent.
Potth. 742; 1253
Littarae, Vincenzo
Vincentius ⟨Littara⟩
Vincenzo ⟨Littarae⟩

Littleton, Thomas
1402 – 1481
Leteltun, Thomas
Litleton, Thomas
Littelton, Thomas
Lyttleton, Thomas
Lyttylton, Thomas
Lytylton, Thomas
Thomas ⟨Littleton⟩

Litzschower, ¬Der¬
→ **Litschauer, ¬Der¬**

Liu, Chi
→ **Liu, Ji**

Liu, Hsieh
→ **Liu, Xie**

Liu, Ji
1311 – 1375
Kommentator von Sunzi
Liu, Chi

Liu, Tsung-yüan
→ **Liu, Zongyuan**

Liu, Xie
ca. 450 – ca. 520
Wenxin-diaolong (Buch vom prächtigen Stil des Drachenschnitzens)
Liu, Hsieh
Liu, Yanhe

Liu, Yanhe
→ **Liu, Xie**

Liu, Zongyuan
773 – 819
Liu, Tsung-yüan

Liudgerus ⟨...⟩
→ **Ludgerus ⟨...⟩**

Liudprand ⟨von Cremona⟩
→ **Liutprandus ⟨Cremonensis⟩**

Liudprandus ⟨...⟩
→ **Liutprandus ⟨...⟩**

Liudulfus ⟨...⟩
→ **Ludolphus ⟨...⟩**

Liu-i-chü-shih
→ **Ouyang, Xiu**

Liuso ⟨Cremonensis⟩
→ **Liutprandus ⟨Cremonensis⟩**

Liutbert ⟨Bénédictin⟩
→ **Ludbertus ⟨Fuldensis⟩**

Liutbert ⟨de Fulde⟩
→ **Ludbertus ⟨Fuldensis⟩**

Liutbert ⟨de Hirsauge⟩
→ **Ludbertus ⟨Fuldensis⟩**

Liutbrandus ⟨...⟩
→ **Liutprandus ⟨...⟩**

Liuthardus ⟨de Malmedy⟩
→ **Liuthardus ⟨Malmundarius Praepositus⟩**

Liuthardus ⟨de Stavelot⟩
→ **Liuthardus ⟨Malmundarius Praepositus⟩**

Liuthardus ⟨Malmundarius Praepositus⟩
10. Jh.
Passio S. Justi pueri (translat.)
Potth. 744; DOC,2,1256
Liuthardus ⟨de Malmedy⟩
Liuthardus ⟨de Stavelot⟩
Liuthardus ⟨Malmundariensis⟩
Liuthardus ⟨Praepositus Malmundariensis⟩
Luidhardus ⟨Malmundariensis⟩

Liuthprandus ⟨...⟩
→ **Liutprandus ⟨...⟩**

Liutolf ⟨d'Augsbourg⟩
→ **Ludolphus ⟨Augustanus⟩**

Liutolf ⟨de Mayence⟩
→ **Liutolfus ⟨Moguntinus⟩**

Liutolf ⟨Hagiographe⟩
→ **Liutolfus ⟨Moguntinus⟩**

Liutolf ⟨Prêtre⟩
→ **Liutolfus ⟨Moguntinus⟩**

Liutolfus ⟨Moguntinus⟩
um 858
Vita et translatio Severi, episcopi Ravennatis
DOC,2,1256; Potth. 749; 1571
Liutolf ⟨de Mayence⟩
Liutolf ⟨Hagiographe⟩
Liutolf ⟨Prêtre⟩
Liutolfus ⟨Presbyter Moguntinus⟩
Ludolphus ⟨Presbyter⟩
Luidolfus ⟨Moguntinus⟩
Moguntinus, Liutolfus

Liutolfus ⟨Presbyter Moguntinus⟩
→ **Liutolfus ⟨Moguntinus⟩**

Liutolt ⟨von Seven⟩
→ **Leuthold ⟨von Seven⟩**

Liutprand ⟨Langobardenreich, König, I.⟩
gest. 744
Leges
Potth. 744; LMA,V,2041; Cpl 1810
Liutprand ⟨König der Langobarden⟩
Liutprand ⟨Langobardischer König, I.⟩
Liutprand ⟨Roi des Lombards⟩
Liutprandus ⟨Langobardorum Rex⟩
Liutprandus ⟨Rex Langobardorum⟩

Liutprand ⟨von Cremona⟩
→ **Liutprandus ⟨Cremonensis⟩**

Liutprandus ⟨Cremonensis⟩
ca. 920 – ca. 972
Opusculum de vitis Romanorum pontificum (wird ihm fälschl. zugeschrieben)
LThK; CSGL; Potth. 944; Tusculum-Lexikon; LMA,V,2041/42
Cremona, Liutprandus ¬de¬
Eutrandus
Eutrandus ⟨Cremonensis⟩
Lindprandus ⟨Cremonensis⟩
Lindprandus ⟨Diaconus⟩
Lindprandus ⟨Episcopus⟩
Lindprandus ⟨Ticinensis⟩
Litobrandus ⟨Cremonensis⟩
Liudprand ⟨von Cremona⟩
Liudprandus ⟨Cremonensis⟩
Liudprandus ⟨de Cremona⟩
Liuso ⟨Cremonensis⟩
Liuthprandus
Liutprand
Liutprand ⟨von Cremona⟩
Liutprandus ⟨de Cremona⟩
Liutprandus ⟨Diaconus⟩
Liutprandus ⟨Episcopus⟩
Liutprandus ⟨Ticinensis⟩
Liuzo ⟨Cremonensis⟩
Luidprand
Luidprandus
Luitprandus
Luitprandus ⟨Ticinensis⟩
Pseudo-Liutprandus

Liutprandus ⟨Langobardorum Rex⟩
→ **Liutprand ⟨Langobardenreich, König, I.⟩**

Liutprandus ⟨Ticinensis⟩
→ **Liutprandus ⟨Cremonensis⟩**

Liutwin
→ **Lutwin**

Liutwinus ⟨Treverensis⟩
13. Jh.
Leodewinus
Liutwinus ⟨Archiepiscopus⟩
Liutwinus ⟨Episcopus⟩
Lutwin ⟨de Mettlach⟩
Lutwin ⟨de Trèves⟩

Liuzo ⟨Cremonensis⟩
→ **Liutprandus ⟨Cremonensis⟩**

Liuzzi, Mondino ¬de'¬
→ **Mundinus ⟨Lucius⟩**

Livtolt ⟨von Seven⟩
→ **Leuthold ⟨von Seven⟩**

Liyuntiyūs ad-Dimašqī
→ **Leontius ⟨Damascenus⟩**

Lluis ⟨Gras⟩
→ **Gras, Lluis**

Llull, Ramón
→ **Lullus, Raimundus**

Llupia i Bagés, Hugo ¬de¬
→ **Hugo ⟨de Llupia i Bagés⟩**

Loaysa, Jofré ¬de¬
gest. 1307
Crónica de los reyes de Castilla
LMA,V,2061; Rep.Font. VI,567
Geoffroy ⟨de Tolède⟩
Jofré ⟨de Loaísa⟩
Jofré ⟨de Loaysa⟩
Loaísa, Jofré ¬de¬

Lobenzweig, Hans
14./15. Jh.
Traumbuch (Übersetzung); Buch vom Leben der Meister (Übersetzung)
VL(2),5,881/884
Hanns ⟨Lobenzweig von Riedlingen⟩
Hans ⟨Lobenzweig⟩
Hans ⟨Lobenzweig von Riedlingen⟩
Lobenzweig von Riedlingen, Hans

LoBrun, Garin
→ **Garin ⟨lo Brun⟩**

Lobsang Drakpa
→ **Tsoṅ-kha-pa**

Lobzand Drakpa
→ **Tsoṅ-kha-pa**

Locedio, Oglerius ¬de¬
→ **Oglerius ⟨de Locedio⟩**

Lochmair, Michael
um 1471/97
Secreta sacerdotum; Parochiale curatorum; Dicta circa veterem artem
VL(2),5,891; Lohr
Lochmaier, Michael
Lochmayer, Michael
Lochmayer, Michel
Lochmayr, Michael
Lochmayr, Michel
Lochner, Michael
Michael ⟨Lochmaier⟩
Michael ⟨Lochmair⟩
Michael ⟨Lochmair von Heideck⟩
Michael ⟨Lochmayr de Haideck⟩
Michael ⟨Lochmeyer⟩
Michael ⟨Lochner⟩
Michel ⟨d'Haideck⟩
Michel ⟨Lochmayer⟩
Michel ⟨Lochmayr⟩

Lochner, Hans
gest. 1491
Beschreibung des zugß der fart zu dem heiligen grab; Reisekonsilium; Heilkundliche Texte
VL(2),5,894/898
Hans ⟨Lochner⟩
Jean ⟨Lochner⟩
Johann ⟨Lochner⟩
Lochner, Jean
Lochner, Johann

Lochner, Michael
→ **Lochmair, Michael**

Lochner, Stephan
ca. 1400 – 1451
LMA,V,2064
Stephan ⟨Lochner⟩

Lock, Johannes
gest. 1494 · OP
Predigten
VL(2),5,898/899; Kaeppeli,II,470; Schönberger/Kible, Repertorium, 15026
Johannes ⟨Lock⟩
Johannes ⟨Lock de Windsheim⟩
Lock de Windsheim, Johannes

Lockesley, Radulfus
→ **Radulfus ⟨Lockesley⟩**

Lodewici, Johannes
→ **Ludovici, Johannes**

Lodewijk ⟨van Velthem⟩
gest. 1316
Rijmspiegel
LMA,VIII,1451/52
Lodewic ⟨van Velthem⟩
Louis ⟨de Brabant⟩
Louis ⟨de Velthem⟩
Ludovicus ⟨de Velthem⟩
Velthem, Lodewijk ¬van¬
Velthem, Lodewyk ¬van¬
Velthem, Ludovicus ¬de¬

Lodi, Bassianus ¬de¬
→ **Bassianus ⟨de Lodi, OP⟩**

Lodi, Uguccione ¬da¬
→ **Uguccione ⟨da Lodi⟩**

Lodovico ⟨Bolognini⟩
→ **Bolognino, Lodovico**

Lodovico ⟨Carbone⟩
→ **Carbone, Lodovico**

Lodovico ⟨della Torre⟩
→ **DellaTorre, Lodovico**

Lodovico ⟨il Moro⟩
→ **Ludovico ⟨Milano, Duca⟩**

Lodovico ⟨Ponte da Roma⟩
→ **Ludovicus ⟨Pontanus⟩**

Lodovico Maria ⟨di Milano⟩
→ **Ludovico ⟨Milano, Duca⟩**

Lodovico Sforza ⟨Milano, Duca⟩
→ **Ludovico ⟨Milano, Duca⟩**

Lodovicus ⟨...⟩
→ **Ludovicus ⟨...⟩**

Lodowici, Johannes
→ **Ludovici, Johannes**

Lodrisio ⟨Crivelli⟩
→ **Cribellus, Leodrisius**

Loen, Henricus
→ **Henricus ⟨Loen⟩**

Loerius, Theodoricus
→ **Theodoricus ⟨Loerius⟩**

Löw ⟨von Rozmital und Blatna⟩
→ **Leo ⟨de Rozmital⟩**

Löwen, Heinrich ¬von¬
→ **Heinrich ⟨von Löwen⟩**

Löwen, Nikolaus ¬von¬
→ **Nikolaus ⟨von Löwen⟩**

Loganpertus
um 894/930
Dichtungen
VL(2),5,919/920
Loganpertus ⟨Monachus⟩
Loganpertus ⟨Mönch⟩
Loganpertus ⟨von Sankt Emmeran⟩
Louganpert

Logofet, Pachomij
→ **Pachomij ⟨Logofet⟩**

Logotheta, Georgius
→ **Georgius ⟨Acropolita⟩**

Lois ⟨France, Roy, ...⟩
→ **Louis ⟨France, Roi, ...⟩**

Lōkācārīsvāmī
→ **Piḷḷai Lōkācārya**

Lollarde, Reinhard ¬der¬
→ **Reinhard ⟨der Lollarde⟩**

Lollio ⟨de San-Gimignano⟩
→ **Antonius ⟨Lollius⟩**

Lollius ⟨Geminianensis⟩
→ **Antonius ⟨Lollius⟩**

Lollius, Antonius
→ **Antonius ⟨Lollius⟩**

Lombaeus, Thomas
→ **Thomas ⟨Lumbaeus⟩**

Lombardus, Bernardus
→ **Bernardus ⟨Lombardus⟩**

Lombardus, Christophorus
→ **Christophorus ⟨Lombardus⟩**

Lombardus, Jacobus
→ **Jacobus ⟨Lombardus⟩**

Lombardus, Martinus
→ **Martinus ⟨Lombardus⟩**

Lombardus, Petrus
→ **Petrus ⟨Lombardus⟩**

Lombardus, Ubertus
→ **Ubertus ⟨Lombardus⟩**

Lombe, Thomas
→ **Thomas ⟨Lumbaeus⟩**

Lon, Guilelmus
→ **Guilelmus ⟨Lon⟩**

Londayco, Simon ¬de¬
→ **Simon ⟨de Londayco⟩**

Londonia, Johannes ¬de¬
→ **Johannes ⟨de Londonia⟩**

Longchen Rabjam
→ **Dri-med-'od-zer ⟨Kloṅ chen-pa⟩**

Longini, Johannes
→ **Dlugossius, Johannes**

Longinus ⟨Episcopus Nubiorum⟩
6. Jh.
Cpg 7217 - 7220
Longinus ⟨Episcopus⟩
Longinus ⟨Nubiorum Episcopus⟩

Longinus, Johannes
→ **Dlugossius, Johannes**

Longiumello, Andreas ¬de¬
→ **Andreas ⟨de Longiumello⟩**

Longland, Robert
→ **Langland, William**

Longo, Ludovicus
→ **Ludovicus ⟨Longo⟩**

Longo Campo, Nigellus ¬de¬
→ **Nigellus ⟨de Longo Campo⟩**

Longo Campo, Radulfus ¬de¬
→ **Radulfus ⟨de Longo Campo⟩**

Longobardus, Guido
→ **Guido ⟨Longobardus⟩**

Longulus ⟨Claraevallensis⟩
12. Jh.
Theographia (=Prophetenkommentar)
Stegmüller, Repert. bibl. 5397-5399
Longulus
Longulus ⟨Monachus⟩

Longus, Cummianus
→ **Cummianus ⟨Longus⟩**

Longus, Johannes
→ **Johannes ⟨Longus⟩**

Longus, Theodoricus
um 1350
Saxonia
VL(2)5,579/580; Potth. 710
Dietrich ⟨Lange⟩
Dietrich ⟨Lange von Einbeck⟩
Lange, Dietrich
Lange, Thierry
Lange, Tidericus
Langen, Tiderich
Langen, Tidericus
Theodoricus ⟨Longus⟩
Thierry ⟨Lange⟩
Tiderich ⟨Langen⟩
Tidericus ⟨Langen⟩

Longuyon, Jacques ¬de¬
→ **Jacques ⟨de Longuyon⟩**

Loossa, Johannes
→ **Johannes ⟨Petri Rode Loossa⟩**

Lopadiota, Andreas
→ **Andreas ⟨Lopadiota⟩**

Lope ⟨de Barrientos⟩
→ **Barrientos, Lope ¬de¬**

Lope ⟨de Moros⟩
um 1200
Razón de amor y den uestos del agua y el vino
Lupus ⟨de Moros⟩
Moros, Lope ¬de¬

Lope ⟨de Olmedo⟩
→ **Lupus ⟨de Olmedo⟩**

Lope ⟨de Salazar y Salinas⟩
ca. 1393 – 1463 · OFM
Memorial de los oficios de la Religión de los Frailes Menores
LMA,V,2110
Salazar y Salinas, Lope ¬de¬
Salinas, Lope de Salazar ¬y¬

Lope ⟨de Stúñiga⟩
→ **Stúñiga, Lope ¬de¬**

Lope ⟨el Sabio⟩
→ **García de Salazar, Lope**

Lopes, Fernão
1380/90 – 1460/70
Chronica del Rey D. Pedro I.; Coronica del rey D. Johan de bon memoria o I. deste nome; Chronica do Senhor D. Fernando nono Rei de Portugal
Potth. 745; LMA,V,2111
Ferdinand ⟨Lopez⟩
Fernam ⟨Lopez⟩
Fernão ⟨Lopes⟩
Fernão ⟨Lopez⟩
Hernandez ⟨Lopez⟩
Lopez, Ferdinand
Lopez, Fernam
Lopez, Fernão
Lopez, Hernandez

Lopes, Johannes
→ **Johannes ⟨Lupus⟩**

Lopes Rebelo, Diogo
gest. 1498
De Republica gubernanda per Regem
LMA,VII,499
Lopes Rebelo, Diego
Rebello, Jacques-Lopez
Rebelo, Diego Lopes
Rebelo, Diogo Lopes
Rebelo, Diogo Lopes

Lopes Stunica, Jacobus
→ **Stúñiga, Lope ¬de¬**

Lopez ⟨Olmedo⟩
→ **Lupus ⟨de Olmedo⟩**

Lopez, Didacus
→ **Stúñiga, Lope ¬de¬**

Lopez, Ferdinand
→ **Lopes, Fernão**

Lopez, Hernandez
→ **Lopes, Fernão**

López, Juan
→ **Johannes ⟨Lupus⟩**
→ **Juan ⟨López⟩**

López de Ayala, Pedro
1332 – 1407
Libro de la caça de las aues
LMA,V,2111
Ayala, Pedro López ¬de¬
Ayala, Pero López ¬de¬
Lopez, Pierre
López de Ayala, Pero
Pedro ⟨López de Ayala⟩

López de Córdoba, Leonor
→ **Leonor ⟨López de Córdoba⟩**

López de Mendoça, Iñigo
→ **Santillana, Iñigo López ¬de¬**

Lopez de Salamanca, Juan
→ **Juan ⟨López⟩**

López de Stuñiga, Diego
→ **Stúñiga, Lope ¬de¬**

Lopo ⟨Abrantes, Conde, I.⟩
→ **Almeida, Lopo ¬de¬**

Lopo ⟨de Almeida⟩
→ **Almeida, Lopo ¬de¬**

Loran, Jordanus ¬de¬
→ **Iordanus ⟨Lemovicensis⟩**

Lorchner, Johann
15. Jh.
Redaktion der dt. Übers. von „Secretum secretorum"
VL(2),5,906/907
Johann ⟨Lorchner⟩
Johann ⟨Lorchner zu Spalt⟩

Lorenntz ⟨...⟩
→ **Lorenz ⟨...⟩**

Lorentz ⟨...⟩
→ **Lorenz ⟨...⟩**

Lorenz ⟨Blumenau⟩
→ **Blumenau, Laurentius**

Lorenz ⟨Doring⟩
→ **Thüring, Lorenz**

Lorenz ⟨Egen⟩
→ **Egen, Lorenz**

Lorenz ⟨Keisers Apoteker⟩
→ **Lorenz ⟨Meister⟩**

Lorenz ⟨Magister⟩
15. Jh.
Anleitung zum Krebsfang
VL(2),5,909
Lorenntz ⟨Magister⟩
Magister Lorenz

Lorenz ⟨Meister⟩
14. Jh.
Therapieplan für die Behandlung von großflächigen Ulcera cruris und tiefgehenden Geschwüren
VL(2),5,909/910
Lorentz ⟨Meyster⟩
Lorenz ⟨Keisers Apoteker⟩
Lorenz ⟨von Basel⟩
Meister Lorenz

Lorenz ⟨Papst, Gegenpapst⟩
→ **Laurentius ⟨Papa, Antipapa⟩**

Lorenz ⟨Thüring⟩
→ **Thüring, Lorenz**

Lorenz ⟨von Basel⟩
→ **Lorenz ⟨Meister⟩**

Lorenz ⟨von Lüttich⟩
→ **Laurentius ⟨de Leodio⟩**

Lorenz ⟨von Monte Cassino⟩
→ **Laurentius ⟨Casinensis⟩**

Lorenz ⟨von Somercote⟩
→ **Laurentius ⟨de Somercote⟩**

Lorenz ⟨von Verona⟩
→ **Laurentius ⟨Veronensis⟩**

Lorenzo ⟨Arciprete⟩
→ **Laurentius ⟨Papa, Antipapa⟩**

Lorenzo ⟨Bonincontri⟩
→ **Buonincontro, Lorenzo**

Lorenzo ⟨Braciforte⟩
→ **Laurentius ⟨Brancofordius⟩**

Lorenzo ⟨Calcagno⟩
→ **Laurentius ⟨Calcaneus⟩**

Lorento ⟨Calcaneo⟩
→ **Laurentius ⟨Calcaneus⟩**

Lorenzo ⟨Canonico di Aquileia⟩
→ **Laurentius ⟨de Aquilegia⟩**

Lorenzo ⟨da Bologna⟩
→ **Laurentius ⟨de Bononia⟩**

Lorenzo ⟨da Lutiano⟩
um 1408
Cronica de la nobil famiglia da Lutiano 1366-1408
Potth.745, 231
Laurent ⟨de Lutiano⟩
Laurent ⟨de Mugello⟩
Lorenzo ⟨di Ser Tano⟩
Lorenzo ⟨Ser⟩
Lutiano, Laurent ¬de¬
Lutiano, Lorenzo ¬da¬

Lorenzo ⟨d'Aquileia⟩
→ **Laurentius ⟨de Aquilegia⟩**

Lorenzo ⟨de Monacis⟩
→ **Lorenzo ⟨Monaco⟩**

Lorenzo ⟨dei Monaci⟩
→ **Lorenzo ⟨Monaco⟩**

Lorenzo ⟨della Valle⟩
→ **Valla, Laurentius**

Lorenzo ⟨de'Medici⟩
→ **Medici, Lorenzo ¬de'¬**

Lorenzo ⟨de'Predicatori⟩
→ **Laurent ⟨d'Orléans⟩**

Lorenzo ⟨di Cione di Ser Buonaccorso⟩
→ **Ghiberti, Lorenzo**

Lorenzo ⟨di Pisa⟩
→ **Laurentius ⟨Veronensis⟩**

Lorenzo ⟨di Ser Tano⟩
→ **Lorenzo ⟨da Lutiano⟩**

Lorenzo ⟨Ghiberti⟩
→ **Ghiberti, Lorenzo**

Lorenzo ⟨Giacomini⟩
→ **Laurentius ⟨Giacomini⟩**

Lorenzo ⟨Giustiniani⟩
→ **Iustinianus, Laurentius**

Lorenzo ⟨il Diacono⟩
→ **Laurentius ⟨Veronensis⟩**

Lorenzo ⟨il Ispano⟩
→ **Laurentius ⟨Hispanus⟩**

Lorenzo ⟨il Magnifico⟩
→ **Medici, Lorenzo ¬de'¬**

Lorenzo ⟨Lippi⟩
→ **Laurentius ⟨Lippius⟩**

Lorenzo ⟨Maestro⟩
→ **Laurentius ⟨de Aquilegia⟩**

Lorenzo ⟨Monaco⟩
ca. 1351 – 1428
Chronicon de rebus Venetis (= De gestis, moribus et nobilitate civitatis Venetiarum); Historia de Carolo II cognomento Parvolo rege Hungariae
Potth. 713; Rep.Font. IV,159; LMA,V,2115; III,692/93
Laurent ⟨de Monacis⟩
Laurent ⟨de'Monaci⟩
Laurentius ⟨de Monacis⟩
Lorenzo ⟨de Monacis⟩
Lorenzo ⟨dei Monaci⟩
Monaci, Laurent ¬de'¬
Monaci, Lorenzo ¬de'¬
Monacis, Laurentius ¬de¬
Monaco, Lorenzo
Piero ⟨di Giovanni⟩

Lorenzo ⟨Opimo dei Servi di Maria⟩
→ **Laurentius ⟨de Bononia⟩**

Lorenzo ⟨Papa, Antipapa⟩
→ **Laurentius ⟨Papa, Antipapa⟩**

Lorenzo ⟨Ridolfi⟩
→ **Laurentius ⟨de Rudolphis⟩**

Lorenzo ⟨Ser⟩
→ **Lorenzo ⟨da Lutiano⟩**

Lorenzo ⟨Spirito⟩
→ **Spirito, Lorenzo**

Lorenzo ⟨Valla⟩
→ **Valla, Laurentius**

Loricatus, Laurentius
→ **Laurentius ⟨Loricatus⟩**

Lorki, Josua
→ **Hieronymus ⟨a Sancta Fide⟩**

Lorris, Guillaume ¬de¬
→ **Guillaume ⟨de Lorris⟩**

Loschi, Antonio
→ **Luschus, Antonius**

Lose, Johannes
um 1444
Rezensent der Neun Bücher Magdeburger Rechts
Rep.Font. VI,352
Johannes ⟨Lose⟩

Losinga, Herbertus ¬de¬
→ **Herbertus ⟨de Losinga⟩**

Losse, Rudolf
ca. 1310 – 1364
LMA,V,2122; VL(2),5,913ff.
Rudolf ⟨Losse⟩

Lossow, Clemens
→ **Clemens ⟨Lossow⟩**

Lotario ⟨di Segni⟩
→ **Innocentius ⟨Papa, III.⟩**

Lotario ⟨Italia, Re, II.⟩
926/28 – 950
LMA,V,2128
Lothaire ⟨Italie, Roi⟩
Lothar ⟨Italien, König⟩
Lothar ⟨Italien, König, II.⟩

Lothaire ⟨Brunswick, Duke⟩
→ **Lothar ⟨Braunschweig, Herzog⟩**

Lothaire ⟨de Saint-Amand⟩
→ **Lotharius ⟨de Sancto Amando⟩**

Lothaire ⟨de Süpplinburg⟩
→ **Lothar ⟨Römisch-Deutsches Reich, Kaiser, III.⟩**

Lothaire ⟨de'Conti⟩
→ **Innocentius ⟨Papa, III.⟩**

Lothaire ⟨France, Roi⟩
gest. 986
LMA,V,2127/28
Lothar ⟨Frankreich, König⟩
Lotharius ⟨Filius Ludovici Transmarini⟩
Lotharius ⟨Francia, Rex⟩

Lothaire ⟨Germany, Emperor, ...⟩
→ **Lothar ⟨Römisch-Deutsches Reich, Kaiser, ...⟩**

Lothaire ⟨Italie, Roi⟩
→ **Lotario ⟨Italia, Re, II.⟩**

Lothaire ⟨King of Kent⟩
→ **Hlothhere ⟨Kent, King⟩**

Lothaire ⟨Lombardie, Roi⟩
→ **Lothar ⟨Römisch-Deutsches Reich, Kaiser, I.⟩**

Lothaire ⟨Lorraine, Roi, II.⟩
835 – 869
Epistolae; Diplomata; Capitularia
CSGL; Potth.,746
Lothar ⟨Fränkisches Reich, König, II.⟩
Lothar ⟨Lotharingien, König⟩
Lothar ⟨Lothringen, König, II.⟩
Lotharius ⟨Filius Lotharii Imperatoris⟩
Lotharius ⟨Lotharingia, Rex, II.⟩

Lothaire ⟨Roi de Kent⟩
→ **Hlothhere ⟨Kent, King⟩**

Lothaire ⟨Saxe, Duc⟩
→ **Lothar ⟨Römisch-Deutsches Reich, Kaiser, III.⟩**

Lothar ⟨Braunschweig, Herzog⟩
gest. 1335
Lothaire ⟨Brunswick, Duke⟩

Lothar ⟨der Sachse⟩
→ **Lothar ⟨Römisch-Deutsches Reich, Kaiser, III.⟩**

Lothar ⟨Fränkisches Reich, Kaiser, I.⟩
→ **Lothar ⟨Römisch-Deutsches Reich, Kaiser, I.⟩**

Lothar ⟨Fränkisches Reich, König, II.⟩
→ **Lothaire ⟨Lorraine, Roi, II.⟩**

Lothar ⟨Frankreich, König⟩
→ **Lothaire ⟨France, Roi⟩**

Lothar ⟨Italien, König, II.⟩
→ **Lotario ⟨Italia, Re, II.⟩**

Lothar ⟨Lothringen, König, II.⟩
→ **Lothaire ⟨Lorraine, Roi, II.⟩**

Lothar ⟨Römisch-Deutsches Reich, Kaiser, I.⟩
795 – 855
LMA,V,2123/24
Lothaire ⟨Germany, Emperor, I.⟩
Lothaire ⟨Lombardie, Roi⟩
Lothar ⟨Fränkisches Reich, Kaiser, I.⟩
Lothar ⟨Römischer Kaiser, I.⟩
Lotharius ⟨Germania, Imperator, I.⟩
Lotharius ⟨Nepos⟩
Lutherus ⟨Germania, Imperator, I.⟩

Lothar ⟨Römisch-Deutsches Reich, Kaiser, III.⟩
1075 – 1137
LMA,V,2125/27
Hlotar ⟨Imperator⟩
Lothaire ⟨de Süpplinburg⟩
Lothaire ⟨Germany, Emperor, III.⟩
Lothaire ⟨Saxe, Duc⟩
Lothar ⟨der Sachse⟩
Lothar ⟨Sachsen, Herzog⟩
Lothar ⟨von Supplinburg⟩
Lothar ⟨von Supplingenburg⟩
Lotharius ⟨Germania, Imperator, III.⟩

Lothar ⟨Sachsen, Herzog⟩
→ **Lothar ⟨Römisch-Deutsches Reich, Kaiser, III.⟩**

Lothar ⟨von Sankt Amand⟩
→ **Lotharius ⟨de Sancto Amando⟩**

Lothar ⟨von Segni⟩
→ **Innocentius ⟨Papa, III.⟩**

Lothar ⟨von Supplinburg⟩
→ **Lothar ⟨Römisch-Deutsches Reich, Kaiser, III.⟩**

Lotharius ⟨Anagninus⟩
→ **Innocentius ⟨Papa, III.⟩**

Lotharius ⟨de Sancto Amando⟩
gest. 828
Lothaire ⟨de Saint-Amand⟩
Lothar ⟨von Sankt Amand⟩
Lotharius ⟨Elnonensis⟩
Lotharius ⟨Monachus⟩
Lotharius ⟨of Saint-Amand⟩
Sancto Amando, Lotharius ¬de¬

Lotharius ⟨de Segni⟩
→ **Innocentius ⟨Papa, III.⟩**

Lotharius ⟨Diacon⟩
→ **Innocentius ⟨Papa, III.⟩**

Lotharius ⟨Elnonensis⟩
→ **Lotharius ⟨de Sancto Amando⟩**

Lotharius ⟨Filius Lotharii Imperatoris⟩
→ **Lothaire ⟨Lorraine, Roi, II.⟩**

Lotharius ⟨Filius Ludovici Transmarini⟩
→ **Lothaire ⟨France, Roi⟩**

Lotharius ⟨Germania, Imperator, ...⟩
→ **Lothar ⟨Römisch-Deutsches Reich, Kaiser, ...⟩**

Lotharius ⟨Lotharingia, Rex, II.⟩
→ **Lothaire ⟨Lorraine, Roi, II.⟩**

Lotharius ⟨Monachus⟩
→ **Lotharius ⟨de Sancto Amando⟩**

Lotharius ⟨Nepos⟩
→ **Lothar ⟨Römisch-Deutsches Reich, Kaiser, I.⟩**

Lotharius ⟨of Saint-Amand⟩
→ **Lotharius ⟨de Sancto Amando⟩**

Lotharius, Johannes
→ **Innocentius ⟨Papa, III.⟩**

Lotherius ⟨de Ubaldinis⟩
→ **Lauterius ⟨de Baldinis⟩**

Lotieri, Antonio
um 1460
Diario nepesino; Journal
Potth. 746
Antoine ⟨Lotieri⟩
Antoine ⟨Lotieri de Pisano⟩
Antonio ⟨Lotieri⟩
Antonio ⟨Lotieri di Pisano⟩
Lotieri, Antoine
Lotieri di Pisano, Antonio

Lottin, Beaudouin
→ **Dominicus ⟨de Flandria⟩**

Lotulfus ⟨Novariensis⟩
um 1121
Stegmüller, Repert. sentent. 1.
Lotulfe ⟨de Novare⟩
Lotulphus ⟨de Novara⟩
Lotulphus ⟨Lombardus⟩
Novara, Lotulphus ¬de¬

Loue, Johannes ¬la¬
→ **Johannes ⟨la Loue⟩**

Louganpert
→ **Loganpertus**

Louhans, Renaut ¬de¬
→ **Renaut ⟨de Louhans⟩**

Louis ⟨Aquitaine, Roi⟩
→ **Ludwig ⟨Römisch-Deutsches Reich, Kaiser, I.⟩**

Louis ⟨Barbo⟩
→ **Barbus, Ludovicus**

Louis ⟨Bas-Bourgogne, Roi, I.⟩
890 – 924
Electio; Diplomata 21
Potth. 751
Ludovicus ⟨Burgundia, Rex, I.⟩
Ludovicus ⟨Filius Bosonis⟩
Ludovicus ⟨Provincia, Rex, I.⟩
Ludovicus ⟨Rex Arelatensis, I.⟩
Ludwig ⟨Niederburgund, König, I.⟩

Louis ⟨Bavière, Duc, ...⟩
→ **Ludwig ⟨Bayern, Herzog, ...⟩**

Louis ⟨Cendrata⟩
→ **Cendrata, Ludovicus**

Louis ⟨d'Anjou⟩
→ **Ludovicus ⟨Tolosanus⟩**

Louis ⟨de Beauvau⟩
→ **Beauvau, Louis ¬de¬**

Louis ⟨de Bologne⟩
→ **Bolognino, Lodovico**

Louis ⟨de Brabant⟩
→ **Lodewijk ⟨van Velthem⟩**

Louis ⟨de Caerléon⟩
→ **Ludovicus ⟨de Caerleon⟩**

Louis ⟨de Fer⟩
→ **Ludwig ⟨Thüringen, Landgraf, II.⟩**

Louis ⟨de Ferrare⟩
→ **Ludovicus ⟨de Ferrara⟩**

Louis ⟨de Germanie⟩
→ **Ludwig ⟨Ostfränkisches Reich, König, IV.⟩**

Louis ⟨de Modon⟩
→ **Ludovicus ⟨Longo⟩**

Louis ⟨de Pise⟩
→ **Ludovicus ⟨de Pisa⟩**

Louis ⟨de Prusse⟩
→ **Ludovicus ⟨de Prussia⟩**

Louis ⟨de Raimo⟩
→ **Ludovicus ⟨de Raimo, ...⟩**

Louis ⟨de Rigiis⟩
→ **Rigiis, Ludovicus ¬de¬**

Louis ⟨de Toulouse⟩
→ **Ludovicus ⟨Tolosanus⟩**

Louis ⟨de Trévise⟩
→ **Barbus, Ludovicus**

Louis ⟨de Valladolid⟩
→ **Ludovicus ⟨de Valleoleti⟩**

Louis ⟨de Velthem⟩
→ **Lodewijk ⟨van Velthem⟩**

Louis ⟨de Venise⟩
→ **Ludovicus ⟨Longo⟩**

Louis ⟨de Vicence⟩
→ **Ludovicus ⟨Vicentinus⟩**

Louis ⟨Diacre à Liège⟩
→ **Ludovicus ⟨Leodiensis⟩**

Louis ⟨d'Imola⟩
→ **Ludovicus ⟨Imolensis⟩**

Louis ⟨dit Heyligen⟩
→ **Ludovicus ⟨Sanctus de Beringen⟩**

Louis ⟨d'Orléans⟩
→ **Louis ⟨France, Roi, XII.⟩**

Louis ⟨d'Outre-Mer⟩
→ **Louis ⟨France, Roi, IV.⟩**

Louis ⟨Dringenberg⟩
→ **Dringenberg, Ludwig**

Louis ⟨France, Roi, I.⟩
→ **Ludwig ⟨Römisch-Deutsches Reich, Kaiser, I.⟩**

Louis ⟨France, Roi, II.⟩
gest. 879
LMA,V,2175/76
Louis ⟨le Bègue⟩
Ludovicus ⟨Francia, Rex, II.⟩
Ludovik ⟨Franzija, Korol, II.⟩
Ludwig ⟨Frankreich, König, II.⟩

Louis ⟨France, Roi, III.⟩
gest. 882
LMA,V,2174/75
Ludovicus ⟨Francia, Rex, III.⟩
Ludovik ⟨Franzija, Korol, III.⟩
Ludwig ⟨der Jüngere⟩
Ludwig ⟨Frankreich, König, III.⟩
Ludwig ⟨Ostfrankenreich, König, III.⟩
Ludwig ⟨Ostfränkischer König, III.⟩

Louis ⟨France, Roi, IV.⟩
921 – 954
Louis ⟨d'Outre-Mer⟩
Louis ⟨France, King, IV.⟩
Ludovicus ⟨Francia, Rex, IV.⟩
Ludovik ⟨Franzija, Korol, IV.⟩
Ludwig ⟨der Überseeische⟩
Ludwig ⟨Frankreich, König, IV.⟩

Louis ⟨France, Roi, IX.⟩
→ **Louis ⟨France, Roi, VIIII.⟩**

Louis ⟨France, Roi, V.⟩
gest. 987
LMA,V,2181
Louis ⟨le Fainéant⟩
Ludovicus ⟨Francia, Rex, V.⟩
Ludovik ⟨Franzija, Korol, V.⟩
Ludwig ⟨Frankreich, König, V.⟩

Louis ⟨France, Roi, VI.⟩
1081 – 1137
LMA,V,2181/83
Louis ⟨le Batailleur⟩
Louis ⟨le Gros⟩
Ludovicus ⟨Francia, Rex, VI.⟩
Ludovik ⟨Franzija, Korol, VI.⟩
Ludwig ⟨der Dicke⟩
Ludwig ⟨Frankreich, König, VI.⟩

Louis ⟨France, Roi, VII.⟩
1120 – 1180
LMA,V,2183/84
Louis ⟨le Jeune⟩
Ludovicus ⟨Francia, Rex, VII.⟩
Ludovicus ⟨Iunior⟩
Ludovik ⟨Franzija, Korol, VII.⟩
Ludwig ⟨der Junge⟩
Ludwig ⟨Frankreich, König, VII.⟩

Louis ⟨France, Roi, VIII.⟩
1187 – 1226
LMA,V,2184
Louis ⟨le Lion⟩
Ludovicus ⟨Francia, Rex, VIII.⟩
Ludovik ⟨Franzija, Korol, VIII.⟩
Ludwig ⟨der Löwe⟩
Ludwig ⟨Frankreich, König, VIII.⟩

Louis ⟨France, Roi, VIIII.⟩
1214 – 1270
CSGL; LMA,V,2184/86
Louis ⟨France, Roi, IX.⟩
Louis ⟨Saint⟩
Ludovicus ⟨Francia, Rex, VIIII.⟩
Ludovicus ⟨Gallia, Rex, VIIII.⟩
Ludovicus ⟨Sanctus⟩
Ludovik ⟨Franzija, Korol, VIIII.⟩
Ludwig ⟨der Heilige⟩
Ludwig ⟨Frankreich, König, VIIII.⟩
Saint Louis

Louis ⟨France, Roi, X.⟩
gest. 1316
LMA,V,2186
Louis ⟨Hustin⟩
Louis ⟨Hutin⟩
Louis ⟨le Hutin⟩
Ludovicus ⟨Francia, Rex, X.⟩
Ludovik ⟨Franzija, Korol, X.⟩
Ludwig ⟨Frankreich, König, X.⟩
Ludwig ⟨Zank⟩

Louis ⟨France, Roi, XI.⟩
1423 – 1483
LMA,V,2186/89
Lois ⟨France, Roy, XI.⟩
Louis ⟨France, Roy, XI.⟩
Ludovicus ⟨Francia, Rex, XI.⟩
Ludovik ⟨Franzija, Korol, XI.⟩
Ludwig ⟨der Grausame⟩
Ludwig ⟨Frankreich, König, XI.⟩

Louis ⟨France, Roi, XII.⟩
1462 – 1515
LMA,V,2189
Louis ⟨d'Orléans⟩
Louis ⟨le Père du Peuple⟩
Louys ⟨France, Roy, XII.⟩
Ludovicus ⟨Francia, Rex, XII.⟩
Ludovicus ⟨Gallia, Rex, XII.⟩
Ludovik ⟨Franzija, Korol, XII.⟩
Ludwig ⟨Frankreich, König, XII.⟩
Ludwig ⟨von Orléans⟩

Louis ⟨Germanie, Roi⟩
→ **Ludwig ⟨Ostfränkisches Reich, König, ...⟩**

Louis ⟨Guicciardini⟩
→ **Guicciardini, Luigi**

Louis ⟨Hesse, Landgrave, I.⟩
→ **Ludwig ⟨Hessen, Landgraf, I.⟩**

Louis ⟨Hutin⟩
→ **Louis ⟨France, Roi, X.⟩**

Louis ⟨l'Ancien⟩
→ **Ludovicus ⟨Leodiensis⟩**

Louis ⟨le Barbu⟩
→ **Ludwig ⟨Bayern, Herzog, VII.⟩**

Louis ⟨le Batailleur⟩
→ **Louis ⟨France, Roi, VI.⟩**

Louis ⟨le Bègue⟩
→ **Louis ⟨France, Roi, II.⟩**

Louis ⟨le Bossu⟩
→ **Ludwig ⟨Bayern, Herzog, VIII.⟩**

Louis ⟨le Débonnaire⟩
→ **Ludwig ⟨Römisch-Deutsches Reich, Kaiser, I.⟩**

Louis ⟨le Fainéant⟩
→ **Louis ⟨France, Roi, V.⟩**

Louis ⟨le Gérmanique⟩
→ **Ludwig ⟨Ostfränkisches Reich, König, II.⟩**

Louis ⟨le Gros⟩
→ **Louis ⟨France, Roi, VI.⟩**

Louis ⟨le Hutin⟩
→ **Louis ⟨France, Roi, X.⟩**

Louis ⟨le Jeune⟩
→ **Louis ⟨France, Roi, VII.⟩**

Louis ⟨le Lion⟩
→ **Louis ⟨France, Roi, VIII.⟩**

Louis ⟨le Pacifique⟩
→ **Ludwig ⟨Hessen, Landgraf, I.⟩**

Louis ⟨le Père du Peuple⟩
→ **Louis ⟨France, Roi, XII.⟩**

Louis ⟨le Pieux⟩
→ **Ludwig ⟨Römisch-Deutsches Reich, Kaiser, I.⟩**
→ **Ludwig ⟨Thüringen, Landgraf, III.⟩**

Louis ⟨le Riche⟩
→ **Ludwig ⟨Bayern, Herzog, VIIII.⟩**

Louis ⟨le Saint⟩
→ **Ludwig ⟨Thüringen, Landgraf, IV.⟩**

Louis ⟨le Sévère⟩
→ **Ludwig ⟨Bayern, Herzog, II.⟩**

Louis ⟨l'Enfant⟩
→ **Ludwig ⟨Ostfränkisches Reich, König, IV.⟩**

Louis ⟨Longo⟩
→ **Ludovicus ⟨Longo⟩**

Louis ⟨of Toulouse⟩
→ **Ludovicus ⟨Tolosanus⟩**

Louis ⟨Pontano⟩
→ **Ludovicus ⟨Pontanus⟩**

Louis ⟨Pulci⟩
→ **Pulci, Luigi**

Louis ⟨Saint⟩
→ **Louis ⟨France, Roi, VIIII.⟩**
→ **Ludovicus ⟨Tolosanus⟩**

Louis ⟨Sanctus de Beringen⟩
→ **Ludovicus ⟨Sanctus de Beringen⟩**

Louis ⟨Thuringe, Landgrave, ...⟩
→ **Ludwig ⟨Thüringen, Landgraf, ...⟩**

Louis ⟨Tosi⟩
→ **Ludovicus ⟨de Pisa⟩**

Louis Maria ⟨Sforza⟩
→ **Ludovico ⟨Milano, Duca⟩**

Louis Maria ⟨the Moor⟩
→ **Ludovico ⟨Milano, Duca⟩**

Loup ⟨de Bayonne⟩
→ **Lupus ⟨de Baiona⟩**

Loup ⟨de Ferrières⟩
→ **Lupus ⟨Ferrariensis⟩**

Loup ⟨Gallus⟩
→ **Han, Ulrich**

Loup, Servat
→ **Lupus ⟨Ferrariensis⟩**

Louvegnies, Jean de Haynin ¬et de¬
→ **Haynin, Jean ¬de¬**

Louys ⟨...⟩
→ **Louis ⟨...⟩**

Lovanio, Arnulfus ¬de¬
→ **Arnulfus ⟨de Lovanio⟩**

Lovati, Lovato
→ **Lupatus ⟨de Lupatis⟩**

Lovato ⟨de Padoue⟩
→ **Lupatus ⟨de Lupatis⟩**

Love, Nicholas
gest. 1424 · OCart
Myrrour of the Blessed Lyf of Jesu Christ
LMA,V,2140
Love, Nicolas
Nicholas ⟨Love⟩
Nicolaus ⟨Love⟩

Loveia, Hermann ¬von¬
→ **Hermann ⟨von Loveia⟩**

Lovelich, Henry
um 1425
Merlin; The history of the Holy Grail
LMA,V,2140
Henry ⟨Lovelich⟩

Lovocatus ⟨Presbyter⟩
um 511
Mitadressat eines Briefs von Licinius Turonensis
Cpl 1000a
Lovocat ⟨Prêtre Breton⟩
Presbyter, Lovocatus

Lu, Fangweng
→ **Lu, You**

Lu, Wuguan
→ **Lu, You**

Lu, Wu-kuan
→ **Lu, You**

Lu, You
1125 – 1210
Lu-Fangwen-quanji
Lu, Fangweng
Lu, Wuguan
Lu, Wu-kuan
Lu, Yu

Lu, Yu
→ **Lu, You**

Lubbenham, Guilelmus ¬de¬
→ **Guilelmus ⟨de Lubbenham⟩**

Lubec, Johannes ¬de¬
→ **Johannes ⟨de Lubec⟩**

Lubeck, Albertus
um 1479
Vita Petri Hoorn
Potth. 747
Albert ⟨Lubeck⟩
Albertus ⟨Lubeck⟩
Lubeck, Albert

Lubens, Hermann
1322 – 1356
Veranlaßte die Abfassung der Kastler Reimchronik
Rep.Font. V,464; VL(2),4,1243; Potth. 747
Hermann ⟨de Kastel⟩
Hermann ⟨Lubens⟩
Hermannus ⟨Lubens⟩
Lubens, Hermannus

Lubens, Hermannus
→ **Lubens, Hermann**

Lubūdī, Aḥmad Ibn-Ḫalīl ¬al-¬
→ **Ibn-al-Labbūdī, Aḥmad Ibn-Ḫalīl**

Luc ⟨Albizzi⟩
→ **Albizzi, Luca ¬degli¬**

Luc ⟨Allemand⟩
→ **Lucas ⟨de Monte Sancti Cornelii⟩**

Luc ⟨d'Ajaccio⟩
→ **Lucas ⟨de Offida⟩**

Luc ⟨d'Ascoli⟩
→ **Lucas ⟨de Offida⟩**

Luc ⟨de Bitonto⟩
→ **Lucas ⟨de Bitonto⟩**

Luc ⟨de Bosden⟩
→ **Lucas ⟨Bosdenus⟩**

Luc ⟨de Capone⟩
→ **Lucas ⟨Consentinus⟩**

Luc ⟨de Casamario⟩
→ **Lucas ⟨Consentinus⟩**

Luc ⟨de Castro⟩
→ **Lucas ⟨de Neapoli⟩**

Luc ⟨de Cithonia⟩
→ **Lucas ⟨Manelli⟩**

Luc ⟨de Cosenza⟩
→ **Lucas ⟨Consentinus⟩**

Luc ⟨de Florence⟩
→ **Lucas ⟨Manelli⟩**

Luc ⟨de Grotta-Ferrata⟩
→ **Lucas ⟨Cryptoferratensis⟩**

Luc ⟨de León⟩
→ **Lucas ⟨Tudensis⟩**

Luc ⟨de Montcornillon⟩
→ **Lucas ⟨de Monte Sancti Cornelii⟩**

Luc ⟨de Naples⟩
→ **Lucas ⟨de Neapoli⟩**

Luc ⟨de Padoue⟩
→ **Lucas ⟨Belludi⟩**
→ **Lucas ⟨de Padua⟩**

Luc ⟨de Penna⟩
→ **Lucas ⟨de Penna⟩**

Luc ⟨de Saint-Cornillon⟩
→ **Lucas ⟨de Monte Sancti Cornelii⟩**

Luc ⟨de Sambucina⟩
→ **Lucas ⟨Consentinus⟩**

Luc ⟨della Robbia⟩
→ **DellaRobbia, Luca**

Luc ⟨di Simone di Marco Robbia⟩
→ **DellaRobbia, Luca**

Luc ⟨Diacre de Saint-Isidore à León⟩
→ **Lucas ⟨Tudensis⟩**

Luc ⟨d'Offida⟩
→ **Lucas ⟨de Offida⟩**

Luc ⟨Erndorfer⟩
→ **Erndorfer, Lukas**

Luc ⟨Frère⟩
→ **Lucas ⟨Belludi⟩**

Luc ⟨Mannelli⟩
→ **Lucas ⟨Manelli⟩**

Luc ⟨Pulci⟩
→ **Pulci, Luca**

Luc, Giraut ¬de¬
→ **Giraut ⟨de Luc⟩**

Luca ⟨Belludi⟩
→ **Lucas ⟨Belludi⟩**

Luca ⟨Campano⟩
→ **Lucas ⟨Consentinus⟩**

Luca ⟨da Penne⟩
→ **Lucas ⟨de Penna⟩**

Luca ⟨degli Albizzi⟩
→ **Albizzi, Luca ¬degli¬**

Luca ⟨della Robbia⟩
→ **DellaRobbia, Luca**

Luca ⟨de'Pulci⟩
→ **Pulci, Luca**

Luca ⟨di Bartolomeo Dominici⟩
→ **Dominici, Luca di Bartolomeo**

Luca ⟨di Maso degli Albizzi⟩
→ **Albizzi, Luca ¬degli¬**

Luca ⟨di Matteo⟩
15. Jh.
Mathematiker; I problemi di Maestro Luca di Matteo
Meyer; Brockhaus
Luca ⟨il Maestro⟩
Luca ⟨Maestro⟩
Lucha ⟨il Maestro⟩
Matteo, Luca ¬di¬

Luca ⟨Maestro⟩
→ **Luca ⟨di Matteo⟩**

Luca ⟨Mannelli⟩
→ **Lucas ⟨Manelli⟩**

Luca ⟨Padovano⟩
→ **Lucas ⟨Belludi⟩**

Luca ⟨Pulci⟩
→ **Pulci, Luca**

Luca, Antonius ¬de¬
→ **Antonius ⟨de Luca⟩**

Lucanus, Bartolus
→ **Bartolus ⟨Lucanus⟩**

Lucas ⟨Abbas⟩
→ **Lucas ⟨de Monte Sancti Cornelii⟩**

Lucas ⟨Abbas Cryptoferratensis⟩
→ **Lucas ⟨Cryptoferratensis⟩**

Lucas ⟨Abbas Montis Sancti Cornelii⟩
→ **Lucas ⟨de Monte Sancti Cornelii⟩**

Lucas ⟨Apulus⟩
→ **Lucas ⟨de Bitonto⟩**

Lucas ⟨Archiepiscopus Consentinus⟩
→ **Lucas ⟨Consentinus⟩**

Lucas ⟨Beatus⟩
→ **Lucas ⟨Belludi⟩**

Lucas ⟨Belludi⟩
1195 – ca. 1286 · OFM
Sermones
Schneyer,IV,49
Belludi, Luca
Belludi, Lucas
Luc ⟨de Padoue⟩
Luc ⟨Frère⟩
Luca ⟨Belludi⟩
Luca ⟨Padovano⟩
Lucas ⟨Beatus⟩
Lucas ⟨Minorita⟩
Lucas ⟨Praedicator Egregius⟩
Lucas ⟨Socius Sancti Antonii de Padua⟩
Lukas ⟨Belludi⟩

Lucas ⟨Bituntinus⟩
→ **Lucas ⟨de Bitonto⟩**

Lucas ⟨Bosdenus⟩
um 1340 · OCarm
In VI Principia; Super philosophiam naturalem lib. VIII
Lohr
Bosden, Luke
Bosdenus, Lucas
Luc ⟨de Bosden⟩
Lucas ⟨Bosterus⟩
Luke ⟨Bosden⟩

Lucas ⟨Bosterus⟩
→ **Lucas ⟨Bosdenus⟩**

Lucas ⟨Consentinus⟩
gest. 1224 · OCist
Vita B. Joachimi abbatis (synopsis virt.)
Potth. 747
Consentinus, Lucas
Luc ⟨de Capone⟩
Luc ⟨de Casamario⟩
Luc ⟨de Cosenza⟩
Luc ⟨de Sambucina⟩
Luca ⟨Campano⟩
Lucas ⟨Archiepiscopus Consentinus⟩
Lucas ⟨Cosentinus⟩

Lucas ⟨Cryptoferratensis⟩
gest. 1085
Vita S. Bartholomaei iunioris Cryptoferratensis abbatis (vita alia)
Potth. 747; DOC,2,1258
Luc ⟨de Grotta-Ferrata⟩
Lucas ⟨Abbas Cryptoferratensis⟩

Lucas ⟨de Apulia⟩
→ **Lucas ⟨de Bitonto⟩**

Lucas ⟨de Bitonto⟩
um 1233 · OFM
Identität mit Lucas ⟨de Villa Dei⟩ umstritten
Schneyer,IV,49
Bitonto, Lucas ¬de¬
Luc ⟨de Bitonto⟩
Lucas ⟨Apulus⟩
Lucas ⟨Bituntinus⟩
Lucas ⟨de Apulia⟩
Lucas ⟨de Botonto⟩
Lucas ⟨de Prato⟩
Lucas ⟨de Villa Dei⟩

Lucas ⟨de Castro⟩
→ **Lucas ⟨de Neapoli⟩**

Lucas ⟨de Manellis, Florentinus⟩
→ **Lucas ⟨Manelli⟩**

Lucas ⟨de Montcornillon⟩
→ **Lucas ⟨de Monte Sancti Cornelii⟩**

Lucas ⟨de Monte Sancti Cornelii⟩
gest. ca. 1178 · OPraem
Summariola in Apponii Cant. lib. VII-XII; Apoc.
Stegmüller, Repert. bibl. 5401-5406
Luc ⟨Allemand⟩
Luc ⟨de Montcornillon⟩
Luc ⟨de Saint-Cornillon⟩
Lucas ⟨Abbas⟩
Lucas ⟨Abbas Montis Sancti Cornelii⟩
Lucas ⟨de Montcornillon⟩
Lucas ⟨de Sancto Cornelio⟩
Lucas ⟨Floreffiensis⟩
Lucas ⟨Sancti Cornelii⟩
Lukas ⟨von Mont-Cornillon⟩
Monte Sancti Cornelii, Lucas ¬de¬
Pseudo-Lucas ⟨de Monte Sancti Cornelii⟩
Pseudo-Lucas ⟨Sancti Cornelii⟩

Lucas ⟨de Neapoli⟩
gest. 1329 · OP
Schneyer,IV,72
Luc ⟨de Castro⟩
Luc ⟨de Naples⟩
Lucas ⟨de Castro⟩
Lucas ⟨de Neapel⟩
Lucas ⟨Episcopus⟩
Neapoli, Lucas ¬de¬

Lucas ⟨de Offida⟩
gest. 1438 · OESA
Lectiones variae super Aristotelem
Lohr
Luc ⟨d'Ajaccio⟩
Luc ⟨d'Ascoli⟩
Luc ⟨d'Offida⟩
Offida, Lucas ¬de¬

Lucas ⟨de Padua⟩
um 1267 · OFM
Sermones in evangelium et epistulas; Sermones de sanctis; Identität mit Lucas ⟨de Bitonto⟩ (bzw. Lucas ⟨de Villa Dei⟩) umstritten
Schneyer,IV,72
Luc ⟨de Padoue⟩
Lucas ⟨Patavinus⟩
Padua, Lucas ¬de¬

Lucas ⟨de Penna⟩
ca. 1310 – ca. 1390
Commentarium ad tres libros codicis
LMA, V, 2153
Luc ⟨de Penna⟩
Luca ⟨da Penne⟩
Penna, Lucas ¬de¬
Penne, Luca ¬da¬

Lucas ⟨de Perusio⟩
→ **Lucas ⟨Vivae⟩**

Lucas ⟨de Prato⟩
→ **Lucas ⟨de Bitonto⟩**

Lucas ⟨de Sancto Cornelio⟩
→ **Lucas ⟨de Monte Sancti Cornelii⟩**

Lucas ⟨de Tuy⟩
→ **Lucas ⟨Tudensis⟩**

Lucas ⟨de Villa Dei⟩
→ **Lucas ⟨de Bitonto⟩**

Lucas ⟨de Wielki Kozmin⟩
gest. 1414
Quaestiones super libros Physicorum; In De GCorr.
Lohr
Lukasz ⟨z Wielkiego Kozmina⟩
Wielki Kozmin, Lucas ¬de¬

Lucas ⟨del Viva⟩
→ **Lucas ⟨Vivae⟩**

Lucas ⟨Episcopus⟩
→ **Lucas ⟨de Neapoli⟩**
→ **Lucas ⟨Tudensis⟩**

Lucas ⟨Floreffiensis⟩
→ **Lucas ⟨de Monte Sancti Cornelii⟩**

Lucas ⟨Florentinus⟩
→ **Lucas ⟨Manelli⟩**

Lucas ⟨Iuliani del Viva⟩
→ **Lucas ⟨Vivae⟩**

Lucas ⟨Legionensis⟩
→ **Lucas ⟨Tudensis⟩**

Lucas ⟨Manelli⟩
gest. 1362 · OP
Compendium moralis philosophiae; Tabulatio et expositio Senecae; viell. Verf. des „Commentarius in Valerium Maximum"
Schneyer,IV,71
Luc ⟨de Cithonia⟩
Luc ⟨de Florence⟩
Luc ⟨Mannelli⟩
Luca ⟨Mannelli⟩
Lucas ⟨de Manellis, Florentinus⟩
Lucas ⟨Florentinus⟩
Lucas ⟨Manellus⟩
Lucas ⟨Mannelli⟩
Lucas ⟨Mannellus⟩
Lucas ⟨Ziconensis⟩
Manelli, Lucas
Mannelli, Luc

Lucas ⟨Minorita⟩
→ **Lucas ⟨Belludi⟩**

Lucas ⟨Moser⟩
→ **Moser, Lucas**

Lucas ⟨of Tuy⟩
→ **Lucas ⟨Tudensis⟩**

Lucas ⟨Patavinus⟩
→ **Lucas ⟨de Padua⟩**

Lucas ⟨Praedicator Egregius⟩
→ **Lucas ⟨Belludi⟩**

Lucas ⟨Sancti Cornelii⟩
→ **Lucas ⟨de Monte Sancti Cornelii⟩**

Lucas ⟨Socius Sancti Antonii de Padua⟩
→ **Lucas ⟨Belludi⟩**

Lucas ⟨Tudensis⟩
gest. 1249
LMA,V,2152/53
Luc ⟨de León⟩
Luc ⟨Diacre de Saint-Isidore à León⟩
Lucas ⟨de Tuy⟩
Lucas ⟨Episcopus⟩
Lucas ⟨Legionensis⟩
Lucas ⟨of Tuy⟩
Lukas ⟨von Tuy⟩
Tuy, Lucas ¬de¬

Lucas ⟨van Eyck⟩
Lebensdaten nicht ermittelt
Bernardi Clarevallensis Cant., versio flamica
Stegmüller, Repert. bibl. 5400
Eyck, Lucas ¬van¬

Lucas ⟨Vivae⟩
gest. 1466 · OP
Tract. de attributis divinis; Tract. de processione Spiritus s.; Tract. de prioritate et posterioritate in divinis; etc.
Kaeppeli,III,90/92
Lucas ⟨de Perusio⟩
Lucas ⟨del Viva⟩
Lucas ⟨Iuliani del Viva⟩
Lucas ⟨Vivae de Perusio⟩
Vivae, Lucas

Lucas ⟨Ziconensis⟩
→ **Lucas ⟨Manelli⟩**

Lucas, Arnoldus
→ **Arnoldus ⟨Saxo⟩**

Lucas, Iulianus
→ **Iulianus ⟨Lucas⟩**

Lucca ⟨della Robbia⟩
→ **DellaRobbia, Luca**

Lucca, Andreas ¬de¬
→ **Andreas ⟨de Lucca⟩**

Lucca, Bonagiunta ¬da¬
→ **Orbicciani, Bonaggiunta**

Lucca, Hugo ¬de¬
→ **Hugo ⟨de Lucca⟩**

Lucca, Tolomeo ¬da¬
→ **Ptolemaeus ⟨Lucensis⟩**

Lucca, Ubaldus ¬de¬
→ **Ubaldus ⟨de Lucca⟩**

Lucellus ⟨Teutonicus⟩
→ **Lutoldus ⟨Teutonicus⟩**

Lucena, Juan ¬de¬
ca. 1430 – 1506
LMA,V,776
Joam ⟨de Lucena⟩
João ⟨de Lucena⟩
Juan ⟨de Lucena⟩
Lucena, Joam ¬de¬
Lucena, João ¬de¬

Lucena, Vasco Fernandes ¬de¬
gest. ca. 1499
De obedientia (=Oratio); nicht identisch mit Lucena, Vasco ¬de¬(gest. 1512)
LMA,V,2157
Lucena, Vasco-Fernandez ¬de¬
Valascus ⟨Ferdinandi⟩
Valascus Fernandes ⟨de Lucena⟩
Vasco ⟨Fernandes⟩
Vasco Fernandes ⟨de Lucena⟩
Vasco-Fernandez ⟨de Lucena⟩

Lucha ⟨...⟩
→ **Luca ⟨...⟩**

Luchetto ⟨Gattilusi⟩
→ **Gattilusi, Luchetto**

Luchino ⟨dal Campo⟩
→ **DalCampo, Luchino**

Lucidomonte, Johannes ¬de¬
→ **Johannes ⟨de Lucidomonte⟩**

Lucidomonte, Thomas ¬de¬
→ **Thomas ⟨de Lucidomonte⟩**

Lucifer ⟨Subdiaconus⟩
Lebensdaten nicht ermittelt
Vita S. Evurtii ep. Aurel.
Potth. 748
Lucifer ⟨Hagiographe⟩
Lucifer ⟨Sous-Diacre⟩
Subdiaconus Lucifer

Lucinianus ⟨Carthaginiensis⟩
→ **Licinianus ⟨Carthaginiensis⟩**

Lucio ⟨Cardami⟩
→ **Cardami, Lucio**

Lucio ⟨Papa, ...⟩
→ **Lucius ⟨Papa, ...⟩**

Lucius ⟨Charinus⟩
→ **Leucius, Charinus**

Lucius ⟨Papa, II.⟩
gest. 1145
LMA,V,2162
Caccianemici, Gherardo
Gérard ⟨Caccianemici⟩
Gérard ⟨de Bologne⟩
Gerardo ⟨Caccianemici⟩
Gerardus ⟨Caccianemici⟩
Gerhard ⟨Caccianemici⟩
Gherardo ⟨Caccianemici⟩
Lucio ⟨Papa, II.⟩
Luzius ⟨Papst, II.⟩

Lucius ⟨Papa, III.⟩
gest. 1185
LMA,V,2162/63
Allucingoli, Ubaldo
Lucio ⟨Papa, III.⟩
Luzius ⟨Papst, III.⟩
Ubald ⟨Allucingoli⟩
Ubald ⟨de Lucques⟩
Ubaldo ⟨Allucingoli⟩
Ubaldus ⟨Allucingoli⟩

Lucius, Mundinus
→ **Mundinus ⟨Lucius⟩**

Lucken, Hans ¬von¬
→ **Hans ⟨von Lucken⟩**

Luckow, Johannes ¬de¬
→ **Johannes ⟨Stoffman de Luckow⟩**

Luco, Ludolphus ¬de¬
→ **Ludolphus ⟨de Luco⟩**

Lucrèce ⟨Tornabuoni⟩
→ **Tornabuoni, Lucrezia**

Lucrezia ⟨de'Medici⟩
→ **Tornabuoni, Lucrezia**

Lucrezia ⟨Tornabuoni⟩
→ **Tornabuoni, Lucrezia**

Luctantius ⟨Placidus⟩
→ **Lactantius ⟨Placidus⟩**

Luctona, Thomas ¬de¬
→ **Thomas ⟨de Luctona⟩**

Luculentius
6. Jh.
Luculentus

Lucullanus, Eugippius
→ **Eugippius ⟨Abbas⟩**

Ludayagiri Virupanna Udayar ⟨I.⟩
→ **Virūpākṣa**

Ludbertus ⟨Fuldensis⟩
777 – 853 · OSB
Cant.
Stegmüller, Repert. bibl. 5419
Liutbert ⟨Bénédictin⟩
Liutbert ⟨de Fulde⟩
Liutbert ⟨de Hirsauge⟩
Ludbertus ⟨Abbas Hirsaugiensis⟩
Ludbertus ⟨Hirsaugiensis⟩

Ludbertus ⟨Hirsaugiensis⟩
→ **Ludbertus ⟨Fuldensis⟩**

Ludeger ⟨von Altzelle⟩
→ **Ludgerus ⟨de Altzelle⟩**

Luder ⟨von Braunschweig⟩
ca. 1275 – 1335
LMA,VI,23; VL(2),5,949
Braunschweig, Luder ¬von¬
Braunschweig, Luther ¬von¬
Luder ⟨Braunschweig, Herzog⟩
Luther ⟨Braunschweig, Herzog⟩
Luther ⟨Deutscher Orden, Hochmeister⟩
Luther ⟨von Braunschweig⟩

Luder ⟨von Ramesloh⟩
um 1297/1317
Verfasser e. Berichts um kriegerische Auseinandersetzung Stadt Riga - Dtsch. Orden
VL(2),5,960/961
Ramesloh, Luder ¬von¬

Luder, Petrus
1415 – 1474
LMA,V,2165/66; Tusculum-Lexikon
Luder, Peter
Luder, Pierre
Peter ⟨Luder⟩
Peter ⟨von Kisslau⟩
Petrus ⟨Luder⟩

Ludgate, John
→ **Lydgate, John**

Ludgerus ⟨de Altzelle⟩
gest. 1234 · OCist
Sermones festivales; Liber azymorum
Schneyer,IV,95; VL(2),5,948/949
Altzelle, Ludgerus ¬de¬
Leodegar ⟨von Altzelle⟩
Ludeger ⟨von Altzelle⟩
Ludegerus ⟨de Altzelle⟩
Ludiger ⟨Cellae Veteris⟩
Ludiger ⟨Cistercien⟩
Ludiger ⟨d'Altzelle⟩
Ludigerius ⟨Cellae Veteris⟩

Ludgerus ⟨de Monasterio⟩
→ **Ludgerus ⟨Monasteriensis⟩**

Ludgerus ⟨Luneburgensis⟩
gest. 1028
Prov.; Cant.; Is.; etc.
Stegmüller, Repert. bibl. 5420-5423
Ludgerus ⟨Sancti Michaelis Luneburgis Scholasticus⟩
Ludgerus ⟨Scholasticus Sancti Michaelis Luneburgis⟩

Ludgerus ⟨Mimefordegardensis⟩
→ **Ludgerus ⟨Monasteriensis⟩**

Ludgerus ⟨Monasteriensis⟩
ca. 742 – 809
LThK; Potth. 742; DOC,2,1256; Tusculum-Lexikon; LMA,V,2038/39
Liudger
Liudger ⟨aus Friesland⟩
Liudger ⟨von Münster⟩
Liudgerus ⟨Episcopus⟩
Liudgerus ⟨Mimigardeforden-sis⟩
Liudgerus ⟨Monasteriensis⟩
Liudgerus ⟨Sanctus⟩
Ludger ⟨von Münster⟩
Ludgero ⟨Santo⟩
Ludgerus ⟨de Monasterio⟩
Ludgerus ⟨Mimefordegarden-sis⟩
Ludgerus ⟨Sanctus⟩
Luitgerus ⟨Episcopus⟩

Ludgerus ⟨Sancti Michaelis Luneburgis Scholasticus⟩
→ **Ludgerus ⟨Luneburgensis⟩**

Ludgerus ⟨Sanctus⟩
→ **Ludgerus ⟨Monasteriensis⟩**

Ludgerus ⟨Scholasticus Sancti Michaelis Luneburgis⟩
→ **Ludgerus ⟨Luneburgensis⟩**

Ludigerius ⟨Cellae Veteris⟩
→ **Ludgerus ⟨de Altzelle⟩**

Ludoldus ⟨de Saxonia⟩
→ **Ludolphus ⟨de Saxonia⟩**

Ludoldus ⟨Theutonicus⟩
→ **Lutoldus ⟨Teutonicus⟩**

Ludolf ⟨aus Hildesheim⟩
→ **Ludolphus ⟨de Luco⟩**

Ludolf ⟨de Kartuizer⟩
→ **Ludolphus ⟨de Saxonia⟩**

Ludolf ⟨de Luco⟩
→ **Ludolphus ⟨de Luco⟩**

Ludolf ⟨der Dekan zum Heiligen Kreuz⟩
→ **Ludolphus ⟨Hildesheimensis⟩**

Ludolf ⟨Magister⟩
→ **Ludolphus ⟨Hildesheimensis⟩**

Ludolf ⟨Pastor in Suchen⟩
→ **Ludolphus ⟨Suchensis⟩**

Ludolf ⟨von Luckow⟩
→ **Ludolphus ⟨de Luco⟩**

Ludolf ⟨von Lüchow⟩
→ **Ludolphus ⟨de Luco⟩**

Ludolf ⟨von Lukau⟩
→ **Ludolphus ⟨de Luco⟩**

Ludolf ⟨von Sachsen⟩
→ **Ludolphus ⟨de Saxonia⟩**

Ludolf ⟨von Sagan⟩
→ **Ludolphus ⟨Saganensis⟩**

Ludolf ⟨von Suchem⟩
→ **Ludolphus ⟨Suchensis⟩**

Ludolf ⟨von Sudheim⟩
→ **Ludolphus ⟨Suchensis⟩**

Ludolf ⟨zu Hildesheim⟩
→ **Ludolphus ⟨Hildesheimensis⟩**

Ludolfo ⟨di Sassonia⟩
→ **Ludolphus ⟨de Saxonia⟩**

Ludolfo ⟨il Cartusiano⟩
→ **Ludolphus ⟨de Saxonia⟩**

Ludolfus ⟨...⟩
→ **Ludolphus ⟨...⟩**

Ludolfus ⟨Episcopus Augustanus⟩
→ **Ludolphus ⟨Augustanus⟩**

Ludolph ⟨von Sachsen⟩
→ **Ludolphus ⟨de Saxonia⟩**

Ludolph ⟨von Suchem⟩
→ **Ludolphus ⟨Suchensis⟩**

Ludolphe ⟨d'Augsbourg⟩
→ **Ludolphus ⟨Augustanus⟩**

Ludolphe ⟨de Sagan⟩
→ **Ludolphus ⟨Saganensis⟩**

Ludolphe ⟨de Saxe⟩
→ **Ludolphus ⟨de Saxonia⟩**

Ludolphe ⟨de Suchen⟩
→ **Ludolphus ⟨Suchensis⟩**

Ludolphe ⟨le Chartreux⟩
→ **Ludolphus ⟨de Saxonia⟩**

Ludolphus ⟨Abbas⟩
→ **Ludolphus ⟨Saganensis⟩**

Ludolphus ⟨Augustanus⟩
gest. 996
Vita S. Udalrici
Potth. 749
Augustanus, Ludolphus
Liutolf ⟨d'Augsbourg⟩
Ludolfus ⟨Episcopus Augustanus⟩
Ludolphe ⟨d'Augsbourg⟩
Luitholdus ⟨Augustanus⟩
Luitolphus ⟨Augustanus⟩

Ludolphus ⟨Canonicus⟩
→ **Ludolphus ⟨Hildesheimensis⟩**

Ludolphus ⟨Carthusianus⟩
→ **Ludolphus ⟨de Saxonia⟩**

Ludolphus ⟨de Columna⟩
→ **Columna, Landulphus ¬de¬**

Ludolphus ⟨de Hildesheim⟩
→ **Ludolphus ⟨de Luco⟩**

Ludolphus ⟨de Luco⟩
um 1300
Flores grammaticae; nicht identisch mit Ludolphus ⟨Hildesheimensis⟩; Identität mit Ludolphus ⟨Verfasser der Ethica⟩ umstritten
LMA,V,2168
Luco, Ludolphus ¬de¬
Ludolf ⟨aus Hildesheim⟩
Ludolf ⟨de Luco⟩
Ludolf ⟨de Lucohe⟩
Ludolf ⟨von Lüchow⟩
Ludolf ⟨von Luckow⟩
Ludolf ⟨von Lukau⟩
Ludolf ⟨von Lukohe⟩
Ludolfus ⟨de Luco⟩
Ludolfus ⟨Hildesheimensis⟩
Ludolphus ⟨de Hildesheim⟩
Ludolphus ⟨de Lucho⟩
Ludolphus ⟨de Luckow⟩
Ludolphus ⟨de Lucowe⟩
Ludolphus ⟨de Lukau⟩
Ludolphus ⟨Florista⟩
Ludolphus ⟨Hildesheimensis⟩
Ludolphus ⟨von Hildesheim⟩

Ludolphus ⟨de Sagan⟩
→ **Ludolphus ⟨Saganensis⟩**

Ludolphus ⟨de Saxonia⟩
ca. 1300 – 1377 · OCart
Vita Christi
LThK; VL(2); Tusculum-Lexikon; LMA,V,2167/68
Landulfus ⟨Alemanus⟩
Landulfus ⟨Almanus⟩
Landulfus ⟨Carthusiensis⟩
Landulfus ⟨Teutonicus⟩
Leutholfus ⟨Carthusiensis⟩
Leutolphus ⟨Carthusianus⟩
Litoldus ⟨Cartusiensis⟩
Liudulfus ⟨Saxo⟩
Ludoldus ⟨de Saxonia⟩
Ludolf ⟨de Kartuizer⟩
Ludolf ⟨von Sachsen⟩
Ludolfo ⟨di Sajonia⟩
Ludolfo ⟨di Sassonia⟩
Ludolfo ⟨il Cartusiano⟩
Ludolfus ⟨de Saxonia⟩
Ludolph ⟨von Sachsen⟩
Ludolphe ⟨de Saxe⟩
Ludolphe ⟨le Chartreux⟩
Ludolphe ⟨the Carthusian⟩
Ludolphus ⟨Carthusianus⟩
Ludolphus ⟨Saxo⟩
Ludolphus ⟨the Carthusian⟩
Luitolphus ⟨Saxo⟩
Rudolf ⟨Saxo⟩
Rudolfus ⟨Saxo⟩
Saxonia, Ludolphus ¬de¬

Ludolphus ⟨de Suchem⟩
→ **Ludolphus ⟨Suchensis⟩**

Ludolphus ⟨de Sudheim⟩
→ **Ludolphus ⟨Suchensis⟩**

Ludolphus ⟨Decanus⟩
→ **Ludolphus ⟨Hildesheimensis⟩**

Ludolphus ⟨Florista⟩
→ **Ludolphus ⟨de Luco⟩**

Ludolphus ⟨Hildesheimensis⟩
→ **Ludolphus ⟨de Luco⟩**

Ludolphus ⟨Hildesheimensis⟩
gest. ca. 1260
Summa dictaminum; nicht identisch mit Ludolphus ⟨de Luco⟩
LMA,V,2167
Ludolf ⟨der Dekan zum Heiligen Kreuz⟩
Ludolf ⟨Magister⟩
Ludolf ⟨zu Hildesheim⟩
Ludolfus ⟨Hildesheimensis⟩
Ludolphus ⟨Canonicus⟩
Ludolphus ⟨Decanus⟩
Ludolphus ⟨Magister⟩
Ludolphus ⟨Sanctae Crucis⟩
Ludolphus ⟨Scholasticus⟩
Ludolphus ⟨von Hildesheim⟩

Ludolphus ⟨Magister⟩
→ **Ludolphus ⟨Hildesheimensis⟩**

Ludolphus ⟨Presbyter⟩
→ **Liutolfus ⟨Moguntinus⟩**

Ludolphus ⟨Saganensis⟩
gest. 1422
Tractatus de scismate
LThK; VL(2); Tusculum-Lexikon
Ludolf ⟨von Sagan⟩
Ludolfus ⟨Saganensis⟩
Ludolphe ⟨de Sagan⟩
Ludolphus ⟨Abbas⟩
Ludolphus ⟨de Sagan⟩

Ludolphus ⟨Sanctae Crucis⟩
→ **Ludolphus ⟨Hildesheimensis⟩**

Ludolphus ⟨Saxo⟩
→ **Ludolphus ⟨de Saxonia⟩**

Ludolphus ⟨Scholasticus⟩
→ **Ludolphus ⟨Hildesheimensis⟩**

Ludolphus ⟨Suchensis⟩
gest. um 1350
Fälschlich als Petrus ⟨Suchensis⟩ bezeichnet; De itinere Terrae Sanctae liber
LThK; VL(2);
Ludolf ⟨Pastor in Suchen⟩
Ludolf ⟨von Suchem⟩
Ludolf ⟨von Sudheim⟩
Ludolph ⟨von Suchem⟩
Ludolphe ⟨de Suchen⟩
Ludolphus ⟨de Suchem⟩
Ludolphus ⟨de Suchen⟩
Ludolphus ⟨de Sudheim⟩
Petrus ⟨Suchensis⟩
Rudolf ⟨Suchensis⟩
Rudolf ⟨von Sudheim⟩
Suchem, Ludolphus ¬de¬
Suchen, Ludolphe ¬de¬

Ludolphus ⟨the Carthusian⟩
→ **Ludolphus ⟨de Saxonia⟩**

Ludolphus ⟨Verfasser der Ethica⟩
13. Jh.
Ethica; Identität mit Ludolphus ⟨de Luco⟩ umstritten
VL(2),5,986/987
Ludulfus ⟨Verfasser der Ethica⟩

Ludolphus ⟨von Hildesheim⟩
→ **Ludolphus ⟨de Luco⟩**
→ **Ludolphus ⟨Hildesheimensis⟩**

Ludolphus ⟨Wilkens⟩
um 1430/31 · OP
Kaeppeli,III,92
Ludolphus ⟨Wylkini⟩
Wilkens, Ludolphus
Wylkini, Ludolphus

Ludolphus ⟨Wylkini⟩
→ **Ludolphus ⟨Wilkens⟩**

Ludosia, Bero ¬de¬
→ **Bero ⟨de Ludosia⟩**

Ludovic ⟨le More⟩
→ **Ludovico ⟨Milano, Duca⟩**

Ludovic ⟨Milan, Duc⟩
→ **Ludovico ⟨Milano, Duca⟩**

Ludovici, Johannes
gest. 1480 · OESA
Bartholomaeus; Rapularius
VL(2),5,987; Schneyer,Winke,29
Jean ⟨de Wurtzbourg⟩
Jean ⟨d'Hiérapolis⟩
Jean ⟨Ludovici⟩
Johannes ⟨Lodewici⟩
Johannes ⟨Lodewici de Herbipoli⟩
Johannes ⟨Lodowici⟩
Johannes ⟨Ludovici⟩
Johannes ⟨Ludovici de Herbipoli⟩
Johannes ⟨Ludovici von Würzburg⟩
Lodewici, Johannes
Lodowici, Johannes
Ludovici, Jean

Ludovico ⟨Barbo⟩
→ **Barbus, Ludovicus**

Ludovico ⟨Carbone⟩
→ **Carbone, Lodovico**

Ludovico ⟨d'Angiò⟩
→ **Ludovicus ⟨Tolosanus⟩**

Ludovico ⟨della Torre⟩
→ **DellaTorre, Lodovico**

Ludovico ⟨di Tolosa⟩
→ **Ludovicus ⟨Tolosanus⟩**

Ludovico ⟨il Bavaro⟩
→ **Ludwig ⟨Römisch-Deutsches Reich, Kaiser, IV.⟩**

Ludovico ⟨il Moro⟩
→ **Ludovico ⟨Milano, Duca⟩**

Ludovico ⟨Infante⟩
→ **Ludwig ⟨Ostfränkisches Reich, König, IV.⟩**

Ludovico ⟨Italia, Re, III.⟩
→ **Ludwig ⟨Römisch-Deutsches Reich, Kaiser, III.⟩**

Ludovico ⟨Milano, Duca⟩
1452 – 1508
Lodovico ⟨il Moro⟩
Lodovico Maria ⟨di Milano⟩
Lodovico Sforza ⟨Milano, Duca⟩
Louis Maria ⟨Sforza⟩
Louis Maria ⟨the Moor⟩
Ludovic ⟨le More⟩
Ludovic ⟨Milan, Duc⟩
Ludovico ⟨il Moro⟩
Ludovico ⟨Sforza⟩
Ludwig ⟨Mailand, Herzog⟩
Sforza, Lodovico
Sforza, Ludovico M.

Ludovico ⟨Pontano⟩
→ **Ludovicus ⟨Pontanus⟩**

Ludovico ⟨Sancto di Beringen⟩
→ **Ludovicus ⟨Sanctus de Beringen⟩**

Ludovico ⟨Sforza⟩
→ **Ludovico ⟨Milano, Duca⟩**

Ludovicus ⟨a Turri⟩
→ **DellaTorre, Lodovico**

Ludovicus ⟨Andegavensis⟩
→ **Ludovicus ⟨Tolosanus⟩**

Ludovicus ⟨Barbatus⟩
→ **Ludwig ⟨Bayern, Herzog, VII.⟩**

Ludovicus ⟨Barbus⟩
→ **Barbus, Ludovicus**

Ludovicus ⟨Bavaria, Dux, ...⟩
→ **Ludwig ⟨Bayern, Herzog, ...⟩**

Ludovicus ⟨Bavaria, Dux, III.⟩
→ **Ludwig ⟨Römisch-Deutsches Reich, Kaiser, IV.⟩**

Ludovicus ⟨Bavaria, Dux, IV.⟩
→ **Ludwig ⟨Römisch-Deutsches Reich, Kaiser, IV.⟩**

Ludovicus ⟨Bavarus⟩
→ **Ludwig ⟨Römisch-Deutsches Reich, Kaiser, IV.⟩**

Ludovicus ⟨Bologninus⟩
→ **Bolognino, Lodovico**

Ludovicus ⟨Burgundia, Rex, I.⟩
→ **Louis ⟨Bas-Bourgogne, Roi, I.⟩**

Ludovicus ⟨Caerlionensis⟩
→ **Ludovicus ⟨de Caerleon⟩**

Ludovicus ⟨Carbone⟩
→ **Carbone, Lodovico**

Ludovicus ⟨Cendrata⟩
→ **Cendrata, Ludovicus**

Ludovicus ⟨Cerleon⟩
→ **Ludovicus ⟨de Caerleon⟩**

Ludovicus ⟨de Anjou⟩
→ **Ludovicus ⟨Tolosanus⟩**

Ludovicus ⟨de Basilea⟩
→ **Windsperger, Ludwig**

Ludovicus ⟨de Beringen⟩
→ **Ludovicus ⟨Sanctus de Beringen⟩**

Ludovicus ⟨de Bologninis⟩
→ **Bolognino, Lodovico**

Ludovicus ⟨de Caerleon⟩
gest. 1369
Theologe, Philosoph und Mathematiker; Philosophiae compendium
Stegmüller, Repert. bibl. 5438
Caerleon, Ludovicus ¬de¬
Cerleon, Ludovicus
Lewis ⟨of Caerleon⟩
Louis ⟨de Caerléon⟩
Ludovicus ⟨Caerlionensis⟩
Ludovicus ⟨Cerleon⟩
Ludovicus ⟨de Kaerlion⟩
Ludovicus ⟨de Wallia Angliae⟩
Ludovicus ⟨Guallensis⟩

Ludovicus ⟨de Ferrara⟩
gest. 1496 · OP
Ferrara, Ludovicus ¬de¬
Louis ⟨de Ferrare⟩
Ludovicus ⟨de Ferraria⟩
Ludovicus ⟨de Valencia⟩
Ludovicus ⟨de Valentia⟩
Ludovicus ⟨Ferrariensis⟩
Ludovicus ⟨Valentia⟩
Ludwig ⟨von Ferrara⟩
Valentia, Ludovico
Valentia, Ludovicus

Ludovicus ⟨de Kaerlion⟩
→ **Ludovicus ⟨de Caerleon⟩**

Ludovicus ⟨de Marsiliis⟩
→ **Marsiliis, Ludovicus ¬de¬**

Ludovicus ⟨de Methone⟩
→ **Ludovicus ⟨Longo⟩**

Ludovicus ⟨de Pisa⟩
um 1423/43 · OP
Sermones varii Quadragesimale
Kaeppeli,III,94/95
Louis ⟨de Pise⟩
Louis ⟨Tosi⟩
Ludovicus ⟨de Pisis⟩
Ludovicus ⟨Tosi de Pisa⟩
Ludovicus ⟨Tosi Pisanus⟩
Pisa, Ludovicus ¬de¬
Tosi, Louis
Tosi, Ludovicus

Ludovicus ⟨de Ponte⟩
→ **Ludovicus ⟨Pontanus⟩**

Ludovicus ⟨de Prussia⟩
gest. 1498
LThK
Johannes ⟨Wolgemuth⟩
Louis ⟨de Prusse⟩
Ludovicus ⟨de Prutheniis⟩
Ludovicus ⟨Heilsbergensis⟩
Ludovicus ⟨Prutenus⟩
Ludovicus ⟨Pruthenensis⟩
Ludovicus ⟨Pruthenus⟩
Ludwig ⟨von Preussen⟩
Prussia, Ludovicus ¬de¬
Pruthenus, Ludovicus
Wolgemuth, Johannes

Ludovicus ⟨de Prutheniis⟩
→ **Ludovicus ⟨de Prussia⟩**

Ludovicus ⟨de Raimo, Iunior⟩
gest. 1487
Verf. eines Teils der Annales de Raimo
Potth. 749
Louis ⟨de Raimo⟩
Louis ⟨de Raimo, le Jeune⟩
Ludovicus ⟨de Raimo⟩
Luigi ⟨da Raimo⟩
Raimo, Ludovicus ¬de¬
Raimo, Luigi ¬da¬

Ludovicus ⟨de Raimo, Senior⟩
gest. 1403
Verf. eines Teils der Annales de Raimo
Potth. 749
Louis ⟨de Raimo⟩
Louis ⟨de Raimo, l'Ancien⟩
Ludovicus ⟨de Raimo⟩
Luigi ⟨da Raimo⟩
Raimo, Louis ¬de¬
Raimo, Ludovicus ¬de¬
Raimo, Luigi ¬da¬

Ludovicus ⟨de Rigiis⟩
→ **Rigiis, Ludovicus ¬de¬**

Ludovicus ⟨de Roma⟩
→ **Ludovicus ⟨Pontanus⟩**

Ludovicus ⟨de Toulouse⟩
→ **Ludovicus ⟨Tolosanus⟩**

Ludovicus ⟨de Tzymia⟩
um 1354 · OCist
Auctoritates de rebus theologicis
Stegmüller, Repert. sentent. 519
Ludovicus ⟨Frater et Monachus in Tzymia⟩
Ludovicus ⟨Monachus in Tzymia⟩
Tzymia, Ludovicus ¬de¬

Ludovicus ⟨de Valentia⟩
→ **Ludovicus ⟨de Ferrara⟩**

Ludovicus ⟨de Valleoleti⟩
gest. 1426 · OP
Tabula quorundam doctorum Ord. Praed.; Sermo in Concilio Constantiensi
Kaeppeli,III,95/96
Louis ⟨de Valladolid⟩
Ludovicus ⟨de Valle Oleti⟩
Ludovicus ⟨Vallisoletanus⟩
Ludwicus ⟨de Valle Oleti⟩
Ludwig ⟨von Valladolid⟩
Valleoleti, Ludovicus ¬de¬

Ludovicus ⟨de Velthem⟩
→ **Lodewijk ⟨van Velthem⟩**

Ludovicus ⟨de Wallia Angliae⟩
→ **Ludovicus ⟨de Caerleon⟩**

Ludovicus ⟨Episcopus⟩
→ **Ludovicus ⟨Tolosanus⟩**

Ludovicus ⟨Ferrariensis⟩
→ **Ludovicus ⟨de Ferrara⟩**

Ludovicus ⟨Filius Bosonis⟩
→ **Louis ⟨Bas-Bourgogne, Roi, I.⟩**

Ludovicus ⟨Francia, Rex, I.⟩
→ **Ludwig ⟨Römisch-Deutsches Reich, Kaiser, I.⟩**

Ludovicus ⟨Francia, Rex, ...⟩
→ **Louis ⟨France, Roi, ...⟩**

Ludovicus ⟨Frater⟩
→ **Ludovicus ⟨OFM⟩**

Ludovicus ⟨Frater et Monachus in Tzymia⟩
→ **Ludovicus ⟨de Tzymia⟩**

Ludovicus ⟨Fuchs⟩
→ **Fuchs, Ludwig**

Ludovicus ⟨Gallia, Rex, ...⟩
→ **Louis ⟨France, Roi, ...⟩**

Ludovicus ⟨Germania, Imperator, ...⟩
→ **Ludwig ⟨Römisch-Deutsches Reich, Kaiser, ...⟩**

Ludovicus ⟨Germania, Rex, IV.⟩
→ **Ludwig ⟨Ostfränkisches Reich, König, IV.⟩**

Ludovicus ⟨Guallensis⟩
→ **Ludovicus ⟨de Caerleon⟩**

Ludovicus ⟨Heilsbergensis⟩
→ **Ludovicus ⟨de Prussia⟩**

Ludovicus ⟨Imolensis⟩
15. Jh.
Orationes
Louis ⟨d'Imola⟩
Ludwig ⟨von Imola⟩

Ludovicus ⟨Infans⟩
→ **Ludwig ⟨Ostfränkisches Reich, König, IV.⟩**

Ludovicus ⟨Iunior⟩
→ **Louis ⟨France, Roi, VII.⟩**

Ludovicus ⟨Leodiensis⟩
um 1056
Scriptum de adventu sive translatione reliquiarum S. Laurentii Roma Leodium a. 1056
Potth. 751; 1419
Louis ⟨Diacre à Liège⟩
Louis ⟨l'Ancien⟩
Ludovicus ⟨Monachus et Diaconus Sancti Laurentii Leodiensis⟩
Ludovicus ⟨Sancti Laurentii⟩
Ludovicus ⟨Senior⟩

Ludovicus ⟨Longo⟩
gest. 1475 · OP
Commentaria in VIII libros Physicorum
Lohr
Longo, Louis
Longo, Ludovicus
Louis ⟨de Modon⟩
Louis ⟨de Venise⟩
Louis ⟨Longo⟩
Ludovicus ⟨de Methone⟩
Ludovicus ⟨Longhi⟩

Ludovicus ⟨Marsilius⟩
→ **Marsiliis, Ludovicus ¬de¬**

Ludovicus ⟨Monachus et Diaconus Sancti Laurentii Leodiensis⟩
→ **Ludovicus ⟨Leodiensis⟩**

Ludovicus ⟨Monachus in Tzymia⟩
→ **Ludovicus ⟨de Tzymia⟩**

Ludovicus ⟨OFM⟩
13. Jh. · OFM
Schneyer,IV,112; VL(2),5,988/990
Frater Ludovicus
Ludovicus ⟨Frater⟩
Ludovicus ⟨Frater, OFM⟩
Ludovicus ⟨Teuto⟩

Ludovicus ⟨Pius⟩
→ **Ludwig ⟨Römisch-Deutsches Reich, Kaiser, I.⟩**
→ **Ludwig ⟨Thüringen, Landgraf, III.⟩**

Ludovicus ⟨Pontanus⟩
gest. 1439
Ludovicus ⟨de Roma⟩
Ludovicus ⟨Romanus⟩

Pontano, Lodovico
Pontano, Louis
Pontano, Ludovico
Pontanus, Lodovicus
Pontanus, Ludovicus
Pontanus de Roma, Ludovicus
Ponte, Ludovicus ¬de¬
Ponte da Roma, Lodovico
Romanus, Ludovicus

Ludovicus ⟨Pontanus de Roma⟩
→ **Ludovicus ⟨Pontanus⟩**

Ludovicus ⟨Provincia, Rex, I.⟩
→ **Louis ⟨Bas-Bourgogne, Roi, I.⟩**

Ludovicus ⟨Prutenus⟩
→ **Ludovicus ⟨de Prussia⟩**

Ludovicus ⟨Rex Arelatensis, I.⟩
→ **Louis ⟨Bas-Bourgogne, Roi, I.⟩**

Ludovicus ⟨Romanus⟩
→ **Ludovicus ⟨Pontanus⟩**

Ludovicus ⟨Sancti Laurentii⟩
→ **Ludovicus ⟨Leodiensis⟩**

Ludovicus ⟨Sanctus⟩
→ **Louis ⟨France, Roi, VIIII.⟩**
→ **Ludovicus ⟨Tolosanus⟩**

Ludovicus ⟨Sanctus de Beringen⟩
ca. 1304 – 1361
Sententia subiecti in musica sonora
Schönberger/Kible, Rpertorium, 15396
Beringen, Ludovicus ¬de¬
Louis ⟨dit Heyligen⟩
Louis ⟨Sanctus⟩
Louis ⟨Sanctus de Beringen⟩
Ludovico ⟨Sancto di Beringen⟩
Ludovicus ⟨de Beringen⟩
Ludovicus ⟨Sanctus⟩
Ludovicus ⟨Sanctus de Beeringen⟩
Sanctus, Louis
Sanctus Ludovicus

Ludovicus ⟨Senior⟩
→ **Ludovicus ⟨Leodiensis⟩**

Ludovicus ⟨Teuto⟩
→ **Ludovicus ⟨OFM⟩**

Ludovicus ⟨Thuringia, Landgravius, ...⟩
→ **Ludwig ⟨Thüringen, Landgraf, ...⟩**

Ludovicus ⟨Tolosanus⟩
1274 – 1294 · OFM
Schneyer,IV,117; LMA,V,2202/03
Louis ⟨de Toulouse⟩
Louis ⟨d'Anjou⟩
Louis ⟨of Toulouse⟩
Louis ⟨Saint⟩
Ludovico ⟨di Tolosa⟩
Ludovico ⟨d'Angiò⟩
Ludovicus ⟨Andegavensis⟩
Ludovicus ⟨Andegavensis Tolosanus⟩
Ludovicus ⟨de Anjou⟩
Ludovicus ⟨de Toulouse⟩
Ludovicus ⟨Episcopus⟩
Ludovicus ⟨Sanctus⟩
Ludwig ⟨Bischof von Toulouse⟩
Ludwig ⟨von Anjou⟩
Ludwig ⟨von Toulouse⟩
Tolosanus, Ludovicus

Ludovicus ⟨Tosi de Pisa⟩
→ **Ludovicus ⟨de Pisa⟩**

Ludovicus ⟨Valentia⟩
→ **Ludovicus ⟨de Ferrara⟩**

Ludovicus ⟨Vallisoletanus⟩
→ **Ludovicus ⟨de Valleoleti⟩**

Ludovicus ⟨Vicentinus⟩
um 1461/77 · OFM
Vita S. Bernardini Senensis
Potth. 751
Louis ⟨de Vicence⟩
Vicence, Louis ¬de¬
Vicentinus, Ludovicus

Ludovicus ⟨Vulpes⟩
→ **Fuchs, Ludwig**

Ludovicus ⟨Windsberger de Basilea⟩
→ **Windsperger, Ludwig**

Ludovik ⟨Franzija, Korol, I.⟩
→ **Ludwig ⟨Römisch-Deutsches Reich, Kaiser, I.⟩**

Ludovik ⟨Franzija, Korol, II.⟩
→ **Louis ⟨France, Roi, II.⟩**

Ludowicus ⟨Schoemerlin⟩
→ **Schönmerlin, Ludwig**

Ludulfus ⟨...⟩
→ **Ludolphus ⟨...⟩**

Ludwicus ⟨...⟩
→ **Ludovicus ⟨...⟩**

Ludwig ⟨Bayern, Herzog, I.⟩
1174 – 1231
LMA,V,2192/93
Louis ⟨Bavière, Duc, I.⟩
Ludovicus ⟨Bavaria, Dux, I.⟩
Ludwig ⟨der Kelheimer⟩
Ludwig ⟨von Wittelsbach⟩

Ludwig ⟨Bayern, Herzog, II.⟩
1229 – 1294
LMA,V,2193
Louis ⟨Bavière, Duc, II.⟩
Louis ⟨le Sévère⟩
Ludovicus ⟨Bavaria, Dux, II.⟩
Ludwig ⟨der Strenge⟩

Ludwig ⟨Bayern, Herzog, III.⟩
→ **Ludwig ⟨Römisch-Deutsches Reich, Kaiser, IV.⟩**

Ludwig ⟨Bayern, Herzog, IV.⟩
→ **Ludwig ⟨Römisch-Deutsches Reich, Kaiser, IV.⟩**

Ludwig ⟨Bayern, Herzog, V.⟩
1315 – 1361
LMA,V,2193
Louis ⟨Bavière, Duc, V.⟩
Ludovicus ⟨Bavaria, Dux, V.⟩
Ludwig ⟨Brandenburg, Markgraf⟩
Ludwig ⟨der Ältere⟩
Ludwig ⟨der Brandenburger⟩

Ludwig ⟨Bayern, Herzog, VI.⟩
1330 – 1364/65
LMA,V,2193/94
Louis ⟨Bavière, Duc, VI.⟩
Ludwig ⟨Brandenburg, Markgraf⟩
Ludwig ⟨der Römer⟩
Ludwig ⟨Ober-Bayern, Herzog⟩

Ludwig ⟨Bayern, Herzog, VII.⟩
1368 – 1447
LMA,V,2194
Louis ⟨Bavière, Duc, VII.⟩
Louis ⟨le Barbu⟩
Ludovicus ⟨Barbatus⟩
Ludovicus ⟨Bavaria,, Dux, VII.⟩
Ludwig ⟨Bayern-Ingolstadt, Herzog, VII.⟩
Ludwig ⟨der Bärtige⟩

Ludwig ⟨Bayern, Herzog, VIII.⟩
1403 – 1445
LMA,V,2194
Louis ⟨Bavière, Duc, VIII.⟩
Louis ⟨le Bossu⟩
Ludwig ⟨Bayern-Ingolstadt, Herzog⟩
Ludwig ⟨der Bucklige⟩

Ludwig ⟨Bayern, Herzog, VIIII.⟩
1417 – 1479
LMA,V,2194/95
Louis ⟨Bavière, Duc, VIIII.⟩
Louis ⟨le Riche⟩
Ludovicus ⟨Bavaria, Dux, VIIII.⟩
Ludwig ⟨der Reiche⟩

Ludwig ⟨Bayern-Ingolstadt, Herzog, VII.⟩
→ **Ludwig ⟨Bayern, Herzog, VII.⟩**

Ludwig ⟨Bischof von Toulouse⟩
→ **Ludovicus ⟨Tolosanus⟩**

Ludwig ⟨Brandenburg, Markgraf⟩
→ **Ludwig ⟨Bayern, Herzog, V.⟩**
→ **Ludwig ⟨Bayern, Herzog, VI.⟩**

Ludwig ⟨das Kind⟩
→ **Ludwig ⟨Ostfränkisches Reich, König, IV.⟩**

Ludwig ⟨der Ältere⟩
→ **Ludwig ⟨Bayern, Herzog, V.⟩**

Ludwig ⟨der Bärtige⟩
→ **Ludwig ⟨Bayern, Herzog, VII.⟩**

Ludwig ⟨der Bayer⟩
→ **Ludwig ⟨Römisch-Deutsches Reich, Kaiser, IV.⟩**

Ludwig ⟨der Blinde⟩
→ **Ludwig ⟨Römisch-Deutsches Reich, Kaiser, III.⟩**

Ludwig ⟨der Brandenburger⟩
→ **Ludwig ⟨Bayern, Herzog, V.⟩**

Ludwig ⟨der Bucklige⟩
→ **Ludwig ⟨Bayern, Herzog, VIII.⟩**

Ludwig ⟨der Deutsche⟩
→ **Ludwig ⟨Ostfränkisches Reich, König, II.⟩**

Ludwig ⟨der Dicke⟩
→ **Louis ⟨France, Roi, VI.⟩**

Ludwig ⟨der Eiserne⟩
→ **Ludwig ⟨Thüringen, Landgraf, II.⟩**

Ludwig ⟨der Friedsame⟩
→ **Ludwig ⟨Hessen, Landgraf, I.⟩**

Ludwig ⟨der Fromme⟩
→ **Ludwig ⟨Römisch-Deutsches Reich, Kaiser, I.⟩**
→ **Ludwig ⟨Thüringen, Landgraf, III.⟩**

Ludwig ⟨der Grausame⟩
→ **Louis ⟨France, Roi, XI.⟩**

Ludwig ⟨der Heilige⟩
→ **Louis ⟨France, Roi, VIIII.⟩**
→ **Ludwig ⟨Thüringen, Landgraf, IV.⟩**

Ludwig ⟨der Jüngere⟩
→ **Louis ⟨France, Roi, III.⟩**

Ludwig ⟨der Junge⟩
→ **Louis ⟨France, Roi, VII.⟩**

Ludwig ⟨der Kelheimer⟩
→ **Ludwig ⟨Bayern, Herzog, I.⟩**

Ludwig ⟨der Löwe⟩
→ **Louis ⟨France, Roi, VIII.⟩**

Ludwig ⟨der Reiche⟩
→ **Ludwig ⟨Bayern, Herzog, VIIII.⟩**

Ludwig ⟨der Römer⟩
→ **Ludwig ⟨Bayern, Herzog, VI.⟩**

Ludwig ⟨der Strenge⟩
→ **Ludwig ⟨Bayern, Herzog, II.⟩**

Ludwig ⟨der Überseeische⟩
→ **Louis ⟨France, Roi, IV.⟩**

Ludwig ⟨Dringenberg⟩
→ **Dringenberg, Ludwig**

Ludwig ⟨Fränkisches Reich, Kaiser, II.⟩
→ **Ludwig ⟨Römisch-Deutsches Reich, Kaiser, II.⟩**

Ludwig ⟨Fränkisches Reich, König, I.⟩
→ **Ludwig ⟨Römisch-Deutsches Reich, Kaiser, I.⟩**

Ludwig ⟨Frankreich, König, I.⟩
→ **Ludwig ⟨Römisch-Deutsches Reich, Kaiser, I.⟩**

Ludwig ⟨Fuchs⟩
→ **Fuchs, Ludwig**

Ludwig ⟨Hessen, Landgraf, I.⟩
1402 – 1458
LMA,V,2197/98
Louis ⟨Hesse, Landgrave, I.⟩
Louis ⟨le Pacifique⟩
Ludwig ⟨der Friedsame⟩

Ludwig ⟨Italien-Niederburgund, König⟩
→ **Ludwig ⟨Römisch-Deutsches Reich, Kaiser, III.⟩**

Ludwig ⟨Karolinger⟩
→ **Ludwig ⟨Ostfränkisches Reich, König, IV.⟩**

Ludwig ⟨Mailand, Herzog⟩
→ **Ludovico ⟨Milano, Duca⟩**

Ludwig ⟨Niederburgund, König, I.⟩
→ **Louis ⟨Bas-Bourgogne, Roi, I.⟩**

Ludwig ⟨Ober-Bayern, Herzog⟩
→ **Ludwig ⟨Bayern, Herzog, VI.⟩**

Ludwig ⟨Ostfränkischer König,...⟩
→ **Ludwig ⟨Ostfränkisches Reich, König, ...⟩**

Ludwig ⟨Ostfränkischer König, III.⟩
→ **Louis ⟨France, Roi, III.⟩**

Ludwig ⟨Ostfränkisches Reich, König, II.⟩
ca. 805 – 876
Urkunden
LMA,V,2172/74
Louis ⟨Germanie, Roi, II.⟩
Louis ⟨le Gérmanique⟩
Ludwig ⟨der Deutsche⟩
Ludwig ⟨Ostfränkischer König, II.⟩

Ludwig ⟨Ostfränkisches Reich, König, IV.⟩
893 – 911
Urkunden
LMA,V,2175
Louis ⟨de Germanie⟩
Louis ⟨Germanie, Roi⟩
Louis ⟨l'Enfant⟩
Ludovico ⟨Infante⟩
Ludovicus ⟨Germania, Rex, IV.⟩
Ludovicus ⟨Infans⟩
Ludwig ⟨das Kind⟩
Ludwig ⟨Karolinger⟩
Ludwig ⟨Ostfränkischer König⟩
Ludwig ⟨Ostfränkischer König, IV.⟩

Ludwig ⟨Ostfrankenreich, König, III.⟩
→ **Louis ⟨France, Roi, III.⟩**

Ludwig ⟨Rad⟩
→ **Rad, Ludwig**

Ludwig ⟨Römisch-Deutsches Reich, Kaiser, I.⟩
778 – 840
LMA,V,2171/72
Louis ⟨Aquitaine, Roi⟩
Louis ⟨France, Roi, I.⟩
Louis ⟨le Débonnaire⟩
Louis ⟨le Pieux⟩
Ludovicus ⟨Francia, Rex, I.⟩
Ludovicus ⟨Pius⟩
Ludovicus Pius ⟨Germania, Imperator⟩
Ludovik ⟨Franzija, Korol; I.⟩
Ludwig ⟨der Fromme⟩
Ludwig ⟨Fränkisches Reich, König, I.⟩
Ludwig ⟨Frankreich, König, I.⟩
Ludwig ⟨Römischer Kaiser, I.⟩

Ludwig ⟨Römisch-Deutsches Reich, Kaiser, II.⟩
825 – 875
LMA,V,2177
Ludovicus ⟨Germania, Imperator, II., Iunior⟩
Ludwig ⟨Fränkisches Reich, Kaiser, II.⟩
Ludwig ⟨Römischer Kaiser, II.⟩

Ludwig ⟨Römisch-Deutsches Reich, Kaiser, III.⟩
gest. 928
LMA,V,2177/78
Ludovico ⟨Italia, Re, III.⟩
Ludwig ⟨der Blinde⟩
Ludwig ⟨Italien-Niederburgund, König⟩
Ludwig ⟨Römisch-Fränkisches Reich, Kaiser, III.⟩

Ludwig ⟨Römisch-Deutsches Reich, Kaiser, IV.⟩
ca. 1283 – 1347
LMA,V,2178/81
Louis ⟨Bavière, Duc, III.⟩
Ludovico ⟨il Bavaro⟩
Ludovicus ⟨Bavaria, Dux, III.⟩
Ludovicus ⟨Bavaria, Dux, IV.⟩
Ludovicus ⟨Bavarus⟩
Ludovicus ⟨Germania, Imperator, IV.⟩
Ludwig ⟨Bayern, Herzog, III.⟩
Ludwig ⟨Bayern, Herzog, IV.⟩
Ludwig ⟨der Baier⟩
Ludwig ⟨der Bayer⟩

Ludwig ⟨Schönmerlin⟩
→ **Schönmerlin, Ludwig**

Ludwig ⟨Thüringen, Landgraf, II.⟩
ca. 1128 – 1172
LMA,V,2199
Louis ⟨de Fer⟩
Louis ⟨Thuringe, Landgrave, II.⟩
Ludovicus ⟨Thuringia, Landgravius, II.⟩
Ludwig ⟨der Eiserne⟩

Ludwig ⟨Thüringen, Landgraf, III.⟩
1151/52 – 1190
CSGL; VL(2),5,372/6; Potth. 751; LMA,V,2199/200
Louis ⟨le Pieux⟩
Louis ⟨Thuringe, Landgrave, III.⟩

Ludovicus ⟨Pius⟩
Ludovicus ⟨Thuringia, Landgravius, III.⟩
Ludwig ⟨der Fromme⟩

Ludwig ⟨Thüringen, Landgraf, IV.⟩
1200 – 1227
LMA,V,2200
Louis ⟨le Saint⟩
Louis ⟨Thuringe, Landgrave, IV.⟩
Ludovicus ⟨Thuringia, Landgravius, IV.⟩
Ludwig ⟨der Heilige⟩

Ludwig ⟨von Anjou⟩
→ **Ludovicus ⟨Tolosanus⟩**

Ludwig ⟨von Ferrara⟩
→ **Ludovicus ⟨de Ferrara⟩**

Ludwig ⟨von Imola⟩
→ **Ludovicus ⟨Imolensis⟩**

Ludwig ⟨von Orléans⟩
→ **Louis ⟨France, Roi, XII.⟩**

Ludwig ⟨von Preussen⟩
→ **Ludovicus ⟨de Prussia⟩**

Ludwig ⟨von Toulouse⟩
→ **Ludovicus ⟨Tolosanus⟩**

Ludwig ⟨von Valladolid⟩
→ **Ludovicus ⟨de Valleoleti⟩**

Ludwig ⟨von Wittelsbach⟩
→ **Ludwig ⟨Bayern, Herzog, I.⟩**

Ludwig ⟨Windsperger⟩
→ **Windsperger, Ludwig**

Ludwig ⟨Wintzperger⟩
→ **Windsperger, Ludwig**

Ludwig ⟨Zank⟩
→ **Louis ⟨France, Roi, X.⟩**

Ludzisko, Johannes ¬de¬
→ **Johannes ⟨de Ludzisko⟩**

Lü, Dongbin
geb. 798
Lü, Tung-pin
Lü, Yen

Lü, Tung-pin
→ **Lü, Dongbin**

Lü, Yen
→ **Lü, Dongbin**

Lübeck, Detmar ¬von¬
→ **Detmar ⟨von Lübeck⟩**

Lübeck, Heinrich ¬von¬
→ **Heinrich ⟨von Lübeck⟩**

Lübeck, Rufus ¬de¬
→ **Rufus ⟨de Lübeck⟩**

Lüneburg, Erhardus ¬de¬
→ **Erhardus ⟨de Lüneburg⟩**

Lüneburg, Otto ¬von¬
→ **Otto ⟨von Lüneburg⟩**

Lünen, Johannes ¬de¬
→ **Johannes ⟨de Lünen⟩**

Luer, Heinrich
→ **Lur, Henricus**

Lüttich, Egbert ¬von¬
→ **Ecbertus ⟨Leodiensis⟩**

Lüttich, Hugo ¬von¬
→ **Hugo ⟨Leodiensis⟩**

Lüven, Christian ¬van der¬
→ **Kirstian ⟨Bruder⟩**

Lugardi, Henricus
→ **Henricus ⟨Lugardi⟩**

Luġawī, Abu-'ṭ-Ṭaiyib 'Abd-al-Wāḥid Ibn-'Alī ¬al-¬
→ **Abu-'ṭ-Ṭaiyib al-Luġawī, 'Abd-al-Wāḥid Ibn-'Alī**

Lugio, Johannes ¬de¬
→ **Johannes ⟨de Lugio⟩**

Lugo, Johannes ¬de¬
→ **Johannes ⟨de Lugo⟩**

Luidhardus ⟨Malmundariensis⟩
→ **Liuthardus ⟨Malmundarius Praepositus⟩**

Luidolfus ⟨...⟩
→ **Ludolphus ⟨...⟩**

Luidprandus
→ **Liutprandus ⟨Cremonensis⟩**

Luigi ⟨Barbo⟩
→ **Barbus, Ludovicus**

Luigi ⟨Bolognini⟩
→ **Bolognino, Lodovico**

Luigi ⟨da Raimo⟩
→ **Ludovicus ⟨de Raimo, ...⟩**

Luigi ⟨de'Marsili⟩
→ **Marsiliis, Ludovicus ¬de¬**

Luigi ⟨di Piero di Ghino Guicciardini⟩
→ **Guicciardini, Luigi**

Luigi ⟨Marsigli⟩
→ **Marsiliis, Ludovicus ¬de¬**

Luigi ⟨Pulci⟩
→ **Pulci, Luigi**

Luisius ⟨de Marsiliis⟩
→ **Marsiliis, Ludovicus ¬de¬**

Luitbrandus ⟨...⟩
→ **Liutprandus ⟨...⟩**

Luitgerus ⟨...⟩
→ **Ludgerus ⟨...⟩**

Luitholdus ⟨Augustanus⟩
→ **Ludolphus ⟨Augustanus⟩**

Luitolfus
→ **Astronomus**

Luitolfus ⟨Presbyter⟩
→ **Liutolfus ⟨Moguntinus⟩**

Luitolphus ⟨Augustanus⟩
→ **Ludolphus ⟨Augustanus⟩**

Luitolphus ⟨Saxo⟩
→ **Ludolphus ⟨de Saxonia⟩**

Luitprandus ⟨...⟩
→ **Liutprandus ⟨...⟩**

Lukas ⟨Belludi⟩
→ **Lucas ⟨Belludi⟩**

Lukas ⟨Erndorfer⟩
→ **Erndorfer, Lukas**

Lukas ⟨von Mont-Cornillon⟩
→ **Lucas ⟨de Monte Sancti Cornelii⟩**

Lukas ⟨von Tuy⟩
→ **Lucas ⟨Tudensis⟩**

Lukasz ⟨z Wielkiego Kozmina⟩
→ **Lucas ⟨de Wielki Kozmin⟩**

Luke ⟨Bosden⟩
→ **Lucas ⟨Bosdenus⟩**

Lul ⟨von Mainz⟩
→ **Lullus ⟨Moguntinensis⟩**

Lulgerus
→ **Adalgerus ⟨Episcopus⟩**

Lull ⟨von Mainz⟩
→ **Lullus ⟨Moguntinensis⟩**

Lull, Ramón
→ **Lullus, Raimundus**

Lullus ⟨Archiepiscopus⟩
→ **Lullus ⟨Moguntinensis⟩**

Lullus ⟨Episcopus⟩
→ **Lullus ⟨Moguntinensis⟩**

Lullus ⟨Moguntinensis⟩
gest. 786
Tusculum-Lexikon; LMA,VI,1
Lul ⟨von Mainz⟩
Lull ⟨von Mainz⟩
Lulle ⟨de Mayence⟩
Lullus
Lullus ⟨Archiepiscopus⟩
Lullus ⟨Episcopus⟩
Lullus ⟨Episcopus Moguntinus⟩
Lullus ⟨Maguntinus⟩
Lullus ⟨Moguntiacensis⟩
Lullus ⟨Moguntinus⟩
Lullus ⟨Saint⟩
Lullus ⟨Sanctus⟩
Lullus ⟨von Mainz⟩

Lullus ⟨Sanctus⟩
→ **Lullus ⟨Moguntinensis⟩**

Lullus ⟨von Mainz⟩
→ **Lullus ⟨Moguntinensis⟩**

Lullus, Raimundus
1232/33 – 1315/16
Ars generalis
Tusculum-Lexikon; LThK; LMA,VII,490/494
Llull, Ramón
Lull, Raimund
Lull, Ramón
Lulle, Raymond
Lullius, Raimundus
Lullus, Raymundus
Pseudo-Raimundus ⟨Lullus⟩
Raimund ⟨Lull⟩
Raimundo ⟨Lulio⟩
Raimundus ⟨Beatus⟩
Raimundus ⟨Lullius⟩
Raimundus ⟨Lullus⟩
Ramón ⟨Llull⟩
Ramón ⟨Lull⟩
Raymond ⟨Lulle⟩
Raymundus ⟨Lullus⟩
Remundus ⟨Eremita⟩

Lulmius, Paulus
→ **Paulus ⟨Lulmius⟩**

Lu'lu' Ibn-Aḥmad an-Naǧīb
→ **Naǧīb, Lu'lu' Ibn-Aḥmad ¬an-¬**

Lumbaeus, Thomas
→ **Thomas ⟨Lumbaeus⟩**

Luna, Alvaro ¬de¬
1388 – 1453
Alvare ⟨de Luna⟩
Alvare ⟨de Luna y Fernandez de Jarava⟩
Alvaro ⟨de Luna⟩
Alvaro ⟨Don⟩
Luna, Alvare ¬de¬

Luna, Nicolaus ¬de¬
→ **Nicolaus ⟨de Luna⟩**

Luna, Petrus ¬de¬
→ **Benedictus ⟨Papa, XIII., Antipapa⟩**

Lunardo ⟨Iustiniano⟩
→ **Giustiniani, Leonardo**

Lunarivilla, Ferricus ¬de¬
→ **Ferricus ⟨de Lunarivilla⟩**

Lunder, Kaspar
ca. 15. Jh.
Salbenrezept gegen „alle Schäden"
VL(2),5,1062/1063
Kaspar ⟨Lunder⟩

Lunel, Folquet ¬de¬
→ **Folquet ⟨de Lunel⟩**

Lunenborch, Theodoricus ¬de¬
→ **Theodoricus ⟨de Lunenborch⟩**

Lunigiana, Giovanni Manzini di Fivizzano ¬di¬
→ **Johannes ⟨Manzini de Motta⟩**

Lupatis, Lupatus ¬de¬
→ **Lupatus ⟨de Lupatis⟩**

Lupatus ⟨de Lupatis⟩
1241 – 1309
Epistulae; Nota de metri Senecae Carmina
LMA,V,2139/40f.
Lovati, Lovato
Lovato ⟨de Padoue⟩
Lovato ⟨Lovati⟩
Lupatis, Lupatus ¬de¬
Lupatus ⟨de Padoue⟩

Lupatus ⟨de Padoue⟩
→ **Lupatus ⟨de Lupatis⟩**

Lupi, Johannes
→ **Johannes ⟨Lupus⟩**

Lupi, Johannes
gest. 1468
Beichtbüchlein
VL(2),5,1069/1071
Jean ⟨Lupi⟩
Johannes ⟨Lupi⟩
Johannes ⟨Wolff⟩
Lupi, Jean
Lupi Wolff, Johannes
Luppi, Johannes
Wolff, Johannes

Lupia y Bagés, Hugues ¬de¬
→ **Hugo ⟨de Llupia i Bagés⟩**

Lupo ⟨de Spechio⟩
15. Jh.
Ital. Chronist
Spechio, Lupo ¬de¬

Lupo ⟨di Ferrières⟩
→ **Lupus ⟨Ferrariensis⟩**

Lupo ⟨Protospata⟩
→ **Lupus ⟨Protospatharius⟩**

Lupo, Servato
→ **Lupus ⟨Ferrariensis⟩**

Lupold ⟨Hornburg⟩
→ **Hornburg, Lupold**

Lupold ⟨von Bamberg⟩
→ **Lupoldus ⟨de Bebenburg⟩**

Lupold ⟨von Bebenburg⟩
→ **Lupoldus ⟨de Bebenburg⟩**

Lupoldus ⟨Bambergensis⟩
→ **Lupoldus ⟨de Bebenburg⟩**

Lupoldus ⟨de Bebenburg⟩
ca. 1297 – 1363
Tractatus de iuribus regni et imperii; Ritmaticum
LThK; VL(2); Tusculum-Lexikon
Babenberg, Lupoldus ¬de¬
Bebenburg, Lupold ¬von¬
Bebenburg, Lupoldus ¬de¬
Bebenburgius, Lupoldus
Egloffstein, Leopold ¬von¬
Egloffstein, Lupoldus ¬de¬
Léopold ⟨de Bamberg⟩
Leopold ⟨von Babenberg⟩
Leopold ⟨von Bamberg⟩
Leopold ⟨von Bebenburg⟩
Leopold ⟨von Egloffstein⟩
Leopoldus ⟨de Bebenburg⟩
Leupold ⟨von Bemberg⟩
Lupold ⟨von Bamberg⟩
Lupold ⟨von Bebemburg⟩
Lupold ⟨von Bebenburg⟩
Lupold ⟨von Bebenburg⟩
Lupold ⟨von Bebinburg⟩
Lupoldus ⟨Bambergensis⟩
Lupoldus ⟨Bebenburgius⟩
Lupoldus ⟨de Babenberg⟩
Lupoldus ⟨de Egloffstein⟩
Lupoldus ⟨Episcopus⟩
Lupoldus ⟨von Bebenburg⟩

Lupoldus ⟨de Egloffstein⟩
→ **Lupoldus ⟨de Bebenburg⟩**

Lupoldus ⟨Episcopus⟩
→ **Lupoldus ⟨de Bebenburg⟩**

Lupoldus ⟨von Bebenburg⟩
→ **Lupoldus ⟨de Bebenburg⟩**

Luppi, Johannes
→ **Lupi, Johannes**

Luppin, Christan ¬von¬
→ **Christan ⟨von Luppin⟩**

Luppolt ⟨der Reuhe Lange⟩
→ **Hornburg, Lupold**

Luppolt ⟨Knappe⟩
→ **Hornburg, Lupold**

Luppolt ⟨Langer⟩
→ **Hornburg, Lupold**

Lupus ⟨Abbas⟩
→ **Lupus ⟨Ferrariensis⟩**

Lupus ⟨Baiocensis⟩
→ **Lupus ⟨de Baiona⟩**

Lupus ⟨Barensis⟩
→ **Lupus ⟨Protospatharius⟩**

Lupus ⟨de Baiona⟩
gest. 1313 · OP
Epistula ad card. Nic. de Prato de vexationibus quibus Albigensis premunt fratres Praedicatores; ihm wurde früher die Vita S. Ragnoberti Baiocensis zugeschrieben, die vermutl. von Josephus ⟨Baiocensis⟩ stammt
Schönberger/Kible, Repertorium, 15397; Kaeppeli,III,97; Potth. 753
Baiona, Lupus ¬de¬
Loup ⟨de Bayonne⟩
Lupus ⟨Baiocensis⟩
Lupus ⟨Episcopus Baiocensis⟩
Lupus ⟨Magnus⟩

Lupus ⟨de Barrientos⟩
→ **Barrientos, Lope ¬de¬**

Lupus ⟨de Galdo⟩
um 1390/1437 · OP
Sermo pronunciatus fer. IV in capite ieiunii; Sermo predicatus in conc. Basilien. in festo Assumpcionis virg. Marie
Kaeppeli,III,99/100
Galdo, Lupus ¬de¬

Lupus ⟨de Moros⟩
→ **Lope ⟨de Moros⟩**

Lupus ⟨de Oliveto⟩
→ **Lupus ⟨de Olmedo⟩**

Lupus ⟨de Olmedo⟩
1370 – 1433
Lope ⟨de Olmedo⟩
Lopez ⟨Olmedo⟩
Lupus ⟨de Oliveto⟩
Lupus ⟨de Olmeto⟩
Lupus ⟨de Ulmeto⟩
Oliveto, Lupus ¬de¬
Olmedo, Lupus ¬de¬
Olmeto, Lupus ¬de¬
Ulmeto, Lupus ¬de¬

Lupus ⟨de Segovia⟩
→ **Johannes ⟨Lupus⟩**

Lupus ⟨de Ulmeto⟩
→ **Lupus ⟨de Olmedo⟩**

Lupus ⟨Episcopus⟩
→ **Wulfstan ⟨of York, II.⟩**

Lupus ⟨Episcopus Baiocensis⟩
→ **Lupus ⟨de Baiona⟩**

Lupus ⟨Ferrariensis⟩
ca. 805 – 862
LThK; CSGL; Tusculum-Lexikon; LMA,VI,15/16
Loup ⟨de Ferrières⟩
Loup, Servat
Lupo ⟨di Ferrières⟩
Lupo, Servato

Lupus ⟨Abbas⟩
Lupus ⟨Servatus⟩
Lupus ⟨von Ferrières⟩
Lupus, Servatus
Servatus ⟨Beatus⟩
Servatus ⟨Lupus⟩

Lupus ⟨Magnus⟩
→ **Lupus ⟨de Baiona⟩**

Lupus ⟨Protospatharius⟩
gest. 1102
Chronicon 855 – 1102
Potth.753; Rep.Font. VII,374
Lupo ⟨Protospata⟩
Lupus ⟨Barensis⟩
Lupus ⟨Protospata⟩
Lupus ⟨von Bari⟩
Protospatharius, Lupus

Lupus ⟨Servatus⟩
→ **Lupus ⟨Ferrariensis⟩**

Lupus ⟨von Bari⟩
→ **Lupus ⟨Protospatharius⟩**

Lupus ⟨von Ferrières⟩
→ **Lupus ⟨Ferrariensis⟩**

Lupus, Johannes
→ **Johannes ⟨Lupus⟩**

Lupus, Servatus
→ **Lupus ⟨Ferrariensis⟩**

Lur, Henricus
um 1431/53
De modo audiendi confessiones; Passio domini nostri Jesu Christi secundum ordinem quatuor evangelistarum collectae; etc.
VL(2),5,1078/1082
Heinrich ⟨Laur⟩
Heinrich ⟨Lur⟩
Heinrich ⟨Lür⟩
Henricus ⟨Lur⟩
Laur, Heinrich
Luer, Heinrich
Lur, Heinrich
Lür, Heinrich

Lurki, Josua
→ **Hieronymus ⟨a Sancta Fide⟩**

Lurlebat
um 1476
Lied über die Schlacht bei Murten
VL(2),5,1083/1084

Luschus, Antonius
gest. 1447
LMA,V,2121
Antonio ⟨Loschi⟩
Antonio ⟨Lusco⟩
Antonius ⟨de Luscis⟩
Antonius ⟨Luschus⟩
Antonius ⟨Luscius⟩
Antonius ⟨Vincentinus⟩
Loschi, Antoine ¬de¬
Loschi, Antonio
Losco, Antonio
Luschis, Antonius ¬de¬
Luscis, Antonius ¬de¬
Luscius, Antonius

Luscius, Antonius
→ **Luschus, Antonius**

Luscus, Arnoldus
→ **Arnoldus ⟨Luscus⟩**

Lusitanus, Pelagius
→ **Pelagius ⟨Parvus Lusitanus⟩**

Lusorius ⟨Poeta⟩
→ **Luxurius ⟨Carthaginiensis⟩**

Luṭfallāh Ibn-Ḥasan at-Tūqātī
→ **Lutfi ⟨Molla⟩**

Lutfi ⟨Molla⟩
gest. 1494
Harname; nicht identisch mit Lutfi Paşa (1488 - 1563)
LMA,VI,22
Deli Lutfi
Luṭfallāh Ibn-Ḥasan at-Tūqātī
Lutfi ⟨Toqati⟩
Lutfullah
Molla, Lutfi
Molla Lutfi
Mullā Luṭfī Luṭfallāh at-Tūqātī
Sarı Lutfi
Tūqātī, Luṭfallāh Ibn-Ḥasan ¬at-¬

Lutfi ⟨Toqati⟩
→ **Lutfi ⟨Molla⟩**

Lutfullah
→ **Lutfi ⟨Molla⟩**

Lutgar
→ **Leodegarius ⟨Augustodunensis⟩**

Luther ⟨Deutscher Orden, Hochmeister⟩
→ **Luder ⟨von Braunschweig⟩**

Luther ⟨von Braunschweig⟩
→ **Luder ⟨von Braunschweig⟩**

Lutherus ⟨Germania, Imperator, ...⟩
→ **Lothar ⟨Römisch-Deutsches Reich, Kaiser, ...⟩**

Lutiano, Lorenzo ¬da¬
→ **Lorenzo ⟨da Lutiano⟩**

Luto, Joahnnes ¬de¬
→ **Johannes ⟨de Luto⟩**

Lutoldus ⟨Predicatorum Lector⟩
→ **Lutoldus ⟨Teutonicus⟩**

Lutoldus ⟨Stainrueter⟩
→ **Leopoldus ⟨de Vienna⟩**

Lutoldus ⟨Teutonicus⟩
14. Jh. - OP
Flores grammaticae
Kaeppeli,III,100
Bicellus ⟨Teuto⟩
Bicellus ⟨Teutonicus⟩
Litheldus ⟨Teutonicus⟩
Lucellus ⟨Teutonicus⟩
Ludoldus ⟨Theutonicus⟩
Lutoldus ⟨Predicatorum Lector⟩
Teutonicus, Lutoldus

Lutolt ⟨von Seven⟩
→ **Leuthold ⟨von Seven⟩**

Lutra, Petrus ¬de¬
→ **Petrus ⟨de Lutra⟩**

Lutrea, Johannes ¬de¬
→ **Johannes ⟨de Lutrea⟩**

Lutree, Johannes ¬de¬
→ **Johannes ⟨de Lutrea⟩**

Lutsch, Matheus
um 1496
Berichtslied über Tod und Trauerfeierlichkeiten Sigismunds von Österreich
VL(2),5,1087
Matheus ⟨Lutsch⟩

Lutterell, Johannes
→ **Johannes ⟨Lutterell⟩**

Lutwin
13./14. Jh.
„Adam und Eva"
VL(2)
Leutwin
Liutwin

Lutwin ⟨de Mettlach⟩
→ **Liutwinus ⟨Treverensis⟩**

Lutwin ⟨de Trèves⟩
→ **Liutwinus ⟨Treverensis⟩**

Lutz ⟨Steinlinger⟩
→ **Steinlinger, Lutz**

Lutzenburgo, Bernardus ¬de¬
→ **Bernardus ⟨de Lutzenburgo⟩**

Luxurius ⟨Carthaginiensis⟩
um 522
Lisorius ⟨Poeta⟩
Lusorius ⟨Poeta⟩
Luxorius ⟨Carthaginiensis⟩
Luxorius ⟨de Carthage⟩
Luxorius ⟨Poeta⟩
Luxurius ⟨Epigrammaticus⟩
Luxurius ⟨Poeta⟩

Luzius ⟨Papst, ...⟩
→ **Lucius ⟨Papa, ...⟩**

Luzzi, Mondino ¬dei¬
→ **Mundinus ⟨Lucius⟩**

Lycopolitanus, Colluthus
→ **Colluthus ⟨Lycopolitanus⟩**

Lydgate, John
ca. 1370 – 1449 - OSB
Meyer; LMA,VI,38/39
John ⟨Lydgate⟩
Ludgate, John
Lydgate, Daniel John

Lydus, Johannes
→ **Johannes ⟨Lydus⟩**

Lydus, Priscianus
→ **Priscianus ⟨Lydus⟩**

Lyld, Thomas
→ **Thomas ⟨de Insula⟩**

Lyle, Thomas
→ **Thomas ⟨de Insula⟩**

Lylinveld, Christan ¬von¬
→ **Christanus ⟨Campililiensis⟩**

Lyndwood, Guilelmus
→ **Guilelmus ⟨Lyndwood⟩**

Lynn, Alanus ¬de¬
→ **Alanus ⟨de Lynn⟩**

Lyra, Guilelmus ¬de¬
→ **Guilelmus ⟨de Lyra⟩**

Lyra, Nicolaus ¬de¬
→ **Nicolaus ⟨de Lyra⟩**

Lyra, Robertus ¬de¬
→ **Robertus ⟨de Lyra⟩**

Lyttleton, Thomas
→ **Littleton, Thomas**

Ma'add Ibn-Naṣrallāh Ibn-aṣ-Ṣaiqal
→ **Ibn-aṣ-Ṣaiqal, Ma'add Ibn-Naṣrallāh**

Ma'āfirī, Abū-Bakr Ibn-al-'Arabī ¬al-¬
→ **Ibn-al-'Arabī, Abū-Bakr Muḥammad Ibn-'Abdallāh**

Ma'arrī, Abu-'l-'Alā' Aḥmad Ibn-'Abdallāh ¬al-¬
→ **Abu-'l-'Alā' al-Ma'arrī, Aḥmad Ibn-'Abdallāh**

Macaire ⟨d'Ancyre⟩
→ **Macarius ⟨Ancyranus⟩**

Macaire ⟨d'Antioche⟩
→ **Macarius ⟨Antiochenus⟩**

Macaire ⟨Moine⟩
→ **Macarius ⟨Pinnatensis⟩**

Macaire ⟨Patriarche Monothélite⟩
→ **Macarius ⟨Antiochenus⟩**

Macario ⟨Crisocefalo⟩
→ **Macarius ⟨Chrysocephalus⟩**

Macarius ⟨Ancyranus⟩
1397 – ca. 1450
Tusculum-Lexikon; CSGL
Ancyranus, Macarius
Macaire ⟨d'Ancyre⟩
Makarios ⟨ho Ankyranos⟩
Makarios ⟨von Ankyra⟩

Macarius ⟨Antiochenus⟩
7. Jh.
Confessio fidei
Cpg 7625
Macaire ⟨d'Antioche⟩
Macaire ⟨Patriarche Monothélite⟩
Makarios ⟨Monothelet⟩
Makarios ⟨Patriarch⟩
Makarios ⟨von Antiochia⟩
Makarius ⟨Patriarch⟩
Makarius ⟨von Antiochien⟩

Macarius ⟨Calorites⟩
um 1231
Tusculum-Lexikon; CSGL
Calorites, Macarius
Kaloreites, Makarios
Makarios ⟨Kaloreites⟩

Macarius ⟨Chrysocephalus⟩
ca. 1300 – 1382
Tusculum-Lexikon; CSGL; LThK
Chrysocephalus, Macarius
Chrysocephalus, Michael
Chrysokephalos, Makarios
Chrysokephalos, Michael
Macario ⟨Crisocefalo⟩
Macarius ⟨Philadelphiae Episcopus⟩
Macarius ⟨Philadelphiensis⟩
Makarios ⟨Chrysokephalos⟩
Michael ⟨Chrysocephalus⟩
Michael ⟨Philadelphiensis⟩

Macarius ⟨Macres⟩
ca. 1380 – 1431
Tusculum-Lexikon
Macarius ⟨Macrus⟩
Macres, Macarius
Makarios ⟨ho Makrēs⟩
Makarios ⟨Makres⟩
Makres, Makarios

Macarius ⟨Monachus Pinnatensis⟩
→ **Macarius ⟨Pinnatensis⟩**

Macarius ⟨Philadelphiensis⟩
→ **Macarius ⟨Chrysocephalus⟩**

Macarius ⟨Pinnatensis⟩
um 1100
Vita SS. Voti et Felicis (vita recent.)
Potth. 754; 1629
Macaire ⟨Hagiographe⟩
Macaire ⟨Moine⟩
Macaire ⟨Pinnatensis⟩
Macarius ⟨Monachus Pinnatensis⟩

Maccarius ⟨...⟩
→ **Macarus ⟨...⟩**

MacCeileachair, Moelmuiri
gest. 1106
Leabhar na h-uidhri
Moelmuiri ⟨MacCeileachair⟩

Macchi, Antoine
→ **Antonius ⟨Macco⟩**

Macciis, Petrus ¬de¬
→ **Petrus ⟨de Macciis⟩**

Macclesfield, William ¬de¬
→ **Guilelmus ⟨de Macklesfield⟩**

Macco, Antonius
→ **Antonius ⟨Macco⟩**

MacCoisse Dobráin, Airbertach
→ **Airbertach ⟨MacCoisse Dobráin⟩**

MacCon Brettan, Blathmac
→ **Blathmac**

MacConcubar, Ultanus
→ **Ultanus ⟨Episcopus⟩**

MacConnadh, Rubin
→ **Rubin ⟨MacConnadh⟩**

MacCraith, Sean MacRuaidhri
14. Jh.
Caithréim; Thoirdhealbhaigh
MacCraith, Sean
MacRory Magrath, John
MacRuaidhri MacCraith, Sean
Magrath, John M.
Magrath, John MacRory
Sean ⟨MacRuaidhri MacCraith⟩

Maccu Machteni, Muirchu
→ **Muirchu ⟨Maccu Machteni⟩**

Macé ⟨de la Charité⟩
um 1283
Altfranz. Bibelübersetzer
Charité, Macé ¬de la¬
Macé ⟨Curé⟩
Macé ⟨de Cenquoins⟩
Macé ⟨de Sancoins⟩
Matthieu ⟨de la Charité⟩

Macedonius ⟨Consul⟩
6. Jh.
AP 6.56,73; 10.71; 11.375; etc.
DOC,2,1275; Der kleine Pauly 3,920
Macedonio ⟨Console⟩
Macedonius ⟨Epigrammaticus⟩
Macedonius ⟨Thessalonicensis⟩
Makedonios ⟨Epigrammatiker⟩
Makedonios ⟨Epigrammatiker des Kyklos des Agathias⟩

Macer ⟨Floridus⟩
→ **Odo ⟨Magdunensis⟩**

Macer, Aemilius
→ **Odo ⟨Magdunensis⟩**

Macerius, Philippus
→ **Philippe ⟨de Mézières⟩**

Machado, Roger
um 1483/96
Journals: Embassade en Espagne et en Portugall 1488-1489; Première embassade en Angleterre 1490; Seconde embassade en Angleterre 1490
Potth. 754
Roger ⟨Machado⟩

Machairas, Leontios
→ **Leontius ⟨Macheras⟩**

Macharius ⟨...⟩
→ **Macarus ⟨...⟩**

Macharus ⟨...⟩
→ **Macarus ⟨...⟩**

Machaut, Guillaume ¬de¬
→ **Guillaume ⟨de Machaut⟩**

Macheiras, Leontios
→ **Leontius ⟨Macheras⟩**

Machenheim, Hugo ¬de¬
→ **Hugo ⟨de Machenheim⟩**

Macheras, Leontius
→ **Leontius ⟨Macheras⟩**

Machteni, Muirchu Maccu
→ **Muirchu ⟨Maccu Machteni⟩**

Machtilda ⟨Sancta⟩
→ **Mechthild ⟨von Hackeborn⟩**

Macías ⟨o Namorado⟩
14./15. Jh.
LMA,VI,60

Macías ⟨el Enamorado⟩
Namorado
Namorado, Macías ¬o¬

Maciej ⟨Hayn⟩
→ **Matthias ⟨Hayn⟩**

Maciej ⟨z Labyszyna⟩
→ **Matthaeus ⟨de Lapischino⟩**

Macine
→ **Makīn Ibn-al-'Amīd, Ğirğīs ¬al¬**

Macklesfield, Guilelmus ¬de¬
→ **Guilelmus ⟨de Macklesfield⟩**

MacMurchon, Colman
→ **Colmannus ⟨Nepos Cracavist⟩**

Macometto
→ **Muḥammad**

Macon, Guilelmus ¬de¬
→ **Guilelmus ⟨de Macon⟩**

Mâcon, Hugo ¬von¬
→ **Hugo ⟨Matisconensis⟩**

Mâcon, Jean ¬de¬
→ **Jean ⟨de Mâcon⟩**

Maconi, Stefano
→ **Stefano ⟨Maconi⟩**

Macrembolita, Alexius
→ **Alexius ⟨Macrembolita⟩**

Macrembolites, Eumathius
→ **Eustathius ⟨Macrembolites⟩**

Macrembolites, Eustathius
→ **Eustathius ⟨Macrembolites⟩**

Macres, Macarius
→ **Macarius ⟨Macres⟩**

Macrizius
→ **Maqrīzī, Aḥmad Ibn-'Alī ¬al-¬**

MacRory Magrath, John
→ **MacCraith, Sean MacRuaidhri**

MacRuaidhri MacCraith, Sean
→ **MacCraith, Sean MacRuaidhri**

MacSalchan
→ **Malsachanus ⟨Grammaticus⟩**

MacTipraite, Oengus
→ **Oengus ⟨MacTipraite⟩**

Madach, Eberhard
→ **Mardach, Eberhard**

Madern ⟨Gerthener⟩
→ **Gerthener, Madern**

Mādhava
gest. 1386
Vedāntalehrer, Bruder des Sayaṇa
Bhāratītīrtha
Mādhava ⟨Sohn des Māyaṇa⟩
Mādhava Ācārya
Mádhava Áchárya
Madhava Acharya
Mādhava Vidyāraṇya
Mādhavācārya
Mádhavácháryá
Madhvâchârya
Sayana Madhpavacharya
Vidyāraṇya

Madhva
1197 – 1276
Ind. Sektengründer
Ānandagiri
Ānandajñāna
Ānandajñānagiri
Ānandatīrtha
Anantānandagiri
Jñānānandagiri
Madhvācārya

Madi, Michel
→ **Madius de Barbazanis, Michael**

Madīnī, Abū-'Amr Aḥmad Ibn-Muḥammad ¬al-¬
gest. 944
Abū-'Amr Aḥmad Ibn-Muḥammad al-Madīnī
Abū-'Amr al-Madīnī, Aḥmad Ibn-Muḥammad
Aḥmad Ibn-Muḥammad al-Madīnī, Abū-'Amr
Madīnī, Aḥmad Ibn-Muḥammad ¬al-¬

Madīnī, Aḥmad Ibn-Muḥammad ¬al-¬
→ **Madīnī, Abū-'Amr Aḥmad Ibn-Muḥammad ¬al-¬**

Madīnī, 'Alī Ibn-'Abdallāh ¬al-¬
777 – 849
'Alī Ibn-'Abdallāh al-Madīnī
Ibn-'Abdallāh, 'Alī al-Madīnī
Ibn-al-Madīnī, 'Alī I.
Ibn-al-Madīnī, 'Alī Ibn-'Abdallāh

Madius de Barbazanis, Michael
um 1330
Historia de gestis Romanorum imperatorum et summorum pontificum. Pars partis secundae. 1290-1330
Potth. 757
Barbazanis, Michael Madius ¬de¬
Madi, Michel
Madio, Michel
Madius, Michel
Michael ⟨Madius⟩
Michael ⟨Madius de Barbazanis⟩
Michael Madius ⟨de Barbazanis⟩
Michel ⟨Madi⟩
Michel ⟨Madio⟩
Michel ⟨Madius⟩

Madjrīṭī, Abū Maslama Muḥammad ibn Ibrāhīm
→ **Mağrīṭī, Abū-Maslama Muḥammad Ibn-Ibrāhīm ¬al-¬**

Madjrīṭī, Maslama ibn Aḥmad ¬al-¬
→ **Mağrīṭī, Abu-'l-Qāsim Maslama Ibn-Aḥmad ¬al-¬**

Madjūsī, 'Alī B. al-'Abbās
→ **'Alī Ibn-al-'Abbās al-Mağūsī**

Madrigal, Alonso ¬de¬
→ **Tostado Ribera, Alfonso**

Máel ⟨von Fahan Mura⟩
→ **Máel Muire Othna**

Máel Muire Othna
gest. 887
Can a mbunadas na nGaédel
LMA,VI,69
Máel ⟨aus Fahan Mura⟩
Máel ⟨von Fahan Mura⟩

Maelwael, Hermann
→ **Limburg, Hermann ¬von¬**

Maelwael, Jan
→ **Limburg, Jan ¬von¬**

Maelwael, Paul
→ **Limburg, Paul ¬von¬**

Mändel de Amberg, Johannes
→ **Mendel, Johannes**

Maerlant, Jacob ¬van¬
→ **Jacob ⟨van Maerlant⟩**

Maessinger
→ **Messinger**

Maestricht, Bartholomaeus ¬de¬
→ **Bartholomaeus ⟨de Maestricht⟩**

Maestro, Bonifacio
→ **Bonifacio ⟨Maestro⟩**

Maestro del Trecentoquarantasei
→ **Maestro del 1346**

Maestro del 1346
gest. ca. 1348
Maestro ⟨del 1346⟩
Maestro del Trecentoquarantasei
Meister von Dreizehnhundert-sechsundvierzig
Meister von 1346

Maffei ⟨Laudensis⟩
→ **Vegius, Mapheus**

Maffei, Benoît
→ **Benedictus ⟨Maphaeus⟩**

Maffeo ⟨dai Libri⟩
→ **Matthaeus ⟨de Libris⟩**

Maffeo ⟨Vegio⟩
→ **Vegius, Mapheus**

Maflix, Balduinus ¬de¬
→ **Balduinus ⟨de Maflix⟩**

Mağd-ad-Dīn Ibn-al-Aṯīr, al-Mubārak Ibn-Muḥammad
→ **Ibn-al-Aṯīr, Mağd-ad-Dīn al-Mubārak Ibn-Muḥammad**

Magdalena ⟨Auer⟩
→ **Auer, Magdalena**

Magdalena ⟨Beutlerin⟩
→ **Magdalena ⟨von Freiburg⟩**

Magdalena ⟨von Freiburg⟩
1407/12 – 1458
LMA,VI,70; VL(2),5,1117
Freiburg, Magdalena ¬von¬
Magdalena ⟨Beitlerin⟩
Magdalena ⟨Beutlerin⟩
Magdalena ⟨Buttelerin⟩
Magdalena ⟨Büttlerin⟩
Magdalena ⟨von Kenzingen⟩

Magdalena ⟨von Kenzingen⟩
→ **Magdalena ⟨von Freiburg⟩**

Mağd-al-Mulk Ğa'far Ibn-Šams-al-Ḫilāfa
→ **Ibn-Šams-al-Ḫilāfa, Ğa'far**

Magdeburg, Adalbert ¬von¬
→ **Adalbertus ⟨Magdeburgensis⟩**

Magdeburg, Ḥizqiyyāhû Ben-Ya'aqov ¬von¬
→ **Ḥizqiyyāhû Ben-Ya'aqov ⟨von Magdeburg⟩**

Magdeburg, Johannes ¬von¬
→ **Johannes ⟨Magdeburgensis⟩**

Magdeburg, Mechthild ¬von¬
→ **Mechthild ⟨von Magdeburg⟩**

Magdeburg, Theodoricus ¬de¬
→ **Theodoricus ⟨de Magdeburg⟩**

Magentinus, Leo
→ **Leo ⟨Magentinus⟩**

Mager, Berthold
um 1483
Hofmer von Turcken
VL(2),5,1148
Berthold ⟨Mager⟩

Maggio, Giuniano
→ **Maius, Iunianus**

Maghribī, al-Samaw'al ibn Yaḥyā ¬al-¬
→ **Mağribī, as-Samau'al Ibn-Yaḥyā ¬al-¬**

Maginfridus ⟨Magdeburgensis⟩
→ **Meginfredus ⟨Magdeburgensis⟩**

Magingaoz
gest. 768
Epistolae in Bonifatii collectione exstantes
Magingaoz ⟨Episcopus Wirziburgensis⟩
Magingaoz ⟨Wirziburgensis⟩
Magingooz
Magingoz ⟨Prêtre Allemand⟩

Maginulfus ⟨Romanus⟩
→ **Silvester ⟨Papa, IV., Antipapa⟩**

Maginwercus
→ **Meinwerk ⟨von Paderborn⟩**

Magister A.
→ **Albericus ⟨Magister⟩**

Magister Adam
→ **Adamus ⟨Magister⟩**

Magister Aegidius
→ **Aegidius ⟨Magister⟩**

Magister Al.
→ **Albericus ⟨Magister⟩**

Magister Albericus
→ **Albericus ⟨Magister⟩**

Magister Alvinus
→ **Alvinus ⟨Magister⟩**

Magister Anglicus, Gregorius
→ **Gregorius ⟨Magister Anglicus⟩**

Magister Anianus
→ **Anianus ⟨Magister⟩**

Magister Anselmus
→ **Anselmus ⟨Magister⟩**

Magister Arnulfus
→ **Arnulfus ⟨Magister⟩**

Magister Artzen
→ **Artzen ⟨Magister⟩**

Magister Bandinus
→ **Bandinus ⟨Magister⟩**

Magister Bartholomäus
→ **Bartholomäus ⟨Magister⟩**

Magister Benedictus
→ **Benedictus ⟨Magister⟩**

Magister Conradus
→ **Conradus ⟨Magister⟩**

Magister Daniel
→ **Daniel ⟨Magister⟩**

Magister Gerardus
→ **Gerardus ⟨Magister⟩**

Magister Giraudus
→ **Giraudus ⟨Magister⟩**

Magister Gregorius
→ **Gregorius ⟨Magister⟩**

Magister Heinricus
→ **Heinricus ⟨Magister⟩**
→ **Henricus ⟨Magister Theodorici⟩**

Magister Hermannus
→ **Hermannus ⟨Magister⟩**

Magister Himberger
→ **Himberger ⟨Magister⟩**

Magister Honorius
→ **Honorius ⟨Magister⟩**

Magister Hugo
→ **Hugo ⟨Magister⟩**

Magister Hypatius
→ **Hypatius ⟨Magister Militum⟩**

Magister Iordanus
→ **Iordanus ⟨Magister⟩**

Magister Jobin
→ **Jobin ⟨Magister⟩**

Magister Johannes
→ **Johannes ⟨Magister Artium⟩**
→ **Johannes ⟨Magister Parisiensis⟩**

Magister Lambertus
→ **Lambertus ⟨Magister⟩**

Magister Lorenz
→ **Lorenz ⟨Magister⟩**

Magister Martinus
→ **Martinus ⟨Magistri⟩**

Magister Maximus
→ **Maximus ⟨Magister⟩**

Magister Militum Hypatius
→ **Hypatius ⟨Magister Militum⟩**

Magister Narcissus
→ **Narcissus ⟨Magister⟩**

Magister Nicetas
→ **Nicetas ⟨Magister⟩**

Magister Nicolaus
→ **Nicolaus ⟨Magister⟩**

Magister Omnibonus
→ **Omnibonus ⟨Magister⟩**

Magister Ordinatus
→ **Ordinatus Magister**

Magister Petrus
→ **Petrus ⟨Magister⟩**
→ **Petrus ⟨Magister, OP⟩**

Magister Rogerus
→ **Rogerus ⟨Magister⟩**

Magister Ruedigerus
→ **Ruedigerus ⟨Magister⟩**

Magister Rufinus
→ **Rufinus ⟨Magister⟩**

Magister Serlo
→ **Serlo ⟨Magister⟩**

Magister Simon
→ **Simon ⟨Magister⟩**
→ **Simon ⟨Magister, Auctor Notabilium super Summa de Arte Dictandi⟩**

Magister Stephanus
→ **Stephanus ⟨Magister⟩**

Magister Swebelinus
→ **Swebelinus, Albertus**

Magister Thietmarus
→ **Thietmarus ⟨Magister⟩**

Magister Thomas
→ **Thomas ⟨Magister⟩**

Magister Ubaldus
→ **Ubaldus ⟨Magister⟩**

Magister Udo
→ **Udo ⟨Magister⟩**

Magister Vacarius
→ **Vacarius ⟨Magister⟩**

Magister Vulgerius
→ **Vulgerius ⟨Magister⟩**

Magister Wilgelmus
→ **Wilgelmus ⟨Magister⟩**

Magister Willermus
→ **Willermus ⟨Magister⟩**

Magistri, Martinus
→ **Martinus ⟨Magistri⟩**

Magnabotti, Andrea ¬dei¬
→ **Andrea ⟨da Barberino⟩**

Magnabotti da Barbarino, Andrea ¬dei¬
→ **Andrea ⟨da Barberino⟩**

Magne ⟨Comte⟩
→ **Magnus ⟨Orcadensis⟩**

Magne ⟨des Orcades⟩
→ **Magnus ⟨Orcadensis⟩**

Magne ⟨Saint⟩
→ **Magnus ⟨Orcadensis⟩**

Magnentius Hrabanus ⟨Maurus⟩
→ **Hrabanus ⟨Maurus⟩**

Magnericus ⟨Treverensis⟩
gest. 596
Adressat einer Epistula metrica von Venantius Fortunatus
Cpl 1059a; Cpl 1036
Magneric ⟨de Trèves⟩
Magneric ⟨Evêque⟩
Magnerich ⟨von Trier⟩
Magnericus ⟨Trevirensis⟩

Magni, Nicolaus
→ **Nicolaus ⟨Magni de Iawor⟩**

Magninus ⟨Mediolanensis⟩
gest. 1368
Magnino ⟨de Milan⟩
Magnino ⟨Milanese⟩
Magno ⟨de Maynero⟩
Magnus ⟨de Magneriis⟩
Maynerii, Maynus ¬de¬
Maynero, Magno ¬de¬
Mayno ⟨de'Mayneri⟩
Maynus ⟨de Maynerii⟩

Magno
→ **Magnus ⟨Senonensis⟩**

Magno ⟨de Maynero⟩
→ **Magninus ⟨Mediolanensis⟩**

Magnobodus ⟨Andegavensis⟩
7. Jh.
Vita S. Maurilii episcopi Andegavensis (gest. 453)
Cpl 2123; Potth. 758; Potth. 1471
Magnobod ⟨Bischof⟩
Magnobod ⟨Heiliger⟩
Magnobod ⟨von Angers⟩
Magnobodus ⟨Episcopus⟩
Magnobodus ⟨Successor Sancti Maurilii⟩
Maimbeuf ⟨d'Angers⟩
Maimbeuf ⟨Saint⟩

Maǧnūn al-ʿĀmirī ¬al-¬
→ **Qais Ibn-al-Mulauwaḥ**

Maǧnūn Banī ʿĀmir
→ **Qais Ibn-al-Mulauwaḥ**

Magnus ⟨Abbas⟩
→ **Magnus ⟨von Füssen⟩**

Magnus ⟨Archiepiscopus⟩
→ **Magnus ⟨Senonensis⟩**

Magnus ⟨Bareleg⟩
→ **Magnus ⟨Norge, Kong, III.⟩**

Magnus ⟨Barfod⟩
→ **Magnus ⟨Norge, Kong, III.⟩**

Magnus ⟨Bonus⟩
→ **Magnus ⟨Norge, Kong, I.⟩**

Magnus ⟨Caecus⟩
→ **Magnus ⟨Norge, Kong, IV.⟩**

Magnus ⟨Cassiodorus⟩
→ **Cassiodorus, Flavius Magnus Aurelius**

Magnus ⟨Comes Orcadensium⟩
→ **Magnus ⟨Orcadensis⟩**

Magnus ⟨de Magneriis⟩
→ **Magninus ⟨Mediolanensis⟩**

Magnus ⟨der Barfüßige⟩
→ **Magnus ⟨Norge, Kong, III.⟩**

Magnus ⟨der Blinde⟩
→ **Magnus ⟨Norge, Kong, IV.⟩**

Magnus ⟨der Gute⟩
→ **Magnus ⟨Norge, Kong, I.⟩**

Magnus ⟨Earl⟩
→ **Magnus ⟨Orcadensis⟩**

Magnus ⟨Eriksson⟩
→ **Magnus ⟨Sverige, Konung, III.⟩**

Magnus ⟨Erlingsøn⟩
→ **Magnus ⟨Norge, Kong, V.⟩**

Magnus ⟨Faucensis⟩
→ **Magnus ⟨von Füssen⟩**

Magnus ⟨Haraldsson⟩
→ **Magnus ⟨Norge, Kong, II.⟩**

Magnus ⟨Heiliger⟩
→ **Magnus ⟨von Füssen⟩**

Magnus ⟨i Gódhi⟩
→ **Magnus ⟨Norge, Kong, I.⟩**

Magnus ⟨Lagabøter⟩
→ **Magnus ⟨Norge, Kong, VI.⟩**

Magnus ⟨le Bon⟩
→ **Magnus ⟨Norge, Kong, I.⟩**

Magnus ⟨le Législateur⟩
→ **Magnus ⟨Norge, Kong, VI.⟩**

Magnus ⟨Norge, Kong, I.⟩
gest. 1047
LMA,VI,97
Magnus ⟨Bonus⟩
Magnus ⟨der Gute⟩
Magnus ⟨i Gódhi⟩
Magnus ⟨le Bon⟩
Magnus ⟨Norvège, Roi, I.⟩
Magnus ⟨Norwegen, König, I.⟩
Magnus ⟨Olafsson⟩
Magnus ⟨Olavson⟩

Magnus ⟨Norge, Kong, II.⟩
gest. 1093
Magnus ⟨Haraldsson⟩
Magnus ⟨Norvège, Roi, II.⟩
Magnus ⟨Norwegen, König, II.⟩

Magnus ⟨Norge, Kong, III.⟩
gest. 1103
LMA,VI,97/98
Magnus ⟨Bareleg⟩
Magnus ⟨Barfod⟩
Magnus ⟨der Barfüßige⟩
Magnus ⟨Norvège, Roi, III.⟩
Magnus ⟨Norwegen, König, III.⟩
Magnus ⟨Nudipedis⟩
Magnus ⟨Olafsson⟩
Magnus ⟨the Barefoot⟩
Magnúss ⟨Berfaett⟩

Magnus ⟨Norge, Kong, IV.⟩
gest. 1139
Magnus ⟨Caecus⟩
Magnus ⟨der Blinde⟩
Magnus ⟨Norvège, Roi, IV.⟩
Magnus ⟨Norwegen, König, IV.⟩
Magnus ⟨Sigurdarson⟩
Magnus ⟨the Blind⟩

Magnus ⟨Norge, Kong, V.⟩
gest. 1184
LMA,VI,98
Magnus ⟨der Sohn des Erling Shakke⟩
Magnus ⟨Erlingi Filius⟩
Magnus ⟨Erlingsøn⟩
Magnus ⟨Erlingsson⟩
Magnus ⟨le Fils d'Erling⟩
Magnus ⟨Norvège, Roi, V.⟩
Magnus ⟨Norwegen, König, V.⟩

Magnus ⟨Norge, Kong, VI.⟩
1238 – 1280
LMA,VI,98/99
Magnus ⟨Haakonsøn⟩
Magnus ⟨Hákonarson⟩
Magnus ⟨Lagaboetir⟩
Magnus ⟨Lagabøter⟩
Magnus ⟨le Législateur⟩
Magnus ⟨Norwegen, König, VI.⟩
Magnus ⟨the Lawgiver⟩
Magnus Lagaboetir ⟨Norge, Kong, VI.⟩

Magnus ⟨Norvège, Roi, ...⟩
→ **Magnus ⟨Norge, Kong, ...⟩**

Magnus ⟨Norwegen, König, ...⟩
→ **Magnus ⟨Norge, Kong, ...⟩**

Magnus ⟨Orcadensis⟩
ca. 1076 – 1115
Legenda Svecana vetusta
Magne ⟨Comte⟩
Magne ⟨des Orcades⟩
Magne ⟨Saint⟩
Magnus ⟨Comes Orcadensium⟩
Magnus ⟨Earl⟩
Magnus ⟨of Orkney⟩
Magnus ⟨Saint⟩
Magnus ⟨Sanctus⟩
Magnus ⟨Scotus⟩
Magnus ⟨the Holy⟩
Orkney, Magnus ¬of¬

Magnus ⟨Presbyter⟩
→ **Magnus ⟨Reicherspergensis⟩**

Magnus ⟨Reicherspergensis⟩
gest. 1195
Annales Reichersbergenses
LThK; VL(2); LMA,VI,101
Magnus ⟨Presbyter⟩
Magnus ⟨Reichersbergensis⟩
Magnus ⟨von Reichersberg⟩
Reichersberg, Magnus ¬von¬

Magnus ⟨Saint⟩
→ **Magnus ⟨Orcadensis⟩**

Magnus ⟨Sanctus⟩
→ **Magnus ⟨Orcadensis⟩**
→ **Magnus ⟨von Füssen⟩**

Magnus ⟨Sankt⟩
→ **Magnus ⟨von Füssen⟩**

Magnus ⟨Schweden, König, III.⟩
→ **Magnus ⟨Sverige, Konung, III.⟩**

Magnus ⟨Scotus⟩
→ **Magnus ⟨Orcadensis⟩**

Magnus ⟨Senonensis⟩
gest. 818
Libellus de mysterio baptismatis
Magno
Magnus ⟨Archiepiscopus⟩
Magnus ⟨von Sens⟩
Sens, Magnus ¬von¬

Magnus ⟨Sigurdarson⟩
→ **Magnus ⟨Norge, Kong, IV.⟩**

Magnus ⟨Sverige, Konung, III.⟩
1319 – 1374
König von Schweden 1319 - 1364; König von Norwegen 1319 - 1355 und 1371 - 1374
LMA,VI,99/100
Erikson, Magnus
Eriksson, Magnus
Magnus ⟨Eriksson⟩
Magnus ⟨Norwegen, König⟩
Magnus ⟨Schweden, König⟩
Magnus ⟨Schweden, König, III.⟩
Magnus ⟨Sweden, King, III.⟩

Magnus ⟨the Barefoot⟩
→ **Magnus ⟨Norge, Kong, III.⟩**

Magnus ⟨the Blind⟩
→ **Magnus ⟨Norge, Kong, IV.⟩**

Magnus ⟨the Holy⟩
→ **Magnus ⟨Orcadensis⟩**

Magnus ⟨the Lawgiver⟩
→ **Magnus ⟨Norge, Kong, VI.⟩**

Magnus ⟨von Füssen⟩
gest. ca. 772 · OSB
Vita Sancti Magni
Füssen, Magnus ¬von¬
Magnus ⟨Abbas⟩
Magnus ⟨Faucensis⟩
Magnus ⟨Heiliger⟩
Magnus ⟨Sanctus⟩
Magnus ⟨Sankt⟩
Mang ⟨Heiliger⟩
Mang ⟨Sankt⟩

Magnus ⟨von Reichersberg⟩
→ **Magnus ⟨Reicherspergensis⟩**

Magnus ⟨von Sens⟩
→ **Magnus ⟨Senonensis⟩**

Magnus, Albertus
→ **Albertus ⟨Magnus⟩**

Magnus, Gilbertus
→ **Gilbertus ⟨Magnus⟩**

Magnus, Jacobus
→ **Legrand, Jacques**

Magnus Felix ⟨Ennodius⟩
→ **Ennodius, Magnus Felix**

Magnus Lagaboetir ⟨Norge, Kong, VI.⟩
→ **Magnus ⟨Norge, Kong, VI.⟩**

Magnúss ⟨Berfaett⟩
→ **Magnus ⟨Norge, Kong, III.⟩**

Magrath, John M.
→ **MacCraith, Sean MacRuaidhri**

Magrath, John MacRory
→ **MacCraith, Sean MacRuaidhri**

Maġribī, al-Ḥusain Ibn-ʿAlī ¬al-¬
→ **Wazīr al-Maġribī al-Ḥusain Ibn-ʿAlī ¬al-¬**

Maġribī, an-Nuʿmān Ibn-Muḥammad ¬al-¬
→ **Qāḍī an-Nuʿmān Ibn-Muḥammad**

Maġribī, as-Samauʾal Ibn-Yaḥyā ¬al-¬
gest. 1174/1175
Ibn-Yaḥyā, as-Samauʾal al-Maġribī
Maghribī, al-Samawʾal ibn Yaḥyā ¬al-¬
Samauʾal Ibn-Yaḥyā al-Maġribī ¬as-¬

Maġribī, Šemûʾēl Ben-Moše ¬al-¬
→ **Šemûʾēl Ben-Moše ⟨al-Maġribī⟩**

Maǧrīṭī, Abu-ʾl-Qāsim Maslama Ibn-Aḥmad ¬al-¬
gest. ca. 1007
Nicht identisch mit Maǧrīṭī, Abū-Maslama Muḥammad Ibn-Ibrāhīm ¬al-¬
LMA,VI,103
Abu-ʾl-Qāsim al-Maǧrīṭī, Maslama Ibn-Aḥmad
Abu-ʾl-Qāsim Maslama Ibn-Aḥmad al-Maǧrīṭī
Madjrīṭī, Maslama ibn Aḥmad ¬al-¬
Maǧrīṭī, Abū al-Qāsim Maslama ibn Aḥmad al-Farḍī ¬al¬
Majrīṭī, Abū al-Qāsim Maslama ibn Aḥmad
Maslama ibn Aḥmed al-Madjrīṭī
Maslama Ibn-Aḥmad al-Maǧrīṭī

Maǧrīṭī, Abū-Maslama Muḥammad Ibn-Ibrāhīm ¬al-¬
um 1020/40
Nicht identisch mit Maǧrīṭī, Abu-ʾl-Qāsim Maslama Ibn-Aḥmad al-
Abū-Maslama al-Maǧrīṭī, Muḥammad Ibn-Ibrāhīm
Abū-Maslama Muḥammad Ibn-Ibrāhīm al-Maǧrīṭī
Madjrīṭī, Abū Maslama Muḥammad ibn Ibrāhīm
Madjrīṭī, Abū-Maslama Muḥammad ibn Ibrāhīm
Majrīṭī, Abū Maslama Muḥammad ibn Ibrāhīm
Majrīṭī, Abū-Maslama Muḥammad ibn Ibrāhīm
Muḥammad Ibn-Ibrāhīm al-Maǧrīṭī, Abū-Maslama
Pseudo-Maǧrīṭī

Maguma, Kosmas ¬von¬
→ **Cosmas ⟨Hierosolymitanus⟩**

Maǧūsī, ʿAlī Ibn-al-ʿAbbas ¬al-¬
→ **ʿAlī Ibn-al-ʿAbbās al-Maǧūsī**

Maḥallī, Muḥammad Ibn-ʿAlī ¬al-¬
1204 – 1275
Ibn-ʿAlī, Muḥammad al-Maḥallī
Muḥammad Ibn-ʿAlī al-Maḥallī

Maḥāmalī, al-Ḥusain Ibn-Ismāʿīl ¬al-¬
849 – 941
Ḥusain Ibn-Ismāʿīl al-Maḥāmalī ¬al-¬
Ibn-Ismāʿīl, al-Ḥusain al-Maḥāmalī

Maḥāmilī, Aḥmad Ibn-Muḥammad ¬al-¬
→ **Ibn-al-Maḥāmilī, Aḥmad Ibn-Muḥammad**

MaHaRa
→ **Mēʾîr Ben-Bārûḵ ⟨Rothenburg⟩**

Mahboub ⟨de Menbidj⟩
→ **Maḥbūb Ibn-Qusṭanṭīn**

Maḥbūb Ibn-Qusṭanṭīn
10. Jh.
Historia universalis
Agape ⟨de Mabug⟩
Agape ⟨Evêque⟩
Agapios ⟨Bischof⟩
Agapios ⟨von Hierapolis⟩
Agapios ⟨von Membig⟩
Agapios ⟨von Menbig⟩
Agapius ⟨Bishop⟩
Agapius ⟨de Menbidj⟩
Agapius ⟨Hierapolitanus⟩
Agapius ⟨Mabbugensis⟩
Agapius ⟨of Hierapolis⟩
Agapius ⟨of Membij⟩
Agapius ⟨von Manbiǧ⟩
Agapius ⟨von Menbiǧ⟩
Gapius ⟨de Menbidj⟩
Mahboub ⟨de Menbidj⟩

Maḥbūbī, ʿUbaidallāh Ibn-Masʿūd ¬al-¬
gest. 1346
Ibn-Masʿūd, ʿUbaidallāh al-Maḥbūbī
Ṣadr al-Šarīʿa
Ṣadr aš-Šarīʿa aṯ-Ṯānī
Šarīʿa, Ṣadr ¬al-¬
ʿUbaidallāh Ibn-Masʿūd al-Maḥbūbī

Mahdawī, Abu-'l-'Abbās Aḥmad Ibn-'Ammār ¬al-¬
→ **Mahdawī, Aḥmad Ibn-'Ammār ¬al-¬**

Mahdawī, Aḥmad Ibn-'Ammār ¬al-¬
gest. um 1038
Aḥmad Ibn-'Ammār al-Mahdawī
Ibn-'Ammār, Aḥmad al-Mahdawī
Mahdawī, Abu-'l-'Abbās Aḥmad Ibn-'Ammār ¬al-¬

Maḥfūẓ Ibn-Aḥmad al-Kalwaḏānī
→ **Kalwaḏānī, Maḥfūẓ Ibn-Aḥmad ¬al-¬**

Mahieu ⟨de Boulogne⟩
→ **Matthaeus ⟨Bononiensis⟩**

Mahimabhaṭṭa
11./12. Jh.
Sanskrit-Poetiker
Mahimabhaṭṭa ⟨Rājānaka⟩
Mahimabhaṭṭa Rājānaka
Mahiman
Rājānaka, Mahimabhaṭṭa

Maḥmūd al-Warrāq
→ **Warrāq, Maḥmūd Ibn-Ḥasan ¬al-¬**

Maḥmūd B. 'Uṯmān
→ **Maḥmūd Ibn-'Uṯmān**

Maḥmūd Ibn-'Abd-ar-Raḥmān al-Iṣfahānī
→ **Iṣfahānī, Maḥmūd Ibn-'Abd-ar-Raḥmān ¬al-¬**

Maḥmūd Ibn-Abi-'l-Ḥasan an-Nīsābūrī
→ **Nīsābūrī, Maḥmūd Ibn-Abi-'l-Ḥasan ¬an-¬**

Maḥmūd Ibn-Aḥmad al-'Ainī
→ **'Ainī, Badr-ad-Dīn Maḥmūd Ibn-Aḥmad ¬al-¬**

Maḥmūd Ibn-Aḥmad al-'Aintābī al-Amšāṭī
→ **'Aintābī al-Amšāṭī, Maḥmūd Ibn-Aḥmad ¬al-¬**

Maḥmūd Ibn-al-Ḥasan al-Qazwīnī
→ **Qazwīnī, Maḥmūd Ibn-al-Ḥasan ¬al-¬**

Maḥmūd Ibn-al-Ḥusain Kušāǧim
→ **Kušāǧim, Maḥmūd Ibn-al-Ḥusain**

Maḥmūd Ibn-Ḥamza al-Kirmānī
→ **Kirmānī, Maḥmūd Ibn-Ḥamza ¬al-¬**

Maḥmūd Ibn-Ḥasan al-Warrāq
→ **Warrāq, Maḥmūd Ibn-Ḥasan ¬al-¬**

Maḥmūd Ibn-Mas'ūd aš-Šīrāzī
→ **Šīrāzī, Quṭb-ad-Dīn Maḥmūd Ibn-Mas'ūd ¬aš-¬**

Maḥmūd Ibn-Qāḍī Samāwna
→ **Ibn-Qāḍī Samāwna, Badr-ad-Dīn Maḥmūd**

Maḥmūd Ibn-Salmān Ibn-Fahd
→ **Ibn-Fahd, Maḥmūd Ibn-Salmān**

Maḥmūd Ibn-'Uṯmān
14. Jh.
Persischer Historiker
Storey 1,2,1343
Ibn 'Uthmān, Maḥmūd
Ibn-'Uṯmān, Maḥmūd
Maḥmūd B. 'Uṯmān
Maḥmūd ibn 'Uthmān

Maḥmūd Ibn-Zaid al-Lāmišī
→ **Lāmišī, Maḥmūd Ibn-Zaid ¬al-¬**

Mahomet
→ **Muḥammad**

Maḫzūmī, Abu-'l-Muṭarrif Aḥmad Ibn-'Abdallāh ¬al-¬
→ **Maḫzūmī, Aḥmad Ibn-'Abdallāh ¬al-¬**

Maḫzūmī, Aḥmad Ibn-'Abdallāh ¬al-¬
1186 – 1260
Abu-'l-Muṭarrif Aḥmad Ibn-'Abdallāh al-Maḫzūmī
Aḥmad Ibn-'Abdallāh al-Maḫzūmī
Ibn-'Abdallāh, Aḥmad al-Maḫzūmī
Ibn-'Umaira, Aḥmad Ibn-'Abdallāh
Maḫzūmī, Abu-'l-Muṭarrif Aḥmad Ibn-'Abdallāh ¬al-¬
Makhzūmī, Aḥmad Ibn 'Abd Allāh

Maia, Bernardus
→ **Bernardus ⟨Maia⟩**

Maiano, Benedetto ¬da¬
→ **Benedetto ⟨da Maiano⟩**

Maiano, Dante ¬da¬
→ **Dante ⟨da Maiano⟩**

Maiano, Giuliano ¬da¬
→ **Giuliano ⟨da Maiano⟩**

Maidānī, Aḥmad Ibn-Muḥammad ¬al-¬
gest. 1124
Aḥmad Ibn-Muḥammad al-Maidānī
Ibn-Muḥammad, Aḥmad al-Maidānī
Ibn-Muḥammad al-Maidānī, Aḥmad
Meidani
Meidanius

Maideston, Clemens
→ **Clemens ⟨Maydestone⟩**

Maidstone, Radulfus ¬de¬
→ **Radulfus ⟨de Maidstone⟩**

Maidstone, Richardus ¬de¬
→ **Richardus ⟨de Maidstone⟩**

Maidulphi Curia, Guilelmus ¬de¬
→ **Guilelmus ⟨de Maidulphi Curia⟩**

Maiensibus, Johannes ¬de¬
→ **Johannes ⟨de Maiensibus⟩**

Maieul ⟨Bibliothecaire⟩
→ **Maiolus ⟨Cluniacensis⟩**

Maieul ⟨d'Avignon⟩
→ **Maiolus ⟨Cluniacensis⟩**

Maieul ⟨de Cluny⟩
→ **Maiolus ⟨Cluniacensis⟩**

Maieul ⟨de Macon⟩
→ **Maiolus ⟨Cluniacensis⟩**

Maieul ⟨de Valensole⟩
→ **Maiolus ⟨Cluniacensis⟩**

Maieul ⟨Saint⟩
→ **Maiolus ⟨Cluniacensis⟩**

Maillart, Jean
→ **Jean ⟨Maillart⟩**

Mailrosus, Johannes
→ **Johannes ⟨Mailrosus⟩**

Maimbeuf ⟨d'Angers⟩
→ **Magnobodus ⟨Andegavensis⟩**

Maimonides, Abraham
→ **Avrāhām Ben-Moše Ben-Maymôn**

Maimonides, Moses
1135 – 1204
LMA,VI,127/128
Abū-'Imrān Mūsā Ibn-Maimūn 'Ubaidallāh
BenMaimon, Mose
BenMaimon, Moses
Ibn-Maimūn al-Qurṭubī al-Andalusī
Maïmonide
Maimuni, Moses
Moïse ⟨BenMaimoun⟩
Mōšä Ben-Majmōn
Mose ⟨Ben Maimon⟩
Mose ⟨BenMaimon⟩
Mośe ⟨BenMaymôn⟩
Mōše Bar Maîmôn
Moše Bar-Maymûn
Mose Ben-Majemon
Moses ⟨Aegypticus⟩
Moses ⟨Aegyptius⟩
Moses ⟨Ben Maimon⟩
Moses ⟨Maimonides⟩
Moses ben Maimon
Moses Ben Maimon
Moses Ben-Maimon
Moses Fil. Majemon
Moyses ⟨Maimonides⟩
Musa Ibn Meymun el-Kurtubî
Mūsā Ibn-Maimūn al-Qurṭubī al-Andalusī
Rambam

Maimūn Ibn-Muḥammad an-Nasafī
→ **Nasafī, Maimūn Ibn-Muḥammad ¬an-¬**

Maimūn Ibn-Qais al-A'šā
→ **A'šā, Maimūn Ibn-Qais ¬al-¬**

Maimuni, Moses
→ **Maimonides, Moses**

Main, Mönch ¬vom¬
→ **Mönch ⟨vom Main⟩**

Mainardi, Leonardo
→ **Leonardus ⟨de Cremona⟩**

Mainardinus ⟨de Padua⟩
→ **Marsilius ⟨de Padua⟩**

Mainardus ⟨de Bamberg⟩
→ **Meginhardus ⟨Bambergensis⟩**

Mainfroid ⟨Canoniste⟩
→ **Manfredus ⟨de Tortona⟩**

Mainfroid ⟨de Tortona⟩
→ **Manfredus ⟨de Tortona⟩**

Maingandus ⟨de Liutenbach⟩
→ **Manegoldus ⟨Lautenbacensis⟩**

Mainistrech, Flann
→ **Flann ⟨Mainistrech⟩**

Mainwerc
→ **Meinwerk ⟨von Paderborn⟩**

Mainz, Johannes ¬von¬
→ **Johannes ⟨von Mainz⟩**

Mainz, Marianus Scotus ¬von¬
→ **Marianus ⟨Scotus⟩**

Maio ⟨de Bari⟩
gest. 1160
Expositio orationis dominicae
LMA,VI,145
Bari, Maio ¬de¬
Maio ⟨von Bari⟩
Maione ⟨de Bari⟩
Maione ⟨Grand-Admiral de Sicile⟩
Maione ⟨Grand-Chancelier⟩

Maiolus ⟨Cluniacensis⟩
909 – 994 · OSB
LMA,VI,145/46
Maieul ⟨Bibliothecaire⟩
Maieul ⟨de Cluny⟩
Maieul ⟨de Macon⟩
Maieul ⟨de Valensole⟩
Maieul ⟨d'Avignon⟩
Maieul ⟨Saint⟩
Maiolo ⟨Santo⟩
Maiolus ⟨Abbas⟩
Maiolus ⟨Abt, IV.⟩
Maiolus ⟨Sanctus⟩
Maiolus ⟨von Cluny⟩
Majolus ⟨von Cluny⟩
Mayeul ⟨de Cluny⟩
Mayeul ⟨le Thaumaturge⟩
Mayeul ⟨Saint⟩
Mayol ⟨Saint⟩

Maiolus ⟨Sancti Martini⟩
→ **Maiolus ⟨Scotus⟩**

Maiolus ⟨Sanctus⟩
→ **Maiolus ⟨Cluniacensis⟩**

Maiolus ⟨Scotus⟩
um 1042/61 · OSB
De duobus ducibus altercantibus
Stegmüller, Repert. bibl. 5440
Maiolus ⟨Abbas⟩
Maiolus ⟨Abbas Coloniae⟩
Maiolus ⟨Sancti Martini⟩
Scotus, Maiolus

Maione ⟨de Bari⟩
→ **Maio ⟨de Bari⟩**

Maior, Guilelmus
→ **Guilelmus ⟨Maior⟩**

Maioricis, Rodericus ¬de¬
→ **Rodericus ⟨de Maioricis⟩**

Maioris Monasterii, Gaunilo
→ **Gaunilo ⟨Maioris Monasterii⟩**

Maioris Monasterii, Johannes
→ **Johannes ⟨Maioris Monasterii⟩**

Maioris Monasterii, Odo
→ **Odo ⟨Maioris Monasterii⟩**

Mair, Hans
ca. 1330 – 1390
Buch von Troja; Übersetzer u. Ratsherr in Nördlingen
VL(2),5,1180
Hans ⟨Mair⟩
Mair ⟨von Nördlingen⟩
Mair, Jean

Mair, Martin
→ **Mayr, Martinus**

Mair von Amberg, Georg
→ **Mayr von Amberg, Georg**

Maire, Guillaume ¬le¬
→ **Guilelmus ⟨Maior⟩**

Maironis, Franciscus ¬de¬
→ **Franciscus ⟨de Maironis⟩**

Maiselstein, Caspar
gest. 1432
Quia secundum iuris precepta; Utrum papa sit supera concilium vel infra; Motiva pro translatione; etc.
VL(2),5,1183/1191
Caspar ⟨Maiselstein⟩
Kaspar ⟨von Maiselstein⟩
Maiselstein, Kaspar ¬von¬

Maisières, Païen ¬de¬
→ **Païen ⟨de Maisières⟩**

Maister Anshelmis
→ **Anselmus ⟨Magister⟩**

Maister Hannsen
→ **Hans ⟨Meister⟩**

Maister Steinhem
→ **Steinhem**

Maisterlin, Sigismundus
→ **Meisterlin, Sigismundus**

Maistre, Martin ¬le¬
→ **Martinus ⟨Magistri⟩**

Maître ⟨de Flémalle⟩
→ **Campin, Robert**

Maître ⟨Petit⟩
→ **Qimḥī, Yôsēf**

Maître, Jean ¬le¬
→ **Johannes ⟨Magistri⟩**

Maître de Marie de Bourgogne
→ **Meister der Maria von Burgund**

Maître Honoré
→ **Honoré ⟨Maître⟩**

Maius, Iunianus
um 1475
De proprietate verborum; De maiestate
Rep.Font. VI,478
Giuniano ⟨Maggio⟩
Giuniano ⟨Maio⟩
Iunianus ⟨Maius⟩
Junianus ⟨Majus⟩
Junien ⟨Maggio⟩
Maggio, Giuniano
Maggio, Junien
Majus, Iunianus
Majus, Junianus

Maizières, Philippe ¬de¬
→ **Philippe ⟨de Mézières⟩**

Majkov, Nikolaj
→ **Nil ⟨Sorskij⟩**

Majkov, Nil
→ **Nil ⟨Sorskij⟩**

Majolus ⟨von Cluny⟩
→ **Maiolus ⟨Cluniacensis⟩**

Majrīṭī, Abū al-Qāsim Maslama ibn Aḥmad
→ **Maǧrīṭī, Abu-'l-Qāsim Maslama Ibn-Aḥmad ¬al-¬**

Majrīṭī, Abū Maslama Muḥammad ibn Ibrāhīm
→ **Maǧrīṭī, Abū-Maslama Muḥammad Ibn-Ibrāhīm ¬al-¬**

Majus, Iunianus
→ **Maius, Iunianus**

Majūsī, 'Alī Ibn al-'Abbās
→ **'Alī Ibn-al-'Abbās al-Maǧūsī**

Makar, Gregoros
→ **Gregorius ⟨Nicopolitanus⟩**

Makarios ⟨Chrysokephalos⟩
→ **Macarius ⟨Chrysocephalus⟩**

Makarios ⟨ho Ankyranos⟩
→ **Macarius ⟨Ancyranus⟩**

Makarios ⟨ho Makrēs⟩
→ **Macarius ⟨Macres⟩**

Makarios ⟨Kaloreites⟩
→ **Macarius ⟨Calorites⟩**

Makarios ⟨Makres⟩
→ **Macarius ⟨Macres⟩**

Makarios ⟨Monothelet⟩
→ **Macarius ⟨Antiochenus⟩**

Makarios ⟨Patriarch⟩
→ **Macarius ⟨Antiochenus⟩**

Makarios ⟨von Ankyra⟩
→ **Macarius ⟨Ancyranus⟩**

Makarios ⟨von Antiochia⟩
→ **Macarius ⟨Antiochenus⟩**

Makedonios ⟨Epigrammatiker des Kyklos des Agathias⟩
→ **Macedonius ⟨Consul⟩**

Makhzūmī, Aḥmad Ibn ʻAbd Allāh
→ **Maḫzūmī, Aḥmad Ibn-ʻAbdallāh ¬al-¬**

Makîn, Djirdjis
→ **Makīn Ibn-al-ʻAmīd, Ǧirǧīs ¬al¬**

Makīn Ibn-al-ʻAmīd, Ǧirǧīs ¬al¬
1205 – 1273
Al-Chakin
Elmacinus, Georgius
Elmacius, Georgius
Elmazin, Georg
Georgius ⟨Elmacius⟩
Ǧirǧīs al-Makīn Ibn-al-ʻAmīd
Ibn-al-ʻAmīd, Ǧirǧīs al-Makīn
Jirjis Ibn al-ʻAmid
Macine
Makîn, Djirdjis

Makkī, Abū-Ṭālib Muḥammad Ibn-ʻAlī ¬al-¬
→ **Abū-Ṭālib al-Makkī, Muḥammad Ibn-Alī**

Makkī, al-Muwaffaq Ibn-Aḥmad ¬al-¬
→ **Bakrī, al-Muwaffaq Ibn-Aḥmad ¬al-¬**

Makkī Ibn-Abī-Ṭālib al-Qaisī
965 – 1045
Ibn-Abī-Ṭālib, Makkī al-Qaisī
Ibn-Abī-Ṭālib al-Qaisī, Makkī
Qaisī, Makkī Ibn-Abī-Ṭālib ¬al-¬

Makrembolites, Alexios
→ **Alexius ⟨Macrembolita⟩**

Makrembolites, Eusthatios
→ **Eustathius ⟨Macrembolites⟩**

Makres, Basileios
→ **Bessarion**

Makres, Makarios
→ **Macarius ⟨Macres⟩**

Makrizi, Akhmed ben Aly
→ **Maqrīzī, Aḥmad Ibn-ʻAlī ¬al-¬**

Makrizi, Takieddin Ahmed
→ **Maqrīzī, Aḥmad Ibn-ʻAlī ¬al-¬**

Maksim ⟨Ispovednik⟩
→ **Maximus ⟨Confessor⟩**

Maktabī Šīrāzī
→ **Niẓāmī Ganǧawī, Ilyās Ibn-Yūsuf**

Malabranca, Latinus
→ **Latinus ⟨Malabranca⟩**

Malaces, Euthymius
→ **Euthymius ⟨Malaces⟩**

Malachias ⟨Archiepiscopus⟩
→ **Malachias ⟨Sanctus⟩**

Malachias ⟨Armachanus⟩
→ **Malachias ⟨Sanctus⟩**

Malachias ⟨Hiberniae Episcopus⟩
→ **Malachias ⟨Sanctus⟩**

Malachias ⟨Hibernicus⟩
um 1310 · OFM
Schneyer,IV,119
Hibernicus, Malachias
Malachie ⟨Franciscain⟩
Malachie ⟨Irlandais⟩

Malachias ⟨Hibernus⟩
→ **Malachias ⟨Sanctus⟩**

Malachias ⟨Sanctus⟩
1094 – 1148
Potth. 760
Malachias ⟨Archiepiscopus⟩
Malachias ⟨Armachanus⟩
Malachias ⟨Erzbischof⟩
Malachias ⟨Heiliger⟩
Malachias ⟨Hiberniae Episcopus⟩
Malachias ⟨Hibernus⟩
Malachias ⟨Senior⟩
Malachias ⟨von Armagh⟩
Malachie ⟨Saint⟩
Malachy ⟨O'Morgair⟩
Malachy ⟨Saint⟩
Malmedoic ⟨O'Mongair⟩
Maol M'Aedoc
Maol M'Aedog
O'Morgair, Malachias
Pseudo-Malachias

Malachias ⟨Senior⟩
→ **Malachias ⟨Sanctus⟩**

Malachias ⟨von Armagh⟩
→ **Malachias ⟨Sanctus⟩**

Malachie ⟨Franciscain⟩
→ **Malachias ⟨Hibernicus⟩**

Malachie ⟨Saint⟩
→ **Malachias ⟨Sanctus⟩**

Malachus ⟨Episcopus⟩
→ **Malachus ⟨Scotus⟩**

Malachus ⟨Lismoriensis⟩
→ **Malachus ⟨Scotus⟩**

Malachus ⟨Scotus⟩
um 1161
Stegmüller, Repert. bibl. 5441
Malachus ⟨Episcopus⟩
Malachus ⟨Lismoriensis⟩
Scotus, Malachus

Malachy ⟨O'Morgair⟩
→ **Malachias ⟨Sanctus⟩**

Malachy ⟨Saint⟩
→ **Malachias ⟨Sanctus⟩**

Maladobato ⟨Sommi⟩
→ **Sommi, Maladobato**

Malakes, Euthymios
→ **Euthymius ⟨Malaces⟩**

Malalas, Johannes
→ **Johannes ⟨Malalas⟩**

Mālaqī, Abu-'l-Qāsim Ibn-Riḍwān ¬al-¬
→ **Ibn-Riḍwān, Abu-'l-Qāsim**

Mālaqī, Sulaimān Ibn-Muḥammad ¬al-¬
→ **Ibn-aṭ-Ṭarāwa, Sulaimān Ibn-Muḥammad**

Malaspina ⟨Melitensis⟩
→ **Malaspina, Saba**

Malaspina, Ciacchetto
→ **Malespini, Giacotto**

Malaspina, Ricordano
→ **Malespini, Ricordano**

Malaspina, Saba
13. Jh.
Tusculum-Lexikon; LThK; LMA,VI,164
Malaspina ⟨Melitensis⟩
Malaspina, Salla
Saba ⟨Malaspina⟩
Saba ⟨Monaco⟩
Salla ⟨Malaspina⟩

Malaterra, Galfredus
→ **Galfredus ⟨Malaterra⟩**

Maldonus, Thomas
→ **Thomas ⟨Maldonus⟩**

Maldura, Petrus
→ **Petrus ⟨de Bergamo⟩**

Malesardus, Gregorius
→ **Gregorius ⟨Malesardus⟩**

Malespini, Giacotto
13. Jh.
Giachetto ⟨Malespini⟩
Giacotto ⟨Malespini⟩
Malaspina, Ciacchetto
Malespini, Giachetto
Malespini, Giovanni
Malispini, Giachetto
Malispini, Giacotto

Malespini, Ricordano
gest. 1281
Malaspina, Ricordano
Malispini, Ricordano
Ricordano ⟨Malespini⟩

Maleu, Stephanus
1282 – 1322
Chronicon Comodoliaci ad Vigennam sive veteris abbatiae SS. Juniani et Amandi ab a. 500-1316
Potth. 760
Etienne ⟨Maleu⟩
Maleu, Etienne
Stephanus ⟨Maleu⟩

Malik ⟨Imam⟩
→ **Mālik Ibn-Anas**

Mālik, Ibn
→ **Ibn-Mālik, Muḥammad Ibn-ʻAbdallāh**

Malik al-Ašraf ʻUmar Ibn-Yūsuf ⟨Jemen, Sultan⟩
→ **ʻUmar Ibn-Yūsuf ⟨Jemen, Sultan⟩**

Malik Ben-Anas
→ **Mālik Ibn-Anas**

Mālik Ibn-Anas
ca. 708/16 – 796
LMA,VI,171
Kitāb al-Muwaṭṭa
Ibn-Anas, Mālik
Malik ⟨Imam⟩
Malik Ben-Anas
Malik ibn Anas
Mālik Ibn-Anas Ibn-Mālik Ibn-Abī-ʻĀmir al-Aṣbaḥī

Mālik Ibn-Anas Ibn-Mālik Ibn-Abī-ʻĀmir al-Aṣbaḥī
→ **Mālik Ibn-Anas**

Mālikī, ʻAbdallāh Ibn-Muḥammad ¬al-¬
→ **Abū-Bakr al-Mālikī, ʻAbdallāh Ibn-Muḥammad**

Mālikī, Abū-Bakr ʻAbdallāh Ibn-Muḥammad ¬al-¬
→ **Abū-Bakr al-Mālikī, ʻAbdallāh Ibn-Muḥammad**

Mālikī al-Ġarnāṭī, Ibn-ʻĀṣim ¬al-¬
→ **Ibn-ʻĀṣim, Muḥammad Ibn-Muḥammad**

Malines, Henri B. ¬de¬
→ **Henricus ⟨Bate⟩**

Mālīnī, Abū-Saʻd Aḥmad Ibn-Muḥammad al-Mālīnī
→ **Mālīnī, Aḥmad Ibn-Muḥammad ¬al-¬**

Mālīnī, Aḥmad Ibn-Muḥammad ¬al-¬
gest. 1022
Aḥmad Ibn-Muḥammad al-Mālīnī
Ibn-Muḥammad, Aḥmad al-Mālīnī
Mālīnī, Abū-Saʻd Aḥmad Ibn-Muḥammad al-Mālīnī

Malipiero, Domenico
1428 – 1500
Annali veneti dall'anno 1457-1500
Potth. 761; LUI
Domenico ⟨Malipiero⟩
Dominique ⟨Malipiero⟩
Malipiero, Dominique

Māliqī, ʻAlī Ibn-Muḥammad ¬al-¬
→ **Muʻāfirī, ʻAlī Ibn-Muḥammad ¬al-¬**

Māliqī, Muḥammad Ibn-Yaḥyā ¬al-¬
→ **ʻAšʻarī, Muḥammad Ibn-Yaḥyā ¬al-¬**

Malispini, Giacotto
→ **Malespini, Giacotto**

Malispini, Ricordano
→ **Malespini, Ricordano**

Malla, Felipe ¬de¬
ca. 1370 – 1431
Lo pecador remut
LMA,VI,171/72
Felip ⟨de Malla⟩
Felipe ⟨de Malla⟩
Malla, Felip ¬de¬

Mallāʼ, ʻUmar Ibn-Muḥammad ¬al-¬
→ **Ardabīlī, ʻUmar Ibn-Muḥammad ¬al-¬**

Mallanaga Vātsyāyana
→ **Vātsyāyana**

Malleolus, Felix
→ **Hemmerlin, Felix**

Malleolus, Thomas
→ **Thomas ⟨a Kempis⟩**

Malliaco, Gerardus ¬de¬
→ **Gerardus ⟨de Malliaco⟩**

Malliaco, Guilelmus ¬de¬
→ **Guilelmus ⟨de Malliaco⟩**

Malliaco, Johannes ¬de¬
→ **Johannes ⟨de Malliaco⟩**

Malliaco, Petrus ¬de¬
→ **Petrus ⟨de Malliaco⟩**

Mallio, Petrus ¬de¬
→ **Petrus ⟨de Mallio⟩**

Malmedoic ⟨O'Mongair⟩
→ **Malachias ⟨Sanctus⟩**

Malmesbury, Thomas ¬de¬
→ **Thomas ⟨de Malmesbury⟩**

Malmesbury, William
→ **Guilelmus ⟨Malmesburiensis⟩**

Malodunus, Thomas
→ **Thomas ⟨Maldonus⟩**

Malory, Thomas
ca. 1410 – 1471
LMA,VI,178
Thomas ⟨Malory⟩

Malouel, Herman
→ **Limburg, Hermann ¬von¬**

Malouel, Jehanequin
→ **Limburg, Jan ¬von¬**

Malouel, Polequin
→ **Limburg, Paul ¬von¬**

Malsachanus ⟨Grammaticus⟩
8./9. Jh.
Tusculum-Lexikon; CSGL; LMA,VI,179/180
Grammaticus, Malsachanus
Mac Salchan
Mac-Salchan
Malschanus ⟨Grammaticus⟩

Maluel, Jehanequin
→ **Limburg, Jan ¬von¬**

Maluel, Polequin
→ **Limburg, Paul ¬von¬**

Malvecius, Jacob
→ **Malvetiis, Jacobus ¬de¬**

Malvern, Jean ¬de¬
→ **Johannes ⟨Malvernius⟩**

Malvern, Walcher ¬von¬
→ **Walcher ⟨von Malvern⟩**

Malvernius, Johannes
→ **Johannes ⟨Malvernius⟩**

Malvetiis, Jacobus ¬de¬
um 1412
Chronicon Brixianum ab origine urbis ad annum usque 1332
Potth. 761
Jacob ⟨Malvecius⟩
Jacobus ⟨de Malvetiis⟩
Jacobus ⟨Malvecius⟩
Jacobus ⟨Malvetius⟩
Jacopo ⟨Malvezzi⟩
Jacques ⟨Malvezzi⟩
Malvecius, Jacob
Malvetius, Jacobus
Malvezzi, Jacopo
Malvezzi, Jacques

Maʻmar Ibn-al-Muṯannā, Abū-ʻUbaida
→ **Abū-ʻUbaida Maʻmar Ibn-al-Muṯannā**

Mamboir, Jean
→ **Mauburnus, Johannes**

Mambre, Jean
→ **Johannes ⟨Canonicus⟩**

Mamerot, Sébastien
um 1458/88
Passages d'oultre-mer; Chronique martiniane
Potth. 1005
Sébastien ⟨Mamerot⟩

Mamikonean, Yovhan
→ **Hovhan ⟨Mamikonean⟩**

Mamma, Gregorius
→ **Gregorius ⟨Melissenus⟩**

Māmuṇi, Maṇavāḷa
→ **Maṇavāḷamāmuni**

Manasi, Konstantin
→ **Constantinus ⟨Manasses⟩**

Manasses ⟨Aurelianensis⟩
ca. 1146-1185
Epistolae
Potth. 761; DOC,2,1277
Manasses ⟨de Garlande⟩
Manasses ⟨d'Orléans⟩
Manasses ⟨Episcopus Aurelianensis⟩
Manasses ⟨II.⟩

Manasses ⟨Cameracensis⟩
um 1095/1103
Fortsetzer der Gesta episcoporum Cameracensium (= Gesta Manassis et Walcheri excerpta 1092-1094)
Potth. 514; 761
Manassès ⟨de Cambrai⟩
Manassès ⟨Evêque de Cambrai⟩

Manassès ⟨de Châtillon⟩
→ **Manasses ⟨Remensis, II.⟩**

Manasses ⟨de Garlande⟩
→ **Manasses ⟨Aurelianensis⟩**

Manasses ⟨de Gournay⟩
→ **Manasses ⟨Remensis, I.⟩**

Manasses ⟨Remensis, I.⟩
um 1070/80
Epistula ad Gregorium VII. papam; Epistula ad Hugonem Diensem episcopum (= Apologia)
LMA,VI,184
Manasse ⟨von Reims, I.⟩
Manassès ⟨Archevêque, I.⟩
Manasses ⟨Archiepiscopus, I.⟩
Manasses ⟨de Gournay⟩
Manassès ⟨de Reims, I.⟩
Manasses ⟨Erzbischof⟩

Manasses ⟨of Rheims⟩
Manasses ⟨Reims, Erzbischof, I.⟩
Manasses ⟨von Reims⟩

Manasses ⟨Remensis, II.⟩
gest. 1106
Epistula ad plebem Cameracensem; Epistula ad clerum et populum Morinensem; Epistula ad Robertum comitem; Epistula ad clericos et Atelmum de passo; Epistula ad Guarinfredum Archipresbyterum; Epistula ad Lambertum
Manassès ⟨Archevêque, II.⟩
Manassès ⟨de Châtillon⟩
Manassès ⟨de Reims, II.⟩

Manasses ⟨Remensis Archidiaconus⟩
11./12. Jh.
Epistula ad Lambertum Atrebatensem episcopum
Manassès ⟨Archidiacre de Reims⟩

Manasses, Constantinus
→ **Constantinus ⟨Manasses⟩**

Maṇavāḷamāmuni
1370 – 1444
Ind. Kommentator und Philosoph; Tattvatrayavyākhyāna
Aḻakiya Maṇavāḷaṉ
Aragiya-Maṇavāḷa Perumāḷ
Māmuṉi, Maṇavāḷa
Maṇavāḷa Māmuṉi
Maṇavāḷamāmuṉikal
Varavara Muni
Varavaramuni

Manbiǧī, Muḥammad Ibn-Muḥammad ¬al-¬
um 1375
Ibn-Muḥammad, Muḥammad al-Manbiǧī
Manbijī, Muḥammad ibn Muḥammad
Muḥammad Ibn-Muḥammad al-Manbiǧī

Manchester, Hugo ¬de¬
→ **Hugo ⟨de Manchester⟩**

Mancinelli, Petrus
→ **Petrus ⟨Monticellus⟩**

Mancion ⟨de Châlons-sur-Marne⟩
→ **Mantio ⟨Catalaunensis⟩**

Mandagoto, Guilelmus ¬de¬
→ **Guilelmus ⟨de Mandagoto⟩**

Maṇḍanamiśra
um 690
ind. Philosoph
Brahmasiddhi

Mandaville, Jan ¬van¬
→ **John ⟨Mandeville⟩**

Mande, Hendrik
→ **Hendrik ⟨Mande⟩**

Mandelreiß, Balthasar
um 1453/56
Türkenlied
VL(2),5,1200/1201
Balthasar ⟨Mandelreiß⟩
Balthasar ⟨Mandelreitz⟩
Mandelreitz, Balthasar

Mandervijl, Jan
→ **John ⟨Mandeville⟩**

Mandeville, John
→ **John ⟨Mandeville⟩**

Mandl, Johannes
→ **Mendel, Johannes**

Manducator, Petrus
→ **Petrus ⟨Comestor⟩**

Manduith, Jean
→ **Johannes ⟨Maudith⟩**

Manduith, John
→ **John ⟨Mandeville⟩**

Manectis, Ianocius ¬de¬
→ **Manettus, Iannotius**

Manegaldus ⟨Lautenbacensis⟩
→ **Manegoldus ⟨Lautenbacensis⟩**

Manegoldus ⟨Lautenbacensis⟩
ca. 1130 – 1203
Constitutiones Marbacenses
LThK; VL(2); CSGL; LMA,VI,190
Lautenbach, Manegold ¬von¬
Maingandus ⟨de Liutenbach⟩
Manegaldus ⟨de Lutinbach⟩
Manegaldus ⟨Lautenbacensis⟩
Manegaudus ⟨de Lautenbach⟩
Manegaudus ⟨Lautenbacensis⟩
Manegold ⟨de Lautenbach⟩
Manegold ⟨von Lantenbach⟩
Manegold ⟨von Lautenbach⟩
Manegoldo ⟨de Lautenbach⟩
Manegoldus ⟨de Lautenbach⟩
Manegoldus ⟨de Lutinbach⟩
Manegoldus ⟨Marbacensis⟩
Manegoldus ⟨Praepositus⟩
Manegoldus ⟨von Lautenbach⟩
Manegraldus ⟨de Lautenbach⟩
Manegundus ⟨de Lautenbach⟩
Menegoldus ⟨Lutinbacensis⟩
Menegoldus ⟨Teutonicus⟩
Monigaldus ⟨de Lautenbach⟩

Maneken, Carolus
→ **Virulus, Carolus**

Manelli, Francesco
→ **Mannelli, Francesco**

Manelli, Lucas
→ **Lucas ⟨Manelli⟩**

Manesdorfer, Johann
gest. 1488
Kurze Geschichte über das Kloster St. Lambrecht und den Wallfahrtsort Mariazell (ungedruckte Handschrift)
Potth. 762
Hanns ⟨Menestorfer⟩
Jean ⟨Manesdorfer⟩
Johann ⟨Manesdorfer⟩
Johann ⟨Manestarffer⟩
Johann ⟨Menestarffer⟩
Manesdorfer, Jean
Manestarffer, Johann
Menestarffer, Johann

Manesse, Rüdiger
gest. 1304
Maness, Rüdger
Maness, Ruedeger
Maness, Ruedger
Rüdiger ⟨Manesse⟩
Ruedger ⟨Maness⟩

Manestarffer, Johann
→ **Manesdorfer, Johann**

Manettellus ⟨de Spoleto⟩
um 1293/94 · OP
Epistula Joh. de Montecorvino O. Min., missionarii in India, compendiata et missa Bartholomaeo de S. Concordio a fr. Menentillo de Spuleto
Kaeppeli,III,101
Menentillo ⟨de Spolète⟩
Menentillus ⟨de Spaleto⟩
Menentillus ⟨de Spuleto⟩
Spoleto, Manettellus ¬de¬

Manetti, Antonio
1423 – 1497
Ital. Architekt und Dichter
LMA,VI,191
Antoine ⟨Manetti⟩
Antonio ⟨Manetti⟩
Manetti, Antoine
Manetti, Antonio di T.
Tuccio Manetti, Antonio ¬di¬

Manetti, Giannozzo
→ **Manettus, Iannotius**

Manetto ⟨Ciaccheri⟩
→ **Ciaccheri, Manetto**

Manettus ⟨de Philippis⟩
gest. 1303 · OP
Summam de casibus abreviavit
Kaeppeli,III,101
Manettus ⟨de Philippis Florentinus⟩
Manettus ⟨Florentinus⟩
Philippis, Manettus ¬de¬

Manettus ⟨Florentinus⟩
→ **Manettus ⟨de Philippis⟩**

Manettus, Iannotius
gest. 1459
LThK; LMA,VI,191/192
Giannozzo ⟨Manetti⟩
Ianetus ⟨Manettus⟩
Iannotius ⟨Florentinus⟩
Iannotius ⟨Manettus⟩
Manectis, Ianocius ¬de¬
Manetti, Giannozzo
Manetti, Gianozzo
Manetti, Iannotius
Manetti, Jannotius
Manettius, Iannotius
Manetto, Giannozzo
Manetto, Jannot
Manetto, Johannes
Manettus, Iannottus
Manettus, Jannotius
Manettus, Janotius
Manettus, Janozzus

Manfred ⟨de Potenza⟩
→ **Manfredus ⟨Potentinus⟩**

Manfred ⟨de Tortone⟩
→ **Manfredus ⟨de Tortona⟩**

Manfred ⟨de Verceil⟩
→ **Manfredus ⟨de Vercellis⟩**

Manfred ⟨Dertonensis⟩
→ **Manfredus ⟨de Tortona⟩**

Manfred ⟨Hagiographe⟩
→ **Manfredus ⟨Potentinus⟩**

Manfredi ⟨da Vercelli⟩
→ **Manfredus ⟨de Vercellis⟩**

Manfredi ⟨I.⟩
→ **Lancia, Manfredi**

Manfredi ⟨Lancia⟩
→ **Lancia, Manfredi**

Manfredo ⟨Repeta⟩
→ **Repeta, Manfredo**

Manfredo ⟨Zenunone⟩
→ **Zenuno, Manfredus**

Manfredus ⟨de Tortona⟩
um 1360 · OFM
Polylogium de expositione vocabulorum sacrae Scripturae
Stegmüller, Repert. bibl. 5447;5447,1
Mainfroid ⟨Canoniste⟩
Mainfroid ⟨de Tortona⟩
Manfred ⟨de Tortone⟩
Manfred ⟨Dertonensis⟩
Manfredus ⟨Dertonensis⟩
Manfredus ⟨Terdonensis⟩
Pseudo-Manfredus ⟨de Tortona⟩
Pseudo-Manfredus ⟨Terdonensis⟩
Tortona, Manfredus ¬de¬

Manfredus ⟨de Vercellis⟩
um 1418/24 · OP
Tract. contra Fratres de opinione; Tract. de adventu Antichristi
Kaeppeli,III,101/102
Manfred ⟨de Verceil⟩
Manfredi ⟨da Vercelli⟩
Manfredus ⟨Vercellensis⟩
Vercellis, Manfredus ¬de¬

Manfredus ⟨Dertonensis⟩
→ **Manfredus ⟨de Tortona⟩**

Manfredus ⟨Magdeburgensis⟩
→ **Meginfredus ⟨Magdeburgensis⟩**

Manfredus ⟨Notarius⟩
→ **Zenuno, Manfredus**

Manfredus ⟨Potentinus⟩
um 1119
Vita Gerardi ep. Pot.
Potth. 762
Manfred ⟨de Potenza⟩
Manfred ⟨Hagiographe⟩
Manfredus ⟨Potentiae⟩
Manfredus ⟨Potentinus Episcopus⟩
Potentinus, Manfredus

Manfredus ⟨Terdonensis⟩
→ **Manfredus ⟨de Tortona⟩**

Manfredus ⟨Vercellensis⟩
→ **Manfredus ⟨de Vercellis⟩**

Manfredus ⟨Zenuno⟩
→ **Zenuno, Manfredus**

Mang ⟨Sankt⟩
→ **Magnus ⟨von Füssen⟩**

Mangelfelt, Burchard ¬von¬
→ **Burchard ⟨von Mangelfelt⟩**

Maniaco, Johannes Aylini ¬de¬
→ **Johannes ⟨Aylini de Maniaco⟩**

Maniacoria, Nicolaus
→ **Nicolaus ⟨Maniacoria⟩**

Maniacucius, Nicolaus
→ **Nicolaus ⟨Maniacucius⟩**

Mank Ibn-Manklī, Muḥammad
→ **Ibn-Manglī, Muḥammad**

Mank Manklī, Muḥammad
→ **Ibn-Manglī, Muḥammad**

Manliis, Johannes Jacobus ¬de¬
→ **Manlius, Johannes Jacobus**

Manlius ⟨Boethius⟩
→ **Boethius, Anicius Manlius Severinus**

Manlius, Johannes Jacobus
15. Jh.
Luminare majus omnibus medicis necessarium sive interpretatio super Mesue jun.; Antidotarium et Practica; Libellus medicus variorum experimentorum
LMA,VI,196/97
Bosco, Johannes Jacobus ¬de¬
Giovanni Giacomo ⟨Manlio de Bosco⟩
Johannes Jacobus ⟨de Manliis⟩
Johannes Jacobus ⟨Manlius⟩
Johannes Jacobus ⟨Manlius de Bosco⟩
Manliis, Johannes Jacobus ¬de¬
Manlio de Bosco, Giovanni Giacomo
Manlius, Johannes
Manlius de Bosco, Johannes Jacobus

Manlius de Bosco, Johannes Jacobus
→ **Manlius, Johannes Jacobus**

Manna, Eliseus ¬de la¬
→ **Eliseus ⟨de la Manna⟩**

Manneken, Charles
→ **Virulus, Carolus**

Mannelli, Amaretto
um 1394
Chronichetta; Ristretto di storia dal principio del mundo, fino a Zenone
Potth. 763
Amaretto ⟨Mannelli⟩

Mannelli, Francesco
14. Jh.
Amaretto Manelli, Francesco ¬d'¬
Francesco ⟨d'Amaretto⟩
Francesco ⟨Manelli⟩
Francesco ⟨Mannelli⟩
Manelli, Francesco
Manelli, Francesco D'Amaretto
Mannelli, Francisco

Mannelli, Luc
→ **Lucas ⟨Manelli⟩**

Manning, Robert
→ **Robert ⟨Manning⟩**

Manning of Brunne, Robert
→ **Robert ⟨Manning⟩**

Manouel ⟨...⟩
→ **Manuel ⟨...⟩**

Manrique, Gómez
ca. 1412 – ca. 1490
Exclamación y querella de governación; Coplas para Diego Arias de Avila
LMA,VI,199
Gómez ⟨Manrique⟩

Manrique, Jorge
ca. 1440 – 1478
Coplas a la muerte del Maestre de Santiago Don Rodrigo Manrique su padre
LMA,VI,199/200
Georges ⟨Manrique⟩
Iorge ⟨Manrique⟩
Jorge ⟨Manrique⟩
Manrique, Georges
Manrique, Iorge

Mansel, Jean
→ **Jean ⟨Mansel⟩**

Mansion, Colard
→ **Colard ⟨Mansion⟩**

Mansionarius, Johannes
→ **Johannes ⟨Mansionarius⟩**

Mansuet ⟨de Milan⟩
→ **Damianus ⟨Ticinensis⟩**

Mansueti, Léonard
→ **Leonardus ⟨Mansuetus⟩**

Mansuetus ⟨Mediolanensis⟩
→ **Damianus ⟨Ticinensis⟩**

Mansuetus, Leonardus
→ **Leonardus ⟨Mansuetus⟩**

Mansuetus seu Damianus
→ **Damianus ⟨Ticinensis⟩**

Mansur, Stephanus
→ **Stephanus ⟨Mansur⟩**

Manṣūr al-Ḥasan Ibn-Zāḏān
→ **Manṣūr al-Yaman**

Manṣūr al-Yaman
gest. 914
Ḥasan Ibn-Farağ Ibn-Ḥaušab ¬al-¬
Ibn Ḥawshab, al-Ḥasan Ibn Faraj
Ibn-Ḥaušab, Abu-'l-Qāsim al-Ḥasan Ibn-Farağ
Ibn-Ḥaušab, al-Ḥasan Ibn-Farağ
Ibn-Ḥaušab, al-Ḥasan Ibn-Zādān
Manṣūr al-Ḥasan Ibn-Zāḏān
Manṣūr Ibn-Zāḏān Ibn-Ḥaušab

Manṣūr Ibn-ʿAlī Ibn-ʿIrāq, Abū-Naṣr
→ **Abū-Naṣr Ibn-ʿIrāq, Manṣūr Ibn-ʿAlī**

Manṣūr Ibn-Muḥammad as-Samʿānī
→ **Samʿānī, Manṣūr Ibn-Muḥammad ¬as-¬**

Manṣūr Ibn-Zāḏān Ibn-Ḥaušab
→ **Manṣūr al-Yaman**

Manṣūrī, Baibars ¬al-¬
→ **Baibars al-Manṣūrī**

Mantevilla, Thomas ¬de¬
→ **Thomas ⟨de Mantevilla⟩**

Manthen, Johannes
→ **Johannes ⟨Manthen⟩**

Mantio ⟨Catalaunensis⟩
gest. 908
Epistola ad Fulconem Rhemensem episcopum
Potth. 763; DOC,2,1279
Mancion ⟨de Châlons-sur-Marne⟩
Mantio ⟨Catalaunensis Episcopus⟩

Mantovano, Bassano
→ **Bassano ⟨Mantovano⟩**

Mantua, Albertinus ¬de¬
→ **Albertinus ⟨de Mantua⟩**

Mantua, Johanninus ¬de¬
→ **Johanninus ⟨de Mantua⟩**

Mantua, Petrus ¬de¬
→ **Petrus ⟨Mantuanus⟩**

Mantuanus, Baptista
→ **Johannes ⟨Mantuanus⟩**

Mantuanus, Benvenutus
→ **Benvenutus ⟨Prior Mantuanus⟩**

Mantuanus, Gumpoldus
→ **Gumpoldus ⟨Mantuanus⟩**

Mantuanus, Johannes
→ **Johannes ⟨Mantuanus⟩**

Mantuanus, Maurus
→ **Maurus ⟨Mantuanus⟩**

Mantuanus, Petrus
→ **Petrus ⟨Mantuanus⟩**

Manuel ⟨Bryennius⟩
gest. ca. 1325
Tusculum-Lexikon; CSGL; LMA,II,800
Bryennios, Manuel
Bryennius, Manuel
Manuel ⟨Bryenne⟩
Manuele ⟨Briennio⟩

Manuel ⟨Byzantinischer Kaiser, ...⟩
→ **Manuel ⟨Imperium Byzantinum, Imperator, ...⟩**

Manuel ⟨Byzantinus⟩
um 920/44
Chronist
Tusculum-Lexikon
Byzantinus, Manuel
Manuel ⟨von Byzanz⟩

Manuel ⟨Caleca⟩
ca. 1360 – 1410 · OP
Tusculum-Lexikon; CSGL; LMA,V,865/66
Caleca, Manuel
Calecas, Manuel
Kalekas, Manuēl
Manuel ⟨Calecas⟩
Manuēl ⟨Kalekas⟩
Manuele ⟨Caleca⟩

Manuel ⟨Chrysaphes⟩
um 1440/63
LMA,II,2048/49
Chrysaphes, Manuel
Emmanuel ⟨Chrysaphes⟩
Lampadarius, Manuel
Manuēl ⟨ho Chrysaphēs⟩
Manuēl ⟨ho Lampadarios⟩
Manuēl ⟨ho Maistōr⟩
Manuel ⟨Lampadarius⟩
Manuel ⟨the Lampadarios⟩

Manuel ⟨Chrysoloras⟩
ca. 1350 – 1415
Tusculum-Lexikon; CSGL; LMA,II,2052
Chrysoloras, Emanuel
Chrysoloras, Manuel
Emmanuel ⟨Chrysoloras⟩
Manuēl ⟨ho Chrysolōras⟩

Manuel ⟨Comnenus⟩
→ **Manuel ⟨Imperium Byzantinum, Imperator, I.⟩**

Manuel ⟨Cretensis⟩
→ **Manuel ⟨Moschopulus⟩**

Manuel ⟨Eugenicus⟩
→ **Marcus ⟨Eugenicus⟩**

Manuel ⟨Gabalas⟩
1271 – 1355/60
Seit 1322 Mönch unter dem Namen Matthaios, seit 1329 griech.-orthodox. Metropolit von Ephesos; „Precationes“
Tusculum-Lexikon; LMA,VI,211
Gabalas, Manuel
Manouel ⟨Gabalas⟩
Matteo ⟨di Efeso⟩
Matthaei, Philippus
Matthaeus ⟨Ephesius⟩
Matthaeus ⟨Metropolitanus⟩
Matthaeus ⟨of Ephesus⟩
Matthaeus ⟨Philadelphiensis⟩
Matthaeus ⟨von Philadelpheia⟩
Matthaeus, Philippus
Matthaios ⟨Mētropolitēs⟩
Matthaios ⟨von Ephesos⟩
Matthäus, Philipp

Manuēl ⟨ho Chrysaphēs⟩
→ **Manuel ⟨Chrysaphes⟩**

Manuēl ⟨ho Chrysolōras⟩
→ **Manuel ⟨Chrysoloras⟩**

Manuēl ⟨ho Lampadarios⟩
→ **Manuel ⟨Chrysaphes⟩**

Manuēl ⟨ho Maistōr⟩
→ **Manuel ⟨Chrysaphes⟩**

Manuēl ⟨ho Palaiologos⟩
→ **Manuel ⟨Imperium Byzantinum, Imperator, II.⟩**

Manuēl ⟨ho Philēs⟩
→ **Manuel ⟨Philes⟩**

Manuel ⟨Holobolus⟩
1240 – ca. 1284
Tusculum-Lexikon; CSGL; LMA,V,100
Holobolos, Manuel
Holobolus, Manuel
Manuēl ⟨Holobōlos⟩
Manuele ⟨Olobolo⟩
Maximus ⟨Holobolus⟩

Manuel ⟨Imperium Byzantinum, Imperator, I.⟩
1118 – 1180
LMA,VI,209
Comnenus, Manuel
Manuel ⟨Byzantinischer Kaiser, I.⟩
Manuel ⟨Byzanz, Kaiser, I.⟩
Manuel ⟨Comnène⟩
Manuel ⟨Comnenus⟩
Manuel ⟨Constantinople, Empereur, I.⟩
Manuel ⟨Komnenos⟩

Manuel ⟨Imperium Byzantinum, Imperator, II.⟩
1350 – 1425
Tusculum-Lexikon; CSGL; LMA,VI,209/210
Manuel ⟨Empereur de Constantinople, II.⟩
Manuēl ⟨ho Palaiologos⟩
Manuel ⟨Palaeologus⟩
Manuel ⟨Palaeologus, II.⟩
Manuel ⟨Palaiologos⟩
Manuel ⟨Palaiologos, II.⟩
Manuel ⟨Paléologue⟩
Manuele ⟨Paleologo, II.⟩
Manuele ⟨il Paleologo⟩
Palaeologus, Emanuel
Palaeologus, Manuel

Manuēl ⟨Kalekas⟩
→ **Manuel ⟨Caleca⟩**

Manuel ⟨Komnenos⟩
→ **Manuel ⟨Imperium Byzantinum, Imperator, I.⟩**

Manuel ⟨Lampadarius⟩
→ **Manuel ⟨Chrysaphes⟩**

Manuel ⟨Moschopulus⟩
ca. 1265 – ca. 1316
Tusculum-Lexikon; LMA,VI,858/59
Emanuēl ⟨Moschopulos⟩
Emmanuel ⟨Moschopulus⟩
Manuel ⟨Cretensis⟩
Manuēl ⟨Moschopulos⟩
Moschopolus, Manuel
Moschopoulus, Emanuel
Moschopulos, Manuel
Moschopulus, Emmanuel
Moschopulus, Manuel

Manuel ⟨Palaeologus⟩
→ **Manuel ⟨Imperium Byzantinum, Imperator, II.⟩**

Manuel ⟨Philes⟩
ca. 1275 – 1345
Tusculum-Lexikon; CSGL; LMA,VI,2055
Manuēl ⟨ho Philēs⟩
Manuele ⟨File⟩
Phile, Manuel
Philes ⟨Ephesius⟩
Philes, Emanuel
Philes, Manuel

Manuel ⟨Planudes⟩
→ **Maximus ⟨Planudes⟩**

Manuel ⟨Straboromanus⟩
geb. ca. 1070
Tusculum-Lexikon; CSGL; LMA,VIII,196
Manuel ⟨Straborōmanos⟩
Straboromanos, Manuel
Straboromanus, Manuel

Manuel ⟨the Lampadarios⟩
→ **Manuel ⟨Chrysaphes⟩**

Manuel ⟨von Byzanz⟩
→ **Manuel ⟨Byzantinus⟩**

Manuel, Herman
→ **Limburg, Hermann ¬von¬**

Manuel, Jehanequin
→ **Limburg, Jan ¬von¬**

Manuel, Juan
→ **Juan Manuel ⟨Castilla, Infante⟩**

Manuel, Polequin
→ **Limburg, Paul ¬von¬**

Manuele ⟨Briennio⟩
→ **Manuel ⟨Bryennius⟩**

Manuele ⟨Caleca⟩
→ **Manuel ⟨Caleca⟩**

Manuele ⟨File⟩
→ **Manuel ⟨Philes⟩**

Manuele ⟨il Paleologo⟩
→ **Manuel ⟨Imperium Byzantinum, Imperator, II.⟩**

Manuele ⟨Olobolo⟩
→ **Manuel ⟨Holobolus⟩**

Manusio, Johannes ¬de¬
→ **Johannes ⟨de Manusio⟩**

Manzini, Giovanni
→ **Johannes ⟨Manzini de Motta⟩**

Maol M'Aedoc
→ **Malachias ⟨Sanctus⟩**

Map, Walter
ca. 1140 – 1209
Tusculum-Lexikon; LMA,VIII,1997/98
Gautier ⟨Map⟩
Gualterus ⟨Map⟩
Map, Gauthier
Map, Gautier
Mapes, Walter
Mapes, Walter ¬de¬
Mapes, Walther
Walter ⟨de Mapes⟩
Walter ⟨Map⟩
Walterus ⟨Map⟩
Walterus ⟨Mappius⟩

Maphaeus ⟨Laudensis⟩
→ **Vegius, Mapheus**

Maphaeus ⟨Vegius⟩
→ **Vegius, Mapheus**

Maphaeus, Benedictus
→ **Benedictus ⟨Maphaeus⟩**

Mapheus ⟨de Lodi⟩
→ **Vegius, Mapheus**

Mapinius ⟨Remensis⟩
gest. ca. 551
Epistulae II; Epistola ad Nicetium episc. Trevirensem, qua se excusat, quod ad synodum Tullensem non venerit
Potth. 763; Cpl 1062
Mapinius ⟨de Reims⟩
Mapinius ⟨Episcopus⟩
Mapinus ⟨Remensis⟩
Mappinius ⟨de Reims⟩
Mappinius ⟨Remensis⟩

Maqdisī, ʿAbd-al-Ġanī Ibn-ʿAbd-al-Wāḥid ¬al-¬
→ **Ǧammāʿīlī, ʿAbd-al-Ġanī Ibn-ʿAbd-al-Wāḥid ¬al-¬**

Maqdisī, ʿAbdallāh Ibn-Aḥmad ¬al-¬
→ **Ibn-Qudāma al-Maqdisī, ʿAbdallāh Ibn-Aḥmad**

Maqdisī, ʿAbd-ar-Raḥmān Ibn-Abī-ʿUmar Ibn-Qudāma ¬al-¬
→ **Ibn-Qudāma al-Maqdisī, ʿAbd-ar-Raḥmān Ibn-Abī-ʿUmar**

Maqdisī, ʿAbd-as-Salām Aḥmad ¬al-¬
→ **Ibn-Ġānim al-Maqdisī, ʿAbd-as-Salām Ibn-Aḥmad**

Maqdisī, ʿAbd-as-Salām Ibn-Aḥmad ¬al-¬
→ **Ibn-Ġānim al-Maqdisī, ʿAbd-as-Salām Ibn-Aḥmad**

Maqdisī, ʿAlī Ibn-al-Mufaḍḍal ¬al-¬
gest. 1214
ʿAlī Ibn-al-Mufaḍḍal al-Maqdisī
Ibn-al-Mufaḍḍal, ʿAlī al-Maqdisī

Maqdisī, Ḍiyāʾ-ad-Dīn Muḥammad Ibn-ʿAbd-al-Wāḥid ¬al-¬
→ **Maqdisī, Muḥammad Ibn-ʿAbd-al-Wāḥid ¬al-¬**

Maqdisī, Faḫr-ad-Dīn ʿAlī Ibn-Aḥmad ¬al-¬
→ **Ibn-al-Buḫārī, Faḫr-ad-Dīn ʿAlī Ibn-Aḥmad**

Maqdisī, Muḥammad Ibn-ʿAbd-al-Wāḥid ¬al-¬
1173 – 1245
Ibn-ʿAbd-al-Wāḥid, Muḥammad al-Maqdisī
Maqdisī, Ḍiyāʾ-ad-Dīn Muḥammad Ibn-ʿAbd-al-Wāḥid ¬al-¬
Muḥammad Ibn-ʿAbd-al-Wāḥid al-Maqdisī

Maqdisī, Muḥammad Ibn-ʿAbd-ar-Raḥmān ¬al-¬
gest. 1488
Ibn-ʿAbd-ar-Raḥmān, Muḥammad al-Maqdisī
Ibn-ʿAbd-ar-Raḥmān al-Maqdisī, Muḥammad
Muḥammad Ibn-ʿAbd-ar-Raḥmān al-Maqdisī

Maqdisī, Muḥammad Ibn-Aḥmad ¬al-¬
→ **Ibn-Qudāma al-Maqdisī, Muḥammad Ibn-Aḥmad**
→ **Muqaddasī, Muḥammad Ibn-Aḥmad ¬al-¬**

Maqdisī, Muḥammad Ibn-Ḫalīl ¬al-¬
gest. 1483
Ibn-Ḫalīl, Muḥammad al-Maqdisī
Ibn-Ḫalīl al-Maqdisī, Muḥammad
Muḥammad Ibn-Ḫalīl al-Maqdisī

Maqdisī, Muḥammad Ibn-Ṭāhir ¬al-¬
→ **Ibn-al-Qaisarānī, Muḥammad Ibn-Ṭāhir**

Maqdisī, Muṭahhar Ibn-Ṭāhir ¬al-¬
→ **Muṭahhar Ibn-Ṭāhir al-Maqdisī**

Maqdisī, Taqī-'d-Dīn ʿAbd-al-Ġanī Ibn-ʿAbd-al-Wāḥid ¬al-¬
→ **Ǧammāʿīlī, ʿAbd-al-Ġanī Ibn-ʿAbd-al-Wāḥid ¬al-¬**

Maqdisī, Yūsuf Ibn-al-Ḥasan ¬al-¬
→ **Ibn-al-Mibrad, Yūsuf Ibn-al-Ḥasan**

Maqqarī, Muḥammad Ibn-Muḥammad ¬al-¬
gest. 1357
Ibn-Muḥammad, Muḥammad al-Maqqarī
Ibn-Muḥammad al-Maqqarī, Muḥammad
Muḥammad Ibn-Muḥammad al-Maqqarī

Maqrīzī, Aḥmad Ibn-ʿAlī ¬al-¬
1364 – 1442
Aḥmad Ibn-ʿAlī al-Maqrīzī
Al-Maqrīzī
Ibn-ʿAlī, Aḥmad al-Maqrīzī
Ibn-ʿAlī al-Maqrīzī, Aḥmad
Macrizius
Makrizi, Akhmed ben Aly
Makrizi, Takieddin Ahmed
Maqrīzī, Taqī-ad-Dīn Aḥmad Ibn-ʿAlī ¬al-¬
Maqrīzī, Taqīyaddīn ¬al-¬

Maqrīzī, Taqī-ad-Dīn Aḥmad Ibn-ʿAlī ¬al-¬
→ **Maqrīzī, Aḥmad Ibn-ʿAlī ¬al-¬**

Maqrīzī, Taqīyaddīn ¬al-¬
→ **Maqrīzī, Aḥmad Ibn-ʿAlī ¬al-¬**

Mar Abā
um 383 bzw. 7. Jh.
Geschichte Armeniens (syr.)
Abas ⟨Mar⟩
Abas Katina
Mar Abas
Mar Abas Katina

Mar Babai ⟨der Große⟩
→ **Babai ⟨der Große⟩**

Mar Elia
→ **Elyā Bar-Šinayā**

Mār Isḥāq ⟨aus Ninive⟩
6. Jh.
Maṣḥafa Mar Yeshaq; Identität nicht gesichert, möglicherweise mehrere Personen
Mar Yeshaq ⟨von Ninive⟩
Ninive, Mār Isḥāq ¬aus¬
Yeshaq ⟨von Ninive⟩

Mar Yeshaq ⟨von Ninive⟩
→ **Mār Isḥāq ⟨aus Ninive⟩**

Mara, Guilelmus ¬de¬
→ **Guilelmus ⟨de Lamara⟩**

Maragdus
→ **Smaragdus ⟨Sancti Michaelis⟩**

Marango, Bernardus
→ **Bernardus ⟨Marango⟩**

Maranta, Alexander
→ **Alexander ⟨Maranta⟩**

Marbach, Iodocus ¬de¬
→ **Iodocus ⟨de Marbach⟩**

Marbadus ⟨Rhedonensis⟩
→ **Marbodus ⟨Redonensis⟩**

Marbasio, Michael ¬de¬
→ **Michael ⟨de Marbasio⟩**

Marbodus ⟨Redonensis⟩
ca. 1035 – 1123
LThK; CSGL; LMA,VI,217/18
Marbadus ⟨Rhedonensis⟩
Marbod ⟨von Rennes⟩
Marbode ⟨de Rennes⟩
Marbode ⟨of Rennes⟩
Marbodeus ⟨Andegavensis⟩
Marbodeus ⟨Redonensis⟩
Marbodo ⟨di Rennes⟩
Marbodus ⟨Andegavensis⟩
Marbodus ⟨Archidiaconus⟩
Marbodus ⟨Episcopus⟩
Marbodus ⟨Gallus⟩
Marbodus ⟨of Rennes⟩
Marbodus ⟨Rhedonensis⟩
Marbottus ⟨Redonensis⟩
Mardebanus ⟨Redonensis⟩
Merbodaeus ⟨Redonensis⟩
Merbodeus ⟨Redonensis⟩
Merboldus ⟨Redonensis⟩
Merobaudus ⟨Rhedonensis⟩
Merobodus ⟨Redonensis⟩
Pseudo-Marbodus ⟨Redonensis⟩

Marburg, Hermann ¬von¬
→ **Hermann ⟨von Marburg⟩**

Marburg, Wigand ¬von¬
→ **Wigand ⟨von Marburg⟩**

Marc ⟨Battaglia⟩
→ **Battaglia, Marcus ¬de¬**

Marc ⟨Bénédictin⟩
→ **Marcus ⟨Casinensis⟩**

Marc ⟨Boémond⟩
→ **Boemundus ⟨Antiochiae, I.⟩**

Marc ⟨d'Alexandrie⟩
→ **Marcus ⟨Alexandrinus⟩**

Marc ⟨de Bénévent⟩
→ **Marcus ⟨Beneventanus⟩**

Marc ⟨de Mont-Cassin⟩
→ **Marcus ⟨Casinensis⟩**

Marc ⟨de Weida⟩
→ **Marcus ⟨von Weida⟩**

Marc ⟨d'Otrante⟩
→ **Marcus ⟨de Idronto⟩**

Marc ⟨d'Ulm⟩
→ **Marcus ⟨Ulmensis⟩**

Marc ⟨Grec⟩
→ **Marcus ⟨Graecus⟩**

Marc ⟨l'Ermite⟩
→ **Marcus ⟨Anachoreta⟩**

Marc ⟨Maroldi⟩
→ **Marcus ⟨Maroldus⟩**

Marc ⟨Patriarche Jacobite d'Alexandrie⟩
→ **Marcus ⟨Alexandrinus⟩**

Marc ⟨Poète⟩
→ **Marcus ⟨Casinensis⟩**

Marc ⟨Pyrotechnicien et Alchimiste⟩
→ **Marcus ⟨Graecus⟩**

Marca, Hartlevus ¬de¬
→ **Hartlevus ⟨de Marca⟩**

Marcabru
12. Jh.
Meyer; LMA,VI,219/20
Marcabrun

Marcadé, Eustache
→ **Eustache ⟨Marcadé⟩**

Marcanova, Johannes ¬de¬
→ **Johannes ⟨de Marcanova⟩**

Marc-Antoine ⟨Sabellico⟩
→ **Sabellicus, Marcus Antonius**

Marcantonio ⟨Coccio⟩
→ **Sabellicus, Marcus Antonius**

Marcantonius ⟨Papiensis⟩
→ **Marcus Antonius ⟨Papiensis⟩**

Marcantonius ⟨Ticinensis⟩
→ **Marcus Antonius ⟨Papiensis⟩**

Marcel ⟨Hagiographe⟩
→ **Marcellus ⟨Presbyter⟩**

Marcel ⟨Prêtre à Nole⟩
→ **Marcellus ⟨Presbyter⟩**

Marcellin ⟨Comte⟩
→ **Marcellinus ⟨Comes⟩**

Marcellin ⟨Hagiographe⟩
→ **Marcellinus ⟨Eboracensis⟩**

Marcellin ⟨Saint⟩
→ **Marcellinus ⟨Eboracensis⟩**

Marcellinus ⟨Anglus⟩
→ **Marcellinus ⟨Eboracensis⟩**

Marcellinus ⟨Brigantius⟩
→ **Marcellinus ⟨Eboracensis⟩**

Marcellinus ⟨Comes⟩
gest. 534
Chronicon
LThK; CSGL
Comes, Marcellinus
Marcellin ⟨Comte⟩
Marcellinus ⟨Cancellarius⟩
Marcellinus ⟨Illyricus⟩

Marcellinus ⟨Eboracensis⟩
gest. 803
Vita S. Suiberti apostoli Frisonum et Boructuariorum (gest. 713)
Potth. 764; 1586
Marcellin ⟨Hagiographe⟩
Marcellin ⟨Moine à York⟩
Marcellin ⟨Prêtre⟩
Marcellin ⟨Saint⟩
Marcellinus ⟨Anglus⟩
Marcellinus ⟨Anglus Presbyter⟩
Marcellinus ⟨Archiepiscopus Eboracensis⟩
Marcellinus ⟨Brigantius⟩
Marcellinus ⟨Monachus Eboracensis⟩
Marcellinus ⟨Presbyter⟩
Marcellinus ⟨Socius Sancti Liudgeri⟩
Marchelmus ⟨Brigantius⟩
Marchelmus ⟨Eboracensis⟩
Markelmus ⟨Presbyter⟩

Marcellinus ⟨Illyricus⟩
→ **Marcellinus ⟨Comes⟩**

Marcellinus ⟨Monachus Eboracensis⟩
→ **Marcellinus ⟨Eboracensis⟩**

Marcellinus ⟨Presbyter⟩
→ **Marcellinus ⟨Eboracensis⟩**

Marcellinus ⟨Socius Sancti Liudgeri⟩
→ **Marcellinus ⟨Eboracensis⟩**

Marcello, Niccolò
ca. 1398 – 1474
Deliberazioni seguite in maggior consiglio nel 1473 per l'elezione a doge
Potth. 764
Marcello, Nicolas
Niccolò ⟨Marcello⟩
Nicolas ⟨Marcello⟩

Marcello, Pietro
→ **Petrus ⟨Marcellus⟩**

Marcellus ⟨Nolanus⟩
→ **Marcellus ⟨Presbyter⟩**

Marcellus ⟨Presbyter⟩
um 536
Vita S. Felicis conf. (vita alia)
Potth. 765; 1307
Marcel ⟨Hagiographe⟩
Marcel ⟨Prêtre à Nole⟩
Marcellus ⟨Nolanus⟩
Presbyter, Marcellus

Marcellus, Petrus
→ **Petrus ⟨Marcellus⟩**

Marcellus, Tullius
→ **Tullius ⟨Marcellus⟩**

March, Ausiàs
ca. 1397 – 1459
Katalan. Troubadour
LMA,VI,222
Ausiàs ⟨March⟩
Auzias ⟨March⟩
March, Auzias
March, Mosen Ausiàs

March, Mosen Ausiàs
→ **March, Ausiàs**

March, Pere
ca. 1338 – 1413
Lo Mal d'amour; L'arnès del cavaller
LMA,VI,222
March, Pierre
Pere ⟨March⟩
Pierre ⟨March⟩

Marchand, Clément
→ **Clemens ⟨Mercatoris⟩**

Marchand, Jean ¬le¬
→ **Jean ⟨le Marchand⟩**

Marchelmus ⟨Brigantius⟩
→ **Marcellinus ⟨Eboracensis⟩**

Marchesini, Benevenutus
→ **Benevenutus ⟨Marchesini⟩**

Marchesinus ⟨de Reggio⟩
→ **Johannes ⟨Marchesinus⟩**

Marchesinus ⟨Frater⟩
→ **Johannes ⟨Marchesinus⟩**

Marchesinus, Johannes
→ **Johannes ⟨Marchesinus⟩**

Marchetto ⟨da Padova⟩
→ **Marchettus ⟨de Padua⟩**

Marchetto ⟨Musicien⟩
→ **Marchettus ⟨de Padua⟩**

Marchettus ⟨de Padua⟩
geb. ca. 1274
Lucidarium in arte musicae planae; Pomerium in arte musicae mensuratae
LMA,VI,226
Marchetto ⟨da Padova⟩
Marchetto ⟨de Padoue⟩
Marchetto ⟨Musicien⟩
Marchettus ⟨Paduanus⟩
Marchetus ⟨de Padua⟩
Marcus ⟨de Padua⟩
Marcus ⟨Paduanus⟩
Padua, Marchettus ¬de¬
Pseudo-Marchettus ⟨de Padua⟩
Pseudo-Marchettus ⟨Paduanus⟩

Marchia, Franciscus ¬de¬
→ **Franciscus ⟨de Marchia⟩**

Marchia, Guido ¬de¬
→ **Guido ⟨de Marchia⟩**

Marchia, Jacobus ¬de¬
→ **Jacobus ⟨de Marchia⟩**

Marchia, Johannes ¬de¬
→ **Johannes ⟨de Ripa⟩**

Marchiònne ⟨di Coppo Stefani⟩
ca. 1320 – 1385
Istoria Fiorentina dalla fundazione agli anno di Christo 1386. Libri 12.; Testamento d.d. 1381
Potth. 1030
Coppo Stefani, Marchiònne ¬di¬
Marchiònne di Coppo, Stefano
Stefani, Marchionne Coppo
Stefani, Marchiònne di Coppo

Marcial ⟨de Paris⟩
→ **Martial ⟨d'Auvergne⟩**

Marcianus ⟨Episcopus⟩
7. Jh.
Iudicium inter Marcianum et Habentium episcopos habitum in Concilio Toletano VI
Cpl 1790
Episcopus Marcianus
Marcien ⟨Evêque⟩

Marcin ⟨Krol z Przemysla⟩
→ **Martinus ⟨Rex de Zurawica⟩**

Marcius, Galeottus
→ **Galeottus ⟨Martius⟩**

Marco
→ **Marcus ⟨Venetus⟩**

Marco ⟨Alexandrino⟩
→ **Marcus ⟨Alexandrinus⟩**

Marco ⟨Battagli⟩
→ **Battaglia, Marcus ¬de¬**

Marco ⟨da Benevento⟩
→ **Marcus ⟨Beneventanus⟩**

Marco ⟨da Montegallo⟩
gest. 1496
Marco ⟨dal Monte Sancta Maria in Gallo⟩
Marcus ⟨de Monte⟩
Marcus ⟨de Montegallo⟩
Markus ⟨von Montegallo⟩
Montegallo, Marco ¬da¬

Marco ⟨da Otranto⟩
→ **Marcus ⟨de Idronto⟩**

Marco ⟨dal Monte Sancta Maria in Gallo⟩
→ **Marco ⟨da Montegallo⟩**

Marco ⟨Eugenico⟩
→ **Marcus ⟨Eugenicus⟩**

Marco ⟨Poeta⟩
→ **Marcus ⟨Casinensis⟩**

Marco ⟨Polo⟩
→ **Polo, Marco**

Marco Antonio ⟨Olmi⟩
→ **Marcus Antonius ⟨Ulmus⟩**

Marcolfus ⟨Monachus⟩
→ **Marculfus ⟨Monachus⟩**

Marcuardus ⟨...⟩
→ **Marquardus ⟨...⟩**

Marculfo, Pedro
→ **Petrus ⟨Marfillus⟩**

Marculfus ⟨Monachus⟩
7./8. Jh.
Formularum libri II
LThK; CSGL
Marcolfus ⟨Monachus⟩
Marculf
Marculfus
Marculfus ⟨Resbacensis⟩
Marculphe ⟨de Paris⟩
Monachus, Marculfus

Marcus ⟨ab Weida⟩
→ **Marcus ⟨von Weida⟩**

Marcus ⟨Alchimistra⟩
→ **Marcus ⟨Graecus⟩**

Marcus ⟨Alexandrinus⟩
gest. 819
Angebl. Verf. der „Homilia in divini corporis sepulturam (versio coptica)", deren mutmaßl. Verf. Epiphanius ⟨Constantiensis⟩ ist
Cpg 3768
Alexandrinus, Marcus
Marc ⟨d'Alexandrie⟩
Marc ⟨Patriarche Jacobite d'Alexandrie⟩
Marco ⟨Alexandrino⟩

Marcus ⟨Anachoreta⟩
10. Jh.
Hrsg. der „Historia Britonum" des Nennius; nicht identisch mit Marcus ⟨Eremita⟩, 5. Jh.
Anachoreta Marcus
Marc ⟨l'Ermite⟩
Marcus ⟨Eremita⟩
Mark ⟨the Anchorite⟩
Mark ⟨the Hermit⟩

Marcus ⟨Ariminensis⟩
→ **Battaglia, Marcus ¬de¬**

Marcus ⟨Battaglia⟩
→ **Battaglia, Marcus ¬de¬**

Marcus ⟨Beneventanus⟩
15. Jh.
Beneventano, Marco
Beneventanus, Marcus
Marc ⟨de Bénévent⟩
Marco ⟨Beneventano⟩
Marco ⟨da Benevento⟩
Marcus ⟨of Benevento⟩

Marcus ⟨Bruder⟩
um 1153
Visio Tnugdali
VL(2),5,1231/1233
Bruder Marcus
Marcus ⟨de Ratisbonne⟩
Marcus ⟨Frater⟩
Marcus ⟨Irlandais⟩

Marcus ⟨Casinensis⟩
um 612
De situ et constructione coenobii Casinensis seu: Carmen in laudem S. Benedicti
Potth. 766; Cpl 1854; LMA,VI,228
Marc ⟨Bénédictin⟩
Marc ⟨de Mont-Cassin⟩
Marc ⟨Poète⟩
Marco ⟨Poeta⟩
Marcus ⟨Monachus⟩
Marcus ⟨Poeta⟩
Marcus ⟨Sancti Benedicti Casinensis Discipulus⟩
Marcus ⟨von Monte-Cassino⟩
Marcus ⟨von Montecassino⟩

Marcus ⟨Chronicon Venetum⟩
→ **Marcus ⟨Venetus⟩**

Marcus ⟨de Battaglia⟩
→ **Battaglia, Marcus ¬de¬**

Marcus ⟨de Bella⟩
→ **Marcus ⟨Maroldus⟩**

Marcus ⟨de Idronto⟩
um 770
Hymnus in magno sabbato
DOC,2,1288
Idronto, Marcus ¬de¬
Marc ⟨d'Otrante⟩
Marco ⟨da Otranto⟩
Marcus ⟨Hidrontinus⟩
Marcus ⟨Hydruntinus⟩
Marcus ⟨Idrontinus⟩
Marcus ⟨Idrontis⟩
Marcus ⟨Idrontus⟩
Marcus ⟨Idruntis Episcopus⟩

Marcus ⟨de Monte⟩
→ **Marco ⟨da Montegallo⟩**

Marcus ⟨de Padua⟩
→ **Marchettus ⟨de Padua⟩**

Marcus ⟨de Ratisbonne⟩
→ **Marcus ⟨Bruder⟩**

Marcus ⟨de Rimini⟩
→ **Battaglia, Marcus ¬de¬**

Marcus ⟨Donatus⟩
15. Jh.
Orationes
Donatus, Marcus

Marcus ⟨Ephesinus⟩
→ **Marcus ⟨Eugenicus⟩**

Marcus ⟨Eremita⟩
→ **Marcus ⟨Anachoreta⟩**

Marcus ⟨Eugenicus⟩
1391/92 – 1445
Tusculum-Lexikon; CSGL; LMA,VI,307/08
Eugenicus, Manuel
Eugenicus, Marcus
Eugenikos, Manuel
Eugenikos, Markos
Manuel ⟨Eugenicus⟩
Marco ⟨Eugenico⟩
Marcus ⟨Ephesinus⟩
Markos ⟨Eugenikos⟩
Markos ⟨ho Eugenikos⟩

Marcus ⟨Frater⟩
→ **Marcus ⟨Bruder⟩**

Marcus ⟨Graecus⟩
um 1250
Liber ignium ad comburendos hostes
LMA,VI,228
Graecus, Marcus
Marc ⟨Grec⟩
Marc ⟨Pyrotechnicien et Alchimiste⟩
Marcus ⟨Alchimistra⟩
Marcus ⟨Graecus Medicus⟩
Marcus ⟨le Grec⟩
Marcus ⟨Medicus⟩

Marcus ⟨Hidrontinus⟩
→ **Marcus ⟨de Idronto⟩**

Marcus ⟨Irlandais⟩
→ **Marcus ⟨Bruder⟩**

Marcus ⟨le Grec⟩
→ **Marcus ⟨Graecus⟩**

Marcus ⟨Maroldus⟩
gest. 1495 · OP
Oratio de Epiphania; Sententia veritatis humanae redemptionis
Marc ⟨Maroldi⟩
Marcus ⟨de Bella⟩
Marcus ⟨Maroldus de Bella⟩
Maroldi, Marc
Maroldus, Marcus

Marcus ⟨Maximus⟩
→ **Maximus ⟨Caesaraugustanus⟩**

Marcus ⟨Medicus⟩
→ **Marcus ⟨Graecus⟩**

Marcus ⟨Meletius⟩
→ **Meletius ⟨Syrigus⟩**

Marcus ⟨Monachus⟩
→ **Marcus ⟨Casinensis⟩**

Marcus ⟨of Benevento⟩
→ **Marcus ⟨Beneventanus⟩**

Marcus ⟨Paduanus⟩
→ **Marchettus ⟨de Padua⟩**

Marcus ⟨Paulus⟩
→ **Polo, Marco**

Marcus ⟨Poeta⟩
→ **Marcus ⟨Casinensis⟩**

Marcus ⟨Sancti Benedicti Casinensis Discipulus⟩
→ **Marcus ⟨Casinensis⟩**

Marcus ⟨Spittendorff⟩
→ **Spittendorff, Markus**

Marcus ⟨Ulmensis⟩
um 1400 · OFM
Dictionarium in Sanctam Scripturam
Stegmüller, Repert. bibl. 5453
Marc ⟨d'Ulm⟩

Marcus ⟨Valerius⟩
11./12. Jh., Deckname
LMA,VIII,1390
Martius ⟨Valerius⟩
Valerius, Marcus

Marcus ⟨Venetus⟩
13./14. Jh.
Chronicon Venetum ab origine ad a. 1266
Potth. 765
Marco
Marcus ⟨Chronicon Venetum⟩

Marcus ⟨von Lindau⟩
→ **Marquard ⟨von Lindau⟩**

Marcus ⟨von Montecassino⟩
→ **Marcus ⟨Casinensis⟩**

Marcus ⟨von Weida⟩
geb. 1450
Der Spiegel hochloblicher Bruderschafft des Rosenkrantz
Marc ⟨de Weida⟩
Marcus ⟨ab Weida⟩
Markus ⟨ von Weida⟩
Weida, Marcus ¬von¬

Marcus, Petrus
→ **Marso, Pietro**

Marcus Antonius ⟨Coccius⟩
→ **Sabellicus, Marcus Antonius**

Marcus Antonius ⟨Papiensis⟩
15. Jh.
Marcantonius ⟨Papiensis⟩
Marcantonius ⟨Ticinensis⟩
Marcus Antonius ⟨Ticinensis⟩

Marcus Antonius ⟨Sabellicus⟩
→ **Sabellicus, Marcus Antonius**

Marcus Antonius ⟨Ticinensis⟩
→ **Marcus Antonius ⟨Papiensis⟩**

Marcus Antonius ⟨Ulmus⟩
um 1402
Physiologia barbae humanae
Marco Antonio ⟨Olmi⟩
Marco Antonio ⟨Olmo⟩
Marco Antonio ⟨Ulmo⟩
Olmi, Marco Antonio
Olmo, Marco Antonio
Ulmo, Marco Antonio
Ulmus, Marcus Antonius

Marcus Georgius ⟨Libanus⟩
14./15.Jh.
Oeconomicorum Aristotelis libri (Ed. in: Med. philos. et Polon. 28 (1986) 148-165)
Schönberger/Kible, Repertorium, 12777
Georgius ⟨Libanus⟩
Georgius ⟨Libanus Liginicensis⟩
Georgius ⟨Lignicensis⟩
Libanus, Marcus Georgius
Marcus Georgius ⟨Libanus Lignicensis⟩

Marcus Maximus ⟨Caesaraugustanus⟩
→ **Maximus ⟨Caesaraugustanus⟩**

Marcwardus ⟨...⟩
→ **Marquardus ⟨...⟩**

Mardach, Eberhard
ca. 1390 – ca. 1430 · OP
Epistula ad Ulricum Keller; Epistula spiritualis de vera devotione; Litterae supplices ad episcopum Bambergensem
Kaeppeli,I,350/352; VL(2),5,1237/39
Eberhard ⟨de Nuremberg⟩
Eberhard ⟨Madach⟩
Eberhard ⟨Madach⟩
Eberhard ⟨Mardach⟩
Eberhard ⟨Mattach⟩
Eberhardus ⟨Mardach Norembergensis⟩
Einhardus ⟨in Nurenberch⟩
Einhardus ⟨von Nurenberch⟩
Madach, Eberhard
Mardach, Eberhardus
Mattach, Eberhard

Mardebanus ⟨Redonensis⟩
→ **Marbodus ⟨Redonensis⟩**

Mardochai, Isaac N.
→ **Yiṣḥāq Nātān Ben-Qālônîmôs**

Mardochai, Nathan
→ **Yiṣḥāq Nātān Ben-Qālônîmôs**

Mardochio, Balduinus ¬de¬
→ **Balduinus ⟨de Mardochio⟩**

Mare, Thomas ¬de la¬
→ **LaMore, Thomas ¬de¬**

Maréchal, Guillaume ¬le¬
→ **William ⟨Pembroke, Earl, I.⟩**

Marēs ⟨Phalieros⟩
→ **Marinus ⟨Phalerius⟩**

Mareuil, Arnaut ¬de¬
→ **Arnaut ⟨de Mareuil⟩**

Marfeldus, Johannes
→ **Johannes ⟨de Mirfeld⟩**

Marfilo, Pedro
→ **Petrus ⟨Marfillus⟩**

Marǧ al-Kuḥl, Muḥammad Ibn-Idrīs
gest. ca. 1235
Ibn-Idrīs, Muḥammad Marǧ al-Kuḥl
Ibn-Marǧ al-Kuḥl, Muḥammad Ibn-Idrīs
Kuḥl, Marǧ ¬al-¬
Marǧ al-Kuḥl al-Andalusī
Marj al-Kuḥl, Muḥammad ibn Idrīs
Muḥammad Ibn-Idrīs Marǧ al-Kuḥl

Marǧ al-Kuḥl al-Andalusī
→ **Marǧ al-Kuḥl, Muḥammad Ibn-Idrīs**

Marga, Thomas ¬de¬
→ **Thomas ⟨Margensis⟩**

Margaret ⟨England, Queen, 1430-1482⟩
1430 – 1482
Letters
Potth. 766; LMA,VI,236
Margaret ⟨England, Königin⟩
Margaret ⟨England, Queen⟩
Margaret ⟨of Anjou⟩
Margarete ⟨England, Königin, 1420-1482⟩
Margarete ⟨von Anjou⟩
Marguerite ⟨Angleterre, Reine⟩
Marguerite ⟨d'Anjou⟩
Marguerite ⟨Fille de René Duc d'Anjou⟩

Margaret ⟨of Anjou⟩
→ **Margaret ⟨England, Queen, 1430-1482⟩**

Margaret ⟨of Cortona⟩
→ **Margherita ⟨da Cortona⟩**

Margareta ⟨Abbatissa Vadstenensis⟩
→ **Margareta ⟨Clausdotter⟩**

Margareta ⟨Clausdotter⟩
gest. 1486
Chronicon de S. Birgitta
Potth. 766; Svensk Biogr. Lex.
Clausdotter, Margareta
Klausdotter, Margareta
Margareta ⟨Abbatissa Vadstenensis⟩
Margareta ⟨Klausdotter⟩
Margareta ⟨Nicolai Filia⟩
Margareta ⟨Vadstenensis⟩
Margareta ⟨Vastenensis⟩
Margaretha ⟨Abbatissa Vadstenensis⟩
Margarita ⟨Abbesse de Vadsteva⟩
Margarita ⟨Clausdotter⟩
Margarita ⟨de Vadsteva⟩
Marguerite ⟨Abbesse de Wadstena⟩
Marguerite ⟨de Wadstena⟩

Margareta ⟨Ebner⟩
→ **Ebner, Margareta**

Margareta ⟨Nicolai Filia⟩
→ **Margareta ⟨Clausdotter⟩**

Margareta ⟨Porete⟩
→ **Marguerite ⟨Porete⟩**

Margareta ⟨Vadstenensis⟩
→ **Margareta ⟨Clausdotter⟩**

Margareta ⟨von Cortona⟩
→ **Margherita ⟨da Cortona⟩**

Margareta Ursula ⟨von Masmünster⟩
gest. 1447/48
Geistliche Meerfahrt
VL(2),5,1250/1251
Gredursula ⟨von Masmünster⟩
Margret Ursel ⟨von Masmünster⟩
Masmünster, Margareta Ursula ¬von¬

Margarete ⟨Danmark, Dronning, I.⟩
1353 – 1412
LMA,VI,234/35
Margarete ⟨Dänemark, Königin, I.⟩
Margarete ⟨Norwegen, Königin⟩
Margarete ⟨Schweden, Königin⟩
Margaretha ⟨Dania, Regina⟩
Margaretha ⟨Suecia, Regina⟩
Margarethe ⟨Dänemark, Königin, I.⟩
Margrete ⟨Danmark, Dronning, I.⟩
Margrethe ⟨Danmark, Dronning, I.⟩
Margrethe ⟨Sverige, Drottning⟩
Marguerite ⟨Danemark, Reine⟩
Marguerite ⟨Norvège, Reine⟩

Margarete ⟨Ebner⟩
→ **Ebner, Margareta**

Margarete ⟨England, Königin, 1420-1482⟩
→ **Margaret ⟨England, Queen, 1430-1482⟩**

Margarete ⟨Norwegen, Königin⟩
→ **Margarete ⟨Danmark, Dronning, I.⟩**

Margarete ⟨Porete⟩
→ **Marguerite ⟨Porete⟩**

Margarete ⟨Schweden, Königin⟩
→ **Margarete ⟨Danmark, Dronning, I.⟩**

Margarete ⟨von Anjou⟩
→ **Margaret ⟨England, Queen, 1430-1482⟩**

Margarete ⟨von Navarra⟩
→ **Marguerite ⟨Porete⟩**

Margaretha ⟨Dania, Regina⟩
→ **Margarete ⟨Danmark, Dronning, I.⟩**

Margaretha ⟨Regula Monialis⟩
→ **Regula ⟨Lichtenthaler⟩**

Margaretha ⟨Suecia, Regina⟩
→ **Margarete ⟨Danmark, Dronning, I.⟩**

Margaretha ⟨Vineria⟩
um 1475/90
Vita S. Johannae principis (portug.)
Potth. 766, 1391
Margarita ⟨Pineria⟩
Marguerite ⟨Pineria⟩
Marguerite ⟨Pinheira⟩
Pineria, Margarita
Pineria, Marguerite

Pinheira, Marguerite
Vineria, Margaretha

Margarethe ⟨von Maria-Medingen⟩
→ **Ebner, Margareta**

Margarit, Johannes
1421 – 1484
Templum Domini; Corona regum; Paralipomenon
LMA,VI,242
Joan ⟨Margarit⟩
Johannes ⟨Margarit⟩
Johannes ⟨Margarit i Pau⟩
Johannes ⟨Margaritus i Pau⟩
Margarit, Jean Moles ¬de¬
Margarit i de Pau, Joan

Margarita ⟨Clausdotter⟩
→ **Margareta ⟨Clausdotter⟩**

Margarita ⟨de Vadsteva⟩
→ **Margareta ⟨Clausdotter⟩**

Margarita ⟨d'Ungaria⟩
→ **Marguerite ⟨Porete⟩**

Margarita ⟨Pineria⟩
→ **Margaretha ⟨Vineria⟩**

Margarita ⟨Poreta⟩
→ **Marguerite ⟨Porete⟩**

Margery ⟨Kempe⟩
ca. 1373 – ca. 1439
LMA,V,1102/03
Kempe, Margery
Margerie ⟨Kempe of Lyn⟩

Marggraue ⟨von Hohenburg⟩
→ **Hohenburg, Markgraf ¬von¬**

Margherita ⟨da Cortona⟩
1247 – 1297
Cortona, Margherita ¬da¬
Margaret ⟨of Cortona⟩
Margareta ⟨von Cortona⟩
Margaritha ⟨von Cortona⟩

Margival, Nicole ¬de¬
→ **Nicole ⟨de Margival⟩**

Margrave ⟨of Hohenburg⟩
→ **Hohenburg, Markgraf ¬von¬**

Margret Ursel ⟨von Masmünster⟩
→ **Margareta Ursula ⟨von Masmünster⟩**

Margrethe ⟨Danmark, Dronning, I.⟩
→ **Margarete ⟨Danmark, Dronning, I.⟩**

Margrethe ⟨Sverige, Drottning⟩
→ **Margarete ⟨Danmark, Dronning, I.⟩**

Marguerite ⟨Abbesse de Wadstena⟩
→ **Margareta ⟨Clausdotter⟩**

Marguerite ⟨Angleterre, Reine⟩
→ **Margaret ⟨England, Queen, 1430-1482⟩**

Marguerite ⟨Béguine⟩
→ **Marguerite ⟨Porete⟩**

Marguerite ⟨Danemark, Reine⟩
→ **Margarete ⟨Danmark, Dronning, I.⟩**

Marguerite ⟨d'Anjou⟩
→ **Margaret ⟨England, Queen, 1430-1482⟩**

Marguerite ⟨de Navarre⟩
→ **Marguerite ⟨Porete⟩**

Marguerite ⟨de Wadstena⟩
→ **Margareta ⟨Clausdotter⟩**

Marguerite ⟨Fille de René Duc d'Anjou⟩
→ **Margaret ⟨England, Queen, 1430-1482⟩**

Marguerite ⟨Norvège, Reine⟩
→ **Margarete ⟨Danmark, Dronning, I.⟩**

Marguerite ⟨Pineria⟩
→ **Margaretha ⟨Vineria⟩**

Marguerite ⟨Porete⟩
gest. 1310
LMA,VI,233/34
Margareta ⟨Porete⟩
Margarete ⟨Porete⟩
Margarete ⟨von Navarra⟩
Margarita ⟨d'Ungaria⟩
Margarita ⟨Poreta⟩
Margherita ⟨Porette⟩
Marguerite ⟨Béguine⟩
Marguerite ⟨de Navarre⟩
Marguerite ⟨von Porète⟩
Porete, Margarete
Porete, Marguerite
Porrette, Marguerite

Marguérite-Éléonore-Clotilde ⟨de Vallon-Chalys Surville⟩
→ **Surville, Marguérite-Éléonore-Clotilde de Vallon-Chalys**

Marguetati, Guido
→ **Guido ⟨Marguetati⟩**

Marham, Radulfus
→ **Radulfus ⟨Marham⟩**

Maria ⟨Burgund, Herzogin⟩
1457 – 1482
LMA,VI,279
Maria ⟨Deutschland, Kaiserin⟩
Maria ⟨Römisch-Deutsches Reich, Kaiserin⟩
Maria ⟨von Burgund⟩
Marie ⟨Bourgogne, Duchesse⟩
Marie ⟨de Bourgogne⟩
Marie ⟨Deutschland, Kaiserin⟩
Marie ⟨Römisch-Deutsches Reich, Kaiserin⟩

Maria ⟨de Felina⟩
→ **Sandeo, Felino Maria**

María ⟨de Francia⟩
→ **Marie ⟨de France⟩**

Maria ⟨Deutschland, Kaiserin⟩
→ **Maria ⟨Burgund, Herzogin⟩**

Maria ⟨Felinus⟩
→ **Sandeo, Felino Maria**

Maria ⟨Römisch-Deutsches Reich, Kaiserin⟩
→ **Maria ⟨Burgund, Herzogin⟩**

Maria ⟨Sandeo⟩
→ **Sandeo, Felino Maria**

Maria ⟨von Burgund⟩
→ **Maria ⟨Burgund, Herzogin⟩**

Marian ⟨von Regensburg⟩
→ **Marianus ⟨Scotus Ratisbonensis⟩**

Marianis, Nicolaus ¬de¬
→ **Nicolaus ⟨de Marianis⟩**

Mariano ⟨Autore di Parafrasi in Giambi⟩
→ **Marianus ⟨Scholasticus⟩**

Mariano ⟨da Siena⟩
→ **Mariano ⟨Taccola⟩**

Mariano ⟨da Siena⟩
um 1431
Viaggio in Terra Santa
Potth. 766
Mariano ⟨di Nanni da Siena⟩
Siena, Mariano ¬da¬

Mariano ⟨de Genasano⟩
→ **Marianus ⟨de Genazano⟩**

Mariano ⟨di Jacopo⟩
→ **Mariano ⟨Taccola⟩**

Mariano ⟨di Nanni da Siena⟩
→ **Mariano ⟨da Siena⟩**

Mariano ⟨Scoto⟩
→ **Marianus ⟨Scotus⟩**

Mariano ⟨Taccola⟩
1381 – ca. 1453/58
Erfinder (vor allem von Militärmaschinen), Schriftsteller
Daniello ⟨Mariano⟩
Jacopo ⟨Mariano⟩
Jacopo, Mariano ¬di¬
Jacopo-Taccola, Mariano ¬di¬
Mariano ⟨da Siena⟩
Mariano ⟨di Jacopo⟩
Mariano, Daniello
Mariano, Iacopo
Mariano, Jacopo
Mariano Daniello ⟨di Jacopo⟩
Marianus ⟨de Senea⟩
Taccola, ¬Il¬
Taccola, Jacopo M.
Taccola, Mariano
Taccola, Mariano Daniello
Taccola, Mariano di Jacomo
Taccola, Mariano Iacopo

Mariano, Daniello
→ **Mariano ⟨Taccola⟩**

Mariano, Jacopo
→ **Mariano ⟨Taccola⟩**

Marianos ⟨Epigrammatiker⟩
→ **Marianus ⟨Scholasticus⟩**

Marianus ⟨de Genazano⟩
gest. 1498
Genazano, Marianus ¬de¬
Mariano ⟨de Genasano⟩
Marianus ⟨de Genazzano⟩
Marianus ⟨Genestanensis⟩
Marianus ⟨Genezanensis⟩
Marianus ⟨Genezzanensis⟩
Marianus ⟨Zinizanensis⟩
Martianus ⟨de Genazano⟩
Martianus ⟨de Genazzano⟩
Matianus ⟨de Genazano⟩
Matianus ⟨de Genazzano⟩

Marianus ⟨de Regensburg⟩
→ **Marianus ⟨Scotus Ratisbonensis⟩**

Marianus ⟨de Senea⟩
→ **Mariano ⟨Taccola⟩**

Marianus ⟨Epigrammaticus⟩
→ **Marianus ⟨Scholasticus⟩**

Marianus ⟨Genezzanensis⟩
→ **Marianus ⟨de Genazano⟩**

Marianus ⟨Hibernus⟩
→ **Marianus ⟨Scotus⟩**

Marianus ⟨Knecht der Brigita⟩
→ **Marianus ⟨Scotus⟩**

Marianus ⟨Moel-Brigte⟩
→ **Marianus ⟨Scotus⟩**

Marianus ⟨Ratisbonensis⟩
→ **Marianus ⟨Scotus Ratisbonensis⟩**

Marianus ⟨Scholasticus⟩
um 566
Epigrammatiker des Agathias-Kyklos
Tusculum-Lexikon
Mariano ⟨Autore di Parafrasi in Giambi⟩
Marianos
Marianos ⟨Epigrammatiker⟩
Marianos ⟨Scholastikos⟩
Marianus ⟨Epigrammaticus⟩
Marianus ⟨Verfasser von Iambischen Paraphrasen⟩
Scholasticus, Marianus

Marianus ⟨Scotus⟩
1028 – 1082
LThK; CSGL; Tusculum-Lexikon; LMA,VI,285/86
Mainz, Marianus Scotus ¬von¬
Mariano ⟨il Scoto⟩
Mariano ⟨Scoto⟩
Marianus ⟨Hibernus⟩
Marianus ⟨Knecht der Brigita⟩
Marianus ⟨Moel-Brigte⟩
Marianus ⟨Scottus⟩
Marianus ⟨Scotus Gemblacensis⟩
Marianus ⟨Scotus Inclusus Moguntinus⟩
Marianus ⟨Scotus von Mainz⟩
Marianus ⟨the Chronicler⟩
Marien ⟨de Saint-Martin de Cologne⟩
Marien ⟨Moelbrighte⟩
Marien ⟨Moelbrigte⟩
Marien ⟨Scot⟩
Marimari ⟨Hibernus⟩
Marinianus ⟨Hibernus⟩
Moelbrigte
Pseudo-Marianus ⟨Scottus⟩
Scotus, Marianus
Scotus Moguntinus, Marianus

Marianus ⟨Scotus Ratisbonensis⟩
gest. 1088
Commentarius in psalmos; Commentarius in Sancti Pauli epistulas; Epistula ad Arnoldum Trevirensem archiepiscopum
Stegmüller, Repert. bibl.
Marian ⟨von Regensburg⟩
Marianus ⟨de Regensburg⟩
Marianus ⟨Ratisbonensis⟩
Marianus ⟨Ratisponensis⟩
Marianus ⟨Scottus⟩
Marianus ⟨Scotus⟩
Marianus ⟨Scotus, von Regensburg⟩
Marianus ⟨Scotus of Ratisbon⟩
Marien ⟨de Ratisbonne⟩
Marien ⟨de Saint-Pierre⟩
Marien ⟨Irlandais⟩
Marien ⟨Muiredach⟩
Marien ⟨Scot⟩
Muiredach
Scotus, Marianus
Scotus Ratisbonensis, Marianus

Marianus ⟨Zinizanensis⟩
→ **Marianus ⟨de Genazano⟩**

Mariazell, Abt ¬von¬
→ **Abt ⟨von Mariazell⟩**

Māridīnī, Muḥammad Ibn-ʿUṯmān
gest. 1466
Ibn-ʿUṯmān, Muḥammad al-Māridīnī
Māridīnī, Šams-ad-Dīn Muḥammad Ibn-ʿUṯmān ¬al-¬
Muḥammad Ibn-ʿUṯmān al-Māridīnī

Māridīnī, Šams-ad-Dīn Muḥammad Ibn-ʿUṯmān ¬al-¬
→ **Māridīnī, Muḥammad Ibn-ʿUṯmān**

Marie ⟨Bourgogne, Duchesse⟩
→ **Maria ⟨Burgund, Herzogin⟩**

Marie ⟨de France⟩
12. Jh.
Meyer; LMA,VI,287/88
France, Marie ¬de¬
María ⟨de Francia⟩

Marie ⟨Römisch-Deutsches Reich, Kaiserin⟩
→ **Maria ⟨Burgund, Herzogin⟩**

Marien ⟨de Ratisbonne⟩
→ **Marianus ⟨Scotus Ratisbonensis⟩**

Marien ⟨de Saint-Martin de Cologne⟩
→ **Marianus ⟨Scotus⟩**

Marien ⟨de Saint-Pierre⟩
→ **Marianus ⟨Scotus Ratisbonensis⟩**

Marien ⟨Irlandais⟩
→ **Marianus ⟨Scotus Ratisbonensis⟩**

Marien ⟨Moelbrigte⟩
→ **Marianus ⟨Scotus⟩**

Marien ⟨Scot⟩
→ **Marianus ⟨Scotus⟩**
→ **Marianus ⟨Scotus Ratisbonensis⟩**

Marienwerder, Johannes
1343 – 1417
Liber de festis; Septililium venerabilis dominae Dorotheae; Vitae b. Dorotheae; etc.
VL(2),6,56/61; Rep.Font. VI, 359/362; LMA,VI,291; Schönberger/Kible, Repertorium, 14535
Jan ⟨z Kwidzyna⟩
Jean ⟨de Kwidzyn⟩
Jean ⟨de Marienwerder⟩
Johann ⟨von Marienwerder⟩
Johannes ⟨de Kwidzyn⟩
Johannes ⟨de Marienwerder⟩
Johannes ⟨Decanus⟩
Johannes ⟨Marienwerder⟩
Johannes ⟨Pomesaniensis⟩
Johannes ⟨von Marienwerder⟩
Kwidzin, Johannes ¬de¬

Marietta, Johannes
um 1100
Vita S. Adelelmi (span.)
Potth. 767, 1138
Johannes ⟨Marietta⟩

Marifeldus, Johannes
→ **Johannes ⟨de Mirfeld⟩**

Marignollis, Johannes ¬de¬
→ **Johannes ⟨de Marignollis⟩**

Marimari ⟨Hibernus⟩
→ **Marianus ⟨Scotus⟩**

Marin ⟨de Caramanico⟩
→ **Marinus ⟨de Caramanico⟩**

Marin ⟨de Venise⟩
→ **Marinus ⟨Venetus⟩**

Marin ⟨d'Eboli⟩
→ **Marinus ⟨de Ebulo⟩**

Marin ⟨Pape, ...⟩
→ **Marinus ⟨Papa, ...⟩**

Marin ⟨Sanuto Torsello⟩
→ **Sanutus, Marinus**

Marin, Jonathan
→ **Jonata, Marino**

Marini, Pietro
→ **Petrus ⟨Marini de Rosseto⟩**

Marini, Pileus ¬de¬
→ **Pileus ⟨Ianuensis⟩**

Marinianus ⟨Hibernus⟩
→ **Marianus ⟨Scotus⟩**

Marino ⟨de Eboli⟩
→ **Marinus ⟨de Ebulo⟩**

Marino ⟨de Flore⟩
→ **Marinus ⟨de Flore⟩**

Marino ⟨di Gallese⟩
→ **Marinus ⟨Papa, I.⟩**

Marino ⟨Falieri⟩
→ **Marinus ⟨Phalerius⟩**

Marino ⟨Jonata⟩
→ **Jonata, Marino**

Marino ⟨Papa⟩
→ **Marinus ⟨Papa, I.⟩**

Marino ⟨Sanudo Torsello⟩
→ **Sanutus, Marinus**

Marinos ⟨Phalerios⟩
→ **Marinus ⟨Phalerius⟩**

Marinus ⟨de Caramanico⟩
gest. ca. 1288
Glossa ordinaria
LMA,VI,295
Caramanico, Marinus ¬de¬
Marin ⟨de Caramanico⟩

Marinus ⟨de Ebulo⟩
gest. 1286 · OP
Super revocatoriis; De confirmationibus
Eboli, Marinus ¬von¬
Ebulo, Marinus ¬de¬
Marin ⟨d'Eboli⟩
Marino ⟨de Eboli⟩
Marinus ⟨de Eboli⟩
Marinus ⟨de Ebolo⟩
Marinus ⟨de Naples⟩
Marinus ⟨von Capua⟩
Marinus ⟨von Eboli⟩

Marinus ⟨de Flore⟩
um 1477/78
Flore, Marinus ¬de–
Marino ⟨de Flore⟩
Marino ⟨de Flore di Vico⟩

Marinus ⟨de Naples⟩
→ **Marinus ⟨de Ebulo⟩**

Marinus ⟨de Venetia⟩
→ **Marinus ⟨Venetus⟩**

Marinus ⟨Papa, I.⟩
gest. 884
LMA,VI,294
Marin ⟨Pape, I.⟩
Marino ⟨di Gallese⟩
Marino ⟨Papa⟩
Martin ⟨Papst, II.⟩
Martinus ⟨Papa, II.⟩

Marinus ⟨Papa, II.⟩
gest. 946
Irrtümlich: Martinus ⟨Papa, III.⟩
LMA,VI,294/95
Marin ⟨Pape, II.⟩
Martin ⟨Papst, III.⟩
Martinus ⟨Papa, III.⟩

Marinus ⟨Phalerius⟩
gest. 1474
Liebestraum
LMA,IV,239
Falier, Marin
Falieri, Marino
Faliero, Marino
Falieros, Marinos
Marēs ⟨Phalieros⟩
Marino ⟨Falieri⟩
Marino ⟨Faliero⟩
Marinos ⟨Phalerios⟩
Phalerius, Marinus
Phalieros, Marēs

Marinus ⟨Sanutus⟩
→ **Sanutus, Marinus**

Marinus ⟨Torsellus⟩
→ **Sanutus, Marinus**

Marinus ⟨Venetus⟩
ca. 1440 – 1481 · OP
Ließ eine Bibelausgabe in 2 Folianten auflegen
Kaeppeli,III,105
Marin ⟨de Venise⟩
Marinus ⟨de Venetia⟩
Marinus ⟨Venetus, Iunior⟩
Marinus ⟨von Venedig⟩
Venetus, Marinus

Marinus ⟨Venetus, Iunior⟩
→ **Marinus ⟨Venetus⟩**

Marinus ⟨von Capua⟩
→ **Marinus ⟨de Ebulo⟩**

Marinus ⟨von Eboli⟩
→ **Marinus ⟨de Ebulo⟩**

Marinus ⟨von Venedig⟩
→ **Marinus ⟨Venetus⟩**

Marinus, Petrus
→ **Petrus ⟨Marini de Rosseto⟩**

Mario ⟨Filelfo⟩
→ **Philelphus, Johannes Marius**

Marisco, Adamus ¬de¬
→ **Adamus ⟨de Marisco⟩**

Marīsī, Bishr Ibn Ghiyāth
→ **Marīsī, Bišr Ibn-Ġiyāt ¬al-¬**

Marīsī, Bišr Ibn-Ġiyāt ¬al-¬
gest. ca. 833
Bišr Ibn-Ġiyāt al-Marīsī
Ibn-Ġiyāt, Bišr al-Marīsī
Marīsī, Bishr Ibn Ghiyāth

Marius
→ **Marius ⟨Salernitanus⟩**

Marius ⟨Aventicensis⟩
gest. ca. 593
Chronica
LThK; LMA,VI,295
Marius ⟨Bischof⟩
Marius ⟨d'Avenches⟩
Marius ⟨Episcopus⟩
Marius ⟨Evêque⟩
Marius ⟨Lausannensis⟩
Marius ⟨of Avenches⟩
Marius ⟨von Avenches⟩
Marius ⟨von Aventicum⟩

Marius ⟨Episcopus⟩
→ **Marius ⟨Aventicensis⟩**

Marius ⟨Lausannensis⟩
→ **Marius ⟨Aventicensis⟩**

Marius ⟨Philelphus⟩
→ **Philelphus, Johannes Marius**

Marius ⟨Salernitanus⟩
12. Jh.
„De elementis"; der Beiname ist umstritten
Marius
Marius ⟨of Salerno⟩
Salernitanus, Marius

Marj al-Kuḥl, Muḥammad ibn Idrīs
→ **Marǧ al-Kuḥl, Muḥammad Ibn-Idrīs**

Mark ⟨the Hermit⟩
→ **Marcus ⟨Anachoreta⟩**

Markelmus ⟨Presbyter⟩
→ **Marcellinus ⟨Eboracensis⟩**

Markgraf ⟨von Hohenburg⟩
→ **Hohenburg, Markgraf ¬von¬**

Markos ⟨Eugenikos⟩
→ **Marcus ⟨Eugenicus⟩**

Markus ⟨ von Weida⟩
→ **Marcus ⟨von Weida⟩**

Markus ⟨Spittendorff⟩
→ **Spittendorff, Markus**

Markus ⟨von Lindau⟩
→ **Marquard ⟨von Lindau⟩**

Markus ⟨von Montegallo⟩
→ **Marco ⟨da Montegallo⟩**

Markward ⟨von Fulda⟩
→ **Marquardus ⟨Fuldensis⟩**

Markward ⟨von Lindau⟩
→ **Marquard ⟨von Lindau⟩**

Markward ⟨von Michelsberg⟩
→ **Marquardus ⟨Fuldensis⟩**

Markward ⟨von Prüm⟩
→ **Marquardus ⟨Prumiensis⟩**

Marleberge, Thomas ¬de¬
→ **Thomas ⟨Eveshamensis⟩**

Marleburgh, Henricus ¬de¬
→ **Henricus ⟨de Marleburgh⟩**

Marliano, Johannes ¬de¬
→ **Johannes ⟨de Marliano⟩**
→ **Johannes ⟨de Marliano, Medicus⟩**

Marly, Thibaut ¬de¬
→ **Thibaut ⟨de Marly⟩**

Marner, Konrad ¬der¬
→ **Konrad ⟨der Marner⟩**

Maro ⟨Edessenus⟩
6. Jh.
Contra Severum
Cpg 6986
Edessenus, Maro
Maron ⟨von Edessa⟩

Maro ⟨Grammaticus⟩
→ **Virgilius ⟨Maro⟩**

Maro, Virgilius
→ **Virgilius ⟨Maro⟩**

Maroc, Aboul Hhassan Ali ¬de¬
→ **Marrākūšī, al-Ḥasan Ibn-ʿUmar ¬al-¬**

Marochitanus, Samuel
→ **Samuel ⟨Marochitanus⟩**

Maroldus, Marcus
→ **Marcus ⟨Maroldus⟩**

Marologio, Raimundus ¬de¬
→ **Raimundus ⟨Romani⟩**

Maron ⟨von Edessa⟩
→ **Maro ⟨Edessenus⟩**

Maron, Jean
→ **Yoḥannan ⟨de-Māron⟩**

Maroniaeus, Innocentius
→ **Innocentius ⟨Maroniaeus⟩**

Maronis, Franciscus ¬de¬
→ **Franciscus ⟨de Maironis⟩**

Mar-pa
1012 – 1097
BDe-mchog mkha'-'gro sñan rgyud
Chos-kyi-blo-gros ⟨Mar-pa⟩
Marpa

Marquard ⟨Bénédictin⟩
→ **Marquardus ⟨Fuldensis⟩**

Marquard ⟨Biberli⟩
→ **Biberli, Marquard**

Marquard ⟨de Bamberg⟩
→ **Marquardus ⟨Fuldensis⟩**

Marquard ⟨de Ferrières⟩
→ **Marquardus ⟨Prumiensis⟩**

Marquard ⟨de Fulde⟩
→ **Marquardus ⟨Fuldensis⟩**

Marquard ⟨de Lindagia⟩
→ **Marquard ⟨von Lindau⟩**

Marquard ⟨de Prüm⟩
→ **Marquardus ⟨Prumiensis⟩**

Marquard ⟨de Saint-Burchard⟩
→ **Marquardus ⟨Herbipolensis⟩**

Marquard ⟨de Saint-Hubert⟩
→ **Marquardus ⟨Prumiensis⟩**

Marquard ⟨de Saint-Michel⟩
→ **Marquardus ⟨Fuldensis⟩**

Marquard ⟨I.⟩
→ **Marquardus ⟨Fuldensis⟩**

Marquard ⟨Knake⟩
→ **Knake, Marquart**

Marquard ⟨Mildehovet⟩
→ **Mildehovet, Marquard**

Marquard ⟨Sprenger⟩
→ **Sprenger, Marquard**

Marquard ⟨vom Stein⟩
→ **Marquart ⟨von Stein⟩**

Marquard ⟨von Lindau⟩
gest. 1392
Buch der 10 Gebote
Tusculum-Lexikon; LThK; VL(2); LMA,VI,322
Funke, Marquardus
Lindau, Marquard ¬von¬
Lindaugia, Marquardus ¬de¬
Lindavia, Marquardus ¬de¬
Marcus ⟨von Lindau⟩
Markus ⟨von Lindau⟩
Markward ⟨von Lindau⟩
Marquard ⟨de Lindagia⟩
Marquardus ⟨Custos Fratrum super Lacum⟩
Marquardus ⟨de Lindaugia⟩
Marquardus ⟨de Lindowe⟩
Marquardus ⟨Funke⟩
Marquardus ⟨Lector⟩
Marquardus ⟨Lector Argentinensis⟩
Marquardus ⟨Lindaviensis⟩

Marquard ⟨von Ried⟩
→ **Marquardus ⟨de Padua⟩**

Marquardi, Stephanus
→ **Stephanus ⟨de Stockarn⟩**

Marquardus ⟨de Lindaugia⟩
→ **Marquard ⟨von Lindau⟩**

Marquardus ⟨de Padua⟩
um 1229/40
Panegyrisches Gedicht
VL(2),6,127/128
Marquard ⟨von Ried⟩
Padua, Marquardus ¬de¬

Marquardus ⟨Doeter⟩
→ **Marquardus ⟨Thoder⟩**

Marquardus ⟨Eystettensis⟩
→ **Marquardus ⟨Thoder⟩**

Marquardus ⟨Fuldensis⟩
gest. 1168
Gesta Marquardi
Potth. 765; LMA,VI,315; VL(2),6,79/81
Marcuardus ⟨Fuldensis⟩
Marcwardus ⟨Fuldensis⟩
Markward ⟨Abt, I.⟩
Markward ⟨Mönch von Michelsberg⟩
Markward ⟨von Fulda⟩
Markward ⟨von Michelsberg⟩
Marquard ⟨Bénédictin⟩
Marquard ⟨de Bamberg⟩
Marquard ⟨de Fulde⟩
Marquard ⟨de Saint-Michel⟩
Marquard ⟨I.⟩

Marquardus ⟨Funke⟩
→ **Marquard ⟨von Lindau⟩**

Marquardus ⟨Herbipolensis⟩
um 1048 · OSB
Stegmüller, Repert. bibl. 5459
Marquard ⟨de Saint-Burchard⟩
Marquardus ⟨Monachus⟩
Marquardus ⟨Sancti Burcardi⟩

Marquardus ⟨Lector⟩
→ **Marquard ⟨von Lindau⟩**

Marquardus ⟨Lector Argentinensis⟩
→ **Marquard ⟨von Lindau⟩**

Marquardus ⟨Lindaviensis⟩
→ **Marquard ⟨von Lindau⟩**

Marquardus ⟨Monachus⟩
→ **Marquardus ⟨Herbipolensis⟩**

Marquardus ⟨Prumiensis⟩
gest. 853 · OSB
Vita SS. Chrysanthi et D. (translat.)
Potth. 765
Marcuardus ⟨Abbas Prumensis⟩
Markward ⟨von Prüm⟩
Marquard ⟨de Ferrières⟩
Marquard ⟨de Prüm⟩
Marquard ⟨de Saint-Hubert⟩

Marquardus ⟨Sancti Burcardi⟩
→ **Marquardus ⟨Herbipolensis⟩**

Marquardus ⟨Thoder⟩
13./14. Jh. · OP
Summula confessorum compendiata de Summa Joh. Friburgensis; Identität mit Marquardus ⟨Doeter⟩ (um 1323) wahrscheinlich
Kaeppeli,III,106
Doeter, Marquardus
Marquardus ⟨dictus Thoder⟩
Marquardus ⟨Doeter⟩
Marquardus ⟨Eystetensis⟩
Marquardus ⟨Eystettensis⟩
Thoder, Marquardus

Marquart ⟨Barlaam⟩
→ **Marquart ⟨von Stadtkyll⟩**

Marquart ⟨Knake⟩
→ **Knake, Marquart**

Marquart ⟨Kremer⟩
→ **Kremer, Marquart**

Marquart ⟨von Stadtkyll⟩
um 1438
Übersetzung des „Liber ad Almansorem";
Beschreibungzaichen des dodes
VL(2),6,128/129
Marquart ⟨Barlaam⟩
Stadtkyll, Marquart ¬von¬

Marquart ⟨von Stein⟩
ca. 1425 – ca. 1495
VL(2)
Marquard ⟨vom Stein⟩
Marquart ⟨vom Stein⟩
Stein, Marquard ¬vom¬
Stein, Marquart ¬von¬
VomStein, Marquard

Marquilles, Jaume
→ **Jaume ⟨Marquilles⟩**

Marrākushī, ʿAbd al Wāḥid
→ **ʿAbd-al-Wāḥid al-Marrākušī**

Marrākūshī, al-Ḥasan ibn ʿUmar
→ **Marrākūšī, al-Ḥasan Ibn-ʿUmar ¬al-¬**

Marrākušī, ʿAbd-al-Wāḥid ¬al-¬
→ **ʿAbd-al-Wāḥid al-Marrākušī**

Marrākušī, Aḥmad Ibn-ʿIḏārī ¬al-¬
→ **Ibn-ʿIḏārī ʾl-Marrākušī, Aḥmad Ibn-Muḥammad**

Marrākūšī, al-Ḥasan Ibn-ʿUmar ¬al-¬
gest. 1262
Ḥasan Ibn-ʿUmar al-Marrākūšī ¬al-¬
Ibn-ʿUmar, al-Ḥasan al-Marrākūšī

Maroc, Aboul Hhassan Ali ¬de¬
Marrākūshī, al-Ḥasan ibn ʿUmar

Marro, Johannes
→ **Johannes ⟨Marro⟩**

Marrochinus, Dominicus
→ **Dominicus ⟨Marrochinus⟩**

Marsan, Arnaut Guillem ¬de¬
→ **Arnaut Guillem ⟨de Marsan⟩**

Marschalk ⟨von Venedig⟩
Lebensdaten nicht ermittelt
Rezepte in Roßarzneibuch
VL(2),6,135
Marschalk ⟨Venedig, Herzog⟩
Venedig, Marschalk ¬von¬

Marscotto, Galeazzo
15. Jh.
Cronica come Anniballe Bentinoglij fu preso et menato de pregione e poi morto et uendicato
Potth.,768
Galéas ⟨Marscotto⟩
Galeazzo ⟨Marscotto⟩
Marscotto, Galéas

Marseille, Raymond ¬de¬
→ **Raymond ⟨de Marseille⟩**

Marshal, William
→ **William ⟨Pembroke, Earl, I.⟩**

Marsi, Paolo
→ **Marsus, Paulus**

Marsi, Petrus
→ **Marso, Pietro**

Marsiaco, Henricus ¬de¬
→ **Henricus ⟨de Marsiaco⟩**

Marsicanus, Anselmus
→ **Anselmus ⟨Marsicanus⟩**

Marsicanus, Johannes
→ **Johannes ⟨Marsicanus⟩**

Marsicanus, Leo
→ **Leo ⟨Marsicanus⟩**

Marsigli, Luigi
→ **Marsiliis, Ludovicus ¬de¬**

Marsiglio ⟨de Santa Sofia⟩
→ **Marsilius ⟨de Sancta Sophia⟩**

Marsiglio ⟨Ficino⟩
→ **Ficinus, Marsilius**

Marsilia ⟨Rothomagensis⟩
um 1108
Vita S. Amandi (histor. mulier)
Potth. 768; 1158
Marsilia ⟨Abbatissa Rotomagensis⟩
Marsilie ⟨Abbesse de Saint-Amand à Rouen⟩

Marsilii, Petrus
→ **Petrus ⟨Marsilii⟩**

Marsiliis, Aloysius ¬de¬
→ **Marsiliis, Ludovicus ¬de¬**

Marsiliis, Ludovicus ¬de¬
ca. 1342 – 1394
Vet et Nov. Test. metrice; Devotissima et utilissima confessione
LMA,VI,331; Stegmüller, Repert.bibl. 5439
Aloysius ⟨de Marsiliis⟩
De'Marsili, Luigi
Ludovicus ⟨de Marsiliis⟩
Ludovicus ⟨Marsilius⟩
Ludovicus ⟨Marsillus⟩
Luigi ⟨de'Marsili⟩
Luigi ⟨Marsigli⟩
Luigi ⟨Marsili⟩
Luisius ⟨de Marsiliis⟩
Marsigli, Luigi
Marsili, Luigi
Marsiliis, Aloysius ¬de¬
Marsiliis, Luisius ¬de¬
Marsilius, Ludovicus
Marsillus, Ludovicus

Marsilio ⟨da Padova⟩
→ **Marsilius ⟨de Padua⟩**

Marsilio ⟨dei Mainardini⟩
→ **Marsilius ⟨de Padua⟩**

Marsilio ⟨Ficino⟩
→ **Ficinus, Marsilius**

Marsilio ⟨Mainardini⟩
→ **Marsilius ⟨de Padua⟩**

Marsilio, Pierre
→ **Petrus ⟨Marsilii⟩**

Marsilius
→ **Ficinus, Marsilius**

Marsilius ⟨a Sancta Sophia⟩
→ **Marsilius ⟨de Sancta Sophia⟩**

Marsilius ⟨Alamanus⟩
→ **Marsilius ⟨de Ingen⟩**

Marsilius ⟨de Ingen⟩
ca. 1330 – 1396
Abbreviationes super octo libro Physicorum Aristotelis
LThK; VL(2); LMA,VI,331/32
Ingen, Marsilius ¬de¬
Ingen, Marsilius ¬ab¬
Inghen, Marsilius ¬de¬
Inghen, Marsilius ¬ab¬
Inguen, Marsilius ¬ab¬
Johannes Marsilius ⟨von Inghen⟩
Marsilius ⟨Alamanus⟩
Marsilius ⟨de Inghen⟩
Marsilius ⟨Ingenuus⟩
Marsilius ⟨van Inghen⟩
Marsilius ⟨von Inghen⟩

Marsilius ⟨de Mainardinis⟩
→ **Marsilius ⟨de Padua⟩**

Marsilius ⟨de Padua⟩
gest. 1343
LThK; Tusculum-Lexikon; LMA,VI,332/34
Mainardinus ⟨de Padua⟩
Marsiglo ⟨von Padua⟩
Marsile ⟨de Padoue⟩
Marsile ⟨Mainardino⟩
Marsilio ⟨da Padova⟩
Marsilio ⟨dei Mainardini⟩
Marsilio ⟨Mainardini⟩
Marsilius ⟨de Mainardinis⟩
Marsilius ⟨de Maynardinis⟩
Marsilius ⟨de Menandrino⟩
Marsilius ⟨Mainardinus⟩
Marsilius ⟨Menandrinus⟩
Marsilius ⟨of Padua⟩
Marsilius ⟨Paduensis⟩
Marsilius ⟨Patavinus⟩
Marsilius ⟨von Padua⟩
Marsyliusz ⟨z Padwy⟩
Massilius ⟨de Padua⟩
Massilius ⟨Mainardinus⟩
Massilius ⟨Patavinus⟩
Menandrinus ⟨Patavinus⟩
Menandrinus, Marsilius

Marsilius ⟨de Sancta Sophia⟩
gest. 1405
Marsiglio ⟨de Santa Sofia⟩
Marsilius ⟨a Sancta Sophia⟩
Marsilius ⟨the Physician⟩
Sancta Sophia, Marsilius ¬de¬
Sancta-Sophia, Marsilius ¬de¬
Sophia, Marsilius de Sancta

Marsilius ⟨Ficinus⟩
→ **Ficinus, Marsilius**

Marsilius ⟨Ingenuus⟩
→ **Marsilius ⟨de Ingen⟩**

Marsilius ⟨Mainardinus⟩
→ **Marsilius ⟨de Padua⟩**

Marsilius ⟨Menandrinus⟩
→ **Marsilius ⟨de Padua⟩**

Marsilius ⟨Patavinus⟩
→ **Marsilius ⟨de Padua⟩**

Marsilius ⟨the Physician⟩
→ **Marsilius ⟨de Sancta Sophia⟩**

Marsilius ⟨von Inghen⟩
→ **Marsilius ⟨de Ingen⟩**

Marsilius ⟨von Padua⟩
→ **Marsilius ⟨de Padua⟩**

Marsilius, Ludovicus
→ **Marsiliis, Ludovicus ¬de¬**

Marsilius, Petrus
→ **Petrus ⟨Marsilii⟩**

Marsillus, Ludovicus
→ **Marsiliis, Ludovicus ¬de¬**

Marso, Paolo
→ **Marsus, Paulus**

Marso, Pietro
1442 – 1510
Oratio in die S. Stephani
Marcus, Petrus
Marsi, Petrus
Marsus, Petrus
Petrus ⟨Marsus⟩
Pietro ⟨Marso⟩

Marston, Rogerus
→ **Rogerus ⟨Marston⟩**

Marsuppini, Carolus
1398 – 1453
LMA,VI,335
Aretinus, Carolus M.
Carlo ⟨Marsuppini⟩
Carolus ⟨Aretinus⟩
Carolus ⟨Marsuppini⟩
Karolus ⟨Arrettinus⟩
Marsupius, Carolus
Marsuppini, Carlo
Marsuppinus, Carolus

Marsus, Paulus
1440 – 1484
Marsi, Paolo
Marso, Paolo
Paolo ⟨dei Marsi⟩
Paolo ⟨Marsi⟩
Paolo ⟨Marsi da Pescina⟩
Paulus ⟨Marsus⟩
Paulus ⟨Marsus Piscinas⟩

Marsus, Petrus
→ **Marso, Pietro**

Marsyliusz ⟨z Padwy⟩
→ **Marsilius ⟨de Padua⟩**

Martell, Karl
→ **Karl ⟨Martell⟩**

Marthesii, Bernardus
→ **Bernardus ⟨Marthesii⟩**

Marti, Bernart
→ **Bernart ⟨Marti⟩**

Martí Joan ⟨de Galba⟩
gest. 1490
Katalan. Schriftsteller; Verf. des vierten Teils von „Tirant lo Blanc", dessen erste drei Teile von Joannot Martorell stammen
Galba, Martí Joan ¬de¬
Galba, Martin Joan ¬de¬
Joan de Galba, Martí

Martial ⟨d'Auvergne⟩
gest. 1508
Auvergne, Marcial ¬d'¬
Auvergne, Martial ¬d'¬
Marcial ⟨de Paris⟩
Marcial ⟨d'Auvergne⟩
Martial ⟨de Paris⟩
Martial ⟨Procureur⟩
Martialis ⟨Arvernus⟩
Paris, Martial ¬de¬

Martianus ⟨de Genazano⟩
→ **Marianus ⟨de Genazano⟩**

Martin ⟨Alchemist⟩
um 1464
Fachtext metallurgisch-technischen Inhalts; Die Namensformen „Martin, Wilhelm", „Martin ⟨Wilhelm⟩", „Wilhelm, Martin" und „Wilhelm ⟨von Martin⟩" sind lt. VL mit ziemlicher Sicherheit nicht zutreffend
VL(2),6,141/142
Alchemist Martin
Martin ⟨Maximus Alchimista⟩
Martin ⟨Wilhelm⟩
Martin, Wilhelm
Martinus ⟨Alchimista⟩
Martinus ⟨Alchimista Imperatoris Friderici⟩
Wilhelm ⟨von Martin⟩
Wilhelm, Martin

Martin ⟨Alfonso⟩
→ **Martinus ⟨Alphonsi⟩**

Martín ⟨Alonso⟩
→ **Martín ⟨de Córdoba⟩**

Martín ⟨Aragón, Rey, I.⟩
gest. 1410
LMA,VI,339/40
Martin ⟨d'Aragon⟩
Martin ⟨el Humano⟩
Martin ⟨l'Humà⟩
Martin ⟨Sizilien, König, II.⟩
Martinus ⟨Aragonia, Rex, I.⟩

Martín ⟨Codax⟩
13. Jh.
Canciones
Codax, Martín
Codaz, Martín

Martin ⟨Cromer⟩
→ **Martin ⟨von Bolkenhain⟩**

Martin ⟨da Canal⟩
→ **Canal, Martin ¬da¬**

Martin ⟨d'Alpartil⟩
→ **Martinus ⟨de Alpartil⟩**

Martin ⟨d'Aragon⟩
→ **Martín ⟨Aragón, Rey, I.⟩**
→ **Martinus ⟨Aragonensis⟩**
→ **Martinus ⟨de Ateca⟩**

Martin ⟨d'Ateca⟩
→ **Martinus ⟨de Ateca⟩**

Martin ⟨de Alpartil⟩
→ **Martinus ⟨de Alpartil⟩**

Martin ⟨de Bitonto⟩
→ **Martinus ⟨de Bitonto⟩**

Martin ⟨de Bois-Gaultier⟩
→ **Martinus ⟨de Bosco Gualteri⟩**

Martin ⟨de Braga⟩
→ **Martinus ⟨Bracarensis⟩**

Martin ⟨de Corbenis⟩
→ **Martinus ⟨Corbeius⟩**

Martin ⟨de Cordoba⟩
→ **Martinus ⟨Alphonsi⟩**

Martín ⟨de Córdoba⟩
gest. 1476
Jardin de las noblas doncellas
Alonso, Martín
Córdoba, Martín ¬de¬
Martín ⟨Alonso⟩
Martin ⟨de Cordova⟩
Martín Alonso ⟨Pedraz⟩
Pedraz, Martín Alonso

Martin ⟨de Cotigniés⟩
um 1445
Sur les factions qui troublèrent le règne de Charles VI.
Potth.,770
Cotigniés, Martin ¬de¬

Martin ⟨de Fano⟩
→ **Martinus ⟨de Fano⟩**

Martin ⟨de Laon⟩
→ **Martinus ⟨de Lauduno⟩**
→ **Martinus ⟨Laudunensis⟩**

Martin ⟨de Laude⟩
→ **Martinus ⟨de Garatis⟩**

Martin ⟨de León⟩
→ **Martinus ⟨Legionensis⟩**

Martin ⟨de Lodi⟩
→ **Martinus ⟨de Garatis⟩**

Martin ⟨de Pannonie⟩
→ **Martinus ⟨Bracarensis⟩**

Martin ⟨de Poitiers⟩
→ **Martinus ⟨Pictaviensis⟩**

Martin ⟨de Przemýsl⟩
→ **Martinus ⟨Rex de Zurawica⟩**

Martin ⟨de Saint-Gilles⟩
um 1362/65
Martin ⟨de Saint-Gille⟩
Saint-Gilles, Martin ¬de¬

Martin ⟨de Saragosse⟩
→ **Martinus ⟨de Alpartil⟩**

Martin ⟨de Silesie⟩
→ **Martinus ⟨Oppaviensis⟩**

Martin ⟨de Todi⟩
→ **Martinus ⟨Papa, I.⟩**

Martin ⟨de Toulouse⟩
→ **Martinus ⟨Corbeius⟩**

Martin ⟨de Vienne⟩
→ **Martinus ⟨Leibitzensis⟩**

Martin ⟨de Zurawica⟩
→ **Martinus ⟨Rex de Zurawica⟩**

Martin ⟨des Ecossais⟩
→ **Martinus ⟨Leibitzensis⟩**

Martin ⟨el Humano⟩
→ **Martín ⟨Aragón, Rey, I.⟩**

Martin ⟨Frater⟩
→ **Martinus ⟨Alphonsi⟩**

Martin ⟨Gallus⟩
→ **Gallus ⟨Anonymus⟩**

Martin ⟨Gardien à Tours⟩
→ **Martinus ⟨de Bosco Gualteri⟩**

Martin ⟨Gazati⟩
→ **Martinus ⟨de Garatis⟩**

Martin ⟨Gosia⟩
→ **Martinus ⟨Gosia⟩**

Martin ⟨Hibernensis⟩
→ **Martinus ⟨Laudunensis⟩**

Martin ⟨Historien Polonais⟩
→ **Gallus ⟨Anonymus⟩**

Martin ⟨Huber⟩
→ **Huber, Martin**

Martin ⟨Hundfeld⟩
→ **Hundfeld, Martin**

Martin ⟨Imhoff⟩
→ **Imhoff, Martin**

Martin ⟨Ketzel⟩
→ **Ketzel, Martin**

Martin ⟨Kotbus⟩
→ **Martin ⟨von Bolkenhain⟩**

Martin ⟨le Franc⟩
→ **Martin ⟨Lefranc⟩**

Martin ⟨le Français⟩
→ **Gallus ⟨Anonymus⟩**

Martin ⟨le Polonais⟩
→ **Martinus ⟨Oppaviensis⟩**

Martin ⟨Lefranc⟩
ca. 1410 – 1461
Champion des dames; L'estrif de fortune et vertu; De bono mortis
LMA,V,1795; VI,347
Franc, Martin ¬le¬
Lefranc, Martin
Martin ⟨le Franc⟩

Martin ⟨Lemaistre⟩
→ **Martinus ⟨Magistri⟩**

Martin ⟨l'Hibernien⟩
→ **Martinus ⟨Laudunensis⟩**

Martin ⟨l'Humà⟩
→ **Martín ⟨Aragón, Rey, I.⟩**

Martin ⟨Lombard⟩
→ **Martinus ⟨Lombardus⟩**

Martin ⟨Mair⟩
→ **Mayr, Martinus**

Martin ⟨Maximus Alchimista⟩
→ **Martin ⟨Alchemist⟩**

Martin ⟨Mayr⟩
→ **Mayr, Martinus**

Martin ⟨of Laon⟩
→ **Martinus ⟨Laudunensis⟩**

Martin ⟨of Poitiers⟩
→ **Martinus ⟨Pictaviensis⟩**

Martin ⟨of the Monastery of Our Lady of the Scots⟩
→ **Martinus ⟨Leibitzensis⟩**

Martin ⟨Ortulanus⟩
→ **Hortulanus**

Martin ⟨Papst, ...⟩
→ **Martinus ⟨Papa, ...⟩**

Martin ⟨Prieur de la Seo⟩
→ **Martinus ⟨de Alpartil⟩**

Martin ⟨Rad⟩
→ **Martinus ⟨Rath⟩**

Martin ⟨Rex de Przemýsl⟩
→ **Martinus ⟨Rex de Zurawica⟩**

Martin ⟨Schleich⟩
→ **Schleich, Martin**
→ **Schönbleser, Martin**

Martin ⟨Schongauer⟩
→ **Schongauer, Martin**

Martin ⟨Seiz⟩
→ **Mayr, Martinus**

Martin ⟨Sizilien, König, II.⟩
→ **Martín ⟨Aragón, Rey, I.⟩**

Martin ⟨Soares⟩
→ **Soares, Martin**

Martin ⟨Strebski⟩
→ **Martinus ⟨Oppaviensis⟩**

Martin ⟨von Alnwick⟩
→ **Martinus ⟨Alaunovicanus⟩**

Martin ⟨von Alpartil⟩
→ **Martinus ⟨de Alpartil⟩**

Martin ⟨von Amberg⟩
14. Jh.
VL(2); LMA,VI,346
Amberg, Martin ¬von¬

Martin ⟨von Bartenstein⟩
um 1480
Legende d. Zürcher Stadtpatrone
VL(2),6,150; Rep.Font. II,461
Bartenstein, Martin ¬von¬
Bartensteyn, Martin ¬von¬
Martin ⟨von Bartensteyn⟩

Martin ⟨von Bischoflack⟩
um 1466
Astrolog. Kurztraktat
VL(2),6,150/151
Bischoflack, Martin ¬von¬
Martinus ⟨de Lakh⟩

Martin ⟨von Bolkenhain⟩
gest. 1444
Von den Hussitenkriegen
Bolkenhain, Martin ¬von¬
Kotbus, Martin
Martin ⟨Cromer⟩
Martin ⟨Kotbus⟩
Martinus ⟨von Bolkenhain⟩

Martin ⟨von Braga⟩
→ **Martinus ⟨Bracarensis⟩**

Martin ⟨von Fano⟩
→ **Martinus ⟨de Fano⟩**

Martin ⟨von Fulda⟩
→ **Martinus ⟨Fuldensis⟩**

Martin ⟨von Gnesen⟩
→ **Martinus ⟨Oppaviensis⟩**

Martin ⟨von Laon⟩
→ **Martinus ⟨de Lauduno⟩**

Martin ⟨von Laon⟩
→ **Martinus ⟨Laudunensis⟩**

Martin ⟨von Laon, Ire⟩
→ **Martinus ⟨Laudunensis⟩**

Martin ⟨von Leibitz⟩
→ **Martinus ⟨Leibitzensis⟩**

Martin ⟨von Lissabon⟩
→ **Martinus ⟨Ulixbonensis⟩**

Martin ⟨von Oppau⟩
→ **Martinus ⟨Oppaviensis⟩**

Martin ⟨von Senging⟩
→ **Martinus ⟨de Senging⟩**

Martin ⟨von Troppau⟩
→ **Martinus ⟨Oppaviensis⟩**

Martin ⟨Wilhelm⟩
→ **Martin ⟨Alchemist⟩**

Martin, Bernard
→ **Bernart ⟨Marti⟩**

Martin, Jean
→ **Jean ⟨Martin⟩**

Martin, Raymond
→ **Raimundus ⟨Martini⟩**

Martin, Wilhelm
→ **Martin ⟨Alchemist⟩**

Martín Alonso ⟨Pedraz⟩
→ **Martín ⟨de Córdoba⟩**

Martin de Valencenis, Johannes
→ **Jean ⟨Martin⟩**

Martinengus, Ambrosius
→ **Ambrosius ⟨Martinengus⟩**

Martinez ⟨Archiprêtre⟩
→ **Martínez de Toledo, Alfonso**

Martinez ⟨de Talavera⟩
→ **Martínez de Toledo, Alfonso**

Martinez ⟨de Tolède⟩
→ **Martínez de Toledo, Alfonso**

Martínez, Alfonso
→ **Martínez de Toledo, Alfonso**

Martinez, Johannes
→ **Johannes ⟨Martinez⟩**

Martínez, Pero
→ **Pero ⟨Martínez⟩**

Martinez, Ramon
→ **Raimundus ⟨Martini⟩**

Martínez de Toledo, Alfonso
ca. 1398 – ca. 1470
Vidas de San Ildefonso y San Isidoro; Atalaya de las cronicas; Arçipreste de Talavera; etc.
LMA,VI,348
Martinez ⟨Archiprêtre⟩
Martinez ⟨de Talavera⟩
Martinez ⟨de Tolède⟩
Martínez, Alfonso
Martinez, Alfonso de T.
Martinez, Alphonse
Toledo, Alfonso Martínez ¬de¬

Martini, Francesco di Giorgio
1439 – 1502
DiGiorgio Martini, Francesco
Francesco ⟨di Giorgio Martini⟩
Giorgi, François
Giorgio, Francesco ¬di¬
Giorgio Martini, Francesco ¬di¬
Martini, François di Giorgio

Martini, Franciscus
→ **Franciscus ⟨Martini⟩**

Martini, Guibertus
→ **Guibertus ⟨Gemblacensis⟩**

Martini, Raimundus
→ **Raimundus ⟨Martini⟩**

Martini, Simone
1280 – 1344
Maler
Martino, Simone ¬di¬
Simone ⟨di Martino⟩
Simone ⟨Martini⟩

Martini, Zacharias
→ **Zacharias ⟨Martini⟩**

Martinis, Octavianus ¬de¬
gest. ca. 1500
Martinus ⟨Suessanus⟩
Octavianus ⟨de Martinis⟩
Octavianus ⟨de Sinuessa⟩
Octavianus ⟨Suessanus⟩
Ottaviano ⟨Martino⟩

Martino ⟨Bracarese⟩
→ **Martinus ⟨Bracarensis⟩**

Martino ⟨da Canale⟩
→ **Canal, Martin ¬da¬**

Martino ⟨da Fano⟩
→ **Martinus ⟨de Fano⟩**

Martino ⟨del Cassero⟩
→ **Martinus ⟨de Fano⟩**

Martino ⟨di Braga⟩
→ **Martinus ⟨Bracarensis⟩**

Martino ⟨di Leibitz⟩
→ **Martinus ⟨Leibitzensis⟩**

Martino ⟨di Troppau⟩
→ **Martinus ⟨Oppaviensis⟩**

Martino ⟨Filetico⟩
→ **Filetico, Martino**

Martino ⟨Garati da Lodi⟩
→ **Martinus ⟨de Garatis⟩**

Martino ⟨il Polono⟩
→ **Martinus ⟨Oppaviensis⟩**

Martino ⟨Oppaviense⟩
→ **Martinus ⟨Oppaviensis⟩**

Martino ⟨Papa, ...⟩
→ **Martinus ⟨Papa, ...⟩**

Martino ⟨Tomitano⟩
→ **Bernardinus ⟨Feltrensis⟩**

Martino, Simone ¬di¬
→ **Martini, Simone**

Martino Nelli, Ottaviano ¬di¬
→ **Nelli, Ottaviano di Martino**

Martinus ⟨Abbas Scotorum Viennae⟩
→ **Martinus ⟨Leibitzensis⟩**

Martinus ⟨Alaunovicanus⟩
gest. 1336 · OFM; Kommentar zu Erkenntnisfragen aus I Sentent. (Stegmüller, Repert. sentent. 537); Identität mit Martinus ⟨Anglicus⟩ (engl. Logiker, Verf. von De veritate et falsitate propositionis, Obligationes, Consequentiae) wohl nicht gegeben
LThK; LMA,VI,345/36
Alaunovicanus, Martinus
Martin ⟨von Alnewyk⟩
Martin ⟨von Alnwick⟩
Martinus ⟨Alvevicus⟩
Martinus ⟨Anglicus⟩
Martinus ⟨de Alnwick⟩
Martinus ⟨de Alvewick⟩
Martinus ⟨de Anglia⟩
Martinus ⟨Minorita⟩

Martinus ⟨Alchimista Imperatoris Friderici⟩
→ **Martin ⟨Alchemist⟩**

Martinus ⟨Alphonsi⟩
gest. ca. 1480 · OESA
Hexaemeron; Apoc.; Ars praedicandi
Stegmüller, Repert. bibl. 5467-5469
Alfonsus ⟨Martinus⟩
Alphonse, Martin
Alphonsi, Martinus
Corduba, Alphonsus Martinus
Martin ⟨Alfonso⟩
Martin ⟨Alphonse de Cordoue⟩
Martin ⟨de Cordoba⟩
Martin ⟨Frater⟩
Martinus ⟨Alphonsi, Cordubensis⟩
Martinus ⟨Cordubensis⟩

Martinus ⟨Alvevicus⟩
→ **Martinus ⟨Alaunovicanus⟩**

Martinus ⟨Anglicus⟩
→ **Martinus ⟨Alaunovicanus⟩**

Martinus ⟨Anglicus⟩
um 1335/70
Verf der „Obligationes" und „Consequentiae";
wahrscheinlich nicht identisch mit Martinus ⟨Alaunovicanus⟩, Identität mit Martin ⟨Bilond⟩ oder Martinus ⟨Blone⟩ möglich
LMA,VI,345/6
Anglicus, Martinus
Bilond, Martin
Blone, Martinus
Martin ⟨Bilond⟩
Martinus ⟨Anglicus, Philosoph⟩
Martinus ⟨Blone⟩

Martinus ⟨Aragonensis⟩
13./14. Jh. · OP
Doctrinale prosaicum
Kaeppeli,III,106
Martin ⟨d'Aragon⟩

Martinus ⟨Aragonia, Rex, I.⟩
→ **Martín ⟨Aragón, Rey, I.⟩**

Martinus ⟨Archiepiscopus⟩
→ **Martinus ⟨Oppaviensis⟩**

Martinus ⟨Atrebatensis⟩
→ **Martinus ⟨Porretanus⟩**

Martinus ⟨Bohemus⟩
→ **Martinus ⟨Oppaviensis⟩**

Martinus ⟨Bracarensis⟩
ca. 515 – 580
LThK; CSGL; LMA,VI,343/44
Braga, Martin ¬von¬
Martin ⟨de Braga⟩
Martin ⟨de Pannonie⟩
Martin ⟨von Braga⟩
Martinho ⟨Bracharese⟩
Martino ⟨Bracarese⟩
Martino ⟨di Braga⟩
Martinus ⟨Bracensis⟩
Martinus ⟨de Braga⟩
Martinus ⟨de Dume⟩
Martinus ⟨Dumiensis⟩
Martinus ⟨Episcopus⟩
Martinus ⟨of Braga⟩
Martinus ⟨Pannonius⟩
Martinus ⟨Sanctus⟩
Martinus ⟨von Bracara⟩
Martinus ⟨von Braga⟩
Martinus ⟨von Dumium⟩
Pseudo-Martinus ⟨Bracarensis⟩
Pseudo-Sénèque

Martinus ⟨Brandeburgensis⟩
→ **Martinus ⟨de Brandenburg⟩**

Martinus ⟨Brunensis⟩
um 1346/56 · OP
Sermones 3
Kaeppeli,III,107

Martinus ⟨Capellanus⟩
→ **Martinus ⟨Oppaviensis⟩**

Martinus ⟨Cartulanus⟩
→ **Martinus ⟨Oppaviensis⟩**

Martinus ⟨Consentinus⟩
→ **Martinus ⟨Oppaviensis⟩**

Martinus ⟨Corbeius⟩
gest. 1470 · OESA
In canonem Bibliorum; Liber super artem veterem grammaticae Aelii Donati; Super Priora; etc.
Lohr; Stegmüller, Repert. bibl. 5470-5472
Corbeius, Martinus
Martin ⟨de Corbenis⟩
Martin ⟨de Toulouse⟩
Martinus ⟨Corbejus⟩
Martinus ⟨de Corbenis⟩
Martinus ⟨Tolosanus⟩

Martinus ⟨Cordubensis⟩
→ **Martinus ⟨Alphonsi⟩**

Martinus ⟨d'Arras⟩
→ **Martinus ⟨Porretanus⟩**

Martinus ⟨de Alnwick⟩
→ **Martinus ⟨Alaunovicanus⟩**

Martinus ⟨de Alpartil⟩
gest. 1440 · OSB
Chronica actitatorum tempore domini Benedicti XIII
LMA,VI,346
Alpartil, Martinus ¬de¬
Martin ⟨de Alpartil⟩
Martin ⟨de Saragosse⟩
Martin ⟨d'Alpartil⟩
Martin ⟨Prieur de la Seo⟩
Martin ⟨von Alpartil⟩

Martinus ⟨de Alvewick⟩
→ **Martinus ⟨Alaunovicanus⟩**

Martinus ⟨de Anglia⟩
→ **Martinus ⟨Alaunovicanus⟩**

Martinus ⟨de Ateca⟩
gest. 1303 · OP
Tractatus contra ponentes certum tempus finis mundus et adventus antichristi
Kaeppeli,III,106/107
Ateca, Martinus ¬de¬
Martin ⟨d'Aragon⟩
Martin ⟨d'Ateca⟩
Martinus ⟨de Atecha⟩
Martinus ⟨de Atheca⟩

Martinus ⟨de Bitonto⟩
um 1353 · OP
Commentaria in logicam, physicam et metaphysicam
Lohr

Bitonto, Martinus ¬de¬
Martin ⟨de Bitonto⟩
Martinus ⟨de Bitunto⟩

Martinus ⟨de Bosco Gualteri⟩
um 1415 · OFM
Vita B. Mariae de Mailliaco
Potth. 770
Bosco Gualteri, Martinus ¬de¬
Martin ⟨de Bois-Gaultier⟩
Martin ⟨Gardien à Tours⟩
Martinus ⟨de Boscho Gualteri⟩

Martinus ⟨de Braga⟩
→ **Martinus ⟨Bracarensis⟩**

Martinus ⟨de Brandenburg⟩
13./14. Jh. · OP
Opusculum de anima extractum ex Summa de creaturis Alberti Magni
Stegmüller, Repert. sentent. 524; Kaeppeli,III,107
Brandenburg, Martinus ¬de¬
Martinus ⟨Brandeburgensis⟩

Martinus ⟨de Caraziis⟩
→ **Martinus ⟨de Garatis⟩**

Martinus ⟨de Corbenis⟩
→ **Martinus ⟨Corbeius⟩**

Martinus ⟨de Dacia⟩
gest. 1304
Tusculum-Lexikon; LMA,VI,350
Dacia, Martinus ¬de¬
Martinus ⟨von Dacien⟩
Martinus ⟨von Dänemark⟩

Martinus ⟨de Dume⟩
→ **Martinus ⟨Bracarensis⟩**

Martinus ⟨de Fano⟩
gest. 1272
De regimine et modo studendi quem debent habere scholares; Formularium super contractibus et libellis de facto saepius accidentibus; etc.
Rep.Font. IV,153; LMA,VI,350/51
Cassero, Martinus ¬del¬
DelCassero, Martino
Fano, Martin ¬de¬
Fano, Martinus ¬de¬
Martin ⟨de Fano⟩
Martin ⟨von Fano⟩
Martino ⟨da Fano⟩
Martino ⟨del Cassero⟩

Martinus ⟨de Garatis⟩
gest. 1453
De principibus
Rep.Font. IV,633
Caratis, Martinus ¬de¬
Caratus, Martinus
Caraziis, Martinus ¬de¬
Carractis, Martinus ¬de¬
Garati, Martino
Garatis, Martinus ¬de¬
Garatus, Martinus
Garrati, Martino
Garrati, Martino
Garrato, Martino
Garratus, Martinus
Garzatus, Martinus
Gazati, Martin
Laude, Martinus ¬de¬
Martin ⟨de Laude⟩
Martin ⟨de Lodi⟩
Martin ⟨Gazati⟩
Martino ⟨Garati⟩
Martino ⟨Garati da Lodi⟩
Martinus ⟨de Caraziis⟩
Martinus ⟨de Caraziis Laudensis⟩
Martinus ⟨de Lodi⟩
Martinus ⟨Garatus Laudunensis⟩
Martinus ⟨Gazati⟩
Martinus ⟨Gazati de Lodi⟩
Martinus ⟨Laudensis⟩

Martinus ⟨de Gugugeya⟩
15. Jh.
Disputata de libris [I-V] Physicorum
Lohr
Gugugeya, Martinus ¬de¬

Martinus ⟨de Haspina⟩
14./15. Jh. · OP
Versus de Passione Christi
Kaeppeli,III,113
Haspina, Martinus ¬de¬

Martinus ⟨de Iadra⟩
13./14. Jh. · OP
Abstractiones de libro Sent.
Kaeppeli,III,113
Iadra, Martinus ¬de¬
Martinus ⟨de Iadria⟩

Martinus ⟨de Iglau⟩
→ **Martinus ⟨de Iglavia⟩**

Martinus ⟨de Iglavia⟩
um 1401 · OP
Tabula intervallorum per modum orationis
Kaeppeli,III,113
Iglavia, Martinus ¬de¬
Martinus ⟨de Iglau⟩

Martinus ⟨de Lakh⟩
→ **Martin ⟨von Bischoflack⟩**

Martinus ⟨de Lancicia⟩
gest. ca. 1464
Disputata super Porphyrio; Disputata super libro Praedicamentorum
Lohr
Lancicia, Martinus ¬de¬

Martinus ⟨de Laudano⟩
→ **Martinus ⟨de Lauduno⟩**

Martinus ⟨de Lauduno⟩
um 1180 · OCart
Epistola exhortatoria
Lauduno, Martinus ¬de¬
Martin ⟨de Laon⟩
Martin ⟨von Laon⟩
Martinus ⟨de Laudano⟩
Martinus ⟨de Valle Sancti Petri⟩
Martinus ⟨Laudunensis⟩
Martinus ⟨Prior Vallis Sancti Petri Carthusiae⟩
Martinus ⟨Vallis Sancti Petri Carthusiae Prior⟩

Martinus ⟨de Léon⟩
→ **Martinus ⟨Legionensis⟩**

Martinus ⟨de Lodi⟩
→ **Martinus ⟨de Garatis⟩**

Martinus ⟨de Magistris⟩
→ **Martinus ⟨Magistri⟩**

Martinus ⟨de Memmingen⟩
→ **Martinus ⟨Hainzl de Memmingen⟩**

Martinus ⟨de Premislia⟩
→ **Martinus ⟨Rex de Zurawica⟩**

Martinus ⟨de Senging⟩
gest. 1483
Epistolae
LThK
Martin ⟨von Senging⟩
Martinus ⟨Mellicensis⟩
Martinus ⟨Prior⟩
Senging, Martinus ¬de¬

Martinus ⟨de Troppau⟩
→ **Martinus ⟨Oppaviensis⟩**

Martinus ⟨de Tuderto⟩
→ **Martinus ⟨Papa, I.⟩**

Martinus ⟨de Valle Sancti Petri⟩
→ **Martinus ⟨de Lauduno⟩**

Martinus ⟨de Wimpia⟩
→ **Mayr, Martinus**

Martinus ⟨de Zurawica⟩
→ **Martinus ⟨Rex de Zurawica⟩**

Martinus ⟨Dumiensis⟩
→ **Martinus ⟨Bracarensis⟩**

Martinus ⟨Episcopus⟩
→ **Martinus ⟨Bracarensis⟩**
→ **Martinus ⟨Ulixbonensis⟩**

Martinus ⟨Fileticus⟩
→ **Filetico, Martino**

Martinus ⟨Francisci⟩
um 1449/54 · OP
Sermones de tempore, de sanctis
Kaeppeli,III,113
Francisci, Martinus

Martinus ⟨Frater Ordinis Praedicatorum⟩
→ **Martinus ⟨Oppaviensis⟩**

Martinus ⟨Fuldensis⟩
14. Jh.
Chronicon
LThK
Martin ⟨von Fulda⟩

Martinus ⟨Gallus⟩
→ **Gallus ⟨Anonymus⟩**

Martinus ⟨Garatus Laudunensis⟩
→ **Martinus ⟨de Garatis⟩**

Martinus ⟨Gazati⟩
→ **Martinus ⟨de Garatis⟩**

Martinus ⟨Gnesnensis⟩
→ **Martinus ⟨Oppaviensis⟩**

Martinus ⟨Gosia⟩
gest. ca. 1158/66
Apparatus institutionum; De computatione graduum; Glossae in codicem Iustinianum; etc.
LMA,VI,351
Gosia, Martin
Gosia, Martinus
Martin ⟨Gosia⟩
Martin ⟨Gosia, de Bologne⟩

Martinus ⟨Hainzl de Memmingen⟩
um 1454/74
Dicta super libros Ethicorum
Lohr
Hainzl, Martinus
Martinus ⟨de Memmingen⟩
Martinus ⟨Hainzl⟩
Memmingen, Martinus ¬de¬

Martinus ⟨Hortolanus⟩
→ **Hortulanus**

Martinus ⟨Kestner⟩
gest. 1491 · OP
Memoriale circa legendam S. Vincentii Ferrerii
Kaeppeli,III,114
Kestner, Martinus
Martinus ⟨Kestenerius⟩

Martinus ⟨Laudensis⟩
→ **Martinus ⟨de Garatis⟩**

Martinus ⟨Laudiensis⟩
→ **Martinus ⟨Laudunensis⟩**

Martinus ⟨Laudunensis⟩
→ **Martinus ⟨de Lauduno⟩**

Martinus ⟨Laudunensis⟩
819 – 875
Scholia graecarum glossarum; Glossae in Martianum
Lohr; LMA,VI,346/47
Martin ⟨de Laon⟩
Martin ⟨Hibernensis⟩
Martin ⟨l'Hibernien⟩
Martin ⟨of Laon⟩
Martin ⟨von Laon⟩
Martin ⟨von Laon, Ire⟩
Martinus ⟨Laudiensis⟩
Martinus ⟨Scotus⟩
Martinus ⟨Scotus Laudunensis⟩
Pseudo-Martinus ⟨Laudunensis⟩

Martinus ⟨le Maistre⟩
→ **Martinus ⟨Magistri⟩**

Martinus ⟨Legionensis⟩
gest. 1203
Martín ⟨de León⟩
Martinus ⟨de Léon⟩
Martinus ⟨Sanctus⟩

Martinus ⟨Leibitzensis⟩
ca. 1400 – 1464 · OSB
Senatorium; Sermo in visitatione; Ceremoniale; etc.
Potth. 770; LMA,VI,347; VL(2),6,153/57
Leibitz, Martin ¬von¬
Martin ⟨de Vienne⟩
Martin ⟨des Ecossais⟩
Martin ⟨of the Monastery of Our Lady of the Scots⟩
Martin ⟨von Leibitz⟩
Martino ⟨di Leibitz⟩
Martinus ⟨Abbas⟩
Martinus ⟨Abbas Scotorum Viennae⟩
Martinus ⟨Viennensis⟩

Martinus ⟨Lombardus⟩
um 1230 · OFM
Schneyer,IV,124
Lombardus, Martinus
Martin ⟨Lombard⟩

Martinus ⟨Magistri⟩
1432 – 1482
LeMaistre, Martin
Magister, Martinus
Magistri, Martinus
Magistris, Martinus ¬de¬
Maistre, Martin ¬le¬
Martin ⟨Lemaistre⟩
Martinus ⟨de Magistris⟩
Martinus ⟨le Maistre⟩
Martinus ⟨Magister⟩

Martinus ⟨Mair⟩
→ **Mayr, Martinus**

Martinus ⟨Mayr⟩
→ **Mayr, Martinus**

Martinus ⟨Mellicensis⟩
→ **Martinus ⟨de Senging⟩**

Martinus ⟨Meyer⟩
→ **Mayr, Martinus**

Martinus ⟨Minorita⟩
→ **Martinus ⟨Alaunovicanus⟩**

Martinus ⟨Notarius⟩
→ **Zacharias ⟨Martini⟩**

Martinus ⟨of Braga⟩
→ **Martinus ⟨Bracarensis⟩**

Martinus ⟨Opifex⟩
ca. 1400 – 1456
Opifex, Martinus

Martinus ⟨Oppaviensis⟩
gest. 1278
Tusculum-Lexikon; LThK; VL(2); LMA,VI,347/48
Martin ⟨de Silesie⟩
Martin ⟨le Polonais⟩
Martin ⟨Strebski⟩
Martin ⟨von Gnesen⟩
Martin ⟨von Oppau⟩
Martin ⟨von Troppau⟩
Martino ⟨di Troppau⟩
Martino ⟨il Polono⟩
Martino ⟨Oppaviense⟩
Martinus ⟨Archiepiscopus⟩
Martinus ⟨Bohemus⟩
Martinus ⟨Capellanus⟩
Martinus ⟨Cartulanus⟩
Martinus ⟨Consentinus⟩
Martinus ⟨de Troppau⟩
Martinus ⟨Frater⟩
Martinus ⟨Frater Ordinis Praedicatorum⟩
Martinus ⟨Gnesnensis⟩
Martinus ⟨Polonus⟩
Martinus ⟨Strebski⟩
Martinus ⟨Strepus⟩
Martinus ⟨von Troppau⟩
Strepus, Martinus
Strzebski, Martin
Troppau, Martin ¬von¬

Martinus ⟨Pannonius⟩
→ **Martinus ⟨Bracarensis⟩**

Martinus ⟨Papa, I.⟩
gest. 655
LMA,VI,341
Martin ⟨de Todi⟩
Martin ⟨Papst, I.⟩
Martino ⟨Papa, I.⟩
Martinus ⟨de Tuderto⟩
Martinus ⟨Sanctus⟩

Martinus ⟨Papa, II.⟩
→ **Marinus ⟨Papa, I.⟩**

Martinus ⟨Papa, III.⟩
→ **Marinus ⟨Papa, II.⟩**

Martinus ⟨Papa, IV.⟩
gest. 1285
LMA,VI,341/42
Brion, Simon ¬de¬
Martin ⟨Papst, IV.⟩
Martino ⟨Papa, IV.⟩
Simon ⟨de Brion⟩
Simone ⟨de Brion⟩

Martinus ⟨Papa, V.⟩
1368 – 1431
LMA,VI,342/43
Colonna, Odo
Colonna, Ottone
Martin ⟨Papst, V.⟩
Martino ⟨Papa, V.⟩
Oddone ⟨Colonna⟩
Odo ⟨Colonna⟩
Odon ⟨Colonna⟩

Martinus ⟨Pictaviensis⟩
um 1127
Fragmentum hist. mon. Pictavensis
Martin ⟨de Poitiers⟩
Martin ⟨of Poitiers⟩

Martinus ⟨Polonus⟩
→ **Martinus ⟨Oppaviensis⟩**

Martinus ⟨Porretanus⟩
gest. 1426 · OP
Tractatus pro parte ducis Burgundiae; Sermo in Conc. Constant. in causa Joh. Petit contra Simonem de Teramo et Gerson; Quaestio proposita coram dominis iudicibus fidei; etc.
Kaeppeli,III,123/124
Martinus ⟨Atrebatensis⟩
Martinus ⟨d'Arras⟩
Martinus ⟨Porée⟩
Martinus ⟨Porrée⟩
Porrée, Martinus
Porretanus, Martinus
Pseudo-Martinus

Martinus ⟨Prior⟩
→ **Martinus ⟨de Senging⟩**

Martinus ⟨Prior Vallis Sancti Petri Carthusiae⟩
→ **Martinus ⟨de Lauduno⟩**

Martinus ⟨Rad⟩
→ **Martinus ⟨Rath⟩**

Martinus ⟨Raimundi⟩
→ **Raimundus ⟨Martini⟩**

Martinus ⟨Rath⟩
um 1476/1500 · OP
Itinerarium in Terram Sanctam Bernardi de Breidenbach
Kaeppeli,III,125
Martin ⟨Rad⟩
Martinus ⟨Rad⟩
Martinus ⟨Roth⟩
Rad, Martin
Rad, Martinus
Rath, Martinus
Roth, Martinus

Martinus ⟨Rex de Zurawica⟩
15. Jh.
Tractatus astronomicus; „Rex" ist ehrender Beiname
Schönberger/Kible, Repertorium, 15480
Marcin ⟨Krol z Przemysla⟩
Marcin ⟨Krol z Zurawyci⟩
Martin ⟨de Przemýsl⟩
Martin ⟨de Zurawica⟩
Martin ⟨Rex de Przemýsl⟩
Martinus ⟨de Premislia⟩
Martinus ⟨de Zurawica⟩
Martyn ⟨z Zurawyci⟩
Rex de Zurawica, Martinus

Martinus ⟨Roth⟩
→ **Martinus ⟨Rath⟩**

Martinus ⟨Sanctus⟩
→ **Martinus ⟨Bracarensis⟩**
→ **Martinus ⟨Legionensis⟩**
→ **Martinus ⟨Papa, I.⟩**

Martinus ⟨Scotus⟩
→ **Martinus ⟨Laudunensis⟩**

Martinus ⟨Strebski⟩
→ **Martinus ⟨Oppaviensis⟩**

Martinus ⟨Strepus⟩
→ **Martinus ⟨Oppaviensis⟩**

Martinus ⟨Suessanus⟩
→ **Martinis, Octavianus ¬de¬**

Martinus ⟨Tabernarius⟩
→ **Zacharias ⟨Martini⟩**

Martinus ⟨Tolosanus⟩
→ **Martinus ⟨Corbeius⟩**

Martinus ⟨Ulixbonensis⟩
um 1380
Martin ⟨von Lissabon⟩
Martinus ⟨Episcopus⟩

Martinus ⟨Vallis Sancti Petri Carthusiae Prior⟩
→ **Martinus ⟨de Lauduno⟩**

Martinus ⟨Viennensis⟩
→ **Martinus ⟨Leibitzensis⟩**

Martinus ⟨von Bolkenhain⟩
→ **Martin ⟨von Bolkenhain⟩**

Martinus ⟨von Braga⟩
→ **Martinus ⟨Bracarensis⟩**

Martinus ⟨von Dänemark⟩
→ **Martinus ⟨de Dacia⟩**

Martinus ⟨von Dumium⟩
→ **Martinus ⟨Bracarensis⟩**

Martinus ⟨von Troppau⟩
→ **Martinus ⟨Oppaviensis⟩**

Martis ⟨de Gubbio⟩
→ **Nelli, Ottaviano di Martino**

Martius ⟨Valerius⟩
→ **Marcus ⟨Valerius⟩**

Martius, Galeottus
→ **Galeottus ⟨Martius⟩**

Martorell, Joannot
ca. 1413/14 – ca. 1468
Guillem de Varoich
LMA,VI,351
Joannot ⟨Martorell⟩
Martorell, Jean
Martorell, Joan
Martorell, Joanot
Martorell, Johanot
Martorell, Juan

Martyn ⟨z Zurawyci⟩
→ **Martinus ⟨Rex de Zurawica⟩**

Martyr, Petrus
→ **Petrus ⟨Martyr⟩**

Marullus, Michael Tarchaniota
ca. 1453 – 1500
Marullo, Michele
Marullo Tarcaniota, Michele
Marullus, Michael
Marullus Tarchaniota, Michael
Michael ⟨Marullus⟩
Michael ⟨Tarchaniota⟩
Michael Tarchaniota ⟨Marullus⟩
Tarcaniota
Tarchaniota Marullus, Michael

Marvegio, Andreas ¬de¬
→ **Andreas ⟨de Marvegio⟩**

Marvegio, Vincentius ¬de¬
→ **Vincentius ⟨de Marvegio⟩**

Marw, Išo'dad
→ **Išo'dad ⟨Marw⟩**

Marwān Ibn-Abī-Ḥafṣa
723 – ca. 797
Ibn-Abī-Ḥafṣa, Marwān
Ibn-Abī-Ḥafṣa Marwān
Marwān ibn Abī Ḥafṣa

Marwān Ibn-Ğanāḥ
→ **Ibn-Ğanāḥ, Yônā**

Marwān Ibn-Ğanāḥ, Abu-'l-Walīd
→ **Ibn-Ğanāḥ, Yônā**

Marwān Ibn-Muḥammad, Abu-š-Šamaqmaq
→ **Abu-š-Šamaqmaq Marwān Ibn-Muḥammad**

Marwazī, Abū-'Abdallāh Muḥammad Ibn-Naṣr ¬al-¬
→ **Marwazī, Muḥammad Ibn-Naṣr ¬al-¬**

Marwazī, Abū-Bakr Aḥmad Ibn-'Alī ¬al-¬
→ **Abū-Bakr al-Marwazī, Aḥmad Ibn-'Alī**

Marwazī, Abū-Bakr Aḥmad Ibn-Muḥammad ¬al-¬
→ **Marwazī, Aḥmad Ibn-Muḥammad ¬al-¬**

Marwazī, Aḥmad Ibn-'Alī ¬al-¬
→ **Abū-Bakr al-Marwazī, Aḥmad Ibn-'Alī**

Marwazī, Aḥmad Ibn-Muḥammad ¬al-¬
gest. 888
Aḥmad Ibn-Muḥammad al-Marwazī
Ibn-Muḥammad, Aḥmad al-Marwazī
Marwazī, Abū-Bakr Aḥmad Ibn-Muḥammad ¬al-¬

Marwazī, Manṣūr Ibn-Muḥammad ¬al-¬
→ **Sam'ānī, Manṣūr Ibn-Muḥammad ¬as-¬**

Marwazī, Muḥammad Ibn-Naṣr ¬al-¬
817 – 906
Ibn-Naṣr, Muḥammad al-Marwazī
Marwazī, Abū-'Abdallāh Muḥammad Ibn-Naṣr ¬al-¬
Muḥammad Ibn-Naṣr al-Marwazī

Marwazī, Nu'aim Ibn-Ḥammād ¬al-¬
→ **Nu'aim Ibn-Ḥammād al-Ḫuzā'ī**

Marzagaia ⟨Veronensis⟩
gest. ca. 1430
De gestis modernis libris IV
Potth. 775
Marzagaglia ⟨de Vérone⟩
Marzagaia
Marzagaia ⟨de Lavaneo⟩
Marzagaia ⟨de Vérone⟩

Marzio, Galeotto
→ **Galeottus ⟨Martius⟩**

Marzubānī, Muḥammad Ibn-'Imrān ¬al-¬
gest. 994
Ibn-'Imrān, Muḥammad al-Marzubānī
Ibn-'Imrān al-Marzubānī, Muḥammad
Muḥammad Ibn-'Imrān al-Marzubānī

Marzūqī, Aḥmad Ibn-Muḥammad ¬al-¬
gest. 1030
Aḥmad Ibn-Muḥammad al-Marzūqī
Ibn-Muḥammad, Aḥmad al-Marzūqī

Māšā'allāh ibn Sāriya
→ **Māšā'allāh Ibn-Aṯarī**

Māšā'allāh Ibn-Aṯarī
gest. ca. 815
LMA,VI,361/62
Ibn-Aṯarī, Māšā'allāh
Manasse
Māšā'allāh ibn Aṯarī
Māšā'allāh ibn Sāriya
Māshā'allāh
Mesehella
Messahalah
Messahalla

Masaccio
1401 – 1428
Giovanni, Tommaso
Guidi, Tommaso
Guidi, Tommaso ¬dei¬
Guidi, Tommaso di G.
Tommaso ⟨di Giovanni di Simone Guidi⟩
Tommaso di Giovanni di Simone ⟨Guidi⟩
Tommaso Guidi ⟨Masaccio⟩

Māsawaih al-Mārdīnī
→ **Mesuë ⟨Iunior⟩**

Mascaro, Jacme
→ **Jacme ⟨Mascaro⟩**

Masci, Girolamo
→ **Nicolaus ⟨Papa, IV.⟩**

Māshā'allāh
→ **Māšā'allāh Ibn-Aṯarī**

Masius, Matthaeus
→ **Matthaeus ⟨Masius⟩**

Maslama ibn Aḥmed al-Madjrīṭī
→ **Maǧrīṭī, Abu-'l-Qāsim Maslama Ibn-Aḥmad ¬al-¬**

Maslama Ibn-Aḥmad al-Maǧrīṭī
→ **Maǧrīṭī, Abu-'l-Qāsim Maslama Ibn-Aḥmad ¬al-¬**

Masmünster, Margareta Ursula ¬von¬
→ **Margareta Ursula ⟨von Masmünster⟩**

Maso degli Albizzi, Luca ¬di¬
→ **Albizzi, Luca ¬degli¬**

Masolino ⟨da Panicale⟩
1383 – 1447
Maler
LMA,VI,365
Cristoforo Fini, Tommaso ¬di¬
Fini, Tommaso
Fini, Tommaso di C.
Masolino
Panicale, Masolino ¬da¬

Masowien, Alexander ¬von¬
→ **Aleksander ⟨Mazowsze, Książę⟩**

Massa, Bartholomaeus ¬de¬
→ **Bartholomaeus ⟨de Massa⟩**

Massa, Benevenutus ¬de¬
→ **Benevenutus ⟨de Massa⟩**

Massa, Michael ¬de¬
→ **Michael ⟨de Massa⟩**

Massaeus ⟨de'Medici⟩
→ **Matthaeus ⟨Medices⟩**

Massarius, Ambrosius
→ **Ambrosius ⟨de Cori⟩**

Masselin, Jean
1433 – 1500
Journal des Etats généraux de France tenus à Tours en 1484
LMA,VI,370/71; Rep.Font. VI,542
Jean ⟨Masselin⟩
Jehan ⟨Masselin⟩
Masselin, Jehan

Massilius ⟨Mainardinus⟩
→ **Marsilius ⟨de Padua⟩**

Massimo ⟨Crisoberge⟩
→ **Maximus ⟨Chrysoberges⟩**

Massimo ⟨il Pacifico⟩
→ **Maximus ⟨Pacificus⟩**

Massimo ⟨Mazaris⟩
→ **Maximus ⟨Mazarus⟩**

Massimo ⟨Planude⟩
→ **Maximus ⟨Planudes⟩**

Massimos ⟨il Confessore⟩
→ **Maximus ⟨Confessor⟩**

Massona ⟨Episcopus⟩
ca. 6. Jh.
Adressat der Epistula ad Massonam Episcopum (Regula monachorum von Isidorus, Epist. I.)
Cpl 1209
Episcopus Massona

Massue, Jehan
→ **Jehan ⟨Massue⟩**

Master E. S.
→ **Meister E. S.**

Master of Mary of Burgundy
→ **Meister der Maria von Burgund**

Mastro, Paolo ¬dello¬
→ **Paolo ⟨dello Mastro⟩**

Mas'ūd, Aḥmad B. 'Alī
→ **Ibn-Mas'ūd, Aḥmad Ibn-'Alī**

Mas'ūd Ibn-Aḥmad al-Kāsānī
→ **Kāsānī, Mas'ūd Ibn-Aḥmad ¬al-¬**

Mas'ūd Ibn-'Umar at-Taftazānī
→ **Taftazānī, Mas'ūd Ibn-'Umar ¬at-¬**

Masudi, Abul Hasan Ali ¬al¬
→ **Mas'ūdī, 'Alī Ibn-al-Ḥusain ¬al-¬**

Mas'ūdī, Abu-'l-Ḥasan 'Alī Ibn-al-Ḥusain ¬al-¬
→ **Mas'ūdī, 'Alī Ibn-al-Ḥusain ¬al-¬**

Mas'ūdī, 'Alī Ibn-al-Ḥusain ¬al-¬
ca. 896 – ca. 956
LMA,VI,374/75
'Alī Ibn-al-Ḥusain al-Mas'ūdī
Ibn-al-Ḥusain, 'Alī al-Mas'ūdī
Ibn-al-Ḥusain al-Mas'ūdī, 'Alī
Masudi, Abul Hasan Ali ¬al¬
Mas'ūdī, Abu-'l-Ḥasan 'Alī Ibn-al-Ḥusain ¬al-¬
Mas'ūdī, Abu-'l-Ḥasan 'Alī Ibn-al-Ḥusain ¬al-¬

Masuer, Johannes
→ **Johannes ⟨Masuer⟩**

Mataplana, Uguet ¬de¬
→ **Uguet ⟨de Mataplana⟩**

Matarellus, Nicolaus
→ **Nicolaus ⟨Matarellus⟩**

Matěj ⟨z Janova⟩
→ **Matthias ⟨de Ianova⟩**

Mateola, Eustachius ¬de¬
→ **Eustachius ⟨de Matera⟩**

Mateos, Gonzalo
→ **Gonzalo ⟨Mateos⟩**

Matera, Eustachius ¬de¬
→ **Eustachius ⟨de Matera⟩**

Matera, Johannes ¬de¬
→ **Johannes ⟨de Matera⟩**

Mateus ⟨...⟩
→ **Matthaeus ⟨...⟩**

Matfre ⟨Ermengaud⟩
→ **Ermengaud, Matfre**

Matha, Johannes ¬de¬
→ **Johannes ⟨de Matha⟩**

Mathaeus ⟨...⟩
→ **Matthaeus ⟨...⟩**

Mathelica, Hieronymus ¬de¬
→ **Hieronymus ⟨de Mathelica⟩**

Mathematicus, Leontius
→ **Leontius ⟨Mathematicus⟩**

Matheolulus
→ **Matthaeus ⟨Bononiensis⟩**

Matheolus ⟨Perusinus⟩
gest. ca. 1470/80
De memoria et reminiscentia; Ars memorativa; Commentarius in Hippocratis Aphorismos
Lohr
Matheolus ⟨of Perugia⟩
Matthaeolus ⟨Perusinus⟩
Mattheolus ⟨of Perugia⟩
Mattioli ⟨da Parugia⟩
Mattioli ⟨de Pérouse⟩
Mattioli, Mattiolo
Mattiolo ⟨de Pérouse⟩
Mattiolo ⟨Mattioli⟩
Perusinus, Matheolus

Mathes ⟨Roritzer⟩
→ **Roritzer, Matthäus**

Mathes ⟨Schanz⟩
→ **Schanz, Mathes**

Mathesilanus, Matthaeus
→ **Matthaeus ⟨Mattesillani⟩**

Matheu ⟨Jaume⟩
→ **Jaume, Matheu**

Matheus ⟨...⟩
→ **Matthaeus ⟨...⟩**

Matheus ⟨Lutsch⟩
→ **Lutsch, Matheus**

Mathias ⟨...⟩
→ **Matthias ⟨...⟩**

Mathieu
→ **Matthaeus ⟨Bononiensis⟩**

Mathieu ⟨...⟩
→ **Matthieu ⟨...⟩**

Mathilde ⟨de Souabe⟩
→ **Mathilde ⟨Oberlothringen, Herzogin⟩**

Mathilde ⟨de Toscane⟩
→ **Matilde ⟨di Canossa⟩**

Mathilde ⟨d'Oldenbourg⟩
→ **Mathilde ⟨Ostfränkisches Reich, Königin⟩**

Mathilde ⟨Épouse de Conrad I., Duc de Carinthie⟩
→ **Mathilde ⟨Oberlothringen, Herzogin⟩**

Mathilde ⟨Épouse de Frédéric II., Duc de Lorraine⟩
→ **Mathilde ⟨Oberlothringen, Herzogin⟩**

Mathilde ⟨Épouse de Guelphe V, Duc de Bavière⟩
→ **Matilde ⟨di Canossa⟩**

Mathilde ⟨Fille d'Hermann, Duc de Souabe⟩
→ **Mathilde ⟨Oberlothringen, Herzogin⟩**

Mathilde ⟨Heilige⟩
→ **Mathilde ⟨Ostfränkisches Reich, Königin⟩**

Mathilde ⟨Kärnten, Herzogin⟩
→ **Mathilde ⟨Oberlothringen, Herzogin⟩**

Mathilde ⟨Oberlothringen, Herzogin⟩
um 980/1230
Epistola ad Misegonem II Poloniae regem data a. 1027 aut 1028; Epistola ad Miecislaum regem Poloniae data a. 1026 aut 1027; Liber officiorum (Ordo Romanus) für 988/89-1032
Potth. 776
Mathilda ⟨Oberlothringen, Herzogin⟩
Mathilde ⟨de Souabe⟩
Mathilde ⟨Épouse de Conrad I., Duc de Carinthie⟩
Mathilde ⟨Épouse de Frédéric II., Duc de Lorraine⟩
Mathilde ⟨Fille d'Hermann, Duc de Souabe⟩
Mathilde ⟨Kärnten, Herzogin⟩
Mathilde ⟨of Swabia⟩
Mathilde ⟨of Swabia⟩
Mathilde ⟨Souabe, Duchesse⟩
Mathilde ⟨von Schwaben⟩
Mathildis ⟨Avia Mathildis Toscanae⟩
Mathildis ⟨Filia Herimanni II.⟩
Mathildis ⟨Lotharingia Superior, Ducissa⟩
Mathildis ⟨Soror Giselae Imperatricis⟩
Mathildis ⟨Sueva⟩
Mathildis ⟨Sueva, Duca⟩
Matilde ⟨Oberlothringen, Herzogin⟩
Matilde ⟨Schwaben, Herzogin⟩

Mathilde ⟨of Swabia⟩
→ **Mathilde ⟨Oberlothringen, Herzogin⟩**

Mathilde ⟨Ostfränkisches Reich, Königin⟩
ca. 896 – 968
LMA,VI,390/91
Mathilde ⟨d'Oldenbourg⟩
Mathilde ⟨Heilige⟩
Mathilde ⟨Römisch-Deutsches Reich, Königin⟩
Mathilde ⟨Sachsen, Herzogin⟩
Mathildis ⟨Römisch-Deutsches Reich, Königin⟩

Mathilde ⟨Toscane, Comtesse⟩
→ **Matilde ⟨di Canossa⟩**

Mathildis ⟨de Tuscia⟩
→ **Matilde ⟨di Canossa⟩**

Mathiolet ⟨de Boulogne-sur-Mer⟩
→ **Matthaeus ⟨Bononiensis⟩**

Mathis ⟨Drabsanft⟩
→ **Drabsanft, Mathis**

Mati, Niccolò
gest. 1384
Möglicherweise Verf. der Vita B. Joachimi Senensis und der Vita Johannae Soderini (ital.)
Potth. 776
Mati ⟨Pistoriensis⟩
Mati, Nicolas
Mati di Pistoia, Niccolò
Niccolò ⟨Mati⟩
Niccolò ⟨Mati di Pistoia⟩
Nicolas ⟨Mati⟩
Nicolas ⟨Mati de Pistoie⟩

Matianus ⟨de Genazano⟩
→ **Marianus ⟨de Genazano⟩**

Matias ⟨...⟩
→ **Matthias ⟨...⟩**

Matilda ⟨of Magdeburg⟩
→ **Mechthild ⟨von Magdeburg⟩**

Matilda ⟨von Hackeborn-Wippra⟩
→ **Mechthild ⟨von Hackeborn⟩**

Matilde ⟨di Canossa⟩
1046 – 1115
LMA,VI,393/94; LUI
Canossa, Matilde ¬di¬
Mathilde ⟨de Toscane⟩
Mathilde ⟨Épouse de Godefroy III, Duc de Lorraine⟩
Mathilde ⟨Épouse de Guelphe V, Duc de Bavière⟩
Mathilde ⟨Toscane, Comtesse⟩
Mathilde ⟨Tuscany, Countess⟩
Mathilde ⟨Tuszien, Markgräfin⟩
Mathilde ⟨von Tuszien⟩
Mathildis ⟨de Tuscia⟩

Matilde ⟨Oberlothringen, Herzogin⟩
→ **Mathilde ⟨Oberlothringen, Herzogin⟩**

Matiscone, Johannes ¬de¬
→ **Jean ⟨de Mâcon⟩**

Matrei, Klaus ¬von¬
→ **Klaus ⟨von Matrei⟩**

Matsee, Stainer ¬zu¬
→ **Stainer ⟨zu Matsee⟩**

Ma-tsu
→ **Mazu**

Mattach, Eberhard
→ **Mardach, Eberhard**

Mattaeus ⟨...⟩
→ **Matthaeus ⟨...⟩**

Mattarelli, Nicolas
→ **Nicolaus ⟨Matarellus⟩**

Mattasala ⟨di Spinello Lambertini⟩
→ **Lambertini, Mattasala**

Mattasala ⟨Lambertini⟩
→ **Lambertini, Mattasala**

Mattaselanus, Matthaeus
→ **Matthaeus ⟨Mattesillani⟩**

Matteo ⟨Camariote⟩
→ **Matthaeus ⟨Camariota⟩**

Matteo ⟨Cenobita⟩
→ **Matthēos ⟨Ourhayeci⟩**

Matteo ⟨Corsini⟩
→ **Corsini, Matteo**

Matteo ⟨da Bologna⟩
→ **Matthaeus ⟨de Libris⟩**

Matteo ⟨da Giovenazzo⟩
→ **Matteo ⟨di Giovenazzo⟩**

Matteo ⟨da Gubbio⟩
→ **Matthaeus ⟨de Eugubio⟩**

Matteo ⟨da Viterbo⟩
→ **Matteo ⟨di Giovanetto⟩**

Matteo ⟨d'Acquasparta⟩
→ **Matthaeus ⟨de Aquasparta⟩**

Matteo ⟨d'Aquila⟩
→ **Matthaeus ⟨de Aquila⟩**

Matteo ⟨de Gubbio⟩
→ **Matthaeus ⟨de Eugubio⟩**

Matteo ⟨de'Libri⟩
→ **Matthaeus ⟨de Libris⟩**

Matteo ⟨dei Libri⟩
→ **Matthaeus ⟨de Libris⟩**

Matteo ⟨dell'Aquila⟩
→ **Matthaeus ⟨de Aquila⟩**

Matteo ⟨de'Medici⟩
→ **Matthaeus ⟨Medices⟩**

Matteo ⟨de'Pasti⟩
→ **Pasti, Matteo ¬de'¬**

Matteo ⟨di Cracovia⟩
→ **Matthaeus ⟨de Cracovia⟩**

Matteo ⟨di Dino Frescobaldi⟩
→ **Frescobaldi, Matteo**

Matteo ⟨di Efeso⟩
→ **Manuel ⟨Gabalas⟩**

Matteo ⟨di Giovanetto⟩
14. Jh.
Maler
Gianetti, Matteo
Giovanetti, Matteo
Giovanetto, Matteo ¬di¬
Giovannetti, Mattheo
Matteo ⟨da Viterbo⟩
Matteo ⟨Giovanetti⟩

Matteo ⟨di Giovenazzo⟩
1230 – 1268
Giovenazzo, Matteo ¬di¬
Iuvenatio, Matthaeus ¬de¬
Matteo ⟨da Giovenazzo⟩
Matteo ⟨Spinelli⟩
Matthaeus ⟨de Iuvenatio⟩
Matthaeus ⟨Spinelli⟩
Matthieu ⟨Spinelli⟩
Spinelli, Matteo
Spinello, Matteo

Matteo ⟨di Vendôme⟩
→ **Matthaeus ⟨Vindocinensis⟩**

Matteo ⟨Frescobaldi⟩
→ **Frescobaldi, Matteo**

Matteo ⟨Giovanetti⟩
→ **Matteo ⟨di Giovanetto⟩**

Matteo ⟨Griffoni⟩
→ **Griffonibus, Matthaeus ¬de¬**

Matteo ⟨Griti⟩
→ **Matthaeus ⟨de Gritis⟩**

Matteo ⟨Mattesillani⟩
→ **Matthaeus ⟨Mattesillani⟩**

Matteo ⟨Nuti⟩
→ **Nuti, Matteo**

Matteo ⟨Palmieri⟩
→ **Matthaeus ⟨Palmerius⟩**

Matteo ⟨Panichi⟩
→ **Matthaeus ⟨Panicii⟩**

Matteo ⟨Pisano⟩
→ **Matthaeus ⟨de Pisano⟩**

Matteo ⟨Spinelli⟩
→ **Matteo ⟨di Giovenazzo⟩**

Matteo ⟨Urhagense⟩
→ **Matthēos ⟨Ourhayeci⟩**

Matteo ⟨Varignana⟩
→ **Matthaeus ⟨Varignana⟩**

Matteo ⟨Villani⟩
→ **Villani, Matteo**

Matteo ⟨Zuppardo⟩
→ **Matthaeus ⟨Zuppardus⟩**

Matteo, Leonardo ¬di¬
→ **Leonardus ⟨de Utino⟩**

Matteo, Luca ¬di¬
→ **Luca ⟨di Matteo⟩**

Matteo Castellani, Francesco ¬di¬
→ **Castellani, Francesco di Matteo**

Matteo Maria ⟨Boiardo⟩
→ **Boiardo, Matteo Maria**

Matteo-Castellani, Francesco ¬di¬
→ **Castellani, Francesco di Matteo**

Mattesillani, Matthaeus
→ **Matthaeus ⟨Mattesillani⟩**

Matteusz ⟨Krakowskiego⟩
→ **Matthaeus ⟨de Cracovia⟩**

Matthaei, Leonardus
→ **Leonardus ⟨de Utino⟩**

Matthaei, Philippus
→ **Manuel ⟨Gabalas⟩**

Matthaeolus ⟨Perusinus⟩
→ **Matheolus ⟨Perusinus⟩**

Matthaeus ⟨a Sancto Francisco⟩
→ **Matthaeus ⟨de Aquasparta⟩**

Matthaeus ⟨ab Aquasparta⟩
→ **Matthaeus ⟨de Aquasparta⟩**

Matthaeus ⟨Abbas Unicus⟩
→ **Matthaeus ⟨Gallicus⟩**

Matthaeus ⟨Albanensis⟩
→ **Matthaeus ⟨Parisiensis⟩**

Matthaeus ⟨Albanensis⟩
gest. 1139
Epistolae et diplomata
LThK; CSGL
Matthaeus ⟨Cardinalis⟩
Matthaeus ⟨Episcopus⟩
Matthaeus ⟨Remensis⟩
Matthäus ⟨von Albano⟩
Matthieu ⟨du Rémois⟩
Matthieu ⟨d'Albano⟩

Matthaeus ⟨Amalfitanus⟩
um 1351/63
Passio S. Andreae apost. (translat.)
Potth. 777
Matthaeus ⟨Amalphitanus Archidiaconus⟩
Matthieu ⟨Archidiacre d'Amalfi⟩
Matthieu ⟨d'Amalfi⟩

Matthaeus ⟨Archiepiscopus⟩
→ **Matthaeus ⟨de Aurelia⟩**

Matthaeus ⟨Bischof von Krakau⟩
→ **Matthaeus ⟨Cracoviensis Episcopus⟩**

Matthaeus ⟨Blastares⟩
um 1350
Tusculum-Lexikon; LThK; CSGL; LMA,II,267
Blastares, Matthaeus
Blastares, Matthaios
Blastarius, Matthaeus
Matthaeus ⟨Blastarius⟩
Matthaeus ⟨Hieromonachus⟩
Matthaeus ⟨Monachus⟩
Matthaios ⟨ho Blastarēs⟩
Matthaios ⟨ho Hieromonachos⟩
Matthaios ⟨ho Monachos⟩
Vlastares, Matthaios

Matthaeus ⟨Blastarius⟩
→ **Matthaeus ⟨Blastares⟩**

Matthaeus ⟨Bononiensis⟩
1260 – ca. 1320
Lamentationes Matheoli
LMA,V,398
Mahieu
Mahieu ⟨de Boulogne⟩
Mahieu ⟨de Boulogne-sur-Mer⟩
Mahieu ⟨Maistre⟩
Matheolulus
Matheolus
Matheolus ⟨de Boulogne-sur-Mer⟩
Matheus ⟨von Boulogne⟩
Mathieu
Matthieu ⟨de Boulogne⟩
Mathieu ⟨de Boulogne-sur-Mer⟩
Mathiolet
Mathiolet ⟨de Boulogne-sur-Mer⟩
Matthaeus ⟨von Boulogne⟩

Matthaeus ⟨Byzantinisches Reich, Kaiser⟩
→ **Matthaeus ⟨Imperium Byzantinum, Imperator⟩**

Matthaeus ⟨Camariota⟩
gest. ca. 1490
Tusculum-Lexikon; CSGL
Camariota, Matthaeus
Kamariōtēs, Matthaios
Matteo ⟨Camariote⟩
Matthaeus ⟨Camariotes⟩
Matthaios ⟨Kamariōtēs⟩

Matthaeus ⟨Cantacuzenus⟩
→ **Matthaeus ⟨Imperium Byzantinum, Imperator⟩**

Matthaeus ⟨Cardinal⟩
→ **Matthaeus ⟨Albanensis⟩**
→ **Matthaeus ⟨de Aquasparta⟩**

Matthaeus ⟨Cracoviensis Episcopus⟩
gest. 1166
Epistula ad Bernardum Claraevallensem; nicht identisch mit Matthaeus ⟨de Cracovia⟩, 1355 - 1410, Bischof von Worms
LMA,VI,397
Matthaeus ⟨Bischof von Krakau⟩
Matthaeus ⟨Cracoviensis⟩
Matthaeus ⟨Episcopus⟩
Matthaeus ⟨von Krakau⟩
Matthieu ⟨de Cracovie⟩
Matthieu ⟨Evêque de Cracovie⟩

Matthaeus ⟨de Aquasparta⟩
1237 – 1302 · OFM
LThK; Tusculum-Lexikon; LMA,VI,397/98
Aquasparta, Matthaeus ¬de¬
Matteo ⟨d'Acquasparta⟩
Matthaeus ⟨a Sancto Francisco⟩
Matthaeus ⟨ab Aquasparta⟩
Matthaeus ⟨Cardinal⟩
Matthaeus ⟨de Santa Ruffina⟩
Matthaeus ⟨dei Bentivenghi⟩
Matthaeus ⟨Lombardus⟩
Matthaeus ⟨Tudertinus⟩
Matthaeus ⟨von Acquasparta⟩
Matthew ⟨of Aquasparta⟩
Matthieu ⟨d'Acquasparta⟩

Matthaeus ⟨de Aquila⟩
um 1440
Tractatus de cometa atque terraemotu; Tractatus de sensu composito e diviso; Inquisitio quae scientiarum dignitate praecellere debeat

Aquila, Matteo ¬d'¬
Aquila, Matthaeus ¬de¬
Dell'Aquila, Matteo
Matteo ⟨dell'Aquila⟩
Matteo ⟨d'Aquila⟩
Matthaeus ⟨Magister⟩
Matthieu ⟨Célestin⟩
Matthieu ⟨dall'Aquila⟩

Matthaeus ⟨de Augubio⟩
→ **Matthaeus ⟨de Eugubio⟩**

Matthaeus ⟨de Aula Regia⟩
gest. 1427
Quaestiones
LThK; VL(2); LMA,VI,399
Aula Regia, Matthaeus ¬de¬
Matthaeus ⟨de Königsaal⟩
Matthaeus ⟨de Steynhuz⟩
Matthaeus ⟨Steynhus⟩
Matthaeus ⟨Steynhuz⟩
Matthaeus ⟨von Königsaal⟩
Matthieu ⟨de Königssaal⟩
Steynhus, Matthaeus

Matthaeus ⟨de Aurelia⟩
13. Jh.
Vielleicht Verfasser von Sophismata
Schneyer,IV,168
Aurelia, Matthaeus ¬de¬
Mattaeus ⟨Aurelianensis⟩
Matthaeus ⟨Archiepiscopus⟩
Matthaeus ⟨Magister⟩

Matthaeus ⟨de Braunschweig⟩
→ **Matthaeus ⟨de Saxonia⟩**

Matthaeus ⟨de Cracovia⟩
ca. 1355 – 1410
De arte moriendi; nicht identisch mit Matthaeus⟨Cracoviensis Episcopus⟩
Tusculum-Lexikon; LThK; Potth.; LMA,VI,397
Cracovia, Matthaeus ¬de¬
Mateo ⟨di Cracovia⟩
Mateusz ⟨z Krakowa⟩
Matteo ⟨di Cracovia⟩
Matteusz ⟨Krakowskiego⟩
Matthaeus ⟨de Krakau⟩
Matthaeus ⟨Episcopus⟩
Matthaeus ⟨Notarius⟩
Matthaeus ⟨von Worms⟩
Matthaeus ⟨Wormatiensis⟩
Matthäus ⟨von Krakau⟩
Matthieu ⟨de Cracovie⟩
Matthieu ⟨de Krakow⟩
Matthieu ⟨de Worms⟩
Thomas ⟨de Cracovia⟩
Thomas ⟨de Cracovie⟩

Matthaeus ⟨de Dänemark⟩
→ **Matthias ⟨Ripensis⟩**

Matthaeus ⟨de Edessa⟩
→ **Matthēos ⟨Ouřhayeci⟩**

Matthaeus ⟨de Eugubio⟩
gest. ca. 1347
Reportata super Porphyrium; Reportata super Praedicamenta; Dicta super Porphyrium; etc
Lohr; LMA,VI,398
Eugubio, Matthaeus ¬de¬
Mathieu ⟨de Eugubio⟩
Matteo ⟨da Gubbio⟩
Matteo ⟨de Gubbio⟩
Matthaeus ⟨de Augubio⟩
Matthaeus ⟨de Eugubbio⟩
Matthaeus ⟨de Ugubio⟩
Matthaeus ⟨Maei de Eugubio⟩
Matthaeus ⟨de Gubbio⟩
Matthaeus ⟨von Augubio⟩
Matthaeus ⟨von Gubbio⟩
Matthew ⟨of Gubbio⟩
Matthieu ⟨de Eugubio⟩
Matthieu ⟨de Gubbio⟩

Matthaeus ⟨de Finale⟩
→ **Matthaeus ⟨de Finario⟩**

Matthaeus ⟨de Finario⟩
um 1444 · OP
Commentaria in plures Sacrorum Bibliorum partes
Stegmüller, Repert. bibl. 5539
Finario, Matthaeus ¬de¬
Matthaeus ⟨de Finale⟩
Matthaeus ⟨de Pollupice⟩
Matthieu ⟨de Finale⟩
Matthieu ⟨de Finario⟩

Matthaeus ⟨de Griffonibus⟩
→ **Griffonibus, Matthaeus ¬de¬**

Matthaeus ⟨de Gritis⟩
um 1262 · OP
Schneyer,IV,168
Grita, Matthaeus
Griti, Matteo
Griti, Matthaeus
Gritis, Matthaeus ¬de¬
Matteo ⟨Griti⟩
Matthaeus ⟨de Mediolano⟩
Matthaeus ⟨Grita⟩
Matthaeus ⟨Griti⟩
Matthaeus ⟨Gritus⟩
Matthaeus ⟨Gritus Mediolanensis⟩

Matthaeus ⟨de Iuvenatio⟩
→ **Matteo ⟨di Giovenazzo⟩**

Matthaeus ⟨de Königsaal⟩
→ **Matthaeus ⟨de Aula Regia⟩**

Matthaeus ⟨de Krakau⟩
→ **Matthaeus ⟨de Cracovia⟩**

Matthaeus ⟨de Labiszyn⟩
→ **Matthaeus ⟨de Lapischino⟩**

Matthaeus ⟨de Lapischino⟩
gest. um 1452
Expositio et glossa in X libros Ethicorum Aristotelis; Laurentii de Ratibor laudatio; Commentum super Prologum evangelii sec. Ioannem: Quaestiones de malo
Lohr; Stegmüller, Repert. sentent. 533; Schönberger/ Kible, Repertorium, 15481
Lapischino, Matthaeus ¬de¬
Maciej ⟨z Labiszyna⟩
Maciej ⟨z Labyszyna⟩
Mathias ⟨de Labyszyn⟩
Matthaeus ⟨de Labiszyn⟩
Matthaeus ⟨z Labiszyna⟩
Matthias ⟨de Labischin⟩
Matthias ⟨de Lubišin⟩

Matthaeus ⟨de Libris⟩
gest. 1275
Doctrina salutationum; Summa artis dictaminis; Dicerie
LMA,V,390
Libri, Maffeo ¬dai¬
Libri, Matteo ¬dei¬
Libris, Matthaeus ¬de¬
Maffeo ⟨dai Libri⟩
Matteo ⟨da Bologna⟩
Matteo ⟨dei Libri⟩
Matteo ⟨de'Libri⟩
Matteo ⟨de'Libri⟩
Matteo ⟨de'Libri da Bologna⟩

Matthaeus ⟨de Matasselanis⟩
→ **Matthaeus ⟨Mattesillani⟩**

Matthaeus ⟨de Mediolano⟩
→ **Matthaeus ⟨de Gritis⟩**

Matthaeus ⟨de Panizzi⟩
→ **Matthaeus ⟨Panicii⟩**

Matthaeus ⟨de Pappenheim⟩
→ **Pappenheim, Matthäus ¬von¬**

Matthaeus ⟨de Paris⟩
→ **Matthaeus ⟨Parisiensis⟩**

Matthaeus ⟨de Pisano⟩
15. Jh.
Matteo ⟨Pisano⟩
Matthaeus ⟨Pisanus⟩
Matthieu ⟨de Pisano⟩
Pisano, Matthaeus ¬de¬

Matthaeus ⟨de Pollupice⟩
→ **Matthaeus ⟨de Finario⟩**

Matthaeus ⟨de Sancto Albano⟩
→ **Matthaeus ⟨Parisiensis⟩**

Matthaeus ⟨de Santa Ruffina⟩
→ **Matthaeus ⟨de Aquasparta⟩**

Matthaeus ⟨de Saxonia⟩
gest. ca. 1390 · OESA
De angelis; De mensuratione crucis et passione Christi; De triplici adventu verbi
LMA,VI,399
Matthaeus ⟨de Braunschweig⟩
Matthaeus ⟨von Sachsen⟩
Matthaeus ⟨von Zerbst⟩
Matthieu ⟨de Saxe⟩
Matthieu ⟨de Zerbst⟩
Matthieu ⟨d'Anhalt⟩
Pseudo-Matthaeus ⟨de Saxonia⟩
Pseudo-Matthaeus ⟨de Zerbst⟩
Saxonia, Matthaeus ¬de¬

Matthaeus ⟨de Scornay⟩
→ **Matthaeus ⟨Ninovensis⟩**

Matthaeus ⟨de Steynhuz⟩
→ **Matthaeus ⟨de Aula Regia⟩**

Matthaeus ⟨de Ugubio⟩
→ **Matthaeus ⟨de Eugubio⟩**

Matthaeus ⟨de Vendôme⟩
→ **Matthaeus ⟨Vindocinensis⟩**

Matthaeus ⟨de Verona⟩
1415/22 · OP
De arte memorandi; Collationes variae; Incipit quedam abreviatio super Sent.; etc.
Kaeppeli,III,127/128
Verona, Matthaeus ¬de¬

Matthaeus ⟨dei Bentivenghi⟩
→ **Matthaeus ⟨de Aquasparta⟩**

Matthaeus ⟨Ebroicensis⟩
um 1390 · OP
Postillae in quamplures Vet. Nov. Test. libros
Stegmüller, Repert. bibl. 5531-5533
Matthieu ⟨d'Evreux⟩
Matthieu ⟨Ebroicensis⟩

Matthaeus ⟨Ecclesiae Montis Sancti Martini⟩
→ **Matthaeus ⟨Ninovensis⟩**

Matthaeus ⟨Ephesius⟩
→ **Manuel ⟨Gabalas⟩**

Matthaeus ⟨Episcopus⟩
→ **Matthaeus ⟨Albanensis⟩**
→ **Matthaeus ⟨Cracoviensis Episcopus⟩**
→ **Matthaeus ⟨de Cracovia⟩**

Matthaeus ⟨Florentinus⟩
→ **Matthaeus ⟨Panicii⟩**

Matthaeus ⟨Florilegus⟩
→ **Matthaeus ⟨Westmonasteriensis⟩**

Matthaeus ⟨Frater, OP⟩
→ **Matthaeus ⟨Gallicus⟩**

Matthaeus ⟨Gallicus⟩
gest. 1226 · OP
Schneyer,IV,149
Gallicus, Matthaeus
Matthaeus ⟨Abbas Unicus⟩
Matthaeus ⟨Frater⟩
Matthaeus ⟨Frater, OP⟩
Matthaeus ⟨OP⟩
Matthieu ⟨de Paris⟩
Matthieu ⟨d'Alby⟩
Matthieu ⟨Français⟩
Matthieu ⟨Gallicus⟩

Matthaeus ⟨Grabow⟩
→ **Grabow, Matthaeus**

Matthaeus ⟨Gritus⟩
→ **Matthaeus ⟨de Gritis⟩**

Matthaeus ⟨Hagen⟩
→ **Hagen, Gregor**

Matthaeus ⟨Hieromonachus⟩
→ **Matthaeus ⟨Blastares⟩**

Matthäus ⟨Hummel⟩
→ **Hummel, Matthäus**

Matthaeus ⟨Imperium Byzantinum, Imperator⟩
ca. 1325 – 1383
LMA,VI,400/01
Cantacuzenus, Matthaeus
Matthaeus ⟨Byzantinisches Reich, Kaiser⟩
Matthaeus ⟨Cantacuzenus⟩
Matthaios ⟨ho Kantakuzenos⟩
Matthaios ⟨Kantakuzenos⟩
Matthew ⟨Asanes Cantacuzenus⟩
Matthieu ⟨Cantacuzène⟩
Matthieu ⟨Empereur d'Orient⟩
Matthieu ⟨Orient, Empereur⟩

Matthaeus ⟨Inquisitor Ferrariensis⟩
→ **Matthaeus ⟨Mutinensis⟩**

Matthaeus ⟨Lombardus⟩
→ **Matthaeus ⟨de Aquasparta⟩**

Matthaeus ⟨Maei de Eugubio⟩
→ **Matthaeus ⟨de Eugubio⟩**

Matthaeus ⟨Magister⟩
→ **Matthaeus ⟨de Aquila⟩**
→ **Matthaeus ⟨de Aurelia⟩**

Matthaeus ⟨Magister Salernitanus⟩
→ **Matthaeus ⟨Platearius⟩**

Matthaeus ⟨Marescalcus⟩
→ **Pappenheim, Matthäus ¬von¬**

Matthaeus ⟨Masius⟩
um 1270 · OESA
Vita S. Gerii
Potth. 776; 778
Masi, Matthieu
Masius, Matthaeus
Matthieu ⟨Masi⟩
Matthieu ⟨Masi de Montesanto⟩

Matthaeus ⟨Mattesillani⟩
1381 – 1412
De carceribus
Mathesilanus, Matthaeus
Mattaselanus, Matthaeus
Matteo ⟨Mattesillani⟩
Mattesillani, Matteo
Mattesillani, Matthaeus
Mattesillani, Matthieu
Matthaeus ⟨de Matasselanis⟩
Matthaeus ⟨Mathesilanus⟩
Matthaeus ⟨Mattaselanus⟩
Matthieu ⟨de Mathesilani⟩
Matthieu ⟨Mattesillani⟩

Matthaeus ⟨Medices⟩
gest. 1313 · OP
Cant.
Stegmüller, Repert. bibl. 5535; Schneyer,IV,168
Massaeus ⟨de'Medici⟩
Matteo ⟨de'Medici⟩
Matthaeus ⟨Mediceus⟩
Matthieu ⟨de Médicis⟩
Matthieu ⟨de'Medici⟩
Medices, Matthaeus
Medici, Matthieu ¬de'¬

Matthaeus ⟨Metropolitanus⟩
→ **Manuel ⟨Gabalas⟩**

Matthaeus ⟨Monachus⟩
→ **Matthaeus ⟨Blastares⟩**

Matthaeus ⟨Mutinensis⟩
um 1500 · OP
Ps.; Mt. (italice)
Stegmüller. Repert. bibl. 5536;5537
Matthaeus ⟨Inquisitor Ferrariensis⟩
Matthieu ⟨de Ferrare⟩
Matthieu ⟨de Modène⟩
Matthieu ⟨Dominicain⟩

Matthaeus ⟨Ninovensis⟩
um 1195 · OPraem
Ps.; Is.
Stegmüller, Repert. bibl. 5538;5539; Schneyer,IV,168
Mathieu ⟨de Schoorisse⟩
Matthaeus ⟨de Schornaio⟩
Matthaeus ⟨de Scornaco⟩
Matthaeus ⟨de Scornay⟩
Matthaeus ⟨Ecclesiae Montis Sancti Martini⟩
Matthaeus ⟨Schoorisse⟩
Matthaeus ⟨Scornaius⟩
Matthaeus ⟨Scornus⟩
Matthieu ⟨de Ninove⟩
Matthieu ⟨de Schoorisse⟩

Matthaeus ⟨Notarius⟩
→ **Matthaeus ⟨de Cracovia⟩**

Matthaeus ⟨of Ephesus⟩
→ **Manuel ⟨Gabalas⟩**

Matthaeus ⟨OP⟩
→ **Matthaeus ⟨Gallicus⟩**

Matthaeus ⟨Palmerius⟩
gest. 1475
Chronicon
LMA,VI,1645/46
Matteo ⟨Palmieri⟩
Matthaeus ⟨Patavinus⟩
Palmerius ⟨Florentinus⟩
Palmerius, Matthaeus
Palmerius, Matthaeus ⟨Florentinus⟩
Palmerius, Mattheus
Palmieri, Matteo

Matthaeus ⟨Panaretus⟩
→ **Matthaeus Angelus ⟨Panaretus⟩**

Matthaeus ⟨Panicii⟩
1475/96 · OP
Historia Congregationis Iesuatorum
Kaeppeli,III,126/127; Schönberger/Kible, Repertorium, 15519
Matteo ⟨Panichi⟩
Matthaeus ⟨de Panizzi⟩
Matthaeus ⟨Florentinus⟩
Matthaeus ⟨Panicii Florentinus⟩
Panichi, Matteo
Panicii, Matthaeus

Matthaeus ⟨Parisiensis⟩
ca. 1200 – 1259
Chronica maiora; Chronica minor; etc.
LThK; Tusculum-Lexikon
Matthaeus ⟨Albanensis⟩
Matthaeus ⟨de Paris⟩
Matthaeus ⟨de Parisiis⟩
Matthaeus ⟨de Sancto Albano⟩
Matthaeus ⟨Paris⟩
Matthaeus ⟨Parisius⟩

Matthaeus ⟨Sancti Albani⟩
Matthäus ⟨von Paris⟩
Matthew ⟨Paris⟩
Matthieu ⟨Paris⟩
Paris, Mathieu
Paris, Matthaeus
Paris, Matthew
Paris, Matthieu
Parisiis, Matthaeus ¬de¬

Matthaeus ⟨Patavinus⟩
→ **Matthaeus ⟨Palmerius⟩**

Matthaeus ⟨Philadelphiensis⟩
→ **Manuel ⟨Gabalas⟩**

Matthaeus ⟨Pisanus⟩
→ **Matthaeus ⟨de Pisano⟩**

Matthaeus ⟨Platearius⟩
gest. 1161
Sohn des Johannes ⟨Platearius⟩; Glossae in antidotarium Nicolai
Tusculum-Lexikon
Matthaeus ⟨Magister Salernitanus⟩
Platearius, Matthaeus

Matthaeus ⟨Remensis⟩
→ **Matthaeus ⟨Albanensis⟩**

Matthaeus ⟨Ripensis⟩
→ **Matthias ⟨Ripensis⟩**

Matthaeus ⟨Roeder⟩
→ **Roeder, Matthaeus**

Matthäus ⟨Roritzer⟩
→ **Roritzer, Matthäus**

Matthaeus ⟨Sancti Albani⟩
→ **Matthaeus ⟨Parisiensis⟩**

Matthaeus ⟨Schoorisse⟩
→ **Matthaeus ⟨Ninovensis⟩**

Matthaeus ⟨Silvagius⟩
→ **Matthaeus ⟨Sylvagius⟩**

Matthaeus ⟨Silvaticus⟩
gest. 1342
Opus pandectarum medicinae
Tusculum-Lexikon; LMA,VI,400
Matthaeus ⟨Sylvaticus⟩
Silvaticus, Matthaeus
Sylvaticus, Matthaeus

Matthaeus ⟨Spinelli⟩
→ **Matteo ⟨di Giovenazzo⟩**

Matthaeus ⟨Steynhus⟩
→ **Matthaeus ⟨de Aula Regia⟩**

Matthaeus ⟨Sylvagius⟩
Lebensdaten nicht ermittelt · OFM
Joh.I, 1-14; Liber de tribus peregrinis
Stegmüller, Repert. bibl. 5540
Matthaeus ⟨Silvagius⟩
Silvagius, Matthaeus
Sylvagius, Matthaeus

Matthaeus ⟨Sylvaticus⟩
→ **Matthaeus ⟨Silvaticus⟩**

Matthaeus ⟨Tudertinus⟩
→ **Matthaeus ⟨de Aquasparta⟩**

Matthaeus ⟨Varignana⟩
gest. ca. 1381
Matteo ⟨Varignana⟩
Varignana, Matthaeus

Matthaeus ⟨Villani⟩
→ **Villani, Matteo**

Matthaeus ⟨Vindocinensis⟩
12. Jh.
LThK; CSGL; LMA,VI,400
Matheus ⟨Vindocinensis⟩
Matteo ⟨di Vendôme⟩
Matthaeus ⟨de Vendôme⟩
Matthaeus ⟨von Vendôme⟩
Matthew ⟨of Vendôme⟩
Matthieu ⟨de Vendôme⟩

Matthaeus ⟨von Acquasparta⟩
→ **Matthaeus ⟨de Aquasparta⟩**

Matthäus ⟨von Albano⟩
→ **Matthaeus ⟨Albanensis⟩**

Matthaeus ⟨von Augubio⟩
→ **Matthaeus ⟨de Eugubio⟩**

Matthaeus ⟨von Boulogne⟩
→ **Matthaeus ⟨Bononiensis⟩**

Matthaeus ⟨von Königsaal⟩
→ **Matthaeus ⟨de Aula Regia⟩**

Matthaeus ⟨von Krakau⟩
→ **Grabow, Matthaeus**
→ **Matthaeus ⟨Cracoviensis Episcopus⟩**
→ **Matthaeus ⟨de Cracovia⟩**

Matthäus ⟨von Pappenheim⟩
→ **Pappenheim, Matthäus ¬von¬**

Matthäus ⟨von Paris⟩
→ **Matthaeus ⟨Parisiensis⟩**

Matthaeus ⟨von Philadelpheia⟩
→ **Manuel ⟨Gabalas⟩**

Matthaeus ⟨von Sachsen⟩
→ **Matthaeus ⟨de Saxonia⟩**

Matthaeus ⟨von Vendôme⟩
→ **Matthaeus ⟨Vindocinensis⟩**

Matthäus ⟨von Villingen⟩
→ **Hummel, Matthäus**

Matthaeus ⟨von Worms⟩
→ **Matthaeus ⟨de Cracovia⟩**

Matthaeus ⟨von Zerbst⟩
→ **Matthaeus ⟨de Saxonia⟩**

Matthaeus ⟨Westmonasteriensis⟩
um 1307 · OSB
Flores historiarum
Mathew ⟨of Westminster⟩
Matthaeus ⟨Florigerus⟩
Matthaeus ⟨Florilegus⟩
Matthäus ⟨von Westminster⟩
Matthew ⟨of Westminster⟩
Matthieu ⟨de Westminster⟩

Matthaeus ⟨Wormatiensis⟩
→ **Matthaeus ⟨de Cracovia⟩**

Matthaeus ⟨z Labiszyna⟩
→ **Matthaeus ⟨de Lapischino⟩**

Matthaeus ⟨Zuppardus⟩
um 1430
Alfonseis
Mateo ⟨Zuppardo⟩
Matheo ⟨Zuppardo⟩
Matheus ⟨Zupardus⟩
Matteo ⟨Zuppardo⟩
Mazullo ⟨Zuppardo⟩
Zuppardo, Matheo
Zuppardo, Matteo
Zuppardus, Matthaeus

Matthaeus, Philippus
→ **Manuel ⟨Gabalas⟩**

Matthaeus ⟨de Gubbio⟩
→ **Matthaeus ⟨de Eugubio⟩**

Matthaeus Angelus ⟨Panaretus⟩
14. Jh.
Tusculum-Lexikon; CSGL; LMA,VI,1651
Angelus ⟨Panaretus⟩
Matthaeus ⟨Panaretus⟩
Matthaios Angelos ⟨Panaretos⟩
Panaretos, Matthaios Angelos
Panaretus, Matthaeus Angelus

Matthaeus Maria ⟨Boiardus⟩
→ **Boiardo, Matteo Maria**

Matthaios ⟨der Armenier⟩
→ **Matthēos ⟨Ouřhayeci⟩**

Matthaios ⟨ho Blastarēs⟩
→ **Matthaeus ⟨Blastares⟩**

Matthaios ⟨ho Hieromonachos⟩
→ **Matthaeus ⟨Blastares⟩**

Matthaios ⟨ho Kantakuzenos⟩
→ **Matthaeus ⟨Imperium Byzantinum, Imperator⟩**

Matthaios ⟨ho Monachos⟩
→ **Matthaeus ⟨Blastares⟩**

Matthaios ⟨Kamariōtēs⟩
→ **Matthaeus ⟨Camariota⟩**

Matthaios ⟨Kantakuzenos⟩
→ **Matthaeus ⟨Imperium Byzantinum, Imperator⟩**

Matthaios ⟨Mētropolitēs⟩
→ **Manuel ⟨Gabalas⟩**

Matthaios ⟨von Ephesos⟩
→ **Manuel ⟨Gabalas⟩**

Matthaios ⟨von Urha⟩
→ **Matthēos ⟨Ouřhayeci⟩**

Matthaios Angelos ⟨Panaretos⟩
→ **Matthaeus Angelus ⟨Panaretus⟩**

Mattheae ⟨Neoburgensis⟩
→ **Matthias ⟨Neoburgensis⟩**

Mattheis ⟨Roritzer⟩
→ **Roritzer, Matthäus**

Mattheolus ⟨of Perugia⟩
→ **Matheolus ⟨Perusinus⟩**

Matthēos ⟨Ouřhayeci⟩
12. Jh.
Edesse, Matthieu ¬d'¬
Matteo ⟨Cenobita⟩
Matteo ⟨Urhagense⟩
Matthaeus ⟨de Edessa⟩
Matthaios ⟨der Armenier⟩
Matthaios ⟨von Urfa⟩
Matthaios ⟨von Urha⟩
Matthew ⟨of Edessa⟩
Matthieu ⟨d'Édesse⟩
Matthieu ⟨Erez⟩
Matthieu ⟨Ourhaietsi⟩
Mesrop ⟨Erec'⟩
Ouřhajeci, Matthēos
Ouřhayeci, Matthēos

Mattheus ⟨...⟩
→ **Matthaeus ⟨...⟩**

Matthew ⟨Asanes Cantacuzenus⟩
→ **Matthaeus ⟨Imperium Byzantinum, Imperator⟩**

Matthew ⟨of Aquasparta⟩
→ **Matthaeus ⟨de Aquasparta⟩**

Matthew ⟨of Edessa⟩
→ **Matthēos ⟨Ouřhayeci⟩**

Matthew ⟨of Gubbio⟩
→ **Matthaeus ⟨de Eugubio⟩**

Matthew ⟨of Vendôme⟩
→ **Matthaeus ⟨Vindocinensis⟩**

Matthew ⟨of Westminster⟩
→ **Matthaeus ⟨Westmonasteriensis⟩**

Matthew ⟨Paris⟩
→ **Matthaeus ⟨Parisiensis⟩**

Matthias ⟨Andernacensis⟩
→ **Matthias ⟨Emich⟩**

Matthias ⟨Bohemia, Rex, I.⟩
→ **Mátyás ⟨Magyarország, Király, I.⟩**

Matthias ⟨Corvinus⟩
→ **Mátyás ⟨Magyarország, Király, I.⟩**

Matthias ⟨Cracoviensis⟩
um 1273
Sermones de sanctis
Stegmüller, Repert. bibl. 5544
Matthias ⟨Magister⟩
Matthias ⟨von Krakau⟩

Matthias ⟨de Andernaco⟩
→ **Matthias ⟨Emich⟩**

Matthias ⟨de Beheim⟩
→ **Matthias ⟨von Beheim⟩**

Matthias ⟨de Bohème⟩
→ **Matthias ⟨de Ianova⟩**

Matthias ⟨de Colo⟩
gest. ca. 1440
Stegmüller, Repert. sentent. 530
Colo, Matthias ¬de¬
Matthias ⟨de Kolo⟩

Matthias ⟨de Colonia⟩
gest. 1359 · OCarm
Ps.
Stegmüller, Repert. bibl. 5545
Colonia, Matthias ¬de¬
Matthias ⟨de Cologne⟩
Matthias ⟨Woius⟩

Matthias ⟨de Ianova⟩
gest. 1393
Regulae nov. et vet. test.
LThK; LMA,VI,403/04; VL(2),6,181/86
Ianova, Matthias ¬de¬
Janova, Matěj ¬z¬
Janow, Matthias ¬von¬
Matěj ⟨z Janova⟩
Matthias ⟨de Bohème⟩
Matthias ⟨de Janov⟩
Matthias ⟨de Janova⟩
Matthias ⟨Janov⟩
Matthias ⟨Magister⟩
Matthias ⟨Parisiensis⟩
Matthias ⟨von Janov⟩
Matthias ⟨von Janow⟩

Matthias ⟨de Kolo⟩
→ **Matthias ⟨de Colo⟩**

Matthias ⟨de Labischin⟩
→ **Matthaeus ⟨de Lapischino⟩**

Matthias ⟨de Leeuw⟩
→ **Matthias ⟨de Lewis⟩**

Matthias ⟨de Legnicz⟩
→ **Matthias ⟨de Liegnitz⟩**

Matthias ⟨de Lewis⟩
gest. 1389
Chronique
Potth. 780
Lewis, Matthias ¬de¬
Matthias ⟨de Leeuw⟩
Matthias ⟨de Looz⟩
Matthias ⟨de Potthem⟩
Matthias ⟨de Sainte-Croix à Liège⟩

Matthias ⟨de Liegnitz⟩
um 1379
Lectura supra libros Ethicorum; Rom.; I Cor.
Lohr; Stegmüller, Repert. bibl. 5552-5554
Hildebrandi, Matthias
Hillebrandi, Matthias
Liegnitz, Matthias ¬de¬
Matthias ⟨de Legnicz⟩
Matthias ⟨Hildebrandi⟩
Matthias ⟨Hildebrandi de Liegnitz⟩
Matthias ⟨Hillebrandi⟩
Matthias ⟨Hillebrandi de Legnicz⟩
Matthias ⟨Hillebrandi de Liegnitz⟩
Matthias ⟨von Liegnitz⟩

Matthias ⟨de Lincopia⟩
→ **Matthias ⟨Lincopiensis⟩**

Matthias ⟨de Looz⟩
→ **Matthias ⟨de Lewis⟩**

Matthias ⟨de Lubišin⟩
→ **Matthaeus ⟨de Lapischino⟩**

Matthias ⟨de Neuchâtel⟩
→ **Matthias ⟨Neoburgensis⟩**

Matthias ⟨de Nuwenburg⟩
→ **Matthias ⟨Neoburgensis⟩**

Matthias ⟨de Pobiezowicz⟩
gest. ca. 1420
In Praedicamenta; In Perihermenias
Lohr
Pobiezowicz, Matthias ¬de¬

Matthias ⟨de Potthem⟩
→ **Matthias ⟨de Lewis⟩**

Matthias ⟨de Sainte-Croix à Liège⟩
→ **Matthias ⟨de Lewis⟩**

Matthias ⟨de Saspow⟩
um 1437/58
Stegmüller, Repert. sentent. 534; Stegmüller, Repert. bibl. 5556-5558
Matthias ⟨de Sanspow⟩
Matthias ⟨de Szasspow⟩
Matthias ⟨von Saspow⟩
Saspow, Matthias ¬de¬

Matthias ⟨de Suecia⟩
→ **Matthias ⟨Lincopiensis⟩**

Matthias ⟨de Vienne⟩
→ **Farinator, Matthias**

Matthias ⟨der Klausner⟩
→ **Matthias ⟨von Beheim⟩**

Matthias ⟨der Minorit⟩
→ **Doering, Matthias**

Matthias ⟨Doering⟩
→ **Doering, Matthias**

Matthias ⟨Drabsanft⟩
→ **Drabsanft, Mathis**

Matthias ⟨Emich⟩
gest. 1480 · OCarm
Is.
Stegmüller, Repert. bibl. 5549
Emich, Matthias
Matthias ⟨Andernacensis⟩
Matthias ⟨de Andernaco⟩
Matthias ⟨d'Andernach⟩
Matthias ⟨Emich Andernacensis⟩

Matthias ⟨Engelschalk⟩
15. Jh.
Lectura super passione Domini pars I-XX; Identität mit Albertus ⟨Engelschalk⟩ (um 1407) nicht gesichert
Stegmüller, Repert. bibl. 5550
Engelschalk, Matthias

Matthias ⟨Farinator⟩
→ **Farinator, Matthias**

Matthias ⟨Hayn⟩
gest. 1476 · OP
Expos. super De ente et essentia S. Thomae; Principium factum in I Sent., fer. VI p. dom. II post Pascha; De universalibus; etc.
Kaeppeli,III,129
Hayn, Matthias
Maciej ⟨Hayn⟩

Matthias ⟨Hildebrandi⟩
→ **Matthias ⟨de Liegnitz⟩**

Matthias ⟨Hungaria, Rex, I.⟩
→ **Mátyás ⟨Magyarország, Király, I.⟩**

Matthias ⟨Janov⟩
→ **Matthias ⟨de Ianova⟩**

Matthias ⟨Kemnatensis⟩
→ **Matthias ⟨von Kemnat⟩**

Matthias ⟨Lincopiensis⟩
ca. 1300 – ca. 1350
LThK; LMA,VI,404
  Matthias ⟨de Lincopia⟩
  Matthias ⟨de Suecia⟩
  Matthias ⟨Ouidi⟩
  Matthias ⟨Övidsson⟩
  Matthias ⟨Suecus⟩
  Matthias ⟨von Linköping⟩
  Mattia ⟨di Linköping⟩
  Suecia, Matthias ¬de¬

Matthias ⟨Magister⟩
→ **Matthias ⟨Cracoviensis⟩**
→ **Matthias ⟨de Ianova⟩**

Matthias ⟨Minorita⟩
→ **Doering, Matthias**

Matthias ⟨Neoburgensis⟩
gest. 1364
Chronica
Tusculum-Lexikon; LMA,VI,404;
VL(2),6,194/97
  Matthias ⟨von Neuenburg⟩
  Matthias ⟨de Neuchâtel⟩
  Matthias ⟨de Nuwenburg⟩
  Matthias ⟨Nuewenburgensis⟩
  Matthias ⟨Nüwenburgensis⟩
  Matthias ⟨von Neuenburg⟩

Matthias ⟨Övidsson⟩
→ **Matthias ⟨Lincopiensis⟩**

Matthias ⟨OP⟩
ca. 14./15. Jh. • OP
Incipit novus algorismus per fr.
Mathiam ord. pred. compilatus
Kaeppeli,III,128/129
  Mathias ⟨OP⟩

Matthias ⟨Ouidi⟩
→ **Matthias ⟨Lincopiensis⟩**

Matthias ⟨Palmerius⟩
gest. 1483
Opus de temporibus suis
  Matthias ⟨Pisanus⟩
  Mattia ⟨Palmieri⟩
  Palmerius ⟨Pisanus⟩
  Palmerius, Matthias
  Palmieri, Mattia

Matthias ⟨Parisiensis⟩
→ **Matthias ⟨de Ianova⟩**

Matthias ⟨Pisanus⟩
→ **Matthias ⟨Palmerius⟩**

Matthias ⟨Pistorius⟩
→ **Farinator, Matthias**

Matthias ⟨Ripensis⟩
14. Jh. • OP
Schneyer,IV,168
  Matthias ⟨de Dänemark⟩
  Matthaeus ⟨Ripensis⟩
  Matthias ⟨Ripensis Dacus⟩
  Matthieu ⟨de Danemark⟩
  Matthieu ⟨de Ripen⟩

Matthias ⟨Roeder⟩
→ **Roeder, Matthaeus**

Matthias ⟨Suecus⟩
→ **Matthias ⟨Lincopiensis⟩**

Matthias ⟨Thoringus⟩
→ **Doering, Matthias**

Matthias ⟨Ungarn, König, I.⟩
→ **Mátyás ⟨Magyarország, Király, I.⟩**

Matthias ⟨Viennensis⟩
→ **Farinator, Matthias**

Matthias ⟨Vischer⟩
→ **Vischer, Matthias**

Matthias ⟨von Beheim⟩
um 1343
Evangelienbuch
  Beheim, Matthias ¬von¬
  Mathie ⟨von Beheim⟩

Matthias ⟨de Beheim⟩
Matthias ⟨der Klausner⟩

Matthias ⟨von Günzburg⟩
15. Jh.
Abschriften von Dichtungen
VL(2),6,182/183
  Günzburg, Matthias ¬von¬

Matthias ⟨von Janov⟩
→ **Matthias ⟨de Ianova⟩**

Matthias ⟨von Kemnat⟩
1430 – 1476
LThK
  Kemnat, Matthias ¬von¬
  Kemnaten, Matthias
  Matthias ⟨Kemnaten⟩
  Matthias ⟨Kemnatensis⟩
  Matthias ⟨Widman⟩
  Matthias ⟨Widman von Kemnat⟩
  Widman, Matthias

Matthias ⟨von Krakau⟩
→ **Matthias ⟨Cracoviensis⟩**

Matthias ⟨von Kyritz⟩
→ **Doering, Matthias**

Matthias ⟨von Liegnitz⟩
→ **Matthias ⟨de Liegnitz⟩**

Matthias ⟨von Linköping⟩
→ **Matthias ⟨Lincopiensis⟩**

Matthias ⟨von Neuenburg⟩
→ **Matthias ⟨Neoburgensis⟩**

Matthias ⟨von Saspow⟩
→ **Matthias ⟨de Saspow⟩**

Matthias ⟨von Straßburg⟩
15. Jh.
Chirurgische Anweisungen, z.B.
Herstellung u. Anwendung
alkalischer Laugen
VL(2),6,197/198
  Straßburg, Matthias ¬von¬

Matthias ⟨Wedel⟩
→ **Wedel, Matthias**

Matthias ⟨Widman⟩
→ **Matthias ⟨von Kemnat⟩**

Matthias ⟨Woius⟩
→ **Matthias ⟨de Colonia⟩**

Matthieu ⟨Archidiacre d'Amalfi⟩
→ **Matthaeus ⟨Amalfitanus⟩**

Matthieu ⟨Cantacuzène⟩
→ **Matthaeus ⟨Imperium Byzantinum, Imperator⟩**

Matthieu ⟨Célestin⟩
→ **Matthaeus ⟨de Aquila⟩**

Matthieu ⟨Ciaccheri⟩
→ **Ciaccheri, Manetto**

Matthieu ⟨Corsini⟩
→ **Corsini, Matteo**

Matthieu ⟨d'Acquasparta⟩
→ **Matthaeus ⟨de Aquasparta⟩**

Matthieu ⟨d'Albano⟩
→ **Matthaeus ⟨Albanensis⟩**

Matthieu ⟨d'Alby⟩
→ **Matthaeus ⟨Gallicus⟩**

Matthieu ⟨dall'Aquila⟩
→ **Matthaeus ⟨de Aquila⟩**

Matthieu ⟨d'Amalfi⟩
→ **Matthaeus ⟨Amalfitanus⟩**

Matthieu ⟨d'Anhalt⟩
→ **Matthaeus ⟨de Saxonia⟩**

Matthieu ⟨de Boulogne⟩
→ **Matthaeus ⟨Bononiensis⟩**

Matthieu ⟨de Coussy⟩
→ **Matthieu ⟨d'Escouchy⟩**

Matthieu ⟨de Cracovie⟩
→ **Matthaeus ⟨Cracoviensis Episcopus⟩**
→ **Matthaeus ⟨de Cracovia⟩**

Matthieu ⟨de Danemark⟩
→ **Matthias ⟨Ripensis⟩**

Matthieu ⟨de Eugubio⟩
→ **Matthaeus ⟨de Eugubio⟩**

Matthieu ⟨de Ferrare⟩
→ **Matthaeus ⟨Mutinensis⟩**

Matthieu ⟨de Finario⟩
→ **Matthaeus ⟨de Finario⟩**

Matthieu ⟨de Gubbio⟩
→ **Matthaeus ⟨de Eugubio⟩**

Matthieu ⟨de Königssaal⟩
→ **Matthaeus ⟨de Aula Regia⟩**

Matthieu ⟨de Krakow⟩
→ **Matthaeus ⟨de Cracovia⟩**

Matthieu ⟨de la Charité⟩
→ **Macé ⟨de la Charité⟩**

Matthieu ⟨de Mathesilani⟩
→ **Matthaeus ⟨Mattesillani⟩**

Matthieu ⟨de Médicis⟩
→ **Matthaeus ⟨Medices⟩**

Matthieu ⟨de Modène⟩
→ **Matthaeus ⟨Mutinensis⟩**

Matthieu ⟨de Ninove⟩
→ **Matthaeus ⟨Ninovensis⟩**

Matthieu ⟨de Paris⟩
→ **Matthaeus ⟨Gallicus⟩**

Matthieu ⟨de Pisano⟩
→ **Matthaeus ⟨de Pisano⟩**

Matthieu ⟨de Ripen⟩
→ **Matthias ⟨Ripensis⟩**

Matthieu ⟨de Saxe⟩
→ **Matthaeus ⟨de Saxonia⟩**

Matthieu ⟨de Schoorisse⟩
→ **Matthaeus ⟨Ninovensis⟩**

Matthieu ⟨de Vendôme⟩
→ **Matthaeus ⟨Vindocinensis⟩**

Matthieu ⟨de Westminster⟩
→ **Matthaeus ⟨Westmonasteriensis⟩**

Matthieu ⟨de Worms⟩
→ **Matthaeus ⟨de Cracovia⟩**

Matthieu ⟨de Zerbst⟩
→ **Matthaeus ⟨de Saxonia⟩**

Matthieu ⟨d'Édesse⟩
→ **Matthēos ⟨Ouṙhayeci⟩**

Matthieu ⟨de'Pasti⟩
→ **Pasti, Matteo ¬de'¬**

Matthieu ⟨d'Escouchy⟩
1420 – 1482
LMA,IV,12
  Coucy, Mathieu ¬de¬
  Coucy, Matthieu ¬de¬
  Coussy, Mathieu ¬de¬
  Escouchy, Mathieu ¬d'¬
  Escouchy, Matthieu ¬d'¬
  Matthieu ⟨de Coussy⟩

Matthieu ⟨d'Evreux⟩
→ **Matthaeus ⟨Ebroicensis⟩**

Matthieu ⟨Dominicain⟩
→ **Matthaeus ⟨Mutinensis⟩**

Matthieu ⟨du Rémois⟩
→ **Matthaeus ⟨Albanensis⟩**

Matthieu ⟨Ebroicensis⟩
→ **Matthaeus ⟨Ebroicensis⟩**

Matthieu ⟨Empereur d'Orient⟩
→ **Matthaeus ⟨Imperium Byzantinum, Imperator⟩**

Matthieu ⟨Erez⟩
→ **Matthēos ⟨Ouṙhayeci⟩**

Matthieu ⟨Evêque de Cracovie⟩
→ **Matthaeus ⟨Cracoviensis Episcopus⟩**

Matthieu ⟨Français⟩
→ **Matthaeus ⟨Gallicus⟩**

Matthieu ⟨Grabow⟩
→ **Grabow, Matthaeus**

Matthieu ⟨Griffoni⟩
→ **Griffonibus, Matthaeus ¬de¬**

Matthieu ⟨Hagen⟩
→ **Hagen, Gregor**

Matthieu ⟨Masi⟩
→ **Matthaeus ⟨Masius⟩**

Matthieu ⟨Mattesillani⟩
→ **Matthaeus ⟨Mattesillani⟩**

Matthieu ⟨Orient, Empereur⟩
→ **Matthaeus ⟨Imperium Byzantinum, Imperator⟩**

Matthieu ⟨Ourhaietsi⟩
→ **Matthēos ⟨Ouṙhayeci⟩**

Matthieu ⟨Paris⟩
→ **Matthaeus ⟨Parisiensis⟩**

Matthieu ⟨Roeder⟩
→ **Roeder, Matthaeus**

Matthieu ⟨Roritzer⟩
→ **Roritzer, Matthäus**

Matthieu ⟨Spinelli⟩
→ **Matteo ⟨di Giovenazzo⟩**

Matthieu ⟨Thomassin⟩
geb. 1391
Registre
  Thomassin, Matthieu

Matthieu ⟨Villani⟩
→ **Villani, Matteo**

Matthieu-Nicolas ⟨de Clémanges⟩
→ **Nicolaus ⟨de Clemangiis⟩**

Matthis ⟨Roritzer⟩
→ **Roritzer, Matthäus**

Matthiussi, Odoricus
→ **Odoricus ⟨de Portu Naonis⟩**

Mattia ⟨di Linköping⟩
→ **Matthias ⟨Lincopiensis⟩**

Mattia ⟨Palmieri⟩
→ **Matthias ⟨Palmerius⟩**

Mattias ⟨...⟩
→ **Matthias ⟨...⟩**

Mattioli, Mattiolo
→ **Matheolus ⟨Perusinus⟩**

Mattiolo ⟨de Pérouse⟩
→ **Matheolus ⟨Perusinus⟩**

Mattiolo, Pietro ¬di¬
→ **Pietro ⟨di Mattiolo⟩**

Mattiotti, Giovanni
um 1440
Tractati della vita e delle visioni
di Santa Francesca Romana
Potth. 781; LUI
  Giovanni ⟨Mattiotti⟩
  Jean ⟨Mattiotti⟩
  Johannes ⟨Mattiotti⟩
  Mattiotti, Jean
  Mattiotti, Johannes

Mattugliani, Paul
→ **Paulus ⟨de Bononia⟩**

Maturidi, Abu Mansur Muhammad ¬al-¬
→ **Māturīdī, Muḥammad Ibn-Muḥammad ¬al-¬**

Māturīdī, Abū-Manṣūr Muḥammad Ibn-Muḥammad ¬al-¬

Māturīdī, Maḥmūd Ibn-Zaid ¬al-¬
→ **Lāmišī, Maḥmūd Ibn-Zaid ¬al-¬**

Māturīdī, Muḥammad Ibn-Muḥammad ¬al-¬
gest. 944
  Ibn-Muḥammad, Muḥammad al-Māturīdī
  Maturidi, Abu Mansur Muhammad ¬al-¬
  Māturīdī, Abū-Manṣūr Muḥammad Ibn-Muḥammad ¬al-¬
  Muḥammad Ibn-Muḥammad al-Māturīdī

Matvij ⟨Vengrija, Karol', I.⟩
→ **Mátyás ⟨Magyarország, Király, I.⟩**

Mátyás ⟨Magyarország, Király, I.⟩
1440 – 1490
LMA,VI,402/03
  Corvinus, Mathias
  Corvinus, Matthias
  Hunyadi, Mátyás
  Mathias ⟨Corvinus⟩
  Matthias ⟨Bohemia, Rex, I.⟩
  Matthias ⟨Corvin⟩
  Matthias ⟨Corvinus⟩
  Matthias ⟨Hungaria, Rex, I.⟩
  Matthias ⟨Ungarn, König, I.⟩
  Matvij ⟨Vengrija, Karol', I.⟩
  Mátyás ⟨Hunyadi⟩

Mauburnus, Johannes
ca. 1460 – 1501
LThK; LMA,VI,406
  Brüssel, Johann ¬von¬
  Jan ⟨Mombaer⟩
  Jean ⟨de Bruxelles⟩
  Jean ⟨Mambaer de Bruxella⟩
  Jean ⟨Mamboir⟩
  Jean ⟨Mauburne⟩
  Johannes ⟨de Bruxella⟩
  Johannes ⟨Mauburnus⟩
  Johannes ⟨Momburnus⟩
  Johannes ⟨Temporalis⟩
  Johannes ⟨von Brüssel⟩
  Mamboir, Jean
  Mauburnus, Johannes
  Mauburne, Jean
  Mauburnus, Joannes
  Mombaer, Jean
  Momburnus, Johannes

Mauchteus ⟨Lugmadensis⟩
→ **Mochta**

Mauclerk, Gualterus
→ **Gualterus ⟨Mauclerk⟩**

Maudith, Johannes
→ **Johannes ⟨Maudith⟩**

Mauhūb Ibn-Aḥmad al-Ǧawālīqī
→ **Ǧawālīqī, Mauhūb Ibn-Aḥmad ¬al-¬**

Maul ⟨von Enisheim⟩
15. Jh.
Badetexte
VL(2),6,200
  Enisheim, Maul ¬von¬
  Maul ⟨Elsässischer Wundarzt⟩
  Maul ⟨Laienarzt⟩

Maulefelth, Thomas
→ **Thomas ⟨Maulefelth⟩**

Mauléon, Savaric ¬de¬
→ **Savaric ⟨de Mauléon⟩**

Maundeville, John
→ **John ⟨Mandeville⟩**

Maupoint, Jean
gest. 1476 • OESA
Journal parisien 1437-1469
Potth. 781; Rep.Font. VI,543

Jean ⟨Maupoint⟩
Jean ⟨Maupoint de Paris⟩

Mauqifī, Muḥammad Ibn-ʿĀṣim ¬al-¬
→ **Ibn-ʿĀṣim al-Mauqifī, Muḥammad**

Maur ⟨Archevêque⟩
→ **Maurus ⟨Ravennatensis⟩**

Maur ⟨de Fünfkirchen⟩
→ **Maurus ⟨Quinqueecclesiensis⟩**

Maur ⟨de Ravenne⟩
→ **Maurus ⟨Ravennatensis⟩**

Maur ⟨de Salerne⟩
→ **Maurus ⟨Salernitanus⟩**

Maur ⟨d'Iburg⟩
→ **Rost, Maurus**

Maur ⟨Saint⟩
→ **Maurus ⟨Ravennatensis⟩**

Maurice ⟨de Beauvais⟩
→ **Mauritius ⟨Hibernicus⟩**

Maurice ⟨de Catane⟩
→ **Mauritius ⟨Catanensis⟩**

Maurice ⟨de Craon⟩
→ **Craon, Maurice ¬de¬**

Maurice ⟨de Montboissier⟩
→ **Petrus ⟨Venerabilis⟩**

Maurice ⟨de Prague⟩
→ **Mauritius ⟨de Praga⟩**

Maurice ⟨de Provins⟩
→ **Mauritius ⟨Hibernicus⟩**

Maurice ⟨de Reval⟩
→ **Mauritius ⟨de Revalia⟩**

Maurice ⟨de Rouen⟩
→ **Mauritius ⟨Rothomagensis⟩**

Maurice ⟨de Saint-Victor⟩
→ **Mauritius ⟨de Sancto Victore⟩**

Maurice ⟨de Sully⟩
→ **Mauritius ⟨de Sulliaco⟩**

Maurice ⟨Franciscain⟩
→ **Mauritius ⟨Frater⟩**

Maurice ⟨Gaufridi⟩
→ **Mauritius ⟨Gaufridi⟩**

Maurice ⟨l'Irlandais⟩
→ **Mauritius ⟨Hibernicus⟩**

Maurice ⟨of Tuam⟩
→ **O'Fihely, Maurice**

Maurice ⟨O'Fihely⟩
→ **O'Fihely, Maurice**

Maurice ⟨Regan⟩
→ **Regan, Maurice**

Maurice ⟨Troubadour⟩
→ **Craon, Maurice ¬de¬**

Mauricius ⟨Galfridus⟩
→ **Mauritius ⟨Gaufridi⟩**

Mauricius ⟨Hibernicus⟩
→ **O'Fihely, Maurice**

Mauricius ⟨Imperium Byzantinum, Imperator⟩
→ **Mauritius ⟨Imperium Byzantinum, Imperator⟩**

Mauricius ⟨Magister⟩
→ **Mauricius ⟨von Landau⟩**

Mauricius ⟨Venerabilis⟩
→ **Petrus ⟨Venerabilis⟩**

Mauricius ⟨von Landau⟩
15. Jh.
Kompilator des „Opusculum de penitentia"; Verfasser der jedem Spruch folg. dt. Reimpaar-Übersetzung
VL(2),6,200/201
Landau, Mauricius ¬von¬
Mauricius ⟨Magister⟩

Maurilius ⟨Rothomagensis⟩
gest. 1067 · OSB
Epitaphium Guilelmi Longae-Sp.; Epitaphium Rollonis; Professio fidei
Potth. 781; DOC,2,1309; LThK
Maurilius ⟨Archiepiscopus Rothomagensis⟩
Maurilius ⟨von Rouen⟩
Maurille ⟨de Fécamp⟩
Maurille ⟨de Reims⟩
Maurille ⟨de Rouen⟩
Maurille ⟨de Sainte-Marie à Florence⟩
Maurille ⟨d'Halberstadt⟩

Mauringus ⟨Casinensis⟩
10. Jh. · OSB
Chronicon comitum Capuae
Potth. 781
Mauring ⟨Moine au Mont-Cassin⟩
Mauringus ⟨Monachus Casinensis⟩

Maurisius, Gerardus
ca. 1173 – ca. 1237
Cronica dominorum Ecelini et Alberici fratrum de Romano
Potth. 781; LMA,VI,411/12
Gerardus ⟨de Maurisio⟩
Gerardus ⟨Maurisius⟩
Gerardus ⟨Mauritius⟩
Gerardus ⟨Vincentinus⟩
Maurisio, Gérard
Maurisio, Gerardo
Maurisio, Gerardus ¬de¬

Mauritania, Gualterus ¬de¬
→ **Gualterus ⟨de Mauritania⟩**

Mauritius
→ **Gauritius**
→ **Gregorius ⟨Papa, VIII., Antipapa⟩**

Mauritius ⟨Anglicus⟩
→ **Mauritius ⟨Hibernicus⟩**

Mauritius ⟨Archiepiscopus⟩
→ **O'Fihely, Maurice**

Mauritius ⟨Archiepiscopus⟩
→ **Mauritius ⟨Rothomagensis⟩**

Mauritius ⟨Augustus⟩
→ **Mauritius ⟨Imperium Byzantinum, Imperator⟩**

Mauritius ⟨Belvacensis⟩
→ **Mauritius ⟨Hibernicus⟩**

Mauritius ⟨Catanensis⟩
gest. 1143/44 · OSB
Vita S. Agathae (hist. transl.)
Potth. 782
Maurice ⟨de Catane⟩
Mauritius ⟨Catanae⟩
Mauritius ⟨Episcopus Catanensis⟩

Mauritius ⟨de Benessow⟩
gest. ca. 1448
Disputata logicalia; Compostata in titulos quaestionum Buridani assignatos VIII libris Physicorum
Lohr
Benessow, Mauritius ¬de¬

Mauritius ⟨de Bergen⟩
→ **Mauritius ⟨Frater⟩**

Mauritius ⟨de Dacia⟩
→ **Mauritius ⟨Frater⟩**

Mauritius ⟨de Norvège⟩
→ **Mauritius ⟨Frater⟩**

Mauritius ⟨de Portu⟩
→ **O'Fihely, Maurice**

Mauritius ⟨de Praga⟩
um 1417
Consilium de ecclesiastico statu in concilio Constantiensi nature emendando. 1417. Sermo; Tractatus I contra Jacobum de Misa Bohemum de communione corporis et sanguinis Christi, editus in concilio Constant. 1417; Tractatus II contra librum Jacobi de Misa de communione calicis in plebe christiana
Potth. 782
Maurice ⟨de Prague⟩
Praga, Mauritius ¬de¬
Prague, Maurice ¬de¬

Mauritius ⟨de Revalia⟩
gest. 1282 · OP
Epistulae 5
Schönberger/Kible, Repertorium, 15521; Kaeppeli,III,131/132
Maurice ⟨de Reval⟩
Mauritius ⟨de Rivalia⟩
Mauritius ⟨Revaliensis⟩
Revalia, Mauritius ¬de¬

Mauritius ⟨de Sancto Victore⟩
12. Jh. · OESACan
Schneyer,IV,169
Maurice ⟨de Saint-Victor⟩
Mauritius ⟨Magister⟩
Sancto Victore, Mauritius ¬de¬

Mauritius ⟨de Sulliaco⟩
ca. 1110 – 1196
Epistolae; Sermones
LMA,VIII,300/01; LThK
Maurice ⟨de Sully⟩
Mauritius ⟨de Soliaco⟩
Mauritius ⟨de Sully⟩
Mauritius ⟨Episcopus⟩
Mauritius ⟨Parisiensis⟩
Moritz ⟨von Sully⟩
Sulliaco, Mauritius ¬de¬
Sully, Maurice ¬de¬
Sully, Mauritius ¬de¬

Mauritius ⟨Editor⟩
→ **O'Fihely, Maurice**

Mauritius ⟨Episcopus⟩
→ **Mauritius ⟨de Sulliaco⟩**

Mauritius ⟨Episcopus Catanensis⟩
→ **Mauritius ⟨Catanensis⟩**

Mauritius ⟨Fildaeus⟩
→ **O'Fihely, Maurice**

Mauritius ⟨Flos Mundi⟩
→ **O'Fihely, Maurice**

Mauritius ⟨Frater⟩
um 1270 · OFM
Itinerarium in Terram sanctam 1270-1273
Potth. 782
Maurice ⟨Franciscain⟩
Mauritius ⟨de Bergen⟩
Mauritius ⟨de Dacia⟩
Mauritius ⟨de Norvège⟩
Mauritius ⟨Frater, OFM⟩

Mauritius ⟨Gaufridi⟩
um 1465/79 · OP
Vita S. Ivonis Trecorensis presb.
Potth. 782; Schönberger/Kible, Repertorium, 15522; Kaeppeli,III,131
Gaufridi, Maurice
Gaufridi, Mauritius
Maurice ⟨Gaufridi⟩
Mauricius ⟨Galfridus⟩

Mauritius ⟨Hibernicus⟩
→ **O'Fihely, Maurice**

Mauritius ⟨Hibernicus⟩
um 1248 · OFM
Distinctiones Sacrae Scripturae; nicht identisch mit O'Fihely, Maurice; Circa spem nota differencias, descriptiones, commendaciones, effectus, adiutoria et speranda
Stegmüller, Repert. bibl. 5566-5568; Schneyer,IV,169; LMA,V,413; Schönberger/Kible, Repertorium, 15523; LThK
Hibernicus, Mauritius
Maurice ⟨de Beauvais⟩
Maurice ⟨de Provins⟩
Maurice ⟨l'Irlandais⟩
Mauritius ⟨Anglicus⟩
Mauritius ⟨Anglus⟩
Mauritius ⟨Belvacensis⟩
Mauritius ⟨Pruvin⟩
Mauritius ⟨Pruvinensis⟩
Mauritius ⟨von Beauvais⟩
Mauritius ⟨von Provins⟩
Pseudo-Mauritius ⟨Hibernicus⟩

Mauritius ⟨Imperium Byzantinum, Imperator⟩
um 582/602
LMA,VI,411
Flavius ⟨Mauritius⟩
Flavius ⟨Mauritius Tiberius⟩
Mauricius ⟨Imperium Byzantinum, Imperator⟩
Maurikios
Mauritius ⟨Augustus⟩
Mauritius ⟨Imperator⟩
Mauritius, Flavius
Mauritius Tiberius, Flavius
Maurizio

Mauritius ⟨Magister⟩
→ **Mauritius ⟨de Sancto Victore⟩**

Mauritius ⟨Monachus⟩
um 610
Epistula apologetica
Cpl 1294
Monachus, Mauritius

Mauritius ⟨Ophihilla⟩
→ **O'Fihely, Maurice**

Mauritius ⟨Parisiensis⟩
→ **Mauritius ⟨de Sulliaco⟩**

Mauritius ⟨Pruvinensis⟩
→ **Mauritius ⟨Hibernicus⟩**

Mauritius ⟨Revaliensis⟩
→ **Mauritius ⟨de Revalia⟩**

Mauritius ⟨Rothomagensis⟩
gest. 1235
Epistolae
Maurice ⟨de Rouen⟩
Mauritius ⟨Archiepiscopus⟩
Moritz ⟨von Rouen⟩

Mauritius ⟨Venerabilis⟩
→ **Petrus ⟨Venerabilis⟩**

Mauritius ⟨von Beauvais⟩
→ **Mauritius ⟨Hibernicus⟩**

Mauritius ⟨von Provins⟩
→ **Mauritius ⟨Hibernicus⟩**

Mauritius, Flavius
→ **Mauritius ⟨Imperium Byzantinum, Imperator⟩**

Mauro ⟨Salernitano⟩
→ **Maurus ⟨Salernitanus⟩**

Mauropus, Johannes
→ **Johannes ⟨Mauropus⟩**

Mauroy, Franciscus
um 1153 · OCist
Vita S. Bernardi Claraevallensis (carmen elegiac.); Identität mit Philotheus ⟨Monachus⟩ umstritten
Potth. 782
Franciscus ⟨Mauroy⟩
François ⟨Mauroy⟩
Mauroy, François
Philothée ⟨Cistercien⟩
Philothée ⟨Poète⟩
Philotheus ⟨Claraevallensis⟩
Philotheus ⟨Monachus⟩
Philotheus ⟨Monachus Claraevallensis⟩

Maurus ⟨Archiepiscopus⟩
→ **Maurus ⟨Ravennatensis⟩**

Maurus ⟨Episcopus Quinqueecclesiensis⟩
→ **Maurus ⟨Quinqueecclesiensis⟩**

Maurus ⟨Gallus⟩
→ **Imarus**

Maurus ⟨Iburgensis⟩
→ **Rost, Maurus**

Maurus ⟨Magister⟩
→ **Maurus ⟨Salernitanus⟩**

Maurus ⟨Mantuanus⟩
11./12. Jh.
Adressat eines Briefes von Crispus ⟨Mediolanensis⟩
Cpl 1172
Mantuanus, Maurus

Maurus ⟨Monachus Sancti Martini⟩
→ **Maurus ⟨Quinqueecclesiensis⟩**

Maurus ⟨of Salerno⟩
→ **Maurus ⟨Salernitanus⟩**

Maurus ⟨Quinqueecclesiensis⟩
gest. 1070 · OSB
Vita S. Zoerardi
Potth. 782; LThK
Fünfkirchen, Maur ¬de¬
Maur ⟨de Fünfkirchen⟩
Maurus ⟨Episcopus Quinqueecclesiensis⟩
Maurus ⟨Monachus Sancti Martini⟩
Maurus ⟨von Fünfkirchen⟩

Maurus ⟨Ravennatensis⟩
um 642/71
Epistula ad Martinum papam
Cpl 1169; Cpl 2166
Maur ⟨Archevêque⟩
Maur ⟨de Ravenne⟩
Maur ⟨Saint⟩
Maurus ⟨Archiepiscopus⟩
Maurus ⟨Episcopus⟩
Maurus ⟨Ravennas⟩
Maurus ⟨Sanctus⟩

Maurus ⟨Rost⟩
→ **Rost, Maurus**

Maurus ⟨Salernitanus⟩
gest. 1214
Regulae urinarum
Tusculum-Lexikon; LMA,VI,417
Maur ⟨de Salerne⟩
Mauro ⟨Salernitano⟩
Maurus ⟨Magister⟩
Maurus ⟨of Salerno⟩
Maurus ⟨von Salerno⟩
Salernitanus, Maurus

Maurus ⟨Sanctus⟩
→ **Maurus ⟨Ravennatensis⟩**

Maurus ⟨von Fünfkirchen⟩
→ **Maurus ⟨Quinqueecclesiensis⟩**

Maurus ⟨von Salerno⟩
→ **Maurus ⟨Salernitanus⟩**

Maurus ⟨von Weihenstephan⟩
um 1479 · OSB
Biblia pauperum
VL(2),6,203/204
Weihenstephan, Maurus
¬von¬

Maurus, Friedrich
→ **Morman, Friedrich**

Maurus, Hrabanus
→ **Hrabanus ⟨Maurus⟩**

Mauṣilī, ʿAbd-ar-Raḥīm Ibn-Muḥammad ¬al-¬
1202 – 1272
ʿAbd-ar-Raḥīm Ibn-Muḥammad al-Mauṣilī
Ibn-Muḥammad, ʿAbd-ar-Raḥīm al-Mauṣilī
Ibn-Yūnus al-Mauṣilī, ʿAbd-ar-Raḥīm Ibn-Muḥammad
Mawṣilī, ʿAbd al-Raḥīm ibn Muḥammad

Mauṣilī, Abū-Ḥafṣ ʿUmar Ibn-Badr ¬al-¬
→ **Mauṣilī, ʿUmar Ibn-Badr ¬al-¬**

Mauṣilī, Abū-Yaʿlā Aḥmad Ibn-ʿAlī ¬al-¬
→ **Abū-Yaʿlā al-Mauṣilī, Aḥmad Ibn-ʿAlī**

Mauṣilī, Aḥmad Ibn-ʿAlī ¬al-¬
→ **Abū-Yaʿlā al-Mauṣilī, Aḥmad Ibn-ʿAlī**

Mauṣilī, al-Mubārak Ibn-aš-Šaʿʿār ¬al-¬
→ **Ibn-aš-Šaʿʿār, al-Mubārak Ibn-Aḥmad**

Mauṣilī, ʿAmmār Ibn-ʿAlī ¬al-¬
→ **ʿAmmār al-Mauṣilī**

Mauṣilī, Isḥāq ¬al-¬
→ **Isḥāq Ibn-Ibrāhīm al-Mauṣilī**

Mauṣilī, Isḥāq Ibn-Ibrāhīm ¬al-¬
→ **Isḥāq Ibn-Ibrāhīm al-Mauṣilī**

Mauṣilī, Mūsā Ibn-Ḥasan ¬al-¬
um 1348
Ibn-Ḥasan, Mūsā al-Mauṣilī
Ibn-Ḥasan al-Mauṣilī, Mūsā
Mūsā Ibn-Ḥasan al-Mauṣilī

Mauṣilī, ʿUmar Ibn-Badr ¬al-¬
gest. ca. 1225
Ibn-Badr, ʿUmar al-Mauṣilī
Mauṣilī, Abū-Ḥafṣ ʿUmar Ibn-Badr ¬al-¬
Mawṣilī, ʿUmar Ibn Badr
ʿUmar Ibn-Badr al-Mauṣilī

Maulānā Calāl-ad-Dīn Rūmī
→ **Ǧalāl-ad-Dīn Rūmī**

Mavortius
um 527
LMA,VI,417
Agorius Basilius Mavortius, Flavius Vettius
Basilius Mavortius, Flavius Vettius Agorius
Flavius Vettius Agorius Basilius ⟨Mavortius⟩
Mavortius ⟨Poète Africain⟩
Mavortius, Flavius Vettius Agorius Basilius
Vettius Agorius Basilius Mavortius, Flavius

Māwardī, Abu l-Ḥasan ʿAlī Ibn Muḥammad ¬al-¬
→ **Māwardī, ʿAlī Ibn-Muḥammad ¬al-¬**

Māwardī, ʿAlī Ibn-Muḥammad ¬al-¬
974 – 1058
LMA,VI,417/18
ʿAlī Ibn-Muḥammad al-Māwardī
Ibn-Muḥammad, ʿAlī al-Māwardī
Ibn-Muḥammad al-Māwardī, ʿAlī
Māwardī, Abu l-Ḥasan ʿAlī Ibn Muḥammad ¬al-¬

Mawṣilī, ʿAbd al-Raḥīm ibn Muḥammad
→ **Mauṣilī, ʿAbd-ar-Raḥīm Ibn-Muḥammad ¬al-¬**

Mawṣilī, Isḥāḳ ibn Ibrāhīm ¬al-¬
→ **Isḥāq Ibn-Ibrāhīm al-Mauṣilī**

Mawṣilī, ʿUmar Ibn Badr
→ **Mauṣilī, ʿUmar Ibn-Badr ¬al-¬**

Maxentios, Johannes
→ **Johannes ⟨Maxentius⟩**

Maxentius ⟨Aquileiensis⟩
um 811/33
Maxence ⟨d'Aquilée⟩
Maxence ⟨Patriarche⟩
Maxentius ⟨of Aquileia⟩
Maxentius ⟨Patriarch⟩
Maxentius ⟨Patriarcha⟩
Pseudo-Maxentius ⟨Aquileiensis⟩

Maxentius ⟨Scytha Monachus⟩
→ **Johannes ⟨Maxentius⟩**

Maxentius, Johannes
→ **Johannes ⟨Maxentius⟩**

Maxim ⟨Černorisetz⟩
→ **Maximus ⟨Confessor⟩**

Maxim ⟨der Konfessor⟩
→ **Maximus ⟨Confessor⟩**

Maxime ⟨d'Ascoli⟩
→ **Maximus ⟨Pacificus⟩**

Maxime ⟨de Chrysopolis⟩
→ **Maximus ⟨Confessor⟩**

Maxime ⟨de Constantinople, III.⟩
→ **Maximus ⟨Constantinopolitanus⟩**

Maxime ⟨de Genève⟩
→ **Maximus ⟨Genavensis⟩**

Maxime ⟨de Sarragosse⟩
→ **Maximus ⟨Caesaraugustanus⟩**

Maxime ⟨Evêque⟩
→ **Maximus ⟨Genavensis⟩**

Maxime ⟨le Confesseur⟩
→ **Maximus ⟨Confessor⟩**

Maxime ⟨Patriarche, III.⟩
→ **Maximus ⟨Constantinopolitanus⟩**

Maxime ⟨Planude⟩
→ **Maximus ⟨Planudes⟩**

Maximianus ⟨Etruscus⟩
um 520
Carmina
Tusculum-Lexikon; LMA,VI,420
Etruscus, Maximianus
Gallus, Cornelius
Maximianus ⟨aus Etrurien⟩
Maximianus ⟨Elegiker⟩
Maximianus ⟨Gallus⟩
Maximianus ⟨Lateinischer Elegiker⟩

Maximianus ⟨Poet⟩
Maximianus, Cornelius
Maximianus Cornelius ⟨Etruscus⟩
Maximien, Cornelius G.
Maximien, Cornelius M.

Maximilianus ⟨Egranus⟩
um 1500
De lapide philosophorum certissima dicta
VL(2),6,236/238
Egranus, Maximilianus
Maximilian ⟨von Eger⟩

Maximinus ⟨de Salerno⟩
um 1417 · OP
Legenda parva S. Catherinae Sen.; Sermo tripartitus
Schönberger/Kible, Repertorium, 15524; Kaeppeli,III,132
Salerno, Maximinus ¬de¬

Maximo ⟨de Zaragoza⟩
→ **Maximus ⟨Caesaraugustanus⟩**

Maximos ⟨Chrysoberges⟩
→ **Maximus ⟨Chrysoberges⟩**

Maximos ⟨der Bekenner⟩
→ **Maximus ⟨Confessor⟩**

Maximos ⟨ho Chrysobergēs⟩
→ **Maximus ⟨Chrysoberges⟩**

Maximos ⟨Homologetes⟩
→ **Maximus ⟨Confessor⟩**

Maximos ⟨Planudes⟩
→ **Maximus ⟨Planudes⟩**

Maximus ⟨Abbas⟩
→ **Maximus ⟨Confessor⟩**

Maximus ⟨Archiepiscopus Constantinopolitanus⟩
→ **Maximus ⟨Constantinopolitanus⟩**

Maximus ⟨Asculanus⟩
→ **Maximus ⟨Pacificus⟩**

Maximus ⟨Caesaraugustanus⟩
gest. 619
Chronicon
LThK
Caesaraugustanus, Maximus
Marcus ⟨Maximus⟩
Marcus Maximus ⟨Caesaraugustanus⟩
Maxime ⟨de Sarragosse⟩
Maximo ⟨de Zaragoza⟩
Maximus ⟨de Saragossa⟩
Maximus ⟨Episcopus⟩
Maximus ⟨of Saragossa⟩
Maximus ⟨von Saragossa⟩
Maximus, Marcus

Maximus ⟨Chrysoberges⟩
gest. ca. 1420 · OP
Tusculum-Lexikon; CSGL; LMA,II,2049/50
Chrysoberges, Maximos
Chrysoberges, Maximus
Massimo ⟨Crisoberge⟩
Maximos ⟨Chrysoberges⟩
Maximos ⟨ho Chrysobergēs⟩
Maximus ⟨Chrysoberga⟩

Maximus ⟨Chrysopolitanus⟩
→ **Maximus ⟨Confessor⟩**

Maximus ⟨Confessor⟩
ca. 580 – 662
Centuriae quatuor de caritate
Tusculum-Lexikon; LThK; CSGL; LMA,VI,425; Cpg 7688 – 7721
Chrysopolitanus, Maximus
Confessor, Maximus
Homologetes, Maximus
Maksim ⟨Ispovednik⟩
Massimo ⟨il Confessore⟩
Maxim ⟨Černorisetz⟩
Maxim ⟨Chernorizets⟩
Maxim ⟨der Konfessor⟩
Maxime ⟨de Chrysopolis⟩
Maxime ⟨le Confesseur⟩
Maximos ⟨der Bekenner⟩
Maximos ⟨Homologetes⟩
Maximos ⟨the Confessor⟩
Maximus ⟨Abbas⟩
Maximus ⟨Chrysopolitanus⟩
Maximus ⟨Constantinopolitanus⟩
Maximus ⟨der Bekenner⟩
Maximus ⟨Martyr⟩
Maximus ⟨Monachus⟩
Maximus ⟨Sanctus⟩
Maximus ⟨Theologus⟩
Maximus ⟨von Chrysopolis⟩
Maximus ⟨von Konstantinopel⟩

Maximus ⟨Constantinopolitanus⟩
→ **Maximus ⟨Confessor⟩**

Maximus ⟨Constantinopolitanus⟩
gest. 1481/82
Litterae datae mense Januario 1480 ad Ducem Venetiarum (Giovanni Mocenigo)
Potth. 782
Maxime ⟨de Constantinople, III.⟩
Maxime ⟨Patriarche, III.⟩
Maximus ⟨Archiepiscopus Constantinopolitanus⟩

Maximus ⟨de Saragossa⟩
→ **Maximus ⟨Caesaraugustanus⟩**

Maximus ⟨der Bekenner⟩
→ **Maximus ⟨Confessor⟩**

Maximus ⟨Episcopus⟩
→ **Maximus ⟨Caesaraugustanus⟩**
→ **Maximus ⟨Genavensis⟩**

Maximus ⟨Genavensis⟩
um 513/33
Adressat eines Briefs von Cyprianus ⟨Telonensis⟩
Cpl 1020
Maxime ⟨de Genève⟩
Maxime ⟨Evêque⟩
Maximus ⟨Episcopus⟩

Maximus ⟨Holobolus⟩
→ **Manuel ⟨Holobolus⟩**

Maximus ⟨Magister⟩
ca. 14. Jh. · OP
Super Clementinam
Kaeppeli,III,132/133
Magister Maximus
Maximus ⟨OP⟩

Maximus ⟨Martyr⟩
→ **Maximus ⟨Confessor⟩**

Maximus ⟨Mazarus⟩
1391 – 1425
LMA,VI,430
Massimo ⟨Mazaris⟩
Mazari
Mazaris
Mazarus, Maximus

Maximus ⟨Monachus⟩
→ **Maximus ⟨Confessor⟩**

Maximus ⟨of Saragossa⟩
→ **Maximus ⟨Caesaraugustanus⟩**

Maximus ⟨OP⟩
→ **Maximus ⟨Magister⟩**

Maximus ⟨Pacificus⟩
gest. ca. 1500
Carmina
Massimi ⟨Pacifico⟩
Massimo ⟨il Pacifico⟩
Maxime ⟨d'Ascoli⟩
Maximus ⟨Asculanus⟩
Maximus, Pacificus
Pacificus ⟨Asculanus⟩
Pacificus ⟨Maximus⟩
Pacificus, Maximus

Maximus ⟨Planudes⟩
ca. 1255 – ca. 1305
Taufname: Michael
Tusculum-Lexikon; LThK; LMA,VII,1
Manuel ⟨Planudes⟩
Massimo ⟨Planude⟩
Maxime ⟨Planude⟩
Maximos ⟨Planudes⟩
Michael ⟨Planudes⟩
Planude, Maxime
Planudes, Manuel
Planudes, Maximos
Planudes, Maximus
Planudes, Michael

Maximus ⟨Sanctus⟩
→ **Maximus ⟨Confessor⟩**

Maximus ⟨Theologus⟩
→ **Maximus ⟨Confessor⟩**

Maximus ⟨von Chrysopolis⟩
→ **Maximus ⟨Confessor⟩**

Maximus ⟨von Konstantinopel⟩
→ **Maximus ⟨Confessor⟩**

Maximus ⟨von Saragossa⟩
→ **Maximus ⟨Caesaraugustanus⟩**

Maximus, Marcus
→ **Maximus ⟨Caesaraugustanus⟩**

Maximus, Pacificus
→ **Maximus ⟨Pacificus⟩**

Maydestone, Clemens
→ **Clemens ⟨Maydestone⟩**

Maydiston, Ricardus
→ **Richardus ⟨de Maidstone⟩**

Mayer, Adam
→ **Meyer, Adamus**

Mayeul ⟨de Cluny⟩
→ **Maiolus ⟨Cluniacensis⟩**

Mayeul ⟨le Thaumaturge⟩
→ **Maiolus ⟨Cluniacensis⟩**

Mayeul ⟨Saint⟩
→ **Maiolus ⟨Cluniacensis⟩**

Maymôn, Avrāhām
→ **Avrāhām Ben-Moše Ben-Maymôn**

Maynerii, Maynus ¬de¬
→ **Magninus ⟨Mediolanensis⟩**

Mayol ⟨Saint⟩
→ **Maiolus ⟨Cluniacensis⟩**

Mayr, Georg
→ **Mayr von Amberg, Georg**

Mayr, Martinus
gest. 1480
LMA,VI,430
Mair, Martin
Martin ⟨Mair⟩
Martin ⟨Mayr⟩
Martin ⟨Seiz⟩
Martinus ⟨de Wimpia⟩
Martinus ⟨Mair⟩
Martinus ⟨Mayr⟩
Martinus ⟨Meyer⟩
Martinus ⟨Meyer de Wimpia⟩
Mayr, Martin
Meyer, Martin
Seiz, Martin

Mayr von Amberg, Georg
ca. 1426 – ca. 1489
Vetus ars; Rezept gegen Wassersucht
VL(2),6,238/241
Amberg, Georg ¬von¬
Georg ⟨Mayr⟩
Georg ⟨Mayr von Amberg⟩
Georg ⟨von Amberg⟩
Jori ⟨de Amberga⟩
Mair von Amberg, Georg
Mayr, Georg

Mayronis, Franciscus ¬de¬
→ **Franciscus ⟨de Maironis⟩**

Maysterlin, Sigismundus
→ **Meisterlin, Sigismundus**

Mayurqī, ʻAbdallāh Ibn-ʻAbdallāh ¬al-¬
um 1420
Tuḥfa; Cobles de la divisó del regne de Mallorques
LMA,I,689
ʻAbdallāh b. ʻAbdallāh at-Tarǧumān al-Mayurqī al-Muhtadī
ʻAbdallāh Ibn-ʻAbdallāh al-Mayurqī
Anselm ⟨Turmeda⟩
Ibn-ʻAbdallāh, ʻAbdallāh al-Mayurqī
Tarǧumān al-Mayurqī, ʻAbdallāh Ibn-ʻAbdallāh ¬at-¬
Turmeda, Anselme
Turmeda, Anselmo
Turmeda, Encelm

Mazarus, Maximus
→ **Maximus ⟨Mazarus⟩**

Mazerius, Philippus
→ **Philippe ⟨de Mézières⟩**

Mazinghi, Antonio ¬de'¬
→ **Antonio ⟨de'Mazinghi⟩**

Māzinī, Abū-ʻUṯmān Bakr Ibn-Muḥammad ¬al-¬
→ **Māzinī, Bakr Ibn-Muḥammad ¬al-¬**

Māzinī, Bakr Ibn-Muḥammad ¬al-¬
gest. 869
Abū-ʻUṯmān al-Māzinī
Bakr Ibn-Muḥammad al-Māzinī
Māzinī, Abū-ʻUṯmān Bakr Ibn-Muḥammad ¬al-¬

Māzinī, Muḥammad Ibn-ʻAbd-ar-Raḥīm ¬al-¬
gest. 1169
Rep.Font., II,103
Abū Ḥāmid al-Ġarnāṭī al-Māzinī
Abū-Ḥāmid al-Andalusī
Abū-Ḥāmid al-Ġarnāṭī
Ġarnāṭī, Abū-Ḥāmid ¬al-¬
Ġarnāṭī, Abū-Ḥāmid Muḥammad Ibn-ʻAbd-ar-Raḥīm ¬al-¬
Ibn-ʻAbd-ar-Raḥīm, Muḥammad al-Māzinī
Muḥammad Ibn-ʻAbd-ar-Raḥīm al-Māzinī

Mazu
709 – 788
Ma-tsu

Mazullo ⟨Zuppardo⟩
→ **Matthaeus ⟨Zuppardus⟩**

Mazza, Clemens
um 1430/39
Vita S. Zenobii episc. Florent. (ead. 3. transl.)
Potth. 783
Clemens ⟨Mazza⟩
Clément ⟨del Mazza⟩
Clemente ⟨Mazza⟩
Mazza, Clément ¬del¬

Mazzei, Lapo
1350 – 1412
Lettere a Francesco di Marco Datini institutore del Ceppo de'Poveri in Prato
Potth. 783; LUI
Lapo ⟨Mazzei⟩
Lapo ⟨Ser⟩
Mazzei, Ser Lapo

Mazzerius, Philippus
→ **Philippe ⟨de Mézières⟩**

Mechitar ⟨Gosch⟩
→ **Mxitʻar ⟨Goš⟩**

Mechithar ⟨von Her⟩
→ **Mxitʻar ⟨Heracʻi⟩**

Mechlinia, Guilelmus ¬de¬
→ **Guilelmus ⟨de Afflighem⟩**

Mechlinia, Johannes ¬de¬
→ **Johannes ⟨de Mechlinia⟩**

Mechtel, Johannes
um 1402
Limburger Chronica 1336-1398, 1402
Potth. 304; 783
Jean ⟨Mechtel⟩
Johannes ⟨Mechtel⟩
Mechtel, Jean

Mechthild ⟨de Magdeburg⟩
→ **Mechthild ⟨von Magdeburg⟩**

Mechthild ⟨von Hackeborn⟩
ca. 1241 – 1298/99
LThK; VL(2); CSGL; Tusculum-Lexikon; LMA,VI,437; VL(2),6,251/60
Hackeborn, Mechthild ¬von¬
Machtilda ⟨Sancta⟩
Matilda ⟨von Hackeborn-Wippra⟩
Matilde ⟨di Hackeborn⟩
Mechthild ⟨de Hackeborn⟩
Mechthild ⟨von Hakeborn⟩
Mechthild ⟨von Helfta⟩
Mechthilde ⟨d'Hackeborn⟩
Mechthildis ⟨Sancta⟩
Mechtild ⟨of Hackeborn⟩
Mechtilda ⟨de Hackeborn⟩
Mechtilda ⟨Sancta⟩
Mechtilde ⟨de Hackeborn⟩

Mechthild ⟨von Helfta⟩
→ **Mechthild ⟨von Hackeborn⟩**

Mechthild ⟨von Magdeburg⟩
ca. 1210 – 1282/84
Mystikerin; Lux divinitatis
LThK; VL(2),6,260/70; LMA,VI,438
Magdeburg, Mechthild ¬von¬
Matilda ⟨of Magdeburg⟩
Mechthild ⟨de Magdeburg⟩
Mechthildis ⟨Magdeburgensis⟩
Mechthildis ⟨Sancta⟩
Mechthildis ⟨von Magdeburg⟩
Mechtild ⟨von Magdeburg⟩
Mechtilda ⟨de Magdeburg⟩
Mechtilde ⟨de Magdebourg⟩
Mechtildis ⟨Magdeburgensis⟩
Mechtildis ⟨Sancta⟩

Meckebach, Dietmar ¬von¬
→ **Dietmar ⟨von Meckebach⟩**

Mecopʻecʻi, Tʻovma
→ **Tʻovma ⟨Mecopʻecʻi⟩**

Mediani Monasterii, Valcandus
→ **Valcandus ⟨Mediani Monasterii⟩**

Mediavilla, Guilelmus ¬de¬
→ **Guilelmus ⟨de Melitona⟩**

Mediavilla, Richardus ¬de¬
→ **Richardus ⟨de Mediavilla⟩**

Medibardus
11./12. Jh.
Vita S. Walburgis (vita resp. mirac.)
Potth. 783
Médibard
Medibardus ⟨Eichstetensis⟩
Mediwardus

Medices, Constantinus
→ **Constantinus ⟨de Urbe Vetere⟩**

Medices, Matthaeus
→ **Matthaeus ⟨Medices⟩**

Medici, Antoine ¬de'¬
→ **Antonius ⟨de Medicis⟩**

Medici, Lorenzo ¬de'¬
1449 – 1492
LThK; LMA,VI,445/46
De'Medici, Lorenzo
Laurent ⟨de Medicis⟩
Laurent ⟨le Magnifique⟩
Laurent ⟨the Magnificent⟩
Laurentius ⟨de Medicis⟩
Laurentius ⟨Magnificus⟩
Laurentius ⟨Mediceus⟩
Laurenzo ⟨de'Medici⟩
Lorenzo ⟨de'Medici⟩
Lorenzo ⟨il Magnifico⟩
Medici, Lorenzino ¬de'¬

Medici, Lucrezia ¬de'¬
→ **Tornabuoni, Lucrezia**

Medici, Matthieu ¬de'¬
→ **Matthaeus ⟨Medices⟩**

Medicina, Pillius ¬de¬
→ **Pillius ⟨de Medicina⟩**

Medicis, Antonius ¬de¬
→ **Antonius ⟨de Medicis⟩**

Medicus, Agnellus
→ **Agnellus ⟨Medicus⟩**

Medicus, Anthimus
→ **Anthimus ⟨Medicus⟩**

Medicus, Nicetas
→ **Nicetas ⟨Medicus⟩**

Medicus, Nonnus
→ **Nonnus ⟨Medicus⟩**

Medicus, Notker
→ **Notker ⟨Medicus⟩**

Medicus Gregorius
→ **Gregorius ⟨Medicus⟩**

Medila, Guilelmus ¬de¬
→ **Guilelmus ⟨de Medila⟩**

Mediocris, Johannes
→ **Johannes ⟨Mediocris⟩**

Mediolano, Andreas ¬de¬
→ **Andreas ⟨de Mediolano⟩**

Mediolano, Christophorus ¬de¬
→ **Christophorus ⟨de Mediolano⟩**

Mediolano, Franciscus ¬de¬
→ **Franciscus ⟨de Mediolano⟩**

Mediolano, Humilis ¬de¬
→ **Humilis ⟨de Mediolano⟩**

Mediolano, Johannes ¬de¬
→ **Johannes ⟨de Mediolano⟩**

Mediolano, Lanfrancus ¬de¬
→ **Lanfrancus ⟨Mediolanensis⟩**

Mediolano, Leoninus ¬de¬
→ **Leoninus ⟨de Mediolano⟩**

Mediolano, Nicolaus ¬de¬
→ **Nicolaus ⟨de Mediolano⟩**

Mediwardus
→ **Medibardus**

Medullione, Raimundus ¬de¬
→ **Raimundus ⟨de Medullione⟩**

Medzoph, Thomas ¬de¬
→ **Tʻovma ⟨Mecopʻecʻi⟩**

Meelis ⟨Stock⟩
→ **Melis ⟨Stoke⟩**

Meerhout, Johannes ¬de¬
→ **Johannes ⟨de Meerhout⟩**

Meffrid
14. Jh.
Lieder
VL(2),6,300/302
Meffrid ⟨Troubadour Allemand⟩

Megenberg, Conradus ¬de¬
→ **Conradus ⟨de Megenberg⟩**

Megenberger, Ortolf
→ **Ortolf ⟨von Baierland⟩**

Megenhardus ⟨Fuldensis⟩
→ **Meginhardus ⟨Fuldensis⟩**

Meginfredus ⟨Fuldensis⟩
10./11. Jh.
Vita S. Emmerami
Megenfridus ⟨Fuldensis⟩
Meginfridus ⟨Fuldensis⟩
Meginfridus ⟨of Fulda⟩
Meginfried ⟨von Fulda⟩
Meginfroy ⟨de Fulde⟩

Meginfredus ⟨Magdeburgensis⟩
11. Jh.
De ratione embolismorum; Pseudo-carmina; Vita S. Emmerami
Potth. 758; Cpl 2315
Maginfridus ⟨Magdeburgensis⟩
Manfredus ⟨Magdeburgensis⟩
Meginfredus ⟨Praepositus⟩
Meginfried ⟨von Magdeburg⟩
Meginfroy ⟨de Magdebourg⟩
Pseudo-Manfredus ⟨Magdeburgensis⟩

Meginfredus ⟨Praepositus⟩
→ **Meginfredus ⟨Magdeburgensis⟩**

Meginhardus ⟨Bambergensis⟩
gest. 1088
De fide
Tusculum-Lexikon; LMA,VI,474/75; VL(2),6,310/13
Mainardus ⟨de Bamberg⟩
Meginhard ⟨von Bamberg⟩
Meginhardus ⟨Wirziburgensis⟩
Meinhard ⟨de Rothenburg⟩
Meinhard ⟨de Wurtzbourg⟩
Meinhard ⟨von Bamberg⟩
Meinhard ⟨von Würzburg⟩
Meinhardus ⟨Bambergensis⟩
Meinhardus ⟨de Bamberg⟩
Meinhardus ⟨Wirziburgensis⟩

Meginhardus ⟨Fuldensis⟩
gest. 888
Annales Fuldenses
Tusculum-Lexikon; LMA,VI,467/68
Megenhardus ⟨Fuldensis⟩
Megilhardus ⟨Fuldensis⟩
Meginhard ⟨von Fulda⟩
Meginhardus ⟨de Fulda⟩
Meginhardus ⟨of Fulda⟩
Meginhart ⟨von Fulda⟩
Meginhartus ⟨Fuldensis⟩
Pseudo-Meginhardus ⟨de Fulda⟩

Meginhardus ⟨Wirziburgensis⟩
→ **Meginhardus ⟨Bambergensis⟩**

Meginrad ⟨Heiliger⟩
→ **Meinrad ⟨Heiliger⟩**

Mehhitar ⟨Coch⟩
→ **Mxitʻar ⟨Goš⟩**

Meichsner, Friedrich
gest. ca. 1400 · OCist
Conportatio ydiotalis; div. "Tabula„; 4 Formularbücher
VL(2),6,306/308
Friedrich ⟨Meichsner⟩

Meichßner ⟨in der Krinnen⟩
→ **Meißner, Hans**

Meidani
→ **Maidānī, Aḥmad Ibn-Muḥammad ¬al-¬**

Meidanius
→ **Maidānī, Aḥmad Ibn-Muḥammad ¬al-¬**

Meienschein
15. Jh.
Langer Ton
VL(2),6,308/309
Meienschein ⟨Meistersinger⟩
Meienschein ⟨Sangspruchdichter⟩

Meier, Bertold
→ **Meyer, Bertold**

Meiler, Peter
→ **Müller, Peter**

Meinhard ⟨Tirol, Graf, II.⟩
gest. 1295
LMA,VI,473/74
Meinhard ⟨Görz und Tirol, Graf, IV.⟩
Meinhard ⟨Kärnten, Herzog⟩
Meinhard ⟨Tyrol, Comte, II.⟩
Meinhard ⟨Tyrol, Count, II.⟩

Meinhard ⟨von Bamberg⟩
→ **Meginhardus ⟨Bambergensis⟩**

Meinhard ⟨von Würzburg⟩
→ **Meginhardus ⟨Bambergensis⟩**

Meinhardus ⟨Bambergensis⟩
→ **Meginhardus ⟨Bambergensis⟩**

Meinhardus ⟨Wirziburgensis⟩
→ **Meginhardus ⟨Bambergensis⟩**

Meiningen, Hugo ¬von¬
→ **Hugo ⟨von Meiningen⟩**

Meinloh ⟨von Sevelingen⟩
12. Jh.
VL(2); Meyer
Meinlo ⟨von Sewelingen⟩
Meinloh ⟨von Söflingen⟩
Meinlohus ⟨de Sevelingen⟩
Milon ⟨de Seuelingen⟩
Milon ⟨von Sevelingen⟩
Sevelingen, Meinloh ¬von¬
Sevelingen, Milon ¬von¬
Söflingen, Meinloh ¬von¬

Meinrad ⟨Heiliger⟩
ca. 790 – 861 · OSB
Meginrad ⟨Heiliger⟩
Meinrad
Meinrad ⟨Ermite⟩
Meinrad ⟨Mönch⟩
Meinrad ⟨Sanctus⟩
Meinrad ⟨Sankt⟩
Meinrad ⟨von Reichenau⟩

Meinwerk ⟨von Paderborn⟩
ca. 975 – 1036
LMA,VI,475/76; LThK
Maginwercus
Mainwerc
Meinwercus ⟨of Paderborn⟩

Meinwerk ⟨Bischof⟩
Paderborn, Meinwerk ¬von¬

Meinzo ⟨Constantiensis⟩
um 1030
Epistula de quadratura circuli; Epistula ad Herimannum Contractum
Potth. 783; DOC,2,1322
Meinzo ⟨Constantiae⟩
Meinzo ⟨de Constance⟩
Meinzo ⟨Scholasticus Constantiensis⟩
Meinzo ⟨von Constanz⟩
Meinzo ⟨von Konstanz⟩
Menzon ⟨de Constance⟩

Meir ⟨von Rothenburg⟩
→ **Mēʾīr Ben-Bārûk ⟨Rothenburg⟩**

Mēʾīr Ben-Bārûk ⟨Rothenburg⟩
ca. 1215 – 1293
Rabbiner
LMA,VI,476; Enc.Jud.,XI,1248
Ben-Baruch, Meir
MaHaRa
Meir ⟨von Rothenburg⟩
Meir Ben Baruch
Meir Ben-Baruch
Rothenburg, Mēʾīr Ben-Bārûk

Meißen, Heinrich ¬von¬
→ **Heinrich ⟨von Meißen⟩**

Meißner
→ **Mysner**

Meißner
13. Jh.
VL(2),6,321/22; LMA,VI,480
Mysnere

Meißner ⟨der Alte⟩
13. Jh.
Freundschaft; Frauenlob
VL(2),6,321/22; LMA,VI,480
Alte Meißner, ¬Der¬
Meißner ⟨Sangspruchdichter⟩
Meißner, ¬Der¬
Misenaere ⟨der Alte⟩
Misenaere, ¬Der¬

Meißner ⟨der Junge⟩
um 1300
Fürstenlehre; Minnelehre; Tugendlehre; etc.; nicht identisch mit Frauenlob
Der iung Misner
Der Junge Meißner
Junge Meissner, ¬Der¬
Junge Meißner ¬Der¬
Mîsenäre ⟨der Junge⟩
Misner ⟨der Iung⟩

Meißner ⟨Sangspruchdichter⟩
→ **Meißner ⟨der Alte⟩**

Meißner, Hans
15. Jh.
Die betrogene Kaufmannsfrau
VL(2),6,324/325
Hans ⟨Meißner⟩
Meichßner ⟨in der Krinnen⟩

Meissner de Dresden, Laurentius
→ **Laurentius ⟨Meissner de Dresden⟩**

Meister ⟨der Chartreser Westportale⟩
→ **Meister der Chartreser Westportale**

Meister ⟨der Darmstädter Passion⟩
→ **Meister der Darmstädter Passion**

Meister ⟨von Arth⟩
→ **Arth, Meister ¬von¬**

Meister ⟨von Flémalle⟩
→ **Campin, Robert**

Meister, Albrant ¬der¬
→ **Albrant ⟨der Meister⟩**

Meister Alexander
→ **Alexander ⟨Meister⟩**

Meister Altswert
→ **Altswert ⟨Meister⟩**

Meister Andreas
→ **Andreas ⟨Meister⟩**

Meister Anshelmus
→ **Anshelmus ⟨Meister⟩**

Meister Babiloth
→ **Babiloth ⟨Meister⟩**

Meister Berchthold
→ **Berchthold ⟨Meister⟩**

Meister Berthold
→ **Berthold-Meister**

Meister Bertram
→ **Bertram ⟨Meister⟩**

Meister der Chartreser Westportale
um 1145/55
Franz. Bildhauer
Chartreser Hauptmeister
Hauptmeister ⟨von Chartres⟩
Meister ⟨der Chartreser Westportale⟩

Meister der Darmstädter Passion
15. Jh.
LMA,VI,482
Meister ⟨der Darmstädter Passion⟩

Meister der Maria von Burgund
um 1460/80
Illustrator des „Engelbert book of hours"
Maître de Marie de Bourgogne
Master of Mary of Burgundy

Meister der Schwangau-Tumba
um 1433/55
Augsburger Maler und Bildschnitzer

Meister der Verkündigung von Aix
→ **Eyck, Barthélémy ¬d'¬**

Meister des Königs René
→ **Eyck, Barthélémy ¬d'¬**

Meister des Lehrgesprächs
Quelle 14. Jh.

Meister des Tiermusterbuchs von Weimar
14./15. Jh.
Tierdarstellungen in einem aufgelösten lombardischen Musterbuch des frühen 15. Jahrhunderts, die früher teilweise Pisanello zugeschrieben wurden
Meister des Musterbuchs von Weimar
Weimarer Meister

Meister E. S.
um 1435/70
Kupferstecher; Der große Liebesgarten
LMA,VI,482/83
E. S. ⟨Master⟩
E. S. ⟨Meister⟩
E. S. Meister
Master E. S.

Meister Eckhart
→ **Eckhart ⟨Meister⟩**

Meister Eger
→ **Eger ⟨Meister⟩**

Meister Gebhart
→ **Gebhart ⟨Meister, ...⟩**

Meister Hans
→ **Hans ⟨Meister⟩**

Meister Heinrich
→ **Heinrich ⟨Meister⟩**

Meister Heinzelin
→ **Heinzelin ⟨Meister⟩**

Meister Hesse
→ **Hesse ⟨Meister⟩**

Meister Ingold
→ **Ingold ⟨Meister⟩**

Meister Irregang
→ **Irregang ⟨Meister⟩**

Meister Jacobus
→ **Jacobus ⟨Meister⟩**

Meister Konrad
→ **Konrad ⟨Meister⟩**

Meister Kron
→ **Kron ⟨Meister⟩**

Meister Lamprecht
→ **Lamprecht ⟨Meister⟩**

Meister Lorenz
→ **Lorenz ⟨Meister⟩**

Meister Michel
→ **Michel ⟨Meister⟩**

Meister Oswald
→ **Oswald ⟨Meister⟩**

Meister Otte
→ **Otte**

Meister Paulus
→ **Paulus ⟨Meister⟩**

Meister Richard
→ **Richard ⟨Meister⟩**

Meister Sigeher
→ **Sigeher ⟨der Meister⟩**

Meister Singauf
→ **Singauf ⟨Meister⟩**

Meister Stenzel
→ **Stenzel ⟨Meister⟩**

Meister Stephan
→ **Stephan ⟨der Meister⟩**

Meister Ulrich
→ **Ulrich ⟨Meister⟩**

Meister Volzan
→ **Volzan ⟨Meister⟩**

Meister vom Wolkentor-Berg
→ **Wenyan**

Meister von Arth
→ **Arth, Meister ¬von¬**

Meister von 1346
→ **Maestro del 1346**

Meisterlin, Sigismundus
ca. 1435 – ca. 1497 · OSB
Chronographia Augustensium; Liber miraculorum St. Simperti; Chronicon ecclesiasticum; etc.
Potth. 783; VL(2),6,356/366
Maisterlin, Sigismundus
Maysterlin, Sigismundus
Meisterlein, Sigismundus
Meisterlin ⟨Historiographus⟩
Meisterlin, Sigismond
Meisterlin, Sigismund
Meunsterlin, Sigismundus
Meusterlin, Sigismundus
Mewstrlin, Sigismundus
Meysterlin, Sigismundus
Münsterlin, Sigismundus
Musterlin, Sigismundus
Müsterlin, Sigismundus
Sigismond ⟨Meisterlin⟩
Sigismund ⟨Meisterlein⟩
Sigismund ⟨Meisterlin⟩
Sigismundus ⟨Meisterlikus⟩
Sigismundus ⟨Meisterlin⟩
Sigismundus ⟨Meisterlinus⟩
Sigmund ⟨Meisterlin⟩

Meistersinger Dietrich
→ **Dietrich ⟨Meistersinger⟩**

Melanius ⟨Redonensis⟩
gest. 530
Mitverfasser der Epistula ad Lovocatum et Catihernum presbyteros
Cpl 1000 a; LMA,V,490
Melaine ⟨de Platz⟩
Melaine ⟨de Rennes⟩
Melaine ⟨Saint⟩
Melanius ⟨Episcopus⟩
Melanius ⟨Rhedonensis⟩
Melanius ⟨Sanctus⟩
Melanius ⟨von Rennes⟩

Melber, Johannes
um 1453
Wörterbuch lat. dt.
VL(2),6,367/370
Geroltzhofen, Johannes Melber ¬de¬
Jean ⟨Melber de Gerolzhofen⟩
Johannes ⟨Melber⟩
Johannes ⟨Melber aus Gerolzhofen⟩
Johannes ⟨Melber de Geroltzhofen⟩
Melber, Jean
Melber de Geroltzhofen, Johannes

Melber de Geroltzhofen, Johannes
→ **Melber, Johannes**

Melchionne ⟨di Napoli⟩
→ **Ferraiolo**

Melchior ⟨Russ⟩
→ **Russ, Melchior**

Melchior ⟨von Königshofen⟩
Lebensdaten nicht ermittelt
Übersetzung des „Secretum secretorum"
VL(2),6,371
Königshofen, Melchior ¬von¬

Meldis, Galfredus ¬de¬
→ **Galfredus ⟨de Meldis⟩**

Melendus ⟨Hispanus⟩
um 1180/1205
Glossae in Gratiani decretum
LMA,VI,492
Hispanus, Melendus
Melendo ⟨Canoniste⟩
Melendo ⟨de Bologne⟩
Melendus ⟨Canoniste⟩
Melendus ⟨de Bologne⟩
Melendus ⟨de Vicence⟩
Melendus ⟨d'Osma⟩
Melendus ⟨Kanonist⟩

Meleniceotes, Callistus
→ **Callistus ⟨Angelicudes⟩**

Meletius ⟨Monachus⟩
9. Jh.
Tusculum-Lexikon; CSGL
Meletios ⟨Monachos⟩
Meletius ⟨Philosophus⟩
Melezio ⟨Monaco⟩
Monachus, Meletius

Meletius ⟨Syrigus⟩
Lebensdaten nicht ermittelt
Marcus ⟨Meletius⟩
Meletius ⟨Marcus Syrigus⟩
Meletius, Marcus
Syrigus, Meletius

Meleuel, Herment
→ **Limburg, Hermann ¬von¬**

Melezio ⟨Monaco⟩
→ **Meletius ⟨Monachus⟩**

Melionus ⟨de Spoleto⟩
→ **Milianus ⟨de Spoleto⟩**

Melis ⟨Stoke⟩
um 1305
Potth.
Aemilius ⟨Stoke⟩
Meelis ⟨Stock⟩
Stock, Meelis
Stoke, Melis

Melissa, Antonius
→ **Antonius ⟨Melissa⟩**

Melissenus, Gregorius
→ **Gregorius ⟨Melissenus⟩**

Meliteniota, Constantinus
→ **Constantinus ⟨Meliteniota⟩**

Meliteniota, Theodorus
→ **Theodorus ⟨Meliteniota⟩**

Melitenus, Theodosius
→ **Theodosius ⟨Melitenus⟩**

Melitona, Guilelmus ¬de¬
→ **Guilelmus ⟨de Melitona⟩**

Melk, Heinrich ¬von¬
→ **Heinrich ⟨von Melk⟩**

Melk, Paulus
→ **Paulus ⟨de Mellico⟩**

Melk, Stephanus ¬de¬
→ **Stephanus ⟨Spanberg de Melk⟩**

Mella, Johannes ¬de¬
→ **Johannes ⟨de Mella⟩**

Mellanius ⟨Probus⟩
→ **Probus, Mellanius**

Mellico, Paulus ¬de¬
→ **Paulus ⟨de Mellico⟩**

Mellico, Urbanus ¬de¬
→ **Urbanus ⟨de Mellico⟩**

Mellinger, Bartholomäus
→ **Metlinger, Bartholomäus**

Mellitus ⟨Londoniensis⟩
um 619
Mitverfasser der Epistula ad episcopos et abbates Scotiae
Cpl 1328
Mellit ⟨de Cantorbéry⟩
Mellit ⟨de Londres⟩
Mellit ⟨Evêque⟩
Mellit ⟨Saint⟩
Mellitus ⟨Abt des Andreasklosters in Rom⟩
Mellitus ⟨Bischof der Ostsachsen⟩
Mellitus ⟨Episcopus⟩
Mellitus ⟨Heiliger⟩
Mellitus ⟨von Canterbury⟩

Melodes, Romanus
→ **Romanus ⟨Melodes⟩**

Melozzo ⟨da Forlì⟩
1438 – ca. 1494
LMA,VI,503
Forlì, Melozzo ¬da¬
Melozzo ⟨degli Ambrogi⟩
Melozzo ⟨degli Ambrosi⟩

Melrose, Guilelmus ¬de¬
→ **Guilelmus ⟨de Melrose⟩**

Melsa, Alanus ¬de¬
→ **Alanus ⟨de Melsa⟩**

Meltinger, Bartholomäus
→ **Metlinger, Bartholomäus**

Memmi, Lippo
ca. 1317 – 1347
Filippo ⟨di Memmo⟩
Lippo ⟨Memmi⟩

Memmingen, Abraham ¬von¬
→ **Abraham ⟨von Memmingen⟩**

Memmingen, Martinus ¬de¬
→ **Martinus ⟨Hainzl de Memmingen⟩**

Memmo, Théodore
→ **Theodorus ⟨Memus⟩**

Memorarius, Jordanus
→ **Iordanus ⟨Nemorarius⟩**

Memoravius
→ **Iordanus ⟨Nemorarius⟩**

Memus, Theodorus
→ **Theodorus ⟨Memus⟩**

Mēna ⟨Nikiou⟩
7. Jh.
Mēna ⟨of Nikiou⟩
Nikiou, Mēna

Mena, Johannes ¬de¬
→ **Johannes ⟨de Mena⟩**

Menabuoi, Giusto de'
→ **Giusto ⟨da Padova⟩**

Menander ⟨Protector⟩
6. Jh.
Tusculum-Lexikon; CSGL; LMA,VI,514
Menander ⟨Constantinopolitanus⟩
Menander ⟨Protektor⟩
Menandro ⟨il Protettore⟩
Menandros ⟨der Protektor⟩
Menandros ⟨Protektor⟩
Protector, Menander

Menandrinus ⟨Patavinus⟩
→ **Marsilius ⟨de Padua⟩**

Menandros ⟨Protektor⟩
→ **Menander ⟨Protector⟩**

Menardus ⟨Eisnacensis⟩
ca. 15. Jh.
Generalis et compendiosa librorum sacrorum notitia (Nürnberg 1478)
Stegmüller, Repert. bibl. 5579;5657
Ménard ⟨de Eisenach⟩
Ménard ⟨de Nuremberg⟩
Ménard ⟨Moine⟩
Moynaldus ⟨Eisnacensis⟩

Menas ⟨Constantinopolitanus⟩
6. Jh.
LThK
Constantinopolitanus, Menas
Menas ⟨Patriarcha⟩
Menas ⟨Scriptor Ecclesiasticus⟩

Menco ⟨Werumensis⟩
→ **Menko ⟨Abbas⟩**

Mendel, Johannes
um 1448/56
In Porph.; In Praed.; In Perih.
Lohr; VL(2),6,386/87
Amberg, Johannes ¬de¬
Johannes ⟨de Amberg⟩
Johannes ⟨Mändel⟩
Johannes ⟨Mändel de Amberg⟩
Johannes ⟨Mandl⟩
Johannes ⟨Mendel⟩
Mändel, Johannes
Mändel de Amberg, Johannes
Mandl, Johannes

Mendewinus, Conradus
→ **Conradus ⟨Mendewinus⟩**

Mendoza, Iñigo López ¬de¬
→ **Santillana, Iñigo López ¬de¬**

Mendoza, Pedro González ¬de¬
→ **González de Mendoza, Pedro ⟨Poeta⟩**
→ **González de Mendoza, Pedro ⟨Cardenal⟩**

Menegoldus ⟨Teutonicus⟩
→ **Manegoldus ⟨Lautenbacensis⟩**

Menentillus ⟨de Spuleto⟩
→ **Manettellus ⟨de Spoleto⟩**

Meneriken, Carolus Mennigken ¬al¬
→ **Virulus, Carolus**

Menesius, Amadeus
→ **Amadeus ⟨Menesius de Silva⟩**

Menesius, Garsias
→ **Garsias ⟨Menesius⟩**

Menestarffer, Johann
→ **Manesdorfer, Johann**

Meng, Jiao
751 – 814
Meng, Chiao

Meng, Yuanlao
um 1100/50
Dongjing-meng-Hua-lu
Meng, Yüan-lao
Youlanjushi
Yu-lan-chü-shih

Menger, Konrad
um 1451/1501
Übersetzungen; Abschriften; erg. Zitate; etc.
VL(2),6,387/388
Konrad ⟨Menger⟩

Menghers, Cornelius
→ **Cornelius ⟨de Santvliet⟩**

Menko ⟨Abbas⟩
ca. 1213 – ca. 1275 · OPraem
Chronicon
Potth. 785
Abbas Menko
Menco ⟨Werumensis⟩
Mencon ⟨de Werum⟩
Mencon ⟨Frison⟩
Mencon ⟨Horti Floridi⟩
Menko ⟨Abbas Monasterii Horti Floridi seu Werumensis⟩
Menko ⟨de Wittiwierum⟩

Menlen, Johannes
→ **Johannes ⟨Menlen⟩**

Mennicken, Carolus
→ **Virulus, Carolus**

Menzon ⟨de Constance⟩
→ **Meinzo ⟨Constantiensis⟩**

Meogo, Pero
13. Jh.
Cantigas de amigo
LMA,VI,532
Moogo, Pero
Pero ⟨Meogo⟩
Pero ⟨Moogo⟩

Mera, Johannes ¬de¬
→ **Johannes ⟨de Mera⟩**

Mera, Petrus ¬de¬
→ **Petrus ⟨de Mera⟩**

Merboldus ⟨Redonensis⟩
→ **Marbodus ⟨Redonensis⟩**

Mercadé, Eustache
→ **Eustache ⟨Marcadé⟩**

Mercari, Dominique
→ **Dominicus ⟨de Neapoli⟩**

Mercatello, Paulus ¬de¬
→ **Paulus ⟨de Mercatello⟩**

Mercato, Obertus Scriba ¬de¬
→ **Obertus ⟨Scriba de Mercato⟩**

Mercator, Isidorus
→ **Isidorus ⟨Mercator⟩**

Mercatore, Peregrinus ¬de¬
→ **Peregrinus ⟨de Mercatore⟩**

Mercatoris, Clemens
→ **Clemens ⟨Mercatoris⟩**

Mercatoris, Nicolaus
ca. 15. Jh.
Ein Vastelavendes Spil van dem Dode unde van dem Levende
VL(2),6,402/403
Kopman, Nicolaus
Nicolaus ⟨Kopman⟩
Nicolaus ⟨Mercatoris⟩

Mercerii, Jacobus
→ **Jacobus ⟨Mercerii⟩**

Merchtem, Hennen ¬van¬
→ **Jan ⟨van Merchtene⟩**

Merchtem, Herman ¬van¬
→ **Jan ⟨van Merchtene⟩**

Merchtem, Jean ¬de¬
→ **Jan ⟨van Merchtene⟩**

Merchtene, Hendrik ¬van¬
→ **Jan ⟨van Merchtene⟩**

Merchtene, Jan ¬van¬
→ **Jan ⟨van Merchtene⟩**

Mercilio, Petrus
→ **Petrus ⟨Mercilio⟩**

Mercurius, Johannes
→ **Johannes ⟨Papa, II.⟩**

Mergenthal, Hans ¬von¬
→ **Hans ⟨von Mergenthal⟩**

Merica, Henricus ¬de¬
→ **Henricus ⟨de Merica⟩**

Merke, Thomas
→ **Merks, Thomas**

Merkelin, Johannes
→ **Johannes ⟨Merkelin⟩**

Merkes, Thomas
→ **Merks, Thomas**

Merkln ⟨Gast⟩
→ **Gast, Merkln**

Merks, Thomas
gest. 1409
Abhandlung über Dictamen
LMA,VI,540/41
Merke, Thomas
Merkes, Thomas
Thomas ⟨de Carlisle⟩
Thomas ⟨de Salmasa⟩
Thomas ⟨de Westminster⟩
Thomas ⟨Merke⟩
Thomas ⟨Merkes⟩
Thomas ⟨Merks⟩
Thomas ⟨of Carlisle⟩

Merlani, Georgius
→ **Georgius ⟨Merula⟩**

Merlin
→ **Merlinus**

Merlinger, Bartholomäus
→ **Metlinger, Bartholomäus**

Merlini, Giovanni di Pedrino
→ **Giovanni ⟨di Pedrino⟩**

Merlinus
540 – 612
Prophetia; Vaticinia; histor. Existenz umstritten
Potth. 785; LMA,VI,542
Merlin
Merlin ⟨Ambrosius⟩
Merlin ⟨Caledonius⟩
Merlin ⟨d'Ecosse⟩
Merlin ⟨Prophète⟩
Merlin ⟨the Magician⟩
Merlino ⟨el Sabio⟩
Merlino ⟨l'Enchanteur⟩
Merlino ⟨Zauberer⟩
Merlinus ⟨Caledonius⟩
Merlinus ⟨Propheta⟩
Myrddin
Pseudo-Merlinus

Merobodus ⟨Redonensis⟩
→ **Marbodus ⟨Redonensis⟩**

Merré, Jean ¬de¬
→ **Johannes ⟨Myreius⟩**

Merschwin, Rulmann
→ **Rulman ⟨Merswin⟩**

Merseburg, Boso ¬von¬
→ **Boso ⟨von Merseburg⟩**

Merswin, Cuntz
um 1431
Übersetzung u. Abschrift des „Memoriale de praerogativa Romani imperii"
VL(2),6,419/420
Cuntz ⟨Merswin⟩

Merswin, Rulman
→ **Rulman ⟨Merswin⟩**

Mertein ⟨Imhov⟩
→ **Imhoff, Martin**

Merten ⟨Grim⟩
→ **Grim, Merten**

Merten ⟨Meistersinger⟩
→ **Grim, Merten**

Merton, Guilelmus ¬de¬
→ **Guilelmus ⟨de Merton⟩**

Merula, Georgius
→ **Georgius ⟨Merula⟩**

Merula, Guilelmus ¬de¬
→ **Guilelmus ⟨de Merula⟩**

Merv, Išo'dad ¬de¬
→ **Išo'dad ⟨Marw⟩**

Merwan Ibn-Djanach
→ **Ibn-Ǧanāḥ, Yônā**

Méry, Huon ¬de¬
→ **Huon ⟨de Méry⟩**

Mesarita, Nicolaus
→ **Nicolaus ⟨Mesarita⟩**

Meschede, Franco ¬de¬
→ **Franco ⟨de Meschede⟩**

Meschinot, Jean
ca. 1420 – 1491
Lunettes des princes
LMA,VI,551; Rep.Font. VI,543
Jean ⟨Meschinot⟩

Meschullah Ben-Mosche
→ **Mešullām Ben-Moše**

Meschullam Ben Kalonymos
→ **Mešullām Bar-Qalônîmûs**

Mesehella
→ **Māšā'allāh Ibn-Aṯarī**

Meseraco, Poncius ¬de¬
→ **Poncius ⟨de Meseraco⟩**

Meseryczni, Dalimil
→ **Dalimil**

Meshihāzekhā
→ **Mešiḥā-Zekā**

Meshullam ⟨of Beziers⟩
→ **Mešullām Ben-Moše**

Meshullam ben Moses
→ **Mešullām Ben-Moše**

Mešiḥā-Zekā
6. Jh.
Chronica ecclesiae Arbelensis (syr.)
Meshihāzekhā
Mešiḥā-Zecha
Mešiḥā-Zekhā

Mesinus ⟨Magister⟩
→ **Misinus ⟨de Coderonco⟩**

Mesmaker, Engelbert
→ **Engelbertus ⟨Cultrificis⟩**

Mesnillo, Eustachius ¬de¬
→ **Eustachius ⟨de Mesnillo⟩**

Mesrop ⟨Erec'⟩
→ **Matthēos ⟨Ourhayeci⟩**

Messahalla
→ **Māšā'allāh Ibn-Aṯarī**

Messana, Bartholomaeus ¬de¬
→ **Bartholomaeus ⟨de Neocastro⟩**

Messana, Felix ¬de¬
→ **Felix ⟨de Messana⟩**

Messaych, Theodoricus
→ **Theodoricus ⟨Messaych⟩**

Messemaker, Engelbertus
→ **Engelbertus ⟨Cultrificis⟩**

Messemaker, Johann
→ **Johann ⟨Messemaker⟩**

Messianus ⟨Presbyter⟩
5. bzw. 5./6. Jh. n. Chr.
Mitverf. der Vita S. Caesarii
Potth. 785; Cpl 1018
Presbyter, Messianus

Messin, Richard
→ **Misyn, Richard**

Messina, Antonello ¬da¬
→ **Antonello ⟨da Messina⟩**

Messina, Bonjohannes ¬de¬
→ **Bonjohannes ⟨de Messina⟩**

Messina, Eustochia ¬da¬
→ **Eustochia ⟨Calafato⟩**

Messing, Richard
→ **Misyn, Richard**

Messinger
15. Jh.
2 Anweisungen zur Herstellung organotherapeutischer Heilmittel
VL(2),6,451/453
Maessinger

Messinus ⟨Magister⟩
→ **Misinus ⟨de Coderonco⟩**

Messire, Thibaut
→ **Thibaut ⟨Messire⟩**

Messmaker, Engelbert
→ **Engelbertus ⟨Cultrificis⟩**

Messner de Wallsee, Sebaldus
→ **Sebaldus ⟨Messner de Wallsee⟩**

Mesua, Johannes
→ **Ibn-Māsawaih, Abū-Zakarīyā' Yūḥannā**

Mesud ⟨Hoca⟩
→ **Mesud bin-Ahmed**

Mesud bin-Ahmed
14. Jh.
Osmanischer Dichter; Süheyl ü Nevbahar; Ferhhengname-i Sadi
Mesud ⟨Hoca⟩
Mes'ūd bin Ahmed
Mesud Ibn-Ahmed

Mesuë
→ **Ibn-Māsawaih, Abū-Zakarīyā' Yūḥannā**

Mesuë ⟨der Ältere⟩
→ **Johannes ⟨Damascenus⟩**

Mesuë ⟨der Lateiner⟩
→ **Ibn-Māsawaih, Abū-Zakarīyā' Yūḥannā**

Mesuë ⟨Iunior⟩
gest. ca. 1015
De medicinis laxativis; De consolatione medicinarum et correctione operationum earundem; De egritudinibus. Laut Ullmann: (Handbuch der Orientalistik) nicht identisch mit Ibn-Māsawaih, Abū-Zakarīyā' Yūḥannā
LMA,VI,567

Johannes ⟨Filius Mesuë Filii Hamech Filii Abdela Regis Damasci⟩
Māsawaih al-Mārdiinī
Mesuë ⟨Filius⟩
Mesuë ⟨Iunior, Filius⟩
Mesuë ⟨Minor⟩
Mesuë ⟨Pharmacopoeorum Evangelista⟩
Mesuë ⟨Posterior⟩
Mesuë ⟨the Younger⟩
Pseudo-Mesuë
Pseudo-Yūḥannā Ibn-Māsawaih

Mesuë ⟨Maior⟩
→ **Ibn-Māsawaih, Abū-Zakarīyā' Yūḥannā**

Mesuë ⟨Minor⟩
→ **Mesuë ⟨Iunior⟩**

Mesuë ⟨Pharmacopoeorum Evangelista⟩
→ **Mesuë ⟨Iunior⟩**

Mesuë ⟨Posterior⟩
→ **Mesuë ⟨Iunior⟩**

Mesuë ⟨Senior⟩
→ **Ibn-Māsawaih, Abū-Zakarīyā' Yūḥannā**

Mesue, Johannes
→ **Ibn-Māsawaih, Abū-Zakarīyā' Yūḥannā**

Mešullam ⟨Ben-Mošē⟩
→ **Mešullām Ben-Moše**

Mešullām Bar-Qalônîmûs
10./11. Jh.
LMA,VI,551/52
Bar-Qalônîmûs, Mešullām
Meschullam Ben Kalonymos

Mešullām Ben-Moše
1175 – 1250
Ben-Moše, Mešullām
Meschullah Ben-Mosche
Meshullam ⟨of Beziers⟩
Meshullam ben Moses
Mešullam ⟨Ben-Mošē⟩

Metanoites, Nicon
→ **Nicon ⟨Metanoites⟩**

Metaphrastes, Simeon
→ **Simeon ⟨Metaphrastes⟩**

Metasthenes
→ **Nanni, Giovanni**

Metellus ⟨Tegernseensis⟩
gest. ca. 1160
Quirinalia
Potth. 785; LMA,VI,577; VL(2),6,453/460; Tusculum-Lexikon
Metell ⟨von Tegernsee⟩
Metellus ⟨von Tegernsee⟩

Metellus, Hugo
→ **Hugo ⟨Metellus⟩**

Metge, Bernat
1340/46 – 1413
Libre de Fortuna e Prudència; Medicina apropiada a tot mal; Lo somni; etc.
LMA,VI,578/79
Bernat ⟨Metge⟩

Meth, Johannes ¬de¬
→ **Johannes ⟨de Meth⟩**

Metham, John
um 1448
Romance of Amoryus and Cleopes
John ⟨Metham⟩

Methodios ⟨der Slawenapostel⟩
→ **Methodius ⟨Sanctus⟩**

Methodios ⟨von Konstantinopel⟩
→ **Methodius ⟨Constantinopolitanus⟩**

Methodius ⟨Confessor⟩
→ **Methodius ⟨Constantinopolitanus⟩**

Methodius ⟨Constantinopolitanus⟩
ca. 789 – 847
Tusculum-Lexikon; LMA,VI,580/81; LThK
Constantinopolitanus, Methodius
Methodios ⟨von Konstantinopel⟩
Methodius ⟨Confessor⟩
Methodius ⟨der Bekenner⟩
Methodius ⟨Patriarcha⟩
Methodius ⟨Sanctus⟩

Methodius ⟨Moraviensis⟩
→ **Methodius ⟨Sanctus⟩**

Methodius ⟨Sanctus⟩
→ **Methodius ⟨Constantinopolitanus⟩**

Methodius ⟨Sanctus⟩
ca. 815 – 885
LThK
Methodios ⟨der Slawenapostel⟩
Methodios ⟨Heiliger⟩
Methodius ⟨Moraviensis⟩
Methodius ⟨Moravorum Apostolus⟩
Methodios ⟨Slavorum Apostolus⟩
Metodij ⟨Arcibiskup Velké Moravy⟩
Metodij ⟨Svjatyj⟩
Sanctus Methodius

Methodius ⟨Slavorum Apostolus⟩
→ **Methodius ⟨Sanctus⟩**

Metingham, Johannes ¬de¬
→ **Johannes ⟨de Metingham⟩**

Metlinger, Bartholomäus
gest. ca. 1491
Ein Regiment der jungen Kinder
LMA,VI,581; VL(2),6,460
Barthélémy ⟨Metlinger⟩
Bartholomäus ⟨Metlinger⟩
Mellinger, Bartholomäus
Meltinger, Bartholomäus
Merlinger, Bartholomäus
Metlinger, Barthélémy
Metlinger, Bartholomeus
Mettlinger, Bartholomäus

Metochita, Georgius
→ **Georgius ⟨Metochita⟩**

Metochita, Theodorus
→ **Theodorus ⟨Metochita⟩**

Metodij ⟨Arcibiskup Velké Moravy⟩
→ **Methodius ⟨Sanctus⟩**

Metodij ⟨Svjatyj⟩
→ **Methodius ⟨Sanctus⟩**

Metri, Nicolaus ¬de¬
→ **Klaus ⟨von Matrei⟩**

Metrophanes ⟨Smyrnaeus⟩
9. Jh.
Tusculum-Lexikon; CSGL; LMA,VI,583/84
Metrophanes ⟨Episcopus⟩
Metrophanes ⟨von Smyrna⟩
Smyrnaeus, Metrophanes

Metten, Hermann ¬von¬
→ **Hermann ⟨von Metten⟩**

Mettlinger, Bartholomäus
→ **Metlinger, Bartholomäus**

Metz, Gautier ¬de¬
→ **Gautier ⟨de Metz⟩**

Metz, Gerbert ¬de¬
→ **Gerbert ⟨de Metz⟩**

Metz, Gossouin ¬de¬
→ **Gossouin ⟨de Metz⟩**

Metz, Guillebert ¬de¬
→ **Guillebert ⟨de Metz⟩**

Metz, Hugo ¬de¬
→ **Hugo ⟨de Metz⟩**

Meuillon, Guillaume ¬de¬
→ **Guillaume ⟨de Meuillon⟩**

Meulan, Robert de Beaumont
→ **Robert ⟨de Beaumont⟩**

Meung, Jean ¬de¬
→ **Jean ⟨de Meung⟩**

Meunsterlin, Sigismundus
→ **Meisterlin, Sigismundus**

Meurer, Johann
um 1434/65
Doctrina bona et utilis; Regimen pestilentie doctoris Mewrersch
VL(2),6,468/469
Hans ⟨Meurer⟩
Johann ⟨Meurer⟩
Johann ⟨Sprottau⟩
Meurer, Hans
Sprottau, Johann

Meurs, Jean ¬de¬
→ **Johannes ⟨de Muris⟩**

Meusterlin, Sigismundus
→ **Meisterlin, Sigismundus**

Mevania, Ventura ¬de¬
→ **Ventura ⟨de Mevania⟩**

Mevlana
→ **Ǧalāl-ad-Dīn Rūmī**

Mevlana Celaleddin
→ **Ǧalāl-ad-Dīn Rūmī**

Mewstrlin, Sigismundus
→ **Meisterlin, Sigismundus**

Meyer ⟨von Würzburg⟩
→ **Meyer, Judaeus**

Meyer, Adamus
ca. 1410 – 1499 · OSB
Predigten; Tractatus asceticus
LMA,VI,592; VL(2),6,470/73
Adam ⟨de Saint-Martin⟩
Adam ⟨de Saint-Matthias⟩
Adam ⟨Mayer⟩
Adam ⟨Meyer⟩
Adam ⟨Prédicateur Bénédictin⟩
Adam ⟨Villicus⟩
Mayer, Adam
Villicus, Adam

Meyer, Bertold
um 1450 · OSB
„Vita und Translatio des Hl. St. Autor" mit eigenen Teilen in niederdt.
VL(2),6,473/476
Barthold ⟨Meyer⟩
Bartholdus ⟨Meyer⟩
Berthold ⟨Meier⟩
Bertold ⟨Abt von Sankt Aegidien in Braunschweig⟩
Bertold ⟨Meyer⟩
Meier, Berthold
Meier, Bertold
Meyer, Barthold
Meyer, Bartholdus

Meyer, Iudaeus
→ **Meyer, Judaeus**

Meyer, Johannes
→ **Johannes ⟨Meyger de Lübeck⟩**

Meyer, Johannes
1422/23 – 1485 · OP
Aemterbuch; De viris illustribus ordinis praedicatorum; Chronica brevis OP; Cronicon OP
LMA,VI,592; VL(2),6,474/489; Schönberger/Kible, Repertorium, 15034/15044
Johannes ⟨Meyer⟩
Johannes ⟨Meyer, OP⟩
Johannes ⟨Meyer, Turicensis⟩
Johannes ⟨Meyger⟩
Johannes ⟨Turicensis⟩
Meyer, Jean
Meyger, Johannes

Meyer, Judaeus
Lebensdaten nicht ermittelt
2 Rezepte
VL(2),6,489/490
Iudaeus ⟨Meyer⟩
Judaeus ⟨Meyer⟩
Meyer ⟨von Würzburg⟩
Meyer, Iudaeus

Meyer, Martin
→ **Mayr, Martinus**

Meyger, Johannes
→ **Johannes ⟨Meyger de Lübeck⟩**
→ **Meyer, Johannes**

Meynicken, Carolus
→ **Virulus, Carolus**

Meysner, Paulus
→ **Paulus ⟨Meysner⟩**

Meysterlin, Sigismundus
→ **Meisterlin, Sigismundus**

Mézières, Philippe ¬de¬
→ **Philippe ⟨de Mézières⟩**

Meziričký, Dalimil
→ **Dalimil**

Mi, Fu
1051 – 1107
Kalligraph
Fu, Mi
Mi, Fei

Michael
→ **Mikkel ⟨i Odense⟩**

Michael ⟨Abbas⟩
→ **Michael ⟨Amesburiensis⟩**

Michael ⟨Abbas Coenobii Sanctae Crucis de Monte Calvo⟩
→ **Michael ⟨Frater⟩**

Michael ⟨Abbas Coenobii Sancti Florentii Salmuriensis⟩
→ **Michael ⟨Salmuriensis⟩**

Michael ⟨Acominatus⟩
→ **Michael ⟨Choniates⟩**

Michael ⟨Agsbacensis⟩
→ **Michael ⟨Pragensis⟩**

Michael ⟨Aiguani de Bononia⟩
ca. 1320 – ca. 1400 · OCarm
Tituli sive introductiones uniuscuiusque psalmi; Tabula in Gregorii Moralia super Job.; Quaestiones super librum Ethicorum; In tertiam librum Sententiarum
Stegmüller, Repert. bibl. 5588-5615; Stegmüller, Repert. sentent. 287;536-540; Lohr; Schönberger/Kible, Repertorium, 15536; LMA,VI,602/03
Aiguani de Bononia, Michael
Angriani, Michel
Bononia, Michael ¬de¬
Michael ⟨Aignanus⟩
Michael ⟨Aiguani⟩
Michael ⟨Aiguani von Bologna⟩
Michael ⟨Aiguania⟩
Michael ⟨Ancrianus⟩
Michael ⟨Angrianus⟩
Michael ⟨Angrianus Bononiensis⟩
Michael ⟨Angrianus de Bononia⟩
Michael ⟨Anguani de Bononia⟩
Michael ⟨Ayguani de Bononia⟩
Michael ⟨Ayguani von Bologna⟩
Michael ⟨Bononiensis⟩
Michael ⟨de Aygvanis⟩
Michael ⟨de Bononia⟩
Michael ⟨von Bologna⟩
Michel ⟨Angriani⟩
Michel ⟨de Bologne⟩

Michael ⟨Akominatos⟩
→ **Michael ⟨Choniates⟩**

Michael ⟨Amesburiensis⟩
gest. 1253
Rentalia et customaria
Michael ⟨Abbas⟩
Michael ⟨de Amesbury⟩
Michael ⟨of Amesbury⟩
Michael ⟨of Glastonbury⟩

Michael ⟨Anchialus⟩
gest. 1177
Decreta
Tusculum-Lexikon; LThK; Potth.
Anchialus, Michael
Michaēl ⟨Anchialos⟩
Michael ⟨Constantinopolitanus⟩
Michael ⟨ho tu Anchialu⟩
Michael ⟨Patriarcha, III.⟩
Michel ⟨de Constantinople⟩
Michel ⟨d'Anchiale⟩

Michael ⟨Ancrianus⟩
→ **Michael ⟨Aiguani de Bononia⟩**

Michael ⟨Andreopulus⟩
11. Jh.
Andreopulus, Michael
Michaēl ⟨Andreopulos⟩

Michael ⟨Angelus⟩
→ **Michael ⟨Syncellus⟩**

Michael ⟨Angrianus⟩
→ **Michael ⟨Aiguani de Bononia⟩**

Michael ⟨Antiochia, Patriarch⟩
→ **Mikā'ēl ⟨der Syrer⟩**

Michael ⟨Apostolius⟩
gest. ca. 1480
Epistulae
Tusculum-Lexikon; LMA,VI,603
Apostolios, Michaēl
Apostolius, Michael
Michael ⟨Apostoles⟩
Michael ⟨Byzantinus⟩
Michaēl ⟨ho Apostolios⟩
Michael ⟨le Roi des Pauvres⟩
Michael Apostolius
Michel ⟨l'Apostole⟩

Michael ⟨Archiepiscopus Senonensis⟩
→ **Michael ⟨Meldensis⟩**

Michael ⟨Attaliata⟩
gest. ca. 1085
Tusculum-Lexikon; CSGL; LMA,I,1177/78; LThK
Attaleiates, Michael
Attalia, Michael ¬aus¬
Attaliata, Michael
Attaliota, Michael
Michael ⟨Attaleiates⟩
Michael ⟨Attaliota⟩
Michael ⟨aus Attalia⟩
Michel ⟨Attaliate⟩
Michele ⟨Attaliate⟩

Michael ⟨aus Konstantinopel⟩
→ **Michael ⟨Rhetor⟩**

Michael ⟨Aussee⟩
→ **Aussee, Michael**

Michael ⟨Ayguani de Bononia⟩
→ **Michael ⟨Aiguani de Bononia⟩**

Michael ⟨Baumann⟩
→ **Baumann, Michael**

Michael ⟨Beccucci⟩
→ **Michael ⟨de Massa⟩**

Michael ⟨Beheim⟩
→ **Beheim, Michael**

Michael ⟨Blaunpayn⟩
→ **Michael ⟨Cornubiensis⟩**

Michael ⟨Bononiensis⟩
→ **Michael ⟨Aiguani de Bononia⟩**

Michael ⟨Byzantinus⟩
→ **Michael ⟨Apostolius⟩**

Michael ⟨Caesenas⟩
→ **Michael ⟨de Cesena⟩**

Michael ⟨Canensis⟩
ca. 1420 – ca. 1482
Pauli II Veneti vita
Potth. 786
Canense, Michele
Canensi, Michael
Canensio, Michele
Canensis, Michael
Canensius, Michael
Canese, Michele
Cannesio, Michele
Cannesius, Michael
Cannesius, Michele
Michael ⟨Canensi⟩
Michael ⟨Canensius⟩
Michael ⟨Cannesius⟩
Michael ⟨Cannesius de Viterbio⟩
Michael ⟨Castrensis⟩
Michael ⟨de Castro⟩
Michael ⟨de Viterbo⟩
Michele ⟨Canense⟩
Michele ⟨Canensi⟩
Michele ⟨Canese⟩
Michele ⟨Cannesio⟩
Michele ⟨Cannesius⟩
Viterbo, Michael ¬de¬

Michael ⟨Cannesius⟩
→ **Michael ⟨Canensis⟩**

Michael ⟨Canonicus⟩
→ **Michael ⟨de Leone⟩**

Michael ⟨Carcanus⟩
→ **Michael ⟨de Carcano⟩**

Michael ⟨Carthusianus⟩
→ **Michael ⟨Pragensis⟩**

Michael ⟨Castrensis⟩
→ **Michael ⟨Canensis⟩**

Michael ⟨Cerularius⟩
ca. 1000 – 1058
Tusculum-Lexikon; CSGL; LMA,VI,601/02
Cerularius, Michael
Kērullarios, Michaēl
Michael ⟨Constantinopolitanus⟩
Michaēl ⟨Kērullarios⟩
Michael ⟨Patriarcha⟩
Michele ⟨Cerulario⟩

Michael ⟨Choniates⟩
1138 – 1222
Tusculum-Lexikon; LMA,II,1875
Acominatus, Michael
Acominatus de Chona, Michael
Akominatos Choniates, Michael
Choniata, Michael
Choniata, Michael Acominatus
Choniates, Michael
Michael ⟨Acominatus⟩
Michael ⟨Acominatus de Chona⟩
Michael ⟨Akominatos⟩
Michael ⟨Akominatos von Chonai⟩
Michael ⟨Episcopus Graecus Atheniensis⟩
Michaēl ⟨ho Akōminatos⟩
Michael ⟨von Chonai⟩
Michel ⟨Acominat⟩
Michele ⟨Acominato⟩

Michael ⟨Christan⟩
→ **Christan, Michael**

Michael ⟨Chrysocephalus⟩
→ **Macarius ⟨Chrysocephalus⟩**

Michael ⟨Constantinopolitanus⟩
→ **Michael ⟨Anchialus⟩**
→ **Michael ⟨Cerularius⟩**

Michael ⟨Corboliensis⟩
→ **Michael ⟨Meldensis⟩**

Michael ⟨Cornubiensis⟩
um 1250
LMA,VI,604
Blaunpayn, Michel
Michael ⟨Blaunpayn⟩
Michael ⟨of Cornwall⟩
Michael ⟨the Cornishman⟩
Michael ⟨the Englishman⟩
Michael ⟨von Cornwall⟩
Michel ⟨de Cornouailles⟩

Michael ⟨Critopulus⟩
gest. ca. 1468
Tusculum-Lexikon; LMA,V,1537
Critobule
Critobule ⟨d'Imbrios⟩
Critobulos ⟨Imbriota⟩
Critobulus ⟨Imbriota⟩
Critobulus ⟨Imbrius⟩
Critobulus, Michael
Critopulus ⟨Imbrius⟩
Critopulus, Michael
Imbrius ⟨Critopulus⟩
Kritoboulos
Kritobulos ⟨von Imbrios⟩
Kritobulos, Michael
Kritobúlosz
Kritobulus
Kritopolus
Kritopulos, Michael
Kritovoulos
Michael ⟨Critobulus⟩
Michael ⟨Kritobulos⟩

Michael ⟨Czacheritz⟩
→ **Czacheritz, Michael**

Michael ⟨de Amesbury⟩
→ **Michael ⟨Amesburiensis⟩**

Michael ⟨de Bononia⟩
→ **Michael ⟨Aiguani de Bononia⟩**

Michael ⟨de Caesena⟩
→ **Michael ⟨de Cesena⟩**

Michael ⟨de Carcano⟩
gest. 1485 · OFM
Sermonarium
Carcano, Michael ¬de¬
Carcanus, Michael
Michael ⟨Carcano von Mailand⟩
Michael ⟨Carcanus⟩
Michael ⟨de Charcano⟩
Michael ⟨de Mediolano⟩
Michael ⟨Mediolanensis⟩
Michael ⟨Moreri⟩
Michel ⟨de Milan⟩
Michele ⟨Carcano⟩
Michele ⟨da Milano⟩
Moreri, Michael

Michael ⟨de Castro⟩
→ **Michael ⟨Canensis⟩**

Michael ⟨de Cesena⟩
gest. 1342 · OFM
Epistulae; Ps.; Ez.; Tractatus 3 contra varios errores et haereses Johannis XXII papae
Potth. 786; Stegmüller, Repert. bibl. 5617-5620; LThK; LMA,VI,603/04
Caesena, Michael ¬von¬
Caesenas, Michael ¬de¬
Cesena, Michael ¬de¬
Cezena, Michael ¬de¬
Michael ⟨Caesenas⟩
Michael ⟨de Caesena⟩
Michael ⟨von Caesena⟩
Michael ⟨von Cesena⟩
Michel ⟨de Césène⟩
Michele ⟨da Cesena⟩
Pseudo-Michael ⟨de Cesena⟩

Michael ⟨de Charcano⟩
→ **Michael ⟨de Carcano⟩**

Michael ⟨de Constantia⟩
→ **Christan, Michael**

Michael ⟨de Corbolio⟩
→ **Michael ⟨Meldensis⟩**

Michael ⟨de Dalen⟩
15. Jh.
Casus summarii Decretalium
Tusculum-Lexikon; LThK; Potth.
Dalen, Michael ¬de¬
Michael ⟨von Dalen⟩
Michel ⟨de Dalen⟩
Michel ⟨le Canoniste⟩

Michael ⟨de Estella⟩
→ **Michael ⟨de Stella⟩**

Michael ⟨de Furno⟩
um 1314/40 · OP (oder OCist?)
Postillae Biblicae; Cant.; Luc. cum glossis anonymi
Stegmüller, Repert. sentent. 1140; Schneyer,IV,178
DuFour, Michel
Furno, Michael ¬de¬
Michael ⟨de Furno, Insulensis⟩
Michael ⟨de Insulis⟩
Michael ⟨du Four⟩
Michael ⟨Insulensis⟩
Michael ⟨Picardus⟩
Michel ⟨de Furno⟩
Michel ⟨de Insulis⟩
Michel ⟨de Lille⟩
Michel ⟨du Four⟩

Michael ⟨de Gyrio⟩
→ **Michael ⟨Pragensis⟩**

Michael ⟨de Helenchines⟩
→ **Michael ⟨de Marbasio⟩**

Michael ⟨de Hungaria⟩
gest. 1482
Hungaria, Michael ¬de¬
Michael ⟨de Ungaria⟩
Michael ⟨Hungarus⟩
Michel ⟨de Hongrie⟩
Ungaria, Michael ¬de¬

Michael ⟨de Insulis⟩
→ **François, Michel**
→ **Michael ⟨de Furno⟩**

Michael ⟨de Leone⟩
gest. 1355
Annales historica
LMA,VI,605; VL(2),6,491/503
Jud, Michael
Leone, Michael ¬de¬
Michael ⟨Canonicus⟩
Michael ⟨Herbipolensis⟩
Michael ⟨Jud⟩
Michael ⟨of Wirzburg⟩
Michael ⟨von Loewen⟩
Michel ⟨de Leone⟩

Michael ⟨de Marbasio⟩
gest. ca. 1300
Summa de modis significandi
Marbasio, Michael ¬de¬
Michael ⟨de Helenchines⟩
Michael ⟨de Morbosia⟩
Michel ⟨de Brabant⟩
Michel ⟨de Marbais⟩
Michel ⟨de Marbaix⟩
Michel ⟨de Morbais⟩
Michel ⟨de Roubaix⟩
Mychael ⟨de Helenchines⟩

Michael ⟨de Massa⟩
gest. ca. 1337 · OESA
Expositio super ev. Lucae; Expositio super ev. Matthaei; Historia passionis Christi; etc.
VL(2),6,503/509; LMA,VI,606
Beccucci, Michael
Massa, Michael ¬de¬
Michael ⟨Beccucci⟩
Michael ⟨Beccucci de Massa⟩
Michael ⟨Massanus⟩
Michael ⟨von Massa⟩
Michel ⟨de Massa⟩
Pseudo-Michael ⟨de Massa⟩

Michael ⟨de Mediolano⟩
→ **Michael ⟨de Carcano⟩**

Michael ⟨de Morbosia⟩
→ **Michael ⟨de Marbasio⟩**

Michael ⟨de Nyssa⟩
gest. 1489 · OSA
Chronicon Glacense
Potth. 786
Michael ⟨Nissensis⟩
Michel ⟨de Glatz⟩
Michel ⟨de Neisse⟩
Michel ⟨Nissensis⟩
Nyssa, Michael ¬de¬

Michael ⟨de Platea⟩
1337 – 1361
Historia Sicula
LMA,VI,610
Michael ⟨de Placia⟩
Michael ⟨Platiensis⟩
Michel ⟨de Piazza⟩
Michele ⟨da Piazza⟩
Piazza, Michel ¬de¬
Platea, Michael ¬de¬

Michael ⟨de Rimini⟩
14. Jh. · OESA
Stegmüller, Repert. sentent. 542
Rimini, Michael ¬de¬

Michael ⟨de Selimbria⟩
→ **François, Michel**

Michael ⟨de Stella⟩
14. Jh. · OP
Schneyer,IV,198
Michael ⟨de Estella⟩
Michael ⟨de Stella, Navarrus⟩
Michael ⟨Italus⟩
Michael ⟨Prior Provinciae Aragoniae⟩
Michael ⟨Stellensis⟩
Michel ⟨de Stella⟩
Michel ⟨d'Estella⟩
Michel ⟨Perez⟩
Perez, Michel
Stella, Michael ¬de¬

Michael ⟨de Ungaria⟩
→ **Michael ⟨de Hungaria⟩**

Michael ⟨de Viterbo⟩
→ **Michael ⟨Canensis⟩**

Michael ⟨der Große⟩
→ **Mikā'ēl ⟨der Syrer⟩**

Michael ⟨Didaskalos tu Apostolu⟩
→ **Michael ⟨Rhetor⟩**

Michael ⟨du Four⟩
→ **Michael ⟨de Furno⟩**

Michael ⟨Ducas⟩
ca. 1400 – ca. 1462
Historia Turcobyzantina; Taufname (Michael oder Johannes) nicht gesichert
Rep.Font. IV,247; Tusculum-Lexikon; LMA,III,1444/45
Ducas
Ducas ⟨Nepos⟩
Ducas, Jean
Ducas, Johannes
Ducas, Michael
Ducas, Michel
Dukas
Dukas, Michael
Jean ⟨Ducas⟩
Johannes ⟨Ducas⟩
Michael ⟨Dukas⟩
Michaēl ⟨ho Dukas⟩
Michel ⟨Ducas⟩

Michael ⟨Dukas⟩
→ **Michael ⟨Ducas⟩**

Michael ⟨Ephesius⟩
11./12. Jh.
Tusculum-Lexikon
Ephesius, Michael
Michaēl ⟨Ephesios⟩
Michael ⟨Ephesios⟩
Michael ⟨of Ephesus⟩
Michael ⟨von Ephesos⟩
Michael ⟨von Ephesus⟩
Michele ⟨d'Efeso⟩

Michael ⟨Episcopus⟩
→ **François, Michel**

Michael ⟨Episcopus Graecus Atheniensis⟩
→ **Michael ⟨Choniates⟩**

Michael ⟨Filius Francisci⟩
→ **Ferraiolo**

Michael ⟨Francisci⟩
→ **François, Michel**

Michael ⟨Frater⟩
→ **Michael ⟨Secundus⟩**

Michael ⟨Frater⟩
um 1450 · OSB
Varia e codicibus Vratisl. n. 3.; Historia de abbate recepto a diabolo; wird fälschlich als „Abbas Coenobii Sanctae Crucis de Monte Calvo" bezeichnet
Potth. 785, 787, 1083
Michael ⟨Abbas Coenobii Sanctae Crucis de Monte Calvo⟩
Michael ⟨Frater, OSB⟩

Michael ⟨Gabras⟩
gest. 1350
Briefe
Gabras, Michael
Gabrus, Michael
Michael ⟨Gabrus⟩
Michel ⟨Gabra⟩

Michael ⟨Glycas⟩
um 1159
Tusculum-Lexikon; CSGL; Meyer; Rep.Font. V,164/165
Glycas, Michael
Glycis, Michael
Glykas, Michael
Michael ⟨Glycis⟩
Michael ⟨Glykas⟩
Michaēl ⟨ho Glykas⟩
Michael ⟨Siculus⟩
Michael ⟨Sikelios⟩
Michael ⟨Sikidites⟩
Michel ⟨Glycas⟩

Michael ⟨Gyriacensis⟩
→ **Michael ⟨Pragensis⟩**

Michael ⟨Hapluchirus⟩
um 1183
Tusculum-Lexikon
Haploucheir, Michael
Haplucheir, Michel
Hapluchirus, Michael
Michael ⟨Hapluchires⟩
Michael ⟨Plochirus⟩
Plochires, Michael
Plochirus, Michael

Michael ⟨Heghestersteen⟩
um 1419/23
Lectura super logicam
Lohr
Heghestersteen, Michael
Hegstersten, Michael
Michael ⟨Hegstersten⟩

Michael ⟨Herbipolensis⟩
→ **Michael ⟨de Leone⟩**

Michael ⟨Hierosolymitanus⟩
→ **Michael ⟨Syncellus⟩**

Michaēl ⟨ho Akōminatos⟩
→ **Michael ⟨Choniates⟩**

Michaēl ⟨ho Apostolios⟩
→ **Michael ⟨Apostolius⟩**

Michaēl ⟨ho Dukas⟩
→ **Michael ⟨Ducas⟩**

Michaēl ⟨ho Glykas⟩
→ **Michael ⟨Glycas⟩**

Michaēl ⟨ho Panaretos⟩
→ **Michael ⟨Panaretus⟩**

Michaēl ⟨ho Psellos⟩
→ **Michael ⟨Psellus⟩**

Michael ⟨ho tu Anchialu⟩
→ **Michael ⟨Anchialus⟩**

Michael ⟨Hungarus⟩
→ **Michael ⟨de Hungaria⟩**

Michael ⟨I.⟩
→ **Mikā'ēl ⟨der Syrer⟩**

Michael ⟨i Odense⟩
→ **Mikkel ⟨i Odense⟩**

Michael ⟨Imperium Byzantinum, Imperator, VIII.⟩
1224 – 1282
Tusculum-Lexikon; CSGL; LMA,VI,599
Michael ⟨Palaeologus⟩
Michael ⟨Palaiologos⟩
Palaeologus, Michael
Palaiologos, Michael

Michael ⟨in Odensee⟩
→ **Mikkel ⟨i Odense⟩**

Michael ⟨Insulensis⟩
→ **François, Michel**
→ **Michael ⟨de Furno⟩**

Michael ⟨Italicus⟩
12. Jh.
Epistulae; Orationes
Tusculum-Lexikon; CSGL; LMA,V,771/72
Italicus, Michael
Italikos, Michaēl
Michaēl ⟨Italikos⟩
Michele ⟨il Italico⟩
Michele ⟨Italico⟩

Michael ⟨Italus⟩
→ **Michael ⟨de Stella⟩**

Michael ⟨Iunior⟩
→ **Michael ⟨Psellus⟩**

Michael ⟨Jud⟩
→ **Michael ⟨de Leone⟩**

Michaēl ⟨Kērullarios⟩
→ **Michael ⟨Cerularius⟩**

Michael ⟨Kritobulos⟩
→ **Michael ⟨Critopulus⟩**

Michael ⟨le Jeune⟩
→ **Michael ⟨Psellus⟩**

Michael ⟨le Roi des Pauvres⟩
→ **Michael ⟨Apostolius⟩**

Michael ⟨Lindelbach⟩
→ **Lindelbach, Michael**

Michael ⟨Lochmair⟩
→ **Lochmair, Michael**

Michael ⟨Lochner⟩
→ **Lochmair, Michael**

Michael ⟨Madius⟩
→ **Madius de Barbazanis, Michael**

Michael ⟨Magister⟩
→ **Michael ⟨von Mühldorf⟩**

Michael ⟨Maistōr tōn Rhētorōn⟩
→ **Michael ⟨Rhetor⟩**

Michael ⟨Marullus⟩
→ **Marullus, Michael Tarchaniota**

Michael ⟨Massanus⟩
→ **Michael ⟨de Massa⟩**

Michael ⟨Mediolanensis⟩
→ **Michael ⟨de Carcano⟩**

Michael ⟨Meldensis⟩
gest. 1199
Capitula super distinctiones Psalmorum
Stegmüller, Repert. bibl. 5638-5640; LMA,III,220; LThK
Corbeil, Michael ¬de¬
Michael ⟨Archiepiscopus Senonensis⟩
Michael ⟨Corboliensis⟩
Michael ⟨de Corbolio⟩
Michael ⟨Patriarcha Hierosolymitanus⟩
Michael ⟨Senonensis⟩
Michael ⟨von Corbeil⟩
Michael ⟨von Meaux⟩
Michael ⟨von Sens⟩
Michel ⟨de Corbeil⟩
Michel ⟨de Jérusalem⟩
Michel ⟨de Laon⟩
Michel ⟨de Meaux⟩
Michel ⟨de Paris⟩
Michel ⟨de Sens⟩

Michael ⟨Minor⟩
→ **Michael ⟨Psellus⟩**

Michael ⟨Moreri⟩
→ **Michael ⟨de Carcano⟩**

Michael ⟨Nachtigall⟩
→ **Nachtigall, Michael**

Michael ⟨Nissensis⟩
→ **Michael ⟨de Nyssa⟩**

Michael ⟨of Amesbury⟩
→ **Michael ⟨Amesburiensis⟩**

Michael ⟨of Cornwall⟩
→ **Michael ⟨Cornubiensis⟩**

Michael ⟨of Ephesus⟩
→ **Michael ⟨Ephesius⟩**

Michael ⟨of Glastonbury⟩
→ **Michael ⟨Amesburiensis⟩**

Michael ⟨of Odense⟩
→ **Mikkel ⟨i Odense⟩**

Michael ⟨of Prague⟩
→ **Michael ⟨Pragensis⟩**

Michael ⟨of Wirzburg⟩
→ **Michael ⟨de Leone⟩**

Michael ⟨Pacher⟩
→ **Pacher, Michael**

Michael ⟨Palaeologus⟩
→ **Michael ⟨Imperium Byzantinum, Imperator, VIII.⟩**

Michael ⟨Panaretus⟩
geb. um 1320
Tusculum-Lexikon; CSGL; LMA,VI,1651
Michaēl ⟨ho Panaretos⟩
Michele ⟨Panarete⟩
Panaretos, Michael
Panaretus, Michael

Michael ⟨Patriarcha⟩
→ **Michael ⟨Cerularius⟩**

Michael ⟨Patriarcha, III.⟩
→ **Michael ⟨Anchialus⟩**

Michael ⟨Patriarcha Hierosolymitanus⟩
→ **Michael ⟨Meldensis⟩**

Michael ⟨Pelagallus⟩
gest. 1420 · OP
Libri dialogorum hierarchiae subcoelestis de reformatione ecclesiae militantis; Opusculum aliud de schismate
Kaeppeli,III,134/135
Michel ⟨Pelagallo⟩
Pelagallo, Michel
Pelagallus, Michael

Michael ⟨Philadelphiensis⟩
→ **Macarius ⟨Chrysocephalus⟩**

Michaēl ⟨Philosophōn Hypatos⟩
→ **Michael ⟨Psellus⟩**

Michael ⟨Picardus⟩
→ **Michael ⟨de Furno⟩**

Michael ⟨Planudes⟩
→ **Maximus ⟨Planudes⟩**

Michael ⟨Platiensis⟩
→ **Michael ⟨de Platea⟩**

Michael ⟨Plochirus⟩
→ **Michael ⟨Hapluchirus⟩**

Michael ⟨Pontifex⟩
→ **Michael ⟨von Mühldorf⟩**

Michael ⟨Pragensis⟩
gest. 1401
De custodia virginitatis
Michael ⟨Agsbacensis⟩
Michael ⟨Carthusianus⟩
Michael ⟨Cartusiensis⟩
Michael ⟨de Gyrio⟩
Michael ⟨Gyriacensis⟩
Michael ⟨of Prague⟩
Michael ⟨Prior⟩
Michael ⟨von Prag⟩
Michel ⟨de Gyrio⟩
Michel ⟨de Prague⟩
Michel ⟨d'Agsbach⟩
Michel ⟨le Chartreux⟩
Michel ⟨le Prieur⟩

Michael ⟨Prapach⟩
→ **Prapach, Michael**

Michael ⟨Prior⟩
→ **Michael ⟨Pragensis⟩**

Michael ⟨Prior Provinciae Aragoniae⟩
→ **Michael ⟨de Stella⟩**

Michael ⟨Protoecdicius⟩
→ **Michael ⟨Rhetor⟩**

Michael ⟨Psellus⟩
1018 – ca. 1078
Tusculum-Lexikon; CSGL; LMA,VII,304/305
Constantinus ⟨Psellus⟩
Konstantinos ⟨Psellos⟩
Michaēl ⟨ho Psellos⟩
Michael ⟨Iunior⟩
Michael ⟨le Jeune⟩
Michael ⟨Minor⟩
Michaēl ⟨Philosophōn Hypatos⟩
Michael ⟨Philosophorum Princeps⟩
Michaēl ⟨Psellos⟩
Michael ⟨Psellos⟩
Michael Constantinus ⟨Psellus⟩
Mikhail ⟨Psellos⟩
Psell, Michail
Psello, Michele
Psellos, Michaēl
Psellos, Michael
Psellos, Michel
Psellos, Mikhail
Psellus
Psellus, Constantinus
Psellus, Michael

Michael ⟨Puff de Schrick⟩
→ **Schrick, Michael**

Michael ⟨Rerer⟩
um 1427/61 · OP
Quaestiones ad quas Oxoniae respondit
Kaeppeli,III,136
Michael ⟨Rörer⟩
Rerer, Michael
Rörer, Michael

Michael ⟨Rhetor⟩
12. Jh.
Tusculum-Lexikon; LMA,VI,605/06
Michael ⟨aus Konstantinopel⟩
Michael ⟨Didaskalos tu Apostolu⟩
Michael ⟨Didaskalos tu Euangeliu⟩
Michael ⟨Didaskalos tu Psaltēros⟩
Michael ⟨Maistōr tōn Rhētorōn⟩
Michael ⟨Protekdikos⟩
Michael ⟨Protoecdicius⟩
Michael ⟨von Thessalonike⟩
Rhetor, Michael

Michael ⟨Rörer⟩
→ **Michael ⟨Rerer⟩**

Michael ⟨Salmuriensis⟩
gest. 1220
Wohl Verf. von Historia monasterii S. Florentii Salmuriensis (841-1201)
Potth. 785
Michael ⟨Abbas Coenobii Sancti Florentii Salmuriensis⟩
Michel ⟨de Saint-Florent à Saumur⟩

Michael ⟨Savonarola⟩
→ **Johannes Michael ⟨Savonarola⟩**

Michael ⟨Scherringer⟩
→ **Scherringer, Michael**

Michael ⟨Schmidmer⟩
→ **Schmidmer, Michael**

Michael ⟨Schorpp⟩
→ **Schorpp, Michael**

Michael ⟨Schrick⟩
→ **Schrick, Michael**

Michael ⟨Scotus⟩
gest. ca. 1235
Gilt als einer der möglichen Verf. der „Quaestiones Nicolai Peripatetici"
LThK; Tusculum-Lexikon; LMA,VI,606
Michael ⟨Scottus⟩
Michel ⟨Scot⟩
Pseudo-Michael ⟨Scotus⟩
Schot, Michael
Schotus, Michael
Scott, Michael
Scotus, Michael

Michael ⟨Secundus⟩
15. Jh.
Positiones; Clm 18983,f. 221-224
Stegmüller, Repert. sentent. 1160
Michael ⟨Frater⟩
Secundus, Michael

Michael ⟨Senonensis⟩
→ **Michael ⟨Meldensis⟩**

Michael ⟨Siculus⟩
→ **Michael ⟨Glycas⟩**

Michael ⟨Stellensis⟩
→ **Michael ⟨de Stella⟩**

Michael ⟨Suchenschatz⟩
gest. ca. 1414
Lectura super canticum canticorum; Sermo de assumtione; Ave Maria
Stegmüller, Repert. bibl. 5641-5644
Michael ⟨Suechenschatz⟩
Suchenschatz, Michael

Michael ⟨Syncellus⟩
ca. 761 – 846
Tusculum-Lexikon; CSGL; LMA,VI,607
Michael ⟨Angelus⟩
Michael ⟨Hierosolymitanus⟩
Michael ⟨Syngelos⟩
Michael ⟨Synkellos⟩
Michele ⟨Sincello⟩
Syncellus, Michael
Syngelius, Michael
Syngelus, Michael
Synkellos, Michael

Michael ⟨Syrus⟩
→ **Mikā'ēl ⟨der Syrer⟩**

Michael ⟨Tarchaniota⟩
→ **Marullus, Michael Tarchaniota**

Michael ⟨Tenteysen⟩
um 1458 · OP
Tract. de universali sec. intentionem b. Thomae
Kaeppeli,III,136/137
Michael ⟨Tentensen⟩
Tentensen, Michael
Tenteysen, Michael

Michael ⟨the Englishman⟩
→ **Michael ⟨Cornubiensis⟩**

Michael ⟨the Priest⟩
→ **Mikkel ⟨i Odense⟩**

Michael ⟨von Antiochia⟩
→ **Mikā'ēl ⟨der Syrer⟩**

Michael ⟨von Bologna⟩
→ **Michael ⟨Aiguani de Bononia⟩**

Michael ⟨von Cesena⟩
→ **Michael ⟨de Cesena⟩**

Michael ⟨von Chonai⟩
→ **Michael ⟨Choniates⟩**

Michael ⟨von Corbeil⟩
→ **Michael ⟨Meldensis⟩**

Michael ⟨von Cornwall⟩
→ **Michael ⟨Cornubiensis⟩**

Michael ⟨von Costenzt⟩
→ **Christan, Michael**

Michael ⟨von Dalen⟩
→ **Michael ⟨de Dalen⟩**

Michael ⟨von Ephesus⟩
→ **Michael ⟨Ephesius⟩**

Michael ⟨von Loewen⟩
→ **Michael ⟨de Leone⟩**

Michael ⟨von Massa⟩
→ **Michael ⟨de Massa⟩**

Michael ⟨von Meaux⟩
→ **Michael ⟨Meldensis⟩**

Michael ⟨von Mühldorf⟩
Lebensdaten nicht ermittelt
Pflege von Stammen; Brückenbau
VL(2),6,509
Michael ⟨Magister⟩
Michael ⟨Pontifex⟩
Mühldorf, Michael ¬von¬

Michael ⟨von Prag⟩
→ **Michael ⟨Pragensis⟩**

Michael ⟨von Sens⟩
→ **Michael ⟨Meldensis⟩**

Michael ⟨von Thessalonike⟩
→ **Michael ⟨Rhetor⟩**

Michael Apostolius
→ **Michael ⟨Apostolius⟩**

Michael Constantinus ⟨Psellus⟩
→ **Michael ⟨Psellus⟩**

Michael Madius ⟨de Barbazanis⟩
→ **Madius de Barbazanis, Michael**

Michael Tarchaniota ⟨Marullus⟩
→ **Marullus, Michael Tarchaniota**

Michaelis, Johannes
→ **Johannes ⟨Michaelis⟩**

Michault ⟨Taillevent⟩
ca. 1390/95 – ca. 1462
Poésies personnelles; Passe temps; Songe. - Nicht identisch mit Taillevent, dem Küchenmeister Karls I. von Frankreich ("Viandier„)
LMA,VIII,437
Caron, Michault ¬le¬
LeCaron, Michault
Michault ⟨le Caron⟩
Taillevent
Taillevent, Michault

Michault, Pierre
15. Jh.
Procès d'honneur féminin; Dance des aveugles; Doctrinal du temps présent; etc.
LMA,VI,609
Pierre ⟨Michault⟩

Michel ⟨Acominat⟩
→ **Michael ⟨Choniates⟩**

Michel ⟨Akademikerarzt⟩
→ **Michel ⟨Meister⟩**

Michel ⟨Angriani⟩
→ **Michael ⟨Aiguani de Bononia⟩**

Michel ⟨Attaliate⟩
→ **Michael ⟨Attaliata⟩**

Michel ⟨Beheim⟩
→ **Beheim, Michael**

Michel ⟨Chroniqueur des Comtes de Foix⟩
→ **DuBernis, Michel**

Michel ⟨d'Agsbach⟩
→ **Michael ⟨Pragensis⟩**

Michel ⟨Dan⟩
→ **Michel, Dan**

Michel ⟨d'Anchiale⟩
→ **Michael ⟨Anchialus⟩**

Michel ⟨de Bologne⟩
→ **Michael ⟨Aiguani de Bononia⟩**

Michel ⟨de Brabant⟩
→ **Michael ⟨de Marbasio⟩**

Michel ⟨de Césène⟩
→ **Michael ⟨de Cesena⟩**

Michel ⟨de Constantinople⟩
→ **Michael ⟨Anchialus⟩**

Michel ⟨de Corbeil⟩
→ **Michael ⟨Meldensis⟩**

Michel ⟨de Cornouailles⟩
→ **Michael ⟨Cornubiensis⟩**

Michel ⟨de Dalen⟩
→ **Michael ⟨de Dalen⟩**

Michel ⟨de Furno⟩
→ **Michael ⟨de Furno⟩**

Michel ⟨de Glatz⟩
→ **Michael ⟨de Nyssa⟩**

Michel ⟨de Gyrio⟩
→ **Michael ⟨Pragensis⟩**

Michel ⟨de Hongrie⟩
→ **Michael ⟨de Hungaria⟩**

Michel ⟨de Insulis⟩
→ **Michael ⟨de Furno⟩**

Michel ⟨de Jérusalem⟩
→ **Michael ⟨Meldensis⟩**

Michel ⟨de Laon⟩
→ **Michael ⟨Meldensis⟩**

Michel ⟨de Leone⟩
→ **Michael ⟨de Leone⟩**

Michel ⟨de Lille⟩
→ **Michael ⟨de Furno⟩**

Michel ⟨de Lille⟩
→ **François, Michel**

Michel ⟨de Marbais⟩
→ **Michael ⟨de Marbasio⟩**

Michel ⟨de Massa⟩
→ **Michael ⟨de Massa⟩**

Michel ⟨de Meaux⟩
→ **Michael ⟨Meldensis⟩**

Michel ⟨de Milan⟩
→ **Michael ⟨de Carcano⟩**

Michel ⟨de Morbais⟩
→ **Michael ⟨de Marbasio⟩**

Michel ⟨de Neisse⟩
→ **Michael ⟨de Nyssa⟩**

Michel ⟨de Northburgh⟩
→ **Michel, Dan**

Michel ⟨de Paris⟩
→ **Michael ⟨Meldensis⟩**

Michel ⟨de Piazza⟩
→ **Michael ⟨de Platea⟩**

Michel ⟨de Prague⟩
→ **Michael ⟨Pragensis⟩**

Michel ⟨de Roubaix⟩
→ **Michael ⟨de Marbasio⟩**

Michel ⟨de Saint-Florent à Saumur⟩
→ **Michael ⟨Salmuriensis⟩**

Michel ⟨de Sens⟩
→ **Michael ⟨Meldensis⟩**

Michel ⟨de Stella⟩
→ **Michael ⟨de Stella⟩**

Michel ⟨der Meister⟩
→ **Schrick, Michael**

Michel ⟨d'Estella⟩
→ **Michael ⟨de Stella⟩**

Michel ⟨d'Haideck⟩
→ **Lochmair, Michael**

Michel ⟨du Bernis⟩
→ **DuBernis, Michel**

Michel ⟨du Four⟩
→ **Michael ⟨de Furno⟩**

Michel ⟨DuBernis⟩
→ **DuBernis, Michel**

Michel ⟨Ducas⟩
→ **Michael ⟨Ducas⟩**

Michel ⟨François⟩
→ **François, Michel**

Michel ⟨Gabra⟩
→ **Michael ⟨Gabras⟩**

Michel ⟨Gallus⟩
→ **Johannes ⟨Michaelis⟩**

Michel ⟨Gernpaß⟩
→ **Gernpaß**

Michel ⟨Glycas⟩
→ **Michael ⟨Glycas⟩**

Michel ⟨l'Apostole⟩
→ **Michael ⟨Apostolius⟩**

Michel ⟨le Canoniste⟩
→ **Michael ⟨de Dalen⟩**

Michel ⟨le Chartreux⟩
→ **Michael ⟨Pragensis⟩**

Michel ⟨le Prieur⟩
→ **Michael ⟨Pragensis⟩**

Michel ⟨le Syrien⟩
→ **Mikā'ēl ⟨der Syrer⟩**

Michel ⟨Lindelbacher⟩
→ **Lindelbach, Michael**

Michel ⟨Lochmayer⟩
→ **Lochmair, Michael**

Michel ⟨Madius⟩
→ **Madius de Barbazanis, Michael**

Michel ⟨Meister⟩
um 1450
Konsilium für nieren- bzw. kolikenleidende Patienten
VL(2),6,573/574
Meister Michel
Michel ⟨Akademikerarzt⟩

Michel ⟨Nissensis⟩
→ **Michael ⟨de Nyssa⟩**

Michel ⟨of Northgate⟩
→ **Michel, Dan**

Michel ⟨Pelagallo⟩
→ **Michael ⟨Pelagallus⟩**

Michel ⟨Perez⟩
→ **Michael ⟨de Stella⟩**

Michel ⟨Schorpp⟩
→ **Schorpp, Michael**

Michel ⟨Schrade⟩
→ **Schrade, Michel**

Michel ⟨Scot⟩
→ **Michael ⟨Scotus⟩**

Michel, Dan
um 1340
Ayenbite of inwyt
Dan ⟨Michel⟩
Dan Michel ⟨of Northgate⟩
Michel ⟨Dan⟩
Michel ⟨de Northburgh⟩
Michel ⟨of Northgate⟩

Michel, Heinrich
13. Jh.
Verslegende d. Erkenbert von Worms
VL(2),6,516/517
Heinrich ⟨Michel⟩

Michele ⟨Acominato⟩
→ **Michael ⟨Choniates⟩**

Michele ⟨Attaliate⟩
→ **Michael ⟨Attaliata⟩**

Michele ⟨Canese⟩
→ **Michael ⟨Canensis⟩**

Michele ⟨Cannesio⟩
→ **Michael ⟨Canensis⟩**

Michele ⟨Carcano⟩
→ **Michael ⟨de Carcano⟩**

Michele ⟨Cerulario⟩
→ **Michael ⟨Cerularius⟩**

Michele ⟨Corbizzeschi⟩
→ **Corbizzeschi, Michele**

Michele ⟨da Cesena⟩
→ **Michael ⟨de Cesena⟩**

Michele ⟨da Milano⟩
→ **Michael ⟨de Carcano⟩**

Michele ⟨da Piazza⟩
→ **Michael ⟨de Platea⟩**

Michele ⟨d'Efeso⟩
→ **Michael ⟨Ephesius⟩**

Michele ⟨di Francesco Corbizzeschi⟩
→ **Corbizzeschi, Michele**

Michele ⟨Italico⟩
→ **Michael ⟨Italicus⟩**

Michele ⟨Panarete⟩
→ **Michael ⟨Panaretus⟩**

Michele ⟨Sincello⟩
→ **Michael ⟨Syncellus⟩**

Michelino ⟨da Besozzo⟩
ca. 1388 – ca. 1442
Besozzo, Michelino ¬da¬
Michelino ⟨Molinari⟩
Molinari, Michelino

Michelino ⟨Molinari⟩
→ **Michelino ⟨da Besozzo⟩**

Michelozzo ⟨di Bartolommeo⟩
1396 – 1472
Florentin. Bildhauer u. Architekt
LMA,VI,611
Bartolommeo, Michelozzo ¬di¬
DiBartolommeo, Michelozzo
Michelozzo

Michelsen, Knud
→ **Mikkelsen, Knud**

Michiel, Nicolò ¬di¬
→ **Nicolò ⟨di Michiel⟩**

Michinaga Kō
→ **Fujiwara, Michinaga**

Michsener
→ **Mysner**

Mico ⟨Centulensis⟩
9. Jh.
Tusculum-Lexikon; CSGL; LMA,VI,612
Mico ⟨Monachus⟩
Mico ⟨von Saint Riquier⟩
Micon ⟨de Saint Riquier⟩
Micon ⟨von Saint Riquier⟩

Midō Dono
→ **Fujiwara, Michinaga**

Midō Kampaku
→ **Fujiwara, Michinaga**

Midō Sesshō
→ **Fujiwara, Michinaga**

Mieczyslas ⟨Pologne, Duc, I.⟩
→ **Mieszko ⟨Polska, Król, I.⟩**

Miélot, Jean
um 1450/68
Avis directif pour faire le voyage d'Outremer; Consolation des desolez; Débat de la vraie noblesse; Herausgeber der "Miracles de Notre Dame„ und "Epître d'Othéa„
Rep.Font. VI,543
Jean ⟨Miélot⟩

Mierzwa
→ **Dzierzwa**

Mieszko ⟨Polska, Król, I.⟩
931 – 992
LMA,VI,616/617
Mieczyslas ⟨Pologne, Duc, I.⟩
Mieszka ⟨Polska⟩
Mieszko ⟨Polen, Fürst⟩
Mieszko ⟨Polen, König, I.⟩

Migerii, Thomas
→ **Thomas ⟨Migerii⟩**

Migli, Ambrogio
→ **Ambrosius ⟨de Miliis⟩**

Migliorati, Cosmas
→ **Innocentius ⟨Papa, VII.⟩**

Migo ⟨de Ruppeforte⟩
um 1378
Relatio legationis Migonis de Ruppeforte
Potth. 979
Migon ⟨de Rochefort⟩
Rochefort, Migon ¬de¬

Miguel ⟨de Verms⟩
→ **DuBernis, Michel**

Mihyār ad-Dailamī
→ **Mihyār Ibn-Marzawaih ad-Dailamī**

Mihyār Ibn-Marzawaih ad-Dailamī
gest. 1037
Dailamī, Mihyār Ibn-Marzawaih ¬ad-¬
Ibn-Marzawaih, Mihyār ad-Dailamī
Mihyār ad-Dailamī
Mihyār ibn Marzawayh al-Daylamī

Mikā'ēl ⟨der Syrer⟩
1126 – 1199
Maktbānūt zabne
LMA,VI,601
Michael ⟨Antiochia, Patriarch⟩
Michael ⟨der Große⟩
Michael ⟨I.⟩
Michael ⟨Syrus⟩
Michael ⟨von Antiochia⟩
Michel ⟨le Syrien⟩
Syrer, Mikā'ēl ¬der¬

Mikhail ⟨Psellos⟩
→ **Michael ⟨Psellus⟩**

Mikkel ⟨i Odense⟩
gest. 1500
Michael
Michael ⟨i Odense⟩
Michael ⟨in Odensee⟩
Michael ⟨of Odense⟩
Michael ⟨the Priest⟩
Mikkel ⟨Nielsen⟩
Mikkel ⟨of Odense⟩
Mikkel ⟨Praest⟩
Mikkel ⟨the Priest⟩
Mikkel, Henri
Odense, Mikkel ¬i¬

Mikkelsen, Knud
gest. 1477/87
Quaedam breves expositiones et iurium concordantiae
Canut ⟨Cobson⟩
Canutus ⟨Bishop⟩
Canutus ⟨Episcopus⟩
Canutus ⟨of Viborg⟩
Canutus ⟨Vibergensis⟩
Cobsen, Canutus
Kanutus ⟨Arusiensis⟩
Kanutus ⟨de Arusia⟩
Kanutus ⟨Viborg⟩
Kanutuz ⟨Wiborg⟩
Knud ⟨Mikkelsen⟩
Kobsen, Canutus
Kobsen, Knud
Kobsøn, Canutus
Michelsen, Knud

Mikołaj ⟨Bylina⟩
→ **Mikołaj Bylina ⟨z Leszczyn⟩**

Mikołaj ⟨von Popplau⟩
→ **Nikolaus ⟨von Popplau⟩**

Mikołaj ⟨Wigandi⟩
→ **Nicolaus ⟨Wigandi⟩**

Mikolaj ⟨z Blonia⟩
→ **Nicolaus ⟨de Blonie⟩**
→ **Nicolaus ⟨de Plove⟩**

Mikołaj Bylina ⟨z Leszczyn⟩
gest. 1474
Hebr. c. 1-7
Stegmüller, Repert. bibl., 5696;5697
Bylina, Mikołaj
Bylina, Nicolaus ¬de¬
Leszczyn, Mikołaj Bylina ¬z¬
Mikołaj ⟨Bylina⟩
Nicolaus ⟨de Bylina⟩

'Mikołaja ⟨z Brzegu⟩
→ **Nicolaus ⟨Tempelfeld de Brega⟩**

Mikosz de Nissa, Bernardus
→ **Bernardus ⟨Mikosz de Nissa⟩**

Mikulás ⟨Biceps⟩
→ **Nicolaus ⟨Biceps⟩**

Mikulas ⟨Rakovnik⟩
→ **Nicolaus ⟨Rakovnik⟩**

Mikuláš ⟨z Litomyšle⟩
um 1380
Litomyšle, Mikuláš ¬z¬
Nicolaus ⟨de Lutomisl⟩

Mikuláš ⟨z Polski⟩
→ **Nicolaus ⟨de Polonia⟩**

Mikuláše ⟨z Drážďan⟩
→ **Nicolaus ⟨Dresdensis⟩**

Milanta, Antonius
→ **Antonius ⟨de Ianua⟩**

Milaräpa
→ **Mi-la-ras-pa**

Mi-la-ras-pa
1040 – 1123
MGur 'bum
Milaräpa
Milaraspa
Milarepa
Milarepa, Jetsün
Mi-le-jih-pa

Mildehovet, Marquard
um 1443/54
Vorrede zu 2 leg. Traktaten; Übersetzung u. Bearbeitung von „Protestatio offte vorrede", „Von pinen vnde vorhoringen"
VL(2),6,518/522
Marquard ⟨Mildehovet⟩

Mi-le-jih-pa
→ **Mi-la-ras-pa**

Miles, Angilbertus
→ **Angilbertus ⟨Miles⟩**

Miles, Gosuinus
→ **Goswinus ⟨Ignotus⟩**

Milesius, Hesychius
→ **Hesychius ⟨Milesius⟩**

Milesius, Isidorus
→ **Isidorus ⟨Milesius⟩**

Milet, Jacques
ca. 1425 – 1466
Histoire de la destruction de Troie la grant par personnages
LMA,VI,624/625; Rep.Font. VI,505
Jacques ⟨Milet⟩
Jacques ⟨Millet⟩
Millet, Jacques

Milevsko, Gerlach
→ **Gerlacus ⟨Milovicensis⟩**

Milianus ⟨de Spoleto⟩
um 1311/42 · OP
Commentarius in Valerium Maximum; Extractiones de libro Ethicorum secundum ordinem alphabeti
Lohr
Aemilianus ⟨de Spoleto⟩
Emilianus ⟨de Spoleto⟩
Melionus ⟨de Spoleto⟩
Spoleto, Milianus ¬de¬

Milič ⟨z Kroměříže⟩
→ **Johannes ⟨Milič⟩**

Milič, Johannes
→ **Johannes ⟨Milič⟩**

Miliduno, Robertus ¬de¬
→ **Robertus ⟨de Miliduno⟩**

Miliis, Ambrosius ¬de¬
→ **Ambrosius ⟨de Miliis⟩**

Milio, Giulio
→ **Iulius ⟨Millius⟩**

Milioli, Albertus
→ **Albertus ⟨Milioli⟩**

Militsch von Kremsier, Johannes
→ **Johannes ⟨Milič⟩**

Millan ⟨Aragonès⟩
→ **Aemilianus ⟨Cucullatus⟩**

Millan ⟨de la Cogolla⟩
→ **Aemilianus ⟨Cucullatus⟩**

Millet, Jacques
→ **Milet, Jacques**

Millius, Iulius
→ **Iulius ⟨Millius⟩**

Milo ⟨Beccensis⟩
→ **Milo ⟨Crispinus⟩**

Milo ⟨Crispinus⟩
um 1150 · OSB
De nobili genere Crispinorum
Potth. 788; DOC,2,1332
Crispin, Milon
Crispinus, Milo
Milo ⟨Beccensis⟩
Milo ⟨Crispinus Beccensis⟩
Milon ⟨Chantre de l'Abbaye de Bec⟩
Milon ⟨Crispin⟩

Milo ⟨Elnonensis⟩
→ **Milo ⟨Sancti Amandi⟩**

Milo ⟨Mindonensis⟩
gest. 996
Milo ⟨von Minden⟩

Milo ⟨Monachus⟩
→ **Milo ⟨Sancti Amandi⟩**

Milo ⟨Sancti Amandi⟩
gest. 872
LThK; CSGL; Tusculum-Lexikon; LMA,VI,628
Milo ⟨Elnonensis⟩
Milo ⟨Monachus⟩
Milo ⟨von Sankt Amand⟩
Milon ⟨de Saint-Amand⟩
Milon ⟨l'Ecolâtre⟩
Sancti Amandi, Milo

Milo ⟨von Minden⟩
→ **Milo ⟨Mindonensis⟩**

Milo ⟨von Sankt Amand⟩
→ **Milo ⟨Sancti Amandi⟩**

Milon ⟨Chantre de l'Abbaye de Bec⟩
→ **Milo ⟨Crispinus⟩**

Milon ⟨Crispin⟩
→ **Milo ⟨Crispinus⟩**

Milon ⟨de Saint-Amand⟩
→ **Milo ⟨Sancti Amandi⟩**

Milon ⟨de Seuelingen⟩
→ **Meinloh ⟨von Sevelingen⟩**

Milon ⟨l'Ecolâtre⟩
→ **Milo ⟨Sancti Amandi⟩**

Milon ⟨von Sevelingen⟩
→ **Meinloh ⟨von Sevelingen⟩**

Milverleius, Guilelmus
→ **Guilelmus ⟨Milverleius⟩**

Milverton, Johannes
→ **Johannes ⟨Milverton⟩**

Minamoto, Tamenori
ca. 941 – 1011
Minamoto ⟨Tamenori⟩
Tamenori ⟨Minamoto⟩
Tamenori, Minamoto

Minamoto, Yoshitsune
1159 – 1189
Yoshitsune ⟨Minamoto⟩

Minč'xi, Ioane
→ **Ioane ⟨Minč'xi⟩**

Minda, Hermannus ¬de¬
→ **Hermannus ⟨de Minda⟩**

Minden, Gerhard ¬von¬
→ **Gerhard ⟨von Minden⟩**

Minden, Johannes ¬de¬
→ **Johannes ⟨de Minden⟩**
→ **Johannes ⟨de Minden, OSB⟩**

Minerbetti, Giovanni
→ **Giovanni ⟨Fiorentino⟩**

Ming Hongwu ⟨China, Kaiser⟩
→ **Ming Taizu ⟨China, Kaiser⟩**

Ming Hung-wu ⟨China, Kaiser⟩
→ **Ming Taizu ⟨China, Kaiser⟩**

Ming Taizu ⟨China, Kaiser⟩
1328 – 1398
Gründer der Ming-Dynastie
Chu, Yüan-chang
Hongwu ⟨China, Kaiser⟩
Hungwu ⟨China, Kaiser⟩
Ming Hongwu ⟨China, Kaiser⟩
Ming Hung-wu ⟨China, Kaiser⟩
Ming T'ai-tsu ⟨China, Kaiser⟩
Tai Zu ⟨China, Kaiser⟩
Taizu ⟨China, Kaiser⟩
T'ai Tsu ⟨China, Kaiser⟩
T'ai-tsu ⟨China, Kaiser⟩
Zhu, Yuanzhang
Zhu, Yuanzhong

Mingxiang
um 665
Biograph von Xuanzang

Minhāǧ Ibn-Sirāǧ Ǧuzǧānī
1193 – ca. 1260
Islam. Gelehrter und Historiker
Ṭabaqāt-i Nāṣirī (pers.)
Storey
Aboo 'Omar Minháj al-Dín 'Othmán Ibn Siráj al-Dín al-Jawzjani
Al-Minhag
Ǧuzǧānī, Abū-'Amr Minhāǧ-ad-Dīn 'Uṯmān Ibn-Sirāǧ-ad-Dīn Muḥammad ¬al-¬
Ǧuzǧānī, Minhāǧ Ibn-Sirāǧ
Minháj al-Dín 'Othmán Ibn Siráj al-Dín al-Jawzjani, Aboo 'Omar
Minhāj-ud-Dīn, Abu-Umar-i-'Usmān

Minháj al-Dín 'Othmán Ibn Siráj al-Dín al-Jawzjani, Aboo 'Omar
→ **Minhāǧ Ibn-Sirāǧ Ǧuzǧānī**

Minhāj-ud-Dīn, Abu-Umar-i-'Usmān
→ **Minhāǧ Ibn-Sirāǧ Ǧuzǧānī**

Minimus, Basilius
→ **Basilius ⟨Minimus⟩**

Minimus, Eccardus
→ **Eccardus ⟨Minimus⟩**

Minio, Jean
→ **Johannes ⟨de Murro⟩**

Minner, Amator
→ **Minner, Hans**

Minner, Hans
geb. ca. 1415/20
Tierbuch; Kräuterbuch; Pflanzenglossar; etc.
LMA,VI,646; VL(2),6,585/593
Amator ⟨Minner⟩
Hannes ⟨Minner⟩
Hanns ⟨Minner⟩
Hans ⟨Minner⟩
Jean ⟨Minner⟩
Johann ⟨Minner⟩
Johannes ⟨Minner⟩
Minner, Amator
Minner, Hannes
Minner, Jean
Minner, Johannes

Mino ⟨de Colle⟩
→ **Minus ⟨de Colle⟩**

Minorita ⟨Erfordiensis⟩
um 1265
Chronica minor
Potth. 235; Potth. 788
Minorita ⟨Erphordensis⟩
Minorita Erfordiensis

Minorita ⟨Florentinus⟩
→ **Thomas ⟨de Papia⟩**

Minorita Benessius
→ **Benessius ⟨Minorita⟩**

Minorite ⟨de Gand⟩
→ **Monachus ⟨Gandavensis⟩**

Minot, Laurence
ca. 1300 – 1352
LMA,VI,651/652
Laurence ⟨Minot⟩
Laurent ⟨Minot⟩
Lawrence ⟨Minot⟩
Minot, Laurent
Minot, Lawrence

Minotaurus, Leontius
→ **Leontius ⟨Minotaurus⟩**

Minstrel, Harry ¬the¬
→ **Harry ⟨the Minstrel⟩**

Minus ⟨de Colle⟩
gest. ca. 1287
LMA,VI,653/654
Colle, Minus ¬de¬
Iacopinus ⟨de Colle⟩
Jacobino ⟨de Colle⟩
Jacopino ⟨de Colle⟩
Mino ⟨da Colle⟩
Mino ⟨de Colle⟩

Minutiis, Minutio ¬de¬
→ **Minutio ⟨de Minutiis⟩**

Minutio ⟨de Minutiis⟩
Lebensdaten nicht ermittelt
Acta S. Augustae virg.
Potth. 788
Minutiis, Minutio ¬de¬

Mīr Ḫwānd
1433 – 1498
Timuridischer Historiker aus Herat
Rauḍat aṣ-safa' fī sīrat al-anbiyā' wa-'l-mulūk wa-'l-ḫulafā'
EI2; Storey
Mīr Khāvand
Mīr Khwānd
Mirchond
Mirchond, Mohammed
Mirchondus
Mirkhond
Mīrkhwānd
Muhammad Ibn Khāvand Shāh
Muḥammad Ibn-Ḫwānd-Šāh Ibn-Maḥmūd

Mīr Khāvand
→ **Mīr Ḫwānd**

Mīr Khwānd
→ **Mīr Ḫwānd**

Mirabellius, Dominicus Nanus
→ **Dominicus ⟨Nanus Mirabellius⟩**

Mirabilis, Nicolaus
um 1489/93 · OP
De praedestinatione; De septem castris
Kaeppeli,III,177/179
Mirabili, Nicolas
Mirabili, Nicolaus ¬de¬
Mirabilibus, Nicolaus ¬de¬
Nicolas ⟨Mirabili⟩
Nicolaus ⟨de Mirabili⟩
Nicolaus ⟨de Mirabili Hungarus⟩
Nicolaus ⟨de Mirabilibus⟩
Nicolaus ⟨de Mirabilibus Hungarus⟩
Nicolaus ⟨e Mirabilibus⟩
Nicolaus ⟨Mirabilis⟩
Nicolaus ⟨Mirabilis de Colosvaria⟩

Miraeus, Johannes
→ **Johannes ⟨Miraeus⟩**

Mīrak Šams-ad-Dīn Muḥammad Ibn-Mubārak al-Buḫārī
14./15. Jh.
Buḫārī, Mīrak Šams-ad-Dīn Muḥammad Ibn-Mubārak
Muḥammad Ibn-Mubārak al-Buḫārī, Mīrak Šams-ad-Dīn
Šams-ad-Dīn Muḥammad Ibn-Mubārak al-Buḫārī, Mīrak

Miramars, Hugo ¬de¬
→ **Hugo ⟨de Miromari⟩**

Mirandelanus, Johannes Pico
→ **Pico DellaMirandola, Giovanni**

Mirandola, André ¬de¬
→ **Corvus, Andreas**

Mirandola, Giovanni ¬della¬
→ **Pico DellaMirandola, Giovanni**

Mirandola, Pico ¬della¬
→ **Pico DellaMirandola, Giovanni**

Mirandula, Andreas Corvus ¬von¬
→ **Corvus, Andreas**

Miraval, Raimon ¬de¬
→ **Raimon ⟨de Miraval⟩**

Mirchond
→ **Mīr Ḫwānd**

Mircus, Johannes
→ **Johannes ⟨Miraeus⟩**

Mirecuria, Johannes ¬de¬
→ **Johannes ⟨de Mirecuria⟩**

Mirfeld, Johannes ¬de¬
→ **Johannes ⟨de Mirfeld⟩**

Mirica, Guilelmus ¬de¬
→ **Guilelmus ⟨de Mirica⟩**

Mirinus ⟨Scotus⟩
um 1369 · OSB
Epp. Can.
Stegmüller, Repert. bibl. 5645-5651
Scotus, Mirinus

Mirk, John
→ **Johannes ⟨Miraeus⟩**

Mirkhond
→ **Mīr Ḫwānd**

Mīrkhwānd
→ **Mīr Ḫwānd**

Miromari, Hugo ¬de¬
→ **Hugo ⟨de Miromari⟩**

Miropsius, Nicolaus
→ **Nicolaus ⟨Myrepsus⟩**

Mirs, Friedrich
14. Jh.
Ophthalmologisches Rezeptar
VL(2),6,606/607
  Friedrich ⟨Mirs⟩

Mis, Nicolaus
→ **Nicolaus ⟨Mis⟩**

Misa, Jacobus ¬de¬
→ **Jacobus ⟨de Misa⟩**

Misʿar Ibn-al-Muhalhil
al-Ḫazraǧī, Abū-Dulaf
→ **Abū-Dulaf Misʿar Ibn-al-Muhalhil al-Ḫazraǧī**

Misdrughen, Theodoricus
→ **Theodoricus ⟨Misdrughen⟩**

Misenaere ⟨...⟩
→ **Meißner ⟨...⟩**

Misenaere, ¬Der¬
→ **Heinrich ⟨von Meißen⟩**
→ **Meißner ⟨der Alte⟩**

Misinus ⟨de Coderonco⟩
um 1387
Quaestiones in librum De interpretatione
Lohr
  Coderonco, Misinus ¬de¬
  Mesinus ⟨Magister⟩
  Messinus ⟨de Codronchi⟩
  Messinus ⟨Magister⟩
  Misinus ⟨Magister⟩

Miskawaih, Abū-ʿAlī Aḥmad Ibn-Muḥammad
→ **Miskawaih, Aḥmad Ibn-Muḥammad**

Miskawaih, Aḥmad Ibn-Muḥammad
ca. 932 – 1030
  Aḥmad Ibn-Muḥammad Miskawaih
  Ibn al-Miskawayh, Aḥmad ibn Muḥammad
  Ibn-al-Miskawaih, Aḥmad Ibn-Muḥammad
  Ibn-Miskawaih, Aḥmad Ibn-Muḥammad
  Ibn-Muḥammad, Aḥmad Miskawaih
  Miskawaih, Abū-ʿAlī Aḥmad Ibn-Muḥammad
  Miskawayh, Aḥmad ibn Muḥammad
  Misköye
  Mushköye
  Muškōe

Misköye
→ **Miskawaih, Aḥmad Ibn-Muḥammad**

Misner ⟨...⟩
→ **Meißner ⟨...⟩**

Miśra, Śrīvatsāṅka
→ **Kūranārāyaṇa**

Missali, Guilelmus ¬de¬
→ **Guilelmus ⟨de Missali⟩**

Missor ⟨Numidensis⟩
um 525
Litterae
Cpl 1767
  Missor ⟨Senex Numidiae⟩

Misyn, Richard
gest. ca. 1462 · OCarm
Übers. von Rolle, Richard ins Engl.
  Messin, Richard
  Messing, Richard
  Richard ⟨Messin⟩
  Richard ⟨Messing⟩
  Richard ⟨Misyn⟩

Mizzī, Yūsuf Ibn-ʿAbd-ar-Raḥmān ¬al-¬
→ **Mizzī, Yūsuf Ibn-az-Zakī ¬al-¬**

Mizzī, Yūsuf Ibn-az-Zakī ¬al-¬
1256 – 1341
  Ibn-az-Zakī, Yūsuf al-Mizzī
  Ibn-az-Zakī al-Mizzī, Yūsuf
  Mizzī, Yūsuf
  Ibn-ʿAbd-ar-Raḥmān ¬al-¬
  Yūsuf Ibn-az-Zakī al-Mizzī

Mkhas Grub Kje
→ **dGe-legs-dpal-bzaṅ-po ⟨mKhas-grub rje⟩**

Mkhas-grub Dge-legs-dpal
→ **dGe-legs-dpal-bzaṅ-po ⟨mKhas-grub rje⟩**

Mkhas-grub-rje
→ **dGe-legs-dpal-bzaṅ-po ⟨mKhas-grub rje⟩**

Mladenovic, Petrus ¬de¬
→ **Petrus ⟨de Mladenovic⟩**

Mlađi, Danilo
→ **Danilo ⟨Srpski Patrijarh, III.⟩**

Mnich ⟨Sázawsky⟩
→ **Monachus ⟨Sazavensis⟩**

Mnikh, Iakov
→ **Iakov ⟨Mnikh⟩**

Moawija
→ **Muʿāwiya ⟨Omaijadenreich, Kalif, ...⟩**

Moccu Béognae, Colmar
→ **Colmar ⟨Moccu Béognae⟩**

Mocenus, Georgius
→ **Georgius ⟨Mocenus⟩**

Mochta
gest. 535
Brief; Schüler des Hl. Patrick
LMA,VI,705
  Mauchteus
  Mauchteus ⟨Lugmadensis⟩
  Mochtae
  Mochtée ⟨de Louth⟩
  Mochtée ⟨Evêque⟩
  Mochtée ⟨Lugmadensis⟩
  Mochteus
  Mocteus

Mocianus ⟨Scholasticus⟩
→ **Mutianus ⟨Scholasticus⟩**

Mocteus
→ **Mochta**

Modestus ⟨Hierosolymitanus⟩
gest. 634
Homiliae; Epistula; Encomium
Cpg 7872-7877
  Modeste ⟨de Jérusalem⟩
  Modeste ⟨de Saint-Théodore⟩
  Modeste ⟨Patriarche⟩
  Modestos ⟨Abt der Theodosios-Laura⟩
  Modestos ⟨Archiepiskopos Hierosolymōn⟩
  Modestos ⟨Patriarch⟩
  Modestos ⟨von Jerusalem⟩

Modiis, Modius ¬de¬
→ **Modius ⟨de Modiis⟩**

Modius ⟨de Modiis⟩
um 1330/87
Carmina et epistulae
  Modiis, Modius ¬de¬
  Modius ⟨de Modio⟩
  Moggi, Moggio
  Moggi, Moggio ¬de'¬
  Moggio ⟨de'Moggi⟩
  Moggio ⟨Moggi⟩

Modoetia, Andreas ¬de¬
→ **Andreas ⟨de Modoetia⟩**

Modoetia, Mutius ¬de¬
→ **Mutius ⟨de Modoetia⟩**

Modoinus ⟨Augustodunensis⟩
gest. 843
Ecloga ad Karolum Magnum
Tusculum-Lexikon; LThK; CSGL; LMA,VI,712
  Modoin ⟨de Saint-Georges⟩
  Modoin ⟨Dichter⟩
  Modoin ⟨l'Abbé⟩
  Modoin ⟨von Autun⟩
  Modoinus ⟨dictus Naso⟩
  Modoinus ⟨Episcopus⟩
  Modoinus ⟨Naso⟩
  Modoinus ⟨of Autun⟩
  Moduinus ⟨Heduus⟩
  Mortvinus ⟨Augustodunensis⟩
  Motuinus ⟨Eduensis⟩
  Motvinus ⟨Augustodunensis⟩
  Muaduninus ⟨Naso⟩
  Muaduvinus ⟨Augustodunensis⟩
  Muadwin ⟨Dichter⟩
  Muadwin ⟨von Autun⟩
  Muatwin ⟨von Autun⟩
  Naso
  Naso ⟨Augustodunensis⟩
  Naso, Modoinus
  Naso, Muaduninus

Mo-Dutu, Gilla
→ **Gilla ⟨Mo-Dutu⟩**

Moelbrigte
→ **Marianus ⟨Scotus⟩**

Moelmuiri ⟨MacCeileachair⟩
→ **MacCeileachair, Moelmuiri**

Mönch ⟨vom Main⟩
um 1374
Barfüßermönch; Dichter und Komponist zahlreicher „lide" und „reien"
  Main, Mönch ¬vom¬
  Mönch vom Main

Mönch ⟨von Abingdon⟩
→ **Monachus ⟨Abendoniensis⟩**

Mönch ⟨von Brauweiler⟩
→ **Monachus ⟨Brunvilarensis⟩**

Mönch ⟨von Heilsbronn⟩
14. Jh. · OCist
Von den sechs Namen des Fronleichnams; Siben Graden
VL(2),6,649/654
  Heilsbronn, Mönch ¬von¬
  Mönch von Heilsbronn

Mönch ⟨von Montaudon⟩
um 1139/1210
LMA,VI,780
  Moine ⟨de Montaudon⟩
  Monk ⟨of Montaudon⟩
  Montaudon, Moine ¬de¬
  Montaudon, Mönch ¬von¬
  Montaudon, Monk ¬of¬

Mönch ⟨von Salzburg⟩
14. Jh.
Die Namen „Hermann" und „Johannes" sind nicht sicher
LThK; LMA,VI,746/47; VL(2),6,658/70
  Hermann ⟨von Salzburg⟩
  Johann ⟨von Salzburg⟩
  Johannes ⟨ein Mönch⟩
  Johannes ⟨von Salzburg⟩
  Münch ⟨von Salzburg⟩
  Salzburg, Mönch ¬von¬

Mönch ⟨von Weingarten⟩
→ **Wernerus ⟨Weingartensis⟩**

Mönch, Philipp
um 1477/78
Buch über zivile Technik
VL(2),6,656/658
  Philipp ⟨Büchsenmeister⟩
  Philipp ⟨Mönch⟩

Moer, Petrus
→ **Petrus ⟨Moer⟩**

Moerbeka, Guilelmus ¬de¬
→ **Guilelmus ⟨de Moerbeka⟩**

Moermann, Friedrich
→ **Morman, Friedrich**

Moers, Dietrich ¬von¬
→ **Dietrich ⟨von Moers⟩**

Möttinger, Hans
um 1498
Zeitklage
VL(2),6,710
  Hans ⟨Möttinger⟩

Moeynen, Johannes
14. Jh.
Verfasser bzw. Überlieferer von „Practica alchemica"
VL(2),6,712/713
  Johannes ⟨Moeynen⟩

Moggi, Moggio ¬de'¬
→ **Modius ⟨de Modiis⟩**

Moguntia, Jacobus ¬de¬
→ **Jacobus ⟨de Moguntia⟩**

Moguntinus, Gerlachus
→ **Gerlachus ⟨Moguntinus⟩**

Moguntinus, Hartmannus
→ **Hartmannus ⟨Moguntinus⟩**

Moguntinus, Hatto
→ **Hatto ⟨Moguntinus, ...⟩**

Moguntinus, Liutolfus
→ **Liutolfus ⟨Moguntinus⟩**

Moguntinus, Vulculdus
→ **Vulculdus ⟨Moguntinus⟩**

Moguntinus, Wezilo
→ **Wezilo ⟨Moguntinus⟩**

Mohamed
→ **Muḥammad**

Mohammed ben Musa
→ **Ḫwārizmī, Muḥammad Ibn-Mūsā ¬al-¬**

Mohammed Ibn Abdallah
→ **Muḥammad**

Mohammed Ibn Batuta
→ **Ibn-Baṭṭūṭa, Muḥammad Ibn-ʿAbdāllāh**

Mohammed Ibn Dschabir al-Battani
→ **Battānī, Muḥammad Ibn-Ǧābir ¬al-¬**

Mohammed Ibn Musa Alchwarizmi
→ **Ḫwārizmī, Muḥammad Ibn-Mūsā ¬al-¬**

Mohausen, Johannes ¬de¬
→ **Bürn, Johannes**

Moine ⟨de Montaudon⟩
→ **Mönch ⟨von Montaudon⟩**

Moine ⟨de Saint-Denis⟩
→ **Monachus ⟨Sancti Dionysii⟩**

Moine ⟨du Bec⟩
→ **Monachus ⟨Beccensis⟩**

Moine ⟨Minorite de Gand⟩
→ **Monachus ⟨Gandavensis⟩**

Moïse ⟨BenMaimoun⟩
→ **Maimonides, Moses**

Moise ⟨da Palermo⟩
→ **Moses ⟨Panormitanus⟩**

Moïse ⟨de Narbonne⟩
→ **Narboni, Moše**

Moïse ⟨de Palerme⟩
→ **Moses ⟨Panormitanus⟩**

Moise ⟨Kimḥi⟩
→ **Qimḥi, Moše**

Moïse ⟨le Prédicateur⟩
→ **Narboni, Moše**

Moise ⟨Sephardi⟩
→ **Petrus ⟨Alfonsi⟩**

Mo-Lagae
→ **Lathcen**

Molay, Jacques ¬de¬
→ **Jacobus ⟨de Mollayo⟩**

Molendino, Johannes ¬de¬
→ **Johannes ⟨de Molendino⟩**

Molenheim, Pötze ¬van¬
→ **Pötze ⟨van Molenheim⟩**

Moleriis, Raimundus ¬de¬
→ **Raimundus ⟨de Moleriis⟩**

Molet, Odo
→ **Odo ⟨Molet⟩**

Moliano, Franciscus ¬de¬
→ **Franciscus ⟨de Moliano⟩**

Molinari, Michelino
→ **Michelino ⟨da Besozzo⟩**

Molinerius, Johannes
→ **Johannes ⟨Molinerius⟩**

Molinier, Guilhem
14. Jh.
  Guilhem ⟨Molinier⟩
  Guillaume ⟨Molinier⟩
  Molinier, Guillaume
  Molinier, Guillem

Molino, Ubertus ¬de¬
→ **Ubertus ⟨de Molino⟩**

Molitor, Johannes
→ **Johannes ⟨Molitor⟩**

Molitor, Konrad
→ **Bollstatter, Konrad**

Molla, Hüsrev
→ **Hüsrev ⟨Molla⟩**

Molla, Lutfi
→ **Lutfi ⟨Molla⟩**

Mollayo, Jacobus ¬de¬
→ **Jacobus ⟨de Mollayo⟩**

Molliens, Renclus ¬de¬
→ **Renclus ⟨de Molliens⟩**

Molsheim, Johann ¬von¬
→ **Johann ⟨von Molsheim⟩**

Molsheim, Peter ¬von¬
→ **Peter ⟨von Molsheim⟩**

Momalius ⟨Waselinus⟩
→ **Wazelinus ⟨Sancti Jacobi Leodiensis⟩**

Mombaer, Jean
→ **Mauburnus, Johannes**

Mombritius, Boninus
ca. 1424 – 1482
De varietate fortunae; Passio Domini; Threnodia
Stegmüller, Repert. bibl. 1807; LThK
  Bonino ⟨Mombrisio⟩
  Bonino ⟨Mombrizio⟩
  Boninus ⟨Mediolanensis⟩
  Boninus ⟨Mombritius⟩
  Boninus ⟨Mombritius Mediolanensis⟩
  Mombritius, Bonino
  Mombritus, Bonius
  Mombrizio, Bonino
  Mombrizio, Bonius
  Montebretto, Mombrizo

Momburnus, Johannes
→ **Mauburnus, Johannes**

Mon. Corbon., Gerardus ¬de¬
→ **Gerardus ⟨de Mon. Corbon.⟩**

Monachio, Fridericus ¬de¬
→ **Fridericus ⟨de Monachio⟩**

Monachus ⟨Abendoniensis⟩
um 1131 · OSB
Historia coenobii Abend. 675-1131
Potth. 604, 789; Rep.Font. V,510
Monachus Abendoniensis
Mönch ⟨von Abingdon⟩

Monachus ⟨Admontensis⟩
12. Jh.
Vita S. Gebehardi archiep. (um 1088); Passio S. Thiemonis (quarta)
Potth. 789, 1329, 1600
Monachus ⟨Admuntensis⟩
Monachus ⟨Eberhardi Discipulus⟩
Monachus Admontensis

Monachus ⟨Altahensis⟩
um 998
Chronicon Bavariae breve anonymi Altahensis 514-998
Potth. 253, 789
Anonymus ⟨Altahensis⟩
Anonymus Altahensis
Monachus Altahensis

Monachus ⟨Arnsteinensis⟩
12. Jh.
Vita B. Ludovici comitis de Arnstein
Potth. 789, 1436
Monachus Arnsteinensis

Monachus ⟨Augiensis⟩
um 841/81
Fortsetzer des Breviarium Erchanberti; der Continuator hat nicht im Kloster Weissenau (Augia minor) gelebt
Potth. 428, 789; Rep.Font. IV,368
Monachus ⟨Weissenaugensis⟩
Monachus Augiensis

Monachus ⟨Barensis⟩
→ **Anonymus ⟨Barensis⟩**

Monachus ⟨Bavarus⟩
→ **Anonymus Monachus ⟨Bavarus⟩**

Monachus ⟨Beccensis⟩
um 1149 · OSB
De professionibus abbatum; Glossa in Pentateuchum; etc.
Rep.Font. II,357; IV,129
Anonymus ⟨Beccensis⟩
Anonymus Beccensis
Moine ⟨du Bec⟩
Moine ⟨du Bec-Hellouin⟩
Monachus Beccensis

Monachus ⟨Benedictoburanus⟩
→ **Anonymus ⟨Benedictinus-Buranus⟩**

Monachus ⟨Blandiniensis⟩
11. Jh.
Vita S. Bertulfi abbatis Renticae et Gandavi in Belgio (gest. 705)
Potth. 789/1213
Monachus Blandiniensis

Monachus ⟨Brunvilarensis⟩
um 1076/79 · OSB
Actus Brunwilarensis monasterii fundatorum
Potth. 8, 789; Rep.Font. IV,606
Monachus ⟨Brunwilarensis⟩
Monachus ⟨Brunwillerensis⟩
Monachus Brunvilarensis
Mönch ⟨von Brauweiler⟩

Monachus ⟨Corbeiensis⟩
→ **Poeta ⟨Saxo⟩**

Monachus ⟨de Evesham⟩
→ **Monachus ⟨Eveshamensis⟩**

Monachus ⟨Dervensis⟩
11. Jh.
Liber de diversis casibus coenobii Dervensis et miracula S. Bercharii
Potth. 789, 1205
Anonymus ⟨Dervensis⟩
Anonymus Dervensis
Monachus Dervensis

Monachus ⟨Eberbacensis⟩
um 1484
Chronica de episcopis Moguntinis -1484 (Eberbacher Chronik)
Potth. 227, 789
Monachus Eberbacensis

Monachus ⟨Eberhardi Discipulus⟩
→ **Monachus ⟨Admontensis⟩**

Monachus ⟨Emmeramensis⟩
11. Jh.
Annales S. Emmerammi Ratisponenses minores; Chronicon Baioarium breve; nicht identisch mit Anonymus ⟨Ratisbonensis⟩ (12. Jh.)
Potth. 64 u. 789; Rep.Font. II,322 u. 360
Anonymus ⟨Emmerammensis⟩
Anonymus Monachus ⟨Emmerammensis⟩
Monachus ⟨Emmerammensis⟩
Monachus Emmeramensis

Monachus ⟨Eveshamensis⟩
14. Jh.
Vita Richardi II regis Angliae (1377-1399)
Potth. 789, 1548
Monachus ⟨de Evesham⟩
Monachus Eveshamensis

Monachus ⟨Florentinus⟩
→ **Haymarus ⟨Florentinus⟩**

Monachus ⟨Fürstenfeldensis⟩
→ **Volcmarus ⟨Fürstenfeldensis⟩**

Monachus ⟨Gallus⟩
→ **Anonymus ⟨Gallus⟩**

Monachus ⟨Gandavensis⟩
um 1308/37 · OFM
Annales fratris cuiusdam anonymi conventus fratrum Minorum Gandavensium (= Annales Gandenses 1297-1310)
Potth. 68, 790; Rep.Font. II,284
Frater ⟨Gandavensis⟩
Frater ⟨Gandensis⟩
Frater Anonymus ⟨Conventus Fratrum Minorum Gandavensium⟩
Gente Minderbroeder
Minorite ⟨de Gand⟩
Moine ⟨Minorite de Gand⟩
Monachus ⟨Gandensis⟩
Monachus Gandavensis

Monachus ⟨Gandensis⟩
→ **Anonymus ⟨Blandiniensis⟩**
→ **Monachus ⟨Gandavensis⟩**

Monachus ⟨Gemeticensis⟩
→ **Anonymus ⟨Gemeticensis⟩**

Monachus ⟨Gradicensis⟩
um 1157
Annales Gradicenses (1. Teil bis 1145)
Potth. 69, 790; Rep.Font. II,287
Anonymus ⟨von Hradisch⟩
Anonymus ⟨von Hradisst⟩
Anonymus ⟨von Sankt Stephan zu Hradisst⟩
Anonymus von Hradisch
Monachus ⟨Opatoricensis⟩
Monachus Gradicensis

Monachus ⟨Laurishamensis⟩
um 814/17
Annales qui dicuntur Einhardi (741-812); einer der Verfasser, denen die Annales des Einhardus zugeschrieben werden (von Carolus le Cointe)
Potth. 394, 790; Rep.Font. II,275
Monachus Laurishamensis

Monachus ⟨Maldunensis Coenobii⟩
→ **Monachus ⟨Malmesburiensis⟩**

Monachus ⟨Malmesburiensis⟩
um 1366
Eulogium historiarum sive temporis
Potth. 434, 790; Rep.Font. IV,391
Monachus ⟨Maldunensis Coenobii⟩
Monachus Malmesburiensis

Monachus ⟨Monasterii Benedictoburani⟩
→ **Anonymus ⟨Benedictinus-Buranus⟩**

Monachus ⟨Normannus⟩
→ **Anonymus Clericus ⟨Normannus⟩**

Monachus ⟨Olivetanus⟩
6. Jh. (?)
Vita S. Ampelii (5. Jh.) eremitae Genenuae
Potth. 790; 1161
Monachus Olivetanus
Olivetanus Monachus

Monachus ⟨OP⟩
→ **Anonymus ⟨Erfordiensis⟩**

Monachus ⟨Opatoricensis⟩
→ **Monachus ⟨Gradicensis⟩**

Monachus ⟨OSB⟩
→ **Anonymus ⟨Gallus⟩**
→ **Anonymus ⟨Ratisbonensis⟩**

Monachus ⟨Paduanus⟩
→ **Monachus ⟨Patavinus⟩**

Monachus ⟨Patavinus⟩
ca. 1207 – 1270
Chronicorum libri III de rebus insubribus et euganeis
Rep.Font. II,329
Monachus ⟨Paduanus⟩
Monachus ⟨Sanctae Justinae Paduanae⟩
Patavinus, Monachus

Monachus ⟨Pegaviensis⟩
um 1124
Annales Pegavienses et Bosovienses (1000-1146) (=Historia de vita et rebus gestis Viperti marchionis Lusatiae)
Potth. 83/790; Rep.Font. II, 313/4
Monachus Pegaviensis

Monachus ⟨Prieflingensis⟩
→ **Monachus ⟨Pruveningensis⟩**

Monachus ⟨Pruveningensis⟩
um 1158
Vita S. Ottonis episc. Bamb. (vita alia)
Potth. 790, 1504
Monachus ⟨Prieflingensis⟩
Monachus Pruveningensis

Monachus ⟨Reichenbacensis⟩
um 1417
Chronicon Reichenbacense. 1118-1417
Potth. 287, 790; Rep.Font. III,425
Anonymus ⟨Reichenbacensis⟩
Anonymus ⟨von Reichenbach⟩
Anonymus Monachus ⟨Reichenbacensis⟩
Anonymus Reichenbacensis
Monachus Reichenbacensis

Monachus ⟨Reinhardsbrunnensis⟩
um 1198/1212
Historia brevis principum Thuringiae -1247
Potth. 604, 790; Rep.Font. V,544
Anonymus ⟨Reinhardsbrunnensis⟩
Anonymus ⟨von Reinhardsbrunn⟩
Anonymus Monachus ⟨Reinhardsbrunnensis⟩
Anonymus Reinhardsbrunnensis
Monachus Reinhardsbrunnensis

Monachus ⟨Rivipullensis⟩
um 1296
Gesta comitum Barcinonensium ac regum Aragoniae; nicht identisch mit Anonymus ⟨Rivipullensis⟩
Potth. 513, 790; Rep.Font. IV,719
Monachus Rivipullensis

Monachus ⟨Rotensis in Bavaria⟩
→ **Anonymus ⟨Rotensis⟩**

Monachus ⟨Salernitanus⟩
gest. nach 974
Chronicon Salernitanum 747-974 (als Verfasser galt lange Aribert aus Salerno)
Potth. 289, 790; Rep.Font. III,434
Anonimo ⟨Salernitano⟩
Anonymus ⟨Salernitanus⟩
Anonymus Salernitanus
Monachus Salernitanus
Salernitanus Monachus

Monachus ⟨Sanctae Justinae Paduanae⟩
→ **Monachus ⟨Patavinus⟩**

Monachus ⟨Sancti Audomari⟩
→ **Monachus ⟨Sancti Bertini⟩**

Monachus ⟨Sancti Bertini⟩
11. Jh.
Mutmaßl. Verf. von „Cnutonis regis gesta sive encomium Emmae reginae“
Monachus ⟨Sancti Audomari⟩
Monachus ⟨Sancti Bertini et Sancti Audomari⟩

Monachus ⟨Sancti Dionysii⟩
9. Jh.
Gesta Dagoberti I regis Francorum; Nota monachi S. Dionysii
Potth. 513, 789; Rep.Font. IV,724
Anonymus ⟨Sancti Dionysii⟩
Moine ⟨de Saint-Denis⟩
Monachus ⟨Sancti Dionysii Parisiensis⟩
Monachus Sancti Dionysii

Monachus ⟨Sancti Emmerami Ratisponensis⟩
→ **Anonymus ⟨Ratisbonensis⟩**

Monachus ⟨Sancti Laurentii Leodiensis⟩
um 1095
Carmina de lite inter regnum et sacerdotium a. 1095
Potth. 790
Monachus Sancti Laurentii Leodiensis

Monachus ⟨Sancti Petri Gandensis⟩
→ **Anonymus ⟨Blandiniensis⟩**

Monachus ⟨Sangallensis⟩
→ **Notker ⟨Balbulus⟩**

Monachus ⟨Sazavensis⟩
um 1162
Cosmas Pragensis Continuatio 932-1162
Potth. 358, 791
Mnich ⟨Sázawsky⟩
Mnich Sázawsky
Monachus Sazavensis

Monachus ⟨Sigebergensis⟩
→ **Monachus ⟨Sigeburgensis⟩**

Monachus ⟨Sigeburgensis⟩
um 1105
Vita S. Annonis archiepiscopi Coloniensis (gest. 1075)
Potth. 791, 1167
Monachus ⟨Sigebergensis⟩
Monachus Sigeburgensis

Monachus ⟨Siloensis⟩
um 1109
Historia regum Hispaniae a Witiza, 701-1065
Potth. 791
Monachus Siloensis

Monachus ⟨Vigorniensis⟩
→ **Monachus ⟨Wigorniensis⟩**

Monachus ⟨Weingartensis⟩
→ **Wernerus ⟨Weingartensis⟩**

Monachus ⟨Weissenaugensis⟩
→ **Monachus ⟨Augiensis⟩**

Monachus ⟨Wigorniensis⟩
um 1302
Annales de rebus ecclesiae Wigorniensis a prima eius fundatione (680) ad a. 1308 (vielleicht verfaßt von Nicolaus ⟨de Norton⟩)
Potth. 1116
Monachus ⟨Vigorniensis⟩
Monachus Wigorniensis
Wigorniensis Monachus

Monachus, Alexander
→ **Alexander ⟨Monachus⟩**

Monachus, Anastasius
→ **Anastasius ⟨Monachus⟩**

Monachus, Arnulfus
→ **Arnulfus ⟨Monachus⟩**

Monachus, Bertholdus
→ **Bertholdus ⟨Monachus⟩**

Monachus, Bruno
→ **Bruno ⟨Monachus⟩**

Monachus, Chilas
→ **Chilas ⟨Monachus⟩**

Monachus, Christodulus
→ **Christodulus ⟨Monachus⟩**

Monachus, Conradus
→ **Conradus ⟨Monachus⟩**

Monachus, David
→ **David ⟨Monachus⟩**

Monachus, Dionysius
→ **Dionysius ⟨Monachus⟩**

Monachus, Emmo
→ **Emmo ⟨Monachus⟩**

Monachus, Epiphanius
→ **Epiphanius ⟨Monachus⟩**

Monachus, Eustathius
→ **Eustathius ⟨Monachus⟩**

Monachus, Evodius
→ **Evodius ⟨Monachus⟩**

Monachus, Galtericus
→ **Galtericus ⟨Monachus⟩**

Monachus, Godefridus
→ **Godefridus ⟨Monachus⟩**

Monachus, Gregorius
→ **Gregorius ⟨Monachus⟩**

Monachus, Guilelmus
→ **Guilelmus ⟨Monachus⟩**

Monachus, Haymarus
→ **Haymarus ⟨Florentinus⟩**

Monachus, Job
→ **Job ⟨Monachus⟩**

Monachus, Leo
→ **Leo ⟨Monachus⟩**

Monachus, Leonardus
→ **Leonardus ⟨Monachus⟩**

Monachus, Marculfus
→ **Marculfus ⟨Monachus⟩**

Monachus, Mauritius
→ **Mauritius ⟨Monachus⟩**

Monachus, Meletius
→ **Meletius ⟨Monachus⟩**

Monachus, Nilus
→ **Nilus ⟨Monachus⟩**

Monachus, Philotheus
→ **Philotheus ⟨Monachus⟩**

Monachus, Piso
→ **Piso ⟨Monachus⟩**

Monachus, Primatus
→ **Primatus ⟨Monachus⟩**

Monachus, Reimannus
→ **Reimannus ⟨Monachus⟩**

Monachus, Rolandus
→ **Rolandus ⟨Monachus⟩**

Monachus, Sophonias
→ **Sophonias ⟨Monachus⟩**

Monachus, Teudradus
→ **Teudradus ⟨Monachus⟩**

Monachus, Theodoricus
→ **Theodoricus ⟨Monachus⟩**

Monachus, Theodorus
→ **Theodorus ⟨Monachus⟩**

Monachus, Theognostus
→ **Theognostus ⟨Monachus⟩**

Monachus Gallus, Urbinus
→ **Ursinus ⟨Locogiacensis⟩**

Monaco, Lorenzo
→ **Lorenzo ⟨Monaco⟩**

Monaco dei Corbizzi, Amerigo
→ **Haymarus ⟨Florentinus⟩**

Monahinja, Jefimija
→ **Jefimija ⟨Monahinja⟩**

Monald ⟨de Capo d'Istria⟩
→ **Monaldus ⟨de Iustinopoli⟩**

Monald ⟨de Justinopolis⟩
→ **Monaldus ⟨de Iustinopoli⟩**

Monaldeschi, Monaldo
gest. 1431
Diario delle cose avenuto dall'a. 1328-1340; Annales pistorienses
Potth. 791
Cervara, Monaldo Monaldeschi ¬della¬
DellaCervara, Monaldo Monaldeschi
Monald ⟨Monaldeschi⟩
Monald ⟨Monaldeschi d'Orvieto⟩
Monaldeschi, Monald
Monaldeschi DellaCervara, Monaldo
Monaldi ⟨da Orvieto⟩

Monaldus ⟨de Ancona⟩
→ **Monaldus ⟨de Iustinopoli⟩**

Monaldus ⟨de Capo d'Istria⟩
→ **Monaldus ⟨de Iustinopoli⟩**

Monaldus ⟨de Iustinopoli⟩
gest. ca. 1285 · OFM
Summa Monaldina
Schneyer,IV,188; LThK
Iustinopoli, Monaldus ¬de¬
Johannes ⟨Monaldus⟩
Monald ⟨de Capo d'Istria⟩
Monald ⟨de Justinopolis⟩
Monaldo ⟨da Giustinopoli⟩
Monaldus ⟨da Giustinopoli⟩
Monaldus ⟨de Ancona⟩
Monaldus ⟨de Capo d'Istria⟩
Monaldus ⟨de Justinopoli⟩
Monaldus ⟨de Rosariis⟩
Monaldus ⟨Frère Mineur⟩
Monaldus ⟨Iustinopolitano⟩
Monaldus ⟨Iustinopolitanus⟩
Monaldus ⟨Justinopolitanus⟩
Monaldus ⟨Justinopolitanus de Capo d'Istria in Dalmatia⟩
Monaldus ⟨OFM⟩
Monaldus ⟨von Capodistria⟩
Monaldus, Johannes
Rosariis, Monaldus ¬de¬

Monaldus ⟨de Rosariis⟩
→ **Monaldus ⟨de Iustinopoli⟩**

Monaldus ⟨von Capodistria⟩
→ **Monaldus ⟨de Iustinopoli⟩**

Monasterace, Domenico Capece ¬di¬
→ **Tomacelli, Domenico Capece**

Monasterio, Albertus ¬de¬
→ **Albertus ⟨Varentrappe de Monasterio⟩**

Monasterio, Theodoricus ¬de¬
→ **Theodoricus ⟨de Monasterio⟩**

Monasteriolo, Guilelmus ¬de¬
→ **Guilelmus ⟨de Monasteriolo⟩**

Monciaco, Johannes ¬de¬
→ **Johannes ⟨de Monciaco⟩**

Monciaco Novo, Guilelmus ¬de¬
→ **Guilelmus ⟨de Monciaco Novo⟩**

Mondavilla, Henricus ¬de¬
→ **Henricus ⟨de Mondavilla⟩**

Mondeville, John ¬de¬
→ **John ⟨Mandeville⟩**

Mondinus ⟨Lucius⟩
→ **Mundinus ⟨Lucius⟩**

Mondsee, Hieronymus ¬de¬
→ **Hieronymus ⟨de Mondsee⟩**

Monembasiae, Paulus
→ **Paulus ⟨Monembasiae⟩**

Monemuta, Galfridus ¬de¬
→ **Galfredus ⟨Monumetensis⟩**

Moner, Francisco
1463 – 1492
L'ànima d'Oliver
LMA,VI,755
Barutell, Francisco Moner ¬y de¬
Francesc ⟨Moner⟩
Francisco ⟨Fray⟩
Francisco ⟨Moner⟩
Moner, Francesc
Moner y de Barutell, Francisco ¬de¬

Moneta ⟨Cremonensis⟩
gest. ca. 1240/60 · OP
Summa contra Catharos et Waldenses
LMA,VI,755; LThK
Moneta ⟨de Cremona⟩
Moneta ⟨de Crémone⟩
Moneta ⟨von Cremona⟩
Monetus ⟨Cremonensis⟩

Moneta, Johannes ¬de¬
→ **Johannes ⟨de Moneta⟩**

Monetus ⟨Cremonensis⟩
→ **Moneta ⟨Cremonensis⟩**

Monigaldus ⟨de Lautenbach⟩
→ **Manegoldus ⟨Lautenbacensis⟩**

Moniot ⟨d'Arras⟩
um 1213/39
Trouvère
LMA,VI,761
Arras, Moniot ¬d'¬
Moniot, Pierre
Pierre ⟨Moniot d'Arras⟩

Moniot, Pierre
→ **Moniot ⟨d'Arras⟩**

Monk ⟨of Montaudon⟩
→ **Mönch ⟨von Montaudon⟩**

Monmouth, Geoffroy ¬de¬
→ **Galfredus ⟨Monumetensis⟩**

Monmouth, Johannes ¬de¬
→ **Johannes ⟨de Monmouth⟩**

Monoculus, Petrus
→ **Petrus ⟨Monoculus⟩**

Monocus, Lios
→ **Lios ⟨Monocus⟩**

Monogallus, Henricus
→ **Henricus ⟨Monogallus⟩**

Monomach, Vladimir Vsevolodovič
→ **Vladimir Vsevolodovič ⟨Monomach⟩**

Monréal, Gérard ¬de¬
→ **Gérard ⟨de Montréal⟩**

Monroso della Mandola, Gilio
→ **Gilio ⟨de Amoruso⟩**

Mons, At ¬de¬
→ **At ⟨de Mons⟩**

Monschi, Nasrollah
→ **Munšī, Naṣrallāh**

Monserrat, Guilelmus ¬de¬
→ **Guilelmus ⟨de Monserrat⟩**

Monsmoretanus, Hubertus
→ **Humbertus ⟨de Romanis⟩**

Monsterolio, Johannes ¬de¬
→ **Johannes ⟨de Monsterolio⟩**

Monstrelet, Enguerrand ¬de¬
ca. 1395 – 1453
Chroniques (1380-1444)
LMA,VI,772; Rep.Font. IV,327
Enguerran ⟨de Monstrelet⟩
Enguerran ⟨de Monstrellet⟩
Enguerrand ⟨de Monstrelet⟩
Monstrelet, Enguerran ¬de¬
Monstrellet, Enguerran ¬de¬

Monstrolio, Robertus ¬de¬
→ **Robertus ⟨de Monstrolio⟩**

Montagna, Bartholomaeus ¬de¬
→ **Bartholomaeus ⟨de Montagna⟩**

Montagnano, Petrus ¬de¬
→ **Petrus ⟨de Montagnano⟩**

Montagnone, Hieremias ¬de¬
→ **Hieremias ⟨de Montagnone⟩**

Montaldo, Adamus ¬de¬
→ **Adamus ⟨de Montaldo⟩**

Mont'Alto, Stefano ¬di¬
→ **Stefano ⟨di Mont'Alto⟩**

Montalvo, Alfonso ¬de¬
→ **Díaz de Montalvo, Alonso**

Montalvo, Alonso Díaz ¬de¬
→ **Díaz de Montalvo, Alonso**

Montan ⟨de Tolède⟩
→ **Montanus ⟨Toletanus⟩**

Montanhagol, Guilhem ¬de¬
→ **Guilhem ⟨de Montanhagol⟩**

Montanus ⟨Toletanus⟩
gest. 531
LThK
Montan ⟨de Tolède⟩
Montanus ⟨de Toledo⟩
Montanus ⟨Episcopus⟩
Montanus ⟨von Toledo⟩
Toletanus, Montanus

Montaudon, Mönch ¬von¬
→ **Mönch ⟨von Montaudon⟩**

Montaville, Johannes ¬von¬
→ **John ⟨Mandeville⟩**

Monte, Gerardus ¬de¬
→ **Gerardus ⟨de Monte⟩**

Monte, Johannes ¬de¬
→ **Johannes ⟨de Monte⟩**

Monte, Lambertus ¬de¬
→ **Lambertus ⟨de Monte Domini⟩**

Monte, Petrus ¬de¬
→ **Petrus ⟨de Monte⟩**

Monte, Stephanus ¬de¬
→ **Stephanus ⟨de Monte⟩**

Monte Acuto, Guilelmus ¬de¬
→ **Guilelmus ⟨de Monte Acuto⟩**

Monte Angelorum, Frowinus ¬de¬
→ **Frowinus ⟨de Monte Angelorum⟩**

Monte Belluna, Franciscus ¬de¬
→ **Franciscus ⟨de Monte Belluna⟩**

Monte Catino, Hugolinus ¬de¬
→ **Hugolinus ⟨de Monte Catino⟩**

Monte Corvino, Johannes ¬de¬
→ **Johannes ⟨de Monte Corvino⟩**

Monte Crucis, Ricoldus ¬de¬
→ **Ricoldus ⟨de Monte Crucis⟩**

Monte Domini, Lambertus ¬de¬
→ **Lambertus ⟨de Monte Domini⟩**

Monte Georgio, Hugolinus ¬de¬
→ **Hugolinus ⟨de Monte Georgio⟩**

Monte Iudaico, Jacobus ¬de¬
→ **Jacobus ⟨de Monte Iudaico⟩**

Monte Lauduno, Guilelmus ¬de¬
→ **Guilelmus ⟨de Monte Lauduno⟩**

Monte Longo, Gregorius ¬de¬
→ **Gregorius ⟨de Monte Longo⟩**

Monte Nigro, Johannes ¬de¬
→ **Johannes ⟨de Monte Nigro⟩**

Monte Regio, Johannes ¬de¬
→ **Regiomontanus, Johannes**

Monte Rocherii, Guido ¬de¬
→ **Guido ⟨de Monte Rocherii⟩**

Monte Rubiano, Petrus ¬de¬
→ **Petrus ⟨de Monte Rubiano⟩**

Monte Sancti Cornelii, Lucas ¬de¬
→ **Lucas ⟨de Monte Sancti Cornelii⟩**

Monte Sancti Eligii, Andreas ¬de¬
→ **Andreas ⟨de Monte Sancti Eligii⟩**

Monte Sancti Eligii, Gervasius ¬de¬
→ **Gervasius ⟨de Monte Sancti Eligii⟩**

Monte Sancti Michaelis, Robertus ¬de¬
→ **Robertus ⟨de Monte Sancti Michaelis⟩**

Monte Sion, Burchardus ¬de¬
→ **Burchardus ⟨de Monte Sion⟩**

Monte Ulmi, Antonius ¬de¬
→ **Antonius ⟨de Monte Ulmi⟩**

Montebelluna, Franciscus ¬de¬
→ **Franciscus ⟨de Monte Belluna⟩**

Montebretto, Mombrizo
→ **Mombritius, Boninus**

Montebudello, Constantinus ¬de¬
→ **Constantinus ⟨de Montebudello⟩**

Montecalerio, Philippus ¬de¬
→ **Philippus ⟨de Montecalerio⟩**

Montecatini, Naddo ¬da¬
→ **Naddo ⟨da Montecatini⟩**

Montecatini, Ugolino ¬da¬
→ **Hugolinus ⟨de Monte Catino⟩**

Montecorvino, Thomas ¬de¬
→ **Thomas ⟨de Montecorvino⟩**

Montecrucis, Richardus ¬de¬
→ **Ricoldus ⟨de Monte Crucis⟩**

Montefeltro, Fridericus ¬de¬
→ **Fridericus ⟨de Montefeltro⟩**

Montegallo, Marco ¬da¬
→ **Marco ⟨da Montegallo⟩**

Montegisonis, Hugo ¬de¬
→ **Hugo ⟨de Montegisonis⟩**

Monteiardino, Henricus ¬de¬
→ **Henricus ⟨de Monteiardino⟩**

Monteletherico, Johannes ¬de¬
→ **Johannes ⟨de Monteletherico⟩**

Monteluco, Dominicus ¬de¬
→ **Dominicus ⟨de Monteluco⟩**

Monteluporum, Dominicus ¬de¬
→ **Dominicus ⟨de Monteluporum⟩**

Montemagno, Bonacursus ¬de¬
→ **Bonacursus ⟨de Montemagno⟩**

Montemarsico, Adalbertus ¬de¬
→ **Adalbertus ⟨de Montemarsico⟩**

Montemarte, Francesco ¬di¬
→ **Francesco ⟨di Montemarte e Corbara⟩**

Montemedio, Johannes ¬de¬
→ **Johannes ⟨de Montemedio⟩**

Montemirato, Bernardus ¬de¬

Montemirato, Bernardus ¬de¬
→ **Bernardus ⟨de Montemirato⟩**

Montenero, Giovanni ¬di¬
→ **Johannes ⟨de Monte Nigro⟩**

Montepessulano, Johannes ¬de¬
→ **Johannes ⟨Dominici de Montepessulano⟩**

Montepolitiano, Thaddaeus ¬de¬
→ **Thaddaeus ⟨de Montepolitiano⟩**

Montepulciano, Jacopo ¬da¬
→ **Jacopo ⟨da Montepulciano⟩**

Montepulciano, Orbetano ¬da¬
→ **Orbetano ⟨da Montepulciano⟩**

Monteregali, Hieronymus ¬de¬
→ **Hieronymus ⟨Carameius de Monteregali⟩**

Monteregio, Johannes ¬de¬
→ **Regiomontanus, Johannes**

Montesacro, Gregorius ¬de¬
→ **Gregorius ⟨de Montesacro⟩**

Montesono, Johannes ¬de¬
→ **Johannes ⟨de Montesono⟩**

Montevilla, Johannes ¬de¬
→ **John ⟨Mandeville⟩**

Montfort, Bartholomaeus ¬von¬
→ **Bartholomaeus ⟨von Montfort⟩**

Montfort, Hugo ¬von¬
→ **Hugo ⟨von Montfort⟩**

Montfort, Rudolf ¬von¬
→ **Rudolf ⟨von Ems⟩**

Montibus, Guilelmus ¬de¬
→ **Guilelmus ⟨de Montibus⟩**

Montibus, Johannes ¬de¬
→ **Johannes ⟨de Montibus⟩**

Montibus, Nicolaus ¬de¬
→ **Nicolaus ⟨de Montibus⟩**

Monticellus, Petrus
→ **Petrus ⟨Monticellus⟩**

Montigel, Rudolf
um 1476
2 politische Lieder
VL(2),6,682/683
Rudolf ⟨Montigel⟩

Montigni, Nicolaus ¬de¬
→ **Nicolaus ⟨de Montigni⟩**

Montina, Dionysius ¬de¬
→ **Dionysius ⟨de Moutina⟩**

Montis, Petrus
→ **Petrus ⟨de Monte⟩**

Montis Corvini, Richardus
→ **Richardus ⟨Montis Corvini⟩**

Montis Sanctae Mariae, Goswinus
→ **Goswinus ⟨Montis Sanctae Mariae⟩**

Montispessulani, Guido
→ **Guido ⟨Montispessulani⟩**

Montius, Petrus
→ **Petrus ⟨de Monte⟩**

Montjuich, Jaume ¬de¬
→ **Jaume ⟨de Montjuich⟩**

Montlhéry, Jean ¬de¬
→ **Johannes ⟨de Monteletherico⟩**

Montmartre, Petrus ¬de¬
→ **Petrus ⟨de Montmartre⟩**

Montmorency, Thibaut ¬de¬
→ **Thibaut ⟨de Marly⟩**

Montoriel, Guilelmus ¬de¬
→ **Guilelmus ⟨de Montoriel⟩**

Montoro, Antón ¬de¬
ca. 1404 – ca. 1480
Cancionero
LMA,VI,812
Antoine ⟨de Montoro⟩
Antón ⟨de Montoro⟩

Montpellier, Guido ¬de¬
→ **Guido ⟨Montispessulani⟩**

Montréal, Gérard ¬de¬
→ **Gérard ⟨de Montréal⟩**

Montreuil, Gerbert ¬de¬
→ **Gerbert ⟨de Montreuil⟩**

Montreuil, Gibert ¬de¬
→ **Gerbert ⟨de Montreuil⟩**

Montreuil, Guillaume Cousinot ¬de¬
→ **Cousinot de Montreuil, Guillaume**

Montreuil, Jean ¬de¬
→ **Johannes ⟨de Monsterolio⟩**

Montroyal, Jean ¬de¬
→ **Regiomontanus, Johannes**

Montserrat, Guillem ¬de¬
→ **Guilelmus ⟨de Monserrat⟩**

Montucci, Bartholomaeus
→ **Bartholomaeus ⟨Montucci⟩**

Montulmo, Antonius ¬de¬
→ **Antonius ⟨de Monte Ulmi⟩**

Monza, Muzio ¬de¬
→ **Mutius ⟨de Modoetia⟩**

Monzi, Johannes
→ **Johannes ⟨de Moussy⟩**

Moogo, Pero
→ **Meogo, Pero**

Moore, Thomas ¬de la¬
→ **LaMore, Thomas ¬de¬**

Moqaddasī, Shams ad-Dīn Abū Abdallah Mohammed Ibn Ahmed
→ **Muqaddasī, Muḥammad Ibn-Aḥmad ¬al-¬**

Moqaddasi, Shams ad-Dīn Abū Abdullah Mohammed Ibn Ahmed Ibn Abī Bekr al-Bannā al-Basshārī ¬al-¬
→ **Muqaddasī, Muḥammad Ibn-Aḥmad ¬al-¬**

Moqaffa'
→ **Severus Ibn-al-Muqaffa'**

Mora, Albert ¬de¬
→ **Gregorius ⟨Papa, VIII.⟩**

Morandus ⟨de Segni⟩
gest. 1275 · OP
Schneyer,IV,188; LThK
Moranus ⟨de Segnia⟩
Segni, Morandus ¬de¬

Morandus, Benedictus
→ **Benedictus ⟨Morandus⟩**

Morano, Bonifatius ¬de¬
→ **Bonifatius ⟨de Morano⟩**

Moranus ⟨de Segnia⟩
→ **Morandus ⟨de Segni⟩**

Moravia, Hieronymus ¬de¬
→ **Hieronymus ⟨de Moravia⟩**

Morchingen, Niklas ¬von¬
→ **Niklas ⟨von Morchingen⟩**

Morcono, Blasius ¬de¬
→ **Blasius ⟨de Morcono⟩**

Mordechai ⟨Kimchi⟩
→ **Qimḥî, Mordekay**

Mordechai ben Hillel Aschkenasi
→ **Mordekay Ben-Hillēl hak-Kohēn**

Mordekay ⟨Ben-Elî'ezer Comtino⟩
→ **Mordekay Ben-Elî'ezer Comtino**

Mordekay ⟨Qimḥî⟩
→ **Qimḥî, Mordekay**

Mordekay Ben-Elî'ezer Comtino
1420 – 1487
Pentateuch-Kommentar
Ben-Elî'ezer Comtino, Mordekay
Comtino, Mordĕchaj Ben-Elieser
Comtino, Mordekay B.
Komtino, Mordekhai
Mordekay ⟨Ben-Elî'ezer Comtino⟩

Mordekay Ben-Hillēl hak-Kohēn
gest. 1298
Mordechai ben Hillel Aschkenasi

Mordon, Hugo ¬de¬
→ **Hugo ⟨de Mordon⟩**

More, Thomas ¬de la¬
→ **LaMore, Thomas ¬de¬**

Morelli, Giovanni di Paolo
1371 – 1444
Cronaca fiorentina dal 1348-1437
Potth. 796; LUI
Giovanni ⟨di Paolo Morelli⟩
Jean ⟨di Paolo Morelli⟩
Morelli, Giovanni di Pagolo
Morelli, Jean di Paolo

Morelli, Petrus Marinus
um 1447 · OFM
Vita B. Thomae Florentini
Potth. 796
Morelli, Pierre-Marin
Petrus Marinus ⟨Morelli⟩
Pierre-Marin ⟨Morelli⟩
Pierre-Marin ⟨Morelli de Leonessa⟩

Morena, Acerbus
→ **Acerbus ⟨Morena⟩**

Morena, Otto
ca. 1100 – 1161
Historia
Tusculum-Lexikon; LMA,VI,1584/85
Morena, Otto
Otho ⟨Morena⟩
Otto ⟨Morena⟩
Otton ⟨de Lodi⟩

Moréri, Heinrich
→ **Henricus ⟨Totting⟩**

Moreri, Michael
→ **Michael ⟨de Carcano⟩**

Moretus, Antonius
→ **Antonius ⟨Moretus⟩**

Morianus ⟨Alexandrinus⟩
7. Jh.
Disputatio de ratione paschali
Cpl 2306
Morien ⟨d'Alexandrie⟩
Morinus ⟨Alexandrinus⟩
Morinus ⟨Episcopus⟩
Pseudo-Morianus ⟨Alexandrinus⟩
Pseudo-Morianus ⟨Alexandrinus⟩

Morice ⟨Regan⟩
→ **Regan, Maurice**

Moridacc
→ **Smaragdus ⟨Sancti Michaelis⟩**

Morien ⟨Alchimiste⟩
→ **Morienus**

Morien ⟨d'Alexandrie⟩
→ **Morianus ⟨Alexandrinus⟩**

Morienus
13. Jh.
Liber de compositione alchimiae
LMA,VI,841 (?)
Morien ⟨Alchimiste⟩
Morien ⟨de Jérusalem⟩
Morien ⟨Ermite⟩
Morienes
Morienus ⟨Alchimista⟩
Morienus ⟨Romanus⟩

Morigia, Bonincontrus
um 1349
Cronicon Modoetiense ab origine Modoetiae usque ad a. 1349, ubi potissimum agitur de gestis priorum vicecomitum, principium. Libri IV (geschr. zw. 1340-1360)
Potth. 796
Bonincontrius ⟨Morigia⟩
Bonincontro ⟨Morigia⟩
Bonincontrus ⟨Morigia⟩
Morigia, Bonincontro

Morigny, Odon ¬de¬
→ **Odo ⟨Sancti Remigii⟩**

Morimond, Guilelmus ¬de¬
→ **Guilelmus ⟨de Morimond⟩**

Moringer ⟨der Alte⟩
→ **Heinrich ⟨der Teichner⟩**

Morini, Raimundus ¬de¬
→ **Raimundus ⟨de Morini⟩**

Morinus ⟨Alexandrinus⟩
→ **Morianus ⟨Alexandrinus⟩**

Moritz ⟨von Rouen⟩
→ **Mauritius ⟨Rothomagensis⟩**

Moritz ⟨von Sully⟩
→ **Mauritius ⟨de Sulliaco⟩**

Morley, Daniel ¬of¬
→ **Daniel ⟨Morlanensis⟩**

Morley, Henry P.
→ **Parker, Henry**

Morlone, Pietro ¬di¬
→ **Coelestinus ⟨Papa, V.⟩**

Morman, Friedrich
gest. 1482
Briefe und Gedichte
VL(2),6,700/702
Friedrich ⟨Maurus⟩
Friedrich ⟨Moermann⟩
Friedrich ⟨Morman⟩
Maurus, Friedrich
Moermann, Friedrich
Mormann, Friedrich

Morman, Johannes
→ **Johannes ⟨de Ratisbona⟩**

Mormann, Friedrich
→ **Morman, Friedrich**

Moroliis, Radulfus ¬de¬
→ **Radulfus ⟨de Moroliis⟩**

Moros, Lope ¬de¬
→ **Lope ⟨de Moros⟩**

Morra, Albertus ¬de¬
→ **Gregorius ⟨Papa, VIII.⟩**

Morra, Giacomino ¬di¬
→ **Giacomino ⟨Pugliese⟩**

Mortvinus ⟨Augustodunensis⟩
→ **Modoinus ⟨Augustodunensis⟩**

Morungen, Heinrich ¬von¬
→ **Heinrich ⟨von Morungen⟩**

Mōšä Ben-Majmōn
→ **Maimonides, Moses**

Mosbach, Günther ¬von¬
→ **Günther ⟨von Mosbach⟩**

Moschampar, Georgius
→ **Georgius ⟨Moschampar⟩**

Mosche Esrim Wearba
→ **Moše ⟨'Esrîm we-Arba'⟩**

Moschino ⟨Caracciolo⟩
→ **Caracciolo, Nicolaus Moschinus**

Moschopolus, Manuel
→ **Manuel ⟨Moschopulus⟩**

Moschopulus, Emmanuel
→ **Manuel ⟨Moschopulus⟩**

Moschos, Johannes
→ **Johannes ⟨Moschus⟩**

Moše ⟨Arragel⟩
→ **Arragel, Moše**

Moše ⟨Bar-Kepa⟩
→ **Mušē Bar-Kēpā**

Mose ⟨BenMaimon⟩
→ **Maimonides, Moses**

Mosè ⟨da Rieti⟩
→ **Rieti, Moše Ben-Yiṣḥāq**

Mosè ⟨del Brolo⟩
→ **Moses ⟨Bergamensis⟩**

Moše ⟨'Esrîm we-Arba'⟩
15. Jh.
Schmuelbuch
Mosche Esrim Wearba
Mose ⟨Ezrim-we-arba⟩
Wearba, Mosche Esrim

Moše ⟨Ibn Yacob Ibn 'Ezra⟩
→ **Ibn-'Ezrâ, Moše Ben-Ya'aqov**

Moše ⟨Narboni⟩
→ **Narboni, Moše**

Moše ⟨Qimḥî⟩
→ **Qimḥî, Moše**

Moše Bar Kepa
→ **Mušē Bar-Kēpā**

Mōše Bar Maîmôn
→ **Maimonides, Moses**

Mose Bar-Kepha
→ **Mušē Bar-Kēpā**

Moše Bar-Maymûn
→ **Maimonides, Moses**

Moše Bar-Šemû'ēl ⟨Ibn-Ĝîqaṭîlā⟩
→ **Ibn-Ĝîqaṭîlā, Moše Bar-Šemû'ēl**

Mose Ben-Majemon
→ **Maimonides, Moses**

Moše Ben-Naḥmān
→ **Nachmanides, Moses**

Moše Ben-Ya'aqov ⟨Ibn-'Ezrâ⟩
→ **Ibn-'Ezrâ, Moše Ben-Ya'aqov**

Moše Ben-Yehôšûa'
→ **Narboni, Moše**

Moše Ben-Yiṣḥāq ⟨Rieti⟩
→ **Rieti, Moše Ben-Yiṣḥāq**

Moše hak-Kōhēn ⟨Tordesillas⟩
14. Jh.
Moses ⟨ha-Kohen⟩
Moses ha-Kohen ⟨von Tordesillas⟩

Mošèh ⟨de Gajo de Riete⟩
→ **Rieti, Moše Ben-Yiṣḥāq**

Mosén Diego ⟨de Valera⟩
→ **Diego ⟨de Valera⟩**

Moser, Augustin
um 1486/87
Meisterlied über Geburt Jesu nach Lucas
VL(2),6,704/705
Augustin ⟨Moser⟩

Moser, Lucas
um 1430/40
Maler aus Weilderstadt
LMA,VI,860
Lucas ⟨Moser⟩
Moser, Lukas

Moses ⟨Aegyptius⟩
→ **Maimonides, Moses**

Moses ⟨Armenus⟩
→ **Moses ⟨Bergamensis⟩**

Moses ⟨bar Nachmani⟩
→ **Nachmanides, Moses**

Moses ⟨BarKepha⟩
→ **Mušē Bar-Kēpā**

Moses ⟨Ben Maimon⟩
→ **Maimonides, Moses**

Moses ⟨Ben Nachman⟩
→ **Nachmanides, Moses**

Moses ⟨Bergamensis⟩
12. Jh.
LThK; LMA,VI,862
Bergomas, Moyses
Brolo, Moses ¬del¬
Mosè ⟨del Brolo⟩
Moses ⟨Armenus⟩
Moses ⟨Bergomas⟩
Moses ⟨de Bergamo⟩
Moses ⟨del Brolo⟩
Moses ⟨Graecus⟩
Moses ⟨Magister⟩
Moses ⟨Pergamenus⟩
Moses ⟨von Bergamo⟩
Moyse ⟨de Bergame⟩
Moyses ⟨Bergomas⟩

Moses ⟨del Brolo⟩
→ **Moses ⟨Bergamensis⟩**

Moses ⟨Graecus⟩
→ **Moses ⟨Bergamensis⟩**

Moses ⟨had-Darshan⟩
→ **Narboni, Moše**

Moses ⟨ha-Kohen⟩
→ **Moše hak-Kohēn ⟨Tordesillas⟩**

Moses ⟨Kimchi⟩
→ **Qimḥî, Moše**

Moses ⟨Magister⟩
→ **Moses ⟨Bergamensis⟩**

Moses ⟨Maimonides⟩
→ **Maimonides, Moses**

Moses ⟨Medicus Veterinarius⟩
→ **Moses ⟨Panormitanus⟩**

Moses ⟨Nachmanides⟩
→ **Nachmanides, Moses**

Moses ⟨Narbonensis⟩
→ **Narboni, Moše**

Moses ⟨Panormitanus⟩
um 1277
De infirmitatibus equorum
Moise ⟨da Palermo⟩
Moses ⟨Medicus Veterinarius⟩
Moyse ⟨de Palerme⟩
Palermo, Moise ¬da¬
Panormitanus, Moses

Moses ⟨Pergamenus⟩
→ **Moses ⟨Bergamensis⟩**

Moses ⟨Sĕphardi⟩
→ **Petrus ⟨Alfonsi⟩**

Moses ⟨von Bergamo⟩
→ **Moses ⟨Bergamensis⟩**

Moses Bar-Kepha
→ **Mušē Bar-Kēpā**

Moses ben Isaac ⟨of Rieti⟩
→ **Rieti, Moše Ben-Yiṣḥāq**

Moses ben Joshua
→ **Narboni, Moše**

Moses Ben-Maimon
→ **Maimonides, Moses**

Moses ha-Darschan
→ **Narboni, Moše**

Moses ha-Kohen ⟨von Tordesillas⟩
→ **Moše hak-Kohēn ⟨Tordesillas⟩**

Moses Rieti
→ **Rieti, Moše Ben-Yiṣḥāq**

Mosinu ⟨Abbas Benncuir⟩
→ **Sillanus**

Mosinu ⟨Maccumin⟩
→ **Sillanus**

Mossèn ⟨Jordi⟩
→ **Jordi ⟨de Sant Jordi⟩**

Mossen Diego ⟨de Valera⟩
→ **Diego ⟨de Valera⟩**

Mosspach, Günther
→ **Günther ⟨von Mosbach⟩**

Mosto, Alvise ¬da¬
→ **Cà da Mosto, Alvise ¬da¬**

Mota, Alvaro ¬de¬
→ **Alvaro ⟨de Mota⟩**

Mote, Bernardus ¬de la¬
um 1355
Cronica ab a. 1299 ad a. 1355
Potth. 797
Bernardus ⟨Bazatensis⟩
Bernardus ⟨de la Mote⟩
LaMote, Bernardus ¬de¬

Mote, Jean ¬de le¬
→ **Jean ⟨de le Mote⟩**

Motenabbius
→ **Mutanabbī, Abu-'ṭ-Ṭaiyib Aḥmad Ibn-al-Ḥusain ¬al-¬**

Motenebbi, Abu t-Tajjib Ahmed
→ **Mutanabbī, Abu-'ṭ-Ṭaiyib Aḥmad Ibn-al-Ḥusain ¬al-¬**

Motokiyo, Seami
→ **Zeami**

Motokiyo, Zeami
→ **Zeami**

Motot, Samuel
→ **Ibn-Motot, Šemû'ēl Ben-Sa'adyā**

Motta, Johannes Manzini ¬de¬
→ **Johannes ⟨Manzini de Motta⟩**

Motuinus ⟨Eduensis⟩
→ **Modoinus ⟨Augustodunensis⟩**

Motz, Jacobus
um 1435/51
Reden bzw. Ansprachen; Identität mit Jacobus ⟨Motz de Campidona⟩ nicht gesichert
Potth. 797; VL(2),6,711/712
Jacob ⟨Mozius⟩
Jacobus ⟨Motz⟩
Jacobus ⟨Motz de Campidona⟩
Jacques ⟨Motz⟩
Jakob ⟨Motz⟩
Motz, Jacques
Motz, Jakob
Mozius, Jacob

Moulins, Guiart ¬des¬
→ **Guiart ⟨des Moulins⟩**

Mousket, Philippe
→ **Philippe ⟨Mousket⟩**

Mouslim Ben Al-Hajjaj
→ **Muslim Ibn-al-Ḥaǧǧāǧ al-Qušairī**

Mousquet, Philippe
→ **Philippe ⟨Mousket⟩**

Moussy, Johannes ¬de¬
→ **Johannes ⟨de Moussy⟩**

Mouzalon, Nicolaus
→ **Nicolaus ⟨Muzalo⟩**

Movses ⟨Kajankatvac'i⟩
7. Jh.
Armenischer Geschichtsschreiber
Haykakan sovetakan hanragitaran
Kajankatvac'i, Movses
Movsês ⟨Kajankatowac'i⟩
Movses ⟨Kalankatuaci⟩
Movsēs ⟨Kalankatuac'i⟩
Movses ⟨Katgankatvac'i⟩
Moyse ⟨Gaghangadovatzi⟩

Moynaldus ⟨Eisnacensis⟩
→ **Menardus ⟨Eisnacensis⟩**

Moyse ⟨de Bergame⟩
→ **Moses ⟨Bergamensis⟩**

Moyse ⟨de Palerme⟩
→ **Moses ⟨Panormitanus⟩**

Moyse ⟨Gaghangadovatzi⟩
→ **Movses ⟨Kajankatvac'i⟩**

Moyses ⟨Bergomas⟩
→ **Moses ⟨Bergamensis⟩**

Moyses ⟨Maimonides⟩
→ **Maimonides, Moses**

Mozius, Jacob
→ **Motz, Jacobus**

Mpergades
15. Jh.
Tusculum-Lexikon
Bergades

Mpertos, Nathanael
→ **Nathanael ⟨Bertus⟩**

Mpertos, Neilos
→ **Nathanael ⟨Bertus⟩**

Mpu Seḍah
12. Jh.
Javan. Hofdichter
Hempa Sĕḍah
Sĕḍah
Sedah, Hempu
Seḍah, Mpu

Mroveli, Leonti
→ **Leonti ⟨Mroveli⟩**

Mt'acmideli, Ek'vt'ime
→ **Ek'vt'ime ⟨Mt'acmideli⟩**

Mu'adh ⟨al-Djajjani⟩
→ **Ǧaiyānī, Abū-'Abdallāh Muḥammad Ibn-Mu'āḏ ¬al-¬**

Muaduninus ⟨Naso⟩
→ **Modoinus ⟨Augustodunensis⟩**

Muadwin ⟨von Autun⟩
→ **Modoinus ⟨Augustodunensis⟩**

Mu'āfā ibn Zakarīyā al-Jarīrī ¬al-¬
→ **Mu'āfā Ibn-Zakarīyā' al-Ǧarīrī ¬al-¬**

Mu'āfā Ibn-Zakarīyā' al-Ǧarīrī ¬al-¬
ca. 917 – 1000
Ǧarīrī, al-Mu'āfā Ibn-Zakarīyā ¬al-¬
Ibn-Zakarīyā', al-Mu'āfā al-Ǧarīrī
Mu'āfā ibn Zakarīyā al-Jarīrī ¬al-¬

Mu'āfirī, Abu-'l-Ḥasan 'Alī Ibn-Muḥammad ¬al-¬
→ **Mu'āfirī, 'Alī Ibn-Muḥammad ¬al-¬**

Mu'āfirī, 'Alī Ibn-Muḥammad ¬al-¬
gest. 1208
'Alī Ibn-Muḥammad al-Mu'āfirī
Ibn-Muḥammad, 'Alī al-Mu'āfirī
Māliqī, 'Alī Ibn-Muḥammad ¬al-¬
Mu'āfirī, Abu-'l-Ḥasan 'Alī Ibn-Muḥammad ¬al-¬

Mu'aiyad, Yaḥyā Ibn-Ḥamza ¬al-¬
→ **Mu'aiyad Billāh, Yaḥyā Ibn-Ḥamza ¬al-¬**

Mu'aiyad Billāh, Yaḥyā Ibn-Ḥamza ¬al-¬
1270 – ca. 1346
Ḏamārī, Yaḥyā Ibn-Ḥamza ¬aḏ-¬
Ḏammār, Yaḥyā Ibn-Ḥamza ¬aḏ-¬
Ibn-Ḥamza, Yaḥyā
Mu'aiyad, Yaḥyā Ibn-Ḥamza ¬al-¬
Mu'ayyad, Yaḥyā ibn Ḥamza
Yaḥyā Ibn-Ḥamza al-Mu'aiyad Billāh
Yamānī, Yaḥyā Ibn-Ḥamza ¬al-¬

Mu'aiyad Billāh Aḥmad Ibn-al-Ḥusain ¬al-¬
944 – ca. 1020
Aḥmad Ibn-al-Ḥusain al-Hārūnī
Hārūnī, Mu'aiyad Billāh Aḥmad Ibn-al-Ḥusain ¬al-¬
Ibn-al-Ḥusain, Mu'aiyad Billāh Aḥmad
Mu'ayyad Billāh Aḥmad ibn al Ḥusayn

Mu'arridj al-Sadūsī
→ **Mu'arriǧ as-Sadūsī, Ibn-'Amr ¬al-¬**

Mu'arriǧ as-Sadūsī, Ibn-'Amr ¬al-¬
ca. 767 – ca. 819
Mu'arridj al-Sadūsī
Mu'arriǧ Ibn-'Amr as-Sadūsī / al-
Mu'arrij al-Sadūsī
Sadūsī, al-Mu'arriǧ Ibn-'Amr ¬as-¬

Mu'arriǧ Ibn-'Amr as-Sadūsī ¬al-¬
→ **Mu'arriǧ as-Sadūsī, Ibn-'Amr ¬al-¬**

Mu'arrij al-Sadūsī
→ **Mu'arriǧ as-Sadūsī, Ibn-'Amr ¬al-¬**

Muatwin ⟨von Autun⟩
→ **Modoinus ⟨Augustodunensis⟩**

Mu'āwiya ⟨Omaijadenreich, Kalif, I.⟩
um 661/680
LMA,VI,884/85
Moawiya
Moawiyar
Mu'āwiya Ibn-Abī-Sufyān
Mu'āwiya

Mu'āwiya ⟨Omaijadenreich, Kalif, II.⟩
gest. 683
LMA,VI,884/85
Moawija
Mu'āwiya Ibn-Yazīd

Mu'āwiya al-Aṭrābulusī
→ **Aṭrābulusī, Mu'āwiya Ibn-Yaḥyā ¬al-¬**

Mu'āwiya Ibn-Abī-Sufyān
→ **Mu'āwiya ⟨Omaijadenreich, Kalif, I.⟩**

Mu'āwiya Ibn-Yaḥyā al-Aṭrābulusī
→ **Aṭrābulusī, Mu'āwiya Ibn-Yaḥyā ¬al-¬**

Mu'āwiya Ibn-Yazīd
→ **Mu'āwiya ⟨Omaijadenreich, Kalif, II.⟩**

Mu'āwiyya
→ **Mu'āwiya ⟨Omaijadenreich, Kalif, ...⟩**

Mu'ayyad, Yaḥyā ibn Ḥamza
→ **Mu'aiyad Billāh, Yaḥyā Ibn-Ḥamza ¬al-¬**

Mu'ayyad Billāh Aḥmad ibn al Ḥusayn
→ **Mu'aiyad Billāh Aḥmad Ibn-al-Ḥusain ¬al-¬**

Mubārak Ibn-Aḥmad Ibn-al-Mustaufī ¬al-¬
→ **Ibn-al-Mustaufī, al-Mubārak Ibn-Aḥmad ¬al-¬**

Mubārak Ibn-Aḥmad Ibn-aš-Ša''ār ¬al-¬
→ **Ibn-aš-Ša''ār, al-Mubārak Ibn-Aḥmad**

Mubārak Ibn-Kāmil al-Ḫaffāf ¬al-¬
→ **Ḫaffāf, al-Mubārak Ibn-Kāmil ¬al-¬**

Mubārak Ibn-Muḥammad Ibn-al-Aṯīr ¬al-¬
→ **Ibn-al-Aṯīr, Maǧd-ad-Dīn al-Mubārak Ibn-Muḥammad**

Mubarrad, Muḥammad Ibn-Yazīd ¬al-¬
825 – 898
Ibn-Yazīd, Muḥammad al-Mubarrad
Ibn-Yazīd al-Mubarrad, Muḥammad
Muḥammad Ibn-Yazīd al-Mubarrad

Mucagata, Philippe
→ **Philippus ⟨Mucagata de Castellatio⟩**

Mucagata de Castellatio, Philippus
→ **Philippus ⟨Mucagata de Castellatio⟩**

Mucello, Dynus ¬de¬
→ **Dinus ⟨Mugellanus⟩**

Muchammad ibn Chāriṣ al-Chušanī
→ **Ḫušanī, Muḥammad Ibn-al-Ḥāriṯ ¬al-¬**

Mucianus ⟨Scholasticus⟩
→ **Mutianus ⟨Scholasticus⟩**

Muda, Walterus ¬de¬
→ **Walterus ⟨de Muda⟩**

Mudjāshi'ī, 'Alī Ibn Faḍḍāl
→ **Muǧāši'ī, 'Alī Ibn-Faḍḍāl ¬al-¬**

Mügeln, Heinrich ¬von¬
→ **Heinrich ⟨von Mügeln⟩**

Mühlbach, Johannes ¬de¬
→ **Johannes ⟨de Mühlbach⟩**

Mühldorf, Hugo ¬von¬
→ **Hugo ⟨von Mühldorf⟩**

Mühldorf, Jacobus ¬de¬
→ **Jacobus ⟨de Mühldorf⟩**

Mühldorf, Michael ¬von¬
→ **Michael ⟨von Mühldorf⟩**

Mühlhausen, Jomtow
→ **Mühlhausen, Yôm-Ṭôv**

Mühlhausen, Wachsmut ¬von¬
→ **Wachsmut ⟨von Mühlhausen⟩**

Mühlhausen, Yôm-Ṭôv
15. Jh.
Jomtob Muehlhausen
Lipman ⟨of Muhlhausen⟩
Lipmann ⟨of Muhlhausen⟩
Lipmann, Yom Tob
Lipmann, Yom-Tob ben Solomon
Lipmann-Mühlhausen, Jomtow
Lipmann-Mühlhausen, Yom-Tob
Mühlhausen, Jomtow
Yomtob ⟨Lipmann⟩
Yomtob Lipmann Mühlhausen
Yôm-Ṭôv ⟨Mühlhausen⟩

Mühlwanger, Koloman
gest. 1418
1. Fassung der Chronik von Goisern
VL(2),6,723/724
Koloman ⟨Mühlwanger⟩

Müleysen, Johannes
→ **Muleysen, Johannes**

Mülich ⟨von Prag⟩
um 1300/50
Reihen (Frauenpreis)
VL(2),6,743/745
Mülich ⟨de Prag⟩
Mülich ⟨Poète Allemand⟩
Prag, Mülich ¬von¬

Mülich, Georg
→ **Mülich, Jörg**

Mülich, Hektor
gest. 1490
Chronik
Hector ⟨Mülich⟩
Hektor ⟨Mülich⟩

Mülich, Jörg
um 1449
Reisebericht im „Hausbuch" und andere Schriften
VL(2),6,742/743
Georg ⟨Mülich⟩
Georges ⟨Mülich de Augsbourg⟩
Jörg ⟨Mülich⟩
Mülich, Georg
Mülich, Georges

Müller, Johannes
→ **Johannes ⟨Molitor⟩**
→ **Regiomontanus, Johannes**

Müller, Konrad ⟨der Jüngere⟩
→ **Bollstatter, Konrad**

Müller, Peter
um 1482
2 politische Lieder
VL(2),6,747/749
Meiler, Peter
Müller, Pierre
Peter ⟨Meiler⟩
Peter ⟨Müller⟩
Pierre ⟨Müller de Rapperswyl⟩

Mülner, Eberhard
gest. 1364
Jahrbuch von Zürich
Eberhard ⟨Mülner⟩
Müllner, Eberhard

Mülnhausen, Wachsmuot ¬de¬
→ **Wachsmut ⟨von Mühlhausen⟩**

Muelsching, Bartholomaeus
→ **Bartholomaeus ⟨Muelsching⟩**

Münch ⟨...⟩
→ **Mönch ⟨...⟩**

München, Bartoldus ¬von¬
→ **Bartoldus ⟨von München⟩**

München, Bernhard ¬von¬
→ **Bernhard ⟨von München⟩**

München, Fritz
15. Jh.
Trainings- und Fütterungslehre
VL(2),6,751
Fritz ⟨München⟩

München, Heinrich ¬von¬
→ **Heinrich ⟨von München⟩**

Münich, Johannes
15. Jh.
Alchemistische Schriften
VL(2),6,778/779
Johannes ⟨Münich⟩
Johannes ⟨Münich von Ochsenfurt⟩
Johannes ⟨von Ochsenfurt⟩
Münich von Ochsenfurt, Johannes ¬von¬
Ochsenfurt, Johannes ¬von¬

Münich von Ochsenfurt, Johannes ¬von¬
→ **Münich, Johannes**

Münnerstadt, Johannes
gest. 1453 · OP
2 Kirchweihpredigten; Glossar
VL(2),6,779/780
Hans ⟨Mynerstat⟩
Johannes ⟨Münnerstadt⟩
Mynerstat, Hans

Münsinger, Heinrich
gest. 1476
Von den Falcken ...
LMA,VI,912/13; VL(2),6,783/90
Heinrich ⟨der Krauel⟩
Heinrich ⟨der Kröwel⟩
Heinrich ⟨Krauel⟩
Heinrich ⟨Kröwel von Münsingen⟩
Heinrich ⟨Münsinger⟩
Heinrich ⟨Mynsinger⟩
Heinrich ⟨von Frundeck⟩
Henricus ⟨de Alemannia⟩
Henricus ⟨de Munsingen⟩
Henricus ⟨Mynsinger⟩
Krauel, Heinrich

Münster, Dietrich ¬von¬
→ **Theodoricus ⟨de Monasterio⟩**

Münster, Peter ¬von¬
→ **Peter ⟨von Münster⟩**

Münsterlin, Sigismundus
→ **Meisterlin, Sigismundus**

Müntz, Johannes ¬von der¬
→ **Johannes ⟨de Moneta⟩**

Müntzinger, Johannes
gest. 1417
Tractatus de anima; Symbolum Athanasium; Quaestiones orationis dominicae exscriptis suorum magistrorum
VL(2),6,794; Stegmüller, Repert. sentent. 336; Stegmüller, Repert. bibl. 4816 - 4819,3; Lohr
Johann ⟨Muntzinger⟩
Johannes ⟨Müntzinger⟩
Muntzinger, Johann

Müntzmeister, Konrad
gest. ca. 1402/05
Klystierlehre
VL(2),6,799/800
Konrad ⟨Müntzmeister⟩
Konrad ⟨Münzmeister⟩

Müschkatblüt
→ **Muskatblüt**

Müsterlin, Sigismundus
→ **Meisterlin, Sigismundus**

Mütinger, Johannes
ca. 1310 – 1383
Lied-Spruchdichtungen
VL(2),6,829/830
Johannes ⟨de Constancia⟩
Johannes ⟨Mütinger⟩

Muevin, Jacques
gest. 1367 · OSB
Bearb. des Chronicon von Gilles ⟨le Muisit⟩
Potth. 798; Rep. Font. VI,122
Jacobus ⟨Muevin⟩
Jacques ⟨Muevin⟩
Muevin, Jacobus

Mufaḍḍal ibn ʿUmar al-Juʿfī
→ **Mufaḍḍal Ibn-ʿUmar al-Ǧuʿfī ¬al-¬**

Mufaḍḍal Ibn-Muḥammad at-Tanūḫī, Abu-'l-Maḥāsin
→ **Tanūḫī, Abu-'l-Maḥāsin al-Mufaḍḍal Ibn-Muḥammad ¬at-¬**

Mufaḍḍal Ibn-ʿUmar al-Ǧuʿfī ¬al-¬
8. Jh.
Ǧuʿfī, al-Mufaḍḍal Ibn-ʿUmar ¬al-¬
Ibn-ʿUmar al-Ǧuʿfī, al-Mufaḍḍal
Mufaḍḍal ibn ʿUmar al-Juʿfī

Muffel, Nikolaus
gest. 1469
Beschreibung der Stadt Rom
Nicolao ⟨Muffel⟩
Nicolaus ⟨Muffel⟩
Nikolaus ⟨Muffel⟩

Mufīd Ibn-al-Muʿallim, Muḥammad Ibn-Muḥammad ¬al-¬
ca. 944 – 1022
Ibn-al-Muʿallim, al-Mufīd Muḥammad
Ibn-al-Muʿallim, al-Mufīd Muḥammad Ibn-Muḥammad
Ibn-al-Muʿallim, Muḥammad Ibn-Muḥammad
Muḥammad Ibn-Muḥammad al-Mufīd Ibn-al-Muʿallim

Muǧāhid Ibn-Ǧabr
642 – 722
Ibn-Ǧabr, Muǧāhid

Muǧāšiʿī, ʿAlī Ibn-Faḍḍāl ¬al-¬
gest. 1086
ʿAlī Ibn-Faḍḍāl al-Muǧāšiʿī
Ibn-Faḍḍāl, ʿAlī al-Muǧāšiʿī
Mudjāshiʿī, ʿAlī Ibn Faḍḍāl
Mujāshiʿī, ʿAlī Ibn Faḍḍāl

Mugellanus, Dinus
→ **Dinus ⟨Mugellanus⟩**

Mugello, Guido ¬da¬
→ **Angelico ⟨Fra⟩**

Mugens, Benedictus ¬de¬
→ **Benedictus ⟨de Mugens⟩**

Mugillo, Dinus ¬de¬
→ **Dinus ⟨Mugellanus⟩**

Muglio, Johannes ¬de¬
→ **Johannes ⟨de Muglio⟩**

Muglio, Petrus ¬de¬
→ **Petrus ⟨de Muglio⟩**

Mugnone
→ **Faitinelli, Pietro ¬dei¬**

Muhalhil, ʿAdī Ibn-Rabīʿa
gest. ca. 525
ʿAdī Ibn-Rabīʿa Muhalhil
Ibn-Rabīʿa, Muhalhil
Muhalhil, Imra'-al-Qais Ibn-Rabīʿa
Muhalhil Ibn-Rabīʿa

Muhalhil, Imra'-al-Qais Ibn-Rabīʿa
→ **Muhalhil, ʿAdī Ibn-Rabīʿa**

Muhalhil Ibn-Rabīʿa
→ **Muhalhil, ʿAdī Ibn-Rabīʿa**

Muhallabī, al-Bahā' Zuhair
→ **Bahā' Zuhair ¬al-¬**

Muhallabī, Bahā'-ad-Dīn Zuhair ¬al-¬
→ **Bahā' Zuhair ¬al-¬**

Muḥammad
ca. 570 – 632
Macometto
Mahomet
Mohamed
Mohammad
Mohammed
Mohammed Ibn Abdallah
Muhamed
Muḥammad Ibn-ʿAbdallāh
Muhammed

Muḥammad ⟨al-Ġazzālī⟩
→ **Ġazzālī, Abū-Ḥāmid Muḥammad Ibn-Muḥammad ¬al-¬**

Muhammad ⟨Taragay⟩
→ **Uluġ Beg ⟨Timuridenreich, Ḫān⟩**

Muḥammad, Aḥmad al-Farghānī
→ **Farġānī, Aḥmad Ibn-Muḥammad ¬al-¬**

Muḥammad Aidamur Ibn-Saif-ad-Dīn
→ **Ibn-Saif-ad-Dīn, Muḥammad Aidamur**

Muḥammad al-Ǧawād
→ **Ǧawād, Muḥammad ¬al-¬**

Muḥammad al-Nasafī
→ **Nasafī, Maimūn Ibn-Muḥammad ¬an-¬**

Muḥammad b. Hārith al-Khushanī
→ **Ḫušanī, Muḥammad Ibn-al-Ḥāriṯ ¬al-¬**

Muḥammad Djawād at-Taqī
→ **Ǧawād, Muḥammad ¬al-¬**

Muhammad Ibn 'Abd Allah Ibn Mālik
→ **Ibn-Mālik, Muḥammad Ibn-ʿAbdallāh**

Muhammad Ibn Khāvand Shāh
→ **Mīr Ḫwānd**

Muhammad Ibn Muhammad, Jalal ul-Din
→ **Ǧalāl-ad-Dīn Rūmī**

Muḥammad ibn Muḥammad ibn Yaḥyā
→ **Abu-'l-Wafā' al-Būzaǧānī, Muḥammad Ibn-Muḥammad**

Muḥammad ibn Umail
→ **Ibn-Umail, Muḥammad**

Muḥammad Ibn Yasīr al-Riyāshī
→ **Muḥammad Ibn-Yasīr ar-Riyāšī**

Muḥammad Ibn-ʿAbd-ad-Dā'im al-Baramāwī
→ **Baramāwī, Muḥammad Ibn-ʿAbd-ad-Dā'im ¬al-¬**

Muḥammad Ibn-ʿAbd-al-ʿAzīz al-Idrīsī
→ **Idrīsī, Muḥammad Ibn-ʿAbd-al-ʿAzīz ¬al-¬**

Muḥammad Ibn-ʿAbd-al-Ǧabbār an-Niffarī
→ **Niffarī, Muḥammad Ibn-ʿAbd-al-Ǧabbār ¬an-¬**

Muḥammad Ibn-ʿAbd-al-Ġanī Ibn-Nuqṭa
→ **Ibn-Nuqṭa, Muḥammad Ibn-ʿAbd-al-Ġanī**

Muḥammad Ibn-ʿAbd-al-Karīm aš-Šahrastānī
→ **Šahrastānī, Muḥammad Ibn-ʿAbd-al-Karīm ¬aš-¬**

Muhammad Ibn-Abd-Allah
→ **Ibn-Mālik, Muḥammad Ibn-ʿAbdallāh**

Muḥammad Ibn-ʿAbdallāh
→ **Muḥammad**

Muḥammad Ibn-ʿAbdallāh ⟨Ibn-Baṭṭūṭa⟩
→ **Ibn-Baṭṭūṭa, Muḥammad Ibn-ʿAbdallāh**

Muḥammad Ibn-ʿAbdallāh al-Ḥakīm an-Nīsābūrī
→ **Ḥakīm an-Nīsābūrī, Muḥammad Ibn-ʿAbdallāh ¬al-¬**

Muḥammad Ibn-ʿAbdallah al-Ḫaṭīb at-Tibrīzī
→ **Ḫaṭīb at-Tibrīzī, Muḥammad Ibn-ʿAbdallāh ¬al-¬**

Muḥammad Ibn-ʿAbdallāh as-Sāmarrī
→ **Sāmarrī, Muḥammad Ibn-ʿAbdallāh ¬as-¬**

Muḥammad Ibn-ʿAbdallāh aš-Šiblī
→ **Šiblī, Muḥammad Ibn-ʿAbdallāh ¬aš-¬**

Muḥammad Ibn-ʿAbdallāh Ibn-ʿAbdūn an-Naḫāʿī
→ **Ibn-ʿAbdūn an-Naḫāʿī, Muḥammad Ibn-ʿAbdallāh**

Muḥammad Ibn-ʿAbdallāh Ibn-Abī-Zamanīn
→ **Ibn-Abī-Zamanīn, Muḥammad Ibn-ʿAbdallāh**

Muḥammad Ibn-ʿAbdallāh Ibn-al-Abbār
→ **Ibn-al-Abbār, Muḥammad Ibn-ʿAbdallāh**

Muḥammad Ibn-ʿAbdallāh Ibn-al-ʿArabī, Abū-Bakr
→ **Ibn-al-ʿArabī, Abū-Bakr Muḥammad Ibn-ʿAbdallāh**

Muḥammad Ibn-ʿAbdallāh Ibn-al-Ḫaṭīb Lisān-ad-Dīn
→ **Ibn-al-Ḫaṭīb Lisān-ad-Dīn, Muḥammad Ibn-ʿAbdallāh**

Muḥammad Ibn-ʿAbdallāh Ibn-Baṭṭūṭa
→ **Ibn-Baṭṭūṭa, Muḥammad Ibn-ʿAbdallāh**

Muḥammad Ibn-ʿAbdallāh Ibn-Mālik
→ **Ibn-Mālik, Muḥammad Ibn-ʿAbdallāh**

Muḥammad Ibn-ʿAbdallāh Ibn-Mālik
→ **Ibn-Mālik, Muḥammad Ibn-ʿAbdallāh**

Muḥammad Ibn-ʿAbdallāh Ibn-Mālik aṭ-Ṭā'ī, Ǧamāl-ad-Dīn Abū-ʿAbdallāh
→ **Ibn-Mālik, Muḥammad Ibn-ʿAbdallāh**

Muḥammad Ibn-ʿAbdallāh Ibn-Masarra
→ **Ibn-Masarra, Muḥammad Ibn-ʿAbdallāh**

Muḥammad Ibn-ʿAbdallāh Ibn-Nāṣir-ad-Dīn
→ **Ibn-Nāṣir-ad-Dīn, Muḥammad Ibn-ʿAbdallāh**

Muḥammad Ibn-ʿAbdallāh Ibn-Tūmart
→ **Ibn-Tūmart, Muḥammad Ibn-ʿAbdallāh**

Muḥammad Ibn-ʿAbdallāh Ibn-Ẓafar
→ **Ibn-Ẓafar, Muḥammad Ibn-ʿAbdallāh**

Muḥammad Ibn-ʿAbd-al-Malik Ibn-Quzmān
→ **Ibn-Quzmān, Muḥammad Ibn-ʿAbd-al-Malik**

Muḥammad Ibn-ʿAbd-al-Malik Ibn-Ṭufail
→ **Ibn-Ṭufail, Muḥammad Ibn-ʿAbd-al-Malik**

Muḥammad Ibn-ʿAbd-al-Munʿim al-Ḥimyarī
→ **Ḥimyarī, Muḥammad Ibn-ʿAbd-al-Munʿim ¬al-¬**

Muḥammad Ibn-ʿAbd-al-Wahhāb al-Ǧubbāʾī
→ **Ǧubbāʾī, Muḥammad Ibn-ʿAbd-al-Wahhāb ¬al-¬**

Muḥammad Ibn-ʿAbd-al-Wāḥid al-Maqdisī
→ **Maqdisī, Muḥammad Ibn-ʿAbd-al-Wāḥid ¬al-¬**

Muḥammad Ibn-ʿAbd-al-Wāḥid Ġulām Ṯaʿlab
→ **Ġulām Ṯaʿlab, Muḥammad Ibn-ʿAbd-al-Wāḥid**

Muḥammad Ibn-ʿAbd-ar-Raḥīm al-Hindī
→ **Hindī, Muḥammad Ibn-ʿAbd-ar-Raḥīm ¬al-¬**

Muḥammad Ibn-ʿAbd-ar-Raḥīm al-Māzinī
→ **Māzinī, Muḥammad Ibn-ʿAbd-ar-Raḥīm ¬al-¬**

Muḥammad Ibn-ʿAbd-ar-Raḥman al-Ḫaṭīb Dimašq al-Qazwīnī
→ **Qazwīnī, Muḥammad Ibn-ʿAbd-ar-Raḥmān ¬al-¬**

Muḥammad Ibn-ʿAbd-ar-Raḥmān al-Maqdisī
→ **Maqdisī, Muḥammad Ibn-ʿAbd-ar-Raḥmān ¬al-¬**

Muḥammad Ibn-ʿAbd-ar-Raḥmān al-Qazwīnī
→ **Qazwīnī, Muḥammad Ibn-ʿAbd-ar-Raḥmān ¬al-¬**

Muḥammad Ibn-ʿAbd-ar-Raḥmān al-ʿUṯmānī
→ **ʿUṯmānī, Muḥammad Ibn-ʿAbd-ar-Raḥmān ¬al-¬**

Muḥammad Ibn-ʿAbd-ar-Raḥmān as-Saḫāwī
→ **Saḫāwī, Muḥammad Ibn-ʿAbd-ar-Raḥmān ¬as-¬**

Muḥammad Ibn-ʿAbd-ar-Raḥmān Ibn-Qiba
→ **Ibn-Qiba, Abū-Ǧaʿfar Muḥammad Ibn-ʿAbd-ar-Raḥmān**

Muḥammad Ibn-Abī-Bakr ad-Damāmīmī
→ **Damāmīmī, Muḥammad Ibn-Abī-Bakr ¬ad-¬**

Muḥammad Ibn-Abī-Bakr Ibn-Qaiyim al-Ǧauzīya
→ **Ibn-Qaiyim al-Ǧauzīya, Muḥammad Ibn-Abī-Bakr**

Muḥammad Ibn-Abī-Isḥāq Ibn-ʿAbbād
→ **Ibn-ʿAbbād, Muḥammad Ibn-Abī-Isḥāq**

Muḥammad Ibn-Abi-ʾl-Ḫaṭṭāb al-Qurašī
→ **Qurašī, Muḥammad Ibn-Abi-ʾl-Ḫaṭṭāb ¬al-¬**

Muḥammad Ibn-Abi-ʾl-Qāsim Ibn-aṣ-Ṣabbāǧ
→ **Ibn-aṣ-Ṣabbāǧ, Muḥammad Ibn-Abi-ʾl-Qāsim**

Muḥammad Ibn-Abī-Naṣr al-Ḥumaidī
→ **Ḥumaidī, Muḥammad Ibn-Abī-Naṣr ¬al-¬**

Muḥammad Ibn-Aḥmad aḏ-Ḏahabī
→ **Ḏahabī, Muḥammad Ibn-Aḥmad ¬aḏ-¬**

Muḥammad Ibn-Aḥmad al-Azharī
→ **Azharī, Muḥammad Ibn-Aḥmad ¬al-¬**

Muḥammad Ibn-Aḥmad al-Fāsī
→ **Fāsī, Muḥammad Ibn-Aḥmad ¬al¬**

Muḥammad Ibn-Aḥmad al-Ġiṭrīfī, Abu-Aḥmad
→ **Ġiṭrīfī, Abū-Aḥmad Muḥammad Ibn-Aḥmad ¬al-¬**

Muḥammad Ibn-Aḥmad al-Ibšīhi
→ **Ibšīhi, Muḥammad Ibn-Aḥmad ¬al-¬**

Muḥammad Ibn-Aḥmad al-Isfarāʾīnī
→ **Isfarāʾīnī, Muḥammad Ibn-Aḥmad ¬al-¬**

Muḥammad Ibn-Aḥmad al-Laḫmī
→ **Laḫmī, Muḥammad Ibn-Aḥmad ¬al-¬**

Muḥammad Ibn-Aḥmad al-Muqaddamī
→ **Muqaddamī, Abū-ʿAbdallāh Muḥammad Ibn-Aḥmad ¬al-¬**

Muḥammad Ibn-Aḥmad al-Muqaddasī
→ **Muqaddasī, Muḥammad Ibn-Aḥmad ¬al-¬**

Muḥammad Ibn-Aḥmad al-Qurṭubī
→ **Qurṭubī, Muḥammad Ibn-Aḥmad**

Muḥammad Ibn-Aḥmad al-Waššāʾ
→ **Waššāʾ, Muḥammad Ibn-Aḥmad ¬al-¬**

Muḥammad Ibn-Aḥmad as-Samarqandī
→ **Samarqandī, Muḥammad Ibn-Aḥmad ¬as-¬**

Muḥammad Ibn-Aḥmad as-Saraḫsī
→ **Saraḫsī, Muḥammad Ibn-Aḥmad ¬as-¬**

Muḥammad Ibn-Aḥmad aš-Šāšī al-Qaffāl
→ **Šāšī al-Qaffāl, Muḥammad Ibn-Aḥmad ¬aš-¬**

Muḥammad Ibn-Aḥmad at-Tiǧānī
→ **Tiǧānī, Muḥammad Ibn-Aḥmad ¬at-¬**

Muḥammad Ibn-Aḥmad Ibn-ʿAbd-al-Hādī
→ **Ibn-ʿAbd-al-Hādī, Muḥammad Ibn-Aḥmad**

Muḥammad Ibn-Aḥmad Ibn-al-Labbān
→ **Ibn-al-Labbān, Muḥammad Ibn-Aḥmad**

Muḥammad Ibn-Aḥmad Ibn-aṣ-Ṣauwāf
→ **Ibn-aṣ-Ṣauwāf, Muḥammad Ibn-Aḥmad**

Muḥammad Ibn-Aḥmad Ibn-Fūrraǧa
→ **Ibn-Fūrraǧa, Muḥammad Ibn-Aḥmad**

Muḥammad Ibn-Aḥmad Ibn-Ǧābir
→ **Ibn-Ǧābir, Muḥammad Ibn-Aḥmad**

Muḥammad Ibn-Aḥmad Ibn-Ǧubair
→ **Ibn-Ǧubair, Muḥammad Ibn-Aḥmad**

Muḥammad Ibn-Aḥmad Ibn-Ǧuzaiy
→ **Ibn-Ǧuzaiy, Muḥammad Ibn-Aḥmad**

Muḥammad Ibn-Aḥmad Ibn-Ḥibbān al-Bustī
→ **Ibn-Ḥibbān al-Bustī, Muḥammad Ibn-Aḥmad**

Muḥammad Ibn-Aḥmad Ibn-Kaisān
→ **Ibn-Kaisān, Muḥammad Ibn-Aḥmad**

Muḥammad Ibn-Aḥmad Ibn-Marzūq
→ **Ibn-Marzūq, Muḥammad Ibn-Aḥmad**

Muḥammad Ibn-Aḥmad Ibn-Qudāma al-Maqdisī
→ **Ibn-Qudāma al-Maqdisī, Muḥammad Ibn-Aḥmad**

Muḥammad Ibn-Aḥmad Ibn-Rušd, Abu-ʾl-Walīd
→ **Ibn-Rušd, Abu-ʾl-Walīd Muḥammad Ibn-Aḥmad**

Muḥammad Ibn-Aḥmad Ibn-Rušd, Abu-l-Walīd
→ **Averroes**

Muḥammad Ibn-Aḥmad Ibn-Ṭabāṭabā
→ **Abu-ʾl-Ḥasan Ibn-Ṭabāṭabā, Muḥammad Ibn-Aḥmad**

Muḥammad Ibn-Aḥmad Ibn-Zaġdūn
→ **Ibn-Zaġdūn, Muḥammad Ibn-Aḥmad**

Muḥammad Ibn-Aḥmad Suʿlā
→ **Suʿlā, Muḥammad Ibn-Aḥmad**

Muḥammad Ibn-Aiyūb aṭ-Ṭabarī
→ **Ṭabarī, Muḥammad Ibn-Aiyūb ¬aṭ-¬**

Muḥammad Ibn-al-ʿAbbās Abū-Bakr al-Ḫwārizmī
→ **Abū-Bakr al-Ḫwārizmī, Muḥammad Ibn-al-ʿAbbās**

Muḥammad Ibn-al-ʿAbbās Ibn-Haiyuwaih
→ **Ibn-Haiyuwaih, Muḥammad Ibn-al-ʿAbbās**

Muḥammad Ibn-al-Ḥāriṯ al-Ḫušānī
→ **Ḫušanī, Muḥammad Ibn-al-Ḥāriṯ ¬al-¬**

Muḥammad Ibn-al-Ḥasan al-Fārisī
→ **Fārisī, Kamāl-ad-Dīn Muḥammad Ibn-al-Ḥasan**

Muḥammad Ibn-al-Ḥasan al-Ǧarbāḏqānī
→ **Ǧarbāḏqānī, Muḥammad Ibn-al-Ḥasan ¬al-¬**

Muḥammad Ibn-al-Ḥasan al-Ḥātimī
→ **Ḥātimī, Muḥammad Ibn-al-Ḥasan ¬al-¬**

Muḥammad Ibn-al-Ḥasan al-Karaǧī
→ **Karaǧī, Muḥammad Ibn-al-Ḥasan ¬al-¬**

Muḥammad Ibn-al-Ḥasan aš-Šaibānī
→ **Šaibānī, Muḥammad Ibn-al-Ḥasan ¬aš-¬**

Muḥammad Ibn-al-Ḥasan az-Zubaidī
→ **Zubaidī, Muḥammad Ibn-al-Ḥasan ¬az-¬**

Muḥammad Ibn-al-Ḥasan Ibn-aṭ-Ṭaḥḥān
→ **Ibn-aṭ-Ṭaḥḥān, Muḥammad Ibn-al-Ḥasan**

Muḥammad Ibn-al-Ḥasan Ibn-Duraid
→ **Ibn-Duraid, Muḥammad Ibn-al-Ḥasan**

Muḥammad Ibn-al-Ḥasan Ibn-Fūrak
→ **Ibn-Fūrak, Muḥammad Ibn-al-Ḥasan**

Muḥammad Ibn-al-Ḥasan Ibn-Ḥamdūn
→ **Ibn-Ḥamdūn, Muḥammad Ibn-al-Ḥasan**

Muḥammad Ibn-al-Huḏail, Abu-ʾl-Huḏail al-ʿAllāf
→ **Abu-ʾl-Huḏail al-ʿAllāf, Muḥammad Ibn-al-Huḏail**

Muḥammad Ibn-al-Ḥusain al-Āǧurrī
→ **Āǧurrī, Muḥammad Ibn-al-Ḥusain ¬al-¬**

Muḥammad Ibn-al-Ḥusain al-Armawī
→ **Armawī, Muḥammad Ibn-al-Ḥusain ¬al-¬**

Muḥammad Ibn-al-Ḥusain al-Azdī
→ **Azdī, Muḥammad Ibn-al-Ḥusain ¬al-¬**

Muḥammad Ibn-al-Ḥusain al-Burǧulānī
→ **Burǧulānī, Muḥammad Ibn-al-Ḥusain ¬al-¬**

Muḥammad Ibn-al-Ḥusain al-Fārisī
→ **Fārisī, Muḥammad Ibn-al-Ḥusain ¬al-¬**

Muḥammad Ibn-al-Ḥusain aš-Šarīf ar-Raḍī
→ **Šarīf ar-Raḍī, Muḥammad Ibn-al-Ḥusain ¬aš-¬**

Muḥammad Ibn-al-Ḥusain as-Sulamī
→ **Sulamī, Muḥammad Ibn-al-Ḥusain ¬as-¬**

Muḥammad Ibn-al-Ḥusain Ibn-al-ʿAmīd
→ **Ibn-al-ʿAmīd, Muḥammad Ibn-al-Ḥusain**

Muḥammad Ibn-ʿAlī, Abū-Saʿīd an-Naqqāš
→ **Abū-Saʿīd an-Naqqāš, Muḥammad Ibn-ʿAlī**

Muḥammad Ibn-ʿAlī al-Aḥsāʾī
→ **Aḥsāʾī, Muḥammad Ibn-ʿAlī ¬al-¬**

Muḥammad Ibn-ʿAlī al-ʿAlawī
→ **ʿAlawī, Muḥammad Ibn-ʿAlī ¬al-¬**

Muḥammad Ibn-ʿAlī al-Balansī
→ **Balansī, Muḥammad Ibn-ʿAlī ¬al-¬**

Muḥammad Ibn-ʿAlī al-Bāqir
→ **Bāqir, Muḥammad Ibn-ʿAlī ¬al¬**

Muḥammad Ibn-ʿAlī al-Ǧawād
→ **Ǧawād, Muḥammad ¬al-¬**

Muḥammad Ibn-ʿAlī al-Ḥakīm at-Tirmiḏī
→ **Ḥakīm at-Tirmiḏī, Muḥammad Ibn-ʿAlī ¬al-¬**

Muḥammad Ibn-ʿAlī al-Ḥamawi
→ **Ḥamawī, Muḥammad Ibn-ʿAlī ¬al-¬**

Muḥammad Ibn-ʿAlī al-Karāǧakī
→ **Karāǧakī, Muḥammad Ibn-ʿAlī ¬al-¬**

Muḥammad Ibn-ʿAlī al-Maḥallī
→ **Maḥallī, Muḥammad Ibn-ʿAlī ¬al-¬**

Muḥammad Ibn-ʿAlī al-Makkī, Abū-Ṭālib
→ **Abū-Ṭālib al-Makkī, Muḥammad Ibn-ʿAlī**

Muḥammad Ibn-ʿAlī aṣ-Ṣūrī
→ **Ṣūrī, Muḥammad Ibn-ʿAlī ¬aṣ-¬**

Muḥammad Ibn-ʿAlī Ibn-ʿAbd-Rabbihī
→ **Ibn-ʿAbd-Rabbihī, Muḥammad Ibn-ʿAlī**

Muḥammad Ibn-ʿAlī Ibn-ad-Dahhān
→ **Ibn-ad-Dahhān, Muḥammad Ibn-ʿAlī**

Muḥammad Ibn-ʿAlī Ibn-an-Naqqāš
→ **Ibn-an-Naqqāš, Muḥammad Ibn-ʿAlī**

Muḥammad Ibn-ʿAlī Ibn-aṣ-Ṣābūnī
→ **Ibn-aṣ-Ṣābūnī, Muḥammad Ibn-ʿAlī**

Muḥammad Ibn-ʿAlī Ibn-Aʿṯam al-Kūfī
→ **Ibn-Aʿṯam al-Kūfī, Muḥammad Ibn-ʿAlī**

Muḥammad Ibn-ʿAlī Ibn-aṭ-Ṭiqṭaqa
→ **Ibn-aṭ-Ṭiqṭaqa, Muḥammad Ibn-ʿAlī**

Muḥammad Ibn-ʿAlī Ibn-Bābūya
→ **Ibn-Bābūya, Muḥammad Ibn-ʿAlī**

Muḥammad Ibn-ʿAlī Ibn-Daqīq al-ʿĪd
→ **Ibn-Daqīq al-ʿĪd, Muḥammad Ibn-ʿAlī**

Muḥammad Ibn-ʿAlī Ibn-Dāʾūd al-Iṣfahānī
→ **Ibn-Dāʾūd al-Iṣfahānī, Muḥammad Ibn-ʿAlī**

Muḥammad Ibn-ʻAlī Ibn-Ḥammād
→ **Ibn-Ḥammād, Muḥammad Ibn-ʻAlī**

Muḥammad Ibn-ʻAlī Ibn-Ṭūlūn
→ **Ibn-Ṭūlūn, Muḥammad Ibn-ʻAlī**

Muḥammad Ibn-al-Mubārak Ibn-Maimūn
→ **Ibn-Maimūn, Muḥammad Ibn-al-Mubārak**

Muḥammad Ibn-al-Munauwar
1157 – 1202
Ibn-al-Munauwar, Muḥammad
Ibn-al-Munavvar, Muḥammad
Ibn-al-Munawwar, Muḥammad

Muḥammad Ibn-al-Mustanīr al-Quṭrub
→ **Quṭrub, Muḥammad Ibn-al-Mustanīr ¬al-¬**

Muḥammad Ibn-al-Qāsim, Abu-'l-ʻAinā'
→ **Abu-'l-ʻAinā' Muḥammad Ibn-al-Qāsim**

Muḥammad Ibn-al-Qāsim al-Anṣārī
→ **Anṣārī, Muḥammad Ibn-al-Qāsim ¬al-¬**

Muḥammad Ibn-al-Qāsim ar-Raṣṣāʻ
→ **Raṣṣāʻ, Muḥammad Ibn-al-Qāsim ¬ar-¬**

Muḥammad Ibn-al-Qāsim Ibn-al-Anbārī
→ **Ibn-al-Anbārī, Muḥammad Ibn-al-Qāsim**

Muḥammad Ibn-al-Qāsim Ibn-al-Muṯannā
→ **Ibn-al-Muṯannā, Muḥammad Ibn-al-Qāsim**

Muḥammad Ibn-al-Walīd aṭ-Ṭurṭūšī
→ **Ṭurṭūšī, Muḥammad Ibn-al-Walīd ¬aṭ-¬**

Muḥammad Ibn-ʻAmmār
→ **Ibn-ʻAmmār, Muḥammad**

Muḥammad Ibn-ʻĀṣim al-Mauqifī
→ **Ibn-ʻĀṣim al-Mauqifī, Muḥammad**

Muḥammad Ibn-as-Sarī Ibn-as-Sarrāǧ
→ **Ibn-as-Sarrāǧ, Muḥammad Ibn-as-Sarī**

Muḥammad Ibn-aṭ-Ṭaiyib al-Bāqillānī
→ **Bāqillānī, Muḥammad Ibn-aṭ-Ṭaiyib ¬al-¬**

Muḥammad Ibn-ʻAzīz al-Idrīsī
→ **Idrīsī, Muḥammad Ibn-ʻAbd-al-ʻAzīz ¬al-¬**

Muḥammad Ibn-az-Zaiyāt
→ **Ibn-az-Zaiyāt, Muḥammad**

Muḥammad Ibn-Bahādur az-Zarkašī
→ **Zarkašī, Muḥammad Ibn-Bahādur ¬az-¬**

Muḥammad Ibn-Dāniyāl
→ **Ibn-Dāniyāl, Muḥammad**

Muḥammad Ibn-Ǧābir al-Battānī
→ **Battānī, Muḥammad Ibn-Ǧābir ¬al-¬**

Muḥammad Ibn-Ǧaʻfar al-Ḫarā'iṭī
→ **Ḫarā'iṭī, Muḥammad Ibn-Ǧaʻfar ¬al-¬**

Muḥammad Ibn-Ǧaʻfar al-Qazzāz
→ **Qazzāz, Muḥammad Ibn-Ǧaʻfar ¬al-¬**

Muḥammad Ibn-Ǧaʻfar Ibn-an-Naǧǧār
→ **Ibn-an-Naǧǧār, Muḥammad Ibn-Ǧaʻfar**

Muḥammad Ibn-Ǧarīr aṭ-Ṭabarī
→ **Ṭabarī, Muḥammad Ibn-Ǧarīr ¬aṭ-¬**

Muḥammad Ibn-Ḫalaf Ibn-al-Marzubān
→ **Ibn-al-Marzubān Muḥammad Ibn-Ḫalaf**

Muḥammad Ibn-Ḫalīl al-Maqdisī
→ **Maqdisī, Muḥammad Ibn-Ḫalīl ¬al-¬**

Muḥammad Ibn-Ḫalīl as-Sakūnī
→ **Sakūnī, Muḥammad Ibn-Ḫalīl ¬as-¬**

Muḥammad Ibn-Hāni' al-Andalusī
→ **Ibn-Hāni' al-Andalusī, Muḥammad**

Muḥammad Ibn-Ḥasan an-Nawāǧī
→ **Nawāǧī, Muḥammad Ibn-Ḥasan ¬an-¬**

Muḥammad Ibn-Ḫwānd-Šāh Ibn-Maḥmūd
→ **Mīr Ḫwānd**

Muḥammad Ibn-Ibrāhīm al-Maǧrīṭī, Abū-Maslama
→ **Maǧrīṭī, Abū-Maslama Muḥammad Ibn-Ibrāhīm ¬al-¬**

Muḥammad Ibn-Ibrāhīm al-Waṭwāṭ
→ **Waṭwāṭ, Muḥammad Ibn-Ibrāhīm ¬al-¬**

Muḥammad Ibn-Ibrāhīm al-Wazīr
→ **Wazīr, Muḥammad Ibn-Ibrāhīm ¬al-¬**

Muḥammad Ibn-Ibrāhīm Ibn-al-Akfānī
→ **Ibn-al-Akfānī, Muḥammad Ibn-Ibrāhīm**

Muḥammad Ibn-Ibrāhīm Ibn-al-Munḏir
→ **Ibn-al-Munḏir, Muḥammad Ibn-Ibrāhīm**

Muḥammad Ibn-Ibrāhīm Ibn-al-Muqri'
→ **Ibn-al-Muqri', Abū-Bakr Muḥammad Ibn-Ibrāhīm**

Muḥammad Ibn-Ibrāhīm Ibn-al-Wazīr
→ **Ibn-al-Wazīr, Muḥammad Ibn-Ibrāhīm**

Muḥammad Ibn-Ibrāhīm Ibn-Ǧamāʻa
→ **Ibn-Ǧamāʻa, Muḥammad Ibn-Ibrāhīm**

Muḥammad Ibn-Ibrāhīm Ibn-Šaddād
→ **Ibn-Šaddād, Muḥammad Ibn-Ibrāhīm**

Muḥammad Ibn-Idrīs aš-Šāfiʻī
→ **Šāfiʻī, Muḥammad Ibn-Idrīs ¬aš-¬**

Muḥammad Ibn-Idrīs Marǧ al-Kuḥl
→ **Marǧ al-Kuḥl, Muḥammad Ibn-Idrīs**

Muḥammad Ibn-ʻImrān al-Marzubānī
→ **Marzubānī, Muḥammad Ibn-ʻImrān ¬al-¬**

Muḥammad Ibn-ʻĪsā at-Tirmiḏī
→ **Tirmiḏī, Muḥammad Ibn-ʻĪsā ¬at-¬**

Muḥammad Ibn-Isḥāq
→ **Ibn-Isḥāq, Muḥammad**

Muḥammad Ibn-Isḥāq al-Kalabāḏī
→ **Kalābāḏī, Muḥammad Ibn-Isḥāq ¬al¬**

Muḥammad Ibn-Isḥāq al-Qūnawī
→ **Qūnawī, Ṣadr-ad-Dīn Muḥammad Ibn-Isḥāq ¬al-¬**

Muḥammad Ibn-Isḥāq Ibn-an-Nadīm
→ **Ibn-an-Nadīm, Muḥammad Ibn-Isḥāq**

Muḥammad Ibn-Isḥāq Ibn-Ḫuzaima
→ **Ibn-Ḫuzaima, Muḥammad Ibn-Isḥāq**

Muḥammad Ibn-Isḥāq Ibn-Manda
→ **Ibn-Manda, Muḥammad Ibn-Isḥāq**

Muḥammad Ibn-Iṣḥāq Ibn-Yasār, Abū-ʻAbdallāh
→ **Ibn-Isḥāq, Muḥammad**

Muḥammad Ibn-Ismāʻīl al-Buḫārī
→ **Buḫārī, Muḥammad Ibn-Ismāʻīl ¬al-¬**

Muḥammad Ibn-Ismāʻīl Ibn-Ḫalfūn
→ **Ibn-Ḫalfūn, Muḥammad Ibn-Ismāʻīl**

Muḥammad Ibn-Maḫlad ad-Dūrī
→ **Dūrī, Muḥammad Ibn-Maḫlad ¬ad-¬**

Muḥammad Ibn-Maḥmūd al-Ustrūšanī
→ **Ustrūšanī, Muḥammad Ibn-Maḥmūd ¬al-¬**

Muḥammad Ibn-Maḥmūd Ibn-Aǧā
→ **Ibn-Aǧā, Muḥammad Ibn-Maḥmūd**

Muḥammad Ibn-Maḥmūd Ibn-an-Naǧǧār
→ **Ibn-an-Naǧǧār, Muḥammad Ibn-Maḥmūd**

Muḥammad Ibn-Manglī
→ **Ibn-Manglī, Muḥammad**

Muḥammad Ibn-Masʻūd al-Kāzarūnī
→ **Kāzarūnī, Muḥammad Ibn-Masʻūd ¬al-¬**

Muḥammad Ibn-Muʻāḏ al-Ǧaiyānī
→ **Ǧaiyānī, Abū-ʻAbdallāh Muḥammad Ibn-Muʻāḏ ¬al-¬**

Muḥammad Ibn-Mubārak al-Buḫārī, Mīrak Šams-ad-Dīn
→ **Mīrak Šams-ad-Dīn Muḥammad Ibn-Mubārak al-Buḫārī**

Muḥammad Ibn-Mufliḥ al-Qāqūnī
→ **Qāqūnī, Muḥammad Ibn-Mufliḥ ¬al-¬**

Muḥammad Ibn-Muḥammad ⟨al-Idrīsī⟩
→ **Idrīsī, Muḥammad Ibn-Muḥammad ¬al-¬**

Muḥammad Ibn-Muḥammad ⟨Ibn-Āǧurrūm⟩
→ **Ibn-Āǧurrūm, Muḥammad Ibn-Muḥammad**

Muḥammad Ibn-Muḥammad Abu-'l-Wafā' al-Būzaǧānī
→ **Abu-'l-Wafā' al-Būzaǧānī, Muḥammad Ibn-Muḥammad**

Muḥammad Ibn-Muḥammad al-Ġazzālī, Abū-Ḥāmid
→ **Ġazzālī, Abū-Ḥāmid Muḥammad Ibn-Muḥammad ¬al-¬**

Muḥammad Ibn-Muḥammad al-Ḫaidarī
→ **Ḫaidarī, Muḥammad Ibn-Muḥammad ¬al-¬**

Muḥammad Ibn-Muḥammad al-Ḥākim al-Kabīr, Abū-Aḥmad
→ **Ḥākim al-Kabīr, Abū-Aḥmad Muḥammad Ibn-Muḥammad ¬al-¬**

Muḥammad Ibn-Muḥammad al-Idrīsī
→ **Idrīsī, Muḥammad Ibn-Muḥammad ¬al-¬**

Muḥammad Ibn-Muḥammad al-Kātib al-Iṣfahānī
→ **Kātib al-Iṣfahānī, Muḥammad Ibn-Muḥammad ¬al-¬**

Muḥammad Ibn-Muḥammad al-Manbiǧī
→ **Manbiǧī, Muḥammad Ibn-Muḥammad ¬al-¬**

Muḥammad Ibn-Muḥammad al-Maqqarī
→ **Maqqarī, Muḥammad Ibn-Muḥammad ¬al-¬**

Muḥammad Ibn-Muḥammad al-Māturīdī
→ **Māturīdī, Muḥammad Ibn-Muḥammad ¬al-¬**

Muḥammad Ibn-Muḥammad al-Mufīd Ibn-al-Muʻallim
→ **Mufīd Ibn-al-Muʻallim, Muḥammad Ibn-Muḥammad ¬al-¬**

Muḥammad Ibn-Muḥammad al-Wafā' al-Iskandarī
→ **Wafā' al-Iskandarī, Muḥammad Ibn-Muḥammad ¬al-¬**

Muḥammad Ibn-Muḥammad al-Waṭwāṭ, Rašīd-ad-Dīn Abū-Bakr
→ **Waṭwāṭ, Rašīd-ad-Dīn**

Muḥammad Ibn-Muḥammad as-Saʻdī
→ **Saʻdī, Muḥammad Ibn-Muḥammad ¬as-¬**

Muḥammad Ibn-Muḥammad Ibn-Āǧurrūm
→ **Ibn-Āǧurrūm, Muḥammad Ibn-Muḥammad**

Muḥammad Ibn-Muḥammad Ibn-al-ʻĀqūlī
→ **Ibn-al-ʻĀqūlī, Muḥammad Ibn-Muḥammad**

Muḥammad Ibn-Muḥammad Ibn-al-Bāġandī
→ **Ibn-al-Bāġandī, Muḥammad Ibn-Muḥammad**

Muḥammad Ibn-Muḥammad Ibn-al-Farrā'
→ **Ibn-al-Farrā', Muḥammad Ibn-Muḥammad**

Muḥammad Ibn-Muḥammad Ibn-al-Ǧannān
→ **Ibn-al-Ǧannān, Muḥammad Ibn-Muḥammad**

Muḥammad Ibn-Muḥammad Ibn-al-Ǧazarī
→ **Ibn-al-Ǧazarī, Muḥammad Ibn-Muḥammad**

Muḥammad Ibn-Muḥammad Ibn-an-Naẓīm
→ **Ibn-an-Naẓīm, Muḥammad Ibn-Muḥammad**

Muḥammad Ibn-Muḥammad Ibn-ʻĀṣim
→ **Ibn-ʻĀṣim, Muḥammad Ibn-Muḥammad**

Muḥammad Ibn-Muḥammad Ibn-aš-Šiḥna
→ **Ibn-aš-Šiḥna, Muḥammad Ibn-Muḥammad**

Muḥammad Ibn-Muḥammad Ibn-Saiyid an-Nās
→ **Ibn-Saiyid an-Nās, Muḥammad Ibn-Muḥammad**

Muḥammad Ibn-Muḥammmad Ibn-al-Imām
→ **Ibn-al-Imām, Muḥammad Ibn-Muḥammad**

Muḥammad Ibn-Mukarram Ibn-Manẓūr
→ **Ibn-Manẓūr, Muḥammad Ibn-Mukarram**

Muḥammad Ibn-Mūsā ⟨al-Ḫwārizmī⟩
→ **Ḫwārizmī, Muḥammad Ibn-Mūsā ¬al-¬**

Muḥammad Ibn-Mūsā ad-Damīrī
→ **Damīrī, Muḥammad Ibn-Mūsā ¬ad-¬**

Muḥammad Ibn-Mūsā al-Ḥāzimī
→ **Ḥāzimī, Muḥammad Ibn-Mūsā ¬al¬**

Muḥammad Ibn-Muslim az-Zuhrī
→ **Zuhrī, Muḥammad Ibn-Muslim ¬az-¬**

Muḥammad Ibn-Naṣr al-Marwazī
→ **Marwazī, Muḥammad Ibn-Naṣr ¬al-¬**

Muḥammad Ibn-Naṣr Ibn-ʻUnain
→ **Ibn-ʻUnain, Muḥammad Ibn-Naṣr**

Muḥammad Ibn-Qassūm al-Ġāfiqī
→ **Ġāfiqī, Muḥammad Ibn-Qassūm ¬al-¬**

Muḥammad Ibn-Rāfiʻ
→ **Ibn-Rāfiʻ, Muḥammad**

Muḥammad Ibn-Saʻd az-Zuhrī
→ **Ibn-Saʻd az-Zuhrī, Muḥammad**

Muḥammad Ibn-Saʻīd al-Būṣīrī
→ **Būṣīrī, Muḥammad Ibn-Saʻīd ¬al-¬**

Muḥammad Ibn-Saif-ad-Dīn Aidamur
→ **Ibn-Saif-ad-Dīn, Muḥammad Aidamur**

Muḥammad Ibn-Šākir al-Kutubī
→ **Kutubī, Muḥammad Ibn-Šākir ¬al-¬**

Muḥammad Ibn-Šihāb-ad-Dīn al-Asyūṭī
→ **Asyūṭī, Muḥammad Ibn-Šihāb-ad-Dīn ¬al-¬**

Muḥammad Ibn-Sīrīn
gest. 728
Brockelmann/Suppl.,II,102
Achmes ⟨Onirocrites⟩
Achmes ⟨Son of Seirim⟩
Aḥmad Ibn-Seirim
Achmet Ben-Sirin
Ahmet Ben-Sirin
Ibn-Sīrīn, Muḥammad
Onirocrites, Achmet
Sīrīn, Muḥammad ¬ibn-¬

Muḥammad Ibn-Sulaimān al-Ǧazūlī
→ **Ǧazūlī, Muḥammad Ibn-Sulaimān ¬al-¬**

Muḥammad Ibn-Sulaimān al-Kāfiyaǧī
→ **Kāfiyaǧī, Muḥammad Ibn-Sulaimān ¬al-¬**

Muḥammad Ibn-Sulaimān Ibn-an-Naqīb
→ **Ibn-an-Naqīb, Muḥammad Ibn-Sulaimān**

Muḥammad Ibn-Sulṭān Ibn-Ḥaiyūs
→ **Ibn-Ḥaiyūs, Muḥammad Ibn-Sulṭān**

Muḥammad Ibn-Ṭāhir Ibn-al-Qaisarānī
→ **Ibn-al-Qaisarānī, Muḥammad Ibn-Ṭāhir**

Muḥammad Ibn-Ṭaifūr as-Saǧāwandī
→ **Saǧāwandī, Muḥammad Ibn-Ṭaifūr ¬as-¬**

Muḥammad Ibn-Umail at-Tamīmī
→ **Ibn-Umail, Muḥammad**

Muḥammad Ibn-'Umar al-Ġamrī
→ **Ġamrī, Muḥammad Ibn-'Umar ¬al-¬**

Muḥammad Ibn-'Umar al-Wāqidī
→ **Wāqidī, Muḥammad Ibn-'Umar ¬al-¬**

Muḥammad Ibn-'Umar ar-Rāzī, Faḫr-ad-Dīn
→ **Faḫr-ad-Dīn ar-Rāzī, Muḥammad Ibn-'Umar**

Muḥammad Ibn-'Umar Ibn-al-Qūṭīya
→ **Ibn-al-Qūṭīya, Muḥammad Ibn-'Umar**

Muḥammad Ibn-'Umar Ibn-Rašīd al-Fihrī
→ **Ibn-Rašīd al-Fihrī, Muḥammad Ibn-'Umar**

Muḥammad Ibn-'Umar Ibn-Rušaid
→ **Ibn-Rušaid, Muḥammad Ibn-'Umar**

Muḥammad Ibn-'Uṯmān al-Māridīnī
→ **Māridīnī, Muḥammad Ibn-'Uṯmān**

Muḥammad Ibn-'Uzair as-Siǧistānī
→ **Siǧistānī, Muḥammad Ibn-'Uzair ¬as-¬**

Muḥammad Ibn-Waḍḍāḥ
→ **Ibn-Waḍḍāḥ, Muḥammad**

Muḥammad Ibn-Yaḥyā al-Aš'arī
→ **'Aš'arī, Muḥammad Ibn-Yaḥyā ¬al-¬**

Muḥammad Ibn-Ya'qūb al-Fīrūzābādī
→ **Fīrūzābādī, Muḥammad Ibn-Ya'qūb ¬al-¬**

Muḥammad Ibn-Ya'qūb al-Kulīnī
→ **Kulīnī, Muḥammad Ibn-Ya'qūb ¬al-¬**

Muḥammad Ibn-Yasīr ar-Riyāšī
ca. 750 – ca. 825
Abū-Ǧa'far Muḥammad Ibn-Yasīr ar-Riyāšī
Ibn-Yasīr ar-Riyāšī, Muḥammad
Muḥammad Ibn Yasīr al-Riyāshī
Riyāšī, Muḥammad Ibn-Yasīr ¬ar-¬

Muḥammad Ibn-Yazīd al-Mubarrad
→ **Mubarrad, Muḥammad Ibn-Yazīd ¬al-¬**

Muḥammad Ibn-Yazīd Ibn-Māǧa
→ **Ibn-Māǧa, Muḥammad Ibn-Yazīd**

Muḥammad Ibn-Yūsuf al-'Āmirī, Abu-'l-Ḥasan
→ **'Āmirī, Abu-'l-Ḥasan Muḥammad Ibn-Yūsuf ¬al-¬**

Muḥammad Ibn-Yūsuf al-Andalusī, Abū-Ḥaiyān
→ **Abū-Ḥaiyān al-Andalusī, Muḥammad Ibn-Yūsuf**

Muḥammad Ibn-Yūsuf al-Ǧazarī
→ **Ǧazarī, Muḥammad Ibn-Yūsuf ¬al-¬**

Muḥammad Ibn-Yūsuf al-Kindī
→ **Kindī, Muḥammad Ibn-Yūsuf ¬al-¬**

Muḥammad Ibn-Yūsuf as-Sanūsī
→ **Sanūsī, Muḥammad Ibn-Yūsuf ¬as-¬**

Muḥammad Ibn-Yūsuf Ibn-Ḫalṣūn
→ **Ibn-Ḫalṣūn, Muḥammad Ibn-Yūsuf**

Muḥammad Ibn-Yūsuf Ibn-Zamrak
→ **Ibn-Zamrak, Muḥammad Ibn-Yūsuf**

Muḥammad Ibn-Zakarīyā ar-Rāzī
→ **Rāzī, Muḥammad Ibn-Zakarīyā ¬ar-¬**

Muḥammad Ibn-Ziyād Ibn-al-A'rābī
→ **Ibn-al-A'rābī, Muḥammad Ibn-Ziyād**

Muhammed
→ **Muḥammad**

Muḥāsibī, al-Ḥāriṯ Ibn-Asad ¬al-¬
ca. 786 – 857
Ḥāriṯ Ibn-Asad al-Muḥāsibī ¬al-¬
Ibn-Asad, al-Ḥāriṯ al-Muḥāsibī
Muḥāsibī, al-Ḥārith ibn Asad

Muḥassin Ibn-'Alī at-Tanūḫī ¬al-¬
→ **Tanūḫī, al-Muḥassin Ibn-'Alī ¬at-¬**

Muḥsin Ibn-Muḥammad al-Baihaqī
→ **Baihaqī, al-Muḥsin Ibn-Muḥammad ¬al-¬**

Muḥyi-'d-Din ⟨Ibn-al-'Arabī⟩
→ **Ibn-al-'Arabī, Muḥyi-'d-Dīn Muḥammad Ibn-'Alī**

Muḥyi-'d-Dīn 'Abdallāh Ibn-Rašīd-ad-Dīn Ibn-'Abd-aẓ-Ẓāhir
→ **Ibn-'Abd-aẓ-Ẓāhir, Muḥyi-'d-Dīn 'Abdallāh Ibn-Rašīd-ad-Dīn**

Muḥyi-'d-Dīn Ibn-'Abd-aẓ-Ẓāhir
→ **Ibn-'Abd-aẓ-Ẓāhir, Muḥyi-'d-Dīn 'Abdallāh Ibn-Rašīd-ad-Dīn**

Muirchu ⟨Maccu Machteni⟩
7. Jh.
Vita Patricii
Potth. 798; LMA,VI,893
Maccu Machteni, Muirchu
Machteni, Muirchu Maccu
Muirchu ⟨Hagiographe Irlandais⟩
Muirchu ⟨Maccu Machtheni⟩
Muirchu ⟨Maccu-Machteni⟩
Muirchu ⟨Maccumachtheni⟩
Muirchú ⟨Moccu Machtheni⟩

Muiredach
→ **Marianus ⟨Scotus Ratisbonensis⟩**

Muisit, Gilles ¬le¬
→ **Gilles ⟨le Muisit⟩**

Mu'izz Ibn-Bādīs ¬al-¬
1007 – 1061
Ibn-Bādīs, Mu'izz
Mu'izz ibn Bādīs

Mujāshi'ī, 'Alī Ibn Faḍḍāl
→ **Muǧāšiʿī, 'Alī Ibn-Faḍḍāl ¬al-¬**

Mukaddasi, Schams ad-Din Abu Abd Allah Mohammed ¬al-¬
→ **Muqaddasī, Muḥammad Ibn-Aḥmad ¬al-¬**

Mukaffa'
→ **Severus Ibn-al-Muqaffa'**

Mukhtár, Ibn Al Hasan
→ **Ibn-Buṭlān, al-Muḫtār Ibn-al-Ḥasan**

Mulberg, Johannes
ca. 1350 – 1414 · OP
2 Predigtzyklen; Predigten; Contra statum beginarum et Lolhardorum
VL(2),6,725/734
Johannes ⟨de Basilea⟩
Johannes ⟨Mulberg⟩
Johannes ⟨Mulberg de Basilea⟩

Muler, Andreas
um 1500
Ergänzungen zu "Roßarzneibuch„; Rezepte u. Anweisungen
VL(2),6,734/735
Andreas ⟨Muler⟩

Mulerii, Sancius
→ **Sancius ⟨Mulerii⟩**

Muleysen, Johannes
um 1484/92 · OP
7 Auszüge von Predigten
VL(2),6,735/736; Kaeppeli,II,493
Johannes ⟨Muleysen⟩
Johannes ⟨Müleysen⟩
Müleysen, Johannes

Mulich, Bartholomäus
um 1474/81
Sermones-Sammlung; Übersetzung des „Cato"; Perikopenverzeichnis; etc.
VL(2),6,736/738
Bartholomäus ⟨Mulich⟩

Mulier ⟨de Tesingen⟩
12. Jh.
Documentum mulieris de Tesingen (Spezialrezeptor gegen Schwerhörigkeit, u.a.); Laienärztin in Dösingen; evtl. id: Jundinta von Tegesingen
VL(2),9,717
Frau ⟨von Dösingen⟩
Frau ⟨von Tesingen⟩
Jundinta ⟨von Tegesingen⟩
Tesingen, Mulier ¬de¬

Mulierii, Gaucher
→ **Sancius ⟨Mulerii⟩**

Mulitor, Konrad
→ **Bollstatter, Konrad**

Mulk, Abū- Niẓām ¬al¬
→ **Niẓām-al-Mulk, Abū-'Alī al-Ḥasan Ibn-'Alī**

Mullā Luṭfī Luṭfallāh at-Tūqātī
→ **Lutfi ⟨Molla⟩**

Muller, Gaucher
→ **Sancius ⟨Mulerii⟩**

Mulner, Conradus
→ **Wagner, Konrad**

Multedo, Guilelmus ¬de¬
→ **Guilelmus ⟨de Multedo⟩**

Multiscius
→ **Ari ⟨Thorgilsson⟩**

Multscher, Hans
1400 – 1467
Bildhauer, Maler
LMA,VI,894/95
Hans ⟨Multscher⟩
Multscher von Reichenhofen, Hans

Mumon
→ **Huikai**

Mumon Ekai
→ **Huikai**

Munck, Odde
→ **Oddr ⟨Snorrason⟩**

Mundinus ⟨Lucius⟩
1270 – 1326
Anatomia
LThK; Potth.; LMA,VI,750
Leuccis, Mundinus ¬de¬
Leuciis, Mundinus ¬de¬
Liuzzi, Mondino ¬de'¬
Lucius, Mundinus
Luzzi, Mondino ¬dei¬
Mondini
Mondino
Mondino ⟨dei Luzzi⟩
Mondino ⟨de' Liuzzi⟩
Mondino ⟨de' Luzzi⟩
Mondino ⟨de'Liuzzi⟩
Mondino ⟨de'Luzzi⟩
Mondinus
Mondinus ⟨de Leuciis⟩
Mondinus ⟨Lucius⟩
Mundinus
Mundinus ⟨dei Luzzi⟩
Mundinus ⟨Medicus Bononensis⟩
Mundinus ⟨Mediolanensis⟩
Raimund ⟨de'Liuzzi⟩

Munḏir, Muḥammad Ibn-Ibrāhīm ¬al-¬
→ **Ibn-al-Munḏir, Muḥammad Ibn-Ibrāhīm**

Munḏirī, 'Abd-al-'Aẓīm Ibn-'Abd-al-Qawī ¬al-¬
1185 – 1285
'Abd-al-'Aẓīm Ibn-'Abd-al-Qawī al-Munḏirī
Ibn-'Abd-al-Qawī, 'Abd-al-'Aẓīm al-Munḏirī
Ibn-'Abd-al-Qawī al-Munḏirī, 'Abd-al-'Aẓīm

Munegiur, Ulrich ¬von¬
→ **Ulrich ⟨von Munegiur⟩**

Munerat, Jean ¬le¬
→ **LeMunerat, Jean**

Munerii, Guilelmus
→ **Guilelmus ⟨Munerii⟩**

Munio ⟨Mindoniensis⟩
gest. 1136
Historia Compostellana
Potth. 798; DOC,2,1337
Munio ⟨de Mondonedo⟩
Nuno ⟨Alphonse⟩
Nuño ⟨de Mondonedo⟩
Nuno ⟨Evêque de Mondonedo⟩
Nuno ⟨Trésorier de Compostelle⟩

Muṇivar, Pavaṇanti
→ **Pavaṇanti**

Munre, Rüdeger ¬von¬
→ **Rüdeger ⟨von Munre⟩**

Munshi, Naṣr Allāh
→ **Munšī, Naṣrallāh**

Munšī, Abu-'l-Ma'ālī Naṣrallāh
→ **Munšī, Naṣrallāh**

Munšī, Naṣrallāh
12. Jh.
Kālila wa-dimna
Abu-'l-Ma'ālī Naṣrallāh Munšī
Monschi, Nasrollah
Munshi, Naṣr Allāh
Munšī, Abu-'l-Ma'ālī Naṣrallāh
Naṣr Allāh Munshi
Naṣrallāh Munšī
Nasrollah Monschi

Muntaner, Ramón
1265 – 1336
Potth. 798; LMA,VI,919/920
En Ramon ⟨Muntaner⟩
Muntaner, En Ramon
Muntaner, Raymond
Ramón ⟨Muntaner⟩
Raymond ⟨Muntaner⟩

Muntisol, Johannes ¬de¬
→ **Johannes ⟨de Muntisol⟩**

Muntz, Johann
15. Jh.
Prognostiken bzgl. Wetter, Kriege usw.; astronom. Tabellen
VL(2),6,793/794
Johann ⟨Muntz⟩

Muntzinger, Johann
→ **Müntzinger, Johannes**

Munzingen, Anna ¬von¬
→ **Anna ⟨von Munzingen⟩**

Muqaddamī, ¬al-¬
→ **Muqaddamī, Abū-'Abdallāh Muḥammad Ibn-Aḥmad ¬al-¬**

Muqaddamī, Abū-'Abdallāh Muḥammad Ibn-Aḥmad ¬al-¬
gest. 913
Abū-'Abdallāh al-Muqaddamī, Muḥammad Ibn-Aḥmad ¬al-¬
Muḥammad Ibn-Aḥmad al-Muqaddamī
Muqaddamī, ¬al-¬

Muqaddamī, Muḥammad
Ibn-Aḥmad ¬al-¬
Qāḍī al-Muqaddamī

Muqaddamī, Muḥammad
Ibn-Aḥmad ¬al-¬
→ **Muqaddamī, Abū-'Abdallāh Muḥammad Ibn-Aḥmad ¬al-¬**

Muqaddasī, Muḥammad Ibn-Aḥmad ¬al-¬
um 985
Al-Muqaddasi
Bannā, Muḥammad
Ibn-Aḥmad ¬al-¬
Baššārī, Muḥammad
Ibn-Aḥmad ¬al-¬
Ibn-Aḥmad, Muḥammad
al-Muqaddasī
Maqdisī, Muḥammad
Ibn-Aḥmad ¬al-¬
Moqaddasī, Shams ad-Dīn Abū Abdallah Mohammed Ibn Ahmed
Moqaddasi, Shams ad-Dīn Abū Abdullah Mohammed Ibn Ahmed Ibn Abī Bekr al-Bannā
al-Basshārī ¬al-¬
Muḥammad Ibn-Aḥmad
al-Muqaddasī
Mukaddasi, Schams ad-Din Abu Abd Allah Mohammed ¬al-¬
Muqaddasī, Šams-ad-Dīn Abū-'Abdallāh Muḥammad Ibn-Aḥmad ¬al-¬
Muqaddasī al-Baššārī, Muḥammad Ibn-Aḥmad ¬al-¬

Muqaddasī, Šams-ad-Dīn Abū-'Abdallāh Muḥammad Ibn-Aḥmad ¬al-¬
→ **Muqaddasī, Muḥammad Ibn-Aḥmad ¬al-¬**

Muqaddasī al-Baššārī, Muḥammad Ibn-Aḥmad ¬al-¬
→ **Muqaddasī, Muḥammad Ibn-Aḥmad ¬al-¬**

Muqaffa'
→ **Severus Ibn-al-Muqaffa'**

Muqaffa', 'Abdallāh Ibn-al-
→ **Ibn-al-Muqaffa', 'Abdallāh**

Muqammiṣ, Dāwūd Ibn-Marwān ¬al-¬
9. Jh.
Dāwūd Ibn-Marwān ⟨al-Muqammiṣ⟩

Muqri', 'Abd-ar-Raḥmān Ibn-Aḥmad ¬al-¬
→ **Rāzī, 'Abd-ar-Raḥmān Ibn-Aḥmad ¬ar-¬**

Muqri', Abū-'l-Faḍl 'Abd-ar-Raḥmān Ibn-Aḥmad ¬al-¬
→ **Abū-'l-Faḍl ar-Rāzī, 'Abd-ar-Raḥmān Ibn-Aḥmad**

Muqri', Ismā'īl Ibn-Abī-Bakr ¬al-¬
→ **Ibn-al-Muqri', Ismā'īl Ibn-Abī-Bakr**

Mura'at ¬al-¬
→ **Baššār Ibn-Burd**

Murādī Ibn-Umm-Qāsim, al-Ḥasan Ibn-al-Qāsim ¬al-¬
gest. 1348
Ḥasan Ibn-al-Qāsim al-Murādī Ibn-Umm-Qāsim
Ibn-Umm-Qāsim, al-Ḥasan Ibn-al-Qāsim al-Murādī

Murāri
9./10. Jh.
Anargharāghava
Kindler neu
Muray

Murasaki Shikibu
um 1000
Japan. Hofdame; „Genji-monogatari"
Murasaki ⟨no Shikibu⟩
Murasaki, ...
Murasaki, Shikibū
Murasaki Schikibu
Murasaki Schkibu
Murasaki-Shikibu
Murasaki-Shikibu,
Schikibu, Murasaki

Muratoris, Johannes
→ **Johannes ⟨Muratoris⟩**

Muray
→ **Murāri**

Mure, Conradus ¬de¬
→ **Conradus ⟨de Mure⟩**

Mure, Heinrich ¬von der¬
→ **Heinrich ⟨von der Mure⟩**

Murena, Acerbus
→ **Acerbus ⟨Morena⟩**

Murer, Henricus
14. Jh.
Bearb. von Vita Conradi mart.; Vita Elisabethae Hung.; Vita Fridolini (dt.)
Potth. 799
Henricus ⟨Murer⟩

Murethach
9. Jh.
In Donati artem maiorem; nicht identisch mit Smaragdus ⟨Sancti Michaelis⟩
Tusculum-Lexikon
Muridac

Mureto, Stephanus ¬de¬
→ **Stephanus ⟨de Mureto⟩**

Muridac
→ **Murethach**
→ **Smaragdus ⟨Sancti Michaelis⟩**

Murimuth, Adam
→ **Adamus ⟨Murimuthensis⟩**

Muris, Johannes ¬de¬
→ **Johannes ⟨de Muris⟩**

Murman, Johannes
→ **Johannes ⟨de Ratisbona⟩**

Murner, Gualterus
→ **Gualterus ⟨Murner⟩**

Murner, Johannes
um 1500
Vom Ehestand; Rechtfertigungsschrift
VL(2),6,812/815
Johannes ⟨Murner⟩

Murner, Walter
→ **Gualterus ⟨Murner⟩**

Murrifex, Nicolaus
→ **Nicolaus ⟨Murrifex⟩**

Murro, Johannes ¬de¬
→ **Johannes ⟨de Murro⟩**

Murs, Jean ¬de¬
→ **Johannes ⟨de Muris⟩**

Mursī, 'Alī Ibn-Ismā'īl ¬al-¬
→ **Ibn-Sīda, 'Alī Ibn-Ismā'īl**

Murtaḍā, ⟨aš-Šarīf⟩
→ **Šarīf al-Murtaḍā, 'Alī Ibn-al-Ḥusain ¬aš-¬**

Murtadi ⟨al-Sherif⟩
→ **Šarīf al-Murtaḍā, 'Alī Ibn-al-Ḥusain ¬aš-¬**

Mūsā al-Kāẓim
ca. 745 – 799
Kāẓim, Mūsā ¬al-¬

Musa Ibn Meymun el-Kurtubî
→ **Maimonides, Moses**

Mūsā Ibn-Ḥasan al-Mauṣilī
→ **Mauṣilī, Mūsā Ibn-Ḥasan ¬al-¬**

Mūsā Ibn-Maimūn al-Qurṭubī al-Andalusī
→ **Maimonides, Moses**

Mūsā Ibn-'Uqba
gest. 758
Ibn-'Uqba, Mūsā

Musaeus ⟨Poeta⟩
um 491/527
Hero et Leander
CSGL; Meyer; LMA,VI,946
Musaeus
Musaeus ⟨Epicus⟩
Musaeus ⟨Grammaticus⟩
Musaeus Grammaticus ⟨Epicus⟩
Musaios
Musaios ⟨Grammatikos⟩
Musée
Museo ⟨Autore dell' Epillio „Ero e Leandro"⟩
Museo ⟨Grammatico⟩
Poeta, Musaeus

Musallam Ibn-Muḥammad al-Laḥǧī
→ **Laḥǧī, Musallam Ibn-Muḥammad ¬al-¬**

Muṣannifak, 'Alī Ibn-Maǧd-ad-Dīn
gest. 1470
'Alī Ibn-Maǧd-ad-Dīn Muṣannifak
Ibn-Maǧd-ad-Dīn, 'Alī Muṣannifak

Mušē Bar-Kēpā
813 – ca. 903
Bar-Kēpā, Mušē
Mošē ⟨Bar-Kepa⟩
Mošē Bar Kepa
Mose Bar-Kepha
Moses ⟨BarKepha⟩
Moses bar Cepha
Moses bar Kepha
Moses Bar Kepha
Moses Bar-Kēfā
Moses Bar-Kēpā
Moses Bar-Kepha

Muset, Colin
→ **Colin ⟨Muset⟩**

Musetus, Nicolaus
→ **Colin ⟨Muset⟩**

Mushkōye
→ **Miskawaih, Aḥmad Ibn-Muḥammad**

Muskatblüt
um 1420/40
VL(2),6,816/21; LMA,VI,969; Meyer
Conradus ⟨Mugstgatblut⟩
Conradus ⟨Muschatenbluedt⟩
Konrad ⟨Muskatblut⟩
Müschkatblüt
Muskatblut
Muskatblut, Hans
Muskatblüt, Hans
Muskatblut, Konrad
Muskatplüt
Muskatplyt

Muškōe
→ **Miskawaih, Aḥmad Ibn-Muḥammad**

Muṣliḥ-ad-Dīn Sa'dī
→ **Sa'dī**

Musliheddin Saadi
→ **Sa'dī**

Muslim
→ **Muslim Ibn-al-Ḥaǧǧāǧ al-Qušairī**

Muslim B. al-Ḥadjdjādj
→ **Muslim Ibn-al-Ḥaǧǧāǧ al-Qušairī**

Muslim B. al-Ḥajjāj
→ **Muslim Ibn-al-Ḥaǧǧāǧ al-Qušairī**

Muslim ibn al-Ḥajjāj al-Qushayrī
→ **Muslim Ibn-al-Ḥaǧǧāǧ al-Qušairī**

Muslim Ibn-al-Ḥaǧǧāǧ al-Qušairī
ca. 821 – 875
Abu 'l-Ḥusayn Muslim b. al-Ḥadjdjādj b. Muslim al-Ḳushayrī al-Naysābūrī
Ibn-al-Ḥaǧǧāǧ, Muslim
Mouslim Ben Al-Hajjaj
Mouslim Ben Al-Hajjaj
Muslim
Muslim B. al-Ḥadjdjādj
Muslim b. al-Ḥadjdjādj al-Qushayrī
Muslim B. al-Ḥajjāj
Muslim ibn al-Ḥajjāj al-Qushayrī
Muslim Ibn-al-Ḥaǧǧāǧ an-Nīsābūrī
Muslim Ibn-al-Ḥaǧǧāǧ an-Nīsābūrī
Nīsābūrī, Muslim Ibn-al-Ḥaǧǧāǧ
Nīsābūrī, Muslim Ibn-al-Ḥaǧǧāǧ ¬an-¬
Qušairī, Muslim Ibn-al-Ḥaǧǧāǧ ¬al-¬

Muslim Ibn-al-Ḥaǧǧāǧ an-Nīsābūrī
→ **Muslim Ibn-al-Ḥaǧǧāǧ al-Qušairī**

Muslim Ibn-al-Walīd
747/757 – 823
Ibn-al-Walīd, Muslim
Muslim ibn al-Walid
Ṣarī' al-Ġawānī

Muslim Ibn-Maḥmūd aš-Šaizarī
→ **Šaizarī, Muslim Ibn-Maḥmūd ¬aš-¬**

Musō, Soseki
1275 – 1351
Musō Soseki

Mussatus, Albertinus
1261 – 1329
Hist. augusta Henrici VII.
Tusculum-Lexikon; LMA,VI,971
Albertino ⟨Mussato⟩
Albertinus ⟨Mixtatus⟩
Albertinus ⟨Mussatus⟩
Albertinus ⟨Muxatus⟩
Albertinus ⟨Muxtatus⟩
Alberto ⟨Mussato⟩
Mussati, Albertino
Mussato, Albertino
Mussato, Alberto

Mussis, Johannes ¬de¬
→ **Johannes ⟨de Mussis⟩**

Musterlin, Sigismundus
→ **Meisterlin, Sigismundus**

Muta, Johannes ¬de¬
→ **Johannes ⟨de Muta⟩**

Muṭahhar al-Ḥillī al-'Allāma Āyatallāh ¬al-¬
→ **Ḥillī, al-Ḥasan Ibn-Yūsuf ¬al-¬**

Muṭahhar Ibn-Ṭāhir al-Maqdisī
gest. 1113
Ibn-Ṭāhir al-Maqdisī, Muṭahhar
Maqdisī, Muṭahhar Ibn-Ṭāhir ¬al-¬

Mutalammis aḍ-Ḍubā'ī
→ **Mutalammis ¬al-¬**

Mutalammis ¬al-¬
ca. 525 – ca. 580
Al-Mutalammis
Ḍubā'ī, Ǧarīr Ibn-'Abd-al-Masīḥ ¬aḍ-¬
Ǧarīr Ibn-'Abd-al-Masīḥ
Ǧarīr Ibn-'Abd-al-'Uzza
Mutalammis aḍ-Ḍubā'ī

Mu'tamid ⟨Abbadidenstaat, Emir⟩
→ **Mu'tamid Ibn-'Abbād ¬al-¬**

Mu'tamid ⟨Sevilla, Emir⟩
→ **Mu'tamid Ibn-'Abbād ¬al-¬**

Mu'tamid al-'Abbādī ¬al-¬
→ **Mu'tamid Ibn-'Abbād ¬al-¬**

Mu'tamid Ibn-'Abbād ¬al-¬
gest. 1095
Ibn-'Abbād, al-Mu'tamid
Mu'tamid ⟨Abbadidenstaat, Emir⟩
Mu'tamid ⟨Sevilla, Emir⟩
Mu'tamid al-'Abbādī /al-

Mutanabbī, Abū al-Ṭayyib Aḥmad ibn al-Ḥusayn
→ **Mutanabbī, Abu-'ṭ-Ṭaiyib Aḥmad Ibn-al-Ḥusain ¬al-¬**

Mutanabbī, Abu-'ṭ-Ṭaiyib Aḥmad Ibn-al-Ḥusain ¬al-¬
915 – 965
LMA,VI,975
Abu-'ṭ-Ṭaiyib Aḥmad Ibn-al-Ḥusain al-Mutanabbī
Aḥmad Ibn Al-Ḥusain
Aḥmad Ibn-al-Ḥusain al-Mutanabbī
Almotenabbius
Motenabbius
Motenebbi, Abu t-Tajjib Ahmed
Mutanabbī, Abū al-Ṭayyib Aḥmad ibn al-Ḥusayn
Mutanabbī, Aḥmad Ibn-al-Ḥusain ¬al-¬

Mutanabbī, Aḥmad Ibn-al-Ḥusain ¬al-¬
→ **Mutanabbī, Abu-'ṭ-Ṭaiyib Aḥmad Ibn-al-Ḥusain ¬al-¬**

Muṯaqqab al-'Abdī, al-
→ **Muṯaqqib al-'Abdī, 'Ā'iḏ Ibn-Miḥṣan**

Muṯaqqib al-'Abdī, 'Ā'iḏ Ibn-Miḥṣan
535 – 587
'Abdī, al-Muṯaqqib ¬al-¬
'Ā'iḏ Ibn-Miḥṣan al-Muṯaqqib al-'Abdī
Ibn-Miḥṣan, 'Ā'iḏ Muṯaqqib al-'Abdī
Muṯaqqab al-'Abdī, al-
Muthaqqib al-'Abdī, 'Ā'idh Ibn Miḥṣan

Muṭarriz, Muḥammad Ibn-'Abd-al-Wāḥid Ġulām Ṯa'lab
→ **Ġulām Ṯa'lab, Muḥammad Ibn-'Abd-al-Wāḥid**

Muṭarrizī, Abu-'l-Fatḥ ¬al-¬
→ **Muṭarrizī, Nāṣir Ibn-ʻAbd-as-Saiyid ¬al-¬**

Muṭarrizī, Nāṣir Ibn-ʻAbd-as-Saiyid ¬al-¬
ca. 1144 – 1213
Ibn-ʻAbd-as-Saiyid, Nāṣir al-Muṭarrizī
Muṭarrizī, Abu-'l-Fatḥ ¬al-¬
Muṭarrizī, Nāṣir Ibn-Abi-'l-Makārim ¬al-¬
Nāṣir Ibn-ʻAbd-as-Saiyid al-Muṭarrizi

Muṭarrizī, Nāṣir Ibn-Abi-'l-Makārim ¬al-¬
→ **Muṭarrizī, Nāṣir Ibn-ʻAbd-as-Saiyid ¬al-¬**

Muthaqqib al-ʻAbdī, ʻĀ'idh Ibn Miḥṣan
→ **Muṯaqqib al-ʻAbdī, ʻĀ'iḏ Ibn-Miḥṣan**

Mutianus ⟨Scholasticus⟩
6. Jh.
Übers. des „In epistulam ad Hebraeos argumentum et homiliae 1-34" des Johannes ⟨Chrysostomus⟩ ins Lateinische (PG 63,237-456)
Cpg 4440
Mocianus ⟨Scholasticus⟩
Mucianus ⟨Scholasticus⟩
Mucien ⟨Avocat⟩
Mucien ⟨Scolastique⟩
Mucien ⟨Traducteur⟩
Mutianus
Mutianus ⟨Exegeta⟩
Mutianus ⟨Interpres⟩
Mutius ⟨Scholasticus⟩
Scholasticus, Mutianus

Mutina, Bonifatius ¬de¬
→ **Bonifatius ⟨de Mutina⟩**

Mutina, Dionysius ¬de¬
→ **Dionysius ⟨de Mutina⟩**

Mutina, Petrus ¬de¬
→ **Petrus ⟨de Mutina⟩**

Mutius ⟨de Modoetia⟩
um 1294
Notae a. 1290-1302
Potth. 800
Modoetia, Mutius ¬de¬
Monza, Muzio ¬de¬
Muzio ⟨de Monza⟩
Pseudo-Mutius ⟨de Modoetia⟩

Mutius ⟨Scholasticus⟩
→ **Mutianus ⟨Scholasticus⟩**

Mutius, Johannes
→ **Johannes ⟨Mutius⟩**

Mutterstatt, Johannes ¬de¬
→ **Johannes ⟨Seffried⟩**

Mutus de Gazata, Sagacius
→ **Sagacius ⟨Mutus de Gazata⟩**

Muwaffak
→ **Bakrī, al-Muwaffaq Ibn-Aḥmad ¬al-¬**

Muwaffaq Ibn-Aḥmad al-Bakrī ¬al-¬
→ **Bakrī, al-Muwaffaq Ibn-Aḥmad ¬al-¬**

Muwaffaq-ad-Dīn Ibn-Qudāma al-Maqdisī
→ **Ibn-Qudāma al-Maqdisī, ʻAbdallāh Ibn-Aḥmad**

Muxellanus, Dinus
→ **Dinus ⟨Mugellanus⟩**

Muẓaffar al-Ḥusainī ¬al-¬
→ **Ḥusainī, al-Muẓaffar Ibn-Abī-Saʻīd ¬al-¬**

Muẓaffar Ibn-Abī-Saʻīd al-Ḥusainī
→ **Ḥusainī, al-Muẓaffar Ibn-Abī-Saʻīd ¬al-¬**

Muzalo, Nicolaus
→ **Nicolaus ⟨Muzalo⟩**

Muzalon, Theodorus
→ **Theodorus ⟨Muzalon⟩**

Muzanī, Ismāʻīl Ibn-Yaḥyā ¬al-¬
792 – 877
Ibn-Yaḥyā, Ismāʻīl al-Muzanī
Ismāʻīl Ibn-Yaḥyā al-Muzanī

Muzio ⟨de Monza⟩
→ **Mutius ⟨de Modoetia⟩**

Mxit'ar ⟨Goš⟩
1120 – 1213
Goš, Mxit'ar
Gosch, Mechithar ¬von¬
Mechitar ⟨Coss⟩
Mechitar ⟨Gosch⟩
Mehhitar ⟨Coch⟩

Mxit'ar ⟨Herac'i⟩
1120 – 1200
Her, Mechithar ¬von¬
Herac'i, Mxit'ar
Mechitar ⟨Herensis⟩
Mechithar ⟨von Her⟩

Mxit'ar ⟨Sasnec'i⟩
ca. 1260 – 1337
Haykakan sowetakan hanragitaran
Sasnec'i, Mxit'ar

Mychael ⟨...⟩
→ **Michael ⟨...⟩**

Myésier, Thomas ¬le¬
→ **Thomas ⟨Migerii⟩**

Mynerstat, Hans
→ **Münnerstadt, Johannes**

Myōe
ca. 1173 – 1232
Buddh. Priester
Myoe Shōnin

Myrc, John
→ **Johannes ⟨Miraeus⟩**

Myrddin
→ **Merlinus**

Myreius, Jean
→ **Johannes ⟨Myreius⟩**

Myrepsus, Nicolaus
→ **Nicolaus ⟨Myrepsus⟩**

Myrsiniotes, Nicetas
→ **Nilus ⟨Diassorinus⟩**

Mysner
15. Jh.
VL(2),6,839
Meißner
Michsener

Mysnere
→ **Meißner**

Mysticus, Nicolaus
→ **Nicolaus ⟨Mysticus⟩**

Mythographus ⟨Vaticanus⟩
5. bis 10. Jh.
LMA,VI,993
Mythographi ⟨Vaticani⟩
Vatican Mythographers
Vaticanus Mythographus

Mytilenaeus, Dorotheus
→ **Dorotheus ⟨Mytilenaeus⟩**

Mytilinaeus, Christophorus
→ **Christophorus ⟨Mytilinaeus⟩**

N., Robertus
→ **Robertus ⟨N.⟩**

N., Theobaldus ¬de¬
→ **Theobaldus ⟨de N.⟩**

N. ⟨Saltzinger de Novo Foro⟩
um 1496
Positiones
Stegmüller, Repert. sentent. 1156
N. ⟨de Novo Foro⟩
N. ⟨Saltzinger⟩
N. ⟨Saltzinger von Ingolstadt⟩
Nicolaus ⟨Saltzinger de Novo Foro⟩
Novo Foro, N. ¬de¬
Saltzinger, N.
Saltzinger de Novo Foro, N.

N. ⟨Saltzinger von Ingolstadt⟩
→ **N. ⟨Saltzinger de Novo Foro⟩**

Naaldwijk, Jan ¬van¬
→ **Jan ⟨van Naeldwijk⟩**

Nābiġa aḏ-Ḏubyānī ¬an-¬
6. Jh.
Ḏubyānī, an-Nābiġa ¬aḏ-¬
Ḏubyānī, Ziyād Ibn-Muʻāwiya ¬aḏ-¬
Nābiġat Banī-Ḏubyān
Nabigha, Adh Dhubjani ¬an¬
Ziyād Ibn-Muʻāwiya an-Nābiġa aḏ-Ḏubyānī

Nābiġa al-Ǧaʻdī, Hibbān Ibn-Qais ¬an-¬
7. Jh.
Hibbān Ibn-Qais an-Nābiġa al-Ǧaʻdī
Ibn-Qais, Hibbān an-Nābiġa al-Ǧaʻdī
Nābiġah al-Ǧaʻdī
Nābighah al-Jaʻdī

Nābiġa aš-Šaibānī, ʻAbdallāh Ibn-al-Muḫāriq ¬an-¬
gest. ca. 745
ʻAbdallāh Ibn-al-Muḫāriq an-Nābiġa aš-Šaibānī
Ibn-al-Muḫāriq, ʻAbdallah an-Nābiġa aš-Šaibānī
Nābiġa Banī-Šaibān, ʻAbdallāh Ibn-al-Muḫāriq ¬an-¬
Nābigha al-Shaybāni, ʻAbd Allāh Ibn al-Mukhāriq
Šaibānī, an-Nābiġa ¬aš-¬

Nābiġa Banī-Šaibān, ʻAbdallāh Ibn-al-Muḫāriq ¬an-¬
→ **Nābiġa aš-Šaibānī, ʻAbdallāh Ibn-al-Muḫāriq ¬an-¬**

Nābiġah al-Ǧaʻdī
→ **Nābiġa al-Ǧaʻdī, Hibbān Ibn-Qais ¬an-¬**

Nābiġat Banī-Ḏubyān
→ **Nābiġa aḏ-Ḏubyānī ¬an-¬**

Nabigha, Adh Dhubjani ¬an¬
→ **Nābiġa aḏ-Ḏubyānī ¬an-¬**

Nābigha al-Shaybāni, ʻAbd Allāh Ibn al-Mukhāriq
→ **Nābiġa aš-Šaibānī, ʻAbdallāh Ibn-al-Muḫāriq ¬an-¬**

Nābighah al-Jaʻdī
→ **Nābiġa al-Ǧaʻdī, Hibbān Ibn-Qais ¬an-¬**

Nabīl, Aḥmad Ibn-ʻAmr ¬an-¬
822 – 900
Aḥmad Ibn-ʻAmr an-Nabīl
Ḍaḥḥāk, Aḥmad Ibn-ʻAmr ¬aḍ-¬
Ibn-Abī-ʻĀṣim, Aḥmad Ibn-ʻAmr
Ibn-Abī-ʻĀṣim aḍ-Ḍaḥḥāk, Aḥmad Ibn-ʻAmr
Ibn-Abī-ʻĀṣim aḍ-Ḍaḥḥāk, Aḥmad Ibn-ʻAmr
Ibn-Abī-ʻĀṣim aš-Šaibānī Ibn-ʻAmr, Aḥmad an-Nabīl
Ibn-ʻAmr an-Nabīl, Aḥmad
Šaibānī, Aḥmad Ibn-ʻAmr ¬aš-¬

Nabulano, Elias ¬de¬
→ **Elias ⟨de Nabulano⟩**

Nābulusī, Abū-ʻUṯmān ʻUṯmān Ibn-Ibrāhīm ¬an-¬
→ **Nābulusī, ʻUṯmān Ibn-Ibrāhīm ¬an-¬**

Nābulusī, ʻUṯmān Ibn-Ibrāhīm ¬an-¬
gest. 1286
Ibn-Ibrāhīm, ʻUṯmān an-Nābulusī
Ibn-Ibrāhīm an-Nābulusī, ʻUṯmān
Nābulusī, Abū-ʻUṯmān ʻUṯmān Ibn-Ibrāhīm ¬an-¬
ʻUṯmān Ibn-Ibrāhīm an-Nābulusī

Nachmanides, Moses
1194 – 1270
LMA,VI,996/97
Moše Ben-Naḥmān
Moses ⟨bar Nachmani⟩
Moses ⟨Ben Nachman⟩
Moses ⟨Nachmanides⟩
Nachmanides
RaMBa
Ramban

Nachtigall, Michael
gest. ca. 1433
Michael ⟨Nachtigall⟩
Nachtigall, Michel

Nachtigall des Rohrtons
→ **Pfalz ⟨von Straßburg⟩**

Nadal ⟨Veneziano⟩
→ **Nadal, Giovanni Girolamo**

Nadal, Giovanni Girolamo
1334 – 1382
Leandreride
Giovanni Girolamo ⟨Nadal⟩
Johannes ⟨Natalis⟩
Nadal ⟨Veneziano⟩
Natalis, Johannes

Nadali, Petrus ¬dei¬
→ **Petrus ⟨de Natalibus⟩**

Nadapāda
956 – 1040
Lehrer des Vajrayāna-Buddhismus
Jñānasiṃha
Nā-ro-pa
Nāropa
Nāropanta
No-jo-pa

Nadda
um 1000
Vita Cyriaci
VL(2),6,852/854
Nadda ⟨Clericus⟩
Nadda ⟨Gernrodensis⟩

Naddi, Georgius
→ **Georgius ⟨Naddi⟩**

Naddo ⟨da Montecatini⟩
14. Jh.
Montecatini, Naddo ¬da¬

Nadīm, Muḥammad Ibn-Isḥaq ¬an-¬
→ **Ibn-an-Nadīm, Muḥammad Ibn-Isḥāq**

Nadler, Andre
um 1494
Carmen (Lied über Soldatenleben)
VL(2),6,854/855
Andre ⟨Nadler⟩

Naeldwijk, Jan ¬van¬
→ **Jan ⟨van Naeldwijk⟩**

Naém, Gilla ¬na¬
→ **Gilla ⟨na Naém⟩**

Naevo, Alexander ¬de¬
→ **Alexander ⟨de Nevo⟩**

Naǧāšī, Aḥmad Ibn-ʻAlī ¬an-¬
gest. 1085
Aḥmad Ibn-ʻAlī an-Naǧāšī
Ibn-ʻAlī, Aḥmad an-Naǧāšī
Ibn-ʻAlī an-Naǧāšī, Aḥmad

Naǧīb, Lu'lu' Ibn-Aḥmad ¬an-¬
1204 – 1273
Ibn-Aḥmad, Lu'lu' an-Naǧīb
Lu'lu' Ibn-Aḥmad an-Naǧīb
Najīb, Lu'lu' ibn Aḥmad

Naǧm-ad-Dīn, Aḥmad Ibn-ʻUmar Kubrā
→ **Kubrā, Naǧm-ad-Dīn Aḥmad Ibn-ʻUmar**

Naǧm-ad-Dīn Kubrā
→ **Kubrā, Naǧm-ad-Dīn Aḥmad Ibn-ʻUmar**

Naǧm-ad-Dīn Maḥmūd Ibn-Ḍiyā'-ad-Dīn aš-Šīrāzī
→ **Šīrāzī, Naǧm-ad-Dīn Maḥmūd Ibn-Ḍiyā'-ad-Dīn ¬aš-¬**

Nagoldus ⟨Cluniacensis⟩
→ **Nalgoldus ⟨Cluniacensis⟩**

Naḫaʻī, Abū-ʻImrān ¬an-¬
→ **Naḫaʻī, Ibrāhīm Ibn-Yazīd ¬an-¬**

Naḫaʻī, Ibrāhīm Ibn-Yazīd ¬an-¬
670 – 715
Ibn-Yazīd, Ibrāhīm an-Naḫaʻī
Ibrāhīm Ibn-Yazīd an-Naḫaʻī
Naḫaʻī, Abū-ʻImrān ¬an-¬
Nakhaʻī, Ibrāhīm ibn Yazīd

Nahai, Muhammad Ibn-Abdun ¬an-¬
→ **Ibn-ʻAbdūn an-Naḥāʻī, Muḥammad Ibn-ʻAbdallāh**

Nahasus
→ **Ibn-an-Naḥḥās**

Naḥḥās, Aḥmad Ibn-Muḥammad ¬an-¬
gest. 950
Abū-Ǧaʻfar an-Naḥḥās, Aḥmad Ibn-Muḥammad Ibn-Ismāʻīl
Abū-Jaʻfar al-Naḥḥās, Aḥmad Ibn-Muḥammad Ibn-Ismāʻīl
Aḥmad Ibn-Muḥammad an-Naḥḥās
Ibn-Muḥammad, Aḥmad an-Naḥḥās
Ibn-Muḥammad an-Naḥḥās, Aḥmad

Nahšalī, ʻAbd-al-Karīm Ibn-Ibrāhīm ¬an-¬
gest. 1014
ʻAbd-al-Karīm Ibn-Ibrāhīm an-Nahšalī
Ibn-Ibrāhīm, ʻAbd-al-Karīm an-Nahšalī
Nahšalī, Abū-Muḥammad ʻAbd-al-Karīm Ibn-Ibrāhīm
Nahšalī al-Qairawānī, ¬an-¬
Nahshalī, ʻAbd al-Karīm Ibn Ibrāhīm

Nahšalī, Abū-Muḥammad ʻAbd-al-Karīm Ibn-Ibrāhīm
→ **Nahšalī, ʻAbd-al-Karīm Ibn-Ibrāhīm ¬an-¬**

Nahšalī al-Qairawānī, ¬an-¬
→ **Nahšalī, ʻAbd-al-Karīm Ibn-Ibrāhīm ¬an-¬**

Nahshalī, ʻAbd al-Karīm Ibn Ibrāhīm
→ **Nahšalī, ʻAbd-al-Karīm Ibn-Ibrāhīm ¬an-¬**

Naḥwī, ʻAlī Ibn-Muḥammad ¬an-¬
→ **Abu-'l-Ḥasan al-Harawī, ʻAlī Ibn-Muḥammad**

Naian ⟨Shi⟩
→ **Shi, Naian**

Naihasius
→ **Ibn-an-Naḥḥās**

Nairīzī, Abu l-ʻAbbās al-Faḍl ibn Ḥātim ¬an-¬
→ **Nairīzī, al-Faḍl Ibn-Ḥātim ¬an-¬**

Nairīzī, al-Faḍl Ibn-Ḥātim ¬an-¬
gest. ca. 922
Arab. Geometer und Astronom
LMA,VI,1008
Al-Narizius
Anaritius
Faḍl Ibn-Ḥātim an-Nairīzī
Ibn-Ḥātim, al-Faḍl an-Nairīzī
Nairīzī, Abu l-ʻAbbās al-Faḍl ibn Ḥātim ¬an-¬
Nairīzī, Abū-'l
Nairīzī, Abū-'l-ʻAbbās al-Faḍl Ibn-Ḥātim ¬an-¬
Narizius
Nayrizi, al-Faḍl ibn-Ḥātim

Najīb, Lu'lu' ibn Aḥmad
→ **Nağīb, Lu'lu' Ibn-Aḥmad ¬an-¬**

Najm ad-Dyn Mahmoud
→ **Šīrāzī, Nağm-ad-Dīn Maḥmūd Ibn-Ḍiyā'-ad-Dīn ¬aš-¬**

Naker, Liborius
um 1457/97
Tagebuch; Aufzeichnungen zur Hochmeisterwahl; Dt. Ordensgeschichte; etc.
VL(2),6,855/856; Potth. 2,51
Liborius ⟨Naker⟩
Naker, Liboire

Nakhaʻī, Ibrāhīm ibn Yazīd
→ **Naḫaʻī, Ibrāhīm Ibn-Yazīd ¬an-¬**

Nalgendus ⟨Cluniacensis⟩
→ **Nalgoldus ⟨Cluniacensis⟩**

Nalgoldus ⟨Cluniacensis⟩
um 1090/99 · OSB
Vita S. Maioli; Vita S. Odonis Cluniac.
Potth. 800; DOC,2,1340
Nagoldus ⟨Cluniacensis⟩
Nalgendus ⟨Cluniacensis⟩
Nalgodus ⟨Cluniacensis⟩
Nalgold ⟨de Cluny⟩
Nalgold ⟨Hagiographe⟩

Nallos ⟨Xanthopulos⟩
→ **Nicephorus Callistus ⟨Xanthopulus⟩**

Namgyal, Dratshadpa Rinchen
→ **Rin-chen-rnam-rgyal ⟨sGra-tshad-pa⟩**

Naml, Kurāʻ ʻAlī Ibn-al-Ḥasan ¬an-¬
→ **Kurāʻ an-Naml, ʻAlī Ibn-al-Ḥasan**

Nammālvār
ca. 880 – ca. 930
Ind. mystischer Dichter
Āḻvār ⟨der Śrivaiṣṇavas⟩
Caṭakōpaṉ
Śaṭhakopa
Śaṭhakopān

Namorado, Macías ¬o¬
→ **Macías ⟨o Namorado⟩**

Namurco, Johannes ¬de¬
→ **Johannes ⟨de Namurco⟩**

Nangiaco, Giovanni ¬de¬
→ **Guilelmus ⟨de Nangiaco⟩**

Nangiaco, Guilelmus ¬de¬
→ **Guilelmus ⟨de Nangiaco⟩**

Nangis, Guillaume ¬de¬
→ **Guilelmus ⟨de Nangiaco⟩**

Nani, Petrus
→ **Petrus ⟨Nani Venetus⟩**

Nanneu, Anianus ¬de¬
→ **Anianus ⟨de Nanneu⟩**

Nanni, Bonifacio
um 1378
Il contro-tumulto di Ciompi (lettera del 9 sett. 1378)
Potth. 801
Bonifacio ⟨Nanni⟩

Nanni, Giovanni
1437 – 1502
LThK; LMA,I,665
Annio, Giovanni
Annius ⟨de Viterbe⟩
Annius ⟨Viterbiensis⟩
Annius, Ioannes
Annius, Joannes
Annius, Joannes ⟨Viterbiensis⟩
Annius, Johannes
Giovanni ⟨da Viterbo⟩
Giovanni ⟨Nanni⟩
Jean ⟨de Viterbe⟩
Joannes ⟨Viterbiensis⟩
Johannes ⟨Annius⟩
Johannes ⟨Annius de Viterbio⟩
Johannes ⟨de Viterbio⟩
Johannes ⟨Nannis⟩
Johannes ⟨Nannius⟩
Johannes ⟨Viterbensis⟩
Johannes ⟨Viterbiensis⟩
Metasthenes
Nannius, Johannes
Varrella, Johannes Viterbiensis-

Nanteuil, Sanson ¬de¬
→ **Sanson ⟨de Nanteuil⟩**

Nanus Mirabellius, Dominicus
→ **Dominicus ⟨Nanus Mirabellius⟩**

Naqqāš, Abū-Saʻīd Muḥammad Ibn-ʻAlī ¬an-¬
→ **Abū-Saʻīd an-Naqqāš, Muḥammad Ibn-ʻAlī**

Naqqāš, Muḥammad Ibn-ʻAlī ¬an-¬
→ **Abū-Saʻīd an-Naqqāš, Muḥammad Ibn-ʻAlī**

Narbona, Johannes ¬de¬
→ **Johannes ⟨Dominici de Montepessulano⟩**

Narboni, Moše
ca. 1300 – ca. 1362
Moïse ⟨de Narbonne⟩
Moïse ⟨le Prédicateur⟩
Moše ⟨Narboni⟩
Moše Ben-Yehôšûaʻ
Moses ⟨had-Darshan⟩
Moses ⟨Narbonensis⟩
Moses ⟨Narboni⟩
Moses ⟨of Narbonne⟩
Moses ben Joshua
Moses ha-Darschan
Narboni, Moshé

Narbonne, Avrāhām Ben-Yiṣḥāq
→ **Avrāhām Ben-Yiṣḥāq ⟨Narbonne⟩**

Narcissus ⟨de Augusta⟩
→ **Narcissus ⟨Pfister⟩**

Narcissus ⟨de Berching⟩
gest. 1442
Collatio de passione Domini
Stegmüller, Repert. bibl. 5658-5658,2; Stegmüller, Repert. sentent. 544;920
Berching, Narcissus ¬de¬
Herz, Narcissus
Narcissus ⟨Hertz de Berching⟩
Narcissus ⟨Hertz de Berchingen⟩
Narcissus ⟨Herz⟩
Narcissus ⟨Herz de Berching⟩

Narcissus ⟨Herz⟩
→ **Narcissus ⟨de Berching⟩**

Narcissus ⟨Magister⟩
15. Jh.
Zur Diagnose u. Therapie des grauen Stars
VL(2),6,856/857
Magister Narcissus
Narcissus ⟨Wundarzt⟩

Narcissus ⟨Pfister⟩
gest. ca. 1434 · OP später OSB; Registrum notabilium et quaestionum super artem veterem; Registrum super quaestiones libri Elenchorum; Registrum super diversos Aristotelis libros; etc.
Lohr; Stegmüller, Repert. sentent. 446;545
Narcisse ⟨Pfiscer⟩
Narcissus ⟨de Augusta⟩
Narcissus ⟨Pfister de Augusta⟩
Narcissus ⟨Pistoris⟩
Narcissus ⟨Pistoris de Augusta⟩
Pfiscer, Narcisse
Pfister, Narcissus

Narcissus ⟨Pistoris de Augusta⟩
→ **Narcissus ⟨Pfister⟩**

Narcissus ⟨Wundarzt⟩
→ **Narcissus ⟨Magister⟩**

Nardi, Dominicus
→ **Dominicus ⟨Nardi⟩**

Nardo, Franciscus Securus ¬de¬
→ **Franciscus ⟨Securus de Nardo⟩**

Nardulus
→ **Einhardus**

Narecha, Gregorius ¬de¬
→ **Grigor ⟨Narekacʻi⟩**

Narekacʻi, Grigor
→ **Grigor ⟨Narekacʻi⟩**

Narizius
→ **Nairīzī, al-Faḍl Ibn-Ḥātim ¬an-¬**

Narnia, Jacobus ¬de¬
→ **Jacobus ⟨de Narnia⟩**

Nāropa
→ **Naḍapāda**

Nāropanta
→ **Naḍapāda**

Narsai ⟨von Edessa⟩
→ **Narses ⟨de Nisibis⟩**

Narses ⟨Claiensis⟩
→ **Nerses ⟨Šnorhali⟩**

Narses ⟨de Nisibis⟩
gest. ca. 502
Gedichte
LMA,VI,1029; LThK
Narsai ⟨von Edessa⟩
Narsai ⟨von Nisibis⟩
Narsès ⟨de Maltaa⟩
Narsès ⟨de Nisibe⟩
Narses ⟨der Aussätzige⟩
Narsès ⟨Professeur à l'Ecole de Nisibe⟩
Narses ⟨von Edessa⟩
Narses ⟨von Nisibis⟩
Nisibis, Narses ¬de¬

Narses ⟨der Aussätzige⟩
→ **Narses ⟨de Nisibis⟩**

Narses ⟨Klaetzi⟩
→ **Nerses ⟨Šnorhali⟩**

Narsès ⟨Professeur à l'Ecole de Nisibe⟩
→ **Narses ⟨de Nisibis⟩**

Narses ⟨Schnorhali⟩
→ **Nerses ⟨Šnorhali⟩**

Narses ⟨von Edessa⟩
→ **Narses ⟨de Nisibis⟩**

Nasafī, Maimūn Ibn-Muḥammad ¬an-¬
gest. 1115
Abū 'l-Muʻīn Maimūn B.
Abu-'l-Muʻīn an-Nasafī
Ibn-Muḥammad, Maimūn an-Nasafī
Maimūn Ibn-Muḥammad an-Nasafī
Muḥammad al-Nasafī
Nasafī, Maymūn ibn Muḥammad ¬an-¬
Nasafī al-Makḥūlī, Maimūn Ibn-Muḥammad ¬an-¬

Naṣafī, ʻUmar Ibn-Muḥammad ¬an-¬
1068 – 1142
Ibn-Muḥammad, ʻUmar an-Naṣafī
Ibn-Muḥammad an-Naṣafī, ʻUmar
ʻUmar Ibn-Muḥammad an-Naṣafī

Nasafī al-Makḥūlī, Maimūn Ibn-Muḥammad ¬an-¬
→ **Nasafī, Maimūn Ibn-Muḥammad ¬an-¬**

Nasāʼī, Aḥmad Ibn-ʻAlī ¬an-¬
830 – 915
Aḥmad Ibn-ʻAlī an-Nasāʼī
Ibn-ʻAlī, Aḥmad an-Nasāʼī
Ibn-ʻAlī an-Nasāʼī, Aḥmad
Nasāʼī, Aḥmad Ibn-Šuʻaib ¬an-¬

Nasāʼī, Aḥmad Ibn-Šuʻaib ¬an-¬
→ **Nasāʼī, Aḥmad Ibn-ʻAlī ¬an-¬**

Nasawī, Abū-'l-Ḥasan ʻAlī Ibn-Aḥmad ¬an-¬
→ **Nasawī, ʻAlī Ibn-Aḥmad ¬an-¬**

Nasawī, al-Ḥasan Ibn-Sufyān ¬an-¬
ca. 828 – 916
Ḥasan Ibn-Sufyān an-Nasawī ¬an-¬
Ibn-Sufyān, al-Ḥasan an-Nasawī
Ibn-Sufyān an-Nasawī, al-Ḥasan

Nasawī, ʻAlī Ibn-Aḥmad ¬an-¬
11. Jh.
Al-Muqniʻ fi 'l-ḥisāb al-hindī
LMA,VI,1031
ʻAlī Ibn-Aḥmad an-Nasawī
Ibn-Aḥmad, ʻAlī an-Nasawī
Nasawī, Abū l-Ḥasan ʻAlī ibn Aḥmad ¬an-¬
Nasawī, Abū-'l-Ḥasan ʻAlī Ibn-Aḥmad ¬an-¬

Naser Chosrau
→ **Nāṣir Ḫusrau**

Naṣībī, Abu-'l-Qāsim Ibn-ʻAlī ¬an-¬
→ **Ibn-Ḥauqal, Abu-'l-Qāsim Ibn-ʻAlī**

Nasięchowice, Zbigneus ¬a¬
→ **Zbigneus ⟨a Nasięchowice⟩**

Nāṣir Ḫusrau
1004 – 1088
Chosrau, Naser
Ḫusrau, Nāṣir
Khosrou, Naser
Khusraw, Nāṣir
Naser Chosrau
Naser-e Chosrau
Naser-e Khosraw
Naser-e-Khosrou
Naṣir Ibn Husrou, Abū M.
Nāšir Ibn Khusrau, Abū Muʻīn
Nāṣir ibn Khusrú
Nāṣir Ibn-Ḫusrau, Abū-Muʻīn
Nasir-i Khosrov
Nāṣir-i Khusraw
Nasir-i Khusraw
Nassiri Khosrau

Nāṣir Ibn-ʻAbd-as-Saiyid al-Muṭarrizī
→ **Muṭarrizī, Nāṣir Ibn-ʻAbd-as-Saiyid ¬al-¬**

Nāṣir Ibn-Ḫusrau, Abū-Muʻīn
→ **Nāṣir Ḫusrau**

Nāṣir Muḥammad ibn Qalāwūn ⟨Egypt, Sultan⟩
→ **Nāṣir Muḥammad Ibn-Qalāwūn, ⟨Ägypten, Sultan⟩**

Nāṣir Muḥammad ibn Qalāwūn ⟨Syria, Sultan⟩
→ **Nāṣir Muḥammad Ibn-Qalāwūn, ⟨Ägypten, Sultan⟩**

Nāṣir Muḥammad Ibn-Qalāwūn, ⟨Ägypten, Sultan⟩
1285 – 1341
Al-Nāṣir Muḥammad Ibn Qalāwūn
Nāṣir Muḥammad ibn Qalāwūn ⟨Egypt, Sultan⟩
Nāṣir Muḥammad ibn Qalāwūn ⟨Syria, Sultan⟩
Nāṣir Nāṣir-ad-Dīn Ibn-Muḥammad
Qalāwūn, Nāṣir Muḥammad Ibn- ⟨Ägypten, Sultan⟩

Nāṣir Nāṣir-ad-Dīn Ibn-Muḥammad
→ **Nāṣir Muḥammad Ibn-Qalāwūn, ⟨Ägypten, Sultan⟩**

Naṣiraddīn
→ **Ṭūsī, Naṣīr-ad-Dīn Muḥammad Ibn-Muḥammad ¬aṭ-¬**

Nāṣir-ad-Dīn al-Baiḍāwī
→ **Baiḍāwī, ʻAbdallāh Ibn-ʻUmar ¬al-¬**

Naṣīr-ad-Dīn aṭ-Ṭūsī, Muḥammad Ibn-Muḥammad
→ **Ṭūsī, Naṣīr-ad-Dīn Muḥammad Ibn-Muḥammad ¬aṭ-¬**

Nāṣir-ad-Dīn Ibn-Burhān-ad-Dīn ar-Rabġūzī
→ **Rabġūzī, Nāṣir-ad-Dīn Ibn-Burhān-ad-Dīn ¬ar-¬**

Naṣīr-ad-Dīn Muḥammad Ibn-Muḥammad ‹aṭ-Ṭūsī›
→ **Ṭūsī, Naṣīr-ad-Dīn Muḥammad Ibn-Muḥammad ¬aṭ-¬**

Nāṣirī, Abū-Bakr Ibn-Badr ¬an-¬
→ **Ibn-al-Munḏir al-Baiṭār, Abū-Bakr Ibn-Badr**

Nasir-i Khosrov
→ **Nāṣir Ḫusrau**

Nāṣir-i Khusraw
→ **Nāṣir Ḫusrau**

Nasiridinus ‹Tusinus›
→ **Ṭūsī, Naṣīr-ad-Dīn Muḥammad Ibn-Muḥammad ¬aṭ-¬**

Naso
→ **Modoinus ‹Augustodunensis›**

Naso ‹Augustodunensis›
→ **Modoinus ‹Augustodunensis›**

Naso, Modoinus
→ **Modoinus ‹Augustodunensis›**

Naṣr Allāh Munshi
→ **Munšī, Naṣrallāh**

Naṣr Ibn-ʿAbd-ar-Raḥmān, Abu-'l-Fatḥ al-Iskandarī
→ **Abu-'l-Fatḥ al-Iskandarī, Naṣr Ibn-ʿAbd-ar-Raḥmān**

Naṣr Ibn-ʿAlī Ibn-Abī-Maryam
→ **Ibn-Abī-Maryam, Naṣr Ibn-ʿAlī**

Naṣr Ibn-ʿAlī Ibn-Muḥammad Abū-ʿAbdallāh aš-Šīrāzī al-Fārisī al-Fasawī an-Naḥwī
→ **Ibn-Abī-Maryam, Naṣr Ibn-ʿAlī**

Naṣrallāh Munšī
→ **Munšī, Naṣrallāh**

Nasrollah Monschi
→ **Munšī, Naṣrallāh**

Nassau, Johann ¬von¬
→ **Johann ‹von Nassau›**

Nassington, Guilelmus
14. Jh.
Werkzuordnung umstritten; ihm werden zugeschrieben: Speculum vitae; De spiritu Guidonis; etc.
LMA,VI,1035
Guilelmus ‹Nassington›
Guillaume ‹de Nassington›
Nassington, William ¬of¬
Nassyngton, William ¬of¬
William ‹of Nassington›
William ‹of Nassyngton›

Nassiri Khosrau
→ **Nāṣir Ḫusrau**

Nassyngton, William ¬of¬
→ **Nassington, Guilelmus**

Nastavljač Danilov
→ **Danilov Učenik**

N'at ‹de Mons›
→ **At ‹de Mons›**

Nat ‹de Toulouse›
→ **At ‹de Mons›**

Natalibus, Petrus ¬de¬
→ **Petrus ‹de Natalibus›**

Natalis, Hervaeus
→ **Hervaeus ‹Natalis›**

Natalis, Johannes
→ **Nadal, Giovanni Girolamo**

Nātān Ben-Yeḥî'ēl
1035 – 1106
Ben-Jehiel, Nathan
Nātān Bar Yeḥî'ēl
Nātān Bar-Yeḥî'ēl
Nathan ‹Ben-Jehiel›
Nathan ‹Filius Jechielis›
Nathan Ben-Jehiel
Nathan Ben-Jehiel ‹Ben-Abraham›

Nathan ‹Mardochai›
→ **Yiṣḥāq Nātān Ben-Qālônîmôs**

Nathan Ben-Jehiel ‹Ben-Abraham›
→ **Nātān Ben-Yeḥî'ēl**

Nathanael ‹Bertus›
15. Jh.
Tusculum-Lexikon
Bertos, Neilos
Bertus, Nathanael
Bertus, Nilus
Mpertos, Nathanael
Mpertos, Neilos
Nathanael ‹Hieromonachus›
Nathanael ‹Mpertus›
Nilus ‹Bertus›
Nilus ‹Hieromonachus›
Nilus ‹Mpertus›

Nathanael ‹Hieromonachus›
→ **Nathanael ‹Bertus›**

Nathanael ‹Monachus›
→ **Nicephorus ‹Chumnus›**

Nathanael ‹Mpertus›
→ **Nathanael ‹Bertus›**

Natperayā, Abraham
→ **Abraham ‹Natperayā›**

Naubaḫtī, al-Ḥasan Ibn-Mūsā ¬an-¬
gest. ca. 912/15
Ḥasan Ibn-Mūsā an-Naubaḫtī ¬al-¬
Ibn-Mūsā, al-Ḥasan an-Naubaḫtī
Nawbakhtī, al-Ḥasan ibn Mūsā

Naucratius ‹Confessor›
9. Jh.
De obitu S. Theodori Studitae encyclicae
DOC,2,1340
Confessor, Naucratius
Naucrace ‹Abbé›
Naucrace ‹Abbé du Monastère de Stude›
Naucrace ‹de Constantinople›
Naucrazio ‹Confessore›
Naukratios ‹Abt›
Naukratios ‹von Studion›

Naum ‹Ochridski›
ca. 830 – 910
Liturg. Kanon auf den Apostel Andreas
LMA,VI,1054/55
Naum
Naum ‹von Ochrid›
Ochridski, Naum

Naumburg, Peter ¬von¬
→ **Petrus ‹von Naumburg›**

Naupactus, Johannes
→ **Johannes ‹Apocaucus›**

Naustadt, Georg
um 1462/69
Aufzeichnungen von 1462-1469
Potth. 807
Georg ‹Naustadt›

Nawāǧī, Muḥammad Ibn-Ḥasan ¬an-¬
ca. 1383 – 1455
Ibn-Ḥasan, Muḥammad an-Nawāǧī
Muḥammad Ibn-Ḥasan an-Nawāǧī
Nawājī, Muḥammad Ibn-al-Ḥasan ¬an-¬
Šams-ad-Dīn an-Nawāǧī

Nawājī, Muḥammad Ibn-al-Ḥasan ¬an-¬
→ **Nawāǧī, Muḥammad Ibn-Ḥasan ¬an-¬**

Nawawī, Abū-Zakarīyā Ibn-Šaraf ¬an-¬
→ **Nawawī, Yaḥyā Ibn-Šaraf ¬an-¬**

Nawawī, Muḥyi-'d-Dīn ¬an-¬
→ **Nawawī, Yaḥyā Ibn-Šaraf ¬an-¬**

Nawawī, Yaḥyā Ibn-Šaraf ¬an-¬
1233 – 1278
Ibn-Šaraf, Yaḥyā an-Nawawī
Ibn-Šaraf an-Nawawī, Yaḥyā
Imâm Abu Zakarîyâ Yahyâ ibn Scharaf an-Nawai
Nawawī, Abū-Zakarīyā Ibn-Šaraf ¬an-¬
Nawawī, Muḥyi-'d-Dīn ¬an-¬
Yaḥyā Ibn-Šaraf an-Nawawī

Nawbakhtī, al-Ḥasan ibn Mūsā
→ **Naubaḫtī, al-Ḥasan Ibn-Mūsā ¬an-¬**

Nayrizi, al-Faḍl ibn-Ḥātim
→ **Nairīzī, al-Faḍl Ibn-Ḥātim ¬an-¬**

Nazami
→ **Niẓāmī Ganǧawī, Ilyās Ibn-Yūsuf**

Nazareth, Beatrijs ¬van¬
→ **Beatrijs ‹van Nazareth›**

Nazario, Antonius ¬de¬
→ **Antonius ‹de Nazario›**

Naẓẓām, Ibrāhīm Ibn-Saiyār ¬an-¬
ca. 760 – ca. 845
Ibn-Saiyār, Ibrāhīm an-Naẓẓām
Ibn-Saiyār an-Naẓẓām, Ibrāhīm
Ibrāhīm Ibn-Saiyār an-Naẓẓām

Neapel, Gregorius ¬de¬
→ **Gregorius ‹de Neapel›**

Neapoli, Berardus ¬de¬
→ **Berardus ‹de Neapoli›**

Neapoli, Dominicus ¬de¬
→ **Dominicus ‹de Neapoli›**

Neapoli, Franciscus ¬de¬
→ **Franciscus ‹de Neapoli›**

Neapoli, Johannes ¬de¬
→ **Johannes ‹de Regina de Neapoli›**

Neapoli, Lucas ¬de¬
→ **Lucas ‹de Neapoli›**

Neapoli, Severus ¬de¬
→ **Severus ‹de Neapoli›**

Neapolitanus, Agnellus
→ **Agnellus ‹Neapolitanus›**

Neapolitanus, Gregorius
→ **Gregorius ‹Neapolitanus›**

Neapolitanus, Guarimpotus
→ **Guarimpotus ‹Neapolitanus›**

Neapolitanus, Leo
→ **Leo ‹Neapolitanus›**

Neapolitanus, Leontius
→ **Leontius ‹Neapolitanus›**

Neapolitanus, Paulus
→ **Paulus ‹Neapolitanus›**

Neapolitanus, Petrus
→ **Petrus ‹Neapolitanus Subdiaconus›**

Neapolitanus, Thaddaeus
→ **Thaddaeus ‹Neapolitanus›**

Nechunja ‹Ben Hakana›
→ **Paulus ‹de Heredia›**

Neckam, Alexander
→ **Alexander ‹Neckam›**

Nectarius ‹Casulanus›
→ **Nicolaus ‹de Casulis›**

Nédellec, Hervé
→ **Hervaeus ‹Natalis›**

Nederhoff, Johannes
ca. 1400 – 1456 · OP
Cronica Tremoniensium
LMA,V,518; VL(2),6,868/70; Potth. 2,842
Jean ‹Nederhoff›
Johann ‹Nederhoff›
Johannes ‹Nederhoff›
Nederhoff, Jean
Nederhoff, Johann

Negri, Francesco
→ **Franciscus ‹Niger›**

Negri, Sillano
→ **Syllanus ‹de Nigris›**

Negris, Silanus ¬de¬
→ **Syllanus ‹de Nigris›**

Neidhart ‹von Reuental›
13. Jh.
Minnesänger
LMA,VI,1982/84; VL(2),6,871ff.
Neidhard
Neidhart
Neidhart ‹von Reuenthal›
Nithart ‹von Reuental›
Nithart ‹von Riuwental›
Nitthard ‹von Reuental›
Reuental, Neidhard ¬von¬
Reuental, Neidhart ¬von¬
Reuenthal, Neidhart ¬von¬

Neifen, Gottfried ¬von¬
→ **Gottfried ‹von Neifen›**

Neilos ‹aus Rossano›
→ **Nilus ‹Iunior›**

Neilos ‹Damilas›
→ **Nilus ‹Damilas›**

Neilos ‹der Jüngere›
→ **Nilus ‹Iunior›**

Neilos ‹Diasōrēnos›
→ **Nilus ‹Diassorinus›**

Neilos ‹Doxipatros›
→ **Nilus ‹Doxipatrius›**

Neilos ‹ho Neos›
→ **Nilus ‹Iunior›**

Neilos ‹Kabasilas›
→ **Nilus ‹Cabasilas›**

Neilos ‹von Konstantinopel›
→ **Nilus ‹Constantinopolitanus›**

Neilos ‹Xanthopulos›
→ **Nicephorus Callistus ‹Xanthopulus›**

Neilus ‹...›
→ **Nilus ‹...›**

Neirin
→ **Aneirin**

Neithart, Hans
um 1430
Übersetzung, Kommentar u. Vorspann zu Terenz' „Eunuchus"; Holzschnitte
VL(2),6,899/903; LMA,VI,1328
Hans ‹Neithart›
Hans ‹Neythart›
Hans ‹Nithart›
Hans ‹Nythart›
Neythart, Hans
Nithart, Hans
Nythart, Hans
Nythart, Jean

Nektarios ‹von Casole›
→ **Nicolaus ‹de Casulis›**

Nektarios ‹von Otranto›
→ **Nicolaus ‹de Casulis›**

Nelli, Ottaviano di Martino
ca. 1370/75 – ca. 1445
Ital. Maler
DiMartino Nelli, Ottaviano
DiNello, Ottaviano di Martino
Martino Nelli, Ottaviano ¬di¬
Martino-Nelli, Ottaviano ¬di¬
Martis ‹de Gubbio›
Martis, Octavien
Nelli, Octavien
Nelli, Ottaviano de Martis
Nello, Ottaviano di Martino ¬di¬
Octavien ‹Martis›
Octavien ‹Nelli›
Ottaviano ‹di Martino Nelli›

Nelli, Pietro
→ **Andreas ‹Bergamensis›**

Nemanjić, Stefan
→ **Stefan Nemanjić ‹Srbija, Kralj›**

Nemec de Žatec, Johannes
→ **Johannes ‹Nemec de Žatec›**

Nemnius
→ **Nennius**

Nemorarius, Iordanus
→ **Iordanus ‹Nemorarius›**

Nemosio, Adamus ¬de¬
→ **Adamus ‹de Nemosio›**

Nemosio, Johannes ¬de¬
→ **Johannes ‹de Nemosio›**

Nennius
8./9. Jh.
Historia Brittonum (Verfasserschaft umstritten)
CSGL; LMA,VI,1089/90
Nemnius
Nemnivus
Nennius ‹Banchorensis›
Nennius ‹de Bangor›
Nennius ‹Historicus›
Nennius ‹of Bangor›
Ninnius

Neocastro, Bartholomaeus ¬de¬
→ **Bartholomaeus ‹de Neocastro›**

Neophytus ‹Inclusus›
1134 – ca. 1214
Tusculum-Lexikon; CSGL; LThK; LMA,VI,1091/92
Inclusus, Neophytus
Neophetos ‹Rhodinos›
Neophutos ‹Rodinos›
Néophyte ‹de Chypre›
Néophyte ‹le Reclus›
Néophyte ‹Moine›
Neophytos ‹Enkleistos›
Neophytos ‹Rhodinos›

Neophytus ⟨Cypriensis⟩
Neophytus ⟨Monachus⟩
Neophytus ⟨Presbyter⟩
Neophytus ⟨Reclusus⟩
Neophytus ⟨Rhodinus⟩
Rhodinos, Neophytos
Rodinos, Neophutos

Neoplatonicus Heliodorus
→ **Heliodorus ⟨Neoplatonicus⟩**

Nephalius
6. Jh.
Apologia
Cpg 6825
Nephalius ⟨d'Alexandrie⟩

Nephon
→ **Niphon ⟨Hieromonachus⟩**

Nephtar, Abraham ¬of¬
→ **Abraham ⟨Natperayā⟩**

Neplacho ⟨Opatovicensis⟩
gest. 1368
Neplach ⟨d'Opatowie⟩
Neplach ⟨von Opatowitz⟩
Neplacho ⟨Abbas⟩
Neplacho ⟨of Opatowicz⟩
Neplaco ⟨Opatovicensis⟩

Nepomucenus, Johannes
→ **Johannes ⟨Nepomucenus⟩**

Nepomuck, Johannes ¬von¬
→ **Johannes ⟨Nepomucenus⟩**

Nepomuk, Johannes ¬von¬
→ **Johannes ⟨Nepomucenus⟩**

Nepos Cracavist, Colmannus
→ **Colmannus ⟨Nepos Cracavist⟩**

Nequam, Alexander
→ **Alexander ⟨Neckam⟩**

Neri ⟨degli Strinati⟩
→ **Strinati, Neri ¬degli¬**

Neri ⟨di Gino Capponi⟩
→ **Capponi, Neri**

Neri, Donato ¬di¬
→ **Donato ⟨di Neri⟩**

Neri Capponi, Gino ¬di¬
→ **Capponi, Gino**

Neri Cecchi, Giovanni di Francesco ¬di¬
→ **Cecchi, Giovanni**

Nerio
um 1310/25
Dict. of art, 22, 803

Nerses ⟨Claiensis⟩
→ **Nerses ⟨Šnorhali⟩**

Nerses ⟨de Lampron⟩
→ **Nerses ⟨Lambronac'i⟩**

Nerses ⟨Gratiosus⟩
→ **Nerses ⟨Šnorhali⟩**

Nersēs ⟨Kat'oġikos, IV.⟩
→ **Nerses ⟨Šnorhali⟩**

Nerses ⟨Lambronac'i⟩
1153 – 1198
Armen. Gelehrter u. Schriftsteller
Haykakan Sovetakan hanragitaran; LMA,VI,1095
Lambronac'i, Nerses
Nerses ⟨de Lampron⟩
Nerses ⟨Lampronensis⟩
Nerses ⟨Lampronetsi⟩
Nerses ⟨von Lambron⟩
Nerses ⟨von Lampron⟩
Nierses ⟨Lampronense⟩

Nerses ⟨Lampronensis⟩
→ **Nerses ⟨Lambronac'i⟩**

Nerses ⟨Šnorhali⟩
ca. 1100 – 1173
Armen. Schriftsteller u. Dichter
Haykakan sovetakan hanragitaran; Stegmüller, Repert. Bibl. 5658,3-5658,5
Narses ⟨Claiensis⟩
Narses ⟨Klaetzi⟩
Narses ⟨Schnorhali⟩
Nerses ⟨Claiensis⟩
Nerses ⟨Claiese⟩
Nerses ⟨Clajensis⟩
Nerses ⟨Gratiosus⟩
Nersēs ⟨Kat'oġikos, IV.⟩
Nerses ⟨Klaetzi⟩
Nerses ⟨Klaietsi⟩
Nerses ⟨Klayec'i⟩
Nerses ⟨Schnorhali⟩
Nierses ⟨Claiensis⟩
Nierses ⟨Glaiensis⟩
Nierses ⟨Patriarche⟩
Šnorhali, Nerses

Nesami
→ **Niẓāmī Ganǧawī, Ilyās Ibn-Yūsuf**

Nesis de Fonte, Thomas
→ **Thomas ⟨Nesis de Fonte⟩**

Nesle, Blondel ¬de¬
→ **Blondel ⟨de Nesle⟩**

Nesteutes, Johannes
→ **Johannes ⟨Ieiunator⟩**

Nestler ⟨von Speyer⟩
15. Jh.
Meistersinger
Leonhart ⟨Nestler von Speyer⟩
Nestler ⟨aus Speyer⟩
Nestler ⟨de Spire⟩
Speyer, Nestler ¬von¬
Wolf ⟨Nesteler von Ulm⟩

Nestor ⟨Kiovensis⟩
1056 – 1114
Nestor-Chronik
LMA,VI,1098
Nestor ⟨Annalist⟩
Nestor ⟨Annalista⟩
Nestor ⟨Chroniqueur Russe⟩
Nestor ⟨de Kiew⟩
Nestor ⟨der Annalist⟩
Nestor ⟨Kiowiensis⟩
Nestor ⟨Mönch⟩
Nestor ⟨Sanctus⟩
Nestor ⟨the Annalist⟩

Nettario ⟨di Casole⟩
→ **Nicolaus ⟨de Casulis⟩**

Netter, Thomas
gest. 1431 · OCarm
Doctrinale Antiquitatum
Tusculum-Lexikon; LThK; LMA,VIII,725
Netterus, Thomas
Thomas ⟨de Walden⟩
Thomas ⟨Netter⟩
Thomas ⟨of Walden⟩
Thomas ⟨Vallidanus⟩
Thomas ⟨von Walden⟩
Thomas ⟨Waldensis⟩
Thomas ⟨Wallidenus⟩
Walden, Thomas ¬de¬

Neubauer, Jacobus
→ **Jacobus ⟨Nigebur⟩**

Neuenburg, Friedrich ¬von¬
→ **Friedrich ⟨von Neuenburg⟩**

Neuenburg, Rudolf ¬von¬
→ **Rudolf ⟨von Fenis-Neuenburg⟩**

Neufchâteau, André ¬de¬
→ **Andreas ⟨de Novo Castro⟩**

Neuffen, Gottfried ¬von¬
→ **Gottfried ⟨von Neifen⟩**

Neuhaus, Johannes ¬von¬
→ **Johannes ⟨de Nova Domo⟩**

Neuhaus, Otto ¬von¬
→ **Guilelmus ⟨de Boldensele⟩**

Neumarkt, Johannes ¬von¬
→ **Johannes ⟨von Neumarkt⟩**

Neune
→ **Niune**

Neustadt, Heinrich ¬von¬
→ **Heinrich ⟨von Neustadt⟩**

Neuville, Jean ¬de¬
→ **Jean ⟨de Neuville⟩**

Névelon, Jean ¬le¬
→ **Jean ⟨le Névelon⟩**

Nevo, Alexander ¬de¬
→ **Alexander ⟨de Nevo⟩**

Nevskij, Aleksandr
→ **Aleksandr ⟨Nevskij⟩**

Newburgh, Wilhelmus Parvus ¬de¬
→ **Guilelmus ⟨Neubrigensis⟩**

Neythart, Hans
→ **Neithart, Hans**

Nezāmi ⟨of Ganjeh⟩
→ **Niẓāmī Ganǧawī, Ilyās Ibn-Yūsuf**

Nezāmī 'Arudi
→ **Niẓāmī 'Arūḍī, Aḥmad Ibn-'Umar**

Nezamolmolk, Hasan Ebn-e Ali
→ **Niẓām-al-Mulk, Abū-'Alī al-Ḥasan Ibn-'Alī**

Ngeou-yang, Sieou
→ **Ouyang, Xiu**

Ngulchu Gyalsas Thogmed Zangpo
→ **Thogs-med-bzaṅ-po ⟨dṄul-chu⟩**

Nhun, Johannes
→ **Nuhn, Johannes**

Nibelungus
um 752
Annales
Potth. 845
Nibelungus ⟨Chroniqueur Franc⟩

Nicaenus, Eustratius
→ **Eustratius ⟨Nicaenus⟩**

Nicaenus, Johannes
→ **Johannes ⟨Nicaenus⟩**

Nicaenus, Paulus
→ **Paulus ⟨Nicaenus⟩**

Nicaenus, Theophanes
→ **Theophanes ⟨Nicaenus⟩**

Nicasius ⟨Brabantinus⟩
→ **Voerda, Nicasius ¬de¬**

Nicasius ⟨de Voerda⟩
→ **Voerda, Nicasius ¬de¬**

Nicasius ⟨Mabliniensis⟩
→ **Voerda, Nicasius ¬de¬**

Niccolà ⟨da Tolentino⟩
→ **Nicolaus ⟨de Tolentino⟩**

Niccola ⟨della Tuccia⟩
1400 – 1473
Cronache di Viterbo
DellaTuccia, Niccola
DellaTuccia, Niccolo
DellaTuccia, Nicolò
Niccolò ⟨di Niccola⟩
Nicola ⟨della Tuccia⟩
Nicolaus ⟨de Tuccia⟩
Nikolaus ⟨von Tuccia⟩
Tuccia, Niccola ¬della¬
Tuccia, Niccolo ¬della¬

Niccoli, Niccolò
1364 – 1437
LMA,VI,1125
Niccolis, Nicolaus ¬de¬
Niccolò ⟨Niccoli⟩
Nicolaus ⟨de Niccolis⟩

Niccolò
→ **Nicolò**

Niccolò ⟨Barbaro⟩
→ **Barbaro, Nicolò**

Niccolò ⟨Beccari⟩
→ **Beccariis, Nicolaus ¬de¬**

Niccolo ⟨Bertruccio⟩
→ **Nicolaus ⟨Bertrucius⟩**

Niccolò ⟨Boccasini⟩
→ **Benedictus ⟨Papa, XI.⟩**

Niccolò ⟨Bonetti⟩
→ **Nicolaus ⟨Bonetus⟩**

Niccolò ⟨Borghesi⟩
→ **Borghesi, Nicolaus**

Niccolò ⟨Breakspear⟩
→ **Hadrianus ⟨Papa, IV.⟩**

Niccolò ⟨Calciuri⟩
→ **Calciuri, Niccolò**

Niccolò ⟨Cardinale⟩
→ **Nicolaus ⟨Pratensis⟩**

Niccolò ⟨Ciminello⟩
→ **Ciminello, Niccolò**

Niccolò ⟨Cusano⟩
→ **Nicolaus ⟨de Cusa⟩**

Niccolò ⟨da Brazano⟩
um 1490
Oratio devotissima al crucifixo...
Brazano, Niccolò ¬da¬
Nicolas ⟨de Brazano⟩
Nicolo ⟨da Brazano⟩
Nicolo ⟨Predicator in San Stephano⟩

Niccolò ⟨da Calvi⟩
→ **Nicolaus ⟨de Curbio⟩**

Niccolò ⟨da Casola⟩
→ **Nicola ⟨da Casola⟩**

Niccolò ⟨da Correggio⟩
1450 – 1508
Inamoramento di cupido
LThK
Correggio, Niccolò ¬da¬
Corregia, Niccolò ¬da¬
Nicolas ⟨de Corregio⟩
Nicolaus ⟨de Corregio⟩
Nicolo ⟨da Corregio⟩

Niccolò ⟨da Cusa⟩
→ **Nicolaus ⟨de Cusa⟩**

Niccolò ⟨da Ferrara⟩
→ **Beccariis, Nicolaus ¬de¬**

Niccolò ⟨da Foligno⟩
→ **Nicolaus ⟨Tignosi de Fulgineo⟩**

Niccolò ⟨da Osimo⟩
→ **Nicolaus ⟨de Auximo⟩**

Niccolò ⟨da Paganica⟩
→ **Nicolaus ⟨de Paganica⟩**

Niccolò ⟨da Poggibonsi⟩
um 1345
LThK
Niccolò ⟨of Poggibonsi⟩
Nicolas ⟨de Poggibonsi⟩
Nicolaus ⟨de Podiobonitio⟩
Nikolaus ⟨von Poggibonsi⟩
Poggibonsi, Niccolò ¬da¬

Niccolò ⟨da Prato⟩
→ **Nicolaus ⟨Pratensis⟩**

Niccolò ⟨da Reggio⟩
→ **Nicolaus ⟨Rheginus⟩**

Niccolo ⟨da Tolentino⟩
→ **Nicolaus ⟨de Tolentino⟩**

Niccolò ⟨da Verona⟩
→ **Nicolas ⟨de Vérone⟩**

Niccolò ⟨Dati⟩
→ **Dati, Niccolò**

Niccolò ⟨de Francesco⟩
→ **Gherardello ⟨da Firenze⟩**

Niccolò ⟨de Jamsilla⟩
→ **Nicolaus ⟨de Iamsilla⟩**

Niccolò ⟨de Nicoli⟩
→ **Nicolas ⟨de Nicolai⟩**

Niccolò ⟨de Tudeschis⟩
→ **Nicolaus ⟨de Tudeschis⟩**

Niccolò ⟨degli Ubaldi⟩
→ **Nicolaus ⟨de Ubaldis⟩**

Niccolò ⟨dei Conti⟩
→ **Conti, Niccolò ¬dei¬**

Niccolò ⟨de'Tudeschi⟩
→ **Nicolaus ⟨de Tudeschis⟩**

Niccolò ⟨di Borbona⟩
gest. 1424
Cronaca delle cose dell'Aquila
Borbona, Niccolò ¬di¬
Nicolas ⟨de Borbona⟩
Nicolas ⟨de Naples⟩
Nicolaus ⟨von Borbona⟩
Nicolaus ⟨von Neapel⟩

Niccolò ⟨di Butrinto⟩
→ **Nicolaus ⟨de Butrinto⟩**

Niccolò ⟨di Deoprepio da Reggio⟩
→ **Nicolaus ⟨Rheginus⟩**

Niccolò ⟨di Giacomo⟩
→ **Nicolò ⟨di Giacomo⟩**

Niccolò ⟨di Niccola⟩
→ **Niccola ⟨della Tuccia⟩**

Niccolò ⟨di Rienzi⟩
→ **Rienzo, Cola ¬di¬**

Niccolò ⟨di Theoprepos da Reggio⟩
→ **Nicolaus ⟨Rheginus⟩**

Niccolò ⟨Falcucci⟩
→ **Falcuccius, Nicolaus**

Niccolò ⟨Forteguerri⟩
→ **Nicolaus ⟨Fortiguerra⟩**

Niccolò ⟨Gabrino di Rienzi⟩
→ **Rienzo, Cola ¬di¬**

Niccolò ⟨Galgani⟩
→ **Nicolaus ⟨Galgani⟩**

Niccolò ⟨il Francese⟩
→ **Nicolaus ⟨Gallicus⟩**

Niccolò ⟨il Grande⟩
→ **Nicolaus ⟨Papa, I.⟩**

Niccolò ⟨il Tedesco⟩
→ **Nicolaus ⟨de Tudeschis⟩**

Niccolò ⟨Marcello⟩
→ **Marcello, Niccolò**

Niccolò ⟨Matarelli⟩
→ **Nicolaus ⟨Matarellus⟩**

Niccolò ⟨Mati⟩
→ **Mati, Niccolò**

Niccolò ⟨Niccoli⟩
→ **Niccoli, Niccolò**

Niccolò ⟨of Poggibonsi⟩
→ **Niccolò ⟨da Poggibonsi⟩**

Niccolò ⟨Papa, ...⟩
→ **Nicolaus ⟨Papa, ...⟩**

Niccolò ⟨Perotti⟩
→ **Perottus, Nicolaus**

Niccolò ⟨Pisano⟩
→ **Pisano, Nicola**

Niccolò ⟨Rheginus⟩
→ **Nicolaus ⟨Rheginus⟩**

Niccolò ⟨Rosell⟩
→ **Rosell, Nicolaus**

Niccolò ⟨Sagundino⟩
→ **Nicolaus ⟨Sagundinus⟩**

Niccolò ⟨Smerego⟩
→ **Nicolaus ⟨Smeregus⟩**

Niccolò ⟨Speciale⟩
→ **Nicolaus ⟨Specialis⟩**

Niccolò ⟨Tedesco⟩
→ **Nicolaus ⟨de Tudeschis⟩**

Niccolò ⟨Tignosi⟩
→ **Nicolaus ⟨Tignosi de Fulgineo⟩**

Niccolò ⟨Valla⟩
→ **Nicolaus ⟨de Valle⟩**

Niccolo ⟨Vertuzzo⟩
→ **Nicolaus ⟨Bertrucius⟩**

Niccolò, Antonio ¬di¬
→ **Antonio ⟨di Niccolò⟩**

Niccolò, Giovanni ¬di¬
→ **Giovanni ⟨di Niccolò⟩**

Niccolò Aniello ⟨Pacca⟩
→ **Pacca, Cola Aniello**

Niccolò da Camerino, Giovanni ¬di¬
→ **Giovanni ⟨di Niccolò⟩**

Niccolò Frescobaldi, Lionardo ¬di¬
→ **Frescobaldi, Leonardo**

Niccolò Moschino ⟨Caracciolo⟩
→ **Caracciolo, Nicolaus Moschinus**

Nicecius ⟨...⟩
→ **Nicetius ⟨...⟩**

Niceforo ⟨Blemmide⟩
→ **Nicephorus ⟨Blemmyda⟩**

Niceforo ⟨Briennio⟩
→ **Nicephorus ⟨Bryennius⟩**

Niceforo ⟨Callisto⟩
→ **Nicephorus Callistus ⟨Xanthopulus⟩**

Niceforo ⟨Cumno⟩
→ **Nicephorus ⟨Chumnus⟩**

Niceforo ⟨Gregora⟩
→ **Nicephorus ⟨Gregoras⟩**

Niceforo ⟨Patriarca⟩
→ **Nicephorus ⟨Constantinopolitanus, ...⟩**

Niceforo Callisto ⟨Santopulo⟩
→ **Nicephorus Callistus ⟨Xanthopulus⟩**

Nicéphore ⟨Blemmyde⟩
→ **Nicephorus ⟨Blemmyda⟩**

Nicéphore ⟨Bryenne⟩
→ **Nicephorus ⟨Bryennius⟩**
→ **Nicephorus ⟨Imperium Byzantinum, Imperator, III.⟩**

Nicéphore ⟨Calixte⟩
→ **Nicephorus Callistus ⟨Xanthopulus⟩**

Nicéphore ⟨Calliste⟩
→ **Nicephorus Callistus ⟨Xanthopulus⟩**

Nicéphore ⟨Choumnos⟩
→ **Nicephorus ⟨Chumnus⟩**

Nicéphore ⟨de Constantinople⟩
→ **Nicephorus ⟨Constantinopolitanus, ...⟩**

Nicéphore ⟨de Séleucie⟩
→ **Nicephorus ⟨Imperium Byzantinum, Imperator, I.⟩**

Nicéphore ⟨d'Ephèse⟩
→ **Nicephorus ⟨Constantinopolitanus, II.⟩**

Nicéphore ⟨d'Orestia⟩
→ **Nicephorus ⟨Bryennius⟩**

Nicéphore ⟨Empereur d'Orient⟩
→ **Nicephorus ⟨Imperium Byzantinum, Imperator, ...⟩**

Nicéphore ⟨Gregoire⟩
→ **Nicephorus ⟨Gregoras⟩**

Nicéphore ⟨Hagiographe⟩
→ **Nicephorus ⟨Philosophus⟩**

Nicéphore ⟨le Confesseur⟩
→ **Nicephorus ⟨Constantinopolitanus, I.⟩**

Nicéphore ⟨Orient, Empereur, ...⟩
→ **Nicephorus ⟨Imperium Byzantinum, Imperator, ...⟩**

Nicéphore ⟨Ouranos⟩
→ **Nicephorus ⟨Uranus⟩**

Nicéphore ⟨Patriarche de Constantinople⟩
→ **Nicephorus ⟨Constantinopolitanus, ...⟩**

Nicéphore ⟨Philosophe⟩
→ **Nicephorus ⟨Philosophus⟩**

Nicéphore ⟨Phocas⟩
→ **Nicephorus ⟨Imperium Byzantinum, Imperator, II.⟩**

Nicephorus ⟨Athonita⟩
gest. ca. 1295/1300
Tusculum-Lexikon; LThK; LMA,VI,1159
Athonita, Nicephorus
Nicephorus ⟨Hesychastes⟩
Nicephorus ⟨Monachus⟩
Nikephoros ⟨Athonites⟩
Nikephoros ⟨auf dem Athos⟩
Nikephoros ⟨Hagioreites⟩

Nicephorus ⟨Basilaces⟩
1115 – ca. 1180
CSGL; Tusculum-Lexikon; LMA,VI,1159
Basilaces, Nicephorus
Basilakes, Nikephoros
Nicephorus ⟨Basilaca⟩
Nicephorus ⟨Basilaeus⟩
Nicephorus ⟨Basiliaca⟩
Nicephorus ⟨Constantinopolitanus⟩
Nikephoros ⟨Basilakes⟩
Nikēphoros ⟨ho Basilakēs⟩
Nikēphoros ⟨ho Vasilakēs⟩

Nicephorus ⟨Basilaeus⟩
→ **Nicephorus ⟨Basilaces⟩**

Nicephorus ⟨Blemmyda⟩
1197 – 1272
CSGL; Tusculum-Lexikon; LThK; LMA,II,275
Blemmides, Nicephorus
Blemmyda, Nicephorus
Blemmydes, Nikephoros
Niceforo ⟨Blemmide⟩
Nicéphore ⟨Blemmyde⟩
Nicephorus ⟨Blemmides⟩
Nicephorus ⟨Philosophus⟩
Nikephoros ⟨Blemmydes⟩
Nikēphoros ⟨ho Blemmydas⟩

Nicephorus ⟨Bryennius⟩
ca. 1080 – 1138
LThK; CSGL; Tusculum-Lexikon; LMA,II,800/01
Bryennios, Nikephoros
Bryennius, Nicephorus
Niceforo ⟨Briennio⟩
Nicéphore ⟨Bryenne⟩
Nicéphore ⟨d'Orestia⟩
Nicephorus ⟨Constantinopolitanus⟩
Nikephoros ⟨Bryennios⟩

Nicephorus ⟨Callistus⟩
→ **Nicephorus Callistus ⟨Xanthopulus⟩**

Nicephorus ⟨Chartophylax⟩
11./12. Jh.
Briefe an Theodosios v. Korinth
LThK; CSGL
Cartophylax, Nicephorus
Chartophylax, Nicephorus
Nicephorus ⟨Cartophylax⟩
Nikephoros ⟨Chartophylax⟩

Nicephorus ⟨Chrysoberges⟩
12./13. Jh.
Progymnasmata
Tusculum-Lexikon
Chrysoberges, Nicephorus
Nikephoros ⟨Chrysoberges⟩

Nicephorus ⟨Chumnus⟩
ca. 1250 – ca. 1327
LThK; Tusculum-Lexikon; LMA,II,2055
Chumnos, Nikephoros
Chumnus, Nicephorus
Nathanael ⟨Monachus⟩
Niceforo ⟨Cumno⟩
Nicéphore ⟨Choumnos⟩
Nikephoros ⟨Chumnos⟩
Nikēphoros ⟨ho Chumnos⟩

Nicephorus ⟨Coelum⟩
→ **Nicephorus ⟨Uranus⟩**

Nicephorus ⟨Confessarius⟩
→ **Nicephorus ⟨Presbyter⟩**

Nicephorus ⟨Confessor⟩
→ **Nicephorus ⟨Constantinopolitanus, I.⟩**

Nicephorus ⟨Constantinopolitanus⟩
→ **Nicephorus ⟨Basilaces⟩**
→ **Nicephorus ⟨Bryennius⟩**
→ **Nicephorus ⟨Gregoras⟩**
→ **Nicephorus ⟨Imperium Byzantinum, Imperator, II.⟩**

Nicephorus ⟨Constantinopolitanus, I.⟩
ca. 750 – 828
Historia syntomos; Apologeticus minor; Apologeticus maior; etc.
LMA,VI,1158; LThK; Tusculum-Lexikon
Constantinopolitanus, Nicephorus
Homologetes, Nicephorus
Niceforo ⟨Patriarca⟩
Nicéphore ⟨de Constantinople⟩
Nicéphore ⟨le Confesseur⟩
Nicephorus ⟨Confessor⟩
Nicephorus ⟨Constantinopolitanus⟩
Nicephorus ⟨Homologetes⟩
Nicephorus ⟨Patriarcha⟩
Nicephorus ⟨Sanctus⟩
Nikephoros ⟨of Constantinople⟩
Nikephoros ⟨of Constantinople, I.⟩
Nikephoros ⟨Patriarcha Konstantinupoleōs⟩
Nikephoros ⟨von Konstantinopel⟩

Nicephorus ⟨Constantinopolitanus, II.⟩
um 1260
Constantinopolitanus, Nicephorus
Nicéphore ⟨de Constantinople⟩
Nicéphore ⟨d'Ephèse⟩
Nicéphore ⟨Evêque⟩
Nicéphore ⟨Patriarche de Constantinople⟩
Nicephorus ⟨Constantinopolitanus⟩

Nicephorus ⟨Gregoras⟩
ca. 1295 – 1359/60
Historia
Tusculum-Lexikon; LThK; CSGL; Rep.Font. V,208/211; LMA,IV,1685/86
Gregoras, Nicephorus
Grēgoras, Nikēphoros
Gregoras, Nikephoros
Gregorius, Nicephorus
Niceforo ⟨Gregora⟩
Nicéphore ⟨Gregoire⟩
Nicéphore ⟨Grégoras⟩
Nicephorus ⟨Constantinopolitanus⟩
Nicephorus ⟨Gregorus⟩
Nikēphoros ⟨Grēgoras⟩
Nikephoros ⟨Gregoras⟩
Nikēphoros ⟨ho Grēgoras⟩

Nicephorus ⟨Hesychastes⟩
→ **Nicephorus ⟨Athonita⟩**

Nicephorus ⟨Homologetes⟩
→ **Nicephorus ⟨Constantinopolitanus, I.⟩**

Nicephorus ⟨Imperium Byzantinum, Imperator, I.⟩
760 – 811
LMA,VI,1155/56
Nicéphore ⟨de Séleucie⟩
Nicéphore ⟨Orient, Empereur, I.⟩
Nikephoros ⟨Byzanz, Kaiser, I.⟩

Nicephorus ⟨Imperium Byzantinum, Imperator, II.⟩
912 – 969
LThK; CSGL; LMA,VI,1156
Nicéphore ⟨Empereur d'Orient⟩
Nicéphore ⟨Empereur d'Orient, II.⟩
Nicéphore ⟨Phocas⟩
Nicephorus ⟨Constantinopolitanus⟩
Nicephorus ⟨Phocas⟩
Nikēphoros ⟨Phōkas⟩
Phocas, Nicephorus
Phōkas, Nikēphoros

Nicephorus ⟨Imperium Byzantinum, Imperator, III.⟩
ca. 1001/12 – ca. 1081
LMA,VI,1157
Nicéphore ⟨Bryenne⟩
Nicéphore ⟨Orient, Empereur, III.⟩
Nikephoros ⟨Botaneiates⟩
Nikephoros ⟨Botaniates⟩
Nikephoros ⟨Byzanz, Kaiser, III.⟩

Nicephorus ⟨Magister Antiochiae⟩
→ **Nicephorus ⟨Uranus⟩**

Nicephorus ⟨Metropolita⟩
→ **Nikifor ⟨Kievskij⟩**

Nicephorus ⟨Monachus⟩
→ **Nicephorus ⟨Athonita⟩**

Nicephorus ⟨Patriarcha⟩
→ **Nicephorus ⟨Constantinopolitanus, ...⟩**

Nicephorus ⟨Philosophus⟩
→ **Nicephorus ⟨Blemmyda⟩**

Nicephorus ⟨Philosophus⟩
um 901
De S. Antonio Caulea (oratio)
Potth. 848; DOC,2,1345
Nicéphore ⟨Hagiographe⟩
Nicéphore ⟨Philosophe⟩
Nicéphore ⟨Philosophe à Constantinople⟩
Nicephorus ⟨Filosofo⟩
Philosophus Nicephorus

Nicephorus ⟨Phocas⟩
→ **Nicephorus ⟨Imperium Byzantinum, Imperator, II.⟩**

Nicephorus ⟨Presbyter⟩
10. Jh.
Vita S. Andreae Sali
Tusculum-Lexikon; Potth. 847; 1165
Confessarius, Nicephorus
Nicephorus ⟨Confessarius⟩
Nicephorus ⟨Constantinopolitanus⟩
Nikephoros ⟨Presbyter⟩
Nicephorus ⟨Sancti Andreae Sali Confessarius⟩
Presbyter, Nicephorus

Nicephorus ⟨Sancti Andreae Sali Confessarius⟩
→ **Nicephorus ⟨Presbyter⟩**

Nicephorus ⟨Sanctus⟩
→ **Nicephorus ⟨Constantinopolitanus, I.⟩**

Nicephorus ⟨Uranus⟩
10./11. Jh.
Tactica
LMA,VI,1159/60; Potth. 847; CSGL; Tusculum-Lexikon
Coelum, Nicephorus
Nicéphore ⟨Ouranos⟩
Nicephorus ⟨Coelum⟩
Nicephorus ⟨Magister Antiochiae⟩
Nikephoros ⟨Uranos⟩
Ouranos, Nicephorus
Uranus, Nicephorus

Nicephorus ⟨Xanthopulus⟩
→ **Nicephorus Callistus ⟨Xanthopulus⟩**

Nicephorus Callistus ⟨Xanthopulus⟩
ca. 1256 – ca. 1335
Tusculum-Lexikon; LThK; CSGL; LMA,IX,400
Callistus ⟨Nicephorus⟩
Callistus, Nicephorus
Nallos ⟨Xanthopulos⟩
Neilos ⟨Xanthopulos⟩
Niceforo ⟨Callisto⟩
Niceforo Callisto ⟨Santopulo⟩
Nicéphore ⟨Calixte⟩
Nicéphore ⟨Calliste⟩
Nicephorus ⟨Callistus⟩
Nicephorus ⟨Xanthopulos⟩
Nicephorus ⟨Xanthopulus⟩
Nikēphoros ⟨ho Kallistos⟩
Nikēphoros ⟨Kallistos⟩
Nikēphoros Kallistos ⟨Xanthopulos⟩
Xanthopoullos, Nicephorus Callistus
Xanthopulos, Nikēphoros
Xanthopulos, Nikephoros
Xanthopulus, Nicephorus Callistus

Nicephrorus ⟨...⟩
→ **Nicephorus ⟨...⟩**

Nicetas ⟨Acominatus⟩
→ **Nicetas ⟨Choniates⟩**

Nicetas ⟨Ancyranus⟩
11./12. Jh.
Tusculum-Lexikon; LMA,VI,1160
Ancyranus, Nicetas
Niketas ⟨von Ankyra⟩

Nicetas ⟨aus Chonai⟩
→ **Nicetas ⟨Choniates⟩**

Nicetas ⟨Byzantinus⟩
9. Jh.
CSGL; Tusculum-Lexikon; LMA,VI,1161
Byzantinus, Nicetas

Nicetas ⟨Philosophus⟩
Nikētas ⟨Byzantios⟩
Niketas ⟨Didaskalos⟩
Niketas ⟨Philosophos⟩

Nicetas ⟨Chius⟩
→ **Nilus ⟨Diassorinus⟩**

Nicetas ⟨Choniates⟩
gest. ca. 1216
Byzantina historia annorum 88
LThK; CSGL; Tusculum-Lexikon; LMA,II,1875/77
Acominatus, Nicetas
Akōminatos, Nikētas
Choniates, Nicetas
Nicetas ⟨Acominatus⟩
Nicetas ⟨Acominatus Choniates⟩
Nicetas ⟨aus Chonai⟩
Nicétas ⟨de Chona⟩
Nicétas ⟨de Colosses⟩
Nicetas ⟨von Chonai⟩
Nikētas ⟨Akōminatos⟩
Niketas ⟨Choniates⟩

Nicetas ⟨David⟩
geb. ca. 885
Identität mit Nicetas ⟨Paphlago⟩ umstritten
LThK; Tusculum-Lexikon; LMA,VI,1161/62
David, Nicetas
Nicetas ⟨Paphlago⟩
Nicetas ⟨Paphlagonius⟩
Nicetas ⟨Philosophus⟩
Nicetas ⟨Rhetor⟩
Nicetas ⟨Scholasticus⟩
Nicetas David ⟨Paphlago⟩
Niketas ⟨David⟩
Niketas ⟨Paphlagon⟩
Niketas ⟨Philosoph⟩
Niketas ⟨Scholastikos⟩
Paphlago, Nicetas

Nicétas ⟨de Chona⟩
→ **Nicetas ⟨Choniates⟩**

Nicétas ⟨de Colosses⟩
→ **Nicetas ⟨Choniates⟩**

Nicetas ⟨Eugenianus⟩
12. Jh.
Sophistenroman
LMA,VI,1161; Tusculum-Lexikon
Eugenianos, Niketas
Eugenianus ⟨Nicomediensis⟩
Eugenianus, Nicetas
Nikētas ⟨Eugenianos⟩

Nicetas ⟨Heracleensis⟩
11./12. Jh.
Tusculum-Lexikon; LMA,VI,1160
Nicetas ⟨Serronius⟩
Nikētas ⟨ho tu Serrōn⟩
Niketas ⟨von Herakleia⟩
Serronius, Nicetas

Nicetas ⟨Magister⟩
geb. ca. 870
Tusculum-Lexikon; CSGL
Magister, Nicetas
Niketas ⟨Magistros⟩

Nicetas ⟨Maroniensis⟩
gest. 1145
Dialoge
LThK; CSGL; Tusculum-Lexikon; LMA,VI,1160
Nicetas ⟨Thessalonicensis⟩
Niketas ⟨ho tu Marōneias⟩
Niketas ⟨von Maroneia⟩
Niketas ⟨von Thessalonike⟩

Nicetas ⟨Medicus⟩
11. Jh.
Graecorum chirurgici libri
Medicus, Nicetas
Nicetas ⟨Médecin Grec⟩
Nicetas ⟨Physician⟩
Nicetas ⟨the Physician⟩
Niketas ⟨Mediziner⟩

Nicetas ⟨Myrsiniotes⟩
→ **Nilus ⟨Diassorinus⟩**

Nicetas ⟨Paphlago⟩
→ **Nicetas ⟨David⟩**

Nicetas ⟨Paphlagonius⟩
→ **Nicetas ⟨David⟩**

Nicetas ⟨Pectoratus⟩
→ **Nicetas ⟨Stethatus⟩**

Nicetas ⟨Philosophus⟩
→ **Nicetas ⟨Byzantinus⟩**
→ **Nicetas ⟨David⟩**

Nicetas ⟨Physician⟩
→ **Nicetas ⟨Medicus⟩**

Nicetas ⟨Presbyter⟩
→ **Nicetas ⟨Stethatus⟩**

Nicetas ⟨Rhetor⟩
→ **Nicetas ⟨David⟩**

Nicetas ⟨Scholasticus⟩
→ **Nicetas ⟨David⟩**

Nicetas ⟨Seidus⟩
12. Jh.
Dogmat. Reden
Tusculum-Lexikon; LMA,VII,1710
Niketas ⟨Seides⟩
Niketas ⟨Seidos⟩
Seides, Niketas
Seidus, Nicetas

Nicetas ⟨Serronius⟩
→ **Nicetas ⟨Heracleensis⟩**

Nicetas ⟨Stethatus⟩
11. Jh.
Tusculum-Lexikon; CSGL; LThK; LMA,VI,1162
Niceta ⟨Stetato⟩
Nicetas ⟨Pectoratus⟩
Nicetas ⟨Presbyter⟩
Niketas ⟨der Beherzte⟩
Nikētas ⟨Stēthatos⟩
Stethatus, Nicetas

Nicetas ⟨the Physician⟩
→ **Nicetas ⟨Medicus⟩**

Nicetas ⟨Thessalonicensis⟩
→ **Nicetas ⟨Maroniensis⟩**

Nicetas ⟨von Chonai⟩
→ **Nicetas ⟨Choniates⟩**

Nicetas David ⟨Paphlago⟩
→ **Nicetas ⟨David⟩**

Nicetius ⟨de Tevisio⟩
→ **Nicetius ⟨Treverensis⟩**

Nicetius ⟨Episcopus⟩
→ **Nicetius ⟨Treverensis⟩**

Nicetius ⟨Lemoviensis⟩
→ **Nicetius ⟨Treverensis⟩**

Nicetius ⟨Lugdunensis⟩
gest. 573
Epitaphium Nicecii Lugdunensis von Venantius Fortunatus
Cpl 1046; LThK; LMA,VI,1127
Nicecius ⟨Lugdunensis⟩
Nizier ⟨de Lyon⟩
Nizier ⟨Evêque⟩

Nicetius ⟨Treverensis⟩
gest. 566
Epistola ad Chlodosuinsam reginam
LThK; CSGL; LMA,VI,1127/28
Nicetius ⟨de Tevisio⟩
Nicetius ⟨Episcopus⟩
Nicetius ⟨Lemoviensis⟩
Nicetius ⟨of Treves⟩
Nicetius ⟨Trevirensis⟩
Nicetius ⟨von Trier⟩

Nichiren
1222 – 1282
Japan. buddhist. Sektengründer
Nishiren ⟨Daishonin⟩
Nishiren ⟨Shōnin⟩
Nitschiren

Nichlas ⟨von Wyle⟩
→ **Wyle, Niklas ¬von¬**

Nichola ⟨de Apulia⟩
→ **Pisano, Nicola**

Nichola ⟨Fakenham⟩
→ **Nicolaus ⟨Fakenham⟩**

Nichola ⟨Pietri de Apulia⟩
→ **Pisano, Nicola**

Nicholai de Dacia, Jacobus
→ **Jacobus ⟨Nicholai de Dacia⟩**

Nicholas ⟨Cabasilas⟩
→ **Nicolaus ⟨Cabasilas⟩**

Nicholas ⟨Cantlow⟩
→ **Cantalupus, Nicolaus**

Nicholas ⟨de Anglia⟩
→ **Nicolaus ⟨de Anglia⟩**

Nicholas ⟨de Aston⟩
→ **Nicolaus ⟨Aston⟩**

Nicholas ⟨de Clamange⟩
→ **Nicolaus ⟨de Clemangiis⟩**

Nicholas ⟨de Cues⟩
→ **Nicolaus ⟨de Cusa⟩**

Nicholas ⟨de Gonesse⟩
→ **Nicolas ⟨de Gonesse⟩**

Nicholas ⟨de Guildford⟩
→ **Nicholas ⟨of Guildford⟩**

Nicholas ⟨de Lyra⟩
→ **Nicolaus ⟨de Lyra⟩**

Nicholas ⟨de Nicholai⟩
→ **Nicolas ⟨de Nicolai⟩**

Nicholas ⟨Frater⟩
→ **Nicolaus ⟨de Frisinga⟩**

Nicholas ⟨Kempf⟩
→ **Kempf, Nicolaus**

Nicholas ⟨Love⟩
→ **Love, Nicholas**

Nicholas ⟨Master⟩
→ **Nicolaus ⟨Dresdensis⟩**

Nicholas ⟨of Autrecourt⟩
→ **Nicolaus ⟨de Altricuria⟩**

Nicholas ⟨of Basle⟩
→ **Nikolaus ⟨von Basel⟩**

Nicholas ⟨of Clairvaux⟩
→ **Nicolaus ⟨Claraevallensis⟩**

Nicholas ⟨of Clémanges⟩
→ **Nicolaus ⟨de Clemangiis⟩**

Nicholas ⟨of Constantinople⟩
→ **Nicolaus ⟨Mysticus⟩**

Nicholas ⟨of Cusa⟩
→ **Nicolaus ⟨de Cusa⟩**

Nicholas ⟨of Dresden⟩
→ **Nicolaus ⟨Dresdensis⟩**

Nicholas ⟨of Freising⟩
→ **Nicolaus ⟨de Frisinga⟩**

Nicholas ⟨of Guildford⟩
um 1250
DeGuilford, Nicholas
Guildford, Nicholas ¬of¬
Nicholas ⟨de Guildford⟩
Nicolas ⟨de Guildford⟩
Nikolaus ⟨von Guildford⟩

Nicholas ⟨of Hereford⟩
→ **Nicolaus ⟨Herefordensis⟩**

Nicholas ⟨of Linköping⟩
→ **Nicolaus ⟨Hermanni⟩**

Nicholas ⟨of Lund⟩
→ **Nicolaus ⟨Lundensis⟩**

Nicholas ⟨of Lynn⟩
→ **Nicolaus ⟨de Linna⟩**

Nicholas ⟨of Lyra⟩
→ **Nicolaus ⟨de Lyra⟩**

Nicholas ⟨of Methone⟩
→ **Nicolaus ⟨Methonensis⟩**

Nicholas ⟨of Normandy⟩
→ **Nicolaus ⟨de Normandia⟩**

Nicholas ⟨of Osimo⟩
→ **Nicolaus ⟨de Auximo⟩**

Nicholas ⟨of Prato⟩
→ **Nicolaus ⟨Pratensis⟩**

Nicholas ⟨of Saint Alban's⟩
→ **Nicolaus ⟨de Sancto Albano⟩**

Nicholas ⟨of Salerno⟩
→ **Nicolaus ⟨Salernitanus⟩**

Nicholas ⟨of Thessalonica⟩
→ **Nicolaus ⟨Cabasilas⟩**

Nicholas ⟨of Verdun⟩
→ **Nikolaus ⟨von Verdun⟩**

Nicholas ⟨Oresme⟩
→ **Nicolaus ⟨Oresmius⟩**

Nicholas ⟨Pope, ...⟩
→ **Nicolaus ⟨Papa, ...⟩**

Nicholas ⟨Triveth⟩
→ **Nicolaus ⟨Trevetus⟩**

Nicholas ⟨von der Flühe⟩
→ **Nikolaus ⟨von Flüe⟩**

Nicholaus ⟨...⟩
→ **Nicolaus ⟨...⟩**

Nickel ⟨Güntzel⟩
→ **Güntzel, Nickel**

Nicklas ⟨von Monpolir⟩
→ **Nicolaus ⟨de Polonia⟩**

Niclas ⟨de Hannapes⟩
→ **Nicolaus ⟨de Hanapis⟩**

Niclas ⟨Humilis⟩
→ **Nikolaus ⟨von Nürnberg, Humilis⟩**

Niclas ⟨von Popplau⟩
→ **Nikolaus ⟨von Popplau⟩**

Niclas ⟨von Straßburg⟩
→ **Gerhaert von Leiden, Nicolaus**

Niclas ⟨von Wyle⟩
→ **Wyle, Niklas ¬von¬**

Niclaus ⟨Upschlacht⟩
→ **Upschlacht, Niclaus**

Nico ⟨de Murnat⟩
→ **DuChastel, Nicod**

Nico ⟨der Tschachte⟩
→ **DuChastel, Nicod**

Nicod ⟨Bugniet⟩
→ **Bugniet, Nicod**

Nicod ⟨du Chastel⟩
→ **DuChastel, Nicod**

Nicola ⟨a Tolentino⟩
→ **Nicolaus ⟨de Tolentino⟩**

Nicola ⟨Cabasila⟩
→ **Nicolaus ⟨Cabasilas⟩**

Nicolà ⟨Calciuri⟩
→ **Calciuri, Niccolò**

Nicola ⟨Callicle⟩
→ **Nicolaus ⟨Callicles⟩**

Nicola ⟨da Casola⟩
um 1358
Casola, Nicola ¬da¬
Niccolò ⟨da Casola⟩
Nicolaus ⟨da Casola⟩
Nicolo ⟨da Casola⟩

Nicola ⟨da Dresda⟩
→ **Nicolaus ⟨Dresdensis⟩**

Nicola ⟨da Milano⟩
→ **Nicolaus ⟨de Mediolano⟩**

Nicola ⟨da Tolentino⟩
→ **Nicolaus ⟨de Tolentino⟩**

Nicola ⟨da Verona⟩
→ **Nicolas ⟨de Vérone⟩**

Nicola ⟨de Cusa⟩
→ **Nicolaus ⟨de Cusa⟩**

Nicola ⟨de Paganica⟩
→ **Nicolaus ⟨de Paganica⟩**

Nicola ⟨della Rosa Nera⟩
→ **Nicolaus ⟨Dresdensis⟩**

Nicola ⟨della Tuccia⟩
→ **Niccola ⟨della Tuccia⟩**

Nicola ⟨di Cerruc⟩
→ **Nicolaus ⟨Dresdensis⟩**

Nicola ⟨di Clémanges⟩
→ **Nicolaus ⟨de Clemangiis⟩**

Nicola ⟨di Otranto⟩
→ **Nicolaus ⟨de Casulis⟩**

Nicola ⟨di Rienzo⟩
→ **Rienzo, Cola ¬di¬**

Nicola ⟨d'Otranto⟩
→ **Nicolaus ⟨de Casulis⟩**

Nicola ⟨Gallico⟩
→ **Nicolaus ⟨Gallicus⟩**

Nicola ⟨il Mistico⟩
→ **Nicolaus ⟨Mysticus⟩**

Nicola ⟨Maniacoria⟩
→ **Nicolaus ⟨Maniacoria⟩**

Nicola ⟨Maniacutia⟩
→ **Nicolaus ⟨Maniacucius⟩**

Nicola ⟨Muzalone⟩
→ **Nicolaus ⟨Muzalo⟩**

Nicola ⟨Paglia⟩
→ **Nicolaus ⟨Palea⟩**

Nicola ⟨Pisano⟩
→ **Pisano, Nicola**

Nicola ⟨Poillevilain⟩
→ **Nicolaus ⟨de Clemangiis⟩**

Nicola ⟨Tolentino⟩
→ **Nicolaus ⟨de Tolentino⟩**

Nicola Astalli, Pietro ¬di¬
→ **Petrus ⟨Nicolai de Astallis⟩**

Nicolaas ⟨Clopper, Iunior⟩
→ **Clopper, Nicolaus**

Nicolaas ⟨van Kues⟩
→ **Nicolaus ⟨de Cusa⟩**

Nicolaas ⟨van Parijs⟩
→ **Nicolaus ⟨Parisiensis⟩**

Nicolai ⟨de Pelhřimow⟩
→ **Nicolaus ⟨de Pelhrimov⟩**

Nicolai ⟨Jeroschin⟩
→ **Nikolaus ⟨von Jeroschin⟩**

Nicolai ⟨von Wyle⟩
→ **Wyle, Niklas ¬von¬**

Nicolai, Andreas
→ **Andreas ⟨Nicolai⟩**

Nicolai, Jean
→ **Jean ⟨Nicolay⟩**

Nicolai, Nicolas ¬de¬
→ **Nicolas ⟨de Nicolai⟩**

Nicolai Bianchi, Jean
→ **Johannes ⟨Nicolaus Blancus⟩**

Nicolai de Astallis, Petrus
→ **Petrus ⟨Nicolai de Astallis⟩**

Nicolai de Vibergia, Thuo
→ **Thuo ⟨Nicolai de Vibergia⟩**

Nicolao ⟨Cimini⟩
→ **Ciminello, Niccolò**

Nicolao ⟨della Flue⟩
→ **Nikolaus ⟨von Flüe⟩**

Nicolao ⟨Eymerico⟩
→ **Nicolaus ⟨Eymericus⟩**

Nicolao ⟨il Veneciano⟩
→ **Conti, Niccolò ¬dei¬**

Nicolao ⟨Muffel⟩
→ **Muffel, Nikolaus**

Nicolao ⟨Rhabdas⟩
→ **Nicolaus ⟨Rhabda⟩**

Nicolao ⟨Veneto⟩
→ **Conti, Niccolò ¬dei¬**

Nicolas ⟨Abbé d'Auberive⟩
→ **Nicolaus ⟨de la Ferté⟩**

Nicolas ⟨Albertini⟩
→ **Nicolaus ⟨Pratensis⟩**

Nicolas ⟨Archevêque de Besançon⟩
→ **Nicolaus ⟨de Bisuntino⟩**

Nicolas ⟨Aston⟩
→ **Nicolaus ⟨Aston⟩**

Nicolas ⟨Astronome⟩
→ **Nicolaus ⟨de Dacia, Hungarus⟩**

Nicolas ⟨Augusta⟩
→ **Nicolaus ⟨Augusta⟩**

Nicolas ⟨Barbaro⟩
→ **Barbaro, Nicolò**

Nicolas ⟨Blauenstein⟩
→ **Gerung, Nicolaus**

Nicolas ⟨Boccasini⟩
→ **Benedictus ⟨Papa, XI.⟩**

Nicolas ⟨Bonet⟩
→ **Nicolaus ⟨Bonetus⟩**

Nicolas ⟨Borghesi⟩
→ **Borghesi, Nicolaus**

Nicolas ⟨Breakspear⟩
→ **Hadrianus ⟨Papa, IV.⟩**

Nicolas ⟨Burgmann⟩
→ **Burgmann, Nicolaus**

Nicolas ⟨Cabasilas⟩
→ **Nicolaus ⟨Cabasilas⟩**

Nicolas ⟨Cantlowe⟩
→ **Cantalupus, Nicolaus**

Nicolas ⟨Cardenal d'Aragon⟩
→ **Rosell, Nicolaus**

Nicolas ⟨Chancelier de l'Université de Paris⟩
→ **Nicolaus ⟨Parisiensis⟩**

Nicolas ⟨Chanoine et Trésorier⟩
→ **Nicolaus ⟨Lexoviensis⟩**

Nicolas ⟨Chanoine Régulier à Cantimpré⟩
→ **Nicolaus ⟨Cantipratanus⟩**

Nicolas ⟨Chuquet⟩
→ **Chuquet, Nicolas**

Nicolas ⟨Ciminelli⟩
→ **Ciminello, Niccolò**

Nicolas ⟨Cistercien⟩
→ **Nicolaus ⟨Claraevallensis⟩**

Nicolas ⟨Cistercien à Otterberg⟩
→ **Nikolaus ⟨von Landau⟩**

Nicolas ⟨Clopper⟩
→ **Clopper, Nicolaus**

Nicolas ⟨Coch⟩
→ **Nicolaus ⟨Coch⟩**

Nicolas ⟨Crante⟩
→ **Baye, Nicolas ¬de¬**

Nicolas ⟨d'Alexandrie⟩
→ **Nicolaus ⟨Myrepsus⟩**

Nicolas ⟨d'Alsentia⟩
→ **Nicolaus ⟨de Alsentia⟩**

Nicolas ⟨d'Amiens⟩
→ **Nicolaus ⟨Ambianensis⟩**

Nicolas ⟨d'Amsterdam⟩
→ **Nicolaus ⟨de Amsterdam⟩**

Nicolas ⟨d'Ascoli⟩
→ **Nicolaus ⟨de Asculo⟩**

Nicolas ⟨d'Auberive⟩
→ **Nicolaus ⟨de la Ferté⟩**

Nicolas ⟨d'Autrecourt⟩
→ **Nicolaus ⟨de Altricuria⟩**

Nicolas ⟨d'Aymo⟩
→ **Nicolaus ⟨de Aymo⟩**

Nicolas ⟨de Anesiaco⟩
→ **Nicolaus ⟨de Anesiaco⟩**

Nicolas ⟨de Aquilone⟩
→ **Nicolaus ⟨de Troia⟩**

Nicolas ⟨de Ausimo⟩
→ **Nicolaus ⟨de Auximo⟩**

Nicolas ⟨de Bâle⟩
→ **Nikolaus ⟨von Basel⟩**

Nicolas ⟨de Baye⟩
→ **Baye, Nicolas ¬de¬**

Nicolas ⟨de Bayeux⟩
→ **Nicolaus ⟨de Pressorio⟩**

Nicolas ⟨de Bayeux⟩
→ **Nicolaus ⟨Oresmius⟩**

Nicolas ⟨de Bergame⟩
→ **Nicolaus ⟨Pergamenus⟩**

Nicolas ⟨de Besançon⟩
→ **Nicolaus ⟨de Bisuntino⟩**

Nicolas ⟨de Biard⟩
→ **Nicolaus ⟨de Byarto⟩**

Nicolas ⟨de Bibera⟩
→ **Nicolaus ⟨de Bibera⟩**

Nicolas ⟨de Blonie⟩
→ **Nicolaus ⟨de Blonie⟩**

Nicolas ⟨de Blonié⟩
→ **Nicolaus ⟨de Plove⟩**

Nicolas ⟨de Bohème⟩
→ **Nicolaus ⟨de Polonia⟩**

Nicolas ⟨de Bologne⟩
→ **Nicolò ⟨di Giacomo⟩**

Nicolas ⟨de Borbona⟩
→ **Niccolò ⟨di Borbona⟩**

Nicolas ⟨de Bottisham⟩
→ **Nicolaus ⟨de Botlesham⟩**

Nicolas ⟨de Bray⟩
→ **Nicolaus ⟨de Braia⟩**

Nicolas ⟨de Braye⟩
→ **Nicolaus ⟨de Braia⟩**

Nicolas ⟨de Brazano⟩
→ **Niccolò ⟨da Brazano⟩**

Nicolas ⟨de Breslau⟩
→ **Nicolaus ⟨de Posnania⟩**

Nicolas ⟨de Brieg⟩
→ **Nicolaus ⟨Weigel⟩**

Nicolas ⟨de Butrinto⟩
→ **Nicolaus ⟨de Butrinto⟩**

Nicolas ⟨de Byart⟩
→ **Nicolaus ⟨de Byarto⟩**

Nicolas ⟨de Calvi⟩
→ **Nicolaus ⟨de Curbio⟩**

Nicolas ⟨de Cantimpré⟩
→ **Nicolaus ⟨Cantipratanus⟩**

Nicolas ⟨de Capoue⟩
→ **Nicolaus ⟨Capuanus⟩**

Nicolas ⟨de Cattaro⟩
→ **Nicolaus ⟨Modrusiensis⟩**

Nicolas ⟨de Chartres⟩
→ **Nicolaus ⟨de Carnoto⟩**

Nicolas ⟨de Château-l'Abbaye⟩
→ **Nicolaus ⟨de Montigni⟩**

Nicolas ⟨de Clairvaux⟩
→ **Nicolaus ⟨Claraevallensis⟩**

Nicolas ⟨de Clémanges⟩
→ **Nicolaus ⟨de Clemangiis⟩**

Nicolas ⟨de Constantinople⟩
→ **Nicolaus ⟨Mysticus⟩**

Nicolas ⟨de Corneto⟩
→ **Nicolaus ⟨de Sconciliato⟩**

Nicolas ⟨de Corregio⟩
→ **Niccolò ⟨da Correggio⟩**

Nicolas ⟨de Coutances⟩
→ **Nicolaus ⟨de Carnoto⟩**

Nicolas ⟨de Cuse⟩
→ **Nicolaus ⟨de Cusa⟩**

Nicolas ⟨de Dacia⟩
→ **Nicolaus ⟨de Dacia⟩**

Nicolas ⟨de Dacie⟩
→ **Nicolaus ⟨de Dacia, Hungarus⟩**

Nicolas ⟨de Danemark⟩
→ **Nicolaus ⟨de Dacia⟩**

Nicolas ⟨de Donis⟩
→ **Nicolaus ⟨Germanus⟩**

Nicolas ⟨de Dresde⟩
→ **Nicolaus ⟨Dresdensis⟩**

Nicolas ⟨de Fakenham⟩
→ **Nicolaus ⟨Fakenham⟩**

Nicolas ⟨de Flavigny⟩
→ **Nicolaus ⟨de Bisuntino⟩**

Nicolas ⟨de Flüe⟩
→ **Nikolaus ⟨von Flüe⟩**

Nicolas ⟨de Freauville⟩
→ **Nicolaus ⟨de Freauville⟩**

Nicolas ⟨de Frising⟩
→ **Nicolaus ⟨de Frisinga⟩**

Nicolas ⟨de Giovenazzo⟩
→ **Nicolaus ⟨Palea⟩**

Nicolas ⟨de Gonesse⟩
15. Jh.
Gonesse, Nicolas ¬de¬
Nicholas ⟨de Gonesse⟩

Nicolas ⟨de Gorran⟩
→ **Nicolaus ⟨de Gorra⟩**

Nicolas ⟨de Guildford⟩
→ **Nicholas ⟨of Guildford⟩**

Nicolas ⟨de Hanappes⟩
→ **Nicolaus ⟨de Hanapis⟩**

Nicolas ⟨de Heiligenkreuz⟩
→ **Nicolaus ⟨de Sancta Cruce⟩**

Nicolas ⟨de Horto Coeli⟩
→ **Nicolaus ⟨de Horto Caeli⟩**

Nicolas ⟨de Jamsilla⟩
→ **Nicolaus ⟨de Iamsilla⟩**

Nicolas ⟨de Jeroschin⟩
→ **Nikolaus ⟨von Jeroschin⟩**

Nicolas ⟨de Kenton⟩
→ **Nicolaus ⟨Kenton⟩**

Nicolas ⟨de Kosel⟩
→ **Nikolaus ⟨von Kosel⟩**

Nicolas ⟨de Kreuznach⟩
→ **Nicolaus ⟨de Alsentia⟩**
→ **Nicolaus ⟨de Kreuznach⟩**

Nicolas ⟨de la Ferté-sur-Aube⟩
→ **Nicolaus ⟨de la Ferté⟩**

Nicolas ⟨de Landau⟩
→ **Nikolaus ⟨von Landau⟩**

Nicolas ⟨de Langres⟩
→ **Nicolaus ⟨de Bisuntino⟩**

Nicolas ⟨de Lecce⟩
→ **Nicolaus ⟨de Aymo⟩**

Nicolas ⟨de Liège⟩
→ **Nicolaus ⟨Leodiensis⟩**

Nicolas ⟨de Linkoeping⟩
→ **Nicolaus ⟨Hermanni⟩**

Nicolas ⟨de Linna⟩
→ **Nicolaus ⟨de Linna⟩**

Nicolas ⟨de Lisieux⟩
→ **Nicolaus ⟨Lexoviensis⟩**

Nicolas ⟨de Louvain⟩
→ **Nikolaus ⟨von Löwen⟩**

Nicolas ⟨de Lund⟩
→ **Nicolaus ⟨Lundensis⟩**

Nicolas ⟨de Lynn⟩
→ **Nicolaus ⟨de Linna⟩**

Nicolas ⟨de Lyre⟩
→ **Nicolaus ⟨de Lyra⟩**

Nicolas ⟨de Mans⟩
→ **Nicolaus ⟨de Gorra⟩**

Nicolas ⟨de Mantoue⟩
→ **Nicolaus ⟨de Marianis⟩**

Nicolas ⟨de Modon⟩
→ **Nicolaus ⟨Methonensis⟩**

Nicolas ⟨de Modruss⟩
→ **Nicolaus ⟨Modrusiensis⟩**

Nicolas ⟨de Montigny⟩
→ **Nicolaus ⟨de Montigni⟩**

Nicolas ⟨de Naples⟩
→ **Niccolò ⟨di Borbona⟩**

Nicolas ⟨de Navarre⟩
→ **Nicolaus ⟨Oresmius⟩**

Nicolas ⟨de Nicolai⟩
gest. 1437
Altfranz. Traktate über das Schachspiel
Niccolò ⟨de Nicoli⟩
Nicholas ⟨de Nicholai⟩
Nicholas ⟨de Saint-Nicholai⟩
Nicolai, Nicolas ¬de¬
Nicolaus ⟨Florentinus⟩
Nicolaus ⟨Nicolius⟩
Nicolius, Nicolaus

Nicolas ⟨de Nonancourt⟩
→ **Nicolaus ⟨de Nonancuria⟩**

Nicolas ⟨de Nyse⟩
→ **Denisse, Nicolas**

Nicolas ⟨de Orbellis⟩
→ **Nicolaus ⟨de Orbellis⟩**

Nicolas ⟨de Paganico⟩
→ **Nicolaus ⟨de Paganica⟩**

Nicolas ⟨de Palerme⟩
→ **Nicolaus ⟨de Tudeschis⟩**

Nicolas ⟨de Paris⟩
→ **Nicolaus ⟨Parisiensis de Sancto Victore⟩**

Nicolas ⟨de Paris⟩
→ **Nicolaus ⟨Parisiensis⟩**

Nicolas ⟨de Pelhrzimow⟩
→ **Nicolaus ⟨de Pelhrimov⟩**

Nicolas ⟨de Pergame⟩
→ **Nicolaus ⟨Pergamenus⟩**

Nicolas ⟨de Pérouse⟩
→ **Nicolaus ⟨de Ubaldis⟩**

Nicolas ⟨de Pise⟩
→ **Nicolaus ⟨de Pisis⟩**

Nicolas ⟨de Pise⟩
→ **Pisano, Nicola**

Nicolas ⟨de Plove⟩
→ **Nicolaus ⟨de Plove⟩**

Nicolas ⟨de Poggibonsi⟩
→ **Niccolò ⟨da Poggibonsi⟩**

Nicolas ⟨de Pologne⟩
→ **Nicolaus ⟨de Polonia⟩**

Nicolas ⟨de Ponteau⟩
→ **Nicolas ⟨le Huen⟩**

Nicolas ⟨de Posen⟩
→ **Nicolaus ⟨de Posnania⟩**

Nicolas ⟨de Prague⟩
→ **Nicolaus ⟨de Praga⟩**

Nicolas ⟨de Prato⟩
→ **Nicolaus ⟨Pratensis⟩**

Nicolas ⟨de Reggio⟩
→ **Nicolaus ⟨Rheginus⟩**

Nicolas ⟨de Rimini⟩
→ **Nicolaus ⟨de Arimino⟩**

Nicolas ⟨de Rouen⟩
→ **Nicolaus ⟨Oresmius⟩**

Nicolas ⟨de Saint-Albans⟩
→ **Nicolaus ⟨de Sancto Albano⟩**

Nicolas ⟨de Saint-Andrea di Sestri⟩
→ **Nicolaus ⟨Vercellensis⟩**

Nicolas ⟨de Salerne⟩
→ **Nicolaus ⟨Salernitanus⟩**

Nicolas ⟨de Saliceto⟩
→ **Nicolaus ⟨de Saliceto⟩**

Nicolas ⟨de San-Martino⟩
→ **Nicolaus ⟨de Sancto Martino⟩**

Nicolas ⟨de Saxo⟩
→ **Nikolaus ⟨von Flüe⟩**

Nicolas ⟨de Siegen⟩
→ **Nicolaus ⟨de Siegen⟩**

Nicolas ⟨de Sienne⟩
→ **Nicolaus ⟨de Senis⟩**
→ **Nicolaus ⟨Senensis, OESA⟩**

Nicolas ⟨de Strasbourg⟩
→ **Nicolaus ⟨de Argentina⟩**

Nicolas ⟨de Strasbourg⟩
→ **Kempf, Nicolaus**

Nicolas ⟨de Thingeyrar⟩
→ **Nicolaus ⟨Thingeyrensis⟩**

Nicolas ⟨de Tiufburg⟩
→ **Nicolaus ⟨de Tiufburg⟩**

Nicolas ⟨de Tolentino⟩
→ **Nicolaus ⟨de Tolentino⟩**

Nicolas ⟨de Tournai⟩
→ **Nicolaus ⟨de Gorra⟩**
→ **Nicolaus ⟨de Tornaco⟩**

Nicolas ⟨de Troja⟩
→ **Nicolaus ⟨de Troia⟩**

Nicolas ⟨de Venise⟩
→ **Conti, Niccolò ¬dei¬**

Nicolas ⟨de Verceil⟩
→ **Nicolaus ⟨Vercellensis⟩**

Nicolas ⟨de Vérone⟩
um 1343
Pharsale; L'entrée d'Espagne
Niccolò ⟨da Verona⟩
Nicola ⟨da Verona⟩
Nikolaus ⟨von Verona⟩
Verona, Nicola ¬da¬
Vérone, Nicolas ¬de¬

Nicolas ⟨de Vicogne⟩
→ **Nicolaus ⟨Viconiensis⟩**

Nicolas ⟨de Vienne⟩
→ **Nicolaus ⟨de Kreuznach⟩**

Nicolas ⟨de Wyl⟩
→ **Wyle, Niklas ¬von¬**

Nicolas ⟨della Valle⟩
→ **Nicolaus ⟨de Valle⟩**

Nicolas ⟨Denisse⟩
→ **Denisse, Nicolas**

Nicolas ⟨d'Ennezat⟩
→ **Nicolaus ⟨de Anesiaco⟩**

Nicolas ⟨d'Hacqueville⟩
→ **Nicolaus ⟨de Aquaevilla⟩**

Nicolas ⟨d'Harcilech⟩
→ **Nicolaus ⟨de Harcileh⟩**

Nicolas ⟨d'Heiligenkreuz⟩
→ **Nicolaus ⟨de Sancta Cruce⟩**

Nicolas ⟨d'Hereford⟩
→ **Nicolaus ⟨Herefordensis⟩**

Nicolas ⟨d'Islande⟩
→ **Nicolaus ⟨Thingeyrensis⟩**

Nicolas ⟨d'Ockam⟩
→ **Nicolaus ⟨de Ockham⟩**

Nicolas ⟨Dominicain Hongrois⟩
→ **Nicolaus ⟨de Dacia, Hungarus⟩**

Nicolas ⟨d'Oresme⟩
→ **Nicolaus ⟨Oresmius⟩**

Nicolas ⟨d'Osimo⟩
→ **Nicolaus ⟨de Auximo⟩**

Nicolas ⟨d'Otrante⟩
→ **Nicolaus ⟨de Casulis⟩**

Nicolas ⟨d'Otterberg⟩
→ **Nikolaus ⟨von Landau⟩**

Nicolas ⟨Doyen de Langres⟩
→ **Nicolaus ⟨de Bisuntino⟩**

Nicolas ⟨du Pressoir⟩
→ **Nicolaus ⟨de Pressorio⟩**

Nicolas ⟨d'Unterwalden⟩
→ **Nikolaus ⟨von Flüe⟩**

Nicolas ⟨Fara⟩
→ **Nicolaus ⟨de Fara⟩**

Nicolas ⟨Flamel⟩
→ **Nicolaus ⟨Flamellus⟩**

Nicolas ⟨Gabrino di Rienzi⟩
→ **Rienzo, Cola ¬di¬**

Nicolas ⟨Greffier du Parlement de Paris⟩
→ **Baye, Nicolas ¬de¬**

Nicolas ⟨Hermann⟩
→ **Nicolaus ⟨Hermanni⟩**

Nicolas ⟨Jacquier⟩
→ **Nicolaus ⟨Iaquerius⟩**

Nicolas ⟨Joensson⟩
→ **Nicolaus ⟨Lundensis⟩**

Nicolas ⟨Juvenatio⟩
→ **Nicolaus ⟨Palea⟩**

Nicolas ⟨Kempf⟩
→ **Kempf, Nicolaus**

Nicolás ⟨Krebs de Cusa⟩
→ **Nicolaus ⟨de Cusa⟩**

Nicolas ⟨l'Aide⟩
→ **Nicolaus ⟨de Nonancuria⟩**

Nicolas ⟨Lakemann⟩
→ **Nicolaus ⟨Lakmann⟩**

Nicolas ⟨l'Allemand⟩
→ **Nicolaus ⟨Germanus⟩**

Nicolas ⟨l'Anglais⟩
→ **Nicolaus ⟨de Curbio⟩**

Nicolas ⟨le Danois⟩
→ **Nicolaus ⟨de Dacia⟩**

Nicolas ⟨le Frère⟩
→ **Nikolaus ⟨von Flüe⟩**

Nicolas ⟨le Grammarien⟩
→ **Nicolaus ⟨Grammaticus⟩**

Nicolas ⟨le Huen⟩
um 1487 · OCarm
Übers. ins Franz. von Breydenbach, Bernhard /von: Des croisées et entreprises faites par les rois et princes chrétiens pour le recouvrement de la Terre Sainte
Potth. 849
Huen, Nicolas ¬le¬
LeHuen, Nicolas
Nicolas ⟨de Ponteau⟩

Nicolas ⟨le Minorite⟩
→ **Nicolaus ⟨de Frisinga⟩**

Nicolas ⟨le Mystique⟩
→ **Nicolaus ⟨Mysticus⟩**

Nicolas ⟨le Normand⟩
→ **Nicolaus ⟨de Normandia⟩**

Nicolas ⟨le Panormitain⟩
→ **Nicolaus ⟨de Tudeschis⟩**

Nicolas ⟨le Polonais⟩
→ **Nicolaus ⟨de Plove⟩**

Nicolas ⟨Machinensis⟩
→ **Nicolaus ⟨Modrusiensis⟩**

Nicolas ⟨Maniacoria⟩
→ **Nicolaus ⟨Maniacoria⟩**

Nicolas ⟨Maniacutius⟩
→ **Nicolaus ⟨Maniacucius⟩**

Nicolas ⟨Marcello⟩
→ **Marcello, Niccolò**

Nicolas ⟨Mariani⟩
→ **Nicolaus ⟨de Marianis⟩**

Nicolas ⟨Mati⟩
→ **Mati, Niccolò**

Nicolas ⟨Mati de Pistoie⟩
→ **Mati, Niccolò**

Nicolas ⟨Mattarelli⟩
→ **Nicolaus ⟨Matarellus⟩**

Nicolas ⟨Michiel⟩
→ **Nicolò ⟨di Michiel⟩**

Nicolas ⟨Minorita⟩
→ **Nicolaus ⟨de Frisinga⟩**

Nicolas ⟨Mirabili⟩
→ **Mirabilis, Nicolaus**

Nicolas ⟨Mis⟩
→ **Nicolaus ⟨Mis⟩**

Nicolas ⟨Moschin⟩
→ **Caracciolo, Nicolaus Moschinus**

Nicolas ⟨Myrepse⟩
→ **Nicolaus ⟨Myrepsus⟩**

Nicolas ⟨of Clairvaux⟩
→ **Nicolaus ⟨Claraevallensis⟩**

Nicolas ⟨Oresme⟩
→ **Nicolaus ⟨Oresmius⟩**

Nicolas ⟨Palea⟩
→ **Nicolaus ⟨Palea⟩**

Nicolas ⟨Papa, ...⟩
→ **Nicolaus ⟨Papa, ...⟩**

Nicolas ⟨Perotti⟩
→ **Perottus, Nicolaus**

Nicolas ⟨Petschacher⟩
→ **Petschacher, Nicolaus**

Nicolas ⟨Poillevilain⟩
→ **Nicolaus ⟨de Clemangiis⟩**

Nicolas ⟨Prédicateur⟩
→ **Nicolaus ⟨de Normandia⟩**

Nicolas ⟨Provincial d'Angleterre⟩
→ **Nicolaus ⟨Kenton⟩**

Nicolas ⟨Rossell⟩
→ **Rosell, Nicolaus**

Nicolas ⟨Sacristain de Vicogne⟩
→ **Nicolaus ⟨de Montigni⟩**

Nicolas ⟨Saemundarson⟩
→ **Nicolaus ⟨Thingeyrensis⟩**

Nicolas ⟨Saguntino⟩
→ **Nicolaus ⟨Sagundinus⟩**

Nicolas ⟨Sanctae Crucis⟩
→ **Nicolaus ⟨de Sancta Cruce⟩**

Nicolas ⟨Schenigensis⟩
→ **Nicolaus ⟨Hermanni⟩**

Nicolas ⟨Schreitwein⟩
→ **Schreitwein, Nicolaus**

Nicolas ⟨Sconciliati⟩
→ **Nicolaus ⟨de Sconciliato⟩**

Nicolas ⟨Secretaire de Saint Bernard⟩
→ **Nicolaus ⟨Claraevallensis⟩**

Nicolas ⟨Smerego⟩
→ **Nicolaus ⟨Smeregus⟩**

Nicolas ⟨Speciale⟩
→ **Nicolaus ⟨Specialis⟩**

Nicolas ⟨Stulmann⟩
→ **Stulmann, Nicolaus**

Nicolas ⟨Tempelfeld⟩
→ **Nicolaus ⟨Tempelfeld de Brega⟩**

Nicolas ⟨Theologus Viennensis⟩
→ **Nicolaus ⟨de Kreuznach⟩**

Nicolas ⟨Tignosi⟩
→ **Nicolaus ⟨Tignosi de Fulgineo⟩**

Nicolas ⟨Trésorier⟩
→ **Nicolaus ⟨Lexoviensis⟩**

Nicolas ⟨Valla⟩
→ **Nicolaus ⟨de Valle⟩**

Nicolas ⟨Viennensis⟩
→ **Nicolaus ⟨de Kreuznach⟩**

Nicolas-Moschino ⟨Caracciolo⟩
→ **Caracciolo, Nicolaus Moschinus**

Nicolaus ⟨a Sancto Martino⟩
→ **Nicolaus ⟨de Sancto Martino⟩**

Nicolaus ⟨ab Aquavilla⟩
→ **Nicolaus ⟨de Aquaevilla⟩**

Nicolaus ⟨ab Ausmo⟩
→ **Nicolaus ⟨de Auximo⟩**

Nicolaus ⟨Abbas de Castello Sancti Martini⟩
→ **Nicolaus ⟨de Montigni⟩**

Nicolaus ⟨Abbas Modernus⟩
→ **Nicolaus ⟨de Tudeschis⟩**

Nicolaus ⟨Aimericus⟩
→ **Nicolaus ⟨Eymericus⟩**

Nicolaus ⟨Alamanus⟩
→ **Nicolaus ⟨de Tudeschis⟩**

Nicolaus ⟨Albanus⟩
→ **Nicolaus ⟨de Sancto Albano⟩**

Nicolaus ⟨Alemannus⟩
→ **Nicolaus ⟨Germanus⟩**

Nicolaus ⟨Alexandrinus⟩
→ **Nicolaus ⟨Myrepsus⟩**

Nicolaus ⟨Amantis⟩
14./15. Jh.
Quaestiones primi et secundi librorum Priorum; Dubia in logicam Aristotelis; Identität der bei Lohr aufgeführten zwei gleichnamigen Personen wahrscheinlich
Lohr
Amans, Nicolaus
Amantis, Nicolaus
Amatus, Nicolaus
Nicolaus ⟨Amans⟩
Nicolaus ⟨Amatus⟩

Nicolaus ⟨Amatus⟩
→ **Nicolaus ⟨Amantis⟩**

Nicolaus ⟨Ambianensis⟩
1147 – ca. 1203
Chronicon
LThK; CSGL; LMA,VI,1177
Nicolaus ⟨d'Amiens⟩
Nicolaus ⟨Canonicus⟩
Nicolaus ⟨de Amiens⟩
Nicolaus ⟨of Amiens⟩
Nikolaus ⟨von Amiens⟩

Nicolaus ⟨Amstelodamensis⟩
→ **Nicolaus ⟨de Amsterdam⟩**

Nicolaus ⟨Anapus⟩
→ **Nicolaus ⟨de Hanapis⟩**

Nicolaus ⟨Anglicus⟩
→ **Nicolaus ⟨de Sancto Albano⟩**

Nicolaus ⟨Anglus⟩
→ **Nicolaus ⟨Felton⟩**

Nicolaus ⟨Aquaevillanus⟩
→ **Nicolaus ⟨de Aquaevilla⟩**

Nicolaus ⟨Archiater⟩
→ **Nicolaus ⟨Callicles⟩**

Nicolaus ⟨Archiepiscopus⟩
→ **Nicolaus ⟨Cabasilas⟩**

Nicolaus ⟨Aremarensis⟩
→ **Nicolaus ⟨Claraevallensis⟩**

Nicolaus ⟨Argentoratensis⟩
→ **Nicolaus ⟨de Argentina⟩**

Nicolaus ⟨Ariminensis⟩
→ **Nicolaus ⟨de Arimino⟩**

Nicolaus ⟨Artabasta⟩
→ **Nicolaus ⟨Rhabda⟩**

Nicolaus ⟨Asculanus⟩
→ **Nicolaus ⟨de Asculo⟩**

Nicolaus ⟨Asisinatensis⟩
→ **Nicolaus ⟨de Curbio⟩**

Nicolaus ⟨Aston⟩
gest. ca. 1366
Stegmüller, Repert. sentent. 557
Aston, Nicholas ¬de¬
Aston, Nicolas
Aston, Nicolaus
Nicholas ⟨de Aston⟩
Nicolas ⟨Aston⟩
Nicolaus ⟨Astonus⟩
Nicolaus ⟨de Aston⟩

Nicolaus ⟨Augusta⟩
gest. 1446 · OP
Commentaria in libros logicos Aristotelis; Concordantiae antilogiarum Aristotelis; Postillae super sacra Biblia fere omnia
Lohr; Stegmüller, Repert. bibl. 5686
Augusta, Nicolas
Augusta, Nicolaus
Nicolas ⟨Augusta⟩
Nicolaus ⟨Augusta de Venetiis⟩
Nicolaus ⟨Augusta Venetus⟩
Nicolaus ⟨de Venetiis⟩
Nicolaus ⟨Venetus⟩

Nicolaus ⟨Augustinensis⟩
14./15. Jh.
Stegmüller, Repert. sentent. 548
Nicolaus ⟨Lector Augustinensis⟩

Nicolaus ⟨Aurelianus⟩
→ **Nicolaus ⟨de Aurelia⟩**

Nicolaus ⟨Auximanus⟩
→ **Nicolaus ⟨de Auximo⟩**

Nicolaus ⟨Aversanus⟩
13. Jh.
Nicht ident. mit dem Verf. des „Antidotarium Nicolai", Nicolaus ⟨Salernitanus⟩
LMA,VI,1177; VL(2),6,1135
Aversanus, Nicolaus
Nikolaus ⟨Aversanus⟩
Nikolaus ⟨von Aversa⟩

Nicolaus ⟨Awer de Swinndach⟩
um 1452 · OSB
Abbreviatio lecturae Mellicensis Nicolai de Dinkelsbühl
Stegmüller, Repert. sentent. 558
Awer, Nicolaus
Awer de Swinndach, Nicolaus
Nicolaus ⟨Awer⟩
Nicolaus ⟨Awer de Swindach⟩
Nicolaus ⟨de Swinndach⟩
Swinndach, Nicolaus ¬de¬

Nicolaus ⟨Aymerich⟩
→ **Nicolaus ⟨Eymericus⟩**

Nicolaus ⟨Baiardus⟩
→ **Nicolaus ⟨de Byarto⟩**

Nicolaus ⟨Baptistae de Pisis⟩
→ **Nicolaus ⟨de Pisis⟩**

Nicolaus ⟨Bertatius⟩
→ **Nicolaus ⟨Bertrucius⟩**

Nicolaus ⟨Bertrucius⟩
gest. 1347
LMA,I,2045
Bertrucci, Nicola
Bertruccio, Niccoló
Bertruccio, Niccolò
Bertruccio, Nicola
Bertruccius ⟨Lipsiensis⟩
Bertrucius, Nicolaus
Bertrusius ⟨Medicus⟩
Bertucci, Niccoló
Bertucci, Niccolò
Bertuccio, Niccollo
Bertuccio, Nicola
Niccolo ⟨Bertruccio⟩
Niccolo ⟨Vertuzzo⟩
Nicolaus ⟨Bertatius⟩
Nicolaus ⟨Bertruccius⟩
Nicolaus ⟨Bertrusius⟩
Nicolaus ⟨Bertuccius⟩

Nicolaus ⟨Bessarion⟩
→ **Bessarion**

Nicolaus ⟨Biard⟩
→ **Nicolaus ⟨de Byarto⟩**

Nicolaus ⟨Biceps⟩
um 1377/81 · OP
Stegmüller, Repert. sentent. 559
Biceps, Nicolaus
Mikulás ⟨Biceps⟩

Nicolaus ⟨Bituntinus⟩
→ **Nicolaus ⟨de Butrinto⟩**

Nicolaus ⟨Blauenstein⟩
→ **Gerung, Nicolaus**

Nicolaus ⟨Blony⟩
→ **Nicolaus ⟨de Blonie⟩**

Nicolaus ⟨Boccassinus⟩
→ **Benedictus ⟨Papa, XI.⟩**

Nicolaus ⟨Bonaspes⟩
→ **Bonaspes, Nicolaus**

Nicolaus ⟨Bonet⟩
→ **Nicolaus ⟨Bonetus⟩**

Nicolaus ⟨Bonetus⟩
gest. 1360 · OFM
Praedicamenta; Philosophia naturalis (I-VIII); Metaphysica (I-IX); etc.
Lohr; Stegmüller, Repert. bibl. 5692; LMA,VI,1177/78
Bonet, Nicolas
Bonetti, Niccolò
Bonetus, Nicolaus
Niccolò ⟨Bonetti⟩
Nicolas ⟨Bonet⟩
Nicolaus ⟨Bonet⟩
Nicolaus ⟨Bonetus Hispanus⟩
Nicolaus ⟨Bovet⟩
Nicolaus ⟨Doctor Proficuus⟩
Nikolaus ⟨Bonetus⟩

Nicolaus ⟨Bonetus Hispanus⟩
→ **Nicolaus ⟨Bonetus⟩**

Nicolaus ⟨Borghesi⟩
→ **Borghesi, Nicolaus**

Nicolaus ⟨Botleshamensis⟩
→ **Nicolaus ⟨de Botlesham⟩**

Nicolaus ⟨Botrontinus⟩
→ **Nicolaus ⟨de Butrinto⟩**

Nicolaus ⟨Bottenbach⟩
→ **Nicolaus ⟨de Siegen⟩**

Nicolaus ⟨Bovet⟩
→ **Nicolaus ⟨Bonetus⟩**

Nicolaus ⟨Braiacensis⟩
→ **Nicolaus ⟨de Braia⟩**

Nicolaus ⟨Brixiensis⟩
→ **Nicolaus ⟨de Cusa⟩**

Nicolaus ⟨Brunensis⟩
→ **Nicolaus ⟨de Wrmnith⟩**

Nicolaus ⟨Burgensius⟩
→ **Borghesi, Nicolaus**

Nicolaus ⟨Burgmann⟩
→ **Burgmann, Nicolaus**

Nicolaus ⟨Buthrotus⟩
→ **Nicolaus ⟨de Butrinto⟩**

Nicolaus ⟨Cabasilas⟩
ca. 1320 – 1391
Tusculum-Lexikon; LThK; LMA,V,845/46
Cabasilas, Nicolaus
Chamaetes, Nicolaus
Kabasilas, Nikolaos
Kabasilas, Nikolaus
Nicholas ⟨Cabasilas⟩
Nicholas ⟨of Thessalonica⟩
Nicola ⟨Cabasila⟩
Nicolas ⟨Cabasilas⟩
Nicolaus ⟨Archiepiscopus⟩
Nicolaus ⟨Chamaetes⟩
Nicolaus ⟨Thessalonicensis⟩
Nikolaos ⟨Chamaetos⟩
Nikolaos ⟨Kabasilas⟩
Nikolaus ⟨Kabasilas⟩

Nicolaus ⟨Calaber⟩
→ **Nicolaus ⟨Rheginus⟩**

Nicolaus ⟨Calciuri⟩
→ **Calciuri, Niccolò**

Nicolaus ⟨Callicles⟩
11./12. Jh.
Tusculum-Lexikon; CSGL; LMA,V,874
Callicles, Nicolaus
Kalliklēs, Nikolaos
Nicola ⟨Callicle⟩
Nicolaus ⟨Archiater⟩
Nikolaos ⟨Kalliklēs⟩

Nicolaus ⟨Canonicus⟩
→ **Nicolaus ⟨Ambianensis⟩**
→ **Nicolaus ⟨Maniacucius⟩**
→ **Nicolaus ⟨Varsaviensis⟩**

Nicolaus ⟨Canonicus Regularis Coenobii Cantipratani⟩
→ **Nicolaus ⟨Cantipratanus⟩**

Nicolaus ⟨Canonicus Sanctae Mariae et Sancti Lamberti⟩
→ **Nicolaus ⟨Leodiensis⟩**

Nicolaus ⟨Cantalupus⟩
→ **Cantalupus, Nicolaus**

Nicolaus ⟨Cantipratanus⟩
um 1240
Vita S. Mariae Oigniac. (supplement)
Potth. 850
Nicolas ⟨Chanoine Régulier à Cantimpré⟩
Nicolas ⟨de Cantimpré⟩
Nicolaus ⟨Canonicus Regularis Coenobii Cantipratani⟩

Nicolaus ⟨Cantolupus⟩
→ **Cantalupus, Nicolaus**

Nicolaus ⟨Capellanus⟩
→ **Nicolaus ⟨Eymericus⟩**

Nicolaus ⟨Capuanus⟩
um 1415 · OSB
Opusculum de officiis
Capuanus, Nicolaus
Nicolas ⟨de Capoue⟩
Nicolaus ⟨de Sanctis, Capuanus⟩
Nicolaus ⟨Presbyter⟩
Nikolaus ⟨von Capua⟩

Nicolaus ⟨Caracciolus⟩
→ **Caracciolo, Nicolaus Moschinus**

Nicolaus ⟨Cardinal⟩
→ **Caracciolo, Nicolaus Moschinus**

Nicolaus ⟨Carnotensis⟩
→ **Nicolaus ⟨de Carnoto⟩**

Nicolaus ⟨Cecati⟩
→ **Nicolaus ⟨Fortiguerra⟩**

Nicolaus ⟨Cenomanensis⟩
→ **Nicolaus ⟨de Gorra⟩**

Nicolaus ⟨Chalcocondyles⟩
→ **Laonicus ⟨Chalcocondyles⟩**

Nicolaus ⟨Chamaetes⟩
→ **Nicolaus ⟨Cabasilas⟩**

Nicolaus ⟨Chenton⟩
→ **Nicolaus ⟨Kenton⟩**

Nicolaus ⟨Chrypffs⟩
→ **Nicolaus ⟨de Cusa⟩**

Nicolaus ⟨Chrysopolita⟩
→ **Nicolaus ⟨de Bisuntino⟩**

Nicolaus ⟨Cirvemensis⟩
→ **Nicolaus ⟨Varsaviensis⟩**

Nicolaus ⟨Cisterciensis⟩
→ **Nicolaus ⟨de Sancta Cruce⟩**
→ **Nicolaus ⟨Vischel⟩**

Nicolaus ⟨Claraevallensis⟩
gest. ca. 1175/78 · OCist
Epistulae; Sermones
LThK; CSGL
Nicholas ⟨of Clairvaux⟩
Nicolas ⟨Cistercien⟩
Nicolas ⟨de Clairvaux⟩
Nicolas ⟨of Clairvaux⟩
Nicolas ⟨Secretaire de Saint Bernard⟩
Nicolaus ⟨Aremarensis⟩
Nicolaus ⟨de Clairvaux⟩
Nicolaus ⟨de Montiéramey⟩
Nicolaus ⟨Moine de Clairvaux⟩
Nikolaus ⟨Sekretär⟩
Nikolaus ⟨von Clairvaux⟩
Nikolaus ⟨von Montiéramey⟩

Nicolaus ⟨Clemangis⟩
→ **Nicolaus ⟨de Clemangiis⟩**

Nicolaus ⟨Clopper⟩
→ **Clopper, Nicolaus**

Nicolaus ⟨Coch⟩
gest. 1451 · OCarm
Gen.
Stegmüller, Repert. bibl. 5700
Coch, Nicolas
Coch, Nicolaus
Nicolas ⟨Coch⟩
Nicolaus ⟨Provincialis Provinciae Narbonensis⟩

Nicolaus ⟨Colesonius⟩
→ **Nicolaus ⟨de Clemangiis⟩**

Nicolaus ⟨Conodunus⟩
→ **Nicolaus ⟨Kenton⟩**

Nicolaus ⟨Constantinopolitanus⟩
→ **Nicolaus ⟨Grammaticus⟩**
→ **Nicolaus ⟨Muzalo⟩**
→ **Nicolaus ⟨Mysticus⟩**

Nicolaus ⟨Cornetanus⟩
→ **Nicolaus ⟨de Sconciliato⟩**

Nicolaus ⟨Cornubiensis⟩
13. Jh.
In librum Porphyrii
Lohr
Nicholaus ⟨of Cornwall⟩

Nicolaus ⟨Cosmidius⟩
→ **Nicolaus ⟨Muzalo⟩**

Nicolaus ⟨Criffts⟩
→ **Nicolaus ⟨de Cusa⟩**

Nicolaus ⟨Crutzenacensis⟩
→ **Nicolaus ⟨de Alsentia⟩**
→ **Nicolaus ⟨de Kreuznach⟩**

Nicolaus ⟨Cryfts⟩
→ **Nicolaus ⟨de Cusa⟩**

Nicolaus ⟨Cusanus⟩
→ **Nicolaus ⟨de Cusa⟩**

Nicolaus ⟨Custor⟩
→ **Klaus ⟨der Schirmer⟩**

Nicolaus ⟨Cyprius⟩
→ **Nicolaus ⟨Muzalo⟩**

Nicolaus ⟨da Casola⟩
→ **Nicola ⟨da Casola⟩**

Nicolaus ⟨Dacus⟩
→ **Nicolaus ⟨de Dacia⟩**

Nicolaus ⟨d'Aymo⟩
→ **Nicolaus ⟨de Aymo⟩**

Nicolaus ⟨de Alba Ripa⟩
→ **Nicolaus ⟨de la Ferté⟩**

Nicolaus ⟨de Albertinis⟩
→ **Nicolaus ⟨Pratensis⟩**

Nicolaus ⟨de Alsentia⟩
um 1495 · OCarm
Exod.; Apoc.; In officium missae et canonis; nicht identisch mit Nicolaus ⟨de Kreuznach⟩ (gest. 1491)
Stegmüller, Repert. bibl. 5666;5667
Alsentia, Nicolaus ¬de¬
Nicolas ⟨de Kreuznach⟩
Nicolas ⟨d'Alsentia⟩
Nicolaus ⟨Crutzenacensis⟩
Nicolaus ⟨de Alsenz⟩

Nicolaus ⟨de Alsenz⟩
→ **Nicolaus ⟨de Alsentia⟩**

Nicolaus ⟨de Altricuria⟩
ca. 1300 – ca. 1350
LMA,VI,1177
Altricuria, Nicolaus ¬de¬
Nicholas ⟨of Autrecourt⟩
Nicolas ⟨d'Autrecourt⟩
Nicolaus ⟨de Autricula⟩
Nicolaus ⟨de Ultricuria⟩
Nicolaus ⟨of Autrecourt⟩
Nikolaus ⟨von Autrecourt⟩

Nicolaus ⟨de Amiens⟩
→ **Nicolaus ⟨Ambianensis⟩**

Nicolaus ⟨de Amsterdam⟩
gest. ca. 1460
Exercitium novae logicae; Quaestiones Metaphysicae; Quaestiones super librum Physicorum; Comment. in librum III De anima Aristotelis
Lohr; Schönberger/Kible, Repertorium, 15587/15588
Amsterdam, Nicolaus ¬de¬
Nicolas ⟨d'Amsterdam⟩
Nicolaus ⟨Amsteldamis⟩
Nicolaus ⟨Amstelodamensis⟩
Nicolaus ⟨Amsterdam⟩
Nicolaus ⟨de Amstellerdam⟩
Nicolaus ⟨Theoderici⟩
Nicolaus ⟨Theoderici de Amsterdam⟩
Nicolaus ⟨von Amsterdam⟩
Nicus ⟨de Amstellerdam⟩

Nicolaus ⟨de Amusmo⟩
→ **Nicolaus ⟨de Auximo⟩**

Nicolaus ⟨de Anesiaco⟩
um 1307/21 · OP
Tabulae super Decretum, Decretales, Sextum et Clementinas
Kaeppeli,III,141/143
Anesiaco, Nicolaus ¬de¬
Nicolas ⟨de Anesiaco⟩
Nicolas ⟨d'Ennezat⟩
Nicolaus ⟨de Annesiaco⟩

Nicolaus ⟨de Anglia⟩
→ **Nicolaus ⟨de Ockham⟩**

Nicolaus ⟨de Anglia⟩
um 1402 · OP
Quaestio disp. de imprestitis quae fiunt Venetiis
Kaeppeli,III,143
Anglia, Nicolaus ¬de¬
Nicholas ⟨de Anglia⟩
Nicolaus ⟨Magister Studentium in Conventu Patavino Sancti Augustini⟩

Nicolaus ⟨de Annesiaco⟩
→ **Nicolaus ⟨de Anesiaco⟩**

Nicolaus ⟨de Aquaevilla⟩
um 1317 · OFM
Sermones dominicales
Schneyer,IV,189
Aquae Villa, Nicolaus ¬de¬
Aquaevilla, Nicolaus ¬de¬
Nicolas ⟨d'Hacqueville⟩
Nicolaus ⟨ab Aquavilla⟩
Nicolaus ⟨Aquaevillanus⟩
Nicolaus ⟨de Aquae Villa⟩
Nicolaus ⟨de Aquavilla⟩
Nicolaus ⟨de Hanquevilla⟩
Nicolaus ⟨de Haqueville⟩
Nicolaus ⟨de Waterton⟩

Nicolaus ⟨de Aquila⟩
→ **Nicolaus ⟨de Paganica⟩**

Nicolaus ⟨de Aquilone⟩
→ **Nicolaus ⟨de Troia⟩**

Nicolaus ⟨de Argentina⟩
→ **Kempf, Nicolaus**
→ **Nicolaus ⟨de Gmunden⟩**

Nicolaus ⟨de Argentina⟩
gest. ca. 1326 · OP
Summa philosophiae; De adventu Christi et Antichristi et fine mundi; nicht identisch mit Kempf, Nicolaus
VL(2),6,1153/62; LThK; LMA,VI,1187/88
Argentina, Nicolaus ¬de¬
Nicolas ⟨de Strasbourg⟩
Nicolaus ⟨Argentoratensis⟩
Nicolaus ⟨Strasburgensis⟩
Nicolaus ⟨von Straßburg⟩
Nikolaus ⟨von Straßburg⟩

Nicolaus ⟨de Arimino⟩
um 1413/33 · OFM
Vita et miracula B. Raynaldi Ravennatis Archiepiscopi; De praedicamentis
Lohr; Potth. 851
Arimino, Nicolaus ¬de¬
Nicolas ⟨de Rimini⟩
Nicolaus ⟨Ariminensis⟩
Nicolaus ⟨de Rimini⟩

Nicolaus ⟨de Asculo⟩
um 1330/42 · OP
Luc. moralitates; Compendium logicae; Commentarii super totam artem veterem; etc.
Stegmüller, Repert. bibl. 6005; Schneyer,IV,205; Lohr
Ascoli, Nicolaus ¬de¬
Nicolas ⟨d'Ascoli⟩
Nicolaus ⟨Asculanus⟩
Nicolaus ⟨de Ascoli⟩
Nicolaus ⟨de Esculo⟩
Nicolaus ⟨Nicolucci de Ascoli⟩
Nicolaus ⟨Nicolucius⟩
Nicolaus ⟨Nicolucius de Ascoli⟩
Nicolaus ⟨Nicolucius Jacobi⟩
Nicolocius ⟨Jacobi⟩
Nicoluccio ⟨di Ascoli⟩
Nicolucius ⟨d'Ascoli⟩
Nicolucius, Nicolaus
Nicolucius de Ascoli, Nicolaus
Nicolutius ⟨Asculanus⟩
Nicolutius ⟨Esculanus⟩
Pseudo-Nicolutius ⟨Asculanus⟩

Nicolaus ⟨de Aston⟩
→ **Nicolaus ⟨Aston⟩**

Nicolaus ⟨de Aurelia⟩
um 1271
Sermones
Schneyer,IV,228
Aurelia, Nicolaus ¬de¬
Nicolaus ⟨Aurelianus⟩
Nicolaus ⟨de Aureliano⟩
Nicolaus ⟨d'Orléans⟩

Nicolaus ⟨de Aureliano⟩
→ **Nicolaus ⟨de Aurelia⟩**

Nicolaus ⟨de Ausimo⟩
→ **Nicolaus ⟨de Auximo⟩**

Nicolaus ⟨de Autricula⟩
→ **Nicolaus ⟨de Altricuria⟩**

Nicolaus ⟨de Auximo⟩
gest. 1446 · OFM
Suppl. Summae casuum
LThK; CSGL; LMA,VI,1186
Auximo, Nicolaus ¬de¬
Niccolò ⟨da Osimo⟩
Nicholas ⟨of Osimo⟩
Nicolas ⟨de Ausimo⟩
Nicolas ⟨d'Osimo⟩
Nicolaus ⟨ab Ausmo⟩
Nicolaus ⟨Auximanus⟩
Nicolaus ⟨de Amusmo⟩
Nicolaus ⟨de Ausimo⟩
Nicolaus ⟨de Ausmo⟩
Nicolaus ⟨de Osimo⟩
Nicolaus ⟨of Osimo⟩
Nikolaus ⟨von Osimo⟩
Osimo, Nicolaus ¬of¬

Nicolaus ⟨de Aymo⟩
um 1426/53 · OP
Interrogatorium constructionum grammaticalium
Kaeppeli,III,147
Aymo, Nicolaus ¬de¬
Nicolas ⟨de Lecce⟩
Nicolas ⟨d'Aymo⟩
Nicolaus ⟨de Aymo de Licio⟩
Nicolaus ⟨de Licio⟩
Nicolaus ⟨d'Aymo⟩

Nicolaus ⟨de Basilea⟩
→ **Nikolaus ⟨von Basel⟩**

Nicolaus ⟨de Beccariis⟩
→ **Beccariis, Nicolaus ¬de¬**

Nicolaus ⟨de Benagis⟩
→ **Nicolaus ⟨de Hanapis⟩**

Nicolaus ⟨de Besançon⟩
→ **Nicolaus ⟨de Bisuntino⟩**

Nicolaus ⟨de Biardo⟩
→ **Nicolaus ⟨de Byarto⟩**

Nicolaus ⟨de Bibera⟩
gest. ca. 1307
Carmen satiricum
LThK; Tusculum-Lexikon; LMA,VI,1132; VL(2),6,1041/46
Bibera, Nicolaus ¬de¬
Nicolas ⟨de Bibera⟩
Nicolaus ⟨Erfordensis⟩
Nicolaus ⟨Occultus⟩
Nicolaus ⟨von Biberach⟩
Nicolaus ⟨von Bibra⟩
Nikolaus ⟨von Bibra⟩

Nicolaus ⟨de Biordo⟩
→ **Nicolaus ⟨de Byarto⟩**

Nicolaus ⟨de Bisuntino⟩
gest. 1235
Unum ex quattuor seu concordia evangelistarum et desuper expositio continua
Stegmüller, Repert. bibl. 5699,1;5699,2; Schneyer,IV,252
Bisuntino, Nicolaus ¬de¬
Nicolas ⟨Archevêque de Besançon⟩

Nicolas ⟨de Besançon⟩
Nicolas ⟨de Flavigny⟩
Nicolas ⟨de Langres⟩
Nicolas ⟨Doyen de Langres⟩
Nicolaus ⟨Chrysopolita⟩
Nicolaus ⟨Chrysopolita de Flavigny⟩
Nicolaus ⟨Chrysopolita de Flaviniaco⟩
Nicolaus ⟨de Besançon⟩
Nicolaus ⟨de Flavigny⟩
Nicolaus ⟨de Flaviniaco⟩

Nicolaus ⟨de Blonie⟩
15. Jh.
Viridarius (Verfasserschaft des Nicolaus ⟨de Blonie⟩ nicht gesichert)
Schneyer, Winke, 63
Blonie, Nicolaus ¬de¬
Mikolaj ⟨z Blonia⟩
Nicolas ⟨de Blonie⟩
Nicolaus ⟨Blony⟩
Nicolaus ⟨de Polonia⟩

Nicolaus ⟨de Blovie⟩
→ **Nicolaus ⟨de Plove⟩**

Nicolaus ⟨de Bohemia⟩
→ **Nicolaus ⟨de Polonia⟩**
→ **Nicolaus ⟨de Wrmnith⟩**

Nicolaus ⟨de Botlesham⟩
gest. ca. 1437 · OCarm
In cantica Aelredi de Rievalle
Stegmüller, Repert. bibl. 5692,1
Botlesham, Nicolaus ¬de¬
Nicolas ⟨de Bottisham⟩
Nicolaus ⟨Bothleshamus⟩
Nicolaus ⟨Botleshamensis⟩
Nicolaus ⟨Botleshamus⟩

Nicolaus ⟨de Braia⟩
gest. ca. 1230
Carmen de gestis Ludovici VIII
LMA,VI,1132/33; Potth. 851
Braia, Nicolaus ¬de¬
Nicolas ⟨de Bray⟩
Nicolas ⟨de Braye⟩
Nicolaus ⟨Braiacensis⟩
Nicolaus ⟨Braviacensis⟩
Nicolaus ⟨de Brava⟩
Nicolaus ⟨de Braya⟩

Nicolaus ⟨de Brega⟩
→ **Nicolaus ⟨Tempelfeld de Brega⟩**

Nicolaus ⟨de Briatho⟩
→ **Nicolaus ⟨de Byarto⟩**

Nicolaus ⟨de Broido⟩
→ **Nicolaus ⟨de Byarto⟩**

Nicolaus ⟨de Brünn⟩
→ **Nicolaus ⟨de Wrmnith⟩**

Nicolaus ⟨de Butrinto⟩
gest. 1316 · OP
Relatio de itinere italico Henrici VII imperatoris ad Clementem V
Kaeppeli,III,175/176; LThK; Tusculum-Lexikon
Butrinto, Nicolaus ¬de¬
Niccolò ⟨di Butrinto⟩
Nicolas ⟨de Butrinto⟩
Nicolaus ⟨Bituntinus⟩
Nicolaus ⟨Botrontinensis⟩
Nicolaus ⟨Botrontinus⟩
Nicolaus ⟨Botrontinus Episcopus⟩
Nicolaus ⟨Buthrotus⟩
Nicolaus ⟨de Ligniaco⟩
Nicolaus ⟨von Butrinto⟩
Nicolaus ⟨von Ligny⟩
Nikolaus ⟨von Butrinto⟩
Nikolaus ⟨von Ligny⟩

Nicolaus ⟨de Byarto⟩
13. Jh. · OFM
Summa de abstinentia; Distinctiones; Sermones
Kaeppeli,III,148/152; CSGL
Biard, Nicolaus ¬de¬
Byard, Nicolaus ¬de¬
Byarto, Nicolaus ¬de¬
Nicolas ⟨de Biard⟩
Nicolas ⟨de Byart⟩
Nicolaus ⟨Baiardus⟩
Nicolaus ⟨Bajardus⟩
Nicolaus ⟨Biard⟩
Nicolaus ⟨de Biard⟩
Nicolaus ⟨de Biardo⟩
Nicolaus ⟨de Biordo⟩
Nicolaus ⟨de Briacho⟩
Nicolaus ⟨de Briatho⟩
Nicolaus ⟨de Broido⟩
Nicolaus ⟨de Byard⟩
Nicolaus ⟨de Byardo⟩
Nicolaus ⟨de Byardo Gallicus⟩
Nicolaus ⟨de Byartho⟩
Nicolaus ⟨de Viardo⟩

Nicolaus ⟨de Bylina⟩
→ **Mikołaj Bylina ⟨z Leszczyn⟩**

Nicolaus ⟨de Canapis⟩
→ **Nicolaus ⟨de Hanapis⟩**

Nicolaus ⟨de Carbio⟩
→ **Nicolaus ⟨de Curbio⟩**

Nicolaus ⟨de Carnoto⟩
13./14. Jh.
Liber inquaestarum
Carnoto, Nicolaus ¬de¬
Nicolas ⟨de Chartres⟩
Nicolas ⟨de Coutances⟩
Nicolaus ⟨Carnotensis⟩

Nicolaus ⟨de Casulis⟩
ca. 1155/60 – 1235
LMA,VI,1167/68
Casulis, Nicolaus ¬de¬
Nectarius ⟨Casulanus⟩
Nectarius ⟨de Casulis⟩
Nektarios ⟨von Casole⟩
Nektarios ⟨von Otranto⟩
Nettario ⟨di Casole⟩
Nicola ⟨di Otranto⟩
Nicola ⟨d'Otranto⟩
Nicolas ⟨d'Otrante⟩
Nicolaus ⟨Ydrontinus⟩
Nicolaus Nectarius ⟨de Casulis⟩
Nikolaos ⟨von Hydruntum⟩
Nikolaos ⟨von Hydrus⟩
Nikolaos ⟨von Otranto⟩
Nikolaus ⟨von Otranto⟩
Nikolaus Nektarius ⟨von Casole⟩
Nikolaus Nektarius ⟨von Otranto⟩

Nicolaus ⟨de Cerruc⟩
→ **Nicolaus ⟨Dresdensis⟩**

Nicolaus ⟨de Clairvaux⟩
→ **Nicolaus ⟨Claraevallensis⟩**

Nicolaus ⟨de Clemangiis⟩
ca. 1360 – 1437
De corrupto Ecclesiae statu
LThK; CSGL; Tusculum-Lexikon; LMA,VI,1131/32
Clamanges, Nicolas ¬de¬
Clamengiis, Nicolaus ¬de¬
Clémanges, Matthieu-Nicolas ¬de¬
Clemangiis, Nicolaus ¬de¬
Clemangis, Nicolaus ¬de¬
Clemangius, Nicolaus
Clemenges, Nicolaus ¬de¬
Clemengiis, Nicolaus ¬de¬
Matthieu-Nicolas ⟨de Clémanges⟩
Nicholas ⟨de Clamange⟩
Nicholas ⟨of Clémanges⟩
Nicola ⟨di Clémanges⟩
Nicola ⟨Poillevilain⟩
Nicolas ⟨de Clamanges⟩
Nicolas ⟨de Clémanges⟩
Nicolas ⟨Poillevilain⟩
Nicolaus ⟨Clemangis⟩
Nicolaus ⟨Colesonius⟩
Nicolaus ⟨de Clamanges⟩
Nicolaus ⟨de Clamengiis⟩
Nicolaus ⟨de Clémanges⟩
Nicolaus ⟨de Clemangis⟩
Nicolaus ⟨de Coleçon⟩
Nicolaus ⟨Poillevillain⟩
Nicolaus ⟨von Clémanges⟩
Nikolaus ⟨von Clémanges⟩

Nicolaus ⟨de Coleçon⟩
→ **Nicolaus ⟨de Clemangiis⟩**

Nicolaus ⟨de Collecorvino⟩
um 1337 · OP
Corvina super Decretum Gratiani
Kaeppeli,III,153
Collecorvino, Nicolaus ¬de¬
Nicolaus ⟨de Colle Corvino⟩
Nicolaus ⟨de Corbino⟩

Nicolaus ⟨de Corneto⟩
→ **Nicolaus ⟨de Sconciliato⟩**

Nicolaus ⟨de Corregio⟩
→ **Niccolò ⟨da Correggio⟩**

Nicolaus ⟨de Cotrone⟩
gest. ca. 1260
Liber de fide trinitatis
Schönberger/Kible, Repertorium, 15903
Cotrone, Nicolaus ¬de¬

Nicolaus ⟨de Crutzenach⟩
→ **Nicolaus ⟨de Kreuznach⟩**

Nicolaus ⟨de Cues⟩
→ **Nicolaus ⟨de Cusa⟩**

Nicolaus ⟨de Curbio⟩
gest. 1247
Vita v. Innozenz IV.
Curbio, Nicolaus ¬de¬
Niccolò ⟨da Calvi⟩
Nicolas ⟨de Calvi⟩
Nicolas ⟨l'Anglais⟩
Nicolaus ⟨Asisinatensis⟩
Nicolaus ⟨de Carbio⟩

Nicolaus ⟨de Cusa⟩
1401 – 1464
Tusculum-Lexikon; LThK; LMA,VI,1181/84
Cryftz, Nicolas
Cues, Nicolaus ¬von¬
Cusa, Nicolaus ¬de¬
Cusanus, Nicolas
Cusanus, Nicolaus
Khrypffs, Nicolas
Khrypffs, Nicolaus
Koebs, Nicolas
Krebs, Nikolaus
Kusa, Nicolas
Niccolò ⟨Cusano⟩
Niccolò ⟨da Cusa⟩
Nicholas ⟨de Cues⟩
Nicholas ⟨of Cusa⟩
Nicola ⟨de Cusa⟩
Nicolaas ⟨van Cues⟩
Nicolaas ⟨van Cusa⟩
Nicolaas ⟨van Kues⟩
Nicolas ⟨de Cues⟩
Nicolas ⟨de Cuse⟩
Nicolás ⟨Krebs de Cusa⟩
Nicolaus ⟨Brixiensis⟩
Nicolaus ⟨Chrypffs⟩
Nicolaus ⟨Chrypfts⟩
Nicolaus ⟨Chrypftz⟩
Nicolaus ⟨Criffts⟩
Nicolaus ⟨Cryfts⟩
Nicolaus ⟨Cusanus⟩
Nicolaus ⟨de Cues⟩
Nicolaus ⟨Khryppfs⟩
Nicolaus ⟨Krebs⟩
Nicolaus ⟨Trevelirensis⟩
Nicolaus ⟨Treverensis⟩
Nicolaus ⟨Trevirensis⟩
Nicolaus ⟨von Cues⟩
Nicolaus ⟨von Cusa⟩
Nikolaus ⟨Krebs von Kues⟩
Nikolaus ⟨von Cues⟩
Nikolaus ⟨von Kues⟩

Nicolaus ⟨de Dacia⟩
→ **Nicolaus ⟨Drukken de Dacia⟩**

Nicolaus ⟨de Dacia⟩
um 1270/85 · OP
Nicht identisch mit Nicolaus ⟨de Dacia, Hungarus⟩
Schneyer,IV,253; Kaeppeli,III,153/154
Dacia, Nicolaus ¬de¬
Nicolas ⟨de Dacia⟩
Nicolas ⟨de Danemark⟩
Nicolas ⟨de Danemark, Dominicain⟩
Nicolas ⟨le Danois⟩
Nicolaus ⟨Dacus⟩
Nicolaus ⟨de Dacia, Magister Parisiensis⟩
Nicolaus ⟨de Dacia, OP⟩
Nicolaus ⟨de Dänemark⟩
Nicolaus ⟨de Dänemark, OP⟩

Nicolaus ⟨de Dacia, Drukkur⟩
→ **Nicolaus ⟨Drukken de Dacia⟩**

Nicolaus ⟨de Dacia, Hungarus⟩
gest. ca. 1470 · OP
Liber anaglypharum astronomiae; nicht identisch mit Nicolaus ⟨de Dacia⟩ (um 1270/85)
Kaeppeli,III,153/154
Dacia, Nicolaus ¬de¬
Nicolas ⟨Astronome⟩
Nicolas ⟨de Dacie⟩
Nicolas ⟨de Dacie, Astronome⟩
Nicolas ⟨de Dacie, Médecin Hongrois⟩
Nicolas ⟨Dominicain Hongrois⟩
Nicolaus ⟨de Dacia⟩
Nicolaus ⟨de Dacia, OP⟩

Nicolaus ⟨de Dale⟩
um 1292/1303 · OP
Schneyer,IV,253
Dale, Nicolaus ¬de¬
Nicolaus ⟨de Dale Anglicus⟩
Nicolaus ⟨de Tale⟩

Nicolaus ⟨de Danzig⟩
→ **Nicolaus ⟨Lakmann⟩**

Nicolaus ⟨de Deoprepio⟩
→ **Nicolaus ⟨Rheginus⟩**

Nicolaus ⟨de Dinkelspuhel⟩
ca. 1360 – 1433
LThK; CSGL; Tusculum-Lexikon; LMA,VI,1178
Dinkelspuhel, Nicolaus ¬de¬
Nicolaus ⟨de Dinkelsbuel⟩
Nicolaus ⟨de Dinkelsbühl⟩
Nicolaus ⟨de Dinkspuchel⟩
Nicolaus ⟨de Dunckelspuel⟩
Nicolaus ⟨de Dunckelspul⟩
Nicolaus ⟨de Dynkelspiel⟩
Nicolaus ⟨Dinckelspuhliensis⟩
Nicolaus ⟨Pruntzelin de Dinkelsbühl⟩
Nicolaus ⟨Pruntzlein⟩
Nicolaus ⟨Pruntzlein Dinkelsbuhliensis⟩
Nicolaus ⟨Pruntzlin de Dinkelsbühl⟩
Nikolas ⟨van Dinkelsbühl⟩
Nikolaus ⟨Prunczlein⟩
Nikolaus ⟨Prunczlein von Dinkelsbühl⟩
Nikolaus ⟨Prunzlein von Dinkelsbühl⟩
Nikolaus ⟨von Dinckelspuel⟩
Nikolaus ⟨von Dinckelspul⟩
Nikolaus ⟨von Dinckspüchel⟩
Nikolaus ⟨von Dinkelsbühl⟩
Nikolaus ⟨von Dinkelspuhel⟩

Nicolaus ⟨de Donis⟩
→ **Nicolaus ⟨Germanus⟩**

Nicolaus ⟨de Dresda⟩
→ **Nicolaus ⟨Dresdensis⟩**

Nicolaus ⟨de Duiveland⟩
→ **Nicolaus ⟨de Duvelandia⟩**

Nicolaus ⟨de Dunckelspul⟩
→ **Nicolaus ⟨de Dinkelspuhel⟩**

Nicolaus ⟨de Duvelandia⟩
um 1431/43 · OP
Questio principalis in Vesperiis
Duvelandia, Nicolaus ¬de¬
Nicolaus ⟨de Duiveland⟩

Nicolaus ⟨de Dybin⟩
um 1369/87
Oratio de beata Dorothea; Viaticus dictandi; Sporta florum rhetoricalium; etc.
LMA,III,1492; VL(2),6,1062/68
Dibin, Nikolaus ¬von¬
Dybin, Nicolaus ¬de¬
Dybin, Nikolaus ¬von¬
Dybinus
Dybinus ⟨Magister⟩
Nicolaus ⟨Dybinus⟩
Nikolaus ⟨Tibinus⟩
Nikolaus ⟨von Dibin⟩
Nikolaus ⟨von Dybin⟩
Nikolaus ⟨von Tybin⟩
Tibinus
Tibinus ⟨Magister⟩
Tybin, Nikolaus ¬von¬
Tybinus

Nicolaus ⟨de Dynkelspiel⟩
→ **Nicolaus ⟨de Dinkelspuhel⟩**

Nicolaus ⟨de Esculo⟩
→ **Nicolaus ⟨de Asculo⟩**

Nicolaus ⟨de Falckenstein⟩
→ **Lanckmannus, Nicolaus**

Nicolaus ⟨de Falconiis⟩
→ **Falcuccius, Nicolaus**

Nicolaus ⟨de Fara⟩
um 1477 · OFM
Vita S. Johannis de Capistrano
Potth. 852
Fara, Nicolas
Fara, Nicolaus ¬de¬
Nicolas ⟨Fara⟩

Nicolaus ⟨de Farinula⟩
→ **Nicolaus ⟨de Freauville⟩**

Nicolaus ⟨de Ferrare⟩
→ **Beccariis, Nicolaus ¬de¬**

Nicolaus ⟨de Flavigny⟩
→ **Nicolaus ⟨de Bisuntino⟩**

Nicolaus ⟨de Freauville⟩
gest. 1324 · OP
Schneyer,IV,254
Freauville, Nicolaus ¬de¬
Nicolas ⟨de Freauville⟩
Nicolaus ⟨de Farinula⟩
Nicolaus ⟨de Freauvilla⟩
Nicolaus ⟨de Freavilla⟩
Nicolaus ⟨de Freuavilla⟩
Nicolaus ⟨Farinula⟩

Nicolaus ⟨de Frisinga⟩
um 1322 · OFM
Chronica (= De controversia paupertatis Christi)
Frisinga, Nicolaus ¬de¬
Nicholas ⟨Frater⟩
Nicholas ⟨of Freising⟩
Nicolas ⟨de Frising⟩
Nicolas ⟨le Minorite⟩
Nicolas ⟨Minorita⟩
Nicolaus ⟨de Frisinga, Minorita⟩
Nicolaus ⟨Minorita⟩

Nicolaus ⟨de Fulgineo⟩
→ **Nicolaus ⟨Tignosi de Fulgineo⟩**

Nicolaus ⟨de Gatecumbe⟩
um 1284/89
Schneyer,VI,254
Gatecumbe, Nicolaus ¬de¬

Nicolaus ⟨de Gmunden⟩
15. Jh.
Postilla in evangelia dominicalia
Schneyer, Winke, 43
Gmunden, Nicolaus ¬de¬
Nicolaus ⟨de Argentina⟩
Nicolaus ⟨de Kmunden⟩

Nicolaus ⟨de Gobyn⟩
→ **Nicolaus ⟨de Gubin⟩**

Nicolaus ⟨de Gorra⟩
13. Jh.
Identität mit Nicolaus ⟨de Tornaco⟩ (um 1226/39) umstritten; Commentaria
LThK; CSGL
Gorra, Nicolaus ¬de¬
Gorrain, Nicolaus ¬de¬
Gorranus, Nicolaus
Nicolas ⟨de Gorran⟩
Nicolas ⟨de Mans⟩
Nicolas ⟨de Tournai⟩
Nicolaus ⟨Cenomanensis⟩
Nicolaus ⟨de Gorena⟩
Nicolaus ⟨de Gorran⟩
Nicolaus ⟨de Gorron⟩
Nicolaus ⟨de Marinis⟩
Nicolaus ⟨du Mans⟩
Nicolaus ⟨Gallus⟩
Nicolaus ⟨Gorhamus⟩
Nicolaus ⟨Gorraeus⟩
Nicolaus ⟨Gorranus⟩
Nicolaus ⟨Gorraus⟩
Nicolaus ⟨Gorrenc⟩
Nicolaus ⟨Sanderus⟩
Nicolaus ⟨Tornacensis⟩
Nikolaus ⟨von Gorran⟩

Nicolaus ⟨de Gouderaen⟩
14. Jh.
Tractatus de stomacho
VL(2),6,1076/77
Gouda, Nikolaus ¬van¬
Gouderaen, Nicolaus ¬de¬
Nikolaus ⟨van Gouda⟩

Nicolaus ⟨de Graetz⟩
gest. 1444
Expositio in symbolum apostolorum
Stegmüller, Repert. bibl. 5813-5813,2
Graetz, Nicolaus ¬de¬
Nicolaus ⟨de Gratz⟩
Nicolaus ⟨de Gretz⟩
Nicolaus ⟨Gratz⟩

Nicolaus ⟨de Gubin⟩
gest. ca. 1392
Matth.
Stegmüller, Repert. bibl. 5814
Gubin, Nicolaus ¬de¬
Nicolaus ⟨de Gobyn⟩

Nicolaus ⟨de Hanapis⟩
gest. 1291
Virtutum vitiorumque exempla
LThK, CSGL
Hanapes, Nicolaus
Hanapis, Nicolaus ¬de¬
Hanapus, Nicolaus
Hannapes, Nicolaus ¬de¬
Niclas ⟨de Hannapes⟩
Nicolas ⟨de Hanappes⟩
Nicolas ⟨de Hannapes⟩
Nicolas ⟨de Hannappes⟩
Nicolaus ⟨Anapus⟩
Nicolaus ⟨de Benagis⟩
Nicolaus ⟨de Canapis⟩
Nicolaus ⟨de Hanapes⟩
Nicolaus ⟨de Hancinis⟩
Nicolaus ⟨de Hancipis⟩
Nicolaus ⟨de Hannapes⟩
Nicolaus ⟨Hanapus⟩
Nicolaus ⟨Hierosolymitanus⟩
Nikolaus ⟨von Hannapes⟩

Nicolaus ⟨de Hancinis⟩
→ **Nicolaus ⟨de Hanapis⟩**

Nicolaus ⟨de Hanquevilla⟩
→ **Nicolaus ⟨de Aquaevilla⟩**

Nicolaus ⟨de Harcileh⟩
um 1355 · OP
Judas
Stegmüller, Repert. bibl. 5819
Harcileh, Nicolaus ¬de¬
Nicolas ⟨d'Harcilech⟩
Nicolaus ⟨de Harcilech⟩
Nicolaus ⟨de Harcileg⟩
Nicolaus ⟨de Harcileg Friburgensis⟩
Nicolaus ⟨de Hartkilch⟩
Nicolaus ⟨de Hartkilch Friburgensis⟩
Nicolaus ⟨Friburgensis⟩
Nicolaus ⟨Teuto⟩

Nicolaus ⟨de Hartkilch⟩
→ **Nicolaus ⟨de Harcileh⟩**

Nicolaus ⟨de Heiligenkreuz⟩
→ **Nicolaus ⟨de Sancta Cruce⟩**

Nicolaus ⟨de Hereford⟩
→ **Nicolaus ⟨Herefordensis⟩**

Nicolaus ⟨de Hippone Regio⟩
→ **Lanckmannus, Nicolaus**

Nicolaus ⟨de Hittendorf⟩
um 1448
Positiones
Stegmüller, Repert. sentent. 1151
Hittendorf, Nicolaus ¬de¬
Nicolaus ⟨Schrick⟩
Nicolaus ⟨Schrick de Hittendorf⟩
Schrick, Nicolaus

Nicolaus ⟨de Horto Caeli⟩
15. Jh. · OSM
Interpretatio in libros Aristotelis De generatione et corruptione libri II (Verfasserschaft nicht gesichert; Werk wird auch Marsilius ⟨de Ingen⟩ zugeschrieben)
Lohr
Horto Caeli, Nicolaus ¬de¬
Nicolas ⟨de Horto Coeli⟩
Nicolaus ⟨de Orto Coeli⟩
Nicolaus ⟨de Ortoceli⟩
Ortoceli, Nicolaus ¬de¬

Nicolaus ⟨de Iamsilla⟩
13. Jh.
Historia de rebus gestis Friderici II.
Tusculum-Lexikon; LMA,VI,1133/34
Iamsilla, Nicolaus ¬de¬
Jamsilla, Niccolò ¬de¬
Niccolò ⟨de Jamsilla⟩
Nicolas ⟨de Jamsilla⟩
Nicolaus ⟨de Iamvilla⟩
Nicolaus ⟨de Jamsilla⟩
Nicolaus ⟨von Jamsilla⟩
Nikolaus ⟨von Jamsilla⟩

Nicolaus ⟨de Ipsa⟩
→ **Nicolaus ⟨Ratisbonensis⟩**

Nicolaus ⟨de Iuvenatio⟩
→ **Nicolaus ⟨Palea⟩**

Nicolaus ⟨de Jamsilla⟩
→ **Nicolaus ⟨de Iamsilla⟩**

Nicolaus ⟨de Jawor⟩
→ **Nicolaus ⟨Magni de Iawor⟩**

Nicolaus ⟨de Jeroschin⟩
→ **Nikolaus ⟨von Jeroschin⟩**

Nicolaus ⟨de Kmunden⟩
→ **Nicolaus ⟨de Gmunden⟩**

Nicolaus ⟨de Koszlow⟩
→ **Kozlowski, Nicolaus**

Nicolaus ⟨de Kreuznach⟩
gest. 1491
Commentarius in IV libros sententiarum; Orationes; Quaestiones; etc.; nicht identisch mit Nicolaus ⟨de Alsentia⟩ (um 1495)
Stegmüller, Repert. bibl. 5825;5826
Kreuznach, Nicolaus ¬de¬
Nicolas ⟨de Kreutznach⟩
Nicolas ⟨de Kreuznach⟩
Nicolas ⟨de Vienne⟩
Nicolas ⟨Theologus Viennensis⟩
Nicolas ⟨Viennensis⟩
Nicolaus ⟨Crutzenacensis⟩
Nicolaus ⟨de Crutzenach⟩

Nicolaus ⟨de la Ferté⟩
gest. 1299 · OCist
Schneyer,IV,254
Ferté, Nicolaus ¬de la¬
Nicolas ⟨Abbé d'Auberive⟩
Nicolas ⟨de la Ferté-sur-Aube⟩
Nicolas ⟨d'Auberive⟩
Nicolaus ⟨de Alba Ripa⟩
Nicolaus ⟨de la Ferté-sur-Aube⟩
Nicolaus ⟨de LaFerté⟩

Nicolaus ⟨de Lack⟩
14./15. Jh.
Schneyer,Winke,44
Lack, Nicolaus ¬de¬

Nicolaus ⟨de Laun⟩
→ **Nicolaus ⟨de Luna⟩**

Nicolaus ⟨de Laurentio⟩
→ **Rienzo, Cola ¬di¬**

Nicolaus ⟨de Lennea⟩
→ **Nicolaus ⟨de Linna⟩**

Nicolaus ⟨de Leuven⟩
→ **Nikolaus ⟨von Löwen⟩**

Nicolaus ⟨de Licio⟩
→ **Nicolaus ⟨de Aymo⟩**

Nicolaus ⟨de Ligniaco⟩
→ **Nicolaus ⟨de Butrinto⟩**

Nicolaus ⟨de Linna⟩
um 1386 · OCarm
LMA,VI,1184/85
Linna, Nicolaus ¬de¬
Nicholas ⟨of Lynn⟩
Nicholas ⟨of Lynne⟩
Nicolas ⟨de Linna⟩
Nicolas ⟨de Lynn⟩
Nicolaus ⟨de Lennea⟩
Nikolaus ⟨von Linn⟩
Nikolaus ⟨von Lynn⟩

Nicolaus ⟨de Lira⟩
→ **Nicolaus ⟨de Lyra⟩**

Nicolaus ⟨de Lisieux⟩
→ **Nicolaus ⟨Lexoviensis⟩**

Nicolaus ⟨de Longa Curia⟩
→ **Nicolaus ⟨de Nonancuria⟩**

Nicolaus ⟨de Lovanio⟩
→ **Nikolaus ⟨von Löwen⟩**

Nicolaus ⟨de Luna⟩
ca. 1300 – 1371 · OESA
Expositio litteralis super „Missus est"; nicht identisch mit Nicolaus ⟨de Praga⟩
Schneyer,IV,337; VL(2),6,1116/17
Luna, Nicolaus ¬de¬
Nicolaus ⟨de Laun⟩
Nicolaus ⟨de Láuny⟩
Nicolaus ⟨de Lun⟩
Nikolaus ⟨von Laun⟩
Nikolaus ⟨von Louny⟩

Nicolaus ⟨de Lutomisl⟩
→ **Mikuláš ⟨z Litomyšle⟩**

Nicolaus ⟨de Lyra⟩
ca. 1270 – 1349
LThK; CSGL; Tusculum-Lexikon; LMA,VI,1185
Lira, Nicolaus ¬de¬
Lyra, Nicolaus ¬de¬
Lyranus, Nicolaus
Nicholas ⟨de Lyra⟩
Nicholas ⟨of Lyra⟩
Nicolas ⟨de Lyre⟩
Nicolaus ⟨de Lira⟩
Nicolaus ⟨Lyranus⟩
Nicolaus ⟨Minor⟩
Nicolaus ⟨von Lyra⟩
Nikolaus ⟨von Lyra⟩
Nycolaus ⟨de Lyra⟩

Nicolaus ⟨de Mactarellis⟩
→ **Nicolaus ⟨Matarellus⟩**

Nicolaus ⟨de Marianis⟩
um 1353/63 · OP
Tract. de quarta funeralium
Kaeppeli,III,176
Mariani, Nicolas
Marianis, Nicolaus ¬de¬
Nicolas ⟨de Mantoue⟩
Nicolas ⟨Mariani⟩
Nicolaus ⟨de Marianis de Mantua⟩

Nicolaus ⟨de Marinis⟩
→ **Nicolaus ⟨de Gorra⟩**

Nicolaus ⟨de Mediolano⟩
13. Jh. · OP
Schneyer,IV,357
Mediolano, Nicolaus ¬de¬
Nicola ⟨da Milano⟩
Nicolaus ⟨Mediolanensis⟩

Nicolaus ⟨de Metri⟩
→ **Klaus ⟨von Matrei⟩**

Nicolaus ⟨de Mirabili⟩
→ **Mirabilis, Nicolaus**

Nicolaus ⟨de Modon⟩
→ **Nicolaus ⟨Methonensis⟩**

Nicolaus ⟨de Montibus⟩
14. Jh.
Commentarius in Sententias des Hugo ⟨de Novocastro⟩ wird in Hss. Madrid, Palacio, 512, Nicolaus ⟨de Montibus⟩ zugeschrieben
Stegmüller, Repert. sentent. 366
Montibus, Nicolaus ¬de¬

Nicolaus ⟨de Montiéramey⟩
→ **Nicolaus ⟨Claraevallensis⟩**

Nicolaus ⟨de Montigni⟩
um 1308 · OPraem
Historia monasterii Viconiensis (Forts. von 1217-1301)
Potth. 614
Montigni, Nicolaus ¬de¬
Montignius, Nicolaus
Montigny, Nicolas ¬de¬
Nicolas ⟨de Château-l'Abbaye⟩
Nicolas ⟨de Montigny⟩
Nicolas ⟨Sacristain de Vicogne⟩
Nicolaus ⟨Montignius⟩
200 , Nicolaus ⟨Abbas de Castello Sancti Martini⟩

Nicolaus ⟨de Naples⟩
→ **Caracciolo, Nicolaus Moschinus**

Nicolaus ⟨de Neapoli⟩
→ **Nicolaus ⟨de Troia⟩**

Nicolaus ⟨de Niccolis⟩
→ **Niccoli, Niccolò**

Nicolaus ⟨de Niise⟩
→ **Denisse, Nicolas**

Nicolaus ⟨de Nonancuria⟩
gest. 1299
Schneyer,IV,374
Nicolas ⟨de Nonancourt⟩
Nicolas ⟨l'Aide⟩
Nicolaus ⟨de Longa Curia⟩
Nicolaus ⟨de Nonacourt⟩
Nicolaus ⟨Decanus Parisiensis⟩
Nicolaus ⟨Decanus Sanctae Mariae⟩
Nonancuria, Nicolaus ¬de¬

Nicolaus ⟨de Normandia⟩
um 1281
Sophisma: Albus musicus est
Schönberger/Kible, Repertorium, 15929
Nicholas ⟨of Normandy⟩
Nicolas ⟨le Normand⟩
Nicolas ⟨Prédicateur⟩
Nicolaus ⟨Magister⟩
Normandia, Nicolaus ¬de¬

Nicolaus ⟨de Norton⟩
14. Jh.
Wahrscheinlich Verf. der Annales Wigorniensis prioratus
Potth. 852
Nicolaus ⟨Sacristan⟩
Nicolaus ⟨von Worcester⟩
Nicolaus ⟨Wigorniensis⟩
Norton, Nicolaus ¬de¬

Nicolaus ⟨de Noto⟩
→ **Nicolaus ⟨Specialis⟩**

Nicolaus ⟨de Nyse⟩
→ **Denisse, Nicolas**

Nicolaus ⟨de Ocham⟩
→ **Nicolaus ⟨de Ockham⟩**

Nicolaus ⟨de Ockham⟩
ca. 1242 – ca. 1320 · OFM
Lectura in Sententias
LThK; LMA,VI,1185/86
Nicolas ⟨d'Ockam⟩
Nicolaus ⟨de Anglia⟩
Nicolaus ⟨de Ocham⟩
Nicolaus ⟨Occamus⟩
Nicolaus ⟨Ochamus⟩
Nikolaus ⟨von Notham⟩
Nikolaus ⟨von Ockham⟩
Ochamus, Nicolaus
Ockham, Nicolaus ¬de¬

Nicolaus ⟨de Orbellis⟩
gest. ca. 1455 · OFM
Commentarii
LMA,VI,1134
Dorbellus, Nicolaus
Nicolas ⟨de Orbellis⟩

Nicolaus ⟨Dorbellus⟩
Nicolaus ⟨d'Orbellis⟩
Nicolaus ⟨Orbellus⟩
Orbellis, Nicolaus ¬de¬

Nicolaus ⟨de Oresme⟩
→ **Nicolaus ⟨Oresmius⟩**

Nicolaus ⟨de Orto Coeli⟩
→ **Nicolaus ⟨de Horto Caeli⟩**

Nicolaus ⟨de Osimo⟩
→ **Nicolaus ⟨de Auximo⟩**

Nicolaus ⟨de Otterberg⟩
→ **Nikolaus ⟨von Landau⟩**

Nicolaus ⟨de Paganica⟩
1330 – 1371 · OP
Compendium medicinalis astrologiae
Schönberger/Kible, Repertorium, 15936
Niccolò ⟨da Paganica⟩
Nicola ⟨de Paganica⟩
Nicolas ⟨de Paganico⟩
Nicolaus ⟨de Aquila⟩
Paganica, Nicolaus ¬de¬

Nicolaus ⟨de Pelhrimov⟩
gest. ca. 1459
Chronicon Taboritarum
LThK
Nicolai ⟨de Pelhřimow⟩
Nicolas ⟨de Pelhrzimow⟩
Nicolaus ⟨de Pelhrzimow⟩
Nicolaus ⟨Thaboriensis⟩
Nikuláš ⟨z Pelhřimova⟩
Pelhrimov, Nicolaus ¬de¬

Nicolaus ⟨de Perusio⟩
→ **Nicolaus ⟨de Ubaldis⟩**

Nicolaus ⟨de Pisis⟩
gest. 1481 · OP
Sermones de tempore et de sanctis
Kaeppeli,III,181/182
Nicolas ⟨de Pise⟩
Nicolaus ⟨Baptistae de Pisis⟩
Nicolaus ⟨Pisanus⟩
Pisis, Nicolaus ¬de¬

Nicolaus ⟨de Plove⟩
gest. ca. 1440
Sermones
Błonia, Mikołaj ¬z¬
Blony, Nicolaus ¬de¬
Mikołaj ⟨z Błonia⟩
Nicolas ⟨de Blonié⟩
Nicolas ⟨de Plone⟩
Nicolas ⟨de Plove⟩
Nicolas ⟨de Plowe⟩
Nicolas ⟨le Polonais⟩
Nicolaus ⟨de Blony⟩
Nicolaus ⟨de Blovie⟩
Nicolaus ⟨Plonius⟩
Nicolaus ⟨Ploviensis⟩
Nicolaus ⟨Plovius⟩
Nicolaus ⟨Pluveus⟩
Nicolaus ⟨Polonus⟩
Nikołaj ⟨z Błonia⟩
Ploue, Nicolaus ¬de¬
Plove, Nicolaus ¬de¬
Plovius, Nicolaus

Nicolaus ⟨de Podiobonitio⟩
→ **Niccolò ⟨da Poggibonsi⟩**

Nicolaus ⟨de Polonia⟩
→ **Nicolaus ⟨de Blonie⟩**

Nicolaus ⟨de Polonia⟩
gest. ca. 1316 · OP
Tusculum-Lexikon; LMA,VI,1186
Mikuláš ⟨z Polski⟩
Nicklas ⟨von Monpolir⟩
Nicolas ⟨de Bohème⟩
Nicolas ⟨de Pologne⟩
Nicolaus ⟨de Bohemia⟩
Nicolaus ⟨Medicus⟩
Nicolaus ⟨Polonus⟩
Nicolaus ⟨von Montpellier⟩
Nicolaus ⟨von Mumpelier⟩
Nicolaus ⟨von Polen⟩
Niklas ⟨von Mumpelier⟩
Nikolaus ⟨von Böhmen⟩
Nikolaus ⟨von Monpolir⟩
Nikolaus ⟨von Mumpelier⟩
Nikolaus ⟨von Polen⟩
Polonia, Nicolaus ¬de¬

Nicolaus ⟨de Posnania⟩
gest. ca. 1393
Dictamina
Henrici, Nikolaus
Nicolas ⟨de Breslau⟩
Nicolas ⟨de Posen⟩
Nicolaus ⟨de Posnancia⟩
Nicolaus ⟨de Pozania⟩
Nicolaus ⟨Wratislaviensis⟩
Nikolaus ⟨von Breslau⟩
Nikolaus ⟨von Posen⟩
Posnania, Nicolaus ¬de¬

Nicolaus ⟨de Praga⟩
→ **Nicolaus ⟨Stoyczin de Praga⟩**

Nicolaus ⟨de Praga⟩
um 1357/83 · OESA
Sententia libri De anima; nicht identisch mit Nicolaus ⟨de Luna⟩ (ca. 1300 - 1371)
Lohr
Nicolas ⟨de Prague⟩
Nicolaus ⟨Pragensis⟩
Praga, Nicolaus ¬de¬

Nicolaus ⟨de Prato⟩
→ **Nicolaus ⟨Pratensis⟩**

Nicolaus ⟨de Pressorio⟩
gest. 1302
Quaestiones disputatae
LThK
Nicolas ⟨de Bayeux⟩
Nicolas ⟨du Pressoir⟩
Nicolaus ⟨de Torculari⟩
Nicolaus ⟨du Pressoir⟩
Nicolaus ⟨Normannus⟩
Pressorio, Nicolaus ¬de¬

Nicolaus ⟨de Rakovnik⟩
→ **Nicolaus ⟨Rakovnik⟩**

Nicolaus ⟨de Ratersdorf⟩
um 1406 · OP
Tabula astronomica
Kaeppeli,III,183
Nicolaus ⟨de Rotterstorf⟩
Ratersdorf, Nicolaus ¬de¬

Nicolaus ⟨de Rimini⟩
→ **Nicolaus ⟨de Arimino⟩**

Nicolaus ⟨de Rotterstorf⟩
→ **Nicolaus ⟨de Ratersdorf⟩**

Nicolaus ⟨de Rupe⟩
→ **Nikolaus ⟨von Flüe⟩**

Nicolaus ⟨de Ruppin⟩
→ **Nicolaus ⟨Gotstich⟩**

Nicolaus ⟨de Saliceto⟩
gest. 1493
Liber medicationum
LThK; CSGL
Nicolas ⟨de Saliceto⟩
Nicolaus ⟨Salicetus⟩
Nicolaus ⟨Weydenbosch⟩
Nikolaus ⟨Weidenbusch⟩
Nikolaus ⟨Wydenbosch⟩
Saliceto, Nicolaus ¬de¬
Salicetus, Nicolaus
Weidenbusch, Nikolaus
Weidenbusche, Nicolaus
Weydenbosch, Nicolaus
Wydenbosch, Nikolaus

Nicolaus ⟨de Sancta Cruce⟩
um 1420 · OCist
Imago virginis gloriosae
Stegmüller, Repert. bibl. 5820; ADB,23,625
Nicolas ⟨de Heiligenkreuz⟩
Nicolas ⟨d'Heiligenkreuz⟩
Nicolas ⟨Sanctae Crucis⟩
Nicolaus ⟨Cisterciensis⟩
Nicolaus ⟨Cisterciensis Monachus⟩
Nicolaus ⟨de Heiligenkreuz⟩
Nicolaus ⟨Monachus Coenobii Sanctae Crucis⟩
Sancta Cruce, Nicolaus ¬de¬

Nicolaus ⟨de Sanctis, Capuanus⟩
→ **Nicolaus ⟨Capuanus⟩**

Nicolaus ⟨de Sancto Albano⟩
12. Jh.
Epistula ad Petrum Cellensem
Nicholas ⟨of Saint Alban's⟩
Nicolas ⟨de Saint-Albans⟩
Nicolaus ⟨Albanus⟩
Nicolaus ⟨Anglicus⟩
Nicolaus ⟨Sancti Albani⟩
Sancto Albano, Nicolaus ¬de¬

Nicolaus ⟨de Sancto Martino⟩
um 1318/67 · OP
Schneyer,IV,376
Nicolas ⟨de San-Martino⟩
Nicolas ⟨de Santo Martino⟩
Nicolaus ⟨a Sancto Martino⟩
Nicolaus ⟨de Sancto Martino Pisanus⟩
Nicolaus ⟨Recanacensis Episcopus⟩
Sancto Martino, Nicolaus ¬de¬

Nicolaus ⟨de Sancto Victore⟩
→ **Nicolaus ⟨Parisiensis de Sancto Victore⟩**

Nicolaus ⟨de Sconciliato⟩
gest. 1363 · OP
Schneyer,IV,253
Nicolas ⟨de Corneto⟩
Nicolas ⟨Sconciliati⟩
Nicolas ⟨Sconciliati de Corneto⟩
Nicolaus ⟨Cornetanus⟩
Nicolaus ⟨de Corneto⟩
Nicolaus ⟨de Sconciliatis⟩
Nicolaus ⟨de Sconciliatis de Corneto⟩
Sconciliati, Nicolas
Sconciliato, Nicolaus ¬de¬

Nicolaus ⟨de Senis⟩
15. Jh. · OFM
Regulae in discantu
Nicolas ⟨de Sienne⟩
Nicolaus ⟨Senensis⟩
Nicolaus ⟨Senensis, OFM⟩
Senis, Nicolaus ¬de¬

Nicolaus ⟨de Siegen⟩
gest. 1495
Chronicon
LMA,VI,1187
Bottenbach, Nicolaus
Nicolas ⟨de Siegen⟩
Nicolaus ⟨Bottenbach⟩
Nicolaus ⟨de Syghen⟩
Nicolaus ⟨Siegen⟩
Nikolaus ⟨von Siegen⟩
Siegen, Nicolaus ¬de¬

Nicolaus ⟨de Stratton⟩
um 1300/26 · OP
Disputaciones mag. Nicholai de Stratton
Kaeppeli,III,186/187
Nicholaus ⟨de Stratton⟩
Nicolaus ⟨de Stratton Anglicus⟩
Stratton, Nicolaus ¬de¬

Nicolaus ⟨de Sweydnycz⟩
→ **Schweidnitz, Nicolaus**

Nicolaus ⟨de Swinndach⟩
→ **Nicolaus ⟨Awer de Swinndach⟩**

Nicolaus ⟨de Syghen⟩
→ **Nicolaus ⟨de Siegen⟩**

Nicolaus ⟨de Tale⟩
→ **Nicolaus ⟨de Dale⟩**

Nicolaus ⟨de Tarvisio⟩
→ **Benedictus ⟨Papa, XI.⟩**

Nicolaus ⟨de Terranova⟩
um 1445 · OP
Epp. Pauli
Stegmüller, Repert. bibl. 6012
Nicolaus ⟨Drepanensis⟩
Nicolaus ⟨Siculus⟩
Nicolaus ⟨Terranova⟩
Terranova, Nicolaus ¬de¬

Nicolaus ⟨de Tiufburg⟩
um 1240
Ephemerides monasterii S. Galli
Nicolas ⟨de Tiufburg⟩
Nikolaus ⟨von Tiufburg⟩
Tiufburg, Nicolaus ¬de¬

Nicolaus ⟨de Tolentino⟩
1245 – 1305 · OESA
Predigten
LMA,VI,1188
Niccolà ⟨da Tolentino⟩
Niccolo ⟨da Tolentino⟩
Nicola ⟨a Tolentino⟩
Nicola ⟨da Tolentino⟩
Nicola ⟨Tolentino⟩
Nicolas ⟨de Tolentino⟩
Nikolaus ⟨von Tolentino⟩
Nycholas ⟨of Tollentyne⟩
Tolentino, Nicolaus ¬de¬

Nicolaus ⟨de Torculari⟩
→ **Nicolaus ⟨de Pressorio⟩**

Nicolaus ⟨de Tornaco⟩
um 1226/39
Moralia super Exodum; Identität mit Nicolaus ⟨de Gorra⟩ (13. Jh.) umstritten
Stegmüller, Repert. bibl. 6013-6031
Nicolas ⟨de Tournai⟩
Nicolaus ⟨Tornacensis⟩
Pseudo-Nicolaus ⟨de Tornaco⟩
Tornaco, Nicolaus ¬de¬
Tournai, Nicolas ¬de¬

Nicolaus ⟨de Treveth⟩
→ **Nicolaus ⟨Trevetus⟩**

Nicolaus ⟨de Troia⟩
gest. 1393 · OP
Commentarii in dialecticam Petri Hispani; Commentarii in libros XII Metaphysicorum; Commentarii in libros VIII Physicorum; etc.
Lohr; Stegmüller, Repert. bibl. 6039
Nicolas ⟨de Aquilone⟩
Nicolas ⟨de Troja⟩
Nicolaus ⟨de Aquilone⟩
Nicolaus ⟨de Neapoli⟩
Troia, Nicolaus ¬de¬

Nicolaus ⟨de Troppau⟩
→ **Nicolaus ⟨Pernkla de Troppau⟩**

Nicolaus ⟨de Tuccia⟩
→ **Niccola ⟨della Tuccia⟩**

Nicolaus ⟨de Tudeschis⟩
1386 – 1445
LThK; LMA,VI,1135
Abbas ⟨Modernus⟩
Abbas ⟨Panormitanus⟩
Abbas ⟨Siculus⟩
Niccolò ⟨de Tudeschi⟩
Niccolò ⟨de Tudeschis⟩
Niccolò ⟨de'Tudeschi⟩
Niccolò ⟨il Tedesco⟩
Niccolò ⟨Tedesco⟩
Nicolas ⟨de Palerme⟩
Nicolas ⟨le Panormitain⟩
Nicolaus ⟨Abbas Modernus⟩
Nicolaus ⟨Alamanus⟩
Nicolaus ⟨de Tudesco⟩
Nicolaus ⟨de Tudiscis⟩
Nicolaus ⟨Laurentii⟩
Nicolaus ⟨Panormita⟩
Nicolaus ⟨Panormitanus⟩
Nicolaus ⟨Siculus⟩
Nicolaus ⟨Tudeschius⟩
Panorme
Panormita ⟨Abbas⟩
Panormita ⟨Abbas Siculus⟩
Panormitanus, Nicolaus
Panormitanus de Tudeschis, Nicolaus
Siculus ⟨Abbas⟩
Tedeschi, Niccolò
Tedeschi, Niccolò ¬de'¬
Tudeschi, Niccolò ¬de'¬
Tudeschis, Nicolaus ¬de¬
Tudescis, Nicolaus ¬de¬
Tudescus, Nicolaus

Nicolaus ⟨de Ubaldis⟩
15. Jh.
Niccolò ⟨degli Ubaldi⟩
Nicolas ⟨de Pérouse⟩
Nicolaus ⟨de Perusio⟩
Ubaldi, Niccolò ¬degli¬
Ubaldis, Nicolaus ¬de¬
Ubaldus, Nicolaus

Nicolaus ⟨de Ultricuria⟩
→ **Nicolaus ⟨de Altricuria⟩**

Nicolaus ⟨de Utino⟩
um 1368/1403
Regimen contra pestilentiam
VL(2),6,1162/63
Nikolaus ⟨von Udine⟩
Utino, Nicolaus ¬de¬

Nicolaus ⟨de Valckenstein⟩
→ **Lanckmannus, Nicolaus**

Nicolaus ⟨de Valle⟩
gest. 1473
Übers. der Ilias
Niccolò ⟨Valla⟩
Nicolas ⟨della Valle⟩
Nicolas ⟨Valla⟩
Nicolaus ⟨de Valla⟩
Nicolaus ⟨Valla⟩
Valla, Niccolò
Valla, Nicolas
Valla, Nicolaus
Valla, Nicolaus ¬de¬
Valle, Nicolas ¬della¬
Valle, Nicolaus ¬de¬

Nicolaus ⟨de Venetiis⟩
→ **Nicolaus ⟨Augusta⟩**

Nicolaus ⟨de Verdun⟩
→ **Nikolaus ⟨von Verdun⟩**

Nicolaus ⟨de Viardo⟩
→ **Nicolaus ⟨de Byarto⟩**

Nicolaus ⟨de Vormnith⟩
→ **Nicolaus ⟨de Wrmnith⟩**

Nicolaus ⟨de Vuile⟩
→ **Wyle, Niklas ¬von¬**

Nicolaus ⟨de Waldpach⟩
→ **Nicolaus ⟨Trewnia de Waldpach⟩**

Nicolaus ⟨de Waterton⟩
→ **Nicolaus ⟨de Aquaevilla⟩**

Nicolaus ⟨de Wrmnith⟩
um 1428 · OP
Sermones collecti
Kaeppeli,III,197
Nicolaus ⟨Brunensis⟩
Nicolaus ⟨de Bohème⟩
Nicolaus ⟨de Bohemia⟩
Nicolaus ⟨de Brünn⟩
Nicolaus ⟨de Vormnith⟩
Wrmnith, Nicolaus ¬de¬

Nicolaus ⟨Decanus Parisiensis⟩
→ **Nicolaus ⟨de Nonancuria⟩**

Nicolaus ⟨Denise⟩
→ **Denisse, Nicolas**

Nicolaus ⟨der Künstler⟩
→ **Nicolò**

Nicolaus ⟨di Ludervopoli⟩
→ **Nicolaus ⟨Drenopolitanus⟩**

Nicolaus ⟨Dinckelspuhliensis⟩
→ **Nicolaus ⟨de Dinkelspuhel⟩**

Nicolaus ⟨Dionysius⟩
→ **Denisse, Nicolas**

Nicolaus ⟨Doctor Decretorum⟩
→ **Nicolaus ⟨Varsaviensis⟩**

Nicolaus ⟨Doctor Proficuus⟩
→ **Nicolaus ⟨Bonetus⟩**

Nicolaus ⟨Doidonanus⟩
gest. 1460 · OP
Modus interpretandi Sacras Scripturas
Stegmüller, Repert. bibl. 5726
Doidonanus, Nicolaus

Nicolaus ⟨Donnus⟩
→ **Nicolaus ⟨Germanus⟩**

Nicolaus ⟨d'Orbellis⟩
→ **Nicolaus ⟨de Orbellis⟩**

Nicolaus ⟨d'Orléans⟩
→ **Nicolaus ⟨de Aurelia⟩**

Nicolaus ⟨Doxipatrius⟩
→ **Nilus ⟨Doxipatrius⟩**

Nicolaus ⟨Drenopolitanus⟩
um 1369/80 · OP
Übersetzung der „Plutarchi Chronica" ins Aragonische (kaum erhalten)
Kaeppeli,III,140
Drenopolitanus, Nicolaus
Nicolaus ⟨di Ludervopoli⟩

Nicolaus ⟨Drepanensis⟩
→ **Nicolaus ⟨de Terranova⟩**

Nicolaus ⟨Dresdensis⟩
ca. 1380 – ca. 1417
De iuramento; De purgatorio; Tractatus de usuris; etc.
LMA,VI,1179; Schönberger/Kible, Repertorium, 15909/15911
Mikuláše ⟨z Drážd an⟩
Nicholas ⟨Master⟩
Nicholas ⟨of Dresden⟩
Nicola ⟨da Dresda⟩
Nicola ⟨della Rosa Nera⟩
Nicola ⟨detto da Dresda⟩
Nicola ⟨di Cerruc⟩
Nicolas ⟨de Dresde⟩
Nicolaus ⟨de Cerruc⟩
Nicolaus ⟨de Dresda⟩
Nicolaus ⟨de Dresden⟩
Nikolaus ⟨von Dresden⟩
Pseudo-Nicolaus ⟨Dresdensis⟩

Nicolaus ⟨Drukken de Dacia⟩
gest. ca. 1356
Quaestiones super libros Priorum
Lohr; LMA,VI,1133
Dacia, Nicolaus ¬de¬
Drukken, Nicolaus
Drukken de Dacia, Nicolaus
Nicolaus ⟨de Dacia⟩
Nicolaus ⟨de Dacia, Drukkur⟩
Nicolaus ⟨Drukken⟩

Nicolaus ⟨du Mans⟩
→ **Nicolaus ⟨de Gorra⟩**

Nicolaus ⟨du Pressoir⟩
→ **Nicolaus ⟨de Pressorio⟩**

Nicolaus ⟨Dybinus⟩
→ **Nicolaus ⟨de Dybin⟩**

Nicolaus ⟨e Mirabilibus⟩
→ **Mirabilis, Nicolaus**

Nicolaus ⟨Episcopus⟩
→ **Nicolaus ⟨Ratisbonensis⟩**

Nicolaus ⟨Episcopus Nazorescensis⟩
→ **Nicolaus ⟨Wenceslai⟩**

Nicolaus ⟨Eremita⟩
→ **Nikolaus ⟨von Flüe⟩**

Nicolaus ⟨Erfordensis⟩
→ **Nicolaus ⟨de Bibera⟩**

Nicolaus ⟨Erfurdiensis⟩
→ **Nicolaus ⟨Lakmann⟩**

Nicolaus ⟨Euboicus⟩
→ **Nicolaus ⟨Sagundinus⟩**

Nicolaus ⟨Euripontinus⟩
→ **Nicolaus ⟨Sagundinus⟩**

Nicolaus ⟨Eyfeler⟩
→ **Eyfeler, Nicolaus**

Nicolaus ⟨Eymericus⟩
1320 – 1399
Directorium inquisitorum
CSGL; LThK; LMA,IV,190/91
Aimerich, Nicolaus
Eymeric, Nicolas
Eymerich, Nicolas
Eymerich, Nicolaus
Eymericus, Nicolaus
Nicolao ⟨Eymerico⟩
Nicolaus ⟨Aimericus⟩
Nicolaus ⟨Aymerich⟩
Nicolaus ⟨Capellanus⟩
Nicolaus ⟨Eymerici⟩
Nicolaus ⟨Inquisitor⟩
Nikolaus ⟨Eymerich⟩

Nicolaus ⟨Fakenham⟩
gest. 1407 · OFM
Quaestiones 2 de schismate
Schönberger/Kible, Repertorium, 15958
Fakenham, Nicolaus
Nichola ⟨Fakenham⟩
Nicolas ⟨de Fakenham⟩
Nicolaus ⟨Fachinhamus⟩

Nicolaus ⟨Falcuccius⟩
→ **Falcuccius, Nicolaus**

Nicolaus ⟨Farinula⟩
→ **Nicolaus ⟨de Freauville⟩**

Nicolaus ⟨Felton⟩
gest. 1440
Lectiones Scripturarum
Stegmüller, Repert. bibl. 5734
Felton, Nicolaus
Nicolaus ⟨Anglus⟩
Nicolaus ⟨Felton Anglus⟩

Nicolaus ⟨Flamellus⟩
1330 – 1418
LMA,VI,1133
Flamel, Nicolas
Flamellus, Nicolas
Flamellus, Nicolaus
Nicolas ⟨Flamel⟩
Nicolaus ⟨Flamel⟩
Nicolaus ⟨Flammell⟩
Nicolaus ⟨Parisiensis⟩

Nicolaus ⟨Florentinus⟩
→ **Falcuccius, Nicolaus**
→ **Nicolas ⟨de Nicolai⟩**

Nicolaus ⟨Fortiguerra⟩
ca. 1180 – ca. 1270 · OP
In IV Prophetas maiores; Identität mit Nicolaus ⟨Provincialis Terrae Sanctae⟩ umstritten
Stegmüller, Repert. bibl. 5735-5738; Schneyer,IV,254
Forteguerri, Niccolò
Fortiguerra, Nicolaus
Niccolò ⟨Forteguerri⟩
Nicolaus ⟨Cecati⟩
Nicolaus ⟨Forteguerra⟩
Nicolaus ⟨Senensis⟩

Nicolaus ⟨Frater⟩
um 1434
Positiones
Stegmüller, Repert. sentent. 550
Nicolaus ⟨Frater⟩
Nicolaus ⟨Ordinis Fratrum Minorum⟩

Nicolaus ⟨Frawenlob⟩
→ **Frauenlob, Nikolaus**

Nicolaus ⟨Friburgensis⟩
→ **Nicolaus ⟨de Harcileh⟩**

Nicolaus ⟨Friesen⟩
→ **Friesen, Nicolaus**

Nicolaus ⟨Galgani⟩
gest. 1424
Kaeppeli,III,165; Rep.Font. IV,625
Galgani, Niccolò
Galgani, Nicolaus
Niccolò ⟨Galgani⟩
Nicolaus ⟨Galgani Senensis⟩

Nicolaus ⟨Gallicus⟩
12./13. Jh. · OCarm
Gallicus, Nicolaus
Niccolò ⟨Gallico⟩
Niccolò ⟨il Francese⟩
Niccolò ⟨il Fratello⟩
Nicola ⟨Gallico⟩
Nicolaus ⟨Gallus⟩
Nicolaus ⟨Prior Generalis Ordinis Carmelitarum⟩

Nicolaus ⟨Gallus⟩
→ **Nicolaus ⟨de Gorra⟩**
→ **Nicolaus ⟨Gallicus⟩**

Nicolaus ⟨Gawer⟩
→ **Nicolaus ⟨Magni de Iawor⟩**

Nicolaus ⟨Gemnicensis⟩
→ **Kempf, Nicolaus**

Nicolaus ⟨Gerhaert⟩
→ **Gerhaert von Leiden, Nicolaus**

Nicolaus ⟨Germanus⟩
15. Jh. · OSB (?)
Kosmograph
Donis, Nicolaus ¬de¬
Donnus, Nicolaus
Germanus, Nicolaus
Nicolas ⟨de Donis⟩
Nicolas ⟨l'Allemand⟩
Nicolaus ⟨Alemannus⟩
Nicolaus ⟨de Donis⟩
Nicolaus ⟨Donis⟩
Nicolaus ⟨Donnus⟩
Nicolaus ⟨Germanicus⟩
Nikolaus ⟨de Donis⟩
Nikolaus ⟨Germanus⟩
Pseudo-Donis

Nicolaus ⟨Germanus, OP⟩
um 1301 · OP
Cant.
Stegmüller, Repert. bibl. 5739
Germanus, Nicolaus
Nicolaus ⟨Germanus⟩

Nicolaus ⟨Gerung⟩
→ **Gerung, Nicolaus**

Nicolaus ⟨Girlaci⟩
um 1450
Stegmüller, Repert. sentent. 588
Girlach, Nicolaus
Girlaci, Nicolaus
Nicolaus ⟨Girlach⟩
Nicolaus ⟨Girlacus⟩

Nicolaus ⟨Goerts⟩
→ **Goerts, Nicolaus**

Nicolaus ⟨Gorhamus⟩
→ **Nicolaus ⟨de Gorra⟩**

Nicolaus ⟨Gorranus⟩
→ **Nicolaus ⟨de Gorra⟩**

Nicolaus ⟨Gotstich⟩
15. Jh. · OP
Sermo de conceptione b. Mariae semper virginis
Kaeppeli,III,168
Gotstich, Nicolaus
Nicolaus ⟨de Ruppin⟩
Nicolaus ⟨Rupinensis⟩

Nicolaus ⟨Grabostowski⟩
15. Jh.
Commentarius in Aristotelis Oeconomica
Grabostowski, Nicolaus

Nicolaus ⟨Grammaticus⟩
11./12. Jh.
Tusculum-Lexikon; CSGL; LThK; LMA,VI,1166/67
Grammaticus, Nicolaus
Nicolas ⟨le Grammarien⟩
Nicolaus ⟨Constantinopolitanus⟩
Nicolaus ⟨Patriarcha, III.⟩
Nikolaos ⟨Grammatikos⟩

Nicolaus ⟨Gratz⟩
→ **Nicolaus ⟨de Graetz⟩**

Nicolaus ⟨Grill⟩
→ **Grill, Nikolaus**

Nicolaus ⟨Groß⟩
→ **Nicolaus ⟨Magni de Iawor⟩**

Nicolaus ⟨Hanapus⟩
→ **Nicolaus ⟨de Hanapis⟩**

Nicolaus ⟨Herefordensis⟩
gest. ca. 1417
Responsiones
LThK; LMA,VI,1180
Hereford, Nicolaus ¬de¬
Nicholas ⟨of Hereford⟩
Nicolas ⟨d'Hereford⟩
Nicolaus ⟨de Hereford⟩
Nikolaus ⟨von Hereford⟩

Nicolaus ⟨Hermanni⟩
1325 – 1391
Rosa rorans bonitatem
LThK; CSGL; LMA,VI,1132
Hermann, Nicolaus
Hermanni, Nicolaus
Hermannsson, Nikolaus
Nicholas ⟨of Linköping⟩
Nicolas ⟨de Linkoeping⟩
Nicolas ⟨Hermann⟩
Nicolas ⟨Schenigensis⟩
Nicolaus ⟨Lincopiensis⟩
Nikolaus ⟨af Linköping⟩
Nikolaus ⟨Hermannsson⟩
Nikolaus ⟨Hermansson⟩
Nils ⟨Hermansson⟩

Nicolaus ⟨Hierosolymitanus⟩
→ **Nicolaus ⟨de Hanapis⟩**

Nicolaus ⟨Iaquerius⟩
gest. 1472 · OP
De calcatione daemonum; Flagellum fascinariorum; Dialogus de sacra communione contra Hussitas Bohemos; etc.
Schönberger/Kible, Repertorium, 15959; Kaeppeli,III,172/175
Iaquerius, Nicolaus
Jacquerius, Nicolaus
Jacquier, Nicolas
Jaquerius, Nicolaus
Nicolas ⟨Jacquier⟩
Nicolaus ⟨Jacquerius⟩
Nicolaus ⟨Jacquier⟩
Nicolaus ⟨Jaquerius⟩

Nicolaus ⟨Inquisitor⟩
→ **Nicolaus ⟨Eymericus⟩**

Nicolaus ⟨Italicus⟩
→ **Italicus, Nicolaus**

Nicolaus ⟨Iuvenatio⟩
→ **Nicolaus ⟨Palea⟩**

Nicolaus ⟨Jacquier⟩
→ **Nicolaus ⟨Iaquerius⟩**

Nicolaus ⟨Jauwer⟩
→ **Nicolaus ⟨Magni de Iawor⟩**

Nicolaus ⟨Johannis⟩
um 1468
Chronicon rerum Danicarum 1104-1468
Potth. 853
Johannis, Nicolaus
Nicolaus ⟨Johannis Filius⟩
Nicolaus ⟨Johannis Lundensis⟩
Nicolaus ⟨Lundensis⟩

Nicolaus ⟨Kempf⟩
→ **Kempf, Nicolaus**

Nicolaus ⟨Kenton⟩
gest. 1468
In historiam Elisaei; Pater noster
Stegmüller, Repert. bibl. 5822-5824
Chenton, Nicolaus
Kenton, Nicolaus
Kentonus, Nicolaus
Nicolas ⟨de Kenton⟩
Nicolas ⟨Provincial d'Angleterre⟩
Nicolaus ⟨Chenton⟩
Nicolaus ⟨Conodunus⟩
Nicolaus ⟨Kentonus⟩

Nicolaus ⟨Khryppfs⟩
→ **Nicolaus ⟨de Cusa⟩**

Nicolaus ⟨Kopman⟩
→ **Mercatoris, Nicolaus**

Nicolaus ⟨Kozlowski⟩
→ **Kozlowski, Nicolaus**

Nicolaus ⟨Krebs⟩
→ **Nicolaus ⟨de Cusa⟩**

Nicolaus ⟨Lakmann⟩
gest. 1479 · OFM
Quaestiones de formalitatibus
ADB; LThK
Lakemann, Nicolas
Lakmann, Nicolaus
Nicolas ⟨Lakemann⟩
Nicolaus ⟨de Danzig⟩
Nicolaus ⟨Erfurdiensis⟩
Nicolaus ⟨Lakemann⟩
Nicolaus ⟨Provincialis⟩
Nikolaus ⟨Lakmann⟩

Nicolaus ⟨Lampenus⟩
um 1303
Logos enkōmiastikos eis ton...; Andronikon ton Palaiologon
Lampenus, Nicolaus
Nikolaos ⟨Lampēnos⟩

Nicolaus ⟨Lanckmannus⟩
→ **Lanckmannus, Nicolaus**

Nicolaus ⟨Laurentii⟩
→ **Nicolaus ⟨de Tudeschis⟩**
→ **Rienzo, Cola ¬di¬**

Nicolaus ⟨Lector Augustinensis⟩
→ **Nicolaus ⟨Augustinensis⟩**

Nicolaus ⟨Leodiensis⟩
gest. 1142
Elogium Algeri scholastici
Potth. 2,850
Nicolas ⟨de Liège⟩
Nicolaus ⟨Canonicus Sanctae Mariae et Sancti Lamberti⟩
Nicolaus ⟨Leodicensis⟩
Nicolaus ⟨Sanctae Mariae⟩
Nicolaus ⟨von Liège⟩

Nicolaus ⟨Lexoviensis⟩
→ **Nicolaus ⟨Oresmius⟩**

Nicolaus ⟨Lexoviensis⟩
um 1270
Tractatus contra „De perfectione vitae spiritualis" S. Thomae
Schönberger/Kible, Repertorium, 15919; LMA,VI,1184
Nicolas ⟨Chanoine et Trésorier⟩
Nicolas ⟨de Lisieux⟩
Nicolas ⟨Trésorier⟩
Nicolaus ⟨de Lisieux⟩

Nicolaus ⟨Lincopiensis⟩
→ **Nicolaus ⟨Hermanni⟩**

Nicolaus ⟨Love⟩
→ **Love, Nicholas**

Nicolaus ⟨Lundensis⟩
→ **Nicolaus ⟨Johannis⟩**

Nicolaus ⟨Lundensis⟩
geb. 1361
Chronicon archiepiscoporum Lundensium
Joensson, Nicolas
Nicholas ⟨of Lund⟩
Nicolas ⟨de Lund⟩
Nicolas ⟨Joensson⟩
Nicolaus ⟨of Lund⟩
Niels ⟨Lundenske⟩
Niels ⟨Oerkebiskop⟩
Nikolaus ⟨von Lund⟩

Nicolaus ⟨Lyranus⟩
→ **Nicolaus ⟨de Lyra⟩**

Nicolaus ⟨Machinensis⟩
→ **Nicolaus ⟨Modrusiensis⟩**

Nicolaus ⟨Magister⟩
→ **Nicolaus ⟨de Normandia⟩**
→ **Nicolaus ⟨Medicus Parisinus⟩**

Nicolaus ⟨Magister⟩
gest. 1425 · OESA
Modus dictandi
VL(2),6,1039/40
Magister Nicolaus
Nicolaus ⟨von Reichenhall⟩

Nicolaus ⟨Magister Sancti Iodoci⟩
→ **Italicus, Nicolaus**

Nicolaus ⟨Magister Studentium in Conventu Patavino Sancti Augustini⟩
→ **Nicolaus ⟨de Anglia⟩**

Nicolaus ⟨Magni de Iawor⟩
1355 – 1435
Contra epistulam perfidiae Hussitarum
LThK; CSGL; LMA,VI,1180; VL(2),6,1079/81
Iawor, Nicolaus Magni ¬de¬
Magni, Nicolaus
Magni de Iawor, Nicolaus
Nicolaus ⟨de Jawor⟩
Nicolaus ⟨Gawer⟩
Nicolaus ⟨Groß⟩
Nicolaus ⟨Jauwer⟩
Nicolaus ⟨Magni⟩
Nikolaus ⟨Groß⟩
Nikolaus ⟨Jauer⟩
Nikolaus ⟨von Heidelberg⟩
Nikolaus ⟨von Jauer⟩

Nicolaus ⟨Maniacoria⟩
um 1140/45 · OCist
Diakon von S. Lorenzo in Damaso; Suffraganeus Bibliothecae; Libellus de corruptione et correptione Psalmorum et aliarum quarundam scripturarum; Identität mit Nicolaus ⟨Maniacucius⟩ (um 1180) nicht gesichert
Stegmüller, Repert. bibl. 6003;6004; LThK
Maniacoria, Nicola
Maniacoria, Nicolas
Maniacoria, Nicolaus
Nicola ⟨Maniacoria⟩
Nicolas ⟨Majocorias⟩
Nicolas ⟨Maniacoria⟩
Nicolaus ⟨Maniacotius⟩

Nicolaus ⟨Maniacucius⟩
um 1180
Canonicus Reg. Lateranensis Basilicae; Versus; De sacra imagine
Maniacucius, Nicolaus
Maniacutius, Nicolas
Nicola ⟨Maniacutia⟩
Nicolas ⟨Maniacutius⟩
Nicolaus ⟨Canonicus⟩
Nicolaus ⟨Maniacutia⟩
Nicolaus ⟨Maniacutius⟩

Nicolaus ⟨Matarellus⟩
gest. ca. 1310
De consuetudine et iure non scripto
LMA,VI,1134
Matarellus, Nicolaus
Mattarelli, Nicolas
Niccolò ⟨Matarelli⟩
Nicolas ⟨Mattarelli⟩
Nicolaus ⟨de Mactarellis⟩

Nicolaus ⟨Medicus⟩
→ **Nicolaus ⟨de Polonia⟩**
→ **Nicolaus ⟨Medicus Parisinus⟩**

Nicolaus ⟨Medicus Parisinus⟩
13. Jh.
Anatomia
Nicolaus ⟨Magister⟩
Nicolaus ⟨Medicus⟩
Nicolaus ⟨Parisinus⟩
Nicolaus ⟨Physicus⟩
Parisinus, Nicolaus

Nicolaus ⟨Mediolanensis⟩
→ **Nicolaus ⟨de Mediolano⟩**

Nicolaus ⟨Mercatoris⟩
→ **Mercatoris, Nicolaus**

Nicolaus ⟨Mesarita⟩
1163/64 – ca. 1220
CSGL; Potth.; LMA,VI,551; LThK
Mesarita, Nicolaus
Mesarites, Nikolaos
Mesarites, Nikolaus
Nikolaos ⟨Mesarites⟩

Nicolaus ⟨Mesquinus⟩
→ **Caracciolo, Nicolaus Moschinus**

Nicolaus ⟨Methonensis⟩
gest. ca. 1165
Anaptyxis
Tusculum-Lexikon; LThK; CSGL
Nicholas ⟨of Methone⟩
Nicolas ⟨de Modon⟩
Nicolaus ⟨de Modon⟩
Nicolaus ⟨Methonaeus⟩
Nicolaus ⟨of Methone⟩
Nikolaos ⟨ho Methōnaios⟩
Nikolaos ⟨Methōnēs⟩
Nikolaos ⟨von Methone⟩
Nikolaus ⟨von Methone⟩

Nicolaus ⟨Michinus⟩
→ **Caracciolo, Nicolaus Moschinus**

Nicolaus ⟨Minor⟩
→ **Nicolaus ⟨de Lyra⟩**

Nicolaus ⟨Minorita⟩
→ **Nicolaus ⟨de Frisinga⟩**
→ **Nicolaus ⟨Specialis⟩**

Nicolaus ⟨Mirabilis⟩
→ **Mirabilis, Nicolaus**

Nicolaus ⟨Mirificus⟩
→ **Nicolaus ⟨Murrifex⟩**

Nicolaus ⟨Mis⟩
12. Jh.
Commendatorium Haffligeniense
Schönberger/Kible, Repertorium, 15965
Mis, Nicolaus
Nicolas ⟨Mis⟩

Nicolaus ⟨Mischinus⟩
→ **Caracciolo, Nicolaus Moschinus**

Nicolaus ⟨Modrusiensis⟩
gest. 1478
Nicolas ⟨de Cattaro⟩
Nicolas ⟨de Modruss⟩
Nicolas ⟨Machinensis⟩
Nicolaus ⟨Machinensis⟩
Nicolaus ⟨of Modruš⟩
Nicolaus ⟨of Modrusch⟩

Nicolaus ⟨Moine de Clairvaux⟩
→ **Nicolaus ⟨Claraevallensis⟩**

Nicolaus ⟨Monachus Coenobii Sanctae Crucis⟩
→ **Nicolaus ⟨de Sancta Cruce⟩**

Nicolaus ⟨Montignius⟩
→ **Nicolaus ⟨de Montigni⟩**

Nicolaus ⟨Moschinus⟩
→ **Caracciolo, Nicolaus Moschinus**

Nicolaus ⟨Mouzalon⟩
→ **Nicolaus ⟨Muzalo⟩**

Nicolaus ⟨Muffel⟩
→ **Muffel, Nikolaus**

Nicolaus ⟨Murrifex⟩
um 1454/60 · OFM
Declaratio super Antonii Andreae Metaphysicam
Lohr
Murrifex, Nicolaus
Nicolaus ⟨Mirificus⟩

Nicolaus ⟨Muscini⟩
→ **Caracciolo, Nicolaus Moschinus**

Nicolaus ⟨Musetus⟩
→ **Colin ⟨Muset⟩**

Nicolaus ⟨Muzalo⟩
12. Jh.
Tusculum-Lexikon; CSGL
Mouzalon, Nicolaus
Muzalo, Nicolaus
Nicola ⟨Muzalone⟩
Nicolaus ⟨Constantinopolitanus⟩
Nicolaus ⟨Cosmidius⟩
Nicolaus ⟨Cyprius⟩
Nicolaus ⟨Mouzalon⟩
Nicolaus ⟨Patriarcha, IV.⟩
Nikolaos ⟨Muzalon⟩

Nicolaus ⟨Myrepsus⟩
13./14. Jh.
Tusculum-Lexikon; LMA,VI,1167
Alexandrinus, Nicolaus
Alexandrinus Myrepsus, Nicolaus
Miropsius, Nicolaus
Myrepsus, Nicolaus
Myrepsus Alexandrinus, Nicolaus
Nicolas ⟨d'Alexandrie⟩
Nicolas ⟨Myrepse⟩
Nicolaus ⟨Alexandrinus⟩
Nikolaos ⟨ho Alexandreus⟩
Nikolaos ⟨ho Myrepsos⟩
Nikolaus ⟨der Salbenkoch⟩
Nikolaus ⟨Myrepsos⟩
Prepositus ⟨Miropsius⟩
Rheginus, Nicolaus

Nicolaus ⟨Mysticus⟩
9./10. Jh.
Erlasse; Briefe
LThK; CSGL; Tusculum-Lexikon; LMA,VI,1165/66
Mysticus, Nicolaus
Nicholas ⟨of Constantinople⟩
Nicola ⟨il Mistico⟩
Nicolas ⟨de Constantinople⟩
Nicolas ⟨le Mystique⟩
Nicolaus ⟨Constantinopolitanus⟩
Nicolaus ⟨of Constantinople⟩
Nicolaus ⟨Patriarcha, I.⟩
Nikolaij ⟨Mistik⟩
Nikolaos ⟨ho Mystikos⟩
Nikolaos ⟨Mystikos⟩
Nikolaos ⟨von Konstantinopel⟩

Nicolaus ⟨Nasaritensis⟩
→ **Nicolaus ⟨Wenceslai⟩**

Nicolaus ⟨Nazarotensis⟩
→ **Nicolaus ⟨Wenceslai⟩**

Nicolaus ⟨Nicolius⟩
→ **Nicolas ⟨de Nicolai⟩**

Nicolaus ⟨Nicolucius Jacobi⟩
→ **Nicolaus ⟨de Asculo⟩**

Nicolaus ⟨Nissaeus⟩
→ **Denisse, Nicolas**

Nicolaus ⟨Norimbergensis⟩
um 1450 · OP
Sermones tempore Adventus habiti
Kaeppeli,III,140

Nicolaus ⟨Normannus⟩
→ **Nicolaus ⟨de Pressorio⟩**

Nicolaus ⟨Occamus⟩
→ **Nicolaus ⟨de Ockham⟩**

Nicolaus ⟨Occultus⟩
→ **Nicolaus ⟨de Bibera⟩**

Nicolaus ⟨of Amiens⟩
→ **Nicolaus ⟨Ambianensis⟩**

Nicolaus ⟨of Autrecourt⟩
→ **Nicolaus ⟨de Altricuria⟩**

Nicolaus ⟨of Constantinople⟩
→ **Nicolaus ⟨Mysticus⟩**

Nicolaus ⟨of Louvain⟩
→ **Nikolaus ⟨von Löwen⟩**

Nicolaus ⟨of Lund⟩
→ **Nicolaus ⟨Lundensis⟩**

Nicolaus ⟨of Methone⟩
→ **Nicolaus ⟨Methonensis⟩**

Nicolaus ⟨of Modruš⟩
→ **Nicolaus ⟨Modrusiensis⟩**

Nicolaus ⟨of Osimo⟩
→ **Nicolaus ⟨de Auximo⟩**

Nicolaus ⟨of Ratisbon⟩
→ **Nicolaus ⟨Ratisbonensis⟩**

Nicolaus ⟨Orbellus⟩
→ **Nicolaus ⟨de Orbellis⟩**

Nicolaus ⟨Ordinis Fratrum Minorum⟩
→ **Nicolaus ⟨Frater⟩**

Nicolaus ⟨Oresmius⟩
ca. 1320 – 1382
LThK; Tusculum-Lexikon; LMA,VI,1447/48
Nicholas ⟨Oresme⟩
Nicolas ⟨de Bayeux⟩
Nicolas ⟨de Navarre⟩
Nicolas ⟨de Rouen⟩
Nicolas ⟨d'Oresme⟩
Nicolas ⟨Oresme⟩
Nicolaus ⟨de Oresme⟩
Nicolaus ⟨Lexoviensis⟩
Nicolaus ⟨Orem⟩
Nicolaus ⟨Oremius⟩
Nicolaus ⟨Oresme⟩
Nicolaus ⟨von Oresme⟩
Nicole ⟨de Oresme⟩
Nicole ⟨Oresme⟩
Nikolaus ⟨von Lisieux⟩
Nikolaus ⟨von Oresme⟩
Orem, Nicolaus
Orême, Nicole
Oremius, Nicolaus
Oren, Nicholas
Oresme, Nicolas
Oresme, Nicolaus ¬de¬
Oresme, Nicole
Oresmius, Nicolaus

Nicolaus ⟨Palea⟩
ca. 1197 – 1255 · OP
Schneyer,IV,376
Nicola ⟨Paglia⟩
Nicolas ⟨de Giovenazzo⟩
Nicolas ⟨Juvenatio⟩
Nicolas ⟨Palea⟩
Nicolaus ⟨de Iuvenatio⟩
Nicolaus ⟨Iuvenatio⟩
Nicolaus ⟨Paglia⟩
Palea, Nicolaus

Nicolaus ⟨Panormitanus⟩
→ **Nicolaus ⟨de Tudeschis⟩**

Nicolaus ⟨Papa, I.⟩
ca. 800 – 867
LMA,VI,1168/70
Niccolò ⟨il Grande⟩
Niccolò ⟨Papa, I.⟩
Nicholas ⟨Pope, I.⟩
Nicolas ⟨Pape, I.⟩
Nicolaus ⟨Sanctus⟩
Nicolaus ⟨the Great⟩
Nikolaus ⟨der Große⟩
Nikolaus ⟨Papst, I.⟩

Nicolaus ⟨Papa, II.⟩
gest. 1061
LMA,VI,1170
Gérard ⟨de Bourgogne⟩
Gerardo ⟨della Borgogna⟩
Gerardus ⟨de Burgundia⟩
Gérard ⟨de Chevron⟩
Gerhard ⟨von Burgund⟩
Gherardo ⟨di Borgogna⟩
Niccolò ⟨Papa, II.⟩
Nicholas ⟨Pope, II.⟩
Nicolas ⟨Pape, II.⟩
Nikolaus ⟨Papst, II.⟩

Nicolaus ⟨Papa, III.⟩
gest. 1280
LMA,VI,1170/71
Giovanni Gaetano ⟨Orsini⟩
Jean Cajetan ⟨Orsini⟩
Johannes Caietanus ⟨Orsini⟩
Johannes Gaetano ⟨Orsini⟩
Niccolò ⟨Papa, III.⟩
Nicholas ⟨Pope, III.⟩
Nicolas ⟨Papa, III.⟩
Nicolas ⟨Pape, III.⟩

Nikolaus ⟨Papst, III.⟩
Orsini, Giovanni Gaetano

Nicolaus ⟨Papa, IV.⟩
ca. 1230 – 1292 · OFM
In multos sacrae Scripturae libros postillae valde utiles
Stegmüller, Repert. bibl. 3464; LMA,VI,1171
Ascoli, Girolamo ¬d'¬
D'Ascoli, Girolamo
Girolamo ⟨Masci⟩
Hieronymus ⟨Asculanus⟩
Hieronymus ⟨de Ascoli⟩
Hieronymus ⟨Masci⟩
Hieronymus ⟨Nicolaus, IV.⟩
Hieronymus ⟨Picenus⟩
Jérôme ⟨d'Ascoli⟩
Jérôme ⟨Masci⟩
Masci, Girolamo
Niccolò ⟨Papa, IV.⟩
Nicholas ⟨Pope, IV.⟩
Nicolas ⟨Papa, IV.⟩
Nicolas ⟨Pape, IV.⟩
Nikolaus ⟨Papst, IV.⟩

Nicolaus ⟨Papa, V.⟩
1397 – 1455
LMA,VI,1171/72
Niccolò ⟨Papa, V.⟩
Nicholas ⟨Pope, V.⟩
Nicolas ⟨Pape, V.⟩
Nikolaus ⟨Papst, V.⟩
Parentucelli, Thomas
Parentucelli, Tommaso
Thomas ⟨Parentucelli⟩
Thomas Parentucelli ⟨de Sarzana⟩
Tommaso ⟨Parentucelli⟩

Nicolaus ⟨Papa, V., Antipapa⟩
gest. 1333
LMA,VI,1172/73
Niccolò ⟨Papa, V., Antipapa⟩
Nicholas ⟨Pope, V., Antipope⟩
Nicolas ⟨Pape, V., Antipape⟩
Nikolaus ⟨Papst, V., Gegenpapst⟩
Petrus ⟨de Corbario⟩
Petrus ⟨von Corbara⟩
Pierre ⟨de Corvara⟩
Pierre ⟨Rainalducci⟩
Pietro ⟨di Covaro⟩
Pietro ⟨Rainalducci⟩
Rainalducci, Pietro

Nicolaus ⟨Parisiensis⟩
→ **Nicolaus ⟨Flamellus⟩**

Nicolaus ⟨Parisiensis⟩
um 1254/63
Notulae super Porphyrium; In VI Princ.; Rationes super libro Perihermenias; etc.
Lohr
Nicolaas ⟨van Parijs⟩
Nicolas ⟨Chancelier de l'Université de Paris⟩
Nicolas ⟨de Paris⟩
Nikolaus ⟨von Paris⟩

Nicolaus ⟨Parisiensis de Sancto Victore⟩
gest. 1180
Stegmüller, Repert bibl. 6007-6007,7
Nicolas ⟨de Paris⟩
Nicolaus ⟨de Sancto Victore⟩
Nicolaus ⟨Parisiensis⟩
Sancto Victore, Nicolaus ¬de¬

Nicolaus ⟨Parisinus⟩
→ **Nicolaus ⟨Medicus Parisinus⟩**

Nicolaus ⟨Patriarcha, I.⟩
→ **Nicolaus ⟨Mysticus⟩**

Nicolaus ⟨Patriarcha, III.⟩
→ **Nicolaus ⟨Grammaticus⟩**

Nicolaus ⟨Patriarcha, IV.⟩
→ **Nicolaus ⟨Muzalo⟩**

Nicolaus ⟨Pergamenus⟩
15. Jh.
Dialogus creaturum
Nicolas ⟨de Bergame⟩
Nicolas ⟨de Pergame⟩
Nikolaus ⟨von Bergamo⟩
Pergamenus, Nicolaus

Nicolaus ⟨Pernkla de Troppau⟩
14./15. Jh. · OP
De sanctis-Reihe
Schneyer, Winke, 45
Nicolaus ⟨de Troppau⟩
Nicolaus ⟨Pernkla⟩
Pernkla, Nicolaus
Pernkla de Troppau, Nicolaus
Troppau, Nicolaus ¬de¬

Nicolaus ⟨Perottus⟩
→ **Perottus, Nicolaus**

Nicolaus ⟨Petschacher⟩
→ **Petschacher, Nicolaus**

Nicolaus ⟨Physicus⟩
→ **Nicolaus ⟨Medicus Parisinus⟩**

Nicolaus ⟨Pisanus⟩
→ **Nicolaus ⟨de Pisis⟩**

Nicolaus ⟨Plebanus Cirvemensis⟩
→ **Nicolaus ⟨Varsaviensis⟩**

Nicolaus ⟨Plovius⟩
→ **Nicolaus ⟨de Plove⟩**

Nicolaus ⟨Poillevillain⟩
→ **Nicolaus ⟨de Clemangiis⟩**

Nicolaus ⟨Polonus⟩
→ **Nicolaus ⟨de Plove⟩**
→ **Nicolaus ⟨de Polonia⟩**

Nicolaus ⟨Praepositus⟩
um 1472/78
Dispensarium ad aromatarios
LMA,VI,1134
Nicolaus ⟨Prepositus⟩
Nicole ⟨Prévost⟩
Praepositus, Nicolas
Praepositus, Nicolaus
Prévost, Nicole

Nicolaus ⟨Pragensis⟩
→ **Nicolaus ⟨de Praga⟩**

Nicolaus ⟨Pratensis⟩
um 1303/21 · OP
Kardinal-Bischof von Ostia
Albertini, Nicolas
Niccolò ⟨Cardinale⟩
Niccolò ⟨da Prato⟩
Nicholas ⟨of Prato⟩
Nicolas ⟨Albertini⟩
Nicolas ⟨de Prato⟩
Nicolaus ⟨de Albertinis⟩
Nicolaus ⟨de Albertinis de Prato⟩
Nicolaus ⟨de Prato⟩
Nicolaus ⟨von Prato⟩
Nikolaus ⟨von Prato⟩

Nicolaus ⟨Prepositus⟩
→ **Nicolaus ⟨Praepositus⟩**

Nicolaus ⟨Presbyter⟩
→ **Nicolaus ⟨Capuanus⟩**

Nicolaus ⟨Presbyter Sancti Andreae Leodiensis⟩
→ **Goerts, Nicolaus**

Nicolaus ⟨Prior Generalis Ordinis Carmelitarum⟩
→ **Nicolaus ⟨Gallicus⟩**

Nicolaus ⟨Prior Provinciae Syriae⟩
→ **Nicolaus ⟨Terrae Sanctae Provincialis⟩**

Nicolaus ⟨Prior Viconiensis⟩
→ **Nicolaus ⟨Viconiensis⟩**

Nicolaus ⟨Provincialis⟩
→ **Nicolaus ⟨Lakmann⟩**

Nicolaus ⟨Provincialis Provinciae Narbonensis⟩
→ **Nicolaus ⟨Coch⟩**

Nicolaus ⟨Provincialis Terrae Sanctae⟩
→ **Nicolaus ⟨Terrae Sanctae Provincialis⟩**

Nicolaus ⟨Pruntzlein⟩
→ **Nicolaus ⟨de Dinkelspuhel⟩**

Nicolaus ⟨Rakovnik⟩
1350 – 1390
Lectura super psalmos
Stegmüller, Repert bibl. 6008
Mikulas ⟨Mistr⟩
Mikulas ⟨Rakovnik⟩
Nicolaus ⟨de Rakovnik⟩
Nicolaus ⟨de Rakownik⟩
Rakovnik, Nicolaus

Nicolaus ⟨Ratisbonensis⟩
um 1313/40
Nicolaus ⟨de Ipsa⟩
Nicolaus ⟨Episcopus⟩
Nicolaus ⟨of Ratisbon⟩
Nikolaus ⟨von Regensburg⟩
Nikolaus ⟨von Ybbs⟩

Nicolaus ⟨Recanacensis Episcopus⟩
→ **Nicolaus ⟨de Sancto Martino⟩**

Nicolaus ⟨Reginus⟩
→ **Nicolaus ⟨Rheginus⟩**

Nicolaus ⟨Rhabda⟩
14. Jh.
Tusculum-Lexikon; CSGL; LMA,VII,780
Artabasda, Nicolaus Smyrnaeus
Artabasdos, Nikolaos
Artabasta, Nicolaus
Nicolao ⟨Rhabdas⟩
Nicolaus ⟨Artabasta⟩
Nicolaus ⟨Smyrnaeus⟩
Nikolaos ⟨Artabasdos⟩
Nikolaos ⟨ho Rhabdas⟩
Nikolaos ⟨Rhabdas⟩
Rhabda, Nicolaus
Rhabdas, Nikolaos
Smyrnaeus Artabasda, Nicolaus

Nicolaus ⟨Rheginus⟩
ca. 1280 – ca. 1350
Tusculum-Lexikon; LMA,VI,1186/87
Niccolò ⟨da Reggio⟩
Niccolò ⟨da Regio⟩
Niccolò ⟨da Rigio⟩
Niccolò ⟨di Deoprepio da Reggio⟩
Niccolò ⟨di Theoprepos da Reggio⟩
Niccolò ⟨Rheginus⟩
Nicolas ⟨de Reggio⟩
Nicolaus ⟨Calaber⟩
Nicolaus ⟨de Deoprepio⟩
Nicolaus ⟨Regiensis⟩
Nicolaus ⟨Reginus⟩
Nicolaus ⟨Rheginiensis⟩
Nicolaus ⟨von Reggio⟩
Nikolaus ⟨von Reggio⟩
Reginus, Nicolaus
Rheginus, Nicolaus

Nicolaus ⟨Rosell⟩
→ **Rosell, Nicolaus**

Nicolaus ⟨Rupinensis⟩
→ **Nicolaus ⟨Gotstich⟩**

Nicolaus ⟨Rus⟩
→ **Rutze, Nicolaus**

Nicolaus ⟨Rutze⟩
→ **Rutze, Nicolaus**

Nicolaus ⟨Sacristan⟩
→ **Nicolaus ⟨de Norton⟩**

Nicolaus ⟨Sagundinus⟩
1402 – 1464
Epistulae; Oratio de effigie
Niccolò ⟨Sagundino⟩
Nicolas ⟨Sagundino de Négrepont⟩
Nicolas ⟨Saguntino⟩
Nicolaus ⟨Euboicus⟩
Nicolaus ⟨Euripontinus⟩
Nicolaus ⟨Sagudineus⟩
Nicolaus ⟨Secundinus⟩
Nicolaus ⟨Segundinus⟩
Sagundino, Niccolò
Sagundino, Nicolas
Sagundinus, Nicolaus
Saguntino, Nicolas
Secundinus, Nicolaus
Segundinus, Nicolaus

Nicolaus ⟨Salernitanus⟩
um 1150
Antidotarium Nicolai; nicht identisch mit Nicolaus ⟨Aversanus⟩
VL(2),6,1134/51; Tusculum-Lexikon
Nicholas ⟨of Salerno⟩
Nicolas ⟨de Salerne⟩
Nicolaus ⟨von Salerno⟩
Nikolaus ⟨von Salerno⟩
Salernitanus, Nicolaus

Nicolaus ⟨Salicetus⟩
→ **Nicolaus ⟨de Saliceto⟩**

Nicolaus ⟨Saltzinger de Novo Foro⟩
→ **N. ⟨Saltzinger de Novo Foro⟩**

Nicolaus ⟨Salzmesser⟩
→ **Salzmesser, Nicolaus**

Nicolaus ⟨Sanctae Mariae⟩
→ **Nicolaus ⟨Leodiensis⟩**

Nicolaus ⟨Sancti Albani⟩
→ **Nicolaus ⟨de Sancto Albano⟩**

Nicolaus ⟨Sancti Andreae de Sestri⟩
→ **Nicolaus ⟨Vercellensis⟩**

Nicolaus ⟨Sanctus⟩
→ **Nicolaus ⟨Papa, I.⟩**

Nicolaus ⟨Sanderus⟩
→ **Nicolaus ⟨de Gorra⟩**

Nicolaus ⟨Saxoferratensis⟩
→ **Perottus, Nicolaus**

Nicolaus ⟨Schreitwein⟩
→ **Schreitwein, Nicolaus**

Nicolaus ⟨Schrick⟩
→ **Nicolaus ⟨de Hittendorf⟩**

Nicolaus ⟨Schritovinus⟩
→ **Schreitwein, Nicolaus**

Nicolaus ⟨Schweidnitz⟩
→ **Schweidnitz, Nicolaus**

Nicolaus ⟨Segundinus⟩
→ **Nicolaus ⟨Sagundinus⟩**

Nicolaus ⟨Senensis⟩
→ **Nicolaus ⟨de Senis⟩**
→ **Nicolaus ⟨Fortiguerra⟩**

Nicolaus ⟨Senensis, OESA⟩
Lebensdaten nicht ermittelt · OESA
Epp. Pauli
Stegmüller, Repert bibl. 6010
Nicolas ⟨de Sienne⟩
Nicolas ⟨de Sienne, Augustin⟩
Nicolaus ⟨Senensis⟩

Nicolaus ⟨Senensis, OFM⟩
um 1266 · OFM
Sermones super Epistolas, et Evangelia Quadragesimae
Schneyer,IV,377
Nicolaus ⟨Senensis⟩

Nicolaus ⟨Seyringer⟩
ca. 1360 – 1425 · OSB
Predigten
LMA,VI,1187
Nikolaus ⟨Seyringer⟩
Nikolaus ⟨Seyringer von Melk⟩
Seyringer, Nicolaus
Seyringer, Nikolaus

Nicolaus ⟨Siculus⟩
→ **Nicolaus ⟨de Terranova⟩**
→ **Nicolaus ⟨de Tudeschis⟩**

Nicolaus ⟨Siegen⟩
→ **Nicolaus ⟨de Siegen⟩**

Nicolaus ⟨Smeregus⟩
gest. 1279
Chronicon Vincentium
Niccolò ⟨Smerego⟩
Nicolas ⟨Smerego⟩
Nicolaus ⟨Smereglus⟩
Nicolaus ⟨Vincentinus⟩
Smeregio, Niccolò
Smereglo, Niccolò
Smereglus, Nicolaus
Smerego, Niccolò
Smerego, Nicolas
Smeregus, Nicolaus

Nicolaus ⟨Smyrnaeus⟩
→ **Nicolaus ⟨Rhabda⟩**

Nicolaus ⟨Specialis⟩
14. Jh.
Historia Sicula
Tusculum-Lexikon
Niccolò ⟨Speciale⟩
Nicolas ⟨Speciale⟩
Nicolaus ⟨de Noto⟩
Nicolaus ⟨Minorita⟩
Speciale, Nicolas
Speciale, Nicolaus
Specialis, Nicolaus

Nicolaus ⟨Stafardus⟩
→ **Nicolaus ⟨Stenofordius⟩**

Nicolaus ⟨Stenofordius⟩
um 1310
Gen.
Stegmüller, Repert. bibl. 6011
Nicolaus ⟨Stafardus⟩
Nicolaus ⟨Stanfordus⟩
Nicolaus ⟨Stenoforaus⟩
Nicolaus ⟨Stenofordus⟩
Stanfordus, Nicolaus
Stenofordius, Nicolaus
Stenofordus, Nicolaus

Nicolaus ⟨Stoer⟩
→ **Stoer, Nicolaus**

Nicolaus ⟨Stoyczin de Praga⟩
gest. ca. 1445
Lohr
Nicolaus ⟨de Praga⟩
Nicolaus ⟨Stoyczin⟩
Praga, Nicolaus ¬de¬
Stoyczin, Nicolaus
Stoyczin de Praga, Nicolaus

Nicolaus ⟨Strasburgensis⟩
→ **Nicolaus ⟨de Argentina⟩**

Nicolaus ⟨Straub⟩
→ **Straub, Nicolaus**

Nicolaus ⟨Stulmann⟩
→ **Stulmann, Nicolaus**

Nicolaus ⟨Suffraganeus Episcopus Basileensis⟩
→ **Friesen, Nicolaus**

Nicolaus ⟨Swidnitz⟩
→ **Schweidnitz, Nicolaus**

Nicolaus ⟨Tempelfeld de Brega⟩
gest. nach 1471
Exercitium in Parva naturalia; Tractatum utrum liceat, electo in regem Bohemiae dare obedienciam
Lohr; Potth. 1046
Brega, Nicolaus ¬de¬
'Mikołaja ⟨z Brzegu⟩
Nicolas ⟨Tempelfeld⟩
Nicolas ⟨Tempelfeld de Brieg⟩
Nicolaus ⟨de Brega⟩
Nicolaus ⟨Tempelfeld⟩
Nicolaus ⟨Tempelfeld Bregensis⟩
Nicolaus ⟨Tempelfeld von Brieg⟩
Nicolaus ⟨Tympelfelt⟩
Tempelfeld, Nicolas
Tempelfeld, Nicolaus
Tempelfeld Bregensis, Nicolaus
Tempelfeld de Brega, Nicolaus
Tympelfelt, Nicolaus

Nicolaus ⟨Terrae Sanctae Provincialis⟩
12./13. Jh. · OP
Confutationes in sophismata Eustachii
Kaeppeli,III,141
Nicolaus ⟨Prior Provinciae Syriae⟩
Nicolaus ⟨Provincialis Terrae Sanctae⟩

Nicolaus ⟨Terranova⟩
→ **Nicolaus ⟨de Terranova⟩**

Nicolaus ⟨Teuto⟩
→ **Nicolaus ⟨de Harcileh⟩**

Nicolaus ⟨Thaboriensis⟩
→ **Nicolaus ⟨de Pelhrimov⟩**

Nicolaus ⟨the Great⟩
→ **Nicolaus ⟨Papa, I.⟩**

Nicolaus ⟨the Hermit⟩
→ **Nikolaus ⟨von Flüe⟩**

Nicolaus ⟨Theoderici⟩
→ **Nicolaus ⟨de Amsterdam⟩**

Nicolaus ⟨Thessalonicensis⟩
→ **Nicolaus ⟨Cabasilas⟩**

Nicolaus ⟨Thingeyrensis⟩
gest. 1158
Nicolas ⟨de Thingeyrar⟩
Nicolas ⟨d'Islande⟩
Nicolas ⟨Saemundarson⟩

Nicolaus ⟨Tignosi de Fulgineo⟩
1402 – 1474
Commenta in libros De anima; Commenta in Ethicorum libros; In illos qui mea in Aristotelis Ethica commentaria criminantur opusculum
Lohr
Fulgineo, Nicolaus ¬de¬
Niccolò ⟨da Foligno⟩
Niccolò ⟨Tignosi⟩
Niccolò ⟨Tignosi da Foligno⟩
Nicolas ⟨Tignosi⟩
Nicolaus ⟨de Fulgineo⟩
Nicolaus ⟨Tignosi⟩
Nicolaus ⟨Tignosius de Fulgineo⟩
Nicolaus ⟨Tignosius Fulginas⟩
Tignosi, Niccolò
Tignosi, Nicolas
Tignosi, Nicolaus
Tignosi de Fulgineo, Nicolaus

Nicolaus ⟨Tornacensis⟩
→ **Nicolaus ⟨de Gorra⟩**
→ **Nicolaus ⟨de Tornaco⟩**

Nicolaus ⟨Travet⟩
→ **Nicolaus ⟨Trevetus⟩**

Nicolaus ⟨Trevetus⟩
ca. 1258 – ca. 1334 · OP
LThK; CSGL; Tusculum-Lexikon; LMA,VIII,979/80
Nicholas ⟨Triveth⟩
Nicolaus ⟨de Treveth⟩
Nicolaus ⟨Travet⟩
Nicolaus ⟨Traveth⟩
Nicolaus ⟨Trevet⟩
Nicolaus ⟨Treveth⟩
Nicolaus ⟨Trivet⟩
Nicolaus ⟨Trivettus⟩
Nicolaus ⟨Trivetus⟩
Trevetus, Nicolaus
Trivet, Nicholas
Trivet Anglico, Nicolás
Trivet-Anglico, Nicolás
Triveth, Nicola
Triveth, Nicolaus
Trivetus, Nicholaus
Trivetus, Nicolaus

Nicolaus ⟨Trevirensis⟩
→ **Nicolaus ⟨de Cusa⟩**

Nicolaus ⟨Trewnia de Waldpach⟩
14./15. Jh.
Postilla aurea; De tempore-Reihe
Schneyer, Winke, 46
Nicolaus ⟨de Waldpach⟩
Nicolaus ⟨Trewnia⟩
Trewnia, Nicolaus
Trewnia de Waldpach, Nicolaus
Waldpach, Nicolaus ¬de¬

Nicolaus ⟨Trivetus⟩
→ **Nicolaus ⟨Trevetus⟩**

Nicolaus ⟨Tudeschius⟩
→ **Nicolaus ⟨de Tudeschis⟩**

Nicolaus ⟨Tympelfelt⟩
→ **Nicolaus ⟨Tempelfeld de Brega⟩**

Nicolaus ⟨Valla⟩
→ **Nicolaus ⟨de Valle⟩**

Nicolaus ⟨Varnae⟩
15. Jh.
Quaestiones libri Metaphysicae
Lohr
Nicolaus ⟨Warnae⟩
Varnae, Nicolaus
Warnae, Nicolaus

Nicolaus ⟨Varsaviensis⟩
um 1449/51
Sacramentalia
Stegmüller, Repert. sentent. 495
Nicolaus ⟨Canonicus⟩
Nicolaus ⟨Cirvemensis⟩
Nicolaus ⟨Doctor Decretorum⟩
Nicolaus ⟨Plebanus Cirvemensis⟩
Nicolaus ⟨Warsawiensis⟩

Nicolaus ⟨Venetus⟩
→ **Conti, Niccolò ¬dei¬**
→ **Nicolaus ⟨Augusta⟩**

Nicolaus ⟨Vercellensis⟩
um 1290 · OCist
Schneyer,IV,379
Nicolas ⟨de Saint-Andrea di Sestri⟩
Nicolas ⟨de Verceil⟩
Nicolaus ⟨Sancti Andreae de Sestri⟩

Nicolaus ⟨Viconiensis⟩
um 1203
Historia monasterii Viconiensis
Potth. 855
Nicolas ⟨de Vicogne⟩
Nicolaus ⟨Prior Viconiensis⟩

Nicolaus ⟨Vincentinus⟩
→ **Nicolaus ⟨Smeregus⟩**

Nicolaus ⟨Vischel⟩
um 1410
Continuatio Sancrucensis; wohl nicht identisch mit Nicolaus ⟨de Sancta Cruce⟩
LThK
Nicolaus ⟨Cisterciensis⟩
Nikolaus ⟨Vischel⟩
Nikolaus ⟨von Heiligenkreuz⟩
Vischel, Nicolaus

Nicolaus ⟨von Amsterdam⟩
→ **Nicolaus ⟨de Amsterdam⟩**

Nicolaus ⟨von Basel⟩
→ **Nikolaus ⟨von Basel⟩**

Nicolaus ⟨von Biberach⟩
→ **Nicolaus ⟨de Bibera⟩**

Nicolaus ⟨von Borbona⟩
→ **Niccolò ⟨di Borbona⟩**

Nicolaus ⟨von Butrinto⟩
→ **Nicolaus ⟨de Butrinto⟩**

Nicolaus ⟨von Clémanges⟩
→ **Nicolaus ⟨de Clemangiis⟩**

Nicolaus ⟨von Cues⟩
→ **Nicolaus ⟨de Cusa⟩**

Nicolaus ⟨von der Flur⟩
→ **Nikolaus ⟨von Flüe⟩**

Nicolaus ⟨von Jamsilla⟩
→ **Nicolaus ⟨de Iamsilla⟩**

Nicolaus ⟨von Jeroschin⟩
→ **Nikolaus ⟨von Jeroschin⟩**

Nicolaus ⟨von Landau⟩
→ **Nikolaus ⟨von Landau⟩**

Nicolaus ⟨von Liège⟩
→ **Nicolaus ⟨Leodiensis⟩**

Nicolaus ⟨von Ligny⟩
→ **Nicolaus ⟨de Butrinto⟩**

Nicolaus ⟨von Lyra⟩
→ **Nicolaus ⟨de Lyra⟩**

Nicolaus ⟨von Montpellier⟩
→ **Nicolaus ⟨de Polonia⟩**

Nicolaus ⟨von Neapel⟩
→ **Niccolò ⟨di Borbona⟩**

Nicolaus ⟨von Oresme⟩
→ **Nicolaus ⟨Oresmius⟩**

Nicolaus ⟨von Polen⟩
→ **Nicolaus ⟨de Polonia⟩**

Nicolaus ⟨von Prato⟩
→ **Nicolaus ⟨Pratensis⟩**

Nicolaus ⟨von Reggio⟩
→ **Nicolaus ⟨Rheginus⟩**

Nicolaus ⟨von Reichenhall⟩
→ **Nicolaus ⟨Magister⟩**

Nicolaus ⟨von Salerno⟩
→ **Nicolaus ⟨Salernitanus⟩**

Nicolaus ⟨von Straßburg⟩
→ **Nicolaus ⟨de Argentina⟩**

Nicolaus ⟨von Weyl⟩
→ **Wyle, Niklas ¬von¬**

Nicolaus ⟨von Worcester⟩
→ **Nicolaus ⟨de Norton⟩**

Nicolaus ⟨von Wyle⟩
→ **Wyle, Niklas ¬von¬**

Nicolaus ⟨Warnae⟩
→ **Nicolaus ⟨Varnae⟩**

Nicolaus ⟨Warsawiensis⟩
→ **Nicolaus ⟨Varsaviensis⟩**

Nicolaus ⟨Weigel⟩
gest. 1444
De indulgentiis
LThK; Potth. 1115; LMA,VI,1189
Nicolas ⟨de Brieg⟩
Nicolaus ⟨Wigelius⟩
Nicolaus ⟨Wigelius Silesius Brigensis⟩
Nikolaus ⟨Weigel⟩
Nikolaus ⟨Wigelius⟩
Weigel, Nicolaus
Wigelius, Nicolaus

Nicolaus ⟨Wenceslai⟩
um 1393/1414 · OP
Conclusiones octo pro exterminatione moderni scismatis
Kaeppeli,III,197
Nicolaus ⟨Episcopus⟩
Nicolaus ⟨Episcopus Nazorescensis⟩
Nicolaus ⟨Nasaritensis⟩
Nicolaus ⟨Nazarotensis⟩
Nicolaus ⟨Nazorescensis⟩
Nicolaus ⟨Wenceslai IV. Confessor et Secretarius⟩
Wenceslai, Nicolaus

Nicolaus ⟨Weydenbosch⟩
→ **Nicolaus ⟨de Saliceto⟩**

Nicolaus ⟨Wigandi⟩
gest. ca. 1416/21
Lectura super primo nocturno psalterii; Materia de indulgentiis; Sermones de tempore; etc.
Stegmüller, Repert. bibl. 6041; Schneyer, Winke, 47
Mikołaj ⟨Wigandi⟩
Nicolaus ⟨Wigand⟩
Nicolaus ⟨Wygandi⟩
Wigandi, Mikołaj
Wigandi, Nicolaus

Nicolaus ⟨Wigelius⟩
→ **Nicolaus ⟨Weigel⟩**

Nicolaus ⟨Wigorniensis⟩
→ **Nicolaus ⟨de Norton⟩**

Nicolaus ⟨Wratislaviensis⟩
→ **Nicolaus ⟨de Posnania⟩**

Nicolaus ⟨Wurm⟩
gest. 1401
LThK(2),IX,204
Nikolaus ⟨Wurm⟩
Wurm, Nicolaus

Nicolaus ⟨Wygandi⟩
→ **Nicolaus ⟨Wigandi⟩**

Nicolaus ⟨Ydrontinus⟩
→ **Nicolaus ⟨de Casulis⟩**

Nicolaus ⟨Ypponensis⟩
→ **Lanckmannus, Nicolaus**

Nicolaus ⟨Ytalicus⟩
→ **Italicus, Nicolaus**

Nicolaus Blancus, Johannes
→ **Johannes ⟨Nicolaus Blancus⟩**

Nicolaus Gerhaert ⟨von Leiden⟩
→ **Gerhaert von Leiden, Nicolaus**

Nicolaus Moschinus ⟨Caracciolo⟩
→ **Caracciolo, Nicolaus Moschinus**

Nicolaus Nectarius ⟨de Casulis⟩
→ **Nicolaus ⟨de Casulis⟩**

Nicolay, Jean
→ **Jean ⟨Nicolay⟩**

Nicole ⟨Bozon⟩
→ **Bozon, Nicole**

Nicole ⟨de Margival⟩
13. Jh.
Margival, Nicole ¬de¬

Nicole ⟨de Oresme⟩
→ **Nicolaus ⟨Oresmius⟩**

Nicole ⟨Prévost⟩
→ **Nicolaus ⟨Praepositus⟩**

Nicole, Guilelmus ¬de¬
→ **Guilelmus ⟨de Nicole⟩**

Nicolet ⟨Vernia⟩
→ **Nicolettus ⟨Vernia⟩**

Nicoletti, Johannes
→ **Johannes ⟨de Imola⟩**

Nicoletti, Paolo
→ **Paulus ⟨de Venetiis⟩**

Nicolettus ⟨Vernia⟩
1420 – 1499
Expositio in Posteriorum librum priorem; Expositio in Posteriorum capitulum secundum in fine; Quaestio in De anima; Quaestio de rationibus seminalibus
Lohr; Schönberger/Kible, Repertorium, 18958/18959
Nicolet ⟨Vernia⟩
Nicolet ⟨Vernia de Chieti⟩
Nicoletto ⟨de Vernia⟩
Nicoletto ⟨Vernia⟩
Nicolettus ⟨Vernia de Chieti⟩
Nicolettus ⟨Vernias Theatinus⟩
Vernia, Nicolet
Vernia, Nicoletto
Vernia, Nicolettus
Vernia, Nicoletus
Vernias, Nicoletto

Nicolettus, Paulus
→ **Paulus ⟨de Venetiis⟩**

Nicoli, Nicolai
→ **Falcuccius, Nicolaus**

Nicolius, Nicolaus
→ **Nicolas ⟨de Nicolai⟩**

Nicolò
ca. 1110 – ca. 1140
Bildender Künstler
Ficarolo, Nicolò ¬da¬
Niccolò
Nicholaus
Nicolaus ⟨der Künstler⟩
Nicolò ⟨da Ficarolo⟩

Nicolò ⟨Barbaro⟩
→ **Barbaro, Nicolò**

Nicolò ⟨Colzè⟩
→ **Colzè, Nicolò**

Nicolo ⟨da Bologna⟩
→ **Nicolò ⟨di Giacomo⟩**

Nicolo ⟨da Brazano⟩
→ **Niccolò ⟨da Brazano⟩**

Nicolo ⟨da Casola⟩
→ **Nicola ⟨da Casola⟩**

Nicolo ⟨da Corregio⟩
→ **Niccolò ⟨da Correggio⟩**

Nicolò ⟨da Ficarolo⟩
→ **Nicolò**

Nicolò ⟨di Giacomo⟩
um 1336/64
Illustrator, Miniaturmaler
Thieme-Becker
Giacomo, Nicolò ¬di¬
Niccolò ⟨di Giacomo⟩
Nicolas ⟨de Bologne⟩
Nicolo ⟨da Bologna⟩
Nicolo ⟨di Giacomo di Nascimbene⟩

Nicolò ⟨di Michiel⟩
um 1432
Naufragio ... per Christoforo Fioravante e Nicolò di Michiel che vi si trovarono presenti (1432 facti)
Rep.Font. IV,461
Michiel, Nicolas
Michiel, Nicolò ¬di¬
Nicolas ⟨Michiel⟩

Nicolo ⟨Falcucci⟩
→ **Falcuccius, Nicolaus**

Nicolo ⟨Pisano⟩
→ **Pisano, Nicola**

Nicolo ⟨Predicator in San Stephano⟩
→ **Niccolò ⟨da Brazano⟩**

Nicolocius ⟨Jacobi⟩
→ **Nicolaus ⟨de Asculo⟩**

Nicoluccio ⟨di Ascoli⟩
→ **Nicolaus ⟨de Asculo⟩**

Nicolucius, Nicolaus
→ **Nicolaus ⟨de Asculo⟩**

Nicolus, Nicolaus
→ **Falcuccius, Nicolaus**

Nicolutius ⟨Asculanus⟩
→ **Nicolaus ⟨de Asculo⟩**

Nicon ⟨Archimandrita⟩
→ **Nicon ⟨Metanoites⟩**

Nicon ⟨Armenus⟩
→ **Nicon ⟨Metanoites⟩**

Nicon ⟨Cretensis⟩
→ **Nicon ⟨Rhaithuensis⟩**

Nicon ⟨de la Montagne Noire⟩
→ **Nicon ⟨Rhaithuensis⟩**

Nicon ⟨Metanoites⟩
ca. 930 – ca. 998
Tusculum-Lexikon; CSGL; LMA,VI,1189/90
Metanoites, Nicon
Nicon ⟨Archimandrita⟩
Nicon ⟨Armenus⟩
Nicon ⟨Sanctus⟩
Nikon ⟨Metanoeite⟩

Nicon ⟨Monachus⟩
→ **Nicon ⟨Rhaithuensis⟩**

Nicon ⟨Palaestinus⟩
→ **Nicon ⟨Rhaithuensis⟩**

Nicon ⟨Rhaithuensis⟩
11./12. Jh.
Tusculum-Lexikon; CSGL; LThK(3),7,87; LMA,VI,1190
Nicon ⟨Cretensis⟩
Nicon ⟨de la Montagne Noire⟩
Nicon ⟨Monachus⟩
Nicon ⟨Palaestinus⟩
Nikon ⟨vom Schwarzen Berg⟩

Nicon ⟨Sanctus⟩
→ **Nicon ⟨Metanoites⟩**

Nicopolitanus, Alciso
→ **Alciso ⟨Nicopolitanus⟩**

Nicopolitanus, Gregorius
→ **Gregorius ⟨Nicopolitanus⟩**

Nicopolitanus, Johannes
→ **Johannes ⟨Nicopolitanus⟩**

Nicus ⟨de Amstellerdam⟩
→ **Nicolaus ⟨de Amsterdam⟩**

Nidard
→ **Nithardus ⟨Sancti Richardi⟩**

Nider, Johannes
1380 – 1438 · OP
LThK; VL(2),6,971/77; CSGL; Tusculum-Lexikon; LMA,VI,1136
Johannes ⟨Nider⟩
Johannes ⟨Nieder⟩
Johannes ⟨Niger⟩
Johannes ⟨Nyder⟩
Nieder, Johannes
Niger, Johannes
Nyder, Johannes

Nidhámi-i-'arúdi-i-Samarqandi
→ **Niẓāmī 'Arūḍī, Aḥmad Ibn-'Umar**

Nidhard
→ **Nithardus ⟨Sancti Richardi⟩**

Niederrhein, Werner ¬vom¬
→ **Werner ⟨vom Niederrhein⟩**

Nieheim, Theodoricus ¬de¬
→ **Theodoricus ⟨de Niem⟩**

Niels
um 1200
Danske riimkrønike ab O.C.-1478 wird ihm zugeschrieben
Potth. 856
Niels ⟨Moine à Soröe⟩
Niels ⟨Mönch auf Soröe⟩
Niels ⟨Monk of Sorø⟩
Nigels

Niels ⟨Lundenske⟩
→ **Nicolaus ⟨Lundensis⟩**

Niels ⟨Oerkebiskop⟩
→ **Nicolaus ⟨Lundensis⟩**

Niem, Theodoricus ¬de¬
→ **Theodoricus ⟨de Niem⟩**

Nieman
→ **Altswert ⟨Meister⟩**
→ **Niemand**

Niemand
14. Jh.
Die drei Mönche von Kolmar
VL(2),6,1001/05
Nieman

Nienburg, Arnoldus ¬de¬
→ **Arnoldus ⟨de Nienburg⟩**

Nierses ⟨Claiensis⟩
→ **Nerses ⟨Šnorhali⟩**

Nierses ⟨Lampronense⟩
→ **Nerses ⟨Lambronac'i⟩**

Nierses ⟨Patriarche⟩
→ **Nerses ⟨Šnorhali⟩**

Nievo, Alessandro
→ **Alexander ⟨de Nevo⟩**

Niffarī, Muḥammad Ibn-'Abd-al-Ġabbār ¬an-¬
um 963
Baṣrī, Muḥammad Ibn-'Abd-al-Ġabbār ¬al-¬
Ibn-'Abd-al-Ġabbār, Muḥammad an-Niffarī
Muḥammad Ibn-'Abd-al-Ġabbār an-Niffarī

Nigebur, Jacobus
→ **Jacobus ⟨Nigebur⟩**

Nigellus ⟨de Longo Campo⟩
ca. 1130 – ca. 1200
Speculum stultorum
Tusculum-Lexikon; Potth. 856; LMA,VI,1148
Brunellus
Brunellus ⟨Nigellus⟩
Brunellus ⟨Vigellus⟩
Guireker, Nigellus
Longo Campo, Nigellus ¬de¬
Nigel ⟨de Longchamp⟩
Nigel ⟨Longchamp⟩
Nigel ⟨of Canterbury⟩
Nigel ⟨Wetekere⟩
Nigel ⟨Wireker⟩
Nigellus
Nigellus ⟨Cantuariensis⟩
Nigellus ⟨de Longchamp⟩
Nigellus ⟨Guireker⟩
Nigellus ⟨Praecentor⟩
Nigellus ⟨Praecentor Ecclesiae Cantuariensis⟩
Nigellus ⟨von Longchamp⟩
Nigellus ⟨von Longchamps⟩
Nigellus ⟨Wetekre⟩
Nigellus ⟨Wirecken⟩
Nigellus ⟨Wirekarus⟩
Nigellus ⟨Wireker⟩
Nigellus ⟨Wirekerus⟩
Vigellus
Wetekre, Nigellus
Wirecken, Nigellus
Wirecker, Nigellus
Wireker, Nigellus
Wirekerus, Nigellus

Nigellus, Ermoldus
→ **Ermoldus ⟨Nigellus⟩**

Nigels
→ **Niels**

Niger, Angelus
→ **Angelus ⟨Niger⟩**

Niger, Franciscus
→ **Franciscus ⟨Niger⟩**

Niger, Georgius
→ **Nigri, Georgius**

Niger, Johannes
→ **Nider, Johannes**

Niger, Petrus
→ **Nigri, Petrus**

Niger, Radulfus
→ **Radulfus ⟨Niger⟩**

Niger, Rogerus
→ **Rogerus ⟨Niger⟩**

Nigri, Georgius
15. Jh. · OP
Stegmüller, Repert. sentent. 869; Kaeppeli,II,24/26
Georg ⟨Nigri⟩
Georg ⟨Schwarz⟩
Georges ⟨Nigri⟩
Georges ⟨Schwarz⟩
Georgius ⟨Niger⟩
Georgius ⟨Nigri⟩
Georgius ⟨Schwarz⟩
Georgius ⟨Swarcz⟩
Niger, Georgius
Nigri, Georg
Nigri, Georges
Schwarz, Georg
Schwarz, Georges
Schwarz, Georgius
Swarcz, Georgius

Nigri, Johannes
→ **Johannes ⟨Nigri⟩**

Nigri, Petrus
ca. 1434 – 1483 · OP
Liber ... super arte veteri Aristotelis
LMA,VI,1979
Niger, Petrus
Nigri, Pierre
Peter ⟨Schwartz⟩
Peter ⟨Schwarz⟩
Petrus ⟨de Cadena⟩
Petrus ⟨Niger⟩
Petrus ⟨Nigri⟩
Petrus ⟨Nigri de Cadena⟩
Petrus ⟨Schwarz⟩
Petrus ⟨Teuto⟩
Pierre ⟨Teuto⟩
Schwartz, Peter
Schwarz, Peter

Nigris, Syllanus ¬de¬
→ **Syllanus ⟨de Nigris⟩**

Nijmègue, Rodolphe ¬de¬
→ **Radulfus ⟨de Noviomago⟩**

Nikephoros ⟨Athonites⟩
→ **Nicephorus ⟨Athonita⟩**

Nikephoros ⟨Basilakes⟩
→ **Nicephorus ⟨Basilaces⟩**

Nikephoros ⟨Blemmydes⟩
→ **Nicephorus ⟨Blemmyda⟩**

Nikephoros ⟨Botaniates⟩
→ **Nicephorus ⟨Imperium Byzantinum, Imperator, III.⟩**

Nikephoros ⟨Bryennios⟩
→ **Nicephorus ⟨Bryennius⟩**

Nikephoros ⟨Byzanz, Kaiser, ...⟩
→ **Nicephorus ⟨Imperium Byzantinum, Imperator, ...⟩**

Nikephoros ⟨Chartophylax⟩
→ **Nicephorus ⟨Chartophylax⟩**

Nikephoros ⟨Chrysoberges⟩
→ **Nicephorus ⟨Chrysoberges⟩**

Nikephoros ⟨Chumnos⟩
→ **Nicephorus ⟨Chumnus⟩**

Nikēphoros ⟨Grēgoras⟩
→ **Nicephorus ⟨Gregoras⟩**

Nikephoros ⟨Hagioreites⟩
→ **Nicephorus ⟨Athonita⟩**

Nikēphoros ⟨ho Basilakēs⟩
→ **Nicephorus ⟨Basilaces⟩**

Nikēphoros ⟨ho Blemmydas⟩
→ **Nicephorus ⟨Blemmyda⟩**

Nikēphoros ⟨ho Chumnos⟩
→ **Nicephorus ⟨Chumnus⟩**

Nikēphoros ⟨ho Grēgoras⟩
→ **Nicephorus ⟨Gregoras⟩**

Nikēphoros ⟨ho Kallistos⟩
→ **Nicephorus Callistus ⟨Xanthopulus⟩**

Nikēphoros ⟨ho Vasilakēs⟩
→ **Nicephorus ⟨Basilaces⟩**

Nikēphoros ⟨Kallistos⟩
→ **Nicephorus Callistus ⟨Xanthopulus⟩**

Nikēphoros ⟨Mētropolitēs⟩
→ **Nikifor ⟨Kievskij⟩**

Nikephoros ⟨of Constantinople⟩
→ **Nicephorus ⟨Constantinopolitanus, ...⟩**

Nikēphoros ⟨Phōkas⟩
→ **Nicephorus ⟨Imperium Byzantinum, Imperator, II.⟩**

Nikephoros ⟨Presbyter⟩
→ **Nicephorus ⟨Presbyter⟩**

Nikephoros ⟨Uranos⟩
→ **Nicephorus ⟨Uranus⟩**

Nikephoros ⟨von Konstantinopel⟩
→ **Nicephorus ⟨Constantinopolitanus, ...⟩**

Nikēphoros Kallistos ⟨Xanthopulos⟩
→ **Nicephorus Callistus ⟨Xanthopulus⟩**

Nikētas ⟨Akōminatos⟩
→ **Nicetas ⟨Choniates⟩**

Nikētas ⟨Byzantios⟩
→ **Nicetas ⟨Byzantinus⟩**

Niketas ⟨Choniates⟩
→ **Nicetas ⟨Choniates⟩**

Niketas ⟨David⟩
→ **Nicetas ⟨David⟩**

Niketas ⟨der Beherzte⟩
→ **Nicetas ⟨Stethatus⟩**

Niketas ⟨Didaskalos⟩
→ **Nicetas ⟨Byzantinus⟩**

Nikētas ⟨Eugenianos⟩
→ **Nicetas ⟨Eugenianus⟩**

Niketas ⟨ho tu Marōneias⟩
→ **Nicetas ⟨Maroniensis⟩**

Nikētas ⟨ho tu Serrōn⟩
→ **Nicetas ⟨Heracleensis⟩**

Niketas ⟨Magistros⟩
→ **Nicetas ⟨Magister⟩**

Niketas ⟨Mediziner⟩
→ **Nicetas ⟨Medicus⟩**

Niketas ⟨Myrsiniotes⟩
→ **Nilus ⟨Diassorinus⟩**

Niketas ⟨Paphlagon⟩
→ **Nicetas ⟨David⟩**

Niketas ⟨Philosoph⟩
→ **Nicetas ⟨David⟩**

Niketas ⟨Philosophos⟩
→ **Nicetas ⟨Byzantinus⟩**

Niketas ⟨Scholastikos⟩
→ **Nicetas ⟨David⟩**

Niketas ⟨Seidos⟩
→ **Nicetas ⟨Seidus⟩**

Nikētas ⟨Stēthatos⟩
→ **Nicetas ⟨Stethatus⟩**

Niketas ⟨von Ankyra⟩
→ **Nicetas ⟨Ancyranus⟩**

Niketas ⟨von Herakleia⟩
→ **Nicetas ⟨Heracleensis⟩**

Niketas ⟨von Maroneia⟩
→ **Nicetas ⟨Maroniensis⟩**

Niketas ⟨von Thessalonike⟩
→ **Nicetas ⟨Maroniensis⟩**

Nikifor ⟨Kievskij⟩
gest. 1121
LMA,VI,1162
Kievskij, Nikifor
Nicephorus ⟨Metropolita⟩
Nikēphoros ⟨Mētropolitēs⟩
Nikifor ⟨Metropolit⟩
Nikifor ⟨Mitropolit⟩
Nikifor ⟨Mitropolit Kievskij i Vseja Rusi⟩
Nikifor ⟨of Kiev⟩
Nikifor ⟨von Kiev⟩

Nikiou, Mēna
→ **Mēna ⟨Nikiou⟩**

Nikitin, Afanasij N.
gest. 1472
Choždenie za tri morja; Kaufmann in Tver'; Reiseschriftsteller
Rep.Font. II,140
Afanasij ⟨Nikitič Nikitin⟩
Afanasij ⟨Nikitin⟩
Athanase ⟨Nikitin⟩
Athanasius ⟨Nikitin⟩
Nikitin, Afanasij Nikitič
Nikitin, Afanassi N.
Nikitin, Athanase
Nikitin, Athanasius

Nikitin, Athanasius
→ **Nikitin, Afanasij N.**

Niklas ⟨Frauenpreis⟩
→ **Frauenpreis, Niklas**

Niklas ⟨Hagen⟩
→ **Hagen, Niklas**

Niklas ⟨Jankowitz⟩
→ **Jankowitz, Niklas**

Niklas ⟨Lankmann⟩
→ **Lanckmannus, Nicolaus**

Niklas ⟨Rem⟩
→ **Rem, Niklas**

Niklas ⟨von Falkenstein⟩
→ **Lanckmannus, Nicolaus**

Niklas ⟨von Morchingen⟩
15. Jh.
2 Rezepte; 1 Rezepturtraktat
VL(2),6,1014/15
Morchingen, Niklas ¬von¬

Niklas ⟨von Mumpelier⟩
→ **Nicolaus ⟨de Polonia⟩**

Niklas ⟨von Salzburg⟩
15. Jh.
2 Predigten
VL(2),6,1015/16
Nikolaus ⟨von Salzburg⟩
Salzburg, Niklas ¬von¬

Niklas ⟨von Wyle⟩
→ **Wyle, Niklas ¬von¬**

Niklaus ⟨von Flüe⟩
→ **Nikolaus ⟨von Flüe⟩**

Nikolaij ⟨Mistik⟩
→ **Nicolaus ⟨Mysticus⟩**

Nikolaj ⟨Majkov⟩
→ **Nil ⟨Sorskij⟩**

Nikołaj ⟨z Błonia⟩
→ **Nicolaus ⟨de Plove⟩**

Nikolaos ⟨Artabasdos⟩
→ **Nicolaus ⟨Rhabda⟩**

Nikolaos ⟨Chalkokondylēs⟩
→ **Laonicus ⟨Chalcocondyles⟩**

Nikolaos ⟨Chamaetos⟩
→ **Nicolaus ⟨Cabasilas⟩**

Nikolaos ⟨Doxipatros⟩
→ **Nilus ⟨Doxipatrius⟩**

Nikolaos ⟨Grammatikos⟩
→ **Nicolaus ⟨Grammaticus⟩**

Nikolaos ⟨ho Alexandreus⟩
→ **Nicolaus ⟨Myrepsus⟩**

Nikolaos ⟨ho Methōnaios⟩
→ **Nicolaus ⟨Methonensis⟩**

Nikolaos ⟨ho Myrepsos⟩
→ **Nicolaus ⟨Myrepsus⟩**

Nikolaos ⟨ho Mystikos⟩
→ **Nicolaus ⟨Mysticus⟩**

Nikolaos ⟨ho Rhabdas⟩
→ **Nicolaus ⟨Rhabda⟩**

Nikolaos ⟨Kabasilas⟩
→ **Nicolaus ⟨Cabasilas⟩**

Nikolaos ⟨Kalliklēs⟩
→ **Nicolaus ⟨Callicles⟩**

Nikolaos ⟨Lampēnos⟩
→ **Nicolaus ⟨Lampenus⟩**

Nikolaos ⟨Mesarites⟩
→ **Nicolaus ⟨Mesarita⟩**

Nikolaos ⟨Methōnēs⟩
→ **Nicolaus ⟨Methonensis⟩**

Nikolaos ⟨Muzalon⟩
→ **Nicolaus ⟨Muzalo⟩**

Nikolaos ⟨Mystikos⟩
→ **Nicolaus ⟨Mysticus⟩**

Nikolaos ⟨Rhabdas⟩
→ **Nicolaus ⟨Rhabda⟩**

Nikolaos ⟨von Hydruntum⟩
→ **Nicolaus ⟨de Casulis⟩**

Nikolaos ⟨von Hydrus⟩
→ **Nicolaus ⟨de Casulis⟩**

Nikolaos ⟨von Konstantinopel⟩
→ **Nicolaus ⟨Mysticus⟩**

Nikolaos ⟨von Methone⟩
→ **Nicolaus ⟨Methonensis⟩**

Nikolaos ⟨von Otranto⟩
→ **Nicolaus ⟨de Casulis⟩**

Nikolas ⟨van Dinkelsbühl⟩
→ **Nicolaus ⟨de Dinkelspuhel⟩**

Nikolaus ⟨af Linköping⟩
→ **Nicolaus ⟨Hermanni⟩**

Nikolaus ⟨Alemannischer Wundarzt⟩
→ **Nikolaus ⟨von Freiburg⟩**

Nikolaus ⟨Arzt von Esslingen⟩
→ **Nikolaus ⟨vom Schwert⟩**

Nikolaus ⟨Breakspear⟩
→ **Hadrianus ⟨Papa, IV.⟩**

Nikolaus ⟨Clas⟩
→ **Reise, Nikolaus**

Nikolaus ⟨Clesse⟩
→ **Reise, Nikolaus**

Nikolaus ⟨der Große⟩
→ **Nicolaus ⟨Papa, I.⟩**

Nikolaus ⟨der Kartäuser⟩
→ **Nikolaus ⟨von Nürnberg, der Kartäuser⟩**

Nikolaus ⟨der Salbenkoch⟩
→ **Nicolaus ⟨Myrepsus⟩**

Nikolaus ⟨der Wilhelmiter⟩
Lebensdaten nicht ermittelt
1 Predigtspruch
VL(2),6,1163
Wilhelmiter, Nikolaus ¬der¬

Nikolaus ⟨Eyfeler⟩
→ **Eyfeler, Nicolaus**

Nikolaus ⟨Eymerich⟩
→ **Nicolaus ⟨Eymericus⟩**

Nikolaus ⟨Floreke⟩
→ **Floreke, Nikolaus**

Nikolaus ⟨Frauenlob⟩
→ **Frauenlob, Nikolaus**

Nikolaus ⟨Grill⟩
→ **Grill, Nikolaus**

Nikolaus ⟨Groß⟩
→ **Nicolaus ⟨Magni de Iawor⟩**

Nikolaus ⟨Hermansson⟩
→ **Nicolaus ⟨Hermanni⟩**

Nikolaus ⟨Humilis⟩
→ **Nikolaus ⟨von Nürnberg, Humilis⟩**

Nikolaus ⟨Jauer⟩
→ **Nicolaus ⟨Magni de Iawor⟩**

Nikolaus ⟨Johannes⟩
→ **Johannes, Nikolaus**

Nikolaus ⟨Kabasilas⟩
→ **Nicolaus ⟨Cabasilas⟩**

Nikolaus ⟨Kardinal von Aragon⟩
→ **Rosell, Nicolaus**

Nikolaus ⟨Kempf⟩
→ **Kempf, Nicolaus**

Nikolaus ⟨Klesse⟩
→ **Reise, Nikolaus**

Nikolaus ⟨Krebs von Kues⟩
→ **Nicolaus ⟨de Cusa⟩**

Nikolaus ⟨Laienarzt⟩
→ **Nikolaus ⟨von Rotenhaslach⟩**

Nikolaus ⟨Lakmann⟩
→ **Nicolaus ⟨Lakmann⟩**

Nikolaus ⟨Magister⟩
→ **Nikolaus ⟨von Paris⟩**

Nikolaus ⟨Meister⟩
→ **Nikolaus ⟨vom Schwert⟩**

Nikolaus ⟨Muffel⟩
→ **Muffel, Nikolaus**

Nikolaus ⟨Myrepsos⟩
→ **Nicolaus ⟨Myrepsus⟩**

Nikolaus ⟨Papst, ...⟩
→ **Nicolaus ⟨Papa, ...⟩**

Nikolaus ⟨Petschacher⟩
→ **Petschacher, Nicolaus**

Nikolaus ⟨Prunczlein⟩
→ **Nicolaus ⟨de Dinkelspuhel⟩**

Nikolaus ⟨Reise⟩
→ **Reise, Nikolaus**

Nikolaus ⟨Rosell⟩
→ **Rosell, Nicolaus**

Nikolaus ⟨Rumel⟩
→ **Rumel, Nikolaus**

Nikolaus ⟨Salzmesser⟩
→ **Salzmesser, Nicolaus**

Nikolaus ⟨Schlegel⟩
→ **Schlegel, Nikolaus**

Nikolaus ⟨Schreiber⟩
→ **Nikolaus ⟨von Kittlitz⟩**

Nikolaus ⟨Schulmeister⟩
→ **Schulmeister, Nikolaus**

Nikolaus ⟨Schweidnitz⟩
→ **Schweidnitz, Nicolaus**

Nikolaus ⟨Sekretär⟩
→ **Nicolaus ⟨Claraevallensis⟩**

Nikolaus ⟨Seyringer⟩
→ **Nicolaus ⟨Seyringer⟩**

Nikolaus ⟨Tibinus⟩
→ **Nicolaus ⟨de Dybin⟩**

Nikolaus ⟨Upsclach⟩
→ **Upschlacht, Niclaus**

Nikolaus ⟨van Gouda⟩
→ **Nicolaus ⟨de Gouderaen⟩**

Nikolaus ⟨Vischel⟩
→ **Nicolaus ⟨Vischel⟩**

Nikolaus ⟨vom Schwert⟩
um 1397/1419
Pesttraktat
VL(2),6,1151
Nikolaus ⟨Arzt von Esslingen⟩
Nikolaus ⟨Meister⟩
Schwert, Nikolaus ¬vom¬

Nikolaus ⟨von Amiens⟩
→ **Nicolaus ⟨Ambianensis⟩**

Nikolaus ⟨von Astau⟩
Lebensdaten nicht ermittelt · OESA (?)
Übersetzung der „Visiones Georgii"
VL(2),6,1040/41
Astau, Nikolaus ¬von¬
Nikolaus ⟨von Ostau⟩

Nikolaus ⟨von Autrecourt⟩
→ **Nicolaus ⟨de Altricuria⟩**

Nikolaus ⟨von Aversa⟩
→ **Nicolaus ⟨Aversanus⟩**

Nikolaus ⟨von Basel⟩
gest. ca. 1397
LThK; LMA,VI,1177; VL(2),6,420/442
Basel, Nikolaus ¬von¬
Nicholas ⟨of Basle⟩
Nicolas ⟨de Bâle⟩
Nicolaus ⟨de Basilea⟩
Nicolaus ⟨von Basel⟩

Nikolaus ⟨von Bergamo⟩
→ **Nicolaus ⟨Pergamenus⟩**

Nikolaus ⟨von Bibra⟩
→ **Nicolaus ⟨de Bibera⟩**

Nikolaus ⟨von Birkenfeld⟩
gest. 1391
Experimenta
VL(2),6,1046/47
Birkenfeld, Nikolaus ¬von¬

Nikolaus ⟨von Blaufelden⟩
14. Jh.
Blaufelden, Nikolaus ¬von¬
Claus ⟨von Balfellden⟩
Claus ⟨von Blafellden⟩
Claus ⟨von Blovelden⟩

Nikolaus ⟨von Böhmen⟩
→ **Nicolaus ⟨de Polonia⟩**

Nikolaus ⟨von Breslau⟩
→ **Nicolaus ⟨de Posnania⟩**

Nikolaus ⟨von Buldesdorf⟩
gest. 1446
Häret. Schriften
LMA,VI,1178
Buldesdorf, Nikolaus ¬von¬

Nikolaus ⟨von Butrinto⟩
→ **Nicolaus ⟨de Butrinto⟩**

Nikolaus ⟨von Capua⟩
→ **Nicolaus ⟨Capuanus⟩**

Nikolaus ⟨von Clairvaux⟩
→ **Nicolaus ⟨Claraevallensis⟩**

Nikolaus ⟨von Clémanges⟩
→ **Nicolaus ⟨de Clemangiis⟩**

Nikolaus ⟨von Cues⟩
→ **Nicolaus ⟨de Cusa⟩**

Nikolaus ⟨von der Flüe⟩
→ **Nikolaus ⟨von Flüe⟩**

Nikolaus ⟨von Dibin⟩
→ **Nicolaus ⟨de Dybin⟩**

Nikolaus ⟨von Dinkelsbühl⟩
→ **Nicolaus ⟨de Dinkelspuhel⟩**

Nikolaus ⟨von Dresden⟩
→ **Nicolaus ⟨Dresdensis⟩**

Nikolaus ⟨von Dybin⟩
→ **Nicolaus ⟨de Dybin⟩**

Nikolaus ⟨von Essen⟩
Lebensdaten nicht ermittelt
Dt. mal. Gesundheitsanweisung
VL(2),6,1068/69
Essen, Nikolaus ¬von¬

Nikolaus ⟨von Flüe⟩
1417 – 1487
Briefe
LThK; Potth.; LMA,VI,1179; VL(2),6,1069/74
Claus ⟨der Bruder⟩
Claus ⟨von Unterwalden⟩
Flüe, Klaus ¬von¬
Flüe, Niklaus ¬von¬
Flüe, Nikolaus ¬von¬
Klaus ⟨der Bruder⟩
Klaus ⟨von Flüe⟩
Klaus ⟨von Unterwalden⟩
Nicholas ⟨von der Flühe⟩
Nicolao ⟨della Flue⟩
Nicolas ⟨de Flüe⟩
Nicolas ⟨de Saxo⟩
Nicolas ⟨d'Unterwalden⟩
Nicolas ⟨le Frère⟩
Nicolaus ⟨de Rupe⟩
Nicolaus ⟨Eremita⟩
Nicolaus ⟨the Hermit⟩
Nicolaus ⟨von der Flur⟩
Niklaus ⟨von Flüe⟩
Nikolaus ⟨von der Flüe⟩
Nikolaus ⟨von Flüeli⟩

Nikolaus ⟨von Freiburg⟩
um 1385/1402
Klistierlehre; Harnsand-Wasser
VL(2),6,1075
Freiburg, Nikolaus ¬von¬
Nikolaus ⟨Alemannischer Wundarzt⟩

Nikolaus ⟨von Gaming⟩
→ **Kempf, Nicolaus**

Nikolaus ⟨von Gorran⟩
→ **Nicolaus ⟨de Gorra⟩**

Nikolaus ⟨von Guildford⟩
→ **Nicholas ⟨of Guildford⟩**

Nikolaus ⟨von Hannapes⟩
→ **Nicolaus ⟨de Hanapis⟩**

Nikolaus ⟨von Haugwitz⟩
um 1303
Wem ein tugendsam Weib bescheret
VL(2),6,1077/78
Haugwitz, Nikolaus ¬von¬

Nikolaus ⟨von Heidelberg⟩
→ **Nicolaus ⟨Magni de Iawor⟩**

Nikolaus ⟨von Heiligenkreuz⟩
→ **Nicolaus ⟨Vischel⟩**

Nikolaus ⟨von Hereford⟩
→ **Nicolaus ⟨Herefordensis⟩**

Nikolaus ⟨von Jamsilla⟩
→ **Nicolaus ⟨de Iamsilla⟩**

Nikolaus ⟨von Jaroschin⟩
→ **Nikolaus ⟨von Jeroschin⟩**

Nikolaus ⟨von Jauer⟩
→ **Nicolaus ⟨Magni de Iawor⟩**

Nikolaus ⟨von Jeroschin⟩
14. Jh.
Deutschordenschronik
LThK; VL(2),6,1081/89; LMA,VI,1180/81
Jeroschin, Nikolaus ¬von¬
Nicolai ⟨Jeroschin⟩
Nicolas ⟨de Jeroschin⟩
Nicolaus ⟨de Jeroschin⟩
Nicolaus ⟨von Jeroschin⟩
Nikolaus ⟨von Jaroschin⟩
Nikolaus ⟨von Joroschin⟩

Nikolaus ⟨von Kittlitz⟩
um 1422
Gebet
VL(2),6,1089
Kittlitz, Nikolaus ¬von¬
Nikolaus ⟨Schreiber⟩

Nikolaus ⟨von Kosel⟩
um 1390/1416 · OFM
Breslauer Autograph
VL(2),6,1089/93
Kosel, Nikolaus ¬von¬
Nicolas ⟨de Kosel⟩
Nicolas ⟨de Kosla⟩

Nikolaus ⟨von Kues⟩
→ **Nicolaus ⟨de Cusa⟩**

Nikolaus ⟨von Landau⟩
14. Jh. · OCist
Schneyer,IV,332; VL(2),6,1113/16
Landau, Nikolaus ¬von¬
Nicolas ⟨Cistercien à Otterberg⟩
Nicolas ⟨d'Otterberg⟩
Nicolas ⟨de Landau⟩
Nicolaus ⟨de Otterberg⟩
Nicolaus ⟨von Landau⟩
Nycolaus ⟨de Landauwe⟩

Nikolaus ⟨von Langley⟩
→ **Hadrianus ⟨Papa, IV.⟩**

Nikolaus ⟨von Laufen⟩
→ **Nikolaus ⟨von Löwen⟩**

Nikolaus ⟨von Laun⟩
→ **Nicolaus ⟨de Luna⟩**

Nikolaus ⟨von Ligny⟩
→ **Nicolaus ⟨de Butrinto⟩**

Nikolaus ⟨von Linn⟩
→ **Nicolaus ⟨de Linna⟩**

Nikolaus ⟨von Lisieux⟩
→ **Nicolaus ⟨Oresmius⟩**

Nikolaus ⟨von Löwen⟩
gest. 1402
Mariengebete
Claus ⟨von Loefene⟩
Clawes ⟨von Lefene⟩
Löwen, Nikolaus ¬von¬
Nicolas ⟨de Louvain⟩
Nicolaus ⟨de Leuven⟩
Nicolaus ⟨de Lovanio⟩
Nicolaus ⟨of Louvain⟩
Nikolaus ⟨von Laufen⟩
Nikolaus ⟨von Lauffen⟩

Nikolaus ⟨von Louny⟩
→ **Nicolaus ⟨de Luna⟩**

Nikolaus ⟨von Lund⟩
→ **Nicolaus ⟨Lundensis⟩**

Nikolaus ⟨von Lynn⟩
→ **Nicolaus ⟨de Linna⟩**

Nikolaus ⟨von Lyra⟩
→ **Nicolaus ⟨de Lyra⟩**

Nikolaus ⟨von Methone⟩
→ **Nicolaus ⟨Methonensis⟩**

Nikolaus ⟨von Monpolir⟩
→ **Nicolaus ⟨de Polonia⟩**

Nikolaus ⟨von Montiéramey⟩
→ **Nicolaus ⟨Claraevallensis⟩**

Nikolaus ⟨von Mumpelier⟩
→ **Nicolaus ⟨de Polonia⟩**

Nikolaus ⟨von Notham⟩
→ **Nicolaus ⟨de Ockham⟩**

Nikolaus ⟨von Nürnberg, der Kartäuser⟩
um 1448/55 · OCart
2 Predigten; Predigtübersetzungen
VL(2),6,1126/27
Kartäuser, Nikolaus ¬der¬
Nikolaus ⟨der Kartäuser⟩
Nikolaus ⟨von Nürnberg, II.⟩
Nürnberg, Nikolaus ¬von¬

Nikolaus ⟨von Nürnberg, Humilis⟩
um 1385/1417
Speculum noviciorum...; 37 Grade und Namen der Liebe
VL(2),6,1124/26
Niclas ⟨Humilis⟩
Nikolaus ⟨Humilis⟩
Nikolaus ⟨von Nürnberg⟩
Nikolaus ⟨von Nürnberg, I.⟩
Nürnberg, Nikolaus ¬von¬

Nikolaus ⟨von Ockham⟩
→ **Nicolaus ⟨de Ockham⟩**

Nikolaus ⟨von Oresme⟩
→ **Nicolaus ⟨Oresmius⟩**

Nikolaus ⟨von Osimo⟩
→ **Nicolaus ⟨de Auximo⟩**

Nikolaus ⟨von Ostau⟩
→ **Nikolaus ⟨von Astau⟩**

Nikolaus ⟨von Otranto⟩
→ **Nicolaus ⟨de Casulis⟩**

Nikolaus ⟨von Paris⟩
→ **Nicolaus ⟨Parisiensis⟩**

Nikolaus ⟨von Paris⟩
15. Jh.
Von silber unde von golde
VL(2),6,1128
Nikolaus ⟨Magister⟩
Paris, Nikolaus ¬von¬

Nikolaus ⟨von Poggibonsi⟩
→ **Niccolò ⟨da Poggibonsi⟩**

Nikolaus ⟨von Polen⟩
→ **Nicolaus ⟨de Polonia⟩**

Nikolaus ⟨von Popplau⟩
um 1483/90
Reisebericht
VL(2),6,1133/34
Mikołaj ⟨von Popplau⟩
Niclas ⟨von Popplau⟩
Popplau, Mikołaj ¬von¬
Popplau, Niclas ¬von¬
Popplau, Nikolaus ¬von¬

Nikolaus ⟨von Posen⟩
→ **Nicolaus ⟨de Posnania⟩**

Nikolaus ⟨von Prato⟩
→ **Nicolaus ⟨Pratensis⟩**

Nikolaus ⟨von Regensburg⟩
→ **Nicolaus ⟨Ratisbonensis⟩**

Nikolaus ⟨von Reggio⟩
→ **Nicolaus ⟨Rheginus⟩**

Nikolaus ⟨von Rotenhaslach⟩
Lebensdaten nicht ermittelt
Therapeutischer Ratschlag bzgl. Versorgung geschl. Verletzungen
VL(2),6,1134
Nikolaus ⟨Laienarzt⟩
Nikolaus ⟨Wundarzt⟩
Rotenhaslach, Nikolaus ¬von¬

Nikolaus ⟨von Salerno⟩
→ **Nicolaus ⟨Salernitanus⟩**

Nikolaus ⟨von Salzburg⟩
→ **Niklas ⟨von Salzburg⟩**

Nikolaus ⟨von Siegen⟩
→ **Nicolaus ⟨de Siegen⟩**

Nikolaus ⟨von Straßburg⟩
→ **Kempf, Nicolaus**
→ **Nicolaus ⟨de Argentina⟩**

Nikolaus ⟨von Tiufburg⟩
→ **Nicolaus ⟨de Tiufburg⟩**

Nikolaus ⟨von Tolentino⟩
→ **Nicolaus ⟨de Tolentino⟩**

Nikolaus ⟨von Tuccia⟩
→ **Niccola ⟨della Tuccia⟩**

Nikolaus ⟨von Tybin⟩
→ **Nicolaus ⟨de Dybin⟩**

Nikolaus ⟨von Udine⟩
→ **Nicolaus ⟨de Utino⟩**

Nikolaus ⟨von Verdun⟩
ca. 1150 – ca. 1210
Goldschmied und Emailleur
Thieme-Becker
Nicholas ⟨of Verdun⟩
Nicolaus ⟨de Verdun⟩
Verdun, Nikolaus ¬von¬

Nikolaus ⟨von Verona⟩
→ **Nicolas ⟨de Vérone⟩**

Nikolaus ⟨von Wyle⟩
→ **Wyle, Niklas ¬von¬**

Nikolaus ⟨von Ybbs⟩
→ **Nicolaus ⟨Ratisbonensis⟩**

Nikolaus ⟨Weidenbusch⟩
→ **Nicolaus ⟨de Saliceto⟩**

Nikolaus ⟨Weigel⟩
→ **Nicolaus ⟨Weigel⟩**

Nikolaus ⟨Wundarzt⟩
→ **Nikolaus ⟨von Rotenhaslach⟩**

Nikolaus ⟨Wurm⟩
→ **Nicolaus ⟨Wurm⟩**

Nikolaus ⟨Wydenbosch⟩
→ **Nicolaus ⟨de Saliceto⟩**

Nikolaus Gerhaert ⟨von Leyden⟩
→ **Gerhaert von Leiden, Nicolaus**

Nikolaus Nektarius ⟨von Casole⟩
→ **Nicolaus ⟨de Casulis⟩**

Nikolaus Nektarius ⟨von Otranto⟩
→ **Nicolaus ⟨de Casulis⟩**

Nikolaus-von-Dinkelsbühl--Redaktor
um 1420
Bearbeitungen von 2 großen Predigtsammlungen, die als „Buch" überliefert sind
VL(2),6,1059/62

Nikon ⟨Metanoeite⟩
→ **Nicon ⟨Metanoites⟩**

Nikon ⟨vom Schwarzen Berg⟩
→ **Nicon ⟨Rhaithuensis⟩**

Nikuláš ⟨z Pelhřimova⟩
→ **Nicolaus ⟨de Pelhrimov⟩**

Nil ⟨Controversiste⟩
→ **Nilus ⟨Monachus⟩**

Nil ⟨Doxopatrius⟩
→ **Nilus ⟨Doxipatrius⟩**

Nil ⟨Moine Egyptien⟩
→ **Nilus ⟨Monachus⟩**

Nil ⟨Sorskij⟩
1433 – 1506
LMA,VI,1193
Majkov, Nikolaj
Majkov, Nil
Nikolaj ⟨Maikov⟩
Nikolaj ⟨Majkov⟩
Nil ⟨de Sora⟩
Nil ⟨Igumen⟩
Nil ⟨Maikov⟩
Nil ⟨Sorsky⟩
Sorskij, Nil
Sorskij, Nilus

Nilo ⟨Cabasila⟩
→ **Nilus ⟨Cabasilas⟩**

Nilo ⟨di Rossano⟩
→ **Nilus ⟨Iunior⟩**

Nilo ⟨Diassorino⟩
→ **Nilus ⟨Diassorinus⟩**

Nilo ⟨il Iuniore⟩
→ **Nilus ⟨Iunior⟩**

Nilos ⟨Doxopatres⟩
→ **Nilus ⟨Doxipatrius⟩**

Nils ⟨Hermansson⟩
→ **Nicolaus ⟨Hermanni⟩**

Nilus ⟨Archiepiscopus Thessalonicensis⟩
→ **Nilus ⟨Cabasilas⟩**

Nilus ⟨Bertus⟩
→ **Nathanael ⟨Bertus⟩**

Nilus ⟨Cabasilas⟩
gest. 1363
Tusculum-Lexikon; LThK; LMA,V,845
Cabasilas, Nilus
Kabasilas, Neilos
Neilas ⟨Kabasilas⟩
Neilos ⟨Kabasilas⟩
Nilo ⟨Cabasila⟩
Nilus ⟨Archiepiscopus Thessalonicensis⟩
Nilus ⟨Metropolita⟩
Nilus ⟨Thessalonicensis⟩
Nilus ⟨Thessalonicus⟩

Nilus ⟨Cantacuzenus⟩
→ **Johannes ⟨Imperium Byzantinum, Imperator, VI.⟩**

Nilus ⟨Constantinopolitanus⟩
um 1380/88
Tusculum-Lexikon; CSGL
Constantinopolitanus, Nilus
Neilos ⟨von Konstantinopel⟩
Nilus ⟨Patriarcha⟩

Nilus ⟨Cretensis⟩
→ **Nilus ⟨Damilas⟩**

Nilus ⟨Damilas⟩
14./15. Jh.
LThK; CSGL
Damilas, Nilus
Neilos ⟨Damilas⟩
Nilus ⟨Cretensis⟩
Nilus ⟨Damylas⟩
Nilus ⟨Danyla⟩

Nilus ⟨de Rossano⟩
→ **Nilus ⟨Iunior⟩**

Nilus ⟨Deopatrius⟩
→ **Nilus ⟨Doxipatrius⟩**

Nilus ⟨Diassorinus⟩
14. Jh.
Tusculum-Lexikon; CSGL
Diasōrēnos, Neilos
Diassorinus, Nilus
Myrsiniotes, Nicetas
Neilos ⟨Diasōrēnos⟩
Nicetas ⟨Chius⟩
Nicetas ⟨Myrsiniotes⟩
Niketas ⟨Myrsiniotes⟩
Nilo ⟨Diassorino⟩
Nilus ⟨Diasorenus⟩
Nilus ⟨Metropolita⟩
Nilus ⟨Metropolita Rhodius⟩
Nilus ⟨Rhodiensis⟩
Nilus ⟨Rhodius⟩

Nilus ⟨Doxipatrius⟩
12. Jh.
Tusculum-Lexikon; LThK; LMA,VI,1085/86
Doxapatres, Neilos
Doxapatres, Nikolaos
Doxipater, Nicolaus
Doxipater, Nilus
Doxipatrius, Nicolaus
Doxipatrius, Nilus
Doxopater, Nicolaus
Doxopater, Nilus
Doxopatrius, Nicolaus
Doxopatrius, Nilus
Neilos ⟨Doxapatres⟩
Neilos ⟨Doxipatros⟩
Neilos ⟨Doxopatres⟩
Nicolaus ⟨Doxipatrius⟩
Nikolaos ⟨Doxapatres⟩
Nikolaos ⟨Doxipatros⟩
Nil ⟨Doxopatris⟩
Nil ⟨Doxopatrius⟩
Nilos ⟨Doxopatres⟩
Nilus ⟨Deopatrius⟩

Nilus ⟨Hieromonachus⟩
→ **Nathanael ⟨Bertus⟩**

Nilus ⟨Iunior⟩
ca. 910 – ca. 1004
Tusculum-Lexikon; LThK; CSGL; LMA,VI,1085
Iunior, Nilus
Neilos ⟨aus Rossano⟩
Neilos ⟨der Jüngere⟩
Neilos ⟨ho Neos⟩
Nilo ⟨di Rossano⟩
Nilo ⟨il Iuniore⟩
Nilus ⟨de Rossano⟩
Nilus ⟨Poeta⟩
Nilus ⟨Roscianensis⟩
Nilus ⟨Rossanensis⟩
Nilus ⟨Sanctus⟩
Nilus ⟨von Rossano⟩

Nilus ⟨Metropolita⟩
→ **Nilus ⟨Cabasilas⟩**

Nilus ⟨Metropolita Rhodius⟩
→ **Nilus ⟨Diassorinus⟩**

Nilus ⟨Monachus⟩
um 1070/90
Historia de SS. Theodulo presb.; Martyrium S. Theodati Anc.; Vita S. Philareti
Potth. 856
Monachus Nilus
Nil ⟨Controversiste⟩
Nil ⟨Moine Egyptien⟩

Nilus ⟨Mpertus⟩
→ **Nathanael ⟨Bertus⟩**

Nilus ⟨Patriarcha⟩
→ **Nilus ⟨Constantinopolitanus⟩**

Nilus ⟨Poeta⟩
→ **Nilus ⟨Iunior⟩**

Nilus ⟨Rhodius⟩
→ **Nilus ⟨Diassorinus⟩**

Nilus ⟨Roscianensis⟩
→ **Nilus ⟨Iunior⟩**

Nilus ⟨Sanctus⟩
→ **Nilus ⟨Iunior⟩**

Nilus ⟨Thessalonicensis⟩
→ **Nilus ⟨Cabasilas⟩**

Nilus ⟨von Rossano⟩
→ **Nilus ⟨Iunior⟩**

Nimr, Muḥammad ʻA. ¬an-¬
→ **Baġawī, al-Ḥusain Ibn-Masʻūd ¬al-¬**

Ninive, Mār Isḥāq ¬aus¬
→ **Mār Isḥāq ⟨aus Ninive⟩**

Ninivita, Isaac
→ **Isaac ⟨Ninivita⟩**

Ninnius
→ **Nennius**

Niphon ⟨Hieromonachus⟩
15. Jh.
Tusculum-Lexikon
Hieromonachus, Niphon
Nephon
Nymphos

Nīsābūrī, Abū-Rašīd Saʻīd Ibn-Muḥammad ¬an-¬
→ **Abū-Rašīd an-Nīsābūrī, Saʻīd Ibn-Muḥammad**

Nīsābūrī, al-Ḥakīm Muḥammad Ibn-ʻAbdallāh ¬an-¬
→ **Ḥakīm an-Nīsābūrī, Muḥammad Ibn-ʻAbdallāh ¬al-¬**

Nīsābūrī, al-Ḥasan Ibn-Muḥammad ¬an-¬
→ **Ibn-Ḥabīb an-Nīsābūrī, al-Ḥasan Ibn-Muḥammad**

Nīsābūrī, al-Ḥusain Ibn-Bisṭām ¬an-¬
→ **Ḥusain Ibn-Bisṭām ¬al-¬**

Nīsābūrī, Maḥmūd Ibn-Abi-'l-Ḥasan ¬an-¬
um 1158
Ibn-Abi-'l-Ḥasan, Maḥmūd an-Nīsābūrī
Ibn-Abi-'l-Ḥasan an-Nīsābūrī, Maḥmūd
Maḥmūd Ibn-Abi-'l-Ḥasan an-Nīsābūrī

Nīsābūrī, Muḥammad Ibn-ʻAbdallāh ¬an-¬
→ **Ḥakīm an-Nīsābūrī, Muḥammad Ibn-ʻAbdallāh ¬al-¬**

Nīsābūrī, Muḥammad Ibn-Ibrāhīm ¬an-¬
→ **Ibn-al-Munḏir, Muḥammad Ibn-Ibrāhīm**

Nīsābūrī, Muslim Ibn-al-Ḥaǧǧāǧ ¬an-¬
→ **Muslim Ibn-al-Ḥaǧǧāǧ al-Qušairī**

Nīsābūrī, Saʻīd Ibn-Muḥammad Abū-Rašīd an-
→ **Abū-Rašīd an-Nīsābūrī, Saʻīd Ibn-Muḥammad**

Nisam al-Mulk, al-Hasan Ibn Ali
→ **Niẓām-al-Mulk, Abū-ʻAlī al-Ḥasan Ibn-ʻAlī**

Nisameddin, Muhammed
→ **Niẓāmī Ganǧawī, Ilyās Ibn-Yūsuf**

Nisami
→ **Niẓāmī Ganǧawī, Ilyās Ibn-Yūsuf**

Nishiren ⟨Daishonin⟩
→ **Nichiren**

Nishiren ⟨Shōnin⟩
→ **Nichiren**

Nisibenus, Paulus
→ **Paulus ⟨Nisibenus⟩**

Nisibis, Narses ¬de¬
→ **Narses ⟨de Nisibis⟩**

Nissa, Bernardus ¬de¬
→ **Bernardus ⟨Mikosz de Nissa⟩**

Nithard
→ **Nithardus ⟨Sancti Richardi⟩**

Nithardus ⟨Sancti Richardi⟩
gest. 844
Historiae libri quattuor
LThK; CSGL; Tusculum-Lexikon; LMA,VI,1201
Nidard
Nidhard
Nithard
Nithard ⟨de Saint-Riquier⟩
Nithard ⟨von Centula⟩
Nithard ⟨von Sankt Richard⟩
Nithardus
Nithardus ⟨Abbas⟩
Nithardus ⟨Abbas Sancti Richarii⟩
Nithardus ⟨Angilberti Filius⟩
Sancti Richardi, Nithardus

Nithart ⟨von Reuental⟩
→ **Neidhart ⟨von Reuental⟩**

Nithart, Hans
→ **Neithart, Hans**

Nitschiren
→ **Nichiren**

Niune
13. Jh.
Repertoireheft
VL(2),6,1169/70
Neune
Niuniu

Niuniu
→ **Niune**

Niunzen, Kol ¬von¬
→ **Kol ⟨von Niunzen⟩**

Niuwenburg, Rudolf ¬von¬
→ **Rudolf ⟨von Fenis-Neuenburg⟩**

Nivardus ⟨Gandavensis⟩
12. Jh.
Ysengrimus
Nivard ⟨de Gand⟩
Nivard ⟨de Saint-Pierre⟩
Nivard ⟨Magister⟩
Nivard ⟨von Gent⟩
Nivardus ⟨Gandensis⟩
Nivardus ⟨Magister⟩
Nivardus ⟨von Gent⟩

Nivelle, Johannes ¬de¬
→ **Johannes ⟨de Nivelle⟩**

Nizam ⟨Scheikh⟩
→ **Niẓām-ad-Dīn Auliyā**

Nizam ad-Din Awliya
→ **Niẓām-ad-Dīn Auliyā**

Niẓām-ad-Dīn Auliyā
1242 – 1325
Auliyā, Niẓām-ad-Dīn
Nizam ⟨Scheikh⟩
Niẓām al-Din Awliyā
Niẓāmuddin Auliyā

Niẓām-al-Mulk, Abū-ʿAlī al-Ḥasan Ibn-ʿAlī
1018/19 – 1092
Siyāsatnāma (pers.); Wesir der Seldschukendynastie
al- Ḥasan Ibn-ʿAlī Niẓām-ul-Mulk
Ḥasan Ibn-ʿAlī Niẓām-ul-Mulk ¬al-¬
Mulk, Abū- Niẓām ¬al¬
Nezamolmolk, Hasan Ebn-e Ali
Nisam al-Mulk, al-Hasan Ibn Ali
Niẓām-ul-Mulk
Niẓāmulmulk
Niẓām-ul-Mulk, Ḥasan Ibn-ʿAlī

Niẓāmī
→ **Niẓāmī Ganǧawī, Ilyās Ibn-Yūsuf**

Niẓāmī ⟨Ganjavī⟩
→ **Niẓāmī Ganǧawī, Ilyās Ibn-Yūsuf**

Nizami ⟨of Samarkand⟩
→ **Niẓāmī ʿArūḍī, Aḥmad Ibn-ʿUmar**

Nizami Arudi
→ **Niẓāmī ʿArūḍī, Aḥmad Ibn-ʿUmar**

Niẓāmī ʿArūḍī, Aḥmad Ibn-ʿUmar
Ca. 1190 – ca. 1260
Mediziner und Prosaschriftsteller
Aḥmad Ibn-ʿUmar ⟨Niẓāmī ʿArūḍī⟩
Aḥmad Ibn-ʿUmar, Nizami
Neẓāmī ʿArudi
Nidhámi-i-'arúdi-i-Samarqandi
Nizami ⟨of Samarkand⟩
Nizami Arudi
Niẓāmī ʿArūzī
Nizamius Aruzius

Niẓāmī ʿArūzī
→ **Niẓāmī ʿArūḍī, Aḥmad Ibn-ʿUmar**

Nizami Gänǧävi
→ **Niẓāmī Ganǧawī, Ilyās Ibn-Yūsuf**

Niẓāmī Gandžavī
→ **Niẓāmī Ganǧawī, Ilyās Ibn-Yūsuf**

Niẓāmī Ganǧawī, Ilyās Ibn-Yūsuf
1140 – 1203
Ganǧawī, Ilyās Ibn-Yūsuf Niẓāmī
Gjandževi, Nizami
Iljâs ben Jûssuf Nisâmî
Ilyās Ibn-Yūsif ⟨Niẓāmī Ganǧwī⟩
Ilyās Ibn-Yūsuf ⟨Niẓāmī Ganǧawī⟩
Ḳänǧävi, Nizami
Maktabī Šīrāzī
Nazami
Nesami
Nezāmi ⟨of Ganjeh⟩
Nisameddin, Muhammed
Nisami
Nisami ⟨Kendschewi⟩
Niẓāmī
Niẓāmī ⟨Ganjavī⟩
Niẓāmī Gandžavī
Nizami Gänǧävi
Niẓāmī Ganjavī
Nizami Gencevi
Niẓāmī Gjandževi
Nizami Ḳänǧävi
Nizami Kendschewi
Niẓāmī Tafrišī
Niẓāmī-Ganǧawī, Ilyās Ibn-Yūsuf
Tafrišī, Niẓāmī

Nizami Ḳänǧävi
→ **Niẓāmī Ganǧawī, Ilyās Ibn-Yūsuf**

Nizami Kendschewi
→ **Niẓāmī Ganǧawī, Ilyās Ibn-Yūsuf**

Niẓāmī Tafrišī
→ **Niẓāmī Ganǧawī, Ilyās Ibn-Yūsuf**

Niẓāmī-Ganǧawī, Ilyās Ibn-Yūsuf
→ **Niẓāmī Ganǧawī, Ilyās Ibn-Yūsuf**

Nizamius Aruzius
→ **Niẓāmī ʿArūḍī, Aḥmad Ibn-ʿUmar**

Niẓāmuddin Auliyā
→ **Niẓām-ad-Dīn Auliyā**

Niẓām-ul-Mulk
→ **Niẓām-al-Mulk, Abū-ʿAlī al-Ḥasan Ibn-ʿAlī**

Niẓām-ul-Mulk, Ḥasan Ibn-ʿAlī
→ **Niẓām-al-Mulk, Abū-ʿAlī al-Ḥasan Ibn-ʿAlī**

Nizier ⟨de Lyon⟩
→ **Nicetius ⟨Lugdunensis⟩**

Nizo ⟨Abbas Mediolacensis⟩
→ **Nizo ⟨Mediolacensis⟩**

Nizo ⟨Leodiensis⟩
um 1139 · OSB
Gesänge auf Heilige; Vita Friderici episcopi Leodiensis
VL(2),6,1178/79; Potth. 2,857
Nizo ⟨Monachus⟩
Nizo ⟨Monachus Sancti Laurentii Leodiensis⟩
Nizo ⟨von Lüttich⟩
Nizon ⟨de Liège⟩
Nizon ⟨de Saint-Laurent⟩

Nizo ⟨Mediolacensis⟩
gest. 1077
Vita S. Basini arch.; Vita S. Liutwini arch. Trev. (der eigentl. Verf. ist wahrscheinl. Theofridus ⟨Epternacensis⟩)
Potth. 856, 857, 1432
Nithardus ⟨Mediolacensis⟩
Nizo ⟨Abbas Mediolacensis⟩
Nizon ⟨de Metloc⟩

Nizo ⟨Monachus Sancti Laurentii Leodiensis⟩
→ **Nizo ⟨Leodiensis⟩**

Nizo ⟨von Lüttich⟩
→ **Nizo ⟨Leodiensis⟩**

Nizon ⟨de Liège⟩
→ **Nizo ⟨Leodiensis⟩**

Nizon ⟨de Metloc⟩
→ **Nizo ⟨Mediolacensis⟩**

Noblet, Johannes
→ **Johannes ⟨Noblet⟩**

Noboas ⟨Casinensis⟩
um 1120
Vita S. Leonardi
Potth. 857
Noboas ⟨Diaconus Casinensis⟩
Noboas ⟨Diacre au Mont-Cassin⟩
Noboas ⟨du Mont-Cassin⟩
Roboas ⟨Casinensis⟩
Roboas ⟨Diaconus⟩

Nocera, Thomas ¬de¬
→ **Thomas ⟨Luceriensis⟩**

Noël ⟨de Fribois⟩
→ **Fribois, Noël ¬de¬**

Nördlingen, Heinrich ¬von¬
→ **Heinrich ⟨von Nördlingen⟩**

Nördlingen, Johannes ¬von¬
→ **Johannes ⟨von Nördlingen⟩**

Nofri ⟨di Ser Piero delle Riformagioni⟩
um 1378/81
Cronaca della sollevazione dei Ciompi, del suo esilio e quanto in esse operò, 1378 giugno - 1381 gennaio
Potth. 857
Piero delle Riformagioni, Nofri di Ser
Ser Piero delle Riformagioni, Nofri ¬di¬

Nogaret, Guillaume ¬de¬
ca. 1260/70 – 1313
LThK; LMA,VI,1214/15
Guillaume ⟨de Nogaret⟩
Nogaret, Wilhelm ¬von¬
Wilhelm ⟨von Nogaret⟩

Nogarola, Angela
→ **Angela ⟨Nogarola⟩**

Nogaròla, Ginevra
→ **Zenevera ⟨Nogarola⟩**

Nogarola, Hieronymus
→ **Hieronymus ⟨Nogarolus⟩**

Nogarola, Isotta
→ **Isotta ⟨Nogarola⟩**

Nogarola, Leonardo
→ **Leonardus ⟨Nogarolus⟩**

Nogarola, Zenevera
→ **Zenevera ⟨Nogarola⟩**

Nogaroli, Ognibene
→ **Omnibonus ⟨Magister⟩**

Nogarolis, Leonardus ¬de¬
→ **Leonardus ⟨Nogarolus⟩**

Nogarolus, Hieronymus
→ **Hieronymus ⟨Nogarolus⟩**

Nogarolus, Leonardus
→ **Leonardus ⟨Nogarolus⟩**

Nogent, Guibert ¬de¬
→ **Guibertus ⟨de Novigento⟩**

Nohe, Johannes
→ **Nuhn, Johannes**

Nohen, Johannes
→ **Nuhn, Johannes**

Nohius, Johannes
→ **Nuhn, Johannes**

Noir, Azémar ¬le¬
→ **Azémar ⟨le Noir⟩**

No-jo-pa
→ **Naḍapāda**

Nolascus, Petrus
→ **Petrus ⟨Nolascus⟩**

Nolt, Heinrich
gest. 1474 · OP
Kölner Sentenzenvorlesungen von 1467; Resumée Eucharistiepredigt; Principium in epist. Pauli
VL(2),6,1179/80; Kaeppeli,II,211/212
Heinrich ⟨Nolt⟩
Henricus ⟨Nolt de Argentina⟩

Noʿmān Ibn-Muḥammad ⟨al-Qāḍī⟩
→ **Qāḍī an-Nuʿmān Ibn-Muḥammad**

Nomentanus, Benedictus
→ **Benedictus ⟨Nomentanus⟩**

Nonancuria, Nicolaus ¬de¬
→ **Nicolaus ⟨de Nonancuria⟩**

Nonant, Hugh ¬de¬
→ **Nonantus, Hugo**

Nonantula, Godescalcus ¬de¬
→ **Godescalcus ⟨de Nonantula⟩**

Nonantula, Gregorius ¬de¬
→ **Gregorius ⟨de Nonantula⟩**

Nonantulanus, Johannes
→ **Johannes ⟨Nonantulanus⟩**

Nonantulanus, Placidus
→ **Placidus ⟨Nonantulanus⟩**

Nonantus, Hugo
gest. 1198
Historia mirabilis
LMA,VI,1231/32
Hugh ⟨de Nonant⟩
Hugo ⟨Nonantus⟩
Hugo ⟨Nouvant⟩
Hugo ⟨Novantus⟩
Hugo ⟨Nunant⟩
Hugues ⟨de Nonant⟩
Nonant, Hugh ¬de¬
Nouvant, Hugo
Nunant, Hugo

Nonnos
→ **Nonnus ⟨Panopolitanus⟩**

Nonnosus
6. Jh.
Tusculum-Lexikon; CSGL; LThK
Nonnoso
Nonnosos
Nonossus

Nonnus
→ **Nonnus ⟨Panopolitanus⟩**

Nonnus ⟨Medicus⟩
6. Jh.
Fragm. apud Aetium
Medicus, Nonnus

Nonnus ⟨Panopolitanus⟩
5. bzw. 5./6. Jh. n. Chr.
Dionysiaca; Paraphrasis Sancti Evangelii Johannei
Tusculum-Lexikon; CSGL; LThK
Nonno ⟨di Panopoli⟩
Nonno ⟨Poeta Epico⟩
Nonnos
Nonnos ⟨de Panopolis⟩
Nonnos ⟨Epiker⟩
Nonnos ⟨Panopolites⟩
Nonnos ⟨von Panopolis⟩
Nonnus
Nonnus ⟨Aegyptius⟩
Nonnus ⟨Epicus⟩
Nonnus ⟨Episcopus⟩
Nonnus ⟨of Panopolis⟩
Panopolitanus, Nonnus

Nonnus, Theophanes
→ **Theophanes ⟨Nonnus⟩**

Nono, Johannes ¬de¬
→ **Johannes ⟨de Nono⟩**

Nonossus
→ **Nonnosus**

Norbert ⟨von Gennup⟩
→ **Norbertus ⟨Magdeburgensis⟩**

Norbert ⟨von Iburg⟩
→ **Norbertus ⟨Iburgensis⟩**

Norbert ⟨von Magdeburg⟩
→ **Norbertus ⟨Magdeburgensis⟩**

Norbert ⟨von Xanten⟩
→ **Norbertus ⟨Magdeburgensis⟩**

Norbertus ⟨Abbas⟩
→ **Norbertus ⟨Iburgensis⟩**

Norbertus ⟨Clivensis⟩
→ **Norbertus ⟨Magdeburgensis⟩**

Norbertus ⟨de Xanten⟩
→ **Norbertus ⟨Magdeburgensis⟩**

Norbertus ⟨Gennensis⟩
→ **Norbertus ⟨Magdeburgensis⟩**

Norbertus ⟨Iburgensis⟩
gest. 1117
Vita S. Bennonis
Tusculum-Lexikon
Norbert ⟨von Iburg⟩
Norbertus ⟨Abbas⟩
Nortbertus ⟨Abbas⟩
Nortbertus ⟨Iburgensis⟩

Norbertus ⟨Magdeburgensis⟩
ca. 1082 – 1134 · OPraem
Sermo exhortatio ad fratres
LThK; LMA,VI,1233/35
Norbert ⟨von Gennup⟩
Norbert ⟨von Magdeburg⟩
Norbert ⟨von Xanten⟩
Norbertus ⟨Clivensis⟩
Norbertus ⟨de Xanten⟩
Norbertus ⟨Gennensis⟩

Norbertus ⟨Praemonstratensis⟩
Norbertus ⟨Sanctus⟩
Notberus ⟨Magdeburgensis⟩

Norbertus ⟨Praemonstratensis⟩
→ **Norbertus ⟨Magdeburgensis⟩**

Norbertus ⟨Sanctus⟩
→ **Norbertus ⟨Magdeburgensis⟩**

Norennberga, Johannes
um 1464
Schreiber einer Sammelhandschrift
VL(2),6,1184
Johannes ⟨Norennberga⟩

Noricus, Theoduinus
→ **Theoduinus ⟨Noricus⟩**

Norman Anonymous
→ **Anonymus ⟨Normannus⟩**

Normandia, Nicolaus ¬de¬
→ **Nicolaus ⟨de Normandia⟩**

Normannischer Anonymus
→ **Anonymus ⟨Normannus⟩**

Normannus, Bartholomaeus
→ **Bartholomaeus ⟨Normannus⟩**

Normannus, Simon
→ **Simon ⟨Normannus⟩**

Normannus, Stephanus
→ **Stephanus ⟨Normannus⟩**

Norrisius, Philippus
→ **Philippus ⟨Norrisius⟩**

Nortbertus ⟨...⟩
→ **Norbertus ⟨...⟩**

Northen, Theodoricus ¬de¬
→ **Theodoricus ⟨de Northen⟩**

Northof, Levoldus ¬de¬
→ **Levoldus ⟨de Northof⟩**

Northwell, Guilelmus ¬de¬
→ **Guilelmus ⟨de Northwell⟩**

Norton, Guillemus
→ **Guilelmus ⟨Norton⟩**

Norton, Nicolaus ¬de¬
→ **Nicolaus ⟨de Norton⟩**

Norwell, William ¬de¬
→ **Guilelmus ⟨de Northwell⟩**

Norwod, Thomas
→ **Thomas ⟨Norwod⟩**

Nossek, Petrus
→ **Petrus ⟨Nossek⟩**

Notar des Königs Bela
→ **Anonymus ⟨Belae Regis Notarius⟩**

Notarii, Berengarius
→ **Berengarius ⟨Notarii⟩**

Notarius Coronatus
→ **Coronatus ⟨Notarius⟩**

Notarius Henverardus
→ **Henverardus ⟨Notarius⟩**

Notberus ⟨...⟩
→ **Norbertus ⟨...⟩**

Notburga ⟨Heilige⟩
9./10. bzw. 13. Jh.
Keine Schriften
Notburg ⟨Sankt⟩
Notburga ⟨Sancta⟩
Notburga ⟨von Rothenburg⟩
Notburge ⟨de Rothenburg⟩
Notburge ⟨Vièrge⟩
Nothburga ⟨Dienstmagd⟩
Nothburga ⟨von Rottenburg⟩

Notcherus ⟨Altivillarensis⟩
gest. 1099
Vita S. Helenae; De veritate
Notcher ⟨d'Hautvillers⟩

Notger ⟨de Liège⟩
→ **Notker ⟨Leodiensis⟩**

Notgerus ⟨Balbulus⟩
→ **Notker ⟨Balbulus⟩**

Notgerus ⟨Leodiensis⟩
→ **Notker ⟨Leodiensis⟩**

Nothbertus ⟨Londinensis⟩
→ **Nothelmus**

Nothburga ⟨von Rottenburg⟩
→ **Notburga ⟨Heilige⟩**

Nothegerus ⟨Balbulus⟩
→ **Notker ⟨Balbulus⟩**

Nothegerus ⟨Leodiensis⟩
→ **Notker ⟨Leodiensis⟩**

Nothelm
→ **Nothelmus**

Nothelmus
um 735/39
LMA,VI,1285
Nothbertus ⟨Londinensis⟩
Nothelm
Nothelm ⟨Archevêque⟩
Nothelm ⟨de Cantorbéry⟩
Nothelm ⟨de Londres⟩
Nothelm ⟨Prêtre⟩
Nothelm ⟨von Canterbury⟩
Nothelmus ⟨Londinensis⟩
Nothelmus ⟨Lundoniensis Ecclesiae Presbyter⟩
Nothelmus ⟨Presbyter Londinensis⟩

Notingham
um 1290/93 · OP
Dom. I post festum b. Martini; Dom. 5 Quadrages.; Dom. I post festum Trinit.; Im Schneyer fälschlich mit dem persönl. Namen Guilelmus verzeichnet
Kaeppeli,III,197/198; Schneyer,II,525
Guilelmus ⟨de Notingham⟩
Guilelmus ⟨Notingham⟩
Nothingham

Notingham, Roger ¬de¬
→ **Rogerus ⟨de Nottingham⟩**

Notker
→ **Notker ⟨Labeo⟩**

Notker ⟨Abbas⟩
→ **Notker ⟨Medicus⟩**

Notker ⟨Balbulus⟩
840 – 912
Liber ymnorum; Metrum de vita sancti Galli; Gesta Karoli; etc.
LMA,VI,1289/90; VL(2),6,1187/1210; Tusculum-Lexikon
Balbulus, Notker
Monachus ⟨Sangallensis⟩
Notgerus ⟨Balbulus⟩
Nothegerus ⟨Balbulus⟩
Notker ⟨de Saint-Gall⟩
Notker ⟨der Dichter⟩
Notker ⟨der Stammler⟩
Notker ⟨Dichter⟩
Notker ⟨le Bègue⟩
Notker ⟨le Bienheureux⟩
Notker ⟨Notingus⟩
Notker ⟨Nottingerus⟩
Notker ⟨Poeta⟩
Notker ⟨Sancti Galli⟩
Notker ⟨Sangallensis⟩
Notker ⟨von Sankt Gallen⟩
Notker ⟨von Sankt Gallen, I.⟩
Notkero ⟨Balbulo⟩
Notkero ⟨il Balbuziente⟩
Notkerus ⟨Balbulus⟩
Notkerus ⟨Sangallensis⟩

Notker ⟨de Saint-Gall⟩
→ **Notker ⟨Balbulus⟩**
→ **Notker ⟨Medicus⟩**

Notker ⟨der Deutsche⟩
→ **Notker ⟨Labeo⟩**

Notker ⟨der Dichter⟩
→ **Notker ⟨Balbulus⟩**

Notker ⟨der Stammler⟩
→ **Notker ⟨Balbulus⟩**

Notker ⟨Doctor⟩
→ **Notker ⟨Medicus⟩**

Notker ⟨Labeo⟩
ca. 950 – 1022
De arte rhetorica; De musica; Computus; etc.
LMA,VI,1291/92; VL(2),6,1212/36
Labeo, Notker
Notker
Notker ⟨der Deutsche⟩
Notker ⟨III.⟩
Notker ⟨Labeo Sangallensis⟩
Notker ⟨le Lippu⟩
Notker ⟨Magister⟩
Notker ⟨Sangallensis⟩
Notker ⟨Teutonicus⟩
Notker ⟨von Sankt Gallen, III.⟩
Notkerus ⟨Labeo⟩
Notkerus ⟨Tertius Labeo⟩
Notkerus ⟨Teutonicus⟩

Notker ⟨le Bègue⟩
→ **Notker ⟨Balbulus⟩**

Notker ⟨le Bienheureux⟩
→ **Notker ⟨Balbulus⟩**

Notker ⟨le Lippu⟩
→ **Notker ⟨Labeo⟩**

Notker ⟨Leodiensis⟩
gest. 1008
Vita S. Hadalini
LThK; CSGL; LMA,VI,1288/89
Notger ⟨de Liège⟩
Notgerus ⟨Leodiensis⟩
Nothegerus ⟨Leodiensis⟩
Notker ⟨von Lüttich⟩
Notkerus ⟨Leodiensis⟩
Notkerus ⟨of Liège⟩

Notker ⟨Magister⟩
→ **Notker ⟨Labeo⟩**

Notker ⟨Medicus⟩
ca. 900 – 975 · OSB
Liturgische Dichtungen und Gesänge
VL(2),6,1210/12; LMA,VI,1290/91
Medicus, Notker
Notker ⟨Abbas⟩
Notker ⟨de Saint-Gall⟩
Notker ⟨der Arzt⟩
Notker ⟨Doctor⟩
Notker ⟨Médecin⟩
Notker ⟨Pfefferkorn⟩
Notker ⟨Physicus⟩
Notker ⟨Pictor⟩
Notker ⟨Piperis Granum⟩
Notker ⟨Piperisgranum⟩
Notker ⟨Sancti Galli⟩
Notker ⟨von Sankt Gallen, II.⟩
Pfefferkorn, Notker
Piperisgranum, Notker

Notker ⟨Notingus⟩
→ **Notker ⟨Balbulus⟩**

Notker ⟨Pfefferkorn⟩
→ **Notker ⟨Medicus⟩**

Notker ⟨Pictor⟩
→ **Notker ⟨Medicus⟩**

Notker ⟨Piperis Granum⟩
→ **Notker ⟨Medicus⟩**

Notker ⟨Poeta⟩
→ **Notker ⟨Balbulus⟩**

Notker ⟨Sancti Galli⟩
→ **Notker ⟨Balbulus⟩**
→ **Notker ⟨Medicus⟩**
→ **Notker ⟨Labeo⟩**

Notker ⟨Teutonicus⟩
→ **Notker ⟨Labeo⟩**

Notker ⟨von Lüttich⟩
→ **Notker ⟨Leodiensis⟩**

Notker ⟨von Sankt Gallen, I.⟩
→ **Notker ⟨Balbulus⟩**

Notker ⟨von Sankt Gallen, II.⟩
→ **Notker ⟨Medicus⟩**

Notker ⟨von Sankt Gallen, III.⟩
→ **Notker ⟨Labeo⟩**

Notkerus ⟨...⟩
→ **Notker ⟨...⟩**

Noto, Godefridus ¬de¬
→ **Godefridus ⟨de Noto⟩**

Nottingham, Galfredus ¬de¬
→ **Galfredus ⟨de Nottingham⟩**

Nottingham, Guilelmus ¬de¬
→ **Guilelmus ⟨de Nottingham⟩**
→ **Guilelmus ⟨de Nottingham, Lector Oxoniensis⟩**

Nottingham, Rogerus ¬de¬
→ **Rogerus ⟨de Nottingham⟩**

Nottis, Stephanus ¬ex¬
→ **Stephanus ⟨ex Nottis⟩**

Nouelles, Jean ¬de¬
→ **Jean ⟨de Noyal⟩**

Nouvant, Hugo
→ **Nonantus, Hugo**

Nova Domo, Johannes ¬de¬
→ **Johannes ⟨de Nova Domo⟩**

Nova Villa, Arnoldus ¬de¬
→ **Arnoldus ⟨de Villa Nova⟩**

Novaire, Phelippe ¬de¬
→ **Philippe ⟨de Novare⟩**

Novairi
→ **Nuwairī, Aḥmad Ibn-ʿAbd-al-Wahhāb ¬an-¬**

Novara, Bartolomeo ¬da¬
→ **Bartolomeo ⟨da Novara⟩**

Novara, Lotulphus ¬de¬
→ **Lotulfus ⟨Novariensis⟩**

Novare, Philippe ¬de¬
→ **Philippe ⟨de Novare⟩**

Novella, Guilhem Augier
→ **Guilhem ⟨Augier Novella⟩**

Novellus, Baldus
→ **Baldus ⟨de Bartolinis⟩**

Novgorod, Il'ja ¬von¬
→ **Ilija ⟨Novgorodskij⟩**

Novgorodec, Kirik
→ **Kirik ⟨Novgorodec⟩**

Novgorodskij, Ilija
→ **Ilija ⟨Novgorodskij⟩**

Novgorodskij, Kliment
→ **Kliment ⟨Novgorodskij⟩**

Noviano, Jacobus ¬de¬
→ **Jacobus ⟨de Noviano⟩**

Novigento, Gerardus ¬de¬
→ **Gerardus ⟨de Novigento⟩**

Novigento, Guibertus ¬de¬
→ **Guibertus ⟨de Novigento⟩**

Noviomago, Radulfus ¬de¬
→ **Radulfus ⟨de Noviomago⟩**

Novis, Augustinus ¬de¬
→ **Augustinus ⟨de Novis⟩**

Novo Castro, Andreas ¬de¬
→ **Andreas ⟨de Novo Castro⟩**

Novo Castro, Hugo ¬de¬
→ **Hugo ⟨de Novo Castro⟩**

Novo Foro, N. ¬de¬
→ **N. ⟨Saltzinger de Novo Foro⟩**

Novus Theologus, Simeon
→ **Simeon ⟨Novus Theologus⟩**

Noyal, Jean ¬de¬
→ **Jean ⟨de Noyal⟩**

Noyers, Jean ¬de¬
→ **Tapissier, Jean**

Ntellaportas, Leonardus
→ **Leonardus ⟨Ntellaportas⟩**

Nuʿaim Ibn-Ḥammād al-Ḫuzāʿī
gest. 844
Ḫuzāʿī, Nuʿaim Ibn-Ḥammād ¬al-¬
Ibn-Ḥammād al-Ḫuzāʿī, Nuʿaim
Marwazī, Nuʿaim Ibn-Ḥammād ¬al-¬
Nuʿaym Ibn Ḥammād al-Khuzāʿī

Nuʿaym Ibn Ḥammād al-Khuzāʿī
→ **Nuʿaim Ibn-Ḥammād al-Ḫuzāʿī**

Nürnberg, Friedrich ¬von¬
→ **Friedrich ⟨von Nürnberg⟩**

Nürnberg, Georg ¬von¬
→ **Georg ⟨von Nürnberg⟩**

Nürnberg, Heinrich ¬von¬
→ **Heinrich ⟨von Nürnberg⟩**

Nürnberg, Jörg ¬von¬
→ **Jörg ⟨von Nürnberg⟩**

Nürnberg, Johann ¬von¬
→ **Johann ⟨von Nürnberg⟩**

Nürnberg, Konrad ¬von¬
→ **Konrad ⟨von Nürnberg⟩**

Nürnberg, Nikolaus ¬von¬
→ **Nikolaus ⟨von Nürnberg, der Kartäuser⟩**
→ **Nikolaus ⟨von Nürnberg, Humilis⟩**

Nüzzen, ¬Der von¬
Lebensdaten nicht ermittelt
Predigtstücke und -splitter
VL(2),6,1265/1266
Der von Nüzzen

Nufrus ⟨de Florentia⟩
→ **Onofrius ⟨Steccati de Visdominis⟩**

Nuhn, Johannes
geb. 1442
Chronicon Hassicum
Johannes ⟨Nohe⟩
Johannes ⟨Nuhn⟩
Johannes ⟨Nuhn von Hersfeld⟩
Nhun, Johannes
Nohe, Johannes
Nohen, Jean
Nohen, Johannes
Nohen von Hirschfeld, Johannes
Nohius, Johannes
Nuhe, Johannes
Nuhn von Hersfeld, Johannes

Nuʿmān Ibn-Muḥammad ⟨al-Qāḍī⟩
→ **Qāḍī an-Nuʿmān Ibn-Muḥammad**

Nuʿmān Ibn-Ṯābit, Abū-Ḥanīfa ¬an-¬
→ **Abū-Ḥanīfa an-Nuʿmān Ibn-Ṯābit**

Nuʿmānī al-Ḥabbāl, Ibrāhīm Ibn-Saʿīd ¬an-¬
→ **Ḥabbāl, Ibrāhīm Ibn-Saʿīd ¬al-¬**

Nunant, Hugo
→ **Nonantus, Hugo**

Nunes, Airas
13. Jh.
LMA,VI,1316
Airas ⟨Nunes⟩
Ayras ⟨Núñez⟩
Núñez, Ayras

Núñez de Villaizán, Juan
um 1370
Chronica del muy esclarescido principe y rey Don Alfonso XI., 1312-1350
Potth. 871; Enc. univ.
Jean ⟨Nunez de Villasan⟩
Juan ⟨Núñez de Villaizán⟩
Juan ⟨Nuñez de Villasán⟩
Núñez de Villasán, Juan
Núñez de Villasant, Juan
Nuñez de Villazan, Juan
Villaizán, Juan Núñez ¬de¬
Villasan, Jean Nunez ¬de¬
Villasán, Juan Nuñez ¬de¬
Villazan, Juan Nuñez ¬de¬

Nunnenbeck, Leonhard
→ **Nunnenpeck, Lienhard**

Nunnenpeck, Lienhard
15. Jh.
Leonhard ⟨Nunnenbeck⟩
Lienhard ⟨Nunnenpeck⟩
Nunnenbeck, Leonhard
Nunnenbeck, Lienhard

Nuno ⟨Alphonse⟩
→ **Munio ⟨Mindoniensis⟩**

Nuño ⟨de Mondonedo⟩
→ **Munio ⟨Mindoniensis⟩**

Nūr-ad-Dīn ʿAbd-ar-Raḥmān Ibn-Aḥmad Ǧāmī
→ **Ǧāmī, Nūr-ad-Dīn ʿAbd-ar-Raḥmān Ibn-Aḥmad**

Nūr-ad-Dīn al-Biṭrūǧī
→ **Biṭrūǧī, Nūr-ad-Dīn ¬al-¬**

Nursia, Benedictus ¬de¬
→ **Benedictus ⟨de Nursia⟩**

Nusco, Johannes ¬a¬
→ **Johannes ⟨a Nusco⟩**

Nuti, Matteo
ca. 1400 – 1470
Architekt
Matteo ⟨Nuti⟩

Nutis, Franciscus ¬de¬
→ **Franciscus ⟨de Nutis⟩**

Nutricius, Gogo
→ **Gogo ⟨Nutricius⟩**

Nuwairī, Aḥmad Ibn-ʿAbd-al-Wahhāb ¬an-¬
1278 – 1322
Aḥmad Ibn-ʿAbd-al-Wahhāb an-Nuwairī
Ibn-ʿAbd-al-Wahhāb, Aḥmad an-Nuwairī
Novairi
Nuwairī, Abu- l.- ¬an-¬
Nuwairi, Ahmad ibn Abd al-Wahhab ¬al-¬
Nuwayrī, Aḥmad ibn ʿAbd al-Wahhāb
Nuweirio

Nuweirio
→ **Nuwairī, Aḥmad Ibn-ʿAbd-al-Wahhāb ¬an-¬**

Nycolaus ⟨...⟩
→ **Nicolaus ⟨...⟩**

Nyder, Johannes
→ **Nider, Johannes**

Nyem, Theodoricus ¬de¬
→ **Theodoricus ⟨de Niem⟩**

Nymphos
→ **Niphon ⟨Hieromonachus⟩**

Nyse, Nicolaus ¬de¬
→ **Denisse, Nicolas**

Nyssa, Michael ¬de¬
→ **Michael ⟨de Nyssa⟩**

Nythart, Hans
→ **Neithart, Hans**

Nyūdō Dono
→ **Fujiwara, Michinaga**

Obbertus
→ **Olbertus ⟨Gemblacensis⟩**

Oberg, Eilhart ¬von¬
→ **Eilhart ⟨von Oberg⟩**

Obernalb, Augustinus ¬de¬
→ **Augustinus ⟨de Obernalb⟩**

Obernburg, ¬Der von¬
13. Jh.
7 Lieder
VL(2),7,6/7
Der von Obernburg

Obert ⟨Annaliste Gênois⟩
→ **Obertus ⟨Stanconus⟩**

Obert ⟨Chancelier de Gênes⟩
→ **Obertus ⟨Cancellarius⟩**

Obert ⟨de Gênes⟩
→ **Obertus ⟨Cancellarius⟩**
→ **Obertus ⟨Ianuensis⟩**

Obert ⟨Hagiographe⟩
→ **Obertus ⟨Ianuensis⟩**

Obert ⟨Historien⟩
→ **Obertus ⟨Cancellarius⟩**

Obert ⟨Stancone⟩
→ **Obertus ⟨Stanconus⟩**

Obert ⟨von Genua⟩
→ **Obertus ⟨Ianuensis⟩**

Oberto ⟨de Mercato⟩
→ **Obertus ⟨Scriba de Mercato⟩**

Obertus ⟨Anglicus⟩
→ **Osbertus ⟨Anglicus⟩**

Obertus ⟨Cancellarius⟩
um 1167/73
Verf. eines Teils der Annales Ianuenses
Potth. 871; DOC,2,1379
Cancellarius Obertus
Obert ⟨Chancelier de Gênes⟩
Obert ⟨de Gênes⟩
Obert ⟨Historien⟩
Obertus ⟨Cancellarius Ianuensis⟩
Obertus ⟨Ianuensis⟩

Obertus ⟨de Horto⟩
um 1475
Horto, Obertus ¬de¬
Obertus ⟨de Orto⟩
Orto, Obertus ¬de¬

Obertus ⟨de Molino⟩
→ **Ubertus ⟨de Molino⟩**

Obertus ⟨de Orto⟩
→ **Obertus ⟨de Horto⟩**

Obertus ⟨December⟩
→ **Hubertus ⟨Decembrius⟩**

Obertus ⟨Episcopus Genuensis⟩
→ **Obertus ⟨Ianuensis⟩**

Obertus ⟨Ianuensis⟩
→ **Obertus ⟨Cancellarius⟩**

Obertus ⟨Ianuensis⟩
um 1052/74
Vita S. Syri
Potth. 871
Albertus ⟨Genuensis⟩
Gênes, Obert ¬de¬
Genua, Obert ¬von¬
Obert ⟨de Gênes⟩
Obert ⟨Evêque de Gênes⟩
Obert ⟨Hagiographe⟩
Obert ⟨von Genua⟩
Obertus ⟨Episcopus Genuensis⟩
Obertus ⟨Genuensis⟩
Umbert ⟨von Genua⟩
Umbertus ⟨Genuensis⟩

Obertus ⟨Pickenham⟩
→ **Osbertus ⟨Anglicus⟩**

Obertus ⟨Scriba de Mercato⟩
12. Jh.
Mercato, Obertus Scriba ¬de¬
Oberto ⟨de Mercato⟩
Oberto ⟨Scriba⟩
Scriba de Mercato, Obertus

Obertus ⟨Stanconus⟩
um 1270
Verf. eines Teils der Annales Ianuenses
Potth. 871; 1029
Obert ⟨Annaliste Gênois⟩
Obert ⟨Stancone⟩
Stancone, Obert
Stanconus, Obertus
Stanconus, Ubertus
Ubertus ⟨Stanconus⟩

O'Braeim, Tighernach
→ **Tigernachus ⟨Cloynensis⟩**

Obuge, David
→ **David ⟨Obuge⟩**

Ocaña, Petrus ¬de¬
→ **Petrus ⟨de Ocaña⟩**

Occam, Guilelmus ¬de¬
→ **Ockham, Guilelmus ¬de¬**

Occleve, Thomas
ca. 1368 – ca. 1430
Meyer; LMA,V,56/57
Hoccleve, Thomas
Thomas ⟨Hoccleve⟩
Thomas ⟨Occleve⟩

Occo ⟨Scarlensis⟩
10. Jh.
Origines Frisiae
Occo ⟨de Scarle⟩
Occo ⟨Scharlensis⟩
Occo ⟨van Scharl⟩
Ocka ⟨Scharlensis⟩
Ockam ⟨Scharlensis⟩
Ocko ⟨Scarlensis⟩
Ocko ⟨Scharlensis⟩
Ocko ⟨van Scarl⟩

Ocham, Guilelmus ¬de¬
→ **Ockham, Guilelmus ¬de¬**

Ochamus, Nicolaus
→ **Nicolaus ⟨de Ockham⟩**

Ochridski, Kliment
→ **Kliment ⟨Ochridski⟩**

Ochridski, Naum
→ **Naum ⟨Ochridski⟩**

Ochsenbrunner, Thomas
um 1500
Thomas ⟨Basiliensis⟩
Thomas ⟨Ochsenbrunner⟩

Ochsenfurt, Johannes ¬von¬
→ **Münich, Johannes**

Ochsenhausen, Johannes ¬de¬
→ **Johannes ⟨de Ochsenhausen⟩**

Ockam ⟨Scharlensis⟩
→ **Occo ⟨Scarlensis⟩**

Ockam, Guilelmus ¬de¬
→ **Ockham, Guilelmus ¬de¬**

Ockeghem, Johannes
1420 – 1495
LThK; LMA,VI,1343/44
Johannes ⟨Ockeghem⟩
Ockeghem, Jean ¬de¬
Ockenheim, Johannes
Okeghem, Jean ¬de¬
Okeghem, Jean
Okenghem, Johannes

Ockenbergh, Gerardus ¬de¬
→ **Gerardus ⟨de Ockenbergh⟩**

Ockenheim, Johannes
→ **Ockeghem, Johannes**

Ockham, Guilelmus ¬de¬
ca. 1285 – ca. 1347 · OFM
Tusculum-Lexikon; LThK; LMA,IX,178/82
Guglielmo ⟨di Occam⟩
Guilelmus ⟨de Ocham⟩
Guilelmus ⟨de Ockam⟩
Guilelmus ⟨de Ockham⟩
Guilelmus ⟨Occam⟩
Guilelmus ⟨Ocham⟩
Guilelmus ⟨Ockham⟩
Guillelmus ⟨de Occam⟩
Guillelmus ⟨de Ockham⟩
Gulielmus ⟨de Occam⟩
Gulielmus ⟨de Ockam⟩
Occam, Guilelmus
Occam, Guilelmus ¬de¬
Occam, Wilhelm ¬von¬
Occam, William ¬of¬
Occham, Gulielmus
Ocham, Guilelmus
Ocham, Guilelmus ¬de¬
Ocham, Guliermus
Ockam, Guilelmus
Ockam, Guilelmus ¬de¬
Ockham, Guillelmus
Ockham, Guillelmus ¬de¬
Ockham, Wilhelm ¬von¬
Ockham, William ¬of¬
Wilhelm ⟨von Occam⟩
Wilhelm ⟨von Ockham⟩
William ⟨Ockham⟩
William ⟨of Occam⟩
William ⟨of Ockam⟩
William ⟨of Ockham⟩

Ockham, Nicolaus ¬de¬
→ **Nicolaus ⟨de Ockham⟩**

Ockko, Johann
→ **Johannes ⟨Oczko⟩**

Ocko ⟨Scarlensis⟩
→ **Occo ⟨Scarlensis⟩**

Očko, Jan
→ **Johannes ⟨Oczko⟩**

Ocon, Hieronymus ¬de¬
→ **Hieronymus ⟨de Ocon⟩**

Ocreatus
12. Jh.
Johannes ⟨Ocreatus⟩
Ocreatus, N.

Octavianus ⟨de Martinis⟩
→ **Martinis, Octavianus ¬de¬**

Octavianus ⟨de Monticello⟩
→ **Victor ⟨Papa, IV., Antipapa, Octavianus⟩**

Octavianus ⟨de Rusticis⟩
gest. 1348 · OP
Sermones quadragesimales et Convivium Crucifixi
Kaeppeli,III,198
Octavianus ⟨Florentinus⟩
Octavien ⟨Rustici⟩
Rustici, Octavien
Rusticis, Octavianus ¬de¬

Octavianus ⟨de Sinuessa⟩
→ **Martinis, Octavianus ¬de¬**

Octavianus ⟨de Tusculo⟩
→ **Johannes ⟨Papa, XII.⟩**

Octavianus ⟨Florentinus⟩
→ **Octavianus ⟨de Rusticis⟩**

Octavianus ⟨Scotus⟩
um 1497/1500
Super quarto libro sententiarum; Drucker in Venedig
Octavianus ⟨Scotus, II.⟩
Octavien ⟨Scoto⟩
Scoto, Octavien
Scotus, Octavianus
Scotus Secundus, Octavianus

Octavianus ⟨Suessanus⟩
→ **Martinis, Octavianus ¬de¬**

Octavien ⟨de Monticello⟩
→ **Victor ⟨Papa, IV., Antipapa, Octavianus⟩**

Octavien ⟨Martis⟩
→ **Nelli, Ottaviano di Martino**

Octavien ⟨Rustici⟩
→ **Octavianus ⟨de Rusticis⟩**

Octavien ⟨Scoto⟩
→ **Octavianus ⟨Scotus⟩**

Octavius ⟨Cleophilus⟩
→ **Cleophilus, Franciscus Octavius**

Octavius ⟨Fanensis⟩
→ **Cleophilus, Franciscus Octavius**

Octavius, Franciscus
→ **Cleophilus, Franciscus Octavius**

Octobonus ⟨de Flisco⟩
→ **Hadrianus ⟨Papa, V.⟩**

Octobus, Johannes
→ **Hothby, Johannes**

Oczko, Johannes
→ **Johannes ⟨Oczko⟩**

Oczkonis, Franciscus
→ **Franciscus ⟨Oczkonis⟩**

Odalricus ⟨Canonicus⟩
→ **Odalricus ⟨Virdunensis⟩**

Odalricus ⟨Scaccabarozzi⟩
→ **Orricus ⟨Scacabarotius⟩**

Odalricus ⟨Virdunensis⟩
12. Jh.
Breviloquium sententiarum artis theologicae
Stegmüller, Repert. sentent. 596
Odalric ⟨de Verdun⟩
Odalrich ⟨Kanoniker⟩
Odalrich ⟨von Verdun⟩
Odalricus ⟨Canonicus⟩
Odalricus ⟨Verdunensis⟩

Odalscalcus ⟨von Sankt Ulrich und Afra⟩
→ **Udalscalcus ⟨Augustanus⟩**

Odardus ⟨von Cambrai⟩
→ **Odo ⟨Cameracensis⟩**

Odbertus ⟨Traiectensis⟩
11. oder 13. Jh.
Passio Friderici episc. Traiectensis
DOC 2,1379; Potth. 875
Oetbert ⟨d'Utrecht⟩
Oetbert ⟨Hagiographe⟩
Oetbertus
Oetbertus ⟨Traiectensis⟩

Odde ⟨Munch⟩
→ **Oddr ⟨Snorrason⟩**

Oddi, Giacomo
ca. 1440 – 1488 · OFM
Annali brevi della città di Perugia
Potth. 99; 873
Giacomo ⟨Oddi⟩
Jacques ⟨Oddi⟩
Jacques ⟨Oddi de Pérouse⟩
Oddi, Jacques

Oddi, Giovanni ¬degli¬
→ **Johannes ⟨Oddi⟩**

Oddi, Jacques
→ **Oddi, Giacomo**

Oddi, Johannes
→ **Johannes ⟨Oddi⟩**

Oddo ⟨...⟩
→ **Odo ⟨...⟩**

Oddone ⟨Colonna⟩
→ **Martinus ⟨Papa, V.⟩**

Oddone ⟨di Cambrai⟩
→ **Odo ⟨Cameracensis⟩**

Oddone ⟨di Cluny⟩
→ **Odo ⟨Cluniacensis⟩**

Oddone ⟨di Lagery⟩
→ **Urbanus ⟨Papa, II.⟩**

Oddonis, Geraldus
→ **Gerardus ⟨Odonis⟩**

Oddr ⟨Snorrason⟩
gest. 1220
Munck, Odde
Odde ⟨Munch⟩
Odde ⟨Munck⟩
Oddr ⟨Múnkr⟩
Oddur ⟨Islandus⟩
Oddur ⟨Monachus⟩
Oddur ⟨Snorrason⟩
Oddus ⟨Icelandicus⟩
Oddus ⟨Monachus⟩
Odo ⟨Islandicus⟩
Snoorresøn, Odd
Snorrason, Oddr
Snorresøn, Odd
Snorresøn, Odde

Oddsson, Eiríkr
→ **Eiríkr ⟨Oddsson⟩**

Oddur ⟨Snorrason⟩
→ **Oddr ⟨Snorrason⟩**

Oddus ⟨Icelandicus⟩
→ **Oddr ⟨Snorrason⟩**

Ode ⟨de Glanfeuil⟩
→ **Odo ⟨Glannafoliensis⟩**

Odelricus ⟨Vitalis⟩
→ **Ordericus ⟨Vitalis⟩**

Odendunus, Gualterus
→ **Gualterus ⟨Odendunus⟩**

Odense, Mikkel ¬i¬
→ **Mikkel ⟨i Odense⟩**

Odenwald, König ¬vom¬
→ **König ⟨vom Odenwald⟩**

Oderich ⟨von Pordenone⟩
→ **Odoricus ⟨de Portu Naonis⟩**

Odericus ⟨Vitalis⟩
→ **Ordericus ⟨Vitalis⟩**

Odilbert ⟨de Milan⟩
→ **Odilbertus ⟨Mediolanensis⟩**

Odilbertus ⟨Mediolanensis⟩
gest. 814
Responsum ad Carolum Magnum
Alibert ⟨de Milan⟩
Alibertus ⟨of Milan⟩
Odilbert ⟨de Milan⟩
Odilbert ⟨von Mailand⟩
Odilberto ⟨of Milan⟩
Odilbertus ⟨Archiepiscopus⟩

Odilo ⟨Cluniacensis⟩
ca. 962 – 1048 · OSB
Epistulae aliquot ad Fulbertum et Fulberti aliorumque ad Odilonem
CSGL; Tusculum-Lexikon; LMA,VI,1351/52; LThK
Odilo ⟨Abt von Cluny⟩
Odilo ⟨de Cluny⟩
Odilo ⟨Sanctus⟩
Odilo ⟨von Cluny⟩
Odilon ⟨de Cluny⟩
Odilon ⟨de Mercoer⟩
Odilone ⟨di Cluny⟩

Odilo ⟨Monachus⟩
→ **Odilo ⟨Suessionensis⟩**

Odilo ⟨Suessionensis⟩
gest. ca. 920 · OSB
Translatio Sebastiani martyris; Epistula ad Hucbaldum; Sermones tres
Potth. 2,873
Odilo ⟨Monachus⟩
Odilo ⟨Monachus Sancti Medardi Suessionensis⟩
Odilo ⟨Monk⟩
Odilo ⟨of Saint Médard⟩
Odilo ⟨of Soissons⟩
Odilon ⟨Bénédictin⟩
Odilon ⟨de Saint-Médard⟩
Odilon ⟨de Soissons⟩

Odilon ⟨de Mercoer⟩
→ **Odilo ⟨Cluniacensis⟩**

Odilon ⟨de Saint-Médard⟩
→ **Odilo ⟨Suessionensis⟩**

Odington, Walter
→ **Gualterus ⟨Odendunus⟩**

Odo
um 1206
Ernestus seu carmen de varia Ernesti Bavariae ducis fortuna
Potth. 2,873
Odo ⟨Ceterum Ignotus⟩
Odo ⟨Verfasser des Ernestus⟩

Odo ⟨Abbas⟩
13. Jh.
Intonarium
Abbas Odo
Odon ⟨Abbé⟩
Odon ⟨d'Arezzo⟩

Odo ⟨Abbas Maioris Monasterii⟩
→ **Odo ⟨Maioris Monasterii⟩**

Odo ⟨Abbas Sancti Remigii⟩
→ **Odo ⟨Sancti Remigii⟩**

Odo ⟨Archiepiscopus⟩
→ **Odo ⟨Cantuariensis⟩**

Odo ⟨Astensis⟩
um 1120 · OSB
Psalmenkommentare
LThK; CSGL
Oddo ⟨Astensis⟩
Odo ⟨Monachus⟩
Odo ⟨of Asta⟩
Odon ⟨d'Asti⟩
Ottone ⟨d'Asti⟩

Odo ⟨Aurelianensis⟩
→ **Odo ⟨Cameracensis⟩**

Odo ⟨Ausciensis⟩
gest. 983
Odo ⟨Diaconus⟩
Odo ⟨von Auch⟩
Odon ⟨d'Auch⟩

Odo ⟨Baiocensis⟩
gest. 1097
Charta
LMA,VI,1357
Odo ⟨de Conteville⟩
Odo ⟨Episcopus⟩
Odo ⟨von Bayeux⟩
Odon ⟨de Bayeux⟩
Odon ⟨de Conteville⟩

Odo ⟨Beatus⟩
→ **Odo ⟨Cameracensis⟩**

Odo ⟨Bellovacensis⟩
801 – 881 · OSB
Vita S. Luciani
CSGL; Potth.
Odo ⟨Beluacensis⟩
Odo ⟨Corbeiensis⟩
Odo ⟨de Beauvais⟩
Odo ⟨de Corbie⟩
Odon ⟨de Beauvais⟩
Odon ⟨de Corbie⟩
Odon ⟨Saint⟩

Odo ⟨Bellovacensis Episcopus⟩
gest. 1148
CSGL
Odo ⟨Beluacensis⟩
Odo ⟨Clarus⟩
Odo ⟨Corbeiensis⟩
Odo ⟨de Beauvais⟩
Odo ⟨de Corbie⟩
Odon ⟨Clarus⟩
Odon ⟨de Beauvais, III.⟩

Odo ⟨Bisuntinus⟩
um 1307 · OP
Quaestiones
Kaeppeli,III,198/199
Bisuntinus, Odo

Odo ⟨Cameracensis⟩
gest. 1113 · OSB
Tusculum-Lexikon; LThK; LMA,VI,1358
Eudes ⟨le Bienheureux⟩
Odardus ⟨Cameracensis⟩
Odardus ⟨von Cambrai⟩
Oddone ⟨di Cambrai⟩
Odo ⟨Aurelianensis⟩
Odo ⟨Beatus⟩
Odo ⟨de Cambrai⟩
Odo ⟨Tornacensis⟩
Odo ⟨Turnacensis⟩
Odo ⟨von Cambrai⟩
Odo ⟨von Tournai⟩
Odoardus ⟨Camerace⟩
Odon ⟨de Cambrai⟩
Odon ⟨de Tournai⟩
Otto ⟨von Cambrai⟩
Oudart ⟨Camerace⟩

Odo ⟨Campanus⟩
um 1192/97
Libellus de efficatia artis astrologiae
Schönberger/Kible, Repertorium, 16053
Campanus, Odo

Odo ⟨Canonicus⟩
→ **Odo ⟨de Sancto Victore⟩**

Odo ⟨Cantuariensis⟩
gest. 959
Epist. in vitam Wilfredi Eboracensis
CSGL
Odo ⟨Archiepiscopus⟩
Odo ⟨Cantianus⟩
Odo ⟨Danicus⟩
Odo ⟨der Gute⟩
Odo ⟨of Canterbury⟩
Odo ⟨of Ramsbury⟩
Odo ⟨Sanctus⟩
Odo ⟨Severus⟩
Odo ⟨von Kent⟩
Odon ⟨de Cantorbéry⟩
Odon ⟨de Danemark⟩
Oto ⟨of Canterbury⟩
Oto ⟨of Ramsbury⟩

Odo ⟨Cantuariensis, Abbas de Bello⟩
gest. ca. 1200 · OSB
Commentarii in testamentum vetus (Verfasserschaft umstritten); Moralia super psalmos; De moribus ecclesiasticis; etc.
Schneyer,IV,392
Odo ⟨Cantuanus⟩
Odo ⟨Cantuariensis⟩
Odo ⟨de Bello⟩
Odo ⟨de Canterbury⟩
Odon ⟨de Cantorbery, Abbé de Battle⟩
Pseudo-Odo ⟨Cantuariensis, Abbas de Bello⟩
Pseudo-Odo ⟨de Bello⟩
Sylva ⟨Cantianus⟩
Wode ⟨Cantuanus⟩
Wode ⟨Cantuariensis⟩
Wode ⟨de Canterbury⟩

Odo ⟨Castillioneus⟩
→ **Odo ⟨de Castro Radulfi⟩**

Odo ⟨Catalaunensis⟩
um 1231
Schneyer,IV,394
Odo ⟨Cathalaunensis⟩
Odo ⟨de Chalons⟩

Odo ⟨Ceterum Ignotus⟩
→ **Odo**

Odo ⟨Cheritonius⟩
→ **Odo ⟨de Ceritona⟩**

Odo ⟨Cicestriensis⟩
→ **Odo ⟨de Ceritona⟩**

Odo ⟨Clarus⟩
→ **Odo ⟨Bellovacensis Episcopus⟩**

Odo ⟨Clericus⟩
→ **Odo ⟨Magdeburgensis⟩**

Odo ⟨Cluniacensis⟩
ca. 878 – 942 · OSB
Vita S. Benedicti abb. Casineus
LThK; CSGL; Tusculum-Lexikon; LMA,VI,1357/58
Oddone ⟨di Cluny⟩
Odo ⟨de Cluny⟩
Odo ⟨Sanctus⟩
Odo ⟨von Cluny⟩
Odon ⟨de Cluny⟩
Odone ⟨di Cluny⟩
Pseudo-Odo ⟨Cluniacensis⟩

Odo ⟨Colonna⟩
→ **Martinus ⟨Papa, V.⟩**

Odo ⟨Comes⟩
um 1025
Comes, Odo

Odo ⟨Compendiensis⟩
→ **Odo ⟨de Deogilo⟩**

Odo ⟨Contemporaneus Gilberti Foliot⟩
→ **Odo ⟨Scholasticus⟩**

Odo ⟨Corbeiensis⟩
→ **Odo ⟨Bellovacensis ...⟩**

Odo ⟨da Châteauroux⟩
→ **Odo ⟨de Castro Radulfi⟩**

Odo ⟨Danicus⟩
→ **Odo ⟨Cantuariensis⟩**

Odo ⟨de Beauvais⟩
→ **Odo ⟨Bellovacensis ...⟩**

Odo ⟨de Bello⟩
→ **Odo ⟨Cantuariensis, Abbas de Bello⟩**

Odo ⟨de Bueriis⟩
um 1282/83 · OFM
Schneyer,IV,391
Bueriis, Odo ¬de¬
Odo ⟨de Beuriis⟩
Odon ⟨de Beuriis⟩
Odon ⟨de Bueriis⟩

Odo ⟨de Cambrai⟩
→ **Odo ⟨Cameracensis⟩**

Odo ⟨de Canterbury⟩
→ **Odo ⟨Cantuariensis, ...⟩**

Odo ⟨de Castro Radulfi⟩
gest. 1273
Liber introductionis in evangelium aeternum
LThK; CSGL
Castro Radulfi, Odo ¬de¬
Eudes ⟨de Châteauroux⟩
Odo ⟨Castillioneus⟩
Odo ⟨Castroradulpho⟩
Odo ⟨da Châteauroux⟩
Odo ⟨Episcopus⟩
Odo ⟨Episcopus Tusculanus⟩
Odo ⟨Gallus⟩
Odo ⟨Tusculanus⟩
Odo ⟨von Châteauroux⟩
Odon ⟨de Châteauroux⟩
Otto ⟨de Castro Radulfi⟩

Odo ⟨de Ceritona⟩
ca. 1180 – ca. 1246
Sermones in evangelia dominicalia; Expositio Passionis
Stegmüller, Repert. bibl. 6116,3; LThK; LMA,VI,1358/59
Ceritona, Odo ¬de¬
Eudes ⟨de Cheriton⟩
Odo ⟨Cheritonius⟩
Odo ⟨Cicestriensis⟩
Odo ⟨de Ceringtonia⟩
Odo ⟨de Cherington⟩
Odo ⟨de Cheriton⟩
Odo ⟨de Cheritonia⟩
Odo ⟨de Chichester⟩
Odo ⟨de Chirton⟩
Odo ⟨de Cicestre⟩
Odo ⟨de Cincestre⟩
Odo ⟨de Critonia⟩
Odo ⟨de Sheritona⟩
Odo ⟨Magister⟩
Odo ⟨of Cheriton⟩
Odo ⟨Schirodunensis⟩
Odo ⟨Sheringtonensis⟩
Odo ⟨Shirodunensis⟩
Odo ⟨Shirtonius⟩
Odo ⟨von Cheriton⟩
Odon ⟨de Cheriton⟩
Odon ⟨de Chichester⟩
Odon ⟨de Sherston⟩
Odon ⟨de Shirton⟩
Odone ⟨di Sherrington⟩

Odo ⟨de Chalons⟩
→ **Odo ⟨Catalaunensis⟩**

Odo ⟨de Cheritonia⟩
→ **Odo ⟨de Ceritona⟩**

Odo ⟨de Chichester⟩
→ **Odo ⟨de Ceritona⟩**

Odo ⟨de Chirton⟩
→ **Odo ⟨de Ceritona⟩**

Odo ⟨de Cluny⟩
→ **Odo ⟨Cluniacensis⟩**

Odo ⟨de Conteville⟩
→ **Odo ⟨Baiocensis⟩**

Odo ⟨de Corbie⟩
→ **Odo ⟨Bellovacensis ...⟩**

Odo ⟨de Coriaria⟩
→ **Oede ⟨de la Couroierie⟩**

Odo ⟨de Critonia⟩
→ **Odo ⟨de Ceritona⟩**

Odo ⟨de Deogilo⟩
gest. ca. 1162
De profectione Ludovici VII regis ... in Orientem
LThK; CSGL; Tusculum-Lexikon; LMA,VI,1359
Deogilo, Odo ¬de¬
Eudes ⟨de Deuil⟩
Odo ⟨Compendiensis⟩
Odo ⟨de Deuil⟩
Odo ⟨de Diogilo⟩
Odo ⟨de Dugilo⟩
Odo ⟨Sancti Cornelii Compendiensis⟩
Odo ⟨Sancti Dionysii⟩
Odo ⟨von Deuil⟩
Odon ⟨de Deuil⟩

Odo ⟨de Deuil⟩
→ **Odo ⟨de Deogilo⟩**

Odo ⟨de Doura⟩
um 1170
Kanonist; Summen-Abbreviatio
LMA,VI,1359
Doura, Odo ¬de¬
Odo ⟨de Dovra⟩
Odo ⟨von Dover⟩
Odon ⟨de Doura⟩

Odo ⟨de Dugilo⟩
→ **Odo ⟨de Deogilo⟩**

Odo ⟨de Morimond⟩
→ **Odo ⟨Morimundensis⟩**

Odo ⟨de Ourscamp⟩
→ **Odo ⟨de Ursicampo⟩**

Odo ⟨de Roniaco⟩
gest. ca. 1272 · OFM
Nicht identisch mit Odo ⟨Rigaldus⟩ (gest. 1275)
Stegmüller, Repert. sentent. 212;607;608;1252
Eudes ⟨de Roini⟩
Eudes ⟨de Roniaco⟩
Eudes ⟨de Rooni⟩
Eudes ⟨de Rosny⟩
Eudes ⟨von Rosny⟩
Odo ⟨de Renoniaco⟩
Odo ⟨de Roini⟩
Odo ⟨de Rosny⟩
Odon ⟨de Renoniaco⟩
Odon ⟨de Roini⟩
Odon ⟨de Rosny⟩
Odonis Rigaldi Discipulus I
Roniaco, Odo ¬de¬
Rosny, Eudes ¬de¬

Odo ⟨de Rosny⟩
→ **Odo ⟨de Roniaco⟩**

Odo ⟨de Saint-Germain⟩
→ **Oede ⟨de la Couroierie⟩**

Odo ⟨de Saint-Maur-des-Fossés⟩
→ **Odo ⟨Fossatensis⟩**

Odo ⟨de Sancto Victore⟩
gest. 1173 · OESA
Epistolae; Zuordnung der Briefe nicht gesichert
Schneyer,IV,517; Potth. 873
Eudes ⟨de Saint-Victor⟩
Odo ⟨Canonicus⟩
Odo ⟨Canonicus Regularis Sancti Victoris⟩
Odo ⟨Frater⟩
Odo ⟨Prior⟩
Odo ⟨Sanctae Genovefae⟩
Odo ⟨Sancti Victoris Prior⟩
Odon ⟨de Sainte-Geneviève⟩
Odon ⟨de Saint-Victor⟩
Pseudo-Odo ⟨de Sancto Victore⟩
Pseudo-Odo ⟨Sancti Victoris⟩
Sancto Victore, Odo ¬de¬

Odo ⟨de Sheritona⟩
→ **Odo ⟨de Ceritona⟩**

Odo ⟨de Soissons⟩
→ **Odo ⟨de Ursicampo⟩**

Odo ⟨de Soliaco⟩
gest. 1208
Constitutiones synodicae
LMA,VIII,301
Odo ⟨de Sully⟩
Odo ⟨Parisiensis⟩
Odo ⟨von Paris⟩
Odo ⟨von Souillac⟩
Odon ⟨de Souillac⟩
Odon ⟨de Sully⟩
Soliaco, Odo ¬de¬
Sully , Odo ¬de¬

Odo ⟨de Sully⟩
→ **Odo ⟨de Soliaco⟩**

Odo ⟨de Ursicampo⟩
gest. ca. 1172 · OCist
Disputationes
LThK; Potth.; LMA,VI,1360
Eudes ⟨de Soissons⟩
Odo ⟨de Ourscamp⟩
Odo ⟨de Soissons⟩
Odo ⟨Suessionensis⟩
Odo ⟨Tusculanus⟩
Odo ⟨Ursicampi⟩
Odo ⟨von Ourscamp⟩
Odon ⟨de Soissons⟩
Odon ⟨d'Ourscamp⟩
Ursicampo, Odo ¬de¬

Odo ⟨de Vaudémont⟩
→ **Odo ⟨Tullensis⟩**

Odo ⟨de Vavcemani⟩
14. Jh.
Vita Gaucheri abb.
Odon ⟨de Vaucemain⟩
Vaucemani, Odon ¬de¬
Vavcemani, Odo ¬de¬

Odo ⟨delle Colonne⟩
um 1240
Distretto core e amoruso
LMA,III,60
Colonna, Odon
Colonne, Odo ¬delle¬
DelleColonne, Odo
Odon ⟨Colonna⟩

Odo ⟨der Gute⟩
→ **Odo ⟨Cantuariensis⟩**

Odo ⟨Diaconus⟩
→ **Odo ⟨Ausciensis⟩**

Odo ⟨Episcopus⟩
→ **Odo ⟨Baiocensis⟩**

Odo ⟨Episcopus Tusculanus⟩
→ **Odo ⟨de Castro Radulfi⟩**

Odo ⟨Fossatensis⟩
gest. 1112
Vita Burchardi Venerabilis
CSGL
Eudes ⟨de Saint-Maur⟩
Eudes ⟨de Saint-Maur-des-Fossés⟩
Eudes ⟨de Saint-Maures⟩
Eudes ⟨de Saint-Maures-Les--Fosses⟩
Odo ⟨de Saint-Maur-des-Fossés⟩
Odo ⟨Monachus⟩
Odon ⟨de Saint-Maur⟩
Otto ⟨Fossatensis⟩

Odo ⟨Frankreich, König⟩
→ **Odo ⟨Westfränkisches Reich, König⟩**

Odo ⟨Frater⟩
→ **Odo ⟨de Sancto Victore⟩**

Odo ⟨Gallus⟩
→ **Odo ⟨de Castro Radulfi⟩**

Odo ⟨Glannafoliensis⟩
9. Jh.
Miracula Mauri
LThK; CSGL
Ode ⟨de Glanfeuil⟩
Odo ⟨Monachus⟩
Odo ⟨von Glanfeuil⟩
Odon ⟨de Glanfeuil⟩

Odo ⟨Islandicus⟩
→ **Oddr ⟨Snorrason⟩**

Odo ⟨Magdeburgensis⟩
um 1206
Tusculum-Lexikon; LMA,VI,1359/60; VL(2),3,1170/91
Odo ⟨Clericus⟩
Odo ⟨von Magdeburg⟩

Odo ⟨Magdunensis⟩
11. Jh.
De viribus herbarum
Tusculum-Lexikon; LMA,VI,1360; VL(2),5,1109/16
Aemilius ⟨Macer⟩
Macer ⟨Floridus⟩
Macer, Aemilius
Odo ⟨Clericus et Medicus⟩
Odo ⟨von Meung⟩
Odon ⟨de Meung⟩
Udo ⟨Magdunensis⟩

Odo ⟨Magister⟩
→ **Odo ⟨de Ceritona⟩**

Odo ⟨Maioris Monasterii⟩
gest. 1137
Einer der möglichen Verf. der Chronica de gestis consulum Andegavensium (Handschr.)
Potth. 873
Maioris Monasterii, Odo
Odo ⟨Abbas Maioris Monasterii⟩

Odo ⟨Molet⟩
14. Jh.
Extracta de lectura super IV sententiarum
Stegmüller, Repert. sentent. 599,1
Molet, Odo
Molet, Odon
Odon ⟨Molet⟩

Odo ⟨Monachus⟩
→ **Odo ⟨Astensis⟩**
→ **Odo ⟨Fossatensis⟩**
→ **Odo ⟨Glannafoliensis⟩**

Odo ⟨Morimundensis⟩
1116 – 1161
Sermones
LThK; CSGL; Potth.
Odo ⟨de Morimond⟩
Odo ⟨of Muremund⟩
Odo ⟨von Morimond⟩
Odon ⟨de Beaupré⟩
Odon ⟨de Morimond⟩

Odo ⟨of Asta⟩
→ **Odo ⟨Astensis⟩**

Odo ⟨of Canterbury⟩
→ **Odo ⟨Cantuariensis⟩**

Odo ⟨of Cheriton⟩
→ **Odo ⟨de Ceritona⟩**

Odo ⟨of Muremund⟩
→ **Odo ⟨Morimundensis⟩**

Odo ⟨of Ostia⟩
→ **Urbanus ⟨Papa, II.⟩**

Odo ⟨of Ramsbury⟩
→ **Odo ⟨Cantuariensis⟩**

Odo ⟨of Rouen⟩
→ **Odo ⟨Rigaldus⟩**

Odo ⟨Orientalis⟩
→ **Odo ⟨Westfränkisches Reich, König⟩**

Odo ⟨Parisiensis⟩
→ **Odo ⟨de Soliaco⟩**

Odo ⟨Prior⟩
→ **Odo ⟨de Sancto Victore⟩**

Odo ⟨Reginaldus⟩
→ **Odo ⟨Rigaldus⟩**

Odo ⟨Remensis⟩
→ **Odo ⟨Sancti Remigii⟩**

Odo ⟨Rex Francorum⟩
→ **Odo ⟨Westfränkisches Reich, König⟩**

Odo ⟨Rigaldus⟩
gest. 1275
Quaestiones disput.
LThK; LMA,IV,71/72
Eudes ⟨of Rouen⟩
Eudes ⟨Rigaud⟩
Odo ⟨of Rouen⟩
Odo ⟨Reginaldus⟩
Odo ⟨Rigaldi⟩
Odo ⟨Rigaudi⟩
Odo ⟨Rigaudus⟩
Odo ⟨Rothomagensis⟩
Reginaldus, Odo
Rigaldus, Odo
Rigaud, Odon
Rigaudus ⟨Rothomagensis⟩
Rigaudus, Odo

Odo ⟨Rothomagensis⟩
→ **Odo ⟨Rigaldus⟩**

Odo ⟨Sanctae Genovefae⟩
→ **Odo ⟨de Sancto Victore⟩**

Odo ⟨Sancti Cornelii Compendiensis⟩
→ **Odo ⟨de Deogilo⟩**

Odo ⟨Sancti Dionysii⟩
→ **Odo ⟨de Deogilo⟩**

Odo ⟨Sancti Remigii⟩
gest. 1151
Epistolae; Charta de fundatione carthusiae Montis Dei
Potth. 873; DOC,2,1379
Morigny, Odon ¬de¬
Oddo ⟨Remensis⟩
Oddo ⟨Sancti Remigii⟩
Odo ⟨Abbas Sancti Remigii⟩
Odo ⟨Remensis⟩
Odo ⟨Sancti Remigii Remensis⟩
Odon ⟨de Morigny⟩
Odon ⟨de Saint-Crépin-le-Grand⟩
Odon ⟨de Saint-Remy à Reims⟩
Sancti Remigii, Odo

Odo ⟨Sancti Victoris Prior⟩
→ **Odo ⟨de Sancto Victore⟩**

Odo ⟨Sanctus⟩
→ **Odo ⟨Cantuariensis⟩**
→ **Odo ⟨Cluniacensis⟩**

Odo ⟨Schirodunensis⟩
→ **Odo ⟨de Ceritona⟩**

Odo ⟨Scholasticus⟩
um 1140/48
Epistola dedicatoria ad Gilbertum Foliot, magistrum scholarium, patrem coenobitarum
Stegmüller, Repert. bibl. 6132,1-6132,2; Stegmüller, Repert. sentent. 985
Odo ⟨Contemporaneus Gilberti Foliot⟩
Scholasticus, Odo

Odo ⟨Severus⟩
→ **Odo ⟨Cantuariensis⟩**

Odo ⟨Sheringtonensis⟩
→ **Odo ⟨de Ceritona⟩**

Odo ⟨Suessionensis⟩
→ **Odo ⟨de Ursicampo⟩**

Odo ⟨Tornacensis⟩
→ **Odo ⟨Cameracensis⟩**

Odo ⟨Tullensis⟩
gest. ca. 1198
Statuta synodalia
Odo ⟨de Vaudémont⟩
Odo ⟨von Toul⟩
Odon ⟨de Toul⟩
Odon ⟨de Vaudémont⟩

Odo ⟨Tusculanus⟩
→ **Odo ⟨de Castro Radulfi⟩**
→ **Odo ⟨de Ursicampo⟩**

Odo ⟨Ursicampi⟩
→ **Odo ⟨de Ursicampo⟩**

Odo ⟨Verfasser des Ernestus⟩
→ **Odo**

Odo ⟨von Auch⟩
→ **Odo ⟨Ausciensis⟩**

Odo ⟨von Bayeux⟩
→ **Odo ⟨Baiocensis⟩**

Odo ⟨von Cambrai⟩
→ **Odo ⟨Cameracensis⟩**

Odo ⟨von Châteauroux⟩
→ **Odo ⟨de Castro Radulfi⟩**

Odo ⟨von Châtillon⟩
→ **Urbanus ⟨Papa, II.⟩**

Odo ⟨von Cheriton⟩
→ **Odo ⟨de Ceritona⟩**

Odo ⟨von Cluny⟩
→ **Odo ⟨Cluniacensis⟩**

Odo ⟨von Deuil⟩
→ **Odo ⟨de Deogilo⟩**

Odo ⟨von Dover⟩
→ **Odo ⟨de Doura⟩**

Odo ⟨von Glanfeuil⟩
→ **Odo ⟨Glannafoliensis⟩**

Odo ⟨von Kent⟩
→ **Odo ⟨Cantuariensis⟩**

Odo ⟨von Lagery⟩
→ **Urbanus ⟨Papa, II.⟩**

Odo ⟨von Magdeburg⟩
→ **Odo ⟨Magdeburgensis⟩**

Odo ⟨von Meung⟩
→ **Odo ⟨Magdunensis⟩**

Odo ⟨von Morimond⟩
→ **Odo ⟨Morimundensis⟩**

Odo ⟨von Ourscamp⟩
→ **Odo ⟨de Ursicampo⟩**

Odo ⟨von Paris⟩
→ **Odo ⟨de Soliaco⟩**

Odo ⟨von Souillac⟩
→ **Odo ⟨de Soliaco⟩**

Odo ⟨von Toul⟩
→ **Odo ⟨Tullensis⟩**

Odo ⟨von Tournai⟩
→ **Odo ⟨Cameracensis⟩**

Odo ⟨Westfränkisches Reich, König⟩
gest. 898
LMA,V,1353/54
Eudes ⟨France, Roi⟩
Eudes ⟨Roi des Francs⟩
Odo ⟨Frankreich, König⟩
Odo ⟨Orientalis⟩
Odo ⟨Rex Francorum⟩
Odon ⟨France, Roi⟩

Odoardus ⟨Camerace⟩
→ **Odo ⟨Cameracensis⟩**

Odoardus ⟨Visdomini⟩
→ **Oldradus ⟨Bisdominus⟩**

Odoffredus ⟨Beneventanus⟩
→ **Odofredus ⟨de Denariis⟩**
→ **Roffredus ⟨de Epiphanio⟩**

Odofredi, Onesto
→ **Onesto ⟨da Bologna⟩**

Odofredus ⟨Bononiensis⟩
→ **Odofredus ⟨de Denariis⟩**
→ **Roffredus ⟨de Epiphanio⟩**

Odofredus ⟨de Denariis⟩
gest. 1265
LMA,VI,1361
Denariis, Odofredus ¬de¬
Odoffredus ⟨Beneventanus⟩
Odofredo ⟨Beneventano⟩
Odofredo ⟨de Bologne⟩
Odofredus ⟨Beneventano⟩
Odofredus ⟨Beneventanus⟩
Odofredus ⟨Bononiensis⟩
Odofredus ⟨Denari⟩
Roffredus ⟨Beneventanus⟩

Odolricus ⟨Aurelianensis⟩
um 1027
Epistula ad Fulbertum Carnotensem
Odolric ⟨d'Orléans⟩
Odolricus ⟨Episcopus⟩
Udalricus ⟨Episcopus⟩

Odolricus ⟨Remensis⟩
11. Jh.
Testamentum
Odolric ⟨of Reims⟩

Odomar
14. Jh.
Practica
LMA,VI,1361/62
Adamar
Ademar
Adomar

Odon ⟨Abbé⟩
→ **Odo ⟨Abbas⟩**

Odon ⟨Clarus⟩
→ **Odo ⟨Bellovacensis Episcopus⟩**

Odon ⟨Colonna⟩
→ **Martinus ⟨Papa, V.⟩**
→ **Odo ⟨delle Colonne⟩**

Odon ⟨d'Arezzo⟩
→ **Odo ⟨Abbas⟩**

Odon ⟨d'Asti⟩
→ **Odo ⟨Astensis⟩**

Odon ⟨d'Auch⟩
→ **Odo ⟨Ausciensis⟩**

Odon ⟨de Bayeux⟩
→ **Odo ⟨Baiocensis⟩**

Odon ⟨de Beaupré⟩
→ **Odo ⟨Morimundensis⟩**

Odon ⟨de Beauvais⟩
→ **Odo ⟨Bellovacensis ...⟩**

Odon ⟨de Bueriis⟩
→ **Odo ⟨de Bueriis⟩**

Odon ⟨de Cambrai⟩
→ **Odo ⟨Cameracensis⟩**

Odon ⟨de Cantorbéry⟩
→ **Odo ⟨Cantuariensis⟩**

Odon ⟨de Cantorbery, Abbé de Battle⟩
→ **Odo ⟨Cantuariensis, Abbas de Bello⟩**

Odon ⟨de Châteauroux⟩
→ **Odo ⟨de Castro Radulfi⟩**

Odon ⟨de Cheriton⟩
→ **Odo ⟨de Ceritona⟩**

Odon ⟨de Chichester⟩
→ **Odo ⟨de Ceritona⟩**

Odon ⟨de Cluny⟩
→ **Odo ⟨Cluniacensis⟩**

Odon ⟨de Conteville⟩
→ **Odo ⟨Baiocensis⟩**

Odon ⟨de Corbie⟩
→ **Odo ⟨Bellovacensis ...⟩**

Odon ⟨de Danemark⟩
→ **Odo ⟨Cantuariensis⟩**

Odon ⟨de Deuil⟩
→ **Odo ⟨de Deogilo⟩**

Odon ⟨de Doura⟩
→ **Odo ⟨de Doura⟩**

Odon ⟨de Glanfeuil⟩
→ **Odo ⟨Glannafoliensis⟩**

Odon ⟨de Lagery⟩
→ **Urbanus ⟨Papa, II.⟩**

Odon ⟨de Meung⟩
→ **Odo ⟨Magdunensis⟩**

Odon ⟨de Morigny⟩
→ **Odo ⟨Sancti Remigii⟩**

Odon ⟨de Morimond⟩
→ **Odo ⟨Morimundensis⟩**

Odon ⟨de Paris⟩
→ **Oede ⟨de la Couroierie⟩**

Odon ⟨de Rosny⟩
→ **Odo ⟨de Roniaco⟩**

Odon ⟨de Saint-Crépin-le-Grand⟩
→ **Odo ⟨Sancti Remigii⟩**

Odon ⟨de Sainte-Geneviève⟩
→ **Odo ⟨de Sancto Victore⟩**

Odon ⟨de Saint-Maur⟩
→ **Odo ⟨Fossatensis⟩**

Odon ⟨de Saint-Remy à Reims⟩
→ **Odo ⟨Sancti Remigii⟩**

Odon ⟨de Saint-Victor⟩
→ **Odo ⟨de Sancto Victore⟩**

Odon ⟨de Shirton⟩
→ **Odo ⟨de Ceritona⟩**

Odon ⟨de Soissons⟩
→ **Odo ⟨de Ursicampo⟩**

Odon ⟨de Souillac⟩
→ **Odo ⟨de Soliaco⟩**

Odon ⟨de Sully⟩
→ **Odo ⟨de Soliaco⟩**

Odon ⟨de Toul⟩
→ **Odo ⟨Tullensis⟩**

Odon ⟨de Tournai⟩
→ **Odo ⟨Cameracensis⟩**

Odon ⟨de Vaucemain⟩
→ **Odo ⟨de Vavcemani⟩**

Odon ⟨de Vaudémont⟩
→ **Odo ⟨Tullensis⟩**

Odon ⟨d'Ourscamp⟩
→ **Odo ⟨de Ursicampo⟩**

Odon ⟨France, Roi⟩
→ **Odo ⟨Westfränkisches Reich, König⟩**

Odon ⟨Molet⟩
→ **Odo ⟨Molet⟩**

Odon ⟨Saint⟩
→ **Odo ⟨Bellovacensis⟩**

Odone ⟨di Cluny⟩
→ **Odo ⟨Cluniacensis⟩**

Odone ⟨di Sherrington⟩
→ **Odo ⟨de Ceritona⟩**

Odonis, Gerardus
→ **Gerardus ⟨Odonis⟩**

Odonis Rigaldi Discipulus I
→ **Odo ⟨de Roniaco⟩**

Odorannus ⟨Senonensis⟩
gest. 1046
Chronicon ab a. 675 ad 1032
LThK; CSGL; Tusculum-Lexikon; LMA,VI,1362
Odoramnus ⟨von Sens⟩
Odoramus ⟨von Sens⟩
Odoranne ⟨de Sens⟩
Odorannus ⟨Sancti Petri Vivi⟩
Odorannus ⟨von Sens⟩

Odoricus ⟨de Portu Naonis⟩
um 1330 · OFM
Liber de Terra Sancta; De rebus incognitionis
LThK; Tusculum-Lexikon; LMA,VI,1362/63
Matthiussi, Odoricus
Oderich ⟨von Pordenone⟩
Odoric ⟨da Pordenone⟩
Odoric ⟨de Pordenone⟩
Odoric ⟨der Böhme⟩
Odoric ⟨of Friuli⟩
Odoric ⟨the Bohemian⟩
Odorich ⟨von Pordenone⟩
Odorichus ⟨da Pordenone⟩
Odorico ⟨da Pordenone⟩
Odorico ⟨de Pordenone⟩
Odorico ⟨de Udine⟩
Odorico ⟨del Friuli⟩
Odoricus ⟨de Foro Iulii⟩
Odoricus ⟨de Foro Julii⟩
Odoricus ⟨de Pordenone⟩
Odoricus ⟨Matthiussi⟩
Odoricus ⟨von Friaul⟩
Odorio ⟨da Pordenone⟩
Odorius ⟨de Foro Julii⟩
Odorius ⟨de Pordenone⟩
Pordenone, Odoric ¬de¬
Pordenone, Odorich ¬von¬
Pordenone, Odoricus ¬de¬
Portu Naonis, Odoricus ¬de¬

Oecumenius ⟨de Tricca⟩
6./7. bzw. 10./11. Jh.
Commentarius in Apocalypsin; Fragmenta in Pauli epistulas; Angebl. Verf. des Komm. zur Apokalypse
Cpg 7470 – 7475
Oecumenius ⟨Bishop⟩
Oecumenius ⟨Episcopus⟩
Oecumenius ⟨Evêque⟩
Oecumenius ⟨of Tricca⟩
Oecumenius ⟨Philosophus⟩
Oecumenius ⟨Rhetor et Philosophus⟩
Oecumenius ⟨Saint⟩
Oecumenius ⟨Scriptor Ecclesiasticus⟩
Oecumenius ⟨Theologus⟩
Oecumenius ⟨Thessalonicensis⟩
Oecumenius ⟨Triccaeus⟩
Oecumenius ⟨Triccensis⟩
Oecumenius ⟨Triccius⟩
Oekumenios ⟨Exeget⟩
Oekumenios ⟨von Trikka⟩
Oicumenios ⟨Trikkēs⟩
Oikumenios ⟨Philosophus⟩
Oikumenios ⟨Trikkēs⟩
Oikumenios ⟨Trikkios⟩
Oikumenios ⟨von Trikka⟩
Pseudo-Oecumenius
Pseudo-Oecumenius ⟨Scriptor Ecclesiasticus⟩
Tricca, Oecumenius ¬de¬
Triccius, Oecumenius

Oede ⟨de la Couroierie⟩
gest. 1294
Trouvère und Komponist
LMA,VI,1363
Couroierie, Oede ¬de la¬
Couroirerie, Oede ¬de la¬
Eudes ⟨de Carigas⟩
LaCouroierie, Oede ¬de¬
Odo ⟨de Coriaria⟩
Odo ⟨de Saint-Germain⟩
Odon ⟨de Paris⟩
Oede ⟨de la Corroirie⟩
Oede ⟨de la Couroirerie⟩

Ödenhofer, Thomas
um 1447/80
5 Briefe; 1 Versepistel; 31 Distiche
VL(2),7,14/16
Thomas ⟨Ödenhofer⟩

Oegspurg, Kaspar ¬de¬
→ **Kaspar ⟨de Oegspurg⟩**

Öheim, Gallus
→ **Oheim, Gallus**

Oekumenios ⟨von Trikka⟩
→ **Oecumenius ⟨de Tricca⟩**

Oelfricus ⟨Cantuariensis⟩
→ **Aelfricus ⟨Cantuariensis⟩**

Ömer Hayyam
→ **ʿUmar Ḫaiyām**

Oengus ⟨Abbé⟩
→ **Oengus ⟨MacTipraite⟩**

Óengus ⟨Céle Dé⟩
→ **Oengus ⟨the Culdee⟩**

Oengus ⟨de Cluainfata⟩
→ **Oengus ⟨MacTipraite⟩**

Oengus ⟨Grandson of Oiblén⟩
→ **Oengus ⟨the Culdee⟩**

Oengus ⟨MacTipraite⟩
gest. 746
Hymni in Hymnodia hiberno-celtica
Cpl 2012
MacTipraite, Oengus
Oengus ⟨Abbé⟩
Oengus ⟨de Cluainfata⟩
Oengus ⟨Mac Tiprait⟩

Oengus ⟨Saint⟩
→ **Oengus ⟨the Culdee⟩**

Oengus ⟨the Culdee⟩
8./9. Jh.
Aengus ⟨the Culdee⟩
Aengussius ⟨Hagiographus⟩
Culdee, Oengus ¬the¬
Óengus ⟨Céle Dé⟩
Oengus ⟨Grandson of Oiblén⟩
Oengus ⟨Saint⟩
Oengus ⟨Son of Oengoba⟩

Örtel, Hermann
gest. ca. 1482
2 Töne
VL(2),7,49
Hermann ⟨Ortel⟩
Hermann ⟨Örtel⟩
Ortel, Hermann

Oertlief ⟨von Straßburg⟩
→ **Ortlieb ⟨von Straßburg⟩**

Öser, Irmhart
→ **Irmhart ⟨Öser⟩**

Oesfeld, Hermann ¬von¬
→ **Hermann ⟨von Oesfeld⟩**

Oetbertus ⟨Traiectensis⟩
→ **Odbertus ⟨Traiectensis⟩**

Öttinger, Konrad
um 1420
Lied gegen die Hussitten
VL(2),7,205/206
Konrad ⟨Öttinger⟩

Øystein Erlendsson
→ **Eysteinn ⟨Erlendsson⟩**

Oferianus, Balthasar
→ **Balthasar ⟨Oferianus⟩**

Offenbach, Heinrich
um 1347
Übersetzung der Konstanzer Münzordnung; Minnelieder (Verfasserschaft wahrscheinlich)
VL(2),7,22/23
Heinrich ⟨Offenbach⟩

Offenburg, Heinrich ¬von¬
→ **Heinrich ⟨von Offenburg⟩**

Offenburg, Henman
1379 – ca. 1454
Henman ⟨Offenburg⟩

Offermann, Henricus
→ **Breyell, Heinrich**

Offida, Conradus ¬de¬
→ **Conradus ⟨de Offida⟩**

Offida, Lucas ¬de¬
→ **Lucas ⟨de Offida⟩**

Offredi, Apollinaris
→ **Apollinaris ⟨Offredi⟩**

Offringen, Johannes ¬von¬
→ **Johannes ⟨von Offringen⟩**

O'Fihely, Maurice
1460 – 1513 · OFM
Castigationes
LThK; LMA,VI,413
Hibernicus, Mauritius
Maurice ⟨of Tuam⟩
Maurice ⟨O'Fihely⟩
Mauricius ⟨Hibernicus⟩
Mauritius ⟨Archiepiscopus⟩
Mauritius ⟨de Portu⟩
Mauritius ⟨Editor⟩
Mauritius ⟨Fildaeus⟩
Mauritius ⟨Flos Mundi⟩
Mauritius ⟨Hibernicus⟩
Mauritius ⟨Ophihilla⟩
Portu, Mauritius ¬de¬

Ofterdingen, Heinrich ¬von¬
→ **Heinrich ⟨von Ofterdingen⟩**

Ogerio ⟨Alfieri⟩
→ **Alferius, Ogerius**

Ogerio ⟨di Lucedio⟩
→ **Oglerius ⟨de Locedio⟩**

Ogerio ⟨Pane⟩
→ **Ogerius ⟨Panis⟩**

Ogerius ⟨Alferius⟩
→ **Alferius, Ogerius**

Ogerius ⟨de Locedio⟩
→ **Oglerius ⟨de Locedio⟩**

Ogerius ⟨de Trino⟩
→ **Oglerius ⟨de Locedio⟩**

Ogerius ⟨Panis⟩
um 1210
Verf. eines Teils der Annales Ianuenses
Potth. 875; DOC,2,1382
Ogerio ⟨Pane⟩
Pane, Ogerio
Panis, Ogerius

Ogier ⟨de Locedio⟩
→ **Oglerius ⟨de Locedio⟩**

Ogier Novella, Guilhem
→ **Guilhem ⟨Augier Novella⟩**

Oglerius ⟨de Locedio⟩
1136 – 1214
LThK
Locedio, Oglerius ¬de¬
Oger ⟨de Locedio⟩
Oger ⟨le Cistercien⟩
Ogerio ⟨di Lucedio⟩
Ogerius ⟨de Locedio⟩
Ogerius ⟨de Trino⟩
Ogier ⟨de Locedio⟩
Oglerio ⟨di Lucedio⟩
Oglerius ⟨de Lucedio⟩
Oglerius ⟨de Tridino⟩
Oglerius ⟨Locediensis⟩
Oglerius ⟨von Lucedio⟩
Oglerlius ⟨Sanctus⟩
Pseudo-Bernardus ⟨Claraevallensis⟩

Ognibene ⟨Bonisoli⟩
→ **Omnibonus ⟨Leonicenus⟩**

Ognibene ⟨da Lonigo⟩
→ **Omnibonus ⟨Leonicenus⟩**

Ognibene ⟨de Guido d'Adamo⟩
→ **Salimbene ⟨Parmensis⟩**

Ognibene ⟨de Vérone⟩
→ **Omnibonus ⟨Magister⟩**

Ognibene ⟨de'Bonisoli⟩
→ **Omnibonus ⟨Leonicenus⟩**

Ognibene ⟨degli Adami⟩
→ **Salimbene ⟨Parmensis⟩**

Ognibene ⟨della Scola⟩
→ **DellaScola, Ognibene**

Ognibene ⟨di Giulio di Adamo⟩
→ **Salimbene ⟨Parmensis⟩**

Ognibene ⟨Evêque⟩
→ **Omnibonus ⟨Magister⟩**

Ognibene ⟨Leoniceno⟩
→ **Omnibonus ⟨Leonicenus⟩**

Ognibene ⟨Nogaroli⟩
→ **Omnibonus ⟨Magister⟩**

Ognibene ⟨Scola⟩
→ **DellaScola, Ognibene**

Ognibene Bonisoli ⟨da Lonigo⟩
→ **Omnibonus ⟨Leonicenus⟩**

Ognibono ⟨Nogaroli⟩
→ **Omnibonus ⟨Magister⟩**

Ohdonus, Johannes
→ **Johannes ⟨Oddi⟩**

Oheim, Gallus
gest. ca. 1501
Chronik von Reichenau
Gallus ⟨de Cella Ratolfi⟩
Gallus ⟨Öham⟩
Gallus ⟨Oheim⟩
Gallus ⟨Öhem⟩
Öham, Gallus
Öheim, Gallus
Öhem, Gallus

Ohnsorge, Johann
15. Jh.
Der Spruch Johans aun Sorg Haushaltem
VL(2),7,32/33
Johan ⟨aun Sorg⟩
Johann ⟨Ohnsorge⟩

Oikumenios ⟨Philosophus⟩
→ **Oecumenius ⟨de Tricca⟩**

Oikumenios ⟨Trikkēs⟩
→ **Oecumenius ⟨de Tricca⟩**

Oisi, Huon ¬d'¬
→ **Huon ⟨d'Oisi⟩**

Okenghem, Johannes
→ **Ockeghem, Johannes**

Oktavian ⟨von Monticelli⟩
→ **Victor ⟨Papa, IV., Antipapa, Octavianus⟩**

Olaguer
→ **Oldegarius ⟨Tarraconensis⟩**

Olaï, Eric
→ **Ericus ⟨Olavi⟩**

Olai, Pierre
→ **Petrus ⟨Olavi⟩**

Olavi, Ericus
→ **Ericus ⟨Olavi⟩**

Olavi, Petrus
→ **Petrus ⟨Olavi⟩**

Olavus ⟨de Roskilde⟩
→ **Oliverus ⟨Dacus⟩**

Olbertus ⟨Gemblacensis⟩
gest. 1048
Historia inventionis
Obbertus
Olbert ⟨de Gembloux⟩
Olbert ⟨de Leernes⟩
Olbert ⟨of Gembloux⟩
Olbert ⟨von Lobbes⟩
Olbert ⟨von Lüttich⟩
Olbertus ⟨Abbas⟩
Olbertus ⟨de Lederna⟩
Olbertus ⟨Leodiensis⟩
Olbertus ⟨of Gembloux⟩
Olbertus ⟨Sancti Jacobi Leodiensis⟩

Oldcastle, John
1378 – 1417
LMA,VI,1389
Cobham ⟨Lord⟩
Cobham, John
John ⟨Oldcastle⟩
Oldcastle, Jean
Oldecastell, Johan

Oldegarius ⟨Tarraconensis⟩
1060 – 1137
Epistolae; Charta Oldegarii
Potth. 876; DOC,2,1382; LMA,VI,1399
Olaguer
Olaguer ⟨de Barcelona⟩
Olaguer ⟨de Tarragona⟩
Oldégaire ⟨Saint⟩
Oldegar ⟨Heiliger⟩
Oldegar ⟨von Barcelona⟩
Oldegarius ⟨Sanctus⟩
Oldegarius ⟨Tarraconensis Archiepiscopus⟩
Oldeguer ⟨de Barcelona⟩
Oldeguer ⟨de Tarragona⟩
Olegario ⟨de Barcelona⟩
Olegario ⟨Santo⟩
Ollegar ⟨von Barcelona⟩
Ollegarius

Oldenborg, Wilbrandus ¬de¬
→ **Wilbrandus ⟨Oldenburgensis⟩**

Oldericus ⟨Vitalis⟩
→ **Ordericus ⟨Vitalis⟩**

Oldrado ⟨da Ponte⟩
→ **Oldradus ⟨de Ponte⟩**

Oldradus ⟨Bisdominus⟩
um 1287 · OP
Vita B. Ambrosii Sansedonii
Potth. 876
Bisdominus, Oldradus
Odoardus ⟨Visdomini⟩
Oldrado ⟨Visdomini⟩
Olradus ⟨Bisdominus⟩
Visdomini, Oldrado

Oldradus ⟨de Laude⟩
→ **Oldradus ⟨de Ponte⟩**

Oldradus ⟨de Ponte⟩
gest. 1335
Consilia
LMA,VI,1391
Laude, Oldradus ¬de¬
Oldrado ⟨da Ponte⟩
Oldrado ⟨da Ponte de Lodi⟩
Oldradus ⟨de Laude⟩
Oldradus ⟨de Laude de Ponte⟩
Oldradus ⟨de Ponte de Laude⟩
Ponte, Oldrado ¬da¬
Ponte, Oldradus ¬de¬

Olegario ⟨de Barcelona⟩
→ **Oldegarius ⟨Tarraconensis⟩**

Olerii, Bernardus
→ **Bernardus ⟨Olerii⟩**

Oleśnicki, Zbigniew
1389 – 1455
Briefwechsel mit E.S. Piccolomini
LMA,VI,1394/95
Olesnicki, Sbignée
Sbignée ⟨Olesnicki⟩
Zbigniew ⟨Oleśnicki⟩

Olfus ⟨Toletanus⟩
→ **Ildephonsus ⟨Toletanus⟩**

Oliba ⟨Abat⟩
→ **Oliva ⟨Vicensis⟩**

Olieu, Pietro di Giovanni
→ **Olivi, Petrus Johannes**

Olimbrianus
6. Jh.
Rubisca (vielleicht Verf.)
Cpl 1140

Olimpiodoro ⟨Filosofo⟩
→ **Olympiodorus ⟨Alexandrinus⟩**

Oliva ⟨Ausonensis⟩
→ **Oliva ⟨Vicensis⟩**

Oliva ⟨Vicensis⟩
gest. 1049 · OSB
Acta S. Afrae mart. (conversio); Vita S. Narcissi ep. Gerund (conversio et sermo); Carmen ad Gaucilinum
Potth. 876
Oliba ⟨Abat⟩
Oliva ⟨Ausonensis⟩
Oliva ⟨Comte⟩
Oliva ⟨de Ausona⟩
Oliva ⟨de Cuxa⟩
Oliva ⟨de Ripoll⟩
Oliva ⟨de Vich⟩
Oliva ⟨Episcopus Ausonensis⟩

Oliva, Stanislas ¬d'¬
→ **Stanislaus ⟨Olivensis⟩**

Oliver ⟨of Sabina⟩
→ **Oliverus, Thomas**

Oliver ⟨Scholaster⟩
→ **Oliverus, Thomas**

Oliver ⟨van Dixmude⟩
→ **Olivier ⟨van Dixmude⟩**

Oliver ⟨von Paderborn⟩
→ **Oliverus, Thomas**

Olivér, Bernard
→ **Bernardus ⟨Oliverii⟩**

Oliver, Thomas
→ **Oliverus, Thomas**

Oliverii, Bernardus
→ **Bernardus ⟨Oliverii⟩**

Oliverius ⟨Armoricus⟩
→ **Oliverus ⟨Trecorensis⟩**

Oliverius ⟨Bononiensis⟩
→ **Oliverius ⟨Frater⟩**

Oliverius ⟨Brito⟩
→ **Oliverus ⟨Trecorensis⟩**

Oliverius ⟨Dacus⟩
→ **Oliverus ⟨Dacus⟩**

Oliverius ⟨de Bononia⟩
→ **Oliverius ⟨Frater⟩**

Oliverius ⟨de Colonia⟩
→ **Oliverus, Thomas**

Oliverius ⟨de Tréguier⟩
→ **Oliverus ⟨Trecorensis⟩**

Oliverius ⟨de Went⟩
gest. 1401 · OP
Tract. brevis de arte praedicandi
Kaeppeli,II,200
Oliverius ⟨de Weynt⟩
Went, Oliverius ¬de¬

Oliverius ⟨Frater⟩
um 1321/29 · OP
Liber de inquisitione antichristi
Kaeppeli,III,199
Frater Oliverius
Oliverius ⟨Bononiensis⟩
Oliverius ⟨de Bononia⟩
Oliverius ⟨OP⟩
Olivier ⟨Frère⟩

Oliverius ⟨Paderbornensis⟩
→ **Oliverus, Thomas**

Oliverius ⟨Senensis⟩
→ **Oliverus ⟨Senensis⟩**

Oliverius ⟨Trecorensis⟩
→ **Oliverus ⟨Trecorensis⟩**

Oliverius, Arnoldus
→ **Arnoldus ⟨Oliverius⟩**

Oliverus ⟨Armoricus⟩
→ **Oliverus ⟨Trecorensis⟩**

Oliverus ⟨Brito⟩
→ **Oliverus ⟨Trecorensis⟩**

Oliverus ⟨Coloniensis⟩
→ **Oliverus, Thomas**

Oliverus ⟨Dacus⟩
gest. 1308 · OP
Luc.
Stegmüller, Repert. bibl. 6160; Schneyer,IV,521
Dacus, Oliverus
Olavus ⟨Dacus⟩
Olavus ⟨de Roskilde⟩
Oliverius ⟨Dacus⟩
Oliverus ⟨de Roskilde⟩
Oliverus ⟨Provincialis Daciae⟩
Olivier ⟨Dacus⟩
Olivier ⟨le Danois⟩
Olivier ⟨Provincial de Danemark⟩

Oliverus ⟨de Roskilde⟩
→ **Oliverus ⟨Dacus⟩**

Oliverus ⟨de Tréguier⟩
→ **Oliverus ⟨Trecorensis⟩**

Oliverus ⟨Doctor Medicinae⟩
→ **Oliverus ⟨Senensis⟩**

Oliverus ⟨Episcopus⟩
→ **Oliverus, Thomas**

Oliverus ⟨Paderbornensis⟩
→ **Oliverus, Thomas**

Oliverus ⟨Provincialis Daciae⟩
→ **Oliverus ⟨Dacus⟩**

Oliverus ⟨Sabinensis⟩
→ **Oliverus, Thomas**

Oliverus ⟨Saxo⟩
→ **Oliverus, Thomas**

Oliverus ⟨Scholasticus⟩
→ **Oliverus, Thomas**

Oliverus ⟨Senensis⟩
15. Jh.
Tractatus rationalis scientiae
Lohr
Oliverius ⟨Senensis⟩
Oliverus ⟨Doctor Medicinae⟩

Oliverus ⟨Trecorensis⟩
gest. 1296 · OP
Super librum Elenchorum; Super Missus est
Lohr; Stegmüller, Repert. bibl. 6159; Schneyer,IV,521
Oliverius ⟨Armoricus⟩
Oliverius ⟨Brito⟩
Oliverius ⟨de Tréguier⟩
Oliverius ⟨Trecorensis⟩
Oliverius ⟨Trecoriensis⟩
Oliverius ⟨Trecoriensis Brito⟩
Oliverus ⟨Armoricus⟩
Oliverus ⟨Brito⟩
Oliverus ⟨de Tréguier⟩
Oliverus ⟨Trecoriensis⟩
Oliverus ⟨Trecoriensis Brito⟩
Olivier ⟨Armoricain⟩
Olivier ⟨de Tréguier⟩
Olivier ⟨le Breton⟩
Pseudo-Oliverus ⟨Trecorensis⟩

Oliverus ⟨Westphalus⟩
→ **Oliverus, Thomas**

Oliverus, Thomas
gest. 1227
De captione Damiatae
Tusculum-Lexikon; LMA,VI,1399
Oliver ⟨of Sabina⟩
Oliver ⟨Scholaster⟩
Oliver ⟨von Paderborn⟩
Oliver, Thomas
Oliverius ⟨de Colonia⟩
Oliverius ⟨Paderbornensis⟩
Oliverus ⟨Coloniensis⟩
Oliverus ⟨Episcopus⟩
Oliverus ⟨of Paderborn⟩
Oliverus ⟨Paderbornensis⟩
Oliverus ⟨Paderbrunnensis⟩
Oliverus ⟨Sabinensis⟩
Oliverus ⟨Saxo⟩
Oliverus ⟨Scholasticus⟩
Oliverus ⟨Westphalus⟩
Olivier ⟨de Paderborn⟩
Olivier ⟨de Westphalie⟩
Thomas ⟨Oliver⟩
Thomas ⟨Oliverus⟩
Thomas Oliverus ⟨Paderbrunnensis⟩

Olivetanus Monachus
→ **Monachus ⟨Olivetanus⟩**

Oliveto, Lupus ¬de¬
→ **Lupus ⟨de Olmedo⟩**

Olivi, Petrus Johannes
1248/49 – 1296 · OFM
Expositio super regulam fratrum minorum
LThK; Tusculum-Lexikon; LMA,VI,1976/77
Olieu, Pietro di Giovanni
Olivi, Peter
Olivi, Petrus Johannis
Olivi, Pierre Jean
Olivus, Petrus Johannes
Peter ⟨Olivi⟩
Petrus ⟨Johannis⟩
Petrus ⟨Johannis Olivi⟩
Petrus Johannes ⟨Olivi⟩
Pier ⟨di Giovanni Olivi⟩
Pierre Jean ⟨Olieu⟩
Pietro ⟨di Gianni Olivi⟩

Olivier ⟨Armoricain⟩
→ **Oliverus ⟨Trecorensis⟩**

Olivier ⟨Dacus⟩
→ **Oliverus ⟨Dacus⟩**

Olivier ⟨de Dixmude⟩
→ **Olivier ⟨van Dixmude⟩**

Olivier ⟨de la Haye⟩
→ **LaHaye, Olivier ¬de¬**

Olivier ⟨de Paderborn⟩
→ **Oliverus, Thomas**

Olivier ⟨de Tréguier⟩
→ **Oliverus ⟨Trecorensis⟩**

Olivier ⟨de Westphalie⟩
→ **Oliverus, Thomas**

Olivier ⟨d'Ypres⟩
→ **Olivier ⟨van Dixmude⟩**

Olivier ⟨Frère⟩
→ **Oliverius ⟨Frater⟩**

Olivier ⟨le Breton⟩
→ **Oliverus ⟨Trecorensis⟩**

Olivier ⟨le Danois⟩
→ **Oliverus ⟨Dacus⟩**

Olivier ⟨van Dixmude⟩
gest. 1443
Merkwaerdige Gebeurtenissen
Dikasmuda, Olivier ¬van¬
Dixmude, Oliver ¬van¬
Dixmude, Olivier ¬van¬
Oliver ⟨van Dixmude⟩
Olivier ⟨de Dixmude⟩
Olivier ⟨d'Ypres⟩

Olivus, Petrus Johannes
→ **Olivi, Petrus Johannes**

Ollegarius
→ **Oldegarius ⟨Tarraconensis⟩**

Oller, Bernard
→ **Bernardus ⟨Olerii⟩**

Olmedo, Lupus ¬de¬
→ **Lupus ⟨de Olmedo⟩**

Olmi, Marco Antonio
→ **Marcus Antonius ⟨Ulmus⟩**

Olmi, Paolo
→ **Paulus ⟨Lulmius⟩**

Olmütz, Friedrich ¬von¬
→ **Friedrich ⟨von Olmütz⟩**

Olmütz, Rupertus ¬de¬
→ **Rupertus ⟨de Olmütz⟩**

Olmütz, Wenzel ¬von¬
→ **Wenzel ⟨von Olmütz⟩**

Olmus Bergomas, Valerianus
→ **Valerianus ⟨Olmus Bergomas⟩**

Olofsson, Erik
→ **Ericus ⟨Olavi⟩**

Oloug-Beg
→ **Uluġ Beg ⟨Timuridenreich, Ḫān⟩**

Olradus ⟨Bisdominus⟩
→ **Oldradus ⟨Bisdominus⟩**

Olybas, Sergius
→ **Sergius ⟨Colybas⟩**

Olympiodorus ⟨Alexandrinus⟩
→ **Olympiodorus ⟨Diaconus Alexandrinus⟩**

Olympiodorus ⟨Alexandrinus⟩
geb. 495/505
Tusculum-Lexikon
Alexandrinus, Olympiodorus
Olimpiodoro ⟨Filosofo⟩
Olimpiodoro ⟨Scolaro di Ammonio⟩
Olympiodoros ⟨aus Alexandreia⟩
Olympiodoros ⟨Philosoph⟩
Olympiodoros ⟨Platoniker⟩
Olympiodoros ⟨Schüler des Ammonio⟩
Olympiodoros ⟨von Alexandreia⟩
Olympiodorus ⟨de Alexandria⟩
Olympiodorus ⟨Minor⟩
Olympiodorus ⟨Neoplatonicus⟩
Olympiodorus ⟨Philosophus⟩

Olympiodorus ⟨Diaconus Alexandrinus⟩
6. Jh.
Cpg 7453-7464
Diaconus Alexandrinus, Olympiodorus
Olympiodorus ⟨Alexandrinus⟩
Olympiodorus ⟨Diaconus⟩
Olympiodorus ⟨Scriptor Ecclesiasticus⟩

Olympiodorus ⟨Minor⟩
→ **Olympiodorus ⟨Alexandrinus⟩**

Olympiodorus ⟨Neoplatonicus⟩
→ **Olympiodorus ⟨Alexandrinus⟩**

Olympiodorus ⟨Scriptor Ecclesiasticus⟩
→ **Olympiodorus ⟨Diaconus Alexandrinus⟩**

Omar ⟨Kalif, II.⟩
→ **'Umar ⟨Kalif, II.⟩**

Omár, Khájjám
→ **'Umar Ḫaiyām**

Omar Chajjam
→ **'Umar Ḫaiyām**

Omar Hajjam
→ **'Umar Ḫaiyām**

Omar Ibn al-Chattab
→ **'Umar ⟨Kalif, I.⟩**

Omar Ibn Farkhan al Tabari
→ **'Umar Ibn-al-Farruḫān aṭ-Ṭabarī**

Omar Khayam
→ **'Umar Ḫaiyām**

Omnebene
→ **Omnibonus ⟨Magister⟩**

Omne-Bonum ⟨de Adam⟩
→ **Salimbene ⟨Parmensis⟩**

Omnibene ⟨Scola⟩
→ **DellaScola, Ognibene**

Omnibonus ⟨de Vincentia⟩
→ **Omnibonus ⟨Leonicenus⟩**

Omnibonus ⟨Discipulus Petri Abelardi⟩
→ **Omnibonus ⟨Magister⟩**

Omnibonus ⟨Episcopus Veronensis⟩
→ **Omnibonus ⟨Magister⟩**

Omnibonus ⟨Leonicenus⟩
ca. 1410 – 1474/75
Bonisoli, Ognibene
Leoniceno, Ognibene
Leonicenus, Omnibonus
Ognibene ⟨Bonisoli⟩
Ognibene ⟨da Lonigo⟩
Ognibene ⟨de'Bonisoli⟩
Ognibene ⟨Leoniceno⟩
Ognibene Bonisoli ⟨da Lonigo⟩
Omnibonus
Omnibonus ⟨de Vincentia⟩
Omnibonus ⟨Vicentinus⟩
Omnibonus ⟨Vincentinus⟩
Omnibonus ⟨von Lonigo⟩

Omnibonus ⟨Magister⟩
gest. 1185
Abbreviatio Decreti Gratiani; Sententiae
LMA,VI,1407; Stegmüller, Repert. sentent. 611; Schönberger/Kible, Repertorium, 15403
Magister Omnibonus
Nogaroli, Ognibene
Ognibene ⟨de Vérone⟩
Ognibene ⟨Evêque⟩
Ognibene ⟨Nogaroli⟩
Ognibene ⟨Nogaroli de Vérone⟩
Ognibono ⟨Nogaroli⟩
Omnebene
Omnebene ⟨Kanonist⟩
Omnebene ⟨Magister⟩
Omnebene ⟨von Verona⟩
Omnibonus
Omnibonus ⟨Bischof⟩
Omnibonus ⟨Discipulus Petri Abelardi⟩
Omnibonus ⟨Episcopus Veronensis⟩
Omnibonus ⟨Kanonist⟩
Omnibonus ⟨Professor Bononiensis⟩
Omnibonus ⟨von Verona⟩

Omnibonus ⟨Professor Bononiensis⟩
→ **Omnibonus ⟨Magister⟩**

Omnibonus ⟨Vicentinus⟩
→ **Omnibonus ⟨Leonicenus⟩**

Omodei, Signorolo
→ **Homodeis, Signorolus ¬de¬**

O'Morgair, Malachias
→ **Malachias ⟨Sanctus⟩**

Onanus ⟨Scotus⟩
um 1010
In varios Scripturae locos
Stegmüller, Repert. bibl. 6166
Onan ⟨Diacre Ecossais⟩
Onan ⟨Ecossais⟩
Onanus ⟨Diaconus Scotus⟩
Scotus, Onanus

Ondrej ⟨z Brodu⟩
→ **Andreas ⟨de Broda⟩**

Ondřeje ⟨z Dubé⟩
ca. 1320 – 1411/1413
Práva zemská česká; Výklad na pravo zemská české
Rep.Font. II,226; LMA,III,1425
André ⟨de Dubé⟩
Andreas ⟨de Duba⟩
Andreas ⟨von Dubá⟩
Andrej ⟨iz Duby⟩
Duba, Andreas ¬de¬
Dubé, André /de
Dubé, Ondřej ¬z¬
Dubé, Ondřeje ¬z¬
Duby, Andrej ¬iz¬
Ondřej ⟨z Dubé⟩

Onesti, Christophe-Georges ¬degli¬
→ **Christophorus ⟨de Honestis⟩**

Onesti, Onesto ¬degli¬
→ **Onesto ⟨da Bologna⟩**

Onesto ⟨da Bologna⟩
ca. 1240 – 1303
LMA,VI,1409
Bologna, Onesto ¬da¬
DegliOnesti, Onesto
Odofredi, Onesto
Onesti, Onesto ¬degli¬
Onesto ⟨Bolognese⟩
Onesto ⟨degli Onesti⟩
Onesto ⟨Odofredi⟩

Onesto ⟨Odofredi⟩
→ **Onesto ⟨da Bologna⟩**

Onirocrites, Achmet
→ **Muḥammad Ibn-Sīrīn**

Ono, Komachi
9. Jh.

Onofrio ⟨de Santa Croce⟩
→ **Onufrius ⟨de Sancta Cruce⟩**

Onofrio ⟨de Tricaria⟩
→ **Onufrius ⟨de Sancta Cruce⟩**

Onofrio ⟨Parenti⟩
→ **Parentus, Honofrius**

Onofrio ⟨Steccuti⟩
→ **Onofrius ⟨Steccati de Visdominis⟩**

Onofrius ⟨de Florentia⟩
→ **Onofrius ⟨Steccati de Visdominis⟩**

Onofrius ⟨de Visdominis⟩
→ **Onofrius ⟨Steccati de Visdominis⟩**

Onofrius ⟨Ostecutius⟩
→ **Onofrius ⟨Steccati de Visdominis⟩**

Onofrius ⟨Steccati de Visdominis⟩
gest. 1403 · OESA
Rhetorica; Expositio in acta Apostolorum; Sermones ad populum et clerum; etc.
Stegmüller, Repert. sentent. 309;448;612; Stegmüller, Repert. bibl. 6167-6168
Nufrus ⟨de Florentia⟩
Onofrio ⟨Steccuti⟩
Onofrio ⟨Steccuti Visdomini⟩
Onofrio ⟨Visdomini⟩
Onofrius ⟨de Florentia⟩
Onofrius ⟨de Visdominis⟩
Onofrius ⟨Ostecutius⟩
Onofrius ⟨Steccati⟩
Onofrius ⟨Steccati de Vicedominis⟩
Onofrius ⟨Stecchetti de' Visdomini⟩
Onofrius ⟨Steccutus de Visdominis⟩
Onofrius ⟨Stecutus⟩
Onuphrius ⟨Stecutus⟩
Onuphrius ⟨Vice-Dominis⟩
Pseudo-Onofrius ⟨Steccati de Visdominis⟩
Steccati, Onofrius
Steccati de Visdominis, Onofrius
Steccuti, Onofrio
Stecutus, Onuphrius
Vice-Dominis, Onuphrius
Visdomini, Onofrio
Visdominis, Onofrius ¬de¬

Onogoro
10./11. Jh.
Japanische Hofdame; gehörte zum Dichterkreis am Heianhof; die Verfasserschaft von "Jadeschwert und Pflaumenblüte„ ist nicht gesichert
Onogoro ⟨Hofdame⟩
Onogoro ⟨Lady⟩

Onorio ⟨della Campania⟩
→ **Honorius ⟨Papa, I.⟩**

Onorio ⟨Papa, ...⟩
→ **Honorius ⟨Papa, ...⟩**

Onsorgius, Udalricus
um 1422
Chronicon Bavariae (602-1422); Catalogus Romanorum pontificum et imperatorum
Potth. 877
Adalricus ⟨Onsorg⟩
Onsorg, Adalricus
Onsorg, Ulric
Udalricus ⟨Onsorgius⟩
Ulric ⟨Onsorg⟩

Onsshusen, Wernherus ¬de¬
um 1500
Werner ⟨de Onsshusen⟩
Werner ⟨d'Onsshusen⟩
Werner ⟨von Onnshusen⟩
Wernerus ⟨d'Onnshusen⟩
Wernherus ⟨de Onsshusen⟩

Onufrius ⟨de Sancta Cruce⟩
gest. 1476
Croce, Onofrio de Santa-
Honofrius ⟨Tricaricensis⟩
Onofrio ⟨de Santa Croce⟩
Onofrio ⟨de Tricaria⟩
Onufrius
Onufrius ⟨de Tricaria⟩
Onufrius ⟨Episcopus⟩
Onufrius ⟨l'Evêque⟩
Onufrius ⟨of Tricarico⟩
Sancta Cruce, Onufrius ¬de¬
Santa-Croce, Onofrio ¬de¬

Onufrius ⟨de Tricaria⟩
→ **Onufrius ⟨de Sancta Cruce⟩**

Onulf ⟨von Speyer⟩
→ **Onulfus ⟨Spirensis⟩**

Onulfus ⟨Blandiniensis⟩
→ **Onulfus ⟨Stabulensis⟩**

Onulfus ⟨Magister Spirensis⟩
→ **Onulfus ⟨Spirensis⟩**

Onulfus ⟨Monachus Blandiniensis⟩
→ **Onulfus ⟨Stabulensis⟩**

Onulfus ⟨Spirensis⟩
11. Jh.
Rhetorici colores
DOC,2,1384; VL(2),7,38/42
Onulf ⟨de Spire⟩
Onulf ⟨of Speyer⟩
Onulf ⟨von Speier⟩
Onulf ⟨von Speyer⟩
Onulfus ⟨Magister Spirensis⟩
Onulphe ⟨de Spire⟩

Onulfus ⟨Stabulensis⟩
um 1048/50 · OSB
Vita Popponis Stabulensis
Potth. 878
Onulfus ⟨Blandiniensis⟩
Onulfus ⟨Monachus Blandiniensis⟩
Onulphe ⟨de Stavelot⟩
Onulphus ⟨Stabulensis⟩

Onulphus ⟨...⟩
→ **Onulfus ⟨...⟩**

Onuphrius ⟨Steccati⟩
→ **Onofrius ⟨Steccati de Visdominis⟩**

Onverdorben, Peter
→ **Unverdorben, Peter**

Opavi, Augustinus ¬de¬
→ **Augustinus ⟨de Opavi⟩**

Opel, Theodoricus ¬de¬
→ **Theodoricus ⟨de Opol⟩**

Opicinus ⟨de Canistris⟩
1296 – ca. 1350/52
Liber de laudibus civitatis Ticinensis; De praeeminentia spiritualis imperii; Commentarius de laudibus Papiae
LMA,III,614/15; LMA,VI,1413; Rep.Font. III,113; 362
Anonymus ⟨Ticinensis⟩
Canistris, Opicinus ¬de¬
DeCanistris, Opicino
Opicino ⟨de Canistrio⟩
Opicino ⟨de Canistris⟩
Opicius ⟨de Canistrio⟩
Opicius ⟨de Canistris⟩

Opifex, Martinus
→ **Martinus ⟨Opifex⟩**

Opiter, Christianus ¬de¬
→ **Christianus ⟨de Opiter⟩**

Opol, Theodoricus ¬de¬
→ **Theodoricus ⟨de Opol⟩**

Oppeln, Peregrinus ¬de¬
→ **Peregrinus ⟨de Oppeln⟩**

Opprebais, Henri ¬d'¬
→ **Henri ⟨d'Opprebais⟩**

Opreno, Johannes ¬de¬
→ **Johannes ⟨de Opreno⟩**

Orange, Raimbaut ¬d'¬
→ **Raimbaut ⟨d'Orange⟩**

Orbellis, Nicolaus ¬de¬
→ **Nicolaus ⟨de Orbellis⟩**

Orbetano ⟨da Montepulciano⟩
ca. 15. Jh.
„Regole di geometria pratica"
Montepulciano, Orbetano ¬da¬

Orbicciani, Bonaggiunta
um 1220/1300
Canzonen, Ballate, Sonette
LMA,II,400
Bonaggiunta ⟨Orbicciani⟩
Bonaggiunta ⟨Urbiciani⟩
Bonagiunta ⟨da Lucca⟩
Bonagiunta ⟨Orbicciani⟩
Bonagiunta ⟨Orbicciani da Lucca⟩
Buonagiunta ⟨de Lucques⟩
Lucca, Bonagiunta ¬da¬
Orbicciani, Bonagiunta
Urbiciani, Bonaggiunta
Urbiciani, Buonagiunta

Orcagna, Andrea
ca. 1308 – ca. 1368
Maler, Bildhauer in Florenz
Thieme-Becker; LMA,VI,1427
André ⟨Cione⟩
Andrea ⟨di Cione⟩
Andrea ⟨di Cione Orcagna⟩
Andrea ⟨Orcagna⟩
Cione, André
Cione Orcagna, Andrea ¬di¬
Orcagna
Orcagna, André Cione
Orcagna, Andrea di Cione

Orchellis, Guido ¬de¬
→ **Guido ⟨de Orchellis⟩**

Ordericus ⟨Vitalis⟩
1075 – 1142 · OSB
Historiae ecclesiasticae libri XIII
LThK; CSGL; Tusculum-Lexikon; LMA,VI,1432/33

Odelerius ⟨Vitalis⟩
Odelricus ⟨Vitalis⟩
Odericus ⟨Vitalis⟩
Oldericus ⟨Vitalis⟩
Ordéric ⟨le Vital⟩
Ordéric ⟨Vital⟩
Orderic ⟨Vital⟩
Orderic ⟨Vitalis⟩
Orderico ⟨il Vitale⟩
Orderico ⟨Vitale⟩
Ordericus ⟨Vitalis Angligena⟩
Vital, Orderic
Vitalis, Ordericus
Xodelrius ⟨Vitalis⟩

Ordinatus Magister
12. Jh.
Glossa ad Decretum
Magister Ordinatus
Ordinatus ⟨Magister⟩

Oresmius, Nicolaus
→ **Nicolaus ⟨Oresmius⟩**

Orestes ⟨Hierosolymitanus⟩
gest. 1006
Tusculum-Lexikon; CSGL; LThK, LMA,VI,1449
Hierosolymitanus, Orestes
Oreste ⟨di Gerusalemme⟩
Orestes ⟨Patriarcha⟩
Orestes ⟨von Jerusalem⟩

Orfinus ⟨Laudensis⟩
ca. 1188/90 – 1250/52
Poema de regimine et sapientia potestatis
LMA,VI,1449/50
Orfino ⟨da Lodi⟩
Orfinus ⟨de Lodi⟩
Orfinus ⟨Iudex⟩

Orgeleto, Guilelmus ¬de¬
→ **Guilelmus ⟨de Orgeleto⟩**

Orgemont, Pierre ¬d'¬
gest. 1389
Red. der „Grandes Chroniques de France" für den Zeitraum von 1350 - 1380
LMA,VI,1452/53
Pierre ⟨d'Orgemont⟩

Orgolio, Gasbertus ¬de¬
→ **Gasbertus ⟨de Orgolio⟩**

Oria, Jacopo ¬d'¬
→ **Jacobus ⟨Auria⟩**

Oriano, Lanfrancus ¬de¬
→ **Lanfrancus ⟨de Oriano⟩**

Orient, Johannes
→ **Johannes ⟨Orient⟩**

Origo ⟨Scacabarozzi⟩
→ **Orricus ⟨Scacabarotius⟩**

Oriol, Petrus
→ **Petrus ⟨Aureoli⟩**

Orkney, Magnus ¬of¬
→ **Magnus ⟨Orcadensis⟩**

Orlamunda, Albertus ¬de¬
→ **Albertus ⟨de Orlamunda⟩**

Orlandi, Guido
gest. ca. 1338
LMA,VI,1460
Guido ⟨Orlandi⟩
Guy ⟨Orlandi⟩
Orlandi, Guy

Orlando ⟨Bandinelli⟩
→ **Alexander ⟨Papa, III.⟩**

Orléans, Charles ¬d'¬
→ **Charles ⟨Orléans, Duc⟩**

Orleans, Hugo ¬von¬
→ **Hugo ⟨Aurelianensis⟩**

Orléans, Laurent ¬d'¬
→ **Laurent ⟨d'Orléans⟩**

Orleton, Adamus ¬de¬
→ **Adamus ⟨de Orleton⟩**

Ormisda ⟨di Frosinone⟩
→ **Hormisdas ⟨Papa⟩**

Ornatomontanus, Telomonius
→ **Rasche, Tilman**

Orologio, Giovanni de Dondi ¬dall'¬
→ **Johannes ⟨de Dondis⟩**

Oronville, Jean ¬d'¬
→ **Orronville, Jean ¬d'¬**

Oropesa, Alfonsus ¬de¬
→ **Alfonsus ⟨de Oropesa⟩**

Orosius ⟨de Oxio⟩
gest. 1456
IV Proph.
Stegmüller, Repert. bibl. 6227
Orosio ⟨Osio⟩
Orosio ⟨Osio de Milan⟩
Orosius ⟨de Osiis⟩
Orosius ⟨Hosius⟩
Orosius ⟨Mediolanus⟩
Orozius ⟨de Oxio⟩
Osio, Orosio
Oxio, Orosius ¬de¬
Oxio, Orozius ¬de¬

Orosius ⟨Hosius⟩
→ **Orosius ⟨de Oxio⟩**

Orosius ⟨Mediolanus⟩
→ **Orosius ⟨de Oxio⟩**

Orpio, Aegidius ¬de¬
→ **Aegidius ⟨de Orpio⟩**

Orricus ⟨Scacabarotius⟩
gest. 1293 · OP
De vita et caede S. Petri martyris annotationes privatas; Liber officiorum
Enrico ⟨Scacabarozzi⟩
Henricus ⟨Scacabarosius⟩
Henricus ⟨Scacabarozzi⟩
Odalricus ⟨Scacabarotius⟩
Odalricus ⟨Scaccabarozzi⟩
Origo ⟨Scacabarozzi⟩
Orricus ⟨Scaccabarozzi⟩
Scacabarotius, Orricus
Scacabarozzi, Henricus
Scacabarozzi, Origo
Scaccabarozzi, Origo

Orronville, Jean ¬d'¬
um 1429
Chronique de Louis de Bourbon
Potth. 883; LMA,VI,1490
Cabaret, Jean
Cabaret d'Orronville, Jean
Cabaret d'Orville, Jehan
Oronville, Jean ¬d'¬
Orronville-Cabaret, Jean ¬d'¬
Orville, Jean ¬d'¬
Orville, Jean Cabaret ¬d'¬
Orville, Jehan Cabaret ¬d'¬

Orsi, Polycarpus
→ **Polycarpus ⟨Orsi⟩**

Orsini, Giovanni Gaetano
→ **Nicolaus ⟨Papa, III.⟩**

Orsini, Romain
→ **Romanus ⟨de Roma⟩**

Orsna, Johannes ¬de¬
→ **Johannes ⟨de Orsna⟩**

Orso
→ **Urso ⟨Salernitanus⟩**

Orsoy, Henricus ¬de¬
→ **Henricus ⟨de Orsoy⟩**

Ortel, Hermann
→ **Örtel, Hermann**

Ortenburger Prognostiker
um 1439/1500
Zettelsammlung; Ortenburger astronomisches Handbuch
VL(2),7,52/54
Jörg ⟨Magister⟩
Jörg ⟨Meister⟩
Jörg ⟨Ortenburger Prognostiker⟩
Prognostiker ⟨Ortenburger⟩

Ortenstein, Hans
um 1491
Reimpaarspruch
VL(2),7,54/55
Hans ⟨Ortenstein⟩

Orter de Frickenhausen, Georgius
→ **Georgius ⟨Orter de Frickenhausen⟩**

Orthodoxus, Hugo
→ **Hugo ⟨Orthodoxus⟩**

Ortholanus
→ **Hortulanus**

Ortilo ⟨Campililiensis⟩
12. Jh.
Notulae anecdotae priores
Ortilo ⟨de Lilienfeld⟩
Ortilo ⟨Monachus⟩
Ortilon ⟨de Lilienfeld⟩

Ortlieb ⟨Abbas⟩
→ **Ortliebus ⟨Zwifaltensis⟩**

Ortlieb ⟨de Strasbourg⟩
→ **Ortlieb ⟨von Straßburg⟩**

Ortlieb ⟨Ketzer⟩
→ **Ortlieb ⟨von Straßburg⟩**

Ortlieb ⟨Neresheimensis⟩
→ **Ortliebus ⟨Zwifaltensis⟩**

Ortlieb ⟨Sektengründer⟩
→ **Ortlieb ⟨von Straßburg⟩**

Ortlieb ⟨von Neresheim⟩
→ **Ortliebus ⟨Zwifaltensis⟩**

Ortlieb ⟨von Straßburg⟩
13. Jh.
3 Punkte
VL(2),7,55/56
Oertlief ⟨von Straßburg⟩
Ortlieb ⟨de Strasbourg⟩
Ortlieb ⟨Ketzer⟩
Ortlieb ⟨Sektengründer⟩
Straßburg, Ortlieb ¬von¬

Ortlieb ⟨von Zwiefalten⟩
→ **Ortliebus ⟨Zwifaltensis⟩**

Ortliebus ⟨von Neresheim⟩
→ **Ortliebus ⟨Zwifaltensis⟩**

Ortliebus ⟨Zwifaltensis⟩
gest. 1163
Chronicon Zwifaltense
Tusculum-Lexikon; LMA,VI,1484
Ortlieb ⟨Abbas⟩
Ortlieb ⟨Monachus⟩
Ortlieb ⟨Neresheimensis⟩
Ortlieb ⟨von Neresheim⟩
Ortlieb ⟨von Zwiefalten⟩
Ortlieb ⟨Zwivildensis⟩
Ortliebus ⟨von Neresheim⟩

Orto, Galienus ¬de¬
→ **Galienus ⟨de Orto⟩**

Orto, Obertus ¬de¬
→ **Obertus ⟨de Horto⟩**

Ortoceli, Nicolaus ¬de¬
→ **Nicolaus ⟨de Horto Caeli⟩**

Ortolain
→ **Hortulanus**

Ortolf ⟨Megenberger⟩
→ **Ortolf ⟨von Baierland⟩**

Ortolf ⟨von Baierland⟩
um 1339
LMA,VI,1485; VL(2),7,67/82
Baierland, Ortolf ¬von¬
Megenberger, Ortolf
Ortolf ⟨Megenberger⟩
Ortolf ⟨Meienberger⟩
Ortolf ⟨von Barlandt⟩
Ortolf ⟨von Beyerlande⟩
Ortolff ⟨the Bavarian⟩
Ortolff ⟨von Bayrlandt⟩

Ortulanus, Martin
→ **Hortulanus**

Ortulanus, Richard
→ **Hortulanus**

Orum, Johannes
→ **Johannes ⟨Orum⟩**

Orville, Jean ¬d'¬
→ **Orronville, Jean ¬d'¬**

'Orwa ben el-Ward
→ **'Urwa Ibn-al-Ward**

Osbern ⟨Bokenam⟩
→ **Bokenam, Osbern**

Osbern ⟨de Expugnatione Lyxbonensi⟩
→ **Osbernus ⟨Anglonormannus⟩**

Osbern ⟨de Westminster⟩
→ **Osbertus ⟨de Clara⟩**

Osbern ⟨von Canterbury⟩
→ **Osbernus ⟨Cantuariensis⟩**

Osbern ⟨von Gloucester⟩
→ **Osbernus ⟨Glocestriensis⟩**

Osberno ⟨Cruzado⟩
→ **Osbernus ⟨Anglonormannus⟩**

Osbernus ⟨Anglonormannus⟩
um 1147
De expugnatione Lyxbonensi
Anglonormannus, Osbernus
Osbern ⟨de Expugnatione Lyxbonensi⟩
Osberno ⟨Cruzado⟩
Osberno ⟨el Cruzado⟩
Osbernus ⟨the Author of De Expugnatione Lyxbonensi⟩

Osbernus ⟨Cantuariensis⟩
gest. ca. 1090
Vita S. Bregwyni
LMA,VI,1491
Osbern ⟨von Canterbury⟩
Osbernus ⟨Monachus⟩
Osbernus ⟨of Canterbury⟩
Osbert ⟨von Canterbury⟩
Osbertus ⟨Cantuariensis⟩
Osbertus ⟨Monachus⟩

Osbernus ⟨Claudianus⟩
→ **Osbernus ⟨Glocestriensis⟩**

Osbernus ⟨Glocestriensis⟩
um 1163 · OSB
Tusculum-Lexikon; LMA,VI,1491
Claudianus, Osbernus
Osbern ⟨von Gloucester⟩
Osbernus ⟨Claudianus⟩
Osbernus ⟨Claudiocestrensis⟩
Osbertus ⟨de Gloucester⟩
Osburn ⟨de Gloucester⟩
Osburnus ⟨Claudianus⟩
Osburnus ⟨Glocestriensis⟩

Osbernus ⟨Monachus⟩
→ **Osbernus ⟨Cantuariensis⟩**

Osbernus ⟨of Canterbury⟩
→ **Osbernus ⟨Cantuariensis⟩**

Osbernus ⟨the Author of De Expugnatione Lyxbonensi⟩
→ **Osbernus ⟨Anglonormannus⟩**

Osbert ⟨Bokenam⟩
→ **Bokenam, Osbern**

Osbert ⟨von Canterbury⟩
→ **Osbernus ⟨Cantuariensis⟩**

Osbert ⟨von Clare⟩
→ **Osbertus ⟨de Clara⟩**

Osbertus ⟨Anglicus⟩
um 1350 · OCarm
Introitus ad Bibliam; Lectura sententiarum
Stegmüller, Repert. bibl. 6232; LThK
Anglicus, Osbertus
Hausbertus ⟨Anglicus⟩
Hausbertus ⟨Pickenham⟩
Huisbertus ⟨Anglicus⟩
Huisbertus ⟨Pickenham⟩
Obertus ⟨Anglicus⟩
Obertus ⟨Pickenham⟩
Obertus ⟨Pickingham⟩
Osberto ⟨Anglico⟩
Osbertus ⟨Berfo⟩
Osbertus ⟨de Beeford⟩
Osbertus ⟨de Berfo⟩
Osbertus ⟨de Berford⟩
Osbertus ⟨de Bickenham⟩
Osbertus ⟨Pichonamus⟩
Osbertus ⟨Pickenham⟩
Oysbertus ⟨Anglicus⟩
Oysbertus ⟨de Becford⟩
Oysbertus ⟨Pickenham⟩

Osbertus ⟨Berfo⟩
→ **Osbertus ⟨Anglicus⟩**

Osbertus ⟨Cantuariensis⟩
→ **Osbernus ⟨Cantuariensis⟩**

Osbertus ⟨Claranus⟩
→ **Osbertus ⟨de Clara⟩**

Osbertus ⟨de Beeford⟩
→ **Osbertus ⟨Anglicus⟩**

Osbertus ⟨de Berford⟩
→ **Osbertus ⟨Anglicus⟩**

Osbertus ⟨de Bickenham⟩
→ **Osbertus ⟨Anglicus⟩**

Osbertus ⟨de Clara⟩
12. Jh.
Tusculum-Lexikon; LMA,VI,1492
Clara, Osbertus ¬de¬
Osbern ⟨de Westminster⟩
Osbert ⟨de Clara⟩
Osbert ⟨de Stoke Clare⟩
Osbert ⟨of Clare⟩
Osbert ⟨of Stoke⟩
Osbert ⟨von Clare⟩
Osbertus ⟨Claranus⟩
Osbertus ⟨Clarensis⟩
Osbertus ⟨Clarentinus⟩

Osbertus ⟨de Gloucester⟩
→ **Osbernus ⟨Glocestriensis⟩**

Osbertus ⟨Monachus⟩
→ **Osbernus ⟨Cantuariensis⟩**

Osbertus ⟨Pickenham⟩
→ **Osbertus ⟨Anglicus⟩**

Osburn ⟨de Gloucester⟩
→ **Osbernus ⟨Glocestriensis⟩**

Osburnus ⟨Claudianus⟩
→ **Osbernus ⟨Glocestriensis⟩**

Osburnus ⟨Glocestriensis⟩
→ **Osbernus ⟨Glocestriensis⟩**

Osca, Durandus ¬de¬
→ **Durandus ⟨de Huesca⟩**

Osimo, Nicolaus ¬of¬
→ **Nicolaus ⟨de Auximo⟩**

Osio, Orosio
→ **Orosius ⟨de Oxio⟩**

Osma, Guilelmus ¬de¬
→ **Guilelmus ⟨de Osma⟩**

Osma, Petrus ¬de¬
→ **Petrus ⟨de Osma⟩**

Osmannus ⟨Monachus⟩
→ **Reimannus ⟨Monachus⟩**

Osmannus ⟨Walciodorensis⟩
→ **Reimannus ⟨Monachus⟩**

Osmer
→ **Osmundus ⟨Sarisberiensis⟩**

Osmundus ⟨Cancellarius⟩
→ **Osmundus ⟨Sarisberiensis⟩**

Osmundus ⟨Exoniensis⟩
→ **Osmundus ⟨Sarisberiensis⟩**

Osmundus ⟨Sanctus⟩
→ **Osmundus ⟨Sarisberiensis⟩**

Osmundus ⟨Sarisberiensis⟩
gest. 1099
LThK; CSGL; LMA,VI,1509
Elimundus
Hosimundus
Osmer
Osmondo ⟨di Salisbury⟩
Osmund ⟨von Salisbury⟩
Osmundus ⟨Cancellarius⟩
Osmundus ⟨Episcopus⟩
Osmundus ⟨Exoniensis⟩
Osmundus ⟨Sanctus⟩

Osnabrück, Benno ¬von¬
→ **Benno ⟨Osnabrugensis⟩**

Osoma, Petrus ¬de¬
→ **Petrus ⟨de Osma⟩**

Osswald ⟨...⟩
→ **Oswald ⟨...⟩**

Osterburk, Henricus ¬de¬
→ **Henricus ⟨de Osterburk⟩**

Osthoven, Henricus ¬de¬
→ **Henricus ⟨de Osthoven⟩**

Ostia, Ugolino ¬d'¬
→ **Gregorius ⟨Papa, VIIII.⟩**

Ostmann, Ott
um 1433
Verfasser bzw. Schreiber des „Vom Hussenkrieg ein Gesang"
VL(2),7,125/126
Ott ⟨Ostmann⟩

Ostriis, Johannes ¬de¬
→ **Johannes ⟨de Ostriis⟩**

Oswald ⟨Chartreux⟩
→ **Oswaldus ⟨Anglicus⟩**

Oswald ⟨de Corda⟩
→ **Oswaldus ⟨Anglicus⟩**

Oswald ⟨de Wolkenstein⟩
→ **Oswald ⟨von Wolkenstein⟩**

Oswald ⟨der Schreiber⟩
um 1478
Übersetzung, Bearbeitung des „Priesterkönig Johannes"
VL(2),7,130/134
Osswalt ⟨der Schribar⟩
Schreiber, Oswald ¬der¬

Oswald ⟨Feldscher in Ansbachischen Diensten⟩
→ **Oswald ⟨Meister⟩**

Oswald ⟨l'Anglais⟩
→ **Oswaldus ⟨Anglicus⟩**

Oswald ⟨Meister⟩
15. Jh.
Therapieanleitung für frische Wunden
VL(2),7,128/129
Meister Oswald
Oswald ⟨Feldscher in Ansbachischen Diensten⟩
Oswald ⟨Wundarzt⟩

Oswald ⟨Peiser⟩
→ **Peiser, Oswald**

Oswald ⟨Prieur de Charterhouse⟩
→ **Oswaldus ⟨Anglicus⟩**

Oswald ⟨Reicholf⟩
→ **Reicholf, Oswald**

Oswald ⟨Reinlein⟩
→ **Oswaldus ⟨Reinlein⟩**

Oswald ⟨von Anhausen⟩
→ **Oswaldus ⟨de Anhausen⟩**

Oswald ⟨von Wolkenstein⟩
ca. 1376/78 – 1445
LMA,VI,1550/52; VL(2),134/69
Osswald ⟨von Wolkenstein⟩
Oswald ⟨de Wolkenstein⟩
Oswald ⟨Wolkensteiner⟩
Wolkenstein, Osswald ¬von¬
Wolkenstein, Oswald ¬von¬

Oswald ⟨Wundarzt⟩
→ **Oswald ⟨Meister⟩**

Oswaldus ⟨Anglicus⟩
gest. 1437 · OCart
De correctura librorum; De remediis tentationum; Meditationes solitarias; etc.
Stegmüller, Repert. bibl. 6233-6234
Anglicus, Oswaldus
Oswald ⟨Chartreux⟩
Oswald ⟨de Corda⟩
Oswald ⟨l'Anglais⟩
Oswald ⟨Prieur de Charterhouse⟩
Oswaldus ⟨Carthusiensis⟩
Oswaldus ⟨de Corda⟩
Oswaldus ⟨Prior Cartusiae prope Perth⟩

Oswaldus ⟨Carthusiensis⟩
→ **Oswaldus ⟨Anglicus⟩**

Oswaldus ⟨de Anhausen⟩
um 1356 · OSB
Übersetzer des „Schwabenspiegels" vom Dt. ins Lat.
VL(2),7,129/130
Anhausen, Oswaldus ¬de¬
Oswald ⟨von Anhausen⟩

Oswaldus ⟨de Corda⟩
→ **Oswaldus ⟨Anglicus⟩**

Oswaldus ⟨Episcopus⟩
Lebensdaten nicht ermittelt
Vielleicht Verf. des Chronicon Ramsiense
Potth. 286; 884
Episcopus Oswaldus

Oswaldus ⟨Prior Cartusiae prope Perth⟩
→ **Oswaldus ⟨Anglicus⟩**

Oswaldus ⟨Reinlein⟩
gest. ca. 1466 · OESA
Sermones dominicales; Tractatus de quindecim signis extremum diem praecedentibus
Schneyer, Winke, 49
Oswald ⟨Reindel⟩
Oswald ⟨Reinlein⟩
Oswald ⟨Reinlein de Nuremburg⟩
Reindel, Oswald
Reinlein, Oswald
Reinlein, Oswaldus

Ot ⟨Herzog⟩
→ **Otto ⟨Österreich, Herzog⟩**

Ot, Guiral
→ **Gerardus ⟨Odonis⟩**

Otakar ⟨Böhmen, König, II.⟩
→ **Otakar ⟨Čechy, Král, II.⟩**

Otakar ⟨Čechy, Král, II.⟩
ca. 1233 – 1278
Epistolae; Pacta cum Rudolfo rege
Potth. 888; LMA,VI,1553/54
Otakar ⟨Bohemia, Rex, II.⟩
Otakar ⟨Böhmen, König, II.⟩
Otakar ⟨Österreich, Herzog⟩
Otakar ⟨Přemysl, II.⟩
Ottocarus ⟨Bohemia, Rex, II.⟩
Ottokar ⟨Autriche et Styrie, Duc⟩
Ottokar ⟨Bohème, Roi, II.⟩
Ottokar ⟨Böhmen, König, II.⟩
Ottokar ⟨Carinthie et Carniole, Duc⟩
Ottokar ⟨le Victorieux⟩
Ottokar ⟨Moravie, Margrave⟩
Ottokar ⟨Przemislas⟩
Ottokar ⟨von Böhmen⟩
Premysl, Ottokar
Přemysl Otakar ⟨Böhmen, König, II.⟩
Přemysl Otakar ⟨Čechy, Král, II.⟩
Přemysl Ottokar ⟨Böhmen, König, II.⟩
Przemyslaw Ottokar ⟨Böhmen, König, II.⟩

Otakar ⟨Österreich, Herzog⟩
→ **Otakar ⟨Čechy, Král, II.⟩**

Otbert ⟨de Bouillon⟩
→ **Otbertus ⟨Leodiensis⟩**

Otbertus ⟨Leodiensis⟩
gest. 1119
Historia de vita Heinrici IV
Potth. 884; LMA,VI,1556
Otbert ⟨de Bouillon⟩
Otbert ⟨de Liège⟩
Otbert ⟨de Sainte-Croix⟩
Otbert ⟨de Saint-Lambert⟩
Otbertus ⟨Episcopus Leodiensis⟩

Oteradus
→ **Audradus ⟨Senonensis⟩**

Otfrid ⟨von Weißenburg⟩
geb. ca. 790
LThK; LMA,VI,1557/58; VL(2),7,172/93
Otfrid
Otfrid ⟨de Wissembourg⟩
Otfridus ⟨de Weissenburg⟩
Otfridus ⟨Weissenburgensis⟩
Otfried
Otfried ⟨von Weissenburg⟩
Otfried ⟨von Weißenburg⟩
Weissenburg, Otfrid ¬von¬
Weißenburg, Otfrid ¬von¬
Weissenburg, Otfried ¬von¬

Othelboldus ⟨Gandavensis⟩
gest. 1024
Ep. ad Otgivam comtissam Flandriae
Othelbold ⟨de Saint-Bavon⟩
Othelbold ⟨of Ghent⟩
Othelboldus ⟨Gandensis⟩
Othelboldus ⟨Sancti Bavonis⟩

Othelgrimus ⟨Astidensis⟩
→ **Othelgrimus ⟨Comes Sancti Liudgeri⟩**

Othelgrimus ⟨Comes Sancti Liudgeri⟩
um 809 · OSB
Vita altera S. Liudgeri
Potth. 884; 1430
Othelgrim ⟨de Werden⟩
Othelgrimus ⟨Astidensis⟩
Othelgrimus ⟨Discipulus Sancti Liudgeri⟩
Othelgrimus ⟨Werthinensis⟩

Othelgrimus ⟨Werthinensis⟩
→ **Othelgrimus ⟨Comes Sancti Liudgeri⟩**

Othlanus
→ **Otloh ⟨de Sancto Emmeramo⟩**

Othlonus ⟨Ratisbonensis⟩
→ **Otloh ⟨de Sancto Emmeramo⟩**

Otho ⟨...⟩
→ **Otto ⟨...⟩**

Othobonus
→ **Hadrianus ⟨Papa, V.⟩**

Othoh ⟨von Sankt Emmeram⟩
→ **Otloh ⟨de Sancto Emmeramo⟩**

Othon ⟨Baldeman⟩
→ **Baldemann, Otto**

Othon ⟨de Freisingen⟩
→ **Otto ⟨Frisingensis⟩**

Othon ⟨de Passau⟩
→ **Otto ⟨von Passau⟩**

Othon ⟨l'Autrichien⟩
→ **Otto ⟨Frisingensis⟩**

Othon ⟨le Grand⟩
→ **Otto ⟨Frisingensis⟩**

Otloh ⟨de Sancto Emmeramo⟩
ca. 1010 – ca. 1073 · OSB
Liber temptationum
LThK; CSGL; Tusculum-Lexikon; LMA,VI,1559/60
Othlanus
Othlo ⟨of Saint Emmeram⟩
Othlo ⟨von Sankt Emmeram⟩
Othloch
Othlochus
Othloh ⟨von Sankt Emmeram⟩
Othlohus ⟨Ratisbonensis⟩
Othlon ⟨de Ratisbonne⟩
Othlon ⟨de Saint-Emmeran⟩
Othlonus ⟨Frisingensis⟩
Othlonus ⟨Monachus⟩
Othlonus ⟨Ratisbonensis⟩
Othlonus ⟨Sancti Emmerami⟩
Othoh ⟨von Sankt Emmeram⟩
Otloch
Otloh ⟨a Sancto Emmerano⟩
Otloh ⟨Sancti Emmerami⟩
Otloh ⟨von Freising⟩
Otloh ⟨von Sankt Emmeram⟩
Otloh ⟨von Sankt Emmeran⟩
Otlohc
Otlohe
Otlohi
Otlone ⟨di Sant'Emmerano⟩
Sancto Emmeramo, Otloh ¬de¬

Otobonus ⟨Scriba⟩
→ **Ottobonus ⟨Scriba⟩**

Oton ⟨de Grandson⟩
ca. 1340 – 1397
Franz. Dichter
LMA,VI,1561/62; IV,1652
Grandson, Oton ¬de¬
Granson, Oton ¬de¬
Otton ⟨de Grandson⟩

Otradus
→ **Audradus ⟨Senonensis⟩**

Ott ⟨der Jude⟩
gest. ca. 1443
Ringerlehre
VL(2),7,196/199
Jude, Ott ¬der¬
Ott

Ott ⟨Ostmann⟩
→ **Ostmann, Ott**

Ott ⟨Ruland⟩
→ **Ruland, Ott**

Ottacher ⟨ouz der Geul⟩
→ **Ottokar ⟨von Steiermark⟩**

Ottaviano ⟨da Montecello⟩
→ **Victor ⟨Papa, IV., Antipapa, Octavianus⟩**

Ottaviano ⟨di Martino Nelli⟩
→ **Nelli, Ottaviano di Martino**

Ottaviano ⟨di Tuscolo⟩
→ **Johannes ⟨Papa, XII.⟩**

Ottaviano ⟨Martino⟩
→ **Martinis, Octavianus ¬de¬**

Ottavio ⟨de Fano⟩
→ **Cleophilus, Franciscus Octavius**

Otte
um 1190/1230
Eraclius (dt.)
VL(2),7,199/203
Meister Otte
Otte ⟨der Meister⟩
Otte ⟨Poète Allemand⟩
Otte ⟨Traducteur d'Eraclius⟩
Otte ⟨I.⟩
Otte ⟨Verfasser des deutschen Eraclius⟩

Otte ⟨Verfasser der Verslegende von den Zehntausend Märtyrern⟩
14. Jh.
Verslegende der „Zehntausend Märtyrer"
VL(2),7,203/204
Otte ⟨II.⟩

Ottelinus ⟨de Franconia⟩
14. Jh. · OCist
Sermones de tempore Basel, Univ. B.X. 32f. 1r-177r
Schneyer,IV,522
Franconia, Ottelinus ¬de¬
Ottelinus ⟨de Saxonia⟩
Ottelinus ⟨de Sichem⟩
Ottelinus ⟨Monachus⟩

Otterburg, Philippus ¬de¬
→ **Philippus ⟨de Otterburg⟩**

Otterburnus, Thomas
→ **Thomas ⟨Otterburnus⟩**

Ottho ⟨...⟩
→ **Otto ⟨...⟩**

Ottingen
15. Jh.
Rezepte zur Zahnbehandlung
VL(2),7,204
Ottingen ⟨Zahnarzt⟩
Ottinger

Otto ⟨Abbas⟩
→ **Otto ⟨Zbraslavský⟩**

Otto ⟨Augustus⟩
→ **Otto ⟨Römisch-Deutsches Reich, Kaiser, I.⟩**

Otto ⟨Aulae Regiae⟩
→ **Otto ⟨Zbraslavský⟩**

Otto ⟨Babenbergensis⟩
→ **Otto ⟨Bambergensis⟩**

Otto ⟨Baldemann⟩
→ **Baldemann, Otto**

Otto ⟨Bambergensis⟩
ca. 1060 – 1139
LThK; CSGL; Tusculum-Lexikon
Otto ⟨Babenbergensis⟩
Otto ⟨Pommeranorum Apostolus⟩
Otto ⟨Sanctus⟩
Otto ⟨von Bamberg⟩
Otton ⟨Bamberski⟩
Otton ⟨de Bamberg⟩
Otton ⟨de Mistelbach⟩

Otto ⟨Bischof von Freising⟩
→ **Otto ⟨Frisingensis⟩**

Otto ⟨Brandenburg, Markgraf, IV.⟩
ca. 1238 – 1308
7 Minnelieder
LMA,VI,1573/74; VL(2),7,213/15
Otto ⟨cum Telo⟩
Otto ⟨mit dem Pfeile⟩
Otto ⟨mit dem Pfile⟩
Otton ⟨à la Flèche⟩
Otton ⟨Brandebourg, Margrave, IV.⟩

Otto ⟨Candidus⟩
→ **Otto ⟨da Tonengo⟩**

Otto ⟨Cardinalis⟩
→ **Otto ⟨Ostiensis⟩**

Otto ⟨Cremonensis⟩
um 1200
Carmen
LMA,VI,1559
Otho ⟨Cremonensis⟩
Otho ⟨von Cremona⟩

Otto ⟨cum Telo⟩
→ **Otto ⟨Brandenburg, Markgraf, IV.⟩**

Otto ⟨da Tonengo⟩
gest. 1250/51
De chaldaica disciplina
LMA,VI,1586
Otto ⟨Candidus⟩
Tonengo, Otto ¬da¬

Otto ⟨de Castro Radulfi⟩
→ **Odo ⟨de Castro Radulfi⟩**

Otto ⟨de Freising⟩
→ **Otto ⟨Frisingensis⟩**

Otto ⟨de Lauenburg⟩
→ **Otto ⟨von Lüneburg⟩**

Otto ⟨de Leuphane⟩
→ **Otto ⟨von Lüneburg⟩**

Otto ⟨de Lionenberg⟩
→ **Otto ⟨von Lüneburg⟩**

Otto ⟨de Lucca⟩
→ **Otto ⟨Lucensis⟩**

Otto ⟨de Lunebrio⟩
→ **Otto ⟨von Lüneburg⟩**

Otto ⟨de Nienhusen⟩
→ **Guilelmus ⟨de Boldensele⟩**

Otto ⟨de Riga⟩
um 1316 · OP
Biblia metrata pro usu pauperum compilata
Kaeppeli,III,200/201
Otto ⟨Rigensis⟩
Riga, Otto ¬de¬

Otto ⟨de Sancto Blasio⟩
gest. 1223 · OSB
Ad librum VII chronici Ottonis Frisingensis ep. continuatae
Tusculum-Lexikon; LMA,VI,1585/86; VL(2),7,206/08
Otto ⟨Sanblasianus⟩
Otto ⟨von Sankt Blasien⟩
Otton ⟨de Saint-Blaise⟩
Ottone ⟨di San Biagio⟩
Sancto Blasio, Otto ¬de¬

Otto ⟨de Wölpe-Nyenhusen⟩
→ **Guilelmus ⟨de Boldensele⟩**

Otto ⟨der Fröhliche⟩
→ **Otto ⟨Österreich, Herzog⟩**

Otto ⟨der Große⟩
→ **Otto ⟨Frisingensis⟩**
→ **Otto ⟨Römisch-Deutsches Reich, Kaiser, I.⟩**

Otto ⟨der Rasp⟩
um 1337/57
Dye ansprach des Teuffels gegen unseren Herren
VL(2),7,234/235
Rasp, Otto ¬der¬

Otto ⟨Eichstetensis⟩
gest. 1195
Potth. 885
Otton ⟨d'Eichstädt⟩

Otto ⟨Fossatensis⟩
→ **Odo ⟨Fossatensis⟩**

Otto ⟨Freising, Bischof, II.⟩
→ **Otto ⟨von Freising, II.⟩**

Otto ⟨Frisingensis⟩
ca. 1111/14 – 1158 · OCist
Chronica de duabus civitatibus
VL(2),7,215/223; Tusculum-Lexikon; LMA,VI,1581/83
Othon ⟨de Freisingen⟩
Othon ⟨le Grand⟩
Othon ⟨l'Autrichien⟩
Otto
Otto ⟨Bischof von Freising⟩
Otto ⟨de Freising⟩
Otto ⟨der Grosse⟩
Otto ⟨der Große⟩
Otto ⟨Frisingensis et Rahewinus⟩
Otto ⟨Morimundi⟩
Otto ⟨Phrisingensis⟩
Otto ⟨von Freising⟩
Otto ⟨von Freising, I.⟩
Otto ⟨von Freising und Rahewin⟩
Otto ⟨von Freysingen⟩
Otton ⟨de Frisingue⟩
Otton ⟨d'Autriche⟩
Ottone ⟨di Frisinga⟩

Otto ⟨Germania, Imperator, ...⟩
→ **Otto ⟨Römisch-Deutsches Reich, Kaiser, ...⟩**

Otto ⟨Legatus Sedis Apostolicae⟩
→ **Otto ⟨Ostiensis⟩**

Otto ⟨Lewburgensis⟩
→ **Otto ⟨von Lüneburg⟩**

Otto ⟨Lucensis⟩
12. Jh.
Summa sententiarum
Stegmüller, Repert. sentent. 837
Otho ⟨de Lucca⟩
Otto ⟨de Lucca⟩
Otton ⟨de Lucques⟩
Ottone ⟨da Lucca⟩

Otto ⟨Magister⟩
→ **Otto ⟨von Lüneburg⟩**

Otto ⟨Magnus⟩
→ **Otto ⟨Römisch-Deutsches Reich, Kaiser, I.⟩**

Otto ⟨Minnesänger⟩
→ **Otto ⟨zum Turm⟩**

Otto ⟨mit dem Pfeile⟩
→ **Otto ⟨Brandenburg, Markgraf, IV.⟩**

Otto ⟨Morena⟩
→ **Morena, Otto**

Otto ⟨Morimundi⟩
→ **Otto ⟨Frisingensis⟩**

Otto ⟨Österreich, Herzog⟩
1301 – 1339
Lieder
VL(2),7,228/229; LMA,VI,1578/79
Ot ⟨Herzog⟩
Otto ⟨der Fröhliche⟩
Otto ⟨von Österreich⟩
Otton ⟨Autriche, Duc⟩
Otton ⟨Carinthie, Duc⟩
Otton ⟨le Joyeux-Hardi⟩
Otton ⟨Styrie, Duc⟩

Otto ⟨of Canterbury⟩
→ **Odo ⟨Cantuariensis⟩**

Otto ⟨of Ramsbury⟩
→ **Odo ⟨Cantuariensis⟩**

Otto ⟨of Thuringia⟩
→ **Otto ⟨Zbraslavský⟩**

Otto ⟨of Waldsachsen⟩
→ **Otto ⟨von Waldsassen⟩**

Otto ⟨of Zbraslav⟩
→ **Otto ⟨Zbraslavský⟩**

Otto ⟨Ostiensis⟩
um 1085
Rundschreiben über den Verlauf der Verhandlungen auf dem Parteitage in Gerstungen. 1085 Febr.
Potth. 888
Otto ⟨Cardinalis⟩
Otto ⟨Legatus Sedis Apostolicae⟩

Otto ⟨Papiensis⟩
12. Jh.
Ordo iudiciorum "Olim edebatur actio„ (Verfasserschaft nicht gesichert)
LMA,VI,1585
Otto ⟨von Pavia⟩
Otton ⟨de Pavie⟩
Pseudo-Otto ⟨Papiensis⟩

Otto ⟨Passaviensis⟩
→ **Otto ⟨von Passau⟩**

Otto ⟨Phrisingensis⟩
→ **Otto ⟨Frisingensis⟩**

Otto ⟨Pommeranorum Apostolus⟩
→ **Otto ⟨Bambergensis⟩**

Otto ⟨Praepositus⟩
→ **Otto ⟨Raitenbuchensis⟩**

Otto ⟨Prior⟩
→ **Otto ⟨von Waldsassen⟩**

Otto ⟨Raitenbuchensis⟩
um 1170
Epistulae ad fratrem suum Rupertum
LThK(2),IX,69
Otto ⟨Praepositus⟩
Otto ⟨von Raitenbuch⟩
Otto ⟨von Rottenbuch⟩
Otton ⟨de Raitenbuch⟩

Otto ⟨Ravensberg, Graf, IV.⟩
→ **Otto ⟨von Ravensberg⟩**

Otto ⟨Rigensis⟩
→ **Otto ⟨de Riga⟩**

Otto ⟨Römisch-Deutsches Reich, Kaiser, I.⟩
912 – 973
Constitutiones, Diplomata
LMA,VI,1563/67
Otho ⟨Germany, Emperor, I.⟩
Otto ⟨Augustus⟩
Otto ⟨der Grosse⟩
Otto ⟨der Große⟩
Otto ⟨Germania, Imperator, I.⟩
Otto ⟨Magnus⟩
Otto ⟨the Great⟩
Otton ⟨le Grand⟩

Otto ⟨Römisch-Deutsches Reich, Kaiser, II.⟩
955 – 983
Constitutiones
LMA,VI,1567/68
Otho ⟨Germany, Emperor, II.⟩
Otto ⟨Germania, Imperator, II.⟩
Otton ⟨le Roux⟩

Otto ⟨Römisch-Deutsches Reich, Kaiser, III.⟩
980 – 1002
Constitutiones
LMA,VI,1568/70
Otho ⟨Germany, Emperor, III.⟩
Otto ⟨Germania, Imperator, III.⟩
Otton ⟨la Merveille du Monde⟩

Otto ⟨Römisch-Deutsches Reich, Kaiser, IV.⟩
1175/82 – 1218
Constitutiones
LMA,VI,1570/72
Otho ⟨Germany, Emperor, IV.⟩
Otto ⟨Germania, Imperator, IV.⟩
Otto ⟨von Braunschweig⟩
Otton ⟨de Brunswick⟩

Otto ⟨Sanblasianus⟩
→ **Otto ⟨de Sancto Blasio⟩**

Otto ⟨Sanctus⟩
→ **Otto ⟨Bambergensis⟩**

Otto ⟨the Great⟩
→ **Otto ⟨Römisch-Deutsches Reich, Kaiser, I.⟩**

Otto ⟨Turingus⟩
um 1288 · OP
Schneyer,IV,522
Otho ⟨Turingus⟩
Otton ⟨de Thuringe⟩
Turingus, Otto

Otto ⟨von Bamberg⟩
→ **Otto ⟨Bambergensis⟩**

Otto ⟨von Botenlauben⟩
gest. 1244/45
Minnelieder
LThK(2),IV,306; LMA,VI,1583/84; VL(2),7,208/13
Botenlauben, Otto ¬von¬
Henneberg, Otto ¬von¬
Otto ⟨von Bodenlouben⟩
Otto ⟨von Henneberg⟩

Otto ⟨von Braunschweig⟩
→ **Otto ⟨Römisch-Deutsches Reich, Kaiser, IV.⟩**

Otto ⟨von Cambrai⟩
→ **Odo ⟨Cameracensis⟩**

Otto ⟨von Diemeringen⟩
gest. 1398
Demmeringen, Otto ¬von¬
Diemeringen, Otto ¬von¬

Otto ⟨von Freising⟩
→ **Otto ⟨Frisingensis⟩**
→ **Otto ⟨von Freising, II.⟩**

Otto ⟨von Freising, II.⟩
gest. 1220
Übersetzung des Prosaromans von Barlaam u. Josaphat
VL(2),7,223/225
Freising, Otto ¬von¬
Otto ⟨Freising, Bischof, II.⟩
Otto ⟨von Freising⟩

Otto ⟨von Freising und Rahewin⟩
→ **Otto ⟨Frisingensis⟩**

Otto ⟨von Heiligenkreuz⟩
um 1318/27
Vermutl. Verf. bzw. Urheber der Kompilation des Formelbuchs Albrechts I.
Potth. 32; 888
Heiligenkreuz, Otto ¬von¬

Otto ⟨von Henneberg⟩
→ **Otto ⟨von Botenlauben⟩**

Otto ⟨von Lüneburg⟩
13. Jh.
Novus Cornutus; Compendium nove poetrie (Ars dictandi)
LMA,VI,1584; VL(2),7,225/228
Lüneburg, Otto ¬von¬
Ottho ⟨de Lionenberg⟩
Ottho ⟨Magister⟩
Otto ⟨de Lauenburg⟩
Otto ⟨de Leuphane⟩
Otto ⟨de Lionenberg⟩
Otto ⟨de Lunaeburgo⟩
Otto ⟨de Lunebrio⟩
Otto ⟨de Lunenborch⟩
Otto ⟨Lewburgensis⟩
Otto ⟨Magister⟩

Otto ⟨von Neuhaus⟩
→ **Guilelmus ⟨de Boldensele⟩**

Otto ⟨von Österreich⟩
→ **Otto ⟨Österreich, Herzog⟩**

Otto ⟨von Passau⟩
um 1386 · OFM
Der güldene Thron
LThK; LMA,VI,1585; VL(2),7,230/34
Othon ⟨de Passau⟩
Otto ⟨Passaviensis⟩
Ottone ⟨di Passavia⟩
Passau, Otto ¬von¬

Otto ⟨von Pavia⟩
→ **Otto ⟨Papiensis⟩**

Otto ⟨von Raitenbuch⟩
→ **Otto ⟨Raitenbuchensis⟩**

Otto ⟨von Ravensberg⟩
gest. 1328/29
Europ. Stammtaf.,I,186/188
Otto ⟨Ravensberg, Graf, IV.⟩
Otto ⟨zum Ravensberg⟩
Ravensberg, Otto ¬zum¬
Ravensberg, Otto ¬von¬
ZumRavensberg, Otto

Otto ⟨von Rottenbuch⟩
→ **Otto ⟨Raitenbuchensis⟩**

Otto ⟨von Sankt Blasien⟩
→ **Otto ⟨de Sancto Blasio⟩**

Otto ⟨von Thüringen⟩
→ **Otto ⟨Zbraslavský⟩**

Otto ⟨von Waldsassen⟩
gest. 1504
Chronicon Waldsassense
Otto ⟨of Waldsachsen⟩
Otto ⟨Prior⟩
Otto ⟨Waldsassensis⟩
Otton ⟨de Waldsassen⟩
Waldsassen, Otto ¬von¬

Otto ⟨von Zittau⟩
→ **Otto ⟨Zbraslavský⟩**

Otto ⟨Waldsassensis⟩
→ **Otto ⟨von Waldsassen⟩**

Otto ⟨Zbraslavský⟩
gest. ca. 1314
Potth.500;884
Otto ⟨Abbas⟩
Otto ⟨Aulae Regiae⟩
Otto ⟨of Thuringia⟩
Otto ⟨of Zbraslav⟩
Otto ⟨von Thüringen⟩
Otto ⟨von Zittau⟩
Otton ⟨de Thuringe⟩
Zbraslavský, Otto

Otto ⟨zum Ravensberg⟩
→ **Otto ⟨von Ravensberg⟩**

Otto ⟨zum Turm⟩
13./14. Jh.
5 Lieder
VL(2),7,235/238
Otto ⟨Minnesänger⟩
Otton ⟨de Turne⟩

Otton ⟨Minnesinger Allemand⟩
Otton ⟨zem Turne⟩
Turm, Otto ¬zum¬
ZumTurm, Otto

Ottobono ⟨Fieschi⟩
→ **Hadrianus ⟨Papa, V.⟩**

Ottobonus ⟨Scriba⟩
um 1180/96
Verf. eines Teils der Annales Ianuenses (1174-1196)
Potth. 888; DOC,2,1404
Otobonus ⟨Scriba⟩
Ottobuono ⟨Scriba⟩
Scriba, Ottobonus

Ottobus, Johannes
→ **Hothby, Johannes**

Ottocarius ⟨Horneckius⟩
→ **Ottokar ⟨von Steiermark⟩**

Ottocarus ⟨Bohemia, Rex, II.⟩
→ **Otakar ⟨Čechy, Král, II.⟩**

Ottokar ⟨aus der Gaal⟩
→ **Ottokar ⟨von Steiermark⟩**

Ottokar ⟨Autriche et Styrie, Duc⟩
→ **Otakar ⟨Čechy, Král, II.⟩**

Ottokar ⟨Böhmen, König, II.⟩
→ **Otakar ⟨Čechy, Král, II.⟩**

Ottokar ⟨Carinthie et Carniole, Duc⟩
→ **Otakar ⟨Čechy, Král, II.⟩**

Ottokar ⟨Moravie, Margrave⟩
→ **Otakar ⟨Čechy, Král, II.⟩**

Ottokar ⟨of Styria⟩
→ **Ottokar ⟨von Steiermark⟩**

Ottokar ⟨Przemislas⟩
→ **Otakar ⟨Čechy, Král, II.⟩**

Ottokar ⟨ûz der Geul⟩
→ **Ottokar ⟨von Steiermark⟩**

Ottokar ⟨von Böhmen⟩
→ **Otakar ⟨Čechy, Král, II.⟩**

Ottokar ⟨von Horneck⟩
→ **Ottokar ⟨von Steiermark⟩**

Ottokar ⟨von Steier⟩
→ **Ottokar ⟨von Steiermark⟩**

Ottokar ⟨von Steiermark⟩
ca. 1265 – 1319/21
Steirische Reimchronik
LMA,VI,1587/88; VL(2),7,238/45
Horneck, Ottokar ¬von¬
Ottacher ⟨ouz der Geul⟩
Ottocar ⟨de Styrie⟩
Ottocar ⟨the Chronicler⟩
Ottocarius ⟨Horneckius⟩
Ottokar ⟨aus der Gaal⟩
Ottokar ⟨aus der Geul⟩
Ottokar ⟨of Styria⟩
Ottokar ⟨ûz der Geul⟩
Ottokar ⟨von Horneck⟩
Ottokar ⟨von Steier⟩
Steiermark, Ottokar ¬von¬

Otton ⟨à la Flèche⟩
→ **Otto ⟨Brandenburg, Markgraf, IV.⟩**

Otton ⟨Autriche, Duc⟩
→ **Otto ⟨Österreich, Herzog⟩**

Otton ⟨Bamberski⟩
→ **Otto ⟨Bambergensis⟩**

Otton ⟨Brandebourg, Margrave, IV.⟩
→ **Otto ⟨Brandenburg, Markgraf, IV.⟩**

Otton ⟨Carinthie, Duc⟩
→ **Otto ⟨Österreich, Herzog⟩**

Otton ⟨d'Autriche⟩
→ **Otto ⟨Frisingensis⟩**

Otton ⟨de Bamberg⟩
→ **Otto ⟨Bambergensis⟩**

Otton ⟨de Brunswick⟩
→ **Otto ⟨Römisch-Deutsches Reich, Kaiser, IV.⟩**

Otton ⟨de Frisingue⟩
→ **Otto ⟨Frisingensis⟩**

Otton ⟨de Grandson⟩
→ **Oton ⟨de Grandson⟩**

Otton ⟨de Lodi⟩
→ **Morena, Otto**

Otton ⟨de Lucques⟩
→ **Otto ⟨Lucensis⟩**

Otton ⟨de Minden⟩
→ **Guilelmus ⟨de Boldensele⟩**

Otton ⟨de Mistelbach⟩
→ **Otto ⟨Bambergensis⟩**

Otton ⟨de Nienhusen⟩
→ **Guilelmus ⟨de Boldensele⟩**

Otton ⟨de Pavie⟩
→ **Otto ⟨Papiensis⟩**

Otton ⟨de Raitenbuch⟩
→ **Otto ⟨Raitenbuchensis⟩**

Otton ⟨de Saint-Blaise⟩
→ **Otto ⟨de Sancto Blasio⟩**

Otton ⟨de Thuringe⟩
→ **Otto ⟨Turingus⟩**
→ **Otto ⟨Zbraslavský⟩**

Otton ⟨de Turne⟩
→ **Otto ⟨zum Turm⟩**

Otton ⟨de Waldsassen⟩
→ **Otto ⟨von Waldsassen⟩**

Otton ⟨d'Eichstädt⟩
→ **Otto ⟨Eichstetensis⟩**

Otton ⟨la Merveille du Monde⟩
→ **Otto ⟨Römisch-Deutsches Reich, Kaiser, III.⟩**

Otton ⟨le Grand⟩
→ **Otto ⟨Römisch-Deutsches Reich, Kaiser, I.⟩**

Otton ⟨le Joyeux-Hardi⟩
→ **Otto ⟨Österreich, Herzog⟩**

Otton ⟨le Roux⟩
→ **Otto ⟨Römisch-Deutsches Reich, Kaiser, II.⟩**

Otton ⟨Minnesinger Allemand⟩
→ **Otto ⟨zum Turm⟩**

Otton ⟨Ruland⟩
→ **Ruland, Ott**

Otton ⟨Styrie, Duc⟩
→ **Otto ⟨Österreich, Herzog⟩**

Otton ⟨zem Turne⟩
→ **Otto ⟨zum Turm⟩**

Ottone ⟨da Lucca⟩
→ **Otto ⟨Lucensis⟩**

Ottone ⟨d'Asti⟩
→ **Odo ⟨Astensis⟩**

Ottone ⟨di Frisinga⟩
→ **Otto ⟨Frisingensis⟩**

Ottone ⟨di Passavia⟩
→ **Otto ⟨von Passau⟩**

Ottone ⟨di San Biagio⟩
→ **Otto ⟨de Sancto Blasio⟩**

Ottonis, Jean
→ **Johannes ⟨Ottonis de Münsterberg⟩**

Otwinus ⟨Gandavensis⟩
gest. 998
Ep. ad Adalwinum
Otwin ⟨de Saint-Bavon⟩
Otwinus ⟨Gandensis⟩
Otwinus ⟨Sancti Bavonis⟩

Oudalscalcus
→ **Udalscalcus ⟨Augustanus⟩**

Oudart ⟨Camerace⟩
→ **Odo ⟨Cameracensis⟩**

Ouen ⟨de Rouen⟩
→ **Audoenus ⟨Rothomagensis⟩**

Ouen ⟨Saint⟩
→ **Audoenus ⟨Rothomagensis⟩**

Ouranos, Nicephorus
→ **Nicephorus ⟨Uranus⟩**

Ouȓhayeci, Matthēos
→ **Matthēos ⟨Ouȓhayeci⟩**

Ousmannus ⟨Monachus⟩
→ **Reimannus ⟨Monachus⟩**

Outra, Gilbertus ¬de¬
→ **Gilbertus ⟨de Outra⟩**

Outremeuse, Jean ¬d'¬
→ **Jean ⟨des Prés⟩**

Ouyang, Hsiu
→ **Ouyang, Xiu**

Ou-yang, Wen-chung-kung
→ **Ouyang, Xiu**

Ouyang, Xiu
1007 – 1072
Gow-yang, Sew
Liu-i-chü-shih
Ngeou-yang, Sieou
Ouyang, Hsiu
Ou-yang, Wen-chung-kung
Ouyang, Yung-shu
Tsui-weng

Ouyang, Yung-shu
→ **Ouyang, Xiu**

Overhach de Tremonia, Rutgerus
→ **Rutgerus ⟨Overhach de Tremonia⟩**

Overstolz, Werner
ca. 1390 – 1451
Overstolzbuch; Bericht über den Aufenthalt König Friedrich III. in Köln
VL(2),7,245/247
Werner ⟨Overstolz⟩

Ovis, Gilbertus ¬de¬
→ **Gilbertus ⟨de Ovis⟩**

Ower, Hans
→ **Auer, Hans**

Oxeites, Johannes
→ **Johannes ⟨Oxites⟩**

Oxenedes, Johannes ¬de¬
→ **Johannes ⟨de Oxenedes⟩**

Oxford, Croydon ¬de¬
→ **Croydon ⟨de Oxford⟩**

Oxio, Orosius ¬de¬
→ **Orosius ⟨de Oxio⟩**

Oxites, Johannes
→ **Johannes ⟨Oxites⟩**

Oxrach, Johannes
→ **Johannes ⟨Oxrach⟩**

Oye, Elsbeth ¬von¬
→ **Elsbeth ⟨von Oye⟩**

Oylboldus ⟨Floriacensis⟩
gest. 987
Epistula ad Abbonem Floriacensem
Oylbold ⟨Abbé⟩
Oylbold ⟨de Fleury⟩

Oynus ⟨Cisterciensis⟩
um 1165 · OCist
Magistralia in passionem Domini secundum Marcum, excerpta secundum lectiones magistri Petri Trecassini et Helduini et Herberti
Stegmüller, Repert. bibl. 6237-6237,3
Oynus ⟨Moine Cistercien⟩
Oynus ⟨Subprior Beatae Mariae de Valle⟩

Oysbertus ⟨Anglicus⟩
→ **Osbertus ⟨Anglicus⟩**

Oyta, Henricus ¬de¬
→ **Henricus ⟨Totting⟩**

P., F.
→ **Petrarca, Francesco**

P. ⟨Anglus⟩
→ **P. ⟨Tanny⟩**

P. ⟨de Ang.⟩
→ **Petrus ⟨Sutton⟩**

P. ⟨de Meseraco⟩
→ **Poncius ⟨de Meseraco⟩**

P. ⟨Tanny⟩
um 1330 · OP
In die s. Pentecostes; Dom. II post oct. Pentec.
Kaeppeli,III,201
P. ⟨Anglus⟩
P. ⟨Praedicator⟩
Tanny ⟨Anglus⟩
Tanny ⟨Praedicator⟩
Tanny, P.

Pablo ⟨Christiani⟩
um 1260/65 · OP
Disputation mit Moses Nachmanides
Kaeppeli,III,204
Christiani, Pablo
Christiani, Paul
Christiani, Paulo
Christiani, Paulus
Paul ⟨Christiani⟩
Paulo ⟨Christiani⟩
Paulus ⟨Christiani⟩

Pablo ⟨de Santa Maria⟩
→ **Paulus ⟨Burgensis⟩**

Pacantius, Alexander Benedictus
Lebensdaten nicht ermittelt
Diaria de Bello Carolino; 1. Ausg. 1496
Potth. 889
Alexander Benedictus ⟨Pacantius⟩

Pacatus
6. Jh.
Contra Porphyrium
Pacatus ⟨Contra Porphyrium⟩
Pacatus ⟨Controvertiste⟩

Pacca, Cola Aniello
um 1102
Cronecha dall'a. 600 sino al 1102
Potth. 889
Cola Aniello ⟨Pacca⟩
Colanellus ⟨Pacca⟩
Niccolò Aniello ⟨Pacca⟩
Pacca, Colanellus
Pacca, Niccolò Aniello

Pace ⟨da Firenze⟩
→ **Bertini, Pacio**

Pace, Bartholomaeus ¬de¬
→ **Bartholomaeus ⟨de Pace⟩**

Pacher, Michael
ca. 1435 – 1498
Maler u. Bildschnitzer
LMA,VI,1606
Michael ⟨Pacher⟩

Pachimera, Georgius
→ **Georgius ⟨Pachymeres⟩**

Pachomij ⟨Logofet⟩
um 1450
LMA,VI,1607
Logofet, Pachomij
Pachomij ⟨Serb⟩
Pachomij ⟨Svjatogorec⟩
Pahomij ⟨Logofet⟩
Pahomij ⟨Logotet⟩
Pahomije ⟨Logofet⟩
Pakhomii ⟨Logofet⟩
Pakhomii ⟨Monk⟩

Pachymeres, Georgius
→ **Georgius ⟨Pachymeres⟩**

Pacifico ⟨da Cerano⟩
→ **Pacificus ⟨Novariensis⟩**

Pacifico ⟨de Novare⟩
→ **Pacificus ⟨Novariensis⟩**

Pacifico ⟨di Verona⟩
→ **Pacificus ⟨Veronensis⟩**

Pacificus ⟨Asculanus⟩
→ **Maximus ⟨Pacificus⟩**

Pacificus ⟨Ceredanus⟩
→ **Pacificus ⟨Novariensis⟩**

Pacificus ⟨de Cerano⟩
→ **Pacificus ⟨Novariensis⟩**

Pacificus ⟨Maximus⟩
→ **Maximus ⟨Pacificus⟩**

Pacificus ⟨Novariensis⟩
ca. 1420 – 1482 · OFM
Summula de pacifica coscientia
LMA,VI,1610
Pacifico ⟨da Cerano⟩
Pacifico ⟨de Novare⟩
Pacificus ⟨Ceredanus⟩
Pacificus ⟨de Cerano⟩
Pacificus ⟨von Cerano⟩
Pacificus ⟨von Ceredano⟩
Pacificus ⟨von Novara⟩
Pacifique ⟨de Cerano⟩

Pacificus ⟨Veronensis⟩
gest. 844
Schönberger/Kible, Repertorium, 16104
Pacificio ⟨di Verona⟩
Pacifico ⟨di Verona⟩
Pacifique ⟨de Vérone⟩

Pacificus ⟨von Cerano⟩
→ **Pacificus ⟨Novariensis⟩**

Pacificus ⟨von Ceredano⟩
→ **Pacificus ⟨Novariensis⟩**

Pacificus ⟨von Novara⟩
→ **Pacificus ⟨Novariensis⟩**

Pacificus, Maximus
→ **Maximus ⟨Pacificus⟩**

Pacino ⟨di Bonaguida⟩
um 1303/20
Ital. Maler
Bonaguida, Pacino ¬di¬

Pacio ⟨Bertini⟩
→ **Bertini, Pacio**

Pacio ⟨da Firenze⟩
→ **Bertini, Pacio**

Pactio, Thomas ¬de¬
→ **Thomas ⟨de Pactio⟩**

Pacurianus, Gregorius
→ **Gregor ⟨Bakuriani⟩**

Paderborn, Meinwerk ¬von¬
→ **Meinwerk ⟨von Paderborn⟩**

Pad-ma-'byuṅ-gnas
→ **Padmasambhava**

Padmākara
→ **Padmasambhava**

Padmasambhava
ca. 717 – ca. 762
Padma Sambhava
Pad-ma-hbyung-gnas
Padmākara
Padmasambhava ⟨Guru⟩
Pad-ma-'byuṅ-gnas
Pema Jungnay
Urgyan ⟨Rin-po-che⟩

Padova, Giusto ¬da¬
→ **Giusto ⟨da Padova⟩**

Padron, Juan Rodríguez ¬del¬
→ **Juan ⟨Rodríguez del Padrón⟩**

Padua, Albertus ¬de¬
→ **Albertus ⟨de Padua⟩**

Padua, Antonius ¬de¬
→ **Antonius ⟨de Padua⟩**

Padua, Bartholomaeus ¬de¬
→ **Bartholomaeus ⟨de Padua⟩**

Padua, Bartolino ¬da¬
→ **Bartolino ⟨da Padua⟩**

Padua, Fidentius ¬de¬
→ **Fidentius ⟨de Padua⟩**

Padua, Isaias ¬de¬
→ **Isaias ⟨de Padua⟩**

Padua, Jacobus ¬de¬
→ **Jacobus ⟨de Padua⟩**

Padua, Jacobus Philippus ¬de¬
→ **Jacobus Philippus ⟨de Padua⟩**

Padua, Johannes ¬de¬
→ **Johannes ⟨de Padua⟩**

Padua, Lazarus ¬de¬
→ **Lazarus ⟨de Padua⟩**

Padua, Leoninus ¬de¬
→ **Leoninus ⟨de Padua⟩**

Padua, Lucas ¬de¬
→ **Lucas ⟨de Padua⟩**

Padua, Marchettus ¬de¬
→ **Marchettus ⟨de Padua⟩**

Padua, Marquardus ¬de¬
→ **Marquardus ⟨de Padua⟩**

Padua, Rolandinus ¬de¬
→ **Rolandinus ⟨de Padua⟩**

Padua, Simon ¬de¬
→ **Simon ⟨de Padua⟩**

Paduanus, Bonacossa
→ **Bonacossa ⟨Paduanus⟩**

Paduanus, Guilelmus
→ **Guilelmus ⟨Paduanus⟩**

Padula, Alexander ¬de¬
→ **Alexander ⟨de Padula⟩**

Pärger, Friedrich
15. Jh.
2 Rezepte zur Heilung des Dekubitus
VL(2),7,306
Friedrich ⟨Pärger⟩
Pärger, Fr.

Paernat, Franciscus
→ **Franciscus ⟨Paernat⟩**

Paesdorfer, Conradus
um 1459/65 · OCist
Tractatus de modo dictandi et componendi litteras; Brieflehre
VL(2),7,318/320
Conrad ⟨Paesdorfer⟩
Conradus ⟨Paesdorfer⟩
Konrad ⟨Päsdorfer⟩
Päsdorfer, Konrad

Paez, Alvar
→ **Alvarus ⟨Pelagius⟩**

Pagaham, Johannes ¬de¬
→ **Johannes ⟨de Pagaham⟩**

Paganica, Nicolaus ¬de¬
→ **Nicolaus ⟨de Paganica⟩**

Pagano ⟨da Lecco⟩
→ **Paganus ⟨de Bergamo, Inquisitor⟩**

Paganus ⟨Bergomensis⟩
→ **Paganus ⟨de Bergamo⟩**

Paganus ⟨Bolotinus⟩
um 1114
Carmina; De falsis eremitis
Bolotin, Payen
Bolotinus, Paganus
Payen ⟨Bolotin⟩
Payen ⟨de Chartres⟩
Payen ⟨Poète⟩

Paganus ⟨Corbeiensis⟩
12. Jh.
LMA,VI,1624
Paganus ⟨Corboliensis⟩
Paganus ⟨von Corbeil⟩
Payen ⟨de Corbeil⟩

Paganus ⟨Corboliensis⟩
→ **Paganus ⟨Corbeiensis⟩**

Paganus ⟨de Bergamo⟩
um 1323 · OP
Postillae; Summa contra haereticos; Liber de adventu; etc.; nicht identisch mit Paganus ⟨de Bergamo, Inquisitor⟩
Schneyer,VI,523; Stegmüller, Repert. bibl. 6238-6257; Kaeppeli,III,201/203
Bergamo, Paganus ¬de¬
Pagano ⟨de Bergame⟩
Paganus ⟨Bergomensis⟩
Paganus ⟨de Bergomo⟩
Paganus ⟨Scriptor⟩

Paganus ⟨de Bergamo, Inquisitor⟩
gest. ca. 1277 · OP
Sermones
Bergamo, Paganus ¬de¬
Pagano ⟨da Lecco⟩
Pagano ⟨de Bergame⟩
Pagano ⟨de Bergame, Inquisitor⟩
Paganus ⟨de Bergamo⟩
Paganus ⟨de Bergamo, Martyr⟩
Paganus ⟨de Bergomo, Inquisitor⟩
Paganus ⟨de Leuco⟩
Paganus ⟨Inquisitor⟩
Paganus ⟨Inquisitor in Lombardia⟩
Paganus ⟨Martyr⟩

Paganus ⟨de Bergamo, Martyr⟩
→ **Paganus ⟨de Bergamo, Inquisitor⟩**

Paganus ⟨de Laude⟩
15. Jh.
Experimenta chirurgiae
Laude, Paganus ¬de¬

Paganus ⟨de Leuco⟩
→ **Paganus ⟨de Bergamo, Inquisitor⟩**

Paganus ⟨Freing⟩
→ **Payne, Petrus**

Paganus ⟨Gatinelli⟩
→ **Péan ⟨Gatineau⟩**

Paganus ⟨Inquisitor⟩
→ **Paganus ⟨de Bergamo, Inquisitor⟩**

Paganus ⟨Martyr⟩
→ **Paganus ⟨de Bergamo, Inquisitor⟩**

Paganus ⟨Scriptor⟩
→ **Paganus ⟨de Bergamo⟩**

Paganus ⟨von Corbeil⟩
→ **Paganus ⟨Corbeiensis⟩**

Page, John
→ **Johannes ⟨Pagus⟩**
→ **John ⟨Page⟩**

Pagello, Guillaume
→ **Paielli, Guilelmus**

Paginelli, Bernard
→ **Eugenius ⟨Papa, III.⟩**

Pagliaricci, Galganus
→ **Galganus ⟨de Paliarensibus⟩**

Pagula, Guilelmus ¬de¬
→ **Guilelmus ⟨de Pagula⟩**

Pagus, Johannes
→ **Johannes ⟨Pagus⟩**

Pahomij ⟨Logofet⟩
→ **Pachomij ⟨Logofet⟩**

Pai ⟨Gomes Charinho⟩
ca. 1224 – 1295
Cantigas d'amor; Cantigas d'amigo; Cantiga d'escarnho
LMA,VI,1627
Charinho, Pai Gomes
Chariño, Payo Gómez
Gomes Charinho, Pai
Gómez Chariño, Payo
Payo ⟨Gómez Chariño⟩
Payo Gómez ⟨Chariño⟩

Paielli, Guilelmus
um 1465
Pro patria ad illustriss. Nicolaum Trunum Venetum Ducem gratulatio (Ausg. s.l. et s.a. Venetiis ca. 1472)
Potth. 891
Guilelmus ⟨Paielli⟩
Guillaume ⟨Pagello⟩
Guillaume ⟨Paielli⟩
Pagello, Guillaume
Paielli, Guillaume

Païen ⟨de Maisières⟩
13. Jh.
La mule sans frein; Identität mit Chrétien ⟨de Troyes⟩ umstritten
LMA,VI,1627
Maisières, Païen ¬de¬
Païen ⟨de Meizières⟩
Païens ⟨de Maisières⟩

Paintres, Eustache ¬li¬
→ **Eustache ⟨li Paintres⟩**

Paio ⟨de Coimbra⟩
→ **Pelagius ⟨Parvus Lusitanus⟩**

Pair, Guillaume de Saint-
→ **Guillaume ⟨de Saint-Pair⟩**

Pairis, Gunther ¬von¬
→ **Guntherus ⟨Parisiensis⟩**

Pai-shih-tao-jen
→ **Jiang, Kui**

Pakhomii ⟨Logofet⟩
→ **Pachomij ⟨Logofet⟩**

Pál ⟨Váci⟩
um 1448/74 · OP
Buchmaler und Übers. ins Ungar.
Kaeppeli,III,209
Paulus ⟨de Vacia⟩
Paulus ⟨de Wacia⟩
Paulus ⟨Hungarus⟩
Váci, Pál
Wacia, Paulus ¬de¬

Palacios, Ferdinandus ¬de¬
→ **Ferdinandus ⟨de Palacios⟩**

Palaeologus, Andronicus
→ **Andronicus ⟨Imperium Byzantinum, Imperator, II.⟩**

Palaeologus, Emanuel
→ **Manuel ⟨Imperium Byzantinum, Imperator, II.⟩**

Palaeologus, Michael
→ **Michael ⟨Imperium Byzantinum, Imperator, VIII.⟩**

Palaiologina, Irene Eulogia
→ **Irene Eulogia ⟨Chumnaina⟩**

Palaiologos, Johannes
→ **Johannes ⟨Imperium Byzantinum, Imperator, V.⟩**
→ **Johannes ⟨Imperium Byzantinum, Imperator, VII.⟩**
→ **Johannes ⟨Imperium Byzantinum, Imperator, VIII.⟩**

Palamas, Gregorius
→ **Gregorius ⟨Palamas⟩**

Palea, Nicolaus
→ **Nicolaus ⟨Palea⟩**

Palecz, Stephanus
→ **Stephanus ⟨Palecz⟩**

Palencia, Alfonsus ¬de¬
→ **Alfonsus ⟨de Palencia⟩**

Palencia, Juan ¬de¬
→ **Johannes ⟨de Segovia⟩**

Palermo, Moise ¬da¬
→ **Moses ⟨Panormitanus⟩**

Paliarensibus, Galganus ¬de¬
→ **Galganus ⟨de Paliarensibus⟩**

Palla ⟨Strozzi⟩
→ **Strozzi, Palla**

Pallade ⟨d'Auxerre⟩
→ **Palladius ⟨Altissiodorensis⟩**

Palladinus, Jacobus
→ **Jacobus ⟨de Teramo⟩**

Palladius ⟨Altissiodorensis⟩
gest. 658
Briefe von/an Desiderius ⟨Cadurcensis⟩
Cpl 1303
Pallade ⟨d'Auxerre⟩
Pallade ⟨Evêque⟩
Palladius ⟨Autissiodorensis⟩
Palladius ⟨Episcopus⟩

Pallas ⟨Strozzi⟩
→ **Strozzi, Palla**

Pallavicinus, Antonius
→ **Antonius ⟨Pallavicinus⟩**

Palma ⟨el Bachiller⟩
→ **Alonso ⟨de Palma⟩**

Palma, Alonso ¬de¬
→ **Alonso ⟨de Palma⟩**

Palma, Petrus ¬de¬
→ **Petrus ⟨de Palma⟩**

Palmarius, Thomas
→ **Thomas ⟨Palmer⟩**

Palmer, Petrus
15. Jh.
Sendbrief
VL(2),7,287/288
Petrus ⟨Palmer⟩

Palmer, Thomas
→ **Thomas ⟨Palmer⟩**

Palmeranus, Thomas
→ **Thomas ⟨Palmeranus⟩**

Palmerius ⟨Florentinus⟩
→ **Matthaeus ⟨Palmerius⟩**

Palmerius ⟨Pisanus⟩
→ **Matthias ⟨Palmerius⟩**

Palmerius, Matthaeus
→ **Matthaeus ⟨Palmerius⟩**

Palmerius, Matthias
→ **Matthias ⟨Palmerius⟩**

Palmerus, Thomas
→ **Thomas ⟨Palmer⟩**

Palmieri, Matteo
→ **Matthaeus ⟨Palmerius⟩**

Palmieri, Mattia
→ **Matthias ⟨Palmerius⟩**

Palol, Berenguer ¬de¬
→ **Berenguer ⟨de Palol⟩**

Palomar, Johannes
→ **Johannes ⟨Palomar⟩**

Palomnik, Daniil
→ **Daniil ⟨Palomnik⟩**

Palponista, Bernardus
→ **Bernhard ⟨von der Geist⟩**

Paltramus ⟨Viennensis⟩
um 1455
Chronicon Austriacum
Paltram ⟨de Vienne⟩
Paltram ⟨von Wien⟩
Paltramus ⟨Consul⟩
Vatzko ⟨Consul⟩
Vatzko ⟨Viennensis⟩
Vatzo

Paltz, Johannes ¬von¬
→ **Johannes ⟨von Paltz⟩**

Palude, Petrus ¬de¬
→ **Petrus ⟨de Palude⟩**

Pamele-Audenarde, Jean ¬de¬
→ **Jean ⟨d'Audenarde⟩**

Pamphiliae de Cercinis, Jacobus
→ **Jacobus ⟨Pamphiliae de Cercinis⟩**

Pamphilus ⟨Hierosolymitanus⟩
gest. ca. 540
Canones ex apostolorum in Antiochia synodo; Panoplia dogmatica; Capitulorum diversorum seu dubitationum solutio; etc.
Cpg 6920; 6921
Hierosolymitanus, Pamphilus
Pamphile ⟨de Jérusalem⟩
Pamphile ⟨Moine⟩
Pamphilus ⟨Scriptor Ecclesiasticus⟩
Pamphilus ⟨Theologus⟩

Pampolitanus, Ricardus
→ **Rolle, Richard**

Panades, Bartholomaeus ¬de¬
→ **Bartholomaeus ⟨de Panades⟩**

Panaretus, Matthaeus Angelus
→ **Matthaeus Angelus ⟨Panaretus⟩**

Panaretus, Michael
→ **Michael ⟨Panaretus⟩**

Panchet, Thomas
→ **Thomas ⟨Penketh⟩**

Paṇḍita, Aśoka
→ **Aśoka ⟨Paṇḍita⟩**

Pandolphus, Johannes
→ **Santi ⟨Rucellai⟩**

Pandoni, Giovanni Antonio ¬de'¬
→ **Porcellius ⟨Neapolitanus⟩**

Pandoni, Pierre
→ **Porcellius ⟨Neapolitanus⟩**

Pandulf ⟨Colonna⟩
→ **Columna, Landulphus ¬de¬**

Pandulphinus, Horatius
→ **Horatius ⟨Pandulphinus⟩**

Pandulphus ⟨de Columna⟩
→ **Columna, Landulphus ¬de¬**

Pane, Ogerio
→ **Ogerius ⟨Panis⟩**

Panetius, Baptista
→ **Baptista ⟨Panetius⟩**

P'ang ⟨Layman⟩
→ **P'ang, Yün**

P'ang, Yün
ca. 740 – 808
P'ang ⟨Layman⟩

Panhormita, Antonius
→ **Beccadelli, Antonio**

Panicale, Masolino ¬da¬
→ **Masolino ⟨da Panicale⟩**

Panicii, Matthaeus
→ **Matthaeus ⟨Panicii⟩**

Paniers, Jean
→ **Jean ⟨Paniers⟩**

Panis, Ogerius
→ **Ogerius ⟨Panis⟩**

Pankraz ⟨Sommer⟩
→ **Sommer, Pankraz**

Pannonia, Johannes Bela ¬de¬
→ **Johannes ⟨Bela de Pannonia⟩**

Pannonius, Andreas
→ **Andreas ⟨Pannonius⟩**

Pannonius, Ianus
→ **Ianus ⟨Pannonius⟩**

Panopolitanus, Nonnus
→ **Nonnus ⟨Panopolitanus⟩**

Panormita
→ **Beccadelli, Antonio**

Panormita ⟨Abbas⟩
→ **Nicolaus ⟨de Tudeschis⟩**

Panormita, Antonius
→ **Beccadelli, Antonio**

Panormitanus, Eugenius
→ **Eugenius ⟨Panormitanus⟩**

Panormitanus, Moses
→ **Moses ⟨Panormitanus⟩**

Panormitanus, Nicolaus
→ **Nicolaus ⟨de Tudeschis⟩**

Pantaleon ⟨Constantinopolitanus⟩
7. bzw. 9. Jh. (früher: 13. Jh.)
Sermo de luminibus sanctis; Sermones in transfigurationem Domini; vielleicht Verf. von „Contra Graecos"; Identität mit Pantaleon ⟨Presbyter Byzantinus⟩ (Cpg 7915-7918) wahrscheinlich
Cpg 5207,2
Constantinopolitanus, Pantaleon
Pantaleo ⟨Constantinopolitanus⟩
Pantaleo ⟨Diaconus⟩
Pantaléon ⟨de Constantinople⟩
Pantaleon ⟨Diaconus⟩
Pantaléon ⟨Diacre⟩
Pantaleon ⟨Diakon⟩
Pantaleon ⟨Diakonos⟩
Pantaleon ⟨Panegyriker⟩
Pantaleon ⟨Presbyter Byzantinus⟩
Pantaleon ⟨Presbyter des Klosters tōn Byzantiōn⟩
Pantaleon ⟨von Konstantinopel⟩
Pantoléon ⟨Prêtre⟩

Pantaléon ⟨de Confienza⟩
→ **Pantaleon ⟨de Confluentia⟩**

Pantaleon ⟨de Confluentia⟩
15. Jh.
Pillularium
Confluentia, Panthaleon ¬de¬
Pantaleo ⟨de Confluentia⟩
Pantaléon ⟨de Confienza⟩
Pantaleone ⟨de Confienza⟩
Pantaleone ⟨di Confienza⟩
Panthaleon ⟨de Conflentia⟩
Panthaleon ⟨de Confluentia⟩

Pantaleon ⟨Diaconus⟩
→ **Pantaleon ⟨Constantinopolitanus⟩**

Pantaleon ⟨Panegyriker⟩
→ **Pantaleon ⟨Constantinopolitanus⟩**

Pantaleon ⟨Presbyter Byzantinus⟩
→ **Pantaleon ⟨Constantinopolitanus⟩**

Pantaleon ⟨von Konstantinopel⟩
→ **Pantaleon ⟨Constantinopolitanus⟩**

Pantaléon, Jacques
→ **Urbanus ⟨Papa, IV.⟩**

Pantaleonibus, Dominicus ¬de¬
→ **Dominicus ⟨de Pantaleonibus⟩**

Panteo, Giovanni Antonio
→ **Pantheus, Johannes Antonius**

Panthaleon ⟨...⟩
→ **Pantaleon ⟨...⟩**

Pantheus, Johannes Antonius
gest. 1497
Confabulationes de thermis calderianis
Giovanni A. ⟨Panteo⟩
Giovanni Antonio ⟨Panteo⟩
Jean-Antoine ⟨Panteo⟩
Johannes Antonius ⟨Pantheus⟩
Panteo, Giovanni A.
Panteo, Jean A.
Panteo, Jean-Antoine
Pantheo, Giovanni A.
Pantheus, Johann A.

Pao-ch'ang
→ **Baochang**

Paolino ⟨d'Aquileja⟩
→ **Paulinus ⟨Aquileiensis⟩**

Paolino ⟨de Venise⟩
→ **Paulinus ⟨de Venetiis⟩**

Paolino ⟨di Pieri⟩
→ **Pieri, Paolino**

Paolino ⟨Minorita⟩
→ **Paulinus ⟨de Venetiis⟩**

Paolino ⟨Pieri⟩
→ **Pieri, Paolino**

Paolino ⟨Veneto⟩
→ **Paulinus ⟨de Venetiis⟩**

Paolo ⟨Attavanti⟩
→ **Paulus ⟨Attavantius⟩**

Paolo ⟨Bagellardi⟩
→ **Bagellardus, Paulus**

Paolo ⟨Barbo⟩
→ **Paulus ⟨Barbus de Venetiis⟩**
→ **Soncinas, Paulus**

Paolo ⟨Camaldolese⟩
→ **Paulus ⟨Camaldulensis⟩**

Paolo ⟨Canonista Bolognese⟩
→ **Paulus ⟨Hungarus⟩**

Paolo ⟨da Castro⟩
→ **Paulus ⟨de Castro⟩**

Paolo ⟨dal Pozzo Toscanelli⟩
→ **Toscanelli, Paolo dal Pozzo**

Paolo ⟨dei Marsi⟩
→ **Marsus, Paulus**

Paolo ⟨dell'Abbaco⟩
um 1339
LMA,VI,1662
Abbaco, Paolo ¬dell'¬
Dell'Abbaco, Paolo
Paolo ⟨il Maestro d'Abbaco⟩

Paolo ⟨dello Mastro⟩
um 1452
Diario e memorie di diverse chose
Potth.
DelloMastro, Paolo
Mastro, Paolo ¬dello¬
Paul ⟨dello Mastro⟩

Paolo ⟨di Benedetto⟩
15. Jh.
Memoriale; Dello mastro dello rione di ponte
Potth. 893
Benedetto, Paolo ¬di¬
Cola, Paolo di Benedetto ¬di¬
Paolo ⟨di Benedetto di Cola⟩

Paolo ⟨di Dono⟩
→ **Uccello, Paolo**

Paolo ⟨di Monembasia⟩
→ **Paulus ⟨Monembasiae⟩**

Paolo ⟨di Nicea⟩
→ **Paulus ⟨Nicaenus⟩**

Paolo ⟨Egineta⟩
→ **Paulus ⟨Aegineta⟩**

Paolo ⟨Gherardi⟩
um 1328
Libro di ragioni
LMA,VI,1826
Gerardi, Paolo
Gerardi, Paulus
Gherardi, Paolo
Paolo ⟨Gerardi⟩
Paulus ⟨Gerardi⟩

Paolo ⟨il Diacono⟩
→ **Paulus ⟨Diaconus⟩**

Paolo ⟨il Maestro d'Abbaco⟩
→ **Paolo ⟨dell'Abbaco⟩**

Paolo ⟨il Persiano⟩
→ **Paulus ⟨Persa⟩**

Paolo ⟨Marsi⟩
→ **Marsus, Paulus**

Paolo ⟨Nicoletti⟩
→ **Paulus ⟨de Venetiis⟩**

Paolo ⟨Olmi⟩
→ **Paulus ⟨Lulmius⟩**

Paolo ⟨Papa, ...⟩
→ **Paulus ⟨Papa, ...⟩**

Paolo ⟨Scolari⟩
→ **Clemens ⟨Papa, III.⟩**

Paolo ⟨Silenziario⟩
→ **Paulus ⟨Silentiarius⟩**

Paolo ⟨Suardi⟩
→ **Suardus, Paulus**

Paolo ⟨Uccello⟩
→ **Uccello, Paolo**

Paolo ⟨Ungaro⟩
→ **Paulus ⟨Hungarus⟩**

Paolo ⟨Varnefrido⟩
→ **Paulus ⟨Diaconus⟩**

Paolo ⟨Veneto⟩
→ **Paulus ⟨de Venetiis⟩**

Paolo, Marco
→ **Polo, Marco**

Paolo Girolamo ⟨Barcino⟩
→ **Paulus, Hieronymus**

Papa, Guido
→ **Guido ⟨Papa⟩**

Papadopulos, Johannes
→ **Johannes ⟨Cucuzelus⟩**

Papareschi, Gregorio
→ **Innocentius ⟨Papa, II.⟩**

Paparonis, Aldobrandinus ¬de¬
→ **Aldobrandinus ⟨de Paparonis⟩**

Pape, Guy
→ **Guido ⟨Papa⟩**

Paphi Episcopus, Theodorus
→ **Theodorus ⟨Paphi Episcopus⟩**

Paphlago, Nicetas
→ **Nicetas ⟨David⟩**

Papia ⟨Lessicografo⟩
→ **Papias**

Papia, Dominicus ¬de¬
→ **Dominicus ⟨de Papia⟩**

Papia, Thomas ¬de¬
→ **Thomas ⟨de Papia⟩**

Papianus
um 534
Lex Romana Burgundionum seu Liber Papianus; Papianus ist vermutl. nur ein Werktitel
Cpl 1803; Potth. 726

Papias
um 1040/50
Elementarium doctrinae rudimentum (Alphabetum; De significatis vocabulorum; De expositionibus vocabulorum; Breviarium; Materia verborum; Mater verborum)
Stegmüller, Repert. bibl. 6259; LMA,VI,1663/64
Papia ⟨Lessicografo⟩
Papias ⟨de Lombardie⟩
Papias ⟨der Lexikograph⟩
Papias ⟨Grammairien⟩
Papias ⟨Grammaticus⟩
Papias ⟨Italicus⟩
Papias ⟨Lombardus⟩

Papparoni, Aldobrandin
→ **Aldobrandinus ⟨de Paparonis⟩**

Pappatikius, Jacobus
→ **Jacobus ⟨Pappatikius⟩**

Pappenheim, Matthäus ¬von¬
gest. 1511
Chronica australis antiqua
Bappenheim, Matthaeus ¬a¬
Calatin, Matthaeus von Pappenheim
Matthaeus ⟨de Pappenheim⟩
Matthaeus ⟨Marescalcus⟩
Matthäus ⟨von Pappenheim⟩
Pappenhaim, Mattaeus ¬a¬

Papuskonis, Johannes
→ **Johannes ⟨Papuskonis⟩**

Paraclito, Guilelmus ¬de¬
→ **Guilelmus ⟨de Paraclito⟩**

Paradiso, Jacobus ¬de¬
→ **Jacobus ⟨de Paradiso⟩**

Paraldus, Guilelmus
→ **Guilelmus ⟨Peraldus⟩**

Parāśarabhaṭṭa
1017 – 1137
Bhaṭṭa, Parāśara
Bhaṭṭar, Parāśara
Parāśara Bhaṭṭa
Parāśara Bhaṭṭar
Ranganātha ⟨Śri⟩

Paraspondylus, Zoticus
→ **Zoticus ⟨Paraspondylus⟩**

Paratus
14. Jh.
Notname; die Predigtsammlung beginnt „Paratus est iudicare vivos et mortuos"; seine Predigten wurden auch Johannes de Gamundia (15. Jh.) in e. Hss. aus Trier zugeschrieben
Schneyer,IV,523

Paratus, Guido
um 1459
Libellus de sanitate conservanda
LMA,VI,1702
Guido ⟨Parato⟩
Guido ⟨Paratus⟩
Parato, Guido

Parayte, Bertrandus
→ **Bertrandus ⟨Parayte⟩**

Parchi, Estori
→ **Eštôrî hap-Parḥî, Yiṣḥāq Ben-Moše**

Parchon ⟨Rabbi⟩
→ **Ibn-Parḥôn, Šelomo**

Parchon, Salomon
→ **Ibn-Parḥôn, Šelomo**

Parcossius, Jacobus
→ **Parkosz, Jakub**

Parcz, Heinrich
→ **Barz, Heinrich**

Pardal, Vasco Perez
→ **Vasco ⟨Perez Pardal⟩**

Pardo de la Casta, Francesch Carroç
→ **Francesch ⟨Carroç Pardo de la Casta⟩**

Pardos, Gregorios
→ **Gregorius ⟨Pardus⟩**

Pardubic, Smil Flaška ¬z¬
→ **Smil ⟨Flaška⟩**

Pardubitz, Ernestus ¬de¬
→ **Ernestus ⟨de Pardubitz⟩**

Pardus, Gregorius
→ **Gregorius ⟨Pardus⟩**

Pareja, Bartolomé Ramos ¬de¬
→ **Ramos de Pareja, Bartolomé**

Parembolites, Eumathius
→ **Eustathius ⟨Macrembolites⟩**

Parembolites, Eustathius
→ **Eustathius ⟨Macrembolites⟩**

Parent, Jacobus
→ **Jacobus ⟨Parent⟩**

Parenti, Onofrio
→ **Parentus, Honofrius**

Parentis, Bernardus ¬de¬
→ **Bernardus ⟨de Parentis⟩**

Parentucelli, Tommaso
→ **Nicolaus ⟨Papa, V.⟩**

Parentus, Honofrius
15. Jh.
Honofrius ⟨Parentus⟩
Onofrio ⟨Parenti⟩
Parenti, Onofrio

Parfuess, Jacobus
→ **Johannes ⟨Ensdorfensis⟩**

Parfuess, Johannes
→ **Johannes ⟨Ensdorfensis⟩**

Paris ⟨de Puteo⟩
1413 – 1493
DelPozzo, Paride
Paride ⟨del Pozzo⟩
Paris ⟨a Puteo⟩
Paris ⟨del Pozzo⟩
Paris ⟨Puteanus⟩
Pozzo, Paride ¬del¬
Pozzo, Paris ¬del¬
Puteo, Paris ¬de¬
Puteo, Paris ¬a¬

Paris, Geoffroy ¬de¬
→ **Geoffroy ⟨de Paris⟩**

Paris, Guillaume
→ **Guilelmus ⟨Parys⟩**

Paris, Johannes
→ **Beris, Johannes**

Paris, Martial ¬de¬
→ **Martial ⟨d'Auvergne⟩**

Paris, Matthieu
→ **Matthaeus ⟨Parisiensis⟩**

Paris, Nikolaus ¬von¬
→ **Nikolaus ⟨von Paris⟩**

Paris, Raimbert ¬de¬
→ **Raimbert ⟨de Paris⟩**

Parisiis, Daniel ¬de¬
→ **Daniel ⟨de Parisiis⟩**

Parisiis, Gualterus ¬de¬
→ **Gualterus ⟨Scotus de Parisiis⟩**

Parisiis, Guilelmus ¬de¬
→ **Guilelmus ⟨de Parisiis⟩**

Parisiis, Matthaeus ¬de¬
→ **Matthaeus ⟨Parisiensis⟩**

Parisiis, Simon ¬de¬
→ **Simon ⟨de Parisiis⟩**

Parisinus, Nicolaus
→ **Nicolaus ⟨Medicus Parisinus⟩**

Parisius ⟨de Cereta⟩
um 1277
Chronicon Veronense ab a. 1117-1218, cum continuatione anonymi ad a. 1375
Potth. 894
Cereta, Parisius ¬de¬
Parisio ⟨Cronista Veronese⟩
Parisio ⟨da Cerea⟩
Parisio ⟨de Cereta⟩
Parisius ⟨de Cerea⟩
Parisius ⟨von Cerea⟩

Parker, Henry
gest. 1470
Henricus ⟨Parker⟩
Henry ⟨Parker⟩
Morley, Henry P.
Parker, Henricus

Parkossius, Jacobus
→ **Parkosz, Jakub**

Parkosz, Jakub
gest. ca. 1452
Traktat o ortografii polskiej
Rep.Font. VI,126
Jacobus ⟨Parcossius⟩
Jacobus ⟨Parcossius de Zorawice⟩
Jacobus ⟨Parhosz⟩
Jacobus ⟨Parkosch de Żórawice⟩
Jacobus ⟨Parkossius⟩
Jacobus ⟨Parkoszowic⟩
Jakub ⟨Parkosz⟩
Jakub ⟨Parkoszowic⟩
Jakub ⟨z Żórawic⟩
Parcossius, Jacobus
Parkossius, Jacobus
Parkossius de Żorawice, Jacobus
Parkosz z Żórawicè, Jakub
Parkoszowic, Jakub

Parleberg, Johannes
gest. 1483
Chronica de ducatu Stettin
Potth. 894
Jean ⟨Parleberg de Greifswald⟩
Johann ⟨Parleberg⟩
Johannes ⟨Parleberg⟩
Parleberg, Jean
Parleberg, Johann

Parler, Peter
1330 – 1399
Baumeister und Bildhauer
Parler, Pierre
Parlercz, Peter
Parlerius, Petrus
Parlerz, Peter
Perler, Peter
Peter ⟨Parler⟩
Peter ⟨Parlercz⟩
Peter ⟨Parlerz⟩
Petrus ⟨Parlerius⟩
Pierre ⟨Parler⟩

Parma, Antonius ¬de¬
→ **Antonius ⟨de Parma⟩**

Parma, Bartholomaeus ¬de¬
→ **Bartholomaeus ⟨de Parma⟩**

Parma, Basinio ¬da¬
→ **Basinio ⟨da Parma⟩**

Parma, Christophorus ¬de¬
→ **Christophorus ⟨de Parma⟩**

Parma, Gerardus ¬de¬
→ **Gerardus ⟨de Parma⟩**

Parma, Giovanni ¬da¬
→ **Johannes ⟨de Parma⟩**

Parma, Joachim ¬de¬
→ **Joachim ⟨de Parma⟩**

Parma, Johannes ¬de¬
→ **Johannes ⟨de Parma⟩**
→ **Johannes ⟨de Parma, Medicus⟩**
→ **Johannes ⟨de Parma, OP⟩**
→ **Johannes ⟨Genesius Quaia de Parma⟩**

Parma, Rogerus ¬de¬
→ **Rogerus ⟨de Parma⟩**

Parma, Thaddaeus ¬de¬
→ **Thaddaeus ⟨de Parma⟩**

Parreudt, Johannes
→ **Johannes ⟨Parreudt⟩**

Part, Conradus
→ **Bart, Conradus**

Part, Johannes
→ **Johannes ⟨Part⟩**

Partes, Robert
→ **Robertus ⟨de Radingia⟩**

Parthenopeus, Ambrosius
→ **Alexander ⟨Halensis⟩**

Partholus ⟨...⟩
→ **Bartolus ⟨...⟩**

Partibus, Jacobus ¬de¬
→ **Jacobus ⟨de Partibus⟩**

Partini, Antoniolo
→ **Partinus ⟨de Brembilla⟩**

Partinus ⟨de Brembilla⟩
um 1409
Feriae
Antoniolus ⟨Partinus⟩
Brembilla, Partinus ¬de¬
Partini ⟨de Brembilla⟩
Partini, Antoniolo
Partinus ⟨Notarius⟩
Partinus, Antoniolus

Partsch, Heinrich
→ **Barz, Heinrich**

Paruta, Thomas ¬de¬
→ **Thomas ⟨de Paruta⟩**

Parvo Ponte, Adamus ¬de¬
→ **Adamus ⟨de Parvo Ponte⟩**

Parvus, Bartholomaeus
→ **Bartholomaeus ⟨de Podio⟩**

Parvus, Johannes
→ **Petit, Jean**

Parvus, Lambertus
→ **Lambertus ⟨Parvus⟩**

Parvus, Pelagius
→ **Pelagius ⟨Parvus Lusitanus⟩**

Parys, Guilelmus
→ **Guilelmus ⟨Parys⟩**

Pas, Humbertus ¬de¬
→ **Humbertus ⟨de Pas⟩**

Pascal ⟨le Romain⟩
→ **Paschalis ⟨Romanus⟩**

Pascal ⟨Pape, ...⟩
→ **Paschalis ⟨Papa, ...⟩**

Pascalis ⟨...⟩
→ **Paschalis ⟨...⟩**

Pascásio ⟨de Dume⟩
→ **Paschasius ⟨Dumiensis⟩**

Pascasio ⟨Radberto⟩
→ **Paschasius ⟨Radbertus⟩**

Pascasius ⟨...⟩
→ **Paschasius ⟨...⟩**

Paschagerius, Rolandinus
→ **Rolandinus ⟨de Passageriis⟩**

Paschal ⟨Antipape⟩
→ **Paschalis ⟨Antipapa⟩**

Paschal ⟨Archidiacre de l'Eglise Romaine⟩
→ **Paschalis ⟨Antipapa⟩**

Paschal ⟨Papst, ...⟩
→ **Paschalis ⟨Papa, ...⟩**

Paschal, Jean
→ **Johannes ⟨Paschall⟩**

Paschal, Pierre ¬de¬
→ **Pedro ⟨Pascual⟩**

Paschale ⟨Pope, ...⟩
→ **Paschalis ⟨Papa, ...⟩**

Paschalis ⟨Antipapa⟩
gest. ca. 692/93
Potth. 894; LMA,VI,1753
Paschal ⟨Antipape⟩
Paschal ⟨Archidiacre de l'Eglise Romaine⟩
Paschalis ⟨Archidiakon⟩
Paschalis ⟨Gegenpapst⟩

Paschalis ⟨Archidiakon⟩
→ **Paschalis ⟨Antipapa⟩**

Paschalis ⟨de Roma, I.⟩
→ **Paschalis ⟨Romanus⟩**

Paschalis ⟨Gegenpapst⟩
→ **Paschalis ⟨Antipapa⟩**

Paschalis ⟨Papa, I.⟩
gest. 824
LMA,VI,1752
Pascal ⟨Pape, I.⟩
Paschal ⟨Papst, I.⟩
Paschale ⟨Pope, I.⟩
Paschalis ⟨Sanctus⟩
Pasquale ⟨Papa, I.⟩

Paschalis ⟨Papa, II.⟩
gest. 1118
LMA,VI,1752/53
Paschal ⟨Papst, II.⟩
Pasquale ⟨Papa, II.⟩
Rainer ⟨von Bieda⟩
Rainier ⟨de Bleda⟩
Raniero ⟨di Pieda⟩
Reinerus ⟨de Bleda⟩

Paschalis ⟨Papa, III., Antipapa⟩
gest. 1168
LMA,VI,1753
Guido ⟨Cremensis⟩
Guido ⟨da Crema⟩
Guido ⟨von Crema⟩
Guy ⟨de Crema⟩
Paschal ⟨Papst, III., Gegenpapst⟩
Pasquale ⟨Papa, III., Antipapa⟩

Paschalis ⟨Romanus⟩
um 1158/69
Liber thesauri occulti; Disputatio contra Iudaeos
VL(2),7,317/318; DOC,2,1422
Pascal ⟨le Romain⟩
Paschalis ⟨de Roma, I.⟩
Paschalis ⟨von Rom⟩
Pasquale ⟨Romano⟩
Romanus, Paschalis

Paschalis ⟨Sanctus⟩
→ **Paschalis ⟨Papa, I.⟩**

Paschalis ⟨von Rom⟩
→ **Paschalis ⟨Romanus⟩**

Paschalius, Petrus
→ **Pedro ⟨Pascual⟩**

Paschall, Johannes
→ **Johannes ⟨Paschall⟩**

Paschase ⟨de Dumium⟩
→ **Paschasius ⟨Dumiensis⟩**

Paschase ⟨de Rome⟩
→ **Paschasius ⟨Diaconus⟩**

Paschase ⟨Diacre⟩
→ **Paschasius ⟨Diaconus⟩**
→ **Paschasius ⟨Dumiensis⟩**

Paschase ⟨Radbert⟩
→ **Paschasius ⟨Radbertus⟩**

Paschasius ⟨Abbas⟩
→ **Paschasius ⟨Radbertus⟩**

Paschasius ⟨Diaconus⟩
gest. ca. 520
Epistula ad Eugippinum
LThK; CSGL
Diaconus Paschasius
Paschase ⟨de Rome⟩
Paschase ⟨le Diacre⟩
Paschasius ⟨of Rome⟩
Paschasius ⟨Romanus⟩
Paschasius ⟨Sanctus⟩
Paschasius ⟨von Rom⟩
Pseudo-Paschasius ⟨Diaconus⟩
Romanus, Paschasius

Paschasius ⟨Dumiensis⟩
gest. 583
Verba sive apopthegmata patrum
Cpg 5571; LMA,VI,1754
Pascásio ⟨de Dume⟩
Paschase ⟨de Dumium⟩
Paschase ⟨Diacre⟩
Paschasius ⟨Epistolographus⟩
Paschasius ⟨Interpres⟩
Paschasius ⟨Monachus⟩
Paschasius ⟨Mönch⟩
Paschasius ⟨Monk⟩
Paschasius ⟨of Dumio⟩
Paschasius ⟨of Dumium⟩
Paschasius ⟨Paroemiographus⟩
Paschasius ⟨Theologus⟩
Paschasius ⟨von San Martín de Dumio⟩

Paschasius ⟨Epistolographus⟩
→ **Paschasius ⟨Dumiensis⟩**

Paschasius ⟨Interpres⟩
→ **Paschasius ⟨Dumiensis⟩**

Paschasius ⟨Monachus⟩
→ **Paschasius ⟨Dumiensis⟩**

Paschasius ⟨Paroemiographus⟩
→ **Paschasius ⟨Dumiensis⟩**

Paschasius ⟨Radbertus⟩
786/90 – 856/59
Versus ad Carolum regem
CSGL; LThK; Tusculum-Lexikon; LMA,VI,1754/55
Pascasio ⟨Radberto⟩
Pascasius ⟨Radbertus⟩
Pascasius Robertus ⟨Sanctus⟩
Paschase ⟨Radbert⟩
Paschasius ⟨Abbas⟩
Paschasius ⟨Radbert⟩
Paschasius ⟨Sanctus⟩
Paschasius, Radbert
Paschasius, Radbertus
Paschasius Radbertus ⟨Corbeiensis⟩
Paschasius Radbertus ⟨Sanctus⟩
Radbert ⟨du Soissonnais⟩
Radbert ⟨of Corbeil⟩
Radbert ⟨von Corbie⟩
Radbert, Pascasius
Radbert, Paschasius
Radberto, Pascasio
Radbertus ⟨Corbeiensis⟩
Radbertus, Pascasius
Radbertus, Paschasius
Radpertus ⟨Abbas⟩
Ratpertius, Paschasius
Ratpertus ⟨Abbas⟩

Paschasius ⟨Romanus⟩
→ **Paschasius ⟨Diaconus⟩**

Paschasius ⟨Sanctus⟩
→ **Paschasius ⟨Diaconus⟩**
→ **Paschasius ⟨Radbertus⟩**

Paschasius ⟨Theologus⟩
→ **Paschasius ⟨Dumiensis⟩**

Paschasius ⟨von Rom⟩
→ **Paschasius ⟨Diaconus⟩**

Paschasius ⟨von San Martín de Dumio⟩
→ **Paschasius ⟨Dumiensis⟩**

Paschasius, Petrus
→ **Pedro ⟨Pascual⟩**

Paschasius, Radbertus
→ **Paschasius ⟨Radbertus⟩**

Pascual, Pedro
→ **Pedro ⟨Pascual⟩**

Pasquale ⟨Papa, ...⟩
→ **Paschalis ⟨Papa, ...⟩**

Pasquale ⟨Romano⟩
→ **Paschalis ⟨Romanus⟩**

Passageriis, Rolandinus ¬de¬
→ **Rolandinus ⟨de Passageriis⟩**

Passau, Hertwig ¬von¬
→ **Hertwig ⟨von Passau⟩**

Passau, Otto ¬von¬
→ **Otto ⟨von Passau⟩**

Passauer Anonymus
→ **Anonymus ⟨Pataviensis⟩**

Passavanti, Jacobus
1302 – 1357 · OP
Specchio di vera penitenza; Sermones festivi; Sermones de tempore; etc.
LMA,VI,1760; Schneyer,III,158
Jacobus ⟨Passavanti⟩
Jacobus ⟨Passavanti Florentinus⟩
Jacobus ⟨Passavantius⟩
Jacopo ⟨Passavanti⟩
Jacques ⟨Passavanti⟩
Passavanti, Jacopo
Passavanti, Jacques

Passenhaimer, Johannes
→ **Bassenhaimer, Johannes**

Passenhanner, Johannes
→ **Bassenhaimer, Johannes**

Passerinus, Petrus
→ **Petrus ⟨Passerinus⟩**

Passoni, Dominicus
12. Jh. · OFM
Vita B. Theobaldi Albae-Pompeiae in Insubria (gest. 1150)
Potth. 895
Dominicus ⟨Passoni⟩
Dominicus ⟨Passoni Pedemontanus⟩
Dominicus ⟨Pedemontanus⟩

Pasteur ⟨d'Assise⟩
→ **Pastor ⟨de Serrascuderio⟩**

Pasteur ⟨d'Aubenas⟩
→ **Pastor ⟨de Serrascuderio⟩**

Pasteur ⟨de Sarras⟩
→ **Pastor ⟨de Serrascuderio⟩**

Pasteur ⟨de Serrascuderio⟩
→ **Pastor ⟨de Serrascuderio⟩**

Pasteur ⟨d'Embrun⟩
→ **Pastor ⟨de Serrascuderio⟩**

Pasti, Matteo ¬de'¬
um 1467
Architekt und Bildhauer
De'Pasti, Matteo
De'Pasti, Matteo di Andrea
Matteo ⟨de'Pasti⟩
Matteo ⟨di Andrea de'Pasti⟩
Matteo ⟨di Andrea de'Pasti della Bastia⟩
Matthieu ⟨de'Pasti⟩
Pasti, Matteo di Andrea de'
Pasti, Matthieu de'

Pastor ⟨Assias Episcopus⟩
→ **Pastor ⟨de Serrascuderio⟩**

Pastor ⟨de Albernaco⟩
→ **Pastor ⟨de Serrascuderio⟩**

Pastor ⟨de Serrascuderio⟩
gest. 1356 · OFM
De gestis suo tempore in Ecclesia memorabilibus
Pasteur ⟨de Sarras⟩
Pasteur ⟨de Serrascuderio⟩
Pasteur ⟨d'Assise⟩
Pasteur ⟨d'Aubenas⟩
Pasteur ⟨d'Embrun⟩
Pastor ⟨Assias Episcopus⟩
Pastor ⟨de Albernaco⟩
Pastor ⟨de Serra Scuderio⟩
Pastor ⟨de Serrescuderio⟩
Pastor ⟨Ebrodunensis Archiepicopus⟩
Serrascuderio, Pastor ¬de¬

Pastor ⟨Ebrodunensis Archiepicopus⟩
→ **Pastor ⟨de Serrascuderio⟩**

Pastor ⟨Frater⟩
15. Jh.
Stegmüller, Repert. sentent. 615,1
Frater Pastor

Pastor ⟨von Groningen⟩
um 1491
Pfingstpredigt; Identität mit Godefridus ⟨de Groningen⟩ nicht auszuschließen
VL(2),3,260/261
Godefridus ⟨de Groningen⟩
Groningen, Pastor ¬von¬
Pastor von Groningen

Pastor, Antonius
→ **Antonius ⟨Pastor⟩**

Pastregno, Guilelmus ¬de¬
→ **Guilelmus ⟨de Pastregno⟩**

Pasture, Rogier ¬de¬
→ **Weyden, Rogier ¬van¬**

Patavia, Silvester ¬de¬
→ **Silvester ⟨de Patavia⟩**

Patavia, Ulricus ¬de¬
→ **Ulricus ⟨de Patavia⟩**

Patavinus
→ **Johannes Franciscus ⟨de Pavinis⟩**

Patavinus, Albertus
→ **Albertus ⟨de Padua⟩**

Patavinus, Esaias
→ **Esaias ⟨Patavinus⟩**

Patavinus, Leoninus
→ **Leoninus ⟨de Padua⟩**

Patavinus, Monachus
→ **Monachus ⟨Patavinus⟩**

Patavio, Bonsemblantes ¬de¬
→ **Bonsemblantes ⟨Baduarius de Patavio⟩**

Patecchio, Girardo
um 1228
Splanamento de li Proverbii de Salamone
LMA,VI,1778
Gérard ⟨Patecchio⟩
Gérard ⟨Pateg⟩
Gherardo ⟨Patecelo⟩
Gherardo ⟨Pateclo⟩
Girard ⟨Pateg⟩
Girardo ⟨da Cremona⟩
Girardo ⟨Patecchio⟩
Girardo ⟨Patecchio da Cremona⟩
Girardo, Patecchio
Patecchio, Gérard
Patecchio, Gherardo
Patecelo, Gherardo
Pateclo, Gherardo
Pateg, Gérard
Pateg, Girard

Pateg, Gérard
→ **Patecchio, Girardo**

Pater Gotthard
→ **Gotthard ⟨Pater⟩**

Pater Heinrich
→ **Heinrich ⟨Pater⟩**

Paterius
gest. 604
Liber testimoniorum veteris testamenti quem Paterius ex opusculis S. Gregorii excerpi curavit
Cpl 1710/1718; Stegmüller, Repert. bibl. 6264-6277
Patère ⟨Exégète⟩
Patère ⟨Notaire⟩
Patère ⟨Notaire de l'Eglise Romaine⟩
Paterios
Paterius ⟨Discipulus Sancti Gregorii⟩
Paterius ⟨Notarius⟩
Paterius ⟨Romanae Ecclesiae Notarius et Secundicerius⟩
Paterius ⟨Sanctus⟩
Pseudo-Paterius

Paterius ⟨Alulfus Tornacensis⟩
→ **Alulphus ⟨Tornacensis⟩**

Paterius ⟨Anonymus⟩
12. Jh.
Supplementum Paterii libri testimoniorum
Stegmüller, Repert. bibl. 6678-6278-6316
Pseudo-Paterius ⟨A⟩
Pseudo-Paterius ⟨Anonymus⟩

Paterius ⟨Bruno Monachus⟩
→ **Bruno ⟨Monachus⟩**

Paterius ⟨Discipulus Sancti Gregorii⟩
→ **Paterius**

Paterius ⟨Notarius⟩
→ **Paterius**

Paterius ⟨Romanae Ecclesiae Notarius et Secundicerius⟩
→ **Paterius**

Paterius ⟨Sanctus⟩
→ **Paterius**

Paternoster, Hieronymus
gest. 1483
Geistliche Texte; 1 Brief; 1 Liebeslied
VL(2),7,356
Hieronymus ⟨Paternoster⟩

Patmič', Het'owm
→ **Het'owm ⟨Patmič'⟩**

Patrendunus, Stephanus
→ **Stephanus ⟨de Patrington⟩**

Patriarcha Abraham
→ **Abraham ⟨Patriarcha⟩**

Patrice ⟨de Dublin⟩
→ **Patricius ⟨Dublinensis⟩**

Patricius ⟨Caietanus⟩
→ **Patricius, Franciscus**

Patricius ⟨de Hibernia⟩
12./13. Jh.
Sophismata
Hibernia, Patricius ¬de¬
Patricius ⟨Hibernensis⟩

Patricius ⟨Dublinensis⟩
um 1074/84
Nicht identisch mit Patricius ⟨Sanctus⟩ (5.Jh.)
Patrice ⟨de Dublin⟩
Patricius ⟨Episcopus⟩
Patrick ⟨Bishop⟩
Patrick ⟨de Dublin⟩
Patrick ⟨of Dublin⟩
Patrick ⟨von Dublin⟩

Patricius ⟨Episcopus⟩
→ **Augustinus ⟨Patricius⟩**
→ **Patricius ⟨Dublinensis⟩**

Patricius ⟨Hibernensis⟩
→ **Patricius ⟨de Hibernia⟩**

Patricius ⟨Piccolomineus⟩
→ **Augustinus ⟨Patricius⟩**

Patricius ⟨Pientinus⟩
→ **Augustinus ⟨Patricius⟩**

Patricius ⟨Senensis⟩
→ **Augustinus ⟨Patricius⟩**
→ **Patricius, Franciscus**

Patricius, Augustinus
→ **Augustinus ⟨Patricius⟩**

Patricius, Caesarius
→ **Caesarius ⟨Patricius⟩**

Patricius, Dynamius
→ **Dynamius ⟨Patricius⟩**

Patricius, Franciscus
1413 – 1494
De regno et regis institutione; Bischof von Gaeta, Literat, Politiker
CSGL
Francesco ⟨Patritio⟩
Francesco ⟨Patrizi⟩
Francesco ⟨Patrizi⟩
Franciscus ⟨Patricius⟩
Franciscus ⟨Patricius de Gaeta⟩
Franciscus ⟨Patricius Senensis⟩
François ⟨Patrizzi⟩
Patricius ⟨Caietanus⟩
Patricius ⟨Senensis⟩
Patritii, Francesco
Patritio, Francesco
Patritius, Franciscus
Patrizi, Francesco
Patrizzi, Francesco
Patrizzi, François
Patrizzi, François

Patricius, Hareth
→ **Hareth ⟨Patricius⟩**

Patricius, Petrus
→ **Petrus ⟨Patricius et Magister⟩**

Patricius, Thomas
→ **Thomas ⟨Patricius⟩**

Patricius, Traianus
→ **Traianus ⟨Patricius⟩**

Patricius et Magister, Petrus
→ **Petrus ⟨Patricius et Magister⟩**

Patricius Piccolomineus, Augustinus
→ **Augustinus ⟨Patricius⟩**

Patrick ⟨von Dublin⟩
→ **Patricius ⟨Dublinensis⟩**

Patrikios, Thomas
→ **Thomas ⟨Patricius⟩**

Patrington, Stephanus ¬de¬
→ **Stephanus ⟨de Patrington⟩**

Patrizi, Agostino
→ **Augustinus ⟨Patricius⟩**

Patrizi, Francesco
→ **Patricius, Franciscus**

Pau, Jerónimo
→ **Paulus, Hieronymus**

Paucapalea
um 1148
Quoniam in omnibus rebus; Summa
LMA,VI,1810
Paucapalea ⟨Canoniste à Bologne⟩
Paucapalea ⟨Magister⟩
Pocapaglia

Paucapalea, Franciscus ¬de¬
→ **Franciscus ⟨de Paucapalea⟩**

Paul ⟨Bagellardo⟩
→ **Bagellardus, Paulus**

Paul ⟨Barbo de Venise⟩
→ **Paulus ⟨Barbus de Venetiis⟩**

Paul ⟨Bishop⟩
→ **Paulus ⟨Virdunensis⟩**

Paul ⟨Cholner⟩
→ **Kölner, Paulus**

Paul ⟨Christiani⟩
→ **Pablo ⟨Christiani⟩**

Paul ⟨d'Antioche⟩
→ **Būlus ar-Rāhib al-Anṭākī**

Paul ⟨d'Aphrodisias⟩
→ **Paulus ⟨Episcopus Aphrodisiae⟩**

Paul ⟨d'Asie⟩
→ **Paulus ⟨Episcopus Aphrodisiae⟩**

Paul ⟨de Bernried⟩
→ **Paulus ⟨Bernriedensis⟩**

Paul ⟨de Bologne⟩
→ **Paulus ⟨de Bononia⟩**

Paul ⟨de Burgos⟩
→ **Paulus ⟨Burgensis⟩**

Paul ⟨de Celano⟩
→ **Paulus ⟨de Celano⟩**

Paul ⟨de Constantinople, II.⟩
→ **Paulus ⟨Constantinopolitanus, II.⟩**

Paul ⟨de Cordone⟩
→ **Paulus ⟨Albarus⟩**

Paul ⟨de Cracovie⟩
→ **Vladimir, Paulus**

Paul ⟨de Eleusa⟩
→ **Paulus ⟨Helladicus⟩**

Paul ⟨de Florence⟩
→ **Paulus ⟨Attavantius⟩**

Paul ⟨de Fulde⟩
→ **Paulus ⟨Iudaeus⟩**

Paul ⟨de Galeata⟩
→ **Paulus ⟨Galeatensis⟩**

Paul ⟨de Gênes⟩
→ **Paulus ⟨Grammaticus⟩**

Paul ⟨de l'Hellade⟩
→ **Paulus ⟨Helladicus⟩**

Paul ⟨de Mauzalat⟩
→ **Paulus ⟨de Tella⟩**

Paul ⟨de Mercatello⟩
→ **Paulus ⟨de Mercatello⟩**

Paul ⟨de Mérida⟩
→ **Paulus ⟨Emeritensis⟩**

Paul ⟨de Monembasie⟩
→ **Paulus ⟨Monembasiae⟩**

Paul ⟨de Naples⟩
→ **Paulus ⟨Neapolitanus⟩**

Paul ⟨de Nisibe⟩
→ **Paulus ⟨Nisibenus⟩**

Paul ⟨de Passau⟩
→ **Paulus ⟨Wann⟩**

Paul ⟨de Pergula⟩
→ **Paulus ⟨Pergulensis⟩**

Paul ⟨de Perouse⟩
→ **Paulus ⟨de Perusio⟩**

Paul ⟨de Pouzzoles⟩
→ **Paulus ⟨Puteolanus⟩**

Paul ⟨de Sainte-Marie⟩
→ **Paulus ⟨Burgensis⟩**

Paul ⟨de Saint-Père de Chartres⟩
→ **Paulus ⟨Sancti Petri Carnotensis⟩**

Paul ⟨de Soncino⟩
→ **Soncinas, Paulus**

Paul ⟨de Suardis⟩
→ **Suardus, Paulus**

Paul ⟨de Sulzbach⟩
→ **Eck, Paul**

Paul ⟨de Tella⟩
→ **Paulus ⟨de Tella⟩**

Paul ⟨de Verdun⟩
→ **Paulus ⟨Virdunensis⟩**

Paul ⟨dello Mastro⟩
→ **Paolo ⟨dello Mastro⟩**

Paul ⟨de'Pilastri⟩
→ **Paulus ⟨Gualducci de Pilastris⟩**

Paul ⟨Diacre à Naples⟩
→ **Paulus ⟨Neapolitanus⟩**

Paul ⟨du Mont-Cassin⟩
→ **Paulus ⟨Grammaticus⟩**

Paul ⟨Eck⟩
→ **Eck, Paul**

Paul ⟨Evêque⟩
→ **Paulus ⟨Nisibenus⟩**
→ **Paulus ⟨Virdunensis⟩**

Paul ⟨Evêque Métropolitain⟩
→ **Paulus ⟨Episcopus Aphrodisiae⟩**

Paul ⟨Florus⟩
→ **Paulus ⟨Silentiarius⟩**

Paul ⟨Gualducci⟩
→ **Paulus ⟨Gualducci de Pilastris⟩**

Paul ⟨Hagiographe⟩
→ **Paulus ⟨Helladicus⟩**
→ **Paulus ⟨Iudaeus⟩**

Paul ⟨Jacobite⟩
→ **Paulus ⟨de Tella⟩**

Paul ⟨Kölner⟩
→ **Kölner, Paulus**

Paul ⟨l'Anglais⟩
→ **Paulus ⟨Anglicus⟩**

Paul ⟨le Diacre⟩
→ **Paulus ⟨Diaconus⟩**

Paul ⟨le Hongrois⟩
→ **Paulus ⟨Hungarus⟩**

Paul ⟨le Juif⟩
→ **Paulus ⟨Iudaeus⟩**

Paul ⟨le Perse⟩
→ **Paulus ⟨Persa⟩**

Paul ⟨le Silentiaire⟩
→ **Paulus ⟨Silentiarius⟩**

Paul ⟨Lescher⟩
→ **Lescher, Paulus**

Paul ⟨Limburg⟩
→ **Limburg, Paul ¬von¬**

Paul ⟨Mattugliani⟩
→ **Paulus ⟨de Bononia⟩**

Paul ⟨Moine à Fulde⟩
→ **Paulus ⟨Iudaeus⟩**

Paul ⟨Moine à Galeata⟩
→ **Paulus ⟨Galeatensis⟩**

Paul ⟨Moine Camaldule⟩
→ **Paulus ⟨Camaldulensis⟩**

Paul ⟨Monothélite⟩
→ **Paulus ⟨Constantinopolitanus, II.⟩**

Paul ⟨of Antioch⟩
→ **Paulus ⟨Bet Ukkāmē⟩**

Paul ⟨of Pergula⟩
→ **Paulus ⟨Pergulensis⟩**

Paul ⟨of Tella⟩
→ **Paulus ⟨de Tella⟩**

Paul ⟨of Venice⟩
→ **Paulus ⟨de Venetiis⟩**

Paul ⟨of Verdun⟩
→ **Paulus ⟨Virdunensis⟩**

Paul ⟨Papst, ...⟩
→ **Paulus ⟨Papa, ...⟩**

Paul ⟨Patriarche, II.⟩
→ **Paulus ⟨Constantinopolitanus, II.⟩**

Paul ⟨Perfidus⟩
→ **Paulus ⟨Perfidus⟩**

Paul ⟨Petroni⟩
→ **Paulus ⟨Petroni⟩**

Paul ⟨Prévôt de l'Eglise de Ravenne⟩
→ **Paulus ⟨Scordilli⟩**

Paul ⟨Saint⟩
→ **Paulus ⟨Virdunensis⟩**

Paul ⟨Scolari⟩
→ **Clemens ⟨Papa, III.⟩**

Paul ⟨Scordillo⟩
→ **Paulus ⟨Scordilli⟩**

Paul ⟨Silentiaire⟩
→ **Paulus ⟨Helladicus⟩**

Paul ⟨Suardi⟩
→ **Suardus, Paulus**

Paul ⟨Syrien⟩
→ **Paulus ⟨Persa⟩**

Paul ⟨the Deacon⟩
→ **Paulus ⟨Diaconus⟩**

Paul ⟨Tyran en Gaule⟩
→ **Paulus ⟨Perfidus⟩**

Paul ⟨Ubaldi⟩
→ **Paulus ⟨de Perusio⟩**

Paul ⟨von Antiochia⟩
→ **Paulus ⟨Bet Ukkāmē⟩**

Paul ⟨von Bernried⟩
→ **Paulus ⟨Bernriedensis⟩**

Paul ⟨von Friaul⟩
→ **Paulus ⟨Diaconus⟩**

Paul ⟨von Limburg⟩
→ **Limburg, Paul ¬von¬**

Paul ⟨von Regensburg⟩
→ **Paulus ⟨Bernriedensis⟩**

Paul ⟨von Sidon⟩
→ **Būlus ar-Rāhib al-Anṭākī**

Paul ⟨von Venedig⟩
→ **Paulus ⟨de Venetiis⟩**

Paul ⟨Walther⟩
→ **Waltherus, Paulus**

Paul ⟨Wann⟩
→ **Paulus ⟨Wann⟩**

Paul ⟨Warnefrid⟩
→ **Paulus ⟨Diaconus⟩**

Paul ⟨Wladimiri⟩
→ **Vladimir, Paulus**

Paul ⟨Wlodkowic⟩
→ **Vladimir, Paulus**

Paul, Guilelmus ¬de¬
→ **Guilelmus ⟨de Pagula⟩**

Paul Hieronymus ⟨Barchin⟩
→ **Paulus, Hieronymus**

Pauli, Theodoricus
→ **Theodoricus ⟨Gorcomiensis⟩**

Paulin ⟨d'Aquilée⟩
→ **Paulinus ⟨Aquileiensis⟩**

Paulin ⟨Minorita⟩
→ **Paulinus ⟨de Venetiis⟩**

Paulin ⟨Suardi⟩
→ **Suardus, Paulus**

Paulinus ⟨Aquileiensis⟩
gest. ca. 802
Liber exhortationis
LThK; CSGL; Tusculum-Lexikon; LMA,VI,1814/15
Paolino ⟨d'Aquileja⟩
Paulin ⟨d'Aquilée⟩
Paulinus ⟨Aquileius⟩
Paulinus ⟨d'Aquileia⟩
Paulinus ⟨Foroiuliensis⟩
Paulinus ⟨Patriarcha⟩
Paulinus ⟨Sanctus⟩
Paulinus ⟨von Aquileja⟩

Paulinus ⟨de Venetiis⟩
gest. 1344 · OFM
Speculum
LThK; LMA,VI,1815/16
Paolino ⟨de Venise⟩
Paolino ⟨il Minorita⟩
Paolino ⟨Minorita⟩
Paolino ⟨Minorite⟩
Paolino ⟨Veneto⟩
Paulin ⟨Minorita⟩
Paulinus ⟨Minorita⟩
Paulinus ⟨von Venedig⟩
Venetiis, Paulinus ¬de¬

Paulinus ⟨Foroiuliensis⟩
→ **Paulinus ⟨Aquileiensis⟩**

Paulinus ⟨Minorita⟩
→ **Paulinus ⟨de Venetiis⟩**

Paulinus ⟨of Pozzuoli⟩
→ **Paulus ⟨Puteolanus⟩**

Paulinus ⟨Patriarcha⟩
→ **Paulinus ⟨Aquileiensis⟩**

Paulinus ⟨Sanctus⟩
→ **Paulinus ⟨Aquileiensis⟩**

Paulinus ⟨von Aquileja⟩
→ **Paulinus ⟨Aquileiensis⟩**

Paulinus ⟨von Venedig⟩
→ **Paulinus ⟨de Venetiis⟩**

Paulinus, Johannes
13./14. Jh.
Salus vitae
VL(2),7,382/386
Balinus, Johannes
Johannes ⟨Balinus⟩
Johannes ⟨Paulinus⟩
Pseudo-Apollonius ⟨Tyanensis⟩

Paullus ⟨...⟩
→ **Paulus ⟨...⟩**

Paulo ⟨Barbo⟩
→ **Soncinas, Paulus**

Paulo ⟨Christiani⟩
→ **Pablo ⟨Christiani⟩**

Paulo, Paulus ¬de¬
→ **Paulus ⟨de Paulo⟩**

Paulos ⟨Aiginetes⟩
→ **Paulus ⟨Aegineta⟩**

Paulos ⟨de Gelria⟩
→ **Paulus ⟨de Gelria⟩**

Paulos ⟨Episkopos⟩
→ **Paulus ⟨Monembasiae⟩**

Paulos ⟨Euergetinos⟩
→ **Paulus ⟨Euergetinus⟩**

Paulos ⟨ho Helladikos⟩
→ **Paulus ⟨Helladicus⟩**

Paulos ⟨ho tēs Elusēs Poleōs Hesychastēs⟩
→ **Paulus ⟨Helladicus⟩**

Paulos ⟨Monothelet⟩
→ **Paulus ⟨Constantinopolitanus, II.⟩**

Paulos ⟨Nestorianischer Bischof⟩
→ **Paulus ⟨Nisibenus⟩**

Paulos ⟨Nikaios⟩
→ **Paulus ⟨Nicaenus⟩**

Paulos ⟨Patriarch, II.⟩
→ **Paulus ⟨Constantinopolitanus, II.⟩**

Paulos ⟨Silentiarios⟩
→ **Paulus ⟨Silentiarius⟩**

Paulos ⟨Silentiaros⟩
→ **Paulus ⟨Helladicus⟩**

Paulos ⟨von Aigina⟩
→ **Paulus ⟨Aegineta⟩**

Paulos ⟨von Konstantinopel⟩
→ **Paulus ⟨Constantinopolitanus, II.⟩**

Paulos ⟨von Monembasia⟩
→ **Paulus ⟨Monembasiae⟩**

Paulos ⟨von Nisibis⟩
→ **Paulus ⟨Nisibenus⟩**

Paululus
→ **Paulus ⟨Iudaeus⟩**

Paululus, Robertus
→ **Robertus ⟨Pullus⟩**

Paulus ⟨a Mercatello⟩
→ **Paulus ⟨de Mercatello⟩**

Paulus ⟨a Sancta Maria⟩
→ **Paulus ⟨Burgensis⟩**

Paulus ⟨Aegineta⟩
7. Jh.
Tusculum-Lexikon; CSGL; LMA,VI,1818
Aeginata, Paulus
Aegineta, Paulus
Aeginitus ⟨Medicus⟩
Aiginitus ⟨Medicus⟩
Paolo ⟨Egineta⟩
Paullus ⟨Aegineta⟩
Paulos ⟨Aiginetes⟩
Paulos ⟨von Aigina⟩
Paulus ⟨Egineta⟩
Paulus ⟨von Ägina⟩

Paulus ⟨Albarus⟩
gest. 861
LThK; LMA,I,277/278; Tusculum-Lexikon
Albar ⟨of Cordoba⟩
Albarus ⟨Cordubensis⟩
Albarus, Paulus
Alvare, Paul
Alvarius ⟨Cordubensis⟩
Alvaro ⟨de Cordoba⟩
Alvaro, Paolo
Alvarus ⟨Cordubensis⟩
Alvarus, Paulus
Alvarus, Petrus
Alvarus Cordubensis, Paulus
Paul ⟨de Cordone⟩
Paulus ⟨Alvarus⟩
Paulus ⟨Alvarus von Cordoba⟩
Paulus ⟨Cordubensis⟩
Paulus ⟨von Cordoba⟩

Paulus ⟨Almanus⟩
um 1487
Almanus, Paulus

Paulus ⟨Alvarus⟩
→ **Paulus ⟨Albarus⟩**

Paulus ⟨Anglicus⟩
gest. ca. 1410
Speculum aureum papae
Anglicus, Paulus
Paul ⟨l'Anglais⟩
Paulus ⟨Canonicus⟩

Paulus ⟨Antiochenus⟩
→ **Paulus ⟨Bet Ukkāmē⟩**

Paulus ⟨Apotheker⟩
→ **Paulus ⟨Meister⟩**

Paulus ⟨Aquilegiensis⟩
→ **Paulus ⟨Diaconus⟩**

Paulus ⟨Arzt⟩
→ **Paulus ⟨Meister⟩**

Paulus ⟨Attavantius⟩
gest. 1499
Vita b. Joachimi Senensis
Atavantio, Paolo
Atavantius, Paulus
Attavanti, Paolo
Attavantius, Paulus
Attavantus, Paulus
Florentinus, Paulus
Paolo ⟨Attavanti⟩
Paul ⟨de Florence⟩
Paulus ⟨Atavantius⟩
Paulus ⟨Attavantus⟩
Paulus ⟨Florentinus⟩

Paulus ⟨Bagellardus⟩
→ **Bagellardus, Paulus**

Paulus ⟨Barbus de Soncino⟩
→ **Soncinas, Paulus**

Paulus ⟨Barbus de Venetiis⟩
gest. ca. 1464
Barbo, Paolo
Barbo, Paul
Barbus, Paulus
Paolo ⟨Barbo⟩
Paul ⟨Barbo de Venise⟩
Paulus ⟨Barbus⟩
Paulus ⟨de Venetiis⟩
Venetiis, Paulus ¬de¬

Paulus ⟨Bergomensis⟩
→ **Paulus ⟨Lulmius⟩**

Paulus ⟨Bernriedensis⟩
gest. 1146/50
Viat S. Erardi
LThK; CSGL; Tusculum-Lexikon
Bernriedensis, Paulus
Paul ⟨de Bernried⟩
Paul ⟨von Bernried⟩
Paul ⟨von Regensburg⟩
Paulus ⟨Bernfriedensis⟩
Paulus ⟨Presbyter⟩
Paulus ⟨Ratisbonensis⟩
Paulus ⟨von Bernried⟩

Paulus ⟨Bet Ukkāmē⟩
6. Jh.
Epistula synodica ad Theodosium Alexandrinum
Cpg 7203-7214
Bet Ukkāmē, Paulus
Paul ⟨of Antioch⟩
Paul ⟨von Antiochia⟩
Paulus ⟨Antiochenus⟩
Paulus ⟨e Beth Ukkāmē⟩

Paulus ⟨Bischof⟩
→ **Paulus ⟨Virdunensis⟩**

Paulus ⟨Bononiensis⟩
→ **Paulus ⟨Hungarus⟩**

Paulus ⟨Brunensis⟩
→ **Paulus ⟨de Bruna⟩**

Paulus ⟨Burgensis⟩
ca. 1353 – 1435
LMA,VII,1177; LThK; Potth.; Tusculum-Lexikon
Pablo ⟨de Santa Maria⟩
Paul ⟨de Burgos⟩
Paul ⟨de Sainte-Marie⟩
Paulus ⟨a Sancta Maria⟩
Paulus ⟨de Burgos⟩
Paulus ⟨von Burgos⟩
Salomon ⟨Ben Levi⟩
Salomon ⟨Levita⟩
Santa Maria, Pablo ¬de¬
Šelomo Ben-Lēwî
Selomó ha-Levi

Paulus ⟨Camaldulensis⟩
12. Jh.
Paolo ⟨Camaldolese⟩
Paul ⟨Moine Camaldule⟩
Paulus ⟨Moine Camaldule⟩
Paulus ⟨Monachus⟩

Paulus ⟨Canonicus⟩
→ **Paulus ⟨Anglicus⟩**

Paulus ⟨Carnotensis⟩
→ **Paulus ⟨Sancti Petri Carnotensis⟩**

Paulus ⟨Casinensis⟩
→ **Paulus ⟨Diaconus⟩**
→ **Paulus ⟨Grammaticus⟩**

Paulus ⟨Castrensis⟩
→ **Paulus ⟨de Castro⟩**

Paulus ⟨Cholner⟩
→ **Kölner, Paulus**

Paulus ⟨Christiani⟩
→ **Pablo ⟨Christiani⟩**

Paulus ⟨Constantinopolitanus, II.⟩
gest. 654
Epistula ad Theodorum papam; Typus
Cpg 7620-7621
Constantinopolitanus, Paulus
Paul ⟨de Constantinople, II.⟩
Paul ⟨Monothélite⟩
Paul ⟨Patriarche, II.⟩
Paulos ⟨Monothelet⟩
Paulos ⟨Patriarch, II.⟩
Paulos ⟨von Konstantinopel⟩
Paulus ⟨Constantinopolitanus⟩
Paulus ⟨Monothelet⟩
Paulus ⟨Patriarch, II.⟩
Paulus ⟨von Konstantinopel⟩

Paulus ⟨Constantinus⟩
→ **Hus, Jan**

Paulus ⟨Cordubensis⟩
→ **Paulus ⟨Albarus⟩**

Paulus ⟨Cyrus Florus⟩
→ **Paulus ⟨Silentiarius⟩**

Paulus ⟨de Bellasolis⟩
ca. 15. Jh. · OP
Sermo de Resurrectione
Kaeppeli,III,204
Bellasolis, Paulus ¬de¬
Paulus ⟨de Mantua⟩

Paulus ⟨de Bergamo⟩
→ **Paulus ⟨Lulmius⟩**

Paulus ⟨de Bologna⟩
→ **Paulus ⟨de Bononia⟩**

Paulus ⟨de Bononia⟩
gest. 1469 · OP
Epp. Pauli
Stegmüller, Repert. bibl. 6327
Bononia, Paulus ¬de¬
Mattugliani, Paul
Matugliani, Paulus
Paul ⟨de Bologne⟩

Paul ⟨Mattugliani⟩
Paulus ⟨de Bologna⟩
Paulus ⟨Matugliani⟩
Paulus ⟨Matuglianio⟩

Paulus ⟨de Bruna⟩
um 1399/1413 · OP
Sermo in Coena Domini
Kaeppeli,III;204
Bruna, Paulus ¬de¬
Paulus ⟨Brunensis⟩

Paulus ⟨de Burgos⟩
→ **Paulus ⟨Burgensis⟩**

Paulus ⟨de Būš⟩
→ **Būlus al-Būšī**

Paulus ⟨de Castro⟩
1360/62 – 1441
Consilia
LMA,VI,1824/25
Castro, Paullus ¬de¬
Castro, Paulus ¬de¬
Castro, Paulus ¬a¬
Paolo ⟨da Castro⟩
Paulus ⟨Castrensis⟩

Paulus ⟨de Celano⟩
um 1248
Vita S. Placidi eremitae
Potth. 898
Celano, Paulus ¬de¬
Paul ⟨de Celano⟩

Paulus ⟨de Cracovia⟩
→ **Vladimir, Paulus**

Paulus ⟨de Cumis⟩
ca. 15. Jh. · OP
Sermo pro mortuis
Kaeppeli,III,205
Cumis, Paulus ¬de¬

Paulus ⟨de Erding⟩
→ **Paulus ⟨Saurer⟩**

Paulus ⟨de Gelria⟩
um 1385/91
I Tim.
Stegmüller, Repert. bibl. 6332;6333
Gelria, Paulus ¬de¬
Paulos ⟨de Gelria⟩
Paulus ⟨Wiennensis⟩

Paulus ⟨de Genua⟩
→ **Paulus ⟨Grammaticus⟩**

Paulus ⟨de Guastaferris⟩
gest. 1344 · OP
Sermones quadragesimales
Schneyer,IV,548
Guastaferris, Paulus ¬de¬
Paulus ⟨Guastaferris⟩
Paulus ⟨Guastaferrus⟩
Paulus ⟨Perusinus⟩
Paulus ⟨Quastaferrus⟩
Paulus ⟨Umber⟩

Paulus ⟨de Heredia⟩
um 1460
Hakana, Nechunja ¬ben¬
Heredia, Paulo ¬de¬
Heredia, Paulus ¬de¬
Nechunja ⟨Ben Hakana⟩

Paulus ⟨de Kemnat⟩
→ **Paulus ⟨Wann⟩**

Paulus ⟨de Liazariis⟩
gest. 1356
Consilium; Lectura super Clementinas
Liazariis, Paulus ¬de¬
Paulus ⟨de Leazariis⟩
Paulus ⟨de Lyazariis⟩

Paulus ⟨de Mantua⟩
→ **Paulus ⟨de Bellasolis⟩**

Paulus ⟨de Melk⟩
→ **Paulus ⟨de Mellico⟩**

Paulus ⟨de Mellico⟩
gest. 1479
Stegmüller, Repert. bibl. 6341-6344
Leubmann, Paulus
Melk, Paulus
Mellico, Paulus ¬de¬
Paulus ⟨de Melk⟩
Paulus ⟨Leubmann⟩
Paulus ⟨Leubmann de Melk⟩

Paulus ⟨de Mercatello⟩
um 1481/1500 · OFM
Mercatello, Paulus ¬de¬
Paul ⟨de Mercatello⟩
Paulus ⟨a Mercatello⟩
Paulus ⟨e Mercatello⟩

Paulus ⟨de Merida⟩
→ **Paulus ⟨Emeritensis⟩**

Paulus ⟨de Paulo⟩
15. Jh.
Memoriale
Paulo, Paulus ¬de¬
Paulus ⟨Iadrensis⟩
Paulus ⟨Jadrensis⟩
Paulus ⟨von Zara⟩

Paulus ⟨de Pergula⟩
→ **Paulus ⟨Pergulensis⟩**

Paulus ⟨de Perugia⟩
→ **Paulus ⟨de Perusio⟩**

Paulus ⟨de Perusio⟩
gest. 1344 · OCarm
Commentaria in totam sacram Scripturam; Identität mit Paulus ⟨de Ubaldis⟩ umstritten
Stegmüller, Repert. sentent. 617; Stegmüller, Repert. bibl. 6346
Paul ⟨de Perouse⟩
Paul ⟨Ubaldi⟩
Paulus ⟨de Perugia⟩
Paulus ⟨de Ubaldis⟩
Paulus ⟨Perusinus⟩
Perusio, Paulus ¬de¬
Ubaldi, Paul

Paulus ⟨de Pilastris⟩
→ **Paulus ⟨Gualducci de Pilastris⟩**

Paulus ⟨de Pyskowicze⟩
um 1470
Comment. super IV Sent. d. 12, q. 13: Utrum Christi fidelibus venerabile sacramentum Eucharistiae magis expediat interpellatim quam cottidie sumere
Stegmüller, Repert. bibl. 6348/6349; Schönberger/Kible, Repertorium, 16135
Paulus ⟨de Pyskowice⟩
Pyskowicze, Paulus ¬de¬

Paulus ⟨de Saint-Pierre de Chartres⟩
→ **Paulus ⟨Sancti Petri Carnotensis⟩**

Paulus ⟨de Sidon⟩
→ **Būlus ar-Rāhib al-Anṭākī**

Paulus ⟨de Soncino⟩
→ **Soncinas, Paulus**

Paulus ⟨de Tella⟩
7. Jh.
Ersteller der „Versio syro-hexaplaris"
Cpg 1501
Paul ⟨de Mauzalat⟩
Paul ⟨de Tella⟩
Paul ⟨Jacobite⟩
Paul ⟨of Tella⟩
Paulus ⟨Tellae Episcopus⟩
Paulus ⟨von Tellā⟩
Tella, Paulus ¬de¬

Paulus ⟨de Ubaldis⟩
→ **Paulus ⟨de Perusio⟩**

Paulus ⟨de Vacia⟩
→ **Pál ⟨Váci⟩**

Paulus ⟨de Venetiis⟩
→ **Paulus ⟨Barbus de Venetiis⟩**

Paulus ⟨de Venetiis⟩
gest. 1429 · OESA
Stegmüller, Repert. sentent. 485; LMA,VI,1827
Nicoletti, Paolo
Nicolettus, Paulus
Paolo ⟨Nicoletti⟩
Paolo ⟨Veneto⟩
Paul ⟨of Venice⟩
Paul ⟨von Venedig⟩
Paulus ⟨Nicoletti von Venedig⟩
Paulus ⟨Nicolettus⟩
Paulus ⟨Nicolettus Venetus⟩
Paulus ⟨Venetus⟩
Venetiis, Paulus ¬de¬
Venetus, Paulus

Paulus ⟨de Wacia⟩
→ **Pál ⟨Váci⟩**

Paulus ⟨de Worczyn⟩
ca. 1380 – ca. 1426
Quaestiones super librum De generatione et corruptione; Quaestiones super libros Meteororum; Disputata totius libri De anima; etc.
LMA,VI,1828; Lohr
Paulus ⟨de Worcyn⟩
Paulus ⟨de Wortzin⟩
Paulus ⟨de Wurzen⟩
Pawet ⟨z Worczyna⟩
Worczyn, Paulus ¬de¬

Paulus ⟨de Wurzen⟩
→ **Paulus ⟨de Worczyn⟩**

Paulus ⟨Diaconus⟩
→ **Paulus ⟨Emeritensis⟩**
→ **Paulus ⟨Grammaticus⟩**

Paulus ⟨Diaconus⟩
gest. 799
Epistula ad Adalardem abbatem
LThK; CSGL; Tusculum-Lexikon; LMA,VI,1825/26
Diaconus Paulus
Levita, Paulus
Paolo ⟨il Diacono⟩
Paolo ⟨Varnefrido⟩
Paul ⟨le Diacre⟩
Paul ⟨the Deacon⟩
Paul ⟨von Friaul⟩
Paul ⟨Warnefrid⟩
Paulus ⟨Aquilegiensis⟩
Paulus ⟨Casinensis⟩
Paulus ⟨Diakonus⟩
Paulus ⟨Epitomator⟩
Paulus ⟨Foroiuliensis⟩
Paulus ⟨Levita⟩
Paulus ⟨Warnefridi⟩
Paulus ⟨Warnefridus⟩
Warnefridi, Paulus
Warnefridus, Paulus
Warnefried, Paul
Warnfried
Winfried, Paul

Paulus ⟨Diaconus Neapolitanus⟩
→ **Paulus ⟨Neapolitanus⟩**

Paulus ⟨Dux Galliae⟩
7. Jh.
Epistula Pauli Ducis Galliae ad Wambanem
Cpl 1262
Dux Galliae, Paulus
Paulus ⟨Galliae Dux⟩

Paulus ⟨e Beth Ukkāmē⟩
→ **Paulus ⟨Bet Ukkāmē⟩**

Paulus ⟨e Mercatello⟩
→ **Paulus ⟨de Mercatello⟩**

Paulus ⟨Eck⟩
→ **Eck, Paul**

Paulus ⟨Egineta⟩
→ **Paulus ⟨Aegineta⟩**

Paulus ⟨Eleusensis⟩
→ **Paulus ⟨Helladicus⟩**

Paulus ⟨Emeritensis⟩
gest. 650
Vita et miracula patrum Emeritensium
LThK; CSGL
Paul ⟨de Mérida⟩
Paulus ⟨de Merida⟩
Paulus ⟨Diaconus⟩
Paulus ⟨Emeritanus⟩
Paulus ⟨von Mérida⟩

Paulus ⟨Episcopus Aphrodisiae⟩
um 571
Libellus (syr.)
Cpg 7234
Episcopus Aphrodisiae, Paulus
Paul ⟨d'Aphrodisias⟩
Paul ⟨d'Asie⟩
Paul ⟨Evêque Métropolitain⟩

Paulus ⟨Epitomator⟩
→ **Paulus ⟨Diaconus⟩**

Paulus ⟨Euergetinus⟩
gest. 1054
Tusculum-Lexikon; CSGL
Euergetinus, Paulus
Evergetinus, Paulus
Paulos ⟨Euergetinos⟩
Paulus ⟨Evergetinus⟩

Paulus ⟨Filius Laelii Petroni⟩
→ **Paulus ⟨Petroni⟩**

Paulus ⟨Florentinus⟩
→ **Paulus ⟨Attavantius⟩**

Paulus ⟨Foroiuliensis⟩
→ **Paulus ⟨Diaconus⟩**

Paulus ⟨Fuldensis Monachus⟩
→ **Paulus ⟨Iudaeus⟩**

Paulus ⟨Galeatensis⟩
um 560
Vita S. Gebizonis
Potth. 905
Paul ⟨de Galeata⟩
Paul ⟨Moine à Galeata⟩

Paulus ⟨Galliae Dux⟩
→ **Paulus ⟨Dux Galliae⟩**

Paulus ⟨Genuensis⟩
→ **Paulus ⟨Grammaticus⟩**

Paulus ⟨Gerardi⟩
→ **Paolo ⟨Gherardi⟩**

Paulus ⟨Grammaticus⟩
gest. ca. 1105
In omnes prophetas
Stegmüller, Repert. bibl. 6334-6339
Grammaticus, Paulus
Paul ⟨de Gênes⟩
Paul ⟨du Mont-Cassin⟩
Paulus ⟨Casinensis⟩
Paulus ⟨de Genua⟩
Paulus ⟨Diaconus⟩
Paulus ⟨Genuensis⟩
Paulus ⟨Monachus Montis Cassini⟩

Paulus ⟨Gualducci de Pilastris⟩
gest. 1313 · OP
Annotationes in philosophiam Aristotelis; Adnotationes in Novum Testamentum
Lohr; Stegmüller, Repert. bibl. 6340
Gualducci, Paul
Gualducci, Paulus
Paul ⟨de'Pilastri⟩
Paul ⟨Gualducci⟩
Paulus ⟨de Pilastris⟩
Paulus ⟨Gualducci⟩
Paulus ⟨Gualduccius de Pilastris⟩
Pilastris, Paulus ¬de¬

Paulus ⟨Guastaferris⟩
→ **Paulus ⟨de Guastaferris⟩**

Paulus ⟨Guglingensis⟩
→ **Waltherus, Paulus**

Paulus ⟨Heiliger⟩
→ **Paulus ⟨Virdunensis⟩**

Paulus ⟨Helladicus⟩
6. Jh.
Vita Theognii; Epistula; Identität mit Paulus ⟨Eleusensis⟩ wahrscheinlich
Potth. 905; Cpg 7530-7531
Helladicus, Paulus
Helladikos, Paulos
Paul ⟨de Eleusa⟩
Paul ⟨de l'Hellade⟩
Paul ⟨Hagiographe⟩
Paul ⟨Silentiaire⟩
Paulos ⟨Helladikos⟩
Paulos ⟨ho Helladikos⟩
Paulos ⟨ho tēs Elusēs Poleōs Hesychastēs⟩
Paulos ⟨Silentiaros⟩
Paulus ⟨Eleusensis⟩
Paulus ⟨Elusensis⟩
Paulus ⟨Scriptor Ecclesiasticus⟩
Paulus ⟨Silentiarius⟩

Paulus ⟨Hungarus⟩
→ **Pál ⟨Váci⟩**

Paulus ⟨Hungarus⟩
gest. 1242 · OP
Notabilien zur Comp. II und Comp. III; Summa de poenitentia
LMA,VI,1828
Paolo ⟨Canonista Bolognese⟩
Paolo ⟨Ungaro⟩
Paul ⟨le Hongrois⟩
Paulus ⟨Bononiensis⟩
Paulus ⟨Presbyter Sancti Nicolai⟩
Paulus ⟨Ungarus⟩
Paulus ⟨von Sankt Nicolai⟩
Paulus ⟨von Sankt Nikolaus⟩
Paulus ⟨von Ungarn⟩

Paulus ⟨Iadrensis⟩
→ **Paulus ⟨de Paulo⟩**

Paulus ⟨Iudaeus⟩
gest. 1066 · OSB
Vita et miracula S. Erhardi
VL(2),7,388/390
Iudaeus, Paulus
Paul ⟨de Fulde⟩
Paul ⟨Hagiographe⟩
Paul ⟨le Juif⟩
Paul ⟨Moine à Fulde⟩
Paululus
Paulus ⟨Fuldensis Monachus⟩
Paulus ⟨Monachus Fuldensis⟩

Paulus ⟨Jadrensis⟩
→ **Paulus ⟨de Paulo⟩**

Paulus ⟨Kal⟩
→ **Kal, Paulus**

Paulus ⟨Kölner⟩
→ **Kölner, Paulus**

Paulus ⟨Laelii Petroni⟩
→ **Paulus ⟨Petroni⟩**

Paulus ⟨Lector Lipsiensis⟩
→ **Paulus ⟨Rypen⟩**

Paulus ⟨Lescher⟩
→ **Lescher, Paulus**

Paulus ⟨Leubmann⟩
→ **Paulus ⟨de Mellico⟩**

Paulus ⟨Levita⟩
→ **Paulus ⟨Diaconus⟩**

Paulus ⟨Lulmius⟩
gest. 1484
Lulmius, Paulus
Olmi, Paolo
Paolo ⟨Olmi⟩
Paulus ⟨Bergomensis⟩
Paulus ⟨de Bergamo⟩
Paulus ⟨Lulma⟩
Paulus ⟨Ulmeus⟩
Paulus ⟨Ulmius⟩
Ulmeus, Paulus
Ulmius, Paulus

Paulus ⟨Marsus⟩
→ **Marsus, Paulus**

Paulus ⟨Matugliani⟩
→ **Paulus ⟨de Bononia⟩**

Paulus ⟨Medicus⟩
→ **Paulus ⟨Nicaenus⟩**

Paulus ⟨Meister⟩
um 1400
Aphrodisiakisches Rezeptar
VL(2),7,387
Meister Paulus
Paulus ⟨Apotheker⟩
Paulus ⟨Arzt⟩

Paulus ⟨Meysner⟩
gest. ca. 1472 · OP
Sermo ad clerum pridie Nativ.; Compilatio terminorum inusitatorum; Auctoritates philosophicae ab eo collectae
Kaeppeli,III,207/208
Meysner, Paulus

Paulus ⟨Monachus⟩
→ **Paulus ⟨Camaldulensis⟩**

Paulus ⟨Monachus Fuldensis⟩
→ **Paulus ⟨Iudaeus⟩**

Paulus ⟨Monachus Montis Cassini⟩
→ **Paulus ⟨Grammaticus⟩**

Paulus ⟨Monachus Sancti Petri in Valle⟩
→ **Paulus ⟨Sancti Petri Carnotensis⟩**

Paulus ⟨Monembasiae⟩
10. Jh.
Tusculum-Lexikon; CSGL
Monembasiae, Paulus
Paolo ⟨di Monembasia⟩
Paul ⟨de Monembasie⟩
Paulos ⟨Episkopos⟩
Paulos ⟨von Monembasia⟩

Paulus ⟨Monothelet⟩
→ **Paulus ⟨Constantinopolitanus, II.⟩**

Paulus ⟨Neapolitanus⟩
um 640
Übers. die Acta S. Mariae Aegyptiacae vom Griech. ins Lat.
Potth. 905
Neapolitanus, Paulus
Paul ⟨de Naples⟩
Paul ⟨Diacre à Naples⟩
Paulus ⟨Diaconus Neapolitanae Ecclesiae⟩
Paulus ⟨Diaconus Neapolitanus⟩

Paulus ⟨Nicaenus⟩
7./14. Jh.
Tusculum-Lexikon; CSGL
Nicaenus, Paulus
Paolo ⟨di Nicea⟩
Paulos ⟨Nikaios⟩
Paulus ⟨Medicus⟩
Paulus ⟨Nicaeensis⟩

Paulus ⟨Nicolettus Venetus⟩
→ **Paulus ⟨de Venetiis⟩**

Paulus ⟨Nisibenus⟩
gest. 571
Instituta regularia divinae legis, von Iunillus ⟨Africanus⟩ ins Lateinische übersetzt
Cpl 872; LMA,VI,1817
Nisibenus, Paulus
Paul ⟨de Nisibe⟩
Paul ⟨Evêque⟩
Paulos ⟨Nestorianischer Bischof⟩
Paulos ⟨von Nisibis⟩

Paulus ⟨of Chartres⟩
→ **Paulus ⟨Sancti Petri Carnotensis⟩**

Paulus ⟨of Saint-Pierre⟩
→ **Paulus ⟨Sancti Petri Carnotensis⟩**

Paulus ⟨Papa, I.⟩
gest. 767
LMA,VI,1823
Paolo ⟨Papa, I.⟩
Paul ⟨Papst, I.⟩
Paulus ⟨Sanctus⟩

Paulus ⟨Papa, II.⟩
1418 – 1471
LMA,VI,1823/24
Barbo, Pierre
Barbo, Pietro
Paolo ⟨Papa, II.⟩
Paul ⟨Papa, II.⟩
Paul ⟨Papst, II.⟩
Petrus ⟨Barbo⟩
Pierre ⟨Barbo⟩
Pietro ⟨Barbo⟩

Paulus ⟨Patriarch, II.⟩
→ **Paulus ⟨Constantinopolitanus, II.⟩**

Paulus ⟨Perfidus⟩
um 670
Epistola
Potth. 906
Paul ⟨Perfidus⟩
Paul ⟨Tyran en Gaule⟩
Perfidus, Paulus

Paulus ⟨Pergulensis⟩
gest. 1455
Compendium logicae
Paul ⟨de Pergula⟩
Paul ⟨of Pergula⟩
Paulus ⟨de Pergula⟩

Paulus ⟨Persa⟩
um 570
Disputatio cum Manichaeo u.a.; Instituta regularia divinae legis
Cpg 7010 -7015
Paolo ⟨il Persiano⟩
Paul ⟨le Perse⟩
Paul ⟨Syrien⟩
Persa, Paulus

Paulus ⟨Perusinus⟩
→ **Paulus ⟨de Guastaferris⟩**
→ **Paulus ⟨de Perusio⟩**

Paulus ⟨Petroni⟩
um 1447
Miscellanea historica ab a. 1433-1446
Potth. 905
Laelii Petroni, Paulus
Paul ⟨Petroni⟩
Paulus ⟨Filius Laelii Petroni⟩
Paulus ⟨Laelii Petroni⟩
Petroni, Paul
Petroni, Paulus

Paulus ⟨Presbyter⟩
→ **Paulus ⟨Bernriedensis⟩**

Paulus ⟨Presbyter Sancti Nicolai⟩
→ **Paulus ⟨Hungarus⟩**

Paulus ⟨Puteolanus⟩
um 1331
Paul ⟨de Pouzzoles⟩
Paulinus ⟨of Pozzuoli⟩
Pseudo-Iordanus
Pseudo-Jordanus
Puteolanus, Paulus

Paulus ⟨Quastaferrus⟩
→ **Paulus ⟨de Guastaferris⟩**

Paulus ⟨Ratisbonensis⟩
→ **Paulus ⟨Bernriedensis⟩**

Paulus ⟨Rypen⟩
14./15. Jh. · OP
Sermones dominicales; Tract. de poenitentia et confessione
Kaeppeli,III,208
Paulus ⟨Lector Lipsiensis⟩
Rypen, Paulus

Paulus ⟨Sancti Petri Carnotensis⟩
um 1060/88 · OSB
Vetus Agano
Paul ⟨de Saint-Père de Chartres⟩
Paulus ⟨Carnotensis⟩
Paulus ⟨de Saint-Père⟩
Paulus ⟨de Saint-Pierre de Chartres⟩
Paulus ⟨Moine⟩
Paulus ⟨Monachus Sancti Petri in Valle⟩
Paulus ⟨Monk⟩
Paulus ⟨of Chartres⟩
Paulus ⟨of Saint-Pierre⟩
Sancti Petri Carnotensis, Paulus

Paulus ⟨Sanctus⟩
→ **Paulus ⟨Papa, I.⟩**

Paulus ⟨Saurer⟩
um 1475/88 · OP
Sermones 5 Passaviae habiti
Kaeppeli,III,208/209
Paulus ⟨de Erding⟩
Saurer, Paulus

Paulus ⟨Scolari⟩
→ **Clemens ⟨Papa, III.⟩**

Paulus ⟨Scordilli⟩
um 1410
Forts. des Liber pontificalis ecclesiae Ravennatis des Agnellus ⟨de Ravenna⟩
Potth. 26; 906
Paul ⟨Prévôt de l'Eglise de Ravenne⟩
Paul ⟨Scordillo⟩
Paulus ⟨Scordillus⟩
Scordilli, Paulus
Scordillo, Paul

Paulus ⟨Scriptor Ecclesiasticus⟩
→ **Paulus ⟨Helladicus⟩**

Paulus ⟨Silentiarius⟩
→ **Paulus ⟨Helladicus⟩**

Paulus ⟨Silentiarius⟩
um 562
LThK; CSGL; Tusculum-Lexikon
Paolo ⟨Silenziario⟩
Paul ⟨Florus⟩
Paul ⟨le Silentiaire⟩
Paulos ⟨Silentiarios⟩
Paulus ⟨Cyrus Florus⟩
Paulus ⟨the Silentiary⟩
Silentiarius, Paulus

Paulus ⟨Soncinas⟩
→ **Soncinas, Paulus**

Paulus ⟨Suardus⟩
→ **Suardus, Paulus**

Paulus ⟨Tellae Episcopus⟩
→ **Paulus ⟨de Tella⟩**

Paulus ⟨the Silentiary⟩
→ **Paulus ⟨Silentiarius⟩**

Paulus ⟨Ulmius⟩
→ **Paulus ⟨Lulmius⟩**

Paulus ⟨Umber⟩
→ **Paulus ⟨de Guastaferris⟩**

Paulus ⟨Ungarus⟩
→ **Paulus ⟨Hungarus⟩**

Paulus ⟨Venetus⟩
→ **Paulus ⟨de Venetiis⟩**
→ **Polo, Marco**

Paulus ⟨Virdunensis⟩
gest. 647
Epistulae ad Desiderium Cadurcensem Episcopum
Cpl 1303; LThK
Paul ⟨Bishop⟩
Paul ⟨de Verdun⟩
Paul ⟨Evêque⟩
Paul ⟨of Verdun⟩
Paul ⟨Saint⟩
Paulus ⟨Bischof⟩
Paulus ⟨Heiliger⟩
Paulus ⟨von Verdun⟩

Paulus ⟨Vladimir⟩
→ **Vladimir, Paulus**

Paulus ⟨von Ägina⟩
→ **Paulus ⟨Aegineta⟩**

Paulus ⟨von Bernried⟩
→ **Paulus ⟨Bernriedensis⟩**

Paulus ⟨von Burgos⟩
→ **Paulus ⟨Burgensis⟩**

Paulus ⟨von Cordoba⟩
→ **Paulus ⟨Albarus⟩**

Paulus ⟨von Freiberg⟩
15. Jh.
Guter Wundtranck
VL(2),7,388
Freiberg, Paulus ¬von¬

Paulus ⟨von Güglingen⟩
→ **Waltherus, Paulus**

Paulus ⟨von Konstantinopel⟩
→ **Paulus ⟨Constantinopolitanus, II.⟩**

Paulus ⟨von Mérida⟩
→ **Paulus ⟨Emeritensis⟩**

Paulus ⟨von Sankt Nikolaus⟩
→ **Paulus ⟨Hungarus⟩**

Paulus ⟨von Tellā⟩
→ **Paulus ⟨de Tella⟩**

Paulus ⟨von Ungarn⟩
→ **Paulus ⟨Hungarus⟩**

Paulus ⟨von Verdun⟩
→ **Paulus ⟨Virdunensis⟩**

Paulus ⟨von Zara⟩
→ **Paulus ⟨de Paulo⟩**

Paulus ⟨Waltherus⟩
→ **Waltherus, Paulus**

Paulus ⟨Wann⟩
ca. 1420 – 1489
Esth.; Cant.; Rom.
Stegmüller, Repert. sentent. 619; Stegmüller, Repert. bibl. 6350-6352
Paul ⟨de Passau⟩
Paul ⟨Wan⟩
Paul ⟨Wann⟩
Paulus ⟨de Kemnat⟩
Paulus ⟨Wann de Chemnaten⟩
Paulus ⟨Wann de Kemnat⟩
Wan, Paul
Wann, Paul
Wann, Paulus

Paulus ⟨Warnefridus⟩
→ **Paulus ⟨Diaconus⟩**

Paulus ⟨Wiennensis⟩
→ **Paulus ⟨de Gelria⟩**

Paulus ⟨Wladimir⟩
→ **Vladimir, Paulus**

Paulus ⟨Wlodkowic⟩
→ **Vladimir, Paulus**

Paulus, Hieronymus
gest. 1497
De fluminibus et montibus Hispaniae et de urbe Barcinonensi; Practica Cancellariae Apostolicae
Barchin, Hieronymus Paulus
Barchin, Paul Hieronymus
Barcino, Paolo Girolamo
Barcino, Paul Hieronymus
Hieronymus ⟨Pauli⟩
Hieronymus ⟨Paulus⟩
Hieronymus ⟨Paulus Catalanus⟩
Hieronymus Paulus ⟨Barchin⟩
Hieronymus Paulus ⟨Barcionensis⟩
Jérôme ⟨Pauli⟩
Jerónimo ⟨Pau⟩
Jerónymo ⟨Pau⟩
Paolo Girolamo ⟨Barcino⟩
Pau, Jerónimo
Pau, Jerónymo
Paul Hieronymus ⟨Barchin⟩
Paul Hieronymus ⟨Barcino⟩
Pauli, Hieronymus
Pauli, Jérôme

Paulus, Marcus
→ **Polo, Marco**

Paulus, Theodoricus
→ **Theodoricus ⟨Gorcomiensis⟩**

Paulus al-Anṭākī
→ **Būlus ar-Rāhib al-Anṭākī**

Paulus al-Būšī
→ **Būlus al-Būšī**

Paulus ar-Rāhib al-Anṭākī
→ **Būlus ar-Rāhib al-Anṭākī**

Paumann, Konrad
1410 – 1473
Locheimer Liederbuch; Fundamentum organisandi
LMA,VI,1828; MGG
Conrad ⟨Paumann⟩
Konrad ⟨Paumann⟩
Paumann, Conrad

Paumgartner, Konrad
ca. 1380 – 1464
VL(2),7,393/95 ; LMA,VI,1828/29
Cunrad ⟨Paumgartner⟩
Konrad ⟨Paumgartner⟩
Paumgartner, Cunrad

Paumholcz, Albrecht
→ **Baumholz, Albrecht**

Pauper
Lebensdaten nicht ermittelt
Super VI Principia
Lohr

Paur ⟨Herr⟩
→ **Wagner, Ulrich**

Pauvre, Robert
→ **Robert ⟨de Clary⟩**

Pauwels, Thierry
→ **Theodoricus ⟨Gorcomiensis⟩**

Pavaṇandi Muṇivar
→ **Pavaṇanti**

Pavaṇanti
ca. 1178 – ca. 1214
Muṇivar, Pavaṇandi
Muṇivar, Pavaṇanti
Pavaṇandi
Pavaṇandi Muṇivar
Pavananthi
Pavaṇanti Muṇivar

Pavinis, Johannes Franciscus ¬de¬
→ **Johannes Franciscus ⟨de Pavinis⟩**

Pawet ⟨z Worczyna⟩
→ **Paulus ⟨de Worczyn⟩**

Pawlowius, Bernardus
→ **Bernardus ⟨Pawlowius⟩**

Pax ⟨de Mediolano⟩
→ **Pax ⟨de Vedano⟩**

Pax ⟨de Vedano⟩
um 1311/41 · OP
Rationes expensarum factarum per fr. Pacem inquis. marchiae Ianuensis
Schönberger/Kible, Repertorium, 16158; Kaeppeli,III,209
Pax ⟨de Mediolano⟩
Pax ⟨Inquisitor Marchiae Ianuensis⟩
Vedano, Pax ¬de¬

Payen ⟨Bolotin⟩
→ **Paganus ⟨Bolotinus⟩**

Payen ⟨de Chartres⟩
→ **Paganus ⟨Bolotinus⟩**

Payen ⟨de Corbeil⟩
→ **Paganus ⟨Corbeiensis⟩**

Payen ⟨Poète⟩
→ **Paganus ⟨Bolotinus⟩**

Payne, Petrus
gest. 1455
Wird gelegentlich für den Verf. der Confutatio primatus papae gehalten
Potth. 341; 907
Paganus ⟨Freing⟩
Payne, Peter
Payne, Pierre
Peter ⟨Payne⟩
Petrus ⟨Payne⟩
Pierre ⟨Payne⟩

Payo ⟨Gómez Chariño⟩
→ **Pai ⟨Gomes Charinho⟩**

Payraco, Johannes ¬de¬
→ **Johannes ⟨de Payraco⟩**

Pe. ⟨de An.⟩
→ **Petrus ⟨Sutton⟩**

Peacock, Reginald
→ **Pecock, Reginald**

Péan ⟨Gatineau⟩
13. Jh.
Vie de Saint Martin; Chronicon S. Martini Turonensis 249-1297
Potth. 891
Gatineau, Péan
Gatinelli, Paganus
Paganus ⟨Gatinelli⟩
Peain ⟨Gatineau⟩

Pecano, Johannes ¬de¬
→ **Johannes ⟨Peckham⟩**

Peccator, Isidorus
→ **Isidorus ⟨Mercator⟩**

Pecciolis, Dominicus ¬de¬
→ **Dominicus ⟨de Pecciolis⟩**

Pečerskij, Feodosij
→ **Feodosij ⟨Pečerskij⟩**

Pecha, Alonso
→ **Alfonsus ⟨Giennensis⟩**

Pecham, John
→ **Johannes ⟨Peckham⟩**

Pechanus, Johannes
→ **Johannes ⟨Peckham⟩**

Pechtwinus ⟨Candidae Casae⟩
→ **Pechtwinus ⟨Scotus⟩**

Pechtwinus ⟨Scotus⟩
gest. ca. 776/99
Commentaria in sacram Scripturam
Stegmüller, Repert. bibl. 6354
Pechtwin ⟨de Galoway⟩
Pechtwinus ⟨Candidae Casae⟩
Pectwin ⟨de Candida Casa⟩
Pistuinus
Scotus, Pechtwinus

Peckham, Johannes
→ **Johannes ⟨Peckham⟩**

Peckham, Pierre ¬de¬
→ **Pierre ⟨de Peckham⟩**

Pecock, Reginald
gest. 1461
The repressor of over much blaming the clergy
LThK; LMA,VI,1848/49
Peacock, Reginald
Reginald ⟨Pavo⟩
Reginald ⟨Pecock⟩
Reginaldus ⟨Pavo⟩
Reginaldus ⟨Pekok⟩

Pectwin ⟨de Candida Casa⟩
→ **Pechtwinus ⟨Scotus⟩**

Pede Montium, Franciscus ¬de¬
→ **Franciscus ⟨de Pede Montium⟩**

Pediadites, Basilius
→ **Basilius ⟨Pediadites⟩**

Pediasimus, Johannes
→ **Johannes ⟨Pediasimus⟩**

Pediasimus, Theodorus
→ **Theodorus ⟨Pediasimus⟩**

Pedraz, Martín Alonso
→ **Martín ⟨de Córdoba⟩**

Pedre ⟨Marsili⟩
→ **Petrus ⟨Marsilii⟩**

Pedrino, Giovanni ¬di¬
→ **Giovanni ⟨di Pedrino⟩**

Pedro ⟨Alfardo⟩
→ **Alfardus, Petrus**

Pedro ⟨Alfonso⟩
→ **Petrus ⟨Alfonsi⟩**

Pedro ⟨Aragón, Rey, III.⟩
1236 – 1285
De rebus regni Siciliae
LMA,VI,1923
Pedro ⟨el Gran⟩
Pedro ⟨el Grande⟩
Pere ⟨el Gran⟩
Peter ⟨Aragon, King, III.⟩
Peter ⟨Aragon, König, III.⟩
Peter ⟨Barcelona, Graf⟩
Peter ⟨the Great⟩
Peter ⟨Valencia, König, III.⟩
Pierre ⟨Aragon, Roi, III.⟩
Pierre ⟨Barcelone, Comte⟩
Pierre ⟨le Grand⟩
Pierre ⟨Sicile, Roi⟩

Pedro ⟨Aragón, Rey, IV.⟩
ca. 1319 – 1387
LMA,VI,1926
Pedro ⟨el Ceremonioso⟩
Pere ⟨el Cerimoniós⟩
Peter ⟨Aragon, King, IV.⟩
Peter ⟨Aragon, König, IV.⟩
Peter ⟨Aragonien, König, IV.⟩
Peter ⟨Athen, Herzog⟩
Peter ⟨Barcelona, Graf⟩
Peter ⟨der Zeremoniöse⟩
Peter ⟨Katalonien, König, IV.⟩
Peter ⟨Neopatras, Herzog⟩
Peter ⟨Valencia, König, IV.⟩
Petrus ⟨de Aragonia⟩

Pedro ⟨Barcellos, Conde⟩
→ **Pedro Afonso ⟨Barcelos, Conde⟩**

Pedro ⟨Belluga⟩
→ **Petrus ⟨Belluga⟩**

Pedro ⟨Carrillo de Huete⟩
→ **Carrillo de Huete, Pedro**

Pedro ⟨Cijar⟩
→ **Cijar, Pedro**

Pedro ⟨Coimbra, Duque⟩
→ **Pedro ⟨Portugal, Infant⟩**

Pedro ⟨Conde de Haro⟩
→ **Fernández de Velasco, Pedro**

Pedro ⟨Dagui⟩
→ **Dagui, Petrus**

Pedro ⟨d'Auvergne⟩
→ **Petrus ⟨de Arvernia⟩**

Pedro ⟨de Aterrabia⟩
→ **Petrus ⟨de Aterrabia⟩**

Pedro ⟨de Barcelos⟩
→ **Pedro Afonso ⟨Barcelos, Conde⟩**

Pedro ⟨de Corral⟩
→ **Corral, Pedro ¬de¬**

Pedro ⟨de Escavias⟩
→ **Escavias, Pedro ¬de¬**

Pedro ⟨de Jaén⟩
→ **Pedro ⟨Pascual⟩**

Pedro ⟨de los Escavias⟩
→ **Escavias, Pedro ¬de¬**

Pedro ⟨de Luna⟩
→ **Benedictus ⟨Papa, XIII., Antipapa⟩**

Pedro ⟨de Navarra⟩
→ **Petrus ⟨de Aterrabia⟩**

Pedro ⟨de Osma⟩
→ **Petrus ⟨de Osma⟩**

Pedro ⟨de Poitiers⟩
→ **Petrus ⟨Pictaviensis, Cluniacensis Monachus⟩**

Pedro ⟨de Prexano⟩
→ **Petrus ⟨Ximenius de Prexano⟩**

Pedro ⟨de San-Juan de la Peña⟩
→ **Petrus ⟨Marfillus⟩**

Pedro ⟨de Verona⟩
→ **Petrus ⟨Martyr⟩**

Pedro ⟨del Corral⟩
→ **Corral, Pedro ¬de¬**

Pedro ⟨Díaz⟩
→ **Díaz, Pedro**

Pedro ⟨el Buen Conde de Haro⟩
→ **Fernández de Velasco, Pedro**

Pedro ⟨el Ceremonioso⟩
→ **Pedro ⟨Aragón, Rey, IV.⟩**

Pedro ⟨el Grande⟩
→ **Pedro ⟨Aragón, Rey, III.⟩**

Pedro ⟨Fernández de Velasco⟩
→ **Fernández de Velasco, Pedro**

Pedro ⟨Gallego⟩
→ **Petrus ⟨Gallego⟩**

Pedro ⟨Gómez Barroso⟩
→ **Gómez Barroso, Pedro**

Pedro ⟨González de Mendoza⟩
→ **González de Mendoza, Pedro ⟨...⟩**

Pedro ⟨Guillén⟩
→ **Guillén, Pedro**

Pedro ⟨Hispano⟩
→ **Johannes ⟨Papa, XXI.⟩**
→ **Petrus ⟨Hispanus⟩**

Pedro ⟨Julião Rebello⟩
→ **Johannes ⟨Papa, XXI.⟩**

Pedro ⟨López de Ayala⟩
→ **López de Ayala, Pedro**

Pedro ⟨Mantuano⟩
→ **Petrus ⟨Mantuanus⟩**

Pedro ⟨Marfilo⟩
→ **Petrus ⟨Marfillus⟩**

Pedro ⟨Martir⟩
→ **Pedro ⟨Pascual⟩**

Pedro ⟨Nolasco⟩
→ **Petrus ⟨Nolascus⟩**

Pedro ⟨Pascual⟩
gest. 1300
LMA,VI,1854/55
Paschal, Pierre ¬de¬
Paschalius, Petrus
Paschasius, Petrus
Pascual, Pedro
Pedro ⟨de Jaén⟩
Pedro ⟨Martir⟩
Pere ⟨Pascual⟩
Peter Nicholas ⟨Pascual⟩
Petrus ⟨Giennensis⟩
Petrus ⟨of Jaén⟩
Petrus ⟨Paschalis⟩
Petrus ⟨Paschasius⟩
Pierre ⟨de Paschal⟩
Pierre ⟨Paschal⟩

Pedro ⟨Portugal, Infant⟩
1392 – 1449
O livro da vertuosa benfeytoria
LMA,VI,1851/52
Pedro ⟨Coimbra, Duque⟩
Pedro ⟨von Montemar und Aveiro⟩
Peter ⟨Coimbra, Herzog⟩
Peter ⟨Portugal, Infant, 1392-1449⟩
Pierre ⟨Coïmbre, Duc⟩
Pierre ⟨Portugal, Régent⟩

Pedro ⟨Tafur⟩
→ **Tafur, Pero**

Pedro ⟨Thomas⟩
→ **Petrus ⟨Thomas⟩**

Pedro ⟨Tomas⟩
→ **Petrus ⟨Thomae⟩**

Pedro ⟨Tomich⟩
→ **Tomic, Pere**

Pedro ⟨Vaz de Caminha⟩
→ **Caminha, Pero Vaz ¬de¬**

Pedro ⟨von Montemar und Aveiro⟩
→ **Pedro ⟨Portugal, Infant⟩**

Pedro ⟨Ximenez⟩
→ **Petrus ⟨Ximenius de Prexano⟩**

Pedro, Diego de San
→ **San Pedro, Diego Fernández ¬de¬**

Pedro, Johannes
→ **Johannes ⟨Pedro⟩**

Pedro Afonso ⟨Barcelos, Conde⟩
ca. 1285 – 1354
Canzoniere; Crónica geral de Espanha
LMA,VI,1852/53
Barcelos, Pedro ¬de¬
Bracelos, Pedro ¬de¬
Bracelos, Petrus ¬de¬
Pedro ⟨Barcellos, Conde⟩
Pedro ⟨de Barcelos⟩
Pedro ⟨de Bracelos⟩
Pedro Afonso ⟨Barcelos, Graf⟩
Petrus ⟨de Bracelos⟩
Pierre ⟨Barcellos, Comte⟩

Pedro Guillén ⟨de Sevilla⟩
→ **Guillén, Pedro**

Pegolotti, Francesco Balducci
→ **Balducci Pegolotti, Francesco**

Péguilain, Aimeric ¬de¬
→ **Aimeric ⟨de Peguilhan⟩**

Peham, Michael
→ **Beheim, Michael**

Pehn, Michael
→ **Beheim, Michael**

Peire ⟨Cardenal⟩
ca. 1225 – ca. 1272
Meyer; LMA,II,1503/05
Cardenal, Peire
Pierre ⟨Cardenal⟩

Peire ⟨d'Alvernha⟩
12. Jh.
Meyer; LMA,VI,1857/58
Alvernha, Peire ¬d'¬
Peire ⟨d'Alvergne⟩
Peire ⟨d'Alvernhe⟩
Peire ⟨d'Auvergne⟩
Peire ⟨von Auvergne⟩
Peirol ⟨von Auvergne⟩
Pierre ⟨d'Auvergne⟩

Peire ⟨de Cazals⟩
→ **Guilhem Peire ⟨de Cazals⟩**

Peire ⟨Rogier⟩
um 1160/80
Provenzal. Troubadour
LMA,VI,1858
Peire Rogier
Pierre ⟨Rogier⟩
Rogier, Peire
Rogier, Pierre

Peire ⟨Vidal⟩
ca. 1175 – 1210
Meyer; LMA,VIII,1633/34
Pierre ⟨Vidal⟩
Vidal, Peire

Peire ⟨von Auvergne⟩
→ **Peire ⟨d'Alvernha⟩**

Peire de Cazals, Guilhem ¬de¬
→ **Guilhem Peire ⟨de Cazals⟩**

Peire Raimon ⟨de Tolosa⟩
12./13. Jh.
Provenzal. Troubadour; möglicherweise zwei Personen
LMA,VI,1858
Peire Raimon ⟨of Toulouse⟩
Peire Reimon ⟨de Tolosa⟩
Tolosa, Peire R. ¬de¬
Tolosa, Peire Raimon ¬de¬

Peirin ⟨de Dijon⟩
→ **Perrin ⟨de Dijon⟩**

Peirin ⟨Remiet⟩
→ **Remiet, Pierre**

Peirol
um 1190/1222
Troubadour; nicht identisch mit Peire ⟨d'Alvernha⟩
LMA,VI,1859

Peirol ⟨von Auvergne⟩
→ **Peire ⟨d'Alvernha⟩**

Peiser, Oswald
gest. 1470 · OPraem
Vokabular; Dekretsammlung
VL(2),7,396/397
Oswald ⟨Peiser⟩

Peisern, Bernhard ¬von¬
→ **Bernhard ⟨von Peisern⟩**

Peklo, Johannes
→ **Johannes ⟨Peklo⟩**

Pelacani, Blaise
→ **Blasius ⟨Parmensis⟩**

Pelagalli, Henricus
→ **Henricus ⟨Pelagalli⟩**

Pelagallus, Michael
→ **Michael ⟨Pelagallus⟩**

Pélage ⟨Archidiacre⟩
→ **Pelagius ⟨Tyrassonensis⟩**

Pélage ⟨de Coïmbre⟩
→ **Pelagius ⟨Parvus Lusitanus⟩**

Pélage ⟨de Tarazona⟩
→ **Pelagius ⟨Tyrassonensis⟩**

Pélage ⟨d'Oviedo⟩
→ **Pelagius ⟨Ovetensis⟩**

Pélage ⟨Fils de Wunigild⟩
→ **Pelagius ⟨Papa, II.⟩**

Pélage ⟨Pape, ...⟩
→ **Pelagius ⟨Papa, ...⟩**

Pelagii, Johannes
→ **Johannes ⟨Pelagii⟩**

Pelagio ⟨de Oviedo⟩
→ **Pelagius ⟨Ovetensis⟩**

Pelagio ⟨Papa, ...⟩
→ **Pelagius ⟨Papa, ...⟩**

Pelagius ⟨Coninbrigensis⟩
→ **Pelagius ⟨Parvus Lusitanus⟩**

Pelagius ⟨Diaconus Tyrassonensis⟩
→ **Pelagius ⟨Tyrassonensis⟩**

Pelagius ⟨Lusitanus⟩
→ **Pelagius ⟨Parvus Lusitanus⟩**

Pelagius ⟨Ovetensis⟩
gest. 1153
Historia de arcae sanctae translatione
LThK; Tusculum-Lexikon; LMA,VI,1863/64
Pélage ⟨d'Oviedo⟩
Pelagio ⟨de Oviedo⟩
Pelagio ⟨Obispo⟩
Pelagius ⟨von Oviedo⟩
Pelayo
Pelayo ⟨von Oviedo⟩

Pelagius ⟨Papa, I.⟩
gest. 561
LMA,VI,1859
Pélage ⟨Pape, I.⟩
Pelagio ⟨Papa, I.⟩

Pelagius ⟨Papa, II.⟩
gest. 590
LMA,VI,1859
Pélage ⟨Fils de Wunigild⟩
Pélage ⟨Pape, II.⟩
Pelagio ⟨Papa, II.⟩

Pelagius ⟨Parvus Lusitanus⟩
gest. ca. 1240 · OP
Summa sermonum de festivitatibus
Kaeppeli,III,209/210
Lusitanus, Pelagius
Paio ⟨de Coimbra⟩
Parvus, Pelagius
Pélage ⟨Conimbrigensis⟩
Pélage ⟨de Coïmbre⟩
Pelagius ⟨Coninbrigensis⟩
Pelagius ⟨Lusitanus⟩
Pelagius ⟨Parvus⟩
Pelagius ⟨Parvus Hispanus⟩

Pelagius ⟨Tyrassonensis⟩
um 572
Vita S. Prudentii episc.
Potth. 907
Pélage ⟨Archidiacre⟩
Pélage ⟨de Tarazona⟩
Pelagius ⟨Diaconus Tyrassonensis⟩

Pelagius ⟨von Oviedo⟩
→ **Pelagius ⟨Ovetensis⟩**

Pelagius, Alvarus
→ **Alvarus ⟨Pelagius⟩**

Pelagonius, Georgius
→ **Georgius ⟨Pelagonius⟩**

Pelayo
→ **Pelagius ⟨Ovetensis⟩**

Pelayo, Alvaro
→ **Alvarus ⟨Pelagius⟩**

Pelegrinus ⟨Laureacensis⟩
→ **Pilgrimus ⟨Pataviensis⟩**

Pelerin ⟨de Pousse⟩
→ **Pèlerin ⟨de Prusse⟩**

Pèlerin ⟨de Prusse⟩
um 1360/62
Pratique de astralabe; Livret de elecciones
Pelerin ⟨de Pousse⟩
Pelerin ⟨de Pruce⟩
Pelerinus ⟨de Prussia⟩
Prusse, Pelerin ¬de¬

Pèlerin, Richard ¬le¬
→ **Richard ⟨le Pèlerin⟩**

Pelerinus ⟨de Prussia⟩
→ **Pèlerin ⟨de Prusse⟩**

Pelhrimov, Nicolaus ¬de¬
→ **Nicolaus ⟨de Pelhrimov⟩**

Pelisson, Guillaume ¬de¬
→ **Guilelmus ⟨Pelhisso⟩**

Pellegrino ⟨di Passau⟩
→ **Pilgrimus ⟨Pataviensis⟩**

Pellegrino ⟨Prisciani⟩
→ **Peregrinus ⟨Priscianus⟩**

Peloponnesius, Procopius
→ **Procopius ⟨Peloponnesius⟩**

Pema Jungnay
→ **Padmasambhava**

Pembroke, William ¬of¬
→ **William ⟨Pembroke, Earl, I.⟩**

Penades, Barthélemy
→ **Bartholomaeus ⟨de Panades⟩**

Penbygull, Guilelmus
→ **Guilelmus ⟨Penbygull⟩**

Pencoidus, Thomas
→ **Thomas ⟨Penketh⟩**

Peniafort, Raymundus
→ **Raimundus ⟨de Pennaforti⟩**

Penînî, Yedaʿyā ¬hap-¬
ca. 1270 – ca. 1340
Sēfer beḥînôt ʿôlām
LMA,V,345
Bedersi, Jedaiah ben Abraham
Happenini, Jedajah
Jedaiah ⟨ha-Bedersi⟩
Jedaiah ben Abraham
Jedaja ⟨Penini⟩
Jedajah ⟨Happenini⟩
Jeda'ja Ben Abraham ha-Penini

Penketh, Thomas
→ **Thomas ⟨Penketh⟩**

Penna, Johannes ¬de¬
→ **Johannes ⟨de Penna⟩**

Penna, Lucas ¬de¬
→ **Lucas ⟨de Penna⟩**

Pennaforti, Raimundus ¬de¬
→ **Raimundus ⟨de Pennaforti⟩**

Penne, Guillaume ¬de la¬
→ **Guillaume ⟨de la Penne⟩**

Penne, Luca ¬da¬
→ **Lucas ⟨de Penna⟩**

Penninc
13. Jh.
Roman van Walewein
Vostaert, Penninc

Pennis, Petrus ¬de¬
→ **Petrus ⟨de Pennis⟩**

Penthièvre, Jeanne ¬de¬
→ **Jeanne ⟨Bretagne, Duchesse⟩**

Pépin ⟨Aquitaine, Roi, I.⟩
797 – 838
Diplomata 22 annorum 818-838
LMA,VI,2170; Potth. 928
Pépin ⟨d'Aquitaine⟩
Pipino ⟨Aquitania, Re, I.⟩
Pippin ⟨Aquitanien, König, I.⟩
Pippinus ⟨Aquitania, Rex, I.⟩
Pippinus ⟨Filius Ludovici Pii⟩

Pépin ⟨Aquitaine, Roi, II.⟩
823 – 864
Diplomata 9 annorum 839-848
LMA,VI,2170/71; Potth. 928
Pipino ⟨Aquitania, Re, II.⟩
Pippin ⟨Aquitanien, König, II.⟩
Pippinus ⟨Aquitania, Rex, II.⟩

Pepin ⟨Carloman⟩
→ **Pipino ⟨Italia, Re⟩**

Pépin ⟨d'Aquitaine⟩
→ **Pépin ⟨Aquitaine, Roi, ...⟩**

Pépin ⟨d'Héristal⟩
→ **Pippinus ⟨ab Heristallo⟩**

Pépin ⟨Italie, Roi⟩
→ **Pipino ⟨Italia, Re⟩**

Pépin ⟨le Gros⟩
→ **Pippinus ⟨ab Heristallo⟩**

Pépin ⟨Maire du Palais d'Austrasie⟩
→ **Pippinus ⟨ab Heristallo⟩**

Pera, Antonius ¬de¬
→ **Antonius ⟨de Pera⟩**

Pera, Georgius ¬de¬
→ **Georgius ⟨de Pera⟩**

Pera, Johannes ¬de¬
→ **Johannes ⟨de Pera⟩**

Pera, Philippus ¬de¬
→ **Philippus ⟨Incontri de Pera⟩**

Peraga, Bonaventura ¬de¬
→ **Bonaventura ⟨de Peraga⟩**

Peraldus, Guilelmus
→ **Guilelmus ⟨Peraldus⟩**

Peralta, Philippus ¬de¬
→ **Philippus ⟨de Peralta⟩**

Pérault, Guillaume
→ **Guilelmus ⟨Peraldus⟩**

Perceval ⟨de Cagny⟩
ca. 1375 – ca. 1438
Chronique des ducs d'Alençon
Potth. 908; LMA,VI,1878; Rep.Font. III,105
Cagny, Perceval ¬de¬
Cagny, Robert ¬de¬
Caigny, Perceval ¬de¬
Perceval ⟨de Caigny⟩
Robert ⟨de Cagny⟩

Perceval ⟨Doria⟩
→ **Doria, Perceval**

Perchtholdus ⟨...⟩
→ **Bertholdus ⟨...⟩**

Perchtolt ⟨...⟩
→ **Berthold ⟨...⟩**

Percivalle ⟨Doria⟩
→ **Doria, Perceval**

Perdicas ⟨Ephesius⟩
14. Jh.
Descriptio Terrae Sanctae; Expositio thematum dominicorum et memorabilium quae Hierosolymis sunt
Potth. 908; DOC,2,1452
Ephesius, Perdicas
Perdicas ⟨of Ephesus⟩
Perdicas ⟨Protonotarius⟩
Perdiccas ⟨d'Ephèse⟩
Perdiccas ⟨Ephesius⟩
Perdiccas ⟨of Ephesus⟩
Perdiccas ⟨Protonotaire⟩
Perdiccas ⟨Protonotarius⟩
Perdikas ⟨d'Ephèse⟩
Perdikas ⟨Ephesius⟩
Perdikas ⟨von Ephesos⟩

Perdigon
um 1192/1220
Provenzal. Spielmann
LMA,VI,1882
Perdigo
Perdigon ⟨de Lespéron⟩

Perdikas ⟨von Ephesos⟩
→ **Perdicas ⟨Ephesius⟩**

Pere ⟨Dagui⟩
→ **Dagui, Petrus**

Pere ⟨el Cerimoniós⟩
→ **Pedro ⟨Aragón, Rey, IV.⟩**

Pere ⟨el Gran⟩
→ **Pedro ⟨Aragón, Rey, III.⟩**

Pere ⟨March⟩
→ **March, Pere**

Pere ⟨Marsili⟩
→ **Petrus ⟨Marsilii⟩**

Pere ⟨Pascual⟩
→ **Pedro ⟨Pascual⟩**

Pere ⟨Tomàs⟩
→ **Petrus ⟨Thomae⟩**

Pere ⟨Tomic⟩
→ **Tomic, Pere**

Pere ⟨Torroella⟩
→ **Torroella, Pere**

Pere, Albert
→ **Albert ⟨Pere⟩**

Pérégrin ⟨Bénédictin⟩
→ **Peregrinus ⟨Hirsaugiensis⟩**

Pérégrin ⟨Cistercien⟩
→ **Peregrinus ⟨de Fontanis Albis⟩**

Pérégrin ⟨de Fontaines-les-Blanches⟩
→ **Peregrinus ⟨de Fontanis Albis⟩**

Pérégrin ⟨de Hirschau⟩
→ **Peregrinus ⟨Hirsaugiensis⟩**

Pérégrin ⟨de Pologne⟩
→ **Peregrinus ⟨de Oppeln⟩**

Pérégrin ⟨de Vendôme⟩
→ **Peregrinus ⟨de Fontanis Albis⟩**

Pérégrin ⟨Dominicain⟩
→ **Peregrinus ⟨de Oppeln⟩**

Pérégrin ⟨Prieur de Breslau⟩
→ **Peregrinus ⟨de Oppeln⟩**

Pérégrin ⟨Prieur de Ratibor⟩
→ **Peregrinus ⟨de Oppeln⟩**

Peregrinus
→ **Peregrinus ⟨de Oppeln⟩**

Peregrinus ⟨Abbas Ecclesiae Beatae Mariae de Fontanis⟩
→ **Peregrinus ⟨de Fontanis Albis⟩**

Peregrinus ⟨Baionensis⟩
→ **Peregrinus ⟨de Mercatore⟩**

Peregrinus ⟨Coloniensis⟩
13. Jh. · OP
Omnes gentes plaudite
Kaeppeli,III,210
Pillegrinus ⟨Coloniensis⟩

Peregrinus ⟨de Fontanis Albis⟩
gest. 1211 · OCist
Historia praelatorum et possessionum illius abbatiae (ca. 1127-1200)
Potth. 908
Fontanis Albis, Peregrinus ¬de¬
Pérégrin ⟨Cistercien⟩
Pérégrin ⟨de Fontaines-les-Blanches⟩
Pérégrin ⟨de Vendôme⟩
Peregrinus ⟨Abbas Ecclesiae Beatae Mariae de Fontanis⟩
Peregrinus ⟨Ecclesiae Beatae Mariae de Fontanis⟩

Peregrinus ⟨de Goch⟩
Lebensdaten nicht ermittelt
Goch, Peregrinus ¬de¬

Peregrinus ⟨de Hirsau⟩
→ **Peregrinus ⟨Hirsaugiensis⟩**

Peregrinus ⟨de Liegnitz⟩
14. Jh. · OP
Sermones in adventu (Quadragesimale Peregrini, viell. Werk von Bartholomaeus ⟨de Ferrara⟩ OP, gest. 1448); nicht identisch mit Peregrinus ⟨de Oppeln⟩
Schneyer,IV,548
Liegnitz, Peregrinus ¬de¬
Peregrinus ⟨Dominicanus⟩
Peregrinus ⟨Lignicensis⟩
Peregrinus ⟨Ligniciensis⟩
Peregrinus ⟨OP⟩

Peregrinus ⟨de Mercatore⟩
um 1311/36 · OP
De decem praeceptis
Kaeppeli,III,210/211
Mercatore, Peregrinus ¬de¬
Peregrinus ⟨Baionensis⟩

Peregrinus ⟨de Oppeln⟩
ca. 1260 – ca. 1335
De tempore et sanctis; nicht identisch mit Peregrinus ⟨de Liegnitz⟩
Schneyer,IV,548; VL(2),7,402
Oppeln, Peregrinus ¬de¬
Pérégrin ⟨de Pologne⟩
Pérégrin ⟨Dominicain⟩
Pérégrin ⟨Prieur de Breslau⟩
Pérégrin ⟨Prieur de Ratibor⟩
Peregrinus
Peregrinus ⟨d'Opole⟩
Peregrinus ⟨Inquisitor Cracoviensis⟩
Peregrinus ⟨OP⟩
Peregrinus ⟨Oppoliensis⟩
Peregrinus ⟨Oppoliensis Polonus⟩
Peregrinus ⟨Prior Rathiboriensis⟩
Peregrinus ⟨Provincial of the Dominicans in Poland⟩
Peregrinus ⟨Vratislaviensis⟩
Peregryn ⟨de Opole⟩
Pilgrim ⟨OP⟩
Pilgrim ⟨von Ratibor⟩

Peregrinus ⟨Dominicanus⟩
→ **Peregrinus ⟨de Liegnitz⟩**

Peregrinus ⟨d'Opole⟩
→ **Peregrinus ⟨de Oppeln⟩**

Peregrinus ⟨Ecclesiae Beatae Mariae de Fontanis⟩
→ **Peregrinus ⟨de Fontanis Albis⟩**

Peregrinus ⟨Germanus⟩
→ **Peregrinus ⟨Hirsaugiensis⟩**

Peregrinus ⟨Hirsaugiensis⟩
um 1075 · OSB
Das Werk „Speculum virginum" ist einmal ediert unter dem Namen Peregrinus ⟨Hirsaugiensis⟩; es handelt sich jedoch um den Dialog zwischen dem Priester Peregrinus u. einem Mädchen; Verfasserschaft ist umstritten, das Werk stammt wahrscheinlich von Conradus ⟨Hirsaugiensis⟩ (siehe VL(2),5,204/208)
Stegmüller, Repert. bibl. 6372
Hirsau, Peregrinus ¬de¬
Pérégrin ⟨Bénédictin⟩
Pérégrin ⟨de Hirschau⟩
Peregrinus ⟨de Hirsau⟩
Peregrinus ⟨Germanus⟩
Peregrinus ⟨Monachus⟩

Peregrinus ⟨Inquisitor Cracoviensis⟩
→ **Peregrinus ⟨de Oppeln⟩**

Peregrinus ⟨Laureacensis⟩
→ **Pilgrimus ⟨Pataviensis⟩**

Peregrinus ⟨Lignicensis⟩
→ **Peregrinus ⟨de Liegnitz⟩**

Peregrinus ⟨Monachus⟩
→ **Peregrinus ⟨Hirsaugiensis⟩**

Peregrinus ⟨OP⟩
→ **Peregrinus ⟨de Liegnitz⟩**
→ **Peregrinus ⟨de Oppeln⟩**

Peregrinus ⟨Oppoliensis⟩
→ **Peregrinus ⟨de Oppeln⟩**

Peregrinus ⟨Prior Rathiboriensis⟩
→ **Peregrinus ⟨de Oppeln⟩**

Peregrinus ⟨Priscianus⟩
um 1495
Historia Ferrariensis
Potth. 908
Pellegrino ⟨Prisciani⟩
Peregrinus ⟨Prisciani⟩
Peregrinus ⟨Priscianus Ferrariensis⟩
Prisciani, Pellegrino
Prisciani, Peregrinus
Priscianus, Peregrinus

Peregrinus ⟨Provincial of the Dominicans in Poland⟩
→ **Peregrinus ⟨de Oppeln⟩**

Peregrinus ⟨Vratislaviensis⟩
→ **Peregrinus ⟨de Oppeln⟩**

Peregrinus, Bartolfus
→ **Bartolfus ⟨Peregrinus⟩**

Peregrinus, Petrus
→ **Petrus ⟨Peregrinus⟩**

Peregrinus, Pinamons
→ **Pinamons ⟨Peregrinus de Brembate⟩**

Perenne, Guillaume ¬de la¬
→ **Guillaume ⟨de la Penne⟩**

Pereriis, Guillermus ¬de¬
→ **Guillermus ⟨de Pereriis⟩**

Peretola, Antonio de'Mazinghi
→ **Antonio ⟨de'Mazinghi⟩**

Perez, Jacobus
→ **Jacobus ⟨de Valentia⟩**

Perez, Michel
→ **Michael ⟨de Stella⟩**

Pérez de Guzmán, Fernán
1377/79 – ca. 1460
Mar de historias; Generaciones y semblanzas
Potth. 908; LMA,IV,1810
Ferdinand-Perez ⟨de Guzmán⟩
Fernán ⟨Pérez de Guzmán⟩
Fernán Pérez ⟨de Guzmán⟩
Guzmán, Ferdinand-Perez ¬de¬
Guzmán, Fernán Pérez ¬de¬
Guzmán, Fernán Pérez ¬de¬

Pérez de Valencia, Jaime
→ **Jacobus ⟨de Valentia⟩**

Pérez del Pulgar, Hernando
→ **Hernando ⟨del Pulgar⟩**

Perez Pardal, Vasco
→ **Vasco ⟨Perez Pardal⟩**

Perfidus, Paulus
→ **Paulus ⟨Perfidus⟩**

Pergamenus, Nicolaus
→ **Nicolaus ⟨Pergamenus⟩**

Perger, Bernhard
gest. ca. 1502
Oratio in funere imperatoris Friderici III; zwei Widmungsgedichte an Friedrich III.; Kalendarium 1482 – 1500; Introductorium artis grammaticae
VL(2),1,774; VL(2),7,404/08
Bernardus ⟨Perger⟩
Bernhard ⟨Perger⟩
Bernhard ⟨von Stainz⟩
Bernhard ⟨von Stencz⟩
Stainz, Bernhard ¬von¬
Stencz, Bernhard ¬von¬

Pergola, Gaugello Gaugelli ¬de la¬
→ **Gaugelli, Gaugello**

Peri de Genua, Benignus
→ **Benignus ⟨Peri de Genua⟩**

Periglis, Angelus ¬de¬
→ **Angelus ⟨de Ubaldis⟩**

Périgord, Talleyrand ¬de¬
→ **Talleyrand ⟨de Périgord⟩**

Perinetti ⟨a Pino⟩
→ **Dupin, Perrinet**

Peringerus ⟨Tegernseensis⟩
um 1050
Epistulae
Peringer ⟨of Tegernsee⟩
Peringerus ⟨Abbas⟩

Perino ⟨Tomacelli⟩
→ **Bonifatius ⟨Papa, VIIII.⟩**

Perler, Peter
→ **Parler, Peter**

Perm, Stefan ¬von¬
→ **Stefan ⟨Permskij⟩**

Permeter, Johannes
→ **Johannes ⟨Permeter⟩**

Perminius
→ **Pirminius ⟨Sanctus⟩**

Permskij, Stefan
→ **Stefan ⟨Permskij⟩**

Pernesio, Antonius ¬de¬
→ **Antonius ⟨de Pernesio⟩**

Pernkla de Troppau, Nicolaus
→ **Nicolaus ⟨Pernkla de Troppau⟩**

Perno, Guilelmus ¬de¬
→ **Guilelmus ⟨de Perno⟩**

Pernoldus
13. Jh. · OP
Chronica acephala Friderici Bellicosi, ultimi ducis Babenbergici, interregni post eum et Margaritae sororis eius
Potth. 909
Pernold ⟨Chroniquer Autrichien⟩
Pernold ⟨Dominicain⟩
Pernoldus ⟨OP⟩

Pernus, Guilelmus
→ **Guilelmus ⟨de Perno⟩**

Pero ⟨da Ponte⟩
→ **Ponte, Pero ¬da¬**

Pero ⟨Díaz⟩
→ **Díaz, Pedro**

Pero ⟨Guillén⟩
→ **Guillén, Pedro**

Pero ⟨Martínez⟩
gest. 1463 · OP
Mirall dels divinals assots; Epist. al principe de Viana; Poesias
Kaeppeli,III,237/238
Martínez, Pero
Martínez, Petrus
Petrus ⟨Martínez⟩

Pero ⟨Meogo⟩
→ **Meogo, Pero**

Pero ⟨Moogo⟩
→ **Meogo, Pero**

Pero ⟨Tafur⟩
→ **Tafur, Pero**

Pero ⟨Vaaz de Caminha⟩
→ **Caminha, Pero Vaz ¬de¬**

Pero Garcia ⟨Burgalês⟩
13. Jh.
Burgalês, Pero Garcia
Garcia Burgalês, Pero
Pero Garcia ⟨von Burgos⟩

Pero Guillén ⟨de Segovia⟩
→ **Guillén, Pedro**

Pero Vaz ⟨de Caminha⟩
→ **Caminha, Pero Vaz ¬de¬**

Perolinus ⟨de Trivisio⟩
um 1289/97 · OP
Sermones dominicales
Kaeppeli,III,212
Petrolinus ⟨de Trivisio⟩
Pirolinus ⟨de Trivisio⟩
Trivisio, Perolinus ¬de¬

Peronetto ⟨Dupin⟩
→ **Dupin, Perrinet**

Perot, Joan
→ **Joan ⟨Perot⟩**

Perotinus
ca. 1155/65 – ca. 1200/20
Organum Alleluja nativitas gloriose virginis Marie
LMA,VI,1894
Pérotin
Pérotin ⟨le Grand⟩
Perotinus ⟨Magister⟩
Perotinus ⟨Magnus⟩
Perrotinus

Perottus, Nicolaus
1429 – 1480
Cornucopiae
Tusculum-Lexikon; LMA,VI,1895
Niccolò ⟨Perotti⟩
Niccolò ⟨Perotto⟩
Niccolo ⟨Perotto⟩
Nicolas ⟨Perotti⟩
Nicolaus ⟨Perottus⟩
Nicolaus ⟨Saxoferratensis⟩
Perotti, Niccolò
Perotti, Nicolo
Perotto, Niccolò

Pérouse, André ¬de¬
→ **Andreas ⟨Perusinus⟩**

Perpiniano, Guido ¬de¬
→ **Guido ⟨Terrena⟩**

Perrin ⟨d'Angicourt⟩
ca. 1220 – ca. 1300
Franz. Troubadour
LMA,VI,1898
Angicourt, Perrin ¬d'¬
Perrin ⟨d'Angecourt⟩
Perrin ⟨von Angicourt⟩

Perrin ⟨de Dijon⟩
um 1380/1400
Miniaturmaler; Identität mit Remiet, Pierre umstritten
Dijon, Perrin ¬de¬
Peirin ⟨de Dijon⟩

Perrin ⟨Remiet⟩
→ **Remiet, Pierre**

Perrin ⟨von Angicourt⟩
→ **Perrin ⟨d'Angicourt⟩**

Perrine ⟨de la Roche⟩
→ **Petrina ⟨de Balma⟩**

Perrinet ⟨Dupin⟩
→ **Dupin, Perrinet**

Perrotinus
→ **Perotinus**

Persa, Paulus
→ **Paulus ⟨Persa⟩**

Perseigne, Thomas ¬de¬
→ **Thomas ⟨Cisterciensis⟩**

Persenia, Adamus ¬de¬
→ **Adamus ⟨de Persenia⟩**

Persico, Johannes ¬de¬
→ **Johannes ⟨de Persico⟩**

Persivalo ⟨Doria⟩
→ **Doria, Perceval**

Persona, Gobelinus
→ **Gobelinus ⟨Persona⟩**

Pertica, Petrus de Bella
→ **Petrus ⟨de Bellapertica⟩**

Pertoldus ⟨...⟩
→ **Bertholdus ⟨...⟩**

Pertolt ⟨Slyner von Eschenbach⟩
→ **Slyner, Berthold**

Perusinus, Andreas
→ **Andreas ⟨Perusinus⟩**

Perusinus, Angelus
→ **Angelus ⟨de Ubaldis⟩**

Perusinus, Baldus
→ **Baldus ⟨de Ubaldis⟩**

Perusinus, Benedictus
→ **Benedictus ⟨Capra⟩**

Perusinus, Jacobus
→ **Jacobus ⟨Perusinus, OESA⟩**
→ **Jacobus ⟨Perusinus, OP⟩**

Perusinus, Matheolus
→ **Matheolus ⟨Perusinus⟩**

Perusinus, Philippus
→ **Philippus ⟨Perusinus⟩**

Perusinus, Reinerus
→ **Reinerus ⟨Perusinus⟩**

Perusio, Aegidius ¬de¬
→ **Aegidius ⟨Spiritalis de Perusio⟩**

Perusio, Andreas ¬de¬
→ **Andreas ⟨Perusinus⟩**

Perusio, Angelus ¬de¬
→ **Angelus ⟨de Ubaldis⟩**

Perusio, Baldus ¬de¬
→ **Baldus ⟨de Ubaldis⟩**

Perusio, Gerardinus ¬de¬
→ **Gerardinus ⟨de Perusio⟩**

Perusio, Jacobus ¬de¬
→ **Jacobus ⟨de Perusio⟩**

Perusio, Paulus ¬de¬
→ **Paulus ⟨de Perusio⟩**

Perusio, Thomasellus ¬de¬
→ **Thomasellus ⟨de Perusio⟩**

Perusio, Ventura ¬de¬
→ **Ventura ⟨de Perusio⟩**

Pesaro, Giovanni Antonio ¬da¬
→ **Giovanni Antonio ⟨da Pesaro⟩**

Pesaro, Guglielmo ¬da¬
→ **Guglielmo ⟨Ebreo⟩**

Pescia, Dominicus ¬de¬
→ **Dominicus ⟨Bonvicinus de Pescia⟩**

Pesellino
1422 – 1457
LMA,VI,1913/14
Francesco ⟨di Stefano Giuochi Pesellino⟩
Francesco ⟨di Stefano Pesellino⟩
Francesco ⟨Pesellino⟩
Pesellino, Francesco

Pesselerius, Petrus
→ **Petrus ⟨Pesselerius⟩**

Pestain, Chaillou ¬de¬
→ **Chaillou ⟨de Pestain⟩**

Pesuntius
→ **Pisentius ⟨de Qift⟩**

Petachja ⟨von Regensburg⟩
→ **Petaḥyā Ben-Ya'aqov**

Petaḥyā Ben-Ya'aqov
um 1175/1190
Bethahiah ben Jacob
Petachia ⟨of Ratisbon⟩
Petachja ⟨Rabbi⟩
Petachja ⟨Ratisbonensis⟩
Petachja ⟨von Regensburg⟩
Petachja ben Ja'aqov
Petachja ben Jakob
Petahiah ⟨Ratisbonensis⟩
Pethahiah ben Jacob

Petăr ⟨Bălgarija, Car, I.⟩
903 – 970
LMA,VI,1928
Petăr ⟨Bulgarien, Zar, I.⟩
Petăr ⟨Heiliger⟩
Petăr ⟨I.⟩
Peter ⟨Bulgarien, Zar, I.⟩
Petr ⟨Bulgarien, Zar, I.⟩

Petăr ⟨Heiliger⟩
→ **Petăr ⟨Bălgarija, Car, I.⟩**

Peter ⟨Aarburg, Graf⟩
→ **Peter ⟨von Arberg⟩**

Peter ⟨Abaelard⟩
→ **Abaelardus, Petrus**

Peter ⟨Alboini of Mantua⟩
→ **Petrus ⟨Mantuanus⟩**

Peter ⟨Alphonso⟩
→ **Petrus ⟨Alfonsi⟩**

Peter ⟨Aragon, King, ...⟩
→ **Pedro ⟨Aragón, Rey, ...⟩**

Peter ⟨Arberg, Graf⟩
→ **Peter ⟨von Arberg⟩**

Peter ⟨Archdeacon⟩
→ **Petrus ⟨Londoniensis⟩**

Peter ⟨Arwiler⟩
→ **Arwiler, Peter**

Peter ⟨Athen, Herzog⟩
→ **Pedro ⟨Aragón, Rey, IV.⟩**

Peter ⟨Augsburg, Bischof⟩
→ **Peter ⟨von Schaumberg⟩**

Peter ⟨Barcelona, Graf⟩
→ **Pedro ⟨Aragón, Rey, III.⟩**
→ **Pedro ⟨Aragón, Rey, IV.⟩**

Peter ⟨Becker⟩
→ **Becker, Peter**

Peter ⟨Bishop, II.⟩
→ **Petrus ⟨Pictaviensis Episcopus⟩**

Peter ⟨Bitschen⟩
→ **Bitschen, Petrus**

Peter ⟨Bock⟩
→ **Bock, Peter**

Peter ⟨Bradlay⟩
→ **Petrus ⟨de Bradlay⟩**

Peter ⟨Brambeck⟩
→ **Brambeck, Peter**

Peter ⟨Bruder⟩
um 1293/1303 · OP bzw. OFM
1 Predigt
VL(2),7,419
Bruder Peter
Petrus ⟨de Monasterio⟩
Petrus ⟨Frater⟩

Peter ⟨Bulgarien, Zar, I.⟩
→ **Petăr ⟨Bălgarija, Car, I.⟩**

Peter ⟨Callinicus⟩
→ **Petrus ⟨Callinicensis⟩**

Peter ⟨Ceffons of Clairvaux⟩
→ **Petrus ⟨de Ceffona⟩**

Peter ⟨Chanceler of Chartres⟩
→ **Petrus ⟨de Rossiaco⟩**

Peter ⟨Cheltschitzki⟩
→ **Chelčický, Petr**

Peter ⟨Christanni⟩
→ **Christanni, Petrus**

Peter ⟨Coimbra, Herzog⟩
→ **Pedro ⟨Portugal, Infant⟩**

Peter ⟨d'Abernon⟩
→ **Pierre ⟨de Peckham⟩**

Peter ⟨Damiano⟩
→ **Petrus ⟨Damiani⟩**

Peter ⟨Dannhäuser⟩
→ **Dannhäuser, Peter**

Peter ⟨de Anglia⟩
→ **Petrus ⟨Sutton⟩**

Peter ⟨de Aqua Blanca⟩
→ **Petrus ⟨de Aqua Blanca⟩**

Peter ⟨de Egeblanke⟩
→ **Petrus ⟨de Aqua Blanca⟩**

Peter ⟨de Nolasco⟩
→ **Petrus ⟨Nolascus⟩**

Peter ⟨Dechant in Trier⟩
→ **Petrus ⟨Decanus Treverensis⟩**

Peter ⟨der Düsburger⟩
→ **Petrus ⟨de Dusburg⟩**

Peter ⟨der Meister⟩
→ **Peter ⟨von Ulm⟩**

Peter ⟨der Suchenwirt⟩
→ **Suchenwirt, Peter**

Peter ⟨der Zeremoniöse⟩
→ **Pedro ⟨Aragón, Rey, IV.⟩**

Peter ⟨Dieburg⟩
→ **Petrus ⟨Dieburg⟩**

Peter ⟨Ernst⟩
→ **Ernst, Peter**

Peter ⟨Eschenloer⟩
→ **Eschenloer, Peter**

Peter ⟨Falkner⟩
→ **Falkner, Peter**

Peter ⟨Fechtmeister⟩
→ **Peter ⟨von Danzig⟩**

Peter ⟨Fraterherr in Hildesheim⟩
→ **Petrus ⟨Dieburg⟩**

Peter ⟨Generalprokurator des Deutschen Ordens⟩
→ **Petrus ⟨de Wormditt⟩**

Peter ⟨Geremia⟩
→ **Petrus ⟨de Hieremia⟩**

Peter ⟨Groninger⟩
→ **Groninger, Peter**

Peter ⟨Gundelfinger⟩
→ **Gundelfinger, Peter**

Peter ⟨Hagenbach, Landvogt⟩
→ **Hagenbach, Peter ¬von¬**

Peter ⟨Hernßheimer⟩
→ **Hernßheimer, Peter**

Peter ⟨Herp⟩
→ **Herp, Petrus**

Peter ⟨Idle⟩
→ **Idle, Peter**

Peter ⟨Kalff⟩
→ **Kalff, Peter**

Peter ⟨Katalonien, König, IV.⟩
→ **Pedro ⟨Aragón, Rey, IV.⟩**

Peter ⟨Kirchschlag⟩
→ **Kirchschlag, Petrus**

Peter ⟨Königschlacher⟩
→ **Königschlacher, Peter**

Peter ⟨Landvogt von Hagenbach⟩
→ **Hagenbach, Peter ¬von¬**

Peter ⟨Lerv⟩
→ **Petrus ⟨de Hallis⟩**

Peter ⟨Lombard⟩
→ **Petrus ⟨Lombardus⟩**

Peter ⟨Luder⟩
→ **Luder, Petrus**

Peter ⟨Magister⟩
→ **Petrus ⟨Viennensis⟩**

Peter ⟨Mainz, Erzbischof⟩
→ **Peter ⟨von Aspelt⟩**

Peter ⟨Mainz, Kurfürst⟩
→ **Peter ⟨von Aspelt⟩**

Peter ⟨Mar Callinicus⟩
→ **Petrus ⟨Callinicensis⟩**

Peter ⟨Martyr⟩
→ **Petrus ⟨Martyr⟩**

Peter ⟨Meiler⟩
→ **Müller, Peter**

Peter ⟨Meister⟩
→ **Peter ⟨von Ulm⟩**

Peter ⟨Mönch in Heisterbach⟩
→ **Petrus ⟨Decanus Treverensis⟩**

Peter ⟨Müller⟩
→ **Müller, Peter**

Peter ⟨Naumburg, Bischof⟩
→ **Petrus ⟨von Naumburg⟩**

Peter ⟨Neopatras, Herzog⟩
→ **Pedro ⟨Aragón, Rey, IV.⟩**

Peter ⟨Nightingale⟩
→ **Petrus ⟨de Dacia⟩**

Peter ⟨Nolasco⟩
→ **Petrus ⟨Nolascus⟩**

Peter ⟨of Argos⟩
→ **Petrus ⟨Argivus⟩**

Peter ⟨of Auvergne⟩
→ **Petrus ⟨de Arvernia⟩**

Peter ⟨of Bath⟩
→ **Petrus ⟨Blesensis⟩**

Peter ⟨of Blois⟩
→ **Petrus ⟨Blesensis⟩**

Peter ⟨of Candia⟩
→ **Alexander ⟨Papa, V.⟩**

Peter ⟨of Celle⟩
→ **Petrus ⟨Cellensis⟩**

Peter ⟨of Compostella⟩
→ **Petrus ⟨Compostellanus⟩**

Peter ⟨of Corbeil⟩
→ **Pierre ⟨de Corbeil⟩**

Peter ⟨of Cornwall⟩
→ **Petrus ⟨de Cornubia⟩**

Peter ⟨of Dacia⟩
→ **Petrus ⟨de Dacia⟩**

Peter ⟨of Dania⟩
→ **Petrus ⟨de Dacia⟩**

Peter ⟨of Diest⟩
→ **Dorlandus, Petrus**

Peter ⟨of Hereford⟩
→ **Petrus ⟨de Aqua Blanca⟩**

Peter ⟨of Langtoft⟩
→ **Langtoft, Pierre ¬de¬**

Peter ⟨of Laodicea⟩
→ **Petrus ⟨de Laodicea⟩**

Peter ⟨of London⟩
→ **Petrus ⟨Londoniensis⟩**

Peter ⟨of Mantua⟩
→ **Petrus ⟨Mantuanus⟩**

Peter ⟨of Mladonovice⟩
→ **Petrus ⟨de Mladenovic⟩**

Peter ⟨of Modena⟩
→ **Petrus ⟨de Mutina⟩**

Peter ⟨of Osma⟩
→ **Petrus ⟨de Osma⟩**

Peter ⟨of Peckham⟩
→ **Pierre ⟨de Peckham⟩**

Peter ⟨of Poitiers⟩
→ **Petrus ⟨Pictaviensis⟩**
→ **Petrus ⟨Pictaviensis Episcopus⟩**

Peter ⟨of Spain⟩
→ **Johannes ⟨Papa, XXI.⟩**
→ **Petrus ⟨Hispanus⟩**

Peter ⟨of Tartentasia⟩
→ **Innocentius ⟨Papa, V.⟩**

Peter ⟨of Tilleberi⟩
→ **Thomas ⟨de Wratislavia⟩**

Peter ⟨of Trabes⟩
→ **Petrus ⟨de Trabibus⟩**

Peter ⟨of Vienne⟩
→ **Petrus ⟨Viennensis⟩**

Peter ⟨of Waltham⟩
→ **Petrus ⟨Londoniensis⟩**

Peter ⟨Olivi⟩
→ **Olivi, Petrus Johannes**

Peter ⟨Onverdorben⟩
→ **Unverdorben, Peter**

Peter ⟨Parler⟩
→ **Parler, Peter**

Peter ⟨Payne⟩
→ **Payne, Petrus**

Peter ⟨Portugal, Infant⟩
→ **Pedro ⟨Portugal, Infant⟩**

Peter ⟨Ramsperger⟩
→ **Ramsperger, Peter**

Peter ⟨Rieter⟩
→ **Rieter, Peter**

Peter ⟨Rötter⟩
→ **Rotter, ¬Der¬**

Peter ⟨Rot⟩
→ **Rot, Peter**

Peter ⟨Russell⟩
→ **Petrus ⟨Russel⟩**

Peter ⟨Sachs⟩
→ **Peter ⟨von Sachsen⟩**

Peter ⟨Saint⟩
→ **Petrus ⟨Nolascus⟩**

Peter ⟨Schmieher⟩
→ **Schmieher, Peter**

Peter ⟨Scholastiker⟩
→ **Petrus ⟨Viennensis⟩**

Peter ⟨Schott⟩
→ **Schott, Petrus**

Peter ⟨Schwarz⟩
→ **Nigri, Petrus**

Peter ⟨Smiher⟩
→ **Schmieher, Peter**

Peter ⟨Sparnau⟩
→ **Sparnau, Peter**

Peter ⟨Stockes⟩
→ **Petrus ⟨Stockes⟩**

Peter ⟨Stoess⟩
→ **Stoss, Petrus**

Peter ⟨Storch⟩
→ **Storch, Petrus**

Peter ⟨Stoß⟩
→ **Stoss, Petrus**

Peter ⟨Suchenwirt⟩
→ **Suchenwirt, Peter**

Peter ⟨Sutton⟩
→ **Petrus ⟨Sutton⟩**

Peter ⟨the Chanter⟩
→ **Petrus ⟨Cantor⟩**

Peter ⟨the Deacon⟩
→ **Petrus ⟨Pisanus⟩**

Peter ⟨the Great⟩
→ **Pedro ⟨Aragón, Rey, III.⟩**

Peter ⟨the Painter⟩
→ **Petrus ⟨Pictor⟩**

Peter ⟨the Sicilian⟩
→ **Petrus ⟨Argivus⟩**

Peter ⟨the Venerable⟩
→ **Petrus ⟨Venerabilis⟩**

Peter ⟨Thomas⟩
→ **Petrus ⟨Thomas⟩**

Peter ⟨Unger⟩
→ **Unger, Peter**

Peter ⟨Unverdorben⟩
→ **Unverdorben, Peter**

Peter ⟨Valencia, König, III.⟩
→ **Pedro ⟨Aragón, Rey, III.⟩**

Peter ⟨Valencia, König, IV.⟩
→ **Pedro ⟨Aragón, Rey, IV.⟩**

Peter ⟨van Dordt⟩
15. Jh.
Costelic laxatijf
VL(2),7,432
Dordt, Peter ¬van¬

Peter ⟨von Ahrweiler⟩
→ **Arwiler, Peter**

Peter ⟨von Aichspalt⟩
→ **Peter ⟨von Aspelt⟩**

Peter ⟨von Ailly⟩
→ **Petrus ⟨de Alliaco⟩**

Peter ⟨von Andlau⟩
→ **Petrus ⟨de Andlo⟩**

Peter ⟨von Arberg⟩
um 1340
Volkstüml., weltl. u. geistl. Lieder
VL(2),7,426
Arberg, Peter ¬von¬
Peter ⟨Aarburg, Graf⟩
Peter ⟨Arberg, Graf⟩
Peter ⟨Arburg, Graf⟩

Peter ⟨von Aspelt⟩
ca. 1240/45 – 1320
LMA,VI,1936/37
Achtspalt, Petrus ¬von¬
Aspelt, Peter ¬von¬
Peter ⟨Mainz, Erzbischof⟩
Peter ⟨Mainz, Kurfürst⟩
Peter ⟨von Aichspalt⟩
Petrus ⟨Achtspalt⟩
Petrus ⟨Raichspalt⟩
Petrus ⟨von Aichspalt⟩
Petrus ⟨von Aspelt⟩
Pierre ⟨d'Aspelt⟩
Raichspalt, Petrus

Peter ⟨von Bergamo⟩
→ **Petrus ⟨de Bergamo⟩**

Peter ⟨von Biel⟩
→ **Biel, ¬Der von¬**

Peter ⟨von Blois⟩
→ **Petrus ⟨Blesensis⟩**

Peter ⟨von Breslau⟩
um 1445 · OP
24 Predigten über das Leiden Christi; Identität mit dem Breslauer Kleriker Petrus de Wratislavia nicht nachweisbar
VL(2),7,429; Kaeppeli,III,252
Breslau, Peter ¬von¬
Peter ⟨von Presslowe⟩
Petrus ⟨de Presslove⟩
Petrus ⟨de Wratislavia⟩
Presslove, Petrus ¬de¬
Wratislavia, Petrus ¬de¬

Peter ⟨von Celle⟩
→ **Petrus ⟨Cellensis⟩**

Peter ⟨von Clairvaux⟩
→ **Petrus ⟨Monoculus⟩**

Peter ⟨von Crescenzi⟩
→ **Crescentiis, Petrus ¬de¬**

Peter ⟨von Danzig⟩
15. Jh.
Die Glos und die Auslegung der Kunst des Kampffechtens
VL(2),7,432
Danzig, Peter ¬von¬
Peter ⟨Fechtmeister⟩
Peter ⟨von Dancksg⟩

Peter ⟨von Dieburg⟩
→ **Petrus ⟨Dieburg⟩**

Peter ⟨von Dusburg⟩
→ **Petrus ⟨de Dusburg⟩**

Peter ⟨von Eboli⟩
→ **Petrus ⟨de Ebulo⟩**

Peter ⟨von Gengenbach⟩
gest. ca. 1452 · OP
Predigten
VL(2),7,434
Gengenbach, Peter ¬von¬

Peter ⟨von Hagenbach⟩
→ **Hagenbach, Peter ¬von¬**

Peter ⟨von Hall⟩
→ **Petrus ⟨de Hallis⟩**

Peter ⟨von Kisslau⟩
→ **Luder, Petrus**

Peter ⟨von Königsaal⟩
→ **Petrus ⟨Zittaviensis⟩**

Peter ⟨von Langtoft⟩
→ **Langtoft, Pierre ¬de¬**

Peter ⟨von Lautern⟩
→ **Petrus ⟨de Lutra⟩**

Peter ⟨von Mantua⟩
→ **Petrus ⟨Mantuanus⟩**

Peter ⟨von Mladoniowitz⟩
→ **Petrus ⟨de Mladenovic⟩**

Peter ⟨von Molsheim⟩
gest. ca. 1490
Freiburger Chronik der Burgunderkriege
VL(2),7,437
Molsheim, Peter ¬von¬

Peter ⟨von Morrone⟩
→ **Coelestinus ⟨Papa, V.⟩**

Peter ⟨von Münster⟩
15. Jh.
Westfäl. Laienarzt
VL(2),7,439
Münster, Peter ¬von¬
Petrus ⟨de Monasterio⟩
Petrus ⟨Physicus⟩

Peter ⟨von Murrhone⟩
→ **Coelestinus ⟨Papa, V.⟩**

Peter ⟨von Naumburg⟩
→ **Petrus ⟨von Naumburg⟩**

Peter ⟨von Poitiers⟩
→ **Berengarius, Petrus**

Peter ⟨von Presslowe⟩
→ **Peter ⟨von Breslau⟩**

Peter ⟨von Prezza⟩
→ **Petrus ⟨de Pretio⟩**

Peter ⟨von Pulkau⟩
→ **Petrus ⟨de Pulka⟩**

Peter ⟨von Radolin⟩
→ **Petrus ⟨de Radolin⟩**

Peter ⟨von Reichenbach⟩
14. Jh.
VL(2)
Peter ⟨von Rîchenbache⟩
Reichenbach, Peter ¬von¬

Peter ⟨von Retz⟩
14. Jh.
Reimpaarspruch über die Schlacht bei Schiltarn i.J. 1396
VL(2),7,451
Retz, Peter ¬von¬

Peter ⟨von Rosenheim⟩
→ **Petrus ⟨de Rosenheim⟩**

Peter ⟨von Saaz⟩
→ **Petrus ⟨Zatecensis⟩**

Peter ⟨von Sachsen⟩
14. Jh.
Marienlied
VL(2),7,452
Peter ⟨Sach⟩
Peter ⟨Sachs⟩
Petterlein ⟨Sax⟩
Pierre ⟨de Saxe⟩
Sachs, Peter
Sachsen, Peter ¬von¬

Peter ⟨von Salzburg⟩
um 1470
Dichter und Sänger eines Lieds über den Ansbacher Markgrafen Albrecht Achilles
VL(2),7,455
Salzburg, Peter ¬von¬

Peter ⟨von Schaumberg⟩
1388 – 1469
Ansprachen, Briefe
LMA,VI,1936
Peter ⟨Augsburg, Bischof⟩
Petrus ⟨Kardinal⟩
Petrus ⟨von Schaumberg⟩
Pierre ⟨de Schaumbourg⟩
Schaumberg, Peter ¬von¬

Peter ⟨von Speyer⟩
→ **Petrus ⟨de Spira⟩**

Peter ⟨von Straßburg, I.⟩
→ **Petrus ⟨Argentinensis⟩**

Peter ⟨von Straßburg, II.⟩
um 1432
Historisches Lied im Rostocker Liederbuch
VL(2),7,456
Peter ⟨von Straßburg⟩
Peter ⟨von Strazeburg⟩
Straßburg, Peter ¬von¬

Peter ⟨von Treysa⟩
→ **Petrus ⟨de Treysa⟩**

Peter ⟨von Ulm⟩
um 1420
Chirurgia (dt.)
VL(2),7,457/64; LMA,VI,1938
Peter ⟨der Meister⟩
Peter ⟨Meister⟩
Petrus ⟨de Ulma⟩
Petrus ⟨Magister⟩
Ulm, Peter ¬von¬

Peter ⟨von Wien⟩
→ **Petrus ⟨Viennensis⟩**

Peter ⟨von Wormditt⟩
→ **Petrus ⟨de Wormditt⟩**

Peter ⟨von Worms⟩
15. Jh.
VL(2),7,464
Peter ⟨Wundarzt⟩
Worms, Peter ¬von¬

Peter ⟨von Zittau⟩
→ **Petrus ⟨Zittaviensis⟩**

Peter ⟨Wundarzt⟩
→ **Peter ⟨von Worms⟩**

Peter ⟨Wysz von Polen⟩
→ **Petrus ⟨de Radolin⟩**

Peter ⟨ze Friburch in Öchtland⟩
→ **Unger, Peter**

Peter ⟨Zitavský⟩
→ **Petrus ⟨Zittaviensis⟩**

Peter Nicholas ⟨Pascual⟩
→ **Pedro ⟨Pascual⟩**

Peterlein
Lebensdaten nicht ermittelt
VL(2),7,466/467
Peterlein ⟨Sangdichter⟩
Peterlîn ⟨Her⟩

Peters, Gerlach
→ **Gerlacus ⟨Petri⟩**

Peterswald, Jakob
Lebensdaten nicht ermittelt
Farbengedicht
VL(2),7,469/470
Jakob ⟨Peterswald⟩

Peterweil, Baldemarus ¬de¬
→ **Baldemarus ⟨de Peterweil⟩**

Petesella, Johannes ¬de¬
→ **Johannes ⟨Hispanus de Petesella⟩**

Pethahiah ben Jacob
→ **Petaḥyā Ben-Ya'aqov**

Petit ⟨Maître⟩
→ **Qimḥî, Yôsēf**

Petit, Guilelmus
→ **Guilelmus ⟨Neubrigensis⟩**

Petit, Jean
ca. 1360 – 1411
Complainte de l'Eglise; Discours à l'assemblée du clergé et au parlement; Justification du meurtre du duc d'Orléans par le duc de Bourgogne
LMA,VI,1943/44; Stegmüller, Repert. bibl. 4839,1; Rep.Font. VI,551
Jean ⟨le Petit⟩
Jean ⟨Parvus⟩
Jean ⟨Petit⟩
Johann ⟨Petit⟩
Johannes ⟨Parvus⟩
Johannes ⟨Petitus⟩
LePetit, Jean
Parvus, Johannes
Petit, Johann

Petr ⟨Bulgarien, Zar, I.⟩
→ **Petăr ⟨Bălgarija, Car, I.⟩**

Petr ⟨Chelčický⟩
→ **Chelčický, Petr**

Petr ⟨z Mladenovic⟩
→ **Petrus ⟨de Mladenovic⟩**

Petr ⟨Žatecký⟩
→ **Petrus ⟨Zatecensis⟩**

Petr ⟨Žitavský⟩
→ **Petrus ⟨Zittaviensis⟩**

Petra, Hermannus ¬de¬
→ **Hermannus ⟨de Petra⟩**

Petra Lata, Guilelmus ¬de¬
→ **Guilelmus ⟨de Petra Lata⟩**

Petraeus, Theodorus
→ **Theodorus ⟨Petraeus⟩**

Petragoris, Hugo ¬de¬
→ **Hugo ⟨de Petragoris⟩**

Petrarca, Francesco
1304 – 1374
Dichter; Philologe
Chronica delle vite de'pontefici ...
LMA,VI,1945/49
Francesco ⟨Petrarca⟩
Franciscus ⟨Petrarca⟩
Franciscus ⟨Petrarcha⟩
P., F.
Petracco, Francesco
Petrarca, Francisco
Petrarca, Franciscus
Petrarch, Francesco
Petrarcha, Francesco
Petrarcha, Franciscus
Petrarcha, Franczyssek
Petrarche, Francesco
Pétrarque, Francesco
Pétrarque, François

Petreius, Theodorus
→ **Theodorus ⟨Petraeus⟩**

Petri, Albertus
→ **Albertus ⟨Petri⟩**

Petri, Antoine
→ **DelloSchiavo, Antonio di Pietro**

Petri, Gerlacus
→ **Gerlacus ⟨Petri⟩**

Petri, Henricus
→ **Henricus ⟨Petri⟩**

Petri, Jacobus
→ **Jacobus ⟨Petri Brixiensis⟩**
→ **Jacobus ⟨Petri de Venetiis⟩**

Petri, Johannes
→ **Johannes ⟨Petri de Dacia⟩**
→ **Johannes ⟨Petri de Pistorio⟩**
→ **Johannes ⟨Petri Rode Loossa⟩**

Petri, Simon
→ **Simon ⟨Petri⟩**

Petri de Dacia, Johannes
→ **Johannes ⟨Petri de Dacia⟩**

Petri de Pistorio, Johannes
→ **Johannes ⟨Petri de Pistorio⟩**

Petri de Venetiis, Jacobus
→ **Jacobus ⟨Petri de Venetiis⟩**

Petri Pigalordi, Jacobus
→ **Jacobus ⟨Petri Pigalordi⟩**

Petri Rode Loossa, Johannes
→ **Johannes ⟨Petri Rode Loossa⟩**

Petriburgo, Guilelmus ¬de¬
→ **Guilelmus ⟨de Petriburgo⟩**

Petrina ⟨de Balma⟩
um 1450 · OFM
Vita B. Coletae (summarium)
Potth. 910
Balma, Petrina ¬de¬
Perrine ⟨de la Roche⟩

Petris, Jacobus ¬de¬
→ **Jacobus ⟨Petri Brixiensis⟩**

Petro ⟨de Alvernia⟩
→ **Petrus ⟨Aureoli⟩**
→ **Petrus ⟨de Arvernia⟩**

Petrocellus ⟨Salernitanus⟩
um 1050
Nicht identisch mit Petronius ⟨Salernitanus⟩
Sarton, Introduction to the History of science, II,1,436
Petrocellus ⟨de Salerne⟩
Petroncellus ⟨Salernitanus⟩
Salernitanus, Petrocellus

Petrolinus ⟨de Trivisio⟩
→ **Perolinus ⟨de Trivisio⟩**

Petroncellus ⟨Salernitanus⟩
→ **Petrocellus ⟨Salernitanus⟩**

Pétrone ⟨de Salerne⟩
→ **Petronius ⟨Salernitanus⟩**

Petroni, Paulus
→ **Paulus ⟨Petroni⟩**

Petronius ⟨Salernitanus⟩
gest. 1197
Cura; Practica; nicht identisch mit Petrocellus ⟨Salernitanus⟩
Sarton, Introduction to the history of science, II,1,438; IRHT
Petroncellus ⟨of Salerno⟩
Petroncellus ⟨Salernitanus⟩
Pétrone ⟨de Salerne⟩
Petronius ⟨of Salerno⟩
Petronus ⟨of Salerno⟩
Salernitanus, Petronius

Petros ⟨Chrysolanos⟩
→ **Petrus ⟨Chrysolanus⟩**

Petros ⟨Häretiker⟩
→ **Petrus ⟨Constantinopolitanus⟩**

Petros ⟨Kallinikos⟩
→ **Petrus ⟨Callinicensis⟩**

Petros ⟨Monophysitischer Patriarch⟩
→ **Petrus ⟨Callinicensis⟩**

Petros ⟨Patriarch von Konstantinopel⟩
→ **Petrus ⟨Constantinopolitanus⟩**

Petros ⟨Patrikios kai Magistros⟩
→ **Petrus ⟨Patricius et Magister⟩**

Petros ⟨Philargis⟩
→ **Alexander ⟨Papa, V.⟩**

Petros ⟨Sikeliotes⟩
→ **Petrus ⟨Argivus⟩**

Petros ⟨von Antiocheia⟩
→ **Petrus ⟨Antiochenus⟩**
→ **Petrus ⟨Callinicensis⟩**

Petros ⟨von Argos⟩
→ **Petrus ⟨Argivus⟩**

Petros ⟨von Konstantinopel⟩
→ **Petrus ⟨Constantinopolitanus⟩**

Petros ⟨von Laodikeia⟩
→ **Petrus ⟨de Laodicea⟩**

Petrucci, Andreoccio
→ **Andreoccius ⟨Petruccius⟩**

Petrucci, Federico
→ **Petruccius, Fridericus**

Petrucci, Giovanni Antonio ¬de¬
→ **Giovanni Antonio ⟨Petrucci⟩**

Petruccio ⟨de Unctis⟩
um 1440
Fragmenta Fulginatis historiae 1424-1440 (ital.)
Potth. 910
Fulginas, Petruccio de Unctis
Petruccio ⟨de Unctis Fulginas⟩
Unctis, Petruccio ¬de¬

Petruccius, Andreoccius
→ **Andreoccius ⟨Petruccius⟩**

Petruccius, Fridericus
um 1322/43
De permutatione beneficiorum
Federico ⟨Petrucci⟩
Federicus ⟨de Senis⟩
Federigo ⟨Petrucci⟩
Fridericus ⟨de Senis⟩
Fridericus ⟨Petruccius⟩
Fridericus ⟨Petruccius de Senis⟩
Fridericus ⟨Petrucius⟩
Fridericus ⟨von Siena⟩
Petrucci, Federico
Petrucci, Federigo
Petrucci, Frédéric
Petruccius, Fredericus
Petrucius, Fridericus
Senis, Fredericus ¬de¬
Senis, Fridericus ¬de¬
Senis, Fridericus Petruccius ¬de¬

Petruciis, Johannes Antonius ¬de¬
→ **Giovanni Antonio ⟨Petrucci⟩**

Petrus ⟨a Basilica Petri⟩
→ **Pietro ⟨da Barsegapè⟩**

Petrus ⟨a Bella Pertica⟩
→ **Petrus ⟨de Bellapertica⟩**

Petrus ⟨a Duisburg⟩
→ **Petrus ⟨de Dusburg⟩**

Petrus ⟨a Fide⟩
gest. 1452 · OCarm
Stegmüller, Repert. sentent. 674,2; Stegmüller, Repert. bibl. 6843-6845
Fide, Petrus ¬a¬
Petrus ⟨a Fide de Norwich⟩
Petrus ⟨Carmelita Norwicensis⟩
Petrus ⟨de Sancta Fide⟩
Petrus ⟨Norwicensis⟩
Pierre ⟨de Saint-Faith⟩
Pierre ⟨de Sancta Fide⟩

Petrus ⟨a Foro Semproniano⟩
→ **Angelus ⟨Clarenus⟩**

Petrus ⟨a Leon⟩
→ **Anacletus ⟨Papa, II.⟩**

Petrus ⟨a Luthra⟩
→ **Petrus ⟨de Lutra⟩**

Petrus ⟨a Palude⟩
→ **Petrus ⟨de Palude⟩**

Petrus ⟨a Rivo⟩
→ **Rivo, Petrus ¬de¬**

Petrus ⟨a Sancto Audomaro⟩
→ **Petrus ⟨de Sancto Audemaro⟩**

Petrus ⟨a Thymo⟩
→ **Petrus ⟨de Thymo⟩**

Petrus ⟨Abaelardus⟩
→ **Abaelardus, Petrus**

Petrus ⟨Abanus⟩
→ **Petrus ⟨de Abano⟩**

Petrus ⟨Abbas⟩
→ **Petrus ⟨Cellensis⟩**

Petrus ⟨Abbas Aulae Regiae⟩
→ **Petrus ⟨Zittaviensis⟩**

Petrus ⟨Abbas Cisterciensis⟩
→ **Petrus ⟨Cisterciensis⟩**

Petrus ⟨Abbas Heinrichowiensis⟩
→ **Petrus ⟨Heinrichowiensis⟩**

Petrus ⟨Abbas Vangadiciae⟩
→ **Petrus ⟨Vangadiciae⟩**

Petrus ⟨Abbo⟩
→ **Petrus ⟨ad Boves⟩**

Petrus ⟨Aboves⟩
→ **Petrus ⟨ad Boves⟩**

Petrus ⟨Academiae Parisiensis Cancellarius⟩
→ **Petrus ⟨Pictaviensis⟩**

Petrus ⟨Acciaiolus⟩
→ **Acciaiolus, Petrus**

Petrus ⟨Achtspalt⟩
→ **Peter ⟨von Aspelt⟩**

Petrus ⟨ad Boves⟩
ca. 1368 – 1430 · OFM
In sententias 1-4; Sermones; Postilla in apocalypsin
Stegmüller, Repert. sentent. 656;664; Stegmüller, Repert. bibl. 6432-6434
Abbo, Petrus
Aboves, Petrus
Boves, Petrus ¬ad¬
Bovis, Petrus
Petrus ⟨Abbo⟩
Petrus ⟨Aboves⟩
Petrus ⟨Aboves Parisiensis⟩
Petrus ⟨Aux-Boeufs⟩
Petrus ⟨Beichtvater Isabellas⟩
Petrus ⟨Bovis⟩
Petrus ⟨Confessor Reginae Franciae⟩
Pierre ⟨aux Boeufs⟩
Pierre ⟨Auxboeufs⟩

Petrus ⟨Adman⟩
ca. 15. Jh. · OP
Quaestio quodlibetica cum argumentis fr. Petri Adman
Kaeppeli,III,215
Adman, Petrus

Petrus ⟨Adsiger⟩
→ **Petrus ⟨Peregrinus⟩**

Petrus ⟨Advocatus⟩
→ **Petrus ⟨de Bosco⟩**

Petrus ⟨Aginnensis Episcopus⟩
→ **Petrus ⟨de Remis⟩**

Petrus ⟨Ailliacus⟩
→ **Petrus ⟨de Alliaco⟩**

Petrus ⟨Alboinus Mantuanus⟩
→ **Petrus ⟨Mantuanus⟩**

Petrus ⟨Aldeberti⟩
um 1378/1409 · OP
Postilla s. evangelia dominicalia; Sermones dominicales
Kaeppeli,III,215/216
Aldebert, Pierre
Aldeberti, Petrus
Petrus ⟨Aldiberti⟩
Petrus ⟨Ruthenensis⟩
Pierre ⟨Aldebert⟩

Petrus ⟨Aleriensis⟩
→ **Cirneo, Pietro**

Petrus ⟨Alexandrinus, IV.⟩
um 575/77
Epistula synodica ad Jacobum Baradaeum (syr.)
Cpg 7238
Alexandrinus, Petrus
Petrus ⟨Alexandrinus⟩
Petrus ⟨Episcopus, IV.⟩
Petrus ⟨Episcopus Alexandriae⟩

Petrus ⟨Alfardus⟩
→ **Alfardus, Petrus**

Petrus ⟨Alfonsi⟩
ca. 1057 – ca. 1130
De Dracone
LThK; Tusculum-Lexikon; LMA,VI,1960/61
Adelfonsus
Adolfonsus
Alfonsi, Petrus
Alphonse, Pierre
Alphonsi, Petrus
Alphonsus, Petrus
Moise ⟨Sephardi⟩
Moisés ⟨Sefardi⟩
Moises ⟨Sephardi⟩
Moses ⟨Sĕphardi⟩
Pedro ⟨Alfonso⟩
Peter ⟨Alphonso⟩
Petrus ⟨Alfonso⟩
Petrus ⟨Alphonsi⟩
Petrus ⟨Alphonsus⟩
Pierre ⟨Alphonse⟩
Pietro ⟨d'Alfonso⟩

Petrus ⟨Alliacenus⟩
→ **Petrus ⟨de Alliaco⟩**

Petrus ⟨Alphonsus⟩
→ **Petrus ⟨Alfonsi⟩**

Petrus ⟨Alvastrensis⟩
um 1373 · OCist
Zusammen mit Petrus ⟨Vadstenensis⟩ Verf. einer Vita S. Brigittae Suecicae
Potth. 910;1223
Alvastra, Pierre ¬d'¬
Pierre ⟨d'Alvastra⟩

Petrus ⟨Alverniensis⟩
→ **Petrus ⟨de Arvernia⟩**

Petrus ⟨Amalfitanus⟩
gest. ca. 1059
Mitautor der „Brevis et succincta commemoratio eorum quae gesserunt apocrisarii"; Brief an Kaiser Konstantin IX.
LMA,VI,1958
Amalfitanus, Petrus
Petrus ⟨Archiepiscopus⟩
Petrus ⟨von Amalfi⟩
Pierre ⟨d'Amalfi⟩

Petrus ⟨Ambianensis⟩
→ **Petrus ⟨de Cruce⟩**

Petrus ⟨Amelii⟩
→ **Petrus ⟨Amelii, OESA⟩**

Petrus ⟨Amelii⟩
ca. 1310 – 1389
Super materia concilii
LThK; LMA,I,526
Ameilh, Pierre
Amelii, Petrus
Amiel, Pierre
Petrus ⟨Amelius⟩
Petrus ⟨Amelli⟩
Petrus ⟨Amiel⟩
Petrus ⟨de Brenaco⟩
Petrus ⟨Narbonnensis⟩
Petrus ⟨von Ameil⟩
Pierre ⟨Ameil⟩
Pierre ⟨Amiel⟩
Pierre ⟨d'Ameil⟩

Petrus ⟨Amelii, OESA⟩
1340 – 1401 · OESA
Itinerarium Gregorii XI Avenione Romam; Narratio canonizationis S. Birgittae; Ordo romanus; Recensio Bibliothecae Avenionensis a Gregorio XI concinnata ac disposita
Rep.Font. II,215
Amelii, Petrus
Amelii, Pierre
Amiel, Pierre
Amiel de Brenac, Pierre
Petrus ⟨Ameil⟩
Petrus ⟨Amelii⟩
Petrus ⟨Amelii, Patriarche de Graden⟩
Petrus ⟨Amelii, Patriarche d'Alexandrie⟩
Petrus ⟨Amelius, Augustin de Toulouse⟩
Pierre ⟨Ameilh de Brenac⟩
Pierre ⟨Amelii⟩
Pierre ⟨Amiel⟩
Pierre ⟨Amiel de Brenac⟩

Petrus ⟨Amiel⟩
→ **Petrus ⟨Amelii⟩**

Petrus ⟨Ancharanus⟩
→ **Petrus ⟨de Ancharano⟩**

Petrus ⟨Ancora Iuris⟩
→ **Petrus ⟨de Ancharano⟩**

Petrus ⟨Ansolinus⟩
→ **Petrus ⟨de Ebulo⟩**

Petrus ⟨Anthonii⟩
→ **Petrus ⟨Antonii⟩**

Petrus ⟨Antiochenus⟩
ca. 982 – 1056
Tusculum-Lexikon; CSGL; LThK; LMA,VI,1953
Antiochenus, Petrus
Petros ⟨von Antiocheia⟩
Petrus ⟨Patriarcha⟩
Petrus ⟨Patriarcha, III.⟩

Petrus ⟨Antonii⟩
gest. 1496 · OP
Rev. p. mag. Petri Anthonii O.P. et eiusdem ord. procuratoris ad regem Francie sereniss. Ludovicum Collecta de S. Iohannis ev. ortu, vita, morte et resurrectione; Sermones plures
Kaeppeli,III,216
Antonii, Petrus
Antonio, Pietro
Petrus ⟨Anthonii⟩
Petrus ⟨Antonii Petruccii de Viterbio⟩
Petrus ⟨Petruccii de Viterbio⟩
Pietro ⟨Antonio⟩

Petrus ⟨Antwerpensis⟩
→ **Petrus ⟨Wellens⟩**

Petrus ⟨Aponensis⟩
→ **Petrus ⟨de Abano⟩**

Petrus ⟨Apponius⟩
→ **Petrus ⟨de Abano⟩**

Petrus ⟨Aprutinus⟩
→ **Petrus ⟨de Pennis⟩**

Petrus ⟨Aquilanus⟩
→ **Petrus ⟨de Aquila⟩**

Petrus ⟨Archidiaconus⟩
→ **Petrus ⟨Blesensis⟩**
→ **Petrus ⟨Londoniensis⟩**

Petrus ⟨Archidiaconus⟩
8./9. Jh.
Quaestiones in Danielem prophetam; Identität mit Petrus ⟨Pisanus⟩ umstritten
Stegmüller, Repert. bibl. 6413
Archidiaconus, Petrus
Pierre ⟨Archidiacre⟩

Petrus ⟨Archidiakon und Bischof⟩
→ **Petrus ⟨Pictaviensis Episcopus⟩**

Petrus ⟨Archiepiscopus⟩
→ **Petrus ⟨Amalfitanus⟩**
→ **Petrus ⟨de Lamballo⟩**
→ **Pierre ⟨de Corbeil⟩**

Petrus ⟨Archiepiscopus⟩
um 1243/48
Kommentar zu I und II Sententiarum
Stegmüller, Repert. sentent. I,654; Schneyer,IV,582
Archiepiscopus Petrus
Petrus ⟨dictus Archiepiscopus⟩
Pierre ⟨dit l'Archevêque⟩
Pierre ⟨l'Archevêque⟩

Petrus ⟨Argentinensis⟩
um 1263 · OCarm
Angeblicher Verf. des „Bellum Waltherianum"
Potth. 912; Schneyer,IV,803; VL(2),7,455
Peter ⟨von Straßburg, I.⟩
Petrus ⟨Argentoratensis⟩
Petrus ⟨Carmelita⟩
Petrus ⟨Carmelita Quidam⟩
Petrus ⟨de Straßburg⟩
Pierre ⟨Carme⟩
Pierre ⟨de Strasbourg⟩

Petrus ⟨Argentoratensis⟩
→ **Petrus ⟨Argentinensis⟩**

Petrus ⟨Argivus⟩
ca. 850 – 922
Historia Manichaeorum
Tusculum-Lexikon; LThK; CSGL
Argivus, Petrus
Peter ⟨of Argos⟩
Peter ⟨the Sicilian⟩
Petros ⟨Sikeliotes⟩
Petros ⟨von Argos⟩
Petrus ⟨of Argos⟩
Petrus ⟨Sicilianus⟩
Petrus ⟨Siculus⟩
Petrus ⟨von Argos⟩
Pierre ⟨de Sicile⟩
Pierre ⟨d'Argos⟩
Siculus, Petrus

Petrus ⟨Arisolanus⟩
→ **Petrus ⟨Chrysolanus⟩**

Petrus ⟨Arzt⟩
→ **Petrus ⟨de Abano⟩**

Petrus ⟨Astronom⟩
→ **Petrus ⟨de Sancto Audomaro, Astronomus⟩**

Petrus ⟨Atrebatensis Episcopus⟩
→ **Petrus ⟨Cisterciensis⟩**

Petrus ⟨Audemarensis⟩
→ **Petrus ⟨de Sancto Audemaro⟩**

Petrus ⟨Augustodunensis⟩
→ **Petrus ⟨Bertrandi⟩**

Petrus ⟨Aulae Regiae⟩
→ **Petrus ⟨Zittaviensis⟩**

Petrus ⟨Aureoli⟩
ca. 1280 – 1322 · OFM
Commentaria
LThK; LMA,VI,1962
Aureoli, Petrus
Aureolus, Petrus
Auriolus, Petrus
Oriol, Petrus
Petro ⟨de Alvernia⟩
Petro ⟨de Avernia⟩
Petrus ⟨Aureolus⟩
Petrus ⟨de Alvernia⟩
Petrus ⟨de Avernia⟩
Petrus ⟨de Verberia⟩
Petrus ⟨de Vermeria⟩
Petrus ⟨Oriol⟩
Petrus ⟨Verberius⟩
Petrus ⟨Vermeria⟩
Pierre ⟨Auriol⟩
Pierre ⟨d'Aureole⟩
Pierre ⟨d'Auriol⟩
Pierre ⟨Oriol⟩
Pseudo-Petrus ⟨Aureoli⟩
Vermeria, Petrus

Petrus ⟨aus Amalfi⟩
→ **Petrus ⟨de Capua, Senior⟩**

Petrus ⟨Aux-Boeufs⟩
→ **Petrus ⟨ad Boves⟩**

Petrus ⟨Azarius⟩
gest. 1402
Chronicon
LMA,I,1316
Azarius, Petrus
Petrus ⟨Novariensis⟩
Pietro ⟨Azario⟩

Petrus ⟨Babio⟩
um 1317 oder 1330/60
Matth.
Stegmüller, Repert. bibl. 6423
Babio, Petrus
Babion, Pierre
Petrus ⟨Babion⟩
Petrus ⟨Babyon⟩
Pierre ⟨Babion⟩

Petrus ⟨Baiocensis⟩
um 1350/92 · OP
Chronicon sui temporis ab a. 1350-1392
Potth. 910; Kaeppeli,III,217/218
Petrus ⟨Bajocensis⟩
Petrus ⟨Gallus Neustrius⟩
Pierre ⟨de Bayeux⟩

Petrus ⟨Baiolardus⟩
→ **Abaelardus, Petrus**

Petrus ⟨Bajocensis⟩
→ **Petrus ⟨Baiocensis⟩**

Petrus ⟨Baliardus⟩
→ **Abaelardus, Petrus**

Petrus ⟨Bancherius⟩
um 1383/86 · OP
In libros Sent.
Kaeppeli,III,218
Bancherius, Petrus
Baucher, Pierre
Gaucher, Pierre
Petrus ⟨Baucher⟩
Petrus ⟨Boncherii⟩
Petrus ⟨Boncherius⟩
Petrus ⟨de Boucherio⟩
Petrus ⟨Gaucherius⟩
Petrus ⟨Tiniensis⟩
Petrus ⟨Vaucherius⟩
Pierre ⟨Baucher⟩
Pierre ⟨de Bourges⟩
Pierre ⟨de Knin⟩
Pierre ⟨Gaucher⟩
Pierre ⟨Vaucher⟩
Vaucher, Pierre

Petrus ⟨Barbo⟩
→ **Paulus ⟨Papa, II.⟩**

Petrus ⟨Barcinonensis⟩
→ **Petrus ⟨de Centelles⟩**

Petrus ⟨Bathoniensis⟩
→ **Petrus ⟨Blesensis⟩**

Petrus ⟨Batifolius⟩
um 1288/89
Batifolius ⟨Notarius⟩
Batifolius, Petrus
Battifoglio, Pietro
Petrus ⟨Notarius⟩
Pietro ⟨Battifoglio⟩

Petrus ⟨Baucher⟩
→ **Petrus ⟨Bancherius⟩**

Petrus ⟨Bechini⟩
gest. 1160
Chronicon
Béchin, Pierre
Bechini, Petrus
Bechinus, Petrus
Petrus ⟨Sancti Martini⟩
Petrus ⟨Turonensis⟩
Pierre ⟨Béchin⟩
Pierre ⟨de Touraine⟩

Petrus ⟨Beichtvater Isabellas⟩
→ **Petrus ⟨ad Boves⟩**

Petrus ⟨Bellovacensis⟩
→ **Pierre ⟨de Beauvais⟩**

Petrus ⟨Belluga⟩
gest. 1468
Speculum principum ac iustitiae
Belluga, Petrus
Pedro ⟨Belluga⟩
Petrus ⟨de Belluga⟩
Pierre ⟨Belluga⟩
Pierre ⟨de Bellune⟩

Petrus ⟨Beneventanus⟩
→ **Petrus ⟨Collivaccinus⟩**

Petrus ⟨Berchorius⟩
→ **Berchorius, Petrus**

Petrus ⟨Berengarii⟩
14. Jh. · OP
Sermones de sanctis; nicht identisch mit Berengarius, Petrus, 12. Jh.
Schneyer,IV,599; Kaeppeli,III,218
Bérenger, Pierre
Petrus ⟨Berengarii Carcassonensis⟩
Petrus ⟨Carcassonensis⟩
Pierre ⟨Bérenger⟩
Pierre ⟨Bérenger, Prédicateur⟩

Petrus ⟨Berengarius⟩
→ **Berengarius, Petrus**

Petrus ⟨Bergamensis⟩
→ **Petrus ⟨de Bergamo⟩**

Petrus ⟨Bertrandi⟩
ca. 1280 – 1349
Kardinal von Autun; Kommentare zu den Dekretalien; De iurisdictione ecclesiastica
LMA,I,2042; LThK
Bertrand ⟨Kardinal von Autun⟩
Bertrand, Pierre
Bertrand, Pierre ⟨der Ältere⟩
Bertrandi, Petrus
Bertrandi, Petrus ⟨Senior⟩
Bertrandus, Petrus
Bertrandus, Petrus ⟨Senior⟩
Petrus ⟨Augustodunensis⟩
Petrus ⟨Bertrand⟩
Petrus ⟨Bertrandi, Senior⟩
Petrus ⟨Bertrandus⟩
Petrus ⟨Episcopus⟩
Petrus ⟨Nivernensis⟩
Pierre ⟨Bertrand⟩
Pierre ⟨Bertrand l'Ancien⟩

Petrus ⟨Bertrandi, Iunior⟩
gest. 1361
Iter ad coronationem Caroli IV imp. Romani a. 1356
Potth. 911; LMA,I,2042
Bertrand, Pierre ⟨Junior⟩
Bertrand, Pierre ⟨le Jeune⟩
Bertrandi, Petrus ⟨Iunior⟩
Bertrandus, Petrus
Petrus ⟨Bertrandi⟩
Petrus ⟨Bertrandus⟩
Petrus ⟨Bertrandus, Iunior⟩
Petrus ⟨Bertrandus de Columbario⟩
Petrus ⟨de Columbario⟩
Petrus-Bertrandus ⟨de Columbario⟩
Pierre ⟨Bertrand, le Jeune⟩
Pierre ⟨Bertrand de Colombier⟩

Petrus ⟨Biblicus⟩
→ **Petrus ⟨de Cheriaco⟩**

Petrus ⟨Bibliothecarius⟩
9. Jh.
Historia Francorum abbreviata
Bibliothecarius, Petrus
Pierre ⟨le Bibliothécaire⟩

Petrus ⟨Bibliothecarius Casinensis⟩
→ **Petrus ⟨Diaconus⟩**

Petrus ⟨Bibliothecarius Sancti Aegidii in Gallia⟩
→ **Petrus ⟨Guillermus⟩**

Petrus ⟨Bitectensis⟩
→ **Petrus ⟨de Aversa⟩**

Petrus ⟨Bitschen⟩
→ **Bitschen, Petrus**

Petrus ⟨Bituricensis⟩
→ **Petrus ⟨de Caritate⟩**

Petrus ⟨Bituricensis⟩
13. Jh.
Konvertierter Jude; Liber bellorum domini contra Iudaeos

Petrus ⟨Bituricensis Archiepiscopus⟩
um 1141/71
Epistolae
Potth. 911; DOC,2,1455; PL 186,1389
Petrus ⟨Bituricensis⟩

Petrus ⟨Blesensis⟩
ca. 1135 – 1204
De divisione et scriptoribus sacrorum librorum
Stegmüller, Repert. bibl. 6430-6431,2; LThK; LMA,VI,1963/64
Blois, Petrus ¬de¬
Peter ⟨of Bath⟩
Peter ⟨of Blois⟩
Peter ⟨von Blois⟩
Petrus ⟨Archidiakon⟩
Petrus ⟨Bathoniensis⟩
Petrus ⟨Blaesensis⟩
Petrus ⟨de Blois⟩
Petrus ⟨von Bath⟩
Petrus ⟨von Blois⟩
Pierre ⟨de Blois⟩
Pietro ⟨di Blois⟩
Pseudo-Petrus ⟨Blesensis⟩

Petrus ⟨Blesensis, Iunior⟩
um 1180
Speculum iuris canonici
LMA,VI,1964
Blois, Pierre ¬de¬
Petrus ⟨Blesensis⟩
Petrus ⟨Kanoniker⟩
Petrus ⟨von Blois, der Jüngere⟩
Pierre ⟨Chancelier de l'Eglise de Chartres⟩
Pierre ⟨de Blois⟩

Petrus ⟨Boaeterius⟩
→ **Petrus ⟨de Boateriis⟩**

Petrus ⟨Boerius⟩
→ **Boerius, Petrus**

Petrus ⟨Bohier⟩
→ **Boerius, Petrus**

Petrus ⟨Boncherius⟩
→ **Petrus ⟨Bancherius⟩**

Petrus ⟨Bononiensis⟩
→ **Petrus ⟨Galdinus⟩**

Petrus ⟨Bonus⟩
→ **Bonus, Petrus**

Petrus ⟨Bopo⟩
→ **Popon, Petrus**

Petrus ⟨Borghi⟩
→ **Borghi, Piero**

Petrus ⟨Bovis⟩
→ **Petrus ⟨ad Boves⟩**

Petrus ⟨Bradlay⟩
→ **Petrus ⟨de Bradlay⟩**

Petrus ⟨Brambeck⟩
→ **Brambeck, Peter**

Petrus ⟨Bridlingtoniensis⟩
→ **Langtoft, Pierre ¬de¬**

Petrus ⟨Brixiensis⟩
→ **Petrus ⟨de Monte⟩**

Petrus ⟨Brunichellus⟩
→ **Petrus ⟨de Bruniquello⟩**

Petrus ⟨Brusius⟩
gest. ca. 1132
LMA,VI,1964
Brusius, Petrus
Petrus ⟨Häretischer Wanderprediger⟩
Petrus ⟨von Bruis⟩
Petrus ⟨von Bruys⟩
Pierre ⟨de Bruys⟩
Pierre ⟨Hérésiarque⟩

Petrus ⟨Brutus⟩
→ **Petrus ⟨de Bruto⟩**

Petrus ⟨Bücklin de Gelnhausen⟩
Lebensdaten nicht ermittelt
Commentarius in sententias IV
Stegmüller, Repert. sentent. 664,1
Bücklin, Petrus
Bücklin de Gelnhausen, Petrus
Gelnhausen, Petrus ¬de¬
Petrus ⟨Bücklin⟩
Petrus ⟨de Gelnhausen⟩

Petrus ⟨Burgundus⟩
→ **Petrus ⟨de Confleto⟩**
→ **Petrus ⟨de Palude⟩**

Petrus ⟨Caldarinus⟩
gest. 1440 · OFM
Commentaria super Oseam prophetam
Stegmüller, Repert. bibl. 6441
Caldarinus, Petrus
Petrus ⟨Calderinus⟩
Petrus ⟨Calderonus⟩
Petrus ⟨Messariensis⟩

Petrus ⟨Callinicensis⟩
um 581/91
Hymnus pentasyllabus de crucifixione (syr.); Contra Tritheistas (syr.); Contra Damianum (syr.)
Cpg 7250-7255; LThK
Peter ⟨Callinicus⟩
Peter ⟨Mar Callinicus⟩
Petros ⟨Kallinikos⟩
Petros ⟨Monophysitischer Patriarch⟩
Petros ⟨Patriarch⟩
Petros ⟨von Antiocheia⟩
Pierre ⟨Antiochenus⟩
Pierre ⟨de Callinice⟩
Pierre ⟨de Callinique⟩
Pierre ⟨d'Antioche⟩
Pierre ⟨le Jeune⟩
Pierre ⟨Patriarche Jacobite⟩

Petrus ⟨Calo⟩
gest. 1310 bzw. 1348 · OP
Legendae de tempore; Legendae de sanctis; Tabula super speculum hist. Vinc. Bellovacensis; etc.
Stegmüller, Repert. bibl. 6442; LMA,VI,1965; Schneyer,IV,663; Rep.Font. III,107
Calo, Petrus
Calo, Pierre
Calò, Pietro
Petrus ⟨Callo⟩
Petrus ⟨Calò⟩
Petrus ⟨Calo Clugiensis⟩
Petrus ⟨Calotius⟩
Petrus ⟨Claudiensis⟩
Petrus ⟨Clodiensis⟩
Petrus ⟨Clugiensis⟩
Petrus ⟨de Chioggia⟩
Petrus ⟨de Chiozza⟩
Petrus ⟨Kalo⟩
Petrus ⟨Venetus⟩
Pierre ⟨Calo⟩
Pierre ⟨de Chioggia⟩
Pietro ⟨Calo⟩

Petrus ⟨Calotius⟩
→ **Petrus ⟨Calo⟩**

Petrus ⟨Cameracensis⟩
→ **Petrus ⟨de Alliaco⟩**
→ **Petrus ⟨Sancti Autberti⟩**

Petrus ⟨Cancellarius⟩
→ **Petrus ⟨de Sancto Audomaro, Cancellarius⟩**
→ **Petrus ⟨Pictaviensis⟩**

Petrus ⟨Cancellarius Ecclesiae Romanae⟩
→ **Petrus ⟨Diaconus Cardinalis⟩**

Petrus ⟨Candidus⟩
→ **Decembrio, Pier Candido**

Petrus ⟨Canepanova⟩
→ **Johannes ⟨Papa, XIV.⟩**

Petrus ⟨Canonicus⟩
→ **Petrus ⟨Pictor⟩**
→ **Petrus ⟨Sancti Autberti⟩**

Petrus ⟨Canonicus Basilicae Vaticanae⟩
→ **Petrus ⟨de Mallio⟩**

Petrus ⟨Cantinelli⟩
→ **Cantinelli, Petrus**

Petrus ⟨Cantor⟩
ca. 1130 – 1197
LThK(2),VIII,353; Tusculum-Lexikon; LMA,VI,1965/66
Cantor, Petrus
Hosdenc, Petrus
Peter ⟨the Chanter⟩
Petrus ⟨Hosdenc⟩
Petrus ⟨Parisiensis⟩
Petrus ⟨Praecantor⟩
Petrus ⟨Remensis⟩
Petrus ⟨Rhemensis⟩
Pierre ⟨de Paris⟩
Pierre ⟨de Reims⟩
Pierre ⟨le Chantre⟩
Pierre ⟨le Grand-Chantre⟩
Pierre ⟨le Picard⟩
Pietro ⟨il Cantore⟩

Petrus ⟨Cantor et Cancellarius Carnotensis⟩
→ **Petrus ⟨Carnotensis⟩**

Petrus ⟨Canusinus⟩
um 800
Vita S. Sabini episc.
Potth. 912
Canusinus, Petrus
Petrus ⟨Canusinus et Barensis Archiepiscopus⟩
Pierre ⟨de Bari⟩
Pierre ⟨de Canossa⟩
Pierre ⟨Saint⟩

Petrus ⟨Caprioli⟩
gest. 1480 · OFM
LMA,VI,1966
Caprioli, Petrus
Petrus ⟨von Brescia⟩

Petrus ⟨Capuanus⟩
→ **Petrus ⟨de Capua, ...⟩**

Petrus ⟨Cara⟩
→ **Cara, Petrus**

Petrus ⟨Carcassonensis⟩
→ **Petrus ⟨Berengarii⟩**

Petrus ⟨Cardinal d'Autun⟩
→ **Barreria, Petrus Raymundus ¬de¬**

Petrus ⟨Cardinalis⟩
→ **Petrus ⟨Damiani⟩**
→ **Petrus ⟨de Alliaco⟩**
→ **Petrus ⟨de Capua, Senior⟩**
→ **Petrus ⟨Diaconus Cardinalis⟩**
→ **Petrus ⟨Pisanus Cardinalis⟩**

Petrus ⟨Cardinalis⟩
gest. ca. 1182
Vocabularium biblicum
Stegmüller, Repert. bibl. 6532; Potth. 921
Cardinalis, Petrus
Petrus ⟨Episcopus Meldensis⟩
Petrus ⟨Legatus⟩
Petrus ⟨Meldensis Episcopus⟩
Petrus ⟨Presbyter Cardinalis Sancti Chrysogoni⟩
Petrus ⟨Sancti Chrysogoni⟩
Petrus ⟨Sancti Chrysogoni Cardinalis⟩
Petrus ⟨Senonensis⟩
Petrus ⟨von Pavia⟩
Pierre ⟨de Meaux⟩
Pierre ⟨de Pavie⟩
Pierre ⟨de Saint-Chrysogone⟩
Pierre ⟨Légat du Pape Alexandre III⟩

Petrus ⟨Carmelita Norwicensis⟩
→ **Petrus ⟨a Fide⟩**

Petrus ⟨Carmelita Quidam⟩
→ **Petrus ⟨Argentinensis⟩**

Petrus ⟨Carnotensis⟩
um 1300
Comm. in Canticum Canticorum, in Job
Stegmüller, Repert. bibl. 6533-6535
Petrus ⟨Cantor et Cancellarius Carnotensis⟩
Petrus ⟨Carnotensis Cancellarius⟩
Pierre ⟨Chantre et Chancelier⟩
Pierre ⟨de Chartres⟩

Petrus ⟨Carnotensis Cancellarius⟩
→ **Petrus ⟨de Rossiaco⟩**

Petrus ⟨Carnotensis Episcopus⟩
→ **Petrus ⟨Cellensis⟩**

Petrus ⟨Caroli Loci⟩
um 1261 · OCist
Vita S. Guilelmi archiep. Bituric.
Potth. 912
Caroli Loci, Petrus
Petrus ⟨Caroli Loci Abbas⟩
Pierre ⟨Caroli Loci⟩
Pierre ⟨de Chaalis⟩

Petrus ⟨Carthaginiensis Episcopus⟩
→ **Petrus ⟨Gallego⟩**

Petrus ⟨Cartusianus⟩
→ **Dorlandus, Petrus**

Petrus ⟨Carus⟩
→ **Gregorius ⟨de Montesacro⟩**

Petrus ⟨Casinensis⟩
→ **Petrus ⟨Diaconus⟩**

Petrus ⟨Cassiodorus⟩
um 1250/1302
Epistola de tyrannide pontificis Romani in iura regni et ecclesiae Anglicanae
Potth. 912
Cassiodori, Pierre
Cassiodorus, Petrus
Pierre ⟨Cassiodori⟩

Petrus ⟨Casuelis⟩
→ **Johannes ⟨Canonicus⟩**

Petrus ⟨Catalanus⟩
→ **Petrus ⟨de Riu⟩**

Petrus ⟨Cellensis⟩
ca. 1115 – 1183 · OSB
Epistulae
LThK; CSGL; Tusculum-Lexikon; LMA,VI,1967
Peter ⟨of Celle⟩
Peter ⟨von Celle⟩
Petrus ⟨Abbas⟩
Petrus ⟨Carnotensis⟩
Petrus ⟨Carnotensis Episcopus⟩
Petrus ⟨of Chartres⟩

Petrus ⟨Sancti Remigii⟩
Petrus ⟨von Celle⟩
Petrus ⟨von Moutier-la-Celle⟩
Pierre ⟨de Celle⟩
Pierre ⟨de Champagne⟩
Pierre ⟨de Chartres⟩
Pierre ⟨de Moutier-la-Celle⟩
Pierre ⟨Evêque de Chartres⟩

Petrus ⟨Cendre⟩
→ **Petrus ⟨Sendre⟩**

Petrus ⟨Cernaeus⟩
→ **Petrus ⟨de Valle Sernaio⟩**

Petrus ⟨Cheldčický⟩
→ **Chelčický, Petr**

Petrus ⟨Chorherr von Sankt Viktor⟩
→ **Petrus ⟨Pictaviensis, de Sancto Victore⟩**

Petrus ⟨Chraldus⟩
→ **Petrus ⟨Giraldus⟩**

Petrus ⟨Christanni⟩
→ **Christanni, Petrus**

Petrus ⟨Chrysolanus⟩
gest. 1117
Oratio de spiritu sanctu
LThK; LMA,VI,1975
Chrysolanus, Petrus
Grossolano, Petrus
Grossolanus, Petrus
Petros ⟨Chrysolanos⟩
Petrus ⟨Arisolanus⟩
Petrus ⟨Grosolanus⟩
Petrus ⟨Grossolano⟩
Petrus ⟨Grossolanus⟩
Petrus ⟨Mediolanensis⟩
Petrus ⟨of Milan⟩
Petrus ⟨of Savona⟩
Pierre ⟨Grossolano⟩
Pietro ⟨Grosolano⟩
Pseudo-Petrus ⟨Chrysolanus⟩

Petrus ⟨Ciiarius⟩
→ **Cijar, Pedro**

Petrus ⟨Cineris⟩
→ **Petrus ⟨Sendre⟩**

Petrus ⟨Cisterciensis⟩
gest. 1203 · OCist
Quaestiones super historia passionis dominicae
Stegmüller, Repert. bibl. 6542-6542,3
Petrus ⟨Abbas⟩
Petrus ⟨Abbas Cisterciensis⟩
Petrus ⟨Atrebatensis Episcopus⟩
Pierre ⟨Abbé de Cîteaux⟩
Pierre ⟨Cistercien⟩
Pierre ⟨Evêque d'Arras⟩

Petrus ⟨Civitatis Novae Episcopus⟩
→ **Petrus ⟨Nani Venetus⟩**

Petrus ⟨Claraevallensis⟩
→ **Petrus ⟨de Ceffona⟩**
→ **Petrus ⟨Monoculus⟩**

Petrus ⟨Clatoviensis⟩
→ **Petrus ⟨Nossek⟩**

Petrus ⟨Claudiensis⟩
→ **Petrus ⟨Calo⟩**

Petrus ⟨Clugiensis⟩
→ **Petrus ⟨Calo⟩**

Petrus ⟨Cluniacensis⟩
→ **Petrus ⟨Pictaviensis, Cluniacensis Monachus⟩**
→ **Petrus ⟨Venerabilis⟩**

Petrus ⟨Collivaccinus⟩
gest. 1219/20
Zusammenstellung der ersten authent. Dekretalensammlung (= Compilatio III); möglicherweise Verf. der „Summa Reginensis"
LMA,VI,1967
Collevaccino, Pietro
Collevacino, Pierre
Collivaccinus, Petrus
Petrus ⟨Beneventanus⟩
Petrus ⟨Collivaccinus von Benevent⟩
Petrus ⟨Kanonist⟩
Pierre ⟨Collevacino⟩
Pierre ⟨Collevacino de Bénévent⟩
Pierre ⟨de Bénévent⟩
Pietro ⟨Collevaccino⟩
Pietro ⟨de Benevento⟩

Petrus ⟨Comaclensis Episcopus⟩
→ **Petrus ⟨Monticellus⟩**

Petrus ⟨Comestor⟩
ca. 1100 – 1179
Historia scholastica
CSGL; LThK; Tusculum-Lexikon; LMA,VI,1967/68
Comestor, Petrus
Manducator, Petrus
Petrus ⟨Edax⟩
Petrus ⟨Manducator⟩
Petrus ⟨Prespiter⟩
Petrus ⟨Trecensis⟩
Petrus ⟨Tricassinus⟩
Pierre ⟨Comestor⟩
Pierre ⟨de Troyes⟩
Pierre ⟨le Mangeur⟩
Pietro ⟨Comestore⟩
Pseudo-Petrus ⟨Comestor⟩

Petrus ⟨Compostellanus⟩
→ **Johannes ⟨Papa, XXI.⟩**

Petrus ⟨Compostellanus⟩
um 1317/30
De consolatione rationis
LMA,VI,1968; Schönberger/ Kible, Repertorium, 16545/ 16546
Compostellanus, Petrus
Peter ⟨of Compostella⟩
Petrus ⟨de Compostella⟩
Petrus ⟨von Compostela⟩
Pierre ⟨de Compostelle⟩

Petrus ⟨Conciliator⟩
→ **Petrus ⟨de Abano⟩**

Petrus ⟨Confessor Reginae Franciae⟩
→ **Petrus ⟨ad Boves⟩**

Petrus ⟨Confessor Vadstenensis⟩
→ **Petrus ⟨Vadstenensis⟩**

Petrus ⟨Constantinopolitanus⟩
→ **Petrus ⟨Thomas⟩**

Petrus ⟨Constantinopolitanus⟩
um 654/666
Synodika an Papst Eugen I.
LMA,VI,1954
Constantinopolitanus, Petrus
Petros ⟨Häretiker⟩
Petros ⟨Patriarch⟩
Petros ⟨Patriarch von Konstantinopel⟩
Petros ⟨von Konstantinopel⟩
Pierre ⟨de Constantinople⟩
Pierre ⟨Patriarche⟩

Petrus ⟨Coral⟩
→ **Coral, Petrus**

Petrus ⟨Corcadi⟩
→ **Corcadi, Petrus**

Petrus ⟨Coriger⟩
→ **Petrus ⟨Correger⟩**

Petrus ⟨Cornubiensis⟩
→ **Petrus ⟨de Cornubia⟩**

Petrus ⟨Correger⟩
gest. 1408 · OP
Quaestio; De schismate
Kaeppeli,III,223
Correger, Petrus
Petrus ⟨Coriger⟩
Petrus ⟨Corregerius⟩
Petrus ⟨Maioricensis⟩

Petrus ⟨Crassus⟩
um 1084
Defensio Heinrici IV regis
Potth. 912
Crasso, Pietro
Crassus, Petrus
Petrus ⟨Iudex Ravennas⟩
Pierre ⟨Crasso⟩
Pietro ⟨Crasso⟩

Petrus ⟨Crescentius⟩
→ **Crescentiis, Petrus ¬de¬**

Petrus ⟨Cyrnaeus⟩
→ **Cirneo, Pietro**

Petrus ⟨Czaech⟩
→ **Petrus ⟨de Pulka⟩**

Petrus ⟨da Siena⟩
→ **Pietro ⟨da Siena⟩**

Petrus ⟨Dacus⟩
→ **Petrus ⟨de Dacia⟩**

Petrus ⟨Dagui⟩
→ **Dagui, Petrus**

Petrus ⟨d'Ailly⟩
→ **Petrus ⟨de Alliaco⟩**

Petrus ⟨Damascenus⟩
gest. 743
Cpg 4051
Damascenus, Petrus
Petrus ⟨Episcopus⟩
Pierre ⟨de Damas⟩

Petrus ⟨Damiani⟩
1007 – 1072 · OSB
Actus Mediolanenses
LThK; Tusculum-Lexikon; LMA,VI,1970/72
Damian, Peter
Damiani, Petrus
Damiani, Pietro
Damianus, Peter
Damianus, Petrus
Damien, Pierre
Peter ⟨Damiano⟩
Petrus ⟨Cardinalis⟩
Petrus ⟨Damianus⟩
Petrus ⟨Sanctus⟩
Pier ⟨Damiani⟩
Pierre ⟨Damien⟩
Pietro ⟨Damiani⟩

Petrus ⟨Danhausser⟩
→ **Dannhäuser, Peter**

Petrus ⟨Danus⟩
→ **Petrus ⟨de Dacia⟩**

Petrus ⟨d'Arens⟩
→ **Petrus ⟨de Arenys⟩**

Petrus ⟨de Abano⟩
ca. 1257 – 1316
Tusculum-Lexikon; LMA,VI,1959/60
Abano, Petrus ¬de¬
Abano, Pietro ¬de¬
Abbano, Petrus ¬de¬
Albano, Petrus ¬de¬
Albanus, Petrus
Apono, Petrus ¬de¬
Apponius, Petrus
Petrus ⟨Abanus⟩
Petrus ⟨Aponensis⟩
Petrus ⟨Apponius⟩
Petrus ⟨Arzt⟩
Petrus ⟨Conciliator⟩
Petrus ⟨de Abbano⟩
Petrus ⟨de Albano⟩
Petrus ⟨de Apano⟩
Petrus ⟨de Apono⟩
Petrus ⟨de Ebano⟩
Petrus ⟨de Padua⟩
Petrus ⟨Paduanensis⟩
Petrus ⟨Paduanus⟩
Petrus ⟨Padubanensis⟩
Petrus ⟨von Abano⟩
Pierre ⟨d'Abano⟩
Pierre ⟨d'Albano⟩
Pierre ⟨d'Apone⟩
Pierre ⟨d'Avane⟩
Pietro ⟨d'Abano⟩

Petrus ⟨de Acquablanca⟩
→ **Petrus ⟨de Aqua Blanca⟩**

Petrus ⟨de Ailliaco⟩
→ **Petrus ⟨de Alliaco⟩**

Petrus ⟨de Albalat⟩
→ **Petrus ⟨Tarraconensis⟩**

Petrus ⟨de Albano⟩
→ **Petrus ⟨de Abano⟩**

Petrus ⟨de Alboinis de Mantua⟩
→ **Petrus ⟨Mantuanus⟩**

Petrus ⟨de Alewaigne⟩
um 1338
Stegmüller, Repert. sentent. 648
Alewaigne, Petrus ¬de¬
Petrus ⟨Monachus Sancti Bertini⟩

Petrus ⟨de Alliaco⟩
1350 – 1420
CSGL; LThK
Ailly, Peter ¬von¬
Ailly, Peter von
Ailly, Pierre ¬d'¬
Aillyaco, Petrus ¬de¬
Alliac, Pierre ¬d'¬
Alliaco, Petrus ¬de¬
Alliacus, Petrus
Eliaco, Petrus ¬de¬
Peter ⟨von Ailly⟩
Petrus ⟨Ailliacus⟩
Petrus ⟨Alliacenus⟩
Petrus ⟨Cameracensis⟩
Petrus ⟨Cardinalis⟩
Petrus ⟨de Ailliaco⟩
Petrus ⟨de Aillyaco⟩
Petrus ⟨de Aliaco⟩
Petrus ⟨de Aylliaco⟩
Petrus ⟨de Eliaco⟩
Petrus ⟨d'Ailly⟩
Petrus ⟨d'Alliac⟩
Petrus ⟨von Ailly⟩
Pierre ⟨d'Ailly⟩
Pierre ⟨d'Alliac⟩

Petrus ⟨de Alvarotis⟩
→ **Alvarotis, Petrus ¬de¬**

Petrus ⟨de Alvernia⟩
→ **Petrus ⟨Aureoli⟩**
→ **Petrus ⟨de Arvernia⟩**

Petrus ⟨de Ancharano⟩
1330 – 1416
LThK; LMA,VI,1962
Ancharano, Petrus ¬de¬
Ancharanus, Petrus
Ancharanus, Petrus ¬de¬
Petrus ⟨Ancharanus⟩
Petrus ⟨Ancora Iuris⟩
Pierre ⟨d'Ancarano⟩
Pierre ⟨Farnese⟩
Pietro ⟨de Farneto⟩
Pietro ⟨d'Ancharano⟩

Petrus ⟨de Andlo⟩
ca. 1425 – 1480
De imperio Romano
LThK; LMA,I,597/598
Andlau, Peter ¬von¬
Andlaw, Petrus ¬von¬
Andlo, Petrus ¬de¬
Hermann Peter ⟨aus Andlau⟩
Peter ⟨von Andlau⟩
Petrus ⟨von Andlaw⟩
Pierre ⟨d'Andlau⟩
Pierre ⟨Herrmann⟩

Petrus ⟨de Anglia⟩
→ **Petrus ⟨de Baldeswelle⟩**
→ **Petrus ⟨Sutton⟩**

Petrus ⟨de Anglia⟩
um 1303/16 · OFM
Quodlibeta (deren angebl. Verfasser Pseudo-Matthaeus ⟨de Aquasparta⟩ ist); nicht identisch mit Petrus ⟨de Baldeswelle⟩
Stegmüller, Repert. sentent. 652; LThK
Anglia, Petrus ¬de¬

Petrus ⟨de Apano⟩
→ **Petrus ⟨de Abano⟩**

Petrus ⟨de Aqua Blanca⟩
gest. 1268
Testamentum
Aigueblanche, Pierre ¬d'¬
Aqua Blanca, Petrus ¬de¬
Egeblanke, Pierre
Peter ⟨de Aqua Blanca⟩
Peter ⟨de Egeblanke⟩
Peter ⟨of Hereford⟩
Petrus ⟨de Acquablanca⟩
Pierre ⟨de Aquablanca⟩
Pierre ⟨d'Aigueblanche⟩
Pierre ⟨Egeblanke⟩

Petrus ⟨de Aquila⟩
gest. 1361 · OFM
Quaestiones in IV lib. Sent.
LThK
Aquila, Petrus ¬de¬
Petrus ⟨Aquilanus⟩
Petrus ⟨de Tornaparte⟩
Petrus ⟨di Tonnaparte⟩
Petrus ⟨of Saint Angelo⟩
Petrus ⟨Scotellus⟩
Pierre ⟨d'Aquila⟩
Pietro ⟨Aquilano⟩
Pietro ⟨dell'Aquila⟩
Scotellus

Petrus ⟨de Aragonia⟩
→ **Pedro ⟨Aragón, Rey, ...⟩**

Petrus ⟨de Aragonia⟩
gest. 1347 · OP
Sermones de VII peccatis mortalibus (Hrsg.)
Kaeppeli,III,216
Aragonia, Petrus ¬de¬

Petrus ⟨de Arenys⟩
1349 – 1420 · OP
Chronicon Ord. Praed.
Kaeppeli,III,217
Arens, Pierre ¬d'¬
Arenys, Petrus ¬de¬
Arenys, Pierre ¬d'¬
Petrus ⟨d'Arens⟩
Pierre ⟨d'Arens⟩
Pierre ⟨d'Arenys⟩

Petrus ⟨de Argellata⟩
gest. 1423, lt. LMA gest. 1523
LMA,VI,2142
Argelata, Petrus ¬de¬
Argellata, Petrus ¬de¬
Argillata, Petrus ¬de¬
Arzelata, Pietro ¬d'¬
Cerlata, Petrus ¬de la¬
LaCerlata, Petrus ¬de¬
Largelata, Petrus ¬de¬
Pierre ⟨d'Argellata⟩
Pietro ⟨de la Cerlata⟩
Pietro ⟨della Cerlata⟩

Pietro ⟨d'Argelata⟩
Pietro ⟨d'Argellata⟩
Pietro ⟨d'Argillata⟩
Pietro ⟨d'Arzelata⟩
Pietro ⟨Largelata⟩

Petrus ⟨de Arimino⟩
um 1417 · OP
Sermo de Coena Domini
Kaeppeli,III,217
Arimino, Petrus ¬de¬
Petrus ⟨de Arimio⟩

Petrus ⟨de Arrablayo⟩
→ **Arrablayo, Petrus ¬de¬**

Petrus ⟨de Arvernia⟩
gest. 1304
LThK; LMA,VI,1961/62
Alvernia, Petrus ¬de¬
Arvernia, Petrus ¬de¬
Pedro ⟨d'Auvergne⟩
Peter ⟨of Auvergne⟩
Petro ⟨de Alvernia⟩
Petro ⟨de Avernia⟩
Petrus ⟨Alverniensis⟩
Petrus ⟨de Alvernia⟩
Petrus ⟨de Croco⟩
Petrus ⟨de Crocq⟩
Petrus ⟨de Cros⟩
Petrus ⟨de Croso⟩
Petrus ⟨of Clermont⟩
Petrus ⟨von Auvergne⟩
Pierre ⟨du Cros⟩
Pierre ⟨d'Auvergne⟩
Pietro ⟨de Alvernia⟩
Pietro ⟨d'Auvergne⟩

Petrus ⟨de Astallis⟩
→ **Petrus ⟨Nicolai de Astallis⟩**

Petrus ⟨de Aterrabia⟩
gest. 1346 · OFM
Stegmüller, Repert. sentent. 655
Aterrabia, Petrus ¬de¬
Pedro ⟨de Aterrabia⟩
Pedro ⟨de Navarra⟩
Petrus ⟨de Atarrabia⟩
Petrus ⟨de Aterrania⟩
Petrus ⟨de Navarra⟩
Petrus ⟨Doctor Fundatus⟩

Petrus ⟨de Audomaro⟩
→ **Petrus ⟨de Sancto Audomaro, ...⟩**

Petrus ⟨de Augusta⟩
um 1445
Sap.
Stegmüller, Repert. bibl. 6414
Augusta, Petrus ¬de¬
Petrus ⟨Professor Wiennensis⟩

Petrus ⟨de Avernia⟩
→ **Petrus ⟨Aureoli⟩**

Petrus ⟨de Aversa⟩
um 1399/1422 · OP
Identität mit Johannes ⟨de Aversa⟩ nicht gesichert
Stegmüller, Repert. bibl. 4166
Aversa, Petrus ¬de¬
Petrus ⟨Bitectensis⟩
Pierre ⟨de Bitetto⟩
Pierre ⟨d'Aversa⟩

Petrus ⟨de Aylliaco⟩
→ **Petrus ⟨de Alliaco⟩**

Petrus ⟨de Baldeswelle⟩
um 1301 · OFM
Inceptio; Kommentar zum 1. Sentenzenbuch; nicht identisch mit Petrus ⟨de Anglia⟩
Stegmüller, Repert. sentent. 663,1
Baldeswelle, Petrus ¬de¬
Petrus ⟨de Anglia⟩
Petrus ⟨de Baldeswell⟩

Petrus ⟨de Balma⟩
→ **Petrus ⟨de Palma⟩**

Petrus ⟨de Baono⟩
→ **Petrus Dominicus ⟨de Baono⟩**

Petrus ⟨de Bargono⟩
um 1278
Bargone, Pietro ¬di¬
Bargono, Petrus ¬de¬
DiBargone, Pietro

Petrus ⟨de Barreria⟩
→ **Barreria, Petrus Raymundus ¬de¬**

Petrus ⟨de Barro⟩
gest. 1252
Quaestiones theologicae
Schneyer,IV,598
Barro, Petrus ¬de¬
Petrus ⟨de Barro super Albam⟩
Petrus ⟨de Bar-sur-Aube⟩
Pierre ⟨de Bar⟩
Pierre ⟨de Bar-sur-Aube⟩

Petrus ⟨de Bar-sur-Aube⟩
→ **Petrus ⟨de Barro⟩**

Petrus ⟨de Beaume⟩
→ **Petrus ⟨de Palma⟩**

Petrus ⟨de Bellapertica⟩
gest. 1308
Lectura super prima parte Cod. Iust.
LMA,VI,1962/63
Bella Pertica, Petrus ¬a¬
Bellapertica, Petrus ¬de¬
Belleperche, Pierre ¬de¬
Pertica, Petrus a Bella
Pertica, Petrus de Bella
Petrus ⟨a Bella Pertica⟩
Pierre ⟨de Belleperche⟩

Petrus ⟨de Belluga⟩
→ **Petrus ⟨Belluga⟩**

Petrus ⟨de Bergamo⟩
→ **Petrus ⟨de Scala⟩**

Petrus ⟨de Bergamo⟩
ca. 1400 – 1482 · OP
Tabula in libro opuscula et commentaria S. Thomae; Index universalis in omnia opera D. Thomae de Aquino; Identität mit Petrus ⟨de Maldure⟩ nicht gesichert
LThK; LMA,VI,1963
Bergamo, Petrus ¬de¬
Bergamo, Petrus ¬de¬
Maldura, Petrus
Maldura, Pierre
Peter ⟨von Bergamo⟩
Petrus ⟨Bergamensis⟩
Petrus ⟨Bergomatensis⟩
Petrus ⟨Bergomensis⟩
Petrus ⟨de Bergomo⟩
Petrus ⟨de Maldure⟩
Petrus ⟨Johannini de Pergamo⟩
Petrus ⟨Maldura⟩
Petrus ⟨von Bergamo⟩
Petrus Ludovicus ⟨de Maldure⟩
Pierre ⟨de Bergame⟩
Pierre ⟨Maldura⟩
Pietro ⟨da Bergamo⟩

Petrus ⟨de Biel⟩
→ **Biel, ¬Der von¬**

Petrus ⟨de Blarrorivo⟩
→ **Blarru, Pierre ¬de¬**

Petrus ⟨de Blois⟩
→ **Petrus ⟨Blesensis⟩**

Petrus ⟨de Boateriis⟩
um 1300
Boateriis, Petrus ¬de¬
Boaterius, Petrus
Boatieri, Pietro
Petrus ⟨Boaeterius⟩
Pietro ⟨Boatieri⟩
Pietro ⟨de'Boattieri⟩

Petrus ⟨de Bonifaciis⟩
gest. 1383
Textus selecti
Schönberger/Kible, Repertorium, 16535
Bonifaciis, Petrus ¬de¬
Pierre ⟨des Bonifaces⟩

Petrus ⟨de Boquinis⟩
→ **Petrus ⟨de Ilperinis⟩**

Petrus ⟨de Bordeille⟩
15. Jh.
Justificatio puelle Francie nomine Johanna
Potth. 915
Bordeille, Petrus ¬de¬
Petrus ⟨Petragoricensis⟩

Petrus ⟨de Bosco⟩
gest. 1321
Deliberatio super agendis a Philippo rege; De recuperatione Terrae sanctae; Summaria, brevis et compendiosa doctrina felicis expeditionis et abbreviationis guerrarum ac regni Francorum
Potth. 915
Bosco, Petrus ¬de¬
Dubois, Petrus
Dubois, Pierre
Petrus ⟨Advocatus⟩
Petrus ⟨Dubois⟩
Pierre ⟨du Bois⟩
Pierre ⟨Dubois⟩

Petrus ⟨de Boucherio⟩
→ **Petrus ⟨Bancherius⟩**

Petrus ⟨de Bracelos⟩
→ **Pedro Afonso ⟨Barcelos, Conde⟩**

Petrus ⟨de Bradlay⟩
um 1295/1310
Quaestiones super librum Praedicamentorum; Quaestio 1 distinctio 5 quaestio prima super secundum Priorum; Quaestiones in Categorias
Lohr; Schönberger/Kible, Repertorium, 16346/16347
Bradlay, Petrus ¬de¬
Peter ⟨Bradlay⟩
Petrus ⟨Bradlay⟩
Petrus ⟨Bradley⟩
Petrus ⟨de Bradele⟩
Petrus ⟨de Bradley⟩
Petrus ⟨de Bradslay⟩

Petrus ⟨de Brenaco⟩
→ **Petrus ⟨Amelii⟩**

Petrus ⟨de Breslau⟩
→ **Petrus ⟨Wichmann⟩**

Petrus ⟨de Bruniquello⟩
gest. 1328 · OESA
Liber super historias veteris et novi testamenti ordine alphabetico
Stegmüller, Repert. bibl. 6435-6440
Bruniquello, Petrus ¬de¬
Petrus ⟨Brunichellus⟩
Petrus ⟨Bruniquellus⟩
Petrus ⟨de Bruniquel⟩
Petrus ⟨de Rupe Maura⟩
Petrus ⟨Episcopus Civitatis Novae⟩
Petrus ⟨von Bruniquel⟩
Petrus ⟨von Cittanova⟩
Petrus ⟨von Rochemaure⟩
Pierre ⟨de Bruniquel⟩
Pierre ⟨d'Asolo⟩

Petrus ⟨de Bruto⟩
gest. 1493
Victoria adversus Iudaeos
Bruto, Petrus ¬de¬
Bruto, Pierre
Bruto, Pietro
Bruto, Pietro ¬de¬
Brutus, Petrus
Petrus ⟨Brutus⟩
Petrus ⟨Brutus Venetus⟩
Petrus ⟨de Brutis⟩
Petrus ⟨de Brutis de Varins⟩
Pierre ⟨Bruto⟩
Pierre ⟨Bruto de Venise⟩
Pietro ⟨Bruto⟩

Petrus ⟨de Bützberg⟩
um 1326 · OP
Ordinatio de bibliotheca conv. Bernensis
Schönberger/Kible, Repertorium, 16538; Kaeppeli,III,220
Bützberg, Petrus ¬de¬

Petrus ⟨de Byczyna⟩
→ **Bitschen, Petrus**

Petrus ⟨de Cadena⟩
→ **Nigri, Petrus**

Petrus ⟨de Caesis⟩
→ **Petrus ⟨de Casis⟩**

Petrus ⟨de Campo Florum⟩
→ **Petrus ⟨Nossek⟩**

Petrus ⟨de Candia⟩
→ **Alexander ⟨Papa, V.⟩**

Petrus ⟨de Capua, Iunior⟩
gest. 1242
Theologe; Sermones; Summa theologiae (deren wirklicher Verfasser ist Petrus ⟨de Capua, Senior⟩)
Schneyer,IV,704
Capua, Petrus ¬de¬
Petrus ⟨de Capone⟩
Petrus ⟨de Capua⟩
Petrus ⟨de Mora⟩
Petrus ⟨de Mora, Iunior⟩
Petrus ⟨von Capua, der Jüngere⟩
Pierre ⟨Cardinal-Diacre de Saint-Georges⟩
Pierre ⟨de Capoue⟩
Pierre ⟨d'Amalfi⟩
Pierre ⟨Patriarche d'Antioche⟩

Petrus ⟨de Capua, Senior⟩
gest. 1214
Kardinal, Theologe; Alphabetum in artem sermocinandi; Summa theologiae (früher Petrus ⟨de Capua, Iunior⟩ zugeschrieben)
LMA,VI,1966/67
Capua, Petrus ¬de¬
Capuano, Pietro
Petrus ⟨aus Amalfi⟩
Petrus ⟨Capuanus⟩
Petrus ⟨Cardinalis⟩
Petrus ⟨von Capua⟩
Petrus ⟨von Capua, der Ältere⟩
Pierre ⟨de Capoue⟩
Pietro ⟨Capuano⟩

Petrus ⟨de Caritate⟩
um 1339/46 · OP
Chronica a principio mundi
Kaeppeli,III,221
Caritate, Petrus ¬de¬
Petrus ⟨Bituricensis⟩
Petrus ⟨de Caritate Bituricensis⟩
Pierre ⟨de la Charité⟩

Petrus ⟨de Casis⟩
gest. 1348 · OCarm
Super libros Physicorum; Lectura in libros Politicorum
Lohr
Caesis, Petrus ¬de¬
Casa, Petrus ¬de¬
Casis, Petrus ¬de¬
Petrus ⟨de Caesis⟩
Petrus ⟨de Casa⟩
Petrus ⟨des Maisons⟩
Pierre ⟨des Maisons⟩

Petrus ⟨de Castaneto⟩
um 1333
Hrsg. von „Constitutiones Spoletani Ducatus"
Castanet, Pierre ¬de¬
Castaneto, Petrus ¬de¬
Pierre ⟨de Castanet⟩

Petrus ⟨de Castellariis⟩
gest. 1248 · OCist
Schneyer,IV,629
Castellariis, Petrus ¬de¬
Petrus ⟨de Chasteliers⟩
Pierre ⟨Abbé de Notre-Dame des Chasteliers⟩
Pierre ⟨de Chastelier⟩

Petrus ⟨de Castelletto⟩
um 1402 · OESA
Vita Francesci Petrarcae; Sermo factus... exequiis Johannis Galeati ducis Mediolanensis
Potth. 916
Castelletto, Petrus ¬de¬
Pierre ⟨de Castelletto⟩

Petrus ⟨de Castello Porpetto in Foro Iulio⟩
→ **Petrus ⟨de Utino⟩**

Petrus ⟨de Castro⟩
→ **Petrus ⟨de Castrovol⟩**

Petrus ⟨de Castrovol⟩
15. Jh. · OFM
Logica; Tractatus super libros Physicorum; Super libros De caelo et mundo; etc.
Castrovol, Petrus ¬de¬
Petrus ⟨de Castro⟩
Petrus ⟨de Castrobel⟩
Pierre ⟨de Castrovol⟩

Petrus ⟨de Ceffona⟩
um 1350 · OCist
Stegmüller, Repert. sentent. 467;668
Ceffona, Petrus ¬de¬
Peter ⟨Ceffons of Clairvaux⟩
Petrus ⟨Claraevallensis⟩
Petrus ⟨de Ceffonia⟩
Petrus ⟨de Ceffons⟩
Petrus ⟨de Claravalle⟩
Pierre ⟨de Ceffona⟩
Pierre ⟨de Ceffons⟩
Pierre ⟨de Clairvaux⟩

Petrus ⟨de Centelles⟩
gest. 1252 · OP
Constitutiones
Kaeppeli,III,222
Centelles, Petrus ¬de¬
Petrus ⟨Barcinonensis⟩
Petrus ⟨Sacrista Ecclesiae Barcinonensis⟩

Petrus ⟨de Chasteliers⟩
→ **Petrus ⟨de Castellariis⟩**

Petrus ⟨de Cheriaco⟩
um 1428 · OFM
Principium Bibliae
Stegmüller, Repert. bibl. 6541
Cheriaco, Petrus ¬de¬
Petrus ⟨Biblicus⟩
Pierre ⟨de Cheriaco⟩

Petrus ⟨de Chioggia⟩
→ **Petrus ⟨Calo⟩**

Petrus ⟨de Ciperia⟩
→ **Petrus ⟨de Lemovicis⟩**

Petrus ⟨de Claravalle⟩
→ **Petrus ⟨de Ceffona⟩**

Petrus ⟨de Clatovia⟩
→ **Petrus ⟨Nossek⟩**

Petrus ⟨de Columaeis⟩
→ **Petrus ⟨Polonus⟩**

Petrus ⟨de Columbario⟩
→ **Petrus ⟨Bertrandi, Iunior⟩**

Petrus ⟨de Columen⟩
→ **Petrus ⟨Polonus⟩**

Petrus ⟨de Combalia⟩
→ **Petrus ⟨de Lamballo⟩**

Petrus ⟨de Compostella⟩
→ **Petrus ⟨Compostellanus⟩**

Petrus ⟨de Condeto⟩
gest. ca. 1310/15
Ceratae tabulae a m. Junio 1283 ad m. Nov. 1285; Ceratae tabulae adversariorum modo ab a. 1284 ad a. 1286 conscriptae; Epistolae de rebus gestis sub extrema regis S. Ludovici tempora ac post excessum eiusdem IV.
Potth. 916
Condeto, Petrus ¬de¬
Petrus ⟨de Condé⟩
Pierre ⟨Chapelain de Saint-Louis⟩
Pierre ⟨Chartrain⟩
Pierre ⟨de Condé⟩
Pierre ⟨de Condet⟩

Petrus ⟨de Conflans⟩
→ **Petrus ⟨de Confleto⟩**

Petrus ⟨de Confleto⟩
gest. 1290 · OP
Sermo „II Dom. XL, archiep. de Tornaco"; Epistola ad Robertum Kilwardby
Kaeppeli,III,222/223
Confleto, Petrus ¬de¬
Petrus ⟨Burgundus⟩
Petrus ⟨de Conflans⟩
Pierre ⟨de Conflans⟩
Pierre ⟨de Confleto⟩
Pierre ⟨de Confluentia⟩

Petrus ⟨de Corbario⟩
→ **Nicolaus ⟨Papa, V., Antipapa⟩**

Petrus ⟨de Corbeil⟩
→ **Pierre ⟨de Corbeil⟩**

Petrus ⟨de Cornubia⟩
um 1197/1221
Stegmüller, Repert. sentent. 674
Cornubia, Petrus ¬de¬
Peter ⟨of Cornwall⟩
Petrus ⟨Cornubiensis⟩
Pierre ⟨de Cornouailles⟩

Petrus ⟨de Corral⟩
→ **Corral, Pedro ¬de¬**

Petrus ⟨de Corveheda⟩
um 1336
Sententia declarata super librum Ethicorum; Auctoritates notabiles libri Ethicorum
Lohr
Corveheda, Petrus ¬de¬

Petrus ⟨de Crescentiis⟩
→ **Crescentiis, Petrus ¬de¬**

Petrus ⟨de Croco⟩
→ **Petrus ⟨de Arvernia⟩**

Petrus ⟨de Cros⟩
→ **Petrus ⟨de Arvernia⟩**

Petrus ⟨de Cruce⟩
13. Jh.
Tractatus de tonis; Identität mit Petrus ⟨de Picardia⟩ umstritten
LMA,VI,1970
Cruce, Petrus ¬de¬
Petrus ⟨Ambianensis⟩
Pierre ⟨de la Croix⟩
Pierre ⟨d'Amiens⟩

Petrus ⟨de Cruce, OP⟩
um 1417 · OP
Itinerarium ad loca et venerationes sanctorum
Kaeppeli,III,223/224
Cruce, Petrus ¬de¬
Petrus ⟨de Cruce⟩

Petrus ⟨de Dacia⟩
14. Jh.
Canonicus zu Roskilde; Mathematiker und Astronom; Expositio super algorismum; Identität mit dem zeitgenöss. Astronomen Petrus ⟨de Audomaro⟩ umstritten
LMA,VI,1980/81
Dacia, Petrus ¬de¬
Dania, Petrus ¬de¬
Peter ⟨Nightingale⟩
Peter ⟨of Dacia⟩
Peter ⟨of Dania⟩
Petrus ⟨Dacus⟩
Petrus ⟨Danus⟩
Petrus ⟨de Dania⟩
Petrus ⟨Philomena⟩
Petrus ⟨Philomena de Dacia⟩
Petrus ⟨Philomeni⟩
Petrus ⟨Philomenus⟩
Pierre ⟨de Dace⟩
Pierre ⟨de Danemark⟩

Petrus ⟨de Dacia Gothensis⟩
ca. 1235 – 1289 · OP
Vita Christinae Stumbelensis; nicht identisch mit Petrus ⟨de Dacia⟩ (= Petrus ⟨Philomena de Dacia⟩)
Potth. 916; LMA,VI,1970; Schneyer,IV,651
Dacia, Petrus ¬de¬
Petrus ⟨de Dacia⟩
Petrus ⟨de Wisby⟩
Petrus ⟨Gothensis⟩
Petrus ⟨Gutensis⟩
Petrus ⟨Lector Skeningae⟩
Petrus ⟨Monachus Visbyensis⟩
Petrus ⟨Visbyensis⟩
Petrus ⟨von Dacien⟩
Pierre ⟨de Dace⟩
Pierre ⟨de Dacia⟩
Pierre ⟨de Gottland⟩
Pierre ⟨de Wisby⟩

Petrus ⟨de Domarto⟩
→ **Domarto, Petrus ¬de¬**

Petrus ⟨de Dusburg⟩
14. Jh.
Chronicon Prussiae
LThK; VL(2); Tusculum-Lexikon; LMA,VI,1937
Dusburg, Peter ¬von¬
Dusburg, Petrus ¬de¬
Peter ⟨der Düsburger⟩
Peter ⟨von Dusburg⟩
Peter ⟨von Düsburg⟩
Petrus ⟨a Duisburg⟩
Petrus ⟨de Duisburg⟩
Petrus ⟨von Dusburg⟩
Pierre ⟨de Duisburg⟩
Piotr ⟨z Dusburga⟩

Petrus ⟨de Ebano⟩
→ **Petrus ⟨de Abano⟩**

Petrus ⟨de Ebulo⟩
ca. 1160 – ca. 1220
Identität mit Petrus ⟨Ansolinus de Ebulo⟩ umstritten; Carmen de motibus Siculis
LMA,VI,1974; Tusculum-Lexikon
Ebulo, Petrus ¬de¬
Peter ⟨von Eboli⟩
Petrus ⟨Ansolinus⟩
Petrus ⟨Ansolinus de Ebulo⟩
Petrus ⟨de Eboli⟩
Petrus ⟨Ebulensis⟩
Petrus ⟨Magister⟩
Petrus ⟨von Eboli⟩
Pierre ⟨d'Eboli⟩
Pietro ⟨da Eboli⟩

Petrus ⟨de Eliaco⟩
→ **Petrus ⟨de Alliaco⟩**

Petrus ⟨de Equilia⟩
→ **Petrus ⟨de Natalibus⟩**

Petrus ⟨de Falco⟩
um 1277/81 · OFM
Nicht identisch mit Guilelmus ⟨de Falgar⟩
Stegmüller, Repert. sentent. 263;288;674,1
Falco, Petrus ¬de¬
Petrus ⟨von Falco⟩
Pierre ⟨de Falco⟩

Petrus ⟨de Firmo⟩
ca. 14. Jh.
Quaestiones super libro Praedicamentorum
Lohr
Firmo, Petrus ¬de¬
Formo, Petrus ¬de¬
Petrus ⟨de Formo⟩

Petrus ⟨de Flandria⟩
→ **Petrus ⟨de Insula⟩**

Petrus ⟨de Formo⟩
→ **Petrus ⟨de Firmo⟩**

Petrus ⟨de Francisis⟩
→ **Petrus ⟨de Rubeis⟩**

Petrus ⟨de Francofordia⟩
→ **Petrus ⟨Spitznagel de Francofordia⟩**

Petrus ⟨de Gavasinis⟩
um 1307/08 · OP
Sermones
Kaeppeli,III,227/228
Gavacini, Petrus
Gavasinis, Petrus ¬de¬
Petrus ⟨Gavacini⟩

Petrus ⟨de Gazata⟩
→ **Gazata, Petrus ¬de¬**

Petrus ⟨de Gelnhausen⟩
→ **Petrus ⟨Bücklin de Gelnhausen⟩**

Petrus ⟨de Glathovia⟩
→ **Petrus ⟨Nossek⟩**

Petrus ⟨de Godino⟩
1260 – 1336 · OP
Lectura Thomasina
LThK; LMA,IX,183
Godino, Petrus ¬de¬
Guilelmus ⟨de Godino⟩
Guilelmus ⟨de Godivo⟩
Guilelmus ⟨de Peyre de Godin⟩
Guilelmus ⟨Petri⟩
Guilelmus ⟨Petri de Godino⟩
Guilelmus ⟨Petri de Godino Baionensis⟩
Guilelmus ⟨Peyre⟩
Guillaume ⟨de Pierre Godin⟩
Guillaume ⟨Peire de Godin⟩
Guillaume ⟨Peyre de Godin⟩
Guillaume Pierre ⟨de Goddam⟩
Petrus ⟨Godino⟩
Wilhelm ⟨Petri de Godino⟩
Wilhelm Petrus ⟨von Godino⟩

Petrus ⟨de Godis⟩
um 1433/53
Dialogus de coniuratione Porcaria
Rep.Font. V,174
Godi, Pietro
Godis, Petrus ¬de¬
Petrus ⟨de Godis Vicentinus⟩
Petrus ⟨Filius Antonii Godi⟩
Petrus ⟨Vicentinus⟩

Petrus ⟨de Gouda⟩
→ **Petrus ⟨de Leydis⟩**

Petrus ⟨de Grüssem⟩
um 1438 · OP
Sermo de S. Thoma Aq.
Kaeppeli,III,228
Grüssem, Petrus ¬de¬

Petrus ⟨de Hallis⟩
um 1337
Summa de litteris missilibus
Hallis, Petrus ¬de¬
Lerv, Peter
Peter ⟨Lerv⟩
Peter ⟨von Hall⟩
Petrus ⟨Notarius⟩
Pierre ⟨de Halle⟩

Petrus ⟨de Harenthal⟩
→ **Petrus ⟨de Herentals⟩**

Petrus ⟨de Heremia⟩
→ **Petrus ⟨de Hieremia⟩**

Petrus ⟨de Herentals⟩
gest. 1391
Collectarius sup. lib. Psalmorum
LThK
Herentals, Petrus ¬de¬
Herenthalius, Petrus
Petrus ⟨de Harenthal⟩
Petrus ⟨de Herenthal⟩
Petrus ⟨Floreffiens⟩
Petrus ⟨Floreffiensis⟩
Petrus ⟨Herenthalius⟩
Petrus ⟨Herrenthalensis⟩
Petrus ⟨von Herenthals⟩
Pierre ⟨de Herenthals⟩

Petrus ⟨de Hibernia⟩
13. Jh.
Quaestio disputata
LThK; Tusculum-Lexikon; LMA,VI,1975/76
Hibernia, Petrus ¬de¬
Petrus ⟨de Ybernia⟩
Petrus ⟨von Hibernia⟩

Petrus ⟨de Hieremia⟩
1399 – 1452 · OP
Sermones de poenitentia; Sermones in Adventu Domini; Quadragesimale de peccatis in genere; Sermones de oratione
Schneyer, Winke, 54; Schönberger/Kible, Repertorium, 16556/16562; LThK
Hieremia, Petrus ¬de¬
Hieremias, Petrus
Jeremias, Petrus
Peter ⟨Geremia⟩
Petrus ⟨de Heremia⟩
Petrus ⟨de Hieremia de Panormio⟩
Petrus ⟨de Hieremia de Panormo⟩
Petrus ⟨de Hieremia Panormitanus⟩
Petrus ⟨de Jeremia⟩
Petrus ⟨de Panormio⟩
Petrus ⟨de Panormo⟩
Petrus ⟨Geremia⟩
Petrus ⟨Hieremiae⟩
Petrus ⟨Hieremias Siculus⟩
Pierre ⟨Bienheureux⟩
Pierre ⟨de Palerme⟩
Pierre ⟨Jérémie⟩
Pietro ⟨Geremia⟩
Pietro ⟨Geremia da Palermo⟩
Pietro ⟨Geremia Palermitano⟩

Petrus ⟨de Hispania⟩
→ **Johannes ⟨Papa, XXI.⟩**

Petrus ⟨de Ilperinis⟩
um 1376 · OP
De praedestinatione divina; Testimonium de ortu schismatis in ecclesia
Schönberger/Kible, Repertorium, 16563; Kaeppeli,III,233/234
Ilperinis, Petrus ¬de¬
Petrus ⟨de Boquinis⟩
Petrus ⟨de Ilperinis de Roma⟩
Petrus ⟨de Ilperinis Romanus⟩
Petrus ⟨de Loqueriis⟩
Petrus ⟨de Loquinis⟩
Petrus ⟨de Ylperinis⟩
Petrus ⟨Ilperini⟩

Petrus ⟨de Insula⟩
14. Jh.
Die Zuordnung der Aristoteles-kommentare des Petrus ⟨de Flandria⟩ und Petrus ⟨de Insula⟩ zu dem Franziskanerminoriten des 14. Jh. ist ungeklärt (vgl. Lohr)
Lohr; Stegmüller, Repert. bibl. 6618; Schneyer,IV,664
Insula, Petrus ¬de¬
Petrus ⟨de Flandria⟩
Petrus ⟨de Lille⟩
Petrus ⟨de Lyde⟩
Petrus ⟨de Ryssel⟩
Petrus ⟨Doctor Notabilis⟩
Petrus ⟨Insulensis⟩
Pierre ⟨de l'Isle⟩
Pierre ⟨Insulensis⟩

Petrus ⟨de Jeremia⟩
→ **Petrus ⟨de Hieremia⟩**

Petrus ⟨de Klattau⟩
→ **Petrus ⟨Nossek⟩**

Petrus ⟨de la Hazardière⟩
→ **Petrus ⟨de Lahazardière⟩**

Petrus ⟨de la Palu⟩
→ **Petrus ⟨de Palude⟩**

Petrus ⟨de Lacepiere⟩
→ **Petrus ⟨de Lemovicis⟩**

Petrus ⟨de Lahazardière⟩
ca. 1400 – ca. 1465
Hazardière, Pierre ¬de¬
Lahazardière, Petrus ¬de¬
Lahazardière, Pierre ¬de¬
Petrus ⟨de la Hazardière⟩
Pierre ⟨de la Hazardière⟩
Pierre ⟨de Lahazardière⟩

Petrus ⟨de Lamballo⟩
gest. 1256
Quaestiones theologicae; De operatione purgatorii
Schneyer,IV,635;663; Schönberger/Kible, Repertorium, 16564
Lamballo, Petrus ¬de¬
Petrus ⟨Archiepiscopus⟩
Petrus ⟨de Combalia⟩
Petrus ⟨de Lamballe⟩
Petrus ⟨de Lamballia⟩
Pierre ⟨Archevêque de Tours⟩
Pierre ⟨de Lamballe⟩

Petrus ⟨de Langtoft⟩
→ **Langtoft, Pierre ¬de¬**

Petrus ⟨de Lanoy⟩
→ **Pierre ⟨de Lanoy⟩**

Petrus ⟨de Laodicea⟩
gest. 650
Expositio in orationem Dominicam
LThK; CSGL
Laodicea, Petrus ¬de¬
Peter ⟨of Laodicea⟩

Petros ⟨von Laodikeia⟩
Petrus ⟨Laodicensis⟩
Petrus ⟨Laodicenus⟩
Petrus ⟨von Laodicea⟩
Pierre ⟨de Laodicée⟩
Pseudo-Petrus ⟨Laodicenus⟩

Petrus ⟨de Lautre⟩
→ **Petrus ⟨de Lutra⟩**

Petrus ⟨de Leidis⟩
→ **Petrus ⟨de Leydis⟩**

Petrus ⟨de Lemet⟩
um 1272 · OP
Schneyer,IV,664
Lemet, Petrus ¬de¬
Pierre ⟨de Lemet⟩

Petrus ⟨de Lemovicis⟩
ca. 1250 – 1306
LThK
Lacepiera, Petrus
Lemovicis, Petrus ¬de¬
Limoges, Petrus ¬de¬
Petrus ⟨de Ciperia⟩
Petrus ⟨de Lacepiere⟩
Petrus ⟨de Lemoviciis⟩
Petrus ⟨de Limoges⟩
Petrus ⟨de Sapiera⟩
Petrus ⟨della Sepyera⟩
Petrus ⟨Lacepiera⟩
Petrus ⟨Lacepierre⟩
Petrus ⟨Layssipreya⟩
Petrus ⟨Lemovicensis⟩
Pierre ⟨de la Cipière⟩
Pierre ⟨de Limoges⟩

Petrus ⟨de Leydis⟩
um 1426/28
Quaestiones super librum Perihermenias; Quaestiones super libros Priorum
Lohr
Petrus ⟨de Gouda⟩
Petrus ⟨de Leidis⟩
Petrus ⟨Leidis⟩
Petrus ⟨Leydis⟩

Petrus ⟨de Lille⟩
→ **Petrus ⟨de Insula⟩**

Petrus ⟨de Limoges⟩
→ **Petrus ⟨de Lemovicis⟩**

Petrus ⟨de London⟩
→ **Petrus ⟨Londoniensis⟩**

Petrus ⟨de Longtofta⟩
→ **Langtoft, Pierre ¬de¬**

Petrus ⟨de Loqueriis⟩
→ **Petrus ⟨de Ilperinis⟩**

Petrus ⟨de Loquinis⟩
→ **Petrus ⟨de Ilperinis⟩**

Petrus ⟨de Luna⟩
→ **Benedictus ⟨Papa, XIII., Antipapa⟩**

Petrus ⟨de Lutra⟩
um 1330 · OPraem.
De septem candelabris; Liga fratrum; De summi pontificis eminentia
Stegmüller, Repert. bibl. 6623;6624
Lutra, Petrus ¬de¬
Peter ⟨von Lautern⟩
Petrus ⟨a Luthra⟩
Petrus ⟨de Lautre⟩
Petrus ⟨de Lutra Caesarea⟩
Petrus ⟨Doctor Praeclarus⟩
Petrus ⟨Lutrensis⟩
Petrus ⟨Praemonstratensis⟩
Petrus ⟨von Kaiserslautern⟩
Pierre ⟨a Luthra⟩
Pierre ⟨de Kaiserslautern⟩
Pietro ⟨de Lutra⟩

Petrus ⟨de Lyde⟩
→ **Petrus ⟨de Insula⟩**

Petrus ⟨de Macciis⟩
gest. 1301 · OP
Prima pars Necrologii S. Mariae Novellae de Florentia
Kaeppeli,III,236
Macci, Pierre
Macciis, Petrus ¬de¬
Petrus ⟨de Macciis Florentinus⟩
Pierre ⟨Macci⟩

Petrus ⟨de Maldure⟩
→ **Petrus ⟨de Bergamo⟩**

Petrus ⟨de Malliaco⟩
13. Jh.
Als Verf. der Chronica universalis Mettensis fälschlich genannt
Potth. 917
Malliaco, Petrus ¬de¬

Petrus ⟨de Mallio⟩
um 1181
Basilicae veteris Vaticanae descriptio
Potth. 761
Mallio, Petrus ¬de¬
Mallius, Petrus
Mallius, Pierre
Petrus ⟨Canonicus Basilicae Vaticanae⟩
Petrus ⟨Mallius⟩
Petrus ⟨Romanus Canonicus⟩
Pierre ⟨Chanoine du Vatican⟩
Pierre ⟨Mallius⟩

Petrus ⟨de Mantua⟩
→ **Petrus ⟨Mantuanus⟩**

Petrus ⟨de Maricourt⟩
→ **Petrus ⟨Peregrinus⟩**

Petrus ⟨de Mera⟩
um 1464/74
Quaestiones super librum Porphyrii; Quaestiones super librum Praedicamentorim; Quaestiones super librum Perihermenias; etc.
Lohr
Mera, Petrus ¬de¬

Petrus ⟨de Meseraco⟩
→ **Poncius ⟨de Meseraco⟩**

Petrus ⟨de Mladenovic⟩
gest. 1451
Tusculum-Lexikon
Mladenovic, Petrus ¬de¬
Peter ⟨of Mladonovice⟩
Peter ⟨von Mladoniowitz⟩
Petr ⟨z Mladenovic⟩
Petrus ⟨de Mladenowicz⟩
Petrus ⟨von Mladenovicz⟩
Petrus ⟨von Mladoniowitz⟩
Pierre ⟨de Mladenovicz⟩

Petrus ⟨de Modena⟩
→ **Petrus ⟨de Mutina⟩**

Petrus ⟨de Monasterio⟩
→ **Peter ⟨Bruder⟩**
→ **Peter ⟨von Münster⟩**

Petrus ⟨de Montagnano⟩
gest. 1487
Montagnana, Petrus ¬de¬
Montagnano, Petrus ¬de¬
Petrus ⟨de Montagnana⟩
Petrus ⟨Montagnensis⟩
Pierre ⟨de Montagnana⟩
Pietro ⟨da Montagnana⟩

Petrus ⟨de Monte⟩
ca. 1400/04 – 1457
De summi pontificis generalis concilii et imperialis maiestatis origine et potestate
LMA,VI,2138; Rep.Font. IV,155
DelMonte, Pietro
Monte, Petrus ¬de¬
Monte, Piero ¬da¬
Monte, Pietro ¬del¬
Montis, Petrus
Montius, Petrus
Petrus ⟨Brixiensis⟩
Petrus ⟨Episcopus⟩
Petrus ⟨of Brescia⟩
Piero ⟨da Monte⟩
Pietro ⟨del Monte⟩

Petrus ⟨de Monte Rubiano⟩
um 1326 · OESA
Vita S. Nicolai de Tolentino
Potth. 918
Monte Rubiano, Petrus ¬de¬

Petrus ⟨de Montecassino⟩
→ **Petrus ⟨Diaconus⟩**

Petrus ⟨de Montmartre⟩
ca. 15. Jh.
Montmartre, Petrus ¬de¬
Montmartre, Pierre ¬de¬
Pierre ⟨de Montmartre⟩

Petrus ⟨de Mora⟩
→ **Petrus ⟨de Capua, Iunior⟩**

Petrus ⟨de Moravia⟩
→ **Petrus ⟨de Unicov⟩**

Petrus ⟨de Muglio⟩
gest. 1382
Comment. in libros Boethii De consolatione philosophiae
Schönberger/Kible, Repertorium, 16570
Muglio, Petrus ¬de¬
Pierre ⟨de Muglio⟩

Petrus ⟨de Musanda⟩
→ **Petrus ⟨Musandinus⟩**

Petrus ⟨de Mutina⟩
um 1393 · OP
Quaestio de quidditate substantiarum sensibilium
Schönberger/Kible, Repertorium, 16569
Mutina, Petrus ¬de¬
Peter ⟨of Modena⟩
Petrus ⟨de Modena⟩
Pierre ⟨de Modène⟩

Petrus ⟨de Natalibus⟩
gest. ca. 1406
Catalogus sanctorum et gestorum eorum
LThK; LMA,VI,1978/79
Nadali, Petrus ¬dei¬
Natali, Pietro ¬dei¬
Natalibus, Petrus ¬de¬
Petrus ⟨de Equilia⟩
Petrus ⟨dei Nadali⟩
Petrus ⟨Natalis⟩
Petrus ⟨of Evilio⟩
Pietro ⟨dei Natali⟩
Pietro ⟨de'Natali⟩
Pietro ⟨Natali⟩
Pietro ⟨Ungarello di Marco de'Natali⟩

Petrus ⟨de Navarra⟩
→ **Petrus ⟨de Aterrabia⟩**

Petrus ⟨de Ocaña⟩
um 1479/80 · OP
Kaeppeli,III,241
Ocaña, Petrus ¬de¬
Pierre ⟨de Ocaña⟩

Petrus ⟨de Osma⟩
gest. ca. 1480
Tractatus de confessione
LThK
Osma, Petrus ¬de¬
Osoma, Petrus ¬de¬
Pedro ⟨de Osma⟩
Peter ⟨of Osma⟩
Petrus ⟨de Osmo⟩
Petrus ⟨de Osoma⟩
Petrus ⟨Martínez⟩
Petrus ⟨Oxamensis⟩
Petrus ⟨Oxomensis⟩
Petrus ⟨Uxamensis⟩
Pierre ⟨d'Osma⟩

Petrus ⟨de Padua⟩
→ **Petrus ⟨de Abano⟩**

Petrus ⟨de Palma⟩
gest. 1345 · OP
Moralitates super Luc.; Moralitates super Matth.; Postillae
Stegmüller, Repert. bibl. 6735-6741; Schneyer,IV,717; Kaeppeli,III,241
Balma, Petrus ¬de¬
Baume, Pierre ¬de¬
Palma, Petrus ¬de¬
Petrus ⟨de Balma⟩
Petrus ⟨de Baume⟩
Petrus ⟨de Baume-les-Dames⟩
Petrus ⟨de Beaume⟩
Petrus ⟨de Parma⟩
Pierre ⟨de Baume⟩
Pietro ⟨di Baume⟩

Petrus ⟨de Palude⟩
ca. 1277 – 1342 · OP
De potestate ecclesiastica
LThK; LMA,VI,1979/80
LaPalud, Pierre ¬de¬
Palud, Pierre ¬de¬
Palude, Petrus ¬de¬
Petrus ⟨a Palude⟩
Petrus ⟨Burgundus⟩
Petrus ⟨de la Palu⟩
Petrus ⟨Hierosolymitanus⟩
Petrus ⟨of Jerusalem⟩
Petrus ⟨Paludanus⟩
Petrus ⟨Patriarcha⟩
Pierre ⟨de la Palu⟩
Pierre ⟨de la Palud⟩
Pietro ⟨della Palude⟩
Pietro ⟨di la Palu⟩
Pietro ⟨di Palude⟩

Petrus ⟨de Panormo⟩
→ **Petrus ⟨de Hieremia⟩**

Petrus ⟨de Parma⟩
→ **Petrus ⟨de Palma⟩**

Petrus ⟨de Pennis⟩
um 1330/42 · OP
Contra Alchoranum; Libellus de locis ultramarinis
Schneyer,IV,718; Schönberger/Kible, Repertorium, 16592
Pennis, Petrus ¬de¬
Petrus ⟨Aprutinus⟩
Petrus ⟨de Penna⟩
Pierre ⟨de Penna⟩

Petrus ⟨de Perpignan⟩
→ **Petrus ⟨de Riu⟩**

Petrus ⟨de Picardia⟩
13. Jh.
Ars motettorum compilata breviter; Identität mit Petrus ⟨de Cruce⟩ umstritten
LMA,VI,1981
Petrus ⟨Musicus⟩
Petrus ⟨Picardus⟩
Picard, Pierre
Picardia, Petrus ¬de¬
Picardus, Petrus
Pierre ⟨Picard⟩

Petrus ⟨de Pirchenwart⟩
→ **Petrus ⟨Reicher de Pirchenwart⟩**

Petrus ⟨de Pisis⟩
→ **Petrus ⟨Gambacorti⟩**

Petrus ⟨de Poortvliet⟩
um 1420 · OP
Probleuma lectorum Zozaciensium tempore cursoratus
Kaeppeli,III,251/252
Petrus ⟨de Porwlieti Zelandrini⟩
Petrus ⟨de Zierikzee⟩
Poortvliet, Petrus ¬de¬

Petrus ⟨de Posena⟩
15. Jh.
Petrinische Glosse
VL(2),7,516
Posena, Petrus ¬de¬

Petrus ⟨de Pratis⟩
gest. 1361
Schneyer,IV,724
Petrus ⟨des Prez⟩
Pierre ⟨des Prés⟩
Pierre ⟨des Prez⟩
Pierre ⟨du Quercy⟩
Pierre ⟨Evêque de Palestrina⟩
Pratis, Petrus ¬de¬

Petrus ⟨de Prece⟩
→ **Petrus ⟨de Pretio⟩**

Petrus ⟨de Premislavia⟩
→ **Petrus ⟨Weggun⟩**

Petrus ⟨de Presslove⟩
→ **Peter ⟨von Breslau⟩**

Petrus ⟨de Pretio⟩
um 1269
Adhortatio ad Henricum illustrem, in qua non solum fatalem casum Conradini describit, sed et Margaretham, Friderici II imp. filiam Alberti marchionis Misniae uxorem veram Conradini haeredem fuisse testatur
Potth. 918
Peter ⟨von Prezza⟩
Petrus ⟨de Prece⟩
Petrus ⟨Prece⟩
Pierre ⟨de Prece⟩
Pierre ⟨de Pretio⟩
Pierre ⟨Protonotaire du Roi Conradin⟩
Prece, Petrus
Pretio, Petrus ¬de¬

Petrus ⟨de Prexano⟩
→ **Petrus ⟨Ximenius de Prexano⟩**

Petrus ⟨de Prussia⟩
um 1483 · OP
Legenda Alberti Magni
Potth. 918; LMA,VI,1982; LThK
Pierre ⟨de Prusse⟩
Prussia, Petrus ¬de¬

Petrus ⟨de Przibislavia⟩
→ **Petrus ⟨Weggun⟩**

Petrus ⟨de Pulka⟩
gest. ca. 1423
Epistulae
LThK
Peter ⟨von Pulkau⟩
Petrus ⟨Czaech⟩
Petrus ⟨de Sancto Bernardo⟩
Petrus ⟨Tschech⟩
Petrus ⟨Tzech⟩
Petrus ⟨Zäch⟩
Petrus ⟨Zach⟩
Petrus ⟨Zech⟩
Pierre ⟨de Pulkau⟩
Pulka, Petrus ¬de¬
Tzech ⟨de Pulka⟩
Zech ⟨de Pulka⟩

Petrus ⟨de Pyne⟩
→ **Dupin, Perrinet**

Petrus ⟨de Radolin⟩
ca. 1340 – 1414
Speculum aureum; Mitverf. von „De praxi curiae"
LMA,VI,1983
Peter ⟨von Radolin⟩
Peter ⟨Wysz von Polen⟩
Petrus ⟨Polonus⟩
Petrus ⟨Wysch⟩
Petrus ⟨Wysz⟩
Petrus ⟨Wysz de Radolin⟩
Pierre ⟨Wysz⟩
Piotr ⟨Wysz⟩
Radolin, Petrus ¬de¬
Wysz, Petrus
Wysz, Piotr

Petrus ⟨de Raisa⟩
→ **Petrus ⟨de Rancia⟩**

Petrus ⟨de Rancia⟩
um 1365/89 · OP
Reportatorium Scripturae Sacrae
Stegmüller, Repert. bibl. 6793
Guilelmus ⟨de Raisa⟩
Guilelmus ⟨de Rancia⟩
Guillaume ⟨de Rances⟩
Petrus ⟨de Raisa⟩
Petrus ⟨de Rancé⟩
Petrus ⟨de Rance⟩
Petrus ⟨Episcopus Sagiensis⟩
Pierre ⟨de Rancé⟩
Pierre ⟨de Rances⟩
Pierre ⟨de Rancia⟩
Rancia, Petrus ¬de¬

Petrus ⟨de Ravenna⟩
→ **Tommai, Pietro**

Petrus ⟨de Ravenspurg⟩
→ **Stoss, Petrus**

Petrus ⟨de Remiremont⟩
um 1270/83 · OP
Schneyer,IV,724
Petrus ⟨de Remerico Monte⟩
Petrus ⟨de Romarico Monte⟩
Petrus ⟨Provincialis Romae⟩
Pierre ⟨de Remiremont⟩
Pierre ⟨de Romarico Monte⟩
Remiremont, Petrus ¬de¬

Petrus ⟨de Remis⟩
gest. 1247 · OP
Compendiosum opus de glossis, maxime super Bibliam
Stegmüller, Repert. bibl. 6818; Schneyer,IV,724-757
Petrus ⟨Aginnensis Episcopus⟩
Petrus ⟨Provincialis⟩
Petrus ⟨Remensis⟩
Pierre ⟨de Reims⟩
Remis, Petrus ¬de¬

Petrus ⟨de Riga⟩
→ **Petrus ⟨Riga⟩**

Petrus ⟨de Rimez⟩
→ **Petrus ⟨de Riu⟩**

Petrus ⟨de Ripalta⟩
gest. ca. 1374
Chronica Placentina
Petrus ⟨Placentinus⟩
Pierre ⟨de Plaisance⟩
Pierre ⟨de Ripalta⟩
Ripalta, Petrus ¬de¬

Petrus ⟨de Riu⟩
um 1342/58 · OCarm
Ps. 50
Stegmüller, Repert. bibl. 6828;6829; LThK
Petrus ⟨Catalanus⟩
Petrus ⟨de Perpignan⟩
Petrus ⟨de Perpiniano⟩
Petrus ⟨de Rimes⟩
Petrus ⟨de Rimez⟩
Petrus ⟨de Rimi⟩
Petrus ⟨de Rivo⟩
Petrus ⟨Ietrius⟩
Petrus ⟨Itrius⟩
Petrus ⟨Jetrius⟩
Petrus ⟨Rius⟩
Pierre ⟨de Riu⟩
Riu, Petrus ¬de¬

Petrus ⟨de Rivo⟩
→ **Petrus ⟨de Riu⟩**
→ **Rivo, Petrus ¬de¬**

Petrus ⟨de Roissy⟩
→ **Petrus ⟨de Rossiaco⟩**

Petrus ⟨de Romarico Monte⟩
→ **Petrus ⟨de Remiremont⟩**

Petrus ⟨de Rosenheim⟩
1380 – 1433 · OSB
Opus sermonum de tempore
VL(2),7,518/21; Tusculum-Lexikon; LMA,VI,1988/89
Peter ⟨von Rosenheim⟩
Petrus ⟨de Rosenhaym⟩
Petrus ⟨Melicensis⟩
Petrus ⟨Vix⟩
Petrus ⟨von Melk⟩
Petrus ⟨von Rosenhaym⟩
Petrus ⟨von Rosenheim⟩
Petrus ⟨Wiechs⟩
Pierre ⟨de Rosenheim⟩
Pietro ⟨di Rosenheim⟩
Rosenhaym, Petrus ¬von¬
Rosenheim, Petrus ¬de¬
Wiechs, Petrus

Petrus ⟨de Rosseto⟩
→ **Petrus ⟨Marini de Rosseto⟩**

Petrus ⟨de Rossiaco⟩
12. Jh.
Manuale de mysteriis ecclesiae
Schneyer,IV,769
Peter ⟨Chanceler of Chartres⟩
Petrus ⟨Carnotensis⟩
Petrus ⟨Carnotensis Cancellarius⟩
Petrus ⟨de Roissy⟩
Petrus ⟨de Roussi⟩
Petrus ⟨de Royssiaco⟩
Pierre ⟨Chancelier de Chartres⟩
Pierre ⟨de Roissy⟩
Rossiaco, Petrus ¬de¬

Petrus ⟨de Rossis⟩
→ **Petrus ⟨de Rubeis⟩**

Petrus ⟨de Rotenburg⟩
um 1455
In „De anima"; Identität mit Petrus ⟨Ridolfi de Rotenburg⟩ nicht gesichert
Lohr
Petrus ⟨de Rotemburga⟩
Petrus ⟨Rector Scholarium in Alczeya⟩
Petrus ⟨Ridolfi de Rotenburg⟩
Rotenburg, Petrus ¬de¬

Petrus ⟨de Roussi⟩
→ **Petrus ⟨de Rossiaco⟩**

Petrus ⟨de Rubeis⟩
gest. ca. 1498 · OESA
In libros Posteriorum; In III libros De anima; Annotationes multae super libros logicales et philosophicos Aristotelis; etc.
Lohr; Stegmüller, Repert. bibl. 6838-6838,38
Petrus ⟨de Francisis⟩
Petrus ⟨de Rossi⟩
Petrus ⟨de Rossis⟩
Petrus ⟨Rossi⟩
Petrus ⟨Rossianus⟩
Petrus ⟨Rossius⟩
Petrus ⟨Russus⟩
Petrus ⟨Senensis⟩
Pierre ⟨Rossi⟩
Pietro ⟨de Rossi⟩
Pietro ⟨de'Rossi⟩
Rubeis, Petrus ¬de¬

Petrus ⟨de Rupe Maura⟩
→ **Petrus ⟨de Bruniquello⟩**

Petrus ⟨de Ryssel⟩
→ **Petrus ⟨de Insula⟩**

Petrus ⟨de Salem⟩
→ **Stoss, Petrus**

Petrus ⟨de Salerno⟩
1038 – 1122/23 · OSB
Chronicon Cavense
Potth. 918
Pierre ⟨de la Cava⟩
Pierre ⟨de Pappacarbone⟩
Pierre ⟨de Salerne⟩
Pierre ⟨Saint⟩
Pietro ⟨de Cava⟩
Pietro ⟨de Policastro⟩
Pietro ⟨Salernitano⟩
Salerno, Petrus ¬de¬

Petrus ⟨de Salinis⟩
13. Jh.
Lectura super decretum
LMA,VI,1984
Petrus ⟨de Salviis⟩
Petrus ⟨Doctor Decretorum⟩
Petrus ⟨Kanonikus von Besançon⟩
Petrus ⟨Kanonist⟩
Pierre ⟨de Salins⟩
Pierre ⟨de Saviens⟩
Salinis, Petrus ¬de¬

Petrus ⟨de Salviis⟩
→ **Petrus ⟨de Salinis⟩**

Petrus ⟨de Sancta Fide⟩
→ **Petrus ⟨a Fide⟩**

Petrus ⟨de Sancto Amore⟩
13. Jh.
Sententia supra librum Praedicamentorum; Sententia libri Perihermenias; Super Posteriorum; Fragmenta
Lohr; Schönberger/Kible, Repertorium, 16594
Pietro ⟨di Santo Amore⟩
Sancto Amore, Petrus ¬de¬

Petrus ⟨de Sancto Audemaro⟩
um 1100
Liber de coloribus faciendis; nicht identisch mit Petrus ⟨Pictor⟩
Audemarus, Petrus
Audomarus, Petrus
Petrus ⟨a Sancto Audomaro⟩
Petrus ⟨a Sancto Audomaro⟩
Petrus ⟨Audemarensis⟩
Petrus ⟨de Sancto Audomaro⟩
Petrus ⟨of Flanders⟩
Petrus ⟨von Saint-Omer⟩
Saint-Omer, Pierre ¬de¬
Sancto Audemaro, Petrus ¬de¬
Sancto Audomaro, Petrus ¬de¬
Walloncappelle, Audemarus ¬a¬
Walloncappelle, Audomarus ¬a¬
Walloncappelle, Petrus ¬de¬
Walloncappelle, Petrus ¬a¬

Petrus ⟨de Sancto Audomaro, Astronomus⟩
13. Jh.
Opera quadrivialia; Identität mit Petrus ⟨de Dacia⟩ umstritten
LMA,VI,1981
Petrus ⟨Astronom⟩
Petrus ⟨de Sancto Audomaro⟩
Sancto Audomaro, Petrus ¬de¬

Petrus ⟨de Sancto Audomaro, Cancellarius⟩
um 1286/1308
Sermones; Quaestiones quodlibetales
Schneyer,IV,782
Petrus ⟨Cancellarius⟩
Petrus ⟨de Audomaro⟩
Petrus ⟨de Sancto Audomaro⟩
Petrus ⟨de Sancto Audomaro, Magister⟩
Pierre ⟨Chancelier de l'Université de Paris⟩
Pierre ⟨de Saint-Omer⟩
Sancto Audomaro, Petrus ¬de¬

Petrus ⟨de Sancto Benedicto⟩
um 1280 · OFM
Sermo: Dominica tertia in Quadragesima
Schneyer,IV,782; Schönberger/Kible, Repertorium, 16601
Pierre ⟨de Saint-Benoît⟩
Sancto Benedicto, Petrus ¬de¬

Petrus ⟨de Sancto Bernardo⟩
→ **Petrus ⟨de Pulka⟩**

Petrus ⟨de Sancto Dionysio⟩
um 1300/06
Quaestiones theologicae; Quodlibeta; Sermones
Schneyer,IV,802
Pierre ⟨de Saint-Denis⟩
Sancto Dionysio, Petrus ¬de¬

Petrus ⟨de Sancto Johanne⟩
→ **Petrus ⟨Pictaviensis, Cluniacensis Monachus⟩**

Petrus ⟨de Sancto Victore⟩
→ **Petrus ⟨Pictaviensis, de Sancto Victore⟩**

Petrus ⟨de Sapiera⟩
→ **Petrus ⟨de Lemovicis⟩**

Petrus ⟨de Saxonia⟩
gest. 1310/40 · OFM
Summa casuum conscientiae
Schneyer,IV,702
Petrus ⟨Saxo⟩
Pierre ⟨de Saxe⟩
Pierre ⟨de Saxonia⟩
Saxonia, Petrus ¬de¬

Petrus ⟨de Scala⟩
gest. 1295
Principium in Sacram Scripturam
Stegmüller, Repert. bibl. 6846/6851/6852; Schneyer,IV,802
Petrus ⟨de Bergamo⟩
Petrus ⟨de Scala, Bergomensis⟩
Petrus ⟨de Scala de Bergamo⟩
Petrus ⟨Scaliger de Bergamo⟩
Petrus ⟨Veronensis⟩
Pietro ⟨della Scala⟩
Scala, Petrus ¬de¬
Scaliger, Petrus

Petrus ⟨de Sezanna⟩
um 1230/34 · OP
Disputatio Latinorum et Graecorum
Kaeppeli,III,261
Petrus ⟨de Sezana⟩
Petrus ⟨de Sézanne⟩
Petrus ⟨de Sezaria⟩
Pierre ⟨de Sézanne⟩
Sezanna, Petrus ¬de¬

Petrus ⟨de Sienno⟩
um 1400/08
Quaestiones super librum Metaphysicorum; Disputata super libros Meteororum;etc.
Lohr
Petrus ⟨Zenno⟩
Sienno, Petrus ¬de¬

Petrus ⟨de Silento⟩
→ **Petrus ⟨de Zelento⟩**

Petrus ⟨de Spira⟩
um 1363 · OESA
Super libros Ethicorum
Lohr
Peter ⟨von Speyer⟩
Pierre ⟨de Spire⟩
Spira, Petrus ¬de¬

Petrus ⟨de Straßburg⟩
→ **Petrus ⟨Argentinensis⟩**

Petrus ⟨de Stupna⟩
Lebensdaten nicht ermittelt
Matth.
Stegmüller, Repert. bibl. 6857
Petrus ⟨Professor Pragensis⟩
Stupna, Petrus ¬de¬

Petrus ⟨de Tarentasia⟩
→ **Innocentius ⟨Papa, V.⟩**

Petrus ⟨de Tauriano⟩
um 1213
Vita S. Fantini
Potth. 920
Petrus ⟨Episcopus Taurianensis⟩
Petrus ⟨Taurianensis⟩
Pierre ⟨de Mileto⟩
Pierre ⟨de Tauriano⟩
Tauriano, Petrus ¬de¬

Petrus ⟨de Thymo⟩
gest. 1474
Chronicon Brabantiae
Heyden, Petrus ¬van der¬
Heyden, Pieter ¬van der¬
Heyden, Pieter ¬van¬
Petrus ⟨a Thymo⟩
Petrus ⟨de Thimo⟩
Petrus ⟨van der Heyden⟩
Pierre ⟨de Thimo⟩
Pierre ⟨de Thymo⟩
Pierre ⟨van der Heyden⟩
Pieter ⟨van der Heyden⟩
Thymo, Petrus ¬de¬
Thymo, Petrus ¬a¬

Petrus ⟨de Tonnerre⟩
→ **Petrus ⟨de Tornare⟩**

Petrus ⟨de Tornaparte⟩
→ **Petrus ⟨de Aquila⟩**

Petrus ⟨de Tornare⟩
um 1273 · OP
Schneyer,IV,805
Petrus ⟨de Tonnerre⟩
Pierre ⟨de Tonnerre⟩
Pierre ⟨de Tornare⟩
Tornare, Petrus ¬de¬

Petrus ⟨de Tossignano⟩
gest. 1407
Consilium pro peste evitanda
Tusculum-Lexikon; LMA,VI,1985
Petrus ⟨de Tussignano⟩
Petrus ⟨von Tossignano⟩
Petrus ⟨von Tussignano⟩
Pierre ⟨de Tussignano⟩
Pietro ⟨da Tossignano⟩
Tossignano, Petrus ¬de¬
Tussignano, Petrus ¬de¬

Petrus ⟨de Trabibus⟩
um 1300 · OFM
Discipulus Petri Johanni Olivi
Stegmüller, Repert. sentent. 696

Peter ⟨of Trabes⟩
Peter ⟨of Trebes⟩
Pierre ⟨de Trabibus⟩
Pietro ⟨de Trabibus⟩
Trabibus, Petrus ¬de¬

Petrus ⟨de Treysa⟩
gest. ca. 1409
Quaestiones über Arist. Ars Vetus, Peri hermenias; Ars dictandi
VL(2),7,457
Peter ⟨von Treysa⟩
Treysa, Peter ¬von¬
Treysa, Petrus ¬de¬

Petrus ⟨de Tuscanella⟩
um 1279/1308 · OP
Super evangelia
Kaeppeli,III,265/266
Tuscanella, Petrus ¬de¬

Petrus ⟨de Tussignano⟩
→ **Petrus ⟨de Tossignano⟩**

Petrus ⟨de Ubaldis⟩
gest. 1407, bzw. 1499
Ubaldis, Petrus ¬de¬

Petrus ⟨de Ulma⟩
→ **Gundelfinger, Peter**
→ **Peter ⟨von Ulm⟩**

Petrus ⟨de Unicov⟩
um 1413/17 · OP
Auctores contra utramque speciem; Revocatio
Kaeppeli,III,266
Petrus ⟨de Moravia⟩
Petrus ⟨de Uničov de Moravia⟩
Pseudo-Petrus ⟨de Unicov⟩
Unicov, Petrus ¬de¬

Petrus ⟨de Utino⟩
gest. 1368 · OFM
Exemplarium Sanctae Scripturae vel Biblia pauperum
Stegmüller, Repert. bibl. 6939/40
Petrus ⟨de Castello Porpetto in Foro Iulio⟩
Utino, Petrus ¬de¬

Petrus ⟨de Valetica⟩
gest. 1278 · OP
Processus animae ad deum
Kaeppeli,III,266
Petrus ⟨de Valetica Vasco⟩
Pierre ⟨de Valetica⟩
Valetica, Petrus ¬de¬

Petrus ⟨de Valle Aurato⟩
um 1272 · OP
Schneyer,IV,805
Petrus ⟨de Valle Aurata⟩
Petrus ⟨de Vaudoré⟩
Pierre ⟨de Vaudoré⟩
Valle Aurato, Petrus ¬de¬

Petrus ⟨de Valle Sernaio⟩
gest. ca. 1218 · OCist
Historia Albigensis
LThK; CSGL; LMA,VI,2140
Petrus ⟨Cernaeus⟩
Petrus ⟨Cernayensis⟩
Petrus ⟨de Valle Cernaii⟩
Petrus ⟨Monachus⟩
Petrus ⟨of Vaux-de-Cernay⟩
Petrus ⟨Sarnensis⟩
Petrus ⟨Vallis Sarnii⟩
Petrus ⟨Vallium Sarnaium⟩
Petrus ⟨von Vaux-Cernay⟩
Pierre ⟨de Vaulx-Cernay⟩
Pierre ⟨de Vaux-Cernai⟩
Pierre ⟨de Vaux-Cernay⟩
Pierre ⟨des Vallées Sernay⟩
Pierre ⟨des Vaux de Cernay⟩
Pierre ⟨des Vaux-de-Cernay⟩
Pierre ⟨von Vaux-Cernay⟩
Valle Sernaio, Petrus ¬de¬

Petrus ⟨de Vaudoré⟩
→ **Petrus ⟨de Valle Aurato⟩**

Petrus ⟨de Veneis⟩
→ **Petrus ⟨de Vinea⟩**

Petrus ⟨de Verberia⟩
→ **Petrus ⟨Aureoli⟩**

Petrus ⟨de Verdun⟩
→ **Petrus ⟨de Virduno⟩**

Petrus ⟨de Vermeria⟩
→ **Petrus ⟨Aureoli⟩**

Petrus ⟨de Versailles⟩
gest. 1446 · OSB
Epistola de calamitatibus Franciae earumque remediis ad Johannem Jouvenel (1360-1431), regis Francorum consiliarium; Sermo in concilio Constantiensis (1414/18)
Potth. 918; LMA,VI,2140
Petrus ⟨de Versaliis⟩
Pierre ⟨de Digne⟩
Pierre ⟨de Meaux⟩
Pierre ⟨de Saint-Martial à Limoges⟩
Pierre ⟨de Verceil⟩
Pierre ⟨de Versailles⟩
Verceil, Pierre ¬de¬
Versailles, Petrus ¬de¬
Versaliis, Petrus ¬de¬

Petrus ⟨de Versaliis⟩
→ **Petrus ⟨de Versailles⟩**

Petrus ⟨de Vincentia⟩
15. Jh.
Petrus ⟨de Vicentia⟩
Petrus ⟨Mentius⟩
Petrus ⟨of Cesena⟩
Pierre ⟨de Vicence⟩
Pietro ⟨da Vicenza⟩
Vincentia, Petrus ¬de¬

Petrus ⟨de Vinea⟩
1190 – 1249
Tusculum-Lexikon; LThK; CSGL; LMA,VI,1987/88
DellaVigna, Pietro
DelleVigne, Piero
LaVigne, Pierre ¬de¬
Petrus ⟨de Veneis⟩
Petrus ⟨de Vineis⟩
Pier ⟨delle Vigne⟩
Pierre ⟨de la Vigne⟩
Pierre ⟨della Vigne⟩
Pietro ⟨della Vigna⟩
Vigne, Pier ¬delle¬
Vigne, Piero ¬delle¬
Vigne, Pierre ¬de la¬
Vinea, Petrus ¬de¬
Vineis, Petrus ¬de¬

Petrus ⟨de Virduno⟩
um 1272/73 · OP
Sermones
Schneyer,IV,806; Kaeppeli,III,267
Petrus ⟨de Verdun⟩
Petrus ⟨de Verduno⟩
Pierre ⟨de Verdun⟩
Virduno, Petrus ¬de¬

Petrus ⟨de Wallsee⟩
→ **Petrus ⟨Schad de Wallsee⟩**

Petrus ⟨de Waltham⟩
→ **Petrus ⟨Londoniensis⟩**

Petrus ⟨de Wisby⟩
→ **Petrus ⟨de Dacia Gothensis⟩**

Petrus ⟨de Wormditt⟩
ca. 1360 – 1419
Berichte an den Großmeister des Deutschen Ordens; Epistulae
LMA,VI,1939
Peter ⟨Generalprokurator des Deutschen Ordens⟩
Peter ⟨von Wormditt⟩
Wormditt, Petrus ¬de¬

Petrus ⟨de Wratislavia⟩
→ **Peter ⟨von Breslau⟩**

Petrus ⟨de Ybernia⟩
→ **Petrus ⟨de Hibernia⟩**

Petrus ⟨de Ylperinis⟩
→ **Petrus ⟨de Ilperinis⟩**

Petrus ⟨de Zelento⟩
Lebensdaten nicht ermittelt
De occultis naturae
Petrus ⟨de Silento⟩
Zelento, Petrus ¬de¬

Petrus ⟨de Zierikzee⟩
→ **Petrus ⟨de Poortvliet⟩**

Petrus ⟨de Zittau⟩
→ **Petrus ⟨Zittaviensis⟩**

Petrus ⟨de Zwickau⟩
→ **Storch, Petrus**

Petrus ⟨Decanus Treverensis⟩
um 1375
Chronicon Marbacense (=Annales Argentinenses)
Potth. 76; 919; 921
Peter ⟨Dechant in Trier⟩
Peter ⟨Mönch in Heisterbach⟩
Petrus ⟨Decanus Trevirensis⟩
Petrus ⟨Heisterbacensis⟩
Petrus ⟨Monachus Heisterbacensis⟩
Petrus ⟨Treverensis⟩

Petrus ⟨dei Nadali⟩
→ **Petrus ⟨de Natalibus⟩**

Petrus ⟨della Sepyera⟩
→ **Petrus ⟨de Lemovicis⟩**

Petrus ⟨der Ehrwürdige⟩
→ **Petrus ⟨Venerabilis⟩**

Petrus ⟨des Maisons⟩
→ **Petrus ⟨de Casis⟩**

Petrus ⟨des Prez⟩
→ **Petrus ⟨de Pratis⟩**

Petrus ⟨di Tonnaparte⟩
→ **Petrus ⟨de Aquila⟩**

Petrus ⟨Diaconus⟩
→ **Petrus ⟨Pisanus⟩**

Petrus ⟨Diaconus⟩
1107 – ca. 1152 · OSB
Catalogus regum, pontificum, abbatum
LThK; CSGL; Tusculum-Lexikon; LMA,VI,1972/73
Diaconus Petrus
Petrus ⟨Bibliothecarius Casinensis⟩
Petrus ⟨Casinensis⟩
Petrus ⟨de Montecassino⟩
Petrus ⟨Ostiensis⟩
Petrus ⟨von Monte Cassino⟩
Pierre ⟨de Mont-Cassin⟩
Pierre ⟨le Bibliothécaire⟩
Pierre ⟨le Diacre⟩

Petrus ⟨Diaconus Cardinalis⟩
gest. 1050
Vita S. Mansueti (Miraculum alterum)
Potth. 919; 1447
Petrus ⟨Cancellarius Ecclesiae Romanae⟩
Petrus ⟨Cardinalis⟩
Petrus ⟨Diaconus⟩

Petrus ⟨Diaconus Monachus⟩
um 519
„Liber de incarnatione et gratia“; Epistula ad Fulgentium
Diaconus Monachus Petrus
Petrus ⟨Diaconus⟩
Petrus ⟨Diaconus Romanus⟩
Petrus ⟨Monachus⟩
Petrus ⟨Scytha⟩
Pierre ⟨Diacre⟩

Petrus ⟨Diaconus Romanus⟩
→ **Petrus ⟨Diaconus Monachus⟩**

Petrus ⟨Dialogi inter Latinum et Graecum contra Errores Graecorum Auctor⟩
→ **Petrus ⟨OP⟩**

Petrus ⟨dictus Archiepiscopus⟩
→ **Petrus ⟨Archiepiscopus⟩**

Petrus ⟨Dieburg⟩
ca. 1420 – 1494
Annalen des Lüchtenhofes; Statuta, acta et protocolla; Series benefactorum, rectorum, fratrum Luchtenhovii
LMA,VI,1973; Rep.Font. IV,196
Dieburg ⟨Bruder⟩
Dieburg, Peter
Dieburg, Petrus
Dieppurch, Peter
Peter ⟨Dieburg⟩
Peter ⟨Dieppurch⟩
Peter ⟨Fraterherr in Hildesheim⟩
Peter ⟨von Dieburg⟩

Petrus ⟨Diestensis⟩
→ **Dorlandus, Petrus**

Petrus ⟨Diesthemius⟩
→ **Dorlandus, Petrus**

Petrus ⟨Discipulus Johannis Duns Scoti⟩
→ **Petrus ⟨Thomae⟩**

Petrus ⟨Divensis⟩
um 1149 · OSB
Gesta septum abbatum Beccensium, metrice conscripta
Potth. 920; DOC,2,1470
Petrus ⟨Diviensis⟩
Petrus ⟨Monachus Sancti Petri supra Divam⟩
Petrus ⟨Sancti Petri Divensis⟩
Pierre ⟨de Dive⟩
Pierre ⟨de Saint-Pierre-sur-Dive⟩

Petrus ⟨Doctor Decretorum⟩
→ **Petrus ⟨de Salinis⟩**

Petrus ⟨Doctor Fundatus⟩
→ **Petrus ⟨de Aterrabia⟩**

Petrus ⟨Doctor Invincibilis⟩
→ **Petrus ⟨Thomae⟩**

Petrus ⟨Doctor Notabilis⟩
→ **Petrus ⟨de Insula⟩**

Petrus ⟨Doctor Praeclarus⟩
→ **Petrus ⟨de Lutra⟩**

Petrus ⟨Doctor Strenuus⟩
→ **Petrus ⟨Thomae⟩**

Petrus ⟨Dorlandus⟩
→ **Dorlandus, Petrus**

Petrus ⟨Dresdensis⟩
ca. 1365 – 1421/25
Parvulus logicae; Parvulus philosophiae naturalis; Parvulus philosophia moralis; etc.
Lohr; LMA,VI,1973
Gerit, Petrus
Geritz, Petrus
Petrus ⟨Gerit⟩
Petrus ⟨Geritz⟩
Petrus ⟨Kerszner de Drozna⟩
Petrus ⟨von Dresden⟩
Pierre ⟨de Dresde⟩
Pierre ⟨Hérétique⟩

Petrus ⟨Dubois⟩
→ **Petrus ⟨de Bosco⟩**

Petrus ⟨Ebulensis⟩
→ **Petrus ⟨de Ebulo⟩**

Petrus ⟨Edax⟩
→ **Petrus ⟨Comestor⟩**

Petrus ⟨Eleemosynarius⟩
→ **Philippus ⟨de Harvengt⟩**

Petrus ⟨Elias⟩
→ **Petrus ⟨Helias⟩**

Petrus ⟨Episcopus⟩
→ **Petrus ⟨Bertrandi⟩**
→ **Petrus ⟨Damascenus⟩**
→ **Petrus ⟨de Monte⟩**

Petrus ⟨Episcopus Alexandriae⟩
→ **Petrus ⟨Alexandrinus, IV.⟩**

Petrus ⟨Episcopus Civitatis Novae⟩
→ **Petrus ⟨de Bruniquello⟩**

Petrus ⟨Episcopus Lodovensis in Gallia Inferiore⟩
→ **Petrus ⟨Lodovensis⟩**

Petrus ⟨Episcopus Meldensis⟩
→ **Petrus ⟨Cardinalis⟩**

Petrus ⟨Episcopus Sagiensis⟩
→ **Petrus ⟨de Rancia⟩**

Petrus ⟨Episcopus Silvanectensis⟩
→ **Petrus ⟨Plaout⟩**

Petrus ⟨Episcopus Taurianensis⟩
→ **Petrus ⟨de Tauriano⟩**

Petrus ⟨Eschenloer⟩
→ **Eschenloer, Peter**

Petrus ⟨Explanationis Valerii Maximi Editor⟩
→ **Petrus ⟨Frater, OP⟩**

Petrus ⟨Falaca⟩
gest. 1326 · OP
Compendium donorum
Kaeppeli,III,225/226
Falaca, Petrus
Falacha, Pierre
Petrus ⟨Falaca de Ianua⟩
Petrus ⟨Falacha⟩
Petrus ⟨Farracha⟩
Petrus ⟨Ferracia⟩
Petrus ⟨Foracha⟩

Petrus ⟨Ferdinandi⟩
→ **Petrus ⟨Ferrandi⟩**

Petrus ⟨Fernandez⟩
→ **Petrus ⟨Ferrandi⟩**

Petrus ⟨Ferracia⟩
→ **Petrus ⟨Falaca⟩**

Petrus ⟨Ferrandi⟩
13. Jh. · OP
Legenda S. Dominici; Cronica Ord. Praed.
Kaeppeli,III,226
Ferrand, Pierre
Ferrandi, Petrus
Petrus ⟨Ferdinandi⟩
Petrus ⟨Fernandez⟩
Petrus ⟨Ferrandus⟩
Pierre ⟨Ferrand⟩

Petrus ⟨Ferrariensis⟩
→ **Bonus, Petrus**
→ **Petrus ⟨Monticellus⟩**

Petrus ⟨Filius Antonii Godi⟩
→ **Petrus ⟨de Godis⟩**

Petrus ⟨Flandini⟩
→ **Flandini, Petrus**

Petrus ⟨Floreffiensis⟩
→ **Petrus ⟨de Herentals⟩**

Petrus ⟨Florentinus⟩
um 1330 · OFM
Vita B. Margaritae Faventinae
Potth. 920
Florentinus, Petrus
Pierre ⟨de Florence⟩

Petrus ⟨Foracha⟩
→ **Petrus ⟨Falaca⟩**

Petrus ⟨Frater⟩
→ **Peter ⟨Bruder⟩**

Petrus ⟨Frater, OFM⟩
um 1260
Schneyer,IV,574
Petrus ⟨Frater, OM⟩
Pierre ⟨Franciscain⟩
Pierre ⟨Frère⟩
Pierre ⟨Prédicateur⟩

Petrus ⟨Frater, OP⟩
→ **Petrus ⟨OP⟩**

Petrus ⟨Frater, OP⟩
14. Jh. · OP
Explanatio Valerii Maximi
Kaeppeli,III,214
Frater Petrus
Petrus ⟨Explanationis Valerii Maximi Editor⟩
Petrus ⟨Frater⟩
Petrus ⟨Praedicatorum Ordinis⟩
Pierre ⟨Dominicain⟩

Petrus ⟨Galdinus⟩
14. Jh.; laut Kaeppeli um 1280 · OP
Sermones
Schneyer,IV,652; Kaeppeli,III,227
Galdini, Pierre
Galdinus, Petrus
Petrus ⟨Bononiensis⟩
Petrus ⟨Gandini⟩
Petrus ⟨Gandini Bononiensis⟩
Petrus ⟨Italus⟩
Pierre ⟨Galdini⟩

Petrus ⟨Gallego⟩
gest. 1267 · OFM
Liber de animalibus; Compilata abbreviatio de scientia domestica
Lohr
Gallego, Petrus
Pedro ⟨Gallego⟩
Petrus ⟨Carthaginensis⟩
Petrus ⟨Carthaginiensis Episcopus⟩
Petrus ⟨Gallegus⟩
Petrus ⟨von Cartagena⟩
Pierre ⟨Gallego⟩

Petrus ⟨Gallus Neustrius⟩
→ **Petrus ⟨Baiocensis⟩**

Petrus ⟨Galterius⟩
→ **Johannes ⟨Gualteri⟩**

Petrus ⟨Gambacorti⟩
1355 – 1435
Gambacorta, Pietro
Gambacorti, Petrus
Gambacurta, Petrus
Petrus ⟨de Pisis⟩
Petrus ⟨von Pisa⟩
Pierre ⟨de Pise⟩
Pierre ⟨Gambacorti⟩
Pietro ⟨Giambacorti⟩

Petrus ⟨Gandini⟩
→ **Petrus ⟨Galdinus⟩**

Petrus ⟨Gaucherius⟩
→ **Petrus ⟨Bancherius⟩**

Petrus ⟨Gavacini⟩
→ **Petrus ⟨de Gavasinis⟩**

Petrus ⟨Gebwilerensis⟩
→ **Petrus ⟨Moer⟩**

Petrus ⟨Geremia⟩
→ **Petrus ⟨de Hieremia⟩**

Petrus ⟨Geritz⟩
→ **Petrus ⟨Dresdensis⟩**

Petrus ⟨Giennensis⟩
→ **Pedro ⟨Pascual⟩**

Petrus ⟨Giraldus⟩
um 1460 · OCarm
Stegmüller, Repert. bibl. 6612
Chraldus, Petrus
Giraldus, Petrus
Petrus ⟨Chraldus⟩
Petrus ⟨Italus⟩
Petrus ⟨Vincentinus⟩
Vincentinus, Petrus

Petrus ⟨Glandatensis Episcopus⟩
→ **Petrus ⟨Marini de Rosseto⟩**

Petrus ⟨Godino⟩
→ **Petrus ⟨de Godino⟩**

Petrus ⟨Gothensis⟩
→ **Petrus ⟨de Dacia Gothensis⟩**

Petrus ⟨Gracilis⟩
um 1375/81 · OESA
Quaestiones; IV principia; Recitatio Evangelio Beati Luce
Stegmüller, Repert. sentent. 675
Gracilis, Petrus
Petrus ⟨Schüler von Johannes von Basel⟩

Petrus ⟨Gradenigo⟩
→ **Gradenigo, Petrus**

Petrus ⟨Grammaticus Pisanus⟩
→ **Petrus ⟨Pisanus⟩**

Petrus ⟨Grossolanus⟩
→ **Petrus ⟨Chrysolanus⟩**

Petrus ⟨Grotke⟩
um 1426/42 · OP
Incipit principium Porphirii factum Wratislavie sub a.d. 1426, in vig. translat. s. Thome doctoris per fr. Petrum Grotke; Principium philos. nat.
Kaeppeli,III,228
Grotke, Petrus

Petrus ⟨Gualteri⟩
→ **Johannes ⟨Gualteri⟩**

Petrus ⟨Guidonis⟩
gest. ca. 1347 · OP
Vita fr. Martini Donadei Carcassonensis; Visitatio canonica monasterii Pruliani quantum ad officiales et possessiones ipsius
Kaeppeli,III,229
Guidonis, Petrus
Guidonis, Pierre
Guy, Pierre
Pierre ⟨Guidonis⟩
Pierre ⟨Guy⟩

Petrus ⟨Guillelmi⟩
→ **Petrus ⟨Guillermus⟩**

Petrus ⟨Guillelmi⟩
gest. 1341
Quaestiones
Guillaume, Pierre
Guillaume de Toulon, Pierre
Guillaume de Vaison, Pierre
Guillelmi, Petrus
Guillem, Pierre
Pierre ⟨Guillaume⟩
Pierre ⟨Guillaume de Toulon⟩
Pierre ⟨Guillaume de Vaison⟩
Pierre ⟨Guillem⟩
Pierre-Guillaume
Toulon, Pierre Guillaume ¬de¬
Vaison, Pierre Guillaume ¬de¬

Petrus ⟨Guillermus⟩
um 1142 · OSB
Liber pontificalis; Miracula Sancti Aegidii
Potth. 920
Guglielmo, Pietro
Guillaume, Pierre
Guillelmi, Petrus
Guillem, Pierre
Guillermus, Petrus
Petrus ⟨Bibliothecarius Sancti Aegidii in Gallia⟩
Petrus ⟨Guillelmi⟩
Pierre ⟨Bibliothécaire de Saint-Gilles⟩
Pierre ⟨Guillaume⟩
Pierre ⟨Guillem⟩
Pierre-Guillaume
Pietro ⟨Guglielmo⟩

Petrus ⟨Gundelfinger⟩
→ **Gundelfinger, Peter**

Petrus ⟨Gutensis⟩
→ **Petrus ⟨de Dacia Gothensis⟩**

Petrus ⟨Häretischer Wanderprediger⟩
→ **Petrus ⟨Brusius⟩**

Petrus ⟨Heiliger⟩
→ **Petrus ⟨Nolascus⟩**

Petrus ⟨Heinrichowiensis⟩
gest. 1269 · OCist
Liber fundationis claustri S. Mariae
Potth. 910
Heinrichau, Pierre ¬d'¬
Petrus ⟨Abbas Heinrichowiensis⟩
Pierre ⟨d'Heinrichau⟩

Petrus ⟨Heisterbacensis⟩
→ **Petrus ⟨Decanus Treverensis⟩**

Petrus ⟨Helias⟩
12. Jh.
Summa super Prisciani
Tusuclum-Lexikon; LMA,VI,1975
Helias, Petrus
Helie, Petrus
Petrus ⟨Elias⟩
Petrus ⟨Heliae⟩
Petrus ⟨Helie⟩
Pierre ⟨Hélie⟩

Petrus ⟨Herardi⟩
um 1390/1409 · OP
Expos. Valerii Maximi, Factorum et dictorum memorabilium, lib.V-IX
Kaeppeli,III,230
Herardi, Petrus
Herardi, Petrus
Petrus ⟨Herardi Remensis⟩

Petrus ⟨Herenthalius⟩
→ **Petrus ⟨de Herentals⟩**

Petrus ⟨Herp⟩
→ **Herp, Petrus**

Petrus ⟨Hieremiae⟩
→ **Petrus ⟨de Hieremia⟩**

Petrus ⟨Hierosolymitanus⟩
→ **Petrus ⟨de Palude⟩**

Petrus ⟨Hierosolymitanus⟩
um 524/52
Homilia in nativitatem (georg.); Fragmentum de ieiuniis
Cpg 7017 - 7018
Hierosolymitanus, Petrus
Petrus ⟨Patriarcha⟩
Pierre ⟨d'Eleutheropolis⟩
Pierre ⟨Patriarche de Jerusalem⟩

Petrus ⟨Hispanus⟩
→ **Johannes ⟨Papa, XXI.⟩**

Petrus ⟨Hispanus⟩
13. Jh., „Absoluta cuiuslibet"
Hispanus, Petrus
Pedro ⟨Hispano⟩
Pedro ⟨Hispano Portugalense⟩
Peter ⟨of Spain⟩
Petrus ⟨Hispaniensis⟩
Petrus ⟨Hispanus Non Papa⟩
Petrus ⟨Hispanus Portugalensis⟩
Petrus ⟨Magister⟩
Petrus ⟨Sanctus⟩
Pierre ⟨d'Espagne⟩
Pietro ⟨Ispano⟩

Petrus ⟨Horn⟩
→ **Horn, Petrus**

Petrus ⟨Hosdenc⟩
→ **Petrus ⟨Cantor⟩**

Petrus ⟨Iacobi⟩
→ **Petrus ⟨Iacomi⟩**

Petrus ⟨Iacomi⟩
um 1291 · OP
Litterae ad quamdam confraternitatem Senensem
Kaeppeli,III,233
Iacomi, Petrus
Petrus ⟨Iacobi⟩
Petrus ⟨Iacomi Senensis⟩
Petrus ⟨Jacobi⟩
Pietro ⟨Jacomi Sanese⟩

Petrus ⟨Ietrius⟩
→ **Petrus ⟨de Riu⟩**

Petrus ⟨Illyricus⟩
→ **Petrus ⟨Patricius et Magister⟩**

Petrus ⟨Illyssiponnensis⟩
→ **Johannes ⟨Papa, XXI.⟩**

Petrus ⟨Ilperini⟩
→ **Petrus ⟨de Ilperinis⟩**

Petrus ⟨Insulensis⟩
→ **Petrus ⟨de Insula⟩**

Petrus ⟨Italus⟩
→ **Petrus ⟨Galdinus⟩**
→ **Petrus ⟨Giraldus⟩**

Petrus ⟨Itrius⟩
→ **Petrus ⟨de Riu⟩**

Petrus ⟨Iudex Ravennas⟩
→ **Petrus ⟨Crassus⟩**

Petrus ⟨Iuliani⟩
→ **Johannes ⟨Papa, XXI.⟩**

Petrus ⟨Jacobi⟩
→ **Petrus ⟨Iacomi⟩**

Petrus ⟨Jacobi⟩
14. Jh.
Tractatus de arbitris et arbitractoribus
Jacobi, Petrus
Jacobi, Pierre
Petrus ⟨Jacobi, Official de Mende⟩
Petrus ⟨Jacobi de Aureliano⟩
Petrus ⟨Jacobi de Monte Pesselano⟩
Pierre ⟨Jacobi⟩
Pierre ⟨Jacobi d'Aurillac⟩

Petrus ⟨Jetrius⟩
→ **Petrus ⟨de Riu⟩**

Petrus ⟨Johannini de Pergamo⟩
→ **Petrus ⟨de Bergamo⟩**

Petrus ⟨Johannis Olivi⟩
→ **Olivi, Petrus Johannes**

Petrus ⟨Kalo⟩
→ **Petrus ⟨Calo⟩**

Petrus ⟨Kanoniker⟩
→ **Petrus ⟨Blesensis, Iunior⟩**

Petrus ⟨Kanonikus von Besançon⟩
→ **Petrus ⟨de Salinis⟩**

Petrus ⟨Kanonist⟩
→ **Petrus ⟨Collivaccinus⟩**

Petrus ⟨Kardinal⟩
→ **Peter ⟨von Schaumberg⟩**

Petrus ⟨Kerszner de Drozna⟩
→ **Petrus ⟨Dresdensis⟩**

Petrus ⟨Keyerslach⟩
→ **Kirchschlag, Petrus**

Petrus ⟨Kirchschlag⟩
→ **Kirchschlag, Petrus**

Petrus ⟨Kunigschlacher de Sulgen⟩
→ **Königschlacher, Peter**

Petrus ⟨Kyerslach⟩
→ **Kirchschlag, Petrus**

Petrus ⟨Lacepierre⟩
→ **Petrus ⟨de Lemovicis⟩**

Petrus ⟨Ladovensis⟩
→ **Petrus ⟨Lodovensis⟩**

Petrus ⟨Langtoftus⟩
→ **Langtoft, Pierre ¬de¬**

Petrus ⟨Laodicensis⟩
→ **Petrus ⟨de Laodicea⟩**

Petrus ⟨Lascellas⟩
um 1346 · OCarm
In Aristotelicam philosophiam commentaria
Lohr
Lascellas, Petrus

Petrus ⟨Layssipreya⟩
→ **Petrus ⟨de Lemovicis⟩**

Petrus ⟨Lazari⟩
um 1434 · OP
In festo beatiss. patr. Dominici sermo; Oratio adolescentis; Versus ab ipso compositi et ei dicati
Kaeppeli,III,235/236
Lazari, Petrus

Petrus ⟨Lazaronus⟩
→ **Lazaronus, Petrus**

Petrus ⟨Lector Skeningae⟩
→ **Petrus ⟨de Dacia Gothensis⟩**

Petrus ⟨Legatus⟩
→ **Petrus ⟨Cardinalis⟩**

Petrus ⟨Leidis⟩
→ **Petrus ⟨de Leydis⟩**

Petrus ⟨Lemovicensis⟩
→ **Coral, Petrus**
→ **Petrus ⟨de Lemovicis⟩**

Petrus ⟨Leydis⟩
→ **Petrus ⟨de Leydis⟩**

Petrus ⟨Lodovensis⟩
um 1312
Chronicon Simonis comitis Montisfortis = Praeclara Francorum facinora
Potth. 920
Petrus ⟨Episcopus Lodovensis in Gallia Inferiore⟩
Petrus ⟨Ladovensis⟩

Petrus ⟨Lombardus⟩
ca. 1095 – ca. 1160
LThK; CSGL; Tusculum-Lexikon; LMA,VI,1977
Lombard, Petrus
Lombardus, Petrus
Peter ⟨Lombard⟩
Petrus ⟨Longobardus⟩
Petrus ⟨of Paris⟩
Petrus ⟨Parisiensis⟩
Pierre ⟨Lombard⟩
Richardus ⟨Cenomanus⟩

Petrus ⟨Londoniensis⟩
um 1190/1196
Remediarium Conversorum
Schönberger/Kible, Repertorium, 16565
Peter ⟨Archdeacon⟩
Peter ⟨of London⟩
Peter ⟨of Waltham⟩
Petrus ⟨Archidiaconus⟩
Petrus ⟨de London⟩
Petrus ⟨de Waltham⟩
Petrus ⟨Londinensis⟩
Petrus ⟨Londinensis Archidiaconus⟩
Pierre ⟨de Londres⟩
Waltham, Peter ¬of¬

Petrus ⟨Longobardus⟩
→ **Petrus ⟨Lombardus⟩**

Petrus ⟨Luder⟩
→ **Luder, Petrus**

Petrus ⟨Lutrensis⟩
→ **Petrus ⟨de Lutra⟩**

Petrus ⟨Magister⟩
→ **Peter ⟨von Ulm⟩**
→ **Petrus ⟨de Ebulo⟩**
→ **Petrus ⟨Hispanus⟩**
→ **Petrus ⟨Pisanus⟩**
→ **Petrus ⟨Viennensis⟩**

Petrus ⟨Magister⟩
11. Jh.
Versus contra simoniam
Potth. 920
Magister, Petrus

Petrus ⟨Magister, OP⟩
um 1306 · OP
Quaest. in IV Sent.
Kaeppeli,III,214
Magister Petrus
Petrus ⟨Magister⟩
Petrus ⟨Praedicatorum Ordinis⟩

Petrus ⟨Magister Officiorum⟩
→ **Petrus ⟨Patricius et Magister⟩**

Petrus ⟨Magister Scholarum Stumbulensium⟩
13./14. Jh.
Vita B. Christinae Stumbul. (Verf. der drei letzten Bücher)
Potth. 920
Petrus ⟨Stumbulensis⟩
Pierre ⟨de Stommeln⟩
Pierre ⟨Scolastique à Stommeln⟩
Stommeln, Pierre ¬de¬

Petrus ⟨Maioricensis⟩
→ **Petrus ⟨Correger⟩**

Petrus ⟨Maldura⟩
→ **Petrus ⟨de Bergamo⟩**

Petrus ⟨Malleacensis⟩
um 1070
Libri de antiquitate ... et translatione corporis S. Rigomeri
Petrus ⟨von Maillezais⟩
Pierre ⟨de Maillezais⟩

Petrus ⟨Mallius⟩
→ **Petrus ⟨de Mallio⟩**

Petrus ⟨Mancinelli⟩
→ **Petrus ⟨Monticellus⟩**

Petrus ⟨Manducator⟩
→ **Petrus ⟨Comestor⟩**

Petrus ⟨Mantuanus⟩
gest. ca. 1400
Quaestio; vermutl. Verf. von „In Physicam"
Lohr
Alboinis, Petrus ¬de¬
Mantua, Petrus ¬de¬
Mantuanus, Petrus
Pedro ⟨Mantuano⟩
Peter ⟨Alboini of Mantua⟩
Peter ⟨of Mantua⟩
Peter ⟨von Mantua⟩
Petrus ⟨Alboinus Mantuanus⟩
Petrus ⟨de Alboinis de Mantua⟩
Pierre ⟨de Mantoue⟩
Pietro ⟨degli Alboini da Mantova⟩
Pietro ⟨degli Alboni⟩

Petrus ⟨Marcellus⟩
1376 – 1428
Chronica monasterii montis Vendae (um 1427); Epistula ad Fantinum Dandulum
Marcello, Pietro
Marcellus, Petrus
Petrus ⟨Marcellus de Venise⟩
Pietro ⟨Marcello⟩

Petrus ⟨Marfillus⟩
14. Jh.
Marculfo, Pedro
Marfillus, Petrus
Marfilo, Pedro
Pedro ⟨de San-Juan de la Peña⟩
Pedro ⟨Marfilo⟩
Petrus ⟨Sancti Johannis de la Penna⟩

Petrus ⟨Maricurtensis⟩
→ **Petrus ⟨Peregrinus⟩**

Petrus ⟨Marini de Rosseto⟩
gest. 1487 · OESA
Explanatio figurarum totius Sacrae Scripturae
Stegmüller, Repert. bibl. 6671/6672
Marini, Petrus
Marini, Pietro
Marinus, Petrus
Petrus ⟨de Rosseto⟩
Petrus ⟨Glandatensis Episcopus⟩
Petrus ⟨Marini⟩
Petrus ⟨Marinus⟩
Pietro ⟨Marini⟩
Rosseto, Petrus ¬de¬

Petrus ⟨Marsilii⟩
um 1291/1327 · OP
Chronica gestorum Jacobi I Aragoniae regis; Litterae ad apostatam a fide
Kaeppeli,III,236/237
Marsilii, Petrus
Marsilio, Pierre
Marsilius, Petrus
Pedre ⟨Marsili⟩
Pere ⟨Marsili⟩
Petrus ⟨Marsilius⟩
Pierre ⟨Marsilio⟩

Petrus ⟨Marsus⟩
→ **Marso, Pietro**

Petrus ⟨Martínez⟩
→ **Pero ⟨Martínez⟩**
→ **Petrus ⟨de Osma⟩**

Petrus ⟨Martyr⟩
→ **Petrus ⟨Thomas⟩**

Petrus ⟨Martyr⟩
gest. 1252 · OP
Summa contra patarenos
LMA,VI,1978
Martyr, Petrus
Pedro ⟨de Verona⟩
Peter ⟨Martyr⟩
Petrus ⟨Sanctus⟩
Petrus ⟨Veronensis⟩
Petrus ⟨Veronensis Martyr⟩
Petrus ⟨von Mailand⟩
Petrus ⟨von Verona⟩
Pierre ⟨Martyr⟩
Pierre ⟨Saint⟩
Pietro ⟨da Verona⟩
Pietro ⟨Martire⟩

Petrus ⟨Mauricius⟩
→ **Petrus ⟨Venerabilis⟩**

Petrus ⟨Medicus Salernitanus⟩
→ **Petrus ⟨Musandinus⟩**

Petrus ⟨Mediolanensis⟩
→ **Petrus ⟨Chrysolanus⟩**

Petrus ⟨Meister der Mercedarier⟩
→ **Petrus ⟨Nolascus⟩**

Petrus ⟨Meldensis Episcopus⟩
→ **Petrus ⟨Cardinalis⟩**

Petrus ⟨Melicensis⟩
→ **Petrus ⟨de Rosenheim⟩**

Petrus ⟨Mentius⟩
→ **Petrus ⟨de Vincentia⟩**

Petrus ⟨Mercilio⟩
um 1336/70
Galt früher als Verf. der (anonymen) Chronica Pinatensis
Potth. 921
Mercilio, Petrus
Petrus ⟨Mersilio⟩

Petrus ⟨Messariensis⟩
→ **Petrus ⟨Caldarinus⟩**

Petrus ⟨Mönch von Cluny⟩
→ **Petrus ⟨Pictaviensis, Cluniacensis Monachus⟩**

Petrus ⟨Moer⟩
um 1465/6 · OP
Epistola ad Joh. Kreuzer
Kaeppeli,III,238
Moer, Petrus
Petrus ⟨Gebwilerensis⟩
Petrus ⟨Moer Gebwilerensis⟩

Petrus ⟨Monachus⟩
→ **Petrus ⟨de Valle Sernaio⟩**
→ **Petrus ⟨Diaconus Monachus⟩**

Petrus ⟨Monachus Heisterbacensis⟩
→ **Petrus ⟨Decanus Treverensis⟩**

Petrus ⟨Monachus Sancti Bertini⟩
→ **Petrus ⟨de Alewaigne⟩**

Petrus ⟨Monachus Sancti Petri supra Divam⟩
→ **Petrus ⟨Divensis⟩**

Petrus ⟨Monachus Visbyensis⟩
→ **Petrus ⟨de Dacia Gothensis⟩**

Petrus ⟨Monboiserius⟩
→ **Petrus ⟨Venerabilis⟩**

Petrus ⟨Monoculus⟩
gest. 1186
Epistulae
LThK; CSGL
Monoculus, Petrus
Peter ⟨von Clairvaux⟩
Petrus ⟨Claraevallensis⟩
Pierre ⟨de Clairvaux⟩
Pierre ⟨d'Igny⟩
Pierre ⟨le Borgne⟩
Pierre ⟨Monocule⟩

Petrus ⟨Montagnensis⟩
→ **Petrus ⟨de Montagnano⟩**

Petrus ⟨Monticellus⟩
gest. 1327 · OP
Commentaria in Aristotelis philosophiam; Postillae super nonullos Psalmos
Lohr; Stegmüller, Repert. bibl. 6673
Mancinelli, Petrus
Monticellus, Petrus
Petrus ⟨Comaclensis Episcopus⟩
Petrus ⟨Ferrariensis⟩
Petrus ⟨Mancinelli⟩

Petrus ⟨Musandinus⟩
12. Jh.
Tractatulus de cibis et potibus febricitantium
LMA,VI,1978
Petrus ⟨de Musanda⟩
Petrus ⟨Medicus Salernitanus⟩
Petrus ⟨Musandinus de Salerne⟩
Pierre ⟨de Salerne⟩
Pierre ⟨Musandinus⟩

Petrus ⟨Musicus⟩
→ **Petrus ⟨de Picardia⟩**

Petrus ⟨Nani Venetus⟩
um 1410/26
In omnes fere libros Sacrae Scripturae
Stegmüller, Repert. bibl. 6674/6675
Nani, Petrus
Petrus ⟨Civitatis Novae Episcopus⟩
Petrus ⟨Nani⟩
Petrus ⟨Torcellanus Episcopus⟩
Petrus ⟨Venetus⟩
Venetus, Petrus

Petrus ⟨Narbonnensis⟩
→ **Petrus ⟨Amelii⟩**

Petrus ⟨Natalis⟩
→ **Petrus ⟨de Natalibus⟩**

Petrus ⟨Naumburg, Bischof⟩
→ **Petrus ⟨von Naumburg⟩**

Petrus ⟨Neapolitanus Subdiaconus⟩
um 940/70
Hagiographie
LMA,VI,1984
Neapolitanus, Petrus
Petrus ⟨Napolitanus Subdiaconus⟩
Petrus ⟨Neapolitanus⟩
Petrus ⟨Subdiaconus⟩
Petrus ⟨Subdiaconus von Neapel⟩
Pierre ⟨Sous-Diacre de Saint-Janvier⟩
Pietro ⟨Subdiacono Napoletano⟩
Subdiaconus Petrus

Petrus ⟨Nicolai de Astallis⟩
um 1368
Notar
Astalli, Pietro di Nicola
Astallis, Petrus Nicolai ¬de¬
Nicola Astalli, Pietro ¬di¬
Nicolai, Petrus
Nicolai de Astallis, Petrus
Petrus ⟨de Astallis⟩
Petrus ⟨Nicolai⟩
Pietro ⟨di Nicola Astalli⟩

Petrus ⟨Nigri⟩
→ **Nigri, Petrus**

Petrus ⟨Nivernensis⟩
→ **Petrus ⟨Bertrandi⟩**

Petrus ⟨Nolascus⟩
ca. 1182 – 1249/56
LMA,VI,1979
Nolasco, Petrus ¬de¬
Nolascus, Petrus
Pedro ⟨Nolasco⟩
Peter ⟨de Nolasco⟩
Peter ⟨Nolasco⟩
Peter ⟨Saint⟩
Petrus ⟨Heiliger⟩
Petrus ⟨Meister der Mercedarier⟩
Pierre ⟨de Nolasque⟩
Pierre ⟨Saint⟩
Pietro ⟨Nolasco⟩
Pietro ⟨Santo⟩

Petrus ⟨Norwicensis⟩
→ **Petrus ⟨a Fide⟩**

Petrus ⟨Nossek⟩
um 1440/66 · OP
Symbolum primum apostolorum; Tract. de haereticis, per quae signa cognoscumtur
Kaeppeli,III,240/241
Nossek, Petrus
Petrus ⟨Clatoviensis⟩
Petrus ⟨de Campo Florum⟩
Petrus ⟨de Clatovia⟩
Petrus ⟨de Glathovia⟩
Petrus ⟨de Klattau⟩
Petrus ⟨Nossek de Campo Florum⟩

Petrus ⟨Notarius⟩
→ **Petrus ⟨Batifolius⟩**
→ **Petrus ⟨de Hallis⟩**

Petrus ⟨Novariensis⟩
→ **Petrus ⟨Azarius⟩**

Petrus ⟨of Argos⟩
→ **Petrus ⟨Argivus⟩**

Petrus ⟨of Brescia⟩
→ **Petrus ⟨de Monte⟩**

Petrus ⟨of Cesena⟩
→ **Petrus ⟨de Vincentia⟩**

Petrus ⟨of Chartres⟩
→ **Petrus ⟨Cellensis⟩**

Petrus ⟨of Clermont⟩
→ **Petrus ⟨de Arvernia⟩**

Petrus ⟨of Evilio⟩
→ **Petrus ⟨de Natalibus⟩**

Petrus ⟨of Flanders⟩
→ **Petrus ⟨de Sancto Audemaro⟩**

Petrus ⟨of Jaén⟩
→ **Pedro ⟨Pascual⟩**

Petrus ⟨of Jerusalem⟩
→ **Petrus ⟨de Palude⟩**

Petrus ⟨of Königsaal⟩
→ **Petrus ⟨Zittaviensis⟩**

Petrus ⟨of Maricourt⟩
→ **Petrus ⟨Peregrinus⟩**

Petrus ⟨of Milan⟩
→ **Petrus ⟨Chrysolanus⟩**

Petrus ⟨of Paris⟩
→ **Petrus ⟨Pictaviensis⟩**

Petrus ⟨of Paris⟩
→ **Petrus ⟨Lombardus⟩**

Petrus ⟨of Saint Angelo⟩
→ **Petrus ⟨de Aquila⟩**

Petrus ⟨of Savona⟩
→ **Petrus ⟨Chrysolanus⟩**

Petrus ⟨of Vaux-de-Cernay⟩
→ **Petrus ⟨de Valle Sernaio⟩**

Petrus ⟨Olafson⟩
→ **Petrus ⟨Olavi⟩**

Petrus ⟨Olavi⟩
gest. 1378/90
Exercitium libri Perihermenias; In libros Elenchorum; Exercitium libri Physicorum; etc.
Lohr
Olai, Pierre
Olavi, Petrus
Olavi, Pierre
Petrus ⟨Olafson⟩

Petrus ⟨Olavi de Alvastra⟩
Pierre ⟨Olai⟩
Pierre ⟨Olavi⟩

Petrus ⟨OP⟩
→ **Petrus ⟨Frater, OP⟩**

Petrus ⟨OP⟩
14. Jh. · OP
Tract. per modum dialogi inter Latinum et Graecum contra errores Graecorum
Kaeppeli,III,213
Petrus ⟨Dialogi inter Latinum et Graecum contra Errores Graecorum Auctor⟩
Petrus ⟨Frater, OP⟩
Petrus ⟨Praedicatorum Ordinis⟩

Petrus ⟨Oriol⟩
→ **Petrus ⟨Aureoli⟩**

Petrus ⟨Orphanorum Sectae Presbyter⟩
→ **Petrus ⟨Zatecensis⟩**

Petrus ⟨Os Porci⟩
→ **Sergius ⟨Papa, IV.⟩**

Petrus ⟨Ostiensis⟩
→ **Petrus ⟨Diaconus⟩**

Petrus ⟨Oxamensis⟩
→ **Petrus ⟨de Osma⟩**

Petrus ⟨Paduanus⟩
→ **Petrus ⟨de Abano⟩**

Petrus ⟨Palatinus⟩
→ **Abaelardus, Petrus**

Petrus ⟨Palmer⟩
→ **Palmer, Petrus**

Petrus ⟨Paludanus⟩
→ **Petrus ⟨de Palude⟩**

Petrus ⟨Parisiensis⟩
→ **Petrus ⟨Cantor⟩**
→ **Petrus ⟨Lombardus⟩**

Petrus ⟨Parlerius⟩
→ **Parler, Peter**

Petrus ⟨Parthenopensis⟩
Lebensdaten nicht ermittelt
Prolog zur Passio SS. Quatuor Coronatorum
Potth. 921; 1537

Petrus ⟨Parvus⟩
gest. 1246
Schneyer,IV,718
Pierre ⟨Parvus⟩
Pierre ⟨Petit⟩

Petrus ⟨Paschalis⟩
→ **Pedro ⟨Pascual⟩**

Petrus ⟨Passerinus⟩
um 1360/64
Epitome superioris chronici; Diarium rerum Foroiuliensium ab a. 1258-1356 (1348)
Potth. 66; 895; 921
Passerino, Pierre
Passerinus, Petrus
Petrus ⟨Passerinus Utinensis⟩
Petrus ⟨Passerinus Utinensis Tabellio⟩
Pierre ⟨Passerino⟩
Pierre ⟨Passerino d'Udine⟩

Petrus ⟨Patriarcha⟩
→ **Petrus ⟨Antiochenus⟩**
→ **Petrus ⟨de Palude⟩**
→ **Petrus ⟨Hierosolymitanus⟩**
→ **Petrus ⟨Thomas⟩**

Petrus ⟨Patricius et Magister⟩
ca. 500 – 562
Tusculum-Lexikon; CSGL; LMA,VI,1954
Patricius, Petrus
Patricius et Magister, Petrus
Petros ⟨Patrikios kai Magistros⟩
Petrus ⟨Illyricus⟩
Petrus ⟨Magister Officiorum⟩
Petrus ⟨Patricius⟩
Petrus ⟨Rhetor⟩
Pietro ⟨Patricio⟩

Petrus ⟨Pauper⟩
→ **Gregorius ⟨de Montesacro⟩**

Petrus ⟨Payne⟩
→ **Payne, Petrus**

Petrus ⟨Peregrinus⟩
um 1269
De magnete
Schönberger/Kible, Repertorium, 16568; LMA,VI,1980
Peregrinus, Petrus
Petrus ⟨Adsiger⟩
Petrus ⟨de Maricourt⟩
Petrus ⟨Maricurtensis⟩
Petrus ⟨of Maricourt⟩
Pierre ⟨de Maricourt⟩
Pierre ⟨le Pélerin⟩

Petrus ⟨Peripateticus⟩
→ **Abaelardus, Petrus**

Petrus ⟨Pesselerius⟩
um 880 · OSB
Stegmüller, Repert. bibl. 6775
Pesselerius, Petrus

Petrus ⟨Petragoricensis⟩
→ **Petrus ⟨de Bordeille⟩**

Petrus ⟨Petruccii de Viterbio⟩
→ **Petrus ⟨Antonii⟩**

Petrus ⟨Philaretus⟩
→ **Alexander ⟨Papa, V.⟩**

Petrus ⟨Philargus⟩
→ **Alexander ⟨Papa, V.⟩**

Petrus ⟨Philomena⟩
→ **Petrus ⟨de Dacia⟩**

Petrus ⟨Physicus⟩
→ **Peter ⟨von Münster⟩**

Petrus ⟨Picardus⟩
→ **Petrus ⟨de Picardia⟩**

Petrus ⟨Pictaviensis⟩
→ **Berchorius, Petrus**
→ **Petrus ⟨Viennensis⟩**

Petrus ⟨Pictaviensis⟩
ca. 1130 – 1205
Sententiarum libri V
LThK; Tusculum-Lexikon; LMA,VI,1981
Peter ⟨of Poitiers⟩
Petrus ⟨Academiae Parisiensis Cancellarius⟩
Petrus ⟨Cancellarius⟩
Petrus ⟨of Paris⟩
Petrus ⟨Pictaviensis Cancellarius Parisiensis⟩
Petrus ⟨von Poitiers⟩
Pierre ⟨de Poitiers⟩
Pierre ⟨le Chancellier⟩
Pietro ⟨di Poitiers⟩
Pseudo-Petrus ⟨Pictaviensis⟩

Petrus ⟨Pictaviensis, Cluniacensis Monachus⟩
ca. 1080 – 1161 · OSB
Panegyricum; Übers. d. Korans ins Lat.; Identität mit Petrus ⟨de Sancto Johanne⟩ umstritten
LMA,VI,1981
Pedro ⟨de Poitiers⟩
Petrus ⟨Cluniacensis⟩
Petrus ⟨de Sancto Johanne⟩
Petrus ⟨Mönch von Cluny⟩
Petrus ⟨Pictaviensis⟩
Petrus ⟨Pictaviensis, Monachus Cluniacensis⟩
Petrus ⟨Pictaviensis, OSB⟩
Petrus ⟨Sancti Johannis⟩
Petrus ⟨von Poitiers⟩
Petrus ⟨von Poitiers, OSB⟩
Pierre ⟨Bénédictin⟩
Pierre ⟨de Cluny⟩
Pierre ⟨de Poitiers⟩
Pierre ⟨de Poitiers, Moine de Cluny⟩

Petrus ⟨Pictaviensis, de Sancto Victore⟩
gest. ca. 1216/30 · OESACan
Summa de confessione; Compilatio praesens; Liber poenitentialis; etc.
Stegmüller, Repert. sentent. 678; Stegmüller, Repert. bibl. 6790-6790,2; LMA,VI,1981
Petrus ⟨Chorherr von Sankt Viktor⟩
Petrus ⟨de Sancto Victore⟩
Petrus ⟨Pictaviensis⟩
Petrus ⟨Pictaviensis, Canonicus Sancti Victoris Parisiensis⟩
Petrus ⟨Pictaviensis, Sancti Victoris Parisiensis Cancellarius⟩
Petrus ⟨Pictaviensis, Victorinus⟩
Petrus ⟨Sancti Victoris⟩
Petrus ⟨von Poitiers⟩
Petrus ⟨von Sankt Victor⟩
Pierre ⟨Chanoine⟩
Pierre ⟨de Poitiers⟩
Pierre ⟨de Poitiers, Chanoine de Saint-Victor⟩
Pierre ⟨de Poitiers, Victorin⟩
Pierre ⟨de Saint-Victor⟩

Petrus ⟨Pictaviensis Episcopus⟩
1050 – 1115
Epitaphium
LMA,VI,1981
Peter ⟨Bishop, II.⟩
Peter ⟨of Poitiers⟩
Petrus ⟨Archidiakon und Bischof⟩
Petrus ⟨Pictaviensis⟩
Petrus ⟨Pictaviensis, II.⟩
Pierre ⟨Archidiacre⟩
Pierre ⟨de Poitiers⟩
Pierre ⟨Evêque, II.⟩
Pierre ⟨Evêque de Poitiers⟩

Petrus ⟨Pictor⟩
um 1100
De laude Flandriae; De domnus vobiscum; De muliere mala; etc.; nicht Verfasser des „Liber de coloribus faciendis" (von Petrus ⟨de Sancto Audemaro⟩)
LMA,VI,1982; Tusculum-Lexikon
Peter ⟨the Painter⟩
Petrus ⟨Canonicus⟩
Pictor, Petrus
Pierre ⟨le Peintre⟩
Pieter ⟨Kanunnik⟩
Pietro ⟨il Pittore⟩

Petrus ⟨Pierleone⟩
→ **Anacletus ⟨Papa, II.⟩**

Petrus ⟨Pisanus⟩
8. Jh.
Ars grammatica; Carmina; Identität mit Petrus ⟨Archidiaconus⟩ umstritten
LThK; CSGL; LMA,VI,1982; Potth. 920; Tusculum-Lexikon
Peter ⟨the Deacon⟩
Petrus ⟨Diaconus⟩
Petrus ⟨Grammaticus⟩
Petrus ⟨Grammaticus Pisanus⟩
Petrus ⟨Magister⟩
Petrus ⟨Pisanus Diaconus⟩
Petrus ⟨Pisanus Grammaticus⟩
Petrus ⟨von Pisa⟩
Pierre ⟨de Pise⟩
Pierre ⟨de Pise, Grammairien⟩
Pierre ⟨Grammairien⟩
Pierre ⟨le Diacre⟩
Pisanus, Petrus

Petrus ⟨Pisanus Cardinalis⟩
um 1118/30
Liber pontificalis; Vita Gregorii VII (gest. 1085); Vita Paschalis II papae; Vita Urbani II (gest. 1099)
Potth. 921
Petrus ⟨Cardinalis⟩
Petrus ⟨Pisanus⟩
Pierre ⟨Diacre à Pise⟩
Pisanus Cardinalis, Petrus

Petrus ⟨Placentinus⟩
→ **Petrus ⟨de Ripalta⟩**

Petrus ⟨Plaout⟩
um 1391/93
Stegmüller, Repert. sentent. 681-683
Petrus ⟨Episcopus Silvanectensis⟩
Petrus ⟨Plaout de Palma⟩
Petrus ⟨Plewe⟩
Petrus ⟨Silvanectensis⟩
Plaout, Petrus

Petrus ⟨Plewe⟩
→ **Petrus ⟨Plaout⟩**

Petrus ⟨Polonus⟩
14. Jh. · OP
Lectura super librum Physicorum; Identität mit Petrus ⟨de Columen⟩ (⟨de Columaeis⟩) wahrscheinlich; nicht identisch mit Petrus ⟨de Palma⟩
Lohr; Stegmüller, Repert. bibl. 6791
Petrus ⟨de Columaeis⟩
Petrus ⟨de Columen⟩
Piotr ⟨Polak⟩
Polonus, Petrus

Petrus ⟨Polonus⟩
→ **Petrus ⟨de Radolin⟩**

Petrus ⟨Popon⟩
→ **Popon, Petrus**

Petrus ⟨Portugalensis⟩
→ **Johannes ⟨Papa, XXI.⟩**

Petrus ⟨Praecantor⟩
→ **Petrus ⟨Cantor⟩**

Petrus ⟨Praedicatorum Ordinis⟩
→ **Petrus ⟨Frater, OP⟩**
→ **Petrus ⟨Magister, OP⟩**
→ **Petrus ⟨OP⟩**

Petrus ⟨Praemonstratensis⟩
→ **Petrus ⟨de Lutra⟩**

Petrus ⟨Praepositinus⟩
→ **Praepositinus ⟨de Cremona⟩**

Petrus ⟨Prece⟩
→ **Petrus ⟨de Pretio⟩**

Petrus ⟨Presbyter⟩
→ **Petrus ⟨Zatecensis⟩**

Petrus ⟨Presbyter⟩
um 1282/85
Moral. Dichter
Presbyter, Petrus

Petrus ⟨Presbyter Cardinalis Sancti Chrysogoni⟩
→ **Petrus ⟨Cardinalis⟩**

Petrus ⟨Prespiter⟩
→ **Petrus ⟨Comestor⟩**

Petrus ⟨Professor Pragensis⟩
→ **Petrus ⟨de Stupna⟩**

Petrus ⟨Professor Wiennensis⟩
→ **Petrus ⟨de Augusta⟩**

Petrus ⟨Provincialis⟩
→ **Petrus ⟨de Remis⟩**

Petrus ⟨Provincialis Romae⟩
→ **Petrus ⟨de Remiremont⟩**

Petrus ⟨Raichspalt⟩
→ **Peter ⟨von Aspelt⟩**

Petrus ⟨Ransanus⟩
→ **Ransanus, Petrus**

Petrus ⟨Ravennas⟩
→ **Tommai, Pietro**

Petrus ⟨Raye⟩
→ **Petrus ⟨Riga⟩**

Petrus ⟨Razzano⟩
→ **Ransanus, Petrus**

Petrus ⟨Rector Scholarium in Alczeya⟩
→ **Petrus ⟨de Rotenburg⟩**

Petrus ⟨Reginaldetus⟩
15. Jh. · OFM
Stegmüller, Repert. sentent. 399;1;674,1;685
Reginaldetus, Petrus

Petrus ⟨Reicher de Pirchenwart⟩
gest. 1436
I/II Thess., quaestiones; Col., quaestiones; Philipp., quaestiones
Stegmüller, Repert. bibl. 6794-6817; Stegmüller, Repert. sentent. 451;686-688;1384
Petrus ⟨de Pirchenwart⟩
Petrus ⟨Reicher⟩
Petrus ⟨Reicher de Pirawart⟩
Petrus ⟨von Pirawarth⟩
Petrus ⟨von Pirchenwart⟩
Pirchenwart, Petrus ¬de¬
Reicher, Petrus
Reicher de Pirchenwart, Petrus

Petrus ⟨Reige⟩
→ **Petrus ⟨Riga⟩**

Petrus ⟨Remensis⟩
→ **Petrus ⟨Cantor⟩**
→ **Petrus ⟨de Remis⟩**
→ **Petrus ⟨Riga⟩**

Petrus ⟨Rhetor⟩
→ **Petrus ⟨Patricius et Magister⟩**

Petrus ⟨Ridolfi de Rotenburg⟩
→ **Petrus ⟨de Rotenburg⟩**

Petrus ⟨Riga⟩
gest. 1209
LThK; CSGL; Tusculum-Lexikon; LMA,VI,1983
Petrus ⟨de Riga⟩
Petrus ⟨Raye⟩
Petrus ⟨Reige⟩
Petrus ⟨Remensis⟩
Petrus ⟨Rigae⟩
Petrus ⟨Rigaeus⟩
Petrus ⟨Sancti Dionysii⟩
Pierre ⟨de Reims⟩
Pierre ⟨Raye⟩
Pierre ⟨Reige⟩
Pierre ⟨Riga⟩
Pietro ⟨Riga⟩
Riga, Petrus

Petrus ⟨Rius⟩
→ **Petrus ⟨de Riu⟩**

Petrus ⟨Rivius⟩
→ **Rivo, Petrus ¬de¬**

Petrus ⟨Rogerii⟩
→ **Clemens ⟨Papa, VI.⟩**

Petrus ⟨Rogerus⟩
→ **Gregorius ⟨Papa, XI.⟩**

Petrus ⟨Romanus Canonicus⟩
→ **Petrus ⟨de Mallio⟩**

Petrus ⟨Rossius⟩
→ **Petrus ⟨de Rubeis⟩**

Petrus ⟨Rostius⟩
→ **Rostius, Petrus**

Petrus ⟨Russel⟩
um 1400/10 · OFM
Cant.; I Petr.
Stegmüller, Repert. bibl. 6841;6842
Peter ⟨Russell⟩
Petrus ⟨Russellus⟩
Petrus ⟨Russelus⟩
Pierre ⟨Russel⟩
Russel, Petrus
Russel, Pierre

Petrus ⟨Russus⟩
→ **Petrus ⟨de Rubeis⟩**

Petrus ⟨Ruthenensis⟩
→ **Petrus ⟨Aldeberti⟩**

Petrus ⟨Sabbatius⟩
→ **Iustinianus ⟨Imperium Byzantinum, Imperator, I.⟩**

Petrus ⟨Sacrista Ecclesiae Barcinonensis⟩
→ **Petrus ⟨de Centelles⟩**

Petrus ⟨Salinerii⟩
12./14. Jh. · OFM
Schneyer,IV,770
Petrus ⟨Salmerius⟩
Petrus ⟨Saugnier⟩
Salinerii, Petrus
Salmerius, Petrus
Saugnier, Petrus

Petrus ⟨Sancti Autberti⟩
um 1300
Vita S. Dymnae
Potth. 910
Petrus ⟨Cameracensis⟩
Petrus ⟨Canonicus⟩
Petrus ⟨Sancti Autberti Cameracensis⟩
Pierre ⟨de Saint-Aubert⟩
Pierre ⟨de Saint-Aubert de Cambrai⟩
Sancti Autberti, Petrus

Petrus ⟨Sancti Chrysogoni⟩
→ **Petrus ⟨Cardinalis⟩**

Petrus ⟨Sancti Dionysii⟩
→ **Petrus ⟨Riga⟩**

Petrus ⟨Sancti Johannis⟩
→ **Petrus ⟨Pictaviensis, Cluniacensis Monachus⟩**

Petrus ⟨Sancti Johannis de la Penna⟩
→ **Petrus ⟨Marfillus⟩**

Petrus ⟨Sancti Martini⟩
→ **Petrus ⟨Bechini⟩**

Petrus ⟨Sancti Martini Abbas⟩
→ **Coral, Petrus**

Petrus ⟨Sancti Petri Divensis⟩
→ **Petrus ⟨Divensis⟩**

Petrus ⟨Sancti Remigii⟩
→ **Petrus ⟨Cellensis⟩**

Petrus ⟨Sancti Victoris⟩
→ **Petrus ⟨Pictaviensis, de Sancto Victore⟩**

Petrus ⟨Sanctus⟩
→ **Johannes ⟨Papa, XXI.⟩**
→ **Petrus ⟨Damiani⟩**
→ **Petrus ⟨Hispanus⟩**
→ **Petrus ⟨Martyr⟩**

Petrus ⟨Sarnensis⟩
→ **Petrus ⟨de Valle Sernaio⟩**

Petrus ⟨Saugnier⟩
→ **Petrus ⟨Salinerii⟩**

Petrus ⟨Saxo⟩
→ **Petrus ⟨de Saxonia⟩**

Petrus ⟨Scaliger de Bergamo⟩
→ **Petrus ⟨de Scala⟩**

Petrus ⟨Schad de Wallsee⟩
um 1385/95
Quaestiones super libris Ethicorum
Lohr
Petrus ⟨de Wallsee⟩
Petrus ⟨Schad⟩
Schad, Petrus
Schad de Wallsee, Petrus
Wallsee, Petrus ¬de¬

Petrus ⟨Scholastiker⟩
→ **Petrus ⟨Viennensis⟩**

Petrus ⟨Schott⟩
→ **Schott, Petrus**

Petrus ⟨Schüler von Johannes von Basel⟩
→ **Petrus ⟨Gracilis⟩**

Petrus ⟨Schwarz⟩
→ **Nigri, Petrus**

Petrus ⟨Scotellus⟩
→ **Petrus ⟨de Aquila⟩**

Petrus ⟨Scotus⟩
→ **Schott, Petrus**

Petrus ⟨Scytha⟩
→ **Petrus ⟨Diaconus Monachus⟩**

Petrus ⟨Seder⟩
→ **Petrus ⟨Sendre⟩**

Petrus ⟨Sendre⟩
gest. 1236 · OP
Summa de dispensationibus; Summa de censuris ecclesiasticis, excommunicatione, suspensione et interdictio
Kaeppeli,III,260/261
Cendre, Petrus
Cineris, Petrus
Petrus ⟨Cendre⟩
Petrus ⟨Cineris⟩
Petrus ⟨Seder⟩
Pierre ⟨de Cendra⟩
Seder, Petrus
Sendre, Petrus

Petrus ⟨Senensis⟩
→ **Petrus ⟨de Rubeis⟩**

Petrus ⟨Senonensis⟩
→ **Petrus ⟨Cardinalis⟩**

Petrus ⟨Siber⟩
Lebensdaten nicht ermittelt
Commentarius in sententias
Stegmüller, Repert. sentent. 689,1
Siber, Petrus

Petrus ⟨Siculus⟩
→ **Petrus ⟨Argivus⟩**

Petrus ⟨Silvanectensis⟩
→ **Petrus ⟨Plaout⟩**

Petrus ⟨Spitznagel de Francofordia⟩
gest. 1465 · OCarm
Commentarius in parabolas Salomonis; Commentarius in sententias; Expositio canonis missae
Stegmüller, Repert. bibl. 6853,1
Francfort, Pierre
Francofordia, Petrus ¬de¬
Petrus ⟨de Francofordia⟩
Petrus ⟨Spitznagel⟩
Petrus ⟨Spitznagel von Frankfurt⟩
Pierre ⟨de Francfort⟩
Pierre ⟨Spitznagel⟩
Spitznagel, Petrus
Spitznagel, Pierre

Petrus ⟨Steinveldensis⟩
→ **Rostius, Petrus**

Petrus ⟨Stocchus⟩
→ **Petrus ⟨Stockes⟩**

Petrus ⟨Stockes⟩
gest. 1399 · OCarm
Praeconia sacrae Scripturae; Commentaria in sacram Scripturam
Stegmüller, Repert. bibl. 6854;6855
Peter ⟨Stockes⟩
Petrus ⟨Stocchus⟩
Petrus ⟨Stoccus⟩
Petrus ⟨Stochus⟩
Stocchus, Petrus
Stoccus, Petrus
Stochus, Petrus
Stockes, Petrus

Petrus ⟨Storch⟩
→ **Storch, Petrus**

Petrus ⟨Stoss⟩
→ **Stoss, Petrus**

Petrus ⟨Stumbulensis⟩
→ **Petrus ⟨Magister Scholarum Stumbulensium⟩**

Petrus ⟨Subdiaconus von Neapel⟩
→ **Petrus ⟨Neapolitanus Subdiaconus⟩**

Petrus ⟨Suchensis⟩
→ **Ludolphus ⟨Suchensis⟩**

Petrus ⟨Sutton⟩
um 1310 · OFM
Quaestiones disputatae; Quaestio de univocatione entis Dei et creaturarum; Quodlibeta
Schönberger/Kible, Repertorium, 16732/16734
Anglia, Petrus ¬de¬
P. ⟨de Ang.⟩
Pe. ⟨de An.⟩
Peter ⟨de Anglia⟩
Peter ⟨Sutton⟩
Petrus ⟨de Anglia⟩
Sutton, Peter
Sutton, Petrus

Petrus ⟨Tarraconensis⟩
um 1236/39
Consultatio ad inquisitores (1242); Summa septem sacramentorum
Potth. 922
Albalat, Petrus ¬de¬
Petrus ⟨de Albalat⟩
Petrus ⟨Tarraconensis Archiepiscopus⟩
Pierre ⟨de Lerida⟩
Pierre ⟨de Tarragone⟩
Pierre ⟨d'Albalat⟩
Pierre ⟨d'Albalate⟩

Petrus ⟨Taurianensis⟩
→ **Petrus ⟨de Tauriano⟩**

Petrus ⟨Teuto⟩
→ **Nigri, Petrus**

Petrus ⟨Teutonicus⟩
→ **Albertus ⟨Magnus⟩**

Petrus ⟨Theoctonicus⟩
→ **Albertus ⟨Magnus⟩**

Petrus ⟨Thomae⟩
→ **Petrus ⟨Thomas⟩**
→ **Tommai, Pietro**

Petrus ⟨Thomae⟩
ca. 1280 – 1337/50 · OFM
Super Metaphysicam; Quaestiones super libros Physicorum; Chronologia ab Adam usque ad Romanos imperatores; etc.
Lohr; Stegmüller, Repert. sentent. 368;695; Stegmüller, Repert. bibl. 6915-6918
Pedro ⟨Tomas⟩
Pere ⟨Tomàs⟩
Petrus ⟨Discipulus Johannis Duns Scoti⟩
Petrus ⟨Doctor Invincibilis⟩
Petrus ⟨Doctor Strenuus⟩
Petrus ⟨Thomas⟩
Pierre ⟨de Thomas⟩
Pietro ⟨Tomas⟩
Thomae, Petrus

Petrus ⟨Thomai⟩
→ **Tommai, Pietro**

Petrus ⟨Thomas⟩
1305 – 1366 · OCarm
LMA,VI,1984
Pedro ⟨Thomas⟩
Peter ⟨Thomas⟩
Petrus ⟨Constantinopolitanus⟩
Petrus ⟨Martyr⟩
Petrus ⟨Patriarcha⟩
Petrus ⟨Thomae⟩
Petrus ⟨Thomas Aquitanus⟩
Petrus ⟨Thomasius⟩
Pier ⟨Tommaso⟩
Pierre ⟨Thomas⟩
Thomas, Petrus

Petrus ⟨Thomasius⟩
→ **Petrus ⟨Thomas⟩**
→ **Tommai, Pietro**

Petrus ⟨Tiniensis⟩
→ **Petrus ⟨Bancherius⟩**

Petrus ⟨Tomacelli⟩
→ **Bonifatius ⟨Papa, VIIII.⟩**

Petrus ⟨Tomic⟩
→ **Tomic, Pere**

Petrus ⟨Torcellanus Episcopus⟩
→ **Petrus ⟨Nani Venetus⟩**

Petrus ⟨Traiecti⟩
um 1485
Vita Johannis Hatten
Potth. 922
Pierre ⟨d'Utrecht⟩
Pierre ⟨Traiecti⟩
Traiecti, Petrus

Petrus ⟨Trecensis⟩
→ **Petrus ⟨Comestor⟩**

Petrus ⟨Treverensis⟩
→ **Petrus ⟨Decanus Treverensis⟩**

Petrus ⟨Tricassinus⟩
→ **Petrus ⟨Comestor⟩**

Petrus ⟨Troianus⟩
Lebensdaten nicht ermittelt
Deflorationes Gregorii Magni Moralium in Job, cap. 1-227
Stegmüller, Repert. bibl. 6933,1
Troianus, Petrus

Petrus ⟨Troicus⟩
→ **Petrus ⟨Troitus⟩**

Petrus ⟨Troitus⟩
um 1316/19 · OP
Tabula super omnes libros S. Augustini
Kaeppeli,III,265
Petrus ⟨Troicus⟩
Petrus ⟨Troitus Viterbiensis⟩
Petrus ⟨Trotta⟩
Troitus, Petrus

Petrus ⟨Trotta⟩
→ **Petrus ⟨Troitus⟩**

Petrus ⟨Tschech⟩
→ **Petrus ⟨de Pulka⟩**

Petrus ⟨Tudebodus⟩
um 1100
Historia de Hierosolymitano itinere ab a. 1095-1099, Libri V
Potth. 1074
Petrus ⟨Tudebovis⟩
Pierre ⟨Tudebod⟩
Pierre ⟨Tudebode⟩
Pierre ⟨Tudeboeuf⟩
Pierre ⟨Tudebolde⟩
Pierre ⟨Tudebot⟩
Pierre ⟨Tudebovis⟩
Tudebod, Pierre
Tudebode, Pierre
Tudebodus, Petrus
Tudeboeuf, Pierre
Tudebolde, Pierre
Tudebot, Pierre
Tudebovis, Petrus

Petrus ⟨Turisianus⟩
→ **Turrisanus, Petrus**

Petrus ⟨Turisianus de Turisanis⟩
→ **Turrisanus, Petrus**

Petrus ⟨Turonensis⟩
→ **Petrus ⟨Bechini⟩**

Petrus ⟨Turrisanus⟩
→ **Turrisanus, Petrus**

Petrus ⟨Tzech⟩
→ **Petrus ⟨de Pulka⟩**

Petrus ⟨Uxamensis⟩
→ **Petrus ⟨de Osma⟩**

Petrus ⟨Vadstenensis⟩
um 1373
Zusammen mit Petrus ⟨Alvastrensis⟩ Verf. einer Vita S. Brigittae Suecicae
Potth. 912; 1223
Petrus ⟨Confessor Vadstenensis⟩

Petrus ⟨Vallis Sarnii⟩
→ **Petrus ⟨de Valle Sernaio⟩**

Petrus ⟨van der Beken⟩
→ **Rivo, Petrus ¬de¬**

Petrus ⟨van der Heyden⟩
→ **Petrus ⟨de Thymo⟩**

Petrus ⟨Vangadiciae⟩
um 1060/66
Vita S. Theobaldi erem.
Potth. 910
Petrus ⟨Abbas Vangadiciae⟩
Pierre ⟨Vangadiciae⟩
Vangadiciae, Petrus

Petrus ⟨Varignana⟩
gest. ca. 1381
Pietro ⟨Varignana⟩
Varignana, Petrus

Petrus ⟨Vaucherius⟩
→ **Petrus ⟨Bancherius⟩**

Petrus ⟨Venerabilis⟩
1092 – 1156 · OSB
Epistulae
LThK; CSGL; Tusculum-Lexikon; LMA,VI,1985/87
Maurice ⟨de Montboissier⟩
Mauricius ⟨Venerabilis⟩
Mauritius ⟨Venerabilis⟩
Peter ⟨the Venerable⟩
Petrus ⟨Cluniacensis⟩
Petrus ⟨der Ehrwürdige⟩
Petrus ⟨Mauricius⟩
Petrus ⟨Monboiserius⟩
Petrus ⟨von Cluny⟩
Pierre ⟨de Cluny⟩
Pierre ⟨de Montboissier⟩

Pierre ⟨le Vénérable⟩
Venerabilis, Petrus

Petrus ⟨Venetus⟩
→ **Petrus ⟨Calo⟩**
→ **Petrus ⟨Nani Venetus⟩**

Petrus ⟨Verberius⟩
→ **Petrus ⟨Aureoli⟩**

Petrus ⟨Vermeria⟩
→ **Petrus ⟨Aureoli⟩**

Petrus ⟨Veronensis⟩
→ **Petrus ⟨de Scala⟩**
→ **Petrus ⟨Martyr⟩**

Petrus ⟨Vicentinus⟩
→ **Petrus ⟨de Godis⟩**

Petrus ⟨Viennensis⟩
gest. 1183
Die Zwettler Summe (Sententiae magistri Petri Pictaviensis) wird ihm zugeschrieben; Epistula ad Hugonem Eterianum; Epistula ad Ottonem Frisingensem
LMA,VI,1939
Peter ⟨Magister⟩
Peter ⟨of Vienne⟩
Peter ⟨Scholastiker⟩
Peter ⟨von Wien⟩
Petrus ⟨Magister⟩
Petrus ⟨Magister Viennensis⟩
Petrus ⟨Pictaviensis⟩
Petrus ⟨Scholastiker⟩
Petrus ⟨Viennensis Magister⟩
Petrus ⟨von Wien⟩
Pierre ⟨Ecolâtre⟩
Pierre ⟨Ecolâtre d'Origine Française⟩

Petrus ⟨Vincentinus⟩
→ **Petrus ⟨Giraldus⟩**

Petrus ⟨Visbyensis⟩
→ **Petrus ⟨de Dacia Gothensis⟩**

Petrus ⟨Visselbeccius⟩
→ **Visselbeccius, Petrus**

Petrus ⟨Vitalis⟩
um 1316/35 · OP
Novum Kalendarium
Kaeppeli,III,268
Vitalis, Petrus

Petrus ⟨Vix⟩
→ **Petrus ⟨de Rosenheim⟩**

Petrus ⟨Volsiniensis⟩
→ **Corcadi, Petrus**

Petrus ⟨von Abano⟩
→ **Petrus ⟨de Abano⟩**

Petrus ⟨von Aichspalt⟩
→ **Peter ⟨von Aspelt⟩**

Petrus ⟨von Ailly⟩
→ **Petrus ⟨de Alliaco⟩**

Petrus ⟨von Ainstetten⟩
15. Jh.
Buch von menschlicher Eigenschaft
VL(2),7,496
Ainstetten, Petrus ¬von¬

Petrus ⟨von Amalfi⟩
→ **Petrus ⟨Amalfitanus⟩**

Petrus ⟨von Ameil⟩
→ **Petrus ⟨Amelii⟩**

Petrus ⟨von Andlaw⟩
→ **Petrus ⟨de Andlo⟩**

Petrus ⟨von Argos⟩
→ **Petrus ⟨Argivus⟩**

Petrus ⟨von Aspelt⟩
→ **Peter ⟨von Aspelt⟩**

Petrus ⟨von Auvergne⟩
→ **Petrus ⟨de Arvernia⟩**

Petrus ⟨von Bath⟩
→ **Petrus ⟨Blesensis⟩**

Petrus ⟨von Bergamo⟩
→ **Petrus ⟨de Bergamo⟩**

Petrus ⟨von Blois⟩
→ **Petrus ⟨Blesensis⟩**

Petrus ⟨von Brescia⟩
→ **Petrus ⟨Caprioli⟩**

Petrus ⟨von Bruis⟩
→ **Petrus ⟨Brusius⟩**

Petrus ⟨von Bruniquel⟩
→ **Petrus ⟨de Bruniquello⟩**

Petrus ⟨von Bruys⟩
→ **Petrus ⟨Brusius⟩**

Petrus ⟨von Candia⟩
→ **Alexander ⟨Papa, V.⟩**

Petrus ⟨von Capua⟩
→ **Petrus ⟨de Capua, ...⟩**

Petrus ⟨von Cartagena⟩
→ **Petrus ⟨Gallego⟩**

Petrus ⟨von Celle⟩
→ **Petrus ⟨Cellensis⟩**

Petrus ⟨von Cittanova⟩
→ **Petrus ⟨de Bruniquello⟩**

Petrus ⟨von Cluny⟩
→ **Petrus ⟨Venerabilis⟩**

Petrus ⟨von Compostela⟩
→ **Petrus ⟨Compostellanus⟩**

Petrus ⟨von Corbara⟩
→ **Nicolaus ⟨Papa, V., Antipapa⟩**

Petrus ⟨von Corbeil⟩
→ **Pierre ⟨de Corbeil⟩**

Petrus ⟨von Dacien⟩
→ **Petrus ⟨de Dacia ...⟩**

Petrus ⟨von Dresden⟩
→ **Petrus ⟨Dresdensis⟩**

Petrus ⟨von Dusburg⟩
→ **Petrus ⟨de Dusburg⟩**

Petrus ⟨von Eboli⟩
→ **Petrus ⟨de Ebulo⟩**

Petrus ⟨von Falco⟩
→ **Petrus ⟨de Falco⟩**

Petrus ⟨von Herenthals⟩
→ **Petrus ⟨de Herentals⟩**

Petrus ⟨von Hibernia⟩
→ **Petrus ⟨de Hibernia⟩**

Petrus ⟨von Kaiserslautern⟩
→ **Petrus ⟨de Lutra⟩**

Petrus ⟨von Laodicea⟩
→ **Petrus ⟨de Laodicea⟩**

Petrus ⟨von Lissabon⟩
→ **Johannes ⟨Papa, XXI.⟩**

Petrus ⟨von Mailand⟩
→ **Petrus ⟨Martyr⟩**

Petrus ⟨von Maillezais⟩
→ **Petrus ⟨Malleacensis⟩**

Petrus ⟨von Melk⟩
→ **Petrus ⟨de Rosenheim⟩**

Petrus ⟨von Mladenovicz⟩
→ **Petrus ⟨de Mladenovic⟩**

Petrus ⟨von Monte Cassino⟩
→ **Petrus ⟨Diaconus⟩**

Petrus ⟨von Morrone⟩
→ **Coelestinus ⟨Papa, V.⟩**

Petrus ⟨von Moutier-la-Celle⟩
→ **Petrus ⟨Cellensis⟩**

Petrus ⟨von Naumburg⟩
um 1434/63
Klage wider den Herzog von Hessen: an den Landgrafen Ludwig von Hessen a. 1450; an den Landgrafen Ludwig von Hessen und an den Abt zu Hersfelde a. 1451
Potth. 911
Naumburg, Peter ¬von¬
Peter ⟨Naumburg, Bischof⟩
Peter ⟨von Naumburg⟩
Petrus ⟨Naumburg, Bischof⟩
Pierre ⟨de Naumburg⟩

Petrus ⟨von Pavia⟩
→ **Petrus ⟨Cardinalis⟩**

Petrus ⟨von Pirchenwart⟩
→ **Petrus ⟨Reicher de Pirchenwart⟩**

Petrus ⟨von Pisa⟩
→ **Petrus ⟨Gambacorti⟩**
→ **Petrus ⟨Pisanus⟩**

Petrus ⟨von Poitiers⟩
→ **Petrus ⟨Pictaviensis, ...⟩**

Petrus ⟨von Ravenna⟩
→ **Tommai, Pietro**

Petrus ⟨von Rochemaure⟩
→ **Petrus ⟨de Bruniquello⟩**

Petrus ⟨von Rosenheim⟩
→ **Petrus ⟨de Rosenheim⟩**

Petrus ⟨von Saint-Omer⟩
→ **Petrus ⟨de Sancto Audemaro⟩**

Petrus ⟨von Sankt Victor⟩
→ **Petrus ⟨Pictaviensis, de Sancto Victore⟩**

Petrus ⟨von Schaumberg⟩
→ **Peter ⟨von Schaumberg⟩**

Petrus ⟨von Tarentaise⟩
→ **Innocentius ⟨Papa, V.⟩**

Petrus ⟨von Tossignano⟩
→ **Petrus ⟨de Tossignano⟩**

Petrus ⟨von Vaux-Cernay⟩
→ **Petrus ⟨de Valle Sernaio⟩**

Petrus ⟨von Verona⟩
→ **Petrus ⟨Martyr⟩**

Petrus ⟨von Wien⟩
→ **Petrus ⟨Viennensis⟩**

Petrus ⟨von Zittau⟩
→ **Petrus ⟨Zittaviensis⟩**

Petrus ⟨Weggun⟩
um 1387/1421
Lectura super Metaphysicam
Lohr
Petrus ⟨de Premislavia⟩
Petrus ⟨de Przibislavia⟩
Petrus ⟨Weggun de Premislavia⟩
Petrus ⟨Weghim⟩
Petrus ⟨Weghun⟩
Weggun, Petrus

Petrus ⟨Wellens⟩
um 1430 · OP
Col.; Eccli.; Cant.
Stegmüller, Repert. bibl. 6941-6941,4
Petrus ⟨Antwerpensis⟩
Wellens, Petrus

Petrus ⟨Wichmann⟩
um 1407/29 · OP
Principium in librum Ps.; Determinatio, Replicatio, Declaratio in quaestione de cultu nominis Jesu contra Nicolaum de Torgovia
Kaeppeli,III,268/269
Petrus ⟨de Breslau⟩
Petrus ⟨Wichman⟩
Wichman, Petrus
Wichmann, Petrus

Petrus ⟨Wiechs⟩
→ **Petrus ⟨de Rosenheim⟩**

Petrus ⟨Wilhymleyd⟩
Lebensdaten nicht ermittelt
Tabula septem custodiarum, pars I;II
Stegmüller, Repert. bibl. 6942-6944
Wilhymleyd, Petrus

Petrus ⟨Wysz⟩
→ **Petrus ⟨de Radolin⟩**

Petrus ⟨Ximenius de Prexano⟩
gest. 1495
Confutatorium errorum
LThK
Pedro ⟨de Prexano⟩
Pedro ⟨Ximenez⟩
Petrus ⟨de Prexamo⟩
Petrus ⟨de Prexana⟩
Petrus ⟨de Prexano⟩
Petrus ⟨Ximenez⟩
Petrus ⟨Ximenius⟩
Prexano, Petrus Ximenius ¬de¬
Ximenes, Pedro
Ximenez, Pedro
Ximenez de Prexano, Pedro
Ximenius, Petrus
Ximenius de Prexano, Petrus

Petrus ⟨Zach⟩
→ **Petrus ⟨de Pulka⟩**

Petrus ⟨Zatecensis⟩
um 1431
Liber de gestis Bohemorum
Peter ⟨von Saaz⟩
Petr ⟨Žatecký⟩
Petrus ⟨Orphanorum Sectae Presbyter⟩
Petrus ⟨Presbyter⟩
Petrus ⟨Žatecký⟩
Pierre ⟨Zatecensis⟩
Žatecký, Petr
Žatecký, Petrus

Petrus ⟨Zech⟩
→ **Petrus ⟨de Pulka⟩**

Petrus ⟨Zenno⟩
→ **Petrus ⟨de Sienno⟩**

Petrus ⟨Zittaviensis⟩
ca. 1275 – 1339 · OCist
Vita Wenceslai; Memoiren; Chronicon Aulae regiae; etc.
Potth. 909; LThK; LMA,VI,1940
Peter ⟨von Königsaal⟩
Peter ⟨von Zittau⟩
Peter ⟨Zitavský⟩
Petr ⟨Žitavský⟩
Petrus ⟨Abbas Aulae Regiae⟩
Petrus ⟨Aulae Regiae⟩
Petrus ⟨de Zittau⟩
Petrus ⟨of Königsaal⟩
Petrus ⟨von Zittau⟩
Pierre ⟨de Zittau⟩

Petrus Andreas ⟨de Castaneis⟩
um 1460
Vita S. Andreae Corsini
Potth. 910
Castaneis, Petrus Andreas ¬de¬

Petrus Candidus ⟨de Viglevano⟩
→ **Decembrio, Pier Candido**

Petrus Candidus ⟨Decembrius⟩
→ **Decembrio, Pier Candido**

Petrus Dominicus ⟨de Baono⟩
gest. 1378
Vita B. Henrici Baucenens.
Potth. 920
Baono, Petrus Dominicus ¬de¬
Petrus ⟨de Baono⟩
Petrus Dominicus ⟨Tarvisinensis⟩
Pierre ⟨de Baone⟩
Pierre ⟨de Trévise⟩

Petrus Dominicus ⟨Tarvisinensis⟩
→ **Petrus Dominicus ⟨de Baono⟩**

Petrus Johannes ⟨Olivi⟩
→ **Olivi, Petrus Johannes**

Petrus Ludovicus ⟨de Maldure⟩
→ **Petrus ⟨de Bergamo⟩**

Petrus Marinus ⟨Morelli⟩
→ **Morelli, Petrus Marinus**

Petrus Paulus ⟨Ciancianus⟩
→ **Petrus Paulus ⟨de Clanciano⟩**

Petrus Paulus ⟨de Clanciano⟩
um 1478 · OP
Sermones de temp. et de sanctis; Oratio habita coram Pio II aliique sermones
Kaeppeli,III,249
Clanciano, Petrus Paulus ¬de¬
Petrus Paulus ⟨Ciancianus⟩
Petrus Paulus ⟨Salimbene de Clanciano⟩

Petrus Paulus ⟨Salimbene de Clanciano⟩
→ **Petrus Paulus ⟨de Clanciano⟩**

Petrus Philippus ⟨Corneus⟩
→ **Corneus, Petrus Philippus**

Petrus Raymundus ⟨de Barreria⟩
→ **Barreria, Petrus Raymundus ¬de¬**

Petrus-Bertrandus ⟨de Columbario⟩
→ **Petrus ⟨Bertrandi, Iunior⟩**

Petrutius ⟨Angeli Corradi⟩
um 1440
Angeli Corradi, Petrutius
Corradi, Petrutius Angeli
Petrutius ⟨Angelus Corradus⟩

Petschacher, Nicolaus
um 1431/44
Zeitpolitische Gedichte
VL(2),7,525/528
Nicolas ⟨Petschacher⟩
Nicolaus ⟨Petschacher⟩
Nikolaus ⟨Petschacher⟩
Petschacher, Nicolas
Petschacher, Nikolaus

Petterlein ⟨Sax⟩
→ **Peter ⟨von Sachsen⟩**

Peuerbach, Georg ¬von¬
1423 – 1461
Elementa arithmetices; Theoricae novae planetarum
LMA,VI,1990
Aunpeck, Georg
Aunpeck, Georgius
Burbachius, Georgius
Georg ⟨Aunpeck⟩
Georg ⟨Peurbach⟩
Georg ⟨Purbach⟩
Georg ⟨von Peuerbach⟩
Georges ⟨de Peurbach⟩
Georgius ⟨Aunpeck⟩
Georgius ⟨Peurbachius⟩
Georgius ⟨Purbachius⟩
Peurbach, Georg
Peurbachius, Georg
Peurbachius, Georgius
Purbach, Georg
Purbachius, Georgius

Peuerlin, Hans
→ **Peurlin, Hanns**

Peuger, Lienhart
ca. 1390 – ca. 1455 · OSB
Gedichte; Kompilator, Übersetzer, Schreiber und Bearbeiter der „Melker Kurzfassung", „Melker Evangelien"
VL(2),7,534/537
Léonard ⟨Peuger⟩
Lienhart ⟨Peuger⟩
Lienhart ⟨Pewger von Matzsee⟩
Lienhart ⟨Prius Monasterii Sancti Lamperti⟩
Peuger, Léonard

Peuntner, Thomas
ca. 1380 – 1439
VL(2),7,537/44; Meyer; LMA,VI,1990/91
Thomas ⟨der Pewntner⟩
Thomas ⟨Peuntner⟩
Thomas ⟨Pharrer ze Hoff⟩
Thomas ⟨Plebanus in Castro⟩

Peurbach, Georg
→ **Peuerbach, Georg ¬von¬**

Peurbachius, Georg
→ **Peuerbach, Georg ¬von¬**

Peurlin, Hanns
15. Jh.
Augsburger Bildschnitzer; Identität laut Thieme-Becker umstritten
Peuerlin, Hans
Peurl, Hans
Peurlin, Hanns ⟨der Mittlere⟩

Peyra, Georgius ¬de¬
→ **Georgius ⟨de Peyra⟩**

Peyrac, Aimericus ¬de¬
ca. 1340 – 1406
Stromatheus tragicus de obitu Karoli Magni
LMA,VI,1991/92; Rep.Font. II,431
Aimeric ⟨de Peyrac⟩
Aimericus ⟨Abbé de Moissac⟩
Aimericus ⟨de Moissac⟩
Aimericus ⟨de Peyrac⟩
Aimericus ⟨de Peyraco⟩
Aymericus ⟨de Peyraco⟩
Aymery ⟨du Peyrat⟩
Peyrac, Aimeric ¬de¬
Peyrac, Aymeric ¬de¬
Peyraco, Ayemericus ¬de¬
Peyrat, Aymery ¬du¬

Peyraut, Guillaume
→ **Guilelmus ⟨Peraldus⟩**

Peyre ⟨Bonet⟩
→ **Peyre ⟨de Bonetos⟩**

Peyre ⟨de Bonetos⟩
15. Jh.
Bonet, Pierre ¬de¬
Bonetos, Peyre ¬de¬
Peyre ⟨Bonet⟩
Peyre ⟨de Bonet⟩
Pierre ⟨Bonet⟩
Pierre ⟨de Bonet⟩

Pfäfers, Konrad ¬von¬
→ **Conradus ⟨de Fabaria⟩**

Pfaffe, Konrad ¬der¬
→ **Konrad ⟨der Pfaffe⟩**

Pfaffe, Lamprecht ¬der¬
→ **Lamprecht ⟨der Pfaffe⟩**

Pfaffe, Werner ¬der¬
→ **Werner ⟨der Pfaffe⟩**

Pfaffenfeind
um 1431/35
Lied über die Magdeburger Stiftsfehde
VL(2),7,550/551
Pfaffenfeind ⟨von Aschersleben⟩

Pfalz ⟨von Straßburg⟩
14. Jh.
VL(2),7,552/553
Folz ⟨von Straßburg⟩
Nachtigall des Rohrtons
Straßburg, Pfalz ¬von¬
Volcz

Pfalzpaint, Heinrich ¬von¬
→ **Heinrich ⟨von Pfalzpaint⟩**

Pfarrer ⟨zu dem Hechte⟩
→ **Pfarrer zu dem Hechte**

Pfarrer, Hans
15. Jh.
Quando quis in latere est trusus et vulneratus
VL(2),7,555/556
Hans ⟨Pfarrer⟩

Pfarrer zu dem Hechte
um 1355
1 der „Schach(zabel)bücher"
VL(2),7,556/558
Hechte, Pfarrer ¬zu dem¬
Pfarrer ⟨zu dem Hechte⟩

Pfeffel
um 1250
Dt. Minnesänger und Spruchdichter
VL(2),7,585/60
Pfeffel ⟨Chevalier⟩
Pfeffel ⟨Minnesinger⟩
Pfeffel ⟨Spruchdichter⟩

Pfeffer de Weidenberg, Johannes
→ **Johannes ⟨Pfeffer de Weidenberg⟩**

Pfefferkorn, Notker
→ **Notker ⟨Medicus⟩**

Pfinzing, Georg
→ **Pfinzing, Jörg**

Pfinzing, Jörg
um 1436/40
Pilgerreise nach Jerusalem 1436 und 1448
VL(2),7,567/68; Potth. 923
Georg ⟨Pfinzing⟩
Georges ⟨Pfintzing⟩
Georges ⟨Pfintzing de Nuremberg⟩
Jörg ⟨Pfinzing⟩
Pfintzing, Georges
Pfinzing, Georg

Pfister, Albrecht
gest. 1466
Bearbeiter, Drucker u. Herausgeber von „Belial", „Biblia pauperum" etc.
VL(2),7,571/574
Albert ⟨Pfister⟩
Albrecht ⟨Pfister⟩
Pfister, Albert

Pfister, Hans
15. Jh.
Syphilistraktat
VL(2),7,574/575
Hans ⟨Pfister⟩
Jacques ⟨Pfister⟩
Pfister, Jacques

Pfister, Narcissus
→ **Narcissus ⟨Pfister⟩**

Pflanzmann, Jodocus
gest. ca. 1498
Übersetzer der „Consuetudines feudorum"; Drucker des „Brief gegen die Juden", „Titel des Psalters"
VL(2),7,575/577
Iodocus ⟨Pflanzmann⟩
Jodokus ⟨Pflanzmann⟩
Pflantzmann, Jodocus
Pflanzmann, Jodokus
Pflanzmann, Joses
Pflanzmann, Josse

Pflaundorfer, Heinz
um 1470/93
Drogenkunde
LMA,VI,2046; VL(2),7,580/83
Heinrich ⟨Pflaundorfer⟩
Heinz ⟨Pflaundorfer⟩
Pflaundorfer, Heinrich
Pflundorffer ⟨von Lanczhutt⟩

Pflundorffer ⟨von Lanczhutt⟩
→ **Pflaundorfer, Heinz**

Pfolsprundt, Heinrich ¬von¬
→ **Heinrich ⟨von Pfalzpaint⟩**

Pforr, Antonius ¬von¬
→ **Antonius ⟨von Pforr⟩**

Pfullendorf, Jos ¬von¬
→ **Jos ⟨von Pfullendorf⟩**

Phalerius, Marinus
→ **Marinus ⟨Phalerius⟩**

Phares, Simon ¬de¬
→ **Simon ⟨de Phares⟩**

Phasan, Johannes
→ **Johannes ⟨Papa, XVIII.⟩**

Phébus
→ **Gaston ⟨Foix, Comte, III.⟩**

Philagathos, Johannes
→ **Johannes ⟨Papa, XVI., Antipapa⟩**

Philagathus ⟨Philosophus⟩
11./12. Jh.
Tusculum-Lexikon; LThK
Philagathos ⟨Philosophos⟩
Philippos ⟨Philosophos⟩
Philosophus, Philagathus

Philagrius, Josephus
→ **Josephus ⟨Philagrius⟩**

Philaretus
9. Jh.
Peri Sphygmon
LMA,VI,2054
Philaret
Philaretos

Philargos, Petros
→ **Alexander ⟨Papa, V.⟩**

Philarum Episcopus, Theodorus
→ **Theodorus ⟨Philarum Episcopus⟩**

Philastre, Guillaume
→ **Fillastre, Guilelmus ⟨...⟩**

Philelphus, Franciscus
1398 – 1481
Ital. Humanist; De iocis et seriis
LMA,IV,444/45
Filelfo, Francesco
Francesco ⟨Filelfo⟩
Franciscus ⟨Philelphus⟩
Franciscus ⟨Tolentinus⟩
François ⟨Filelfe⟩
Philelphe, François
Philelpho, Francesco
Philelphus
Philelphus, Franciscus

Philelphus, Johannes Marius
1426 – 1480
Amyris; Bellum Finariense; Historia Ragusae urbis; Vita Dantis Aligherii
LMA,IV,445/46; Rep.Font. IV,457
Filelfo, Gian Mario
Filelfo, Giovan Mario
Filelfo, Giovanni Mario
Filelfo, Giovanni Mario
Gian Mario ⟨Filelfo⟩
Gianmario ⟨Filelfo⟩
Giovan Mario ⟨Filelfo⟩
Giovanni Mario ⟨Filelfo⟩
Jean-Marius ⟨Philelfe⟩
Johannes Marius ⟨Philelphus⟩
Johannes-Marius ⟨Philelphus⟩
Mario ⟨Filelfo⟩
Marius ⟨Philelphus⟩
Philelphe, Jean Marius
Philelphe, Jean-Marius
Philelphus, Marius

Philelphus, Marius
→ **Philelphus, Johannes Marius**

Philes ⟨Ephesius⟩
→ **Manuel ⟨Philes⟩**

Philes, Manuel
→ **Manuel ⟨Philes⟩**

Phileticus, Martinus
→ **Filetico, Martino**

Philip ⟨Artois, Count⟩
→ **Philippe ⟨Artois, Comte⟩**

Philip ⟨Burgundy, Duke, III.⟩
→ **Philippe ⟨Bourgogne, Duc, III.⟩**

Philip ⟨Catzenelnbogen und Dietz, Graf⟩
→ **Philipp ⟨von Katzenelnbogen⟩**

Philip ⟨de Novare⟩
→ **Philippe ⟨de Novare⟩**

Philip ⟨de Thame⟩
→ **Philippus ⟨de Thame⟩**

Philip ⟨de Thaon⟩
→ **Philippe ⟨de Thaon⟩**

Philip ⟨Flanders, Count⟩
→ **Philip ⟨Vlaanderen, Graaf⟩**

Philip ⟨France, King, ...⟩
→ **Philippe ⟨France, Roi, ...⟩**

Philip ⟨of Alsace⟩
→ **Philip ⟨Vlaanderen, Graaf⟩**

Philip ⟨of Eichstadt⟩
→ **Philippus ⟨de Rathsamhausen⟩**

Philip ⟨of Novara⟩
→ **Philippe ⟨de Novare⟩**

Philip ⟨Pope⟩
→ **Philippus ⟨Papa⟩**

Philip ⟨Repington⟩
→ **Repingdon, Philippus**

Philip ⟨the Chancellor⟩
→ **Philippus ⟨Cancellarius⟩**

Philip ⟨the Fair⟩
→ **Philippe ⟨France, Roi, IV.⟩**

Philip ⟨the Good⟩
→ **Philippe ⟨Bourgogne, Duc, III.⟩**

Philip ⟨the Hohenstauffen⟩
→ **Philipp ⟨Römisch-Deutsches Reich, König⟩**

Philip ⟨the Prior⟩
→ **Philippus ⟨de Thame⟩**

Philip ⟨Vlaanderen, Graaf⟩
gest. 1191
De eleemosyna
Philip ⟨Flanders, Count⟩
Philip ⟨of Alsace⟩
Philippe ⟨d'Alsace⟩
Philippe ⟨Flanders, Count⟩
Philippe ⟨Flandre, Comte⟩
Philippus ⟨Flandria, Comes⟩

Philip Augustus ⟨France, King, II.⟩
→ **Philippe ⟨France, Roi, II.⟩**

Philipe ⟨de Thaün⟩
→ **Philippe ⟨de Thaon⟩**

Philipp ⟨Augustus⟩
→ **Philippe ⟨France, Roi, II.⟩**

Philipp ⟨Bruder⟩
→ **Philipp ⟨der Bruder⟩**
→ **Philippus ⟨de Slane⟩**

Philipp ⟨Büchsenmeister⟩
→ **Mönch, Philipp**

Philipp ⟨Burgund, Herzog, III.⟩
→ **Philippe ⟨Bourgogne, Duc, III.⟩**

Philipp ⟨Colin⟩
→ **Colin, Philipp**

Philipp ⟨Culmacher⟩
→ **Kulmacher, Philipp**

Philipp ⟨de Bindo Incontri von Pera⟩
→ **Philippus ⟨Incontri de Pera⟩**

Philipp ⟨de Greve⟩
→ **Philippus ⟨Cancellarius⟩**

Philipp ⟨der Bruder⟩
ca. 1270 – ca. 1345 · OCart
Marienleben
LThK; Potth.; LMA,VI,2077/78; VL(2),7,588/97
Bruder, Philipp ¬der¬
Philipp ⟨Bruder⟩
Philipp ⟨der Carthäuser⟩
Philipp ⟨der Karthäuser⟩
Philippe ⟨le Chartreux⟩
Philippus ⟨Frater⟩

Philipp ⟨der Carthäuser⟩
→ **Philipp ⟨der Bruder⟩**

Philipp ⟨der Gute⟩
→ **Philippe ⟨Bourgogne, Duc, III.⟩**

Philipp ⟨der Hohenstaufe⟩
→ **Philipp ⟨Römisch-Deutsches Reich, König⟩**

Philipp ⟨der Kanzler⟩
→ **Philippus ⟨Cancellarius⟩**

Philipp ⟨der Karthäuser⟩
→ **Philipp ⟨der Bruder⟩**

Philipp ⟨der Kühne⟩
→ **Philippe ⟨France, Roi, III.⟩**

Philipp ⟨der Lange⟩
→ **Philippe ⟨France, Roi, V.⟩**

Philipp ⟨der Schöne⟩
→ **Philippe ⟨France, Roi, IV.⟩**

Philipp ⟨Frankreich, König, ...⟩
→ **Philippe ⟨France, Roi, ...⟩**

Philipp ⟨Incontri von Pera⟩
→ **Philippus ⟨Incontri de Pera⟩**

Philipp ⟨Katzenelnbogen, Graf⟩
→ **Philipp ⟨von Katzenelnbogen⟩**

Philipp ⟨Kulmacher⟩
→ **Kulmacher, Philipp**

Philipp ⟨Mönch⟩
→ **Mönch, Philipp**

Philipp ⟨Mousket⟩
→ **Philippe ⟨Mousket⟩**

Philipp ⟨Papst⟩
→ **Philippus ⟨Papa⟩**

Philipp ⟨Repingdon⟩
→ **Repingdon, Philippus**

Philipp ⟨Römisch-Deutsches Reich, König⟩
1176 – 1208
LMA,VI,2056/57; Potth. 925
Philip ⟨the Hohenstauffen⟩
Philipp ⟨der Hohenstaufe⟩
Philipp ⟨von Schwaben⟩
Philippe ⟨Alsace, Duc⟩
Philippe ⟨Franconie, Duc⟩
Philippe ⟨Roi des Romains, II.⟩
Philippe ⟨Souabe, Duc⟩
Philippe ⟨Toscane, Marquis⟩
Philippus ⟨Rex Romanorum, II.⟩
Philippus ⟨Staufensis⟩

Philipp ⟨van Leyden⟩
→ **Philippus ⟨de Leydis⟩**

Philipp ⟨von Bergamo⟩
→ **Philippus ⟨de Bergamo⟩**

Philipp ⟨von Bridlington⟩
→ **Philippus ⟨de Bridlington⟩**

Philipp ⟨von Eichstätt⟩
→ **Philippus ⟨de Rathsamhausen⟩**

Philipp ⟨von Harvengt⟩
→ **Philippus ⟨de Harvengt⟩**

Philipp ⟨von Katzenelnbogen⟩
ca. 1410 – 1479
Beschreibung der Reise des Grafen Philipp von Katzenelnbogen nach dem Heiligen Land durch Erhard Wameshaft
Stammler-Langosch,4,826/30; Potth. 923
Katzenelnbogen, Philipp ¬von¬
Philip ⟨Catzenelnbogen und Dietz, Graf⟩
Philipp ⟨von Katzenellnbogen⟩
Philippe ⟨de Katzenelnbogen⟩
Philippe ⟨Katzenelnbogen, Comte⟩

Philipp ⟨von Leyden⟩
→ **Philippus ⟨de Leydis⟩**

Philipp ⟨von Novara⟩
→ **Philippe ⟨de Novare⟩**

Philipp ⟨von Pera⟩
→ **Philippus ⟨Incontri de Pera⟩**

Philipp ⟨von Perugia⟩
→ **Philippus ⟨Perusinus⟩**

Philipp ⟨von Rathsamhausen⟩
→ **Philippus ⟨de Rathsamhausen⟩**

Philipp ⟨von Schwaben⟩
→ **Philipp ⟨Römisch-Deutsches Reich, König⟩**

Philipp ⟨von Thaun⟩
→ **Philippe ⟨de Thaon⟩**

Philipp ⟨von Valois⟩
→ **Philippe ⟨France, Roi, VI.⟩**

Philipp ⟨von Vitry⟩
→ **Philippe ⟨de Vitry⟩**

Philipp August ⟨Frankreich, König, II.⟩
→ **Philippe ⟨France, Roi, II.⟩**

Philippe ⟨Abbé⟩
→ **Philippus ⟨de Eleemosyna⟩**

Philippe ⟨Agazzari⟩
→ **Agazzari, Philippus**

Philippe ⟨Alsace, Duc⟩
→ **Philipp ⟨Römisch-Deutsches Reich, König⟩**

Philippe ⟨Archidiacre⟩
→ **Philippus ⟨de Eleemosyna⟩**

Philippe ⟨Artois, Comte⟩
gest. 1397
Le livre de les cent ballades
Philip ⟨Artois, Count⟩
Philippe ⟨d'Artois⟩
Philippe ⟨Eu, Comte⟩

Philippe ⟨Berruyer⟩
→ **Philippus ⟨Berruyer⟩**

Philippe ⟨Bienheureux⟩
→ **Philippus ⟨Berruyer⟩**

Philippe ⟨Bourgogne, Duc, III.⟩
1396 – 1467
LMA,VI,2068/70
Ep. ad Carolum VII.
Philip ⟨Burgundy, Duke, III.⟩
Philip ⟨the Good⟩
Philipp ⟨Burgund, Herzog, III.⟩
Philipp ⟨der Gute⟩
Philippe ⟨le Bon⟩
Philippus ⟨Burgundus⟩

Philippe ⟨Ceffi⟩
→ **Ceffi, Filippo**

Philippe ⟨Chanoine à Cologne⟩
→ **Philippus ⟨de Otterburg⟩**

Philippe ⟨Crassulli⟩
→ **Crassullus, Angelus**

Philippe ⟨d'Alsace⟩
→ **Philip ⟨Vlaanderen, Graaf⟩**

Philippe ⟨d'Artois⟩
→ **Philippe ⟨Artois, Comte⟩**

Philippe ⟨de Alessandria⟩
→ **Philippus ⟨Mucagata de Castellatio⟩**

Philippe ⟨de Barbieri de Syracuse⟩
→ **Barberis, Philippus ¬de¬**

Philippe ⟨de Beaumanoir⟩
gest. 1296
Les coutumes de Beauvaisis
LMA,VI,2080
Beaumanoir, Philippe ¬de¬
Beaumanoir, Philippes ¬de¬
Philippe ⟨de Reimes⟩
Philippe ⟨de Rémi⟩
Philippe ⟨de Remi⟩
Philippes ⟨de Beaumanoir⟩
Philippus ⟨de Bellomanerio⟩
Reimes, Philippe ¬de¬
Rémi, Philippe ¬de¬

Philippe ⟨de Bergame⟩
→ **Philippus ⟨de Bergamo⟩**

Philippe ⟨de Beverley⟩
→ **Philippus ⟨Beverley⟩**

Philippe ⟨de Bonne-Espérance⟩
→ **Philippus ⟨de Harvengt⟩**

Philippe ⟨de Bromyarde⟩
→ **Johannes ⟨Bromiardus⟩**

Philippe ⟨de Caserte⟩
→ **Philippus ⟨de Caserta⟩**

Philippe ⟨de Castellazzo⟩
→ **Philippus ⟨Mucagata de Castellatio⟩**

Philippe ⟨de Clairvaux⟩
→ **Philippus ⟨de Eleemosyna⟩**

Philippe ⟨de Commynes⟩
→ **Commynes, Philippe ¬de¬**

Philippe ⟨de Cork⟩
→ **Philippus ⟨de Slane⟩**

Philippe ⟨de Diversis de Quartigianis⟩
→ **Philippus ⟨de Diversis de Quartigianis⟩**

Philippe ⟨de Ferrare⟩
→ **Philippus ⟨de Ferraria⟩**

Philippe ⟨de Fiesole⟩
→ **Philippus ⟨Perusinus⟩**

Philippe ⟨de Florence⟩
→ **Philippus ⟨de Florentia⟩**

Philippe ⟨de Gand⟩
→ **Philippe ⟨Mousket⟩**

Philippe ⟨de Girone⟩
→ **Philippus ⟨Ribot⟩**

Philippe ⟨de Glastonbury⟩
→ **Philippus ⟨Beverley⟩**

Philippe ⟨de Grève⟩
→ **Philippus ⟨Cancellarius⟩**

Philippe ⟨de Harvengt⟩
→ **Philippus ⟨de Harvengt⟩**

Philippe ⟨de Katzenelnbogen⟩
→ **Philipp ⟨von Katzenelnbogen⟩**

Philippe ⟨de l'Aumône⟩
→ **Philippus ⟨de Eleemosyna⟩**

Philippe ⟨de Leyde⟩
→ **Philippus ⟨de Leydis⟩**

Philippe ⟨de Liège⟩
→ **Philippus ⟨de Eleemosyna⟩**

Philippe ⟨de Meaux⟩
→ **Philippe ⟨de Vitry⟩**

Philippe ⟨de Mézières⟩
1327 – 1405
Vie de saint Pierre Thomas
Potth. 782; LMA,VI,592/93
Macerius, Philippus
Maizières, Philippe ¬de¬
Mazerius, Philippus
Mazzerius, Philippus
Mézières, Philippe ¬de¬
Philippe ⟨de Maizières⟩
Philippus ⟨de Maieriis⟩
Philippus ⟨de Maseriis⟩
Philippus ⟨de Mazzeriis⟩
Philippus ⟨Macerius⟩
Philippus ⟨Mazerius⟩
Philippus ⟨Mazzerius⟩

Philippe ⟨de Moncalieri⟩
→ **Philippus ⟨de Montecalerio⟩**

Philippe ⟨de Montaut⟩
→ **Philippe ⟨de Voisins⟩**

Philippe ⟨de Novare⟩
ca. 1200 – ca. 1270
Les quatre âges de l'homme
LMA,VI,2079
Novaire, Phelippe ¬de¬
Novare, Philippe ¬de¬
Phelippe ⟨de Nevaire⟩
Phelippe ⟨de Novaire⟩
Philip ⟨de Novare⟩
Philip ⟨of Novara⟩
Philipp ⟨von Novara⟩
Philippe ⟨de Navarre⟩
Philippe ⟨de Nevaire⟩
Philippus ⟨de Navarre⟩

Philippe ⟨de Paris⟩
→ **Philippus ⟨Cancellarius⟩**

Philippe ⟨de Péra⟩
→ **Philippus ⟨Incontri de Pera⟩**

Philippe ⟨de Pérouse⟩
→ **Philippus ⟨Perusinus⟩**

Philippe ⟨de Poitiers⟩
um 1250
Lettre adressée en Égypte à Alphonse comte de Poitiers, frère de saint Louis, 20 avril 1250
Potth. 924
Philippe ⟨de Saint-Hilaire⟩
Philippe ⟨Trésorier de Saint-Hilaire de Poitiers⟩
Poitiers, Philippe ¬de¬

Philippe ⟨de Porcellet⟩
→ **Porcellet, Philippine ¬de¬**

Philippe ⟨de Reim⟩
→ **Philippe ⟨de Remy⟩**

Philippe ⟨de Reimes⟩
→ **Philippe ⟨de Beaumanoir⟩**
→ **Philippe ⟨de Remy⟩**

Philippe ⟨de Remy⟩
gest. 1262
Franz. Dichter; wurde früher mit seinem Sohn Philippe ⟨de Beaumanoir⟩ verwechselt
LMA,VI,2081
Philippe ⟨de Reim⟩
Philippe ⟨de Reimes⟩
Philippe ⟨de Remi⟩
Philippe ⟨de Rim⟩
Remy, Philippe ¬de¬

Philippe ⟨de Rim⟩
→ **Philippe ⟨de Remy⟩**

Philippe ⟨de Rotingo⟩
→ **Philippus ⟨de Rotingo⟩**

Philippe ⟨de Saint-Denis⟩
→ **Philippe ⟨de Villette⟩**

Philippe ⟨de Sainte-Frideswithe⟩
→ **Philippus ⟨Sanctae Frideswidae⟩**

Philippe ⟨de Saint-Hilaire⟩
→ **Philippe ⟨de Poitiers⟩**

Philippe ⟨de Santa Maria in Vanzo⟩
→ **Philippus ⟨de Bergamo⟩**

Philippe ⟨de Sienne⟩
→ **Agazzari, Philippus**
→ **Filippo ⟨da Siena⟩**

Philippe ⟨de Slane⟩
→ **Philippus ⟨de Slane⟩**

Philippe ⟨de Thame⟩
→ **Philippus ⟨de Thame⟩**

Philippe ⟨de Than⟩
→ **Philippe ⟨de Thaon⟩**

Philippe ⟨de Thaon⟩
um 1120
Bestiaire
LMA,VI,2081
Philip ⟨de Thaon⟩
Philipe ⟨de Thaün⟩
Philipp ⟨von Thaun⟩
Philippe ⟨de Than⟩
Philippe ⟨de Thaouars⟩
Philippe ⟨de Thaun⟩
Philippus ⟨de Thaon⟩
Philippus ⟨Taonensis⟩
Philippus ⟨Taorcensis⟩
Thaon, Philippe ¬de¬
Thaun, Philipp ¬von¬
Thaun, Philippe ¬von¬

Philippe ⟨de Thaouars⟩
→ **Philippe ⟨de Thaon⟩**

Philippe ⟨de Valois⟩
→ **Philippe ⟨France, Roi, VI.⟩**

Philippe ⟨de Villette⟩
gest. 1418 · OSB
Auftraggeber der Histoire de Charles VI.
Potth. 601; 924
Philippe ⟨de Saint-Denis⟩
Philippus ⟨de Villetta⟩
Villette, Philippe ¬de¬

Philippe ⟨de Vitry⟩
1291 – 1361
Les chapel des fleur de lis
LMA,VI,2082
Philipp ⟨von Vitry⟩
Philippe ⟨de Meaux⟩
Philippe ⟨de Vitriae⟩
Philippus ⟨de Vitriaco⟩
Philippus ⟨Meldensis⟩
Vitriac, Philippe ¬de¬
Vitriac, Philippes ¬de¬
Vitry, Philippe ¬de¬

Philippe ⟨de Voisins⟩
um 1490
Voyage à Jérusalem
Potth. 924
Philippe ⟨de Montault⟩
Philippe ⟨de Montaut⟩
Voisins, Philippe ¬de¬

Philippe ⟨d'Eichstädt⟩
→ **Philippus ⟨de Rathsamhausen⟩**

Philippe ⟨Dominicain⟩
→ **Philippus ⟨Sancti Jacobi Parisiensis⟩**
→ **Philippus ⟨Terrae Sanctae Provincialis⟩**

Philippe ⟨d'Otterberg⟩
→ **Philippus ⟨de Otterburg⟩**

Philippe ⟨d'Oxford⟩
→ **Philippus ⟨Oxoniensis⟩**

Philippe ⟨Doyen à Dublin⟩
→ **Philippus ⟨Norrisius⟩**

Philippe ⟨Escoquart⟩
→ **Philippus ⟨Escoquart⟩**

Philippe ⟨Eu, Comte⟩
→ **Philippe ⟨Artois, Comte⟩**

Philippe ⟨Ferrari⟩
→ **Philippus ⟨Ferrarius⟩**

Philippe ⟨Flanders, Count⟩
→ **Philip ⟨Vlaanderen, Graaf⟩**

Philippe ⟨Flandre, Comte⟩
→ **Philip ⟨Vlaanderen, Graaf⟩**

Philippe ⟨France, Roi, I.⟩
1052 – 1108
LMA,VI,2057/58
Philip ⟨France, King, I.⟩
Philipp ⟨Frankreich, König, I.⟩
Philippus ⟨Francia, Rex, I.⟩

Philippe ⟨France, Roi, II.⟩
1165 – 1223
Pactum cum Philippo rege Romanorum a. 1198; Testamentum
Potth. 925; LMA,VI,2058/60
Philip Augustus ⟨France, King, II.⟩
Philipp ⟨Augustus⟩
Philipp ⟨Frankreich, König, II.⟩
Philipp August ⟨Frankreich, König, II.⟩
Philippe ⟨Frankreich, König, II.⟩
Philippe Auguste ⟨France, Roi, II.⟩
Philippe Auguste ⟨Frankreich, König⟩
Philippus ⟨Francia, Rex, II.⟩
Philippus Augustus ⟨Francia, Rex, II.⟩

Philippe ⟨France, Roi, III.⟩
gest. 1285
LMA,VI,2060/61
Philip ⟨France, King, III.⟩
Philipp ⟨der Kühne⟩
Philipp ⟨Frankreich, König, III.⟩
Philippe ⟨le Hardi⟩
Philippus ⟨Francia, Rex, III.⟩

Philippe ⟨France, Roi, IV.⟩
1268 – 1314
LMA,VI,2061/63
Philip ⟨France, King, IV.⟩
Philip ⟨the Fair⟩
Philipp ⟨der Schöne⟩
Philipp ⟨Frankreich, König, IV.⟩
Philippe ⟨Frankreich, König, IV.⟩
Philippe ⟨le Bel⟩
Philippus ⟨Francia, Rex, IV.⟩
Philippus ⟨Pulcer⟩
Philippus ⟨Pulcher⟩

Philippe ⟨France, Roi, V.⟩
1245 – 1322
LMA,VI,2063/64
Philip ⟨France, King, V.⟩
Philipp ⟨der Lange⟩
Philipp ⟨Frankreich, König, V.⟩
Philippe ⟨le Long⟩
Philippus ⟨Francia, Rex, V.⟩

Philippe ⟨France, Roi, VI.⟩
1293 – 1350
LMA,VI,2064/65
Philip ⟨France, King, VI.⟩
Philipp ⟨Frankreich, König, VI.⟩
Philipp ⟨von Valois⟩
Philippe ⟨de Valois⟩
Philippus ⟨Francia, Rex, VI.⟩

Philippe ⟨Franconie, Duc⟩
→ **Philipp ⟨Römisch-Deutsches Reich, König⟩**

Philippe ⟨Frankreich, König, ...⟩
→ **Philippe ⟨France, Roi, ...⟩**

Philippe ⟨Frère⟩
→ **Philippus ⟨de Slane⟩**

Philippe ⟨Incontri de Pera⟩
→ **Philippus ⟨Incontri de Pera⟩**

Philippe ⟨Katzenelnbogen, Comte⟩
→ **Philipp ⟨von Katzenelnbogen⟩**

Philippe ⟨l'Aumonier⟩
→ **Philippus ⟨de Harvengt⟩**

Philippe ⟨le Bel⟩
→ **Philippe ⟨France, Roi, IV.⟩**

Philippe ⟨le Bon⟩
→ **Philippe ⟨Bourgogne, Duc, III.⟩**

Philippe ⟨le Chancelier⟩
→ **Philippus ⟨Cancellarius⟩**

Philippe ⟨le Chartreux⟩
→ **Philipp ⟨der Bruder⟩**

Philippe ⟨le Hardi⟩
→ **Philippe ⟨France, Roi, III.⟩**

Philippe ⟨le Long⟩
→ **Philippe ⟨France, Roi, V.⟩**

Philippe ⟨le Solitaire⟩
→ **Philippus ⟨Solitarius⟩**

Philippe ⟨Meuse⟩
→ **Philippe ⟨Mousket⟩**

Philippe ⟨Mousket⟩
gest. ca. 1243
Chronique rimée
LThK; LMA,VI,876
Mouskes, Philipp
Mouskes, Philippe
Mouskes, Philippes
Mouskèt, Philippe
Mousket, Philippe
Mousquet, Philippe
Philipp ⟨Mouskes⟩
Philipp ⟨Mousket⟩
Philippe ⟨de Gand⟩
Philippe ⟨Meuse⟩
Philippe ⟨Mouskès⟩
Philippe ⟨Mouskes⟩
Philippe ⟨Mousquet⟩
Philippe ⟨Mussche⟩
Philippus ⟨Meusius⟩
Philippus ⟨Meuzius⟩
Philippus ⟨Mouskès⟩
Philippus ⟨Mousket⟩
Philippus ⟨Mus⟩
Philippus ⟨Tornacensis⟩

Philippe ⟨Mucagata⟩
→ **Philippus ⟨Mucagata de Castellatio⟩**

Philippe ⟨Mussche⟩
→ **Philippe ⟨Mousket⟩**

Philippe ⟨Norris⟩
→ **Philippus ⟨Norrisius⟩**

Philippe ⟨of Clairvaux⟩
→ **Philippus ⟨Claraevallensis⟩**

Philippe ⟨Pape⟩
→ **Philippus ⟨Papa⟩**

Philippe ⟨Prédicateur de la Croisade⟩
→ **Philippus ⟨Oxoniensis⟩**

Philippe ⟨Prieur⟩
→ **Philippus ⟨de Eleemosyna⟩**

Philippe ⟨Prieur de Saint-Jacques à Paris⟩
→ **Philippus ⟨Sancti Jacobi Parisiensis⟩**

Philippe ⟨Prieure des Béguines de Roubaud à Marseille⟩
→ **Porcellet, Philippine ¬de¬**

Philippe ⟨Provincial de Terre-Sainte⟩
→ **Philippus ⟨Terrae Sanctae Provincialis⟩**

Philippe ⟨Repington⟩
→ **Repingdon, Philippus**

Philippe ⟨Riboti⟩
→ **Philippus ⟨Ribot⟩**

Philippe ⟨Roi des Romains, II.⟩
→ **Philipp ⟨Römisch-Deutsches Reich, König⟩**

Philippe ⟨Souabe, Duc⟩
→ **Philipp ⟨Römisch-Deutsches Reich, König⟩**

Philippe ⟨Toscane, Marquis⟩
→ **Philipp ⟨Römisch-Deutsches Reich, König⟩**

Philippe ⟨Trésorier de Saint-Hilaire de Poitiers⟩
→ **Philippe ⟨de Poitiers⟩**

Philippe ⟨Villani⟩
→ **Villani, Filippo**

Philippe Auguste ⟨France, Roi, II.⟩
→ **Philippe ⟨France, Roi, II.⟩**

Philippe-Gautier ⟨de Châtillon⟩
→ **Gualterus ⟨de Castellione⟩**

Philippes ⟨...⟩
→ **Philippe ⟨...⟩**

Philippine ⟨de Porcelet⟩
→ **Porcellet, Philippine ¬de¬**

Philippinus ⟨de Bergamo⟩
→ **Philippus ⟨de Bergamo⟩**

Philippis, Manettus ¬de¬
→ **Manettus ⟨de Philippis⟩**

Philippos ⟨ho Monōtikos⟩
→ **Philippus ⟨Solitarius⟩**

Philippos ⟨Monotropos⟩
→ **Philippus ⟨Solitarius⟩**

Philippos ⟨Philosophos⟩
→ **Philagathus ⟨Philosophus⟩**

Philippot ⟨de Caserta⟩
→ **Philippus ⟨de Caserta⟩**

Philippus ⟨ab Eleemosyna Praemonstratensis⟩
→ **Philippus ⟨de Harvengt⟩**

Philippus ⟨Abbas Eleemosynae⟩
→ **Philippus ⟨de Eleemosyna⟩**

Philippus ⟨Agazzari⟩
→ **Agazzari, Philippus**

Philippus ⟨Aischstadianus⟩
→ **Philippus ⟨de Rathsamhausen⟩**

Philippus ⟨Anglus⟩
→ **Philippus ⟨Beverley⟩**
→ **Repingdon, Philippus**

Philippus ⟨Archidiaconus⟩
→ **Philippus ⟨de Eleemosyna⟩**

Philippus ⟨Baccalaureus⟩
→ **Philippus ⟨Mucagata de Castellatio⟩**

Philippus ⟨Bergamensis⟩
→ **Philippus ⟨de Bergamo⟩**

Philippus ⟨Berruyer⟩
gest. 1260
Schneyer,IV,818; LMA,I,2015
Berruyer, Philippus
Philippe ⟨Berruyer⟩
Philippe ⟨Bienheureux⟩

Philippus ⟨Beverley⟩
gest. 1325
Quaestiones in Perihermenias; Quaestiones in VI Principia
Lohr
Beverley, Philippus
Philippe ⟨de Beverley⟩
Philippe ⟨de Glastonbury⟩
Philippus ⟨Anglus⟩
Philippus ⟨Beverlaius⟩
Philippus ⟨Glasconiensis⟩

Philippus ⟨Bonaccursius⟩
1437 – 1496
LMA,II,1399/1400
Bonaccorsi, Filippo
Bonaccursius, Philippus
Buonaccorsi, Filippo
Callimachus ⟨Experiens⟩
Callimachus, Philippus
Callimachus Experiens, Philippus
Callimaco ⟨Esperiente⟩
Experiens, Philippus Callimachus
Filippo ⟨Buonaccorsi⟩
Philippus ⟨Buonaccorsi⟩
Philippus ⟨Callimachus⟩
Philippus ⟨Geminianensis⟩

Philippus ⟨Bonae Spei⟩
→ **Philippus ⟨de Harvengt⟩**

Philippus ⟨Bromiardus⟩
→ **Johannes ⟨Bromiardus⟩**

Philippus ⟨Buonaccorsi⟩
→ **Philippus ⟨Bonaccursius⟩**

Philippus ⟨Burgundus⟩
→ **Philippe ⟨Bourgogne, Duc, III.⟩**

Philippus ⟨Callimachus⟩
→ **Philippus ⟨Bonaccursius⟩**

Philippus ⟨Cancellarius⟩
gest. 1236
Summa de bono; Distinctiones super psalterium; Summa quaestionum theologicarum; Philippus ⟨de Grevius⟩, von dem keine Werke überliefert sind, wurde oft mit ihm verwechselt (LMA,VI,2089)
LMA,VI,2077; Tusculum-Lexikon
Cancellarius, Philippus
Grève, Philippe ¬de¬
Philip ⟨the Chancellor⟩
Philipp ⟨de Greve⟩
Philipp ⟨der Kanzler⟩
Philippe ⟨de Grève⟩
Philippe ⟨de Paris⟩
Philippe ⟨le Chancelier⟩
Philippus ⟨de Greva⟩
Philippus ⟨de Greve⟩
Philippus ⟨de Greve, Cancellarius Parisiensis⟩
Philippus ⟨de Grevia⟩
Philippus ⟨Grevius⟩
Philippus ⟨Parisiensis⟩

Philippus ⟨Canonicus Coloniensis⟩
→ **Philippus ⟨de Otterburg⟩**

Philippus ⟨Claraevallensis⟩
12. Jh.
Vita Sancti Bernardi Claraevallensis
Philippe ⟨of Clairvaux⟩
Philippus ⟨von Clairvaux⟩

Philippus ⟨Clericus Tripolitanus⟩
→ **Philippus ⟨Tripolitanus⟩**

Philippus ⟨Cominaeus⟩
→ **Commynes, Philippe ¬de¬**

Philippus ⟨Corkagensis⟩
→ **Philippus ⟨de Slane⟩**

Philippus ⟨Cornubiensis⟩
ca. 14. Jh.
In primum librum Meteororum
Lohr

Philippus ⟨Crasullo⟩
→ **Crassullus, Angelus**

Philippus ⟨Cromiardus⟩
→ **Johannes ⟨Bromiardus⟩**

Philippus ⟨de Barberiis⟩
→ **Barberis, Philippus ¬de¬**

Philippus ⟨de Bellomanerio⟩
→ **Philippe ⟨de Beaumanoir⟩**

Philippus ⟨de Bergamo⟩
gest. ca. 1380 · OESA
Super ethicam Catonis; Spiegel der regeyrunge
VL(2),7,597/598
Bergamo, Philippus ¬de¬
Philipp ⟨von Bergamo⟩
Philippe ⟨de Bergame⟩
Philippe ⟨de Santa Maria in Vanzo⟩
Philippinus ⟨de Bergamo⟩
Philippinus ⟨de Pergamo⟩
Philippus ⟨Bergamensis⟩
Philippus ⟨Bergomensis⟩
Philippus ⟨de Bergomo⟩

Philippus ⟨de Bindo Incontri de Pera⟩
→ **Philippus ⟨Incontri de Pera⟩**

Philippus ⟨de Bridlington⟩
um 1300 · OFM
Quaestio in vesperiis; Sentenzenkommentar
Stegmüller, Repert. sentent. 697
Bridlington, Philippus ¬de¬
Philipp ⟨von Bridlington⟩

Philippus ⟨de Bronnerde⟩
→ **Johannes ⟨Bromiardus⟩**

Philippus ⟨de Caserta⟩
um 1370/80
Tractatus de diversis figuris (Verfasserschaft umstritten)
LMA,VI,2085
Caserta, Filipoctus ¬de¬
Caserta, Philippot ¬de¬
Caserta, Philippus ¬de¬
Filipoctus ⟨de Caserta⟩
Philippe ⟨de Caserte⟩
Philippot ⟨de Caserta⟩

Philippus ⟨de Castellatio⟩
→ **Philippus ⟨Mucagata de Castellatio⟩**

Philippus ⟨de Diversis de Quartigianis⟩
um 1440
Ragusa
Potth. 925
Diversis de Quartigianis, Philippus ¬de¬
Philippe ⟨de Diversis de Quartigianis⟩
Quartigianis, Philippus de Diversis ¬de¬

Philippus ⟨de Eichstätt⟩
→ **Philippus ⟨de Rathsamhausen⟩**

Philippus ⟨de Eleemosyna⟩
um 1150/71 · OCist
Pater noster
Stegmüller, Repert. bibl. 6961
Eleemosyna, Philippus ¬de¬
Philippe ⟨Abbé⟩
Philippe ⟨Archidiacre⟩
Philippe ⟨de Clairvaux⟩
Philippe ⟨de Liège⟩
Philippe ⟨de l'Aumône⟩
Philippe ⟨Prieur⟩
Philippus ⟨Abbas Eleemosynae⟩
Philippus ⟨Archidiaconus⟩
Philippus ⟨Prior Claraevallis⟩

Philippus ⟨de Ferraria⟩
gest. ca. 1350 · OP
Expositio in logicam Petri Hispani; Liber de introductione loquendi
Kaeppeli,III,273
Ferraria, Philippus ¬de¬
Philippe ⟨de Ferrare⟩
Philippus ⟨Ferrariensis⟩

Philippus ⟨de Ferrario⟩
→ **Philippus ⟨Ferrarius⟩**

Philippus ⟨de Florentia⟩
um 1313 · OFM
Conclusiones ex libris Physicorum collectae; Concordia Evangeliorum
Lohr; Stegmüller, Repert. bibl. 6974
Florentia, Philippus ¬de¬
Philippe ⟨de Florence⟩
Philippe ⟨de Florence, Franciscain⟩
Philippus ⟨Florentinus⟩
Philippus ⟨Ultrarnensis⟩
Philippus ⟨Volaterranus⟩
Philippus ⟨Vulterranus⟩

Philippus ⟨de Ghisulfis⟩
um 1327 · OFM
Postilla super Apocalypsim
Stegmüller, Repert. bibl. 6962
Ghisulfis, Philippus ¬de¬
Philippus ⟨de Ghifulcis⟩
Philippus ⟨de Ghifulcis, Mediolanensis⟩
Philippus ⟨de Gisulfis⟩

Philippus ⟨de Greve⟩
→ **Philippus ⟨Cancellarius⟩**

Philippus ⟨de Harvengt⟩
gest. 1182 · OPraem
De institutione clericorum
LThK; CSGL; Tusculum-Lexikon; LMA,VI,2076
Hainenit, Philippus
Harveng, Philipp ¬von¬
Harvengius, Philippus
Harvengt, Philippus ¬de¬
Harvengus, Philippus
Petrus ⟨Eleemosynarius⟩
Philipp ⟨von Harvengt⟩
Philippe ⟨de Bonne-Espérance⟩
Philippe ⟨de Harvengt⟩
Philippe ⟨l'Aumonier⟩
Philippus ⟨ab Eleemosyna Praemonstratensis⟩
Philippus ⟨Bonae Spei⟩
Philippus ⟨de Harveng⟩
Philippus ⟨Eleemosynarius⟩
Philippus ⟨Eleemosynarius Praemonstratensis⟩
Philippus ⟨Hainenit⟩

Philippus ⟨Harvengius⟩
Philippus ⟨Praemonstratensis⟩

Philippus ⟨de Leydis⟩
gest. 1382
De cura reipublicae
LMA,VI,2078
Leydis, Philippus ¬de¬
Philipp ⟨van Leyden⟩
Philipp ⟨von Leyden⟩
Philippe ⟨de Leyde⟩
Philippus ⟨Traiectensis⟩
Philips ⟨van Leiden⟩

Philippus ⟨de Maieriis⟩
→ **Philippe ⟨de Mézières⟩**

Philippus ⟨de Moncaglier⟩
→ **Philippus ⟨de Montecalerio⟩**

Philippus ⟨de Montecalerio⟩
um 1336/44 · OFM
Postilla super Evangelia dominicalia
Stegmüller, Repert. bibl. 6966
Montecalerio, Philippus ¬de¬
Philippe ⟨de Moncalieri⟩
Philippus ⟨de Moncaglier⟩
Philippus ⟨de Monte Calerio⟩

Philippus ⟨de Navarre⟩
→ **Philippe ⟨de Novare⟩**

Philippus ⟨de Otterburg⟩
um 1400 · OCist
Cant.
Stegmüller, Repert. bibl. 6968
Otterburg, Philippus ¬de¬
Philippe ⟨Chanoine à Cologne⟩
Philippe ⟨d'Otterberg⟩
Philippe ⟨d'Otterburgum⟩
Philippus ⟨Canonicus Coloniensis⟩
Philippus ⟨Otterbergensis⟩
Philippus ⟨Otterburgensis⟩

Philippus ⟨de Pera⟩
→ **Philippus ⟨Incontri de Pera⟩**

Philippus ⟨de Peralta⟩
Lebensdaten nicht ermittelt
Apoc.
Stegmüller, Repert. bibl. 6969
Peralta, Philippus ¬de¬
Philippus ⟨Hispanus⟩

Philippus ⟨de Rathsamhausen⟩
gest. 1322
Commentarius de vita S. Walpurgae
LThK; LMA,VI,2074; VL(2),7,605/10
Philip ⟨of Eichstadt⟩
Philipp ⟨von Eichstätt⟩
Philipp ⟨von Rathsamhausen⟩
Philipp ⟨von Rodtsamshausen⟩
Philippe ⟨d'Eichstädt⟩
Philippus ⟨Aischstadianus⟩
Philippus ⟨de Eichstätt⟩
Philippus ⟨de Rathsamhausen in Alsatia⟩
Philippus ⟨de Ratsenhausen⟩
Philippus ⟨de Rotzenhausen⟩
Philippus ⟨Eichstetensis⟩
Philippus ⟨Eystetensis⟩
Philippus ⟨Eystettensis⟩
Philippus ⟨of Eichstadt⟩
Philippus ⟨Rodhamsusanus⟩
Rathsamhausen, Philipp ¬von¬
Rathsamhausen, Philippus ¬de¬

Philippus ⟨de Rotingo⟩
15. Jh. · OFM
Sermones; Confutatio quaestiuncula
Philippe ⟨de Rotingo⟩
Rotingo, Philippus ¬de¬

Philippus ⟨de Rotzenhausen⟩
→ **Philippus ⟨de Rathsamhausen⟩**

Philippus ⟨de Rufinis⟩
gest. 1380 · OP
Commentaria in VIII libros Physicorum
Lohr
Rufinis, Philippus ¬de¬

Philippus ⟨de Slane⟩
um 1309/26 · OP
Libellus de descriptione Hyberniae abbrev.
Kaeppeli,III,275
Philipp ⟨Bruder⟩
Philippe ⟨de Cork⟩
Philippe ⟨de Slane⟩
Philippe ⟨Frère⟩
Philippus ⟨Corkagensis⟩
Philippus ⟨de Slane Hibernicus⟩
Philippus ⟨Slanensis⟩
Slane, Philippus ¬de¬

Philippus ⟨de Spoleto⟩
um 1332/49 · OP
Sermones abreviati de mortuis
Kaeppeli,III,276
Spoleto, Philippus ¬de¬

Philippus ⟨de Thame⟩
um 1338
The knights hospitallers in England
Philip ⟨de Thame⟩
Philip ⟨the Prior⟩
Philippe ⟨de Thame⟩
Philippus ⟨Hospitalis in Anglia Prior⟩
Philippus ⟨Prior Hospitalis in Anglia⟩
Thame, Philip ¬de¬
Thame, Philippus ¬de¬

Philippus ⟨de Thaon⟩
→ **Philippe ⟨de Thaon⟩**

Philippus ⟨de Villetta⟩
→ **Philippe ⟨de Villette⟩**

Philippus ⟨de Vitriaco⟩
→ **Philippe ⟨de Vitry⟩**

Philippus ⟨Decanus Sancti Patricii Dublinensis⟩
→ **Philippus ⟨Norrisius⟩**

Philippus ⟨dictus Prior⟩
→ **Philippus ⟨Terrae Sanctae Provincialis⟩**

Philippus ⟨Eichstetensis⟩
→ **Philippus ⟨de Rathsamhausen⟩**

Philippus ⟨Eleemosynarius⟩
→ **Philippus ⟨de Harvengt⟩**

Philippus ⟨Episcopus⟩
→ **Philippus ⟨Perusinus⟩**

Philippus ⟨Episcopus Massiliensis⟩
→ **Philippus ⟨Massiliensis⟩**

Philippus ⟨Episcopus Pacensis⟩
→ **Philippus ⟨Ferrarius⟩**

Philippus ⟨Escoquart⟩
gest. ca. 1307
Schneyer,IV,869
Escoquart, Philippe
Escoquart, Philippus
Philippe ⟨Escoquart⟩

Philippus ⟨Eystetensis⟩
→ **Philippus ⟨de Rathsamhausen⟩**

Philippus ⟨Ferrariensis⟩
→ **Philippus ⟨de Ferraria⟩**
→ **Philippus ⟨Ferrarius⟩**

Philippus ⟨Ferrarius⟩
gest. 1422 · OCarm
Vita S. Honoratae virginis Ticini (gest. ca. 500); Sermones
Potth. 925; 1376
Ferrari, Philippe
Philippe ⟨Ferrari⟩
Philippus ⟨de Ferrario⟩
Philippus ⟨Episcopus Pacensis⟩
Philippus ⟨Ferrariensis⟩
Philippus ⟨Pacensis⟩

Philippus ⟨Flandria, Comes⟩
→ **Philip ⟨Vlaanderen, Graaf⟩**

Philippus ⟨Florentinus⟩
→ **Philippus ⟨de Florentia⟩**

Philippus ⟨Francia, Rex, ...⟩
→ **Philippe ⟨France, Roi, ...⟩**

Philippus ⟨Frater⟩
→ **Philipp ⟨der Bruder⟩**

Philippus ⟨Geminianensis⟩
→ **Philippus ⟨Bonaccursius⟩**

Philippus ⟨Gerundensis⟩
→ **Philippus ⟨Ribot⟩**

Philippus ⟨Glasconiensis⟩
→ **Philippus ⟨Beverley⟩**

Philippus ⟨Grevius⟩
→ **Philippus ⟨Cancellarius⟩**

Philippus ⟨Harvengius⟩
→ **Philippus ⟨de Harvengt⟩**

Philippus ⟨Hispanus⟩
→ **Philippus ⟨de Peralta⟩**

Philippus ⟨Hospitalis in Anglia Prior⟩
→ **Philippus ⟨de Thame⟩**

Philippus ⟨Incontri de Pera⟩
um 1325/51 · OP
Libellus; De oboedientia
LMA,VI,2076
Incontri, Philippus
Incontri de Pera, Philippus
Pera, Philippus ¬de¬
Philipp ⟨de Bindo Incontri von Pera⟩
Philipp ⟨Incontri von Pera⟩
Philipp ⟨von Pera⟩
Philippe ⟨de Péra⟩
Philippe ⟨Incontri de Pera⟩
Philippus ⟨de Bindo Incontri de Pera⟩
Philippus ⟨de Pera⟩
Philippus ⟨Incontri⟩

Philippus ⟨Lancham⟩
→ **Philippus ⟨Lavenham⟩**

Philippus ⟨Lavenham⟩
um 1330/38 · OP
Sermo
Kaeppeli,III,274
Lancham, Philippus
Lavenham, Philippus
Philippus ⟨Lancham⟩
Philippus ⟨Lavenham Anglus⟩

Philippus ⟨Macerius⟩
→ **Philippe ⟨de Mézières⟩**

Philippus ⟨Massiliensis⟩
1229 – 1263
Epistola ad Innocentium IV pp. de rebus gestis in Terra Sancta
Potth. 925
Philippus ⟨Episcopus Massiliensis⟩

Philippus ⟨Mazerius⟩
→ **Philippe ⟨de Mézières⟩**

Philippus ⟨Meldensis⟩
→ **Philippe ⟨de Vitry⟩**

Philippus ⟨Meusius⟩
→ **Philippe ⟨Mousket⟩**

Philippus ⟨Mousket⟩
→ **Philippe ⟨Mousket⟩**

Philippus ⟨Mucagata de Castellatio⟩
um 1488 · OServ
Commentaria super Praedicabilibus Porphyrii; Commentaria super Praedicamentis Aristotelis; Commentaria super VI Principiis Gilberti Porretani; Identität mit Philippus ⟨Baccalaureus⟩ (Commentarius super Posteriora) wahrscheinlich
Lohr
Castellatio, Philippus ¬de¬
Mucagata, Philippe
Mucagata, Philippus
Mucagata de Castellatio, Philippus
Philippe ⟨de Alessandria⟩
Philippe ⟨de Castellazzo⟩
Philippe ⟨Mucagata⟩
Philippus ⟨Baccalaureus⟩
Philippus ⟨de Castellatio⟩
Philippus ⟨Mucagata⟩

Philippus ⟨Mus⟩
→ **Philippe ⟨Mousket⟩**

Philippus ⟨Norrisius⟩
gest. 1465
Lecturae Scripturarum; Sermones ad populum; Declamationes; etc.
Stegmüller, Repert. bibl. 6967
Norris, Philippe
Norrisius, Philippus
Philippe ⟨Doyen à Dublin⟩
Philippe ⟨Norris⟩
Philippus ⟨Decanus Sancti Patricii Dublinensis⟩

Philippus ⟨of Eichstadt⟩
→ **Philippus ⟨de Rathsamhausen⟩**

Philippus ⟨of Fiesole⟩
→ **Philippus ⟨Perusinus⟩**

Philippus ⟨of Perugia⟩
→ **Philippus ⟨Perusinus⟩**

Philippus ⟨OP⟩
→ **Philippus ⟨Sancti Jacobi Parisiensis⟩**

Philippus ⟨OP, dictus Prior⟩
→ **Philippus ⟨Terrae Sanctae Provincialis⟩**

Philippus ⟨Otterburgensis⟩
→ **Philippus ⟨de Otterburg⟩**

Philippus ⟨Oxoniensis⟩
→ **Philippus ⟨Sanctae Frideswidae⟩**

Philippus ⟨Oxoniensis⟩
um 1216
Vielleicht Verf. der Ordinacio de predicacione S. Crucis in Anglia
Potth. 880; 925
Philippe ⟨d'Oxford⟩
Philippe ⟨Prédicateur de la Croisade⟩
Philippus ⟨Oxoniensis Magister⟩

Philippus ⟨Pacensis⟩
→ **Philippus ⟨Ferrarius⟩**

Philippus ⟨Papa⟩
gest. 768
Filippo ⟨Papa⟩
Philip ⟨Pope⟩
Philipp ⟨Papst⟩
Philippe ⟨Pape⟩

Philippus ⟨Parisiensis⟩
→ **Philippus ⟨Cancellarius⟩**

Philippus ⟨Perusinus⟩
gest. 1307
Cronica
Perusinus, Philippus
Philipp ⟨von Perugia⟩
Philippe ⟨de Fiesole⟩
Philippe ⟨de Pérouse⟩
Philippus ⟨Episcopus⟩
Philippus ⟨of Fiesole⟩
Philippus ⟨of Perugia⟩

Philippus ⟨Praemonstratensis⟩
→ **Philippus ⟨de Harvengt⟩**

Philippus ⟨Prior Claraevallis⟩
→ **Philippus ⟨de Eleemosyna⟩**

Philippus ⟨Prior Conventus Sancti Jacobi Parisiensis⟩
→ **Philippus ⟨Sancti Jacobi Parisiensis⟩**

Philippus ⟨Prior Hospitalis in Anglia⟩
→ **Philippus ⟨de Thame⟩**

Philippus ⟨Prior Mantua⟩
→ **Philippus ⟨Vercellensis⟩**

Philippus ⟨Prior Provinciae Terrae Sanctae⟩
→ **Philippus ⟨Terrae Sanctae Provincialis⟩**

Philippus ⟨Prior Sanctae Frideswidae Oxoniensis⟩
→ **Philippus ⟨Sanctae Frideswidae⟩**

Philippus ⟨Provincialis Cataloniae⟩
→ **Philippus ⟨Ribot⟩**

Philippus ⟨Pulcher⟩
→ **Philippe ⟨France, Roi, IV.⟩**

Philippus ⟨Repingdon⟩
→ **Repingdon, Philippus**

Philippus ⟨Rex Romanorum, II.⟩
→ **Philipp ⟨Römisch-Deutsches Reich, König⟩**

Philippus ⟨Ribbetius⟩
→ **Philippus ⟨Ribot⟩**

Philippus ⟨Ribot⟩
gest. 1391 · OCarm
De sensibus sacrae Scripturae; De heresi; De institutione et peculiaribus gestis religiosorum Carmelitarum (Speculum Carmelitarum)
Stegmüller, Repert. bibl. 6973
Felip ⟨Ribot⟩
Philippe ⟨de Girone⟩
Philippe ⟨Riboti⟩
Philippus ⟨Gerundensis⟩
Philippus ⟨Provincialis Cataloniae⟩
Philippus ⟨Ribbetius⟩
Philippus ⟨Ribot de Girone⟩
Philippus ⟨Riboti⟩
Philippus ⟨Ribotius⟩
Philippus ⟨Ribotus⟩
Ribot, Philippus
Riboti, Philippe

Philippus ⟨Rodhamsusanus⟩
→ **Philippus ⟨de Rathsamhausen⟩**

Philippus ⟨Sanctae Frideswidae⟩
um 1180
Vita S. Frideswidae (miracula)
Potth. 925
Philippe ⟨de Sainte-Frideswithe⟩
Philippus ⟨Oxoniensis⟩
Philippus ⟨Prior Sanctae Frideswidae Oxoniensis⟩
Sanctae Frideswidae, Philippus

Philippus ⟨Sancti Jacobi Parisiensis⟩
um 1230/31 · OP
Sermo ante Nativitatem Domini; Sermo post Conversionem S. Pauli; Sermo in festo S. Laurentii
Schönberger/Kible, Repertorium, 16754; Kaeppeli,III,269/270
Philippe ⟨Dominicain⟩
Philippe ⟨Prieur de Saint-Jacques à Paris⟩
Philippus ⟨OP⟩
Philippus ⟨Prior Conventus Sancti Jacobi Parisiensis⟩

Philippus ⟨Siculus⟩
→ **Barberis, Philippus ¬de¬**

Philippus ⟨Slanensis⟩
→ **Philippus ⟨de Slane⟩**

Philippus ⟨Solitarius⟩
um 1095
Tusculum-Lexikon; LMA,VI,2084
Philippe ⟨le Solitaire⟩
Philippos ⟨ho Monōtikos⟩
Philippos ⟨Monotropos⟩
Solitarius, Philippus

Philippus ⟨Staufensis⟩
→ **Philipp ⟨Römisch-Deutsches Reich, König⟩**

Philippus ⟨Taonensis⟩
→ **Philippe ⟨de Thaon⟩**

Philippus ⟨Terrae Sanctae Provincialis⟩
um 1230/66 · OP
Epistola ad Gregorium IX de conversione Nestorianorum Orientis de morte Iordanis de Saxonia
Schneyer,IV,817; Schönberger/Kible, Repertorium, 16755
Philippe ⟨Dominicain⟩
Philippe ⟨Provincial de Terre-Sainte⟩
Philippus ⟨dictus Prior⟩
Philippus ⟨OP, dictus Prior⟩
Philippus ⟨Prior⟩
Philippus ⟨Prior Provinciae Terrae Sanctae⟩

Philippus ⟨Tornacensis⟩
→ **Philippe ⟨Mousket⟩**

Philippus ⟨Traiectensis⟩
→ **Philippus ⟨de Leydis⟩**

Philippus ⟨Tripolitanus⟩
um 1243
Liber moralium de regimine dominorum, qui alio nomine dicitur Secretum secretorum
Lohr; LMA,VI,2085
Philippus ⟨Clericus Tripolitanus⟩
Tripolitanus, Philippus

Philippus ⟨Ultrarnensis⟩
→ **Philippus ⟨de Florentia⟩**

Philippus ⟨Vercellensis⟩
um 1299
Schneyer,IV,870
Philippus ⟨Prior Mantua⟩

Philippus ⟨Villani⟩
→ **Villani, Filippo**

Philippus ⟨Volaterranus⟩
→ **Philippus ⟨de Florentia⟩**

Philippus ⟨von Clairvaux⟩
→ **Philippus ⟨Claraevallensis⟩**

Philippus Augustus ⟨Francia, Rex, II.⟩
→ **Philippe ⟨France, Roi, II.⟩**

Philippus Gualterus ⟨ab Insulis⟩
→ **Gualterus ⟨de Castellione⟩**

Philippus Gualterus ⟨de Castellione⟩
→ **Gualterus ⟨de Castellione⟩**

Philips ⟨van Leiden⟩
→ **Philippus ⟨de Leydis⟩**

Philo ⟨Historiographus⟩
6. Jh.
Historia ecclesiastica
Cpg 7512

Philocasius, David Romaeus
→ **Romaeus Philocasius, David**

Philomena
1237 – 1255
Ihm bzw. Guilelmus ⟨Paduanus⟩ werden die Gesta Karoli M. ad Carcassonam et Narbonam zugeschrieben
Potth. 925
Pseudo-Philomena

Philoponus, Johannes
→ **Johannes ⟨Philoponus⟩**

Philosophus, Elias
→ **Elias ⟨Philosophus⟩**

Philosophus, Josephus
→ **Josephus ⟨Philosophus⟩**

Philosophus, Leo
→ **Leo ⟨Philosophus⟩**

Philosophus, Philagathus
→ **Philagathus ⟨Philosophus⟩**

Philosophus, Theorianus
→ **Theorianus ⟨Philosophus⟩**

Philoteus ⟨Protospatharius⟩
→ **Theophilus ⟨Protospatharius⟩**

Philothée ⟨Archevêque⟩
→ **Philotheus ⟨Selymbriensis⟩**

Philothée ⟨Ascétique⟩
→ **Philotheus ⟨Monachus⟩**

Philothée ⟨Cistercien⟩
→ **Mauroy, Franciscus**

Philothée ⟨de Sélymbrie⟩
→ **Philotheus ⟨Selymbriensis⟩**

Philothée ⟨Higoumène du Mont-Sinaï⟩
→ **Philotheus ⟨Monachus⟩**

Philothée ⟨Poète⟩
→ **Mauroy, Franciscus**

Philotheos ⟨Erzbischof⟩
→ **Philotheus ⟨Selymbriensis⟩**

Philotheos ⟨ho Kokkinos⟩
→ **Philotheus ⟨Coccinus⟩**

Philotheos ⟨Mönch des Batosklosters⟩
→ **Philotheus ⟨Monachus⟩**

Philotheos ⟨Protospatharios⟩
→ **Philotheus ⟨Protospatharius⟩**

Philotheos ⟨von Selymbria⟩
→ **Philotheus ⟨Selymbriensis⟩**

Philotheus ⟨a Tricliniis⟩
→ **Philotheus ⟨Protospatharius⟩**

Philotheus ⟨Callistus⟩
→ **Callistus ⟨Constantinopolitanus⟩**

Philotheus ⟨Claraevallensis⟩
→ **Mauroy, Franciscus**

Philotheus ⟨Coccinus⟩
ca. 1300 – ca. 1380
Tusculum-Lexikon; CSGL; LThK; LMA,VI,2104
Coccinus, Philotheus
Filoteo ⟨Coccino⟩
Filoteo ⟨di Costantinopoli⟩
Kokkinos, Philotheos
Philotheos ⟨ho Kokkinos⟩
Philotheos ⟨Kokkinos⟩
Philotheus ⟨Constantinopolitanus⟩
Philotheus ⟨Heracleensis⟩
Philotheus ⟨Patriarcha⟩
Philotheus ⟨von Konstantinopel⟩

Philotheus ⟨Constantinopolitanus⟩
→ **Philotheus ⟨Coccinus⟩**

Philotheus ⟨Heracleensis⟩
→ **Philotheus ⟨Coccinus⟩**

Philotheus ⟨Monachus⟩
7. Jh.
Capita de temperantia; De mandatis domini; Capita ascetica; nicht identisch mit Philotheus ⟨Coccinus⟩
Cpg 7864-7866
Monachus, Philotheus
Philothée ⟨Ascétique⟩
Philothée ⟨Higoumène du Mont-Sinaï⟩
Philotheos ⟨Mönch des Batosklosters⟩
Philotheos ⟨Mönch des Marienklosters Tēs Batu⟩

Philotheus ⟨Monachus Claraevallensis⟩
→ **Mauroy, Franciscus**

Philotheus ⟨Patriarcha⟩
→ **Philotheus ⟨Coccinus⟩**

Philotheus ⟨Protospatharius⟩
um 899
Tusculum-Lexikon; LMA,VI,2104/05
Philotheos ⟨Protospatharios⟩
Philotheus
Philotheus ⟨a Tricliniis⟩
Protospatharius, Philotheus

Philotheus ⟨Selymbriensis⟩
um 1365
Dialogos peri theologias dogmatikēs
Philothée ⟨Archevêque⟩
Philothée ⟨de Sélymbrie⟩
Philotheos ⟨Erzbischof⟩
Philotheos ⟨von Selymbria⟩
Philotheus ⟨Sēlybria, Metropolit⟩
Philotheus ⟨Sēlybrias⟩

Philotheus ⟨von Konstantinopel⟩
→ **Philotheus ⟨Coccinus⟩**

Philotheus Rogerius ⟨Londinensis⟩
→ **Rogerus ⟨Niger⟩**

Philoxenus ⟨Hierapolitanus⟩
→ **Philoxenus ⟨Mabbugensis⟩**

Philoxenus ⟨Mabbugensis⟩
gest. 523
LThK; LMA,VI,2105/06
Philoxène ⟨de Mabboug⟩
Philoxenos ⟨of Mabbugh⟩
Philoxenos ⟨von Mabbug⟩
Philoxenos ⟨Xenajas⟩
Philoxenus ⟨Episcopus⟩
Philoxenus ⟨Hierapolitanus⟩
Philoxenus ⟨Mabugensis⟩
Philoxenus ⟨Metropolita⟩
Xenaias

Phintona, Johannes ¬de¬
→ **Johannes ⟨de Phintona⟩**

Phocas, Nicephorus
→ **Nicephorus ⟨Imperium Byzantinum, Imperator, II.⟩**

Phoebammo ⟨Sophistes⟩
5./6. Jh.
Phoebammo ⟨Rhetor⟩
Phoebammon
Phoebammon ⟨Antinoupolitanus⟩
Phoebammon ⟨Rhetor⟩
Phoebammon ⟨Sophista⟩
Phoebammon ⟨Sophistes⟩
Phoibammon ⟨Sophistes⟩
Phoibamon
Sophistes, Phoebammo

Phoebus, Gaston
→ **Gaston ⟨Foix, Comte, III.⟩**

Phōkas, Nikēphoros
→ **Nicephorus ⟨Imperium Byzantinum, Imperator, II.⟩**

Pholspeunt, Heinrich ¬von¬
→ **Heinrich ⟨von Pfalzpaint⟩**

Photinus ⟨Constantinopolitanus⟩
7. Jh.
Vita Johannis Ieiunatoris
Cpg 7971
Constantinopolitanus, Photinus
Photin ⟨Prêtre de Constantinople⟩
Photinos ⟨Biograph⟩
Photinos ⟨Presbyter⟩
Photinos ⟨Presbyter von Konstantinopel⟩
Photinos ⟨von Konstantinopel⟩

Photius ⟨Constantinopolitanus⟩
ca. 820 – 891/94
Tusculum-Lexikon; CSGL; LMA,VI,2109/10
Constantinopolitanus, Photius
Photios
Photios ⟨Constantinopolitanos⟩
Photios ⟨von Konstantinopel⟩
Photius
Photius ⟨of Constantinople⟩
Photius ⟨Patriarcha⟩
Photius ⟨Patriarchus⟩

Photius ⟨Kiovensis⟩
→ **Fotij ⟨Kievskij⟩**

Phrantzes, Georgius
→ **Georgius ⟨Sphrantzes⟩**

Phyleticus, Martinus
→ **Filetico, Martino**

Piacentino
→ **Placentinus**

Piacentino, Jacopo
→ **Jacobus ⟨de Placentia⟩**

Piazza, Francesco
→ **Franciscus ⟨de Platea⟩**

Piazza, Michel ¬de¬
→ **Michael ⟨de Platea⟩**

Piazzalunga, Federico ¬di¬
→ **Fridericus ⟨de Platea Longa⟩**

Pibo ⟨Episcopus Tullensis⟩
→ **Pibo ⟨Tullensis⟩**

Pibo ⟨Sancti Mansueti⟩
um 1115 · OSB
Vita S. Mansueti ep. Tullensis (elevatio)
Potth. 926
Pibo ⟨Monachus Sancti Mansueti Tullensis⟩
Pibo ⟨Tullensis⟩
Pibon ⟨Bénedictin⟩
Pibon ⟨de Saint-Mansuy⟩
Pibon ⟨de Toul⟩
Pibon ⟨Hagiographe⟩
Sancti Mansueti, Pibo

Pibo ⟨Tullensis⟩
→ **Pibo ⟨Sancti Mansueti⟩**

Pibo ⟨Tullensis⟩
gest. 1107
Diplomata
Potth. 926; DOC,2,1511
Pibo ⟨Episcopus Tullensis⟩
Pibon ⟨Chancelier de l'Empereur Henry IV⟩
Pibon ⟨de Toul⟩
Pibon ⟨Evêque de Toul⟩
Pibon ⟨Saxon⟩
Pibonus ⟨Tullensis⟩

Pibon ⟨Chancelier de l'Empereur Henry IV⟩
→ **Pibo ⟨Tullensis⟩**

Picard, Pierre
→ **Petrus ⟨de Picardia⟩**

Picard, Pierre ¬le¬
→ **Pierre ⟨de Beauvais⟩**

Picardi, Johannes
→ **Johannes ⟨de Lucidomonte⟩**

Picardia, Petrus ¬de¬
→ **Petrus ⟨de Picardia⟩**

Picardus, Barnabas
um 1475
Barnabas ⟨Picardus⟩
Barrabas ⟨Picardus⟩
Picardus, Barrabas

Piccolomini, Aeneas Silvius
→ **Pius ⟨Papa, II.⟩**

Piccolomini, Agostino
→ **Augustinus ⟨Patricius⟩**

Piccolomini, François Nanni
→ **Pius ⟨Papa, III.⟩**

Piccolomini, Giacomo Ammanati
→ **Ammannati, Jacobus**

Pichini, Dominicus
→ **Dominicus ⟨Pichini⟩**

Picinelli, Christophe
→ **Christophorus ⟨de Varese⟩**

Piciuneri, Aurispa
→ **Aurispa, Giovanni**

Pico DellaMirandola, Giovanni
1463 – 1494
LThK; Tusculum-Lexikon; LMA,VI,2132/33
DellaMirandola, Giovanni
DellaMirandola, Giovanni Pico
Giovanni ⟨Pico della Mirandola⟩
Giovanni Pico ⟨della Mirandola⟩
Johannes ⟨Picus Mirandolanus⟩
Johannes ⟨Picus Mirandulae⟩
Johannes Pico ⟨de Mirandola⟩
Johannes Picus ⟨Mirandulae⟩
Mirandelanus, Johannes Picus
Mirandola, Giovanni ¬della¬
Mirandola, Giovanni Pico ¬della¬
Mirandola, Pico ¬della¬
Mirandolae, Picus
Pico
Pico ⟨della Mirandola⟩
Pico ⟨Mirandulanis⟩
Pico-DellaMirandola, Giovanni
Picus ⟨de Mirandola⟩
Picus, Johannes Mirandolanus
Picus, Johannes Mirandulae
Picus Mirandolae, Johannes
Picus Mirandula, Johannes
Picus Mirandula, Johannes
Picus Mirandulanus, Johannes

Pictor, Petrus
→ **Petrus ⟨Pictor⟩**

Pidoie, Johannes ¬de¬
→ **Johannes ⟨de Pidoie⟩**

Pie ⟨Pape, ...⟩
→ **Pius ⟨Papa, ...⟩**

Pier ⟨Damiani⟩
→ **Petrus ⟨Damiani⟩**

Pier ⟨delle Vigne⟩
→ **Petrus ⟨de Vinea⟩**

Pier ⟨di Giovanni Olivi⟩
→ **Olivi, Petrus Johannes**

Pier ⟨Tommaso⟩
→ **Petrus ⟨Thomas⟩**

Pier Candido ⟨Decembrio⟩
→ **Decembrio, Pier Candido**

Pier Filippo ⟨della Corgna⟩
→ **Corneus, Petrus Philippus**

Pier Maria ⟨Calandri⟩
→ **Calandri, Pier Maria**

Pieraccio ⟨Tedaldi⟩
→ **Tedaldi, Pieraccio**

Pierantonio ⟨Buondelmonti⟩
→ **Piero Antonio ⟨Buondelmonti⟩**

Piere ⟨...⟩
→ **Pierre ⟨...⟩**

Pieri ⟨Fiorentino⟩
→ **Pieri, Paolino**

Pieri, Paolino
um 1300/1305
Cronica delle cose d'Italia dall'a. 1080-1305
Potth. 927
Paolino ⟨di Pieri⟩
Paolino ⟨Pieri⟩
Pieri ⟨de Florence⟩
Pieri ⟨Fiorentino⟩
Pieri, Paulin

Pierleone, Petrus
→ **Anacletus ⟨Papa, II.⟩**

Piero ⟨Acciaiuoli⟩
→ **Acciaiolus, Petrus**

Piero ⟨Borghi⟩
→ **Borghi, Piero**

Piero ⟨da Figino⟩
→ **Pietro ⟨da Figino⟩**

Piero ⟨da Monte⟩
→ **Petrus ⟨de Monte⟩**

Piero ⟨del Pollaiuolo⟩
→ **DelPollaiuolo, Piero**

Piero ⟨della Francesca⟩
ca. 1416 – 1492
LMA,VI,2137
DellaFrancesca, Piero
Francesca, Piero ¬della¬
Franceschi, Piero ¬di¬
Francesco, Piero ¬della¬
Piero ⟨di Franceschi⟩
Pietro ⟨dei Franceschi⟩
Pietro ⟨di Benedetto⟩
Pietro ⟨di Benedetto dei Franceschi⟩

Piero ⟨di Franceschi⟩
→ **Piero ⟨della Francesca⟩**

Piero ⟨di Giovanni⟩
→ **Lorenzo ⟨Monaco⟩**

Piero ⟨di Jacopo d'Antonio Benci⟩
→ **DelPollaiuolo, Piero**

Piero ⟨di Luigi di Piero Guicciardini⟩
→ **Guicciardini, Piero di Luigi di Piero**

Piero ⟨Guicciardini⟩
→ **Guicciardini, Piero di Luigi di Piero**

Piero ⟨Pollaiolo⟩
→ **DelPollaiuolo, Piero**

Piero, Alvaro ¬di¬
→ **Alvaro ⟨di Piero⟩**

Piero, Giovanni
um 1406
Sei capitoli dell'acquisto di Pisa fatto dai Fiorentini nel 1406
Potth. 927
Giovanni ⟨di Piero⟩
Giovanni ⟨di Ser Piero⟩
Giovanni ⟨Piero⟩
Jean ⟨di Piero⟩
Jean ⟨di Ser Piero⟩
Piero, Giovanni di Ser
Piero, Jean ¬di¬

Piero Antonio ⟨Buondelmonti⟩
um 1470/77
Itinerario
Buondelmonti, Piero A.
Buondelmonti, Piero Antonio
Buondelmonti, Pierre-Antoine
Pierantonio ⟨Buondelmonti⟩
Pierre-Antoine ⟨Buondelmonti⟩

Piero delle Riformagioni, Nofri di Ser
→ **Nofri ⟨di Ser Piero delle Riformagioni⟩**

Pierot ⟨du Ries⟩
→ **Pierre ⟨du Ries⟩**

Pierozzi, Antonio
→ **Antoninus ⟨Florentinus⟩**

Pierraccio ⟨Tedaldi⟩
→ **Tedaldi, Pieraccio**

Pierre ⟨a Luthra⟩
→ **Petrus ⟨de Lutra⟩**

Pierre ⟨Abailand⟩
→ **Abaelardus, Petrus**

Pierre ⟨Abbé de Cîteaux⟩
→ **Petrus ⟨Cisterciensis⟩**

Pierre ⟨Abbé de Notre-Dame des Chasteliers⟩
→ **Petrus ⟨de Castellariis⟩**

Pierre ⟨Abélard⟩
→ **Abaelardus, Petrus**

Pierre ⟨Acciajuoli⟩
→ **Acciaiolus, Petrus**

Pierre ⟨Aldebert⟩
→ **Petrus ⟨Aldeberti⟩**

Pierre ⟨Alfarde⟩
→ **Alfardus, Petrus**

Pierre ⟨Alphonse⟩
→ **Petrus ⟨Alfonsi⟩**

Pierre ⟨Alvarotto⟩
→ **Alvarotis, Petrus ¬de¬**

Pierre ⟨Amelii⟩
→ **Petrus ⟨Amelii, ...⟩**

Pierre ⟨Angelerio⟩
→ **Coelestinus ⟨Papa, V.⟩**

Pierre ⟨Antiochenus⟩
→ **Petrus ⟨Callinicensis⟩**

Pierre ⟨Aragon, Roi, III.⟩
→ **Pedro ⟨Aragón, Rey, III.⟩**

Pierre ⟨Archevêque de Sens⟩
→ **Pierre ⟨de Corbeil⟩**

Pierre ⟨Archevêque de Tours⟩
→ **Petrus ⟨de Lamballo⟩**

Pierre ⟨Archidiacre⟩
→ **Petrus ⟨Archidiaconus⟩**
→ **Petrus ⟨Pictaviensis Episcopus⟩**

Pierre ⟨Archidiacre de Bourbon⟩
→ **Arrablayo, Petrus ¬de¬**

Pierre ⟨Auriol⟩
→ **Petrus ⟨Aureoli⟩**

Pierre ⟨aux Boeufs⟩
→ **Petrus ⟨ad Boves⟩**

Pierre ⟨Babion⟩
→ **Petrus ⟨Babio⟩**

Pierre ⟨Barbo⟩
→ **Paulus ⟨Papa, II.⟩**

Pierre ⟨Barcellos, Comte⟩
→ **Pedro Afonso ⟨Barcelos, Conde⟩**

Pierre ⟨Barcelone, Comte⟩
→ **Pedro ⟨Aragón, Rey, III.⟩**

Pierre ⟨Baucher⟩
→ **Petrus ⟨Bancherius⟩**

Pierre ⟨Béchin⟩
→ **Petrus ⟨Bechini⟩**

Pierre ⟨Becker⟩
→ **Becker, Peter**

Pierre ⟨Belluga⟩
→ **Petrus ⟨Belluga⟩**

Pierre ⟨Bénédictin⟩
→ **Petrus ⟨Pictaviensis, Cluniacensis Monachus⟩**

Pierre ⟨Bérenger⟩
→ **Petrus ⟨Berengarii⟩**

Pierre ⟨Bersuire⟩
→ **Berchorius, Petrus**

Pierre ⟨Bertrand⟩
→ **Petrus ⟨Bertrandi⟩**

Pierre ⟨Bibliothécaire de Saint-Gilles⟩
→ **Petrus ⟨Guillermus⟩**

Pierre ⟨Bienheureux⟩
→ **Petrus ⟨de Hieremia⟩**

Pierre ⟨Bohier⟩
→ **Boerius, Petrus**

Pierre ⟨Bonet⟩
→ **Peyre ⟨de Bonetos⟩**

Pierre ⟨Bontier⟩
→ **Bontier, Pierre**

Pierre ⟨Brambeck⟩
→ **Brambeck, Peter**

Pierre ⟨Bruto⟩
→ **Petrus ⟨de Bruto⟩**

Pierre ⟨Calo⟩
→ **Petrus ⟨Calo⟩**

Pierre ⟨Canepanova⟩
→ **Johannes ⟨Papa, XIV.⟩**

Pierre ⟨Cantinelli⟩
→ **Cantinelli, Petrus**

Pierre ⟨Cara⟩
→ **Cara, Petrus**

Pierre ⟨Cardenal⟩
→ **Peire ⟨Cardenal⟩**

Pierre ⟨Cardinal-Diacre de Saint-Georges⟩
→ **Petrus ⟨de Capua, Iunior⟩**

Pierre ⟨Cardinal-Prêtre de Sainte-Suzanne⟩
→ **Arrablayo, Petrus ¬de¬**

Pierre ⟨Carme⟩
→ **Petrus ⟨Argentinensis⟩**

Pierre ⟨Caroli Loci⟩
→ **Petrus ⟨Caroli Loci⟩**

Pierre ⟨Cassiodori⟩
→ **Petrus ⟨Cassiodorus⟩**

Pierre ⟨Chancelier de Chartres⟩
→ **Petrus ⟨de Rossiaco⟩**

Pierre ⟨Chancelier de l'Eglise de Chartres⟩
→ **Petrus ⟨Blesensis, Iunior⟩**

Pierre ⟨Chancelier de l'Université de Paris⟩
→ **Petrus ⟨de Sancto Audomaro, Cancellarius⟩**

Pierre ⟨Chancellier de France⟩
→ **Arrablayo, Petrus ¬de¬**

Pierre ⟨Chanoine⟩
→ **Petrus ⟨Pictaviensis, de Sancto Victore⟩**

Pierre ⟨Chanoine du Vatican⟩
→ **Petrus ⟨de Mallio⟩**

Pierre ⟨Chantre et Chancelier⟩
→ **Petrus ⟨Carnotensis⟩**

Pierre ⟨Chapelain de Saint-Louis⟩
→ **Petrus ⟨de Condeto⟩**

Pierre ⟨Chartrain⟩
→ **Petrus ⟨de Condeto⟩**

Pierre ⟨Chastellain⟩
15. Jh.
Identität mit Vaillant umstritten; Le temps perdu; Le temps recouvré
LMA,II,1765/66
Chastellain, Pierre
Pierre ⟨Chastellain dit Vaillant⟩
Pierre ⟨Chastellain Vaillant⟩
Pierre ⟨Vaillant⟩
Vaillant, Pierre

Pierre ⟨Choisnet⟩
1411 – 1478/83
Rosier des guerres
Potth. 927, 984
Choinet, Pierre
Choisnet, Pierre
Choysnet, Pierre
Pierre ⟨Choinet⟩
Pierre ⟨Choysnet⟩

Pierre ⟨Cijar⟩
→ **Cijar, Pedro**

Pierre ⟨Cistercien⟩
→ **Petrus ⟨Cisterciensis⟩**

Pierre ⟨Cochon⟩
→ **Cochon, Pierre**

Pierre ⟨Coïmbre, Duc⟩
→ **Pedro ⟨Portugal, Infante⟩**

Pierre ⟨Collevacino⟩
→ **Petrus ⟨Collivaccinus⟩**

Pierre ⟨Comestor⟩
→ **Petrus ⟨Comestor⟩**

Pierre ⟨Coral⟩
→ **Coral, Petrus**

Pierre ⟨Crasso⟩
→ **Petrus ⟨Crassus⟩**

Pierre ⟨d'Abano⟩
→ **Petrus ⟨de Abano⟩**

Pierre ⟨d'Abernon⟩
→ **Pierre ⟨de Peckham⟩**

Pierre ⟨d'Abernon⟩
13. Jh.
„Le secret des secrets"; Identität mit Pierre ⟨de Peckham⟩ umstritten
Abernon, Pierre ¬de¬
Piere ⟨de Fetcham⟩
Pierre ⟨d'Abernum of Fetcham⟩

Pierre ⟨d'Abernon de Peckham⟩
→ **Pierre ⟨de Peckham⟩**

Pierre ⟨d'Aigueblanche⟩
→ **Petrus ⟨de Aqua Blanca⟩**

Pierre ⟨d'Ailly⟩
→ **Petrus ⟨de Alliaco⟩**

Pierre ⟨d'Albalat⟩
→ **Petrus ⟨Tarraconensis⟩**

Pierre ⟨d'Albano⟩
→ **Petrus ⟨de Abano⟩**

Pierre ⟨d'Alliac⟩
→ **Petrus ⟨de Alliaco⟩**

Pierre ⟨d'Alost⟩
→ **Rivo, Petrus ¬de¬**

Pierre ⟨d'Alvastra⟩
→ **Petrus ⟨Alvastrensis⟩**

Pierre ⟨d'Amalfi⟩
→ **Petrus ⟨Amalfitanus⟩**
→ **Petrus ⟨de Capua, Iunior⟩**

Pierre ⟨d'Ameil⟩
→ **Petrus ⟨Amelii⟩**

Pierre ⟨Damien⟩
→ **Petrus ⟨Damiani⟩**

Pierre ⟨d'Amiens⟩
→ **Petrus ⟨de Cruce⟩**

Pierre ⟨d'Ancarano⟩
→ **Petrus ⟨de Ancharano⟩**

Pierre ⟨d'Andlau⟩
→ **Petrus ⟨de Andlo⟩**

Pierre ⟨Dannhauser⟩
→ **Dannhäuser, Peter**

Pierre ⟨d'Antioche⟩
→ **Petrus ⟨Callinicensis⟩**

Pierre ⟨d'Apone⟩
→ **Petrus ⟨de Abano⟩**

Pierre ⟨d'Aquila⟩
→ **Petrus ⟨de Aquila⟩**

Pierre ⟨d'Arenys⟩
→ **Petrus ⟨de Arenys⟩**

Pierre ⟨d'Argellata⟩
→ **Petrus ⟨de Argellata⟩**

Pierre ⟨d'Argos⟩
→ **Petrus ⟨Argivus⟩**

Pierre ⟨d'Arrablay⟩
→ **Arrablayo, Petrus ¬de¬**

Pierre ⟨d'Asolo⟩
→ **Petrus ⟨de Bruniquello⟩**

Pierre ⟨d'Aspelt⟩
→ **Peter ⟨von Aspelt⟩**

Pierre ⟨d'Aureole⟩
→ **Petrus ⟨Aureoli⟩**

Pierre ⟨d'Auvergne⟩
→ **Peire ⟨d'Alvernha⟩**
→ **Petrus ⟨de Arvernia⟩**

Pierre ⟨d'Avane⟩
→ **Petrus ⟨de Abano⟩**

Pierre ⟨d'Aversa⟩
→ **Petrus ⟨de Aversa⟩**

Pierre ⟨de Aquablanca⟩
→ **Petrus ⟨de Aqua Blanca⟩**

Pierre ⟨de Baone⟩
→ **Petrus Dominicus ⟨de Baono⟩**

Pierre ⟨de Bar⟩
→ **Petrus ⟨de Barro⟩**

Pierre ⟨de Bari⟩
→ **Petrus ⟨Canusinus⟩**

Pierre ⟨de Barrière⟩
→ **Barreria, Petrus Raymundus ¬de¬**

Pierre ⟨de Barsegapé⟩
→ **Pietro ⟨da Barsegapè⟩**

Pierre ⟨de Bar-sur-Aube⟩
→ **Petrus ⟨de Barro⟩**

Pierre ⟨de Baume⟩
→ **Petrus ⟨de Palma⟩**

Pierre ⟨de Bayeux⟩
→ **Petrus ⟨Baiocensis⟩**

Pierre ⟨de Beaufort⟩
→ **Gregorius ⟨Papa, XI.⟩**

Pierre ⟨de Beauvais⟩
um 1200/20
Bestiaire; Voyage de Charlemagne; nicht identisch mit Petrus ⟨Cantor⟩
Potth.; LMA,VI,2138/39
Beauvais, Pierre ¬de¬
LePicard, Pierre
Petrus ⟨Bellovacensis⟩
Picard, Pierre ¬le¬
Pierre ⟨le Picard⟩

Pierre ⟨de Belleperche⟩
→ **Petrus ⟨de Bellapertica⟩**

Pierre ⟨de Bellune⟩
→ **Petrus ⟨Belluga⟩**

Pierre ⟨de Bénévent⟩
→ **Petrus ⟨Collivaccinus⟩**

Pierre ⟨de Bergame⟩
→ **Petrus ⟨de Bergamo⟩**

Pierre ⟨de Bitetto⟩
→ **Petrus ⟨de Aversa⟩**

Pierre ⟨de Blarru⟩
→ **Blarru, Pierre ¬de¬**

Pierre ⟨de Blois⟩
→ **Petrus ⟨Blesensis⟩**

Pierre ⟨de Bonet⟩
→ **Peyre ⟨de Bonetos⟩**

Pierre ⟨de Bourges⟩
→ **Petrus ⟨Bancherius⟩**

Pierre ⟨de Bressuire⟩
→ **Berchorius, Petrus**

Pierre ⟨de Bruniquel⟩
→ **Petrus ⟨de Bruniquello⟩**

Pierre ⟨de Bruys⟩
→ **Petrus ⟨Brusius⟩**

Pierre ⟨de Callinique⟩
→ **Petrus ⟨Callinicensis⟩**

Pierre ⟨de Candie⟩
→ **Alexander ⟨Papa, V.⟩**

Pierre ⟨de Canossa⟩
→ **Petrus ⟨Canusinus⟩**

Pierre ⟨de Capoue⟩
→ **Petrus ⟨de Capua, ...⟩**

Pierre ⟨de Castanet⟩
→ **Petrus ⟨de Castaneto⟩**

Pierre ⟨de Castelletto⟩
→ **Petrus ⟨de Castelletto⟩**

Pierre ⟨de Castrovol⟩
→ **Petrus ⟨de Castrovol⟩**

Pierre ⟨de Ceffona⟩
→ **Petrus ⟨de Ceffona⟩**

Pierre ⟨de Celle⟩
→ **Petrus ⟨Cellensis⟩**

Pierre ⟨de Cendra⟩
→ **Petrus ⟨Sendre⟩**

Pierre ⟨de Chaalis⟩
→ **Petrus ⟨Caroli Loci⟩**

Pierre ⟨de Champagne⟩
→ **Petrus ⟨Cellensis⟩**

Pierre ⟨de Champagny⟩
→ **Innocentius ⟨Papa, V.⟩**

Pierre ⟨de Chartres⟩
→ **Petrus ⟨Carnotensis⟩**
→ **Petrus ⟨Cellensis⟩**

Pierre ⟨de Chastelier⟩
→ **Petrus ⟨de Castellariis⟩**

Pierre ⟨de Chelczicz⟩
→ **Chelčický, Petr**

Pierre ⟨de Cheriaco⟩
→ **Petrus ⟨de Cheriaco⟩**

Pierre ⟨de Chioggia⟩
→ **Petrus ⟨Calo⟩**

Pierre ⟨de Clairvaux⟩
→ **Petrus ⟨de Ceffona⟩**
→ **Petrus ⟨Monoculus⟩**

Pierre ⟨de Cluny⟩
→ **Petrus ⟨Pictaviensis, Cluniacensis Monachus⟩**
→ **Petrus ⟨Venerabilis⟩**

Pierre ⟨de Compostelle⟩
→ **Petrus ⟨Compostellanus⟩**

Pierre ⟨de Condé⟩
→ **Petrus ⟨de Condeto⟩**

Pierre ⟨de Conflans⟩
→ **Petrus ⟨de Confleto⟩**

Pierre ⟨de Constantinople⟩
→ **Petrus ⟨Constantinopolitanus⟩**

Pierre ⟨de Corbeil⟩
ca. 1150 – 1222
LMA,VI,1968; III,220/21
Corbeil, Pierre ¬de¬
Peter ⟨of Corbeil⟩
Petrus ⟨Archiepiscopus⟩
Petrus ⟨de Corbeil⟩
Petrus ⟨de Corbolio⟩
Petrus ⟨von Corbeil⟩
Pierre ⟨Archevêque de Sens⟩
Pierre ⟨Evêque de Cambrai⟩

Pierre ⟨de Cornouailles⟩
→ **Petrus ⟨de Cornubia⟩**

Pierre ⟨de Corse⟩
→ **Cirneo, Pietro**

Pierre ⟨de Corvara⟩
→ **Nicolaus ⟨Papa, V., Antipapa⟩**

Pierre ⟨de Craon⟩
→ **Craon, Pierre ¬de¬**

Pierre ⟨de Dace⟩
→ **Petrus ⟨de Dacia⟩**

Pierre ⟨de Damas⟩
→ **Petrus ⟨Damascenus⟩**

Pierre ⟨de Danemark⟩
→ **Petrus ⟨de Dacia⟩**

Pierre ⟨de Digne⟩
→ **Petrus ⟨de Versailles⟩**

Pierre ⟨de Dive⟩
→ **Petrus ⟨Divensis⟩**

Pierre ⟨de Dresde⟩
→ **Petrus ⟨Dresdensis⟩**

Pierre ⟨de Duisburg⟩
→ **Petrus ⟨de Dusburg⟩**

Pierre ⟨de Falco⟩
→ **Petrus ⟨de Falco⟩**

Pierre ⟨de Faytinelli⟩
→ **Faitinelli, Pietro ¬dei¬**

Pierre ⟨de Fénin⟩
→ **Fénin, Pierre ¬de¬**

Pierre ⟨de Fetcham⟩
→ **Pierre ¬d'Abernon¬**

Pierre ⟨de Févin⟩
→ **Fénin, Pierre ¬de¬**

Pierre ⟨de Florence⟩
→ **Petrus ⟨Florentinus⟩**

Pierre ⟨de Fontaines⟩
→ **Fontaines, Pierre ¬de¬**

Pierre ⟨de Fossombrone⟩
→ **Angelus ⟨Clarenus⟩**

Pierre ⟨de Francfort⟩
→ **Petrus ⟨Spitznagel de Francofordia⟩**

Pierre ⟨de Frascati⟩
→ **Johannes ⟨Papa, XXI.⟩**

Pierre ⟨de Gazzata⟩
→ **Gazata, Petrus ¬de¬**

Pierre ⟨de Gottland⟩
→ **Petrus ⟨de Dacia Gothensis⟩**

Pierre ⟨de Hagenbach⟩
→ **Hagenbach, Peter ¬von¬**

Pierre ⟨de Halle⟩
→ **Petrus ⟨de Hallis⟩**

Pierre ⟨de Hauteville⟩
um 1441/47
Hauteville, Pierre ¬de¬
Prince ⟨d'Amour⟩

Pierre ⟨de Herenthals⟩
→ **Petrus ⟨de Herentals⟩**

Pierre ⟨de Kaiserslautern⟩
→ **Petrus ⟨de Lutra⟩**

Pierre ⟨de Knin⟩
→ **Petrus ⟨Bancherius⟩**

Pierre ⟨de la Cava⟩
→ **Petrus ⟨de Salerno⟩**

Pierre ⟨de la Cépède⟩
um 1432
Cépède, Pierre ¬de la¬
LaCépède, Pierre ¬de¬
Pierre ⟨de la Sippade⟩

Pierre ⟨de la Charité⟩
→ **Petrus ⟨de Caritate⟩**

Pierre ⟨de la Cipière⟩
→ **Petrus ⟨de Lemovicis⟩**

Pierre ⟨de la Coupelle⟩
→ **Pierrekin ⟨de la Coupele⟩**

Pierre ⟨de la Croix⟩
→ **Petrus ⟨de Cruce⟩**

Pierre ⟨de la Hazardière⟩
→ **Petrus ⟨de Lahazardière⟩**

Pierre ⟨de la Palud⟩
→ **Petrus ⟨de Palude⟩**

Pierre ⟨de la Sippade⟩
→ **Pierre ⟨de la Cépède⟩**

Pierre ⟨de la Vacquerie⟩
→ **Pierre ⟨le Prestre⟩**

Pierre ⟨de la Vigne⟩
→ **Petrus ⟨de Vinea⟩**

Pierre ⟨de Lahazardière⟩
→ **Petrus ⟨de Lahazardière⟩**

Pierre ⟨de Lamballe⟩
→ **Petrus ⟨de Lamballo⟩**

Pierre ⟨de Langtoft⟩
→ **Langtoft, Pierre ¬de¬**

Pierre ⟨de Lanoy⟩
um 1480/90 · OP
La légende de saint Anthoine... translatée de latin en francois
Kaeppeli,III,235
Lanoy, Pierre ¬de¬
Petrus ⟨de Lanoy⟩

Pierre ⟨de Laodicée⟩
→ **Petrus ⟨de Laodicea⟩**

Pierre ⟨de Lemet⟩
→ **Petrus ⟨de Lemet⟩**

Pierre ⟨de Léon⟩
→ **Anacletus ⟨Papa, II.⟩**

Pierre ⟨de Lerida⟩
→ **Petrus ⟨Tarraconensis⟩**

Pierre ⟨de Les-Cours⟩
→ **Innocentius ⟨Papa, V.⟩**

Pierre ⟨de Limoges⟩
→ **Petrus ⟨de Lemovicis⟩**

Pierre ⟨de l'Isle⟩
→ **Petrus ⟨de Insula⟩**

Pierre ⟨de Londres⟩
→ **Petrus ⟨Londoniensis⟩**

Pierre ⟨de Luna⟩
→ **Benedictus ⟨Papa, XIII., Antipapa⟩**

Pierre ⟨de Lyon⟩
→ **Innocentius ⟨Papa, V.⟩**

Pierre ⟨de Maillezais⟩
→ **Petrus ⟨Malleacensis⟩**

Pierre ⟨de Mantoue⟩
→ **Petrus ⟨Mantuanus⟩**

Pierre ⟨de Maricourt⟩
→ **Petrus ⟨Peregrinus⟩**

Pierre ⟨de Meaux⟩
→ **Petrus ⟨Cardinalis⟩**
→ **Petrus ⟨de Versailles⟩**

Pierre ⟨de Mileto⟩
→ **Petrus ⟨de Tauriano⟩**

Pierre ⟨de Mladenovicz⟩
→ **Petrus ⟨de Mladenovic⟩**

Pierre ⟨de Modène⟩
→ **Petrus ⟨de Mutina⟩**

Pierre ⟨de Montagnana⟩
→ **Petrus ⟨de Montagnano⟩**

Pierre ⟨de Montboissier⟩
→ **Petrus ⟨Venerabilis⟩**

Pierre ⟨de Mont-Cassin⟩
→ **Petrus ⟨Diaconus⟩**

Pierre ⟨de Montmartre⟩
→ **Petrus ⟨de Montmartre⟩**

Pierre ⟨de Moutier-la-Celle⟩
→ **Petrus ⟨Cellensis⟩**

Pierre ⟨de Muglio⟩
→ **Petrus ⟨de Muglio⟩**

Pierre ⟨de Naumburg⟩
→ **Petrus ⟨von Naumburg⟩**

Pierre ⟨de Nolasque⟩
→ **Petrus ⟨Nolascus⟩**

Pierre ⟨de Ocaña⟩
→ **Petrus ⟨de Ocaña⟩**

Pierre ⟨de Palais⟩
→ **Abaelardus, Petrus**

Pierre ⟨de Palerme⟩
→ **Petrus ⟨de Hieremia⟩**

Pierre ⟨de Pappacarbone⟩
→ **Petrus ⟨de Salerno⟩**

Pierre ⟨de Paris⟩
→ **Petrus ⟨Cantor⟩**

Pierre ⟨de Paschal⟩
→ **Pedro ⟨Pascual⟩**

Pierre ⟨de Pavie⟩
→ **Johannes ⟨Papa, XIV.⟩**
→ **Petrus ⟨Cardinalis⟩**

Pierre ⟨de Peckham⟩
um 1267/68
„La lumière as laïs"; Identität mit Pierre ⟨d'Abernon⟩ umstritten
Peckham, Pierre ¬de¬
Peter ⟨d'Abernon⟩
Peter ⟨of Peckham⟩
Pierre ⟨d'Abernon⟩
Pierre ⟨d'Abernon de Peckham⟩

Pierre ⟨de Penna⟩
→ **Petrus ⟨de Pennis⟩**

Pierre ⟨de Pise⟩
→ **Petrus ⟨Gambacorti⟩**
→ **Petrus ⟨Pisanus⟩**

Pierre ⟨de Plaisance⟩
→ **Petrus ⟨de Ripalta⟩**

Pierre ⟨de Poitiers⟩
→ **Petrus ⟨Pictaviensis, ...⟩**

Pierre ⟨de Prece⟩
→ **Petrus ⟨de Pretio⟩**

Pierre ⟨de Prusse⟩
→ **Petrus ⟨de Prussia⟩**

Pierre ⟨de Pulkau⟩
→ **Petrus ⟨de Pulka⟩**

Pierre ⟨de Rancé⟩
→ **Petrus ⟨de Rancia⟩**

Pierre ⟨de Ravenne⟩
→ **Tommai, Pietro**

Pierre ⟨de Reims⟩
→ **Petrus ⟨Cantor⟩**
→ **Petrus ⟨de Remis⟩**
→ **Petrus ⟨Riga⟩**

Pierre ⟨de Remiremont⟩
→ **Petrus ⟨de Remiremont⟩**

Pierre ⟨de Ripalta⟩
→ **Petrus ⟨de Ripalta⟩**

Pierre ⟨de Riu⟩
→ **Petrus ⟨de Riu⟩**

Pierre ⟨de Rivo⟩
→ **Rivo, Petrus ¬de¬**

Pierre ⟨de Roissy⟩
→ **Petrus ⟨de Rossiaco⟩**

Pierre ⟨de Romarico Monte⟩
→ **Petrus ⟨de Remiremont⟩**

Pierre ⟨de Rosenheim⟩
→ **Petrus ⟨de Rosenheim⟩**

Pierre ⟨de Saint-Aubert⟩
→ **Petrus ⟨Sancti Autberti⟩**

Pierre ⟨de Saint-Benoît⟩
→ **Petrus ⟨de Sancto Benedicto⟩**

Pierre ⟨de Saint-Chrysogone⟩
→ **Petrus ⟨Cardinalis⟩**

Pierre ⟨de Saint-Denis⟩
→ **Petrus ⟨de Sancto Dionysio⟩**

Pierre ⟨de Saint-Faith⟩
→ **Petrus ⟨a Fide⟩**

Pierre ⟨de Saint-Martial à Limoges⟩
→ **Petrus ⟨de Versailles⟩**

Pierre ⟨de Saint-Omer⟩
→ **Petrus ⟨de Sancto Audomaro, Cancellarius⟩**

Pierre ⟨de Saint-Pierre-sur-Dive⟩
→ **Petrus ⟨Divensis⟩**

Pierre ⟨de Saint-Riquier⟩
→ **Pierre ⟨le Prestre⟩**

Pierre ⟨de Saint-Victor⟩
→ **Petrus ⟨Pictaviensis, de Sancto Victore⟩**

Pierre ⟨de Salerne⟩
→ **Petrus ⟨de Salerno⟩**
→ **Petrus ⟨Musandinus⟩**

Pierre ⟨de Salins⟩
→ **Petrus ⟨de Salinis⟩**

Pierre ⟨de Salmon⟩
→ **Pierre ⟨Salmon⟩**

Pierre ⟨de Sancta Fide⟩
→ **Petrus ⟨a Fide⟩**

Pierre ⟨de Saviens⟩
→ **Petrus ⟨de Salinis⟩**

Pierre ⟨de Saxe⟩
→ **Peter ⟨von Sachsen⟩**
→ **Petrus ⟨de Saxonia⟩**

Pierre ⟨de Schaumbourg⟩
→ **Peter ⟨von Schaumberg⟩**

Pierre ⟨de Sézanne⟩
→ **Petrus ⟨de Sezanna⟩**

Pierre ⟨de Sicile⟩
→ **Petrus ⟨Argivus⟩**

Pierre ⟨de Sienne⟩
→ **Pietro ⟨da Siena⟩**

Pierre ⟨de Spire⟩
→ **Petrus ⟨de Spira⟩**

Pierre ⟨de Steinfeld⟩
→ **Rostius, Petrus**

Pierre ⟨de Stommeln⟩
→ **Petrus ⟨Magister Scholarum Stumbulensium⟩**

Pierre ⟨de Strasbourg⟩
→ **Petrus ⟨Argentinensis⟩**

Pierre ⟨de Tarentaise⟩
→ **Innocentius ⟨Papa, V.⟩**

Pierre ⟨de Tarragone⟩
→ **Petrus ⟨Tarraconensis⟩**

Pierre ⟨de Tauriano⟩
→ **Petrus ⟨de Tauriano⟩**

Pierre ⟨de Thomas⟩
→ **Petrus ⟨Thomae⟩**

Pierre ⟨de Thymo⟩
→ **Petrus ⟨de Thymo⟩**

Pierre ⟨de Tonnerre⟩
→ **Petrus ⟨de Tornare⟩**

Pierre ⟨de Touraine⟩
→ **Petrus ⟨Bechini⟩**

Pierre ⟨de Trabibus⟩
→ **Petrus ⟨de Trabibus⟩**

Pierre ⟨de Trévise⟩
→ **Petrus Dominicus ⟨de Baono⟩**

Pierre ⟨de Troyes⟩
→ **Petrus ⟨Comestor⟩**

Pierre ⟨de Tussignano⟩
→ **Petrus ⟨de Tossignano⟩**

Pierre ⟨de Valetica⟩
→ **Petrus ⟨de Valetica⟩**

Pierre ⟨de Vaudoré⟩
→ **Petrus ⟨de Valle Aurato⟩**

Pierre ⟨de Vaux-Cernay⟩
→ **Petrus ⟨de Valle Sernaio⟩**

Pierre ⟨de Verceil⟩
→ **Petrus ⟨de Versailles⟩**

Pierre ⟨de Verdun⟩
→ **Petrus ⟨de Virduno⟩**

Pierre ⟨de Versailles⟩
→ **Petrus ⟨de Versailles⟩**

Pierre ⟨de Vicence⟩
→ **Petrus ⟨de Vincentia⟩**

Pierre ⟨de Wisby⟩
→ **Petrus ⟨de Dacia Gothensis⟩**

Pierre ⟨de Zittau⟩
→ **Petrus ⟨Zittaviensis⟩**

Pierre ⟨d'Eboli⟩
→ **Petrus ⟨de Ebulo⟩**

Pierre ⟨d'Eleutheropolis⟩
→ **Petrus ⟨Hierosolymitanus⟩**

Pierre ⟨della Vigne⟩
→ **Petrus ⟨de Vinea⟩**

Pierre ⟨des Bonifaces⟩
→ **Petrus ⟨de Bonifaciis⟩**

Pierre ⟨des Maisons⟩
→ **Petrus ⟨de Casis⟩**

Pierre ⟨des Prés⟩
→ **Petrus ⟨de Pratis⟩**

Pierre ⟨des Vaux-de-Cernay⟩
→ **Petrus ⟨de Valle Sernaio⟩**

Pierre ⟨d'Espagne⟩
→ **Johannes ⟨Papa, XXI.⟩**
→ **Petrus ⟨Hispanus⟩**

Pierre ⟨d'Heinrichau⟩
→ **Petrus ⟨Heinrichowiensis⟩**

Pierre ⟨Diacre⟩
→ **Petrus ⟨Diaconus Monachus⟩**

Pierre ⟨Diacre à Pise⟩
→ **Petrus ⟨Pisanus Cardinalis⟩**

Pierre ⟨d'Igny⟩
→ **Petrus ⟨Monoculus⟩**

Pierre ⟨dit l'Archevêque⟩
→ **Petrus ⟨Archiepiscopus⟩**

Pierre ⟨Dominicain⟩
→ **Petrus ⟨Frater, OP⟩**

Pierre ⟨d'Orgemont⟩
→ **Orgemont, Pierre ¬d'¬**

Pierre ⟨d'Osma⟩
→ **Petrus ⟨de Osma⟩**

Pierre ⟨du Bois⟩
→ **Petrus ⟨de Bosco⟩**

Pierre ⟨du Cros⟩
→ **Petrus ⟨de Arvernia⟩**

Pierre ⟨du Quercy⟩
→ **Petrus ⟨de Pratis⟩**

Pierre ⟨du Ries⟩
13. Jh.
DuRies, Pierre
Pieros ⟨du Riés⟩
Pieros ⟨du Riez⟩
Pierot ⟨du Ries⟩
Pierre ⟨du Ryer⟩
Ries, Pieros ¬du¬
Ries, Pierre ¬du¬

Pierre ⟨du Ryer⟩
→ **Pierre ⟨du Ries⟩**

Pierre ⟨Dubois⟩
→ **Petrus ⟨de Bosco⟩**

Pierre ⟨d'Utrecht⟩
→ **Petrus ⟨Traiecti⟩**

Pierre ⟨Ecolâtre⟩
→ **Petrus ⟨Viennensis⟩**

Pierre ⟨Egeblanke⟩
→ **Petrus ⟨de Aqua Blanca⟩**

Pierre ⟨Eschenloer⟩
→ **Eschenloer, Peter**

Pierre ⟨Evêque d'Arras⟩
→ **Petrus ⟨Cisterciensis⟩**

Pierre ⟨Evêque de Cambrai⟩
→ **Pierre ⟨de Corbeil⟩**

Pierre ⟨Evêque de Chartres⟩
→ **Petrus ⟨Cellensis⟩**

Pierre ⟨Evêque de Palestrina⟩
→ **Petrus ⟨de Pratis⟩**

Pierre ⟨Evêque de Poitiers⟩
→ **Petrus ⟨Pictaviensis Episcopus⟩**

Pierre ⟨Evêque de Porto⟩
→ **Arrablayo, Petrus ¬de¬**

Pierre ⟨Farnese⟩
→ **Petrus ⟨de Ancharano⟩**

Pierre ⟨Fernandez⟩
→ **Fernández de Velasco, Pedro**

Pierre ⟨Ferrand⟩
→ **Petrus ⟨Ferrandi⟩**

Pierre ⟨Filargo⟩
→ **Alexander ⟨Papa, V.⟩**

Pierre ⟨Fils de Julien⟩
→ **Johannes ⟨Papa, XXI.⟩**

Pierre ⟨Flandin⟩
→ **Flandini, Petrus**

Pierre ⟨Franciscain⟩
→ **Petrus ⟨Frater, OFM⟩**

Pierre ⟨Galdini⟩
→ **Petrus ⟨Galdinus⟩**

Pierre ⟨Gallego⟩
→ **Petrus ⟨Gallego⟩**

Pierre ⟨Gambacorti⟩
→ **Petrus ⟨Gambacorti⟩**

Pierre ⟨Gaucher⟩
→ **Petrus ⟨Bancherius⟩**

Pierre ⟨Gencien⟩
→ **Gencien, Pierre**

Pierre ⟨Gonzalez⟩
→ **González de Mendoza, Pedro ⟨Poeta⟩**

Pierre ⟨Gradenigo⟩
→ **Gradenigo, Petrus**

Pierre ⟨Grammairien⟩
→ **Petrus ⟨Pisanus⟩**

Pierre ⟨Grossolano⟩
→ **Petrus ⟨Chrysolanus⟩**

Pierre ⟨Guidonis⟩
→ **Petrus ⟨Guidonis⟩**

Pierre ⟨Guillaume⟩
→ **Petrus ⟨Guillelmi⟩**
→ **Petrus ⟨Guillermus⟩**

Pierre ⟨Guy⟩
→ **Petrus ⟨Guidonis⟩**

Pierre ⟨Hélie⟩
→ **Petrus ⟨Helias⟩**

Pierre ⟨Hérésiarque⟩
→ **Petrus ⟨Brusius⟩**

Pierre ⟨Hérétique⟩
→ **Petrus ⟨Dresdensis⟩**

Pierre ⟨Herp⟩
→ **Herp, Petrus**

Pierre ⟨Herrmann⟩
→ **Petrus ⟨de Andlo⟩**

Pierre ⟨Hoorn⟩
→ **Horn, Petrus**

Pierre ⟨Insulensis⟩
→ **Petrus ⟨de Insula⟩**

Pierre ⟨Jacobi⟩
→ **Petrus ⟨Jacobi⟩**

Pierre ⟨Jérémie⟩
→ **Petrus ⟨de Hieremia⟩**

Pierre ⟨Keyerslach⟩
→ **Kirchschlag, Petrus**

Pierre ⟨l'Archevêque⟩
→ **Petrus ⟨Archiepiscopus⟩**

Pierre ⟨Lazzaroni⟩
→ **Lazaronus, Petrus**

Pierre ⟨le Bibliothécaire⟩
→ **Petrus ⟨Bibliothecarius⟩**
→ **Petrus ⟨Diaconus⟩**

Pierre ⟨le Borgne⟩
→ **Petrus ⟨Monoculus⟩**

Pierre ⟨le Chancellier⟩
→ **Petrus ⟨Pictaviensis⟩**

Pierre ⟨le Chantre⟩
→ **Petrus ⟨Cantor⟩**

Pierre ⟨le Diacre⟩
→ **Petrus ⟨Diaconus⟩**
→ **Petrus ⟨Pisanus⟩**

Pierre ⟨le Fruitier⟩
→ **Pierre ⟨Salmon⟩**

Pierre ⟨le Grand⟩
→ **Pedro ⟨Aragón, Rey, III.⟩**

Pierre ⟨le Grand-Chantre⟩
→ **Petrus ⟨Cantor⟩**

Pierre ⟨le Jeune⟩
→ **Petrus ⟨Callinicensis⟩**

Pierre ⟨le Mangeur⟩
→ **Petrus ⟨Comestor⟩**

Pierre ⟨le Peintre⟩
→ **Petrus ⟨Pictor⟩**

Pierre ⟨le Pélerin⟩
→ **Petrus ⟨Peregrinus⟩**

Pierre ⟨le Picard⟩
→ **Petrus ⟨Cantor⟩**
→ **Pierre ⟨de Beauvais⟩**

Pierre ⟨le Prestre⟩
gest. 1480 · OSB
Chronique 1444-1471
Potth. 927
LePrestre, Pierre
Pierre ⟨de la Vacquerie⟩
Pierre ⟨de Saint-Riquier⟩
Prestre, Pierre ¬le¬

Pierre ⟨le Vénérable⟩
→ **Petrus ⟨Venerabilis⟩**

Pierre ⟨Légat du Pape Alexandre III⟩
→ **Petrus ⟨Cardinalis⟩**

Pierre ⟨Lombard⟩
→ **Petrus ⟨Lombardus⟩**

Pierre ⟨Macci⟩
→ **Petrus ⟨de Macciis⟩**

Pierre ⟨Maldura⟩
→ **Petrus ⟨de Bergamo⟩**

Pierre ⟨Mallius⟩
→ **Petrus ⟨de Mallio⟩**

Pierre ⟨March⟩
→ **March, Pere**

Pierre ⟨Marsilio⟩
→ **Petrus ⟨Marsilii⟩**

Pierre ⟨Martyr⟩
→ **Petrus ⟨Martyr⟩**

Pierre ⟨Michault⟩
→ **Michault, Pierre**

Pierre ⟨Moniot d'Arras⟩
→ **Moniot ⟨d'Arras⟩**

Pierre ⟨Monocule⟩
→ **Petrus ⟨Monoculus⟩**

Pierre ⟨Müller de Rapperswyl⟩
→ **Müller, Peter**

Pierre ⟨Musandinus⟩
→ **Petrus ⟨Musandinus⟩**

Pierre ⟨Olavi⟩
→ **Petrus ⟨Olavi⟩**

Pierre ⟨Oriol⟩
→ **Petrus ⟨Aureoli⟩**

Pierre ⟨Pandoni⟩
→ **Porcellius ⟨Neapolitanus⟩**

Pierre ⟨Parler⟩
→ **Parler, Peter**

Pierre ⟨Parvus⟩
→ **Petrus ⟨Parvus⟩**

Pierre ⟨Paschal⟩
→ **Pedro ⟨Pascual⟩**

Pierre ⟨Passerino⟩
→ **Petrus ⟨Passerinus⟩**

Pierre ⟨Patriarche⟩
→ **Petrus ⟨Constantinopolitanus⟩**

Pierre ⟨Patriarche d'Antioche⟩
→ **Petrus ⟨de Capua, Iunior⟩**

Pierre ⟨Patriarche de Jerusalem⟩
→ **Petrus ⟨Hierosolymitanus⟩**

Pierre ⟨Patriarche Jacobite⟩
→ **Petrus ⟨Callinicensis⟩**

Pierre ⟨Payne⟩
→ **Payne, Petrus**

Pierre ⟨Petit⟩
→ **Petrus ⟨Parvus⟩**

Pierre ⟨Philargès⟩
→ **Alexander ⟨Papa, V.⟩**

Pierre ⟨Picard⟩
→ **Petrus ⟨de Picardia⟩**

Pierre ⟨Popo⟩
→ **Popon, Petrus**

Pierre ⟨Portugal, Régent⟩
→ **Pedro ⟨Portugal, Infante⟩**

Pierre ⟨Prédicateur⟩
→ **Petrus ⟨Frater, OFM⟩**

Pierre ⟨Protonotaire du Roi Conradin⟩
→ **Petrus ⟨de Pretio⟩**

Pierre ⟨Rainalducci⟩
→ **Nicolaus ⟨Papa, V., Antipapa⟩**

Pierre ⟨Ranzano⟩
→ **Ransanus, Petrus**

Pierre ⟨Raye⟩
→ **Petrus ⟨Riga⟩**

Pierre ⟨Remiet⟩
→ **Remiet, Pierre**

Pierre ⟨Remiot⟩
→ **Remiet, Pierre**

Pierre ⟨Remy⟩
→ **Remiet, Pierre**

Pierre ⟨Riga⟩
→ **Petrus ⟨Riga⟩**

Pierre ⟨Roger⟩
→ **Clemens ⟨Papa, VI.⟩**
→ **Gregorius ⟨Papa, XI.⟩**

Pierre ⟨Rogier⟩
→ **Peire ⟨Rogier⟩**

Pierre ⟨Rossi⟩
→ **Petrus ⟨de Rubeis⟩**

Pierre ⟨Rost⟩
→ **Rostius, Petrus**

Pierre ⟨Rot⟩
→ **Rot, Peter**

Pierre ⟨Russel⟩
→ **Petrus ⟨Russel⟩**

Pierre ⟨Saint⟩
→ **Petrus ⟨Canusinus⟩**
→ **Petrus ⟨de Salerno⟩**
→ **Petrus ⟨Martyr⟩**
→ **Petrus ⟨Nolascus⟩**

Pierre ⟨Salmon⟩
um 1408
Memoires
Potth. 927; LThK
LeFruitier, Pierre
Pierre ⟨de Salmon⟩
Pierre ⟨le Fruitier⟩
Salmon, Pierre
Salmon, Pierre ¬de¬

Pierre ⟨Schott⟩
→ **Schott, Petrus**

Pierre ⟨Scolastique à Stommeln⟩
→ **Petrus ⟨Magister Scholarum Stumbulensium⟩**

Pierre ⟨Sicile, Roi⟩
→ **Pedro ⟨Aragón, Rey, III.⟩**

Pierre ⟨Sous-Diacre de Saint-Janvier⟩
→ **Petrus ⟨Neapolitanus Subdiaconus⟩**

Pierre ⟨Spitznagel⟩
→ **Petrus ⟨Spitznagel de Francofordia⟩**

Pierre ⟨Stoss⟩
→ **Stoss, Petrus**

Pierre ⟨Suchenwirth⟩
→ **Suchenwirt, Peter**

Pierre ⟨Teuto⟩
→ **Nigri, Petrus**

Pierre ⟨Thomas⟩
→ **Petrus ⟨Thomas⟩**

Pierre ⟨Tomacelli⟩
→ **Bonifatius ⟨Papa, VIIII.⟩**

Pierre ⟨Tomich⟩
→ **Tomic, Pere**

Pierre ⟨Torroella⟩
→ **Torroella, Pere**

Pierre ⟨Traiecti⟩
→ **Petrus ⟨Traiecti⟩**

Pierre ⟨Troubadour⟩
→ **Craon, Pierre ¬de¬**

Pierre ⟨Tudebod⟩
→ **Petrus ⟨Tudebodus⟩**

Pierre ⟨Tudeboeuf⟩
→ **Petrus ⟨Tudebodus⟩**

Pierre ⟨Vaillant⟩
→ **Pierre ⟨Chastellain⟩**

Pierre ⟨van der Heyden⟩
→ **Petrus ⟨de Thymo⟩**

Pierre ⟨van Rivieren⟩
→ **Rivo, Petrus ¬de¬**

Pierre ⟨Vangadiciae⟩
→ **Petrus ⟨Vangadiciae⟩**

Pierre ⟨Vaucher⟩
→ **Petrus ⟨Bancherius⟩**

Pierre ⟨Vaz de Caminha⟩
→ **Caminha, Pero Vaz ¬de¬**

Pierre ⟨Vidal⟩
→ **Peire ⟨Vidal⟩**

Pierre ⟨Visselbec⟩
→ **Visselbeccius, Petrus**

Pierre ⟨von Vaux-Cernay⟩
→ **Petrus ⟨de Valle Sernaio⟩**

Pierre ⟨Wysz⟩
→ **Petrus ⟨de Radolin⟩**

Pierre ⟨Zatecensis⟩
→ **Petrus ⟨Zatecensis⟩**

Pierre Jean ⟨Olieu⟩
→ **Olivi, Petrus Johannes**

Pierre-Antoine ⟨Buondelmonti⟩
→ **Piero Antonio ⟨Buondelmonti⟩**

Pierre-Fernandez ⟨Velasco⟩
→ **Fernández de Velasco, Pedro**

Pierre-Gomez ⟨de Barroso⟩
→ **Gómez Barroso, Pedro**

Pierre-Gonsalve ⟨de Mendoza⟩
→ **González de Mendoza, Pedro ⟨...⟩**

Pierre-Guillaume
→ **Petrus ⟨Guillelmi⟩**
→ **Petrus ⟨Guillermus⟩**

Pierre-Guillaume ⟨Bibliothécaire⟩
→ **Guilelmus ⟨Bibliothecarius⟩**

Pierre-Guillaume ⟨de Rome⟩
→ **Guilelmus ⟨Bibliothecarius⟩**

Pierrekin ⟨de la Coupele⟩
13. Jh.
Franz. Trouvère
LMA,VI,2141
Coupele, Pierrekin ¬de la¬
LaCoupele, Pierrekin ¬de¬
Pierre ⟨de la Coupelle⟩

Pierre-Marin ⟨Morelli⟩
→ **Morelli, Petrus Marinus**

Pierre-Raymond ⟨de Barrière⟩
→ **Barreria, Petrus Raymundus ¬de¬**

Pierre-Roger ⟨de Beaufort⟩
→ **Gregorius ⟨Papa, XI.⟩**

Pieter ⟨Doorlant⟩
→ **Dorlandus, Petrus**

Pieter ⟨Horn⟩
→ **Horn, Petrus**

Pieter ⟨Kanunnik⟩
→ **Petrus ⟨Pictor⟩**

Pieter ⟨van der Heyden⟩
→ **Petrus ⟨de Thymo⟩**

Pieter ⟨Vostaert⟩
→ **Vostaert, Pieter**

Pietersz, Albertus
→ **Albertus ⟨Petri⟩**

Pietro ⟨a Basilica Petri⟩
→ **Pietro ⟨da Barsegapè⟩**

Pietro ⟨Abelardo⟩
→ **Abaelardus, Petrus**

Pietro ⟨Alighieri⟩
→ **Alighieri, Pietro**

Pietro ⟨Antonio⟩
→ **Petrus ⟨Antonii⟩**

Pietro ⟨Aquilano⟩
→ **Petrus ⟨de Aquila⟩**

Pietro ⟨Azario⟩
→ **Petrus ⟨Azarius⟩**

Pietro ⟨Barbo⟩
→ **Paulus ⟨Papa, II.⟩**

Pietro ⟨Battifoglio⟩
→ **Petrus ⟨Batifolius⟩**

Pietro ⟨Boatieri⟩
→ **Petrus ⟨de Boateriis⟩**

Pietro ⟨Bohier⟩
→ **Boerius, Petrus**

Pietro ⟨Bono⟩
→ **Bonus, Petrus**

Pietro ⟨Borghi⟩
→ **Borghi, Piero**

Pietro ⟨Bruto⟩
→ **Petrus ⟨de Bruto⟩**

Pietro ⟨Bucca Porci⟩
→ **Sergius ⟨Papa, IV.⟩**

Pietro ⟨Calo⟩
→ **Petrus ⟨Calo⟩**

Pietro ⟨Cantinelli⟩
→ **Cantinelli, Petrus**

Pietro ⟨Capuano⟩
→ **Petrus ⟨de Capua, Senior⟩**

Pietro ⟨Cara⟩
→ **Cara, Petrus**

Pietro ⟨Cirneo⟩
→ **Cirneo, Pietro**

Pietro ⟨Collevaccino⟩
→ **Petrus ⟨Collivaccinus⟩**

Pietro ⟨Comestore⟩
→ **Petrus ⟨Comestor⟩**

Pietro ⟨Corcadi⟩
→ **Corcadi, Petrus**

Pietro ⟨Cornaro⟩
→ **Cornaro, Pietro**

Pietro ⟨Crasso⟩
→ **Petrus ⟨Crassus⟩**

Pietro ⟨da Barsegapé⟩
um 1264/74
Reimpredigt
LMA,I,2019
Barsegapé, Pietro ¬da¬
Petrus ⟨a Basilica Petri⟩
Pierre ⟨de Barsegapé⟩
Pietro ⟨a Basilica Petri⟩

Pietro ⟨da Bergamo⟩
→ **Petrus ⟨de Bergamo⟩**

Pietro ⟨da Eboli⟩
→ **Petrus ⟨de Ebulo⟩**

Pietro ⟨da Figino⟩
um 1499 · OFM
Franziskaner in Mailand
Fighino, Piero ¬da¬
Figino, Pierre
Figino, Pietro ¬da¬
Figio, Piero ¬da¬
Piero ⟨da Figino⟩
Piero ⟨da Figio⟩

Pietro ⟨da Fossombrone⟩
→ **Angelus ⟨Clarenus⟩**

Pietro ⟨da Mantova⟩
→ **Petrus ⟨Mantuanus⟩**

Pietro ⟨da Montagnana⟩
→ **Petrus ⟨de Montagnano⟩**

Pietro ⟨da Morrone⟩
→ **Coelestinus ⟨Papa, V.⟩**

Pietro ⟨da Ravenna⟩
→ **Tommai, Pietro**

Pietro ⟨da Siena⟩
13./14. Jh.
Thieme-Becker
Petrus ⟨da Siena⟩
Pierre ⟨de Sienne⟩
Pietro ⟨di Siena⟩
Siena, Pietro ¬da¬

Pietro ⟨da Tossignano⟩
→ **Petrus ⟨de Tossignano⟩**

Pietro ⟨da Verona⟩
→ **Petrus ⟨Martyr⟩**

Pietro ⟨da Vicenza⟩
→ **Petrus ⟨de Vincentia⟩**

Pietro ⟨d'Abano⟩
→ **Petrus ⟨de Abano⟩**

Pietro ⟨d'Alfonso⟩
→ **Petrus ⟨Alfonsi⟩**

Pietro ⟨Damiani⟩
→ **Petrus ⟨Damiani⟩**

Pietro ⟨d'Ancharano⟩
→ **Petrus ⟨de Ancharano⟩**

Pietro ⟨d'Argellata⟩
→ **Petrus ⟨de Argellata⟩**

Pietro ⟨d'Arzelata⟩
→ **Petrus ⟨de Argellata⟩**

Pietro ⟨de Alvernia⟩
→ **Petrus ⟨de Arvernia⟩**

Pietro ⟨de Benevento⟩
→ **Petrus ⟨Collivaccinus⟩**

Pietro ⟨de Cava⟩
→ **Petrus ⟨de Salerno⟩**

Pietro ⟨de Farneto⟩
→ **Petrus ⟨de Ancharano⟩**

Pietro ⟨de la Cerlata⟩
→ **Petrus ⟨de Argellata⟩**

Pietro ⟨de Luna⟩
→ **Benedictus ⟨Papa, XIII., Antipapa⟩**

Pietro ⟨de Lutra⟩
→ **Petrus ⟨de Lutra⟩**

Pietro ⟨de Mattiolo⟩
→ **Pietro ⟨di Mattiolo⟩**

Pietro ⟨de Policastro⟩
→ **Petrus ⟨de Salerno⟩**

Pietro ⟨de Rossi⟩
→ **Petrus ⟨de Rubeis⟩**

Pietro ⟨de Trabibus⟩
→ **Petrus ⟨de Trabibus⟩**

Pietro ⟨de'Boattieri⟩
→ **Petrus ⟨de Boateriis⟩**

Pietro ⟨de'Crescenzi⟩
→ **Crescentiis, Petrus ¬de¬**

Pietro ⟨de'Faytinelli⟩
→ **Faitinelli, Pietro ¬dei¬**

Pietro ⟨degli Alboni⟩
→ **Petrus ⟨Mantuanus⟩**

Pietro ⟨dei Crescenzi⟩
→ **Crescentiis, Petrus ¬de¬**

Pietro ⟨dei Faitinelli⟩
→ **Faitinelli, Pietro ¬dei¬**

Pietro ⟨dei Franceschi⟩
→ **Piero ⟨della Francesca⟩**

Pietro ⟨dei Natali⟩
→ **Petrus ⟨de Natalibus⟩**

Pietro ⟨del Monte⟩
→ **Petrus ⟨de Monte⟩**

Pietro ⟨del Morrone⟩
→ **Coelestinus ⟨Papa, V.⟩**

Pietro ⟨della Cerlata⟩
→ **Petrus ⟨de Argellata⟩**

Pietro ⟨della Gazata⟩
→ **Gazata, Petrus ¬de¬**

Pietro ⟨della Palude⟩
→ **Petrus ⟨de Palude⟩**

Pietro ⟨della Savoia⟩
→ **Innocentius ⟨Papa, V.⟩**

Pietro ⟨della Scala⟩
→ **Petrus ⟨de Scala⟩**

Pietro ⟨della Vigna⟩
→ **Petrus ⟨de Vinea⟩**

Pietro ⟨dell'Aquila⟩
→ **Petrus ⟨de Aquila⟩**

Pietro ⟨de'Natali⟩
→ **Petrus ⟨de Natalibus⟩**

Pietro ⟨de'Rossi⟩
→ **Petrus ⟨de Rubeis⟩**

Pietro ⟨di Baume⟩
→ **Petrus ⟨de Palma⟩**

Pietro ⟨di Benedetto⟩
→ **Piero ⟨della Francesca⟩**

Pietro ⟨di Blois⟩
→ **Petrus ⟨Blesensis⟩**

Pietro ⟨di Covaro⟩
→ **Nicolaus ⟨Papa, V., Antipapa⟩**

Pietro ⟨di Gianni Olivi⟩
→ **Olivi, Petrus Johannes**

Pietro ⟨di Giuliano⟩
→ **Johannes ⟨Papa, XXI.⟩**

Pietro ⟨di la Palu⟩
→ **Petrus ⟨de Palude⟩**

Pietro ⟨di Mattiolo⟩
gest. ca. 1425
Cronaca bolognese
DiMattiolo, Pietro
Mattiolo, Pietro ¬di¬
Pietro ⟨de Mattiolo⟩
Pietro ⟨DiMattiolo⟩

Pietro ⟨di Nicola Astalli⟩
→ **Petrus ⟨Nicolai de Astallis⟩**

Pietro ⟨di Palude⟩
→ **Petrus ⟨de Palude⟩**

Pietro ⟨di Pavia⟩
→ **Johannes ⟨Papa, XIV.⟩**

Pietro ⟨di Poitiers⟩
→ **Petrus ⟨Pictaviensis⟩**

Pietro ⟨di Rosenheim⟩
→ **Petrus ⟨de Rosenheim⟩**

Pietro ⟨di Santo Amore⟩
→ **Petrus ⟨de Sancto Amore⟩**

Pietro ⟨di Siena⟩
→ **Pietro ⟨da Siena⟩**

Pietro ⟨di Tarantasia⟩
→ **Innocentius ⟨Papa, V.⟩**

Pietro ⟨Dupin⟩
→ **Dupin, Perrinet**

Pietro ⟨Felce⟩
→ **Cirneo, Pietro**

Pietro ⟨Filargo⟩
→ **Alexander ⟨Papa, V.⟩**

Pietro ⟨Gazata⟩
→ **Gazata, Petrus ¬de¬**

Pietro ⟨Geremia⟩
→ **Petrus ⟨de Hieremia⟩**

Pietro ⟨Giambacorti⟩
→ **Petrus ⟨Gambacorti⟩**

Pietro ⟨Grosolano⟩
→ **Petrus ⟨Chrysolanus⟩**

Pietro ⟨Guglielmo⟩
→ **Petrus ⟨Guillermus⟩**

Pietro ⟨il Cantore⟩
→ **Petrus ⟨Cantor⟩**

Pietro ⟨il Ispano⟩
→ **Johannes ⟨Papa, XXI.⟩**

Pietro ⟨il Pittore⟩
→ **Petrus ⟨Pictor⟩**

Pietro ⟨Ispano⟩
→ **Petrus ⟨Hispanus⟩**

Pietro ⟨Iuliani⟩
→ **Johannes ⟨Papa, XXI.⟩**

Pietro ⟨Jacomi Sanese⟩
→ **Petrus ⟨Iacomi⟩**

Pietro ⟨Largelata⟩
→ **Petrus ⟨de Argellata⟩**

Pietro ⟨Marcello⟩
→ **Petrus ⟨Marcellus⟩**

Pietro ⟨Marini⟩
→ **Petrus ⟨Marini de Rosseto⟩**

Pietro ⟨Marso⟩
→ **Marso, Pietro**

Pietro ⟨Martire⟩
→ **Petrus ⟨Martyr⟩**

Pietro ⟨Muti della Gazzata⟩
→ **Gazata, Petrus ¬de¬**

Pietro ⟨Natali⟩
→ **Petrus ⟨de Natalibus⟩**

Pietro ⟨Nolasco⟩
→ **Petrus ⟨Nolascus⟩**

Pietro ⟨Patricio⟩
→ **Petrus ⟨Patricius et Magister⟩**

Pietro ⟨Pietri Leonis⟩
→ **Anacletus ⟨Papa, II.⟩**

Pietro ⟨Rainalducci⟩
→ **Nicolaus ⟨Papa, V., Antipapa⟩**

Pietro ⟨Ransano⟩
→ **Ransanus, Petrus**

Pietro ⟨Riga⟩
→ **Petrus ⟨Riga⟩**

Pietro ⟨Roger⟩
→ **Clemens ⟨Papa, VI.⟩**

Pietro ⟨Salernitano⟩
→ **Petrus ⟨de Salerno⟩**

Pietro ⟨Santo⟩
→ **Petrus ⟨Nolascus⟩**

Pietro ⟨Subdiacono Napoletano⟩
→ **Petrus ⟨Neapolitanus Subdiaconus⟩**

Pietro ⟨Tomacelli⟩
→ **Bonifatius ⟨Papa, VIIII.⟩**

Pietro ⟨Tomas⟩
→ **Petrus ⟨Thomae⟩**

Pietro ⟨Tommai⟩
→ **Tommai, Pietro**

Pietro ⟨Torrigiano di Torrigiani⟩
→ **Turrisanus, Petrus**

Pietro ⟨Ungarello di Marco de'Natali⟩
→ **Petrus ⟨de Natalibus⟩**

Pietro ⟨Varignana⟩
→ **Petrus ⟨Varignana⟩**

Pietro Candido ⟨Decembrio⟩
→ **Decembrio, Pier Candido**

Pietro Celestino ⟨Papa, V.⟩
→ **Coelestinus ⟨Papa, V.⟩**

Pietro Roger ⟨de Beaufort⟩
→ **Gregorius ⟨Papa, XI.⟩**

Pigna, Johannes ¬de¬
→ **Johannes ⟨de Pigna⟩**

Pignollus, Lanfrancus
um 1260/65
Verf. eines Teils der Annales Ianuenses
Potth. 181; 927
Lanfranc ⟨Pignolo⟩
Lanfrancus ⟨Pignollus⟩
Pignolo, Lanfranc

Pignon, Laurentius
→ **Laurentius ⟨Pignon⟩**

Pilastris, Paulus ¬de¬
→ **Paulus ⟨Gualducci de Pilastris⟩**

Pilatus, Humbertus
→ **Humbertus ⟨Pilatus⟩**

Pilatus, Leontius
gest. 1366/67
Tusculum-Lexikon; LMA,V,1898

Leontius ⟨Pilatus⟩
Leonzio ⟨Pilato⟩
Pilato, Leonzio

Pilegrinus ⟨Passaviensis⟩
→ **Pilgrimus ⟨Pataviensis⟩**

Pileo ⟨Archevêque de Gênes⟩
→ **Pileus ⟨Ianuensis⟩**

Pileo ⟨Cardinal Prata⟩
→ **Pileus ⟨de Prato⟩**

Pileo ⟨Chanoine de Padove⟩
→ **Pileus ⟨Ianuensis⟩**

Pileo ⟨de Marini⟩
→ **Pileus ⟨Ianuensis⟩**

Pileo ⟨de Monza⟩
→ **Pillius ⟨de Medicina⟩**

Pileo ⟨de Ravenne⟩
→ **Pileus ⟨de Prato⟩**

Pileo ⟨de Trévise⟩
→ **Pileus ⟨de Prato⟩**

Pileo ⟨di Padova⟩
→ **Pileus ⟨de Prato⟩**

Pileo, Benedictus ¬de¬
→ **Benedictus ⟨de Pileo⟩**

Pileus
→ **Pillius ⟨de Medicina⟩**

Pileus ⟨Archiepiscopus Genuensis⟩
→ **Pileus ⟨Ianuensis⟩**

Pileus ⟨Cardinal⟩
→ **Pileus ⟨de Prato⟩**

Pileus ⟨de Marini⟩
→ **Pileus ⟨Ianuensis⟩**

Pileus ⟨de Prato⟩
1329/31 – 1401
Epistola pro electione Urbani VI ad Ludovicum comitem Flandriae a. 1378 data
Potth. 927
Pileo ⟨Cardinal Prata⟩
Pileo ⟨de Padoue⟩
Pileo ⟨de Prata⟩
Pileo ⟨de Ravenne⟩
Pileo ⟨de Trévise⟩
Pileo ⟨di Padova⟩
Pileus ⟨Cardinal⟩
Pileus ⟨de Prata⟩
Prato, Pileus ¬de¬

Pileus ⟨Ianuensis⟩
gest. 1429/36
Oratio ad Sigismundum imp. de reformatione Ecclesiae in concilio Constantiensi prosequenda. 1415
Potth. 927
Marini, Pileus ¬de¬
Pileo ⟨Archevêque de Gênes⟩
Pileo ⟨Chanoine de Padove⟩
Pileo ⟨de Marini⟩
Pileus ⟨Archiepiscopus Genuensis⟩
Pileus ⟨de Marini⟩
Pileus ⟨Genuensis⟩

Pileus ⟨Medicinensis⟩
→ **Pillius ⟨de Medicina⟩**

Pileus ⟨Modicensis⟩
→ **Pillius ⟨de Medicina⟩**

Pilgrim ⟨de Lorsch⟩
→ **Pilgrimus ⟨Pataviensis⟩**

Pilgrim ⟨de Passau⟩
→ **Pilgrimus ⟨Pataviensis⟩**

Pilgrim ⟨de Pechlarn⟩
→ **Pilgrimus ⟨Pataviensis⟩**

Pilgrim ⟨OP⟩
→ **Peregrinus ⟨de Oppeln⟩**

Pilgrim ⟨Saint⟩
→ **Pilgrimus ⟨Pataviensis⟩**

Pilgrim ⟨von Ratibor⟩
→ **Peregrinus ⟨de Oppeln⟩**

Pilgrimus ⟨Pataviensis⟩
gest. 991
Epistola ad Benedictum VI. papam
DOC 2,1511; LThK; LMA,VI,2157/58
Pelegrinus ⟨Laureacensis⟩
Pellegrino ⟨di Passau⟩
Peregrinus ⟨Laureacensis⟩
Pilegrinus ⟨Passaviensis⟩
Pilgerin ⟨Bischof⟩
Pilgrim ⟨de Lorsch⟩
Pilgrim ⟨de Passau⟩
Pilgrim ⟨de Pechlarn⟩
Pilgrim ⟨Saint⟩
Pilgrim ⟨von Passau⟩
Pilgrimm ⟨von Passau⟩
Pilgrimus ⟨Episcopus⟩
Pilgrimus ⟨Laureacensis⟩
Pilgrimus ⟨Passaviensis⟩
Pitigrinus ⟨Laureacensis⟩

Pilius ⟨von Medicina⟩
→ **Pillius ⟨de Medicina⟩**

Piḷḷai Lōkācārya
1264 – 1327
Ind. religiöser Schriftsteller; Tattvatraya
Lōkācārīsvāmī
Lōkācārya, Piḷḷai
Lōkācāryar, Piḷḷai
Lokacharya, Pillai
Piḷḷai Lōkācāryar
Pillai Lokacharya

Pillegrinus ⟨Coloniensis⟩
→ **Peregrinus ⟨Coloniensis⟩**

Pillet, Etienne
→ **Stephanus ⟨Brulefer⟩**

Pillius ⟨de Medicina⟩
gest. 1207
Quaestiones sive Brocarda
Tusculum-Lexikon; LMA,VI,2159
Medicina, Pillius ¬de¬
Pileo ⟨de Monza⟩
Pileus
Pileus ⟨Medicinensis⟩
Pileus ⟨Modicensis⟩
Pileus ⟨Modoetiensis⟩
Pilius ⟨von Medicina⟩
Pillio ⟨de Medicina⟩
Pillius
Pillius ⟨Medicinensis⟩
Pillius ⟨Modicensis⟩

Pillius ⟨Modicensis⟩
→ **Pillius ⟨de Medicina⟩**

Pilnaeus
Lebensdaten nicht ermittelt
Joh.
Stegmüller, Repert. bibl. 6981

Pinamons ⟨Peregrinus de Brembate⟩
um 1265/68 · OP
Ordinamenta Congregationis et fraternitatis S. Misericordie; Vita et translatio S. Gratae vid. Bergomen
Potth. 928; Kaeppeli,III,276/277
Brembate, Pinamons ¬de¬
Peregrinus, Pinamons
Pinamons ⟨de Brembate⟩
Pinamons ⟨Peregrini⟩
Pinamons ⟨Peregrinus⟩

Pinchwanger, Jakob
15. Jh.
Feuerwerksbuch von 1420; Schießwasser-Rezept
VL(2),7,696/697
Jakob ⟨Pinchwanger⟩

Pineria, Margarita
→ **Margaretha ⟨Vineria⟩**

Pinetus, Armingaudus
→ **Armingaudus ⟨Pinetus⟩**

Pinheira, Marguerite
→ **Margaretha ⟨Vineria⟩**

Pino, Juan ¬del¬
→ **Juan ⟨del Pino⟩**

Pinon, Laurent
→ **Laurentius ⟨Pignon⟩**

Pio ⟨Papa, ...⟩
→ **Pius ⟨Papa, ...⟩**

Piosistratus, Sextus Amarcius
→ **Amarcius**

Piotr ⟨Polak⟩
→ **Petrus ⟨Polonus⟩**

Piotr ⟨Wysz⟩
→ **Petrus ⟨de Radolin⟩**

Piotr ⟨z Dusburga⟩
→ **Petrus ⟨de Dusburg⟩**

Piperisgranum, Notker
→ **Notker ⟨Medicus⟩**

Piperno, Reginaldus ¬de¬
→ **Reginaldus ⟨de Priverno⟩**

Pipino ⟨Aquitania, Re, ...⟩
→ **Pépin ⟨Aquitaine, Roi, ...⟩**

Pipino ⟨Italia, Re⟩
777 – 810
Capitularia; Leges Langobardorum
LMA,VI,2171; Potth. 928
Pepin ⟨Carloman⟩
Pépin ⟨Italie, Roi⟩
Pippin ⟨der Bucklige⟩
Pippin ⟨Italien, König⟩
Pippin ⟨Karlmann⟩
Pippinus ⟨Italia, Rex⟩

Pipinus, Franciscus
ca. 1270 – ca. 1328 · OP
Tabula privilegiorum Ordinis fratrum Praedicatorum; Tractatus de locis Terrae Sanctae; Chronicon; etc.
LMA,VI,2166
Francesco ⟨di Pipino⟩
Francesco ⟨Pipino da Bologna⟩
Franciscus ⟨Pipinus⟩
Franciscus ⟨Pipinus de Bononia⟩
François ⟨Pipino⟩
Pipino, Francesco
Pipino, François

Pippin ⟨Aquitanien, König, ...⟩
→ **Pépin ⟨Aquitaine, Roi, ...⟩**

Pippin ⟨der Bucklige⟩
→ **Pipino ⟨Italia, Re⟩**

Pippin ⟨der Jüngere⟩
→ **Pippin ⟨Fränkisches Reich, König, III.⟩**

Pippin ⟨der Kleine⟩
→ **Pippin ⟨Fränkisches Reich, König, III.⟩**

Pippin ⟨der Kurze⟩
→ **Pippin ⟨Fränkisches Reich, König, III.⟩**

Pippin ⟨Fränkisches Reich, König, III.⟩
714 – 768
Capitularia; Diplomata annorum 743-751; Epistola ad Lullum Moguntinum archiepiscopum (755-768)
Potth. 928; LMA,VI,2168/70
Pippin ⟨der Jüngere⟩
Pippin ⟨der Kleine⟩
Pippin ⟨der Kurze⟩
Pippin ⟨Fränkischer König⟩
Pippin ⟨Hausmeier von Neustrien und Burgund⟩
Pippinus ⟨Maior Domus⟩
Pippinus ⟨Minor⟩
Pippinus ⟨Princeps⟩
Pippinus ⟨Rex Francorum⟩

Pippin ⟨Hausmeier von Neustrien und Burgund⟩
→ **Pippin ⟨Fränkisches Reich, König, III.⟩**

Pippin ⟨Italien, König⟩
→ **Pipino ⟨Italia, Re⟩**

Pippin ⟨Karlmann⟩
→ **Pipino ⟨Italia, Re⟩**

Pippinus ⟨ab Heristallo⟩
gest. 714
Diplomata
Potth. 928; LMA,VI,2167/68
Héristal, Pépin ¬d'¬
Heristallo, Pippinus ¬ab¬
Herstal, Pépin ¬d'¬
Pépin ⟨d'Héristal⟩
Pépin ⟨d'Herstal⟩
Pépin ⟨le Gros⟩
Pépin ⟨Maire du Palais d'Austrasie⟩
Pippinus ⟨Maior Domus Franciae⟩

Pippinus ⟨Aquitania, Rex, ...⟩
→ **Pépin ⟨Aquitaine, Roi, ...⟩**

Pippinus ⟨Filius Ludovici Pii⟩
→ **Pépin ⟨Aquitaine, Roi, I.⟩**

Pippinus ⟨Italia, Rex⟩
→ **Pipino ⟨Italia, Re⟩**

Pippinus ⟨Maior Domus⟩
→ **Pippin ⟨Fränkisches Reich, König, III.⟩**

Pippinus ⟨Maior Domus Franciae⟩
→ **Pippinus ⟨ab Heristallo⟩**

Pippinus ⟨Minor⟩
→ **Pippin ⟨Fränkisches Reich, König, III.⟩**

Pippinus ⟨Princeps⟩
→ **Pippin ⟨Fränkisches Reich, König, III.⟩**

Pīr Šams
ca. 1165 – ca. 1277
Ismaelit. Dichter und Heiliger
Pīr Shams
Šams ⟨Pīr⟩
Shams ⟨Pīr⟩

Piramus, Denis
→ **Denis ⟨Piramus⟩**

Pirchenwart, Petrus ¬de¬
→ **Petrus ⟨Reicher de Pirchenwart⟩**

Pirckheimer, Hans
ca. 1415 – 1492
Liber de practica sive morali scientia
VL(2),7,701/703
Hans ⟨Pirckheimer⟩
Jean ⟨Pirckheimer⟩
Pirckheimer, Jean

Pirez, Alvaro
→ **Alvaro ⟨di Piero⟩**

Piri Sani
→ **Eşrefoğlu Rumi**

Pirminius ⟨Sanctus⟩
gest. ca. 758
Scarapsus de singulis libris canonicis
LThK; CSGL; Tusculum-Lexikon; LMA,VI,2175/76
Perminius
Pirmin
Pirmin ⟨de Meltis⟩
Pirmin ⟨de Murbach⟩
Pirmin ⟨de Reichenau⟩
Pirmin ⟨Episcopus⟩
Pirmin ⟨in Meltis⟩
Pirminius
Pirminius ⟨Augiae Divitis⟩
Pirminius ⟨Episcopus⟩
Pirminius ⟨Meldensis⟩
Primenius ⟨Episcopus⟩
Priminius ⟨Episcopus⟩
Priminus ⟨Episcopus⟩
Sanctus Pirminius

Pirolinus ⟨de Trivisio⟩
→ **Perolinus ⟨de Trivisio⟩**

Pisa, Albertus ¬de¬
→ **Albertus ⟨de Pisa⟩**

Pisa, Bonanus ¬von¬
→ **Bonanus ⟨von Pisa⟩**

Pisa, Guido ¬da¬
→ **Guido ⟨da Pisa⟩**

Pisa, Ludovicus ¬de¬
→ **Ludovicus ⟨de Pisa⟩**

Pisa, Rusticiano ¬da¬
→ **Rusticiano ⟨da Pisa⟩**

Pisan, Christine ¬de¬
→ **Christine ⟨de Pisan⟩**

Pisanello
ca. 1395 – 1455
Ital. Maler und Medailleur
LMA,VI,2183
Antonio ⟨di Puccio Pisano Pisanello⟩
Antonio ⟨Pisanello⟩
Antonio ⟨Pisano⟩
Pisanello, Antonio
Pisanello, Antonio di Puccio Pisano
Pisano, Antonio
Pisano, Victor
Pisano, Vittore
Victor ⟨Pisano⟩
Vittore ⟨Pisano⟩

Pisano, Giovanni
ca. 1245/48 – ca. 1315
Ital. Bildhauer und Baumeister
M; Thieme-Becker; LMA,VI,2184/85
Giovanni ⟨Pisano⟩

Pisano, Leonardo
→ **Leonardus ⟨Pisanus⟩**

Pisano, Matthaeus ¬de¬
→ **Matthaeus ⟨de Pisano⟩**

Pisano, Nicola
ca. 1206 – ca. 1280
LThK; LMA,VI,2185
Niccolò ⟨Pisano⟩
Nichola ⟨de Apulia⟩
Nichola ⟨Pietri de Apulia⟩
Nicola ⟨Pisano⟩
Nicola ⟨Pisanus⟩
Nicolas ⟨de Pise⟩
Nicolo ⟨Pisano⟩
Pisano, Niccolò
Pisano, Nicolo

Pisano, Vittore
→ **Pisanello**

Pisanus, Agnellus
→ **Agnellus ⟨Pisanus⟩**

Pisanus, Bartholomaeus
→ **Bartholomaeus ⟨Albicius⟩**
→ **Bartholomaeus ⟨Pisanus⟩**

Pisanus, Burgundius
→ **Burgundius ⟨Pisanus⟩**

Pisanus, Constantinus
→ **Constantinus ⟨Pisanus⟩**

Pisanus, Guido
→ **Guido ⟨Pisanus⟩**

Pisanus, Henricus
→ **Henricus ⟨Pisanus⟩**

Pisanus, Leonardus
→ **Leonardus ⟨Pisanus⟩**

Pisanus, Petrus
→ **Petrus ⟨Pisanus⟩**

Pisanus, Richardus
→ **Richardus ⟨Pisanus⟩**

Pisanus Cardinalis, Petrus
→ **Petrus ⟨Pisanus Cardinalis⟩**

Piscario, Gerardus ¬de¬
→ **Gerardus ⟨de Piscario⟩**

Piscatoris, Sifridus
→ **Sifridus ⟨Piscatoris⟩**

Piscialis, Bartholomaeus ¬de¬
→ **Bartholomaeus ⟨de Piscialis⟩**

Piscina, Johannes ¬de¬
→ **Johannes ⟨de Piscina⟩**

Pise, Christine ¬of¬
→ **Christine ⟨de Pisan⟩**

Pisense, Giovanni
→ **Giovanni ⟨Pisense⟩**

Pisentius ⟨de Qifṭ⟩
ca. 568 – 631/32
Bischof von Qifṭ
Bisanda
Bīsantāūs
Pésunthius
Pesuntius
Pesynthios
Pisente
Pisentios ⟨de Keft⟩
Pisentius ⟨of Coptos⟩
Pisentius ⟨von Qifṭ⟩
Pisentius al-Qifṭī
Qifṭ, Pisentius ¬de¬

Pisida, Georgius
→ **Georgius ⟨Pisida⟩**

Pisis, Nicolaus ¬de¬
→ **Nicolaus ⟨de Pisis⟩**

Pisis, Reinerus ¬de¬
→ **Reinerus ⟨de Pisis⟩**

Piso ⟨Monachus⟩
um 712
Vita S. Hucberti monachi
Potth. 929
Monachus, Piso
Pison ⟨Hagiographe⟩
Pison ⟨Moine⟩

Pistoia, Guittone Sinibaldi
→ **Cinus ⟨de Pistorio⟩**

Pistorio, Cinus ¬de¬
→ **Cinus ⟨de Pistorio⟩**

Pistorio, Conradus ¬de¬
→ **Conradus ⟨de Pistorio⟩**

Pistorio, Ianinus ¬de¬
→ **Ianinus ⟨de Pistorio⟩**

Pistorio, Jacobus ¬de¬
→ **Jacobus ⟨de Pistorio⟩**

Pistorio, Leonardus ¬de¬
→ **Leonardus ⟨de Pistorio⟩**

Pistuinus
→ **Pechtwinus ⟨Scotus⟩**

Pitas, Dionysius
→ **Dionysius ⟨Pitas⟩**

Pithsanus, Johannes
→ **Johannes ⟨Peckham⟩**

Pitigrinus ⟨Laureacensis⟩
→ **Pilgrimus ⟨Pataviensis⟩**

Pitti, Buonaccorso
1354 – ca. 1431
Cronica
Potth. 929; LUI
Bonaccorso ⟨Pitti⟩
Buonaccorso ⟨Pitti⟩
Pitti, Bonaccorso
Pitti, Buonaccorso di Neri

Pius ⟨Papa, II.⟩
1405 – 1464
LMA,VI,2190/92
Aeneas ⟨Sylvius⟩
Aeneas ⟨Silvius⟩
Aeneas Silvius ⟨Piccolomini⟩
Aeneas Silvius, Bartholomaeus Piccolomini
Aeneas Sylvius ⟨Piccolominaeus⟩
Aeneas Sylvius ⟨Senensis⟩
Enea ⟨Piccolomini⟩
Enea, Silvio
Enea Silvio ⟨di Piccolomini⟩
Eneas ⟨Silvius⟩
Eneas Silvius ⟨Picolomini⟩
Enea-Silvio ⟨Piccolomini⟩
Eneass ⟨Sylwius⟩
Piccolomineus, Aeneas Sylvius
Piccolomini, Aeneas Sylvius Bartholomaeus
Piccolomini, Aeneas Silvius
Piccolomini, Aeneas Sylvius
Piccolomini, Enea
Piccolomini, Enea Silvio ¬de'¬
Pie ⟨Pape, II.⟩
Pio ⟨Papa, II.⟩
Pius ⟨Papst, II.⟩
Silvius, Aeneas
Silvius, Eneas
Silvius Piccolomini, Aeneas
Sylvius, Aenea
Sylvius, Aeneas
Sylvius, Piccolomini Aeneas
Sylwius, Eneass

Pius ⟨Papa, III.⟩
1439 – 1503
Francesco ⟨de'Piccolomini Todeschini⟩
Francesco ⟨Todeschini-Piccolomini⟩
François Nanni ⟨Todeschini Piccolomini⟩
Piccolomini, François Nanni
Pie ⟨Pape, III.⟩
Pio ⟨Papa, III.⟩
Todeschini-Piccolomini, Francesco Nanni ¬de'¬

Pizan, Christine ¬de¬
→ **Christine ⟨de Pisan⟩**

Pizzicolli, Ciriaco
→ **Cyriacus ⟨Anconitanus⟩**

Pizzigotis, Johannes ¬de¬
→ **Johannes ⟨de Pizzigotis⟩**

Placentia, Aimericus ¬de¬
→ **Aimericus ⟨de Placentia⟩**

Placentia, Jacobus ¬de¬
→ **Jacobus ⟨de Placentia⟩**

Placentia, Johannes ¬de¬
→ **Johannes ⟨de Fontana de Placentia⟩**

Placentia, Thebaldus ¬de¬
→ **Thebaldus ⟨de Placentia⟩**

Placentinus
ca. 1135 – 1192
Summa de actionum varietatibus
Tusculum-Lexikon; LMA,VI,2194
Piacentino
Placentin
Placentino
Placentinus, Petrus

Placentinus, Antoninus
→ **Antoninus ⟨Placentinus⟩**

Placentinus, Guerinus
→ **Guerinus ⟨Placentinus⟩**

Placentinus, Indie
→ **Indie ⟨Placentinus⟩**

Placentinus, Johannes
→ **Johannes ⟨Crastonus⟩**

Placentinus, Petrus
→ **Placentinus**

Placidus ⟨Nonantulanus⟩
um 1111/12 · OSB
Liber de honore ecclesiae
Potth. 929; LMA,VI,2194
Nonantulanus, Placidus
Placide ⟨de Nonantola⟩
Placido ⟨di Nonantola⟩
Placidus ⟨von Nonantola⟩

Placidus, Lactantius
→ **Lactantius ⟨Placidus⟩**

Plaiar
→ **Pleier, ¬Der¬**

Plaisians, Guillaume ¬de¬
→ **Guillaume ⟨de Plaisians⟩**

Planciades, Fabius Fulgentius
→ **Fulgentius, Fabius Planciades**

Plano Carpini, Johannes ¬de¬
→ **Johannes ⟨de Plano Carpini⟩**

Plantageneta, Galfredus
→ **Geoffroy ⟨Anjou, Comte, IV.⟩**

Planudes, Manuel
→ **Maximus ⟨Planudes⟩**

Planudes, Maximus
→ **Maximus ⟨Planudes⟩**

Planudes, Michael
→ **Maximus ⟨Planudes⟩**

Plaout, Petrus
→ **Petrus ⟨Plaout⟩**

Platea, Franciscus ¬de¬
→ **Franciscus ⟨de Platea⟩**

Platea, Johannes ¬de¬
→ **Johannes ⟨de Platea⟩**

Platea, Michael ¬de¬
→ **Michael ⟨de Platea⟩**

Platea, Rogerus ¬de¬
→ **Rogerus ⟨de Platea⟩**

Platea Longa, Fridericus ¬de¬
→ **Fridericus ⟨de Platea Longa⟩**

Platearius, Johannes
→ **Johannes ⟨Platearius⟩**

Platearius, Matthaeus
→ **Matthaeus ⟨Platearius⟩**

Platerburger, Henricus
→ **Henricus ⟨Platerburger⟩**

Platina ⟨Cremonensis⟩
→ **Platina, Bartholomaeus**

Platina, Bartholomaeus
1421 – 1481
„Dialogus de flosculis", „Liber de vita Christi"; Historia Urbis Mantuae ab eius origine
LThK; LMA,VII,6/7; Tusculum-Lexikon
Baptist ⟨Platina⟩
Baptista ⟨Platina⟩
Baptiste ⟨Platine⟩
Bartholomaeus ⟨de Sacchis⟩
Bartholomaeus ⟨Platina⟩
Bartholomaeus ⟨Platyna⟩
Bartholomaeus ⟨Sacchus Platina⟩
Bartholomaeus ⟨Sachus⟩
Bartolomeo ⟨de Piadena⟩
Bartolomeo ⟨de'Sacchi⟩
Bartolomeo ⟨Platina⟩
Bartolomeo ⟨Sacchi⟩
Bartolommeo ⟨de'Sacchi⟩
Battista ⟨Cremonese⟩
Battista ⟨Platina⟩
Jean ⟨Platine⟩
Platina ⟨Cremonensis⟩
Platina, Baptist
Platina, Bartolomeo
Platina, Battista
Platina, Rodolphe-Barthélemy ¬de'¬
Platine, Baptiste
Platine, Jean
Platyna, Bartholomaeus
Radulfus ⟨Platina⟩
Rodolphe-Barthélemy ⟨de'Platina⟩
Sacchi, Bartholomaeus
Sacchi, Bartolomeo ¬de'¬
Sacchis, Bartholomaeus ¬de¬
Sacchus ⟨Platina⟩

Platina, Battista
→ **Platina, Bartholomaeus**

Platina, Rodolphe-Barthélemy ¬de'¬
→ **Platina, Bartholomaeus**

Platio, Henricus ¬de¬
→ **Henricus ⟨de Platio⟩**

Plato ⟨Tiburtinus⟩
um 1134/45
LMA,VII,7
Plato ⟨von Tivoli⟩
Platon ⟨de Tivoli⟩
Tiburtinus, Plato

Platterberger, Johannes
um 1445/67
Excerpta chronicarum
VL(2),7,726/728
Johannes ⟨Platterberger⟩

Platyna, Bartholomaeus
→ **Platina, Bartholomaeus**

Pleier, ¬Der¬
13. Jh.
Garel von dem blühenden Tal; Tandareis und Flordibel; Meleranz
LMA,VII,17/18; VL(2),7,728/37
Bläer
Der Pleier
Plaiar
Pläiär
Player

Pletho ⟨Gemistus⟩
→ **Georgius ⟨Pletho⟩**

Pletho, Georgius
→ **Georgius ⟨Pletho⟩**

Plinius ⟨Maior⟩
→ **Plinius ⟨Valerianus⟩**

Plinius ⟨Medicus⟩
→ **Plinius ⟨Valerianus⟩**

Plinius ⟨Valerianus⟩
6./7. Jh.
Plinius ⟨Maior⟩
Plinius ⟨Medicus⟩
Plinius Secundus ⟨Valerianus⟩
Pseudo-Plinius ⟨Maior⟩
Pseudo-Plinius ⟨Valerianus⟩
Pseudo-Plinius Secundus ⟨Valerianus⟩
Valerianus, Plinius

Plinius Secundus ⟨Valerianus⟩
→ **Plinius ⟨Valerianus⟩**

Plochirus, Michael
→ **Michael ⟨Hapluchirus⟩**

Plöne, Heinrich
→ **Beringer, Heinrich**

Plotinus ⟨Thessalonicensis⟩
7. Jh.
Enkomion auf den Märtyrer Demetrios
Plotinos ⟨Erzbischof⟩
Plotinos ⟨von Thessalonike⟩

Plove, Nicolaus ¬de¬
→ **Nicolaus ⟨de Plove⟩**

Pluntsch, Tilman
um 1410/50
Münstereifeler Chronik
Potth. 931; VL(2),7,763/764
Pluntsch, Tilemann
Pluntz, Tilman
Pluynsch, Tilman
Tilemann ⟨Pluntsch⟩
Tilman ⟨Pluntsch⟩
Tilman ⟨Pluntz⟩
Tilman ⟨Pluynsch⟩

Plusiadenus, Josephus
→ **Josephus ⟨Methonensis⟩**

Pluynsch, Tilman
→ **Pluntsch, Tilman**

Pobiezowicz, Matthias ¬de¬
→ **Matthias ⟨de Pobiezowicz⟩**

Pocapaglia
→ **Paucapalea**

Pochsfleisch
Lebensdaten nicht ermittelt
Reimspruch über die heidinsfelder Schweizer
VL(2),7,765/766

Poczer, Hieronymus
→ **Posser, Hieronymus**

Podebrad, Hynek ¬z¬
→ **Hynek ⟨z Poděbrad⟩**

Podio, Ademarus ¬de¬
→ **Ademarus ⟨de Podio⟩**

Podio, Arnoldus ¬de¬
→ **Arnoldus ⟨de Podio⟩**

Podio, Bartholomaeus ¬de¬
→ **Bartholomaeus ⟨de Podio⟩**

Podio, Guilelmus ¬de¬
→ **Guilelmus ⟨de Podio⟩**

Podio, Guillermus ¬de¬
→ **Guilelmus ⟨de Podio⟩**

Podio, Johannes ¬de¬
→ **Johannes ⟨de Podio⟩**

Podio Laurentii, Guilelmus ¬de¬
→ **Guilelmus ⟨de Podio Laurentii⟩**

Podionucis, Johannes ¬de¬
→ **Johannes ⟨de Podionucis⟩**

Poeta ⟨Astensis⟩
um 1100
Novus Avianus
LMA,VI,1313
Astensis Poeta
Poeta ⟨d'Asti⟩
Poeta Astensis

Poeta ⟨Saxo⟩
9. Jh.
Annales de gestis Karoli Magni
Potth. 932; Tusculum-Lexikon
Anonymus ⟨Corbeiensis⟩
Monachus ⟨Corbeiensis⟩
Poeta Saxo
Sächsische Dichter, ¬Der¬
Saxo, Poeta
Saxon ⟨le Poète⟩

Poeta, Domitius
→ **Domitius ⟨Poeta⟩**

Poeta, Henricus
→ **Henricus ⟨Herbipolensis⟩**

Poeta, Musaeus
→ **Musaeus ⟨Poeta⟩**

Poetsch, Engelbertus
→ **Engelbertus ⟨Admontensis⟩**

Pötze ⟨van Molenheim⟩
15. Jh.
Kurzrezeptar
VL(2),7,796
Molenheim, Pötze ¬van¬

Pofis, Richardus ¬de¬
→ **Richardus ⟨de Pofis⟩**

Poggi, Jacopo
→ **Poggio Bracciolini, Jacopo ¬di¬**

Poggibonsi, Niccolò ¬da¬
→ **Niccolò ⟨da Poggibonsi⟩**

Pogginus ⟨Florentinus⟩
→ **Poggio Bracciolini, Gian Francesco**

Poggio ⟨Bracciolini⟩
→ **Poggio Bracciolini, Gian Francesco**

Poggio, Jacopo ¬di¬
→ **Poggio Bracciolini, Jacopo ¬di¬**

Poggio Bracciolini, Gian Francesco
1380 – 1459
De Hieronymi Pragensis obitu
LThK; CSGL; LMA,VII,38; Tusculum-Lexikon
Bracciolini, Gian Francesco
Bracciolini, Gian Francesco Poggio
Bracciolini, Poggio
Bracciolinus, Poggius
Florentinus, Poggius
Francesco ⟨Bracciolini⟩
Gian Francesco ⟨Poggio Bracciolini⟩
Giovanni Francesco ⟨Poggio Bracciolini⟩
Jean-François ⟨le Pogge⟩
Johannes Franciscus ⟨Poggio Bracciolini⟩
Poge ⟨Florentin⟩
Pogge ⟨Florentin⟩
Pogginus ⟨Florentinus⟩
Poggio
Poggio ⟨Bracciolini⟩
Poggio ⟨Fiorentino⟩
Poggio-Bracciolini, Gian Francesco
Poggio-Bracciolini, Giovanni Francesco
Poggius
Poggius ⟨Cancellarius⟩
Poggius ⟨Florentinus⟩
Poggius, Johannes Franciscus
Poggius Bracciolinus, Johannes Franciscus

Poggio Bracciolini, Jacopo ¬di¬
1441 – 1478
Meyer
Bracciolini, Jacopo di Poggio
Bracciolini, Jacopo Poggio
Giacomo ⟨Poggio Bracciolini⟩
Jacobus ⟨Poggius⟩
Jacobus ⟨Poggius Brocciolinus⟩
Jacopo ⟨di Poggio⟩
Jacopo ⟨di Poggio Bracciolini⟩
Jacopo ⟨Fiorentino⟩
Poggi, Jacopo
Poggio, Jacobo
Poggio, Jacopo ¬di¬

Poggius ⟨Florentinus⟩
→ **Poggio Bracciolini, Gian Francesco**

Pogonatus, Constantinus
→ **Constantinus ⟨Imperium Byzantinum, Imperator, IV.⟩**

Pohle, Johannes ¬de¬
→ **Johannes ⟨de Pohle⟩**

Poilliaco, Johannes ¬de¬
→ **Johannes ⟨de Polliaco⟩**

Poitiers, Aliénor ¬de¬
→ **Aliénor ⟨de Poitiers⟩**

Poitiers, Alphonse ¬de¬
→ **Alfonse ⟨Poitou, Comte⟩**

Poitiers, Eléonore ¬de¬
→ **Aliénor ⟨de Poitiers⟩**

Poitiers, Philippe ¬de¬
→ **Philippe ⟨de Poitiers⟩**

Pol ⟨de Limbourg⟩
→ **Limburg, Paul ¬von¬**

Polcarpus ⟨Kioviensis⟩
→ **Polikarp ⟨Kievskij⟩**

Polenius, Robertus
→ **Robertus ⟨Pullus⟩**

Polentonus, Sicco
1375/76 – 1447
Catinia; Libri scriptorum illustrium latinae linguae; Vita Albertini Mussati; etc.
LMA,VII,59/60; Potth. 1014
Polenton, Sicco
Polentone, Sicco
Polentone, Siccone
Polentone, Xicco
Ricci ⟨Polentonus⟩
Sicco ⟨Polenton⟩
Sicco ⟨Polentonus⟩
Siccone ⟨Polentone⟩
Siccus ⟨Polentonus⟩
Sico ⟨Cancellarius Patavinus⟩
Sico ⟨Polentonus⟩
Xicco ⟨Polentone⟩
Xicco ⟨Polentonus⟩
Xico ⟨Polentonus⟩

Polequin ⟨Malouel⟩
→ **Limburg, Paul ¬von¬**

Polequin ⟨Maluel⟩
→ **Limburg, Paul ¬von¬**

Polequin ⟨Manuel⟩
→ **Limburg, Paul ¬von¬**

Polestede, Johannes
→ **Johannes ⟨Polstead⟩**

Polhaim, Weichardus ¬de¬
→ **Weichardus ⟨de Polhaim⟩**

Polhaimerin
15. Jh.
4 oder mehr Rezepte gegen urolog. Leiden
VL(2),7,770
Polhaimerin ⟨Laienärztin⟩

Polheim, Weichard ¬de¬
→ **Weichardus ⟨de Polhaim⟩**

Policarpus ⟨Monachus⟩
→ **Polikarp ⟨Kievskij⟩**

Policastro, Giovanni Antonio ¬di¬
→ **Giovanni Antonio ⟨Petrucci⟩**

Polikarp ⟨Inok⟩
→ **Polikarp ⟨Kievskij⟩**

Polikarp ⟨Kievskij⟩
gest. 1250
Bearb. von Żywot Mojżesza Węgrzyna
Potth. 934
Polcarpus ⟨Kioviensis⟩
Policarpus ⟨Monachus⟩
Polikarp ⟨Inok⟩
Polikarp ⟨Kievopečerskij⟩
Polycarpe ⟨à Kiew⟩
Polycarpe ⟨Higoumène⟩
Polycarpe ⟨Saint⟩

Poliniaco, Stephanus ¬de¬
→ **Stephanus ⟨de Poliniaco⟩**

Politianus, Angelus
1454 – 1494
Coniurationis Pactianae anni 1478 commentarius
LMA,VII,66/67
Ambrogini, Angelo
Ambrogini Poliziano, Angelo
Ange ⟨Politien⟩
Angelo ⟨Ambrogini Poliziano⟩
Angelo ⟨Poliziano⟩
Angelus ⟨Politianus⟩
Angiolo ⟨de'Ambrosini⟩
Politanus, Angelus
Politian, Angelo
Politiano, Angelo
Politianus, Angelius
Politianus, Angelo
Poliziano, Angelo
Poliziano, Angelo Ambrogini
Poliziano, Angelus
Poliziano, Giovanni A.

Pollaiuolo, Antonio ¬del¬
→ **DelPollaiuolo, Antonio**

Pollaiuolo, Piero ¬del¬
→ **DelPollaiuolo, Piero**

Pollengio, Laurentius ¬de¬
→ **Laurentius ⟨de Pollengio⟩**

Polleyn, Robert
→ **Robertus ⟨Pullus⟩**

Polliaco, Johannes ¬de¬
→ **Johannes ⟨de Polliaco⟩**

Pollicino, Jacoba
→ **Jacoba ⟨Pollicino⟩**

Polo, Marco
1254 – 1324
LMA,VII,71/72
Marco ⟨Polo⟩
Marcus ⟨Paulus⟩
Paolo, Marco
Paulus ⟨Venetus⟩
Paulus, Marcus
Polo, Marcho
Polo, Marko
Polus, Marchus

Poloner, Johannes
→ **Johannes ⟨Poloner⟩**

Polonia, Franco ¬de¬
→ **Franco ⟨de Polonia⟩**

Polonia, Nicolaus ¬de¬
→ **Nicolaus ⟨de Polonia⟩**

Polonus, Benedictus
→ **Benedictus ⟨Polonus⟩**

Polonus, Dominicus
→ **Dominicus ⟨Polonus⟩**

Polonus, Petrus
→ **Petrus ⟨Polonus⟩**

Polostadius, Johannes
→ **Johannes ⟨Polstead⟩**

Polstead, Johannes
→ **Johannes ⟨Polstead⟩**

Polster
→ **Baltzer**

Polster, Georg
gest. 1496 · OSB
Gedichte; Memoralia metrica
VL(2),7,775/777
Bolster, Georg
Georg ⟨Bolster⟩
Georg ⟨Polster⟩

Polus, Marchus
→ **Polo, Marco**

Polybius ⟨Grammaticus⟩
9. Jh.
De barbarismo et soloecismo
Grammaticus, Polybius
Polybios ⟨Grammatiker⟩

Polycarpe ⟨Higoumène⟩
→ **Polikarp ⟨Kievskij⟩**

Polycarpe ⟨Saint⟩
→ **Polikarp ⟨Kievskij⟩**

Polycarpus ⟨Mediolanensis⟩
→ **Polycarpus ⟨Orsi⟩**

Polycarpus ⟨Orsi⟩
Lebensdaten nicht ermittelt
De sensibus Sacrae Scripturae
Stegmüller, Repert. bibl. 6983
Orsi, Polycarpus
Polycarpus ⟨Mediolanensis⟩

Polychronius ⟨Monachus⟩
um 681
Expositio fidei
Polychrone ⟨Prêtre et Moine Monothélite⟩
Monachus Polychronius

Polydeuces ⟨Medicus⟩
6. Jh.
Fragmentum apud Alexandrum Trallianum 2.15
Medicus Polydeuces

Pomerio, Henricus ¬de¬
→ **Henricus ⟨de Pomerio⟩**

Pomponius Laetus, Iulius
1428 – 1497
De caesaribus compendium
CSGL; LMA,VII,90; Tusculum-Lexikon
Giulio ⟨Pomponio Leto⟩
Giulio ⟨Sanseverino⟩
Iulius ⟨Pomponius Laetus⟩
Laetus, Iulius Pomponius
Laetus, Julius Pomponius
Laetus, Pomponius
Laetus Pomponius, Iulius
Leto, Giulio Pomponio
Pomponio Leto, Giulio
Pomponius ⟨Laetus⟩
Pomponius, Iulius
Pomponius, Iulius Laetus
Pomponius, Sabinus
Pomponius Laetus, Julius
Pomponius Moderatus, Iulius
Pomponius Sabinus, Iulius
Sabinus, Julius Pomponius
Sabinus, Pomponius
Sanseverino, Giulio

Pomposanus, Reinerus
→ **Reinerus ⟨Pomposanus⟩**

Pomuk, Godescalcus ¬de¬
→ **Godescalcus ⟨de Pomuk⟩**

Ponce ⟨Bienheureux⟩
→ **Pontius ⟨Claromontanus⟩**

Ponce ⟨Carbonell⟩
→ **Pontius ⟨Carbonelli⟩**

Ponce ⟨de Bottingata⟩
→ **Pontius ⟨Carbonelli⟩**

Ponce ⟨de Clairvaux⟩
→ **Pontius ⟨Claromontanus⟩**

Ponce ⟨de Clermont⟩
→ **Pontius ⟨Claromontanus⟩**

Ponce ⟨de Grandselve⟩
→ **Pontius ⟨Claromontanus⟩**

Ponce ⟨de Polignac⟩
→ **Pontius ⟨Claromontanus⟩**

Ponce ⟨de Provence⟩
→ **Pontius ⟨Provincialis⟩**

Ponce ⟨de Reims⟩
→ **Pontius ⟨de Remis⟩**

Ponce ⟨le Provençal⟩
→ **Pontius ⟨Provincialis⟩**

Poncius ⟨Carbonelli⟩
→ **Pontius ⟨Carbonelli⟩**

Poncius ⟨de Meseraco⟩
um 1271/76 · OP
Liber de arte versificatoria; lt. Kaeppeli zwei Personen
Kaeppeli,III,238 und 277
Meseraco, Poncius ¬de¬
P. ⟨de Meseraco⟩
Petrus ⟨de Meseraco⟩

Poncius ⟨de Remis⟩
→ **Pontius ⟨de Remis⟩**

Poncius ⟨Frater⟩
→ **Pontius ⟨de Remis⟩**

Poncius ⟨Provincialis⟩
→ **Pontius ⟨Provincialis⟩**

Ponitho ⟨Sutrinus⟩
→ **Bonitho ⟨Sutrinus⟩**

Pont, Alexandre ¬du¬
→ **Alexandre ⟨du Pont⟩**

Pontano, Francesco
→ **Franciscus ⟨Pontanus⟩**

Pontano, Giovanni Giovano
1426 – 1503
Historia sui temporis
LMA,VII,92; Tusculum-Lexikon
Giovanni Giovano ⟨Pontano⟩
Iovianus Pontanus, Johannes
Iovinianus, Johannes
Johannes Iovanus ⟨Pontanus⟩
Johannes Iovianus ⟨Pontanus⟩
Jovianus, Johannes
Pontane, Giovanni
Pontano, Giovanni
Pontano, Gioviano
Pontano, Jean-Jovien
Pontano, Joviano
Pontanus, Johannes Iovanus
Pontanus, Johannes Jovianus
Pontanus, Jovianus

Pontano, Joviano
→ **Pontano, Giovanni Giovano**

Pontano, Ludovico
→ **Ludovicus ⟨Pontanus⟩**

Pontanus, Franciscus
→ **Franciscus ⟨Pontanus⟩**

Pontanus, Johannes Iovanus
→ **Pontano, Giovanni Giovano**

Pontanus, Ludovicus
→ **Ludovicus ⟨Pontanus⟩**

Ponte, Franciscus ¬de¬
→ **Franciscus ⟨de Ponte⟩**

Ponte, Guigo ¬de¬
→ **Guigo ⟨de Ponte⟩**

Ponte, Ludovicus ¬de¬
→ **Ludovicus ⟨Pontanus⟩**

Ponte, Oldradus ¬de¬
→ **Oldradus ⟨de Ponte⟩**

Ponte, Pero ¬da¬
um 1235/56
Galic. Troubadour
LMA,VII,93
Pero ⟨da Ponte⟩

Ponte Arche, Guilelmus ¬de¬
→ **Guilelmus ⟨de Ponte Arche⟩**

Ponte da Roma, Lodovico
→ **Ludovicus ⟨Pontanus⟩**

Ponte Paradoxo, Rainonus ¬de¬
→ **Rainonus ⟨de Ponte Paradoxo⟩**

Pontefracto, Hugo ¬de¬
→ **Hugo ⟨de Pontefracto⟩**

Pontianus ⟨Africanus⟩
um 540
Africanus, Pontianus
Pontianus ⟨Episcopus⟩
Pontianus ⟨Thenitanus⟩

Pontien ⟨l'Africain⟩
Pontien ⟨l'Evêque⟩

Pontiniaco, Rogerus ¬de¬
→ **Rogerus ⟨de Pontiniaco⟩**

Pontissara, Johannes ¬de¬
→ **Johannes ⟨de Pontissara⟩**

Pontius ⟨Barcinonensis⟩
→ **Pontius ⟨Carbonelli⟩**

Pontius ⟨Carbonelli⟩
gest. ca. 1336 · OFM
Series patriarcharum, z.B. regum Israel et Juda, imperatorum Romanorum, summorum pontificum
Stegmüller, Repert. bibl. 6985-6985,75; LMA,II,1496
Carbonell, Ponce
Carbonell, Poncio
Carbonelli, Pontius
Ponce ⟨Carbonell⟩
Ponce ⟨Carbonelli⟩
Ponce ⟨de Bottingata⟩
Poncio ⟨Carbonelli⟩
Poncius ⟨Carbonel⟩
Poncius ⟨Carbonelli⟩
Pontius ⟨Barcinonensis⟩
Pontius ⟨Carbonellus⟩
Pontius ⟨Charbonelli⟩

Pontius ⟨Catalanus⟩
→ **Pontius ⟨de Ilerda⟩**

Pontius ⟨Charbonelli⟩
→ **Pontius ⟨Carbonelli⟩**

Pontius ⟨Claromontanus⟩
gest. ca. 1172/89 · OCist
Epistola ad Mauritium episc. Parisiensem
Potth. 935; DOC,2,1532
Claromontanus, Pontius
Ponce ⟨Bienheureux⟩
Ponce ⟨de Clairvaux⟩
Ponce ⟨de Clermont⟩
Ponce ⟨de Grandselve⟩
Ponce ⟨de Polignac⟩
Pontius ⟨Claromontensis⟩
Pontius ⟨Episcopus Claromontanus⟩

Pontius ⟨de Ilerda⟩
um 1213/17
Bearb. des „Arbor actionum" von Johannes ⟨Bassianus⟩
LMA,VII,98
Ilerda, Pontius ¬de¬
Pontius ⟨Catalanus⟩
Pontius ⟨de Ylerda⟩
Pontius ⟨Hispanus⟩
Pontius ⟨Illerdensis⟩
Ponzio ⟨da Ylerda⟩

Pontius ⟨de Remis⟩
um 1273 · OP
Schneyer,IV,870
Ponce ⟨de Reims⟩
Ponces ⟨de Remis⟩
Poncius ⟨de Remis⟩
Poncius ⟨Frater⟩
Pontius ⟨de Reims⟩
Punces ⟨de Remis⟩
Remis, Pontius ¬de¬

Pontius ⟨de Ylerda⟩
→ **Pontius ⟨de Ilerda⟩**

Pontius ⟨Episcopus Claromontanus⟩
→ **Pontius ⟨Claromontanus⟩**

Pontius ⟨Hispanus⟩
→ **Pontius ⟨de Ilerda⟩**

Pontius ⟨Provincialis⟩
um 1256
Summa de constructione; Libellus de cartis; Epistolarium
LMA,VII,91
Ponce ⟨de Provence⟩
Ponce ⟨le Provençal⟩
Poncius ⟨Provincialis⟩
Provincialis, Pontius
Sponcius ⟨Provincialis⟩

Pontremulo, Columbanus ¬de¬
→ **Columbanus ⟨de Pontremulo⟩**

Pont-Sainte-Maxence, Guernes ¬de¬
→ **Guernes ⟨de Pont-Sainte-Maxence⟩**

Poore, Richardus
→ **Richardus ⟨Poore⟩**

Poortvliet, Petrus ¬de¬
→ **Petrus ⟨de Poortvliet⟩**

Pop ⟨Dukljanin⟩
→ **Dukljanin**

Popon, Petrus
um 1490/92
9 Carmina; Rudimenta grammaticae; Libellus facetus gestas res viginti quattuor Parasitum iocundissime pertractatus
Potth. 935; VL(2),7,732/785
Bopo, Petrus
Petrus ⟨Bopo⟩
Petrus ⟨Popo⟩
Petrus ⟨Popon⟩
Pierre ⟨Popo⟩
Popo ⟨Magister⟩
Popo, Petrus
Popo, Pierre

Poppe ⟨der Meister⟩
→ **Boppe**

Poppendykesch Man
→ **Statwech, Johann**

Popplau, Kaspar
ca. 1435 – 1499
Der Rechte Weg; Remissorium
VL(2),7,785/789
Kaspar ⟨Popplau⟩

Popplau, Nikolaus ¬von¬
→ **Nikolaus ⟨von Popplau⟩**

Poppleto, Buccio di Rainaldo
→ **Buccio ⟨di Ranallo⟩**

Poppo ⟨von Brixen⟩
→ **Damasus ⟨Papa, II.⟩**

Poppone ⟨della Baviera⟩
→ **Damasus ⟨Papa, II.⟩**

Populeto, Guilelmus ¬de¬
→ **Guilelmus ⟨de Populeto⟩**

Porcelet, Philippine ¬de¬
→ **Porcellet, Philippine ¬de¬**

Porcelio ⟨de'Pandoni⟩
→ **Porcellius ⟨Neapolitanus⟩**

Porcellet, Philippine ¬de¬
gest. 1315
Mutmaßl. Verf. von Vie de S. Douceline
Potth. 924
Philippe ⟨de Porcellet⟩
Philippe ⟨Prieure des Béguines de Roubaud à Marseille⟩
Philippine ⟨de Porcellet⟩
Porcelet, Philippine ¬de¬
Porcellet, Philippe ¬de¬

Porcellio ⟨Pandoni⟩
→ **Porcellius ⟨Neapolitanus⟩**

Porcellius ⟨Neapolitanus⟩
gest. ca. 1480
Commentarii comitis Jacobi Picinini sive Diarium rerum ab ipso gestarum a. 1452 et 1453 fervente bello inter Venetos et Franciscum Sfortiam Mediolanensium Ducem. Libri 9
Potth. 935
Gianantonio ⟨de'Pandoni⟩
Giantonio ⟨de'Pandoni⟩
Giovanni Antonio ⟨de'Pandoni⟩
Jean-Antoine ⟨Pandoni⟩
Johannes Antonius ⟨Pandoni⟩
Pandoni, Giovanni Antonio ¬de'¬
Pandoni, Jean-Antoine
Pandoni, Johannes Antonius
Pandoni, Pierre
Pandoni, Porcellio
Pierre ⟨Pandoni⟩
Porcelio ⟨de'Pandoni⟩
Porcelius
Porcelli
Porcellinus
Porcellio
Porcellio ⟨Pandoni⟩
Porcellius
Porcellius ⟨Poeta⟩
Porcellus ⟨Neapolitanus⟩

Porceto, Albertus ¬de¬
→ **Albertus ⟨de Porceto⟩**

Porcius, Azo
→ **Azo ⟨Porcius⟩**

Pordenone, Odoricus ¬de¬
→ **Odoricus ⟨de Portu Naonis⟩**

Porete, Marguerite
→ **Marguerite ⟨Porete⟩**

Porlezza, Albert ¬de¬
→ **Albertus ⟨Porlesiensis⟩**

Porlondus, Richardus
→ **Richardus ⟨Porlondus⟩**

Pornaxio, Raphael ¬de¬
→ **Raphael ⟨de Pornaxio⟩**

Porner, Hans
ca. 1355/57 – ca. 1429/30
Gedenkbuch 1417-1426; Itinerarius Johannis et Arnd Porner cum Luppoldo Faber in Terram sanctam germanice conscriptus
Potth. 935; VL(2),7,789/791
Hans ⟨Porner⟩
Jean ⟨Porner⟩
Porner, Jean

Porphyrogennetus, Constantinus
→ **Constantinus ⟨Imperium Byzantinum, Imperator, VII.⟩**

Porphyrogennetus, Isaac
→ **Isaac ⟨Porphyrogennetus⟩**

Porrée, Gilbert ¬de la¬
→ **Gilbertus ⟨Porretanus⟩**

Porretanus, Gilbertus
→ **Gilbertus ⟨Porretanus⟩**

Porretanus, Martinus
→ **Martinus ⟨Porretanus⟩**

Porrette, Marguerite
→ **Marguerite ⟨Porete⟩**

Porta, Santius
→ **Santius ⟨Porta⟩**

Porta de Annoniaco, Johannes
→ **Johannes ⟨Porta de Annoniaco⟩**

Porta Ravennate, Albericus ¬de¬
→ **Albericus ⟨de Porta Ravennate⟩**

Porta Ravennate, Hugo ¬de¬
→ **Hugo ⟨de Porta Ravennate⟩**

Porta Ravennate, Jacobus ¬de¬
→ **Jacobus ⟨de Porta Ravennate⟩**

Porta Solis, Angelus ¬de¬
→ **Angelus ⟨de Porta Solis⟩**

Portes, Guilelmus ¬de¬
→ **Guilelmus ⟨de Portes⟩**

Portiis, Johannes Rochus ¬de¬
→ **Johannes Rochus ⟨de Portiis⟩**

Portius, Azo
→ **Azo ⟨Porcius⟩**

Porto, Bernardus ¬de¬
→ **Bernardus ⟨de Porto⟩**

Portu, Eustasius ¬de¬
→ **Eustasius ⟨de Portu⟩**

Portu, Mauritius ¬de¬
→ **O'Fihely, Maurice**

Portu Naonis, Odoricus ¬de¬
→ **Odoricus ⟨de Portu Naonis⟩**

Posen, Johann ¬von¬
→ **Johann ⟨von Posen⟩**

Posena, Petrus ¬de¬
→ **Petrus ⟨de Posena⟩**

Posilge, Johannes ¬de¬
→ **Johannes ⟨de Posilge⟩**

Posnania, Nicolaus ¬de¬
→ **Nicolaus ⟨de Posnania⟩**

Posser, Hieronymus
ca. 1400 – 1454
Rustilogus de tempore et de sanctis; Auslegung der 10 Gebote; Tractatus de quattuor iuribus parochialibus; etc.
VL(2),7,791/795
Hieronymus ⟨Poczner⟩
Hieronymus ⟨Posser⟩
Ieronimus ⟨de Salczburga⟩
Jeronimus ⟨de Salczburga⟩
Poczer, Hieronymus

Possessor ⟨Afer⟩
um 517/20
Collectio Avellana 230;231; Epistula ad Hormisdam papam
Cpl 1620;1622;1683
Afer, Possessor
Possesseur ⟨d'Afrique⟩
Possesseur ⟨Evêque⟩
Possessor
Possessor ⟨Afrus⟩
Possessor ⟨Episcopus⟩

Postliminius, Radulfus
→ **Radulfus ⟨Postliminius⟩**

Pot, Heinrich
gest. 1497 · OFM
1 Predigt
VL(2),7,795
Heinrich ⟨Pot⟩

Potentinus, Manfredus
→ **Manfredus ⟨Potentinus⟩**

Potho ⟨de Prüm⟩
→ **Boto ⟨Pruveningensis⟩**

Pottenbrunn, Andreas ¬de¬
→ **Andreas ⟨de Pottenbrunn⟩**

Pottenstein, Ulrich ¬von¬
→ **Ulrich ⟨von Pottenstein⟩**

Potter, Dirc
→ **Dirc ⟨Potter⟩**

Poul, Guilelmus ¬de¬
→ **Guilelmus ⟨de Pagula⟩**

Poulengy, Laurentius ¬de¬
→ **Laurentius ⟨de Pollengio⟩**

Powell, William
→ **Guilelmus ⟨de Pagula⟩**

Pozzo, Conradus
→ **Conradus ⟨Pozzo⟩**

Pozzo, Paride ¬del¬
→ **Paris ⟨de Puteo⟩**

Pozzo Toscanelli, Paolo ¬dal¬
→ **Toscanelli, Paolo dal Pozzo**

Prachaticz, Christianus ¬de¬
→ **Christianus ⟨de Prachaticz⟩**

Pradas, Daude ¬de¬
→ **Daude ⟨de Pradas⟩**

Praedicator ⟨Isenacensis⟩
→ **Anonymus ⟨Erfordiensis⟩**

Praedicator, Franciscus
→ **Franciscus ⟨Praedicator⟩**

Praedicator, Jacobus
→ **Jacobus ⟨Praedicator⟩**

Praellis, Radulphus ¬de¬
→ **Presles, Raoul ¬de¬**

Praepositinus ⟨de Cremona⟩
1130/35 – 1210
Summa theologiae; Summa super Psalterium; Tractatus de officiis
LMA,VII,157
Cremona, Praepositinus ¬de¬
Petrus ⟨Praepositinus⟩
Praepositinus
Praepositinus ⟨Cremonensis⟩
Praepositinus ⟨Lombardus⟩
Praepositinus ⟨von Cremona⟩
Praepositivus ⟨de Crémone⟩
Praepositivus ⟨Lombardus⟩
Praepositivus, Petrus
Prepositino ⟨di Cremona⟩
Prepositinus ⟨Cancellarius⟩
Prepositinus ⟨Cremonensis⟩
Prepositinus ⟨Parisiensis⟩
Prévostin ⟨de Crémone⟩

Praepositus, Nicolaus
→ **Nicolaus ⟨Praepositus⟩**

Praevalitanus, Andreas
→ **Andreas ⟨Praevalitanus⟩**

Prag, Jodocus ¬von¬
→ **Jodocus ⟨von Prag⟩**

Prag, Mülich ¬von¬
→ **Mülich ⟨von Prag⟩**

Praga, Hermannus ¬de¬
→ **Hermannus ⟨de Praga⟩**

Praga, Johannes ¬de¬
→ **Johannes ⟨Wenceslai de Praga⟩**

Praga, Mauritius ¬de¬
→ **Mauritius ⟨de Praga⟩**

Praga, Nicolaus ¬de¬
→ **Nicolaus ⟨de Praga⟩**
→ **Nicolaus ⟨Stoyczin de Praga⟩**

Prajñākaragupta
um 940
Buddhist. Kommentator

Prapach, Michael
15. Jh.
Mantisch-prognostischer Kurztraktat
VL(2),7,809
Michael ⟨Prapach⟩

Pratellis, Richardus ¬de¬
→ **Richardus ⟨de Pratellis⟩**

Pratis, Laurentius ¬de¬
→ **Laurentius ⟨de Pratis⟩**

Pratis, Petrus ¬de¬
→ **Petrus ⟨de Pratis⟩**

Prato, Arlottus ¬de¬
→ **Arlottus ⟨de Prato⟩**

Prato, Arnaldus ¬de¬
→ **Arnaldus ⟨de Prato, ...⟩**

Prato, Convenevole ¬de¬
→ **Convenevole ⟨de Prato⟩**

Prato, Domenico ¬da¬
→ **Domenico ⟨da Prato⟩**

Prato, Franciscus ¬de¬
→ **Franciscus ⟨de Prato⟩**

Prato, Gerardus ¬de¬
→ **Gerardus ⟨de Prato⟩**

Prato, Giovanni ¬da¬
→ **Gherardi, Giovanni**

Prato, Johannes ¬de¬
→ **Johannes ⟨de Prato, ...⟩**

Prato, Pileus ¬de¬
→ **Pileus ⟨de Prato⟩**

Prato Florido, Hugo ¬de¬
→ **Hugo ⟨de Prato Florido⟩**

Pratovecchio, Jacopo ¬di¬
→ **Jacopo ⟨Landini⟩**

Praunperger, Johann
15. Jh.
Praktik
VL(2),7,809/810
Johann ⟨Praunperger⟩
Johannes ⟨Praunperger⟩
Praunperger, Johannes

Prausser, Johannes
um 1473/81 · OP
Traktat über Witwenschaft; Predigt
VL(2),7,810/811; Kaeppeli,II,530/531
Johannes ⟨Prausser⟩

Prece, Petrus
→ **Petrus ⟨de Pretio⟩**

Prediger ⟨Engelberger⟩
→ **Engelberger Prediger**

Prediger ⟨Hochalemannischer⟩
→ **Hochalemannischer Prediger**

Prediger ⟨Schweizer⟩
→ **Hochalemannischer Prediger**

Preining, Jörg
1440 – ca. 1504
VL(2)
Breining, Georg
Breining, Jörg
Breuning, Georg
Georg ⟨Preining⟩
Jörg ⟨der Meister⟩
Jörg ⟨Preining⟩
Preining, Georg
Preining, Georges
Preinling, Jörg
Prening, Jörg
Prenning, Jörg
Preuning, Jörg
Pruning, Jörg

Preinling, Jörg
→ **Preining, Jörg**

Premierfait, Laurent ¬de¬
→ **Laurent ⟨de Premierfait⟩**

Premudryj, Epifanij
→ **Epifanij ⟨Premudryj⟩**

Přemysl Otakar ⟨Čechy, Král, II.⟩
→ **Otakar ⟨Čechy, Král, II.⟩**

Přemysl Ottokar ⟨Böhmen, König, II.⟩
→ **Otakar ⟨Čechy, Král, II.⟩**

Prendilacqua, Franciscus
→ **Franciscus ⟨Prendilacqua⟩**

Prening, Jörg
→ **Preining, Jörg**

Prepositinus ⟨Cremonensis⟩
→ **Praepositinus ⟨de Cremona⟩**

Prepositinus ⟨Parisiensis⟩
→ **Praepositinus ⟨de Cremona⟩**

Prepositus ⟨Miropsius⟩
→ **Nicolaus ⟨Myrepsus⟩**

Prés, Jean ¬des¬
→ **Jean ⟨des Prés⟩**

Presbiteris, Hugolinus ¬de¬
→ **Hugolinus ⟨de Presbyteris⟩**

Presbyter ⟨Bremensis⟩
um 1428/48
Chronicon Holtzatiae
Rep.Font. III,351/352
Presbyter ⟨Bremensis Dioecesis⟩
Presbyter Bremensis

Presbyter, Agimundus
→ **Agimundus ⟨Presbyter⟩**

Presbyter, Alboinus
→ **Alboinus ⟨Presbyter⟩**

Presbyter, Atto
→ **Atto ⟨Presbyter⟩**

Presbyter, Audelaus
→ **Audelaus ⟨Presbyter⟩**

Presbyter, Bellator
→ **Bellator ⟨Presbyter⟩**

Presbyter, Benedictus
→ **Benedictus ⟨Presbyter⟩**

Presbyter, Bernardinus
→ **Bernardinus ⟨Presbyter⟩**

Presbyter, Bertramus
→ **Bertramus ⟨Presbyter⟩**

Presbyter, Bobulenus
→ **Bobulenus ⟨Presbyter⟩**

Presbyter, Bonifatius
→ **Bonifatius ⟨Presbyter⟩**

Presbyter, Diocleas
→ **Dukljanin**

Presbyter, Florentius
→ **Florentius ⟨Presbyter⟩**

Presbyter, Gerardus
→ **Gerardus ⟨Presbyter⟩**

Presbyter, Godelbertus
→ **Godelbertus ⟨Presbyter⟩**

Presbyter, Gregorius
→ **Gregorius ⟨Presbyter⟩**

Presbyter, Iacinthus
→ **Iacinthus ⟨Presbyter⟩**

Presbyter, Ido
→ **Ido ⟨Presbyter⟩**

Presbyter, Iocundus
→ **Iocundus ⟨Presbyter⟩**

Presbyter, Jacobus
→ **Jacobus ⟨Presbyter⟩**

Presbyter, Johannes
→ **Johannes ⟨Presbyter⟩**

Presbyter, Leo
→ **Leo ⟨Presbyter⟩**

Presbyter, Leontius
→ **Leontius ⟨Presbyter Hierosolymitanus⟩**

Presbyter, Lovocatus
→ **Lovocatus ⟨Presbyter⟩**

Presbyter, Marcellus
→ **Marcellus ⟨Presbyter⟩**

Presbyter, Messianus
→ **Messianus ⟨Presbyter⟩**

Presbyter, Nicephorus
→ **Nicephorus ⟨Presbyter⟩**

Presbyter, Petrus
→ **Petrus ⟨Presbyter⟩**

Presbyter, Priamus
→ **Priamus ⟨Presbyter⟩**

Presbyter, Samuel
→ **Samuel ⟨Presbyter⟩**

Presbyter, Theophilus
→ **Theophilus ⟨Presbyter⟩**

Presbyter, Trifolius
→ **Trifolius ⟨Presbyter⟩**

Presbyter, Wigandus
→ **Wigandus ⟨Presbyter⟩**

Presbyter, Wipo
→ **Wipo ⟨Presbyter⟩**

Presbyter Africanus, Stephanus
→ **Stephanus ⟨Presbyter Africanus⟩**
→ **Presbyter Alexandrinus, Theodorius**

Presbyter Constantinopolitanus, Aetius
→ **Aetius ⟨Presbyter Constantinopolitanus⟩**

Presbyteris, Hugolinus ¬de¬
→ **Hugolinus ⟨de Presbyteris⟩**

Preslaw, Konstantin ¬von¬
→ **Konstantin ⟨Preslavski⟩**

Presles, Raoul ¬de¬
1316 – 1382
Compendium morale de re publica; Musa; Chroniques en français contemporisées
LMA,VII,190; Potth. 936, 953
Praellaeus, Rudolfus
Praellis, Radulphus ¬de¬
Radulfus ⟨de Praellis⟩
Raoul ⟨de Presles⟩
Rudolfus ⟨Praellaeus⟩

Pressela, Heinrich ¬von¬
→ **Heinrich ⟨von Breslau⟩**

Presslove, Petrus ¬de¬
→ **Peter ⟨von Breslau⟩**

Pressorio, Nicolaus ¬de¬
→ **Nicolaus ⟨de Pressorio⟩**

Prestomarco, Gregorius ¬de¬
→ **Gregorius ⟨de Prestomarco⟩**

Prestre, Pierre ¬le¬
→ **Pierre ⟨le Prestre⟩**

Presviter, Kozma
→ **Kozma ⟨Presviter⟩**

Pretio, Petrus ¬de¬
→ **Petrus ⟨de Pretio⟩**

Prêtre de Dioclea
→ **Dukljanin**

Prettin, Stephanus ¬de¬
→ **Stephanus ⟨de Prettin⟩**

Preuning, Jörg
→ **Preining, Jörg**

Preußen, Konrad ¬von¬
→ **Conradus ⟨de Prussia⟩**

Prévost, Hubert ¬le¬
→ **Hubert ⟨le Prévost⟩**

Prévost, Nicole
→ **Nicolaus ⟨Praepositus⟩**

Prévostin ⟨de Crémone⟩
→ **Praepositinus ⟨de Cremona⟩**

Prexano, Petrus Ximenius ¬de¬
→ **Petrus ⟨Ximenius de Prexano⟩**

Prezner de Kufstein, Christianus
→ **Christianus ⟨Prezner de Kufstein⟩**

Priamus ⟨Presbyter⟩
um 750
Vita SS. Marini et Anniani (bayer. Hl.)
Potth. 936
Presbyter, Priamus

Přibico ⟨Pulkawa⟩
→ **Pulkava Přibík ⟨z Radenína⟩**

Pribislaw ⟨Mecklenburg, Fürst⟩
gest. 1178
LMA,VII,202
Pribislas ⟨Mecklenbourg, Duc⟩
Pribislav ⟨Mecklenburg, Fürst⟩
Pribislav ⟨von Parchim-Richenberg⟩
Pribislaw ⟨Hevellerfürst⟩

Prier, Jean ¬du¬
→ **Jean ⟨du Prier⟩**

Priester ⟨von Dioclea⟩
→ **Dukljanin**

Priester, Arnold ¬der¬
→ **Arnold ⟨der Priester⟩**

Priester, Konrad ¬der¬
→ **Konrad ⟨der Priester⟩**

Priester Adelbrecht
→ **Adelbrecht ⟨Priester⟩**

Priester Berthold
→ **Berthold ⟨Priester⟩**

Priester Bethlem
→ **Bethlem ⟨Priester⟩**

Prignano, Bartolomeo
→ **Urbanus ⟨Papa, VI.⟩**

Prigstat, Siegmund ¬von¬
→ **Siegmund ⟨von Prustat⟩**

Primadizzi, Ramberto ¬de'¬
→ **Rambertus ⟨de Bononia⟩**

Primasius ⟨Hadrumetinus⟩
um 558
LMA,VII,210
Adrumetanus, Primasius
Hadrumetinus, Primasius
Primase ⟨d'Adrumète⟩
Primase ⟨l'Evêque⟩
Primasius ⟨Adrumetanus⟩
Primasius ⟨Adrumetinus⟩
Primasius ⟨Africanus⟩
Primasius ⟨Episcopus⟩
Primasius ⟨Episcopus Hadrumetensis⟩
Primasius ⟨Hadrumetanus⟩
Primasius ⟨Hadrumetensis⟩
Primasius ⟨von Hadrumetum⟩
Pseudo-Primasius

Primat ⟨de Saint-Denis⟩
→ **Primatus ⟨Monachus⟩**

Primat, Hugues
→ **Hugo ⟨Aurelianensis⟩**

Primaticcio, Rambert
→ **Rambertus ⟨de Bononia⟩**

Primatus ⟨Monachus⟩
um 1285 · OSB
Chronicon - 1285
Potth. 936
Monachus, Primatus
Primat ⟨de Saint-Denis⟩
Primatus ⟨Monasterii Sancti Dionysii⟩

Primenius ⟨Episcopus⟩
→ **Pirminius ⟨Sanctus⟩**

Primi, Bernardus
→ **Bernardus ⟨Primi⟩**

Primicerius, Bonifatius
→ **Bonifatius ⟨Primicerius⟩**

Priminius ⟨Episcopus⟩
→ **Pirminius ⟨Sanctus⟩**

Primofacto, Laurentius ¬de¬
→ **Laurent ⟨de Premierfait⟩**

Prince ⟨d'Amour⟩
→ **Pierre ⟨de Hauteville⟩**

Princeps Artuil
→ **Artuil ⟨Princeps⟩**

Priorat ⟨von Besançon⟩
→ **Jean ⟨Priorat⟩**

Priorat, Jean
→ **Jean ⟨Priorat⟩**

Prischuch, Thomas
um 1396/1468
Unser Frauen Guldin Predigt; Des Consili Gruntvest; Des Consili Schlußred; Ticht von Constenz; evtl. Vater und Sohn
Potth. 936; VL(2),7,842/45
Thomas ⟨Prischuch⟩
Thomas ⟨Prischuch von Augsburg⟩

Prisciani, Pellegrino
→ **Peregrinus ⟨Priscianus⟩**

Priscianus ⟨Aristotelicus⟩
→ **Priscianus ⟨Lydus⟩**

Priscianus ⟨Caesariensis⟩
5./6. Jh.
Institutiones grammaticae
LMA,VII,218; Tusculum-Lexikon
Prisciano ⟨di Cesarea⟩
Priscianus
Priscianus ⟨Grammarian⟩
Priscianus ⟨Grammaticus⟩
Priscianus ⟨Grammatiker⟩
Priscianus ⟨Mauretanus⟩
Priscianus ⟨Schüler des Theoctistus⟩
Priscianus ⟨von Caesarea⟩
Priscien ⟨de Césarée⟩
Priscien ⟨le Grammairien⟩
Pseudo-Priscianus

Priscianus ⟨de Lydia⟩
→ **Priscianus ⟨Lydus⟩**

Priscianus ⟨Grammaticus⟩
→ **Priscianus ⟨Caesariensis⟩**

Priscianus ⟨Lydus⟩
6. Jh.
Lydus, Priscianus
Priscianus ⟨Aristotelicus⟩
Priscianus ⟨de Lydia⟩
Priscianus ⟨Neoplatonicus⟩
Priscianus ⟨Philosophus⟩

Priscianus ⟨Mauretanus⟩
→ **Priscianus ⟨Caesariensis⟩**

Priscianus ⟨Neoplatonicus⟩
→ **Priscianus ⟨Lydus⟩**

Priscianus ⟨Philosophus⟩
→ **Priscianus ⟨Lydus⟩**

Priscianus, Peregrinus
→ **Peregrinus ⟨Priscianus⟩**

Priverno, Reginaldus ¬de¬
→ **Reginaldus ⟨de Priverno⟩**

Probus ⟨Bienheureux⟩
→ **Probus, Mellanius**

Probus ⟨Episcopus⟩
7. Jh.
Epistula ad Paulum episcopum Constantinopolitanum
Cpl 877
Episcopus Probus
Probus ⟨Biographus⟩
Probus ⟨Epistolographus⟩
Probus ⟨Proconsularis⟩

Probus ⟨Proconsularis⟩
→ **Probus ⟨Episcopus⟩**

Probus, Mellanius
gest. 859 bzw. 948
Vita S. Munessae virg.; Vita S. Patricii Hibern.
Potth. 937
Mellanius ⟨Probus⟩
Probus ⟨Bienheureux⟩
Probus ⟨Hagiographe⟩
Probus ⟨Prêtre et Moine à Saint-Alban de Mayence⟩

Prochore ⟨de Cracovie⟩
→ **Processius ⟨Cracoviensis⟩**

Prochorus ⟨Cydonius⟩
1330 – 1368/69
Tusculum-Lexikon; LThK
Cydones, Prochorus
Cydonius, Prochorus
Kydones, Prochoros
Prochoros ⟨Kydones⟩
Prochorus ⟨Cydones⟩
Prochorus ⟨Hieromonachus⟩

Procida, Giovanni ¬da¬
→ **Giovanni ⟨da Procida⟩**

Proclus ⟨Monachus⟩
15. Jh.
Gilt zusammen mit Comnenus ⟨Monachus⟩ fälschlicherweise als Verfasser von De rebus gestis in partibus Epiri; fiktive Person (?)
Rep.Font. VI,630; DOC,1,538
Comnenus et Proclus
Komnēnos et Proklos
Monachus Proclus
Proclus ⟨Chroniqueur Byzantin⟩
Proklos
Proklos ⟨Monachos⟩

Procope ⟨de Césarée⟩
→ **Procopius ⟨Caesariensis⟩**

Procope ⟨Diacre et Chartophylax à Constantinople⟩
→ **Procopius ⟨Diaconus et Chartophylax⟩**

Procope ⟨Notaire à Pragues⟩
→ **Procopius ⟨Pragensis⟩**

Procopius ⟨Caesariensis⟩
ca. 500 – ca. 562
LMA,VII,246; LThK; Tusculum-Lexikon
Procope ⟨de Césarée⟩
Procopio ⟨de Cesarea⟩
Procopio ⟨di Cesarea⟩
Procopius ⟨Caesareensis⟩
Procopius ⟨of Caesarea⟩
Procopius ⟨von Caesarea⟩
Prokop
Prokop ⟨Kesarijskij⟩
Prokop ⟨von Caesarea⟩
Prokop ⟨von Kaisareia⟩
Prokopij ⟨Kesarijskij⟩
Prokopios
Prokopios ⟨aus Kaisareia⟩
Prokopios ⟨Kaisareūs⟩
Prokopios ⟨von Caesarea⟩
Prokopius ⟨Kaisareus⟩

Procopius ⟨Diaconus et Chartophylax⟩
um 815
Vita S. Marci evang. (encom.)
Potth. 940; DOC,2,1539
Diaconus et Chartophylax, Procopius
Procope ⟨Diacre et Chartophylax à Constantinople⟩
Procopius ⟨Chartophylax⟩

Procopius ⟨Gazaeus⟩
ca. 465 – ca. 529
Tusculum-Lexikon; LMA,VII,246; LThK
Gazaeus, Procopius
Procopio ⟨di Gaza⟩
Procopius ⟨Sophista⟩
Prokopios ⟨von Gaza⟩

Procopius ⟨Notarius Pragensis⟩
→ **Procopius ⟨Pragensis⟩**

Procopius ⟨of Caesarea⟩
→ **Procopius ⟨Caesariensis⟩**

Procopius ⟨Peloponnesius⟩
Lebensdaten nicht ermittelt
Biblion kalumenon aulos poimenikos
Peloponnesius, Procopius
Procopius ⟨of Peloponnesus⟩
Prokopios ⟨ho Peloponnesios⟩
Prokopios ⟨Peloponnesios⟩

Procopius ⟨Pragensis⟩
um 1476
Chronicon
Potth. 940
Procope ⟨Notaire à Pragues⟩
Procopius ⟨Notarius Pragensis⟩

Procopius ⟨Sophista⟩
→ **Procopius ⟨Gazaeus⟩**

Procopius ⟨von Caesarea⟩
→ **Procopius ⟨Caesariensis⟩**

Processius ⟨Cracoviensis⟩
gest. 986
Chronicon Slavo-Sarmaticum (in Wirklichkeit Werk von Przybysław Dyamentowski (1694-1774))
Potth. 940
Prochore ⟨Chroniqueur⟩
Prochore ⟨de Cracovie⟩
Prochore ⟨Evêque⟩
Procosius
Processius ⟨Archiepiscopus Cracoviensis⟩

Procurator, Guilelmus
→ **Guilelmus ⟨Procurator⟩**

Prodenzani, Simone
14. Jh.
Saporetto; Sollazzo
LMA,VII,239
Prudenzani, Simone
Simone ⟨Prodenzani⟩
Simone ⟨Prodenzani d'Orvieto⟩
Simone ⟨Prudenzani⟩

Prodromus, Theodorus
→ **Theodorus ⟨Prodromus⟩**

Prognostiker ⟨Ortenburger⟩
→ **Ortenburger Prognostiker**

Proklos ⟨Monachos⟩
→ **Proclus ⟨Monachus⟩**

Prokopios ⟨ho Peloponnesios⟩
→ **Procopius ⟨Peloponnesius⟩**

Prokopios ⟨von Caesarea⟩
→ **Procopius ⟨Caesariensis⟩**

Prokopios ⟨von Gaza⟩
→ **Procopius ⟨Gazaeus⟩**

Promontorio de Campis, Jacobus ¬de¬
→ **Jacobus ⟨de Promontorio de Campis⟩**

Prophatius ⟨Iudaeus⟩
→ **Ibn-Tibbōn, Ya'aqov Ben-Mākīr**

Prophete, John
gest. 1416
Sammlung von Briefen u.a. über das Konzil von Pisa (fälschlich als Letter-book bezeichnet)
LMA,VII,252
John ⟨Prophete⟩

Prosdocimus ⟨de Beldemandis⟩
gest. 1428
LMA,I,1836/37
Beldamandis, Prosdocimus ¬de¬
Beldemandis, Prosdocimus ¬de¬
Beldemando, Prodocismus ¬de¬
Beldimando, Prosdocimus ¬de¬
Beldimendo, Prodocismus ¬de¬
Beldimendo, Prosdocimus ¬de¬
Beldomandi, Prosdocimo ¬de¬
Beldomandis, Prosdocimus ¬de¬
Prosdocimo ⟨de Beldamandis⟩
Prosdocimo ⟨de'Beldomandi⟩

Prosper ⟨de Reggio Aemiliae⟩
um 1318/23 · OESA
Stegmüller, Repert. sentent. 700
Prosper ⟨de Reggio, Augustin⟩
Prosper ⟨de Reggio, Théologien⟩
Prosper ⟨de Regio⟩
Prospero ⟨di Reggio Emilia⟩
Reggio Aemiliae, Prosper ¬de¬

Prosperi de Parma, Aegidius ¬de¬
→ **Aegidius ⟨Prosperi de Parma⟩**

Prospero ⟨di Reggio Emilia⟩
→ **Prosper ⟨de Reggio Aemiliae⟩**

Protade ⟨de Besançon⟩
→ **Protadius ⟨Vesuntinus⟩**

Protadius ⟨Vesuntinus⟩
um 614/24
Prologus Protadii episcopi Vesuntini in Rituale suum deperditum; Martyrologium per anni circulum
Potth. 942; Cpl 2007
Protade ⟨de Besançon⟩
Protadius ⟨Episcopus⟩
Protadius ⟨Sanctus⟩
Prothade ⟨de Besançon⟩
Prothade ⟨Saint⟩
Vesuntinus, Protadius

Protais ⟨de Tarragone⟩
→ **Protasius ⟨Tarraconensis⟩**

Protasius ⟨Tarraconensis⟩
um 637/46
Adressat eines Briefs von Eugenius Toletanus
Cpl 1237
Protais ⟨de Tarragone⟩
Protais ⟨Evêque⟩
Protasius ⟨Episcopus⟩

Protector, Menander
→ **Menander ⟨Protector⟩**

Prothade ⟨de Besançon⟩
→ **Protadius ⟨Vesuntinus⟩**

Protoasecretis, Basilius
→ **Basilius ⟨Protoasecretis⟩**

Protonotaro, Stefano
→ **Stefano ⟨Protonotaro⟩**

Protoprodromus, Theodorus
→ **Theodorus ⟨Prodromus⟩**

Protospatharius, Johannes
→ **Johannes ⟨Protospatharius⟩**

Protospatharius, Lupus
→ **Lupus ⟨Protospatharius⟩**

Protospatharius, Philotheus
→ **Philotheus ⟨Protospatharius⟩**

Protospatharius, Theophilus
→ **Theophilus ⟨Protospatharius⟩**

Protpeckh
Lebensdaten nicht ermittelt
2 Kurztraktate
VL(2),7,870/871
Brotbäck
Protpeckh ⟨Bäcker⟩
Protpeckh ⟨Laienbruder⟩

Protzan, Arnoldus ¬de¬
→ **Arnoldus ⟨de Protzan⟩**

Provincialis, Arnulfus
→ **Arnulfus ⟨Provincialis⟩**

Provincialis, Bernardus
→ **Bernardus ⟨Provincialis⟩**

Provincialis, Pontius
→ **Pontius ⟨Provincialis⟩**

Provincialis, Stephanus
→ **Stephanus ⟨Provincialis⟩**

Provino, Jacobus ¬de¬
→ **Jacobus ⟨de Provino⟩**

Provins, Guiot ¬de¬
→ **Guiot ⟨de Provins⟩**

Provins, Henricus ¬de¬
→ **Henricus ⟨de Provins⟩**

Pruck, Johannes ¬de¬
→ **Johannes ⟨Wuel de Pruck⟩**

Prudentius ⟨Galindo⟩
→ **Prudentius ⟨Trecensis⟩**

Prudentius ⟨Trecensis⟩
gest. 861
Annales Bertiniani
LThK; CSGL; LMA,VII,289; Tusculum-Lexikon
Galindo ⟨Trecensis⟩
Galindo ⟨von Troyes⟩
Prudence ⟨de Troyes⟩
Prudentius ⟨Episcopus⟩
Prudentius ⟨Galindo⟩
Prudentius ⟨Tricassinus⟩
Prudentius ⟨von Troyes⟩

Prudentius ⟨Tricassinus⟩
→ **Prudentius ⟨Trecensis⟩**

Prudentius, Bertrandus
→ **Bertrandus ⟨Prudentius⟩**

Prudenzani, Simone
→ **Prodenzani, Simone**

Prüfening, Wolfger ¬von¬
→ **Wolfgerus ⟨Pruveningensis⟩**

Prüm, Regino ¬von¬
→ **Regino ⟨Prumiensis⟩**

Prünsser, Conradus
→ **Conradus ⟨Prünsser⟩**

Prufening, Liebhardus ¬de¬
→ **Liebhardus ⟨de Prufening⟩**

Prulliaco, Humbertus ¬de¬
→ **Humbertus ⟨de Prulliaco⟩**

Pruning, Jörg
→ **Preining, Jörg**

Prunner, Eberhard
gest. 1442 · OESA
Amicus
Schneyer,Winke,12
Eberhard ⟨Prunner⟩
Eberhard ⟨Prunner von Indersdorf⟩
Eberhardus ⟨Prunner de Indersdorf⟩

Prusse, Pelerin ¬de¬
→ **Pèlerin ⟨de Prusse⟩**

Prussia, Conradus ¬de¬
→ **Conradus ⟨de Prussia⟩**

Prussia, Ludovicus ¬de¬
→ **Ludovicus ⟨de Prussia⟩**

Prussia, Petrus ¬de¬
→ **Petrus ⟨de Prussia⟩**

Prustat, Siegmund ¬von¬
→ **Siegmund ⟨von Prustat⟩**

Pruthenus, Ludovicus
→ **Ludovicus ⟨de Prussia⟩**

Pruvinis, Aegidius ¬de¬
→ **Aegidius ⟨de Pruvinis⟩**

Pruvinis, Drogo ¬de¬
→ **Drogo ⟨de Pruvinis⟩**

Przemyslaw Ottokar ⟨Böhmen, König, II.⟩
→ **Otakar ⟨Čechy, Král, II.⟩**

Przibicon ⟨de Tradenina⟩
→ **Pulkava Přibík ⟨z Radenína⟩**

Przibicon ⟨Pulkawa⟩
→ **Pulkava Přibík ⟨z Radenína⟩**

Przibram, Johannes ¬de¬
→ **Jan ⟨z Příbramě⟩**

Psellus
→ **Michael ⟨Psellus⟩**

Psellus, Michael
→ **Michael ⟨Psellus⟩**

Pseudo-Abaelardus, Petrus
→ **Abaelardus, Petrus**

Pseudo-Abbo ⟨de Sancto Germano⟩
→ **Abbo ⟨de Sancto Germano⟩**

Pseudo-Abdias ⟨Babylonius⟩
→ **Abdias ⟨Babylonius⟩**

Pseudo-Adalbertus ⟨Bambergensis⟩
→ **Adalbertus ⟨Bambergensis⟩**

Pseudo-Adalgerus
→ **Adalgerus ⟨Episcopus⟩**

Pseudo-Adam ⟨de Gladbach⟩
→ **Adamus ⟨Coloniensis⟩**

Pseudo-Adamus ⟨de Gulyn⟩
→ **Adamus ⟨de Gulyn⟩**

Pseudo-Adamus ⟨de Sancto Victore⟩
→ **Adamus ⟨de Sancto Victore⟩**
→ **Guilelmus ⟨Brito⟩**

Pseudo-Adamus ⟨Dorensis⟩
→ **Adamus ⟨de Dore⟩**

Pseudo-Adelboldus ⟨Traiectensis⟩
→ **Adelboldus ⟨Traiectensis⟩**

Pseudo-Adenulphus ⟨de Anagnia⟩
→ **Adenulphus ⟨de Anagnia⟩**

Pseudo-Adeodatus ⟨Papa⟩
→ **Adeodatus ⟨Papa, II.⟩**

Pseudo-Aegidius ⟨Carlerii⟩
→ **Aegidius ⟨Carlerii⟩**

Pseudo-Aegidius ⟨Romanus⟩
→ **Aegidius ⟨Romanus⟩**

Pseudo-Aigradus
→ **Aigradus**

Pseudo-Alanus ⟨ab Insulis⟩
→ **Alanus ⟨ab Insulis⟩**

Pseudo-Albertus ⟨Magnus⟩
→ **Albertus ⟨Magnus⟩**

Pseudo-Alcuinus, Flaccus
→ **Alcuinus, Flaccus**

Pseudo-Alexander ⟨de Alexandria⟩
→ **Alexander ⟨Bonini de Alexandria⟩**

Pseudo-Alexander ⟨de Hales⟩
→ **Alexander ⟨Halensis⟩**

Pseudo-Alexander ⟨Gemeticensis⟩
→ **Alexander ⟨Gemeticensis⟩**

Pseudo-Alexander ⟨Neckam⟩
→ **Alexander ⟨Neckam⟩**

Pseudo-Algerus
→ **Algerus ⟨Leodiensis⟩**

Pseudo-Ambrosius ⟨de Miliis⟩
→ **Ambrosius ⟨de Miliis⟩**

Pseudo-Ammonius
→ **Ammonius ⟨Hermiae⟩**

Pseudo-Amulo ⟨Lugdunensis⟩
→ **Amulo ⟨Lugdunensis⟩**

Pseudo-Anselm
→ **Anselmus ⟨Laudunensis⟩**

Pseudo-Anselmus ⟨Cantuariensis⟩
→ **Anselmus ⟨Cantuariensis⟩**

Pseudo-Anselmus ⟨Laudunensis⟩
→ **Anselmus ⟨Laudunensis⟩**

Pseudo-Antonius ⟨Andreas⟩
→ **Antonius ⟨Andreas⟩**

Pseudo-Antonius ⟨de Padua⟩
→ **Antonius ⟨de Padua⟩**

Pseudo-Antonius ⟨de Schnackenburg⟩
→ **Schnackenburg, Antonius**

Pseudo-Apollonius ⟨Tyanensis⟩
→ **Paulinus, Johannes**

Pseudo-Apuleius
→ **Apuleius ⟨Platonicus⟩**

Pseudo-Ardengus ⟨Florentinus⟩
→ **Ardengus ⟨Florentinus⟩**

Pseudo-Ardengus ⟨Papiensis⟩
→ **Ardengus ⟨Papiensis⟩**

Pseudo-Ardingus ⟨de Pavia⟩
→ **Ardengus ⟨Florentinus⟩**

Pseudo-Astronomus
→ **Astronomus**

Pseudo-Audoenus ⟨Rothomagensis⟩
→ **Audoenus ⟨Rothomagensis⟩**

Pseudo-Augustinus ⟨Cantuariensis⟩
→ **Augustinus ⟨Cantuariensis⟩**

Pseudo-Augustinus ⟨Triumphus⟩
→ **Augustinus ⟨Triumphus⟩**

Pseudo-Avitus
→ **Avitus, Alcimus Ecdicius**

Pseudo-Bartholomaeus ⟨Bononiensis⟩
→ **Bartholomaeus ⟨de Bononia⟩**

Pseudo-Bartholomaeus ⟨de Ferrara⟩
→ **Bartholomaeus ⟨de Ferrara⟩**

Pseudo-Beda ⟨Venerabilis⟩
→ **Beda ⟨Venerabilis⟩**

Pseudo-Benedictus ⟨Anianus⟩
→ **Benedictus ⟨Anianus⟩**

Pseudo-Benedictus ⟨Crispus⟩
→ **Benedictus ⟨Mediolanensis⟩**

Pseudo-Benedictus ⟨de Alignano⟩
→ **Benedictus ⟨de Alignano⟩**

Pseudo-Benedictus ⟨de Asignano⟩
→ **Benedictus ⟨de Asinago⟩**

Pseudo-Benedictus ⟨Levita⟩
→ **Benedictus ⟨Levita⟩**

Pseudo-Berengarius ⟨Turonensis⟩
→ **Berengarius ⟨Turonensis⟩**

Pseudo-Bernardus ⟨Claraevallensis⟩
→ **Bernardus ⟨Claraevallensis⟩**
→ **Oglerius ⟨de Locedio⟩**

Pseudo-Bernhardine
→ **Bernardus ⟨Silvestris⟩**
→ **Bernowinus**

Pseudo-Bertharius ⟨Casinensis⟩
→ **Bertarius ⟨Casinensis⟩**

Pseudo-Bertramus ⟨Metensis⟩
→ **Bertramus ⟨Metensis⟩**

Pseudo-Boethius
→ **Boethius, Anicius Manlius Severinus**

Pseudo-Bonaventura
→ **Bonaventura ⟨Sanctus⟩**

Pseudo-Braulio ⟨Caesaraugustanus⟩
→ **Braulio ⟨Caesaraugustanus⟩**

Pseudo-Brendanus
→ **Brendanus ⟨Sanctus⟩**

Pseudo-Bruno ⟨Astensis⟩
→ **Bruno ⟨Signiensis⟩**

Pseudo-Bruno ⟨Carthusianus⟩
→ **Bruno ⟨Cartusianus⟩**

Pseudo-Bruno ⟨Herbipolensis⟩
→ **Bruno ⟨Herbipolensis⟩**

Pseudo-Caecilius ⟨Balbus⟩
→ **Caecilius ⟨Balbus⟩**

Pseudo-Caesarius ⟨Arelatensis⟩
→ **Caesarius ⟨Arelatensis⟩**

Pseudo-Caesarius ⟨Tarraconensis⟩
→ **Caesarius ⟨Tarraconensis⟩**

Pseudo-Cassiodorus
→ **Cassiodorus, Flavius Magnus Aurelius**

Pseudo-Chilpericus
→ **Chilperich ⟨Fränkisches Reich, König, I.⟩**

Pseudo-Chrysostomus
→ **Johannes ⟨Mediocris⟩**

Pseudo-Clemens ⟨Scotus⟩
→ **Clemens ⟨Scotus⟩**

Pseudo-Columbanus
→ **Columbanus ⟨Sanctus⟩**

Pseudo-Constantinus
→ **Anonymus ⟨Salernitanus⟩**

Pseudo-Copho
→ **Copho**

Pseudo-Cornutus
→ **Cornutus**

Pseudo-Cummianus ⟨Hibernus⟩
→ **Cummianus ⟨Hibernus⟩**

Pseudo-Cyrillus
→ **Bonjohannes ⟨de Messina⟩**

Pseudo-Cyrillus ⟨Alexandrinus⟩
→ **Cyrillus ⟨Quidenon⟩**

Pseudo-Cyrillus ⟨Hierosolymitanus⟩
→ **Cyrillus ⟨Quidenon⟩**

Pseudo-David
→ **David ⟨Thessalonicensis⟩**
→ **Elias ⟨Philosophus⟩**

Pseudo-Dinothus
→ **Dinothus ⟨Benchorensis⟩**

Pseudo-Dionysius ⟨de Florentia⟩
→ **Dionysius ⟨de Florentia⟩**

Pseudo-Dionysius ⟨Tellmaharensis⟩
→ **Dionysius ⟨Tellmaharensis⟩**

Pseudo-Donis
→ **Nicolaus ⟨Germanus⟩**

Pseudo-Dunchad ⟨Astronomus⟩
→ **Dunchad**

Pseudo-Dynamius ⟨Patricius⟩
→ **Dynamius ⟨Patricius⟩**

Pseudo-Eadmerus ⟨Cantuariensis⟩
→ **Eadmerus ⟨Cantuariensis⟩**

Pseudo-Ecbertus
→ **Halitgarius ⟨Cameracensis⟩**

Pseudo-Ecbertus ⟨Eboracensis⟩
→ **Ecbertus ⟨Eboracensis⟩**

Pseudo-Eckardus
→ **Eckhart ⟨Meister⟩**

Pseudo-Egbertus
→ **Halitgarius ⟨Cameracensis⟩**

Pseudo-Einhardus
→ **Einhardus**

Pseudo-Eleutherius ⟨Tornacensis⟩
→ **Eleutherius ⟨Tornacensis⟩**

Pseudo-Elias
→ **David ⟨Thessalonicensis⟩**
→ **Elias ⟨Philosephus⟩**

Pseudo-Eligius ⟨Noviomensis⟩
→ **Eligius ⟨Noviomensis⟩**

Pseudo-Elmham
→ **Thomas ⟨de Elmham⟩**

Pseudo-Ennodius
→ **Ennodius, Magnus Felix**

Pseudo-Ermengaldus ⟨Biterrensis⟩
→ **Ermengaldus ⟨Biterrensis⟩**

Pseudo-Ethelbert
→ **Aethelberht ⟨East Anglia, King⟩**

Pseudo-Facinus ⟨de Ast⟩
→ **Facinus ⟨de Ast⟩**

Pseudo-Fenestella
→ **Floccus, Andreas**

Pseudo-Fredegarius ⟨Scholasticus⟩
→ **Fredegarius ⟨Scholasticus⟩**

Pseudo-Fulgentius
→ **Fulgentius, Claudius Gordianus**

Pseudo-Ǧāḥiẓ
→ **Ǧāḥiẓ, ʿAmr Ibn-Baḥr ¬al-¬**

Pseudo-Garnerius ⟨de Sancto Audoeno⟩
→ **Garnerius ⟨de Sancto Audoeno⟩**

Pseudo-Geber
→ **Ǧābir Ibn-Ḥaiyān**
→ **Geber ⟨Latinus⟩**

Pseudo-Gerardus ⟨Cremonensis⟩
→ **Gerardus ⟨Cremonensis⟩**

Pseudo-Gerardus ⟨de Senis⟩
→ **Gerardus ⟨de Senis⟩**

Pseudo-Gerardus ⟨de Silva Maiore⟩
→ **Gerardus ⟨de Silva Maiore⟩**

Pseudo-Gerardus ⟨de Solo⟩
→ **Gerardus ⟨de Solo⟩**

Pseudo-Gerardus ⟨Remensis⟩
→ **Gerardus ⟨de Remis⟩**

Pseudo-Gerlandus
→ **Gerlandus ⟨Bisuntinus⟩**

Pseudo-Germanus ⟨Parisiensis⟩
→ **Germanus ⟨Parisiensis⟩**

Pseudo-Gilbertus ⟨Porretanus⟩
→ **Gilbertus ⟨Porretanus⟩**

Pseudo-Gilbertus ⟨Universalis⟩
→ **Gilbertus ⟨Universalis⟩**

Pseudo-Godefridus ⟨de Thenis⟩
→ **Godefridus ⟨de Thenis⟩**

Pseudo-Gordianus
→ **Gordianus ⟨Siculus⟩**

Pseudo-Gregorius ⟨de Arimino⟩
→ **Gregorius ⟨de Arimino⟩**

Pseudo-Gregorius ⟨Magnus⟩
→ **Robertus ⟨de Tumbalena⟩**

Pseudo-Gregorius ⟨Papa, I.⟩
→ **Gregorius ⟨Papa, I.⟩**

Pseudo-Gregorius ⟨Turonensis⟩
→ **Gregorius ⟨Turonensis⟩**

Pseudo-Guerno ⟨Suessionensis⟩
→ **Guerno ⟨Suessionensis⟩**

Pseudo-Guerricus ⟨de Sancto Quintino⟩
→ **Guerricus ⟨de Sancto Quintino⟩**

Pseudo-Guerricus ⟨de Tornaco⟩
→ **Guerricus ⟨Igniacensis⟩**

Pseudo-Guido ⟨Aretinus⟩
→ **Guido ⟨Aretinus⟩**

Pseudo-Guido ⟨Ebroicensis⟩
→ **Guido ⟨Ebroicensis⟩**

Pseudo-Guilelmus ⟨Adae⟩
→ **Guilelmus ⟨Adae⟩**

Pseudo-Guilelmus ⟨Altissiodorensis⟩
→ **Guilelmus ⟨Altissiodorensis⟩**

Pseudo-Guilelmus ⟨Arvernus⟩
→ **Guilelmus ⟨Arvernus⟩**

Pseudo-Guilelmus ⟨de Lauduno⟩
→ **Guilelmus ⟨de Lauduno⟩**

Pseudo-Guilelmus ⟨de Leicester⟩
→ **Guilelmus ⟨de Montibus⟩**

Pseudo-Guilelmus ⟨Godelli⟩
→ **Guilelmus ⟨Godelli⟩**

Pseudo-Guilelmus ⟨Parisiensis⟩
→ **Guilelmus ⟨Parisiensis⟩**

Pseudo-Guilelmus ⟨Wheatley⟩
→ **Guilelmus ⟨Wheatley⟩**

Pseudo-Haimo ⟨Halberstadensis⟩
→ **Haimo ⟨Halberstadensis⟩**

Pseudo-Haimo ⟨Hirsaugiensis⟩
→ **Haimo ⟨Hirsaugiensis⟩**

Pseudo-Halitgarius ⟨Cameracensis⟩
→ **Halitgarius ⟨Cameracensis⟩**

Pseudo-Henricus ⟨de Bitterfeld⟩
→ **Henricus ⟨de Bitterfeld⟩**

Pseudo-Henricus ⟨de Harclay⟩
→ **Henricus ⟨de Harclay⟩**

Pseudo-Henricus ⟨de Hassia⟩
→ **Henricus ⟨de Langenstein⟩**

Pseudo-Henricus ⟨Francigena⟩
→ **Henricus ⟨Francigena⟩**

Pseudo-Honoratus ⟨Boveti⟩
→ **Bonet, Honoré**

Pseudo-Hrabanus ⟨Maurus⟩
→ **Hrabanus ⟨Maurus⟩**

Pseudo-Hugo ⟨de Sancto Caro⟩
→ **Hugo ⟨de Sancto Caro⟩**

Pseudo-Hugo ⟨de Sancto Victore⟩
→ **Hugo ⟨de Sancto Victore⟩**

Pseudo-Ibn-Māsawaih
→ **Ibn-Māsawaih, Abū-Zakarīyā' Yūḥannā**

Pseudo-Ido ⟨Presbyter⟩
→ **Ido ⟨Presbyter⟩**

Pseudo-Ildephonsus ⟨Toletanus⟩
→ **Ildephonsus ⟨Toletanus⟩**

Pseudo-Ingulphus
→ **Ingulphus ⟨Croylandensis⟩**

Pseudo-Iordanus
→ **Paulus ⟨Puteolanus⟩**

Pseudo-Isidorus ⟨Hispalensis⟩
→ **Isidorus ⟨Hispalensis⟩**

Pseudo-Isidorus ⟨Mercator⟩
→ **Isidorus ⟨Mercator⟩**

Pseudo-Isidorus ⟨Pacensis⟩
→ **Isidorus ⟨Pacensis⟩**

Pseudo-Iso ⟨Sangallensis⟩
→ **Iso ⟨Sangallensis⟩**

Pseudo-Iulianus ⟨Toletanus⟩
→ **Iulianus ⟨Toletanus⟩**

Pseudo-Iustus ⟨Urgellensis⟩
→ **Iustus ⟨Urgellensis⟩**

Pseudo-Ivo ⟨Carnotensis Magister⟩
→ **Ivo ⟨Carnotensis Magister⟩**

Pseudo-Jacobus ⟨Ascolanus⟩
→ **Jacobus ⟨de Aesculo⟩**

Pseudo-Jacobus ⟨Balduini⟩
→ **Jacobus ⟨Balduinus⟩**

Pseudo-Jacobus ⟨de Duaco⟩
→ **Jacobus ⟨de Duaco⟩**

Pseudo-Jacobus ⟨de Lausanna⟩
→ **Jacobus ⟨de Lausanna⟩**

Pseudo-Jacobus ⟨de Therinis⟩
→ **Jacobus ⟨de Therinis⟩**

Pseudo-Jacobus ⟨Duacensis⟩
→ **Jacobus ⟨de Duaco⟩**

Pseudo-Johannes ⟨Boston⟩
→ **Johannes ⟨Boston⟩**

Pseudo-Johannes ⟨Buriensis⟩
→ **Johannes ⟨Boston⟩**

Pseudo-Johannes ⟨Codagnellus⟩
→ **Codagnellus, Johannes**

Pseudo-Johannes ⟨de Bridlington⟩
→ **Johannes ⟨de Bridlington⟩**

Pseudo-Johannes ⟨de Columna⟩
→ **Columna, Johannes ¬de¬**

Pseudo-Johannes ⟨de Huxaria⟩
→ **Johannes ⟨de Huxaria⟩**

Pseudo-Johannes ⟨de Murro⟩
→ **Johannes ⟨de Murro⟩**

Pseudo-Johannes ⟨de Novo Domo⟩
→ **Johannes ⟨de Nova Domo⟩**

Pseudo-Johannes ⟨de Veneta⟩
→ **Johannes ⟨de Veneta⟩**

Pseudo-Johannes ⟨de Whethamstede⟩
→ **Johannes ⟨Whethamstede⟩**

Pseudo-Johannes ⟨Diaconus Neapolitanus⟩
→ **Johannes ⟨Diaconus Neapolitanus⟩**

Pseudo-Johannes ⟨Diaconus Romanus⟩
→ **Johannes ⟨Diaconus Romanus⟩**

Pseudo-Johannes ⟨Dumbleton⟩
→ **Johannes ⟨Dumbleton⟩**

Pseudo-Johannes ⟨Duns Scotus⟩
→ **Duns Scotus, Johannes**

Pseudo-Johannes ⟨Mediocris⟩
→ **Johannes ⟨Mediocris⟩**

Pseudo-Johannes ⟨Philoponus⟩
→ **Johannes ⟨Philoponus⟩**

Pseudo-Johannes ⟨Pungens Asinum⟩
→ **Johannes ⟨Pungens Asinum⟩**

Pseudo-Johannes ⟨Whethamstede⟩
→ **Johannes ⟨Whethamstede⟩**

Pseudo-Johannes ⟨Zachariae⟩
→ **Johannes ⟨Zachariae⟩**

Pseudo-Jordanus
→ **Paulus ⟨Puteolanus⟩**

Pseudo-Konrad ⟨von Weißenburg⟩
→ **Konrad ⟨von Weißenburg⟩**

Pseudo-Laborans
→ **Laborans ⟨Cardinalis⟩**

Pseudo-Laurentius ⟨Anglicus⟩
→ **Laurentius ⟨Anglicus⟩**

Pseudo-Leontius ⟨Byzantinus⟩
→ **Leontius ⟨Byzantinus⟩**

Pseudo-Levita
→ **Benedictus ⟨Levita⟩**

Pseudo-Lisiardus ⟨Turonensis⟩
→ **Lisiardus ⟨Turonensis⟩**

Pseudo-Liutprandus
→ **Liutprandus ⟨Cremonensis⟩**

Pseudo-Lucas ⟨de Monte Sancti Cornelii⟩
→ **Lucas ⟨de Monte Sancti Cornelii⟩**

Pseudo-Maǧrīṭī
→ **Maǧrīṭī, Abū-Maslama Muḥammad Ibn-Ibrāhīm ¬al-¬**

Pseudo-Malachias
→ **Malachias ⟨Sanctus⟩**

Pseudo-Manfredus ⟨de Tortona⟩
→ **Manfredus ⟨de Tortona⟩**

Pseudo-Manfredus ⟨Magdeburgensis⟩
→ **Meginfredus ⟨Magdeburgensis⟩**

Pseudo-Manfredus ⟨Terdonensis⟩
→ **Manfredus ⟨de Tortona⟩**

Pseudo-Marbodus ⟨Redonensis⟩
→ **Marbodus ⟨Redonensis⟩**

Pseudo-Marchettus ⟨Paduanus⟩
→ **Marchettus ⟨de Padua⟩**

Pseudo-Marianus ⟨Scottus⟩
→ **Marianus ⟨Scotus⟩**

Pseudo-Martinus ⟨Bracarensis⟩
→ **Martinus ⟨Bracarensis⟩**

Pseudo-Martinus ⟨Gallus⟩
→ **Gallus ⟨Anonymus⟩**

Pseudo-Martinus ⟨Laudunensis⟩
→ **Martinus ⟨Laudunensis⟩**

Pseudo-Martinus ⟨Porretanus⟩
→ **Martinus ⟨Porretanus⟩**

Pseudo-Matthaeus ⟨de Saxonia⟩
→ **Matthaeus ⟨de Saxonia⟩**

Pseudo-Matthaeus ⟨de Zerbst⟩
→ **Matthaeus ⟨de Saxonia⟩**

Pseudo-Mauritius ⟨Hibernicus⟩
→ **Mauritius ⟨Hibernicus⟩**

Pseudo-Maxentius ⟨Aquileiensis⟩
→ **Maxentius ⟨Aquileiensis⟩**

Pseudo-Meginhardus ⟨de Fulda⟩
→ **Meginhardus ⟨Fuldensis⟩**

Pseudo-Merlinus
→ **Merlinus**

Pseudo-Mesuë
→ **Ibn-Māsawaih, Abū-Zakarīyā' Yūḥannā**
→ **Mesuë ⟨Iunior⟩**

Pseudo-Michael ⟨de Cesena⟩
→ **Michael ⟨de Cesena⟩**

Pseudo-Michael ⟨de Massa⟩
→ **Michael ⟨de Massa⟩**

Pseudo-Michael ⟨Scotus⟩
→ **Michael ⟨Scotus⟩**

Pseudo-Morianus ⟨Alexandrinus⟩
→ **Morianus ⟨Alexandrinus⟩**

Pseudo-Mutius ⟨de Modoetia⟩
→ **Mutius ⟨de Modoetia⟩**

Pseudo-Niccolò
→ **Illustratore**

Pseudo-Nicolaus ⟨de Tornaco⟩
→ **Nicolaus ⟨de Tornaco⟩**

Pseudo-Nicolaus ⟨Dresdensis⟩
→ **Nicolaus ⟨Dresdensis⟩**

Pseudo-Nicolutius ⟨Asculanus⟩
→ **Nicolaus ⟨de Asculo⟩**

Pseudo-Odo ⟨Cantuariensis, Abbas de Bello⟩
→ **Odo ⟨Cantuariensis, Abbas de Bello⟩**

Pseudo-Odo ⟨Cluniacensis⟩
→ **Odo ⟨Cluniacensis⟩**

Pseudo-Odo ⟨de Bello⟩
→ **Odo ⟨Cantuariensis, Abbas de Bello⟩**

Pseudo-Odo ⟨de Sancto Victore⟩
→ **Odo ⟨de Sancto Victore⟩**

Pseudo-Oecumenius
→ **Oecumenius ⟨de Tricca⟩**

Pseudo-Oliverus ⟨Trecorensis⟩
→ **Oliverus ⟨Trecorensis⟩**

Pseudo-Onofrius ⟨Steccati de Visdominis⟩
→ **Onofrius ⟨Steccati de Visdominis⟩**

Pseudo-Otto ⟨Papiensis⟩
→ **Otto ⟨Papiensis⟩**

Pseudo-Paschasius ⟨Diaconus⟩
→ **Paschasius ⟨Diaconus⟩**

Pseudo-Paterius
→ **Paterius**

Pseudo-Paterius ⟨A⟩
→ **Paterius ⟨Anonymus⟩**

Pseudo-Paterius ⟨B⟩
→ **Bruno ⟨Monachus⟩**

Pseudo-Paterius ⟨C⟩
→ **Alulphus ⟨Tornacensis⟩**

Pseudo-Paterius ⟨D⟩
→ **Hadericus**

Pseudo-Petrus ⟨Aureoli⟩
→ **Petrus ⟨Aureoli⟩**

Pseudo-Petrus ⟨Blesensis⟩
→ **Petrus ⟨Blesensis⟩**

Pseudo-Petrus ⟨Chrysolanus⟩
→ **Petrus ⟨Chrysolanus⟩**

Pseudo-Petrus ⟨Comestor⟩
→ **Petrus ⟨Comestor⟩**

Pseudo-Petrus ⟨de Unicov⟩
→ **Petrus ⟨de Unicov⟩**

Pseudo-Petrus ⟨Laodicenus⟩
→ **Petrus ⟨de Laodicea⟩**

Pseudo-Petrus ⟨Pictaviensis⟩
→ **Petrus ⟨Pictaviensis⟩**

Pseudo-Philomena
→ **Philomena**

Pseudo-Plinius ⟨Maior⟩
→ **Plinius ⟨Valerianus⟩**

Pseudo-Plinius ⟨Valerianus⟩
→ **Plinius ⟨Valerianus⟩**

Pseudo-Plinius Secundus ⟨Valerianus⟩
→ **Plinius ⟨Valerianus⟩**

Pseudo-Primasius
→ **Primasius ⟨Hadrumetinus⟩**

Pseudo-Priscianus
→ **Priscianus ⟨Caesariensis⟩**

Pseudo-Radulfus ⟨Bellovacensis⟩
→ **Radulfus ⟨Bellovacensis⟩**

Pseudo-Radulfus ⟨Postliminius⟩
→ **Radulfus ⟨Postliminius⟩**

Pseudo-Raimundus ⟨Lullus⟩
→ **Lullus, Raimundus**

Pseudo-Rainer
→ **Reinerus ⟨Sacconi⟩**

Pseudo-Remedius ⟨Curiensis⟩
→ **Remedius ⟨Curiensis⟩**

Pseudo-Remigius ⟨Curiensis⟩
→ **Remedius ⟨Curiensis⟩**

Pseudo-Remigius ⟨Lugdunensis⟩
→ **Remigius ⟨Lugdunensis⟩**

Pseudo-Remigius ⟨Remensis⟩
→ **Remigius ⟨Remensis⟩**

Pseudo-Robertus ⟨Baston⟩
→ **Baston, Robertus**

Pseudo-Robertus ⟨Grosseteste⟩
→ **Grosseteste, Robertus**

Pseudo-Robertus ⟨Kilwardby⟩
→ **Kilwardby, Robertus**

Pseudo-Salomon ⟨Constantiensis⟩
→ **Salomon ⟨Constantiensis, ...⟩**

Pseudo-Sebastianus ⟨Casinensis⟩
→ **Sebastianus ⟨Casinensis⟩**

Pseudo-Sénèque
→ **Martinus ⟨Bracarensis⟩**

Pseudo-Simon ⟨de Lense⟩
→ **Simon ⟨de Lenis⟩**

Pseudo-Simon ⟨Gandavensis⟩
→ **Simon ⟨Sithiensis⟩**

Pseudo-Simplicius
→ **Simplicius ⟨Cilicius⟩**

Pseudo-Simplicius ⟨Casinensis⟩
→ **Simplicius ⟨Casinensis⟩**

Pseudo-Sophronius
→ **Sophronius ⟨Hierosolymitanus⟩**

Pseudo-Stricker
→ **Stricker, ¬Der¬**

Pseudo-Theodofridus ⟨Corbeiensis⟩
→ **Theodofridus ⟨Corbeiensis⟩**

Pseudo-Theodoricus ⟨de Borgognonibus⟩
→ **Theodoricus ⟨de Cervia⟩**

Pseudo-Theodorus ⟨Cantuariensis⟩
→ **Theodorus ⟨Cantuariensis⟩**

Pseudo-Theophilus ⟨Antecessor⟩
→ **Theophilus ⟨Antecessor⟩**

Pseudo-Theotimus
→ **Theotimus ⟨Hagiographus⟩**

Pseudo-Thiemo ⟨Michelsbergensis⟩
→ **Thiemo ⟨Michelsbergensis⟩**

Pseudo-Thomas ⟨de Elmham⟩
→ **Thomas ⟨de Elmham⟩**

Pseudo-Thomas ⟨Fabri⟩
→ **Thomas ⟨Fabri⟩**

Pseudo-Thomas ⟨Frigidi Montis⟩
→ **Thomas ⟨de Frigido Monte⟩**

Pseudo-Thomas ⟨Palmer⟩
→ **Thomas ⟨Palmer⟩**

Pseudo-Thomasellus ⟨de Perusio⟩
→ **Thomasellus ⟨de Perusio⟩**

Pseudo-Thomasinus ⟨de Ferrara⟩
→ **Thomasinus ⟨de Ferraria⟩**

Pseudo-Tomellus
→ **Tomellus ⟨Hasnoniensis⟩**

Pseudo-Tramundus ⟨Claraevallensis⟩
→ **Tramundus ⟨Claraevallensis⟩**

Pseudo-Turpinus
→ **Turpinus ⟨Remensis⟩**

Pseudo-Udalricus
→ **Udalricus ⟨Augustanus⟩**

Pseudo-Venantius ⟨Fortunatus⟩
→ **Venantius ⟨Fortunatus⟩**

Pseudo-Venturinus ⟨de Apibus⟩
→ **Venturinus ⟨de Bergamo⟩**

Pseudo-Wamba
→ **Wamba ⟨Westgotenreich, König⟩**

Pseudo-Wenricus ⟨Trevirensis⟩
→ **Winricus ⟨Treverensis⟩**

Pseudo-Yūḥannā Ibn-Māsawaih
→ **Mesuë ⟨Iunior⟩**

Pseudo-Zanebonus
→ **Zanebonus ⟨Vicentinus⟩**

Pskovskij, Evfrosin
→ **Evfrosin ⟨Pskovskij⟩**

Ptochoprodromus, Theodorus
→ **Theodorus ⟨Prodromus⟩**

Ptolemaeus ⟨Fiadoni⟩
→ **Ptolemaeus ⟨Lucensis⟩**

Ptolemaeus ⟨Lucensis⟩
1236 – 1326/27 · OP
LThK; Tusculum-Lexikon; LMA,I,1495/96
Bartholomaeus ⟨de Lucca⟩
Bartholomaeus ⟨Fiadoni⟩
Bartholomaeus ⟨Fiadoni de Lucca⟩
Bartholomaeus ⟨Lucensis⟩
Bartholomäus ⟨von Lucca⟩
Bartolomé ⟨de Lucca⟩
Lucca, Tolomeo ¬da¬
Ptolemaeus ⟨de Lucca⟩
Ptolemaeus ⟨Fiadoni⟩
Ptolemaeus ⟨Fiadoni de Lucca⟩
Ptolomeus ⟨von Lucca⟩
Tholomaeus ⟨de Fiadonis Lucanus⟩
Tholomaeus ⟨Lucanus⟩
Tholomaeus ⟨von Lucca⟩
Tholomeus ⟨von Lucca⟩
Tolomeo ⟨da Lucca⟩
Tolomeo ⟨de Lucca⟩
Tolomeo ⟨Fiadoni⟩
Tolomeo ⟨Fiadoni de Lucca⟩
Tolommeo ⟨da Lucca⟩

Ptolomaeus, Bernardus
→ **Bernardus ⟨Ptolomaeus⟩**

Publius Gregorius ⟨de Tipherno⟩
→ **Gregorius ⟨de Tipherno⟩**

Pucci, Antonio
ca. 1310 – ca. 1388
Centiloquio; La proprietà del Mercato Vecchio; Apollonio di Tiro; etc.
Potth. 945; LMA,VII,319/320
Antoine ⟨Pucci⟩
Antonio ⟨Pucci⟩
Antonius ⟨Puccius⟩
Pucci, Antoine
Puccius, Antonius

Puccio ⟨Capanna⟩
14. Jh.
Capanna, Puccio
Puccius ⟨Cappanne⟩

Puccius, Antonius
→ **Pucci, Antonio**

Pucheler, Hans
→ **Bucheler, Hans**

Puchhauser de Ratisbona, Bertholdus
→ **Bertholdus ⟨Puchhauser de Ratisbona⟩**

Püller, ¬Der¬
1262 – 1315
5 Lieder
VL(2),7,910/913
Conrad ⟨d'Hohenburg⟩
Der Püller
Hohenburg, Konrad ¬von¬
Konrad ⟨von Hohenburg⟩
Puller ⟨von Hohenburg⟩

Pürcheler, Hans
→ **Bucheler, Hans**

Pürckhausen, Christophorus ¬de¬
→ **Christophorus ⟨Gamersfeld de Pürckhausen⟩**

Püterich von Reichertshausen, Jakob
ca. 1400 – 1469
Ehrenbrief
LMA,VII,335; VL(2),7,918/23
Jacob ⟨Pueterich⟩
Jacob ⟨Pütrich⟩
Jacques ⟨Pütrich⟩
Jakob ⟨Püterich⟩
Jakob ⟨Püterich von Reichertshausen⟩
Jakob ⟨von Reichertshausen⟩
Pueterich, Jacob
Püterich ⟨von Reichertshausen⟩
Püterich, Jakob
Pütrich, Jacob
Pütrich, Jacques
Reichertshausen, Jakob ¬von¬
Reichertshausen, Jakob Püterich ¬von¬

Puff, Michael
→ **Schrick, Michael**

Pugalis, Bernardus
→ **Bernardus ⟨Bugalis⟩**

Pugliese, Giacomino
→ **Giacomino ⟨Pugliese⟩**

Pugliola, Bartolomeo ¬della¬
→ **Bartolomeo ⟨della Pugliola⟩**

Puinoix, Jean ¬de¬
→ **Johannes ⟨de Podionucis⟩**

Pulchrae Mulieris, Adamus
→ **Adamus ⟨Pulchrae Mulieris⟩**

Pulci, Bernardo
1438 – 1488
Pianto della Madonna; Barlaam und Josaphat
LMA,VII,323/324
Bernard ⟨Pulci⟩
Bernardo ⟨Pulci⟩
Pulci, Bernard

Pulci, Luca
1431 – 1470
Pistole; Driadeo d'amore; Ciriffo Calvanes
LMA,VII,324
De'Pulci, Luca
Luc ⟨Pulci⟩
Luca ⟨de'Pulci⟩

Luca ⟨Pulci⟩
Pulci, Luc

Pulci, Luigi
1432 – 1484
Novella del picchio senese; Beca da dicomano; Il Morgante; Li fatti di Carlo magno et de suoi Paladini, in ottava rima
Potth. 946; LMA,VII,324
Louis ⟨Pulci⟩
Luigi ⟨Pulci⟩
Pulci, Louis

Pulex ⟨de Custodia⟩
14. Jh.
Bruder von Confortus ⟨Pulicis⟩; Carmen de adventu Caroli IV. Caesaris in Italiam
Custodia, Pulex ¬de¬
Pulex ⟨Historicus⟩
Pulex ⟨Poet⟩
Pulex ⟨von Costozza⟩

Pulex ⟨Historicus⟩
→ **Pulex ⟨de Custodia⟩**

Pulex, Confortus
→ **Confortus ⟨Pulicis⟩**

Pulgar, Hernando ¬del¬
→ **Hernando ⟨del Pulgar⟩**

Pulicis, Confortus
→ **Confortus ⟨Pulicis⟩**

Pulka, Petrus ¬de¬
→ **Petrus ⟨de Pulka⟩**

Pulkava Přibík ⟨z Radenína⟩
gest. ca. 1378/80
Rektor d. Schule von St. Gilgen in Prag; Inhaber d. Pfarrei von Chudenitz; Chronica Boemorum sive Chronicon de gestis incliti regni Boemiae (700-1330)
LMA,VII,324/25
Přibico ⟨de Tradenina Pulkawa⟩
Přibico ⟨Pulkawa⟩
Przibicon ⟨de Tradenina⟩
Przibicon ⟨dit Pulkawa⟩
Przibicon ⟨Pulkawa⟩
Pulkava Přibík
Pulkawa, Przibicon
Pulkawa de Tradenina, Přibico

Puller ⟨von Hohenburg⟩
→ **Püller, ¬Der¬**

Pullus, Robertus
→ **Robertus ⟨Pullus⟩**

Pulta, Albertus ¬de¬
→ **Albertus ⟨de Pulta⟩**

Pultenhagen
um 1416
Stegmüller, Repert. sentent. 703
Pultenhagyn

Punces ⟨de Remis⟩
→ **Pontius ⟨de Remis⟩**

Pupper, Johannes
→ **Johannes ⟨Pupper von Goch⟩**

Purbach, Georg
→ **Peuerbach, Georg ¬von¬**

Purchard ⟨von Reichenau⟩
→ **Burchardus ⟨Augiensis⟩**

Purchardus ⟨...⟩
→ **Burchardus ⟨...⟩**

Purchart ⟨von Reichenau⟩
→ **Burchardus ⟨Augiensis⟩**

Purchhauser ⟨der Maurer⟩
→ **Hans ⟨von Burghausen⟩**

Purchhauser ⟨von Landshut⟩
→ **Hans ⟨von Burghausen⟩**

Purlaeus, Walter
→ **Burlaeus, Gualterus**

Purvey, John
→ **John ⟨Purvey⟩**

Pusilie, Johannes ¬von der¬
→ **Johannes ⟨de Posilge⟩**

Pustrus, Tzortzēs
→ **Bustrōnios, Geōrgios**

Puteo, Imbertus ¬de¬
→ **Imbertus ⟨de Puteo⟩**

Puteo, Paris ¬de¬
→ **Paris ⟨de Puteo⟩**

Puteolanus, Paulus
→ **Paulus ⟨Puteolanus⟩**

Putsch, Ulrich
ca. 1350 – 1437
Lat. Meßerklärung; lat. Gebetsanleitung
LMA,VIII,1196/97
Ulrich ⟨Putsch⟩
Ulrich ⟨von Brixen⟩

Pynk, Robertus
→ **Robertus ⟨Pynk⟩**

Pyramus, Denis
→ **Denis ⟨Piramus⟩**

Pyrrhus ⟨Constantinopolitanus⟩
gest. 655
Decretum; Tomus dogmaticus
Cpg 7615-7618
Constantinopolitanus, Pyrrhus
Pyrrhos ⟨Monothelet⟩
Pyrrhos ⟨Patriarch⟩
Pyrrhos ⟨Patriarch, I.⟩
Pyrrhos ⟨von Konstantinopel⟩
Pyrrhus ⟨de Constantinople⟩
Pyrrhus ⟨Moine⟩
Pyrrhus ⟨Patriarcha⟩
Pyrrhus ⟨Patriarche⟩
Pyrrhus ⟨Prêtre⟩

Pyskowicze, Paulus ¬de¬
→ **Paulus ⟨de Pyskowicze⟩**

Qabīsī
→ **Qabīṣī, Abu-'ṣ-Ṣaqr 'Abd-al-'Azīz Ibn-'Uṯmān ¬al-¬**

Qabīṣī, 'Abd-al-'Azīz Ibn-'Uṯmān ¬al-¬
→ **Qabīṣī, Abu-'ṣ-Ṣaqr 'Abd-al-'Azīz Ibn-'Uṯmān ¬al-¬**

Qabīṣī, Abū al-Ṣaqr 'Abd al-'Azīz Ibn 'Uṯmān
→ **Qabīṣī, Abu-'ṣ-Ṣaqr 'Abd-al-'Azīz Ibn-'Uṯmān ¬al-¬**

Qabīṣī, Abū s-Ṣaqr 'Abdal-'Azīz b. 'Uṯmān
→ **Qabīṣī, Abu-'ṣ-Ṣaqr 'Abd-al-'Azīz Ibn-'Uṯmān ¬al-¬**

Qabīṣī, Abu-'ṣ-Ṣaqr 'Abd-al-'Azīz Ibn-'Uṯmān ¬al-¬
um 950
LMA,VII,341
'Abd-al-'Azīz Ibn-'Uṯmān al-Qabīṣī, Abu-'ṣ-Ṣaqr
'Abd-al-'Azīz Ibn-'Uṯmān Ibn-'Alī al-Qabīṣī
Abdilazi, 'Abd-al-'Aziz Ibn-'Utmān Ibn-'Alī
Abu'ṣ-Ṣaqr 'Abd-al-'Azīz al-Qabīṣī
Abu-'ṣ-Ṣaqr al-Qabīṣī, 'Abd-al-'Azīz Ibn-'Uṯmān
Alcabitius ⟨der Lateiner⟩
Alchabitius
Alkabitius
Ibn-'Uṯmān, 'Abd-al-'Azīz al-Qabīṣī
Ḳabīsī, 'Abd-al-'Azīs Ibn-Uthmān ¬al-¬
Ḳabīsī, 'Abd-al-'Azīs Ibn-Utmān ¬al-¬
Qabīsī
Qabīṣī, 'Abd-al-'Azīz Ibn-'Uṯmān ¬al-¬
Qabīṣī, Abū al-Ṣaqr 'Abd al-'Azīz Ibn 'Uṯmān
Qabīṣī, Abū s-Ṣaqr 'Abdal-'Azīz b. 'Uṯmān
Qabīsī, Abu-ṣ-Ṣ. ¬al-¬

Qāḍī, Ismā'īl Ibn-Isḥāq ¬al-¬
→ **Ǧahḍamī, Ismā'īl Ibn-Isḥāq ¬al-¬**

Qāḍī 'Abd-al-Ǧabbār ¬al-¬
→ **'Abd-al-Ǧabbār Ibn-Aḥmad**

Qāḍī Abū-Ḥanīfa an-Nu'mān Ibn-Muḥammad
→ **Qāḍī an-Nu'mān Ibn-Muḥammad**

Qāḍī Abu-'l-Ḥusain ¬al-¬
→ **Ibn-al-Farrā', Muḥammad Ibn-Muḥammad**

Qāḍī Abū-Ya'lā ¬al-¬
→ **Abū-Ya'lā al-Farrā', Muḥammad Ibn-al-Ḥusain**

Qāḍī al-Fāḍil, 'Abd-ar-Raḥīm Ibn-'Alī ¬al-¬
1135 – 1200
'Abd-ar-Raḥīm Ibn-'Alī al-Qāḍī al-Fāḍil
Al-Qadi al Fadl
Fāḍil, 'Abd-ar-Raḥīm Ibn-'Alī ¬al-¬

Qāḍī al-Humāmīya, Aḥmad Ibn-Ṯabāt
→ **Ibn-Ṯabāt, Aḥmad**

Qāḍī al-Maḥāmilī, Aḥmad Ibn-Muḥammad ¬al-¬
→ **Ibn-al-Maḥāmilī, Aḥmad Ibn-Muḥammad**

Qāḍī al-Muqaddamī
→ **Muqaddamī, Abū-'Abdallāh Muḥammad Ibn-Aḥmad ¬al-¬**

Qāḍī an-Nu'mān Ibn-Muḥammad
gest. 974
Ibn-Muḥammad, al-Qāḍī an-Nu'mān
Maġribī, an-Nu'mān Ibn-Muḥammad ¬al-¬
No'mān Ibn-Muḥammad ⟨al-Qāḍī⟩
Nu'mān Ibn-Muḥammad ⟨al-Qāḍī⟩
Qāḍī Abū-Ḥanīfa an-Nu'mān Ibn-Muḥammad

Qāḍī 'Iyāḍ Ibn-Mūsā ¬al-¬
→ **'Iyāḍ Ibn-Mūsā**

Qāḍī Šuhba, Abū-Bakr Ibn-Aḥmad Ibn-
→ **Ibn-Qāḍī Šuhba, Abū-Bakr Ibn-Aḥmad**

Qaffāl, Muḥammad Ibn-Aḥmad ¬al-¬
→ **Šāšī al-Qaffāl, Muḥammad Ibn-Aḥmad ¬aš-¬**

Qairawānī, 'Abdallāh ¬al-¬
→ **Ibn-Abī-Zaid al-Qairawānī, 'Abdallāh**

Qairawānī, 'Abdallāh Ibn-Abī-Zaid ¬al-¬
→ **Ibn-Abī-Zaid al-Qairawānī, 'Abdallāh**

Qairawānī, al-Ḥasan Ibn-Rašīq ¬al-¬
→ **Ibn-Rašīq, al-Ḥasan Ibn-'Alī**

Qais Ibn-al-Mulauwaḥ
gest. 685/699
Ibn-al-Mulauwaḥ, Qais
Maǧnūn al-'Āmirī ¬al-¬
Maǧnūn Banī 'Āmir
Qays ibn al-Mulawaḥ

Qais Ibn-Ḏarīḥ
ca. 626 – ca. 687
Ibn-Ḏarīḥ, Qais
Qais Lubnā
Qays ibn Dharīḥ

Qais Lubnā
→ **Qais Ibn-Ḏarīḥ**

Qaisarānī, Muḥammad Ibn-Ṭāhir ¬al-¬
→ **Ibn-al-Qaisarānī, Muḥammad Ibn-Ṭāhir**

Qaisī, 'Abd-al-Karīm Ibn-Muḥammad ¬al-¬
15. Jh.
'Abd-al-Karīm al-Andalusī
'Abd-al-Karīm al-Qaisī
'Abd-al-Karīm Ibn-Muḥammad al-Qaisī
Al-Qaysī, 'Abd al-Karim Ibn-Muḥammad, 'Abd-al-Karīm al-Qaisī
Qaysī, 'Abd al-Karīm ibn Muḥammad

Qaisī, Makkī Ibn-Abī-Ṭālib ¬al-¬
→ **Makkī Ibn-Abī-Ṭālib al-Qaisī**

Qalaṣādī, 'Alī Ibn-Muḥammad ¬al-¬
gest. 1486
Aboul Hacan Ali Ben Mohammed Alkalcadi
Albasthî
Ali Ben Mohammed Ben Mohammed Ben Ali ⟨le Koraïchite⟩
'Alī Ibn-Muḥammad al-Qalaṣādī
Alkalçâdî
Ibn-Muḥammad, 'Alī al-Qalaṣādī
Qalaṣādī, 'Alī ibn Muḥammad ¬al-¬

Qalāwūn, Nāṣir Muḥammad Ibn- ⟨Ägypten, Sultan⟩
→ **Nāṣir Muḥammad Ibn-Qalāwūn, ⟨Ägypten, Sultan⟩**

Qālī, Abū-'Alī Ismā'īl Ibn-al-Qāsim ¬al-¬
→ **Abū-'Alī al-Qālī, Ismā'īl Ibn-al-Qāsim**

Qālī, Ismā'īl Ibn-al-Qāsim ¬al-¬
→ **Abū-'Alī al-Qālī, Ismā'īl Ibn-al-Qāsim**

Qallîrî, El'āzār
um 750
El'āzār Bîrabbî Qilîr
El'āzār Quallîrî
Eleazar ⟨Kallir⟩
Hakaliri
Kalir, Eleasar Ben-Jakob
Kallir, Eleazar
Killiri
Qalir
Qallir
Qilir, El'āzār B.
Qillar, El'azar

Qālônîmûs Ben-Qālônîmûs
1286 – 1328
Calonymos, Calo
Calonymus, Calo
Calonymus, Calonymus
Calus Calonymos
Kalonymos Ben-Kalonymos
Kalonymos ben-Meir
Kalonymus
Kalonymus ben-Kalonymus ben-Meir

Qalqašandī, Aḥmad Ibn-'Alī ¬al-¬
Ca. 1335 – 1418
Aḥmad Ibn-'Alī al-Qalqašandī
Ibn-'Alī, Aḥmad al-Qalqašandī
Ibn-'Alī al-Qalqašandī, Aḥmad

Qāqūnī, Muḥammad Ibn-Mufliḥ ¬al-¬
ca. 1310 – 1362
Ibn-Mufliḥ, Muḥammad al-Qāqūnī
Ibn-Mufliḥ al-Maqdisī, Muḥammad
Muḥammad Ibn-Mufliḥ al-Qāqūnī
Qāqūnī al-Maqdisī, Muḥammad Ibn-Mufliḥ ¬al-¬

Qāqūnī al-Maqdisī, Muḥammad Ibn-Mufliḥ ¬al-¬
→ **Qāqūnī, Muḥammad Ibn-Mufliḥ ¬al-¬**

Qarāfī, Aḥmad Ibn-Idrīs ¬al-¬
1229 – 1285
Aḥmad Ibn-Idrīs al-Qarāfī
Ibn-Idrīs, Aḥmad al-Qarāfī

Qaranī, 'Uwais ¬al-¬
→ **'Uwais al-Qaranī**

Qartaǧannī, Ḥāzim Ibn-Muḥammad ¬al-¬
gest. 1285
Ḥāzim al-Qartaǧinnī
Ḥāzim Ibn-Muḥammad al-Qartaǧannī
Ibn-Muḥammad Ḥāzim al-Qartaǧannī
Qartaǧinnī, Ḥāzim Ibn-Muḥammad ¬al-¬
Qartajannī, Ḥāzim ibn Muḥammad

Qartaǧinnī, Ḥāzim Ibn-Muḥammad ¬al-¬
→ **Qartaǧannī, Ḥāzim Ibn-Muḥammad ¬al-¬**

Qartajannī, Ḥāzim ibn Muḥammad
→ **Qartaǧannī, Ḥāzim Ibn-Muḥammad ¬al-¬**

Qāšānī, 'Abd-ar-Razzāq ¬al-¬
→ **'Abd-ar-Razzāq al-Qāšānī**

Qasī, Abū B.
→ **Ibn-Ṭufail, Muḥammad Ibn-'Abd-al-Malik**

Qāsim al-Ḥanafī
→ **Ibn-Quṭlūbuġā, Qāsim Ibn-'Abdallāh**

Qāsim Ibn-'Abdallāh Ibn-Quṭlūbuġā
→ **Ibn-Quṭlūbuġā, Qāsim Ibn-'Abdallāh**

Qāsim Ibn-al-Ḥusain al-Ḫwārizmī ¬al-¬
→ **Ḫwārizmī, al-Qāsim Ibn-al-Ḥusain ¬al-¬**

Qāsim Ibn-'Alī al-Ḥarīrī
→ **Ḥarīrī, al-Qāsim Ibn-'Alī ¬al-¬**

Qāsim Ibn-ʿAlī aṣ-Ṣaffār
→ **Ṣaffār, Qāsim Ibn-ʿAlī ¬aṣ-¬**

Qāsim Ibn-Ibrāhīm ar-Rassī ¬ar-¬
785 – 860
Al-Kāsim b. Ibrāhīm
Ibn-Ibrāhīm, al-Qāsim
Kāsim b. Ibrāhīm, ¬I-¬
Kāsim Ibn-Ibrāhīm al-Ḥasanī
Rassī, al-Qāsim Ibn-Ibrāhīm ¬ar-¬

Qāsim Ibn-Muḥammad al-Birzalī ¬al-¬
→ **Birzalī, al-Qāsim Ibn-Muḥammad ¬al-¬**

Qāsim Ibn-Sallām ¬al-¬
→ **Abū-ʿUbaid al-Qāsim Ibn-Sallām**

Qāsim Ibn-Sallām, Abū-ʿUbaid ¬al-¬
→ **Abū-ʿUbaid al-Qāsim Ibn-Sallām**

Qaṣrī, ʿAbd al-Jalīl Ibn Mūsā
→ **Qaṣrī, ʿAbd-al-Ğalīl Ibn-Mūsā ¬al-¬**

Qaṣrī, ʿAbd-al-Ğalīl Ibn-Mūsā ¬al-¬
gest. 1211
ʿAbd-al-Ğalīl Ibn-Mūsā al-Qaṣrī
ʿAbd-al-Ğalīl Ibn-Mūsā Ibn-ʿAbd-al-Ğalīl al-Andalusī
Andalusī, ʿAbd-al-Ğalīl Ibn-Mūsā ¬al-¬
Ausī, ʿAbd-al-Ğalīl Ibn-Mūsā ¬al-¬
Ibn-ʿAbd-al-Ğalīl, ʿAbd-al-Ğalīl Ibn-Mūsā
Ibn-Mūsā, ʿAbd-al-Ğalil al-Qaṣrī
Ḳaṣrī, ʿAbd al-Djalīl B. Mūsā
Qaṣrī, ʿAbd al-Jalīl Ibn Mūsā
Qaṣrī, Abū-Muḥammad ʿAbd-al-Ğalil Ibn-Mūsā ¬al-¬

Qaṣrī, Abū-Muḥammad ʿAbd-al-Ğalil Ibn-Mūsā ¬al-¬
→ **Qaṣrī, ʿAbd-al-Ğalīl Ibn-Mūsā ¬al-¬**

Qasṭallī, Aḥmad Ibn-Darrāğ ¬al-¬
→ **Ibn-Darrāğ al-Qasṭallī, Aḥmad Ibn-Muḥammad**

Qaswini, Sakarijja Ibn Muhammad ¬al¬
→ **Qazwīnī, Zakarīyāʾ Ibn-Muḥammad ¬al-¬**

Qatāda Ibn-Diʿāma
679 – 736
Ibn-Diʿāma, Qatāda

Qaṭīʿī, Aḥmad Ibn-Ğaʿfar ¬al-¬
→ **Ibn-Mālik al-Qaṭīʿī, Aḥmad Ibn-Ğaʿfar**

Qaṭṭān aṭ-Ṭabarī, ʿAbd-al-Karīm Ibn-ʿAbd-aṣ-Ṣamad ¬al-¬
gest. 1085
ʿAbd-al-Karīm Ibn-ʿAbd-aṣ-Ṣamad al-Qaṭṭān aṭ-Ṭabarī
Ibn-ʿAbd-aṣ-Ṣamad, ʿAbd-al-Karīm al-Qaṭṭān aṭ-Ṭabarī
Ṭabarī, ʿAbd-al-Karīm Ibn-ʿAbd-aṣ-Ṣamad ¬aṭ-¬

Qays ibn al-Mulawaḥ
→ **Qais Ibn-al-Mulauwaḥ**

Qays ibn Dharīḥ
→ **Qais Ibn-Ḏarīḥ**

Qaysarānī, Muḥammad Ibn Ṭāhir
→ **Ibn-al-Qaisarānī, Muḥammad Ibn-Ṭāhir**

Qaysī, ʿAbd al-Karīm ibn Muḥammad
→ **Qaisī, ʿAbd-al-Karīm Ibn-Muḥammad ¬al-¬**

Qazwīnī, ʿAbd-al-Karīm Ibn-Muḥammad ¬al-¬
→ **Rāfiʿī, ʿAbd-al-Karīm Ibn-Muḥammad ¬ar-¬**

Qazwīnī, Abū-Ḥātim Maḥmūd Ibn-al-Ḥasan ¬al-¬
→ **Qazwīnī, Maḥmūd Ibn-al-Ḥasan ¬al-¬**

Qazwīnī, Aḥmad Ibn-Fāris ¬al-¬
→ **Ibn-Fāris al-Qazwīnī, Aḥmad**

Qazwīnī, al-Ḫalīl Ibn-ʿAbdallāh ¬al-¬
→ **Ḫalīlī, al-Ḫalīl Ibn-ʿAbdallāh ¬al-¬**

Qazwīnī, Ğalāl-ad-Dīn Muḥammad Ibn-ʿAbd-ar-Raḥmān ¬al-¬
→ **Qazwīnī, Muḥammad Ibn-ʿAbd-ar-Raḥmān ¬al-¬**

Qazwīnī, Jalāl al-Dīn
→ **Qazwīnī, Muḥammad Ibn-ʿAbd-ar-Raḥmān ¬al-¬**

Qazwīnī, Maḥmūd Ibn-al-Ḥasan ¬al-¬
gest. ca. 1048
Ibn-al-Ḥasan, Maḥmūd al-Qazwīnī
Maḥmūd Ibn-al-Ḥasan al-Qazwīnī
Qazwīnī, Abū-Ḥātim Maḥmūd Ibn-al-Ḥasan ¬al-¬

Qazwīnī, Muḥammad Ibn-ʿAbd-ar-Raḥmān ¬al-¬
1267 – 1338
Dimašq al-Qazwīnī, Muḥammad Ibn-ʿAbd-ar-Raḥmān ¬al-¬
Ḫaṭīb al-Qazwīnī ¬al-¬
Ḫaṭīb al-Qazwīnī, Muḥammad Ibn-ʿAbd-ar-Raḥmān ¬al-¬
Ibn-ʿAbd-ar-Raḥmān, Muḥammad al-Ḫaṭīb Dimašq al-Qazwīnī
Ibn-ʿAbd-ar-Raḥmān, Muḥammad al-Qazwīnī
Ibn-ʿAbd-ar-Raḥmān al-Qazwīnī, Muḥammad
Khaṭīb Dimashq al-Qazwīnī, Muḥammad Ibn ʿAbd al-Raḥmān
Muḥammad Ibn-ʿAbd-ar-Raḥman al-Ḫaṭīb Dimašq al-Qazwīnī
Muḥammad Ibn-ʿAbd-ar-Raḥmān al-Qazwīnī
Qazwīnī, Ğalāl-ad-Dīn Muḥammad Ibn-ʿAbd-ar-Raḥmān ¬al-¬
Qazwīnī, Jalāl al-Dīn

Qazwīnī, Zakarīyāʾ Ibn-Muḥammad ¬al-¬
1203 – 1283
LMA,VII,345/46
Ibn-Muḥammad, Zakarīyāʾ al-Qazwīnī
Ibn-Muḥammad al-Qazwīnī, Zakarīyāʾ
Kaswini, Sakarijja Ibn Muhammad ¬al¬
Kazwini, Mahmud el-Zaharia ben
Qaswini, Sakarijja Ibn Muhammad ¬al¬
Qazwīnī, Zakarīyāʾ b. Muḥammad ¬al-¬
Zakarīyāʾ Ibn-Muḥammad al-Qazwīnī

Qazzāz, Abū-ʿAbdallāh Muḥammad Ibn-Ğaʿfar ¬al-¬
→ **Qazzāz, Muḥammad Ibn-Ğaʿfar ¬al-¬**

Qazzāz, Muḥammad Ibn Jaʿfar
→ **Qazzāz, Muḥammad Ibn-Ğaʿfar ¬al-¬**

Qazzāz, Muḥammad Ibn-Ğaʿfar ¬al-¬
972 – 1021
Ibn-Ğaʿfar, Muḥammad al-Qazzāz
Muḥammad Ibn-Ğaʿfar al-Qazzāz
Qazzāz, Abū-ʿAbdallāh Muḥammad Ibn-Ğaʿfar ¬al-¬
Qazzāz, Muḥammad Ibn Jaʿfar
Qazzāz al-Qairawānī
Tamīmī, Muḥammad Ibn-Ğaʿfar ¬at-¬

Qazzāz al-Qairawānī
→ **Qazzāz, Muḥammad Ibn-Ğaʿfar ¬al-¬**

Qieriwangxi
→ **Harṣa ⟨Kanauj, König⟩**

Qifṭ, Pisentius ¬de¬
→ **Pisentius ⟨de Qifṭ⟩**

Qifṭī, Abu-'l-Ḥasan ʿAlī Ibn-Yūsuf ¬al-¬
→ **Qifṭī, ʿAlī Ibn-Yūsuf ¬al-¬**

Qifṭī, ʿAlī Ibn-Yūsuf ¬al-¬
1172 – 1248
ʿAlī Ibn-Yūsuf al-Qifṭī
Ibn-Yūsuf, ʿAlī al-Qifṭī
Ḳifṭī, ʿAlī Ibn Yūsuf ¬al¬
Qifṭī, Abu-'l-Ḥasan ʿAlī Ibn-Yūsuf ¬al-¬
Qifṭī, Ğamāl-ad-Dīn ʿAlī Ibn-Yūsuf ¬al-¬

Qifṭī, Ğamāl-ad-Dīn ʿAlī Ibn-Yūsuf ¬al-¬
→ **Qifṭī, ʿAlī Ibn-Yūsuf ¬al-¬**

Qilir, Elʿāzār B.
→ **Qallîrî, Elʿāzār**

Qillar, El'azar
→ **Qallîrî, Elʿāzār**

Qimḥî, Dawid
1160 – 1235
LMA,V,1142
David ⟨Ben Joseph Kimchi⟩
David ⟨Kimchi⟩
David ⟨Kimhi⟩
Dawid ⟨Qimḥî⟩
Kimchi, David
Kimhi, Dauid
Kimhi, David
Qimchi
RaDdāQq

Qimḥî, Mordekay
13./14. Jh.
Kimchi, Mordechai
Kimḥi, Mordekay
Mordechai ⟨Kimchi⟩
Mordekay ⟨Qimḥî⟩

Qimḥî, Moše
gest. 1190
Hebr. Grammatik
LMA,V,1141/42
Kimchi, Moses
Kimhi, Mosche
Kimhi, Moses
Moise ⟨Kimḥi⟩
Moše ⟨Qimḥî⟩
Moses ⟨Kimchi⟩
Qimḥî, Moše B.

Qimḥî, Yiṣḥāq
ca. 1270 – ca. 1343
Kimchi, Isaak
Yiṣḥāq ⟨Qimḥî⟩

Qimḥî, Yôsēf
ca. 1105 – 1170
Sefer zikkarôn
LMA,V,1141
Josef ben Isaak ⟨Kimchi⟩
Kimchi, Josef ben Isaak
Maître ⟨Petit⟩
Petit ⟨Maître⟩
Yôsēf ⟨Qimḥî⟩

Qināʾī, ʿAbd-ar-Raḥīm Ibn-Aḥmad ¬al-¬
1127 – 1196
ʿAbd-ar-Raḥīm Ibn-Aḥmad al-Qināʾī
Ibn-Aḥmad, ʿAbd-ar-Raḥīm al-Qināʾī

Qināʾī, Aḥmad Ibn-ʿAbbād ¬al-¬
gest. 1454
Aḥmad Ibn-ʿAbbād al-Qināʾī
Ibn-ʿAbbād, Aḥmad al-Qināʾī

Qingyuan
1067 – 1120
Ch'ing-yüan
Foyan

Qirqisânî, Yaʿaqov Ben-Yiṣḥāq
um 900/950
Kitāb al-anwār wa-'l-marāqib
Enṣ. ʿIvrît,30,322
Jacob ⟨Kirkisani⟩
Jaʿqub al-Qirqisānī
Karkassani, Abu-Jussuf Jakub
Karkassani, Abu-Yussuf Jakub
Kirkisani, Jacob
Qirqisānī, Ya
Yaʿaqov Ben-Yiṣḥāq ⟨Qirqisânî⟩
Yaʿqūb al-Qirqisānī

Qōnawī, Muḥammad Ibn-Isḥāq ¬al-¬
→ **Qūnawī, Ṣadr-ad-Dīn Muḥammad Ibn-Isḥāq ¬al-¬**

Qōnawī, Ṣadr-ad-Dīn Muḥammad Ibn-Isḥāq ¬al-¬
→ **Qūnawī, Ṣadr-ad-Dīn Muḥammad Ibn-Isḥāq ¬al-¬**

Qosṭanṭini, Ḥanoḵ ben Šelomo
→ **Ḥanôḵ Ben-Šelomo**

Qoṭboddîn Shîrâzî
→ **Šīrāzī, Quṭb-ad-Dīn Maḥmūd Ibn-Masʿūd ¬aš-¬**

Qreśqaś, Ḥasdây
ca. 1340 – 1410
Hebräischer Schriftsteller; Or adonay; Biṭṭûl ʿiqqerê han-nosrîm
LMA,III,342; Rep.Font. V,388
Chasdai ⟨Crescas⟩
Crescas, Chasdai
Crescas, Ḥasdai
Crescas, Hasdai
Crescas, Ḥasdây
Crescas, Ḥasday
Hasdai ⟨Crescas⟩
Ḥasday ⟨Crescas⟩
Ḥasdây ⟨Qreśqaś⟩
Hasdrai ⟨Qrescas⟩

Quaia de Parma, Johannes
→ **Johannes ⟨Genesius Quaia de Parma⟩**

Quarkemboldus ⟨Pauperum Vicecancellarius⟩
→ **Theodoricus ⟨de Niem⟩**

Quartigianis, Philippus de Diversis ¬de¬
→ **Philippus ⟨de Diversis de Quartigianis⟩**

Quatrarius, Johannes
→ **Johannes ⟨Quatrarius⟩**

Qudāma ibn Jaʿfar al-Kātib al-Baghdādī
→ **Qudāma Ibn-Ğaʿfar al-Kātib al-Baġdādī**

Qudāma Ibn-Ğaʿfar al-Kātib al-Baġdādī
gest. ca. 958
Baġdādī, Qudāma Ibn-Ğaʿfar ¬al-¬
Ibn-Djaʿfar, Kodâma
Ibn-Ğaʿfar, Qudāma al-Kātib al-Baġdādī
Kātib al-Baġdādī, Qudāma Ibn-Ğaʿfar ¬al-¬
Kodâma Ibn-Djaʿfar
Qudāma ibn Jaʿfar al-Kātib al-Baghdādī

Qudsi, Abu Hamid ¬al-¬
→ **Qudsī, Muḥammad Ibn-Ḫalīl ¬al-¬**

Qudsī, Muḥammad Ibn-Ḫalīl ¬al-¬
gest. 1483
Ab.... Ḥāmid Muḥibb-ad-Dīn Muḥammad Ibn-Ḫalīl al-Qudsī aš-Šāfiʿī
Abu Hamid al-Qudsi
Al-Qudsi, Abu Hamid
Al-Qudsī, Muḥammad Ibn-Ḫalīl
Qudsi, Abu Hamid ¬al-¬

Qudūrī, Abu- al-Baġdādī al-
→ **Qudūrī, Aḥmad Ibn-Muḥammad ¬al-¬**

Qudūrī, Aḥmad Ibn-Muḥammad ¬al-¬
972 – 1037
Abdul-Hassan Achmed, al-Koduri
Aḥmad Ibn-Muḥammad al-Qudūrī
Ibn-Muḥammad, Aḥmad al-Qudūrī
Ibn-Muḥammad al-Qudūrī, Aḥmad
Koduri, Abdul-Hassan Achmed Ben-Mohammed
Qudūrī, Abu- al-Baġdādī al-

Quedlinburg, Arnoldus ¬de¬
→ **Arnoldus ⟨de Quedlinburg⟩**

Quedlinburgo, Iordanus ¬de¬
→ **Iordanus ⟨de Quedlinburgo⟩**

Queinfurt, Konrad ¬von¬
→ **Konrad ⟨von Queinfurt⟩**

Quenes ⟨de Béthune⟩
→ **Conon ⟨del Béthune⟩**

Quercia, Jacopo ¬della¬
→ **Jacopo ⟨della Quercia⟩**

Querfordia, Conradus ¬de¬
→ **Conradus ⟨de Querfordia⟩**

Querfurt, Sebaldus ¬von¬
→ **Sebaldus ⟨von Querfurt⟩**

Qūhī, Abū-Sahl Waiğan Ibn-Rustam ¬al-¬
→ **Abū-Sahl al-Kūhī, Waiğan Ibn-Rustam**

Quidenon, Cyrillus
→ **Cyrillus ⟨Quidenon⟩**

Quidort, Johannes
→ **Johannes ⟨Parisiensis⟩**

Quilebeç, Guilelmus ¬de¬
→ **Guilelmus ⟨de Quilebeç⟩**

Quilichinus ⟨de Spoleto⟩
um 1236
LMA,VII,369; Tusculum-Lexikon
Historia Alexandri Magni
Quilichinus ⟨von Spoleto⟩
Spoleto, Quilichinus ¬de¬

Quineriis, Johannes ¬de¬
→ **Johannes ⟨de Quineriis⟩**

Quinque Ecclesiis, Thomas ¬de¬
→ **Thomas ⟨de Quinque Ecclesiis⟩**

Quintiaco, Guilelmus ¬de¬
→ **Guilelmus ⟨de Quintiaco⟩**

Quiricus ⟨Barcinonensis⟩
um 656
Epistula ad Taionem; Epistulae II ad Ildefonsum; Hymnus de S. Eulalia
Cpl 1250;1271
Cyricius ⟨Barcinonensis⟩
Cyricius ⟨Episcopus⟩
Quirice ⟨de Barcelone⟩
Quirice ⟨Evêque⟩
Quiricus ⟨Episcopus⟩

Quiricus ⟨de Augustis⟩
ca. 1460 – ca. 1495
Lumen apothecariorum
LMA,VII,374
Augusti, Cyrice ¬degli¬
Augustis, Quiricus ¬de¬
Augustis, Quiricus de Terthona ¬de¬
Augustis de Terthona, Quiricus ¬de¬
Cyrice ⟨degli Augusti⟩
Domenico ⟨Augusti⟩
Quiricus ⟨de Augustis de Terthona⟩
Terthona, Quiricus de Augustis

Quiricus ⟨Episcopus⟩
→ **Quiricus ⟨Barcinonensis⟩**

Quirini, Lauro
→ **Quirini, Laurus**

Quirini, Laurus
1420 – 1466
Epistola ad papam Nicolaum V d. d. 15. Jul. 1453; wohl nicht identisch mit Laurus ⟨Quirinus⟩ (um 1480/81)
Potth. 947
Lauro ⟨Quirini⟩
Laurus ⟨Quirini⟩
Quirini, Lauro

Quirinus, Laurus
→ **Laurus ⟨Quirinus⟩**

Qummī, ʿAbdallāh Ibn-Ǧaʿfar ¬al-¬
→ **Ḥimyarī al-Qummī, ʿAbdallāh Ibn-Ǧaʿfar ¬al-¬**

Qummī, ʿAlī Ibn-ʿUbaidallāh
→ **Ibn-Bābūya al-Qummī, ʿAlī Ibn-ʿUbaidallāh**

Qummī, Saʿd Ibn-ʿAbdallāh ¬al-¬
gest. 914
Ibn-ʿAbdallāh, Saʿd al-Qummī
Qummī, Saʿd ibn ʿAbd Allāh
Saʿd Ibn-ʿAbdallāh al-Qummī

Qūnawī, Muḥammad Ibn-Isḥāq ¬al-¬
→ **Qūnawī, Ṣadr-ad-Dīn Muḥammad Ibn-Isḥāq ¬al-¬**

Qūnawī, Ṣadr-ad-Dīn Muḥammad Ibn-Isḥāq ¬al-¬
gest. 1263
Ibn-Isḥāq, Muḥammad al-Qūnawī
Ibn-Isḥāq, Ṣadr-ad-Dīn Muḥammad al-Qūnawī
Ḳūnawī, Muḥammad Ibn-Isḥāq ¬al-¬
Muḥammad Ibn-Isḥāq al-Qūnawī
Qōnawī, Muḥammad Ibn-Isḥāq ¬al-¬
Qōnawī, Ṣadr-ad-Dīn Muḥammad Ibn-Isḥāq ¬al-¬
Qūnawī, Muḥammad Ibn-Isḥāq ¬al-¬
Qūnawī, Ṣadr-ad-Dīn Muḥammad Ibn-Isḥāq ¬al-¬
Ṣadr ud-Din-i Qōnawī
Ṣadr-ad-Dīn al-Qūnawī
Ṣadr-ad-Dīn Muḥammad Ibn-Isḥāq al-Qūnawī
Ṣadr-ad-Dīn Qūnawī
Sadreddin Konevi

Qurašī, ʿAbd-al-Bāqī Ibn-ʿAbd-al-Maǧīd ¬al-¬
→ **Yamānī, ʿAbd-al-Bāqī Ibn-ʿAbd-al-Maǧīd ¬al-¬**

Qurašī, Muḥammad Ibn-Abi-'l-Ḫaṭṭāb ¬al-¬
10. Jh.
Ibn-Abi-'l-Ḫaṭṭāb, Muḥammad al-Qurašī
Ibn-Abi-'l-Ḫaṭṭāb al-Qurašī, Muḥammad
Muḥammad Ibn-Abi-'l-Ḫaṭṭāb al-Qurašī

Qurṭubī, Abū-ʿAbdallāh Muḥammad Ibn-Aḥmad
→ **Qurṭubī, Muḥammad Ibn-Aḥmad**

Qurṭubī, Abu-'l-ʿAbbās Aḥmad Ibn-ʿUmar ¬al-¬
→ **Qurṭubī, Aḥmad Ibn-ʿUmar ¬al-¬**

Qurṭubī, Abu-'l-Walid Marwān Ibn-Ǧannāḥ ¬al-¬
→ **Ibn-Ǧanāḥ, Yônā**

Qurṭubī, Aḥmad Ibn-ʿUmar ¬al-¬
gest. 1258
Aḥmad Ibn-ʿUmar al-Qurṭubī
Ibn-ʿUmar, Aḥmad al-Qurṭubī
Qurṭubī, Abu-'l-ʿAbbās Aḥmad Ibn-ʿUmar ¬al-¬

Qurṭubī, ʿArīb Ibn-Saʿd ¬al-¬
→ **ʿArīb Ibn-Saʿd al-Qurṭubī**

Qurṭubī, Muḥammad Ibn-Aḥmad
gest. 1273
Ibn-Aḥmad, Muḥammad al-Qurṭubī
Ibn-Farağ, Muḥammad Ibn-Aḥmad
Ibn-Farağ al-Qurṭubī, Muḥammad Ibn-Aḥmad
Ibn-Faraḥ al-Qurṭubī, Muḥammad Ibn-Aḥmad
Ibn-Farḥ al-Qurṭubī, Muḥammad Ibn-Aḥmad
Muḥammad Ibn-Aḥmad al-Qurṭubī
Qurṭubī, Abū-ʿAbdallāh Muḥammad Ibn-Aḥmad

Qurṭubī, Ṣāʿid Ibn-Aḥmad ¬al-¬
→ **Andalusī, Ṣāʿid Ibn-Aḥmad ¬al-¬**

Qušairī, ʿAbd-al-Karīm Ibn-Hawāzin ¬al-¬
986 – 1072
ʿAbd-al-Karīm Ibn-Hawāzin al-Qušairī
Ibn-Hawāzin, ʿAbd-al-Karīm al-Qušairī
Ibn-Hawāzin al-Qušairī, ʿAbd-al-Karīm
Kuschairi
Kuschairi, Al
Qušairī, Abu-'l-Qāsim ʿAbd-al-Karīm Ibn-Hawāzin ¬al-¬
Qushairī, ʿAbdalkarīm ¬al-¬
Qushayri, ʿAbd al-Karīm ibn Hawāzin ¬al-¬

Qušairī, Abu-'l-Qāsim ʿAbd-al-Karīm Ibn-Hawāzin ¬al-¬
→ **Qušairī, ʿAbd-al-Karīm Ibn-Hawāzin ¬al-¬**

Qušairī, Muslim Ibn-al-Ḥaǧǧāǧ ¬al-¬
→ **Muslim Ibn-al-Ḥaǧǧāǧ al-Qušairī**

Qūščī, ʿAlī ¬al-¬
→ **Ali Kuşçu**

Qūšǧī, ʿAlī Ibn-Muḥammad ¬al-¬
→ **Ali Kuşçu**

Qushairī, ʿAbdalkarīm ¬al-¬
→ **Qušairī, ʿAbd-al-Karīm Ibn-Hawāzin ¬al-¬**

Qushayri, ʿAbd al-Karīm ibn Hawāzin ¬al-¬
→ **Qušairī, ʿAbd-al-Karīm Ibn-Hawāzin ¬al-¬**

Qusṭā Ibn-Lūqā
9. Jh.
LMA,VII,378
Constabulus
Costa ben Luca
Costa BenLuca
Ibn-Lūqā, Qusṭā
Qusṭā Ibn-Lūqā al-Baʿlabakkī

Qusṭā Ibn-Lūqā al-Baʿlabakkī
→ **Qusṭā Ibn-Lūqā**

Quṭāmī, ʿAmr Ibn-Šuyaim ¬al-¬
→ **Quṭāmī, ʿUmair Ibn-Šiyaim ¬al-¬**

Quṭāmī, ʿUmair Ibn-Šiyaim ¬al-¬
gest. ca. 720
Ibn-Šiyaim, ʿUmair al-Quṭāmī
Quṭāmī, ʿAmr Ibn-Šuyaim ¬al-¬
Taġlibī, ʿUmair Ibn-Šiyaim ¬at-¬
ʿUmair Ibn-Šiyaim al-Quṭāmī

Quṭb-ad-Dīn aš-Šīrāzī
→ **Šīrāzī, Quṭb-ad-Dīn Maḥmūd Ibn-Masʿūd ¬aš-¬**

Quṭb-ad-Dīn Maḥmūd Ibn-Masʿūd aš-Šīrāzī
→ **Šīrāzī, Quṭb-ad-Dīn Maḥmūd Ibn-Masʿūd ¬aš-¬**

Quṭb-ad-Dīn Saʿīd Ibn-Hibatallāh ar-Rāwandī
→ **Rāwandī, Saʿīd Ibn-Hibatallāh ¬ar-¬**

Quṭrub, Muḥammad Ibn-al-Mustanīr ¬al-¬
gest. 821/22
Ibn-al-Mustanīr, Muḥammad al-Quṭrub
Ibn-al-Mustanīr al-Quṭrub, Muḥammad
Muḥammad Ibn-al-Mustanīr al-Quṭrub

R. ⟨de Staningtona⟩
13. Jh.
Compilatio quaedam librorum naturalium
Lohr
R. ⟨de Northumberland⟩
R. ⟨de Stannington⟩
R. ⟨Moine⟩
Staningtona, R. ¬de¬

Raban
→ **Elîʿezer Ben-Nātān**

Rabanus ⟨Magnentius⟩
→ **Hrabanus ⟨Maurus⟩**

Rabanus ⟨Maurus⟩
→ **Hrabanus ⟨Maurus⟩**

Rabban ⟨Bar Sauma⟩
→ **Bar-Ṣaumā**

Rabbanus ⟨Maurus⟩
→ **Hrabanus ⟨Maurus⟩**

Rab-'byams-pa ⟨Kloṅ-chen⟩
→ **Dri-med-'od-zer ⟨Kloṅ chen-pa⟩**

Rabenstein, Johannes ¬de¬
→ **Johannes ⟨de Rabenstein⟩**

Rabensteiner
Lebensdaten nicht ermittelt
In den Katalogen von Konrad Nachtigall und Hans Folz erwähnt
VL(2),7,943
Rabensteiner ⟨Sangspruchdichter⟩
Raubensteiner

Rabghūzī, Nāṣir al-Dīn Ibn Burhān al-Dīn
→ **Rabġūzī, Nāṣir-ad-Dīn Ibn-Burhān-ad-Dīn ¬ar-¬**

Rabghuzīi, Nosiruddin Burhonuddin
→ **Rabġūzī, Nāṣir-ad-Dīn Ibn-Burhān-ad-Dīn ¬ar-¬**

Rabġūzī, Nāṣir-ad-Dīn Ibn-Burhān-ad-Dīn ¬ar-¬
13./14. Jh.
Richter und Verfasser einer Sammlung von islam. Prophetengeschichten; Qiṣaṣ al-anbiyāʾ (türk., auf einer älteren Sprachstufe)
Nāṣir-ad-Dīn Ibn-Burhān-ad-Dīn ar-Rabġūzī
Rabghūzī, Nāṣir al-Dīn Ibn Burhān al-Dīn
Rabghuzīi, Nosiruddin Burhonuddin
Rebguzi, Nasirüddin Bürhanüddinoğlu

Rabīʿ Ibn-Ḥabīb ¬ar-¬
8. Jh.
Ibn-Ḥabīb, Rabīʿ

Rābîʾā
→ **Elîʿezer Ben-Yôʾēl hal-Lēwî**

Rabjam ⟨Longchen⟩
→ **Dri-med-'od-zer ⟨Kloṅ chen-pa⟩**

Rabštejna, Jan ¬z¬
→ **Johannes ⟨de Rabenstein⟩**

Rachwinus ⟨Frisingensis⟩
→ **Rahewinus ⟨Frisingensis⟩**

Rack
→ **Siegmund ⟨von Gebsattel⟩**

Rackwin
→ **Rahewinus ⟨Frisingensis⟩**

Racziborsko, Johannes ¬de¬
→ **Johannes ⟨de Racziborsko⟩**

Rad, Ludwig
um 1420/68
15 Briefe
VL(2),7,959/961
Ludwig ⟨Rad⟩

Rad, Martin
→ **Martinus ⟨Rath⟩**

Rada, Rodericus Ximenius ¬de¬
→ **Ximenius de Rada, Rodericus**

Radbertus ⟨Corbeiensis⟩
→ **Paschasius ⟨Radbertus⟩**

Radbertus, Paschasius
→ **Paschasius ⟨Radbertus⟩**

Radbodus ⟨Noviomensis⟩
gest. 1098
Vita S. Godebertae; Vita S. Medari ep. Nov.
Potth. 948
Radbod ⟨de Noyon et Tournay⟩
Radbod ⟨de Noyon-Tournai⟩
Radbod ⟨Evêque, II.⟩
Radbodus ⟨Episcopus, II.⟩
Radbodus ⟨II.⟩
Radbodus ⟨Noviomensis et Tornacensis⟩
Radbodus ⟨Tornacensis⟩

Radbodus ⟨Sanctus⟩
→ **Radbodus ⟨Traiectensis⟩**

Radbodus ⟨Tornacensis⟩
→ **Radbodus ⟨Noviomensis⟩**

Radbodus ⟨Traiectensis⟩
ca. 850 – 917
Carmina
LThK; CSGL; LMA,VII,386; Tusculum-Lexikon
Radbod ⟨von Utrecht⟩
Radbodus ⟨Episcopus⟩
Radbodus ⟨of Utrecht⟩
Radbodus ⟨Sanctus⟩
Radbodus ⟨Ultraiectensis⟩
Radboud ⟨van Utrecht⟩

Radbodus ⟨Ultraiectensis⟩
→ **Radbodus ⟨Traiectensis⟩**

Radburnus, Thomas
→ **Thomas ⟨Rudburnus, ...⟩**

RaDdāQq
→ **Qimḥî, Dawid**

Radegg, Rudolfus ¬de¬
→ **Rudolfus ⟨de Radegg⟩**

Radegund ⟨Heilige⟩
→ **Radegunde ⟨Fränkisches Reich, Königin⟩**

Radegunde ⟨Fränkisches Reich, Königin⟩
518 – 587
Epistula ad episcopos
LMA,VII,387; Potth. 948
Radegonde ⟨Epouse de Clotaire I.⟩
Radegonde ⟨Fille de Bertaire⟩
Radegonde ⟨France, Reine⟩
Radegonde ⟨Sainte⟩
Radegonde ⟨Thuringe, Reine⟩
Radegund ⟨Heilige⟩
Radegunde ⟨Frankenkönigin⟩
Radegunde ⟨Gattin Chlotars I.⟩
Radegunde ⟨Heilige⟩
Radegunde ⟨Nonne⟩
Radegundis ⟨Francia, Regina⟩
Radegundis ⟨Francorum Regina⟩
Radegundis ⟨Frankenkönigin⟩
Radegundis ⟨Königin⟩
Radegundis ⟨Regina⟩
Radegundis ⟨Sancta⟩

Radegundis ⟨Sancta⟩
→ **Radegunde ⟨Fränkisches Reich, Königin⟩**

Radelchisus ⟨Princeps⟩
gest. 851
Capitulare sive Divisio principatus Beneventani Siginulfo principi concessa
Potth. 948
Radelchisus
Radelchisus ⟨Princeps Beneventi⟩
Radelgise ⟨Bénévent, Prince, I.⟩
Radelgisus

Radeler
um 1439
Politisches Lied; Tierkampf-Allegorie
VL(2),7,965/966

Radelgisus
→ **Radelchisus ⟨Princeps⟩**

Radevicus ⟨Canonicus⟩
→ **Rahewinus ⟨Frisingensis⟩**

Radevicus ⟨Frisingensis⟩
→ **Rahewinus ⟨Frisingensis⟩**

Radewijns, Florentius
→ **Florentius ⟨Radewijns⟩**

Radewinus ⟨Frisingensis⟩
→ **Rahewinus ⟨Frisingensis⟩**

Raḍī, aš-Šarīf Muḥammad Ibn-al-Ḥusain ¬ar-¬
→ **Šarīf ar-Raḍī, Muḥammad Ibn-al-Ḥusain ¬aš-¬**

Raḍī, Muḥammad Ibn-al-Ḥusain ¬ar-¬
→ **Šarīf ar-Raḍī, Muḥammad Ibn-al-Ḥusain ¬aš-¬**

Radimptorius, Radulfus
→ **Radulfus ⟨Radimptorius⟩**

Radingia, Johannes ¬de¬
→ **Johannes ⟨de Radingia⟩**

Radingia, Robertus ¬de¬
→ **Robertus ⟨de Radingia⟩**

Radiolio, Thomas ¬de¬
→ **Thomas ⟨de Radiolio⟩**

Radiptorius, Rodolphe
→ **Radulfus ⟨Radimptorius⟩**

Radjrādjī, Ḥusayn Ibn ʿAlī
→ **Raǧrāǧī, Ḥusain Ibn-ʿAlī ¬ar-¬**

Radoinus ⟨Larinensis⟩
11. Jh.
Vita S. Pardi episc.
Potth. 948
Radoin ⟨de Larino⟩
Radoin ⟨Diacre de Larino⟩
Radoin ⟨Hagiographe⟩
Radoinus ⟨Diaconus Larinensis⟩
Radoinus ⟨Levita⟩

Radolfus ⟨...⟩
→ **Radulfus ⟨...⟩**

Radolin, Petrus ¬de¬
→ **Petrus ⟨de Radolin⟩**

Radolio, Thomas ¬de¬
→ **Thomas ⟨de Radiolio⟩**

Radolphus ⟨...⟩
→ **Radulfus ⟨...⟩**

Radom, Bartholomaeus ¬de¬
→ **Bartholomaeus ⟨de Radom⟩**

Radonežskij, Sergij
→ **Sergij ⟨Radonežskij⟩**

Radpertus ⟨Abbas⟩
→ **Paschasius ⟨Radbertus⟩**

Radulf ⟨von Bourges⟩
→ **Radulfus ⟨Bituricensis⟩**

Radulf ⟨von Brüssel⟩
→ **Radulfus ⟨de Bruxellis⟩**

Radulf ⟨von Caen⟩
→ **Radulfus ⟨Cadomensis⟩**

Radulf ⟨von Coggeshall⟩
→ **Radulfus ⟨de Coggeshall⟩**

Radulf ⟨von Diceto⟩
→ **Radulfus ⟨de Diceto⟩**

Radulf ⟨von Laon⟩
→ **Radulfus ⟨Laudunensis⟩**

Radulf ⟨von Longchamp⟩
→ **Radulfus ⟨de Longo Campo⟩**

Radulf ⟨von Maidstone⟩
→ **Radulfus ⟨de Maidstone⟩**

Radulf ⟨von Mailand⟩
→ **Radulfus ⟨Mediolanensis⟩**

Radulf ⟨von Tongern⟩
→ **Radulfus ⟨de Rivo⟩**

Radulfus ⟨a Rivo⟩
→ **Radulfus ⟨de Rivo⟩**

Radulfus ⟨Acheduni⟩
→ **Radulfus ⟨Acton⟩**

Radulfus ⟨Acton⟩
um 1320
In evangelia; In epistolas Pauli
Stegmüller, Repert. bibl. 7089
Achedunus, Radulfus
Acton, Radulfus
Acton, Rodolphe
Actonus, Radulfus
Radulfus ⟨Acheduni⟩
Radulfus ⟨Achedunus⟩
Radulfus ⟨Actonus⟩
Raoul ⟨d'Acton⟩
Rodolphe ⟨Acton⟩

Radulfus ⟨Anglus⟩
→ **Radulfus ⟨Bocking⟩**
→ **Radulfus ⟨Niger⟩**
→ **Radulfus ⟨Radimptorius⟩**

Radulfus ⟨Anselmi Laudunensis Frater⟩
→ **Radulfus ⟨Laudunensis⟩**

Radulfus ⟨Ardens⟩
gest. ca. 1200
Homilien
CSGL; LMA,VII,392/393; Tusculum-Lexikon
Ardens, Radulfus
Radulf ⟨Ardens⟩
Radulfus ⟨Pictaviensis⟩
Radulphus ⟨Pictaviensis⟩
Raoul ⟨Ardent⟩
Rodolphe ⟨Ardent⟩
Rudolfus ⟨Ardens⟩

Radulfus ⟨Auctor Sermonis de Nemine⟩
→ **Radulfus ⟨Canonicus⟩**

Radulfus ⟨Bellovacensis⟩
ca. 1100 – ca. 1180
Glossae super Donatum; Liber Titan
Beauvais, Ralph ¬of¬
Pseudo-Radulfus ⟨Bellovacensis⟩
Radulfus ⟨Belvacensis⟩
Radulfus ⟨Magister⟩
Ralph ⟨of Beauvais⟩
Rodolphe ⟨de Beauvais⟩

Radulfus ⟨Bituricensis⟩
gest. 866
Instructio pastoralis
LThK; CSGL; Potth. 987; DOC,2,1561
Radulf ⟨von Bourges⟩
Radulfus ⟨Episcopus⟩
Ralph ⟨of Bourges⟩
Raoul ⟨de Bourges⟩
Rodolphe ⟨de Bourges⟩
Rodolphe ⟨Saint⟩
Rudolf ⟨von Bourges⟩
Rudolfus ⟨Bituricensis⟩
Rudolfus ⟨Episcopus⟩
Rudolph ⟨of Bourges⟩

Radulfus ⟨Bocking⟩
um 1264/70 · OP
Vita S. Richardi episcopi Cicestriensis
Potth. 949; Schneyer,V,16
Bocking, Radulfus
Bocking, Rodolphe
Radulfus ⟨Anglicus⟩
Radulfus ⟨Anglus⟩
Radulfus ⟨Bocking Anglicus⟩
Radulfus ⟨Bockingus⟩
Radulfus ⟨de Chester⟩
Rodolphe ⟨Bocking⟩
Rodolphe ⟨de Chester⟩

Radulfus ⟨Brito⟩
ca. 1270/75 – 1320/36
Stegmüller, Repert. bibl.: OFM; Quaestiones super Priscianum minorem; Quaestiones super totam artem veterem; Quaestiones libri Priorum; etc.; nach neuesten Erkenntnissen nicht identisch mit Radulfus ⟨de Hotot⟩; Identität mit Radulfus ⟨Reginaldi Britonis⟩ wahrscheinlich
Lohr; Stegmüller, Repert. bibl. 7090
Brito, Radulfus
Brito, Rodolphe
Radulfus ⟨Britonus⟩
Radulfus ⟨le Breton⟩
Radulfus ⟨Reginaldi⟩
Radulfus ⟨Reginaldi Britonis⟩
Radulfus ⟨Reginaldus⟩
Raoul ⟨le Breton⟩
Raoul ⟨Renard⟩
Raoul ⟨Renaud⟩
Rodolphe ⟨Brito⟩

Radulfus ⟨Cadomensis⟩
geb. ca. 1080
Gesta Tancredi
CSGL; Tusculum-Lexikon
Caen, Raoul ¬de¬
Radulf ⟨Cadomensis⟩
Radulf ⟨von Caen⟩
Radulphus ⟨Cadomensis⟩
Raoul ⟨de Caen⟩
Rodolphe ⟨de Caen⟩

Radulfus ⟨Cameracensis⟩
→ **Rudolfus ⟨Cameracensis⟩**

Radulfus ⟨Canonicus⟩
um 1290
Historia (S.) Neminis (Scherzschrift)
Potth. 948
Canonicus Radulfus
Radulfus ⟨Auctor Sermonis de Nemine⟩
Rodolphe ⟨Chanoine de Bayeux⟩
Rodolphe ⟨l'Angevin⟩

Radulfus ⟨Canonicus Carnotensis⟩
→ **Columna, Landulphus ¬de¬**

Radulfus ⟨Cantuariensis⟩
um 1122
Epistula Calixto papae missa quaerens de iniuria ...
Radulfus ⟨of Canterbury⟩
Ralph ⟨d'Escures⟩
Ralph ⟨of Canterbury⟩
Ralph ⟨of Escures⟩
Rodolphe ⟨de Cantorbéry⟩
Rodolphe ⟨de Rochester⟩
Rodolphe ⟨d'Escures⟩
Rudolfus ⟨Cantuariensis⟩

Radulfus ⟨Carnotensis⟩
→ **Columna, Landulphus ¬de¬**

Radulfus ⟨Cluniacensis⟩
→ **Radulfus ⟨Glaber⟩**

Radulfus ⟨Cluniacensis Monachus⟩
→ **Rudolfus ⟨Cluniacensis⟩**

Radulfus ⟨Coggeshalensis⟩
→ **Radulfus ⟨de Coggeshall⟩**

Radulfus ⟨de Bruxellis⟩
gest. 1466
Stegmüller, Repert. sentent. 705 - 707; LMA,VII,391
Bruxellis, Radulfus ¬de¬
Radulf ⟨von Brüssel⟩
Radulfus ⟨de Bruxella⟩
Radulfus ⟨de Zeelandia⟩
Rodolphe ⟨de Bussela⟩
Rodolphe ⟨de Buxella⟩

Radulfus ⟨de Chester⟩
→ **Radulfus ⟨Bocking⟩**

Radulfus ⟨de Coggeshall⟩
gest. ca. 1228
Historia Anglicana
LThK; LMA,VII,392
Coggeshalae, Radulphus ¬de¬
Coggeshall, Radulfus ¬de¬
Coggeshall, Radulphus
Radulf ⟨von Coggeshall⟩
Radulfus ⟨Coggeshalensis⟩
Radulfus ⟨de Coggeshale⟩
Radulfus ⟨of Coggeshall⟩
Radulphus ⟨of Coggeshall⟩
Ralph ⟨of Coggeshall⟩
Raoul ⟨de Coggeshall⟩
Rodolphe ⟨de Coggeshall⟩

Radulfus ⟨de Columella⟩
→ **Columna, Landulphus ¬de¬**

Radulfus ⟨de Columna⟩
→ **Columna, Landulphus ¬de¬**

Radulfus ⟨de Diceto⟩
gest. 1202
Abbreviationes chronicorum
LThK; CSGL; LMA,VII,393; Tusculum-Lexikon
Diceto, Radulfus ¬de¬
Diceto, Radulphus ¬de¬
Diceto, Ralph ¬de¬
Radulf ⟨von Diceto⟩
Radulfus ⟨Londinensis⟩
Radulphus ⟨de Diceto⟩
Ralph ⟨de Diceto⟩
Ralph ⟨de Dissay⟩
Ralph ⟨von Diceto⟩
Raoul ⟨de Diceto⟩
Robertus ⟨de Diceto⟩
Rodolphe ⟨de Diceto⟩

Radulfus ⟨de Flaix⟩
→ **Radulfus ⟨Flaviacensis⟩**

Radulfus ⟨de Fontenelle-sur-Seine⟩
→ **Radulfus ⟨Fontanellensis⟩**

Radulfus ⟨de Gatcumbe⟩
→ **Watecumbe ⟨Anglicus⟩**

Radulfus ⟨de Glanvilla⟩
→ **Ranulfus ⟨de Glanvilla⟩**

Radulfus ⟨de Higden⟩
→ **Higden, Ranulfus**

Radulfus ⟨de Homblonaria⟩
→ **Ranulfus ⟨de Humbloneria⟩**

Radulfus ⟨de Hotot⟩
um 1308/10
Sermo de immaculata conceptione; Identität mit Radulfus ⟨Brito⟩ umstritten
Stegmüller, Repert. sentent. 7125
Hotot, Radulfus ¬de¬
Radulfus ⟨de Rotot⟩
Raoul ⟨de Hotot⟩
Rodolphe ⟨de Hoitot⟩
Rodolphe ⟨de Hotot⟩

Radulfus ⟨de Hygden⟩
→ **Higden, Ranulfus**

Radulfus ⟨de Laon⟩
→ **Radulfus ⟨Laudunensis⟩**

Radulfus ⟨de London⟩
→ **Radulfus ⟨Londoniensis⟩**

Radulfus ⟨de Longo Campo⟩
geb. ca. 1150 · OCist
LMA,VII,393; LThK
Longo Campo, Radulfus ¬de¬
Radulf ⟨von Longchamp⟩
Ralph ⟨de Longchamp⟩
Raoul ⟨de Longchamp⟩
Rodolphe ⟨de Longchamp⟩

Radulfus ⟨de Maidstone⟩
gest. ca 1245 · OFM
Glossa in Petri Lombardi
Stegmüller, Repert. bibl. 7143; LMA,VII,392
Maidstone, Radulfus ¬de¬
Radulf ⟨von Maidstone⟩
Radulfus ⟨Maydeston⟩
Radulfus ⟨Vageniacensis⟩
Rodolphe ⟨de Maidstone⟩
Rodolphe ⟨d'Hereford⟩
Rodulfus ⟨Vageniacensis⟩
Rudolfus ⟨Maideston⟩
Rudolfus ⟨Medwegedune⟩

Radulfus ⟨de Merton⟩
→ **Radulfus ⟨Strodus⟩**

Radulfus ⟨de Moroliis⟩
um 1252 · OCist
Schneyer,V,17
Moroliis, Radulfus ¬de¬
Radulfus ⟨de Moureilles⟩
Radulfus ⟨de Mozoliis⟩
Raoul ⟨de Moureilles⟩
Rodolphe ⟨de Moureilles⟩

Radulfus ⟨de Moureilles⟩
→ **Radulfus ⟨de Moroliis⟩**

Radulfus ⟨de Mozoliis⟩
→ **Radulfus ⟨de Moroliis⟩**

Radulfus ⟨de Noviomago⟩
um 1488 · OP
Legenda B. Alberti Magni
Potth. 950; 987
Nijmègue, Rodolphe ¬de¬
Noviomago, Radulfus ¬de¬
Radolphus ⟨de Noviomago⟩
Rodolphe ⟨de Nijmègue⟩
Rodolphe ⟨de Nimègue⟩
Rudolphus ⟨de Noviomago⟩

Radulfus ⟨de Praellis⟩
→ **Presles, Raoul ¬de¬**

Radulfus ⟨de Retos⟩
um 1300 · OFM (?)
Bei Schneyer fälschlich mit Namensformen zu Radulfus ⟨Brito⟩, Radulfus ⟨de Hotot⟩ und Radulfus ⟨Radimptorius⟩ aufgeführt
Schneyer,V,17
Radulfus ⟨de Rotos⟩
Retos, Radulfus ¬de¬
Rodolphe ⟨de Retos⟩
Rodolphe ⟨Prédicateur⟩

Radulfus ⟨de Rivo⟩
ca. 1350 – 1403
De canonum observantia
CSGL; LMA,VII,394; LThK
Radulf ⟨von Tongern⟩
Radulfus ⟨a Rivo⟩
Radulfus ⟨Decanus⟩
Radulfus ⟨Rivius⟩
Radulfus ⟨Tungrensis⟩
Radulph ⟨of Rivo⟩
Radulph ⟨von Tongern⟩
Raoul ⟨du Ruisseau⟩
Raoul ⟨van Rievieren⟩
Rivo, Radulfus ¬de¬
Rodolphe ⟨de Rivo⟩
Rodolphe ⟨du Ruisseau⟩
Rudolfus ⟨de Rivo⟩
Rudolfus ⟨Decanus⟩
Rudolfus ⟨Tongrensis⟩

Radulfus ⟨de Rotos⟩
→ **Radulfus ⟨de Retos⟩**

Radulfus ⟨de Rotot⟩
→ **Radulfus ⟨de Hotot⟩**

Radulfus ⟨de Salopia⟩
1329 – 1363
Radulfus ⟨Episcopus⟩
Ralph ⟨of Bath and Wells⟩
Ralph ⟨of Shrewsbury⟩
Rodolphe ⟨de Shrewsbury⟩
Salopia, Radulfus ¬de¬

Radulfus ⟨de Spalding⟩
14. Jh. · OCarm
Quaestiones super Elenchos
Lohr
Radulfus ⟨Spaldingus⟩
Radulfus ⟨Spauldingus⟩
Radulphus ⟨Spauldingius⟩
Raoul ⟨Spalding⟩
Spalding, Radulfus ¬de¬
Spalding, Raoul
Spauldingius, Radulfus
Spauldingius, Radulphus

Radulfus ⟨de Turbine⟩
gest. 1122 · OSB
Schneyer,V,17
Radulfus ⟨d'Escures⟩
Radulfus ⟨Roffensis⟩
Radulfus ⟨Roffensis de Turbine⟩
Rodolphe ⟨de Cantorbéry⟩
Rodolphe ⟨de Cantorbury⟩
Rodolphe ⟨de Saint-Martin de Séez⟩
Rodolphe ⟨de Turbine⟩
Rodolphe ⟨d'Escures⟩
Turbine, Radulfus ¬de¬

Radulfus ⟨de Zeelandia⟩
→ **Radulfus ⟨de Bruxellis⟩**

Radulfus ⟨Decanus⟩
→ **Radulfus ⟨de Rivo⟩**

Radulfus ⟨d'Escures⟩
→ **Radulfus ⟨de Turbine⟩**

Radulfus ⟨Divionensis⟩
→ **Radulfus ⟨Glaber⟩**

Radulfus ⟨Episcopus⟩
→ **Radulfus ⟨Bituricensis⟩**
→ **Radulfus ⟨de Salopia⟩**

Radulfus ⟨Flaviacensis⟩
gest. ca. 1160 · OSB
Tractatus de amore et de odio carnis
Schönberger/Kible, Repertorium, 16816; LThK; LMA,VII,393
Radulfus ⟨de Flaix⟩
Radulfus ⟨Flaviensis⟩
Radulfus ⟨von Flaix⟩
Radulphe ⟨de Flaix⟩
Radulphus ⟨Flaviacensis⟩
Raoul ⟨de Flay⟩
Rodolphe ⟨de Flaix⟩

Radulfus ⟨Flaviensis⟩
→ **Radulfus ⟨Flaviacensis⟩**

Radulfus ⟨Floriacensis⟩
→ **Radulfus ⟨Tortarius⟩**

Radulfus ⟨Fontanellensis⟩
gest. 1048 · OSB
Cant.; Nahum; Apoc.
Stegmüller, Repert. bibl. 7123-7124,1
Gradulphe ⟨de Fontenelle⟩
Radulfus ⟨de Fontenelle-sur-Seine⟩
Radulfus ⟨Monachus⟩
Rodolphe ⟨de Fontenelle⟩

Radulfus ⟨Glaber⟩
gest. ca. 1050
Francorum historiae
LThK; LMA,VII,933; Tusculum-Lexikon
Glaber, Radulfus
Glaber, Radulphus
Glaber, Raoul
Glaber, Rodulfus
Glaber, Rodulphus
Radulf ⟨Glaber⟩
Radulfus ⟨Cluniacensis⟩
Radulfus ⟨Divionensis⟩
Radulphus ⟨Glaber⟩
Raoul ⟨Glaber⟩
Rodolfo ⟨Glabro⟩
Rodolfo ⟨il Glabro⟩
Rodolphe ⟨Glaber⟩
Rodulf ⟨Glaber⟩
Rodulfus ⟨Glaber⟩
Rodulphus ⟨Glaber⟩
Rudolfus ⟨Cluniacensis⟩
Rudolfus ⟨Glaber⟩
Rudolphus ⟨Glaber⟩

Radulfus ⟨Hickeden⟩
→ **Higden, Ranulfus**

Radulfus ⟨Hygden⟩
→ **Higden, Ranulfus**

Radulfus ⟨Laudunensis⟩
gest. 1131
Stegmüller, Repert. bibl. 7126-7142; LMA,VII,392; Stegmüller, Repert. sentent. 766;804
Radulf ⟨von Laon⟩
Radulfus ⟨Anselmi Laudunensis Frater⟩
Radulfus ⟨de Laon⟩
Radulph ⟨von Laon⟩
Raoul ⟨Chancelier⟩
Raoul ⟨de Laon⟩
Rodolphe ⟨de Laon⟩

Radulfus ⟨le Breton⟩
→ **Radulfus ⟨Brito⟩**

Radulfus ⟨Leodiensis⟩
gest. 1048
Epistulae ad Ragimboldum, magistrum Coloniensem
DOC,2,1562
Radolfus ⟨Leodiensis⟩
Radulfus ⟨Magister Leodiensis⟩
Rodolphe ⟨de Liège⟩
Rodolphe ⟨Ecolâtre⟩

Radulfus ⟨Linnensis⟩
→ **Radulfus ⟨Marham⟩**

Radulfus ⟨Lockesley⟩
um 1310 · OFM
Super Aristotelis opera varia libri plures
Lohr
Lockesley, Radulfus
Lockesley, Rodolphe
Lockesley, Rodulfus
Lockesley, Rodulphus
Radulfus ⟨Lokesleius⟩
Ranulfus ⟨Lokesleius⟩
Rodolphe ⟨Lockesley⟩
Rodulfus ⟨Loccheslegus⟩
Rudolfus ⟨Lockesley⟩

Radulfus ⟨Lokesleius⟩
→ **Radulfus ⟨Lockesley⟩**

Radulfus ⟨Londinensis⟩
→ **Radulfus ⟨de Diceto⟩**
→ **Radulfus ⟨Londoniensis⟩**

Radulfus ⟨Londoniensis⟩
Lebensdaten nicht ermittelt
Electuarium (Elucidarium ?) de lapsu et reparatione animae
Stegmüller, Repert. sentent. 710
Radulfus ⟨de London⟩
Radulfus ⟨Londinensis⟩
Rodolphe ⟨de Londres⟩

Radulfus ⟨Magister⟩
→ **Radulfus ⟨Bellovacensis⟩**

Radulfus ⟨Magister Leodiensis⟩
→ **Radulfus ⟨Leodiensis⟩**

Radulfus ⟨Marham⟩
um 1378/89 · OESA
Manipulus chronicorum
Stegmüller, Repert. bibl. 7144
Marham, Radulfus
Marham, Radulphe
Marham, Radulphus
Radulfus ⟨Linnensis⟩
Radulphe ⟨Marham⟩

Radulfus ⟨Maydeston⟩
→ **Radulfus ⟨de Maidstone⟩**

Radulfus ⟨Mediolanensis⟩
gest. ca. 1190
De rebus gestis Frid. I. Imp. in Italia
Radulf ⟨von Mailand⟩
Raoul ⟨de Milan⟩
Raoul ⟨le Milanais⟩
Raoul ⟨Mediolanensis⟩
Raoul ⟨Sire⟩
Rodolphe ⟨le Milanais⟩

Radulfus ⟨Monachus⟩
→ **Radulfus ⟨Fontanellensis⟩**

Radulfus ⟨Niger⟩
gest. 1206
Septem digesta super Eptaticum
LMA,VII,394; Tusculum-Lexikon
Niger, Radulfus
Radulf ⟨Niger⟩
Radulfus ⟨Anglus⟩
Ralf ⟨Niger⟩
Ralph ⟨Niger⟩
Rodolphe ⟨Niger⟩

Radulfus ⟨of Canterbury⟩
→ **Radulfus ⟨Cantuariensis⟩**

Radulfus ⟨of Coggeshall⟩
→ **Radulfus ⟨de Coggeshall⟩**

Radulfus ⟨Pictaviensis⟩
→ **Radulfus ⟨Ardens⟩**

Radulfus ⟨Platina⟩
→ **Platina, Bartholomaeus**

Radulfus ⟨Postliminius⟩
11. Jh.
Stegmüller, Repert. bibl. 7150
Postliminius, Radulfus
Pseudo-Radulfus ⟨Postliminius⟩

Radulfus ⟨Radiatorius⟩
→ **Radulfus ⟨Radimptorius⟩**

Radulfus ⟨Radimptorius⟩
um 1350 · OFM
In varios veteris et novi testamenti textus
Stegmüller, Repert. bibl. 7151
Radimptorius, Radulfus
Radiptorius, Rodolphe
Radulfus ⟨Anglus⟩
Radulfus ⟨Radiatorius⟩
Radulfus ⟨Radioptorius⟩
Radulfus ⟨Radiptorius⟩
Radulfus ⟨Rodimpton⟩
Rodolphe ⟨Radiptorius⟩

Radulfus ⟨Reginaldus⟩
→ **Radulfus ⟨Brito⟩**

Radulfus ⟨Remensis⟩
gest. 1124
Epistolae
Potth. 951; DOC,2,1562
Radulfus ⟨Viridis⟩
Radulphus ⟨Remensis⟩
Radulphus ⟨Viridis⟩
Raoul ⟨de Reims⟩
Raoul ⟨le Verd⟩
Rodolphe ⟨de Reims⟩
Rodolphe ⟨le Verd⟩

Radulfus ⟨Rivius⟩
→ **Radulfus ⟨de Rivo⟩**

Radulfus ⟨Rodimpton⟩
→ **Radulfus ⟨Radimptorius⟩**

Radulfus ⟨Roffensis⟩
→ **Radulfus ⟨de Turbine⟩**

Radulfus ⟨Sancti Sepulchri⟩
→ **Rudolfus ⟨Cameracensis⟩**

Radulfus ⟨Sancti Trudonis⟩
→ **Rudolfus ⟨Sancti Trudonis⟩**

Radulfus ⟨Spaldingus⟩
→ **Radulfus ⟨de Spalding⟩**

Radulfus ⟨Strodus⟩
gest. 1387
Logica; Obligationes; Tractatus de consequentiis; etc.
Schönberger/Kible, Repertorium, 16820/16823
Radulfus ⟨de Merton⟩
Radulfus ⟨Strodaeus⟩
Radulfus ⟨Strode⟩
Radulphus ⟨Strode⟩
Ralph ⟨Strode⟩
Strodaeus, Radulphus
Strode, Radulfus
Strode, Ralph
Strodus, Radulfus

Radulfus ⟨Tortarius⟩
gest. 1114
Vita Bened. abb. cas.
CSGL; LMA,VII,394/395; Tusculum-Lexikon
Radulf ⟨Tortarius⟩
Radulfus ⟨Floriacensis⟩
Radulphus ⟨Tortarius⟩
Raoul ⟨Tortaire⟩
Rodolphe ⟨de Fleury⟩
Rodolphe ⟨de la Tourte⟩
Rodolphe ⟨Tortaire⟩
Rudolf ⟨von Torta⟩
Rudolfus ⟨Floriacensis⟩
Rudolfus ⟨Tortarius⟩
Tortarius, Radulfus
Tortarius, Radulphus
Tortarius, Rodulfus

Radulfus ⟨Tungrensis⟩
→ **Radulfus ⟨de Rivo⟩**

Radulfus ⟨Vageniacensis⟩
→ **Radulfus ⟨de Maidstone⟩**

Radulfus ⟨Vannis⟩
gest. 1347 · OCarm
Commentaria in quosdam libros Aristotelis
Lohr
Rodolphe ⟨Vannis⟩
Vannis, Radulfus
Vannis, Rodolphe

Radulfus ⟨Viridis⟩
→ **Radulfus ⟨Remensis⟩**

Radulfus ⟨von Cambray⟩
→ **Rudolfus ⟨Cameracensis⟩**

Radulfus ⟨von Flaix⟩
→ **Radulfus ⟨Flaviacensis⟩**

Radulfus, Richardus
→ **Richardus ⟨Armachanus⟩**

Radulphe ⟨de Flaix⟩
→ **Radulfus ⟨Flaviacensis⟩**

Radulphe ⟨Marham⟩
→ **Radulfus ⟨Marham⟩**

Radulphius, Richardus
→ **Richardus ⟨Armachanus⟩**

Radulphus ⟨...⟩
→ **Radulfus ⟨...⟩**

Rafaelli, Bosone
→ **Bosone ⟨da Gubbio⟩**

Raffā', as-Sarī Ibn-Aḥmad ¬ar-¬
gest. ca. 970
Ibn-Aḥmad, as-Sarī ar-Raffā'
Sarī Ibn-Aḥmad ar-Raffā' ¬as-¬

Raffaele ⟨da Verona⟩
1379 – ca. 1407
Aquilon de Bavière
Verona, Raffaele ¬da¬

Raffaele ⟨Fulgosio⟩
→ **Fulgosius, Raphael**

Raffaelli, Bosone ¬de'¬
→ **Bosone ⟨da Gubbio⟩**

Raffaino ⟨Caresini⟩
→ **Caresinis, Raphaynus ¬de¬**

Rāfi'ī, 'Abd-al-Karīm Ibn-Muḥammad ¬ar-¬
gest. 1226
'Abd-al-Karīm Ibn-Muḥammad ar-Rāfi'ī
Ibn-Muḥammad, 'Abd-al-Karīm ar-Rāfi'ī
Qazwīnī, 'Abd-al-Karīm Ibn-Muḥammad ¬al-¬

Rafold, Heinrich
13./14. Jh.
Der Nußberg
VL(2),7,974/976
Heinrich ⟨Rafold⟩
Henrich ⟨Rafolt⟩
Rafolt, Henrich

Ragewinus ⟨Frisingensis⟩
→ **Rahewinus ⟨Frisingensis⟩**

Raghensis
→ **Rāzī, Muḥammad Ibn-Zakarīyā ¬ar-¬**

Rāġib al-Iṣfahānī, al-Ḥusain Ibn-Muḥammad ¬ar-¬
gest. 1108
Ḥusain Ibn-Muḥammad ar-Rāġib al-Iṣfahānī ¬al-¬
Ibn-Muḥammad, al-Ḥusain ar-Rāġib al-Iṣfahānī
Ibn-Muḥammad ar-Rāġib al-Iṣfahānī, al-Ḥusain
Iṣfahānī, al-Ḥusain Ibn-Muḥammad ¬al-¬
Iṣfahānī, ar-Rāġib al-Ḥusain Ibn-Muḥammad ¬al-¬

Ragimbertus ⟨Leuconaensis⟩
um 660
Vita S. Walarici
Potth. 951
Ragimbert ⟨de Leucone⟩
Ragimbert ⟨Hagiographe⟩
Regimbertus ⟨Abbas Leuconaensis⟩

Ragimboldus ⟨Coloniensis⟩
um 1025/30
Epistulae ad Radolfum, magistrum Leodiensem
DOC,2,1562
Ragimbold ⟨de Cologne⟩
Ragimbold ⟨Ecolâtre⟩
Ragimbold ⟨Mathematiker⟩
Ragimbold ⟨von Köln⟩
Ragimboldus ⟨Magister Coloniensis⟩
Reginbold ⟨von Köln⟩

Raginaldus ⟨Cantabrigiensis⟩
→ **Reginaldus ⟨Cantuariensis⟩**

Rağrāğī, Ḥasan Ibn-ʿAlī ¬ar-¬
→ **Rağrāğī, Ḥusain Ibn-ʿAlī ¬ar-¬**

Rağrāğī, Ḥusain Ibn-ʿAlī ¬ar-¬
gest. 1493
Ḥusain Ibn-ʿAlī ar-Rağrāğī
Ibn-ʿAlī, Ḥusain ar-Rağrāğī
Radjrādjī, Ḥusayn Ibn ʿAlī
Rağrāğī, Ḥasan Ibn-ʿAlī ¬ar-¬
Rajrājī, Ḥusayn Ibn ʿAlī
Šaušāwī, Ḥusain Ibn-ʿAlī ¬aš-¬

Raguel ⟨Cordubensis⟩
um 960/966
Acta S. Pelagii mart.
Potth. 951
Raguel ⟨de Cordoue⟩
Raguel ⟨Presbyter⟩
Raguel ⟨Presbyter Cordubensis⟩
Raguel ⟨Prêtre de Cordoue⟩

Ragusa, Johannes ¬de¬
→ **Johannes ⟨de Ragusa⟩**

Ragusinus, Leonardus
→ **Leonardus ⟨Ragusinus⟩**

Ragusio, Blasius ¬de¬
→ **Blasius ⟨de Ragusio⟩**

Rahewinus ⟨Frisingensis⟩
gest. ca. 1170/77
Gesta Frederici
LThK; CSGL; Tusculum-Lexikon; LMA,VII,401/402
Rachwin
Rachwinus ⟨Frisingensis⟩
Rackwin
Radevicus ⟨Canonicus⟩
Radevicus ⟨de Freising⟩
Radevicus ⟨Frisingensis⟩
Radewin ⟨de Freising⟩
Radewinus ⟨Frisingensis⟩
Ragewin
Ragewinus
Ragewinus ⟨Frisingensis⟩
Rahewin
Rahewin ⟨von Freising⟩
Rahewinus
Reguinus ⟨Frisingensis⟩

Rahingus ⟨Flaviniacensis⟩
10. Jh.
Carmen; Commentarius in S. Pauli epistulas; De codice Vergiliano a se scripto
Potth. 951; Stegmüller, Repert. bibl. 7152
Rahing ⟨de Flavigny⟩
Rahing ⟨Prévôt⟩
Rahingus ⟨Monachus⟩
Rahingus ⟨Praepositus⟩

Raichspalt, Petrus
→ **Peter ⟨von Aspelt⟩**

Raimar ⟨Aragon, König, II.⟩
→ **Ramiro ⟨Aragón, Rey, II.⟩**

Raimbaud ⟨de Liège⟩
→ **Reimbaldus ⟨Leodiensis⟩**

Raimbaut ⟨d'Aurenga⟩
→ **Raimbaut ⟨d'Orange⟩**

Raimbaut ⟨de Vaqueiras⟩
12./13. Jh.
Prov. Troubadour
LMA,VII,403/404
Vaqueiras, Raimbaut ¬de¬

Raimbaut ⟨d'Orange⟩
ca. 1144 – 1173
Troubadour
Aurenga, Raimbaut ¬d'¬
Orange, Raimbaut ¬d'¬
Raimbaud ⟨d'Orange⟩
Raimbaut ⟨d'Aurenga⟩
Raimbaut ⟨Orange, Comte, III.⟩
Raimbaut ⟨Orange, Graf, III.⟩
Rambaud ⟨d'Orange⟩
Rimbaud ⟨d'Orange⟩

Raimbert ⟨de Paris⟩
um 1200/20
Bearb. der „Chevalerie Ogier"
LMA,VII,404
Paris, Raimbert ¬de¬

Raimirus ⟨Rex Aragonensis⟩
→ **Ramiro ⟨Aragón, Rey, II.⟩**

Raimo, Ludovicus ¬de¬
→ **Ludovicus ⟨de Raimo, ...⟩**

Raimon
→ **Raimon ⟨Jordan⟩**

Raimon ⟨de Castelnou⟩
um 1250
Castelnou, Raimon ¬de¬
Raimon ⟨de Castelnau⟩

Raimon ⟨de Cornet⟩
14. Jh.
Doctrinal de Trobar
LMA,VII,404
Cornet, Raimon ¬de¬
Raymond ⟨de Cornet⟩

Raimon ⟨de Miraval⟩
12./13. Jh.
Prov. Troubadour
LMA,VII,404/405
Miraval, Raimon ¬de¬
Raymond ⟨de Miraval⟩

Raimon ⟨Jordan⟩
12. Jh.
Katalan. Troubadour
LMA,VII,404
Jordan, Raimon
Raimon
Raimon Jordan
Raimon Jordan ⟨Viscount de Saint-Antonin⟩
Ramundus ⟨Iordanus⟩
Raymond Jourdain
Raymun ⟨Jorda⟩
Raymun Jorda ⟨Vescoms de Sant Antoni⟩
Raymundus ⟨Iordan⟩

Raimon ⟨Vidal⟩
→ **Vidal, Raimon**

Raimond ⟨d'Agiles⟩
→ **Raimundus ⟨Agilaeus⟩**

Raimond ⟨de Béziers⟩
→ **Raimundus ⟨de Biterris⟩**

Raimond ⟨de Capoue⟩
→ **Raimundus ⟨de Capua⟩**

Raimond ⟨de Guilers⟩
→ **Raimundus ⟨Agilaeus⟩**

Raimond ⟨de Meuillon⟩
→ **Raimundus ⟨de Medullione⟩**

Raimond ⟨de Peñafort⟩
→ **Raimundus ⟨de Pennaforti⟩**

Raimond ⟨de Sabunde⟩
→ **Raimundus ⟨de Sebunda⟩**

Raimond ⟨delle Vigne⟩
→ **Raimundus ⟨de Capua⟩**

Raimond ⟨du Puy⟩
→ **Raimundus ⟨Agilaeus⟩**

Raimond ⟨Fils d'Hugues⟩
→ **Raimundus ⟨Hugonis⟩**

Raimond ⟨Jordan⟩
→ **Raimundus ⟨Iordanus⟩**

Raimondo ⟨da Capua⟩
→ **Raimundus ⟨de Capua⟩**

Raimondo ⟨da Penyafort⟩
→ **Raimundus ⟨de Pennaforti⟩**

Raimondo ⟨delle Vigne⟩
→ **Raimundus ⟨de Capua⟩**

Raimondus ⟨...⟩
→ **Raimundus ⟨...⟩**

Raimpotus
→ **Gariopontus**

Raimund ⟨Chalin von Viviers⟩
→ **Chalmelli, Raimundus**

Raimund ⟨de'Liuzzi⟩
→ **Mundinus ⟨Lucius⟩**

Raimund ⟨Lull⟩
→ **Lullus, Raimundus**

Raimund ⟨von Agiles⟩
→ **Raimundus ⟨Agilaeus⟩**

Raimund ⟨von Capua⟩
→ **Raimundus ⟨de Capua⟩**

Raimund ⟨von Marseille⟩
→ **Raymond ⟨de Marseille⟩**

Raimund ⟨von Peñafort⟩
→ **Raimundus ⟨de Pennaforti⟩**

Raimund ⟨von Sabunde⟩
→ **Raimundus ⟨de Sebunda⟩**

Raimunde ⟨de Moleriis⟩
→ **Raimundus ⟨de Moleriis⟩**

Raimundi, Elias
→ **Elias ⟨Raimundi⟩**

Raimundo ⟨Capuano⟩
→ **Raimundus ⟨de Capua⟩**

Raimundo ⟨Lulio⟩
→ **Lullus, Raimundus**

Raimundo ⟨Martini⟩
→ **Raimundus ⟨Martini⟩**

Raimundus ⟨a Vineis⟩
→ **Raimundus ⟨de Capua⟩**

Raimundus ⟨Acgerii⟩
14. Jh.
In Politicam
Lohr
Acgerii, Raimundus
Raimundus ⟨Atgerii⟩
Raimundus ⟨Augerii⟩
Raimundus ⟨de Miniato⟩
Raimundus ⟨Mimatensis⟩

Raimundus ⟨Agilaeus⟩
11. Jh.
Historia Francorum
Tusculum-Lexikon
Agilaeus, Raimundus
Agiles, Raymond ¬d'¬
Raimond ⟨de Guilers⟩
Raimond ⟨du Puy⟩
Raimond ⟨d'Agiles⟩
Raimond ⟨d'Aguilers⟩
Raimond ⟨d'Arguilliers⟩
Raimund ⟨von Agiles⟩
Raimund ⟨von Aguilers⟩
Raimundus ⟨Canonicus⟩
Raimundus ⟨de Podio⟩
Raimundus ⟨d'Arguilliers⟩
Raimundus ⟨Podiensis⟩

Raimundus ⟨Astucus⟩
→ **Raimundus ⟨de Rocosello⟩**

Raimundus ⟨Augerii⟩
→ **Raimundus ⟨Acgerii⟩**

Raimundus ⟨Avenionensis⟩
→ **Raimundus ⟨Sancti Andreae⟩**

Raimundus ⟨Beatus⟩
→ **Lullus, Raimundus**

Raimundus ⟨Beguini⟩
→ **Raimundus ⟨Bequini⟩**

Raimundus ⟨Bequini⟩
gest. 1328 · OP
Quaestiones quodlibetales; Qu. disp. de paupertate Christi et apostolorum
Kaeppeli,III,278/79
Beguini, Raimundus
Bequin, Raimundus
Bequin, Raymond
Bequini, Raimundus
Raimundus ⟨Beguini⟩
Raimundus ⟨Bequin⟩
Raimundus ⟨Bequin Tolosanus⟩
Raymond ⟨Bequin⟩

Raimundus ⟨Bernardi⟩
um 1383
Oratio coram Wenceslao imp. pro Clemente papa VII contra Urbanum VI
Potth. 951
Bernard, Raymond
Bernardi, Raimundus
Raymond ⟨Bernard⟩
Raymond ⟨Bernard, Ambassadeur⟩
Raymond ⟨Bernard, Conseiller du Roi de France⟩

Raimundus ⟨Biterrensis⟩
→ **Raimundus ⟨de Biterris⟩**

Raimundus ⟨Cabasse⟩
um 1389/1422 · OP
Qu. disp. de paupertate
Kaeppeli,III,279/280
Cabasse, Raimundus

Raimundus ⟨Canonicus⟩
→ **Raimundus ⟨Agilaeus⟩**

Raimundus ⟨Capuanus⟩
→ **Raimundus ⟨de Capua⟩**

Raimundus ⟨Chalmelli⟩
→ **Chalmelli, Raimundus**

Raimundus ⟨d'Arguilliers⟩
→ **Raimundus ⟨Agilaeus⟩**

Raimundus ⟨de Béziers⟩
→ **Raimundus ⟨de Biterris⟩**

Raimundus ⟨de Biterris⟩
um 1313
Liber Kalilae et Dimnae
LMA,VII,489/90
Biterris, Raimundus ¬de¬
Raimond ⟨de Béziers⟩
Raimundus ⟨Biterrensis⟩
Raimundus ⟨de Beders⟩
Raimundus ⟨de Béziers⟩
Raimundus ⟨de Biterres⟩
Raimundus ⟨von Béziers⟩
Raymundus ⟨de Bezotis⟩

Raimundus ⟨de Bretis⟩
um 1300 · OFM
Schneyer,V,18
Bretis, Raimundus ¬de¬
Brette, Raimundus ¬de¬
Raimundus ⟨de Brette⟩
Raymond ⟨de Brette⟩

Raimundus ⟨de Brette⟩
→ **Raimundus ⟨de Bretis⟩**

Raimundus ⟨de Caldes⟩
→ **Caldes, Raimundus ¬de¬**

Raimundus ⟨de Capua⟩
ca. 1330 – 1399 · OP
LThK; LMA,VII,414
Capua, Raimundus ¬de¬
Capua, Raymundus ¬de¬
DelleVigne, Raimond
Raimond ⟨de Capoue⟩
Raimond ⟨de Vineis⟩
Raimond ⟨delle Vigne⟩
Raimondi ⟨da Capua⟩
Raimondo ⟨da Capua⟩
Raimondo ⟨delle Vigne⟩
Raimund ⟨von Capua⟩
Raimundo ⟨Capuano⟩
Raimundus ⟨Capuanus⟩
Raimundus ⟨de Veneis⟩
Raimundus ⟨de Vineis⟩
Raymundus ⟨a Vineis⟩
Raymundus ⟨da Capua⟩
Raymundus ⟨de Capua⟩
Raymundus ⟨de Vineis⟩
Veneis, Raimundus ¬de¬
Vigne, Raimond ¬delle¬
Vineis, Raimundus ¬de¬
Vineis, Raymundus ¬de¬

Raimundus ⟨de Marologio⟩
→ **Raimundus ⟨Romani⟩**

Raimundus ⟨de Massilia⟩
→ **Raymond ⟨de Marseille⟩**

Raimundus ⟨de Medullione⟩
gest. 1294 · OP
Schneyer,V,43; LThK
Medullione, Raimundus ¬de¬
Raimond ⟨de Meuillon⟩
Raimundus ⟨de Mévouillon⟩
Raimundus ⟨Ebrodunensis Archiepiscopus⟩
Raimundus ⟨Vapincensis Episcopus⟩
Raimundus ⟨von Mevouillon⟩
Raymond ⟨de Medullione⟩
Raymond ⟨de Mévouillon⟩

Raimundus ⟨de Mévouillon⟩
→ **Raimundus ⟨de Medullione⟩**

Raimundus ⟨de Miniato⟩
→ **Raimundus ⟨Acgerii⟩**

Raimundus ⟨de Moleriis⟩
um 1335
Gilt neben Arnoldus ⟨de Villa Nova⟩ und Iordanus ⟨de Turre⟩ als möglicher Verf. des „Tractatus de sterilitate"
Moleriis, Raimundus ¬de¬
Raimunde ⟨de Moleriis⟩
Raymond ⟨de Moleriis⟩
Raymundus ⟨de Moleriis⟩

Raimundus ⟨de Morini⟩
um 1276/80
Schneyer,V,43
Morini, Raimundus ¬de¬
Raimundus ⟨de Thérouane⟩
Raymond ⟨Archidiacre⟩
Raymond ⟨de Morinie⟩
Raymond ⟨de Thérouanne⟩

Raimundus ⟨de Pennaforti⟩
1175/80 – 1275
Summa de poenitentia et matrimonio
LMA,VII,414/15; LThK; Tusculum-Lexikon
Peniafort, Raymundus
Pennafort, Raymond ¬de¬
Pennaforti, Raimundus ¬de¬
Raimond ⟨de Peñafort⟩
Raimondo ⟨da Penyafort⟩
Raimund ⟨von Peñafort⟩
Raimund ⟨von Pennafort⟩
Raimundus ⟨de Petraforti⟩
Raimundus ⟨Sanctus⟩
Ramón ⟨de Peñafort⟩
Raymond ⟨de Peñafort⟩
Raymundus ⟨de Peniafort⟩
Raymundus ⟨de Pennaforte⟩
Raymundus ⟨de Pennaforti⟩

Raimundus ⟨de Petraforti⟩
→ **Raimundus ⟨de Pennaforti⟩**

Raimundus ⟨de Podio⟩
→ **Raimundus ⟨Agilaeus⟩**

Raimundus ⟨de Rocosello⟩
13. Jh.
Certamen animae
LMA,VII,494
Raimundus ⟨Astucus⟩
Raimundus ⟨Episcopus Lodovensis⟩
Raymond ⟨Astruc⟩
Raymond ⟨Astucus⟩
Raymond ⟨de Lodève⟩
Raymond ⟨de Rocosel⟩
Raymond ⟨de Rocozelo⟩
Raymond ⟨d'Astolphe⟩
Rocosello, Raimundus ¬de¬

Raimundus ⟨de Sebunda⟩
gest. ca. 1436
Theologia naturalis
LThK; LMA,VII,416
Raimond ⟨de Sabunde⟩
Raimond ⟨de Sebon⟩
Raimond ⟨de Sebonde⟩
Raimund ⟨von Sabunde⟩
Raimundus ⟨de Sabande⟩
Raimundus ⟨de Sabunde⟩
Raimundus ⟨Sabundus⟩
Raimundus ⟨Sebeydus⟩
Raimundus ⟨Sebundius⟩
Raimundus ⟨Sibiuda⟩
Ramón ⟨Sabonda⟩
Raymond ⟨de Sebon⟩
Raymundus ⟨de Sabunde⟩
Raymundus ⟨Sebundius⟩
Sabunde, Ramón
Sabunde, Raymundus ¬de¬
Sebon, Raymond ¬de¬
Sebunda, Raimundus ¬de¬

Raimundus ⟨de Thérouane⟩
→ **Raimundus ⟨de Morini⟩**

Raimundus ⟨de Veneis⟩
→ **Raimundus ⟨de Capua⟩**

Raimundus ⟨de Vinario⟩
→ **Chalmelli, Raimundus**

Raimundus ⟨de Vineis⟩
→ **Raimundus ⟨de Capua⟩**

Raimundus ⟨Ebrodunensis Archiepiscopus⟩
→ **Raimundus ⟨de Medullione⟩**

Raimundus ⟨Episcopus Lodovensis⟩
→ **Raimundus ⟨de Rocosello⟩**

Raimundus ⟨Franciae Provincialis⟩
→ **Raimundus ⟨Romani⟩**

Raimundus ⟨Gaufredi⟩
gest. 1310 · OFM
Schneyer,V,34
Galfredus, Raymundus
Gaufredi, Raimundus
Raimundus ⟨Galfredus⟩
Raymond ⟨Gaufredi⟩
Raymond ⟨Geoffroi⟩
Raymund ⟨Gaufredi⟩
Raymundus ⟨Galfredus⟩

Raimundus ⟨Guilha⟩
gest. 1304 · OP
De unitate existentiae in Christo; De theologia, quod sit scientia; Quodlibet
Kaeppeli,III,280
Guilha, Raimundus
Guilha, Raymond
Raimundus ⟨Ghila⟩
Raimundus ⟨Guilha Tarasconensis⟩
Raymond ⟨de Guilha⟩
Raymond ⟨Guilha⟩

Raimundus ⟨Hermannus⟩
Lebensdaten nicht ermittelt · OServ
Is.; Ez.
Stegmüller, Repert. bibl. 7152,1,2
Hermannus, Raimundus

Raimundus ⟨Hugonis⟩
um 1367/84 · OP
Historia translationis sacri corporis D. Thomae de Aquino Tolosam; Miracula intercessione b. Thomae de Aquino perpetrata
Potth. 951; Schönberger/Kible, Repertorium, 16836/16838; Kaeppeli,III,281
Hugonis, Raimundus
Hugues, Raymond
Raimond ⟨Fils d'Hugues⟩
Raimondus ⟨Hugonis⟩
Raymond ⟨Hugues⟩

Raimundus ⟨Iordanus⟩
gest. ca. 1389
Idiota
Idiota ⟨Sapiens⟩
Iordanus, Raimundus
Jordan, Raymond
Jordanus, Raimundus
Jourdain, Raymond
Raimond ⟨Jordan⟩
Sapiens Idiota

Raimundus ⟨Lullus⟩
→ **Lullus, Raimundus**

Raimundus ⟨Martini⟩
gest. ca. 1284 · OP
LMA,VII,415/16
Martin, Raymond
Martinez, Ramon
Martini, Raimundo
Martini, Raimundus
Martinus ⟨Raimundi⟩
Raimundo ⟨Martini⟩
Raimundus ⟨Martin⟩
Raimundus ⟨Martinus⟩
Ramon ⟨Martinez⟩

Raimundus ⟨Massiliensis⟩
→ **Raymond ⟨de Marseille⟩**

Raimundus ⟨Mimatensis⟩
→ **Raimundus ⟨Acgerii⟩**

Raimundus ⟨Monachus Sancti Andreae Avenionensis⟩
→ **Raimundus ⟨Sancti Andreae⟩**

Raimundus ⟨Podiensis⟩
→ **Raimundus ⟨Agilaeus⟩**

Raimundus ⟨Rigaldi⟩
um 1285/95 · OFM
Distinctiones super Apoc.; Quodlibeta novem
Stegmüller, Repert. bibl. 7158; Schneyer,V,45; Schönberger/Kible, Repertorium, 17334
Raimundus ⟨Rigaldus⟩
Raimundus ⟨Rigauld⟩
Raymond ⟨Rigaud⟩
Raymond ⟨Rigauld⟩
Rigaldi, Raimundus
Rigaldus ⟨Aquitaniae Provincialis⟩
Rigaldus, Raimundus
Rigaud , Raymond

Raimundus ⟨Romani⟩
um 1298/1302 · OP
Sermones; Commentarius in libros sententiarum
Schneyer,V,46
Marologio, Raimundus ¬de¬
Raimundus ⟨de Marologio⟩
Raimundus ⟨Franciae Provincialis⟩
Raimundus ⟨Romanus⟩

Raimundus ⟨Sancti Jacobi Prior⟩
Romani, Raimundus

Raimundus ⟨Sabundus⟩
→ **Raimundus ⟨de Sebunda⟩**

Raimundus ⟨Sancti Andreae⟩
um 1100 · OSB
Vita S. Pontii abbatis
Potth. 951
Raimundus ⟨Avenionensis⟩
Raimundus ⟨Monachus Sancti Andreae Avenionensis⟩
Ranulphe ⟨de Saint-André⟩
Ranulphe ⟨d'Avignon⟩
Raymond ⟨d'Avignon⟩
Raymond ⟨de Saint-André⟩
Sancti Andreae, Raimundus

Raimundus ⟨Sancti Jacobi Prior⟩
→ **Raimundus ⟨Romani⟩**

Raimundus ⟨Sanctus⟩
→ **Raimundus ⟨de Pennaforti⟩**

Raimundus ⟨Sebeydus⟩
→ **Raimundus ⟨de Sebunda⟩**

Raimundus ⟨Sebundius⟩
→ **Raimundus ⟨de Sebunda⟩**

Raimundus ⟨Stephani⟩
um 1318/1322 · OP
Directorium ad passagium faciendum, ad regem Franciae
Kaeppeli,III,287/288
Stephani, Raimundus

Raimundus ⟨Vapincensis Episcopus⟩
→ **Raimundus ⟨de Medullione⟩**

Raimundus ⟨von Béziers⟩
→ **Raimundus ⟨de Biterris⟩**

Raimundus ⟨von Mevouillon⟩
→ **Raimundus ⟨de Medullione⟩**

Rainagola ⟨Altissiodorensis⟩
9. Jh.
Mitverf. eines Teils der Historia episcoporum Autissiodorensium (258-873)
Potth. 608; 951
Rainagola ⟨Autissiodorensis⟩
Rainagola ⟨Canonicus Autissiodorensis⟩

Rainald ⟨de Concoregio⟩
→ **Rainaldus ⟨de Ravenna⟩**

Rainald ⟨von Ravenna⟩
→ **Rainaldus ⟨de Ravenna⟩**

Rainald ⟨von Segni⟩
→ **Alexander ⟨Papa, IV.⟩**

Rainaldo ⟨Concoreggio⟩
→ **Rainaldus ⟨de Ravenna⟩**

Rainaldo ⟨di Vicenza⟩
→ **Rainaldus ⟨de Ravenna⟩**

Rainalducci, Pietro
→ **Nicolaus ⟨Papa, V., Antipapa⟩**

Rainaldus ⟨Andegavensis⟩
um 1075
Chronicon breve a. 312-1075, resp. -1152
Potth. 952
Rainaldus ⟨Archidiaconus Sancti Mauritii Andegavensis⟩
Rainaldus ⟨Sancti Mauritii Andegavensis⟩
Raynaud ⟨Archidiacre d'Angers⟩
Raynaud ⟨d'Angers⟩

Rainaldus ⟨Archidiaconus Sancti Mauritii Andegavensis⟩
→ **Rainaldus ⟨Andegavensis⟩**

Rainaldus ⟨Archiepiscopus⟩
→ **Rainaldus ⟨de Ravenna⟩**

Rainaldus ⟨Archiepiscopus Lugdunensis⟩
→ **Rainaldus ⟨de Vézelay⟩**

Rainaldus ⟨Casinensis⟩
12. Jh.
Vita S. Benedicti Casin. (vita alia)
Potth. 952
Rainaldus ⟨Subdiaconus Casinensis⟩
Raynaud ⟨du Mont-Cassin⟩
Raynaud ⟨Sous-Diacre de Mont-Cassin⟩

Rainaldus ⟨de Louhans⟩
→ **Renaut ⟨de Louhans⟩**

Rainaldus ⟨de Piperno⟩
→ **Reginaldus ⟨de Priverno⟩**

Rainaldus ⟨de Ravenna⟩
ca. 1250 – 1321
Mitarb. an der „Relatio... super articulos regulae fratrum Minorum"
LMA,VII,419/420
Rainald ⟨de Concoregio⟩
Rainald ⟨Erzbischof⟩
Rainald ⟨Ravennas⟩
Rainald ⟨von Ravenna⟩
Rainaldo ⟨Arcivescovo⟩
Rainaldo ⟨Concoreggio⟩
Rainaldo ⟨di Ravenna⟩
Rainaldo ⟨di Vicenza⟩
Rainaldo ⟨Vescovo⟩
Rainaldus ⟨Archiepiscopus⟩
Ravenna, Rainaldus ¬de¬
Raynaud ⟨de'Concoreggi⟩
Rinaldo ⟨da Concorezzo⟩

Rainaldus ⟨de Sancto Eligio⟩
um 1107 · OSB
Stegmüller, Repert. bibl. 7159-7161
Rainaldus ⟨de Saint-Éloi⟩
Rainaldus ⟨Parisiensis⟩
Rainaldus ⟨Prior Sancti Eligii⟩
Rainaldus ⟨Sancti Eligii⟩
Rainaldus ⟨Sancti Eligii Prior⟩
Rainaldus ⟨von Saint-Eloi⟩
Rainaud ⟨de Saint-Éloi⟩
Raynaud ⟨de Paris⟩
Raynaud ⟨de Saint-Eloy⟩
Sancto Eligio, Rainaldus ¬de¬

Rainaldus ⟨de Semur⟩
→ **Rainaldus ⟨de Vézelay⟩**

Rainaldus ⟨de Vézelay⟩
gest. 1129 · OSB
Vita S. Hugonis abb. Cluniacensis
Potth. 952; DOC,2,1563
Rainaldus ⟨Archiepiscopus Lugdunensis⟩
Rainaldus ⟨de Semur⟩
Rainaldus ⟨Monachus Cluniacensis⟩
Rainaldus ⟨Vezeliacensis⟩
Rainaldus ⟨Vizeliacensis⟩
Raynaldus ⟨Cluniacensis⟩
Raynaud ⟨de Cluny⟩
Raynaud ⟨de Lyon⟩
Raynaud ⟨de Semur⟩
Raynaud ⟨de Vézelay⟩
Semur, Rainaldus ¬de¬
Vézelay, Rainaldus ¬de¬

Rainaldus ⟨Lingonensis⟩
um 1080
Vita, agon et triumphus S. Mamantis
Potth. 952

Rainaldus ⟨Episcopus Lingonensis⟩

Rainaldus ⟨Monachus Cluniacensis⟩
→ **Rainaldus ⟨de Vézelay⟩**

Rainaldus ⟨Parisiensis⟩
→ **Rainaldus ⟨de Sancto Eligio⟩**

Rainaldus ⟨Sancti Eligii⟩
→ **Rainaldus ⟨de Sancto Eligio⟩**

Rainaldus ⟨Sancti Mauritii Andegavensis⟩
→ **Rainaldus ⟨Andegavensis⟩**

Rainaldus ⟨Subdiaconus Casinensis⟩
→ **Rainaldus ⟨Casinensis⟩**

Rainaldus ⟨Vezeliacensis⟩
→ **Rainaldus ⟨de Vézelay⟩**

Rainaldus ⟨von Saint-Eloi⟩
→ **Rainaldus ⟨de Sancto Eligio⟩**

Rainardus ⟨de Fronthoven⟩
Lebensdaten nicht ermittelt · OP
Sermones de tempore et de sanctis
Kaeppeli,III,291
Fronthoven, Rainardus ¬de¬
Reinhard ⟨de Coblence⟩
Reinhard ⟨de Fronhofen⟩
Reinhardus ⟨de Fronthoven⟩

Rainer ⟨Giordani⟩
→ **Reinerus ⟨de Pisis⟩**

Rainer ⟨Groningen⟩
→ **Groningen, Rainer**

Rainer ⟨Mönch⟩
→ **Reinerus ⟨Sancti Jacobi Leodiensis⟩**

Rainer ⟨of Liège⟩
→ **Reinerus ⟨Sancti Laurentii Leodiensis⟩**

Rainer ⟨Sacconi⟩
→ **Reinerus ⟨Sacconi⟩**

Rainer ⟨von Bieda⟩
→ **Paschalis ⟨Papa, II.⟩**

Rainer ⟨von Lüttich⟩
→ **Reinerus ⟨Sancti Jacobi Leodiensis⟩**
→ **Reinerus ⟨Sancti Laurentii Leodiensis⟩**

Rainer ⟨von Pisa⟩
→ **Reinerus ⟨de Pisis⟩**

Rainer ⟨von Sankt Laurentius⟩
→ **Reinerus ⟨Sancti Laurentii Leodiensis⟩**

Rainerius ⟨...⟩
→ **Reinerus ⟨...⟩**

Rainerus ⟨...⟩
→ **Reinerus ⟨...⟩**

Rainier ⟨de Bleda⟩
→ **Paschalis ⟨Papa, II.⟩**

Rainier ⟨of Pomposa⟩
→ **Reinerus ⟨Pomposanus⟩**

Rainonus ⟨de Ponte Paradoxo⟩
um 1268/89 · OP
Schneyer,V,47
Ponte Paradoxo, Rainonus ¬de¬
Rainonus ⟨de Ponte Paradoxo, Viterbiensis⟩
Rainonus ⟨ex Ponte Paradosso⟩
Rainonus ⟨Viterbiensis⟩

Rainonus ⟨Viterbiensis⟩
→ **Rainonus ⟨de Ponte Paradoxo⟩**

Rainucius ⟨de Upezinghis⟩
um 1332/1358 · OP
Paschale; Tractatus spaerae
Kaeppeli,III,254/255
Rainucius ⟨de Upezinghis Pisanus⟩
Ramantino ⟨de Florence⟩
Ramantinus ⟨de Florentia⟩
Ramantinus ⟨Florentinus⟩
Raynuccius ⟨de Pisis⟩
Reinerus ⟨de Upezinghis⟩
Upezinghis, Rainucius ¬de¬

Raithenus, Daniel
→ **Daniel ⟨Raithenus⟩**

Raithenus, Johannes
→ **Johannes ⟨Raithenus⟩**

Raivetia, Guilelmus ¬de¬
→ **Guilelmus ⟨de Raivetia⟩**

Rājānaka, Kuntaka
→ **Kuntaka**

Rājānaka, Mahimabhaṭṭa
→ **Mahimabhaṭṭa**

Rājānaka Ratnākara
→ **Ratnākara**

Rājaśekhara
880 – 920

Rajrājī, Ḥusayn Ibn ʿAlī
→ **Rağrāğī, Ḥusain Ibn-ʿAlī ¬ar-¬**

Rakovnik, Nicolaus
→ **Nicolaus ⟨Rakovnik⟩**

Ralph ⟨de Diceto⟩
→ **Radulfus ⟨de Diceto⟩**

Ralph ⟨de Dissay⟩
→ **Radulfus ⟨de Diceto⟩**

Ralph ⟨de Gatcumbe⟩
→ **Watecumbe ⟨Anglicus⟩**

Ralph ⟨de Longchamp⟩
→ **Radulfus ⟨de Longo Campo⟩**

Ralph ⟨d'Escures⟩
→ **Radulfus ⟨Cantuariensis⟩**

Ralph ⟨Higden⟩
→ **Higden, Ranulfus**

Ralph ⟨Niger⟩
→ **Radulfus ⟨Niger⟩**

Ralph ⟨of Bath and Wells⟩
→ **Radulfus ⟨de Salopia⟩**

Ralph ⟨of Beauvais⟩
→ **Radulfus ⟨Bellovacensis⟩**

Ralph ⟨of Bourges⟩
→ **Radulfus ⟨Bituricensis⟩**

Ralph ⟨of Canterbury⟩
→ **Radulfus ⟨Cantuariensis⟩**

Ralph ⟨of Coggeshall⟩
→ **Radulfus ⟨de Coggeshall⟩**

Ralph ⟨of Escures⟩
→ **Radulfus ⟨Cantuariensis⟩**

Ralph ⟨of Shrewsbury⟩
→ **Radulfus ⟨de Salopia⟩**

Ralph ⟨Strode⟩
→ **Radulfus ⟨Strodus⟩**

Ralph ⟨von Diceto⟩
→ **Radulfus ⟨de Diceto⟩**

Rāmacandra
12. Jh.
Sanskrit-Grammatiker; Jaina-Mönch
Chandra, Ram
Ram Chandra
Rāmachandra

Ramādī, Yūsuf Ibn-Hārūn ¬ar-¬
gest. 1012/13
Ibn-Hārūn, Yūsuf ar-Ramādī
Yūsuf Ibn-Hārūn ar-Ramādī

Rāmahurmuzī, al-Ḥasan Ibn-ʿAbd-ar-Raḥmān ¬ar-¬
gest. 971
Ḥasan Ibn-ʿAbd-ar-Raḥmān ar-Rāmahurmuzī ¬al-¬
Ibn-ʿAbd-ar-Raḥmān, al-Ḥasan ar-Rāmahurmuzī
Ibn-ʿAbd-ar-Raḥmān ar-Rāmahurmuzī, al-Ḥasan
Rāmhurmuzī, al-Ḥasan Ibn-ʿAbd-ar-Raḥmān ¬ar-¬

Ramantinus ⟨Florentinus⟩
→ **Rainucius ⟨de Upezinghis⟩**

Rāmānuja
um 1017/37
Vedāntadīpa; Siddhānta; ind. Philosoph und Vishnu-Heiliger
Ramanudscha
Râmânuga

RaMBa
→ **Nachmanides, Moses**

Rambaldi, Benvenuto
→ **Benevenutus ⟨Imolensis⟩**

Rambaldoni, Vittorino
→ **Victorinus ⟨Feltrensis⟩**

Rambaldus ⟨Leodiensis⟩
→ **Reimbaldus ⟨Leodiensis⟩**

Rambam
→ **Maimonides, Moses**

Ramban
→ **Nachmanides, Moses**

Rambaud ⟨d'Orange⟩
→ **Raimbaut ⟨d'Orange⟩**

Rambertus ⟨de Bononia⟩
gest. 1308 · OP
Apologeticum veritatis
LMA,VII,425/26
Albertus ⟨de Bononia⟩
Albertus ⟨Fantini⟩
Bononia, Rambertus ¬de¬
Kambertus ⟨de Bononia⟩
Lambertus ⟨de Bononia⟩
Primadiciis, Rambertus ¬de¬
Primadizzi, Ramberto ¬de'¬
Primaticcio, Rambert
Rambert ⟨de Bologne⟩
Ramberto ⟨Primatice⟩
Rambertus ⟨Bononiensis⟩
Rambertus ⟨de Primadiciis⟩
Rambertus ⟨de Primadizzi von Bologna⟩
Rambertus ⟨dei Primadizzi⟩
Rambertus ⟨de'Primadizzi⟩
Rambertus ⟨von Bologna⟩
Rampertus ⟨de Bononia⟩

Rambertus ⟨de Primadiciis⟩
→ **Rambertus ⟨de Bononia⟩**

Ramesloh, Luder ¬von¬
→ **Luder ⟨von Ramesloh⟩**

Rāmhurmuzī, al-Ḥasan Ibn-ʿAbd-ar-Raḥmān ¬ar-¬
→ **Rāmahurmuzī, al-Ḥasan Ibn-ʿAbd-ar-Raḥmān ¬ar-¬**

Rami de Pareia, Bartholomaeus
→ **Ramos de Pareja, Bartolomé**

Raminger, Hans
15. Jh.
Von der Natur des Kindes; Von der Armut; Warnung vor Trunkenheit; etc.
VL(2),7,986/989
Hans ⟨Ramiger⟩
Hans ⟨Raminger⟩
Hans ⟨Rominger⟩
Ramiger, Hans
Rominger, Hans

Ramiro ⟨Aragón, Rey, II.⟩
gest. 1147
LMA,VII,426/427
Raimar ⟨Aragon, König, II.⟩
Raimirus ⟨Rex Aragonensis⟩
Ramire ⟨Aragón, Rey, II.⟩
Ramiro ⟨de Aragón⟩
Ranimirus ⟨Aragonensis⟩
Ranimirus ⟨Rex Aragonensis⟩
Ranimirus ⟨Sancii Filius⟩

Ramis de Pareia, Bartolomeo
→ **Ramos de Pareja, Bartolomé**

Ramler ⟨von Biberse⟩
→ **Rember ⟨von Bibersee⟩**

Rammāḥ Ibn-Maiyāda ¬ar-¬
→ **Ibn-Maiyāda, ar-Rammāḥ Ibn-al-Abrad**

Ramón ⟨Astruch⟩
gest. ca. 1434/44
Astruch, Ramón
Astruch, Raymond
Astruch de Cortyelles, Ramón
Cortyelles, Ramón Astruch ¬de¬
Ramón ⟨Astruch de Cortyelles⟩
Raymond ⟨Astruch de Cortilles⟩

Ramón ⟨de Caldes⟩
→ **Caldes, Raimundus ¬de¬**

Ramón ⟨de Peñafort⟩
→ **Raimundus ⟨de Pennaforti⟩**

Ramón ⟨Lull⟩
→ **Lullus, Raimundus**

Ramon ⟨Martinez⟩
→ **Raimundus ⟨Martini⟩**

Ramón ⟨Muntaner⟩
→ **Muntaner, Ramón**

Ramón ⟨Sabonda⟩
→ **Raimundus ⟨de Sebunda⟩**

Ramos de Pareja, Bartolomé
ca. 1440 – ca. 1491
„Musica practica"
LMA,VII,431
Bartholomaeus ⟨Rami de Pareia⟩
Bartholomaeus ⟨Ramus Pareius⟩
Bartolomé ⟨Ramos de Pareja⟩
Pareia, Bartolomeo Ramis ¬de¬
Pareia, Bartolomeus Ramis ¬de¬
Pareia, Ramos ¬de¬
Pareja, Bartolomé Ramos ¬de¬
Rami de Pareia, Bartholomaeus
Ramis, Barthélemy
Ramis de Pareia, Bartolomeo
Ramis de Pareia, Bartolomeus
Ramis de Pareja, Bartolomeo
Ramos ⟨de Pareia⟩
Ramos de Pareia, Bartolomeo
Ramos de Pareja, Bartolomeo
Ramus Pareius, Bartholomaeus

Rampazoli, Antonio
→ **Antonius ⟨de Rampegollis⟩**

Rampegollis, Antonius ¬de¬
→ **Antonius ⟨de Rampegollis⟩**

Rampertus ⟨Brixiensis⟩
gest. 844
Acta S. Philastri (transl.)
Potth. 952; DOC,2,1564
Rampert ⟨de Brescia⟩
Rampertus ⟨Episcopus Brixiensis⟩

Rampertus ⟨de Bononia⟩
→ **Rambertus ⟨de Bononia⟩**

Rampigolis, Antonius ¬de¬
→ **Antonius ⟨de Rampegollis⟩**

Rampinus, Andreas
→ **Andreas ⟨de Isernia⟩**

Ramschwag, Salomon
→ **Salomon ⟨Constantiensis, III.⟩**

Ramsey, Guilelmus ¬de¬
→ **Guilelmus ⟨de Ramsey⟩**

Ramsperger, Peter
15. Jh.
Rezeptgruppe
VL(2),7,989
Peter ⟨Ramsperger⟩

Ramundus ⟨Iordanus⟩
→ **Raimon ⟨Jordan⟩**

Ramus Pareius, Bartholomaeus
→ **Ramos de Pareja, Bartolomé**

Ranallo, Buccio ¬di¬
→ **Buccio ⟨di Ranallo⟩**

Ranallo, Iacobuccio ¬di¬
→ **Buccio ⟨di Ranallo⟩**

Raṅ-byuṅ-rdo-rje ⟨Źva-nag Karma-pa, III.⟩
1284 – 1339
Oberhaupt der Karmapa-Sekte
Dorje, Rangjung ⟨Karma-pa⟩
Rangjung Dorje ⟨Karma-pa⟩
Źva-nag Karma-pa ⟨III.⟩

Rancia, Petrus ¬de¬
→ **Petrus ⟨de Rancia⟩**

Ranconis de Ericinio, Adalbertus
→ **Adalbertus ⟨Ranconis de Ericinio⟩**

Rang, Heinrich ¬von¬
→ **Heinrich ⟨von Rang⟩**

Ranganātha ⟨Śri⟩
→ **Parāśarabhaṭṭa**

Rangerius ⟨Lucensis⟩
gest. 1112
Liber de anulo et baculo
LMA,VII,439; Tusculum-Lexikon
Ranger ⟨de Lucca⟩
Rangerius ⟨Episcopus⟩
Rangerius ⟨von Lucca⟩
Rangier ⟨de Lucques⟩

Rangjung Dorje ⟨Karma-pa⟩
→ **Raṅ-byuṅ-rdo-rje ⟨Źva-nag Karma-pa, III.⟩**

Ranieri ⟨Accursi⟩
→ **Accorre, Renier**

Ranieri ⟨Arsendi⟩
→ **Reinerus ⟨de Forolivio⟩**

Ranieri ⟨Giordani⟩
→ **Reinerus ⟨de Pisis⟩**

Ranieri ⟨Granchi⟩
→ **Reinerus ⟨de Grancis⟩**

Ranieri ⟨Sacconi⟩
→ **Reinerus ⟨Sacconi⟩**

Ranieri ⟨Sardo⟩
→ **Sardo, Ranieri**

Raniero ⟨Arsendi⟩
→ **Reinerus ⟨de Forolivio⟩**

Raniero ⟨da Forlì⟩
→ **Reinerus ⟨de Forolivio⟩**

Raniero ⟨da Perugia⟩
→ **Reinerus ⟨Perusinus⟩**

Raniero ⟨di Pieda⟩
→ **Paschalis ⟨Papa, II.⟩**

Raniero ⟨Perugino⟩
→ **Reinerus ⟨Perusinus⟩**

Ranimirus ⟨Aragonensis⟩
→ **Ramiro ⟨Aragón, Rey, II.⟩**

Rankův z Ericinia, Vojtěch
→ **Adalbertus ⟨Ranconis de Ericinio⟩**

Rannius ⟨de Pistorio⟩
→ **Ianinus ⟨de Pistorio⟩**

Rano ⟨de Barnekowe⟩
→ **Ravo ⟨de Barnekove⟩**

Ransanus, Petrus
1428 – 1492 · OP
Annales omnium temporum; Epithoma rerum Hungaricarum
Potth. 953; LMA,VII,439/440
Petrus ⟨Ransanus⟩
Petrus ⟨Ransanus de Palermo⟩
Petrus ⟨Ranzano⟩
Petrus ⟨Ranzanus⟩
Petrus ⟨Razzano⟩
Pierre ⟨Ranzano⟩
Pietro ⟨Ransano⟩
Pietro ⟨Ranzano⟩
Ransano, Pietro
Ranzano, Pierre
Ranzano, Pietro
Ranzanus, Petrus
Razzano, Petrus

Ranshofen, Conradus ¬de¬
→ **Conradus ⟨de Ranshofen⟩**

Ranulf ⟨de Glanville⟩
→ **Ranulfus ⟨de Glanvilla⟩**

Ranulf ⟨Higden⟩
→ **Higden, Ranulfus**

Ranulf ⟨of Chester⟩
→ **Higden, Ranulfus**

Ranulfe ⟨d'Humblières⟩
→ **Ranulfus ⟨de Humbloneria⟩**

Ranulfus ⟨Albanerio⟩
→ **Ranulfus ⟨de Humbloneria⟩**

Ranulfus ⟨Cestrensis⟩
→ **Higden, Ranulfus**

Ranulfus ⟨de Glanvilla⟩
gest. 1190
Glanvilla, Ranulfus ¬de¬
Glanvilla, Ranulphe ¬de¬
Glanvilla, Ranulphus ¬de¬
Glanville, Ranulf ¬de¬
Glanville, Ranulphe ¬de¬
Radulfus ⟨de Glanvilla⟩
Ranulf ⟨de Glanville⟩
Ranulfus ⟨Glanvillus⟩
Ranulphe ⟨de Glanville⟩
Ranulphus ⟨de Glanvil⟩
Ranulphus ⟨de Glanvilla⟩

Ranulfus ⟨de Higden⟩
→ **Higden, Ranulfus**

Ranulfus ⟨de Humbloneria⟩
gest. 1288
Arnulfus ⟨de Albuneria⟩
Arnulfus ⟨de Homblonaria⟩
Arnulfus ⟨Parisiensis⟩
Humbloneria, Ranulfus ¬de¬
Radulfus ⟨de Homblonaria⟩
Ranulfe ⟨d'Humblières⟩
Ranulfus ⟨Albanerio⟩
Ranulfus ⟨de Homblonaria⟩
Ranulfus ⟨de Hombloneria⟩
Ranulfus ⟨de Humbletonia⟩
Ranulfus ⟨Episcopus⟩
Ranulfus ⟨Normannus⟩
Ranulfus ⟨Parisiensis⟩
Ranulphe ⟨de la Houblonnière⟩
Ranulphe ⟨de LaHoublonnière⟩
Ranulphe ⟨d'Homblières⟩
Renalfus ⟨Parisiensis⟩
Renoudus ⟨de Homblonaria⟩
Renoudus ⟨Parisiensis⟩
Renoul ⟨d'Humblières⟩

Ranulfus ⟨Episcopus⟩
→ **Ranulfus ⟨de Humbloneria⟩**

Ranulfus ⟨Glanvillus⟩
→ **Ranulfus ⟨de Glanvilla⟩**

Ranulfus ⟨Higden⟩
→ **Higden, Ranulfus**

Ranulfus ⟨Lokesleius⟩
→ **Radulfus ⟨Lockesley⟩**

Ranulfus ⟨Normannus⟩
→ **Ranulfus ⟨de Humbloneria⟩**

Ranulfus ⟨Parisiensis⟩
→ **Ranulfus ⟨de Humbloneria⟩**

Ranulfus ⟨Sanctae Werburgae Monachus⟩
→ **Higden, Ranulfus**

Ranulph ⟨...⟩
→ **Ranulf ⟨...⟩**

Ranulphe ⟨d'Avignon⟩
→ **Raimundus ⟨Sancti Andreae⟩**

Ranulphe ⟨de Glanville⟩
→ **Ranulfus ⟨de Glanvilla⟩**

Ranulphe ⟨de la Houblonnière⟩
→ **Ranulfus ⟨de Humbloneria⟩**

Ranulphe ⟨de Saint-André⟩
→ **Raimundus ⟨Sancti Andreae⟩**

Ranulphe ⟨d'Homblières⟩
→ **Ranulfus ⟨de Humbloneria⟩**

Ranulphus ⟨...⟩
→ **Ranulfus ⟨...⟩**

Ranzano, Pierre
→ **Ransanus, Petrus**

Ranzanus, Petrus
→ **Ransanus, Petrus**

Raoul ⟨Ardent⟩
→ **Radulfus ⟨Ardens⟩**

Raoul ⟨Chancelier⟩
→ **Radulfus ⟨Laudunensis⟩**

Raoul ⟨d'Acton⟩
→ **Radulfus ⟨Acton⟩**

Raoul ⟨de Bourges⟩
→ **Radulfus ⟨Bituricensis⟩**

Raoul ⟨de Caen⟩
→ **Radulfus ⟨Cadomensis⟩**

Raoul ⟨de Coggeshall⟩
→ **Radulfus ⟨de Coggeshall⟩**

Raoul ⟨de Columelle⟩
→ **Columna, Landulphus ¬de¬**

Raoul ⟨de Diceto⟩
→ **Radulfus ⟨de Diceto⟩**

Raoul ⟨de Ferrières⟩
um 1209
Franz. Trouvère
LMA,VII,441
Ferrières, Raoul ¬de¬

Raoul ⟨de Flay⟩
→ **Radulfus ⟨Flaviacensis⟩**

Raoul ⟨de Hodenc⟩
→ **Raoul ⟨de Houdenc⟩**

Raoul ⟨de Hotot⟩
→ **Radulfus ⟨de Hotot⟩**

Raoul ⟨de Houdenc⟩
1170/80 – 1230
Le songe d'enfer
LMA,VII,441
Houdenc, Raoul ¬de¬
Raoul ⟨de Hodenc⟩
Raoul ⟨le Trouvère⟩
Raoul ⟨von Houdenc⟩

Raoul ⟨de Laon⟩
→ **Radulfus ⟨Laudunensis⟩**

Raoul ⟨de Longchamp⟩
→ **Radulfus ⟨de Longo Campo⟩**

Raoul ⟨de Milan⟩
→ **Radulfus ⟨Mediolanensis⟩**

Raoul ⟨de Moureilles⟩
→ **Radulfus ⟨de Moroliis⟩**

Raoul ⟨de Presles⟩
→ **Presles, Raoul ¬de¬**

Raoul ⟨de Reims⟩
→ **Radulfus ⟨Remensis⟩**

Raoul ⟨de Saint-Trond⟩
→ **Rudolfus ⟨Sancti Trudonis⟩**

Raoul ⟨de Soissons⟩
ca. 1215 – ca. 1277
Trouvère
LMA,VII,442
Raoulz ⟨von Soissons⟩
Soissons, Raoul ¬de¬

Raoul ⟨du Ruisseau⟩
→ **Radulfus ⟨de Rivo⟩**

Raoul ⟨Glaber⟩
→ **Radulfus ⟨Glaber⟩**

Raoul ⟨le Breton⟩
→ **Radulfus ⟨Brito⟩**

Raoul ⟨le Milanais⟩
→ **Radulfus ⟨Mediolanensis⟩**

Raoul ⟨le Trouvère⟩
→ **Raoul ⟨de Houdenc⟩**

Raoul ⟨le Verd⟩
→ **Radulfus ⟨Remensis⟩**

Raoul ⟨Lefèvre⟩
→ **Lefèvre, Raoul**

Raoul ⟨Mediolanensis⟩
→ **Radulfus ⟨Mediolanensis⟩**

Raoul ⟨Renard⟩
→ **Radulfus ⟨Brito⟩**

Raoul ⟨Renaud⟩
→ **Radulfus ⟨Brito⟩**

Raoul ⟨Sire⟩
→ **Radulfus ⟨Mediolanensis⟩**

Raoul ⟨Spalding⟩
→ **Radulfus ⟨de Spalding⟩**

Raoul ⟨Tortaire⟩
→ **Radulfus ⟨Tortarius⟩**

Raoul ⟨van Rievieren⟩
→ **Radulfus ⟨de Rivo⟩**

Raoul ⟨von Houdenc⟩
→ **Raoul ⟨de Houdenc⟩**

Raoulet, Jean
um 1416/27
Chronique de 1403-1429
Potth. 953; Rep.Font. VI,553
Jean ⟨Raoulet⟩

Rapertus ⟨Monachus⟩
→ **Ratpertus ⟨Sangallensis⟩**

Raphael ⟨Caresinus⟩
→ **Caresinis, Raphaynus ¬de¬**

Raphael ⟨de Ligurie⟩
→ **Raphael ⟨de Pornaxio⟩**

Raphael ⟨de Pornaxio⟩
ca. 1388 – 1467 · OP
Liber de potestate concilii; Regula ad intelligentiam Sacrae Scripturae
Stegmüller, Repert. bibl. 7173; LMA,VII,443
Pornaxio, Raphael ¬de¬
Raphael ⟨de Ligurie⟩
Raphael ⟨de Pornasio⟩
Raphael ⟨de Pornassio⟩
Raphael ⟨Ianvensis⟩
Raphael ⟨Pornassius⟩
Raphael ⟨von Pornassio⟩

Raphael ⟨Fregoso⟩
→ **Fulgosius, Raphael**

Raphael ⟨Fulgosius⟩
→ **Fulgosius, Raphael**

Raphael ⟨Ianvensis⟩
→ **Raphael ⟨de Pornaxio⟩**

Raphael ⟨Pornassius⟩
→ **Raphael ⟨de Pornaxio⟩**

Raphael ⟨von Pornassio⟩
→ **Raphael ⟨de Pornaxio⟩**

Raphainus ⟨Caresinus⟩
→ **Caresinis, Raphaynus ¬de¬**

Rapine, Claudius
→ **Claudius ⟨Rapine⟩**

Rapot ⟨von Falkenberg⟩
um 1233/71
Dichterische Tätigkeit ungewiß
VL(2),7,992/993
Falkenberg, Rapot ¬von¬

Rapperswil, Eberhart ¬von¬
→ **Eberhart ⟨von Rapperswil⟩**

Rappoltsweiler, Gerhard ¬von¬
→ **Gerhard ⟨von Rappoltsweiler⟩**

Raqqī, ʿUbaidallāh Ibn-ʿAlī ¬ar-¬
ca. 981 – 1058
Ibn-ʿAlī, ʿUbaidallāh ar-Raqqī
ʿUbaidallāh Ibn-ʿAlī ar-Raqqī

Raschbam
→ **Šemû'ēl Ben-Me'îr**

Rasche, Tilman
um 1459/94
Descriptio belli inter Henricos iuniorem et seniorem, duces Brunsvicenses et Luneburgensis... civitatemque...
VL(2),7,1002/1004; Potth. 1046
Ornatomontanus, Telomonius
Telomonius ⟨Ornatomontanus⟩
Tielemann ⟨vom Ziernberge⟩
Tielemann ⟨aus Eimbeck⟩
Tilman ⟨Rasche⟩
Tilman ⟨Rasche aus Zierenberg⟩
Tilman ⟨von Zierenberg⟩
Ziernberge, Tielemann ¬von¬

Raschi
→ **Šelomo Ben-Yiṣḥāq**

Ras-chun Rdo-rje-grags
→ **rDo-rje-grags-pa ⟨Ras-chuṅ⟩**

Rashīd al-Dīn Ṭabīb
→ **Rašīd-ad-Dīn Faḍlallāh**

Rasi
→ **Rāzī, Muḥammad Ibn-Zakarīyā ¬ar-¬**

Raŝî
→ **Šelomo Ben-Yiṣḥāq**

Rašīd ad-Dīn
→ **Rašīd-ad-Dīn Faḍlallāh**

Rašīd al-Waṭwāṭ, Abū-Bakr Muḥammad Ibn-Muḥammad ¬ar-¬
→ **Waṭwāṭ, Rašīd-ad-Dīn**

Rašīd an-Nīsābūrī, Saʿīd Ibn-Muḥammad Abū-
→ **Abū-Rašīd an-Nīsābūrī, Saʿīd Ibn-Muḥammad**

Rašīd Waṭwāṭ
→ **Waṭwāṭ, Rašīd-ad-Dīn**

Rašīd-ad-Dīn
→ **Rašīd-ad-Dīn Faḍlallāh**

Rašīd-ad-Dīn ʿAbd-al-Ǵalīl Waṭwāṭ
→ **Waṭwāṭ, Rašīd-ad-Dīn**

Rašīd-ad-Dīn al-Waṭwāṭ, Muḥammad Ibn-Muḥammad
→ **Waṭwāṭ, Rašīd-ad-Dīn**

Rašīd-ad-Dīn Faḍlallāh
ca. 1247 – 1318
Pers. Wesir und Historiker
Faḍl Allāh Rashīd al-Dīn
Faḍlallāh Rašīd-ad-Dīn
Faẓl Allāh Rashīd al-Dīn
Hamadānī, Rašīd-ad-Dīn Faḍlallāh
Ibn-Abi-'l-Ḫair, Rašīd-ad-Dīn Faḍlallāh
Rashīd al-Dīn
Rashīd al-Dīn Ṭabīb
Rašīd ad-Dīn
Rašīd-ad-Dīn
Rasidaddin Fadlallah at-Tabib
Rašīd-ad-Dīn Ṭabīb
Rasiduddin Fazlullah

Rasidaddin Fadlallah at-Tabib
→ **Rašīd-ad-Dīn Faḍlallāh**

Rašīd-ad-Dīn Ibn-Muḥammad al-Waṭwāṭ
→ **Waṭwāṭ, Rašīd-ad-Dīn**

Rašīd-ad-Dīn Muḥammad al-ʿUmarī
→ **Waṭwāṭ, Rašīd-ad-Dīn**

Rašīd-ad-Dīn Ṭabīb
→ **Rašīd-ad-Dīn Faḍlallāh**

Rašīd-ad-Dīn Waṭwāṭ
→ **Waṭwāṭ, Rašīd-ad-Dīn**

Rasiduddin Fazlullah
→ **Rašīd-ad-Dīn Faḍlallāh**

Rasis, Zacharias
→ **Rāzī, Muḥammad Ibn-Zakarīyā ¬ar-¬**

Raški, Grigorije ⟨I.⟩
→ **Grigorije ⟨Raški, I.⟩**

Raški, Grigorije ⟨II.⟩
→ **Grigorije ⟨Raški, II.⟩**

Rasp, Otto ¬der¬
→ **Otto ⟨der Rasp⟩**

Raspe, Heinrich
→ **Heinrich Raspe ⟨Römisch-Deutsches Reich, König, Gegenkönig⟩**

Raṣṣāʿ, Abū-ʿAbdallāh Muḥammad ¬ar-¬
→ **Raṣṣāʿ, Muḥammad Ibn-al-Qāsim ¬ar-¬**

Raṣṣāʿ, Muḥammad Ibn-al-Qāsim ¬ar-¬
gest. 1489
Anṣārī ar-Raṣṣāʿ, Muḥammad Ibn-al-Qāsim ¬al-¬
Ibn-al-Qāsim, Muḥammad ar-Raṣṣāʿ
Muḥammad Ibn-al-Qāsim ar-Raṣṣāʿ
Raṣṣāʿ, Abū-ʿAbdallāh Muḥammad ¬ar-¬
Raṣṣāʿ at-Tūnisī, Muḥammad Ibn-al-Qāsim ¬ar-¬

Raṣṣāʿ at-Tūnisī, Muḥammad Ibn-al-Qāsim ¬ar-¬
→ **Raṣṣāʿ, Muḥammad Ibn-al-Qāsim ¬ar-¬**

Rassī, al-Qāsim Ibn-Ibrāhīm ¬ar-¬
→ **Qāsim Ibn-Ibrāhīm ar-Rassī ¬ar-¬**

Rastko ⟨Nemanja⟩
→ **Sava ⟨Sveti⟩**

Ratchildis ⟨Rex Gothorum⟩
→ **Ratchis ⟨Langobardenreich, König⟩**

Ratchis ⟨Langobardenreich, König⟩
gest. 759
Leges
Potth. 953; LMA,VII,454; Cpl 1811
Ratchildis ⟨Rex⟩
Ratchildis ⟨Rex Gothorum⟩
Ratchis ⟨König⟩
Ratchis ⟨Roi des Lombards⟩

Raterio ⟨di Verona⟩
→ **Ratherius ⟨Veronensis⟩**

Ratersdorf, Nicolaus ¬de¬
→ **Nicolaus ⟨de Ratersdorf⟩**

Rath, Martinus
→ **Martinus ⟨Rath⟩**

Ratherius ⟨Leodiensis⟩
→ **Ratherius ⟨Veronensis⟩**

Ratherius ⟨Veronensis⟩
gest. 974
Itinerarium
LThK; CSGL; LMA,VII,457/458; Tusculum-Lexikon
Raterio ⟨di Verona⟩
Rather ⟨Bischof von Verona⟩
Rather ⟨von Lüttich⟩
Rather ⟨von Verona⟩
Rathère ⟨de Vérone⟩
Ratherius ⟨de Verona⟩
Ratherius ⟨Episcopus⟩
Ratherius ⟨Leodiensis⟩
Ratherius ⟨von Verona⟩
Rathier ⟨de Vérone⟩

Rathramnus ⟨von Corbie⟩
→ **Ratramnus ⟨Corbiensis⟩**

Rathsamhausen, Philippus ¬de¬
→ **Philippus ⟨de Rathsamhausen⟩**

Ratibor, Johannes ¬de¬
→ **Johannes ⟨Taczel de Ratibor⟩**

Ratibor, Laurentius ¬de¬
→ **Laurentius ⟨de Ratibor⟩**

Ratingen, Jakob ¬von¬
→ **Jakob ⟨von Ratingen⟩**

Ratisbona, Bertholdus ¬de¬
→ **Bertholdus ⟨Puchhauser de Ratisbona⟩**

Ratisbona, Fridericus ¬de¬
→ **Fridericus ⟨de Ratisbona⟩**

Ratisbona, Johannes ¬de¬
→ **Johannes ⟨de Ratisbona⟩**

Ratisbonne, Burgrave ¬de¬
→ **Regensburg, Burggraf ¬von¬**

Ratnākara
8./9. Jh.
Rājānaka Ratnākara
Rājānakaratnākara
Ratnākara, Rājānaka

Ratpert ⟨von Sankt Gallen⟩
→ **Ratpertus ⟨Sangallensis⟩**

Ratpertius, Paschasius
→ **Paschasius ⟨Radbertus⟩**

Ratpertus ⟨Sangallensis⟩
ca. 840/50 – ca. 900
Casus Sancti Galli
LMA,VII,462; CSGL
Rapertus ⟨Monachus⟩
Ratpert ⟨von Sankt Gallen⟩
Ratpertus ⟨de Saint-Gall⟩
Ratpertus ⟨Monachus⟩

Ratramnus ⟨Corbiensis⟩
gest. ca. 870 · OSB
De corpore et sanguine Domini
LThK; CSGL; LMA,VII,462; Tusculum-Lexikon

Bertrahamus
Bertram ⟨von Corbie⟩
Bertramnus ⟨Corbiensis⟩
Bertramus ⟨Corbeiensis⟩
Bertramus ⟨Corbiensis⟩
Rathramne ⟨de Corbie⟩
Rathramnus ⟨von Corbie⟩
Rathramus ⟨Corbiensis⟩
Ratram
Ratrammus ⟨Corbiensis⟩
Ratramne ⟨de Corbie⟩
Ratramno ⟨di Corbie⟩
Ratramnus ⟨Corbeiensis⟩
Ratramnus ⟨Monachus⟩
Ratramnus ⟨von Corbie⟩
Ratramus ⟨Corbiensis⟩
Rotram
Rotramus ⟨Corbiensis⟩

Raubensteiner
→ **Rabensteiner**

Raudinus, Antonius
→ **Antonius ⟨Raudensis⟩**

Rauf ⟨de Boun⟩
um 1300/10
Boun, Rauf ¬de¬
Rauf ⟨de Bohun⟩

Rauf ⟨de Lenham⟩
um 1256
Lenham, Rauf ¬de¬

Raugeo, Benedetto
→ **Cotrugli, Benedetto**

Rauracius ⟨Nivernensis⟩
um 614/63
Briefe von/an Desiderius Cadurcensis
Cpl 1303
Raurace ⟨de Nevers⟩
Raurace ⟨Evêque⟩
Ravracius ⟨Nivernensis⟩

Raußhofer
Lebensdaten nicht ermittelt
Rezepte
VL(2),7,1050

Raute, Hartwig ¬von¬
→ **Hartwig ⟨von Raute⟩**

Ravanis, Jacobus ¬de¬
→ **Jacobus ⟨de Ravanis⟩**

Raven ⟨van Barnekow⟩
→ **Ravo ⟨de Barnekove⟩**

Raveneau, Jehan
→ **Jehan ⟨Raveneau⟩**

Ravenna, Agnellus ¬de¬
→ **Agnellus ⟨de Ravenna⟩**

Ravenna, Andreas ¬de¬
→ **Agnellus ⟨de Ravenna⟩**

Ravenna, Benevenutus ¬de¬
→ **Benevenutus ⟨de Massa⟩**

Ravenna, Felix ¬de¬
→ **Felix ⟨de Ravenna⟩**

Ravenna, Jacobus ¬de¬
→ **Jacobus ⟨de Ravenna⟩**

Ravenna, Rainaldus ¬de¬
→ **Rainaldus ⟨de Ravenna⟩**

Ravennas, Anonymus
→ **Anonymus ⟨Ravennas⟩**

Ravennas, Geographus
→ **Anonymus ⟨Ravennas⟩**

Ravennas, Petrus
→ **Tommai, Pietro**

Ravensberg, Otto ¬von¬
→ **Otto ⟨von Ravensberg⟩**

Ravo ⟨de Barnekove⟩
gest. 1379
Computatio ... super advocatia Nicopinghe
Rep.Font. II,450
Barnekove, Ravo ¬de¬
Barnekow, Raven ¬van¬
Rano ⟨de Barnekowe⟩
Raven ⟨van Barnekow⟩
Ravo ⟨de Barnekowe⟩

Ravracius ⟨Nivernensis⟩
→ **Rauracius ⟨Nivernensis⟩**

Rāwandī, Aḥmad Ibn-Yaḥyā ¬ar-¬
→ **Ibn-ar-Rāwandī, Aḥmad Ibn-Yaḥyā**

Rāwandī, Saʿīd Ibn-Hibatallāh ¬ar-¬
gest. 1177
Ibn-Hibatallāh, Saʿīd ar-Rāwandī
Quṭb-ad-Dīn Saʿīd Ibn-Hibatallāh ar-Rāwandī
Saʿīd Ibn-Hibatallāh ar-Rāwandī

Raymond ⟨Archidiacre⟩
→ **Raimundus ⟨de Morini⟩**

Raymond ⟨Astruc⟩
→ **Raimundus ⟨de Rocosello⟩**

Raymond ⟨Astruch de Cortilles⟩
→ **Ramón ⟨Astruch⟩**

Raymond ⟨Astucus⟩
→ **Raimundus ⟨de Rocosello⟩**

Raymond ⟨Bequin⟩
→ **Raimundus ⟨Bequini⟩**

Raymond ⟨Bernard⟩
→ **Raimundus ⟨Bernardi⟩**

Raymond ⟨Chalin⟩
→ **Chalmelli, Raimundus**

Raymond ⟨d'Astolphe⟩
→ **Raimundus ⟨de Rocosello⟩**

Raymond ⟨d'Avignon⟩
→ **Raimundus ⟨Sancti Andreae⟩**

Raymond ⟨de Brette⟩
→ **Raimundus ⟨de Bretis⟩**

Raymond ⟨de Caldes⟩
→ **Caldes, Raimundus ¬de¬**

Raymond ⟨de Cornet⟩
→ **Raimon ⟨de Cornet⟩**

Raymond ⟨de Guilha⟩
→ **Raimundus ⟨Guilha⟩**

Raymond ⟨de Lodève⟩
→ **Raimundus ⟨de Rocosello⟩**

Raymond ⟨de Marseille⟩
um 1140
Traité de l'astrolabe
LMA,VII,414
Marseille, Raymond ¬de¬
Raimund ⟨von Marseille⟩
Raimundus ⟨de Massilia⟩
Raimundus ⟨Massiliensis⟩

Raymond ⟨de Mévouillon⟩
→ **Raimundus ⟨de Medullione⟩**

Raymond ⟨de Miraval⟩
→ **Raimon ⟨de Miraval⟩**

Raymond ⟨de Moleriis⟩
→ **Raimundus ⟨de Moleriis⟩**

Raymond ⟨de Morinie⟩
→ **Raimundus ⟨de Morini⟩**

Raymond ⟨de Peñafort⟩
→ **Raimundus ⟨de Pennaforti⟩**

Raymond ⟨de Rocosel⟩
→ **Raimundus ⟨de Rocosello⟩**

Raymond ⟨de Saint-André⟩
→ **Raimundus ⟨Sancti Andreae⟩**

Raymond ⟨de Sebon⟩
→ **Raimundus ⟨de Sebunda⟩**

Raymond ⟨de Thérouanne⟩
→ **Raimundus ⟨de Morini⟩**

Raymond ⟨de Vinas⟩
→ **Chalmelli, Raimundus**

Raymond ⟨Doyen de Barcelone⟩
→ **Caldes, Raimundus ¬de¬**

Raymond ⟨Geoffroi⟩
→ **Raimundus ⟨Gaufredi⟩**

Raymond ⟨Guilha⟩
→ **Raimundus ⟨Guilha⟩**

Raymond ⟨Hugues⟩
→ **Raimundus ⟨Hugonis⟩**

Raymond ⟨Lulle⟩
→ **Lullus, Raimundus**

Raymond ⟨Muntaner⟩
→ **Muntaner, Ramón**

Raymond ⟨Rigaud⟩
→ **Raimundus ⟨Rigaldi⟩**

Raymond ⟨Vidal⟩
→ **Vidal, Raimon**

Raymond, Elie ¬de¬
→ **Elias ⟨Raimundi⟩**

Raymond Jourdain
→ **Raimon ⟨Jordan⟩**

Raymondus ⟨...⟩
→ **Raimundus ⟨...⟩**

Raymun ⟨Jorda⟩
→ **Raimon ⟨Jordan⟩**

Raymundus ⟨...⟩
→ **Raimundus ⟨...⟩**

Raymundus, Johannes
→ **Raynaldus, Johannes**

Raynaldus ⟨...⟩
→ **Rainaldus ⟨...⟩**

Raynaldus, Johannes
um 1418
Comprehensorium feudale
Giovanni ⟨Rinaldi⟩
Jean ⟨Raynaud⟩
Jean ⟨Regnaud⟩
Johannes ⟨Raymundus⟩
Johannes ⟨Raynaldus⟩
Johannes ⟨Raynardus⟩
Johannes ⟨Raynaudi⟩
Johannes ⟨Raynaudus⟩
Johannes ⟨Regnaudus⟩
Raymundus, Johannes
Raynaldus, Joa.
Raynardus, Johannes
Raynaud, Jean
Raynaudus, Johannes
Regnaud, Jean
Regnaudus, Johannes
Rinaldi, Giovanni

Raynaud ⟨d'Angers⟩
→ **Rainaldus ⟨Andegavensis⟩**

Raynaud ⟨de Beaujeu⟩
→ **Renaut ⟨de Beaujeu⟩**

Raynaud ⟨de Cluny⟩
→ **Rainaldus ⟨de Vézelay⟩**

Raynaud ⟨de Louhans⟩
→ **Renaut ⟨de Louhans⟩**

Raynaud ⟨de Lyon⟩
→ **Rainaldus ⟨de Vézelay⟩**

Raynaud ⟨de Paris⟩
→ **Rainaldus ⟨de Sancto Eligio⟩**

Raynaud ⟨de Reims⟩
→ **Reginaldus ⟨de Remis⟩**

Raynaud ⟨de Saint-Eloy⟩
→ **Rainaldus ⟨de Sancto Eligio⟩**

Raynaud ⟨de Segni⟩
→ **Alexander ⟨Papa, IV.⟩**

Raynaud ⟨de Semur⟩
→ **Rainaldus ⟨de Vézelay⟩**

Raynaud ⟨de Vézelay⟩
→ **Rainaldus ⟨de Vézelay⟩**

Raynaud ⟨de'Concoreggi⟩
→ **Rainaldus ⟨de Ravenna⟩**

Raynaud ⟨du Mont-Cassin⟩
→ **Rainaldus ⟨Casinensis⟩**

Raynaud ⟨Scot⟩
→ **Reginaldus ⟨Scotus⟩**

Raynaud ⟨Sous-Diacre de Mont-Cassin⟩
→ **Rainaldus ⟨Casinensis⟩**

Raynaud, Jean
→ **Raynaldus, Johannes**

Raynerii, Hieronymus
→ **Hieronymus ⟨Raynerii⟩**

Raynerius ⟨...⟩
→ **Reinerus ⟨...⟩**

Raynerus ⟨...⟩
→ **Reinerus ⟨...⟩**

Raynier ⟨de Liège⟩
→ **Reinerus ⟨Sancti Jacobi Leodiensis⟩**
→ **Reinerus ⟨Sancti Laurentii Leodiensis⟩**

Raynier ⟨de Pérouse⟩
→ **Reinerus ⟨Perusinus⟩**

Raynier ⟨de Pise⟩
→ **Reinerus ⟨de Grancis⟩**
→ **Reinerus ⟨de Pisis⟩**

Raynier ⟨de Plaisance⟩
→ **Reinerus ⟨Sacconi⟩**

Raynier ⟨de Pomposa⟩
→ **Reinerus ⟨Pomposanus⟩**

Raynier ⟨de Rivalto⟩
→ **Reinerus ⟨de Pisis⟩**

Raynier ⟨de Saint-Ghislain⟩
→ **Reinerus ⟨Sancti Gisleni⟩**

Raynier ⟨de Saint-Jacques⟩
→ **Reinerus ⟨Sancti Jacobi Leodiensis⟩**

Raynier ⟨de Saint-Laurent⟩
→ **Reinerus ⟨Sancti Laurentii Leodiensis⟩**

Raynier ⟨Hagiographe⟩
→ **Reinerus ⟨Sancti Gisleni⟩**

Raynier ⟨Sacconi⟩
→ **Reinerus ⟨Sacconi⟩**

Raynier ⟨Sardi⟩
→ **Sardo, Ranieri**

Raynuccius ⟨de Pisis⟩
→ **Rainucius ⟨de Upezinghis⟩**

Razes
→ **Rāzī, Muḥammad Ibn-Zakarīyā ¬ar-¬**

Rāzī, ʿAbd al-Raḥmān Ibn Aḥmad
→ **Rāzī, ʿAbd-ar-Raḥmān Ibn-Aḥmad ¬ar-¬**

Rāzī, ʿAbdallāh Ibn-Muḥammad ¬ar-¬
→ **Dāya, ʿAbdallāh Ibn-Muḥammad**

Rāzī, ʿAbd-ar-Raḥmān Ibn-Aḥmad ¬ar-¬
gest. 1062
ʿAbd-ar-Raḥmān Ibn-Aḥmad ar-Rāzī
Ibn-Aḥmad, ʿAbd-ar-Raḥmān ar-Rāzī
Muqriʾ, ʿAbd-ar-Raḥmān Ibn-Aḥmad ¬al-¬
Rāzī, ʿAbd al-Raḥmān Ibn Aḥmad
Rāzī, Abu-'l-Faḍl ʿAbd-ar-Raḥmān Ibn-Aḥmad ¬ar-¬

Rāzī, Abū-Bakr ʿAbdallāh Ibn-Muḥammad ¬ar-¬
→ **Dāya, ʿAbdallāh Ibn-Muḥammad**

Rāzī, Abū-Bakr Aḥmad Ibn-Muḥammad ¬ar-¬
888 – 955
LMA,VII,495
Aḥmad ar-Rāzī
Aḥmad Ibn-Muḥammad ar-Rāzī
Ibn-Muḥammad, Aḥmad ar-Rāzī
Rāzī, Abū-Bakr Aḥmad Ibn-Muḥammad ¬ar-¬

Rāzī, Abū-Bakr Muḥammad Ibn-Zakarīyā ¬ar-¬
→ **Rāzī, Muḥammad Ibn-Zakarīyā ¬ar-¬**

Rāzī, Abū-Ǧaʿfar Ibn-Qiba ¬ar-¬
→ **Ibn-Qiba, Abū-Ǧaʿfar Muḥammad Ibn-ʿAbd-ar-Raḥmān**

Rāzī, Abū-Ḥātim Aḥmad Ibn-Ḥamdān ¬ar-¬
→ **Abū-Ḥātim ar-Rāzī, Aḥmad Ibn-Ḥamdān**

Rāzī, Abū-'l-Faḍl ʿAbd-ar-Raḥmān Ibn-Aḥmad ¬ar-¬
→ **Abū-'l-Faḍl ar-Rāzī, ʿAbd-ar-Raḥmān Ibn-Aḥmad**
→ **Rāzī, ʿAbd-ar-Raḥmān Ibn-Aḥmad ¬ar-¬**

Rāzī, Abū-Zurʿa ʿUbaidallāh Ibn-ʿAbd-al-Karīm ¬ar-¬
→ **Abū-Zurʿa ar-Rāzī, ʿUbaidallāh Ibn-ʿAbd-al-Karīm**

Rāzī, Aḥmad Ibn-ʿAlī ¬ar-¬
→ **Ǧaṣṣāṣ, Aḥmad Ibn-ʿAlī ¬al-¬**

Rāzī, Aḥmad Ibn-Fāris ¬ar-¬
→ **Ibn-Fāris, Aḥmad Ibn-Zakarīyāʾ**
→ **Ibn-Fāris al-Qazwīnī, Aḥmad**

Rāzī, Aḥmad Ibn-Ḥamdān ¬ar-¬
→ **Abū-Ḥātim ar-Rāzī, Aḥmad Ibn-Ḥamdān**

Rāzī, Aḥmad Ibn-Muḥammad ¬ar-¬
gest. 1244
Aḥmad Ibn-Muḥammad ar-Rāzī
Ibn-Muḥammad, Aḥmad ar-Rāzī
Ibn-Muḥammad ar-Rāzī, Aḥmad

Rāzī, Faḫr-ad-Dīn Muḥammad Ibn-ʿUmar ¬ar-¬
→ **Faḫr-ad-Dīn ar-Rāzī, Muḥammad Ibn-ʿUmar**

Rāzī, Fakhr al-Dīn
→ **Faḫr-ad-Dīn ar-Rāzī, Muḥammad Ibn-ʿUmar**

Rāzī, ʿĪsā Ibn-Aḥmad ¬ar-¬
10. Jh.
LMA,VII,495
Ibn-Aḥmad, ʿĪsā ar-Rāzī
ʿĪsā Ibn-Aḥmad ar-Rāzī

Razi, Mohamed B.
→ **Rāzī, Muḥammad Ibn-Zakarīyā ¬ar-¬**

Rāzī, Muạmmed I.- ¬ar¬
→ **Rāzī, Muḥammad Ibn-Zakarīyā ¬ar-¬**

Rāzī, Muḥammad Ibn-ʿUmar ¬ar-¬
→ **Faḫr-ad-Dīn ar-Rāzī, Muḥammad Ibn-ʿUmar**

Rāzī, Muḥammad Ibn-Zakarīyā ¬ar-¬
865 – 925
LMA,VII,780/782
Abi Bakr ⟨Mohammadi Filii Zachariae Raghensis⟩
Abûbekr al Rhâsî
Ibn-Zakarīyā, Muḥammad ar-Rāzī
Ibn-Zakarīyā ar-Rāzī, Muḥammad
Muḥammad Ibn-Zakarīyā ar-Rāzī
Raghensis
Rasi
Rasis, Zacharias
Razes
Rāzī, Abū-Bakr Muḥammad Ibn-Zakarīyā ¬ar-¬
Razi, Mohamed B.
Rāzī, Muạmmed I.- ¬ar¬
Razis
Rhasis
Rhasus
Rhaza
Rhaza, Abubeter
Rhazes

Rāzī, Tammām Ibn-Muḥammad ¬ar-¬
→ **Ibn-al-Ǧunaid, Tammām Ibn-Muḥammad**

Razis
→ **Rāzī, Muḥammad Ibn-Zakarīyā ¬ar-¬**

Razzano, Petrus
→ **Ransanus, Petrus**

rDo-rje-grags-pa ⟨Ras-chuṅ⟩
1083 – 1161
Tibet. Mönch, Schüler des Mi-la-ras-pa
Ras-chun
Ras-chun Rdo-rje-grags
rDo-rje-grags ⟨Ras-chuṅ⟩
Rétchung
Retchungpa

rDorje-gzi-brjid ⟨Kloṅ chen-pa⟩
→ **Dri-med-'od-zer ⟨Kloṅ chen-pa⟩**

Reading, Robert ¬de¬
→ **Robertus ⟨de Radingia⟩**

Reate, Stephanus ¬de¬
→ **Stephanus ⟨de Reate⟩**

Rebdorf, Silvester ¬von¬
→ **Silvester ⟨von Rebdorf⟩**

Rebelo, Diogo Lopes
→ **Lopes Rebelo, Diogo**

Rebguzi, Nasirüddin Bürhanüddinoğlu
→ **Rabġūzī, Nāṣir-ad-Dīn Ibn-Burhān-ad-Dīn ¬ar-¬**

Recaneto, Christophorus ¬de¬
→ **Christophorus ⟨de Recaneto⟩**

Reccaredus ⟨Rex Wisigothorum⟩
→ **Rekkared ⟨Westgotenreich, König, I.⟩**

Reccesvinth ⟨Westgotenreich, König⟩
um 652/73
Versus in ecclesia S. Johannis; Epitaphium coniugale; Epistulae ad Braulionem
Cpl 1230; 1535; LMA,VII,500
Reccesvinth ⟨König der Westgoten⟩
Recesvinde ⟨Roi des Wisigoths⟩
Recesvinthus ⟨Rex Visigothorum⟩
Recesvintus ⟨Rex Visigothorum⟩

Recesvindus ⟨Abbas⟩
um 850 bzw. 11. Jh.
Carmen
Potth. 955
Abbas Recesvindus
Recesvindus ⟨Abbas Hispanus⟩
Recesvindus ⟨Hispanus⟩

Recesvinthus ⟨Rex Visigothorum⟩
→ **Reccesvinth ⟨Westgotenreich, König⟩**

Rechberg, Heinz ¬von¬
→ **Heinz ⟨von Rechberg⟩**

Réchin, Fulco ¬le¬
→ **Fulco ⟨le Réchin⟩**

Reclus ⟨de Molliens⟩
→ **Renclus ⟨de Molliens⟩**

Recz, Johannes ¬de¬
→ **Johannes ⟨de Retz⟩**

Redemptus ⟨Hispalensis⟩
um 636
Liber de transitu S. Isidori
Cpl 1213
Rédempt ⟨Archidiacre⟩
Rédempt ⟨Archidiacre Espagnol⟩
Redemptus ⟨Clericus⟩

Reduxiis de Quero, Andreas ¬de¬
→ **Andreas ⟨de Reduxiis de Quero⟩**

Redwitz, Hans ¬von¬
→ **Hans ⟨von Redwitz⟩**

Rees, Heinrich ¬van¬
→ **Heinrich ⟨van Rees⟩**

Referendarius, Irenaeus
→ **Irenaeus ⟨Referendarius⟩**

Regan, Maurice
um 1167/73
History of Ireland; Song of Dermot and the Earl
Potth. 955
Maurice ⟨Regan⟩
Morice ⟨Regan⟩
Regan, Morice

Regenbogen
um 1300
Liedstrophen; Totenklagen
VL(2),7,1078/87; LMA,VII,562/563
Barthel ⟨Regenboge⟩
Regenboge, Barthel
Regenbogen ⟨Sangspruchdichter⟩
Regenbogen, Barthel
Regenpogen

Regensburg, Burggraf ¬von¬
12. Jh.
Mittelhochdt. Minnelyriker
LMA,II,1050; VL(2),7,1087/89
Burggraf ⟨von Regensburg⟩
Ratisbonne, Burgrave ¬de¬

Regensburg, Ephraem ¬von¬
→ **Efrayim Ben-Yiṣḥāk ⟨Regensburg⟩**

Regensburg, Johannes ¬de¬
→ **Johannes ⟨de Ratisbona⟩**

Regensburg, Lamprecht ¬von¬
→ **Lamprecht ⟨von Regensburg⟩**

Regensburg, Wolfgang ¬von¬
→ **Wolfgang ⟨Heiliger⟩**

Regensburger, ¬Der¬
14. Jh.
Die Geburt Christi
VL(2),7,1092/93
Der Regensburger

Regensperger, Leonardus
um 1460 · OP
Passionspredigten
VL(2),7,1101/1102
Leonardus ⟨Regensperger⟩
Leonhard ⟨Regensperger⟩
Regensperger, Leonhard

Regenstein, Heinrich ¬von¬
→ **Heinrich ⟨von Regenstein⟩**

Reggio, Marchesinus ¬de¬
→ **Johannes ⟨Marchesinus⟩**

Reggio Aemiliae, Prosper ¬de¬
→ **Prosper ⟨de Reggio Aemiliae⟩**

Regii Lepidi, Heribertus
→ **Heribertus ⟨Regii Lepidi⟩**

Regilind ⟨von Admont⟩
→ **Rilindis ⟨Hohenburgensis⟩**

Regilindis ⟨Hohenburgensis⟩
→ **Rilindis ⟨Hohenburgensis⟩**

Regimarus ⟨Sancti Galli⟩
um 850
Versus
Potth. 956
Regimarus ⟨Monachus Sancti Galli⟩
Sancti Galli, Regimarus

Regimbaldus ⟨Leodiensis⟩
→ **Reimbaldus ⟨Leodiensis⟩**

Regimbertus ⟨Abbas Leuconaensis⟩
→ **Ragimbertus ⟨Leuconaensis⟩**

Regina de Neapoli, Johannes ¬de¬
→ **Johannes ⟨de Regina de Neapoli⟩**

Réginald ⟨Bienheureux⟩
→ **Reginaldus ⟨de Priverno⟩**

Reginald ⟨d'Alne⟩
→ **Reginaldus ⟨de Alna⟩**

Réginald ⟨de Cantorbéry⟩
→ **Reginaldus ⟨Cantuariensis⟩**

Reginald ⟨de Coldingham⟩
→ **Reginaldus ⟨Dunelmensis⟩**

Reginald ⟨de Durham⟩
→ **Reginaldus ⟨Dunelmensis⟩**

Réginald ⟨de Langham⟩
→ **Reginaldus ⟨Langham⟩**

Réginald ⟨de Piperno⟩
→ **Reginaldus ⟨de Priverno⟩**

Reginald ⟨de Saint-Aignan⟩
→ **Reginaldus ⟨de Aurelia⟩**

Reginald ⟨de Saint-Gilles⟩
→ **Reginaldus ⟨de Aurelia⟩**

Reginald ⟨d'Orléans⟩
→ **Reginaldus ⟨de Aurelia⟩**

Réginald ⟨d'Orvierto⟩
→ **Reginaldus ⟨de Priverno⟩**

Reginald ⟨Durham⟩
→ **Reginaldus ⟨Dunelmensis⟩**

Reginald ⟨Pavo⟩
→ **Pecock, Reginald**

Reginald ⟨Pecock⟩
→ **Pecock, Reginald**

Reginald ⟨Secrétaire de Saint Thomas d'Aquin⟩
→ **Reginaldus ⟨de Priverno⟩**

Reginald ⟨von Canterbury⟩
→ **Reginaldus ⟨Cantuariensis⟩**

Reginald ⟨von Priverno⟩
→ **Reginaldus ⟨de Priverno⟩**

Reginaldetus, Petrus
→ **Petrus ⟨Reginaldetus⟩**

Reginaldus ⟨Alnensis⟩
→ **Reginaldus ⟨de Alna⟩**

Reginaldus ⟨Cantabrigiensis⟩
→ **Reginaldus ⟨Langham⟩**

Reginaldus ⟨Cantuariensis⟩
gest. ca. 1109
Vita Sancti Malchi
LThK; CSGL; LMA,VII,577; Tusculum-Lexikon
Raginald ⟨von Canterbury⟩
Raginaldus ⟨Cantabrigiensis⟩
Réginald ⟨de Cantorbéry⟩
Reginald ⟨von Canterbury⟩
Reginoldus ⟨Cantuariensis⟩

Reginaldus ⟨de Alna⟩
ca. 14. Jh. · OCist
Commentarius in Roberti Holcot
Stegmüller, Repert. bibl. 7176-7176,1
Alna, Reginaldus ¬de¬
Reginald ⟨d'Alne⟩
Reginaldus ⟨Alnensis⟩

Reginaldus ⟨de Aurelia⟩
um 1220 · OP
Schneyer,V,50; LMA,VII,577
Aurelia, Reginaldus ¬de¬
Reginald ⟨de Saint-Aignan⟩
Reginald ⟨de Saint-Gilles⟩
Reginald ⟨d'Orléans⟩
Reginaldus ⟨de Aurelianis⟩
Reginaldus ⟨d'Orleans⟩
Regnault ⟨de Saint-Aignan⟩
Regnault ⟨de Saint-Gilles⟩

Reginaldus ⟨de Betencuria⟩
um 1368/93
Tabula librorum sive tractatum
Schönberger/Kible, Repertorium, 17370
Betencuria, Reginaldus ¬de¬
Renaud ⟨de Bétencourt⟩

Reginaldus ⟨de Piperno⟩
→ **Reginaldus ⟨de Priverno⟩**

Reginaldus ⟨de Priverno⟩
gest. 1290 · OP
Lectura super I librum De anima
Lohr; Stegmüller, Repert. sentent. 849; Stegmüller, Repert. bibl. 7178;7179; Schneyer,V,51; LMA,VII,577
Piperno, Reginaldus ¬de¬
Priverno, Reginaldus ¬de¬
Rainaldus ⟨de Piperno⟩
Réginald ⟨Bienheureux⟩
Réginald ⟨de Piperno⟩
Réginald ⟨d'Orvierto⟩
Reginald ⟨Secrétaire de Saint Thomas d'Aquin⟩
Reginald ⟨von Piperno⟩
Reginald ⟨von Priverno⟩
Reginaldus ⟨de Piperno⟩
Reginaldus ⟨Privernas⟩
Reginaldus ⟨Socius Continuus Sancti Thomae Aquinatis⟩
Reginaldus ⟨Thomae Aquinatis Socius⟩

Reginaldus ⟨de Remis⟩
um 1273
Schneyer,V,64
Raynaud ⟨de Reims⟩
Reginaldus ⟨Remensis⟩
Remis, Reginaldus ¬de¬
Reynaud ⟨de Reims⟩

Reginaldus ⟨de Wroxham⟩
gest. 1235
Chronica
Potth. 956
Wroxham, Reginaldus ¬de¬

Reginaldus ⟨d'Ecosse⟩
→ **Reginaldus ⟨Scotus⟩**

Reginaldus ⟨d'Orleans⟩
→ **Reginaldus ⟨de Aurelia⟩**

Reginaldus ⟨Dunelmensis⟩
um 1165
Vita S. Cuthberti; Vita S. Godrici; Vita S. Oswaldi regis
Potth. 956
Reginald ⟨de Coldingham⟩
Reginald ⟨de Durham⟩
Reginald ⟨Durham⟩
Reginaldus ⟨Monachus Dunelmensis⟩
Reginardus

Reginaldus ⟨Langham⟩
um 1410 · OFM
Biblorum lecturae I-XXX
Stegmüller, Repert. bibl. 7177
Langham, Reginaldus
Réginald ⟨de Langham⟩
Reginaldus ⟨Cantabrigiensis⟩
Reginaldus ⟨Langhamus⟩
Reynold ⟨de Langham⟩

Reginaldus ⟨Monachus Dunelmensis⟩
→ **Reginaldus ⟨Dunelmensis⟩**

Reginaldus ⟨Pavo⟩
→ **Pecock, Reginald**

Reginaldus ⟨Pekok⟩
→ **Pecock, Reginald**

Reginaldus ⟨Privernas⟩
→ **Reginaldus ⟨de Priverno⟩**

Reginaldus ⟨Remensis⟩
→ **Reginaldus ⟨de Remis⟩**

Reginaldus ⟨Rempelkofer⟩
gest. 1486 · OP
Brevis expos. Ps. 71 ad moniales
Kaeppeli,III,296
Reginaldus ⟨Rempelkofer de Landshut⟩
Rempelkofer, Reginaldus

Reginaldus ⟨Scotus⟩
um 1282
Schneyer,V,69
Raynaud ⟨Scot⟩
Reginaldus ⟨d'Ecosse⟩
Scotus, Reginaldus

Reginaldus ⟨Thomae Aquinatis Socius⟩
→ **Reginaldus ⟨de Priverno⟩**

Reginaldus, Odo
→ **Odo ⟨Rigaldus⟩**

Réginard ⟨de Siegburg⟩
→ **Reginhardus ⟨Sigeburgensis⟩**

Reginardus
→ **Reginaldus ⟨Dunelmensis⟩**

Reginbald ⟨d'Eichstätt⟩
→ **Reginoldus ⟨Eichstaettensis⟩**

Reginbertus ⟨Augiensis⟩
gest. 846/47 · OSB
Bibliothekskatalog
VL(2),7,1112/1114; LMA,VII,578/79
Réginbert ⟨Copiste⟩
Réginbert ⟨de Reichenau⟩
Reginbert ⟨von der Reichenau⟩
Reginbert ⟨von Reichenau⟩
Reginbertus ⟨Scriptor⟩

Reginbertus ⟨Pataviensis⟩
gest. 1147
Epistola
Potth. 956
Reginbertus ⟨Episcopus Pataviensis⟩

Reginbertus ⟨Scriptor⟩
→ **Reginbertus ⟨Augiensis⟩**

Reginbold ⟨von Köln⟩
→ **Ragimboldus ⟨Coloniensis⟩**

Reginhardus ⟨Sigeburgensis⟩
gest. 1105 · OSB
Vita Annonis
VL(2),7,1114/1115
Réginard ⟨de Siegburg⟩
Reginhard ⟨von Siegburg⟩

Regino ⟨Prumiensis⟩
gest. 915
LThK; CSGL; LMA,VII,579; Tusculum-Lexikon
Prüm, Regino ¬von¬
Regino
Regino ⟨Abbas⟩
Regino ⟨Prumensis⟩
Regino ⟨von Prüm⟩
Réginon ⟨de Prüm⟩
Réginon ⟨de Spire⟩
Réginon ⟨d'Altripp⟩
Reginone ⟨da Prüm⟩
Rhegino ⟨Prumensis⟩
Rhegino ⟨Prumiensis⟩

Reginoldus ⟨Cantuariensis⟩
→ **Reginaldus ⟨Cantuariensis⟩**

Reginoldus ⟨Eichstaettensis⟩
um 966/91
3 Offizien
VL(2),7,1122/24
Eichstätt, Reginold ¬von¬
Reginbald ⟨d'Eichstätt⟩
Réginold ⟨d'Eichstätt⟩
Reginold ⟨von Eichstätt⟩

Reginus, Christophorus
→ **Christophorus ⟨Reginus⟩**

Reginus, Nicolaus
→ **Nicolaus ⟨Rheginus⟩**

Regio, Jacobus ¬de¬
→ **Jacobus ⟨de Regio⟩**

Regiomontanus, Johannes
1436 – 1476
LThK; LMA,VII,580/581; Tusculum-Lexikon
Hans ⟨de Kungsberg⟩
Hans ⟨von Königsberg⟩
Joannes ⟨Regiomontanus⟩
Johann ⟨de Königsberg⟩
Johannes ⟨Camillus⟩
Johannes ⟨de Königsberg⟩
Johannes ⟨de Monte Regio⟩
Johannes ⟨de Monteregio⟩
Johannes ⟨de Regiomonte⟩
Johannes ⟨Francus⟩
Johannes ⟨Germanus⟩
Johannes ⟨Königsberger⟩
Johannes ⟨Kunisperger⟩
Johannes ⟨Molitor⟩
Johannes ⟨Müller⟩
Johannes ⟨Mullerus⟩
Johannes ⟨Regiomontanus⟩
Königsberg, Johann
Königsperg, Hans ¬von¬
Königsperger, Johannes
Küngsperger, Johann
Küngsperger, Johannes
Künigsperger, Johann
Künigsperger, Johannes
Monte Regio, Johannes ¬de¬
Monteregio, Johannes ¬de¬
Montroyal, Jean ¬de¬
Müller, Johann
Müller, Johannes
Regiomons, Johannes
Regiomontan, Johannes
Regiomontanus, Ioannes

Regnaud, Jean
→ **Raynaldus, Johannes**

Regnault ⟨de Saint-Aignan⟩
→ **Reginaldus ⟨de Aurelia⟩**

Regnault ⟨de Saint-Gilles⟩
→ **Reginaldus ⟨de Aurelia⟩**

Regnier, Jean
→ **Jean ⟨Regnier⟩**

Regno, Jacobus ¬de¬
→ **Jacobus ⟨de Regno⟩**

Regno, Johannes ¬de¬
→ **Johannes ⟨de Regno⟩**

Reguardatus, Benedictus
gest. 1469
De pestilentia; De conservatione sanitatis
LMA,VII,602/03
Benedetto ⟨da Norcia⟩
Benedetto ⟨de'Reguardati⟩
Benedetto ⟨Reguardati⟩
Benedictus ⟨de Nursia⟩
Benedictus ⟨Regnardatus⟩
Benedictus ⟨Regnardatus de Nursia⟩
Benedictus ⟨Reguardatus⟩
Benoît ⟨de Norica⟩
Benoît ⟨de Nursia⟩
Reguardati, Benedetto

Reguinus ⟨Frisingensis⟩
→ **Rahewinus ⟨Frisingensis⟩**

Regula ⟨Lichtenthaler⟩
gest. 1478 · OCist
Bearbeitung zahlreicher Werke relig. Inhalts
VL(2),7,1131/34
Lichtenthaler, Regula
Margareta ⟨Regula Monialis⟩
Regula ⟨Schreibmeisterin⟩

Rehats, Rudolfus ¬de¬
→ **Rudolfus ⟨de Rehats⟩**

Reichenau, Berno ¬von¬
→ **Berno ⟨Augiensis⟩**

Reichenbach, Peter ¬von¬
→ **Peter ⟨von Reichenbach⟩**

Reichental, Ulrich ¬von¬
→ **Ulrich ⟨von Richental⟩**

Reicher de Pirchenwart, Petrus
→ **Petrus ⟨Reicher de Pirchenwart⟩**

Reichersberg, Gerhoh ¬von¬
→ **Gerhohus ⟨Reicherspergensis⟩**

Reichersberg, Magnus ¬von¬
→ **Magnus ⟨Reicherspergensis⟩**

Reichertshausen, Jakob Püterich ¬von¬
→ **Püterich von Reichertshausen, Jakob**

Reichlin, Andreas
ca. 1400 – 1477
Stadtarzt in Konstanz, Apotheker in Überlingen
"Regierung und Ordnung wider die Pestilenz„
VL(2),7,1137/38
Andreas ⟨von Überlingen⟩
Andreas, ⟨Reichlin⟩
Reichlin, Andreas ⟨der Ältere⟩
Überlingen, Andreas ¬von¬

Reicholf, Oswald
um 1453
Bericht über Judenprozeß und Verbrennung an Wiener Bürgermeister
VL(2),7,1138/39
Oswald ⟨Reicholf⟩

Reigny, Galand ¬de¬
→ **Galandus ⟨Regniacensis⟩**

Reimannus ⟨Monachus⟩
um 980/996 · OSB
Vita S. Cadroae abbatis
Potth. 958; 889
Monachus, Reimannus
Osmann ⟨Mönch⟩
Osmannus ⟨Monachus⟩
Osmannus ⟨Walciodorensis⟩
Ousmannus ⟨Monachus⟩
Reimann ⟨Mönch⟩
Reimanne ⟨Bénédictin⟩
Reimanne ⟨de Wasor⟩
Reimanne ⟨Hagiographe⟩
Reimannus ⟨Monachus Gorzensis⟩

Reimar ⟨der Alte⟩
→ **Reinmar ⟨der Alte⟩**

Reimbaldus ⟨Leodiensis⟩
gest. 1149
De vita canonica; Epistulae; Chronicon rhythmicum Leodiense
Potth. 958; LThK; CSGL
Raimbaud ⟨de Liège⟩
Rambaldus ⟨de Sainte-Croix⟩
Rambaldus ⟨de Saint-Jean⟩
Rambaldus ⟨de Saint-Lambert⟩
Rambaldus ⟨Leodiensis⟩
Regimbaldus ⟨Leodiensis⟩
Reimbald ⟨von Lüttich⟩
Reimbaldus ⟨Praepositus Sancti Johannis⟩
Reimbaldus ⟨Sancti Lamberti⟩
Saint-Lambert, Rambaldus ¬de¬

Reimes, Philippe ¬de¬
→ **Philippe ⟨de Beaumanoir⟩**

Rein, Eckard
ca. 15. Jh.
Enthalten im Katalog Folz, nicht Nachtigall
VL(2),7,1155/56
Eckard ⟨Rein⟩
Erhart ⟨Rein⟩
Rein ⟨Sangspruchdichter⟩
Rein, Erhart

Reinalduccius, Simon
→ **Simon ⟨Rinalducci de Todi⟩**

Reinbold ⟨Slecht⟩
→ **Slecht, Reinbold**

Reinbot ⟨von Durne⟩
um 1231/53
Legende vom Heiligen Georg
LMA,VII,665; VL(2),7,1156/61
Durne, Reinbot ¬von¬
Reinbot ⟨de Dorn⟩
Reinbot ⟨von Dorn⟩
Reinbot ⟨von Dürne⟩

Reindel, Oswald
→ **Oswaldus ⟨Reinlein⟩**

Reiner ⟨Komputist⟩
→ **Reinerus ⟨Paderbrunnensis⟩**

Reiner ⟨von Lüttich⟩
→ **Reinerus ⟨Sancti Jacobi Leodiensis⟩**
→ **Reinerus ⟨Sancti Laurentii Leodiensis⟩**

Reiner ⟨von Paderborn⟩
→ **Reinerus ⟨Paderbrunnensis⟩**

Reinerius ⟨...⟩
→ **Reinerus ⟨...⟩**

Reinerus ⟨apud Chardena⟩
um 1245/47
Journal des Savants (1916), 488-494, 548-559; Schneyer,V,134
Chardena, Reinerus ¬apud¬
Reinerus ⟨de Chardena⟩
Renerus ⟨apud Chardena⟩
Renerus ⟨de Chardena⟩

Reinerus ⟨da Forlii⟩
→ **Reinerus ⟨de Forolivio⟩**

Reinerus ⟨Dandulus⟩
→ **Dandulus, Rainerius**

Reinerus ⟨de Arsendis⟩
→ **Reinerus ⟨de Forolivio⟩**

Reinerus ⟨de Bleda⟩
→ **Paschalis ⟨Papa, II.⟩**

Reinerus ⟨de Chardena⟩
→ **Reinerus ⟨apud Chardena⟩**

Reinerus ⟨de Forolivio⟩
gest. 1358
Lectura super prima et secunda parte Digesti novi; Summa super modo arguendi
LMA,VII,494
Arsendes, Rayner
Arsendi, Raniero
Arsendus, Rayner
Forolivio, Reinerus ¬de¬
Ranieri ⟨Arsendi⟩
Raniero ⟨Arsendi⟩
Raniero ⟨da Forli⟩
Raynerius ⟨Foroliviensis⟩
Reinerus ⟨da Forlii⟩
Reinerus ⟨de Arisendenis⟩
Reinerus ⟨de Arisendis Foroliviensis⟩
Reinerus ⟨de Arsendis⟩
Reinerus ⟨Foroliviensis⟩

Reinerus ⟨de Grancis⟩
um 1331/45 · OP
De proeliis Tusciae
Potth. 961; Kaeppeli,III,291/292; Rep.Font. V,202
Granchi, Raynier ¬de'¬
Granchi, Reinerus
Grancis, Raynerius ¬de¬
Grancis, Reinerus ¬de¬
Rainerius ⟨de Grancis⟩
Ranieri ⟨Granchi⟩
Raynerius ⟨de Grancis⟩
Raynier ⟨de Pise⟩
Reinerius ⟨de Grancis Pisanus⟩
Reinerius ⟨Granchius⟩
Reinerus ⟨Granchi⟩

Reinerus ⟨de Perusio⟩
→ **Reinerus ⟨Perusinus⟩**

Reinerus ⟨de Pisis⟩
gest. ca. 1348/51 · OP
Pantheologia
Stegmüller, Repert. sentent. 710,1;755; Stegmüller, Repert. bibl. 7149; LMA,VII,420
Pisis, Reinerus ¬de¬
Rainer ⟨Giordani⟩
Rainer ⟨Giordani von Pisa⟩
Rainer ⟨von Pisa⟩
Rainerius ⟨de Pisis⟩
Rainerius ⟨de Pisis, OP⟩
Rainerius ⟨Pisanus⟩
Rainerus ⟨de Pisa⟩
Rainerus ⟨de Pisis⟩
Ranieri ⟨di Giordano⟩
Ranieri ⟨Giordani⟩
Raynier ⟨de Pise⟩
Raynier ⟨de Rivalto⟩
Reinerus ⟨de Rivalto⟩
Reinerus ⟨Iordanis⟩
Reinerus ⟨Iordanis de Pisis⟩
Reinerus ⟨Pisanus⟩
Rinerus ⟨Pisanus⟩

Reinerus ⟨de Plaisance⟩
→ **Reinerus ⟨Sacconi⟩**

Reinerus ⟨de Rivalto⟩
→ **Reinerus ⟨de Pisis⟩**

Reinerus ⟨de Upezinghis⟩
→ **Rainucius ⟨de Upezinghis⟩**

Reinerus ⟨Foroliviensis⟩
→ **Reinerus ⟨de Forolivio⟩**

Reinerus ⟨Gislenianus⟩
→ **Reinerus ⟨Sancti Gisleni⟩**

Reinerus ⟨Granchi⟩
→ **Reinerus ⟨de Grancis⟩**

Reinerus ⟨Iordanis⟩
→ **Reinerus ⟨de Pisis⟩**

Reinerus ⟨Leodiensis⟩
→ **Reinerus ⟨Sancti Jacobi Leodiensis⟩**
→ **Reinerus ⟨Sancti Laurentii Leodiensis⟩**

Reinerus ⟨Magister⟩
→ **Reinerus ⟨Paderbrunnensis⟩**

Reinerus ⟨Monachus Sancti Laurentii Leodiensis⟩
→ **Reinerus ⟨Sancti Laurentii Leodiensis⟩**

Reinerus ⟨Monachus Sellensis⟩
→ **Reinerus ⟨Sancti Gisleni⟩**

Reinerus ⟨Paderbrunnensis⟩
um 1154/83
Computus emendatus
Reiner ⟨Domscholaster⟩
Reiner ⟨Komputist⟩
Reiner ⟨von Paderborn⟩
Reinerus ⟨Magister⟩
Reinher ⟨Magister⟩
Reinher ⟨von Paderborn⟩
Reinherius ⟨Paderbornensis⟩
Reinherus ⟨de Paderborn⟩
Reinherus ⟨Paderbornensis⟩

Reinerus ⟨Perusinus⟩
13. Jh.
Liber formularius; Ars notarie
LMA,VII,420/21
Perusinus, Reinerus
Rainerius ⟨de Perusio⟩
Rainerius ⟨Perusinus⟩
Rainerus ⟨Perusinus⟩
Raniero ⟨da Perugia⟩
Raniero ⟨di Perugia⟩
Raniero ⟨Perugino⟩
Raynier ⟨de Pérouse⟩
Reinerus ⟨de Perusino⟩
Reinerus ⟨de Perusio⟩
Reinerus ⟨von Perugia⟩

Reinerus ⟨Pisanus⟩
→ **Reinerus ⟨de Pisis⟩**

Reinerus ⟨Pomposanus⟩
um 1200 · OSB
Sammlung von 123 Dekretalen Innozenz' III.
LMA,VII,421
Pomposanus, Reinerus
Rainier ⟨of Pomposa⟩
Raynier ⟨de Pomposa⟩
Rainerus ⟨von Pomposa⟩

Reinerus ⟨Sacconi⟩
gest. 1262 · OP
Summa de Catharis et Leonistis seu Pauperibus de Lugduno
Potth. 964; 992; LMA,VII,1220; Kaeppeli,III,293/294;

Schönberger/Kible, Repertorium 17337/17338
Pseudo-Rainer
Pseudo-Rainerus ⟨Sacconi⟩
Pseudo-Rainier
Pseudo-Reinerus ⟨Sacconi⟩
Rainer ⟨Sacconi⟩
Rainerius ⟨Sacconi⟩
Rainerus ⟨Sacchoni⟩
Rainerus ⟨Sacconi Placentinus⟩
Rainerus ⟨Sacconus de Placentia⟩
Ranieri ⟨Sacconi⟩
Raynier ⟨de Plaisance⟩
Raynier ⟨Sacconi⟩
Raynier ⟨Sacconi de Plaisance⟩
Reinerus ⟨de Plaisance⟩
Reinerus ⟨Sacconus⟩
Reinerus ⟨Sachoni⟩
Reinerus ⟨Sachonus⟩
Renerius ⟨Ordinis Praedicatorum⟩
Sacchoni, Rainerus
Sacconi, Ranieri
Sacconi, Raynier
Sacconi, Reinerius
Sacconi, Reinerus
Sachoni, Reinerus

Reinerus ⟨Sancti Gisleni⟩
um 1035/40 · OSB
Vita S. Gisleni (vita III et miracul.)
Potth. 961; DOC,2,1564
Raynier ⟨de Saint-Ghislain⟩
Raynier ⟨Hagiographe⟩
Reinerus ⟨Gislenianus⟩
Reinerus ⟨Monachus⟩
Reinerus ⟨Monachus Sellensis⟩
Reinerus ⟨Sancti Petri Gandensis⟩
Reinerus ⟨Sellensis⟩
Sancti Gisleni, Reinerus

Reinerus ⟨Sancti Jacobi Leodiensis⟩
1157 – 1230 · OSB
Geschichtsschreiber; Annales
DOC,2,1568; LMA,VII,666
Rainer ⟨Mönch⟩
Rainer ⟨von Lüttich⟩
Raynier ⟨de Liège⟩
Raynier ⟨de Saint-Jacques⟩
Reiner ⟨von Lüttich⟩
Reiner ⟨von Sankt Jakob zu Lüttich⟩
Reinerus ⟨Leodiensis⟩
Reinerus ⟨Sancti Jacobi⟩
Renier ⟨von Lüttich⟩
Sancti Jacobi, Reinerus
Sancti Jacobi Leodiensis, Reinerus

Reinerus ⟨Sancti Laurentii Leodiensis⟩
ca. 1120 – 1182 · OSB
Libellus de adventu reliquiarum S. Laurentii; Vita Reginardi; De claris scriptoribus monasterii sui; etc.
DOC,2,1568/69; LMA,VII,666
Rainer ⟨of Liège⟩
Rainer ⟨von Lüttich⟩
Rainer ⟨von Sankt Laurentius⟩
Raynier ⟨de Liège⟩
Raynier ⟨de Saint-Laurent⟩
Reiner ⟨of Saint Laurent⟩
Reiner ⟨von Lüttich⟩
Reiner ⟨von Sankt Lorenz⟩
Reinerus ⟨Leodiensis⟩
Reinerus ⟨Monachus Sancti Laurentii Leodiensis⟩
Reinerus ⟨Sancti Laurentii⟩

Reinerus ⟨Sancti Petri Gandensis⟩
→ **Reinerus ⟨Sancti Gisleni⟩**

Reinerus ⟨Sellensis⟩
→ **Reinerus ⟨Sancti Gisleni⟩**

Reinerus ⟨von Perugia⟩
→ **Reinerus ⟨Perusinus⟩**

Reinerus ⟨von Pomposa⟩
→ **Reinerus ⟨Pomposanus⟩**

Reinhard ⟨Abbé⟩
→ **Reinhardus ⟨de Reinhusen⟩**

Reinhard ⟨Bruder⟩
15. Jh. · OFM
Predigt auf den 1. Fastensonntag
VL(2),7,1176
Bruder Reinhard
Reinhard ⟨Franziskaner⟩
Reinhard ⟨von Köln⟩
Reynnart ⟨Bruder⟩

Reinhard ⟨de Coblence⟩
→ **Rainardus ⟨de Fronthoven⟩**

Reinhard ⟨de Fronhofen⟩
→ **Rainardus ⟨de Fronthoven⟩**

Reinhard ⟨de Reinhusen⟩
→ **Reinhardus ⟨de Reinhusen⟩**

Reinhard ⟨de Saint-Burchard⟩
→ **Reinhardus ⟨Herbipolensis⟩**

Reinhard ⟨de Wurtzbourg⟩
→ **Reinhardus ⟨Herbipolensis⟩**

Reinhard ⟨der Lollarde⟩
um 1488
Prophetien
VL(2),7,1177/78
Lollarde, Reinhard ¬der¬
Reinhart ⟨Bruder⟩
Reinhart ⟨der Lollhart⟩
Reinhart ⟨der Nollhart⟩
Reinhart ⟨Waldbruder⟩
Reynhardus ⟨Lollardus⟩

Reinhard ⟨Franziskaner⟩
→ **Reinhard ⟨Bruder⟩**

Reinhard ⟨Magister⟩
→ **Reinhardus ⟨Herbipolensis⟩**

Reinhard ⟨of Saint Burchard⟩
→ **Reinhardus ⟨Herbipolensis⟩**

Reinhard ⟨von Bemmelberg⟩
um 1494
Bericht über eine Pilgerreise ins Hl. Land
VL(2),7,1176/77
Bemmelberg, Reinhard ¬von¬
Rheinhard ⟨zue Bemmelberg⟩

Reinhard ⟨von Köln⟩
→ **Reinhard ⟨Bruder⟩**

Reinhardsbrunn, Sindold ¬von¬
→ **Sindold ⟨von Reinhardsbrunn⟩**

Reinhardus ⟨Abbas in Reinhusen⟩
→ **Reinhardus ⟨de Reinhusen⟩**

Reinhardus ⟨de Fronthoven⟩
→ **Rainardus ⟨de Fronthoven⟩**

Reinhardus ⟨de Reinhusen⟩
um 1096 · OSB
Epp. Pauli ; Opusculum de familia Winzenburgensi et Reinhardi episcopi Halberstadensis
Potth. 962; Stegmüller, Repert. bibl. 7182-7187
Reinhard ⟨Abbé⟩
Reinhard ⟨de Reinhusen⟩
Reinhardus ⟨Abbas in Reinhusen⟩
Reinhardus ⟨Reinehusensis⟩
Reinhusen, Reinhardus ¬de¬

Reinhardus ⟨Herbipolensis⟩
um 935 · OSB
In Categorias Aristotelis libri quattuor; Cant.
Lohr; Stegmüller, Repert. bibl. 7180
Reinhard ⟨de Saint-Burchard⟩
Reinhard ⟨de Wurtzbourg⟩
Reinhard ⟨Magister⟩
Reinhard ⟨Monk⟩
Reinhard ⟨of Saint Burchard⟩
Reinhardus ⟨von Würzburg⟩

Reinhardus ⟨Reinehusensis⟩
→ **Reinhardus ⟨de Reinhusen⟩**

Reinhardus ⟨von Würzburg⟩
→ **Reinhardus ⟨Herbipolensis⟩**

Reinhart ⟨Bruder⟩
→ **Reinhard ⟨der Lollarde⟩**

Reinhart ⟨der Nollhart⟩
→ **Reinhard ⟨der Lollarde⟩**

Reinhart ⟨von Westerburg⟩
um 1315/53
Gedicht; 3 Vierzeilerstrophen
VL(2),7,1179
Westerburg, Reinhart ¬von¬

Reinhart ⟨Waldbruder⟩
→ **Reinhard ⟨der Lollarde⟩**

Reinher ⟨Magister⟩
→ **Reinerus ⟨Paderbrunnensis⟩**

Reinherus ⟨...⟩
→ **Reinerus ⟨...⟩**

Reinhold ⟨Slecht⟩
→ **Slecht, Reinbold**

Reinhold ⟨von Marienthal⟩
→ **Reinoldus ⟨Vallis Beatae Mariae⟩**

Reinhusen, Reinhardus ¬de¬
→ **Reinhardus ⟨de Reinhusen⟩**

Reinlein, Oswaldus
→ **Oswaldus ⟨Reinlein⟩**

Reinmann ⟨von Brenneberg⟩
→ **Reinmar ⟨von Brennenburg⟩**

Reinmar ⟨de Zweter⟩
→ **Reinmar ⟨von Zweter⟩**

Reinmar ⟨der Alte⟩
ca. 1160 – ca. 1210
LMA,VII, 668/70; VL(2),7,1180/91
Alte, Reinmar ¬der¬
Reimar ⟨der Alte⟩
Reinmar ⟨der Herr⟩
Reinmar ⟨die Nachtigall⟩
Reinmar ⟨l'Ancien⟩
Reinmar ⟨von Hagenau⟩

Reinmar ⟨der Fiedler⟩
13. Jh.
6 Liedstrophen; Sprüche
VL(2),7,1195/97
Fiedler, Reinmar ¬der¬
Reinmar ⟨der Fiedeler⟩
Reinmar ⟨Liederdichter⟩

Reinmar ⟨der Herr⟩
→ **Reinmar ⟨der Alte⟩**

Reinmar ⟨der Junge⟩
13. Jh.
Nicht identisch mit Reinmar ⟨von Zweter⟩; Verfasserschaft eines 2-strophigen Liedes in der Heidelberger Liederhandschrift nicht gesichert
VL(2),7,1197/98
Junge Reinmar ¬Der¬

Reinmar ⟨die Nachtigall⟩
→ **Reinmar ⟨der Alte⟩**

Reinmar ⟨l'Ancien⟩
→ **Reinmar ⟨der Alte⟩**

Reinmar ⟨le Jeune⟩
→ **Reinmar ⟨von Zweter⟩**

Reinmar ⟨Liederdichter⟩
→ **Reinmar ⟨der Fiedler⟩**

Reinmar ⟨von Brennenburg⟩
13. Jh.
4 Minnelieder; keine eindeutige Identifizierung (Reinmar I, II, IV) möglich
VL(2),7,1191/95; LMA,VII,670
Brennenburg, Reinmar ¬von¬
Reinmann ⟨von Brenneberg⟩
Reinmar ⟨von Brenneberg⟩

Reinmar ⟨von Hagenau⟩
→ **Reinmar ⟨der Alte⟩**

Reinmar ⟨von Zweter⟩
ca. 1200 – ca. 1260
VL(2),7,1198/1207; Meyer; LMA,VII,670/671
Reinmar ⟨de Zweter⟩
Reinmar ⟨le Jeune⟩
Reinmar ⟨von Zwet⟩
Zweter, Reinmar ¬von¬

Reinold ⟨Kerkhörde⟩
→ **Kerkhörde, Reinold**

Reinold ⟨von der Lippe⟩
→ **Reinolt ⟨von der Lippe⟩**

Reinoldus ⟨Vallis Beatae Mariae⟩
gest. 1269
Historia contentionis inter filios Henrici comitis Anschariae et marchionem Henricum Misnensem post mortem H. Raspo Lantgravii Thuringorum super eius hereditate etc. (geschrieben 1250)
Potth. 962
Reinhold ⟨von Marienthal⟩
Reinoldus ⟨Monachus Vallis Beatae Mariae in Saxonia apud Helmstat⟩
Vallis Beatae Mariae, Reinoldus

Reinolt ⟨von der Lippe⟩
14. Jh.
2 Lieder
VL(2),7,1207/08
Lippe, Reinolt ¬von der¬
Reinold ⟨von der Lippe⟩

Reinstein, Heinrich ¬von¬
→ **Heinrich ⟨von Regenstein⟩**

Reise, Nikolaus
ca. 1400 – 1462
Chronik von alten Dingen der Stadt Mainz; Idenität mit Clesse / Klesse / Clas, Nikolaus umstritten
VL(2),7,1214/15
Clas, Nikolaus
Clesse, Nikolaus
Klesse, Nikolaus
Nikolaus ⟨Clas⟩
Nikolaus ⟨Clesse⟩
Nikolaus ⟨Klesse⟩
Nikolaus ⟨Reise⟩

Reise, Theodoricus
→ **Dietrich ⟨von Wesel⟩**

Rekkared ⟨Westgotenreich, König, I.⟩
gest. 601
Epistula ad Gregorium Magnum papam; Antiqua (legum) collectio
Potth. 954; LMA,VII,500
Recarède ⟨Roi des Wisigoths, I.⟩
Recarred ⟨King of the Visigoths, I.⟩
Reccared ⟨König der Westgoten, I.⟩
Reccared ⟨Westgotenreich, König, I.⟩
Reccarède ⟨Roi des Wisigoths, I.⟩
Reccaredus ⟨Rex Gothorum⟩
Reccaredus ⟨Rex Wisigothorum⟩
Reccaredus ⟨Visigothorum Rex, I.⟩

Reli, Johannes ¬de¬
→ **Johannes ⟨de Reli⟩**

Relindis ⟨von Hohenburg⟩
→ **Rilindis ⟨Hohenburgensis⟩**

Rellach, Johannes
15. Jh. · OP (?)
Bearbeitung, Kompilation einzelner Bibelteile
VL(2),7,1219/20
Jean ⟨Rellach⟩
Johannes ⟨Rellach⟩
Johannes ⟨von Resöm⟩
Rellach, Jean
Rellach von Resöm, Johannes

Rely, Jean ¬de¬
→ **Johannes ⟨de Reli⟩**

Rem, Niklas
gest. ca. 1476
Kurzrezeptar
VL(2),7,1220/21
Niklas ⟨Rem⟩
Niklas ⟨Rem, der Ältere⟩
Rem, Niklas ⟨der Ältere⟩

Rember ⟨Remß⟩
→ **Rember ⟨von Bibersee⟩**

Rember ⟨von Bibersee⟩
Lebensdaten nicht ermittelt
Erwähnt in Katalogen Nachtigall, Folz
VL(2),7,1221/22
Bibersee, Rember ¬von¬
Ramler ⟨von Biberse⟩
Rember ⟨Remß⟩
Rember ⟨Sangspruchdichter⟩
Rember ⟨von Piberse⟩
Remers ⟨über See⟩
Romler ⟨von Biber⟩

Rembertus ⟨Archiepiscopus⟩
→ **Rimbertus ⟨Hamburgensis⟩**

Rembertus ⟨Casinensis⟩
→ **Erchembertus ⟨Casinensis⟩**

Remedius ⟨Curiensis⟩
gest. 820
Canones; Capitula (ihm fälschlicherweise zugeschrieben)
Potth. 964
Pseudo-Remedius ⟨Curiensis⟩
Pseudo-Remigius ⟨Curiensis⟩
Remède ⟨de Coire⟩
Remède ⟨Evêque⟩
Remedius ⟨Bischof⟩
Remedius ⟨Bishop⟩
Remedius ⟨Episcopus⟩
Remedius ⟨of Chur⟩
Remedius ⟨von Chur⟩
Remigius ⟨Curiensis⟩
Remigius ⟨von Chur⟩
Remy ⟨de Chur⟩
Remy ⟨de Coire⟩

Remers ⟨über See⟩
→ **Rember ⟨von Bibersee⟩**

Remi ⟨Bishop⟩
→ **Remigius ⟨Remensis⟩**

Remi ⟨d'Auxerre⟩
→ **Remigius ⟨Altissiodorensis⟩**

Remi ⟨de Lyon⟩
→ **Remigius ⟨Lugdunensis⟩**

Remi ⟨de Reims⟩
→ **Remigius ⟨Remensis⟩**

Remi ⟨l'Auxerrois⟩
→ **Remigius ⟨Altissiodorensis⟩**

Remi ⟨Saint⟩
→ **Remigius ⟨Remensis⟩**

Rémi, Philippe ¬de¬
→ **Philippe ⟨de Beaumanoir⟩**

Remicius
→ **Rinutius ⟨Aretinus⟩**

Remiet, Pierre
ca. 1350 – ca. 1430
Pariser Miniaturmaler; Identität mit Perrin ⟨de Dijon⟩ umstritten
Thieme-Becker
Peirin ⟨Remiet⟩
Perrin ⟨Remiet⟩
Pierre ⟨Remiet⟩
Pierre ⟨Remiot⟩
Pierre ⟨Remy⟩
Remiet, Peirin
Remiet, Perrin
Remiot, Pierre
Remy, Pierre

Remigio ⟨Clari⟩
→ **Remigius ⟨de Florentia⟩**

Remigio ⟨d'Auxerre⟩
→ **Remigius ⟨Altissiodorensis⟩**

Remigio ⟨dei Girolami⟩
→ **Remigius ⟨de Florentia⟩**

Remigio ⟨di Reims⟩
→ **Remigius ⟨Remensis⟩**

Remigio ⟨Santo⟩
→ **Remigius ⟨Remensis⟩**

Remigius ⟨Altissiodorensis⟩
gest. 908
LThK; CSGL; LMA,VII,707/708; Tusculum-Lexikon
Remi ⟨d'Auxerre⟩
Remi ⟨l'Auxerrois⟩
Remigio ⟨d'Auxerre⟩
Remigius ⟨Autissiodorensis⟩
Remigius ⟨von Auxerre⟩
Rémy ⟨d'Auxerre⟩

Remigius ⟨Chari dei Girolami⟩
→ **Remigius ⟨de Florentia⟩**

Remigius ⟨Clarus⟩
→ **Remigius ⟨de Florentia⟩**

Remigius ⟨Curiensis⟩
→ **Remedius ⟨Curiensis⟩**

Remigius ⟨de Florentia⟩
1235 – 1319 · OP
De via paradisi; De subiecto theologiae; Determinatio de uno esse in Christo; Determinatio utrum sit licitum vendere mercationes ad terminum
Stegmüller, Repert. bibl. 7248-7249,1; Stegmüller, Repert. sentent. 712; Schneyer,V,65; LMA,VII,708; Schönberger/Kible, Repertorium, 17377/17391
Florentia, Remigius ¬de¬
Girolami, Remigius
Hieronymus ⟨Clarus⟩
Remigio ⟨Clari⟩
Remigio ⟨dei Girolami⟩
Remigio ⟨de'Girolami⟩
Remigio ⟨Girolami Fiorentino⟩
Remigius ⟨Chari dei Girolami⟩
Remigius ⟨Chiaro de'Girolami⟩
Remigius ⟨Clarus⟩
Remigius ⟨dei Girolami⟩
Remigius ⟨de'Girolami Florentinus⟩
Remigius ⟨Florentinus⟩
Remigius ⟨Girolami⟩
Remigius ⟨Girolami de Florentia⟩
Remigius ⟨Girolami Florentinus⟩
Remigius ⟨von Florenz⟩
Remy ⟨Clari⟩
Remy ⟨de Florence⟩

Remigius ⟨Episcopus⟩
→ **Remigius ⟨Remensis⟩**

Remigius ⟨Florentinus⟩
→ **Remigius ⟨de Florentia⟩**

Remigius ⟨Girolami⟩
→ **Remigius ⟨de Florentia⟩**

Remigius ⟨Laudunensis⟩
→ **Remigius ⟨Remensis⟩**

Remigius ⟨Lugdunensis⟩
gest. 875
Angebl. Verf. von „Liber de tribus epistulis" (mutmaßl. Verf. ist Florus ⟨Lugdunensis⟩)
Stegmüller, Repert. bibl.
Pseudo-Remigius ⟨Lugdunensis⟩
Remi ⟨de Lyon⟩
Remigius ⟨Archbishop⟩
Remigius ⟨of Lyons⟩
Remigius ⟨Saint⟩
Remigius ⟨von Lyon⟩
Remy ⟨Abbé⟩
Remy ⟨Archevêque⟩
Remy ⟨de Lyon⟩
Remy ⟨de Saint-Claude⟩
Remy ⟨Saint⟩

Remigius ⟨Mediolacensis⟩
→ **Remigius ⟨Treverensis⟩**

Remigius ⟨of Lyons⟩
→ **Remigius ⟨Lugdunensis⟩**

Remigius ⟨Remensis⟩
436 – 533
Epistulae IV; Versus de calice; Testamentum
Potth. 964; Cpl 1070 ff.; Stegmüller, Repert. bibl. 7250; LMA;VII,707
Pseudo-Remigius ⟨Remensis⟩
Remi ⟨Bishop⟩
Remi ⟨de Reims⟩
Remi ⟨Evêque⟩
Remi ⟨of Reims⟩
Remi ⟨Saint⟩
Remigio ⟨di Reims⟩
Remigio ⟨Santo⟩
Remigius ⟨Bischof⟩
Remigius ⟨Episcopus⟩
Remigius ⟨Laudunensis⟩
Remigius ⟨of Reims⟩
Remigius ⟨Saint⟩
Remigius ⟨Sanctus⟩
Remigius ⟨von Reims⟩
Remy ⟨de Cerny-en-Leonnais⟩
Remy ⟨de Reims⟩
Rémy ⟨Saint⟩

Remigius ⟨Sanctus⟩
→ **Remigius ⟨Remensis⟩**

Remigius ⟨Treverensis⟩
um 1000 · OSB
Stegmüller, Repert. bibl. 7251-7254
Remigius ⟨Mediolacensis⟩
Remigius ⟨Trevirensis⟩
Remy ⟨Abbé de Métloc⟩
Remy ⟨Mediolacensis⟩

Remigius ⟨von Auxerre⟩
→ **Remigius ⟨Altissiodorensis⟩**

Remigius ⟨von Chur⟩
→ **Remedius ⟨Curiensis⟩**

Remigius ⟨von Florenz⟩
→ **Remigius ⟨de Florentia⟩**

Remigius ⟨von Lyon⟩
→ **Remigius ⟨Lugdunensis⟩**

Remigius ⟨von Reims⟩
→ **Remigius ⟨Remensis⟩**

Remiot, Pierre
→ **Remiet, Pierre**

Remiremont, Hugo ¬de¬
→ **Hugo ⟨de Remiremont⟩**

Remiremont, Petrus ¬de¬
→ **Petrus ⟨de Remiremont⟩**

Remis, Albertus ¬de¬
→ **Albertus ⟨de Remis⟩**

Remis, Ernulfus ¬de¬
→ **Ernulfus ⟨de Remis⟩**

Remis, Gerardus ¬de¬
→ **Gerardus ⟨de Remis⟩**

Remis, Petrus ¬de¬
→ **Petrus ⟨de Remis⟩**

Remis, Pontius ¬de¬
→ **Pontius ⟨de Remis⟩**

Remis, Reginaldus ¬de¬
→ **Reginaldus ⟨de Remis⟩**

Remis, Stephanus ¬de¬
→ **Stephanus ⟨de Remis⟩**

Rempelkofer, Reginaldus
→ **Reginaldus ⟨Rempelkofer⟩**

Remundus ⟨Eremita⟩
→ **Lullus, Raimundus**

Remy ⟨Abbé⟩
→ **Remigius ⟨Lugdunensis⟩**

Remy ⟨Abbé de Métloc⟩
→ **Remigius ⟨Treverensis⟩**

Remy ⟨Archevêque⟩
→ **Remigius ⟨Lugdunensis⟩**

Remy ⟨Clari⟩
→ **Remigius ⟨de Florentia⟩**

Rémy ⟨d'Auxerre⟩
→ **Remigius ⟨Altissiodorensis⟩**

Remy ⟨de Cerny-en-Leonnais⟩
→ **Remigius ⟨Remensis⟩**

Remy ⟨de Chur⟩
→ **Remedius ⟨Curiensis⟩**

Remy ⟨de Coire⟩
→ **Remedius ⟨Curiensis⟩**

Remy ⟨de Florence⟩
→ **Remigius ⟨de Florentia⟩**

Remy ⟨de Lyon⟩
→ **Remigius ⟨Lugdunensis⟩**

Remy ⟨de Reims⟩
→ **Remigius ⟨Remensis⟩**

Remy ⟨de Saint-Claude⟩
→ **Remigius ⟨Lugdunensis⟩**

Remy ⟨Mediolacensis⟩
→ **Remigius ⟨Treverensis⟩**

Remy ⟨Saint⟩
→ **Remigius ⟨Lugdunensis⟩**
→ **Remigius ⟨Remensis⟩**

Remy, Philippe ¬de¬
→ **Philippe ⟨de Remy⟩**

Remy, Pierre
→ **Remiet, Pierre**

Renalfus ⟨Parisiensis⟩
→ **Ranulfus ⟨de Humbloneria⟩**

Renallo, Buccio ¬de¬
→ **Buccio ⟨di Ranallo⟩**

Renals ⟨de Biauju⟩
→ **Renaut ⟨de Beaujeu⟩**

Renart, Jean
→ **Jean ⟨Renart⟩**
→ **Renaut**

Renaud ⟨Albizzi⟩
→ **Albizzi, Rinaldo ¬degli¬**

Renaud ⟨de Beaujeu⟩
→ **Renaut ⟨de Beaujeu⟩**

Renaud ⟨de Bétencourt⟩
→ **Reginaldus ⟨de Betencuria⟩**

Renaud ⟨de Louhans⟩
→ **Renaut ⟨de Louhans⟩**

Renauld ⟨de Beaujeu⟩
→ **Renaut ⟨de Beaujeu⟩**

Renaut
um 1216/1220
Verf. von Galeran de Bretagne; wahrscheinlich nicht identisch mit Jean ⟨Renart⟩ (vgl. Textausg. von Jean Dufournet, Paris 1996)
Jean ⟨Renart⟩
Renart, Jean
Renaut ⟨Trouvère⟩

Renaut ⟨de Bâgé⟩
→ **Renaut ⟨de Beaujeu⟩**

Renaut ⟨de Beaujeu⟩
12./13. Jh.
Trouvère; Canzone; Le bel inconnu
LMA,VII,725/26
Bagé, Renaut ¬de¬
Beaujeu, Renaut ¬de¬
Raynaud ⟨de Beaujeu⟩
Renals ⟨de Biauju⟩
Renaud ⟨de Beaujeu⟩
Renauld ⟨de Beaujeu⟩
Renaut ⟨de Bâgé⟩
Renaut ⟨de Baujieu⟩

Renaut ⟨de Louens⟩
→ **Renaut ⟨de Louhans⟩**

Renaut ⟨de Louhans⟩
um 1336/37 · OP
Boethius, De consolatione philosophiae, metrice in linguam vernaculam translat.; Le livre de Mélibée et de Prudense
LMA,VII,726; Kaeppeli,III,290
Louhans, Rainaldus ¬de¬
Louhans, Raynaud ¬de¬
Louhans, Renaut ¬de¬
Rainaldus ⟨de Louhans⟩
Raynaud ⟨de Louhans⟩
Renaud ⟨de Louens⟩
Renaud ⟨de Louhans⟩
Renaut ⟨de Louens⟩
Renaut ⟨von Louhans⟩

Renaut ⟨Trouvère⟩
→ **Jean ⟨Renart⟩**
→ **Renaut**

Renaut, Jean
→ **Jean ⟨Renart⟩**

Renclus ⟨de Molliens⟩
um 1225
Carité; Miserere; vielleicht identisch mit Barthélemy ⟨Renclus de Molliens-Vidame⟩
LMA,VII,727
Barthélemy ⟨Renclus de Molliens-Vidame⟩
Molliens, Reclus ¬de¬
Molliens, Renclus ¬de¬
Reclus ⟨de Mollens⟩
Reclus ⟨de Molliens⟩

René ⟨Anjou, Duc, I.⟩
1409 – 1480
LMA,VII,727/730
Anjou, René ¬d'¬
René ⟨Anjou, Herzog⟩
René ⟨d'Anjou⟩
René ⟨le Bon⟩
René ⟨le Roi⟩
René ⟨Napoli, Re⟩
René ⟨Provence, Graf⟩
René ⟨von Anjou⟩

René-Maler
→ **Eyck, Barthélémy ¬d'¬**

Renerius ⟨...⟩
→ **Reinerus ⟨...⟩**

Renerius, Girandus
→ **Girandus ⟨Renerius⟩**

Renerus ⟨...⟩
→ **Reinerus ⟨...⟩**

Renham, Henricus ¬de¬
→ **Henricus ⟨de Renham⟩**

Renier ⟨Accorre⟩
→ **Accorre, Renier**

Renier, Giraud
→ **Girandus ⟨Renerius⟩**

Rennyo
1415 – 1499

Reno, Guilelmus ¬de¬
→ **Guilelmus ⟨de Reno⟩**

Renoudus ⟨Parisiensis⟩
→ **Ranulfus ⟨de Humbloneria⟩**

Renoul ⟨d'Humblières⟩
→ **Ranulfus ⟨de Humbloneria⟩**

Reoldus, Bertramus
um 1326 · OCist
Vita S. Francae
Potth. 964
Bertram ⟨Reoldi⟩
Bertramus ⟨Reoldus⟩
Reoldi, Bertram

Reparatus ⟨Episcopus⟩
gest. 677
Epistula ad Theodorum papam
Cpl 875
Episcopus Reparatus
Réparat ⟨Archevêque de Ravenne⟩

Repeta, Manfredo
um 1464/89
Cronaca dal 1464 al 1489
Potth. 965
Manfredo ⟨Repeta⟩

Repgow, Eike ¬von ¬
→ **Eike ⟨von Repgow⟩**

Repingdon, Philippus
gest. 1434
Sermones dominicales; Sermones quadragesimales
Stegmüller, Repert. bibl. 6972
Philip ⟨Repindon⟩
Philip ⟨Repington⟩
Philipp ⟨Repingdon⟩
Philippe ⟨Repington⟩
Philippus ⟨Anglus⟩
Philippus ⟨Repindonus⟩
Philippus ⟨Repingdon⟩
Philippus ⟨Repington⟩
Philippus ⟨Repingtonus⟩
Philippus ⟨Repyngdon⟩
Philippus ⟨Rhependunus⟩
Repingdon, Philipp
Repington, Philippe
Repyngton ⟨Cardinal⟩

Rerer, Michael
→ **Michael ⟨Rerer⟩**

Rescainae, Sergius
→ **Sergius ⟨Rescainae⟩**

Reschideddin Watwat
→ **Waṭwāṭ, Rašīd-ad-Dīn**

Restner ⟨zu Schwatz⟩
→ **Kestner, Johann**

Restoro ⟨d'Arezzo⟩
→ **Ristoro ⟨d'Arezzo⟩**

Retchungpa
→ **rDo-rje-grags-pa ⟨Ras-chuṅ⟩**

Retos, Radulfus ¬de¬
→ **Radulfus ⟨de Retos⟩**

Retz, Henricus ¬de¬
→ **Henricus ⟨de Retz⟩**

Retz, Johannes ¬de¬
→ **Johannes ⟨de Retz⟩**

Retz, Peter ¬von¬
→ **Peter ⟨von Retz⟩**

Retza, Franciscus ¬de¬
→ **Franciscus ⟨de Retza⟩**

Reuchart ⟨von Salzburg⟩
15. Jh.
2 ophthalmologische Rezepte
VL(2),7,1231/32
Salzburg, Reuchart ¬von¬

Reuental, Neidhart ¬von ¬
→ **Neidhart ⟨von Reuental⟩**

Reute, Elisabeth ¬von¬
→ **Elisabeth ⟨von Reute⟩**

Reutlingen, Burkhard ¬von¬
→ **Burkhard ⟨von Reutlingen⟩**

Revalia, Mauritius ¬de¬
→ **Mauritius ⟨de Revalia⟩**

Révigny, Jacques ¬de¬
→ **Jacobus ⟨de Ravanis⟩**

Rex de Zurawica, Martinus
→ **Martinus ⟨Rex de Zurawica⟩**

Reynaud ⟨de Reims⟩
→ **Reginaldus ⟨de Remis⟩**

Reynerius ⟨...⟩
→ **Reinerus ⟨...⟩**

Reynerus ⟨...⟩
→ **Reinerus ⟨...⟩**

Reinerus ⟨Groningen⟩
→ **Groningen, Rainer**

Reynhardus ⟨Lollardus⟩
→ **Reinhard ⟨der Lollarde⟩**

Reynmann, Leonhard
14./15. Jh.
Von warer erkanntnus des wetters
VL(2),8,21/22
Leonhard ⟨Reynmann⟩
Leonhard ⟨Rynman⟩
Reynman, Leonhard
Rynman, Leonhard

Reynnart ⟨Bruder⟩
→ **Reinhard ⟨Bruder⟩**

Reynold ⟨de Langham⟩
→ **Reginaldus ⟨Langham⟩**

rGyal tshab rje
→ **Dar-ma-rin-chen ⟨rGyal-tshab rje⟩**

rGyal-ba-g'yuṅdruṅ ⟨Bru-sgom⟩
1242 – 1290
Tibet. Mönch der Bon-Religion; The stages of A-khrid meditation
Bru-sgom rGyal-ba g'yung-drung
Bru-sgom Rgyal-ba-g'yuṅ-druṅ
Bru-sgom Rgyal-ba-g'yung-drung
Bru-ston Rgyal-ba-g'yuṅ-druṅ
rGyal-ba-g'yuṅ-druṅ ⟨Bru-ston⟩
Rgyal-ba-g'yung-drung ⟨Bru-sgom⟩

rGyal-tshab rJe Dar-ma rin-chen
→ **Dar-ma-rin-chen ⟨rGyal-tshab rje⟩**

Rhabanus ⟨Maurus⟩
→ **Hrabanus ⟨Maurus⟩**

Rhabda, Nicolaus
→ **Nicolaus ⟨Rhabda⟩**

Rhacendyta, Josephus
→ **Josephus ⟨Philosophus⟩**

Rhasis
→ **Rāzī, Muḥammad Ibn-Zakarīyā ¬ar-¬**

Rhegino ⟨...⟩
→ **Regino ⟨...⟩**

Rheginus, Nicolaus
→ **Nicolaus ⟨Myrepsus⟩**
→ **Nicolaus ⟨Rheginus⟩**

Rheinau, Konrad ¬von¬
→ **Konrad ⟨von Rheinau⟩**

Rheinau, Walter ¬von¬
→ **Walter ⟨von Rheinau⟩**

Rheinfelden, Johannes ¬von¬
→ **Johannes ⟨von Rheinfelden⟩**

Rheinhard ⟨zue Bemmelberg⟩
→ **Reinhard ⟨von Bemmelberg⟩**

Rhetor, Michael
→ **Michael ⟨Rhetor⟩**

Rhetor Trophonius
→ **Trophonius ⟨Rhetor⟩**

Rhetorius ⟨Astrologus⟩
6. Jh.
Tusculum-Lexikon; CSGL; LMA,VII,793/94
Astrologus, Rhetorius
Rhetorios
Rhetorius ⟨Aegyptius⟩

Rhinuccinus, Alemannus
→ **Rinuccinus, Alemannus**

Rhodinos, Neophytos
→ **Neophytus ⟨Inclusus⟩**

Rhodius, Constantinus
→ **Constantinus ⟨Rhodius⟩**

Rhön, Kaspar ¬von der¬
→ **Kaspar ⟨von der Rhön⟩**

Riatinis, Barnabas ¬de¬
→ **Barnabas ⟨de Riatinis⟩**

Ribera, Alfonso Tostado
→ **Tostado Ribera, Alfonso**

Ribodimonte, Anselmus ¬de¬
→ **Anselmus ⟨de Ribodimonte⟩**

Ribomonte, Hugo ¬de¬
→ **Hugo ⟨de Ribomonte⟩**

Ribot, Philippus
→ **Philippus ⟨Ribot⟩**

Ricaldo ⟨de Kemitono⟩
→ **Richardus ⟨de Kilvington⟩**

Ricaldus ⟨de Monte Crucis⟩
→ **Ricoldus ⟨de Monte Crucis⟩**

Ričard ⟨l'vinoe Serdce⟩
→ **Richard ⟨England, King, I.⟩**

Ricardi, Johannes
→ **Johannes ⟨Ricardi⟩**

Ricardis ⟨Augusta⟩
→ **Richardis ⟨Heilige⟩**

Ricardo ⟨de Kilvintone⟩
→ **Richardus ⟨de Kilvington⟩**

Ricardo ⟨di Cicestria⟩
→ **Richardus ⟨de Wicio⟩**

Ricardus ⟨...⟩
→ **Richardus ⟨...⟩**

Ricbod
→ **Richbodus**

Riccardo ⟨Anglico⟩
→ **Richardus ⟨Anglicus⟩**

Riccardo ⟨Billingham⟩
→ **Richardus ⟨Billingham⟩**

Riccardo ⟨Cuor di Leone⟩
→ **Richard ⟨England, King, I.⟩**

Riccardo ⟨da San Germano⟩
→ **Richardus ⟨de Sancto Germano⟩**

Riccardo ⟨da San Vittore⟩
→ **Richardus ⟨de Sancto Victore⟩**

Riccardo ⟨da Venosa⟩
→ **Richardus ⟨de Venusio⟩**

Riccardo ⟨di San Vittore⟩
→ **Richardus ⟨de Sancto Victore⟩**

Riccardus ⟨...⟩
→ **Richardus ⟨...⟩**

Ricci ⟨Pedrini⟩
→ **Giovanni ⟨di Pedrino⟩**

Ricci ⟨Polentonus⟩
→ **Polentonus, Sicco**

Ricci, Alexandre
→ **Ritiis, Alexander ¬de¬**

Ricci, Giovanni
→ **Giovanni ⟨di Pedrino⟩**

Riccio, Johannes ¬de¬
→ **Johannes ⟨de Riccio⟩**

Riccobaldus ⟨Ferrariensis⟩
→ **Ricobaldus ⟨Ferrariensis⟩**

Riccoldo ⟨da Monte di Croce⟩
→ **Ricoldus ⟨de Monte Crucis⟩**

Rich, Edmund
→ **Edmundus ⟨Abingdonensis⟩**

Rich, Robertus
→ **Robertus ⟨Rich⟩**

Richaldus ⟨de Bovilla⟩
13. Jh. · OP
In I-II lib. Poster.
Kaeppeli,III,302
Bovilla, Richaldus ¬de¬
Richaldus ⟨de Bovillia⟩

Richalm ⟨von Schöntal⟩
→ **Richalmus ⟨de Speciosa Valle⟩**

Richalmus ⟨de Speciosa Valle⟩
um 1216/19 · OCist
Liber revelationum
VL(2),8,42/43; LMA,VII,809
Richalm ⟨von Schöntal⟩
Richalme ⟨Abbé⟩
Richalme ⟨Cistercien⟩
Richalme ⟨de Schoenthal⟩
Richalme ⟨de Speciosa Vallis⟩
Richalmus ⟨Abbas⟩
Richalmus ⟨Speciosae Vallis⟩
Speciosa Vallis, Richalmus ¬de¬

Richard ⟨Agrarwissenschaftler⟩
→ **Richard ⟨Meister⟩**

Richard ⟨Anglais⟩
→ **Richardus ⟨de Arnsberg⟩**
→ **Richardus ⟨de Wendover⟩**

Richard ⟨Angleterre, Roi, ...⟩
→ **Richard ⟨England, King, ...⟩**

Richard ⟨Aungerville⟩
→ **Richardus ⟨de Bury⟩**

Richard ⟨Barre⟩
→ **Richardus ⟨Barre⟩**

Richard ⟨Billingham⟩
→ **Richardus ⟨Billingham⟩**

Richard ⟨Campsall⟩
→ **Richardus ⟨de Camsale⟩**

Richard ⟨Castriconensis⟩
→ **Richardus ⟨Castriconensis⟩**

Richard ⟨Clapoel⟩
→ **Richardus ⟨Knapwell⟩**

Richard ⟨Clapwell⟩
→ **Richardus ⟨Knapwell⟩**

Richard ⟨Coeur de Lion⟩
→ **Richard ⟨England, King, I.⟩**

Richard ⟨Conington⟩
→ **Richardus ⟨de Conington⟩**

Richard ⟨Cornouailles, Comte⟩
→ **Richard ⟨Römisch-Deutsches Reich, König⟩**

Richard ⟨Cornwall, Earl⟩
→ **Richard ⟨Römisch-Deutsches Reich, König⟩**

Richard ⟨d'Angerville⟩
→ **Richardus ⟨de Bury⟩**

Richard ⟨d'Aoste⟩
→ **Richardus ⟨Augustae Praetoriae⟩**

Richard ⟨d'Armagh⟩
→ **Richardus ⟨Armachanus⟩**

Richard ⟨d'Arnsberg⟩
→ **Richardus ⟨de Arnsberg⟩**

Richard ⟨d'Aungerville⟩
→ **Richardus ⟨de Bury⟩**

Richard ⟨de Barbezieux⟩
→ **Rigaut ⟨de Barbezieux⟩**

Richard ⟨de Beaulieu⟩
→ **Richardus ⟨de Bello Loco⟩**

Richard ⟨de Bello⟩
→ **Richardus ⟨de Bello⟩**

Richard ⟨de Bromwych⟩
→ **Richardus ⟨de Bromwych⟩**

Richard ⟨de Bury⟩
→ **Richardus ⟨de Bury⟩**

Richard ⟨de Castle Connel⟩
→ **Richardus ⟨Castriconensis⟩**

Richard ⟨de Chichester⟩
→ **Richardus ⟨de Wicio⟩**

Richard ⟨de Cirencester⟩
→ **Richardus ⟨de Cirencestria⟩**

Richard ⟨de Conington⟩
→ **Richardus ⟨de Conington⟩**

Richard ⟨de Cornouailles⟩
→ **Richardus ⟨Rufus⟩**

Richard ⟨de Cornubia⟩
→ **Richardus ⟨Rufus⟩**

Richard ⟨de Dore⟩
→ **Richardus ⟨Stradleius⟩**

Richard ⟨de Durham⟩
→ **Richardus ⟨de Bury⟩**

Richard ⟨de Fitsacre⟩
→ **Richardus ⟨Fishacre⟩**

Richard ⟨de Flamesborg⟩
→ **Robertus ⟨de Flamesburia⟩**

Richard ⟨de Fleury⟩
→ **Richardus ⟨Floriacensis⟩**

Richard ⟨de Fournival⟩
1201 – ca. 1260
Bestiaire d'amours
LMA,VII,822/23
Fornival, Richart ¬de¬
Fournival, Richard ¬de¬
Richard ⟨le Mestre⟩
Richard ⟨the Master⟩
Richard ⟨von Fournival⟩
Richardus ⟨de Fournival⟩
Richardus ⟨de Furnivalle⟩
Richart ⟨de Fornival⟩
Ryszard ⟨de Fournival⟩

Richard ⟨de Furnellis⟩
→ **Richardus ⟨de Pratellis⟩**

Richard ⟨de Gerberoy⟩
→ **Richardus ⟨de Gerboredo⟩**

Richard ⟨de Hampole⟩
→ **Rolle, Richard**

Richard ⟨de Huerta⟩
→ **Richardus ⟨Hortensis⟩**

Richard ⟨de Killington⟩
→ **Richardus ⟨de Kilvington⟩**

Richard ⟨de la Valdisère⟩
→ **Richardus ⟨Augustae Praetoriae⟩**

Richard ⟨de Lafford⟩
→ **Richardus ⟨de Bello⟩**

Richard ⟨de Lavenham⟩
→ **Richardus ⟨de Lavingham⟩**

Richard ⟨de Middleton⟩
→ **Richardus ⟨de Mediavilla⟩**

Richard ⟨de Milhaud⟩
→ **Richardus ⟨Narbonensis⟩**

Richard ⟨de Monte-Corvino⟩
→ **Richardus ⟨Montis Corvini⟩**

Richard ⟨de Mores⟩
→ **Richardus ⟨Anglicus⟩**

Richard ⟨de Morins⟩
→ **Richardus ⟨Anglicus⟩**

Richard ⟨de Moyeneville⟩
→ **Richardus ⟨de Mediavilla⟩**

Richard ⟨de Narbonne⟩
→ **Richardus ⟨Narbonensis⟩**

Richard ⟨de Perrecy⟩
→ **Richardus ⟨Floriacensis⟩**

Richard ⟨de Pofi⟩
→ **Richardus ⟨de Pofis⟩**

Richard ⟨de Préaux⟩
→ **Richardus ⟨de Pratellis⟩**

Richard ⟨de Rivo⟩
→ **Richardus ⟨de Rivo⟩**

Richard ⟨de Saint Victor⟩
→ **Richardus ⟨de Sancto Victore⟩**

Richard ⟨de Saint-Benoît-sur-Loire⟩
→ **Richardus ⟨Floriacensis⟩**

Richard ⟨de Saint-Laurent⟩
→ **Richardus ⟨de Sancto Laurentio⟩**

Richard ⟨de Saint-Vannes⟩
→ **Richardus ⟨de Sancto Vitone⟩**

Richard ⟨de Saint-Victor⟩
→ **Richardus ⟨de Sancto Victore⟩**

Richard ⟨de Saint-Victor à Marseille⟩
→ **Richardus ⟨Narbonensis⟩**

Richard ⟨de Semilli⟩
12. Jh.
Altfranz. Troubadour
LMA,VII,829
Richart ⟨de Semilli⟩
Semilli, Richard ¬de¬

Richard ⟨de Stavenesby⟩
→ **Richardus ⟨de Stavensby⟩**

Richard ⟨de Stradell⟩
→ **Richardus ⟨Stradleius⟩**

Richard ⟨de Swineshead⟩
→ **Richardus ⟨Swineshead⟩**

Richard ⟨de Thetford⟩
→ **Richardus ⟨de Thetford⟩**

Richard ⟨de Verdun⟩
→ **Richardus ⟨de Sancto Vitone⟩**

Richard ⟨de Wedinghausen⟩
→ **Richardus ⟨de Arnsberg⟩**

Richard ⟨de Wich⟩
→ **Richardus ⟨de Wicio⟩**

Richard ⟨der Engländer⟩
→ **Richardus ⟨Anglicus⟩**

Richard ⟨der Sohn des Nigel⟩
→ **Richardus ⟨Eliensis⟩**

Richard ⟨des Fourneaux⟩
→ **Richardus ⟨de Pratellis⟩**

Richard ⟨Dominicain⟩
→ **Richardus ⟨OP⟩**

Richard ⟨ein Grôzer Meister⟩
→ **Richard ⟨Meister⟩**

Richard ⟨England, King, I.⟩
1157 – 1199
LMA,VII,810/11
Ričard ⟨l'vinoe Serdce⟩
Riccardo ⟨Cuor di Leone⟩
Richard ⟨Angleterre, Roi, I.⟩
Richard ⟨Coeur de Lion⟩
Richard ⟨England, König, I.⟩
Richard ⟨Lejonhjerta⟩
Richard ⟨Löwenherz⟩
Richard ⟨of the Lion's Heart⟩
Richard ⟨the Lionhearted⟩
Richardus ⟨Anglia, Rex, I.⟩

Richard ⟨England, King, II.⟩
1367 – 1400
LMA,VII,811
Richard ⟨Angleterre, Roi, II.⟩
Richard ⟨England, König, II.⟩
Richard ⟨Great Britain, King, II.⟩
Richardus ⟨Anglia, Rex, II.⟩

Richard ⟨England, King, III.⟩
1452 – 1485
LMA,VII,812/13
Richard ⟨Angleterre, Roi, III.⟩
Richard ⟨England, König, III.⟩
Richardus ⟨Anglia, Rex, III.⟩

Richard ⟨Estravaneli⟩
→ **Richardus ⟨de Stavensby⟩**

Richard ⟨Evêque⟩
→ **Richardus ⟨de Wicio⟩**

Richard ⟨Fastolphe⟩
→ **Richardus ⟨Fastolphus⟩**

Richard ⟨Fils de Robert-le-Diable⟩
→ **Richard ⟨Normandie, Duc, I.⟩**

Richard ⟨Fishacre⟩
→ **Richardus ⟨Fishacre⟩**

Richard ⟨Fitznigel⟩
→ **Richardus ⟨Eliensis⟩**

Richard ⟨Fitzralph⟩
→ **Richardus ⟨Armachanus⟩**

Richard ⟨Great Britain, King, ...⟩
→ **Richard ⟨England, King, ...⟩**

Richard ⟨Holland⟩
ca. 1420 – 1480
Holland, Richard

Richard ⟨Kilvington⟩
→ **Richardus ⟨de Kilvington⟩**

Richard ⟨Knapwell⟩
→ **Richardus ⟨Knapwell⟩**

Richard ⟨l'Anglais⟩
→ **Richardus ⟨Anglicus⟩**

Richard ⟨Lavenham⟩
→ **Richardus ⟨de Lavingham⟩**

Richard ⟨le Mestre⟩
→ **Richard ⟨de Fournival⟩**

Richard ⟨le Pèlerin⟩
12. Jh.
Chanson d'Antioche; Conquête de Jérusalem
Rep.Font. III,223; Potth.2,968
Pèlerin, Richard ¬le¬
Richart ⟨le Pèlerin⟩

Richard ⟨le Poitevin⟩
→ **Richardus ⟨Pictaviensis⟩**

Richard ⟨le Poor⟩
→ **Richardus ⟨Poore⟩**

Richard ⟨le Scot⟩
→ **Lescot, Richard**

Richard ⟨le Scrope⟩
→ **Richardus ⟨Scropus⟩**

Richard ⟨Lejonhjerta⟩
→ **Richard ⟨England, King, I.⟩**

Richard ⟨Lescot⟩
→ **Lescot, Richard**

Richard ⟨Löwenherz⟩
→ **Richard ⟨England, King, I.⟩**

Richard ⟨Maidstone⟩
→ **Richardus ⟨de Maidstone⟩**

Richard ⟨Médecin⟩
→ **Richardus ⟨de Wendover⟩**

Richard ⟨Meister⟩
14. Jh.
Büchlein, wie man Bäume zweien soll
VL(2),8,43/44
Meister Richard
Ricardus ⟨Magnus⟩
Richard ⟨Agrarwissenschaftler⟩
Richard ⟨ein Grôzer Meister⟩
Richardus ⟨Magnus⟩

Richard ⟨Messing⟩
→ **Misyn, Richard**

Richard ⟨Middletown⟩
→ **Richardus ⟨de Mediavilla⟩**

Richard ⟨Misyn⟩
→ **Misyn, Richard**

Richard ⟨Morius⟩
→ **Richardus ⟨Anglicus⟩**

Richard ⟨Normandie, Duc, I.⟩
933 – 996
Diploma quo villam Britnevallem concedit monasterio S. Dionysii a. 968
Potth. 970; LMA,VII,815
Richard ⟨Fils de Robert-le-Diable⟩
Richard ⟨Normandie, Herzog, I.⟩
Richard ⟨Normandy, Duke, I.⟩
Richard ⟨Sans-Peur⟩
Richardus ⟨Dux Normannorum, I.⟩

Richard ⟨Oberrheinischer Wundarzt⟩
→ **Richard ⟨von Weißenburg⟩**

Richard ⟨of Campsale⟩
→ **Richardus ⟨de Camsale⟩**

Richard ⟨of Cirencester⟩
→ **Richardus ⟨de Cirencestria⟩**

Richard ⟨of Conington⟩
→ **Richardus ⟨de Conington⟩**

Richard ⟨of Devizes⟩
→ **Richardus ⟨Divisiensis⟩**

Richard ⟨of Durham⟩
→ **Richardus ⟨de Bury⟩**

Richard ⟨of Haldingham⟩
→ **Richardus ⟨de Bello⟩**

Richard ⟨of Hampole⟩
→ **Rolle, Richard**

Richard ⟨of Hexham⟩
→ **Richardus ⟨Hagustaldensis⟩**

Richard ⟨of Maidstone⟩
→ **Richardus ⟨de Maidstone⟩**

Richard ⟨of Préaux⟩
→ **Richardus ⟨de Pratellis⟩**

Richard ⟨of Saint Victor⟩
→ **Richardus ⟨de Sancto Victore⟩**

Richard ⟨of Stradell⟩
→ **Richardus ⟨Stradleius⟩**

Richard ⟨of the Holy Trinity⟩
→ **Richardus ⟨Londoniensis⟩**

Richard ⟨of the Lion's Heart⟩
→ **Richard ⟨England, King, I.⟩**

Richard ⟨of Venosa⟩
→ **Richardus ⟨de Venusio⟩**

Richard ⟨of Wallingford⟩
→ **Richardus ⟨Wallingfordus⟩**

Richard ⟨of Wych⟩
→ **Richardus ⟨de Wicio⟩**

Richard ⟨Ortulanus⟩
→ **Hortulanus**

Richard ⟨Poitou, Graf⟩
→ **Richard ⟨Römisch-Deutsches Reich, König⟩**

Richard ⟨Poor⟩
→ **Richardus ⟨Poore⟩**

Richard ⟨Porlond⟩
→ **Richardus ⟨Porlondus⟩**

Richard ⟨Poure⟩
→ **Richardus ⟨Poore⟩**

Richard ⟨Römisch-Deutsches Reich, König⟩
1209 – 1272
Constitutiones; Epistolae 3
Potth. 971
Richard ⟨Cornouailles, Comte⟩
Richard ⟨Cornwall, Earl⟩
Richard ⟨Cornwallis, Graf⟩
Richard ⟨Poitou, Graf⟩
Richard ⟨Roi des Romains⟩
Richard ⟨Römischer Kaiser⟩
Richard ⟨von Cornwall⟩
Richardus ⟨Cornubiensis⟩
Richardus ⟨Rex Romanorum⟩

Richard ⟨Rolle⟩
→ **Rolle, Richard**

Richard ⟨Ros⟩
→ **Ros, Richard**

Richard ⟨Roux⟩
→ **Richardus ⟨Rufus⟩**

Richard ⟨Rowse⟩
→ **Richardus ⟨Rufus⟩**

Richard ⟨Ruys⟩
→ **Richardus ⟨Ruys⟩**

Richard ⟨Saint⟩
→ **Richardus ⟨Scropus⟩**

Richard ⟨Sans-Peur⟩
→ **Richard ⟨Normandie, Duc, I.⟩**

Richard ⟨Scroope⟩
→ **Richardus ⟨Scropus⟩**

Richard ⟨Snetisham⟩
→ **Richardus ⟨Snettisham⟩**

Richard ⟨Son of Nigel⟩
→ **Richardus ⟨Eliensis⟩**

Richard ⟨Stradley⟩
→ **Richardus ⟨Stradleius⟩**

Richard ⟨Suisseth⟩
→ **Richardus ⟨Swineshead⟩**

Richard ⟨the Hermit⟩
→ **Rolle, Richard**

Richard ⟨the Lionhearted⟩
→ **Richard ⟨England, King, I.⟩**

Richard ⟨the Master⟩
→ **Richard ⟨de Fournival⟩**

Richard ⟨Ullerston⟩
→ **Richardus ⟨Ullerston⟩**

Richard ⟨van Rivieren⟩
→ **Richardus ⟨de Rivo⟩**

Richard ⟨von Amiens⟩
→ **Richardus ⟨de Gerboredo⟩**

Richard ⟨von Arnsberg⟩
→ **Richardus ⟨de Arnsberg⟩**

Richard ⟨von Beaulieu⟩
→ **Richardus ⟨de Bello Loco⟩**

Richard ⟨von Britannien⟩
→ **Richardus ⟨Anglicus⟩**

Richard ⟨von Bromwyck⟩
→ **Richardus ⟨de Bromwych⟩**

Richard ⟨von Bury⟩
→ **Richardus ⟨de Bury⟩**

Richard ⟨von Campsall⟩
→ **Richardus ⟨de Camsale⟩**

Richard ⟨von Chichester⟩
→ **Richardus ⟨de Wicio⟩**

Richard ⟨von Cluny⟩
→ **Richardus ⟨Pictaviensis⟩**

Richard ⟨von Cornwall⟩
→ **Richard ⟨Römisch-Deutsches Reich, König⟩**
→ **Richardus ⟨Rufus⟩**

Richard ⟨von Ely⟩
→ **Richardus ⟨Eliensis⟩**

Richard ⟨von Fournival⟩
→ **Richard ⟨de Fournival⟩**

Richard ⟨von Hampole⟩
→ **Rolle, Richard**

Richard ⟨von Knapwell⟩
→ **Richardus ⟨Knapwell⟩**

Richard ⟨von Maidstone⟩
→ **Richardus ⟨de Maidstone⟩**

Richard ⟨von Meneville⟩
→ **Richardus ⟨de Mediavilla⟩**

Richard ⟨von Middletown⟩
→ **Richardus ⟨de Mediavilla⟩**

Richard ⟨von Monte Corbino⟩
→ **Richardus ⟨Montis Corvini⟩**

Richard ⟨von Moyeneville⟩
→ **Richardus ⟨de Mediavilla⟩**

Richard ⟨von Pofi⟩
→ **Richardus ⟨de Pofis⟩**

Richard ⟨von Poitiers⟩
→ **Richardus ⟨Pictaviensis⟩**

Richard ⟨von Préaux⟩
→ **Richardus ⟨de Pratellis⟩**

Richard ⟨von Saint-Vanne⟩
→ **Richardus ⟨de Sancto Vitone⟩**

Richard ⟨von San Germano⟩
→ **Richardus ⟨de Sancto Germano⟩**

Richard ⟨von Sankt Viktor⟩
→ **Richardus ⟨de Sancto Victore⟩**

Richard ⟨von Thetford⟩
→ **Richardus ⟨de Thetford⟩**

Richard ⟨von Venosa⟩
→ **Richardus ⟨de Venusio⟩**

Richard ⟨von Verdun⟩
→ **Richardus ⟨de Sancto Vitone⟩**

Richard ⟨von Wallingford⟩
→ **Richardus ⟨Wallingfordus⟩**

Richard ⟨von Wedinghausen⟩
→ **Richardus ⟨de Arnsberg⟩**

Richard ⟨von Weißenburg⟩
15. Jh.
Vorschrift, traumatisch bedingten Gewebeverlust auszugleichen
VL(2),8,54
Richard ⟨Oberrheinischer Wundarzt⟩
Weißenburg, Richard ¬von¬

Richard ⟨von Wendover⟩
→ **Richardus ⟨de Wendover⟩**

Richard ⟨Wetherset⟩
→ **Richardus ⟨de Wetheringsett⟩**

Richard ⟨Wilton⟩
→ **Richardus ⟨de Wilton⟩**

Richardis ⟨Heilige⟩
gest. 900
Charta pro Stivagiensi coenobio. a. 884
Potth. 967; LThK(2),VIII,1295
Ricardis ⟨Augusta⟩
Richarde ⟨d'Andlau⟩
Richarde ⟨Épouse de l'Empereur Charles-le-Gros⟩
Richarde ⟨Fille d'un Roi d'Écosse⟩
Richarde ⟨France, Impératrice⟩
Richarde ⟨France, Reine⟩
Richarde ⟨Sainte⟩

Richardo ⟨Medico⟩
→ **Richardus ⟨de Wendover⟩**

Richardus ⟨a Sancto Laurentio⟩
→ **Richardus ⟨de Sancto Laurentio⟩**

Richardus ⟨a Sancto Victore⟩
→ **Richardus ⟨de Sancto Victore⟩**

Richardus ⟨Abbas⟩
→ **Richardus ⟨de Sancto Vitone⟩**

Richardus ⟨Abbas Floriacensis⟩
→ **Richardus ⟨Floriacensis⟩**

Richardus ⟨Abbas Sancti Vitoni⟩
→ **Richardus ⟨de Sancto Vitone⟩**

Richardus ⟨Ambianensis⟩
→ **Richardus ⟨de Gerboredo⟩**

Richardus ⟨Anglia, Rex, ...⟩
→ **Richard ⟨England, King, ...⟩**

Richardus ⟨Anglicus⟩
→ **Richardus ⟨de Wendover⟩**

Richardus ⟨Anglicus⟩
um 1162/1242
Casus decretalium
DOC,2,1571; LMA,VII,806; Tusculum-Lexikon; LThK
Anglicus, Richardus
Ricardus ⟨Anglicus⟩
Riccardo ⟨Anglico⟩
Richard ⟨Anglicus⟩
Richard ⟨de Mores⟩
Richard ⟨de Morins⟩
Richard ⟨der Engländer⟩
Richard ⟨l'Anglais⟩
Richard ⟨Morius⟩
Richard ⟨von Britannien⟩
Richardus ⟨Anglicus⟩
Richardus ⟨Canonicus⟩
Richardus ⟨Iuris Canonici Doctor⟩

Richardus ⟨Anglicus, OP⟩
Lebensdaten nicht ermittelt · OP
De articulis fidei; Pater noster; Summa theologiae
Stegmüller, Repert. bibl. 7256,1-7256,3
Anglicus, Richardus
Richardus ⟨Anglicus⟩

Richardus ⟨Anglicus Medicus⟩
→ **Richardus ⟨de Wendover⟩**

Richardus ⟨Anglosaxo⟩
→ **Rolle, Richard**

Richardus ⟨Archidiaconus Augustae Praetoriae⟩
→ **Richardus ⟨Augustae Praetoriae⟩**

Richardus ⟨Archiepiscopus⟩
→ **Richardus ⟨Armachanus⟩**

Richardus ⟨Argentoratensis⟩
→ **Burchardus ⟨Vicedominus Argentinensis⟩**

Richardus ⟨Armachanus⟩
1295 – 1360
Erzbischof von Armagh; Defensorium
LThK; LMA,IV,506/07
Armacanus, Richardus
Armachanus, Richardus
Fitzralph, Richard
FitzRalph, Richard
Radulfus, Richardus
Radulphis, Richardus ¬de¬
Radulphius, Richardus
Richard ⟨d'Armagh⟩
Richard ⟨Fitzralph⟩
Richardus ⟨Archiepiscopus⟩
Richardus ⟨Ardmachanus⟩
Richardus ⟨Armacanus⟩
Richardus ⟨de Radulphis⟩
Richardus ⟨Filius Radulphi⟩
Richardus ⟨Filoradulphus⟩
Richardus ⟨Fitzralph⟩
Richardus ⟨FitzRalph Armachanus⟩
Richardus ⟨Radulphius⟩

Richardus ⟨Augustae Praetoriae⟩
um 1110
Vita S. Bernardi Menth.
Potth. 968
Augustae Praetoriae, Richardus
Richard ⟨de la Valdisère⟩
Richard ⟨d'Aoste⟩
Richardus ⟨Archidiaconus Augustae Praetoriae⟩
Richardus ⟨Augustanus⟩

Richardus ⟨Aungervillus⟩
→ **Richardus ⟨de Bury⟩**

Richardus ⟨Barre⟩
gest. 1202
Super Biblia
Stegmüller, Repert. bibl. 7257
Barre, Richard
Barre, Richardus
Ricardus ⟨Barre⟩
Richard ⟨Barre⟩
Richardus ⟨Barrus⟩

Richardus ⟨Barrus⟩
→ **Richardus ⟨Barre⟩**

Richardus ⟨Bellilocensis⟩
→ **Richardus ⟨de Bello Loco⟩**

Richardus ⟨Billingham⟩
um 1349/61
Speculum puerorum; De probationibus terminorum; De significato propositionibus; etc.
Schönberger/Kible, Repertorium, 17392/17397
Billingham, Richard
Billingham, Richardus
Riccardo ⟨Billingham⟩
Richard ⟨Billingham⟩

Richardus ⟨Brinchius⟩
→ **Richardus ⟨Brinkelius⟩**

Richardus ⟨Brinkelius⟩
14. Jh.
Persönlicher Name (Richardus oder Gualterus) nicht gesichert
Brenkyll ⟨Minorita⟩
Brinkel, Walter
Brinkelaeus ⟨Minorita⟩
Brinkelius, Richardus
Brinkelius, Walter
Brinkley, Richardus
Brinkley, Walter
Brinquilis ⟨Minorita Anglus⟩
Brynkeley
Gualterus ⟨Brinkel⟩
Gualterus ⟨Brinkelius⟩
Gualterus ⟨Brinkley⟩
Richardus ⟨Brinchius⟩
Richardus ⟨Brinckleius⟩
Richardus ⟨Brinkel⟩
Richardus ⟨Brinkius⟩
Richardus ⟨Brinkleleius⟩
Richardus ⟨Brinkley⟩
Richardus ⟨Doctor Antiquus et Sophista⟩
Walter ⟨Brinkley⟩

Richardus ⟨Camassalae⟩
→ **Richardus ⟨de Camsale⟩**

Richardus ⟨Cancellarius Oxoniensis⟩
→ **Richardus ⟨Ullerston⟩**

Richardus ⟨Canonicus⟩
→ **Richardus ⟨Anglicus⟩**
→ **Richardus ⟨Londoniensis⟩**

Richardus ⟨Cantabrigiensis⟩
→ **Richardus ⟨de Wetheringsett⟩**

Richardus ⟨Castriconensis⟩
um 1270 · OP
Apoc. secundum litteram; Apoc. secundum sensum moralem
Stegmüller, Repert. bibl. 7259;7260
Ricardus ⟨Castriconensis⟩
Richard ⟨Castriconensis⟩
Richard ⟨de Castle Connel⟩

Richardus ⟨Cenomanus⟩
→ **Petrus ⟨Lombardus⟩**

Richardus ⟨Chillington⟩
→ **Richardus ⟨de Kilvington⟩**

Richardus ⟨Cicestriensis⟩
→ **Richardus ⟨de Cirencestria⟩**

Richardus ⟨Clapolus⟩
→ **Richardus ⟨Knapwell⟩**

Richardus ⟨Clapwellus⟩
→ **Richardus ⟨Knapwell⟩**

Richardus ⟨Cleninton⟩
→ **Richardus ⟨de Kilvington⟩**

Richardus ⟨Climitonis⟩
→ **Richardus ⟨de Kilvington⟩**

Richardus ⟨Cluniacensis⟩
→ **Richardus ⟨Pictaviensis⟩**

Richardus ⟨Coningtonus⟩
→ **Richardus ⟨de Conington⟩**

Richardus ⟨Corinensis⟩
→ **Richardus ⟨de Cirencestria⟩**

Richardus ⟨Cornubiensis⟩
→ **Richard ⟨Römisch-Deutsches Reich, König⟩**
→ **Richardus ⟨Rufus⟩**

Richardus ⟨Covedunus⟩
→ **Richardus ⟨de Conington⟩**

Richardus ⟨de Anglia⟩
→ **Richardus ⟨de Kilvington⟩**

Richardus ⟨de Angravilla⟩
→ **Richardus ⟨de Bury⟩**

Richardus ⟨de Arnsberg⟩
gest. ca. 1190 · OPraem
Libellus de canone mystici libaminis (Verfasserschaft umstritten); De canone missae
LMA,VII,820
Arnsberg, Richardus ¬de¬
Richard ⟨Anglais⟩
Richard ⟨Anglicus⟩
Richard ⟨de Wedinghausen⟩
Richard ⟨d'Arnsberg⟩
Richard ⟨von Arnsberg⟩
Richard ⟨von Wedinghausen⟩
Richardus ⟨de Wedinghausen⟩
Richardus ⟨Praemonstratensis⟩

Richardus ⟨de Aungervile⟩
→ **Richardus ⟨de Bury⟩**

Richardus ⟨de Bello⟩
gest. 1312
Terrarum orbis tabula
Bello, Richardus ¬de¬
Richard ⟨de Bello⟩
Richard ⟨de Lafford⟩
Richard ⟨of Haldingham⟩
Richardus ⟨de Haldingham⟩

Richardus ⟨de Bello Loco⟩
um 1050 · OSB
Vita S. Rodingi
Potth. 969
Bello Loco, Richardus ¬de¬
Richard ⟨de Beaulieu⟩
Richard ⟨von Beaulieu⟩
Richardus ⟨Bellilocensis⟩

Richardus ⟨de Bromwych⟩
um 1302/25 · OSB
Comment. in librum primum Sententiarum, dist. 41-44
Stegmüller, Repert. sentent. 697;714; Schönberger/Kible, Repertorium, 17399/17400
Bromwych, Richardus ¬de¬
Richard ⟨de Bromwych⟩
Richard ⟨von Bromwyck⟩
Richardus ⟨de Bromwich⟩

Richardus ⟨de Bury⟩
1287 – 1345
Philobiblion
LThK; Tusculum-Lexikon; LMA,VII,817/18
Aungerville, Richard ¬d'¬
Buri, Richardus ¬de¬
Bury, Richard ¬de¬
Bury, Richardus ¬de¬
Bury d'Aungerville, Richard ¬de¬
Ricardus ⟨de Bury⟩
Richard ⟨Aungerville⟩
Richard ⟨Aungervyle⟩
Richard ⟨de Bury⟩
Richard ⟨de Durham⟩
Richard ⟨d'Angerville⟩
Richard ⟨d'Aungerville⟩
Richard ⟨of Durham⟩
Richard ⟨von Bury⟩
Richardus ⟨Aungervillus⟩
Richardus ⟨de Angravilla⟩
Richardus ⟨de Aungervile⟩
Richardus ⟨Dunelmensis⟩

Richardus ⟨de Camsale⟩
gest. 1350/60
Quaestiones super lib. proprium analecticorum
LMA,VII,827
Camsale, Richardus ¬de¬
Richard ⟨Campsall⟩
Richard ⟨of Campsale⟩
Richard ⟨of Campsall⟩
Richard ⟨von Campsall⟩
Richardus ⟨Camassalae⟩
Richardus ⟨de Campsale⟩
Richardus ⟨de Campsall⟩
Richardus ⟨de Camsal⟩

Richardus ⟨de Chillington⟩
→ **Richardus ⟨de Kilvington⟩**

Richardus ⟨de Cirencestria⟩
gest. 1401
Speculum historiale de gestis regum Angliae; die Zuordnung des Werks „De situ Britanniae" an Richardus ⟨Corinaeus⟩ ist falsch
Potth. 967
Cirencestria, Richardus ¬de¬
Ricardus ⟨de Cirencestria⟩
Richard ⟨de Cirencester⟩
Richard ⟨of Cirencester⟩
Richardus ⟨Cicestriensis⟩
Richardus ⟨Cicestrius⟩
Richardus ⟨Corinaeus⟩
Richardus ⟨Corinensis⟩
Richardus ⟨de Corinio⟩
Richardus ⟨Westmonasteriensis⟩

Richardus ⟨de Clariton⟩
→ **Richardus ⟨de Kilvington⟩**

Richardus ⟨de Climiton⟩
→ **Richardus ⟨de Kilvington⟩**

Richardus ⟨de Clive⟩
um 1276/98
Quaestiones Metaphysicae; Quaestiones libri Physicorum
Lohr
Clive, Richardus ¬de¬

Richardus ⟨de Clivindon⟩
→ **Richardus ⟨de Kilvington⟩**

Richardus ⟨de Cnapwell⟩
→ **Richardus ⟨Knapwell⟩**

Richardus ⟨de Conington⟩
gest. 1330 · OFM
In psalmos poenitentiales
Stegmüller, Repert. bibl. 7262; Stegmüller, Repert. sentent. 717; Schneyer,V,147
Conington, Richard ¬de¬
Conington, Richardus ¬de¬
Konington, Richardus
Ricardus ⟨Conington⟩
Richard ⟨Conington⟩
Richard ⟨de Conington⟩
Richard ⟨of Conington⟩
Richardus ⟨Conington⟩
Richardus ⟨Coningtonus⟩
Richardus ⟨Covedunus⟩
Richardus ⟨de Connington⟩
Richardus ⟨Konington⟩
Richardus ⟨Provincialis Angliae⟩

Richardus ⟨de Corinio⟩
→ **Richardus ⟨de Cirencestria⟩**

Richardus ⟨de Cornwall⟩
→ **Richardus ⟨Rufus⟩**

Richardus ⟨de Devizes⟩
→ **Richardus ⟨Divisiensis⟩**

Richardus ⟨de Droitwich⟩
→ **Richardus ⟨de Wicio⟩**

Richardus ⟨de Dumellis⟩
→ **Richardus ⟨de Pratellis⟩**

Richardus ⟨de Dunstable⟩
um 1234/43 · OP
Quadrilogus de vita et moribus S. Edmundi
Kaeppeli,III,303
Dunstable, Ricardus ¬de¬

Richardus ⟨de Ely⟩
→ **Richardus ⟨Eliensis⟩**

Richardus ⟨de Exeter⟩
→ **Richardus ⟨Exoniensis⟩**

Richardus ⟨de Flamesborg⟩
→ **Robertus ⟨de Flamesburia⟩**

Richardus ⟨de Fournival⟩
→ **Richard ⟨de Fournival⟩**

Richardus ⟨de Furneaux⟩
→ **Richardus ⟨de Pratellis⟩**

Richardus ⟨de Furnivalle⟩
→ **Richard ⟨de Fournival⟩**

Richardus ⟨de Gerboredo⟩
gest. 1211
De capta et direpta Latinis Constantinopoli
Gerboredo, Richardus ¬de¬
Richard ⟨de Gerberoy⟩
Richard ⟨von Amiens⟩
Richardus ⟨Ambianensis⟩
Richardus ⟨Episcopus⟩

Richardus ⟨de Haldingham⟩
→ **Richardus ⟨de Bello⟩**

Richardus ⟨de Hampole⟩
→ **Rolle, Richard**

Richardus ⟨de Insula⟩
Lebensdaten nicht ermittelt · OFM
Tabula in Gregorii Moralia super Job.
Stegmüller, Repert. bibl. 7272,1
Insula, Richardus ¬de¬
Ricardus ⟨de Insula⟩

Richardus ⟨de Kilvington⟩
ca. 1302 – ca. 1361
Quaestiones theologiae; Contra Rogerum Conwaium; Opuscula logica; etc.
LMA,VII,828; LThK
Clariton ⟨de Anglia⟩
Clenton ⟨de Anglia⟩
Climitho ⟨Anglicus⟩
Clydenthon
Kilvington, Richard
Kilvington, Richardus ¬de¬
Kylmington
Ricaldo ⟨de Kemitono⟩
Ricardo ⟨de Kilvintone⟩
Richard ⟨de Killington⟩
Richard ⟨Kilmyngton⟩
Richard ⟨Kilvington⟩
Richardus ⟨Chillington⟩
Richardus ⟨Cleninton⟩
Richardus ⟨Climitonis⟩
Richardus ⟨de Anglia⟩
Richardus ⟨de Chillington⟩
Richardus ⟨de Clariton⟩
Richardus ⟨de Climiton⟩
Richardus ⟨de Clivindon⟩
Richardus ⟨de Killington⟩
Richardus ⟨de Kilmington⟩
Richardus ⟨Kilvington⟩
Richardus ⟨Kylventon⟩

Richardus ⟨de Knapwell⟩
→ **Richardus ⟨Knapwell⟩**

Richardus ⟨de la Wich⟩
→ **Richardus ⟨de Wicio⟩**

Richardus ⟨de Laurentio⟩
→ **Richardus ⟨de Sancto Laurentio⟩**

Richardus ⟨de Lavingham⟩
gest. 1381 · OCarm
De decem praedicamentis; Speculum naturalis philosophiae super VIII libros Physicorum; Quaestiones Physicorum; etc.
Lohr; Stegmüller, Repert. sentent. 721,1; Stegmüller, Repert. bibl. 7273-7278
Lavenham, Richardus ¬de¬
Lavenhamus, Richardus
Lavingham, Richard
Lavingham, Richardus ¬de¬
Richard ⟨de Lavenham⟩
Richard ⟨de Lavyngham⟩
Richard ⟨Lavenham⟩
Richard ⟨Lavingham⟩

Richardus ⟨de Lavenham⟩
Richardus ⟨de Lavinan⟩
Richardus ⟨de Lavingam⟩
Richardus ⟨Lauingham⟩
Richardus ⟨Lavenham⟩
Richardus ⟨Lavingham⟩
Richardus ⟨Lavinghamus⟩

Richardus ⟨de Maidstone⟩
gest. 1396 · OCarm
Contra Wiclifitas
LMA,VII,823
Maidstone, Richard
Maidstone, Richardus ¬de¬
Maidstonius, Richardus
Maydiston, Ricardus
Ricardus ⟨de Maideston⟩
Ricardus ⟨de Maydeston⟩
Ricardus ⟨Maydiston⟩
Richard ⟨Maidstone⟩
Richard ⟨of Maidstone⟩
Richard ⟨von Maidstone⟩
Richardus ⟨Maidstonius⟩
Richardus ⟨Maidstonus⟩
Richardus ⟨Maydiston⟩
Richardus ⟨Vageniacensis⟩
Richardus ⟨Waydesten⟩

Richardus ⟨de Mediavilla⟩
ca. 1249 – ca. 1302/08 · OFM
Commentum super quarto Sententiarum
LMA,VII,823/24; LThK; Tusculum-Lexikon
Mediavilla, Richardus ¬de¬
Ricardus ⟨de Mediavilla⟩
Ricardus ⟨de Menneville⟩
Richard ⟨de Middleton⟩
Richard ⟨de Moyeneville⟩
Richard ⟨Middletown⟩
Richard ⟨von Mediavilla⟩
Richard ⟨von Meneville⟩
Richard ⟨von Middletown⟩
Richard ⟨von Moyeneville⟩
Richardus ⟨de Moyeneville⟩
Richardus ⟨de Nova Villa⟩
Richardus ⟨Mediodunensis⟩
Richardus ⟨Mediotunensis⟩
Richardus ⟨Meynell⟩
Richardus ⟨Moyenneville⟩

Richardus ⟨de Monte Crucis⟩
→ **Ricoldus ⟨de Monte Crucis⟩**

Richardus ⟨de Moyeneville⟩
→ **Richardus ⟨de Mediavilla⟩**

Richardus ⟨de Nova Villa⟩
→ **Richardus ⟨de Mediavilla⟩**

Richardus ⟨de Paphiis⟩
→ **Richardus ⟨de Pofis⟩**

Richardus ⟨de Pofis⟩
um 1256/71
Summa dictaminis
LMA,VII,824
Pofis, Richardus ¬de¬
Richard ⟨de Pofi⟩
Richard ⟨von Pofi⟩
Richardus ⟨de Paphiis⟩

Richardus ⟨de Pratellis⟩
gest. ca. 1131/32 · OSB
Epistula de angelis ad H. Canonicum; Prologus in Leviticum
Stegmüller, Repert. bibl. 7284-7295,1; DOC,2,1576
Pratellis, Richardus ¬de¬
Richard ⟨de Furnellis⟩
Richard ⟨de Pratellis⟩
Richard ⟨de Préaux⟩
Richard ⟨des Fourneaux⟩
Richard ⟨of Préaux⟩
Richard ⟨von Préaux⟩
Richardus ⟨de Dumellis⟩
Richardus ⟨de Furneaux⟩
Richardus ⟨de Furnellis⟩
Richardus ⟨de Furnellis Pratellensis⟩
Richardus ⟨de Préaux⟩
Richardus ⟨Pratellensis⟩

Richardus ⟨de Préaux⟩
→ **Richardus ⟨de Pratellis⟩**

Richardus ⟨de Radulphis⟩
→ **Richardus ⟨Armachanus⟩**

Richardus ⟨de Rivo⟩
gest. 1489 · OP
Scripta in IV libros Sent.
Kaeppeli,III,307/308
Richard ⟨de Rivo⟩
Richard ⟨van Rivieren⟩
Rivo, Richardus ¬de¬

Richardus ⟨de Sancto Germano⟩
gest. ca. 1243
Chronicon
LMA,VII,824/825; Tusculum-Lexikon
Ricardus ⟨de Sancto Germano⟩
Riccardo ⟨da San Germano⟩
Richard ⟨von San Germano⟩
Ryccardus ⟨de Sancto Germano⟩
Sancto Germano, Ricardus ¬de¬
Sancto Germano, Richardus ¬de¬

Richardus ⟨de Sancto Laurentio⟩
gest. ca. 1260
De laudibus Mariae
Ricardus ⟨de Sancto Laurentio⟩
Richard ⟨de Saint-Laurent⟩
Richardus ⟨a Sancto Laurentio⟩
Richardus ⟨de Laurentio⟩
Sancto Laurentio, Richardus ¬de¬

Richardus ⟨de Sancto Victore⟩
1110 – 1173
De arca mystica
LThK; LMA,VII,825/26; Tusculum-Lexikon
Ricardus ⟨a Sancto Victore⟩
Ricardus ⟨de Sancto Victore⟩
Riccardo ⟨da San Vittore⟩
Riccardo ⟨di San Vittore⟩
Richard ⟨de Saint Victor⟩
Richard ⟨de Saint-Victor⟩
Richard ⟨of Saint Victor⟩
Richard ⟨of Saint-Victor⟩
Richard ⟨von Sankt Victor⟩
Richard ⟨von Sankt Viktor⟩
Richard ⟨von Sankt-Victor⟩
Richardus ⟨a Sancto Victore⟩
Richardus ⟨Parisiensis⟩
Richardus ⟨Prior⟩
Richardus ⟨Sancti Victoris⟩
Richardus ⟨Theologus⟩
Sancto Victore, Richardus ¬de¬
Sankt-Victor, Richard ¬von¬

Richardus ⟨de Sancto Vitone⟩
ca. 970 – 1046 · OSB
Vita et miracula S. Vitoni Episcopi
Potth. 968; DOC,2,1576; LMA,VII,819/820
Richard ⟨de Saint-Vanne⟩
Richard ⟨de Saint-Vannes⟩
Richard ⟨de Verdun⟩
Richard ⟨von Saint-Vanne⟩
Richard ⟨von Verdun⟩
Richardus ⟨Abbas⟩
Richardus ⟨Abbas Sancti Vitoni⟩
Richardus ⟨Sancti Vitoni⟩
Richardus ⟨Vannensis⟩
Richardus ⟨Virdunensis⟩
Sancto Vitone, Richardus ¬de¬

Richardus ⟨de Stavensby⟩
gest. 1257 bzw. 1262 · OP
Concordantiae Bibliae
Stegmüller, Repert. bibl. 7346;7347
Ricardus ⟨de Stavensby⟩
Richard ⟨de Stavenesby⟩
Richard ⟨Estravaneli⟩
Richardus ⟨de Stavenesby⟩
Richardus ⟨Estravaneli⟩
Richardus ⟨Stravanellius⟩
Richardus ⟨Stravanellus⟩
Stavensby, Richardus ¬de¬
Stravanellus, Richardus

Richardus ⟨de Templo⟩
→ **Richardus ⟨Londoniensis⟩**

Richardus ⟨de Thetford⟩
13. Jh. · OSB
Ars dilatandi sermones; De angelis; Sermo de Christo rege
LMA,VII,826/827
Richard ⟨de Tetford⟩
Richard ⟨de Thetford⟩
Richard ⟨von Thetford⟩
Richardus ⟨Tetfordiensis⟩
Thetford, Richardus ¬de¬

Richardus ⟨de Venusio⟩
gest. ca. 1277
De Paulino et Polla
LMA,VII,827
Riccardo ⟨da Venosa⟩
Richard ⟨of Venosa⟩
Richard ⟨von Venosa⟩
Richardus ⟨de Venosa⟩
Richardus ⟨Iudex⟩
Richardus ⟨Venusius⟩
Venusio, Richardus ¬de¬

Richardus ⟨de Wedinghausen⟩
→ **Richardus ⟨de Arnsberg⟩**

Richardus ⟨de Wendover⟩
gest. 1252
Anatomia
Tusculum-Lexikon
Ricardus ⟨Anglicus⟩
Richard ⟨von Wendover⟩
Richardus ⟨Anglicus⟩
Richardus ⟨Magister⟩
Richardus ⟨Medicus⟩
Wendover, Richardus ¬de¬

Richardus ⟨de Wetheringsett⟩
um 1350
Summa sacerdotalis seu speculum ecclesiasticorum; De sacramentis ecclesiae; Opus homilium; etc.
Richard ⟨Wetherset⟩
Richardus ⟨Cantabrigiensis⟩
Richardus ⟨Grantebrigensis⟩
Richardus ⟨Legrocatrensis⟩
Richardus ⟨Wethersetus⟩
Wetheringsett, Richardus ¬de¬
Wetherset, Richard
Wethersetus, Richardus

Richardus ⟨de Wicio⟩
ca. 1197/98 – ca. 1252/53
Distinctiones super Psalterium; Epistolas ad Innocentiam IV; De ecclesiasticis officiis
Stegmüller, Repert. bibl. 7454
Ricardo ⟨di Cicestria⟩
Ricardo ⟨Vescovo⟩
Richard ⟨de Chichester⟩
Richard ⟨de Wich⟩
Richard ⟨Evêque⟩
Richard ⟨of Wych⟩
Richard ⟨von Chichester⟩
Richardus ⟨de Droitwich⟩
Richardus ⟨de la Wich⟩
Richardus ⟨de Wiz⟩
Richardus ⟨Vichius⟩
Richardus ⟨Wichius⟩
Wichius, Richardus
Wicio, Richardus ¬de¬

Richardus ⟨de Wincester⟩
→ **Richardus ⟨de Winton⟩**

Richardus ⟨de Wilton⟩
gest. 1239 bzw. 1339 · OTrin
Commentaria in Genesim et Hieremiam; De B. Mariae virginis doloribus; De auxiliis divinae gratiae; etc.
Stegmüller, Repert. bibl. 7355;7356
Richard ⟨Wilton⟩
Richardus ⟨Vuiltonius⟩
Richardus ⟨Wiltonus⟩
Wilton, Richard
Wilton, Richardus ¬de¬

Richardus ⟨de Winton⟩
gest. 1304
Quaestiones tertii libri De anima
Lohr;Schneyer,V,170
Richardus ⟨de Wincester⟩
Richardus ⟨de Wyceste⟩
Richardus ⟨de Wyncestre⟩
Winton, Richardus ¬de¬

Richardus ⟨de Wiz⟩
→ **Richardus ⟨de Wicio⟩**

Richardus ⟨de Wyceste⟩
→ **Richardus ⟨de Winton⟩**

Richardus ⟨Divisiensis⟩
12. Jh.
Chronicon de rebus gestis Ricardi I. reg. Angliae
Richard ⟨of Devizes⟩
Richardus ⟨de Devizes⟩
Richardus ⟨Monachus⟩
Richardus ⟨Wintoniensis⟩

Richardus ⟨Doctor Antiquus et Sophista⟩
→ **Richardus ⟨Brinkelius⟩**

Richardus ⟨Dorensis⟩
→ **Richardus ⟨Stradleius⟩**

Richardus ⟨Dunelmensis⟩
→ **Richardus ⟨de Bury⟩**

Richardus ⟨Dux Normannorum, I.⟩
→ **Richard ⟨Normandie, Duc, I.⟩**

Richardus ⟨Eastolphus⟩
→ **Richardus ⟨Fastolphus⟩**

Richardus ⟨Eliensis⟩
ca. 1130 – 1198
Dialogus de Scaccario (Verfasserschaft nicht gesichert)
CSGL; LMA,VII,818; Tusculum-Lexikon
Fitzneal, Richard
Fitzneale, Richard
Fitznigel, Richard
FitzNigel, Richard
Ricardus ⟨Filius Nigelli⟩
Ricardus ⟨Thesaurarius⟩
Richard ⟨der Sohn des Nigel⟩
Richard ⟨Fitzneal⟩
Richard ⟨Fitznigel⟩
Richard ⟨Son of Nigel⟩
Richard ⟨von Ely⟩
Richardus ⟨de Ely⟩
Richardus ⟨Elesius⟩
Richardus ⟨Filius Nigelli⟩
Richardus ⟨Londoniensis⟩
Richardus ⟨of Ely⟩
Richardus ⟨Thesaurarius⟩

Richardus ⟨Episcopus⟩
→ **Richardus ⟨de Gerboredo⟩**

Richardus ⟨Episcopus Montis Corvini⟩
→ **Richardus ⟨Montis Corvini⟩**

Richardus ⟨Eremita⟩
→ **Rolle, Richard**

Richardus ⟨Estravaneli⟩
→ **Richardus ⟨de Stavensby⟩**

Richardus ⟨Excestrensis⟩
→ **Richardus ⟨Exoniensis⟩**

Richardus ⟨Exoniensis⟩
→ **Richardus ⟨Fishacre⟩**

Richardus ⟨Exoniensis⟩
um 1330
Ps.
Stegmüller, Repert. bibl. 7264
Richardus ⟨de Exeter⟩
Richardus ⟨Excestrensis⟩

Richardus ⟨Fastolphus⟩
gest. 1170 · OCist
Commentaria in sacram Scripturam, lib. I-IV
Stegmüller, Repert. bibl. 7265
Fastolphe, Richard
Fastolphus, Richardus
Richard ⟨Fastolphe⟩
Richardus ⟨Eastolphus⟩

Richardus ⟨Ferabrich⟩
→ **Richardus ⟨Feribrigius⟩**

Richardus ⟨Feribrigius⟩
um 1370
Consequentiae; Logica
Schönberger/Kible, Repertorium, 17492/17494
Feribrigius, Richardus
Ferribrigge, Richardus
Ferrybrigge, Richardus
Richardus ⟨Ferabrich⟩
Richardus ⟨Ferabrigi⟩
Richardus ⟨Ferribrigge⟩
Richardus ⟨Ferrybrigge⟩

Richardus ⟨Filius Nigelli⟩
→ **Richardus ⟨Eliensis⟩**

Richardus ⟨Filius Radulphi⟩
→ **Richardus ⟨Armachanus⟩**

Richardus ⟨Fishacre⟩
gest. 1248 · OP
De haeresibus
LMA,VII,821/22
Fishacre, Richardus
Fitsacre, Richard ¬de¬
Fizacrius, Richardus
Ricardus ⟨Exoniensis⟩
Richard ⟨de Fitsacre⟩
Richard ⟨Fishacre⟩
Richard ⟨Fitsacre⟩
Richardus ⟨Fizacrius⟩

Richardus ⟨Fitzralph⟩
→ **Richardus ⟨Armachanus⟩**

Richardus ⟨Fizacrius⟩
→ **Richardus ⟨Fishacre⟩**

Richardus ⟨Flamesburiensis⟩
→ **Robertus ⟨de Flamesburia⟩**

Richardus ⟨Florentinus⟩
→ **Ricoldus ⟨de Monte Crucis⟩**

Richardus ⟨Floriacensis⟩
gest. 979 · OSB
Consuetudines et iura ecclesiae de Regula
Potth. 968
Richard ⟨de Fleury⟩
Richard ⟨de Perrecy⟩
Richard ⟨de Saint-Benoît-sur-Loire⟩
Richardus ⟨Abbas Floriacensis⟩

Richardus ⟨Frater⟩
→ **Richardus ⟨Pictaviensis⟩**

Richardus ⟨Frater, OP⟩
→ **Richardus ⟨OP⟩**

Richardus ⟨Grantebrigensis⟩
→ **Richardus ⟨de Wetheringsett⟩**

Richardus ⟨Hagustaldensis⟩
gest. 1192
Ricardus ⟨Hagustaldensis⟩
Richard ⟨of Hexham⟩
Richardus ⟨Haugustaldensis⟩
Richardus ⟨Hexhamensis⟩
Richardus ⟨Prior⟩

Richardus ⟨Hampolensis⟩
→ **Rolle, Richard**

Richardus ⟨Haugustaldensis⟩
→ **Richardus ⟨Hagustaldensis⟩**

Richardus ⟨Hexhamensis⟩
→ **Richardus ⟨Hagustaldensis⟩**

Richardus ⟨Hortensis⟩
um 1213 · OCist
Vita S. Martini vulgo
Potth. 970
Richard ⟨de Horta⟩
Richard ⟨de Huerta⟩
Richardus ⟨Monachus Hortensis⟩

Richardus ⟨Hortolanus⟩
→ **Hortulanus**

Richardus ⟨Iudex⟩
→ **Richardus ⟨de Venusio⟩**

Richardus ⟨Iuris Canonici Doctor⟩
→ **Richardus ⟨Anglicus⟩**

Richardus ⟨Kilvington⟩
→ **Richardus ⟨de Kilvington⟩**

Richardus ⟨Knapwell⟩
um 1266/86 · OP
Correctorium corruptorii
Stegmüller, Repert. sentent. 716;892; LThK; LMA,VII,823
Clapwell, Richard
Klapwell, Richard
Knapwell, Richardus
Richard ⟨Clapoel⟩
Richard ⟨Clapole⟩
Richard ⟨Clappelwelle⟩
Richard ⟨Clapwell⟩
Richard ⟨Klapwell⟩
Richard ⟨Knapwell⟩
Richard ⟨von Knapwell⟩
Richardus ⟨Clapolus⟩
Richardus ⟨Clapwellus⟩
Richardus ⟨de Cnapwell⟩
Richardus ⟨de Knapwell⟩

Richardus ⟨Konington⟩
→ **Richardus ⟨de Conington⟩**

Richardus ⟨Kylventon⟩
→ **Richardus ⟨de Kilvington⟩**

Richardus ⟨Lavinghamus⟩
→ **Richardus ⟨de Lavingham⟩**

Richardus ⟨Le Ruys⟩
→ **Richardus ⟨Ruys⟩**

Richardus ⟨Legrocatrensis⟩
→ **Richardus ⟨de Wetheringsett⟩**

Richardus ⟨Lincoln⟩
Lebensdaten nicht ermittelt
Cambridge, Trinity Coll. B. 15.38f. 38r-42 bis r.
Schneyer,V,159
Lincoln, Richardus

Richardus ⟨Londoniensis⟩
→ **Richardus ⟨Eliensis⟩**

Richardus ⟨Londoniensis⟩
gest. 1198
Itinerarium Regis Anglorum Richardi
CSGL
Richard ⟨of the Holy Trinity⟩
Richardus ⟨Canonicus⟩
Richardus ⟨de Templo⟩
Richardus ⟨Sanctae Trinitatis Londoniensis⟩

Richardus ⟨Magister⟩
→ **Richardus ⟨de Wendover⟩**

Richardus ⟨Magnus⟩
→ **Richard ⟨Meister⟩**

Richardus ⟨Maidstonus⟩
→ **Richardus ⟨de Maidstone⟩**

Richardus ⟨Martyr atque Pontifex⟩
→ **Richardus ⟨Scropus⟩**

Richardus ⟨Medicus⟩
→ **Richardus ⟨de Wendover⟩**

Richardus ⟨Mediodunensis⟩
→ **Richardus ⟨de Mediavilla⟩**

Richardus ⟨Meynell⟩
→ **Richardus ⟨de Mediavilla⟩**

Richardus ⟨Monachus⟩
→ **Richardus ⟨Divisiensis⟩**

Richardus ⟨Monachus Hortensis⟩
→ **Richardus ⟨Hortensis⟩**

Richardus ⟨Montis Corvini⟩
um 1130
Vita S. Alberti episc.
Potth. 970
Montis Corvini, Richardus
Richard ⟨de Monte-Corvino⟩
Richard ⟨von Monte Corbino⟩
Richardus ⟨Episcopus Montis Corvini⟩

Richardus ⟨Moyenneville⟩
→ **Richardus ⟨de Mediavilla⟩**

Richardus ⟨Narbonensis⟩
gest. 1121
Notitia de gravaminibus ecclesiae suae illatis
Potth. 970
Richard ⟨de Milhaud⟩
Richard ⟨de Narbonne⟩
Richard ⟨de Saint-Victor à Marseille⟩
Richardus ⟨Narbonensis Archiepiscopus⟩

Richardus ⟨of Ely⟩
→ **Richardus ⟨Eliensis⟩**

Richardus ⟨OP⟩
um 1236 · OP
De facto Ungarie magno
Potth. 968; Kaeppeli,III,302/303
Richard ⟨Dominicain⟩
Richardus ⟨Frater, OP⟩
Richardus ⟨Ordinis Praedicatorum⟩
Richardus ⟨Provinciae Hungariae⟩

Richardus ⟨Pampolitanus⟩
→ **Rolle, Richard**

Richardus ⟨Parisiensis⟩
→ **Richardus ⟨de Sancto Victore⟩**

Richardus ⟨Pauper⟩
→ **Richardus ⟨Poore⟩**

Richardus ⟨Pictaviensis⟩
um 1153/74 · OSB
LThK; CSGL; Potth. 969; LMA,VII,820; Tusculum-Lexikon
Ricardus ⟨Cluniacensis⟩
Richard ⟨le Poitevin⟩
Richard ⟨von Cluny⟩
Richard ⟨von Poitiers⟩
Richardus ⟨Cluniacensis⟩
Richardus ⟨Frater⟩

Richardus ⟨Pisanus⟩
12. Jh.
Übers. die Gesetzessamml. „Lo codi" ins Lat.
Pisanus, Richardus
Ricardus ⟨Pisanus⟩

Richardus ⟨Poore⟩
gest. 1237
Sermones; Statuta synodalia
Schneyer,V,161
Poor, Richard
Poor, Richardus
Poore, Richardus
Richard ⟨le Poor⟩
Richard ⟨Poor⟩
Richard ⟨Poore⟩
Richard ⟨Poure⟩
Richardus ⟨Pauper⟩

Richardus ⟨Porlondus⟩
um 1302
Liber sermonum
Schneyer,V,161
Porlond, Richard
Porlond, Richardus
Porlondus, Richardus
Richard ⟨Porlond⟩
Richard ⟨Porlond de Norfolk⟩

Richardus ⟨Praemonstratensis⟩
→ **Richardus ⟨de Arnsberg⟩**

Richardus ⟨Pratellensis⟩
→ **Richardus ⟨de Pratellis⟩**

Richardus ⟨Prior⟩
→ **Richardus ⟨de Sancto Victore⟩**
→ **Richardus ⟨Hagustaldensis⟩**

Richardus ⟨Provinciae Hungariae⟩
→ **Richardus ⟨OP⟩**

Richardus ⟨Provincialis Angliae⟩
→ **Richardus ⟨de Conington⟩**

Richardus ⟨Radulphius⟩
→ **Richardus ⟨Armachanus⟩**

Richardus ⟨Rex Romanorum⟩
→ **Richard ⟨Römisch-Deutsches Reich, König⟩**

Richardus ⟨Rollus⟩
→ **Rolle, Richard**

Richardus ⟨Rufus⟩
gest. ca. 1260 · OFM
In libros Sententiarum; Identität mit Richardus ⟨Ruys⟩ nicht gesichert
LMA,VII,821; Schönberger/Kible, Repertorium, 17414
Richard ⟨de Cornouailles⟩
Richard ⟨de Cornubia⟩
Richard ⟨Roux⟩
Richard ⟨Rowse⟩
Richard ⟨Rufus⟩
Richard ⟨Rufus de Cornubia⟩
Richard ⟨Rufus de Cournouailles⟩
Richard ⟨Rufus von Cornwall⟩
Richard ⟨von Cornwall⟩
Richardus ⟨Cornubiensis⟩
Richardus ⟨de Cornubia⟩
Richardus ⟨de Cornwall⟩
Richardus ⟨Rufus Cornubiensis⟩
Richardus ⟨Rufus de Cornubia⟩
Rowse, Richard
Rufus, Richardus

Richardus ⟨Ruys⟩
um 1270 · OFM
Super magistrum sententiarum; Identität mit Richardus ⟨Rufus⟩ nicht gesichert
Stegmüller, Repert. sentent. 727
Richard ⟨Ruys⟩
Richardus ⟨Le Ruys⟩
Ruys, Richard
Ruys, Richardus

Richardus ⟨Sanctae Trinitatis Londoniensis⟩
→ **Richardus ⟨Londoniensis⟩**

Richardus ⟨Sancti Victoris⟩
→ **Richardus ⟨de Sancto Victore⟩**

Richardus ⟨Sancti Vitoni⟩
→ **Richardus ⟨de Sancto Vitone⟩**

Richardus ⟨Scotus⟩
→ **Lescot, Richard**

Richardus ⟨Scropus⟩
gest. 1405
Super epistolas Missarum quotidianas; Invectiva in regem; Oratio ante mortem
Potth. 971; LMA,VII,1655
LeScrope, Richard
Richard ⟨le Scrope⟩
Richard ⟨Saint⟩
Richard ⟨Scroope⟩
Richardus ⟨Martyr atque Pontifex⟩
Richardus ⟨Scrope⟩
Richardus ⟨Scrope Eboracensis Archiepiscopus⟩
Scroope, Richard
Scrope, Richardus
Scropus, Richardus

Richardus ⟨Snettisham⟩
gest. 1448 · OFM
Abkürzung von Robertus ⟨de Curceto⟩, Comm. in sententias
Stegmüller, Repert. sentent. 732;735
Richard ⟨Snetisham⟩
Richardus ⟨Sneddisham⟩
Richardus ⟨Sneteshamus⟩
Richardus ⟨Snetisham⟩
Sneteshamus, Richardus
Snetisham, Richard
Snettisham, Richardus

Richardus ⟨Stradleius⟩
gest. 1346 · OCist
In quosdam alios sacrae Scripturae textus; In Evangelia; Oratio Dominica
Stegmüller, Repert. bibl. 7348-7350;7263
Richard ⟨de Dore⟩
Richard ⟨de Stradell⟩
Richard ⟨of Stradell⟩
Richard ⟨Stradley⟩
Richardus ⟨Dorensis⟩
Richardus ⟨Stradelegus⟩
Richardus ⟨Stradlejus⟩
Stradelegus, Richardus
Stradell, Richard ¬de¬
Stradleius, Richardus
Stradley, Richard
Stradley, Richardus

Richardus ⟨Stravanellus⟩
→ **Richardus ⟨de Stavensby⟩**

Richardus ⟨Suiseth⟩
→ **Richardus ⟨Swineshead⟩**

Richardus ⟨Swineshead⟩
um 1350
Liber calculationum; De intensione formarum; De motu locali; nicht identisch mit Rogerus ⟨Swineshead⟩
Lohr; Stegmüller, Repert. sentent. 730; LMA,VII,826
Richard ⟨de Swineshead⟩
Richard ⟨de Swyneshed⟩
Richard ⟨Suicet⟩
Richard ⟨Suisseth⟩
Richard ⟨Swineshead⟩
Richard ⟨Swyneshed⟩
Richardus ⟨Suiseth⟩
Richardus ⟨Suisset⟩
Richardus ⟨Swyneshed⟩
Swineshead, Richardus
Swyneshed, Richard ¬de¬

Richardus ⟨Tetfordiensis⟩
→ **Richardus ⟨de Thetford⟩**

Richardus ⟨Theologus⟩
→ **Richardus ⟨de Sancto Victore⟩**

Richardus ⟨Thesaurarius⟩
→ **Richardus ⟨Eliensis⟩**

Richardus ⟨Thorpe⟩
um 1372 · OESA
Calendarium, Equatorium; Postillae super Gen.
Stegmüller, Repert. bibl. 7351
Richardus ⟨Torph⟩
Thorpe, Richardus

Richardus ⟨Ullerodunus⟩
→ **Richardus ⟨Ullerston⟩**

Richardus ⟨Ullerston⟩
gest. 1428
De officio militari; De symbolo ecclesiae; Cant. Nov. Test.; etc.
Stegmüller, Repert. bibl. 7352-7353,1; Potth. 1079
Richard ⟨Ullerston⟩
Richard ⟨Ullerston de Lancaster⟩
Richardus ⟨Cancellarius Oxoniensis⟩
Richardus ⟨Ullerodunus⟩
Richardus ⟨Ullerstonus⟩
Ullerodunus, Richardus
Ullerston, Richard
Ullerston, Richardus
Ullerstonus, Richardus

Richardus ⟨Valingofordus⟩
→ **Richardus ⟨Wallingfordus⟩**

Richardus ⟨Vageniacensis⟩
→ **Richardus ⟨de Maidstone⟩**

Richardus ⟨Vannensis⟩
→ **Richardus ⟨de Sancto Vitone⟩**

Richardus ⟨Venusius⟩
→ **Richardus ⟨de Venusio⟩**

Richardus ⟨Vichius⟩
→ **Richardus ⟨de Wicio⟩**

Richardus ⟨Virdunensis⟩
→ **Richardus ⟨de Sancto Vitone⟩**

Richardus ⟨Vuiltonius⟩
→ **Richardus ⟨de Wilton⟩**

Richardus ⟨Wallingfordus⟩
gest. 1335
Quadripartium de sinibus demonstratis
LMA,VII,818/19
Richard ⟨of Wallingford⟩
Richard ⟨von Wallingford⟩
Richardus ⟨Valingofordus⟩
Richardus ⟨Walynforde⟩
Wallingfordus, Richardus

Richardus ⟨Waydesten⟩
→ **Richardus ⟨de Maidstone⟩**

Richardus ⟨Westmonasteriensis⟩
→ **Richardus ⟨de Cirencestria⟩**

Richardus ⟨Wethersetus⟩
→ **Richardus ⟨de Wetheringsett⟩**

Richardus ⟨Wichius⟩
→ **Richardus ⟨de Wicio⟩**

Richardus ⟨Wiltonus⟩
→ **Richardus ⟨de Wilton⟩**

Richardus ⟨Wintoniensis⟩
→ **Richardus ⟨Divisiensis⟩**

Richart ⟨de Fornival⟩
→ **Richard ⟨de Fournival⟩**

Richart ⟨de Semilli⟩
→ **Richard ⟨de Semilli⟩**

Richart ⟨le Pèlerin⟩
→ **Richard ⟨le Pèlerin⟩**

Richaut ⟨de Barbezilh⟩
→ **Rigaut ⟨de Barbezieux⟩**

Richbodus
gest. 804
Annales Laureshamenses
(Verfasserschaft nicht gesichert)
LMA,VII,807
Ricbod
Ricbod ⟨Abt⟩
Ricbod ⟨von Lorsch⟩
Richbod
Richbod ⟨de Lorsch⟩
Richbod ⟨de Trèves⟩
Richbot ⟨Erzbischof⟩

Richel, Dionysius ¬de¬
→ **Dionysius ⟨Cartusianus⟩**

Richental, Ulrich ¬von¬
→ **Ulrich ⟨von Richental⟩**

Richenza ⟨Römisch-Deutsches Reich, Kaiserin⟩
1086/87 – 1141
LMA,VII,829
Richenza ⟨Impératrice⟩
Richenza ⟨Imperium Romanum-Germanicum, Imperatrix⟩
Richenza ⟨Kaiserin⟩
Richenza ⟨von Northeim⟩
Richèze ⟨Impératrice⟩
Richilde ⟨Impératrice⟩
Richza ⟨Königin⟩

Richer ⟨Chroniqueur⟩
→ **Richerus ⟨Senoniensis⟩**

Richer ⟨de Metz⟩
→ **Richerus ⟨Metensis⟩**

Richer ⟨de Reims⟩
→ **Richerus ⟨Remensis⟩**

Richer ⟨de Saint-Martin⟩
→ **Richerus ⟨Metensis⟩**

Richer ⟨de Saint-Remy⟩
→ **Richerus ⟨Remensis⟩**

Richer ⟨de Senones⟩
→ **Richerus ⟨Senoniensis⟩**

Richer ⟨de Waulsort⟩
→ **Richerus ⟨Walciodorensis⟩**

Richer ⟨the Chronicler⟩
→ **Richerus ⟨Remensis⟩**

Richer ⟨von Metz⟩
→ **Richerus ⟨Metensis⟩**

Richer ⟨von Reims⟩
→ **Richerus ⟨Remensis⟩**

Richer ⟨von Sankt Rémi⟩
→ **Richerus ⟨Remensis⟩**

Richerus ⟨Chronographus⟩
→ **Richerus ⟨Senoniensis⟩**

Richerus ⟨Magister⟩
→ **Richerus ⟨Walciodorensis⟩**

Richerus ⟨Metensis⟩
um 1122/46
Vita S. Martini
Potth. 971; LMA,VII,830; DOC,2,1576; VL(2),8,60/62
Richer ⟨de Metz⟩
Richer ⟨de Saint-Martin⟩
Richer ⟨von Metz⟩
Richerus ⟨Sancti Martini⟩
Richerus ⟨Sancti Martini et Sancti Symphoriani Mettensis⟩
Richerus ⟨Sancti Symphoriani⟩

Richerus ⟨Monachus Senoniensis⟩
→ **Richerus ⟨Senoniensis⟩**

Richerus ⟨Monachus Walciodorensis⟩
→ **Richerus ⟨Walciodorensis⟩**

Richerus ⟨Remensis⟩
gest. ca. 999
Historiarum libri quatuor
LMA,VII,830/31; LThK; Tusculum-Lexikon
Richer ⟨de Reims⟩
Richer ⟨de Saint-Remy⟩
Richer ⟨the Chronicler⟩
Richer ⟨von Reims⟩
Richer ⟨von Sankt Rémi⟩
Richerius ⟨Remensis⟩
Richerus ⟨Sancti Remigii⟩

Richerus ⟨Sancti Martini⟩
→ **Richerus ⟨Metensis⟩**

Richerus ⟨Sancti Remigii⟩
→ **Richerus ⟨Remensis⟩**

Richerus ⟨Sancti Symphoriani⟩
→ **Richerus ⟨Metensis⟩**

Richerus ⟨Senoniensis⟩
gest. ca. 1267
Gesta Senonensis Ecclesiae; Vita S. Gundelberti ep. Senoniensis
Potth. 971
Richer ⟨Chroniqueur⟩
Richer ⟨de Senones⟩
Richer ⟨Senoniensis⟩
Richerius ⟨Chronographus⟩
Richerius ⟨Monachus Senoniensis⟩
Richerius ⟨Senoniensis⟩
Richerus ⟨Senonensis⟩

Richerus ⟨Walciodorensis⟩
um 1070/1143 · OSB
Passio S. Ursulae (translatio)
Potth. 972
Richer ⟨de Waulsort⟩
Richerus ⟨Magister⟩
Richerus ⟨Monachus Walciodorensis⟩

Richeza ⟨Comitissa Palatina⟩
→ **Richeza ⟨Polska, Królowa⟩**

Richeza ⟨Polska, Królowa⟩
ca. 995 – 1063
LMA,VII,832
Richeza ⟨Comitissa Palatina⟩
Richeza ⟨Polen, Königin⟩
Richeza ⟨von Lothringen⟩
Richèze ⟨Fille d'Ezzon⟩
Richèze ⟨Pologne, Régente⟩
Richza ⟨Polen, Königin⟩

Richeza ⟨von Lothringen⟩
→ **Richeza ⟨Polska, Królowa⟩**

Richilde ⟨Impératrice⟩
→ **Richenza ⟨Römisch-Deutsches Reich, Kaiserin⟩**

Richolfus ⟨de Colonia⟩
um 1343/55 · OP
Quaestiones in I-IV libros Sententiarum; Identität mit Richolfus ⟨de Via Lapidea⟩ nicht gesichert
Stegmüller, Repert. sentent. 759; Kaeppeli,III,334
Colonia, Richolfus ¬de¬
Richolfus ⟨Coloniensis⟩
Ricolfus ⟨Coloniensis⟩
Ricolphe ⟨de Cologne⟩
Ricolphus ⟨Coloniensis⟩
Ricolphus ⟨de Colonia⟩
Rudolfus ⟨Coloniensis⟩

Richolfus ⟨de Via Lapidea⟩
um 1368/73 · OP
Identität mit Richolfus ⟨de Colonia⟩ nicht gesichert
Stegmüller, Repert. sentent. 761
Richolfus ⟨de Lapidea Via⟩
Richolfus ⟨de Lapidea Via Coloniensis⟩
Richwinus ⟨Coloniensis⟩
Richwinus ⟨de Lapidea Via⟩
Richwinus ⟨de Lapidea Via Coloniensis⟩
Rycholfus ⟨de Via Lapidea⟩
Via Lapidea, Richolfus ¬de¬

Richwinus ⟨Coloniensis⟩
→ **Richolfus ⟨de Via Lapidea⟩**

Richza ⟨Königin⟩
→ **Richenza ⟨Römisch-Deutsches Reich, Kaiserin⟩**

Richza ⟨Polen, Königin⟩
→ **Richeza ⟨Polska, Królowa⟩**

Riciis, Alexander ¬de¬
→ **Ritiis, Alexander ¬de¬**

Rickel, Dionysius ¬de¬
→ **Dionysius ⟨Cartusianus⟩**

Ricobaldus ⟨Ferrariensis⟩
gest. ca. 1313
Compendium Romanae historiae
LMA,VII,835/36; Tusculum-Lexikon
Riccobaldus ⟨Ferrariensis⟩
Ricobald ⟨von Ferrara⟩
Ricobaldi ⟨de Ferrare⟩
Ricobaldo ⟨de Ferrare⟩
Ricobaldo ⟨Ferrarese⟩
Ricobaldo ⟨Gervais⟩
Ricobaldus ⟨Gervasius⟩

Ricobaldus ⟨Gervasius⟩
→ **Ricobaldus ⟨Ferrariensis⟩**

Ricoldus ⟨de Monte Crucis⟩
gest. 1309 · OP
LMA,VII,808
Accoldus ⟨de Monte Crucis⟩
Accoldus ⟨Florentinus⟩
Monte Crucis, Ricoldus ¬de¬
Montecrucis, Richardus ¬de¬
Ricaldus ⟨de Monte Crucis⟩
Ricardus ⟨de Monte Crucis⟩
Ricardus ⟨Florentinus⟩
Riccoldo ⟨da Monte di Croce⟩
Riccoldus ⟨de Monte Crucis⟩
Richardus ⟨de Monte Crucis⟩
Richardus ⟨de Montecrucis⟩
Richardus ⟨Florentinus⟩
Ricoldo ⟨da Montecroce⟩
Ricoldo ⟨de Montecroce⟩
Ricoldo ⟨Florentinus⟩
Ricoldo ⟨Pennini⟩
Ricoldus ⟨de Monte-Croce⟩
Ricoldus ⟨de Montecrucis⟩
Riculdus ⟨de Monte Crucis⟩
Riculdus ⟨Florentinus⟩
Ridulcus ⟨de Monte Crucis⟩

Ricolfus ⟨...⟩
→ **Richolfus ⟨...⟩**

Ricordano ⟨Malespini⟩
→ **Malespini, Ricordano**

Riculdus ⟨Florentinus⟩
→ **Ricoldus ⟨de Monte Crucis⟩**

Riculfus ⟨Moguntinus⟩
gest. 813
Epistola ad Eginonem a. 810
Potth. 973
Moguntinus, Riculfus
Riculfus ⟨Archiepiscopus⟩
Riculfus ⟨von Mayntz⟩
Riculphe ⟨Damétas⟩
Riculphe ⟨de Mayence⟩
Rihcolfus ⟨Archiepiscopus Moguntinus⟩

Riculfus ⟨Suessionensis⟩
um 902
Statuta
Potth. 972; DOC,2,1576; LMA,VII,837
Riculf ⟨von Soissons⟩
Riculfus ⟨Suessionensis Episcopus⟩
Riculfus ⟨von Sessa⟩
Riculphe ⟨de Soissons⟩

Riculfus ⟨von Mayntz⟩
→ **Riculfus ⟨Moguntinus⟩**

Riculfus ⟨von Sessa⟩
→ **Riculfus ⟨Suessionensis⟩**

Riculphe ⟨Damétas⟩
→ **Riculfus ⟨Moguntinus⟩**

Riculphe ⟨de Mayence⟩
→ **Riculfus ⟨Moguntinus⟩**

Riculphe ⟨de Soissons⟩
→ **Riculfus ⟨Suessionensis⟩**

Riḍā, ʻAlī Ibn-Mūsā ¬ar-¬
765/770 – 818
ʻAlī ar-Riḍā
Riḍā min Āl- Muḥammad ¬ar-¬

Riḍā min Āl- Muḥammad ¬ar-¬
→ **Riḍā, ʻAlī Ibn-Mūsā ¬ar-¬**

Riddlintone, Johannes
→ **Johannes ⟨Riddlintone⟩**

Ridewall, Johannes
→ **Johannes ⟨Ridewall⟩**

Ridolfi, Lorenzo
→ **Laurentius ⟨de Rudolphis⟩**

Ridolfo ⟨Fioravanti⟩
→ **Fioravanti, Aristotele**

Ridolfus ⟨Notarius⟩
14./15. Jh. (laut Potth. um 1050)
Historiola scripta omnium rerum memoria dignarum, que Brissiane civitati acciderunt imperantibus Francis 774-865
Potth. 973
Notarius, Ridolfus
Rodolphe ⟨de Brescia⟩
Rodolphe ⟨Historien de Brescia⟩
Rodolphe ⟨Notaire⟩

Ridulcus ⟨de Monte Crucis⟩
→ **Ricoldus ⟨de Monte Crucis⟩**

Ried, Hans
15. Jh.
VL(2)
Hans ⟨Ried⟩

Riedenburg, Burggraf ¬von¬
12. Jh.
Mittelhochdt. Lyriker
LMA,II,1051; VL(2),8,64
Burggraf ⟨von Riedenburg⟩
Burggraf ⟨von Rietenburg⟩
Rietenburg, Burggraf ¬von¬

Riederer, Friedrich
→ **Riedrer, Friedrich**

Riedesel, Johann
gest. 1327 bzw. 1341
Hessische Chronik 1233-1330
Potth. 973
Jean ⟨Riedesel⟩
Johann ⟨Riedesel⟩
Riedesel, Jean

Riedner, Johannes
um 1459/94
Briefe; Vorlesungsmaterialien
VL(2),8,67/70
Jean ⟨Riedner⟩
Johannes ⟨Riedner⟩
Riedner, Jean

Riedrer, Friedrich
um 1450/99
Der Spiegel der wahren Rhetoric
VL(2),8,70/72
Frédéric ⟨Riederer⟩
Friedrich ⟨Riederer⟩
Friedrich ⟨Riedrer⟩
Riederer, Frédéric
Riederer, Friederich
Riederer, Friedrich

Riedt, Jan ¬van¬
→ **Johannes ⟨de Arundine⟩**

Rienzo, Cola ¬di¬
1313 – 1354
Epistolario
LThK; LMA,III,26/28; Tusculum-Lexikon
Cola ⟨di Rienzo⟩
Gabrino di Rienzi, Niccolò
Niccolò ⟨di Rienzi⟩
Niccolò ⟨Gabrino di Rienzi⟩
Nicola ⟨di Rienzo⟩
Nicolas ⟨Gabrino di Rienzi⟩
Nicolaus ⟨de Laurentio⟩
Nicolaus ⟨Laurentii⟩
Rienzi, Cola ¬di¬
Rienzi, Nicolas G.

Ries, Pierre ¬du¬
→ **Pierre ⟨du Ries⟩**

Riet, Jan ¬van¬
→ **Johannes ⟨de Arundine⟩**

Rietenburg, Burggraf ¬von¬
→ **Riedenburg, Burggraf ¬von¬**

Rieter, Peter
15. Jh.
Reiseaufzeichnungen
VL(2),8,73/75
Peter ⟨Rieter⟩

Rieti, Moše Ben-Yiṣḥāq
1388 – 1460
Mosè ⟨da Rieti⟩
Moše Ben-Yiṣḥāq ⟨Rieti⟩
Mošèh ⟨de Gajo de Riete⟩
Moses ben Isaac ⟨of Rieti⟩
Moses Rieti
Rieti, Moses ben Isaac ¬da¬

Rieti, Stephanus ¬de¬
→ **Stephanus ⟨de Reate⟩**

Rietini, Barnabé ¬de¬
→ **Barnabas ⟨de Riatinis⟩**

Rietmüller, Henricus
gest. 1478 · OESA
Lectio prima super analyticorum posteriorum librum secundum
Lohr; VL(2),8,75/76
Henricus ⟨de Liechtstal⟩
Henricus ⟨Rietmüller⟩
Henricus ⟨Riettmuller⟩
Henricus ⟨Riettmuller de Liechtstal⟩
Riettmuller, Henricus

Rifāʻī, Aḥmad Ibn-ʻAlī ¬ar-¬
1106 – 1182
Aḥmad ar-Rifāʻī al-Ḥusainī
Aḥmad Ibn-ʻAlī ar-Rifāʻī
Ibn-ʻAlī, Aḥmad ar-Rifāʻī

Riga, Otto ¬de¬
→ **Otto ⟨de Riga⟩**

Riga, Petrus
→ **Petrus ⟨Riga⟩**

Rigaldi, Johannes
→ **Johannes ⟨Rigaldi⟩**

Rigaldi, Raimundus
→ **Raimundus ⟨Rigaldi⟩**

Rigaldus ⟨Aquitaniae Provincialis⟩
→ **Raimundus ⟨Rigaldi⟩**

Rigaldus, Odo
→ **Odo ⟨Rigaldus⟩**

Rigaudus ⟨Rothomagensis⟩
→ **Odo ⟨Rigaldus⟩**

Rigaut ⟨de Barbezieux⟩
12. Jh.
Troubadour
LMA,VII,849
Barbezieux, Rigaut ¬de¬
Richard ⟨de Barbezieux⟩
Richaut ⟨de Barbezilh⟩

Rigiis, Ludovicus ¬de¬
ca. 15./16. Jh.
Louis ⟨de Rigiis⟩
Ludovicus ⟨de Rigiis⟩
Rigiis, Louis ¬de¬

Rigino ⟨Danielli Justinopolitano⟩
→ **Daniel ⟨de Capodistria⟩**

Rigordus
gest. 1208
Gesta Philippi II. Augusti regis
LThK; LMA,VII,849/50; Tusculum-Lexikon
Rigoldus
Rigoltus
Rigord
Rigordus ⟨Chronographus⟩
Rigordus ⟨Medicus⟩
Rigottus
Rigotus
Rigotus ⟨Sancti Dionysii⟩

Rigotus
→ **Rigordus**

Rihcolfus ⟨Archiepiscopus Moguntinus⟩
→ **Riculfus ⟨Moguntinus⟩**

Rikel, Dionysius ¬a¬
→ **Dionysius ⟨Cartusianus⟩**

Rila, Johannes ¬von¬
→ **Ivan ⟨Rilski⟩**

Rilindis ⟨Hohenburgensis⟩
um 1163/76
Carmina II ad sorores Hohenburgenses; Identität mit Regilind ⟨von Admont⟩ nicht gesichert
VL(2),8,76/77; DOC,2,1576; LMA,VII,851
Regilind ⟨von Admont⟩
Regilind ⟨von Hohenburg⟩
Regilindis ⟨Hohenburgensis⟩
Relinde ⟨de Hohenbourg⟩
Relinde ⟨von Hohenburg⟩
Relindis ⟨von Hohenburg⟩
Rilind ⟨von Hohenburg⟩
Rilinda ⟨von Hohenburg⟩
Rilint ⟨von Hohenburg⟩

Rilski, Ivan
→ **Ivan ⟨Rilski⟩**

Rimbaud ⟨d'Orange⟩
→ **Raimbaut ⟨d'Orange⟩**

Rimbert
→ **Rimbertus ⟨Hamburgensis⟩**

Rimbertinus, Bartholomaeus
um 1498
De deliciis paradisi
Bartholomaeus ⟨Rimbertinus⟩
Rimbertinus, Bartholomeus

Rimbertus ⟨Hamburgensis⟩
830 – 888
Vita S. Anskarii
LThK; CSGL; LMA,VII,851/52; Tusculum-Lexikon
Rembert
Rembert ⟨de Hambourg⟩
Rembert ⟨Sankt⟩
Rembertus
Rembertus ⟨Archiepiscopus⟩
Rembertus ⟨Episcopus⟩
Rembertus ⟨Sankt⟩
Rimbert
Rimbert ⟨aus Flandern⟩
Rimbert ⟨Sankt⟩
Rimbert ⟨von Hamburg und Bremen⟩
Rimbertus
Rimbertus ⟨Archiepiscopus⟩
Rimbertus ⟨Archiepiscopus Hamburgensis et Bremensis⟩
Rimbertus ⟨Bremensis⟩
Rimbertus ⟨Episcopus⟩
Rimbertus ⟨Sankt⟩

Rimicius
→ **Rinutius ⟨Aretinus⟩**

Riminaldus ⟨Ferrariensis⟩
→ **Riminaldus, Johannes Maria**

Riminaldus, Johannes Maria
ca. 1434 – 1497
Commentaria in secundam partem Codicis
Giovanni Maria ⟨Riminaldi⟩
Johannes Maria ⟨Riminaldus⟩
Riminaldi, Gian Maria
Riminaldi, Giovanni Maria
Riminaldi, Ippolito
Riminaldi, Jean-Marie
Riminaldus ⟨Ferrariensis⟩
Riminaldus, Hippolytus
Riminaldus, Johann Maria

Rimini, Giovanni Francesco ¬da¬
→ **Giovanni Francesco ⟨da Rimini⟩**

Rimini, Hugolinus ¬de¬
→ **Hugolinus ⟨de Arimino⟩**

Rimini, Michael ¬de¬
→ **Michael ⟨de Rimini⟩**

Rimljanin, Antonij
→ **Antonij ⟨Rimljanin⟩**

Rinach, Hesso ¬von¬
→ **Hesso ⟨von Rinach⟩**

Rinaldi, Giovanni
→ **Raynaldus, Johannes**

Rinaldo ⟨da Concorezzo⟩
→ **Rainaldus ⟨de Ravenna⟩**

Rinaldo ⟨degli Albizzi⟩
→ **Albizzi, Rinaldo ¬degli¬**

Rinaldo ⟨di Segni⟩
→ **Alexander ⟨Papa, IV.⟩**

Rinalducci de Todi, Simon
→ **Simon ⟨Rinalducci de Todi⟩**

Rin-chen-grub
→ **Bu-ston**

Rin-chen-rnam-rgyal ⟨sGra-tshad-pa⟩
1318 – 1388
Tibet. Mönch, Schüler des Bu-ston; A handful of flowers
Dratshadpa Rinchen Namgyal
Namgyal, Dratshadpa Rinchen
Sgra-tshad-pa Rin-chen-rnam-rgyal

Rinerus ⟨Pisanus⟩
→ **Reinerus ⟨de Pisis⟩**

Rinesberch, Gerd
ca. 1315 – 1406
Chronica Bremensis (Bearb.)
Potth. 991; VL(2),8,82
Gérard ⟨Rinesberch⟩
Gerd ⟨Rinesberch⟩
Gerd ⟨Rynesberch⟩
Gerhard ⟨Rynesberch⟩
Ghert ⟨Rinesberch⟩
Ghert ⟨Rynesberch⟩
Rinesberch, Gérard
Rinesberch, Ghert
Rynesberch, Gerd
Rynesberch, Ghert

Ringeck, Siegmund ¬am¬
→ **Siegmund ⟨am Ringeck⟩**

Ringelhammer, Innocentius
→ **Innocentius ⟨Ringelhammer⟩**

Ringenstein, Kaspar ¬von¬
→ **Affenschmalz**

Ringenstein, Wilhelm ¬von¬
→ **Affenschmalz**

Ringgenberg, Johann ¬von¬
→ **Johann ⟨von Ringgenberg⟩**

Ringoltingen, Thüring ¬von¬
→ **Thüring ⟨von Ringoltingen⟩**

Ringrefe
→ **Erkengerus**

Ringstedus, Thomas
→ **Thomas ⟨Ringstedus⟩**

Rinius, Benedictus
→ **Benedictus ⟨Rinius⟩**

Rinstetten, Johannes ¬von¬
→ **Johannes ⟨von Rinstetten⟩**

Rinucci ⟨da Castiglione⟩
→ **Rinutius ⟨Aretinus⟩**

Rinuccini, Alamanno
→ **Rinuccinus, Alemannus**

Rinuccini, Alessandro
→ **Alessandro ⟨di Filippo Rinuccini⟩**

Rinuccinus, Alemannus
1426 – ca. 1499
Dialogus de libertate
LMA,VII,858/859
Alamanno ⟨Rinuccini⟩
Alemannus ⟨Rhinuccinus⟩
Alemannus ⟨Rinuccinus⟩
Rhinuccini, Alamanno
Rhinuccinus, Alemannus
Rinuccini, Alamanno
Rinuccinus, Alamannus

Rinuccio ⟨da Castiglionfiorentino⟩
→ **Rinutius ⟨Aretinus⟩**

Rinutius ⟨Aretinus⟩
um 1448/59
Aesopi Fabulae
Aretinus, Rinutius
Remicius
Rimicius
Rinucci ⟨da Castiglione⟩
Rinuccio ⟨Aretino⟩
Rinuccio ⟨da Castiglionfiorentino⟩
Rinuccio ⟨d'Arezzo⟩
Rinuccio ⟨of Arezzo⟩
Rinuccius ⟨Aretinus⟩
Rinucio ⟨d'Arezzo⟩
Rinucius
Rinucius ⟨Aretinus⟩
Rinucius ⟨Thessalus⟩
Thessalus ⟨Aretinus⟩

Rinzai Gigen
→ **Linji**
→ **Yixuan**

Ripa, Bonvicinus ¬de¬
→ **Bonvicinus ⟨de Ripa⟩**

Ripa, Johannes ¬de¬
→ **Johannes ⟨de Ripa⟩**

Ripalta, Petrus ¬de¬
→ **Petrus ⟨de Ripalta⟩**

Riparia, Bernardus ¬de¬
→ **Bernardus ⟨de Riparia⟩**

Riplaeus, Georgius
ca. 1415 – 1490
Medulla alchymiae; De mercurio et lapide philosophorum; Cantilena; etc.
LMA,VII,861
George ⟨de Ripley⟩
George ⟨Ripley⟩
Georges ⟨Ripley⟩
Georgius ⟨Riphaeus⟩
Georgius ⟨Riplaeus⟩
Georgius ⟨Riplaius⟩
Georgius ⟨Ripolegus⟩
Grégoire ⟨de Ripley⟩
Gregorius ⟨Riplaeus⟩
Gregorius ⟨Ripley⟩
Gregorius ⟨Ripolegus⟩
Gregorius ⟨Ripologus⟩
Riplacus, Georgius
Ripleus, Georgius
Ripley, George
Ripley, Georges
Ripley, Gregorius
Ripolegus, Gregorius

Ripley, George
→ **Riplaeus, Georgius**

Riquardus ⟨Brugensis⟩
um 1011/96
Miracula S. Donatiani
Potth. 974
Riquardus ⟨Canonicus Sancti Donatiani Brugensis⟩

Riquier, Guiraut
→ **Guiraut ⟨Riquier⟩**

Risa, Henricus ¬de¬
→ **Henricus ⟨de Risa⟩**

Rishanger, Guilelmus
ca. 1250 – ca. 1312 · OSB
Chronica 1259-1306; Chronicon seu Narratio de duobus bellis apud Lewes (1264) et Evesham (1265) inter regem Angliae et barones suos commissis
Potth. 974
Guilelmus ⟨Rishanger⟩
Guilelmus ⟨Rishangerus⟩
Guillaume ⟨Rishanger⟩
Rishanger, Guillaume
Rishanger, Wilhelmus
Rishanger, William
Rishangerus, Guilelmus
Wilhelmus ⟨Rishanger⟩
William ⟨de Rishanger⟩
William ⟨Rishanger⟩

Riß, Heinrich
gest. 1494 · OP
Abecedarium-Predigt; Sermo de gaudiis coel.; Epistula ad consules et civitatem Curiensem
VL(2),8,83/86; Kaeppeli,II,215/216
Heinrich ⟨Riß⟩
Heinrich ⟨Ryß⟩
Henricus ⟨Risz de Rheinfelden⟩
Ryß, Heinrich

Ristoro ⟨Canigiani⟩
→ **Canigiani, Ristoro**

Ristoro ⟨d'Arezzo⟩
um 1282 · OP
La composizione del mondo colle sue cascioni
LMA,VII,864
Arezzo, Ristoro ¬d'¬
Restoro ⟨d'Arezzo⟩

Ritiis, Alexander ¬de¬
1434 – ca. 1497 · OFM
Chronica civitatis Aquilae; Chronica Ordinis Minorum
Rep.Font. IV,168
Alessandro ⟨de Ritiis⟩
Alexander ⟨de Riciis⟩
Alexander ⟨de Ritiis⟩
Alexandre ⟨Ricci⟩
DeRitiis, Alessandro
Ricci, Alexandre
Riciis, Alexander ¬de¬
Ritiis, Alessandro ¬de¬

Ritter ⟨vom Turm⟩
→ **LaTour Landry, Geoffroy ¬de¬**

Riu, Petrus ¬de¬
→ **Petrus ⟨de Riu⟩**

Riva, Bonvesin ¬da¬
→ **Bonvicinus ⟨de Ripa⟩**

Rivalto, Giordano ¬da¬
→ **Giordano ⟨da Rivalto⟩**

Rivo, Petrus ¬de¬
1420 – 1500
De futuribus contingentibus
LThK(2),VIII,379
Petrus ⟨a Rivo⟩
Petrus ⟨de Rivo⟩
Petrus ⟨de Rivo Alostensis⟩
Petrus ⟨Rivius⟩
Petrus ⟨van den Beken⟩
Petrus ⟨van der Beken⟩
Pierre ⟨de Rivo⟩
Pierre ⟨de Rivo d'Alost⟩
Pierre ⟨d'Alost⟩
Pierre ⟨van Rivieren⟩

Rivo, Radulfus ¬de¬
→ **Radulfus ⟨de Rivo⟩**

Rivo, Richardus ¬de¬
→ **Richardus ⟨de Rivo⟩**

Rixfridus ⟨Frisius⟩
gest. 827/836
Vita S. Liudgeri (epistola); Vita S. Suiberti (epistola)
Potth. 974
Rixfrid ⟨d'Utrecht⟩
Rixfridus ⟨Episcopus Traiectensis⟩
Rixfridus ⟨Traiectensis⟩

Riyāšī, Muḥammad Ibn-Yasīr ¬ar-¬
→ **Muḥammad Ibn-Yasīr ar-Riyāšī**

Rizzardo, Jacopo
um 1470
La presa di Negroponte 1470
Potth. 974
Giacomo ⟨Rizzardo⟩
Jacopo ⟨Rizzardo⟩
Rizzardo, Giacomo

Roa, Ferdinandus ¬de¬
→ **Ferdinandus ⟨Rhoensis⟩**

Robbia, Luca ¬della¬
→ **DellaRobbia, Luca**

Rober ⟨le Chapelain⟩
→ **Robert ⟨de Greetham⟩**

Rober ⟨le Chapelain⟩
um 1250/1300
„Corset"; möglicherweise identisch mit Robert ⟨de Greetham⟩
Chapelain, Rober ¬le¬
LeChapelain, Rober
Robert ⟨Chaplain⟩

Robert ⟨Abolant⟩
→ **Robertus ⟨Altissiodorensis⟩**

Robert ⟨Alyngton⟩
→ **Robertus ⟨de Alyngton⟩**

Robert ⟨Anglès⟩
→ **Robertus ⟨Anglicus⟩**

Robert ⟨Anglicus⟩
→ **Robertus ⟨Castrensis⟩**

Robert ⟨Apulien, Herzog⟩
→ **Roberto ⟨Puglia, Duce⟩**

Robert ⟨Bacon⟩
→ **Robertus ⟨Bacon⟩**

Robert ⟨Baston⟩
→ **Baston, Robertus**

Robert ⟨Blondel⟩
→ **Blondel, Robertus**

Robert ⟨Blund⟩
→ **Robertus ⟨Blundus⟩**

Robert ⟨Bourgogne, Duc, I.⟩
ca. 1007 – 1075
Potth. 977; LMA,VII,891/92
Robert ⟨Burgund, Herzog, I.⟩
Robert ⟨Burgundy, Duke, I.⟩
Robert ⟨le Vieux⟩
Robertus ⟨Burgundia, Dux, I.⟩
Robertus ⟨Dux Burgundiae⟩
Robertus ⟨Filius Roberti Francorum Regis⟩
Robertus ⟨Frater Henrici II. Regis⟩

Robert ⟨Bourgogne, Duc, II.⟩
gest. 1305
LMA,VII,892
Robert ⟨Burgund, Herzog, II.⟩
Robert ⟨Burgundy, Duke, II.⟩
Robertus ⟨Burgundia, Dux, II.⟩

Robert ⟨Bruce⟩
→ **Robert ⟨Scotland, King, I.⟩**

Robert ⟨Burgund, Herzog, ...⟩
→ **Robert ⟨Bourgogne, Duc, ...⟩**

Robert ⟨Burgundy, Duke, ...⟩
→ **Robert ⟨Bourgogne, Duc, ...⟩**

Robert ⟨Calabre, Duc⟩
→ **Roberto ⟨Napoli, Re⟩**
→ **Roberto ⟨Puglia, Duce⟩**

Robert ⟨Campin⟩
→ **Campin, Robert**

Robert ⟨Canut⟩
→ **Robertus ⟨de Cricklade⟩**

Robert ⟨Capito⟩
→ **Grosseteste, Robertus**

Robert ⟨Carewalius⟩
→ **Robertus ⟨Cary⟩**

Robert ⟨Carthusian⟩
→ **Robert ⟨Chartreux⟩**

Robert ⟨Castrensis⟩
→ **Robertus ⟨Castrensis⟩**

Robert ⟨Chaplain⟩
→ **Rober ⟨le Chapelain⟩**

Robert ⟨Chartreux⟩
14. Jh. · OCart.
Le chastel périlleux
Schönberger/Kible, Repertorium, 17548
Chartreux, Robert
Robert ⟨Carthusian⟩
Robert ⟨Frère⟩
Robertus ⟨Cartusiensis⟩

Robert ⟨Cibole⟩
→ **Robertus ⟨Cybollus⟩**

Robert ⟨Cotton⟩
→ **Robertus ⟨Cowton⟩**

Robert ⟨Courçon⟩
→ **Robertus ⟨de Curceto⟩**

Robert ⟨Cowton⟩
→ **Robertus ⟨Cowton⟩**

Robert ⟨Crowche⟩
→ **Robertus ⟨de Cruce⟩**

Robert ⟨Cuissiacensis⟩
→ **Robertus ⟨de Vimiaco⟩**

Robert ⟨Curson⟩
→ **Robertus ⟨de Curceto⟩**

Robert ⟨d'Abingdon⟩
→ **Robertus ⟨Rich⟩**

Robert ⟨d'Anduze⟩
→ **Robertus ⟨Gervasius⟩**

Robert ⟨d'Angoulême⟩
→ **Robertus ⟨Engolismensis⟩**

Robert ⟨d'Anjou⟩
→ **Roberto ⟨Napoli, Re⟩**

Robert ⟨d'Arbrissel⟩
→ **Robertus ⟨de Arbrissello⟩**

Robert ⟨d'Arras en Ostrevand⟩
→ **Robertus ⟨Ostrevandensis⟩**

Robert ⟨d'Arrouaise⟩
→ **Robertus ⟨Arroasiensis⟩**

Robert ⟨de Bamberg⟩
→ **Rupertus ⟨Bambergensis⟩**

Robert ⟨de Bardis⟩
→ **Robertus ⟨de Bardis⟩**

Robert ⟨de Bascia⟩
→ **Robertus ⟨de Bassia⟩**

Robert ⟨de Basevorn⟩
→ **Robertus ⟨de Basevorn⟩**

Robert ⟨de Bastia⟩
→ **Robertus ⟨de Bassia⟩**

Robert ⟨de Beaumont⟩
1046 – 1118
Beaumont, Robert ¬de¬
Meulan, Robert de Beaumont
Robert ⟨of Meulan⟩
Robertus ⟨de Beaumont⟩

Robert ⟨de Blois⟩
13. Jh.
Le chastiement des dames
LMA,VII,901
Blois, Robert ¬de¬
Robert ⟨le Trouvère⟩
Robert ⟨von Blois⟩

Robert ⟨de Boron⟩
12./13. Jh.
Le roman de l'estoire dou Graal
LMA,VII,901
Boron, Robert ¬de¬
Borron, Robert ¬de¬
Borron, Robiers ¬de¬
Robert ⟨de Borron⟩

Robert ⟨de Brunne⟩
→ **Robert ⟨Manning⟩**

Robert ⟨de Cagny⟩
→ **Perceval ⟨de Cagny⟩**

Robert ⟨de Castel⟩
13. Jh.
Trouvère
LMA,VII,902
Castel, Robert ¬de¬
Robert ⟨du Chastel⟩

Robert ⟨de Clary⟩
gest. 1216
La conquête de Constantinople
LMA,VII,902/03
Clary, Robert ¬de¬
Pauvre, Robert
Robert ⟨de Clari⟩
Robert ⟨de Cléry⟩
Robert ⟨Pauvre⟩
Robertos ⟨tu Klari⟩

Robert ⟨de Cléry⟩
→ **Robert ⟨de Clary⟩**

Robert ⟨de Courçon⟩
→ **Robertus ⟨de Curceto⟩**

Robert ⟨de Cricklade⟩
→ **Robertus ⟨de Cricklade⟩**

Robert ⟨de Cruseilles⟩
→ **Clemens ⟨Papa, VII., Antipapa⟩**

Robert ⟨de Cuissy⟩
→ **Robertus ⟨de Vimiaco⟩**

Robert ⟨de Deutz⟩
→ **Rupertus ⟨Tuitensis⟩**

Robert ⟨de Flamesbury⟩
→ **Robertus ⟨de Flamesburia⟩**

Robert ⟨de Freising⟩
→ **Ruprecht ⟨von Freising⟩**

Robert ⟨de Genêve⟩
→ **Clemens ⟨Papa, VII., Antipapa⟩**

Robert ⟨de Göttweig⟩
→ **Robertus ⟨Gotewicensis⟩**

Robert ⟨de Grayston⟩
→ **Robertus ⟨de Graystanes⟩**

Robert ⟨de Greetham⟩
13. Jh.
„Miroir ou les évangiles des domnées"; möglicherweise identisch mit Rober ⟨le Chapelain⟩
Rober ⟨le Chapelain⟩
Robert ⟨of Greatham⟩

Robert ⟨de Handlo⟩
→ **Robertus ⟨de Handlo⟩**

Robert ⟨de Hereford⟩
→ **Robertus ⟨de Miliduno⟩**

Robert ⟨de Ho⟩
um 1267
Ho, Robert ¬de¬

Robert ⟨de Ketene⟩
→ **Robertus ⟨Castrensis⟩**

Robert ⟨de la Bassée⟩
→ **Robertus ⟨de Bassia⟩**

Robert ⟨de Langres⟩
→ **Robertus ⟨Lingonensis⟩**

Robert ⟨de Leicester⟩
→ **Robertus ⟨de Leicester⟩**

Robert ⟨de Liège⟩
→ **Rupertus ⟨Tuitensis⟩**

Robert ⟨de Limpurg⟩
→ **Rupertus ⟨de Limburg⟩**

Robert ⟨de Litio⟩
→ **Caraccioli, Roberto**

Robert ⟨de Melun⟩
→ **Robertus ⟨de Miliduno⟩**

Robert ⟨de Mettlach⟩
→ **Rupertus ⟨Mediolacensis⟩**

Robert ⟨de Metz⟩
→ **Robertus ⟨Metensis⟩**

Robert ⟨de Montberon⟩
→ **Robertus ⟨Engolismensis⟩**

Robert ⟨de Montreuil⟩
→ **Robertus ⟨de Monstrolio⟩**

Robert ⟨de Peterborough⟩
→ **Robertus ⟨de Swapham⟩**

Robert ⟨de Pontigny⟩
→ **Robertus ⟨Rich⟩**

Robert ⟨de Reading⟩
→ **Robertus ⟨de Radingia⟩**

Robert ⟨de Reims⟩
→ **Robertus ⟨Remensis⟩**

Robert ⟨de Retines⟩
→ **Robertus ⟨Castrensis⟩**

Robert ⟨de Romana⟩
→ **Robertus ⟨de Romana⟩**

Robert ⟨de Sainceriaux⟩
13. Jh.
Sermon en vers
Sainceriaux, Robert ¬de¬

Robert ⟨de Saint-Gall⟩
→ **Ruodepertus ⟨Sancti Galli⟩**

Robert ⟨de Saint-Marien d'Auxerre⟩
→ **Robertus ⟨Altissiodorensis⟩**

Robert ⟨de Saint-Remy⟩
→ **Robertus ⟨Remensis⟩**

Robert ⟨de Saint-Victor⟩
→ **Robertus ⟨de Flamesburia⟩**

Robert ⟨de Senez⟩
→ **Robertus ⟨Gervasius⟩**

Robert ⟨de Shrewsbury⟩
→ **Robertus ⟨Salopiensis⟩**

Robert ⟨de Sorbonne⟩
→ **Robertus ⟨de Sorbona⟩**

Robert ⟨de Stavelot⟩
→ **Robertus ⟨Walciodorensis⟩**

Robert ⟨de Tegernsee⟩
→ **Rupertus ⟨Tegernseensis⟩**

Robert ⟨de Thérouanne⟩
→ **Clemens ⟨Papa, VII., Antipapa⟩**

Robert ⟨de Tombelaine⟩
→ **Robertus ⟨de Tumbalena⟩**

Robert ⟨de Torigni⟩
→ **Robertus ⟨de Monte Sancti Michaelis⟩**

Robert ⟨de Torney⟩
→ **Robertus ⟨de Thorneye⟩**

Robert ⟨de Tuy⟩
→ **Rupertus ⟨Tuitensis⟩**

Robert ⟨de Usetia⟩
→ **Robertus ⟨de Usetia⟩**

Robert ⟨de Vailly⟩
→ **Robertus ⟨de Villiaco⟩**

Robert ⟨de Vimiaco⟩
→ **Robertus ⟨de Vimiaco⟩**

Robert ⟨de Walsingham⟩
→ **Robertus ⟨Walsingham⟩**

Robert ⟨de Wasor⟩
→ **Robertus ⟨Walciodorensis⟩**

Robert ⟨de Westminster⟩
→ **Robertus ⟨de Radingia⟩**

Robert ⟨de Wimy⟩
→ **Robertus ⟨de Vimiaco⟩**

Robert ⟨de Wurtzbourg⟩
→ **Ruprecht ⟨von Würzburg⟩**

Robert ⟨de'Bardi⟩
→ **Robertus ⟨de Bardis⟩**

Robert ⟨der Fromme⟩
→ **Robert ⟨France, Roi, II.⟩**

Robert ⟨der Weise⟩
→ **Roberto ⟨Napoli, Re⟩**

Robert ⟨Diacre à Saponara⟩
→ **Robertus ⟨de Romana⟩**

Robert ⟨Dodford⟩
→ **Robertus ⟨Dodeforde⟩**

Robert ⟨d'Olmütz⟩
→ **Rupertus ⟨de Olmütz⟩**

Robert ⟨d'Ostrevand⟩
→ **Robertus ⟨Ostrevandensis⟩**

Robert ⟨d'Oxford⟩
→ **Robertus ⟨de Colletorto⟩**

Robert ⟨du Chastel⟩
→ **Robert ⟨de Castel⟩**

Robert ⟨du Mont-Saint-Michel⟩
→ **Robertus ⟨de Monte Sancti Michaelis⟩**

Robert ⟨Duc de Calabre⟩
→ **Roberto ⟨Napoli, Re⟩**

Robert ⟨d'Uzès⟩
→ **Robertus ⟨de Usetia⟩**

Robert ⟨d'York⟩
→ **Robertus ⟨Eboracensis⟩**

Robert ⟨Ecosse, Roi, ...⟩
→ **Robert ⟨Scotland, King, ...⟩**

Robert ⟨Eliphat⟩
→ **Robertus ⟨Eliphat⟩**

Robert ⟨Elphinston⟩
→ **Robertus ⟨Elphistonus⟩**

Robert ⟨Evêque⟩
→ **Rupertus ⟨de Olmütz⟩**

Robert ⟨Flamborough⟩
→ **Robertus ⟨de Flamesburia⟩**

Robert ⟨Fland⟩
→ **Robertus ⟨Fland⟩**

Robert ⟨France, Roi, I.⟩
865 – ca. 923
Diploma quo quasdam villas monachis Sandionysianis concedit a. 923
LMA,VII,884; Potth. 979
Robert ⟨France, Duc⟩
Robert ⟨Frankreich, König, I.⟩
Robert ⟨von Franzien⟩
Robert ⟨von Neustrien⟩
Robert ⟨Westfränkisches Reich, König, I.⟩
Robertus ⟨Rex Francorum, I.⟩

Robert ⟨France, Roi, II.⟩
ca. 970 – 1031
Diplomata 54, annorum 991-1031; Epistola ad Gauzlinum Bituricensem archiepiscopum, ca. a. 1022: "Volo vos„
Potth. 979; LMA,VII,884/86; CSGL
Robert ⟨der Fromme⟩
Robert ⟨France, King, II.⟩
Robert ⟨Frankreich, König, II.⟩
Robert ⟨le Pieux⟩
Robert ⟨le Pieux-Sage⟩
Robertus ⟨Francia, Rex, II.⟩
Robertus ⟨Rex Francorum, II.⟩

Robert ⟨Frère⟩
→ **Robert ⟨Chartreux⟩**

Robert ⟨Gaguin⟩
→ **Gaguin, Robert**

Robert ⟨Gerusalemme, Re⟩
→ **Roberto ⟨Napoli, Re⟩**

Robert ⟨Gervais⟩
→ **Robertus ⟨Gervasius⟩**

Robert ⟨Graim⟩
→ **Robertus ⟨Graimus⟩**

Robert ⟨Graystanes⟩
→ **Robertus ⟨de Graystanes⟩**

Robert ⟨Greathead⟩
→ **Grosseteste, Robertus**

Robert ⟨Grim⟩
→ **Robertus ⟨Graimus⟩**

Robert ⟨Grosseteste⟩
→ **Grosseteste, Robertus**

Robert ⟨Guiscard⟩
→ **Roberto ⟨Puglia, Duce⟩**

Robert ⟨Henryson⟩
→ **Henryson, Robert**

Robert ⟨Herbert⟩
→ **Robertus ⟨Herbertus⟩**

Robert ⟨Holcot⟩
→ **Robertus ⟨Holcot⟩**

Robert ⟨Ivoire⟩
→ **Robertus ⟨Anglus⟩**
→ **Robertus ⟨Iorius⟩**

Robert ⟨Jerusalem, Roi⟩
→ **Roberto ⟨Napoli, Re⟩**

Robert ⟨Kalabrien, Herzog⟩
→ **Roberto ⟨Napoli, Re⟩**

Robert ⟨Karevue⟩
→ **Robertus ⟨Cary⟩**

Robert ⟨Katenensis⟩
→ **Robertus ⟨Castrensis⟩**

Robert ⟨Kilwardby⟩
→ **Kilwardby, Robertus**

Robert ⟨King of Jerusalem⟩
→ **Roberto ⟨Napoli, Re⟩**

Robert ⟨König von Schottland, III.⟩
→ **Robert ⟨Scotland, King, III.⟩**

Robert ⟨l'Anglais⟩
→ **Robertus ⟨Anglicus⟩**
→ **Robertus ⟨Anglus⟩**

Robert ⟨le Clerc⟩
gest. 1272
Vers de la mort
LMA,VII,903
Clerc, Robert ¬le¬
LeClerc, Robert

Robert ⟨le Français⟩
→ **Robertus ⟨Gallus⟩**

Robert ⟨le Moine⟩
→ **Robertus ⟨Remensis⟩**

Robert ⟨le Pieux⟩
→ **Robert ⟨France, Roi, II.⟩**

Robert ⟨le Poule⟩
→ **Robertus ⟨Pullus⟩**

Robert ⟨le Sage-Bon⟩
→ **Roberto ⟨Napoli, Re⟩**

Robert ⟨le Scribe⟩
→ **Robertus ⟨de Bredlintona⟩**

Robert ⟨le Trouvère⟩
→ **Robert ⟨de Blois⟩**

Robert ⟨le Vieux⟩
→ **Robert ⟨Bourgogne, Duc, I.⟩**

Robert ⟨Longland⟩
→ **Langland, William**

Robert ⟨Maître⟩
→ **Ruodepertus ⟨Sancti Galli⟩**

Robert ⟨Manning⟩
gest. 1338
Chronicle
LMA,VI,197
Manning, Robert
Manning de Brunne, Robert
Manning of Brunne, Robert
Mannyng, Robert
Mannyng of Brunne, Robert
Robert ⟨de Brunne⟩
Robert ⟨Manning de Brunne⟩
Robert ⟨Manning of Brunne⟩
Robert ⟨of Bourne⟩
Robert ⟨of Brunne⟩

Robert ⟨Moine⟩
→ **Rupertus ⟨Mediolacensis⟩**

Robert ⟨Moine en Suisse⟩
→ **Robertus ⟨Helveticus⟩**

Robert ⟨Naples, King⟩
→ **Roberto ⟨Napoli, Re⟩**

Robert ⟨of Angoulême⟩
→ **Robertus ⟨Engolismensis⟩**

Robert ⟨of Anjou⟩
→ **Roberto ⟨Napoli, Re⟩**

Robert ⟨of Avesbury⟩
→ **Robertus ⟨de Avesberia⟩**

Robert ⟨of Boston⟩
→ **Robertus ⟨de Boston⟩**

Robert ⟨of Bourne⟩
→ **Robert ⟨Manning⟩**

Robert ⟨of Bridlington⟩
→ **Robertus ⟨de Bredlintona⟩**

Robert ⟨of Brunne⟩
→ **Robert ⟨Manning⟩**

Robert ⟨of Canterbury⟩
→ **Kilwardby, Robertus**
→ **Robertus ⟨Gemeticensis⟩**

Robert ⟨of Chester⟩
→ **Robertus ⟨Castrensis⟩**

Robert ⟨of Elgin⟩
→ **Robertus ⟨Elgensis⟩**

Robert ⟨of Flamborough⟩
→ **Robertus ⟨de Flamesburia⟩**

Robert ⟨of Gloucester⟩
gest. ca. 1265
Chronicle
Gloucester, Robert ¬of¬
Robert ⟨of Glocestre⟩
Robertus ⟨Claudiocestriensis⟩
Robertus ⟨Glocestriensis⟩
Robertus ⟨Gloucestrensis⟩

Robert ⟨of Greatham⟩
→ **Robert ⟨de Greetham⟩**

Robert ⟨of Halifax⟩
→ **Robertus ⟨Eliphat⟩**

Robert ⟨of Leicester⟩
→ **Robertus ⟨de Leicester⟩**

Robert ⟨of Lincoln⟩
→ **Grosseteste, Robertus**

Robert ⟨of London⟩
→ **Robertus ⟨Gemeticensis⟩**

Robert ⟨of Meulan⟩
→ **Robert ⟨de Beaumont⟩**

Robert ⟨of Orford⟩
→ **Robertus ⟨de Colletorto⟩**

Robert ⟨of Reading⟩
→ **Robertus ⟨de Radingia⟩**

Robert ⟨of Salop⟩
→ **Robertus ⟨Salopiensis⟩**

Robert ⟨of Shrewsbury⟩
→ **Robertus ⟨Salopiensis⟩**

Robert ⟨of Swaffham⟩
→ **Robertus ⟨de Swapham⟩**

Robert ⟨of Torigni⟩
→ **Robertus ⟨de Monte Sancti Michaelis⟩**

Robert ⟨Orphordius⟩
→ **Robertus ⟨de Colletorto⟩**

Robert ⟨Partes⟩
→ **Robertus ⟨de Radingia⟩**

Robert ⟨Pauvre⟩
→ **Robert ⟨de Clary⟩**

Robert ⟨Perscrutator⟩
→ **Robertus ⟨Eboracensis⟩**

Robert ⟨Pouille, Duc⟩
→ **Roberto ⟨Puglia, Duce⟩**

Robert ⟨Prieur de Noyon-sur-Andelle⟩
→ **Robertus ⟨de Thorneye⟩**

Robert ⟨Prieur de Senuc⟩
→ **Robertus ⟨Remensis⟩**

Robert ⟨Pulleyn⟩
→ **Robertus ⟨Pullus⟩**

Robert ⟨Rich⟩
→ **Robertus ⟨Rich⟩**

Robert ⟨Ridverbius⟩
→ **Kilwardby, Robertus**

Robert ⟨Roi de Jerusalem⟩
→ **Roberto ⟨Napoli, Re⟩**

Robert ⟨Rose⟩
→ **Robertus ⟨Rossus⟩**

Robert ⟨Scotland, King, I.⟩
1274 – 1329
LMA,VII,886/87
Robert ⟨Bruce⟩
Robert ⟨Ecosse, Roi, I.⟩
Robert ⟨Schottland, König, I.⟩
Robert ⟨the Bruce⟩
Robertus ⟨Scotia, Rex, I.⟩

Robert ⟨Scotland, King, II.⟩
gest. 1390
LMA,VII,887
Robert ⟨Ecosse, Roi, II.⟩
Robert ⟨Schottland, König, II.⟩
Robertus ⟨Scotia, Rex, II.⟩
Robertus ⟨Seneschallus Scotiae⟩

Robert ⟨Scotland, King, III.⟩
gest. 1406
LMA,VII,887/888
Robert ⟨King of Scotland, III.⟩
Robert ⟨König von Schottland, III.⟩
Robert ⟨Schottland, König, III.⟩

Robert ⟨Sicile, Roi⟩
→ **Roberto ⟨Napoli, Re⟩**

Robert ⟨the Bruce⟩
→ **Robert ⟨Scotland, King, I.⟩**

Robert ⟨the Wise⟩
→ **Roberto ⟨Napoli, Re⟩**

Robert ⟨Thornton⟩
→ **Thornton, Robert**

Robert ⟨Tumbleius⟩
→ **Robertus ⟨de Tumbalena⟩**

Robert ⟨van Courson⟩
→ **Robertus ⟨de Curceto⟩**

Robert ⟨van Parijs⟩
→ **Robertus ⟨Parisiensis⟩**

Robert ⟨von Anjou⟩
→ **Roberto ⟨Napoli, Re⟩**

Robert ⟨von Arbrissel⟩
→ **Robertus ⟨de Arbrissello⟩**

Robert ⟨von Auxerre⟩
→ **Robertus ⟨Altissiodorensis⟩**

Robert ⟨von Basevorn⟩
→ **Robertus ⟨de Basevorn⟩**

Robert ⟨von Blois⟩
→ **Robert ⟨de Blois⟩**

Robert ⟨von Chester⟩
→ **Robertus ⟨Castrensis⟩**

Robert ⟨von Colletorto⟩
→ **Robertus ⟨de Colletorto⟩**

Robert ⟨von Conton⟩
→ **Robertus ⟨Cowton⟩**

Robert ⟨von Cowton⟩
→ **Robertus ⟨Cowton⟩**

Robert ⟨von Cricklade⟩
→ **Robertus ⟨de Cricklade⟩**

Robert ⟨von Deutz⟩
→ **Rupertus ⟨Tuitensis⟩**

Robert ⟨von Flamborough⟩
→ **Robertus ⟨de Flamesburia⟩**

Robert ⟨von Franzien⟩
→ **Robert ⟨France, Roi, I.⟩**

Robert ⟨von Genf⟩
→ **Clemens ⟨Papa, VII., Antipapa⟩**

Robert ⟨von Jumièges⟩
→ **Robertus ⟨Gemeticensis⟩**

Robert ⟨von Ketton⟩
→ **Robertus ⟨Castrensis⟩**

Robert ⟨von Lecce⟩
→ **Caracciolі, Roberto**

Robert ⟨von Melun⟩
→ **Robertus ⟨de Miliduno⟩**

Robert ⟨von Neustrien⟩
→ **Robert ⟨France, Roi, I.⟩**

Robert ⟨von Orford⟩
→ **Robertus ⟨de Colletorto⟩**

Robert ⟨von Reading⟩
→ **Robertus ⟨de Radingia⟩**

Robert ⟨von Reims⟩
→ **Robertus ⟨Remensis⟩**

Robert ⟨von Sankt Marianus⟩
→ **Robertus ⟨Altissiodorensis⟩**

Robert ⟨von Sankt Rémi⟩
→ **Robertus ⟨Remensis⟩**

Robert ⟨von Tombelaine⟩
→ **Robertus ⟨de Tumbalena⟩**

Robert ⟨von Torigny⟩
→ **Robertus ⟨de Monte Sancti Michaelis⟩**

Robert ⟨von Uzès⟩
→ **Robertus ⟨de Usetia⟩**

Robert ⟨von Westminster⟩
→ **Robertus ⟨de Radingia⟩**

Robert ⟨von York⟩
→ **Robertus ⟨Eboracensis⟩**

Robert ⟨Wace⟩
→ **Wace**

Robert ⟨Walsingham⟩
→ **Robertus ⟨Walsingham⟩**

Robert ⟨Westfränkisches Reich, König, I.⟩
→ **Robert ⟨France, Roi, I.⟩**

Roberti, Ercole ¬de'¬
ca. 1456 – 1496
Maler aus Ferrara
LMA,VII,916
De'Roberti, Ercole
Ercole ⟨de'Roberti⟩
Roberti, Hercule ¬de'¬

Roberto ⟨Caraccioli⟩
→ **Caraccioli, Roberto**

Roberto ⟨da Lecce⟩
→ **Caraccioli, Roberto**

Roberto ⟨da Sanseverino⟩
→ **Sanseverino, Roberto ¬da¬**

Roberto ⟨de Angio⟩
→ **Roberto ⟨Napoli, Re⟩**

Roberto ⟨del Genevois⟩
→ **Clemens ⟨Papa, VII., Antipapa⟩**

Roberto ⟨di Melun⟩
→ **Robertus ⟨de Miliduno⟩**

Roberto ⟨Gaguin⟩
→ **Gaguin, Robert**

Roberto ⟨il Guiscardo⟩
→ **Roberto ⟨Puglia, Duce⟩**

Roberto ⟨Napoli, Re⟩
1278 – 1343
LMA,VII,888
Robert ⟨Calabre, Duc⟩
Robert ⟨der Weise⟩
Robert ⟨Duc de Calabre⟩
Robert ⟨d'Anjou⟩
Robert ⟨Gerusalemme, Re⟩
Robert ⟨Jerusalem, Re⟩
Robert ⟨Jerusalem, Roi⟩
Robert ⟨Kalabrien, Herzog⟩
Robert ⟨King of Jerusalem⟩
Robert ⟨King of Naples⟩
Robert ⟨le Sage-Bon⟩
Robert ⟨Naples, King⟩
Robert ⟨Naples, Roi⟩
Robert ⟨Napoli, Re⟩
Robert ⟨of Anjou⟩
Robert ⟨Roi de Jerusalem⟩
Robert ⟨Sicile, Roi⟩
Robert ⟨Sicilia, Re⟩
Robert ⟨the Wise⟩
Robert ⟨von Anjou⟩
Roberto ⟨de Angio⟩
Roberto ⟨d'Angiò⟩
Robertus ⟨Anjou, Rex⟩
Robertus ⟨Neapel, Rex⟩
Robertus ⟨Sicilia, Rex⟩

Roberto ⟨Puglia, Duce⟩
1015 – 1085
Juramentum de Apulia, Calabria et Sicilia a. 1059 m. Julio
Potth. 978
Ghiscardi, Robertus
Guiscard, Robert
Guiscardi, Robertus
Robert ⟨Apulien, Herzog⟩
Robert ⟨Calabre, Duc⟩
Robert ⟨Guiscard⟩
Robert ⟨Pouille, Duc⟩
Roberto ⟨il Guiscardo⟩
Robertus ⟨Ghiscardi⟩
Robertus ⟨Guiscardi⟩
Robertus ⟨Guiscardus⟩
Robertus ⟨Viscardi⟩
Robertus ⟨Wiscardus⟩
Viscardi, Robertus

Robertos ⟨tu Klari⟩
→ **Robert ⟨de Clary⟩**

Robertus ⟨a Sancto Remigio⟩
→ **Robertus ⟨Remensis⟩**

Robertus ⟨Abbas de Thorneye⟩
→ **Robertus ⟨de Thorneye⟩**

Robertus ⟨Abbas Gotewicensis⟩
→ **Robertus ⟨Gotewicensis⟩**

Robertus ⟨Alaunodunus⟩
→ **Robertus ⟨de Alyngton⟩**

Robertus ⟨Alingtonus⟩
→ **Robertus ⟨de Alyngton⟩**

Robertus ⟨Altissiodorensis⟩
1156 – 1212
Chronologia
LMA,VII,910/11
Abolant, Robert
Robert ⟨Abolant⟩
Robert ⟨de Saint-Marien d'Auxerre⟩
Robert ⟨von Auxerre⟩
Robert ⟨von Sankt Marianus⟩
Robertus ⟨Autissiodorensis⟩
Robertus ⟨Malchotius⟩
Robertus ⟨Sancti Mariani⟩

Robertus ⟨Alyngtonus⟩
→ **Robertus ⟨de Alyngton⟩**

Robertus ⟨Anglicus⟩
→ **Robertus ⟨Anglus⟩**
→ **Robertus ⟨Castrensis⟩**
→ **Robertus ⟨Eboracensis⟩**

Robertus ⟨Anglicus⟩
um 1250/71
Mathematiker in Montpellier; Verf. von Commentarius in Sphaeram Johannis de Sacrobosco; Commentarius in Summulas logicales Petri Hispani, die früher Kilwardby, Robertus zugeschrieben wurden; Canones pro astrolabio sind das Werk von Robertus ⟨Castrensis⟩
Anglicus, Robertus
Robert ⟨Anglès⟩
Robert ⟨l'Anglais⟩

Robertus ⟨Anglus⟩
14. Jh. · OP
Commentarii in Job., Danielem, Matthaeum, Lucam, Johannem; nicht identisch mit Robertus ⟨Iorius⟩, OCarm; Identität mit Rupertus ⟨Anglus⟩ wahrscheinlich
Schneyer,V,170; Stegmüller, Repert. bibl. 7357-7361
Anglus, Robertus
Ivoire, Robert
Robert ⟨Ivoire⟩
Robert ⟨l'Anglais⟩
Robertus ⟨Anglicus⟩
Robertus ⟨Iorius⟩
Robertus ⟨Ivorius⟩
Robertus ⟨Jorius⟩
Rupertus ⟨Anglus⟩

Robertus ⟨Anglus Londinensis⟩
→ **Robertus ⟨Iorius⟩**

Robertus ⟨Anjou, Rex⟩
→ **Roberto ⟨Napoli, Re⟩**

Robertus ⟨Arbrissellensis⟩
→ **Robertus ⟨de Arbrissello⟩**

Robertus ⟨Archidiaconus Ostrevandensis⟩
→ **Robertus ⟨Ostrevandensis⟩**

Robertus ⟨Archiepiscopus⟩
→ **Kilwardby, Robertus**
→ **Robertus ⟨de Avesberia⟩**
→ **Robertus ⟨Gemeticensis⟩**

Robertus ⟨Arroasiensis⟩
gest. 1199
Robert ⟨d'Arrouaise⟩

Robertus ⟨Autissiodorensis⟩
→ **Robertus ⟨Altissiodorensis⟩**

Robertus ⟨Avenionensis⟩
→ **Robertus ⟨de Usetia⟩**

Robertus ⟨Bacon⟩
gest. 1248 · OP
Vita S. Edmundi; Glossae in Psalterium; Sermo de prima die Rogacionis sec. mag. Robertum Bacun
LMA,VII,900/01; Kaeppeli,III,311
Bacon, Robertus
Robert ⟨Bacon⟩
Robertus ⟨Bacun⟩

Robertus ⟨Bassodunus⟩
→ **Baston, Robertus**

Robertus ⟨Baston⟩
→ **Baston, Robertus**

Robertus ⟨Beatae Mariae Cuissiacensis⟩
→ **Robertus ⟨de Vimiaco⟩**

Robertus ⟨Berlinctone⟩
→ **Robertus ⟨de Bredlintona⟩**

Robertus ⟨Berlus⟩
Lebensdaten nicht ermittelt
Osee-Malach
Stegmüller, Repert. bibl. 7364-7369
Berlus, Robertus
Robertus ⟨Canonicus Ecclesiae Netivinensis⟩

Robertus ⟨Beyselli⟩
→ **Robertus ⟨Boyselli⟩**

Robertus ⟨Blondel⟩
→ **Blondel, Robertus**

Robertus ⟨Blundus⟩
um 1264
Summa in arte grammatica
Blund, Robert
Blundus, Robertus
Robert ⟨Blund⟩
Robertus ⟨Blund⟩
Robertus ⟨Lincolniensis⟩

Robertus ⟨Boyselli⟩
um 1358 · OFM
Expositio orationis Dominicae
Stegmüller, Repert. bibl. 7370-7370,2
Boyselli, Robertus
Robertus ⟨Beyselli⟩

Robertus ⟨Bridlingtonus⟩
→ **Robertus ⟨de Bredlintona⟩**

Robertus ⟨Burgundia, Dux, ...⟩
→ **Robert ⟨Bourgogne, Duc, ...⟩**

Robertus ⟨Canonicus Ecclesiae Netivinensis⟩
→ **Robertus ⟨Berlus⟩**

Robertus ⟨Cantuariensis⟩
→ **Kilwardby, Robertus**
→ **Robertus ⟨de Avesberia⟩**
→ **Robertus ⟨Gemeticensis⟩**

Robertus ⟨Canutus⟩
→ **Robertus ⟨de Cricklade⟩**

Robertus ⟨Capito⟩
→ **Grosseteste, Robertus**

Robertus ⟨Caracciolus⟩
→ **Caracciolі, Roberto**

Robertus ⟨Caraewalius⟩
→ **Robertus ⟨Cary⟩**

Robertus ⟨Cardinalis⟩
→ **Robertus ⟨Pullus⟩**

Robertus ⟨Carew⟩
→ **Robertus ⟨Cary⟩**

Robertus ⟨Cartusiensis⟩
→ **Robert ⟨Chartreux⟩**

Robertus ⟨Cary⟩
gest. 1362
Quaestiones super librum Posteriorum; Super varios sacrae Scripturae textus
Lohr; Stegmüller, Repert. bibl. 7384
Carew, Robertus
Carewalius, Robert
Cary, Robertus
Cary, Robertus
Karewe, Robert
Robert ⟨Carewalius⟩
Robert ⟨Karevue⟩
Robertus ⟨Caraewalius⟩
Robertus ⟨Carew⟩
Robertus ⟨Carewalii⟩
Robertus ⟨Cerevallius⟩
Robertus ⟨Cervinus⟩
Robertus ⟨Karevve⟩
Robertus ⟨Karewe⟩

Robertus ⟨Castrensis⟩
12. Jh.
Übers. arab. math., astronom. und naturkundl. Texte; Canones pro astrolabio; Liber de compositione alchemiae
LMA,VII,902; Tusculum-Lexikon
Robert ⟨Anglicus⟩
Robert ⟨Anglus⟩
Robert ⟨Castrensis⟩
Robert ⟨de Ketene⟩
Robert ⟨de Retines⟩
Robert ⟨Katenensis⟩
Robert ⟨of Chester⟩
Robert ⟨von Chester⟩
Robert ⟨von Ketton⟩
Robertus ⟨Anglicus⟩
Robertus ⟨Cestrensis⟩
Robertus ⟨de Pampelona⟩
Robertus ⟨Katenensis⟩
Robertus ⟨Ketenensis⟩
Robertus ⟨Retenensis⟩
Robertus ⟨Retinensis⟩

Robertus ⟨Cerevallius⟩
→ **Robertus ⟨Cary⟩**

Robertus ⟨Cervinus⟩
→ **Robertus ⟨Cary⟩**

Robertus ⟨Cestrensis⟩
→ **Robertus ⟨Castrensis⟩**

Robertus ⟨Chilwardebius⟩
→ **Kilwardby, Robertus**

Robertus ⟨Cibollus⟩
→ **Robertus ⟨Cybollus⟩**

Robertus ⟨Claudiocestriensis⟩
→ **Robert ⟨of Gloucester⟩**

Robertus ⟨Conton⟩
→ **Robertus ⟨Cowton⟩**

Robertus ⟨Cotton⟩
→ **Robertus ⟨Cowton⟩**

Robertus ⟨Courcon⟩
→ **Robertus ⟨de Curceto⟩**

Robertus ⟨Cowton⟩
um 1302/40 · OFM
Commentarius in Sententias I-IV
Stegmüller, Repert. sentent. 732;842,2; LMA,VII,904
Conton, Robertus
Cothon, Robertus
Cowton, Robert
Cowton, Robertus
Robert ⟨Conton⟩
Robert ⟨Cotton⟩
Robert ⟨Cowton⟩
Robert ⟨von Conton⟩
Robert ⟨von Cotton⟩
Robert ⟨von Cowton⟩
Robertus ⟨Conton⟩
Robertus ⟨Cothon⟩
Robertus ⟨Cotton⟩

Robertus ⟨Crecoladensis⟩
→ **Robertus ⟨de Cricklade⟩**

Robertus ⟨Crickeladensis⟩
→ **Robertus ⟨de Cricklade⟩**

Robertus ⟨Cross⟩
→ **Robertus ⟨de Cruce⟩**

Robertus ⟨Crowche⟩
→ **Robertus ⟨de Cruce⟩**

Robertus ⟨Crucius⟩
→ **Robertus ⟨de Cruce⟩**

Robertus ⟨Cuissiacensis⟩
→ **Robertus ⟨de Vimiaco⟩**

Robertus ⟨Curtonus⟩
→ **Robertus ⟨de Curceto⟩**

Robertus ⟨Cybollus⟩
1403 – 1458
Quaestiones super librum Politicorum
Lohr; LThK
Cibole, Robert
Ciboule, Robert
Cybollus, Robertus
Robert ⟨Cibole⟩
Robert ⟨Ciboule⟩
Robertus ⟨Cibolius⟩
Robertus ⟨Cibollius⟩
Robertus ⟨Cibollus⟩
Robertus ⟨Ciboule⟩

Robertus ⟨de Abberwick⟩
→ **Robertus ⟨de Alburwic⟩**

Robertus ⟨de Alburwic⟩
gest. ca. 1306
Sententia super librum De generatione
Lohr
Alburwic, Robertus ¬de¬
Robertus ⟨de Abberwick⟩

Robertus ⟨de Alyngton⟩
um 1379/93
In Praedicamenta; Super VI Principia; In Divisiones Boethii; etc.
Lohr
Alaunodunus, Robert
Alington, Robert
Alyngton, Robert
Alyngton, Robertus ¬de¬
Alyngtonus, Robertus
Robert ⟨Alington⟩
Robert ⟨Alyngton⟩
Robertus ⟨Alaunodunus⟩
Robertus ⟨Alingtonus⟩
Robertus ⟨Alyngtonus⟩

Robertus ⟨de Aquino⟩
→ **Caracciolі, Roberto**

Robertus ⟨de Arbrissello⟩
ca. 1045 – 1116
Regulae sanctimonialium Fonto-Ebraldi
LMA,VII,900; LThK; CSGL
Arbrissello, Robertus ¬de¬
Robert ⟨d'Arbrissel⟩
Robert ⟨von Arbrissel⟩
Robertus ⟨Arbrissellensis⟩
Robertus ⟨de Arbusculo⟩
Robertus ⟨de Brussello⟩
Robertus ⟨de Herbressello⟩
Robertus ⟨Fontebraldensis⟩
Robertus ⟨Obreselensis⟩

Robertus ⟨de Arbusculo⟩
→ **Robertus ⟨de Arbrissello⟩**

Robertus ⟨de Aucumpno⟩
13. Jh.
Glossae super Elenchos; Notulae super librum Elenchorum; Verfasserschaft umstritten
Lohr
Aucumpno, Robertus ¬de¬
Robertus ⟨de Hautecombe⟩

Robertus ⟨de Avesberia⟩
um 1360
Avesberia, Robertus ¬de¬
Avesbury, Robertus ¬de¬
Robert ⟨of Avesbury⟩
Robertus ⟨Archiepiscopus⟩
Robertus ⟨Cantuariensis⟩
Robertus ⟨de Avesbury⟩

Robertus ⟨de Bardis⟩
gest. 1346
Condemnatio Johannis de Mirecuria; Collectorium sermonum Sancti Augustini
Schönberger/Kible, Repertorium, 17561
Bardi, Robert ¬de'¬
Bardis, Robertus ¬de¬
Robert ⟨de Bardis⟩
Robert ⟨de'Bardi⟩

Robertus ⟨de Bascia⟩
→ **Robertus ⟨de Bassia⟩**

Robertus ⟨de Basevorn⟩
um 1322
Forma praedicandi
LMA,VII,901
Basevorn, Robertus ¬de¬
Robert ⟨de Basevorn⟩
Robert ⟨von Basevorn⟩

Robertus ⟨de Bassia⟩
gest. ca. 1247 · OFM
In librum De anima; Expositio regulae Fratrum Minorum
Lohr; Schneyer,V,171
Bassée, Robert ¬de la¬
Bassia, Robertus ¬de¬
LaBassée, Robert ¬de¬
Robert ⟨de Bascia⟩
Robert ⟨de Bastia⟩
Robert ⟨de la Bassée⟩
Robert ⟨de LaBassée⟩
Robertus ⟨de Bascia⟩
Robertus ⟨de Bassea⟩
Robertus ⟨de Bastia⟩
Robertus ⟨de la Bassé⟩

Robertus ⟨de Bastia⟩
→ **Robertus ⟨de Bassia⟩**

Robertus ⟨de Baston⟩
→ **Baston, Robertus**

Robertus ⟨de Beaumont⟩
→ **Robert ⟨de Beaumont⟩**

Robertus ⟨de Boston⟩
um 1368
Chronicon Angliae
Boston, Robertus ¬de¬
Robert ⟨of Boston⟩

Robertus ⟨de Bredlintona⟩
gest. ca. 1180
LThK
Bredlintona, Robertus ¬de¬
Robert ⟨le Scribe⟩
Robert ⟨of Bridlington⟩
Roberto ⟨Bridlingtonensis⟩
Robertus ⟨Berlinctone⟩
Robertus ⟨Bridlingtonus⟩
Robertus ⟨de Bridlington⟩
Robertus ⟨Scriba⟩

Robertus ⟨de Bridlington⟩
→ **Robertus ⟨de Bredlintona⟩**

Robertus ⟨de Brussello⟩
→ **Robertus ⟨de Arbrissello⟩**

Robertus ⟨de Chorceone⟩
→ **Robertus ⟨de Curceto⟩**

Robertus ⟨de Colletorto⟩
um 1282/93 · OP
Contra Aegidium Romanum; Parvus libellus super VI in Metaphysica; Libellus super naturalia; etc.; Identität mit Robertus ⟨de Orford⟩ wahrscheinlich
Lohr; Stegmüller, Repert. sentent. 474; Schneyer,V,219; LMA,VII,903
Colletorto, Robertus ¬de¬
Guilelmus ⟨de Colletorto⟩
Guilermus ⟨de Torto Colle⟩
Robert ⟨d'Orford⟩
Robert ⟨d'Oxford⟩
Robert ⟨of Orford⟩
Robert ⟨Orphordius⟩
Robert ⟨von Colletorto⟩
Robert ⟨von Orford⟩
Robertus ⟨de Herfort⟩
Robertus ⟨de Horfort⟩
Robertus ⟨de Orford⟩
Robertus ⟨de Oxford⟩
Robertus ⟨de Torto Colle⟩
Robertus ⟨de Tortocolle⟩
Robertus ⟨Orfordiensis⟩
Robertus ⟨Orphordius⟩
Robertus ⟨Oxfordius⟩

Robertus ⟨de Courzon⟩
→ **Robertus ⟨de Curceto⟩**

Robertus ⟨de Cretel⟩
→ **Robertus ⟨de Cricklade⟩**

Robertus ⟨de Cricklade⟩
gest. 1188 · OESA
Speculum fidei; De connubio Patriarchae Jacobi; Deflorationes historiae naturalis
LMA,VII,904; LThK
Canut, Robert
Canuti, Robert
Cricklade, Robert ¬of¬
Cricklade, Robertus ¬de¬
Robert ⟨Canut⟩
Robert ⟨de Cricklade⟩
Robert ⟨von Cricklade⟩
Robertus ⟨Canuti⟩
Robertus ⟨Canutus⟩
Robertus ⟨Craecoladensis⟩
Robertus ⟨Crecoladensis⟩
Robertus ⟨Crickeladensis⟩
Robertus ⟨Crikeladensis⟩
Robertus ⟨de Cretel⟩
Robertus ⟨de Krikelade⟩
Robertus ⟨Graecoladensis⟩
Robertus ⟨Krikeladensis⟩

Robertus ⟨de Cruce⟩
um 1278/85 · OFM
In Physica; In Ethica
Lohr
Crowche, Robert
Crowche, Robertus
Cruce, Robertus ¬de¬
Robert ⟨Crowche⟩
Robertus ⟨Cross⟩
Robertus ⟨Crowche⟩
Robertus ⟨Crucius⟩

Robertus ⟨de Curceto⟩
gest. 1219
Summa caelestis philosophiae; De usure
LThK; LMA,VII,903/04
Courson, Robert
Curceto, Robertus ¬de¬
Robert ⟨Courçon⟩
Robert ⟨Courson⟩
Robert ⟨Curson⟩
Robert ⟨de Corceone⟩

Robert ⟨de Courçon⟩
Robert ⟨de Courson⟩
Robert ⟨van Courson⟩
Robertus ⟨Courcon⟩
Robertus ⟨Curtonus⟩
Robertus ⟨de Chorceone⟩
Robertus ⟨de Corceto⟩
Robertus ⟨de Courzon⟩
Robertus ⟨de Cursone⟩

Robertus ⟨de Cursone⟩
→ **Robertus ⟨de Curceto⟩**

Robertus ⟨de Diceto⟩
→ **Radulfus ⟨de Diceto⟩**

Robertus ⟨de Flamesburia⟩
gest. 1224
Liber poenitentialis; Summa de matrimonio et de usuris; wird im Chevalier, Repértoire des sources historiques du Moyen Age und im Tanner, Bibliotheca Britannico-Hibernica Richardus genannt
LMA,VII,904/05; LThK
Flamesborg, Richardus ¬de¬
Flamesburia, Robertus ¬de¬
Richard ⟨de Flamesborg⟩
Richardus ⟨de Flamesborg⟩
Richardus ⟨Flamesburiensis⟩
Robert ⟨de Flamesbury⟩
Robert ⟨de Saint-Victor⟩
Robert ⟨Flamborough⟩
Robert ⟨of Flamborough⟩
Robert ⟨von Flamborough⟩
Robertus ⟨de Sancto Victore⟩
Robertus ⟨Flamesburiensis⟩

Robertus ⟨de Gravelee⟩
→ **Robertus ⟨de Thorneye⟩**

Robertus ⟨de Graystanes⟩
um 1336
Forts. der Historia Ecclesiae Dunelmensis; Commentarius in libros Sententiarum
LMA,VII,905
Graystanes, Robert ¬de¬
Graystanes, Robertus ¬de¬
Graysthanes, Robertus /de
Robert ⟨de Graystanes⟩
Robert ⟨de Grayston⟩
Robert ⟨Graystanes⟩
Robertus ⟨de Graysthanes⟩

Robertus ⟨de Handlo⟩
14. Jh.
LMA,VII,918
Handlo, Robertus ¬de¬
Robert ⟨de Handlo⟩

Robertus ⟨de Hautecombe⟩
→ **Robertus ⟨de Aucumpno⟩**

Robertus ⟨de Herbressello⟩
→ **Robertus ⟨de Arbrissello⟩**

Robertus ⟨de Hereford⟩
→ **Robertus ⟨de Miliduno⟩**

Robertus ⟨de Herfort⟩
→ **Robertus ⟨de Colletorto⟩**

Robertus ⟨de Kilwardby⟩
→ **Kilwardby, Robertus**

Robertus ⟨de Krikelade⟩
→ **Robertus ⟨de Cricklade⟩**

Robertus ⟨de la Bassé⟩
→ **Robertus ⟨de Bassia⟩**

Robertus ⟨de Langres⟩
→ **Robertus ⟨Lingonensis⟩**

Robertus ⟨de Leicester⟩
gest. ca. 1348 · OFM
De computo Hebraeorum et Latinorum
Stegmüller, Repert. bibl. 7461-7462
Leicester, Robert ¬of¬
Leicester, Robertus ¬de¬
Robert ⟨de Leicester⟩
Robert ⟨of Leicester⟩
Robertus ⟨de Leycestria⟩
Robertus ⟨Legrocastrensis⟩
Robertus ⟨Leicestriensis⟩
Robertus ⟨Leicestrius⟩

Robertus ⟨de Licio⟩
→ **Caraccioli, Roberto**

Robertus ⟨de Lyra⟩
12. Jh. · OSB
Apoc.
Stegmüller, Repert. bibl. 7463;7464
Lyra, Robertus ¬de¬
Robertus ⟨Monachus⟩

Robertus ⟨de Melun⟩
→ **Robertus ⟨de Miliduno⟩**

Robertus ⟨de Miliduno⟩
1100 – 1167
Quaestiones de divina pagina
LThK; LMA,VII,909; Tusculum-Lexikon
Miliduno, Robertus ¬de¬
Robert ⟨de Hereford⟩
Robert ⟨de Melun⟩
Robert ⟨von Melun⟩
Roberto ⟨di Melun⟩
Robertus ⟨de Hereford⟩
Robertus ⟨de Meleduno⟩
Robertus ⟨de Melun⟩
Robertus ⟨de Melundino⟩
Robertus ⟨Herefordensis⟩
Robertus ⟨Melodunensis⟩
Robertus ⟨Meludinensis⟩

Robertus ⟨de Monstrolio⟩
um 1374 · OCarm
Epp. Pauli
Stegmüller, Repert. bibl. 7476,2
Monstrolio, Robertus ¬de¬
Robert ⟨de Montreuil⟩
Robertus ⟨de Monstriolo⟩
Robertus ⟨de Montreuil-sur-Mer⟩

Robertus ⟨de Monte Sancti Michaelis⟩
gest. 1186 · OSB
Chronica; Annales Montis S. Michaelis
LMA,VII,912/13; LThK; Tusculum-Lexikon
Monte Sancti Michaelis, Robertus ¬de¬
Robert ⟨de Torigni⟩
Robert ⟨du Mont-Saint-Michel⟩
Robert ⟨of Torigni⟩
Robert ⟨von Torigny⟩
Robertus ⟨de Monte⟩
Robertus ⟨de Torigny⟩
Robertus ⟨de Torineio⟩
Robertus ⟨de Torinneio⟩
Robertus ⟨Montensis⟩
Robertus ⟨Sancti Michaelis⟩
Robertus ⟨Torineio⟩
Robertus ⟨Torinneius⟩
Torigny, Robert ¬de¬
Torinneio, Roberto ¬de¬

Robertus ⟨de Montreuil-sur-Mer⟩
→ **Robertus ⟨de Monstrolio⟩**

Robertus ⟨de Orford⟩
→ **Robertus ⟨de Colletorto⟩**

Robertus ⟨de Oxford⟩
→ **Robertus ⟨de Colletorto⟩**

Robertus ⟨de Pampelona⟩
→ **Robertus ⟨Castrensis⟩**

Robertus ⟨de Parvo Ponte⟩
→ **Robertus ⟨Parisiensis⟩**

Robertus ⟨de Radingia⟩
gest. 1317 oder 1325 · OSB
Flores historiarum
LMA,VII,910; Potth.
Partes, Robert
Radingia, Robertus ¬de¬
Reading, Robert ¬de¬
Robert ⟨de Reading⟩
Robert ⟨of Reading⟩
Robert ⟨Partes⟩
Robert ⟨von Reading⟩
Robert ⟨von Westminster⟩
Robert ⟨de Westminster⟩

Robertus ⟨de Romana⟩
um 1162
Vita S. Laverii
Potth. 977
Robert ⟨de Romana⟩
Robert ⟨Diacre à Saponara⟩
Robertus ⟨Diaconus Saponariae⟩
Romana, Robertus ¬de¬

Robertus ⟨de Sancto Remigio⟩
→ **Robertus ⟨Remensis⟩**

Robertus ⟨de Sancto Victore⟩
→ **Robertus ⟨de Flamesburia⟩**

Robertus ⟨de Sarbona⟩
→ **Robertus ⟨de Sorbona⟩**

Robertus ⟨de Sorbona⟩
1201 – 1274
De conscientia
LThK; LMA,VII,911/12
Robert ⟨de Sorbon⟩
Robert ⟨de Sorbonne⟩
Robertus ⟨de Sarbona⟩
Robertus ⟨de Serbonis⟩
Robertus ⟨de Seurbona⟩
Robertus ⟨de Sorbonio⟩
Robertus ⟨de Surbonio⟩
Sorbon, Robert ¬de¬
Sorbona, Robertus ¬de¬

Robertus ⟨de Stockton⟩
Lebensdaten nicht ermittelt
Gen.
Stegmüller, Repert. bibl. 7487
Stockton, Robertus ¬de¬

Robertus ⟨de Surbonio⟩
→ **Robertus ⟨de Sorbona⟩**

Robertus ⟨de Swapham⟩
gest. 1273
Hist. et regestum coenobii Burgensis
Robert ⟨de Peterborough⟩
Robert ⟨of Swaffham⟩
Robertus ⟨Swaphamus⟩
Swapham, Robertus ¬de¬

Robertus ⟨de Thorneye⟩
gest. 1237
Epistola ad successorem R. sacristam S. Edmundi a. 1216
Potth. 976; HLF IX,89
Gravelee, Robertus ¬de¬
Robert ⟨de Tornei⟩
Robert ⟨de Torney⟩
Robert ⟨Prieur de Noyon-sur-Andelle⟩
Robertus ⟨Abbas de Thorneye⟩
Robertus ⟨de Gravelee⟩
Thorneye, Robertus ¬de¬

Robertus ⟨de Tombelaine⟩
→ **Robertus ⟨de Tumbalena⟩**

Robertus ⟨de Torigny⟩
→ **Robertus ⟨de Monte Sancti Michaelis⟩**

Robertus ⟨de Torto Colle⟩
→ **Robertus ⟨de Colletorto⟩**

Robertus ⟨de Tumbalena⟩
ca. 1010 – 1078 · OSB
Expositio super Cantica canticorum; Epistula ad monachos S.Michaelis de Monte
Cpl 1721o; Stegmüller, Repert. bibl. 7488; DOC,2,1577; LMA,VII,912
Pseudo-Gregorius ⟨Magnus⟩
Robert ⟨de Tombelaine⟩
Robert ⟨de Tombley⟩
Robert ⟨Tumbleius⟩
Robert ⟨von Tombelaine⟩
Robertus ⟨de Tombelaine⟩
Robertus ⟨de Tumbalenia⟩
Robertus ⟨Sancti Vigoris Abbas⟩
Robertus ⟨Tombley⟩
Robertus ⟨Tumbleius⟩
Tombley, Robertus
Tumbalena, Robertus ¬de¬

Robertus ⟨de Usetia⟩
1263 – 1296 · OP
Liber visionum; Liber sermonum Domini
LMA,VII,913/14; Schönberger/Kible, Repertorium, 17574
Robert ⟨de Usetia⟩
Robert ⟨d'Uzès⟩
Robert ⟨von Uzès⟩
Robertus ⟨Avenionensis⟩
Robertus ⟨de Usecio⟩
Robertus ⟨de Utica⟩
Robertus ⟨d'Uzès⟩
Robertus ⟨Uticensis⟩
Usetia, Robertus ¬de¬

Robertus ⟨de Utica⟩
→ **Robertus ⟨de Usetia⟩**

Robertus ⟨de Vegli⟩
→ **Robertus ⟨de Villiaco⟩**

Robertus ⟨de Villiaco⟩
um 1270
Schneyer,V,330
Robert ⟨de Vailly⟩
Robert ⟨de Villiaco⟩
Robertus ⟨de Vegli⟩
Robertus ⟨Frater⟩
Villiaco, Robertus ¬de¬

Robertus ⟨de Vimiaco⟩
gest. ca. 1300
Schneyer,V,333
Robert ⟨Cuissiacensis⟩
Robert ⟨de Cuissy⟩
Robert ⟨de Vimiaco⟩
Robert ⟨de Wimi⟩
Robert ⟨de Wimy⟩
Robertus ⟨Beatae Mariae Cuissiacensis⟩
Robertus ⟨Cuissiacensis⟩
Robertus ⟨de Wimi⟩
Robertus ⟨de Wimiaco⟩
Vimiaco, Robertus ¬de¬

Robertus ⟨de Vulgarbia⟩
13. Jh. · OP
Super Perihermenias
Lohr
Vulgarbia, Robertus ¬de¬

Robertus ⟨de Walsingham⟩
→ **Robertus ⟨Walsingham⟩**

Robertus ⟨de Ware⟩
um 1265/68 · OFM
Schneyer,V,330
Ware, Robertus ¬de¬

Robertus ⟨de Wimi⟩
→ **Robertus ⟨de Vimiaco⟩**

Robertus ⟨de Worcester⟩
→ **Robertus ⟨Wigorniensis⟩**

Robertus ⟨Diaconus Saponariae⟩
→ **Robertus ⟨de Romana⟩**

Robertus ⟨Dodeforde⟩
um 1272 · OSB
Postillae in Epistolas Salomonis
Stegmüller, Repert. bibl. 7385
Dodeforde, Robertus
Dodefort, Robert
Dodford, Robert
Dodfordus, Robertus
Robert ⟨Dodefort⟩
Robert ⟨Dodford⟩
Robertus ⟨Dodefort⟩
Robertus ⟨Dodfordus⟩
Robertus ⟨Monachus Ramusiae⟩

Robertus ⟨Dux Burgundiae⟩
→ **Robert ⟨Bourgogne, Duc, ...⟩**

Robertus ⟨d'Uzès⟩
→ **Robertus ⟨de Usetia⟩**

Robertus ⟨Eboracensis⟩
gest. ca. 1348 · OP
De impressionibus aeris
LMA,VII,914
Robert ⟨d'York⟩
Robert ⟨Perscrutator⟩
Robert ⟨von York⟩
Robertus ⟨Anglicus⟩
Robertus ⟨Perscrutator⟩

Robertus ⟨Elgensis⟩
12. Jh.
Robert ⟨of Elgin⟩
Robertus ⟨Episcopus⟩

Robertus ⟨Eliphat⟩
um 1340/50 · OFM
Stegmüller, Repert. sentent. 736
Eliphat, Robert
Eliphat, Robertus
Halifax, Robert ¬of¬
Robert ⟨Eliphat⟩
Robert ⟨of Halifax⟩
Robertus ⟨Halifax⟩

Robertus ⟨Elphistonus⟩
14. Jh.
In Oseam Prophetam; De immaculata Deiparae Virginis conceptione; De Angelis
Elphinston, Robert
Elphistonus, Robertus
Robert ⟨Elphinston⟩
Robertus ⟨Elphinstonus⟩
Robertus ⟨Elphiston⟩
Robertus ⟨Helphistonus⟩

Robertus ⟨Engolismensis⟩
um 1252
Acta varia
Robert ⟨de Montberon⟩
Robert ⟨d'Angoulême⟩
Robert ⟨of Angoulême⟩
Robertus ⟨Episcopus⟩

Robertus ⟨Episcopus⟩
→ **Caraccioli, Roberto**
→ **Robertus ⟨Elgensis⟩**
→ **Robertus ⟨Engolismensis⟩**
→ **Robertus ⟨Metensis⟩**

Robertus ⟨Episcopus Olomucensis⟩
→ **Rupertus ⟨de Olmütz⟩**

Robertus ⟨Eyseingrenius⟩
→ **Robertus ⟨Iorius⟩**

Robertus ⟨Filius Roberti Francorum Regis⟩
→ **Robert ⟨Bourgogne, Duc, I.⟩**

Robertus ⟨Flamesburiensis⟩
→ **Robertus ⟨de Flamesburia⟩**

Robertus ⟨Fland⟩
14. Jh.
Consequentiae; Insolubilia; Obligationes
Schönberger/Kible, Repertorium, 17577-17579

Fland, Robertus
Robert ⟨Fland⟩

Robertus ⟨Foffensis⟩
→ **Robertus ⟨Pullus⟩**

Robertus ⟨Fontebraldensis⟩
→ **Robertus ⟨de Arbrissello⟩**

Robertus ⟨Francia, Rex, ...⟩
→ **Robert ⟨France, Roi, ...⟩**

Robertus ⟨Frater⟩
→ **Robertus ⟨de Villiaco⟩**

Robertus ⟨Frater Henrici II. Regis⟩
→ **Robert ⟨Bourgogne, Duc, I.⟩**

Robertus ⟨Gaguinus⟩
→ **Gaguin, Robert**

Robertus ⟨Gallus⟩
um 1341 · OCarm
Prov.; Eccle.; Cant.; etc.
Stegmüller, Repert. bibl. 7386-7395
Gallus, Robertus
Robert ⟨le Français⟩
Rupert ⟨le Français⟩
Rupertus ⟨Gallus⟩

Robertus ⟨Gemeticensis⟩
um 1051
LThK
Robert ⟨of Canterbury⟩
Robert ⟨of London⟩
Robert ⟨von Jumièges⟩
Robertus ⟨Archiepiscopus⟩
Robertus ⟨Cantuariensis⟩

Robertus ⟨Genevensis⟩
→ **Clemens ⟨Papa, VII., Antipapa⟩**

Robertus ⟨Gervasius⟩
um 1349/81 · OP
Speculum morale regium; Tract. de schismate cui tit. „Myrrha electa"
Kaeppeli,III,311/312
Gervais, Robert
Gervasius, Robertus
Robert ⟨de Senez⟩
Robert ⟨d'Anduze⟩
Robert ⟨Gervais⟩
Robertus ⟨Gervasii⟩
Robertus ⟨Senecensis⟩
Rotbertus ⟨Gervasii⟩

Robertus ⟨Ghiscardi⟩
→ **Roberto ⟨Puglia, Duce⟩**

Robertus ⟨Glocestriensis⟩
→ **Robert ⟨of Gloucester⟩**

Robertus ⟨Gotewicensis⟩
gest. 1199 · OSB
Vita Altmanni episc. (vita alia)
Potth. 976; 989
Robert ⟨de Göttweig⟩
Robertus ⟨Abbas Gotewicensis⟩

Robertus ⟨Graecoladensis⟩
→ **Robertus ⟨de Cricklade⟩**

Robertus ⟨Graimus⟩
um 1320 · OSB bzw. OCist
Super 4 Evangelia; Super Scotis flatus
Stegmüller, Repert. bibl. 7397
Graim, Robert
Graimus, Robertus
Grim, Robert
Grymaeus, Robertus
Gryme, Robertus
Robert ⟨Graim⟩
Robert ⟨Graimus⟩
Robert ⟨Graimus de Melrose⟩
Robert ⟨Grim⟩
Robert ⟨Grim de Melrose⟩
Robertus ⟨Grimmus⟩
Robertus ⟨Grymaeus⟩

Robertus ⟨Grammaticus⟩
→ **Robertus ⟨Parisiensis⟩**

Robertus ⟨Grimmus⟩
→ **Robertus ⟨Graimus⟩**

Robertus ⟨Grosseteste⟩
→ **Grosseteste, Robertus**

Robertus ⟨Grymaeus⟩
→ **Robertus ⟨Graimus⟩**

Robertus ⟨Guiscardus⟩
→ **Roberto ⟨Puglia, Duce⟩**

Robertus ⟨Haldecotus⟩
→ **Robertus ⟨Holcot⟩**

Robertus ⟨Halifax⟩
→ **Robertus ⟨Eliphat⟩**

Robertus ⟨Helphistonus⟩
→ **Robertus ⟨Elphistonus⟩**

Robertus ⟨Helveticus⟩
um 1491
Vita S. Theodori episcopi Octodorensis
Potth. 978
Helveticus, Robertus
Robert ⟨Moine en Suisse⟩
Robertus ⟨Monachus Peregrinus in Helvetia⟩
Ruodpertus ⟨Helveticus⟩

Robertus ⟨Herbertus⟩
gest. 1299 · OTrin
Canticum Zachariae; Sermones dominicales et de B. Virgine Maria; In Psalmos
Stegmüller, Repert. bibl. 7408
Herbert, Robert
Herbertus, Robertus
Robert ⟨Herbert⟩
Robertus ⟨Herbertus Hibernus⟩

Robertus ⟨Herefordensis⟩
→ **Robertus ⟨de Miliduno⟩**

Robertus ⟨Hoger⟩
um 1397/1439 · OP
Quaestiones theol. selectae; Litterae confraternitatis spiritualis
Kaeppeli,III,313
Hoger, Robertus
Robertus ⟨Hogerii⟩

Robertus ⟨Holcot⟩
gest. 1349 · OP
LThK; LMA,VII,907
Haldecotus, Robertus
Holcot, Robert
Holcot, Robertus
Holcoth, Robertus
Holgot, Ropertus
Holkot, Robert
Holkot, Robertus
Holkot, Ropertus
Robert ⟨Holcot⟩
Robert ⟨Holkot⟩
Robertus ⟨Haldecotus⟩
Robertus ⟨Holcotus⟩
Robertus ⟨Holkotus⟩

Robertus ⟨Iorius⟩
→ **Robertus ⟨Anglus⟩**

Robertus ⟨Iorius⟩
gest. 1392 · OCarm
Commentarium in Apocalypsin; Enarrationes in Ecclesiasticum; Sermones ad populum; etc.; nicht identisch mit Robertus ⟨Anglus⟩, OP
Stegmüller, Repert. bibl. 7428-7436
Iorius, Robertus
Ivoire, Robert
Ivorus, Robertus
Robert ⟨Ivoire⟩
Robertus ⟨Anglus Londinensis⟩
Robertus ⟨Eyseingrenius⟩
Robertus ⟨Ivorius⟩
Robertus ⟨Ivorus⟩
Robertus ⟨Jorius⟩
Robertus ⟨Yvorius⟩
Rupertus ⟨Anglus⟩

Robertus ⟨Ivorius⟩
→ **Robertus ⟨Anglus⟩**
→ **Robertus ⟨Iorius⟩**

Robertus ⟨Karewe⟩
→ **Robertus ⟨Cary⟩**

Robertus ⟨Katenensis⟩
→ **Robertus ⟨Castrensis⟩**

Robertus ⟨Ketenensis⟩
→ **Robertus ⟨Castrensis⟩**

Robertus ⟨Kilwardby⟩
→ **Kilwardby, Robertus**

Robertus ⟨Krikeladensis⟩
→ **Robertus ⟨de Cricklade⟩**

Robertus ⟨Leicestriensis⟩
→ **Robertus ⟨de Leicester⟩**

Robertus ⟨Liciensis⟩
→ **Caraccioli, Roberto**

Robertus ⟨Lincolniensis⟩
→ **Grosseteste, Robertus**
→ **Robertus ⟨Blundus⟩**

Robertus ⟨Lingonensis⟩
um 1085/1110
Glossae in Levit.
Stegmüller, Repert. bibl. 7460
Robert ⟨de Langres⟩
Robertus ⟨de Langres⟩

Robertus ⟨Magister⟩
→ **Robertus ⟨Parisiensis⟩**

Robertus ⟨Malchotius⟩
→ **Robertus ⟨Altissiodorensis⟩**

Robertus ⟨Megacephalus⟩
→ **Grosseteste, Robertus**

Robertus ⟨Melodunensis⟩
→ **Robertus ⟨de Miliduno⟩**

Robertus ⟨Metensis⟩
gest. 917
Diplomata et epistulae
Robert ⟨de Metz⟩
Robertus ⟨Episcopus⟩
Robertus ⟨of Metz⟩

Robertus ⟨Monachus⟩
→ **Robertus ⟨de Lyra⟩**
→ **Robertus ⟨Remensis⟩**

Robertus ⟨Monachus Peregrinus in Helvetia⟩
→ **Robertus ⟨Helveticus⟩**

Robertus ⟨Monachus Ramusiae⟩
→ **Robertus ⟨Dodeforde⟩**

Robertus ⟨Montensis⟩
→ **Robertus ⟨de Monte Sancti Michaelis⟩**

Robertus ⟨N.⟩
um 1320 · OP
Commentaria in plures Aristotelis libros; Sermones de tempore et sanctis
Lohr
N., Robertus

Robertus ⟨Neapel, Rex⟩
→ **Roberto ⟨Napoli, Re⟩**

Robertus ⟨Obreselensis⟩
→ **Robertus ⟨de Arbrissello⟩**

Robertus ⟨of Metz⟩
→ **Robertus ⟨Metensis⟩**

Robertus ⟨Olomucensis⟩
→ **Rupertus ⟨de Olmütz⟩**

Robertus ⟨Orfordiensis⟩
→ **Robertus ⟨de Colletorto⟩**

Robertus ⟨Ostrevandensis⟩
um 1140
Vita S. Ayberti de Crisp.
Potth. 976; DOC,2,1578
Robert ⟨d'Arras en Ostrevand⟩
Robert ⟨d'Ostrevand⟩
Robertus ⟨Archidiaconus Ostrevandensis⟩
Robertus ⟨Ostrevandiae Archidiaconus⟩

Robertus ⟨Oxfordius⟩
→ **Robertus ⟨de Colletorto⟩**

Robertus ⟨Parisiensis⟩
→ **Rodobertus ⟨Turonensis⟩**

Robertus ⟨Parisiensis⟩
12. Jh., „Summa breve sit"
Robert ⟨van Parijs⟩
Robertus ⟨de Parvo Ponte⟩
Robertus ⟨Grammaticus⟩
Robertus ⟨Magister⟩
Robertus ⟨Poenitentiarius⟩
Robertus ⟨van Parijs⟩

Robertus ⟨Paululus⟩
→ **Robertus ⟨Pullus⟩**

Robertus ⟨Perscrutator⟩
→ **Robertus ⟨Eboracensis⟩**

Robertus ⟨Poenitentiarius⟩
→ **Robertus ⟨Parisiensis⟩**

Robertus ⟨Polenus⟩
→ **Robertus ⟨Pullus⟩**

Robertus ⟨Polonus⟩
→ **Robertus ⟨Pullus⟩**

Robertus ⟨Pontigniacensis⟩
→ **Robertus ⟨Rich⟩**

Robertus ⟨Prior⟩
→ **Robertus ⟨Salopiensis⟩**

Robertus ⟨Pullus⟩
ca. 1080 – 1146
Sententiarum libri
LMA,VII,919
Paululus, Robertus
Polenius, Robertus
Polleyn, Robert
Pullus, Robertus
Robert ⟨le Poule⟩
Robert ⟨Pullen⟩
Robert ⟨Pulleyn⟩
Robert ⟨Pullus⟩
Robertus ⟨Cardinalis⟩
Robertus ⟨Foffensis⟩
Robertus ⟨Paululus⟩
Robertus ⟨Polenius⟩
Robertus ⟨Polenus⟩
Robertus ⟨Polonus⟩
Robertus ⟨Pullanus⟩
Robertus ⟨Pulleinius⟩
Robertus ⟨Pulleyen⟩
Robertus ⟨Pulleyn⟩
Robertus ⟨Roffensis⟩

Robertus ⟨Pynk⟩
um 1350/68 · OP
Questiones necessarie
Kaeppeli,III,327
Pynk, Robertus
Robertus ⟨Pynk Anglicus⟩

Robertus ⟨Remensis⟩
12. Jh.
Historia Hierosolymitana
LMA,VII,918/19; LThK; Tusculum-Lexikon
LeMoine, Robert
Robert ⟨de Reims⟩
Robert ⟨de Saint-Remy⟩
Robert ⟨le Moine⟩
Robert ⟨Prieur de Senuc⟩
Robert ⟨von Reims⟩
Robert ⟨von Sankt Rémi⟩
Robertus ⟨a Sancto Remigio⟩
Robertus ⟨de Sancto Remigio⟩
Robertus ⟨Monachus⟩
Ruberto ⟨Monaco⟩
Rupertus ⟨a Sancto Remigio⟩
Rupertus ⟨Monachus⟩

Robertus ⟨Retinensis⟩
→ **Robertus ⟨Castrensis⟩**

Robertus ⟨Rex Francorum, ...⟩
→ **Robert ⟨France, Roi, ...⟩**

Robertus ⟨Ribverius⟩
→ **Kilwardby, Robertus**

Robertus ⟨Rich⟩
um 1300 · OCist
Vita S. Edmundi Rich Cantuar. (vita alia)
Potth. 979
Rich, Robert
Rich, Robertus
Robert ⟨de Pontigny⟩
Robert ⟨d'Abingdon⟩
Robert ⟨Rich⟩
Robertus ⟨Pontigniacensis⟩

Robertus ⟨Ridverbius⟩
→ **Kilwardby, Robertus**

Robertus ⟨Roffensis⟩
→ **Robertus ⟨Pullus⟩**

Robertus ⟨Rossus⟩
gest. 1420 · OCarm
Gen.; Exod.; Levit.
Stegmüller, Repert. bibl. 7480-7484
Robert ⟨Rose⟩
Robertus ⟨Rose⟩
Robertus ⟨Roseus⟩
Robertus ⟨Rosse⟩
Robertus ⟨Rosus⟩
Rose, Robert
Rose, Robertus
Rossus, Robertus
Rupertus ⟨Rossus⟩

Robertus ⟨Salopiensis⟩
12. Jh.
Vita S. Wenefridi
Robert ⟨de Shrewsbury⟩
Robert ⟨of Salop⟩
Robert ⟨of Shrewsbury⟩
Robertus ⟨Prior⟩
Robertus ⟨Scrobesburensis⟩

Robertus ⟨Sancti Heriberti⟩
→ **Rupertus ⟨Tuitensis⟩**

Robertus ⟨Sancti Mariani⟩
→ **Robertus ⟨Altissiodorensis⟩**

Robertus ⟨Sancti Michaelis⟩
→ **Robertus ⟨de Monte Sancti Michaelis⟩**

Robertus ⟨Sancti Vigoris Abbas⟩
→ **Robertus ⟨de Tumbalena⟩**

Robertus ⟨Sanseverinatus⟩
→ **Sanseverino, Roberto ¬da¬**

Robertus ⟨Scotia, Rex, ...⟩
→ **Robert ⟨Scotland, King, ...⟩**

Robertus ⟨Scriba⟩
→ **Robertus ⟨de Bredlintona⟩**

Robertus ⟨Scrobesburensis⟩
→ **Robertus ⟨Salopiensis⟩**

Robertus ⟨Senecensis⟩
→ **Robertus ⟨Gervasius⟩**

Robertus ⟨Seneschallus Scotiae⟩
→ **Robert ⟨Scotland, King, II.⟩**

Robertus ⟨Severinatus⟩
→ **Sanseverino, Roberto ¬da¬**

Robertus ⟨Sicilia, Rex⟩
→ **Roberto ⟨Napoli, Re⟩**

Robertus ⟨Swaphamus⟩
→ **Robertus ⟨de Swapham⟩**

Robertus ⟨Tombley⟩
→ **Robertus ⟨de Tumbalena⟩**

Robertus ⟨Torinneius⟩
→ **Robertus ⟨de Monte Sancti Michaelis⟩**

Robertus ⟨Tuitiensis⟩
→ **Rupertus ⟨Tuitensis⟩**

Robertus ⟨Tumbleius⟩
→ **Robertus ⟨de Tumbalena⟩**

Robertus ⟨Turonensis⟩
→ **Rodobertus ⟨Turonensis⟩**

Robertus ⟨Uticensis⟩
→ **Robertus ⟨de Usetia⟩**

Robertus ⟨van Parijs⟩
→ **Robertus ⟨Parisiensis⟩**

Robertus ⟨Viscardi⟩
→ **Roberto ⟨Puglia, Duce⟩**

Robertus ⟨Walciodorensis⟩
gest. 1174 · OSB
Vita S. Forannani (gest. 982)
Potth. 979; DOC,2,1580
Robert ⟨de Stavelot⟩
Robert ⟨de Wasor⟩

Robertus ⟨Walsingham⟩
gest. ca. 1330 · OCarm
Commentarii in Sententias; In Proverbia Salomonis; Determinationes Scripturae; etc.
Stegmüller, Repert. bibl. 7491-7493; Stegmüller, Repert. sentent. 749; Schneyer,V,330; Schönberger/Kible, Repertorium, 17576
Robert ⟨de Walsingham⟩
Robert ⟨Walsingham⟩
Robertus ⟨de Walsingham⟩
Robertus ⟨Walsinghamus⟩
Rupertus ⟨Walsingham⟩
Walsingham, Robert
Walsingham, Robertus

Robertus ⟨Wigorniensis⟩
12. Jh.
Glossa in Marc.; Glossa in Glossarium ordinarium super Luc.
Stegmüller, Repert. bibl. 7494-7502
Robertus ⟨de Worcester⟩

Robertus ⟨Wiscardus⟩
→ **Roberto ⟨Puglia, Duce⟩**

Robertus ⟨Yvorius⟩
→ **Robertus ⟨Iorius⟩**

Robin
→ **Rubin**

Robin und Rudinger
→ **Rubin**

Robinus
um 1160/69
Gesta consulum Andegavorum
Potth. 979
Robin ⟨d'Amboise⟩
Robin ⟨Historien Angevin⟩

Roboas ⟨Casinensis⟩
→ **Noboas ⟨Casinensis⟩**

Robyn
→ **Rubin**

Rocca, Antonius ¬de¬
→ **Antonius ⟨de Rocca⟩**

Rochefort, Migon ¬de¬
→ **Migo ⟨de Ruppeforte⟩**

Rochus ⟨Ilseneburgensis⟩
11. Jh.
De v. Haimone ep. Halb. (gest. 853)
Potth. 979
Rochus ⟨Ilsenburgensis⟩
Rochus ⟨Monachus Ilseneburgensis⟩

Rocosello, Raimundus ¬de¬
→ **Raimundus ⟨de Rocosello⟩**

Rōdakī
→ **Rūdakī, Abū-ʿAbdillāh Ǧaʿfar**

Rodbertus ⟨...⟩
→ **Robertus ⟨...⟩**

Rode, Andreas ¬de¬
→ **Andreas ⟨de Rode⟩**

Rode, Johannes
→ **Johannes ⟨Petri Rode Loossa⟩**

Rode, Johannes
1358 – 1439
Exercitium novitiorum; Tractatus ad regendos novitios; Consuetudines; Liber de bono regimine Abbatis; etc.
LThK; VL(2),8,128/35
Jean ⟨de Trèves⟩
Jean ⟨Rode⟩
Johann ⟨Rode⟩
Johannes ⟨Rode⟩
Johannes ⟨Rode von Sankt Matthias⟩
Johannes ⟨von Trier⟩
Rode, Jean ¬de¬
Rode, Johann
Rode, Johannes ⟨von Trier⟩

Rode, Johannes ⟨von Hamburg⟩
ca. 1373 – 1439 · OCart
4 Mahnschreiben an Freunde und andere Briefe an Klosterfrauen; nicht identisch mit Rode, Johannes (1358 – 1439)
VL(2),8,123/128
Jean ⟨Rode de Hambourg⟩
Johann ⟨Rode⟩
Johannes ⟨Rode⟩
Johannes ⟨Rode von Hamburg⟩
Rode, Jean ⟨de Hambourg⟩
Rode, Johann

Rode, Johannes ⟨von Lübeck⟩
gest. 1349
2 Chroniken zur Lübecker Geschichte; nicht identisch mit Rode, Johannes (1358 – 1439)
LMA,VII,928; VL(2),8,121/122
Johannes ⟨Rode⟩
Johannes ⟨Ruffus⟩
Rode, Johannes
Ruffus, Johannes

Rodegang
→ **Chrodegangus ⟨Metensis⟩**

Roderic ⟨de Atencia⟩
→ **Rodericus ⟨de Atencia⟩**

Rodéric ⟨de Cerrato⟩
→ **Rodericus ⟨Cerratensis⟩**

Roderic ⟨Ximenes⟩
→ **Ximenius de Rada, Rodericus**

Rodericus ⟨Calagurritanus⟩
→ **Rodericus ⟨Sancius de Arevalo⟩**

Rodericus ⟨Cerratensis⟩
um 1272 · OP
Vitae sanctorum
Schönberger/Kible, Repertorium, 17720; Kaeppeli,III,329
Rodéric ⟨de Cerrato⟩
Rodericus ⟨de Serrato⟩

Rodericus ⟨de Arevalo⟩
→ **Rodericus ⟨Sancius de Arevalo⟩**

Rodericus ⟨de Atencia⟩
um 1252 · OP
Epistola de martyrio S. Petri de Verona
Schönberger/Kible, Repertorium, 17721; Kaeppeli,III,328
Atencia, Rodericus ¬de¬
Roderic ⟨de Atencia⟩
Roderic ⟨de Attencia⟩
Rodericus ⟨de Attencia⟩
Rodrigue ⟨d'Atencia⟩

Rodericus ⟨de Maioricis⟩
14. Jh.
Tractatus Cyromanice
Schönberger/Kible, Repertorium, 17722
Maioricis, Rodericus ¬de¬
Rodericus ⟨de Majoricis⟩

Rodericus ⟨de Serrato⟩
→ **Rodericus ⟨Cerratensis⟩**

Rodericus ⟨Episcopus⟩
→ **Rodericus ⟨Sancius de Arevalo⟩**

Rodericus ⟨Ovetensis⟩
→ **Rodericus ⟨Sancius de Arevalo⟩**

Rodericus ⟨Palentinus⟩
→ **Rodericus ⟨Sancius de Arevalo⟩**

Rodericus ⟨Sancius de Arevalo⟩
gest. 1470
Speculum omnium statuum ...
LMA,VII,1351
Arevalo, Rodericus Sancius ¬de¬
Arevalo, Rodrigo Sánchez ¬de¬
Rodericus ⟨Calagurritanus⟩
Rodericus ⟨de Arevalo⟩
Rodericus ⟨Episcopus⟩
Rodericus ⟨Ovetensis⟩
Rodericus ⟨Palentinus⟩
Rodericus ⟨Sancii⟩
Rodericus ⟨Zamorensis⟩
Rodrigo ⟨Sánchez de Arévalo⟩
Rodriguez ⟨Sanchez de Arevalo⟩
Sánchez de Arevalo, Rodericus
Sánchez de Arevalo, Rodrigo
Sanchez de Arevalo, Rodriguez
Sancius, Rodericus
Sancius de Arevalo, Rodericus
Sanctius, Rodericus

Rodericus ⟨Semenus⟩
→ **Ximenius de Rada, Rodericus**

Rodericus ⟨Simonis⟩
→ **Ximenius de Rada, Rodericus**

Rodericus ⟨Toletanus⟩
→ **Ximenius de Rada, Rodericus**

Rodericus ⟨Ximenius de Rada⟩
→ **Ximenius de Rada, Rodericus**

Rodericus ⟨Zamorensis⟩
→ **Rodericus ⟨Sancius de Arevalo⟩**

Rodgarius ⟨Comes⟩
um 981
Charta qua Venanciacum villam concedit monasterio S. Hilarii in territorio Carcassonensi a. 981
Potth. 980
Comes, Rodgarius

Rōdhakī
→ **Rūdakī, Abū-ʿAbdallāh Ǧaʿfar**

Rodington, Johannes ¬de¬
→ **Johannes ⟨de Rodington⟩**

Rodinos, Neophutos
→ **Neophytus ⟨Inclusus⟩**

Rodo, Jacobus ¬de¬
→ **Jacobus ⟨de Rodo⟩**

Rodobert ⟨de Paris⟩
→ **Rodobertus ⟨Turonensis⟩**

Rodobertus ⟨Parisiensis⟩
→ **Rodobertus ⟨Turonensis⟩**

Rodobertus ⟨Turonensis⟩
7./8. Jh.
Epistula ad S. Audoenum Rothomagensem
Cpl 2094
Robertus ⟨Parisiensis⟩
Robertus ⟨Turonensis⟩
Rodobert ⟨de Paris⟩
Rodobert ⟨Evêque⟩
Rodobertus ⟨Episcopus⟩
Rodobertus ⟨Episcopus Parisinus⟩
Rodobertus ⟨Parisiensis⟩
Rodobertus ⟨Parisinus⟩

Rodolfo ⟨Agricola⟩
→ **Agricola, Rudolf**

Rodolfo ⟨Borgogna, Re, ...⟩
→ **Rodolphe ⟨Bourgogne, Roi, ...⟩**

Rodolfo ⟨di Ems⟩
→ **Rudolf ⟨von Ems⟩**

Rodolfo ⟨Glabro⟩
→ **Radulfus ⟨Glaber⟩**

Rodolfo ⟨Italia, Re, II.⟩
→ **Rodolphe ⟨Bourgogne, Roi, II.⟩**

Rodolfus ⟨...⟩
→ **Rudolfus ⟨...⟩**

Rodolphe ⟨Acton⟩
→ **Radulfus ⟨Acton⟩**

Rodolphe ⟨Alsace, Landgrave⟩
→ **Rudolf ⟨Römisch-Deutsches Reich, König, I.⟩**

Rodolphe ⟨Ardent⟩
→ **Radulfus ⟨Ardens⟩**

Rodolphe ⟨Bocking⟩
→ **Radulfus ⟨Bocking⟩**

Rodolphe ⟨Bourgogne, Roi, I.⟩
gest. 911/12
Diplomata annorum 888-910
LMA,VII,1075/76; Potth. 988
Rodolphe ⟨Bourgogne Transjurane, Roi, I.⟩
Rodolphe ⟨de Saint-Maurice d'Agaune⟩
Rudolf ⟨Hochburgund, König, I.⟩
Rudolfus ⟨Burgundia Transiurana, Rex, I.⟩

Rodolphe ⟨Bourgogne, Roi, II.⟩
ca. 880/85 – 937
Diplomata 21 a. 924-935
Potth. 988; LMA,VII,1076/77
Rodolfo ⟨Borgogna, Re, II.⟩
Rodolfo ⟨Italia, Re, II.⟩
Rodolphe ⟨Bourgogne Transjurane, Roi, II.⟩
Rodulfus ⟨Richardi Burgundiae Ducis Filius⟩
Rudolf ⟨Burgund, König, II.⟩
Rudolf ⟨Hochburgund, König, II.⟩

Rodolphe ⟨Bourgogne, Roi, III.⟩
993 – 1032
Diplomata 17 annorum 993-1031
Potth. 988; LMA,VII,1077
Rodolphe ⟨le Fainéant⟩
Rudolf ⟨Burgund, König, III.⟩
Rudolfus ⟨Burgundia Transiurensis, Rex, III.⟩
Rudolfus ⟨Provincia, Rex, III.⟩
Rudolfus ⟨Rex Burgundiae Transiurensis seu Provinciae, III.⟩
Rudolph ⟨Burgund, König, III.⟩

Rodolphe ⟨Brito⟩
→ **Radulfus ⟨Brito⟩**

Rodolphe ⟨Casae Dei⟩
→ **Rudolfus ⟨Casae Dei⟩**

Rodolphe ⟨Chanoine de Bayeux⟩
→ **Radulfus ⟨Canonicus⟩**

Rodolphe ⟨de Beauvais⟩
→ **Radulfus ⟨Bellovacensis⟩**

Rodolphe ⟨de Biberach⟩
→ **Rudolfus ⟨de Biberaco⟩**

Rodolphe ⟨de Bourges⟩
→ **Radulfus ⟨Bituricensis⟩**

Rodolphe ⟨de Brescia⟩
→ **Ridolfus ⟨Notarius⟩**

Rodolphe ⟨de Buxella⟩
→ **Radulfus ⟨de Bruxellis⟩**

Rodolphe ⟨de Caen⟩
→ **Radulfus ⟨Cadomensis⟩**

Rodolphe ⟨de Cambrai⟩
→ **Rudolfus ⟨Cameracensis⟩**

Rodolphe ⟨de Cantorbéry⟩
→ **Radulfus ⟨Cantuariensis⟩**
→ **Radulfus ⟨de Turbine⟩**

Rodolphe ⟨de Casa Dei⟩
→ **Rudolfus ⟨Casae Dei⟩**

Rodolphe ⟨de Chester⟩
→ **Radulfus ⟨Bocking⟩**

Rodolphe ⟨de Coggeshall⟩
→ **Radulfus ⟨de Coggeshall⟩**

Rodolphe ⟨de Diceto⟩
→ **Radulfus ⟨de Diceto⟩**

Rodolphe ⟨de Flaix⟩
→ **Radulfus ⟨Flaviacensis⟩**

Rodolphe ⟨de Fleury⟩
→ **Radulfus ⟨Tortarius⟩**

Rodolphe ⟨de Fontenelle⟩
→ **Radulfus ⟨Fontanellensis⟩**

Rodolphe ⟨de Fulde⟩
→ **Rudolfus ⟨Fuldensis⟩**

Rodolphe ⟨de Hirschau⟩
→ **Rudolfus ⟨Hirsaugiensis⟩**

Rodolphe ⟨de Hohen-Ems⟩
→ **Rudolf ⟨von Ems⟩**

Rodolphe ⟨de Hotot⟩
→ **Radulfus ⟨de Hotot⟩**

Rodolphe ⟨de la Chaise-Dieu⟩
→ **Rudolfus ⟨Casae Dei⟩**

Rodolphe ⟨de la Charité-sur-Loire⟩
→ **Rudolfus ⟨Cluniacensis⟩**

Rodolphe ⟨de la Tourte⟩
→ **Radulfus ⟨Tortarius⟩**

Rodolphe ⟨de Laon⟩
→ **Radulfus ⟨Laudunensis⟩**

Rodolphe ⟨de Liège⟩
→ **Radulfus ⟨Leodiensis⟩**

Rodolphe ⟨de Londres⟩
→ **Radulfus ⟨Londoniensis⟩**

Rodolphe ⟨de Longchamp⟩
→ **Radulfus ⟨de Longo Campo⟩**

Rodolphe ⟨de Lubeck⟩
→ **Rudolfus ⟨de Liebegg⟩**

Rodolphe ⟨de Maidstone⟩
→ **Radulfus ⟨de Maidstone⟩**

Rodolphe ⟨de Moureilles⟩
→ **Radulfus ⟨de Moroliis⟩**

Rodolphe ⟨de Nijmègue⟩
→ **Radulfus ⟨de Noviomago⟩**

Rodolphe ⟨de Radegg⟩
→ **Rudolfus ⟨de Radegg⟩**

Rodolphe ⟨de Reims⟩
→ **Radulfus ⟨Remensis⟩**

Rodolphe ⟨de Retos⟩
→ **Radulfus ⟨de Retos⟩**

Rodolphe ⟨de Rivo⟩
→ **Radulfus ⟨de Rivo⟩**

Rodolphe ⟨de Rochester⟩
→ **Radulfus ⟨Cantuariensis⟩**

Rodolphe ⟨de Rotenburg⟩
→ **Rudolf ⟨von Rotenburg⟩**

Rodolphe ⟨de Rüdesheim⟩
→ **Rudolfus ⟨de Rüdesheim⟩**

Rodolphe ⟨de Saint-Martin de Séez⟩
→ **Radulfus ⟨de Turbine⟩**

Rodolphe ⟨de Saint-Maurice d'Agaune⟩
→ **Rodolphe ⟨Bourgogne, Roi, I.⟩**

Rodolphe ⟨de Saint-Pantaléon⟩
→ **Rudolfus ⟨Sancti Trudonis⟩**

Rodolphe ⟨de Saint-Trond⟩
→ **Rudolfus ⟨Sancti Trudonis⟩**

Rodolphe ⟨de Shrewsbury⟩
→ **Radulfus ⟨de Salopia⟩**

Rodolphe ⟨de Turbine⟩
→ **Radulfus ⟨de Turbine⟩**

Rodolphe ⟨der Schreiber⟩
→ **Rudolf ⟨der Schreiber⟩**

Rodolphe ⟨d'Escures⟩
→ **Radulfus ⟨Cantuariensis⟩**
→ **Radulfus ⟨de Turbine⟩**

Rodolphe ⟨d'Hereford⟩
→ **Radulfus ⟨de Maidstone⟩**

Rodolphe ⟨du Ruisseau⟩
→ **Radulfus ⟨de Rivo⟩**

Rodolphe ⟨du Saint-Sépulcre⟩
→ **Rudolfus ⟨Cameracensis⟩**

Rodolphe ⟨Ecolâtre⟩
→ **Radulfus ⟨Leodiensis⟩**

Rodolphe ⟨Glaber⟩
→ **Radulfus ⟨Glaber⟩**

Rodolphe ⟨Historien de Brescia⟩
→ **Ridolfus ⟨Notarius⟩**

Rodolphe ⟨l'Angevin⟩
→ **Radulfus ⟨Canonicus⟩**

Rodolphe ⟨le Fainéant⟩
→ **Rodolphe ⟨Bourgogne, Roi, III.⟩**

Rodolphe ⟨le Milanais⟩
→ **Radulfus ⟨Mediolanensis⟩**

Rodolphe ⟨le Verd⟩
→ **Radulfus ⟨Remensis⟩**

Rodolphe ⟨Lockesley⟩
→ **Radulfus ⟨Lockesley⟩**

Rodolphe ⟨Minnesinger⟩
→ **Rudolf ⟨von Ems⟩**

Rodolphe ⟨Niger⟩
→ **Radulfus ⟨Niger⟩**

Rodolphe ⟨Notaire⟩
→ **Ridolfus ⟨Notarius⟩**

Rodolphe ⟨Prédicateur⟩
→ **Radulfus ⟨de Retos⟩**

Rodolphe ⟨Radiptorius⟩
→ **Radulfus ⟨Radimptorius⟩**

Rodolphe ⟨Roi des Romains⟩
→ **Rudolf ⟨Römisch-Deutsches Reich, König, I.⟩**

Rodolphe ⟨Saint⟩
→ **Radulfus ⟨Bituricensis⟩**

Rodolphe ⟨Secrétaire⟩
→ **Rudolf ⟨der Schreiber⟩**

Rodolphe ⟨Tortaire⟩
→ **Radulfus ⟨Tortarius⟩**

Rodolphe ⟨Vannis⟩
→ **Radulfus ⟨Vannis⟩**

Rodolphe-Barthélemy ⟨de'Platina⟩
→ **Platina, Bartholomaeus**

Rodolphus ⟨...⟩
→ **Rudolfus ⟨...⟩**

Rodrigo ⟨de Borgia⟩
→ **Alexander ⟨Papa, VI.⟩**

Rodrigo ⟨de Rada⟩
→ **Ximenius de Rada, Rodericus**

Rodrigo ⟨el Toletano⟩
→ **Ximenius de Rada, Rodericus**

Rodrigo ⟨Jiménez de Rada⟩
→ **Ximenius de Rada, Rodericus**

Rodrigo ⟨Sánchez de Arévalo⟩
→ **Rodericus ⟨Sancius de Arevalo⟩**

Rodrigo ⟨Yáñez⟩
14. Jh.
Poema de Alfonso XI
LMA,VII,33; Potth. 1123
Yáñez, Rodrigo

Rodrigue ⟨d'Atencia⟩
→ **Rodericus ⟨de Atencia⟩**

Rodrigue ⟨de Rada⟩
→ **Ximenius de Rada, Rodericus**

Rodrigue ⟨de Tolède⟩
→ **Ximenius de Rada, Rodericus**

Rodrigue ⟨Lenzuolo⟩
→ **Alexander ⟨Papa, VI.⟩**

Rodriguez ⟨Sanchez de Arevalo⟩
→ **Rodericus ⟨Sancius de Arevalo⟩**

Rodríguez de la Cámara, Juan
→ **Juan ⟨Rodriguez del Padrón⟩**

Rodríguez del Padrón, Juan
→ **Juan ⟨Rodriguez del Padrón⟩**

Rodulf ⟨Glaber⟩
→ **Radulfus ⟨Glaber⟩**

Rodulf ⟨von Saint-Trond⟩
→ **Rudolfus ⟨Sancti Trudonis⟩**

Rodulfus ⟨...⟩
→ **Rudolfus ⟨...⟩**

Rodulphus ⟨...⟩
→ **Rudolfus ⟨...⟩**

Rodulphus, Rolandinus
→ **Rolandinus ⟨de Passageriis⟩**

Roeder, Matthaeus
um 1414
Panegyricus de generalia et necessaria ecclesiae reformatione; Oratio in concilio Constantiensi d. 30. Dec. 1414 habita
Potth. 980
Matthaeus ⟨Roeder⟩
Matthias ⟨Roeder⟩
Matthieu ⟨Roeder⟩
Matthieu ⟨Roeder de Paris⟩
Roeder, Matthias
Roeder, Matthieu

Röhn, Kaspar ¬von der¬
→ **Kaspar ⟨von der Rhön⟩**

Roelof ⟨Huysmans⟩
→ **Agricola, Rudolf**

Römer ⟨von Zwickau⟩
um 1500
Zwei Töne
VL(2),8,158/160
Römer ⟨Meistersinger⟩
Zwickau, Römer ¬von¬

Roemhilt, Johannes ¬de¬
→ **Johannes ⟨Weicker de Roemhilt⟩**

Rörer, Michael
→ **Michael ⟨Rerer⟩**

Roermundia, Rogerus ¬de¬
→ **Rogerus ⟨Dole de Roermundia⟩**

Roes, Alexander ¬de¬
→ **Alexander ⟨de Roes⟩**

Rössner, Hans
→ **Rosner, Hans**

Roethaw, Johannes
gest. ca. 1490 · OFM
Conclusionen zum "Lombardus metricus„; Texte relig. Inhalts
VL(2),8,276; Stegmüller, Repert. sentent. 491
Johannes ⟨de Roethaw⟩
Johannes ⟨Roethaw⟩

Rötter, Peter
→ **Rotter, ¬Der¬**

Roffredo ⟨da Benevento⟩
→ **Roffredus ⟨de Epiphanio⟩**

Roffredus ⟨Beneventanus⟩
→ **Odofredus ⟨de Denariis⟩**

Roffredus ⟨Beneventanus⟩
→ **Roffredus ⟨de Epiphanio⟩**

Roffredus ⟨Bononiensis⟩
→ **Roffredus ⟨de Epiphanio⟩**

Roffredus ⟨Butiensis⟩
→ **Roffredus ⟨de Epiphanio⟩**

Roffredus ⟨de Epiphanio⟩
ca. 1170 – ca. 1243
LThK; LMA,VII,936
Epiphanio, Roffredus ¬de¬
Odoffredus
Odoffredus ⟨Beneventanus⟩
Odofredus ⟨Bononiensis⟩
Roffredo ⟨da Benevento⟩
Roffredo ⟨de Bénévent⟩
Roffredo ⟨Epifanio⟩
Roffredus ⟨ab Epiphanio⟩
Roffredus ⟨Beneventanus⟩
Roffredus ⟨Bononiensis⟩
Roffredus ⟨Butiensis⟩
Roffredus ⟨de Epiphaniis⟩
Roffredus ⟨Epiphanides⟩
Roffredus ⟨Epiphanii⟩
Rofredus ⟨Beneventanus⟩

Rogelet ⟨de le Pasture⟩
→ **Weyden, Rogier ¬van¬**

Roger ⟨Anglicus⟩
→ **Rogerus ⟨Anglicus⟩**

Roger ⟨Archevêque⟩
→ **Ruotgerus ⟨Treverensis⟩**

Roger ⟨Bacon⟩
→ **Bacon, Rogerus**

Roger ⟨Bishop⟩
→ **Rogerus ⟨Niger⟩**

Roger ⟨Black⟩
→ **Rogerus ⟨Niger⟩**

Roger ⟨Bourth⟩
→ **Rogerus ⟨Bourth⟩**

Roger ⟨Chonnoe⟩
→ **Rogerus ⟨Conway⟩**

Roger ⟨Computista⟩
→ **Rogerus ⟨Swineshead⟩**

Roger ⟨d'Andeli⟩
um 1200
Chansons
LMA,VII,940
Andeli, Roger ¬d'¬
Roger ⟨d'Hermanville⟩

Roger ⟨d'Avellino⟩
→ **Rogerus ⟨Abellinensis⟩**

Roger ⟨de Anglia⟩
→ **Rogerus ⟨Marston⟩**

Roger ⟨de Bileye⟩
→ **Rogerus ⟨Niger⟩**

Roger ⟨de Bury-Saint-Edmonds⟩
→ **Rogerus ⟨Swineshead⟩**

Roger ⟨de Calabre⟩
→ **Rogerus ⟨Carbonellus⟩**

Roger ⟨de Casa-Nova⟩
→ **Rogerus ⟨Casae Novae⟩**

Roger ⟨de Catanzaro⟩
→ **Rogerus ⟨Carbonellus⟩**

Roger ⟨de Cologne⟩
→ **Ruotgerus ⟨Coloniensis⟩**

Roger ⟨de Conway⟩
→ **Rogerus ⟨Conway⟩**

Roger ⟨de Croyland⟩
→ **Rogerus ⟨Croilandiae⟩**

Roger ⟨de Ford⟩
→ **Rogerus ⟨Fordanus⟩**

Roger ⟨de Hereford⟩
→ **Rogerus ⟨Herefordensis⟩**

Roger ⟨de Lavello⟩
→ **Rogerus ⟨de Lavello⟩**

Roger ⟨de le Pasture⟩
→ **Weyden, Rogier ¬van¬**

Roger ⟨de Londres⟩
→ **Rogerus ⟨Niger⟩**

Roger ⟨de Munre⟩
→ **Rüdeger ⟨von Munre⟩**

Roger ⟨de Notingham⟩
→ **Rogerus ⟨de Nottingham⟩**

Roger ⟨de Ostermonra⟩
→ **Rüdeger ⟨von Munre⟩**

Roger ⟨de Parme⟩
→ **Rogerus ⟨de Parma⟩**

Roger ⟨de Pontigny⟩
→ **Rogerus ⟨de Pontiniaco⟩**

Roger ⟨de Preston⟩
→ **Rogerus ⟨Croilandiae⟩**

Roger ⟨de Saint-Albans⟩
→ **Rogerus ⟨Albanus⟩**

Roger ⟨de Saint-Euverte à Orléans⟩
→ **Rogerus ⟨Aurelianensis⟩**

Roger ⟨de Saint-Victor à Paris⟩
→ **Rogerus ⟨Aurelianensis⟩**

Roger ⟨de Salerne⟩
→ **Rogerus ⟨de Parma⟩**

Roger ⟨de Salisbury⟩
→ **Rogerus ⟨de Salesburia⟩**
→ **Rogerus ⟨Sarisberiensis⟩**

Roger ⟨de Trèves⟩
→ **Ruotgerus ⟨Treverensis⟩**

Roger ⟨de Wilton⟩
→ **Rogerus ⟨Sarisberiensis⟩**

Roger ⟨de Windsor⟩
→ **Rogerus ⟨de Windesora⟩**

Roger ⟨d'Hermanville⟩
→ **Roger ⟨d'Andeli⟩**

Roger ⟨d'Hunchofen⟩
→ **Rüdeger ⟨der Hinkhofer⟩**

Roger ⟨Dinmock⟩
→ **Rogerus ⟨Dymmock⟩**

Roger ⟨Dole⟩
→ **Rogerus ⟨Dole de Roermundia⟩**

Roger ⟨Evêque de Bath et Wells⟩
→ **Rogerus ⟨de Salesburia⟩**

Roger ⟨Frugardi⟩
→ **Rogerus ⟨de Parma⟩**

Roger ⟨Gustum⟩
→ **Rogerus ⟨Fordanus⟩**

Roger ⟨Jurisconsulte Italien⟩
→ **Rogerus ⟨Iurisconsultus⟩**

Roger ⟨Künstlermönch⟩
→ **Theophilus ⟨Presbyter⟩**

Roger ⟨le Noir⟩
→ **Rogerus ⟨Niger⟩**

Roger ⟨Londinensis⟩
→ **Rogerus ⟨Niger⟩**

Roger ⟨Machado⟩
→ **Machado, Roger**

Roger ⟨Maître⟩
→ **Ruedigerus ⟨Magister⟩**

Roger ⟨Marston⟩
→ **Rogerus ⟨Marston⟩**

Roger ⟨Nigellus⟩
→ **Rogerus ⟨Niger⟩**

Roger ⟨Niger⟩
→ **Rogerus ⟨Niger⟩**

Roger ⟨Nottingham⟩
→ **Rogerus ⟨de Nottingham⟩**

Roger ⟨of Cologne⟩
→ **Ruotgerus ⟨Coloniensis⟩**

Roger ⟨of Ford⟩
→ **Rogerus ⟨Fordanus⟩**

Roger ⟨of Hoveden⟩
→ **Rogerus ⟨de Hoveden⟩**

Roger ⟨of London⟩
→ **Rogerus ⟨Niger⟩**

Roger ⟨of Pontigny⟩
→ **Rogerus ⟨de Pontiniaco⟩**

Roger ⟨of Saint-Albanus⟩
→ **Rogerus ⟨de Windesora⟩**

Roger ⟨of Salerno⟩
→ **Rogerus ⟨de Parma⟩**

Roger ⟨of Salisbury⟩
→ **Rogerus ⟨de Salesburia⟩**

Roger ⟨of Saresburia⟩
→ **Rogerus ⟨de Salesburia⟩**

Roger ⟨of Sarum⟩
→ **Rogerus ⟨de Salesburia⟩**

Roger ⟨of Waltham⟩
→ **Rogerus ⟨Walthamensis⟩**

Roger ⟨of Wendower⟩
→ **Rogerus ⟨de Windesora⟩**

Roger ⟨Poète Allemand⟩
→ **Ruedigerus ⟨Magister⟩**

Roger ⟨Rosetus⟩
→ **Rogerus ⟨Roseth⟩**

Roger ⟨Rugosus⟩
→ **Rogerus ⟨Roseth⟩**

Roger ⟨Saint⟩
→ **Rogerus ⟨Niger⟩**

Roger ⟨Suiseyt⟩
→ **Rogerus ⟨Swineshead⟩**

Roger ⟨Swyneshed⟩
→ **Rogerus ⟨Swineshead⟩**

Roger ⟨von Helmarshausen⟩
→ **Theophilus ⟨Presbyter⟩**

Roger ⟨von Hereford⟩
→ **Rogerus ⟨Herefordensis⟩**

Roger ⟨von Hoveden⟩
→ **Rogerus ⟨de Hoveden⟩**

Roger ⟨von Marston⟩
→ **Rogerus ⟨Marston⟩**

Roger ⟨von Salerno⟩
→ **Rogerus ⟨de Parma⟩**

Roger ⟨Wendover⟩
→ **Rogerus ⟨de Windesora⟩**

Roger ⟨Whelpdale⟩
→ **Rogerus ⟨Whelpdale⟩**

Roger, Pierre
→ **Clemens ⟨Papa, VI.⟩**

Rogerio ⟨Pontiniaco⟩
→ **Rogerus ⟨de Pontiniaco⟩**

Rogerius ⟨...⟩
→ **Rogerus ⟨...⟩**

Rogerius, Philotheus
→ **Rogerus ⟨Niger⟩**

Rogerus
→ **Theophilus ⟨Presbyter⟩**

Rogerus ⟨Abbas Aurelianensis⟩
→ **Rogerus ⟨Aurelianensis⟩**

Rogerus ⟨Abellinensis⟩
um 1219
Vita SS. Modestini episc. etc.
Potth. 980
Roger ⟨d'Avellino⟩
Rogerus ⟨Abellimensis⟩
Rogerus ⟨Episcopus Abellinensis⟩

Rogerus ⟨Albanus⟩
gest. ca. 1450 · OCarm
Compendium historiarum Bibliae
Stegmüller, Repert. bibl. 7503
Albanus, Rogerus
Roger ⟨de Saint-Albans⟩

Rogerus ⟨Anglicus⟩
→ **Rogerus ⟨Marston⟩**

Rogerus ⟨Anglicus⟩
um 1474 · OFM
Abbreviatio operis oxoniensis Johannis Du... Scoti; Quaestiones de illuminatione
Stegmüller, Repert. sentent. 750; Schönberger/Kible, Repertorium, 17723
Anglicus, Rogerus
Roger ⟨Anglicus⟩

Rogerus ⟨Apulus⟩
→ **Rogerus ⟨Magister⟩**

Rogerus ⟨Archiepiscopus⟩
→ **Rogerus ⟨Magister⟩**

Rogerus ⟨Aurelianensis⟩
um 1147/82
Vita S. Evurtii episc. Aurel. (inventio)
Potth. 980
Roger ⟨de Saint-Euverte à Orléans⟩
Roger ⟨de Saint-Victor à Paris⟩
Rogerus ⟨Abbas Aurelianensis⟩
Rogerus ⟨Sancti Evurtii Aurelianensis⟩

Rogerus ⟨Bacon⟩
→ **Bacon, Rogerus**

Rogerus ⟨Bologneser Zivilrechtslehrer⟩
→ **Rogerus ⟨Iurisconsultus⟩**

Rogerus ⟨Bourth⟩
13. Jh.
Philosophia Aristotelis
Lohr
Bourth, Rogerus
Roger ⟨Bourth⟩

Rogerus ⟨Canonicus⟩
→ **Rogerus ⟨Magister⟩**

Rogerus ⟨Carbonellus⟩
um 1120/57
Chronica Trium Tabernarum (ob Werk des 12. oder 16. Jh. umstritten)
Potth. 2,980; Rep.Font. III,460
Carbonellus, Rogerus
Roger ⟨de Calabre⟩
Roger ⟨de Catanzaro⟩
Rogerus ⟨Catacensis Canonicus⟩
Rogerus ⟨de Catanzaro⟩
Rogerus ⟨Diaconus⟩

Rogerus ⟨Casae Novae⟩
um 1230/48 · OCist
Vita B. Placidi Rhodiensis
Potth. 980
Casae Novae, Rogerus
Roger ⟨de Casa-Nova⟩
Rogerus ⟨Casae Novae in Regno Neapolitano⟩
Rogerus ⟨Monachus Casae Novae⟩

Rogerus ⟨Catacensis Canonicus⟩
→ **Rogerus ⟨Carbonellus⟩**

Rogerus ⟨Chonnoe⟩
→ **Rogerus ⟨Conway⟩**

Rogerus ⟨Cisterciensis Fordanus⟩
→ **Rogerus ⟨Fordanus⟩**

Rogerus ⟨Coloniensis⟩
→ **Ruotgerus ⟨Coloniensis⟩**

Rogerus ⟨Computista⟩
→ **Rogerus ⟨Swineshead⟩**

Rogerus ⟨Connovinus⟩
→ **Rogerus ⟨Conway⟩**

Rogerus ⟨Conway⟩
gest. 1360 · OFM
Defensio religionis Mendicantium contra ea, quae... in Richardi Armachani archiepiscopi operibus contra eam obiciuntur. A. 1357
Potth. 980
Chonnoe, Roger
Chonnoe, Rogerus
Condway, Rogerus
Conoway, Roger
Conway, Rogerus
Roger ⟨Chonnoe⟩
Roger ⟨de Conway⟩
Rogerus ⟨Channoe⟩
Rogerus ⟨Chonnoe⟩
Rogerus ⟨Condway⟩
Rogerus ⟨Connovinus⟩
Rogerus ⟨Conowaeus⟩
Rogerus ⟨Conoway⟩

Rogerus ⟨Croilandiae⟩
gest. ca. 1214 · OSB
Vita S. Thomae archiep. Cantuar. (11)
Potth. 980
Croilandiae, Rogerus
Roger ⟨de Croyland⟩
Roger ⟨de Preston⟩
Rogerus ⟨Croylandensis⟩
Rogerus ⟨Monachus Croylandensis⟩

Rogerus ⟨de Anglia⟩
→ **Rogerus ⟨Marston⟩**

Rogerus ⟨de Catanzaro⟩
→ **Rogerus ⟨Carbonellus⟩**

Rogerus ⟨de Hoveden⟩
gest. ca. 1201
Annalium Anglorum libri II
LThK; LMA,VII,943; Tusculum-Lexikon
Hoveden, Roger ¬of¬
Hoveden, Rogerus ¬de¬
Hovedenus, Rogerius
Roger ⟨of Hoveden⟩
Roger ⟨of Howden⟩
Roger ⟨von Hoveden⟩
Roger ⟨von Howden⟩
Rogerius ⟨de Hoveden⟩
Rogerus ⟨de Houedene⟩
Rogerus ⟨Hovedenus⟩

Rogerus ⟨de Lavello⟩
gest. ca. 1335 · OESA
Sap. lect. 1-64
Stegmüller, Repert. bibl. 7511-7511,2
Lavello, Rogerus ¬de¬
Roger ⟨de Lavello⟩
Rogerus ⟨de Saciello⟩

Rogerus ⟨de Marston⟩
→ **Rogerus ⟨Marston⟩**

Rogerus ⟨de Nottingham⟩
gest. ca. 1358
Introitus ad sententias; Insolubilia
Schönberger/Kible, Repertorium, 17773/17774
Notingham, Roger ¬de¬
Nottingham, Rogerus ¬de¬
Roger ⟨de Notingham⟩
Roger ⟨Nottingham⟩
Rogerus ⟨de Notingham⟩
Rogerus ⟨Notingham⟩
Rogerus ⟨Nottingham⟩

Rogerus ⟨de Parma⟩
12. Jh.
Chirurgia
DOC,2,1581; LMA,VII,942; Tusculum-Lexikon
DeiFrugardi, Ruggero
Frugardi, Roger
Frugardi, Ruggero ¬dei¬
Frugardo, Roger
Parma, Rogerus ¬de¬
Roger ⟨de Parme⟩
Roger ⟨de Salerne⟩
Roger ⟨Fils de Frugard⟩
Roger ⟨Frugardi⟩
Roger ⟨of Salerno⟩
Roger ⟨von Salern⟩
Roger ⟨von Salerno⟩
Rogerus ⟨Filius Frugardi⟩
Rogerus ⟨Frugardus⟩
Rogerus ⟨Medicus Salernitanus⟩
Rogerus ⟨Parmensis⟩
Rogerus ⟨Salernitanus⟩
Ruggero ⟨dei Frugardi⟩
Ruggero ⟨di Salerno⟩
Ruggero ⟨Frugardo⟩
Ruggieri ⟨de Parme⟩
Rugiero ⟨Frugardo⟩

Rogerus ⟨de Platea⟩
um 1351 · OFM
Sermones
Platea, Rogerus ¬de¬
Rogerius ⟨de Platea⟩

Rogerus ⟨de Pontiniaco⟩
12. Jh.
Vita S. Thomae arch. Cant.
Pontiniaco, Rogerus ¬de¬
Roger ⟨de Pontigny⟩
Roger ⟨of Pontigny⟩
Rogerio ⟨Pontiniaco⟩
Rogerius ⟨de Pontiniaco⟩
Rogerus ⟨Pontiniacensis⟩

Rogerus ⟨de Roermundia⟩
→ **Rogerus ⟨Dole de Roermundia⟩**

Rogerus ⟨de Saciello⟩
→ **Rogerus ⟨de Lavello⟩**

Rogerus ⟨de Salesburia⟩
gest. 1247
Nicht identisch mit Rogerus ⟨Sarisberiensis⟩ (um 1160)
Schneyer,V,341
Roger ⟨de Salisbury⟩
Roger ⟨Evêque de Bath et Wells⟩
Roger ⟨of Salisbury⟩
Roger ⟨of Saresbiria⟩
Roger ⟨of Saresburia⟩
Roger ⟨of Sarum⟩
Rogerus ⟨de Salisbury⟩
Rogerus ⟨Episcopus Bathoniensis et Wellensis⟩
Salesburia, Rogerus ¬de¬
Salisbury, Roger ¬of¬
Saresbiria, Roger ¬of¬
Saresburia, Roger ¬of¬

Rogerus ⟨de Salisbury⟩
→ **Rogerus ⟨Sarisberiensis⟩**

Rogerus ⟨de Sarum⟩
→ **Rogerus ⟨Sarisberiensis⟩**

Rogerus ⟨de Wendover⟩
→ **Rogerus ⟨de Windesora⟩**

Rogerus ⟨de Windesora⟩
gest. 1236 · OSB
Chronica sive Flores historiarum
LMA,VII,944; LThK; Tusculum-Lexikon
Roger ⟨de Windsor⟩
Roger ⟨of Saint-Albanus⟩
Roger ⟨of Wendower⟩
Roger ⟨von Wendover⟩
Roger ⟨Wendover⟩
Rogerius ⟨of Wendover⟩
Rogerus ⟨de Wendover⟩
Rogerus ⟨Sancti Albani⟩
Rogerus ⟨Windoverus⟩
Wendover, Roger ¬of¬
Windesora, Rogerus ¬de¬

Rogerus ⟨Diaconus⟩
→ **Rogerus ⟨Carbonellus⟩**

Rogerus ⟨Dimmocus⟩
→ **Rogerus ⟨Dymmock⟩**

Rogerus ⟨Dole de Roermundia⟩
gest. 1409
Job. cap. 1,1-20; Exercitium librorum Physicorum
Lohr; Stegmüller, Repert. bibl. 7509;7510
Dole, Roger
Dole, Rogerus
Dole de Roermundia, Rogerus
Roermundia, Rogerus ¬de¬
Roger ⟨Dole⟩
Rogerus ⟨de Roermundia⟩
Rogerus ⟨de Ruremunde⟩
Rogerus ⟨Dole⟩
Rogerus ⟨Dole de Ruremunde⟩
Rudiger ⟨Dole de Ruremunde⟩
Rudigerus ⟨Dole de Roermundia⟩
Rugerus ⟨Dole de Ruremunde⟩
Ruremunde, Rogerus ¬de¬

Rogerus ⟨Dymmock⟩
um 1395 · OP
Liber contra XII errores et haereses Lollardorum
Schönberger/Kible, Repertorium, 17766; Kaeppeli,III,329
Dymmochus, Rogerus
Dymmock, Roger
Dymmock, Rogerus
Roger ⟨Dinmock⟩
Roger ⟨Dymmock⟩
Rogerus ⟨Dimmocus⟩
Rogerus ⟨Dimoc⟩
Rogerus ⟨Dymmochus⟩
Rogerus ⟨Dymmok⟩

Rogerus ⟨Episcopus Abellinensis⟩
→ **Rogerus ⟨Abellinensis⟩**

Rogerus ⟨Episcopus Bathoniensis et Wellensis⟩
→ **Rogerus ⟨de Salesburia⟩**

Rogerus ⟨Episcopus Londinensis⟩
→ **Rogerus ⟨Niger⟩**

Rogerus ⟨Erzbischof⟩
→ **Rogerus ⟨Magister⟩**

Rogerus ⟨Filius Frugardi⟩
→ **Rogerus ⟨de Parma⟩**

Rogerus ⟨Fordanus⟩
um 1181 · OCist
Vita S. Elisabethae Schoenaug. (revelationes); Carmen de Beata Maria
Potth. 980
Fordanus, Rogerus
Gustum, Roger
Gustun, Roger
Roger ⟨de Ford⟩
Roger ⟨Gustum⟩
Roger ⟨Gustun⟩
Roger ⟨of Ford⟩
Rogerus ⟨Cisterciensis Fordanus⟩
Rogerus ⟨Cisterciensis Monachus Anglus in Coenobio Fordano⟩
Rogerus ⟨Fordensis⟩

Rogerus ⟨Frater Ordinis Minorum⟩
→ **Rogerus ⟨Marston⟩**

Rogerus ⟨Frugardus⟩
→ **Rogerus ⟨de Parma⟩**

Rogerus ⟨Guelpedalus⟩
→ **Rogerus ⟨Whelpdale⟩**

Rogerus ⟨Herefordensis⟩
um 1170
Computus; Theoria planetarum; Liber de divisione astronomiae
LMA,VII,943
Roger ⟨de Hereford⟩
Roger ⟨von Hereford⟩
Rogerus ⟨Herefordiensis⟩
Rogerus ⟨Herefordus⟩

Rogerus ⟨Hovedenus⟩
→ **Rogerus ⟨de Hoveden⟩**

Rogerus ⟨Ilcestriensis⟩
→ **Bacon, Rogerus**

Rogerus ⟨Iurisconsultus⟩
gest. ca. 1163/65
De praescriptionibus; Summa codicis
LMA,VII,946
Frigerius ⟨Iurisconsultus⟩
Froger ⟨Juriste⟩
Iurisconsultus, Rogerus
Roger ⟨Jurisconsulte Italien⟩
Roger ⟨Juriste⟩
Rogerus ⟨Bologneser Zivilrechtslehrer⟩
Rogerus ⟨Italus Iurisconsultus⟩
Rogerus ⟨Iurisconsultus Italus⟩
Rogerus ⟨Iurisperitus⟩

Rogerus ⟨Londoniensis Episcopus⟩
→ **Rogerus ⟨Niger⟩**

Rogerus ⟨Magister⟩
gest. 1266
Carmen miserabile
LMA,VII,946
Magister, Rogerus
Rogerus ⟨Apulus⟩
Rogerus ⟨Archiepiscopus⟩
Rogerus ⟨Canonicus⟩
Rogerus ⟨Erzbischof⟩
Rogerus ⟨of Grosswardein⟩

Rogerus ⟨Spalatensis⟩
Rogerus ⟨Varadiensis⟩
Rogerus ⟨von Split⟩

Rogerus ⟨Marston⟩
gest. ca. 1298 · OFM
Quaestiones disputatae de emanatione aeterna, de statu naturae lapsae et de anima; Commentarius in sententias
LMA,VII,944; LThK
Marston, Rogerus
Roger ⟨de Anglia⟩
Roger ⟨Marston⟩
Roger ⟨Merston⟩
Roger ⟨von Marston⟩
Roger ⟨von Merston⟩
Rogerus ⟨Anglicus⟩
Rogerus ⟨de Anglia⟩
Rogerus ⟨de Marston⟩
Rogerus ⟨Frater Ordinis Minorum⟩
Ruggiero ⟨Marston⟩

Rogerus ⟨Medicus Salernitanus⟩
→ **Rogerus ⟨de Parma⟩**

Rogerus ⟨Monachus Casae Novae⟩
→ **Rogerus ⟨Casae Novae⟩**

Rogerus ⟨Monachus Croylandensis⟩
→ **Rogerus ⟨Croilandiae⟩**

Rogerus ⟨Niger⟩
gest. 1241
De contemptu mundi (Verfasserschaft ungeklärt)
Bileye, Roger ¬de¬
LeNoir, Roger
Niger, Roger
Niger, Rogerus
Niger de Bileye, Roger
Philotheus Rogerius ⟨Londinensis⟩
Roger ⟨Bishop⟩
Roger ⟨Black⟩
Roger ⟨de Bileigh⟩
Roger ⟨de Bileye⟩
Roger ⟨de Londres⟩
Roger ⟨le Noir⟩
Roger ⟨Londinensis⟩
Roger ⟨Nigellus⟩
Roger ⟨Niger⟩
Roger ⟨Niger de Bileye⟩
Roger ⟨of London⟩
Roger ⟨Saint⟩
Rogerius ⟨Episcopus Londoniensis⟩
Rogerius ⟨Londinensis⟩
Rogerius, Philotheus
Rogerus ⟨Episcopus⟩
Rogerus ⟨Episcopus Londinensis⟩
Rogerus ⟨Episcopus Londoniensis⟩
Rogerus ⟨Lodoniensis⟩
Rogerus ⟨Londoniensis Episcopus⟩
Rogerus ⟨Philotheus⟩

Rogerus ⟨Nottingham⟩
→ **Rogerus ⟨de Nottingham⟩**

Rogerus ⟨of Grosswardein⟩
→ **Rogerus ⟨Magister⟩**

Rogerus ⟨Parmensis⟩
→ **Rogerus ⟨de Parma⟩**

Rogerus ⟨Philotheus⟩
→ **Rogerus ⟨Niger⟩**

Rogerus ⟨Pontiniacensis⟩
→ **Rogerus ⟨de Pontiniaco⟩**

Rogerus ⟨Roget⟩
→ **Rogerus ⟨Roseth⟩**

Rogerus ⟨Roseth⟩
um 1290/1309 · OFM
De maximo et minimo; Super magistrum Sententiarum; nicht identisch mit Rogerus ⟨Swineshead⟩
Stegmüller, Repert. sentent. 751
Roger ⟨Rosetus⟩
Roger ⟨Rugosus⟩
Rogerius ⟨Royshet⟩
Rogerius ⟨Rugosus⟩
Rogerus ⟨Roget⟩
Rogerus ⟨Rogeth⟩
Rogerus ⟨Rosetus⟩
Rogerus ⟨Royseth⟩
Roseth, Rogerus
Royseth, Roger

Rogerus ⟨Salernitanus⟩
→ **Rogerus ⟨de Parma⟩**

Rogerus ⟨Sancti Albani⟩
→ **Rogerus ⟨de Windesora⟩**

Rogerus ⟨Sancti Evurtii Aurelianensis⟩
→ **Rogerus ⟨Aurelianensis⟩**

Rogerus ⟨Sarisberiensis⟩
um 1160
Expositiones morales in Evangelia dominicalia; nicht identisch mit Rogerus ⟨de Salesburia⟩ (gest. 1247)
Stegmüller, Repert. bibl. 7512
Roger ⟨de Salisbury⟩
Roger ⟨de Wilton⟩
Rogerus ⟨de Salisbury⟩
Rogerus ⟨de Sarum⟩
Rogerus ⟨Saresburiensis⟩
Rogerus ⟨Sarisburiensis⟩
Rogerus ⟨Wiltunensis⟩

Rogerus ⟨Seveneset⟩
→ **Rogerus ⟨Swineshead⟩**

Rogerus ⟨Spalatensis⟩
→ **Rogerus ⟨Magister⟩**

Rogerus ⟨Swineshead⟩
gest. ca. 1365 · OSB
In Ethica; De obligationibus et de insolubilibus; Brevis expositio Bibliorum; nicht identisch mit Richardus ⟨Swineshead⟩ (um 1350)
Lohr; Stegmüller, Repert. bibl. 7507-7508,1
Roger ⟨Computista⟩
Roger ⟨de Bury-Saint-Edmonds⟩
Roger ⟨Suiseyt⟩
Roger ⟨Suisset⟩
Roger ⟨Swinsete⟩
Roger ⟨Swyneshed⟩
Rogerus ⟨Compotista⟩
Rogerus ⟨Computista⟩
Rogerus ⟨Seveneset⟩
Rogerus ⟨Swyneshed⟩
Suisset, Roger
Swineshead, Rogerus

Rogerus ⟨Varadiensis⟩
→ **Rogerus ⟨Magister⟩**

Rogerus ⟨von Helmarshausen⟩
→ **Theophilus ⟨Presbyter⟩**

Rogerus ⟨von Split⟩
→ **Rogerus ⟨Magister⟩**

Rogerus ⟨Walthamensis⟩
um 1336
Compendium morale
Roger ⟨of Waltham⟩

Rogerus ⟨Whelpdale⟩
gest. 1423
Super Porphyrium; De universalibus; Problemata super primum librum Posteriorum; etc.
Lohr
Guelpedalus, Rogerus
Roger ⟨Whelpdale⟩
Rogerus ⟨Guelpedalus⟩
Rogerus ⟨Welpedale⟩
Whelpdale, Roger
Whelpdale, Rogerus

Rogerus ⟨Wiltunensis⟩
→ **Rogerus ⟨Sarisberiensis⟩**

Rogerus ⟨Windoverus⟩
→ **Rogerus ⟨de Windesora⟩**

Rogier ⟨de le Pasture⟩
→ **Weyden, Rogier ¬van¬**

Rogier, Peire
→ **Peire ⟨Rogier⟩**

Roháč de Dubá, Johannes
→ **Johannes ⟨Roháč de Dubá⟩**

Roi, Adenet ¬le¬
→ **Adenet ⟨le Roi⟩**

Roiç de Corella, Joan
→ **Joan ⟨Rois de Corella⟩**

Roig, Jaume
1400/10 – 1478
Espill (= Libre de consells)
LMA,VII,951
Jacme ⟨Roig⟩
Jacques ⟨Roig⟩
Jaime ⟨Roig⟩
Jaume ⟨Roig⟩
Roig, Jacme
Roig, Jacques
Roig, Jaime

Roís de Corella, Joan
→ **Joan ⟨Rois de Corella⟩**

Roisin, Jean
→ **Jean ⟨Roisin⟩**

Rokycana, Johannes
→ **Johannes ⟨Rokycana⟩**

Roland ⟨Bandinelli⟩
→ **Alexander ⟨Papa, III.⟩**

Roland ⟨Capelluti de Parme⟩
→ **Rolandus ⟨Capellutius⟩**

Roland ⟨de Crémone⟩
→ **Rolandus ⟨de Cremona⟩**

Roland ⟨de Parme⟩
→ **Rolandus ⟨Parmensis⟩**

Rolandino ⟨de Padova⟩
→ **Rolandinus ⟨de Padua⟩**

Rolandino ⟨de Romanciis⟩
→ **Rolandinus ⟨de Padua⟩**

Rolandino ⟨de'Passeggeri⟩
→ **Rolandinus ⟨de Passageriis⟩**

Rolandino ⟨Romanzo⟩
→ **Rolandinus ⟨de Padua⟩**

Rolandinus ⟨Bononiensis⟩
→ **Rolandinus ⟨de Passageriis⟩**

Rolandinus ⟨de Padua⟩
1200 – 1276
Cronica in factis et circa facta Marchie Trivixane
LMA,VII,958/59; Tusculum-Lexikon
Padua, Rolandinus ¬de¬
Rolandino ⟨de Padoue⟩
Rolandino ⟨de Padova⟩
Rolandino ⟨de Romanciis⟩
Rolandino ⟨Romanzo⟩
Rolandinus ⟨de Romanciis⟩
Rolandinus ⟨Grammaticus⟩
Rolandinus ⟨Patavinus⟩
Rolandinus ⟨von Padua⟩
Rolandus ⟨Patavinus⟩

Rolandinus ⟨de Passageriis⟩
gest. 1300
Flos ultimarum voluntatum
LMA,VII,959
Paschagerius, Rolandinus
Passageriis, Rolandinus ¬de¬
Passagerius, Roland
Passagerius, Rolandinus
Passaggieri, Rolandino
Passagieri, Rolandino
Rodulphus, Rolandinus
Rolandino ⟨de'Passeggeri⟩
Rolandino ⟨Passagerio⟩
Rolandino ⟨Passagero⟩
Rolandinus ⟨Bononiensis⟩
Rolandinus ⟨Passagerius⟩
Rolandinus ⟨Rudolphinus de Passageriis⟩
Rolandus, Rudolph
Rudolphinus ⟨de Passageriis⟩
Rudolphinus, Orlandus
Rudolphinus de Passageriis, Rolandinus

Rolandinus ⟨de Romanciis⟩
→ **Rolandinus ⟨de Padua⟩**

Rolandinus ⟨Grammaticus⟩
→ **Rolandinus ⟨de Padua⟩**

Rolandinus ⟨Passagerius⟩
→ **Rolandinus ⟨de Passageriis⟩**

Rolandinus ⟨Patavinus⟩
→ **Rolandinus ⟨de Padua⟩**

Rolandinus ⟨Rudolphinus de Passageriis⟩
→ **Rolandinus ⟨de Passageriis⟩**

Rolandinus ⟨von Padua⟩
→ **Rolandinus ⟨de Padua⟩**

Rolando ⟨Bandinelli⟩
→ **Alexander ⟨Papa, III.⟩**

Rolando ⟨Capelluti⟩
→ **Rolandus ⟨Capellutius⟩**

Rolando ⟨da Cremona⟩
→ **Rolandus ⟨de Cremona⟩**

Rolando ⟨da Parma⟩
→ **Rolandus ⟨Parmensis⟩**

Rolando ⟨dei Capezzuti⟩
→ **Rolandus ⟨Parmensis⟩**

Rolando ⟨di Cremona⟩
→ **Rolandus ⟨de Cremona⟩**

Rolandus ⟨Bandinellus⟩
→ **Alexander ⟨Papa, III.⟩**

Rolandus ⟨Bononiensis⟩
→ **Alexander ⟨Papa, III.⟩**

Rolandus ⟨Canonista⟩
um 1150
Summa; nicht identisch mit Alexander ⟨Papa, III.⟩
LMA,VII,962
Canonista, Rolandus
Rolandus ⟨Kanonist⟩
Rolandus ⟨Magister⟩

Rolandus ⟨Capellutius⟩
um 1468
Chirurgia; nicht identisch mit Rolandus ⟨Parmensis⟩ (um 1250)
Capelluti, Roland
Capellutius, Roland
Capellutius, Rolandus
Capellutus, Roland
Capellutus, Rolandus
Roland ⟨Capelluti de Parme⟩
Roland ⟨Capellutus⟩
Roland ⟨Capellutus of Parma⟩
Roland ⟨of Parma⟩
Rolando ⟨Capelluti⟩
Rolandus ⟨Capellutius Chrysopolitanus⟩
Rolandus ⟨Chrysopolitanus⟩
Rolandus ⟨Parmensis⟩
Rolandus ⟨Philosophus Parmensis⟩

Rolandus ⟨Chrysopolitanus⟩
→ **Rolandus ⟨Capellutius⟩**

Rolandus ⟨Cremonensis⟩
→ **Rolandus ⟨de Cremona⟩**

Rolandus ⟨de Bononia⟩
→ **Alexander ⟨Papa, III.⟩**

Rolandus ⟨de Cremona⟩
ca. 1200 – ca. 1259 · OP
Job., lib. I-XXI; Summa; Sermo in cena Domini
Stegmüller, Repert. bibl. 7313-7514; Stegmüller, Repert. sentent. 372;754; Schneyer,V,345; LMA,VII,957
Cremona, Rolandus ¬de¬
Roland ⟨de Crémone⟩
Roland ⟨of Cremona⟩
Roland ⟨von Cremona⟩
Rolando ⟨da Cremona⟩
Rolando ⟨di Cremona⟩
Rolandus ⟨Cremonensis⟩

Rolandus ⟨Kanonist⟩
→ **Rolandus ⟨Canonista⟩**

Rolandus ⟨Magister⟩
→ **Rolandus ⟨Canonista⟩**

Rolandus ⟨Magister⟩
→ **Alexander ⟨Papa, III.⟩**

Rolandus ⟨Monachus⟩
um 1157 · OSB
Chronicon rerum memorabilium monasterii S. Stephani protomartyris ad rivum maris
Rep.Font. III,439
Monachus, Rolandus

Rolandus ⟨Parmensis⟩
→ **Rolandus ⟨Capellutius⟩**

Rolandus ⟨Parmensis⟩
um 1250
Glossulae quattuor magistrorum (rec. A) et Rolandi (rec. B) super chirurgiam Rogerii; nicht identisch mit Rolandus ⟨Capellutius⟩ (um 1468)
LMA,VII,957/58; VL(2),8,143/45
Roland ⟨de Parme⟩
Roland ⟨von Parma⟩
Rolando ⟨da Parma⟩
Rolando ⟨de Parma⟩
Rolando ⟨dei Capezzuti⟩

Rolandus ⟨Patavinus⟩
→ **Rolandinus ⟨de Padua⟩**

Rolandus ⟨Philosophus Parmensis⟩
→ **Rolandus ⟨Capellutius⟩**

Rolandus, Rudolph
→ **Rolandinus ⟨de Passageriis⟩**

Rolevinck, Werner
1425 – 1502
Fasciculus temporum; De laudibus Westphaliae
LThK; Tusculum-Lexikon; LMA,IX,819
Guarnerus ⟨Rolevinck⟩
Rolevinck, Wernerus
Rolevink, Werner
Rolewinck, Werner
Rolewinckius, Wernerus
Rollewinck, Werner
Rolowinck, Werner
Werner ⟨Lorevinch⟩
Werner ⟨Rolevinck⟩
Werner ⟨Rovelink⟩

Wernerus ‹de Laer›
Wernerus ‹Rolewinck›
Wernerus ‹Westphalus›

Rolle, Richard
ca. 1300 – 1349
LMA,VII,965/67
Hampole, Richard ¬of¬
Hampoole, Richard ¬de¬
Pamploitanus, Richardus
Pampolitanus, Ricardus
Ricardus ‹de Hampole›
Ricardus ‹Pampolitanus›
Ricardus ‹Rolle›
Richard ‹de Hampole›
Richard ‹of Hampole›
Richard ‹Rolle›
Richard ‹the Hermit›
Richard ‹von Hampole›
Richardus ‹Anglosaxo›
Richardus ‹de Hampole›
Richardus ‹de Hampolo›
Richardus ‹Eremita›
Richardus ‹Eremita Anglus›
Richardus ‹Hampolensis›
Richardus ‹Hampolus›
Richardus ‹Pampolitanus›
Richardus ‹Rollus›

Rollewinck, Werner
→ **Rolevinck, Werner**

Rollius, Johannes
um 1467/87
Narratio captivitatis Maximiliani I. apud Brugenses (1475) (dt.)
Potth. 983
Johannes ‹Rollius›

Rolowinck, Werner
→ **Rolevinck, Werner**

Roma, Alanus ¬de¬
→ **Alanus ‹de Roma›**

Roma, Albertus ¬de¬
→ **Albertus ‹de Roma›**

Roma, Angelus ¬de¬
→ **Angelus ‹de Roma›**

Roma, Bartholdus ¬de¬
→ **Bartholdus ‹de Roma›**

Roma, Franciscus ¬de¬
→ **Franciscus ‹de Roma›**

Roma, Romanus ¬de¬
→ **Romanus ‹de Roma›**

Roma, Simone ¬da¬
→ **Simon ‹Romanus›**

Roma de Perpignano, Franciscus
→ **Franciscus ‹Roma de Perpignano›**

Romaeus Philocasius, David
um 660
Vita S. Baculi (um 660)
Potth. 983
David ‹Romaeus Philocasius›
Philocasius, David Romaeus

Romain ‹Cardinal›
→ **Romanus ‹Cardinalis›**

Romain ‹de Gallensé›
→ **Romanus ‹Papa›**

Romain ‹de Rome›
→ **Romanus ‹de Roma›**

Romain ‹de Vicence›
→ **Romanus ‹de Vicentia›**

Romain ‹Orsini›
→ **Romanus ‹de Roma›**

Romain ‹Pape›
→ **Romanus ‹Papa›**

Romain, Guillaume
→ **Guilelmus ‹Romani›**

Román ‹Comendador›
ca. 15. Jh.
Comendador, Román

Romana, Caecilia
→ **Caecilia ‹Romana›**

Romana, Robertus ¬de¬
→ **Robertus ‹de Romana›**

Romani, Guilelmus
→ **Guilelmus ‹Romani›**

Romani, Raimundus
→ **Raimundus ‹Romani›**

Romanis, Humbertus ¬de¬
→ **Humbertus ‹de Romanis›**

Romano ‹di Gallese›
→ **Romanus ‹Papa›**

Romano ‹di Roso›
→ **Romanus ‹Episcopus Rhosis›**

Romano ‹di Tuscolo›
→ **Johannes ‹Papa, XVIIII.›**

Romano ‹il Melode›
→ **Romanus ‹Melodes›**

Romano ‹Papa›
→ **Romanus ‹Papa›**

Romano, ... ¬de¬
um 1306
Annales Veronenses auctore de Romano (1259-1306); Bruder des Matthaeus de Romano (Verfasserschaft ungewiß)
Potth. 95; 983
Auctor ‹de Romano›

Romano, Egidio
→ **Aegidius ‹Romanus›**

Romano, Jehuda Ben-Daniel
→ **Yehûdā Ben-Dāniyyēl ‹Rômanô›**

Romanos ‹der Melode›
→ **Romanus ‹Melodes›**

Romans, Folquet ¬de¬
→ **Folquet ‹de Romans›**

Romanus
→ **LeRomeyn, John**

Romanus ‹Cardinalis›
um 1215
Sermo de poenitentia
Schneyer,V,345
Cardinalis, Romanus
Romain ‹Cardinal›

Romanus ‹de Roma›
ca. 1230 – ca. 1273 · OP
Sententia sententiarum; Sermones
Schneyer,V,345; Stegmüller, Repert. sentent. 755-758; LMA,VII,1002/03
Orsini, Romain
Roma, Romanus ¬de¬
Romain ‹de Rome›
Romain ‹Orsini›
Romanus ‹de Rome›
Romanus ‹de Ursinis›
Romanus ‹de Ursinis de Roma›
Romanus ‹Ursini›
Romanus ‹Ursini de Roma›

Romanus ‹de Tusculo›
→ **Johannes ‹Papa, XVIIII.›**

Romanus ‹de Ursinis›
→ **Romanus ‹de Roma›**

Romanus ‹de Vicentia›
um 1295 · OP
Sermones de tempore et sanctis
Schneyer,V,346
Romain ‹de Vicence›
Romanus ‹Vincentinus›
Vicentia, Romanus ¬de¬

Romanus ‹Episcopus Rhosis›
6. Jh.
Scala (syr.); Contra Theopaschitas (syr.); Confessio fidei
Cpg 7117-7121; DOC,2,1582
Episcopus Rhosis, Romanus
Romano ‹di Roso›
Romanus ‹Rhosis›

Romanus ‹Exarchus›
→ **Smaragdus ‹Exarchus›**

Romanus ‹Melodes›
6. Jh.
LMA,VII,1001; Tusculum-Lexikon; CSGL; LThK
Melodes, Romanus
Romano ‹il Melode›
Romanos ‹der Melode›
Romanos ‹ho Melōdos›
Romanos ‹Melodist›
Romanos ‹Melodos›
Romanos ‹Melodus›
Romanus ‹Melodus›
Romanus ‹Poeta›
Romanus ‹Sanctus›

Romanus ‹Papa›
gest. 897
CSGL; LMA,VII,1002
Romain ‹de Gallensé›
Romain ‹Pape›
Romano ‹di Gallese›
Romano ‹Papa›

Romanus ‹Poeta›
→ **Romanus ‹Melodes›**

Romanus ‹Rhosis›
→ **Romanus ‹Episcopus Rhosis›**

Romanus ‹Sanctus›
→ **Romanus ‹Melodes›**

Romanus ‹Ursini›
→ **Romanus ‹de Roma›**

Romanus ‹Vincentinus›
→ **Romanus ‹de Vicentia›**

Romanus, Aegidius
→ **Aegidius ‹Romanus›**

Romanus, Antonius
→ **Antonius ‹Romanus›**

Romanus, Anonymus
→ **Anonimo ‹Romano›**

Romanus, Cincius
→ **Cincius ‹Romanus›**

Romanus, Eustathius
→ **Eustathius ‹Romanus›**

Romanus, Gentilis
→ **Gentilis ‹Romanus›**

Romanus, Horatius
→ **Horatius ‹Romanus›**

Romanus, John
→ **LeRomeyn, John**

Romanus, Ludovicus
→ **Ludovicus ‹Pontanus›**

Romanus, Paschalis
→ **Paschalis ‹Romanus›**

Romanus, Paschasius
→ **Paschasius ‹Diaconus›**

Romanus, Simon
→ **Simon ‹Romanus›**

Romare, Lars
→ **Lars ‹Romare›**

Rombaut ‹de Doppere›
um 1491/98
Chronique brugeoise, 1491-1498 (fläm.)
Potth. 983
Doppere, Rombaut ¬de¬
Doppere, Rumoldus ¬de¬
Rombaud ‹de Doppere›
Rumoldus ‹de Doppere›

Romée ‹de la Bruguière›
→ **Romeus ‹de Brugaria›**

Romerius ‹Prumiensis›
um 977
Forts. des Chronicon des Regino ‹Prumiensis›
Potth. 983
Romerius
Romerius ‹von Prüm›

Romeu, Johan
→ **Johan ‹Romeu›**

Romeus ‹de Brugaria›
gest. 1313 · OP
Epist. ad Jacobum II Aragoniae regem de Templariis; Biblia rimada
Schönberger/Kible, Repertorium, 17784; Kaeppeli,III,333/334
Brugaria, Romeus ¬de¬
Romée ‹de la Bruguière›
Romeus ‹de Brugaria Catalanus›
Romeus ‹de Bruguera›
Romeus ‹de Çabruguera›
Romeus ‹de Sabrugera›

Romeus ‹de Sabrugera›
→ **Romeus ‹de Brugaria›**

Romeyn, John ¬le¬
→ **LeRomeyn, John**

Rominger, Hans
→ **Raminger, Hans**

Romler ‹von Biber›
→ **Rember ‹von Bibersee›**

Romoaldus ‹Salernitanus›
→ **Romualdus ‹Salernitanus›**

Romolt, Leonardus
→ **Leonardus ‹Romolt›**

Romualdus ‹de Camaldoli›
gest. 1027 · OSBCam
Expositio in nonnulla prophetarum cantica
DOC,2,1582; Stegmüller, Repert. bibl. 7515-7515,2; LMA,VII,1019/20
Camaldoli, Romualdus ¬de¬
Romuald ‹de Camaldoli›
Romuald ‹de l'Ordre des Camaldules›
Romuald ‹de Ravenne›
Romuald ‹Heiliger›
Romuald ‹Onesti›
Romuald ‹Saint›
Romuald ‹von Camaldoli›
Romuald ‹von Ravenna›
Romualdo ‹Abbate›
Romualdo ‹di Ravenna›
Romualdo ‹Santo›
Romualdus ‹Camaldulensis›
Romualdus ‹Camaldulensium Conditor›
Romualdus ‹de Ravenna›
Romualdus ‹Ordinis Camaldulensium›
Romualdus ‹Sanctus›

Romualdus ‹de Ravenna›
→ **Romualdus ‹de Camaldoli›**

Romualdus ‹Salernitanus›
gest. 1181
Annales a hortu Christi; Identität mit dem zeitgenöss. Arzt gleichen Namens nicht gesichert
LThK(2),IX,37; Tusculum-Lexikon; LMA,VII,1019
Romoaldus ‹Salernitanus›
Romuald ‹von Salerno›
Romualdo ‹of Salerno›
Romualdo ‹Salernitano›
Salernitanus, Romualdus

Romualdus ‹Sanctus›
→ **Romualdus ‹de Camaldoli›**

Roncalli, Angelo Giuseppe
→ **Johannes ‹Papa, XXIII.›**

Rondel, Thomas
→ **Thomas ‹Rundel›**

Roniaco, Odo ¬de¬
→ **Odo ‹de Roniaco›**

Ronsberg, Adalbertus ¬de¬
→ **Adalbertus ‹de Ronsberg›**

Roos, Richard
→ **Ros, Richard**

Roovere, Anthonis ¬de¬
→ **Anthonis ‹de Roovere›**

Roquignies, Johannes ¬de¬
→ **Johannes ‹de Roquignies›**

Rorbach, Bernhard
gest. 1482
Familienchronik
Bernard ‹Rorbach›
Bernhard ‹Rorbach›
Rorbach, Bernard

Rorbach, Job
gest. 1502
Tagebuch
VL(2)
Jean ‹Rorbach›
Job ‹Rorbach›
Rorbach, Jean

Rorgo ‹Fretellus›
→ **Fretellus**

Roricius ‹Lemovicensis›
→ **Ruricius ‹Lemovicensis›**

Rorico ‹Laudunensis›
gest. 976
Charta pro restitutione monachorum in abbatia S. Vincentii a. 961
Potth. 984; DOC,2,1582
Rorico ‹Episcopus Laudunensis›
Rorico ‹Laudunensis Episcopus›
Roricon ‹de Laon›

Rorico ‹Moissiacensis›
um 1100
Gesta Francorum, libri IV.; Herkunft aus Amiens umstritten
Potth. 984; DOC,2,1582
Rorico ‹Moissiacensis apud Cadurcos Monachus›
Rorico ‹Monachus Moissiacensis›
Rorico ‹Prior Sancti Dionysii Ambianensis›
Roricon ‹de Saint-Denis à Amiens›

Rorico ‹Prior Sancti Dionysii Ambianensis›
→ **Rorico ‹Moissiacensis›**

Roritzer, Matthäus
ca. 1440 – ca. 1492/95
3 Lehrschriften für Baumeister
VL(2),8,168/171; LMA,VII,1016
Mathes ‹Roritzer›
Matthäus ‹Roritzer›
Mattheis ‹Roritzer›
Matthieu ‹Roritzer›
Matthis ‹Roritzer›
Roriczer, Matthäus
Roritzer, Mathes
Roritzer, Mattheis
Roritzer, Matthieu
Roritzer, Matthis

Ros, Richard
geb. 1429
La Belle Dame sans Mercy
LMA,VII,1025
Richard ⟨Ros⟩
Roos, Richard

Rosanna ⟨de Negusanti⟩
→ **Humilitas ⟨de Faventia⟩**

Rosariis, Monaldus ¬de¬
→ **Monaldus ⟨de Iustinopoli⟩**

Rosate, Albericus ¬de¬
→ **Albericus ⟨de Rosate⟩**

Roscelinus
ca. 1045 – 1120/25
Epistula ad P. Abaelardum
LThK; LMA,VII,1029/30; Tusculum-Lexikon
Jean ⟨Roscelin⟩
Johannes ⟨Roselinus⟩
Roscelin
Roscelin ⟨von Compiègne⟩
Roscelin, Jean
Roscelinus ⟨Britannicus⟩
Roscelinus ⟨Compendiensis⟩
Roscelinus ⟨de Compendio⟩
Roscelinus ⟨Rucelinus⟩
Roscelinus ⟨Ruzelius⟩
Roscellin
Roscellinus
Roscellinus ⟨de Compendio⟩
Roscellinus ⟨de Compiègne⟩
Roselinus, Johannes

Rosch
→ **Āšēr Ben-Yeḥî'ēl**

Rose, Hermannus
→ **Hermannus ⟨Rose⟩**

Rose, Robertus
→ **Robertus ⟨Rossus⟩**

Rosebrochius, Johannes
→ **Ruusbroec, Jan ¬van¬**

Roselinus, Johannes
→ **Roscelinus**

Rosell, Nicolaus
1314 – 1362 · OP
Mt.
Stegmüller, Repert. bibl. 6009; LMA,VII,1032/33; Potth. 846,984
François-Nicolas ⟨Cardinal d'Aragon⟩
François-Nicolas ⟨de Roselli⟩
Niccolò ⟨Rosell⟩
Niccolò ⟨Roselli⟩
Nicolas ⟨Cardenal d'Aragon⟩
Nicolas ⟨Rossell⟩
Nicolaus ⟨Rosell⟩
Nicolaus ⟨Rosell Maioricensis⟩
Nicolaus ⟨Roselli⟩
Nicolaus ⟨Rosellius⟩
Nicolaus ⟨Rosselli⟩
Nikolaus ⟨Kardinal von Aragon⟩
Nikolaus ⟨Rosell⟩
Roselli, Niccolò
Roselli, Nicolas
Roselli, Nicolaus

Roselli, Antonio
→ **Antonius ⟨de Rosellis⟩**

Roselli, Niccolò
→ **Rosell, Nicolaus**

Rosellis, Antonius ¬de¬
→ **Antonius ⟨de Rosellis⟩**

Rosenberg
um 1451/67
Lied
VL(2),8,177/179
Rosenberg ⟨Poursuivant à Erfurt⟩
Rosenberg ⟨Unterherold⟩
Rosenberg ⟨von Erfurt⟩

Rosenbluet, Johann
→ **Rosenplüt, Hans**

Rosenbusch, Hans
ca. 1385 – ca. 1461
Vill hubscher frag, warumb solich pestilencz regniert
VL(2),8,179/182
Hans ⟨Rosenbusch⟩

Rosenheim, Petrus ¬de¬
→ **Petrus ⟨de Rosenheim⟩**

Rosenheimer ⟨Meister⟩
→ **Rosenheimer, Johann Ulrich**

Rosenheimer, Johann Ulrich
15. Jh.
3 mnemotechnische Texte
VL(2),8,193/194
Johann Ulrich ⟨Rosenheimer⟩
Rosenheimer ⟨Meister⟩
Rosenheimer von Straßburg, Johann Ulrich
Straßburg, Johann Ulrich ¬von¬

Rosenplüt, Hans
ca. 1400 – 1460
VL(2),8,195/232; Meyer; LMA,VII,1037
Hans ⟨Rosenplüt⟩
Hans ⟨Schnepperer⟩
Hans ⟨Snepperer⟩
Rosenbluet, Johann
Rosenblut, Hans
Rosenblüt, Hans
Rosenblüt-Schnepperer, Hans
Rosenplüt, Hanns
Rosenplut, Hans
Schnepperer
Schnepperer, Hans
Schnepperer, Hans Rosenblüt-
Schwätzer, Hans
Sneperer, Hans
Snepperer, Hans

Rosergio, Bernardus ¬de¬
→ **Bernardus ⟨de Rosergio⟩**

Roseth, Rogerus
→ **Rogerus ⟨Roseth⟩**

Rositzius, Sigismundus
gest. 1470 · OESA
Chronica et numerus episcoporum Vratislaviensium 1051-1468; Gesta diversa transactis temporibus facta in Silesia et alibi 1237-1470; Berichte über die "Hussitenkriege„
Potth. 984
Rosicz, Sigismond
Rositz, Sigesmund
Rosiz, Sigismundus
Rousiz, Sigismundus
Sigesmund ⟨Rositz⟩
Sigismond ⟨Rosicz⟩
Sigismundus ⟨Rositzius⟩
Sigismundus ⟨Rosiz⟩
Sigismundus ⟨Rousiz⟩

Rosla, Henricus
um 1291
Herlingsberga
Potth. 985; LMA,IV,2105; VL(2)8,233/36
Heinrich ⟨Rosla⟩
Henricus ⟨Rosla⟩
Henricus ⟨Rosla Nienborgensis⟩
Henrik ⟨Rosla⟩
Henrik ⟨Rosla von Nienborch⟩
Rosla, Heinrich
Rosla, Henrik

Rosmital und Blatna, Leo
→ **Leo ⟨de Rozmital⟩**

Rosner ⟨der Clain Man⟩
um 1474/77
Dy ordnung da man den juden zu regenspurg hat predigt
VL(2),8,239/240
Clain Man, Rosner ¬der¬

Rosner, Hans
15. Jh.
Der Einsiedel; Der Frauenkrieg; Die Handwerke
VL(2),8,240/242
Hans ⟨Rosner⟩
Rosner, ...
Rössner, Hans

Rosny, Eudes ¬de¬
→ **Odo ⟨de Roniaco⟩**

Ross, Adam ¬de¬
→ **Adam ⟨de Ross⟩**

Ross, Johannes
gest. 1491
Historia regum Angliae; Historiola de comitibus Warwicensibus
Potth. 985
Jean ⟨Ross⟩
Johannes ⟨Ross⟩
Johannes ⟨Rosse⟩
Johannes ⟨Rossus⟩
Johannes ⟨Rowse⟩
Johannes ⟨Rufus⟩
Ross, Jean
Rosse, Johannes
Rossus, Johannes
Rowse, Johannes
Rufus, Johannes

Rossellino, Antonio
1427 – 1479
Bildhauer
Antoine ⟨Rossellino⟩
Antonio ⟨Rossellino⟩
Rosselino, Antonio
Rossellino, Antoine

Rossellino, Bernardo
1409 – 1464
Architekt und Bildhauer
Bernard ⟨Rossellino⟩
Bernardo ⟨Rossellino⟩
Rosselino, Bernardo
Rossellino, Bernard

Rosseto, Petrus ¬de¬
→ **Petrus ⟨Marini de Rosseto⟩**

Rossiaco, Petrus ¬de¬
→ **Petrus ⟨de Rossiaco⟩**

Rossonibus, Dinus ¬de¬
→ **Dinus ⟨Mugellanus⟩**

Rossus, Johannes
→ **Ross, Johannes**

Rossus, Robertus
→ **Robertus ⟨Rossus⟩**

Rossy, Thomas ¬de¬
→ **Thomas ⟨de Rossy⟩**

Rost
gest. 1330
9 Minnelieder
VL(2),8,249/251
Heinrich ⟨der Rost⟩
Rost ⟨Kirchherr zu Sarnen⟩
Rost ⟨Minnesinger Allemand⟩
Rost, Heinrich ¬der¬

Rost, Maurus
12. Jh. · OSB
Vita Bennonis episc. Osnabrug. (vita metr.)
Potth. 985
Iburg, Maur ¬d'¬
Maur ⟨d'Iburg⟩
Maur ⟨Rost⟩
Maurus ⟨Iburgensis⟩
Maurus ⟨Rost⟩
Maurus ⟨Rostius⟩
Rost, Maur
Rostius, Maurus

Rost, Pierre
→ **Rostius, Petrus**

Rostangnus ⟨Cluniacensis⟩
geb. 1206 · OSB
Narratio exc. capitis S. Clementis pp. (gest. ca. 100)
Potth. 985; DOC,2,1582
Rostagnus ⟨Cistercienser⟩
Rostagnus ⟨Cluniacensis⟩
Rostang ⟨de Cluny⟩
Rostangnus
Rostangnus ⟨Monachus Cluniacensis⟩

Rostius, Maurus
→ **Rost, Maurus**

Rostius, Petrus
Lebensdaten nicht ermittelt · OPraem
Vita B. Hildegundis comitissae
Potth. 985
Petrus ⟨Rostius⟩
Petrus ⟨Steinveldensis⟩
Pierre ⟨de Steinfeld⟩
Pierre ⟨Rost⟩
Rost, Pierre

Rostock, Bernhard ¬von¬
→ **Bernhard ⟨von Rostock⟩**

Rosvita ⟨Suor⟩
→ **Hrotsvita ⟨Gandeshemensis⟩**

Roswin
15. Jh.
1 Marienlied
VL(2),8,259/260

Roswitha ⟨von Gandersheim⟩
→ **Hrotsvita ⟨Gandeshemensis⟩**

Rot, Conradus
→ **Bart, Conradus**

Rot, Hans
gest. 1452
Pilgerreise 1440
Potth. 985; VL(2),8,260/262
Hans ⟨Rot⟩
Jean ⟨Rot⟩
Rot, Jean

Rot, Peter
gest. 1487
Pilgerreise 1453
Peter ⟨Rot⟩
Pierre ⟨Rot⟩
Rot, Pierre

Rotbertus ⟨...⟩
→ **Robertus ⟨...⟩**

Rote, Johannes
→ **Rothe, Johannes**

Rote Arnold, ¬Der¬
→ **Arnold ⟨der Rote⟩**

Rotelande, Huon ¬de¬
→ **Huon ⟨de Rotelande⟩**

Rotenberg, Henricus
→ **Henricus ⟨Rotenberg⟩**

Rotenburg, Conradus ¬de¬
→ **Conradus ⟨de Rotenburg⟩**

Rotenburg, Petrus ¬de¬
→ **Petrus ⟨de Rotenburg⟩**

Rotenburg, Rudolf ¬von¬
→ **Rudolf ⟨von Rotenburg⟩**

Rotenhaslach, Nikolaus ¬von¬
→ **Nikolaus ⟨von Rotenhaslach⟩**

Rotenpeck, Hieronymus
gest. ca. 1473/74 · OESA
1 Dankesbrief; 1 Abriß der Prosodie; Carmen in 3 Büchern für Papst Pius II
VL(2),8,265/269
Hieronymus ⟨a Rottenburg⟩
Hieronymus ⟨Rotenpeck⟩

Rotfridus
um 882/83
Vielleicht Verf. der Translationes S. Remigii episcopi Remensis
Potth. 985
Rotfrid ⟨Hagiographe⟩

Roth, Martinus
→ **Martinus ⟨Rath⟩**

Rothadus ⟨Suessionensis⟩
um 832/69
Libellus proclamationis
LMA,VII,1049
Rothad ⟨von Soissons⟩
Rothad ⟨von Soissons, II.⟩
Rothade ⟨de Soissons⟩
Rothade ⟨Evêque⟩
Rothadus ⟨Episcopus⟩
Rothardus ⟨Episcopus⟩
Rothardus ⟨Suessionensis⟩

Rothar ⟨König der Langobarden⟩
→ **Rothari ⟨Langobardenreich, König⟩**

Rothardus ⟨Suessionensis⟩
→ **Rothadus ⟨Suessionensis⟩**

Rothari ⟨Langobardenreich, König⟩
gest. 652
Chronicon Rothari; Edictus; Leges (aus Lex Lombarda)
Potth. 985; Cpl 1178;1808; LMA,VII,1050/51
Rothar ⟨König der Langobarden⟩
Rothari ⟨Brescia, Herzog⟩
Rothari ⟨König der Langobarden⟩
Rothari ⟨König der Langobarden⟩
Rotharis ⟨Brescia, Duc⟩
Rotharis ⟨Jurisconsulte⟩
Rotharis ⟨Roi des Lombards⟩
Rotharius ⟨Rex Langobardorum⟩

Rotharis ⟨Brescia, Duc⟩
→ **Rothari ⟨Langobardenreich, König⟩**

Rotharius ⟨Rex Langobardorum⟩
→ **Rothari ⟨Langobardenreich, König⟩**

Rothe, Johannes
ca. 1360 – 1434
Ratgedichte; Fürstenratgeber; Eisenacher Rechtsbuch; etc.
Potth. 985; VL(2),8,277/285; LMA,VII,1050
Jean ⟨Rothe⟩
Johann ⟨Rothe⟩
Johannes ⟨de Dienstknecht Godts⟩
Johannes ⟨Rote⟩
Johannes ⟨Rothe⟩
Rote, Johannes
Rothe, Jean
Rothe, Johann

Rothen, Gerardus
→ **Gerardus ⟨Rothen⟩**

Rothenburg, Mē'îr Ben-Bārûḵ
→ **Mē'îr Ben-Bārûḵ ⟨Rothenburg⟩**

Rothut, Johannes
→ **Johannes ⟨von Indersdorf⟩**

Rothwell, Guilelmus
→ **Guilelmus ⟨Rothwell⟩**

Rotingo, Philippus ¬de¬
→ **Philippus ⟨de Rotingo⟩**

Rotram
→ **Ratramnus ⟨Corbiensis⟩**

Rotrocus ⟨Rothomagensis⟩
→ **Rotrodus ⟨Rothomagensis⟩**

Rotrodus ⟨Rothomagensis⟩
gest. ca. 1174
Epistulae
Rotrocus ⟨Rothomagensis⟩
Rotrodus ⟨Archiepiscopus⟩
Rotrodus ⟨de Bellomonte⟩
Rotrou ⟨de Beaumont⟩
Rotrou ⟨de Beaumont-le-Roger⟩
Rotrou ⟨de Rouen⟩
Rotrou ⟨d'Evreux⟩

Rotrou ⟨de Beaumont⟩
→ **Rotrodus ⟨Rothomagensis⟩**

Rotrou ⟨de Rouen⟩
→ **Rotrodus ⟨Rothomagensis⟩**

Rotrou ⟨d'Evreux⟩
→ **Rotrodus ⟨Rothomagensis⟩**

Rotstock, Henricus
→ **Henricus ⟨Rotstock⟩**

Rotter, ¬Der¬
14. Jh.
1 Lied
VL(2),8,289/290
Der Rotter
Peter ⟨Rötter⟩
Rötter, Peter

Rottveil, Adam ¬de¬
→ **Adamus ⟨Rotwilensis⟩**

Rotweil, Adam ¬von¬
→ **Adamus ⟨Rotwilensis⟩**

Rouen, Étienne ¬de¬
→ **Stephanus ⟨Rothomagensis⟩**

Rousergues, Bernard ¬de¬
→ **Bernardus ⟨de Rosergio⟩**

Rousiz, Sigismundus
→ **Rositzius, Sigismundus**

Rovere, Francesco ¬della¬
→ **Sixtus ⟨Papa, IV.⟩**

Rowse, Johannes
→ **Ross, Johannes**

Rowse, Richard
→ **Richardus ⟨Rufus⟩**

Roxiate, Albericus ¬de¬
→ **Albericus ⟨de Rosate⟩**

Roya, Aegidius ¬de¬
→ **Aegidius ⟨de Roya⟩**

Royardus, Arnoldus
→ **Arnoldus ⟨Royardus⟩**

Roye, Gilles ¬de¬
→ **Aegidius ⟨de Roya⟩**

Roye, Guy ¬de¬
ca. 1345 – 1409
Doctrinal de sapience
LMA,VII,1066/67; Rep.Font. V,365
Guy ⟨de Roye⟩

Roye, Jean ¬de¬
→ **Jean ⟨de Roye⟩**

Royseth, Roger
→ **Rogerus ⟨Roseth⟩**

Rozmital, Leo ¬de¬
→ **Leo ⟨de Rozmital⟩**

Ru'ainī, Aḥmad Ibn-Yūsuf ¬ar-¬
gest. 1377
Abū-Ǧa'far ar-Ru'ainī, Aḥmad Ibn-Yūsuf
Aḥmad Ibn-Yūsuf ar-Ru'ainī
Ibn-Yūsuf, Aḥmad ar-Ru'ainī
Ibn-Yūsuf ar-Ru'ainī, Aḥmad

Rube, Eccardus
gest. 1337 · OP
6 Predigten in der Sammlung „Paradisus anime intellegentis"
Stegmüller, Repert. bibl.; VL(2),8,290/93; Kaeppeli,I,361/362
Eccardus ⟨Rube⟩
Echardus ⟨Rube⟩
Eckardus ⟨Rube⟩
Eckhard ⟨Rube⟩
Eckhart ⟨Rube⟩
Rube, Eckhard
Rube, Eckhart

Rubeis, Johannes ¬de¬
→ **Johannes ⟨de Rubeis⟩**

Rubeis, Petrus ¬de¬
→ **Petrus ⟨de Rubeis⟩**

Ruberto ⟨Monaco⟩
→ **Robertus ⟨Remensis⟩**

Rubertus ⟨...⟩
→ **Robertus ⟨...⟩**

Rubeus, Franciscus
→ **Franciscus ⟨de Marchia⟩**

Rubin
13. Jh.
74 Liedstrophen; möglicherweise ident. mit einer Person des Sängerpaars Rubin und Rüdeger, von dem die Jenaer Liederhandschrift Spruchstrophen überliefert; außerdem sind in der Heidelberger Liederhandschrift Minnestrophen enthalten, die eventuell ebenfalls diesem oder diesen Verfasser(n) zuzuordnen sind
VL(2),8,293/296 bzw. 297/298
Robin
Robin und Rudinger
Robyn
Rubin ⟨Her⟩
Rubin ⟨von Rüdeger⟩
Rubin ⟨von Rüôeger⟩
Rubin und Rüdeger
Rüdeger
Rüdiger
Rudinger
Rudinger ⟨Meister⟩
Ruedeger, Rubin ¬von¬

Rubin ⟨MacConnadh⟩
gest. 725
Collectio canonum Hibernensis
Cpl 1794
MacConnadh, Rubin
Rubin ⟨Mac Connadh⟩

Rubin und Rüdeger
→ **Rubin**

Rubione, Guilelmus ¬de¬
→ **Guilelmus ⟨de Rubione⟩**

Rubrochius, Johannes
→ **Ruusbroec, Jan ¬van¬**

Rubruquis, Guilelmus ¬de¬
ca. 1215 – ca. 1270 · OFM
Itinerarium ad partes orientales
LThK; LMA,IX,184/85
Guilelmus ⟨de Rubruc⟩
Guilelmus ⟨de Rubruquis⟩
Guilelmus ⟨de Ruysbroek⟩
Guilelmus ⟨Rubrocus⟩
Guilelmus ⟨Rubruquensis⟩
Guilelmus ⟨Ruysbrockius⟩
Guillaume ⟨de Rubrouck⟩
Guillaume ⟨de Rubruk⟩
Guillaume ⟨de Rubruquis⟩
Rubrouck, Guillaume ¬de¬
Rubruck, Wilhelm ¬von¬
Rubruk, Wilhelm ¬von¬
Rubruquis, Guillaume ¬de¬
Rubruquis, Gulielmus ¬de¬
Ruysbroeck, Willem ¬van¬
Ruysbroek, Willem ¬van¬
Wilhelm ⟨von Rubruk⟩
Wilhelmus ⟨de Rubruc⟩
Wilhelmus ⟨Rubruquensis⟩

Rucellai, Johannes
→ **Santi ⟨Rucellai⟩**

Rucellai, Pandolfo
→ **Santi ⟨Rucellai⟩**

Rucherath, Johannes
→ **Johannes ⟨de Wesalia⟩**

Ruckersburg, Simon ¬von¬
→ **Simon ⟨von Ruckersburg⟩**

Ruczel, Andreas
→ **Andreas ⟨Ruczel⟩**

Rudaki
→ **Rūdakī, Abū-'Abdallāh Ǧa'far**

Rudaki, Abu Abdallakh Dzha'far ibn Muhammad
→ **Rūdakī, Abū-'Abdallāh Ǧa'far**

Rudaki, Abu Abdellah Dschafar
→ **Rūdakī, Abū-'Abdallāh Ǧa'far**

Rūdakī, Abū-'Abdallāh Ǧa'far
858 – 940/41
Abū-'Abdallāh Ǧa'far Rūdakī
Rōdakī
Rōdhakī
Rudaki
Rudaki, Abu Abdallakh Dzha'far ibn Muhammad
Rudaki, Abu Abdellah Dschafar

Rudbertus ⟨...⟩
→ **Rupertus ⟨...⟩**

Rudborne, Thomas
→ **Thomas ⟨Rudburnus, ...⟩**

Rudeger ⟨Heunchovaer⟩
→ **Rüdeger ⟨der Hinkhofer⟩**

Rudel, Jaufré
→ **Jaufré ⟨Rudel⟩**

Rudiger ⟨der Hunthover⟩
→ **Rüdeger ⟨der Hinkhofer⟩**

Rudiger ⟨Dole de Ruremunde⟩
→ **Rogerus ⟨Dole de Roermundia⟩**

Rudigerus ⟨Magister⟩
→ **Ruedigerus ⟨Magister⟩**
→ **Rutgerus ⟨de Klosterneuburg⟩**

Rudigerus ⟨Niwenburgensis⟩
→ **Rutgerus ⟨de Klosterneuburg⟩**

Rudinger
→ **Rubin**

Rudolf ⟨Agricola⟩
→ **Agricola, Rudolf**

Rudolf ⟨Brinkind⟩
→ **Brinkind, Rudolf**

Rudolf ⟨Burgund, König, ...⟩
→ **Rodolphe ⟨Bourgogne, Roi, ...⟩**

Rudolf ⟨Colonna⟩
→ **Columna, Landulphus ¬de¬**

Rudolf ⟨der Schreiber⟩
Lebensdaten nicht ermittelt
3 Lieder
VL(2),8,374/375
Rodolphe ⟨der Schreiber⟩
Rodolphe ⟨Secrétaire⟩
Rudolf ⟨der Schriber⟩
Rudolf ⟨Minnesänger⟩
Schreiber, Rudolf ¬der¬

Rudolf ⟨Fenis-Neuenburg, Graf, II.⟩
→ **Rudolf ⟨von Fenis-Neuenburg⟩**

Rudolf ⟨Frater⟩
→ **Rudolfus ⟨de Biberaco⟩**

Rudolf ⟨Fürstbischof von Lavant und Breslau⟩
→ **Rudolfus ⟨de Rüdesheim⟩**

Rudolf ⟨Goltschlacher⟩
→ **Goltschlacher, Rudolf**

Rudolf ⟨Habsburg, Graf, I.⟩
→ **Rudolf ⟨Römisch-Deutsches Reich, König, I.⟩**

Rudolf ⟨Hochburgund, König, ...⟩
→ **Rodolphe ⟨Bourgogne, Roi, ...⟩**

Rudolf ⟨Losse⟩
→ **Losse, Rudolf**

Rudolf ⟨Minnesänger⟩
→ **Rudolf ⟨der Schreiber⟩**
→ **Rudolf ⟨von Fenis-Neuenburg⟩**

Rudolf ⟨Montigel⟩
→ **Montigel, Rudolf**

Rudolf ⟨Neuenburg, Graf, II.⟩
→ **Rudolf ⟨von Fenis-Neuenburg⟩**

Rudolf ⟨of Fulda⟩
→ **Rudolfus ⟨Fuldensis⟩**

Rudolf ⟨Römisch-Deutsches Reich, König, I.⟩
1218 – 1291
Epistola; Pax cum Carolo I rege Siciliae a. 1280; Registri fragmentum; Tractatus et pacta cum Otakaro rege Bohemiae a. 1276/77
Potth. 988; LMA,VII,1072/75
Rodolphe ⟨Alsace, Landgrave⟩
Rodolphe ⟨Roi des Romains⟩
Rudolf ⟨Habsburg, Graf, I.⟩
Rudolf ⟨Römisch-Deutsches Reich, Kaiser, I.⟩
Rudolf ⟨von Habsburg⟩
Rudolfus ⟨Germania, Rex, I.⟩
Rudolfus ⟨Habsburgicus⟩
Rudolfus ⟨Rex Romanorum, I.⟩
Rudolph ⟨Germania, Imperator, I.⟩
Rudolphus ⟨Germania, Imperator, I.⟩

Rudolf ⟨Saxo⟩
→ **Ludolphus ⟨de Saxonia⟩**

Rudolf ⟨Schwenninger⟩
→ **Schwenninger, Rudolf**

Rudolf ⟨Stadeck, II.⟩
→ **Stadegge, ¬Der von¬**

Rudolf ⟨Suchensis⟩
→ **Ludolphus ⟨Suchensis⟩**

Rudolf ⟨von Biberach⟩
→ **Rudolfus ⟨de Biberaco⟩**

Rudolf ⟨von Bourges⟩
→ **Radulfus ⟨Bituricensis⟩**

Rudolf ⟨von Ems⟩
ca. 1200 – 1254
Wilhelm von Orleans
LThK, LMA,VII,1084; VL(2),8,322/45
Ems, Rudolf ¬von¬
Montfort, Rudolf ¬von¬
Rodolfo ⟨di Ems⟩
Rodolphe ⟨de Hohen-Ems⟩
Rodolphe ⟨Minnesinger⟩
Rudolf ⟨von Hohen-Ems⟩
Rudolf ⟨von Montfort⟩
Rudolfus ⟨de Altemps⟩
Rudolfus ⟨de Ems⟩
Rudolfus ⟨de Hohenems⟩
Rudolph ⟨von Ems⟩
Ruodolf ⟨von Ense⟩

Rudolf ⟨von Fenis-Neuenburg⟩
gest. 1192/96
Minnesänger
VL(2),8,345/51; LMA,VII,1084/75
Fenis, Rudolf ¬von¬
Fenis-Neuenburg, Rudolf ¬von¬
Neuenburg, Rudolf ¬von¬
Neuenburg, Rudolf von F.-
Niuwenburg, Rudolf ¬von¬
Rudolf ⟨Fenis-Neuenburg, Graf, II.⟩
Rudolf ⟨Graf⟩
Rudolf ⟨Minnesänger⟩
Rudolf ⟨Neuenburg, Graf, II.⟩
Rudolf ⟨von Fenis⟩

Rudolf ⟨von Fulda⟩
→ **Rudolfus ⟨Fuldensis⟩**

Rudolf ⟨von Gengenbach⟩
um 1400
3 Sprüche aus Predigten
VL(2),8,356
Gengenbach, Rudolf ¬von¬

Rudolf ⟨von Habsburg⟩
→ **Rudolf ⟨Römisch-Deutsches Reich, König, I.⟩**

Rudolf ⟨von Hohen-Ems⟩
→ **Rudolf ⟨von Ems⟩**

Rudolf ⟨von Klingenberg⟩
um 1279/91 · OP
Predigt auf Johannes Evangelista
VL(2),8,358/360
Klingenberg, Rudolf ¬von¬

Rudolf ⟨von Liebegg⟩
→ **Rudolfus ⟨de Liebegg⟩**

Rudolf ⟨von Lübeck⟩
→ **Rudolfus ⟨de Liebegg⟩**

Rudolf ⟨von Montfort⟩
→ **Rudolf ⟨von Ems⟩**

Rudolf ⟨von Rotenburg⟩
13. Jh.
5 Minneleichen; Minnelieder
VL(2),8,366/369
Rodolphe ⟨de Rotenburg⟩
Rotenburg, Rudolf ¬von¬
Rudolf ⟨von Rothenburg⟩
Rudolph ⟨von Rotenburg⟩

Rudolf ⟨von Rüdesheim⟩
→ **Rudolfus ⟨de Rüdesheim⟩**

Rudolf ⟨von Sankt Trond⟩
→ **Rudolfus ⟨Sancti Trudonis⟩**

Rudolf ⟨von Schlettstadt⟩
→ **Rudolfus ⟨de Schlettstadt⟩**

Rudolf ⟨von Stadeck⟩
→ **Stadegge, ¬Der von¬**

Rudolf ⟨von Sudheim⟩
→ **Ludolphus ⟨Suchensis⟩**

Rudolf ⟨von Torta⟩
→ **Radulfus ⟨Tortarius⟩**

Rudolfi de Hammelburg, Theodoricus
→ **Theodoricus ⟨Rudolfi de Hammelburg⟩**

Rudolfus ⟨Abbas Cluniacensis⟩
→ **Rudolfus ⟨Cluniacensis⟩**

Rudolfus ⟨Abbas Sancti Pantaleonis Coloniensis⟩
→ **Rudolfus ⟨Sancti Trudonis⟩**

Rudolfus ⟨Agricola⟩
→ **Agricola, Rudolf**

Rudolfus ⟨Ardens⟩
→ **Radulfus ⟨Ardens⟩**

Rudolfus ⟨Bituricensis⟩
→ **Radulfus ⟨Bituricensis⟩**

Rudolfus ⟨Burgundia Transiurensis, Rex, ...⟩
→ **Rodolphe ⟨Bourgogne, Roi, ...⟩**

Rudolfus ⟨Cameracensis⟩
11./12. Jh.
Vita Lietberti, episcopi Cameracensis
DOC,2,1561; Potth. 988
Radulfus ⟨Cameracensis⟩
Radulfus ⟨Sancti Sepulchri⟩
Radulfus ⟨von Cambray⟩
Rodolphe ⟨de Cambrai⟩
Rodolphe ⟨du Saint-Sépulcre⟩
Rudolfus ⟨Monachus Cameracensis⟩
Rudolfus ⟨Monachus Sancti Sepulcri⟩
Rudolfus ⟨Sancti Sepulcri⟩

Rudolfus ⟨Cantuariensis⟩
→ **Radulfus ⟨Cantuariensis⟩**

Rudolfus ⟨Casae Dei⟩
um 1103 · OSB
Vita S. Adelelmi
Potth. 988
Casae Dei, Rudolfus
Rodolphe ⟨Casae Dei⟩
Rodolphe ⟨de Casa Dei⟩
Rodolphe ⟨de la Chaise-Dieu⟩
Rudolfus ⟨Monachus Casae Dei⟩
Rudolph ⟨von Case-Dieu⟩

Rudolfus ⟨Cluniacensis⟩
→ **Radulfus ⟨Glaber⟩**

Rudolfus ⟨Cluniacensis⟩
gest. 1177 · OSB
Vita B. Petri Mauricii cogn. Venerabilis
Potth. 987
Radulfus ⟨Cluniacensis Monachus⟩
Rodolphe ⟨de la Charité-sur-Loire⟩
Rudolfus ⟨Abbas Cluniacensis⟩
Rudolfus ⟨de Cluny⟩
Rudolfus ⟨Monachus Cluniacensis⟩

Rudolfus ⟨Coloniensis⟩
→ **Richolfus ⟨de Colonia⟩**
→ **Rudolfus ⟨Sancti Trudonis⟩**

Rudolfus ⟨de Altemps⟩
→ **Rudolf ⟨von Ems⟩**

Rudolfus ⟨de Biberaco⟩
um 1270/1326 · OFM
De officio Cherubim; De septem donis Spiritus Sancti; De septem itineribus aeternitatis; etc.
Stegmüller, Repert. bibl. 7517 - 7520; VL(2),8,312/21; Schönberger/Kible, Repertorium, 17790/17792
Biberach, Rudolf ¬von¬
Biberach, Rudolfus ¬de¬
Rodolphe ⟨de Biberach⟩
Rodolphe ⟨de Bibrach⟩
Rudolf ⟨Frater⟩
Rudolf ⟨von Biberach⟩
Rudolfus ⟨de Bibaco⟩
Rudolfus ⟨de Biberach⟩
Rudolfus ⟨de Bibracho⟩
Rudolfus ⟨de Bibraco⟩
Rudolph ⟨von Biberach⟩
Rudolphus ⟨de Biberach⟩

Rudolfus ⟨de Cluny⟩
→ **Rudolfus ⟨Cluniacensis⟩**

Rudolfus ⟨de Columna⟩
→ **Columna, Landulphus ¬de¬**

Rudolfus ⟨de Cornaco⟩
um 1345
Stegmüller, Repert. sentent. 749,1
Cornaco, Rodulfus ¬de¬
Rodulfus ⟨de Cornaco⟩

Rudolfus ⟨de Ems⟩
→ **Rudolf ⟨von Ems⟩**

Rudolfus ⟨de Erfordia⟩
14. Jh.
Quaestiones super libros De anima
Lohr
Erfordia, Rudolfus ¬de¬
Rudolfus ⟨de Herfordia⟩
Rudolfus ⟨Magister⟩

Rudolfus ⟨de Frameinsperg⟩
um 1346
Itinerarium in Palaestinam ad montem Sinai et in Aegytum a. 1346
Potth. 987
Frameinsberg, Rudolph ¬de¬
Frameinsperg, Rudolfus ¬de¬
Frameynsperg, Rudolfus ¬de¬
Rudolfus ⟨de Frameynsperg⟩
Rudolph ⟨de Frameinsberg⟩

Rudolfus ⟨de Herfordia⟩
→ **Rudolfus ⟨de Erfordia⟩**

Rudolfus ⟨de Hirsau⟩
→ **Rudolfus ⟨Hirsaugiensis⟩**

Rudolfus ⟨de Hohenems⟩
→ **Rudolf ⟨von Ems⟩**

Rudolfus ⟨de Liebegg⟩
ca. 1275 – 1332
Gedicht; Memorialverse; Pastorale novellum
VL(2),8,360/364; DOC,2,1583
Liebegg, Rudolfus ¬de¬
Rodolphe ⟨de Lubeck⟩
Rudolf ⟨von Liebeck⟩
Rudolf ⟨von Liebegg⟩
Rudolf ⟨von Liebenegg⟩
Rudolf ⟨von Lübeck⟩
Rudolf ⟨von Lubeck⟩

Rudolfus ⟨de Radegg⟩
um 1311/27
Capella Heremitana (3 Bücher lokalgeschichtl. Inhalts)
Potth. 987; VL(2),8,364/366
Radegg, Rudolfus ¬de¬
Rodolphe ⟨de Radegg⟩
Rudolfus ⟨Scholasticus Einsidlensis⟩
Rudolph ⟨von Radegg⟩

Rudolfus ⟨de Rehats⟩
um 1346 · OP
Tabula de notabilibus expos. regulae b. Augustini
Kaeppeli,III,335
Rehats, Rudolfus ¬de¬

Rudolfus ⟨de Rivo⟩
→ **Radulfus ⟨de Rivo⟩**

Rudolfus ⟨de Rüdesheim⟩
1402 – 1482
Promemoria
Stegmüller, Repert. bibl. 7521-7528; Stegmüller, Repert. sentent. 760; LMA,VII,1081
Fabri, Rudolfus
Rodolphe ⟨de Rüdesheim⟩
Rüdesheim, Rudolfus ¬de¬
Rudolf ⟨Fürstbischof von Lavant und Breslau⟩
Rudolf ⟨von Rüdesheim⟩
Rudolfus ⟨Fabri⟩
Rudolfus ⟨Fabri de Rüdesheim⟩

Rudolfus ⟨de Schlettstadt⟩
13. Jh. · OP
Historiae memorabiles
VL(2),8,369/371
Rudolf ⟨von Schlettstadt⟩
Rudolf ⟨von Sclettstadt⟩
Rudolfus ⟨Scelestatensis⟩
Schlettstadt, Rudolfus ¬de¬

Rudolfus ⟨Decanus⟩
→ **Radulfus ⟨de Rivo⟩**

Rudolfus ⟨Episcopus⟩
→ **Radulfus ⟨Bituricensis⟩**

Rudolfus ⟨Fabri⟩
→ **Rudolfus ⟨de Rüdesheim⟩**

Rudolfus ⟨Floriacensis⟩
→ **Radulfus ⟨Tortarius⟩**

Rudolfus ⟨Fuldensis⟩
gest. 865
LThK; CSGL; LMA,VII,1085; VL(2),8,351/56; Tusculum-Lexikon
Rodolphe ⟨de Fulde⟩
Rudolf ⟨of Fulda⟩
Rudolf ⟨von Fulda⟩
Rudolfo ⟨di Fulda⟩
Rudolfo ⟨Fuldensis⟩
Rudolfus ⟨Magister⟩
Rudolfus ⟨Monachus⟩
Rudolfus ⟨Presbyter⟩
Ruodolfus

Rudolfus ⟨Germania, Rex, ...⟩
→ **Rudolf ⟨Römisch-Deutsches Reich, König, ...⟩**

Rudolfus ⟨Glaber⟩
→ **Radulfus ⟨Glaber⟩**

Rudolfus ⟨Goldschlager⟩
→ **Goltschlacher, Rudolf**

Rudolfus ⟨Hirsaugiensis⟩
um 887 · OSB
Tob.
Stegmüller, Repert. bibl. 7530
Rodolphe ⟨de Hirschau⟩
Rodolphe ⟨Hirsaugiensis⟩
Rudolfus ⟨de Hirsau⟩

Rudolfus ⟨Lockesley⟩
→ **Radulfus ⟨Lockesley⟩**

Rudolfus ⟨Magister⟩
→ **Rudolfus ⟨de Erfordia⟩**
→ **Rudolfus ⟨Fuldensis⟩**

Rudolfus ⟨Maideston⟩
→ **Radulfus ⟨de Maidstone⟩**

Rudolfus ⟨Marcianensis⟩
→ **Rudolfus ⟨Sancti Trudonis⟩**

Rudolfus ⟨Medwegedune⟩
→ **Radulfus ⟨de Maidstone⟩**

Rudolfus ⟨Monachus⟩
→ **Rudolfus ⟨Fuldensis⟩**

Rudolfus ⟨Monachus Cameracensis⟩
→ **Rudolfus ⟨Cameracensis⟩**

Rudolfus ⟨Monachus Casae Dei⟩
→ **Rudolfus ⟨Casae Dei⟩**

Rudolfus ⟨Monachus Cluniacensis⟩
→ **Rudolfus ⟨Cluniacensis⟩**

Rudolfus ⟨Monachus Sancti Sepulcri⟩
→ **Rudolfus ⟨Cameracensis⟩**

Rudolfus ⟨Praellaeus⟩
→ **Presles, Raoul ¬de¬**

Rudolfus ⟨Presbyter⟩
→ **Rudolfus ⟨Fuldensis⟩**

Rudolfus ⟨Rex Burgundiae Transiurensis seu Provinciae, III.⟩
→ **Rodolphe ⟨Bourgogne, Roi, III.⟩**

Rudolfus ⟨Habsburgicus⟩
→ **Rudolf ⟨Römisch-Deutsches Reich, König, I.⟩**

Rudolfus ⟨Rex Romanorum, ...⟩
→ **Rudolf ⟨Römisch-Deutsches Reich, König, ...⟩**

Rudolfus ⟨Sancti Pantaleonis⟩
→ **Rudolfus ⟨Sancti Trudonis⟩**

Rudolfus ⟨Sancti Sepulcri⟩
→ **Rudolfus ⟨Cameracensis⟩**

Rudolfus ⟨Sancti Trudonis⟩
gest. 1138 · OSB
Gesta abbatum Trudonensium
LMA,VII,1086; Tusculum-Lexikon
Radulfus ⟨Sancti Trudonis⟩
Raoul ⟨de Saint-Trond⟩
Rodolphe ⟨de Saint-Pantaléon⟩
Rodolphe ⟨de Saint-Trond⟩
Rodolphus ⟨Sancti Trudonis⟩
Rodulf ⟨von Saint-Trond⟩
Rodulf ⟨von Sankt Trond⟩
Rodulfe ⟨de Saint-Trond⟩
Rodulfus ⟨Coloniensis⟩
Rodulfus ⟨Sancti Trudonis⟩
Rodulfus ⟨Trudonensis⟩
Rodulphus ⟨Sancti Trudonis⟩
Rudolf ⟨von Sankt Trond⟩
Rudolfus ⟨Abbas Sancti Pantaleonis Coloniensis⟩
Rudolfus ⟨Coloniensis⟩
Rudolfus ⟨Marcianensis⟩
Rudolfus ⟨Sancti Pantaleonis⟩
Rudolfus ⟨Trudonensis⟩
Sancti Trudonis, Rudolfus

Rudolfus ⟨Saxo⟩
→ **Ludolphus ⟨de Saxonia⟩**

Rudolfus ⟨Scelestatensis⟩
→ **Rudolfus ⟨de Schlettstadt⟩**

Rudolfus ⟨Scholasticus Einsidlensis⟩
→ **Rudolfus ⟨de Radegg⟩**

Rudolfus ⟨Tongrensis⟩
→ **Radulfus ⟨de Rivo⟩**

Rudolfus ⟨Tortarius⟩
→ **Radulfus ⟨Tortarius⟩**

Rudolfus ⟨Trudonensis⟩
→ **Rudolfus ⟨Sancti Trudonis⟩**

Rodulfus ⟨Vageniacensis⟩
→ **Radulfus ⟨de Maidstone⟩**

Rudolph ⟨Burgund, König, ...⟩
→ **Rodolphe ⟨Bourgogne, Roi, ...⟩**

Rudolph ⟨de Frameinsberg⟩
→ **Rudolfus ⟨de Frameinsperg⟩**

Rudolph ⟨Germania, Imperator, ...⟩
→ **Rudolf ⟨Römisch-Deutsches Reich, König, ...⟩**

Rudolph ⟨of Bourges⟩
→ **Radulfus ⟨Bituricensis⟩**

Rudolph ⟨von Biberach⟩
→ **Rudolfus ⟨de Biberaco⟩**

Rudolph ⟨von Case-Dieu⟩
→ **Rudolfus ⟨Casae Dei⟩**

Rudolph ⟨von Ems⟩
→ **Rudolf ⟨von Ems⟩**

Rudolph ⟨von Radegg⟩
→ **Rudolfus ⟨de Radegg⟩**

Rudolph ⟨von Rotenburg⟩
→ **Rudolf ⟨von Rotenburg⟩**

Rudolphinus, Orlandus
→ **Rolandinus ⟨de Passageriis⟩**

Rudolphis, Laurentius ¬de¬
→ **Laurentius ⟨de Rudolphis⟩**

Rudolphus ⟨...⟩
→ **Rudolfus ⟨...⟩**

Rudrabhaṭṭa
um 1100
Śṛṅgāratilaka

Rübenach, Heinrich ¬von¬
→ **Heinrich ⟨von Rübenach⟩**

Rüdeger
→ **Rubin**

Rüdeger ⟨der Hinkhofer⟩
um 1280/90
Der Schlegel
VL(2),7,307
Hinkhofer, Rüdeger ¬der¬
Roger ⟨d'Hunchofen⟩
Rudeger ⟨Heunchovaer⟩
Rüdeger ⟨von Hinkhofen⟩
Rüdeger ⟨von Hunchhofen⟩
Rudger ⟨Hunchhovaer⟩
Rüdiger ⟨der Hünchovaere⟩
Rudiger ⟨der Hunthover⟩
Rüdiger ⟨von Hünchoven⟩
Rüdiger ⟨von Hunthover⟩
Ruedeger ⟨de Hünchovaere⟩
Ruedeger ⟨der Hönighawser⟩
Ruedeger ⟨der Hunchover⟩
Ruedeger ⟨Hunghüser⟩

Rüdeger ⟨von Munre⟩
13./14. Jh.
Studentenabenteuer; Irregang und Girregar
VL(2),8,310/312
Munre, Rüdeger ¬von¬
Roger ⟨de Munre⟩
Roger ⟨de Ostermonra⟩

Ruedeger, Rubin ¬von¬
→ **Rubin**

Rüdesheim, Rudolfus ¬de¬
→ **Rudolfus ⟨de Rüdesheim⟩**

Ruedger ⟨Maness⟩
→ **Manesse, Rüdiger**

Rüdiger
→ **Rubin**

Rüdiger ⟨der Hünchovaere⟩
→ **Rüdeger ⟨der Hinkhofer⟩**

Rüdiger ⟨Manesse⟩
→ **Manesse, Rüdiger**

Rüdiger ⟨Meister⟩
→ **Ruedigerus ⟨Magister⟩**

Rüdiger ⟨von Dijck⟩
→ **Rüdiger ⟨zur Dijck⟩**

Rüdiger ⟨von Hünchoven⟩
→ **Rüdeger ⟨der Hinkhofer⟩**

Rüdiger ⟨von Klosterneuburg⟩
→ **Rutgerus ⟨de Klosterneuburg⟩**

Rüdiger ⟨zur Dijck⟩
15. Jh. · OFM
Operatives Verfahren zur Krampfaderexcision; Kommentar; Wörterverzeichnis (lat.; dt.)
VL(2),8,305/307
Dijck, Rüdiger ¬zur¬
Rüdiger ⟨von Dijck⟩
Rutgerus ⟨Frater⟩
Rutgerus ⟨zur Dijck⟩

Ruedigerus ⟨Magister⟩
um 1146/70
De vanitate mundi
VL(2),8,304/305
Magister Ruedigerus
Roger ⟨Maître⟩
Roger ⟨Poète Allemand⟩
Rüdiger ⟨Meister⟩
Rudigerus ⟨Magister⟩

Rügen, Wizlav ¬von¬
→ **Wizlav ⟨von Rügen⟩**

Ruelle, Jeannet ¬de¬
→ **Jeannet ⟨de la Ruyelle⟩**

Rüsebruch, Johann
→ **Ruusbroec, Jan ¬van¬**

Rüst, Hanns
gest. ca. 1484
Hanns ⟨Rüst⟩
Rüst, Hans

Ruf ⟨de Sion⟩
→ **Rufus ⟨Octodurensis⟩**

Ruf ⟨de Turin⟩
→ **Rufus ⟨Octodurensis⟩**

Ruffi, Conradus
→ **Conradus ⟨Ruffi⟩**

Ruffino ⟨di Assisi⟩
→ **Rufinus ⟨Assisias⟩**
→ **Rufinus ⟨Socius Sancti Francisci⟩**

Ruffino ⟨Vescovo⟩
→ **Rufinus ⟨Assisias⟩**

Ruffo, Giordano
→ **Iordanus ⟨Rufus⟩**

Ruffus, Johannes
→ **Rode, Johannes ⟨...⟩**

Ruffus, Jordanus
→ **Iordanus ⟨Rufus⟩**

Rufin ⟨de Bologne⟩
→ **Rufinus ⟨Assisias⟩**

Rufin ⟨Disciple de Saint François⟩
→ **Rufinus ⟨Socius Sancti Francisci⟩**

Rufin ⟨Hagiographe⟩
→ **Rufinus ⟨Magister⟩**

Rufin ⟨Maître⟩
→ **Rufinus ⟨Magister⟩**

Rufin ⟨Sciffio⟩
→ **Rufinus ⟨Socius Sancti Francisci⟩**

Rufinis, Philippus ¬de¬
→ **Philippus ⟨de Rufinis⟩**

Rufino ⟨Canonista⟩
→ **Rufinus ⟨Assisias⟩**

Rufino ⟨Companion of Saint Francis⟩
→ **Rufinus ⟨Socius Sancti Francisci⟩**

Rufinus ⟨Abt des Klosters Tyro⟩
→ **Rufinus ⟨Botanista⟩**

Rufinus ⟨Assisias⟩
→ **Rufinus ⟨Socius Sancti Francisci⟩**

Rufinus ⟨Assisias⟩
gest. ca. 1192
De bono pacis; Summe zum Decretum Gratiani
DOC,2,1583; LThK; LMA,VII,1089
Assisias, Rufinus
Ruffino ⟨di Assisi⟩
Ruffino ⟨Vescovo⟩
Rufin ⟨de Bologne⟩
Rufino ⟨Canonista⟩
Rufino ⟨d'Assisi⟩
Rufinus ⟨Assisiensis⟩
Rufinus ⟨Bononiensis⟩
Rufinus ⟨Canoniste⟩
Rufinus ⟨der Kanonist⟩
Rufinus ⟨Episcopus⟩
Rufinus ⟨Kanonist⟩
Rufinus ⟨Magister⟩
Rufinus ⟨of Assisi⟩
Rufinus ⟨Sanctus⟩
Rufinus ⟨von Assisi⟩
Rufinus ⟨von Bologna⟩
Rufinus ⟨von Sorrent⟩

Rufinus ⟨Assisiensis⟩
→ **Rufinus ⟨Socius Sancti Francisci⟩**

Rufinus ⟨Bononiensis⟩
→ **Rufinus ⟨Assisias⟩**

Rufinus ⟨Botanista⟩
um 1287
Liber de virtutibus herbarum et de compositionibus earum
LMA,VII,1089
Botanista, Rufinus
Rufinus ⟨Abt des Klosters Tyro⟩

Rufinus ⟨Episcopus⟩
→ **Rufinus ⟨Assisias⟩**

Rufinus ⟨Gefährte des Heiligen Franziskus⟩
→ **Rufinus ⟨Socius Sancti Francisci⟩**

Rufinus ⟨Kanonist⟩
→ **Rufinus ⟨Assisias⟩**

Rufinus ⟨Magister⟩
→ **Rufinus ⟨Assisias⟩**

Rufinus ⟨Magister⟩
um 1200
Vita S. Raymundi Palmarii
Potth. 988
Magister, Rufinus
Rufin ⟨Hagiographe⟩
Rufin ⟨Maître⟩

Rufinus ⟨Sanctus⟩
→ **Rufinus ⟨Assisias⟩**

Rufinus ⟨Scifius⟩
→ **Rufinus ⟨Socius Sancti Francisci⟩**

Rufinus ⟨Sipius⟩
→ **Rufinus ⟨Socius Sancti Francisci⟩**

Rufinus ⟨Socius Sancti Francisci⟩
gest. 1270 · OFM
Vita et miracula S. Francisci
LMA,VII,1089/90
Ruffino ⟨von Assisi⟩
Rufin ⟨Disciple de Saint François⟩
Rufin ⟨Sciffio⟩
Rufin ⟨Sciffio d'Assise⟩
Rufin ⟨Scifius⟩
Rufin ⟨Sipius⟩
Rufino ⟨Assisias⟩
Rufino ⟨Companion of Saint Francis⟩
Rufinus ⟨Assisias⟩
Rufinus ⟨Assisiensis⟩
Rufinus ⟨Gefährte des Heiligen Franziskus⟩
Rufinus ⟨Scifius⟩
Rufinus ⟨Sipius⟩
Rufinus ⟨von Assisi⟩

Rufinus ⟨von Bologna⟩
→ **Rufinus ⟨Assisias⟩**

Rufinus ⟨von Sorrent⟩
→ **Rufinus ⟨Assisias⟩**

Rufo ⟨di Martigny⟩
→ **Rufus ⟨Octodurensis⟩**

Rufo ⟨Vescovo⟩
→ **Rufus ⟨Octodurensis⟩**

Rufus ⟨de Lübeck⟩
um 1430 · OFM
Chronicon Lubicense (-1430)
Potth. 989
Jean ⟨Rufus⟩
Lübeck, Rufus ¬de¬
Rufus ⟨Minderbruder⟩
Rufus, Jean

Rufus ⟨Episcopus⟩
→ **Rufus ⟨Octodurensis⟩**

Rufus ⟨Minderbruder⟩
→ **Rufus ⟨de Lübeck⟩**

Rufus ⟨Octodurensis⟩
um 541/550
Epistula ad Nicetium Trevirensem
Potth. 989; DOC,2,1586; Cpl 1065
Ruf ⟨de Sion⟩
Ruf ⟨de Turin⟩
Ruf ⟨Evêque⟩
Rufo ⟨di Martigny⟩
Rufo ⟨Vescovo⟩
Rufus ⟨Episcopus⟩
Rufus ⟨Taurinensis⟩

Rufus ⟨Taurinensis⟩
→ **Rufus ⟨Octodurensis⟩**

Rufus, Conradus
→ **Conradus ⟨Ruffi⟩**

Rufus, Iordanus
→ **Iordanus ⟨Rufus⟩**

Rufus, Ioslenus
→ **Ioslenus ⟨Suessionensis⟩**

Rufus, Jean
→ **Rufus ⟨de Lübeck⟩**

Rufus, Johannes
→ **Johannes ⟨Rufus⟩**
→ **Ross, Johannes**

Rufus, Richardus
→ **Richardus ⟨Rufus⟩**

Ruġadī, Ḥusain Ibn-Muḥammad al-Ġaʿfarī ¬ar-¬
→ **Ibn-Bībī**

Rugerus
→ **Theophilus ⟨Presbyter⟩**

Rugerus ⟨Dole de Ruremunde⟩
→ **Rogerus ⟨Dole de Roermundia⟩**

Rugerus ⟨von Helmarshausen⟩
→ **Theophilus ⟨Presbyter⟩**

Rugge, Heinrich ¬von¬
→ **Heinrich ⟨von Rugge⟩**

Ruggero ⟨di Salerno⟩
→ **Rogerus ⟨de Parma⟩**

Ruggero ⟨Frugardo⟩
→ **Rogerus ⟨de Parma⟩**

Ruggiero ⟨Marston⟩
→ **Rogerus ⟨Marston⟩**

Rugiero ⟨Frugardo⟩
→ **Rogerus ⟨de Parma⟩**

Ruhāwī, Isḥāq Ibn-ʿAlī ¬ar-¬
9. Jh.
Ibn-ʿAlī, Isḥāq ar-Ruhāwī
Isḥāq Ibn-ʿAlī ar-Ruhāwī

Ruisbroicus, Johannes
→ **Ruusbroec, Jan ¬van¬**

Ruiz, Juan
ca. 1283 – ca. 1350
LMA,VII,1093/94
Archiprêtre ⟨de Hita⟩
Archpriest ⟨of Hita⟩
Arcipreste ⟨de Hita⟩
Arciprestre ⟨de Hita⟩
Erzpriester ⟨von Hita⟩
Juan ⟨Ruiz⟩

Ruíz de Corella, Juan
→ **Joan ⟨Rois de Corella⟩**

Rukn-ad-Dīn Baibars al-Manṣūrī
→ **Baibars al-Manṣūrī**

Ruland ⟨Merschwin⟩
→ **Rulman ⟨Merswin⟩**

Ruland, Ott
ca. 1400/10 – ca. 1467
Handlungsbuch
Potth. 884; VL(2),8,379/381
Ott ⟨Ruland⟩
Ott ⟨Rulands⟩
Otton ⟨Ruland⟩
Ruland, Otton
Rulands, Ott

Rulman ⟨Merswin⟩
1307 – 1382
VL(2),6,420/42; LMA,VI,548/49; Meyer
Merschwein, Rulmann
Merschwin, Rulmann
Merswin, Rulman
Ruland ⟨Merschwin⟩
Ruland ⟨Merswin⟩
Rulman ⟨Delphinus⟩
Rulmann ⟨Delphinus⟩
Rulmann ⟨Merschwin⟩

Rulmann ⟨Delphinus⟩
→ **Rulman ⟨Merswin⟩**

Rumel, Nikolaus
um 1444/49
Nördlinger Arzneitaxe
VL(2),8,381/382
Nikolaus ⟨Rumel⟩

Rumelant ⟨von Sachsen⟩
13. Jh.
107 Spruchstrophen; 3 Minnelieder
VL(2),8,382/388
Rumeland ⟨Meister⟩
Rûmelant ⟨Meister⟩
Rumland ⟨Meister⟩
Rumsland ⟨von Sachsen⟩
Rumslant ⟨Meister⟩
Sachsen, Rumelant ¬von¬

Rumelant ⟨von Schwaben⟩
um 1275
Lied
VL(2),8,388/389
Schwaben, Rumelant ¬von¬

Rūmī, ʿAbdallāh Ašraf
→ **Eşrefoğlu Rumi**

Rumi, Abdullah Eşref
→ **Eşrefoğlu Rumi**

Rumi, Dsalaluddin
→ **Ǧalāl-ad-Dīn Rūmī**

Rumi, Dschelaleddin
→ **Ǧalāl-ad-Dīn Rūmī**

Rumî, Eşrefoğlu
→ **Eşrefoğlu Rumi**

Rūmī, Ǧalāl-ad-Dīn
→ **Ǧalāl-ad-Dīn Rūmī**

Rumi, Jelaluddin
→ **Ǧalāl-ad-Dīn Rūmī**

Rumi, Maulana D.
→ **Ǧalāl-ad-Dīn Rūmī**

Rumi, Mevlana Jalaluddin
→ **Ǧalāl-ad-Dīn Rūmī**

Rumi, Mewlana D.
→ **Ǧalāl-ad-Dīn Rūmī**

Rūmī, Yāqūt Ibn-ʿAbdallāh ¬ar-¬
→ **Yāqūt Ibn-ʿAbdallāh ar-Rūmī**

Rumland ⟨Meister⟩
→ **Rumelant ⟨von Sachsen⟩**

Rummānī, ʿAlī Ibn-ʿĪsā ¬ar-¬
909 – 994
ʿAlī Ibn-ʿĪsā ar-Rummānī
Ibn-ʿĪsā, ʿAlī ar-Rummānī
Ibn-ʿĪsā ar-Rummānī ʿAlī

Rumoldus ⟨de Doppere⟩
→ **Rombaut ⟨de Doppere⟩**

Rumsik, Johannes
→ **Johannes ⟨de Friburgo⟩**

Rumslant ⟨Meister⟩
→ **Rumelant ⟨von Sachsen⟩**

Runa, Hermannus ¬de¬
→ **Hermannus ⟨de Runa⟩**

Rundel, Thomas
→ **Thomas ⟨Rundel⟩**

Runen, Henricus ¬de¬
→ **Henricus ⟨Ryen⟩**

Runsic, Johannes
→ **Johannes ⟨de Friburgo⟩**

Ruodepertus ⟨Sancti Galli⟩
Lebensdaten nicht ermittelt ·
OSB
Epistolae
Potth. 989
Robert ⟨de Saint-Gall⟩
Robert ⟨Maître⟩
Ruodepertus ⟨Magister Sancti Galli⟩
Sancti Galli, Ruodepertus

Ruodgang
→ **Chrodegangus ⟨Metensis⟩**

Ruodolf ⟨...⟩
→ **Rudolf ⟨...⟩**

Ruodolfus
→ **Rudolfus ⟨...⟩**

Ruodpertus ⟨...⟩
→ **Robertus ⟨...⟩**

Ruodulfus ⟨...⟩
→ **Rudolfus ⟨...⟩**

Ruopert ⟨de Mettlach⟩
→ **Rupertus ⟨Mediolacensis⟩**

Ruopertus ⟨...⟩
→ **Rupertus ⟨...⟩**

Ruotger ⟨von Trier⟩
→ **Ruotgerus ⟨Treverensis⟩**

Ruotgerus ⟨Coloniensis⟩
10. Jh.
Vita S. Brunonis
DOC,2,1586; LThK; VL(2),8,400 ff; LMA,VII,1104/05; Tusculum-Lexikon
Roger ⟨de Cologne⟩
Roger ⟨of Cologne⟩
Rogerus ⟨Coloniensis⟩
Ruotger ⟨von Köln⟩
Rutger ⟨von Köln⟩

Ruotgerus ⟨Treverensis⟩
gest. 931
Librum decretorum
LMA,VII,1104; LThK
Roger ⟨Archevêque⟩
Roger ⟨de Trèves⟩
Ruotger ⟨Erzbischof⟩
Ruotger ⟨von Trier⟩
Ruotgerus ⟨Trevirensis⟩
Rutger ⟨von Trier⟩
Rutgerus ⟨Episcopus⟩
Rutgerus ⟨Trevirensis⟩

Rupe, Alanus ¬de¬
→ **Alanus ⟨de Rupe⟩**

Rupe, Gualardus ¬de¬
→ **Gualardus ⟨de Rupe⟩**

Rupeforti, Garnerius ¬de¬
→ **Garnerius ⟨de Rupeforti⟩**

Rupella, Johannes ¬de¬
→ **Johannes ⟨de Rupella⟩**

Rupert ⟨de Limbourg⟩
→ **Rupertus ⟨de Limburg⟩**

Rupert ⟨le Français⟩
→ **Robertus ⟨Gallus⟩**

Rupert ⟨von Deutz⟩
→ **Rupertus ⟨Tuitensis⟩**

Rupert ⟨von Mettlach⟩
→ **Rupertus ⟨Mediolacensis⟩**

Rupert ⟨von Sankt Heribert⟩
→ **Rupertus ⟨Tuitensis⟩**

Rupert ⟨von Tegernsee⟩
→ **Rupertus ⟨Tegernseensis⟩**

Ruperto ⟨di Deutz⟩
→ **Rupertus ⟨Tuitensis⟩**

Rupertus ⟨a Sancto Remigio⟩
→ **Robertus ⟨Remensis⟩**

Rupertus ⟨Abbas Limburgensis⟩
→ **Rupertus ⟨de Limburg⟩**

Rupertus ⟨Abbas Tegernseensis⟩
→ **Rupertus ⟨Tegernseensis⟩**

Rupertus ⟨Abbas Tuitiensis⟩
→ **Rupertus ⟨Tuitensis⟩**

Rupertus ⟨Anglus⟩
→ **Robertus ⟨Anglus⟩**
→ **Robertus ⟨Iorius⟩**

Rupertus ⟨Bambergensis⟩
gest. 1102
Einer der angebl. Verf. des Carmen de bello Saxonico (Lambertus ⟨Herzfeldensis⟩ als Verf. umstritten); De Henrici IV bello
Potth. 189; 990; Rep.Font. III,137
Bamberg, Robert ¬de¬
Robert ⟨de Bamberg⟩
Rupertus ⟨Bambergiensis Episcopus⟩
Rupertus ⟨Goslariensis Praepositus⟩

Rupertus ⟨de Deutz⟩
→ **Rupertus ⟨Tuitensis⟩**

Rupertus ⟨de Limburg⟩
um 1124 · OSB
Cant.
Stegmüller, Repert. bibl. 7547
Limburg, Rupertus ¬de¬
Robert ⟨de Limpurg⟩
Rupert ⟨de Limbourg⟩
Rupertus ⟨Abbas Limburgensis⟩
Rupertus ⟨Limburgensis⟩
Rupertus ⟨Limpurgensis⟩

Rupertus ⟨de Olmütz⟩
um 1201/40 · OCist
Cant.
Stegmüller, Repert. bibl. 7548; Schneyer,V,346
Olmütz, Rupertus ¬de¬
Robert ⟨d'Olmutz⟩
Robert ⟨d'Olmütz⟩
Robert ⟨Evêque⟩
Robertus ⟨Episcopus⟩
Robertus ⟨Episcopus Olomucensis⟩
Robertus ⟨Olomucensis⟩
Rupertus ⟨Olumucensis⟩

Rupertus ⟨de Tuitio⟩
→ **Rupertus ⟨Tuitensis⟩**

Rupertus ⟨Discipulus Gerberti⟩
→ **Rupertus ⟨Mediolacensis⟩**

Rupertus ⟨Duicensis⟩
→ **Rupertus ⟨Tuitensis⟩**

Rupertus ⟨Gallus⟩
→ **Robertus ⟨Gallus⟩**

Rupertus ⟨Goslariensis Praepositus⟩
→ **Rupertus ⟨Bambergensis⟩**

Rupertus ⟨Herbipolensis⟩
→ **Ruprecht ⟨von Würzburg⟩**

Rupertus ⟨Leodiensis⟩
→ **Rupertus ⟨Tuitensis⟩**

Rupertus ⟨Limburgensis⟩
→ **Rupertus ⟨de Limburg⟩**

Rupertus ⟨Magister⟩
→ **Rupertus ⟨Parisiensis⟩**

Rupertus ⟨Mediolacensis⟩
um 985 · OSB
Vita S. Alberti diaconi Egmundensis
Potth. 989; VL(2),8,414/15
Robert ⟨de Mettlach⟩
Robert ⟨Moine⟩
Ruodpert ⟨von Mettlach⟩
Ruopert ⟨de Mettlach⟩
Ruopert ⟨von Mettlach⟩
Ruopertus ⟨de Mettlach⟩
Ruopertus ⟨Mediolacensis⟩
Ruopertus ⟨Moine de Mettlach⟩
Rupert ⟨von Mettlach⟩
Rupertus ⟨Discipulus Gerberti⟩
Rupertus ⟨Monachus Mediolacensis⟩
Ruspert ⟨de Mettlach⟩

Rupertus ⟨Monachus⟩
→ **Robertus ⟨Remensis⟩**

Rupertus ⟨Monachus Leodiensis⟩
→ **Rupertus ⟨Tuitensis⟩**

Rupertus ⟨Monachus Mediolacensis⟩
→ **Rupertus ⟨Mediolacensis⟩**

Rupertus ⟨of Saint Heribert⟩
→ **Rupertus ⟨Tuitensis⟩**

Rupertus ⟨Olumucensis⟩
→ **Rupertus ⟨de Olmütz⟩**

Rupertus ⟨Parisiensis⟩
12. bis 15. Jh.
Sonntagspredigten
Schneyer, Winke, 57
Rudbertus ⟨Magister⟩
Rupertus ⟨Magister⟩

Rupertus ⟨Rex Romanorum⟩
→ **Ruprecht ⟨Römisch-Deutsches Reich, König⟩**

Rupertus ⟨Rossus⟩
→ **Robertus ⟨Rossus⟩**

Rupertus ⟨Sancti Heriberti⟩
→ **Rupertus ⟨Tuitensis⟩**

Rupertus ⟨Sancti Laurentii⟩
→ **Rupertus ⟨Tuitensis⟩**

Rupertus ⟨Tegernseensis⟩
um 1170/86
Epistolae
Potth. 990
Robert ⟨de Tegernsee⟩
Rupert ⟨von Tegernsee⟩
Rupertus ⟨Abbas Tegernseensis⟩

Rupertus ⟨Tuitensis⟩
1075/80 – 1129/30 · OSB
De incendio Tuitiensi; De meditatione mortis; De divinis officiis; etc.
DOC,2,1586; LThK; LMA,VII,1107; Tusculum-Lexikon
Deutz, Rupert ¬von¬
Hrodpertus ⟨Abbas⟩
Robert ⟨de Deutz⟩
Robert ⟨de Liège⟩
Robert ⟨de Tuy⟩
Robert ⟨von Deutz⟩
Robertus ⟨Sancti Heriberti⟩
Robertus ⟨Tuitiensis⟩
Rupert ⟨von Deutz⟩
Rupert ⟨von Sankt Heribert⟩
Ruperto ⟨di Deutz⟩
Rupertus ⟨Abbas⟩
Rupertus ⟨Abbas Tuitiensis⟩
Rupertus ⟨de Deutz⟩
Rupertus ⟨de Tuitio⟩
Rupertus ⟨Duicensis⟩
Rupertus ⟨Leodiensis⟩
Rupertus ⟨Monachus Leodiensis⟩
Rupertus ⟨of Saint Heribert⟩
Rupertus ⟨Sancti Heriberti⟩
Rupertus ⟨Sancti Laurentii⟩
Rupertus ⟨Tuitiensis⟩

Rupertus ⟨Walsingham⟩
→ **Robertus ⟨Walsingham⟩**

Rupescissa, Johannes ¬de¬
→ **Johannes ⟨de Rupescissa, ...⟩**

Rupft-den-Mann
→ **Rupherman**

Rupherman
14. Jh.
Kleinere Dichtungen
VL(2),8,415/416
Rupft-den-Mann

Ruprecht ⟨Haller⟩
→ **Haller, Ruprecht**

Ruprecht ⟨Pfalzgraf bei Rhein⟩
→ **Ruprecht ⟨Römisch-Deutsches Reich, König⟩**

Ruprecht ⟨Römisch-Deutsches Reich, König⟩
1352 – 1412
LMA,VII,1108//10
Rupertus ⟨Rex Romanorum⟩
Ruprecht ⟨Pfalz, Kurfürst⟩
Ruprecht ⟨Pfalzgraf, III.⟩
Ruprecht ⟨Pfalzgraf bei Rhein⟩
Ruprecht ⟨von der Pfalz⟩

Ruprecht ⟨von Freising⟩
um 1328
Freisinger Rechtsbuch
Freising, Ruprecht ¬von¬
Robert ⟨de Freising⟩
Ruprecht ⟨von Freysing⟩

Ruprecht ⟨von Würzburg⟩
13. Jh.
Zwei Kaufmänner und die treue Hausfrau
VL(2)
Robert ⟨de Wurtzbourg⟩
Rupertus ⟨Herbipolensis⟩
Ruprecht ⟨von Wirzburg⟩
Würzburg, Ruprecht ¬von¬

Ruqaiyāt, Ibn-Qais ¬ar-¬
→ **Ibn-Qais ar-Ruqaiyāt**

Ruqayyāt, Ibn Qays
→ **Ibn-Qais ar-Ruqaiyāt**

Ruremunde, Rogerus ¬de¬
→ **Rogerus ⟨Dole de Roermundia⟩**

Ruricius ⟨Lemovicensis⟩
um 485/507
Epistulae lib. II
LThK; CSGL; LMA,VII,1112
Roricius ⟨Lemovicensis⟩
Roricius ⟨von Limoges⟩
Rurice ⟨de Limoges⟩
Ruricius ⟨de Limoges⟩
Ruricius ⟨Episcopus⟩
Ruricius ⟨Lemovicinus⟩
Ruricius ⟨von Limoges⟩

Rus, Nicolaus
→ **Rutze, Nicolaus**

Rušāṭī, 'Abdallāh Ibn-'Alī ¬ar-¬
→ **Rušāṭī, Abū-Muḥammad 'Abdallāh Ibn-'Alī ¬ar-¬**

Rušāṭī, Abū-Muḥammad 'Abdallāh Ibn-'Alī ¬ar-¬
gest. 1147
'Abdallāh Ibn-'Alī ar-Rušāṭī
Abū Muḥammad al-Rušāṭī
Abū-Muḥammad 'Abdallāh Ibn-'Alī ar-Rušāṭī
Abū-Muḥammad al-Rušāṭī
Laḫmī, Abū-Muḥammad 'Abdallāh Ibn-'Alī ¬al-¬
Rušāṭī, 'Abdallāh Ibn-'Alī ¬ar-¬
Rushāṭī, Abū Muḥammad 'Abd Allāh Ibn 'Alī

Rusbach, Johannes ¬de¬
→ **Johannes ⟨de Rusbach⟩**

Rusberus, Johannes
→ **Ruusbroec, Jan ¬van¬**

Rusbrochius, Johannes
→ **Ruusbroec, Jan ¬van¬**

Rushāṭī, Abū Muḥammad 'Abd Allāh Ibn 'Alī
→ **Rušāṭī, Abū-Muḥammad 'Abdallāh Ibn-'Alī ¬ar-¬**

Ruspe, Fulgenzio ¬di¬
→ **Fulgentius, Claudius Gordianus**

Ruspert ⟨de Mettlach⟩
→ **Rupertus ⟨Mediolacensis⟩**

Russ ⟨Ritter von Luzern⟩
→ **Russ, Melchior**

Russ, Melchior
gest. 1499
Luzerner Chronik
Melchior ⟨Russ⟩
Russ ⟨Ritter von Luzern⟩

Russ, Nicolaus
→ **Rutze, Nicolaus**

Russel, Petrus
→ **Petrus ⟨Russel⟩**

Russell, Guilelmus
→ **Guilelmus ⟨Russell⟩**

Russell, Johannes
→ **Johannes ⟨Russell⟩**

Russim, Johannes
→ **Johannes ⟨Cuzin⟩**

Rust'aveli, Šot'a
→ **Šot'a ⟨Rust'aveli⟩**

Rustebuef
→ **Rutebeuf**

Rusticello ⟨da Pisa⟩
→ **Rusticiano ⟨da Pisa⟩**

Rustici, Octavien
→ **Octavianus ⟨de Rusticis⟩**

Rusticiano ⟨da Pisa⟩
um 1272/98
Compilation; Identität mit Rustichello ⟨da Pisa⟩ wahrscheinlich
LMA,VII,1122/23
Pisa, Rusticiano ¬da¬
Rusticello ⟨da Pisa⟩
Rustichello ⟨da Pisa⟩
Rusticiano ⟨di Pisa⟩
Rusticians ⟨de Pise⟩
Rusticien ⟨da Pisa⟩
Rusticien ⟨de Pise⟩
Rustico ⟨da Pisa⟩

Rusticianus ⟨de Brixia⟩
um 1456 · OP
De magnis tribulationibus liber
Kaeppeli,III,335
Brixia, Rusticianus ¬de¬
Rusticiano ⟨OP⟩
Rusticianus ⟨Frater⟩
Rusticianus ⟨Frater, OP⟩

Rusticianus ⟨Frater, OP⟩
→ **Rusticianus ⟨de Brixia⟩**

Rusticien ⟨de Pise⟩
→ **Rusticiano ⟨da Pisa⟩**

Rusticis, Agapitus ¬de¬
→ **Agapitus ⟨de Rusticis⟩**

Rusticis, Cincius ¬de¬
→ **Cincius ⟨Romanus⟩**

Rusticis, Octavianus ¬de¬
→ **Octavianus ⟨de Rusticis⟩**

Rusticius ⟨Familiaris Sidonii Apollinaris⟩
→ **Rusticius ⟨Helpidius⟩**

Rusticius ⟨Helpidius⟩
gest. ca. 533
Carmen de Christi beneficiis; Tristicha
Cpl 1506
Domnolus ⟨Cenomanensis⟩
Domnolus ⟨Sanctus⟩
Domnulus ⟨Helpidius⟩
Domnulus ⟨Poeta⟩
Domnulus, Flavius Rusticus
Domnulus, Rusticius Helpidius
Elpidio ⟨Rustico⟩
Elpidius ⟨Domnulus⟩
Elpidius, Rusticius
Elpidius, Rusticus
Helfridius ⟨Rusticus⟩
Helpidius ⟨Domnulus⟩
Helpidius ⟨Rusticius⟩
Helpidius, Rusticius
Helpidius Domnulus, Flavius Rusticus
Rusticius ⟨Familiaris Sidonii Apollinaris⟩
Rusticius ⟨Gallus⟩
Rusticius Helpidius ⟨Domnulus⟩
Rusticus ⟨Elpidius⟩
Rusticus ⟨Helpidius⟩
Rusticus Helpidius Domnulus, Flavius
Rustique ⟨de Lyon⟩
Rustique ⟨Diacre⟩
Rustique ⟨Elpidius⟩
Rustique ⟨Helpidus⟩

Rustico ⟨da Pisa⟩
→ **Rusticiano ⟨da Pisa⟩**

Rustico ⟨Diacono⟩
→ **Rusticus ⟨Diaconus⟩**

Rustico ⟨Filippi⟩
→ **Filippi, Rustico**

Rusticus ⟨Diaconus⟩
um 548/50
LMA,VII,1123; LThK
Diaconus Rusticus
Rustico ⟨Diacono⟩
Rusticus ⟨de Rome⟩
Rusticus ⟨Diaconus Romanus⟩
Rusticus ⟨Diakon⟩
Rusticus ⟨Romanae Ecclesiae Diaconus⟩
Rustique ⟨Diacre⟩

Rusticus ⟨Elpidius⟩
→ **Rusticius ⟨Helpidius⟩**

Rusticus ⟨Romanae Ecclesiae Diaconus⟩
→ **Rusticus ⟨Diaconus⟩**

Rusticus Helpidius Domnulus, Flavius
→ **Rusticius ⟨Helpidius⟩**

Rustique ⟨de Lyon⟩
→ **Rusticius ⟨Helpidius⟩**

Rust'veli, Šot'a
→ **Šot'a ⟨Rust'aveli⟩**

Rutebeuf
ca. 1250 – ca. 1285
Meyer; LMA,VII,1124
Rustebuef
Ruteboeuf
Rutebuef

Rutenos, Isidoros
→ **Isidorus ⟨Kiovensis⟩**

Rutger ⟨Overhach⟩
→ **Rutgerus ⟨Overhach de Tremonia⟩**

Rutger ⟨von Köln⟩
→ **Ruotgerus ⟨Coloniensis⟩**

Rutger ⟨von Trier⟩
→ **Ruotgerus ⟨Treverensis⟩**

Rutgerus ⟨de Klosterneuburg⟩
gest. 1168
Epistula ad Magistrum Petrum (controversia de glorificatione Christi)
Schönberger/Kible, Repertorium, 17830
Klosterneuburg, Rutgerus ¬de¬
Rüdiger ⟨von Klosterneuburg⟩
Rudigerus ⟨Magister⟩
Rudigerus ⟨Niwenburgensis⟩

Rutgerus ⟨de Tremonia⟩
→ **Rutgerus ⟨Overhach de Tremonia⟩**

Rutgerus ⟨Episcopus⟩
→ **Ruotgerus ⟨Treverensis⟩**

Rutgerus ⟨Frater⟩
→ **Rüdiger ⟨zur Dijck⟩**

Rutgerus ⟨Overhach de Tremonia⟩
gest. 1429
Lectura in Psalmos; Disputationes
VL(2),8,429/433
Overbach, Roger
Overhach, Rutgerus
Overhach de Tremonia, Rutgerus
Rutger ⟨Overhach⟩
Rutgerus ⟨de Tremonia⟩
Rutgerus ⟨Overhach⟩
Rutgerus ⟨Overhach Dortmundensis⟩
Tremonia, Rutgerus ¬de¬

Rutgerus ⟨Trevirensis⟩
→ **Ruotgerus ⟨Treverensis⟩**

Rutgerus ⟨zur Dijck⟩
→ **Rüdiger ⟨zur Dijck⟩**

Ruthenus, Isidorus
→ **Isidorus ⟨Kiovensis⟩**

Rutland, Hugues ¬de¬
→ **Huon ⟨de Rotelande⟩**

Rutlingen, Conradus ¬de¬
→ **Conradus ⟨Wellin de Rutlingen⟩**

Rutze, Nicolaus
um 1477/85
Dat bokeken van deme repe; De uthlegghinge ouer den louen
VL(2),8,433/436
Nicolaus ⟨Rus⟩
Nicolaus ⟨Russ⟩
Nicolaus ⟨Rutze⟩
Rus, Nicolaus
Russ, Nicolaus

Ruusbroec, Jan ¬van¬
1293 – 1381
LThK; LMA,VII,1127
Ioannes ⟨Rusbrochius⟩
Jan ⟨Rusbrock⟩
Jan ⟨Ruusbroec⟩
Jan ⟨Ruysbroeck⟩
Jan ⟨van Groendendael⟩
Jan ⟨van Ruisbroeck⟩
Jan ⟨van Ruusbroec⟩
Jean ⟨de Ruibroek⟩
Jean ⟨de Ruusbroec⟩
Jean ⟨de Ruysbroeck⟩
Jean ⟨Rusbroek⟩
Johann ⟨van Ruysbroeck⟩
Johannes ⟨Rusbrochius⟩
Johannes ⟨Ruysbroeck⟩
Johannes ⟨van Ruysbroeck⟩
Rosebrochius, Johannes
Rubrochius, Johannes
Ruisbroeck, Jan ¬van¬
Ruisbroicus, Johannes
Rusber, Jan
Rusberus, Johannes
Rusbrochius, Johannes
Rüsebruch, Johann
Ruysbroeck ⟨l'Admirable⟩
Ruysbroeck, Jan ¬van¬
Ruysbroeck, Johannes

Ruy ⟨Gonzalez de Clavijo⟩
→ **González de Clavijo, Ruy**

Ruyelle, Guilelmus
→ **Guilelmus ⟨Ruyelle⟩**

Ruyelle, Jeannet ¬de la¬
→ **Jeannet ⟨de la Ruyelle⟩**

Ruyris, Claes Heinenszoon ¬de¬
→ **Claes ⟨Heinenzsoon de Ruyris⟩**

Ruys, Richardus
→ **Richardus ⟨Ruys⟩**

Ruysbroeck ⟨l'Admirable⟩
→ **Ruusbroec, Jan ¬van¬**

Ruysbroeck, Willem ¬van¬
→ **Rubruquis, Guilelmus ¬de¬**

Ryccardus ⟨...⟩
→ **Richardus ⟨...⟩**

Rycholfus ⟨...⟩
→ **Richolfus ⟨...⟩**

Ryckel, Guilelmus ¬de¬
→ **Guilelmus ⟨de Ryckel⟩**

Ryen, Henricus
→ **Henricus ⟨Ryen⟩**

Rykel, Dionysius ¬de¬
→ **Dionysius ⟨Cartusianus⟩**

Rylo, Vassian
→ **Vassian ⟨Rylo⟩**

Ryman, Jacob
15. Jh. · OFM
Carols
LMA,VII,1129/30
Jacob ⟨Ryman⟩
Jacques ⟨Ryman⟩
James ⟨Ryman⟩
Ryman, Jacques
Ryman, James

Ryman, Johannes
→ **Johannes ⟨Ryman⟩**

Rymboudus ⟨de Cadehan⟩
Lebensdaten nicht ermittelt · OFM
Stegmüller, Repert. sentent. 762
Cadehan, Rymboudus ¬de¬

Rynesberch, Gerd
→ **Rinesberch, Gerd**

Rynman, Leonhard
→ **Reynmann, Leonhard**

Rypen, Paulus
→ **Paulus ⟨Rypen⟩**

Ryß, Heinrich
→ **Riß, Heinrich**

Ryszard ⟨de Fournival⟩
→ **Richard ⟨de Fournival⟩**

Řehoř ⟨Swaty⟩
→ **Gregorius ⟨Papa, I.⟩**

Saadi
→ **Sa'dī**

Saadia ⟨al-Fayyumī⟩
→ **Se'adyā, Gā'ôn**

Saadia ⟨Ben Joseph⟩
→ **Se'adyā, Gā'ôn**

Saadia ⟨Gaon⟩
→ **Se'adyā, Gā'ôn**

Saadia ⟨Phiiumensis⟩
→ **Se'adyā, Gā'ôn**

Saarburg, Friedrich ¬von¬
→ **Friedrich ⟨von Saarburg⟩**

Saarwerden, Friedrich ¬von¬
→ **Friedrich ⟨von Saarwerden⟩**

Saba ⟨Giaffri⟩
→ **Giaffri, Saba**

Saba ⟨Malaspina⟩
→ **Malaspina, Saba**

Sabaita, Stephanus
→ **Stephanus ⟨Sabaita⟩**

Ša'bān Ibn-Muḥammad al-Āṯārī
→ **Āṯārī, Ša'bān Ibn-Muḥammad ¬al-¬**

Ša'bānī, Abū 'Abdallāh Muḥammad ibn Mu'āḏ ¬aš-¬
→ **Ġaiyānī, Abū-'Abdallāh Muḥammad Ibn-Mu'āḏ ¬al-¬**

Sabas ⟨de Laure⟩
→ **Sabas ⟨Sanctus⟩**

Sabas ⟨de Mutalasca⟩
→ **Sabas ⟨Sanctus⟩**

Sabas ⟨Giaffri⟩
→ **Giaffri, Saba**

Sabas ⟨Sanctus⟩
→ **Sava ⟨Sveti⟩**

Sabas ⟨Sanctus⟩
439 – 532
LMA,VII,1213
Sabas ⟨Abbé⟩
Sabas ⟨Abbé de la Grande Laure⟩
Sabas ⟨de Laure⟩
Sabas ⟨de Mutalasca⟩
Sabas ⟨Heiliger⟩
Sabas ⟨Monachus⟩
Sabas ⟨Saint⟩
Sabas ⟨von Mar Saba⟩
Sabbas ⟨Heiliger⟩
Sabbas ⟨Monachus⟩
Sabbas ⟨Sanctus⟩
Sanctus Sabas
Savas ⟨Heiliger⟩

Sabas ⟨von Mar Saba⟩
→ **Sabas ⟨Sanctus⟩**

Sabaudus, Cabertus
→ **Cabertus ⟨Sabaudus⟩**

Sabba ⟨of Serbia⟩
→ **Sava ⟨Sveti⟩**

Šabba, 'Umar Ibn-Zaid
→ **Ibn-Šabba, 'Umar Ibn-Zaid**

Sabbatai ⟨Donnolo⟩
→ **Dônôlô, Šabbetay Ben-Avrāhām**

Sabbatius Iustinianus, Flavius
→ **Iustinianus ⟨Imperium Byzantinum, Imperator, I.⟩**

Šabbetay Ben-Avrāhām ⟨Dônôlô⟩
→ **Dônôlô, Šabbetay Ben-Avrāhām**

Sabellicus, Marcus Antonius
ca. 1436 – 1506
De Venetae urbis situ
LMA,VII,1215/16
Angelus ⟨Sabinus⟩
Coccio, Marcantonio
Coccius, Marcus Antonius
Coccius, Sabellicus
Coccius Sabellicus, Marcus Antonius
Marc-Antoine ⟨Sabellico⟩
Marcantonio ⟨Coccio⟩
Marcus Antonius ⟨Coccius⟩
Marcus Antonius ⟨Sabellicus⟩
Sabellic, Marc Antoine
Sabellico, Marc-Antoine
Sabellico, Marco Antonio
Sabellicus, Antonius
Sabellicus, Antonius Coccius
Sabellicus Coccius, Marcus Antonius
Sabellique, Marc Antoine

Sabellis, Censius ¬de¬
→ **Honorius ⟨Papa, III.⟩**

Sabellis, Jacobus ¬de¬
→ **Honorius ⟨Papa, IV.⟩**

Ṣābī, Hilāl Ibn-al-Muḥassin ¬aṣ-¬
→ **Hilāl aṣ-Ṣābī, Ibn-al-Muḥassin**

Sabinianus ⟨de Volterra⟩
→ **Sabinianus ⟨Papa⟩**

Sabinianus ⟨Papa⟩
gest. 606
LThK
Sabinian ⟨Papst⟩
Sabinian ⟨von Volterra⟩
Sabiniano ⟨di Blera⟩
Sabiniano ⟨Papa⟩
Sabinianus ⟨de Volterra⟩
Sabinien ⟨de Volterra⟩
Sabinien ⟨Pape⟩

Sabinus, Angelus
→ **Angelus Cneus ⟨Sabinus⟩**

Sabinus, Pomponius
→ **Pomponius Laetus, Iulius**

Sabit ibn Korra
→ **Ṯābit Ibn-Qurra**

Sabloneta, Gerardus ¬de¬
→ **Gerardus ⟨de Sabloneta⟩**

Sabtī, al-Qāḍī 'Iyāḍ ¬as-¬
→ **'Iyāḍ Ibn-Mūsā**

Sabunde, Raymundus ¬de¬
→ **Raimundus ⟨de Sebunda⟩**

Ṣābūnī, Abū-'Uṯmān Ismā'īl Ibn-'Abd-ar-Raḥmān ¬aṣ-¬
→ **Ṣābūnī, Ismā'īl Ibn-'Abd-ar-Raḥmān ¬aṣ-¬**

Ṣābūnī, Ismā'īl Ibn-'Abd-ar-Raḥmān ¬aṣ-¬
983 – 1057
Ibn-'Abd-ar-Raḥmān, Ismā'īl aṣ-Ṣābūnī
Ismā'īl Ibn-'Abd-ar-Raḥmān aṣ-Ṣābūnī
Ṣābūnī, Abū-'Uṯmān Ismā'īl Ibn-'Abd-ar-Raḥmān ¬aṣ-¬

Sābūr Ibn-Sahl
gest. 869
Ibn-Sahl, Sābūr
Ibn-Sahl Sābūr
Sābūr ibn Sahl

Sacaberiis, Johannes ¬de¬
→ **Johannes ⟨Sarisberiensis⟩**

Sacca, Bartholomaeus ¬de¬
→ **Bartholomaeus ⟨de Sacca⟩**

Sacchi, Bartholomaeus
→ **Platina, Bartholomaeus**

Sacchi, Caton
→ **Cato ⟨Saccus⟩**

Sacchis, Bartholomaeus ¬de¬
→ **Platina, Bartholomaeus**

Sacchoni, Rainerus
→ **Reinerus ⟨Sacconi⟩**

Sacchus ⟨Platina⟩
→ **Platina, Bartholomaeus**

Sacconi, Reinerus
→ **Reinerus ⟨Sacconi⟩**

Saccus, Cato
→ **Cato ⟨Saccus⟩**

Sachella, Bartolomeo
ca. 1380 – ca. 1450
Bartholomaeus ⟨Sachela⟩
Bartolomeo ⟨Sachella⟩
Bartolomeus ⟨de Sachellis⟩
Bartolomeus ⟨Mediolanensis⟩

Sachlices, Stephanus
→ **Stephanus ⟨Sachlices⟩**

Sachoni, Reinerus
→ **Reinerus ⟨Sacconi⟩**

Šachristani, Muchammad
→ **Šahrastānī, Muḥammad Ibn-'Abd-al-Karīm ¬aš-¬**

Sachs, ¬Der von¬
um 1343/46 · OP
Dictum
VL(2),8,461/462
Der von Sachs

Sachs, Peter
→ **Peter ⟨von Sachsen⟩**

Sachs de Nürnberg, Johannes
→ **Johannes ⟨Sachs de Nürnberg⟩**

Sachse, ¬Der¬
um 1400 · OFM
1 Satz
VL(2),8,462
Der Sachse
Sachse ⟨OFM⟩

Sachsen, Heinrich ¬von¬
→ **Heinrich ⟨von Sachsen⟩**

Sachsen, Johann ¬von¬
→ **Johann ⟨von Sachsen⟩**

Sachsen, Peter ¬von¬
→ **Peter ⟨von Sachsen⟩**

Sachsen, Rumelant ¬von¬
→ **Rumelant ⟨von Sachsen⟩**

Sachsendorf, Ulrich ¬von¬
→ **Ulrich ⟨von Sachsendorf⟩**

Sachsenheim, Hermann ¬von¬
→ **Hermann ⟨von Sachsenheim⟩**

Sackville, John
→ **Johannes ⟨de Siccavilla⟩**

Sacrobosco, Johannes ¬de¬
→ **Johannes ⟨de Sacrobosco⟩**

Sacrobusto, Johannes ¬de¬
→ **Johannes ⟨de Sacrobosco⟩**

Sa'd Ibn-'Abdallāh al-Qummī
→ **Qummī, Sa'd Ibn-'Abdallāh ¬al-¬**

Sa'd Ibn-Manṣūr Ibn-Kammūna
→ **Ibn-Kammūna, Sa'd Ibn-Manṣūr**

Sa'dī
12. Jh.
Chirazi, Saadi
Muṣliḥ-ad-Dīn Sa'dī
Musliheddin Saadi
Saadi
Saadi ⟨von Schiras⟩
Saadi ⟨von Shirazi⟩

Saadi Chirazi
Sadi, Abu Abdellah
Moscharrefoddin Ebn
Moslehoddin
Saʿdī, Muṣliḥ-ad-Dīn
Saʿdī, Muṣliḥeddîn
Sâdy
Saudee
Schiras, Saadi ¬von¬
Shirazi, Saadi ¬von¬
Šīrāzī, Muṣliḥ-ad-Dīn

Sadi, Abu Abdellah
Moscharrefoddin Ebn
Moslehoddin
→ **Saʿdī**

Saʿdī, Aḥmad Ibn-Māǧid ¬as-¬
→ **Ibn-Māǧid as-Saʿdī, Aḥmad**

Saʿdī, ʿAlī Ibn-Ǧaʿfar ¬as-¬
→ **Ibn-al-Qaṭṭāʿ, ʿAlī Ibn-Ǧaʿfar**

Saʿdī, Muḥammad Ibn-Muḥammad ¬as-¬
gest. 1495
Ibn-Muḥammad, Muḥammad as-Saʿdī
Ibn-Muḥammad as-Saʿdī, Muḥammad
Muḥammad Ibn-Muḥammad as-Saʿdī

Saʿdī, Muḥyi-'d-Dīn Ibn-ʿAbd-aẓ-Ẓāhir ¬as-¬
→ **Ibn-ʿAbd-aẓ-Ẓāhir, Muḥyi-'d-Dīn ʿAbdallāh Ibn-Rašīd-ad-Dīn**

Saʿdī, Muṣliḥ-ad-Dīn
→ **Saʿdī**

Saʿdī, Muṣliḥeddîn
→ **Saʿdī**

Sadik, Dschafar ¬as-¬
→ **Ǧaʿfar aṣ-Ṣādiq**

Šāḏilī, Abu-'l-Ḥasan ʿAlī Ibn-ʿAbdallāh ¬aš-¬
→ **Šāḏilī, ʿAlī Ibn-ʿAbdallāh ¬aš-¬**

Šāḏilī, ʿAlī Ibn-ʿAbdallāh ¬aš-¬
ca. 1196 – 1258
Abu-'l-Ḥasan aš-Šāḏilī
ʿAlī Ibn-ʿAbdallāh aš-Šāḏilī
Ibn-ʿAbdallāh, ʿAlī aš-Šāḏilī
Šāḏilī, Abu-'l-Ḥasan ʿAlī Ibn-ʿAbdallāh ¬aš-¬
Shādhilī, Abū al-Ḥasan ʿAlī ibn ʿAbd Allāh

Ṣādiq, Ǧaʿfar ¬aṣ-¬
→ **Ǧaʿfar aṣ-Ṣādiq**

Sadjāwandī, Muhammad B. Ṭayfūr
→ **Saǧāwandī, Muḥammad Ibn-Ṭaifūr ¬as-¬**

Ṣadr al-Sharīʿa
→ **Maḥbūbī, ʿUbaidallāh Ibn-Masʿūd ¬al-¬**

Ṣadr aš-Šarīʿa aṯ-Ṯānī
→ **Maḥbūbī, ʿUbaidallāh Ibn-Masʿūd ¬al-¬**

Ṣadr ud-Din-i Qōnawī
→ **Qūnawī, Ṣadr-ad-Dīn Muḥammad Ibn-Isḥāq ¬al-¬**

Ṣadr-ad-Dīn al-Qūnawī
→ **Qūnawī, Ṣadr-ad-Dīn Muḥammad Ibn-Isḥāq ¬al-¬**

Ṣadr-ad-Dīn Muḥammad Ibn-Isḥāq al-Qūnawī
→ **Qūnawī, Ṣadr-ad-Dīn Muḥammad Ibn-Isḥāq ¬al-¬**

Ṣadr-ad-Dīn Qūnawī
→ **Qūnawī, Ṣadr-ad-Dīn Muḥammad Ibn-Isḥāq ¬al-¬**

Sadreddin Konevi
→ **Qūnawī, Ṣadr-ad-Dīn Muḥammad Ibn-Isḥāq ¬al-¬**

Ṣadūq ¬aṣ-¬
→ **Ibn-Bābūya, Muḥammad Ibn-ʿAlī**

Sadūsī, al-Muʿarriǧ Ibn-ʿAmr ¬as-¬
→ **Muʿarriǧ as-Sadūsī, Ibn-ʿAmr ¬al-¬**

Sâdy
→ **Saʿdī**

Sächsische Dichter, ¬Der¬
→ **Poeta ⟨Saxo⟩**

Sächsl, Christian
15. Jh.
Naturheilkundl. Verfahren zur Therapie von Darmkoliken
VL(2),8,500
Christian ⟨Sächsl⟩

Sälder, Konrad
gest. 1471
Auseinandersetzung über Anspruch u. Inhalt d. Studia humanitatis an S. Gossembrot
VL(2),8,509/511
Konrad ⟨Sälder⟩
Konrad ⟨Säldner⟩
Konrad ⟨Selder⟩
Säldner, Konrad
Selder, Konrad

Saemundr ⟨der Weise⟩
→ **Saemundr ⟨Sigfússon hinn Frødi⟩**

Saemundr ⟨Sigfússon hinn Frødi⟩
1056 – 1133
Möglicherweise Verf. von Edda Saemundar
LMA,VII,1249; Potth. 993
Saemund ⟨le Sage⟩
Saemund ⟨Sigfusson⟩
Saemundr ⟨der Weise⟩
Saemundr ⟨Sigfusson⟩
Saemundr ⟨Sigfússon Frođi⟩
Saemundr ⟨the Wise⟩
Sigfússon hinn Frødi, Saemundr

Saewulfus
um 1102
Certa relatio de situ Jerusalem
Potth. 993; DOC,2,1591; LMA,VII,1249/50
Saewulf
Saewulf ⟨Jerusalempilger⟩
Sewulf

Ṣafadī, Ḫalīl Ibn-Aibak ¬aṣ-¬
1296 – 1363
Ḫalīl Ibn-Aibak aṣ-Ṣafadī
Ibn-Aibak, Ḫalīl aṣ-Ṣafadī
Ibn-Aibak as-Ṣafadī, Ḫalīl

Ṣaffār, Abu-'l-Qāsim Qāsim Ibn-ʿAlī ¬aṣ-¬
→ **Ṣaffār, Qāsim Ibn-ʿAlī ¬aṣ-¬**

Ṣaffār, Qāsim Ibn-ʿAlī ¬aṣ-¬
um 1200
Ibn-ʿAlī, Qāsim aṣ-Ṣaffār
Qāsim Ibn-ʿAlī aṣ-Ṣaffār
Ṣaffār, Abu-'l-Qāsim Qāsim Ibn-ʿAlī ¬aṣ-¬

Ṣaffūrī, ʿAbd-ar-Raḥmān Ibn-ʿAbd-as-Salām ¬aṣ-¬
um 1479
ʿAbd-ar-Raḥmān Ibn-ʿAbd-as-Salām aṣ-Ṣaffūrī
Ibn-ʿAbd-as-Salām, ʿAbd-ar-Raḥmān aṣ-Ṣaffūrī
Ibn-ʿAbd-as-Salām aṣ-Ṣaffūrī, ʿAbd-ar-Raḥmān

Ṣāfī Abu-'l-Faḍā'il Ibn-al-ʿAssāl /aṣ-
→ **Ibn-al-ʿAssāl, aṣ-Ṣāfī Abu-'l-Faḍā'il**

Safī al-Dīn Abd al Azīz al Hillī
→ **Ḥillī, Ṣafī-ad-Dīn ʿAbd-al-ʿAzīz Ibn-Sarāya ¬al-¬**

Safi Eddin ⟨von Hilla⟩
→ **Ḥillī, Ṣafī-ad-Dīn ʿAbd-al-ʿAzīz Ibn-Sarāya ¬al-¬**

Ṣāfī Ibn-al-ʿAssāl ¬al-¬
→ **Ibn-al-ʿAssāl, aṣ-Ṣāfī Abu-'l-Faḍā'il**

Ṣafi-'d-Dīn al-Ḥillī
→ **Ḥillī, Ṣafī-ad-Dīn ʿAbd-al-ʿAzīz Ibn-Sarāya ¬al-¬**

Šāfiʿī, Muḥammad Ibn-ʿAbd-ar-Raḥmān ¬aš-¬
→ **ʿUṯmānī, Muḥammad Ibn-ʿAbd-ar-Raḥmān ¬al-¬**

Šāfiʿī, Muḥammad Ibn-Idrīs ¬aš-¬
767 – 820
Ibn-Idrīs, Muḥammad aš-Šāfiʿī
Muḥammad Ibn-Idrīs al-Shāfiʿī
Muḥammad Ibn-Idrīs aš-Šāfiʿī
Shāfiʿī, Muhammad ibn Idris

Safijjeddin Al-Hilli
→ **Ḥillī, Ṣafī-ad-Dīn ʿAbd-al-ʿAzīz Ibn-Sarāya ¬al-¬**

Ṣafīyaddīn Ḥillī
→ **Ḥillī, Ṣafī-ad-Dīn ʿAbd-al-ʿAzīz Ibn-Sarāya ¬al-¬**

Sagaccino ⟨Levalossi⟩
→ **Levalossi, Sagacius**

Sagaccio ⟨Muti dalla Gazzata⟩
→ **Sagacius ⟨Mutus de Gazata⟩**

Sagace, Landolfo
→ **Landulfus ⟨Sagax⟩**

Sagacinus ⟨Levalossi⟩
→ **Levalossi, Sagacius**

Sagacinus ⟨Mutus de Gazata⟩
→ **Sagacius ⟨Mutus de Gazata⟩**

Sagacius ⟨Levalossi⟩
→ **Levalossi, Sagacius**

Sagacius ⟨Mutus de Gazata⟩
gest. ca. 1353
Verf. eines Teils des Chronicon Regiense, als dessen alleiniger Verf. gelegentlich Gazata, Petrus ¬de¬ gilt
Potth. 491
Gazata, Sagacius Mutus ¬de¬
Gazzata, Sagaccio Muti ¬dalla¬
Gazzata, Sagacio ¬de¬
Mutus de Gazata, Sagacius
Sagaccio ⟨Muti dalla Gazzata⟩
Sagacinus ⟨Mutus de Gazata⟩
Sagacio ⟨de Gazzata⟩
Sagacio ⟨della Gazata⟩

Ṣaġānī, al-Ḥasan Ibn-Muḥammad ¬aṣ-¬
gest. 1252
Ḥasan Ibn-Muḥammad aṣ-Ṣaġānī ¬al-¬
Ibn-Muḥammad, al-Ḥasan aṣ-Ṣaġānī
Ibn-Muḥammad aṣ-Ṣaġānī, al-Ḥasan

Saǧāwandī, Abū-ʿAbdallāh Muḥammad Ibn-Ṭaifūr ¬as-¬
→ **Saǧāwandī, Muḥammad Ibn-Ṭaifūr ¬as-¬**

Saǧāwandī, Muḥammad Ibn-Ṭaifūr ¬as-¬
gest. 1165
Ibn-Ṭaifūr, Muḥammad as-Saǧāwandī
Muḥammad Ibn-Ṭaifūr as-Saǧāwandī
Sadjāwandī, Muhammad B. Ṭayfūr
Saǧāwandī, Abū-ʿAbdallāh Muḥammad Ibn-Ṭaifūr ¬as-¬
Sajāwandī, Muḥammad Ibn Ṭayfūr

Sagax, Landulfus
→ **Landulfus ⟨Sagax⟩**

Saǧǧar ¬as-¬
→ **Abu-'l-Ḫair al-Išbīlī**

Saginetus, Guilelmus
→ **Guilelmus ⟨Saignet⟩**

Saglā, Giyorgis Walda Ḥēzba Šēyon ¬za-¬
→ **Giyorgis Walda Ḥēzba Šēyon ⟨za-Saglā⟩**

Sagorninus, Johannes
→ **Johannes ⟨Diaconus Venetus⟩**

Sagundinus, Nicolaus
→ **Nicolaus ⟨Sagundinus⟩**

Sahadunas
→ **Sāhdonā**

Saḫāwī, ʿAlī Ibn-Muḥammad ¬as-¬
ca. 1163 – 1243
ʿAlī Ibn-Muḥammad as-Saḫāwī
Ibn-Muḥammad, ʿAlī as-Saḫāwī

Saḫāwī, Muḥammad Ibn-ʿAbd-ar-Raḥmān ¬as-¬
1427 – 1497
Ibn-ʿAbd-ar-Raḥmān, Muḥammad as-Saḫāwī
Ibn-ʿAbd-ar-Raḥmān as-Saḫāwī, Muḥammad
Muḥammad Ibn-ʿAbd-ar-Raḥmān as-Saḫāwī
Saḫāwī, Šams-ad-Dīn ¬as-¬
Saḫāwī, Šams-ad-Dīn Muḥammad Ibn-ʿAbd-ar-Raḥmān ¬as-¬

Saḫāwī, Šams-ad-Dīn Muḥammad Ibn-ʿAbd-ar-Raḥmān ¬as-¬
→ **Saḫāwī, Muḥammad Ibn-ʿAbd-ar-Raḥmān ¬as-¬**

Sāhdonā
gest. ca. 650
Liber de perfectione
LMA,VII,1259
Bar-Sahdē
Sahadunas
Sahdona ⟨Barsahdé⟩
Sāhdonā ⟨Bishop of Māḥōzē dh'Arēwān in Beth Garmai⟩
Sāhdonā ⟨Mar Turis⟩
Sahdona ⟨Martyrios⟩

Ṣāḥib aṭ-Ṭalaqānī, Abu-'l-Qāsim Ismāʿīl Ibn-ʿAbbād ¬aṣ-¬
→ **Ṣāḥib Ibn-ʿAbbād, Ismāʿīl ¬aṣ-¬**

Ṣāḥib Ibn-ʿAbbād, Ismāʿīl ¬aṣ-¬
936 – 995
Ibn-ʿAbbād, aṣ-Ṣāḥib Ismāʿīl
Ibn-ʿAbbād, Ismāʿīl aṣ-Ṣāḥib
Ismāʿīl aṣ-Ṣāḥib Ibn-ʿAbbād
Ṣāḥib aṭ-Ṭalaqānī, Abu-'l-Qāsim Ismāʿīl Ibn-ʿAbbād ¬aṣ-¬

Sahl Ibn-Bišr
9. Jh.
Fatidica (= Prognostica); Liber sigillorum; Jüd. Astrologe
LMA,VII,1259/60
Abū-ʿUṯmān Sahl Ibn-Bišr
Ibn-Bišr, Sahl
Isrā'īlī, Sahl Ibn-Bišr
Sahl Ibn Bishr
Sahl Ibn Bišr
Sahl ibn Bišr Abū ʿUṯmān

Sahl Ibn-Muḥammad as-Siǧistānī, Abū-Ḥātim
→ **Abū-Ḥātim as-Siǧistānī, Sahl Ibn-Muḥammad**

Saḥnūn, ʿAbd-as-Salām Ibn-Saʿīd
776 – 854
ʿAbd-as-Salām Ibn-Saʿīd Saḥnūn
Ibn-Saʿīd, ʿAbd-as-Salām Saḥnūn

Šahrastānī, Abu-'l-Fath M. ¬aš¬
→ **Šahrastānī, Muḥammad Ibn-ʿAbd-al-Karīm ¬aš-¬**

Šahrastānī, Muḥammad Ibn-ʿAbd-al-Karīm ¬aš-¬
1071 – 1153
aš- Šachrastani, Muchammed ibn Abd al'-Kerim
Ibn-ʿAbd-al-Karīm, Muḥammad aš-Šahrastānī
Ibn-ʿAbd-al-Karīm aš-Šahrastānī, Muḥammad
Muḥammad Ibn-ʿAbd-al-Karīm aš-Šahrastānī
Šachristani, Muchammad
Šahrastānī, Abu-'l-Fath M. ¬aš¬
Šchahrastâni, Abu-'l-Fath' M. ¬aš¬
Šhahrastáni, Muḥammad ¬al¬
Šhahrastānī, Muḥammad Ibn-ʿAbd-al-Kariīm ¬aš-¬

Šahrazūrī, ʿUṯmān Ibn-Ṣalāḥ-ad-Dīn ¬aš-¬
→ **Ibn-aṣ-Ṣalāḥ aš-Šahrazūrī, ʿUṯmān Ibn-Ṣalāḥ-ad-Dīn**

Sāʿī, ʿAlī Ibn-Anǧab ¬as-¬
→ **Ibn-as-Sāʿī, ʿAlī Ibn-Anǧab**

Šaibānī, Abū-ʿAbdallāh Aḥmad Ibn-Ḥanbal ¬aš-¬
→ **Aḥmad Ibn-Ḥanbal**

Šaibānī, Abū-ʿAbdallāh Aḥmad Ibn-Muḥammad ¬aš-¬
→ **Aḥmad Ibn-Ḥanbal**

Šaibānī, Abū-Bakr Ibn-ʿAlī ¬aš-¬
gest. 1395
Abū-Bakr Ibn-ʿAlī aš-Šaibānī
Ibn-ʿAlī, Abū-Bakr aš-Šaibānī
Ibn-ʿAlī aš-Šaibānī, Abū-Bakr

Šaibānī, Aḥmad Ibn-ʿAmr ¬aš-¬
→ **Nabīl, Aḥmad Ibn-ʿAmr ¬an-¬**

Šaibānī, Aḥmad Ibn-Ḥanbal ¬aš-¬
→ **Aḥmad Ibn-Ḥanbal**

Šaibānī, Aḥmad Ibn-ʿUmar ¬aš-¬
→ **Ḫaṣṣāf, Aḥmad Ibn-ʿUmar ¬al-¬**

Šaibānī, an-Nābiġa ¬aš-¬
→ **Nābiġa aš-Šaibānī, ʿAbdallāh Ibn-al-Muḫāriq ¬an-¬**

Šaibānī, Muḥammad Ibn-al-Ḥasan ¬aš-¬
749 – 805
Ibn-al-Ḥasan, Muḥammad aš-Šaibānī
Muḥammad Ibn-al-Ḥasan aš-Šaibānī

Saʿīd, Abu-'l-ʿAlāʾ
→ **Gabriel ⟨Bābā, II.⟩**

Ṣāʿid al-Andalusī
→ **Andalusī, Ṣāʿid Ibn-Aḥmad ¬al-¬**

Saʿīd ibn Baṭrīq
→ **Eutychius ⟨Alexandrinus⟩**

Ṣāʿid Ibn-Aḥmad al-Andalusī
→ **Andalusī, Ṣāʿid Ibn-Aḥmad ¬al-¬**

Saʿīd Ibn-al-Mubārak Ibn-ad-Dahhān
→ **Ibn-ad-Dahhān, Saʿīd Ibn-al-Mubārak**

Saʿīd Ibn-Baṭrīq
→ **Eutychius ⟨Alexandrinus⟩**

Saʿīd Ibn-Hibatallāh
1044 – 1101
Baġdādī, Saʿīd Ibn-Hibatallāh ¬al-¬
Ibn-Hibatallāh, Saʿīd

Saʿīd Ibn-Hibatallāh ar-Rāwandī
→ **Rāwandī, Saʿīd Ibn-Hibatallāh ¬ar-¬**

Saʿīd Ibn-Manṣūr
gest. 842
Ibn-Manṣūr Saʿīd

Saʿīd Ibn-Masʿada, al-Aḫfaš al-Ausaṭ
→ **Aḫfaš al-Ausaṭ, Saʿīd Ibn-Masʿada ¬al-¬**

Saʿīd Ibn-Muḥammad an-Nīsābūrī, Abū-Rašīd
→ **Abū-Rašīd an-Nīsābūrī, Saʿīd Ibn-Muḥammad**

Saʿīd Ibn-Saʿīd al-Fāriqī
→ **Fāriqī, Saʿīd Ibn-Saʿīd ¬al-¬**

Saif ad-Daula al-Ḥamdānī, ʿAlī Ibn-ʿAbdallāh
→ **Saif-ad-Daula ⟨Aleppo, Emir⟩**

Saif-ad-Daula ⟨Aleppo, Emir⟩
gest. 967
LMA,VII,1260
Saif ad-Daula al-Ḥamdānī, ʿAlī Ibn-ʿAbdallāh

Saif-ad-Dīn, Muḥammad Aidamur Ibn-
→ **Ibn-Saif-ad-Dīn, Muḥammad Aidamur**

Saif-ad-Dīn al-Āmidī
→ **Āmidī, ʿAlī Ibn-Abī-ʿAlī ¬al-¬**

Saignet, Guilelmus
→ **Guilelmus ⟨Saignet⟩**

Saigyō
1118 – 1190

Sailer, Johannes
15. Jh.
Anleitung zur Bereitung e. Kräuterbades b. Verspannungen (lat.); Rezepte (dt.); Anweisung alchem. Inhalts (dt.-lat.)
VL(2),8,502
Johannes ⟨Sailer⟩

Sainceriaux, Robert ¬de¬
→ **Robert ⟨de Sainceriaux⟩**

Saint Louis
→ **Louis ⟨France, Roi, VIIII.⟩**

Saint Paul, Jean ¬de¬
→ **Saint-Paul, Jean ¬de¬**

Saint Victor, Adam ¬de¬
→ **Adamus ⟨de Sancto Victore⟩**

Saint-Amour, Guillaume ¬de¬
→ **Guilelmus ⟨de Sancto Amore⟩**

Saint-André, Guillaume ¬de¬
→ **Guillaume ⟨de Saint-André⟩**

Saint-Circ, Uc ¬de¬
→ **Uc ⟨de Saint-Circ⟩**

Sainte-More, Benoît ¬de¬
→ **Benoît ⟨de Sainte-More⟩**

Sainte-Sofia, Galéas
→ **Sancta Sophia, Galeatius ¬de¬**

Saint-Gilles, Martin ¬de¬
→ **Martin ⟨de Saint-Gilles⟩**

Saint-Lambert, Rambaldus ¬de¬
→ **Reimbaldus ⟨Leodiensis⟩**

Saint-Omer, Pierre ¬de¬
→ **Petrus ⟨de Sancto Audemaro⟩**

Saint-Pair, Guillaume ¬de¬
→ **Guillaume ⟨de Saint-Pair⟩**

Saint-Pathus, Guillaume ¬de¬
→ **Guillaume ⟨de Saint-Pathus⟩**

Saint-Paul, Jean ¬de¬
ca. 1442 – 1476
Chronique de Bretagne; Chronique des ducs de la maison de Montfort
Rep.Font. VI,556; BN
Jean ⟨de Saint-Paul⟩
Saint Paul, Jean ¬de¬

Saint-Quentin, Huon ¬de¬
→ **Huon ⟨de Saint-Quentin⟩**

Saint-Quentin, Jean ¬de¬
→ **Jean ⟨de Saint-Quentin⟩**

Saint-Rémy, Jean Lefèvre ¬de¬
→ **Lefèvre de Saint-Rémy, Jean**

Saint-Richier, Wedoir ¬de¬
→ **Wedoir ⟨de Saint-Richier⟩**

Saint-Victor, Adam ¬de¬
→ **Adamus ⟨de Sancto Victore⟩**

Šaizarī, ʿAbd-ar-Raḥmān Ibn-Naṣr ¬aš-¬
gest. 1093
ʿAbd-ar-Raḥmān Ibn-Naṣr aš-Šaizarī
Ibn-Naṣr, ʿAbd-ar-Raḥmān aš-Šaizarī
Šaizarī, ʿAbd-ar-Raḥmān Ibn-Naṣrallāh ¬aš-¬
Shayzarī, ʿAbd al-Raḥman ibn Naṣr

Šaizarī, ʿAbd-ar-Raḥman Ibn-Naṣrallāh ¬aš-¬
→ **Šaizarī, ʿAbd-ar-Raḥmān Ibn-Naṣr ¬aš-¬**

Šaizarī, Abu-'l-Ġanāʾim Muslim Ibn-Maḥmūd ¬aš-¬
→ **Šaizarī, Muslim Ibn-Maḥmūd ¬aš-¬**

Šaizarī, Amīn-ad-Daula Abu-'l-Ġanāʾim Muslim Ibn-Maḥmūd ¬aš-¬
→ **Šaizarī, Muslim Ibn-Maḥmūd ¬aš-¬**

Šaizarī, Muslim Ibn-Maḥmūd ¬aš-¬
13. Jh.
Al-Shayzarī, Abū-'l-Ghanāʾim Muslim Ibn Maḥmūd
Al-Shayzarī, Abū-'l-Ghanāʾim Muslim Ibn Maḥmūd
Ibn-Maḥmūd, Muslim aš-Šaizarī
Muslim Ibn-Maḥmūd aš-Šaizarī
Šaizarī, Abu-'l-Ġanāʾim Muslim Ibn-Maḥmūd ¬aš-¬
Šaizarī, Amīn-ad-Daula Abu-'l-Ġanāʾim Muslim Ibn-Maḥmūd ¬aš-¬
Shayzarī, Muslim Ibn Maḥmūd

Sajāwandī, Muḥammad Ibn Ṭayfūr
→ **Saǧāwandī, Muḥammad Ibn-Ṭaifūr ¬as-¬**

Sajjār
→ **Abu-'l-Ḫair al-Išbīlī**

Sakch, Hermann
gest. 1440 · OFM
Notizen und Schreibervermerke
VL(2),8,503
Hermann ⟨Sakch⟩

Sakesep, Jakemon
→ **Jakemes**

Sakkākī, Abū Yaʿqūb Yūsuf b. Abī Bakr ¬as-¬
→ **Sakkākī, Yūsuf Ibn-Abī-Bakr ¬as-¬**

Sakkākī, Sirāǧ-ad-Dīn Yūsuf Ibn-Abī-Bakr ¬as-¬
→ **Sakkākī, Yūsuf Ibn-Abī-Bakr ¬as-¬**

Sakkākī, Yūsuf Ibn-Abī-Bakr ¬as-¬
1160 – 1229
Ibn-Abī-Bakr, Yūsuf as-Sakkākī
Sakkākī, Abū Yaʿqūb Yūsuf b. Abī Bakr ¬as-¬
Sakkākī, Sirāǧ-ad-Dīn Yūsuf Ibn-Abī-Bakr ¬as-¬
Yūsuf Ibn-Abī-Bakr as-Sakkākī

Sakse
→ **Saxo ⟨Grammaticus⟩**

Sakūnī, Muḥammad Ibn-Ḫalīl ¬as-¬
13. Jh.
Ibn-Ḫalīl, Muḥammad as-Sakūnī
Muḥammad Ibn-Ḫalīl as-Sakūnī

Ṣalāʾa Ibn-ʿAmr al-Afwah al-Audī
→ **Afwah al-Audī, Ṣalāʾa Ibn-ʿAmr ¬al-¬**

Saladin ⟨Ferro⟩
→ **Saladinus ⟨de Asculo⟩**

Saladinus ⟨de Asculo⟩
um 1448/51
Compendium aromatoriorum; Consilium de peste
LMA,VII,1281
Asculo, Saladinus ¬de¬
Saladin ⟨de Asculo⟩
Saladin ⟨d'Ascoli⟩
Saladin ⟨Ferro⟩
Saladin ⟨Ferro von Ascoli⟩
Saladin ⟨von Ascoli⟩
Saladino ⟨da Ascoli⟩
Saladinus ⟨Asculanus⟩
Saladinus ⟨de Aesculo⟩
Saladinus ⟨de Esculo⟩

Saladinus ⟨Soldanus⟩
gest. 1182
Epistula ad Frid. I. imp.
Soldanus, Saladinus

Ṣalāḥ-ad-Dīn Ḫalīl Ibn-Kaikaldī al-ʿAlāʾī
→ **Ibn-Kaikaldī al-ʿAlāʾī, Ṣalāḥ-ad-Dīn Ḫalīl**

Ṣalāḥ-ad-Dīn Ibn-Yūsuf al-Kaḥḥāl al-Ḥamawī
→ **Kaḥḥāl al-Ḥamawī, Ṣalāḥ-ad-Dīn Ibn-Yūsuf ¬al-¬**

Salama Ibn-Muslim al-ʿAutabī
→ **ʿAutabī, Salama Ibn-Muslim ¬al-¬**

Salaniaco, Stephanus ¬de¬
→ **Stephanus ⟨de Salaniaco⟩**

Salatiel
gest. 1280
De libellis formandis (wird oft Odofredus ⟨de Denariis⟩ zugeschrieben); Summa artis notariae
LMA,VII,1286
Salathiel
Salathiel ⟨Bologneser Jurist⟩
Salathiel ⟨Bononiensis⟩
Salathiel ⟨Docteur⟩
Salathiel ⟨Notaire⟩
Salathiel ⟨von Bologna⟩

Šalaubīn, ʿUmar Ibn-Muḥammad ¬aš-¬
→ **Šalaubīnī, ʿUmar Ibn-Muḥammad ¬aš-¬**

Šalaubīnī, Abū-ʿAlī ʿUmar Ibn-Muḥammad ¬aš-¬
→ **Šalaubīnī, ʿUmar Ibn-Muḥammad ¬aš-¬**

Šalaubīnī, ʿUmar Ibn-Muḥammad ¬aš-¬
1166 – 1247
Abū-ʿAlī aš-Šalaubīn, ʿUmar Ibn-Muḥammad
Ibn-aš-Šalaubīn, ʿUmar Ibn-Muḥammad
Ibn-Muḥammad, ʿUmar aš-Šalaubīnī
Šalaubīn, ʿUmar Ibn-Muḥammad ¬aš-¬
Šalaubīnī, Abū-ʿAlī ʿUmar Ibn-Muḥammad ¬aš-¬

Shalawbīnī, ʿUmar ibn Muḥammad
ʿUmar Ibn-Muḥammad aš-Šalaubīnī

Salazar, Lope García ¬de¬
→ **García de Salazar, Lope**

Salbris, Guilelmus ¬de¬
→ **Guilelmus ⟨de Salbris⟩**

Salczman, Hans
→ **Salzmann, Hans**

Sale, Antoine ¬de la¬
→ **Antoine ⟨de la Sale⟩**

Salemo, Iulianus ¬de¬
→ **Iulianus ⟨de Salemo⟩**

Salernitanus, Alphanus
→ **Alphanus ⟨Salernitanus⟩**

Salernitanus, Anonymus
→ **Anonymus ⟨Salernitanus⟩**

Salernitanus, Bartholomaeus
→ **Bartholomaeus ⟨Salernitanus⟩**

Salernitanus, Ferrarius
→ **Ferrarius ⟨Salernitanus⟩**

Salernitanus, Guaiferius
→ **Guaiferius ⟨Salernitanus⟩**

Salernitanus, Marius
→ **Marius ⟨Salernitanus⟩**

Salernitanus, Maurus
→ **Maurus ⟨Salernitanus⟩**

Salernitanus, Nicolaus
→ **Nicolaus ⟨Salernitanus⟩**

Salernitanus, Petrocellus
→ **Petrocellus ⟨Salernitanus⟩**

Salernitanus, Petronius
→ **Petronius ⟨Salernitanus⟩**

Salernitanus, Romualdus
→ **Romualdus ⟨Salernitanus⟩**

Salernitanus, Urso
→ **Urso ⟨Salernitanus⟩**

Salernitanus Monachus
→ **Monachus ⟨Salernitanus⟩**

Salerno, Maximinus ¬de¬
→ **Maximinus ⟨de Salerno⟩**

Salerno, Petrus ¬de¬
→ **Petrus ⟨de Salerno⟩**

Salernus ⟨Aequivocus⟩
12. Jh.
Compendium Salerni
Aequivocus, Salernus
Salernus ⟨Magister⟩
Salernus ⟨Magister Salernitanus⟩
Salernus ⟨Medicus⟩
Salernus ⟨Salernitanus⟩

Salernus ⟨Medicus⟩
→ **Salernus ⟨Aequivocus⟩**

Salernus, Johannes
→ **Johannes ⟨Cluniacensis⟩**

Salesburia, Rogerus ¬de¬
→ **Rogerus ⟨de Salesburia⟩**

Salfeld, Friedrich Ködiz ¬von¬
→ **Köditz, Friedrich**

Salfeld, Johannes ¬de¬
→ **Salvelt, Johannes**

Saliceto, Bartholomaeus ¬de¬
→ **Bartholomaeus ⟨de Saliceto⟩**

Saliceto, Guilelmus ¬de¬
→ **Guilelmus ⟨de Saliceto⟩**

Saliceto, Nicolaus ¬de¬
→ **Nicolaus ⟨de Saliceto⟩**

Salicus, Conradus
→ **Konrad ⟨Römisch-Deutsches Reich, Kaiser, II.⟩**

Ṣāliḥ Ibn-Aḥmad Ibn-Ḥanbal
818 – 878
Abu-'l-Faḍl Ṣāliḥ Ibn-Aḥmad Ibn-Ḥanbal
Ibn-Aḥmad Ibn-Ḥanbal, Ṣāliḥ
Ibn-Ḥanbal, Ṣāliḥ Ibn-Aḥmad

Ṣāliḥ Ibn-al-Ḥusain al-Ǧaʿfarī
→ **Ǧaʿfarī, Ṣāliḥ Ibn-al-Ḥusain ¬al-¬**

Salimbene ⟨de Adamo⟩
→ **Salimbene ⟨Parmensis⟩**

Salimbene ⟨Parmensis⟩
1221 – 1287/88 · OFM
Chronica
LMA,VII,1302
Ognibene ⟨de Adam⟩
Ognibene ⟨de Guido d'Adamo⟩
Ognibene ⟨degli Adami⟩
Ognibene ⟨di Adamo⟩
Ognibene ⟨di Giulio di Adamo⟩
Omne-Bonum ⟨de Adam⟩
Salimbene ⟨da Parma⟩
Salimbene ⟨de Adam⟩
Salimbene ⟨de Adamo⟩
Salimbene ⟨de Adamo Parmae⟩
Salimbene ⟨de Adano⟩
Salimbene ⟨le Minorite⟩
Salimbene ⟨von Parma⟩
Salimbeno ⟨Salimbeni⟩
Salimbenus ⟨de Salimbenis⟩
Salimbenus ⟨Parmensis⟩

Salinas, Lope de Salazar ¬y¬
→ **Lope ⟨de Salazar y Salinas⟩**

Salinerii, Petrus
→ **Petrus ⟨Salinerii⟩**

Salinis, Hugo ¬de¬
→ **Hugo ⟨de Salinis⟩**

Salinis, Petrus ¬de¬
→ **Petrus ⟨de Salinis⟩**

Salis, Baptista ¬de¬
→ **Baptista ⟨de Salis⟩**

Salisbury, Roger ¬of¬
→ **Rogerus ⟨de Salesburia⟩**

Salla ⟨Malaspina⟩
→ **Malaspina, Saba**

Salle, Antoine ¬de la¬
→ **Antoine ⟨de la Sale⟩**

Salleia, Stephanus ¬de¬
→ **Stephanus ⟨de Salleia⟩**

Salmānī, Tāǧ ¬as-¬
→ **Tāǧ as-Salmānī**

Salmerius, Petrus
→ **Petrus ⟨Salinerii⟩**

Salmon ⟨ben Yeruhim⟩
→ **Salmôn Ben-Yerôḥām**

Salmon, Pierre
→ **Pierre ⟨Salmon⟩**

Salmôn Ben-Yerôḥām
10. Jh.
Lamentationes
Ben-Yerôḥām, Salmôn
Salmon ⟨ben Yeruhim⟩

Salms, Jude ¬von¬
→ **Jude ⟨von Salms⟩**

Salomo, Immanuel ¬ben¬
→ **ʿImmānûʾēl Ben-Šelomo**

Salomo Ibn-Verga
→ **Ibn-Wirgā, Šelomo**

Salomo Jarchius
→ **Šelomo Ben-Yiṣḥāq**

Salomon ⟨Aben Verga⟩
→ **Ibn-Wirgā, Šelomo**

Salomon ⟨Bassorensis⟩
→ **Šelēmon ⟨Baṣra⟩**

Salomon ⟨Ben Adret⟩
→ **Adrēt, Šelomo Ben-Avrāhām**

Salomon ⟨Ben Gabirol⟩
→ **Ibn-Gabîrôl, Šelomo Ben-Yehûdā**

Salomon ⟨Ben Isaac⟩
→ **Šelomo Ben-Yiṣḥāq**

Salomon ⟨Ben Jehuda Ibn Gabirol⟩
→ **Ibn-Gabîrôl, Šelomo Ben-Yehûdā**

Salomon ⟨Ben Levi⟩
→ **Paulus ⟨Burgensis⟩**

Salomon ⟨Bretagne, Roi⟩
gest. 874
Epistola ad Adrianum II papam a. 869: Mundi termino
LMA,VII,1314/15; Potth. 995
Salomo ⟨Britonum Rex⟩
Salomon ⟨Bretagne, Fürst⟩
Salomon ⟨Bretagne, König⟩
Salomon ⟨Britannia Armorica, Rex⟩
Salomon ⟨Martyr⟩
Salomon ⟨Saint⟩
Salomon ⟨Sanctus⟩

Salomon ⟨Britannia Armorica, Rex⟩
→ **Salomon ⟨Bretagne, Roi⟩**

Salomon ⟨Constantiensis, I.⟩
um 839/71
LMA,VII,1314; LThK
Pseudo-Salomon ⟨Constantiensis⟩
Salomon ⟨Constantiensis⟩
Salomon ⟨de Constance⟩
Salomon ⟨de Constance, I.⟩
Salomon ⟨Evêque de Constance⟩
Salomon ⟨Evêque de Constance, I.⟩
Salomon ⟨von Konstanz⟩
Salomon ⟨von Konstanz, I.⟩

Salomon ⟨Constantiensis, II.⟩
gest. 889
Epistulae in collectione Sangallensi traditae
DOC,2,1592
Pseudo-Salomon ⟨Constantiensis⟩
Salomon ⟨Constantiensis⟩
Salomon ⟨de Constance⟩
Salomon ⟨de Constance, II.⟩
Salomon ⟨Evêque de Constance⟩
Salomon ⟨Evêque de Constance, II.⟩
Salomon ⟨von Konstanz⟩
Salomon ⟨von Konstanz, II.⟩

Salomon ⟨Constantiensis, III.⟩
ca. 860 – 919
Versus ad Dadonem episcopum
DOC,2,1592; LThK; CSGL; Tusculum-Lexikon; LMA,VII,1314; VL(2),8,526/30
Pseudo-Salomon ⟨Constantiensis⟩
Ramschwag, Salomon
Salomo ⟨Constantiensis⟩
Salomo ⟨von Konstanz⟩
Salomon ⟨Constantiensis⟩
Salomon ⟨de Constance⟩
Salomon ⟨de Constance, III.⟩
Salomon ⟨de Ramschwag⟩
Salomon ⟨Episcopus⟩
Salomon ⟨Ramschwag⟩
Salomon ⟨von Konstanz⟩
Salomon ⟨von Konstanz⟩
Salomon ⟨von Konstanz, III.⟩

Salomon ⟨de Ramschwag⟩
→ **Salomon ⟨Constantiensis, III.⟩**

Salomon ⟨Filius Virgae⟩
→ **Ibn-Wirgā, Šelomo**

Salomon ⟨Ibn-Parchon⟩
→ **Ibn-Parḥôn, Šelomo**

Salomon ⟨Isacides⟩
→ **Šelomo Ben-Yiṣḥāq**

Salomon ⟨Jarhius⟩
→ **Šelomo Ben-Yiṣḥāq**

Salomon ⟨Jizchaki⟩
→ **Šelomo Ben-Yiṣḥāq**

Salomon ⟨Levita⟩
→ **Paulus ⟨Burgensis⟩**

Salomon ⟨Martyr⟩
→ **Salomon ⟨Bretagne, Roi⟩**

Salomon ⟨Nestorianischer Metropolit⟩
→ **Šelēmon ⟨Baṣra⟩**

Salomon ⟨Parchon⟩
→ **Ibn-Parḥôn, Šelomo**

Salomon ⟨Paschandatha⟩
→ **Šelomo Ben-Yiṣḥāq**

Salomon ⟨Ramschwag⟩
→ **Salomon ⟨Constantiensis, III.⟩**

Salomon ⟨Sanctus⟩
→ **Salomon ⟨Bretagne, Roi⟩**

Salomon ⟨von Basra⟩
→ **Šelēmon ⟨Baṣra⟩**

Salomon ⟨von Gaza⟩
→ **Sulaimān al-Ġazzī**

Salomon ⟨von Konstanz⟩
→ **Salomon ⟨Constantiensis, ...⟩**

Salomon ⟨Yarchi⟩
→ **Šelomo Ben-Yiṣḥāq**

Salomon, Elie
→ **Elias ⟨Salomonis⟩**

Salomon, Immanuel ¬ben¬
→ **ʿImmānûʾēl Ben-Šelomo**

Salomon Ben Adret ⟨von Barcelona⟩
→ **Adrēt, Šelomo Ben-Avrāhām**

Salomon Ben Isaak
→ **Šelomo Ben-Yiṣḥāq**

Salomon Ibn-Verga
→ **Ibn-Wirgā, Šelomo**

Salomon Parchon Ben-Abraham
→ **Ibn-Parḥôn, Šelomo**

Salomonis, Elias
→ **Elias ⟨Salomonis⟩**

Salopia, Radulfus ¬de¬
→ **Radulfus ⟨de Salopia⟩**

Saltellis, Berengarius ¬de¬
→ **Berengarius ⟨de Saltellis⟩**

Salterelli, Simon
→ **Simon ⟨Salterelli⟩**

Saltmeter, Nikolaus
→ **Salzmesser, Nicolaus**

Saltu Lacteo, Gervasius ¬de¬
→ **Gervasius ⟨de Saltu Lacteo⟩**

Saltzinger de Novo Foro, N.
→ **N. ⟨Saltzinger de Novo Foro⟩**

Salutati, Coluccio
1331 – 1406
Epistolario
LMA,VII,1319/20; Tusculum-Lexikon
Collucius Pierius ⟨Salutati⟩
Coluccio ⟨Salutati⟩
Coluccio ⟨Salutato⟩
Coluccio Salutati
Colutius Petrus ⟨Salutatus⟩
Lino Coluccio ⟨dei Salutati⟩
Linus Coluccius ⟨Salutatus⟩
Salutati, Collucio
Salutati, Collucius Pierius
Salutati, Lino Coluccio
Salutati, Lino-Coluccio
Salutato, Lino-Coluccio
Salutatus ⟨Colucius⟩
Salutatus, Colutius Pierius
Salutatus, Linus Coluccius
Salutatus, Linus-Coluccius

Salutatus, Linus-Coluccius
→ **Salutati, Coluccio**

Salvagius, Guilelmus
→ **Guilelmus ⟨Salvagius⟩**

Salvatius ⟨de Monte Sancti Eligii⟩
→ **Gervasius ⟨de Monte Sancti Eligii⟩**

Salvatus ⟨Sauriensis⟩
12. Jh.
Vita S. Martini presb. Sauriensis in Lusitania (gest. 1147)
Potth. 995
Salvatus ⟨Discipulus Sancti Martini⟩

Salvelt, Johannes
um 1379/1424 · OP
...utrum corpus Christi sub veritatis sacramento possit videri ab aliquo oculo corporali?; Conclusiones VI quaest. de Eucharistia Erfordiae disp.:
VL(2),8,559/560; Kaeppeli,II,535
Johannes ⟨de Salveld⟩
Johannes ⟨de Silvadia⟩
Johannes ⟨Salflet⟩
Johannes ⟨Salvelt⟩
Salfeld, Johannes ¬de¬

Salvestro Gondi, Carlo ¬di¬
→ **Gondi, Carlo di Salvestro**

Salviati, Jacopo
→ **Jacopo ⟨Salviati⟩**

Salviniec, Stephanus ¬de¬
→ **Stephanus ⟨de Salviniec⟩**

Salvo ⟨Burci⟩
→ **Salvus ⟨Burci⟩**

Salvo ⟨Cassetta⟩
→ **Salvus ⟨Cassetta⟩**

Salvo ⟨de P.⟩
→ **Salvus ⟨Cassetta⟩**

Salvus ⟨Burci⟩
um 1235
Liber supra stella
LMA,VII,1323/24
Burce, Salvo
Burci, Salvo
Burci, Salvus
Salvo ⟨Burce⟩
Salvo ⟨Burci⟩

Salvus ⟨Cassetta⟩
1413 – 1483 · OP
Elementa mathesis (Verfasserschaft nicht gesichert)
LMA,VII,1324
Cassetta, Salvo ¬de¬
Cassetta, Salvus
Salvo ⟨Caseta⟩
Salvo ⟨Casseta⟩
Salvo ⟨Cassetta⟩
Salvo ⟨Cassetta de Palerme⟩
Salvo ⟨de Cassetta⟩
Salvo ⟨de P.⟩
Salvus ⟨Caseta⟩
Salvus ⟨Casseta⟩

Salza, Hermann ¬von¬
→ **Hermann ⟨von Salza⟩**

Salzburg, Erhardus ¬de¬
→ **Erhardus ⟨de Salzburg⟩**

Salzburg, Hieronymus ¬von¬
→ **Hieronymus ⟨von Salzburg⟩**

Salzburg, Mönch ¬von¬
→ **Mönch ⟨von Salzburg⟩**

Salzburg, Niklas ¬von¬
→ **Niklas ⟨von Salzburg⟩**

Salzburg, Peter ¬von¬
→ **Peter ⟨von Salzburg⟩**

Salzburg, Reuchart ¬von¬
→ **Reuchart ⟨von Salzburg⟩**

Salzmann, Hans
um 1400
Ein geistlich baw hebt sich an / den wil ich teuchen (!) ab ich chan
VL(2),8,568/569
Hans ⟨Salzmann⟩
Salczman, Hans

Salzmesser, Nicolaus
um 1404/27
Granum rethorice
VL(2),8,569/570
Nicolaus ⟨Salmeter Pragensis⟩
Nicolaus ⟨Saltmeter de Nacione Saxonum⟩
Nicolaus ⟨Saltmeter Pragensis⟩
Nicolaus ⟨Salzmesser⟩
Nikolaus ⟨Saltmeter⟩
Nikolaus ⟨Salzmesser⟩
Saltmeter, Nikolaus
Salzmesser, Nikolaus

Samachschari
→ **Zamaḫšarī, Maḥmūd Ibn-ʿUmar ¬az-¬**

Samachschari, Abu'
→ **Zamaḫšarī, Maḥmūd Ibn-ʿUmar ¬az-¬**

Samaǧūn, Ḥāmid Ibn-
→ **Ibn-Samaǧūn, Ḥāmid**

Samʿānī, ʿAbdalkarīm Ibn-Muḥammad ¬as-¬
→ **Samʿānī, Abū-Saʿd ʿAbd-al-Karīm Ibn-Muḥammad ¬as-¬**

Samani, Abou Sad ¬al¬
→ **Samʿānī, Abū-Saʿd ʿAbd-al-Karīm Ibn-Muḥammad ¬as-¬**

Samʿānī, Abu-'l-Muẓaffar Manṣūr Ibn-Muḥammad ¬as-¬
→ **Samʿānī, Manṣūr Ibn-Muḥammad ¬as-¬**

Samʿānī, Abū-Muẓaffar as-Samʿānī Manṣūr Ibn-Muḥammad ¬as-¬
→ **Samʿānī, Manṣūr Ibn-Muḥammad ¬as-¬**

Samʿānī, Abū-Saʿd ʿAbd-al-Karīm Ibn-Muḥammad ¬as-¬
1113 – 1166
ʿAbd al Karīm
ʿAbd-al-Karīm
ʿAbd-al-Karīm Ibn-Muḥammad as-Samʿānī, Abū-Saʿd
Abu Saʿd ⟨Samanense⟩
Abū-Saʿd ʿAbd-al-Karīm Ibn-Muḥammad as-Samʿānī
Abū-Saʿd as-Samʿānī, ʿAbd-al-Karīm Ibn-Muḥammad
As-Samanius
Ibn-Muḥammad, Abū-Saʿd ʿAbd-al-Karīm as-Samʿānī
Samʿānī, ʿAbdalkarīm Ibn-Muḥammad ¬as-¬
Samani, Abou Sad ¬al¬

Samʿānī, Manṣūr Ibn-Muḥammad ¬as-¬
gest. 1096
Abū-Muẓaffar as-Samʿānī
Ibn-Muḥammad, Manṣūr as-Samʿānī
Manṣūr Ibn-Muḥammad as-Samʿānī
Marwazī, Manṣūr Ibn-Muḥammad ¬al-¬
Samʿānī, Abū-Muẓaffar as-Samʿānī Manṣūr Ibn-Muḥammad ¬as-¬
Samʿānī, Abu-'l-Muẓaffar Manṣūr Ibn-Muḥammad ¬as-¬

Samaritanus, Adalbertus
→ **Adalbertus ⟨Samaritanus⟩**

Samarqandī, Abū-Naṣr Muḥammad Ibn-Aḥmad
→ **Samarqandī, Muḥammad Ibn-Aḥmad ¬as-¬**

Samarqandī, Muḥammad Ibn-Aḥmad ¬as-¬
1093 – ca. 1155
Ibn-Aḥmad, Muḥammad as-Samarqandī
Muḥammad Ibn-Aḥmad as-Samarqandī
Samarqandī, Abū-Naṣr Muḥammad Ibn-Aḥmad

Sāmarrī, Muḥammad Ibn-ʿAbdallāh ¬as-¬
gest. 1219
Fāliḥ, Musāʿid I. ¬al-¬
Ibn-ʿAbdallāh, Muḥammad as-Sāmarrī
Ibn-Abī-Sanīna, Muḥammad Ibn-ʿAbdallāh
Muḥammad Ibn-ʿAbdallāh as-Sāmarrī
Sāmarrī, Naṣīr-ad-Dīn Muḥammad Ibn-ʿAbdallāh ¬as-¬
Sāmarrī Ibn-Abī-Sanīna, Muḥammad Ibn-ʿAbdallāh ¬as-¬

Sāmarrī, Naṣīr-ad-Dīn Muḥammad Ibn-ʿAbdallāh ¬as-¬
→ **Sāmarrī, Muḥammad Ibn-ʿAbdallāh ¬as-¬**

Sāmarrī Ibn-Abī-Sanīna, Muḥammad Ibn-ʿAbdallāh ¬as-¬
→ **Sāmarrī, Muḥammad Ibn-ʿAbdallāh ¬as-¬**

Samau'al Ibn-ʿĀdiyā ¬as-¬
6. Jh.
Ibn-ʿĀdiyā, as-Samau'al
Ibn-Ḥīya, as-Samau'al
Samau'al Ibn-ʿArīḍ ¬as-¬
Samau'al Ibn-Ġarīḍ ¬as-¬
Samau'al Ibn-Ḥīya ¬as-¬
Samaw'al Ibn ʿAdiyā

Samau'al Ibn-ʿArīḍ ¬as-¬
→ **Samau'al Ibn-ʿĀdiyā ¬as-¬**

Samau'al Ibn-Ġarīḍ ¬as-¬
→ **Samau'al Ibn-ʿĀdiyā ¬as-¬**

Samau'al Ibn-Ḥīya ¬as-¬
→ **Samau'al Ibn-ʿĀdiyā ¬as-¬**

Samau'al Ibn-Yaḥyā al-Maġribī ¬as-¬
→ **Maġribī, as-Samau'al Ibn-Yaḥyā ¬al-¬**

Samaw'al Ibn ʿAdiyā
→ **Samau'al Ibn-ʿĀdiyā ¬as-¬**

Samīn al-Ḥalabī, Aḥmad Ibn-Yūsuf ¬as-¬
gest. 1355
Aḥmad Ibn-Yūsuf as-Samīn al-Ḥalabī
Ḥalabī, Aḥmad Ibn-Yūsuf ¬al-¬
Ḥalabī, as-Samīn Aḥmad Ibn-Yūsuf ¬al-¬
Ibn-Yūsuf, Aḥmad as-Samīn al-Ḥalabī
Ibn-Yūsuf as-Samīn al-Ḥalabī, Aḥmad

Šāmirī, Muḥammad Ibn-Ğaʿfar ¬al-¬
→ **Ḥarāʾiṭī, Muḥammad Ibn-Ğaʿfar ¬al-¬**

Śaṃkara
→ **Śaṅkara**

Śaṃkarācārya
→ **Śaṅkara**

Samm Sāʿa
→ **Isḥāq Ibn-ʿImrān**

Samnānī, Aḥmad Ibn-Muḥammad ¬as-¬
→ **Simnānī, Aḥmad Ibn-Muḥammad ¬as-¬**

Samois, Johannes ¬de¬
→ **Johannes ⟨de Semorsio⟩**

Sampach, Agnes
gest. 1433 · OSCl
Schrift über Johannes den Täufer
VL(2),8,573/574
Agnes ⟨Sampach⟩
Agnes ⟨Sampachinn⟩

Sampayus, Stephanus
um 1240 · OP
Vita B. Petri Gonsalez (gest. 1240)
Potth. 997
Stephanus ⟨Sampayus⟩

Sampiero, Floriano
→ **Florianus ⟨de Sancto Petro⟩**

Sampirus ⟨Astoricensis⟩
gest. 1040
Historia Hispaniae
CSGL; LMA,VII,1344; Tusculum-Lexikon
Sampiro ⟨d'Astorga⟩
Sampirus ⟨Episcopus⟩
Sampirus ⟨von Astorga⟩

Sampis, Johannes ¬de¬
→ **Johannes ⟨de Sampis⟩**

Sampson, Bardin
→ **Bernardinus ⟨Sansonis⟩**

Sampson, François
→ **Franciscus ⟨Sansonis⟩**

Šams ⟨Pīr⟩
→ **Pīr Šams**

Šams-ad-Dīn an-Nawāǧī
→ **Nawāǧī, Muḥammad Ibn-Ḥasan ¬an-¬**

Šams-ad-Dīn Muḥammad Ibn-Mubārak al-Buḫārī, Mīrak
→ **Mīrak Šams-ad-Dīn Muḥammad Ibn-Mubārak al-Buḫārī**

Samson ⟨Abbas⟩
→ **Samson ⟨Cordubensis⟩**
→ **Samson ⟨Sancti Edmundi⟩**

Samson ⟨Archiepiscopus⟩
→ **Samson ⟨Remensis⟩**

Samson ⟨Ben Abraham⟩
→ **Šimšôn Ben-Avrāhām**

Samson ⟨Ben Isaac⟩
→ **Šimšôn Ben-Yiṣḥāq**

Samson ⟨Cordubensis⟩
gest. 890
Carmina
CSGL; LMA,VII,1346
Samson ⟨Abbas⟩
Samson ⟨de Cordoue⟩
Samson ⟨de Pinnamellaria⟩
Samson ⟨de Saint-Zoïle⟩
Samson ⟨of San Zoilo⟩
Samson ⟨Presbyter⟩

Samson ⟨de Nanteuil⟩
→ **Sanson ⟨de Nanteuil⟩**

Samson ⟨de Pinnamellaria⟩
→ **Samson ⟨Cordubensis⟩**

Samson ⟨de Saint-Zoïle⟩
→ **Samson ⟨Cordubensis⟩**

Samson ⟨of Bury Saint Edmunds⟩
→ **Samson ⟨Sancti Edmundi⟩**

Samson ⟨of Chinon⟩
→ **Šimšôn Ben-Yiṣḥāq**

Samson ⟨of Sens⟩
→ **Šimšôn Ben-Avrāhām**

Samson ⟨Presbyter⟩
→ **Samson ⟨Cordubensis⟩**

Samson ⟨Remensis⟩
12. Jh.
Appendix annorum 1113-1163
Samson ⟨Archiepiscopus⟩

Samson ⟨Sancti Edmundi⟩
gest. 1211
De miraculis Sancti Aedmundi
Samson ⟨Abbas⟩
Samson ⟨of Bury Saint Edmunds⟩
Samson ⟨of Saint Edmund⟩
Samson ⟨Sancti Aedmundi⟩
Sancti Edmundi, Samson

Samson, Bardinus
→ **Bernardinus ⟨Sansonis⟩**

Samuel ⟨Abbas⟩
→ **Samuel ⟨Laurishamensis⟩**

Samuel ⟨al-Maghribi⟩
→ **Šemûʾēl Ben-Moše ⟨al-Maġribī⟩**

Samuel ⟨Aniensis⟩
gest. ca. 1179
Temporum usque ad suam aetatem ratio
CSGL; Potth.
Ani, Samuel ¬de¬
Samuel ⟨de Ani⟩
Samuel ⟨d'Ani⟩
Samuel ⟨Presbyter⟩
Samuel ⟨Yeretz⟩
Yeretz, Samuel

Samuel ⟨Ben Hophni⟩
→ **Šemûʾēl Ben-Ḥofnî**

Samuel ⟨Ben Isaak Sardi⟩
→ **Šemûʾēl Ben-Yiṣḥāq Sardî**

Samuel ⟨Ben Jacob Gama⟩
→ **Šemûʾēl Ibn-Ġamʿ**

Samuel ⟨Ben Joseph⟩
→ **Šemûʾēl han-Nāgîd**

Samuel ⟨Ben Judah Ibn Tibbon⟩
→ **Ibn-Tibbon, Šemûʾēl Ben-Yehûdā**

Samuel ⟨Ben Kalonymus⟩
→ **Šemûʾēl Ben-Kalonymos**

Samuel ⟨Ben Meïr⟩
→ **Šemûʾēl Ben-Meʾîr**

Samuel ⟨Ben Moses⟩
→ **Šemûʾēl Ben-Moše ⟨al-Maġribī⟩**

Samuel ⟨Ben Nissim⟩
→ **Šemûʾēl Ben-Nissîm Masnût**

Samuel ⟨Ben Saadias Ibn Motot⟩
→ **Ibn-Motot, Šemûʾēl Ben-Saʿadyā**

Samuel ⟨Ben Simson⟩
→ **Šemûʾēl Ben-Šimšôn**

Samuel ⟨Ben Zarza⟩
→ **Zarza, Šemûʾēl Ibn-Seneh**

Samuel ⟨Caroch von Lichtenberg⟩
→ **Karoch von Lichtenberg, Samuel**

Samuel ⟨Casinensis⟩
→ **Samuel ⟨de Cassinis⟩**

Samuel ⟨Chasid⟩
→ **Šemûʾēl Ben-Kalonymos**

Samuel ⟨de Ani⟩
→ **Samuel ⟨Aniensis⟩**

Samuel ⟨de Cassinis⟩
gest. ca. 1500
Liber isagogicus
Cassini, Samuele
Cassinis, Samuel ¬de¬
Samuel ⟨Casinensis⟩
Samuel ⟨Cassinensis⟩
Samuele ⟨Cascini⟩
Samuele ⟨Cassini⟩

Samuel ⟨de Fez⟩
→ **Samuel ⟨Marochitanus⟩**

Samuel ⟨de Maroc⟩
→ **Samuel ⟨Marochitanus⟩**

Samuel ⟨de Monte Rutilo⟩
→ **Karoch von Lichtenberg, Samuel**

Samuel ⟨Dux⟩
→ **Šemûʾēl han-Nāgîd**

Samuel ⟨el-Magrebi⟩
→ **Šemûʾēl Ben-Moše ⟨al-Maġribī⟩**

Samuel ⟨ha Sardi⟩
→ **Šemûʾēl Ben-Yiṣḥāq Sardî**

Samuel ⟨ha-Maʾarabi⟩
→ **Šemûʾēl Ben-Moše ⟨al-Maġribī⟩**

Samuel ⟨ha-Nagid⟩
→ **Šemûʾēl han-Nāgîd**

Samuel ⟨Ḥasid⟩
→ **Šemûʾēl Ben-Kalonymos**

Samuel ⟨Ibn Jamʿ⟩
→ **Šemûʾēl Ibn-Ġamʿ**

Samuel ⟨Ibn Nagrela⟩
→ **Šemûʾēl han-Nāgîd**

Samuel ⟨Ibn Tabon⟩
→ **Ibn-Tibbon, Šemûʾēl Ben-Yehûdā**

Samuel ⟨Israelita⟩
→ **Samuel ⟨Marochitanus⟩**

Samuel ⟨Iudaeus⟩
→ **Samuel ⟨Marochitanus⟩**

Samuel ⟨Karaite⟩
→ **Šemûʾēl Ben-Moše ⟨al-Maġribī⟩**

Samuel ⟨Karoch von Lichtenberg⟩
→ **Karoch von Lichtenberg, Samuel**

Samuel ⟨Laurishamensis⟩
gest. 859
Cpl 1268
Samuel ⟨Abbas⟩

Samuel ⟨Maroccanus⟩
→ **Samuel ⟨Marochitanus⟩**

Samuel ⟨Marochitanus⟩
um 1085
De adventu Messiae
DOC,2,1593
Marochitanus, Samuel
Samuel ⟨de Fez⟩
Samuel ⟨de Maroc⟩
Samuel ⟨Israelita⟩
Samuel ⟨Iudaeus⟩
Samuel ⟨Maroccanus⟩
Samuel ⟨Marocchianus⟩
Samuel ⟨Maroccitanus⟩
Samuel ⟨Marochianus⟩
Samuel ⟨Rabbi⟩

Samuel ⟨Motot⟩
→ **Ibn-Motot, Šemûʾēl Ben-Saʿadyā**

Samuel ⟨of Aleppo⟩
→ **Šemûʾēl Ben-Nissîm Masnût**

Samuel ⟨of Rameru⟩
→ **Šemûʾēl Ben-Meʾîr**

Samuel ⟨Presbyter⟩
→ **Samuel ⟨Aniensis⟩**

Samuel ⟨Presbyter⟩
um 1210
Collecta ex diversis auditis in scholo Guilelmi de Monte
Stegmüller, Repert. bibl. 7593-7593,3
Presbyter, Samuel
Samuel ⟨Presbyter Anglus⟩
Samuel ⟨Prêtre⟩
Samuel ⟨Prêtre Anglais⟩

Samuel ⟨Rabbi⟩
→ **Samuel ⟨Marochitanus⟩**

Samuel ⟨Taio⟩
→ **Taio ⟨Caesaraugustanus⟩**

Samuel ⟨Tsartsah Ibn Sanah⟩
→ **Zarza, Šemûʾēl Ibn-Seneh**

Samuel ⟨von Lichtenberg⟩
→ **Karoch von Lichtenberg, Samuel**

Samuel ⟨Yeretz⟩
→ **Samuel ⟨Aniensis⟩**

Samuel ⟨Zarza Ibn Seneh⟩
→ **Zarza, Šemûʾēl Ibn-Seneh**

Samuel Ben-Hofni ⟨Gaon⟩
→ **Šemûʾēl Ben-Ḥofnî**

Šāmūḫī, Abū-ʿAlī al-Ḥasan Ibn-ʿAlī ¬aš-¬
→ **Šāmūḫī, al-Ḥasan Ibn-ʿAlī ¬aš-¬**

Šāmūḫī, al-Ḥasan Ibn-ʿAlī ¬aš-¬
gest. 1051
Abū-ʿAlī aš-Šāmūḫī, al-Ḥasan Ibn-ʿAlī
Ḥasan Ibn-ʿAlī aš-Šāmūḫī
Ibn-ʿAlī, al-Ḥasan aš-Šāmūḫī
Šāmūḫī, Abū-ʿAlī al-Ḥasan Ibn-ʿAlī ¬aš-¬
Shāmūkhī, al-Ḥasan Ibn ʿAlī

Samuil ⟨Nagid⟩
→ **Šemûʾēl han-Nāgîd**

San Cristobal, Alfonso ¬de¬
→ **Alfonso ⟨de San Cristobal⟩**

San Gimignano, Domenico ¬da¬
→ **Dominicus ⟨de Sancto Geminiano⟩**

San Gimignano, Folgore ¬da¬
→ **Folgore ⟨da San Gimignano⟩**

San Giminiano, Johannes
→ **Johannes ⟨de Sancto Geminiano⟩**

San Giorgio, Giacomino ¬da¬
→ **Jacobinus ⟨de Sancto Georgio⟩**

San Juan, Juan ¬de¬
→ **Juan ⟨de San Juan⟩**

San Miniato, Giovanni ¬da¬
→ **Giovanni ⟨di Duccio da San Miniato⟩**

San Pedro, Diego Fernández ¬de¬
um 1500
LMA,VII,1190; III,1002
Diego ⟨de San Pedro⟩
Diego Fernandez ⟨de San Pedro⟩
Fernández de San Pedro, Diego
Hernandez de San Pedro, Diego
Hernandez de Sanct Pedro, Diego
Pedro, Diego de San
Pedro, Diego Fernández ¬de¬
Pedro, Diego Hernandez ¬de¬
San Pedro, Diego ¬de¬
San Pedro, Diego Hernandez ¬de¬
San Pedro, Hernandez ¬de¬
San Pedro, Hernando ¬de¬
Sanct Pedro, Diego Hernandez ¬de¬
Sanct Pedro, Hernando ¬de¬
San-Pedro, Diego Fernández ¬de¬

Ṣanʿānī, Muḥammad Ibn-Ibrāhīm ¬al-¬
→ **Wazīr, Muḥammad Ibn-Ibrāhīm ¬al-¬**

Ṣanaubarī, Abū-Bakr Aḥmad Ibn Muḥammad ¬aṣ-¬
→ **Ṣanaubarī, Aḥmad Ibn-Muḥammad ¬aṣ-¬**

Ṣanaubarī, Aḥmad Ibn-Muḥammad ¬aṣ-¬
ca. 888 – 945
Aḥmad Ibn-Muḥammad aṣ-Ṣanaubarī
Ibn-Muḥammad, Aḥmad aṣ-Ṣanaubarī
Ṣanaubarī, Abū-Bakr Aḥmad Ibn Muḥammad ¬aṣ-¬
Ṣanawbarī, Aḥmad Ibn Muḥammad

Ṣanawbarī, Aḥmad Ibn Muḥammad
→ **Ṣanaubarī, Aḥmad Ibn-Muḥammad ¬aṣ-¬**

Sanche ⟨Porta⟩
→ **Santius ⟨Porta⟩**

Sanches, Afonso
1288 – 1329
LMA,VII,1350/51
Afonso ⟨Sanches⟩
Alphonse ⟨Sanchez⟩
Sanchez, Alphonse

Sánchez ⟨de Tovar⟩
→ **Sánchez de Tovar, Fernán**

Sánchez ⟨Ferrant⟩
→ **Ferrán ⟨Sánchez Calavera⟩**

Sanchez, Alphonse
→ **Sanches, Afonso**

Sánchez Calavera, Ferrán
→ **Ferrán ⟨Sánchez Calavera⟩**

Sánchez de Arevalo, Rodrigo
→ **Rodericus ⟨Sancius de Arevalo⟩**

Sanchez de Talavera, Ferran
→ **Ferrán ⟨Sánchez Calavera⟩**

Sánchez de Tovar, Fernán
um 1350
Chrónica del muy esclarecido principe D. Alfonso el XI
Potth. 997
Ferdinand-Sanche ⟨de Tóvar⟩
Fernán ⟨Sánchez de Tovar⟩
Sánchez ⟨de Tovar⟩
Tovar, Ferdinand-Sanche ¬de¬
Tovar, Fernán Sánchez ¬de¬

Sánchez de Vercial, Clemente
1370 – ca. 1426/34
Sacramental; Libro de los exemplos por ABC
LMA,VII,34
Clemente ⟨Sánchez de Vercial⟩
Vercial, Clemente Sánchez ¬de¬

Sancius ⟨de Porta⟩
→ **Santius ⟨Porta⟩**

Sancius ⟨Mulerii⟩
gest. 1416 · OP
In I Sent.; Sermones in Concil. Constant.; Tract. de schismate
Kaeppeli,III,336/337
Gaucher ⟨Mulierii⟩
Gaucher ⟨Muller⟩
Mulerii, Sancius
Mulierii, Gaucher
Muller, Gaucher
Sancius ⟨Mulierii⟩
Sanctius ⟨Mulerii⟩
Sanctius ⟨Mulierii⟩
Xantius ⟨Mulerii⟩

Sancius ⟨Porta⟩
→ **Santius ⟨Porta⟩**

Sancius de Arevalo, Rodericus
→ **Rodericus ⟨Sancius de Arevalo⟩**

Sanciza, Bernardus ¬de¬
→ **Bernardus ⟨de Sanciza⟩**

San-Cristobal, Alfonso ¬de¬
→ **Alfonso ⟨de San Cristobal⟩**

Sanct Pedro, Hernando ¬de¬
→ **San Pedro, Diego Fernández ¬de¬**

Sancta Aethelburga
→ **Aethelburga ⟨Sancta⟩**

Sancta Cruce, Ambrosius ¬de¬
→ **Ambrosius ⟨de Sancta Cruce⟩**

Sancta Cruce, Nicolaus ¬de¬
→ **Nicolaus ⟨de Sancta Cruce⟩**

Sancta Cruce, Onufrius ¬de¬
→ **Onufrius ⟨de Sancta Cruce⟩**

Sancta Fide, Hieronymus ¬a¬
→ **Hieronymus ⟨a Sancta Fide⟩**

Sancta Fide, Johannes ¬de¬
→ **Johannes ⟨de Sancta Fide⟩**

Sancta Sophia, Galeatius ¬de¬
gest. 1427
Onomasticon de simplicibus; Tractatus de febribus; Opus medicinae practicae; etc.
LMA,IV,1082; VL(2),8,582/84
Galéas ⟨de Sainte-Sofia⟩
Galéas ⟨di Giovanni⟩
Galeateus ⟨de Sancta Sophia⟩
Galeatius ⟨a Sancta Sophia⟩
Galeatius ⟨de Sancta Sophia⟩
Galeazzo ⟨a Sancta Sophia⟩
Galeazzo ⟨di Santa Sofia⟩
Galeazzo ⟨Santa Sofia⟩
Galeazzo ⟨Santasofia⟩
Sainte Sofia, Galéas
Sainte-Sofia, Galéas
Sancta Sophia, Galeazzo ¬da¬
Santasofia, Galeazzo

Sancta Sophia, Marsilius ¬de¬
→ **Marsilius ⟨de Sancta Sophia⟩**

Sancta Walpurga
→ **Walpurga ⟨Sancta⟩**

Sanctae Euphemiae, Fulcerus
→ **Fulcerus ⟨Sanctae Euphemiae⟩**

Sanctae Frideswidae, Philippus
→ **Philippus ⟨Sanctae Frideswidae⟩**

Sanctae Mariae Trans Tiberim, Johannes
→ **Johannes ⟨Sanctae Mariae Trans Tiberim⟩**

Sanctes ⟨de Arduinis⟩
um 1424/30
De prolificatione, de venenis, de odoratione, de omnibus naturalibus et artificalibus
Ardoini, Sante
Ardoini, Santes
Ardoino, Sante
Ardoinus, Santes
Ardoynus, Santes
Arduinis, Sanctes ¬de¬
Sante ⟨Ardoini⟩
Sante ⟨Ardoini da Pesaro⟩
Sante ⟨Ardoino⟩
Santes ⟨Ardoini⟩
Santes ⟨Ardoinus⟩
Santes ⟨Ardoynus⟩
Santes ⟨de Arduinis⟩

Sanctes ⟨Johannis de Schiattensibus Florentinus⟩
→ **Sanctes ⟨Schiattesius⟩**

Sanctes ⟨Johannis Rucellai de Florentia⟩
→ **Santi ⟨Rucellai⟩**

Sanctes ⟨Schiattesius⟩
gest. 1476 · OP
Consilia de iure religiosorum
Kaeppeli,III,336
Sanctes ⟨Johannis de Schiattensibus Florentinus⟩
Sancti ⟨Schiattesi⟩
Santi ⟨Schiattesi⟩
Schiattesius, Sanctes

Sancti Aegidii, Ermengaldus
→ **Ermengaldus ⟨Sancti Aegidii⟩**

Sancti Albani, Sigehardus
→ **Sigehardus ⟨Sancti Albani⟩**

Sancti Amandi, Absalon
→ **Absalon ⟨Sancti Amandi⟩**

Sancti Amandi, Ebarcius
→ **Ebarcius ⟨Sancti Amandi⟩**

Sancti Amandi, Milo
→ **Milo ⟨Sancti Amandi⟩**

Sancti Andreae, Benedictus
→ **Benedictus ⟨Sancti Andreae⟩**

Sancti Andreae, Raimundus
→ **Raimundus ⟨Sancti Andreae⟩**

Sancti Apri, Aynardus
→ **Aynardus ⟨Sancti Apri Tullensis⟩**

Sancti Apri, Vindricus
→ **Widricus ⟨Tullensis⟩**

Sancti Audoeni, Theodoricus
→ **Theodoricus ⟨Sancti Audoeni⟩**

Sancti Autberti, Petrus
→ **Petrus ⟨Sancti Autberti⟩**

Sancti Benigni, Guilelmus
→ **Guilelmus ⟨Sancti Benigni⟩**

Sancti Bertini, Eremboldus
→ **Eremboldus ⟨Sancti Bertini⟩**

Sancti Bertini, Lambertus
→ **Lambertus ⟨Sancti Bertini⟩**

Sancti Dionysii, Fardulfus
→ **Fardulfus ⟨Sancti Dionysii⟩**

Sancti Dionysii, Haimo
→ **Haimo ⟨Sancti Dionysii⟩**

Sancti Dionysii, Hilduinus
→ **Hilduinus ⟨Sancti Dionysii⟩**

Sancti Dionysii, Sugerus
→ **Sugerus ⟨Sancti Dionysii⟩**

Sancti Edmundi, Samson
→ **Samson ⟨Sancti Edmundi⟩**

Sancti Eucharii, Theodoricus
→ **Theodoricus ⟨Sancti Eucharii⟩**

Sancti Floriani, Altmannus
→ **Altmannus ⟨Sancti Floriani⟩**

Sancti Galli, Regimarus
→ **Regimarus ⟨Sancti Galli⟩**

Sancti Galli, Ruodepertus
→ **Ruodepertus ⟨Sancti Galli⟩**

Sancti Galli, Waldrammus
→ **Waldrammus ⟨Sangallensis⟩**

Sancti Germani de Pratis, Aimonus
→ **Aimonus ⟨Sancti Germani de Pratis⟩**

Sancti Germani de Pratis, Gislemarus
→ **Gislemarus ⟨Sancti Germani de Pratis⟩**

Sancti Ghisleni, Widricus
→ **Widricus ⟨Sancti Ghisleni⟩**

Sancti Gisleni, Reinerus
→ **Reinerus ⟨Sancti Gisleni⟩**

Sancti Jacobi, Blasius
→ **Blasius ⟨Sancti Jacobi Parisiensis⟩**

Sancti Jacobi, Reinerus
→ **Reinerus ⟨Sancti Jacobi Leodiensis⟩**

Sancti Jacobi, Wazelinus
→ **Wazelinus ⟨Sancti Jacobi Leodiensis⟩**

Sancti Jacobi Leodiensis, Reinerus
→ **Reinerus ⟨Sancti Jacobi Leodiensis⟩**

Sancti Laurentii, Lambertus
→ **Lambertus ⟨Sancti Laurentii Leodiensis⟩**

Sancti Laurentii, Wazelinus
→ **Wazelinus ⟨Sancti Laurentii Leodiensis⟩**

Sancti Mansueti, Pibo
→ **Pibo ⟨Sancti Mansueti⟩**

Sancti Marci, Atto
→ **Atto ⟨Sancti Marci⟩**

Sancti Matthiae, Theodoricus
→ **Theodoricus ⟨Sancti Matthiae⟩**

Sancti Maximini, Smaragdus
→ **Smaragdus ⟨Sancti Maximini⟩**

Sancti Michaelis, Smaragdus
→ **Smaragdus ⟨Sancti Michaelis⟩**

Sancti Odomari, Albertus
→ **Albertus ⟨Sancti Odomari⟩**

Sancti Pauli, Hugo
→ **Hugo ⟨Sancti Pauli⟩**

Sancti Petri, Doto
→ **Doto ⟨Sancti Petri⟩**

Sancti Petri Carnotensis, Paulus
→ **Paulus ⟨Sancti Petri Carnotensis⟩**

Sancti Quintini, Dudo
→ **Dudo ⟨Sancti Quintini⟩**

Sancti Remigii, Odo
→ **Odo ⟨Sancti Remigii⟩**

Sancti Richardi, Nithardus
→ **Nithardus ⟨Sancti Richardi⟩**

Sancti Sabae, Antiochus
→ **Antiochus ⟨Sancti Sabae⟩**

Sancti Sabae, Leontius
→ **Leontius ⟨Sancti Sabae⟩**

Sancti Severi, Suavius
→ **Suavius ⟨Sancti Severi⟩**

Sancti Symphoriani, Constantinus
→ **Constantinus ⟨Sancti Symphoriani⟩**

Sancti Taurini, Deodatus
→ **Deodatus ⟨Sancti Taurini⟩**

Sancti Theoderici, Adalgisus
→ **Adalgisus ⟨Sancti Theoderici⟩**

Sancti Trudberti, Wernerus
→ **Wernerus ⟨Sancti Trudberti⟩**

Sancti Trudonis, Columbanus
→ **Columbanus ⟨Sancti Trudonis⟩**

Sancti Trudonis, Rudolfus
→ **Rudolfus ⟨Sancti Trudonis⟩**

Sancti Trudonis, Stepelinus
→ **Stepelinus ⟨Sancti Trudonis⟩**

Sancti Trudonis, Theodoricus
→ **Theodoricus ⟨Sancti Trudonis⟩**

Sancti Urbani, Stephanus
→ **Stephanus ⟨Sancti Urbani⟩**

Sancti Vedasti, Ulmarus
→ **Ulmarus ⟨Sancti Vedasti⟩**

Sancti Victoris, Ervisius
→ **Ervisius ⟨Sancti Victoris⟩**

Sancti Vitoni, Laurentius
→ **Laurentius ⟨Sancti Vitoni⟩**

Sanctius ⟨de Porta⟩
→ **Santius ⟨Porta⟩**

Sanctius ⟨Mulerii⟩
→ **Sancius ⟨Mulerii⟩**

Sanctius ⟨Porta⟩
→ **Santius ⟨Porta⟩**

Sanctius, Rodericus
→ **Rodericus ⟨Sancius de Arevalo⟩**

Sancto Aegidio, Johannes ¬de¬
→ **Johannes ⟨de Sancto Aegidio⟩**

Sancto Albano, Nicolaus ¬de¬
→ **Nicolaus ⟨de Sancto Albano⟩**

Sancto Amando, Hucbaldus ¬de¬
→ **Hucbaldus ⟨de Sancto Amando⟩**

Sancto Amando, Jacobus ¬de¬
→ **Jacobus ⟨de Sancto Amando⟩**

Sancto Amando, Johannes ¬de¬
→ **Johannes ⟨de Sancto Amando⟩**

Sancto Amando, Lotharius ¬de¬
→ **Lotharius ⟨de Sancto Amando⟩**

Sancto Amore, Guilelmus ¬de¬
→ **Guilelmus ⟨de Sancto Amore⟩**

Sancto Amore, Petrus ¬de¬
→ **Petrus ⟨de Sancto Amore⟩**

Sancto Andrea, Jacobus ¬de¬
→ **Jacobus ⟨de Sancto Andrea⟩**

Sancto Angelo, Guilelmus ¬de¬
→ **Guilelmus ⟨de Sancto Angelo⟩**

Sancto Angelo, Johannes ¬de¬
→ **Johannes ⟨de Sancto Angelo⟩**

Sancto Arnulfo, Johannes ¬de¬
→ **Johannes ⟨de Sancto Arnulfo⟩**

Sancto Audemaro, Petrus ¬de¬
→ **Petrus ⟨de Sancto Audemaro⟩**

Sancto Audoeno, Garnerius ¬de¬
→ **Garnerius ⟨de Sancto Audoeno⟩**

Sancto Audoeno, Johannes ¬de¬
→ **Johannes ⟨de Sancto Audoeno⟩**

Sancto Audomaro, Petrus ¬de¬
→ **Petrus ⟨de Sancto Audomaro, ...⟩**

Sancto Benedicto, Johannes ¬de¬
→ **Johannes ⟨de Sancto Benedicto⟩**

Sancto Benedicto, Petrus ¬de¬
→ **Petrus ⟨de Sancto Benedicto⟩**

Sancto Bernardo, Guilelmus ¬de¬
→ **Guilelmus ⟨de Sancto Bernardo⟩**

Sancto Bertino, Johannes ¬de¬
→ **Johannes ⟨de Sancto Bertino⟩**

Sancto Blasio, Conradus ¬de¬
→ **Conradus ⟨de Sancto Blasio⟩**

Sancto Blasio, Otto ¬de¬
→ **Otto ⟨de Sancto Blasio⟩**

Sancto Blasio, Wernerus ¬de¬
→ **Wernerus ⟨de Sancto Blasio⟩**

Sancto Brioco, Abel ¬de¬
→ **Abel ⟨de Sancto Brioco⟩**

Sancto Caro, Hugo ¬de¬
→ **Hugo ⟨de Sancto Caro⟩**

Sancto Columba, Ascensius ¬de¬
→ **Ascensius ⟨de Sancto Columba⟩**

Sancto Dionysio, Bertholdus ¬de¬
→ **Bertholdus ⟨de Sancto Dionysio⟩**

Sancto Dionysio, Gerardus ¬de¬
→ **Gerardus ⟨de Sancto Dionysio⟩**

Sancto Dionysio, Petrus ¬de¬
→ **Petrus ⟨de Sancto Dionysio⟩**

Sancto Dominico, Balthasar ¬a¬
→ **Balthasar ⟨a Sancto Dominico⟩**

Sancto Ebrulfo, Johannes ¬de¬
→ **Johannes ⟨de Sancto Ebrulfo⟩**

Sancto Edmundo, Johannes ¬de¬
→ **Johannes ⟨de Sancto Edmundo⟩**

Sancto Eligio, Rainaldus ¬de¬
→ **Rainaldus ⟨de Sancto Eligio⟩**

Sancto Elpidio, Alexander ¬de¬
→ **Alexander ⟨de Sancto Elpidio⟩**

Sancto Emmeramo, Otloh ¬de¬
→ **Otloh ⟨de Sancto Emmeramo⟩**

Sancto Floro, Bertrandus ¬de¬
→ **Bertrandus ⟨de Sancto Floro⟩**

Sancto Geminiano, Dominicus ¬de¬
→ **Dominicus ⟨de Sancto Geminiano⟩**

Sancto Geminiano, Johannes ¬de¬
→ **Johannes ⟨de Sancto Geminiano⟩**

Sancto Genesio, Thomas ¬de¬
→ **Thomas ⟨de Sancto Genesio⟩**

Sancto Georgio, Jacobinus ¬de¬
→ **Jacobinus ⟨de Sancto Georgio⟩**

Sancto Georgio, Stephanus ¬de¬
→ **Stephanus ⟨de Sancto Georgio⟩**

Sancto Germano, Abbo ¬de¬
→ **Abbo ⟨de Sancto Germano⟩**

Sancto Germano, Johannes ¬de¬
→ **Johannes ⟨de Sancto Germano⟩**

Sancto Germano, Richardus ¬de¬
→ **Richardus ⟨de Sancto Germano⟩**

Sancto Gilleno, Arnulfus ¬de¬
→ **Arnulfus ⟨de Sancto Gilleno⟩**

Sancto Heredio, Elias ¬de¬
→ **Elias ⟨de Sancto Heredio⟩**

Sancto Jacobo, Guilelmus ¬de¬
→ **Guilelmus ⟨de Sancto Jacobo Leodiensis⟩**

Sancto Johanne, Gaspar ¬a¬
→ **Gaspar ⟨a Sancto Johanne⟩**

Sancto Johanne, Jacobus ¬de¬
→ **Jacobus ⟨de Sancto Johanne, ...⟩**

Sancto Lamberto, Johannes ¬de¬
→ **Johannes ⟨de Sancto Lamberto⟩**

Sancto Laudo, Guilelmus ¬de¬
→ **Guilelmus ⟨de Sancto Laudo⟩**

Sancto Laurentio, Gerardus ¬de¬
→ **Gerardus ⟨de Sancto Laurentio⟩**

Sancto Laurentio, Richardus ¬de¬
→ **Richardus ⟨de Sancto Laurentio⟩**

Sancto Laurentio, Thomas ¬de¬
→ **Thomas ⟨de Sancto Laurentio⟩**

Sancto Martino, Nicolaus ¬de¬
→ **Nicolaus ⟨de Sancto Martino⟩**

Sancto Neoto, Hugo ¬de¬
→ **Hugo ⟨de Sancto Neoto⟩**

Sancto Pantaleone, Wolbero ¬de¬
→ **Wolbero ⟨de Sancto Pantaleone⟩**

Sancto Paulo, Johannes ¬de¬
→ **Johannes ⟨de Sancto Paulo⟩**

Sancto Paulo, Landulfus ¬de¬
→ **Landulfus ⟨de Sancto Paulo⟩**

Sancto Petro, Florianus ¬de¬
→ **Florianus ⟨de Sancto Petro⟩**

Sancto Porciano, Durandus ¬de¬
→ **Durandus ⟨de Sancto Porciano⟩**

Sancto Porciano, Guilelmus ¬de¬
→ **Durandus ⟨de Sancto Porciano⟩**

Sancto Portu, Hermannus ¬de¬
→ **Hermannus ⟨de Sancto Portu⟩**

Sancto Quintino, Amandus ¬de¬
→ **Amandus ⟨de Sancto Quintino⟩**

Sancto Quintino, Eberhardus ¬de¬
→ **Eberhardus ⟨de Sancto Quintino⟩**

Sancto Quintino, Guerricus ¬de¬
→ **Guerricus ⟨de Sancto Quintino⟩**

Sancto Quintino, Johannes ¬de¬
→ **Johannes ⟨de Sancto Quintino⟩**

Sancto Quintino, Simon ¬de¬
→ **Simon ⟨de Sancto Quintino⟩**

Sancto Rufo, Ademarus ¬de¬
→ **Ademarus ⟨de Sancto Rufo⟩**

Sancto Severino, Aegidius ¬de¬
→ **Aegidius ⟨de Sancto Severino, Iunior⟩**

Sancto Severo, Henricus ¬de¬
→ **Henricus ⟨de Sancto Severo⟩**

Sancto Theodorico, Galfredus ¬de¬
→ **Galfredus ⟨de Sancto Theodorico⟩**

Sancto Theodorico, Guilelmus ¬de¬
→ **Guilelmus ⟨de Sancto Theodorico⟩**

Sancto Victore, Achardus ¬de¬
→ **Achardus ⟨de Sancto Victore⟩**

Sancto Victore, Adamus ¬de¬
→ **Adamus ⟨de Sancto Victore⟩**

Sancto Victore, Andreas ¬de¬
→ **Andreas ⟨de Sancto Victore⟩**

Sancto Victore, Garnerius ¬de¬
→ **Garnerius ⟨de Sancto Victore⟩**

Sancto Victore, Godefridus ¬de¬
→ **Godefridus ⟨de Sancto Victore⟩**

Sancto Victore, Gualterus ¬de¬
→ **Gualterus ⟨de Sancto Victore⟩**

Sancto Victore, Guarinus ¬de¬
→ **Guarinus ⟨de Sancto Victore⟩**

Sancto Victore, Henricus ¬de¬
→ **Henricus ⟨de Sancto Victore⟩**

Sancto Victore, Hugo ¬de¬
→ **Hugo ⟨de Sancto Victore⟩**

Sancto Victore, Ivo ¬de¬
→ **Ivo ⟨de Sancto Victore⟩**

Sancto Victore, Johannes ¬de¬
→ **Johannes ⟨de Sancto Victore, ...⟩**

Sancto Victore, Mauritius ¬de¬
→ **Mauritius ⟨de Sancto Victore⟩**

Sancto Victore, Nicolaus ¬de¬
→ **Nicolaus ⟨Parisiensis de Sancto Victore⟩**

Sancto Victore, Odo ¬de¬
→ **Odo ⟨de Sancto Victore⟩**

Sancto Victore, Richardus ¬de¬
→ **Richardus ⟨de Sancto Victore⟩**

Sancto Vincentio, Johannes ¬de¬
→ **Johannes ⟨de Sancto Vincentio⟩**

Sancto Vitone, Richardus ¬de¬
→ **Richardus ⟨de Sancto Vitone⟩**

Sanctus Agnellus
→ **Agnellus ⟨Sanctus⟩**

Sanctus Barsanuphius
→ **Barsanuphius ⟨Sanctus⟩**

Sanctus Bonaventura
→ **Bonaventura ⟨Sanctus⟩**

Sanctus Bonifatius
→ **Bonifatius ⟨Sanctus⟩**

Sanctus Brendanus
→ **Brendanus ⟨Sanctus⟩**

Sanctus Columba
→ **Columba ⟨Sanctus⟩**

Sanctus Columbanus
→ **Columbanus ⟨Sanctus⟩**

Sanctus Cyrillus
→ **Cyrillus ⟨Sanctus⟩**

Sanctus Dominicus
→ **Dominicus ⟨Sanctus⟩**

Sanctus Gallus
→ **Gallus ⟨Sanctus⟩**

Sanctus Ludovicus
→ **Ludovicus ⟨Sanctus de Beringen⟩**

Sanctus Methodius
→ **Methodius ⟨Sanctus⟩**

Sanctus Pirminius
→ **Pirminius ⟨Sanctus⟩**

Sanctus Sabas
→ **Sabas ⟨Sanctus⟩**

Sanctus Stanislaus
→ **Stanislaus ⟨Sanctus⟩**

Sandaeus ⟨Lucensis⟩
→ **Sandeo, Felino Maria**

Sandala, Johannes ¬de¬
→ **Johannes ⟨de Sandala⟩**

Sandalius, Thomas
→ **Thomas ⟨Sandalius⟩**

Sandberg, Andreas
gest. 1457
Tractatus rethorice; Chronik des preuß. Bundes
VL(2),8,576/577
Andreas ⟨Sandberg⟩
Andreas ⟨Santperg⟩
Santperg, Andreas

Sandeo, Felino Maria
1444 – 1503
LThK
Felino Maria ⟨Sandeo⟩
Felinus ⟨Episcopus⟩
Felinus ⟨Lucensis⟩
Felinus ⟨Sandeus⟩
Felinus, Maria
Felinus Maria ⟨Sandeo⟩
Maria ⟨de Felina⟩
Maria ⟨Felinus⟩
Maria ⟨Sandaeus⟩
Maria ⟨Sandeo⟩
Sandaeus ⟨Episcopus⟩
Sandaeus ⟨Lucensis⟩
Sandaeus, Felinus
Sandei, Felino
Sandei, Felino M.
Sandei, Felinus M.
Sandei, Maria F.
Sandeo, Felino
Sandeo, Felino M.
Sandeus, Felinus
Sandeus, Felinus M.

Sander ⟨de Heck⟩
→ **Hegius, Alexander**

Sanders, Johannes
um 1484
Chronika unde uthsettinge der hermeisters in Lifflande von 1235. jor beth uppit jor christi 1484
Potth. 997
Jean ⟨Sander⟩
Johannes ⟨Sanders⟩
Sander, Jean

Sanderus ⟨Hek de Stenfordia⟩
→ **Hegius, Alexander**

Sandeus, Felinus
→ **Sandeo, Felino Maria**

Sandionysianus, Guilelmus
→ **Guilelmus ⟨Sandionysianus⟩**

Sandizeller, Wolfgang
um 1485
Herausgeber d. Birgitta Suecica: Onus mundi
Sandizeller, Wolfgangus
Wolfgang ⟨Sandizeller⟩

Šanfarā, ʿAmr Ibn-Mālik ¬aš-¬
→ **Šanfarā ¬aš-¬**

Šanfarā ¬aš-¬
gest. ca. 550
ʿAmr Ibn-Mālik aš-Šanfarā
Šanfarā, ʿAmr Ibn-Mālik ¬aš-¬
Shanfarā

Sanginaticius, Georgius
→ **Hypatus**

Ṣanhāǧī al-Baiḏaq, Abū-Bakr Ibn-ʿAlī ¬aṣ-¬
→ **Baiḏaq, Abū-Bakr Ibn-ʿAlī ¬al-¬**

Śaṅkara
8. Jh.
Ātmabodha; Upadeśasāhasrī; Vivekacūḍāmaṇi; etc.
Śaṃkara
Śamkara
Śaṃkarācārya
Śaṅkara ⟨Ācārya⟩
Śankara Ácharya
Śankara Ācharya
Sankara Áchárya
Śaṅkarācārya
Sankaracharya
Śankarāchāryas
Saṅkarākārya
Shankara
Shankaracharya

Sankt Gallen, Heinrich ¬von¬
→ **Heinrich ⟨von Sankt Gallen⟩**

Sankt Gallen, Iso ¬von¬
→ **Iso ⟨Sangallensis⟩**

Sankt Georgener Prediger
14./15. Jh.
Bearb. von Predigtsammlung
VL(2),2,1207/13
Georgener Prediger

Sankt-Victor, Richard ¬von¬
→ **Richardus ⟨de Sancto Victore⟩**

San-Pedro, Diego Fernández ¬de¬
→ **San Pedro, Diego Fernández ¬de¬**

Sansedoni, Ambrosius
→ **Ambrosius ⟨Sansedoni⟩**

Sanseverino, Giulio
→ **Pomponius Laetus, Iulius**

Sanseverino, Roberto ¬da¬
1418 – 1487
Viaggio in terra santa a. 1458
Potth. 976
Roberto ⟨da Sanseverino⟩
Robertus ⟨Sanseverinatus⟩
Robertus ⟨Severinatus⟩
Sanseverino, Robert ¬de¬

Sanson ⟨de Nanteuil⟩
um 1150
Nanteuil, Sanson ¬de¬
Nantuil, Sanson ¬de¬
Samson ⟨de Nanteuil⟩
Sanson ⟨de Nantuil⟩
Sanson ⟨von Nanteuil⟩

Sansonis, Bernardinus
→ **Bernardinus ⟨Sansonis⟩**

Sansonis, Franciscus
→ **Franciscus ⟨Sansonis⟩**

Sant Jordi, Jordi ¬de¬
→ **Jordi ⟨de Sant Jordi⟩**

Santa María, Alvar García ¬de¬
→ **García de Santa María, Alvar**

Santa Maria, Pablo ¬de¬
→ **Paulus ⟨Burgensis⟩**

Santa-Croce, Onofrio ¬de¬
→ **Onufrius ⟨de Sancta Cruce⟩**

Sant'Africano, Berengario ¬da¬
→ **Berengario ⟨da Sant'Africano⟩**

Šantamarī, Aḥmad Ibn-ʿAbd-al-ʿAzīz ¬al-¬
→ **Fihrī, Aḥmad Ibn-ʿAbd-al-ʿAzīz ¬al-¬**

Šantamarī, Yūsuf Ibn-Sulaimān ¬aš-¬
→ **Aʿlam aš-Šantamarī, Yūsuf Ibn-Sulaimān ¬al-¬**

Santaraksita
→ **Kamalaśīla**

Santasofia, Galeazzo
→ **Sancta Sophia, Galeatius ¬de¬**

Sante ⟨Ardoino⟩
→ **Sanctes ⟨de Arduinis⟩**

Santen, Hendrik ¬van¬
→ **Hendrik ⟨van Santen⟩**

Santes ⟨Ardoinus⟩
→ **Sanctes ⟨de Arduinis⟩**

Santi ⟨Rucellai⟩
1463 – 1497
Trattato brieve de'cambi in volgare a fra H. Savonarola da Ferrara
Kaeppeli,III,335/36
Giovanni ⟨Rucellai⟩
Jean ⟨Rucellai⟩
Johannes ⟨Pandolphus⟩
Johannes ⟨Rucellai⟩
Johannes ⟨Rucellai de Florentia⟩
Pandolphus, Johannes
Rucellai, Giovanni
Rucellai, Jean
Rucellai, Johannes
Rucellai, Pandolfo
Rucellai, Sancti
Rucellai, Santi
Sanctes ⟨Johannis Rucellai de Florentia⟩
Sancti ⟨Rucellai⟩

Santi ⟨Schiattesi⟩
→ **Sanctes ⟨Schiattesius⟩**

Śāntideva
7. Jh.
Bodhicaryāvatāra; buddhist. Philosoph
Çāntideva
Cāntideva
Chŏkch'ŏn
Śāntideva ⟨Ācārya⟩
Shanti Deva
Shantideva ⟨Acharya⟩
Syant'ideva

Santillana, Iñigo López ¬de¬
1398 – 1458
Iñigo López ⟨de Mendoza⟩
Iñigo López ⟨de Santillana⟩
López de Mendoça, Iñigo
López de Mendoza, Iñigo
Mendoça, Iñigo López ¬de¬
Mendoza, Iñigo López ¬de¬
Santillana, Marquès ¬de¬

Santius ⟨Porta⟩
ca. 1350 – 1429 · OP
Mariale; Sanctorale; Sermones de tempore
Schneyer, Winke, 58
Porta, Sanche
Porta, Santius
Sanche ⟨Porta⟩
Sancius ⟨de Porta⟩
Sancius ⟨Porta⟩
Sanctius ⟨de Porta⟩
Sanctius ⟨Porta⟩

Santob ⟨de Carrión⟩
ca. 1290 – ca. 1369
Carrion, Santob ¬de¬
Santob ⟨de los Condes⟩
Santob ⟨Don⟩
Santob ⟨Rabbi⟩
Sem Tob de Carrion
Šem-Ṭôv Ibn-Ardutiel Ben-Yišḥāq
Shem Tov Ibn Ardutiel Ben Isaac

Santob ⟨de los Condes⟩
→ **Santob ⟨de Carrión⟩**

Santob ⟨Don⟩
→ **Santob ⟨de Carrión⟩**

Santob ⟨Rabbi⟩
→ **Santob ⟨de Carrión⟩**

Santperg, Andreas
→ **Sandberg, Andreas**

San-tsang-fa-shih I-ching
→ **Yijing**

Santvliet, Cornelius ¬de¬
→ **Cornelius ⟨de Santvliet⟩**

Sanudo, Marino
→ **Sanutus, Marinus**

Sanudo, Torsello
→ **Sanutus, Marinus**

Sanūsī, Abū-ʿAbdallāh Muḥammad Ibn-Yūsuf ¬as-¬
→ **Sanūsī, Muḥammad Ibn-Yūsuf ¬as-¬**

Sanūsī, Muḥammad Ibn-Yūsuf ¬as-¬
gest. 1486
Ibn-Yūsuf, Muḥammad as-Sanūsī
Muḥammad Ibn-Yūsuf as-Sanūsī
Sanūsī, Abū-ʿAbdallāh Muḥammad Ibn-Yūsuf ¬as-¬
Senousi
Senoussi
Senusi, el

Sanutus, Marinus
ca. 1270 – 1343
Liber secretorum fidelium crucis; Opus Terrae Sanctae; Epistulae
Potth. 998; LMA,VII,1373/74
Marin ⟨Sanudo, l'Ancien⟩
Marin ⟨Sanudo, Senior⟩
Marin ⟨Sanuto, il Vecchio⟩
Marin ⟨Sanuto Torsello⟩
Marin ⟨Torsello⟩
Marino ⟨Sanudo, der Ältere⟩
Marino ⟨Sanudo Torsello⟩
Marino ⟨Sanuto⟩
Marinus ⟨Sanutus⟩
Marinus ⟨Sanutus, Senior⟩
Marinus ⟨Senior⟩
Marinus ⟨Torsello⟩
Marinus ⟨Torsellus⟩
Sanudo, Marin
Sanudo, Marin ⟨der Ältere⟩
Sanudo, Marin ⟨l'Ancien⟩
Sanudo, Marino
Sanudo, Torsello
Sanuto, Marin
Sanuto, Marino
Sanutus, Marinus ⟨Senior⟩
Torsello

Sanzangfashi Yijing
→ **Yijing**

Sanzanome
→ **Sanzanomis**

Sanzanomis
um 1231/66
Gesta Florentinorum 1125-1231
Potth. 999
Ictus Florentinus ⟨Sanzanome⟩
Sanzanome
Sanzanome ⟨Chroniqueur⟩
Sanzanome ⟨Florentinus⟩
Sanzanome ⟨Ictus Florentinus⟩
Sanzanome ⟨Juge à Florence⟩
Sanzanome, Ictus Florentinus

Sanzois, Johannes ¬de¬
→ **Johannes ⟨de Semorsio⟩**

Sapiens, Aileranus
→ **Aileranus ⟨Sapiens⟩**

Sapiens, Gildas
→ **Gildas ⟨Sapiens⟩**

Sapiens Idiota
→ **Raimundus ⟨Iordanus⟩**

Ṣaqalī, ʿAlī Ibn-Ğaʿfar ¬aṣ-¬
→ **Ibn-al-Qaṭṭāʿ, ʿAlī Ibn-Ğaʿfar**

Sara
→ **Sava ⟨Sveti⟩**

Sarābīyūn
→ **Serapio ⟨Senior⟩**

Saragosse, Jérôme ¬de¬
→ **Jerónimo ⟨de Casas⟩**

Saraḫsī, Muḥammad Ibn-Aḥmad ¬as-¬
11. Jh.
Ibn-Aḥmad, Muḥammad as-Saraḫsī
Muḥammad Ibn-Aḥmad as-Saraḫsī
Sarakhsī, Muḥammad Ibn Aḥmad

Sarakhsī, Muḥammad Ibn Aḥmad
→ **Saraḫsī, Muḥammad Ibn-Aḥmad ¬as-¬**

Saraḷādāsa
um 1400
Verfasser der Oriya-Version des Mahābhārata
Sāraḷā
Sāraḷā Dās
Sāraḷā Dāsa
Sāroḷā
Saroḷā Dāsa
Sāroḷā-Dās

Saraponte, Jacobus ¬de¬
→ **Jacobus ⟨de Saraponte⟩**

Sardi, Raynier
→ **Sardo, Ranieri**

Sardianus, Johannes
→ **Johannes ⟨Sardianus⟩**

Sardo, Ranieri
um 1422
Cronaca pisana 962-1400
Potth. 999
Ranieri ⟨Sardo⟩
Raynier ⟨Sardi⟩
Raynier ⟨Sardi de Pise⟩
Sardi, Raynier

Sarepta, Thomas ¬von¬
→ **Thomas ⟨de Wratislavia⟩**

Saresburia, Roger ¬of¬
→ **Rogerus ⟨de Salesburia⟩**

Sarğī, ʿAbd-al-Laṭīf Ibn-Abī-Bakr ¬as-¬
→ **Zabīdī, ʿAbd-al-Laṭīf Ibn-Abī-Bakr ¬az-¬**

Šarğī, Aḥmad Ibn-Aḥmad ¬aš-¬
1410 – 1488
Aḥmad Ibn-Aḥmad aš-Šarğī
Ibn-Aḥmad, Aḥmad aš-Šarğī

Ṣarīʿ al-Ġawānī
→ **Muslim Ibn-al-Walīd**

Sarī Ibn-Aḥmad ar-Raffāʾ ¬as-¬
→ **Raffāʾ, as-Sarī Ibn-Aḥmad ¬ar-¬**

Sarı Lutfi
→ **Lutfi ⟨Molla⟩**

Šarīf al-Idrīsī
→ **Idrīsī, Muḥammad Ibn-Muḥammad ¬al-¬**

Šarīf al-Murtaḍā, ʿAlī Ibn-al-Ḥusain ¬aš-¬
966 – 1044
ʿAlī Ibn-al-Ḥusain aš-Šarīf al-Murtaḍā
Ibn-al-Ḥusain, ʿAlī aš-Šarīf al-Murtaḍā
Murtaḍā, ⟨aš-Šarīf⟩
Murtadi ⟨al-Sherif⟩
Šarif Murtaḍā, ʿAlī Ibn-al-Ḥusain ¬aš-¬
Sharif Ali Ibn al-Husain Ibn Musa al-Murtadi
Sharīf al-Murtaḍā, ʿAlam al-Hudā ʿAlī Ibn al-Ḥusayn

Šarīf ar-Raḍī, Muḥammad Ibn-al-Ḥusain ¬aš-¬
970 – 1016
Ibn-al-Ḥusain, Muḥammad aš-Šarīf ar-Raḍī
Ibn-al-Ḥusain aš-Šarīf ar-Raḍī, Muḥammad
Muḥammad Ibn-al-Ḥusain aš-Šarīf ar-Raḍī
Raḍī, aš-Šarīf Muḥammad Ibn-al-Ḥusain ¬ar-¬
Raḍī, Muḥammad Ibn-al-Ḥusain ¬ar-¬

Šarif Murtaḍā, ʿAlī Ibn-al-Ḥusain ¬aš-¬
→ **Šarīf al-Murtaḍā, ʿAlī Ibn-al-Ḥusain ¬aš-¬**

Sarkavag, Hovhannes
→ **Yovhannês ⟨Sarkavag⟩**

Saroḷā Dāsa
→ **Saraḷādāsa**

Sarracenus, Johannes
→ **Johannes ⟨Sarracenus⟩**

Sarradsch
→ **Sarrāğ, Abū-Naṣr ʿAbdallāh Ibn-ʿAlī ¬as-¬**

Sarrāğ, Abū-Naṣr ʿAbdallāh Ibn-ʿAlī ¬as-¬
gest. 988
Abū-Naṣr ʿAbdallāh Ibn-ʿAlī as-Sarrāğ
Abū-Naṣr as-Sarrāğ
Abū-Naṣr as-Sarrāğ, ʿAbdallāh Ibn-ʿAlī
Ibn-ʿAlī, Abū-Naṣr ʿAbdallāh as-Sarrāğ
Ibn-ʿAlī as-Sarrāğ, Abū-Naṣr ʿAbdallāh
Sarradsch

Sarrasin
um 1278
Anglo-normann. Troubadour; Histoire des ducs de Normandi ...; Relation du tournoi de Ham
Potth. 999
Sarrazin
Sarrazin ⟨Trouvère⟩

Sarrasin, Jean
→ **Johannes ⟨Sarracenus⟩**

Sarrazin
→ **Sarrasin**

Sartiana, Albertus ¬de¬
→ **Albertus ⟨de Sartiana⟩**

Sartoris, Johannes
→ **Johannes ⟨Sartoris⟩**

Sarug, Jakob ¬von¬
→ **Jacobus ⟨Sarugensis⟩**

Sarzano, Guilelmus ¬de¬
→ **Guilelmus ⟨de Sarzano⟩**

Sasay, Guilelmus ¬de¬
→ **Guilelmus ⟨de Sasay⟩**

Sasconus, Barnabas
→ **Barnabas ⟨Sassoni⟩**

Šašek z Bířkova, Václav
um 1465
Reisebeschreibung
Potth. 717; LMA,VII,1387
Bířkova, Šašek ¬z¬
Bířkova, Václav Šašek ¬z¬
Šašek ⟨z Bířkova⟩
Schaschek
Schaschek, Wazlav
Ssassek
Václav ⟨Šašek z Bířkova⟩
Wazlav ⟨Schaschek⟩

Šāšī, Isḥāq Ibn-Ibrāhīm ¬aš-¬
gest. 937
Ibn-Ibrāhīm, Isḥāq aš-Šāšī
Isḥāq Ibn-Ibrāhīm aš-Šāšī

Šāšī al-Qaffāl, Muḥammad Ibn-Aḥmad ¬aš-¬
904 – 976
Muḥammad Ibn-Aḥmad aš-Šāšī al-Qaffāl
Qaffāl, Muḥammad Ibn-Aḥmad ¬al-¬

Sasnec'i, Mxit'ar
→ **Mxit'ar ⟨Sasnec'i⟩**

Saspow, Matthias ¬de¬
→ **Matthias ⟨de Saspow⟩**

Sasse, Johann
15. Jh.
In freuden hoe / so bin ich froe
VL(2),8,585
Johann ⟨Sasse⟩

Sassen, Eygil ¬von¬
→ **Eygil ⟨von Sassen⟩**

Sassoni, Barnabas
→ **Barnabas ⟨Sassoni⟩**

Śaṭhakopa
→ **Nammālvār**

Šāṭibī, Ibrāhīm Ibn-Mūsā ¬aš-¬
gest. 1388
Abū-Isḥāq aš-Šāṭibī
Ibn-Mūsā, Ibrāhīm aš-Šāṭibī
Ibrāhīm Ibn-Mūsā aš-Šāṭibī

Sāttān, Kūlavāṇigan
→ **Cāttaṉār**

Sāttanār, Sīttalai
→ **Cāttaṉār**

Satzenhofer, Ursula
um 1469 · OSB
Übersetzung von „De passione Christi“
VL(2),8,587
Ursula ⟨Satzenhofer⟩

Saudee
→ **Sa'dī**

Saugnier, Petrus
→ **Petrus ⟨Salinerii⟩**

Saulheim, Werner ¬von¬
→ **Werner ⟨von Saulheim⟩**

Saulis, Terricus ¬de¬
→ **Terricus ⟨de Saulis⟩**

Sault, Griadon ¬de¬
→ **Griadon ⟨de Sault⟩**

Sauma, Rabban ¬bar¬
→ **Bar-Ṣaumā**

Saurer, Paulus
→ **Paulus ⟨Saurer⟩**

Šaušāwī, Ḥusain Ibn-'Alī ¬aš¬
→ **Rağrāğī, Ḥusain Ibn-'Alī ¬ar-¬**

Ṣauwāf, Muḥammad Ibn-Aḥmad ¬as-¬
→ **Ibn-aṣ-Ṣauwāf, Muḥammad Ibn-Aḥmad**

Sava ⟨Sveti⟩
ca. 1175 – ca. 1235
LMA,VII,1407/08
Rastko ⟨Nemanja⟩
Sabas ⟨Sanctus⟩
Sabba ⟨of Serbia⟩
Sara
Sava ⟨Chilandarec⟩
Sava ⟨Heiliger⟩
Sava ⟨of Serbia⟩
Sava ⟨von Serbien⟩
Sveti, Sava

Sava ⟨von Serbien⟩
→ **Sava ⟨Sveti⟩**

Savanarola, Girolamo
→ **Savonarola, Girolamo**

Savaric ⟨de Mauléon⟩
gest. ca. 1230
Troubadour
LMA,VII,1408/09
Mauléon, Savaric ¬de¬

Savarus ⟨de Monte Sancti Eligii⟩
→ **Gervasius ⟨de Monte Sancti Eligii⟩**

Savas ⟨Heiliger⟩
→ **Sabas ⟨Sanctus⟩**
→ **Sava ⟨Sveti⟩**

Savasorda
→ **Avrāhām Bar-Ḥiyyâ han-Nāśī'**

Savelli, Cencio
→ **Honorius ⟨Papa, III.⟩**

Savelli, Jacobus
→ **Honorius ⟨Papa, IV.⟩**

Savelli, Johannes
→ **Johannes ⟨Iordani Romanus⟩**

Saveyr ⟨Spirensis⟩
→ **Gualterus ⟨Meldensis⟩**

Savirus Ibn-al-Mukaffa'
→ **Severus Ibn-al-Muqaffa'**

Savonarola, Giovanni Michele
→ **Johannes Michael ⟨Savonarola⟩**

Savonarola, Girolamo
1452 – 1498 · OP
Tractato di fratre Hieronymo da Ferrara
LThK; LMA,VII,1414/15; Tusculum-Lexikon
Ferrara, Hieronymus ¬de¬
Girolamo ⟨Savonarola⟩
Hieronymus ⟨de Ferrara⟩
Hieronymus ⟨de Ferraria⟩
Hieronymus ⟨de Ferrariis⟩
Hieronymus ⟨Savonarola⟩
Jérôme ⟨de Ferrare⟩
Jérôme ⟨Savonarole⟩
Jeronimus ⟨Ferrariensis⟩
Savanarola, Girolamo
Savanorola, Girolamo
Savonarola, Girolamo M.
Savonarola, Girolamo-Maria-Francesco-Matteo
Savonarola, Hieronymus
Savonarola, Jérome
Savonarola, Jeronimo
Savonarole, Jérôme
Savonaruola, Hieronymus

Sāwağī, 'Umar Ibn-Sahlān ¬as-¬
→ **Sāwī, 'Umar Ibn-Sahlān ¬as-¬**

Sāwī, 'Umar Ibn-Sahlān ¬as-¬
um 1145
Ibn-Sahlān, 'Umar as-Sāwī
Sāwağī, 'Umar Ibn-Sahlān ¬as-¬

Sāwī, Zain-ad-Dīn 'Umar Ibn-Sahlān ¬as-¬
'Umar Ibn-Sahlān as-Sāwī

Sāwī, Zain-ad-Dīn 'Umar Ibn-Sahlān ¬as-¬
→ **Sāwī, 'Umar Ibn-Sahlān ¬as-¬**

Sāwīrus Ibn-al-Muqaffa'
→ **Severus Ibn-al-Muqaffa'**

Sawley, Stephanus
→ **Stephanus ⟨de Salleia⟩**

Sawtrey, Johannes ¬de¬
→ **Johannes ⟨de Sawtrey⟩**

Sax, Eberhard ¬von¬
→ **Eberhard ⟨von Sax⟩**

Sax, Heinrich ¬von¬
→ **Heinrich ⟨von Sax⟩**

Saxe, Conradus ¬de¬
→ **Conradus ⟨de Saxonia⟩**

Saxmundus
um 800
Iudicia
Potth. 999
Saxmundus ⟨Frisicus⟩
Saxmundus ⟨Legis Dictator⟩

Saxo ⟨Chronographus⟩
→ **Arnoldus ⟨de Nienburg⟩**

Saxo ⟨Danus⟩
→ **Saxo ⟨Grammaticus⟩**

Saxo ⟨Grammaticus⟩
ca. 1150 – ca. 1220
LMA,VII,1422/23; Tusculum-Lexikon
Grammaticus, Saxo
Sakse
Saxo
Saxo ⟨Danus⟩
Saxo ⟨Langus⟩
Saxo ⟨Longus⟩
Saxo ⟨Sialandicus⟩
Saxon ⟨le Grammairien⟩

Saxo, Arnoldus
→ **Arnoldus ⟨Saxo⟩**

Saxo, Poeta
→ **Poeta ⟨Saxo⟩**

Saxo, Theodoricus
→ **Theodoricus ⟨Saxo⟩**

Saxoferrato, Bartolus ¬de¬
→ **Bartolus ⟨de Saxoferrato⟩**

Saxoni, Barnabas
→ **Barnabas ⟨Sassoni⟩**

Saxonia, Albertus ¬de¬
→ **Albertus ⟨de Saxonia⟩**

Saxonia, Conradus ¬de¬
→ **Conradus ⟨de Saxonia⟩**

Saxonia, Henricus ¬de¬
→ **Henricus ⟨de Saxonia⟩**

Saxonia, Hugo ¬de¬
→ **Hugo ⟨de Saxonia⟩**

Saxonia, Iordanus ¬de¬
→ **Iordanus ⟨de Saxonia⟩**

Saxonia, Johannes ¬de¬
→ **Johannes ⟨Christophori de Saxonia⟩**
→ **Johannes ⟨Danck de Saxonia⟩**
→ **Johannes ⟨de Saxonia, ...⟩**

Saxonia, Ludolphus ¬de¬
→ **Ludolphus ⟨de Saxonia⟩**

Saxonia, Matthaeus ¬de¬
→ **Matthaeus ⟨de Saxonia⟩**

Saxonia, Petrus ¬de¬
→ **Petrus ⟨de Saxonia⟩**

Saxonia, Theobaldus ¬de¬
→ **Theobaldus ⟨de Sexannia⟩**

Saxonius, Johannes
→ **Johannes ⟨de Erfordia⟩**

Saxonus, Barnabas
→ **Barnabas ⟨Sassoni⟩**

Sāyaṇa
gest. 1387
Madhavīyadhāturvṛtti
Cāyaṇācāriyār
Sāyaṇa ⟨Sohn des Māyaṇa⟩
Sāyaṇa Áchárya
Sáyana Áchárya
Sayana Acharya
Sāyaṇācārya
Sāyaṇāchārya
Sáyanáchárya

Sayana Madhpavacharya
→ **Mādhava**

Sayf al-Dīn al-Āmidī
→ **Āmidī, 'Alī Ibn-Abī-'Alī ¬al-¬**

Sayn, Gerardus ¬de¬
→ **Gerardus ⟨de Sayn⟩**

Sbignée ⟨Olesnicki⟩
→ **Oleśnicki, Zbigniew**

Scacabarotius, Orricus
→ **Orricus ⟨Scacabarotius⟩**

Scacabarozzi, Henricus
→ **Orricus ⟨Scacabarotius⟩**

Scala, Bartholomaeus
1430 – 1497
Apologia contra vituperatores civitatis Florentinae; Historia Florentina
Potth. 1001
Barthélemy ⟨Scala⟩
Barthélemy ⟨Vopisco⟩
Bartholomaeus ⟨Scala⟩
Bartholomaeus ⟨Scala Collensis⟩
Bartholomaeus ⟨Scala Eques Florentinus⟩
Bartholomaeus ⟨Vopisco⟩
Bartolomeo ⟨della Scala⟩
Bartolomeo ⟨Scala⟩
Bartolommeo ⟨Scala⟩
Scala, Barthélemy
Scala, Bartolomeo
Scala, Bartolommeo

Scala, Cangrande ¬della¬
→ **DellaScala, Cangrande**

Scala, Christianus ¬de¬
→ **Christianus ⟨de Scala⟩**

Scala, Petrus ¬de¬
→ **Petrus ⟨de Scala⟩**

Scalabis, Aegidius ¬de¬
→ **Aegidius ⟨de Scalabis⟩**

Scaliger, Petrus
→ **Petrus ⟨de Scala⟩**

Scalza, Jacobus
→ **Jacobus ⟨Scalza de Urbeveteri⟩**

Scanderbeg
→ **Georgius ⟨Castriota⟩**

Scandeus, Felinus
→ **Bolognino, Lodovico**

Scaraph, John
→ **Johannes ⟨Sharpe⟩**

Scarbimiria, Stanislaus ¬de¬
→ **Stanislaus ⟨de Scarbimiria⟩**

Scarila
5./6. Jh.
Epistula ad Fulgentium Ruspensem
Cpl 817;822; DOC,2,1596
Scarilas

Scarp, John
→ **Johannes ⟨Sharpe⟩**

Scarperia, Jacobus Angelus ¬de¬
→ **Jacobus ⟨Angelus de Scarperia⟩**

Scarph, John
→ **Johannes ⟨Sharpe⟩**

Scellinck, Thomas
→ **Thomas ⟨Scellinck⟩**

Scerefelt, Johannes
→ **Stetefeld, Johannes**

Scerlo ⟨Magister⟩
→ **Serlo ⟨Magister⟩**

Scetiota, Daniel
→ **Daniel ⟨Scetiota⟩**

Schachten, Dietrich ¬von¬
→ **Dietrich ⟨von Schachten⟩**

Schad de Wallsee, Petrus
→ **Petrus ⟨Schad de Wallsee⟩**

Schadland, Johannes
→ **Johannes ⟨Schadland⟩**

Schaftholzheim, Johannes ¬de¬
→ **Johannes ⟨de Schaftholzheim⟩**

Šchahrastâni, Abu-'l-Fath' M. ¬aš-¬
→ **Šahrastānī, Muḥammad Ibn-'Abd-al-Karīm ¬aš-¬**

Schamdocher, Georg
um 1442
Breve chronicon rerum quarundam sub Friderico III rege gestarum 1440-1470
Potth. 1001; VL(2),8,600/601
Georg ⟨Schamdocher⟩
Georges ⟨Schamdocher⟩
Schamdocher, Georges

Schamoppia, Konrad ¬von¬
→ **Konrad ⟨von Schamoppia⟩**

Schanz, Mathes
um 1499
Politisches Lied gegen die Eidgenossen
VL(2),8,603/604
Mathes ⟨Schanz⟩

Scharfenberg, Albrecht ¬von¬
→ **Albrecht ⟨von Scharfenberg⟩**

Scharfenberg, ¬Der von¬
13. Jh.
2 Lieder; nicht identisch mit Albrecht ⟨von Scharfenberg⟩; unklar, welcher von den vier Söhnen Heinrichs von Scharfenberg der Minnesänger ist
VL(2),8,604/606
Der von Scharfenberg
Scharfenberg ⟨Minnesinger⟩

Scharp, John
→ **Johannes ⟨Sharpe⟩**

Schaschek
→ **Šašek z Bířkova, Václav**

Schaufus, Johannes
→ **Johannes ⟨Schaufus⟩**

Schaumberg, Peter ¬von¬
→ **Peter ⟨von Schaumberg⟩**

Scheblmayr, Georgius
→ **Georgius ⟨Scheblmayr⟩**

Schedel, Hermann
1410 – 1485
Medizinische Schriften; Briefe
VL(2),8,621/625; LMA,VII,1445
Hermann ⟨Schedel⟩

Schelling, Johannes
→ **Głogowczyk, Jan**

Schelling, Thomas
→ **Thomas ⟨Scellinck⟩**

Schelomo ⟨Ben Isaak⟩
→ **Šelomo Ben-Yiṣḥāq**

Scheme, Ildebrandus
→ **Ildebrandus ⟨Scheme⟩**

Schems-Eddinus, Muhammed
→ **Ḥāfiẓ**

Schem-Tob ben-Isaac Ben-Shaprut
→ **Ibn-Šaprūṭ, Šem Ṭôv Ben-Yiṣḥāq**

Schemtob Ben-Schemtob Ben-Josef
→ **Ibn-Šēm-Ṭôv, Šēm-Ṭôv Ben-Yôsēf**

Schem-Tow ⟨Ben Schaprut⟩
→ **Ibn-Šaprûṭ, Šem Ṭôv Ben-Yiṣḥāq**

Schenck, Hubertus
→ **Hubertus ⟨Schenck⟩**

Schene, Herbord
um 1360/1417
Mitverfasser der „Nd. Chronik"
VL(2),8,639/641
Herbert ⟨Schene⟩
Herbord ⟨Schene⟩
Schene, Herbert

Scheneck, Wilhelm
um 1455/60
Ergänzungen u. chronikalische Notizen z. „Hessische Chronik"
VL(2),8,641
Scheneck de Rockenhusen, Wilhelm
Wilhelm ⟨de Rockenhusen⟩
Wilhelm ⟨Scheneck⟩

Schenk ⟨von Liebesberg⟩
→ **Schenk ⟨von Lißberg⟩**

Schenk ⟨von Limburg⟩
gest. ca. 1249
6 Minnelieder
VL(2),5,833/836
Limburg, Schenk ¬von¬
Limpurg, Schenk ¬von¬
Schenk ⟨von Limpurg⟩
Schenke ⟨von Limpurg⟩
Walther ⟨Schenk von Limburg, I.⟩
Walther ⟨von Limburg, I.⟩

Schenk ⟨von Lißberg⟩
13./14. Jh.
Dominus de Liebesberg pincerna
VL(2),5,850
Liebesberg, Schenk ¬von¬
Lißberg, Schenk ¬von¬
Schenk ⟨von Liebesberg⟩

Schenk, Johann
um 1480/90
Cyrurgia
VL(2),8,637/639
Johann ⟨Schenck⟩
Johann ⟨Schenck von Würzburg⟩
Würzburg, Johann Schenck ¬von¬

Schenk, Konrad
→ **Konrad ⟨von Landeck⟩**

Schenk von Erbach, Dietrich
→ **Dietrich ⟨von Erbach⟩**

Schenk von Winterstetten, Ulrich
→ **Ulrich ⟨von Winterstetten⟩**

Schenkdenwin, Eberhard
gest. 1441
1 Reimpaargedicht; Identität mit Eberhard ⟨von Erbach⟩ wahrscheinlich
VL(2),8,642/643
Eberhard ⟨Schenkdenwin⟩
Eberhard ⟨von Erbach⟩

Schenke ⟨von Limpurg⟩
→ **Schenk ⟨von Limburg⟩**

Schenke von Winterstetten, Ulrich
→ **Ulrich ⟨von Winterstetten⟩**

Scherer ⟨von Ilau⟩
um 1489
1 politisches Lied
VL(2),8,643/644
Ilau, Scherer ¬von¬
Scherer ⟨von Illnau⟩

Scherf, Heinrich ¬van¬
→ **Heinrich ⟨van Rees⟩**

Scherira
→ **Šerîrâ Gā'ôn**

Scherl, Johannes
um 1464/96 · OP
1 historisches Lied; 2 Predigten; Übersetzungen geistl. Texte
VL(2),8,644/645
Johannes ⟨Scherl⟩

Scherlin, Conradus
→ **Conradus ⟨Scherlin⟩**

Schermer, Hans
um 1450
Abhandlung zum Befestigungswesen im Übergang MA/Neuzeit
VL(2),8,645/647
Hans ⟨Schermer⟩
Hans ⟨Schiremeister⟩
Hans ⟨Schirmaere⟩

Schermüller, Bartholomaeus
→ **Scherrenmüller, Bartholomäus**

Schernberg, Dietrich
um 1483/1502
Frau-Jutten-Spiel
VL(2),8,647/651; LMA,VII,1451
Dietrich ⟨Schernberg⟩
Dietrich ⟨Schernberk⟩
Schernberk, Dietrich
Schernberk, Theodorich
Schernberk, Theodoricus
Theodorich ⟨Schernberk⟩
Theodoricus ⟨Schernberk⟩

Scherrenmüller, Bartholomäus
um 1450/93
Übersetzungen von „Regimen und uffenthalt der gesundhait", „Buch von der wundartzny"
VL(2),8,652/654; LMA,VII,1451/52
Bartholomaeus ⟨de Aula⟩
Bartholomaeus ⟨Schermüller de Aula⟩
Bartholomäus ⟨Scherrenmüller⟩
Schermüller, Bartholomaeus

Scherrer, Johannes
um 1490
Johannes ⟨Scherrer⟩

Scherringer, Michael
um 1499
Verordnungen
VL(2),8,654
Michael ⟨Scherringer⟩

Scherteling, Fridericus
→ **Fridericus ⟨Scherteling⟩**

Schi, Nai An
→ **Shi, Naian**

Schiattesius, Sanctes
→ **Sanctes ⟨Schiattesius⟩**

Schiattosi, Antonio
→ **Antonio ⟨Schiattosi⟩**

Schiavo, Antonio di Pietro ¬dello¬
→ **DelloSchiavo, Antonio di Pietro**

Schifaldus, Thomas
→ **Thomas ⟨Schifaldus⟩**

Schikibu, Murasaki
→ **Murasaki Shikibu**

Schilcher, Jörg
→ **Schilher, Jörg**

Schilchhans
→ **Kemnater, Hans**

Schilchnecht, Jörg
→ **Schilknecht, Jörg**

Schildberger, Johannes
→ **Schiltberger, Hans**

Schildis, Hermannus ¬de¬
→ **Hermannus ⟨de Schildis⟩**

Schilher, Jörg
um 1474
Eventuell ist Schilknecht, Jörg eine Namensvariante desselben Verf.
VL(2),8,666/70
Heinz ⟨Schüller⟩
Jörg ⟨Schilcher⟩
Jörg ⟨Schilher⟩
Jörg ⟨Schiller⟩
Schilcher, Jörg
Schilher, Georges
Schiller, Jörg
Schüller, Heinz

Schilhing, Wolf
um 1461/67
Lied
VL(2),8,665/666
Wolf ⟨Schilhing⟩

Schilknecht, Jörg
14./15. Jh.
Ständeschelte; möglicherweise identisch mit Schilher, Jörg
VL(2),8,666
Jörg ⟨Schilchnecht⟩
Jörg ⟨Schilknecht⟩
Schilchnecht, Jörg

Schilling, Diebold ⟨der Ältere⟩
ca. 1430/35 – 1486
Überarbeitung der „Berner Chronik"; Kleine Burgunder Chronik; Große Burgunder Chronik; etc.; Bruder von Diebold Schilling ⟨der Jüngere⟩
VL(2),8,670/672
Diebold ⟨Schilling⟩
Schilling, Diebold ⟨Chroniqueur⟩
Schilling, Diebold ⟨de Berne⟩
Schilling, Diebold ⟨Greffier⟩

Schilling, Diebold ⟨der Jüngere⟩
1460 – ca. 1516/23
Schweizerchronik; Bruder von Diebold Schilling ⟨der Ältere⟩
VL(2),8,673/675
Diebold ⟨Schilling, der Jüngere⟩
Schilling, Diebold ⟨de Lucerne⟩

Schiltberger, Hans
1381 – ca. 1428
LMA,VII,1465/66
Hans ⟨Schiltberger⟩
Johann ⟨Schiltberger⟩
Johannes ⟨Schiltberger⟩
Schildberger, Hans
Schildberger, Johannes
Schildtberger, Johannes
Schiltberger, Johann
Schiltberger, Johannes

Schiltl, Johannes
→ **Johannes ⟨Schiltl⟩**

Schindel, Johannes
→ **Sindel, Johannes**

Schindler, Jordan
15. Jh.
Pestratschlag
VL(2),8,679/680
Jordan ⟨Schindler⟩

Schinran Schonin
→ **Shinran**

Schiphower, Johann
1463 – ca. 1508
Chronicon Oldenburgensium archicomitum
Jean ⟨de Meppen⟩
Johann ⟨Schiphower⟩
Johannes ⟨de Meppis⟩
Johannes ⟨Schiphower⟩
Johannes ⟨Schipphoverus⟩

Schirak, Ananiya ¬von¬
→ **Anania ⟨Širakac'i⟩**

Schiras, Saadi ¬von¬
→ **Sa'dī**

Schirmer
15. Jh.
Kurztraktat zur Bekämpfung des Gichtleidens
VL(2),8,685
Schirmer ⟨Leibarzt⟩
Schirmer ⟨Mediziner⟩
Schirmer ⟨von Mensen⟩

Schirmer, Bartholomaeus
→ **Hoyer, Bartholomäus**

Schirmer, Klaus ¬der¬
→ **Klaus ⟨der Schirmer⟩**

Schivenoglia, Andrea
um 1484
Cronaca di Mantova dal 1445 al 1484
Potth. 1002
André ⟨Schivenoglia⟩
Andrea ⟨Schivenoglia⟩
Schivenoglia, André

Schlapperitzin, Konrad
um 1445
Anlaster eines rosses
VL(2),8,705/706
Cunradus ⟨Schlapperitzi⟩
Konrad ⟨Schlapperitzin⟩

Schlatter, Konrad
gest. 1458 · OP
Epistula ad sorores de Schönensteinbach de morte fratris Johannis Mulberg OP; Sermones de Spiritu sancto; Sermones de Adventu; etc.
VL(2),8,706/709; Kaeppeli,I,287/288
Conradus ⟨Schlatter⟩
Conradus ⟨Slatter de Basilea⟩
Konrad ⟨Schlatter⟩
Schlatter, Conradus

Schlecht, Martin
→ **Schleich, Martin**

Schlegel, Nikolaus
um 1300
Von gotz lichnam
VL(2),8,710/713
Nikolaus ⟨Schlegel⟩

Schleich, Martin
15. Jh.
Erzähllied
VL(2),8,711/713
Martin ⟨Schleich⟩
Schlecht, Martin

Schlettstadt, Hugo ¬de¬
→ **Hugo ⟨de Schlettstadt⟩**

Schlettstadt, Johannes ¬de¬
→ **Johannes ⟨de Schlettstadt⟩**

Schlettstadt, Rudolfus ¬de¬
→ **Rudolfus ⟨de Schlettstadt⟩**

Schleusinger, Eberhard
um 1430/88
Tractatus de cometis; Assertatio contra calumniatores astrologiae; Rezept zur Herstellung eines Zahnpulvers; etc.
VL(2),8,716/718
Eberhard ⟨Schleusinger⟩
Eberhardus ⟨Thuricensis Physicus⟩

Schlierstadt, Georgius ¬de¬
→ **Georgius ⟨Zingel de Schlierstadt⟩**

Schlitpacher, Johannes
1403 – 1482 · OSB
VL(2),8,727/48; LMA,VII,1490/92; LThK
Giovanni ⟨di Weilheim⟩
Jean ⟨Schlitpacher⟩
Johann ⟨Schlippacher⟩
Johann ⟨Schlitpacher⟩
Johannes ⟨de Weilheim⟩
Johannes ⟨Schlitpacher⟩
Johannes ⟨Schlittpacher de Weilheim⟩
Johannes ⟨Slitpacher⟩
Johannes ⟨von Weilheim⟩
Schlitpacher, Johann
Schlittpacher, Johannes
Slitpacher, Johannes

Schlüsselfelder, Heinrich
gest. 1483 bzw. 1491
Übersetzung, Bearbeitung von „Fiore di Virtu"; ob der Ältere (der elt; gest. 1483) oder der Jüngere (der jung; gest. 1491) umstritten; Identität mit Arigo nach neueren Forschungen unwahrscheinlich
VL(2),8,752/758; LMA,VII,1494
Heinrich ⟨Schlüsselfelder⟩

Schlumberger, Hans
15. Jh.
Rezepte, Vorschriften zur Fertigung von Brandsätzen, Feuerwerfern, Explosivgeschossen
VL(2),8,750
Hans ⟨Schlumberger⟩

Schmaragdus
→ **Smaragdus ⟨Sancti Michaelis⟩**

Schmid, Johannes
gest. 1462 bzw. 1492 · OFM
Chronikalische Aufzeichnungen
Potth. 1002; VL(2),8,759/761
Faber, Johannes
Fabri, Johannes
Johannes ⟨Faber⟩
Johannes ⟨Fabri⟩
Johannes ⟨Schmid⟩
Johannes ⟨Schmid de Elmadingen⟩
Johannes ⟨Schmidt⟩
Johannes ⟨Schmidt von Elmendingen⟩
Schmid de Elmadingen, Johannes
Schmid de Pforczem, Johannes
Schmid Fabry, Johannes

Schmidt, Johannes
Schmidt von Elmendingen, Johannes

Schmidmer, Michael
um 1450
Contra pestilentiam
VL(2),8,761/762
Michael ⟨Schmidmer⟩
Smidmer, Michael

Schmidt, Felix
→ **Fabri, Felix**

Schmidt, Johannes
→ **Schmid, Johannes**

Schmiecher, Peter
→ **Schmieher, Peter**

Schmieher, Peter
um 1424/30
Die Nonne im Bade; Der Student von Prag; Die Wolfsklage; etc.
VL(2),8,762/769
Der Schmecher
Der Schuber
Peter ⟨Schmieher⟩
Peter ⟨Smiher⟩
Schmiecher, Peter
Schmieher ⟨Poète Allemand⟩
Schmier, Peter
Schmiher, Peter
Smieher, Peter
Smiher ⟨Poète Allemand⟩
Smiher, Peter

Schmitt, Baldemarus
→ **Baldemarus ⟨de Peterweil⟩**

Schnackenburg, Antonius
1437 – 1476 · OSB
Annales Corbeienses ab a. 820-1471
Potth. 1002
Antoine ⟨de Schnackenbourg⟩
Anton ⟨Schnackenburg⟩
Antonius ⟨de Schnackenburg⟩
Antonius ⟨Schnackenburg⟩
Antonius ⟨Schnackenburgius⟩
Pseudo-Antonius ⟨de Schnackenburg⟩
Schnackenburg, Anton
Schnackenburgius, Antonius

Schneeberger, Hans
15. Jh.
4 Mären
VL(2),8,773/774
Hans ⟨Schneeberger⟩
Jean ⟨Schneeperger⟩
Schneeperger, Jean
Schneperger, Hans

Schneider, Jacobus
→ **Jacobus ⟨Schneider⟩**

Schneider, Jäckel
→ **Jacobus ⟨Schneider⟩**

Schneider, Kunz
um 1482
VL(2),8,797
Kunz ⟨Schneider⟩

Schneperger, Hans
→ **Schneeberger, Hans**

Schnepperer
→ **Rosenplüt, Hans**

Schober, Friedrich
um 1482/95 · OP
2 kurze Predigten
VL(2),8,798/799; Kaeppeli,I,405/406
Fridericus ⟨Schober⟩
Fridericy ⟨Schober⟩
Friedrich ⟨Schober⟩
Schober, Fridericus
Schober, Fridericy

Schober, Hans
um 1420/70
Briefe; Das Buch von den zaichen und natürlichen syten des menschen
VL(2),8,799/800
Hans ⟨Schober⟩

Schöfferlin, Bernhard
gest. 1501
Umfangreiche Darstellung d. röm. Geschichte bis Ende 2. Punischer Krieg
VL(2),8,810/814
Bernhard ⟨Schöfferlin⟩
Schöferlin, Bernhard

Schölzelin, ¬Der¬
14. Jh. · OFM
Sätze aus 1 Passionspredigt
VL(2),8,815
Der Schölzelin

Schoemerlin, Ludowicus
→ **Schönmerlin, Ludwig**

Schoen, Fridericus
gest. 1464
Rom.; I Cor.; Quaestiones super libros Physicorum
Lohr; Stegmüller, Repert. bibl. 2333-2335; VL(2),8,815/19
Fridericus ⟨de Norimberga⟩
Fridericus ⟨de Nornberga⟩
Fridericus ⟨Schoen⟩
Fridericus ⟨Schoen de Nurenberga⟩
Fridericus ⟨Schön de Norimberga⟩
Friedrich ⟨Schön⟩
Schön, Friedrich

Schönau, Hildegund ¬von¬
→ **Hildegund ⟨von Schönau⟩**

Schönberg, Dietrich ¬von¬
→ **Dietrich ⟨von Schönberg⟩**

Schönbleser, Martin
um 1436/39
Scholarenlied
VL(2),8,819/820
Martin ⟨Schönbleser⟩

Schönbrunn, Johann ¬von¬
→ **Johann ⟨von Schönbrunn⟩**

Schöndoch
→ **Schondoch**

Schönebeck, Brun ¬von¬
→ **Brun ⟨von Schönebeck⟩**

Schoenefeld, Eylardus
→ **Eylardus ⟨Schoenefeld⟩**

Schönfeld, Henricus
→ **Henricus ⟨Schönfeld⟩**

Schönfelder, Johannes
um 1346
Schlachtbericht und Liste der Gefallenen
VL(2),8,823/824; Rep. Font. VI,410
Jean ⟨Schönfelder⟩
Johannes ⟨Schönfelder⟩
Johannes ⟨von Schönfeld⟩
Schönfelder, Jean

Schoenhoven, Johannes ¬de¬
→ **Johannes ⟨de Schonhavia⟩**

Schönmerlin, Ludwig
um 1469/85 · OFM
Jahreszeitenbuch; Alphabet. Sachregister zu Bibelkommentaren
VL(2),8,827/828
Ludowicus ⟨Schoemerlin⟩
Ludwig ⟨Schönmerlin⟩
Schoemerlin, Ludowicus

Scholarius, Gennadius
→ **Gennadius ⟨Scholarius⟩**

Scholarius, Georgius
→ **Gennadius ⟨Scholarius⟩**

Scholasticus, Agathias
→ **Agathias ⟨Scholasticus⟩**

Scholasticus, Anatolius
→ **Anatolius ⟨Scholasticus⟩**

Scholasticus, Aribo
→ **Aribo ⟨Scholasticus⟩**

Scholasticus, Athanasius
→ **Athanasius ⟨Emesenus⟩**

Scholasticus, Epiphanius
→ **Epiphanius ⟨Scholasticus⟩**

Scholasticus, Eratosthenes
→ **Eratosthenes ⟨Scholasticus⟩**

Scholasticus, Evagrius
→ **Evagrius ⟨Scholasticus⟩**

Scholasticus, Fredegarius
→ **Fredegarius ⟨Scholasticus⟩**

Scholasticus, Herbordus
→ **Herbordus ⟨Scholasticus⟩**

Scholasticus, Honorius
→ **Honorius ⟨Scholasticus⟩**

Scholasticus, Isidorus
→ **Isidorus ⟨Scholasticus⟩**

Scholasticus, Johannes
→ **Johannes ⟨Scholasticus⟩**

Scholasticus, Leontius
→ **Leontius ⟨Scholasticus⟩**

Scholasticus, Marianus
→ **Marianus ⟨Scholasticus⟩**

Scholasticus, Mutianus
→ **Mutianus ⟨Scholasticus⟩**

Scholasticus, Odo
→ **Odo ⟨Scholasticus⟩**

Scholasticus, Synesius
→ **Synesius ⟨Scholasticus⟩**

Scholasticus, Theaetetus
→ **Theaetetus ⟨Scholasticus⟩**

Scholasticus, Theodorus
→ **Theodorus ⟨Scholasticus⟩**

Scholasticus, Thomas
→ **Thomas ⟨Scholasticus⟩**

Schonaw, Anianus
→ **Anianus ⟨de Nanneu⟩**

Schondoch
15. Jh.
Der Litauer; Abschrift von „Die Königin von Frankreich"
VL(2),8,820/823
Schöndoch

Schonebeck, Brun ¬von¬
→ **Brun ⟨von Schönebeck⟩**

Schonenburg, Theodoricus ¬de¬
→ **Dietrich ⟨von Schönberg⟩**

Schongau, Konrad
15. Jh.
Bearbeitung des „Feuerwerksbuch von 1420"
VL(2),8,824/825
Konrad ⟨Schongau⟩

Schongauer, Martin
gest. 1491
LMA,VII,1536
Martin ⟨Schongauer⟩

Schonhavia, Johannes ¬de¬
→ **Johannes ⟨de Schonhavia⟩**

Schonsbekel
14. Jh.
3 Lieder
VL(2),8,829/830

Schorpp, Michael
um 1495/1500
Maler, Briefmaler u. Formschneider in Ulm
Thieme-Becker
Michael ⟨Schorpp⟩
Michel ⟨Schorpp⟩
Schorpp, Michel

Schot, Michael
→ **Michael ⟨Scotus⟩**

Schota ⟨Rustaweli⟩
→ **Šot'a ⟨Rust'aveli⟩**

Schott, Petrus
1460 – 1490
Lucubraciunculae; De vita christiana; De mensuris syllabarum epithoma; etc.
VL(2),8,831/838
Peter ⟨Schott⟩
Petrus ⟨Schott⟩
Petrus ⟨Schottus⟩
Petrus ⟨Scotus⟩
Pierre ⟨Schott⟩
Schott, Peter
Schott, Peter ⟨der Jüngere⟩
Schott, Pierre
Schottus, Petrus

Schotus, Michael
→ **Michael ⟨Scotus⟩**

Schoup, Johannes
um 1436
4 Predigten
VL(2),8,839/841
Johannes ⟨Schoup⟩

Schrade, Michel
15. Jh.
Legendenlied über die Hl. Dorothea
VL(2),8,841
Michel ⟨Schrade⟩

Schram, Johannes
um 1489/94
Questio fabulosa
VL(2),8,844/845
Jean ⟨Schram⟩
Johannes ⟨Schram⟩
Schram, Jean

Schreiber ⟨der Tugendhafte⟩
→ **Tugendhafte Schreiber, ¬Der¬**

Schreiber, Edelend
→ **Edelend ⟨Schreiber⟩**

Schreiber, Eisik ¬der¬
→ **Eisik ⟨der Schreiber⟩**

Schreiber, Endris ¬der¬
→ **Endris ⟨der Schreiber⟩**

Schreiber, Heinrich
→ **Tugendhafte Schreiber, ¬Der¬**

Schreiber, Oswald ¬der¬
→ **Oswald ⟨der Schreiber⟩**

Schreiber, Rudolf ¬der¬
→ **Rudolf ⟨der Schreiber⟩**

Schreitwein, Nicolaus
um 1479
Catalogus archiepiscoporum et episcoporum Laureacensis et Pataviensis ecclesiarum 250-1455
Potth. 1003
Nicolas ⟨Schreitwein⟩
Nicolaus ⟨Schreitwein⟩
Nicolaus ⟨Schritovinus⟩
Schreitwein
Schreitwein, Nicolas
Schritovinus

Schriber, Stephan
um 1445/96
Musterbuch
VL(2),8,854/856
Steffan ⟨Schreiber von Aurach⟩
Steffan ⟨Scriptor de Urach⟩
Stephan ⟨Maler⟩
Stephan ⟨Schriber⟩

Schrick, Michael
ca. 1400 – 1473
LMA,VII,320/21
Michael ⟨Puff aus Schrick⟩
Michael ⟨Puff de Schrick⟩
Michael ⟨Schrick⟩
Michel ⟨der Meister⟩
Puff, Michael
Puff de Schrick, Michael
Puff von Schrick, Michael
Schrick, Michael Puff ¬von¬
Schrick, Michel

Schrick, Nicolaus
→ **Nicolaus ⟨de Hittendorf⟩**

Schritovinus
→ **Schreitwein, Nicolaus**

Schüler des Danilo
→ **Danilov Učenik**

Schüller, Heinz
→ **Schilher, Jörg**

Schueren, Gert ¬van der¬
1411 – ca. 1490
Teuthonista; Klever Chronik
Potth. 1003; VL(2),3,1/6
Geert ⟨van der Schüren⟩
Gérard ⟨ab Horreo⟩
Gérard ⟨de Scheueren⟩
Gérard ⟨Secrétaire des Ducs de Clèves⟩
Gerard ⟨von der Scheueren⟩
Gerardus ⟨ab Horreo⟩
Gerardus ⟨Schurenius⟩
Gerhard ⟨van der Schüren⟩
Gerriz ⟨van der Schuren⟩
Gert ⟨van der Schueren⟩
Gert ⟨van der Schuren⟩
Gherardus ⟨de Schueren⟩
Schueren, Gerhard ¬de¬
Schueren, Gherard ¬van der¬
Schueren, Gherardus ¬de¬
Schüren, Geert ¬van der¬
Schuren, Gerhard ¬van der¬
Schuren, Gerriz ¬van der¬
Schuren, Gert ¬van der¬
Schüren, Gert ¬van der¬

Schürpf, Johannes
→ **Schürpff, Hans**

Schürpff, Hans
um 1460/1500
Bericht über Pilgerfahrt nach Jerusalem
VL(2),8,880/881; Rep.Font. VI,410
Hans ⟨Schürpfen⟩
Hans ⟨Schürpff⟩
Jean ⟨Schürpff⟩
Johannes ⟨Schürpf⟩
Schürpf, Johannes
Schürpfen, Hans
Schürpff, Jean

Schürstab, Erasmus
1426 – 1473; lt. Potth. um 1464/1507
Geschlechterbuch
VL(2),8,881/883; Potth. 2,1003
Erasmus ⟨Schürstab⟩
Schürstab, Erasme
Schürstab, Erasmus ⟨der Jüngere⟩

Schürstab, Erhard
gest. 1461
Ordnungen; Beschreibung des ersten markgräflichen Krieges
Potth. 1003; VL(2),8,883/885
Erhard ⟨Schürstab⟩
Schürstab, Erhard ⟨der Jüngere⟩

Schüßler, Johann
um 1470/72
Drucker in Augsburg
ADB
Jean ⟨Schüssler⟩
Johann ⟨Schüßler⟩
Johannes ⟨Schüssler⟩
Schüssler, Jean
Schüssler, Johannes
Schüszler, Jean

Schulmeister ⟨Alter⟩
→ **Alter Schulmeister**

Schulmeister ⟨von Esslingen⟩
13. Jh.
10 Sprüche; 2 Lieder
VL(2),8,869/872; LMA,VII,1654
Der Schulmeister ⟨von Esslingen⟩
Esslingen, Schulmeister ¬von¬
Schulmeister ⟨von Esselingen⟩
Schulmeister von Esslingen
Schuolmeister ⟨d'Ezzelingen⟩

Schulmeister, Nikolaus
um 1378/1402
Bearbeitung von „Passionstraktat"; Passionsdarstellung
VL(2),8,872/874
Nikolaus ⟨Schulmeister⟩

Schulte, Hans
15. Jh.
Feuerwerkbuch von 1420 (nd. Fassung)
VL(2),8,874/875
Hans ⟨Schulte⟩
Hans ⟨Sylte⟩
Sylte, Hans

Schumann, Johannes
um 1434/60
Bericht über eine Kaufmannsreise von Venedig nach Beirut
VL(2),8,875/876
Johannes ⟨de Lutzenburg⟩
Johannes ⟨Schumann⟩
Johannes ⟨Schumann de Lutzenburg⟩

Schuolmeister ⟨d'Ezzelingen⟩
→ **Schulmeister ⟨von Esslingen⟩**

Schuren, Gert ¬van der¬
→ **Schueren, Gert ¬van der¬**

Schussenried, Werner von
→ **Wernerus ⟨Sorotensis⟩**

Schuster ⟨an der Wies⟩
15. Jh.
Unguentum für das vergicht
VL(2),8,885
Schuster an der Wies
Wies, Schuster ¬an der¬

Schwab, Hermannus
ca. 1360 – 1420 · OESA
Excerpte aus Disputationen; Lectura super Apocalypsim
VL(2),8,885/887
Hermann ⟨Schwab⟩
Hermann ⟨Schwab de Mindelheim⟩
Hermann ⟨von Mindelheim⟩
Hermannus ⟨de Mindelheim⟩
Hermannus ⟨Schwab⟩
Schwab, Hermann

Schwaben, Rumelant ¬von¬
→ **Rumelant ⟨von Schwaben⟩**

Schwätzer, Hans
→ **Rosenplüt, Hans**

Schwalb, Johannes
um 1465/1500 · OCist
Confessionale; Ablässe
VL(2),8,913/914
Johann ⟨Schwalb⟩
Johannes ⟨Schwalb⟩
Johannes ⟨Swalb in Mulbronnen⟩
Schwalb, Johann

Schwalbach, Girnant ¬von¬
→ **Girnant ⟨von Schwalbach⟩**

Schwangau, Hiltbolt ¬von¬
→ **Hiltbold ⟨von Schwangau⟩**

Schwartach, Hans ¬von¬
→ **Hans ⟨von Schwartach⟩**

Schwarz, Georg
→ **Nigri, Georgius**

Schwarz, Hans
um 1500
1 Lied; 2 Töne; Meistersinger; Nürnberger "Briefmaler„
VL(2),8,916/917
Hans ⟨Schwarz⟩

Schwarz, Johannes
→ **Johannes ⟨Nigri⟩**

Schwarz, Peter
→ **Nigri, Petrus**

Schwarz, Ulrich
1422 – 1478
Chronik; Hausbuch; 2 Geschäftsbriefe; etc.
VL(2),8,917/919
Ulrich ⟨Schwarz⟩

Schwarzburg, Günther ¬von¬
→ **Günther ⟨Römisch-Deutsches Reich, König, Gegenkönig⟩**

Schweidnitz, Andreas
um 1419/33 · OFM
Übersetzung von „Secretum secretorum"
VL(2),8,928/929
Andreas ⟨Schweidnitz⟩

Schweidnitz, Nicolaus
um 1388/96
Correctoria; Tractatulus rhetorice; Humilitate stringitur aeternitas
VL(2),8,929/930
Nicolaus ⟨de Sweydnycz⟩
Nicolaus ⟨de Swydenicz⟩
Nicolaus ⟨Schweidnitz⟩
Nicolaus ⟨Swidnitz⟩
Nicolaus ⟨Swydenicz⟩
Nikolaus ⟨Schweidnitz⟩
Schweidnitz, Nikolaus

Schweizer, Werner ¬der¬
→ **Werner ⟨der Schweizer⟩**

Schweizer Anonymus
um 1415/44
Fabeln; Mären; Mirakelerzählungen; etc.
VL(2),8,931/942
Anonymus ⟨Schweizer⟩

Schweizer Prediger
→ **Hochalemannischer Prediger**

Schwenkenfeld, Johannes ¬de¬
→ **Johannes ⟨de Schwenkenfeld⟩**

Schwenninger, Rudolf
um 1346/80
Mitautor von „Schatz der wisheit"
VL(2),8,945
Rudolf ⟨Schwenninger⟩

Schwert, Nikolaus ¬vom¬
→ **Nikolaus ⟨vom Schwert⟩**

Schwertmann, Egidius
gest. 1479 · OP
Übersetzung des "De spiritualibus ascensionibus„
VL(2),8,946/947; Kaeppeli,I,17/18
Aegidius ⟨Schwertmann⟩
Egidius ⟨Schwertmann⟩
Schwertmann, Aegidius

Schwinberger
um 1433/95
1 Liebeslied
VL(2),8,953

Schylher, Cuizl
→ **Cuizl ⟨Schylher⟩**

Scilliza, Johannes
→ **Johannes ⟨Scylitza⟩**

Sclavonia, Georgius ¬de¬
→ **Georgius ⟨de Sclavonia⟩**

Sclender, Gerardus
→ **Gerardus ⟨Sclender⟩**

Sclengia, Andreas
→ **Andreas ⟨Sclengia⟩**

Scola, Ognibene ¬della¬
→ **DellaScola, Ognibene**

Scolari, Paolo
→ **Clemens ⟨Papa, III.⟩**

Sconciliato, Nicolaus ¬de¬
→ **Nicolaus ⟨de Sconciliato⟩**

Sconhovius, Johannes
→ **Johannes ⟨de Schonhavia⟩**

Scordilli, Paulus
→ **Paulus ⟨Scordilli⟩**

Scotellus
→ **Petrus ⟨de Aquila⟩**

Scotigena, Johannes
→ **Johannes ⟨Scotus Eriugena⟩**

Scotius Parthenopaeus, Johannes Antonius
→ **Johannes Antonius ⟨Scotius Parthenopaeus⟩**

Scotus, Abranus
→ **Abranus ⟨Scotus⟩**

Scotus, Adamus
→ **Adamus ⟨Scotus⟩**

Scotus, Adrianus
→ **Adrianus ⟨Scotus⟩**

Scotus, Albinus
→ **Albinus ⟨Scotus⟩**

Scotus, Berthamus
→ **Berthamus ⟨Scotus⟩**

Scotus, Carus
→ **Carus ⟨Scotus⟩**

Scotus, Clemens
→ **Clemens ⟨Scotus⟩**
→ **Clemens ⟨Scotus, OP⟩**

Scotus, Coelestinus
→ **Coelestinus ⟨Scotus⟩**

Scotus, Cominus
→ **Cominus ⟨Scotus⟩**

Scotus, Cormanus
→ **Cormanus ⟨Scotus⟩**

Scotus, David
→ **David ⟨Scotus⟩**

Scotus, Duns
→ **Duns Scotus, Johannes**

Scotus, Egelbertus
→ **Egelbertus ⟨Scotus⟩**

Scotus, Eustathius
→ **Eustathius ⟨Scotus⟩**

Scotus, Fergustus
→ **Fergustus ⟨Scotus⟩**

Scotus, Godricus
→ **Godricus ⟨Scotus⟩**

Scotus, Gualterus
→ **Gualterus ⟨Scotus de Parisiis⟩**

Scotus, Higbaldus
→ **Higbaldus ⟨Scotus⟩**

Scotus, Honorius
→ **Honorius ⟨Scotus⟩**

Scotus, Israel
→ **Israel ⟨Scotus⟩**

Scotus, Johannes
→ **Johannes ⟨Scotus Parisiensis⟩**
→ **Johannes ⟨Scotus Sangallensis⟩**
→ **Johannes ⟨Scotus Vercellensis⟩**

Scotus, Johannes Duns
→ **Duns Scotus, Johannes**

Scotus, Josephus
→ **Josephus ⟨Scotus⟩**

Scotus, Maiolus
→ **Maiolus ⟨Scotus⟩**

Scotus, Malachus
→ **Malachus ⟨Scotus⟩**

Scotus, Marianus
→ **Marianus ⟨Scotus⟩**
→ **Marianus ⟨Scotus Ratisbonensis⟩**

Scotus, Michael
→ **Michael ⟨Scotus⟩**

Scotus, Mirinus
→ **Mirinus ⟨Scotus⟩**

Scotus, Octavianus
→ **Octavianus ⟨Scotus⟩**

Scotus, Onanus
→ **Onanus ⟨Scotus⟩**

Scotus, Pechtwinus
→ **Pechtwinus ⟨Scotus⟩**

Scotus, Reginaldus
→ **Reginaldus ⟨Scotus⟩**

Scotus, Sedulius
→ **Sedulius ⟨Scotus⟩**

Scotus, Stolbrandus
→ **Stolbrandus ⟨Scotus⟩**

Scotus, Thomas
→ **Thomas ⟨Scotus⟩**

Scotus, Udardus
→ **Udardus ⟨Scotus⟩**

Scotus, Viminus
→ **Viminus ⟨Scotus⟩**

Scotus, Waldenus
→ **Waldenus ⟨Scotus⟩**

Scotus, Wallenus
→ **Wallenus ⟨Scotus⟩**

Scotus Anonymus
→ **Anonymus ⟨Scotus⟩**

Scotus de Parisiis, Gualterus
→ **Gualterus ⟨Scotus de Parisiis⟩**

Scotus Eriugena, Johannes
→ **Johannes ⟨Scotus Eriugena⟩**

Scotus Moguntinus, Marianus
→ **Marianus ⟨Scotus⟩**

Scotus Parisiensis, Johannes
→ **Johannes ⟨Scotus Parisiensis⟩**

Scotus Ratisbonensis, Marianus
→ **Marianus ⟨Scotus Ratisbonensis⟩**

Scotus Secundus, Octavianus
→ **Octavianus ⟨Scotus⟩**

Scriba, Jacobus
→ **Jacobus ⟨Scriba⟩**

Scriba, Johannes
→ **Johannes ⟨Scriba⟩**

Scriba, Ottobonus
→ **Ottobonus ⟨Scriba⟩**

Scriba de Mercato, Obertus
→ **Obertus ⟨Scriba de Mercato⟩**

Scriber, ¬Der¬
→ **Striber, ¬Der¬**

Scrope, Stephen
ca. 1396 – 1472
Dicts and sayings of the philosophers
LMA,VII,1656
Stephen ⟨Scrope⟩

Scropus, Richardus
→ **Richardus ⟨Scropus⟩**

Scropus, Thomas
→ **Thomas ⟨Scropus⟩**

Scutariota, Theodorus
→ **Theodorus ⟨Scutariota⟩**

Scylitza, Georgius
→ **Georgius ⟨Scylitza⟩**

Scylitza, Johannes
→ **Johannes ⟨Scylitza⟩**

Scythopolitanus, Cyrillus
→ **Cyrillus ⟨Scythopolitanus⟩**

Scythopolitanus, Johannes
→ **Johannes ⟨Scythopolitanus⟩**

Scythopolitanus, Theodorus
→ **Theodorus ⟨Scythopolitanus⟩**

Se'adyā, Gā'ôn
882 – 942
LMA,VII,1208/09
Fayyoum, Gaon S. ¬de¬
Fayyumi
Gā'ôn ⟨Se'adyā⟩
Saadia ⟨al-Fajjûmi⟩
Saadia ⟨al-Fayyumī⟩
Saadia ⟨Ben Joseph⟩
Saadia ⟨Gaon⟩
Saadia ⟨Phiiumensis⟩
Saadia ⟨Phijumensis⟩
Saadia ben Joseph, Gaon
Saadiah ⟨Ben Joseph⟩
Saadiah ⟨Ben Joseph Fayumi⟩
Saadiah ben Joseph Fayumi, Gaon
Saạdja
Saạdja ⟨BenJosef al Fajjumi Gaon⟩
Saȧdja ben Josef, Gaon
Saadja ben Josef al Fajjumi Gaon
Saadja Fajjumi
Saadya ⟨Gaon⟩
Saadya, Gaon
Sa'adia ⟨Ben Joseph Fayyumi Gaon⟩
Sa'adija ⟨Ga'on⟩

Seami
→ **Zeami**

Sean ⟨MacRuaidhri MacCraith⟩
→ **MacCraith, Sean MacRuaidhri**

Sebaldus ⟨Messner de Wallsee⟩
um 1403/15
Quaestiones in libros I-V Ethicorum
Lohr
Messner, Sebaldus
Messner de Wallsee, Sebaldus
Sebaldus ⟨de Wallsee⟩
Sebaldus ⟨Messner⟩
Wallsee, Sebaldus ¬de¬

Sebaldus ⟨von Querfurt⟩
11. Jh.
Querfurt, Sebaldus ¬von¬

Sebastian ⟨Gruber⟩
→ **Gruber, Sebastian**

Sebastian ⟨Ilsung⟩
→ **Ilsung, Sebastian**

Sebastian ⟨of Aragon⟩
→ **Sebastianus ⟨de Aragonia⟩**

Sebastiani, Bartholomaeus Jacobi
→ **Bartholomaeus ⟨Jacobi Sebastiani⟩**

Sebastiano ⟨d'Aragona⟩
→ **Sebastianus ⟨de Aragonia⟩**

Sebastiano ⟨Ziani⟩
→ **Ziani, Sebastiano**

Sebastianus ⟨Aragoniensis⟩
→ **Sebastianus ⟨de Aragonia⟩**

Sebastianus ⟨Casinensis⟩
6. Jh. · OSB
Vita S. Hieronymi
(Verfasserschaft unsicher)
Cpl 622; DOC,2,1597
Pseudo-Sebastianus ⟨Casinensis⟩
Sebastianus ⟨Cassinensis⟩
Sebastianus ⟨Discipulus Sancti Benedicti⟩
Sebastianus ⟨Monachus⟩
Sebastianus ⟨Monachus Cassinensis⟩
Sebastien ⟨du Mont-Cassin⟩

Sebastianus ⟨de Aragonia⟩
14. Jh.
Quaestiones 23 mathematicales
Aragonia, Sebastianus ¬de¬
Sebastian ⟨of Aragon⟩
Sebastiano ⟨d'Aragona⟩
Sebastianus ⟨Aragoniensis⟩
Sébastien ⟨d'Aragon⟩

Sebastianus ⟨Discipulus Sancti Benedicti⟩
→ **Sebastianus ⟨Casinensis⟩**

Sébastien ⟨d'Aragon⟩
→ **Sebastianus ⟨de Aragonia⟩**

Sébastien ⟨d'Augsbourg⟩
→ **Ilsung, Sebastian**

Sebastien ⟨du Mont-Cassin⟩
→ **Sebastianus ⟨Casinensis⟩**

Sébastien ⟨Ilsund⟩
→ **Ilsung, Sebastian**

Sébastien ⟨Mamerot⟩
→ **Mamerot, Sébastien**

Sébastien ⟨Ziani⟩
→ **Ziani, Sebastiano**

Sebastocrator, Isaac
→ **Isaac ⟨Sebastocrator⟩**

Sebilot, Hugo
→ **Sibolt ⟨von Straßburg⟩**

Sebunda, Raimundus ¬de¬
→ **Raimundus ⟨de Sebunda⟩**

Seckinganus, Baltherus
→ **Baltherus ⟨Seckinganus⟩**

Secubia, Johannes ¬de¬
→ **Johannes ⟨de Segovia⟩**

Secundinus ⟨Ventura⟩
um 1457
Chronica Astensia; Memoriale
Potth. 1005
Secondin ⟨Ventura⟩
Secondin ⟨Ventura d'Asti⟩
Secondino ⟨Ventura⟩
Secundinus ⟨Ventura Astensis⟩
Ventura, Secondin
Ventura, Secundinus

Secundinus, Nicolaus
→ **Nicolaus ⟨Sagundinus⟩**

Secundus, Michael
→ **Michael ⟨Secundus⟩**

Securus de Nardo, Franciscus
→ **Franciscus ⟨Securus de Nardo⟩**

Sĕḏah
→ **Mpu Seḍah**

Sedatus ⟨Biterrensis⟩
um 589
Sedat ⟨de Béziers⟩
Sedatus ⟨de Béziers⟩
Sedatus ⟨Episcopus⟩

Seder, Petrus
→ **Petrus ⟨Sendre⟩**

Sedulius ⟨Hiberniensis⟩
→ **Sedulius ⟨Scotus⟩**

Sedulius ⟨Iunior⟩
→ **Sedulius ⟨Scotus⟩**

Sedulius ⟨Leodiensis⟩
→ **Sedulius ⟨Scotus⟩**

Sedulius ⟨Scotus⟩
9. Jh.
Carmina
LThK; CSGL; LMA,VII,1667/68; Tusculum-Lexikon
Scottus, Sedulius
Scotus, Sedulius
Sedulio ⟨Hiberniensis⟩
Sedulio ⟨il Giovane⟩
Sedulio ⟨Scoto⟩
Sedulius ⟨Hiberniensis⟩
Sedulius ⟨Iunior⟩
Sedulius ⟨le Jeune⟩
Sedulius ⟨Leodiensis⟩
Sedulius ⟨l'Irlandais⟩
Sedulius ⟨Scottus⟩
Sedylios ⟨Skottos⟩

Seehusen, Arnoldus ¬de¬
→ **Arnoldus ⟨de Seehusen⟩**

Seffner, Johann
14./15. Jh.
Ler der Streitt; einer der mutmaßl. Verf. der Chronika des Landes Oesterreich (bis 1398)
VL(2),8,1040/42; Potth. 1005
Johann ⟨Seffner⟩
Johann ⟨Sefner⟩
Sefner, Johann

Seffried, Johannes
→ **Johannes ⟨Seffried⟩**

Segerus ⟨de Brabantia⟩
→ **Sigerus ⟨de Brabantia⟩**

Seghen, Johann ¬van¬
→ **Johann ⟨van Seghen⟩**

Segher ⟨Diengotgaf⟩
13. Jh.
Mittelniederdeutscher Trojaroman
LMA,VII,1698
Diengotgaf, Segher
Segher Diengotgaf

Segismundus ⟨de Brestadt⟩
→ **Siegmund ⟨von Prustat⟩**

Segismundus ⟨Fabri⟩
→ **Siegmund ⟨von Prustat⟩**

Segismundus ⟨Prigstat⟩
→ **Siegmund ⟨von Prustat⟩**

Seglauer, Conradus
→ **Conradus ⟨Seglauer⟩**

Segnew, Johannes
→ **Johannes ⟨Segno⟩**

Segni, Lothar ¬von¬
→ **Innocentius ⟨Papa, III.⟩**

Segni, Morandus ¬de¬
→ **Morandus ⟨de Segni⟩**

Segni, Ugolino dei Conti
→ **Gregorius ⟨Papa, VIIII.⟩**

Segno, Johannes
→ **Johannes ⟨Segno⟩**

Segovia, Johannes ¬de¬
→ **Johannes ⟨de Segovia⟩**

Segovia, Pero Guillén ¬de¬
→ **Guillén, Pedro**

Segubinus, Johannes
→ **Johannes ⟨Segubinus⟩**

Segundinus, Nicolaus
→ **Nicolaus ⟨Sagundinus⟩**

Segusia, Henricus ¬de¬
→ **Henricus ⟨de Segusia⟩**

Seherus ⟨Calmosiacensis⟩
gest. 1128
Primordia Calmosiae
LThK; CSGL
Seher ⟨de Chamouzey⟩
Seher ⟨d'Epinal⟩
Seherus ⟨Abbas⟩
Seherus ⟨de Chaumousey⟩
Seherus ⟨von Epinal⟩

Seherus ⟨von Epinal⟩
→ **Seherus ⟨Calmosiacensis⟩**

Sei Shōnagon
geb. ca. 967
Sei-Shōnagon
Shōnagon, Sei

Seidener, Theobald
um 1462/63
11 Briefe
VL(2),8,1049/50
Sydeneer, Theobald
Sydener, Theobald
Theobald ⟨Seidener⟩
Theobald ⟨Sydener⟩

Seidenschwantz, Johannes
15. Jh.
Melibeus und Prudentia
VL(2),8,1050
Johannes ⟨Seidenschwantz⟩

Seidus, Nicetas
→ **Nicetas ⟨Seidus⟩**

Seifridus ⟨Tegernseensis⟩
gest. 1068
Epistulae
LThK; CSGL
Seifrid ⟨von Tegernsee⟩
Seifridus ⟨Abbas⟩
Seifridus ⟨of Tegernsee⟩

Seifried
14. Jh.
Alexander
Seifrid
Seifrit
Seyfrit

Seifried ⟨Helbling⟩
→ **Helbling, Seifried**

Sei-Shōnagon
→ **Sei Shōnagon**

Seiz, Martin
→ **Mayr, Martinus**

Seld, Johannes
um 1401/41
Donat-Übersetzung
VL(2),8,1061/62
Johannes ⟨Seld⟩
Johannes ⟨Seld de Langlois⟩
Johannes ⟨Seld de Lewbsa⟩

Selder, Konrad
→ **Sälder, Konrad**

Seldneck, Graf ¬von¬
Lebensdaten nicht ermittelt
Erscheint in den Katalogen Folz; Nachtigall
VL(2),8,1062
Feldenneckh, Graff ¬von¬
Graf von Seldneck
Graff von Feldenneckh
Graff von Veldeneck
Veldeneck, Graff ¬von¬

Šelēmon ⟨Baṣra⟩
um 1222
Mēmrōne; Debbōrītā
LMA,VII,1316; LThK(2),IX,275
Baṣra, Šelēmon
Salomon ⟨Bassorensis⟩
Salomon ⟨Nestorianischer Metropolit⟩
Salomon ⟨von Basra⟩
Šelēmon ⟨von Baṣra⟩

Selfingen, Adelboldus ¬de¬
→ **Adelboldus ⟨de Selfingen⟩**

Šelomo ⟨Ibn-Parḥôn⟩
→ **Ibn-Parḥôn, Šelomo**

Šelomo Ben-Avrāhām ⟨Adrēt⟩
→ **Adrēt, Šelomo Ben-Avrāhām**

Šelomo Ben-Gavirol
→ **Ibn-Gabîrôl, Šelomo Ben-Yehûdā**

Šelomo Ben-Lēwî
→ **Paulus ⟨Burgensis⟩**

Šelomo Ben-Šimšôn
um 1140
LMA,VII,2037/38
Ben-Šimšôn, Šelomo
Šelomo Ben-Šim'ôn
Simson, Solomon Bar
Solomon ⟨bar Simson⟩

Šelomō Ben-Wirgā
→ **Ibn-Wîrgā, Šelomo**

Šelomo Ben-Yehûdā ⟨Ben-Gabirol⟩
→ **Ibn-Gabîrôl, Šelomo Ben-Yehûdā**

Šelomō Ben-Yehûdā Ben-Verga
→ **Ibn-Wîrgā, Šelomo**

Šelomo Ben-Yiṣḥāq
1040 – 1105
LMA,VII,445/46
Ben-Yiṣḥāq, Šelomo
Jarchi, Salomon
Jizchak, Salomon
Raschi
Rašî
Salomo ⟨Ben Isaak⟩
Salomo Jarchius
Salomon ⟨Ben Isaac⟩
Salomon ⟨Isacides⟩
Salomon ⟨Jarhius⟩
Salomon ⟨Jizchaki⟩
Salomon ⟨Paschandatha⟩
Salomon ⟨Yarchi⟩
Salomon Ben Isaak
Schelomo ⟨Ben Isaak⟩
Schelomo ben Isaak

Selomó ha-Levi
→ **Paulus ⟨Burgensis⟩**

Šelomo Ibn-Gabirol
→ **Ibn-Gabîrôl, Šelomo Ben-Yehûdā**

Šelomō Ibn-Verga
→ **Ibn-Wîrgā, Šelomo**

Šelomoh ben Jehudah ben Werga
→ **Ibn-Wîrgā, Šelomo**

Seluster, Claus
→ **Sluter, Claus**

Šem Ṭoḇ ⟨Ibn Falaquera⟩
→ **Ibn-Falāqīra, Šem-Tôv**

Sem Tob de Carrion
→ **Santob ⟨de Carrión⟩**

Šem Ṭôv Ben-Yiṣḥāq ⟨Ibn-Šaprûṭ⟩
→ **Ibn-Šaprûṭ, Šem Ṭôv Ben-Yiṣḥāq**

Semeca, Johannes
→ **Johannes ⟨Teutonicus⟩**

Semilli, Richard ¬de¬
→ **Richard ⟨de Semilli⟩**

Seminaria, Barlaam ¬de¬
→ **Barlaam ⟨de Seminaria⟩**

Šem'on ⟨Edessa⟩
ca. 6. Jh.
Edessa, Šem'on
Edessa, Simeon ¬von¬
Simeon ⟨von Edessa⟩
Simon ⟨Edessa⟩
Simon ⟨von Edessa⟩

Semorsio, Johannes ¬de¬
→ **Johannes ⟨de Semorsio⟩**

Šem-Tov ⟨Ibn-Falāqīra⟩
→ **Ibn-Falāqīra, Šem-Tôv**

Šēm-Ṭôv Ben-Yôsēf ⟨Ibn-Šēm-Ṭôv⟩
→ **Ibn-Šēm-Ṭôv, Šēm-Ṭôv Ben-Yôsēf**

Šem-Ṭôv Ibn-Ardutiel Ben-Yiṣḥāq
→ **Santob ⟨de Carrión⟩**

Šemû'ēl Ben-Ḥofnî
gest. 1013/34
Ben-Chofni, Samuel
Ben-Ḥofnî, Šemû'ēl
Samuel ⟨Ben Hophni⟩
Samuel ⟨Ben-Chofni⟩
Samuel ben Chofni
Samuel Ben-Hofni ⟨Gaon⟩
Šemû'ēl Ben-Ḥofnî Gāôn
Šemû'ēl hak-Kohēn Ben-Ḥôfnî Gā'ôn

Šemû'ēl Ben-Kalonymos
12. Jh.
Ben-Kalonymos, Šemû'ēl
Samuel ⟨Ben Kalonymus⟩
Samuel ⟨Chasid⟩
Samuel ⟨Ḥasid⟩
Samuel ⟨he-Ḥasid⟩

Šemû'ēl Ben-Me'īr
gest. 1158
Ben-Me'īr, Šemû'ēl
Raschbam
Samuel ⟨Ben Meïr⟩
Samuel ⟨of Rameru⟩

Šemû'ēl Ben-Moše ⟨al-Maġribī⟩
gest. 1420
Maġribī, Šemû'ēl Ben-Moše ¬al-¬
Samuel ⟨al-Maghribi⟩
Samuel ⟨Ben Moses⟩
Samuel ⟨Ben Moses Ben Chesedel⟩
Samuel ⟨el-Magrebi⟩
Samuel ⟨ha-Ma'arabi⟩
Samuel ⟨Karaite⟩

Šemû'ēl Ben-Nissîm Masnût
um 1218
Ben-Nissîm Masnût, Šemû'ēl
Samuel ⟨Ben Nissim⟩
Samuel ⟨Ben Nissim Masnuth⟩
Samuel ⟨of Aleppo⟩

Šemû'ēl Ben-Sa'adyā ⟨Ibn-Motot⟩
→ **Ibn-Motot, Šemû'ēl Ben-Sa'adyā**

Šemû'ēl Ben-Šimšôn
um 1211
Reisebuch
LMA,VII,1348; Enc. Jud.
Ben Samson, Samuel
Ben Simson, Samuel
Ben-Šimšôn, Šemû'ēl
Samuel ⟨Ben Samson⟩
Samuel ⟨Ben Simson⟩

Šemû'ēl Ben-Yehûdā ⟨Ibn-Tibbon⟩
→ **Ibn-Tibbon, Šemû'ēl Ben-Yehûdā**

Šemû'ēl Ben-Yiṣḥāq Sardî
13. Jh.
Ben-Yiṣḥāq Sardî, Šemû'ēl
Samuel ⟨Ben Isaak⟩
Samuel ⟨Ben Isaak Sardi⟩
Samuel ⟨ha Sardi⟩

Šemû'ēl hak-Kohēn Ben-Ḥofnî Gā'ôn
→ **Šemû'ēl Ben-Ḥofnî**

Šemû'ēl han-Nāgîd
gest. 1056
Han-Nāgîd, Šemû'ēl
Ismail ⟨Ibn-Nagdilah⟩
Samuel ⟨Ben Joseph⟩
Samuel ⟨Ben Joseph, ha-Levi Ibn Nagdela⟩
Samuel ⟨Dux⟩
Samuel ⟨han Nāghīd⟩
Samuel ⟨ha-Nagid⟩
Samuel ⟨Ibn Nagrela⟩
Samuil ⟨Nagid⟩

Šemû'ēl Ibn-Ǧam'
12. Jh.
Ibn-Ǧam', Šemû'ēl
Samuel ⟨Ben Jacob Gama⟩
Samuel ⟨Ben Jacob Ibn Jam'⟩
Samuel ⟨Ibn Jam'⟩

Šemû'ēl Ibn-Seneh ⟨Zarza⟩
→ **Zarza, Šemû'ēl Ibn-Seneh**

Semur, Rainaldus ¬de¬
→ **Rainaldus ⟨de Vézelay⟩**

Senatus ⟨Wigorniensis⟩
gest. 1207
Vitas Oswaldi ep. Wigorn.
Potth. 1006
Senatus
Senatus ⟨Bravonius⟩
Senatus ⟨de Worcester⟩
Servatus ⟨Bravonius⟩

Sendre, Petrus
→ **Petrus ⟨Sendre⟩**

Seneca, Thomas
→ **Thomas ⟨Seneca⟩**

Sénéchal, Jean ¬le¬
→ **Jean ⟨le Sénéchal⟩**

Senging, Martinus ¬de¬
→ **Martinus ⟨de Senging⟩**

Senior, Zadith
→ **Ibn-Umail, Muḥammad**

Senis, Fridericus ¬de¬
→ **Petruccius, Fridericus**

Senis, Gerardus ¬de¬
→ **Gerardus ⟨de Senis⟩**

Senis, Nicolaus ¬de¬
→ **Nicolaus ⟨de Senis⟩**

Senis, Stephanus ¬de¬
→ **Stephanus ⟨de Senis⟩**

Senis Alemami
→ **Zanǧānī, 'Abd-al-Wahhāb Ibn-Ibrāhīm ¬az-¬**

Senisius, Angelus
→ **Angelus ⟨Sinesius⟩**

Senlis, Simon ¬de¬
→ **Simon ⟨de Senlis⟩**

Senonis, Thomas ¬de¬
→ **Thomas ⟨de Senonis⟩**

Senoussi
→ **Sanūsī, Muḥammad Ibn-Yūsuf ¬as-¬**

Sens, Magnus ¬von¬
→ **Magnus ⟨Senonensis⟩**

Sens, Simon ¬de¬
→ **Simon ⟨de Sens⟩**

Sensenschmidt, Johann
ca. 1420 – 1491
Buchdrucker in Bamberg u. Nürnberg
DBA
Jean ⟨Sensenschmid⟩
Johann ⟨Sensenschmidt⟩
Johannes ⟨Sensenschmidt⟩
Sensenschmid, Jean
Sensenschmidt, Johannes

Senshi
964 – 1035
Daisaiin Senshi
Senshi ⟨Princess⟩
Senshi ⟨the Daughter of Murakami⟩
Senshi, Daisaiin

Sentino, Benedictus ¬de¬
→ **Benedictus ⟨de Sentino⟩**

Sentlinger, Heinz
um 1394
Schreiber und Bearbeiter der „Weltchronik"
VL(2),8,1102/05
Hainrice ⟨Sentlinger von Muenichen⟩
Haintz ⟨Sentlinger von Muenichen⟩
Heinz ⟨Sentlinger⟩

Senusi ¬el¬
→ **Sanūsī, Muḥammad Ibn-Yūsuf ¬as-¬**

Sephridus
um 1343 · OP
Determinationes super libros Metaphysicae
Lohr; Schneyer,V,428
Sephridus ⟨Babariae⟩
Sephridus ⟨de Domo Teutonica⟩
Sephridus ⟨Magister Oxoniae⟩
Sifirdus ⟨de Domo Teutonica⟩
Sifridus
Sifridus ⟨Anglicus⟩
Sifridus ⟨Magister Oxoniae⟩
Sifridus ⟨Niger⟩
Sigfridus ⟨Bavarus⟩

Septem Castris, Johannes ¬de¬
→ **Johannes ⟨de Septem Castris⟩**

Septo, Antonius ¬de¬
→ **Antonius ⟨de Septo⟩**

Sequavilla, Guilelmus ¬de¬
→ **Guilelmus ⟨de Sequavilla⟩**

Ser Cambi, Giovanni
→ **Sercambi, Giovanni**

Ser Gorello, Bartolomeo ¬di¬
→ **Bartolomeo ⟨di Gorello⟩**

Ser Piero delle Riformagioni, Nofri ¬di¬
→ **Nofri ⟨di Ser Piero delle Riformagioni⟩**

Ser Uberti, Leonardus
→ **Leonardus ⟨Ser Uberti⟩**

Serafino ⟨Aquilano⟩
1466 – 1500
Rappresentazione allegorica della voluttà, virtù e fama
LMA,VII,1774
Aquila, Serafino ¬dell'¬
Aquila, Seraphinus
Aquilano, Serafino
Aquilano, Serafino
Ciminelli, Serafino ¬dei¬
Ciminelli, Serafino ¬de'¬
Cimino ⟨Aquilano⟩
Cimino, Seraphino
Dell'Aquila, Serafino
De'Ciminelli, Serafino
Serafino ⟨dall' Aquila⟩
Serafino ⟨dall'Aquila⟩
Serafino ⟨dell'Aquila⟩
Serafino ⟨de' Ciminelli⟩
Serafino ⟨de'Ciminelli⟩
Séraphin ⟨dell'Aquila⟩
Seraphino ⟨Aquilano⟩
Seraphino ⟨da Lagla⟩
Seraphinus ⟨Aquilanus⟩

Serafino ⟨de'Ciminelli⟩
→ **Serafino ⟨Aquilano⟩**

Serano, Arnaud ¬de¬
→ **Arnaldus ⟨de Serrano⟩**

Serapio ⟨Iunior⟩
gest. ca. 864
Liber de simplici medici ; Sohn von Serapio ⟨Senior⟩, mit dem er oft verwechselt wird
Sezgin III,228; LMA,VII,1775
Ibn Sarābī
Ibn-Sarābiyūn, Yūḥannā
Ibn-Serapion
Joannes ⟨Serapio⟩
Johannan b. Serapion
Serapio, Johannes
Serapion ⟨Iunior⟩
Serapion, Johannes
Yahya Ibn Sarafyun
Yaḥyā Ibn-Sarābiyūn
Yūḥannā Ibn Serapion
Yuḥannā Ibn-Sarābiyūn

Serapio ⟨Senior⟩
8. Jh.
Syr. Arzt; „Practica sive breviarium"; wird laut Sezgin teilweise mit seinem Sohn Serapio ⟨Iunior⟩ verwechselt
LMA,VII,1775
Johannes Serapion ⟨Maior⟩
Juhannā Ibn-Serapion
Sarābīyūn
Serapio ⟨Senior⟩
Serapio, Johannes
Serapion ⟨der Ältere⟩
Serapion ⟨Medicus⟩
Serapion ⟨the Elder⟩
Serapion, Johannes
Serapion, Johannes ⟨Maior⟩
Yaḥyā Ibn Sarāfyūn
Yuḥannā Ibn-Serābiyūn

Sercambi, Giovanni
1348 – 1424
Croniche di Lucca; Nota a voi Guinigi
Potth. 1006; LMA,VII,1783/84
Cambi, Jean Ser
Giovanni ⟨Ser Cambi⟩
Giovanni ⟨Sercambi⟩
Jean ⟨Sercambi⟩
Ser Cambi, Giovanni
Sercambi, Jean
Sercambi Lucchese, Giovanni

Serdini Forestani, Simone
→ **Forestani, Simone Serdini**

Serelinus ⟨Sancti Trudonis⟩
→ **Stepelinus ⟨Sancti Trudonis⟩**

Serge ⟨de Chypre⟩
→ **Sergius ⟨Cypriensis⟩**

Serge ⟨de Constantia⟩
→ **Sergius ⟨Cypriensis⟩**

Serge ⟨de Constantinople⟩
→ **Sergius ⟨Constantinopolitanus, ...⟩**

Serge ⟨de Resinas⟩
→ **Sergius ⟨Rescainae⟩**

Serge ⟨Diacre⟩
→ **Sergius ⟨Constantinopolitanus, I.⟩**

Serge ⟨Grammairien⟩
→ **Sergius ⟨Grammaticus⟩**

Serge ⟨Pape, ...⟩
→ **Sergius ⟨Papa, ...⟩**

Sergej ⟨Radonežskij⟩
→ **Sergij ⟨Radonežskij⟩**

Sergia ⟨Constantinopolitana⟩
7. Jh.
Narratio de translatione Sanctae Olympiadis
Cpg 7981; DOC,2,1604
Constantinopolitana, Sergia
Sergia ⟨di Constantinopoli⟩
Sergia ⟨Igumena di Santa Olimpiade di Constantinopoli⟩
Sergie ⟨Abbesse⟩
Sergie ⟨de Constantinople⟩

Sergij ⟨Heiliger⟩
→ **Sergij ⟨Radonežskij⟩**

Sergij ⟨Radonežskij⟩
1314/19 – 1392
LMA,VII,1784; LThK
Radonežskij, Sergij
Sergej ⟨Radonežskij⟩
Sergij ⟨Heiliger⟩
Sergij ⟨von Radonež⟩
Sergius ⟨von Radonež⟩

Sergio ⟨Amoruso⟩
→ **Sergius ⟨de Amuruczo⟩**

Sergio ⟨di Constantinopoli⟩
→ **Sergius ⟨Constantinopolitanus, ...⟩**

Sergio ⟨Grammatico⟩
→ **Sergius ⟨Grammaticus⟩**

Sergio ⟨Papa, ...⟩
→ **Sergius ⟨Papa, ...⟩**

Sergio ⟨Patriarca⟩
→ **Sergius ⟨Constantinopolitanus, ...⟩**

Sergios ⟨Archiatros⟩
→ **Sergius ⟨Rescainae⟩**

Sergios ⟨Kolybas⟩
→ **Sergius ⟨Colybas⟩**

Sergios ⟨of Constantinople⟩
→ **Sergius ⟨Constantinopolitanus, ...⟩**

Sergios ⟨Patriarch, ...⟩
→ **Sergius ⟨Constantinopolitanus, ...⟩**

Sergios ⟨Presbyter⟩
→ **Sergius ⟨Rescainae⟩**

Sergios ⟨von Konstantinopel⟩
→ **Sergius ⟨Constantinopolitanus, ...⟩**

Sergios ⟨von Resaina⟩
→ **Sergius ⟨Rescainae⟩**

Sergius ⟨Amphiator⟩
6. Jh.
Canones (syr.)
Cpg 7235; DOC,2,1605
Amphiator, Sergius

Sergius ⟨Astrologus⟩
→ **Sergius ⟨Rescainae⟩**

Sergius ⟨Charrae Episcopus⟩
→ **Sergius ⟨Episcopus Charrae⟩**

Sergius ⟨Colybas⟩
12. Jh.
Tusculum-Lexikon; CSGL
Colybas, Sergius
Kolybas, Sergios
Olybas, Sergius
Sergios ⟨Kolybas⟩
Sergius ⟨Olybas⟩

Sergius ⟨Constantiensis⟩
→ **Sergius ⟨Cypriensis⟩**

Sergius ⟨Constantinopolitanus, I.⟩
um 610/638
Epistulae; Ecthesis Heraclii imperatoris
Cpg 7604-7608; DOC,2,1605; LMA,VII,1786; LThK
Constantinopolitanus, Sergius
Serge ⟨de Constantinople⟩
Serge ⟨de Constantinople, I.⟩
Serge ⟨Diacre⟩
Serge ⟨Patriarche⟩
Sergio ⟨di Constantinopoli⟩
Sergio ⟨di Constantinopoli, I.⟩
Sergio ⟨Patriarca⟩
Sergios ⟨Patriarch, I.⟩
Sergios ⟨von Konstantinopel⟩
Sergius ⟨Constantinopolitanus⟩
Sergius ⟨of Constantinople⟩
Sergius ⟨of Constantinople, I.⟩
Sergius ⟨Patriarch⟩
Sergius ⟨von Konstantinopel⟩
Sergius ⟨von Konstantinopel, I.⟩

Sergius ⟨Constantinopolitanus, II.⟩
gest. 1019
LThK
Constantinopolitanus, Sergius
Serge ⟨de Constantinople⟩
Serge ⟨de Constantinople, II.⟩
Sergios ⟨of Constantinople⟩
Sergios ⟨of Constantinople, II.⟩
Sergios ⟨Patriarch⟩
Sergios ⟨von Konstantinopel⟩
Sergios ⟨von Konstantinopel, II.⟩
Sergius ⟨Constantinopolitanus⟩

Sergius ⟨Cypriensis⟩
7. Jh.
Epistula ad Theodorum papam
Cpg 7628; DOC,2,1605
Serge ⟨Archevêque⟩
Serge ⟨de Chypre⟩
Serge ⟨de Constantia⟩
Sergius ⟨Constantiensis⟩
Sergius ⟨Cyprensis⟩
Sergius ⟨Cyprius⟩

Sergius ⟨de Amuruczo⟩
um 1361/98
Notar in Amalfi
Amoruczo, Sergio ¬de¬
Amoruso, Sergio
Amuruczo, Sergius ¬de¬
Sergio ⟨Amoruso⟩
Sergio ⟨de Amoruczo⟩

Sergius ⟨de Resain⟩
→ **Sergius ⟨Rescainae⟩**

Sergius ⟨Episcopus Charrae⟩
6. Jh.
Epistula (syr.)
Cpg 7232
Episcopus Charrae, Sergius
Sergius ⟨Charrae Episcopus⟩

Sergius ⟨Grammaticus⟩
6. Jh.
Epistulae ad Severum (syriace)
Cpg 7102-7105; DOC,2,1605

Grammaticus, Sergius
Serge ⟨Grammairien⟩
Serge ⟨Grammairien Latin⟩
Sergio ⟨Grammatico⟩
Sergio ⟨il Grammatico⟩

Sergius ⟨Olybas⟩
→ **Sergius ⟨Colybas⟩**

Sergius ⟨Papa, I.⟩
gest. 701
LMA,VII,1786
Serge ⟨Pape, I.⟩
Sergio ⟨Papa, I.⟩
Sergius ⟨Sanctus⟩

Sergius ⟨Papa, II.⟩
gest. 847
LMA,VII,1787
Serge ⟨Pape, II.⟩
Sergio ⟨Papa, II.⟩

Sergius ⟨Papa, III.⟩
gest. 911
LMA,VII,1787
Serge ⟨Pape, III.⟩
Sergio ⟨Papa, III.⟩

Sergius ⟨Papa, IV.⟩
gest. 1012
LMA,VII,1787
Petrus ⟨Os Porci⟩
Pietro ⟨Bucca Porci⟩
Serge ⟨Pape, IV.⟩
Sergio ⟨Papa, IV.⟩

Sergius ⟨Patriarch⟩
→ **Sergius ⟨Constantinopolitanus, ...⟩**

Sergius ⟨Resainensis⟩
→ **Sergius ⟨Rescainae⟩**

Sergius ⟨Rescainae⟩
gest. 536
Einer der mutmaßl. Verfasser von Werken des Pseudo-Dionysius ⟨Areopagita⟩
Cpg 6600; LMA,VII,1786
Rescainae, Sergius
Serge ⟨de Reschaina⟩
Serge ⟨de Resinas⟩
Sergios ⟨Archiatros⟩
Sergios ⟨Presbyter⟩
Sergios ⟨Priester⟩
Sergios ⟨von Resaina⟩
Sergios ⟨von Reschaina⟩
Sergius ⟨Astrologus⟩
Sergius ⟨de Resain⟩
Sergius ⟨Resainensis⟩

Sergius ⟨Sanctus⟩
→ **Sergius ⟨Papa, I.⟩**

Sergius ⟨von Konstantinopel⟩
→ **Sergius ⟨Constantinopolitanus, ...⟩**

Sergius ⟨von Radonež⟩
→ **Sergij ⟨Radonežskij⟩**

Serina, Gerardus
→ **Gerardus ⟨Serina⟩**

Šerîrâ Gā'ôn
ca. 906 – ca. 1006
Îggeret Rav Šerîrâ Gā'ôn
Gaon, Sherira
Scherira
Sherira ⟨Gaon⟩
Sherira ben Ḥanina
Sherira ben Haninah
Sherira Gaon ⟨Rav⟩

Serlo ⟨Abbas⟩
→ **Serlo ⟨Fontanus⟩**
→ **Serlo ⟨Wiltoniensis⟩**

Serlo ⟨Anglus⟩
→ **Serlo ⟨Fontanus⟩**

Serlo ⟨Baiocensis⟩
1050 – 1122
Invectio in Gillebertum
LMA,VII,1788/89; Tusculum-Lexikon
Serlo ⟨Canonicus⟩
Serlo ⟨von Bayeux⟩
Serlon ⟨de Bayeux⟩

Serlo ⟨Canonicus⟩
→ **Serlo ⟨Baiocensis⟩**

Serlo ⟨Cornubiensis⟩
um 960 · OSB
Stegmüller, Repert. bibl. 7622

Serlo ⟨de Elemosyna⟩
→ **Serlo ⟨Wiltoniensis⟩**

Serlo ⟨de Savignac⟩
→ **Serlo ⟨Saviniacensis⟩**

Serlo ⟨de Wells⟩
→ **Serlo ⟨Fontanus⟩**

Serlo ⟨Eleemosynae⟩
→ **Serlo ⟨Wiltoniensis⟩**

Serlo ⟨Fontanus⟩
gest. ca. 1160
Descriptio belli inter regem Davidem et barones Angliae
Fontanus, Serlo
Serlo ⟨Abbas⟩
Serlo ⟨Anglus⟩
Serlo ⟨de Wells⟩
Serlo ⟨Grammaticus⟩
Serlo ⟨Kirchostallensis⟩
Serlon ⟨de Fountains⟩
Serlon ⟨le Grammairien⟩

Serlo ⟨Grammaticus⟩
→ **Serlo ⟨Fontanus⟩**

Serlo ⟨Kirchostallensis⟩
→ **Serlo ⟨Fontanus⟩**

Serlo ⟨Magister⟩
→ **Serlo ⟨Saviniacensis⟩**

Serlo ⟨Magister⟩
um 1234
Summa de poenitentia
Schönberger/Kible, Repertorium, 17835
Magister Serlo
Scerlo ⟨Magister⟩
Serlo ⟨Master⟩

Serlo ⟨Saviniacensis⟩
gest. 1158
LThK
Serlo ⟨de Savignac⟩
Serlo ⟨Magister⟩
Serlo ⟨of Savigny⟩
Serlon ⟨de Savigny⟩
Serlon ⟨de Vaubadon⟩
Serlon ⟨Savigniacus⟩

Serlo ⟨von Bayeux⟩
→ **Serlo ⟨Baiocensis⟩**

Serlo ⟨von Eleemosina⟩
→ **Serlo ⟨Wiltoniensis⟩**

Serlo ⟨Wiltoniensis⟩
12. Jh.
LMA,VII,1789; Tusculum-Lexikon
Serlo ⟨Abbas⟩
Serlo ⟨de Elemosyna⟩
Serlo ⟨Eleemosynae⟩
Serlo ⟨von Eleemosina⟩
Serlo ⟨von Wilton⟩
Serlon ⟨de l'Aumône⟩
Serlon ⟨de Wilton⟩

Serlo, Johannes
→ **Johannes ⟨Serlo⟩**

Serlon ⟨de Bayeux⟩
→ **Serlo ⟨Baiocensis⟩**

Serlon ⟨de Fountains⟩
→ **Serlo ⟨Fontanus⟩**

Serlon ⟨de l'Aumône⟩
→ **Serlo ⟨Wiltoniensis⟩**

Serlon ⟨de Savigny⟩
→ **Serlo ⟨Saviniacensis⟩**

Serlon ⟨de Vaubadon⟩
→ **Serlo ⟨Saviniacensis⟩**

Serlon ⟨de Wilton⟩
→ **Serlo ⟨Wiltoniensis⟩**

Serlon ⟨le Grammairien⟩
→ **Serlo ⟨Fontanus⟩**

Sermini, Gentile
15. Jh.
Sammlung von 40 Novellen
LMA,VII,1789/90
Gentile ⟨Sermini⟩

Sermoneta, Alexander
→ **Alexander ⟨Sermoneta⟩**

Sernudji, Borhan-ed-Dîni ¬es-¬
→ **Zarnūǧī, Burhān-ad-Dīn ¬az-¬**

Serpens
ca. 1377 – 1430 · OP
Exercitium librorum Physicorum; Tabulatio libri b. Augustini De lapsu mundi
Lohr; Kaeppeli,I,73
Andreas ⟨Wanszyk⟩
Andreas ⟨Wanszyk Polonus⟩
Andreas ⟨Wężyk⟩
Serpens ⟨Magister⟩
Wężyk, Andreas

Serra, Johannes
→ **Johannes ⟨Serra⟩**

Serrano, Arnaldus ¬de¬
→ **Arnaldus ⟨de Serrano⟩**

Serrascuderio, Pastor ¬de¬
→ **Pastor ⟨de Serrascuderio⟩**

Serronius, Nicetas
→ **Nicetas ⟨Heracleensis⟩**

Sertorius ⟨Bassalli⟩
→ **Sertorius ⟨Fortanerius⟩**

Sertorius ⟨Cambrensis⟩
→ **Sertorius ⟨Fortanerius⟩**

Sertorius ⟨Fortanerius⟩
gest. 1361 · OFM
In omnes fere sanctas Scripturas multa scholasticae explanationis volumina
Stegmüller, Repert. bibl. 7626; 2293
Fortanerius ⟨Sertorius⟩
Fortanerius ⟨Vasselli⟩
Fortanerius ⟨Wasseli⟩
Fortanerius, Sertorius
Fortanier ⟨Auberi⟩
Fortanier ⟨Wassel⟩
Fortuniero ⟨Vasselli⟩
Sertorius ⟨Bassalli⟩
Sertorius ⟨Cambrensis⟩
Sertorius ⟨de Galles⟩
Sertorius ⟨de Vassae⟩
Sertorius ⟨Gualensis⟩
Sertorius ⟨Vaselli⟩
Vaselli, Fortanerius
Vasselli, Fortuniero

Sertorius ⟨Gualensis⟩
→ **Sertorius ⟨Fortanerius⟩**

Sertorius ⟨Vaselli⟩
→ **Sertorius ⟨Fortanerius⟩**

Servais ⟨du Mont-Saint-Eloi⟩
→ **Gervasius ⟨de Monte Sancti Eligii⟩**

Servasanctus ⟨de Faventia⟩
→ **Servasanctus ⟨Tuscus de Faenza⟩**

Servasanctus ⟨Tuscus de Faenza⟩
gest. ca. 1300 · OFM
Summa de vitiis et virtutibus luculenta; Summa de poenitentia; De exemplis naturalibus; etc.
Stegmüller, Repert. sentent. 810; Schneyer,V,376
Servasancto ⟨di Faenza⟩
Servasanctus ⟨de Faenza⟩
Servasanctus ⟨de Faventia⟩
Servasanctus ⟨Faventinus⟩
Servasanctus ⟨Franciscain⟩
Servasanctus ⟨Franciscain Toscan⟩
Servasanctus ⟨Franziskaner⟩
Servasanctus ⟨Frater⟩
Servasanctus ⟨Provinciae Tusciae Alumnus⟩
Servasanctus ⟨Toscan⟩
Servasanctus ⟨Tuscus⟩
Servasanctus ⟨Tuscus von Faenza⟩
Servasanctus ⟨von Faenza⟩
Servasanto ⟨da Faenza⟩
Tuscus de Faenza, Servasanctus

Servasius ⟨de Monte Sancti Eligii⟩
→ **Gervasius ⟨de Monte Sancti Eligii⟩**

Servat ⟨Loup⟩
→ **Loup ⟨Ferrariensis⟩**

Servatus ⟨Beatus⟩
→ **Lupus ⟨Ferrariensis⟩**

Servatus ⟨Bravonius⟩
→ **Senatus ⟨Wigorniensis⟩**

Servatus ⟨Lupus⟩
→ **Lupus ⟨Ferrariensis⟩**

Serveri ⟨de Girone⟩
→ **Cerveri ⟨de Girona⟩**

Sescas, Amanieu ¬de¬
→ **Amanieu ⟨de Sescas⟩**

Sesuldus
7. Jh.
Suggestiones Sesuldi, Sunilae, Johannis, Vivendi, Ermegildi
Cpl 1790

Sethus, Simeon
→ **Simeon ⟨Sethus⟩**

Setinus, Johannes
→ **Johannes ⟨Setinus⟩**

Setonus, Johannes
→ **Johannes ⟨Setonus⟩**

Settefrati, Albericus ¬de¬
→ **Albericus ⟨de Settefrati⟩**

Settignano, Desiderio ¬da¬
→ **Desiderio ⟨da Settignano⟩**

Setzer, Dietmar ¬der¬
→ **Dietmar ⟨der Setzer⟩**

Seucianus
um 1280
Nicht identisch mit Gervasius ⟨de Monte Sancti Eligii⟩ (gest. 1314)
Schneyer,V,399
Seucianus ⟨Canonicus⟩
Seucianus ⟨de Monte Sancti Eligii⟩
Seucien
Seucien ⟨Chancelier⟩
Seucien ⟨Chanoine du Mont-Saint-Eloi⟩
Seucien ⟨du Mont-Saint-Eloi⟩

Seuse, Heinrich
1295 – 1366 · OP
LMA,VII,1801/03; Tusculum-Lexikon
Amandus
Amandus ⟨de Swebia⟩
Amandus ⟨Frater⟩
Amandus ⟨Teutonicus⟩
Berg, Heinrich ¬von¬
Enrico ⟨Susone⟩
Heinrich ⟨der Seuse⟩
Heinrich ⟨Seuse⟩
Heinrich ⟨Suso⟩
Heinrich ⟨von Berg⟩
Henri ⟨de Sews⟩
Henri ⟨de Souabe⟩
Henri ⟨de Soubshaube⟩
Henricus ⟨Amandus⟩
Henricus ⟨Constantiensis⟩
Henricus ⟨de Swevia⟩
Henricus ⟨Sews⟩
Henricus ⟨Suso⟩
Henry ⟨de Berg⟩
Henry ⟨Susonne⟩
Henryk ⟨Suzo⟩
Johannes ⟨de Suso⟩
Seuß, Heinrich
Seusse, Heinrich
Seuße, Heinrich
Siso, Henricus
Suso, Heinrich
Suso, Henricus
Suso, Henry
Suso, Johannes ¬de¬
Suson, Henricus
Susone, Enrico
Susonne, Henry
Suzo, Henryk
Zeize, Heinrihs

Sevelingen, Meinloh ¬von¬
→ **Meinloh ⟨von Sevelingen⟩**

Seven, Leuthold ¬von¬
→ **Leuthold ⟨von Seven⟩**

Sévère ⟨d'Antioche⟩
→ **Severus ⟨Antiochenus⟩**

Sévère ⟨de Malaga⟩
→ **Severus ⟨Episcopus⟩**

Severianus, Colluthus
→ **Colluthus ⟨Severianus⟩**

Severianus, Johannes
→ **Johannes ⟨Sarisberiensis⟩**

Severinus ⟨Boethius⟩
→ **Boethius, Anicius Manlius Severinus**

Severinus ⟨Papa⟩
um 640
LMA,VII,1805
Severin ⟨Papst⟩
Severino ⟨Papa⟩

Severus ⟨...⟩
→ **Severus ⟨...⟩**

Severus ⟨Acephalus⟩
→ **Severus ⟨Antiochenus⟩**

Severus ⟨Antiochenus⟩
5./6. Jh.
Tusculum-Lexikon; CSGL; LMA,VII,1807; LThK
Acephalus, Severus
Antiochenus, Severus
Sévère ⟨d'Antioche⟩
Severo ⟨di Antiochia⟩
Severos ⟨von Antiocheia⟩
Severus ⟨Acephalus⟩
Severus ⟨de Antiochia⟩
Severus ⟨Monophysita⟩
Severus ⟨Patriarcha⟩
Severus ⟨Sozopolitanus⟩
Sozopolitanus, Severus

Severus ⟨de Antiochia⟩
→ **Severus ⟨Antiochenus⟩**

Severus ⟨de Neapoli⟩
um 1404/13 · OP
Compilatio alphabetica collationum super libro Sap.
Stegmüller, Repert. bibl. 7627
Neapoli, Severus ¬de¬
Severius ⟨de Neapoli⟩

Severus ⟨Episcopus⟩
um 578/601
In Evangelia libri XII; Epistula ad Epiphanium; Identität des Verfassers von „In Evangelia" mit Severus ⟨Malacitanus⟩ (Verf. des „Anulus") umstritten
DOC,2,1608
Episcopus Severus
Sévère ⟨de Malaga⟩
Sévère ⟨Evêque⟩
Severus ⟨Bischof⟩
Severus ⟨Evangeliendichter⟩
Severus ⟨Malacensis⟩
Severus ⟨Malacitanus⟩
Severus ⟨Vescovo⟩
Severus ⟨von Malaga⟩

Severus ⟨Evangeliendichter⟩
→ **Severus ⟨Episcopus⟩**

Severus ⟨Malacensis⟩
→ **Severus ⟨Episcopus⟩**

Severus ⟨Monophysita⟩
→ **Severus ⟨Antiochenus⟩**

Severus ⟨Patriarcha⟩
→ **Severus ⟨Antiochenus⟩**

Severus ⟨Sozopolitanus⟩
→ **Severus ⟨Antiochenus⟩**

Severus Ben el-Moqaffaʿ
→ **Severus Ibn-al-Muqaffaʿ**

Severus Ibn-al-Muqaffaʿ
um 955/87
Abu'l-Bishr Ibn-al-Muqaffaʿ
Anba Severus Ibn-al-Muqaffaʿ
Ibn-al-Muqaffaʿ, Sāwīrīs
Ibn-al-Muqaffaʿ, Sawirus
Ibn-al-Muqaffaʿ, Severus
Ibn-al-Muqaffaʿ al-Qibṭī al-Miṣrī, Abu'l-Bišr
Moqaffaʿ
Mukaffaʿ
Muqaffaʿ
Savirus Ibn-al-Mukaffaʿ
Sāwīrus Ibn-al-Muqaffaʿ
Sāwīrus Ibn-al-Muqaffaʿ, Usquf al-Ašmūnain
Severus Ben el-Moqaffaʿ
Severus Ibn al Muqaffaʿ
Severus Ibn al-Mukaffaʿ
Severus Ibn-al-Muqaffaʿ

Sewulf
→ **Saewulfus**

Sexannia, Theobaldus ¬de¬
→ **Theobaldus ⟨de Sexannia⟩**

Seybold, Leonhard
um 1477/80
Practica über die stat augspurg
VL(2),8,1129/30
Leonhard ⟨Seybold⟩

Seyfridi, Georgius
→ **Georgius ⟨Seyfridi⟩**

Seyfrit
→ **Seifried**

Şeyh Bedreddin
→ **Ibn-Qāḍī Samāwna, Badr-ad-Dīn Maḥmūd**

Şeyh Süleyman
→ **Gülşehri**

Şeyhî
gest. 1428
Türk. Arzt und Dichter; ursprüngl. Name: Yusuf Sinaneddin
LMA,VII,1820/21
Şeyḫi, Yūsuf Sinān
Sinaneddin, Yusuf
Yusuf Sinaneddin

Şeyon, Frē
→ **Frē Şeyon**

Seyringer, Nicolaus
→ **Nicolaus ⟨Seyringer⟩**

Sezanna, Petrus ¬de¬
→ **Petrus ⟨de Sezanna⟩**

Sfortia, Gabriel
→ **Gabriel ⟨Sfortia⟩**

Sforza, Alessandro
1409 – 1473/81
LThK
Alessandro ⟨Sforza⟩

Sforza, Gabriel
→ **Gabriel ⟨Sfortia⟩**

Sforza, Galeazzo Maria
→ **Galeazzo Maria ⟨Milano, Duca⟩**

Sforza, Lodovico
→ **Ludovico ⟨Milano, Duca⟩**

sGam-po-pa
1079 – 1153
Dwags po'i thar rgyan; Dam-chos yid-bźin nor-bu thar-pa rin-po che'i-rgyan
Bsod-nam rin-chen ⟨Lha-rje⟩
bSod-nams-rin-chen ⟨Dvags-po Lha-rje⟩
bSod-nams-rin-chen ⟨sGam-po-pa⟩
Dabo-lajie Sonan-renjing
Dvags-po Lha-rje
Dwags-po Lha-rje
Gampopa
So-nan-jen-ching
Sonan-renjing
Ta-po-la-chieh So-nan-jen-ching
Zla-'od-gźon-nu

Sgra-tshad-pa
Rin-chen-rnam-rgyal
→ **Rin-chen-rnam-rgyal ⟨sGra-tshad-pa⟩**

Sguropulus, Johannes
→ **Johannes ⟨Sguropulus⟩**

Sguropulus, Silvester
→ **Silvester ⟨Sguropulus⟩**

Sguropulus, Stephanus
→ **Stephanus ⟨Sguropulus⟩**

Shādhilī, Abū al-Ḥasan ʿAlī ibn ʿAbd Allāh
→ **Šāḏilī, ʿAlī Ibn-ʿAbdallāh ¬aš-¬**

Shāfiʿī, Muhammad ibn Idris
→ **Šāfiʿī, Muḥammad Ibn-Idrīs ¬aš-¬**

Shahrastānī, Muḥammad Ibn-ʿAbd-al-Karīm ¬aš-¬
→ **Šahrastānī, Muḥammad Ibn-ʿAbd-al-Karīm ¬aš-¬**

Shalawbīnī, ʿUmar ibn Muḥammad
→ **Šalaubīnī, ʿUmar Ibn-Muḥammad ¬aš-¬**

Shams ⟨Pīr⟩
→ **Pīr Šams**

Shāmūkhī, al-Ḥasan Ibn ʿAlī
→ **Šāmūḫī, al-Ḥasan Ibn-ʿAlī ¬aš-¬**

Shanfarā
→ **Šanfarā ¬aš-¬**

Shankara
→ **Śaṅkara**

Shantaraksita
→ **Kamalaśīla**

Shanti Deva
→ **Śāntideva**

Sharīʿa, Ṣadr ¬al-¬
→ **Maḥbūbī, ʿUbaidallāh Ibn-Masʿūd ¬al-¬**

Sharif Ali Ibn al-Husain Ibn Musa al-Murtadi
→ **Šarīf al-Murtaḍā, ʿAlī Ibn-al-Ḥusain ¬aš-¬**

Sharīf al-Idrīsī, ¬al-¬
→ **Idrīsī, Muḥammad Ibn-Muḥammad ¬al-¬**

Sharīf al-Murtaḍā, ʿAlam al-Hudā ʿAlī Ibn al-Ḥusayn
→ **Šarīf al-Murtaḍā, ʿAlī Ibn-al-Ḥusain ¬aš-¬**

Sharpe ⟨de Alemannia⟩
→ **Johannes ⟨Sharpe⟩**

Sharpe ⟨de Hannonia⟩
→ **Johannes ⟨Sharpe⟩**

Sharpe, Johannes
→ **Johannes ⟨Sharpe⟩**

Shattan
→ **Cāttaṉār**

Shaykh Abī Saʿīd
→ **Abū-Saʿīd Ibn-Abi-'l-Ḫair**

Shayzarī, ʿAbd al-Raḥman ibn Naṣr
→ **Šaizarī, ʿAbd-ar-Raḥmān Ibn-Naṣr ¬aš-¬**

Shayzarī, Muslim Ibn Maḥmūd
→ **Šaizarī, Muslim Ibn-Maḥmūd ¬aš-¬**

Shem Tov Ibn Ardutiel Ben Isaac
→ **Santob ⟨de Carrión⟩**

Shemseddin, Mohammed
→ **Ḥāfiẓ**

Shen, Jiji
6./7. Jh.
Geschichte des Fräulein Ren
Shen, Chi-Chi

Shen, Kuo
1031 – 1095
Shen, Kua

Sheppey, Johannes
→ **Johannes ⟨Sheppey⟩**

Sherira ⟨Gaon⟩
→ **Šerîrâ Gā'ôn**

Sherira ben Haninah
→ **Šerîrâ Gā'ôn**

Shi ⟨Su⟩
→ **Su, Shi**

Shi, Naian
1290 – 1365
Naian ⟨Shi⟩
Schi, Nai An
Schi Nai Ngan
Shih, Nai-an

Shih Pao-ch'ang
→ **Baochang**

Shikishi ⟨Japan, Prinzessin⟩
gest. 1201
Shikishi ⟨Daughter of Goshirakawa⟩
Shikishi ⟨Japan, Princess⟩

Shillingford, John
um 1447/50
Letters and papers 1447-48
Potth. 1014
Jean ⟨Shillingford⟩
John ⟨Shillingford⟩
Shillingford, Jean

Shinkaku Daishi
→ **Xuanjue**

Shinkei
1406 – 1475

Shinran
1173 – 1263
Schinran Schonin
Shinran ⟨Shōnin⟩
Shinran, Shoji
Shinran Shonin
Sin-ran
Sin-ran-gyi

Shīrāzī, ʿAbd al-Raḥmān ibn Naṣr
→ **Šīrāzī, ʿAbd-ar-Raḥmān Ibn-Naṣr ¬aš-¬**

Shīrāzī, Abū-Isḥāq Ibrāhīm Ibn-ʿAlī ¬ash-¬
→ **Šīrāzī, Abū-Isḥāq Ibrāhīm Ibn-ʿAlī ¬aš-¬**

Shirazi, Nadjmo'd-din Mahmud
→ **Šīrāzī, Naǧm-ad-Dīn Maḥmūd Ibn-Ḍiyā'-ad-Dīn ¬aš-¬**

Shīrāzī, Najm al-Dīn Maḥmūd Ibn Ḍiyā' al-Dīn
→ **Šīrāzī, Naǧm-ad-Dīn Maḥmūd Ibn-Ḍiyā'-ad-Dīn ¬aš-¬**

Shīrāzī, Quṭb al-Dīn Maḥmūd ibn Masʿūd
→ **Šīrāzī, Quṭb-ad-Dīn Maḥmūd Ibn-Masʿūd ¬aš-¬**

Shirazi, Saadi ¬von¬
→ **Saʿdī**

Shirborn, John ¬de¬
→ **Johannes ⟨de Shyheborna⟩**

Shirley, John
1366 – 1456
Dichter und Übersetzer
LMA,VII,1829
Jean ⟨Shirley⟩
John ⟨Shirley⟩
Shirley, Jean

Shirwānī, Fatḥ Allāh
→ **Širwānī, Fatḥallāh ¬aš-¬**

Shirwood, William
→ **Guilelmus ⟨de Shyreswood⟩**

Shōnagon, Sei
→ **Sei Shōnagon**

Shoreham, William ¬of¬
→ **William ⟨of Shoreham⟩**

Shōtetsu
ca. 1381 – ca. 1459

Shuʿba b. al-Ḥadjdjādj
→ **Šuʿba Ibn-al-Ḥaǧǧāǧ**

Shuʿlā, Muḥammad Ibn Aḥmad
→ **Suʿlā, Muḥammad Ibn-Aḥmad**

Shūmitsu
→ **Zongmi**

Shuzen-Oshō
→ **Gishin**

Shyheborna, Johannes ¬de¬
→ **Johannes ⟨de Shyheborna⟩**

Shyreswood, Guilelmus ¬de¬
→ **Guilelmus ⟨de Shyreswood⟩**

Siaco, Johannes ¬de¬
→ **Johannes ⟨de Siaco⟩**

Sībawaih, Abu Bischr Amr Ibn Uthman
→ **Sībawaih, ʿAmr Ibn-ʿUṯmān**

Sībawaih, Abū-Bišr ʿAmr Ibn-ʿUṯmān
→ **Sībawaih, ʿAmr Ibn-ʿUṯmān**

Sībawaih, ʿAmr Ibn-ʿUṯmān
ca. 757 – ca. 810
ʿAmr Ibn-ʿUṯmān Sībawaih
Sībawaih, Abu Bischr Amr Ibn Uthman
Sībawaih, Abū-Bišr ʿAmr Ibn-ʿUṯmān
Sībawaihi

Sībawaihi
→ **Sībawaih, ʿAmr Ibn-ʿUṯmān**

Siber, Petrus
→ **Petrus ⟨Siber⟩**

Sibertus ⟨Belteus⟩
→ **Sibertus ⟨de Beka⟩**

Sibertus ⟨de Beka⟩
ca. 1280 – 1333 · OCarm
Reprobatio sex errorum; Quodlibeta; Ordinale
Schönberger/Kible, Repertorium, 17973
Beka, Sibertus ¬de¬
Sibert ⟨de Beek⟩
Sibert ⟨de Beka⟩
Sibert ⟨van Beeck⟩
Sibert ⟨van der Becken⟩
Sibert ⟨Verbeck⟩
Sibertus ⟨Becanus⟩
Sibertus ⟨Belteus⟩
Sibertus ⟨de Beek⟩
Sybert ⟨de Beck⟩

Sibilla ⟨von Bondorf⟩
15. Jh. · OSCl
Legenda S. Francisca (Schreiberin)
VL(2),8,1133/1134
Bondorf, Sibilla ¬von¬
Sibylle ⟨de Bondorf⟩

Sibilla, Barthélemy
→ **Bartholomaeus ⟨Sibylla⟩**

Sibiton ⟨Viennensis⟩
14. Jh. · OP
Sermones super Psalmum Miserere; Sermones de oratione dominica; Credo; etc.
Stegmüller, Repert. bibl. 7628-7630; Schneyer,V,399; VL(2),8,1138/40
Sibito
Sibito ⟨Vienensis⟩
Sibito ⟨Vienensis Austriacus⟩
Sibito ⟨Viennensis⟩
Sibiton ⟨de Vienne⟩
Sibiton ⟨de Vienne⟩
Sibiton ⟨Viennensis⟩
Sibiton ⟨von Wien⟩
Siboto
Siboto ⟨de Vienne⟩
Siboto ⟨Dominicain⟩
Siboto ⟨Frater⟩
Sigiboto
Sigibottus
Syboto

Šiblī, Muḥammad Ibn-ʿAbdallāh ¬aš-¬
gest. 1367
Muḥammad Ibn-ʿAbdallāh aš-Šiblī
Šiblī, Muḥammad Ibn-Taqi-'d-Dīn ¬aš-¬
Šiblī Ibn-Qaiyim aš-Šiblīya, Muḥammad Ibn-Taqi-'d-Dīn ¬aš-¬

Šiblī, Muḥammad Ibn-Taqi-'d-Dīn ¬aš-¬
→ **Šiblī, Muḥammad Ibn-ʿAbdallāh ¬aš-¬**

Šiblī Ibn-Qaiyim aš-Šiblīya,
Muḥammad Ibn-Taqi-'d-Dīn
¬aš-¬
→ **Šiblī, Muḥammad Ibn-ʻAbdallāh ¬aš-¬**

Sibolt ⟨von Straßburg⟩
um 1416/17
1 ärztl. Rezeptar; Identität mit Hugo ⟨Sebilot⟩ umstritten
VL(2),8,1134
Hugo ⟨Sebilot⟩
Sebilot, Hugo
Straßburg, Sibolt ¬von¬

Sibote ⟨von Erfurt⟩
13. Jh.
VL(2)
Erfurt, Sibote ¬von¬
Sibot ⟨der Meister⟩

Siboto
→ **Sibiton ⟨Viennensis⟩**

Sibrand ⟨de Mariengarten⟩
→ **Leo ⟨Sibrandus⟩**

Sibrandus ⟨Abbas Horti Beatae Mariae⟩
→ **Leo ⟨Sibrandus⟩**

Sibrandus ⟨Lidlumensis⟩
→ **Leo ⟨Sibrandus⟩**

Sibrandus, Leo
→ **Leo ⟨Sibrandus⟩**

Sibṭ Ibn al-ʻAjamī, Abū Dharr Aḥmad Ibn Ibrāhīm
→ **Sibṭ-Ibn-al-ʻAǧamī, Abū-Ḏarr Aḥmad Ibn-Ibrāhīm**

Sibṭ-Ibn-al-ʻAǧamī, Abū-Ḏarr Aḥmad Ibn-Ibrāhīm
1415 – 1479
Abū-Ḏarr Aḥmad Ibn-Ibrāhīm Sibṭ-Ibn-al-ʻAǧamī
Ibn-Ibrāhīm, Abū-Ḏarr Aḥmad Sibṭ-Ibn-al-ʻAǧamī
Sibṭ Ibn al-ʻAjamī, Abū Dharr Aḥmad Ibn Ibrāhīm
Sibṭ-Ibn-al-ʻAǧamī, Aḥmad Ibn-Ibrāhīm

Sibṭ-Ibn-al-ʻAǧamī, Aḥmad Ibn-Ibrāhīm
→ **Sibṭ-Ibn-al-ʻAǧamī, Abū-Ḏarr Aḥmad Ibn-Ibrāhīm**

Sibṭ-Ibn-al-ʻAǧamī, Ibrāhīm Ibn-Muḥammad
1352 – 1438
Burhān-ad-Dīn al-Ḥalabī
Ibn-Muḥammad, Ibrāhīm Sibṭ-Ibn-al-ʻAǧamī
Ibn-Muḥammad Sibṭ-Ibn-al-ʻAǧamī, Ibrāhīm
Ibrāhīm Ibn-Muḥammad Sibṭ-Ibn-al-ʻAǧamī

Sibṭ-Ibn-al-Ǧauzī, Yūsuf Ibn-Qiz-Uġlū
1186 – 1257
Ibn-Qiz-Uġlū, Yūsuf Sibṭ-Ibn-al-Ǧauzī
Yūsuf Ibn-Qiz-Uġlū Sibṭ-Ibn-al-Ǧauzī

Siburdus ⟨de Lippia⟩
15. Jh.
Quaestiones super libros Physicorum; Quaestiones super libros De anima; Identität mit Herbordus ⟨de Lippia⟩ umstritten
Lohr
Lippia, Siburdus ¬de¬

Sibylla, Bartholomaeus
→ **Bartholomaeus ⟨Sibylla⟩**

Sibylle ⟨de Bondorf⟩
→ **Sibilla ⟨von Bondorf⟩**

Sicard ⟨Benevent, Fürst⟩
→ **Sicardo ⟨Benevento, Principe⟩**

Sicard ⟨de Crémone⟩
→ **Sicardus ⟨Cremonensis⟩**

Sicard ⟨du Fraisse⟩
→ **Sicardus ⟨de Fraxino⟩**

Sicard ⟨von Cremona⟩
→ **Sicardus ⟨Cremonensis⟩**

Sicardo ⟨Benevento, Principe⟩
gest. 839
Capitulare
LMA,VII,1833; Potth. 1014; LUI
Sicard ⟨Benevent, Fürst⟩
Sicard ⟨Bénévent, Prince⟩
Sicardus ⟨Princeps Langobardorum⟩
Sichard ⟨Benevent, Fürst⟩
Sichard ⟨Langobardenreich, Fürst⟩

Sicardus ⟨Cremonensis⟩
gest. 1215
Weltchronik; Summa decretorum
LThK; LMA,VII,1833; Tusculum-Lexikon
Sicard ⟨de Crémone⟩
Sicard ⟨von Cremona⟩
Sicardo ⟨di Cremona⟩
Sicardo ⟨von Cremona⟩
Sicardus ⟨Episcopus⟩
Sicardus ⟨of Cremona⟩
Siccardus ⟨Casalensis⟩
Siccardus ⟨Casellanus⟩
Siccardus ⟨Cremonensis⟩
Siccardus ⟨Episcopus Cremonensis⟩
Sichard ⟨de Crémone⟩
Sigardus ⟨Cremonensis⟩
Sighard ⟨de Casal⟩
Sighardus ⟨Casalensis⟩
Sighardus ⟨Casellanus⟩
Sighardus ⟨Cremonensis⟩

Sicardus ⟨de Fraxino⟩
Lebensdaten nicht ermittelt
Fraxino, Sicardus ¬de¬
Sicard ⟨du Fraisse⟩
Sicardus ⟨Papae Scriptor⟩
Sicardus ⟨Presbyter⟩

Sicardus ⟨Episcopus⟩
→ **Sicardus ⟨Cremonensis⟩**

Sicardus ⟨Papae Scriptor⟩
→ **Sicardus ⟨de Fraxino⟩**

Sicardus ⟨Presbyter⟩
→ **Sicardus ⟨de Fraxino⟩**

Sicardus ⟨Princeps Langobardorum⟩
→ **Sicardo ⟨Benevento, Principe⟩**

Sicart ⟨de Figueiras⟩
um 1242
Débat d'Izarn et de Sicart de Figueiras (poème provençal)
Figueiras, Sicart ¬de¬
Sicart ⟨Évêque Hérétique⟩

Sicart ⟨Évêque Hérétique⟩
→ **Sicart ⟨de Figueiras⟩**

Siccavilla, Johannes ¬de¬
→ **Johannes ⟨de Siccavilla⟩**

Sicco
→ **Johannes ⟨Papa, XVII.⟩**

Sicco ⟨Polentonus⟩
→ **Polentonus, Sicco**

Siceliotes, Gregorius
→ **Greorgius ⟨Syceota⟩**

Siceliotes, Johannes
→ **Johannes ⟨Siceliotes⟩**

Siceota, Theodorus
→ **Theodorus ⟨Siceota⟩**

Sichard ⟨Benevent, Fürst⟩
→ **Sicardo ⟨Benevento, Principe⟩**

Sichard ⟨de Crémone⟩
→ **Sicardus ⟨Cremonensis⟩**

Sichard ⟨Langobardenreich, Fürst⟩
→ **Sicardo ⟨Benevento, Principe⟩**

Sicilia, Jacobus ¬de¬
→ **Jacobus ⟨de Sicilia⟩**

Sicilia, Johannes ¬de¬
→ **Johannes ⟨de Sicilia⟩**

Sico ⟨Cancellarius Patavinus⟩
→ **Polentonus, Sicco**

Sicula, Elpis
→ **Elpis ⟨Sicula⟩**

Siculus ⟨Abbas⟩
→ **Nicolaus ⟨de Tudeschis⟩**

Siculus, Alcadinus
→ **Alcadinus ⟨Siculus⟩**

Siculus, Andreas
→ **Andreas ⟨Barbatius⟩**

Siculus, Blasius
→ **Blasius ⟨Siculus⟩**

Siculus, Bornasius
→ **Bornasius ⟨Siculus⟩**

Siculus, Conradus
→ **Conradus ⟨Siculus⟩**

Siculus, Constantinus
→ **Constantinus ⟨Siculus⟩**

Siculus, Eugenius
→ **Eugenius ⟨Panormitanus⟩**

Siculus, Gordianus
→ **Gordianus ⟨Siculus⟩**

Siculus, Gratianus
→ **Gratianus ⟨Siculus⟩**

Siculus, Johannes
→ **Johannes ⟨Siculus⟩**

Siculus, Petrus
→ **Petrus ⟨Argivus⟩**

Sidjistānī, ʻAbd Allāh Ibn Sulaymān
→ **Siǧistānī, ʻAbdallāh Ibn-Sulaimān ¬as-¬**

Sido ⟨Novimonasteriensis⟩
gest. 1201
Epistulae
Sido ⟨Praepositus⟩
Sido ⟨von Neumünster⟩
Sydo ⟨Novimonasteriensis⟩
Sydo ⟨Praepositus⟩

Siebenhaar de Esternbach, Fridericus
→ **Fridericus ⟨Siebenhaar de Esternbach⟩**

Sieffre ⟨of Monmouth⟩
→ **Galfredus ⟨Monumetensis⟩**

Siegburg, Albertus ¬de¬
→ **Albertus ⟨de Siegburg⟩**

Siegburg, Walramus ¬de¬
→ **Walramus ⟨de Siegburg⟩**

Siegen, Nicolaus ¬de¬
→ **Nicolaus ⟨de Siegen⟩**

Siegfried ⟨der Dörfer⟩
um 1300
Der frouwen trôst
VL(2),8,1204/05
Dörfer, Siegfried ¬der¬
Sîfrit ⟨der Dorfêre⟩
Sigefroy ⟨der Dörfer⟩

Siegfried ⟨Helbling⟩
→ **Helbling, Seifried**

Siegfried ⟨von Gelnhausen⟩
um 1421/55
Versch. administrative Schriften; Pilgerbericht
VL(2),8,1205/1206
Gelnhausen, Siegfried ¬von¬
Sigefroy ⟨de Gelnhausen⟩

Siegfried ⟨von Gorze⟩
→ **Sigefridus ⟨Gorziensis⟩**

Siegfried ⟨von Mainz⟩
→ **Sigefridus ⟨Moguntinensis⟩**

Siegmund ⟨Albich⟩
→ **Albich, Siegmund**

Siegmund ⟨am Ringeck⟩
um 1401/60
Fechtlehre
VL(2),8,1209/11
Ringeck, Siegmund ¬am¬
Siegmund ⟨Schirmaister⟩
Sigmund ⟨Amring⟩
Sigmund ⟨Maister⟩

Siegmund ⟨der Münzreiche⟩
→ **Sigmund ⟨Österreich, Erzherzog⟩**

Siegmund ⟨Faber⟩
→ **Siegmund ⟨von Prustat⟩**

Siegmund ⟨Franziskanischer Prediger⟩
→ **Siegmund ⟨Vater⟩**

Siegmund ⟨genannt Rack⟩
→ **Siegmund ⟨von Gebsattel⟩**

Siegmund ⟨Österreich, Herzog⟩
→ **Sigmund ⟨Österreich, Erzherzog⟩**

Siegmund ⟨OFM⟩
→ **Siegmund ⟨Vater⟩**

Siegmund ⟨Römisch-Deutsches Reich, Kaiser⟩
→ **Sigismund ⟨Römisch-Deutsches Reich, Kaiser⟩**

Siegmund ⟨Schirmaister⟩
→ **Siegmund ⟨am Ringeck⟩**

Siegmund ⟨Vater⟩
15. Jh. · OFM
1 Predigt
VL(2),8,1206/07
Siegmund ⟨Franziskanischer Prediger⟩
Siegmund ⟨OFM⟩
Vater Siegmund

Siegmund ⟨von Brestadt⟩
→ **Siegmund ⟨von Prustat⟩**

Siegmund ⟨von Gebsattel⟩
um 1484/87
Turnierbüchlein
VL(2),8,1207/08
Gebsattel, Siegmund ¬von¬
Rack
Siegmund ⟨genannt Rack⟩

Siegmund ⟨von Königgrätz⟩
gest. 1471
Sammelkodex zur Human- und Veterinärmedizin
VL(2),8,1208
Königgrätz, Siegmund ¬von¬

Siegmund ⟨von Prigstat⟩
→ **Siegmund ⟨von Prustat⟩**

Siegmund ⟨von Prustat⟩
15. Jh.
VL(2)
Brestadt, Siegmund ¬von¬
Faber, Siegmund
Prigstat, Siegmund ¬von¬
Prustat, Siegmund ¬von¬
Prustat, Sigismund ¬von¬
Segismundus ⟨de Brestadt⟩
Segismundus ⟨Fabri⟩
Segismundus ⟨Prigstat⟩
Siegmund ⟨Faber⟩
Siegmund ⟨Fabri⟩
Siegmund ⟨von Brestadt⟩
Siegmund ⟨von Prigstat⟩
Siegmund ⟨von Prüstat⟩
Sigismond ⟨de Prüstat⟩

Siegmund ⟨von Stockheim⟩
um 1495/1500
Erfurter Almanach (Jahre 1494-96)
VL(2),8,1211/12
Stockheim, Sigmund ¬von¬

Siegmund ⟨von Tirol⟩
→ **Sigmund ⟨Österreich, Erzherzog⟩**

Siegwalt ⟨Priester⟩
→ **Sigwalt ⟨Bruder⟩**

Siena, Aldobrandino ¬da¬
→ **Aldobrandino ⟨da Siena⟩**

Siena, Filippo ¬da¬
→ **Filippo ⟨da Siena⟩**

Siena, Gilio ¬da¬
→ **Gilio ⟨da Siena⟩**

Siena, Girolamo ¬da¬
→ **Girolamo ⟨da Siena⟩**

Siena, Katharina ¬von¬
→ **Catharina ⟨Senensis⟩**

Siena, Mariano ¬da¬
→ **Mariano ⟨da Siena⟩**

Siena, Pietro ¬da¬
→ **Pietro ⟨da Siena⟩**

Sienno, Petrus ¬de¬
→ **Petrus ⟨de Sienno⟩**

Sievert ⟨Veckinchusen⟩
→ **Veckinchusen, Sievert**

Siffredus ⟨Piscatoris⟩
→ **Sifridus ⟨Piscatoris⟩**

Siffridi, Georgius
→ **Georgius ⟨Seyfridi⟩**

Siffridus ⟨Cirensis⟩
→ **Sifridus ⟨Piscatoris⟩**

Siffridus ⟨de Arena⟩
→ **Sifridus ⟨de Arena⟩**

Siffridus ⟨Misnensis⟩
→ **Sifridus ⟨de Balnhusin⟩**

Siffridus ⟨Moguntinus⟩
→ **Sifridus ⟨Piscatoris⟩**

Siffridus ⟨Teuto⟩
→ **Sifridus ⟨Piscatoris⟩**

Sifirdus ⟨de Domo Teutonica⟩
→ **Sephridus**

Sifridi ⟨von Gelnhausen⟩
→ **Konrad ⟨von Gelnhausen⟩**

Sifrido ⟨iz Zurklostra⟩
→ **Syferidus ⟨OCart⟩**

Sifridus ⟨Anglicus⟩
→ **Sephridus**

Sifridus ⟨Byrnensis⟩
→ **Sifridus ⟨de Balnhusin⟩**

Sifridus ⟨de Arena⟩
gest. 1423 · OP
Super Magnificat diffuse
Kaeppeli,III,340/341
Arena, Siffrid ¬d'¬
Arena, Sifridus ¬d'¬
Siffridus ⟨de Arena⟩
Sigefroy ⟨d'Arena⟩

Sifridus ⟨de Balnhusin⟩
gest. ca. 1306
Kompilation einer „Historia universalis"; Compendium historiarum; die Namensform Sifridus ⟨Misenus⟩ ist umstritten
Balnhusin, Sifridus ¬de¬
Siffridus ⟨Misnensis⟩

Sifridus ⟨Byrnensis⟩
Sifridus ⟨Misenus⟩
Sifridus ⟨Misnensis⟩
Sifridus ⟨Praepositus⟩
Sifridus ⟨Presbyter⟩
Sigefroy ⟨de Ballhausen⟩
Sigefroy ⟨de Balnhusen⟩

Sifridus ⟨Magister Oxoniae⟩
→ **Sephridus**

Sifridus ⟨Misnensis⟩
→ **Sifridus ⟨de Balnhusin⟩**

Sifridus ⟨Niger⟩
→ **Sephridus**

Sifridus ⟨Piscatoris⟩
gest. 1473 · OP
Glossae marginales in Bibliam Hebraicam; Determinationes quaestionum; Sermones et Collationes
Kaeppeli,III,341
Piscatoris, Sifridus
Siffredus ⟨Piscatoris⟩
Siffredus ⟨Piscatoris Moguntinus⟩
Siffridus ⟨Cirensis⟩
Siffridus ⟨Cyrensis⟩
Siffridus ⟨Moguntinus⟩
Siffridus ⟨Piscatoris Moguntinus⟩
Siffridus ⟨Teuto⟩

Sifridus ⟨Praepositus⟩
→ **Sifridus ⟨de Balnhusin⟩**

Sifridus ⟨Presbyter⟩
→ **Sifridus ⟨de Balnhusin⟩**

Sîfrit ⟨der Dorfêre⟩
→ **Siegfried ⟨der Dörfer⟩**

Sigardus ⟨Cremonensis⟩
→ **Sicardus ⟨Cremonensis⟩**

Siǧazī Bandāna, Aḥmad
→ **Abū-Ya'qūb as-Siǧistānī, Isḥāq Ibn-Aḥmad**

Sigbertus ⟨Gemblacensis⟩
→ **Sigebertus ⟨Gemblacensis⟩**

Sigeardus ⟨Sancti Albani⟩
→ **Sigehardus ⟨Sancti Albani⟩**

Sigebert ⟨Austrasie, Roi, ...⟩
→ **Sigibert ⟨Fränkisches Reich, König, ...⟩**

Sigebert ⟨de Gembloux⟩
→ **Sigebertus ⟨Gemblacensis⟩**

Sigebertus ⟨Gemblacensis⟩
ca. 1030 – 1112 · OSB
Chronica; De passione SS. Thebeorum; Vita Wigberti; etc.
DOC,2,1614/15; LMA,VII,1879/80; Tusculum-Lexikon
Sigbertus ⟨Gemblacensis⟩
Sigebert ⟨de Gembloux⟩
Sigebert ⟨von Gembloux⟩
Sigeberto ⟨di Gembloux⟩
Sigebertus ⟨de Gembloux⟩
Sigebertus ⟨Metensis⟩
Sigebertus ⟨Mettensis⟩

Sigebertus ⟨Metensis⟩
→ **Sigebertus ⟨Gemblacensis⟩**

Sigebertus ⟨Rex Francorum, ...⟩
→ **Sigibert ⟨Fränkisches Reich, König, ...⟩**

Sigebertus ⟨Sanctus⟩
→ **Sigibert ⟨Fränkisches Reich, König, III.⟩**

Sigeboldus ⟨Priester⟩
→ **Sigwalt ⟨Bruder⟩**

Sigeboto ⟨Cellae Paulinae⟩
→ **Sigeboto ⟨Paulinaecellensis⟩**

Sigeboto ⟨Paulinaecellensis⟩
um 1130 · OSB
Vita Paulinae
Potth. 1018; DOC,2,1615; VL(2),8,1231/32
Sigeboto ⟨Cellae Paulinae⟩
Sigeboto ⟨Monachus Cellae Paulinae⟩
Sigeboto ⟨Monachus Paulinaecellensis⟩
Sigeboto ⟨Mönch⟩
Sigeboto ⟨von Paulinzella⟩
Sigeboton ⟨de Paulinzelle⟩

Sigefridus ⟨Abbas⟩
→ **Sigefridus ⟨Gorziensis⟩**

Sigefridus ⟨Archiepiscopus⟩
→ **Sigefridus ⟨Moguntinensis⟩**

Sigefridus ⟨Gorziensis⟩
um 1040
Siegfried ⟨von Gorze⟩
Sigefridus ⟨Abbas⟩
Sigefroy ⟨de Gorze⟩

Sigefridus ⟨Moguntinensis⟩
gest. 1084
Epistulae
LThK
Siegfried ⟨von Mainz⟩
Sigefridus ⟨Archiepiscopus⟩
Sigefridus ⟨Moguntinus⟩
Sigfridus ⟨Moguntinensis⟩

Sigefroy ⟨d'Arena⟩
→ **Sifridus ⟨de Arena⟩**

Sigefroy ⟨de Balnhusen⟩
→ **Sifridus ⟨de Balnhusin⟩**

Sigefroy ⟨de Gelnhausen⟩
→ **Siegfried ⟨von Gelnhausen⟩**

Sigefroy ⟨de Gorze⟩
→ **Sigefridus ⟨Gorziensis⟩**

Sigefroy ⟨der Dörfer⟩
→ **Siegfried ⟨der Dörfer⟩**

Sigehard ⟨de Mayence⟩
→ **Sigehardus ⟨Sancti Albani⟩**

Sigehard ⟨de Saint-Maximin⟩
→ **Sigehardus ⟨Treverensis⟩**

Sigehard ⟨de Saint-Maximin de Trèves⟩
→ **Sigehardus ⟨Treverensis⟩**

Sigehardus ⟨Aquitanus⟩
→ **Sigehardus ⟨Treverensis⟩**

Sigehardus ⟨Monachus Sancti Albani⟩
→ **Sigehardus ⟨Sancti Albani⟩**

Sigehardus ⟨Monachus San-Maximiniensis⟩
→ **Sigehardus ⟨Treverensis⟩**

Sigehardus ⟨Sancti Albani⟩
um 1298
Vita S. Aurei.; Vita S. Albani martyris
Potth. 1018
Sancti Albani, Sigehardus
Sigeardus ⟨Sancti Albani⟩
Sigehard ⟨de Mayence⟩
Sigehard ⟨de Saint-Alban⟩
Sigehardus ⟨Monachus Sancti Albani⟩

Sigehardus ⟨Sancti Maximi⟩
→ **Sigehardus ⟨Treverensis⟩**

Sigehardus ⟨Treverensis⟩
gest. 966 · OSB
Miracula Maximini...
Potth. 1018; DOC,2,1615; VL(2),8,1233
Sigehard ⟨de Saint-Maximin⟩
Sigehard ⟨de Saint-Maximin de Trèves⟩
Sigehard ⟨de Trèves⟩
Sigehard ⟨von Sankt Maximin⟩
Sigehardus ⟨Aquitanus⟩
Sigehardus ⟨Monachus San-Maximiniensis⟩
Sigehardus ⟨Monachus Treverensis⟩
Sigehardus ⟨Sancti Maximi⟩
Sigehardus ⟨Sancti Maximi Trevirensis⟩
Sigehardus ⟨San-Maximinianensis⟩
Sigehardus ⟨San-Maximiniensis⟩
Sigehardus ⟨Trevirensis⟩

Sigeher ⟨der Meister⟩
13. Jh.
VL(2)
Meister Sigeher
Sigeher
Sigeher ⟨Meister⟩

Sigelin
15. Jh. · OESA
Gekürzte Fassung der Exempelgeschichte „Christus und die 7 Laden"
VL(2),8,1236

Sigenwalt ⟨Priester⟩
→ **Sigwalt ⟨Bruder⟩**

Siger ⟨de Brabant⟩
→ **Sigerus ⟨de Brabantia⟩**

Siger ⟨de Courtrai⟩
→ **Sigerus ⟨de Cortraco⟩**

Siger ⟨de Lille⟩
→ **Sigerus ⟨de Insulis⟩**

Siger ⟨of Kortrijk⟩
→ **Sigerus ⟨de Cortraco⟩**

Siger ⟨von Brabant⟩
→ **Sigerus ⟨de Brabantia⟩**

Siger ⟨von Courtrai⟩
→ **Sigerus ⟨de Cortraco⟩**

Sigersdörfer
um 1500
Zahlreiche Kurztexte
VL(2),8,1239/40
Sigersdörfer ⟨Laienarzt⟩

Sigerus ⟨Brabantinus⟩
→ **Sigerus ⟨de Brabantia⟩**

Sigerus ⟨de Brabantia⟩
1235 – 1281/84
De necessitate et contingentia causarum
LThK; LMA,VII,1880/82; Tusculum-Lexikon
Brabantia, Sigerus ¬de¬
Segerus ⟨de Brabantia⟩
Siger ⟨de Brabant⟩
Siger ⟨of Brabant⟩
Siger ⟨van Brabant⟩
Siger ⟨von Brabant⟩
Sigerus ⟨Brabantinus⟩
Sigerus ⟨de Brabant⟩
Sigieri ⟨di Brabante⟩
Sugerus ⟨de Brabantia⟩
Sygerus ⟨de Brabantia⟩
Syguerius ⟨de Brabantia⟩

Sigerus ⟨de Colterato⟩
→ **Sigerus ⟨de Cortraco⟩**

Sigerus ⟨de Cortraco⟩
1283 – 1341
Summa modorum significandi
LThK; LMA,VII,1882; Tusculum-Lexikon
Cortraco, Sigerus ¬de¬
Siger ⟨de Courtrai⟩
Siger ⟨de Courtray⟩
Siger ⟨of Kortrijk⟩
Siger ⟨von Courtrai⟩
Sigerus ⟨de Colterato⟩
Sigerus ⟨de Courtray⟩
Sigerus ⟨de Curtraco⟩
Sigieri ⟨di Courtrai⟩
Singerus ⟨Cordigerus⟩
Zeger ⟨van Kortrijk⟩

Sigerus ⟨de Flandria⟩
→ **Sigerus ⟨de Insulis⟩**

Sigerus ⟨de Insulis⟩
gest. 1250 · OP
Vita B. Margaritae de Ipris
Schneyer,V,448
Insulis, Sigerus ¬de¬
Siger ⟨de Insulis⟩
Siger ⟨de Lille⟩
Sigerus ⟨de Flandria⟩
Sigerus ⟨de Insula⟩
Sigerus ⟨de Lille⟩
Sigerus ⟨Insulensis⟩
Zegerus ⟨de Insulis⟩
Zegher ⟨de Flandre⟩
Zegherus ⟨Flander⟩

Sigerus ⟨de Lille⟩
→ **Sigerus ⟨de Insulis⟩**

Sigesmund ⟨Rositz⟩
→ **Rositzius, Sigismundus**

Sigewardus ⟨Fuldensis⟩
gest. 1043
Vita S. Meinulfi; Die Identifizierung des Verf. der „Vita S. Meinulfi" mit dem gleichnamigen Abt von Fulda ist unsicher
Potth. 1018; DOC,2,1615; VL(2),8,1240/41
Sigeward ⟨Abbas Fuldensis⟩
Sigeward ⟨Abbé⟩
Sigeward ⟨Abbé de Fulde⟩
Sigeward ⟨de Fulde⟩
Sigewardus ⟨Abbas Fuldensis⟩

Sigfridus ⟨Bavarus⟩
→ **Sephridus**

Sigfridus ⟨Moguntinensis⟩
→ **Sigefridus ⟨Moguntinensis⟩**

Sigfried ⟨...⟩
→ **Siegfried ⟨...⟩**

Sigfússon hinn Frøđi, Saemundr
→ **Saemundr ⟨Sigfússon hinn Frøđi⟩**

Sighardus ⟨Casalensis⟩
→ **Sicardus ⟨Cremonensis⟩**

Sighart
14./15. Jh.
2 Töne
VL(2),8,1241/42
Sighart ⟨Lieddichter⟩
Sighart ⟨Poète Allemand⟩

Sighvatr ⟨Skald⟩
→ **Sighvatr ⟨Thórđarson⟩**

Sighvatr ⟨Thórđarson⟩
gest. 1047
Isländ. Skalde, Hofdichter
LMA,VII,1883
Sighvat ⟨Thordssøn⟩
Sighvatr ⟨Skald⟩
Sighvatr ⟨Thordharson⟩
Sigvat ⟨Skjald⟩
Sigvat ⟨Tordsson⟩
Thórđarson, Sighvatr

Sigibert ⟨Fränkisches Reich, König, I.⟩
gest. 575
Epistula concilii Parisiensis anno Christi 573 habiti ad Sigebertum; Epistola ad Desiderium Cadurcensem episcopum
Potth. 1018; LMA,VII,1883/84
Sigebert ⟨Austrasie, Roi, I.⟩
Sigebertus ⟨Rex Francorum, I.⟩
Sigibert ⟨Merowingischer König, I.⟩

Sigibert ⟨Fränkisches Reich, König, II.⟩
gest. 613
LMA,VII,1884
Sigebert ⟨Austrasie, Roi, II.⟩

Sigibert ⟨Fränkisches Reich, König, III.⟩
gest. 656
Diplomata
Potth. 1018; LMA,VII,1884; Cpl 1303
Sigebert ⟨Austrasie, Roi, III.⟩
Sigebertus ⟨Rex Francorum, III.⟩
Sigebertus ⟨Sanctus⟩
Sigibert ⟨Austrasien, König, III.⟩
Sigibert ⟨Austrien, König, III.⟩
Sigibert ⟨Frankenkönig, III.⟩
Sigibert ⟨Merowingischer König, III.⟩

Sigibottus
→ **Sibiton ⟨Viennensis⟩**

Sigieri ⟨di Brabante⟩
→ **Sigerus ⟨de Brabantia⟩**

Sigieri ⟨di Courtrai⟩
→ **Sigerus ⟨de Cortraco⟩**

Sigilaus
um 850
Versus ad Hlotharium I. imp.
Potth. 1018
Sigilaus ⟨Copiste d'Evangeliaire⟩
Sigilaus ⟨de Saint-Martin de Metz⟩
Sigilaus ⟨Mettensis⟩

Sigismond ⟨Autriche, Archiduc⟩
→ **Sigmund ⟨Österreich, Erzherzog⟩**

Sigismond ⟨Bourgogne, Roi⟩
→ **Sigismundus ⟨Burgundia, Rex⟩**

Sigismond ⟨de Prüstat⟩
→ **Siegmund ⟨von Prustat⟩**

Sigismond ⟨Gossenbrot⟩
→ **Gossembrot, Sigismundus**

Sigismond ⟨Haute-Alsace, Landgrave⟩
→ **Sigmund ⟨Österreich, Erzherzog⟩**

Sigismond ⟨Meisterlin⟩
→ **Meisterlin, Sigismundus**

Sigismond ⟨Pologne, Roi⟩
→ **Sigismund ⟨Römisch-Deutsches Reich, Kaiser⟩**

Sigismond ⟨Rosicz⟩
→ **Rositzius, Sigismundus**

Sigismond ⟨Saint⟩
→ **Sigismundus ⟨Burgundia, Rex⟩**

Sigismond ⟨Tyrol, Comte⟩
→ **Sigmund ⟨Österreich, Erzherzog⟩**

Sigismund ⟨Böhmen, König⟩
→ **Sigismund ⟨Römisch-Deutsches Reich, Kaiser⟩**

Sigismund ⟨Brandenburg, Kurfürst⟩
→ **Sigismund ⟨Römisch-Deutsches Reich, Kaiser⟩**

Sigismund ⟨Burgund, König⟩
→ **Sigismundus ⟨Burgundia, Rex⟩**

Sigismund ⟨der Münzreiche⟩
→ **Sigmund ⟨Österreich, Erzherzog⟩**

Sigismund ⟨Gotzkircher⟩
→ **Gotzkircher, Sigismund**

Sigismund ⟨König der Burgunder⟩
→ **Sigismundus ⟨Burgundia, Rex⟩**

Sigismund ⟨Meisterlin⟩
→ **Meisterlin, Sigismundus**

Sigismund ⟨Römisch-Deutsches Reich, Kaiser⟩
1368 – 1437
LMA,VII,1868/71
Siegmund ⟨Römisch-Deutsches Reich, Kaiser⟩
Sigismond ⟨Pologne, Roi⟩
Sigismund ⟨Böhmen, König⟩
Sigismund ⟨Brandenburg, Kurfürst⟩
Sigismund ⟨Ungarn, König⟩
Sigismundus ⟨Germania, Imperator⟩
Sigismundus ⟨Imperium Romanum-Germanicum, Imperator⟩
Sigismundus ⟨Römisch-Deutsches Reich, Kaiser⟩
Sigmund ⟨Römisch-Deutsches Reich, Kaiser⟩
Sigmund ⟨Römisch-Deutsches Reich, König⟩

Sigismund ⟨Tirol, Erzherzog⟩
→ **Sigmund ⟨Österreich, Erzherzog⟩**

Sigismund ⟨Ungarn, König⟩
→ **Sigismund ⟨Römisch-Deutsches Reich, Kaiser⟩**

Sigismund ⟨Walch⟩
→ **Gotzkircher, Sigismund**

Sigismundus ⟨Austria, Archidux⟩
→ **Sigmund ⟨Österreich, Erzherzog⟩**

Sigismundus ⟨Burgundia, Rex⟩
gest. 524
Epistulae
Cpl 993;1678; LMA,VII,1885
Sigismond ⟨Bourgogne, Roi⟩
Sigismond ⟨Saint⟩
Sigismund ⟨Burgund, König⟩
Sigismund ⟨König der Burgunder⟩
Sigismundus ⟨Burgundiae Rex⟩
Sigismundus ⟨Burgundionum Rex⟩
Sigismundus ⟨Gundibaldi Filius⟩
Sigismundus ⟨Martyr⟩
Sigismundus ⟨Rex⟩
Sigismundus ⟨Sanctus⟩
Sigmund ⟨Burgund, König⟩
Sigmund ⟨König der Burgunder⟩

Sigismundus ⟨Cosmiprot⟩
→ **Gossembrot, Sigismundus**

Sigismundus ⟨Germania, Imperator⟩
→ **Sigismund ⟨Römisch-Deutsches Reich, Kaiser⟩**

Sigismundus ⟨Gossembrot⟩
→ **Gossembrot, Sigismundus**

Sigismundus ⟨Gundibaldi Filius⟩
→ **Sigismundus ⟨Burgundia, Rex⟩**

Sigismundus ⟨Imperium Romanum-Germanicum, Imperator⟩
→ **Sigismund ⟨Römisch-Deutsches Reich, Kaiser⟩**

Sigismundus ⟨Martyr⟩
→ **Sigismundus ⟨Burgundia, Rex⟩**

Sigismundus ⟨Meisterlin⟩
→ **Meisterlin, Sigismundus**

Sigismundus ⟨Rex⟩
→ **Sigismundus ⟨Burgundia, Rex⟩**

Sigismundus ⟨Römisch-Deutsches Reich, Kaiser⟩
→ **Sigismund ⟨Römisch-Deutsches Reich, Kaiser⟩**

Sigismundus ⟨Rositzius⟩
→ **Rositzius, Sigismundus**

Sigismundus ⟨Rousiz⟩
→ **Rositzius, Sigismundus**

Sigismundus ⟨Sanctus⟩
→ **Sigismundus ⟨Burgundia, Rex⟩**

Siǧistānī, ʿAbdallāh Ibn-Sulaimān ¬as-¬
gest. 928
ʿAbdallāh Ibn-Sulaimān as-Siǧistānī
Ibn-Abī-Dāwūd as-Siǧistānī, ʿAbdallāh Ibn-Sulaimān
Ibn-Sulaimān, ʿAbdallāh as-Siǧistānī
Sidjistānī, ʿAbd Allāh Ibn Sulaymān
Sijistānī, ʿAbd Allāh ibn Sulaymān

Siǧistānī, Abū-Dāwūd Sulaimān Ibn-al-Ašʿaṯ ¬as-¬
→ **Abū-Dāwūd as-Siǧistānī, Sulaimān Ibn-al-Ašʿaṯ**

Siǧistānī, Abū-Ḥātim Sahl Ibn-Muḥammad ¬as-¬
→ **Abū-Ḥātim as-Siǧistānī, Sahl Ibn-Muḥammad**

Siǧistānī, Abū-Yaʿqūb Isḥāq Ibn-Aḥmad ¬as-¬
→ **Abū-Yaʿqūb as-Siǧistānī, Isḥāq Ibn-Aḥmad**

Siǧistānī, Isḥāq Ibn-Aḥmad ¬as-¬
→ **Abū-Yaʿqūb as-Siǧistānī, Isḥāq Ibn-Aḥmad**

Siǧistānī, Muḥammad Ibn-ʿUzair ¬as-¬
gest. 942
Ibn-ʿUzair, Muḥammad as-Siǧistānī
Ibn-ʿUzair as-Siǧistānī, Muḥammad
Muḥammad Ibn-ʿUzair as-Siǧistānī

Siǧistānī, Sahl Ibn-Muḥammad ¬as-¬
→ **Abū-Ḥātim as-Siǧistānī, Sahl Ibn-Muḥammad**

Siǧistānī, Sulaimān Ibn-al-Ašʿaṯ ¬as-¬
→ **Abū-Dāwūd as-Siǧistānī, Sulaimān Ibn-al-Ašʿaṯ**

Sigler
Lebensdaten nicht ermittelt
Aufgeführt in den Katalogen Folz, Nachtigall
VL(2),8,1243
Sigler ⟨Dichter⟩
Sigler ⟨Tonerfinder⟩

Sigloardus ⟨Remensis⟩
9. Jh.
Sigloard ⟨de Reims⟩
Sigloardus ⟨Canonicus⟩
Sigloardus ⟨Monachus⟩
Sigloardus ⟨von Reims⟩

Sigmar ⟨also Cluge⟩
→ **Sigmar ⟨Dichter⟩**

Sigmar ⟨de Kremsmünster⟩
→ **Sigmarus ⟨Cremifanensis⟩**

Sigmar ⟨de Passau⟩
→ **Sigmarus ⟨Cremifanensis⟩**

Sigmar ⟨Dichter⟩
Lebensdaten nicht ermittelt
Aufgeführt in den Katalogen Folz, Nachtigall
VL(2),8,1244
Sigmar ⟨also Cluge⟩
Sigmar ⟨der Weise⟩
Sigmar ⟨der Weisse⟩

Sigmarus ⟨Cremifanensis⟩
um 1313
Historiae Pataviensis
Potth. 1019
Sigmar ⟨de Kremsmünster⟩
Sigmar ⟨de Passau⟩
Sigmarus ⟨Cellerarius Cremifanensis⟩

Sigmund ⟨Amring⟩
→ **Siegmund ⟨am Ringeck⟩**

Sigmund ⟨Burgund, König⟩
→ **Sigismundus ⟨Burgundia, Rex⟩**

Sigmund ⟨der Münzreiche⟩
→ **Sigmund ⟨Österreich, Erzherzog⟩**

Sigmund ⟨Gossembrot⟩
→ **Gossembrot, Sigismundus**

Sigmund ⟨Gotzkircher⟩
→ **Gotzkircher, Sigismund**

Sigmund ⟨König der Burgunder⟩
→ **Sigismundus ⟨Burgundia, Rex⟩**

Sigmund ⟨Maister⟩
→ **Siegmund ⟨am Ringeck⟩**

Sigmund ⟨Meisterlin⟩
→ **Meisterlin, Sigismundus**

Sigmund ⟨Österreich, Erzherzog⟩
1427 – 1496
Hertzog Sigmunds Vischerey; Herzog Siegmunds Wundtrank; Herzog Siegmunds Reimen
VL(2),8,1212/1214; LMA,VII,1872
Siegmund ⟨der Münzreiche⟩
Siegmund ⟨Österreich, Herzog⟩
Siegmund ⟨von Tirol⟩
Sigismond ⟨Autriche, Archiduc⟩
Sigismond ⟨Autriche, Duc⟩
Sigismond ⟨Haute-Alsace, Landgrave⟩
Sigismond ⟨Tyrol, Comte⟩
Sigismund ⟨der Münzreiche⟩
Sigismund ⟨Tirol, Erzherzog⟩
Sigismundus ⟨Austria, Archidux⟩
Sigmund ⟨der Münzreiche⟩
Sigmund ⟨Österreich, Herzog⟩
Sigmund ⟨Österreich-Tirol, Herzog⟩
Sigmund ⟨von Tirol⟩
Tirol, Siegmund ¬von¬

Sigmund ⟨Römisch-Deutsches Reich, Kaiser⟩
→ **Sigismund ⟨Römisch-Deutsches Reich, Kaiser⟩**

Sigmund ⟨von Tirol⟩
→ **Sigmund ⟨Österreich, Erzherzog⟩**

Signa, Boncompagnus ¬de¬
→ **Boncompagnus ⟨de Signa⟩**

Signi, Henricus ¬de¬
→ **Henricus ⟨de Signi⟩**

Signorinus ⟨Homodeus⟩
→ **Homodeis, Signorolus ¬de¬**

Signorolus ⟨de Homodeis⟩
→ **Homodeis, Signorolus ¬de¬**

Sigoli, Simone
um 1384
Viaggio al monte Sinai 1384
Potth. 1019
Sigoli, Simon
Simon ⟨Sigoli⟩
Simone ⟨Fiorentino⟩
Simone ⟨Sigoli⟩
Simone ⟨Sigoli Fiorentino⟩

Sigrada
7. Jh.
Adressat eines Briefs von Leodegevius Augustodunensis
Cpl 1077
Sigrade
Sigrade ⟨de Soissons⟩
Sigrade ⟨Veuve⟩

Sigvat ⟨Skjald⟩
→ **Sighvatr ⟨Thórðarson⟩**

Sigvat ⟨Tordsson⟩
→ **Sighvatr ⟨Thórðarson⟩**

Sigwalt ⟨Bruder⟩
Lebensdaten nicht ermittelt
Endzeitprophezeiung
VL(2),8,1244/45
Siegwalt ⟨Priester⟩
Sigeboldus ⟨Priester⟩
Sigenwalt ⟨Priester⟩

Sigwolfus ⟨Anglus⟩
um 970 · OSB
De exponendis in quibusdam difficultatibus super Genesim quaestionibus
Stegmüller, Repert. bibl. 7633
Anglus, Sigwolfus
Sigwolfus ⟨Transabrinus⟩
Sigwolphe ⟨Anglais⟩
Sigwolphe ⟨Bénédictin Anglais⟩
Sigwolphus ⟨Monachus⟩

Sigwolfus ⟨Transabrinus⟩
→ **Sigwolfus ⟨Anglus⟩**

Siǧzī, Abū-Yaʿqūb Isḥāq Ibn-Aḥmad ¬as-¬
→ **Abū-Yaʿqūb as-Siǧistānī, Isḥāq Ibn-Aḥmad**

Šihāb-ad-Dīn Ibrāhīm Ibn-ʾAbdallāh
→ **Ibn-Abi-ʾd-Dam, Ibrāhīm Ibn-ʿAbdallāh**

Sijistānī, ʿAbd Allāh ibn Sulaymān
→ **Siǧistānī, ʿAbdallāh Ibn-Sulaimān ¬as-¬**

Silafī, Abū-ʾṭ-Ṭāhir Aḥmad Ibn-Muḥammad ¬as-¬
→ **Silafī, Aḥmad Ibn-Muḥammad ¬as-¬**

Silafī, Aḥmad Ibn-Muḥammad ¬as-¬
gest. ca. 1180
Abū-Ṭāhir as-Silafī
Abu-ʾṭ-Ṭāhir as-Silafī, Aḥmad Ibn-Muḥammad
Aḥmad Ibn-Muḥammad as-Silafī
Ibn-Muḥammad, Aḥmad as-Silafī
Ibn-Silafa, Aḥmad Ibn-Muḥammad
Iṣbahānī, Aḥmad Ibn-Muḥammad ¬al-¬
Silafī, Abū-ʾṭ-Ṭāhir Aḥmad Ibn-Muḥammad ¬as-¬

Silanus ⟨de Nigris⟩
→ **Syllanus ⟨de Nigris⟩**

Silberdrat, Konrad
um 1416/23
Bericht über die Fehde des Grafen Friedrich von Zollern mit der Stadt Rottweil
VL(2),8,1245/46
Conrad ⟨Silberdrat⟩
Cůnrat ⟨Maiste⟩
Cůnrat ⟨Silberdrăt⟩
Cunrat ⟨Silberdrat⟩
Konrad ⟨Silberdrat⟩
Silberdrat, Conrad

Silbestros ⟨ho Sguropulos⟩
→ **Silvester ⟨Sguropulus⟩**

Silegrave, Henricus ¬de¬
→ **Henricus ⟨de Silegrave⟩**

Silentiarius, Paulus
→ **Paulus ⟨Silentiarius⟩**

Sillán ⟨Moccu Min⟩
→ **Sillanus**

Sillanus
gest. ca. 610
Frustulum Sillani
Cpl 2308
Mosinu ⟨Abbas Benncuir⟩
Mosinu ⟨Maccu Min⟩
Mosinu ⟨Maccumin⟩
Sillain ⟨Abbé⟩
Sillain ⟨de Bangor⟩
Sillan ⟨Abbot⟩
Sillán ⟨Moccu Min⟩
Sillan ⟨of Bangor⟩
Sillan ⟨of Bennchor⟩
Silvain ⟨Abbé⟩
Silvain ⟨de Bangor⟩

Sillanus ⟨de Nigris⟩
→ **Syllanus ⟨de Nigris⟩**

Silteo, Gerardus ¬de¬
→ **Gerardus ⟨de Silteo⟩**

Silva, Amadeus ¬de¬
→ **Amadeus ⟨Menesius de Silva⟩**

Silva Maiore, Gerardus ¬de¬
→ **Gerardus ⟨de Silva Maiore⟩**

Silvae Candidae, Humbertus
→ **Humbertus ⟨Silvae Candidae⟩**

Silvagius, Matthaeus
→ **Matthaeus ⟨Sylvagius⟩**

Silvain ⟨de Bangor⟩
→ **Sillanus**

Silvaticus, Matthaeus
→ **Matthaeus ⟨Silvaticus⟩**

Silveira, Fernam ¬de¬
→ **Fernam ⟨de Silveira⟩**

Silvère ⟨de Frosinone⟩
→ **Silverius ⟨Papa⟩**

Silverius ⟨Papa⟩
gest. 537
CSGL; LMA,VII,1904
Silvère ⟨de Frosinone⟩
Silvère ⟨Pape⟩
Silverio ⟨della Campania⟩
Silverio ⟨Papa⟩
Silverius ⟨Sanctus⟩
Sylverius ⟨Papa⟩

Silvester ⟨Cambrensis⟩
→ **Gerardus ⟨Cambrensis⟩**

Silvester ⟨Canoniste⟩
→ **Silvester ⟨Godinho⟩**

Silvester ⟨de Monte Fano⟩
→ **Silvester ⟨Guzzolini⟩**

Silvester ⟨de Patavia⟩
um 1465
Epistolae dominicales cum expositione; Tractatus de passione Domini; De fratribus reformandis; etc.
Patavia, Silvester ¬de¬
Silvester ⟨Dekan⟩
Silvester ⟨Propst⟩
Silvester ⟨von Passau⟩

Silvester ⟨Dekan⟩
→ **Silvester ⟨de Patavia⟩**

Silvester ⟨Godinho⟩
gest. 1244
Glossae
Rep.Font. V,174
Godinho, Silvester
Godinho, Silvestre
Silvester ⟨Canoniste⟩
Silvester ⟨Hispanus⟩
Silvester ⟨Magister⟩
Silvestre ⟨Godinho⟩
Silvestre ⟨Mestre⟩

Silvester ⟨Guzzolini⟩
1177 – 1267
Vita B. Bonfilii
Potth. 1020; LThK; LMA,VII,1910
Gozzolini, Silvestre
Guzzolini, Silvester
Silvester ⟨de Monte Fano⟩
Silvester ⟨Sanctus⟩
Silvester ⟨Silvestrinorum Fundator⟩
Silvestre ⟨de Monte Fano⟩
Silvestre ⟨Gozzolini⟩
Silvestre ⟨Saint⟩
Silvestro ⟨Guzzolini⟩
Silvestro ⟨San⟩
Sylvester ⟨Saint⟩

Silvester ⟨Hispanus⟩
→ **Silvester ⟨Godinho⟩**

Silvester ⟨Magister⟩
→ **Silvester ⟨Godinho⟩**

Silvester ⟨Papa, II.⟩
ca. 950 – 1003
LThK
Gerbert ⟨de Reims⟩
Gerbert ⟨d'Aurillac⟩
Gerbert ⟨von Aurillac⟩
Gerbert ⟨von Reims⟩
Gerberto ⟨dell'Alvernia⟩
Gerbertus ⟨Archiepiscopus⟩
Gerbertus ⟨Aureliacensis⟩
Gerbertus ⟨de Aurillac⟩
Gerbertus ⟨Ravennatensis⟩
Gerbertus ⟨Remensis⟩
Silvestro ⟨Papa, II.⟩
Sylvester ⟨Papa, II.⟩
Sylvester ⟨Papst, II.⟩
Sylvestre ⟨Pape, II.⟩
Sylvestro ⟨Papa, II.⟩

Silvester ⟨Papa, III., Antipapa⟩
ca. 1000 – ca. 1046
LMA,VII,1908
Jean ⟨de Sabine⟩
Johannes ⟨von Sabina⟩
Silvestro ⟨Papa, III., Antipapa⟩
Sylvester ⟨Papst, III., Gegenpapst⟩
Sylvestre ⟨Pape, III., Antipape⟩
Sylvestro ⟨Papa, III., Antipapa⟩

Silvester ⟨Papa, IV., Antipapa⟩
gest. 1111
LMA,VII,1908
Maginulf ⟨der Erzpriester⟩
Maginulfo ⟨il Arciprete⟩
Maginulfo ⟨Romano⟩
Maginulfus ⟨Romanus⟩
Silvestro ⟨Papa, IV., Antipapa⟩
Sylvester ⟨Papst, IV., Gegenpapst⟩
Sylvestre ⟨Pape, IV., Antipape⟩
Sylvestro ⟨Papa, IV., Antipapa⟩

Silvester ⟨Propst⟩
→ **Silvester ⟨de Patavia⟩**

Silvester ⟨Riga, Erzbischof⟩
→ **Stodewescher, Silvester**

Silvester ⟨Sanctus⟩
→ **Silvester ⟨Guzzolini⟩**

Silvester ⟨Sguropulus⟩
1399 – ca. 1450
Tusculum-Lexikon; LMA,VIII,387
Sguropulus, Silvester
Silbestros ⟨ho Sguropulos⟩
Silbestros ⟨Syropulos⟩
Silvester ⟨Syropulus⟩
Sophronios ⟨Patriarch⟩
Sophronios ⟨von Konstantinopel⟩
Syropulos, Silbestros
Syropulus, Silvester

Silvester ⟨Silvestrinorum Fundator⟩
→ **Silvester ⟨Guzzolini⟩**

Silvester ⟨Stodewescher⟩
→ **Stodewescher, Silvester**

Silvester ⟨Syropulus⟩
→ **Silvester ⟨Sguropulus⟩**

Silvester ⟨von Passau⟩
→ **Silvester ⟨de Patavia⟩**

Silvester ⟨von Rebdorf⟩
ca. 1400 – 1465 · OESA
Brief über Armut im Kloster; Meditationes de passione domini; Speciales breves ac particulares meditationes de passione Christi; etc.
VL(2),8,1248/53
Rebdorf, Silvester ¬von¬

Sil'vestr ⟨Igumen⟩
gest. 1123
Bearb. der altruss. Chronik „Povest' vremennych let"
LMA,VII,1909
Igumen, Sil'vestr
Silvestre ⟨de Kiew⟩
Silvestre ⟨de Perejaslawl⟩
Silvestre ⟨de Saint-Michel⟩
Silvestre ⟨Evêque⟩
Silvestre ⟨Higoumène⟩
Sil'vestr ⟨Igumen Michajlovskogo Vydubeckogo monastyrja⟩
Syl'vester ⟨Ihumen⟩

Silvestre ⟨de Kiew⟩
→ **Sil'vestr ⟨Igumen⟩**

Silvestre ⟨de Monte Fano⟩
→ **Silvester ⟨Guzzolini⟩**

Silvestre ⟨de Perejaslawl⟩
→ **Sil'vestr ⟨Igumen⟩**

Silvestre ⟨de Riga⟩
→ **Stodewescher, Silvester**

Silvestre ⟨de Saint-Michel⟩
→ **Sil'vestr ⟨Igumen⟩**

Silvestre ⟨Evêque⟩
→ **Sil'vestr ⟨Igumen⟩**

Silvestre ⟨Godinho⟩
→ **Silvester ⟨Godinho⟩**

Silvestre ⟨Gozzolini⟩
→ **Silvester ⟨Guzzolini⟩**

Silvestre ⟨Guarini⟩
→ **Guarino, Silvestro**

Silvestre ⟨Higoumène⟩
→ **Sil'vestr ⟨Igumen⟩**

Silvestre ⟨Mestre⟩
→ **Silvester ⟨Godinho⟩**

Silvestre ⟨Saint⟩
→ **Silvester ⟨Guzzolini⟩**

Silvestris, Bernardus
→ **Bernardus ⟨Silvestris⟩**

Silvestro ⟨Guarino⟩
→ **Guarino, Silvestro**

Silvestro ⟨Guzzolini⟩
→ **Silvester ⟨Guzzolini⟩**

Silvestro ⟨Papa, ...⟩
→ **Silvester ⟨Papa, II.⟩**

Silvestro ⟨San⟩
→ **Silvester ⟨Guzzolini⟩**

Silvestro, Tommaso ¬di¬
→ **Tommaso ⟨di Silvestro⟩**

Silvius, Aeneas
→ **Pius ⟨Papa, II.⟩**

Silvius Piccolomini, Aeneas
→ **Pius ⟨Papa, II.⟩**

Sima, Chengzhen
647 – 735
Chengzhen ⟨Sima⟩
Ch'eng-chen ⟨Ssŭma⟩
Sima, Ziwei
Ssŭ-ma, Ch'eng-chen
Ssu-ma, Tzu-wei

Sima, Ziwei
→ **Sima, Chengzhen**

Simanānī, Aḥmad Ibn-Muḥammad ¬as-¬
→ **Simnānī, Aḥmad Ibn-Muḥammad ¬as-¬**

Simavna Kadısıoğlu Bedreddin
→ **Ibn-Qāḍī Samāwna, Badr-ad-Dīn Maḥmūd**

Simawna, Badruddin ¬of¬
→ **Ibn-Qāḍī Samāwna, Badr-ad-Dīn Maḥmūd**

Simbertus ⟨Murbacensis⟩
→ **Simpertus ⟨Murbacensis⟩**

Simeo ⟨Sethus⟩
→ **Simeon ⟨Sethus⟩**

Simeon ⟨Antiochenus⟩
→ **Simeon ⟨Sethus⟩**

Simeon ⟨Boraston⟩
→ **Simon ⟨de Boraston⟩**

Simeon ⟨Constantinopolitanus⟩
→ **Simeon ⟨Novus Theologus⟩**
→ **Simeon ⟨Sethus⟩**

Simeon ⟨Darschan⟩
→ **Šim'ôn ⟨had-Daršān⟩**

Siméon ⟨de Durham⟩
→ **Simon ⟨Dunelmensis⟩**

Simeon ⟨der Jüngere⟩
→ **Simeon ⟨Novus Theologus⟩**

Simeon ⟨der Theologe⟩
→ **Simeon ⟨Novus Theologus⟩**

Simeon ⟨Dunelmensis⟩
→ **Simon ⟨Dunelmensis⟩**

Simeon ⟨Elevferij⟩
→ **Aleksij ⟨Moskovskij i Vseja Rusi⟩**

Simeon ⟨Epistolographus⟩
→ **Simeon ⟨Metaphrastes⟩**

Simeon ⟨Eulabes⟩
917 – 986
Tusculum-Lexikon; Meyer; LMA,VIII,363
Eulabes, Simeon
Simeon ⟨Modestus⟩
Simeon ⟨Studites⟩
Studites, Simeon

Simeon ⟨Grammaticus⟩
um 1100/50
Etymologicum
Grammaticus, Simeon
Simeon ⟨Großer Grammatiker⟩
Symeon
Symeon ⟨Grammaticus⟩
Symeōn ⟨ho Megalos Grammatikos⟩

Simeon ⟨Großer Grammatiker⟩
→ **Simeon ⟨Grammaticus⟩**

Simeon ⟨Hagiographus⟩
→ **Simeon ⟨Metaphrastes⟩**

Simeon ⟨Historicus⟩
→ **Simeon ⟨Metaphrastes⟩**

Simeon ⟨Interpres⟩
→ **Simeon ⟨Sethus⟩**

Simeon ⟨Iunior⟩
→ **Simeon ⟨Novus Theologus⟩**
→ **Simeon ⟨Stylita, Iunior⟩**

Simeon ⟨Kara⟩
→ **Šim'ôn ⟨had-Daršān⟩**

Simeon ⟨Logotheta⟩
→ **Simeon ⟨Metaphrastes⟩**

Simeon ⟨Magister⟩
→ **Simeon ⟨Metaphrastes⟩**

Simeon ⟨Metaphrastes⟩
gest. ca. 987
Chronogaphia; lt. LMA handelt es sich bei Simeon ⟨Metaphrastes⟩ und Simeon ⟨Logothetes⟩ wohl um dieselbe Person
LMA,VIII,363/64; Tusculum-Lexikon; LThK
Metaphrastes, Simeon
Simeon ⟨Epistolographus⟩
Simeon ⟨Hagiographus⟩
Simeon ⟨Historicus⟩
Simeon ⟨Logotheta⟩
Simeon ⟨Logothetes⟩
Simeon ⟨Magister⟩
Simeon ⟨Magistros⟩
Simeon ⟨Poeta⟩
Simeon ⟨Praedicator⟩
Simeon ⟨Theologus⟩
Simon ⟨le Logothète⟩
Simon ⟨Logotheta⟩
Simon ⟨Magister⟩
Simon ⟨Metaphraste⟩
Simone ⟨Metafraste⟩
Symeon ⟨Logothetes⟩
Symeon ⟨Magistros⟩
Symeon ⟨Metaphrastes⟩

Simeon ⟨Modestus⟩
→ **Simeon ⟨Eulabes⟩**

Simeon ⟨Mysticus⟩
→ **Simeon ⟨Novus Theologus⟩**

Simeon ⟨Novus Theologus⟩
949 – 1022
Tusculum-Lexikon; LThK; Meyer; LMA,VIII,364/65
Novus Theologus, Simeon
Simeon ⟨Constantinopolitanus⟩
Simeon ⟨der Jüngere⟩
Simeon ⟨der Neue Theologe⟩
Simeon ⟨der Theologe⟩
Simeon ⟨Iunior⟩
Siméon ⟨le Jeune⟩
Simeon ⟨Mysticus⟩
Simeon ⟨Neos Theologos⟩
Simeon ⟨Neotheologus⟩
Simeon ⟨Sancti Mamanti⟩
Simeon ⟨Theologus⟩
Simeon ⟨Xerocercus⟩
Symeon ⟨der Neue Theologe⟩
Symeon ⟨der Theologe⟩
Symeon ⟨Iunior⟩
Symeon ⟨Neos Theologos⟩
Symeon ⟨Neos Theologus⟩
Symeon ⟨Novus Theologus⟩

Simeon ⟨of Durham⟩
→ **Simon ⟨Dunelmensis⟩**

Simeon ⟨of Francfort⟩
→ **Šim'ôn ⟨had-Daršān⟩**

Simeon ⟨OFM⟩
um 1332 · OFM
Itinerarium fratrum Symeonis et Hugonis Illuminatoris ord. fr. Minor.
Potth. 1022
Simeon ⟨Ordinis Fratrum Minorum⟩

Simeon ⟨Poeta⟩
→ **Simeon ⟨Metaphrastes⟩**

Simeon ⟨Praedicator⟩
→ **Simeon ⟨Metaphrastes⟩**

Simeon ⟨Sancti Cuthberti⟩
→ **Simon ⟨Dunelmensis⟩**

Simeon ⟨Sancti Mamanti⟩
→ **Simeon ⟨Novus Theologus⟩**

Simeon ⟨Sethus⟩
11. Jh.
Tusculum-Lexikon; CSGL; LMA,VIII,365/66
Seth, Simeon
Sethus ⟨Interpres⟩
Sethus, Simeon
Simeo ⟨Sethus⟩
Simeon ⟨Antiochenus⟩
Simeon ⟨Constantinopolitanus⟩
Simeon ⟨Interpres⟩
Simeon ⟨Seth⟩
Simeone ⟨Seth⟩
Symeōn ⟨Sēth⟩
Symeon ⟨Sethus⟩

Simeon ⟨Studites⟩
→ **Simeon ⟨Eulabes⟩**

Simeon ⟨Stylita, Iunior⟩
gest. ca. 596
Troparia III, Epistula ad Iustinum iuniorem; Sermones ascetici
Cpg 7365-7370; DOC,2,1679; LMA,VIII,366/67; LThK; Tusculum-Lexikon
Simeon ⟨Iunior⟩
Simeon ⟨Stylita⟩
Simeon ⟨Stylites⟩
Simeon ⟨Thaumastoreites⟩
Simeon ⟨Thaumaturgos⟩
Simeone ⟨Stilita⟩
Simeone ⟨Stilita, il Giovane⟩
Simon ⟨de Thaumastore⟩
Simon ⟨le Jeune⟩
Simon ⟨Maumastorites⟩
Simon ⟨Stylite⟩
Simon ⟨Stylite Grec⟩
Stylita, Simeon
Symeon ⟨Iunior⟩
Symeon ⟨le Stylite, le Jeune⟩
Symeon ⟨Stilites, Minor⟩
Symeon ⟨Stylita, Iunior⟩
Symeon ⟨Stylites⟩
Symeon ⟨Stylites, der Jüngere⟩

Simeon ⟨Thaumastoreites⟩
→ **Simeon ⟨Stylita, Iunior⟩**

Simeon ⟨Theologus⟩
→ **Simeon ⟨Metaphrastes⟩**
→ **Simeon ⟨Novus Theologus⟩**

Simeon ⟨Thessalonicensis⟩
gest. 1429
CSGL; LMA,VIII,362/63; LThK; Tusculum-Lexikon
Simeon ⟨von Thessalonike⟩
Symeon ⟨of Thessalonica⟩
Symeon ⟨von Thessalonike⟩
Symeon ⟨von Thessaloniki⟩

Simeon ⟨Tornacensis⟩
→ **Simon ⟨Tornacensis⟩**

Simeon ⟨von Edessa⟩
→ **Šem'on ⟨Edessa⟩**

Simeon ⟨von Frankfurt⟩
→ **Šim'ôn ⟨had-Daršān⟩**

Simeon ⟨von Thessalonike⟩
→ **Simeon ⟨Thessalonicensis⟩**

Simeon ⟨Xerocercus⟩
→ **Simeon ⟨Novus Theologus⟩**

Simeon, Simon
→ **Simon ⟨Simeon⟩**

Simeoni, Jeremias
ca. 1412/14 – ca. 1463
De conservanda salute sive sanitate; Qua vita debent uti convalescentes; Pesttraktat
VL(2),8,1253/54
Geremia ⟨Simeoni⟩
Jeremias ⟨de Simeonibus⟩
Jeremias ⟨Simeoni⟩
Simeoni, Geremia
Simeoni, Jérémie ¬de¬
Simeonibus, Jeremias ¬de¬

Simeonibus, Jeremias ¬de¬
→ **Simeoni, Jeremias**

Simhāditya
→ **Trivikrama ⟨Bhaṭṭa⟩**

Siminānī, Aḥmad Ibn-Muḥammad ¬as-¬
→ **Simnānī, Aḥmad Ibn-Muḥammad ¬as-¬**

Simmaco ⟨Papa⟩
→ **Symmachus ⟨Papa⟩**

Simmering, Johann
15. Jh.
Naturlicher balsam teutscher nation
VL(2),8,1254/55
Johann ⟨Simmering⟩

Simnānī, Aḥmad Ibn-Muḥammad ¬as-¬
1261 – 1336
Aḥmad Ibn-Muḥammad as-Simnānī
'Alā'ad-Daula as-Samnānī
'Alā'-ad-Daula as-Simnānī, Aḥmad Ibn-Muḥammad
Samnānī, Aḥmad Ibn-Muḥammad ¬as-¬
Simanānī, Aḥmad Ibn-Muḥammad ¬as-¬
Siminānī, Aḥmad Ibn-Muḥammad ¬as-¬
Simnānī, 'Alā'-ad-Daula ¬as-¬

Simnānī, 'Alā'-ad-Daula ¬as-¬
→ **Simnānī, Aḥmad Ibn-Muḥammad ¬as-¬**

Simo ⟨Magister⟩
→ **Simon ⟨Magister⟩**

Simocatta, Theophylactus
→ **Theophylactus ⟨Simocatta⟩**

Simon ⟨a Cordo⟩
→ **Simon ⟨Ianuensis⟩**

Simon ⟨Abbas⟩
→ **Simon ⟨Sithiensis⟩**

Simon ⟨Abbé d'Auchy⟩
→ **Simon ⟨Sithiensis⟩**

Simon ⟨Abbé de Saint-Bertin⟩
→ **Simon ⟨Sithiensis⟩**

Simon ⟨Abt⟩
→ **Simon ⟨Vladimirskij⟩**

Simon ⟨Affligemensis⟩
→ **Simon ⟨de Afflighem⟩**

Simon ⟨Alchiacensis⟩
→ **Simon ⟨Sithiensis⟩**

Simon ⟨Anglicus⟩
→ **Simon ⟨Favershamensis⟩**

Simon ⟨Arnwylen de Spire⟩
→ **Simon ⟨de Spira⟩**

Simon ⟨Astrologus⟩
→ **Simon ⟨Bredoni⟩**
→ **Simon ⟨de Covino⟩**

Simon ⟨Aurea Capra⟩
um 1152
Ylias; Invectio contra invidiam; Vita et passio S. Thomae Cantuariensis archiepiscopi
LMA,VII,1914
Aurea Capra, Simon
Simon ⟨Capra Aurea⟩
Simon ⟨Chanoine de Saint-Victor⟩
Simon ⟨Chèvre d'Or⟩
Simon ⟨Kanoniker von Sankt Viktor⟩
Simone ⟨Capradoro⟩

Simon ⟨Baechcz de Homburg⟩
gest. 1464
Exercitium metaphysicae
Lohr
Baechcz, Simon
Baechcz de Homburg, Simon
Homburg, Simon ¬de¬
Simon ⟨Baechcz⟩
Simon ⟨Batz de Homburgh⟩
Simon ⟨de Homburg⟩

Simon ⟨Balderer⟩
→ **Balderer, Simon**

Simon ⟨Baringuedus⟩
um 1373 · OESA
In Priora; In Posteriora; Apoc.
Lohr; Stegmüller, Repert. bibl. 7639
Baringuedus, Simon
Simon ⟨Baringuedus Tolesanus⟩
Simon ⟨Baringuedus Tolosanus⟩
Simon ⟨Baringuerius⟩

Simon ⟨Bartolomei de Bertis⟩
→ **Simon ⟨de Bertis⟩**

Simon ⟨Batz de Homburgh⟩
→ **Simon ⟨Baechcz de Homburg⟩**

Simon ⟨Beaulieu⟩
→ **Simon ⟨de Belloloco⟩**

Šim'ôn ⟨Ben-Yiṣḥāq⟩
→ **Šim'ôn Ben-Yiṣḥāq**

Simon ⟨Bertius⟩
→ **Simon ⟨de Bertis⟩**

Simon ⟨Biridanus⟩
→ **Simon ⟨Bredoni⟩**

Simon ⟨Bischof⟩
→ **Simon ⟨Vladimirskij⟩**

Simon ⟨Bredoni⟩
ca. 1305 – 1372
Is.; Trifolium; Theorica planetarum
Stegmüller, Repert. bibl. 7640; LMA,VII,1915
Bredoni, Simon
Breodunus, Simon
Simon ⟨Astrologus⟩
Simon ⟨Biridani⟩
Simon ⟨Biridanus⟩
Simon ⟨Bredon⟩
Simon ⟨Bredon de Winchcomb⟩
Simon ⟨Bredonus⟩
Simon ⟨Breodunus⟩
Simon ⟨Medicus⟩

Simon ⟨Burgundus⟩
→ **Simon ⟨Lingonensis⟩**

Simon ⟨Burneston⟩
→ **Simon ⟨de Boraston⟩**

Simon ⟨Canonicus⟩
→ **Simon ⟨de Bisignano⟩**
→ **Simon ⟨Ianuensis⟩**
→ **Simon ⟨Tornacensis⟩**

Simon ⟨Cantuariensis⟩
→ **Simon ⟨de Langton⟩**

Simon ⟨Capellanus⟩
→ **Simon ⟨de Leontio⟩**

Simon ⟨Capra Aurea⟩
→ **Simon ⟨Aurea Capra⟩**

Simon ⟨Cassianus⟩
→ **Simon ⟨Fidati⟩**

Simon ⟨Chanoine de Saint-Victor⟩
→ **Simon ⟨Aurea Capra⟩**

Simon ⟨Chèvre d'Or⟩
→ **Simon ⟨Aurea Capra⟩**

Simon ⟨Cistercien de Melrose⟩
→ **Simon ⟨de Thondi⟩**

Simon ⟨Civitatasensis⟩
Lebensdaten nicht ermittelt
Hortus deliciarum
Stegmüller, Repert. bibl. 7645
Simon ⟨Civitatasis Ecclesiae Canonicus⟩

Simon ⟨Constantinopolitanus⟩
→ **Simon ⟨Cretensis⟩**

Simon ⟨Constantinopolitanus⟩
gest. ca. 1325 · OP
Opuscula 5 contra Graecos; Translatio Latina Opusculi primi
Schönberger/Kible, Repertorium, 17883; QE,I,558; Kaeppeli,III,345
Constantinopolitanus, Simon
Simon ⟨de Constantinople⟩

Simon ⟨Corbeiensis⟩
→ **Simon ⟨de Corbeia⟩**

Simon ⟨Cremonensis⟩
→ **Simon ⟨de Cremona⟩**

Simon ⟨Cretensis⟩
um 1418
Identität mit Simon ⟨Tacumaeus⟩ nicht gesichert; De ecclesiae occidentalis et orientalis perpetua consensione
QE,I,558/559
Simon ⟨Constantinopolitanus⟩
Simon ⟨Gyriacus⟩
Simōn ⟨ho Kōnstantinoupoleus⟩
Simon ⟨Iacumaeus⟩
Simon ⟨Iatumaeus⟩
Simon ⟨Jacumaeus⟩
Simon ⟨Sacumaeus⟩
Simon ⟨Tacumaeus⟩
Simon ⟨Thebanus Episcopus⟩
Simon ⟨von Creta⟩

Simon ⟨da Cascia⟩
→ **Simon ⟨Fidati⟩**

Simon ⟨da Lentini⟩
→ **Simon ⟨de Leontio⟩**

Simon ⟨Dacus⟩
gest. 1270
Quaestiones super duo minoris voluminis Prisciani; Domus gramatice
Schönberger/Kible, Repertorium, 17891/17892; Tusculum-Lexikon
Dacus, Simon
Simon ⟨de Dacia⟩
Simon ⟨von Dacien⟩
Simon ⟨von Dänemark⟩

Simon ⟨d'Afflighem⟩
→ **Simon ⟨de Afflighem⟩**

Simon ⟨Dalmata⟩
um 1475
De baptismo Sancti Spiritus
Dalmata, Simon

Simon ⟨d'Auchy⟩
→ **Simon ⟨Sithiensis⟩**

Simon ⟨de Afflighem⟩
um 1290 · OSB
Expositio moralis Job.
Stegmüller, Repert. bibl. 7635-7638; Schneyer,V,449
Afflighem, Simon ¬de¬
Simon ⟨Affligemensis⟩
Simon ⟨Afflighemensis⟩
Simon ⟨d'Afflighem⟩
Simon ⟨Haffliginensis⟩

Simon ⟨de Beaulieu⟩
→ **Simon ⟨de Belloloco⟩**

Simon ⟨de Belloloco⟩
gest. 1297 · OCist
Rationes maiores prelatorum
Schneyer,V,449; LMA,VII,1913/14
Beaulieu, Simon ¬de¬
Belloloco, Simon ¬de¬
Simon ⟨Beaulieu⟩
Simon ⟨de Beaulieu⟩
Simon ⟨de Bello Loco⟩
Simon ⟨de Belloioco⟩
Simon ⟨of Beaulieu⟩

Simon ⟨de Bertis⟩
gest. 1491 · OP
Diversorium (Sermones)
Kaeppeli,III,342
Berti, Simone
Bertis, Simon ¬de¬
Bertius, Simon
Berzi, Simone
Simon ⟨Bartolomei de Bertis⟩
Simon ⟨Bertius⟩
Simon ⟨de Bertis Florentinus⟩
Simone ⟨Berti⟩
Simone ⟨Berzi⟩

Simon ⟨de Bisignano⟩
12. Jh.
Glossae
LThK; LMA,VII,1915
Bisignano, Simon ¬de¬
Simon ⟨Canonicus⟩
Simon ⟨von Bisignano⟩

Simon ⟨de Boraston⟩
um 1338 · OP
Distinctiones
Stegmüller, Repert. bibl. 7641; Schneyer,V,449
Boraston, Simeon
Boraston, Simon ¬de¬
Burneston, Simeon
Burneston, Simon ¬de¬
Simeon ⟨Boraston⟩
Simeon ⟨Burneston⟩
Simon ⟨Burneston⟩
Simon ⟨de Borastona⟩
Simon ⟨de Borastone⟩
Simon ⟨de Boreston⟩
Simon ⟨de Burneston⟩
Simon ⟨de Burnestona⟩
Simon ⟨de Burnestone⟩
Simon ⟨of Boraston⟩

Simon ⟨de Brion⟩
→ **Martinus ⟨Papa, IV.⟩**

Simon ⟨de Burnestone⟩
→ **Simon ⟨de Boraston⟩**

Simon ⟨de Cascina⟩
um 1380/1418 · OP
Sermones ac conlationes; Colloquio spirituale; Continuatio Chronicae antiquae; etc.
Schönberger/Kible, Repertorium, 17884/17886; Kaeppeli,III,344
Cascina, Simon ¬de¬
Simone ⟨da Cascina⟩

Simon ⟨de Cassia⟩
→ **Simon ⟨Fidati⟩**

Simon ⟨de Citelescale⟩
13./14. Jh.
Quaestiones sive notulae super libros Meteororum; Quaestiones sive notulae super De sensu et sensato
Lohr
Citelescale, Simon ¬de¬

Simon ⟨de Constantinople⟩
→ **Simon ⟨Constantinopolitanus⟩**

Simon ⟨de Corbeia⟩
um 1319 · OCarm
Glossae in utrumque testamentum
Stegmüller, Repert. bibl. 7647
Corbeia, Simon ¬de¬
Simon ⟨Corbeiensis⟩
Simon ⟨de Corbie⟩
Simon ⟨de Corbila⟩

Simon ⟨de Corbila⟩
→ **Simon ⟨de Corbeia⟩**

Simon ⟨de Cordo⟩
→ **Simon ⟨Ianuensis⟩**

Simon ⟨de Covino⟩
gest. ca. 1350
Libellus de iudicio Solis
Covino, Simon ¬de¬
Simon ⟨Astrologus⟩
Simon ⟨de Couvin⟩
Simon ⟨Leodiensis⟩
Simon ⟨Magister⟩
Simon ⟨Parisiensis⟩

Simon ⟨de Cramaud⟩
gest. 1422
De substractione obediencie
Schönberger/Kible, Repertorium, 17888; LThK
Cramaud, Simon ¬de¬

Simon ⟨de Cremona⟩
gest. ca. 1390, bzw. 1415
Postilla super evangelis
LThK
Cremona, Simon ¬de¬
Simon ⟨Cremonensis⟩
Simon ⟨Sancti Zenonis⟩
Simon ⟨von Cremona⟩

Simon ⟨de Dacia⟩
→ **Simon ⟨Dacus⟩**

Simon ⟨de Dudinghe⟩
14. Jh.
Ars dictandi; Identität mit Simon ⟨Magister, Auctor Notabilium super Summa de Arte Dictandi⟩ möglich
LMA,VII,1915; VL(2),8,1256/57
Dudinghe, Simon ¬de¬
Duingen, Simon ¬von¬
Simon ⟨de Dudinghe Westfaleryensis⟩
Simon ⟨von Duingen⟩

Simon ⟨de Eye⟩
14. Jh.
Chronicon
Eye, Simon ¬de¬
Simon ⟨de Ramsey⟩
Simon ⟨Rameseiensis⟩

Simon ⟨de Falkestein⟩
→ **Kuno ⟨von Falkenstein⟩**

Simon ⟨de Fara⟩
→ **Simon ⟨de Phares⟩**

Simon ⟨de Faversham⟩
→ **Simon ⟨Favershamensis⟩**

Simon ⟨de Fraxino⟩
→ **Simund ⟨de Freine⟩**

Simon ⟨de Gand⟩
→ **Simon ⟨Sithiensis⟩**

Simon ⟨de Gandavo⟩
gest. 1315
Meditatio de Statu praelati; Epistula ad Bonifatium, papam VIII.; Registrum
LThK
Gandavo, Simon ¬de¬
Simon ⟨de Gand⟩
Simon ⟨de Gant⟩
Simon ⟨de Gaunt⟩
Simon ⟨de Gent⟩
Simon ⟨de Salisbury⟩
Simon ⟨Episcopus Sarisburiensis⟩
Simon ⟨Evêque⟩
Simon ⟨Gandavensis⟩
Simon ⟨Gandensis⟩
Simon ⟨of Ghent⟩
Simon ⟨of Salisbury⟩
Simon ⟨Salisburiensis⟩
Simon ⟨Sarisburiensis⟩
Simon ⟨von Gaunt⟩
Simon ⟨von Gent⟩

Simon ⟨de Gênes⟩
→ **Simon ⟨Ianuensis⟩**

Simon ⟨de Gent⟩
→ **Simon ⟨de Gandavo⟩**

Simon ⟨de Heinton⟩
→ **Simon ⟨de Hinton⟩**

Simon ⟨de Hentona⟩
→ **Simon ⟨de Hinton⟩**

Simon ⟨de Hesdin⟩
gest. 1383
Übers. der „Facta et dicta memorabilia" des Valerius ⟨Maximus⟩
LMA,VII,1917
Hesdin, Simon ¬de¬

Simon ⟨de Heyntun⟩
→ **Simon ⟨de Hinton⟩**

Simon ⟨de Hinton⟩
um 1248/62 · OP
Glossarium totius veteris testamenti praeter Psalterium; Super libros Sapientales Salomonis expositio; Summa Iuniorum; in einigen Nachschlagewerken fälschlich auf ca. 1360 datiert
Stegmüller, Repert. bibl. 7651-7683;7694; Stegmüller, Repert. sentent. 815-816; Schneyer,V,459; Schönberger/Kible, Repertorium, 17893/17894
Hareton, Simon
Hentonus, Simon
Herneton, Simon
Hinton, Simon ¬of¬
Hinton, Simon ¬de¬
Simon ⟨de Heinton⟩
Simon ⟨de Heintun⟩
Simon ⟨de Henton⟩
Simon ⟨de Hentona⟩
Simon ⟨de Heyntun⟩
Simon ⟨de Vuintona⟩
Simon ⟨de Winchester⟩
Simon ⟨de Wintonia⟩
Simon ⟨Hentonus⟩
Simon ⟨of Hinton⟩
Simon ⟨von Hinton⟩
Simon ⟨Wintonius⟩

Simon ⟨de Homburg⟩
→ **Simon ⟨Baechcz de Homburg⟩**

Simon ⟨de Keza⟩
13. Jh.
Gesta Hungarorum
Tusculum-Lexikon; LMA,V,1119
Keszi, Simon ¬de¬
Ketza, Simon ¬de¬
Keza, Simon ¬de¬
Kèzai, Simon ¬de¬
Kżai, Simon
Simon ⟨de Ketza⟩
Simon ⟨von Kéza⟩

Simon ⟨de Landiaco⟩
→ **Simon ⟨de Londayco⟩**

Simon ⟨de Langres⟩
→ **Simon ⟨Lingonensis⟩**

Simon ⟨de Langton⟩
gest. 1248
Cant.
Stegmüller, Repert. bibl. 7684
Langton, Simon ¬de¬
Simon ⟨Cantuariensis⟩
Simon ⟨Frater Stephani Langton⟩
Simon ⟨Langtonus⟩

Simon ⟨de Lans⟩
→ **Simon ⟨de Lenis⟩**

Simon ⟨de Lenis⟩
13. Jh. · OFM
Quaestiones de peccato originali
Stegmüller, Repert. sentent. 817; Schönberger/Kible, Repertorium, 17895
Lenis, Simon ¬de¬
Pseudo-Simon ⟨de Lense⟩
Simon ⟨de Lans⟩
Simon ⟨de Lens⟩
Simon ⟨de Lense⟩
Simone ⟨de Lens⟩

Simon ⟨de Leontio⟩
gest. ca. 1360
Chronicon
Lentini, Simone ¬da¬
Leontio, Simon ¬de¬
Simon ⟨Capellanus⟩
Simon ⟨da Lentini⟩
Simon ⟨Leontinensis⟩
Simon ⟨Leontinus⟩
Simon ⟨Magister⟩
Simone ⟨da Lentini⟩

Simon ⟨de Londayco⟩
um 1300
Schneyer,V,460
Londayco, Simon ¬de¬
Simon ⟨de Landiaco⟩

Simon ⟨de Melrose⟩
→ **Simon ⟨de Thondi⟩**

Simon ⟨de Padua⟩
13./14. Jh.
Quaestiones mathematicales (3) de dimensionibus et notabilia et conclusiones
Padua, Simon ¬de¬
Simon ⟨of Padua⟩
Simon ⟨Paduanus⟩
Simone ⟨di Padua⟩
Symon ⟨de Padua⟩

Simon ⟨de Parisiis⟩
gest. 1273
Argumenta et exceptiones contra procuratorium
LMA,VII,1918/19
Parisiis, Simon ¬de¬
Simon ⟨de Paris⟩
Simon ⟨Parisiensis⟩
Simon ⟨von Paris⟩

Simon ⟨de Phares⟩
ca. 1445 – ca. 1500
LMA,VII,1919
Phares, Simon ¬de¬

Simon ⟨de Fara⟩
Simon ⟨Pharensis⟩

Simon ⟨de Ramsey⟩
→ **Simon ⟨de Eye⟩**

Simon ⟨de Rome⟩
→ **Simon ⟨Romanus⟩**

Simon ⟨de Saint-Bertin⟩
→ **Simon ⟨Sithiensis⟩**

Simon ⟨de Saint-Quentin⟩
→ **Simon ⟨de Sancto Quintino⟩**

Simon ⟨de Salisbury⟩
→ **Simon ⟨de Gandavo⟩**

Simon ⟨de Sancto Quintino⟩
um 1245/49 · OP
De historia Tartarorum
Schönberger/Kible, Repertorium, 17896; Kaeppeli,III,348
Sancto Quintino, Simon ¬de¬
Simon ⟨de Saint-Quentin⟩
Simon ⟨of Saint-Quentin⟩

Simon ⟨de Senlis⟩
um 1222/44
Briefe an Ralph de Neville, Kanzler von König Heinrich III.
LMA,VII,1919
Senlis, Simon ¬de¬

Simon ⟨de Sens⟩
um 1273 · OFM
Nicht identisch mit Simon ⟨Normannus⟩
Schneyer,V,460
Sens, Simon ¬de¬
Simon ⟨de Senonis⟩
Simon ⟨de Senonis Gallus⟩

Simon ⟨de Siwelle⟩
→ **Simon ⟨de Southwell⟩**

Simon ⟨de Southwell⟩
gest. ca. 1210
Glossen zum Decretum Gratiani
LMA,VII,1919/20
Simon ⟨de Siwelle⟩
Simon ⟨Sywell⟩
Simon ⟨von Southwell⟩
Simon ⟨von Sywell⟩
Southwell, Simon ¬de¬

Simon ⟨de Spira⟩
gest. 1403 · OCarm
Super sententias; Contra Judaeos; Postilla in Epistolas Pauli
Stegmüller, Repert. bibl. 7686-7687
Simon ⟨Arnwylen de Spire⟩
Simon ⟨de Spire⟩
Simon ⟨Spirensis⟩
Spira, Simon ¬de¬

Simon ⟨de Thaumastore⟩
→ **Simeon ⟨Stylita, Iunior⟩**

Simon ⟨de Thondi⟩
gest. 1184 · OCist
Epp. Pauli
Stegmüller, Repert. bibl. 7688
Simon ⟨Cistercien de Melrose⟩
Simon ⟨de Melrose⟩
Simon ⟨de Tonei⟩
Simon ⟨de Toni⟩
Simon ⟨Melrosensis⟩
Simon ⟨Monachus Melrosensis⟩
Thondi, Simon ¬de¬

Simon ⟨de Todi⟩
→ **Simon ⟨Rinalducci de Todi⟩**

Simon ⟨de Toni⟩
→ **Simon ⟨de Thondi⟩**

Simon ⟨de Tournai⟩
→ **Simon ⟨Tornacensis⟩**

Simon ⟨de Trecis de Valle⟩
gest. 1281 · OP
Schneyer,V,461
Simon ⟨de Trecis⟩
Simon ⟨de Troyes⟩
Simon ⟨de Troyes de Valle⟩
Simon ⟨de Valle⟩
Simon ⟨du Val⟩
Simon ⟨Trecensis⟩
Simon ⟨Trecensis de Valle⟩
Trecis, Simon ¬de¬
Trecis de Valle, Simon ¬de¬
Valle, Simon ¬de¬

Simon ⟨de Troyes⟩
→ **Simon ⟨de Trecis de Valle⟩**

Simon ⟨de Tunstede⟩
gest. 1369 · OFM
In Aristotelis Meteora
Lohr
Dunostadius, Simon
Simon ⟨Dunostadius⟩
Simon ⟨Tunsted⟩
Simon ⟨Tunstede⟩
Simon ⟨Tunstedus⟩
Tunsted, Simon
Tunstede, Simon ¬de¬
Tunstedus, Simon

Simon ⟨de Valle⟩
→ **Simon ⟨de Trecis de Valle⟩**

Simon ⟨de Vicence⟩
→ **Simon ⟨Vicentinus⟩**

Simon ⟨de Vuintona⟩
→ **Simon ⟨de Hinton⟩**

Simon ⟨de Winchester⟩
→ **Simon ⟨de Hinton⟩**

Simon ⟨de Wladimis⟩
→ **Simon ⟨Vladimirskij⟩**

Simon ⟨de Zanachis⟩
um 1472 · OCart
Vita B. Ursulinae virg.
Potth. 1023
Simon ⟨Zanacchi⟩
Zanacchi, Simon
Zanachis, Simon ¬de¬

Simon ⟨du Fresne⟩
→ **Simund ⟨de Freine⟩**

Simon ⟨du Val⟩
→ **Simon ⟨de Trecis de Valle⟩**

Simon ⟨Dunelmensis⟩
ca. 1060 – 1130
Ep. ad Hugonem
LMA,VII,1911
Siméon ⟨de Durham⟩
Simeon ⟨Dunelmensis⟩
Simeon ⟨of Durham⟩
Simeon ⟨Sancti Cuthberti⟩
Simon ⟨of Durham⟩
Symeon ⟨Dunelmensis⟩

Simon ⟨Dunostadius⟩
→ **Simon ⟨de Tunstede⟩**

Simon ⟨Edessa⟩
→ **Šem'on ⟨Edessa⟩**

Simon ⟨Episcopus Sarisburiensis⟩
→ **Simon ⟨de Gandavo⟩**

Simon ⟨Episkop⟩
→ **Simon ⟨Vladimirskij⟩**

Simon ⟨Evêque⟩
→ **Simon ⟨de Gandavo⟩**

Simon ⟨Favershamensis⟩
ca. 1250 – 1306
Quaestiones super libros Ethicorum, Meteororum et Animalium; De generatione et corruptione
LMA,VII,1915/16; LThK
Simon ⟨Anglicus⟩
Simon ⟨de Faversham⟩
Simon ⟨de Feversham⟩
Simon ⟨Favereshamensis⟩
Simon ⟨Fevershamensis⟩
Simon ⟨von Faversham⟩

Simon ⟨Fidati⟩
gest. 1348 · OESA
De gestis Dominis Salvatoris
LThK; LMA,VII,1916
Cassia, Simon ¬de¬
Fidati, Simon
Fidato, Simon
Simon ⟨Cassianus⟩
Simon ⟨da Cascia⟩
Simon ⟨de Cassia⟩
Simon ⟨von Cascia⟩
Simone ⟨Fidati⟩

Simon ⟨Fitzsimons⟩
→ **Simon ⟨Simeon⟩**

Simon ⟨Franxius⟩
→ **Simund ⟨de Freine⟩**

Simon ⟨Frater Praedicator de Conventu Cantabrigiae⟩
→ **Simon ⟨OP⟩**

Simon ⟨Frater Stephani Langton⟩
→ **Simon ⟨de Langton⟩**

Simon ⟨Gallus⟩
→ **Simon ⟨Lingonensis⟩**

Simon ⟨Gandavensis⟩
→ **Simon ⟨Sithiensis⟩**

Simon ⟨Geniates⟩
→ **Simon ⟨Ianuensis⟩**

Simon ⟨Genuensis⟩
→ **Simon ⟨Ianuensis⟩**

Simon ⟨Glossatus⟩
→ **Simon ⟨Vicentinus⟩**

Simon ⟨Gréban⟩
→ **Gréban, Simon**

Simon ⟨Guidonis Saltarelli⟩
gest. 1342
Laut Kaeppeli nicht identisch mit Simon ⟨Saltarelli⟩
Kaeppeli,III,347/348
Guidonis Saltarelli, Simon
Saltarelli, Simon Guidonis

Simon ⟨Gyriacus⟩
→ **Simon ⟨Cretensis⟩**

Šim'ôn ⟨had-Daršān⟩
13. Jh.
Midraš 'al tôrâ nevîm we-qetûvîm
Daršān, Šim'ôn ¬had-¬
Kara, Simeon
Simeon ⟨Darschan⟩
Simeon ⟨Kara⟩
Simeon ⟨of Francfort⟩
Simeon ⟨von Frankfurt⟩

Simon ⟨Haffliginensis⟩
→ **Simon ⟨de Afflighem⟩**

Simon ⟨Heiliger⟩
→ **Simon ⟨Vladimirskij⟩**

Simon ⟨Hentonus⟩
→ **Simon ⟨de Hinton⟩**

Simōn ⟨ho Kōnstantinoupoleus⟩
→ **Simon ⟨Cretensis⟩**

Simon ⟨Iacumaeus⟩
→ **Simon ⟨Cretensis⟩**

Simon ⟨Ianuensis⟩
13. Jh.
Clavis sanationis
LMA,VII,1917; Tusculum-Lexikon
Cordo, Simon ¬a¬
Januesi, Symone
Simon ⟨a Cordo⟩
Simon ⟨Canonicus⟩
Simon ⟨de Cordo⟩

Simon ⟨de Gênes⟩
Simon ⟨Geniates⟩
Simon ⟨Geniates a Cordo⟩
Simon ⟨Genuensis⟩
Simon ⟨Januensis⟩
Simon ⟨von Genua⟩
Simone ⟨Cordo⟩
Symon ⟨Ianuensis⟩

Simon ⟨Iatumaeus⟩
→ **Simon ⟨Cretensis⟩**

Simon ⟨Igumen⟩
→ **Simon ⟨Vladimirskij⟩**

Simon ⟨Jacumaeus⟩
→ **Simon ⟨Cretensis⟩**

Simon ⟨Kanoniker von Sankt Viktor⟩
→ **Simon ⟨Aurea Capra⟩**

Simon ⟨Langtonus⟩
→ **Simon ⟨de Langton⟩**

Simon ⟨le Jeune⟩
→ **Simeon ⟨Stylita, Iunior⟩**

Simon ⟨le Logothète⟩
→ **Simeon ⟨Metaphrastes⟩**

Simon ⟨le Normand⟩
→ **Simon ⟨Normannus⟩**

Simon ⟨Leodiensis⟩
→ **Simon ⟨de Covino⟩**

Simon ⟨Leontinensis⟩
→ **Simon ⟨de Leontio⟩**

Simon ⟨Lingonensis⟩
um 1352/66 · OP
Acta legationum, quas pro summis pontificibus et regibus Franciae plures egit
Potth. 1023; Schneyer,V,460
Simon ⟨Burgundus⟩
Simon ⟨de Langres⟩
Simon ⟨Gallus⟩
Simon ⟨Lingoniensis⟩
Simon ⟨Nannetensis⟩

Simon ⟨Logotheta⟩
→ **Simeon ⟨Metaphrastes⟩**

Simon ⟨Magister⟩
→ **Simeon ⟨Metaphrastes⟩**
→ **Simon ⟨de Covino⟩**
→ **Simon ⟨de Leontio⟩**

Simon ⟨Magister⟩
um 1145/60
De sacramentis; Dicta super Aristotelis librum de anima; Dicta super librum Topicorum
Lohr; Stegmüller, Repert. sentent. 811-813; LMA,VII,1918; LThK(2),9,1769f
Magister Simon
Simo ⟨Magister⟩
Simon ⟨Maître⟩

Simon ⟨Magister, Auctor Notabilium super Summa de Arte Dictandi⟩
14. Jh.
Notabilia super summa de arte dictandi; Identität mit Simon ⟨de Dudinghe⟩ möglich
LMA,VII,1918; VL(2),8,1255/56
Magister Simon
Simon ⟨Maître⟩
Simon ⟨Maître, Summa de Arte Dictandi⟩
Simon ⟨Meister⟩

Simon ⟨Maumastorites⟩
→ **Simeon ⟨Stylita, Iunior⟩**

Simon ⟨Medicus⟩
→ **Simon ⟨Bredoni⟩**

Simon ⟨Meister⟩
→ **Simon ⟨Magister, Auctor Notabilium super Summa de Arte Dictandi⟩**

Simon ⟨Melrosensis⟩
→ **Simon ⟨de Thondi⟩**

Simon ⟨Metaphraste⟩
→ **Simeon ⟨Metaphrastes⟩**

Simon ⟨Mönch⟩
→ **Simon ⟨Vladimirskij⟩**

Simon ⟨Monachus Melrosensis⟩
→ **Simon ⟨de Thondi⟩**

Simon ⟨Monarch⟩
→ **Simon ⟨Vladimirskij⟩**

Simon ⟨Nannetensis⟩
→ **Simon ⟨Lingonensis⟩**

Simon ⟨Normannus⟩
um 1273 · OFM
Nicht identisch mit Simon ⟨de Sens⟩; Paris, Nat. lat. 16481f. 267 vb.
Schneyer,V,460
Normannus, Simon
Simon ⟨le Normand⟩

Simon ⟨of Beaulieu⟩
→ **Simon ⟨de Belloloco⟩**

Simon ⟨of Boraston⟩
→ **Simon ⟨de Boraston⟩**

Simon ⟨of Durham⟩
→ **Simon ⟨Dunelmensis⟩**

Simon ⟨of Ghent⟩
→ **Simon ⟨de Gandavo⟩**

Simon ⟨of Hinton⟩
→ **Simon ⟨de Hinton⟩**

Simon ⟨of Padua⟩
→ **Simon ⟨de Padua⟩**

Simon ⟨of Saint-Quentin⟩
→ **Simon ⟨de Sancto Quintino⟩**

Simon ⟨of Salisbury⟩
→ **Simon ⟨de Gandavo⟩**

Simon ⟨of Tournai⟩
→ **Simon ⟨Tornacensis⟩**

Simon ⟨OP⟩
14. Jh. · OP
Dom. III post oct. Pentecostes
Kaeppeli,III,342
Simon ⟨Frater⟩
Simon ⟨Frater Praedicator de Conventu Cantabrigiae⟩

Simon ⟨Paduanus⟩
→ **Simon ⟨de Padua⟩**

Simon ⟨Parisiensis⟩
→ **Simon ⟨de Covino⟩**
→ **Simon ⟨de Parisiis⟩**

Simon ⟨Petri⟩
um 1386 · OCarm
De abstinentia et ieiunio
Stegmüller, Repert. bibl. 7685
Petri, Simon
Simon ⟨Tuscus⟩

Simon ⟨Pharensis⟩
→ **Simon ⟨de Phares⟩**

Simon ⟨Rameseiensis⟩
→ **Simon ⟨de Eye⟩**

Simon ⟨Rinalducci de Todi⟩
gest. 1322 · OESA
Schneyer,V,461
Reinalduccius, Simon
Rinalducci, Simon
Rinalducci de Todi, Simon
Simon ⟨de Todi⟩
Simon ⟨Reinalduccius⟩
Simon ⟨Reinalduccius de Todi⟩
Simon ⟨Reinalduccius Tudertinus⟩
Simon ⟨Rinalducci⟩
Simon ⟨Rinalducci von Todi⟩
Simon ⟨Rinalducii de Todi⟩
Simon ⟨Tudertinus⟩
Simon ⟨von Todi⟩
Todi, Simon ¬de¬

Simon ⟨Romanus⟩
15. Jh.
Roma, Simone ¬da¬
Romanus, Simon
Simon ⟨de Rome⟩
Simone ⟨da Roma⟩
Simone ⟨Fra⟩

Simon ⟨Sacumaeus⟩
→ **Simon ⟨Cretensis⟩**

Simon ⟨Salisburiensis⟩
→ **Simon ⟨de Gandavo⟩**

Simon ⟨Salterelli⟩
gest. 1342 · OP
Sermones; Laut Kaeppeli nicht identisch mit Simon ⟨Guidonis Saltarelli⟩
Kaeppeli,III,347/348
Saltarelli, Simon
Saltarellus, Simon
Salterelli, Simon
Simon ⟨Saltarelli⟩
Simon ⟨Saltarelli Florentinus⟩
Simone ⟨Saltarelli⟩

Simon ⟨Sancti Bertini⟩
→ **Simon ⟨Sithiensis⟩**

Simon ⟨Sancti Zenonis⟩
→ **Simon ⟨de Cremona⟩**

Simon ⟨Sarisburiensis⟩
→ **Simon ⟨de Gandavo⟩**

Simon ⟨Sigoli⟩
→ **Sigoli, Simone**

Simon ⟨Simeon⟩
um 1332
Itinerarium
Fitzsimons, Simon
Simeon, Simon
Simon ⟨Fitzsimons⟩

Simon ⟨Sithiensis⟩
gest. 1148
Gesta abbatum S. Bertini Sithiensium
Potth. 1022; VL(2),6,1170
Simon ⟨Abbas⟩
Simon ⟨Alchiacensis⟩
Simon ⟨d'Auchy⟩
Simon ⟨de Gand⟩
Simon ⟨Gandavensis⟩
Simon ⟨Gandensis⟩
Simon ⟨Sancti Bertini⟩

Simon ⟨Spirensis⟩
→ **Simon ⟨de Spira⟩**

Simon ⟨Stylite⟩
→ **Simeon ⟨Stylita, Iunior⟩**

Simon ⟨Sywell⟩
→ **Simon ⟨de Southwell⟩**

Simon ⟨Tacumaeus⟩
→ **Simon ⟨Cretensis⟩**

Simon ⟨Thebanus Episcopus⟩
→ **Simon ⟨Cretensis⟩**

Simon ⟨Tornacensis⟩
ca. 1130 – ca. 1203
Expositio super apostolorum
LThK; LMA,VIII,919; Tusculum-Lexikon
Simeon ⟨Tornacensis⟩
Simon ⟨Canonicus⟩
Simon ⟨de Tournai⟩
Simon ⟨of Tournai⟩
Simon ⟨von Tournai⟩
Simone ⟨di Tournai⟩
Tournai, Simon ¬von¬

Simon ⟨Trecensis⟩
→ **Simon ⟨de Trecis de Valle⟩**

Simon ⟨Tudertinus⟩
→ **Simon ⟨Rinalducci de Todi⟩**

Simon ⟨Tunstede⟩
→ **Simon ⟨de Tunstede⟩**

Simon ⟨Tuscus⟩
→ **Simon ⟨Petri⟩**

Simon ⟨Vicanus⟩
→ **Simon ⟨Wichingham⟩**

Simon ⟨Vicentinus⟩
gest. ca. 1263
De iudiciali missione in possessionem; Glossenkommentar zum Codex Iustinianus
LMA,VII,1920/21
Simon ⟨de Vicence⟩
Simon ⟨Glossatus⟩
Vicentinus, Simon

Simon ⟨Vladimirskij⟩
gest. 1226
Skazanie o svjatych černorizcach Pečerskich; Vita S. Arethae
LMA,VII,1914; Potth. 1023
Simon ⟨Abt⟩
Simon ⟨Bischof⟩
Simon ⟨Episkop⟩
Simon ⟨Heiliger⟩
Simon ⟨Igumen⟩
Simon ⟨Monarch⟩
Simon ⟨Mönch⟩
Simon ⟨von Vladimir-Suzdal'⟩
Simon ⟨de Wladimis⟩
Simon ⟨Wladimiriensis⟩
Vladimirskij, Simon
Wladimis, Simon ¬de¬

Simon ⟨von Bisignano⟩
→ **Simon ⟨de Bisignano⟩**

Simon ⟨von Cascia⟩
→ **Simon ⟨Fidati⟩**

Simon ⟨von Cremona⟩
→ **Simon ⟨de Cremona⟩**

Simon ⟨von Creta⟩
→ **Simon ⟨Cretensis⟩**

Simon ⟨von Dacien⟩
→ **Simon ⟨Dacus⟩**

Simon ⟨von Dänemark⟩
→ **Simon ⟨Dacus⟩**

Simon ⟨von Duingen⟩
→ **Simon ⟨de Dudinghe⟩**

Simon ⟨von Edessa⟩
→ **Šem'on ⟨Edessa⟩**

Simon ⟨von Faversham⟩
→ **Simon ⟨Favershamensis⟩**

Simon ⟨von Gent⟩
→ **Simon ⟨de Gandavo⟩**

Simon ⟨von Genua⟩
→ **Simon ⟨Ianuensis⟩**

Simon ⟨von Hinton⟩
→ **Simon ⟨de Hinton⟩**

Simon ⟨von Kéza⟩
→ **Simon ⟨de Keza⟩**

Simon ⟨von Paris⟩
→ **Simon ⟨de Parisiis⟩**

Simon ⟨von Ruckersburg⟩
gest. 1417
Predigten; Übersetzungen, z.B. von „Praelectiones in librum sapientiae"
VL(2),8,1259/60
Ruckersburg, Simon ¬von¬

Simon ⟨von Southwell⟩
→ **Simon ⟨de Southwell⟩**

Simon ⟨von Todi⟩
→ **Simon ⟨Rinalducci de Todi⟩**

Simon ⟨von Tournai⟩
→ **Simon ⟨Tornacensis⟩**

Simon ⟨von Vladimir-Suzdal'⟩
→ **Simon ⟨Vladimirskij⟩**

Simon ⟨Wichingham⟩
um 1360 · OCarm
Is., lect. I-XVIII; Apoc., lect. I-XXX
Stegmüller, Repert. bibl. 7692-7693
Simon ⟨Vicanus⟩
Simon ⟨Wichingamus⟩
Simon ⟨Wichinghamus⟩
Simon ⟨Wikingham⟩
Wichingham, Simon

Simon ⟨Wintonius⟩
→ **Simon ⟨de Hinton⟩**

Simon ⟨Zanacchi⟩
→ **Simon ⟨de Zanachis⟩**

Simon, Jean
→ **Johannes ⟨Simonis⟩**

Simon, Johannes
15. Jh.
Reimpaardichtung
VL(2),8,1257/59
Johannes ⟨Simon⟩

Šim'ôn Ben-Yiṣḥāq
950 – 1020
Ben-Yiṣḥāq, Šim'ôn
Šim'ôn ⟨Ben-Yiṣḥāq⟩
Simon ben Isaak

Simone ⟨Baldi della Tosa⟩
→ **Simone ⟨della Tosa⟩**

Simone ⟨Berzi⟩
→ **Simon ⟨de Bertis⟩**

Simone ⟨Capradoro⟩
→ **Simon ⟨Aurea Capra⟩**

Simone ⟨Cordo⟩
→ **Simon ⟨Ianuensis⟩**

Simone ⟨da Cascina⟩
→ **Simon ⟨de Cascina⟩**

Simone ⟨da Lentini⟩
→ **Simon ⟨de Leontio⟩**

Simone ⟨da Roma⟩
→ **Simon ⟨Romanus⟩**

Simone ⟨de Brion⟩
→ **Martinus ⟨Papa, IV.⟩**

Simone ⟨de Lens⟩
→ **Simon ⟨de Lenis⟩**

Simone ⟨della Tosa⟩
1300 – 1380
Annali 1115-1346
Potth. 1023
DellaTosa, Simone
Simone ⟨Baldi della Tosa⟩
Tosa, Simone ¬della¬

Simone ⟨di Martino⟩
→ **Martini, Simone**

Simone ⟨di Padua⟩
→ **Simon ⟨de Padua⟩**

Simone ⟨di Tournai⟩
→ **Simon ⟨Tornacensis⟩**

Simone ⟨Fidati⟩
→ **Simon ⟨Fidati⟩**

Simone ⟨Fiorentino⟩
→ **Sigoli, Simone**

Simone ⟨Fra⟩
→ **Simon ⟨Romanus⟩**

Simone ⟨Martini⟩
→ **Martini, Simone**

Simone ⟨Metafraste⟩
→ **Simeon ⟨Metaphrastes⟩**

Simone ⟨Prodenzani⟩
→ **Prodenzani, Simone**

Simone ⟨Saltarelli⟩
→ **Simon ⟨Salterelli⟩**

Simone ⟨Serdini Forestani⟩
→ **Forestani, Simone Serdini**

Simone ⟨Sigoli⟩
→ **Sigoli, Simone**

Simonetta, Ciccus
ca. 1410 – 1480
Constitutiones et ordines; Regulae ad extrahendum litteras ziferatas
LMA,VII,1921/22
Cicco ⟨Simonetta⟩
Ciccus ⟨Simonetta⟩
Francesco ⟨Simonetta⟩
Franciscus ⟨Simonetta⟩
François ⟨Simonetta⟩
Simonetta, Cicco
Simonetta, Francesco
Simonetta, François

Simonetta, Francesco
→ **Simonetta, Ciccus**

Simonetta, Johannes
gest. ca. 1491
Rerum gestarum Francisci Sfortiae Vicecomitis Mediolanensium Ducis (1421-1466) libri 31
LMA,VII,1922
Giovanni ⟨Simonetta⟩
Jean ⟨Simonetta⟩
Johannes ⟨Simoneta⟩
Johannes ⟨Simonetta⟩
Simoneta, Johannes
Simonetta, Giovanni
Simonetta, Jean

Simonis, Arnaldus
→ **Arnaldus ⟨Simonis⟩**

Simonis, Guilelmus
→ **Guilelmus ⟨Simonis⟩**

Simonis, Johannes
→ **Johannes ⟨Simonis⟩**

Simonsson, Thomas
→ **Thomas ⟨Strengesensis⟩**

Simpertus ⟨Augustanus⟩
→ **Simpertus ⟨Murbacensis⟩**

Simpertus ⟨Murbacensis⟩
gest. ca. 807
Regularia statuta monasterii Murb.
LMA,VII,1925; LThK; CSGL
Simbertus ⟨Murbacensis⟩
Simpert ⟨de Murbach⟩
Simpert ⟨von Augsburg⟩
Simpertus ⟨Abbas⟩
Simpertus ⟨Augustanus⟩
Simpertus ⟨of Augsburg⟩
Sintpert ⟨von Augsburg⟩

Simplice ⟨du Mont-Cassin⟩
→ **Simplicius ⟨Casinensis⟩**

Simplicius
→ **Simplicius ⟨Cilicius⟩**

Simplicius ⟨Abbas Montis Cassini⟩
→ **Simplicius ⟨Casinensis⟩**

Simplicius ⟨Atheniensis⟩
→ **Simplicius ⟨Cilicius⟩**

Simplicius ⟨Casinensis⟩
gest. 576
Adressat eines Briefs; viell. fiktive Person; Versus de regula S. Benedicti
Cpl 1855; DOC,2,1621
Pseudo-Simplicius ⟨Casinensis⟩
Simplice ⟨du Mont-Cassin⟩
Simplicius ⟨Abbas Montis Cassini⟩
Simplicius ⟨Monachus Casinensis⟩

Simplicius ⟨Cilicius⟩
um 533
Aristoteles-Kommentar
Tusculum-Lexikon; CSGL; LMA,VII,1926/27
Cilicius, Simplicius
Pseudo-Simplicius
Simplicio
Simplicius
Simplicius ⟨Aristotelicus⟩
Simplicius ⟨Atheniensis⟩
Simplicius ⟨aus Kilikien⟩
Simplicius ⟨de Cilicia⟩
Simplicius ⟨Neoplatonicus⟩
Simplicius ⟨Neuplatoniker⟩
Simplicius ⟨of Cilicia⟩
Simplicius ⟨Peripateticus⟩
Simplicius ⟨Philosophus⟩
Simplikios
Simplikios ⟨von Kilikien⟩

Simson, Solomon Bar
→ **Šelomo Ben-Šimšôn**

Šimšôn Ben-Avrāhām
gest. 1230
Ben-Avrāhām, Šimšôn
Samson ⟨Ben Abraham⟩
Samson ⟨of Sens⟩

Šimšôn Ben-Yiṣḥāq
gest. 1330
Talmud-Auslegung
Ben-Yiṣḥāq, Šimšôn
Samson ⟨Ben Isaac⟩
Samson ⟨of Chinon⟩

Simund ⟨de Freine⟩
ca. 1147 – ca. 1216
Le roman de philosophre
LMA,VII,1916/17
Freine, Simund ¬de¬
Simon ⟨de Fraxino⟩
Simon ⟨de Freine⟩
Simon ⟨de Fresne⟩
Simon ⟨du Fresne⟩
Simon ⟨Franxius⟩
Simund ⟨de Fraisne⟩

Sīnā, Abū-ʿAlī
→ **Avicenna**

Sinaita, Anastasius
→ **Anastasius ⟨Sinaita⟩**

Sinaita, Gregorius
→ **Gregorius ⟨Sinaita⟩**

Sinaita, Hesychius
→ **Hesychius ⟨Sinaita⟩**

Sinān Ibn-Ṯābit
gest. 942
Ibn Thābit, Sinān
Ibn-Ṯābit, Sinān
Sinān ibn Thābit

Sinaneddin, Yusuf
→ **Şeyhî**

Sinarra, Dominicus
→ **Dominicus ⟨Sinarra⟩**

Sindel, Johannes
gest. 1449
Von den Kräften der Kräuter; zahlreiche mathemat.-astronom. Werke
VL(2),8,1276/77
Johannes ⟨Schindel⟩
Johannes ⟨Sindel⟩
Johannes ⟨Syndel⟩
Schindel, Johannes
Syndel, Johannes

Sindold ⟨von Reinhardsbrunn⟩
um 1156/68 · OSB
Zusammenstellung von „Reinhardsbrunner Briefsammlung"
VL(2),8,1277/78
Reinhardsbrunn, Sindold ¬von¬

Sinesius, Angelus
→ **Angelus ⟨Sinesius⟩**

Singauf ⟨Meister⟩
13. Jh.
4 Strophen
VL(2),8,1278/80
Meister Singauf
Singauf ⟨Maître⟩
Singauf ⟨Sangspruchdichter⟩
Singof ⟨Meister⟩
Singuf ⟨Meister⟩

Singenberg, Ulrich ¬von¬
→ **Ulrich ⟨von Singenberg⟩**

Singer, Caspar
um 1500
Glossenlied
VL(2),8,1280/81
Caspar ⟨Singer⟩
Gaspar ⟨Singer⟩
Singer, Gaspar

Singerus ⟨Cordigerus⟩
→ **Sigerus ⟨de Cortraco⟩**

Singuf ⟨Meister⟩
→ **Singauf ⟨Meister⟩**

Sinibaldi, Ambrogino
→ **Cinus ⟨de Pistorio⟩**

Sinibaldi, Cino
→ **Cinus ⟨de Pistorio⟩**

Sinibaldi, Guittone
→ **Cinus ⟨de Pistorio⟩**

Sinibaldo ⟨Fieschi⟩
→ **Innocentius ⟨Papa, IV.⟩**

Sinibaldus ⟨Genuensis⟩
→ **Innocentius ⟨Papa, IV.⟩**

Sinnamos, Johannes
→ **Johannes ⟨Cinnamus⟩**

Sin-ran-gyi
→ **Shinran**

Sintpert ⟨von Augsburg⟩
→ **Simpertus ⟨Murbacensis⟩**

Sintram, Johannes
ca. 1380 – 1450 · OFM
Sammlung von Predigtmaterialien
VL(2),8,1284/87
Johannes ⟨Sintram⟩

Sion ⟨Cent⟩
→ **John ⟨Kent⟩**

Sion ⟨Grammatico⟩
→ **Syon ⟨Vercellensis⟩**

Sion ⟨Vercellensis⟩
→ **Syon ⟨Vercellensis⟩**

Sīrāfī, Abū-Muḥammad Yūsuf Ibn-al-Ḥasan ¬as-¬
→ **Ibn-as-Sīrāfī, Yūsuf Ibn-al-Ḥasan**

Sīrāfī, Abū-Saʿīd al-Ḥasan Ibn-ʿAbdallāh ¬as-¬
→ **Sīrāfī, al-Ḥasan Ibn-ʿAbdallāh ¬as-¬**

Sīrāfī, al-Ḥasan Ibn-ʿAbdallāh ¬as-¬
903 – 979
Abū-Saʿīd as-Sīrāfī
Abū-Saʿīd as-Sīrāfī, al-Ḥasan Ibn-ʿAbdallāh
Ḥasan Ibn-ʿAbdallāh as-Sīrāfī ¬al-¬
Sīrāfī, Abū-Saʿīd al-Ḥasan Ibn-ʿAbdallāh ¬as-¬

Sirāǧ-ad-Dīn ʿUmar Ibn-Muẓaffar Ibn-al-Wardī
→ **Ibn-al-Wardī, Sirāǧ-ad-Dīn ʿUmar Ibn-Muẓaffar**

Širakac'i, Anania
→ **Anania ⟨Širakac'i⟩**

Šīrawaih Ibn-Šahridār
1053 – 1115
Ibn-Šahridār, Šīrawaih

Šīrāzī, ʿAbd-ar-Raḥmān Ibn-Naṣr ¬aš-¬
gest. 1183
ʿAbd-ar-Raḥmān Ibn-Naṣr aš-Šīrāzī
Ibn-Naṣr, ʿAbd-ar-Raḥmān aš-Šīrāzī
Shīrazī, ʿAbd al-Raḥmān ibn Naṣr
Šīrāzī, ʿAbd-ar-Raḥmān Ibn-Naṣrallāh ¬aš-¬

Šīrāzī, ʿAbd-ar-Raḥmān Ibn-Naṣrallāh ¬aš-¬
→ **Šīrāzī, ʿAbd-ar-Raḥmān Ibn-Naṣr ¬aš-¬**

Šīrāzī, Abū-Isḥāq Ibrāhīm Ibn-ʿAlī ¬aš-¬
1003 – 1083
Abū-Isḥāq Ibrāhīm Ibn-ʿAlī aš-Šīrāzī
Fīrūzābādī aš-Šīrāzī, Abū-Isḥāq Ibrāhīm Ibn-ʿAlī ¬al-¬
Ibrāhīm Ibn-ʿAlī aš-Šīrāzī, Abū-Isḥāq
Shīrāzī, Abū-Isḥāq Ibrāhīm Ibn-ʿAlī ¬ash-¬
Šīrāzī, Ibrāhīm Ibn-ʿAlī ¬aš-¬

Šīrāzī, Ibrāhīm Ibn-ʿAlī ¬aš-¬
→ **Šīrāzī, Abū-Isḥāq Ibrāhīm Ibn-ʿAlī ¬aš-¬**

Šīrāzī, Maḥmūd Ibn-Ḍiyāʾ-ad-Dīn ¬aš-¬
→ **Šīrāzī, Naǧm-ad-Dīn Maḥmūd Ibn-Ḍiyāʾ-ad-Dīn ¬aš-¬**

Šīrāzī, Maḥmūd Ibn-Masʿūd ¬aš-¬
→ **Šīrāzī, Quṭb-ad-Dīn Maḥmūd Ibn-Masʿūd ¬aš-¬**

Šīrāzī, Muḥammad Ibn-Yaʿqūb ¬aš-¬
→ **Fīrūzābādī, Muḥammad Ibn-Yaʿqūb ¬al-¬**

Šīrāzī, Muṣliḥ-ad-Dīn
→ **Saʿdī**

Šīrāzī, Naǧm-ad-Dīn Maḥmūd Ibn-Ḍiyāʾ-ad-Dīn ¬aš-¬
gest. 1330
ch-Chyrazy, Najm addyn
Chyrazy, Najm addyn
Mahmoud ibn-Dya id-Dīn
Ibn-Ḍiyāʾ-ad-Dīn, Naǧm-ad-Dīn Maḥmūd aš-Šīrāzī
Naǧm-ad-Dīn Maḥmūd Ibn-Ḍiyāʾ-ad-Dīn aš-Šīrāzī
Najm ad-Dyn Mahmoud
Shirazi, Nadjmo'd-din Mahmud
Shīrāzī, Najm al-Dīn Maḥmūd Ibn Ḍiyāʾ al-Dīn
Šīrāzī, Maḥmūd Ibn-Ḍiyāʾ-ad-Dīn ¬aš-¬

Šīrāzī, Quṭb-ad-Dīn Maḥmūd Ibn-Masʿūd ¬aš-¬
gest. 1311
Maḥmūd Ibn-Masʿūd aš-Šīrāzī
Qoṭboddîn Shîrâzî
Quṭb-ad-Dīn aš-Šīrāzī
Quṭb-ad-Dīn Maḥmūd Ibn-Masʿūd aš-Šīrāzī
Shīrāzī, Quṭb al-Dīn Maḥmūd ibn Masʿūd
Šīrāzī, Maḥmūd Ibn-Masʿūd ¬aš-¬

Sīrīn, Muḥammad ¬ibn-¬
→ **Muḥammad Ibn-Sīrīn**

Siro ⟨di Cluny⟩
→ **Syrus ⟨Cluniacensis⟩**

Širwānī, Fatḥallāh ¬aš-¬
gest. ca. 1453
Fatḥallāh aš-Širwānī
Shirwānī, Fatḥ Allāh

Sisbertus ⟨Toletanus⟩
7. Jh.
Lamentum paenitentiae
Cpl 1533; DOC,2,1621
Sisbert ⟨de Tolède⟩
Sisbert ⟨Evêque⟩
Sisberto ⟨di Toledo⟩
Sisberto ⟨Vescovo⟩
Sisbertus ⟨Archiepiscopus⟩
Toletanus, Sisbertus

Sisebut ⟨Westgotenreich, König⟩
gest. 621
De ratione temporum
LMA,VII,1938; Tusculum-Lexikon
Sisebut ⟨Westgotischer König⟩
Sisebutus ⟨Gothorum Rex⟩
Sisebutus ⟨Rex Visigothorum⟩
Sisebutus ⟨Rex Wisigothorum⟩
Sisebutus ⟨Visigothorum Rex⟩

Sisenand ⟨Westgotenreich, König⟩
gest. 636
Isidori Epistula ad Sisenandum Regem
Cpl 1204;1211
Sisenand ⟨König der Visigoten⟩
Sisenand ⟨Roi des Wisigoths⟩
Sisenandus ⟨Rex⟩

Sisinnius ⟨Constantinopolitanus, II.⟩
gest. ca. 998
Synodaldekrete
LMA,VII,1938/39; LThK
Sisinne ⟨de Constantinople⟩
Sisinne ⟨de Constantinople, II.⟩
Sisinne ⟨Magister⟩
Sisinne ⟨Patriarche⟩
Sisinnios ⟨Patriarch⟩
Sisinnios ⟨Patriarch, II.⟩
Sisinnios ⟨von Konstantinopel⟩
Sisinnios ⟨von Konstantinopel, II.⟩
Sisinnius ⟨Constantinopolitanus⟩
Sisinnius ⟨Iurisperitus⟩
Sisinnius ⟨Patriarcha⟩

Sisinnius ⟨Papa⟩
um 708
LMA,VII,1939
Sisinno ⟨Papa⟩

Siso, Henricus
→ **Seuse, Heinrich**

Sisto ⟨Papa, IV.⟩
→ **Sixtus ⟨Papa, IV.⟩**

Sittich, Erhard
um 1499
Almanach auf das Jahr 1499
VL(2),8,1288/89
Erhard ⟨Sittich⟩

Siuti, Jalal-addin al-Siuti
→ **Suyūṭī, Ǧalāl-ad-Dīn ʿAbd-ar-Raḥmān Ibn-Abī-Bakr ¬as-¬**

Siviard ⟨de Jublains⟩
→ **Siviardus ⟨Anisolensis⟩**

Siviardus ⟨Anisolensis⟩
gest. 536 bzw. 687
Vita S. Carilefi; Vita S. Siviardi
Potth. 1024
Siviard ⟨Anisolensis⟩
Siviard ⟨de Diablintica⟩

Siviard ⟨de Jublains⟩
Siviard ⟨de Saint-Calais⟩
Siviard ⟨Saint⟩
Siviardus ⟨Abbas Anisolensis⟩
Siviardus ⟨Sanctus⟩

Sivry, Jean ¬de¬
→ **Jean ⟨de Sivry⟩**

Sixt ⟨Buchsbaum⟩
→ **Buchsbaum, Sixt**

Sixte ⟨Pape, IV.⟩
→ **Sixtus ⟨Papa, IV.⟩**

Sixtus ⟨Papa, IV.⟩
1414 – 1484
LMA,VII,1944
DellaRovere, Francesco
Francesco ⟨della Rovere⟩
Francesco ⟨di Savona⟩
Franciscus ⟨de Rovere⟩
François ⟨delle Rovere⟩
Rovere, Francesco ¬della¬
Sisto ⟨Papa, IV.⟩
Sixte ⟨Pape, IV.⟩
Sixtus ⟨Episcopus⟩

Sjeddad, Bohadino
→ **Ibn-Šaddād, Yūsuf Ibn-Rāfiʿ**

Skáldaspillir, Eyvindr
→ **Eyvindr ⟨Skáldaspillir⟩**

Skallagrímsson, Egill
→ **Egill ⟨Skallagrímsson⟩**

Skanderbeg
→ **Georgius ⟨Castriota⟩**

Skelton, Johannes
→ **Johannes ⟨Skelton⟩**

Sketiotes, Daniel
→ **Daniel ⟨Scetiota⟩**

Sklentzas, Andreas
→ **Andreas ⟨Sclengia⟩**

Skúlason, Einarr
→ **Einarr ⟨Skúlason⟩**

Skutariotes, Theodoros
→ **Theodorus ⟨Scutariota⟩**

Skylitzes, Georgios
→ **Georgius ⟨Scylitza⟩**

Skylitzēs, Iōannēs
→ **Johannes ⟨Scylitza⟩**

Slade, Guilelmus
gest. ca. 1415 · OCist
Super universalia; In Physica; Quaestiones de anima; etc.
Lohr; LMA,VII,2000
Guilelmus ⟨Slade⟩
Guilelmus ⟨Sladius⟩
Guillaume ⟨Slade⟩
Slade, Guillaume
Slade, William
William ⟨Slade⟩

Slane, Philippus ¬de¬
→ **Philippus ⟨de Slane⟩**

Slatheim, Giselher ¬von¬
→ **Giselher ⟨von Slatheim⟩**

Slavonia, Gregorius ¬de¬
→ **Gregorius ⟨de Slavonia⟩**

Slecht, Reinbold
gest. 1430
Fortsetzung der „Flores temporum" (ab Karl IV)
VL(2),9,1/4
Reinbold ⟨Slecht⟩
Reinhold ⟨Slecht⟩
Slecht, Reinhold

Sleosgin, Johann
1389 – ca. 1442
Hausbuch
VL(2),9,4/6
Jan ⟨Sloesgin⟩
Johann ⟨Sloesgin⟩
Sloesgin, Jan

Sletstat, Johannes ¬de¬
→ **Johannes ⟨de Schlettstadt⟩**

Slitpacher, Johannes
→ **Schlitpacher, Johannes**

Slob-dpon Zla-ba-grags-pa
→ **Candrakīrti**

Sloesgin, Jan
→ **Sleosgin, Johann**

Slupcza, Johannes ¬de¬
→ **Johannes ⟨de Slupcza⟩**

Sluter, Claus
1350 – 1406
Bildhauer
Thieme-Becker; LThK
Celoistre, Claus
Celuister, Claus
Celustre, Claus
Claus ⟨Celoistre⟩
Claus ⟨de Slutere⟩
Claus ⟨Sluter⟩
Klaus ⟨Sluter⟩
Seluster, Claus
Slustre, Claus
Sluter, Claes
Sluter, Klaas
Sluter, Klaus
Slutere, Claus ¬de¬
Slutre, Claus
Sluyter, Claus

Sluys, Willem ¬van¬
geb. 1453
Chronycke
Guillaume ⟨van der Sluys⟩
Sluys, Guillaume ¬van¬
Willem ⟨de Pastoor⟩
Willem ⟨te Rotterdam⟩
Willem ⟨van Sluys⟩

Sluyter, Claus
→ **Sluter, Claus**

Slyner, Berthold
um 1440/80
Medizinische Texte
VL(2),9, 6/7
Berthold ⟨Slyner⟩
Berthold ⟨von Eschenbach⟩
Berthold ⟨von Wolframseschenbach⟩
Pertolt ⟨Slyner von Eschenbach⟩
Pertolt ⟨Slyner von Wolframs-Eschenbach⟩

Smaragde ⟨de Saint-Maximin de Trèves⟩
→ **Smaragdus ⟨Sancti Maximini⟩**

Smaragde ⟨de Saint-Mihiel⟩
→ **Smaragdus ⟨Sancti Michaelis⟩**

Smaragde ⟨Exarque de Ravenne⟩
→ **Smaragdus ⟨Exarchus⟩**

Smaragdus ⟨Abbas⟩
→ **Smaragdus ⟨Sancti Michaelis⟩**

Smaragdus ⟨Anianensis⟩
→ **Ardo ⟨Anianensis⟩**

Smaragdus ⟨de Sancto Michaele Virdunensi⟩
→ **Smaragdus ⟨Sancti Michaelis⟩**

Smaragdus ⟨Exarchus⟩
um 584/588
Epistola ad Childebertum II regem (585 aut 590): Cum bona omnia
Potth. 1024
Exarchus, Smaragdus
Romanus ⟨Exarchus⟩
Smaragde ⟨Exarque de Ravenne⟩

Smaragdus ⟨Hibernus⟩
→ **Smaragdus ⟨Sancti Michaelis⟩**

Smaragdus ⟨Sancti Maximini⟩
um 800
Commentarium in psalmos
DOC,2,1624; PL 129,1022
Sancti Maximini, Smaragdus
Smaragde ⟨de Saint-Maximin de Trèves⟩
Smaragdus ⟨Presbyter et Monachus Sancti Maximini Trevirensis⟩
Smaragdus ⟨Treverensis⟩

Smaragdus ⟨Sancti Michaelis⟩
gest. ca. 830
Expositio libri comitis; Liber in partibus Donati; Via regia; etc.; nicht identisch mit Murethach
LMA,VII,2011/12; Tusculum-Lexikon
Exmaredus
Hamaraedus
Maradus
Maragdus
Moridacc
Muridac
Sancti Michaelis, Smaragdus
Schmaragdus
Smaracdus
Smaragd ⟨von Sankt Mihiel⟩
Smaragde ⟨de Saint-Mihiel⟩
Smaragdus ⟨Abbas⟩
Smaragdus ⟨de Sancto Michaele Virdunensi⟩
Smaragdus ⟨Hibernus⟩
Smaragdus ⟨Virdunensis⟩
Smaragdus ⟨von Sankt Mihiel⟩
Zmaractus
Zmaragdus

Smaragdus ⟨Treverensis⟩
→ **Smaragdus ⟨Sancti Maximini⟩**

Smaragdus ⟨Virdunensis⟩
→ **Smaragdus ⟨Sancti Michaelis⟩**

Smaragdus, Ardo
→ **Ardo ⟨Anianensis⟩**

Smed, Hermann
→ **Smid, Hermann**

Smeregus, Nicolaus
→ **Nicolaus ⟨Smeregus⟩**

Smet, Andries ¬de¬
um 1486
Die alder-excellentste cronycke van Brabant, Hollant, Seelant, Vlaenderen (bis 1486)
Potth. 306; 1024
Andries ⟨de Smet⟩

Smid, Hermann
Lebensdaten nicht ermittelt
2 Liebeslieder
VL(2),9,7/8
Hermann ⟨Smed⟩
Hermann ⟨Smid⟩
Smed, Hermann

Smidmer, Michael
→ **Schmidmer, Michael**

Smieher, Peter
→ **Schmieher, Peter**

Smil ⟨Flaška⟩
ca. 1350 – 1403
Nová rada
Rep.Font. IV,466; LMA,VII,2012/13
Flaška, Smil
Flaška z Pardubic, Smil
Pardubic, Smil Flaška ¬z¬
Smil ⟨Flaska de Pardubitz⟩
Smil ⟨Flaška z Pardubic⟩
Smil ⟨Flaška z Riesenberka⟩
Smil ⟨Flaška z Rychmburka⟩

Smitzgew, Johannes
→ **Johannes ⟨Smitzkil⟩**

Smitzkil, Johannes
→ **Johannes ⟨Smitzkil⟩**

Smolenskij, Ignatij
→ **Ignatij ⟨Smolenskij⟩**

Smoljatič, Kliment
→ **Kliment ⟨Smoljatič⟩**

Smuczben
Lebensdaten nicht ermittelt
Jac.; I. Joh.
Stegmüller, Repert. bibl. 7696;7697

Smyrnaeus, Daniel
→ **Daniel ⟨Smyrnaeus⟩**

Smyrnaeus, Metrophanes
→ **Metrophanes ⟨Smyrnaeus⟩**

Smyrnaeus Artabasda, Nicolaus
→ **Nicolaus ⟨Rhabda⟩**

Snavel, Albertus
um 1421
Chronica rerum praecipue ad Belgii foederati provincias spectantium. Versibus leoninis. 1200-1421
Potth. 1024
Albert ⟨Snavel⟩
Albertus ⟨Snavel⟩
Snavel, Albert

Sneider, Jäkel
→ **Jacobus ⟨Schneider⟩**

Snepperer, Hans
→ **Rosenplüt, Hans**

Snerveding, Johannes
→ **Johannes ⟨Snerveding de Hamburg⟩**

Sneszewicz, Johannes
→ **Johannes ⟨Sneszewicz⟩**

Snettisham, Richardus
→ **Richardus ⟨Snettisham⟩**

Sneyth, Hugo ¬de¬
→ **Hugo ⟨de Sneyth⟩**

Šnorhali, Nerses
→ **Nerses ⟨Šnorhali⟩**

Snorrason, Oddr
→ **Oddr ⟨Snorrason⟩**

Snorre ⟨Sturlassøn⟩
→ **Snorri ⟨Sturluson⟩**

Snorri ⟨Sturluson⟩
1178/79 – 1241
LMA,VII,2016
Snorre ⟨Sturlassøn⟩
Snorre ⟨Sturlesøn⟩
Snorri ⟨Fils de Sturla⟩
Snorri ⟨Sturlasson⟩
Snorri ⟨Sturleson⟩
Snorri Sturluson
Snorro ⟨Sturlaeus⟩
Sturlaeus ⟨Thordius⟩
Sturlasøn, Snorre
Sturlasson, Snorri
Sturleson, Snorre
Sturleson, Snorro
Sturlesøn, Snorro
Sturluson, Snorre
Sturluson, Snorri
Sturlusyni, Snorra

Snorro ⟨Sturlaeus⟩
→ **Snorri ⟨Sturluson⟩**

Soardis, Johannes ¬de¬
→ **Johannes ⟨Parisiensis⟩**

Soares, Martin
um 1230/70
Cantigas de amor; Cantiga da garvaia
LMA,VII,2017
Martim ⟨Soares⟩
Martin ⟨Soares⟩
Martin ⟨Soarez⟩
Soares, Martim
Soarez, Martin

Sobrinho, Johannes
→ **Johannes ⟨Consobrinus⟩**

Soccus
→ **Conradus ⟨de Brundelsheim⟩**

Söflingen, Meinloh ¬von¬
→ **Meinloh ⟨von Sevelingen⟩**

Soest, Hermannus ¬de¬
→ **Hermannus ⟨de Soest⟩**

Soest, Johann ¬von¬
→ **Johann ⟨von Soest⟩**

Soest, Konrad ¬von¬
→ **Konrad ⟨von Soest⟩**

Soffredi ⟨del Grazia⟩
um 1271
Ital. Übersetzer des Albertanus ⟨Brixiensis⟩
DelGrazia, Soffredi
Grazia, Soffredi ¬del¬
Soffredi ⟨del Grathia⟩
Soffredi ⟨del Gratia⟩
Soffredus ⟨del Grathia⟩
Sofroy ⟨del Grathia⟩

Sofonia ⟨Monaco⟩
→ **Sophonias ⟨Monachus⟩**

Sofronio ⟨di Gerusalemme⟩
→ **Sophronius ⟨Hierosolymitanus⟩**

Sofroy ⟨del Grathia⟩
→ **Soffredi ⟨del Grazia⟩**

Sohrawardi, Omar Ibn Mohamed
→ **Suhrawardī, ʿUmar Ibn-Muḥammad ¬as-¬**

Soissons, Raoul ¬de¬
→ **Raoul ⟨de Soissons⟩**

Sōjun, Ikkyū
→ **Ikkyū, Sōjun**

Sojuti
→ **Suyūṭī, Ǧalāl-ad-Dīn ʿAbd-ar-Raḥmān Ibn-Abī-Bakr ¬as-¬**

Sokkason, Bergr
→ **Bergr ⟨Sokkason⟩**

Sola ⟨Heiliger⟩
gest. 794
LMA,VII,2028/29
Sola ⟨von Solenhofen⟩
Sola ⟨von Solnhofen⟩
Sualo ⟨Heiliger⟩
Sualo ⟨von Solnhofen⟩
Suolo ⟨von Solnhofen⟩

Sola ⟨von Solenhofen⟩
→ **Sola ⟨Heiliger⟩**

Soldanus, Saladinus
→ **Saladinus ⟨Soldanus⟩**

Soliaco, Odo ¬de¬
→ **Odo ⟨de Soliaco⟩**

Solitarius, Philippus
→ **Philippus ⟨Solitarius⟩**

Solo, Gerardus ¬de¬
→ **Gerardus ⟨de Solo⟩**

Solomon ⟨bar Simson⟩
→ **Šelomo Ben-Šimšôn**

Solomon ⟨Ben Judah⟩
→ **Ibn-Gabîrôl, Šelomo Ben-Yehûdā**

Solomon ⟨Ben Verga⟩
→ **Ibn-Wirgā, Šelomo**

Solothurn, Jakob ¬von¬
→ **Jakob ⟨von Solothurn⟩**

Soltau, Conradus ¬de¬
→ **Conradus ⟨de Soltau⟩**

Soltwedel, Helmoldus ¬de¬
→ **Helmoldus ⟨de Soltwedel⟩**

Someçvaradeva
→ **Someśvara ⟨Chalukya-Reich, König, III.⟩**

Somer, Johannes
→ **Johannes ⟨Somer⟩**

Somercote, Laurentius ¬de¬
→ **Laurentius ⟨de Somercote⟩**

Somerton, Johannes
→ **Johannes ⟨Somerton⟩**

Somerton, Laurent
→ **Laurentius ⟨de Somercote⟩**

Someśvara ⟨Chalukya-Reich, König, III.⟩
12. Jh.
Mānasollāsa
Bhūlokamalla
Bhūlokamalla Someśvara
Crîsomeçveradeva
Someçvaradeva
Someśvara
Someśvara ⟨Chalukya, König, III.⟩
Someṣvara ⟨III.⟩
Someśvara ⟨Kalyana, König, III.⟩
Someśvara, ⟨Dekhan, König, III.⟩
Someśvaradeva

Sommacampagna, Gidino ¬da¬
→ **Gidino ⟨da Sommacampagna⟩**

Sommer, Pankraz
um 1451/53
Med. Sammelhandschrift (verschollen)
VL(2),9,22/24
Pankraz ⟨Sommer⟩

Sommerfeld, Johannes –de¬
→ **Johannes ⟨de Sommerfeld⟩**

Sommi, Maladobato
um 1446
Dell'assedio di Cremona 1446, cronaca inedita
Potth. 1026
Maladobato ⟨Sommi⟩

Sonam Gyaltsen
→ **bSod-nams-rgyal-mtshan**

So-nan-chien-tsan
→ **bSod-nams-rgyal-mtshan**

So-nan-jen-ching
→ **sGam-po-pa**

Sonan-renjing
→ **sGam-po-pa**

Soncinas, Benedictus
→ **Benedictus ⟨Soncinas⟩**

Soncinas, Paulus
gest. 1494 · OP
Expositio in artem veterem; In universalia Porphyrii et Praedicamenta Aristotelis; Quaestiones metaphysicales; etc.
Lohr
Barbo, Paolo
Barbo, Paulo
Barbo, Paulus
Barbus, Paulus
Barbus, Paulus S.
Paolo ⟨Barbo⟩
Paul ⟨de Soncino⟩
Paulo ⟨Barbo⟩
Paulus ⟨Barbo⟩
Paulus ⟨Barbus⟩
Paulus ⟨Barbus de Soncino⟩
Paulus ⟨Barbus Soncinas⟩
Paulus ⟨de Soncino⟩
Paulus ⟨Soncinas⟩
Paulus ⟨Soncinatis⟩
Soncina, P.

Soncino, Johannes ¬de¬
→ **Johannes ⟨de Soncino⟩**

Sonetti, Bartolommeo ¬dalli¬
→ **Bartolommeo ⟨dalli Sonetti⟩**

Song, Boren
um 1235
Meihua-xishenpu
Sung, Po-jen

Son-Jara
→ **Sundjata ⟨Mali, König⟩**

Sonnace ⟨Archevêque⟩
→ **Sonnatius ⟨Remensis⟩**

Sonnacius ⟨Remensis⟩
→ **Sonnatius ⟨Remensis⟩**

Sonnatius ⟨Remensis⟩
um 600/622
Statuta synodalia ecclesiae Remensis (Verfasserschaft umstritten)
Cpl 1312; DOC,2,1637; LThK
Sonnace ⟨Archevêque⟩
Sonnace ⟨de Reims⟩
Sonnacius ⟨Archidiaconus⟩
Sonnacius ⟨Episcopus⟩
Sonnacius ⟨Remensis⟩
Sonnatius ⟨Erzbischof⟩
Sonnatius ⟨von Reims⟩
Sonnatus ⟨Archiepiscopus⟩

Sonneck, ¬Der von¬
→ **Suonegge, ¬Der von¬**

Sonnenburg, Friedrich ¬von¬
→ **Friedrich ⟨von Sonnenburg⟩**

Sophista, Hervaeus
→ **Hervaeus ⟨Sophista⟩**

Sophista, Teterius
→ **Teterius ⟨Sophista⟩**

Sophistes, Eutechnius
→ **Eutechnius ⟨Sophistes⟩**

Sophistes, Phoebammo
→ **Phoebammo ⟨Sophistes⟩**

Sophonias ⟨Monachus⟩
13./14. Jh.
Tusculum-Lexikon; CSGL; LThK
Monachus, Sophonias
Sofonia ⟨Monaco⟩

Sophrone ⟨d'Alexandrie⟩
→ **Sophronius ⟨Alexandrinus Grammaticus⟩**

Sophrone ⟨de Jérusalem⟩
→ **Sophronius ⟨Hierosolymitanus⟩**

Sophronios ⟨Patriarch⟩
→ **Silvester ⟨Sguropulus⟩**
→ **Sophronius ⟨Alexandrinus Grammaticus⟩**
→ **Sophronius ⟨Hierosolymitanus⟩**

Sophronios ⟨von Alexandrien⟩
→ **Sophronius ⟨Alexandrinus Grammaticus⟩**

Sophronios ⟨von Jerusalem⟩
→ **Sophronius ⟨Hierosolymitanus⟩**

Sophronios ⟨von Konstantinopel⟩
→ **Silvester ⟨Sguropulus⟩**

Sophronius ⟨Alexandrinus Grammaticus⟩
um 844/57
Excerpta ex Johannis Characis commentariis in Theodosii Alexandrini canones
DOC,2,1639
Alexandrinus Patriarcha, Sophronius
Sophrone ⟨d'Alexandrie⟩
Sophrone ⟨Patriarche⟩
Sophrone ⟨Patriarche d'Alexandrie⟩
Sophronios ⟨Patriarch⟩
Sophronios ⟨von Alexandreia⟩
Sophronios ⟨von Alexandrien⟩
Sophronius ⟨Alexandrinus⟩
Sophronius ⟨Alexandrinus Patriarcha⟩
Sophronius ⟨Grammaticus⟩
Sophronius ⟨Patriarcha Alexandrinus⟩

Sophronius ⟨Damascenus⟩
→ **Sophronius ⟨Hierosolymitanus⟩**

Sophronius ⟨Epigrammaticus⟩
→ **Sophronius ⟨Hierosolymitanus⟩**

Sophronius ⟨Grammaticus⟩
→ **Sophronius ⟨Alexandrinus Grammaticus⟩**

Sophronius ⟨Hierosolymitanus⟩
ca. 560 – 638
Tusculum-Lexikon; CSGL; LMA,VII,2054; LThK
Hierosolymitanus, Sophronius
Pseudo-Sophronius
Sofronio ⟨di Gerusalemme⟩
Sophrone ⟨de Jérusalem⟩
Sophronios ⟨Patriarch⟩
Sophronios ⟨von Jerusalem⟩
Sophronius ⟨Damascenus⟩
Sophronius ⟨de Jerusalem⟩
Sophronius ⟨Epigrammaticus⟩
Sophronius ⟨Patriarcha⟩
Sophronius ⟨Sancti Sabbae⟩
Sophronius ⟨Scriptor Ecclesiasticus⟩
Sophronius ⟨Sophista⟩

Sophronius ⟨Patriarcha⟩
→ **Sophronius ⟨Hierosolymitanus⟩**

Sophronius ⟨Patriarcha Alexandrinus⟩
→ **Sophronius ⟨Alexandrinus Grammaticus⟩**

Sophronius ⟨Sancti Sabbae⟩
→ **Sophronius ⟨Hierosolymitanus⟩**

Sophronius ⟨Scriptor Ecclesiasticus⟩
→ **Sophronius ⟨Hierosolymitanus⟩**

Sophronius ⟨Sophista⟩
→ **Sophronius ⟨Hierosolymitanus⟩**

Sorbona, Robertus ¬de¬
→ **Robertus ⟨de Sorbona⟩**

Sorbonia, Johannes ¬de¬
→ **Johannes ⟨de Sorbonia⟩**

Sorbonio, Hubertus ¬de¬
→ **Hubertus ⟨de Sorbonio⟩**

Sordello ⟨di Goito⟩
1200 – 1269
LMA,VII,2057/58
Goito, Sordello ¬di¬
Sordel ⟨di Goito⟩
Sordello ⟨da Goito⟩
Sordello ⟨di Goit⟩
Sordello ⟨di Mantova⟩
Sordello ⟨of Goito⟩
Sordellus ⟨de Godio⟩
Sordels ⟨de Got⟩

Sordello ⟨di Mantova⟩
→ **Sordello ⟨di Goito⟩**

Sorethus, Johannes
→ **Johannes ⟨Sorethus⟩**

Sorg, Anton
um 1451/77
Das Buch vom Leben der Meister (Übersetzung)
VL(2),9,25/28
Anthon ⟨Sorg⟩
Antoine ⟨Sorg⟩
Anton ⟨Sorg⟩
Sorg, Anthon
Sorg, Antoine

Sorskij, Nil
→ **Nil ⟨Sorskij⟩**

Šot'a ⟨Rust'aveli⟩
12./13. Jh.
Rustaweli, Schota
Rust'aveli, Šot'a
Rust'veli, Šot'a
Schota ⟨Rustaweli⟩
Schota ⟨Rusthaweli⟩
Šotha ⟨Rusthaweli⟩

Soterichus ⟨Caesariensis⟩
6. Jh.
Cpg 6800
Soterich ⟨Archevêque⟩
Soterich ⟨de Césarée⟩

Sottewain, Hugo
→ **Hugo ⟨Cantor⟩**

Sottovagina, Hugo
→ **Hugo ⟨Cantor⟩**

Souneck, Konrad ¬von¬
→ **Suonegge, ¬Der von¬**

Southamptonia, Guilelmus ¬de¬
→ **Guilelmus ⟨de Southamptonia⟩**

Southwell, Simon ¬de¬
→ **Simon ⟨de Southwell⟩**

Southwick, Guy ¬de¬
→ **Guido ⟨Sudwicensis⟩**

Soyoûti
→ **Suyūṭī, Ǧalāl-ad-Dīn ʿAbd-ar-Raḥmān Ibn-Abī-Bakr ¬as-¬**

Sozomenus ⟨Parisiensis⟩
13. Jh.
Historia ab a. 1001-1294
Potth. 1027

Sozomenus ⟨Pistoriensis⟩
gest. 1458
Chronicon universale
Sozomène ⟨de Pistoie⟩
Sozomenus ⟨da Pistoia⟩
Sozomenus ⟨de Pistoie⟩
Sozomenus ⟨Presbyter⟩

Sozomenus ⟨Presbyter⟩
→ **Sozomenus ⟨Pistoriensis⟩**

Sozopolitanus, Severus
→ **Severus ⟨Antiochenus⟩**

Spaciis, Johannes ¬de¬
→ **Johannes ⟨de Spaciis⟩**

Spalato, Thomas ¬de¬
→ **Thomas ⟨de Spalato⟩**

Spalding, Radulfus ¬de¬
→ **Radulfus ⟨de Spalding⟩**

Span, Johannes
→ **Johannes ⟨Span⟩**

Spanberg, Stephanus
→ **Stephanus ⟨Spanberg de Melk⟩**

Spanberger, Johannes
→ **Johannes ⟨Spanberger⟩**

Sparnau, Peter
gest. 1426
Bericht einer Pilgerfahrt nach Jerusalem
VL(2),9,31/32
Peter ⟨Sparnau⟩

Spauldingius, Radulfus
→ **Radulfus ⟨de Spalding⟩**

Spechio, Lupo ¬de¬
→ **Lupo ⟨de Spechio⟩**

Spechtshart, Hugo
1285 – 1359/60
Flores musicae omnis cantus Gregoriani; Chronica; Speculum grammaticale
LMA,VII,2086/87; Tusculum-Lexikon
Hugo ⟨de Rütlinga⟩
Hugo ⟨de Rütlingen⟩
Hugo ⟨Reutlingensis⟩
Hugo ⟨Spechizhart⟩
Hugo ⟨Spechtshart⟩
Hugo ⟨von Reutlingen⟩
Hugues ⟨Spechtshart⟩

Specialis, Nicolaus
→ **Nicolaus ⟨Specialis⟩**

Speciosa Vallis, Richalmus ¬de¬
→ **Richalmus ⟨de Speciosa Valle⟩**

Spengler, Georg
gest. 1423
Geschlechterbuch d. Fam. Spengler; Etlich geschicht; Ordnung des Sebastiansspitals
VL(2),9,76/78
Georg ⟨Spengler⟩
Georgius ⟨Spengler de Werdea⟩

Spera, Ambrosius
→ **Ambrosius ⟨Spiera⟩**

Sperman, Thomas
→ **Thomas ⟨Sperman⟩**

Spernaco, Balduinus ¬de¬
→ **Balduinus ⟨de Spernaco⟩**

Speroni, Ugo
um 1164/85
Eresia
LMA,VII,2093/94
Ugo ⟨Speroni⟩

Sperrer, Hans
gest. 1456/57
Chronik über die Ereignisse um Basel 1444-46
VL(2),9,80/81; Rep.Font. II,588
Brüglinger
Brüglinger, Hans
Brüglinger, Jean
Hans ⟨Brüglinger⟩
Hans ⟨Sperrer⟩

Spervogel
12. Jh.
VL(2),9,81/87; LMA,VII,2094/95; Meyer
Spervogel ⟨der Junge⟩

Spervogel ⟨der Alte⟩
→ **Herger**

Sperwer, ¬Der¬
14. Jh. · OP
Predigtauszüge
VL(2),9,87
Sperwer ⟨OP⟩

Speyer, Nestler ¬von¬
→ **Nestler ⟨von Speyer⟩**

Sphrantzes, Georgius
→ **Georgius ⟨Sphrantzes⟩**

Spiera, Ambrosius
→ **Ambrosius ⟨Spiera⟩**

Spies, Johannes
→ **Johannes ⟨Spies de Esslinga⟩**

Spies, Johannes
gest. 1455 · OESA
Continuatio libri qui intitulatur „Flores temporum"
VL(2),9,138/142
Johann ⟨Spies⟩
Johannes ⟨Spies⟩
Spies, Johann

Spina, Alfonsus ¬de¬
→ **Alfonsus ⟨de Spina⟩**

Spinello, Jacobus ¬de¬
→ **Jacobus ⟨de Spinello⟩**

Spinello, Matteo
→ **Matteo ⟨di Giovenazzo⟩**

Spinello Lambertini, Mattasala ¬di¬
→ **Lambertini, Mattasala**

Spira, Ambrosius ¬de¬
→ **Ambrosius ⟨Spiera⟩**

Spira, Iulianus ¬de¬
→ **Iulianus ⟨de Spira⟩**

Spira, Johannes ¬de¬
→ **Johannes ⟨de Spira⟩**

Spira, Petrus ¬de¬
→ **Petrus ⟨de Spira⟩**

Spira, Simon ¬de¬
→ **Simon ⟨de Spira⟩**

Spiritalis, Aegidius
→ **Aegidius ⟨Spiritalis de Perusio⟩**

Spirito, Lorenzo
ca. 1425 – 1496
Altro marte; Il publico; Libro delle sorti
Rep.Font. V,257
Gualtieri, Lorenzo
Gualtieri, Lorenzo Spirito
Laurent ⟨Gualtieri Spirito⟩
Lorenzo ⟨Spirito⟩
Lorenzo ⟨Spirito Gualtieri⟩
Spirito, Laurent Gualtieri
Spirito Gualtieri, Lorenzo

Spittendorff, Markus
um 1480
Denkwürdigkeiten
Marcus ⟨Spittendorff⟩
Markus ⟨Spittendorff⟩

Spitzer, Konrad
→ **Konrad ⟨Spitzer⟩**

Spitznagel, Petrus
→ **Petrus ⟨Spitznagel de Francofordia⟩**

Splićanin, Bernardin
→ **Bernardin ⟨Splićanin⟩**

Splitski Anonim
→ **Anonymus ⟨Spalatensis⟩**

Spolderman, Johannes
um 1452
Johannes ⟨Spolderman⟩

Spoletinus, Franciscus
→ **Franciscus ⟨Spoletinus⟩**

Spoleto, Johannes ¬de¬
→ **Johannes ⟨de Spoleto⟩**

Spoleto, Lambert ¬von¬
→ **Lamberto ⟨Italia, Imperatore⟩**

Spoleto, Manettellus ¬de¬
→ **Manettellus ⟨de Spoleto⟩**

Spoleto, Milianus ¬de¬
→ **Milianus ⟨de Spoleto⟩**

Spoleto, Philippus ¬de¬
→ **Philippus ⟨de Spoleto⟩**

Spoleto, Quilichinus ¬de¬
→ **Quilichinus ⟨de Spoleto⟩**

Sponcius ⟨Provincialis⟩
→ **Pontius ⟨Provincialis⟩**

Sprenger, Jakob
ca. 1439 – 1494 · OP
In lib. IV Sent.; Ein bredig von sant Johans; De institutione et approbatione societatis seu confraternitatis ss. Rosarii; Mitautorschaft am Malleus maleficarum umstritten
Kaeppeli,II,341/343; VL(2),9,149/157; LMA,VII,2134
Jacobus ⟨Sprenger⟩
Jakob ⟨Sprenger⟩
Sprenger, Iacobus
Sprenger, Jacob
Sprenger, Jacobus
Sprenger, Jakub
Sprengerus, Jacobus

Sprenger, Marquard
15. Jh.
Marquard ⟨Sprenger⟩

Spretus, Desiderius
1414 – 1474
De amplitudine, devastatione et de instauratione urbis Ravennae
Potth. 1029
Desiderio ⟨Spreti⟩
Desiderius ⟨Spreti⟩
Desiderius ⟨Spretus⟩
Desiderius ⟨Spretus Ravennas⟩
Didier ⟨Spreti⟩
Spreti, Desiderio
Spreti, Desiderius
Spreti, Didier

Sprimunder, Christian
→ **Kirstian ⟨Bruder⟩**

Sproll, Hans
15. Jh.
Reimpaargedicht
VL(2),9,179/180
Hans ⟨Sproll⟩

Sprottau, Johann
→ **Meurer, Johann**

Sprottus, Thomas
→ **Thomas ⟨Sprottus⟩**

Sprung, Christianus
→ **Christianus ⟨Sprung⟩**

Spudaeus, Theodorus
→ **Theodorus ⟨Spudaeus⟩**

Squerrer, Arnaud
→ **Arnaud ⟨Esquerrier⟩**

Śrí Harsha
→ **Śrīharṣa**

Śrīdhara
10. Jh.
Vaisesika-Philosoph

Śrīharṣa
12. Jh.
Ind. Hofdichter; Naiṣadhīya-carita; nicht identisch mit Harṣa ⟨Kanauj, König⟩
Harṣa
Harsha ⟨Śrí⟩
Śrí Harsha

Śrīvatsacihna
→ **Kūranārāyaṇa**

Śrīvatsāṅkāmiśra
→ **Kūranārāyaṇa**

Sropus, Thomas
→ **Thomas ⟨Scropus⟩**

Srpski i Pomorski, Danilo
→ **Danilo ⟨Srpski Patrijarh, III.⟩**

Ssassek
→ **Šašek z Bířkova, Václav**

Ssŭ-ma, Ch'eng-chen
→ **Sima, Chengzhen**

Ssu-ma, Tzu-wei
→ **Sima, Chengzhen**

Stabili, Francesco ¬degli¬
→ **Cecco ⟨d'Ascoli⟩**

Stablo, Christian ¬von¬
→ **Christianus ⟨Stabulensis⟩**

Stabulanus, Johannes
→ **Jean ⟨de Stavelot⟩**

Stadeck, Rudolf ¬von¬
→ **Stadegge, ¬Der von¬**

Stadegge, ¬Der von¬
um 1250
3 Lieder; Identität mit Rudolf II. von Stadeck wahrscheinlich
VL(2),9,214/216
Der von Stadegge
Rudolf ⟨Stadeck, II.⟩
Rudolf ⟨von Stadeck⟩
Stadeck, Der von
Stadeck, Rudolf ¬von¬
Stadegge ⟨Minnesänger⟩
Stadegge, ... ¬von¬

Stadtarzt ⟨von Landsberg⟩
15. Jh.
Chirurg. Manual
VL(2),5,548/549
Landsberg, Stadtarzt ¬von¬
Stadtarzt von Landsberg

Stadtkyll, Marquart ¬von¬
→ **Marquart ⟨von Stadtkyll⟩**

Stadtweg, Johannes
→ **Statwech, Johann**

Städler, Johannes
→ **Johannes ⟨Stedler de Landshut⟩**

Stagel, Elisabeth
ca. 1300 – ca. 1360 · OP
LThK; LMA,VIII,38/39
Elisabeth ⟨Stagel⟩
Elsbeth ⟨Stagel⟩
Elsbeth ⟨Stagelin⟩
Elsbeth ⟨Staglin⟩
Stagel, Elsbeth
Stagelin, Elsbeth
Staglin, Elsbeth

Stagnus
um 1310 · OP
Schneyer,V,462
Stagnus ⟨Prior⟩

Staigerwallder, Friderich
→ **Steigerwalder, Friedrich**

Stainer ⟨zu Matsee⟩
15. Jh.
Sinns der höchsten Meister von Paris (Neubearb.)
VL(2),9,229/230
Matsee, Stainer ¬zu¬
Stainer ⟨Laienarzt⟩

Stainhöwel, Heinrich
→ **Steinhöwel, Heinrich**

Stainreuter, Leopoldus
→ **Leopoldus ⟨de Vienna⟩**

Stainz, Bernhard ¬von¬
→ **Perger, Bernhard**

Stamberius, Johannes
→ **Johannes ⟨Stamberius⟩**

Stamheim, ¬Der von¬
um 1230
Der sig
VL(2),9,230/232
Der von Stamheim
Stamheim ⟨der Minnesänger⟩

Stampis, Guido ¬de¬
→ **Guido ⟨de Stampis, ...⟩**

Stampis, Guilelmus ¬de¬
→ **Guilelmus ⟨de Stampis⟩**

Stampis, Theobaldus ¬de¬
→ **Theobaldus ⟨de Stampis⟩**

Stanbery, John
→ **Johannes ⟨Stamberius⟩**

Stanconus, Obertus
→ **Obertus ⟨Stanconus⟩**

Standel, Johannes ¬de¬
→ **Johannes ⟨de Standel⟩**

Stanford, Gilbertus ¬de¬
→ **Gilbertus ⟨de Stanford⟩**

Stanfordus, Nicolaus
→ **Nicolaus ⟨Stenofordius⟩**

Staningtona, R. ¬de¬
→ **R. ⟨de Staningtona⟩**

Stanislas ⟨Abbé d'Oliva⟩
→ **Stanislaus ⟨Olivensis⟩**

Stanislas ⟨de Cracovie⟩
→ **Stanislaus ⟨de Cracovia⟩**
→ **Stanislaus ⟨Sanctus⟩**

Stanislas ⟨de Skarbimierz⟩
→ **Stanislaus ⟨de Scarbimiria⟩**

Stanislas ⟨de Zawada⟩
→ **Stanislaus ⟨de Zawada⟩**

Stanislas ⟨de Znaim⟩
→ **Stanislaus ⟨de Znoyma⟩**

Stanislas ⟨d'Oliva⟩
→ **Stanislaus ⟨Olivensis⟩**

Stanislas ⟨Hagiographe Polonais⟩
→ **Stanislaus ⟨de Cracovia⟩**

Stanislas ⟨Lecteur⟩
→ **Stanislaus ⟨de Cracovia⟩**

Stanislas ⟨Saint⟩
→ **Stanislaus ⟨Sanctus⟩**

Stanislaus ⟨Abbas Olivensis⟩
→ **Stanislaus ⟨Olivensis⟩**

Stanislaus ⟨Cieński⟩
→ **Cieński, Stanislaus**

Stanislaus ⟨Ciolek⟩
→ **Ciolek, Stanislaus**

Stanislaus ⟨Cracoviensis⟩
→ **Stanislaus ⟨Sanctus⟩**

Stanislaus ⟨de Cracovia⟩
um 1352 · OP
De vita et miraculis S. Hyacinthi
Potth. 1029; Kaeppeli,III,350; Schönberger/Kible, Repertorium, 17926
Cracovia, Stanislaus ¬de¬
Stanislas ⟨de Cracovie⟩
Stanislas ⟨Hagiographe Polonais⟩
Stanislas ⟨Lecteur⟩
Stanislaus ⟨Cracoviensis Lector⟩
Stanislaus ⟨Lector Cracoviensis⟩

Stanislaus ⟨de Gnezna⟩
um 1410/57
Lectura super Posteriorum; Lectura super Topicorum; Lectura super libros Physicorum; etc.
Lohr
Gnezna, Stanislaus ¬de¬
Stanisław ⟨z Gniezna⟩

Stanislaus ⟨de Scarbimiria⟩
gest. 1431
Sermones super „Gloria in excelsis"; De indulgentiis; Recommendatio universitatis de novo fundatae
Schönberger/Kible, Repertorium, 17927/17929
Scarbimiria, Stanislaus ¬de¬
Stanislas ⟨de Skarbimierz⟩
Stanislaus ⟨de Skarbimierz⟩
Stanisław ⟨ze Skalmierza⟩
Stanisław ⟨ze Skarbimierza⟩

Stanislaus ⟨de Wratislavia⟩
15. Jh. · OESA
Stegmüller, Repert. sentent. 821
Wratislavia, Stanislaus ¬de¬

Stanislaus ⟨de Zawada⟩
gest. ca. 1485
Commentarius in Genesim
Stegmüller, Repert. bibl. 7699
Stanislas ⟨de Zawada⟩
Stanislaus ⟨de Zawad⟩
Stanisław ⟨z Zawady⟩
Zawada, Stanislaus ¬de¬

Stanislaus ⟨de Zioyma⟩
→ **Stanislaus ⟨de Znoyma⟩**

Stanislaus ⟨de Znoyma⟩
gest. 1414
Quaestiones super librum Physicorum; Super De anima; Tractatus contra Hussitas; Tractatus de Romana ecclesia
Potth. 1029; Lohr
Stanislas ⟨de Znaim⟩
Stanislas ⟨de Znoyma⟩
Stanislaus ⟨de Zioyma⟩
Stanislaus ⟨de Znaim⟩
Stanislaus ⟨de Znoima⟩
Stanislaus ⟨de Znojmo⟩
Stanislaus ⟨von Znaim⟩
Stanisław ⟨ze Znojma⟩
Znaim, Stanislaus ¬de¬
Znoyma, Stanislaus ¬de¬

Stanislaus ⟨Episcopus⟩
→ **Ciolek, Stanislaus**
→ **Stanislaus ⟨Sanctus⟩**

Stanislaus ⟨Lector Cracoviensis⟩
→ **Stanislaus ⟨de Cracovia⟩**

Stanislaus ⟨Olivensis⟩
um 1349 · OCist
Wahrscheinlich Autor des älteren Teils der Fontes Olivenses n. 2. Chronica Olivensis
Potth. 453/454; 1029
Oliva, Stanislas ¬d'¬
Stanislas ⟨Abbé d'Oliva⟩
Stanislas ⟨d'Oliva⟩
Stanislaus ⟨Abbas Olivensis⟩
Stanislaus ⟨von Oliva⟩

Stanislaus ⟨Posnaniensis⟩
→ **Ciolek, Stanislaus**

Stanislaus ⟨Sanctus⟩
gest. 1079
LThK; LMA,VIII,56
Sanctus Stanislaus
Stanislas ⟨de Cracovie⟩
Stanislas ⟨Saint⟩
Stanislaus ⟨Cracoviensis⟩
Stanislaus ⟨Episcopus⟩
Stanislaus ⟨von Krakau⟩
Stanisław ⟨Bischof⟩
Stanisław ⟨Heiliger⟩
Stanisław ⟨von Krakau⟩

Stanislaus ⟨von Oliva⟩
→ **Stanislaus ⟨Olivensis⟩**

Stanislaus ⟨von Posen⟩
→ **Ciolek, Stanislaus**

Stanislaus ⟨von Znaim⟩
→ **Stanislaus ⟨de Znoyma⟩**

Stanislaw ⟨Cieński⟩
→ **Cieński, Stanislaus**

Stanisław ⟨z Gniezna⟩
→ **Stanislaus ⟨de Gnezna⟩**

Stanislaw ⟨z Zawady⟩
→ **Stanislaus ⟨de Zawada⟩**

Stanislaw ⟨ze Skarbimierza⟩
→ **Stanislaus ⟨de Scarbimiria⟩**

Stanisław ⟨ze Znojma⟩
→ **Stanislaus ⟨de Znoyma⟩**

Staphidaces, Johannes
→ **Johannes ⟨Staphidaces⟩**

Staphilartus, Guilelmus
→ **Guilelmus ⟨Staphilartus⟩**

Stargardia, Angelus ¬de¬
→ **Angelus ⟨de Stargardia⟩**

Starkenberg, Hartmann ¬von¬
→ **Hartmann ⟨von Starkenberg⟩**

Statius, Leonardus
→ **Leonardus ⟨de Datis⟩**

Statwech, Johann
um 1440
1 annalistische Weltchronik (lat.); 3 Weltchroniken (nd.); Chronicon vernaculum a Pipino usque ad a. 1441
VL(2),9,238/240
Jean ⟨Stadtweg de Poppendyck⟩
Johann ⟨Stadtweg⟩
Johann ⟨Stadtweg Poppendikensis⟩
Johann ⟨Statwech⟩
Johannes ⟨Stadtweg⟩
Johannes ⟨Stadtweg Poppendikensis⟩
Johannes ⟨Stadweg⟩
Johannes ⟨Statwech⟩
Poppendykesch Man
Stadtweg, Jean
Stadweg, Johannes
Statwech, Johan

Staucham, Thomas
→ **Thomas ⟨Staucham⟩**

Staufenberg, Egenolf ¬von¬
→ **Egenolf ⟨von Staufenberg⟩**

Stauracius, Johannes
→ **Johannes ⟨Stauracius⟩**

Stavelot, Jean ¬de¬
→ **Jean ⟨de Stavelot⟩**

Stavensby, Richardus ¬de¬
→ **Richardus ⟨de Stavensby⟩**

Stavestenus, Thomas
→ **Thomas ⟨de Straversham⟩**

Steccati de Visdominis, Onofrius
→ **Onofrius ⟨Steccati de Visdominis⟩**

Steckel, Konrad
um 1359
Übersetzung „De rebus incognitis" d. Odoricus ⟨de Portu Naonis⟩
VL(2),9,241/243
Chónradt ⟨der Stekkel⟩
Konrad ⟨Steckel⟩
Konrad ⟨Steckler⟩
Konrad ⟨Stokker⟩
Konrad ⟨Téchel⟩
Steckler, Konrad
Stokker, Konrad
Téchel, Konrad

Stecutus, Onuphrius
→ **Onofrius ⟨Steccati de Visdominis⟩**

Steczing, Kilianus
→ **Stetzing, Kilianus**

Stedler de Landshut, Johannes
→ **Johannes ⟨Stedler de Landshut⟩**

Stefan ⟨...⟩
→ **Stephan ⟨...⟩**

Stefan ⟨Dušan⟩
→ **Stefan Dušan ⟨Srbija, Car⟩**

Stefan ⟨Nemanjić⟩
→ **Stefan Nemanjić ⟨Srbija, Kralj⟩**

Stefan ⟨Permskij⟩
1345 – 1396
Perm, Stefan ¬von¬
Permskij, Stefan
Stephan ⟨von Perm⟩

Stefan ⟨Prvovenčani⟩
→ **Stefan Nemanjić ⟨Srbija, Kralj⟩**

Stefan ⟨Srbija, Kralj⟩
→ **Stefan Dušan ⟨Srbija, Car⟩**

Stefan ⟨Veltsperger⟩
→ **Veltsperger, Stefan**

Stefan Dušan ⟨Srbija, Car⟩
ca. 1308 – 1355
LMA,VIII,90/91
Dušan ⟨Serbien, König⟩
Dušan ⟨Serbien, Zar⟩
Dušan ⟨Srbija, Car⟩
Dušan ⟨Srbija, Kralj⟩
Dušan, Stefan
Dusan, Stephanos
Stefan ⟨Dušan⟩
Stefan ⟨Srbija, Kralj⟩
Stephan ⟨Dušan⟩
Stephan Dušan ⟨Serbien, Zar⟩

Stefan Nemanjić ⟨Srbija, Kralj⟩
gest. 1227
LMA,VIII,86
Nemanjić, Stefan
Nemanjić, Stevan
Stefan ⟨Nemanjić⟩
Stefan ⟨Prvovenčani⟩
Stefan Nemanjić ⟨Serbien, König⟩
Stevan ⟨Nemanjić⟩

Stefaneschi, Jacobus Gaetani
→ **Jacobus ⟨Gaetani Stefaneschi⟩**

Stefani, Giovanni
→ **Esteve, Joan**

Stefani, Marchionne di Coppo
→ **Marchiònne ⟨di Coppo Stefani⟩**

Stefano ⟨Aliberti⟩
→ **Innocentius ⟨Papa, VI.⟩**

Stefano ⟨Antecessore⟩
→ **Stephanus ⟨Antecessor⟩**

Stefano ⟨Aubert⟩
→ **Innocentius ⟨Papa, VI.⟩**

Stefano ⟨da Messina⟩
→ **Stefano ⟨Protonotaro⟩**

Stefano ⟨da Siena⟩
→ **Stefano ⟨Maconi⟩**

Stefano ⟨di Bisanzio⟩
→ **Stephanus ⟨Byzantinus⟩**

Stefano ⟨di Bostra⟩
→ **Stephanus ⟨Bostrensis⟩**

Stefano ⟨di Larissa⟩
→ **Stephanus ⟨Larissenus⟩**

Stefano ⟨di Mont'Alto⟩
um 1368
Chronicon Neritinum
Etienne ⟨de Nardo⟩
Mont'Alto, Stefano ¬di¬
Stefano ⟨di Nardo⟩
Stephanus ⟨de Nerito⟩
Stephanus ⟨Montis Alti⟩
Stephanus ⟨of Montalto⟩

Stefano ⟨di Muret⟩
→ **Stephanus ⟨de Mureto⟩**

Stefano ⟨di Nardo⟩
→ **Stefano ⟨di Mont'Alto⟩**

Stefano ⟨di Tournai⟩
→ **Stephanus ⟨Tornacensis⟩**

Stefano ⟨Infessura⟩
→ **Infessura, Stefano**

Stefano ⟨Maconi⟩
gest. 1421
Etienne ⟨de Sienne⟩
Etienne ⟨Maconi⟩
Maconi, Stefano
Stefano ⟨da Siena⟩
Stephan ⟨Carthusian⟩
Stephan ⟨the Carthusian⟩
Stephanus ⟨Carthusianus⟩
Stephanus ⟨Cartusa⟩

Stefano ⟨Papa, ...⟩
→ **Stephanus ⟨Papa, ...⟩**

Stefano ⟨Protonotaro⟩
um 1261/1300
Canzoni; Identität mit Stefano ⟨da Messina⟩ nicht gesichert
LMA,VIII,95
Protonotaro, Stefano
Stefano ⟨da Messina⟩

Stefano ⟨Sachlichis⟩
→ **Stephanus ⟨Sachlices⟩**

Stefano ⟨Santo⟩
→ **Stephanus ⟨de Mureto⟩**

Stefano ⟨Sguropulo⟩
→ **Stephanus ⟨Sguropulus⟩**

Stefano ⟨Tempier⟩
→ **Temperius, Stephanus**

Stefano ⟨Vescovo⟩
→ **Stephanus ⟨Larissenus⟩**

Stefano, Tommaso ¬di¬
→ **Giottino**

Stefano de Caputgallis, Francesco ¬di¬
→ **Franciscus ⟨Stephani de Caputgallis⟩**

Stefanus ⟨...⟩
→ **Stephanus ⟨...⟩**

Steffan ⟨...⟩
→ **Stephan ⟨...⟩**

Steffan ⟨Baumgartner⟩
→ **Baumgartner, Steffan**

Steffan ⟨Kapfman⟩
→ **Kapfman, Steffan**

Steffan ⟨Kauffmann⟩
→ **Kapfman, Steffan**

Steffanus ⟨...⟩
→ **Stephanus ⟨...⟩**

Stega, Winandus ¬de¬
→ **Winandus ⟨de Stega⟩**

Stegeler, Johannes
um 1466
Umgestaltung „Kaland" d. Könemann ⟨von Jerxheim⟩
VL(2),9,243
Johannes ⟨Stegeler⟩

Steiermark, Ottokar ¬von¬
→ **Ottokar ⟨von Steiermark⟩**

Steigerwalder, Friedrich
um 1470
Jerusalemfahrt des Grafen Gaudenz von Kirchberg ...
VL(2),9,243/245
Friderich ⟨Staigerwallder⟩
Friderich ⟨Steigerwallder⟩
Friedrich ⟨Steigerwalder⟩
Staigerwallder, Friderich
Steigerwallder, Friderich

Stein, Johann ¬von¬
→ **Heynlin, Johannes**

Stein, Marquart ¬von¬
→ **Marquart ⟨von Stein⟩**

Steinach, Bligger ¬von¬
→ **Bligger ⟨von Steinach⟩**

Steinhäuel, Heinrich
→ **Steinhöwel, Heinrich**

Steinhem
um 1400
1 Bar
VL(2),9,257/258
Maister Steinhem
Steinhem ⟨Lieddichter⟩
Steinhem ⟨Maister⟩
Steinhem ⟨Meister⟩

Steinhöwel, Heinrich
1411/12 – 1479
Pestbuch; Meister Constantini Buch; Tütsche Cronica; etc.
LMA,VIII,99/100; VL(2),9,258/278
Heinrich ⟨Steinhäuel⟩
Heinrich ⟨Steinhöwel⟩
Henri ⟨Steinhöwel⟩
Stainhöwel, Heinrich
Steinhäuel, Heinrich
Steinhoevel, Heinrich
Steinhöwel, Henricus

Steinhuser, Töni
um 1468
Lied über den Sundgaufeldzug
VL(2),9,278/279
Antoine ⟨Steinhuser⟩
Steinhuser, Antoine
Steinhuser, Toni
Toni ⟨Steinhuser⟩
Töni ⟨Steinhuser⟩

Steinlinger, Lutz
ca. 1400 – ca. 1460
Baumeisterbuch
VL(2),9,279/281
Lutz ⟨Steinlinger⟩
Steinlinger, Lutz ⟨der Jüngere⟩

Steinmar
→ **Steinmar, Berthold**

Steinmar ⟨Bruder⟩
14. Jh. · OP
Dicta
VL(2),9,284/285
Bruder Steinmar
Steinmarlin ⟨Bruder⟩

Steinmar ⟨der Herr⟩
→ **Steinmar, Berthold**

Steinmar, Berthold
13. Jh.
Lieder; Identität mit Berthold ⟨Steinmar von Klingenau⟩ nicht gesichert
LMA,VIII,102/03; VL(2),8,281,84
Berthold ⟨Herr Steinmar⟩
Berthold ⟨Steinmar⟩
Berthold ⟨Steinmar von Klingenau⟩
Berthold ⟨von Klingenau⟩
Klingnau, Berthold Steinmar ¬von¬
Steinmar
Steinmar ⟨der Herr⟩
Steinmar von Klinganu, Berthold
Steinmar von Klingenau, Berthold
Steinmar von Klingnau, Berthold

Steinmarlin ⟨Bruder⟩
→ **Steinmar ⟨Bruder⟩**

Steinreuter, Leopold
→ **Leopoldus ⟨de Vienna⟩**

Steinruck, Heinrich
gest. 1470
Aufzeichnungen über Ereignisse in Franken aus den Jahren 1430-1462
Potth. 1030; VL(2),9,285/286
Heinrich ⟨Steinruck⟩
Henri ⟨Steinruck⟩
Henricus ⟨Steinrück⟩
Henricus ⟨Steinrück de Trimberg⟩
Steinruck, Henri

Steinwert, Johannes
→ **Johann ⟨von Soest⟩**

Stella, Georgius
→ **Georgius ⟨Stella⟩**

Stella, Isaac ¬de¬
→ **Isaac ⟨de Stella⟩**

Stella, Johannes
um 1500
De vita ac moribus pontificum Romanorum
Jean ⟨Stella⟩
Johannes ⟨Stella⟩

Stella, Michael ¬de¬
→ **Michael ⟨de Stella⟩**

Stelleopardis, Dominicus ¬de¬
→ **Dominicus ⟨de Stelleopardis⟩**

Stelzer
14. Jh.
VL(2),9,286/287

Stencz, Bernhard ¬von¬
→ **Perger, Bernhard**

Stendal, Benedictus
→ **Benedictus ⟨Stendal⟩**

Stendal, Johannes ¬de¬
→ **Johannes ⟨de Standel⟩**

Stenofordius, Nicolaus
→ **Nicolaus ⟨Stenofordius⟩**

Stenzel ⟨Meister⟩
15. Jh.
Konsilium
VL(2),9,288/289
Meister Stenzel
Stenzel ⟨Laienarzt⟩

Steoro, Henricus
→ **Henricus ⟨Stero⟩**

Štěpán ⟨Páleč⟩
→ **Stephanus ⟨Palecz⟩**

Stepelinus ⟨Sancti Trudonis⟩
gest. 1095 · OSB
Miracula S. Trudonis
Potth. 1031; DOC,2,1659
Sancti Trudonis, Stepelinus
Serelinus ⟨Sancti Trudonis⟩
Stepelin ⟨Bénédictin à Saint-Trond⟩
Stepelin ⟨de Saint-Trond⟩
Stepelinus ⟨Monachus Sancti Trudonis⟩
Stepelinus ⟨Sancti Trudonis⟩
Stepelinus ⟨Trudonensis⟩

Stephan ⟨Baumgartner⟩
→ **Baumgartner, Steffan**

Stephan ⟨Browne⟩
→ **Stephanus ⟨Broune⟩**

Stephan ⟨Carthusian⟩
→ **Stefano ⟨Maconi⟩**

Stephan ⟨der Heilige⟩
→ **István ⟨Magyarország, Király, I.⟩**

Stephan ⟨der Meister⟩
14. Jh.
VL(2); Potth.

Etienne ⟨le Maître d'Ecole⟩
Meister Stephan
Stephan ⟨Maître d'Ecole⟩
Stephan ⟨Meister⟩
Stephanus ⟨Magister⟩

Stephan ⟨Dušan⟩
→ **Stefan Dušan ⟨Srbija, Car⟩**

Stephan ⟨England, König⟩
→ **Stephen ⟨England, King⟩**

Stephan ⟨Fridolin⟩
→ **Fridolin, Stephan**

Stephan ⟨Harding⟩
→ **Stephanus ⟨Harding⟩**

Stephan ⟨Hoest⟩
→ **Hoest, Stephanus**

Stephan ⟨Irmi⟩
→ **Stephanus ⟨Irmi⟩**

Stephan ⟨Kapfman⟩
→ **Kapfman, Steffan**

Stephan ⟨Langton⟩
→ **Langton, Stephanus**

Stephan ⟨Lochner⟩
→ **Lochner, Stephan**

Stephan ⟨Maître d'Ecole⟩
→ **Stephan ⟨der Meister⟩**

Stephan ⟨Maler⟩
→ **Schriber, Stephan**

Stephan ⟨Markwart von Stockharn⟩
→ **Stephanus ⟨de Stockarn⟩**

Stephan ⟨Meister⟩
→ **Stephan ⟨der Meister⟩**

Stephan ⟨Palicz⟩
→ **Stephanus ⟨Palecz⟩**

Stephan ⟨Papst, ...⟩
→ **Stephanus ⟨Papa, ...⟩**

Stephan ⟨Pfalz-Zweibrücken, Pfalzgraf⟩
1385 – 1459
Stephan ⟨Pfalz, Pfalzgraf⟩
Stephan ⟨Pfalzgraf⟩
Stephan ⟨Pfalz-Zweibrücken, Herzog, I.⟩
Stephan ⟨Simmern-Zweibrücken, Pfalzgraf⟩

Stephan ⟨Presbyter⟩
→ **Stephanus ⟨Electus⟩**

Stephan ⟨Schriber⟩
→ **Schriber, Stephan**

Stephan ⟨Simmern-Zweibrücken, Pfalzgraf⟩
→ **Stephan ⟨Pfalz-Zweibrücken, Pfalzgraf⟩**

Stephan ⟨Tempier⟩
→ **Temperius, Stephanus**

Stephan ⟨the Carthusian⟩
→ **Stefano ⟨Maconi⟩**

Stephan ⟨Ungarn, König, I.⟩
→ **István ⟨Magyarország, Király, I.⟩**

Stephan ⟨von Autun⟩
→ **Stephanus ⟨Augustodunensis⟩**
→ **Stephanus ⟨de Balgiaco⟩**

Stephan ⟨von Baugé⟩
→ **Stephanus ⟨de Balgiaco⟩**

Stephan ⟨von Besançon⟩
→ **Stephanus ⟨de Bisuntio⟩**

Stephan ⟨von Bourbon⟩
→ **Stephanus ⟨de Borbone⟩**

Stephan ⟨von Brandenburg⟩
→ **Stephanus ⟨Bodeker⟩**

Stephan ⟨von Colonia⟩
→ **Stephanus ⟨de Kolin⟩**

Stephan ⟨von Doornick⟩
→ **Stephanus ⟨Tornacensis⟩**

Stephan ⟨von Dorpat⟩
14. Jh.
Schachbuch; Cato
VL(2),9,290/293
Dorpat, Stephan ¬von¬
Etienne ⟨de Dorpat⟩

Stephan ⟨von Fougères⟩
→ **Étienne ⟨de Fougères⟩**

Stephan ⟨von Gumppenberg⟩
15. Jh.
Warhafftige Beschreibung der Meerfahrt ...
Gumpenberg, Steffan ¬von¬
Gumpenberg, Stephan ¬von¬
Gumppenberg, Stephan ¬von¬
Steffan ⟨von Gumpenberg⟩
Stephan ⟨von Gumpenberg⟩

Stephan ⟨von Kolin⟩
→ **Stephanus ⟨de Kolin⟩**

Stephan ⟨von Landskron⟩
ca. 1410 – 1477
LMA,VIII,122; VL(2),9,295/301
Etienne ⟨de Landskron⟩
Etienne ⟨de Lantzkrana⟩
Landskron, Stephan ¬von¬
Lantzkrana, Stephanus ¬de¬
Lanzkranna, Stephan ¬von¬
Stephan ⟨von Landskrona⟩
Stephanus ⟨de Landskrana⟩
Stephanus ⟨de Landskron⟩
Stephanus ⟨de Lantzkrana⟩

Stephan ⟨von Lexington⟩
→ **Stephanus ⟨de Lexinton⟩**

Stephan ⟨von Lüttich⟩
→ **Stephanus ⟨Leodiensis⟩**

Stephan ⟨von Muret⟩
→ **Stephanus ⟨de Mureto⟩**

Stephan ⟨von Páleč⟩
→ **Stephanus ⟨Palecz⟩**

Stephan ⟨von Perm⟩
→ **Stefan ⟨Permskij⟩**

Stephan ⟨von Poligny⟩
→ **Stephanus ⟨de Poliniaco⟩**

Stephan ⟨von Prag⟩
→ **Stephanus ⟨Palecz⟩**

Stephan ⟨von Rouen⟩
→ **Stephanus ⟨Rothomagensis⟩**

Stephan ⟨von Salagnac⟩
→ **Stephanus ⟨de Salaniaco⟩**

Stephan ⟨von Stockharn⟩
→ **Stephanus ⟨de Stockarn⟩**

Stephan ⟨von Thiers⟩
→ **Stephanus ⟨de Mureto⟩**

Stephan ⟨von Tournai⟩
→ **Stephanus ⟨Tornacensis⟩**

Stephan ⟨von Vienne⟩
→ **Stephanus ⟨Viennensis⟩**

Stephan Dušan ⟨Serbien, Zar⟩
→ **Stefan Dušan ⟨Srbija, Car⟩**

Stephanardo ⟨Flamma⟩
→ **Stephanardus ⟨de Vicomercato⟩**

Stephanardus ⟨de Vicomercato⟩
gest. ca. 1297 · OP
Poema de gestis in civitate Mediolani
Flamma, Stephanardo
Stephanard ⟨de Vicomercato⟩
Stephanardo ⟨Flamma⟩
Stephanardus ⟨Flamma de Vicomercato⟩
Stephanus ⟨de Vico Mercato⟩
Stephanus ⟨de Vicomercato⟩
Vicomercato, Stephanardus ¬de¬

Stephani, Jean
→ **Jean ⟨d'Etienne⟩**

Stephani, Raimundus
→ **Raimundus ⟨Stephani⟩**

Stephani de Caputgallis, Franciscus
→ **Franciscus ⟨Stephani de Caputgallis⟩**

Stephani de Valon, Jean
→ **Jean ⟨d'Etienne⟩**

Stephanides, Guilelmus
→ **Guilelmus ⟨Stephanides⟩**

Stephanos ⟨Antecessor⟩
→ **Stephanus ⟨Antecessor⟩**

Stephanos ⟨Byzantios⟩
→ **Stephanus ⟨Byzantinus⟩**

Stephanos ⟨Diakonos⟩
→ **Stephanus ⟨Constantinopolitanus⟩**

Stephanos ⟨Gobaros⟩
→ **Stephanus ⟨Gobarus⟩**

Stephanos ⟨ho Sachlikēs⟩
→ **Stephanus ⟨Sachlices⟩**

Stephanos ⟨Mansur⟩
→ **Stephanus ⟨Mansur⟩**

Stephanos ⟨Oikumenikos Didaskalos⟩
→ **Stephanus ⟨Alexandrinus⟩**

Stephanos ⟨Sabaïtes⟩
→ **Stephanus ⟨Sabaita⟩**

Stephanos ⟨Sachlikēs⟩
→ **Stephanus ⟨Sachlices⟩**

Stephanos ⟨Thaumaturgos⟩
→ **Stephanus ⟨Sabaita⟩**

Stephanos ⟨von Byzanz⟩
→ **Stephanus ⟨Byzantinus⟩**

Stephanos ⟨von Konstantinopel⟩
→ **Stephanus ⟨Constantinopolitanus⟩**

Stephanus ⟨Abbas⟩
→ **Stephanus ⟨Leodiensis⟩**

Stephanus ⟨Abbas Sancti Urbani in Iovis Villa⟩
→ **Stephanus ⟨Sancti Urbani⟩**

Stephanus ⟨Aeddius⟩
→ **Aeddius ⟨Stephanus⟩**

Stephanus ⟨Africanus⟩
→ **Stephanus ⟨Presbyter Africanus⟩**

Stephanus ⟨Africanus⟩
um 648
Epistula ad Constantinum
DOC,2,1660
Africanus, Stephanus

Stephanus ⟨Alchemista⟩
→ **Stephanus ⟨Alexandrinus⟩**

Stephanus ⟨Alexandrinus⟩
7. Jh.
Commentarium in Ptolemaei canones; In Aristotelis De interpretatione; De magna et sacra arte; vielleicht identisch mit Stephanus ⟨Alchemista⟩ (Verf. von „De magna et sacra arte")
DOC,2,1660/61; Tusculum-Lexikon
Alexandrinus, Stephanus
Etienne ⟨d'Alexandrie⟩
Stephanos ⟨Oikumenikos Didaskalos⟩
Stephanus ⟨Alchemista⟩
Stephanus ⟨of Alexandria⟩
Stephanus ⟨Philosophus⟩
Stephen ⟨of Alexandria⟩

Stephanus ⟨Aliberti⟩
→ **Innocentius ⟨Papa, VI.⟩**

Stephanus ⟨Altissiodorensis⟩
→ **Stephanus ⟨de Cudot⟩**
→ **Stephanus ⟨de Venesiaco⟩**
→ **Stephanus ⟨Presbyter Africanus⟩**

Stephanus ⟨Anglia, Rex⟩
→ **Stephen ⟨England, King⟩**

Stephanus ⟨Anglicus⟩
→ **Langton, Stephanus**

Stephanus ⟨Aniciensis⟩
Lebensdaten nicht ermittelt
Acta alia SS. Placidi, discipuli S. Benedicti; Epistula in passionem S. Placidi
Potth. 1031
Stephanus ⟨Aniciensis Episcopus⟩

Stephanus ⟨Antecessor⟩
6. Jh.
Tusculum-Lexikon
Antecessor, Stephanus
Stefano ⟨Antecessore⟩
Stephanos ⟨Antecessor⟩

Stephanus ⟨Antissiodorensis⟩
→ **Stephanus ⟨de Venesiaco⟩**

Stephanus ⟨Archiepiscopus⟩
→ **Langton, Stephanus**
→ **Stephanus ⟨Viennensis⟩**

Stephanus ⟨Arelatensis⟩
um 545
Vita S. Caesarii ep. Arel.
Potth. 1031
Etienne ⟨Diacre à Arles⟩
Etienne ⟨d'Arles⟩

Stephanus ⟨Arlandi⟩
um 1330
Arlandi, Etienne
Arlandi, Stephanus
Arnaud, Etienne
Etienne ⟨Arlandi⟩
Etienne ⟨Arnaud⟩

Stephanus ⟨Asceticus⟩
→ **Stephanus ⟨Siunicensis⟩**

Stephanus ⟨Augustodunensis⟩
→ **Stephanus ⟨de Balgiaco⟩**

Stephanus ⟨Augustodunensis⟩
um 1170/89
De sacramento altaris (früher galt Stephanus ⟨de Balgiaco⟩ als Verf.)
LMA,VIII,119
Autun, Stephan ¬von¬
Etienne ⟨d'Autun⟩
Stephan ⟨von Autun⟩

Stephanus ⟨Aurelianensis⟩
→ **Stephanus ⟨Tornacensis⟩**
→ **Temperius, Stephanus**

Stephanus ⟨aus Damaskos⟩
→ **Stephanus ⟨Mansur⟩**

Stephanus ⟨Autissiodorensis⟩
→ **Stephanus ⟨de Venesiaco⟩**
→ **Stephanus ⟨Presbyter Africanus⟩**

Stephanus ⟨Autissiodorensis Archidiaconus⟩
→ **Stephanus ⟨de Cudot⟩**

Stephanus ⟨Beccensis⟩
→ **Stephanus ⟨Rothomagensis⟩**

Stephanus ⟨Berout⟩
um 1230
Quaestiones theologicae; Sermones
Schneyer,V,463
Berord, Etienne
Bérout, Etienne
Berout, Stephanus
Etienne ⟨Berord⟩
Etienne ⟨Bérout⟩
Stephanus ⟨Bérord⟩
Stephanus ⟨de Brie⟩

Stephanus ⟨Birchingtonius⟩
gest. ca. 1380
Hist. de archiepiscopis Cantuarensibus
Birchington, Stephen
Birchingtonius, Stephanus
Etienne ⟨Byrchington⟩
Etienne ⟨de Birchington⟩
Stephanus ⟨Birkingtonus⟩
Stephanus ⟨Brikingtonus⟩
Stephanus ⟨Cantuariensis⟩

Stephanus ⟨Bisuntinus⟩
→ **Stephanus ⟨de Bisuntio⟩**

Stephanus ⟨Bituricensis⟩
um 1061/92
Charta qua Bituricensium vicecomitum series declaratur
Potth. 1031
Etienne ⟨Bourges, Vicomte⟩
Etienne ⟨de Bourges⟩
Etienne ⟨Vicomte de Bourges⟩
Stephanus ⟨Bituricensis Vicecomes⟩

Stephanus ⟨Blesensis⟩
→ **Stephanus ⟨Carnotensis⟩**

Stephanus ⟨Bodeker⟩
1384 – 1459 · OPraem
Commentarius in orationem dominicam; De decem praeceptis; Reception on the judge and his conscience
Stegmüller, Repert. bibl. 7701-7701,3; Schönberger/Kible, Repertorium, 17941; LMA,II,305/06; LThK
Bodecker, Etienne
Bodeker, Stephanus
Etienne ⟨Bodecker⟩
Etienne ⟨Bodecker de Brandebourg⟩
Etienne ⟨de Brandebourg⟩
Stephan ⟨von Brandenburg⟩
Stephanus ⟨Bodecker de Brandenburg⟩
Stephanus ⟨Bodecker of Brandenburg⟩
Stephanus ⟨Böttcher⟩
Stephanus ⟨de Brandenburg⟩
Stephen ⟨Bodeker⟩

Stephanus ⟨Böttcher⟩
→ **Stephanus ⟨Bodeker⟩**

Stephanus ⟨Bonerius⟩
→ **Stephanus ⟨Provincialis⟩**

Stephanus ⟨Boni Fontis⟩
um 1154 · OCist
Liber de exordio Cisterciensis coenobii (=Exordium), Verfasserschaft nicht gesichert
Potth. 1031
Boni Fontis, Stephanus
Stephanus ⟨Boni Fontis Abbas, I.⟩
Stephanus ⟨Bonifontis⟩

Stephanus ⟨Bonnier⟩
→ **Stephanus ⟨Provincialis⟩**

Stephanus ⟨Bostrensis⟩
7./8. Jh.
Contra Iudaeos
Cpg 7790; DOC,2,1661

Etienne 〈de Bostra〉
Stefano 〈di Bostra〉
Stephanus 〈Bostrenus〉

Stephanus 〈Brikingtonus〉
→ **Stephanus 〈Birchingtonius〉**

Stephanus 〈Broune〉
gest. 1418 · OCarm
Ps.
Stegmüller, Repert. bibl. 7701,4
Broune, Stephanus
Brown, Etienne
Brown, Stephanus
Etienne 〈Brown〉
Etienne 〈Brown de Rochester〉
Etienne 〈de Rochester〉
Etienne 〈Roffensis〉
Stephan 〈Browne〉
Stephanus 〈Brown〉
Stephanus 〈Browne〉
Stephanus 〈Brun〉
Stephanus 〈Bruneus〉
Stephanus 〈Episcopus Rossensis in Hibernia〉
Stephanus 〈Roffensis〉
Stephanus 〈Rossensis〉

Stephanus 〈Browne〉
→ **Stephanus 〈Broune〉**

Stephanus 〈Brulefer〉
gest. ca. 1499
Brulefer, Etienne
Brulefer, Stephanus
Brulifer, Maclovius
Brulifer, Stephan
Burlifer, Stephan
Etienne 〈Brulefer〉
Etienne 〈Pillet〉
Pillet, Etienne
Stephanus 〈Brulifer〉
Stephanus 〈Bruliferus〉

Stephanus 〈Brun〉
→ **Stephanus 〈Broune〉**

Stephanus 〈Byzantinus〉
5./6. Jh.
DOC,2,1661; LMA,VIII,125; Tusculum-Lexikon
Byzantinus, Stephanus
Etienne 〈de Byzance〉
Etienne 〈Géographe Grec〉
Stefano 〈di Bisanzio〉
Stefano 〈di Bizanzio〉
Stephanos 〈Byzantios〉
Stephanos 〈von Byzanz〉
Stephanus 〈Byzantius〉
Stephanus 〈Byzantius Lexicographus〉
Stephanus 〈Grammaticus〉
Stephanus 〈Lexicographus〉
Stephanus 〈of Byzantium〉

Stephanus 〈Canonicus Regularis Abbatiae Piperacensis〉
→ **Stephanus 〈Piperacensis〉**

Stephanus 〈Canonicus Regularis Monasterii Sancti Victoris〉
→ **Stephanus 〈Piperacensis〉**

Stephanus 〈Cantuariensis〉
→ **Langton, Stephanus**
→ **Stephanus 〈Birchingtonius〉**

Stephanus 〈Cardinalis〉
→ **Langton, Stephanus**

Stephanus 〈Carmelita〉
→ **Stephanus 〈de Monte〉**

Stephanus 〈Carnotensis〉
um 1098
Epistulae duae
Etienne-Henri 〈de Blois〉
Stephanus 〈Blesensis〉
Stephanus 〈Carnotensis et Blesensis〉
Stephen 〈of Blois〉
Stephen 〈of Blois and of Chartres〉
Stephen 〈of Chartres〉

Stephanus 〈Carthusianus〉
→ **Stefano 〈Maconi〉**

Stephanus 〈Cellae Novae〉
um 1150 · OSB
Vita S. Rudesindi
Potth. 1031
Cellae Novae, Stephanus
Etienne 〈Cellae Novae〉
Etienne 〈Prieur〉

Stephanus 〈Cisterciensis〉
→ **Stephanus 〈Harding〉**

Stephanus 〈Coloniensis〉
um 980
Translatio Sancti Maurini
Potth. 1033; DOC,2,1663
Etienne 〈de Cologne〉
Etienne 〈de Saint-Pantaléon〉
Etienne 〈Moine〉
Stephanus 〈Coloniensis Monachus〉
Stephanus 〈Monachus Coloniensis〉
Stephanus 〈Sancti Pantaleonis〉
Stephanus 〈Sancti Pantaleonis Coloniensis〉

Stephanus 〈Confessor〉
→ **Stephanus 〈de Mureto〉**

Stephanus 〈Constantinopolitanus〉
→ **Stephanus 〈Grammaticus〉**

Stephanus 〈Constantinopolitanus〉
um 808
Tusculum-Lexikon; CSGL
Constantinopolitanus, Stephanus
Stephanos 〈Diakonos〉
Stephanos 〈von Konstantinopel〉
Stephanus 〈Diaconus〉

Stephanus 〈Damalevicius〉
um 1182 (?)
Vita B. Bogumili (gest. 1182)
Potth. 1031
Damalevicius, Stephanus
Stephanus 〈Regularium Calissiensium Praepositus〉

Stephanus 〈d'Anagni〉
→ **Stephanus 〈Papa, VI.〉**

Stephanus 〈de Balgiaco〉
gest. 1139/40
De sacramento altaris (Verfasserschaft umstritten; heute gilt Stephanus 〈Augustodunensis〉 als Verf.); Bischof von Autun
LMA,VIII,119
Balgiaco, Stephanus ¬de¬
Etienne 〈de Baugé〉
Etienne 〈d'Autun〉
Stephan 〈von Autun〉
Stephan 〈von Baugé〉
Stephanus 〈Augustodunensis〉
Stephanus 〈de Baugiaco〉
Stephanus 〈Eduensis〉
Stephanus 〈Episcopus〉

Stephanus 〈de Bec〉
→ **Stephanus 〈Rothomagensis〉**

Stephanus 〈de Bellevilla〉
→ **Stephanus 〈de Borbone〉**

Stephanus 〈de Bisuntio〉
gest. 1294 · OP
Alphabetum narrationum
LThK; LMA,VIII,121; Kaeppeli,III,352/54
Bisuntio, Stephanus ¬de¬
Etienne 〈de Besançon〉
Stephan 〈von Besançon〉
Stephanus 〈Bisentius〉
Stephanus 〈Bisuntinus〉
Stephanus 〈de Besançon〉

Stephanus 〈de Borbone〉
ca. 1190/95 – 1261 · OP
Tractatus de diversis materialibus praedicabilibus
LThK; LMA,VIII,128/29
Borbone, Stephanus ¬de¬
Bourbon, Etienne ¬de¬
Etienne 〈de Belleville〉
Etienne 〈de Bourbon〉
Stephan 〈von Bourbon〉
Stephanus 〈de Bellevilla〉
Stephanus 〈de Belleville〉
Stephanus 〈de Borbonio〉
Stephanus 〈de Bourbon〉

Stephanus 〈de Brandenburg〉
→ **Stephanus 〈Bodeker〉**

Stephanus 〈de Brie〉
→ **Stephanus 〈Berout〉**

Stephanus 〈de Brugen〉
um 1437
Quaestiones in libros Ethicorum
Lohr
Brugen, Stephanus ¬de¬

Stephanus 〈de Castel〉
→ **Stephanus 〈de Castro〉**

Stephanus 〈de Castro〉
um 1273
Schneyer,V,465
Castro, Stephanus ¬de¬
Etienne 〈de Castello〉
Etienne 〈de Castro〉
Etienne 〈du Castel〉
Stephanus 〈de Castel〉
Stephanus 〈de Castello〉

Stephanus 〈de Catelonia〉
um 1270 · OP
Schneyer,V,465
Catelonia, Stephanus ¬de¬
Stephanus 〈de Cathelonia〉
Stephanus 〈de Katelonia〉

Stephanus 〈de Cudot〉
gest. 1291
Schneyer,V,465
Cudot, Stephanus ¬de¬
Etienne 〈Archidiacre〉
Etienne 〈de Cudot〉
Etienne 〈d'Auxerre〉
Stephanus 〈Altissiodorensis〉
Stephanus 〈Autissiodorensis Archidiaconus〉

Stephanus 〈de Fermonte〉
gest. 1291 · OESACan
Quodlibet; Sermones
Schneyer,V,507
Etienne 〈Chanoine〉
Etienne 〈du Fermont〉
Etienne 〈du Mont-Saint-Eloi〉
Fermonte, Stephanus ¬de¬
Stephanus 〈de Monte Sancti Eligii〉
Stephanus 〈du Fermont〉
Stephanus 〈Frater〉

Stephanus 〈de Filgeriis〉
→ **Étienne 〈de Fougères〉**

Stephanus 〈de Flandria〉
15. Jh.
Summa metaphysica
Etienne 〈de Flandre〉
Flandria, Stephanus ¬de¬

Stephanus 〈de Fulgeriis〉
→ **Étienne 〈de Fougères〉**

Stephanus 〈de Gagny〉
13. Jh. · OP
Schneyer,V,466
Etienne 〈de Gagny〉
Etienne 〈de Gaigny〉
Gagny, Stephanus ¬de¬
Stephanus 〈de Gaigni〉
Stephanus 〈Frater Sancti Jacobi Parisiensis〉

Stephanus 〈de Garesio〉
um 1490/1500 · OP
Catena argentea in universam logicam
Lohr
Etienne 〈de Garessio〉
Garesio, Stephanus ¬de¬
Stephanus 〈de Garetio〉
Stephanus 〈de Garosio〉

Stephanus 〈de Grandmont〉
→ **Stephanus 〈de Liciaco〉**

Stephanus 〈de Iovis Villa〉
→ **Stephanus 〈Sancti Urbani〉**

Stephanus 〈de Katelonia〉
→ **Stephanus 〈de Catelonia〉**

Stephanus 〈de Kent〉
→ **Aeddius 〈Stephanus〉**

Stephanus 〈de Kolin〉
um 1383/1415
Lectura super Isaiam
Stegmüller, Repert. bibl. 7703
Etienne 〈de Kolin〉
Kolin, Stephanus ¬de¬
Stephan 〈von Colonia〉
Stephan 〈von Kolin〉

Stephanus 〈de Landskron〉
→ **Stephan 〈von Landskron〉**

Stephanus 〈de Laudenburg〉
→ **Hoest, Stephanus**

Stephanus 〈de Lexinton〉
gest. 1260 · OCist
Registrum epistularum
LMA,VIII,120/121; CSGL
Etienne 〈de Lexington〉
Lexinton, Stephanus ¬de¬
Stephan 〈von Lexington〉
Stephanus 〈de Lexington〉
Stephanus 〈Lexingtoriensis〉
Stephen 〈of Lexington〉

Stephanus 〈de Liciaco〉
gest. 1161
Dicta et facta S. Stephani de Mureto; Regula ordinis Grandimontis
Potth. 1032
Etienne 〈de Grandmont〉
Etienne 〈de Liciac〉
Etienne 〈Prieur〉
Liciaco, Stephanus ¬de¬
Stephanus 〈de Grandmont〉
Stephanus 〈Grandimontensis〉
Stephanus 〈Ordinis Grandimontis〉
Stephanus 〈Prieur〉
Stephen 〈of Liciac〉
Stephen 〈Prior of Grandmont〉

Stephanus 〈de Lingua Tonante〉
→ **Langton, Stephanus**

Stephanus 〈de Melk〉
→ **Stephanus 〈Spanberg de Melk〉**

Stephanus 〈de Monte〉
15. Jh.
Ars sophistica
Monte, Stephanus ¬de¬
Stephanus 〈Carmelita〉

Stephanus 〈de Monte Sancti Eligii〉
→ **Stephanus 〈de Fermonte〉**

Stephanus 〈de Mureto〉
ca. 1048 – 1124
De doctrina seu liber sententiarum; Regula
Etienne 〈de Grandmont〉
Etienne 〈de Muret〉
Etienne 〈Fondateur de l'Ordre de Grandmont〉
Etienne 〈Saint〉
Mureto, Stephanus ¬de¬
Stefano 〈di Muret〉
Stefano 〈Santo〉
Stephan 〈von Muret〉
Stephan 〈von Thiers〉
Stephanus 〈Confessor〉
Stephanus 〈Grandimontenis〉
Stephanus 〈Ordinis Grandimontis〉
Stephanus 〈Sanctus〉
Stephen 〈Abbot of Grandmont〉
Stephen 〈de Mureto〉
Stephen 〈Saint〉

Stephanus 〈de Nerito〉
→ **Stefano 〈di Mont'Alto〉**

Stephanus 〈de Palecz〉
→ **Stephanus 〈Palecz〉**

Stephanus 〈de Patrington〉
gest. 1418 · OCarm
Lecturae notabiles super sacra Biblia; Collectanea; Repertorium argumentorum
Stegmüller, Repert. bibl. 7946-7948
Etienne 〈de Patrington〉
Patrendunus, Stephanus
Patrington, Stephanus ¬de¬
Patrington, Stephen
Patringtonus, Stephanus
Stephanus 〈Patrendunus〉
Stephanus 〈Patrington〉
Stephanus 〈Patringtonus〉
Stephanus 〈Petrington〉
Stephen 〈Patrington〉

Stephanus 〈de Poliniaco〉
um 1242/47
Joh.
Stegmüller, Repert. bibl. 7949; Stegmüller, Repert. sentent. 830-831
Etienne 〈de Poligny〉
Etienne 〈de Poloniaci〉
Poliniaco, Stephanus ¬de¬
Stephan 〈von Poligny〉
Stephanus 〈de Poligny〉
Stephanus 〈Polacus〉
Stephanus 〈Poloniaci〉
Stephanus 〈Poloniacus〉

Stephanus 〈de Praga〉
→ **Stephanus 〈Palecz〉**

Stephanus 〈de Prettin〉
um 1427/40
Stegmüller, Repert. sentent. 832-835
Prettin, Stephanus ¬de¬

Stephanus 〈de Provincia〉
→ **Stephanus 〈Provincialis〉**

Stephanus 〈de Reate〉
um 1323/67 · OP
Scriptum super veterem artem; Commentaria super VIII libros Physicorum
Lohr
Etienne 〈de Reate〉
Etienne 〈de Rieti〉
Reate, Stephanus ¬de¬
Rieti, Stephanus ¬de¬
Stephanus 〈de Reato〉

Stephanus ⟨de Rieti⟩
Stephanus ⟨Reatinus⟩

Stephanus ⟨de Remis⟩
um 1214/39
Schneyer,V,508
Etienne ⟨de Reims⟩
Remis, Stephanus ¬de¬
Stephanus ⟨Remensis⟩

Stephanus ⟨de Rieti⟩
→ **Stephanus ⟨de Reate⟩**

Stephanus ⟨de Salagnac⟩
→ **Stephanus ⟨de Salaniaco⟩**

Stephanus ⟨de Salaniaco⟩
gest. 1291 · OP
De quatuor in quibus Deus Praedicatorum ordinem insignivit; Sermones
Potth. 1032; Schneyer,V,508
Etienne ⟨de Salagnac⟩
Etienne ⟨de Salanhac⟩
Etienne ⟨de Salanhaco⟩
Salaniaco, Stephanus ¬de¬
Stephan ⟨von Salagnac⟩
Stephanus ⟨de Salagnac⟩
Stephanus ⟨de Salagnaco⟩
Stephanus ⟨de Salanacho⟩
Stephanus ⟨de Salanhaco⟩
Stephanus ⟨de Sallanacho⟩

Stephanus ⟨de Salleia⟩
gest. 1252
Etienne ⟨de Fountains⟩
Etienne ⟨de Newminster⟩
Salleia, Stephanus ¬de¬
Sawley, Stephanus
Stephanus ⟨Eastoniensis⟩
Stephanus ⟨Salliensis⟩
Stephanus ⟨Sawley⟩
Stephen ⟨of Easton⟩
Stephen ⟨of Fountains⟩
Stephen ⟨of Salley⟩
Stephen ⟨of Sawley⟩

Stephanus ⟨de Salviniec⟩
um 1297
Einer der Fortsetzer der Chronik des Bernardus Iterii
Potth. 152; 1032
Salviniec, Stephanus ¬de¬

Stephanus ⟨de Sancto Georgio⟩
um 1291
Historia S. Neminis (Reprobatio)
Potth. 1032
Sancto Georgio, Stephanus ¬de¬

Stephanus ⟨de Senis⟩
um 1411 · OCart
Vita B. Catharinae Senensis
Potth. 1032
Etienne ⟨de Sienne⟩
Etienne ⟨Prieur de Notre-Dame de Gratia⟩
Senis, Stephanus ¬de¬
Stephanus ⟨Senensis⟩

Stephanus ⟨de Stockarn⟩
gest. ca. 1427
Esdr. Prolusio; Lectura in Act.; Sermo in die nativitatis Domini super „Pax hominibus"
Stegmüller, Repert. bibl. 7940-7945
Marquardi, Stephanus
Marquardi de Stockarn, Stephanus
Stephan ⟨Markwart von Stockharn⟩
Stephan ⟨Marquardi von Stockharn⟩
Stephan ⟨von Stockharn⟩
Stephanus ⟨Marquardi⟩
Stephanus ⟨Marquardi de Stockarn⟩
Stephanus ⟨Marquardi de Stockerau⟩
Stockarn, Stephanus ¬de¬

Stephanus ⟨de Syecz⟩
→ **Stephanus ⟨Syecz⟩**

Stephanus ⟨de Tarento⟩
um 1438/51 · OP
Sermones Quadragesimales; Sermones varii; Sermo in festo Corporis Christi
Kaeppeli,III,358/359
Etienne ⟨de Tarente⟩
Stephanus ⟨de Taranto⟩
Tarento, Stephanus ¬de¬

Stephanus ⟨de Tornaco⟩
→ **Stephanus ⟨Tornacensis⟩**

Stephanus ⟨de Varnesia⟩
→ **Stephanus ⟨de Venesiaco⟩**

Stephanus ⟨de Venesiaco⟩
gest. ca. 1248 · OP
Gloss. marg.
Stegmüller, Repert. bibl. 7955-7957; Stegmüller, Repert. sentent. 836; Schneyer,V,513
Etienne ⟨de Varnesia⟩
Etienne ⟨d'Auxerre⟩
Stephanus ⟨Altissiodorensis⟩
Stephanus ⟨Antissiodorensis⟩
Stephanus ⟨Autissiodorensis⟩
Stephanus ⟨de Varnesia⟩
Stephanus ⟨de Venizy⟩
Stephanus ⟨de Vernesia⟩
Stephanus ⟨de Vernizy⟩
Venesiaco, Stephanus ¬de¬

Stephanus ⟨de Vicomercato⟩
→ **Stephanardus ⟨de Vicomercato⟩**

Stephanus ⟨de Villaribus⟩
um 1485
Job
Stegmüller, Repert. bibl. 7960
Villaribus, Stephanus ¬de¬

Stephanus ⟨de Whitby⟩
gest. 1112 · OSB
Historia fundationis abbatiae S. Mariae V. Eboraci a. 1088
Potth. 1032; DOC,2,1666
Etienne ⟨de Notre-Dame de York⟩
Etienne ⟨de Whitby⟩
Stephanus ⟨Eboracensis⟩
Stephanus ⟨Witbeiensis⟩
Stephanus ⟨Witbiensis⟩
Stephanus ⟨Wittebiensis⟩
Whitby, Stephanus ¬de¬

Stephanus ⟨de Wittenberga⟩
→ **Stephanus ⟨Wirtenberger⟩**

Stephanus ⟨der Melode⟩
→ **Stephanus ⟨Mansur⟩**

Stephanus ⟨Diaconus⟩
→ **Stephanus ⟨Constantinopolitanus⟩**

Stephanus ⟨Dorensis⟩
7. Jh.
Epistula ad Martinum Papam
Etienne ⟨de Dora⟩
Stephanus ⟨Doranus⟩
Stephanus ⟨Dorensis Episcopus⟩

Stephanus ⟨du Fermont⟩
→ **Stephanus ⟨de Fermonte⟩**

Stephanus ⟨Eastoniensis⟩
→ **Stephanus ⟨de Salleia⟩**

Stephanus ⟨Eboracensis⟩
→ **Stephanus ⟨de Whitby⟩**

Stephanus ⟨Eddius⟩
→ **Aeddius ⟨Stephanus⟩**

Stephanus ⟨Eduensis⟩
→ **Stephanus ⟨de Balgiaco⟩**

Stephanus ⟨Electus⟩
gest. 752
Starb noch vor der Weihe, so daß er meist nicht als Papst gezählt wird (vgl. LThK,9,1038); Erl.-Schr.: Jaffé 1.c.p.270. (steht zwischen I. und II. Papst)
Potth. 1033; LThK(2),9,1038
Electus, Stephanus
Etienne ⟨Pape Elu⟩
Etienne ⟨Romain⟩
Stephan ⟨Presbyter⟩
Stephan ⟨Römischer Presbyter⟩
Stephanus ⟨Papa Electus⟩

Stephanus ⟨Episcopus⟩
→ **Étienne ⟨de Fougères⟩**
→ **Stephanus ⟨de Balgiaco⟩**
→ **Stephanus ⟨Heracleopolis Magna⟩**
→ **Stephanus ⟨Larissenus⟩**
→ **Stephanus ⟨Leodiensis⟩**
→ **Stephanus ⟨Tornacensis⟩**
→ **Stephanus ⟨Trenta⟩**

Stephanus ⟨Episcopus Rossensis in Hibernia⟩
→ **Stephanus ⟨Broune⟩**

Stephanus ⟨ex Nottis⟩
15. Jh.
Opus remissionis
Nottis, Stephanus ¬ex¬
Stephanus ⟨Nottius⟩

Stephanus ⟨Francisci⟩
um 1388/97 · OP
Glossa super Divinam comoediam
Kaeppeli,III,355/356
Etienne ⟨de Florence⟩
Francisci, Stephanus
Stephanus ⟨Francisci de Florentia⟩
Stephanus ⟨Ser Francisci⟩

Stephanus ⟨Frater⟩
→ **Stephanus ⟨de Fermonte⟩**

Stephanus ⟨Frater Sancti Jacobi Parisiensis⟩
→ **Stephanus ⟨de Gagny⟩**

Stephanus ⟨Gobarus⟩
gest. 578
Tusculum-Lexikon; CSGL
Gobarus, Stephanus
Stephanos ⟨Gobaros⟩

Stephanus ⟨Grammaticus⟩
→ **Stephanus ⟨Byzantinus⟩**

Stephanus ⟨Grammaticus⟩
12. Jh.
In artem rethoricam commentaria
DOC,2,1659
Grammaticus, Stephanus
Stephanus ⟨Constantinopolitanus⟩

Stephanus ⟨Grandimontensis⟩
→ **Stephanus ⟨de Liciaco⟩**
→ **Stephanus ⟨de Mureto⟩**

Stephanus ⟨Harding⟩
gest. 1134 · OCist
Censura de aliquot locis Bibliorum
DOC,2,1662; Stegmüller, Repert. bibl. 7702; LMA,VIII,119/20
Esteban ⟨Harding⟩
Etienne ⟨Abbé⟩
Etienne ⟨de Cîteaux⟩
Etienne ⟨Harding⟩
Etienne ⟨Saint⟩
Harding, Stephanus
Harding, Stephen
Stephan ⟨Harding⟩
Stephanus ⟨Cisterciensis⟩
Stephanus ⟨Hardingus⟩
Stephanus ⟨Sanctus⟩
Stephen ⟨Harding⟩
Stephen ⟨Saint⟩

Stephanus ⟨Heracleopolis Magna⟩
6. Jh.
Coptic Encyclopedia
Heracleopolis Magna, Stephanus
Stephanus ⟨Episcopus⟩
Stephen ⟨Bishop of Heracleopolis Magna⟩

Stephanus ⟨Hoest⟩
→ **Hoest, Stephanus**

Stephanus ⟨Hungaria, Rex, I.⟩
→ **István ⟨Magyarország, Király, I.⟩**

Stephanus ⟨Infessura⟩
→ **Infessura, Stefano**

Stephanus ⟨Irmi⟩
1432 – 1488 · OP
Notae autobiographicae et notae de fratribus et rebus Ord. Praed. sui temporis
Kaeppeli,III,356; Rep.Font. VI,451
Irmi, Stephanus
Stephan ⟨Irmi⟩
Stephan ⟨Irmis⟩
Stephanus ⟨Irmi de Basilea⟩
Stephanus ⟨Irmy⟩

Stephanus ⟨Iuliacus⟩
um 1447 · OFM
Vita B. Coletae (gest. 1447)
Potth. 1033
Etienne ⟨de Juilly⟩
Iuliacus, Stephanus
Iulianus, Stephanus
Juliacus, Stephanus
Juriac, Stephanus
Stephanus ⟨Iulianus⟩
Stephanus ⟨Juliacus⟩
Stephanus ⟨Juriac⟩

Stephanus ⟨Iulianus⟩
→ **Stephanus ⟨Iuliacus⟩**

Stephanus ⟨Jacobita⟩
→ **Stephanus ⟨Normannus⟩**

Stephanus ⟨Juriac⟩
→ **Stephanus ⟨Iuliacus⟩**

Stephanus ⟨Landavensis⟩
→ **Galfredus ⟨Landavensis⟩**

Stephanus ⟨Langton⟩
→ **Langton, Stephanus**

Stephanus ⟨Larissenus⟩
um 531
Libelli III ad Bonifatium II papam
Cpl 666;1623; DOC,2,1662
Etienne ⟨de Larisse⟩
Etienne ⟨Evêque⟩
Etienne ⟨Métropolitain⟩
Larissenus, Stephanus
Stefano ⟨di Larissa⟩
Stefano ⟨Vescovo⟩
Stephanus ⟨Episcopus⟩
Stephanus ⟨Larissenaeus⟩
Stephanus ⟨Larissenanus⟩

Stephanus ⟨Leodiensis⟩
ca. 850 – 920
Liber capitularis; Bearb. einer Vita des Hl. Lambert
LMA,VIII,121
Etienne ⟨Abbé⟩
Etienne ⟨Abbé de Saint-Mihiel⟩
Etienne ⟨de Liège⟩
Etienne ⟨of Liège⟩
Stephan ⟨von Lüttich⟩
Stephanus ⟨Abbas⟩
Stephanus ⟨Episcopus⟩
Stephanus ⟨von Lüttich⟩

Stephanus ⟨Lexicographus⟩
→ **Stephanus ⟨Byzantinus⟩**

Stephanus ⟨Lexingtoriensis⟩
→ **Stephanus ⟨de Lexinton⟩**

Stephanus ⟨Longodunus⟩
→ **Langton, Stephanus**

Stephanus ⟨Lucanus⟩
→ **Stephanus ⟨Trenta⟩**

Stephanus ⟨Magister⟩
→ **Stephan ⟨der Meister⟩**
→ **Stephanus ⟨Palecz⟩**

Stephanus ⟨Magister⟩
um 698/700
Carmen de synodo Ticinesi a. 698
Cpl 1540; Potth. 1033; DOC,2,1662
Etienne ⟨Maître⟩
Magister Stephanus

Stephanus ⟨Maleu⟩
→ **Maleu, Stephanus**

Stephanus ⟨Mansur⟩
gest. ca. 807
Tusculum-Lexikon
Mansur, Stephanus
Stephanos ⟨Mansur⟩
Stephanus ⟨aus Damaskos⟩
Stephanus ⟨der Melode⟩

Stephanus ⟨Marquardi⟩
→ **Stephanus ⟨de Stockarn⟩**

Stephanus ⟨Monachus Coloniensis⟩
→ **Stephanus ⟨Coloniensis⟩**

Stephanus ⟨Monachus Sabaita⟩
→ **Stephanus ⟨Sabaita⟩**

Stephanus ⟨Montis Alti⟩
→ **Stefano ⟨di Mont'Alto⟩**

Stephanus ⟨Nokes⟩
→ **Stephanus ⟨Provincialis⟩**

Stephanus ⟨Normannus⟩
13. Jh. · OP
Paris, Nat. lat. 14952 f. 119 ra, 121 ra.
Schneyer,V,507
Etienne ⟨le Normand⟩
Normannus, Stephanus
Stephanus ⟨Jacobita⟩

Stephanus ⟨Nottius⟩
→ **Stephanus ⟨ex Nottis⟩**

Stephanus ⟨of Alexandria⟩
→ **Stephanus ⟨Alexandrinus⟩**

Stephanus ⟨of Byzantium⟩
→ **Stephanus ⟨Byzantinus⟩**

Stephanus ⟨of Montalto⟩
→ **Stefano ⟨di Mont'Alto⟩**

Stephanus ⟨Ordinis Grandimontis⟩
→ **Stephanus ⟨de Liciaco⟩**
→ **Stephanus ⟨de Mureto⟩**

Stephanus ⟨Palecz⟩
ca. 1370 – 1424
Tractatus de Romana ecclesia
LThK; LMA,V,1635
Etienne ⟨de Palecz⟩
Etienne ⟨de Prague⟩
Páleč, Stefan ¬von¬
Páleč, Štěpán
Palecz, Etienne
Palecz, Stephanus

Stefanus ⟨de Pálecz⟩
Štěpán ⟨Páleč⟩
Stephan ⟨Palicz⟩
Stephan ⟨von Páleč⟩
Stephan ⟨von Prag⟩
Stephanus ⟨de Palecz⟩
Stephanus ⟨de Praga⟩
Stephanus ⟨Magister⟩
Stephen ⟨of Prague⟩

Stephanus ⟨Papa, II.⟩
gest. 757
LMA,VIII,116
Etienne ⟨Pape, II.⟩
Stefano ⟨Papa, II.⟩
Stephan ⟨Papst, II.⟩
Stephen ⟨Pope, II.⟩
Teofilatto ⟨Arcidiacono⟩
Teofilatto ⟨Romano⟩
Theophylactus ⟨Archidiaconus⟩

Stephanus ⟨Papa, III.⟩
gest. 772
LMA,VIII,117
Etienne ⟨Pape, III.⟩
Stefano ⟨Papa, III.⟩
Stephan ⟨Papst, III.⟩
Stephen ⟨Pope, III.⟩

Stephanus ⟨Papa, IV.⟩
gest. 817
LMA,VIII,117
Etienne ⟨Pape, IV.⟩
Stefano ⟨Papa, IV.⟩
Stephan ⟨Papst, IV.⟩
Stephen ⟨Pope, IV.⟩

Stephanus ⟨Papa, V.⟩
gest. 891
Epistulae, diplomata et privilegia
DOC,2,1659/60; CSGL; LMA,VIII,117
Etienne ⟨Pape, V.⟩
Stefano ⟨Papa, V.⟩
Stephan ⟨Papst, V.⟩
Stephen ⟨Pope, V.⟩

Stephanus ⟨Papa, VI.⟩
gest. 897
LMA,VIII,118
Etienne ⟨d'Anagni⟩
Etienne ⟨Pape, VI.⟩
Stefano ⟨Papa, VI.⟩
Stephan ⟨Papst, VI.⟩
Stephanus ⟨d'Anagni⟩
Stephen ⟨Pope, VI.⟩

Stephanus ⟨Papa, VII.⟩
gest. 931
LMA,VIII,118
Etienne ⟨Pape, VII.⟩
Stefano ⟨Papa, VII.⟩
Stephan ⟨Papst, VII.⟩
Stephen ⟨Pope, VII.⟩

Stephanus ⟨Papa, VIII.⟩
gest. 942
LMA,VIII,118
Etienne ⟨Pape, VIII.⟩
Stefano ⟨Papa, VIII.⟩
Stephan ⟨Papst, VIII.⟩
Stephen ⟨Pope, VIII.⟩

Stephanus ⟨Papa, VIIII.⟩
gest. 1058
LMA,VIII,118/19
Etienne ⟨Pape, VIIII.⟩
Frédéric ⟨de Liège⟩
Frédéric ⟨de Lorraine⟩
Frederico ⟨di Lorena⟩
Fridericus ⟨de Lorena⟩
Fridericus ⟨Filius Lotharigiae Comitis⟩
Friedrich ⟨von Lothringen⟩
Stefano ⟨Papa, VIIII.⟩
Stephan ⟨Papst, VIIII.⟩
Stephen ⟨Pope, VIIII.⟩

Stephanus ⟨Papa Electus⟩
→ **Stephanus ⟨Electus⟩**

Stephanus ⟨Parisiensis⟩
→ **Stephanus ⟨Tornacensis⟩**
→ **Temperius, Stephanus**

Stephanus ⟨Patringtonus⟩
→ **Stephanus ⟨de Patrington⟩**

Stephanus ⟨Philosophus⟩
→ **Stephanus ⟨Alexandrinus⟩**

Stephanus ⟨Piperacensis⟩
um 1130
Vita S. Petri de Chavanon.; Vita S. Stephani de Chavanon.
Potth. 1031
Etienne ⟨de Pébrac⟩
Etienne ⟨de Saint-Victor⟩
Stephanus ⟨Canonicus Regularis Abbatiae Piperacensis⟩
Stephanus ⟨Canonicus Regularis Monasterii Sancti Victoris⟩
Stephanus ⟨Sancti Victoris⟩

Stephanus ⟨Polacus⟩
→ **Stephanus ⟨de Poliniaco⟩**

Stephanus ⟨Poloniacus⟩
→ **Stephanus ⟨de Poliniaco⟩**

Stephanus ⟨Praecentor Ulyssiponensis⟩
→ **Stephanus ⟨Ulissiponensis⟩**

Stephanus ⟨Presbyter Africanus⟩
um 587
Adressat eines Briefes von Aunarius ⟨Altissiodorensis⟩ Cpl 2083: Verf. d. „Vita S. Amatoris episcopi Autissiodorensis"
Cpl 1311; DOC,2,1660; Potth. 1031
Etienne ⟨Africain⟩
Etienne ⟨Prêtre d'Auxerre⟩
Presbyter Africanus, Stephanus
Stephanus ⟨Afer⟩
Stephanus ⟨Africanus⟩
Stephanus ⟨Altissiodorensis⟩
Stephanus ⟨Autissiodorensis⟩
Stephanus ⟨Presbyter⟩
Stephanus ⟨Presbyter Autissiodorensis⟩

Stephanus ⟨Prieur⟩
→ **Stephanus ⟨de Liciaco⟩**

Stephanus ⟨Protonotarius⟩
→ **Stephanus ⟨Sguropulus⟩**

Stephanus ⟨Provincialis⟩
um 1313
Super Clementinis et Quaestiones varias
Etienne ⟨Bonnier⟩
Etienne ⟨de Provence⟩
Etienne ⟨Provincialis⟩
Provincialis, Stephanus
Stephanus ⟨Bonerius⟩
Stephanus ⟨Bonnier⟩
Stephanus ⟨de Provincia⟩
Stephanus ⟨Nokes⟩
Stephanus ⟨Trocha⟩
Stephanus ⟨Trochs⟩
Stephanus ⟨Trokes⟩
Stephanus ⟨Trucxe⟩

Stephanus ⟨Reatinus⟩
→ **Stephanus ⟨de Reate⟩**

Stephanus ⟨Redonensis⟩
→ **Étienne ⟨de Fougères⟩**

Stephanus ⟨Regularium Calissiensium Praepositus⟩
→ **Stephanus ⟨Damalevicius⟩**

Stephanus ⟨Remensis⟩
→ **Stephanus ⟨de Remis⟩**

Stephanus ⟨Rex Hungariae⟩
→ **István ⟨Magyarország, Király, I.⟩**

Stephanus ⟨Roffensis⟩
→ **Stephanus ⟨Broune⟩**

Stephanus ⟨Rossensis⟩
→ **Stephanus ⟨Broune⟩**

Stephanus ⟨Rothomagensis⟩
gest. ca. 1167
Draco Normannicus
LMA,VIII,123; Tusculum-Lexikon
Etienne ⟨de Bec⟩
Étienne ⟨de Rouen⟩
Etienne ⟨de Rouen⟩
Rouen, Étienne ¬de¬
Stephan ⟨von Rouen⟩
Stephanus ⟨Beccensis⟩
Stephanus ⟨de Bec⟩
Stephanus ⟨Rothomagus⟩
Stephanus ⟨von Rouen⟩

Stephanus ⟨Sabaita⟩
gest. 794
Acta SS. Johannis, Sergii ...
Potth. 1033; LThK(2),9,1050; Byl,S.198
Etienne ⟨de Saint-Sabas⟩
Etienne ⟨le Sabaïte⟩
Etienne ⟨Moine Thaumaturge⟩
Etienne ⟨Saint⟩
Sabaita, Stephanus
Stephanos ⟨Sabaïtes⟩
Stephanos ⟨Thaumaturgos⟩
Stephanus ⟨Monachus Sabaita⟩
Stephanus ⟨Sabbaita Monachus⟩
Stephanus ⟨Sancti Sabae Monachus⟩

Stephanus ⟨Sachlices⟩
ca. 1331 – ca. 1391 (LMA und Oxford dictionary of Byzantium) bzw. 15. Jh.
LMA,VII,1222/23; Oxford dictionary of Byzantium,3,1824/25
Sachlēkēs, Stephanos
Sachlices, Stephanus
Sachlikēs, Stephanos
Sachlikes, Stephen
Stefano ⟨Sachlichis⟩
Stephanos ⟨ho Sachlikēs⟩
Stephanos ⟨Sachlikēs⟩
Stephen ⟨Sachlikes⟩

Stephanus ⟨Salliensis⟩
→ **Stephanus ⟨de Salleia⟩**

Stephanus ⟨Sampayus⟩
→ **Sampayus, Stephanus**

Stephanus ⟨Sanctae Genovefae⟩
→ **Stephanus ⟨Tornacensis⟩**

Stephanus ⟨Sancti Evurtii⟩
→ **Stephanus ⟨Tornacensis⟩**

Stephanus ⟨Sancti Pantaleonis⟩
→ **Stephanus ⟨Coloniensis⟩**

Stephanus ⟨Sancti Sabae Monachus⟩
→ **Stephanus ⟨Sabaita⟩**

Stephanus ⟨Sancti Urbani⟩
gest. 1079
Vita S. Leudomeri episcopi
Potth. 1031
Etienne ⟨de Châlons-sur-Marne⟩
Etienne ⟨de Joinville⟩
Etienne ⟨de Saint-Urbain⟩
Sancti Urbani, Stephanus
Stephanus ⟨Abbas Sancti Urbani in Iovis Villa⟩
Stephanus ⟨de Iovis Villa⟩

Stephanus ⟨Sancti Victoris⟩
→ **Stephanus ⟨Piperacensis⟩**

Stephanus ⟨Sanctus⟩
→ **István ⟨Magyarország, Király, I.⟩**

→ **Stephanus ⟨de Mureto⟩**
→ **Stephanus ⟨Harding⟩**

Stephanus ⟨Sawley⟩
→ **Stephanus ⟨de Salleia⟩**

Stephanus ⟨Senensis⟩
→ **Stephanus ⟨de Senis⟩**

Stephanus ⟨Ser Francisci⟩
→ **Stephanus ⟨Francisci⟩**

Stephanus ⟨Sguropulus⟩
14. Jh.
Tusculum-Lexikon
Sguropulos, Stephanos
Sguropulus, Stephanus
Stefano ⟨Sguropulo⟩
Stephanus ⟨Protonotarius⟩

Stephanus ⟨Siunicensis⟩
gest. ca. 735
Verf. d. „Commentarius armeniacus in Ezechielem", der mitunter Cyrillus ⟨Alexandrinus⟩ zugeschrieben wird
Cpg 5205
Etienne ⟨Archevêque⟩
Etienne ⟨de Siounikh⟩
Stephanus ⟨Asceticus⟩
Stephanus ⟨Siouniensis⟩
Stephanus ⟨Siovniensis⟩
Stephanus ⟨Translator⟩

Stephanus ⟨Spanberg de Melk⟩
um 1432/39 · OSB
I Tim.
Stegmüller, Repert. bibl. 7950;7951
Etienne ⟨Abbé⟩
Etienne ⟨de Melk⟩
Etienne ⟨de Spannberg⟩
Melk, Stephanus ¬de¬
Spanberg, Stephanus
Spanberg de Melk, Stephanus
Stephanus ⟨de Melk⟩
Stephanus ⟨Spanberg⟩

Stephanus ⟨Syecz⟩
um 1386/1409
Job
Stegmüller, Repert. bibl. 7952; Stegmüller, Repert. sentent. 1298
Stephanus ⟨de Syecz⟩
Syecz, Stephanus

Stephanus ⟨Temperius⟩
→ **Temperius, Stephanus**

Stephanus ⟨Tornacensis⟩
1128 – 1203
Epistulae
LThK; LMA,VIII,129; Tusculum-Lexikon
Etienne ⟨de Tournai⟩
Stefano ⟨di Tournai⟩
Stephan ⟨von Doornick⟩
Stephan ⟨von Tournai⟩
Stephanus ⟨Aurelianensis⟩
Stephanus ⟨de Tornaco⟩
Stephanus ⟨Episcopus⟩
Stephanus ⟨Parisiensis⟩
Stephanus ⟨Sanctae Genovefae⟩
Stephanus ⟨Sancti Evurtii⟩
Stephanus ⟨von Orléans⟩
Stephanus ⟨von Tournai⟩

Stephanus ⟨Translator⟩
→ **Stephanus ⟨Siunicensis⟩**

Stephanus ⟨Trenta⟩
gest. 1477
Legatio apostolica
Etienne ⟨de Lucques⟩
Etienne ⟨de Trenti⟩
Stephanus ⟨Episcopus⟩
Stephanus ⟨Lucanus⟩
Trenta, Stephanus
Trenti, Etienne ¬de¬

Stephanus ⟨Trocha⟩
→ **Stephanus ⟨Provincialis⟩**

Stephanus ⟨Trokes⟩
→ **Stephanus ⟨Provincialis⟩**

Stephanus ⟨Trucxe⟩
→ **Stephanus ⟨Provincialis⟩**

Stephanus ⟨Ulissiponensis⟩
um 1173
Vita S. Vincentii levitae (mirac.)
Potth. 1033
Etienne ⟨de Lisbonne⟩
Etienne ⟨Préchantre de la Cathédrale de Lisbonne⟩
Stephanus ⟨Praecentor Ulyssiponensis⟩
Stephanus ⟨Ulysipponensis⟩
Stephanus ⟨Ulyssiponensis⟩

Stephanus ⟨Viennensis⟩
gest. ca. 1165
Epistula ad Albericum
Etienne ⟨de Saint-Ruf⟩
Etienne ⟨de Vienne⟩
Stephan ⟨von Vienne⟩
Stephanus ⟨Archiepiscopus⟩

Stephanus ⟨von Lüttich⟩
→ **Stephanus ⟨Leodiensis⟩**

Stephanus ⟨von Orléans⟩
→ **Stephanus ⟨Tornacensis⟩**

Stephanus ⟨von Rouen⟩
→ **Stephanus ⟨Rothomagensis⟩**

Stephanus ⟨von Tournai⟩
→ **Stephanus ⟨Tornacensis⟩**

Stephanus ⟨Wirtenberger⟩
um 1400 · OESA
Quadragesimale
Schneyer, Winke, 59
Etienne ⟨de Wittenberg⟩
Stephanus ⟨de Wittenberga⟩
Stephanus ⟨Wirtenbergensis⟩
Stephanus ⟨Wittembergensis⟩
Stephanus ⟨Wittenbergensis⟩
Wittenberga, Stephanus ¬de¬

Stephanus ⟨Witbiensis⟩
→ **Stephanus ⟨de Whitby⟩**

Stephanus ⟨Wittenbergensis⟩
→ **Stephanus ⟨Wirtenberger⟩**

Stephanus, Aeddius
→ **Aeddius ⟨Stephanus⟩**

Stephanus, Johannes
→ **Esteve, Joan**
→ **Johan ⟨Esteve⟩**

Stephel ⟨Veltsperger⟩
→ **Veltsperger, Stefan**

Stephen ⟨Abbot of Grandmont⟩
→ **Stephanus ⟨de Mureto⟩**

Stephen ⟨Bishop of Heracleopolis Magna⟩
→ **Stephanus ⟨Heracleopolis Magna⟩**

Stephen ⟨Bodeker⟩
→ **Stephanus ⟨Bodeker⟩**

Stephen ⟨de Mureto⟩
→ **Stephanus ⟨de Mureto⟩**

Stephen ⟨England, King⟩
gest. 1154
Etienne ⟨Angleterre, Roi⟩
Stephan ⟨England, König⟩
Stephanus ⟨Anglia, Rex⟩
Stephen ⟨of Blois⟩

Stephen ⟨Harding⟩
→ **Stephanus ⟨Harding⟩**

Stephen ⟨Hungary, King, I.⟩
→ **István ⟨Magyarország, Király, I.⟩**

Stephen ⟨Langton⟩
→ **Langton, Stephanus**

Stephen ⟨of Alexandria⟩
→ **Stephanus ⟨Alexandrinus⟩**

Stephen ⟨of Blois⟩
→ **Stephanus ⟨Carnotensis⟩**
→ **Stephen ⟨England, King⟩**

Stephen ⟨of Canterbury⟩
→ **Langton, Stephanus**

Stephen ⟨of Chartres⟩
→ **Stephanus ⟨Carnotensis⟩**

Stephen ⟨of Easton⟩
→ **Stephanus ⟨de Salleia⟩**

Stephen ⟨of Fountains⟩
→ **Stephanus ⟨de Salleia⟩**

Stephen ⟨of Lexington⟩
→ **Stephanus ⟨de Lexinton⟩**

Stephen ⟨of Liciac⟩
→ **Stephanus ⟨de Liciaco⟩**

Stephen ⟨of Prague⟩
→ **Stephanus ⟨Palecz⟩**

Stephen ⟨of Salley⟩
→ **Stephanus ⟨de Salleia⟩**

Stephen ⟨Patrington⟩
→ **Stephanus ⟨de Patrington⟩**

Stephen ⟨Pope, ...⟩
→ **Stephanus ⟨Papa, ...⟩**

Stephen ⟨Prior of Grandmont⟩
→ **Stephanus ⟨de Liciaco⟩**

Stephen ⟨Sachlikes⟩
→ **Stephanus ⟨Sachlices⟩**

Stephen ⟨Saint⟩
→ **Stephanus ⟨de Mureto⟩**
→ **Stephanus ⟨Harding⟩**

Stephen ⟨Scrope⟩
→ **Scrope, Stephen**

Stercker, Henricus
geb. 1483
Carmen über den Brand in Erfurt 1472
VL(2),9,302/304
Heinrich ⟨Stercker⟩
Henricus ⟨de Mellerstat⟩
Henricus ⟨Stercker⟩
Stercker, Heinrich

Steren ⟨Meister⟩
→ **Stern, Claus**

Steren, Clas
→ **Stern, Claus**

Stereo, Henri
→ **Henricus ⟨Stero⟩**

Stern, Claus
um 1500
Töneerfinder; Textautor; erwähnt im Katalog von Nachtigall, Konrad
VL(2),9,304
Clas ⟨Steren⟩
Clas ⟨Stern⟩
Claus ⟨Stern⟩
Clauß ⟨Stern⟩
Steren ⟨Meister⟩
Steren, Clas
Stern ⟨Meister⟩
Stern, Clas

Sternberg, Fridericus ¬de¬
→ **Fridericus ⟨de Sternberg⟩**

Sternberg, Jaroslaw ¬von¬
→ **Jaroslaw ⟨von Sternberg⟩**

Sterngassen, Gerardus ¬de¬
→ **Gerardus ⟨de Sterngassen⟩**

Sterngassen, Johannes ¬de¬
→ **Johannes ⟨de Sterngassen⟩**

Sternhals, Johann
gest. ca. 1490
Ritterkrieg (alchemomedizin.-metallurg. Fachschrift)
VL(2),9,310/313
Johann ⟨Sternhals⟩

Stero, Henricus
→ **Henricus ⟨Stero⟩**

Stetefeld, Johannes
um 1385/1417
Summa brevis parvorum loycalium; Rhetorica; Quaedam de lectura Scerefelt
VL(2),9,320/322
Johannes ⟨Scerefelt⟩
Johannes ⟨Stetefeld⟩
Johannes ⟨Stetefelt⟩
Scerefelt, Johannes
Stetefelt, Johannes

Stethaimer, Hans ⟨der Ältere⟩
→ **Hans ⟨von Burghausen⟩**

Stethatus, Nicetas
→ **Nicetas ⟨Stethatus⟩**

Stethin, Henricus ¬de¬
→ **Henricus ⟨de Stethin⟩**

Stetter, Johannes
gest. 1399
Constanzer Chronik
Johann ⟨Stetter⟩
Johannes ⟨Stetter⟩

Stetzing, Kilianus
um 1433 · OFM
Tabula super metaphysicam Antonii Andreae; Sentenzenkommentar
Stegmüller, Repert. sentent. 122;512; Lohr; VL(2),9,331/332
Kilian ⟨Stetzing⟩
Kilianus ⟨Minorit⟩
Kilianus ⟨Steczing⟩
Kilianus ⟨Stetzing⟩
Steczing, Kilianus
Stetzing, Kilian

Steynhus, Matthaeus
→ **Matthaeus ⟨de Aula Regia⟩**

Steynsberg, Conradus ¬de¬
→ **Conradus ⟨Werneri de Steynsberg⟩**

Stich, Heinrich
um 1400/32
Gedenkbuch über die Streitigkeiten des Klosters mit seinen Nachbarn
Potth. 1035
Heinrich ⟨Stich⟩
Henri ⟨Stich⟩
Stich, Henri

Sticker, Hinrick
um 1465/71
3 Lieder im Rosenstocker Liederbuch (Inhalt: kriegerischer Konflikt 1464/65 zw. Otto II. von Braunschweig-Lüneburg und einer Koalition von Gegnern aus seinem Herzogtum)
VL(2),9,333/334
Hinrick ⟨Sticker⟩

Stiger de Amersfordia, Eberhardus
→ **Eberhardus ⟨Stiger de Amersfordia⟩**

Stilbes, Constantinus
→ **Constantinus ⟨Stilbes⟩**

Stilit, Ieshu
→ **'Išo' ⟨Stylites⟩**

Stítného, Tomáš ¬ze¬
→ **Tomáš ⟨ze Stítného⟩**

Stobaeus, Thomas
→ **Thomas ⟨Stubs⟩**

Stoccus, Petrus
→ **Petrus ⟨Stockes⟩**

Stock, Meelis
→ **Melis ⟨Stoke⟩**

Stockarn, Stephanus ¬de¬
→ **Stephanus ⟨de Stockarn⟩**

Stockes, Petrus
→ **Petrus ⟨Stockes⟩**

Stockheim, Sigmund ¬von¬
→ **Siegmund ⟨von Stockheim⟩**

Stockton, Robertus ¬de¬
→ **Robertus ⟨de Stockton⟩**

Stodewescher, Silvester
gest. 1479
LMA,VIII,189; Potth. 1020
Silvester ⟨Riga, Erzbischof⟩
Silvester ⟨Stodewäscher⟩
Silvester ⟨Stodewescher⟩
Silvestre ⟨de Riga⟩
Stodewäscher, Silvester
Sylvester ⟨Stodewäscher⟩
Sylvester ⟨von Riga⟩

Stöckl, Ulrich
gest. 1443 · OSB
LThK; LMA,VIII,188/89; VL(2),9,346/52; Tusculum-Lexikon
Stöcklin, Ulrich
Stöcklin von Rottach, Ulrich
Udalricus ⟨Wessofontanus⟩
Ulrich ⟨Stöckl⟩
Ulrich ⟨Stöcklin von Rottach⟩
Ulrich ⟨von Wessobrunn⟩

Stoer, Nicolaus
gest. 1424 · OSB
Expositio officii missae
VL(2),9,352/355
Nicolaus ⟨Stoer⟩
Nicolaus ⟨Stoer de Sweydnicz⟩

Stoess, Peter
→ **Stoss, Petrus**

Stoffel, Balthasar
um 1450/1500
Chirurg. Kurzrezeptar
VL(2),9,355
Balthasar ⟨Stoffel⟩

Stoffeln, Konrad ¬von¬
→ **Konrad ⟨von Stoffeln⟩**

Stoffman de Luckow, Johannes
→ **Johannes ⟨Stoffman de Luckow⟩**

Stojković, Ivan
→ **Johannes ⟨de Ragusa⟩**

Stoke, Melis
→ **Melis ⟨Stoke⟩**

Stokes, Johannes
→ **Johannes ⟨Stokes⟩**

Stokker, Konrad
→ **Steckel, Konrad**

Stolber, Thomas
→ **Thomas ⟨Stubs⟩**

Stolberg, Botho ¬zu¬
→ **Botho ⟨zu Stolberg⟩**

Stolberg, Heinrich ¬zu¬
→ **Heinrich ⟨zu Stolberg⟩**

Stolbrandus ⟨Glodianus⟩
→ **Stolbrandus ⟨Scotus⟩**

Stolbrandus ⟨Scotus⟩
gest. 874
Job.
Stegmüller, Repert. bibl. 7961
Scotus, Stolbrandus
Stolbrand ⟨Evêque⟩
Stolbrand ⟨Glodianus⟩
Stolbrandus ⟨Episcopus⟩
Stolbrandus ⟨Glodianus⟩

Stoll, Hans
um 1444/66
Neujahrsprognostik
VL(2),9,355/356
Hans ⟨Stoll⟩

Stolle ⟨der Alte⟩
13. Jh.
1 Ton
VL(2),9,356/359; LMA,VIII,191
Alte Stolle, ¬Der¬
Stolle
Stolle ⟨der Zweite⟩
Stolle ⟨l'Ancien⟩
Stolle ⟨Maître, Ancien⟩
Stolle ⟨Meister⟩
Stolle ⟨Spruchdichter⟩

Stolle ⟨der Junge⟩
15. Jh.
Kolmarer Liederhs.
VL(2),4,913/915
Der Junge Stolle
Friedrich ⟨Stolle⟩
Junge Stolle, ¬Der¬
Stolle ⟨III⟩
Stolle ⟨le Jeune⟩
Stolle ⟨Maître, Jeune⟩
Stolle, Friedrich

Stolle, Conrad
→ **Stolle, Konrad**

Stolle, Friedrich
→ **Stolle ⟨der Junge⟩**

Stolle, Konrad
gest. 1505
Thüringisch-erfurtische Chronik
LMA,VIII,191/92; VL(2),9,359/62
Conrad ⟨Stolle⟩
Konrad ⟨Stolle⟩
Stolle, Conrad

Stommeln, Pierre ¬de¬
→ **Petrus ⟨Magister Scholarum Stumbulensium⟩**

Storch, Petrus
gest. 1431
Summa moralis; Auctoritates librorum philosophiae moralis; Apoc.
Lohr; Stegmüller, Repert. bibl. 6856; VL(2),9,362/364
Peter ⟨Storch⟩
Petrus ⟨de Zwickau⟩
Petrus ⟨Storch⟩
Petrus ⟨Storch de Czwickau⟩
Petrus ⟨Storch de Zwickau⟩
Storch, Peter

Stoss, Petrus
gest. 1485 · OCist
Tractatus de indulgentiis; De festivitatibus B. V. Mariae sermones; etc.
VL(2),9,366/369
Peter ⟨Stoess⟩
Peter ⟨Stoß⟩
Petrus ⟨de Ravenspurg⟩
Petrus ⟨de Salem⟩
Petrus ⟨Stoss⟩
Pierre ⟨Stoss⟩
Stoess, Peter
Stoß, Peter
Stoss, Pierre

Stoßelin, Jacob
um 1430/40
Reimpaarspruch; Identität mit dem um 1440 nachgewiesenen Bader Jacob Stoßel ungewiß
VL(2),9,369/371
Jacob ⟨Stoßelin⟩
Stoßel ⟨Bader⟩
Stoßel, Jacob

Stowe, Thomas
→ **Thomas ⟨Stubs⟩**

Stoyczin de Praga, Nicolaus
→ **Nicolaus ⟨Stoyczin de Praga⟩**

Strabo ⟨Cantabrigensis⟩
um 750
Gen; vielleicht fiktive Person
Stegmüller, Repert. bibl. 7962
Strabo ⟨Bedae Venerabilis Frater⟩
Strabon ⟨Frère de Bède⟩

Strabo ⟨Gallus⟩
→ **Walahfridus ⟨Strabo⟩**

Strabo, Bertrandus
→ **Bertrandus ⟨de Bayona⟩**

Strabo, Walahfridus
→ **Walahfridus ⟨Strabo⟩**

Straboromanus, Manuel
→ **Manuel ⟨Straboromanus⟩**

Stradleius, Richardus
→ **Richardus ⟨Stradleius⟩**

Strahovia, Iaroslaus ¬de¬
→ **Iaroslaus ⟨de Strahovia⟩**

Strakonicz, Benedictus ¬de¬
→ **Benedictus ⟨de Strakonicz⟩**

Stralen, Jacobus ¬de¬
→ **Jacobus ⟨de Stralen⟩**

Stralius, Laurentius
um 1314
Annales, 1084-1314, Auszug aus den Annales Ryenses (Übers. d. dän. Übers. um 1314 ins Lat.)
Potth. 89; 1036
Laurentius ⟨Stralius⟩

Strampino, Thomas ¬de¬
→ **Thomas ⟨de Strampino⟩**

Straßburg, Gottfried ¬von¬
→ **Gottfried ⟨von Straßburg⟩**

Straßburg, Johann Ulrich ¬von¬
→ **Rosenheimer, Johann Ulrich**

Straßburg, Künglein ¬von¬
→ **Künglein ⟨von Straßburg⟩**

Straßburg, Matthias ¬von¬
→ **Matthias ⟨von Straßburg⟩**

Straßburg, Ortlieb ¬von¬
→ **Ortlieb ⟨von Straßburg⟩**

Straßburg, Peter ¬von¬
→ **Peter ⟨von Straßburg, II.⟩**

Straßburg, Pfalz ¬von¬
→ **Pfalz ⟨von Straßburg⟩**

Straßburg, Sibolt ¬von¬
→ **Sibolt ⟨von Straßburg⟩**

Straßburg, Victor ¬von¬
→ **Victor ⟨von Straßburg⟩**

Straßburger Augustinereremit
um 1350/1400
Feigenbaumpredigt über Lc. 13,6 und andere Predigten und Traktate, evtl. „De circumcisione", „De purificatione"; nicht identisch mit Gottfried ⟨von Straßburg⟩
VL(2),9,373/375
Augustinereremit ⟨Straßburger⟩

Strategius
→ **Antiochus ⟨Sancti Sabae⟩**

Stratford, Johannes
ca. 1275/80 – 1348
Sermones; Statuta
LMA,VII,227/28
Jean ⟨de Stratford⟩
Johannes ⟨de Stratford⟩
Johannes ⟨Stratford⟩
Johannes ⟨Stratfordus⟩
John ⟨of Stratford⟩
John ⟨Stratford⟩
Stratford, Jean ¬de¬
Stratford, John ¬of¬

Stratton, Nicolaus ¬de¬
→ **Nicolaus ⟨de Stratton⟩**

Straub, Nicolaus
um 1450
Übersetzung der 4 Evangelien; Identität mit Nicolaus ⟨Straub von Leonberg⟩, Notar und Kleriker des Bistums Speyer, Generalsyndicus und Anwalt in Heilbronn, ungewiß
VL(2),9,386/387
Nicolaus ⟨Straub⟩
Nicolaus ⟨Straub von Leonberg⟩

Stravanellus, Richardus
→ **Richardus ⟨de Stavensby⟩**

Straversham, Thomas ¬de¬
→ **Thomas ⟨de Straversham⟩**

Streitperger, Erhardus
→ **Erhardus**

Streler
15. Jh.
Rezept; therapeutischer Kurztraktat; nicht identisch mit Streler, Johannes (OP)
VL(2),9,410/411
Streler ⟨Laienarzt⟩

Streler, Johannes
gest. 1459 · OP
Quaestiones libri Metaphysicae; Dicta in librum Ecclesiasticum; Lectura in epistolas Pauli ad Timotheum; etc.
Lohr; VL(2),9,411/416
Francofordia, Johannes ¬de¬
Johannes ⟨de Francofordia⟩
Johannes ⟨Streler⟩
Johannes ⟨Streler de Francofordia⟩
Streler, Johannes
Streler de Francofordia, Johannes

Strepus, Martinus
→ **Martinus ⟨Oppaviensis⟩**

Stretelingen, Heinrich ¬von¬
→ **Heinrich ⟨von Stretelingen⟩**

Striber, ¬Der¬
Lebensdaten nicht ermittelt · OFM
Kurztraktat zu 12 Zeichen über das Empfangen und das Wirken des Hl. Geistes
VL(2),9,416/417
Der Striber
Scriber, ¬Der¬

Stricker, ¬Der¬
um 1220/50
LMA,VIII,242/44; VL(2),9,417/49
Der Stricker
Pseudo-Stricker
Strickaere, Der

Strinati, Neri ¬degli¬
um 1400
Cronichetta dal 1312-1400
Potth. 1036
DegliStrinati, Neri
Neri ⟨degli Strinati⟩

Strobel, Georgius
um 1413/25 · OESA
Übersetzungen vom Deutschen ins Lateinische
VL(2),9,450/453
Georg ⟨Strobel⟩
Georgius ⟨de Monaco⟩
Georgius ⟨Strobel⟩
Georgius ⟨Strobel de Sliers⟩
Jeorgius ⟨de Monaco⟩
Jeorgius ⟨Strobel de Sliers⟩
Strobel, Georg

Strodus, Radulfus
→ **Radulfus ⟨Strodus⟩**

Ströber, Konrad
gest. 1443 · OFM
Pfingstpredigt
VL(2),9,453/454
Konrad ⟨Ströber⟩

Stromer, Friedrich
ca. 1440 – ca. 1486 · OP
Von den umbstentten des gepetz; Diliges dominum deum tuum; Dz sint dy 12 frucht des heiligen geistcz; etc.
Kaeppeli,I,406/407; VL(2),9,455/457
Auerbach, Fridericus Stromer ¬de¬
Fridericus ⟨Stromer de Auerbach⟩
Friedrich ⟨Stromer⟩
Friedrich ⟨Stromer de Auerbach⟩
Stromer, Fricz
Stromer de Auerbach, Fridericus
Stromer de Auerbach, Friedrich

Stromer, Ulman
1329 – 1407
Püchel von meim Geslecht
LMA,VIII,245/46
Ulman ⟨Stromer⟩

Stromer de Auerbach, Fridericus
→ **Stromer, Friedrich**

Strozzi, Palla
1372 – 1462
Diario 1423-1424
Potth. 1037; LMA,VIII,247
Palla ⟨di Noferi Strozzi⟩
Palla ⟨Strozzi⟩
Pallas ⟨Strozzi⟩
Strozzi, Palla di Noferi
Strozzi, Pallas

Strumis, Andreas ¬de¬
→ **Andreas ⟨de Strumis⟩**

Struve, Thidericus
gest. 1421 · OFM
Übersetzung vom Deutschen ins Lateinische von „Hiob Traktat"; Radices scripturarum; Liber de amicitia seu de amicitiae isagogia
VL(2),9,460/461
Thidericus ⟨Struve⟩

Strzebski, Martin
→ **Martinus ⟨Oppaviensis⟩**

Stuart, Eleonore
→ **Eleonore ⟨Österreich, Erzherzogin⟩**

Stubach, Jacobus ¬de¬
→ **Jacobus ⟨de Stubach⟩**

Stubs, Thomas
→ **Thomas ⟨Stubs⟩**

Stuckey, Johannes
→ **Johannes ⟨Stuckey⟩**

Studita, Theoctistus
→ **Theoctistus ⟨Studita⟩**

Studita, Theodorus
→ **Theodorus ⟨Studita⟩**

Studites, Simeon
→ **Simeon ⟨Eulabes⟩**

Stuler, Jörg
um 1479/80 · OT
Schreiber eines Foliocodex aus der Mergentheimer Deutschordenskommende; Identität mit Jobst Stuler möglich
VL(2),9,464/466
Jobst ⟨Stuler⟩
Jörg ⟨Stuler⟩
Stuler, Jobst

Stulmann, Nicolaus
um 1387/1407
Chronik 1387-1407
Potth. 1037
Nicolas ⟨Stulmann⟩
Nicolaus ⟨Stulmann⟩
Stulmann, Nicolas

Stump ⟨I.⟩
um 1422
Reimpaarspruch über das Verhalten der Stände; Identität weitgehend ungewiß; möglicherweise identisch mit Johannes Stumpp, Kleriker und Vikar in Gößlingen
VL(2),9,466/467
Johannes ⟨Stumpp⟩
Stump
Stumpp, Johannes

Stump ⟨II.⟩
um 1435
Gereimte Vaterunser-Auslegung
VL(2),9,467/468
Stump

Stúñiga, Lope ¬de¬
15. Jh.
Cancionero
LMA,VIII,267
Didacus ⟨Lopez⟩
Didacus ⟨Stunica⟩
Diego ⟨Lopez Zuñiga⟩
Estúñiga, Lope ¬de¬
Estuniga, Lopes ¬d'¬
Jacobus ⟨Lopes Stunica⟩
Jacobus ⟨Lopis Stunica⟩
Lope ⟨de Stúñiga⟩
Lopes Stunica, Jacobus
Lopez, Didacus
López de Stuñiga, Diego
López de Zúñiga, Diego
López de Zúñiga, Jaime
Lopez Zuñiga, Diego
Lopis ⟨Stunica⟩
Lopis Stunica, Jacobus
Stunica, Didacus
Stuñiga, Diego López ¬de¬

Stupna, Petrus ¬de¬
→ **Petrus ⟨de Stupna⟩**

Sturey, Thomas ¬de¬
→ **Thomas ⟨de Sturey⟩**

Sturla ⟨þórðarson⟩
1214 – 1284
LMA,VIII,268/69
Sturla, Skáld
Sturla, Sögmaðr
Sturla Thórdarson
Sturla þórðsson
Thórdarson, Sturla
þórðarson, Sturla

Sturla, Skáld
→ **Sturla ⟨þórðarson⟩**

Sturla Thórdarson
→ **Sturla ⟨þórðarson⟩**

Sturlaeus ⟨Thordius⟩
→ **Snorri ⟨Sturluson⟩**

Sturluson, Snorri
→ **Snorri ⟨Sturluson⟩**

Sturme
→ **Sturmius**

Sturmius
gest. 779 · OSB
Antiquae consuetudines monasteriorum ordinis S. Benedicti
LMA,VIII,269/79
Sturme
Sturme ⟨de Fritzlar⟩
Sturme ⟨de Fulde⟩
Sturmi
Sturmino ⟨Abbas⟩
Sturmino ⟨Fuldensis⟩
Sturmio

Stuten, Albert
→ **Albertus ⟨Monachus⟩**

Stuttgart, Andreas ¬von¬
→ **Andreas ⟨von Stuttgart⟩**

Stychorn, Johannes ¬de¬
→ **Johannes ⟨de Stychorn⟩**

Stylita, Simeon
→ **Simeon ⟨Stylita, Iunior⟩**

Stylites, Josua
→ **'Išo' ⟨Stylites⟩**

Styra, Wolfgangus ¬de¬
→ **Wolfgangus ⟨de Styra⟩**

Su, Dongpo
→ **Su, Shi**

Su, Shi
1036 – 1101
Shi ⟨Su⟩
Su, Dongpo
Su, Schi
Su, Shih
Su, Tungp'o
Su, Tzu-chan
Su, Zizhan

Su, Tungp'o
→ **Su, Shi**

Su, Tzu-chan
→ **Su, Shi**

Su, Zizhan
→ **Su, Shi**

Sualo ⟨von Solnhofen⟩
→ **Sola ⟨Heiliger⟩**

Suardus, Paulus
um 1479/96
Thesaurus aromatariorum
LMA,VIII,271
Paolo ⟨Suardi⟩
Paul ⟨de Suardis⟩
Paul ⟨Suardi⟩
Paul ⟨Suardo⟩
Paulin ⟨Suardi⟩
Paulus ⟨Suardus⟩
Suardi, Paolo
Suardi, Paul
Suardi, Paulin
Suardo, Paul

Suavius ⟨Sancti Severi⟩
gest. 1106 · OSB
Statuta pro S. Severi Villa
Potth. 1037; DOC,2,1669
Sancti Severi, Suavius
Suave ⟨de Saint-Sever-Cap-de-Gascogne⟩
Suavius ⟨Abbas⟩
Suavius ⟨Sancti Severi Wasconiae Abbas⟩

Šu'ba Ibn-al-Ḥaǧǧāǧ
701 – 776
Azdī, Šu'ba Ibn-al-Ḥaǧǧāǧ ¬al-¬
Ibn-al-Ḥaǧǧāǧ, Šu'ba
Shu'ba b. al-Ḥadjdjādj
Shu'ba ibn al-Ḥajjāj

Subandhu
um 650
Vāsavadattā; Indischer Dichter

Subdiaconus, Libuinus
→ **Libuinus ⟨Subdiaconus⟩**

Subdiaconus Lucifer
→ **Lucifer ⟨Subdiaconus⟩**

Subdiaconus Petrus
→ **Petrus ⟨Neapolitanus Subdiaconus⟩**

Subkī, 'Alī Ibn-'Abd-al-Kāfī ¬as-¬
→ **Subkī, Taqī-ad-Dīn 'Alī Ibn-'Abd-al-Kāfī ¬as-¬**

Subkī, Tāǧ-ad-Dīn 'Abd-al-Wahhāb Ibn-'Alī ¬as-¬
→ **Tāǧ-ad-Dīn as-Subkī, 'Abd-al-Wahhāb Ibn-'Alī**

Subkī, Taqī-ad-Dīn 'Alī Ibn-'Abd-al-Kāfī ¬as-¬
1284 – 1355
Ibn-'Abd-al-Kāfī, Taqī-ad-Dīn 'Alī as-Subkī
Subkī, 'Alī Ibn-'Abd-al-Kāfī ¬as-¬
Taqī-ad-Dīn 'Alī Ibn 'Abd-al-Kāfī as-Subkī
Taqī-ad-Dīn as-Subkī

Suburra, Corrado ¬della¬
→ **Anastasius ⟨Papa, IV.⟩**

Suchem, Ludolphus ¬de¬
→ **Ludolphus ⟨Suchensis⟩**

Suchendank, Konrad
um 1400
2 Reimpaargedichte
VL(2),9,477/478
Konrad ⟨Suchendank⟩

Suchenschatz, Michael
→ **Michael ⟨Suchenschatz⟩**

Suchensinn
um 1390/92
25 Lieder; 1 Reimpaargedicht
VL(2),9,478/481
Suchensinn, ⟨Poète Allemand⟩

Suchenwirt, Peter
ca. 1320 – 1396/1407
Gedichte
LMA,VIII,280; VL(2),9,481/88
Peter ⟨der Suchenwirt⟩
Peter ⟨Suchenwirt⟩
Pierre ⟨Suchenwirth⟩
Suchenwirth, Peter
Suochenwirt, Peter

Sucket, Johannes
→ **Johannes ⟨Sucket⟩**

Suda
10. Jh.
Wurde früher für den Verfasser eines byzantin. Lexikons gehalten, tatsächlich handelt es sich um einen Werktitel
LMA,VIII,281; LThK
Suidas
Suidas ⟨der Lexikograph⟩
Suidas ⟨Lexicographus⟩
Suidas ⟨Lexikograph⟩

Sudbery, Guilelmus ¬de¬
→ **Guilelmus ⟨de Sudbery⟩**

Suddī, Abū-Muḥammad Ismā'īl Ibn-'Abd-ar-Raḥmān ¬as-¬
→ **Suddī, Ismā'īl Ibn-'Abd-ar-Raḥmān ¬as-¬**

Suddī, Ismāʿīl Ibn-ʿAbd-ar-Raḥmān ¬as-¬
gest. 745
Ibn-ʿAbd-ar-Raḥmān, Ismāʿīl as-Suddī
Ismāʿīl Ibn-ʿAbd-ar-Raḥmān as-Suddī
Suddī, Abū-Muḥammad Ismāʿīl Ibn-ʿAbd-ar-Raḥmān ¬as-¬

Sudūnī, Qāsim Ibn-Quṭlūbuġā ¬as-¬
→ **Ibn-Quṭlūbuġā, Qāsim Ibn-ʿAbdallāh**

Suecanus, Haquinus
→ **Haquinus ⟨Suecanus⟩**

Suecia, Matthias ¬de¬
→ **Matthias ⟨Lincopiensis⟩**

Suecica, Birgitta
→ **Birgitta ⟨Suecica⟩**

Sueder ⟨de Culenburch⟩
gest. 1493
Mutmaßl. Verf. der Origines Culenburgicae (1015-1494)
Potth. 1038
Culenborg, Sueder ¬de¬
Culenburch, Sueder ¬de¬
Culenburch, Zweder ¬van¬
Gueldre, Sueder ¬de¬
Sueder ⟨de Culenborg⟩
Sueder ⟨de Gueldre⟩
Zweder ⟨van Culenburch⟩
Zweder ⟨von Kuilemberg⟩

Sueder ⟨de Gueldre⟩
→ **Sueder ⟨de Culenburch⟩**

Şükrullah
ca. 1386/88 – ca. 1459/60
Behcet üt-tevarih
LMA,VIII,298/99
Şükrullāh b. Šihāb ed-Dīn

Süleyman ⟨Şeyh⟩
→ **Gülşehri**

Süleyman Çelebi
1351 – 1422
Vesilet ün-necat
LMA,VIII,299
Çelebi, Süleyman
Suleymān Čelebi

Sueno ⟨Aggonis Filius⟩
um 1187
Brevis historia regum Daciae
LMA,VIII,343/44; Tusculum-Lexikon
Aagesøn, Sueno
Aggesøn, Sven
Aggonis Filius, Sueno
Suen ⟨Aggeson⟩
Sueno ⟨Danicus⟩
Suénon ⟨Aageson⟩
Sven ⟨Aggesen⟩
Sven ⟨Aggesøn⟩
Svend ⟨Aageson⟩
Svend ⟨Aggesen⟩
Sveno ⟨Aggesøn⟩
Sveno ⟨Aggonis⟩
Sveno ⟨Aggonis Filius⟩
Sveno ⟨the Son of Hakon⟩

Sueno ⟨Danicus⟩
→ **Sueno ⟨Aggonis Filius⟩**

Sueno ⟨Viburgensis⟩
gest. 1150
Iter Hierosolymitanum
Potth. 1038
Sueno ⟨Episcopus Viburgensis⟩
Suénon ⟨de Viborg⟩

Suerius ⟨Gosuinus⟩
→ **Goswinus ⟨Ignotus⟩**

Süßkind ⟨der Jude⟩
→ **Süßkind ⟨von Trimberg⟩**

Süßkind ⟨von Trimberg⟩
13. Jh.
LMA,VIII,333/34; VL(2),9,548/52
Süsskind ⟨der Jude⟩
Süßkind ⟨der Jude⟩
Trimberg, Süsskind ¬von¬
Trimberg, Süßkind ¬von¬

Suesthewicz, Johannes
→ **Johannes ⟨Sneszewicz⟩**

Suethus, Hugo
→ **Hugo ⟨de Sneyth⟩**

Suevus, Conradus
→ **Conradus ⟨Suevus⟩**

Suevus, Johannes
→ **Johannes ⟨Suevus Magister⟩**

Suevus, Laurentinus
→ **Laurentinus ⟨Suevus⟩**

Suevus Magister, Johannes
→ **Johannes ⟨Suevus Magister⟩**

Sufi, Abd Ar Rahman ¬As-¬
→ **ʿAbd-ar-Raḥmān aṣ-Ṣūfī, Ibn-ʿUmar**

Ṣūfī, ʿAbd-ar-Raḥmān Ibn-ʿUmar ¬aṣ-¬
→ **ʿAbd-ar-Raḥmān aṣ-Ṣūfī, Ibn-ʿUmar**

Sufyān aṯ-Ṯaurī, Ibn-Saʿīd
gest. 778
Ibn-Saʿīd, Sufyān aṯ-Ṯaurī
Sufyān Ibn-Saʿīd aṯ-Ṯaurī
Ṯaurī, Sufyān Ibn-Saʿīd ¬aṯ-¬

Sufyān Ibn-Saʿīd aṯ-Ṯaurī
→ **Sufyān aṯ-Ṯaurī, Ibn-Saʿīd**

Sufyān Ibn-ʿUyaina
gest. 811
Ibn-ʿUyaina, Sufyān

Šuǧāʿ Ibn-Aslam, Abū-Kāmil
→ **Abū-Kāmil Šuǧāʿ Ibn-Aslam**

Suger
→ **Sugerus ⟨Sancti Dionysii⟩**

Sugerus ⟨Abbas⟩
→ **Sugerus ⟨Sancti Dionysii⟩**

Sugerus ⟨de Brabantia⟩
→ **Sigerus ⟨de Brabantia⟩**

Sugerus ⟨Sancti Dionysii⟩
ca. 1081 – 1151
Constitutiones
Tusculum-Lexikon; CSGL; LMA,VIII,292/93
Sancti Dionysii, Sugerus
Suger
Suger ⟨de Saint-Denis⟩
Suger ⟨de Sancto Dionysio⟩
Suger ⟨von Saint Denis⟩
Suger ⟨von Sankt Omer⟩
Sugerius ⟨Sancti Dionysii⟩
Sugerus ⟨Abbas⟩
Sugerus ⟨Abbé⟩
Sugerus ⟨Parisiensis⟩

Suhailī, ʿAbd-ar-Raḥmān Ibn-ʿAbdallāh ¬as-¬
1114 – 1185
ʿAbd-ar-Raḥmān Ibn-ʿAbdallāh as-Suhailī
Ibn-ʿAbdallāh, ʿAbd-ar-Raḥmān as-Suhailī
Ibn-ʿAbdallāh as-Suhailī, ʿAbd-ar-Raḥmān

Suhair Ibn Abi Sulma
→ **Zuhair Ibn-Abī-Sulmā**

Ṣuḥārī, Salama Ibn-Muslim ¬aṣ-¬
→ **ʿAutabī, Salama Ibn-Muslim ¬al-¬**

Šuhba, Abū-Bakr Ibn-Aḥmad Ibn-Qāḍī
→ **Ibn-Qāḍī Šuhba, Abū-Bakr Ibn-Aḥmad**

Šuhba, Yūsuf Ibn-Muḥammad
→ **Ibn-Qāḍī Šuhba, Yūsuf Ibn-Muḥammad**

Šuhba, Yūsuf Ibn-Qāḍī
→ **Ibn-Qāḍī Šuhba, Yūsuf Ibn-Muḥammad**

Suho, Albertus
1394 – ca. 1449
Speculum futurorum temporum; Abcdarium; Sequenzenkommentare; etc.
VL(2),9,491/497
Albert ⟨Kuel⟩
Albert ⟨Kuyl⟩
Albert ⟨Suho⟩
Albert ⟨Suhof⟩
Albert ⟨Suhow⟩
Albertus ⟨Suho⟩
Kuel, Albert
Kuyl, Albert
Suho, Albert
Suhof, Albert
Suhow, Albert

Suhrāb
um 1500

Suhrawardī, ʿAbd-al-Qāhir Ibn-ʿAbdallāh ¬as-¬
1097 – 1168
ʿAbd-al-Qāhir Ibn-ʿAbdallāh as-Suhrawardī
Ibn-ʿAbdallāh, ʿAbd-al-Qāhir as-Suhrawardī
Suhrawardī, ʿAbd al-Qāhir Ibn ʿAbd Allāh
Suhrawardī, Abu-'n-Naǧīb ʿAbd-al-Qāhir Ibn-ʿAbdallāh ¬as-¬

Suhrawardī, Abū-Ḥafṣ ʿUmar Ibn-Muḥammad ¬as-¬
→ **Suhrawardī, ʿUmar Ibn-Muḥammad ¬as-¬**

Suhrawardī, Abu-'n-Naǧīb ʿAbd-al-Qāhir Ibn-ʿAbdallāh ¬as-¬
→ **Suhrawardī, ʿAbd-al-Qāhir Ibn-ʿAbdallāh ¬as-¬**

Suhrawardī, Šihāb-ad-Dīn Yaḥyā Ibn-Ḥabaš ¬as-¬
→ **Suhrawardī, Yaḥyā Ibn-Ḥabaš ¬as-¬**

Suhrawardī, ʿUmar Ibn-Muḥammad ¬as-¬
1145 – 1234
Abū-Ḥafṣ ʿUmar as-Suhrawardī
Ibn-Muḥammad, ʿUmar as-Suhrawardī
Sohrawardi, Omar Ibn Mohamed
Suhrawardī, Abū-Ḥafṣ ʿUmar Ibn-Muḥammad ¬as-¬
ʿUmar Ibn-Muḥammad as-Suhrawardī

Suhrawardī, Yaḥyā Ibn-Ḥabaš ¬as-¬
1152 – 1191
Ibn-Ḥabaš, Yaḥyā as-Suhrawardī
Ibn-Ḥabaš as-Suhrawardī, Yaḥyā
Suhrawardī, Šihāb-ad-Dīn Y. ¬as-¬
Suhrawardī, Šihāb-ad-Dīn Yaḥyā Ibn-Ḥabaš ¬as-¬
Suhrawardī al-Maqtūl, Šihāb-ad-Dīn A.-Yaḥyā Ibn-Ḥabaš as-Suhrawardī

Suhrawardī al-Maqtūl, Šihāb-ad-Dīn A.-
→ **Suhrawardī, Yaḥyā Ibn-Ḥabaš ¬as-¬**

Suidas
→ **Suda**

Suidas ⟨Lexicographus⟩
→ **Suda**

Suidger ⟨de Meinsdorf⟩
→ **Clemens ⟨Papa, II.⟩**

Suidger ⟨von Bamberg⟩
→ **Clemens ⟨Papa, II.⟩**

Suidgerus ⟨Saxo⟩
→ **Clemens ⟨Papa, II.⟩**

Suilkilfrans, Johannes
→ **Johannes ⟨Smitzkil⟩**

Suisset, Roger
→ **Rogerus ⟨Swineshead⟩**

Sukkarī, Abū-Saʿīd al-Ḥasan Ibn-al-Ḥusain ¬as-¬
→ **Sukkarī, al-Ḥasan Ibn-al-Ḥusain ¬as-¬**

Sukkarī, al-Ḥasan Ibn-al-Ḥusain ¬as-¬
gest. 888
Abū-Saʿīd as-Sukkarī, al-Ḥasan Ibn-al-Ḥusain
ʿAskarī, al-Ḥasan Ibn-al-Ḥusain ¬al-¬
Ḥasan Ibn-al-Ḥusain as-Sukkarī ¬al-¬
Sukkarī, Abū-Saʿīd al-Ḥasan Ibn-al-Ḥusain ¬as-¬

Suʿlā, Abū-ʿAbdallāh Muḥammad Ibn-Aḥmad
→ **Suʿlā, Muḥammad Ibn-Aḥmad**

Suʿlā, Muḥammad Ibn-Aḥmad
1226 – 1258
Anmāṭī Šuʿlā, Muḥammad Ibn-Aḥmad ¬al-¬
Ibn-Šuʿlā, Muḥammad Ibn-Aḥmad
Muḥammad Ibn-Aḥmad Suʿlā
Shuʿlā, Muḥammad Ibn Aḥmad
Suʿlā, Abū-ʿAbdallāh Muḥammad Ibn-Aḥmad

Sulaik Ibn-ʿAmr Ibn-as-Sulaka ¬as-¬
→ **Sulaik Ibn-as-Sulaka ¬as-¬**

Sulaik Ibn-as-Sulaka ¬as-¬
gest. ca. 605
Ibn-as-Sulaka, Sulaik
Sulaik Ibn-ʿAmr Ibn-as-Sulaka ¬as-¬
Sulayk ibn al-Sulaka

Sulaimān al-Ġazzī
10./11. Jh.
Ġazzī, Sulaimān Ibn-Ḥasan ¬al-¬
Salomon ⟨von Gaza⟩
Sulaimān Ibn-Ḥasan al-Ġazzī
Sulaymān al-Ghazzī

Sulaimān Ibn al-Hārith al-Ḳūlī
→ **Alcoatin**

Sulaimān Ibn-ʿAbd-al-Qawī aṭ-Ṭūfī
→ **Ṭūfī, Sulaimān Ibn-ʿAbd-al-Qawī ¬aṭ-¬**

Sulaimān Ibn-Aḥmad aṭ-Ṭabarānī
→ **Ṭabarānī, Sulaimān Ibn-Aḥmad ¬aṭ-¬**

Sulaimān Ibn-al-Ǧārūd Abū-Dāwūd aṭ-Ṭayālisī
→ **Abū-Dāwūd aṭ-Ṭayālisī, Sulaimān Ibn-al-Ǧārūd**

Sulaimān Ibn-ʿAlī at-Tilimsānī
→ **Tilimsānī, Sulaimān Ibn-ʿAlī ¬at-¬**

Sulaimān Ibn-Ḫalaf al-Bāǧī
→ **Bāǧī, Sulaimān Ibn-Ḫalaf ¬al-¬**

Sulaimān Ibn-Ḥasan al-Ġazzī
→ **Sulaimān al-Ġazzī**

Sulaimān Ibn-Ḥassān Ibn-Ǧulǧul
→ **Ibn-Ǧulǧul, Sulaimān Ibn-Ḥassān**

Sulaimān Ibn-Mihrān al-Aʿmaš
→ **Aʿmaš, Sulaimān Ibn-Mihrān ¬al-¬**

Sulaimān Ibn-Muḥammad Ibn-aṭ-Ṭarāwa
→ **Ibn-aṭ-Ṭarāwa, Sulaimān Ibn-Muḥammad**

Sulaimān Ibn-Mūsā al-Kalāʿī
→ **Kalāʿī, Sulaimān Ibn-Mūsā ¬al-¬**

Sulami
→ **Sulamī, Muḥammad Ibn-al-Ḥusain ¬as-¬**

Sulamī, ʿAbd-al-ʿAzīz Ibn-ʿAbd-as-Salām ¬as-¬
1181 – 1262
ʿAbd-al-ʿAzīz Ibn-ʿAbd-as-Salām as-Sulamī
Ibn-ʿAbd-as-Salām, ʿAbd-al-ʿAzīz
Ibn-ʿAbd-as-Salām, ʿAbd-al-ʿAzīz as-Sulamī
Ibn-ʿAbd-as-Salām as-Sulamī, ʿAbd-al-ʿAzīz

Sulamī, ʿAbd-al-Malik Ibn-Ḥabīb ¬as-¬
→ **ʿAbd-al-Malik Ibn-Ḥabīb as-Sulamī**

Sulamī, Abū ʿAbd al-Raḥmān Muḥammad ibn al-Ḥusayn
→ **Sulamī, Muḥammad Ibn-al-Ḥusain ¬as-¬**

Sulamī, Abū-ʿAbd-ar-Raḥmān Muḥammad Ibn-al-Ḥusain ¬as-¬
→ **Sulamī, Muḥammad Ibn-al-Ḥusain ¬as-¬**

Sulamī, Abu'l-Walīd Ašǧaʿ Ibn-ʿAmr ¬aš-¬
→ **Ašǧaʿ Ibn-ʿAmr as-Sulamī**

Sulamī, Ašǧaʿ Ibn-ʿAmr ¬as-¬
→ **Ašǧaʿ Ibn-ʿAmr as-Sulamī**

Sulamī, Muḥammad Ibn-al-Ḥusain ¬as-¬
936 – 1021
Abū ʿAbd al-Raḥmān al-Sulamī
Abū-ʿAbd-ar-Raḥmān as-Sulamī, Muḥammad Ibn-al-Ḥusain
Al-Sulami
Ibn-al-Ḥusain, Muḥammad as-Sulamī
Muḥammad Ibn-al-Ḥusain as-Sulamī
Sulami
Sulamī, Abū ʿAbd al-Raḥmān Muḥammad ibn al-Ḥusayn
Sulamī, Abū-ʿAbd-ar-Raḥmān Muḥammad Ibn-al-Ḥusain ¬as-¬

Sulayk ibn al-Sulaka
→ **Sulaik Ibn-as-Sulaka ¬as-¬**

Sulaymān al-Ghazzī
→ **Sulaimān al-Ġazzī**

Sulcanus, Euthalius
→ **Euthalius ⟨Sulcanus⟩**

Sulcardus ⟨de Westminster⟩
um 1076/82
Prologus de construccione Westmonasterii; Libellus de fundatione abbatiae Westmonasteriensis
Potth. 1039; Schönberger/Kible, Repertorium, 17972
Sulcard ⟨Chronographe⟩
Sulcard ⟨de Westminster⟩
Sulcardus ⟨Monachus⟩
Sulcardus ⟨Westmonasteriensis⟩
Sulgard ⟨de Westminster⟩
Westminster, Sulcardus ¬de¬

Sulcardus ⟨Monachus⟩
→ **Sulcardus ⟨de Westminster⟩**

Sulczer
→ **Sultzer**

Suleymān Čelebi
→ **Süleyman Çelebi**

Ṣūlī, Ibrāhīm Ibn-al-ʿAbbās ¬aṣ-¬
→ **Ibrāhīm Ibn-al-ʿAbbās aṣ-Ṣūlī**

Sulket, Johannes
→ **Johannes ⟨Sucket⟩**

Sulliaco, Mauritius ¬de¬
→ **Mauritius ⟨de Sulliaco⟩**

Sully , Odo ¬de¬
→ **Odo ⟨de Soliaco⟩**

Sulmona, Johannes ¬de¬
→ **Johannes ⟨de Sulmona⟩**

Sulpicius ⟨Bituricensis, I.⟩
gest. ca. 591
LMA,VIII,302
Sulpice ⟨Archevêque⟩
Sulpice ⟨Archevêque, I.⟩
Sulpice ⟨de Bourges⟩
Sulpice ⟨de Bourges, I.⟩
Sulpice ⟨le Sévère⟩
Sulpicius ⟨Erzbischof, I.⟩
Sulpicius ⟨von Bourges⟩
Sulpicius ⟨von Bourges, I.⟩

Sulpicius ⟨Bituricensis, II.⟩
gest. ca. 647
Briefe von/an Desiderius
Cpl 1303; DOC,2,1673; LMA,VIII,302
Sulpice ⟨Archevêque⟩
Sulpice ⟨Archevêque, II.⟩
Sulpice ⟨de Bourges⟩
Sulpice ⟨de Bourges, II.⟩
Sulpice ⟨le Débonnaire⟩
Sulpicius ⟨Archiepiscopus⟩
Sulpicius ⟨Erzbischof, II.⟩
Sulpicius ⟨Pius⟩
Sulpicius ⟨Sanctus⟩
Sulpicius ⟨von Bourges⟩
Sulpicius ⟨von Bourges, II.⟩
Sulpizio ⟨Arcivescovo⟩
Sulpizio ⟨di Bourges⟩
Sulpizio ⟨il Pio⟩

Sulṭān Veled
1226 – 1312
türk. – pers. Mystiker und Dichter
İbtidaname (türk.); Walad-nāma (pers.); Dīwān (türk. und pers.)
LMA,VIII,303/04; AnaBritannica
Bahā'-ad-Dīn Muḥammad Walad
Bahaeddin Muhammed Veled
Sulṭān Walad
Veled, Bahaeddin Muhammed
Veled ⟨Sultan⟩
Walad, Bahā'-ad-Dīn Muḥammad

Sultanea, Antonius ¬de¬
→ **Antonius ⟨de Sultanea⟩**

Sultzer
um 1450/70
Folge von Sprüchen und Priameln
VL(2),9,502/503
Sulczer

Sulzbach, Dietrich ¬von¬
→ **Dietrich ⟨von Sulzbach⟩**

Sulzbach, Paul Eck ¬von¬
→ **Eck, Paul**

Sumbat ⟨Davit'is-je⟩
11. Jh.
Davit'is-je, Sumbat
Sumbat ⟨Davitis-dze⟩

Sun, Ch'ien-li
→ **Sun, Qianli**

Sun, Guoting
→ **Sun, Qianli**

Sun, Kuo-t'ing
→ **Sun, Qianli**

Sun, Qianli
648 – 703
Shupu; chines. Kalligraph
Sun, Ch'ien-li
Sun, Guoting
Sun, Kuo-t'ing

Sunczell Mosellanus, Fridericus
→ **Fridericus ⟨Sunczell Mosellanus⟩**

Sunder, Friedrich
1254 – 1328
Gnaden-Leben des Friedrich Sunder
VL(2),9,532/536; LMA,VIII,323
Friedrich ⟨Sunder⟩

Sundjata ⟨Mali, König⟩
gest. 1255
Keita, Soundiata
Son-Jara
Sund'jita
Sun-Jata

Suneck, Heinrich ¬von¬
→ **Suonegge, ¬Der von¬**

Sunesøn, Anders
ca. 1167 – 1228
Meyer; LMA,I,607
Anders ⟨Sunesens⟩
Anders ⟨Sunesøn⟩
Andreas ⟨de Lunda⟩
Andreas ⟨Filius Sunonis⟩
Andreas ⟨Lundensis⟩
Andreas ⟨Sunesen⟩
Andreas ⟨Sunesson⟩
Andreas ⟨Sunonis⟩
Andreas ⟨Sunonis Filius⟩
Andreas ⟨von Lund⟩
Sunesen, Anders
Suneson, Anders
Sunesson, Anders
Suno, Andreas
Sunonis, Andreas

Sung, Po-jen
→ **Song, Boren**

Sunila
um 585
Suggestiones Sesuldi, Sunilae, Johannis, Vivendi, Ermegildi
Cpl 1790
Sunnila
Sunnila ⟨de Viseu⟩
Sunnila ⟨Evêque⟩

Sun-Jata
→ **Sundjata ⟨Mali, König⟩**

Sunnila
→ **Sunila**

Sunonis, Andreas
→ **Sunesøn, Anders**

Suntheim, Ladislaus
1440 – 1513
VL(2); Potth.
Ladislaus ⟨Canonicus⟩
Ladislaus ⟨Ravenspurgensis⟩
Ladislaus ⟨Sancti Stephani⟩
Ladislaus ⟨Suntheim⟩
Ladislaus ⟨Suntheimer⟩
Ladislaus ⟨Vindobonensis⟩
Ladislaus ⟨von Suntheim⟩
Sunthaim, Ladislaus
Sunthaym, Ladislaus
Suntheim, Ladislaus ¬von¬
Suntheimer, Ladislaus

Suochenwirt, Peter
→ **Suchenwirt, Peter**

Suolo ⟨von Solnhofen⟩
→ **Sola ⟨Heiliger⟩**

Suonegge, ¬Der von¬
um 1296/1306
Minnelieder; Identität mit Heinrich ⟨von Suneck⟩ bzw. Konrad ⟨von Souneck, I.⟩ nicht gesichert
VL(2),9,542/44
Heinrich ⟨von Suneck⟩
Konrad ⟨von Souneck, I.⟩
Sonneck, ¬Der von¬
Souneck, Konrad ¬von¬
Suneck, Heinrich ¬von¬
Sunecke ⟨Minnesinger Allemand⟩
Sunecke, ¬von¬

Suonishain, Henricus ¬de¬
→ **Henricus ⟨de Suonishain⟩**

Supramons ⟨de Varisio⟩
Lebensdaten nicht ermittelt · OFM
Schneyer,V,514
Supramons ⟨de Varese⟩
Supramons ⟨Mediolanensis⟩
Varisio, Supramons ¬de¬

Supramons ⟨Mediolanensis⟩
→ **Supramons ⟨de Varisio⟩**

Surapāla
11./12. Jh.
Das Wissen von der Lebensspanne der Bäume (Sanskrit)
Sureśa
Sureśvara

Surdus, Henricus
→ **Henricus ⟨Surdus⟩**

Surdus, Johannes
→ **Johannes ⟨Parisiensis⟩**

Sureśa
→ **Surapāla**

Sureśvara
→ **Surapāla**

Sureśvara
ca. 8./9. Jh.
Taittirīyopaniṣad-bhāsya-vārtika
Maṇḍanamiśra
Sureshvar
Sureshvara
Sureshvarācharya
Sureśvara ⟨Ācārya⟩
Sureśvarācārya
Viśvarupa

Sureśvarācārya
→ **Sureśvara**

Ṣūrī, ʿAbd-al-Muḥsin Ibn-Muḥammad ¬aṣ-¬
→ **Ibn-Ġalbūn aṣ-Ṣūrī, ʿAbd-al-Muḥsin Ibn-Muḥammad**

Ṣūrī, Muḥammad Ibn-ʿAlī ¬aṣ-¬
ca. 986 – 1057
Ibn-ʿAlī, Muḥammad aṣ-Ṣūrī
Muḥammad Ibn-ʿAlī aṣ-Ṣūrī

Surquet, Jean
→ **Jean ⟨Surquet⟩**

Surramarrī, Yūsuf Ibn-Muḥammad ¬as-¬
gest. 1374
Ibn-Muḥammad, Yūsuf as-Surramarrī
Yūsuf Ibn-Muḥammad as-Surramarrī

Súrsson, Gísli
→ **Gísli ⟨Súrsson⟩**

Surville, Marguérite-Éléonore-Clotilde de Vallon-Chalys
1405 – ca. 1495
Poésies; Verfasserschaft umstritten, möglicherweise ist Surville, Joseph Étienne ¬de¬ (1755-1798) der Verfasser
Chalys Surville, Marguérite-Éléonore Clotilde de Vallon-
Clotilde ⟨de Surville⟩
Marguérite-Éléonore-Clotilde ⟨de Vallon-Chalys Surville⟩
Marguérite-Éléonore-Clotilde de Vallon-Chalys ⟨Surville⟩
Surville, Clotilde ¬de¬
Surville, Marguérite-Éléonore Clotilde de Vallon Chalys
Vallon-Chalys, Clotilde ¬de¬
Vallon-Chalys Surville, Marguérite-Éléonore-Clotilde ¬de¬

Sūryadeva
geb. 1191
Mathematiker; Āryabhaṭīya-vyākhyā
Suryadeva Somasut
Suryadeva Suri
Suryadeva Yajvan

Susaria, Guido ¬de¬
→ **Guido ⟨de Susaria⟩**

Susato, Conradus ¬de¬
→ **Conradus ⟨de Susato⟩**

Susato, Jacobus ¬de¬
→ **Jacobus ⟨de Susato⟩**

Susato, Johannes ¬de¬
→ **Johann ⟨von Soest⟩**

Suso, Heinrich
→ **Seuse, Heinrich**

Suso, Johannes ¬de¬
→ **Seuse, Heinrich**

Sustari, Ali ben Abd Allah ¬al-¬
→ **Šuštarī, ʿAlī Ibn-ʿAbdallāh ¬aš-¬**

Šuštarī, ʿAlī Ibn-ʿAbdallāh ¬aš-¬
gest. 1269
Aš-Šuštarī
Sustari, Ali ben Abd Allah ¬al-¬

Suster, Bertken
→ **Bertken ⟨Suster⟩**

Suter, Heinrich
um 1404
Reden
VL(2),9,552/553
Heinrich ⟨Suter⟩

Sutona, Thomas ¬de¬
→ **Thomas ⟨de Sutona⟩**

Sutoris, Aegidius
→ **Aegidius ⟨Sutoris⟩**

Sutphania, Gerardus ¬de¬
→ **Gerardus ⟨de Zutphania⟩**

Sutrinus, Bonitho
→ **Bonitho ⟨Sutrinus⟩**

Sutton, Henricus ¬de¬
→ **Henricus ⟨de Sutton⟩**

Sutton, Petrus
→ **Petrus ⟨Sutton⟩**

Sutton, Thomas
→ **Thomas ⟨de Sutona⟩**

Suwaid Ibn-Abī-Kāhil
7. Jh.
Ibn-Abī-Kāhil, Suwaid
Suwaid Ibn-Šabīb Ibn-Abī-Kāhil
Suwayd ibn Abī Kāhil
Yaškurī, Suwaid Ibn-Abī-Kāhil ¬al-¬

Suwaid Ibn-Šabīb Ibn-Abī-Kāhil
→ **Suwaid Ibn-Abī-Kāhil**

Suwaid Ibn-Saʿīd al-Ḥadaṯānī
gest. 845
Ḥadaṯānī, Suwaid Ibn-Saʿīd ¬al-¬
Ibn-Saʿīd, Suwaid al-Ḥadaṯānī
Suwayd Ibn Saʿīd al-Ḥadathānī

Suwayd ibn Abī Kāhil
→ **Suwaid Ibn-Abī-Kāhil**

Suwayd Ibn Saʿīd al-Ḥadathānī
→ **Suwaid Ibn-Saʿīd al-Ḥadaṯānī**

Suyūṭī, Ğalāl-ad-Dīn
→ **Suyūṭī, Ğalāl-ad-Dīn ʿAbd-ar-Raḥmān Ibn-Abī-Bakr ¬as-¬**

Suyūṭī, Ğalāl-ad-Dīn ʿAbd-ar-Raḥmān Ibn-Abī-Bakr ¬as-¬
1445 – 1505
Assayuti, Jalal Addin
ʿAṭā, Muḥammad ʿA.
Ğalāl-ad-Dīn ʿAbd-ar-Raḥmān Ibn-Abī-Bakr as-Suyūṭī
Ğalāl-ad-Dīn as-Suyūṭī, ʿAbd-ar-Raḥmān Ibn-Abī-Bakr
Ğumailī, As-Saiyid ¬al-¬
Habdarrahmanus
Habdarrahmanus ⟨Asiutensis⟩
Ibn-Abī-Bakr, Ğalāl-ad-Dīn ʿAbd-ar-Raḥmān as-Suyūṭī
Ibn-Abī-Bakr as-Suyūṭī, Ğalāl-ad-Dīn ʿAbd-ar-Raḥmān
Siuti, Jalal-addin al-Siuti
Sojuti
Sojutius, ...
Soyoûti
Suyūṭī, Ğalāl-ad-Dīn

Suzaria, Guido ¬de¬
→ **Guido ⟨de Susaria⟩**

Suzdal'skij, Avraamij
→ **Avraamij ⟨Suzdal'skij⟩**

Suzo, Henryk
→ **Seuse, Heinrich**

Suzobonus, Johannes
→ **Johannes ⟨Suzobonus⟩**

Sven ⟨Aggesen⟩
→ **Sueno ⟨Aggonis Filius⟩**

Sveno ⟨Aggonis⟩
→ **Sueno ⟨Aggonis Filius⟩**

Sveti, Sava
→ **Sava ⟨Sveti⟩**

Svevus, Laurentius
→ **Laurentius ⟨Svevus⟩**

Svilkilfrans, Johannes
→ **Johannes ⟨Smitzkil⟩**

Svjatoj, Iona
→ **Iona ⟨Svjatoj⟩**

Svjatoj, Kilian
→ **Kilian ⟨Svjatoj⟩**

Swapham, Robertus ¬de¬
→ **Robertus ⟨de Swapham⟩**

Swarbey, Guilelmus
→ **Guilelmus ⟨Swarbey⟩**

Swarcz, Georgius
→ **Nigri, Georgius**

Swebelinus, Albertus
um 1300
Kommentar zu Martinus ⟨von Dacia⟩: Modi significandi
VL(2),9,553/554
Albertus ⟨Swebelinus⟩
Magister Swebelinus
Swebelinus ⟨Magister⟩
Swevelinus ⟨Magister⟩

Swende, Valentin
um 1460/90
Medizinische Sammelhandschrift
VL(2),9,555/556
Valentin ⟨Swende⟩

Swineshead, Richardus
→ **Richardus ⟨Swineshead⟩**

Swineshead, Rogerus
→ **Rogerus ⟨Swineshead⟩**

Swinford, Johannes ¬de¬
→ **Johannes ⟨de Swinford⟩**

Swinndach, Nicolaus ¬de¬
→ **Nicolaus ⟨Awer de Swinndach⟩**

Sy, Jean ¬de¬
→ **Johannes ⟨de Siaco⟩**

Syanṭ'ideva
→ **Śāntideva**

Sybert ⟨de Beck⟩
→ **Sibertus ⟨de Beka⟩**

Syboto
→ **Sibiton ⟨Viennensis⟩**

Syceota, Georgius
→ **Georgius ⟨Syceota⟩**

Syceotes, Gregorius
→ **Georgius ⟨Syceota⟩**

Sydener, Theobald
→ **Seidener, Theobald**

Sydo ⟨Novimonasteriensis⟩
→ **Sido ⟨Novimonasteriensis⟩**

Sydo ⟨Praepositus⟩
→ **Sido ⟨Novimonasteriensis⟩**

Syecz, Stephanus
→ **Stephanus ⟨Syecz⟩**

Syferidus ⟨OCart⟩
13. Jh. · OCart.
Commendacio
Schönberger/Kible, Repertorium, 17974
Sifrido ⟨iz Zurklostra⟩

Sygerus ⟨de Brabantia⟩
→ **Sigerus ⟨de Brabantia⟩**

Sylanus ⟨de Nigris⟩
→ **Syllanus ⟨de Nigris⟩**

Sylanus ⟨de Papia⟩
→ **Syllanus ⟨de Nigris⟩**

Sylanus ⟨Papiensis⟩
→ **Syllanus ⟨de Nigris⟩**

Sylfridus ⟨de Grunau⟩
15. Jh. · OCart
Epistulae ad Johannem de Rosendael
Grunau, Sylfridus ¬de¬
Sylfridus ⟨de Grunaue⟩

Syllanus ⟨de Nigris⟩
gest. 1476
De medicina practica
Negri, Sillano
Negris, Silanus ¬de¬
Nigris, Silanus ¬de¬
Nigris, Sillanus ¬de¬
Nigris, Silvanus ¬de¬
Nigris, Syllanus ¬de¬
Silanus ⟨de Nigris⟩
Sillano ⟨Negri⟩
Sillanus
Sillanus ⟨de Nigris⟩
Sillanus ⟨de Nigris de Papia⟩
Sylanus ⟨de Nigris⟩
Sylanus ⟨de Papia⟩
Sylanus ⟨Papiensis⟩
Syllanus

Sylte, Hans
→ **Schulte, Hans**

Sylva ⟨Cantianus⟩
→ **Odo ⟨Cantuariensis, Abbas de Bello⟩**

Sylvagius, Matthaeus
→ **Matthaeus ⟨Sylvagius⟩**

Sylvaticus, Matthaeus
→ **Matthaeus ⟨Silvaticus⟩**

Sylverius ⟨Papa⟩
→ **Silverius ⟨Papa⟩**

Sylvester ⟨...⟩
→ **Silvester ⟨...⟩**

Syl'vester ⟨Ihumen⟩
→ **Sil'vestr ⟨Igumen⟩**

Sylvester, Bernardus
→ **Bernardus ⟨Silvestris⟩**

Sylvestre ⟨Pape, ...⟩
→ **Silvester ⟨Papa, ...⟩**

Sylvestro ⟨Papa, ...⟩
→ **Silvester ⟨Papa, ...⟩**

Sylvius, Aeneas
→ **Pius ⟨Papa, II.⟩**

Sylvius, Andreas
→ **Andreas ⟨Marchienensis⟩**

Symeon ⟨...⟩
→ **Simeon ⟨...⟩**

Symmachus ⟨Papa⟩
um 498/514
LMA,VIII,367
Simmaco ⟨Papa⟩
Symmachus ⟨Sanctus⟩
Symmaque ⟨de Sardaigne⟩
Symmaque ⟨Pape⟩

Symon ⟨...⟩
→ **Simon ⟨...⟩**

Symphosius ⟨von Metz⟩
→ **Amalarius ⟨Metensis⟩**

Symphosius Fortunatus ⟨Amalarius⟩
→ **Amalarius ⟨Metensis⟩**

Syncellus, Elias
→ **Elias ⟨Syncellus⟩**

Syncellus, Georgius
→ **Georgius ⟨Syncellus⟩**

Syncellus, Johannes
→ **Johannes ⟨Hierosolymitanus Monachus⟩**

Syncellus, Michael
→ **Michael ⟨Syncellus⟩**

Syncellus, Theodorus
→ **Theodorus ⟨Syncellus⟩**

Syndel, Johannes
→ **Sindel, Johannes**

Synesius ⟨Epigrammaticus⟩
→ **Synesius ⟨Scholasticus⟩**

Synesius ⟨Scholasticus⟩
6. Jh.
Scholasticus, Synesius
Synesius ⟨Epigrammaticus⟩

Syngelus, Michael
→ **Michael ⟨Syncellus⟩**

Syon ⟨Vercellensis⟩
13. Jh.
Carmina de mutatione consonantium; Doctrinale novum
Sion ⟨Grammatico⟩
Sion ⟨Maestro⟩
Sion ⟨Vercellensis⟩
Syon ⟨de Verceil⟩
Syon ⟨Grammairien⟩

Syownec'i, Aṙak'el
→ **Aṙak'el ⟨Syownec'i⟩**

Syr ⟨de Cluny⟩
→ **Syrus ⟨Cluniacensis⟩**

Syracusanus, Theodosius
→ **Theodosius ⟨Syracusanus⟩**

Syrer, Mikā'ēl ¬der¬
→ **Mikā'ēl ⟨der Syrer⟩**

Syrigus, Meletius
→ **Meletius ⟨Syrigus⟩**

Syropulus, Johannes
→ **Johannes ⟨Sguropulus⟩**

Syropulus, Silvester
→ **Silvester ⟨Sguropulus⟩**

Syrus ⟨Cluniacensis⟩
um 994 · OSB
Vita S. Maioli Cluniacensis
Potth. 1044; DOC,2,1692
Siro ⟨di Cluny⟩
Siro ⟨Monaco⟩
Syr ⟨de Cluny⟩
Syrus ⟨Monachus⟩

Syrus, Isaac
→ **Isaac ⟨Ninivita⟩**

Syrus, Uranius
→ **Uranius ⟨Syrus⟩**

Szafieddinus
→ **Ḥillī, Ṣafī-ad-Dīn ʿAbd-al-ʿAzīz Ibn-Sarāya ¬al-¬**

T. ⟨de Chavanis⟩
Lebensdaten nicht ermittelt
Oxford, Merton 237 f. 14 va., 16 ra.; Brüssel, BR 21861 f. 121 ra., 124 rb.
Schneyer,V,630
Chavanis, T. ¬de¬
T. ⟨Frater⟩

T. ⟨de Hyondon⟩
15. Jh.
Quaestiones super quosdam libros De animalibus
Lohr
Hyondon, T. ¬de¬

T. ⟨Frater⟩
→ **T. ⟨de Chavanis⟩**

T. ⟨Magister Scholarum⟩
→ **T. ⟨Scholasticus Osnabrugensis⟩**

T. ⟨Osnabrugensis⟩
→ **T. ⟨Scholasticus Osnabrugensis⟩**

T. ⟨Palmer⟩
→ **Thomas ⟨Palmer⟩**

T. ⟨Scholasticus Osnabrugensis⟩
um 1118
Excerpta aus Liber de controversia inter Hildebrandum et Heinricum imperatorum des Wido ⟨Osnabrugensis⟩; die Auflösung Thiethardus ist nicht gesichert
Potth. 1044; 1060
T. ⟨Magister Scholarum⟩
T. ⟨Osnabrugensis⟩
T. ⟨Scholasticus⟩
Thiethardus ⟨Scholasticus Osnabrugensis⟩

Ta'abbaṭa Šarran
6. Jh.
Taabbata Scharran
Ṯābit Ibn-Ǧābir

Taabbata Scharran
→ **Ta'abbaṭa Šarran**

Ṯaʿālibī, ʿAbd-al-Malik Ibn-Muḥammad ¬aṯ-¬
961 – 1038
ʿAbd-al-Malik Ibn-Muḥammad Al-Thaʿālibī, Abū Manṣūr
ʿAbd-al-Malik Ibn-Muḥammad aṯ-Ṯaʿālibī
Abū-Manṣūr aṯ-Ṯaʿālibī
Ibn-Muḥammad, ʿAbd-al-Malik aṯ-Ṯaʿālibī
Taâlibî
Ṯaʿālibī, Abū-Manṣūr ʿAbd-al-Malik Ibn-Muḥammad ¬aṯ-¬
Thaʿalibi, ʿAbd al-Malik ibn Muhammad ¬al-¬

Ṯaʿālibī, ʿAbd-ar-Raḥmān Ibn-Muḥammad ¬aṯ-¬
gest. 1468
ʿAbd-ar-Raḥmān Ibn-Muḥammad aṯ-Ṯaʿālibī
Ibn-Muḥammad, ʿAbd-ar-Raḥmān aṯ-Ṯaʿālibī
Ibn-Muḥammad aṯ-Ṯaʿālibī, ʿAbd-ar-Raḥmān

Ṯaʿālibī, Abū-Manṣūr ʿAbd-al-Malik Ibn-Muḥammad ¬aṯ-¬
→ **Ṯaʿālibī, ʿAbd-al-Malik Ibn-Muḥammad ¬aṯ-¬**

Ṭabarānī, Sulaimān Ibn-Aḥmad ¬aṭ-¬
873 – 971
Ibn-Aḥmad, Sulaimān aṭ-Ṭabarānī
Ibn-Aḥmad aṭ-Ṭabarānī, Sulaimān
Sulaimān Ibn-Aḥmad aṭ-Ṭabarānī

Ṭabarī, ʿAbd-al-Karīm Ibn-ʿAbd-aṣ-Ṣamad ¬aṭ-¬
→ **Qaṭṭān aṭ-Ṭabarī, ʿAbd-al-Karīm Ibn-ʿAbd-aṣ-Ṣamad ¬al-¬**

Ṭabarī, Abū Ǧaʿfar Muḥammad b. Ǧarīr b. Yazīd ¬aṭ-¬
→ **Ṭabarī, Muḥammad Ibn-Ǧarīr ¬aṭ-¬**

Ṭabarī, Abū-Ǧaʿfar Aḥmad Ibn-ʿAbdallāh ¬aṭ-¬
→ **Ṭabarī, Aḥmad Ibn-ʿAbdallāh ¬aṭ¬**

Ṭabarī, Abū-Ǧaʿfar Muḥammad Ibn-Ǧarīr ¬aṭ-¬
→ **Ṭabarī, Muḥammad Ibn-Ǧarīr ¬aṭ-¬**

Ṭabarī, Abu-'l-Ḥasan Aḥmad Ibn-Muḥammad ¬aṭ-¬
→ **Abu-'l-Ḥasan aṭ-Ṭabarī, Aḥmad Ibn-Muḥammad**

Ṭabarī, Aḥmad Ibn-ʿAbdallāh ¬aṭ¬
1218 – 1294
Aḥmad Ibn-ʿAbdallāh aṭ-Ṭabarī
Ibn-ʿAbdallāh, Aḥmad aṭ-Ṭabarī
Ṭabarī, Abū-Ǧaʿfar Aḥmad Ibn-ʿAbdallāh ¬aṭ-¬

Ṭabarī, Aḥmad Ibn-Muḥammad ¬aṭ-¬
→ **Abu-'l-Ḥasan aṭ-Ṭabarī, Aḥmad Ibn-Muḥammad**

Ṭabarī, ʿAlī Ibn-Rabban ¬aṭ-¬
→ **ʿAlī Ibn-Rabban aṭ-Ṭabarī**

Tabari, Jean
→ **Jean ⟨Tabari⟩**

Ṭabarī, Muḥammad Ibn-Aiyūb ¬aṭ-¬
um 1234
Ibn-Aiyūb, Muḥammad aṭ-Ṭabarī
Muḥammad Ibn-Aiyūb aṭ-Ṭabarī

Ṭabarī, Muḥammad Ibn-Ǧarīr ¬aṭ-¬
839 – 923
LMA,VIII,391
Abū-Ǧaʿfar aṭ-Ṭabarī
Ibn-Ǧarīr, Muḥammad aṭ-Ṭabarī
Ibn-Ǧarīr aṭ-Ṭabarī, Muḥammad
Muḥammad Ibn-Ǧarīr aṭ-Ṭabarī
Tabari, Abu Dschafar Muhammad Ibn Dscharir
Ṭabarī, Abū Ǧaʿfar Muḥammad b. Ǧarīr b. Yazīd ¬aṭ-¬
Ṭabarī, Abū-Ǧaʿfar Muḥammad Ibn-Ǧarīr ¬aṭ-¬

Ṭabarī, ʿUmar Ibn-al-Farruḫān ¬aṭ-¬
→ **ʿUmar Ibn-al-Farruḫān aṭ-Ṭabarī**

Tabarino, Johannes Matthias
→ **Johannes Matthias ⟨Tiberinus⟩**

Ṭabarsī, al-Faḍl Ibn-al-Ḥasan ¬aṭ-¬
gest. 1153
al-Faḍl Ibn-al-Ḥasan aṭ-Ṭabarsī
Ibn-al-Ḥasan, al-Faḍl aṭ-Ṭabarsī

Tabernes, Tirich
um 1480
10-strophiges Lied über den Blomberger Hostienfrevel im Wienhäuser Liederbuch
VL(2),9,565/566
Tirich ⟨Tabernes⟩

Tābit ibn Qurra, Abu-'l-Ḥasan ibn Zahrūn al-Ḥarrānī
→ **Ṯābit Ibn-Qurra**

Ṯābit Ibn-Abī-Ṯābit
9. Jh.
Ibn-Abī-Ṯābit, Ṯābit

Ṯābit Ibn-Ǧābir
→ **Ta'abbaṭa Šarran**

Ṯābit Ibn-Qurra
836 – 901
Liber karastonis
Schönberger/Kible, Repertorium, 17976; LMA,VIII,607/08
Ibn-Qurra, Ṯābit
Sabit ibn Korra
Tābit ibn Qurra, Abu-'l-Ḥasan ibn Zahrūn al-Ḥarrānī
Ṯābit Ibn-Qurra, Abu-'

Ṯābit Ibn-Qurra al-Ḥarrānī, Abu-'l-Hasan
Thābit Ibn Qurra
Thābit ibn Qurra, Abu-'l-Ḥasan ibn Zahrūn al-Ḥarrānī

Ṯābit Ibn-Qurra, Abu-'
→ **Ṯābit Ibn-Qurra**

Ṯābit Ibn-Qurra al-Ḥarrānī, Abu-'l-Hasan
→ **Ṯābit Ibn-Qurra**

Taccola, ¬Il¬
→ **Mariano ⟨Taccola⟩**

Taccone, Baldassare
um 1495
La coronazione e sponsalizio de la seren. regina madonna Bianca Maria Sforzia Augusta descritta
Potth. 1045
Baldassare ⟨Taccone⟩
Baldassare ⟨Tacconi⟩
Balthasar ⟨Taccone⟩
Taccone, Balthasar
Tacconi, Baldassare

Taceddin İbrahim ibn Hızır
→ **Ahmedî**

Tacticus, Cecaumenus
→ **Cecaumenus ⟨Tacticus⟩**

Taczel de Ratibor, Johannes
→ **Johannes ⟨Taczel de Ratibor⟩**

Taddeo ⟨da Firenze⟩
→ **Thaddaeus ⟨Alderotti⟩**

Taddeo ⟨da Parma⟩
→ **Thaddaeus ⟨de Parma⟩**

Taddeo ⟨Dini⟩
→ **Thaddaeus ⟨Dini⟩**

Taddeo ⟨Fiorentino⟩
→ **Thaddaeus ⟨Alderotti⟩**

Taddeo ⟨Ipocratista⟩
→ **Thaddaeus ⟨Alderotti⟩**

Tādilī, Yūsuf Ibn-az-Zaiyāt ¬at-¬
→ **Ibn-az-Zaiyāt at-Tādilī, Yūsuf Ibn-Yaḥyā**

Tadsch-ad-Din Ibrahim
→ **Ahmedî**

Tafrišī, Niẓāmī
→ **Niẓāmī Ganǧawī, Ilyās Ibn-Yūsuf**

Taftazānī, Mas'ūd Ibn-'Umar ¬at-¬
1322 – 1389
Ibn-'Umar, Mas'ūd at-Taftazānī
Ibn-'Umar at-Taftazānī, Mas'ūd
Mas'ūd Ibn-'Umar at-Taftazānī

Tafur, Pero
ca. 1410 – ca. 1484/85
Andanças e viajes por diversas partes del mundo avidos
LMA,VIII,422
Pedro ⟨Tafur⟩
Pero ⟨Tafur⟩
Tafur, Pedro

Tafurus, Angelus
um 1484
Historia descriptio belli Veneti adversus Gallipolitanos, Neritonenses aliosque populos Hydruntinae provinciae a. 1484 seu Ragionamento della guerra de'signuri Viniziani contro la cettate di Gallipoli, di Nerito et altri luochi della provinzia
Potth. 1045
Ange ⟨Tafuri⟩
Ange ⟨Tafuri de Nardo⟩
Angelus ⟨Neritonensis Tafurus⟩
Angelus ⟨Tafurus⟩
Angelus ⟨Tafurus Neritonensis⟩
Angiolo ⟨Tafuro⟩
Tafuri, Ange
Tafuro, Angiolo

Tāǧ as-Salmānī
um 1410
Šams al-ḥusn
Salmānī, Tāǧ ¬as-¬
Tāǧ-as-Salmānī

Tāǧ-ad-Dīn as-Subkī, 'Abd-al-Wahhāb Ibn-'Alī
1327 – 1370
'Abd-al-Wahhāb Ibn-'Alī as-Subkī
Subkī, Tāǧ-ad-Dīn 'Abd-al-Wahhāb Ibn-'Alī ¬as-¬

Tāǧ-ad-Dīn Ibrāhīm Ibn-Ḫiḍir
→ **Ahmedî**

Tāǧ-as-Salmānī
→ **Tāǧ as-Salmānī**

Tageno ⟨Decanus⟩
→ **Tageno ⟨Pataviensis⟩**

Tageno ⟨Pataviensis⟩
gest. ca. 1189
Tageno ⟨Decanus⟩
Tageno ⟨Passaviensis⟩
Tageno ⟨Patavinus⟩
Tageno ⟨von Passau⟩
Tegno

Tagino ⟨Magdeburgensis⟩
gest. 1012
Chronicon archiepiscoporum Magdeburgensium a fundatione urbis - 1004
Potth. 1045; LThK; LMA,VIII,432/33
Dagon ⟨de Magdebourg⟩
Tagino
Tagino ⟨Archiepiscopus Magdeburgensis⟩
Tagino ⟨Erzbischof von Magdeburg⟩
Tagino ⟨von Magdeburg⟩
Taginon ⟨de Magdebourg⟩

Tagliacotio, Johannes ¬de¬
→ **Johannes ⟨de Tagliacotio⟩**

Taġlibī, 'Umair Ibn-Šiyaim ¬at-¬
→ **Quṭāmī, 'Umair Ibn-Šiyaim ¬al-¬**

Ṭaḥāwī, Abū-Ǧa'far Aḥmad Ibn-Muḥammad ¬aṭ-¬
→ **Ṭaḥāwī, Aḥmad Ibn-Muḥammad ¬aṭ-¬**

Ṭaḥāwī, Aḥmad Ibn-Muḥammad ¬aṭ-¬
853 – 933
Abū-Ǧa'far aṭ-Ṭaḥāwī
Aḥmad Ibn-Muḥammad aṭ-Ṭaḥāwī
Ibn-Muḥammad, Aḥmad aṭ-Ṭaḥāwī
Ṭaḥāwī, Abū-Ǧa'far Aḥmad Ibn-Muḥammad ¬aṭ-¬

Ṭā'ī, Abū-Tammām Ḥabīb Ibn-Aus ¬aṭ-¬
→ **Abū-Tammām Ḥabīb Ibn-Aus aṭ-Ṭā'ī**

Tai, Fu
→ **Dai, Fu**

Ṭā'ī, Ḥātim ¬aṭ-¬
→ **Ḥātim aṭ-Ṭā'ī**

Ṭā'ī, Ḥātim Ibn-'Abdallāh ¬aṭ-¬
→ **Ḥātim aṭ-Ṭā'ī**

Tai Fu ⟨Chin shih⟩
→ **Dai, Fu**

T'ai Tsu ⟨China, Kaiser⟩
→ **Ming Taizu ⟨China, Kaiser⟩**

Tai Zu ⟨China, Kaiser⟩
→ **Ming Taizu ⟨China, Kaiser⟩**

Ṭaifūr Ibn-'Īsā Abū-Yazīd al-Bisṭāmī
→ **Abū-Yazīd al-Bisṭāmī, Ṭaifūr Ibn-'Īsā**

Taillevent
→ **Michault ⟨Taillevent⟩**

Taillevent
14. Jh.
Küchenmeister Karls I. von Frankreich
LMA,VIII,436
Guillaume ⟨Taillevent⟩
Guillaume ⟨Tirel⟩
Taillevent, Guillaume
Tirel, Guillaume

Taillevent, Guillaume
→ **Taillevent**

Taillevent, Michault
→ **Michault ⟨Taillevent⟩**

Taimī, Yaḥyā Ibn-Salām ¬at-¬
742 – 815
Ibn-Sallām, Yaḥyā
Taymī, Yaḥyā Ibn Salām
Yaḥyā Ibn-Salām
Yaḥyā Ibn-Salām at-Taimī
Yaḥyā Ibn-Sallām

Taimūr
→ **Tīmūr ⟨Timuridenreich, Amir⟩**

Taio ⟨Caesaraugustanus⟩
gest. ca. 682
DOC,2,1693/95; LMA,VIII,438
Caesaraugustanus, Taio
Samuel ⟨Taio⟩
Samuel ⟨Taion⟩
Samuhel ⟨Taio⟩
Samuhel ⟨Taius⟩
Taio ⟨Cesaraugustanus⟩
Taio ⟨de Saragosse⟩
Taio ⟨Episcopus⟩
Taio ⟨von Saragossa⟩
Taio ⟨von Zaragoza⟩
Taio, Samuel
Taio, Samuhel
Taion ⟨Samuel⟩
Taion, Samuel
Taius ⟨Caesaraugustanus⟩
Taius ⟨von Zaragoza⟩
Taius, Samuhel
Tayo ⟨Caesaraugustanus⟩

Taio ⟨von Saragossa⟩
→ **Taio ⟨Caesaraugustanus⟩**

Taio, Samuel
→ **Taio ⟨Caesaraugustanus⟩**

T'ai-tsu ⟨China, Kaiser⟩
→ **Ming Taizu ⟨China, Kaiser⟩**

Takrītī, Abū-Rā'iṭa ¬at-¬
→ **Abū-Rā'iṭa, Ḥabīb Ibn-Ḫidma**

Ṯa'lab, Aḥmad Ibn-Yaḥyā
815 – 904
Abū-'Abbās Ṯa'lab
Aḥmad Ibn-Yaḥyā Ṯa'lab
Ibn-Yaḥyā, Aḥmad Ṯa'lab
Ibn-Yaḥyā Ṯa'lab, Aḥmad

Ṯa'lab, Muḥammad Ibn-'Abd-al-Wāḥid
→ **Ġulām Ṯa'lab, Muḥammad Ibn-'Abd-al-Wāḥid**

Talavera, Ferrán Sánchez
→ **Ferrán ⟨Sánchez Calavera⟩**

Taler, ¬Der¬
um 1250/1300
Lieder; Identität nicht geklärt
VL(2),9,590/592
Der Taler
Taler ⟨Minnesänger Suisse⟩

Talheim, Henricus ¬de¬
→ **Henricus ⟨de Talheim⟩**

Talhöffer, Hans
→ **Thalhofer, Hans**

Taliesin
6. Jh.
LMA,VIII,445
Taliessin

Tallat, Johannes
um 1496/97
Meisterlichez büechlein der kruiter
VL(2),9,595/596
Dalat, Johannes
Jean ⟨Tallat⟩
Johannes ⟨Dalat⟩
Johannes ⟨Tallat⟩
Johannes ⟨Tallat von Vochenberg⟩
Johannes ⟨Tollat⟩
Tallat, Jean
Tallat, Johann
Tallat von Vochenberg, Johannes
Tollat, Jean
Tollat, Johannes
Tollat von Vochenberg, Johannes
Vochenberg, Johannes Tallat ¬von¬

Talleyrand ⟨de Périgord⟩
um 1331/64
Predigten am päpstlichen Hof von Avignon, AFP 19 (1949), 389
Schneyer,V,519; LMA,VIII,449
Elie ⟨Talleyrand⟩
Helie ⟨de Talleyrand⟩
Périgord, Talleyrand ¬de¬
Talleyrand ⟨von Périgord⟩
Talleyrand, Elie
Talleyrand, Helie ¬de¬

Talleyrand, Elie
→ **Talleyrand ⟨de Périgord⟩**

Tamacedus, Benedictus
→ **Benedictus ⟨Tamacedus⟩**

Tambaco, Johannes ¬de¬
→ **Johannes ⟨de Tambaco⟩**

Tamberlain
→ **Tīmūr ⟨Timuridenreich, Amir⟩**

Tamenori ⟨Minamoto⟩
→ **Minamoto, Tamenori**

Tamerlan
→ **Tīmūr ⟨Timuridenreich, Amir⟩**

Tamīm Ibn-al-Mu'izz al-Fāṭimī
948 – 984
Fāṭimī, Tamīm Ibn-al-Mu'izz ¬al-¬
Ibn-al-Mu'izz, Tamīm al-Fāṭimī

Tamīmī, Fuḍail Ibn-'Iyāḍ ¬at-¬
→ **Fuḍail Ibn-'Iyāḍ ¬al-¬**

Tamīmī, Muḥammad Ibn-Ǧa'far ¬at-¬
→ **Qazzāz, Muḥammad Ibn-Ǧa'far ¬al-¬**

Tammām Ibn-Muḥammad Ibn-al-Ǧunaid
→ **Ibn-al-Ǧunaid, Tammām Ibn-Muḥammad**

Tammerlang
→ **Tīmūr ⟨Timuridenreich, Amir⟩**

Tammo ⟨von Bocksdorf⟩
um 1399/1460
Remissorium; Concordantias über das Sachsenrecht
VL(2),9,596/598
Bocksdorf, Damianus
Bocksdorf, Tammo
Bocksdorf, Tammo ¬von¬
Damianus ⟨Bocksdorf⟩
Damianus ⟨von Bocksdorf⟩
Tammo ⟨Bocksdorf⟩
Tammo ⟨von Boxdorf⟩
Thamo ⟨von Buckendorf⟩

Tanchum ⟨Hierosolymitanus⟩
→ **Tanḥûm Ben-Yôsēf ⟨hay-Yerûšalmî⟩**

Tanchum Ben-Josef ha-Jeruschalmi
→ **Tanḥûm Ben-Yôsēf ⟨hay-Yerûšalmî⟩**

Tanco ⟨Amarbaricensis⟩
→ **Tanco ⟨Scotus⟩**

Tanco ⟨Scotus⟩
um 820 · OSB
Evv.
Stegmüller, Repert. bibl. 7964
Tanco ⟨Abbas⟩
Tanco ⟨Amarbaricensis⟩
Tancon ⟨Abbé⟩
Tancon ⟨Amarbaricensis⟩
Tancon ⟨de Verden⟩
Tancon ⟨Evêque⟩
Tatto ⟨Abbas⟩
Tatto ⟨Amarbaricensis⟩
Tatto ⟨Scotus⟩

Tancredi ⟨da Bologna⟩
→ **Tancredus ⟨Bononiensis⟩**

Tancredi, Benedictus
→ **Benedictus ⟨Tamacedus⟩**

Tancredus ⟨Bononiensis⟩
ca. 1185 – ca. 1236
Tusculum-Lexikon; LMA,VIII,458; LThK
Tancrède ⟨de Bologne⟩
Tancredi ⟨da Bologna⟩
Tancredus
Tancredus ⟨de Tancredis⟩
Tancredus ⟨of Bologna⟩
Tancretus
Tankred ⟨von Bologna⟩

Tancredus ⟨de Tancredis⟩
→ **Tancredus ⟨Bononiensis⟩**

Tandūrus Abū-Qurra
→ **Theodor Abū-Qurra**

Tangmarus
→ **Thangmarus ⟨Hildesheimensis⟩**

Tanhauser
→ **Tannhäuser, ¬Der¬**

Tanḥûm Ben-Yôsēf ⟨hay-Yerûšalmî⟩
ca. 1220 – 1291
Hierosolymitanus, Tanchum
Tanchum ⟨Hierosolymitanus⟩
Tanchum ⟨Jeruschalmi⟩
Tanchum ⟨Rabbi⟩
Tanchum Ben-Josef ha-Jeruschalmi
Tanchumus, R.
Tanḥûm ⟨hay-Yerûšalmî⟩

Tankred ⟨von Bologna⟩
→ **Tancredus ⟨Bononiensis⟩**

Tannhäuser, ¬Der¬
13. Jh.
6 Minnelieder; Sangsprüche; Pilger- o. Kreuzzugslied; etc.
VL(2),9,600/610
Der Tannhäuser
Tanhauser

Tanhaüser
Tanhûser, Der
Tannhäuser ⟨Dichter⟩
Tannhäuser ⟨Minnesinger⟩

Tanny ⟨Anglus⟩
→ **P. ⟨Tanny⟩**

Tanny ⟨Praedicator⟩
→ **P. ⟨Tanny⟩**

Tanny, P.
→ **P. ⟨Tanny⟩**

Tanṭiyaciriyar
→ **Daṇḍin**

Tanuchi, Abu Ali al-Muchassin ¬at-¬
→ **Tanūḫī, al-Muḥassin Ibn-ʿAlī ¬at-¬**

Tanūḫī, Abū-ʿAlī al-Muḥassin Ibn-ʿAlī ¬at-¬
→ **Tanūḫī, al-Muḥassin Ibn-ʿAlī ¬at-¬**

Tanūḫī, Abu-'l-Maḥāsin al-Mufaḍḍal Ibn-Muḥammad ¬at-¬
1000 – 1050/51
Abu-'l-Maḥāsin at-Tanūḫī, al-Mufaḍḍal Ibn-Muḥammad
Ibn-Misʿar, al-Mufaḍḍal Ibn-Muḥammad
Mufaḍḍal Ibn-Muḥammad at-Tanūḫī, Abu-'l-Maḥāsin
Tanūḫī, al-Mufaḍḍal Ibn-Muḥammad ¬at-¬
Tanūkhī, Abū al-Maḥāsin al-Mufaḍḍal ibn Muḥammad

Tanūḫī, Abu-'l-Qāsim ʿAlī Ibn-al-Muḥassin ¬at-¬
→ **Tanūḫī, ʿAlī Ibn-al-Muḥassin ¬at-¬**

Tanūḫī, ʿAlī Ibn-al-Muḥassin ¬at-¬
ca. 966 – ca. 1055
Abu-'l-Qāsim at-Tanūḫī, ʿAlī Ibn-al-Muḥassin
ʿAlī Ibn-al-Muḥassin at-Tanūḫī
Ibn-al-Muḥassin, ʿAlī at-Tanūḫī
Tanūḫī, Abu-'l-Qāsim ʿAlī Ibn-al-Muḥassin ¬at-¬
Tanūkhī, Abu al-Qāsim ʿAlī ibn al-Muḥassin

Tanūḫī, al-Mufaḍḍal Ibn-Muḥammad ¬at-¬
→ **Tanūḫī, Abu-'l-Maḥāsin al-Mufaḍḍal Ibn-Muḥammad ¬at-¬**

Tanūḫī, al-Muḥassin Ibn-ʿAlī ¬at-¬
ca. 940 – ca. 994
Abū-ʿAlī al-Muḥassin Ibn-ʿAlī at-Tanūḫī
Al-Tanūkhī, Abu Ali al-Muhassin
At-Tanūkhī
Ibn-ʿAlī, al-Muḥassin at-Tanūḫī
Muḥassin Ibn-ʿAlī at-Tanūḫī al-
Tanuchi, Abu Ali al-Muchassin ¬at-¬
Tanūḫī, Abū-ʿAlī al-Muḥassin Ibn-ʿAlī ¬at-¬
Tanūkhī, al-Muḥassin ibn ʿAlī

Tanūkhī, Abū al-Maḥāsin al-Mufaḍḍal ibn Muḥammad
→ **Tanūḫī, Abu-'l-Maḥāsin al-Mufaḍḍal Ibn-Muḥammad ¬at-¬**

Tanūkhī, Abu al-Qāsim ʿAlī ibn al-Muḥassin
→ **Tanūḫī, ʿAlī Ibn-al-Muḥassin ¬at-¬**

Tanūkhī, al-Muḥassin ibn ʿAlī
→ **Tanūḫī, al-Muḥassin Ibn-ʿAlī ¬at-¬**

Tapia, Juan ¬de¬
15. Jh.
Gedichte enth. im „Cancionero de Stúñiga" und „Cancionero de Palacio"
LMA,VIII,464
Juan ⟨de Tapia⟩

Tapissier, Jean
ca. 1370 – ca. 1410
Komponist; Credo; Sanctus; Eya dulcis - vale placens
LMA,VIII,464/65
Jean ⟨de Noyers⟩
Jean ⟨Tapissier⟩
Johannes ⟨Tapissier⟩
Noyers, Jean ¬de¬
Tapissier, Johannes

Ta-po-la-chieh
So-nan-jen-ching
→ **sGam-po-pa**

Tapolca, Bartholomaeus ¬de¬
→ **Bartholomaeus ⟨de Tapolca⟩**

Ṯaqafī, Abū-Miḥǧan ʿAbdallāh
→ **Abū-Miḥǧan aṯ-Ṯaqafī, ʿAbdallāh**

Ṯaqafī, Ibrāhīm Ibn-Muḥammad ¬aṯ-¬
gest. 896
Ibn-Hilāl aṯ-Ṯaqafī, Ibrāhīm Ibn-Muḥammad
Ibn-Muḥammad, Ibrāhīm aṯ-Ṯaqafī
Ibn-Muḥammad aṯ-Ṯaqafī, Ibrāhīm
Ibrāhīm Ibn-Muḥammad aṯ-Ṯaqafī
Thaqāfī, Ibrāhīm Ibn Muḥammad

Ṯaqafī, Ṭuraiḥ Ibn-Ismāʿīl ¬aṯ-¬
→ **Ṭuraiḥ aṯ-Ṯaqafī, Ibn-Ismāʿīl**

Taqī-ad-Dīn ʿAlī Ibn ʿAbd-al-Kāfī as-Subkī
→ **Subkī, Taqī-ad-Dīn ʿAlī Ibn-ʿAbd-al-Kāfī ¬as-¬**

Taqī-ad-Dīn al-Kafʿamī
→ **Kafʿamī, Ibrāhīm Ibn-ʿAlī ¬al-¬**

Taqī-ad-Dīn as-Subkī
→ **Subkī, Taqī-ad-Dīn ʿAlī Ibn-ʿAbd-al-Kāfī ¬as-¬**

Taqī-ad-Dīn Ibn-Qāḍī Šuhba
→ **Ibn-Qāḍī Šuhba, Abū-Bakr Ibn-Aḥmad**

Ṭarābulusī, Aḥmad Ibn-Munīr ¬aṭ-¬
1080 – 1153
Aḥmad Ibn-Munīr aṭ-Ṭarābulusī
Ibn-Munīr aṭ-Ṭarābulusī, Aḥmad

Ṭarafa Ibn-al-ʿAbd
6. Jh.
Ibn-al-ʿAbd, Ṭarafa
Tarafa, Ibn Al Abd

Taragay, Muhammad
→ **Uluġ Beg ⟨Timuridenreich, Ḫān⟩**

Taranta, Valescus ¬de¬
→ **Valescus ⟨de Taranta⟩**

Tarantasia, Petrus ¬de¬
→ **Innocentius ⟨Papa, V.⟩**

Tarasius ⟨Constantinopolitanus⟩
um 784/806
Tusculum-Lexikon; CSGL; LMA,VIII,468; LThK
Constantinopolitanus, Tarasius
Tarasii ⟨of Constantinople⟩
Tarasios ⟨von Konstantinopel⟩
Tarasius ⟨of Constantinople⟩
Tarasius ⟨Patriarcha⟩
Tarasius ⟨Sanctus⟩

Ṭarasūsī, Ibrāhīm Ibn-ʿAlī ¬aṭ-¬
→ **Ṭarsūsī, Ibrāhīm Ibn-ʿAlī ¬aṭ-¬**

Tarcaniota
→ **Marullus, Michael Tarchaniota**

Tardif, Guillaume
ca. 1440 – ca. 1490/1500
L'art de fauconnerie et des chiens de chasse
Rep.Font. V,341
Guillaume ⟨Tardif⟩
Guillermus ⟨Tardivus⟩
Tardivus, Guillermus

Tardivus, Guillermus
→ **Tardif, Guillaume**

Tarenta, Valescus ¬de¬
→ **Valescus ⟨de Taranta⟩**

Tarento, Stephanus ¬de¬
→ **Stephanus ⟨de Tarento⟩**

Targowisko, Johannes ¬de¬
→ **Johannes ⟨de Targowisko⟩**

Tarǧumān al-Mayurqī, ʿAbdallāh Ibn-ʿAbdallāh ¬at-¬
→ **Mayurqī, ʿAbdallāh Ibn-ʿAbdallāh ¬al-¬**

Tarneau, Gerald
→ **Gerald ⟨Tarneau⟩**

Tărnovski, Evtimij
→ **Evtimij ⟨Tărnovski⟩**

Tărnovski, Teodosij
→ **Teodosij ⟨Tărnovski⟩**

Tarra
um 586/601
Tarra ⟨Moine Espagnol⟩
Tarra ⟨Monachus Hispanus⟩

Ṭarsūsī, Ibrāhīm Ibn-Aḥmad ¬aṭ-¬
→ **Ṭarsūsī, Ibrāhīm Ibn-ʿAlī ¬aṭ-¬**

Ṭarsūsī, Ibrāhīm Ibn-ʿAlī ¬aṭ-¬
gest. 1358
Ibn-ʿAlī, Ibrāhīm aṭ-Ṭarsūsī
Ibrāhīm Ibn-ʿAlī aṭ-Ṭarsūsī
Ṭarasūsī, Ibrāhīm Ibn-ʿAlī ¬aṭ-¬
Ṭarsūsī, Ibrāhīm Ibn-Aḥmad ¬aṭ-¬

Tartaginus, Alexander
→ **Alexander ⟨de Imola⟩**

Tartaglia, Gaspare Broglio
→ **Broglio Tartaglia, Gaspare**

Tartagnus, Alexander
→ **Alexander ⟨de Imola⟩**

Tarteys, Johannes
→ **Johannes ⟨Tarteys⟩**

Tarvisinus, Titianus
→ **Titianus ⟨Tarvisinus⟩**

Tarvisio, Franciscus ¬de¬
→ **Franciscus ⟨de Belluno⟩**

Tascherius, Johannes
→ **Johannes ⟨Tascherius⟩**

Tassilo ⟨Bayern, Herzog, III.⟩
ca. 741 – 798
Decreta cum actis synodi Dingolvingiensis (a. 772) et Niuhingensis (c. a. 775)
Potth. 1046; LMA,VIII,485/86
Tassilo ⟨Bavaria, Duke, III.⟩
Tassilo ⟨Bayernherzog⟩
Tassilo ⟨Dux Baiuvariorum⟩
Tassilon ⟨Bavière, Duc, III.⟩

Ṭastī, ʿAbd-aṣ-Ṣamad Ibn-ʿAlī ¬aṭ-¬
gest. 957
ʿAbd-aṣ-Ṣamad Ibn-ʿAlī aṭ-Ṭastī
Ibn-ʿAlī, ʿAbd-aṣ-Ṣamad aṭ-Ṭastī
Ṭastī, Abu-'l-Ḥusain ʿAbd-aṣ-Ṣamad Ibn-ʿAlī ¬aṭ-¬

Ṭastī, Abu-'l-Ḥusain ʿAbd-aṣ-Ṣamad Ibn-ʿAlī ¬aṭ-¬
→ **Ṭastī, ʿAbd-aṣ-Ṣamad Ibn-ʿAlī ¬aṭ-¬**

Tat'ewaci, Gregor
→ **Gregor ⟨Tat'ewaci⟩**

Tatto ⟨Abbas⟩
→ **Tanco ⟨Scotus⟩**

Tatto ⟨Amarbaricensis⟩
→ **Tanco ⟨Scotus⟩**

Tatuinus ⟨Cantuariensis⟩
gest. 734
Ars Tatuini
Tusculum-Lexikon; LMA,VIII,490/91
Tatuinus ⟨Episcopus⟩
Tatwin ⟨of Canterbury⟩
Tatwine ⟨von Canterbury⟩
Tatwinus ⟨Cantuariensis⟩
Tatwinus ⟨von Canterbury⟩

Ṯaubān Ibn-Ibrāhīm, Ḏu-'n-Nūn
→ **Ḏu-'n-Nūn Ṯaubān Ibn-Ibrāhīm**

Taube, Heinrich ¬der¬
→ **Henricus ⟨Surdus⟩**

Ṭaufī, Sulaimān Ibn-ʿAbd-al-Qawī ¬aṭ-¬
→ **Ṭūfī, Sulaimān Ibn-ʿAbd-al-Qawī ¬aṭ-¬**

Tauḥīdī, Abū-Ḥaiyān ʿAlī Ibn-Muḥammad ¬at-¬
→ **Abū-Ḥaiyān at-Tauḥīdī, ʿAlī Ibn-Muḥammad**

Tauḥīdī, ʿAlī Ibn-Muḥammad ¬at-¬
→ **Abū-Ḥaiyān at-Tauḥīdī, ʿAlī Ibn-Muḥammad**

Tauler, Johannes
gest. 1361 · OP
VL(2); Meyer; LMA,VIII,506/08
Jean ⟨Tauler⟩
Johann ⟨Tauler⟩
Johannes ⟨Dauler⟩
Johannes ⟨Dawler⟩
Johannes ⟨Tauler⟩
Johannes ⟨Taulerus⟩
Johannes ⟨Tawler⟩
Johannes ⟨Teuler⟩
Johannes ⟨Thaulerus⟩
Taularius, Joannes
Tauler, Johann
Taulero, Johannes
Taulers, Johanness
Taulerus, Joannes
Taulerus, Johann
Thauler, Johann
Thaulerus, Johannes

Taurentius
5./6. Jh.
Epistulae ad Ruricium Lemovicinum
Cpl 985; DOC,2,1696
Taurence
Tavrentius
Turcitius
Turentius

Ṯaurī, Sufyān Ibn-Saʿīd ¬aṯ-¬
→ **Sufyān aṯ-Ṯaurī, Ibn-Saʿīd**

Tauriano, Petrus ¬de¬
→ **Petrus ⟨de Tauriano⟩**

Taurino, Johannes ¬de¬
→ **Johannes ⟨de Taurino⟩**

Ṭā'ūsī, ʿAlī Ibn-Mūsā ¬aṭ-¬
1193 – 1266
ʿAlī Ibn-Mūsā aṭ-Ṭā'ūsī
Ibn-aṭ-Ṭāwūs, ʿAlī Ibn-Mūsā
Ibn-Mūsā, ʿAlī aṭ-Ṭā'ūsī
Ibn-Mūsā aṭ-Ṭā'ūsī, ʿAlī
Ibn-Ṭā'ūs, ʿAlī Ibn-Mūsā

Tauwazī, ʿAbdallāh Ibn-Muḥammad ¬at-¬
gest. ca. 845
ʿAbdallāh Ibn-Muḥammad at-Tauwazī
Ibn-Muḥammad, ʿAbdallāh at-Tauwazī
Tauwazī, Abū-Muḥammad ʿAbdallāh Ibn-Muḥammad ¬at-¬
Tawwazī, ʿAbd Allāh Ibn Muḥammad

Tauwazī, Abū-Muḥammad ʿAbdallāh Ibn-Muḥammad ¬at-¬
→ **Tauwazī, ʿAbdallāh Ibn-Muḥammad ¬at-¬**

Taverne, Antoine ¬de la¬
→ **Antoine ⟨de la Taverne⟩**

Tavrentius
→ **Taurentius**

Tawūḏūris Abū-Qurra
→ **Theodor Abū-Qurra**

Tawwazī, ʿAbd Allāh Ibn Muḥammad
→ **Tauwazī, ʿAbdallāh Ibn-Muḥammad ¬at-¬**

Taxster, John ¬de¬
→ **Johannes ⟨de Tayster⟩**

Ṭayālisī, Abū-Dāwūd Sulaimān Ibn-al-Ǧārūd ¬aṭ-¬
→ **Abū-Dāwūd aṭ-Ṭayālisī, Sulaimān Ibn-al-Ǧārūd**

Ṭayālisī, Sulaimān Ibn-al-Ǧārūd ¬aṭ-¬
→ **Abū-Dāwūd aṭ-Ṭayālisī, Sulaimān Ibn-al-Ǧārūd**

Taymī, Yaḥyā Ibn Salām
→ **Taimī, Yaḥyā Ibn-Salām ¬at-¬**

Taymur
→ **Tīmūr ⟨Timuridenreich, Amīr⟩**

Tayo ⟨Caesaraugustanus⟩
→ **Taio ⟨Caesaraugustanus⟩**

Tayster, Johannes ¬de¬
→ **Johannes ⟨de Tayster⟩**

Tebaldo ⟨Buccapecus⟩
→ **Coelestinus ⟨Papa, II., Antipapa⟩**

Tebaldus ⟨Eugubinus⟩
→ **Theobaldus ⟨Eugubinus⟩**

Téchel, Konrad
→ **Steckel, Konrad**

Tedaldi, Jacques
um 1453
Informations de la prinse de Constantinople par l'empereur Turc le 29. jour de may 1453
Potth. 1046; Rep.Font. VI,506
Iacopo ⟨Tedaldi⟩
Jacques ⟨Tedaldi⟩
Tedaldi, Iacopo

Tedaldi, Pieraccio
1285 – 1353
Rime
Pieraccio ⟨Tedaldi⟩
Pierraccio ⟨Tedaldi⟩

Tedaldo ⟨Visconti⟩
→ **Gregorius ⟨Papa, X.⟩**

Tedbald ⟨von Canterbury⟩
→ **Theobaldus ⟨Cantuariensis⟩**

Tedbaldus ⟨...⟩
→ **Theobaldus ⟨...⟩**

Tederico ⟨dei Borgognoni⟩
→ **Theodoricus ⟨de Cervia⟩**

Tedericus ⟨...⟩
→ **Theodoricus ⟨...⟩**

Tedeschi, Niccolò ¬de'¬
→ **Nicolaus ⟨de Tudeschis⟩**

Tegan
→ **Theganus ⟨Treverensis⟩**

Tegernseer Anonymus
um 1448 · OSB
Übersetzungen; 24 Texte: Mystica, Hoheliedpredigten, Traktat über die 3 Wege zu Gott; vielleicht identisch mit Bernardus ⟨de Waging⟩
VL(2),9,668
Anonymus ⟨von Sankt Quirin⟩
Anonymus ⟨von Tegernsee⟩

Tegno
→ **Tageno ⟨Pataviensis⟩**

Teichner, Heinrich ¬der¬
→ **Heinrich ⟨der Teichner⟩**

Teifaschi, Achmed
→ **Tīfāšī, Aḥmad Ibn-Yūsuf ¬at-¬**

Teĭmurlăn
→ **Tīmūr ⟨Timuridenreich, Amir⟩**

Teinturier, Jean ¬le¬
→ **Jean ⟨le Teinturier⟩**

Telesforus ⟨Pauper Presbyter et Hermita⟩
→ **Telesphorus ⟨de Cusentia⟩**

Telesinus, Alexander
→ **Alexander ⟨Telesinus⟩**

Telesphorus ⟨de Cusentia⟩
um 1356/86 · OFM
De causis, de statu, de cognitione ac fine praesentis scismatis et tribulationum futurarum (kirchenpolit. Traktat); Liber de magnis tribulationibus et statu ecclesiae...; Pseudonym für einen unbekannten Verf.
Stegmüller, Repert. bibl. 7969-7971; LMA,VIII,530; VL(2),9,679
Cosenza, Telesphorus ¬de¬
Cusentia, Telesphorus ¬de¬
Telesforus ⟨Eremita⟩
Telesforus ⟨Pauper Presbyter et Hermita⟩
Telesforus ⟨von Consenza⟩
Télesphore ⟨de Cosenza⟩
Télesphore ⟨Ermite⟩
Télesphore ⟨Prophète⟩
Telesphorus ⟨de Cosenza⟩
Telesphorus ⟨Frater⟩
Telesphorus ⟨Presbyter⟩
Telesphorus ⟨von Cosenza⟩
Theleforus ⟨de Cusentia⟩
Theoferus ⟨de Cusentia⟩
Theolesphorus ⟨de Cusentia⟩
Theolesporus ⟨de Cusentia⟩
Theoloforus ⟨de Cusentia⟩
Theolosphorus ⟨de Cusentia⟩
Theolosphorus ⟨Eremita⟩
Theolosphorus ⟨Frater⟩
Theolosphorus ⟨Presbyter⟩
Theophilus ⟨de Cusentia⟩
Theophorus ⟨de Cusentia⟩
Theophorus ⟨von Cosenza⟩

Telicudes, Callistus
→ **Callistus ⟨Angelicudes⟩**

Tella, Paulus ¬de¬
→ **Paulus ⟨de Tella⟩**

Telomonius ⟨Ornatomontanus⟩
→ **Rasche, Tilman**

Te-lo-pa
→ **Ti-lo-pa**

Temistio ⟨di Alessandria⟩
→ **Themistius ⟨Alexandrinus⟩**

Temo ⟨Iudaeus⟩
→ **Themo ⟨Iudaeus⟩**

Tempelfeld de Brega, Nicolaus
→ **Nicolaus ⟨Tempelfeld de Brega⟩**

Temperius, Stephanus
ca. 1210 – 1279
LMA,VIII,534
Étienne ⟨de Paris⟩
Etienne ⟨de Paris⟩
Etienne ⟨d'Orléans⟩
Étienne ⟨Tempier⟩
Etienne ⟨Tempier⟩
Stefano ⟨Tempier⟩
Stephan ⟨Tempier⟩
Stephanus ⟨Aurelianensis⟩
Stephanus ⟨Parisiensis⟩
Stephanus ⟨Parisinus⟩
Stephanus ⟨Temperius⟩
Stephanus ⟨Tempier⟩
Stephanus ⟨Tempier de Aurelianis⟩
Tempier, Étienne
Tempier, Etienne
Tempier, Stephan

Tempier, Étienne
→ **Temperius, Stephanus**

Templo, Guido ¬de¬
→ **Guido ⟨de Templo⟩**

Tĕmür
→ **Tīmūr ⟨Timuridenreich, Amir⟩**

Tengler, Ulrich
1435/45 – 1511
VL(2)
Tengler, Udalrich
Tengler, Udalricus
Tenglerus, Udalricus
Tenngler, Ulrich
Ulrich ⟨Tengler⟩
Ulrich ⟨von Heidenheim⟩

Tengswich ⟨Magistra in Anturnaco⟩
→ **Tenxwindis ⟨Magistra⟩**

Tennestette, ¬Der von¬
14. Jh. · OP
Kurze lehrhafte Sentenz
VL(2),9,690
Der von Tennestette

Tenngler, Ulrich
→ **Tengler, Ulrich**

Tenteysen, Michael
→ **Michael ⟨Tenteysen⟩**

Tenxwindis ⟨Magistra⟩
gest. ca. 1152
Epistola ad Hildegardem
LMA,VIII,544
Andernach, Tenxwind ¬von¬
Tengswich ⟨Magistra in Anturnaco⟩
Tenxwind ⟨von Andernach⟩

Teoderico ⟨di Santa Rufina⟩
→ **Theodoricus ⟨Papa, Antipapa⟩**

Teodolfo ⟨di Orléans⟩
→ **Theodulfus ⟨Aurelianensis⟩**

Teodolinda ⟨Longobardi, Regina⟩
→ **Theudelinde ⟨Langobardenreich, Königin⟩**

Teodoreo ⟨Meliteniota⟩
→ **Theodorus ⟨Meliteniota⟩**

Teodorico ⟨Borgognoni⟩
→ **Theodoricus ⟨de Cervia⟩**

Teodorico ⟨de Friburgo⟩
→ **Theodoricus ⟨Teutonicus de Vriberg⟩**

Teodorico ⟨di Apolda⟩
→ **Theodoricus ⟨de Apolda⟩**

Teodorico ⟨di Cervia⟩
→ **Theodoricus ⟨de Cervia⟩**

Teodorico ⟨di Chartres⟩
→ **Theodoricus ⟨Carnotensis⟩**

Teodorico ⟨di Freiberg⟩
→ **Theodoricus ⟨Teutonicus de Vriberg⟩**

Teodorico ⟨di Nyem⟩
→ **Theodoricus ⟨de Niem⟩**

Teodorico ⟨di Paderborn⟩
→ **Theodoricus ⟨Paderbrunnensis⟩**

Teodorico ⟨di Vriberg⟩
→ **Theodoricus ⟨Teutonicus de Vriberg⟩**

Teodoro ⟨Ascida⟩
→ **Theodorus ⟨Ascidas⟩**

Teodoro ⟨Balsamone⟩
→ **Theodorus ⟨Balsamon⟩**

Teodoro ⟨Dafnopate⟩
→ **Theodorus ⟨Daphnopata⟩**

Teodoro ⟨de'Lelli⟩
→ **Lellis, Theodorus ¬de¬**

Teodoro ⟨di Bostra⟩
→ **Theodorus ⟨Bostrensis⟩**

Teodoro ⟨di Constantinopoli⟩
→ **Theodorus ⟨Constantinopolitanus Diaconus⟩**

Teodoro ⟨di Copro⟩
→ **Theodorus ⟨Copris⟩**

Teodoro ⟨di Pafo⟩
→ **Theodorus ⟨Paphi Episcopus⟩**

Teodoro ⟨Gaza⟩
→ **Theodorus ⟨Gaza⟩**

Teodoro ⟨Illustrio⟩
→ **Theodorus ⟨Illustrius⟩**

Teodoro ⟨Memmo⟩
→ **Theodorus ⟨Memus⟩**

Teodoro ⟨Metochite⟩
→ **Theodorus ⟨Metochita⟩**

Teodoro ⟨Papa, ...⟩
→ **Theodorus ⟨Papa, ...⟩**

Teodoro ⟨Pediasimo⟩
→ **Theodorus ⟨Pediasimus⟩**

Teodoro ⟨Proconsole⟩
→ **Theodorus ⟨Illustrius⟩**

Teodoro ⟨Prodromo⟩
→ **Theodorus ⟨Prodromus⟩**

Teodoro ⟨Sincello⟩
→ **Theodorus ⟨Syncellus⟩**

Teodoro ⟨Studita⟩
→ **Theodorus ⟨Studita⟩**

Teodoro ⟨Vescovo di File⟩
→ **Theodorus ⟨Philarum Episcopus⟩**

Teodoro ⟨von Feltre und Treviso⟩
→ **Lellis, Theodorus ¬de¬**

Teodosij ⟨Tărnovski⟩
ca. 1300 – 1363
LMA,VIII,642; Kratka bulg. enc.
Tărnovski, Teodosij
Theodosij ⟨von Tărnovo⟩
Theodosius ⟨Tarnoviensis⟩

Teodosije ⟨Hilandarski⟩
→ **Teodozije ⟨Hilandarski⟩**

Teodosio ⟨d'Alessandria⟩
→ **Theodosius ⟨Alexandrinus⟩**
→ **Theodosius ⟨Presbyter Alexandrinus⟩**

Teodosio ⟨Patriarca⟩
→ **Theodosius ⟨Alexandrinus⟩**

Teodosio ⟨Presbitero⟩
→ **Theodosius ⟨Presbyter Alexandrinus⟩**

Teodozije ⟨Hilandarski⟩
gest. ca. 1328
LMA,VIII,546/47; Opća enc.
Hilandarski, Teodozije
Teodosije ⟨Hilandarski⟩
Teodosije ⟨u Hilandaru⟩
Theodosie ⟨von Hilandar⟩
Theodosije ⟨von Hilandar⟩
Theodosius ⟨Hilandarus⟩

Teodulo
→ **Theodulus ⟨Italus⟩**

Teofane ⟨Cerameo⟩
→ **Theophanes ⟨Cerameus⟩**

Teofil
→ **Theophilus ⟨Presbyter⟩**

Teofilakt ⟨Ochridski⟩
→ **Theophylactus ⟨de Achrida⟩**

Teofilatto ⟨Arcidiacono⟩
→ **Stephanus ⟨Papa, II.⟩**

Teofilatto ⟨di Tuscolo⟩
→ **Benedictus ⟨Papa, VIII.⟩**
→ **Benedictus ⟨Papa, VIIII.⟩**

Teofilatto ⟨Romano⟩
→ **Stephanus ⟨Papa, II.⟩**

Teofilatto ⟨Simocata⟩
→ **Theophylactus ⟨Simocatta⟩**

Teolo, Johannes Baptista ¬de¬
→ **Johannes Baptista ⟨de Teolo⟩**

Teotecno ⟨di Livia in Palestina⟩
→ **Theotecnus ⟨Liviadis Episcopus⟩**

Tepl, Johannes ¬von¬
→ **Johannes ⟨von Tepl⟩**

Teramo, Jacobus ¬de¬
→ **Jacobus ⟨de Teramo⟩**

Terbbec, Hermannus ¬de¬
→ **Hermannus ⟨de Terbbec⟩**

Teridius
um 541 · OSB
Bearbeiter der „Epistula hortatoria ad virginem Deo dicatam" des Caesarius ⟨Arelatensis⟩
Cpl 1011
Teride
Teride ⟨Bénédictin⟩
Téride ⟨de Lérins⟩
Teridius ⟨Lerinensis⟩
Teridius ⟨Monachus⟩
Teridius ⟨Monachus Lerinensis⟩
Teridius ⟨Nepos Caesarii Arelatensis⟩
Tetradius

Terra Rubea, Johannes ¬de¬
→ **Johannes ⟨de Terra Rubea⟩**

Terra Salsa, Clemens ¬de¬
→ **Clemens ⟨de Terra Salsa⟩**

Terracina, Iordanus ¬de¬
→ **Iordanus ⟨de Terracina⟩**

Terranova, Nicolaus ¬de¬
→ **Nicolaus ⟨de Terranova⟩**

Terrena, Guido
→ **Guido ⟨Terrena⟩**

Terrer, Konrad
→ **Derrer, Konrad**

Terricus ⟨Carnotensis⟩
→ **Theodoricus ⟨Carnotensis⟩**

Terricus ⟨de Saulis⟩
um 1283 · OFM
Schneyer,V,519
Saulis, Terricus ¬de¬
Terric ⟨de Saules⟩
Thierri ⟨de Saules⟩
Thierry ⟨de Saules⟩
Thierry ⟨de Saulis⟩

Terrisius ⟨Atinensis⟩
um 1237/46
Praeconia Frederici II.; Verfasser eines Briefes über die Verschwörung gegen den Kaiser
LMA,VIII,556
Terrisio ⟨di Atina⟩
Terrisius ⟨von Atina⟩

Terstegen, Gérard
→ **Gerardus ⟨de Monte⟩**

Terthona, Quiricus de Augustis ¬de¬
→ **Quiricus ⟨de Augustis⟩**

Teschen, Johannes ¬de¬
→ **Johannes ⟨Ticinensis⟩**

Teschler, Heinrich
um 1286/1338
13 Lieder
VL(2),9,712
Heinrich ⟨Teschler⟩
Henri ⟨Teschler⟩
Teschler, Henri

Tesingen, Mulier ¬de¬
→ **Mulier ⟨de Tesingen⟩**

Teterius ⟨Nivernensis⟩
um 955/86
Sermones tres
Schönberger/Kible, Repertorium, 17975
Tétère ⟨de Nevers⟩

Teterius ⟨Sophista⟩
um 955/86
Miracula S. Cyri et S. Julittae martyrum
Potth. 1048; 1539; HLF,III,404/05
Sophista, Teterius
Tétère ⟨Clerc de l'Eglise de Nevers⟩
Tétère ⟨Clerc de l'Eglise d'Auxerre⟩
Tétère ⟨Hagiographe⟩
Teterius ⟨Presbyter Ecclesiae Altissiodorensis⟩
Teterius ⟨Servus Sancti Quirici⟩
Teterius ⟨von Auxerre⟩

Teterius ⟨von Auxerre⟩
→ **Teterius ⟨Sophista⟩**

Tetgerius ⟨Floriacensis⟩
um 1028/52
Versus ad Renconem
episcopum Claromontanum
Potth. 1048
  Tetgerius ⟨Moine à Fleury⟩
  Tetgerius ⟨Monachus
    Floriacensis⟩
  Tetgerius ⟨Poète⟩

Tetradius
→ **Teridius**

Tettikofen, Heinrich ¬von¬
→ **Heinrich ⟨von Tettikofen⟩**

Tettingen, Heinrich ¬von¬
→ **Heinrich ⟨von Tettingen⟩**

Tetzel, Gabriel
gest. 1479
Reisebericht zu westeurop.
Fürstenhöfen
VL(2),9,718
  Gabriel ⟨Tetzel⟩

Tetzen, Johann ¬von¬
→ **Johannes ⟨Ticinensis⟩**

Teudradus ⟨Monachus⟩
um 850
Versus (in: Poetae lat. aevi
Car.II)
Potth. 1048
  Monachus, Teudradus

Teudulfe ⟨Breton⟩
→ **Theulphus ⟨Fossatensis⟩**

Teudulfus
→ **Theodulfus ⟨Aurelianensis⟩**

Teudulfus ⟨Dertonensis⟩
um 862
Carta pro monasterio Bobiensi
a. 862
Potth. 1048
  Teudulfus ⟨Episcopus
    Terdonensis⟩
  Teudulfus ⟨Terdonensis⟩

Teudulfus ⟨Terdonensis⟩
→ **Teudulfus ⟨Dertonensis⟩**

Teuffenbeck, Henricus
gest. 1389
Chronicon Schlierseense
VL(2),9,730
  Heinrich ⟨Teuffenbeck⟩
  Henricus ⟨Teuffenbeck⟩
  Henricus ⟨Tewfenpeckh⟩
  Teuffenbeck, Heinrich
  Tewfenpeckh, Henricus

Teufl de Landshut, Thomas
→ **Thomas ⟨Teufl de
  Landshut⟩**

Teulfe ⟨Breton⟩
→ **Theulphus ⟨Fossatensis⟩**

Teulfe ⟨de Morigny⟩
→ **Theulphus
  ⟨Mauriniacensis⟩**

Teulfe ⟨de
  Saint-Maur-les-Fossés⟩
→ **Theulphus ⟨Fossatensis⟩**

Teulfus ⟨...⟩
→ **Theulphus ⟨...⟩**

Teuto, Arnoldus
→ **Arnoldus ⟨Teuto⟩**

Teuto, Bertramus
→ **Bertramus ⟨Teuto⟩**

Teuto, Henricus
→ **Henricus ⟨Teuto, ...⟩**

Teutonicus, Bernardus
→ **Bernardus ⟨Teutonicus⟩**

Teutonicus, Edmundus
→ **Edmundus ⟨Teutonicus⟩**

Teutonicus, Helwicus
→ **Helwicus ⟨Teutonicus⟩**

Teutonicus, Hermannus
→ **Hermannus ⟨Teutonicus⟩**

Teutonicus, Johannes
→ **Johannes ⟨de Sancto
  Victore, Teutonicus⟩
  Johannes ⟨Teutonicus⟩
  Johannes ⟨Teutonicus de
  Wildeshusen⟩**

Teutonicus, Lutoldus
→ **Lutoldus ⟨Teutonicus⟩**

Teutonicus, Theodoricus
→ **Theodoricus ⟨Teutonicus
  de Vriberg⟩**

Teutonicus, Wilperg
→ **Wilperg ⟨Teutonicus⟩**

Teutonicus de Vriberg,
  Theodoricus
→ **Theodoricus ⟨Teutonicus
  de Vriberg⟩**

Teutonicus de Wildeshusen,
  Johannes
→ **Johannes ⟨Teutonicus de
  Wildeshusen⟩**

Teuzo ⟨de Raggiolo⟩
→ **Teuzo ⟨Florentinus⟩**

Teuzo ⟨de Vallombreuse⟩
→ **Teuzo ⟨Florentinus⟩**

Teuzo ⟨Diaconus⟩
11. Jh.
De quinque generibus
verborum; De appellatione
scilicet et vocabulo secundam
dialecticam
LMA,VIII,593/94
  Diaconus Teuzo
  Teuzo
  Teuzo ⟨Diakon⟩
  Teuzo ⟨Mönch⟩

Teuzo ⟨Florentinus⟩
gest. 1095 · OSB
Commentarius in Regulam S.
Benedicti (Verfasserschaft nicht
gesichert); außerdem wird ihm
eine Vita seines Lehrers
Johannes ⟨Gualbertus⟩
zugeschrieben
LMA,VIII,594; DOC,2,1747
  Teuzo
  Teuzo ⟨Abbas Monasterii
    Sancti Pauli Radiolensis⟩
  Teuzo ⟨de Florentia⟩
  Teuzo ⟨de Raggiolo⟩
  Teuzo ⟨de Saint-Paul de
    Raggiolo⟩
  Teuzo ⟨de Vallombreuse⟩
  Teuzo ⟨di Raggiolo⟩
  Teuzo ⟨Eremita et Monachus
    Sanctae Merlae de Florentia⟩
  Teuzo ⟨Monachus Ordinis
    Sancti Benedicti inter
    Vallumbrosanos⟩
  Teuzo ⟨Radiolensis⟩
  Teuzo ⟨Schüler des Johannes
    Gualbertus⟩
  Teuzo ⟨von Florenz⟩
  Teuzon ⟨Bienheureux⟩
  Teuzon ⟨Ermite à Florence⟩
  Teuzzone ⟨de Firenze⟩
  Teuzzone ⟨Monaco⟩
  Theuzo ⟨de Florentia⟩
  Theuzo ⟨Eremita et Monachus
    Sanctae Merlae de Florentia⟩
  Theuzo ⟨Florentinus⟩

Teuzo ⟨Radiolensis⟩
→ **Teuzo ⟨Florentinus⟩**

Tewfenpeckh, Henricus
→ **Teuffenbeck, Henricus**

Tewkesbury, Johannes
→ **Johannes ⟨Tewkesbury⟩**

Texerii, Bartholomaeus
→ **Bartholomaeus ⟨Texerii⟩**

Textor, Guilelmus
→ **Guilelmus ⟨Textor⟩**

Textor, Jacobus
→ **Jacobus ⟨Textor⟩**

Teyerberch in Brema, Johannes
→ **Johannes ⟨Teyerberch in
  Brema⟩**

Thaʿālibī, ʿAbd al-Malik ibn
  Muḥammad ¬al-¬
→ **Taʿālibī, ʿAbd-al-Malik
  Ibn-Muḥammad ¬at-¬**

Thābit Ibn Qurra
→ **Ṯābit Ibn-Qurra**

Thābit ibn Qurra, Abu-'l-Ḥasan
  ibn Zahrūn al-Ḥarrānī
→ **Ṯābit Ibn-Qurra**

**Thaddaeus ⟨Abbas Scotorum
Ratisponae⟩**
um 1457
Chronica fundationis Scotorum
(de SS. Kiliano, Virgilio et Lullo)
Potth. 1048
  Thaddaeus
  Thaddaeus ⟨Scotorum
    Ratisponae Abbas⟩
  Thaddée ⟨Abbé des Ecossais à
    Ratisbonne⟩

Thaddaeus ⟨Alderotti⟩
ca. 1223 – 1303
Consilia
Tusculum-Lexikon; LMA,I,345
  Alderotti, Taddeo
  Alderotti, Thaddaeus
  Alderotto, Taddeo
  Alderotto, Thaddée
  Taddeo ⟨Alderotti⟩
  Taddeo ⟨da Fiorenza⟩
  Taddeo ⟨da Firenze⟩
  Taddeo ⟨Fiorentino⟩
  Taddeo ⟨Ipocratista⟩
  Thaddaeus ⟨de Florentia⟩
  Thaddaeus ⟨Fiorentinus⟩
  Thaddaeus ⟨Florentinus⟩
  Thaddaeus ⟨Florentinus
    Medicus⟩
  Thaddaeus ⟨Medicus⟩
  Thaddaeus ⟨von Florenz⟩
  Thaddée ⟨de Florence⟩
  Thadée ⟨Alderotto⟩

Thaddaeus ⟨Armenus⟩
gest. 1357 · OP
Diurnum liturgiae; Pontificale;
Lectionarium; etc.
Kaeppeli,IV,285/286
  Armenus, Thaddaeus
  Thaddaeus ⟨Caphensis⟩
  Thaddaeus ⟨Curquensis⟩
  Thaddaeus ⟨de Caffa⟩
  Thaddée ⟨de Caffa⟩
  Thaddée ⟨Turquensis⟩

Thaddaeus ⟨Caphensis⟩
→ **Thaddaeus ⟨Armenus⟩**

Thaddaeus ⟨Curquensis⟩
→ **Thaddaeus ⟨Armenus⟩**

Thaddaeus ⟨de Caffa⟩
→ **Thaddaeus ⟨Armenus⟩**

Thaddaeus ⟨de Florentia⟩
→ **Thaddaeus ⟨Alderotti⟩**

**Thaddaeus ⟨de
Montepolitiano⟩**
gest. 1344 · OP
Sermones de tempore et festivi
Kaeppeli,IV,289/290
  Montepolitiano, Thaddaeus
    ¬de¬
  Thaddaeus ⟨de Montepulciano⟩

Thaddaeus ⟨de Parma⟩
14. Jh.
Quaestio de elementis
LMA,VIII,402/03
  Parma, Thaddaeus ¬de¬
  Taddeo ⟨da Parma⟩
  Thaddaeus ⟨de Palma⟩
  Thaddaeus ⟨de Ramponibus⟩
  Thaddaeus ⟨Pauli de
    Ramponibus⟩
  Thaddaeus ⟨von Bologna⟩
  Thaddäus ⟨von Parma⟩
  Thaddée ⟨de Bologne⟩

Thaddaeus ⟨de Ramponibus⟩
→ **Thaddaeus ⟨de Parma⟩**

Thaddaeus ⟨de Urbeveteri⟩
→ **Thaddaeus ⟨Francisci⟩**

Thaddaeus ⟨Dini⟩
um 1359 · OP
Schneyer,V,519
  Dini, Thaddaeus
  Dini, Thaddée
  Taddeo ⟨Dini⟩
  Taddeo ⟨Dino⟩
  Thaddaeus ⟨Dini de Florentia⟩
  Thaddée ⟨Dini⟩
  Thadée ⟨Dini de Florence⟩

Thaddaeus ⟨Florentinus⟩
→ **Thaddaeus ⟨Alderotti⟩**

Thaddaeus ⟨Francisci⟩
gest. 1400 · OP
Notabilia et rationes de ente et
essentia; Commentaria super
Augustinum De civitate Dei;
Litterae fratri H. lectori
Kaeppeli,IV,287/288
  Francisci, Thaddaeus
  Thaddaeus ⟨de Urbeveteri⟩
  Thaddaeus ⟨Francisci de
    Urbeveteri⟩
  Thaddaeus ⟨Urbevetanus⟩
  Thaddée ⟨d'Orvieto⟩
  Thaddée ⟨Urbevetanus⟩

Thaddaeus ⟨Garlond⟩
um 1314 · OP
Litterae appellationis
Kaeppeli,IV,288/289
  Garlond, Thaddaeus
  Thaddaeus ⟨Garlond Anglicus⟩

Thaddaeus ⟨Medicus⟩
→ **Thaddaeus ⟨Alderotti⟩**

Thaddaeus ⟨Neapolitanus⟩
um 1291
Historia de consolatione
Potth.
  Neapolitanus, Thaddaeus
  Thaddäus ⟨of Naples⟩
  Thaddée ⟨de Naples⟩
  Thaddée ⟨Neapolitanus⟩
  Thadeo ⟨de Naples⟩
  Thadeus ⟨Neapolitanus⟩
  Thadeus ⟨of Naples⟩

Thaddaeus ⟨Notarius Vicentinus⟩
→ **Thaddaeus ⟨Vicentinus⟩**

Thaddäus ⟨of Naples⟩
→ **Thaddaeus ⟨Neapolitanus⟩**

Thaddaeus ⟨Pauli de
  Ramponibus⟩
→ **Thaddaeus ⟨de Parma⟩**

Thaddaeus ⟨Scotorum
  Ratisponae Abbas⟩
→ **Thaddaeus ⟨Abbas
  Scotorum Ratisponae⟩**

Thaddaeus ⟨Urbevetanus⟩
→ **Thaddaeus ⟨Francisci⟩**

Thaddaeus ⟨Vicentinus⟩
um 1209
Versus rhythmici de Ecelino
Romano et Alberico
Potth. 1048
  Thaddaeus ⟨Notarius
    Vicentinus⟩
  Thaddaeus ⟨Vicentinus
    Notarius⟩
  Thaddée ⟨de Vicence⟩
  Thaddée ⟨Notaire de Vicence⟩
  Vicentinus, Thaddaeus

Thaddaeus ⟨von Bologna⟩
→ **Thaddaeus ⟨de Parma⟩**

Thaddaeus ⟨von Florenz⟩
→ **Thaddaeus ⟨Alderotti⟩**

Thaddäus ⟨von Parma⟩
→ **Thaddaeus ⟨de Parma⟩**

Thaddée ⟨Abbé des Ecossais à
  Ratisbonne⟩
→ **Thaddaeus ⟨Abbas
  Scotorum Ratisponae⟩**

Thaddée ⟨de Bologne⟩
→ **Thaddaeus ⟨de Parma⟩**

Thaddée ⟨de Caffa⟩
→ **Thaddaeus ⟨Armenus⟩**

Thaddée ⟨de Florence⟩
→ **Thaddaeus ⟨Alderotti⟩**

Thaddée ⟨de Naples⟩
→ **Thaddaeus ⟨Neapolitanus⟩**

Thaddée ⟨de Vicence⟩
→ **Thaddaeus ⟨Vicentinus⟩**

Thaddée ⟨Dini⟩
→ **Thaddaeus ⟨Dini⟩**

Thaddée ⟨d'Orvieto⟩
→ **Thaddaeus ⟨Francisci⟩**

Thaddée ⟨Notaire de Vicence⟩
→ **Thaddaeus ⟨Vicentinus⟩**

Thaddée ⟨Studite⟩
→ **Theodorus ⟨Studita⟩**

Thaddée ⟨Turquensis⟩
→ **Thaddaeus ⟨Armenus⟩**

Thaddée ⟨Urbevetanus⟩
→ **Thaddaeus ⟨Francisci⟩**

Thaddeus ⟨...⟩
→ **Thaddaeus ⟨...⟩**

Thadeus ⟨...⟩
→ **Thaddaeus ⟨...⟩**

Thalassius ⟨Caesariensis⟩
7. Jh.
Centuriae de Caritate
*Tusculum-Lexikon; LThK;
LMA,VIII,609*
  Thalassios ⟨Geistlicher
    Schriftsteller⟩
  Thalassios ⟨Mönch⟩
  Thalassios ⟨von Lybien⟩
  Thalassius ⟨Abbas⟩
  Thalassius ⟨de Caesarea⟩
  Thalassius ⟨de Lybie⟩
  Thalassius ⟨le Libyen⟩
  Thalassius ⟨Lybicus⟩
  Thalassius ⟨of Caesarea⟩

Thalelaeus ⟨Iunior⟩
6. Jh.
Tusculum-Lexikon; CSGL
  Iunior, Thalelaeus
  Thalelaeus ⟨Antecessor⟩
  Thalelaios
  Thalelée

Thalhofer, Hans
15. Jh.
VL(2)
  Hans ⟨Tallhöffer⟩
  Hans ⟨Thalhofer⟩
  Talhoffer, Hans
  Talhöffer, Hans

Thame, Philippus ¬de¬
→ **Philippus ⟨de Thame⟩**

Thamo ⟨von Buckendorf⟩
→ **Tammo ⟨von Bocksdorf⟩**

Thanbuco, Johannes ¬de¬
→ **Johannes ⟨de Tambaco⟩**

Thangmarus ⟨Hildesheimensis⟩
ca. 950 – ca. 1024
Tusculum-Lexikon; LMA,VIII,610
Tangmaro ⟨da Hildesheim⟩
Tangmarus
Tangmarus ⟨Hildesheimensis⟩
Tangmarus ⟨Presbyter⟩
Thangmar ⟨von Hildesheim⟩
Thangmarus ⟨Decanus Monasterii⟩
Thangmarus ⟨Presbyter⟩
Thankmar ⟨von Hildesheim⟩

Thaon, Philippe ¬de¬
→ **Philippe ⟨de Thaon⟩**

Thaqāfī, Ibrāhīm Ibn Muḥammad
→ **Ṯaqafī, Ibrāhīm Ibn-Muḥammad ¬aṯ-¬**

Tharanta, Valescus ¬de¬
→ **Valescus ⟨de Taranta⟩**

Thauler, Johann
→ **Tauler, Johannes**

Thaun, Philipp ¬von¬
→ **Philippe ⟨de Thaon⟩**

Theaetetus ⟨Scholasticus⟩
6. Jh.
Scholasticus, Theaetetus
Theaetetus ⟨Epigammaticus⟩
Theaitetos ⟨Epigrammatiker⟩
Theaitetos ⟨Scholastikos⟩

Thebaldi, Bartholomaeus
→ **Bartholomaeus ⟨Thebaldi⟩**

Thebaldus ⟨de Barchinona⟩
→ **Thebaldus ⟨Frater⟩**

Thebaldus ⟨de Piacenza⟩
→ **Thebaldus ⟨de Placentia⟩**

Thebaldus ⟨de Placentia⟩
um 1321 · OP
Consilium iuris de haeretica pravitate
Kaeppeli,IV,291
Placentia, Thebaldus ¬de¬
Thebaldus ⟨de Piacenza⟩

Thebaldus ⟨Frater⟩
Lebensdaten nicht ermittelt · OP
Abstractio de vita sancti Raimundi de Penna Forti
Kaeppeli,IV,290/291
Frater Thebaldus
Thebaldus ⟨de Barchinona⟩
Thebaldus ⟨de Bathinona⟩

Thebanus, Dioscorus
→ **Dioscorus ⟨Thebanus⟩**

Thebanus, Hippolytus
→ **Hippolytus ⟨Thebanus⟩**

Thédald ⟨Visconti⟩
→ **Gregorius ⟨Papa, X.⟩**

Thedmar, Arnald Fitz-
→ **Arnoldus ⟨FitzThedmar⟩**

Theganbert
→ **Theganus ⟨Treverensis⟩**

Theganus ⟨Treverensis⟩
gest. ca. 843
Tusculum-Lexikon; CSGL; LMA,VIII,613/14
Degan ⟨of Treves⟩
Tegan
Thegan ⟨der Chorbischof⟩
Thegan ⟨von Trier⟩
Theganbert
Theganbertus ⟨Treverensis⟩
Theganus ⟨of Treves⟩
Theiganbertus ⟨Treverensis⟩

Theleforus ⟨de Cusentia⟩
→ **Telesphorus ⟨de Cusentia⟩**

Themistius ⟨Alexandrinus⟩
6. Jh.
Antirrheticus contra tomum Theodosii; Contra collothum
Cpg 7285-7292; DOC,2,1701
Alexandrinus, Themistius
Temistio ⟨di Alessandria⟩
Temistio ⟨Diacono⟩
Themistios ⟨Diakon⟩
Themistios ⟨Kalonymos⟩
Themistios ⟨von Alexandrien⟩
Themistius ⟨Agnoeta⟩
Thémistius ⟨Calonymus⟩
Themistius ⟨Diaconus⟩
Themistius ⟨Diaconus Alexandrinus⟩
Thémistius ⟨Diacre⟩
Thémistius ⟨d'Alexandrie⟩

Thémistius ⟨Calonymus⟩
→ **Themistius ⟨Alexandrinus⟩**

Themistius ⟨Diaconus⟩
→ **Themistius ⟨Alexandrinus⟩**

Themo ⟨Iudaeus⟩
um 1349
Quaestiones super librum Meteororum; Rector scolarium in Erfurt, Procurator in Paris
Lohr; LMA,VIII,617
Iudaeus, Themo
Temo ⟨Iudaeus⟩
Themo ⟨Iudaei de Monasterio⟩
Themo ⟨Judaei de Monasterio⟩
Themo ⟨Magister⟩
Thémon ⟨Juif⟩
Thémon ⟨le Juif⟩
Thémon ⟨Maître Parisien⟩
Thiemon ⟨d'Erfurt⟩
Thiemon ⟨d'Ertfordia⟩
Thimo
Thimo ⟨Italian Philosopher⟩
Thimo ⟨Iudaeus⟩
Thimon
Thymo ⟨d'Erfurt⟩
Timo ⟨Iudaeus⟩
Timon ⟨Jüdischer Rabbi⟩

Thenis, Godefridus ¬de¬
→ **Godefridus ⟨de Thenis⟩**

Thenis, Guilelmus ¬a¬
→ **Guilelmus ⟨a Thenis⟩**

Theobald ⟨Bishop⟩
→ **Theobaldus ⟨Episcopus⟩**

Theobald ⟨Champagne, Comte, IV.⟩
→ **Thibaut ⟨Navarre, Roi, I.⟩**

Theobald ⟨d'Etampes⟩
→ **Theobaldus ⟨de Stampis⟩**

Theobald ⟨Navarra, König, ...⟩
→ **Thibaut ⟨Navarre, Roi, ...⟩**

Theobald ⟨of Canterbury⟩
→ **Theobaldus ⟨Cantuariensis⟩**

Theobald ⟨of Monte Cassino⟩
→ **Theobaldus ⟨Casinensis⟩**

Theobald ⟨Seidener⟩
→ **Seidener, Theobald**

Theobald ⟨von Blois⟩
→ **Theobaldus ⟨Blesensis⟩**

Theobald ⟨von Canterbury⟩
→ **Theobaldus ⟨Cantuariensis⟩**

Theobald ⟨von Étampes⟩
→ **Theobaldus ⟨de Stampis⟩**

Theobald ⟨von Gubbio⟩
→ **Theobaldus ⟨Eugubinus⟩**

Theobald ⟨von Langres⟩
→ **Theobaldus ⟨de Langres⟩**

Theobald ⟨von Montecassino⟩
→ **Theobaldus ⟨Casinensis⟩**

Theobald ⟨von Lier⟩
→ **Theobaldus ⟨de Lire⟩**

Theobaldi, Ulricus
→ **Ulricus ⟨Theobaldi⟩**

Theobaldo ⟨d'Anchora⟩
→ **Theobaldus ⟨de Anchora⟩**

Theobaldus ⟨Abbas⟩
→ **Theobaldus ⟨Casinensis⟩**

Theobaldus ⟨Basiliensis⟩
→ **Ulricus ⟨Theobaldi⟩**

Theobaldus ⟨Besuensis⟩
gest. ca. 1124
Acta S. Prudentii martyris
Potth.
Theobaldus ⟨Bezensis⟩
Thibaut ⟨de Bèze⟩

Theobaldus ⟨Blesensis⟩
gest. 1151
Theobald ⟨von Blois⟩

Theobaldus ⟨Brito⟩
12./13. Jh.
Expositio symboli apostolorum
Stegmüller, Repert. bibl. 7975
Brito, Theobaldus
Theobaldus ⟨Canonicus⟩
Theobaldus ⟨Turonensis⟩
Thibaut ⟨Chancelier⟩
Thibaut ⟨de Tours⟩
Thibaut ⟨le Breton⟩

Theobaldus ⟨Buccapecus⟩
→ **Coelestinus ⟨Papa, II., Antipapa⟩**

Theobaldus ⟨Cabillonensis⟩
gest. 1265
Theobaldus ⟨Cabilonensis⟩
Theobaldus ⟨de Châlons-sur-Saône⟩
Thibaud ⟨de Châlon⟩
Thibaud ⟨de Châlon-sur-Saône⟩
Thibauld ⟨de Châlons-sur-Saône⟩
Thibaut ⟨de Châlon⟩

Theobaldus ⟨Campania, Comes, IV.⟩
→ **Thibaut ⟨Navarre, Roi, I.⟩**

Theobaldus ⟨Canonicus⟩
→ **Theobaldus ⟨Brito⟩**

Theobaldus ⟨Cantuariensis⟩
gest. 1161
LThK; CSGL; LMA,VIII,617/18
Tedbald ⟨von Canterbury⟩
Theobald ⟨of Canterbury⟩
Theobald ⟨von Canterbury⟩
Theobaldus ⟨of Canterbury⟩
Theobaldus ⟨Turbaldus⟩
Thibaut ⟨de Canterbury⟩

Theobaldus ⟨Casinensis⟩
um 1022/35 · OSB
LThK(2),VII,582
Theobald ⟨of Monte Cassino⟩
Theobald ⟨von Montecassino⟩
Theobaldus ⟨Abbas⟩

Theobaldus ⟨Claraevallensis⟩
um 1271/72 · OCist
Paris, Nat. lat. 14952 f. 1ra.
Schneyer,V,523
Theobaldus ⟨Clarevallensis⟩
Thibaut ⟨de Clairvaux⟩

Theobaldus ⟨Cretensis⟩
→ **Theobaldus ⟨Trecensis⟩**

Theobaldus ⟨de Altkirch⟩
→ **Ulricus ⟨Theobaldi⟩**

Theobaldus ⟨de Anchora⟩
14. Jh.
Quaestiones mathematicales
Anchora, Theobaldus ¬de¬
Theobaldo ⟨d'Anchora⟩

Theobaldus ⟨de Basilea⟩
→ **Ulricus ⟨Theobaldi⟩**

Theobaldus ⟨de Châlons-sur-Saône⟩
→ **Theobaldus ⟨Cabillonensis⟩**

Theobaldus ⟨de Langres⟩
12. Jh.
De quatuor modis, quibus significationes numerorum aperiuntur
Stegmüller, Repert. bibl. 7975,1; LMA,VIII,618/19
Langres, Theobaldus ¬de¬
Theobald ⟨von Langres⟩
Theobaldus ⟨Lingonensis⟩
Theobaldus ⟨Magister⟩
Thibaud ⟨de Langres⟩
Thibault ⟨de Langres⟩
Thibaut ⟨de Langres⟩
Thibaut ⟨von Langres⟩

Theobaldus ⟨de Lire⟩
11. Jh.
Vita S. Gummari patroni Lirani in Brabantia (8. Jh.)
Potth. 1049
Lire, Theobaldus ¬de¬
Theobald ⟨von Lier⟩
Theobaldus ⟨Monachus⟩
Thibaud ⟨Chanoine⟩
Thibauld ⟨de Lire⟩
Thibaut ⟨de Lire⟩
Thibaut ⟨Hagiographe⟩
Thibaut ⟨Moine⟩
Thibault ⟨Chanoine⟩

Theobaldus ⟨de N.⟩
15. Jh. · OFM
Compendium sententiarum; Herkunftsbezeichnung nicht gesichert
Stegmüller, Repert. sentent. 840
N., Theobaldus ¬de¬
Theobaldus ⟨de Narnia⟩
Theobaldus ⟨de Neraina⟩

Theobaldus ⟨de Narnia⟩
→ **Theobaldus ⟨de N.⟩**

Theobaldus ⟨de Saxonia⟩
→ **Theobaldus ⟨de Sexannia⟩**

Theobaldus ⟨de Sexannia⟩
13. Jh. · OP
Pharetra fidei contra Iudeos; wurde früher teilw. fälschl. als Theobaldus ⟨de Saxonia⟩ bezeichnet
Kaeppeli,IV,291/293; VL(2),9,737; LMA,VIII,619
Saxonia, Theobaldus ¬de¬
Theobaldus ⟨de Saxonia⟩
Theobaldus ⟨de Saxonnia⟩
Theobaldus ⟨de Sezanne⟩
Theobaldus ⟨Paenitentiarius⟩
Theobaldus ⟨Subprior⟩
Theobaldus ⟨Subprior Praedicatorum⟩
Theobaudus ⟨Frater⟩
Thibaud ⟨de Saxonia⟩
Thibaud ⟨de Sexannia⟩
Thibaut ⟨de Sézanne⟩

Theobaldus ⟨de Sezanne⟩
→ **Theobaldus ⟨de Sexannia⟩**

Theobaldus ⟨de Stampis⟩
11./12. Jh.
Epistulae
CSGL; LMA,VIII,618
Stampis, Theobaldus ¬de¬
Theobald ⟨d'Etampes⟩
Theobald ⟨von Étampes⟩
Theobaldus ⟨Stampensis⟩
Thibaut ⟨d'Etampes⟩

Theobaldus ⟨de Vernone⟩
→ **Thibaut ⟨de Vernon⟩**

Theobaldus ⟨Episcopus⟩
→ **Theobaldus ⟨Eugubinus⟩**

Theobaldus ⟨Episcopus⟩
11. Jh.
Übersetzer des Physiologus
Tusculum-Lexikon
Episcopus Theobaldus
Theobald ⟨aus Italien⟩
Theobald ⟨Bishop⟩

Theobaldus ⟨Eugubinus⟩
gest. 1171
Vita S. Ubaldi
Potth.; LThK
Eugubinus, Theobaldus
Gubbio, Theobald ¬von¬
Tebaldus ⟨Eugubinus⟩
Tedbaldus ⟨Eugubinus⟩
Theobald ⟨von Gubbio⟩
Theobaldus ⟨Episcopus⟩
Thibaut ⟨de Gubbio⟩

Theobaldus ⟨Lingonensis⟩
→ **Theobaldus ⟨de Langres⟩**

Theobaldus ⟨Magister⟩
→ **Theobaldus ⟨de Langres⟩**
→ **Ulricus ⟨Theobaldi⟩**

Theobaldus ⟨Monachus⟩
→ **Theobaldus ⟨de Lire⟩**

Theobaldus ⟨of Canterbury⟩
→ **Theobaldus ⟨Cantuariensis⟩**

Theobaldus ⟨Paenitentiarius⟩
→ **Theobaldus ⟨de Sexannia⟩**

Theobaldus ⟨Professor⟩
→ **Theobaldus ⟨Theologiae Professor⟩**

Theobaldus ⟨Provincialis Theutoniae⟩
→ **Ulricus ⟨Theobaldi⟩**

Theobaldus ⟨Stampensis⟩
→ **Theobaldus ⟨de Stampis⟩**

Theobaldus ⟨Subprior Praedicatorum⟩
→ **Theobaldus ⟨de Sexannia⟩**

Theobaldus ⟨Theologiae Professor⟩
um 1417
Publica conquestio de nimis diu dilata in concilio Constantiensi cleri reformatione, publicata mense Augusto a. 1417
Potth. 1049
Theobaldus ⟨Professor⟩

Theobaldus ⟨Trecensis⟩
13./14. Jh. · OP
Biblia rhythmice compendiata
Kaeppeli,IV,297
Theobaldus ⟨Cretensis⟩
Thibaut ⟨de Troyes⟩

Theobaldus ⟨Turbaldus⟩
→ **Theobaldus ⟨Cantuariensis⟩**

Theobaldus ⟨Turonensis⟩
→ **Theobaldus ⟨Brito⟩**

Theobaldus ⟨Visconti⟩
→ **Gregorius ⟨Papa, X.⟩**

Theobaldus, Thomas
→ **Thomas ⟨Theobaldus⟩**

Theobaudus ⟨Frater⟩
→ **Theobaldus ⟨de Sexannia⟩**

Theocanus ⟨von Metz⟩
→ **Theogerus ⟨Metensis⟩**

Theoctistus ⟨Studita⟩
14. Jh.
CSGL
Studita, Theoctistus
Studites, Theoktistos
Theoctistus ⟨Studiensis⟩
Theoktistos ⟨ho Studitēs⟩
Theoktistos ⟨Studites⟩
Theoktistos ⟨the Stoudite⟩

Theodahad ⟨Ostgotenreich, König⟩
um 534/536
Epistulae (erh. bei Cassiodor)
Cpl 896; LMA,VIII,620
Theodahad ⟨König⟩
Theodahad ⟨Ostgotischer König⟩
Theodahat ⟨Ostgotischer König⟩
Théodahat ⟨Roi⟩
Théodat ⟨Roi des Ostrogoths⟩

Théodat ⟨Roi des Ostrogoths⟩
→ **Theodahad ⟨Ostgotenreich, König⟩**

Théodebald ⟨Metz, Roi⟩
→ **Theudebald ⟨Fränkisches Reich, König⟩**

Theodebaldus ⟨Rex⟩
→ **Theudebald ⟨Fränkisches Reich, König⟩**

Theodebertus ⟨Rex⟩
→ **Theudebert ⟨Fränkisches Reich, König, I.⟩**

Theodelinda ⟨Regina⟩
→ **Theudelinde ⟨Langobardenreich, Königin⟩**

Theodemarus ⟨Casinensis⟩
9. Jh.
Epistula ad Carolum M.
Potth.
Theodemarus ⟨Abbas⟩
Theodemarus ⟨von Monte Cassino⟩

Theodemirus ⟨Psalmodiensis⟩
→ **Theutmirus ⟨Psalmodiensis⟩**

Theodemirus ⟨Rex⟩
→ **Theudemir ⟨Swebenreich, König⟩**

Theoderic ⟨Borgognoni⟩
→ **Theodoricus ⟨de Cervia⟩**

Theoderic ⟨de Saxe⟩
→ **Theodoricus ⟨Saxo⟩**

Théoderic ⟨d'Erfurt⟩
→ **Theodoricus ⟨de Erfordia⟩**

Theoderic ⟨of Echternach⟩
→ **Theodoricus ⟨Epternacensis⟩**

Théoderic ⟨Recteur⟩
→ **Theodoricus ⟨de Erfordia⟩**

Theoderich ⟨der Große⟩
→ **Theoderich ⟨Ostgotenreich, König⟩**

Theoderich ⟨der Mönch⟩
→ **Theodoricus ⟨Epternacensis⟩**

Theoderich ⟨König der Ostgoten⟩
→ **Theoderich ⟨Ostgotenreich, König⟩**

Theoderich ⟨Mönch⟩
→ **Theodoricus ⟨Abbas Benedictinus⟩**
→ **Theodoricus ⟨Sancti Matthiae⟩**

Theoderich ⟨of Würzburg⟩
→ **Theodoricus ⟨Monachus⟩**

Theoderich ⟨Ostgotenreich, König⟩
453 – 526
Edictum; Epistolae 23 ad Chlodoraeum regem Francorum, Gundobaldum regem Burgundionum et alios
Stegmüller, Repert. sentent. 708;1492;1805; LMA,VIII,621/23; Potth. 1056
Dietrich ⟨von Bern⟩
Flavius, Theodericus
Flavius Theodericus ⟨Rex⟩
Theoderich ⟨der Große⟩
Theoderich ⟨König der Ostgoten⟩
Theodericus ⟨Rex Gothorum⟩
Theodericus ⟨Rex Ostrogothorum⟩
Theodericus, Flavius
Théodoric ⟨le Grand⟩
Theodoric ⟨the Great⟩
Theodoricus ⟨Magnus⟩
Theodoricus ⟨Rex⟩
Thierry ⟨le Grand⟩
Thierry ⟨Roi des Ostrogoths⟩

Theoderich ⟨Philosoph⟩
→ **Theodoricus ⟨de Magdeburg⟩**

Theoderich ⟨von Bocksdorf⟩
→ **Theodoricus ⟨Burgsdorfius⟩**

Theoderich ⟨von Chartres⟩
→ **Theodoricus ⟨Carnotensis⟩**

Theoderich ⟨von Echternach⟩
→ **Theodoricus ⟨Epternacensis⟩**

Theoderich ⟨von Erfurt⟩
→ **Theodoricus ⟨de Magdeburg⟩**

Theoderich ⟨von Magdeburg⟩
→ **Theodoricus ⟨de Magdeburg⟩**

Theoderich ⟨von Niem⟩
→ **Theodoricus ⟨de Niem⟩**

Theoderich ⟨von Trier⟩
→ **Theodoricus ⟨Sancti Matthiae⟩**

Theodericus ⟨...⟩
→ **Theodoricus ⟨...⟩**

Theodericus ⟨Buschmann⟩
→ **Buschmann, Theodericus**

Theodericus, Flavius
→ **Theoderich ⟨Ostgotenreich, König⟩**

Theodimirus ⟨Rex⟩
→ **Theudemir ⟨Swebenreich, König⟩**

Theodo
→ **Theodoricus ⟨Loerius⟩**

Theodofridus ⟨Ambianensis⟩
→ **Theodofridus ⟨Corbeiensis⟩**

Theodofridus ⟨Corbeiensis⟩
gest. 683 · OSB
Versus de sex aetatibus et mundi principio; viell. auch Verf. von „Versus de Asia et de universi mundi rota"
Cpl 2301;2347; DOC,2,1704; LMA,VIII,626
Pseudo-Theodofridus ⟨Corbeiensis⟩
Theodofrid ⟨Abt⟩
Theodofrid ⟨de Corbie⟩
Theodofrid ⟨von Corbie⟩
Theodofridus ⟨Ambianensis⟩
Theodofridus ⟨de Corbie⟩
Theodofridus ⟨Dichter⟩
Theodofridus ⟨d'Amiens⟩
Theofridus ⟨Ambianensis⟩
Theofridus ⟨Episcopus⟩
Theofried ⟨von Corbie⟩
Théofroy ⟨de Corbie⟩
Théofroy ⟨de Luxeuil⟩
Théofroy ⟨d'Amiens⟩

Theodolinde ⟨Langobardenreich, Königin⟩
→ **Theudelinde ⟨Langobardenreich, Königin⟩**

Theodolus ⟨Italus⟩
→ **Theodulus ⟨Italus⟩**

Theodolus ⟨Monachus⟩
→ **Thomas ⟨Magister⟩**

Théodomir ⟨Roi des Suèves⟩
→ **Theudemir ⟨Swebenreich, König⟩**

Theodor ⟨Abû Ḳurra⟩
→ **Theodor Abū-Qurra**

Theodor ⟨Bar Choni⟩
→ **Theodor Bar-Koni**

Theodor ⟨Papst, ...⟩
→ **Theodorus ⟨Papa, ...⟩**

Theodor ⟨Prodrom⟩
→ **Theodorus ⟨Prodromus⟩**

Theodor ⟨Skutariotes⟩
→ **Theodorus ⟨Scutariota⟩**

Theodor ⟨Studites⟩
→ **Theodorus ⟨Studita⟩**

Theodor ⟨von Antiochia⟩
→ **Theodorus ⟨Antiochenus⟩**

Theodor ⟨von Canterbury⟩
→ **Theodorus ⟨Cantuariensis⟩**

Theodor ⟨von Harrān⟩
→ **Theodor Abū-Qurra**

Theodor ⟨von Kempten⟩
→ **Theodorus ⟨Campidonensis⟩**

Theodor ⟨von Petra⟩
→ **Theodorus ⟨Petraeus⟩**

Theodor ⟨von Pharan⟩
→ **Theodorus ⟨Rhaetuensis⟩**

Theodor ⟨von Raithu⟩
→ **Theodorus ⟨Rhaetuensis⟩**

Theodor ⟨von Scythopolis⟩
→ **Theodorus ⟨Scythopolitanus⟩**

Theodor ⟨von Studion⟩
→ **Theodorus ⟨Studita⟩**

Theodor Abu-Ḳurra
→ **Theodor Abū-Qurra**

Theodor Abū-Qurra
ca. 750 – 820
Sermo in transfigurationem domini et dei (georg.)
Tusculum-Lexikon; LThK; LMA,VIII,636/37
Abu Ḳurra, Theodore
Abu Ḳurrah, Theodore
Abucara, Theodor
Abucara, Theodorus
Abū-Qurra, Theodor
Tandūrus Abū-Qurra
Tawūḏūris Abū-Qurra
Theodor ⟨Abû Ḳurra⟩
Theodor ⟨von Ḥarrān⟩
Theodor ⟨von Harrān⟩
Theodor Abu-Ḳurra
Théodore ⟨Abou Qarā⟩
Théodore ⟨Aboucara⟩
Théodore ⟨Abou-Kurra⟩
Théodore ⟨Abu Ḳurra⟩
Theodore ⟨Abu Ḳurrah⟩
Théodore ⟨Abū Qorra⟩
Théodore ⟨Abucara⟩
Théodore ⟨de Chonachara⟩
Théodore ⟨de Haran⟩
Théodore ⟨de Harrān⟩
Theodore ⟨of Harrān⟩
Théodore Abu Kurra
Théodore Abukura
Théodore Abū-Qurra
Theodoros ⟨Abū Qurra⟩
Theodoros Abū Qurra
Theodorus ⟨Abu Ḳurra⟩
Theodorus ⟨Abu Qurra⟩
Theodorus ⟨Abucara⟩
Theodorus ⟨Hagiopolitanus⟩
Theodorus ⟨Haranensis⟩
Theodorus ⟨of Harran⟩
Theodorus Abu Qurra
Theodorus Abū-Qurra

Theodor Bar-Koni
8. Jh.
LThK; LMA,VIII,631
Bar-Koni, Theodor
Theodor ⟨Bar Choni⟩
Theodoras ⟨Bar Kawani⟩
Théodore ⟨Bar Khôni⟩
Théodore ⟨Bar Khouni⟩
Théodore ⟨Bar Kônî⟩
Théodore ⟨Bar-Kōni⟩
Theodoros ⟨Bar-Kōnī⟩
Theodorus ⟨Bar Kawani⟩
Theodorus ⟨Bar Kōnī⟩
Theodorus ⟨Bar-Kawanī⟩
Theodorus ⟨Bar-Konai⟩
Theodorus ⟨Barkōnī⟩

Théodore ⟨Abucara⟩
→ **Theodor Abū-Qurra**

Theodore ⟨Anagnostes⟩
→ **Theodorus ⟨Anagnosta⟩**

Théodore ⟨Balsamon⟩
→ **Theodorus ⟨Balsamon⟩**

Théodore ⟨Bar-Kōni⟩
→ **Theodor Bar-Koni**

Théodore ⟨d'Anastasiopolis⟩
→ **Theodorus ⟨Siceota⟩**

Théodore ⟨d'Andida⟩
→ **Theodorus ⟨Andidensis⟩**

Théodore ⟨Daphnopata⟩
→ **Theodorus ⟨Daphnopata⟩**

Théodore ⟨de Bénévent⟩
→ **Theodorus ⟨Beneventanus⟩**

Théodore ⟨de Cantorbéry⟩
→ **Theodorus ⟨Cantuariensis⟩**

Théodore ⟨de Chonachara⟩
→ **Theodor Abū-Qurra**

Théodore ⟨de Chypre⟩
→ **Theodorus ⟨Trimithuntis⟩**

Théodore ⟨de Constantinople⟩
→ **Theodorus ⟨Constantinopolitanus Diaconus⟩**

Théodore ⟨de Cyzique⟩
→ **Theodorus ⟨Cyzicenus⟩**

Théodore ⟨de Ḥaran⟩
→ **Theodor Abū-Qurra**

Théodore ⟨de Jérusalem⟩
→ **Theodorus ⟨Hierosolymitanus⟩**
→ **Theodorus ⟨Papa, I.⟩**

Théodore ⟨de Mélitène⟩
→ **Theodorus ⟨Meliteniota⟩**

Théodore ⟨de Paphos⟩
→ **Theodorus ⟨Paphi Episcopus⟩**

Théodore ⟨de Pétra⟩
→ **Theodorus ⟨Petraeus⟩**

Théodore ⟨de Pharan⟩
→ **Theodorus ⟨Rhaetuensis⟩**

Théodore ⟨de Philae⟩
→ **Theodorus ⟨Philarum Episcopus⟩**

Théodore ⟨de Raïthou⟩
→ **Theodorus ⟨Rhaetuensis⟩**

Théodore ⟨de Scythopolis⟩
→ **Theodorus ⟨Scythopolitanus⟩**

Théodore ⟨de Tarse⟩
→ **Theodorus ⟨Cantuariensis⟩**

Théodore ⟨de Thessalonique⟩
→ **Theodorus ⟨Gaza⟩**

Théodore ⟨de Trimithus⟩
→ **Theodorus ⟨Trimithuntis⟩**

Théodore ⟨des Alains⟩
→ **Theodorus ⟨Alaniensis⟩**

Théodore ⟨Diacre⟩
→ **Theodorus ⟨Constantinopolitanus Diaconus⟩**

Théodore ⟨Empereur de Nicée⟩
→ **Theodorus ⟨Imperium Byzantinum, Imperator, II.⟩**

Théodore ⟨Evêque⟩
→ **Theodorus ⟨Philarum Episcopus⟩**

Théodore ⟨Gaza⟩
→ **Theodorus ⟨Gaza⟩**

Theodore ⟨Graptus⟩
→ **Theodorus ⟨Graptus⟩**

Théodore ⟨Hyrtacenus⟩
→ **Theodorus ⟨Hyrtacenus⟩**

Theodore ⟨Lascaris, Emperor of Nicaea⟩
→ **Theodorus ⟨Imperium Byzantinum, Imperator, II.⟩**

Théodore ⟨le Lecteur⟩
→ **Theodorus ⟨Anagnosta⟩**

Théodore ⟨le Maître⟩
→ **Theodorus ⟨Prodromus⟩**

Théodore ⟨le Scholastique⟩
→ **Theodorus ⟨Scholasticus⟩**

Théodore ⟨Lelli⟩
→ **Lellis, Theodorus ¬de¬**

Théodore ⟨l'Hermopolitain⟩
→ **Theodorus ⟨Scholasticus⟩**

Theodore ⟨Meliteniota⟩
→ **Theodorus ⟨Meliteniota⟩**

Théodore ⟨Memmo⟩
→ **Theodorus ⟨Memus⟩**

Théodore ⟨Métochite⟩
→ **Theodorus ⟨Metochita⟩**

Théodore ⟨Métropolitain⟩
→ **Theodorus ⟨Cyzicenus⟩**

Théodore ⟨Moine à Poelde⟩
→ **Theodorus ⟨Palidensis⟩**

Theodore ⟨of Alania⟩
→ **Theodorus ⟨Alaniensis⟩**

Theodore ⟨of Andidi⟩
→ **Theodorus ⟨Andidensis⟩**

Theodore ⟨of Antioch⟩
→ **Theodorus ⟨Antiochenus⟩**

Theodore ⟨of Canterbury⟩
→ **Theodorus ⟨Cantuariensis⟩**

Theodore ⟨of Harrān⟩
→ **Theodor Abū-Qurra**

Theodore ⟨of Hermopolis⟩
→ **Theodorus ⟨Scholasticus⟩**

Theodore ⟨of Pharan⟩
→ **Theodorus ⟨Rhaetuensis⟩**

Theodore ⟨of Rhaithu⟩
→ **Theodorus ⟨Rhaetuensis⟩**

Theodore ⟨of Studium⟩
→ **Theodorus ⟨Studita⟩**

Theodore ⟨of Sykeon⟩
→ **Theodorus ⟨Siceota⟩**

Théodore ⟨Pape, ...⟩
→ **Theodorus ⟨Papa, ...⟩**

Théodore ⟨Patriarche⟩
→ **Theodorus ⟨Hierosolymitanus⟩**

Théodore ⟨Prêtre⟩
→ **Theodorus ⟨Syncellus⟩**

Théodore ⟨Prodrome⟩
→ **Theodorus ⟨Prodromus⟩**

Theodore ⟨Saint⟩
→ **Theodorus ⟨Cantuariensis⟩**

Théodore ⟨Siceota⟩
→ **Theodorus ⟨Siceota⟩**

Théodore ⟨Studite⟩
→ **Theodorus ⟨Studita⟩**

Théodore ⟨Syncelle⟩
→ **Theodorus ⟨Syncellus⟩**

Theodoretus ⟨Lignidensis⟩
um 519
Briefe von/an Hormisdas; Collectio Avellana; 166
Cpl 1620
Théodoret ⟨Evêque⟩
Théodoret ⟨Lignidensis⟩

Théodoric ⟨de Saint-Matthias de Trèves⟩
→ **Theodoricus ⟨Sancti Matthiae⟩**

Théodoric ⟨de Trèves⟩
→ **Theodoricus ⟨Sancti Matthiae⟩**

Théodoric ⟨le Grand⟩
→ **Theoderich ⟨Ostgotenreich, König⟩**

Theodoric ⟨of Freiberg⟩
→ **Theodoricus ⟨Teutonicus de Vriberg⟩**

Theodoric ⟨of Thuringia⟩
→ **Theodoricus ⟨de Apolda⟩**

Theodoric ⟨the Great⟩
→ **Theoderich ⟨Ostgotenreich, König⟩**

Theodorich ⟨Papst, ...⟩
→ **Theodoricus ⟨Papa, ...⟩**

Theodorich ⟨Prior⟩
→ **Theodoricus ⟨Stetinensis⟩**

Theodorich ⟨Schernberk⟩
→ **Schernberg, Dietrich**

Theodorich ⟨von Amorbach⟩
→ **Theodoricus ⟨Floriacensis⟩**

Theodorich ⟨von Cervia⟩
→ **Theodoricus ⟨de Cervia⟩**

Theodorich ⟨von Chartres⟩
→ **Theodoricus ⟨Carnotensis⟩**

Theodorich ⟨von Echternach⟩
→ **Theodoricus ⟨Epternacensis⟩**

Theodorich ⟨von Fleury⟩
→ **Theodoricus ⟨Floriacensis⟩**

Theodorich ⟨von Freiburg⟩
→ **Theodoricus ⟨Teutonicus de Vriberg⟩**

Theodorich ⟨von Gorkum⟩
→ **Theodoricus ⟨Gorcomiensis⟩**

Theodorich ⟨von Hersfeld⟩
→ **Theodoricus ⟨Floriacensis⟩**

Theodorich ⟨von Lucca⟩
→ **Theodoricus ⟨de Cervia⟩**

Theodorich ⟨von Metz⟩
→ **Theodoricus ⟨Metensis⟩**

Theodorich ⟨von Nidarholm⟩
→ **Theodoricus ⟨Sancti Trudonis⟩**

Theodorich ⟨von Sankt Alban⟩
→ **Theodoricus ⟨Floriacensis⟩**

Theodorich ⟨von Sankt Trond⟩
→ **Theodoricus ⟨Sancti Trudonis⟩**

Theodorich ⟨Vrie⟩
→ **Vrie, Theodoricus**

Theodoricus
→ **Theodoricus ⟨Monachus⟩**

Theodoricus ⟨à Drontheim⟩
→ **Theodoricus ⟨Sancti Trudonis⟩**

Theodoricus ⟨a Leydis⟩
um 1157 · OSB
Breviculi parvi positi super sepulchra comitum et comitissarum Hollandiae in monasterio Haecmundensi quiescentium 900-1151
Potth. 1050; DOC,2,1703
Leydis, Theodoricus ¬a¬
Theodoricus ⟨a Leidis⟩
Thierry ⟨de Leyde⟩
Thierry ⟨d'Egmond⟩

Theodoricus ⟨a Niem⟩
→ **Theodoricus ⟨de Niem⟩**

Theodoricus ⟨Abbas⟩
→ **Theodoricus ⟨Sancti Trudonis⟩**

Theodoricus ⟨Abbas Benedictinus⟩
um 1200 · OSB
Vita S. Hildegardis
Potth. 1050
Abbas Benedictinus, Theodoricus
Theoderich ⟨Mönch⟩
Theodoricus ⟨Monachus⟩
Theodoricus ⟨Mönch⟩
Theodoricus ⟨OSB⟩
Thierry ⟨Abbé Bénédictin⟩
Thierry ⟨Allemand⟩
Thierry ⟨Hagiographe⟩

Theodoricus ⟨Aedituus⟩
→ **Theodoricus ⟨Tuitensis⟩**

Theodoricus ⟨Amorbacensis⟩
→ **Theodoricus ⟨Floriacensis⟩**

Theodoricus ⟨Anglus⟩
→ **Theodoricus ⟨de Arnevelt⟩**

Theodoricus ⟨Archiepiscopus Coloniensis⟩
→ **Theodoricus ⟨Coloniensis⟩**

Theodoricus ⟨Archiepiscopus Treverensis⟩
→ **Theodoricus ⟨Treverensis⟩**

Theodoricus ⟨Borgognoni⟩
→ **Theodoricus ⟨de Cervia⟩**

Theodoricus ⟨Bosman⟩
→ **Buschmann, Theodericus**

Theodoricus ⟨Brito⟩
→ **Theodoricus ⟨Carnotensis⟩**

Theodoricus ⟨Burgognonus⟩
→ **Theodoricus ⟨de Cervia⟩**

Theodoricus ⟨Burgsdorfius⟩
gest. 1466
VL(2),2,110 ff; LMA,II,305
Bocksdorf, Dietrich ¬von¬
Bocksdorf, Theoderich ¬von¬
Burgsdorfius, Theodoricus
Buxdorf, Dietrich
Dietrich ⟨Buxdorf⟩
Dietrich ⟨von Bocksdorf⟩
Dietrich ⟨von Naumburg⟩
Theoderich ⟨von Bocksdorf⟩
Theodoricus ⟨Naumburgensis⟩

Theodoricus ⟨Buschmann⟩
→ **Buschmann, Theodericus**

Theodoricus ⟨Carnotensis⟩
ca. 1100 – ca. 1155/56
Tusculum-Lexikon; LThK; LMA,VIII,692/93
Teodorico ⟨di Chartres⟩
Terricus ⟨Carnotensis⟩
Theoderich ⟨von Chartres⟩
Theodorich ⟨von Chartres⟩
Theodoricus ⟨Brito⟩
Thierry ⟨de Chartres⟩
Thierry ⟨le Breton⟩
Thierry ⟨the Breton⟩
Thierry ⟨von Chartres⟩

Theodoricus ⟨Carthusianus Coloniensis⟩
→ **Theodoricus ⟨Loerius⟩**

Theodoricus ⟨Catalanus⟩
→ **Theodoricus ⟨de Cervia⟩**

Theodoricus ⟨Cerviensis⟩
→ **Theodoricus ⟨de Cervia⟩**

Theodoricus ⟨Coloniensis⟩
→ **Theodoricus ⟨Loerius⟩**

Theodoricus ⟨Coloniensis⟩
um 1423
Statuta ecclesiae Coloniensis in provinciali synodo a. 1423 Apr. 22 edita
Potth. 1050
Theodoricus ⟨Archiepiscopus Coloniensis⟩

Theodoricus ⟨Croata⟩
→ **Dietrich ⟨von Zengg⟩**

Theodoricus ⟨de Amorbach⟩
→ **Theodoricus ⟨Floriacensis⟩**

Theodoricus ⟨de Apolda⟩
1228 – ca. 1297 · OP
Identität mit Thomas ⟨de Apolda⟩ nicht untersucht
VL(2),2,103/110; LMA,III,1032/33; Tusculum-Lexikon; LThK
Apolda, Dietrich ¬von¬
Apolda, Theodoricus ¬de¬
Dietrich ⟨von Apolda⟩
Dietrich ⟨von Thüringen⟩
Teodorico ⟨di Apolda⟩
Theodericus ⟨de Thuringia⟩
Theodoric ⟨of Thuringia⟩
Theodoricus ⟨de Apolde⟩
Theodoricus ⟨de Apoldia⟩
Theodoricus ⟨de Appoldia⟩
Theodoricus ⟨de Appolt⟩
Theodoricus ⟨de Thuringia⟩
Theodoricus ⟨Thuringus⟩
Thierry ⟨de Thuringe⟩
Thierry ⟨d'Apolda⟩

Theodoricus ⟨de Arnevelt⟩
um 1398 · OFM
Sap.
Stegmüller, Repert. bibl. 7978-7980
Arnevelt, Theodoricus ¬de¬
Theodoricus ⟨Anglus⟩
Theodoricus ⟨de Arnsfeldt⟩

Theodoricus ⟨de Berthsen⟩
→ **Theodoricus ⟨de Herxen⟩**

Theodoricus ⟨de Borgognonibus⟩
→ **Theodoricus ⟨de Cervia⟩**

Theodoricus ⟨de Catalonia⟩
→ **Theodoricus ⟨de Cervia⟩**

Theodoricus ⟨de Cervia⟩
1205 – 1298 · OP
Chirurgia; Mulomedicina sive De medela equorum
Kaeppeli,IV,301/304; Tusculum-Lexikon; VL(2),9,792; LMA,II,456/57
Borgognoni, Tederico ¬dei¬
Borgognoni, Teodorico
Borgognoni, Thierry
Cervia, Theodoricus ¬de¬
Cervia, Thiederik ¬von¬
Dietrich ⟨von Cervia⟩
Dietrich ⟨von Lucca⟩
Pseudo-Theodoricus ⟨de Borgognonibus⟩
Tederico ⟨dei Borgognoni⟩
Teodorico ⟨Borgognoni⟩
Teodorico ⟨di Cervia⟩
Theoderic ⟨Borgognoni⟩
Theodorich ⟨von Cervia⟩
Theodorich ⟨von Lucca⟩
Theodoricus ⟨Borgognoni⟩
Theodoricus ⟨Burgognonus⟩
Theodoricus ⟨Catalanus⟩
Theodoricus ⟨Cervicensis⟩
Theodoricus ⟨Cerviensis⟩
Theodoricus ⟨de Borgognonibus⟩
Theodoricus ⟨de Borgognonibus Lucanus⟩
Theodoricus ⟨de Catalonia⟩
Theodoricus ⟨Medicus⟩
Thiederik ⟨von Cervia⟩
Thierry ⟨de Luques⟩

Theodoricus ⟨de Colmar⟩
→ **Theodoricus ⟨de Columbaria⟩**

Theodoricus ⟨de Columbaria⟩
um 1340 · OP
Litterae ad fr. Venturinum de Bergomo OP
Kaeppeli,IV,304
Columbaria, Theodoricus ¬de¬
Theodoricus ⟨de Colmar⟩

Theodoricus ⟨de Delph⟩
→ **Dirc ⟨van Delf⟩**

Theodoricus ⟨de Drontheim⟩
→ **Theodoricus ⟨Sancti Trudonis⟩**

Theodoricus ⟨de Erfordia⟩
um 1328/51
Quaestiones in libros De anima; Identität mit Theodoricus ⟨de Magdeburg⟩ umstritten
Lohr; LMA,VIII,624/25
Erfordia, Theodoricus ¬de¬
Théoderic ⟨d'Erfurt⟩
Théoderic ⟨Recteur⟩
Theodoricus ⟨de Magdeburg⟩
Theodoricus ⟨Erfordiensis⟩

Theodoricus ⟨de Friburgo⟩
→ **Theodoricus ⟨Teutonicus de Vriberg⟩**

Theodoricus ⟨de Hammelburg⟩
→ **Theodoricus ⟨Rudolfi de Hammelburg⟩**

Theodoricus ⟨de Herchsen⟩
→ **Theodoricus ⟨de Herxen⟩**

Theodoricus ⟨de Hersfeld⟩
→ **Theodoricus ⟨Floriacensis⟩**

Theodoricus ⟨de Herxen⟩
1381 – 1457
Exercitium dominice passionis; Speculum iuvenum
Dirc ⟨van Herxen⟩
Herxen, Theodoricus ¬de¬
Theodoricus ⟨de Berthsen⟩
Theodoricus ⟨de Herchsen⟩

Theodoricus ⟨de Lüneburg⟩
→ **Theodoricus ⟨de Lunenborch⟩**

Theodoricus ⟨de Lunenborch⟩
um 1393/1400 · OP
Quaestio „Utrum propter maiorem conatum liberi arbitrii semper detur maior gratia in iustificatione impii"
Lunenborch, Theodoricus ¬de¬
Theodoricus ⟨de Lüneburg⟩
Thidericus ⟨Lunenborchi Lector⟩

Theodoricus ⟨de Magdeburg⟩
→ **Theodoricus ⟨de Erfordia⟩**

Theodoricus ⟨de Magdeburg⟩
um 1340
Quaestiones super De substantia orbis; Identität mit Theodoricus ⟨Magister⟩ und Theodoricus ⟨de Erfordia⟩ umstritten
Lohr; LMA,VIII,624/25
Magdeburg, Theodoricus ¬de¬
Theoderich ⟨Philosoph⟩
Theoderich ⟨von Erfurt⟩
Theoderich ⟨von Magdeburg⟩
Theodoricus ⟨Magister⟩
Thidericus ⟨de Magdeburg⟩

Theodoricus ⟨de Monasterio⟩
gest. ca. 1425
Familienname Kerkering nicht gesichert; Sermones II in concilio Constantiensi; Lectura de psalterio
VL(2); Potth.
Derich ⟨van Munster⟩
Dietrich ⟨Kerkering⟩
Dietrich ⟨Kerkering von Münster⟩
Dietrich ⟨von Münster⟩
Kerkering, Dietrich
Monasterio, Theodoricus ¬de¬
Münster, Dietrich ¬von¬
Theodoricus ⟨de Münster⟩
Thierry ⟨de Munster⟩

Theodoricus ⟨de Münster⟩
→ **Theodoricus ⟨de Monasterio⟩**

Theodoricus ⟨de Niem⟩
ca. 1340 – 1418
De schismate; die pseudonyme Unterschrift Quarkemboldus Pauperum Vicecancellarius findet man bei den „Litterae in Gregorium XII.", die vielleicht ein Werk von Theodoricus ⟨de Niem⟩ sind
Tusculum-Lexikon; LThK; Potth.; LMA,III,1037/38
Dietrich ⟨von Nieheim⟩
Dietrich ⟨von Niem⟩
Dietrich ⟨von Nyem⟩
Nieheim, Dietrich ¬von¬
Nieheim, Theodoricus ¬de¬
Niem, Theodoricus ¬de¬
Nyem, Theodoricus ¬de¬
Quarkemboldus ⟨Pauperum Vicecancellarius⟩
Teodorico ⟨di Nyem⟩
Theoderich ⟨von Niem⟩
Theodoricus ⟨a Niem⟩
Theodoricus ⟨de Nieheim⟩
Theodoricus ⟨de Nyem⟩
Theodoricus ⟨Niemensis⟩
Theodoricus ⟨von Verden⟩
Thierry ⟨de Niem⟩

Theodoricus ⟨de Northen⟩
um 1307/11 · OP
Übersetzung aus dem Französischen ins Lateinische von „De redemptione filiorum Israel"; laut Kaeppeli nicht identisch mit Theodoricus ⟨de Magdeburg⟩ und Theodoricus ⟨Saxo⟩
Kaepppeli,IV,306/307
Northen, Theodoricus ¬de¬
Theodoricus ⟨de Northem⟩
Thidericus ⟨de Northem⟩

Theodoricus ⟨de Nyem⟩
→ **Theodoricus ⟨de Niem⟩**

Theodoricus ⟨de Opol⟩
14. Jh.
Sententia et expositio libri De anima
Lohr
Opel, Theodoricus ¬de¬
Opol, Theodoricus ¬de¬
Theodoricus ⟨de Opel⟩

Theodoricus ⟨de Paderborn⟩
→ **Theodoricus ⟨Paderbrunnensis⟩**

Theodoricus ⟨de Provincia Saxoniae⟩
→ **Theodoricus ⟨Saxo⟩**

Theodoricus ⟨de Schonenburg⟩
→ **Dietrich ⟨von Schönberg⟩**

Theodoricus ⟨de Thuringia⟩
→ **Theodoricus ⟨de Apolda⟩**

Theodoricus ⟨de Vriberg⟩
→ **Theodoricus ⟨Teutonicus de Vriberg⟩**

Theodoricus ⟨de Vrie⟩
→ **Vrie, Theodoricus**

Theodoricus ⟨de Wesalia Inferiori⟩
um 1415/27
Quaestiunculae praedicabilium
Lohr
Wesalia Inferiori, Theodoricus ¬de¬

Theodoricus ⟨de Wolin⟩
→ **Theodoricus ⟨Misdrughen⟩**

Theodoricus ⟨Delphius⟩
→ **Dirc ⟨van Delf⟩**

Theodoricus ⟨Dunelmensis⟩
um 1093/1160
Vita S. Margaritae reg. Scotorum
Potth. 1055
Theodoricus ⟨Monachus Dunelmensis⟩
Thierry ⟨de Durham⟩

Theodoricus ⟨Engelhusius⟩
→ **Engelhusius, Theodoricus**

Theodoricus ⟨Episcopus Virdunensis⟩
→ **Theodoricus ⟨Virdunensis⟩**

Theodoricus ⟨Epternacensis⟩
um 1191 · OSB
Liber aurens von Echternach
LThK(2),10,35; Potth.
Theoderic ⟨of Echternach⟩
Theoderich ⟨der Mönch⟩
Theoderich ⟨von Echternach⟩
Theodoricus ⟨Monachus⟩
Theodorich ⟨von Echternach⟩
Theodoricus ⟨von Echternach⟩

Theodoricus ⟨Erfordiensis⟩
→ **Theodoricus ⟨de Erfordia⟩**

Theodoricus ⟨Floriacensis⟩
ca. 950 – 1027
Tusculum-Lexikon; LThK; VL(2); LMA,VIII,625
Theodorich ⟨von Amorbach⟩
Theodorich ⟨von Fleury⟩
Theodorich ⟨von Hersfeld⟩
Theodorich ⟨von Sankt Alban⟩
Theodoricus ⟨Amorbacensis⟩
Theodoricus ⟨de Amorbach⟩
Theodoricus ⟨de Hersfeld⟩
Theodoricus ⟨Hersfeldensis⟩
Theodoricus ⟨of Amorbach⟩
Theodoricus ⟨von Fleury⟩
Thierry ⟨de Fleury⟩
Thierry ⟨d'Amorbach⟩
Thierry ⟨of Amorbach⟩

Theodoricus ⟨Franconis⟩
→ **Theodoricus ⟨Gorcomiensis⟩**

Theodoricus ⟨Freibergensis⟩
→ **Theodoricus ⟨Teutonicus de Vriberg⟩**

Theodoricus ⟨Gorcomiensis⟩
ca. 1416/17 – 1493
Chronicon universale
LThK; LMA,VIII,633/34
Dirk ⟨Frankenszoon⟩
Dirk ⟨Frankenszoon Pauwels⟩
Pauli, Theodoricus
Paulus, Theodoricus
Pauwels, Thierry
Theodorich ⟨von Gorkum⟩
Theodoricus ⟨Franco⟩
Theodoricus ⟨Franconis⟩
Theodoricus ⟨Pauli⟩
Theodoricus ⟨Paulus⟩
Thierry ⟨de Gorkum⟩
Thierry ⟨Frankenszoon⟩
Thierry ⟨Frankenszoon Pauwels⟩
Thierry ⟨Pauwels⟩

Theodoricus ⟨Herbipolensis⟩
→ **Theodoricus ⟨Monachus⟩**

Theodoricus ⟨Hersfeldensis⟩
→ **Theodoricus ⟨Floriacensis⟩**

Theodoricus ⟨Hirsaugiensis⟩
→ **Theodoricus ⟨Monachus⟩**

Theodoricus ⟨Loerius⟩
nach 1471 · OCart
Vita Dionysii Carthusiani (gest. 1471)
Potth. 745; 1055; 1270
Loerius, Theodoricus
Theodo
Theodoricus ⟨Carthusianus⟩
Theodoricus ⟨Carthusianus Coloniensis⟩
Theodoricus ⟨Coloniensis⟩
Theodoricus ⟨Loerius a Stratis⟩
Theodoricus ⟨Loerius de Stratis⟩
Thierry ⟨Loerius⟩

Theodoricus ⟨Longus⟩
→ **Longus, Theodoricus**

Theodoricus ⟨Magister⟩
→ **Theodoricus ⟨de Magdeburg⟩**

Theodoricus ⟨Magnus⟩
→ **Theoderich ⟨Ostgotenreich, König⟩**

Theodoricus ⟨Marchio Misnensis⟩
→ **Dietrich ⟨Meißen, Markgraf⟩**

Theodoricus ⟨Medicus⟩
→ **Theodoricus ⟨de Cervia⟩**

Theodoricus ⟨Messaych⟩
um 1477
In Porph.; In Praed.; In Perih.; etc.
Lohr
Messaych, Theodoricus

Theodoricus ⟨Metensis⟩
gest. 984
Epitaphium Evrardi
LThK; CSGL, Potth.
Dietericus ⟨of Metz⟩
Dietrich ⟨of Metz⟩
Theodorich ⟨von Metz⟩
Theodoricus ⟨of Metz⟩
Thierry ⟨de Metz⟩
Thierry ⟨of Metz⟩

Theodoricus ⟨Misdrughen⟩
um 1368/82
Collecta veteris artis; Collecta Analyticorum posteriorum
Lohr
Misdrughen, Theodoricus
Theodoricus ⟨de Wolin⟩
Theodoricus ⟨Misdroy⟩
Theodoricus ⟨Misdrughen de Wolin⟩
Theodoricus ⟨Misstruve⟩
Theodoricus ⟨Nusdroge⟩
Thydericus ⟨Misdrughen de Wollyn⟩
Thydericus ⟨Misdruoghen⟩

Theodoricus ⟨Misnensis⟩
→ **Dietrich ⟨Meißen, Markgraf⟩**

Theodoricus ⟨Misstruve⟩
→ **Theodoricus ⟨Misdrughen⟩**

Theodoricus ⟨Monachus⟩
→ **Theodoricus ⟨Abbas Benedictinus⟩**
→ **Theodoricus ⟨Epternacensis⟩**
→ **Theodoricus ⟨Sancti Matthiae⟩**

Theodoricus ⟨Monachus⟩
12. Jh.
Libellus de locis sanctis; Identität mit Theodoricus ⟨Herbipolensis⟩ und Theodoricus ⟨Hirsaugiensis⟩ umstritten
Potth. 1049; VL(2),9,741; Tusculum-Lexikon
Monachus Theodoricus
Theoderich ⟨of Würzburg⟩
Theodericus ⟨Herbipolensis⟩
Theodericus ⟨Mönch⟩
Theodericus ⟨Priester⟩
Theodoricus
Theodoricus ⟨Herbipolensis⟩
Theodoricus ⟨Hirsaugiensis⟩
Theodoricus ⟨of Würzburg⟩
Theodoricus ⟨Wirzburgensis⟩
Thierry ⟨de Hirschau⟩
Thierry ⟨Moine⟩

Theodoricus ⟨Monachus Dunelmensis⟩
→ **Theodoricus ⟨Dunelmensis⟩**

Theodoricus ⟨Monachus Palidensis⟩
→ **Theodorus ⟨Palidensis⟩**

Theodoricus ⟨Monachus Sancti Eucharii Treverensis⟩
→ **Theodoricus ⟨Sancti Eucharii⟩**

Theodoricus ⟨Monachus Theologiensis⟩
→ **Theodoricus ⟨Theologiensis⟩**

Theodoricus ⟨Naumburgensis⟩
→ **Theodoricus ⟨Burgsdorfius⟩**

Theodoricus ⟨Nidrosiensis⟩
→ **Theodoricus ⟨Sancti Trudonis⟩**

Theodoricus ⟨Niemensis⟩
→ **Theodoricus ⟨de Niem⟩**

Theodoricus ⟨Nusdroge⟩
→ **Theodoricus ⟨Misdrughen⟩**

Theodoricus ⟨of Amorbach⟩
→ **Theodoricus ⟨Floriacensis⟩**

Theodoricus ⟨of Drontheim⟩
→ **Theodoricus ⟨Sancti Trudonis⟩**

Theodoricus ⟨of Metz⟩
→ **Theodoricus ⟨Metensis⟩**

Theodoricus ⟨of Würzburg⟩
→ **Theodoricus ⟨Monachus⟩**

Theodoricus ⟨OSB⟩
→ **Theodoricus ⟨Abbas Benedictinus⟩**

Theodoricus ⟨Paderbrunnensis⟩
11. Jh.
Commentatio in orationem dominicam
VL(2),2,144/45; DOC,2,1716
Dietrich ⟨von Paderborn⟩
Teodorico ⟨di Paderborn⟩
Theodericus ⟨Paderbrunnensis⟩
Theodoricus ⟨de Paderborn⟩
Theodoricus ⟨Paderbornensis⟩
Thierry ⟨de Paderborn⟩

Theodoricus ⟨Palidensis⟩
→ **Theodorus ⟨Palidensis⟩**

Theodoricus ⟨Papa, Antipapa⟩
um 1100
LMA,VIII,624
Teodorico ⟨di Santa Rufina⟩
Teoderico ⟨Papa, Antipapa⟩
Theodoric ⟨Pope, Antipope⟩
Theodorich ⟨Papst, Gegenpapst⟩
Thierry ⟨Pape, Antipape⟩

Theodoricus ⟨Paterbrunnensis⟩
→ **Theodoricus ⟨Paderbrunnensis⟩**

Theodoricus ⟨Paulus⟩
→ **Theodoricus ⟨Gorcomiensis⟩**

Theodoricus ⟨Priester⟩
→ **Theodoricus ⟨Monachus⟩**

Theodoricus ⟨Prior Sancti Jacobi Stettinensis⟩
→ **Theodoricus ⟨Stetinensis⟩**

Theodoricus ⟨Reise⟩
→ **Dietrich ⟨von Wesel⟩**

Theodoricus ⟨Rex⟩
→ **Theoderich ⟨Ostgotenreich, König⟩**

Theodoricus ⟨Rudolfi de Hammelburg⟩
Lebensdaten nicht ermittelt
Stegmüller, Repert. sentent. 686;841
Hammelburg, Theodoricus ¬de¬
Rudolfi, Theodoricus
Rudolfi de Hammelburg, Theodoricus
Theodoricus ⟨de Hammelburg⟩
Theodoricus ⟨Rudolfi⟩

Theodoricus ⟨Sancti Audoeni⟩
um 1079 · OSB
Vita S. Audoeni; Gesta archiep. Rhotomag.
Potth. 1050
Sancti Audoeni, Theodoricus
Theodoricus ⟨Sancti Audoeni Monachus⟩
Thierry ⟨de Rouen⟩
Thierry ⟨de Saint-Ouen⟩

Theodoricus ⟨Sancti Eucharii⟩
um 1066
Vita et passio Conradi archiepiscopi Trevirensis
DOC,2,1704
Sancti Eucharii, Theodoricus
Theodericus ⟨Trevirensis⟩
Theodoricus ⟨Monachus Sancti Eucharii Treverensis⟩
Theodoricus ⟨Sancti Eucharii Treverensis⟩
Theodoricus ⟨Trevirensis Sancti Eucharii⟩

Theodoricus ⟨Sancti Jacobi⟩
→ **Theodoricus ⟨Stetinensis⟩**

Theodoricus ⟨Sancti Matthiae⟩
gest. 1012 · OSB
Vita Deicoli (Verfasserschaft unsicher); Inventio et miracula S. Celsi; 4 Sermones
DOC,2,1704; Stegmüller, Repert. bibl. 8004-8004,1; Potth. 1056; VL(2),9,753
Sancti Matthiae, Theodoricus
Theoderich ⟨Mönch⟩
Theoderich ⟨von Trier⟩
Theodericus ⟨Trevirensis⟩
Théodoric ⟨de Saint-Matthias de Trèves⟩
Théodoric ⟨de Trèves⟩
Theodoricus ⟨Monachus⟩
Theodoricus ⟨Sancti Matthiae Trevirensis⟩
Theodoricus ⟨Trevirensis⟩
Theodoricus ⟨von Trier⟩
Theodorus ⟨Trevirensis⟩
Thierry ⟨de Saint-Matthias de Trèves⟩
Thierry ⟨de Trèves⟩

Theodoricus ⟨Sancti Trudonis⟩
gest. 1107 · OSB
Hist. vet. nov. test. metrice
Stegmüller, Repert. bibl. 7990; Tusculum-Lexikon
Sancti Trudonis, Theodoricus
Theodericus ⟨de Drontheim⟩
Theodorich ⟨von Nidarholm⟩
Theodorich ⟨von Sankt Trond⟩
Theodoricus ⟨à Drontheim⟩
Theodoricus ⟨à Trondhjem⟩
Theodoricus ⟨Abbas⟩
Theodoricus ⟨de Drontheim⟩
Theodoricus ⟨Nidrosiensis⟩
Theodoricus ⟨of Drontheim⟩
Theodoricus ⟨of Trondhjem⟩
Theodoricus ⟨Trudenopolitanus⟩
Theodoricus ⟨Trudonopolitanus⟩
Theodoricus ⟨von Sankt Trond⟩
Theodorus ⟨Trudenopolitanus⟩
Theodrich ⟨Nidrosiensis⟩
Thierry ⟨de Saint-Trond⟩
Thierry ⟨de Trondhjem⟩

Theodoricus ⟨Saxo⟩
→ **Theodoricus ⟨Teutonicus de Vriberg⟩**

Theodoricus ⟨Saxo⟩
um 1311 · OP
Sententia (m.iul. 1314); laut Kaeppeli nicht identisch mit Theodoricus ⟨de Northen⟩
Kaeppeli,IV,307/308
Saxo, Theodoricus
Theoderic ⟨de Saxe⟩
Theodericus ⟨de Saxonia⟩
Theodericus ⟨Saxo⟩
Theodoricus ⟨de Provincia Saxoniae⟩
Theodoricus ⟨Teuto⟩
Thierry ⟨le Saxon⟩

Theodoricus ⟨Schernberk⟩
→ **Schernberg, Dietrich**

Theodoricus ⟨Stetinensis⟩
um 1467
Vermutl. Verf. der Gesta priorum S. Jacobi Stettinensium (1187-1487)
Potth. 522; 1056
Theodorich ⟨Prior⟩
Theodoricus ⟨Prior Sancti Jacobi Stettinensis⟩
Theodoricus ⟨Sancti Jacobi⟩
Theodoricus ⟨Stettinensis⟩

Theodoricus ⟨Struve⟩
→ **Struve, Thidericus**

Theodoricus ⟨Teuto⟩
→ **Theodoricus ⟨Saxo⟩**

Theodoricus ⟨Teutonicus de Vriberg⟩
ca. 1250 – ca. 1310 · OP
Tusculum-Lexikon; LThK; LMA,III,1033/36
Dietrich ⟨de Friburgo⟩
Dietrich ⟨de Vriberg⟩
Dietrich ⟨der Meister⟩
Dietrich ⟨Magister⟩
Dietrich ⟨of Freiberg⟩
Dietrich ⟨von Freiberg⟩
Freiberg, Dietrich ¬von¬
Teodorico ⟨de Friburgo⟩
Teodorico ⟨di Freiberg⟩
Teodorico ⟨di Vriberg⟩
Teutonicus, Theodoricus
Teutonicus de Vriberg, Theodoricus
Theodoric ⟨of Freiberg⟩
Theodorich ⟨von Freiburg⟩
Theodoricus ⟨de Freiberg⟩
Theodoricus ⟨de Friberga⟩
Theodoricus ⟨de Friburgo⟩
Theodoricus ⟨de Vriberg⟩
Theodoricus ⟨Freibergensis⟩
Theodoricus ⟨Saxo⟩
Theodoricus ⟨Teutonicus⟩
Theodoricus ⟨Teutonicus de Vriberch⟩
Theodoricus ⟨Vribergensis⟩
Thierry ⟨de Freiberg⟩
Thierry ⟨de Fribourg⟩

Theodoricus ⟨Theologiensis⟩
um 1073/90 · OSB
Vita Conradi
DOC,2,1704; Potth. 1056
Theodoricus ⟨Monachus Theologiensis⟩
Theodoricus ⟨Tholegiensis⟩
Theodoricus ⟨Tolegiensis⟩
Theodoricus ⟨von Tholei⟩
Thierry ⟨de Tholey⟩
Tholei, Theodoricus ¬von¬

Theodoricus ⟨Tholegiensis⟩
→ **Theodoricus ⟨Theologiensis⟩**

Theodoricus ⟨Thuringus⟩
→ **Theodoricus ⟨de Apolda⟩**

Theodoricus ⟨Treverensis⟩
gest. 977
Vita Liutrudis
LMA,III,1031/32; VL(2),2,147/149; Potth. 1050
Dietrich ⟨Erzbischof, I.⟩
Dietrich ⟨von Trier⟩
Dietrich ⟨von Trier, I.⟩
Theodoricus ⟨Archiepiscopus Treverensis⟩
Thierry ⟨Archevêque⟩
Thierry ⟨de Trèves⟩
Thierry ⟨Prévôt de Mayence⟩

Theodoricus ⟨Trevirensis⟩
→ **Theodoricus ⟨Sancti Matthiae⟩**

Theodoricus ⟨Trevirensis Sancti Eucharii⟩
→ **Theodoricus ⟨Sancti Eucharii⟩**

Theodoricus ⟨Trudenopolitanus⟩
→ **Theodoricus ⟨Sancti Trudonis⟩**

Theodoricus ⟨Tuitensis⟩
um 1164 · OSB
Registrum; Codex
DOC,2,1731; Potth. 1062; VL(2),9,801
Aedituus, Theodoricus
Aedituus, Thiodericus
Deutz, Thiodericus ¬von¬
Theodoricus ⟨Aedituus⟩
Theodoricus ⟨Aedituus Tuitiensis⟩
Theodoricus ⟨Tuitiensis⟩
Theodorus ⟨Tuitiensis⟩
Thierry ⟨de Deutz⟩
Thiodericus ⟨Aedituus⟩
Thiodericus ⟨von Deutz⟩
Thiodoricus ⟨Tuitiensis⟩

Theodoricus ⟨Virdunensis⟩
ca. 1008 – 1089
Epistola qua episcopos et principes adversus Gregorium VII pp. commovet, a. 1080 Jun.
Potth. 1055
Dietrich ⟨von Verdun⟩
Theodoricus ⟨Episcopus Virdunensis⟩
Thierry ⟨de Verdun⟩
Thierry ⟨le Grand⟩
Thierry ⟨Prévôt de Bâle⟩

Theodoricus ⟨von Echternach⟩
→ **Theodoricus ⟨Epternacensis⟩**

Theodoricus ⟨von Fleury⟩
→ **Theodoricus ⟨Floriacensis⟩**

Theodoricus ⟨von Sankt Trond⟩
→ **Theodoricus ⟨Sancti Trudonis⟩**

Theodoricus ⟨von Tholei⟩
→ **Theodoricus ⟨Theologiensis⟩**

Theodoricus ⟨von Trier⟩
→ **Theodoricus ⟨Sancti Matthiae⟩**

Theodoricus ⟨von Verden⟩
→ **Theodoricus ⟨de Niem⟩**

Theodoricus ⟨Vribergensis⟩
→ **Theodoricus ⟨Teutonicus de Vriberg⟩**

Theodoricus ⟨Vrie⟩
→ **Vrie, Theodoricus**

Theodoricus ⟨Wichmann⟩
15. Jh.
Lectura super logicam
Lohr
Theodoricus ⟨Wichman⟩
Wichman, Theodoricus
Wichmann, Theodoricus

Theodoricus ⟨Wirzburgensis⟩
→ **Theodoricus ⟨Monachus⟩**

Theodoros ⟨Abū Qurra⟩
→ **Theodor Abū-Qurra**

Theodoros ⟨Agallianos⟩
→ **Theodorus ⟨Agallianus⟩**

Theodōros ⟨Anagnōstes⟩
→ **Theodorus ⟨Anagnosta⟩**

Theodoros ⟨Askidas⟩
→ **Theodorus ⟨Ascidas⟩**

Theodoros ⟨aus Hermupolis⟩
→ **Theodorus ⟨Scholasticus⟩**

Theodoros ⟨Bar-Kōnī⟩
→ **Theodor Bar-Koni**

Theodoros ⟨Bischof⟩
→ **Theodorus ⟨Iconiensis⟩**

Theodoros ⟨Byzantinisches Reich, Kaiser, II.⟩
→ **Theodorus ⟨Imperium Byzantinum, Imperator, II.⟩**

Theodoros ⟨Daphnopates⟩
→ **Theodorus ⟨Daphnopata⟩**

Theodoros ⟨Dukas Laskaris⟩
→ **Theodorus ⟨Imperium Byzantinum, Imperator, II.⟩**

Theodōros ⟨Gazēs⟩
→ **Theodorus ⟨Gaza⟩**

Theodoros ⟨Graptos⟩
→ **Theodorus ⟨Graptus⟩**

Theodoros ⟨Hagiopetrites⟩
→ **Theodorus ⟨Hagiopetrites⟩**

Theodōros ⟨ho Balsamōn⟩
→ **Theodorus ⟨Balsamon⟩**

Theodōros ⟨ho Hyrtakēnos⟩
→ **Theodorus ⟨Hyrtacenus⟩**

Theodōros ⟨ho Melitēniōtēs⟩
→ **Theodorus ⟨Meliteniota⟩**

Theodōros ⟨ho Metochitēs⟩
→ **Theodorus ⟨Metochita⟩**

Theodōros ⟨ho Prodromos⟩
→ **Theodorus ⟨Prodromus⟩**

Theodoros ⟨Hyrtakenos⟩
→ **Theodorus ⟨Hyrtacenus⟩**

Theodōros ⟨Kyros⟩
→ **Theodorus ⟨Prodromus⟩**

Theodōros ⟨Laskaris⟩
→ **Theodorus ⟨Imperium Byzantinum, Imperator, II.⟩**

Theodoros ⟨Metochites⟩
→ **Theodorus ⟨Metochita⟩**

Theodoros ⟨Muzalon⟩
→ **Theodorus ⟨Muzalon⟩**

Theodoros ⟨of Petra⟩
→ **Theodorus ⟨Petraeus⟩**

Theodoros ⟨Patriarch⟩
→ **Theodorus ⟨Hierosolymitanus⟩**

Theodoros ⟨Pediasimos⟩
→ **Theodorus ⟨Pediasimus⟩**

Theodōros ⟨Prodromos⟩
→ **Theodorus ⟨Prodromus⟩**

Theodoros ⟨Ptochoprodromos⟩
→ **Theodorus ⟨Prodromus⟩**

Theodoros ⟨Scholastikos⟩
→ **Theodorus ⟨Scholasticus⟩**

Theodoros ⟨Skutariotes⟩
→ **Theodorus ⟨Scutariota⟩**

Theodoros ⟨Spudaios⟩
→ **Theodorus ⟨Spudaeus⟩**

Theodoros ⟨Studites⟩
→ **Theodorus ⟨Studita⟩**

Theodoros ⟨Synkellos⟩
→ **Theodorus ⟨Syncellus⟩**

Theodoros ⟨von Alanien⟩
→ **Theodorus ⟨Alaniensis⟩**

Theodoros ⟨von Andida⟩
→ **Theodorus ⟨Andidensis⟩**

Theodoros ⟨von Canterbury⟩
→ **Theodorus ⟨Cantuariensis⟩**

Theodoros ⟨von Ikonion⟩
→ **Theodorus ⟨Iconiensis⟩**

Theodoros ⟨von Jerusalem⟩
→ **Theodorus ⟨Hierosolymitanus⟩**

Theodoros ⟨von Pharan⟩
→ **Theodorus ⟨Rhaetuensis⟩**

Theodoros ⟨von Raithu⟩
→ **Theodorus ⟨Rhaetuensis⟩**

Theodoros ⟨von Tarsos⟩
→ **Theodorus ⟨Cantuariensis⟩**

Theodorus ⟨Abucara⟩
→ **Theodor Abū-Qurra**

Theodorus ⟨Agallianus⟩
ca. 1400 – ca. 1474
Disputatio contra Johannem Argyropulum; De differentiis inter ecclesias Graecam et Latinam
Rep.Font. II,140/141; Tusculum-Lexikon
Agallianos, Theodoros
Agallianus, Theodorus
Theodoros ⟨Agallianos⟩

Theodorus ⟨Alaniensis⟩
13. Jh.
Tusculum-Lexikon; CSGL
Théodore ⟨des Alains⟩
Theodore ⟨of Alania⟩
Theodoros ⟨von Alanien⟩
Theodorus ⟨of Alania⟩

Theodorus ⟨Alexandriae Episcopus⟩
um 575/80
Epistula synodica ad Paulum Antiochenum
Cpg 7236; DOC,2,1717
Alexandriae Episcopus, Theodorus
Theodorus ⟨Alexandriae⟩
Theodorus ⟨Alexandrinus⟩
Theodorus ⟨Alexandrinus Episcopus⟩
Theodorus ⟨Episcopus Alexandriae⟩

Theodorus ⟨Anagnosta⟩
um 530
Tusculum-Lexikon; CSGL; LMA,VIII,639
Anagnosta, Theodorus
Anagnostes, Theodoros
Lector, Theodorus
Theodore ⟨Anagnostes⟩
Théodore ⟨le Lecteur⟩
Theodore ⟨Lector⟩
Theodoros ⟨Anagnostes⟩
Theodorus ⟨Anagnostes⟩
Theodorus ⟨Constantinopolitanus⟩
Theodorus ⟨Lector⟩
Theodorus ⟨the Reader⟩

Theodorus ⟨Andidensis⟩
12. Jh.
Tusculum-Lexikon
Théodore ⟨d'Andida⟩
Theodore ⟨of Andidi⟩
Theodoros ⟨von Andida⟩
Theodorus ⟨of Andida⟩
Theodorus ⟨of Andidi⟩
Theodorus ⟨of Pamphylia⟩

Theodorus ⟨Antiochenus⟩
→ **Theodorus ⟨Balsamon⟩**

Theodorus ⟨Antiochenus⟩
gest. ca. 1250
Epistola Theodori philosophi ad imperatorem Fridericum; Übers. von Averroes
LMA,VIII,630/31
Antiochenus, Theodorus
Theodor ⟨von Antiochia⟩
Theodore ⟨of Antioch⟩
Theodorus ⟨Antiochenus Philosophus⟩
Theodorus ⟨Philosophus⟩

Theodorus ⟨Asceticus⟩
→ **Theodorus ⟨Balsamon⟩**

Theodorus ⟨Ascidas⟩
6. Jh.
Fragmentum (PG 86,2777c - 2780d)
Cpg 6988; DOC,2,1717; LThK
Ascidas, Theodorus
Askidas, Theodoros
Teodoro ⟨Ascida⟩
Theodoros ⟨Askidas⟩
Theodorus ⟨Ascidas Monachus⟩

Theodorus ⟨Balsamon⟩
ca. 1140 – ca. 1195
LThK; Tusculum-Lexikon; LMA,I,1389/90
Balsamen, Theodorus
Balsamo, Theodorus
Balsamo, Theodorus
Balsamon, Theodor
Balsamon, Theodorus
Teodoro ⟨Balsamone⟩
Théodore ⟨Balsamon⟩
Theodōros ⟨ho Balsamōn⟩
Theodorus ⟨Antiochenus⟩
Theodorus ⟨Asceticus⟩
Theodorus ⟨Balsamon, Patriarcha Antiochenus⟩
Theodorus ⟨Epigrammaticus⟩
Theodorus ⟨Iurisperitus⟩
Theodorus ⟨Liturgicus⟩
Theodorus ⟨Patriarcha⟩
Theodorus ⟨Patriarcha Schismaticus⟩
Theodorus ⟨Schismaticus⟩
Theodorus ⟨Theologus⟩

Theodorus ⟨Bar Kōnī⟩
→ **Theodor Bar-Koni**

Theodorus ⟨Beneventanus⟩
um 1402 · OSM
Sap.
Stegmüller, Repert. bibl. 7991
Beneventanus, Theodorus
Théodore ⟨de Bénévent⟩

Theodorus ⟨Bostrensis⟩
6. Jh.
Epistula ad Paulum Antiochenum
Cpg 7201; DOC,2,1718
Teodoro ⟨di Bostra⟩

Theodorus ⟨Byzantinus⟩
→ **Theodorus ⟨Constantinopolitanus Diaconus⟩**

Theodorus ⟨Campidonensis⟩
8./9. Jh.
Vita S. Magni
CSGL; Potth.
Theodor ⟨von Kempten⟩
Theodorus ⟨of Saint Gall⟩
Theodorus ⟨Sangallensis⟩
Theodorus ⟨von Kempten⟩

Theodorus ⟨Cantuariensis⟩
602 – 690
Canones; Poenitentiale; vermutl. Verf. einer Passio S. Anastasii
LMA,VIII,636; LThK
Pseudo-Theodorus ⟨Cantuariensis⟩
Theodor ⟨von Canterbury⟩
Théodore ⟨de Cantorbéry⟩
Theodore ⟨de Tarse⟩
Theodore ⟨of Canterbury⟩
Theodore ⟨Saint⟩
Theodoros ⟨von Canterbury⟩
Theodoros ⟨von Tarsos⟩
Theodorus ⟨Cantuarensis⟩
Theodorus ⟨of Canterbury⟩

Theodorus ⟨Constantinopolitanus⟩
→ **Theodorus ⟨Anagnosta⟩**

Theodorus ⟨Constantinopolitanus Antecessor⟩
→ **Theodorus ⟨Scholasticus⟩**

Theodorus ⟨Constantinopolitanus Diaconus⟩
7. Jh.
Quaestiones quibus respondet Maximus
Cpg 7632; DOC,2,1719
Constantinopolitanus, Theodorus
Diaconus Theodorus
Teodoro ⟨di Constantinopoli⟩
Théodore ⟨de Constantinople⟩
Théodore ⟨Diacre⟩
Theodorus ⟨Byzantinus⟩
Theodorus ⟨Byzantinus Monotheleta⟩
Theodorus ⟨Constantinopolitanus⟩
Theodorus ⟨Monotheleta⟩

Theodorus ⟨Copris⟩
6. Jh.
Epistula ad Longinum (syr.)
Cpg 7225; DOC,2,1719
Copris, Theodorus
Teodoro ⟨di Copro⟩

Theodorus ⟨Cretus⟩
→ **Theodorus ⟨Hyrtacenus⟩**

Theodorus ⟨Cyprius⟩
→ **Theodorus ⟨Paphi Episcopus⟩**
→ **Theodorus ⟨Trimithuntis⟩**

Theodorus ⟨Cyrus⟩
→ **Theodorus ⟨Prodromus⟩**

Theodorus ⟨Cyzicenus⟩
10. Jh.
Epistulae
DOC,2,1719
Cyzicenus, Theodorus
Théodore ⟨de Cyzique⟩
Théodore ⟨Métropolitain⟩
Theodorus ⟨Cyzicenus Metropolita⟩
Theodorus ⟨Cyzicus⟩
Theodorus ⟨Epistolographus⟩

Theodorus ⟨Daphnopata⟩
10. Jh.
LThK; CSGL; Potth.; Tusculum-Lexikon; LMA,III,569/70
Daphnopata, Theodorus
Daphnopates, Theodoros
Daphnopates, Theodorus
Fëodor ⟨Dafnopata⟩
Teodoro ⟨Dafnopate⟩
Theodore ⟨Daphnopata⟩
Theodoros ⟨Daphnopates⟩
Theodorus ⟨Daphnopates⟩
Theodorus ⟨Hagiographus⟩
Theodorus ⟨Melodus⟩
Theodorus ⟨Praedicator⟩
Theodorus ⟨Protosecretarius⟩

Theodorus ⟨de Lellis⟩
→ **Lellis, Theodorus ¬de¬**

Theodorus ⟨de Pharan⟩
→ **Theodorus ⟨Rhaetuensis⟩**

Theodorus ⟨Ducas Lascaris⟩
→ **Theodorus ⟨Imperium Byzantinum, Imperator, II.⟩**

Theodorus ⟨Echinensis⟩
um 531
Collectio Thessalonicensis (documenta ad Illyriam spectantia in unum collegit Theodorus Echinensis)
Cpl 1623
Theodorus ⟨Echinensis Episcopus⟩
Theodorus ⟨Episcopus⟩

Theodorus ⟨Epigrammaticus⟩
→ **Theodorus ⟨Balsamon⟩**
→ **Theodorus ⟨Illustrius⟩**

Theodorus ⟨Episcopus⟩
→ **Theodorus ⟨Echinensis⟩**
→ **Theodorus ⟨Iconiensis⟩**

Theodorus ⟨Episcopus Alexandriae⟩
→ **Theodorus ⟨Alexandriae Episcopus⟩**

Theodorus ⟨Episcopus Paphi⟩
→ **Theodorus ⟨Paphi Episcopus⟩**

Theodorus ⟨Episcopus Petrarum⟩
→ **Theodorus ⟨Petraeus⟩**

Theodorus ⟨Episcopus Philarum⟩
→ **Theodorus ⟨Philarum Episcopus⟩**

Theodorus ⟨Episcopus Trimithuntis⟩
→ **Theodorus ⟨Trimithuntis⟩**

Theodorus ⟨Epistolographus⟩
→ **Theodorus ⟨Cyzicenus⟩**

Theodorus ⟨Galilaeus⟩
→ **Theodorus ⟨Petraeus⟩**

Theodorus ⟨Gaza⟩
ca. 1398 – ca. 1478
CSGL; Potth.; LMA,IV,1151/52
Gaza, Theodoros
Gaza, Theodorus
Gazēs, Theodōros
Gazinus, Theodorus
Teodoro ⟨Gaza⟩
Théodore ⟨de Thessalonique⟩
Théodore ⟨Gaza⟩
Theodōros ⟨Gazēs⟩
Theodorus ⟨Gazaeus⟩
Theodorus ⟨Thessalonicensis⟩
Theodorus ⟨von Gaza⟩

Theodorus ⟨Glycas⟩
→ **Theodorus ⟨Metochita⟩**

Theodorus ⟨Graptus⟩
ca. 775 – ca. 844
Tusculum-Lexikon; CSGL; LThK
Graptus, Theodorus
Theodore ⟨Graptus⟩
Theodoros ⟨Graptos⟩

Theodorus ⟨Hagiographus⟩
→ **Theodorus ⟨Daphnopata⟩**

Theodorus ⟨Hagiopetrites⟩
13./14. Jh.
Hagiopetrites, Theodorus
Theodoros ⟨Hagiopetrites⟩

Theodorus ⟨Hagiopolitanus⟩
→ **Theodor Abū-Qurra**

Theodorus ⟨Haranensis⟩
→ **Theodor Abū-Qurra**

Theodorus ⟨Hermopolitanus⟩
→ **Theodorus ⟨Scholasticus⟩**

Theodorus ⟨Hierosolymitanus⟩
7. Jh.
Epistula synodica
Hierosolymitanus, Theodorus
Théodore ⟨de Jérusalem⟩
Théodore ⟨Patriarche⟩
Theodoros ⟨Patriarch⟩
Theodoros ⟨von Jerusalem⟩
Theodorus ⟨Hierosolymitanus Patriarcha⟩

Theodorus ⟨Hyrtacenus⟩
13./14. Jh.
Tusculum-Lexikon; CSGL; LMA,VIII,638
Hyrtacenus, Theodorus
Théodore ⟨Hyrtacenus⟩
Theodōros ⟨ho Hyrtakēnos⟩
Theodoros ⟨Hyrtakenos⟩
Theodorus ⟨Cretus⟩
Theodorus ⟨Hyrtacensis⟩

Theodorus ⟨Iconiensis⟩
6./7. Jh.
Hagiograph
Theodoros ⟨Bischof⟩
Theodoros ⟨von Ikonion⟩
Theodorus ⟨Episcopus⟩

Theodorus ⟨Illustrius⟩
6. Jh.
AP 7.556: Epigramma
DOC,2,1720
Illustrius, Theodorus
Teodoro ⟨Illustrio⟩
Teodoro ⟨Proconsole⟩
Theodorus ⟨Epigrammaticus⟩
Theodorus ⟨Proconsul⟩

Theodorus ⟨Imperium Byzantinum, Imperator, II.⟩
um 1254/58
Tusculum-Lexikon; LThK; LMA,VIII,628
Ducas Lascaris, Theodorus
Lascaris, Theodor Ducas
Lascaris, Theodorus
Lascaris, Theodorus Ducas
Laskaris, Theodoros
Théodore ⟨Empereur de Nicée⟩
Théodore ⟨Lascaris, Emperor of Nicaea⟩
Théodore ⟨Lascaris Ducas le Jeune⟩
Theodoros ⟨Byzantinisches Reich, Kaiser, II.⟩
Theodoros ⟨Doucas Lascaris⟩
Theodoros ⟨Dukas Laskaris⟩
Theodōros ⟨Laskaris⟩
Theodorus ⟨Ducas Lascaris⟩
Theodorus ⟨Lascaris⟩
Theodorus ⟨Lascaris, Emperor of Nicaea⟩
Theodorus ⟨Lascaris Iunior⟩
Theodorus ⟨Nicaea, Imperator, II.⟩

Theodorus ⟨Iurisperitus⟩
→ **Theodorus ⟨Balsamon⟩**

Theodorus ⟨Laelius⟩
→ **Lellis, Theodorus ¬de¬**

Theodorus ⟨Lascaris⟩
→ **Theodorus ⟨Imperium Byzantinum, Imperator, II.⟩**

Theodorus ⟨Lector⟩
→ **Theodorus ⟨Anagnosta⟩**

Theodorus ⟨Lelius⟩
→ **Lellis, Theodorus ¬de¬**

Theodorus ⟨Liturgicus⟩
→ **Theodorus ⟨Balsamon⟩**

Theodorus ⟨Logotheta⟩
→ **Theodorus ⟨Metochita⟩**

Theodorus ⟨Meliteniota⟩
gest. 1393
LThK; CSGL; LMA,VIII,639
Meliteniota, Theodorus
Teodoreo ⟨Meliteniota⟩
Théodore ⟨de Mélitène⟩
Theodore ⟨Meliteniota⟩
Theodōros ⟨ho Melitēniōtēs⟩
Theodoros ⟨Meliteniotes⟩
Theodorus ⟨Meliteriota⟩
Theodorus ⟨of Melitene⟩
Theodorus ⟨Sacellarius⟩

Theodorus ⟨Melitenus⟩
→ **Theodosius ⟨Melitenus⟩**

Theodorus ⟨Melodus⟩
→ **Theodorus ⟨Daphnopata⟩**

Theodorus ⟨Memus⟩
um 1321 · OFM
Schneyer,V,524
Memmo, Théodore
Memus, Theodorus
Teodoro ⟨Memmo⟩
Teodoro ⟨Memo⟩
Théodore ⟨Memmo⟩
Théodore ⟨Memmo de Venise⟩
Theodorus ⟨Memus Venetus⟩
Theodorus ⟨Menus de Venetiis⟩

Theodorus ⟨Metochita⟩
1270 – 1332
LMA,VI,582; Tusculum-Lexikon
Glycas, Theodorus
Metochita, Theodorus
Metochites, Theodoros
Teodoro ⟨Metochite⟩
Théodore ⟨Métochite⟩
Theodōros ⟨ho Metochitēs⟩
Theodoros ⟨Metochites⟩
Theodorus ⟨Glycas⟩
Theodorus ⟨Logotheta⟩

Theodorus ⟨Monachus⟩
→ **Theodorus ⟨Palidensis⟩**

Theodorus ⟨Monachus⟩
6. Jh.
Confutatio brevis
Cpg 7295; DOC,2,1721
Monachus, Theodorus

Theodorus ⟨Monotheleta⟩
→ **Theodorus ⟨Constantinopolitanus Diaconus⟩**

Theodorus ⟨Muzalon⟩
13. Jh.
Tusculum-Lexikon; CSGL
Muzalon, Theodorus
Theodoros ⟨Muzalon⟩

Theodorus ⟨Nicaea, Imperator, II.⟩
→ **Theodorus ⟨Imperium Byzantinum, Imperator, II.⟩**

Theodorus ⟨of Alania⟩
→ **Theodorus ⟨Alaniensis⟩**

Theodorus ⟨of Anastacinopolis⟩
→ **Theodorus ⟨Siceota⟩**

Theodorus ⟨of Andida⟩
→ **Theodorus ⟨Andidensis⟩**

Theodorus ⟨of Canterbury⟩
→ **Theodorus ⟨Cantuariensis⟩**

Theodorus ⟨of Harran⟩
→ **Theodor Abū-Qurra**

Theodorus ⟨of Melitene⟩
→ **Theodorus ⟨Meliteniota⟩**

Theodorus ⟨of Pamphylia⟩
→ **Theodorus ⟨Andidensis⟩**

Theodorus ⟨of Petra⟩
→ **Theodorus ⟨Petraeus⟩**

Theodorus ⟨of Pharan⟩
→ **Theodorus ⟨Rhaetuensis⟩**

Theodorus ⟨of Rhaithu⟩
→ **Theodorus ⟨Rhaetuensis⟩**

Theodorus ⟨of Saint Gall⟩
→ **Theodorus ⟨Campidonensis⟩**

Theodorus ⟨of Scythopolis⟩
→ **Theodorus ⟨Scythopolitanus⟩**

Theodorus ⟨of Studium⟩
→ **Theodorus ⟨Studita⟩**

Theodorus ⟨of Sykeon⟩
→ **Theodorus ⟨Siceota⟩**

Theodorus ⟨of Trimithus⟩
→ **Theodorus ⟨Trimithuntis⟩**

Theodorus ⟨Palaestinus⟩
→ **Theodorus ⟨Rhaetuensis⟩**

Theodorus ⟨Palidensis⟩
12. Jh.
Annales Palidenses; Namensform in MlatWB Theodoricus
MlatWB; Rep.Font. I,311; DOC,2,1722
Théodore ⟨Moine à Poelde⟩
Theodoricus ⟨Monachus Palidensis⟩
Theodoricus ⟨Palidensis⟩
Theodorus ⟨Monachus⟩
Theodorus ⟨Monk⟩
Theodorus ⟨Pöhlde⟩

Theodorus ⟨Papa, Antipapa⟩
um 687
LMA,VIII,630
Teodoro ⟨Papa, Antipapa⟩
Theodor ⟨Papst, Gegenpapst⟩
Théodore ⟨Pape, Antipape⟩

Theodorus ⟨Papa, I.⟩
gest. 649
LMA,VIII,629
Teodoro ⟨Papa, I.⟩
Theodor ⟨Papst, I.⟩
Théodore ⟨de Jérusalem⟩
Théodore ⟨Pape, I.⟩
Theodorus ⟨Sanctus⟩

Theodorus ⟨Papa, II.⟩
um 897
LMA,VIII,629/30
Teodoro ⟨Papa, II.⟩
Theodor ⟨Papst, II.⟩
Théodore ⟨Pape, II.⟩

Theodorus ⟨Paphi Episcopus⟩
7. Jh.
Vita S. Spyridonis
Cpg 7987; DOC,2,1722
Paphi Episcopus, Theodorus
Teodoro ⟨di Pafo⟩
Théodore ⟨de Paphos⟩
Theodorus ⟨Cyprius⟩
Theodorus ⟨Cyprus⟩
Theodorus ⟨Episcopus Paphi⟩
Theodorus ⟨Paphi⟩
Theodorus ⟨Paphiacus⟩
Theodorus ⟨Paphius⟩
Theodorus ⟨Paphius Cyprius⟩

Theodorus ⟨Patriarcha Schismaticus⟩
→ **Theodorus ⟨Balsamon⟩**

Theodorus ⟨Pediasimus⟩
14. Jh.
Tusculum-Lexikon; CSGL
Pediasimos, Theodoros
Pediasimus, Theodorus
Teodoro ⟨Pediasimo⟩
Theodoros ⟨Pediasimos⟩

Theodorus ⟨Petraeus⟩
6. Jh.
Petraeus, Theodorus
Petreius, Theodorus
Theodor ⟨von Petra⟩
Théodore ⟨de Pétra⟩
Theodoros ⟨of Petra⟩
Theodorus ⟨Episcopus Petrarum⟩
Theodorus ⟨Galilaeus⟩
Theodorus ⟨of Petra⟩
Theodorus ⟨Petranus⟩
Theodorus ⟨Petrarum⟩

Theodorus ⟨Pharanita⟩
→ **Theodorus ⟨Rhaetuensis⟩**

Theodorus ⟨Philarum Episcopus⟩
6. Jh.
Mandatum ad Longinum (syr.)
Cpg 7227; DOC,2,1722
Philaruna Episcopus, Theodorus
Teodoro ⟨Vescovo di File⟩
Théodore ⟨de Philae⟩
Théodore ⟨Evêque⟩
Theodorus ⟨Episcopus Philarum⟩
Theodorus ⟨Philarum⟩

Theodorus ⟨Philosophus⟩
→ **Theodorus ⟨Antiochenus⟩**

Theodorus ⟨Pöhlde⟩
→ **Theodorus ⟨Palidensis⟩**

Theodorus ⟨Praedicator⟩
→ **Theodorus ⟨Daphnopata⟩**

Theodorus ⟨Proconsul⟩
→ **Theodorus ⟨Illustrius⟩**

Theodorus ⟨Prodromus⟩
gest. ca. 1166
LThK; CSGL; LMA,VII,239/40; Tusculum-Lexikon
Cyrus, Theodorus
Fëodor ⟨Prodrom⟩
Prodromos, Theodoros
Prodromus, Theodorus

Protoprodromus, Theodorus
Ptochoprodromus, Theodorus
Teodoro ⟨Prodromo⟩
Theodor ⟨Prodrom⟩
Théodore ⟨le Maître⟩
Théodore ⟨Prodrome⟩
Théodore ⟨Prodromus⟩
Theodōros ⟨ho Prodromos⟩
Theodōros ⟨Kyros⟩
Theodoros ⟨Prodromos⟩
Theodoros ⟨Ptochoprodromos⟩
Theodorus ⟨Cyrus⟩
Theodorus ⟨Protoprodromus⟩
Theodorus ⟨Ptochoprodromus⟩

Theodorus ⟨Protoprodromus⟩
→ **Theodorus ⟨Prodromus⟩**

Theodorus ⟨Protosecretarius⟩
→ **Theodorus ⟨Daphnopata⟩**

Theodorus ⟨Ptochoprodromus⟩
→ **Theodorus ⟨Prodromus⟩**

Theodorus ⟨Rhaetuensis⟩
7. Jh.
Identität mit Theodorus ⟨de Pharan⟩ wahrscheinlich
Tusculum-Lexikon; LMA,VIII,637; LThK
Theodor ⟨von Pharan⟩
Theodor ⟨von Raithu⟩
Théodore ⟨de Pharan⟩
Théodore ⟨de Raïthou⟩
Theodore ⟨of Pharan⟩
Theodore ⟨of Rhaithu⟩
Theodoros ⟨von Pharan⟩
Theodoros ⟨von Raithu⟩
Theodorus ⟨de Pharan⟩
Theodorus ⟨of Pharan⟩
Theodorus ⟨of Rhaithu⟩
Theodorus ⟨Palaestinus⟩
Theodorus ⟨Pharanita⟩
Theodorus ⟨Raithenus⟩
Theodorus ⟨Rhaetensis⟩
Theodorus ⟨Rhaituensis⟩
Theodorus ⟨von Pharan⟩

Theodorus ⟨Sacellarius⟩
→ **Theodorus ⟨Meliteniota⟩**

Theodorus ⟨Sanctus⟩
→ **Theodorus ⟨Papa, I.⟩**
→ **Theodorus ⟨Studita⟩**

Theodorus ⟨Sangallensis⟩
→ **Theodorus ⟨Campidonensis⟩**

Theodorus ⟨Schismaticus⟩
→ **Theodorus ⟨Balsamon⟩**

Theodorus ⟨Scholasticus⟩
572 – 602
Tusculum-Lexikon; LMA,VIII,640
Hermopolitanus, Theodorus
Scholasticus, Theodorus
Théodore ⟨le Scholastique⟩
Théodore ⟨l'Hermopolitain⟩
Theodore ⟨of Hermopolis⟩
Theodoros ⟨aus Hermapolis⟩
Theodoros ⟨aus Hermupolis⟩
Theodoros ⟨Scholastikos⟩
Theodorus ⟨Constantinopolitanus Antecessor⟩
Theodorus ⟨Hermopolitanus⟩

Theodorus ⟨Scutariota⟩
um 1230/83
LMA,VII,1998; Tusculum-Lexikon; CSGL
Scutariota, Theodorus
Skutariotes, Theodor
Skutariotes, Theodoros
Theodor ⟨Skutariotes⟩
Theodoros ⟨Skutariotes⟩

Theodorus ⟨Scythopolitanus⟩
um 544
LThK
Scythopolitanus, Theodorus
Theodor ⟨von Scythopolis⟩
Théodore ⟨de Scythopolis⟩
Theodorus ⟨of Scythopolis⟩

Theodorus ⟨Siceota⟩
gest. 613
De situ Terrae Sanctae
CSGL; LThK
Siceota, Theodorus
Théodore ⟨d'Anastasiopolis⟩
Theodore ⟨of Sykeon⟩
Théodore ⟨Siceota⟩
Theodorus ⟨of Anastacinopolis⟩
Theodorus ⟨of Sykeon⟩
Theodorus ⟨Sykeotes⟩

Theodorus ⟨Spudaeus⟩
um 668/69
LMA,VIII,640; Tusculum-Lexikon
Spudaeus, Theodorus
Theodoros ⟨Spoudeios⟩
Theodoros ⟨Spudaios⟩

Theodorus ⟨Studita⟩
759 – 826
Tusculum-Lexikon; LThK; CSGL; LMA,VIII,640/41
Fëodor ⟨Studit⟩
Studita, Theodor
Studita, Theodorus
Studites, Theodoros
Teodoro ⟨Studita⟩
Thaddée ⟨Studite⟩
Theodor ⟨Studites⟩
Theodor ⟨Studitul⟩
Theodor ⟨von Studion⟩
Theodore ⟨of Studium⟩
Theodore ⟨Studita⟩
Théodore ⟨Studite⟩
Theodore ⟨the Studite⟩
Theodoros ⟨Studites⟩
Theodorus ⟨of Studium⟩
Theodorus ⟨Sanctus⟩
Theodorus ⟨Studita, Sanctus⟩
Theodorus ⟨Studites⟩

Theodorus ⟨Sykeotes⟩
→ **Theodorus ⟨Siceota⟩**

Theodorus ⟨Syncellus⟩
7. Jh.
Inventio et depositio vestis in Blachernis; De obsidione Constantinopolitana
Cpg 7935-7936; DOC,2,1731; LMA,VIII,641
Syncellus, Theodorus
Teodoro ⟨Sincello⟩
Théodore ⟨Prêtre⟩
Théodore ⟨Syncelle⟩
Theodoros ⟨Synkellos⟩

Theodorus ⟨the Reader⟩
→ **Theodorus ⟨Anagnosta⟩**

Theodorus ⟨Theologus⟩
→ **Theodorus ⟨Balsamon⟩**

Theodorus ⟨Thessalonicensis⟩
→ **Theodorus ⟨Gaza⟩**

Theodorus ⟨Trevirensis⟩
→ **Theodoricus ⟨Sancti Matthiae⟩**

Theodorus ⟨Trimithuntis⟩
7. Jh.
Vita S. Johannis Chrysostomi
Cpg 7989
Théodore ⟨de Chypre⟩
Théodore ⟨de Trimithus⟩
Theodorus ⟨Cyprius⟩
Theodorus ⟨Episcopus Trimithuntis⟩
Theodorus ⟨of Trimithus⟩
Trimithuntis, Theodorus

Theodorus ⟨Trudenopolitanus⟩
→ **Theodoricus ⟨Sancti Trudonis⟩**

Theodorus ⟨Tuitiensis⟩
→ **Theodoricus ⟨Tuitensis⟩**

Theodorus ⟨von Gaza⟩
→ **Theodorus ⟨Gaza⟩**

Theodorus ⟨von Kempten⟩
→ **Theodorus ⟨Campidonensis⟩**

Theodorus ⟨von Pharan⟩
→ **Theodorus ⟨Rhaetuensis⟩**

Theodorus Abū-Qurra
→ **Theodor Abū-Qurra**

Théodose ⟨Archidiacre⟩
→ **Theodosius ⟨Archidiaconus⟩**

Théodose ⟨d'Alexandrie⟩
→ **Theodosius ⟨Alexandrinus⟩**

Théodose ⟨d'Amorium⟩
→ **Theodosius ⟨Ammorianus⟩**

Théodose ⟨d'Antioche⟩
→ **Theodosius ⟨Antiochenus⟩**

Théodose ⟨de Constantinople⟩
→ **Theodosius ⟨Diaconus⟩**

Théodose ⟨de Mélitène⟩
→ **Theodosius ⟨Melitenus⟩**

Théodose ⟨Evêque⟩
→ **Theodosius ⟨Ammorianus⟩**

Théodose ⟨l'Archidiacre⟩
→ **Theodosius ⟨Archidiaconus⟩**

Théodose ⟨le Diacre⟩
→ **Theodosius ⟨Diaconus⟩**

Théodose ⟨Moine⟩
→ **Theodosius ⟨Syracusanus⟩**

Théodose ⟨Patriarch⟩
→ **Theodosius ⟨Alexandrinus⟩**

Theodose ⟨the Coenobiarch⟩
→ **Theodosius ⟨Coenobiarcha⟩**

Theodosie ⟨von Hilandar⟩
→ **Teodozije ⟨Hilandarski⟩**

Theodosij ⟨von Tărnovo⟩
→ **Teodosij ⟨Tărnovski⟩**

Theodosije ⟨von Hilandar⟩
→ **Teodozije ⟨Hilandarski⟩**

Theodosios ⟨Diakonos⟩
→ **Theodosius ⟨Diaconus⟩**

Theodosios ⟨Koinobiarches⟩
→ **Theodosius ⟨Coenobiarcha⟩**

Theodosios ⟨Melitenos⟩
→ **Theodosius ⟨Melitenus⟩**

Theodosios ⟨Monachos⟩
→ **Theodosius ⟨Syracusanus⟩**

Theodosios ⟨Syracusanus⟩
→ **Theodosius ⟨Syracusanus⟩**

Theodosios ⟨von Alexandrien⟩
→ **Theodosius ⟨Alexandrinus⟩**

Theodosios ⟨von Melitene⟩
→ **Theodosius ⟨Melitenus⟩**

Theodosius
→ **Theodosius ⟨Archidiaconus⟩**

Theodosius ⟨Alexandrinus⟩
→ **Theodosius ⟨Presbyter Alexandrinus⟩**

Theodosius ⟨Alexandrinus⟩
gest. 566
Monophysit; De Eucharistia; De Trinitate; Epistuale; etc.
DOC,2,1732; LMA,VIII,643
Alexandrinus, Theodosius
Teodosio ⟨d'Alessandria⟩
Teodosio ⟨Patriarca⟩
Teodosio ⟨Scrittore Ecclesiastico⟩
Théodose ⟨d'Alexandrie⟩
Théodose ⟨Patriarch⟩
Theodosios ⟨von Alexandrien⟩
Theodosius ⟨Archbishop⟩
Theodosius ⟨de Alexandria⟩
Theodosius ⟨of Alexandria⟩
Theodosius ⟨Patriarch⟩
Theodosius ⟨Patriarcha⟩
Theodosius ⟨von Alexandreia⟩

Theodosius ⟨Ammorianus⟩
8. Jh.
Ammorianus, Theodosius
Théodose ⟨d'Amorium⟩
Théodose ⟨Evêque⟩

Theodosius ⟨Antiochenus⟩
gest. 896
Syr. Text, S. Hierotheos
Antiochenus, Theodosius
Théodose ⟨d'Antioche⟩
Théodose ⟨d'Antiochia⟩
Theodosius ⟨Antiochensis⟩
Theodosius ⟨Jacobite Patriarch of Antioch⟩
Theodosius ⟨of Antioch⟩
Theodosius ⟨Patriarch⟩
Theodosius ⟨Patriarch of Antiochia⟩

Theodosius ⟨Archbishop⟩
→ **Theodosius ⟨Alexandrinus⟩**

Theodosius ⟨Archidiaconus⟩
um 530
De situ Terrae Sanctae
LThK(2),10,50; Potth. 1057; LMA,VIII,646
Archidiaconus, Theodosius
Théodose ⟨Archidiacre⟩
Théodose ⟨l'Archidiacre⟩
Theodosius
Theodosius ⟨Pilgrim⟩
Theodosius ⟨the Pilgrim⟩

Theodosius ⟨Bithynus⟩
7. Jh.
Bithynus, Theodosius

Theodosius ⟨Coenobiarcha⟩
424 – 529
Gründer des Theodosiosklosters bei Jerusalem
LThK(2),10,48/49
Coenobiarcha, Theodosius
Theodose ⟨the Coenobiarch⟩
Theodosios ⟨Koenobiarch⟩
Theodosios ⟨Koinobiarches⟩
Theodosius ⟨Sanctus⟩
Theodosius ⟨the Coenobiarch⟩

Theodosius ⟨Constantinopolitanus⟩
→ **Theodosius ⟨Diaconus⟩**

Theodosius ⟨de Alexandria⟩
→ **Theodosius ⟨Alexandrinus⟩**

Theodosius ⟨Diaconus⟩
10. Jh.
De Creta capta
Tusculum-Lexikon; Potth.; LMA,VIII,643
Diaconus Theodosius
Théodose ⟨de Constantinople⟩
Théodose ⟨le Diacre⟩
Theodosios ⟨Diaconus⟩
Theodosios ⟨Diakonos⟩
Theodosios ⟨ho Diakonos⟩
Theodosius ⟨Constantinopolitanus⟩
Theodosius ⟨Historicus⟩
Theodosius ⟨the Deacon⟩

Theodosius ⟨Diaconus Compilator⟩
7. Jh.
Kompilator der Aktensammlung Cod. Veron. 60 mit Akten zur Kirchengeschichte des 4./5. Jhs.
LThK(2),10,50
Theodosius ⟨Compilator⟩

Theodosius ⟨Episcopus Rostoviensis⟩
→ **Feodosij ⟨Byval'cev⟩**

Theodosius ⟨Graecus⟩
→ **Feodosij ⟨Grek⟩**

Theodosius ⟨Hegumenus⟩
→ **Feodosij ⟨Grek⟩**

Theodosius ⟨Hilandarus⟩
→ **Teodozije ⟨Hilandarski⟩**

Theodosius ⟨Historicus⟩
→ **Theodosius ⟨Diaconus⟩**

Theodosius ⟨Jacobite Patriarch of Antioch⟩
→ **Theodosius ⟨Antiochenus⟩**

Theodosius ⟨Melitenus⟩
10. Jh.
Tusculum-Lexikon; LThK; CSGL; LMA,VIII,643
Melitenus, Theodosius
Theodorus ⟨Melitenus⟩
Théodose ⟨de Mélitène⟩
Theodosios ⟨Melitenos⟩
Theodosios ⟨von Melitene⟩

Theodosius ⟨Metropolita Mosquensis⟩
→ **Feodosij ⟨Byval'cev⟩**

Theodosius ⟨of Alexandria⟩
→ **Theodosius ⟨Alexandrinus⟩**

Theodosius ⟨of Antioch⟩
→ **Theodosius ⟨Antiochenus⟩**

Theodosius ⟨of Syracuse⟩
→ **Theodosius ⟨Syracusanus⟩**

Theodosius ⟨Patriarch⟩
→ **Theodosius ⟨Alexandrinus⟩**

Theodosius ⟨Patriarch of Antiochia⟩
→ **Theodosius ⟨Antiochenus⟩**

Theodosius ⟨Pilgrim⟩
→ **Theodosius ⟨Archidiaconus⟩**

Theodosius ⟨Presbyter Alexandrinus⟩
6. Jh.
Epistula ad Longinum (syr.)
Cpg 7225; DOC,2,1732
Teodosio ⟨d'Alessandria⟩
Teodosio ⟨Presbitero⟩
Teodosio ⟨Presbitero d'Alessandria⟩
Theodosius ⟨Alexandrinus⟩

Theodosius ⟨Sanctus⟩
→ **Theodosius ⟨Coenobiarcha⟩**

Theodosius ⟨Syracusanus⟩
9. Jh.
Epistolē pros Leonta diakonon peri tēs halōseōs Syrakusēs
LMA,VIII,643/44; Tusculum-Lexikon; CSGL; Potth.
Feodosīj ⟨Monach⟩
Syracusanus, Theodosius
Théodose ⟨Moine⟩
Theodosios ⟨Monachos⟩
Theodosios ⟨Syracusanus⟩
Theodosius ⟨of Syracuse⟩

Theodosius ⟨Tarnoviensis⟩
→ **Teodosij ⟨Tărnovski⟩**

Theodosius ⟨the Coenobiarch⟩
→ **Theodosius ⟨Coenobiarcha⟩**

Theodosius ⟨the Deacon⟩
→ **Theodosius ⟨Diaconus⟩**

Theodosius ⟨the Pilgrim⟩
→ **Theodosius ⟨Archidiaconus⟩**

Theodosius ⟨von Alexandreia⟩
→ **Theodosius ⟨Alexandrinus⟩**

Theodrich ⟨Nidrosiensis⟩
→ **Theodoricus ⟨Sancti Trudonis⟩**

Theoduinus ⟨Leodiensis⟩
→ **Theoduinus ⟨Noricus⟩**

Theoduinus ⟨Noricus⟩
gest. 1075
Epistulae
Potth. 1058
Deoduinus ⟨Leodiensis⟩
Deoduinus ⟨Noricus⟩
Noricus, Theoduinus
Theoduinus ⟨Leodiensis⟩
Théodwin ⟨de Liège⟩
Théodwin ⟨du Norique⟩

Théodule ⟨à Athènes⟩
→ **Theodulus ⟨Italus⟩**

Theodulfus ⟨Aurelianensis⟩
750/60 – 821
Tusculum-Lexikon; LThK; CSGL; LMA,VIII,647/48
Teodolfo ⟨di Orléans⟩
Teodulfus
Teudulfus
Theodulf ⟨von Orléans⟩
Theodulfus ⟨Aurelianus⟩
Theodulfus ⟨of Orléans⟩
Théodulphe ⟨d'Orléans⟩
Theodulphus ⟨Aurelianensis⟩
Theodulphus ⟨Aurelianus⟩
Theodulphus ⟨de Orléans⟩
Theodulphus ⟨Episcopus⟩

Theodulos ⟨Magistros⟩
→ **Thomas ⟨Magister⟩**

Theodulphus ⟨Aurelianensis⟩
→ **Theodulfus ⟨Aurelianensis⟩**

Theodulus ⟨Italus⟩
ca. 980
Ecloga, qua comparantur miracula ...
LThK
Italus, Theodulus
Teodulo
Theodolus
Theodolus ⟨Italus⟩
Théodule ⟨à Athènes⟩
Theodulus
Theodulus ⟨of Athens⟩
Theodulus ⟨Poeta⟩

Theodulus ⟨Magister⟩
→ **Thomas ⟨Magister⟩**

Theodulus ⟨of Athens⟩
→ **Theodulus ⟨Italus⟩**

Theodulus ⟨Poeta⟩
→ **Theodulus ⟨Italus⟩**

Théodwin ⟨de Liège⟩
→ **Theoduinus ⟨Noricus⟩**

Théodwin ⟨du Norique⟩
→ **Theoduinus ⟨Noricus⟩**

Theoferus ⟨de Cusentia⟩
→ **Telesphorus ⟨de Cusentia⟩**

Theofridus ⟨Abbas⟩
→ **Godefridus ⟨Admontensis⟩**

Theofridus ⟨Ambianensis⟩
→ **Theodofridus ⟨Corbeiensis⟩**

Theofridus ⟨Efternacensis⟩
→ **Theofridus ⟨Epternacensis⟩**

Theofridus ⟨Episcopus⟩
→ **Theodofridus ⟨Corbeiensis⟩**

Theofridus ⟨Epternacensis⟩
1030/40 – ca. 1110 · OSB
LThK; CSGL
Galfredus ⟨Epternacensis⟩
Theofridus ⟨Efternacensis⟩
Theofridus ⟨von Echternach⟩
Theofried ⟨von Echternach⟩
Théofroy ⟨d'Epternach⟩
Thiofrid ⟨von Echternach⟩
Thiofridus ⟨Abbas⟩
Thiofridus ⟨Epternacensis⟩
Thiofridus ⟨von Echternach⟩

Theofried ⟨von Corbie⟩
→ **Theodofridus ⟨Corbeiensis⟩**

Theofried ⟨von Echternach⟩
→ **Theofridus ⟨Epternacensis⟩**

Théofroy ⟨d'Amiens⟩
→ **Theodofridus ⟨Corbeiensis⟩**

Théofroy ⟨de Corbie⟩
→ **Theodofridus ⟨Corbeiensis⟩**

Théofroy ⟨de Luxeuil⟩
→ **Theodofridus ⟨Corbeiensis⟩**

Théofroy ⟨d'Epternach⟩
→ **Theofridus ⟨Epternacensis⟩**

Theogerus ⟨Metensis⟩
1050 – 1120 · OSB
De musica; Notitiae fundationis et traditionum monasterii S. Georgii in Nigra Silva
DOC,2,1735; VL(2),9,773
Dietger
Dietgerus ⟨von Metz⟩
Theocanus ⟨von Metz⟩
Theoger
Théoger ⟨Abbé⟩
Théoger ⟨de Hirschau⟩
Théoger ⟨de Metz⟩
Théoger ⟨de Saint-Georges⟩
Théoger ⟨Evêque⟩
Theoger ⟨von Metz⟩
Theoger ⟨von Sankt Georgen⟩
Theogerius ⟨Metensis⟩
Theogerus ⟨Abbas Sancti Georgii in Nigra⟩
Theogerus ⟨Episcopus⟩
Theogerus ⟨Sancti Georgii⟩
Theogerus ⟨von Metz⟩
Theogorus ⟨von Metz⟩

Theognostos ⟨Monachos⟩
→ **Theognostus ⟨Monachus⟩**

Theognostus ⟨Archimandrita⟩
→ **Theognostus ⟨Monachus⟩**

Theognostus ⟨Byzantinus⟩
→ **Theognostus ⟨Monachus⟩**

Theognostus ⟨Grammaticus⟩
9. Jh.
Peri orthografias; vielleicht identisch mit Theognostus ⟨Protospatharius⟩
Tusculum-Lexikon; CSGL
Grammaticus, Theognostus
Théognoste ⟨le Grammairien⟩
Theognostos ⟨der Grammatiker⟩
Theognostos ⟨Protospatharios⟩
Theognostus ⟨Byzantinus⟩
Theognostus ⟨Constantinopolitanus⟩
Theognostus ⟨Protospatharius⟩

Theognostus ⟨Monachus⟩
um 890
Monachus, Theognostus
Theognostos ⟨Monachos⟩
Theognostus ⟨Archimandrita⟩
Theognostus ⟨Byzantinus⟩

Theognostus ⟨Protospatharius⟩
→ **Theognostus ⟨Grammaticus⟩**

Theogorus ⟨von Metz⟩
→ **Theogerus ⟨Metensis⟩**

Theoktistos ⟨Studites⟩
→ **Theoctistus ⟨Studita⟩**

Theoleptus ⟨Philadelphiensis⟩
1250 – 1324/25
Tusculum-Lexikon; CSGL; LMA,VIII,649
Theólepte ⟨de Philadelphie⟩
Theoleptos ⟨of Philadelpheia⟩
Theoleptos ⟨of Philadelphia⟩
Theoleptos ⟨von Philadelpheia⟩
Theoleptus ⟨of Philadelphia⟩

Theolesphorus ⟨de Cusentia⟩
→ **Telesphorus ⟨de Cusentia⟩**

Theonas ⟨Episcopus⟩
6. Jh.
Epistula ad eorum asseclas (syr.)
Cpg 7283; LThK
Episcopus Theonas

Théophane ⟨Confesseur⟩
→ **Theophanes ⟨Confessor⟩**

Théophane ⟨de Byzance⟩
→ **Theophanes ⟨Byzantinus⟩**

Théophane ⟨de Nicée⟩
→ **Theophanes ⟨Nicaenus⟩**

Théophane ⟨de Taormine⟩
→ **Theophanes ⟨Cerameus⟩**

Théophane ⟨Grapt⟩
→ **Theophanes ⟨Graptus⟩**

Théophane ⟨le Chronographe⟩
→ **Theophanes ⟨Confessor⟩**

Théophane ⟨le Confesseur⟩
→ **Theophanes ⟨Confessor⟩**

Theophanes ⟨Byzantinus⟩
6. Jh.
Tusculum-Lexikon; CSGL; Potth.; LMA,VIII,662
Byzantinus, Theophanes
Byzantios, Theophanes
Théophane ⟨de Byzance⟩
Theophanes ⟨Byzantios⟩
Theophanes ⟨Byzantius⟩
Theophanes ⟨of Byzantium⟩

Theophanes ⟨Cerameus⟩
gest. ca. 1100
LThK
Cerameus, Theophanes
Kerameus, Theophanes
Teofane ⟨Cerameo⟩
Théophane ⟨de Taormine⟩
Theophanes ⟨Kerameus⟩
Theophanes ⟨of Taormina⟩
Theophanes ⟨Tauromenitanus⟩

Theophanes ⟨Chronographus⟩
→ **Theophanes ⟨Confessor⟩**

Theophanes ⟨Confessor⟩
ca. 752 – ca. 817
Tusculum-Lexikon; LThK; CSGL; LMA,VIII,663/64
Confessor, Theophanes
Homologetes, Theophanes
Isaacinus, Theophanes
Isauricus, Theophanes
Théophane ⟨Confesseur⟩
Théophane ⟨le Chronographe⟩
Théophane ⟨le Confesseur⟩
Theophanes
Theophanes ⟨Chronographus⟩
Theophanes ⟨Homologetes⟩
Theophanes ⟨Isaacius⟩
Theophanes ⟨Isauricus⟩
Theophanes ⟨Isaurus⟩
Theophanes ⟨Megaloagrius⟩
Theophanes ⟨Sanctus⟩

Theophanes ⟨der Dichter⟩
→ **Theophanes ⟨Graptus⟩**

Theophanes ⟨Graptus⟩
778 – 845
Tusculum-Lexikon; LThK; CSGL; LMA,VIII,662/63
Graptus, Theophanes
Théophane ⟨Grapt⟩
Theophanes ⟨der Dichter⟩
Theophanes ⟨Graptos⟩
Theophanes ⟨of Nicaea⟩

Theophanes ⟨ho Nikaieus⟩
→ **Theophanes ⟨Nicaenus⟩**

Theophanes ⟨Homologetes⟩
→ **Theophanes ⟨Confessor⟩**

Theophanes ⟨Isaacius⟩
→ **Theophanes ⟨Confessor⟩**

Theophanes ⟨Isaurus⟩
→ **Theophanes ⟨Confessor⟩**

Theophanes ⟨Kerameus⟩
→ **Theophanes ⟨Cerameus⟩**

Theophanes ⟨Megaloagrius⟩
→ **Theophanes ⟨Confessor⟩**

Theophanes ⟨Nicaenus⟩
gest. ca. 1380
Tusculum-Lexikon; CSGL; LMA,VIII,661/62
Nicaenus, Theophanes
Théophane ⟨de Nicée⟩
Theophanes ⟨ho Nikaieus⟩
Theophanes ⟨von Nikaia⟩

Theophanes ⟨Nonnus⟩
10. Jh.
Epitome de curatione morborum
Nonnus, Theophanes
Nonnus, Theophanus
Theophanus ⟨Nonnus⟩

Theophanes ⟨of Byzantium⟩
→ **Theophanes ⟨Byzantinus⟩**

Theophanes ⟨of Nicaea⟩
→ **Theophanes ⟨Graptus⟩**

Theophanes ⟨of Taormina⟩
→ **Theophanes ⟨Cerameus⟩**

Theophanes ⟨Sanctus⟩
→ **Theophanes ⟨Confessor⟩**

Theophanes ⟨Tauromenitanus⟩
→ **Theophanes ⟨Cerameus⟩**

Theophanes ⟨von Nikaia⟩
→ **Theophanes ⟨Nicaenus⟩**

Theophanus ⟨Nonnus⟩
→ **Theophanes ⟨Nonnus⟩**

Théophile ⟨Antecessor⟩
→ **Theophilus ⟨Antecessor⟩**

Théophile ⟨Cordelier du Couvent de Meaux⟩
→ **Theophilus ⟨Meldensis⟩**

Théophile ⟨d'Armorium⟩
→ **Theophilus ⟨Imperium Byzantinum, Imperator⟩**

Théophile ⟨d'Edesse⟩
→ **Theophilus ⟨Edessenus⟩**

Théophile ⟨Empereur Iconoclaste⟩
→ **Theophilus ⟨Imperium Byzantinum, Imperator⟩**

Théophile ⟨Ferrari⟩
→ **Theophilus ⟨de Ferrariis⟩**

Théophile ⟨Iconomaque⟩
→ **Theophilus ⟨Imperium Byzantinum, Imperator⟩**

Théophile ⟨le Cordulier⟩
→ **Theophilus ⟨Meldensis⟩**

Théophile ⟨le Prêtre⟩
→ **Theophilus ⟨Presbyter⟩**

Théophile ⟨le Protospathaire⟩
→ **Theophilus ⟨Protospatharius⟩**

Théophile ⟨Orient, Empereur⟩
→ **Theophilus ⟨Imperium Byzantinum, Imperator⟩**

Theophilos ⟨Antikēnsōr⟩
→ **Theophilus ⟨Antecessor⟩**

Theophilos ⟨aus Edessa⟩
→ **Theophilus ⟨Edessenus⟩**

Theophilos ⟨Byzantinischer Kaiser⟩
→ **Theophilus ⟨Imperium Byzantinum, Imperator⟩**

Theophilos ⟨Protospatharios⟩
→ **Theophilus ⟨Protospatharius⟩**

Theophilus
→ **Theophilus ⟨Presbyter⟩**

Theophilus ⟨Antecessor⟩
6. Jh.
Tusculum-Lexikon; CSGL; LMA,VIII,665/66
Antecessor, Theophilus
Pseudo-Theophilus ⟨Antecessor⟩
Théophile ⟨Antecessor⟩
Theophilos ⟨Antecessor⟩
Theophilos ⟨Antikēnsōr⟩
Theophilos ⟨Byzantinus⟩
Theophilus ⟨Iurisconsultus⟩
Theophilus ⟨Paraphrastes⟩

Theophilus ⟨Byzantinus⟩
→ **Theophilus ⟨Antecessor⟩**

Theophilus ⟨Cremonensis⟩
→ **Theophilus ⟨de Ferrariis⟩**

Theophilus ⟨de Cusentia⟩
→ **Telesphorus ⟨de Cusentia⟩**

Theophilus ⟨de Ferrariis⟩
gest. ca. 1493 · OP
Propositiones ex omnibus Aristotelis libris collectae
Lohr
Ferrari, Théophile
Ferrariis, Theophilus ¬de¬
Théophile ⟨Ferrari⟩
Théophile ⟨Ferrari de Crémone⟩
Theophilus ⟨Cremonensis⟩
Theophilus ⟨de Crémone⟩
Theophilus ⟨Ferrari⟩

Theophilus ⟨Edessenus⟩
695 – 785
Tusculum-Lexikon; CSGL
Edessenus, Theophilus
Théophile ⟨d'Edesse⟩
Theophilos ⟨aus Edessa⟩
Theophilus ⟨of Edessa⟩

Theophilus ⟨Ferrari⟩
→ **Theophilus ⟨de Ferrariis⟩**

Theophilus ⟨Humilis Presbyter⟩
→ **Theophilus ⟨Presbyter⟩**

Theophilus ⟨Iatrosophista⟩
→ **Theophilus ⟨Protospatharius⟩**

Theophilus ⟨Imperium Byzantinum, Imperator⟩
ca. 812/13 – 842
LMA,VIII,664/65
Théophile ⟨d'Armorium⟩
Théophile ⟨Empereur Iconoclaste⟩
Théophile ⟨Iconomaque⟩
Théophile ⟨Orient, Empereur⟩
Theophilos ⟨Byzantinischer Kaiser⟩
Theophilos ⟨Byzantinisches Reich, Kaiser, VI.⟩

Theophilus ⟨Iurisconsultus⟩
→ **Theophilus ⟨Antecessor⟩**

Theophilus ⟨Medicus⟩
→ **Theophilus ⟨Protospatharius⟩**

Theophilus ⟨Meldensis⟩
14. Jh.
Sermo de Monte Dei
Schönberger/Kible, Repertorium, 18063

Théophile ⟨Cordelier du Couvent de Meaux⟩
Théophile ⟨le Cordulier⟩

Theophilus ⟨Monachus⟩
→ **Theophilus ⟨Presbyter⟩**

Theophilus ⟨of Edessa⟩
→ **Theophilus ⟨Edessenus⟩**

Theophilus ⟨Paraphrastes⟩
→ **Theophilus ⟨Antecessor⟩**

Theophilus ⟨Presbyter⟩
um 1070/1125
De diversis artibus; Schedula; Identität mit Roger ⟨von Helmarshausen⟩ sehr wahrscheinlich
Tusculum-Lexikon; LMA,VII,942/43; VIII,666/67
Presbyter, Theophilus
Roger ⟨Künstlermönch⟩
Roger ⟨von Helmarshausen⟩
Rogerus
Rogerus ⟨von Helmarshausen⟩
Ruger ⟨von Helmarshausen⟩
Rugerus
Rugerus ⟨von Helmarshausen⟩
Teofil
Théophile ⟨le Prêtre⟩
Theophilus
Theophilus ⟨Humilis Presbyter⟩
Theophilus ⟨Monachus⟩
Theophilus ⟨Rogerus⟩
Theophilus ⟨Rugerus⟩

Theophilus ⟨Protospatharius⟩
9. Jh.
Tusculum-Lexikon; CSGL
Philoteus ⟨Protospatharius⟩
Protospatharius, Theophilus
Théophile ⟨le Protospathaire⟩
Theophilos ⟨Protospatharios⟩
Theophilus ⟨Iatrosophista⟩
Theophilus ⟨Medicus⟩

Theophilus ⟨Rogerus⟩
→ **Theophilus ⟨Presbyter⟩**

Theophorus ⟨de Cusentia⟩
→ **Telesphorus ⟨de Cusentia⟩**

Theophylact ⟨of Achrida⟩
→ **Theophylactus ⟨de Achrida⟩**

Theophylact ⟨Simocatta⟩
→ **Theophylactus ⟨Simocatta⟩**

Théophylacte ⟨Fils d'Alberic de Tusculum⟩
→ **Benedictus ⟨Papa, VIIII.⟩**

Theophylactus ⟨Achridensis⟩
→ **Theophylactus ⟨de Achrida⟩**

Theophylactus ⟨Aegyptius⟩
→ **Theophylactus ⟨Simocatta⟩**

Theophylactus ⟨Archidiaconus⟩
→ **Stephanus ⟨Papa, II.⟩**

Theophylactus ⟨Bulgarus⟩
→ **Theophylactus ⟨de Achrida⟩**

Theophylactus ⟨Byzantinus⟩
→ **Theophylactus ⟨Simocatta⟩**

Theophylactus ⟨de Achrida⟩
ca. 1055 – 1126
Institutio regia ad Porphyrogenitum Constantinum
Tusculum-Lexikon; LMA,VIII,671/72; Potth. 2,1059
Achrida, Theophylactus ¬de¬
Feofilakt
Teofilakt ⟨Ochridski⟩
Theophulaktos ⟨of Achrida⟩
Theophylact ⟨of Achrida⟩
Théophylacte ⟨de Bulgarie⟩
Théophylacte ⟨d'Acrida⟩
Théophylacte ⟨d'Ocrida⟩
Theophylactus ⟨Achridensis⟩
Theophylactus ⟨Bulgariae Archiepiscopus⟩
Theophylactus ⟨Bulgarorum Archiepiscopus⟩
Theophylactus ⟨Bulgarus⟩
Theophylactus ⟨Magister Rhetorum⟩
Theophylactus ⟨of Bulgaria⟩
Theophylactus ⟨of Okhrid⟩
Theophylactus ⟨von Ochrid⟩
Theophylakt ⟨von Ochrid⟩
Theophylaktos ⟨von Achrida⟩
Theophylaktos ⟨von Ochrida⟩
Theophylaktos ⟨von Ohrid⟩

Theophylactus ⟨de Tusculo⟩
→ **Benedictus ⟨Papa, VIII.⟩**
→ **Benedictus ⟨Papa, VIIII.⟩**

Theophylactus ⟨Magister Rhetorum⟩
→ **Theophylactus ⟨de Achrida⟩**

Theophylactus ⟨of Bulgaria⟩
→ **Theophylactus ⟨de Achrida⟩**

Theophylactus ⟨of Okhrid⟩
→ **Theophylactus ⟨de Achrida⟩**

Theophylactus ⟨Simocatta⟩
ca. 580/90 – ca. 628
Tusculum-Lexikon; LMA,VIII,672
Simocatta, Theophylactus
Teofilatto ⟨Simocata⟩
Theophylact ⟨Simocatta⟩
Théophylacte ⟨Simocatta⟩
Theophylactos ⟨Simocatta⟩
Theophylactus ⟨Aegyptius⟩
Theophylactus ⟨Byzantinus⟩
Theophylactus ⟨Simocata⟩
Theophylactus ⟨Simocattes⟩
Theophylaktos
Theophylaktos ⟨Simokates⟩
Theophylaktos ⟨Simokattes⟩

Theophylakt ⟨von Ochrid⟩
→ **Theophylactus ⟨de Achrida⟩**

Theophylakt ⟨von Tusculum⟩
→ **Benedictus ⟨Papa, VIII.⟩**
→ **Benedictus ⟨Papa, VIIII.⟩**

Theophylaktos ⟨Simokates⟩
→ **Theophylactus ⟨Simocatta⟩**

Theophylaktos ⟨von Ohrid⟩
→ **Theophylactus ⟨de Achrida⟩**

Theorianus ⟨Philosophus⟩
12. Jh.
Tusculum-Lexikon; CSGL
Philosophus, Theorianus
Theorian
Theorianos
Theorien

Theosterictus
8./9. Jh.
Vita s. Nicetae conf.
Potth. 1060; 1490
Théostericte
Théostéricte ⟨de Medicion⟩
Théostéricte ⟨Hagiographe⟩
Théostéricte ⟨Moine⟩
Theosterictes ⟨Monachus⟩
Theosterictus ⟨Discipulus Sancti Nicetae⟩
Theosterictus ⟨Monachus et Discipulus Sancti Nicetae⟩
Theosterictus ⟨von Medicia⟩
Theosteriktos ⟨Hagiograph⟩
Theosteriktos ⟨Mönch⟩

Theotecnus ⟨Liviadis Episcopus⟩
6. Jh.
Laus assumptionis sanctae deiparae
Cpg 7418; DOC,2,1746
Teotecno ⟨di Livia in Palestina⟩
Theotecnus ⟨Episcopus Liviadis⟩
Theotecnus ⟨Episcopus Liviadis in Palaestina⟩
Theotecnus ⟨Liviadis⟩

Theotimus ⟨Hagiographus⟩
9./10. Jh.
CSGL
Hagiographus, Theotimus
Pseudo-Theotimus

Theotrochus ⟨Diaconus⟩
10. Jh. (?)
Epistola ad Ootbertum presbyt. de officio ecclesiastico Fuldensi
Potth. 1060
Diaconus Theotrochus
Theotrochus ⟨de Laurissa⟩
Theotrochus ⟨de Lorsch⟩
Theotrochus ⟨Diacre à Lorsch⟩
Theotrochus ⟨Laurissensis⟩

Theotrochus ⟨Laurissensis⟩
→ **Theotrochus ⟨Diaconus⟩**

Theramo, Jacobus ¬de¬
→ **Jacobus ⟨de Teramo⟩**

Therinis, Jacobus ¬de¬
→ **Jacobus ⟨de Therinis⟩**

Thessalus ⟨Aretinus⟩
→ **Rinutius ⟨Aretinus⟩**

Thetford, Guilelmus ¬de¬
→ **Guilelmus ⟨de Thetford⟩**

Thetford, Richardus ¬de¬
→ **Richardus ⟨de Thetford⟩**

Thetmarus ⟨Magister⟩
→ **Thietmarus ⟨Magister⟩**

Theudebald ⟨Fränkisches Reich, König⟩
gest. 555
Epistula ad Iustinianum Imperatorem
Cpl 1066
Théodebald ⟨Metz, Roi⟩
Théodebald ⟨Roi de Metz⟩
Theodebaldus ⟨Rex⟩
Theudebald ⟨Frankenreich, König⟩

Theudebert ⟨Fränkisches Reich, König, I.⟩
gest. ca. 547/48
Adressat eines Briefes von Aurelianus Arelatensis
Cpl 1055;1846; Potth. 1049; LMA,VIII,685/86
Théodebert ⟨Austrasie, Roi, I.⟩
Theodebert ⟨Austrien, König, I.⟩
Théodebert ⟨Metz, Roi, I.⟩
Theodebertus ⟨Rex⟩
Theudebert ⟨Austrien, König, I.⟩
Theudebert ⟨Frankenreich, König, I.⟩
Thibert ⟨Austrien, König, I.⟩

Theudelinde ⟨Langobardenreich, Königin⟩
ca. 570/75 – 626
Mitadressatin eines Briefs von Gregorius ⟨Papa, I.⟩: Epistula ad Theodelindam et Agilulphum
Cpl 1719a; LMA,VIII,686
Teodolinda ⟨Longobardi, Regina⟩
Theodelinda ⟨Regina⟩
Theodelinde ⟨Langobardenreich, Königin⟩
Theodelinde ⟨Langobardische Königin⟩
Theodolinde ⟨Langobardenreich, Königin⟩
Theodolinde ⟨Langobardische Königin⟩
Theudelinde ⟨Königin der Lombarden⟩
Theudelinde ⟨Langobardische Königin⟩
Theudelinde ⟨Lombardei, Königin⟩

Theudemir ⟨Swebenreich, König⟩
um 569
Parochiale Suevum (seu Divisio Theodemiri seu Concilium Lucense)
Cpl 2344
Theodemirus ⟨Rex⟩
Theodemirus ⟨Suevum Rex⟩
Theodimirus ⟨Rex⟩
Théodomir ⟨Roi des Suèves⟩
Theudemir ⟨König der Sweben⟩
Theudimirus ⟨Rex⟩
Theudomirus ⟨Rex⟩

Theuderich ⟨Fränkisches Reich, König, III.⟩
654 – 691
Diplomata
Potth. 1060; LMA,VIII,688
Theudericus ⟨Rex Francorum, III.⟩
Thierry ⟨Neustrie et Bourgogne, Roi, III.⟩
Thierry ⟨Roi Franc, III.⟩

Theuderich ⟨Fränkisches Reich, König, IV.⟩
713 – 737
Diplomata
Potth. 1060; LMA,VIII,688
Theudericus ⟨Rex Francorum, IV.⟩
Thierry ⟨Austrasie, Roi, IV.⟩
Thierry ⟨Bourgogne, Roi, IV.⟩
Thierry ⟨de Chelles⟩
Thierry ⟨Neustrie, Roi, IV.⟩

Theudericus ⟨Rex Francorum, ...⟩
→ **Theuderich ⟨Fränkisches Reich, König, ...⟩**

Theudimirus ⟨Rex⟩
→ **Theudemir ⟨Swebenreich, König⟩**

Theudis ⟨Westgotenreich, König⟩
gest. 548
Lex Theudi Regis de litium expensis
Cpl 1802a; DOC,2,1747
Theudis ⟨König der Visigoten⟩
Theudis ⟨Roi des Wisigoths⟩
Theudus ⟨Rex⟩
Theudus ⟨Rex Visigothorum⟩

Theudoinus ⟨Catalaunensis⟩
um 868
Vita S. Memmii (epistola)
Potth. 1060
Theudoin ⟨de Châlons-sur-Marne⟩
Theudoin ⟨Prévôt⟩
Theudoinus ⟨Catalaunensis Praepositus⟩
Theudoinus ⟨Praepositus Catalaunensis⟩

Theudomirus ⟨Rex⟩
→ **Theudemir ⟨Swebenreich, König⟩**

Theudus ⟨Rex⟩
→ **Theudis ⟨Westgotenreich, König⟩**

Theulfus ⟨...⟩
→ **Theulphus ⟨...⟩**

Theulphus ⟨Brito⟩
→ **Theulphus ⟨Fossatensis⟩**

Theulphus ⟨Fossatensis⟩
11. Jh.
Versus de monachis Fossatensis; Identität von Theulphus ⟨Fossatensis⟩ mit Theulphus ⟨Brito⟩ nicht gesichert
HLF,VII,494
Teudulfe ⟨Breton⟩
Teulfe ⟨Breton⟩
Teulfe ⟨de Saint-Maur-les-Fossés⟩
Theulphe ⟨de Saint-Maur-les-Fossés⟩
Theulphus ⟨Brito⟩

Theulphus ⟨Mauriniacensis⟩
gest. 1138 · OSB
Chronicon Mauriniacensis monasterii
Potth. 279; 1048; 1060; PL 180,131
Teulfe ⟨de Morigny⟩
Teulfus ⟨Mauriniacensis Monachus⟩
Teulfus ⟨Monachus⟩
Teulfus ⟨Sancti Remigii Rhemensis Abbas⟩
Theulfus ⟨Mauriniacensis Monachus⟩
Theulfus ⟨Monachus Mauriniacensis⟩
Theulfus ⟨Praecentor⟩
Theulfus ⟨Sancti Remigii Rhemensis Abbas⟩
Théulphe ⟨de Morigny⟩
Théulphe ⟨de Saint-Crépin⟩
Théulphe ⟨de Soissons⟩
Theulphus ⟨Remensis⟩

Theulphus ⟨Remensis⟩
→ **Theulphus ⟨Mauriniacensis⟩**

Theutmirus ⟨Psalmodiensis⟩
gest. ca. 840 · OSB
Quaestiones ... ad Claudium Taurinensem
Stegmüller, Repert. bibl. 7976
Théodemir ⟨Abbé⟩
Théodemir ⟨de Psalmodi⟩
Theodemirus ⟨Psalmodiensis⟩
Theutmirus ⟨Abbas Sancti Petri Psalmodiensis⟩

Theuzo ⟨Florentinus⟩
→ **Teuzo ⟨Florentinus⟩**

Thiathildis ⟨Abbatissa⟩
um 830/840
Indicularius
Potth. 1060
Thiadhild ⟨zu Freckenhorst⟩
Thiadilde ⟨Abbesse de Freckenhorst⟩
Thiadilde ⟨Sainte⟩
Thiathildis ⟨Abbatissa Sancti Romarici⟩
Thiathildis ⟨Sancti Romarici⟩

Thibaud ⟨...⟩
→ **Thibaut ⟨...⟩**

Thibault ⟨...⟩
→ **Thibaut ⟨...⟩**

Thibaut ⟨Bar, Comte, I.⟩
gest. 1214
LMA,VIII,690
Bar, Thibaut ¬de¬
Thibaut ⟨de Bar, I.⟩
Thibaut ⟨le Comte, I.⟩

Thibaut ⟨Bar, Comte, II.⟩
gest. ca. 1291
LMA,VIII,690/91
Thibaud ⟨Bar, Comte, II.⟩

Thibaut ⟨Boccapesci⟩
→ **Coelestinus ⟨Papa, II., Antipapa⟩**

Thibaut ⟨Brie, Comte⟩
→ **Thibaut ⟨Navarre, Roi, I.⟩**

Thibaut ⟨Champagne, Comte, IV.⟩
→ **Thibaut ⟨Navarre, Roi, I.⟩**

Thibaut ⟨Chancelier⟩
→ **Theobaldus ⟨Brito⟩**

Thibaut ⟨Chanoine⟩
→ **Theobaldus ⟨de Lire⟩**
→ **Thibaut ⟨de Vernon⟩**

Thibaut ⟨d'Amiens⟩
um 1222/29
Amiens, Thibaut ¬de¬
Thibaut ⟨de Reims⟩
Thibaut ⟨l'Evêque⟩

Thibaut ⟨de Bar⟩
→ **Thibaut ⟨Bar, Comte, ...⟩**

Thibaut ⟨de Bèze⟩
→ **Theobaldus ⟨Besuensis⟩**

Thibaut ⟨de Blaison⟩
12./13. Jh.
Blaison, Thibaut ¬de¬

Thibaut ⟨de Canterbury⟩
→ **Theobaldus ⟨Cantuariensis⟩**

Thibaut ⟨de Châlon⟩
→ **Theobaldus ⟨Cabillonensis⟩**

Thibaut ⟨de Champagne⟩
→ **Thibaut ⟨Navarre, Roi, I.⟩**

Thibaut ⟨de Clairvaux⟩
→ **Theobaldus ⟨Claraevallensis⟩**

Thibaut ⟨de Gubbio⟩
→ **Theobaldus ⟨Eugubinus⟩**

Thibaut ⟨de Langres⟩
→ **Theobaldus ⟨de Langres⟩**

Thibaut ⟨de Lire⟩
→ **Theobaldus ⟨de Lire⟩**

Thibaut ⟨de Marly⟩
um 1173/89
LMA,VIII,689/90
Marly, Thibaut ¬de¬
Montmorency, Thibaut ¬de¬
Thibaud ⟨de Marly⟩
Thibaut ⟨de Montmorency⟩

Thibaut ⟨de Montmorency⟩
→ **Thibaut ⟨de Marly⟩**

Thibaut ⟨de Reims⟩
→ **Thibaut ⟨d'Amiens⟩**

Thibaut ⟨de Rouen⟩
→ **Thibaut ⟨de Vernon⟩**

Thibaut ⟨de Sézanne⟩
→ **Theobaldus ⟨de Sexannia⟩**

Thibaut ⟨de Tours⟩
→ **Theobaldus ⟨Brito⟩**

Thibaut ⟨de Troyes⟩
→ **Theobaldus ⟨Trecensis⟩**

Thibaut ⟨de Vernon⟩
→ **Theobaldus ⟨de Vernone⟩**

Thibaut ⟨de Vernon⟩
um 1053
Theobaldus ⟨de Vernone⟩
Thibaud ⟨Chanoine⟩
Thibaut ⟨de Rouen⟩
Vernon, Thibaut ¬de¬

Thibaut ⟨der Große⟩
→ **Thibaut ⟨Navarre, Roi, I.⟩**

Thibaut ⟨der Postume⟩
→ **Thibaut ⟨Navarre, Roi, I.⟩**

Thibaut ⟨d'Etampes⟩
→ **Theobaldus ⟨de Stampis⟩**

Thibaut ⟨Hagiographe⟩
→ **Theobaldus ⟨de Lire⟩**

Thibaut ⟨le Breton⟩
→ **Theobaldus ⟨Brito⟩**

Thibaut ⟨le Chansonnier⟩
→ **Thibaut ⟨Navarre, Roi, I.⟩**

Thibaut ⟨le Comte⟩
→ **Thibaut ⟨Bar, Comte, ...⟩**

Thibaut ⟨le Messire⟩
→ **Thibaut ⟨Messire⟩**

Thibaut ⟨l'Evêque⟩
→ **Thibaut ⟨d'Amiens⟩**

Thibaut ⟨Messire⟩
13. Jh., „Roman de la poire"
Messire, Thibaut
Thibaut ⟨le Messire⟩

Thibaut ⟨Moine⟩
→ **Theobaldus ⟨de Lire⟩**

Thibaut ⟨Navarre, Roi, I.⟩
1201 – 1253
LMA,VIII,520/22
Theobald ⟨Champagne, Comte, IV.⟩
Theobald ⟨Navarra, König, I.⟩
Theobald ⟨Navarre, Roi, I.⟩
Theobaldus ⟨Campania, Comes, IV.⟩
Thibault ⟨Champagne et Brie, Comte, IV.⟩
Thibault ⟨Navarre, Roi, I.⟩
Thibaut ⟨Brie, Comte⟩
Thibaut ⟨Champagne, Comte, IV.⟩
Thibaut ⟨Champagne, Graf, IV.⟩
Thibaut ⟨Champagne et Brie, Comte, IV.⟩
Thibaut ⟨de Champagne⟩
Thibaut ⟨der Große⟩
Thibaut ⟨der Postume⟩
Thibaut ⟨le Chansonnier⟩
Thibaut ⟨Navarra, Rey, I.⟩

Thibaut ⟨Navarre, Roi, II.⟩
1240 – 1270
Theobald ⟨Navarra, König, II.⟩
Thibaut ⟨Navarra, Rey, II.⟩

Thibaut ⟨von Langres⟩
→ **Theobaldus ⟨de Langres⟩**

Thibert ⟨Austrien, König, I.⟩
→ **Theudebert ⟨Fränkisches Reich, König, I.⟩**

Thidericus ⟨...⟩
→ **Theodoricus ⟨...⟩**

Thidericus ⟨Struve⟩
→ **Struve, Thidericus**

Thielrode, Johannes ¬de¬
→ **Johannes ⟨de Thielrode⟩**

Thiemo ⟨de Erfordia⟩
um 1308
Summa Thymonis (Samml. v. Musterbriefen)
VL(2),9, 918/920
Erfordia, Thiemo ¬de¬
Thiemo ⟨Erfordensis⟩
Thiemon ⟨d'Erfurt⟩
Thymo ⟨de Ertfordia⟩
Thymo ⟨Erfordensis⟩
Thymo ⟨von Erfurt⟩

Thiemo ⟨Michelsbergensis⟩
um 1146 · OSB
De conceptu originali; Vita S. Ottonis Bambergensis Episcopi
Diemo
Pseudo-Thiemo ⟨Michelsbergensis⟩
Thiemon ⟨de Michelsberg⟩
Thimo ⟨Bambergensis⟩
Thimo ⟨Benedictiner-Mönch⟩
Thimo ⟨Monachus⟩
Thimo ⟨Monachus Sancti Michaelis Bambergensis⟩
Thimo ⟨Sancti Michaelis⟩
Thimon ⟨Bénédictin⟩
Thimon ⟨Bénédictin à Saint-Michel de Bamberg⟩
Thimon ⟨de Bamberg⟩
Thimon ⟨de Saint-Michel⟩
Tiemo

Thiemo ⟨Salisburgensis⟩
ca. 1040 – ca. 1101/02 · OSB
Passio
Thiemo ⟨von Salzburg⟩
Thiemon ⟨de Saint-Pierre⟩
Thiemon ⟨de Salzbourg⟩

Thiemon ⟨de Saint-Pierre⟩
→ **Thiemo ⟨Salisburgensis⟩**

Thiemon ⟨d'Erfurt⟩
→ **Themo ⟨Iudaeus⟩**
→ **Thiemo ⟨de Erfordia⟩**

Thienis, Gaetanus ¬de¬
→ **Gaetanus ⟨de Thienis⟩**

Thierri ⟨...⟩
→ **Thierry ⟨...⟩**

Thierry ⟨Abbé Bénédictin⟩
→ **Theodoricus ⟨Abbas Benedictinus⟩**

Thierry ⟨Allemand⟩
→ **Theodoricus ⟨Abbas Benedictinus⟩**

Thierry ⟨Archevêque⟩
→ **Theodoricus ⟨Treverensis⟩**

Thierry ⟨Austrasie, Roi, IV.⟩
→ **Theuderich ⟨Fränkisches Reich, König, IV.⟩**

Thierry ⟨Bourgogne, Roi, IV.⟩
→ **Theuderich ⟨Fränkisches Reich, König, IV.⟩**

Thierry ⟨d'Amorbach⟩
→ **Theodoricus ⟨Floriacensis⟩**

Thierry ⟨d'Apolda⟩
→ **Theodoricus ⟨de Apolda⟩**

Thierry ⟨de Chartres⟩
→ **Theodoricus ⟨Carnotensis⟩**

Thierry ⟨de Chelles⟩
→ **Theuderich ⟨Fränkisches Reich, König, IV.⟩**

Thierry ⟨de Delft⟩
→ **Dirc ⟨van Delf⟩**

Thierry ⟨de Deutz⟩
→ **Theodoricus ⟨Tuitensis⟩**

Thierry ⟨de Durham⟩
→ **Theodoricus ⟨Dunelmensis⟩**

Thierry ⟨de Fleury⟩
→ **Theodoricus ⟨Floriacensis⟩**

Thierry ⟨de Fribourg⟩
→ **Theodoricus ⟨Teutonicus de Vriberg⟩**

Thierry ⟨de Gorkum⟩
→ **Theodoricus ⟨Gorcomiensis⟩**

Thierry ⟨de Hirschau⟩
→ **Theodoricus ⟨Monachus⟩**

Thierry ⟨de Leyde⟩
→ **Theodoricus ⟨a Leydis⟩**

Thierry ⟨de Luques⟩
→ **Theodoricus ⟨de Cervia⟩**

Thierry ⟨de Metz⟩
→ **Theodoricus ⟨Metensis⟩**

Thierry ⟨de Munster⟩
→ **Theodoricus ⟨de Monasterio⟩**

Thierry ⟨de Niem⟩
→ **Theodoricus ⟨de Niem⟩**

Thierry ⟨de Paderborn⟩
→ **Theodoricus ⟨Paderbrunnensis⟩**

Thierry ⟨de Rouen⟩
→ **Theodoricus ⟨Sancti Audoeni⟩**

Thierry ⟨de Saint-Matthias de Trèves⟩
→ **Theodoricus ⟨Sancti Matthiae⟩**

Thierry ⟨de Saint-Ouen⟩
→ **Theodoricus ⟨Sancti Audoeni⟩**

Thierry ⟨de Saint-Trond⟩
→ **Theodoricus ⟨Sancti Trudonis⟩**

Thierry ⟨de Saules⟩
→ **Terricus ⟨de Saulis⟩**

Thierry ⟨de Saulis⟩
→ **Terricus ⟨de Saulis⟩**

Thierry ⟨de Tholey⟩
→ **Theodoricus ⟨Theologiensis⟩**

Thierry ⟨de Thuringe⟩
→ **Theodoricus ⟨de Apolda⟩**

Thierry ⟨de Trèves⟩
→ **Theodoricus ⟨Sancti Matthiae⟩**
→ **Theodoricus ⟨Treverensis⟩**

Thierry ⟨de Trondhijem⟩
→ **Theodoricus ⟨Sancti Trudonis⟩**

Thierry ⟨de Vaucouleurs⟩
13. Jh.
LMA,VIII,693
Vaucouleurs, Thierry ¬de¬

Thierry ⟨de Verdun⟩
→ **Theodoricus ⟨Virdunensis⟩**

Thierry ⟨d'Egmond⟩
→ **Theodoricus ⟨a Leydis⟩**

Thierry ⟨Fils d'Otton, Margrave de Misnie⟩
→ **Dietrich ⟨Meißen, Markgraf⟩**

Thierry ⟨Frankenszoon⟩
→ **Theodoricus ⟨Gorcomiensis⟩**

Thierry ⟨Hagiographe⟩
→ **Theodoricus ⟨Abbas Benedictinus⟩**

Thierry ⟨Lange⟩
→ **Longus, Theodoricus**

Thierry ⟨le Breton⟩
→ **Theodoricus ⟨Carnotensis⟩**

Thierry ⟨le Grand⟩
→ **Theoderich ⟨Ostgotenreich, König⟩**
→ **Theodoricus ⟨Virdunensis⟩**

Thierry ⟨le Saxon⟩
→ **Theodoricus ⟨Saxo⟩**

Thierry ⟨Loerius⟩
→ **Theodoricus ⟨Loerius⟩**

Thierry ⟨Misnie, Margrave⟩
→ **Dietrich ⟨Meißen, Markgraf⟩**

Thierry ⟨Moine⟩
→ **Theodoricus ⟨Monachus⟩**

Thierry ⟨Neustrie, Roi, ...⟩
→ **Theuderich ⟨Fränkisches Reich, König, ...⟩**

Thierry ⟨of Amorbach⟩
→ **Theodoricus ⟨Floriacensis⟩**

Thierry ⟨of Metz⟩
→ **Theodoricus ⟨Metensis⟩**

Thierry ⟨Pape, Antipape⟩
→ **Theodoricus ⟨Papa, Antipapa⟩**

Thierry ⟨Pauwels⟩
→ **Theodoricus ⟨Gorcomiensis⟩**

Thierry ⟨Poète⟩
→ **Tidericus**

Thierry ⟨Prévôt de Bâle⟩
→ **Theodoricus ⟨Virdunensis⟩**

Thierry ⟨Prévôt de Mayence⟩
→ **Theodoricus ⟨Treverensis⟩**

Thierry ⟨Roi des Ostrogoths⟩
→ **Theoderich ⟨Ostgotenreich, König⟩**

Thierry ⟨Roi Franc, ...⟩
→ **Theuderich ⟨Fränkisches Reich, König, ...⟩**

Thierry ⟨the Breton⟩
→ **Theodoricus ⟨Carnotensis⟩**

Thierry ⟨von Chartres⟩
→ **Theodoricus ⟨Carnotensis⟩**

Thierry ⟨Weissenfels, Comte⟩
→ **Dietrich ⟨Meißen, Markgraf⟩**

Thiethardus ⟨Scholasticus Osnabrugensis⟩
→ **T. ⟨Scholasticus Osnabrugensis⟩**

Thietland
→ **Tietlandus**

Thietmarus ⟨Abbas Helmwardeshusensis⟩
→ **Thietmarus ⟨Helmwardeshusensis⟩**

Thietmarus ⟨Episcopus⟩
→ **Thietmarus ⟨Merseburgensis⟩**

Thietmarus ⟨Helmwardeshusensis⟩
um 1107/21
Vielleicht Verfasser der Translatio S. Modoaldi a. 1107 in Helmwardeshusen
Potth. 1060; 1484
Diethmarus ⟨Helinwardicensis⟩
Diethmarus ⟨Helmovardiensis⟩
Dithmarus ⟨Abbas⟩
Dithmarus ⟨Helmovardiensis⟩
Thietmar ⟨Abbé⟩
Thietmar ⟨Hagiographe⟩
Thietmar ⟨Helmwardeshusensis⟩
Thietmarus ⟨Abbas Helmwardeshusensis⟩
Thietmarus ⟨Helinwardicensis⟩

Thietmarus ⟨Magister⟩
13. Jh.
Liber peregrationis
VL(2),9,793/795
Magister, Thietmarus
Thetmar ⟨le Maître⟩
Thetmarus ⟨Magister⟩
Thietmar ⟨le Maître⟩
Thietmar ⟨Maître⟩

Thietmarus ⟨Merseburgensis⟩
975 – 1018
Tusculum-Lexikon; LThK; VL(2); LMA,VIII,694/96
Diethmar ⟨von Merseburg⟩
Diethmarus ⟨Episcopus⟩
Dietmar ⟨von Merseburg⟩
Dithmar
Dithmar ⟨von Merseburg⟩
Dithmar ⟨von Walbeck⟩
Dithmarus ⟨Merseburgensis⟩
Ditmar ⟨von Merseburg⟩
Ditmarus
Ditmarus ⟨Merseburgensis⟩
Dittmar ⟨of Merseburg⟩
Thietmar
Thietmar ⟨de Mersebourg⟩
Thietmar ⟨Episcopus⟩

Thietmar ⟨von Merseburg⟩
Thietmarus ⟨Episcopus⟩
Walbeck ⟨of Merseburg⟩

Thilo ⟨von Kulm⟩
→ **Tilo ⟨von Kulm⟩**

Thimo
→ **Themo ⟨Iudaeus⟩**

Thimo ⟨Bambergensis⟩
→ **Thiemo ⟨Michelsbergensis⟩**

Thimo ⟨Iudaeus⟩
→ **Themo ⟨Iudaeus⟩**

Thimo ⟨Monachus⟩
→ **Thiemo ⟨Michelsbergensis⟩**

Thimon
→ **Themo ⟨Iudaeus⟩**

Thimon ⟨Bénédictin⟩
→ **Thiemo ⟨Michelsbergensis⟩**

Thiodericus ⟨...⟩
→ **Theodoricus ⟨...⟩**

Thiofridus ⟨Abbas⟩
→ **Theofridus ⟨Epternacensis⟩**

Thitrich ⟨Truchses⟩
→ **Truchseß, Dietrich**

Tho. ⟨de Apolda⟩
→ **Thomas ⟨de Apolda⟩**

Thoder, Marquardus
→ **Marquardus ⟨Thoder⟩**

Thogmed jäṅpo
→ **Thogs-med-bzaṅ-po ⟨dṄul-chu⟩**

Thogs-med bZaṅ-po-dpal ⟨rGyal-sras⟩
→ **Thogs-med-bzaṅ-po ⟨dṄul-chu⟩**

Thogs-med-bzaṅ-po ⟨dṄul-chu⟩
1295 – 1369
Tibet. Mönch der Kadampa-Schule; The thirty-seven practices of a Bodhisattva
bZaṅ-po-dpal ⟨Thogs-med⟩
dṄul-chu Thogs-med-bzaṅ-po
Ngulchu Gyalsas Thogmed Zangpo
Thogmed jäṅpo
Thogs-med bZaṅ-po-dpal ⟨rGyal-sras⟩
Thogs-med-dpal-bzaṅ-po ⟨dNul-chu⟩
Zangpo, Ngulchu Gyalsas Thogmed
Zangpo, Thogmed

Tholei, Theodoricus ¬von¬
→ **Theodoricus ⟨Theologiensis⟩**

Tholomaeus ⟨von Lucca⟩
→ **Ptolemaeus ⟨Lucensis⟩**

Tholvit
6. Jh.
Epistulae (bei Cassiodor überliefert)
Cpl 896
Tulus

Thoma ⟨Christofori de Capitaneis de Bergamo⟩
→ **Thomas ⟨de Capitaneis⟩**

Thoma ⟨de Elmham⟩
→ **Thomas ⟨de Elmham⟩**

Thomae, Petrus
→ **Petrus ⟨Thomae⟩**

Thomas
→ **Thomas ⟨a Kempis⟩**
→ **Thomas ⟨of Erceldoune⟩**

Thomas ⟨à Becket⟩
→ **Thomas ⟨Becket⟩**

Thomas ⟨a Campis⟩
→ **Thomas ⟨a Kempis⟩**

Thomas ⟨a Capitaneis⟩
→ **Thomas ⟨de Capitaneis⟩**

Thomas ⟨a Celano⟩
→ **Thomas ⟨de Celano⟩**

Thomas ⟨a Kempis⟩
1379 – 1471
Tusculum-Lexikon; CSGL; VL(2); LMA,VIII,720; LThK
Campis, Thomas
Haemerlein, Thomas
Haemmerlein, Thomas
Hemerken, Thomas
Kempe, Thomas
Kempen, Thomas ¬von¬
Kempis, Thomas ¬von¬
Kempis, Thomas ¬a¬
Malleolus, Thomas
Thomas
Thomas ⟨a Campis⟩
Thomas ⟨aus Kempen⟩
Thomas ⟨Campis⟩
Thomas ⟨de Kempis⟩
Thomas ⟨Haemerlein von Kempen de Montmorency⟩
Thomas ⟨Haemmerlein⟩
Thomas ⟨Hamerkein⟩
Thomas ⟨Hamerken⟩
Thomas ⟨Hemerken⟩
Thomas ⟨Hemerken van Kempen⟩
Thomas ⟨Kempensis⟩
Thomas ⟨Malleolus⟩
Thomas ⟨von Kempen⟩
Thomas ⟨von Kempis⟩
Tommaso ⟨da Kempis⟩
Tóvmas ⟨Gembecí⟩

Thomas ⟨ab Aquino⟩
→ **Thomas ⟨de Aquino⟩**

Thomas ⟨ab Argentina⟩
→ **Thomas ⟨de Argentina⟩**

Thomas ⟨Abbas⟩
→ **Thomas ⟨Vercellensis⟩**

Thomas ⟨Abbé de Beit-Abé⟩
→ **Thomas ⟨Margensis⟩**

Thomas ⟨Agnellus⟩
um 1183
Agnellus, Thomas
Thomas ⟨Agnell⟩
Thomas ⟨de Bath et Wells⟩
Thomas ⟨Magister⟩
Thomas ⟨Wellensis⟩

Thomas ⟨Agnellus de Lentino⟩
→ **Thomas ⟨Agnus⟩**

Thomas ⟨Agnus⟩
gest. ca. 1277 · OP
Agnus, Thomas
Thomas ⟨Agnellus de Lentino⟩
Thomas ⟨Agni de Lentino⟩
Thomas ⟨Agnis⟩
Thomas ⟨Agnus de Lentino⟩
Thomas ⟨Bethleemiticus⟩
Thomas ⟨de Lentino⟩
Thomas ⟨de Leontio⟩
Thomas ⟨Lentinus⟩
Thomas ⟨Patriarcha⟩
Thomas ⟨Siculus⟩
Thomas ⟨von Jerusalem⟩
Tommaso ⟨Agni da Lentini⟩
Tommaso ⟨da Lentini⟩

Thomas ⟨Akinatos⟩
→ **Thomas ⟨de Aquino⟩**

Thomas ⟨Alcherus⟩
Lebensdaten nicht ermittelt
Marc.
Stegmüller, Repert. bibl. 8018
Alcherus, Thomas

Thomas ⟨Aleys⟩
→ **Thomas ⟨Wallensis⟩**

Thomas ⟨Anglicus⟩
→ **Thomas ⟨de Eboraco⟩**
→ **Thomas ⟨de Jorz⟩**
→ **Thomas ⟨de Sutona⟩**
→ **Thomas ⟨Sperman⟩**
→ **Thomas ⟨Wallensis⟩**

Thomas ⟨Anglo-Normannischer Dichter⟩
→ **Thomas ⟨d'Angleterre⟩**

Thomas ⟨Anglus⟩
→ **Thomas ⟨de Jorz⟩**
→ **Thomas ⟨de Sutona⟩**

Thomas ⟨Anglus⟩
um 1404
Speculum aureum papae eius curiae et praelatorum
Potth. 1063
Anglus, Thomas

Thomas ⟨Antonii⟩
→ **Caffarini, Thomas**

Thomas ⟨Aquinas⟩
→ **Thomas ⟨de Aquino⟩**

Thomas ⟨Archidiaconus⟩
→ **Thomas ⟨de Spalato⟩**

Thomas ⟨Archiepiscopus Tuamensis⟩
→ **Thomas ⟨Wright⟩**

Thomas ⟨Ardzrouni⟩
→ **T'ovma ⟨Arcrowni⟩**

Thomas ⟨Argentinensis⟩
→ **Thomas ⟨de Argentina⟩**

Thomas ⟨Artsruni⟩
→ **T'ovma ⟨Arcrowni⟩**

Thomas ⟨Arundelius⟩
1335 – 1414
Sap.
Stegmüller, Repert. bibl. 8074; LThK
Arundel, Thomas
Arundelius, Thomas
Thomas ⟨Arundel⟩
Thomas ⟨Aruntinensis⟩
Thomas ⟨d'Arundel⟩

Thomas ⟨Aruntinensis⟩
→ **Thomas ⟨Arundelius⟩**

Thomas ⟨Asheburnus⟩
um 1382
Lecturae Bibliorum
Stegmüller, Repert. bibl. 8075
Ashburn, Thomas
Asheburnus, Thomas
Thomas ⟨Ashburn⟩
Thomas ⟨de Ashburn⟩
Thomas ⟨d'Ashborne⟩
Thomas ⟨Staffordiensis⟩

Thomas ⟨Astensis⟩
→ **Thomas ⟨de Gorzano⟩**

Thomas ⟨Atrebatensis⟩
15. Jh.
Thomas ⟨Attrabatensis⟩
Thomas ⟨d'Arras⟩

Thomas ⟨aus Kempen⟩
→ **Thomas ⟨a Kempis⟩**

Thomas ⟨av Strängnäs⟩
→ **Thomas ⟨Strengesensis⟩**

Thomas ⟨Balduinus⟩
→ **Balduinus ⟨Cantuariensis⟩**

Thomas ⟨Basiliensis⟩
→ **Ochsenbrunner, Thomas**

Thomas ⟨Basin⟩
→ **Basin, Thomas**

Thomas ⟨Bathoniensis⟩
→ **Thomas ⟨de Beckington⟩**

Thomas ⟨Bazinus⟩
→ **Basin, Thomas**

Thomas ⟨Beatus⟩
→ **Thomas ⟨de Aquino⟩**

Thomas ⟨Becket⟩
1118 – 1170
Tusculum-Lexikon; LThK; CSGL; LMA,VIII,702/04
Becket, Thomas
Becket, Thomas ¬a¬
Thomas ⟨à Becket⟩
Thomas ⟨Cantuarensis⟩
Thomas ⟨Cantuariensis⟩
Thomas ⟨of Canterbury⟩
Thomas ⟨of London⟩
Thomas ⟨Sanctus⟩
Thomas ⟨von Kandelberg⟩
Thomas Becket ⟨von Canterbury⟩
Thomas Beckett ⟨von Canterbury⟩
Tommaso ⟨Becket⟩

Thomas ⟨Bekynton⟩
→ **Thomas ⟨de Beckington⟩**

Thomas ⟨Bethleemiticus⟩
→ **Thomas ⟨Agnus⟩**

Thomas ⟨Beverlacensis⟩
→ **Thomas ⟨de Frigido Monte⟩**

Thomas ⟨Birleius⟩
→ **Hugo ⟨de Virley⟩**

Thomas ⟨Bokympton⟩
→ **Thomas ⟨de Beckington⟩**

Thomas ⟨Brabantinus⟩
→ **Thomas ⟨de Cantiprato⟩**

Thomas ⟨Bradwardine⟩
→ **Bradwardine, Thomas**

Thomas ⟨Brampton⟩
→ **Brinton, Thomas**

Thomas ⟨Brinton⟩
→ **Brinton, Thomas**

Thomas ⟨Brito⟩
→ **Thomas ⟨de Insula⟩**

Thomas ⟨Bromius⟩
gest. 1380 · OCarm
De laudibus sacrae Scripturae
Stegmüller, Repert. bibl. 8078-8080
Brome, Thomas
Bromius, Thomas
Thomas ⟨Brome⟩
Thomas ⟨Bronius⟩

Thomas ⟨Bruder⟩
→ **Thomas ⟨de Grossis⟩**

Thomas ⟨Bruder⟩
um 1280/90
In conspectu angelorum psallam tibi (dt.)
VL(2),9,807
Bruder Thomas
Thomas ⟨Ordensprediger⟩

Thomas ⟨Bruder, OESA⟩
ca. 14. Jh. · OESA
Evtl. ident. mit Thomas ⟨de Argentina⟩
VL(2),9,808
Thomas ⟨Bruder⟩
Thomas ⟨Frater Ordinis Heremitarum Sancti Augustini⟩
Thomas ⟨Lesemeister⟩
Thomas ⟨OESA⟩
Thomas ⟨Prediger des Augustinerordens⟩

Thomas ⟨Brunton⟩
→ **Brinton, Thomas**

Thomas ⟨Buckingham⟩
→ **Thomas ⟨de Buckingham⟩**

Thomas ⟨Bungeyensis⟩
13. Jh.
LThK
Thomas ⟨Bungeius⟩
Thomas ⟨de Bungeye⟩
Thomas ⟨von Bungay⟩

Thomas ⟨Burgundus⟩
→ **Thomas ⟨de Senonis⟩**

Thomas ⟨Cabhamus⟩
→ **Thomas ⟨de Chabham⟩**

Thomas ⟨Caesariensis⟩
→ **Basin, Thomas**

Thomas ⟨Caffarini⟩
→ **Caffarini, Thomas**

Thomas ⟨Camisensis⟩
→ **Thomas ⟨de Aquino⟩**

Thomas ⟨Campis⟩
→ **Thomas ⟨a Kempis⟩**

Thomas ⟨Canonicus de Sancto Laurentio⟩
→ **Thomas ⟨de Sancto Laurentio⟩**

Thomas ⟨Cantibranus⟩
→ **Thomas ⟨de Cantiprato⟩**

Thomas ⟨Cantilupe⟩
→ **Thomas ⟨de Cantilupo⟩**

Thomas ⟨Cantipratanus⟩
→ **Thomas ⟨de Cantiprato⟩**

Thomas ⟨Cantuariensis⟩
→ **Thomas ⟨Becket⟩**

Thomas ⟨Capellanus⟩
um 1297/1309 · OP
De essentiis
Kaeppeli,IV,355/356
Capellanus, Thomas
Thomas ⟨Capellanus Roberti Andegavensis⟩
Thomas ⟨Frater, OP⟩

Thomas ⟨Capitanei⟩
→ **Thomas ⟨de Capitaneis⟩**

Thomas ⟨Capuanus⟩
→ **Thomas ⟨de Capua⟩**

Thomas ⟨Carnotensis⟩
→ **Thomas ⟨de Carnoto⟩**

Thomas ⟨Celanensis⟩
→ **Thomas ⟨de Celano⟩**

Thomas ⟨Ceparanus⟩
→ **Thomas ⟨de Ceperano⟩**

Thomas ⟨Chabham⟩
→ **Thomas ⟨de Chabham⟩**

Thomas ⟨Chaula⟩
→ **Chaula, Thomas**

Thomas ⟨Chaundler⟩
→ **Chaundler, Thomas**

Thomas ⟨Chebhamius⟩
→ **Thomas ⟨de Chabham⟩**

Thomas ⟨Chesterfeld⟩
14. Jh.
Historia de episcopis Coventrensis et Lichfeldensis
Chesterfeld, Thomas
Chesterfield, Thomas
Chesterton, Thomas
Thomas ⟨Chesterton⟩
Thomas ⟨de Chesterfeld⟩
Thomas ⟨Lichfeldensis⟩

Thomas ⟨Chesterton⟩
→ **Thomas ⟨Chesterfeld⟩**

Thomas ⟨Chestre⟩
→ **Chestre, Thomas**

Thomas ⟨Chierensis⟩
→ **Thomas ⟨de Casasco⟩**

Thomas ⟨Christophori de Colleonibus⟩
→ **Thomas ⟨de Capitaneis⟩**

Thomas ⟨Cistercien⟩
→ **Thomas ⟨de Frigido Monte⟩**

Thomas ⟨Cisterciensis⟩
1175 – 1200
Distinctiones
LMA,VIII,722
Perseigne, Thomas ¬de¬
Thomas ⟨Cistertiensis⟩
Thomas ⟨de Clairvaux⟩
Thomas ⟨de Perseigne⟩
Thomas ⟨de Persenia⟩
Thomas ⟨de Persenna⟩
Thomas ⟨de Valcellis⟩
Thomas ⟨de Vaucelles⟩
Thomas ⟨de Vaucellis⟩
Thomas ⟨Persenia⟩
Thomas ⟨the Cistercian⟩
Thomas ⟨Vaucelles de Persenna⟩
Thomas ⟨von Cîtaux⟩
Thomas ⟨von Clairvaux⟩
Thomas ⟨von Perseigne⟩
Thomas ⟨von Vaucelles⟩

Thomas ⟨Claxton⟩
um 1404/14 · OP
Quaestiones quodlibetales de distinctione inter esse et essentiam reali atque de analogia entis; Super IV libros Sententiarum
Schönberger/Kible, Repertorium, 18873; LThK
Claxton, Thomas
Thomas ⟨de Claxton⟩
Tommaso ⟨Claxton⟩

Thomas ⟨Cobham⟩
→ **Thomas ⟨de Chabham⟩**

Thomas ⟨Colbius⟩
um 1414 · OCarm
Lectiones in sacram Scripturam
Stegmüller, Repert. bibl. 8085-8089
Colbe, Thomas
Colbius, Thomas
Colby, Thomas
Thomas ⟨Colbe⟩
Thomas ⟨Colby⟩

Thomas ⟨d'Aghioved⟩
→ **T'ovma ⟨Mecop'ec'i⟩**

Thomas ⟨dai Liuti⟩
→ **Thomas ⟨de Leutis⟩**

Thomas ⟨d'Angleterre⟩
12. Jh.
Tristan und Isolde
LMA,VIII,705/06
Angleterre, Thomas ¬d'¬
Thomas ⟨Anglo-Normannischer Dichter⟩
Thomas ⟨de Bretagne⟩
Thomas ⟨der Troubadour⟩
Thomas ⟨le Trouvère⟩
Thomas ⟨of Britain⟩
Thomas ⟨Poète Anglo-Normand⟩

Thomas ⟨d'Aquin⟩
→ **Thomas ⟨de Aquino⟩**

Thomas ⟨d'Arras⟩
→ **Thomas ⟨Atrebatensis⟩**
→ **Thomas ⟨Migerii⟩**

Thomas ⟨d'Arundel⟩
→ **Thomas ⟨Arundelius⟩**

Thomas ⟨d'Ashborne⟩
→ **Thomas ⟨Asheburnus⟩**

Thomas ⟨de Acerno⟩
→ **Thomas ⟨Luceriensis⟩**

Thomas ⟨de Agazaria⟩
→ **Tommaso ⟨della Gazzaia⟩**

Thomas ⟨de Ales⟩
→ **Thomas ⟨Halensis⟩**

Thomas ⟨de Anglia⟩
→ **Thomas ⟨de Sutona⟩**

Thomas ⟨de Apolda⟩
14. Jh. · OP
De nativitate Domini; Der von Apolda (Spruch); Identität mit Theodoricus ⟨de Apolda⟩ nicht untersucht
Kaeppeli,IV,343; VL(2),9,809/811
Apolda, ¬Der von¬
Apolda, Thomas ¬de¬
Apoln, ¬Der von¬
Tho. ⟨de Apolda⟩
Thomas ⟨de Apolda Thuringus⟩

Thomas ⟨de Aquino⟩
1225 – 1274 · OP
Tusculum-Lexikon; LThK; CSGL; LMA,VIII,706/11
Aquin, Thomas ¬von¬
Aquinas, Thomas
Aquinas, Thomas ¬de¬
Aquinatus, Thomas
Aquino, Thomas ¬von¬
Aquino, Thomas ¬de¬
Thomas ⟨ab Aquino⟩
Thomas ⟨Akinatos⟩
Thomas ⟨Akuinatos⟩
Thomas ⟨Aquinas⟩
Thomas ⟨Aquinatis⟩
Thomas ⟨Aquinus⟩
Thomas ⟨Beatus⟩
Thomas ⟨Camisensis⟩
Thomas ⟨de Aquinas⟩
Thomas ⟨d'Aquin⟩
Thomas ⟨Saint⟩
Thomas ⟨Sanctus⟩
Thomas ⟨von Aquin⟩
Thomas ⟨von Aquino⟩
Thom'as ⟨Santo⟩
Tomás ⟨Santo⟩
Tomasza ⟨z Akwinu⟩
Tommaso ⟨d'Aquino⟩
Tommaso ⟨San⟩

Thomas ⟨de Argentina⟩
gest. 1357 · OESA
LThK; VL(2); LMA,VIII,724
Argentina, Thomas ¬de¬
Thomas ⟨ab Argentina⟩
Thomas ⟨Argentinensis⟩
Thomas ⟨de Strasbourg⟩
Thomas ⟨de Strassburg⟩
Thomas ⟨von Straßburg⟩

Thomas ⟨de Ascoli Piceno⟩
→ **Thomas ⟨de Firmo⟩**

Thomas ⟨de Ashburn⟩
→ **Thomas ⟨Asheburnus⟩**

Thomas ⟨de Asti⟩
→ **Thomas ⟨de Gorzano⟩**

Thomas ⟨de Balliaco⟩
gest. 1328
Disputationes quodlibetales
LThK; LMA,VIII,711
Balliaco, Thomas ¬de¬
Thomas ⟨de Bailly⟩
Thomas ⟨von Bailly⟩

Thomas ⟨de Bangor⟩
→ **Thomas ⟨Ringstedus⟩**

Thomas ⟨de Bath et Wells⟩
→ **Thomas ⟨Agnellus⟩**
→ **Thomas ⟨de Beckington⟩**

Thomas ⟨de Beckington⟩
ca. 1390 – 1465
Potth.; LMA,I,1774
Beckington, Thomas
Beckington, Thomas ¬de¬
Bekynton, Thomas
Thomas ⟨Bathoniensis⟩
Thomas ⟨Bathoniensis et Wellensis⟩
Thomas ⟨Bekynton⟩
Thomas ⟨Bokympton⟩
Thomas ⟨de Bath et Wells⟩
Thomas ⟨de Bekynton⟩
Thomas ⟨de Bekyntona⟩
Thomas ⟨of Bath and Wells⟩
Thomas ⟨of Beckington⟩
Thomas ⟨of Bekynton⟩
Thomas ⟨of Buckingham⟩
Thomas ⟨Wellensis⟩

Thomas ⟨de Bellingen⟩
→ **Thomas ⟨de Cantiprato⟩**

Thomas ⟨de Beverley⟩
→ **Thomas ⟨de Frigido Monte⟩**

Thomas ⟨de Bockering⟩
→ **Thomas ⟨de Docking⟩**

Thomas ⟨de Bozolasto⟩
gest. 1379 · OP
Vita S. Sibillinae
Bozolasto, Thomas ¬de¬
Thomas ⟨de Bossolasco⟩
Thomas ⟨de Bozolasco⟩
Thomas ⟨de Bozzolo⟩
Thomas ⟨de Bussulasco⟩
Thomas ⟨de Cuneo⟩

Thomas ⟨de Bozzolo⟩
→ **Thomas ⟨de Bozolasto⟩**

Thomas ⟨de Braberdin⟩
→ **Bradwardine, Thomas**

Thomas ⟨de Brachariis⟩
→ **Bradwardine, Thomas**

Thomas ⟨de Bradley⟩
→ **Thomas ⟨Scropus⟩**

Thomas ⟨de Brautingham⟩
gest. 1394
Brautingham, Thomas ¬de¬
Thomas ⟨of Exeter⟩

Thomas ⟨de Bredewardina⟩
→ **Bradwardine, Thomas**

Thomas ⟨de Bretagne⟩
→ **Thomas ⟨d'Angleterre⟩**

Thomas ⟨de Buckingham⟩
ca. 1290 – 1351
LMA,VIII,711
Buckingham, Thomas ¬de¬
Thomas ⟨Buckingham⟩
Thomas ⟨Exoniensis⟩

Thomas ⟨de Buldersdorf⟩
→ **Thomas ⟨Wölfel de Wuldersdorf⟩**

Thomas ⟨de Bungeye⟩
→ **Thomas ⟨Bungeyensis⟩**

Thomas ⟨de Burton⟩
gest. 1437
Burton, Thomas ¬de¬
Thomas ⟨de Meaux⟩
Thomas ⟨de Melsa⟩
Thomas ⟨of Burton⟩

Thomas ⟨de Bussulasco⟩
→ **Thomas ⟨de Bozolasto⟩**

Thomas ⟨de Cabham⟩
→ **Thomas ⟨de Chabham⟩**

Thomas ⟨de Cantilupo⟩
um 1182
LThK
Cantilupe, Thomas
Cantilupo, Thomas ¬de¬
Thomas ⟨Cantilupe⟩
Thomas ⟨de Canteloup⟩
Thomas ⟨Herefordensis⟩
Thomas ⟨Sanctus⟩
Thomas ⟨von Hereford⟩

Thomas ⟨de Cantiprato⟩
ca. 1201 – 1270 · OESA
Tusculum-Lexikon; LThK; LMA,VIII,711/14; LMA,II,1462/63
Bellinghen, Thomas ¬van¬
Cantimpré, Thomas ¬de¬
Cantipratanus, Thomas
Cantiprato, Thomas ¬de¬
Thomas ⟨Brabantinus⟩
Thomas ⟨Cantibranus⟩
Thomas ⟨Cantimpratanus⟩
Thomas ⟨Cantimpratensis⟩
Thomas ⟨Cantipratanus⟩
Thomas ⟨Cantipratensis⟩
Thomas ⟨de Bellingen⟩
Thomas ⟨de Cantimprato⟩
Thomas ⟨de Cantimpré⟩
Thomas ⟨van Bellinghen⟩
Thomas ⟨von Brabant⟩
Thomas ⟨von Cantimpré⟩
Thomas ⟨von Chantimpré⟩
Tommaso ⟨di Cantimpré⟩
Tommaso ⟨di Cantiprato⟩

Thomas ⟨de Capitaneis⟩
um 1480/83 · OP
Oratio ad Sixtum IV in cappella sacri palatii
Kaeppeli,IV,358/359
Capitanei, Thomas
Capitaneis, Thomas ¬de¬
Capitaneis de Celleonibus, Thomas ¬ex¬
Thoma ⟨Christofori de Capitaneis de Bergamo⟩
Thomas ⟨a Capitaneis⟩
Thomas ⟨Capitanei⟩
Thomas ⟨Capitaneis⟩
Thomas ⟨Capitaneus⟩
Thomas ⟨Capitaneus de Colionibus de Bergomo⟩
Thomas ⟨Christophori de Colleonibus⟩
Thomas ⟨Christophori de Colleonibus Bergomensis⟩
Thomas ⟨ex Capitaneis de Bergomo⟩
Thomas ⟨ex Capitaneis de Celleonibus⟩
Thomas ⟨ex Capitaneis de Cellionibus⟩
Thomas ⟨ex Capitaneis de Colleonibus⟩

Thomas ⟨de Capua⟩
gest. 1239
Tusculum-Lexikon; LMA,VIII,714
Capua, Thomas ¬de¬
Thomas ⟨Capuanus⟩
Thomas ⟨von Capua⟩

Thomas ⟨de Carlisle⟩
→ **Merks, Thomas**

Thomas ⟨de Carnoto⟩
um 1273 · OP
Schneyer,V,629
Carnoto, Thomas ¬de¬
Thomas ⟨Carnotensis⟩
Thomas ⟨de Chartres⟩

Thomas ⟨de Casasco⟩
gest. 1390 · OP
Acta processuum inquisitionis contra Valdenses vallium pedemontanarum; Sermones perutiles et nonnulla alia opera; der von Quétif genannte Name Thomas ⟨de Clarasco⟩ ist falsch
Kaeppeli,IV,357/358
Casasco, Thomas ¬de¬
Thomas ⟨Chierensis⟩
Thomas ⟨de Casascho⟩
Thomas ⟨de Cherasco⟩
Thomas ⟨de Chieri⟩
Thomas ⟨de Clarasco⟩
Thomas ⟨de Torino⟩

Thomas ⟨de Castellariis⟩
Lebensdaten nicht ermittelt
Troyes 1776f. 106 vb.
Schneyer,V,627
Castellariis, Thomas ¬de¬

Thomas ⟨de Catalonia⟩
Lebensdaten nicht ermittelt
Quaestiones super XII libros Metaphysicae
Lohr
Catalonia, Thomas ¬de¬

Thomas ⟨de Caudebec⟩
→ **Basin, Thomas**

Thomas ⟨de Celano⟩
ca. 1190 – 1260 · OFM
Tusculum-Lexikon; LThK; LMA,VIII,714/15
Celano, Thomas ¬von¬
Celano, Thomas ¬de¬
Celano, Thomas von
Thomas ⟨a Celano⟩
Thomas ⟨Celanensis⟩
Thomas ⟨von Celano⟩
Tommaso ⟨da Celano⟩

Thomas ⟨de Ceperano⟩
um 1245 · OFM
Vita Francisci conf.
Potth. 1064
Ceperano, Thomas ¬de¬
Thomas ⟨Ceparanus⟩
Thomas ⟨de Ceprano⟩

Thomas ⟨de Césarée⟩
→ **Basin, Thomas**

Thomas ⟨de Chabham⟩
gest. ca. 1233/36
Baruch; Sermones; Summa de commendatione virtutum et exterpatione vitiorum; etc.
DOC,2,1751; Stegmüller, Repert. bibl. 8084,1; Schneyer,V,627; LMA,VIII,715/16
Chabham, Thomas ¬de¬
Chebhamius, Thomas
Thomas ⟨Cabhamus⟩
Thomas ⟨Chabham⟩
Thomas ⟨Chabham Saresberiensis⟩
Thomas ⟨Chebhamius⟩
Thomas ⟨Cobham⟩
Thomas ⟨de Cabaham⟩
Thomas ⟨de Cabham⟩
Thomas ⟨de Chobham⟩
Thomas ⟨Sarisberiensis⟩
Thomas ⟨von Chabham⟩

Thomas ⟨de Chalons⟩
→ **Thomas ⟨de Chalunis⟩**

Thomas ⟨de Chalunis⟩
Lebensdaten nicht ermittelt
Oxford, Merton 237f. 222 rb.
Schneyer,V,629
Chalunis, Thomas ¬de¬
Thomas ⟨de Chalon⟩
Thomas ⟨de Chalons⟩

Thomas ⟨de Chartres⟩
→ **Thomas ⟨de Carnoto⟩**

Thomas ⟨de Cherasco⟩
→ **Thomas ⟨de Casasco⟩**

Thomas ⟨de Chesterfeld⟩
→ **Thomas ⟨Chesterfeld⟩**

Thomas ⟨de Chieri⟩
→ **Thomas ⟨de Casasco⟩**

Thomas ⟨de Chobham⟩
→ **Thomas ⟨de Chabham⟩**
→ **Thomas ⟨de Cobham⟩**

Thomas ⟨de Clairvaux⟩
→ **Thomas ⟨Cisterciensis⟩**

Thomas ⟨de Clarasco⟩
→ **Thomas ⟨de Casasco⟩**

Thomas ⟨de Claxton⟩
→ **Thomas ⟨Claxton⟩**

Thomas ⟨de Cobham⟩
gest. 1327
Cobham, Thomas ¬de¬
Thomas ⟨de Chobham⟩
Thomas ⟨of Worcester⟩

Thomas ⟨de Como⟩
→ **Thomas ⟨de Leuco⟩**

Thomas ⟨de Corcellis⟩
1400 – 1469
Epp. Pauli
Stegmüller, Repert. bibl. 8090;8091; LMA,VIII,716/17
Corcellis, Thomas ¬de¬
Thomas ⟨de Courcelles⟩
Thomas ⟨von Courcelles⟩

Thomas ⟨de Cracovia⟩
→ **Matthaeus ⟨de Cracovia⟩**

Thomas ⟨de Cuneo⟩
→ **Thomas ⟨de Bozolasto⟩**

Thomas ⟨de Debrenthe⟩
→ **Debrenthe, Thomas ¬de¬**

Thomas ⟨de Docking⟩
gest. ca. 1269 · OFM
LThK; LMA,VIII,719
Docking, Thomas ¬de¬
Good, Thomas
Gude, Thomas
Thomas ⟨de Bockering⟩
Thomas ⟨Dockingus⟩
Thomas ⟨Good von Docking⟩

Thomas ⟨de Dordrecht⟩
→ **Thomas ⟨Everardi⟩**

Thomas ⟨de Drag⟩
→ **Drag, Thomas ¬de¬**

Thomas ⟨de Eboraco⟩
gest. ca. 1260 · OFM
Sapientiale; Comparatio sensibilium
Tusculum-Lexikon; LThK; LMA,VIII,727
Eboraco, Thomas ¬de¬
Thomas ⟨Anglicus⟩
Thomas ⟨de York⟩
Thomas ⟨d'York⟩
Thomas ⟨Eboracensis⟩
Thomas ⟨of York⟩
Thomas ⟨von Eboracum⟩
Thomas ⟨von York⟩

Thomas ⟨de Eccleston⟩
13. Jh.
De adventu fratrum minorum in Angliam
LMA,VIII,717
Eccleston, Thomas ¬de¬
Thomas ⟨Ecklestonus⟩
Thomas ⟨Eclestonus⟩
Thomas ⟨Franciscanus⟩
Thomas ⟨von Eccleston⟩

Thomas ⟨de Elmham⟩
1364 – ca. 1422
Rep.Font. IV,314/315
Elmham, Thomas ¬de¬
Pseudo-Elmham
Pseudo-Thomas ⟨de Elmham⟩
Thoma ⟨de Elmham⟩
Thomas ⟨de Lenton⟩
Thomas ⟨de Linton⟩
Thomas ⟨Elmham⟩
Thomas ⟨Elmhamus⟩
Thomas ⟨of Elmham⟩

Thomas ⟨de Erfordia⟩
14. Jh.
De modis significandi seu Grammatica speculativa
Tusculum-Lexikon; LMA,VIII,717/18
Erfordia, Thomas ¬de¬
Thomas ⟨Erfordensis⟩
Thomas ⟨Erfordiensis⟩
Thomas ⟨Erfurtensis⟩
Thomas ⟨of Erfurt⟩
Thomas ⟨von Erfurt⟩

Thomas ⟨de Eugubio⟩
→ **Thomas ⟨Johannis⟩**

Thomas ⟨de Faversham⟩
14. Jh.
Quaestiones super librum Physicorum (fälschlich zugeschrieben)
Lohr
Faversham, Thomas ¬de¬

Thomas ⟨de Fermo⟩
→ **Thomas ⟨de Firmo⟩**

Thomas ⟨de Ferrara⟩
→ **Thomas ⟨de Leutis⟩**

Thomas ⟨de Firmo⟩
gest. 1414 · OP
Sermones; Litterae
Kaeppeli,IV,362/365
Firmo, Thomas ¬de¬
Thomas ⟨de Ascoli Piceno⟩
Thomas ⟨de Fermo⟩
Thomas ⟨Firmanus⟩
Thomas ⟨von Fermo⟩

Thomas ⟨de Florence⟩
→ **Thomas ⟨de Garbo⟩**

Thomas ⟨de Fonte⟩
→ **Thomas ⟨Nesis de Fonte⟩**

Thomas ⟨de Fremont⟩
→ **Thomas ⟨de Frigido Monte⟩**

Thomas ⟨de Frigido Monte⟩
um 1170 · OCist
Vita B. Margaretae
LMA,VIII,718
Frigido Monte, Thomas ¬de¬
Pseudo-Thomas ⟨Frigidi Montis⟩
Thomas ⟨Beverlacensis⟩
Thomas ⟨Cistercien⟩
Thomas ⟨de Beverley⟩
Thomas ⟨de Fremont⟩
Thomas ⟨de Froidmont⟩
Thomas ⟨Fremon⟩
Thomas ⟨Fremont⟩
Thomas ⟨Frigidi Montis⟩
Thomas ⟨Monachus⟩
Thomas ⟨Monachus Sanctae Mariae⟩
Thomas ⟨van Beverley⟩
Thomas ⟨van Froidmont⟩
Thomas ⟨von Froidmont⟩

Thomas ⟨de Froidmont⟩
→ **Thomas ⟨de Frigido Monte⟩**

Thomas ⟨de Gaeta⟩
um 1191/1213
Epistulae
LMA,VIII,718/19
Gaeta, Thomas ¬de¬
Thomas ⟨de Gaète⟩
Thomas ⟨von Gaeta⟩

Thomas ⟨de Galles⟩
→ **Thomas ⟨de Jorz⟩**
→ **Thomas ⟨Wallensis⟩**

Thomas ⟨de Garbo⟩
gest. 1370
Tusculum-Lexikon; LMA,III,670/71
DelGarbo, Tommaso
Garbo, Thomas ¬de¬
Garbo, Tommaso ¬del¬
Thomas ⟨de Florence⟩
Thomas ⟨del Garbo⟩
Tommaso ⟨del Garbo⟩

Thomas ⟨de Gazaria⟩
→ **Tommaso ⟨della Gazzaia⟩**

Thomas ⟨de Georce⟩
→ **Thomas ⟨de Jorz⟩**

Thomas ⟨de Gorzano⟩
um 1297/1305 · OP
Rationes receptorum et expensarum durante munere inquisitionis
Kaeppeli,IV,366
Gorzano, Thomas ¬de¬
Thomas ⟨Astensis⟩
Thomas ⟨de Asti⟩
Thomas ⟨de Gorzano de Asti⟩

Thomas ⟨de Grossis⟩
gest. 1416 · OP
Kaeppeli,IV,367
Grossis, Thomas ¬de¬
Thomas ⟨Bruder⟩
Thomas ⟨de Grossis de Prussia⟩
Thomas ⟨de Prussia⟩

Thomas ⟨de Guallia⟩
→ **Thomas ⟨Wallensis⟩**

Thomas ⟨de Gubbio⟩
→ **Thomas ⟨Johannis⟩**

Thomas ⟨de Hales⟩
→ **Thomas ⟨Halensis⟩**

Thomas ⟨de Haselbach⟩
→ **Ebendorfer, Thomas**

Thomas ⟨de Hibernia⟩
→ **Thomas ⟨Palmeranus⟩**

Thomas ⟨de Illeghe⟩
→ **Thomas ⟨de Illeia⟩**

Thomas ⟨de Illeia⟩
ca. 1254 – ca. 1307 · OCarm
Lectiones plures in sacram Scripturam; Apoc.
Stegmüller, Repert. bibl. 8131;8132
Illeia, Thomas ¬de¬
Thomas ⟨de Illeghe⟩
Thomas ⟨de Ylleya⟩
Thomas ⟨d'Hilley⟩
Thomas ⟨Hilleiensis⟩
Thomas ⟨Hilleus⟩

Thomas ⟨de Insula⟩
gest. 1361 · OP
Quaestiones theologicas; Sermones de tempore et sanctis
Schneyer,V,631
Insula, Thomas ¬de¬
Isle, Thomas ¬de l'¬
Lilius, Thomas
Lyld, Thomas
Lyle, Thomas
L'Isle, Thomas
Thomas ⟨Brito⟩
Thomas ⟨de Insula Anglicus⟩
Thomas ⟨de Lisle⟩
Thomas ⟨de Lylde⟩
Thomas ⟨de Lyle⟩
Thomas ⟨de Lysle⟩
Thomas ⟨de l'Isle⟩
Thomas ⟨Lilius⟩
Thomas ⟨Lyld⟩
Thomas ⟨Lyldus⟩

Thomas ⟨de Jorz⟩
gest. 1310 · OP
LMA,VIII,720; LThK
Jorgius, Thomas
Jorsius, Thomas
Jorz, Thomas ¬de¬
Thomas ⟨Anglicus⟩
Thomas ⟨Anglus⟩
Thomas ⟨de Galles⟩
Thomas ⟨de Georce⟩
Thomas ⟨de Joyce⟩
Thomas ⟨Georce⟩
Thomas ⟨Jorgius⟩
Thomas ⟨Jorsius⟩
Thomas ⟨l'Anglais⟩
Thomas ⟨of Jorz⟩
Thomas ⟨York⟩
Thomas ⟨de Joyce⟩
→ **Thomas ⟨de Jorz⟩**

Thomas ⟨de Kempis⟩
→ **Thomas ⟨a Kempis⟩**

Thomas ⟨de Kent⟩
13. Jh.
Roman de toute chevalerie
Kent, Thomas ¬de¬
Thomas ⟨of Kent⟩
Thomas ⟨von Kent⟩

Thomas ⟨de Kephartab⟩
→ **Tūmā al-Kafarṭābī**

Thomas ⟨de la More⟩
→ **LaMore, Thomas ¬de¬**

Thomas ⟨de Laa⟩
→ **Thomas ⟨von Laa⟩**

Thomas ⟨de Landshut⟩
→ **Thomas ⟨Teufl de Landshut⟩**

Thomas ⟨de Lecco⟩
→ **Thomas ⟨de Leuco⟩**

Thomas ⟨de Lentino⟩
→ **Thomas ⟨Agnus⟩**

Thomas ⟨de Lenton⟩
→ **Thomas ⟨de Elmham⟩**

Thomas ⟨de Leontio⟩
→ **Thomas ⟨Agnus⟩**

Thomas ⟨de Leuco⟩
gest. 1478 · OP
Acta de unione Congregationis reformatae prov. Lombardiae
Kaeppeli,IV,372/373
Leuco, Thomas ¬de¬
Thomas ⟨de Como⟩
Thomas ⟨de Lecco⟩

Thomas ⟨de Leutis⟩
um 1447/81 · OP
Trattato del modo di ben governare; Quadragesimale „Liber petitionum animae"; Notulae autographae in libro officii inquisitoris; etc.
Kaeppeli,IV,373/375
Leutis, Thomas ¬de¬
Thomas ⟨dai Liuti⟩
Thomas ⟨de Ferrara⟩
Thomas ⟨de Ferraria⟩
Thomas ⟨Ferrariensis⟩
Thomasinus ⟨de Ferraria⟩
Tomaso ⟨dai Leuti da Ferrara⟩
Tommaso ⟨dai Liuti⟩
Tommaso ⟨dai Liuti di Ferrara⟩

Thomas ⟨de Linton⟩
→ **Thomas ⟨de Elmham⟩**

Thomas ⟨de Lisieux⟩
→ **Basin, Thomas**

Thomas ⟨de l'Isle⟩
→ **Thomas ⟨de Insula⟩**

Thomas ⟨de Loches⟩
→ **Thomas ⟨de Pactio⟩**

Thomas ⟨de Lucidomonte⟩
gest. 1303 · OP
Sermones Cod. Oxford, Merton 237f. 207ra
Schneyer,V,670
Lucidomonte, Thomas ¬de¬
Thomas ⟨de Lucido Monte⟩
Thomas ⟨de Lucidomonte Campanus⟩
Thomas ⟨de Luxémont⟩

Thomas ⟨de Luctona⟩
13. Jh. · OFM
Ezech.
Stegmüller, Repert. bibl. 8148
Luctona, Thomas ¬de¬

Thomas ⟨de Luxémont⟩
→ **Thomas ⟨de Lucidomonte⟩**

Thomas ⟨de Lysle⟩
→ **Thomas ⟨de Insula⟩**

Thomas ⟨de Maldonia⟩
→ **Thomas ⟨Maldonus⟩**

Thomas ⟨de Malmesbury⟩
um 1289/92 · OP
Schneyer,V,670
Malmesbury, Thomas ¬de¬
Thomas ⟨de Malmesbury Anglicus⟩

Thomas ⟨de Mantevilla⟩
um 1351 · OP
Expositio super libro Problematum Aristotelis
Lohr
Mantevilla, Thomas ¬de¬
Thomas ⟨de Mantebilla⟩
Thomas ⟨de Mantevilla Normannus⟩
Thomas ⟨de Mantheuilla⟩

Thomas ⟨de Marga⟩
→ **Thomas ⟨Margensis⟩**

Thomas ⟨de Marlborough⟩
→ **Thomas ⟨Eveshamensis⟩**

Thomas ⟨de Marsala⟩
→ **Thomas ⟨Schifaldus⟩**

Thomas ⟨de Meaux⟩
→ **Thomas ⟨de Burton⟩**

Thomas ⟨de Medzoph⟩
→ **T'ovma ⟨Mecop'ec'i⟩**

Thomas ⟨de Melsa⟩
→ **Thomas ⟨de Burton⟩**

Thomas ⟨de Monmouth⟩
→ **Thomas ⟨Monumetensis⟩**

Thomas ⟨de Montecorvino⟩
um 1408/40 · OP
Sermo in festo Sancti Andreae apostoli; Contemplationes
Kaeppeli,IV,377/378
Montecorvino, Thomas ¬de¬
Thomas ⟨de Monte Corvino⟩
Thomas ⟨de Naples⟩
Thomas ⟨de Regno⟩

Thomas ⟨de Morigny⟩
→ **Thomas ⟨Mauriniacensis⟩**

Thomas ⟨de Naples⟩
→ **Thomas ⟨de Montecorvino⟩**

Thomas ⟨de Nocera⟩
→ **Thomas ⟨Luceriensis⟩**

Thomas ⟨de Northwod⟩
→ **Thomas ⟨Norwod⟩**

Thomas ⟨de Norwich⟩
→ **Thomas ⟨Sprottus⟩**

Thomas ⟨de Norwood⟩
→ **Thomas ⟨Norwod⟩**

Thomas ⟨de Oseneia⟩
→ **Thomas ⟨de Wykes⟩**

Thomas ⟨de Pactio⟩
gest. 1168
Pactio, Thomas ¬de¬
Thomas ⟨de Loches⟩
Thomas ⟨de Paccio⟩
Thomas ⟨de Parcé⟩
Thomas ⟨de Parceio⟩
Thomas ⟨Lochensis⟩
Thomas ⟨Pactius⟩

Thomas ⟨de Palmerstown⟩
→ **Thomas ⟨Palmeranus⟩**

Thomas ⟨de Papia⟩
gest. 1284 · OFM
Gesta imperatorum et pontificum; Distinctiones
Tusculum-Lexikon; Potth. 788; LMA,VIII,722
Minorita ⟨Florentinus⟩
Papia, Thomas ¬de¬

Thomas ⟨de Pavia⟩
Thomas ⟨de Pavie⟩
Thomas ⟨Frater⟩
Thomas ⟨Papiensis⟩
Thomas ⟨Tuscus⟩
Thomas ⟨von Pavia⟩

Thomas ⟨de Parceio⟩
→ **Thomas ⟨de Pactio⟩**

Thomas ⟨de Paruta⟩
gest. 1446 · OP
Litterae ad Bartholomaeum de Acerbis Perusinum OP; Litterae contestationis in processu Castellano de Catherina Senensi; Testamentum et testamenti codicillus; etc.
Kaeppeli,IV,381/383
Paruta, Thomas ¬de¬
Thomas ⟨de Venezia⟩
Thomas ⟨Venetus⟩
Tommaso ⟨Paruta⟩

Thomas ⟨de Pavia⟩
→ **Thomas ⟨de Papia⟩**

Thomas ⟨de Pécs⟩
→ **Thomas ⟨de Quinque Ecclesiis⟩**

Thomas ⟨de Perseigne⟩
→ **Thomas ⟨Cisterciensis⟩**

Thomas ⟨de Perugia⟩
→ **Thomas ⟨Johannis⟩**

Thomas ⟨de Prussia⟩
→ **Thomas ⟨de Grossis⟩**

Thomas ⟨de Quinque Ecclesiis⟩
um 1441 · OP
Abbreviatio in versibus libri Sententiarum
Kaeppeli,IV,383
Quinque Ecclesiis, Thomas ¬de¬
Thomas ⟨de Pécs⟩
Thomas ⟨Hungarus⟩
Thomas ⟨Quinqueecclesiensis⟩

Thomas ⟨de Radiolio⟩
12./13. Jh.
Radiolio, Thomas ¬de¬
Radolio, Thomas ¬de¬
Thomas ⟨de Radolio⟩
Thomas ⟨Igniacensis⟩
Thomas ⟨Rodelius⟩
Thomas ⟨Rodolius⟩
Thomas ⟨von Igny⟩

Thomas ⟨de Reate⟩
→ **Thomas ⟨Francisci⟩**

Thomas ⟨de Regno⟩
→ **Thomas ⟨de Montecorvino⟩**

Thomas ⟨de Rieti⟩
→ **Thomas ⟨Francisci⟩**

Thomas ⟨de Ringstead⟩
→ **Thomas ⟨Ringstedus⟩**

Thomas ⟨de Rossy⟩
gest. 1390
Rossy, Thomas ¬de¬
Thomas ⟨de Rossi⟩

Thomas ⟨de Ryngestede⟩
→ **Thomas ⟨Ringstedus⟩**

Thomas ⟨de Saint-Albans⟩
→ **LaMore, Thomas ¬de¬**
→ **Thomas ⟨de Walsingham⟩**

Thomas ⟨de Salmasa⟩
→ **Merks, Thomas**

Thomas ⟨de Sancto Genesio⟩
um 1400 · OESA
Stegmüller, Repert. sentent. 908
Sancto Genesio, Thomas ¬de¬
Thomas ⟨de San-Ginesio⟩

Thomas ⟨de Sancto Laurentio⟩
um 1183/85
Epistula ad Bernerum avunculum suum; Epistula ad Lisiardum confratrem
Schönberger/Kible, Repertorium, 18926
Sancto Laurentio, Thomas ¬de¬
Thomas ⟨Canonicus de Sancto Laurentio⟩

Thomas ⟨de Sancto Victore⟩
→ **Thomas ⟨Vercellensis⟩**

Thomas ⟨de Sandal⟩
→ **Thomas ⟨Sandalius⟩**

Thomas ⟨de San-Ginesio⟩
→ **Thomas ⟨de Sancto Genesio⟩**

Thomas ⟨de Sarepta⟩
→ **Thomas ⟨de Wratislavia⟩**

Thomas ⟨de Saundle⟩
→ **Thomas ⟨Sandalius⟩**

Thomas ⟨de Schifaldis⟩
→ **Thomas ⟨Schifaldus⟩**

Thomas ⟨de Ségovie⟩
→ **Thomas ⟨de Turrecremata⟩**

Thomas ⟨de Senonis⟩
um 1273 · OP
Schneyer,V,672
Senonis, Thomas ¬de¬
Thomas ⟨Burgundus⟩
Thomas ⟨de Senonis Burgundus⟩
Thomas ⟨de Sens⟩

Thomas ⟨de Sens⟩
→ **Thomas ⟨de Senonis⟩**

Thomas ⟨de Siena⟩
→ **Thomas ⟨Nesis de Fonte⟩**

Thomas ⟨de Sienne⟩
→ **Caffarini, Thomas**

Thomas ⟨de Spalato⟩
gest. 1268
Historia Salonitanorum
LMA,VIII,852
Spalato, Thomas ¬de¬
Thomas ⟨Archidiaconus⟩
Thomas ⟨de Spalatro⟩
Thomas ⟨de Split⟩
Thomas ⟨Spalatensis⟩
Thomas ⟨von Split⟩
Toma ⟨Splićanin⟩
Toma ⟨von Split⟩
Tommaso ⟨Arcidiacono⟩
Tommaso ⟨di Spalato⟩

Thomas ⟨de Split⟩
→ **Thomas ⟨de Spalato⟩**

Thomas ⟨de Stitna⟩
→ **Tomáš ⟨ze Stítného⟩**

Thomas ⟨de Strampino⟩
1398 – 1460
Stegmüller, Repert. sentent. 910-914
Strampino, Thomas ¬de¬
Thomas ⟨de Strzempina⟩

Thomas ⟨de Stranschave⟩
→ **Thomas ⟨de Straversham⟩**

Thomas ⟨de Strasbourg⟩
→ **Thomas ⟨de Argentina⟩**

Thomas ⟨de Straversham⟩
gest. 1346 bzw. 1364 · OFM
Dist.
Stegmüller, Repert. bibl. 8180-8187
Stavestenus, Thomas
Straversham, Thomas ¬de¬
Straveshaw, Thomas
Thomas ⟨de Stranschave⟩
Thomas ⟨de Straveshan⟩
Thomas ⟨de Straveshaw⟩
Thomas ⟨Shavestenus⟩
Thomas ⟨Stavestenus⟩
Thomas ⟨Straveshanus⟩
Thomas ⟨Straveshaw⟩

Thomas ⟨de Strzempina⟩
→ **Thomas ⟨de Strampino⟩**

Thomas ⟨de Stubbes⟩
→ **Thomas ⟨Stubs⟩**

Thomas ⟨de Sturey⟩
um 1249/70
Moralitates in Apoc.; Identität mit Thomas ⟨de Sturcia⟩ nicht gesichert
Stegmüller, Repert. bibl. 8189 und 8190
Stureia, Thomas
Sturey, Thomas ¬de¬
Thomas ⟨de Turcia⟩
Thomas ⟨Sturciensis⟩
Thomas ⟨Stureia⟩
Thomas ⟨Tureia⟩
Tureia, Thomas

Thomas ⟨de Sutona⟩
ca. 1250 – ca. 1320 · OP
De immaculata conceptione
Tusculum-Lexikon; LMA,VIII,724
Sutona, Thomas ¬de¬
Sutton, Thomas
Thomas ⟨Anglicus⟩
Thomas ⟨Anglus⟩
Thomas ⟨de Anglia⟩
Thomas ⟨de Sutton⟩
Thomas ⟨de Suttona⟩
Thomas ⟨Suttonus⟩
Thomas ⟨von Sutton⟩
Tommaso ⟨di Sutton⟩

Thomas ⟨de Thenismonte⟩
→ **Thomas ⟨Scellinck⟩**

Thomas ⟨de Thienen⟩
→ **Thomas ⟨Scellinck⟩**

Thomas ⟨de Toledo⟩
→ **Thomas ⟨Toletanus⟩**

Thomas ⟨de Tolentino⟩
gest. 1322 · OFM
Postilla super Epistulas Canonicas
LMA,VIII,725
Thomas ⟨de Tolentino Picenus⟩
Tolentino, Thomas ¬de¬

Thomas ⟨de Torino⟩
→ **Thomas ⟨de Casasco⟩**

Thomas ⟨de Torquemada⟩
→ **Thomas ⟨de Turrecremata⟩**

Thomas ⟨de Turcia⟩
→ **Thomas ⟨de Sturey⟩**

Thomas ⟨de Turrecremata⟩
gest. 1498 · OP
LThK; LMA,VIII,877
Thomas ⟨de Ségovie⟩
Thomas ⟨de Torquemada⟩
Torquemada, Thomas ¬de¬
Torquemada, Tomas ¬de¬
Turrecremata, Thomas ¬de¬

Thomas ⟨de Tynemouth⟩
→ **LaMore, Thomas ¬de¬**

Thomas ⟨de Utino⟩
gest. 1439 · OP
Regulae proportionum; Declaratio sententiae de libris Iohannis Wicklif non comburendis; Tabula super epistulas et evangelia per totum anni circulum; etc.
Kaeppeli,IV,400/401
Thomas ⟨d'Udine⟩
Thomas ⟨Utinensis⟩
Tommaso ⟨da Udine⟩
Udine, Tomaso ¬da¬
Utino, Thomas ¬de¬

Thomas ⟨de Vaucellis⟩
→ **Thomas ⟨Cisterciensis⟩**

Thomas ⟨de Venezia⟩
→ **Thomas ⟨de Paruta⟩**

Thomas ⟨de Verceil⟩
→ **Thomas ⟨Vercellensis⟩**

Thomas ⟨de Verdun⟩
→ **Thomas ⟨de Virduno⟩**

Thomas ⟨de Vicogne⟩
→ **Thomas ⟨Viconiensis⟩**

Thomas ⟨de Virduno⟩
um 1400 · OP
Epp. Pauli
Stegmüller, Repert. bibl. 8233
Thomas ⟨de Verdun⟩
Thomas ⟨de Viriduno⟩
Virduno, Thomas ¬de¬

Thomas ⟨de Virley⟩
→ **Hugo ⟨de Virley⟩**

Thomas ⟨de Vulderstorff⟩
→ **Thomas ⟨Wölfel de Wuldersdorf⟩**

Thomas ⟨de Walden⟩
→ **Netter, Thomas**

Thomas ⟨de Wallia⟩
→ **Thomas ⟨Wallensis⟩**

Thomas ⟨de Walsingham⟩
gest. 1422 · OSB
Historia Anglicana
LThK; LMA,VIII,1991/92
Thomas ⟨de Saint-Albans⟩
Thomas ⟨von Walsingham⟩
Thomas ⟨Walsinghamus⟩
Walsingham, Thomas ¬de¬

Thomas ⟨de Westminster⟩
→ **Merks, Thomas**

Thomas ⟨de Whapelade⟩
gest. ca. 1303 · OFM
Schneyer,V,711
Whapelade, Thomas ¬de¬

Thomas ⟨de Wickam⟩
→ **Thomas ⟨de Wykes⟩**

Thomas ⟨de Wilton⟩
→ **Thomas ⟨de Wylton⟩**

Thomas ⟨de Wratislavia⟩
1297 – 1378
Practica medicinalis
Breslau, Thomas ¬von¬
Peter ⟨of Tilleberi⟩
Sarepta, Thomas ¬von¬
Thomas ⟨de Sarepta⟩
Thomas ⟨of Preslau⟩
Thomas ⟨of Sarepta⟩
Thomas ⟨of Wrocław⟩
Thomas ⟨Sareptensis⟩
Thomas ⟨von Breslau⟩
Thomas ⟨von Sarepta⟩
Thomas ⟨Wratislaviensis⟩
Tilleberi, Peter ¬of¬
Wratislavia, Thomas ¬de¬

Thomas ⟨de Wuldersdorf⟩
→ **Thomas ⟨Wölfel de Wuldersdorf⟩**

Thomas ⟨de Wykes⟩
gest. ca. 1305
Annales historiae Anglicanae
Thomas ⟨de Oseneia⟩
Thomas ⟨de Wickam⟩
Thomas ⟨de Wikes⟩
Thomas ⟨de Wyk⟩
Thomas ⟨Vikes⟩
Thomas ⟨Vuycke⟩
Thomas ⟨Wiccius⟩
Thomas ⟨Wikes⟩
Thomas ⟨Wilkes⟩
Thomas ⟨Wykes⟩
Wikes, Thomas
Wykes, Thomas ¬de¬

Thomas ⟨de Wylton⟩
gest. ca. 1327
De anima
LThK; LMA,VIII,726
Thomas ⟨de Wilton⟩
Thomas ⟨Wilton⟩
Thomas ⟨Wylton⟩
Thomas ⟨Wyltoniensis⟩
Wylton, Thomas ¬de¬

Thomas ⟨de Ylleya⟩
→ **Thomas ⟨de Illeia⟩**

Thomas ⟨de York⟩
→ **Thomas ⟨de Eboraco⟩**

Thomas ⟨del Garbo⟩
→ **Thomas ⟨de Garbo⟩**

Thomas ⟨d'Ely⟩
→ **Thomas ⟨Eliensis⟩**

Thomas ⟨der Artsrunier⟩
→ **T'ovma ⟨Arcrowni⟩**

Thomas ⟨der Pewntner⟩
→ **Peuntner, Thomas**

Thomas ⟨der Troubadour⟩
→ **Thomas ⟨d'Angleterre⟩**

Thomas ⟨Derby, Earl⟩
→ **Thomas ⟨Lancaster, Earl⟩**

Thomas ⟨d'Hilley⟩
→ **Thomas ⟨de Illeia⟩**

Thomas ⟨di Silvestro⟩
→ **Tommaso ⟨di Silvestro⟩**

Thomas ⟨dictus Tressent Mauriniacensis⟩
→ **Thomas ⟨Mauriniacensis⟩**

Thomas ⟨d'Irlande⟩
→ **Thomas ⟨Palmeranus⟩**

Thomas ⟨Doccius⟩
→ **Thomas ⟨Doctius⟩**

Thomas ⟨Dockingus⟩
→ **Thomas ⟨de Docking⟩**

Thomas ⟨Doctius⟩
gest. 1441
Consilia
Docci, Tommaso
Doccius, Thomas
Doctius, Thomas
Dotti, Thomas
Dotti, Tommaso
Thomas ⟨Doccius⟩
Thomas ⟨Doctius Senensis⟩
Thomas ⟨Dotti⟩
Thomas ⟨Dotti de Sienne⟩
Tommaso ⟨Docci⟩
Tommaso ⟨Dotti⟩

Thomas ⟨Dotti⟩
→ **Thomas ⟨Doctius⟩**

Thomas ⟨d'Udine⟩
→ **Thomas ⟨de Utino⟩**

Thomas ⟨d'York⟩
→ **Thomas ⟨de Eboraco⟩**

Thomas ⟨Ebendorfer⟩
→ **Ebendorfer, Thomas**

Thomas ⟨Eboracensis⟩
→ **Thomas ⟨de Eboraco⟩**
→ **Thomas ⟨Stubs⟩**

Thomas ⟨Eclestonus⟩
→ **Thomas ⟨de Eccleston⟩**

Thomas ⟨Edessenus⟩
6. Jh.
Edessenus, Thomas
Thomas ⟨von Edessa⟩

Thomas ⟨Eichstetensis⟩
um 1320
Gesta Chunradi II, Johannis I, Philippi episcoporum Eichstetensium. 1297-1324; Additamenta ad Gundechari Librum pontificalem Eichstetensem
Potth. 1065
Thomas ⟨Notarius Eichstetensis⟩

Thomas ⟨Eliensis⟩
gest. 1174
Thomas ⟨d'Ely⟩
Thomas ⟨of Ely⟩

Thomas ⟨Elmhamus⟩
→ **Thomas ⟨de Elmham⟩**

Thomas ⟨Epigrammaticus⟩
→ **Thomas ⟨Patricius⟩**
→ **Thomas ⟨Scholasticus⟩**

Thomas ⟨Episcopus Germaniciae⟩
→ **Thomas ⟨Germaniciae Episcopus⟩**

Thomas ⟨Erfordensis⟩
→ **Thomas ⟨de Erfordia⟩**

Thomas ⟨Everardi⟩
gest. ca. 1497 · OP
Litterae commendatoriae pro fr. Ghijsberto; Ordinationes pro conv. Calcariensi
Kaeppeli,IV,361/362
Everardi, Thomas
Thomas ⟨de Dordraco⟩
Thomas ⟨de Dordrecht⟩
Thomas ⟨Everardi de Dordraco⟩
Thomas ⟨Everardi de Dordrecht⟩

Thomas ⟨Eveshamensis⟩
gest. 1236
Chronicon
Marleberge, Thomas ¬de¬
Thomas ⟨de Marlborough⟩
Thomas ⟨de Marleberge⟩
Thomas ⟨of Evesham⟩

Thomas ⟨ex Capitaneis de Bergomo⟩
→ **Thomas ⟨de Capitaneis⟩**

Thomas ⟨Exoniensis⟩
→ **Thomas ⟨de Buckingham⟩**

Thomas ⟨Eychsted⟩
→ **Thomas ⟨Ringstedus⟩**

Thomas ⟨Fabri⟩
um 1444/50 · OP
Versus ad librorum bibliae seriem mente retinendam
Kaeppeli,IV,362
Fabri, Thomas
Pseudo-Thomas ⟨Fabri⟩
Thomas ⟨Lausannensis⟩

Thomas ⟨Favent⟩
→ **Favent, Thomas**

Thomas ⟨Fecini⟩
→ **Fecini, Tommaso**

Thomas ⟨Felthorp⟩
14. Jh.
Comment. in libros Sententiarum: Utr. quilibet viator adultus omnes articulos fidei tenetur credere
Schönberger/Kible, Repertorium, 18909
Felthorp, Thomas
Thomas ⟨Felthord⟩
Thomas ⟨Feltop⟩
Thomas ⟨Feltorp⟩

Thomas ⟨Ferrariensis⟩
→ **Thomas ⟨de Leutis⟩**

Thomas ⟨Filius Nesis⟩
→ **Thomas ⟨Nesis de Fonte⟩**

Thomas ⟨Finck⟩
→ **Finck, Thomas**

Thomas ⟨Firmanus⟩
→ **Thomas ⟨de Firmo⟩**

Thomas ⟨Franciscanus⟩
→ **Thomas ⟨de Eccleston⟩**

Thomas ⟨Francisci⟩
um 1388/1427 · OP
Litterae ad Thomam Antonii Naccii de Senis OP circa negotium ord. de Paenitentia S. Dominici
Kaeppeli,IV,366
Francisci, Thomas
Thomas ⟨de Reate⟩
Thomas ⟨de Rieti⟩
Thomas ⟨Francisci de Reate⟩
Thomas ⟨Francisci de Rieti⟩

Thomas ⟨Frater⟩
→ **Thomas ⟨de Papia⟩**

Thomas ⟨Frater, OP⟩
→ **Thomas ⟨Capellanus⟩**

Thomas ⟨Frater Ordinis Heremitarum Sancti Augustini⟩
→ **Thomas ⟨Bruder, OESA⟩**

Thomas ⟨Fremont⟩
→ **Thomas ⟨de Frigido Monte⟩**

Thomas ⟨Fremperger⟩
um 1474
Historia translationis tunicae
Potth. 616; 1065
Fremberger, Thomas
Fremperger, Thomas
Thomas ⟨Fremberger⟩

Thomas ⟨Frigidi Montis⟩
→ **Thomas ⟨de Frigido Monte⟩**

Thomas ⟨Gallensis⟩
→ **Thomas ⟨Wallensis⟩**

Thomas ⟨Gallus⟩
→ **Thomas ⟨Vercellensis⟩**

Thomas ⟨Gascoigne⟩
gest. 1458
Dictionarium Theologicum
LThK; LMA,IV,1129
Gascoigne, Thomas
Thomas ⟨Vasconius⟩
Vasconius, Thomas

Thomas ⟨Gaulensis⟩
→ **Thomas ⟨Wallensis⟩**

Thomas ⟨Georce⟩
→ **Thomas ⟨de Jorz⟩**

Thomas ⟨Germaniciae Episcopus⟩
6. Jh.
Epistula ad Johannem presbyterum et abbatem (syr.)
Cpg 7123; DOC,2,1751
Germaniciae Episcopus, Thomas
Thomas ⟨Episcopus Germaniciae⟩
Thomas ⟨Germaniciae⟩

Thomas ⟨Gheysmer⟩
→ **Thomas ⟨Gheysmerus⟩**

Thomas ⟨Gheysmerus⟩
um 1431
Von J. Langebek zu Unrecht als Verf. des Compendium Saxonis bezeichnet
Rep.Font. III,523/524
Gheysmer, Thomas
Gheysmerus, Thomas
Thomas ⟨Gheysmer⟩
Thomas ⟨of Odense⟩
Thomas ⟨Ottoniensis⟩

Thomas ⟨Good von Docking⟩
→ **Thomas ⟨de Docking⟩**

Thomas ⟨Gray⟩
→ **Gray, Thomas**

Thomas ⟨Guallensis⟩
→ **Thomas ⟨Wallensis⟩**

Thomas ⟨Gualterius⟩
→ **Thomas ⟨Vercellensis⟩**

Thomas ⟨Haemmerlein⟩
→ **Thomas ⟨a Kempis⟩**

Thomas ⟨Halensis⟩
um 1250 · OFM
Vita S. Mariae (Verfasserschaft umstritten)
LThK; Kaeppeli,IV,367
Ales, Thomas ¬de¬
Thomas ⟨de Ales⟩
Thomas ⟨de Hales⟩
Thomas ⟨de Hales Anglicus⟩
Thomas ⟨de Halis⟩
Thomas ⟨of Hales⟩
Thomas ⟨von Hales⟩

Thomas ⟨Hemerken⟩
→ **Thomas ⟨a Kempis⟩**

Thomas ⟨Herefordensis⟩
→ **Thomas ⟨de Cantilupo⟩**

Thomas ⟨Heron⟩
um 1471/87 · OP
Iudicium de praedicationis terminis conv. Autissiodorensis et Senonensis; Litterae in quibus Dominicum Bartholomaei OP in inquisitoris vicarium pro dioec. Autissiodorensi instituit
Kaeppeli,IV,368
Heron, Thomas
Thomas ⟨Heron Normannus⟩
Thomas ⟨Heroy⟩
Thomas ⟨Normannus⟩

Thomas ⟨Heroy⟩
→ **Thomas ⟨Heron⟩**

Thomas ⟨Hibernicus⟩
→ **Thomas ⟨Palmeranus⟩**

Thomas ⟨Hibernicus⟩
ca. 1265/75-ca. 1317/38 · OFM
Nicht identisch mit Thomas ⟨Palmeranus⟩ (ca. 1265/75-ca. 1317/38) und Thomas ⟨Palmer⟩ (OP; um 1319/1413), mit denen er bisweilen gleichgesetzt wurde
LMA,VIII,719
Hibernicus, Thomas

Thomas ⟨Hilleiensis⟩
→ **Thomas ⟨de Illeia⟩**

Thomas ⟨Hoccleve⟩
→ **Occleve, Thomas**

Thomas ⟨Hopeman⟩
um 1344/55 · OP
Hebr
Stegmüller, Repert. bibl. 8130
Hopeman, Thomas
Thomas ⟨Spei Homo⟩

Thomas ⟨Horner⟩
→ **Horner, Thomas**

Thomas ⟨Hungarus⟩
→ **Thomas ⟨de Quinque Ecclesiis⟩**

Thomas ⟨Hybernicus⟩
→ **Thomas ⟨Palmeranus⟩**

Thomas ⟨Igniacensis⟩
→ **Thomas ⟨de Radiolio⟩**

Thomas ⟨Johannis⟩
um 1426/51 · OP
Introductoria et declaratoria super auctorem modorum significandi
Kaeppeli,IV,370/371
Johannis, Thomas
Thomas ⟨de Eugubio⟩
Thomas ⟨de Gubbio⟩
Thomas ⟨de Perugia⟩
Thomas ⟨Johannis de Eugubio⟩

Thomas ⟨Jorsius⟩
→ **Thomas ⟨de Jorz⟩**

Thomas ⟨Kempensis⟩
→ **Thomas ⟨a Kempis⟩**

Thomas ⟨Lampacher⟩
→ **Thomas ⟨von Lampertheim⟩**

Thomas ⟨Lancaster, Earl⟩
gest. 1322
Thomas ⟨Derby, Earl⟩
Thomas ⟨Lancastre, Comte⟩
Thomas ⟨Leicester, Earl⟩
Thomas ⟨Lincoln, Earl⟩
Thomas ⟨Salisbury, Earl⟩

Thomas ⟨Langford⟩
um 1314 · OP
Postilla super Job; Chronicon universale; Sermones; etc.
Stegmüller, Repert. bibl. 8147; Schneyer,V,631
Langford, Thomas
Thomas ⟨Langfordius⟩
Thomas ⟨Langfordus⟩

Thomas ⟨l'Anglais⟩
→ **Thomas ⟨de Jorz⟩**

Thomas ⟨Lausannensis⟩
→ **Thomas ⟨Fabri⟩**

Thomas ⟨le Myésier⟩
→ **Thomas ⟨Migerii⟩**

Thomas ⟨le Trouvère⟩
→ **Thomas ⟨d'Angleterre⟩**

Thomas ⟨Leicester, Earl⟩
→ **Thomas ⟨Lancaster, Earl⟩**

Thomas ⟨Leirer⟩
→ **Lirer, Thomas**

Thomas ⟨Lentinus⟩
→ **Thomas ⟨Agnus⟩**

Thomas ⟨Lesemeister⟩
→ **Thomas ⟨Bruder, OESA⟩**

Thomas ⟨Leteltun⟩
→ **Littleton, Thomas**

Thomas ⟨Lexoviensis⟩
→ **Basin, Thomas**

Thomas ⟨Lichfeldensis⟩
→ **Thomas ⟨Chesterfeld⟩**

Thomas ⟨Lilius⟩
→ **Thomas ⟨de Insula⟩**

Thomas ⟨Lilybetanus⟩
→ **Thomas ⟨Schifaldus⟩**

Thomas ⟨Lincoln, Earl⟩
→ **Thomas ⟨Lancaster, Earl⟩**

Thomas ⟨Lirer⟩
→ **Lirer, Thomas**

Thomas ⟨Litleton⟩
→ **Littleton, Thomas**

Thomas ⟨Littleton⟩
→ **Littleton, Thomas**

Thomas ⟨Lochensis⟩
→ **Thomas ⟨de Pactio⟩**

Thomas ⟨Lombaeus⟩
→ **Thomas ⟨Lumbaeus⟩**

Thomas ⟨Luceriensis⟩
um 1389
Opusculum de creatione Urbani VI papae (gest. 1389) et creatione domini Gebennensis in antipapam, sive Chronicon Vaticanus
Potth. 1064
Nocera, Thomas ¬de¬
Thomas ⟨de Acerno⟩
Thomas ⟨de Nocera⟩
Thomas ⟨de Nocera de'Pagani⟩
Tommaso ⟨of Lucera⟩

Thomas ⟨Lumbaeus⟩
gest. 1390 · OCarm
Lecturae in sacram Scripturam
Stegmüller, Repert. bibl. 8149
Lombaeus, Thomas
Lombe, Thomas
Lumbaeus, Thomas
Thomas ⟨Lombaeus⟩
Thomas ⟨Lombe⟩

Thomas ⟨Lyldus⟩
→ **Thomas ⟨de Insula⟩**

Thomas ⟨Lyttleton⟩
→ **Littleton, Thomas**

Thomas ⟨Magister⟩
→ **Thomas ⟨Agnellus⟩**

Thomas ⟨Magister⟩
ca. 1275 – ca. 1346
Scholien
Tusculum-Lexikon; LThK; LMA,VIII,721
Magister, Thomas
Theodolos ⟨Monachus⟩
Theodolus ⟨Monachus⟩
Theodulos ⟨Magistros⟩
Theodulus ⟨Magister⟩
Thōmas ⟨Magistros⟩
Thomas ⟨Magistros⟩
Thomas ⟨Thekaras⟩

Thomas ⟨Magnus⟩
→ **Thomas ⟨Margensis⟩**

Thomas ⟨Maha⟩
→ **Thomas ⟨Margensis⟩**

Thomas ⟨Maldonus⟩
gest. 1404 · OCarm
Introitus sacrorum librorum
Stegmüller, Repert. bibl. 8150-8153,1; Stegmüller, Repert. sentent. 905,1-905,3
Maldonus, Thomas
Malodunus, Thomas
Thomas ⟨de Maldon⟩
Thomas ⟨de Maldonia⟩
Thomas ⟨Maldonensis⟩
Thomas ⟨Malodunus⟩

Thomas ⟨Malleolus⟩
→ **Thomas ⟨a Kempis⟩**

Thomas ⟨Malodunus⟩
→ **Thomas ⟨Maldonus⟩**

Thomas ⟨Malory⟩
→ **Malory, Thomas**

Thomas ⟨Manlevelt⟩
→ **Thomas ⟨Maulefelth⟩**

Thomas ⟨Margensis⟩
9. Jh.
Liber superiorum
LThK(2),X,145; LMA,VIII,721
Marga, Thomas ¬de¬
Thomas ⟨Margâ, Bishop⟩
Thomas ⟨Abbé de Beit-Abé⟩
Thomas ⟨de Marga⟩
Thomas ⟨of Bēth Garmai⟩
Thomas ⟨Magnus⟩
Thomas ⟨Maha⟩
Thomas ⟨of Malabar⟩
Thomas ⟨von Marga⟩

Thomas ⟨Marsaliensis⟩
→ **Thomas ⟨Schifaldus⟩**

Thomas ⟨Maulefelth⟩
14. Jh.
Quaestiones super veteri arte
Lohr
Maulefelth, Thomas
Thomas ⟨Manlevel⟩
Thomas ⟨Manlevelt⟩
Thomas ⟨Maulevelt⟩

Thomas ⟨Mauriniacensis⟩
gest. 1144 · OSB
Wirklicher Verfasser von „Disputatio catholicorum patrum adversus dogmata Petri Abaelardi“
DOC,2,1752; Schneyer,V,671
Thomas ⟨de Morigni⟩
Thomas ⟨de Morigny⟩
Thomas ⟨dictus Tressent Mauriniacensis⟩
Thomas ⟨dit Tressent⟩
Thomas ⟨Maurignacensis⟩
Thomas ⟨Maurignicensis⟩
Thomas ⟨Morigniacensis⟩
Thomas ⟨of Morigny⟩
Thomas ⟨Tressent⟩
Thomas ⟨Tressentis⟩
Thomas ⟨von Morigny⟩
Tressent, Thomas

Thomas ⟨Merks⟩
→ **Merks, Thomas**

Thomas ⟨Metsop'etzi⟩
→ **T'ovma ⟨Mecop'ec'i⟩**

Thomas ⟨Migerii⟩
gest. 1336
LeMyésier, Thomas
Migerii, Thomas
Myésier, Thomas ¬le¬
Thomas ⟨d'Arras⟩
Thomas ⟨le Miesier⟩
Thomas ⟨le Myésier⟩
Thomas ⟨Myésier⟩

Thomas ⟨Monachus Sanctae Mariae⟩
→ **Thomas ⟨de Frigido Monte⟩**

Thomas ⟨Monumetensis⟩
um 1170
Thomas ⟨de Monmouth⟩
Thomas ⟨Monemutensis⟩
Thomas ⟨of Monmouth⟩

Thomas ⟨Morigniacensis⟩
→ **Thomas ⟨Mauriniacensis⟩**

Thomas ⟨Myésier⟩
→ **Thomas ⟨Migerii⟩**

Thomas ⟨Naccii⟩
→ **Caffarini, Thomas**

Thomas ⟨Nesis de Fonte⟩
gest. 1390 · OP
De verbis et gestis Catherinae Senensis in pluribus quaternis
Kaeppeli,IV,378/379
Nesis de Fonte, Thomas
Thomas ⟨de Fonte⟩
Thomas ⟨de Siena⟩
Thomas ⟨Filius Nesis⟩
Thomas ⟨Nese della Fonte⟩
Thomas ⟨Senensis⟩

Thomas ⟨Netter⟩
→ **Netter, Thomas**

Thomas ⟨Nicolson⟩
→ **Thomas ⟨Otterburnus⟩**

Thomas ⟨Nitriensis⟩
→ **Debrenthe, Thomas ¬de¬**

Thomas ⟨Normannus⟩
→ **Thomas ⟨Heron⟩**

Thomas ⟨Norvodus⟩
→ **Thomas ⟨Norwod⟩**

Thomas ⟨Norwicensis⟩
→ **Thomas ⟨Sprottus⟩**

Thomas ⟨Norwod⟩
gest. 1349 · OP
Rom.
Stegmüller, Repert. bibl. 8168
Norwod, Thomas
Norwodus, Thomas
Thomas ⟨de Northwod⟩
Thomas ⟨de Northwod Anglicus⟩
Thomas ⟨de Norwood⟩
Thomas ⟨Nortvode⟩
Thomas ⟨Nortwodes⟩
Thomas ⟨Norvodus⟩
Thomas ⟨Norwodus⟩

Thomas ⟨Notarius Eichstetensis⟩
→ **Thomas ⟨Eichstetensis⟩**

Thomas ⟨Novoniensis⟩
Lebensdaten nicht ermittelt
Ps. 1-149, distinctiones
Stegmüller, Repert. bibl. 8169

Thomas ⟨Occleve⟩
→ **Occleve, Thomas**

Thomas ⟨Ochsenbrunner⟩
→ **Ochsenbrunner, Thomas**

Thomas ⟨Ödenhofer⟩
→ **Ödenhofer, Thomas**

Thomas ⟨OESA⟩
→ **Thomas ⟨Bruder, OESA⟩**

Thomas ⟨of Bath and Wells⟩
→ **Thomas ⟨de Beckington⟩**

Thomas ⟨of Bēth Garmai⟩
→ **Thomas ⟨Margensis⟩**

Thomas ⟨of Britain⟩
→ **Thomas ⟨d'Angleterre⟩**

Thomas ⟨of Buckingham⟩
→ **Thomas ⟨de Beckington⟩**

Thomas ⟨of Burton⟩
→ **Thomas ⟨de Burton⟩**

Thomas ⟨of Canterbury⟩
→ **Thomas ⟨Becket⟩**

Thomas ⟨of Carlisle⟩
→ **Merks, Thomas**

Thomas ⟨of Elmham⟩
→ **Thomas ⟨de Elmham⟩**

Thomas ⟨of Ely⟩
→ **Thomas ⟨Eliensis⟩**

Thomas ⟨of Erceldoune⟩
gest. 1297
LMA,VIII,717
Erceldonne, Thomas ¬of¬
Erceldoune, Thomas ¬of¬
Thomas
Thomas ⟨of Ercildoune⟩
Thomas ⟨Rymer⟩
Thomas ⟨the Rhymer⟩
Thomas ⟨the Rymour⟩
Tom ⟨der Reimer⟩

Thomas ⟨of Erfurt⟩
→ **Thomas ⟨de Erfordia⟩**

Thomas ⟨of Evesham⟩
→ **Thomas ⟨Eveshamensis⟩**

Thomas ⟨of Exeter⟩
→ **Thomas ⟨de Brautingham⟩**

Thomas ⟨of Hales⟩
→ **Thomas ⟨Halensis⟩**

Thomas ⟨of Ireland⟩
→ **Thomas ⟨Palmeranus⟩**

Thomas ⟨of Jorz⟩
→ **Thomas ⟨de Jorz⟩**

Thomas ⟨of Kent⟩
→ **Thomas ⟨de Kent⟩**

Thomas ⟨of London⟩
→ **Thomas ⟨Becket⟩**

Thomas ⟨of Malabar⟩
→ **Thomas ⟨Margensis⟩**

Thomas ⟨of Medzoph⟩
→ **T'ovma ⟨Mecop'ec'i⟩**

Thomas ⟨of Monmouth⟩
→ **Thomas ⟨Monumetensis⟩**

Thomas ⟨of Morigny⟩
→ **Thomas ⟨Mauriniacensis⟩**

Thomas ⟨of Odense⟩
→ **Thomas ⟨Gheysmerus⟩**

Thomas ⟨of Preslau⟩
→ **Thomas ⟨de Wratislavia⟩**

Thomas ⟨of Sarepta⟩
→ **Thomas ⟨de Wratislavia⟩**

Thomáš ⟨of Štítný⟩
→ **Tomáš ⟨ze Stítného⟩**

Thomas ⟨of Walden⟩
→ **Netter, Thomas**

Thomas ⟨of Wales⟩
→ **Thomas ⟨Wallensis⟩**

Thomas ⟨of Worcester⟩
→ **Thomas ⟨de Cobham⟩**

Thomas ⟨of Wrocław⟩
→ **Thomas ⟨de Wratislavia⟩**

Thomas ⟨of York⟩
→ **Thomas ⟨de Eboraco⟩**

Thomas ⟨Oliverus⟩
→ **Oliverus, Thomas**

Thomas ⟨Opermannus⟩
→ **Thomas ⟨Sperman⟩**

Thomas ⟨Ordensprediger⟩
→ **Thomas ⟨Bruder⟩**

Thomas ⟨Otterburnus⟩
um 1411
Historia Anglica
Otterbourne, Thomas
Otterburnus, Thomas
Thomas ⟨Nicolson⟩
Thomas ⟨Otterbourne⟩

Thomas ⟨Ottoniensis⟩
→ **Thomas ⟨Gheysmerus⟩**

Thomas ⟨Pactius⟩
→ **Thomas ⟨de Pactio⟩**

Thomas ⟨Palmer⟩
um 1371/1413 · OP
Tractatus de veneratione imaginum; Quaestio utrum sacra scriptura in linguam anglicam vel in aliam barbaricam sit transferenda; „Responsio fr. T. Palmer ad litteras“ cuiusdam lollardi mag. Nicolaum de Hereford mordentis
Kaeppeli,IV,379/381
Palmarius, Thomas
Palmer, Thomas
Palmerus, Thomas
Pseudo-Thomas ⟨Palmer⟩
T. ⟨Palmer⟩
Thomas ⟨Palmarius⟩
Thomas ⟨Palmer Anglicus⟩
Thomas ⟨Palmerus⟩

Thomas ⟨Palmeranus⟩
13./14. Jh.
Manipulus florum; nicht identisch mit Thomas ⟨Hibernicus⟩ (OFM; gest. 1275) und Thomas ⟨Palmer⟩ (OP; um 1319/1413), mit denen er bisweilen gleichgesetzt wurde
LMA,VIII,719; LThK(2),10,146
Hibernia, Thomas ¬de¬
Hybernicus, Thomas
Palmeranus, Thomas
Thomas ⟨de Hibernia⟩
Thomas ⟨de Hybernia⟩
Thomas ⟨de Palmerstown⟩
Thomas ⟨d'Irlande⟩
Thomas ⟨Hibernicus⟩
Thomas ⟨Hybernicus⟩
Thomas ⟨of Ireland⟩
Thomas ⟨Palmerstonensis⟩
Thomas ⟨Palmerstonus⟩
Thomas ⟨von Irland⟩

Thomas ⟨Palmerstonus⟩
→ **Thomas ⟨Palmeranus⟩**

Thomas ⟨Panchet⟩
→ **Thomas ⟨Penketh⟩**

Thomas ⟨Papiensis⟩
→ **Thomas ⟨de Papia⟩**

Thomas ⟨Parentucelli⟩
→ **Nicolaus ⟨Papa, V.⟩**

Thomas ⟨Patriarcha⟩
→ **Thomas ⟨Agnus⟩**

Thomas ⟨Patricius⟩
6. Jh.
AP 16.379: Epigramma
DOC,2,1752
Patricius, Thomas
Patrikios, Thomas
Thomas ⟨Epigrammaticus⟩
Thomas ⟨Patrikios⟩
Tomaso ⟨Patricio⟩

Thomas ⟨Pencoidus⟩
→ **Thomas ⟨Penketh⟩**

Thomas ⟨Penketh⟩
um 1450/87 · OESA
Summa dialectices; In Metaphysicam; Elucidationes naturalium
Lohr; Stegmüller, Repert. sentent. 432
Panchet, Thomas
Pencoidus, Thomas
Penketh, Thomas
Thomas ⟨Panchet⟩
Thomas ⟨Pencoidus⟩
Thomas ⟨Penket⟩

Thomas ⟨Persenia⟩
→ **Thomas ⟨Cisterciensis⟩**

Thomas ⟨Peuntner⟩
→ **Peuntner, Thomas**

Thomas ⟨Poète Anglo-Normand⟩
→ **Thomas ⟨d'Angleterre⟩**

Thomas ⟨Prediger des Augustinerordens⟩
→ **Thomas ⟨Bruder, OESA⟩**

Thomas ⟨Prischuch⟩
→ **Prischuch, Thomas**

Thomas ⟨Quinqueecclesiensis⟩
→ **Thomas ⟨de Quinque Ecclesiis⟩**

Thomas ⟨Radburnus⟩
→ **Thomas ⟨Rudburnus, ...⟩**

Thomas ⟨Registreth⟩
→ **Thomas ⟨Ringstedus⟩**

Thomas ⟨Renset⟩
→ **Thomas ⟨Ringstedus⟩**

Thomas ⟨Reystreyd⟩
→ **Thomas ⟨Ringstedus⟩**

Thomas ⟨Ringstedus⟩
gest. 1366 · OP
Identität mit Thomas ⟨Ryngston⟩ umstritten
Kaeppeli,IV,383/385; LMA,VIII,722/23
Ringstead, Thomas ¬de¬
Ringstedus, Thomas
Thomas ⟨de Bangor⟩
Thomas ⟨de Ringstead⟩
Thomas ⟨de Ryngestede⟩
Thomas ⟨de Ryngestede Anglicus⟩
Thomas ⟨Eychsted⟩
Thomas ⟨Registreth⟩
Thomas ⟨Renset⟩
Thomas ⟨Reystreyd⟩
Thomas ⟨Rigstet⟩
Thomas ⟨Rimstidde⟩
Thomas ⟨Ringostadius⟩
Thomas ⟨Ringstead⟩
Thomas ⟨Ringstede⟩
Thomas ⟨Rinstede⟩
Thomas ⟨Ryngesteyne⟩
Thomas ⟨Ryngstede⟩
Thomas ⟨Ryngston⟩

Thomas ⟨Rodelius⟩
→ **Thomas ⟨de Radiolio⟩**

Thomas ⟨Rondel⟩
→ **Thomas ⟨Rundel⟩**

Thomas ⟨Rudburnus, Iunior⟩
um 1438 – 1480 · OSB
Breviarium chronicorum a Bruto usque ad annum 18. Henrici III regis, 1234 sive: Historia minor
Potth. 986; 1066
Radburn, Thomas
Radburnus, Thomas
Rudborne, Thomas
Rudburn, Thomas
Rudburn, Thomas ⟨der Jüngere⟩
Rudburnus, Thomas
Thomas ⟨Radburn⟩
Thomas ⟨Radburnus⟩
Thomas ⟨Rudborne⟩
Thomas ⟨Rudborne, Iunior⟩
Thomas ⟨Rudburn⟩
Thomas ⟨Rudburn, der Jüngere⟩
Thomas ⟨Rudburnus⟩

Thomas ⟨Rudburnus, Senior⟩
um 1440/42
Historia maior de fundatione et successione ecclesiae Wintoniensis usque ad a. 1138 (geschrieben um 1440)
Potth. 986; 1066
Radburn, Thomas
Radburnus, Thomas
Rudborne, Thomas
Rudburn, Thomas
Rudburn, Thomas ⟨der Ältere⟩
Thomas ⟨Radburn⟩
Thomas ⟨Radburnus⟩
Thomas ⟨Radburnus, Senior⟩
Thomas ⟨Rudborne⟩
Thomas ⟨Rudborne, Senior⟩
Thomas ⟨Rudburn⟩
Thomas ⟨Rudburn, der Ältere⟩

Thomas ⟨Rundel⟩
13./14. Jh. · OFM
Quaestiones disputatae
Stegmüller, Repert. sentent. 906
Rondel, Thomas
Rundel, Thomas
Thomas ⟨Rondel⟩

Thomas ⟨Rymer⟩
→ **Thomas ⟨of Erceldoune⟩**

Thomas ⟨Ryngstede⟩
→ **Thomas ⟨Ringstedus⟩**

Thomas ⟨Salisbury, Earl⟩
→ **Thomas ⟨Lancaster, Earl⟩**

Thomas ⟨Sanctus⟩
→ **Thomas ⟨Becket⟩**
→ **Thomas ⟨de Aquino⟩**
→ **Thomas ⟨de Cantilupo⟩**

Thomas ⟨Sandalius⟩
um 1257 · OCist
Super magistrum sententiarum; De Baptismo; Quaestiones controversas
Stegmüller, Repert. sentent. 909
Sandalius, Thomas
Thomas ⟨de Sandal⟩
Thomas ⟨de Saundle⟩

Thomas ⟨Sareptensis⟩
→ **Thomas ⟨de Wratislavia⟩**

Thomas ⟨Sarisberiensis⟩
→ **Thomas ⟨de Chabham⟩**

Thomas ⟨Scellinck⟩
14. Jh.
Boec van surgien
LMA,VII,1448

Scellinck, Thomas
Schelling, Thomas
Thomas ⟨de Thenismonte⟩
Thomas ⟨de Thienen⟩
Thomas ⟨Schelling⟩
Thomas ⟨Umbra⟩

Thomas ⟨Schelling⟩
→ **Thomas ⟨Scellinck⟩**

Thomas ⟨Schifaldus⟩
gest. 1499 · OP
Vita B. Petri Hieremiae Panormitani; Ps.
Potth. 1002; Stegmüller, Repert. bibl. 8173
Schifaldi, Thomas
Schifaldus, Thomas
Thomas ⟨de Marsala⟩
Thomas ⟨de Schifaldis⟩
Thomas ⟨Lilybetanus⟩
Thomas ⟨Marsaliensis⟩
Thomas ⟨Schifaldi⟩
Thomas ⟨Siculus⟩
Tommaso ⟨Schifaldo⟩

Thomas ⟨Scholasticus⟩
6. Jh.
Scholasticus, Thomas
Thomas ⟨Epigrammaticus⟩

Thomas ⟨Scotus⟩
14. Jh.
In Aristotelem
Lohr
Scotus, Thomas
Thomas ⟨Scottus⟩
Tomas ⟨Escoto⟩

Thomas ⟨Scropus⟩
gest. 1491
Traktate über die Geschichte des OCarm
LThK(2),X,147; LMA,VII,1656
Scroope, Thomas
Scrope, Thomas
Sropus, Thomas
Thomas ⟨de Bradley⟩
Thomas ⟨Scrope⟩

Thomas ⟨Seneca⟩
ca. 1390 – 1472
Hrsg. der Historia Bononiensis; Rhetorik- u. Poesieprofessor in Bologna
Seneca, Thomas
Seneca, Tommaso
Tommaso ⟨Seneca⟩

Thomas ⟨Senensis⟩
→ **Thomas ⟨Nesis de Fonte⟩**

Thomas ⟨Shavestenus⟩
→ **Thomas ⟨de Stravershám⟩**

Thomas ⟨Siculus⟩
→ **Thomas ⟨Agnus⟩**
→ **Thomas ⟨Schifaldus⟩**

Thomas ⟨Simonsson⟩
→ **Thomas ⟨Strengesensis⟩**

Thomas ⟨Spalatensis⟩
→ **Thomas ⟨de Spalato⟩**

Thomas ⟨Spei Homo⟩
→ **Thomas ⟨Hopeman⟩**

Thomas ⟨Sperman⟩
um 1300/10 · OP
Epp. Pauli; Comm. in Genesim
Stegmüller, Repert. bibl. 8174-8178
Sperman, Thomas
Spermannus, Thomas
Thomas ⟨Anglicus⟩
Thomas ⟨Opermannus⟩
Thomas ⟨Spermann⟩
Thomas ⟨Spermannus⟩

Thomas ⟨Sprottus⟩
13. Jh.
Chronica
Sprott, Thomas
Sprottus, Thomas
Thomas ⟨de Norwich⟩
Thomas ⟨Norwicensis⟩
Thomas ⟨Sprott⟩

Thomas ⟨Staffordiensis⟩
→ **Thomas ⟨Asheburnus⟩**

Thomas ⟨Staucham⟩
gest. 1346
Luc.; De salutatione angelica
Stegmüller, Repert. bibl. 8178,1
Staucham, Thomas

Thomas ⟨Stavestenus⟩
→ **Thomas ⟨de Stravershám⟩**

Thomas ⟨Stobaeus⟩
→ **Thomas ⟨Stubs⟩**

Thomas ⟨Stolber⟩
→ **Thomas ⟨Stubs⟩**

Thomas ⟨Stowe⟩
→ **Thomas ⟨Stubs⟩**

Thomas ⟨Straveshanus⟩
→ **Thomas ⟨de Stravershám⟩**

Thomas ⟨Strengesensis⟩
gest. 1443
Carmen de Engelbrecto
Simonsson, Thomas
Thomas ⟨av Strängnäs⟩
Thomas ⟨Simonsson⟩
Thomas ⟨Strengnensis⟩

Thomas ⟨Stubs⟩
um 1373 · OP
Cant. (Pits.); Chronicon episcoporum Eboracensium; Vitae Eboraracensium archiepiscoporum ab origine ad a. 1373
Schneyer,V,672; Stegmüller, Repert. bibl. 8188; Potth. 2,1037
Stobaeus, Thomas
Stolber, Thomas
Stolbez, Thomas
Stowe, Thomas
Stubbs, Thomas
Stubs, Thomas
Thomas ⟨de Stubbes⟩
Thomas ⟨de Stubbes Anglicus⟩
Thomas ⟨Eboracensis⟩
Thomas ⟨Stobaeus⟩
Thomas ⟨Stobeus⟩
Thomas ⟨Stolber⟩
Thomas ⟨Stolbez⟩
Thomas ⟨Stowe⟩
Thomas ⟨Stubbs⟩

Thomas ⟨Sturciensis⟩
→ **Thomas ⟨de Sturey⟩**

Thomas ⟨Suttonus⟩
→ **Thomas ⟨de Sutona⟩**

Thomas ⟨Teufl de Landshut⟩
um 1470/76
Quaestiones super libros Ethicorum secundum mentem Henrici de Frimaria
Lohr
Landshut, Thomas ¬de¬
Teufl, Thomas
Teufl de Landshut, Thomas
Thomas ⟨de Landshut⟩
Thomas ⟨Teufl⟩
Thomas ⟨Teufl de Landczhuet⟩

Thomas ⟨the Cistercian⟩
→ **Thomas ⟨Cisterciensis⟩**

Thomas ⟨the Rhymer⟩
→ **Thomas ⟨of Erceldoune⟩**

Thomas ⟨Thekaras⟩
→ **Thomas ⟨Magister⟩**

Thomas ⟨Theobaldus⟩
um 1379 · OP
Postillae in universam sacram Scripturam
Stegmüller, Repert. bibl. 8192
Theobaldus, Thomas

Thomas ⟨Toletanus⟩
um 1470 · OP
Super Augustini de Ancona Magnificat Tabula alphabetica
Stegmüller, Repert. bibl. 8193
Thomas ⟨de Tolède⟩
Thomas ⟨Toletanus⟩
Toledo, Thomas ¬de¬
Toletanus, Thomas

Thomas ⟨Tolosanus⟩
15. Jh.
In librum Nicolai de Lyra De differentii Bibliae latinae et graece
Stegmüller, Repert. bibl. 8194
Tolosanus, Thomas

Thomas ⟨Tressentis⟩
→ **Thomas ⟨Mauriniacensis⟩**

Thomas ⟨Tureia⟩
→ **Thomas ⟨de Sturey⟩**

Thomas ⟨Tuscus⟩
→ **Thomas ⟨de Papia⟩**

Thomas ⟨Umbra⟩
→ **Thomas ⟨Scellinck⟩**

Thomas ⟨Usk⟩
→ **Usk, Thomas**

Thomas ⟨Utinensis⟩
→ **Thomas ⟨de Utino⟩**

Thomas ⟨Vallensis⟩
→ **Thomas ⟨Wallensis⟩**

Thomas ⟨Vallidanus⟩
→ **Netter, Thomas**

Thomas ⟨Valois⟩
→ **Thomas ⟨Wallensis⟩**

Thomas ⟨van Bellinghen⟩
→ **Thomas ⟨de Cantiprato⟩**

Thomas ⟨van Beverley⟩
→ **Thomas ⟨de Frigido Monte⟩**

Thomas ⟨van Froidmont⟩
→ **Thomas ⟨de Frigido Monte⟩**

Thomas ⟨Vasconius⟩
→ **Thomas ⟨Gascoigne⟩**

Thomas ⟨Vaucelles de Persenna⟩
→ **Thomas ⟨Cisterciensis⟩**

Thomas ⟨Venetus⟩
→ **Thomas ⟨de Paruta⟩**

Thomas ⟨Vercellensis⟩
gest. 1246
LMA,VIII,719
Gallo ⟨von Vercelli⟩
Gallo, Thomas
Gallus, Thomas
Gualterius, Thomas
Thomas ⟨Abbas⟩
Thomas ⟨de Sancto Victore⟩
Thomas ⟨de Verceil⟩
Thomas ⟨Gallus⟩
Thomas ⟨Gualterius⟩
Thomas ⟨von Sanct Victor⟩
Thomas ⟨von Sankt Victor⟩
Thomas ⟨von Vercelli⟩
Tommaso ⟨da Vercelli⟩
Tommaso ⟨Gallo⟩

Thomas ⟨Verolegus⟩
→ **Hugo ⟨de Virley⟩**

Thomas ⟨Viconiensis⟩
um 1308/26 · OPraem
Job.
Stegmüller, Repert. bibl. 8205;8206

Thomas ⟨de Vicogne⟩
Vicogne, Thomas ¬de¬

Thomas ⟨Vikes⟩
→ **Thomas ⟨de Wykes⟩**

Thomas ⟨Vireleius⟩
→ **Hugo ⟨de Virley⟩**

Thomas ⟨von Aquin⟩
→ **Thomas ⟨de Aquino⟩**

Thomas ⟨von Arzruni⟩
→ **T'ovma ⟨Arcrowni⟩**

Thomas ⟨von Bailly⟩
→ **Thomas ⟨de Balliaco⟩**

Thomas ⟨von Basel⟩
→ **Thomas ⟨von Wien⟩**

Thomas ⟨von Brabant⟩
→ **Thomas ⟨de Cantiprato⟩**

Thomas ⟨von Breslau⟩
→ **Thomas ⟨de Wratislavia⟩**

Thomas ⟨von Bungay⟩
→ **Thomas ⟨Bungeyensis⟩**

Thomas ⟨von Cantimpré⟩
→ **Thomas ⟨de Cantiprato⟩**

Thomas ⟨von Capua⟩
→ **Thomas ⟨de Capua⟩**

Thomas ⟨von Celano⟩
→ **Thomas ⟨de Celano⟩**

Thomas ⟨von Chabham⟩
→ **Thomas ⟨de Chabham⟩**

Thomas ⟨von Chantimpré⟩
→ **Thomas ⟨de Cantiprato⟩**

Thomas ⟨von Clairvaux⟩
→ **Thomas ⟨Cisterciensis⟩**

Thomas ⟨von Courcelles⟩
→ **Thomas ⟨de Corcellis⟩**

Thomas ⟨von Eboracum⟩
→ **Thomas ⟨de Eboraco⟩**

Thomas ⟨von Eccleston⟩
→ **Thomas ⟨de Eccleston⟩**

Thomas ⟨von Edessa⟩
→ **Thomas ⟨Edessenus⟩**

Thomas ⟨von Erfurt⟩
→ **Thomas ⟨de Erfordia⟩**

Thomas ⟨von Fermo⟩
→ **Thomas ⟨de Firmo⟩**

Thomas ⟨von Froidmont⟩
→ **Thomas ⟨de Frigido Monte⟩**

Thomas ⟨von Gaeta⟩
→ **Thomas ⟨de Gaeta⟩**

Thomas ⟨von Hales⟩
→ **Thomas ⟨Halensis⟩**

Thomas ⟨von Haselbach⟩
→ **Ebendorfer, Thomas**

Thomas ⟨von Hereford⟩
→ **Thomas ⟨de Cantilupo⟩**

Thomas ⟨von Igny⟩
→ **Thomas ⟨de Radiolio⟩**

Thomas ⟨von Irland⟩
→ **Thomas ⟨Palmeranus⟩**

Thomas ⟨von Jerusalem⟩
→ **Thomas ⟨Agnus⟩**

Thomas ⟨von Kafarṭāb⟩
→ **Tūmā al-Kafarṭābī**

Thomas ⟨von Kandelberg⟩
→ **Thomas ⟨Becket⟩**

Thomas ⟨von Kempen⟩
→ **Thomas ⟨a Kempis⟩**

Thomas ⟨von Kent⟩
→ **Thomas ⟨de Kent⟩**

Thomas ⟨von Kephartab⟩
→ **Tūmā al-Kafarṭābī**

Thomas ⟨von Laa⟩
um 1430/50 · OSB
Tierbispel; Predigten an Mitbrüder; Brief an Johannes Schlitpacher; möglicherweise verbergen sich hinter dem Namen zwei Personen
VL(2),9,884
Laa, Thomas ¬von¬
Thomas ⟨de Laa⟩

Thomas ⟨von Lampertheim⟩
15. Jh.
Lampacher, Thomas
Lamparthen, Thomas
Lampertheim, Thomas ¬von¬
Thomas ⟨Lampacher⟩
Thomas ⟨Lamparthen⟩
Thomas ⟨Lamparthius⟩

Thomas ⟨von Marga⟩
→ **Thomas ⟨Margensis⟩**

Thomas ⟨von Metsoph⟩
→ **T'ovma ⟨Mecop'ec'i⟩**

Thomas ⟨von Morigny⟩
→ **Thomas ⟨Mauriniacensis⟩**

Thomas ⟨von Pavia⟩
→ **Thomas ⟨de Papia⟩**

Thomas ⟨von Perseigne⟩
→ **Thomas ⟨Cisterciensis⟩**

Thomas ⟨von Sankt Victor⟩
→ **Thomas ⟨Vercellensis⟩**

Thomas ⟨von Sarepta⟩
→ **Thomas ⟨de Wratislavia⟩**

Thomas ⟨von Siena⟩
→ **Caffarini, Thomas**

Thomas ⟨von Split⟩
→ **Thomas ⟨de Spalato⟩**

Thomas ⟨von Štítné⟩
→ **Tomáš ⟨ze Stítného⟩**

Thomas ⟨von Straßburg⟩
→ **Thomas ⟨de Argentina⟩**

Thomas ⟨von Sutton⟩
→ **Thomas ⟨de Sutona⟩**

Thomas ⟨von Vaucelles⟩
→ **Thomas ⟨Cisterciensis⟩**

Thomas ⟨von Vercelli⟩
→ **Thomas ⟨Vercellensis⟩**

Thomas ⟨von Walden⟩
→ **Netter, Thomas**

Thomas ⟨von Walsingham⟩
→ **Thomas ⟨de Walsingham⟩**

Thomas ⟨von Wasserburg⟩
15. Jh.
VL(2),9,892 f.; LMA,VIII,726
Wasserburg, Thomas ¬von¬

Thomas ⟨von Wien⟩
um 1432/35
4 Predigten, gehalten im Steinen-Kloster, Basel
VL(2),9,893
Thomas ⟨von Basel⟩
Wien, Thomas ¬von¬

Thomas ⟨von York⟩
→ **Thomas ⟨de Eboraco⟩**

Thomas ⟨Vorit⟩
→ **Thomas ⟨Wright⟩**

Thomas ⟨Vuycke⟩
→ **Thomas ⟨de Wykes⟩**

Thomas ⟨Waldensis⟩
→ **Netter, Thomas**

Thomas ⟨Waleys⟩
→ **Thomas ⟨Wallensis⟩**

Thomas ⟨Wallensis⟩
ca. 1287 – 1349 · OP
Augustinuskommentare; De modo et forma praedicandi
LThK; LMA,VIII,1967
Thomas ⟨Aleys⟩
Thomas ⟨Anglicus⟩
Thomas ⟨de Galles⟩
Thomas ⟨de Guallia⟩
Thomas ⟨de Gualois⟩
Thomas ⟨de Walleis⟩
Thomas ⟨de Walleys⟩
Thomas ⟨de Wallia⟩
Thomas ⟨Gallensis⟩
Thomas ⟨Gaulensis⟩
Thomas ⟨Gualesius⟩
Thomas ⟨Guallensis⟩
Thomas ⟨of Wales⟩
Thomas ⟨Vallensis⟩
Thomas ⟨Valois⟩
Thomas ⟨Waley⟩
Thomas ⟨Waleys⟩
Thomas ⟨Walleys⟩
Valois, Thomas
Waleys, Thomas
Walleis, Thomas ¬de¬
Walleys, Thomas

Thomas ⟨Wallidenus⟩
→ **Netter, Thomas**

Thomas ⟨Walsinghamus⟩
→ **Thomas ⟨de Walsingham⟩**

Thomas ⟨Wellensis⟩
→ **Thomas ⟨Agnellus⟩**
→ **Thomas ⟨de Beckington⟩**

Thomas ⟨Werleius⟩
→ **Hugo ⟨de Virley⟩**

Thomas ⟨Wiccius⟩
→ **Thomas ⟨de Wykes⟩**

Thomas ⟨Wilton⟩
→ **Thomas ⟨de Wylton⟩**

Thomas ⟨Wölfel de Wuldersdorf⟩
gest. 1478
Disputata in V libros Ethicorum
Lohr; Stegmüller, Repert. sentent. 1143
Thomas ⟨de Buldersdorf⟩
Thomas ⟨de Vulderstorff⟩
Thomas ⟨de Wuldersdorf⟩
Thomas ⟨de Wulderstorff⟩
Thomas ⟨Wölfel⟩
Thomas ⟨Wölfel de Wullersdorf⟩
Wölfel, Thomas
Wölfel de Wuldersdorf, Thomas
Wuldersdorf, Thomas ¬de¬

Thomas ⟨Wratislaviensis⟩
→ **Thomas ⟨de Wratislavia⟩**

Thomas ⟨Wright⟩
gest. 1249 · OST
Hebr. lib. I-IX
Stegmüller, Repert. bibl. 8261;8261,1
Thomas ⟨Archiepiscopus Tuamensis⟩
Thomas ⟨Vorit⟩
Wright, Thomas

Thomas ⟨Wykes⟩
→ **Thomas ⟨de Wykes⟩**

Thomas ⟨Wyltoniensis⟩
→ **Thomas ⟨de Wylton⟩**

Thomas ⟨York⟩
→ **Thomas ⟨de Jorz⟩**

Thomas ⟨Zagrabiensis⟩
→ **Debrenthe, Thomas ¬de¬**

Thomas, Alvarus
→ **Alvarus ⟨Thomas⟩**

Thomas, Petrus
→ **Petrus ⟨Thomas⟩**

Thomas Becket ⟨von Canterbury⟩
→ **Thomas ⟨Becket⟩**

Thomas Oliverus ⟨Paderbrunnensis⟩
→ **Oliverus, Thomas**

Thomasellus ⟨de Perusio⟩
gest. 1285 · OP
Angebl. Verf. des „Scriptum super libros I-III Sententiarum"
Kaeppeli,IV,408/409
Perusio, Thomasellus ¬de¬
Pseudo-Thomasellus ⟨de Perusio⟩
Thomasel ⟨Bienheureux⟩
Thomasellus ⟨de Perugia⟩
Thomassellus ⟨de Perusio⟩
Tomacelli ⟨de Pérouse⟩

Thomasin ⟨Circlaere⟩
ca. 1186 – ca. 1216
LThK; LMA,VIII,727; VL(2),9,896/902
Circlaere, Thomasin
Thomasin ⟨von Cerchiari⟩
Thomasin ⟨von Cirkelere⟩
Thomasîn ⟨von Zerclaere⟩
Thomasin ⟨von Zerclaere⟩
Thomasin ⟨von Zerclere⟩
Thomasin ⟨von Zerklaere⟩
Thomasin ⟨von Zirclaria⟩
Thomasin ⟨von Zirklaria⟩
Thomasin ⟨Zerclaere⟩
Thomasinus ⟨de Corclara⟩
Thomassinus ⟨de Zirclaria⟩
Tomasino ⟨de'Cerchiari⟩
Zerclaere, Thomasin ¬von¬
Zerklaere, Thomasin ¬von¬
Zirclaria, Thomasin ¬von¬
Zirclaria, Thomassinus ¬de¬
Zirklaria, Thomasin ¬von¬

Thomasin ⟨de Ferrare⟩
→ **Thomasinus ⟨de Ferraria⟩**

Thomasin ⟨von Zerclaere⟩
→ **Thomasin ⟨Circlaere⟩**

Thomasinus ⟨Armannini⟩
gest. 1295
Microcosmos (Ars dictandi)
LMA,VIII,728
Armannini, Thomasinus
Thomasinus ⟨Armannini Bononiensis⟩
Thomasinus ⟨Armannini von Bologna⟩
Tommasino ⟨d'Armannino⟩

Thomasinus ⟨de Corclara⟩
→ **Thomasin ⟨Circlaere⟩**

Thomasinus ⟨de Ferraria⟩
→ **Thomas ⟨de Leutis⟩**

Thomasinus ⟨de Ferraria⟩
um 1390 · OP
Sermones; Summa Thomasina
Ferraria, Thomasinus ¬de¬
Pseudo-Thomasinus ⟨de Ferrara⟩
Thomasin ⟨de Ferrare⟩
Tomasinus ⟨de Ferraria⟩
Tommasino ⟨de Ferrare⟩

Thomasius ⟨Bindinus⟩
→ **Bindinus, Thomasius**

Thomasius ⟨de Agasaria⟩
→ **Tommaso ⟨della Gazzaia⟩**

Thomasius, Franciscus
→ **Franciscus ⟨Thomasius⟩**

Thomasius, Petrus
→ **Tommai, Pietro**

Thomassellus ⟨de Perusio⟩
→ **Thomasellus ⟨de Perusio⟩**

Thomassin, Matthieu
→ **Matthieu ⟨Thomassin⟩**

Thomassinus ⟨de Zirclaria⟩
→ **Thomasin ⟨Circlaere⟩**

Thomassius, Franciscus
→ **Franciscus ⟨Thomasius⟩**

Thomellus ⟨Hasnoniensis⟩
→ **Tomellus ⟨Hasnoniensis⟩**

Thommasius ⟨Bindinus⟩
→ **Bindinus, Thomasius**

Thompson, John
→ **Johannes ⟨Tomsonus⟩**

Thondi, Simon ¬de¬
→ **Simon ⟨de Thondi⟩**

Thorbjörn ⟨Hornklofi⟩
9./10. Jh.
Haraldskvæđi (oder Hrafnsmál); Glymdrápa
LMA,VIII,231
Hornklaue, Thorbjörn
Hornklofi, Thorbjörn
Thorbjörn ⟨Hornklaue⟩
Thorbjörn Hornklofi

Thórđarson, Sighvatr
→ **Sighvatr ⟨Thórđarson⟩**

Thórdarson, Sturla
→ **Sturla ⟨Þórðarson⟩**

Thorgilsson, Ari
→ **Ari ⟨Thorgilsson⟩**

Thorne, Guilelmus
→ **Guilelmus ⟨Thorne⟩**

Thorneye, Robertus ¬de¬
→ **Robertus ⟨de Thorneye⟩**

Thornton, Robert
um 1440
Roman d'Arthur
Robert ⟨Thornton⟩

Thorpe, Guilelmus
→ **Guilelmus ⟨Thorpe⟩**

Thorpe, Richardus
→ **Richardus ⟨Thorpe⟩**

Thorpus, Johannes
→ **Johannes ⟨Thorpus⟩**

Thosth, Johannes ¬de¬
→ **Johannes ⟨de Thosth⟩**

Thracisius, Johannes
→ **Johannes ⟨Scylitza⟩**

Thrasamund ⟨Vandalenreich, König⟩
gest. 523
Dicta regis Trasamundi et contra ea responsiones
Cpl 815;816
Thrasamund ⟨König der Vandalen⟩
Trasamond ⟨Roi des Vandales⟩
Trasamundus ⟨Vandalorum Rex⟩
Trasimundus ⟨Rex⟩

Thriplow, Elias ¬of¬
→ **Helias Rubeus ⟨Tripolanensis⟩**

Thucher, Johan
→ **Tucher, Hans**

Thüring ⟨Bruder⟩
um 1319 · OP
20 Sprüche (überliefert in Berliner Zitatensammlung)
VL(2),9,905
Bruder Thüring
Thüring ⟨von Ramstein⟩

Thüring ⟨von Ramstein⟩
→ **Thüring ⟨Bruder⟩**

Thüring ⟨von Ringoltingen⟩
ca. 1415 – 1483
Übersetzung von „Mélusine" mit persönlicher Schlußbemerkung
VL(2),9,908; LMA,VIII,746/47
Ringolfingen, Thüring ¬de¬
Ringoltingen, Thüring ¬von¬
Thüring ⟨de Ringolfingen⟩

Thüring, Lorenz
um 1440
Ärztliche Niederlassungsankündigung
VL(2),9,907
Doring, Lorenz
Lorenz ⟨Doring⟩
Lorenz ⟨Thüring⟩

Thüringen, Frowin ¬von¬
→ **Frowin ⟨von Thüringen⟩**

Thuin, Jean ¬de¬
→ **Jean ⟨de Thuin⟩**

Thuo ⟨Nicolai de Vibergia⟩
gest. 1472
Disputata in libros Metaphysicorum
Lohr
Nicolai, Thuo
Nicolai de Vibergia, Thuo
Thuo ⟨de Vibergia⟩
Thuo ⟨Nicolai⟩
Vibergia, Thuo ¬de¬

Thura ⟨de Castello⟩
→ **Bonaventura ⟨de Castello⟩**

Thurgot
→ **Turgotus ⟨Dunelmensis⟩**

Thurocz, Johannes ¬de¬
→ **Johannes ⟨de Thurocz⟩**

Thuscus, Leo
→ **Leo ⟨Etherianus⟩**

Thydericus ⟨...⟩
→ **Theodoricus ⟨...⟩**

Thyenis, Gaetanus ¬de¬
→ **Gaetanus ⟨de Thienis⟩**

Thymo ⟨Bohemus⟩
→ **Thymo ⟨OP⟩**

Thymo ⟨Erfordensis⟩
→ **Thiemo ⟨de Erfordia⟩**

Thymo ⟨OP⟩
um 1298/1301 · OP
Stegmüller, Repert. sentent. 917
Thymo ⟨Bohemus⟩
Thymo ⟨Polonus⟩
Timo ⟨Polonus⟩

Thymo ⟨von Erfurt⟩
→ **Thiemo ⟨de Erfordia⟩**

Thymo, Petrus ¬de¬
→ **Petrus ⟨de Thymo⟩**

Tibbon, Jehuda
→ **Ibn-Tibbon, Šemû'ēl Ben-Yehûdā**

Tiberinus, Johannes Matthias
→ **Johannes Matthias ⟨Tiberinus⟩**

Tibertus, Darius
→ **Darius ⟨Tibertus⟩**

Tibetot, John
→ **Tiptoft, John**

Ṭībī, al-Ḥusain Ibn-ʿAbdallāh ¬aṭ-¬
gest. 1343
Ḥusain Ibn-ʿAbdallāh aṭ-Ṭībī ¬al-¬
Ibn-ʿAbdallāh, al-Ḥusain aṭ-Ṭībī
Ṭībī, Ḥusain Ibn-Muḥammad ¬aṭ-¬

Ṭībī, Ḥusain Ibn-Muḥammad ¬aṭ-¬
→ **Ṭībī, al-Ḥusain Ibn-ʿAbdallāh ¬aṭ-¬**

Tibinus
→ **Nicolaus ⟨de Dybin⟩**

Tibrīzī, al-Ḫaṭīb Muḥammad Ibn-ʿAbdallāh ¬at-¬
→ **Ḫaṭīb at-Tibrīzī, Muḥammad Ibn-ʿAbdallāh ¬al-¬**

Tibrīzī, Muḥammad Ibn-ʿAbdallāh ¬at-¬
→ **Ḫaṭīb at-Tibrīzī, Muḥammad Ibn-ʿAbdallāh ¬al-¬**

Tibrīzī, Muḥammad Ibn-ʿAbdallāh al-Ḫaṭīb ¬al-¬
→ **Ḫaṭīb at-Tibrīzī, Muḥammad Ibn-ʿAbdallāh ¬al-¬**

Tibrīzī, Yaḥyā Ibn-ʿAlī ¬at-¬
1030 – 1109
Ibn-ʿAlī, Yaḥyā at-Tibrīzī
Yaḥyā Ibn-ʿAlī at-Tibrīzī

Tiburtinus, Plato
→ **Plato ⟨Tiburtinus⟩**

Tidemanni, Henricus
→ **Henricus ⟨Tidemanni⟩**

Tiderich ⟨Langen⟩
→ **Longus, Theodoricus**

Tidericus
um 1280
Autor des Gedichts Pyramus und Tisbe (mittellat. Bearbeitung der ovidianischen Erzählung)
VL(2),9,922
Dietrich
Thierry ⟨Poète⟩

Tielemann ⟨vom Ziernberge⟩
→ **Rasche, Tilman**

Tiendorfer de Huerben, Christianus
→ **Christianus ⟨Tiendorfer de Huerben⟩**

Tiene, Gaetano
→ **Gaetanus ⟨de Thienis⟩**

Tietlandus
gest. ca. 964 · OSB
Komm. zu den Paulusbriefen
Stegmüller, Repert. bibl. 8267-8267,8
Thietland
Tietland
Tietlandus ⟨Abbas Einsiedeln⟩

Tīfāšī, Aḥmad Ibn-Yūsuf ¬at-¬
gest. 1253
Achmed Teifaschi
Aḥmad Ibn-Yūsuf at-Tīfāšī
Ibn-Yūsuf, Aḥmad at-Tīfāšī
Teifaschi, Achmed

Tifernas, Arcilibelli
→ **Tifernas, Lilius**

Tifernas, Gregorius
→ **Gregorius ⟨de Tipherno⟩**

Tifernas, Lilius
geb. 1418
Übersetzungen lat./ital.; Kommentierung der Werke Philons
LMA,VIII,788
Arcilibelli ⟨Tifernas⟩
Libelli ⟨Tifernas⟩
Lilio ⟨de Città di Castello⟩
Lilio ⟨de Tifernum⟩
Lilio ⟨Tifernas⟩
Lilius ⟨Castellanus de Archilibellis⟩

Lilius ⟨Tifernas⟩
Tifernas, Arcilibelli
Tifernas, Libelli
Tifernas, Lilio

Tifernus, Gregorius
→ **Gregorius ⟨de Tipherno⟩**

Tifford, Guillaume ¬de¬
→ **Guilelmus ⟨de Thetford⟩**

Tiğānī, Muḥammad Ibn-Aḥmad ¬at-¬
gest. 1311
Ibn-Aḥmad, Muḥammad at-Tiğānī
Ibn-Aḥmad at-Tiğānī, Muḥammad
Muḥammad Ibn-Aḥmad at-Tiğānī
Tijānī, Muḥammad Ibn Aḥmad

Tigart, Johannes
→ **Johannes ⟨Tigart⟩**

Tigernachus ⟨Cloynensis⟩
gest. 1088
Annales Hibernici 305-1088
Potth. 1067; DOC,2,1754
O'Braeim, Tighernach
Tigernach ⟨Abbas⟩
Tigernach ⟨de Clonmacnoise⟩
Tigernach ⟨de Cloyne⟩
Tigernach ⟨de Roscommon⟩
Tigernachus ⟨Abbas Cloynensis⟩
Tigernachus ⟨O'Braeim⟩
Tigernacus ⟨Historicus⟩
Tigernacus ⟨O'Braeim⟩
Tigernanus ⟨Historicus⟩
Tighearnach ⟨de Cloyne⟩
Tighearnach ⟨O'Braeim⟩
Tighernac ⟨of Cloinmacnois⟩
Tighernach ⟨O'Braeim⟩

Tignonville, Guillaume ¬de¬
→ **Guillaume ⟨de Tignonville⟩**

Tignosi de Fulgineo, Nicolaus
→ **Nicolaus ⟨Tignosi de Fulgineo⟩**

Tijānī, Muḥammad Ibn Aḥmad
→ **Tiğānī, Muḥammad Ibn-Aḥmad ¬at-¬**

Tilberius, Johannes
→ **Johannes ⟨Tilberius⟩**

Tilemann ⟨Elhen von Wolfhagen⟩
→ **Elhen von Wolfhagen, Tilemann**

Tilemann ⟨Pluntsch⟩
→ **Pluntsch, Tilman**

Tilimsānī, ʿAfīf-ad-Dīn Sulaimān Ibn-ʿAlī ¬at-¬
→ **Tilimsānī, Sulaimān Ibn-ʿAlī ¬at-¬**

Tilimsānī, Sulaimān Ibn-ʿAlī ¬at-¬
gest. 1291
Ibn-ʿAlī, Sulaimān at-Tilimsānī
Sulaimān Ibn-ʿAlī at-Tilimsānī
Tilimsānī, ʿAfīf-ad-Dīn Sulaimān Ibn-ʿAlī ¬at-¬

Tilleberi, Peter ¬of¬
→ **Thomas ⟨de Wratislavia⟩**

Tillipāda
→ **Ti-lo-pa**

Tillonegonus, Johannes
→ **Johannes ⟨Tillonegonus⟩**

Tillopada
→ **Ti-lo-pa**

Tilman ⟨Pluntsch⟩
→ **Pluntsch, Tilman**

Tilman ⟨Rasche⟩
→ **Rasche, Tilman**

Tilman ⟨Rasche aus Zierenberg⟩
→ **Rasche, Tilman**

Tilman ⟨von Zierenberg⟩
→ **Rasche, Tilman**

Tilmann ⟨von Hohenstein⟩
→ **Tilmannus ⟨de Aquisgrano⟩**

Tilmannus ⟨Aquensis⟩
→ **Tilmannus ⟨de Aquisgrano⟩**

Tilmannus ⟨de Aachen⟩
→ **Tilmannus ⟨de Aquisgrano⟩**

Tilmannus ⟨de Alto Lapide⟩
→ **Tilmannus ⟨de Aquisgrano⟩**

Tilmannus ⟨de Aquisgrano⟩
gest. 1363 · OCarm
Commentarii in sacram Scripturam
Stegmüller, Repert. bibl. 8268-8270
Aquisgrano, Tilmannus ¬de¬
Tilmann ⟨de Alto Lapide⟩
Tilmann ⟨d'Aix-la-Chapelle⟩
Tilmann ⟨von Hohenstein⟩
Tilmannus ⟨Aquensis⟩
Tilmannus ⟨de Aachen⟩
Tilmannus ⟨de Alto Lapide⟩
Tilmannus ⟨de Hohenstein⟩

Tilo ⟨von Kulm⟩
um 1331/38
Gedicht von siben Ingesigeln; Identität mit Tylo ⟨von Ermland⟩ umstritten
VL(2),9,932; LMA,VIII,790
Colmen, Tylo ¬von dem¬
Culm, Tilo ¬von¬
Culmine, Tylo ¬von¬
Kulm, Tilo ¬von¬
Thilo ⟨von Kulm⟩
Tilo ⟨de Culm⟩
Tilo ⟨von Culm⟩
Tylo ⟨de Culmine⟩
Tylo ⟨von dem Colmen⟩
Tylo ⟨von Ermland⟩

Ti-lo-pa
988 – 1069
Der Gesang von Mahamudra (ind.)
Te-lo-pa
Tillipāda
Tillopada
Tilo-pa
Tilopa

Tilpinus, Johannes
→ **Turpinus ⟨Remensis⟩**

Timo ⟨de Kamina⟩
um 1239
Chronicon monasterii sui
Kamina, Timo ¬de¬
Timo ⟨Kaminatensis⟩
Timo ⟨Praepositus⟩
Timo ⟨Praepositus Monasterii Kamina⟩
Timo ⟨Probst⟩
Timo ⟨von Caminat⟩
Timon ⟨de Cammin⟩
Timon ⟨de Kamin⟩
Timon ⟨Prévôt⟩

Timo ⟨Iudaeus⟩
→ **Themo ⟨Iudaeus⟩**

Timo ⟨Kaminatensis⟩
→ **Timo ⟨de Kamina⟩**

Timo ⟨Polonus⟩
→ **Thymo ⟨OP⟩**

Timon ⟨Jüdischer Rabbi⟩
→ **Themo ⟨Iudaeus⟩**

Timothée ⟨d'Alexandrie, IV.⟩
→ **Timotheus ⟨Alexandrinus, IV.⟩**

Timothée ⟨de Beit-Bagasch⟩
→ **Timotheus ⟨Nestorianus, I.⟩**

Timothée ⟨de Constantinople⟩
→ **Timotheus ⟨Constantinopolitanus⟩**

Timothée ⟨de Gaza⟩
→ **Timotheus ⟨Gazaeus⟩**

Timothée ⟨de Jérusalem⟩
→ **Timotheus ⟨Hierosolymitanus⟩**

Timothée ⟨Monophysite⟩
→ **Timotheus ⟨Alexandrinus, IV.⟩**

Timothée ⟨Nestorien⟩
→ **Timotheus ⟨Nestorianus, ...⟩**

Timotheus ⟨Alexandrinus, IV.⟩
gest. 537
Homiliae; In Cpg und Pauly als IV., sonst auch (z.B. PG) als III. bezeichnet
Cpg 7090-7100; DOC,2,1756; LMA,VIII,793
Alexandrinus, Timotheus
Timoteo ⟨di Alessandria⟩
Timoteo ⟨di Alessandria, IV.⟩
Timoteo ⟨Vescovo di Alessandria⟩
Timothée ⟨d'Alexandrie⟩
Timothée ⟨d'Alexandrie, IV.⟩
Timothée ⟨Monophysite⟩
Timothée ⟨Patriarche⟩
Timothée ⟨Patriarche, IV.⟩
Timotheos ⟨Monophysitischer Patriarch⟩
Timotheos ⟨von Alexandrien⟩
Timotheus ⟨Alexandrinus⟩
Timotheus ⟨Alexandrinus, III.⟩
Timotheus ⟨Haereticus⟩
Timotheus ⟨Monophysita⟩
Timotheus ⟨Monophysitischer Patriarch⟩
Timotheus ⟨Patriarcha⟩
Timotheus ⟨Patriarcha, III.⟩
Timotheus ⟨Patriarcha, IV.⟩
Timotheus ⟨von Alexandrien⟩

Timotheus ⟨Antiochenus⟩
6. Jh.
Vielleicht Verf. der „Homilia in lacum Genesareth et in S. Petrum apostolum", (PG 64, 47-52) d. Johannes ⟨Chrysostomus⟩; Identität mit Timotheus ⟨Hierosolymitanus⟩ unsicher
Antiochenus, Timotheus
Timotheos ⟨Presbyter⟩
Timotheos ⟨von Antiocheia⟩
Timotheos ⟨von Jerusalem⟩
Timotheus ⟨Exegeta⟩
Timotheus ⟨Hierosolymitanus⟩
Timotheus ⟨Praedicator⟩
Timotheus ⟨Presbyter⟩
Timotheus ⟨Scriptor Ecclesiasticus⟩
Tinotheos ⟨Presbyter in Antiochien⟩

Timotheus ⟨Constantinopolitanus⟩
6. Jh.
De iis qui ad ecclesiam accedunt
Cpg 7016; DOC,2,1756; LMA,VIII,793
Constantinopolitanus, Timotheus
Timothée ⟨de Constantinople⟩
Timothée ⟨Prêtre⟩
Timotheus ⟨Presbyter⟩
Timotheus ⟨Presbyter Constantinopolitanus⟩

Timotheus ⟨Exegeta⟩
→ **Timotheus ⟨Antiochenus⟩**

Timotheus ⟨Gazaeus⟩
5./6. Jh.
Tusculum-Lexikon; CSGL
Gazaeus, Timotheus
Thimotheos ⟨von Gaza⟩
Timothée ⟨de Gaza⟩
Timotheos ⟨von Gaza⟩
Timotheus ⟨of Gaza⟩

Timotheus ⟨Haereticus⟩
→ **Timotheus ⟨Alexandrinus, IV.⟩**

Timotheus ⟨Hierosolymitanus⟩
→ **Timotheus ⟨Antiochenus⟩**

Timotheus ⟨Hierosolymitanus⟩
6. Jh.
Oratio in Symeonem; Sermo in crucem; In occursum domini; etc.; Identität mit Timotheus ⟨Antiochenus⟩ unsicher; vielleicht fingierter Name eines nicht näher bekannten Predigers
Cpg 7405-7410; DOC,2,1756
Hierosolymitanus, Timotheus
Timothée ⟨de Jérusalem⟩
Timotheos ⟨von Jerusalem⟩
Timotheus ⟨Hierosolymitanus Presbyter⟩
Timotheus ⟨Presbyter Hierosolymitanus⟩

Timotheus ⟨Monophysita⟩
→ **Timotheus ⟨Alexandrinus, IV.⟩**

Timotheus ⟨Nestorianus, I.⟩
728 – 823
Traktate über Astronomie, Homiletik, Theologie, Kirchenrecht; Briefsammlung (59)
LMA,VIII,792
Timothée ⟨de Beit-Bagasch⟩
Timothée ⟨I.⟩
Timothée ⟨Nestorien⟩
Timothée ⟨Nestorien, I.⟩
Timothée ⟨Patriarche⟩
Timothée ⟨Patriarche des Nestoriens, I.⟩
Timotheos ⟨I.⟩
Timotheos ⟨Katholikos⟩
Timotheos ⟨Nestorianer⟩
Timotheos ⟨Nestorianer, I.⟩
Timotheos ⟨Nestorianus⟩
Timotheos ⟨Patriarch der Nestorianer⟩
Timotheos ⟨Patriarch der Nestorianer, I.⟩
Timotheus ⟨Nestorianus⟩

Timotheus ⟨Nestorianus, II.⟩
um 1318/32
Nomokanon
LThK(2),X,201
Timothée ⟨Métropolite de Arbela⟩
Timothée ⟨Métropolite de Mossoul⟩
Timothée ⟨Nestorien⟩
Timothée ⟨Patriarche des Nestoriens, II.⟩
Timotheos ⟨Patriarch der Nestorianer⟩
Timotheos ⟨Patriarch der Nestorianer, II.⟩

Timotheus ⟨of Gaza⟩
→ **Timotheus ⟨Gazaeus⟩**

Timotheus ⟨Praedicator⟩
→ **Timotheus ⟨Antiochenus⟩**

Timotheus ⟨Presbyter⟩
→ **Timotheus ⟨Antiochenus⟩**

Timotheus ⟨Presbyter Constantinopolitanus⟩
→ **Timotheus ⟨Constantinopolitanus⟩**

Timotheus ⟨Presbyter Hierosolymitanus⟩
→ **Timotheus ⟨Hierosolymitanus⟩**

Tīmūr ⟨Timuridenreich, Amir⟩
1336 – 1405
LMA,VIII,794
Aksak Timur
Amīr Tīmūr
Lenk T'imur
Taimūr
Tamberlain
Tamburlaine
Tamerlan
Tamerlane
Tamerlano
Tammerlang
Taymur
Teĭmurlăn
Tëmür
Timour
Timour ⟨le Grand⟩
Timour ⟨the Great⟩
Timour Lang
Timour Lenk
Timoûr-i-lènk
Tīmūr
Tīmūr ⟨Timuridenreich, Chan⟩
Tīmūr Lang
Tīmūrlang
Timurlank
Timur-Leng ⟨Mongolenreich, Khan⟩
Timurlenk
T'imur

Tinctoris, Johannes
→ **Johannes ⟨Tinctoris⟩**

Tindaro ⟨di Perugia⟩
→ **Alphanus, Tyndarus**

Tindarus, Alphanus
→ **Alphanus, Tyndarus**

Tinemue, Johannes ¬de¬
→ **Johannes ⟨de Tinemue⟩**

Ting-hui-ch'an-shih
→ **Zongmi**

Tinnīsī, al-Ḥasan Ibn-Wakīʿ ¬at-¬
→ **Ibn-Wakīʿ at-Tinnīsī, al-Ḥasan Ibn-ʿAlī**

Tino ⟨di Camaino⟩
ca. 1285 – ca. 1337
Bildhauer, Architekt
LMA,VIII,796
Camaino, Tino ¬di¬
Lino ⟨di Camaino⟩

Tipherno, Gregorius ¬de¬
→ **Gregorius ⟨de Tipherno⟩**

Tiptoft, John
1427/28 – 1470
Amtl. Dokumente; Briefe; Übersetzungen (z.B. De amicitia; Controversia de nobilitate)
LMA,VIII,799
Jean ⟨Tiptoft⟩
John ⟨Tibetot⟩
John ⟨Tiptoft⟩
John ⟨Tiptoft of Worcester⟩
Tibetot, John
Tiptoft, Jean
Worcester, John Tiptoft ¬of¬

Tirecanus ⟨Hibernus⟩
→ **Tirechanus ⟨Episcopus⟩**

Tirechanus ⟨Episcopus⟩
um 660
Notulae Tirechani; Collectanea S. Patricii
DOC,2,1757; Cpl 1105; Potth. 1067; LMA,VIII,799
Episcopus Tirechanus
Tirecanus ⟨Episcopus⟩

Tirecanus ⟨Hibernus⟩
Tirechan
Tirechan ⟨Evêque⟩
Tirechan ⟨Evêque Irlandais⟩
Tirechanus
Tirechanus ⟨Hibernus⟩

Tirel, Guillaume
→ **Taillevent**

Tirel, Johannes
→ **Johannes ⟨Tirel⟩**

Tirich ⟨Tabernes⟩
→ **Tabernes, Tirich**

Tirmidhī, Muḥammad Ibn ʻAlī
→ **Ḥakīm at-Tirmiḏī, Muḥammad Ibn-ʻAlī ¬al-¬**

Tirmidhī, Muḥammad Ibn ʻĪsā
→ **Tirmiḏī, Muḥammad Ibn-ʻĪsā ¬at-¬**

Tirmiḏī, Abū- ʻAbdallāh Muḥammad Ibn- ʻAlī Ibn-al-Ḥasan al-Ḥakīm ¬at-¬
→ **Ḥakīm at-Tirmiḏī, Muḥammad Ibn-ʻAlī ¬al-¬**

Tirmiḏī, al-Ḥakīm Muḥammad Ibn-ʻAlī ¬at-¬
→ **Ḥakīm at-Tirmiḏī, Muḥammad Ibn-ʻAlī ¬al-¬**

Tirmiḏī, Muḥammad Ibn-ʻAlī ¬at-¬
→ **Ḥakīm at-Tirmiḏī, Muḥammad Ibn-ʻAlī ¬al-¬**

Tirmiḏī, Muḥammad Ibn-ʻĪsā ¬at-¬
825 – 892
Abū-ʻĪsā at-Tirmiḏī
Ibn-ʻĪsā, Muḥammad at-Tirmiḏī
Ibn-ʻĪsā at-Tirmiḏī, Muḥammad
Muḥammad Ibn-ʻĪsā at-Tirmiḏī
Tirmidhī, Muḥammad Ibn Īsā
Tirmizî, Muhammad bin Isa ¬el-¬

Tirmizî, Muhammad bin Isa ¬el-¬
→ **Tirmiḏī, Muḥammad Ibn-ʻĪsā ¬at-¬**

Tirol, Siegmund ¬von¬
→ **Sigmund ⟨Österreich, Erzherzog⟩**

Tisserandus, Johannes
gest. 1494 · OFM
Acta Berardi de Carbio & quinque aliorum martyrum ord. Franc.
Potth. 1067
Jean ⟨Tisserand⟩
Johannes ⟨Tisserand⟩
Johannes ⟨Tisserandus⟩
Tisserand, Jean
Tisserand, Johannes

Tite Live ⟨de Frioul⟩
→ **Frulovisiis, Titus Livius ¬de¬**

Titianus ⟨Tarvisinus⟩
7. Jh.
Vita SS. Florentii et Vindemialis (5. Jh.)
Potth. 1067
Tarvisinus, Titianus
Titianus ⟨Episcopus Tarvisinus⟩
Titien ⟨de Trévise⟩
Titien ⟨Tarvisinus⟩

Titleshale, Johannes
→ **Johannes ⟨Titleshale⟩**

Tito Livio ⟨de Forlì⟩
→ **Frulovisiis, Titus Livius ¬de¬**

Tittleshall, Jean
→ **Johannes ⟨Titleshale⟩**

Tittmoning, Johannes ¬de¬
→ **Johannes ⟨de Tittmoning⟩**

Titus Livius ⟨de Ferrara⟩
→ **Frulovisiis, Titus Livius ¬de¬**

Titus Livius ⟨de Frulovisiis⟩
→ **Frulovisiis, Titus Livius ¬de¬**

Tiufburg, Nicolaus ¬de¬
→ **Nicolaus ⟨de Tiufburg⟩**

Tnugdal
→ **Tundalus**

Tobias ⟨Berengarius⟩
gest. 1290 · OCarm
Commentaria in sacram Scripturam
Stegmüller, Repert. bibl. 8271
Berengar, Tobie
Berengarius, Tobias
Tobias ⟨Carmelita Caesaraugustanus⟩
Tobie ⟨Berengar⟩
Tobie ⟨Berengar de Saragosse⟩

Tobritsch, Kaspar
um 1464/96
Gegeneinanderstellung der vita activa und vita contemplativa
VL(2),9,949
Caspar ⟨der Toberyschcz⟩
Caspar ⟨Tobrisch⟩
Kaspar ⟨Tobritsch⟩
Tobrisch, Caspar

Tocco, Carolus ¬de¬
um 1210/15
Commentarius in Lombardam; Leges Langobardorum; Commentum zu den Büchern 2-4 des Codex Iustinianus
LMA,VIII,821
Carlo ⟨di Tocco⟩
Carolus ⟨de Tocco⟩
Charles ⟨de Tocco⟩
Charles ⟨de Tocco de Bénévent⟩
Cottus, Carolus
Karolus ⟨de Tocco⟩
Tocco, Carlo ¬di¬
Tocco, Charles ¬de¬
Tocco, Karolus ¬de¬

Tocco, Guilelmus ¬de¬
→ **Guilelmus ⟨de Tocco⟩**

Tociaco, Johannes ¬de¬
→ **Johannes ⟨de Tociaco⟩**

Todeschini-Piccolomini, Francesco Nanni ¬de'¬
→ **Pius ⟨Papa, III.⟩**

Todi, Jacopone ¬da¬
→ **Jacopone ⟨da Todi⟩**

Todi, Simon ¬de¬
→ **Simon ⟨Rinalducci de Todi⟩**

Ṭôdrôs Ben-Yehûdâ ⟨Abûlʻāfiyā⟩
→ **Abûlʻāfiyā, Ṭôdrôs Ben-Yehûdâ**

Toelner, Johannes
um 1350
Handlungsbuch von 1345 - 1350 (Geschichtsquellen der Stadt Rostock)
Potth. 1068
Johannes ⟨Toelner⟩

Tömlinger, Jordan
um 1469/80
Bäderbuch (Übers.)
VL(2),9,971
Jordan ⟨Tömlinger⟩

Töni ⟨Steinhuser⟩
→ **Steinhuser, Töni**

Toggenburg, Johann ¬von¬
→ **Johann ⟨von Toggenburg⟩**

Toggenburg, Kraft ¬von¬
→ **Kraft ⟨von Toggenburg⟩**

Toghrai
→ **Ṭuġrāʼī, al-Ḥasan Ibn-ʻAlī ¬aṭ-¬**

Togri-Bardius
→ **Ibn-Taġrībirdī, Abu-'l-Maḥāsin Yūsuf Ibn-ʻAbdallāh**

Toison d'Or
→ **Lefèvre de Saint-Rémy, Jean**

Toke, Henricus
ca. 1390 – ca. 1455
Contra cruorem; Sermo in die beatissimorum Petri et Pauli apostolorum; Manuale de ecclesia; etc.
Lohr; VL(2),9,964; LMA,VIII,842
Bremen, Henricus ¬de¬
Heinrich ⟨Toke⟩
Henri ⟨de Bremen⟩
Henri ⟨Toke⟩
Henricus ⟨Chanoine de Magdeburg⟩
Henricus ⟨de Brême⟩
Henricus ⟨de Bremen⟩
Henricus ⟨de Thocken⟩
Henricus ⟨Théologien de Erfurt⟩
Henricus ⟨Tocke⟩
Henricus ⟨Toke⟩
Henricus ⟨Toke de Bremen⟩
Toke, Heinrich
Toke, Henri

Tokushō
→ **Bassui Tokushō**

Toledo, Alfonso ¬de¬
→ **Alfonso ⟨de Toledo⟩**

Toledo, Alfonso Martínez ¬de¬
→ **Martínez de Toledo, Alfonso**

Toledo, Pedro Díaz ¬de¬
→ **Díaz, Pedro**

Toledo, Thomas ¬de¬
→ **Thomas ⟨Toletanus⟩**

Tolentino, Baltassar ¬de¬
→ **Baltassar ⟨de Tolentino⟩**

Tolentino, Nicolaus ¬de¬
→ **Nicolaus ⟨de Tolentino⟩**

Tolentino, Thomas ¬de¬
→ **Thomas ⟨de Tolentino⟩**

Toletanus, Alfonsus Vargas
→ **Alfonsus ⟨Vargas Toletanus⟩**

Toletanus, Aurasius
→ **Aurasius ⟨Toletanus⟩**

Toletanus, Bernardus
→ **Bernardus ⟨Toletanus⟩**

Toletanus, Elipandus
→ **Elipandus ⟨Toletanus⟩**

Toletanus, Eugenius
→ **Eugenius ⟨Toletanus⟩**

Toletanus, Felix
→ **Felix ⟨Toletanus⟩**

Toletanus, Garsias
→ **Garsias ⟨Toletanus⟩**

Toletanus, Ildephonsus
→ **Ildephonsus ⟨Toletanus⟩**

Toletanus, Iulianus
→ **Iulianus ⟨Toletanus⟩**

Toletanus, Iustus
→ **Iustus ⟨Toletanus⟩**

Toletanus, Johannes
→ **Johannes ⟨Toletanus⟩**

Toletanus, Montanus
→ **Montanus ⟨Toletanus⟩**

Toletanus, Sisbertus
→ **Sisbertus ⟨Toletanus⟩**

Toletanus, Thomas
→ **Thomas ⟨Toletanus⟩**

Tollat, Johannes
→ **Tallat, Johannes**

Tolner, Jacobus
→ **Jacobus ⟨Tolner⟩**

Tolomei, Bernardo
→ **Bernardus ⟨Ptolomaeus⟩**

Tolomei, Bonaventura
→ **Bonaventura ⟨Tolomei⟩**

Tolomeis, Aeneas ¬de¬
→ **Aeneas ⟨de Tolomeis⟩**

Tolomeo ⟨de Lucca⟩
→ **Ptolemaeus ⟨Lucensis⟩**

Tolomeo ⟨Fiadoni⟩
→ **Ptolemaeus ⟨Lucensis⟩**

Tolosa, Peire Raimon ¬de¬
→ **Peire Raimon ⟨de Tolosa⟩**

Tolosanus ⟨Faventinus⟩
gest. 1226
Chronicon seu Historia Faventinae civitatis ab a. 20 ante Chr. - 1219
Potth. 1068
Faventinus, Tolosanus
Tolosano ⟨Chanoine de Faenza⟩
Tolosanus ⟨Canonicus Faventinus⟩
Tolosanus ⟨Diaconus Faventinae Ecclesiae⟩

Tolosanus, Guido
→ **Guido ⟨Tolosanus⟩**

Tolosanus, Jacobus
→ **Jacobus ⟨Tolosanus⟩**

Tolosanus, Ludovicus
→ **Ludovicus ⟨Tolosanus⟩**

Tolosanus, Thomas
→ **Thomas ⟨Tolosanus⟩**

Tom ⟨der Reimer⟩
→ **Thomas ⟨of Erceldoune⟩**

Toma ⟨Splićanin⟩
→ **Thomas ⟨de Spalato⟩**

Tomacelli ⟨de Pérouse⟩
→ **Thomasellus ⟨de Perusio⟩**

Tomacelli ⟨Monasterace, Duc⟩
→ **Tomacelli, Domenico Capece**

Tomacelli, Domenico Capece
15. Jh.
Il principe di Taranto
Potth. 1068
Domenico ⟨Capece di Monasterace⟩
Domenico ⟨Capece Tomacelli⟩
Domenico ⟨Tomacelli⟩
Dominique ⟨Capece Tomacelli⟩
Monasterace, Domenico Capece ¬di¬
Tomacelli ⟨Monasterace, Duc⟩
Tomacelli, Domenico
Tomacelli, Dominique Capece

Tomacelli, Perino
→ **Bonifatius ⟨Papa, VIIII.⟩**

Tomas ⟨Escoto⟩
→ **Thomas ⟨Scotus⟩**

Tomás ⟨Santo⟩
→ **Thomas ⟨de Aquino⟩**

Tomáš ⟨ze Stítného⟩
ca. 1331 – 1401
Büchlein vom Schachspiel; Über neun menschl. Stände, die den neun Engelchören ähnlich sind
LMA,VIII,723
Stítného, Tomáš ¬ze¬
Štítný, Thomáš ¬ze¬
Thomas ⟨de Stitna⟩
Thomas ⟨de Stitneho⟩
Thomáš ⟨of Štítný⟩
Thomas ⟨von Štítné⟩

Tomasza ⟨z Akwinu⟩
→ **Thomas ⟨de Aquino⟩**

Tombley, Robertus
→ **Robertus ⟨de Tumbalena⟩**

Tomellus ⟨Balduini⟩
→ **Tomellus ⟨Hasnoniensis⟩**

Tomellus ⟨Hasnoniensis⟩
um 1075
De laudibus Balduini VI sive Historia Hasnoniensis monasterii ord. S. Ben. in dioces. Atrebatensi. 670-1070
Potth. 1068; DOC,2,1757; PL 147,587-600
Balduini, Tomellus
Pseudo-Tomellus
Thomellus ⟨Hasnoniensis⟩
Tomellus ⟨Balduini⟩
Tomellus ⟨de Hasnon⟩
Tomellus ⟨de Saint-Amand⟩
Tomellus ⟨Husnoniensis⟩
Tomellus ⟨Monachus Hasnoniensis⟩
Tomellus ⟨Montani⟩
Tomellus ⟨Sancti Amandi⟩
Tomellus ⟨Secrétaire de Baudouin VI, Comte de Flandre⟩

Tomellus ⟨Montani⟩
→ **Tomellus ⟨Hasnoniensis⟩**

Tomellus ⟨Sancti Amandi⟩
→ **Tomellus ⟨Hasnoniensis⟩**

Tomic, Pere
um 1438
Historia e conquestes del reyalme Darago e principat de Cathalunya
Potth. 1068; LMA,VIII,854
Pedro ⟨Tomich⟩
Pere ⟨Tomic⟩
Pere ⟨Tomich⟩
Petrus ⟨Tomic⟩
Pierre ⟨Tomich⟩
Pierre ⟨Tomich de Braga⟩
Tomic, Petrus
Tomich, Pedro
Tomich, Pere
Tomich, Pierre

Tomitano, Bernardino
→ **Bernardinus ⟨Feltrensis⟩**

Tomitano, Martino
→ **Bernardinus ⟨Feltrensis⟩**

Tomitanus, Johannes
→ **Johannes ⟨Maxentius⟩**

Tommai, Pietro
1448 – 1508
Compendium iuris civilis
LThK(2),VIII,378; LMA,VI,1983
Petrus ⟨de Ravenna⟩
Petrus ⟨Ravennas⟩
Petrus ⟨Thomae⟩
Petrus ⟨Thomai⟩
Petrus ⟨Thomasius⟩
Petrus ⟨von Ravenna⟩
Pierre ⟨de Ravenne⟩
Pietro ⟨da Ravenna⟩
Pietro ⟨Tommai⟩
Ravennas, Petrus
Thomasius, Petrus
Tommai, Petrus

Tommasi, François
→ **Franciscus ⟨Thomasius⟩**

Tommasino ⟨d'Armannino⟩
→ **Thomasinus ⟨Armannini⟩**

Tommasino ⟨de Ferrare⟩
→ **Thomasinus ⟨de Ferraria⟩**

Tommaso ⟨Agni da Lentini⟩
→ **Thomas ⟨Agnus⟩**

Tommaso ⟨Antonio⟩
→ **Caffarini, Thomas**

Tommaso ⟨Arcidiacono⟩
→ **Thomas ⟨de Spalato⟩**

Tommaso ⟨Becket⟩
→ **Thomas ⟨Becket⟩**

Tommaso ⟨Caffarini⟩
→ **Caffarini, Thomas**

Tommaso ⟨Chaula⟩
→ **Chaula, Thomas**

Tommaso ⟨Claxton⟩
→ **Thomas ⟨Claxton⟩**

Tommaso ⟨da Celano⟩
→ **Thomas ⟨de Celano⟩**

Tommaso ⟨da Kempis⟩
→ **Thomas ⟨a Kempis⟩**

Tommaso ⟨da Lentini⟩
→ **Thomas ⟨Agnus⟩**

Tommaso ⟨da Siena⟩
→ **Caffarini, Thomas**

Tommaso ⟨da Udine⟩
→ **Thomas ⟨de Utino⟩**

Tommaso ⟨da Vercelli⟩
→ **Thomas ⟨Vercellensis⟩**

Tommaso ⟨dai Liuti⟩
→ **Thomas ⟨de Leutis⟩**

Tommaso ⟨d'Aquino⟩
→ **Thomas ⟨de Aquino⟩**

Tommaso ⟨de Chaula da Chiaramonte⟩
→ **Chaula, Thomas**

Tommaso ⟨del Garbo⟩
→ **Thomas ⟨de Garbo⟩**

Tommaso ⟨della Gazzaia⟩
gest. 1433
DellaGazzaia, Tommaso
Gazzaia, Tommaso ¬della¬
Thomas ⟨de Agazaria⟩
Thomas ⟨de Gazaria⟩
Thomasius ⟨de Agasaria⟩
Tomasius ⟨di Agasaria⟩
Tommaso ⟨il Matematico⟩
Tommaso ⟨Senese⟩

Tommaso ⟨di Cantimpré⟩
→ **Thomas ⟨de Cantiprato⟩**

Tommaso ⟨di Giovanni di Simone Guidi⟩
→ **Masaccio**

Tommaso ⟨di Silvestro⟩
um 1450/90
Cronaca
Potth. 1068
Silvestro, Thomas ¬di¬
Silvestro, Tommaso ¬di¬
Thomas ⟨di Silvestro⟩

Tommaso ⟨di Spalato⟩
→ **Thomas ⟨de Spalato⟩**

Tommaso ⟨di Sutton⟩
→ **Thomas ⟨de Sutona⟩**

Tommaso ⟨Docci⟩
→ **Thomas ⟨Doctius⟩**

Tommaso ⟨Dotti⟩
→ **Thomas ⟨Doctius⟩**

Tommaso ⟨Fecini⟩
→ **Fecini, Tommaso**

Tommaso ⟨Gallo⟩
→ **Thomas ⟨Vercellensis⟩**

Tommaso ⟨il Matematico⟩
→ **Tommaso ⟨della Gazzaia⟩**

Tommaso ⟨of Lucera⟩
→ **Thomas ⟨Luceriensis⟩**

Tommaso ⟨Parentucelli⟩
→ **Nicolaus ⟨Papa, V.⟩**

Tommaso ⟨Paruta⟩
→ **Thomas ⟨de Paruta⟩**

Tommaso ⟨Patricio⟩
→ **Thomas ⟨Patricius⟩**

Tommaso ⟨San⟩
→ **Thomas ⟨de Aquino⟩**

Tommaso ⟨Schifaldo⟩
→ **Thomas ⟨Schifaldus⟩**

Tommaso ⟨Seneca⟩
→ **Thomas ⟨Seneca⟩**

Tommaso ⟨Senese⟩
→ **Tommaso ⟨della Gazzaia⟩**

Tomsonus, Johannes
→ **Johannes ⟨Tomsonus⟩**

Tondolus
→ **Tundalus**

Tonengo, Otto ¬da¬
→ **Otto ⟨da Tonengo⟩**

Tonerra, Jacobus ¬de¬
→ **Jacobus ⟨de Tonerra⟩**

Toni ⟨Steinhuser⟩
→ **Steinhuser, Töni**

Tonnens, Guilelmus ¬de¬
→ **Guilelmus ⟨de Tonnens⟩**

Tonsor, Conradus
→ **Conradus ⟨Tonsor⟩**

Tor, Guilhem ¬de la¬
→ **Guilhem ⟨de la Tor⟩**

Toralles, Joan
→ **Joan ⟨Toralles⟩**

Torcafol
12. Jh.
Troubadour
Torcafols

Torglow, Bartholomaeus
→ **Bartholomaeus ⟨Torglow⟩**

Torigny, Robert ¬de¬
→ **Robertus ⟨de Monte Sancti Michaelis⟩**

Tornabuoni, Lucrezia
1425 – 1482
De'Medici, Lucrezia
Lucrèce ⟨Tornabuoni⟩
Lucrezia ⟨de'Medici⟩
Lucrezia ⟨Tornabuoni⟩
Medici, Lucrezia ¬de'¬
Tornabuoni, Lucrèce

Tornaco, Nicolaus ¬de¬
→ **Nicolaus ⟨de Tornaco⟩**

Tornamira, Johannes ¬de¬
→ **Johannes ⟨de Tornamira⟩**

Tornare, Petrus ¬de¬
→ **Petrus ⟨de Tornare⟩**

Tornices, Demetrius
→ **Demetrius ⟨Tornices⟩**

Tornices, Euthymius
→ **Euthymius ⟨Tornices⟩**

Tornices, Georgius
→ **Georgius ⟨Tornices⟩**
→ **Georgius ⟨Tornices, Rhetor⟩**

Torquatus ⟨Boethius⟩
→ **Boethius, Anicius Manlius Severinus**

Torquemada, Juan ¬de¬
→ **Johannes ⟨de Turrecremata⟩**

Torquemada, Tomas ¬de¬
→ **Thomas ⟨de Turrecremata⟩**

Torre, Alfonso ¬de la¬
um 1440
Visión deleytable
LMA,VIII,877
Alfonso ⟨de la Torre⟩
Alonso ⟨Torre⟩
Torre, Alonso

Torre, Alvaro ¬da¬
→ **Alvaro ⟨da Torre⟩**

Torre, Joachim ¬de¬
→ **Joachim ⟨Turrianus⟩**

Torre, Lodovico ¬della¬
→ **DellaTorre, Lodovico**

Torrella, Pere
→ **Torroella, Pere**

Torrigiani, Pietro Torrigiano ¬di¬
→ **Turrisanus, Petrus**

Torriti, Jacopo
um 1291/96
Maler, Mosaikkünstler
LUI
Iacopo ⟨Torriti⟩
Jacobus ⟨Torriti⟩
Jacques ⟨Torriti⟩
Torriti, Iacopo
Torriti, Jacobus
Torriti, Jacques

Torroella, Pere
um 1436/86
Liebesgedichte (z.B. Tant mon voler; Coplas de las calidades de las donas); Prosa: Razonamiento en defensión de las donas (katal. Totenklage)
LMA,VIII,881
Pere ⟨Torrella⟩
Pere ⟨Torrellas⟩
Pere ⟨Torroella⟩
Pierre ⟨Torroella⟩
Torrella, Pere
Torrellas, Pere
Torroella, Pierre

Torsello
→ **Sanutus, Marinus**

Tort, Lambert ¬le¬
→ **Lambert ⟨le Tort⟩**

Tortarius, Radulfus
→ **Radulfus ⟨Tortarius⟩**

Tortellius, Johannes
→ **Johannes ⟨Tortellius⟩**

Tortiboli, Jean ¬de¬
→ **Jean ⟨Dardel⟩**

Tortis, Hieronymus ¬de¬
→ **Hieronymus ⟨de Tortis⟩**

Tortona, Guilelmus ¬de¬
→ **Guilelmus ⟨de Tortona⟩**

Tortona, Manfredus ¬de¬
→ **Manfredus ⟨de Tortona⟩**

Tortsch, Johannes
gest. ca. 1445/46
Legenda sancte Birgitte (u. andere Schriften um gleiches Thema); Onus mundi
VL(2)9,982
Johannes ⟨Tortsch⟩

Tosa, Simone ¬della¬
→ **Simone ⟨della Tosa⟩**

Toscanelli, Paolo dal Pozzo
1397 – 1482
Mutmaßl. Verf. von „Della prospettiva"
LMA, VIII,886
DalPozzo Toscanelli, Paolo
Paolo ⟨dal Pozzo Toscanelli⟩
Pozzo, Paolo ¬dal¬
Pozzo Toscanelli, Paolo ¬dal¬
Toscanelli, Paolo Dal Pozzo
Toscanelli, Paolo dal Pozzo
Toscanelli, Paul del Pozzo

Toscanus, Johannes Aloisius
→ **Johannes Aloisius ⟨Toscanus⟩**

Tosi, Ludovicus
→ **Ludovicus ⟨de Pisa⟩**

Tossignano, Petrus ¬de¬
→ **Petrus ⟨de Tossignano⟩**

Tostado, Alonso
→ **Tostado Ribera, Alfonso**

Tostado, ¬El¬
→ **Tostado Ribera, Alfonso**

Tostado de Madrigal, Alfonso ¬de¬
→ **Tostado Ribera, Alfonso**

Tostado Ribera, Alfonso
1400 – 1455
LMA,VI,67/68; Stegmüller, Repert. bibl. 1184-1199
Alfonso ⟨de Madrigal⟩
Alfonso ⟨Tostado⟩
Alfonsus ⟨de Madrigal⟩
Alfonsus ⟨Stupor Mundi⟩
Alfonsus ⟨Tostatus⟩
Alfonsus ⟨Tostatus de Madrigal⟩
Alfonsus ⟨von Avila⟩
Alfonus ⟨Tostatus⟩
Alonso ⟨Abulensis⟩
Alonso ⟨de Madrigal⟩
Alonso ⟨el Tostado⟩
Alonso ⟨Fernández de Madrigal⟩
Alphonse ⟨Tostat⟩
Alphonsos ⟨Abulensis⟩
El Tostado
El Tostato
Madrigal, Alonso ¬de¬
Ribera, Alfonso Tostado
Tostado, Alonso
Tostado, Alphons
Tostado, Alphonso
Tostado, ¬El¬
Tostado de Madrigal, Alfonso ¬de¬
Tostadus, Alphonsus
Tostat, Alphonse
Tostato, ¬El¬
Tostatus, Alphonsus

Tosthus de Graez, Johannes
→ **Johannes ⟨Tosthus de Graez⟩**

Toti, François
→ **Franciscus ⟨de Perusio⟩**

Tott, Ivar Axelsson
→ **Ivar ⟨Axelsson Tott⟩**

Totting, Henricus
→ **Henricus ⟨Totting⟩**

Totzenbach, Gottfried ¬von¬
→ **Gottfried ⟨von Totzenbach⟩**

Toucy, Jean ¬de¬
→ **Johannes ⟨de Tociaco⟩**

Toul, Hugues ¬de¬
→ **Hugues ⟨de Toul⟩**

Toulon, Pierre Guillaume ¬de¬
→ **Petrus ⟨Guillelmi⟩**

Tour Landry, Geoffroy ¬de la¬
→ **LaTour Landry, Geoffroy ¬de¬**

Tournai, Jean ¬de¬
→ **Jean ⟨de Tournai⟩**

Tournai, Nicolas ¬de¬
→ **Nicolaus ⟨de Tornaco⟩**

Tournai, Simon ¬von¬
→ **Simon ⟨Tornacensis⟩**

Tournemire, Jean ¬de¬
→ **Johannes ⟨de Tornamira⟩**

Tours, Johannes ¬de¬
→ **Johannes ⟨de Tours⟩**

Tous, Guilelmus ¬de¬
→ **Guilelmus ⟨de Tous⟩**

Tovačovský z Cimburka, Ctibor
→ **Ctibor ⟨Tovačovský z Cimburka⟩**

Tovar, Fernán Sánchez ¬de¬
→ **Sánchez de Tovar, Fernán**

Ṭôv-'Elem, 'Immānû'ēl Ben-Ya'aqov
14. Jh.
Astronomische Tabellen; Derekh ḥiluq; Kanfe nešarim; etc.
LMA,II,411; Enṣiqlopedyā 'ivrīt; Rep.Font. VI,233
Bonfils
Bonfils, 'Immānû'ēl Ben-Ya'aqov
Immanuel ben Jakob
'Immanu'el ben Ya'aqov
'Immānû'ēl Ben-Ya'aqov Ṭôv-'Elem

Ṭôv-'Elem, Yôsēf Ben-Šemû'ēl
gest. 1038
jüd. Rechtsgelehrter
Tešûvôt ge'ônîm qadmônîm
Enṣiql. 'Ivrīt
Bonfils, Joseph Ben-Samuel
Joseph Ben-Samuel ⟨Bonfils⟩
Yôsēf Ben-Šemû'ēl ⟨Ṭôv-'Elem⟩

T'ovma ⟨Arcrowni⟩
10. Jh.
Geschichte der Arzrunier
LThK
Arcrowni, T'ovma
Ardzrouni, Thomas
Thomas ⟨Ardzrouni⟩
Thomas ⟨Artsruni⟩
Thomas ⟨der Artsrunier⟩
Thomas ⟨von Arzruni⟩
T'ovma ⟨Artsrowni⟩

T'ovma ⟨Mecop'ec'i⟩
gest. 1446
Geschichte Tamerlans
LThK
Mecop'ec'i, T'ovma
Medzoph, Thomas ¬de¬
Thomas ⟨de Medzoph⟩
Thomas ⟨d'Aghioved⟩
Thomas ⟨Metsop'etzi⟩
Thomas ⟨of Medzoph⟩
Thomas ⟨von Metsoph⟩

Tóvmas ⟨Gembecí⟩
→ **Thomas ⟨a Kempis⟩**

Trabibus, Petrus ¬de¬
→ **Petrus ⟨de Trabibus⟩**

Tradate, Jacopino ¬da¬
→ **Jacopino ⟨da Tradate⟩**

Traianus ⟨Patricius⟩
6./7. Jh.
Tusculum-Lexikon; CSGL
Patricius, Traianus
Traianos ⟨Patrikios⟩

Traiecti, Petrus
→ **Petrus ⟨Traiecti⟩**

Traiecto, Gerardus ¬de¬
→ **Gerardus ⟨de Traiecto⟩**

Traiecto, Godefridus ¬de¬
→ **Godefridus ⟨de Traiecto⟩**

Traiecto, Hugo ¬de¬
→ **Hugo ⟨de Traiecto⟩**

Traimundus ⟨Claraevallensis⟩
→ **Tramundus ⟨Claraevallensis⟩**

Traini, Francesco
Lebensdaten nicht ermittelt
Maler aus Pisa
Thieme-Becker
Francesco ⟨Traini⟩

François ⟨Traini⟩
Traini, François

Tralassus, Leonardus
→ **Leonardus ⟨Ragusinus⟩**

Trallianus, Alexander
→ **Alexander ⟨Trallianus⟩**

Trallianus, Anthemius
→ **Anthemius ⟨Trallianus⟩**

Trallianus, Asclepius
→ **Asclepius ⟨Trallianus⟩**

Tramundus ⟨Claraevallensis⟩
gest. 1186/87
Notar d. päpstl. Kanzlei; Kurien-Vizekanzler; Bezeichnung: „Mönch von Clairvaux" wahrscheinlich unzutreffend; Urfassung: Ars dictandi (kuriale Stillehre)
LMA,VIII,949; Potth. 1070
Pseudo-Tramundus ⟨Claraevallensis⟩
Traimundus ⟨Claraevallensis⟩
Traimundus ⟨Monachus Claraevallensis⟩
Transmond ⟨Protonotaire et Vice-Chancelier de l'Eglise Romaine⟩
Transmond ⟨Vice-Chancelier de l'Eglise Romaine⟩
Transmund ⟨von Clairvaux⟩
Transmundus ⟨Claraevallensis⟩

Trân Thái-Tòng ⟨Annam, König⟩
1218 – 1277
Thien Tong Chi Nam; Khoa Hu; 1. König der Tran-Dynastie
Tran Thai Tong ⟨Vietnam, König⟩
Trân Thái-Tòng ⟨An-nam, Vua⟩

Ṭranî, Yešaʿyā ¬di¬
→ **Yešaʿyā ⟨di Ṭranî⟩**

Ṭranî, Yešaʿyā B. ¬di¬
→ **Yešaʿyā Ben-Mâlî ⟨di Ṭranî⟩**

Trano, Godefridus ¬de¬
→ **Godefridus ⟨de Trano⟩**

Transmundus ⟨Claraevallensis⟩
→ **Tramundus ⟨Claraevallensis⟩**

Traona, François ¬de¬
→ **Francisco ⟨de Trasne⟩**

Trapecto, Hugo ¬de¬
→ **Hugo ⟨de Traiecto⟩**

Trapezuntius, Georgius
→ **Georgius ⟨Trapezuntius⟩**

Trasamundus ⟨Vandalorum Rex⟩
→ **Thrasamund ⟨Vandalenreich, König⟩**

Trasne, Francisco ¬de¬
→ **Francisco ⟨de Trasne⟩**

Traversarius, Ambrosius
1386 – 1439
Tusculum-Lexikon; LThK; LMA,I,525
Ambrogio ⟨Camaldolese⟩
Ambrogio ⟨Traversari⟩
Ambroise ⟨de Camaldule⟩
Ambroise ⟨le Camaldule⟩
Ambrose ⟨of Camaldoli⟩
Ambrose ⟨Traversari⟩
Ambrosius ⟨Camaldulensis⟩
Ambrosius ⟨Camaldulensis Traversarius⟩
Ambrosius ⟨Florentinus⟩
Ambrosius ⟨Monachus⟩
Ambrosius ⟨Traversari⟩
Ambrosius ⟨Traversarius⟩
Traversari, Ambrosius
Traversarius ⟨Camaldulensis⟩

Travesio, Giovanni
→ **Giovanni ⟨Travesio⟩**

Trebovia, Alexander ¬de¬
→ **Alexander ⟨de Trebovia⟩**

Trecis, Johannes ¬de¬
→ **Johannes ⟨de Trecis⟩**

Trecis de Valle, Simon ¬de¬
→ **Simon ⟨de Trecis de Valle⟩**

Treffurt, Albrecht ¬von¬
→ **Albrecht ⟨von Treffurt⟩**

Treichtlinger
→ **Treuchtlinger**

Trémaugon, Évrart ¬de¬
gest. 1386
3 lectiones/leçons; Songe du Vergier
LMA,VIII,970
Eberhard ⟨de Tremangonio⟩
Évrart ⟨de Trémaugon⟩
Tremangonio, Eberhard ¬de¬

Tremonia, Rutgerus ¬de¬
→ **Rutgerus ⟨Overhach de Tremonia⟩**

Trenbekchin
15. Jh.
3 Rezepte
VL(2),9,1032

Trenta, Stephanus
→ **Stephanus ⟨Trenta⟩**

Trésorier, Bernard ¬le¬
→ **Bernard ⟨le Trésorier⟩**

Tressent, Thomas
→ **Thomas ⟨Mauriniacensis⟩**

Trester, Johannes
→ **Tröster, Johannes**

Treuchtlinger
15. Jh.
2 Texte: Segensformel (paarreimig); Handlungsanweisung zur Behandlung von Luxationen, Flechten (Prosa)
VL(2),9,1033
Treichtlinger

Trevetus, Nicolaus
→ **Nicolaus ⟨Trevetus⟩**

Trevio, Johannes ¬de¬
→ **Johannes ⟨de Trevio⟩**

Trevisa, John
→ **John ⟨Trevisa⟩**

Trevisanus, Bernardus
→ **Bernardus ⟨Trevisanus⟩**

Treviso, Johannes ¬de¬
→ **Johannes ⟨de Treviso⟩**

Trewnia de Waldpach, Nicolaus
→ **Nicolaus ⟨Trewnia de Waldpach⟩**

Treysa, Petrus ¬de¬
→ **Petrus ⟨de Treysa⟩**

Tribonianus, Gaius
gest. 542/43
Tusculum-Lexikon; CSGL; LMA,VIII,983
Gaios ⟨Tribonianos⟩
Gaius ⟨Tribonianus⟩
Tribonian
Tribonianos
Tribonianus
Tribonianus ⟨Sidetes⟩
Tribonien

Tribus Fontibus, Albericus ¬de¬
→ **Albericus ⟨de Tribus Fontibus⟩**

Tribus Fontibus, Gerardus ¬de¬
→ **Gerardus ⟨de Tribus Fontibus⟩**

Tricca, Oecumenius ¬de¬
→ **Oecumenius ⟨de Tricca⟩**

Trichas
12. Jh.
Byzantin. Grammatiker; vielleicht identisch mit Iōannēs Trichas, der mit Michael Glykas korrespondiert hat
Ioannēs ⟨Trichas⟩
Johannes ⟨Trichas⟩
Tricha
Trichas ⟨Grammatiker⟩

Triclinius, Demetrius
→ **Demetrius ⟨Triclinius⟩**

Tridentinus, Bartholomaeus
→ **Bartholomaeus ⟨Tridentinus⟩**

Trifernas, Gregorius
→ **Gregorius ⟨de Tipherno⟩**

Trifolius ⟨Presbyter⟩
um 520/26
Epistula ad beatum Faustum senatorem contra Johannem Scytham monachum
DOC,2,1758; ThLL; Cpl 655; Potth. 1071
Presbyter, Trifolius
Trifolio
Trifolius
Trifolius ⟨Prêtre⟩

Trilia, Bernardus ¬de¬
→ **Bernardus ⟨de Trilia⟩**

Trimberg, Hugo ¬von¬
→ **Hugo ⟨von Trimberg⟩**

Trimberg, Süßkind ¬von¬
→ **Süßkind ⟨von Trimberg⟩**

Trimithuntis, Theodorus
→ **Theodorus ⟨Trimithuntis⟩**

Trionfo, Agostino
→ **Augustinus ⟨Triumphus⟩**

Tripolitanus, Guilelmus
→ **Guilelmus ⟨Tripolitanus⟩**

Tripolitanus, Philippus
→ **Philippus ⟨Tripolitanus⟩**

Trisancto, Jacobus ¬de¬
→ **Jacobus ⟨de Trisancto⟩**

Trissa, Johannes
→ **Johannes ⟨Trissa⟩**

Triumphus, Augustinus
→ **Augustinus ⟨Triumphus⟩**

Trivetus, Nicolaus
→ **Nicolaus ⟨Trevetus⟩**

Trivikrama
13. Jh.
Prakrit-Grammatiker
Trivikrama Deva
Trivikramadeva

Trivikrama ⟨Bhaṭṭa⟩
um 900
Hofdichter des Rāṣṭrakūṭa-Königs Indra III.
Simhāditya
Trivikrama
Trivikrama Bhaṭṭa
Trivikramabhaṭṭa

Trivikramabhaṭṭa
→ **Trivikrama ⟨Bhaṭṭa⟩**

Trivikramadeva
→ **Trivikrama**

Trivisio, Perolinus ¬de¬
→ **Perolinus ⟨de Trivisio⟩**

Troches, Étienne
→ **Étienne ⟨Troches⟩**

Trocope, Geoffroy
→ **Galfredus ⟨de Nottingham⟩**

Trocta ⟨de Salerne⟩
→ **Trotula**

Trodgand
→ **Chrodegangus ⟨Metensis⟩**

Tröglein, Henricus
→ **Henricus ⟨Tröglein⟩**

Tröster, Johannes
gest. 1487
Dialogus de remedio amoris
VL(2)9,1078
Jean ⟨Troster⟩
Johannes ⟨Trester⟩
Johannes ⟨Troster⟩
Johannes ⟨Tröster⟩
Trester, Johannes
Troster, Jean
Troster, Johannes

Troia, Nicolaus ¬de¬
→ **Nicolaus ⟨de Troia⟩**

Troiani, Henricus
→ **Henricus ⟨Troiani⟩**

Troianus ⟨Episcopus⟩
→ **Troianus ⟨Santonensis⟩**

Troianus ⟨Santonensis⟩
um 532/40
Epistula ad Eumerium episcopum Namnetensem
DOC,2,1758; Cpl 1074; Potth. 1073
Troiano ⟨di Saintes⟩
Troianus ⟨Episcopus⟩
Troianus ⟨Sanctonensis⟩
Trojan ⟨de Saintes⟩
Trojan ⟨Evêque⟩

Troianus, Petrus
→ **Petrus ⟨Troianus⟩**

Troitus, Petrus
→ **Petrus ⟨Troitus⟩**

Trokelowe, Johannes ¬de¬
→ **Johannes ⟨de Trokelowe⟩**

Trompette ⟨d'Arras⟩
→ **Eustachius ⟨Atrebatensis⟩**

Trophonius ⟨Rhetor⟩
6. Jh.
Prolegomena in artem rhetoricam
DOC,2,1759
Rhetor Trophonius
Trophonius

Troppau, Martin ¬von¬
→ **Martinus ⟨Oppaviensis⟩**

Troppau, Nicolaus ¬de¬
→ **Nicolaus ⟨Pernkla de Troppau⟩**

Trostberg, ¬Der von¬
um 1260
Historische Identität ungewiß; Minnelieder
VL(2),9,1076
Trosberg, ¬Der von¬
Trossberg, ¬Der von¬
Trostberg ⟨Minnesinger Suisse⟩

Troster, Johannes
→ **Tröster, Johannes**

Trota
→ **Trotula**

Trotula
11./12. Jh.
Practica secundum Trotam; Trotula maior; Trotula minor
VL(2)9,1083; DOC,2,1759
Trocta ⟨de Salerne⟩
Trota
Trotola ⟨de Salerne⟩
Trotola ⟨de'Roggeri⟩
Trotola ⟨Médecin⟩
Trotta
Trotula ⟨of Salerno⟩
Trotula ⟨Salernitana⟩

Trovamala, Baptista
→ **Baptista ⟨de Salis⟩**

Troyes, Chrétien ¬de¬
→ **Chrétien ⟨de Troyes⟩**

Troyes, Jean ¬de¬
→ **Jean ⟨de Roye⟩**

Truchseß, Dietrich
gest. 1467
Mitverf. der Weltchronik „Excerpta chronicarum" (dt.)
VL(2),9,1088
Dietrich ⟨Truchseß⟩
Thitrich ⟨Truchses⟩
Truchses, Thitrich

Truchsess von Diessenhoven, Heinrich
→ **Henricus ⟨de Diessenhofen⟩**

Trusianus ⟨Monachus Carthusiensis⟩
→ **Turrisanus, Petrus**

Trusius ⟨Rusticellis Valorius⟩
→ **Turrisanus, Petrus**

Trutwein
→ **Trutwinus**

Trutwinus
geb. 1242
Gedicht über den Reichskrieg 1311/12 (lat; 84 Hexameter); Hss. aus Privatbesitz
VL(2)9, 1109
Trutwein
Trutwin
Trutwin ⟨Phisicus⟩
Trutwin ⟨von Esslingen⟩
Trutwinus ⟨Phisicus⟩

Trutzenbach de Heilbronn, Johannes
→ **Johannes ⟨Trutzenbach de Heilbronn⟩**

Trzebowel, Cunso ¬de¬
→ **Cunso ⟨de Trzebowel⟩**

Tsamblak, Grigorij
→ **Grigorij ⟨Camblak⟩**

Tschachtlan, Bendicht
gest. 1493
Berner Chronik 1424-1470
VL(2),9,1113; Potth. 1073
Bendicht ⟨Tschachtlan⟩
Bendickt ⟨Tschachtlan⟩
Benedicht ⟨Tschachtlan⟩
Benedictus ⟨Tschachtlan⟩
Benedikt ⟨Tschachtlan⟩
Benoît ⟨Tschachtlan⟩
Tschachtlan, Bendickt
Tschachtlan, Benedicht
Tschachtlan, Benedict
Tschachtlan, Benedictus
Tschachtlan, Benedikt
Tschachtlan, Benoît

Tshogyal, Yeshey
→ **Ye-śes-mtsho-rgyal**

Tshul-khrims-blo-gros ⟨Kloṅ chen-pa⟩
→ **Dri-med-'od-zer ⟨Kloṅ chen-pa⟩**

Tsoṅ-kha-pa
1357 – 1419
Tibet. Reformator; Gründer der Gelbmützenschule
Acarya Tsonkhapa
Blo-bzaṅ-grags-pa ⟨Tsoṅ-kha-pa⟩
Lobsang Drakpa
Lobzand Drakpa
Tsong Kha Pa
Tsong-ka-pa
Tsongkapa
Tsong-kha-Pa

Tsongkhapa
Tsongkhapa Losang Drakpa
Tson-ka-pa
Tsonkhapa ⟨Ācārya⟩
Tsonkhapa, Ācārya
Tsoṅ-kha-pa
Blo-bzaṅ-grags-pa

Tsui-weng
→ **Ouyang, Xiu**

Tsung-mi
→ **Zongmi**

Tu Fu
→ **Du, Fu**

Tuberinus, Johannes Matthias
→ **Johannes Matthias ⟨Tiberinus⟩**

Tubertinus, Jo. Maria
→ **Johannes Matthias ⟨Tiberinus⟩**

Tuccia, Niccola ¬della¬
→ **Niccola ⟨della Tuccia⟩**

Tuccio Manetti, Antonio ¬di¬
→ **Manetti, Antonio**

Tucher, Berthold
1386 – 1454
Memorialbuch (gemeinsam mit Tucher, Endres)
VL(2),9,1121
Berthold ⟨Tucher⟩

Tucher, Endres
→ **Endres ⟨Tucher⟩**

Tucher, Hans
1428 – 1491
Wallfahrt und Reise in das Gelobte Land 1479; Salbuch; Inhaltsregister zu „Nürnberger Reformation"; Fortsetzung der „Nürnberger Jahrbücher"
Potth. 1074; VL(2),9,1127; LMA,VIII,1078
Hans ⟨Tucher⟩
Jean ⟨Tucher⟩
Johan ⟨Thucher⟩
Johan ⟨Tucher⟩
Johannes ⟨Tucher⟩
Thucher, Johan
Tucher, Jean
Tucher, Johan
Tucher, Johannes

Tucher, Katharina
ca. 1400 – 1448 · OP
24 Handschriften mystisch-erbaulichen Inhalts
VL(2),9,1132
Katharina ⟨Tucher⟩

Tuciano, Hugo ¬de¬
→ **Hugo ⟨Senonensis⟩**

Tudebodus, Petrus
→ **Petrus ⟨Tudebodus⟩**

Tudeboeuf, Pierre
→ **Petrus ⟨Tudebodus⟩**

Tudel, Georgius
gest. nach 1465
Quaestiones Physicorum
Stegmüller, Repert. sentent. 1145; Lohr
Georg ⟨Tudel von Giengen⟩
Georgius ⟨da Giengen⟩
Georgius ⟨de Giengen⟩
Georgius ⟨Tudel⟩
Georgius ⟨Tudel de Giengen⟩
Tudel, Georg

Tudela, Benjamin ¬von¬
→ **Binyāmîn Ben-Yôna ⟨Tudela⟩**

Tudela, Binyāmîn Ben-Yôna
→ **Binyāmîn Ben-Yôna ⟨Tudela⟩**

Tudèle, Guillaume ¬de¬
→ **Guillaume ⟨de Tudèle⟩**

Tudeschis, Nicolaus ¬de¬
→ **Nicolaus ⟨de Tudeschis⟩**

Tübingen, ¬Der von¬
um 1450
2 kurze Texte zur Eucharistie in einer Straßburger Handschrift
VL(2),9,1116
Der von Tübingen

Tückelhausen, Jacobus ¬de¬
→ **Jacobus ⟨de Tückelhausen⟩**

Tünger, Augustin
1455 – 1486
Tusculum-Lexikon
Augustin ⟨Tünger⟩
Augustinus ⟨Tünger⟩

Türheim, Ulrich ¬von¬
→ **Ulrich ⟨von Türheim⟩**

Türlin, Heinrich ¬von dem¬
→ **Heinrich ⟨von dem Türlin⟩**

Türlin, Ulrich ¬von dem¬
→ **Ulrich ⟨von dem Türlin⟩**

Tüsch, Hans Erhart
um 1460/70
Burgundische Hystorie; Poetischer Neumondkalender für 1466
Potth. 1076; VL(2),9,1174; Stammler-Langosch,4,518/29
Hans Erhart ⟨Tusch⟩
Hans Erhart ⟨Tüsch⟩
Jean-Erhard ⟨Tusch⟩
Johannes ⟨Düsch⟩
Tüsch, Hans Erhard
Tusch, Hans Erhart
Tusch, Jean-Erhard
Tysch, Johannes

Tütel, Burkhart
→ **Burkhard ⟨von Reutlingen⟩**

Tufail Abu Bakr Ibn
→ **Ibn-Ṭufail, Muḥammad Ibn-ʿAbd-al-Malik**

Ṭūfī, Sulaimān Ibn-ʿAbd-al-Qawī ¬aṭ-¬
1259 – 1316
Ibn-ʿAbd-al-Qawī, Sulaimān aṭ-Ṭūfī
Ibn-ʿAbd-al-Qawī aṭ-Ṭūfī, Sulaimān
Sulaimān Ibn-ʿAbd-al-Qawī aṭ-Ṭūfī
Ṭaufī, Sulaimān Ibn-ʿAbd-al-Qawī ¬aṭ-¬

Tugdalo
→ **Tundalus**

Tugendhafte Schreiber, ¬Der¬
um 1200/50
Minnelieder; Spruchdichtung
VL(2),9,1138
Heinrich ⟨der Tugendhafte Schreiber⟩
Heinrich ⟨Schreiber⟩
Schreiber ⟨der Tugendhafte⟩
Schreiber, Heinrich

Ṭughrāʾī, al-Ḥasan ibn ʿAlī ¬aṭ-¬
→ **Ṭuġrāʾī, al-Ḥasan Ibn-ʿAlī ¬aṭ-¬**

Tuǧībī, Muḥammad Ibn-Yūsuf ¬at-¬
→ **Kindī, Muḥammad Ibn-Yūsuf ¬al-¬**

Ṭuġrāʾī, Abū-Ismāʿīl al-Ḥasan ibn-ʿAlī ¬aṭ-¬
→ **Ṭuġrāʾī, al-Ḥasan Ibn-ʿAlī ¬aṭ-¬**

Ṭuġrāʾī, al-Ḥasan Ibn-ʿAlī ¬aṭ-¬
1061 – 1121
al-Tuġrāʾī
Altuughra'i
Ḥasan Ibn-ʿAlī aṭ-Ṭuġrāʾī ¬al-¬
Ibn-ʿAlī, al-Ḥasan aṭ-Ṭuġrāʾī
Toghrai
Toghrai, Abu Ismael
Tograi
Ṭoġrāʾī, al-Ḥasan Ibn-ʿAlī ¬aṭ-¬
Ṭughrāʾī, al-Ḥasan ibn ʿAlī ¬aṭ-¬
Ṭuġrāʾī, Abū-Ismāʿīl al-Ḥasan ibn-ʿAlī ¬aṭ-¬
Ṭuġrāʾī, Muʾaiyad-ad-Dīn al-Ḥasan Ibn-ʿAlī ¬aṭ-¬

Ṭuġrāʾī, Muʾaiyad-ad-Dīn al-Ḥasan Ibn-ʿAlī ¬aṭ-¬
→ **Ṭuġrāʾī, al-Ḥasan Ibn-ʿAlī ¬aṭ-¬**

Ṭulaiṭilī, Aḥmad Ibn-Baqī ¬aṭ-¬
→ **Ibn-Baqī, Yaḥyā Ibn-Aḥmad**

Tulbia, Johannes ¬de¬
→ **Johannes ⟨de Tulbia⟩**

Tullius ⟨Dacus⟩
→ **Iulius ⟨Dacus⟩**

Tullius ⟨Marcellus⟩
6. Jh.
De categoricis et hypotheticis syllogismis libri VII
Lohr
Marcellus, Tullius

Tulpinus, Johannes
→ **Turpinus ⟨Remensis⟩**

Tulus
→ **Tholvit**

Tūmā al-Kafarṭābī
um 1089
Kafarṭābī, Tūmā ¬al-¬
Kfarṭābī, Tūmā ¬al-¬
Thomas ⟨de Kephartab⟩
Thomas ⟨de Kfarṭāb⟩
Thomas ⟨von Kafarṭāb⟩
Thomas ⟨von Kephartab⟩
Tūmā al-Kfarṭābī

Tūmā al-Kfarṭābī
→ **Tūmā al-Kafarṭābī**

Tumāḍir Bint-ʿAmr al-Ḫansāʾ
→ **Ḫansāʾ, Tumāḍir Bint-ʿAmr ¬al-¬**

Tumbalena, Robertus ¬de¬
→ **Robertus ⟨de Tumbalena⟩**

Tundalus
gest. 1149
Tungdali Visio
LThK
Dugdal
Godalh
Tnugdal
Tnuthgal
Tondolus
Tugdalo
Tundal ⟨de Cashel⟩
Tundal ⟨de Cork⟩
Tundal ⟨der Ritter⟩
Tundale
Tundalo
Tundel
Tungdal
Tungdalus

Tung, Chieh-yüan
→ **Dong, Jieyuan**

Tung, Lang
→ **Dong, Jieyuan**

Tungdalus
→ **Tundalus**

Tūnisī, Aḥmad Ibn-Muḥammad ¬al-¬
→ **Basīlī, Aḥmad Ibn-Muḥammad ¬al-¬**

Tunnuna, Victor ¬de¬
→ **Victor ⟨de Tunnuna⟩**

Tunstede, Simon ¬de¬
→ **Simon ⟨de Tunstede⟩**

Tuotilo
→ **Tutilo ⟨Sangallensis⟩**

Tūqātī, Luṭfallāh Ibn-Ḥasan ¬at-¬
→ **Luṭfī ⟨Molla⟩**

Tura ⟨de Castello⟩
→ **Bonaventura ⟨de Castello⟩**

Tura, Agnolo ¬di¬
→ **Agnolo ⟨di Tura⟩**

Tura, Cosmè
ca. 1430 – 1495
Ital. Maler
LMA,VIII,1097/98
Cosmè ⟨Tura⟩
Tura, Cosimo

Ṭuraiḥ aṯ-Ṯaqafī, Ibn-Ismāʿīl
gest. 782
Ibn-Ismāʿīl aṯ-Ṯaqafī, Ṭuraiḥ
Ṯaqafī, Ṭuraiḥ Ibn-Ismāʿīl ¬aṯ-¬

Turan ⟨de Castello⟩
→ **Bonaventura ⟨de Castello⟩**

Turbine, Radulfus ¬de¬
→ **Radulfus ⟨de Turbine⟩**

Turbus, Guillaume
→ **Guilelmus ⟨Norvicensis⟩**

Turcitius
→ **Taurentius**

Tureia, Thomas
→ **Thomas ⟨de Sturey⟩**

Turell, Gabriel
um 1480/90
Gabriel ⟨Turell⟩

Turentius
→ **Taurentius**

Turgotus ⟨Dunelmensis⟩
gest. 1115 · OSB
Vita Sancte Margarite; Vita Bedae Venerabilis; Historia ecclesiae et episcoporum Dunelmensium
LMA,VIII,1100; DOC,2,1760; Potth. 1075
Thurgot
Turgot
Turgot ⟨de Durham⟩
Turgot ⟨de Saint-Andrews⟩
Turgotus
Turgotus ⟨Prior⟩
Turgotus ⟨Sancti Andreae Episcopus⟩

Turgotus ⟨Sancti Andreae Episcopus⟩
→ **Turgotus ⟨Dunelmensis⟩**

Turingus, Otto
→ **Otto ⟨Turingus⟩**

Turisanus ⟨de Turisanis⟩
→ **Turrisanus, Petrus**

Turisanus ⟨Florentinus⟩
→ **Turrisanus, Petrus**

Turivs'kyj, Kyrylo
→ **Kirill ⟨Turovskij⟩**

Turlin, Ulrich ¬von dem¬
→ **Ulrich ⟨von dem Türlin⟩**

Turm, Otto ¬zum¬
→ **Otto ⟨zum Turm⟩**

Turmeda, Anselme
→ **Mayurqī, ʿAbdallāh Ibn-ʿAbdallāh ¬al-¬**

Turmeda, Encelm
→ **Mayurqī, ʿAbdallāh Ibn-ʿAbdallāh ¬al-¬**

Turno, Johannes ¬de¬
→ **Johannes ⟨de Turno⟩**

Turovskij, Kirill
→ **Kirill ⟨Turovskij⟩**

Turpinus ⟨Remensis⟩
gest. 794 · OSB
De vita Caroli Magni et Rolandi Historia Joani Turpino Archiepiscop. Remensi vulgo tributa
Schönberger/Kible, Repertorium, 18927/18928; Tusculum-Lexikon; LThK; LMA,VIII,1119/20
Pseudo-Turpin
Pseudo-Turpinus
Tilpin
Tilpinus, Johannes
Tulpinus, Johannes
Turpin ⟨de Reims⟩
Turpin ⟨de Rheims⟩
Turpin ⟨Pseudo⟩
Turpin ⟨von Reims⟩
Turpin, Johannes
Turpinus
Turpinus, Joannes
Turpinus, Johannes

Turpinus, Johannes
→ **Turpinus ⟨Remensis⟩**

Turre, Bertrandus ¬de¬
→ **Bertrandus ⟨de Turre⟩**

Turre, Guido ¬de¬
→ **Guido ⟨de Turre⟩**

Turre, Iordanus ¬de¬
→ **Iordanus ⟨de Turre⟩**

Turre, Joachim ¬de¬
→ **Joachim ⟨Turrianus⟩**

Turrecremata, Johannes ¬de¬
→ **Johannes ⟨de Turrecremata⟩**

Turrecremata, Thomas ¬de¬
→ **Thomas ⟨de Turrecremata⟩**

Turri, Andreas ¬de¬
→ **Andreas ⟨de Turri⟩**

Turri, Ludovicus ¬a¬
→ **DellaTorre, Lodovico**

Turrianus, Joachim
→ **Joachim ⟨Turrianus⟩**

Turrisanis, Turrisanus ¬de¬
→ **Turrisanus, Petrus**

Turrisanus, Petrus
um 1270/1350 · OCart
De hypostasi urinarum; Kommentar zur Ars parva
LMA,VIII,880
Crucianus ⟨von Bologna⟩
Drusianus ⟨de Turrisanis⟩
Drusianus ⟨von Bologna⟩
Petrus ⟨Turisianus⟩
Petrus ⟨Turisianus de Turisanis⟩
Petrus ⟨Turrisanus⟩
Pietro ⟨Torrigiano di Torrigiani⟩
Torrigiani, Pietro Torrigiano ¬di¬
Torrigiano di Torrigiani, Pietro
Trusianus ⟨Monachus Carthusiensis⟩
Trusius ⟨Rusticellis Valorius⟩
Turisanis, Petrus Turisianus ¬de¬
Turisanis, Turisanus ¬de¬
Turisanus ⟨de Turisanis⟩

Turisanus ⟨Florentinus⟩
Turisianus, Petrus
Turisianus de Turisani, Petrus
Turrisanis, Drusianus ¬de¬
Turrisanis, Turrisanus ¬de¬
Turrisanus ⟨de Turrisanis⟩

Turs, Johann
ca. 1405 – ca. 1478
Berichte vom Türkeneinfall 1473; Notiz über Bauernunruhen in Kärnten 1478
VL(2),9,1169/70
Johann ⟨Turs⟩

Tursun Bey
um 1426/90
Tarih-i Ebu l-feth
AnaBritannica; LMA,III,1484/85
Dursun Beg
Dursun Bey
Tursun ⟨Bey⟩
Ṭursun Beg

Turtûchî, Abû-Bakr
→ **Ṭurṭūšī, Muḥammad Ibn-al-Walīd ¬aṭ-¬**

Ṭurtūshī, Muḥammad Ibn al-Walīd
→ **Ṭurṭūšī, Muḥammad Ibn-al-Walīd ¬aṭ-¬**

Ṭurṭūšī, Muḥammad Ibn-al-Walīd ¬aṭ-¬
gest. 1126/31
Ibn-al-Walīd, Muḥammad aṭ-Ṭurṭūšī
Ibn-al-Walīd aṭ-Ṭurṭūšī, Muḥammad
Muḥammad Ibn-al-Walīd aṭ-Ṭurṭūšī
Turtûchî, Abû-Bakr
Ṭurtūshī, Muḥammad Ibn al-Walīd

Tuscanella, Aldobrandinus ¬de¬
→ **Aldobrandinus ⟨de Tuscanella⟩**

Tuscanella, Petrus ¬de¬
→ **Petrus ⟨de Tuscanella⟩**

Tusch, Hans Erhart
→ **Tüsch, Hans Erhart**

Tusculanus, Gilo
→ **Gilo ⟨Tusculanus⟩**

Tusculanus, Johannes
→ **Johannes ⟨Marsicanus⟩**

Tuscus, Leo
→ **Leo ⟨Etherianus⟩**

Tuscus, Vivianus
→ **Vivianus ⟨Tuscus⟩**

Tuscus de Faenza, Servasanctus
→ **Servasanctus ⟨Tuscus de Faenza⟩**

Ṭūsī, Abu-'l-Qāsim Firdausī
→ **Firdausī**

Ṭūsī, Muḥammad b. al-Ḥasan ¬aṭ-¬
→ **Ṭūsī, Naṣīr-ad-Dīn Muḥammad Ibn-Muḥammad ¬aṭ-¬**

Ṭūsī, Naṣīr-ad-Dīn Muḥammad Ibn-Muḥammad ¬aṭ-¬
1201 – 1274
LMA,VI,1032/33
Ibn-Muḥammad, Naṣīr-ad-Dīn aṭ-Ṭūsī
Naṣiraddīn
Naṣīr-ad-Dīn aṭ-Ṭūsī, Muḥammad Ibn-Muḥammad
Naṣīr-ad-Dīn Muḥammad Ibn-Muḥammad ⟨aṭ-Ṭūsī⟩
Nasiridinus ⟨Tusinus⟩
Ṭūsī, Muḥammad b. al-Ḥasan ¬aṭ-¬
Ṭūsī, Naṣīr al-Dīn Muḥammad Ibn Muḥammad
Tusi, Nasroddin
Tusinus, Nasiridinus

Tusi, Nasroddin
→ **Ṭūsī, Naṣīr-ad-Dīn Muḥammad Ibn-Muḥammad ¬aṭ-¬**

Tusinus, Nasiridinus
→ **Ṭūsī, Naṣīr-ad-Dīn Muḥammad Ibn-Muḥammad ¬aṭ-¬**

Tussignano, Petrus ¬de¬
→ **Petrus ⟨de Tossignano⟩**

Tutilo ⟨Sangallensis⟩
ca. 850 – 913
Hodie cantandus
LThK; LMA,VIII,1095/96
Tuotilo
Tutelo
Tutilan
Tutilane ⟨di San Gallo⟩
Tutilo
Tutilo ⟨Itinerarius⟩
Tutilo ⟨Sanctus⟩

Tuto ⟨Tharisiensis⟩
um 1142/49 · OSB
Sermones; Opuscula
Potth. 1076
Tuto
Tuto ⟨Monachus⟩
Tuto ⟨Monachus Tharisiensis⟩
Tuton ⟨Bénédictin⟩
Tuton ⟨de Tharis⟩
Tuton ⟨de Theres⟩
Tuton ⟨Tharisiensis⟩

Tuvo ⟨Lundensis⟩
gest. 1472
Forts. des Chronicon archiepiscoporum Lundensium des Nicolaus ⟨Lundensis⟩
Potth. 853; 1076
Tuve ⟨Lundensis⟩
Tuvo ⟨Lundensis Archiepiscopus⟩

Tuy, Lucas ¬de¬
→ **Lucas ⟨Tudensis⟩**

Twety, Guillaume
→ **Twici, William**

Twici, William
gest. 1328
The art of hunting
LMA,VIII,1128
Guillaume ⟨Twety⟩
Guillaume ⟨Twici⟩
Guyllame ⟨Twici⟩
Guyllaume ⟨Twiti⟩
Twety, Guillaume
Twety, W.
Twich, W.
Twici, Guillaume
Twici, Guyllame
Twiti, Guyllaume
Twiti, Wiliam
Twiti, William
Twity, W.
Twyti, W.
Twyty, W. ¬de¬
W. ⟨de Twyty⟩
W. ⟨Twety⟩
W. ⟨Twich⟩
W. ⟨Twity⟩
W. ⟨Twyti⟩
Wiliam ⟨Twiti⟩
William ⟨Twici⟩
William ⟨Twiti⟩

Twinger von Königshofen, Jakob
1346 – 1420
LThK; VL(2); Potth.; LMA,V,294
Jacobus ⟨Congelshovius⟩
Jacobus ⟨de Koenigshofen⟩
Jacobus ⟨Twinger von Königshofen⟩
Jacobus ⟨Twingerus⟩
Jakob ⟨Twinger⟩
Jakob ⟨Twinger von Königshofen⟩
Jakob ⟨von Königshofen⟩
Königshofen, Jacob Twinger ¬von¬
Königshofen, Jakob ¬von¬
Königshofen, Jakob Twinger ¬von¬
Königshoven, Jacob ¬von¬
Königshoven, Jacob Twinger ¬von¬
Twinger, Jacob
Twinger, Jacques
Twinger, Jakob
Twinger von Königshofen, Jacob
Twinger von Königshofen, Jacobus

Twiti, William
→ **Twici, William**

Tybbon, Jehudah A.
→ **Ibn-Tibbôn, Yehûdā Ben-Šā'ûl**

Tyberinus, Johannes Matthias
→ **Johannes Matthias ⟨Tiberinus⟩**

Tybinus
→ **Nicolaus ⟨de Dybin⟩**

Tylichius, Johannes
gest. ca. 1422
Chronicon Misnense
Potth. 1078
Jean ⟨Tylich⟩
Johannes ⟨Tylich⟩
Johannes ⟨Tylichius⟩
Tylich, Jean
Tylich, Johannes

Tylo ⟨de Culmine⟩
→ **Tilo ⟨von Kulm⟩**

Tylo ⟨von Ermland⟩
→ **Tilo ⟨von Kulm⟩**

Tymaeus, Jacobus
→ **Jacobus ⟨Tymaeus de Amersfordia⟩**

Tymmerla, Conradus ¬de¬
→ **Conradus ⟨de Tymmerla⟩**

Tympelfelt, Nicolaus
→ **Nicolaus ⟨Tempelfeld de Brega⟩**

Tyndarus
→ **Alphanus, Tyndarus**

Tynemouth, Johannes ¬de¬
→ **Johannes ⟨de Tinemue⟩**
→ **Johannes ⟨de Tynemouth⟩**

Typhernas, Gregorius
→ **Gregorius ⟨de Tipherno⟩**

Tyrius, Epiphanius
→ **Epiphanius ⟨Tyrius⟩**

Tyro, Guilelmus ¬de¬
→ **Guilelmus ⟨de Tyro⟩**

Tysch, Johannes
→ **Tüsch, Hans Erhart**

Tysilio
um 600
Tysilio ⟨ap Brochwael⟩
Tysilio ⟨Episcopus Gaeliae⟩
Tysilio ⟨Poeta⟩
Tysilio ⟨Prince of Powys⟩
Tysilio ⟨Saint⟩

Tytynsale, Johannes ¬de¬
→ **Johannes ⟨de Tytynsale⟩**

Tzech ⟨de Pulka⟩
→ **Petrus ⟨de Pulka⟩**

Tzerstede, Brand ¬von¬
ca. 1400 – 1451
Glosse zum Sachsenspiegel; Lüneburger Rezension zu Schlüssel des sächsischen Landrechts
VL(2),9,1195
Brand ⟨de Tzerstedt⟩
Brand ⟨von Tzerstede⟩
Hildebrand ⟨von Tzerstede⟩
Tzerstede, Hildebrand ¬von¬
Tzerstedt, Brand ¬de¬

Tzerstede, Hildebrand ¬von¬
→ **Tzerstede, Brand ¬von¬**

Tzetzes, Isaac
→ **Isaac ⟨Tzetzes⟩**

Tzetzes, Johannes
→ **Johannes ⟨Tzetzes⟩**

Tzewers, Wilhelm
→ **Guilelmus ⟨Textor⟩**

Tzimiskes, Johannes
→ **Johannes ⟨Imperium Byzantinum, Imperator, I.⟩**

Tzortzēs ⟨Pustrus⟩
→ **Bustrōnios, Geōrgios**

Tzymia, Ludovicus ¬de¬
→ **Ludovicus ⟨de Tzymia⟩**

U. ⟨de Mataplana⟩
→ **Uguet ⟨de Mataplana⟩**

'Ubaid-Allāh Ibn Ḳais ar-Ruḳajjāt
→ **Ibn-Qais ar-Ruqaiyāt**

'Ubaidallāh Ibn-'Abd-al-Karīm ar-Rāzī, Abū-Zur'a
→ **Abū-Zur'a ar-Rāzī, 'Ubaidallāh Ibn-'Abd-al-Karīm**

'Ubaidallāh Ibn-'Abdallāh Ibn-Ḫurdāḏbih
→ **Ibn-Ḫurdāḏbih, 'Ubaidallāh Ibn-'Abdallāh**

'Ubaidallāh Ibn-Aḥmad az-Zaǧǧālī
→ **Zaǧǧālī, 'Ubaidallāh Ibn-Aḥmad ¬az-¬**

'Ubaidallāh Ibn-Aḥmad Ibn-Abi-'r-Rabī'
→ **Ibn-Abi-'r-Rabī', 'Ubaidallāh Ibn-Aḥmad**

'Ubaidallāh Ibn-'Alī ar-Raqqī
→ **Raqqī, 'Ubaidallāh Ibn-'Alī ¬ar-¬**

'Ubaidallāh Ibn-Mas'ūd al-Maḥbūbī
→ **Maḥbūbī, 'Ubaidallāh Ibn-Mas'ūd ¬al-¬**

'Ubaidallāh Ibn-Muḥammad Ibn-Baṭṭa
→ **Ibn-Baṭṭa, 'Ubaidallāh Ibn-Muḥammad**

'Ubaidallah Ibn-Qais ar-Ruqaiyāt
→ **Ibn-Qais ar-Ruqaiyāt**

Ubaiy Ibn-Ka'b
7. Jh.
Ibn-Ka'b, Ubaiy
Ubayy Ibn Ka'b

Ubald ⟨Allucingoli⟩
→ **Lucius ⟨Papa, III.⟩**

Ubald ⟨Chroniqueur⟩
→ **Ubaldus ⟨Monachus⟩**

Ubald ⟨de Gubbio⟩
→ **Ubaldus ⟨de Eugubio⟩**

Ubald ⟨de Lucques⟩
→ **Lucius ⟨Papa, III.⟩**
→ **Ubaldus ⟨de Lucca⟩**

Ubald ⟨Moine à Naples⟩
→ **Ubaldus ⟨Monachus⟩**

Ubaldi, Paul
→ **Paulus ⟨de Perusio⟩**

Ubaldinis, Lotherius ¬de¬
→ **Lauterius ⟨de Baldinis⟩**

Ubaldinus
ca. 15. Jh.
In Perihermenias
Lohr

Ubaldis, Angelus ¬de¬
→ **Angelus ⟨de Ubaldis⟩**

Ubaldis, Baldus ¬de¬
→ **Baldus ⟨de Ubaldis⟩**

Ubaldis, Nicolaus ¬de¬
→ **Nicolaus ⟨de Ubaldis⟩**

Ubaldis, Petrus ¬de¬
→ **Petrus ⟨de Ubaldis⟩**

Ubaldis, Petrus Baldus ¬de¬
→ **Baldus ⟨de Ubaldis⟩**

Ubaldis de Perusio, Angelus ¬de¬
→ **Angelus ⟨de Ubaldis⟩**

Ubaldo
→ **Ubaldus ⟨Monachus⟩**

Ubaldo ⟨Baldassini⟩
→ **Ubaldus ⟨de Eugubio⟩**

Ubaldus
→ **Ubaldus ⟨Magister⟩**

Ubaldus ⟨Allucingoli⟩
→ **Lucius ⟨Papa, III.⟩**

Ubaldus ⟨Cipolletta⟩
→ **Ubaldus ⟨de Lucca⟩**

Ubaldus ⟨de Augubio⟩
→ **Ubaldus ⟨de Eugubio⟩**

Ubaldus ⟨de Caris⟩
→ **Ubaldus ⟨de Lucca⟩**

Ubaldus ⟨de Castellione⟩
→ **Ubaldus ⟨de Lucca⟩**

Ubaldus ⟨de Eugubio⟩
gest. 1160
Teleutelogio
Schönberger/Kible, Repertorium, 18929; LMA,VIII,1142/43
Eugubio, Ubaldus ¬de¬
Ubald ⟨de Gubbio⟩
Ubaldo ⟨Baldassini⟩
Ubaldo ⟨di Gubbio⟩
Ubaldus ⟨de Augubio⟩
Ubaldus ⟨Eugubinus⟩

Ubaldus ⟨de Lucca⟩
14. Jh. · OP
Expositiones quarundam auctoritatum sacrae Scripturae; De civitate beatorum; De dotibus beatarum animarum; etc.; es können 3 Personen unterschieden werden: Ubaldus ⟨de Caris de Luca⟩ (um 1279/1314), Ubaldus ⟨Perfectuccii de Castellione⟩ (um 1291/1332) und Ubaldus ⟨Cipolletta de Luca⟩ (um 1342); eine Werkzuordnung der einem Ubaldus ⟨de Lucca⟩ zugeschriebenen Titel ist nicht möglich (vgl. Kaeppeli,IV,410/412)
Stegmüller, Repert. bibl. 8274; Kaeppeli,IV,410/412
Lucca, Ubaldus ¬de¬
Ubald ⟨de Lucques⟩
Ubaldi ⟨de Lucques⟩
Ubaldus ⟨Cipolletta⟩

Ubaldus ⟨Cipolletta de Luca⟩
Ubaldus ⟨de Caris⟩
Ubaldus ⟨de Caris de Luca⟩
Ubaldus ⟨de Castellione⟩
Ubaldus ⟨de Luca⟩
Ubaldus ⟨de Lucha⟩
Ubaldus ⟨de Lucha⟩
Ubaldus ⟨Lucensis⟩
Ubaldus ⟨Perfectuccii de Castellione⟩
Waldus ⟨de Luca⟩
Waldus ⟨de Lucca⟩
Waldus ⟨de Lucha⟩
Waldus ⟨Lucensis⟩

Ubaldus ⟨de Sancto Amando⟩
→ **Hucbaldus ⟨de Sancto Amando⟩**

Ubaldus ⟨Eugubinus⟩
→ **Ubaldus ⟨de Eugubio⟩**

Ubaldus ⟨Lucensis⟩
→ **Ubaldus ⟨de Lucca⟩**

Ubaldus ⟨Magister⟩
Lebensdaten nicht ermittelt
Exceptiones, pars 1-18
Stegmüller, Repert. sentent. 1342
Magister Ubaldus
Ubaldus

Ubaldus ⟨Monachus⟩
gest. 1154
Chronici Neapolitani fragmenta 717-1027 (ein untergeschobenes Machwerk neuerer Zeit)
Potth. 1078
Monachus, Ubaldus
Ubald ⟨Chroniqueur⟩
Ubald ⟨Moine à Naples⟩
Ubaldo

Ubaldus ⟨Perfectuccii de Castellione⟩
→ **Ubaldus ⟨de Lucca⟩**

Ubayy Ibn Ka'b
→ **Ubaiy Ibn-Ka'b**

Ubbadī, 'Alī Ibn-Muḥammad ¬al-¬
gest. 1281/82
'Alī Ibn-Muḥammad al-Ubbadī
Ibn-Muḥammad, 'Alī al-Ubbadī

Uberti, Fazio ¬degli¬
gest. ca. 1367
Invettiva contro Carlo IV
Potth. 1078; LUI; LMA,VIII,1168
Boniface ⟨degli Uberti⟩
Bonifazio ⟨degli Uberti⟩
DegliUberti, Fazio
Fazio ⟨degli Uberti⟩
Uberti, Boniface ¬degli¬
Uberti, Bonifazio ¬degli¬

Uberti, Leonardus Ser
→ **Leonardus ⟨Ser Uberti⟩**

Ubertino ⟨da Crescentino⟩
→ **Hubertinus ⟨Crescentinas⟩**

Ubertino ⟨de Casale⟩
→ **Ubertinus ⟨de Casale⟩**

Ubertino ⟨de Ilia⟩
→ **Ubertinus ⟨de Casale⟩**

Ubertinus ⟨Bartholomaei de Albizis⟩
→ **Humbertus ⟨de Albiziis⟩**

Ubertinus ⟨Clericus⟩
→ **Hubertinus ⟨Crescentinas⟩**

Ubertinus ⟨Crescentinas⟩
→ **Hubertinus ⟨Crescentinas⟩**

Ubertinus ⟨de Albizis⟩
→ **Humbertus ⟨de Albiziis⟩**

Ubertinus ⟨de Casale⟩
gest. ca. 1329 · OFM
Arbor vitae crucifixae Jesu; Tractatus de altissima paupertate
Stegmüller, Repert. bibl. 3582;3583; VL(2),4,211; LMA,VIII,1169
Casale, Ubertinus ¬de¬
Casale, Ubertinus ¬da¬
Hubert ⟨de Casal⟩
Hubertin ⟨de Casale⟩
Hubertin ⟨de Ilia⟩
Hubertinus ⟨de Casale⟩
Hubertinus ⟨de Casali⟩
Hubertinus ⟨de Ilia⟩
Hubertinus ⟨van Casale⟩
Hubertinus ⟨von Casale⟩
Ubertin ⟨de Casale⟩
Ubertin ⟨von Casale⟩
Ubertino ⟨da Casale⟩
Ubertino ⟨de Casale⟩
Ubertino ⟨de Ilia⟩
Ubertino ⟨d'Ilia⟩
Ubertino ⟨von Casale⟩
Ubertinus ⟨de Casali⟩

Ubertus ⟨Bonacursius⟩
→ **Ubertus ⟨de Bonacurso⟩**

Ubertus ⟨de Bobio⟩
→ **Hubertus ⟨de Bobbio⟩**

Ubertus ⟨de Bonacurso⟩
um 1228/36
„Praeludia"
Bonacursius, Hubertus
Bonacurso, Hubertus ¬de¬
Bonacurso, Ubertus ¬de¬
Buonacorso, Uberto
Hubertus ⟨Bonacursius⟩
Hubertus ⟨de Bonacurso⟩
Uberto ⟨Buonacorso⟩
Ubertus ⟨Bonacursius⟩

Ubertus ⟨de Lampugnano⟩
→ **Hubertus ⟨de Lampugnano⟩**

Ubertus ⟨de Molino⟩
um 1276/77 · OP
Consilia iuris de haeretica pravitate
Kaeppeli,IV,417
Molino, Ubertus ¬de¬
Obertus ⟨de Molino⟩
Ubertus ⟨Provinciae Lombardiae⟩

Ubertus ⟨de Nepozzano⟩
→ **Ubertus ⟨Guidi⟩**

Ubertus ⟨Decembrius⟩
→ **Hubertus ⟨Decembrius⟩**

Ubertus ⟨Guidi⟩
gest. 1348 · OP
Laudum sive sententia arbitratus super lite de hospitali S. Mariae Novae de Florentia
Kaeppeli,IV,414/415
Guidi, Ubertus
Uberto ⟨Guidi di Firençe⟩
Ubertus ⟨de Nepozzano⟩
Ubertus ⟨de Nipozzano⟩

Ubertus ⟨Lombardus⟩
13. Jh. · OP (?)
Tractatus de nomine et amore Jesu
Kaeppeli,IV,415/417
Hubertus ⟨Lombardus⟩
Lombardus, Ubertus

Ubertus ⟨Provinciae Lombardiae⟩
→ **Ubertus ⟨de Molino⟩**

Ubertus ⟨Stanconus⟩
→ **Obertus ⟨Stanconus⟩**

Uc ⟨de Mataplana⟩
→ **Uguet ⟨de Mataplana⟩**

Uc ⟨de Saint-Circ⟩
13. Jh.
LMA,VIII,1170/71
Hugo ⟨de Saint-Circ⟩
Hugues ⟨de Saint-Circ⟩
Hugues ⟨de Saint-Cyr⟩
Saint-Circ, Uc ¬de¬
Ugo ⟨di Saint Circ⟩

Uccello, Paolo
1397 – 1475
LMA,VIII,1171
Dono, Paolo ¬di¬
Paolo ⟨di Dono⟩
Paolo ⟨Uccello⟩
Uccello

Učenik, Danilov
→ **Danilov Učenik**

Uchubaldus ⟨de Sancto Amando⟩
→ **Hucbaldus ⟨de Sancto Amando⟩**

Udalric ⟨Gallus⟩
→ **Han, Ulrich**

Udalrich ⟨von Babenberg⟩
→ **Udalricus ⟨Bambergensis⟩**

Udalrich ⟨von Bamberg⟩
→ **Udalricus ⟨Bambergensis⟩**

Udalrich ⟨Welling⟩
→ **Udalricus ⟨Welling⟩**

Udalricus ⟨Abbas Tegernseensis⟩
→ **Udalricus ⟨Tegernseensis⟩**

Udalricus ⟨Argentoratensis⟩
→ **Ulricus ⟨de Argentina⟩**

Udalricus ⟨Augustanus⟩
890 – 973
Epistola de continentia clericorum (verfaßt zw. 1074-1078 und fälschlich dem hl. Bischof Udalrich von Augsburg (923-973) zugeschrieben)
Potth. 944; CSGL; Meyer; LMA,VIII,1173
Augustanus, Udalricus
Hulrich ⟨von Augsburg⟩
Pseudo-Udalricus
Udalricus ⟨Sanctus⟩
Ulrich ⟨Saint⟩
Ulrich ⟨von Augsburg⟩
Ulricus ⟨Augustanus⟩
Ulricus ⟨Sanctus⟩
Ulricus ⟨von Augsburg⟩

Udalricus ⟨Bambergensis⟩
gest. 1127
Kleines Kompendium zur rhetorischen Stilistik (Kompilation aus Exzerpten antiker Rhetoriker); Codex Udalrici (Sammlung von Gedichten, Urkunden, Briefen; zu unterrichtl. Zwecken zusammengestellt)
VL(2)9,1245; LMA,VIII,1174
Bamberg, Ulrich ¬von¬
Udalrich ⟨von Babenberg⟩
Udalrich ⟨von Bamberg⟩
Udalricus ⟨Babenbergensis⟩
Udalricus ⟨von Bamberg⟩
Ulric ⟨Babenbergensis⟩
Ulric ⟨Chancelier⟩
Ulric ⟨Clerc à Bamberg⟩
Ulric ⟨de Bamberg⟩
Ulrich ⟨von Bamberg⟩

Udalricus ⟨Campililiensis⟩
→ **Udalricus ⟨de Campo Liliorum⟩**

Udalricus ⟨Cellensis⟩
1029 – 1093
LThK; Meyer; LMA,VIII,1205/06
Udalricus ⟨Cluniacensis⟩
Udalricus ⟨Prior⟩
Ulrich ⟨von Cluny⟩
Ulrich ⟨von Grüningen⟩
Ulrich ⟨von Regensburg⟩
Ulrich ⟨von Zell⟩

Udalricus ⟨Cluniacensis⟩
→ **Udalricus ⟨Cellensis⟩**

Udalricus ⟨Constantiensis⟩
gest. 1140
Vita S. Conradi ep. Aug.
Potth. 1079
Udalricus ⟨Episcopus Constantiensis⟩
Ulric ⟨de Castell⟩
Ulric ⟨de Constance, II.⟩

Udalricus ⟨de Argentina⟩
→ **Ulricus ⟨de Argentina⟩**

Udalricus ⟨de Campo Liliorum⟩
geb. ca. 1308 · OCist
LThK; LMA,VIII,1200
Campo Liliorum, Udalricus ¬de¬
Crisey, Ulrich
Udalricus ⟨Campi Liliorum⟩
Udalricus ⟨Campililiensis⟩
Ulric ⟨de Lilienfeld⟩
Ulrich ⟨Crisey⟩
Ulrich ⟨von Lilienfeld⟩
Ulrico ⟨di Lilienfeld⟩
Ulricus ⟨Campililiensis⟩
Ulricus ⟨de Campo Lilyorum⟩
Ulricus ⟨de Lilienfeld⟩
Ulricus ⟨Griseus⟩

Udalricus ⟨de Richental⟩
→ **Ulrich ⟨von Richental⟩**

Udalricus ⟨de Völkermarkt⟩
gest. 1266
Auszüge aus Decretum Gratiani; Compilationes antiquae; Liber extra; Novellen Papst Innozenz' IV; etc.
LMA,VIII,1204; VL(2),10,50
Cobertellus, Ulrich
Covertel, Ulrich
Cubertel, Ulrich
Ulrich ⟨Cobertellus⟩
Ulrich ⟨Covertel⟩
Ulrich ⟨Cubertel⟩
Ulrich ⟨von Völkermarkt⟩
Völkermarkt, Udalricus ¬de¬

Udalricus ⟨de Weilheim⟩
um 1458 · OSA
Epistola de tribulationibus et procellis monasterii sui ad Johannem de Weilhaim priorem Mellicensem a. 1465
Potth. 1078
Udalricus ⟨de Weilhaim⟩
Udalricus ⟨Diessensis⟩
Udalricus ⟨von Weilheim⟩
Ulric ⟨Chanoine Régulier à Diest⟩
Ulric ⟨de Weilheim⟩
Weilheim, Udalricus ¬de¬

Udalricus ⟨Diessensis⟩
→ **Udalricus ⟨de Weilheim⟩**

Udalricus ⟨Ebrardus⟩
→ **Ebrardus, Ulricus**

Udalricus ⟨Episcopus⟩
→ **Odolricus ⟨Aurelianensis⟩**

Udalricus ⟨Episcopus Constantiensis⟩
→ **Udalricus ⟨Constantiensis⟩**

Udalricus ⟨Gallus⟩
→ **Han, Ulrich**

Udalricus ⟨Onsorgius⟩
→ **Onsorgius, Udalricus**

Udalricus ⟨Prior⟩
→ **Udalricus ⟨Cellensis⟩**

Udalricus ⟨Sanctus⟩
→ **Udalricus ⟨Augustanus⟩**

Udalricus ⟨Tegernseensis⟩
um 1048 · OSB
Epistolae
Potth. 1078; DOC,2,1762
Udalricus ⟨Abbas Tegernseensis⟩
Udalricus ⟨von Tegernsee⟩
Ulric ⟨de Tegernsee⟩

Udalricus ⟨Umbtwe⟩
→ **Ulricus ⟨Umbtuer⟩**

Udalricus ⟨Viennensis⟩
um 1287/1342
Dicta super fallacias; Dicta super Mineralia Avicennae; De longitudine et brevitate vitae; etc.
Lohr; VL(2),10,53
Ulric ⟨of Vienna⟩
Ulrich ⟨Magister⟩
Ulrich ⟨von Wien⟩
Ulricus ⟨de Vienna⟩
Ulricus ⟨Magister⟩
Ulricus ⟨Medicus⟩
Ulricus ⟨Scholasticus⟩
Ulricus ⟨Viennensis⟩
Ulricus ⟨Wiennensis⟩

Udalricus ⟨von Bamberg⟩
→ **Udalricus ⟨Bambergensis⟩**

Udalricus ⟨von Tegernsee⟩
→ **Udalricus ⟨Tegernseensis⟩**

Udalricus ⟨von Weilheim⟩
→ **Udalricus ⟨de Weilheim⟩**

Udalricus ⟨Welling⟩
gest. 1305 · OSB
Zusammen mit Conradus ⟨Welling⟩ Forts. der Annales SS. Udalrici et Afrae
Potth. 1079; 1108
Udalrich ⟨Welling⟩
Ulric ⟨Welling⟩
Ulrich ⟨Welling⟩
Welling, Udalrich
Welling, Udalricus
Welling, Ulric
Welling, Ulrich

Udalricus ⟨Wessofontanus⟩
→ **Stöckl, Ulrich**

Udalscalcus ⟨Augustanus⟩
gest. 1151 · OSB
Vita s. Kuonradi; Historia s. Uodalrici; Vita s. Adalberonis; Liturgische Dichtungen; etc.
LThK; VL(2),10,109; CSGL; LMA,VIII,1175; Tusculum-Lexikon
Augustanus, Udalscalcus
Odalscalcus ⟨von Sankt Ulrich und Afra⟩
Oudalscalcus
Udalscalc ⟨de Maisach⟩
Udalscalcus ⟨of Maisach⟩
Udalschalk ⟨von Regensburg⟩
Udalschalk ⟨von Sankt Ulrich und Afra⟩
Uodalscalc ⟨von Sankt Ulrich und Afra⟩
Uodalscalcus ⟨Augustensis⟩

Udardus ⟨Cuprensis⟩
→ **Udardus ⟨Scotus⟩**

Udardus ⟨Scotus⟩
um 1190 · OCist
Cant.; Epp. Pauli; Homiliae; vielleicht Bischof von Brechin in Schottland
Stegmüller, Repert. bibl. 8275;8275,1
Scotus, Udardus
Udard ⟨Cistercien⟩
Udard ⟨de Coupar⟩
Udardus ⟨Cistercienser-- Mönch⟩
Udardus ⟨Cuprensis⟩
Udardus ⟨Monachus Cuprensis⟩
Udardus ⟨von Cupre⟩

Udine, Johannes ¬de¬
→ **Johannes ⟨de Utino⟩**

Udine, Tomaso ¬da¬
→ **Thomas ⟨de Utino⟩**

Udo ⟨Aristoteleskommentator⟩
→ **Udo ⟨Magister⟩**

Udo ⟨de Vitonio⟩
→ **Hugo ⟨de Vitonio⟩**

Udo ⟨Magdunensis⟩
→ **Odo ⟨Magdunensis⟩**

Udo ⟨Magister⟩
12. Jh.
Sententiae Udonis: de fide, spe et caritate
Stegmüller, Repert. sentent. 918; Schönberger/Kible, Repertorium, 18933
Magister Udo
Udo
Udo ⟨Aristoteleskommentator⟩
Udo ⟨Master⟩
Udon ⟨Commentateur du XIIe siècle⟩

Überlingen, Andreas ¬von¬
→ **Reichlin, Andreas**

Übertwerch, Heinz
um 1469
Kritisches Lied anläßlich der Hinrichtung eines Nürnberger Ratsmitglieds (Muffellied)
VL(2),9,1203
Heinz ⟨Übertwerch⟩
Heinz ⟨Überzwerch⟩
Überzwerch, Heinz

Ülin, Konrad
→ **Conradus ⟨de Rotenburg⟩**

Uffingus ⟨Werdensis⟩
um 980/1000
Carmen breve
CSGL; Potth.
Uffing ⟨of Werden⟩
Uffing ⟨von Werden⟩
Uffingus ⟨Monachus⟩
Uffingus ⟨Werdinensis⟩
Uffingus ⟨Werthinensis⟩
Uffo

Uffo
→ **Uffingus ⟨Werdensis⟩**

Ugo ⟨Benzi⟩
→ **Hugo ⟨Bentius⟩**

Ugo ⟨Bononiensis⟩
→ **Hugo ⟨Bononiensis⟩**

Ugo ⟨Borgognoni⟩
→ **Hugo ⟨de Lucca⟩**

Ugo ⟨Caleffini⟩
→ **Caleffini, Ugo**

Ugo ⟨Candido⟩
→ **Hugo ⟨de Remiremont⟩**

Ugo ⟨d'Alvernia⟩
→ **Huon ⟨d'Auvergne⟩**

Ugo ⟨de Castello⟩
→ **Hugo ⟨de Castello⟩**

Ugo ⟨de Porta Ravennate⟩
→ **Hugo ⟨de Porta Ravennate⟩**

Ugo ⟨de Sancto Caro⟩
→ **Hugo ⟨de Sancto Caro⟩**

Ugo ⟨de Sancto Victore⟩
→ **Hugo ⟨de Sancto Victore⟩**

Ugo ⟨de Siena⟩
→ **Hugo ⟨Bentius⟩**

Ugo ⟨de Vercellis⟩
→ **Hugutio**

Ugo ⟨dei Borgognoni⟩
→ **Hugo ⟨de Lucca⟩**

Ugo ⟨dei Frangipane⟩
→ **Hugo ⟨Salvaniensis⟩**

Ugo ⟨di Digne⟩
→ **Hugo ⟨de Digna⟩**

Ugo ⟨di Farfa⟩
→ **Hugo ⟨Farfensis⟩**

Ugo ⟨di Pontefract⟩
→ **Hugo ⟨de Pontefracto⟩**

Ugo ⟨di Saint Circ⟩
→ **Uc ⟨de Saint-Circ⟩**

Ugo ⟨di Saint-Pol⟩
→ **Hugo ⟨Sancti Pauli⟩**

Ugo ⟨di San Giovanni di Pontefract⟩
→ **Hugo ⟨de Pontefracto⟩**

Ugo ⟨di Santalla⟩
→ **Hugo ⟨Sanctallensis⟩**

Ugo ⟨di Santo Vittore⟩
→ **Hugo ⟨de Sancto Victore⟩**

Ugo ⟨di Trapecto⟩
→ **Hugo ⟨de Traiecto⟩**

Ugo ⟨Eteriano⟩
→ **Eterianus, Hugo**

Ugo ⟨Falcando⟩
→ **Falcandus, Hugo**

Ugo ⟨Ferrariensis⟩
→ **Hugutio**

Ugo ⟨il Bianco⟩
→ **Hugo ⟨de Remiremont⟩**

Ugo ⟨of Venosa⟩
→ **Hugo ⟨Venusinus⟩**

Ugo ⟨Senensis⟩
→ **Hugo ⟨Bentius⟩**

Ugo ⟨Speroni⟩
→ **Speroni, Ugo**

Ugolin ⟨de Rimini⟩
→ **Hugolinus ⟨de Arimino⟩**

Ugolino
→ **Gregorius ⟨Papa, VIIII.⟩**

Ugolino ⟨Caccini⟩
→ **Hugolinus ⟨de Monte Catino⟩**

Ugolino ⟨da Orvieto⟩
→ **Hugolinus ⟨de Urbe Vetere⟩**

Ugolino ⟨de Ferrara⟩
→ **Hugolinus ⟨de Donorio⟩**

Ugolino ⟨dei Presbiteri⟩
→ **Hugolinus ⟨de Presbyteris⟩**

Ugolino ⟨di Orvieto⟩
→ **Hugolinus ⟨de Urbe Vetere⟩**

Ugolino ⟨di Segni⟩
→ **Gregorius ⟨Papa, VIIII.⟩**

Ugolino ⟨di Vieri⟩
ca. 1310/15 – ca. 1380/85
Thieme-Becker; LUI
DiVieri, Ugolino
Vieri, Ugolino ¬di¬

Ugolino ⟨d'Ostia⟩
→ **Gregorius ⟨Papa, VIIII.⟩**

Ugolino ⟨Orvietano⟩
→ **Hugolinus ⟨de Urbe Vetere⟩**

Ugolinus ⟨de Monte Catino⟩
→ **Hugolinus ⟨de Monte Catino⟩**

Ugolinus ⟨de Presbyteris⟩
→ **Hugolinus ⟨de Presbyteris⟩**

Ugolinus ⟨Urbevetanus⟩
→ **Hugolinus ⟨de Urbe Vetere⟩**

Ugone ⟨da Lucca⟩
→ **Hugo ⟨de Lucca⟩**

Ugone ⟨d'Alvernia⟩
→ **Huon ⟨d'Auvergne⟩**

Ugotio
→ **Hugutio**

Ugubaldis, Baldus ¬de¬
→ **Baldus ⟨de Ubaldis⟩**

Uguccione
→ **Hugutio**

Uguccione ⟨da Lodi⟩
13. Jh.
Libro (Predigt; Thema: Sünde, Verdammnis)
LMA,VIII,1180
Lodi, Uguccione ¬da¬

Uguet ⟨de Mataplana⟩
ca. 1175 – 1213
Gelegenheitsgedichte: Sirventes, Tenzone, Coblas-Wechsel
LMA,VIII,1170
Hugues ⟨de Mataplana⟩
Huguet ⟨de Mataplana⟩
Mataplana, Hugues ¬de¬
Mataplana, Huguet ¬de¬
Mataplana, Uguet ¬de¬
U. ⟨de Mataplana⟩
Uc ⟨de Mataplana⟩

Ugutio
→ **Hugutio**

Uḫaidirī, Muḥammad Ibn-Muḥammad ¬al-¬
→ **Ḫaidarī, Muḥammad Ibn-Muḥammad ¬al-¬**

Uissigheim, Bernhard ¬von¬
→ **Bernhard ⟨von Uissigheim⟩**

ʿUkbarī, ʿAbdallāh Ibn-al-Ḥusain ¬al-¬
1143 – 1219
ʿAbdallāh Ibn-al-Ḥusain al-ʿUkbarī
ʿAkbarī, ʿAbdallāh Ibn-al-Ḥusain ¬al-¬
Ibn-al-Ḥusain, ʿAbdallāh al-ʿUkbarī
Ibn-al-Ḥusain al-ʿUkbarī, ʿAbdallāh

ʿUkbarī, ʿUbaidallāh Ibn-Muḥammad ¬al-¬
→ **Ibn-Baṭṭa, ʿUbaidallāh Ibn-Muḥammad**

ʿUlaiya Bint-al-Mahdī
777 – 825
Bint-al-Mahdī, ʿUlaiya

Ulgerus ⟨Andegavensis⟩
gest. 1148
CSGL
Ulger ⟨d'Angers⟩
Ulgerius ⟨Andegavensis⟩
Ulgerus ⟨Episcopus⟩

Ulixbona, Vincentius ¬de¬
→ **Vincentius ⟨de Ulixbona⟩**

Ullerston, Richardus
→ **Richardus ⟨Ullerston⟩**

Ulm, Peter ¬von¬
→ **Peter ⟨von Ulm⟩**

Ulman ⟨Stromer⟩
→ **Stromer, Ulman**

Ulmarus ⟨Atrebatensis⟩
→ **Ulmarus ⟨Sancti Vedasti⟩**

Ulmarus ⟨Praepositus⟩
→ **Ulmarus ⟨Sancti Vedasti⟩**

Ulmarus ⟨Sancti Vedasti⟩
um 875 · OSB
Vita S. Vedasti
Potth. 1079; DOC,2,1762
Sancti Vedasti, Ulmarus
Ulmar ⟨de Saint-Vaast d'Arras⟩
Ulmarus ⟨Atrebatensis⟩
Ulmarus ⟨Monachus Sancti Vedasti Atrebatensis⟩
Ulmarus ⟨Praepositus⟩
Ulmarus ⟨Presbyter et Monachus Coenobii Sancti Vedasti⟩

Ulmer, Ulricus
→ **Ulricus ⟨Ulmer⟩**

Ulmeto, Lupus ¬de¬
→ **Lupus ⟨de Olmedo⟩**

Ulmeus, Paulus
→ **Paulus ⟨Lulmius⟩**

Ulmi Monte, Antonius ¬de¬
→ **Antonius ⟨de Monte Ulmi⟩**

Ulmius, Paulus
→ **Paulus ⟨Lulmius⟩**

Ulmus, Marcus Antonius
→ **Marcus Antonius ⟨Ulmus⟩**

Ulpho ⟨Wadstenensis⟩
gest. 1433
Vita S. Catharinae Suec.
Potth. 1079
Ulpho ⟨Monachus Ordinis Sanctae Brigittae⟩
Ulpho ⟨Monachus Wadstenensis⟩
Ulphon ⟨Brigittin à Wadstena⟩
Ulphon ⟨Hagiographe⟩

Ulric ⟨Chancelier⟩
→ **Udalricus ⟨Bambergensis⟩**

Ulric ⟨Chanoine Régulier à Diest⟩
→ **Udalricus ⟨de Weilheim⟩**

Ulric ⟨de Bamberg⟩
→ **Udalricus ⟨Bambergensis⟩**

Ulric ⟨de Castell⟩
→ **Udalricus ⟨Constantiensis⟩**

Ulric ⟨de Constance, II.⟩
→ **Udalricus ⟨Constantiensis⟩**

Ulric ⟨de Lilienfeld⟩
→ **Udalricus ⟨de Campo Liliorum⟩**

Ulric ⟨de Reichenthal⟩
→ **Ulrich ⟨von Richental⟩**

Ulric ⟨de Singenberg⟩
→ **Ulrich ⟨von Singenberg⟩**

Ulric ⟨de Strasbourg⟩
→ **Ulricus ⟨de Argentina⟩**

Ulric ⟨de Tegernsee⟩
→ **Udalricus ⟨Tegernseensis⟩**

Ulric ⟨de Türheim⟩
→ **Ulrich ⟨von Türheim⟩**

Ulric ⟨de Weilheim⟩
→ **Udalricus ⟨de Weilheim⟩**

Ulric ⟨d'Ellenbogen⟩
→ **Ellenbog, Ulrich**

Ulric ⟨d'Eschenbach⟩
→ **Ulrich ⟨von Etzenbach⟩**

Ulric ⟨Grünsleder⟩
→ **Grünsleder, Ulrich**

Ulric ⟨Han⟩
→ **Han, Ulrich**

Ulric ⟨Höpp⟩
→ **Höpp, Ulrich**

Ulric ⟨Leman⟩
→ **Leman, Ulrich**

Ulric ⟨of Vienna⟩
→ **Udalricus ⟨Viennensis⟩**

Ulric ⟨Onsorg⟩
→ **Onsorgius, Udalricus**

Ulric ⟨Welling⟩
→ **Udalricus ⟨Welling⟩**

Ulrich ⟨Argentinensis⟩
→ **Ulricus ⟨de Argentina⟩**

Ulrich ⟨bei dem Türlin⟩
→ **Ulrich ⟨von dem Türlin⟩**

Ulrich ⟨Beßnitzer⟩
→ **Beßnitzer, Ulrich**

Ulrich ⟨Boner⟩
→ **Boner, Ulrich**

Ulrich ⟨Cobertellus⟩
→ **Udalricus ⟨de Völkermarkt⟩**

Ulrich ⟨Crisey⟩
→ **Udalricus ⟨de Campo Liliorum⟩**

Ulrich ⟨Cubertel⟩
→ **Udalricus ⟨de Völkermarkt⟩**

Ulrich ⟨Eberhardi⟩
→ **Ebrardus, Ulricus**

Ulrich ⟨Eislinger⟩
→ **Eislinger, Ulrich**

Ulrich ⟨Ellenbog⟩
→ **Ellenbog, Ulrich**

Ulrich ⟨Engelbrecht⟩
→ **Ulricus ⟨de Argentina⟩**

Ulrich ⟨Fahrender Laienarzt⟩
→ **Ulrich ⟨Meister⟩**

Ulrich ⟨Füetrer⟩
→ **Füetrer, Ulrich**

Ulrich ⟨Grießenpeckh⟩
→ **Grießenpeckh, Ulrich**

Ulrich ⟨Grünsleder⟩
→ **Grünsleder, Ulrich**

Ulrich ⟨Han⟩
→ **Han, Ulrich**

Ulrich ⟨Höpp⟩
→ **Höpp, Ulrich**

Ulrich ⟨Horant⟩
→ **Horant, Ulrich**

Ulrich ⟨Horn⟩
→ **Horn, Ulrich**

Ulrich ⟨Klenegker⟩
→ **Klenegker, Ulrich**

Ulrich ⟨Leman⟩
→ **Leman, Ulrich**

Ulrich ⟨Magister⟩
→ **Udalricus ⟨Viennensis⟩**

Ulrich ⟨Meister⟩
15. Jh.
Dermatologisches Rezeptar; 2 Wurmrezepte
VL(2),9,1239
Meister Ulrich
Ulrich ⟨Fahrender Laienarzt⟩

Ulrich ⟨Putsch⟩
→ **Putsch, Ulrich**

Ulrich ⟨Richental⟩
→ **Ulrich ⟨von Richental⟩**

Ulrich ⟨Saint⟩
→ **Udalricus ⟨Augustanus⟩**

Ulrich ⟨Schwarz⟩
→ **Schwarz, Ulrich**

Ulrich ⟨Stöckl⟩
→ **Stöckl, Ulrich**

Ulrich ⟨Tengler⟩
→ **Tengler, Ulrich**

Ulrich ⟨Truchseß zu Sankt Gallen⟩
→ **Ulrich ⟨von Singenberg⟩**

Ulrich ⟨Ulmer⟩
→ **Ulricus ⟨Ulmer⟩**

Ulrich ⟨von Augsburg⟩
→ **Udalricus ⟨Augustanus⟩**

Ulrich ⟨von Bamberg⟩
→ **Udalricus ⟨Bambergensis⟩**

Ulrich ⟨von Baumburg⟩
13. Jh.
6 Lieder
VL(2),9,1247
Baumburg, Ulrich ¬von¬
Bovinburg, Ulricus ¬de¬
Buwenburg, Ulrich ¬von¬
Ulrich ⟨von Buwenburg⟩
Ulricus ⟨de Bovinburg⟩

Ulrich ⟨von Brixen⟩
→ **Putsch, Ulrich**

Ulrich ⟨von Buwenburg⟩
→ **Ulrich ⟨von Baumburg⟩**

Ulrich ⟨von Cluny⟩
→ **Udalricus ⟨Cellensis⟩**

Ulrich ⟨von dem Türlin⟩
13. Jh.
VL(2); Meyer; LMA,VIII,1204
Turlin, Ulrich ¬von dem¬
Türlin, Ulrich ¬von dem¬
Ulrich ⟨bei dem Türlin⟩
Ulrich ⟨vor dem Türlin⟩
Ulricus ⟨de Porta⟩
Ulricus ⟨de Portula⟩

Ulrich ⟨von Ellenbog⟩
→ **Ellenbog, Ulrich**

Ulrich ⟨von Eschenbach⟩
→ **Ulrich ⟨von Etzenbach⟩**

Ulrich ⟨von Etzenbach⟩
13. Jh.
VL(2); Meyer
Eschenbach, Ulrich ¬von¬
Etzenbach, Ulrich ¬von¬
Ulric ⟨d'Eschenbach⟩
Ulrich ⟨von Eschenbach⟩

Ulrich ⟨von Falkenau⟩
um 1403
Übers. von Bonaventuras Soliloquium de quattuor mentalibus exercitiis
VL(2),9,1264
Falkenau, Ulrich ¬von¬

Ulrich ⟨von Grünenwörth⟩
15. Jh.
Predigten
VL(2),9,1265
Grünenwörth, Ulrich ¬von¬

Ulrich ⟨von Grüningen⟩
→ **Udalricus ⟨Cellensis⟩**

Ulrich ⟨von Gutenburg⟩
gest. ca. 1220
VL(2); Meyer; LMA,VIII,1199
Gutenburg, Ulrich ¬von¬
Ulricus ⟨de Gudemburg⟩
Ulricus ⟨de Guendeburgh⟩
Ulricus ⟨de Gutenburc⟩
Ulricus ⟨de Judenburg⟩

Ulrich ⟨von Heidenheim⟩
→ **Tengler, Ulrich**

Ulrich ⟨von Lichtenstein⟩
ca. 1210 – 1275/76
VL(2); Meyer; LMA,VIII,1199/1200
Lichtenstein, Ulrich ¬von¬
Liechtenstein, Ulrich ¬von¬
Ulrich ⟨von Liechtenstein⟩

Ulrich ⟨von Lilienfeld⟩
→ **Udalricus ⟨de Campo Liliorum⟩**

Ulrich ⟨von Munegiur⟩
13. Jh.
Minnelieder
VL(2),10,8
Munegiur, Ulrich ¬von¬
Munegur, Ulrich ¬von¬
Ulrich ⟨von Munegur⟩
Uolrich ⟨von Munegur⟩

Ulrich ⟨von Pottenstein⟩
gest. 1416/17
LMA,VIII,1200/01
Pottenstein, Ulrich ¬von¬
Ulricus ⟨Laureacensis⟩

Ulrich ⟨von Regensburg⟩
→ **Udalricus ⟨Cellensis⟩**

Ulrich ⟨von Reichental⟩
→ **Ulrich ⟨von Richental⟩**

Ulrich ⟨von Richental⟩
ca. 1365 – 1436/37
VL(2); Potth.; LMA,VIII,1201/02
Reichental, Ulrich ¬von¬
Reichenthal, Ulrich ¬von¬
Richental, Ulrich
Richental, Ulrich ¬von¬
Richenthal, Ulrich ¬von¬
Udalricus ⟨de Richental⟩
Ulric ⟨de Reichenthal⟩
Ulrich ⟨Richental⟩
Ulrich ⟨von Reichental⟩
Ulrich ⟨von Richenthal⟩
Ulrico ⟨di Richental⟩

Ulrich ⟨von Sachsendorf⟩
um 1249
7 Lieder
VL(2),8,462/465
Der von Sachsendorf
Sachsendorf, ¬Der von¬
Sachsendorf, Ulrich ¬von¬

Ulrich ⟨von Singenberg⟩
gest. 1228/43
VL(2),10,21/27; LMA,VIII,1202
Singenberg, ¬Der von¬
Singenberg, Ulrich ¬von¬
Ulric ⟨de Singenberg⟩
Ulrich ⟨Truchseß zu Sankt Gallen⟩
Ulrich ⟨von Sankt Gallen⟩

Ulrich ⟨von Straßburg⟩
→ **Ulricus ⟨de Argentina⟩**

Ulrich ⟨von Türheim⟩
13. Jh.
Kliges; Tristan; Rennewart
VL(2),10,28/39; Meyer; LMA,VIII,1203
Türheim, Ulrich ¬von¬
Ulric ⟨de Türheim⟩
Ulrich ⟨von Turkeim⟩

Ulrich ⟨von Völkermarkt⟩
→ **Udalricus ⟨de Völkermarkt⟩**

Ulrich ⟨von Wessobrunn⟩
→ **Stöckl, Ulrich**

Ulrich ⟨von Wien⟩
→ **Udalricus ⟨Viennensis⟩**

Ulrich ⟨von Winterstetten⟩
ca. 1225 – ca. 1280
Leiche; Lieder
VL(2),10,55/61; LMA,VIII,1204/05
Schenk von Winterstetten, Ulrich
Schenke von Winterstetten, Ulrich
Volrich ⟨von Winterstetten⟩
Winterstetten, Ulrich ¬von¬

Ulrich ⟨von Zatzikhoven⟩
12./13. Jh.
VL(2); Meyer; LMA,VIII,1205
Ulrich ⟨von Zatzikhofen⟩
Ulrich ⟨von Zazikhoven⟩
Ulrich ⟨von Zetzighofen⟩
Zatzikhofen, Ulrich ¬von¬
Zatzikhoven, Ulrich ¬von¬
Zazikhofen, Ulrich ¬von¬
Zazikhoven, Ulrich ¬von¬
Zetzighofen, Ulrich ¬von¬

Ulrich ⟨von Zell⟩
→ **Udalricus ⟨Cellensis⟩**

Ulrich ⟨von Zetzighofen⟩
→ **Ulrich ⟨von Zatzikhoven⟩**

Ulrich ⟨vor dem Türlin⟩
→ **Ulrich ⟨von dem Türlin⟩**

Ulrich ⟨Wagner⟩
→ **Wagner, Ulrich**

Ulrich ⟨Welling⟩
→ **Udalricus ⟨Welling⟩**

Ulrico ⟨di Lilienfeld⟩
→ **Udalricus ⟨de Campo Liliorum⟩**

Ulrico ⟨di Richental⟩
→ **Ulrich ⟨von Richental⟩**

Ulrico ⟨di Strasburgo⟩
→ **Ulricus ⟨de Argentina⟩**

Ulricus ⟨Argentinensis⟩
→ **Ulricus ⟨de Argentina⟩**

Ulricus ⟨Augustanus⟩
→ **Udalricus ⟨Augustanus⟩**

Ulricus ⟨Bonerius⟩
→ **Boner, Ulrich**

Ulricus ⟨Campililiensis⟩
→ **Udalricus ⟨de Campo Liliorum⟩**

Ulricus ⟨Custos Novi Hospitalis⟩
→ **Horant, Ulrich**

Ulricus ⟨de Alsatia⟩
→ **Ulricus ⟨Theobaldi⟩**

Ulricus ⟨de Altkirch⟩
→ **Ulricus ⟨Theobaldi⟩**

Ulricus ⟨de Argentina⟩
gest. ca. 1277 · OP
Summa de summo bono
Tusculum-Lexikon; LThK; LMA,VIII,1202/03; VL(2),9,1252/59
Argentina, Ulricus ¬de¬
Engelberti, Ulricus
Engelbrecht, Ulrich
Udalricus ⟨Argentoratensis⟩
Udalricus ⟨de Argentina⟩
Ulric ⟨de Strasbourg⟩
Ulrich ⟨Argentinensis⟩
Ulrich ⟨Engelberti⟩
Ulrich ⟨Engelbrecht⟩
Ulrich ⟨von Strassburg⟩
Ulrich ⟨von Straßburg⟩
Ulrico ⟨di Strasburgo⟩
Ulricus ⟨Argentinensis⟩
Ulricus ⟨Engelberti⟩
Ulricus ⟨Teutonicus⟩

Ulricus ⟨de Bovinburg⟩
→ **Ulrich ⟨von Baumburg⟩**

Ulricus ⟨de Campo Lilyorum⟩
→ **Udalricus ⟨de Campo Liliorum⟩**

Ulricus ⟨de Gudemburg⟩
→ **Ulrich ⟨von Gutenburg⟩**

Ulricus ⟨de Gutenburc⟩
→ **Ulrich ⟨von Gutenburg⟩**

Ulricus ⟨de Judenburg⟩
→ **Ulrich ⟨von Gutenburg⟩**

Ulricus ⟨de Lilienfeld⟩
→ **Udalricus ⟨de Campo Liliorum⟩**

Ulricus ⟨de Patavia⟩
um 1415
Joh.
Stegmüller, Repert. bibl. 8278
Patavia, Ulricus ¬de¬
Ulricus ⟨de Passau⟩

Ulricus ⟨de Porta⟩
→ **Ulrich ⟨von dem Türlin⟩**

Ulricus ⟨de Regensburg⟩
→ **Ulricus ⟨Umbtuer⟩**

Ulricus ⟨de Vienna⟩
→ **Udalricus ⟨Viennensis⟩**

Ulricus ⟨Ebrardus⟩
→ **Ebrardus, Ulricus**

Ulricus ⟨Engelberti⟩
→ **Ulricus ⟨de Argentina⟩**

Ulricus ⟨Griessenpeckh⟩
→ **Grießenpeckh, Ulrich**

Ulricus ⟨Griseus⟩
→ **Udalricus ⟨de Campo Liliorum⟩**

Ulricus ⟨Laureacensis⟩
→ **Ulrich ⟨von Pottenstein⟩**

Ulricus ⟨Magister⟩
→ **Horant, Ulrich**
→ **Udalricus ⟨Viennensis⟩**

Ulricus ⟨Medicus⟩
→ **Udalricus ⟨Viennensis⟩**

Ulricus ⟨Ratisbonensis⟩
→ **Ulricus ⟨Umbtuer⟩**

Ulricus ⟨Sanctus⟩
→ **Udalricus ⟨Augustanus⟩**

Ulricus ⟨Scholasticus⟩
→ **Udalricus ⟨Viennensis⟩**

Ulricus ⟨Scriba Civitatis Vindobonensis⟩
→ **Grießenpeckh, Ulrich**

Ulricus ⟨Teutonicus⟩
→ **Ulricus ⟨de Argentina⟩**

Ulricus ⟨Theobaldi⟩
gest. ca. 1398 · OP
Litterae pro manutenentia observantiae regularis in conv. Columbariensi; Sermones aestivales de tempore una cum tractatibus de Spiritu sancto; Litterae ad Johannem de Kempen OP de disponendis bonis suis in vita pariter et in morte
Kaeppeli,IV,423/424
Theobaldi, Ulricus
Theobaldus ⟨Basiliensis⟩
Theobaldus ⟨de Altkirch⟩
Theobaldus ⟨de Basilea⟩
Theobaldus ⟨Magister⟩
Theobaldus ⟨Provincialis Theutoniae⟩
Ulricus ⟨de Alsatia⟩
Ulricus ⟨de Altkirch⟩
Ulricus ⟨Theobaldi de Altkirch⟩

Ulricus ⟨Ulmer⟩
15. Jh.
Fraternitas cleri
Ulmer, Ulrich
Ulmer, Ulricus
Ulrich ⟨Ulmer⟩
Ulricus ⟨Ulmer de Ulma⟩

Ulricus ⟨Umbtuer⟩
um 1346/92 · OP
Litterae Ulrici provincialis fratribus prov. Teutoniae
Kaeppeli,IV,424
Udalricus ⟨Umbtwe⟩
Ulricus ⟨de Regensburg⟩
Ulricus ⟨Ratisbonensis⟩
Ulricus ⟨Umbtuer Ratisbonensis⟩
Ulricus ⟨Umptuer⟩
Ulricus ⟨Winteren⟩
Ulricus ⟨Wintner⟩
Ulricus ⟨Wintter⟩
Umbtuer, Ulricus
Winteren, Ulricus
Wintner, Ulricus
Wintter, Ulricus

Ulricus ⟨Viennensis⟩
→ **Udalricus ⟨Viennensis⟩**

Ulricus ⟨von Augsburg⟩
→ **Udalricus ⟨Augustanus⟩**

Ulricus ⟨Winteren⟩
→ **Ulricus ⟨Umbtuer⟩**

Ulricus ⟨Wintner⟩
→ **Ulricus ⟨Umbtuer⟩**

Ultanus ⟨Ardbracensis⟩
→ **Ultanus ⟨Episcopus⟩**

Ultanus ⟨Episcopus⟩
gest. ca. 655
Angebl. Verf. der Vita S. Brigidae (zu Unrecht); Vita S. Patricii
DOC,2,1763; Potth. 1080; LMA,VIII,1207
Episcopus Ultanus
MacConcubar, Ultanus
Ultan ⟨Bischof⟩
Ultan ⟨d'Ardbracan⟩
Ultan ⟨Evêque⟩
Ultan ⟨MacConcubar⟩
Ultanus ⟨Ardbracensis⟩
Ultanus ⟨Ardbrecanensis⟩
Ultanus ⟨Filius O'Concharii⟩
Ultanus ⟨MacConcubar⟩
Ultanus ⟨Sanctus⟩

Uluġ Beg ⟨Timuridenreich, Ḫān⟩
1394 – 1449
LMA,VIII,1207/08
Muhammad ⟨Taragay⟩
Oloug-Beg
Taragay, Muhammad
Ulug Beg ⟨Khorasan, König⟩
Ulūg Beg, Mehmet Turgay
Ulug Beg, Moḥammed
Uluġ Beg Ibn-Šāhruḫ
Ulug Beigius
Ulug Beigus
Ulug Mpei
Ulug-Beg
Ulugbek
Ulugh Beg
Ulugh Beg ⟨King⟩
Ulugh Beg ⟨of Khorasan⟩
Ulugh Beg, Mahommed ben Shah Rok
Ulugh Beg Ibn-Shahrukh
Ulugh Beigh
Ulugh Beis
Ulugh Bey
Ulugh-Beg

Ulugia, Gombaldus ¬de¬
→ **Gombaldus ⟨de Ulugia⟩**

'Umair Ibn-Šiyaim al-Quṭāmī
→ **Quṭāmī, 'Umair Ibn-Šiyaim ¬al-¬**

Umaiya Ibn-Abi-'ṣ-Ṣalt, Abu-'ṣ-Ṣalt
→ **Abu-'ṣ-Ṣalt Umaiya Ibn-Abi-'ṣ-Ṣalt**

'Umar ⟨Kalif, I.⟩
gest. 644
Omar Ibn al-Chattab
'Umar Ibn-al-Ḫaṭṭāb

'Umar ⟨Kalif, II.⟩
gest. 720
Omar ⟨Kalif, II.⟩
'Umar Ibn-'Abd-al-'Azīz

Umar al-Ḫaiyām, Ġiyāṯ ad-Dīn Abū l-Fatḥ
→ **'Umar Ḫaiyām**

'Umar Ḫaiyām
1048 – 1131
LMA,VIII,1208; EJ2

Chajjam, Omar
Hajjam, Omar
Hayyam, Ömer
Khajamitt, Omar
Khajjam, Omar
Khayam, Omar
Khayyam, Omar
Ömer Hayyam
Omár, Khájjám
Omar Chajjam
Omar Hajjam
Omar Khayam
Omar Khayyam
Umar al-Ḫaiyām, Ġiyāṯ ad-Dīn Abū l-Fatḥ
ʿUmar Ḫaiyām
ʿUmar Hayyām

Umar Ibn Abi Rabia
→ **ʿUmar Ibn-Abī-Rabīʿa**

ʿUmar Ibn-ʿAbd-al-ʿAzīz
→ **ʿUmar ⟨Kalif, II.⟩**

ʿUmar Ibn-Abī-Rabīʿa
ca. 644 – ca. 712
Ibn-Abī-Rabīʿa, ʿUmar
Umar Ibn Abi Rabia

ʿUmar Ibn-Aḥmad Ibn-al-ʿAdīm
→ **Ibn-al-ʿAdīm, ʿUmar Ibn-Aḥmad**

ʿUmar Ibn-Aḥmad Ibn-Šāhīn
→ **Ibn-Šāhīn, ʿUmar Ibn-Aḥmad**

ʿUmar Ibn-al-Farruḫān aṭ-Ṭabarī
gest ca. 815
LMA,VIII,1208
Abū-Ḥafṣ ʿUmar Ibn-al-Farruḫān aṭ-Ṭabarī
Ibn-al-Farḫān aṭ-Ṭabarī
Ibn-al-Farruḫān aṭ-Ṭabarī, ʿUmar
Ibn-Farruḫān aṭ-Ṭabarī, ʿUmar
Omar Ibn Farkhan al Tabari
Ṭabarī, ʿUmar Ibn-al-Farruḫān ¬aṭ-¬
ʿUmar Ibn-Farḫān aṭ-Ṭabarī

ʿUmar Ibn-al-Ḥasan Ibn-Diḥya
→ **Ibn-Diḥya, ʿUmar Ibn-al-Ḥasan**

ʿUmar Ibn-al-Ḫaṭṭāb
→ **ʿUmar ⟨Kalif, I.⟩**

ʿUmar Ibn-ʿAlī al-Mauṣilī
→ **ʿAmmār al-Mauṣilī**

ʿUmar Ibn-ʿAlī Ibn-al-Fāriḍ
→ **Ibn-al-Fāriḍ, ʿUmar Ibn-ʿAlī**

ʿUmar Ibn-ʿAlī Ibn-al-Mulaqqin
→ **Ibn-al-Mulaqqin, ʿUmar Ibn-ʿAlī**

ʿUmar Ibn-Badr al-Mauṣilī
→ **Mauṣilī, ʿUmar Ibn-Badr ¬al-¬**

ʿUmar Ibn-Farḫān aṭ-Ṭabarī
→ **ʿUmar Ibn-al-Farruḫān aṭ-Ṭabarī**

ʿUmar Ibn-Isḥāq al-Hindī
→ **Hindī, ʿUmar Ibn-Isḥāq ¬al-¬**

ʿUmar Ibn-Muḥammad al-Ardabīlī
→ **Ardabīlī, ʿUmar Ibn-Muḥammad ¬al-¬**

ʿUmar Ibn-Muḥammad an-Naṣafī
→ **Naṣafī, ʿUmar Ibn-Muḥammad ¬an-¬**

ʿUmar Ibn-Muḥammad aš-Šalaubīnī
→ **Šalaubīnī, ʿUmar Ibn-Muḥammad ¬aš-¬**

ʿUmar Ibn-Muḥammad as-Suhrawardī
→ **Suhrawardī, ʿUmar Ibn-Muḥammad ¬as-¬**

ʿUmar Ibn-Muẓaffar
→ **Ibn-al-Wardī, ʿUmar Ibn-Muẓaffar**

ʿUmar Ibn-Muẓaffar Ibn-al-Wardī
→ **Ibn-al-Wardī, ʿUmar Ibn-Muẓaffar**

ʿUmar Ibn-Sahlān as-Sāwī
→ **Sāwī, ʿUmar Ibn-Sahlān ¬as-¬**

ʿUmar Ibn-Yūsuf ⟨Jemen, Sultan⟩
gest. 1296
Ašraf ⟨Jemen, Sultan⟩
Ibn-Yūsuf, ʿUmar
Malik al-Ašraf ʿUmar Ibn-Yūsuf ⟨Jemen, Sultan⟩

ʿUmar Ibn-Zaid Ibn-Šabba
→ **Ibn-Šabba, ʿUmar Ibn-Zaid**

ʿUmarī, Aḥmad Ibn-Yaḥyā ¬al-¬
→ **Ibn-Faḍlallāh al-ʿUmarī, Aḥmad Ibn-Yaḥyā**

ʿUmarī, Ǧunaid Ibn-Maḥmūd ¬al-¬
um 1388
Ǧunaid Ibn-Maḥmūd al-ʿUmarī
Ibn-Maḥmūd, Ǧunaid al-ʿUmarī
ʿUmarī, Junayd Ibn Maḥmūd

ʿUmarī, Junayd Ibn Maḥmūd
→ **ʿUmarī, Ǧunaid Ibn-Maḥmūd ¬al-¬**

Umawī, Asad Ibn-Mūsā ¬al-¬
→ **Asad Ibn-Mūsā**

Umawī, Yaʿīš Ibn-Ibrāhīm ¬al-¬
gest. ca. 1490
Ibn-Ibrāhīm, Yaʿīš al-Umawī
Ibn-Sammāk al-Umawī, Yaʿīš Ibn-Ibrāhīm
Yaʿīš Ibn-Ibrāhīm al-Umawī

Umbehauwen, Hermann
um 1467/81
Verse (lat.); Vorschriften und Kurztraktate im Ansbacher Arzneibuch
VL(2),10,68
Hermann ⟨Umbehauwen⟩

Umbert ⟨von Genua⟩
→ **Obertus ⟨Ianuensis⟩**

Umberto ⟨Crivelli⟩
→ **Urbanus ⟨Papa, III.⟩**

Umbertus ⟨de Romanis⟩
→ **Humbertus ⟨de Romanis⟩**

Umbertus ⟨Genuensis⟩
→ **Obertus ⟨Ianuensis⟩**

Umbtuer, Ulricus
→ **Ulricus ⟨Umbtuer⟩**

Umhauser, Christianus
um 1497
Artificiosa memoria
VL(2)10,70
Christian ⟨Umhauser⟩
Christianus ⟨Umhauser⟩
Cristannus ⟨de Insprugk⟩
Cristannus ⟨Orator⟩
Cristannus ⟨Umhauser⟩
Cristannus ⟨Umhawser⟩
Umhauser, Christian
Umhauser, Cristannus
Umhawser, Cristannus

Umiltà ⟨Santa⟩
→ **Humilitas ⟨de Faventia⟩**

Umru Al Kais
→ **Imra'-al-Qais**

Unctis, Petruccio ¬de¬
→ **Petruccio ⟨de Unctis⟩**

Undis, Bernardus ¬de¬
→ **Bernardus ⟨de Undis⟩**

Ungaria, Georgius ¬de¬
→ **Georgius ⟨de Hungaria⟩**

Ungaria, Michael ¬de¬
→ **Michael ⟨de Hungaria⟩**

Ungarischer Anonymus
→ **Anonymus ⟨Belae Regis Notarius⟩**

Ungarus, Andreas
→ **Andreas ⟨Hungarus⟩**

Ungelehrte, ¬Der¬
um 1300
Senende Wise; Der fremde Ton des Ungelehrten; Der lange Ton des Ungelehrten
VL(2),10,75
Der Ungelehrte
Engelhart
Engelhart ⟨der Ungelehrte⟩
Ungelehrte Engelhart, ¬Der¬

Unger, Peter
14. Jh.
Alchemistische Rezepte
VL(2),10,77
Peter ⟨Unger⟩
Peter ⟨ze Friburch in Öchtland⟩

Ungerech, Johann
15. Jh.
Rezepte
VL(2),10,77
Johann ⟨Ungerech⟩
Johann ⟨Ungerech von Frankfurt⟩

Unicov, Petrus ¬de¬
→ **Petrus ⟨de Unicov⟩**

Unicow, Albicus ¬de¬
→ **Albich, Siegmund**

Universalis, Gilbertus
→ **Gilbertus ⟨Universalis⟩**

Unterwalden, Jost ¬von¬
→ **Jost ⟨von Unterwalden⟩**

Unthlinger, Johannes
→ **Einzlinger, Johannes**

Unverdorben, Peter
15. Jh.
1 Ballade (14 Strophen)
VL(2),10,106
Onverdorben, Peter
Peter ⟨Onverdorben⟩
Peter ⟨Unverdorben⟩

Unverzagte, ¬Der¬
um 1280
22 Strophen; Der Kunink Rodolp
VL(2),10,107
Der Unverzagte

Uodalscalcus ⟨...⟩
→ **Udalscalcus ⟨...⟩**

Uolrich ⟨...⟩
→ **Ulrich ⟨...⟩**

Upezinghis, Rainucius ¬de¬
→ **Rainucius ⟨de Upezinghis⟩**

Upland, Jack
→ **Jack ⟨Upland⟩**

Upschlacht, Niclaus
um 1416
Hist.-polit. Lied zu Brandenburger Ereignissen des Jahres 1414
VL(2),10,116
Niclaus ⟨Upschlacht⟩
Nikolaus ⟨Upschlach⟩
Upschlach, Nikolaus

Upton, Eduardus
→ **Eduardus ⟨Upton⟩**

Upton, Edvardus
→ **Eduardus ⟨Upton⟩**

Urabe, Kaneyoshi
→ **Yoshida, Kenkō**

Urabe, Kenko
→ **Yoshida, Kenkō**

Uranius ⟨Syrus⟩
6. Jh.
Testimonia; Fragmenta
DOC,2,1763
Syrus, Uranius
Uranius ⟨Historicus⟩
Uranius ⟨Syrius⟩

Uranus, Nicephorus
→ **Nicephorus ⟨Uranus⟩**

Uraugia, Eccardus ¬de¬
→ **Eccardus ⟨de Uraugia⟩**

Urbach, Johann
→ **Johannes ⟨de Auerbach⟩**

Urbain ⟨Averroiste⟩
→ **Urbanus ⟨de Bononia⟩**

Urbain ⟨de Bologne⟩
→ **Urbanus ⟨de Bononia⟩**

Urbain ⟨le Servite⟩
→ **Urbanus ⟨de Bononia⟩**

Urbain ⟨Pape, ...⟩
→ **Urbanus ⟨Papa, ...⟩**

Urban ⟨Papst, ...⟩
→ **Urbanus ⟨Papa, ...⟩**

Urban ⟨von Melk⟩
→ **Urbanus ⟨de Mellico⟩**

Urbano ⟨of Bologna⟩
→ **Urbanus ⟨de Bononia⟩**

Urbano ⟨Papa, ...⟩
→ **Urbanus ⟨Papa, ...⟩**

Urbanus ⟨Averroista⟩
→ **Urbanus ⟨de Bononia⟩**

Urbanus ⟨Bononiensis⟩
→ **Urbanus ⟨de Bononia⟩**

Urbanus ⟨de Bononia⟩
gest. 1403 · OSM
Identität mit Urbanus ⟨Nicolai de Bononia⟩ (um 1403/27), dem der Kommentar mitunter auch zugeschrieben wird, umstritten
Bononia, Urbanus ¬de¬
Urbain ⟨Averroiste⟩
Urbain ⟨de Bologne⟩
Urbain ⟨le Servite⟩
Urbain ⟨l'Averroïste⟩
Urbain ⟨Servite⟩
Urbano ⟨of Bologna⟩
Urbanus ⟨Averroista⟩
Urbanus ⟨Bononiensis⟩
Urbanus ⟨Nicolai⟩
Urbanus ⟨Nicolai de Bononia⟩
Urbanus ⟨Philosophiae Parens⟩
Urbanus ⟨Servita⟩

Urbanus ⟨de Mellico⟩
gest. 1436 · OSB
Luc.; Disputatio Ethicorum; De casibus in missa occurentibus
Stegmüller, Repert. bibl. 8279; Stegmüller, Repert. sentent. 451; Lohr
Mellico, Urbanus ¬de¬
Urban ⟨von Melk⟩
Urbanus ⟨de Melk⟩

Urbanus ⟨Nicolai⟩
→ **Urbanus ⟨de Bononia⟩**

Urbanus ⟨Nicolai de Bononia⟩
→ **Urbanus ⟨de Bononia⟩**

Urbanus ⟨Papa, II.⟩
ca. 1035 – 1099
LMA,VIII,1282/83
Oddone ⟨di Lagery⟩
Odo ⟨of Ostia⟩
Odo ⟨von Châtillon⟩
Odo ⟨von Lagery⟩
Odon ⟨de Lagery⟩
Urbain ⟨Pape, II.⟩
Urban ⟨Papst, II.⟩
Urbano ⟨Papa, II.⟩

Urbanus ⟨Papa, III.⟩
ca. 1120 – 1187
LMA,VIII,1284
Crivelli, Hubert
Crivelli, Umberto
Hubert ⟨Crivelli⟩
Hubert ⟨de Milan⟩
Hubertus ⟨Mediolanensis⟩
Umberto ⟨Crivelli⟩
Urbain ⟨Pape, III.⟩
Urban ⟨Papst, III.⟩
Urbano ⟨Papa, III.⟩

Urbanus ⟨Papa, IV.⟩
ca. 1200 – 1264
LMA,VIII,1284
Giacomo ⟨Pantaléon⟩
Jacobus ⟨Pantaleone⟩
Jacques ⟨de Troyes⟩
Jacques ⟨Pantaléon⟩
Pantaléon, Jacques
Urbain ⟨Pape, IV.⟩
Urban ⟨Papst, IV.⟩
Urbano ⟨Papa, IV.⟩

Urbanus ⟨Papa, V.⟩
ca. 1310 – 1370
LMA,VIII,1284/85
Grimoaldus, Guilelmus
Grimoard, Guillaume ¬de¬
Grimoard, Wilhelm
Grimoardus, Guilelmus
Guglielmo ⟨de Grimoard⟩
Guilelmus ⟨de Grimoard⟩
Guillaume ⟨de Grimoard⟩
Urbain ⟨Pape, V.⟩
Urban ⟨Papst, V.⟩
Urbano ⟨Papa, V.⟩
Wilhelm ⟨Grimoard⟩

Urbanus ⟨Papa, VI.⟩
ca. 1318 – 1389
LMA,VIII,1285/86
Barthélemy ⟨Prignani⟩
Bartholomaeus ⟨Prignani⟩
Bartolomeo ⟨di Napoli⟩
Bartolomeo ⟨Prignano⟩
Prignani, Barthélemy
Prignano, Bartolomeo
Urbain ⟨Pape, VI.⟩
Urban ⟨Papst, VI.⟩
Urbano ⟨Papa, VI.⟩

Urbanus ⟨Philosophiae Parens⟩
→ **Urbanus ⟨de Bononia⟩**

Urbanus ⟨Servita⟩
→ **Urbanus ⟨de Bononia⟩**

Urbe Vetere, Constantinus ¬de¬
→ **Constantinus ⟨de Urbe Vetere⟩**

Urbe Vetere, Hugolinus ¬de¬
→ **Hugolinus ⟨de Urbe Vetere⟩**

Urbevetanus, Johannes
→ **Johannes ⟨Urbevetanus⟩**

Urbevetanus, Leo
→ **Leo ⟨Urbevetanus⟩**

Urbeveteri, Benedictus ¬de¬
→ **Benedictus ⟨de Urbeveteri⟩**

Urbeveteri, Hugolinus ¬de¬
→ **Hugolinus ⟨de Urbe Vetere⟩**

Urbeveteri, Jacobus ¬de¬
→ **Jacobus ⟨Scalza de Urbeveteri⟩**

Urbiciani, Bonaggiunta
→ **Orbicciani, Bonaggiunta**

Urbino, Bartholomaeus ¬de¬
→ **Bartholomaeus ⟨de Urbino⟩**

Urceus, Antonius
→ **Antonius ⟨Urceus⟩**

Urceus, Codrus
→ **Antonius ⟨Urceus⟩**

Urenheimer, ¬Der¬
um 1300
3 Liedstrophen
VL(2),10,123
Der Urenheimer

Urgyan ⟨Rin-po-che⟩
→ **Padmasambhava**

Urseolus, Johannes
→ **Johannes ⟨Diaconus Venetus⟩**

Ursicampo, Odo ¬de¬
→ **Odo ⟨de Ursicampo⟩**

Ursin ⟨de Ligugé⟩
→ **Ursinus ⟨Locogiacensis⟩**

Ursins, Jean Juvénal ¬des¬
→ **Juvénal DesUrsins, Jean ⟨...⟩**

Ursinus ⟨Abbas⟩
→ **Ursinus ⟨Locogiacensis⟩**

Ursinus ⟨Locogiacensis⟩
um 690
Passio S. Leodegarii altera
DOC,2,1768; Cpl 1079a; Potth. 1081
Monachus Gallus, Urbinus
Ursin ⟨Abbé⟩
Ursin ⟨de Ligugé⟩
Ursin ⟨Hagiographe⟩
Ursino ⟨de Ligugé⟩
Ursinus ⟨Abbas⟩
Ursinus ⟨Gallus⟩
Ursinus ⟨Monachus⟩
Ursinus ⟨Monachus Gallus⟩
Ursinus ⟨Pictaviensis⟩

Ursinus ⟨Pictaviensis⟩
→ **Ursinus ⟨Locogiacensis⟩**

Ursio ⟨Altimontensis⟩
gest. 1079 · OSB
Passio, inventio, miracula Marcelli papae
DOC,2,1768; Potth. 1081
Ursio ⟨Abbas Altimontensis⟩
Ursio ⟨Abbas Coenobii Altimontensis⟩
Ursion ⟨Abbé⟩
Ursion ⟨Bénédictin⟩
Ursion ⟨de Hautmont⟩

Urso ⟨Calaber⟩
→ **Urso ⟨Salernitanus⟩**

Urso ⟨Ianuensis⟩
um 1242
De victoria quam Genuenses ex Friderico II retulerunt a. 1242 carmen
Potth. 1084
Urso ⟨Genovensis⟩
Urso ⟨Notarius Genuensis⟩
Urso ⟨Notarius Ianuensis⟩
Urson ⟨Chroniqueur Poète⟩
Urson ⟨de Gênes⟩
Urson ⟨Notaire à Gênes⟩
Ursonus ⟨Notarius Genuensis⟩
Ursus ⟨Notarius Genuensis⟩

Urso ⟨Magister et Clericus⟩
→ **Urso ⟨Salernitanus⟩**

Urso ⟨Notarius Ianuensis⟩
→ **Urso ⟨Ianuensis⟩**

Urso ⟨Salernitanus⟩
12. Jh.
Tusculum-Lexikon; LMA,VIII,1331; VL(2),2,70
Orso
Salernitanus, Urso
Urso ⟨Calaber⟩
Urso ⟨Magister et Clericus⟩
Urso ⟨of Calabria⟩
Urso ⟨of Salerno⟩
Urso ⟨von Calabrien⟩
Urso ⟨von Salerno⟩
Urson ⟨de Salerne⟩

Ursula ⟨Haider⟩
→ **Haider, Ursula**

Ursula ⟨Satzenhofer⟩
→ **Satzenhofer, Ursula**

Ursus ⟨Amalfitanus⟩
15. Jh.
Chronica Amalphitanorum praesulum (bis 1474)
Potth. 1081
Amalfitanus, Ursus
Ursus ⟨Amalphitanus⟩
Ursus ⟨Presbyter Amalphitanus⟩

Ursus ⟨Notarius Genuensis⟩
→ **Urso ⟨Ianuensis⟩**

Ursus ⟨Presbyter Amalphitanus⟩
→ **Ursus ⟨Amalfitanus⟩**

ʿUrwa Bin Udhaynah
→ **ʿUrwa Ibn-U̱daina**

ʿUrwa ibn al-Ward
→ **ʿUrwa Ibn-al-Ward**

ʿUrwa Ibn al-Zubayr
→ **ʿUrwa Ibn-az-Zubair**

ʿUrwa Ibn U̱daynah
→ **ʿUrwa Ibn-U̱daina**

ʿUrwa Ibn-A̱dyana
→ **ʿUrwa Ibn-U̱daina**

ʿUrwa Ibn-al-Ward
gest. ca. 7. Jh.
Ibn-al-Ward, ʿUrwa
ʿOrwa ben el-Ward
ʿUrwa ibn al-Ward

ʿUrwa Ibn-az-Zubair
ca. 649 – ca. 717
Ibn-al-ʿAwāmm, ʿUrwa Ibn-az-Zubair
Ibn-az-Zubair, ʿUrwa
ʿUrwa Ibn al-Zubayr

ʿUrwa Ibn-U̱daina
gest. ca. 748
Ibn-A̱dyana, ʿUrwa
Ibn-U̱daina, ʿUrwa
ʿUrwa Bin Udhaynah
ʿUrwa Ibn U̱daynah
ʿUrwa Ibn Udhaynah
ʿUrwa Ibn-A̱dyana

Usāma Ibn-Munqiḏ
1095 – 1188
LMA,VIII,1339/40
Ibn-Munqiḏ, Usāma
Ibn-Munqidh, Usâma
Usāma Ibn-Munqidh
Usāma-Ibn-Munqiḏ

Usāma Ibn-Munqidh
→ **Usāma Ibn-Munqiḏ**

Usāma-Ibn-Munqiḏ
→ **Usāma Ibn-Munqiḏ**

Usel
15. Jh.
Anweisungen zur äußerlichen Anwendung gebrannter Wässer
VL(2),10,141

Usetia, Robertus ¬de¬
→ **Robertus ⟨de Usetia⟩**

Usk, Adamus ¬de¬
→ **Adamus ⟨de Usk⟩**

Usk, Thomas
gest. 1388
The Testament of Love (polit.-philosoph. Prosaallegorie)
LMA,VIII,1341
Thomas ⟨Usk⟩

Usrūšanī, Muḥammad Ibn-Maḥmūd ¬al-¬
→ **Ustrūšanī, Muḥammad Ibn-Maḥmūd ¬al-¬**

Ussel, Elias ¬d'¬
→ **Elias ⟨d'Ussel⟩**

Ussel, Guy ¬d'¬
→ **Guy ⟨d'Ussel⟩**

Ustrūšanī, Maǧd-ad-Dīn Muḥammad Ibn-Maḥmūd ¬al-¬
→ **Ustrūšanī, Muḥammad Ibn-Maḥmūd ¬al-¬**

Ustrūšanī, Muḥammad Ibn-Maḥmūd ¬al-¬
gest. 1234
Asrūšanī, Muḥammad Ibn-Maḥmūd ¬al-¬
Astrūšanī, Muḥammad Ibn-Maḥmūd ¬al-¬
Ibn-Maḥmūd, Muḥammad al-Ustrūšanī
Muḥammad Ibn-Maḥmūd al-Ustrūšanī
Usrūšanī, Muḥammad Ibn-Maḥmūd ¬al-¬
Ustrūšanī, Maǧd-ad-Dīn Muḥammad Ibn-Maḥmūd ¬al-¬
Ustrūshanī, Muḥammad Ibn Maḥmūd ¬al-¬

Usualurguin
→ **Hieronymus ⟨a Sancta Fide⟩**

Usuardus ⟨Sangermanensis⟩
gest. ca. 875
LMA,VIII,1342; LThK; CSGL; Tusculum-Lexikon
Huswardus
Usuard ⟨de Saint-Germain-des-Prés⟩
Usuard ⟨von Saint Germain des Prés⟩
Usuard ⟨von Saint-Germain⟩
Usuardus
Usuardus ⟨Monachus⟩
Usuardus ⟨Sancti Germani de Pratis⟩

Utenhove, Johannes
→ **Johannes ⟨Utenhove⟩**

ʿUthmānī, Muḥammad ibn ʿAbd al-Raḥmān
→ **ʿUṯmānī, Muḥammad Ibn-ʿAbd-ar-Raḥmān ¬al-¬**

Utho ⟨Argentinensis⟩
gest. 965
Vita S. Arbogasti
Potth. 1082; DOC,2,1769
Utho ⟨Argentoratensis⟩
Utho ⟨Episcopus⟩
Uthon ⟨de Strasbourg⟩
Uthon ⟨Souabe⟩

Utino, Albertus ¬de¬
→ **Albertus ⟨de Utino⟩**

Utino, Franciscus ¬de¬
→ **Franciscus ⟨de Utino⟩**

Utino, Hieronymus ¬de¬
→ **Hieronymus ⟨de Utino⟩**

Utino, Johannes ¬de¬
→ **Johannes ⟨de Utino⟩**

Utino, Leonardus ¬de¬
→ **Leonardus ⟨de Utino⟩**

Utino, Nicolaus ¬de¬
→ **Nicolaus ⟨de Utino⟩**

Utino, Petrus ¬de¬
→ **Petrus ⟨de Utino⟩**

Utino, Thomas ¬de¬
→ **Thomas ⟨de Utino⟩**

ʿUṯmān Ibn-Ǧinnī, Abu-'l-Fatḥ
→ **Ibn-Ǧinnī, Abu-'l-Fatḥ ʿUṯmān**

ʿUtmān Ibn-Ḥāǧib
→ **Ibn-al-Ḥāǧib, ʿUtmān Ibn-ʿUmar**

ʿUṯmān Ibn-Ibrāhīm an-Nābulusī
→ **Nābulusī, ʿUṯmān Ibn-Ibrāhīm ¬an-¬**

ʿUṯmān Ibn-Saʿīd ad-Dānī
→ **Dānī, ʿUṯmān Ibn-Saʿīd ¬ad-¬**

ʿUṯmān Ibn-Saʿīd ad-Dārimī
→ **Dārimī, Abū-Saʿīd ʿUṯmān Ibn-Saʿīd ¬ad-¬**

ʿUṯmān Ibn-Ṣalāḥ-ad-Dīn Ibn-aṣ-Ṣalāḥ aš-Šahrazūrī
→ **Ibn-aṣ-Ṣalāḥ aš-Šahrazūrī, ʿUṯmān Ibn-Ṣalāḥ-ad-Dīn**

ʿUṯmān Ibn-ʿUmar Ibn-al-Ḥāǧib
→ **Ibn-al-Ḥāǧib, ʿUtmān Ibn-ʿUmar**

ʿUṯmānī, Abū-ʿAbdallāh Muḥammad Ibn-ʿAbd-ar-Raḥmān ¬al-¬
→ **ʿUṯmānī, Muḥammad Ibn-ʿAbd-ar-Raḥmān ¬al-¬**

ʿUṯmānī, Muḥammad Ibn-ʿAbd-ar-Raḥmān ¬al-¬
um 1378
Ḫaṭīb al-ʿUṯmānī, Muḥammad Ibn-ʿAbd-ar-Raḥmān ¬al-¬
Ibn-ʿAbd-ar-Raḥmān, Muḥammad al-ʿUṯmānī
Muḥammad Ibn-ʿAbd-ar-Raḥmān al-ʿUṯmānī
Šāfiʿī, Muḥammad Ibn-ʿAbd-ar-Raḥmān ¬aš-¬
ʿUthmānī, Muḥammad ibn ʿAbd al-Raḥmān
ʿUṯmānī, Abū-ʿAbdallāh Muḥammad Ibn-ʿAbd-ar-Raḥmān ¬al-¬

Utrecht, Florentius ¬von¬
→ **Florentius ⟨von Utrecht⟩**

Utzingen, Bernhardus ¬de¬
→ **Bernhard ⟨von Uissigheim⟩**

Uvis, Johannes Jacobus ¬de¬
→ **Johannes Jacobus ⟨de Uvis⟩**

ʿUwais al-Qaranī
gest. 657
Qaranī, ʿUwais ¬al-¬
ʿUwais Ibn-ʿAmīr al-Qaranī
ʿUways al-Ḳaranī
ʿUways al-Qaranī

ʿUwais Ibn-ʿAmīr al-Qaranī
→ **ʿUwais al-Qaranī**

ʿUways al-Ḳaranī
→ **ʿUwais al-Qaranī**

ʿUways al-Qaranī
→ **ʿUwais al-Qaranī**

Uxbrigge, Gualterus ¬de¬
→ **Gualterus ⟨de Uxbrigge⟩**

Uzsa, Johannes ¬de¬
→ **Johannes ⟨de Uzsa⟩**

Uzzano, Giovanni ¬da¬
→ **Giovanni ⟨da Uzzano⟩**

Vaaz de Caminha, Pero
→ **Caminha, Pero Vaz ¬de¬**

Vacarius ⟨Magister⟩
gest. 1200
Liber pauperum; Tractatus de assumpto homine; Summa de matrimonio; etc.
Schönberger/Kible, Repertorium, 18955; LMA,VIII,1362
Magister Vacarius
Vacario
Vacarius
Vacarius ⟨Maître⟩
Vacarius ⟨Professor⟩

Vācaspatimiśra ⟨II.⟩
ca. 1420 – ca. 1490
Kommentar zu Dharmaśastra
Vācaspati Miśra
Vācaspatimiśra ⟨Philosoph⟩
Vachaspati Mishra
Vachaspatimishra
Vachaspatimisra

Vacellis, Johannes ¬de¬
→ **Johannes ⟨de Vacellis⟩**

Vacetta de Bergamo, Albertus
→ **Albertus ⟨Vacetta de Bergamo⟩**

Vach, Hermann Künig ¬von¬
→ **Künig, Hermann**

Vachaspatimisra
→ **Vācaspatimiśra ⟨II.⟩**

Váci, Pál
→ **Pál ⟨Váci⟩**

Vaclav ⟨Böhmen, König, IV.⟩
→ **Wenzel ⟨Römisch-Deutsches Reich, König⟩**

Vaclav ⟨Čechy, Kníže⟩
→ **Václav ⟨Svatý⟩**

Václav ⟨Čechy, Král, II.⟩
1271 – 1305
Pactum cum Alberto I rege Germanorum a. 1305; Minnelieder
Potth. 1110; LMA,VIII,2198
Václav ⟨Král Český, II.⟩
Wenceslas ⟨Bohême, Roi, II.⟩
Wenceslas ⟨Pologne, Roi, II.⟩
Wenceslaus ⟨Bohemia, Rex, II.⟩
Wenceslaus ⟨Böhmen, König, VI.⟩
Wenzel ⟨Böhmen, König, II.⟩

Václav ⟨Šašek z Bířkova⟩
→ **Šašek z Bířkova, Václav**

Václav ⟨Svatý⟩
910 – 929
Vaclav ⟨Čechy, Kníže⟩
Václav ⟨Kníže Český⟩
Wenceslaus ⟨Bohemia, Dux⟩
Wenceslaus ⟨Sanctus⟩
Wenzel ⟨der Heilige⟩
Wenzeslaus ⟨Böhmen, Herzog⟩

Václav ⟨z Olomouce⟩
→ **Wenzel ⟨von Olmütz⟩**

Vacumdeus
um 1261/78 · OP
Litterae de alicuius recommendatione ad episcopum Bononiensem
Kaeppeli,IV,425
Vacumdeus ⟨Bononiensis⟩
Vacumdeus ⟨Provinciae Lombardiae⟩

Vadius, Angelus
um 1475
Übersetzer der Cosmographia des Ptolemaeus, Claudius
Angelus ⟨Vadius⟩

Vagad, Gauberto Fabricio ¬de¬
um 1310
Chronica de Aragon
Potth. 1082
Gauberto Fabricio ⟨de Vagad⟩

Vaglon, Guilelmus ¬de¬
→ **Guilelmus ⟨de Vaglon⟩**

Vaillant
um 1445/70
Identität mit Pierre ⟨Chastellain⟩ umstritten ; Balladen
Jean ⟨Vaillant⟩
Jehan ⟨Vaillant⟩
Vaillant ⟨de Tours⟩
Vaillant, Jean

Vaillant, Pierre
→ **Pierre ⟨Chastellain⟩**

Vairano, Anselmus ¬de¬
→ **Anselmus ⟨de Vairano⟩**

Vaison, Pierre Guillaume ¬de¬
→ **Petrus ⟨Guillelmi⟩**

Vajracandragomin
→ **Candragomin**

Val, Antoine ¬du¬
→ **Antoine ⟨du Val⟩**

Val des Ecoliers, Gautier ¬de¬
→ **Gualterus ⟨de Valle Scholarum⟩**

Valafrido ⟨Strabone⟩
→ **Walahfridus ⟨Strabo⟩**

Valagussa, Giorgio
1428 – 1464
Elegantiae ciceronianae; De vita et felicitate dominae Luciae (Gedicht) (ital.)
LMA,VIII,1374
Georges ⟨Valagusa⟩
Giorgio ⟨Valagusa⟩
Giorgio ⟨Valagussa⟩
Giorgio ⟨Vallagusa⟩
Valagusa, Georges
Valagusa, Giorgio
Vallagusa, Giorgio

Valasco ⟨de Taranta⟩
→ **Valescus ⟨de Taranta⟩**

Valascus Fernandes ⟨de Lucena⟩
→ **Lucena, Vasco Fernandes ¬de¬**

Valastus ⟨de Tarenta⟩
→ **Valescus ⟨de Taranta⟩**

Valcandus ⟨Mediani Monasterii⟩
11. Jh. · OSB
Vita S. Hildulphi episc. Trev.
Potth. 1082; DOC,2,1770
Mediani Monasterii, Valcandus
Valcand ⟨de Moyenmoutier⟩
Valcand ⟨Hagiographe⟩
Valcandus
Valcandus ⟨Monachus⟩

Valcarel, Gonzalo de Balboa ¬y¬
→ **Gonsalvus ⟨Hispanus⟩**

Valckendolius, Johannes
→ **Johannes ⟨Valckendolius⟩**

Valckenstein, Nikolaus
→ **Lanckmannus, Nicolaus**

Valdemar ⟨Danmark, Konge, I.⟩
1131 – 1182
Tabula Valdemari primi
LMA,VIII,1946/47
Valdemar ⟨den Store⟩
Waldemar ⟨Dänemark, König, I.⟩
Waldemar ⟨Danemark, Roi, I.⟩
Waldemar ⟨Denmark, King, I.⟩
Waldemar ⟨der Große⟩
Waldemar ⟨le Grand⟩
Waldemarus ⟨Dania, Rex, I.⟩

Valdemar ⟨Danmark, Konge, II.⟩
1170 – 1241
LMA,VIII,1948/49
Valdemar ⟨Dänemark, König, II.⟩
Valdemar ⟨Sejr⟩
Waldemar ⟨Dänemark, König, II.⟩
Waldemar ⟨Danemark, Roi, II.⟩
Waldemar ⟨Denmark, King, II.⟩
Waldemar ⟨der Sieger⟩
Waldemar ⟨le Victorieux⟩
Waldemar ⟨Schlesvig, Duc⟩

Valdemar ⟨den Store⟩
→ **Valdemar ⟨Danmark, Konge, I.⟩**

Valdemar ⟨Sejr⟩
→ **Valdemar ⟨Danmark, Konge, II.⟩**

Valder, Georg
→ **Falder-Pistoris, Georg**

Valencenis, Johannes Martin ¬de¬
→ **Jean ⟨Martin⟩**

Valencia, Diego ¬de¬
→ **Diego ⟨de Valencia⟩**

Valencia, Jaime Pérez ¬de¬
→ **Jacobus ⟨de Valentia⟩**

Valencia de Leon, Diego ¬de¬
→ **Diego ⟨de Valencia⟩**

Valenciennes, Gérard ¬de¬
→ **Gérard ⟨de Valenciennes⟩**

Valenciennes, Henri ¬de¬
→ **Henri ⟨de Valenciennes⟩**

Valenciennes, Hermann ¬de¬
→ **Hermann ⟨de Valenciennes⟩**

Valentia, Aegidius ¬de¬
→ **Aegidius ⟨de Valentia⟩**

Valentia, Georgius ¬de¬
→ **Jordi ⟨de Sant Jordi⟩**

Valentia, Jacobus ¬de¬
→ **Jacobus ⟨de Valentia⟩**

Valentia, Ludovicus
→ **Ludovicus ⟨de Ferrara⟩**

Valentin ⟨Augustinereremit⟩
→ **Valentin ⟨Bruder⟩**

Valentin ⟨Bannholtzer⟩
→ **Bannholtzer, Valentin**

Valentin ⟨Bruder⟩
um 1495/97 · OESA
Almanache; Astrologische Praktiken
VL(2),10,155
Bruder Valentin
Valentin ⟨Augustinereremit⟩
Valentin ⟨OESA⟩

Valentin ⟨de Meissen⟩
→ **Valentinus ⟨Licentiatus⟩**

Valentin ⟨de Sainte-Afre⟩
→ **Valentinus ⟨Licentiatus⟩**

Valentin ⟨Eber⟩
→ **Eber, Valentin**

Valentin ⟨Moine⟩
→ **Valentinus ⟨Licentiatus⟩**

Valentin ⟨OESA⟩
→ **Valentin ⟨Bruder⟩**

Valentin ⟨Papst⟩
→ **Valentinus ⟨Papa⟩**

Valentin ⟨Swende⟩
→ **Swende, Valentin**

Valentine ⟨Pope⟩
→ **Valentinus ⟨Papa⟩**

Valentini, Vital
→ **Vitalis ⟨Valentinus⟩**

Valentino ⟨Papa⟩
→ **Valentinus ⟨Papa⟩**

Valentinus ⟨Licentiatus⟩
um 1489
De arte moriendi
Licentiatus, Valentinus
Valentin ⟨de Meissen⟩
Valentin ⟨de Sainte-Afre⟩
Valentin ⟨Moine⟩
Valentinus ⟨Mönch⟩
Valentinus ⟨von Meissen⟩
Valentinus ⟨von Sankt Afra⟩

Valentinus ⟨Papa⟩
gest. 827
LMA,VIII,1389
Valentin ⟨Papst⟩
Valentine ⟨Pope⟩
Valentino ⟨Papa⟩

Valentinus ⟨von Meissen⟩
→ **Valentinus ⟨Licentiatus⟩**

Valentinus ⟨von Sankt Afra⟩
→ **Valentinus ⟨Licentiatus⟩**

Valentinus, Basilius
→ **Basilius ⟨Valentinus⟩**

Valentinus, Eutropius
→ **Eutropius ⟨Valentinus⟩**

Valentinus, Johannes
→ **Johannes ⟨Fortis Valentinus⟩**

Valentinus, Vitalis
→ **Vitalis ⟨Valentinus⟩**

Valera, Diego ¬de¬
→ **Diego ⟨de Valera⟩**

Valera, Mossen Diego ¬de¬
→ **Diego ⟨de Valera⟩**

Valeriani, Greffolinus
→ **Greffolinus ⟨Valeriani⟩**

Valerianus ⟨Brixianus⟩
8. Jh.
CSGL
Brixianus, Valerianus

Valerianus ⟨Olmus Bergomas⟩
Lebensdaten nicht ermittelt
Matth.; Joh.
Stegmüller, Repert. bibl. 8280;8281
Bergomas, Valerianus Olmus
Olmus Bergomas, Valerianus
Valerianus Olmus ⟨Bergomas⟩

Valerianus, Plinius
→ **Plinius ⟨Valerianus⟩**

Valerius ⟨Bergidensis⟩
gest. 695
CSGL; Potth.
Valerio ⟨of Bierzo⟩
Valerius ⟨Abbas⟩
Valerius ⟨de Bierzo⟩
Valerius ⟨of San Pedro de Montes⟩
Valerius ⟨Sancti Petri de Montibus⟩
Valerius ⟨Sanctus⟩
Valerius ⟨von Bierzo⟩

Valerius ⟨de Bierzo⟩
→ **Valerius ⟨Bergidensis⟩**

Valerius ⟨Sancti Petri de Montibus⟩
→ **Valerius ⟨Bergidensis⟩**

Valerius ⟨Sanctus⟩
→ **Valerius ⟨Bergidensis⟩**

Valerius ⟨von Bierzo⟩
→ **Valerius ⟨Bergidensis⟩**

Valerius, Marcus
→ **Marcus ⟨Valerius⟩**

Valescus ⟨de Taranta⟩
ca. 1380 – ca. 1418
LMA,VIII,1391
Balescon ⟨de Tarante⟩
Balescon ⟨de Tarente⟩
Balescus ⟨de Taranta⟩
Taranta, Valescus ¬de¬
Tarenta, Valescus ¬de¬
Tharanta, Valescus ¬de¬
Valasco ⟨de Taranta⟩
Valascus ⟨de Tarenta⟩
Valastus ⟨de Tarenta⟩
Valescus ⟨de Tarenta⟩
Valescus ⟨de Tharare⟩
Valescus ⟨de Tharata⟩
Valescus ⟨Tarentinus⟩

Valesianus, Anonymus
→ **Anonymus ⟨Valesianus⟩**

Valetica, Petrus ¬de¬
→ **Petrus ⟨de Valetica⟩**

Valkene, Kunsberg ¬van¬
→ **Kunsberg ⟨van Valkene⟩**

Valkenstein, Gregorius ¬de¬
→ **Gregorius ⟨de Valkenstein⟩**

Valla, Laurentius
1407 – 1457
Tusculum-Lexikon; LThK; Potth.; LMA,VIII,1392/93
DellaValla, Lorenzo
Laurent ⟨Valla⟩
Laurentius ⟨Valla⟩
Laurentius ⟨Vallensis⟩
Lorenzo ⟨della Valle⟩
Lorenzo ⟨Valla⟩
Valensis, Laurentius
Valla, Lorenzo

Valla, Niccolò
→ **Nicolaus ⟨de Valle⟩**

Vallace, Guglielmo
→ **Wallace, William**

Valladolid, Alfonso ¬de¬
→ **Alfonso ⟨de Valladolid⟩**

Vallagusa, Giorgio
→ **Valagussa, Giorgio**

Vallaresso, Fantinus
→ **Fantinus ⟨Vallaresso⟩**

Vallato, Johannes ¬de¬
→ **Johannes ⟨de Vallato⟩**

Valle, Alanus ¬de¬
→ **Alanus ⟨de Valle⟩**

Valle, Nicolaus ¬de¬
→ **Nicolaus ⟨de Valle⟩**

Valle, Simon ¬de¬
→ **Simon ⟨de Trecis de Valle⟩**

Valle Arenosa, Berengarius ¬de¬
→ **Berengarius ⟨de Valle Arenosa⟩**

Valle Aurato, Petrus ¬de¬
→ **Petrus ⟨de Valle Aurato⟩**

Valle Brixiensi, Leonardus ¬de¬
→ **Huntpichler, Leonardus**

Valle Rouillonis, Guilelmus ¬de¬
→ **Guilelmus ⟨de Valle Rouillonis⟩**

Valle Scholarum, Aegidius ¬de¬
→ **Aegidius ⟨de Valle Scholarum⟩**

Valle Scholarum, Eberhardus ¬de¬
→ **Eberhardus ⟨de Valle Scholarum⟩**

Valle Scholarum, Firminus ¬de¬
→ **Firminus ⟨de Valle Scholarum⟩**

Valle Scholarum, Gualterus ¬de¬
→ **Gualterus ⟨de Valle Scholarum⟩**

Valle Sernaio, Petrus ¬de¬
→ **Petrus ⟨de Valle Sernaio⟩**

Vallebona, Gonsalvus ¬de¬
→ **Gonsalvus ⟨Hispanus⟩**

Valleoleti, Ludovicus ¬de¬
→ **Ludovicus ⟨de Valleoleti⟩**

Vallis Beatae Mariae, Reinoldus
→ **Reinoldus ⟨Vallis Beatae Mariae⟩**

Vallon-Chalys Surville, Marguérite-Éléonore-Clotilde ¬de¬
→ **Surville, Marguérite-Éléonore-Clotilde de Vallon-Chalys**

Valois, Thomas
→ **Thomas ⟨Wallensis⟩**

Valon, Jean Stephani ¬de¬
→ **Jean ⟨d'Etienne⟩**

Valtherus ⟨...⟩
→ **Gualterus ⟨...⟩**

Valtz, Johann ¬von¬
→ **Johannes ⟨von Paltz⟩**

Valvassorius, Leo
→ **Leo ⟨Valvassorius⟩**

Vandelbert ⟨von Prüm⟩
→ **Wandalbertus ⟨Prumiensis⟩**

Vangadiciae, Petrus
→ **Petrus ⟨Vangadiciae⟩**

Vanni, Lippo
1341 – 1375
Lippo ⟨di Giovanni⟩
Lippo ⟨Vanni⟩

Vannis, Radulfus
→ **Radulfus ⟨Vannis⟩**

Vannozzo, Francesco ¬di¬
ca. 1340 – ca. 1390
Sonette (Cantilena, Frottola „Se Die m'aide")
LMA,VIII,1410
Francesco ⟨di Vannozzo⟩
François ⟨di Vannozzo⟩
Vannozzo, François ¬di¬

Vaqueiras, Raimbaut ¬de¬
→ **Raimbaut ⟨de Vaqueiras⟩**

Vaquerus, Bertrandus
um 1415
1415 Panegyricus in concilio Constantiensis dictus
Potth. 1083
Bertrand ⟨Vaquier⟩
Bertrandus ⟨Vaquerus⟩
Vaquier, Bertrand

Vaquier, Bertrand
→ **Vaquerus, Bertrandus**

Varad, Johannes ¬de¬
→ **Johannes ⟨Pannonius⟩**

Varagine, Jacobus ¬a¬
→ **Jacobus ⟨de Voragine⟩**

Varāhamihira
505 – 587
Indischer Astronom; Bṛhatsaṃhitā
Bha-ra-ha, Bram-ze
Bram-ze Bha-ra-ha
Varāha Mihira
Varaha-Mihara
Varahamihiracharya
Varāhamihiurācārya

Varākar
Varāmihira ⟨Ācārya⟩
Varāmihira Daivanña
Warahamihira

Varākar
→ **Varāhamihira**

Varavaramuni
→ **Maṇavāḷamāmuni**

Vardan ⟨Aġvanic'⟩
→ **Vardan ⟨Arevelc'i⟩**

Vardan ⟨Arevelc'i⟩
ca. 1198 – 1271
Beschreibung der Länder; Homilien; Briefe
LMA,VIII,2041
Arevelc'i, Vardan
Areveltsi, Vardan
Vardan ⟨Aġvanic'⟩
Vardan ⟨Areveltsi⟩
Vardan ⟨Arewelts'i⟩
Vardan ⟨Bardzrberdac'i⟩
Vardan ⟨Ganjakec'i⟩
Vardan ⟨Kilikec'i⟩
Vardan ⟨Mec⟩
Vardan ⟨Patmich'⟩
Vardan ⟨Patmic'⟩
Vardan ⟨the Great⟩
Vardan ⟨Vardapet⟩
Vardanius
Vartan ⟨de Partzrperk⟩
Vartan ⟨Historien⟩
Vartan ⟨le Grand⟩
Vartan ⟨Vartapied⟩
Wardan ⟨Areweltsi⟩
Wardan ⟨der Große⟩
Wardan ⟨der Orientale⟩

Vardan ⟨Bardzrberdac'i⟩
→ **Vardan ⟨Arevelc'i⟩**

Vardan ⟨Ganjakec'i⟩
→ **Vardan ⟨Arevelc'i⟩**

Vardan ⟨Kilikec'i⟩
→ **Vardan ⟨Arevelc'i⟩**

Vardan ⟨Patmic'⟩
→ **Vardan ⟨Arevelc'i⟩**

Vardanius
→ **Vardan ⟨Arevelc'i⟩**

Varenacker, Johannes
→ **Johannes ⟨Varenacker⟩**

Varennes, Aimon ¬de¬
→ **Aimon ⟨de Varennes⟩**

Varentrappe de Monasterio, Albertus
→ **Albertus ⟨Varentrappe de Monasterio⟩**

Varese, Christophorus ¬de¬
→ **Christophorus ⟨de Varese⟩**

Vargas Toletanus, Alfonsus
→ **Alfonsus ⟨Vargas Toletanus⟩**

Vari, Haimericus ¬de¬
→ **Haimericus ⟨de Vari⟩**

Varignana, Bartholomaeus
→ **Bartholomaeus ⟨Varignana⟩**

Varignana, Guilelmus
→ **Guilelmus ⟨Varignana⟩**

Varignana, Matthaeus
→ **Matthaeus ⟨Varignana⟩**

Varignana, Petrus
→ **Petrus ⟨Varignana⟩**

Varisio, Christophorus ¬a¬
→ **Christophorus ⟨de Varese⟩**

Varisio, Supramons ¬de¬
→ **Supramons ⟨de Varisio⟩**

Varius ⟨Veronensis⟩
→ **Guarinus ⟨Veronensis⟩**

Varnae, Nicolaus
→ **Nicolaus ⟨Varnae⟩**

Varrella, Johannes Viterbiensis
→ **Nanni, Giovanni**

Varsevicius, Christophorus
→ **Christophorus ⟨Varsevicius⟩**

Vartan ⟨de Partzrperk⟩
→ **Vardan ⟨Arevelc'i⟩**

Vartan ⟨le Grand⟩
→ **Vardan ⟨Arevelc'i⟩**

Vartan ⟨Vartapied⟩
→ **Vardan ⟨Arevelc'i⟩**

Varziaco, Johannes ¬de¬
→ **Johannes ⟨de Varziaco⟩**

Vasco ⟨Fernandes⟩
→ **Lucena, Vasco Fernandes ¬de¬**

Vasco ⟨Perez Pardal⟩
13. Jh.
Tenzone; Cantigas de amor; Cantigas de amigo; Cantigas de escarnho e maldizer
LMA,VIII,1419
Pardal, Vasco Perez
Perez Pardal, Vasco
Vasco Perez ⟨Pardal⟩

Vasco, Johannes
→ **Johannes ⟨Vasco⟩**

Vasco Perez ⟨Pardal⟩
→ **Vasco ⟨Perez Pardal⟩**

Vasconius, Thomas
→ **Thomas ⟨Gascoigne⟩**

Vaselli, Fortanerius
→ **Sertorius ⟨Fortanerius⟩**

Vasilij ⟨der Pilger⟩
→ **Vasilij ⟨Kalika⟩**

Vasilij ⟨Kalika⟩
gest. 1352
Erzbischof von Novgorod; Sendschreiben über das Paradies; Pilgerfahrtschrift (Chozdenie)
LMA,VIII,1423
Kalika, Vasilij
Vasilij ⟨der Pilger⟩

Vasselli, Fortuniero
→ **Sertorius ⟨Fortanerius⟩**

Vassian ⟨Abt des Troica-Sergij-Klosters⟩
→ **Vassian ⟨Rylo⟩**

Vassian ⟨Rylo⟩
ca. 1420 – 1481
Sendschreiben an die Ugra
LMA,VIII,1425
Rylo, Vassian
Vassian ⟨Abt des Troica-Sergij-Klosters⟩
Vassian ⟨von Rostov⟩

Vassian ⟨von Rostov⟩
→ **Vassian ⟨Rylo⟩**

Vasugupta
10. Jh.
Spandakārikā

Vate, Johannes
→ **Johannes ⟨Vate⟩**

Vater Heinrich
→ **Heinrich ⟨Vater⟩**

Vater Siegmund
→ **Siegmund ⟨Vater⟩**

Vaticanus Mythographus
→ **Mythographus ⟨Vaticanus⟩**

Vātsyāyana
4./6. Jh.
Mallanaga Vātsyāyana
Mallanaga Vatsyayana
Mallanaga Watsjajana
Vâtsjâjana
Vātsyāyana ⟨Mallanaga⟩
Watsjajana ⟨Mallanaga⟩

Vatt, Conradus
→ **Bart, Conradus**

Vatzko ⟨Consul⟩
→ **Paltramus ⟨Viennensis⟩**

Vaucemain, Hugo ¬de¬
→ **Hugo ⟨de Vaucemain⟩**

Vaucemani, Odon ¬de¬
→ **Odo ⟨de Vavcemani⟩**

Vaucher, Pierre
→ **Petrus ⟨Bancherius⟩**

Vaucouleurs, Thierry ¬de¬
→ **Thierry ⟨de Vaucouleurs⟩**

Vaux Cernai, Guido ¬de¬
→ **Guido ⟨de Vaux Cernai⟩**

Vavassori, Jacobus
→ **Jacobus ⟨Vavassori⟩**

Vavcemani, Odo ¬de¬
→ **Odo ⟨de Vavcemani⟩**

Vavřinec ⟨z Březové⟩
→ **Laurentius ⟨de Brezowa⟩**

Vaxala, Laurentius ¬de¬
→ **Laurentius ⟨de Vaxala⟩**

Vaz de Caminha, Pero
→ **Caminha, Pero Vaz ¬de¬**

Vazon ⟨de Liège⟩
→ **Wazo ⟨Leodiensis⟩**

Vechelde, Hermann ¬von¬
→ **Hermann ⟨von Vechelde⟩**

Veckinchusen, Hildebrand
1365/70 – 1426
9 Handelsbücher; 450 Briefe
LMA,VIII,1442; VL(2),10,184
Hildebrand ⟨Veckinchusen⟩

Veckinchusen, Sievert
gest. 1433
Handelsbücher; Briefe: Handels- und Privatkorrespondenzen
VL(2),10,184
Sievert ⟨Veckinchusen⟩

Vedano, Pax ¬de¬
→ **Pax ⟨de Vedano⟩**

Vedastinus, Guimannus
→ **Guimannus ⟨Vedastinus⟩**

Veerus, Albericus
→ **Albericus ⟨Veerus⟩**

Vegius, Mapheus
1406 – 1458
Tusculum-Lexikon; LThK; Potth.; LMA,VIII,1446
Maffei ⟨Laudensis⟩
Maffeo ⟨Vegio⟩
Maffeo ⟨Vegio de Lodi⟩
Maphaeus ⟨Laudensis⟩
Maphaeus ⟨Vegius⟩
Mapheus ⟨de Lodi⟩
Mapheus ⟨Laudensis⟩
Mapheus ⟨Vegius⟩
Mapheus ⟨Vegius de Lodi⟩
Vegio, Maffeo
Vegius, Maffeus
Vergius, Mapheus

Veit ⟨Arnpeck⟩
→ **Arnpeck, Veit**

Veit ⟨Auslasser⟩
→ **Auslasser, Vitus**

Veit ⟨de Wyenna⟩
→ **Hündler, Veit**

Veit ⟨Hündler⟩
→ **Hündler, Veit**

Veit ⟨Weber⟩
→ **Weber, Veit**

Veitmile, Beneš Krabiče ¬z¬
→ **Benessius ⟨Krabice de Weitmühl⟩**

Velasco, Pedro Fernández ¬de¬
→ **Fernández de Velasco, Pedro**

Velasquez, Isaak
→ **Isaak ⟨Velasquez⟩**

Velde, Guilelmus ¬de¬
→ **Guilelmus ⟨de Velde⟩**

Velde, Heymeric ¬van¬
→ **Heymericus ⟨de Campo⟩**

Velde, Willem ¬van de¬
→ **Guilelmus ⟨de Velde⟩**

Veldeke, Heinrich ¬von¬
→ **Heinrich ⟨von Veldeke⟩**

Veldenar, Jan
um 1473/85
Fasciculus temporum, inhoudende die crouxcken van ouden tyden ...
Potth. 1084
Jan ⟨Veldenar⟩
Jan ⟨Veldener⟩
Jean ⟨Veldenar⟩
Jean ⟨Veldener⟩
Johan ⟨Veldenaer⟩
Johann ⟨Veldenaer⟩
Veldenaer, Johan
Veldenaer, Johann
Veldenar, Jean
Veldener, Jan
Veldener, Jean

Veldeneck, Graff ¬von¬
→ **Seldneck, Graf ¬von¬**

Veldener, Jan
→ **Veldenar, Jan**

Veled, Bahaeddin Muhammed
→ **Sulṭān Veled**

Velho, Alvaro
um 1497/99
Descobrimento da India por Vasco da Gama
Rep.Font. II,204
Alvare ⟨Velho⟩
Alvaro ⟨Velho⟩
Velho, Alvare

Velho, Fernan
ca. 1255 – ca. 1284
Cantigas de amor; Cantiga de amigo; Hohn- und Schimpflied
LMA,VIII,1450
Fernan ⟨Velho⟩

Velino, Jacobus ¬de¬
→ **Jacobus ⟨de Velino⟩**

Vellchircher, Christian
→ **Feldkircher, Christian**

Vellnhamer, Hans
um 1450/90
Listen metallurgischer Begriffe
VL(2),10,203
Fellenhamer, Hans
Hans ⟨Fellenhamer⟩
Hans ⟨Vellnhamer⟩

Velluti, Donato
1313 – 1370
Cronica di Firenze dall'anno 1300 fino all'1370 ...
Potth. 1085
Donat ⟨Velluti⟩
Donato ⟨Velluti⟩
Velluti, Donat

Velschberger, ¬Der¬
→ **Veltsperger, Stefan**

Velthem, Lodewijk ¬van¬
→ **Lodewijk ⟨van Velthem⟩**

Veltsperger, Stefan
13./14. Jh.
Frauenschelte; Von alten Weibern; Wolf und Pfaffe (Fabel)
VL(2),10,263
Stefan ⟨Veltsperger⟩
Stephel ⟨Veltsperger⟩
Velschberger, ¬Der¬
Veltsperger, Stephel

Venantius ⟨Fortunatus⟩
ca. 530 – ca. 600
Tusculum-Lexikon; LThK; Potth.; LMA,VIII,1453/54
Fortunat, Venance
Fortunato, Venanzio
Fortunatus, Venantius
Fortunatus, Venantius Honorius
Fortunatus, Venantius Honorius Clementianus
Fortunatus, Venantius Honorius Clementinus
Pseudo-Venantius ⟨Fortunatus⟩
Venance ⟨Fortunat⟩
Venantius ⟨Honorius Clementianus Fortunatus⟩
Venantius ⟨Pictaviensis⟩
Venantius Honorius Clementius ⟨Fortunatus⟩
Venanzio ⟨Fortunato⟩

Venantius ⟨Pictaviensis⟩
→ **Venantius ⟨Fortunatus⟩**

Venantius, Gualterus
→ **Gualterus ⟨Huntus⟩**

Venceslaus ⟨Böhmen, König, IV.⟩
→ **Wenzel ⟨Römisch-Deutsches Reich, König⟩**

Venceslaus ⟨de Olmuc⟩
→ **Wenzel ⟨von Olmütz⟩**

Vend, Johannes
→ **Johannes ⟨Vend⟩**

Venedig, Marschalk ¬von¬
→ **Marschalk ⟨von Venedig⟩**

Veneis, Raimundus ¬de¬
→ **Raimundus ⟨de Capua⟩**

Vener, Job
ca. 1370 – 1447
Juristische und administrative Schriftsätze; Samml. v. Dokumenten, Urkunden, Streitschriften; Zus.fass. u. Exzerpte; De praxi Romanae curiae; Reformavisamente (2. Konzil, Konstanz); Compendium de vicio proprietatis
VL(2)10,207
Job ⟨Vener⟩

Venerabilis, Beda
→ **Beda ⟨Venerabilis⟩**

Venerabilis, Petrus
→ **Petrus ⟨Venerabilis⟩**

Venerandus
um 620/30
Epistula ad Constantium episcopum Albigensem
Cpl 1305; DOC,2,1778
Venerandus ⟨Alteripensis⟩

Venericus ⟨Trevirensis⟩
→ **Winricus ⟨Treverensis⟩**

Venericus ⟨Vercellensis⟩
→ **Winricus ⟨Treverensis⟩**

Venesiaco, Stephanus ¬de¬
→ **Stephanus ⟨de Venesiaco⟩**

Veneta, Johannes ¬de¬
→ **Johannes ⟨de Veneta⟩**

Venetia, Fridericus ¬de¬
→ **Fridericus ⟨de Venetia⟩**

Venetiis, Gabriel ¬de¬
→ **Gabriel ⟨de Venetiis⟩**

Venetiis, Jacobus ¬de¬
→ **Jacobus ⟨de Venetiis⟩**
→ **Jacobus ⟨Petri de Venetiis⟩**

Venetiis, Paulinus ¬de¬
→ **Paulinus ⟨de Venetiis⟩**

Venetiis, Paulus ¬de¬
→ **Paulus ⟨Barbus de Venetiis⟩**
→ **Paulus ⟨de Venetiis⟩**

Venette, Jean ¬de¬
→ **Fillous, Jean**

Venetus, Andreas
→ **Andreas ⟨Venetus⟩**

Venetus, Johannes
→ **Johannes ⟨Diaconus Venetus⟩**

Venetus, Marcus
→ **Marcus ⟨Venetus⟩**

Venetus, Marinus
→ **Marinus ⟨Venetus⟩**

Venetus, Paulus
→ **Paulus ⟨de Venetiis⟩**

Venetus, Petrus
→ **Petrus ⟨Nani Venetus⟩**

Veneziano, Domenico
→ **Domenico ⟨Veneziano⟩**

Venjamin ⟨u Rusiji⟩
→ **Benjamin ⟨de Croatia⟩**

Ventadour, Bernart ¬de¬
→ **Bernart ⟨de Ventadour⟩**

Ventura ⟨Bononiensis⟩
um 1219/33 · OP
Litterae ad Dianam priorissam et sorores mon. S. Agnetis de Bononia
Kaeppeli,IV,427
Ventura ⟨de Bologne⟩
Ventura ⟨de Verona⟩
Ventura ⟨de Veronis⟩
Ventura ⟨Prior Bononiensis⟩
Venturinus ⟨de Verona⟩

Ventura ⟨de Bevagna⟩
→ **Ventura ⟨de Mevania⟩**

Ventura ⟨de Bologne⟩
→ **Ventura ⟨Bononiensis⟩**

Ventura ⟨de Mevania⟩
um 1379/1413 · OP
Legenda B. Jacobi de Blanconibus de Mevania
Kaeppeli,IV,425/427
Bonaventura ⟨de Mevania⟩
Mevania, Ventura ¬de¬
Ventura ⟨de Bevagna⟩
Ventura ⟨de Bevania⟩
Ventura ⟨de Perugia⟩

Ventura ⟨de Pérouse⟩
→ **Ventura ⟨de Perusio⟩**

Ventura ⟨de Perugia⟩
→ **Ventura ⟨de Mevania⟩**

Ventura ⟨de Perusio⟩
um 1459
Epistola ad Stephanum de Nardinis de Forlivio iur. utr. Dr. de adventu honorab. ducis Sigismundi Austriae ad Constantiam civitatem Alemaniae a. 1459
Potth. 1085
Perusio, Ventura ¬de¬
Ventura ⟨de Pérouse⟩

Ventura ⟨de Verona⟩
→ **Ventura ⟨Bononiensis⟩**

Ventura ⟨Magister⟩
→ **Ventura ⟨Veronensis⟩**

Ventura ⟨Notarius⟩
→ **Ventura ⟨Veronensis⟩**

Ventura ⟨Veronensis⟩
gest. ca. 1258
Cartularius
Ventura ⟨di Verona⟩
Ventura ⟨Filius Gerardi de Sancto Floriano⟩
Ventura ⟨Magister⟩
Ventura ⟨Notarius⟩
Ventura ⟨Notarius Veronensis⟩

Ventura, Guilelmus
um 1325
Forts. der Chronica Astensia des Alferius, Ogerius für die Jahre 1260-1324 mit dem Titel Memoriale de rebus gestis Astensium
Potth. 1085
Guglielmo ⟨Ventura⟩
Guilelmus ⟨Ventura⟩
Guilelmus ⟨Ventura Astensis Civis⟩
Guilielmus ⟨Ventura⟩
Guillaume ⟨Ventura⟩
Ventura, Guglielmo
Ventura, Guilielmus
Ventura, Guillaume
Ventura, Wilhelmus
Wilhelmus ⟨Ventura⟩

Ventura, Secundinus
→ **Secundinus ⟨Ventura⟩**

Venturinus ⟨de Bergamo⟩
1304 – 1346 · OP
Litterae Rogero canonico S. Frideswyde Oxoniensi infirmitate blasphemiae laboranti; Responsiones ad articulos 39 Benedicti papae XII; Litterae monialibus monasterii Pruliani; etc.
Kaeppeli,IV,427/433; VL(2),10,235; LMA,VIII,1479/80
Bergamo, Venturinus ¬de¬
Pseudo-Venturinus ⟨de Apibus⟩
Venturin ⟨de Bergame⟩
Venturin ⟨von Bergamo⟩
Venturino ⟨Beato⟩
Venturino ⟨da Bergamo⟩
Venturino ⟨von Bergamo⟩
Venturinus ⟨Beatus⟩
Venturinus ⟨Bergamensis⟩
Venturinus ⟨de Apibus⟩
Venturinus ⟨de Bergomo⟩
Venturinus ⟨Laurentii de Apibus Bergomensis⟩
Venturinus ⟨Pergomensis⟩

Venturinus ⟨de Verona⟩
→ **Ventura ⟨Bononiensis⟩**

Venturinus ⟨Laurentii de Apibus Bergomensis⟩
→ **Venturinus ⟨de Bergamo⟩**

Venturinus ⟨Pergomensis⟩
→ **Venturinus ⟨de Bergamo⟩**

Venusinus, Hugo
→ **Hugo ⟨Venusinus⟩**

Venusio, Richardus ¬de¬
→ **Richardus ⟨de Venusio⟩**

Vepria, Jean ¬de¬
um 1480/99 · OCist
Franz. Proverbiensamml.
Jean ⟨de la Véprie⟩
Jean ⟨de Vepria⟩
Jehan ⟨de Vepria⟩
Johannes ⟨a Vepria⟩
Johannes ⟨de Castellione⟩
Johannes ⟨de Vepria⟩
LaVéprie, Jean ¬de¬
Vepria, Jehan ¬de¬
Vepria, Johannes ¬de¬
Véprie, Jean ¬de la¬

Ver ⟨de Rodez⟩
→ **Verus ⟨Ruthenensis⟩**

Ver ⟨d'Orange⟩
→ **Verus ⟨Arausicanus⟩**

Verae Crucis, Johannes Baptista
→ **Gratiadei, Johannes Baptista**

Veranus ⟨Cabellitanus⟩
gest. 589
Sententia de castitate sacerdotum (Werkzuordnung umstritten)
DOC,2,1778; CSGL
Cabellitanus, Veranus
Veran ⟨de Cavaillon⟩
Veran ⟨Evêque⟩
Veran ⟨Saint⟩
Verano ⟨di Cavaillon⟩
Veranus ⟨Bishop⟩
Veranus ⟨Cabellicensis⟩
Veranus ⟨Cabellionensis⟩
Veranus ⟨Cabillionensis⟩
Veranus ⟨Episcopus⟩
Veranus ⟨of Cavaillon⟩
Veranus ⟨Sanctus⟩
Veranus ⟨von Cavaillon⟩
Veranus ⟨von Cavaillon⟩
Vrain ⟨de Cavaillon⟩

Veranus ⟨Sanctus⟩
→ **Veranus ⟨Cabellitanus⟩**

Verardus ⟨Caesenatis⟩
→ **Verardus, Carolus**

Verardus, Carolus
1440 – 1500
Historia beatica
Potth. 1085
Carlo ⟨Verardi⟩
Carolus ⟨Verardus⟩
Charles ⟨Verardi⟩
Verardi, Carlo
Verardi, Charles
Verardus ⟨Caesenatis⟩

Verba, João
→ **João ⟨Verba⟩**

Verceil, Pierre ¬de¬
→ **Petrus ⟨de Versailles⟩**

Vercellinus ⟨Alberti⟩
→ **Vercellinus ⟨de Vercellis⟩**

Vercellinus ⟨de Vercellis⟩
um 1460 · OP
Tractatus de sanguine Christi; Summa logicae; Quaestiones in totam physicam et theologiam; etc.
Lohr; Schneyer,V,713; Kaeppeli,IV,434/435
Alberti, Vercellinus
Vercellino ⟨de Verceil⟩
Vercellinus ⟨Alberti⟩
Vercellinus ⟨Alberti de Vercellis⟩
Vercellinus ⟨de Vercelli⟩
Vercellis, Vercellinus ¬de¬

Vercellis, Antonius ¬de¬
→ **Antonius ⟨de Vercellis⟩**

Vercellis, Barnabas ¬de¬
→ **Barnabas ⟨de Vercellis⟩**

Vercellis, Johannes ¬de¬
→ **Johannes ⟨de Vercellis⟩**

Vercellis, Manfredus ¬de¬
→ **Manfredus ⟨de Vercellis⟩**

Vercellis, Vercellinus ¬de¬
→ **Vercellinus ⟨de Vercellis⟩**

Vercial, Clemente Sánchez ¬de¬
→ **Sánchez de Vercial, Clemente**

Verdala, Arnaldus ¬de¬
→ **Arnaldus ⟨de Verdala⟩**

Verdena, Johannes ¬de¬
→ **Johannes ⟨de Werdena⟩**

Verdi, Johannes ¬de¬
→ **Johannes ⟨de Verdi⟩**

Verdinio, Warnerus ¬de¬
→ **Warnerus ⟨de Verdinio⟩**

Verdun, Haimo ¬de¬
→ **Haimo ⟨de Verdun⟩**

Verdun, Nikolaus ¬von¬
→ **Nikolaus ⟨von Verdun⟩**

Verdy, Jean ¬de¬
→ **Johannes ⟨de Wardo⟩**

Vere, Alberic
→ **Albericus ⟨Veerus⟩**

Verecundus ⟨Africanus⟩
→ **Verecundus ⟨Iuncensis⟩**

Verecundus ⟨Iuncensis⟩
gest. 552
CSGL; LMA,VIII,1512
Verecundus ⟨Africanus⟩
Verecundus ⟨de Junca⟩
Verecundus ⟨Episcopus⟩

Verfasser der Litanei
→ **Heinrich ⟨Verfasser der Litanei⟩**

Verga, Solomon Ben
→ **Ibn-Wirgā, Šelomo**

Vergil ⟨of Salzburg⟩
→ **Virgilius ⟨Salisburgensis⟩**

Vergius, Mapheus
→ **Vegius, Mapheus**

Veridi, Johannes ¬de¬
→ **Johannes ⟨de Verdi⟩**

Verità, Girolamo
um 1490/1500
Tre canzoni sul Benaco
Girolamo ⟨Verità⟩
Jérôme ⟨Verità⟩
Jérôme ⟨Verità de Vérone⟩
Verità, Jérôme

Verkleir, Henri
→ **Henricus ⟨de Werla⟩**

Vermeria, Petrus
→ **Petrus ⟨Aureoli⟩**

Verna, Giovanni ¬della¬
→ **Johannes ⟨de Alvernia⟩**

Vernani, Guido
→ **Guido ⟨Vernani⟩**

Vernerus ⟨Bononiensis⟩
→ **Irnerius ⟨Bononiensis⟩**

Vernia, Nicolettus
→ **Nicolettus ⟨Vernia⟩**

Vernon, Thibaut ¬de¬
→ **Thibaut ⟨de Vernon⟩**

Vernone, Johannes ¬de¬
→ **Johannes ⟨de Vernone⟩**

Verona, Augustinus ¬de¬
→ **Augustinus ⟨de Verona⟩**

Verona, Benedictus ¬de¬
→ **Benedictus ⟨de Verona⟩**

Verona, Hilarion ¬da¬
→ **Hilarion ⟨Veronensis⟩**

Verona, Jacobinus ¬de¬
→ **Jacobinus ⟨de Verona⟩**

Verona, Jacobus ¬de¬
→ **Jacobus ⟨de Verona⟩**

Verona, Matthaeus ¬de¬
→ **Matthaeus ⟨de Verona⟩**

Verona, Raffaele ¬da¬
→ **Raffaele ⟨da Verona⟩**

Vérone, Nicolas ¬de¬
→ **Nicolas ⟨de Vérone⟩**

Verriet, Johannes
→ **Johannes ⟨Verriet⟩**

Verris, Firminus
→ **Firminus ⟨Verris⟩**

Verrocchio, Andrea ¬del¬
→ **DelVerrocchio, Andrea**

Verrochius, Iulianus
→ **Iulianus ⟨Verrochius⟩**

Verrückte Wolke
→ **Ikkyū, Sōjun**

Versailles, Petrus ¬de¬
→ **Petrus ⟨de Versailles⟩**

Versor, Johannes
→ **Johannes ⟨Versor⟩**

Verulamio, Hamelinus ¬de¬
→ **Hamelinus ⟨de Verulamio⟩**

Verus ⟨Arausicanus⟩
5. bzw. 5./6. Jh.
Vita S. Eutropii
Cpl 2099; Potth. 1089
Arausicanus, Verus
Ver ⟨d'Orange⟩
Verus ⟨Arausiensis⟩
Verus ⟨Episcopus⟩

Verus ⟨Ruthenensis⟩
um 614/26
Epistulae duae ad Desiderium Cadurcensem
Cpl 1303; DOC,2,1779
Ver ⟨de Rodez⟩
Verus ⟨Episcopus⟩
Verus ⟨Rutenensis⟩

Vespasiano ⟨da Bisticci⟩
1421 – 1498
Vite dei uomini illustri del secolo XV; Il libro delle lodi e commendazioni delle donne; Lamento d'Italia per la presa d'Otranto a. 1480
Potth. 1089; LMA,II,250/51
Bisticci, Vespasiano ¬da¬
Bistizzi, Vespasiano ¬da¬
Vespasiano ⟨da Bisticci Fiorentino⟩
Vespasiano ⟨da Bistizzi⟩
Vespasiano ⟨Fiorentino⟩
Vespasiano ⟨Florentino⟩
Vespasiano da Bisticci, Fiorentino
Vespasiano DaBisticci, Fiorentino
Vespasianus ⟨de Bisticiis⟩
Vespasianus ⟨de Bisticiis Florentinus⟩
Vespasianus ⟨Florentinus⟩
Vespasien ⟨da Bisticci⟩

Vespasiano ⟨Fiorentino⟩
→ **Vespasiano ⟨da Bisticci⟩**

Vestitor, Cosmas
→ **Cosmas ⟨Vestitor⟩**

Vesuntinus, Protadius
→ **Protadius ⟨Vesuntinus⟩**

Veteribusco, Adrianus ¬de¬
→ **Adrianus ⟨de Veteribusco⟩**

Vetter, Jakob
um 1452
1 politisches Lied (30 Strophen)
VL(2),10,321
Jacob ⟨Veter⟩
Jacques ⟨Veter⟩
Jakob ⟨Vetter⟩
Veter, Jacob
Veter, Jacques

Vettius Agorius Basilius Mavortius, Flavius
→ **Mavortius**

Vexalia, Johannes ¬de¬
→ **Johannes ⟨de Vexalia⟩**

Veyt ⟨Wagner von Nörling⟩
→ **Feuchtwanger**

Vézelay, Rainaldus ¬de¬
→ **Rainaldus ⟨de Vézelay⟩**

Via Lapidea, Richolfus ¬de¬
→ **Richolfus ⟨de Via Lapidea⟩**

Viana, Carlos ¬de¬
1421 – 1461
„Cronica de los reyes de Navarra" ; Aristoteles-Herausgeber
LMA,V,982; Potth.III,131
Aragón, Carlos ¬d'¬
Carlos ⟨d'Aragón⟩
Carlos ⟨of Aragon⟩
Carlos ⟨Viana, Prince⟩
Carlos ⟨Viana, Principe⟩
Carlos ⟨Viane, Prince⟩
Charles ⟨Arragon, Prince⟩
Charles ⟨Viana, Prince⟩
Karl ⟨Navarra, Prinz⟩
Karl ⟨von Viana⟩
Viana ⟨Aragón, Infante⟩
Viane, Carlos ¬de¬

Vibergia, Thuo ¬de¬
→ **Thuo ⟨Nicolai de Vibergia⟩**

Vicardus ⟨Lugdunensis⟩
→ **Guichardus ⟨Lugdunensis⟩**

Vicbodus
→ **Wigbodus**

Vicecomes, Fridericus
→ **Fridericus ⟨Vicecomes⟩**

Vicecomes, Galeacius
→ **Giangaleazzo ⟨Visconti⟩**

Vicecomes, Hieronymus
→ **Hieronymus ⟨Vicecomes⟩**

Vice-Dominis, Onuphrius
→ **Onofrius ⟨Steccati de Visdominis⟩**

Vicente ⟨Hispano⟩
→ **Vincentius ⟨Hispanus⟩**

Vicente ⟨Mestre⟩
→ **Vincentius ⟨Hispanus⟩**

Vicentia, Romanus ¬de¬
→ **Romanus ⟨de Vicentia⟩**

Vicentin-Nicolas ⟨Colzè⟩
→ **Colzè, Nicolò**

Vicentinus, Bartholomaeus
→ **Bartholomaeus ⟨Vicentinus⟩**

Vicentinus, Ferretus
→ **Ferretus ⟨Vicentinus⟩**

Vicentinus, Guido
→ **Capello, Guido**

Vicentinus, Ludovicus
→ **Ludovicus ⟨Vicentinus⟩**

Vicentinus, Simon
→ **Simon ⟨Vicentinus⟩**

Vicentinus, Thaddaeus
→ **Thaddaeus ⟨Vicentinus⟩**

Vicentinus, Zanebonus
→ **Zanebonus ⟨Vicentinus⟩**

Vici, Guilelmus ¬de¬
→ **Guilelmus ⟨de Vici⟩**

Vicinus, Marsilius
→ **Ficinus, Marsilius**

Vicko ⟨von Geldersen⟩
gest. 1391
Handelsbuch (1367-1392)
VL(2),10,324
Geldersen, Vicko ¬von¬
Geldersen, Vickos ¬de¬
Vickos ⟨de Geldersen⟩

Vico, Alanus ¬de¬
→ **Alanus ⟨de Vico⟩**

Vicogne, Thomas ¬de¬
→ **Thomas ⟨Viconiensis⟩**

Vicomercato, Stephanardus ¬de¬
→ **Stephanardus ⟨de Vicomercato⟩**

Victor
→ **Victor ⟨Episcopus⟩**

Victor ⟨Antiochenus⟩
5./6. Jh.
Markus-Kommentar; Scholien
LMA,VIII,1627
Antiochenus, Victor
Victor ⟨Scriptor Ecclesiasticus⟩
Victor ⟨von Antiochia⟩
Viktor ⟨von Antiocheia⟩

Victor ⟨Capuanus⟩
→ **Victor ⟨de Capua⟩**

Victor ⟨Carthaginiensis⟩
um 636
Epistula ad Theodorum papam
Cpl 874; DOC,2,1783
Victor ⟨Corthaginiensis⟩
Victor ⟨de Carthage⟩
Victor ⟨Episcopus⟩
Victor ⟨Evêque⟩

Victor ⟨de Capua⟩
um 541/554
CSGL; Meyer; LMA,VIII,1627/28
Capua, Victor ¬de¬
Victor ⟨Capuanus⟩
Victor ⟨Episcopus⟩
Victor ⟨Epistolographus⟩
Victor ⟨Exegeta⟩
Victor ⟨Liturgicus⟩
Victor ⟨Poeta⟩
Victor ⟨Sanctus⟩
Victor ⟨Translator⟩

Victor ⟨de Tunnuna⟩
um 536/60
LMA,VIII;1628
Tunnuna, Victor ¬de¬
Victor ⟨de Tunes⟩
Victor ⟨Episcopus⟩
Victor ⟨Tonnennensis⟩
Victor ⟨Tunnunensis⟩
Victor ⟨von Tonnena⟩
Victor ⟨von Tunnuna⟩

Victor ⟨Episcopus⟩
um 523
Epistula Victoris cuiusdam ad Fulgentium Ruspensem episcopum
Cpl 708;817; DOC,2,1782
Episcopus Victor
Victor

Victor ⟨Liturgicus⟩
→ **Victor ⟨de Capua⟩**

Victor ⟨Papa, II.⟩
gest. 1057
LMA,VIII,1665
Eberhardus ⟨Eichstetensis⟩
Gebeardo ⟨di Dollnstein--Hirschberg⟩
Gebhard ⟨de Calw⟩
Gebhardus ⟨Eichstetensis⟩
Viktor ⟨Papst, II.⟩
Vittore ⟨Papa, II.⟩

Victor ⟨Papa, III.⟩
gest. 1087 · OSB
Miracula S. Benedicti
LMA,VIII,1665/66; III,726
Dafari
Daufari
Dauferio
Dauferius ⟨Cassinensis⟩
Desiderius ⟨Casinensis⟩
Desiderius ⟨Cavensis⟩
Desiderius ⟨von Monte Cassino⟩
Didier ⟨du Mont Cassin⟩
Gauferius
Viktor ⟨Papst, III.⟩
Vittore ⟨Papa, III.⟩

Victor ⟨Papa, IV., Antipapa, Gregorius⟩
um 1138
LMA,VIII,1666
Gregoire ⟨Antipape⟩
Gregor ⟨de' Conti⟩
Gregor ⟨de'Conti⟩
Gregor ⟨von Ceccano⟩
Victor ⟨Papa, IV., Antipapa⟩
Viktor ⟨Papst, IV., Gegenpapst⟩
Vittore ⟨Papa, IV., Antipapa⟩

Victor ⟨Papa, IV., Antipapa, Octavianus⟩
1095 – 1164
LMA,VIII,1666/67
Octavianus ⟨de Monticello⟩
Octavien ⟨Antipape⟩
Octavien ⟨de Monticello⟩
Oktavian ⟨von Monticelli⟩
Ottaviano ⟨da Montecello⟩
Ottaviano ⟨de Montecello⟩
Victor ⟨Papa, IV., Antipapa⟩
Viktor ⟨Papst, IV., Gegenpapst⟩
Vittore ⟨Papa, IV., Antipapa⟩

Victor ⟨Pisano⟩
→ **Pisanello**

Victor ⟨Poeta⟩
→ **Victor ⟨de Capua⟩**

Victor ⟨Sanctus⟩
→ **Victor ⟨de Capua⟩**

Victor ⟨Scriptor Ecclesiasticus⟩
→ **Victor ⟨Antiochenus⟩**

Victor ⟨Tonnenensis⟩
→ **Victor ⟨de Tunnuna⟩**

Victor ⟨Translator⟩
→ **Victor ⟨de Capua⟩**

Victor ⟨Tunnunensis⟩
→ **Victor ⟨de Tunnuna⟩**

Victor ⟨von Antiochia⟩
→ **Victor ⟨Antiochenus⟩**

Victor ⟨von Straßburg⟩
gest. ca. 991 · OSB
Dichter nicht erhaltener Verse
LMA,VIII,1667
Straßburg, Victor ¬von¬

Victor ⟨von Tunnuna⟩
→ **Victor ⟨de Tunnuna⟩**

Victorinus ⟨Correspondant de Ruricius⟩
→ **Victorinus ⟨Foroiuliensis⟩**

Victorinus ⟨Episcopus⟩
→ **Victorinus ⟨Foroiuliensis⟩**

Victorinus ⟨Feltrensis⟩
ca. 1378 – 1446
LThK; LMA,VIII,1780/81
Feltre, Vittorino ¬da¬
Rambaldoni, Vittorino
Victorinus ⟨Rambaldoni⟩
Victorinus ⟨von Feltre⟩
Vittorino ⟨da Feltre⟩
Vittorino ⟨Rambaldoni⟩

Victorinus ⟨Foroiuliensis⟩
um 500/506
Epistula ad Ruricium Lemovicensem
DOC,2,1783; Potth. 1091
Victorinus ⟨Correspondant de Ruricius⟩
Victorinus ⟨Episcopus⟩

Victorinus ⟨Rambaldoni⟩
→ **Victorinus ⟨Feltrensis⟩**

Victorius ⟨Gratianopolitanus⟩
um 516
Epistula ad Avitum (Epist. 16)
Cpl 993; DOC,2,1784
Gratianopolitanus, Victorius
Victorius ⟨Episcopus⟩
Victurius ⟨Gratianopolitanus⟩
Vittorio ⟨di Grenoble⟩
Vittorio ⟨Vescovo⟩

Victorius, Hugo
→ **Hugo ⟨de Sancto Victore⟩**

Victring, Johannes ¬de¬
→ **Johannes ⟨de Victring⟩**

Vidal ⟨de Besalú⟩
→ **Vidal, Raimon**

Vidal ⟨de Canellas⟩
→ **Vitalis ⟨de Canellas⟩**

Vidal ⟨du Four⟩
→ **Johannes Vitalis ⟨a Furno⟩**

Vidal ⟨Mayor⟩
→ **Vitalis ⟨de Canellas⟩**

Vidal, Arnaut
→ **Arnaut ⟨Vidal⟩**

Vidal, Peire
→ **Peire ⟨Vidal⟩**

Vidal, Raimon
12./13. Jh.
Troubadour; Abrils iss'e mays intrava (Versnovelle); Razos de trobar (Erörterung poetisch-grammatischer Fragen)
LMA,VIII,1633
Raimon ⟨Vidal⟩
Raymond ⟨Vidal⟩
Vidal ⟨de Besalú⟩
Vidal, Raymond

Vidal de Castelnaudary, Arnaut
→ **Arnaut ⟨Vidal⟩**

Vidame ⟨de Chartres⟩
→ **Guillaume ⟨de Ferrières⟩**

Vidvinus ⟨Cracoviensis⟩
→ **Frowinus ⟨Cracoviensis⟩**

Vidyāraṇya
→ **Mādhava**

Viechtlein
um 1448/49
Schmähgedicht gegen Markgraf Albrecht von Brandenburg-Ansbach
VL(2),10,326
Viechtlein ⟨Nürnberger Bürger⟩

Vielicius, Bartholomaeus
→ **Bartholomaeus ⟨Vielicius⟩**

Vienna, Jacobus ¬de¬
→ **Jacobus ⟨de Vienna⟩**

Vienna, Leopoldus ¬de¬
→ **Leopoldus ⟨de Vienna⟩**

Vieri, Ugolino ¬di¬
→ **Ugolino ⟨di Vieri⟩**

Vigellus
→ **Nigellus ⟨de Longo Campo⟩**

Vigetio ⟨Ferrariensis⟩
→ **Hugutio**

Vigevano, Boto ¬de¬
→ **Boto ⟨de Vigevano⟩**

Vigevano, Guido ¬de¬
→ **Guido ⟨de Vigevano⟩**

Vigil ⟨Papst⟩
→ **Vigilius ⟨Papa⟩**

Vigilas ⟨Albeldensis⟩
um 976 · OSB
Appendix ad Chronicon Albeldense; Carmina acrosticha
Potth. 1092
Vigila
Vigila ⟨Copiste⟩
Vigila ⟨de Saint-Martin⟩
Vigila ⟨d'Albelda⟩
Vigilán ⟨d'Albelda⟩
Vigilas ⟨Monachus Albeldensis⟩

Vigile ⟨Pape⟩
→ **Vigilius ⟨Papa⟩**

Vigiliis, Amandus ¬de¬
→ **Amandus ⟨de Vigiliis⟩**

Vigilis, Heinrich
15. Jh. · OFM
Predigten über die Sonntagsevangelien aus dem Jahre 1493; 7 Predigten für Nonnen; Predigt von den 7 Graden der vollkommenen Liebe; u.a.
VL(2),10,342; LThK
Heinrich ⟨Vigilis⟩
Heinrich ⟨Vigilis von Weißenburg⟩
Heinrich ⟨von Weißenburg⟩
Heinrich ⟨von Wissenburck⟩
Weißenburg, Heinrich ¬von¬
Wissenburck, Heinrich ¬von¬

Vigilius ⟨Papa⟩
ca. 500 – 555
LMA,VIII,1658
Vigil ⟨Papst⟩
Vigile ⟨Pape⟩
Vigilio ⟨Papa⟩

Vignay, Jean ¬de¬
→ **Jean ⟨de Vignay⟩**

Vigne, Pierre ¬de la¬
→ **Petrus ⟨de Vinea⟩**

Vigne, Raimond ¬delle¬
→ **Raimundus ⟨de Capua⟩**

Vigri, Catarina ¬de¬
→ **Catharina ⟨Bononiensis⟩**

Vïjon, Fransua
→ **Villon, François**

Viktor ⟨Papst, ...⟩
→ **Victor ⟨Papa, ...⟩**

Viktor ⟨von Antiocheia⟩
→ **Victor ⟨Antiochenus⟩**

Viktring, Balduinus ¬de¬
→ **Balduinus ⟨de Viktring⟩**

Viktring, Johannes ¬von¬
→ **Johannes ⟨de Victring⟩**

Vilanova, Arnaldo ¬de¬
→ **Arnoldus ⟨de Villa Nova⟩**

Vilfrido ⟨di York⟩
→ **Wilfridus ⟨Eboracensis⟩**

Vilhelm ⟨Abbed⟩
→ **Guilelmus ⟨de Paraclito⟩**

Vilhelm ⟨af Normandiet⟩
→ **William ⟨England, King, I.⟩**

Vilheti, Jacobus
→ **Jacobus ⟨Villeti⟩**

Vilichius, Gerardus
→ **Gerardus ⟨Vilichius⟩**

Villa Dei, Alexander ¬de¬
→ **Alexander ⟨de Villa Dei⟩**

Villa Dei, Arnoldus ¬de¬
→ **Arnoldus ⟨de Villa Dei⟩**

Villa Episcopi, Johannes ¬de¬
→ **Johannes ⟨de Villa Episcopi⟩**

Villa Nova, Arnoldus ¬de¬
→ **Arnoldus ⟨de Villa Nova⟩**

Villa Vitis, Hieronymus ¬de¬
→ **Hieronymus ⟨de Villa Vitis⟩**

Villaco, Jacobus ¬de¬
→ **Jacobus ⟨de Villaco⟩**

Villaizán, Juan Núñez ¬de¬
→ **Núñez de Villaizán, Juan**

Villana, Guillaume ¬de¬
→ **Guilelmus ⟨de Cremona⟩**

Villani, Filippo
gest. 1405
Sohn von Matteo Villani; Istorie fiorentine; Le vite d'uomini illustri fiorentini; Liber de origine civitatis Florentinae et eiusdem famosis civibus
Potth. 1092; LMA,VIII,1678
Filippo ⟨Villani⟩
Philippe ⟨Villani⟩
Philippus ⟨Villani⟩
Villani, Philippe
Villani, Philippus

Villani, Giovanni
ca. 1280 – 1348
Bruder von Matteo Villani; Novelle e favole; Cronica; Cronica universale; Istorie fiorentine; Historia universalis italice scripta, a condita Florentia 1348
Potth. 1093; LMA,VIII,1678
Giovanni ⟨Villani⟩
Johannes ⟨Villani⟩
Johannes ⟨Villanus⟩
Villani, Johannes
Villanus, Johannes

Villani, Matteo
gest. 1363
Vater von Filippo Villani, Bruder von Giovanni Villani; Istorie fiorentine; Cronica
LMA,VIII,1678
Matteo ⟨Villani⟩
Matthaeus ⟨Villani⟩
Matthieu ⟨Villani⟩
Villani, Matthaeus
Villani, Matthieu

Villanova, Arnoldus ¬de¬
→ **Arnoldus ⟨de Villa Nova⟩**

Villanova, Donato ¬da¬
→ **Donato ⟨da Villanova⟩**

Villanova, Guilelmus ¬de¬
→ **Villeneuve, Guillaume ¬de¬**

Villanova, Henricus ¬de¬
→ **Henricus ⟨de Villanova⟩**

Villanus, Johannes
→ **Villani, Giovanni**

Villanutiis, Franciscus ¬de¬
→ **Franciscus ⟨de Villanutiis⟩**

Villard ⟨de Honnecourt⟩
13. Jh.
LMA,VIII,1680
Honecort, Wilars ¬de¬
Honnecourt, Villard ¬de¬
Wilars ⟨de Honecort⟩

Villari, Aegidius ¬de¬
→ **Aegidius ⟨de Villari⟩**

Villaribus, Stephanus ¬de¬
→ **Stephanus ⟨de Villaribus⟩**

Villario, Johannes ¬de¬
→ **Johannes ⟨de Villario⟩**

Villasán, Juan Nuñez ¬de¬
→ **Núñez de Villaizán, Juan**

Villasandino, Alfonso Álvarez ¬de¬
→ **Álvarez de Villasandino, Alfonso**

Villavitis, Hieronymus ¬de¬
→ **Hieronymus ⟨de Villa Vitis⟩**

Villazan, Juan Nuñez ¬de¬
→ **Núñez de Villaizán, Juan**

Villehardouin, Geoffroy ¬de¬
→ **Geoffroy ⟨de Villehardouin⟩**

Villena, Enrique ¬de¬
→ **Enrique ⟨de Villena⟩**

Villeneuve, Guillaume ¬de¬
gest. ca. 1500
Mémoires
Potth.; LMA,VIII,1690
Guilelmus ⟨de Villanova⟩
Guilelmus ⟨Villanovanus⟩
Guillaume ⟨de Villeneuve⟩
Villanova, Guilelmus ¬de¬

Villepreux, Hervaeus ¬de¬
→ **Hervaeus ⟨de Villepreux⟩**

Villeti, Jacobus
→ **Jacobus ⟨Villeti⟩**

Villette, Philippe ¬de¬
→ **Philippe ⟨de Villette⟩**

Villiaco, Johannes ¬de¬
→ **Johannes ⟨de Villiaco⟩**

Villiaco, Robertus ¬de¬
→ **Robertus ⟨de Villiaco⟩**

Villibrordo ⟨di Utrecht⟩
→ **Willibrordus ⟨Traiectensis⟩**

Villicus, Adam
→ **Meyer, Adamus**

Villiers ⟨Maréchal de France⟩
→ **Villiers, Jean ¬de¬**

Villiers ⟨Seigneur de l'Isle-Adam⟩
→ **Villiers, Jean ¬de¬**

Villiers, Jean ¬de¬
1390 – 1437
Kurzer Traktat über die Schlachtpfänder
LMA,VIII,1692
Jean ⟨de Villiers⟩
Villiers ⟨Maréchal de France⟩
Villiers ⟨Seigneur de l'Isle-Adam⟩

Villingen, Johannes ¬de¬
→ **Johannes ⟨Berwardi de Villingen⟩**

Villon, François
gest. ca. 1464
LMA,VIII,1696
Corbueil, François
François ⟨Villon⟩
Vijon, Fransua

Vimiaco, Robertus ¬de¬
→ **Robertus ⟨de Vimiaco⟩**

Viminus ⟨Scotus⟩
um 715
Lectura in Threnes; Meditationes in Psalterium
Stegmüller, Repert. bibl. 8303
Scotus, Viminus
Vimin ⟨Evêque Irlandais⟩
Vimin ⟨Scotus⟩
Viminus ⟨Episcopus⟩
Viminus ⟨Episcopus Scotus⟩

Vinac, Hugo ¬de¬
→ **Hugo ⟨de Prato Florido⟩**

Vinarius, Guilelmus
→ **Guillaume ⟨le Vinier⟩**

Vincencius ⟨...⟩
→ **Vincentius ⟨...⟩**

Vincent ⟨Axpacensis⟩
→ **Vincentius ⟨de Aggsbach⟩**

Vincent ⟨Canoniste⟩
→ **Vincentius ⟨Hispanus⟩**

Vincent ⟨Chartreux⟩
→ **Vincentius ⟨de Aggsbach⟩**

Vincent ⟨Ciullo⟩
→ **Cielo ⟨d'Alcamo⟩**

Vincent ⟨d'Aggsbach⟩
→ **Vincentius ⟨de Aggsbach⟩**

Vincent ⟨de Beauvais⟩
→ **Vincentius ⟨Bellovacensis⟩**

Vincent ⟨de Cracovie⟩
→ **Kadlubek, Vincentius**

Vincent ⟨de Guarda⟩
→ **Vincentius ⟨Hispanus⟩**

Vincent ⟨de Kielce⟩
→ **Vincentius ⟨de Kielce⟩**

Vincent ⟨de Lisbonne⟩
→ **Vincentius ⟨de Ulixbona⟩**

Vincent ⟨de Marvejols⟩
→ **Vincentius ⟨de Marvegio⟩**

Vincent ⟨d'Idanha-Guarda⟩
→ **Vincentius ⟨Hispanus⟩**

Vincent ⟨Evêque⟩
→ **Vincentius ⟨Hispanus⟩**

Vincent ⟨Ferrer⟩
→ **Vincentius ⟨Ferrerius⟩**

Vincent ⟨iz Kastva⟩
→ **Vincentius ⟨de Castua⟩**

Vincent ⟨Kadłubek⟩
→ **Kadlubek, Vincentius**

Vincent ⟨l'Espagnol⟩
→ **Vincentius ⟨Hispanus⟩**

Vincent ⟨Meister⟩
→ **Vincentius ⟨de Castua⟩**

Vincent ⟨of Beauvais⟩
→ **Vincentius ⟨Bellovacensis⟩**

Vincent ⟨of Prague⟩
→ **Vincentius ⟨Pragensis⟩**

Vincent ⟨Prieur d'Agsbach⟩
→ **Vincentius ⟨de Aggsbach⟩**

Vincent ⟨von Beauvais⟩
→ **Vincentius ⟨Bellovacensis⟩**

Vincent ⟨von Kastav⟩
→ **Vincentius ⟨de Castua⟩**

Vincentia, Daniel ¬de¬
→ **Daniel ⟨de Vincentia⟩**

Vincentia, Johannes ¬de¬
→ **Johannes ⟨de Vincentia⟩**

Vincentia, Petrus ¬de¬
→ **Petrus ⟨de Vincentia⟩**

Vincentinus, Petrus
→ **Petrus ⟨Giraldus⟩**

Vincentius ⟨Axpacensis⟩
→ **Vincentius ⟨de Aggsbach⟩**

Vincentius ⟨Bellovacensis⟩
ca. 1190 – 1264 · OP
Speculum maius
Tusculum-Lexikon; LThK; CSGL; LMA,VIII,1705/07
Vincent ⟨de Beauvais⟩
Vincent ⟨of Beauvais⟩
Vincent ⟨von Beauvais⟩
Vincentius ⟨Belvacensis⟩
Vincentius ⟨Burgundus⟩
Vincentius ⟨de Beauvais⟩
Vincentius ⟨de Burgundia⟩
Vincenz ⟨von Beauvais⟩
Vinzenz ⟨von Beauvais⟩

Vincentius ⟨Burgundus⟩
→ **Vincentius ⟨Bellovacensis⟩**

Vincentius ⟨Cadlubkus⟩
→ **Kadlubek, Vincentius**

Vincentius ⟨Cadlucus⟩
→ **Kadlubek, Vincentius**

Vincentius ⟨Canonicus⟩
→ **Vincentius ⟨Pragensis⟩**

Vincentius ⟨Carthusianus⟩
→ **Benedetti, Zaccaria**

Vincentius ⟨Cracoviensis⟩
→ **Kadlubek, Vincentius**

Vincentius ⟨de Aggsbach⟩
1389 – 1464 · OCart
Über 20 kleinere Schriften zum Streit um Verständnis der myst. Theologie; Epistolae; Alterum scriptum de mystica theologia contra Gersonem
LMA,VIII,1705; VL(2),10,359
Aggsbach, Vincentius ¬de¬
Vincent ⟨Axpacensis⟩
Vincent ⟨Chartreux⟩
Vincent ⟨d'Aggsbach⟩
Vincent ⟨d'Agsbach⟩
Vincent ⟨Prieur d'Agsbach⟩
Vincentius ⟨Axpacensis⟩
Vincentius ⟨von Aggsbach⟩
Vinzenz ⟨von Aggsbach⟩

Vincentius ⟨de Beauvais⟩
→ **Vincentius ⟨Bellovacensis⟩**

Vincentius ⟨de Burgundia⟩
→ **Vincentius ⟨Bellovacensis⟩**

Vincentius ⟨de Castua⟩
um 1470
Bildender Künstler aus Istrien
Castua, Vincentius ¬de¬
Kastav, Vincent ¬von¬
Vincencius ⟨de Kastua⟩
Vincent ⟨iz Kastva⟩
Vincent ⟨Meister⟩
Vincent ⟨von Kastav⟩
Vincentu ⟨Meštru⟩

Vincentius ⟨de Finale Ligure⟩
→ **Vincentius ⟨de Finario⟩**

Vincentius ⟨de Finario⟩
gest. 1463 · OP
Litterae ad Antoninum ser Nicolai Pierozzi de Florentia OP inquirentes utrum levis culpa possit mortalis fieri ratione intentionis
Kaeppeli,IV,475
Finario, Vincentius ¬de¬
Vincentius ⟨de Finale Ligure⟩

Vincentius ⟨de Kadlubko⟩
→ **Kadlubek, Vincentius**

Vincentius ⟨de Kielce⟩
ca. 1200 – ca. 1261 · OP
Vitae S. Stanislai
Kielce, Vincentius ¬de¬
Vincent ⟨de Kielce⟩
Vincentius ⟨de Kelcia⟩
Vincentius ⟨de Kielcza⟩
Vincentius ⟨de Ordine Fratrum Praedicatorum⟩
Vincentius ⟨Kielcensis⟩
Vincentius ⟨Kylciensis⟩
Vincenzo ⟨da Kielce⟩
Wincenty ⟨z Kielc⟩

Vincentius ⟨de Lisboa⟩
→ **Vincentius ⟨de Ulixbona⟩**

Vincentius ⟨de Marvegio⟩
14. Jh. · OP
Sermones; zur Identität vgl. Kaeppeli
Schneyer,V,713; Kaeppeli,IV,476
Marvegio, Vincentius ¬de¬
Vincent ⟨de Marvejols⟩
Vincentius ⟨Gallus de Provincia⟩

Vincentius ⟨de Ordine Fratrum Praedicatorum⟩
→ **Vincentius ⟨de Kielce⟩**

Vincentius ⟨de Ulixbona⟩
gest. ca. 1401/02 · OP
Argumenta pro Urbano papa VI contra arengam card. Petri de Luna in consilio regis Portugalliae; Varii Libri excellentis doctrinae tam pro verbi Dei praedicatoribus quam pro scolasticis
Kaeppeli,IV,477/478
Ulixbona, Vincentius ¬de¬
Vincent ⟨de Lisbonne⟩
Vincentius ⟨de Lisboa⟩
Vincentius ⟨de Ulissipone⟩
Vincentius ⟨de Ulixibona⟩
Vincentius ⟨Ulixbonensis⟩

Vincentius ⟨de Valencia⟩
→ **Vincentius ⟨Ferrerius⟩**

Vincentius ⟨Ferrerius⟩
ca. 1350 – 1419 · OP
LThK; LMA,IV,395/97
Ferrer, Vicente
Ferrer, Vincent
Ferrer, Vinzenz
Ferrerius, Vincentius
Ferrier, Vincent
Vincent ⟨Ferrer⟩
Vincent ⟨Ferrier⟩
Vincentius ⟨de Valencia⟩
Vincentius ⟨de Valentia⟩
Vincentius ⟨de Valentina⟩
Vincentius ⟨Ferrarii⟩
Vincentius ⟨Ferrer⟩
Vincentius ⟨Sanctus⟩
Vincentius ⟨Thaumaturgus⟩
Vincenzo ⟨Ferreri⟩
Vinzenz ⟨Ferrer⟩

Vincentius ⟨Gallus de Provincia⟩
→ **Vincentius ⟨de Marvegio⟩**

Vincentius ⟨Grimer⟩
um 1418
Quaestiones in Aristotelis libros Politicorum
Lohr
Grimer, Vincentius

Vincentius ⟨Heremitus⟩
um 1260
Compendium modorum significandi
Schönberger/Kible, Repertorium, 18979
Heremitus, Vincentius
Vincentius ⟨Heremita⟩

Vincentius ⟨Hispanus⟩
um 1248/60
Arbor Affinitatis (Glossae); Apparatus in concilium IV Lateranense; Kommentar zum Gratianischen Dekret
LMA,VIII,1701
Hispanus, Vincentius
Vicente ⟨Hispano⟩
Vicente ⟨Mestre⟩
Vincent ⟨Canoniste⟩
Vincent ⟨de Guarda⟩
Vincent ⟨d'Idanha-Guarda⟩
Vincent ⟨Espagnol⟩
Vincent ⟨Evêque⟩
Vincent ⟨l'Espagnol⟩

Vincentius ⟨Hispanus Poeta⟩
9. Jh.
Herkunft nicht klar; Carmen (MGH, Poetae lat. aevi, Car. III, p.147)
Potth. 1096
Hispanus, Vincentius
Vincentius ⟨Hispanus⟩

Vincentius ⟨Kadlubek⟩
→ **Kadlubek, Vincentius**

Vincentius ⟨Kielcensis⟩
→ **Vincentius ⟨de Kielce⟩**

Vincentius ⟨Koffskius⟩
→ **Kofski, Vinzenz**

Vincentius ⟨Littara⟩
→ **Littara, Vincentius**

Vincentius ⟨Notarius⟩
→ **Vincentius ⟨Pragensis⟩**

Vincentius ⟨of Cracow⟩
→ **Kadlubek, Vincentius**

Vincentius ⟨of Prague⟩
→ **Vincentius ⟨Pragensis⟩**

Vincentius ⟨Pragensis⟩
um 1173
Annales
Tusculum-Lexikon; Potth.; LMA,VIII,1707/08
Vincent ⟨of Prague⟩
Vincentius ⟨Canonicus⟩
Vincentius ⟨Notarius⟩
Vincentius ⟨of Prague⟩
Vinzenz ⟨von Prag⟩

Vincentius ⟨Sanctus⟩
→ **Vincentius ⟨Ferrerius⟩**

Vincentius ⟨Thaumaturgus⟩
→ **Vincentius ⟨Ferrerius⟩**

Vincentius ⟨Ulixbonensis⟩
→ **Vincentius ⟨de Ulixbona⟩**

Vincentius ⟨von Aggsbach⟩
→ **Vincentius ⟨de Aggsbach⟩**

Vincentu ⟨Meštru⟩
→ **Vincentius ⟨de Castua⟩**

Vincenzo ⟨Ciullo d'Alcamo⟩
→ **Cielo ⟨d'Alcamo⟩**

Vincenzo ⟨da Kielce⟩
→ **Vincentius ⟨de Kielce⟩**

Vincenzo ⟨Ferreri⟩
→ **Vincentius ⟨Ferrerius⟩**

Vincenzo ⟨Littarae⟩
→ **Littara, Vincentius**

Vinchio, Columba ¬de¬
→ **Columba ⟨de Vinchio⟩**

Vindricus
→ **Widricus ⟨Tullensis⟩**

Vinea, Petrus ¬de¬
→ **Petrus ⟨de Vinea⟩**

Vineis, Johannes ¬de¬
→ **Johannes ⟨de Vineis⟩**

Vineis, Raimundus ¬de¬
→ **Raimundus ⟨de Capua⟩**

Vineria, Margaretha
→ **Margaretha ⟨Vineria⟩**

Vineti, Johannes
→ **Johannes ⟨Vineti⟩**

Vinier, Guillaume ¬le¬
→ **Guillaume ⟨le Vinier⟩**

Vinnianus
→ **Finnianus**

Vinosalvo, Galfredus ¬de¬
→ **Galfredus ⟨de Vinosalvo⟩**

Vinricus ⟨...⟩
→ **Winricus ⟨...⟩**

Vinsauf, Geoffroy ¬de¬
→ **Galfredus ⟨de Vinosalvo⟩**

Vintler, Hans
gest. 1419
Gerichtspfleger, Gesandter; Versbearb. von „Die pluemen der tugent"
LMA,VIII,1703
Hans ⟨Vintler⟩
Jean ⟨Vintler⟩
Vintler, Jean

Vinuesa, Juan ¬de¬
→ **Juan ⟨de Vinuesa⟩**

Vinzenz ⟨Ferrer⟩
→ **Vincentius ⟨Ferrerius⟩**

Vinzenz ⟨Kofski⟩
→ **Kofski, Vinzenz**

Vinzenz ⟨von Aggsbach⟩
→ **Vincentius ⟨de Aggsbach⟩**

Vinzenz ⟨von Beauvais⟩
→ **Vincentius ⟨Bellovacensis⟩**

Vinzenz ⟨von Prag⟩
→ **Vincentius ⟨Pragensis⟩**

Vippach, Johannes ¬von¬
→ **Johannes ⟨von Vippach⟩**

Virduno, Bernardus ¬de¬
→ **Bernardus ⟨de Virduno⟩**

Virduno, Petrus ¬de¬
→ **Petrus ⟨de Virduno⟩**

Virduno, Thomas ¬de¬
→ **Thomas ⟨de Virduno⟩**

Virgil ⟨von Salzburg⟩
→ **Virgilius ⟨Salisburgensis⟩**
→ **Wellendorffer, Virgilius**

Virgile ⟨de Toulouse⟩
→ **Virgilius ⟨Maro⟩**

Virgile ⟨Irlandais⟩
→ **Virgilius ⟨Salisburgensis⟩**

Virgile ⟨Maro⟩
→ **Virgilius ⟨Maro⟩**

Virgile ⟨Wellendarfer⟩
→ **Wellendorffer, Virgilius**

Virgilio, Johannes ¬de¬
→ **Johannes ⟨de Virgilio⟩**

Virgilius ⟨Episcopus⟩
→ **Virgilius ⟨Salisburgensis⟩**

Virgilius ⟨Grammaticus⟩
→ **Virgilius ⟨Maro⟩**

Virgilius ⟨Maro⟩
7. Jh.
Tusculum-Lexikon; CSGL; LMA,VIII,1712
Feirgil ⟨Maro⟩
Maro ⟨Grammaticus⟩
Maro, Virgilius
Virgile ⟨de Toulouse⟩
Virgile ⟨Maro⟩
Virgilio ⟨il Grammatico⟩
Virgilio ⟨Marone⟩
Virgilius ⟨Grammaticus⟩
Virgilius ⟨Tolosanus⟩
Virgilius Maro ⟨Grammaticus⟩
Virgilius Maro ⟨the Grammarian⟩

Virgilius ⟨Salisburgensis⟩
→ **Wellendorffer, Virgilius**

Virgilius ⟨Salisburgensis⟩
gest. 784
Vielleicht Verf. der Aethicus ⟨Ister⟩ zugeschriebenen „Cosmographia"
Cpl 2348; LMA,VIII,1711; LThK
Vergil ⟨of Salzburg⟩
Virgil ⟨Irish Monk⟩
Virgil ⟨of Salzburg⟩
Virgil ⟨Saint⟩
Virgil ⟨von Salzburg⟩
Virgile ⟨de Salzbourg⟩
Virgile ⟨Irlandais⟩
Virgilius ⟨Episcopus⟩
Virgilius ⟨Sanctus⟩

Virgilius ⟨Sanctus⟩
→ **Virgilius ⟨Salisburgensis⟩**

Virgilius ⟨Tolosanus⟩
→ **Virgilius ⟨Maro⟩**

Virgilius ⟨Wallendorfer von Salzburg⟩
→ **Wellendorffer, Virgilius**

Virgilius ⟨Wellendorffer⟩
→ **Wellendorffer, Virgilius**

Viridi, Jean ¬de¬
→ **Johannes ⟨de Wardo⟩**

Virley, Hugo ¬de¬
→ **Hugo ⟨de Virley⟩**

Virley, Thomas
→ **Hugo ⟨de Virley⟩**

Virulus, Carolus
gest. 1493
VL(2),10,389/391
Carolus ⟨Maneken⟩
Carolus ⟨Mennicken⟩
Carolus ⟨Meynicken⟩
Carolus ⟨Virulus⟩
Karolus ⟨Virulus⟩
Maneken, Carolus
Manneken, Carolus
Manneken, Charles
Meneriken, Carolus
Mennigken ¬al¬
Mennicken, Carolus
Mennigken, Carolus
Mennigken, Karolus
Mennigken al Meneriken, Carolus
Menniken, Karolus
Meynicken, Carolus
Meynigken, Carolus
Viruli, Carolus

Virūpākṣa
15. Jh.
König von Vijanagar
Ludayagiri Virupanna Udayar ⟨I.⟩
Virūpākṣa Deva
Virūpākṣadeva

Viscardi, Robertus
→ **Roberto ⟨Puglia, Duce⟩**

Vischel, Nicolaus
→ **Nicolaus ⟨Vischel⟩**

Vischer, Matthias
um 1488
Praktik auf das Jahr 1488 (Berechnungen: Mondphasen, Sonnenfinsternis, Ekliptik und Mondbahn)
VL(2),10,398
Matthias ⟨Vischer⟩

Visconti, Bernabò
→ **Bernabò ⟨Visconti⟩**

Visconti, Frédéric
→ **Fridericus ⟨Vicecomes⟩**

Visconti, Gian Galeazzo
→ **Giangaleazzo ⟨Visconti⟩**

Visconti, Jérôme
→ **Hieronymus ⟨Vicecomes⟩**

Visconti, Tedaldo
→ **Gregorius ⟨Papa, X.⟩**

Visdomini, Oldrado
→ **Oldradus ⟨Bisdominus⟩**

Visdominis, Onofrius ¬de¬
→ **Onofrius ⟨Steccati de Visdominis⟩**

Viseu, Dominicus ¬de¬
→ **Dominicus ⟨Dominici de Viseu⟩**

Visselbeccius, Petrus
gest. 1395 · OSB
Chronicon Huxariense, a Gregorio Wittehenne continuatum 1073-1498
Potth. 1099
Petrus ⟨Visselbeccius⟩
Pierre ⟨Visselbec⟩
Visselbec, Pierre

Viśvanātha Kavirāja
14. Jh.
Sohn des Candraśekhara, Enkel des Nārāyaṇa; Sāhityadarpaṇa
Biśvanātha Kabirāja
Kabirāja, Biśvanātha
Kavirāja, Viśvanātha
Visvanath ⟨Kaviraja⟩
Viśvanātha ⟨Kavirāja⟩
Viswanath Kaviraja
Viśwanátha Kavirája

Viśvarupa
→ **Sureśvara**

Viśwanátha Kavirája
→ **Viśvanātha Kavirāja**

Vit ⟨de Cortone⟩
→ **Vitus ⟨de Cortona⟩**

Vital ⟨Cardinal⟩
→ **Johannes Vitalis ⟨a Furno⟩**

Vital ⟨de Blois⟩
→ **Vitalis ⟨Blesensis⟩**

Vital ⟨de Canellas⟩
→ **Vitalis ⟨de Canellas⟩**

Vital ⟨de Fontibus⟩
→ **Vitalis ⟨de Fontibus Orbis⟩**

Vital ⟨du Four⟩
→ **Johannes Vitalis ⟨a Furno⟩**

Vital ⟨Valentini⟩
→ **Vitalis ⟨Valentinus⟩**

Vital, Jean
→ **Johannes ⟨Vitalis⟩**

Vital, Orderic
→ **Ordericus ⟨Vitalis⟩**

Vitalian ⟨Papst⟩
→ **Vitalianus ⟨Papa⟩**

Vitaliano ⟨Borromeo⟩
→ **Vitalianus ⟨Bonromeus⟩**

Vitaliano ⟨di Segni⟩
→ **Vitalianus ⟨Papa⟩**

Vitalianus ⟨Bonromeus⟩
um 1426/30
Liber tabuli
Bonromeus, Vitalianus
Borromeo, Vitaliano
Vitaliano ⟨Borromeo⟩

Vitalianus ⟨Papa⟩
ca. 600 – 672
LMA,VIII,1761/62
Vitalian ⟨Papst⟩
Vitaliano ⟨di Segni⟩
Vitaliano ⟨Papa⟩
Vitalianus ⟨Sanctus⟩
Vitalien ⟨de Segni⟩
Vitalien ⟨Pape⟩
Vitalis ⟨Papa⟩
Vitallianus ⟨Papa⟩

Vitalio
→ **Witelo**

Vitalis ⟨a Furno⟩
→ **Johannes Vitalis ⟨a Furno⟩**

Vitalis ⟨Arnpeckius⟩
→ **Arnpeck, Veit**

Vitalis ⟨Blesensis⟩
12. Jh.
Tusculum-Lexikon; CSGL; LMA,VIII,1763/64
Blois, Vital ¬de¬
Vital ⟨de Blois⟩
Vitalis ⟨of Blois⟩
Vitalis ⟨von Blois⟩

Vitalis ⟨de Canellas⟩
gest. 1252
In excelsis Dei thesauris
LMA,VIII,1634
Canellas, Vidal ¬de¬
Canellas, Vitalis ¬de¬
Canelles, Vidal ¬de¬
Cantellas, Vidal ¬de¬
Canyelles, Vidal ¬de¬
DeCanelles, Vidal
Vidal ⟨de Canellas⟩
Vidal ⟨Mayor⟩
Vital ⟨de Canellas⟩
Vital ⟨de Canelles⟩
Vital ⟨de Canyellas⟩
Vital ⟨de Centellas⟩
Vitalis ⟨de Caniellas⟩
Vitalis ⟨Oscensis⟩

Vitalis ⟨de Fonsorbes⟩
→ **Vitalis ⟨de Fontibus Orbis⟩**

Vitalis ⟨de Fontibus Orbis⟩
um 1307/20 · OP
Tabula super Boethium De consolatione philosophiae
Kaeppeli,IV,478/479
Fontibus Orbis, Vitalis ¬de¬
Vital ⟨de Fontibus⟩
Vitalis ⟨de Fonsorbes⟩
Vitalis ⟨de Fontibus⟩

Vitalis ⟨de Furno⟩
→ **Johannes Vitalis ⟨a Furno⟩**

Vitalis ⟨of Blois⟩
→ **Vitalis ⟨Blesensis⟩**

Vitalis ⟨Oscensis⟩
→ **Vitalis ⟨de Canellas⟩**

Vitalis ⟨Papa⟩
→ **Vitalianus ⟨Papa⟩**

Vitalis ⟨Valentinus⟩
um 1415/27 · OFM
Oratio in concilio Constantiensi festo Epiphanias a. 1415 recitata
Potth. 1100
Valentini, Vital
Valentinus, Vitalis
Vital ⟨Valentini⟩

Vitalis ⟨von Blois⟩
→ **Vitalis ⟨Blesensis⟩**

Vitalis, Johannes
→ **Johannes ⟨Vitalis⟩**

Vitalis, Ordericus
→ **Ordericus ⟨Vitalis⟩**

Vitalis, Petrus
→ **Petrus ⟨Vitalis⟩**

Vitallianus ⟨Papa⟩
→ **Vitalianus ⟨Papa⟩**

Vitautas ⟨Velikij⟩
→ **Vytautas ⟨Lietuva, Did-Kunigaikštis⟩**

Vitellio
→ **Witelo**

Viterbio, Franciscus ¬de¬
→ **Franciscus ⟨de Viterbio⟩**

Viterbio, Jacobus ¬de¬
→ **Jacobus ⟨de Viterbio⟩**

Viterbio, Johannes ¬de¬
→ **Johannes ⟨Guerriscus de Viterbio⟩**

Viterbo, Michael ¬de¬
→ **Michael ⟨Canensis⟩**

Vitez, Johannes
1408 – 1472
Tusculum-Lexikon; LMA,VIII,1773
János ⟨of Esztergom⟩
János ⟨Vitéz⟩
Johannes ⟨de Zreda⟩
Johannes ⟨Vitez⟩
Vitéz, János
Vitéz, János de Zreda
Vitéz de Zredna, Jānos
Vitez de Zredna, Johannes
Zredna, Joannes Vitez ¬de¬
Zredna, Johannes Vitez ¬de¬

Vitichindo ⟨di Corvey⟩
→ **Widukindus ⟨Corbeiensis⟩**

Vitigis ⟨Ostgotenreich, König⟩
→ **Witigis ⟨Ostgotenreich, König⟩**

Vitoduranus, Johannes
→ **Johannes ⟨Vitoduranus⟩**

Vitoldus ⟨Lithuania, Magnus Dux⟩
→ **Vytautas ⟨Lietuva, Did-Kunigaikštis⟩**

Vitonio, Hugo ¬de¬
→ **Hugo ⟨de Vitonio⟩**

Vitovt ⟨Litva, Velikij Knjaz'⟩
→ **Vytautas ⟨Lietuva, Did-Kunigaikštis⟩**

Vitriaco, Albericus ¬de¬
→ **Albericus ⟨de Vitriaco⟩**

Vitriaco, Jacobus ¬de¬
→ **Jacobus ⟨de Vitriaco⟩**

Vitry, Philippe ¬de¬
→ **Philippe ⟨de Vitry⟩**

Vittore ⟨Papa, ...⟩
→ **Victor ⟨Papa, ...⟩**

Vittore ⟨Pisano⟩
→ **Pisanello**

Vittorino ⟨da Feltre⟩
→ **Victorinus ⟨Feltrensis⟩**

Vittorino ⟨Rambaldoni⟩
→ **Victorinus ⟨Feltrensis⟩**

Vittorio ⟨di Grenoble⟩
→ **Victorius ⟨Gratianopolitanus⟩**

Vitus ⟨Areopagus⟩
→ **Arnpeck, Veit**

Vitus ⟨Arnpeckius⟩
→ **Arnpeck, Veit**

Vitus ⟨Auslasser⟩
→ **Auslasser, Vitus**

Vitus ⟨de Cortona⟩
gest. 1250 · OFM
Vita B. Humilianae
Potth. 1100
Cortona, Vitus ¬de¬
Vit ⟨de Cortone⟩
Vitus ⟨Cortonensis⟩

Vitus ⟨Huendler⟩
→ **Hündler, Veit**

Vivae, Lucas
→ **Lucas ⟨Vivae⟩**

Vivaldinus
um 1326 · OP
Litterae confraternitatis Societati b. Mariae Virginis ecclesiae OP de Utino; Identität mit Vivaldinus ⟨de Padua⟩ und Vivaldinus ⟨de Mantua⟩ umstritten
Kaeppeli,IV,479
Vivaldinus ⟨de Mantua⟩
Vivaldinus ⟨de Padua⟩
Vivaldinus ⟨Prior Provincialis⟩
Vivaldinus ⟨Provinciae Lombardiae Inferioris⟩

Vivar, Rodrigo Diaz ¬de¬
→ **Cid, ¬El¬**

Vivaria, Guilelmus ¬de¬
→ **Guilelmus ⟨de Vivaria⟩**

Vivendus
7. Jh.
Suggestiones Sesuldi, Sunilas, Johannis, Vivendi, Ermegildis
Cpl 1790

Vivent ⟨Hagiographe⟩
→ **Viventius ⟨Episcopus⟩**

Viventiolus ⟨Lugdunensis⟩
um 520/537
Epistula ad episcopos provinciae Lugdunensis; Epistula ad Avitum episcopum Viennensem
Cpl 993;1068; DOC,2,1794
Viventiole ⟨de Lyon⟩
Viventiole ⟨de Saint-Oyand⟩
Viventiole ⟨Ecolâtre⟩
Viventiole ⟨Evêque⟩
Viventiolo ⟨di Lyon⟩
Viventiolo ⟨Vescovo⟩
Viventiolus ⟨Bischof⟩
Viventiolus ⟨Bishop⟩
Viventiolus ⟨Episcopus⟩
Viventiolus ⟨of Lyons⟩
Viventiolus ⟨Saint⟩
Viventiolus ⟨von Lion⟩
Viventiolus ⟨von Lyon⟩
Viventiolus ⟨von Saint-Oyand⟩
Viventius ⟨of Lyons⟩
Viventius ⟨Saint⟩

Viventius ⟨Episcopus⟩
um 549
Mitverfasser der Vita Sancti Caesarii des Cyprianus ⟨Telonensis⟩
Cpl 1018; Potth. 1100
Episcopus Viventius
Vivent ⟨Evêque⟩
Vivent ⟨Hagiographe⟩

Viventius ⟨Saint⟩
→ **Viventiolus ⟨Lugdunensis⟩**

Vives, Guilelmus
→ **Guilelmus ⟨Vives⟩**

Viviano ⟨Cirocchi⟩
→ **Cirocchi, Viviano**

Vivianus ⟨Canonicus⟩
→ **Vivianus ⟨Praemonstratensis⟩**

Vivianus ⟨Cirocchus⟩
→ **Cirocchi, Viviano**

Vivianus ⟨Praemonstratensis⟩
gest. ca. 1138 · OPraem
CSGL
Vivianus ⟨Canonicus⟩
Vivien ⟨de Prémontré⟩

Vivianus ⟨Tuscus⟩
13. Jh.
Casus Digesti veteris; Infortiati Codicis
LMA,VIII,1784
Tuscus, Vivianus

Vivien ⟨de Prémontré⟩
→ **Vivianus ⟨Praemonstratensis⟩**

Vladimir ⟨Kiew, Großfürst, II.⟩
→ **Vladimir Vsevolodovič ⟨Monomach⟩**

Vladimir ⟨Monomachus⟩
→ **Vladimir Vsevolodovič ⟨Monomach⟩**

Vladimir, Paulus
1370 – 1434
LMA,VIII,1803
Paul ⟨de Cracovie⟩
Paul ⟨Wladimiri⟩
Paul ⟨Wlodkowic⟩
Paulus ⟨de Cracovia⟩
Paulus ⟨Vladimir⟩
Paulus ⟨Vladimiri⟩
Paulus ⟨Volademirus⟩
Paulus ⟨Wladimir⟩
Paulus ⟨Wladimiri⟩
Paulus ⟨Wlodkowic⟩
Vladimiri, Paulus

Vladimir Vsevolodovič ⟨Monomach⟩
1035 – 1125
Meyer; LMA,VIII,1794/95
Monomach, Vladimir Vsevolodič
Vladimir ⟨Kiev, Grand Duke, II.⟩
Vladimir ⟨Kiev, Velikij Knjaz', II.⟩
Vladimir ⟨Kiew, Großfürst, II.⟩
Vladimir ⟨Monomach⟩
Vladimir ⟨Monomachus⟩
Vladimir ⟨Monomakh⟩
Vladimir Vsevolodovich ⟨Monomach⟩
Vladimir Vsevolodovitch ⟨Monomakh⟩
Vladimir-Vasilij Vsevolodovič ⟨Kiew, Großfürst, II.⟩
Volodymyr ⟨Monomach⟩
Volodymyr-Vasylij Vsevolodovyč
Wladimir Wsewolodowitsch ⟨Monomach⟩

Vladimiri, Paulus
→ **Vladimir, Paulus**

Vladimirskij, Simon
→ **Simon ⟨Vladimirskij⟩**

Vladimir-Vasilij Vsevolodovič ⟨Kiew, Großfürst, II.⟩
→ **Vladimir Vsevolodovič ⟨Monomach⟩**

Vladislaus ⟨Bohemia et Hungaria, Rex, II.⟩
→ **László ⟨Magyarország, Király, II.⟩**

Vladislav ⟨der Gelehrte⟩
→ **Vladislav ⟨Gramatik⟩**

Vladislav ⟨Gramatik⟩
ca. 1425 – ca. 1500
Rilaer Legende
Enc. Bălg.; LMA,VIII,1806
Gramatik, Vladislav
Vladislav ⟨der Gelehrte⟩
Vladislav ⟨Grammatik⟩
Vladislav ⟨Grammatiker⟩
Wladislaw ⟨der Grammatiker⟩

Vlastares, Matthaios
→ **Matthaeus ⟨Blastares⟩**

Vliederhoven, Gerardus ¬de¬
→ **Gerardus ⟨de Vliederhoven⟩**

Vochenberg, Johannes Tallat ¬von¬
→ **Tallat, Johannes**

Vockenbecke, Johannes ¬de¬
→ **Johannes ⟨de Vockenbecke⟩**

Vodňany, Iohlinus ¬de¬
→ **Iohlinus ⟨de Vodňany⟩**

Völkermarkt, Udalricus ¬de¬
→ **Udalricus ⟨de Völkermarkt⟩**

Voerda, Nicasius ¬de¬
ca. 1440 – 1492
Super Sententias libr. IV; Sermones; Lectura trium arborum
Nicaise ⟨van Voerden⟩
Nicasius ⟨Brabantinus⟩
Nicasius ⟨de Voerd⟩
Nicasius ⟨de Voerda⟩
Nicasius ⟨Mabliniensis⟩
Nicasius ⟨von Voerda⟩
Nicasius ⟨Vordanus⟩
Voerd, Nicasius ¬de¬
Voerden, Nicaise ¬van¬
Woerda, Nicasius ¬de¬

Vogelsang, Konrad
um 1436/47
Erfinder des Goldenen Tons mit Strophe von 30 Versen (verwendet für religiöse Lieder)
VL(2),10,487
Konrad ⟨Vogelsang⟩
Kunz ⟨Vogelsang⟩
Vogelsang, Kunz

Vogelweide, Walter ¬von der¬
→ **Walther ⟨von der Vogelweide⟩**

Vogler, Heinrich ¬der¬
→ **Heinrich ⟨der Vogler⟩**

Vogolon, Johannes
→ **Johannes ⟨Vogolon⟩**

Vogt de Weitra, Erhardus
→ **Erhardus ⟨Vogt de Weitra⟩**

Voisins, Philippe ¬de¬
→ **Philippe ⟨de Voisins⟩**

Vojtěch ⟨Rankuv z Ježova⟩
→ **Adalbertus ⟨Ranconis de Ericinio⟩**

Vojtěch ⟨von Prag⟩
→ **Adalbertus ⟨Pragensis⟩**

Vojtěch, Adalbert
→ **Adalbertus ⟨Pragensis⟩**

Volchero ⟨Patriarca⟩
→ **Wolfgerus ⟨Ellenbrechtskirchensis⟩**

Volckerstorff, Engelbert ¬von¬
→ **Engelbertus ⟨Admontensis⟩**

Volcmarus ⟨Campi Principum⟩
→ **Volcmarus ⟨Fürstenfeldensis⟩**

Volcmarus ⟨de Kemnat⟩
→ **Volkmar ⟨von Kemnat⟩**

Volcmarus ⟨Fürstenfeldensis⟩
gest. 1314 · OCist
Chronica de gestis principum a tempore Rudolfi regis usque ad tempora Ludovici imp. 1273-1326; Verfasserschaft des Volcmarus ⟨Fürstenfeldensis⟩ oder eines anonymen Monachus ⟨Fürstenfeldensis⟩ umstritten
Potth. 790; 1100
Monachus ⟨Fürstenfeldensis⟩
Volckmar ⟨Abt⟩
Volcmar ⟨Annaliste Bavarois⟩
Volcmar ⟨Cistercien⟩
Volcmar ⟨de Fürstenfeld⟩
Volcmarus ⟨Abbas Fürstenfeldensis⟩
Volcmarus ⟨Abbas Monasterii Furstenfeldensis⟩
Volcmarus ⟨Campi Principum⟩
Volcmarus ⟨Furstenfeldensis⟩
Volcmarus ⟨Monachus⟩
Volkmar ⟨von Fürstenfeld⟩
Volkmar ⟨zu Fürstenfeld⟩

Volcmarus ⟨Miles⟩
→ **Volkmar ⟨von Kemnat⟩**

Volcmarus ⟨Monachus⟩
→ **Volcmarus ⟨Fürstenfeldensis⟩**

Volcmarus ⟨Sapiens⟩
→ **Volkmar ⟨von Kemnat⟩**

Volcuinus ⟨Cisterciensis⟩
→ **Folcuinus ⟨Sichemensis⟩**

Volcuinus ⟨Sichemensis⟩
→ **Folcuinus ⟨Sichemensis⟩**

Volcz
→ **Pfalz ⟨von Straßburg⟩**

Voldner, Georg
→ **Falder-Pistoris, Georg**

Volgmar
→ **Volmar**

Volkmar ⟨der Weise⟩
→ **Volkmar ⟨von Kemnat⟩**

Volkmar ⟨von Fürstenfeld⟩
→ **Volcmarus ⟨Fürstenfeldensis⟩**

Volkmar ⟨von Kemnat⟩
ca. 1205 – ca. 1283
Kemnat, Volkmar ¬von¬
Volcmarus ⟨de Kemnat⟩
Volcmarus ⟨Miles⟩
Volcmarus ⟨Sapiens⟩
Volkmar ⟨der Weise⟩

Volkuin ⟨von Sittichenbach⟩
→ **Folcuinus ⟨Sichemensis⟩**

Volmar
um 1250
Von Edelsteinen (Reimdichtung; Frühwerk landessprachl. Lithotherapie); Steinbuch
LMA,VIII,1841; VL(2),10,497
Volemar
Volgmar
Volmar ⟨Lehrdichter⟩
Wolckman

Volmar ⟨OFM⟩
um 1391/1430 · OFM
Predigt: „Von den engeln"
VL(2),10,500
Volmar ⟨Barfuoze⟩
Volmar ⟨Bruder⟩
Volmar ⟨Bruoder⟩

Volmarus ⟨de Helden⟩
um 1457
Libellus de laudibus Virginis Mariae et eius generatione, super initium Matthaei
Stegmüller, Repert. bibl. 8314
Helden, Volmarus ¬de¬

Volodymyr ⟨Monomach⟩
→ **Vladimir Vsevolodovič ⟨Monomach⟩**

Volpertus ⟨Benedictinus⟩
14. Jh.
Liber miraculorum virginis Mariae (Carmen de miraculis B. Mariae virginis); Lima monachorum (asket. Gedicht über das Klosterleben); Pauper scolaris ; vielleicht identisch mit Vulpertus ⟨Pauper Scolaris⟩ und Vulpertus ⟨de Ahusa⟩
VL(2),10,501 ; LMA,VIII,1882
Volpertus
Vulpertus
Vulpertus ⟨de Ahusa⟩
Vulpertus ⟨Pauper Scolaris⟩
Wulpert ⟨Bénedictin⟩
Wulpert ⟨Poète Latin⟩
Wulpertus

Volquinus ⟨...⟩
→ **Folcuinus ⟨...⟩**

Volradi, Jacobus
15. Jh. · OCart
Bibliothekskatalog der Kartause Salvatorberg; Vita des Jakob von Paradies
VL(2),10,506
Folcradi, Jacobus
Folcradi de Itzsteyn, Jacobus
Jacobus ⟨Folcradi⟩
Jacobus ⟨Folcradi de Itzsteyn⟩
Jacobus ⟨Volradi⟩
Jakob ⟨Volradi⟩
Volradi, Jakob

Volrat
13. Jh.
Die alte Mutter (Märe)
VL(2),10,509
Volrat ⟨Poète Allemand⟩

Volrich ⟨...⟩
→ **Ulrich ⟨...⟩**

Volterra, Johannes ¬de¬
→ **Johannes ⟨Guallensis de Volterra⟩**

Volzan ⟨Meister⟩
14. Jh.
Sangspruchdichter
VL(2),10,512
Meister Volzan

VomNiederrhein, Werner
→ **Werner ⟨vom Niederrhein⟩**

VomStein, Marquard
→ **Marquart ⟨von Stein⟩**

Voragine, Jacobus ¬de¬
→ **Jacobus ⟨de Voragine⟩**

Vorillonius, Guilelmus
→ **Guilelmus ⟨de Valle Rouillonis⟩**

Vorster, Johannes
gest. 1444
Vulgata; Renner (eig. Bearb. des Werks Hugo von Trimbach); Summarium biblicum (Abschrift)
VL(2),10,537
Johannes ⟨Vorster⟩

Vos, Johannes
1363 – 1424 · CanAug
Epistola de vita et passione domini nostri Ihesu Christi; Sermo über die Anfänge der Devotio moderna
VL(2),10,538
Heusden, Johannes ¬van¬
Jean ⟨Goossens Vos⟩
Johannes ⟨Goswini van Heusden⟩
Johannes ⟨van Heusden⟩
Johannes ⟨Vos⟩
Johannes ⟨Vos de Heusden⟩
Johannes ⟨Vos van Heusden⟩
Vos, Jean Goossens
Vos, Johannes Goswini
Vos de Heusden, Johannes

Vostaert, Penninc
→ **Penninc**

Vostaert, Pieter
13. Jh.
„Roman van Walewein"
Pieter ⟨Vostaert⟩

Vottem, Guilelmus ¬de¬
→ **Guilelmus ⟨de Vottem⟩**

Voulgaris, Eugenios
→ **Eugenius ⟨Vulgarius⟩**

Vrain ⟨de Cavaillon⟩
→ **Veranus ⟨Cabellitanus⟩**

Vratislav ⟨Čechy, Král, I.⟩
1031 – 1092
LMA,VIII,1873/74
Vratislav ⟨Čechy, Kníže, II.⟩
Wratislaus ⟨Böhmen, Herzog, II.⟩
Wratislaus ⟨Böhmen, König, I.⟩
Wratislaus ⟨Polen, König⟩

Vrawinus ⟨Cracoviensis⟩
→ **Frowinus ⟨Cracoviensis⟩**

Vressenich, Guilelmus
um 1358 · OPraem
Vita B. Hermanni Josephi
Potth. 1101
Guilelmus ⟨Vressenich⟩
Guillaume ⟨de Steinfeld⟩
Guillaume ⟨Vressenich⟩
Vressenich, Guillaume

Vreudenlaere
→ **Freudenleere, ¬Der¬**

Vriberc, Arnoldus ¬de¬
→ **Arnoldus ⟨de Vriberc⟩**

Vrîdank
→ **Freidank**

Vrie, Theodoricus
ca. 1370 – ca. 1434 · OESA
De consolatione ecclesiae; Tractatus de conceptu Virginis
LThK; LMA,VIII,635
Dietrich ⟨de Vrie⟩
Dietrich ⟨Vrie⟩
Dietrich ⟨Vrye⟩
Theodorich ⟨Vrie⟩
Theodorich ⟨Vrye⟩
Theodoricus ⟨de Vrie⟩
Theodoricus ⟨Vrie⟩
Vrie ⟨Westphalus⟩
Vrie, Dietrich ¬de¬
Vrye, Dietrich
Vrye, Theodoricus

Vrimhart ⟨Öser⟩
→ **Irmhart ⟨Öser⟩**

Vriolsheimer, ¬Der¬
13. Jh.
Der Hasenbraten (Märe)
VL(2),10,547
Vriolsheimer ⟨Poète Allemand⟩

Vrowinus ⟨Sandecensis⟩
→ **Frowinus ⟨Cracoviensis⟩**

Vrye, Dietrich
→ **Vrie, Theodoricus**

Vrye, Theodoricus
→ **Vrie, Theodoricus**

Vseja Rusi, Gerontij
→ **Gerontij ⟨Vseja Rusi⟩**

Vualtherus ⟨...⟩
→ **Walterus ⟨...⟩**

Vulculdus ⟨Moguntinus⟩
um 1051/59
Vita Bardonis
Potth. 1101
Moguntinus, Vulculdus
Vulculde ⟨Chapelain à Mayence⟩
Vulculde ⟨de Mayence⟩
Vulculde ⟨Hagiographe⟩
Vulculdus
Vulculdus ⟨Capellanus⟩
Vulculdus ⟨Capellanus Liutpoldi Archiepiscopi Moguntini⟩

Vulfadus ⟨Bituricensis⟩
gest. 876
Epistola pastoralis ad parochos et parochianos suos
Potth. 1101; DOC,2,1794 ; PL 121,1136
Vulfade ⟨de Bourges⟩
Vulfade ⟨de Rebais⟩
Vulfade ⟨de Reims⟩
Vulfade ⟨de Saint-Médard à Soissons⟩
Vulfadus ⟨Bituricensis Episcopus⟩

Vulfinus ⟨Boetius⟩
→ **Wulfinus ⟨Boethius⟩**

Vulfinus ⟨Diensis⟩
um 800
Carmen de Marcello, episcopo Diensi
DOC,2,1795
Vulfinus ⟨Episcopus Diensis⟩
Wulfinus ⟨Diensis⟩

Vulfinus ⟨Pictaviensis⟩
→ **Wulfinus ⟨Boethius⟩**

Vulgarbia, Robertus ¬de¬
→ **Robertus ⟨de Vulgarbia⟩**

Vulgarius, Eugenius
→ **Eugenius ⟨Vulgarius⟩**

Vulgerius ⟨Magister⟩
um 1294
Versus in Bonifacium VIII papam (1294) et mores cleri.
Potth. 1101
Magister Vulgerius
Vulgerius ⟨Maître⟩

Vulgrinus ⟨Bituricensis⟩
gest. 1136
Epistolae in causa Innocentii II Rom. pont.
Potth. 1101; DOC,2,1795; PL 179,41
Vulgrin ⟨de Bourges⟩
Vulgrinus ⟨Biturigum Archiepiscopus⟩

Vulpertus
→ **Volpertus ⟨Benedictinus⟩**

Vulpes, Aeneas
→ **Aeneas ⟨Vulpes⟩**

Vyle, Henricus ¬de la¬
→ **Henricus ⟨de la Vyle⟩**

Vytautas ⟨Lietuva, Did-Kunigaikštis⟩
1350 – 1430
Codex epistolaris a. 1376-1430
Potth. 1100
Aleksandr ⟨Litva, Velikij Knjaz'⟩
Alexander ⟨Lithuania, Supremus Princeps⟩
Vitautas ⟨Velikij⟩
Vitoldus ⟨Lithuania, Magnus Dux⟩
Vitoldus ⟨Lithuania, Supremus Princeps⟩
Vitoldus ⟨Magnus Dux Lithuaniae⟩
Vitovt ⟨Litva, Velikij Knjaz'⟩
Vytautas ⟨Didysis⟩
Vytautas ⟨the Great⟩
Witold ⟨Litauen, Großfürst⟩
Witołd ⟨Litwa, Wielki Książę⟩
Witold Alexandre ⟨Lithuanie, Grand-Duc⟩
Witowt ⟨Litauen, Großfürst⟩

W. ⟨Anglicus⟩
13. Jh.
Summa super IV libro Meteororum
Lohr
Anglicus, W.
W. ⟨Magister⟩
W. ⟨Mathematicus⟩

W. ⟨de Twyty⟩
→ **Twici, William**

W. ⟨der Schulmeister⟩
→ **Walther ⟨von Breisach⟩**

W. ⟨Magister⟩
→ **W. ⟨Anglicus⟩**
→ **Willermus ⟨Magister⟩**

W. ⟨Mathematicus⟩
→ **W. ⟨Anglicus⟩**

W. ⟨Twity⟩
→ **Twici, William**

Wabern, Henricus ¬de¬
→ **Henricus ⟨de Wabern⟩**

Wace
ca. 1100 – 1174
Meyer; LMA,VIII,1887/88
Robert ⟨Wace⟩
Wace ⟨Maistre⟩
Wace, Robert

Wacfeld, Johannes ¬de¬
→ **Johannes ⟨de Wacfeld⟩**

Wachsmut ⟨von Künzingen⟩
gest. ca. 1260
Lieder; 9 Strophen in Heidelberger Liederhss. u. ä.
VL(2),10,555
Künsingen, Wachsmut ¬de¬
Künzich, Wachsmut ¬von¬
Künzingen, Wachsmut ¬von¬
Wachsmuot ⟨von Künzich⟩
Wachsmuot ⟨von Künzingen⟩
Wachsmut ⟨de Künsingen⟩
Wachsmut ⟨von Künzich⟩
Wahsmuot ⟨von Kunzich⟩

Wachsmut ⟨von Mühlhausen⟩
13. Jh.
Lieder; Minnekanzone
VL(2),10,557
Mühlhausen, Wachsmut ¬von¬
Mülnhausen, Wachsmuot ¬de¬
Wachsmuot ⟨von Mülnhausen⟩

Wacia, Paulus ¬de¬
→ **Pál ⟨Váci⟩**

Wackerzeele, Johannes ¬de¬
→ **Johannes ⟨de Wackerzeele⟩**

Waḍḍāh al-Yaman
gest. ca. 712
'Abdallāh Ibn-Ismā'īl Waḍḍāh al-Yaman
'Abd-ar-Raḥmān Ibn-Ismā'īl Waḍḍāh al-Yaman
Yaman, Waḍḍāh ¬al-¬

Waerferth ⟨von Worcester⟩
→ **Werferth ⟨of Worcester⟩**

Waes, Johannes
→ **Johannes ⟨de Wasia⟩**

Wafā' al-Iskandarī, Muḥammad Ibn-Muḥammad ¬al-¬
1302 – 1358
'Ārif Billāh Muḥammad Wafā' al-Kabīr
Iskandarī, al-Wafā' Muḥammad Ibn-Muḥammad ¬al-¬
Muḥammad Ibn-Muḥammad al-Wafā' al-Iskandarī
Wafā al-Kabīr, Muḥammad
Wafā' al-Kabīr, al-'Ārif Billāh Muḥammad

Wafā' al-Kabīr, al-'Ārif Billāh Muḥammad
→ **Wafā' al-Iskandarī, Muḥammad Ibn-Muḥammad ¬al-¬**

Wafā al-Kabīr, Muḥammad
→ **Wafā' al-Iskandarī, Muḥammad Ibn-Muḥammad ¬al-¬**

Wāfid al-Laḫmī
→ **Ibn-Wāfid, 'Abd-ar-Raḥmān Ibn-Muḥammad**

Waging, Bernardus ¬de¬
→ **Bernardus ⟨de Waging⟩**

Wagner, Johannes
um 1440
Geistl. Kalender als Neujahrsgabe gewidmet
VL(2),10,569
Johannes ⟨Wagner⟩

Wagner, Konrad
gest. 1461
Erbauungstraktat: „Tractat was dem schawenden menschen zugehort"; Identität mit Conradus Wagner oder Mulner aus Nürnberg wahrscheinlich
VL(2),10,570
Conradus ⟨Mulner⟩
Conradus ⟨Wagner⟩
Konrad ⟨Wagner⟩
Mulner, Conradus
Wagner, Conradus

Wagner, Ulrich
gest. ca. 1489/90
Bamberger Rechenbuch von 1482
VL(2),10,572
Paur ⟨Herr⟩
Ulrich ⟨Wagner⟩

Wahb, 'Abd-Allāh B.
→ **'Abdallāh Ibn-Wahb**

Wāḥidī, Abu-'l-Ḥasan 'Alī Ibn-Aḥmad ¬al-¬
→ **Wāḥidī, 'Alī Ibn-Aḥmad ¬al-¬**

Wāḥidī, 'Alī Ibn-Aḥmad ¬al-¬
gest. 1075
'Alī Ibn-Aḥmad al-Wāḥidī
Wāḥidī, Abu-'l-Ḥasan 'Alī Ibn-Aḥmad ¬al-¬

Wahraus, Erhard
um 1409/45
Chronik 1126 - 1445 mit Nachträgen zum Jahr 1462
Potth. 1102; VL(2),10,574
Erhard ⟨Wahraus⟩
Erhard ⟨Warruss⟩
Erhard ⟨Waurrauss⟩
Warruss, Erhard
Waurrauss, Erhard

Wahsmuot ⟨von Kunzich⟩
→ **Wachsmut ⟨von Künzingen⟩**

Waifarius ⟨Casinensis⟩
→ **Guaiferius ⟨Salernitanus⟩**

Waiğan Ibn-Rustam Abū-Sahl al-Kūhī
→ **Abū-Sahl al-Kūhī, Waiğan Ibn-Rustam**

Wā'iẓ al-Makkī, Muḥammad Ibn-'Alī ¬al-¬
→ **Abū-Ṭālib al-Makkī, Muḥammad Ibn-Alī**

Wakedius
→ **Wāqidī, Muḥammad Ibn-'Umar ¬al-¬**

Wakī' Ibn-al-Ğarrāḥ
746 – 812
Ibn-al-Ğarrāḥ, Wakī'
Ibn-al-Ğarrāḥ Wakī'

Wakideus, Abou A.
→ **Wāqidī, Muḥammad Ibn-'Umar ¬al-¬**

Wakidi, Muhammad Ibn Umar ¬al¬
→ **Wāqidī, Muḥammad Ibn-'Umar ¬al-¬**

Wakidy, Aboo 'Abd-Ollah Mohammad Bin-Omar ¬al-¬
→ **Wāqidī, Muḥammad Ibn-'Umar ¬al-¬**

Wal, Johan
um 1433/34
Rechnungsbuch über seine Reise nach Basel und Ulm
Potth. 1101
Jean ⟨Wal⟩
Johan ⟨Wal⟩
Wal, Jean

Walad, Bahā'-ad-Dīn Muḥammad
→ **Sulṭān Veled**

Walafried ⟨von Reichenau⟩
→ **Walahfridus ⟨Strabo⟩**

Walahfridus ⟨Strabo⟩
808 – 849 · OSB
De cultura hortorum
Tusculum-Lexikon; LThK; Potth.; LMA,VIII,1937/38
Strabo ⟨Gallus⟩
Strabo, Walafridus
Strabo, Walahfrid
Strabo, Walahfridus
Strabus ⟨Gallus⟩
Strabus ⟨Walafridus⟩
Strabus, Walafridus
Valafrido ⟨Strabone⟩
Walafrid ⟨Strabon⟩
Walafrid ⟨Strabus⟩
Walafridus ⟨Strabo⟩
Walafried ⟨Strabo⟩
Walafried ⟨von Reichenau⟩
Walahfrid ⟨Strabo⟩

Walahfrid ⟨von der Reichenau⟩
Walahfried ⟨Strabo⟩

Walays, Guillaume
→ **Wallace, William**

Walbeck ⟨of Merseburg⟩
→ **Thietmarus ⟨Merseburgensis⟩**

Walbert ⟨von Luxeuil⟩
→ **Waldebertus ⟨Luxoviensis⟩**

Walbertus ⟨Marchianensis⟩
→ **Galbertus ⟨Marchienensis⟩**

Walburga ⟨von Heidenheim⟩
→ **Walpurga ⟨Sancta⟩**

Walch, Sigismund
→ **Gotzkircher, Sigismund**

Walcher ⟨von Malvern⟩
gest. 1135
Vollmondtafeln; Drachentraktat (Werk zur Datumspunktberechnung)
LMA,VIII,1940
Malvern, Walcher ¬von¬

Walcherus ⟨Cameracensis⟩
um 1095/1101
Forts. der Gesta episcoporum Cameracensium (= Gesta Manassis et Walcheri excerpta 1092-1094)
Potth. 514; 1104
Gaucher ⟨de Cambrai⟩

Walczhaym, Andreas ¬de¬
→ **Andreas ⟨Wall de Walczhaym⟩**

Waldau, Hieronymus
1427 – 1495
1 Brief an den Rat der Stadt Danzig; persönliche und historische Aufzeichnungen in Familiares epistole ad diversos
VL(2),10,606
Hieronymus ⟨Waldau⟩

Waldebertus ⟨Luxoviensis⟩
um 629/679 · OSB
Regula cuiusdem Patris ad virgines
Cpl 1863; DOC,2,1798/99
Gaubert ⟨von Luxeuil⟩
Gualdebertus ⟨Luxovicensis⟩
Gualdebertus ⟨Luxoviensis⟩
Walbert ⟨de Luxeuil⟩
Walbert ⟨Saint⟩
Walbert ⟨von Luxeuil⟩
Waldebert ⟨Saint⟩
Waldebert ⟨von Luxeuil⟩
Waldebertus ⟨Abbas⟩
Waldebertus ⟨Sanctus⟩

Waldeby, Johannes ¬de¬
→ **Johannes ⟨de Waldeby⟩**

Waldeck, Diepold ¬von¬
→ **Diepold ⟨von Waldeck⟩**

Waldemar ⟨Dänemark, König, ...⟩
→ **Valdemar ⟨Danmark, Konge, ...⟩**

Waldemar ⟨der Große⟩
→ **Valdemar ⟨Danmark, Konge, I.⟩**

Waldemar ⟨der Sieger⟩
→ **Valdemar ⟨Danmark, Konge, II.⟩**

Walden ⟨Bénédictin⟩
→ **Waldenus ⟨Scotus⟩**

Walden ⟨de Saint-Germain-des Prés⟩
→ **Waldenus ⟨Scotus⟩**

Walden, Thomas ¬de¬
→ **Netter, Thomas**

Waldenus ⟨Mailrosensis⟩
→ **Wallenus ⟨Scotus⟩**

Waldenus ⟨Sancti Germani⟩
→ **Waldenus ⟨Scotus⟩**

Waldenus ⟨Scotus⟩
um 1394 · OSB
XII Proph.
Stegmüller, Repert. bibl. 8332
Scotus, Waldenus
Walden ⟨Bénédictin⟩
Walden ⟨Bénédictin à Saint-Germain-des-Prés⟩
Walden ⟨de Saint-Germain-des-Prés⟩
Waldenus ⟨Monachus⟩
Waldenus ⟨Sancti Germani⟩

Walder, Georg
→ **Falder-Pistoris, Georg**

Waldhausen, Konrad ¬von¬
ca. 1326 – 1369 · OESA
Commentarius in Valerium Maximum
VL(2); Meyer; LMA,V,1366
Conrad ⟨von Waldhausen⟩
Conrad ⟨Waldhauser⟩
Conradus ⟨de Waldhausen⟩
Conradus ⟨Pragensis⟩
Konrad ⟨von Waldhausen⟩
Konrad ⟨Waldhauser⟩
Waldhausen, Conradus ¬de¬
Waldhauser, Conrad
Waldhauser, Konrad ¬von¬

Waldheim, Hans ¬von¬
→ **Hans ⟨von Waltheym⟩**

Waldirstet, Helwig ¬von¬
→ **Helwig ⟨von Waldirstet⟩**

Waldkirchen, Albertus ¬de¬
→ **Albertus ⟨de Waldkirchen⟩**

Waldo ⟨Corbeiensis⟩
um 1060
Vita Anscarii metrica
DOC,2,1799
Gualdo ⟨Corbeiensis⟩
Gualdo ⟨Monachus Corbeiae Veteris⟩
Gualdo ⟨Monachus Corbeiensis⟩
Waldo ⟨Corbeiae Veteris⟩
Waldo ⟨Monachus Corbeiae Veteris⟩
Waldon ⟨de Corbie⟩

Waldo, Bertichramnus
→ **Bertichramnus ⟨Cenomanensis⟩**

Waldon ⟨de Corbie⟩
→ **Waldo ⟨Corbeiensis⟩**

Waldpach, Nicolaus ¬de¬
→ **Nicolaus ⟨Trewnia de Waldpach⟩**

Waldrammus ⟨Sangallensis⟩
um 906/925 · OSB
Carmina; Versio Psalmorum in linguam vernaculam
DOC,2,1799; Stegmüller, Repert. bibl. 8334;8335; VL(2),10,614
Sancti Galli, Waldrammus
Waldram ⟨Bénédictin⟩
Waldram ⟨de Saint-Gall⟩
Waldram ⟨von Sankt Gallen⟩
Waldrammus ⟨Moine de Saint-Gall⟩
Waldrammus ⟨Monachus Sangallensis⟩
Waldrammus ⟨Sancti Galli⟩
Waldramnus ⟨de Sankt Gallen⟩
Waldramus ⟨de Sankt Gallen⟩
Waldrannus ⟨Sancti Galli⟩
Walram ⟨Bénédictin⟩
Walram ⟨de Saint-Gall⟩
Walranus ⟨de Sankt Gallen⟩
Walthram ⟨von Sankt Gallen⟩
Waltram ⟨von Sankt Gallen⟩

Waldramnus ⟨de Merseburg⟩
→ **Willeramus ⟨Eberspergensis⟩**

Waldramnus ⟨de Sankt Gallen⟩
→ **Waldrammus ⟨Sangallensis⟩**

Waldsassen, Otto ¬von¬
→ **Otto ⟨von Waldsassen⟩**

Waldus ⟨de Lucca⟩
→ **Ubaldus ⟨de Lucca⟩**

Waleramnus ⟨Naumburgensis⟩
→ **Walramus ⟨Naumburgensis⟩**

Waleran ⟨de Wavrin⟩
→ **Wavrin, Waleran ¬de¬**

Waleys, John
→ **Johannes ⟨Guallensis⟩**

Waleys, Thomas
→ **Thomas ⟨Wallensis⟩**

Wāliba Ibn-Ḥubāb
gest. ca. 786
Ibn-Ḥubāb, Wāliba

Walīd Ibn-ʿUbaid al-Buḥturī
→ **Buḥturī, al-Walīd Ibn-ʿUbaid ¬al-¬**

Walingforda, Johannes ¬de¬
→ **Johannes ⟨de Walingforda⟩**

Walingforde, Guilelmus
gest. ca. 1488 · OSB
Registrum 1476-1488
Potth. 1106
Guilelmus ⟨Walingforde⟩
Guilelmus ⟨Walyngford⟩
Guillaume ⟨Wallingford⟩
Wallingford, Guillaume
Wallingford, William
Walyngford, Guilelmus
William ⟨Wallingford⟩

Wall de Walczhaym, Andreas
→ **Andreas ⟨Wall de Walczhaym⟩**

Wallace, William
gest. 1305
The Actis and Deidis of Schir William Wallace
LMA,VIII,1979/80
Guglielmo ⟨Vallace⟩
Guilelmus ⟨Vallae⟩
Guillaume ⟨Walays⟩
Guillaume ⟨Wallace⟩
Guillaume ⟨Wallensis⟩
Vallace, Guglielmo
Walays, Guillaume
Wallace, Guillaume
William ⟨Wallace⟩

Wallād, Aḥmad Ibn-Muḥammad Ibn-
→ **Ibn-Wallād, Aḥmad Ibn-Muḥammad**

Wallāda
→ **Wallāda Bint-Mustakfī Billāh**

Wallāda Bint-Mustakfī Billāh
um 1020/30
Wallāda

Walldorf, Burchard ¬von¬
→ **Burchard ⟨von Walldorf⟩**

Walleis, Thomas ¬de¬
→ **Thomas ⟨Wallensis⟩**

Wallendorffer, Virgilius
→ **Wellendorffer, Virgilius**

Wallentinnes, Henri ¬de¬
→ **Henri ⟨de Valenciennes⟩**

Wallenus ⟨Melrosensis⟩
→ **Wallenus ⟨Scotus⟩**

Wallenus ⟨Scotus⟩
gest. ca. 1160 · OCist
Gen.
Stegmüller, Repert. bibl. 8336
Scotus, Wallenus
Waldenus ⟨Abbas⟩
Waldenus ⟨Mailrosensis⟩
Wallenus ⟨Abbas⟩
Wallenus ⟨Melrosensis⟩
Walthen ⟨Abbé⟩
Walthen ⟨Cistercien⟩
Walthen ⟨de Melrose⟩
Walthen ⟨Scotus⟩
Walthenus ⟨Abbas⟩
Walthenus ⟨Mailrosensis⟩

Walleys, Thomas
→ **Thomas ⟨Wallensis⟩**

Wallingford, Johannes ¬de¬
→ **Johannes ⟨de Walingforda⟩**

Wallingford, William
→ **Walingforde, Guilelmus**

Wallingfordus, Richardus
→ **Richardus ⟨Wallingfordus⟩**

Walloncappelle, Audomarus ¬a¬
→ **Petrus ⟨de Sancto Audemaro⟩**

Wallsee, Petrus ¬de¬
→ **Petrus ⟨Schad de Wallsee⟩**

Wallsee, Sebaldus ¬de¬
→ **Sebaldus ⟨Messner de Wallsee⟩**

Walma, Gualterus ¬de¬
→ **Gualterus ⟨de Walma⟩**

Walo ⟨Aeduorum Episcopus⟩
→ **Walo ⟨Episcopus⟩**

Walo ⟨de Sancto Arnulfo⟩
um 1073
Epistulae 7
Potth. 1104
Walo ⟨Abbas Sancti Arnulfi Mettensis⟩
Walo ⟨Abt⟩
Walo ⟨von Metz⟩
Walo ⟨von Sankt Arnulf⟩
Walone ⟨di Sant'Arnolfo⟩

Walo ⟨Episcopus⟩
um 918
Testamentum a. 918
Potth. 1104
Episcopus Walo
Walo ⟨Aeduorum Episcopus⟩

Walo ⟨von Metz⟩
→ **Walo ⟨de Sancto Arnulfo⟩**

Walpurga ⟨Sancta⟩
ca. 710 – ca. 779 · OSB
LThK; LMA,VIII,1939/40
Sancta Walpurga
Walburg ⟨Heilige⟩
Walburg ⟨Saint⟩
Walburga ⟨Heidenheimensis⟩
Walburga ⟨Heilige⟩
Walburga ⟨Saint⟩
Walburga ⟨von Heidenheim⟩
Walburge ⟨d'Heidenheim⟩
Walburge ⟨Sainte⟩
Waldburga ⟨Heilige⟩
Waldburga ⟨Saint⟩
Walpurga ⟨Abatissa⟩
Walpurga ⟨Heidenheimensis⟩
Walpurga ⟨Heilige⟩
Walpurga ⟨Saint⟩
Walpurgis ⟨Heilige⟩
Walpurgis ⟨Saint⟩

Walrabanus ⟨Naumburgensis⟩
→ **Walramus ⟨Naumburgensis⟩**

Walram ⟨Bénédictin⟩
→ **Waldrammus ⟨Sangallensis⟩**

Walram ⟨de Mersebourg⟩
→ **Willeramus ⟨Eberspergensis⟩**

Walram ⟨de Naumburg⟩
→ **Walramus ⟨Naumburgensis⟩**

Walram ⟨de Saint-Gall⟩
→ **Waldrammus ⟨Sangallensis⟩**

Walram ⟨de Schwarzenberg⟩
→ **Walramus ⟨Naumburgensis⟩**

Walram ⟨von Naumburg⟩
→ **Walramus ⟨Naumburgensis⟩**

Walram ⟨von Schwarzenberg⟩
→ **Walramus ⟨Naumburgensis⟩**

Walram ⟨von Siegburg⟩
→ **Walramus ⟨de Siegburg⟩**

Walramus ⟨de Merseburg⟩
→ **Willeramus ⟨Eberspergensis⟩**

Walramus ⟨de Siegburg⟩
um 1435/43 · OFM
Sammlung der für die Promotion zum Doktor der Theologie geforderten Redeakte
VL(2),10,625
Siegburg, Walramus ¬de¬
Walram ⟨von Siegburg⟩

Walramus ⟨Naumburgensis⟩
gest. 1111
Epistula ad Ludovicum Thuringiae landgravium; Tractatus de investitura (Verfasserschaft nicht gesichert); De unitate ecclesiae conservandae; Vita et miracula S. Leonardi
Potth. 1104; VL(2),10,623
Gualeramus ⟨Naumburgensis⟩
Waleramnus ⟨Naumburgensis⟩
Waleranus ⟨Naumburgensis⟩
Walrabanus ⟨Naumburgensis⟩
Walram ⟨Bischof⟩
Walram ⟨de Naumburg⟩
Walram ⟨de Schwarzenberg⟩
Walram ⟨Evêque⟩
Walram ⟨von Naumburg⟩
Walram ⟨von Schwarzenberg⟩
Walramus ⟨Episcopus⟩
Walthramus ⟨Naumburgensis⟩
Waltramus ⟨Naumburgensis⟩
Waltramus ⟨Numburgensis⟩

Walranus ⟨de Sankt Gallen⟩
→ **Waldrammus ⟨Sangallensis⟩**

Walsham, Johannes ¬de¬
→ **Johannes ⟨de Walsham⟩**

Walsingham, Johannes
→ **Johannes ⟨Walsingham⟩**

Walsingham, Robertus
→ **Robertus ⟨Walsingham⟩**

Walsingham, Thomas ¬de¬
→ **Thomas ⟨de Walsingham⟩**

Walter ⟨Agilo⟩
→ **Gualterus ⟨Agulinus⟩**

Walter ⟨Bower⟩
→ **Gualterus ⟨Bowerus⟩**

Walter ⟨Brinkley⟩
→ **Richardus ⟨Brinkelius⟩**

Walter ⟨Britte⟩
→ **Britte, Gualterus**

Walter ⟨Bronescombe⟩
→ **Walterus ⟨Bronescombe⟩**

Walter ⟨Burleigh⟩ → **Burlaeus, Gualterus**

Walter ⟨Chatton⟩ → **Gualterus ⟨de Chatton⟩**

Walter ⟨d'Angleterre⟩ → **Gualterus ⟨Anglicus⟩**

Walter ⟨Daniel⟩ → **Gualterus ⟨Danielis⟩**

Walter ⟨de Agelon⟩ → **Gualterus ⟨Agulinus⟩**

Walter ⟨de Bibbesworth⟩ → **Gautier ⟨de Bibbesworth⟩**

Walter ⟨de Bronescombe⟩ → **Walterus ⟨Bronescombe⟩**

Walter ⟨de Burley⟩ → **Burlaeus, Gualterus**

Walter ⟨de Château Thierry⟩ → **Gualterus ⟨de Castro Theodorici⟩**

Walter ⟨de Henley⟩ → **Gautier ⟨d'Henley⟩**

Walter ⟨de Heston⟩ → **Gualterus ⟨Hestonius⟩**

Walter ⟨de Honnecourt⟩ → **Gualterus ⟨Hunocurtensis⟩**

Walter ⟨de Jorz⟩ → **Gualterus ⟨Iorsius⟩**

Walter ⟨de Mapes⟩ → **Map, Walter**

Walter ⟨de Thérouanne⟩ → **Gualterus ⟨Tervanensis⟩**

Walter ⟨de Vernia⟩ → **Gualterus ⟨de Wervia⟩**

Walter ⟨d'Evesham⟩ → **Gualterus ⟨Odendunus⟩**

Walter ⟨d'Hemingford⟩ → **Gualterus ⟨Gisburnensis⟩**

Walter ⟨Ekkardi⟩ → **Ekhardi, Walther**

Walter ⟨Eveshamiae⟩ → **Gualterus ⟨Odendunus⟩**

Walter ⟨Hilton⟩
ca. 1330 – 1396
Scala perfectionis
LThK(2),X,948
Hilton, Walter
Hylton, Walter
Walter ⟨Hylton⟩

Walter ⟨Hunt⟩ → **Gualterus ⟨Huntus⟩**

Walter ⟨Joyce⟩ → **Gualterus ⟨Iorsius⟩**

Walter ⟨l'Anglais⟩ → **Gualterus ⟨Anglicus⟩**

Walter ⟨Map⟩ → **Map, Walter**

Walter ⟨Monachus⟩ → **Gualterus ⟨Odendunus⟩**

Walter ⟨Murner⟩ → **Gualterus ⟨Murner⟩**

Walter ⟨Odington⟩ → **Gualterus ⟨Odendunus⟩**

Walter ⟨of Biblesworth⟩ → **Gautier ⟨de Bibbesworth⟩**

Walter ⟨of Bruges⟩ → **Gualterus ⟨de Brugis⟩**

Walter ⟨of Châtillon⟩ → **Gualterus ⟨de Castellione⟩**

Walter ⟨of Chatton⟩ → **Gualterus ⟨de Chatton⟩**

Walter ⟨of Coventry⟩ → **Gualterus ⟨de Coventria⟩**

Walter ⟨of Dervy⟩ → **Gualterus ⟨Dervensis⟩**

Walter ⟨of England⟩ → **Gualterus ⟨Anglicus⟩**

Walter ⟨of Exeter⟩ → **Walterus ⟨Bronescombe⟩**

Walter ⟨of Guisborough⟩ → **Gualterus ⟨Gisburnensis⟩**

Walter ⟨of Hemingford⟩ → **Gualterus ⟨Gisburnensis⟩**

Walter ⟨of Henley⟩ → **Gautier ⟨d'Henley⟩**

Walter ⟨of Odington⟩ → **Gualterus ⟨Odendunus⟩**

Walter ⟨of Palermo⟩ → **Gualterus ⟨Anglicus⟩**

Walter ⟨of Swinbroke⟩ → **Galfredus ⟨le Baker⟩**

Walter ⟨the Englishman⟩ → **Gualterus ⟨Anglicus⟩**

Walter ⟨von Arras⟩ → **Gautier ⟨d'Arras⟩**

Walter ⟨von Breisach⟩ → **Walther ⟨von Breisach⟩**

Walter ⟨von Brügge⟩ → **Gualterus ⟨de Brugis⟩**

Walter ⟨von Castiglione⟩ → **Gualterus ⟨de Castellione⟩**

Walter ⟨von Catton⟩ → **Gualterus ⟨de Chatton⟩**

Walter ⟨von Châtillon⟩ → **Gualterus ⟨de Castellione⟩**

Walter ⟨von Compiègne⟩ → **Gualterus ⟨Compendiensis⟩**

Walter ⟨von Cornut⟩ → **Gualterus ⟨Cornutus⟩**

Walter ⟨von der Vogelweide⟩ → **Walther ⟨von der Vogelweide⟩**

Walter ⟨von Freiburg⟩ → **Walther ⟨von Breisach⟩**

Walter ⟨von Guisborough⟩ → **Gualterus ⟨Gisburnensis⟩**

Walter ⟨von Henley⟩ → **Gautier ⟨d'Henley⟩**

Walter ⟨von Honnecourt⟩ → **Gualterus ⟨Hunocurtensis⟩**

Walter ⟨von Klingen⟩
ca. 1215 – 1286
VL(2); Meyer
Klingen, Walter ¬von¬
Walther ⟨von Klingen⟩

Walter ⟨von Lille⟩ → **Gualterus ⟨de Castellione⟩**

Walter ⟨von Marmoutiers⟩ → **Gualterus ⟨Compendiensis⟩**

Walter ⟨von Metz⟩ → **Gautier ⟨de Metz⟩** → **Gossouin ⟨de Metz⟩**

Walter ⟨von Mortagne⟩ → **Gualterus ⟨de Mauritania⟩**

Walter ⟨von Munderkingen⟩ → **Gualterus ⟨Murner⟩**

Walter ⟨von Odington⟩ → **Gualterus ⟨Odendunus⟩**

Walter ⟨von Orléans⟩ → **Gualterus ⟨Aurelianensis⟩**

Walter ⟨von Poitiers⟩ → **Gualterus ⟨de Brugis⟩**

Walter ⟨von Rheinau⟩
um 1300
VL(2)
Gautier ⟨de Rheinau⟩
Rheinau, Walter ¬von¬

Walter ⟨von Rochefort⟩ → **Garnerius ⟨de Rupeforti⟩**

Walter ⟨von Sankt Viktor⟩ → **Gualterus ⟨de Sancto Victore⟩**

Walter ⟨von Sens⟩ → **Gualterus ⟨Cornutus⟩**

Walter ⟨von Speyer⟩ → **Gualterus ⟨Spirensis⟩**

Walter ⟨von Straßburg⟩ → **Gualterus ⟨Murner⟩**

Walterius ⟨...⟩ → **Walterus ⟨...⟩**

Walterus ⟨Agulinus⟩ → **Gualterus ⟨Agulinus⟩**

Walterus ⟨Anglicus⟩ → **Gualterus ⟨Anglicus⟩**

Walterus ⟨Archidiaconus⟩ → **Gualterus ⟨Tervanensis⟩**

Walterus ⟨Aurelianensis⟩ → **Gualterus ⟨Aurelianensis⟩**

Walterus ⟨Bowerus⟩ → **Gualterus ⟨Bowerus⟩**

Walterus ⟨Bronescombe⟩
ca. 1205 – 1280
Bronescombe, Walter
Bronescombe, Walterus
Bronscomb, Gautier
Gautier ⟨Bronscomb⟩
Walter ⟨Bronescombe⟩
Walter ⟨de Bronescombe⟩
Walter ⟨of Exeter⟩
Walterus ⟨Episcopus⟩

Walterus ⟨Brugensis⟩ → **Gualterus ⟨de Brugis⟩**

Walterus ⟨Cancellarius⟩ → **Gualterus ⟨Cancellarius⟩**

Walterus ⟨Canonicus Ecclesiae Beronensis⟩ → **Gualterus ⟨Murner⟩**

Walterus ⟨Coventrensis⟩ → **Gualterus ⟨de Coventria⟩**

Walterus ⟨Daniel⟩ → **Gualterus ⟨Danielis⟩**

Walterus ⟨de Argentina⟩ → **Gualterus ⟨Murner⟩**

Walterus ⟨de Clusa⟩ → **Gualterus ⟨de Clusa⟩**

Walterus ⟨de Coventria⟩ → **Gualterus ⟨de Coventria⟩**

Walterus ⟨de Gisburn⟩ → **Gualterus ⟨Gisburnensis⟩**

Walterus ⟨de Hemingburgh⟩ → **Gualterus ⟨Gisburnensis⟩**

Walterus ⟨de Muda⟩
um 1284 · OCist
Vita B. Torphimi
Potth. 1105
Gautier ⟨Beatae Mariae de Thosan⟩
Gautier ⟨de Muda⟩
Gautier ⟨de Muiden⟩
Gautier ⟨de Ter-Doest⟩
Muda, Walterus ¬de¬
Walterus ⟨de Moda⟩

Walterus ⟨de Mundrachingen⟩ → **Gualterus ⟨Murner⟩**

Walterus ⟨de Sancto Victore⟩ → **Gualterus ⟨de Sancto Victore⟩**

Walterus ⟨de Vogelweide⟩ → **Walther ⟨von der Vogelweide⟩**

Walterus ⟨de Whytleseye⟩ → **Gualterus ⟨de Witlesey⟩**

Walterus ⟨Dervensis⟩ → **Gualterus ⟨Dervensis⟩**

Walterus ⟨Emingforthensis⟩ → **Gualterus ⟨Gisburnensis⟩**

Walterus ⟨Episcopus⟩ → **Walterus ⟨Bronescombe⟩**

Walterus ⟨Gisburnensis⟩ → **Gualterus ⟨Gisburnensis⟩**

Walterus ⟨Hemengoburgus⟩ → **Gualterus ⟨Gisburnensis⟩**

Walterus ⟨Map⟩ → **Map, Walter**

Walterus ⟨Marchtelanensis⟩
gest. 1241
Historia monasterii Marchtelanensis
DOC,2,1799; Potth. 1106
Gautier ⟨de Marchthal⟩
Gautier ⟨Prévôt⟩
Waltherus ⟨Marchtelanensis⟩
Walterus ⟨Praepositus⟩

Walterus ⟨Medicus⟩ → **Gualterus ⟨Agulinus⟩**

Walterus ⟨Mundrachingensis⟩ → **Gualterus ⟨Murner⟩**

Walterus ⟨of Chalon-sur-Saône⟩ → **Gualterus ⟨Cabillonensis⟩**

Walterus ⟨of Orléans⟩ → **Gualterus ⟨Aurelianensis⟩**

Walterus ⟨Praepositus⟩ → **Walterus ⟨Marchtelanensis⟩**

Walterus ⟨Salernitanus⟩ → **Gualterus ⟨Agulinus⟩**

Walterus ⟨Scolasticus in Friburg⟩ → **Walther ⟨von Breisach⟩**

Walterus ⟨Senonensis⟩
gest. 923
Statuta
Potth. 1105; DOC,2,1799; HLF VI,188/89; PL 132,717
Gautier ⟨de Sens⟩
Gualterus ⟨Senonensis⟩
Walterus ⟨Senonensis Episcopus⟩

Walterus ⟨Spirensis⟩ → **Gualterus ⟨Spirensis⟩**

Walterus ⟨Tervanensis⟩ → **Gualterus ⟨Tervanensis⟩**

Waltham, Peter ¬of¬ → **Petrus ⟨Londoniensis⟩**

Walthen ⟨de Melrose⟩ → **Wallenus ⟨Scotus⟩**

Walthen ⟨Scotus⟩ → **Wallenus ⟨Scotus⟩**

Walthenus ⟨Mailrosensis⟩ → **Wallenus ⟨Scotus⟩**

Walther ⟨de Breisach⟩ → **Walther ⟨von Breisach⟩**

Walther ⟨Ekhardi⟩ → **Ekhardi, Walther**

Walther ⟨Meister⟩ → **Walther ⟨von Breisach⟩**

Walther ⟨Schenk von Limburg, I.⟩ → **Schenk ⟨von Limburg⟩**

Walther ⟨von Breisach⟩
13. Jh.
Tagelied
VL(2),10,639
Breisach, Walther ¬von¬
W. ⟨der Schulmeister⟩
Walter ⟨von Breisach⟩
Walter ⟨von Freiburg⟩
Walther ⟨de Breisach⟩
Walther ⟨Meister⟩
Walther ⟨von Breisath⟩
Walther ⟨von Freiburg⟩
Walther ⟨von Prisach⟩
Walther ⟨ze Vriburg⟩
Waltherus ⟨Scolasticus in Brisaco⟩
Walterus ⟨Scolasticus in Friburg⟩

Walther ⟨von der Vogelweide⟩
ca. 1170 – 1230
LThK; Meyer; LMA,VIII,2004/07
Vogelweide, Walter ¬von der¬
Vogelweide, Walter ¬von¬
Walter ⟨von der Vogelweide⟩
Walterus ⟨de Vogelweide⟩

Walther ⟨von Freiburg⟩ → **Walther ⟨von Breisach⟩**

Walther ⟨von Klingen⟩ → **Walter ⟨von Klingen⟩**

Walther ⟨von Lille⟩ → **Gualterus ⟨de Castellione⟩**

Walther ⟨von Limburg, I.⟩ → **Schenk ⟨von Limburg⟩**

Walther ⟨von Metze⟩ → **Gossouin ⟨de Metz⟩**

Walther ⟨von Prisach⟩ → **Walther ⟨von Breisach⟩**

Walther ⟨von Speyer⟩ → **Gualterus ⟨Spirensis⟩**

Walther ⟨ze Vriburg⟩ → **Walther ⟨von Breisach⟩**

Walther, Paul → **Waltherus, Paulus**

Waltherus ⟨...⟩ → **Walterus ⟨...⟩**

Waltherus, Paulus
15. Jh.
Itinerarium in terram sanctam
Paul ⟨Walther⟩
Paulus ⟨Guglingensis⟩
Paulus ⟨von Güglingen⟩
Paulus ⟨Waltherus⟩
Walther, Paul

Waltheym, Hans ¬von¬ → **Hans ⟨von Waltheym⟩**

Walthram ⟨von Sankt Gallen⟩ → **Waldrammus ⟨Sangallensis⟩**

Walthramus ⟨Naumburgensis⟩ → **Walramus ⟨Naumburgensis⟩**

Waltier ⟨...⟩ → **Gautier ⟨...⟩**

Walton, John
um 1400
Übersetzungen: Vegetius: De re militari; Boethius: De consolatione philosophiae
LMA,VIII,2007
Jean ⟨Walton⟩
John ⟨Walton⟩
Walton, Jean

Waltram → **Willeramus ⟨Ebersspergensis⟩**

Waltram ⟨von Sankt Gallen⟩ → **Waldrammus ⟨Sangallensis⟩**

Waltramus ⟨Naumburgensis⟩ → **Walramus ⟨Naumburgensis⟩**

Walyngford, Guilelmus → **Walingforde, Guilelmus**

Wamba ⟨Westgotenreich, König⟩
gest. 688
Inscriptio Toletana; In lecto regis
DOC,2,1799; LMA,VIII,2008
Guamba ⟨Rex Visigothorum⟩
Pseudo-Wamba

Wamba ⟨König der Visigoten⟩
Wamba ⟨Rex Gothorum⟩
Wamba ⟨Rex Visigothorum⟩
Wamba ⟨Roi des Wisigoths⟩

Wameshaft, Erhard
15. Jh.
Erhard ⟨Wameshaft⟩
Wameszhafft, Erhard

Wampen, Everhard ¬van¬
→ **Everhard ⟨van Wampen⟩**

Wan, Paul
→ **Paulus ⟨Wann⟩**

Wandalbertus ⟨Prumiensis⟩
813 – 870
Tusculum-Lexikon; LThK; LMA,VIII,2009
Vandelbert ⟨von Prüm⟩
Wandalbert ⟨of Prüm⟩
Wandalbert ⟨von Prüm⟩
Wandalbertus ⟨Diaconus⟩
Wandalbertus ⟨Monachus⟩

Wang, Anguo
um 1050
Chines. Schriftsteller
Wang, An-kuo

Wang, Baiyi
→ **Wang, E**

Wang, Chih-yüan
→ **Wang, Zhiyuan**

Wang, E
1190 – 1273
Wang, Baiyi
Wang, O
Wang, Pai-i

Wang, Hsüan-ho
→ **Wang, Xuanhe**

Wang, Lü
14. Jh.
Wang Lü

Wang, O
→ **Wang, E**

Wang, Pai-i
→ **Wang, E**

Wang, Shifu
um 1295/1307
Wang, Shih-fu

Wang, Wei
701 – 761
Wei, Wang

Wang, Xuanhe
7. Jh.
Taoist ; „San-dong-zhu-nang"
Wang, Hsüan-ho

Wang, Zhiyuan
geb. 1154
Bericht über die Verteidigung der Stadt Tê-An...
Wang, Chih-yüan
Wang Chih Yüan

Wang Chih Yüan
→ **Wang, Zhiyuan**

Wanga, Fridericus ¬de¬
→ **Fridericus ⟨de Wanga⟩**

Wanifletus, Johannes
→ **Johannes ⟨Wanifletus⟩**

Wann, Paulus
→ **Paulus ⟨Wann⟩**

Wanšarīsī, Aḥmad Ibn-Yaḥyā ¬al-¬
1430 – 1508
Aḥmad Ibn-Yaḥyā al-Wanšarīsī
Ibn-Yaḥyā, Aḥmad al-Wanšarīsī
Ibn-Yaḥyā al-Wanšarīsī, Aḥmad
Wansharīsī, Aḥmad Ibn Yaḥyā

Wansharīsī, Aḥmad Ibn Yaḥyā
→ **Wanšarīsī, Aḥmad Ibn-Yaḥyā ¬al-¬**

Waqidi, Aboo 'Abd-Allah Mohammad b. 'Omar ¬al-¬
→ **Wāqidī, Muḥammad Ibn-'Umar ¬al-¬**

Wāqidī, Muḥammad Ibn-'Umar ¬al-¬
747 – 823
Ibn-'Umar, Muḥammad al-Wāqidī
Ibn-'Umar al-Wāqidī, Muḥammad
Muḥammad Ibn-'Umar al-Wāqidī
Wakedius
Wakideus, Abou A.
Wakidi, Muhammad Ibn Umar ¬al¬
Wakidy, Aboo 'Abd-Ollah Mohammad Bin-Omar ¬al-¬
Waqidi, Aboo 'Abd-Allah Mohammad b. 'Omar ¬al-¬

Wara, Guilelmus ¬de¬
→ **Guilelmus ⟨de Wara⟩**

Waradschin, Jean ¬de¬
→ **Johannes ⟨Varadiensis⟩**

Warahamihira
→ **Varāhamihira**

Wardan ⟨Areweltsi⟩
→ **Vardan ⟨Arevelc'i⟩**

Wardan ⟨der Große⟩
→ **Vardan ⟨Arevelc'i⟩**

Wardo, Jean ¬de¬
→ **Johannes ⟨de Wardo⟩**

Ware, Robertus ¬de¬
→ **Robertus ⟨de Ware⟩**

Warentrappe, Albertus
→ **Albertus ⟨Varentrappe de Monasterio⟩**

Warǧalānī, Yaḥyā Ibn-Abī-Bakr ¬al-¬
gest. 1078
Abū-Zakarīyā Yaḥyā Ibn-Abī-Bakr
Ibn-Abī-Bakr, Yaḥyā al-Warǧalānī
Yaḥyā Ibn-Abī-Bakr al-Warǧalānī

Warimpotus
→ **Gariopontus**

Warinus ⟨Corbeiensis⟩
gest. 856 · OSB
Passio S. Viti (versus)
Potth. 1107; LMA,VIII,2046
Warin ⟨Abbé, V.⟩
Warin ⟨de Corvey⟩
Warin ⟨von Corvey⟩
Warinus ⟨Abbas Corbeiensis⟩

Warkworth, John
um 1473/98
Chronicle of the first 13 years of the reign of King Edward IV., 1461 - 1474
Potth. 1107
Jean ⟨Warkworth⟩
John ⟨Warkworth⟩
Warkworth, Jean

Warmann ⟨von Kyburg und Dillingen⟩
→ **Warmannus ⟨Augiensis⟩**

Warmannus ⟨Augiensis⟩
gest. ca. 1034/46
Vita S. Pirminii
Potth. 1107
Warmann ⟨de Constance⟩
Warmann ⟨de Kyburg⟩
Warmann ⟨de Reichenau⟩
Warmann ⟨von Costnitz⟩
Warmann ⟨von Kyburg und Dillingen⟩
Warmannus
Warmannus ⟨Constantiensis⟩
Warmannus ⟨Monachus Augiensis⟩

Warmannus ⟨Constantiensis⟩
→ **Warmannus ⟨Augiensis⟩**

Warnacarius
→ **Warnaharius ⟨Lingonensis⟩**

Warnae, Nicolaus
→ **Nicolaus ⟨Varnae⟩**

Warnaharius ⟨Lingonensis⟩
um 614
Epistula ad Ceraunium episcopum Parisiensem; Passio SS. Tergeminorum Speusippi, Eleusippi, Meleusippi; Passio S. Desiderii episcopi apud Lingonas
Potth. 1107; Cpl 1308 ff.; LMA,VIII,2051
Langres, Warnachar ¬von¬
Warnacarius
Warnachar ⟨von Langres⟩
Warnacharius ⟨Lingonensis⟩
Warnacharius ⟨Presbyter⟩
Warnahaire ⟨de Langres⟩
Warnahaire ⟨Hagiographe⟩
Warnaharius ⟨Presbyter Lingonensis⟩
Warnecarius

Warnant, Johannes ¬de¬
→ **Johannes ⟨de Warnant⟩**

Warnecarius
→ **Warnaharius ⟨Lingonensis⟩**

Warnefridus, Paulus
→ **Paulus ⟨Diaconus⟩**

Warner ⟨of Rouen⟩
→ **Garnerius ⟨de Sancto Audoeno⟩**

Warnerius ⟨Basiliensis⟩
12. Jh.
LThK; VL(2); LMA,VIII,2052
Guarnerius ⟨Basiliensis⟩
Warner ⟨von Basel⟩
Warnerius ⟨von Basel⟩
Warnier ⟨de Bâle⟩
Werner ⟨von Basel⟩

Warnerius ⟨Bononiensis⟩
→ **Irnerius ⟨Bononiensis⟩**

Warnerius ⟨de Rupeforti⟩
→ **Garnerius ⟨de Rupeforti⟩**

Warnerius ⟨von Basel⟩
→ **Warnerius ⟨Basiliensis⟩**

Warnerus ⟨de Botis⟩
→ **Wernerus ⟨de Botis⟩**

Warnerus ⟨de Verdinio⟩
14. Jh. · OP
Summa auctoritatum sanctorum et sacrae scripturae secundum ordinem alphabeti pro predicatione
Kaeppeli,IV,480
Garnier ⟨de Verdun-sur-Doubs⟩
Verdinio, Warnerus ¬de¬
Warnerus ⟨de Verdun-sur-Doubs⟩
Warnherus ⟨de Verdinio⟩
Warnier ⟨de Verdinio⟩
Warnier ⟨de Verdun⟩

Warnerus ⟨de Verdun-sur-Doubs⟩
→ **Warnerus ⟨de Verdinio⟩**

Warnfried
→ **Paulus ⟨Diaconus⟩**

Warnherus ⟨de Botis⟩
→ **Wernerus ⟨de Botis⟩**

Warnherus ⟨de Verdinio⟩
→ **Warnerus ⟨de Verdinio⟩**

Warnier ⟨de Bâle⟩
→ **Warnerius ⟨Basiliensis⟩**

Warnier ⟨de Verdun⟩
→ **Warnerus ⟨de Verdinio⟩**

Warnierus, Jacobus
→ **Jacobus ⟨Warnierus⟩**

Warrāq, Abū-'Īsā ¬al-¬
→ **Abū-'Īsā al-Warrāq**

Warrāq, Maḥmūd Ibn-Ḥasan ¬al-¬
gest. ca. 845
Ibn-Ḥasan, Maḥmūd al-Warrāq
Maḥmūd al-Warrāq
Maḥmūd Ibn-Ḥasan al-Warrāq

Warruss, Erhard
→ **Wahraus, Erhard**

Wartberg, Johannes ¬de¬
→ **Johannes ⟨de Wartberg⟩**

Wartberge, Hermannus ¬de¬
→ **Hermannus ⟨de Wartberge⟩**

Warte, Jakob ¬von¬
→ **Jakob ⟨von Warte⟩**

Waselin ⟨de Liège⟩
→ **Wazelinus ⟨Sancti Jacobi Leodiensis⟩**

Waselin ⟨de Moumale⟩
→ **Wazelinus ⟨Sancti Jacobi Leodiensis⟩**

Waselinus ⟨Momalius⟩
→ **Wazelinus ⟨Sancti Jacobi Leodiensis⟩**

Washshā', Muḥammad Ibn Aḥmad
→ **Waššā', Muḥammad Ibn-Aḥmad ¬al-¬**

Wasia, Johannes ¬de¬
→ **Johannes ⟨de Wasia⟩**

Wāṣil Ibn-'Aṭā
699 – 748/49
Ibn-'Aṭā, Wāṣil

Wasmodus ⟨de Homberg⟩
um 1392/1450
Commentarius super secundam partem psalterii; Ps. 1-150
Stegmüller, Repert. bibl. 8337
Homberg, Wasmodus ¬de¬
Wasmod ⟨de Homburg⟩
Wasmodus ⟨Lautgarnius de Homburg⟩
Wasmud ⟨de Homburg⟩

Waso ⟨von Lüttich⟩
→ **Wazo ⟨Leodiensis⟩**

Waššā', Muḥammad Ibn-Aḥmad ¬al-¬
gest. 936
Ibn-Aḥmad, Muḥammad al-Waššā'
Ibn-Aḥmad al-Waššā', Muḥammad
Muḥammad Ibn-Aḥmad al-Waššā'
Washshā', Muḥammad Ibn Aḥmad

Wasserburg, Thomas ¬von¬
→ **Thomas ⟨von Wasserburg⟩**

Wate, Johannes
→ **Johannes ⟨Vate⟩**

Watecumbe ⟨Anglicus⟩
um 1309 · OP
Sermo dom. III ⟨p. Pascha⟩ predic. Watecumbe; Identität mit Radulphus ⟨de Gatcumbe⟩ (OP) denkbar
Kaeppeli,IV,480/481
Anglicus, Watecumbe
Radulfus ⟨de Gatcumbe⟩
Ralph ⟨de Gatcumbe⟩
Watecumbe ⟨Praedicator⟩

Watenstedius, Busso
um 1460
Chronicon Mindense 780-1435
Potth. 1107
Busso ⟨de Minden⟩
Busso ⟨de Watenstädt⟩
Busso ⟨d'Hameln⟩
Busso ⟨Mindensis⟩
Busso ⟨Watensted⟩
Busso ⟨Watenstedius⟩
Watensted, Busso

Waterford, Geoffroy ¬de¬
→ **Geoffroy ⟨de Waterford⟩**

Waterlosius, Lambertus
→ **Lambertus ⟨Waterlosius⟩**

Watriquet ⟨Brassenel de Couvin⟩
→ **Watriquet ⟨de Couvin⟩**

Watriquet ⟨de Couvin⟩
13./14. Jh.
LMA,VIII,2078
Brassenel de Couvin, Watriquet
Brasseniex, Watriquet
Couvin, Watriquet ¬de¬
Watriquet ⟨Brassenel de Couvin⟩
Watriquet ⟨de Couvinz⟩

Watsjajana ⟨Mallanaga⟩
→ **Vātsyāyana**

Waṭwāṭ, Muḥammad Ibn-Ibrāhīm ¬al-¬
1235 – 1318
Ibn-Ibrāhīm, Muḥammad al-Waṭwāṭ
Ibn-Ibrāhīm al-Waṭwāṭ, Muḥammad
Muḥammad Ibn-Ibrāhīm al-Waṭwāṭ

Waṭwāṭ, Muḥammad Ibn-Muḥammad ¬al¬
→ **Waṭwāṭ, Rašīd-ad-Dīn**

Waṭwāṭ, Rašīd-ad-Dīn
1088 – 1177
Pers. islam. Theologe
Muḥammad Ibn-Muḥammad al-Waṭwāṭ, Rašīd-ad-Dīn
Abū-Bakr
Rašīd al-Waṭwāṭ, Abū-Bakr Muḥammad Ibn-Muḥammad ¬ar-¬
Rašīd Waṭwāṭ
Rašīd-ad-Dīn 'Abd-al-Ǵalīl Waṭwāṭ
Rašīd-ad-Dīn al-Waṭwāṭ, Muḥammad Ibn-Muḥammad
Rašīd-ad-Dīn Ibn-Muḥammad al-Waṭwāṭ
Rašīd-ad-Dīn Muḥammad al-'Umarī
Rašīd-ad-Dīn Waṭwāṭ
Reschideddin Watwat
Waṭwāṭ, Muḥammad Ibn-Muḥammad ¬al¬
Waṭwāṭ, Rašīd-ad-Dīn Ibn-Muḥammad ¬al-¬

Waṭwāṭ, Rašīd-ad-Dīn Ibn-Muḥammad ¬al-¬
→ **Waṭwāṭ, Rašīd-ad-Dīn**

Wauchier ⟨de Denain⟩
15. Jh.
Denain, Wauchier ¬de¬
Gaucher ⟨de Denain⟩
Gaucher ⟨de Dourdan⟩
Gauchier ⟨de Dondain⟩
Gauchier ⟨de Dordan⟩
Gauchier ⟨de Doudain⟩
Gauchier ⟨de Doulenz⟩
Gaucier ⟨de Donaing⟩
Gautier ⟨de Denet⟩
Gautier ⟨de Dons Dist⟩
Wauchier ⟨de Dordan⟩

Wauquelin, Jehan
→ **Jehan ⟨Wauquelin⟩**

Waurin, Jean ¬de¬
→ **Jean ⟨de Wavrin⟩**

Waurrauss, Erhard
→ **Wahraus, Erhard**

Wavrin, Jean ¬de¬
→ **Jean ⟨de Wavrin⟩**

Wavrin, Waleran ¬de¬
gest. ca. 1481
Denkschrift über den für 1464 vorgesehenen Kreuzzug
LMA,VIII,2081
Waleran ⟨de Wavrin⟩

Wawřinec ⟨z Březowé⟩
→ **Laurentius ⟨de Brezowa⟩**

Wawrzyniec ⟨z Raciborza⟩
→ **Laurentius ⟨de Ratibor⟩**

Waxald, Laurentius ¬de¬
→ **Laurentius ⟨de Vaxala⟩**

Wazelin ⟨von Lüttich⟩
→ **Wazelinus ⟨Sancti Jacobi Leodiensis⟩**
→ **Wazelinus ⟨Sancti Laurentii Leodiensis⟩**

Wazelinus ⟨Sancti Jacobi Leodiensis⟩
gest. 1149
Angebl. Verf. von „Epistulae ad Rambaldum Leodiensen"; wirkl. Verf. ist Wazelinus ⟨Sancti Laurentii Leodiensis⟩
Momalius ⟨Waselinus⟩
Sancti Jacobi, Wazelinus
Waselin ⟨de Liège⟩
Waselin ⟨de Liège, I.⟩
Waselin ⟨de Moumale⟩
Waselin ⟨de Saint-Jacques⟩
Waselin ⟨de Saint-Laurent⟩
Waselin ⟨de Saint-Laurent, I.⟩
Waselinus ⟨Momalius⟩
Wazelin ⟨von Lüttich⟩
Wazelin ⟨von Lüttich, I.⟩
Wazelinus ⟨Prior⟩

Wazelinus ⟨Sancti Laurentii Leodiensis⟩
gest. 1158 · OSB
De consensu evangelistarum; Epistula Wazelini, abbatis eccl. sancti Laurentii, qua ratione monachorum ordo praecellit odinem clericorum
Schönberger/Kible, Repertorium, 18989
Sancti Laurentii, Wazelinus
Waselinus ⟨Abbas⟩
Waselinus ⟨Abbas Sancti Laurentii⟩
Wazelin ⟨Abbé⟩
Wazelin ⟨de Liège⟩
Wazelin ⟨de Saint-Laurent⟩
Wazelin ⟨von Lüttich⟩
Wazelin ⟨von Lüttich, II.⟩
Wazelinus ⟨Abbas⟩
Wazelinus ⟨Abbas Ecclesiae Sancti Laurentii⟩
Wazelinus ⟨de Lüttich⟩
Wazelinus ⟨II.⟩

Wazīr, Muḥammad Ibn-Ibrāhīm ¬al-¬
1373 – 1436
Ibn-Ibrāhīm, Muḥammad al-Wazīr
Ibn-Ibrāhīm al-Wazīr, Muḥammad
Muḥammad Ibn-Ibrāhīm al-Wazīr
Ṣanʿānī, Muḥammad Ibn-Ibrāhīm ¬al-¬
Wazīr, Muḥammad Ibrāhīm ¬al-¬

Wazīr, Muḥammad Ibrāhīm ¬al-¬
→ **Wazīr, Muḥammad Ibn-Ibrāhīm ¬al-¬**

Wazīr al-Maġribī al-Ḥusain Ibn-ʿAlī
981 – 1027/1037
Ḥusain Ibn-ʿAlī al-Wazīr al-Maġribī
Ibn-ʿAlī, al-Ḥusain al-Wazīr al-Maġribī
Maġribī, al-Ḥusain Ibn-ʿAlī ¬al-¬

Wazlav ⟨Schaschek⟩
→ **Šašek z Bířkova, Václav**

Wazo ⟨Leodiensis⟩
980 – 1048
Epistulae; Tractatus de officio decani et praepositi; Vita Wazonis von Anselmus Leodiensis
Potth. 1107; LMA,VIII,2082
Guaso ⟨Capellanus Leodii⟩
Guaso ⟨Leodiensis⟩
Vazon ⟨de Liège⟩
Waso ⟨von Lüttich⟩
Wason ⟨Chancelier⟩
Wason ⟨de Liège⟩
Wason ⟨Ecolâtre⟩
Wason ⟨Evêque⟩
Wazo ⟨Capellanus Leodii⟩
Wazo ⟨Episcopus Leodiensis⟩
Wazo ⟨von Lüttich⟩

Wearba, Mosche Esrim
→ **Moše ⟨ʿEśrîm we-Arbaʿ⟩**

Weber, Veit
um 1476
Lieder aus dem burgundischen Krieg 1476
Potth. 1107
Guy ⟨Weber⟩
Veit ⟨Weber⟩
Weber, Guy

Wedekind
→ **Widukindus ⟨Corbeiensis⟩**

Wedel, Matthias
gest. 1465
Oratio pro parte ducum Stettinensium coram imperatore a. 1465
Potth. 1107
Matthias ⟨Wedel⟩

Wedoir ⟨de Saint-Richier⟩
um 1244 · OP
Fragmentum ex sermone quodam in festo Pentecostes
Kaeppeli,IV,481
Saint-Richier, Wedoir ¬de¬
Wedoir ⟨de Dan Richier⟩
Wedoir ⟨de Saint-Riquier⟩
Wedoir ⟨Picardus⟩
Wedorius

Wedorius
→ **Wedoir ⟨de Saint-Richier⟩**

Weerde, Jean ¬de¬
→ **Johannes ⟨de Wardo⟩**

Weert, Jan ¬de¬
gest. ca. 1362
Nieuwe Doctrinael; Disputacie van Rogiere ende van Janne
LMA,VIII,2090
Jan ⟨de Weert⟩
Jan ⟨de Weert van Jeper⟩
Jean ⟨de Weert⟩
Weert, Jean ¬de¬
Weert van Jeper, Jan ¬de¬

Weggun, Petrus
→ **Petrus ⟨Weggun⟩**

Wei, Wang
→ **Wang, Wei**

Weichardus ⟨de Polhaim⟩
gest. 1315
Chronicon Salisburg.
Potth. 933; 1107
Polhaim, Weichardus ¬de¬
Polheim, Weichard ¬de¬
Weichard ⟨de Polheim⟩
Weichard ⟨de Salzburg⟩
Weichardus ⟨Archiepiscopus Salisburgensis⟩
Weichardus ⟨Canonicus⟩

Weicker de Roemhilt, Johannes
→ **Johannes ⟨Weicker de Roemhilt⟩**

Weida, Marcus ¬von¬
→ **Marcus ⟨von Weida⟩**

Weidenbusch, Nikolaus
→ **Nicolaus ⟨de Saliceto⟩**

Weigel, Nicolaus
→ **Nicolaus ⟨Weigel⟩**

Weihenstephan, Maurus ¬von¬
→ **Maurus ⟨von Weihenstephan⟩**

Weil, Nicolaus ¬von¬
→ **Wyle, Niklas ¬von¬**

Weiler, Iodocus
gest. 1457
Quaestiones in V libros Ethicorum
Lohr; Stegmüller, Repert. bibl. 4122-4125; VL(2)
Iodocus ⟨de Heilbronn⟩
Iodocus ⟨de Heilbrunna⟩
Iodocus ⟨Weiler⟩
Iodocus ⟨Weiler Heilbrunnensis⟩
Jodocus ⟨de Heilbronn⟩
Jodocus ⟨von Heilbronn⟩
Jodocus ⟨Weiler⟩
Jodocus ⟨Weiler de Heilbronn⟩

Weilheim, Augustinus ¬de¬
→ **Augustinus ⟨Ayrmschmalz de Weilheim⟩**

Weilheim, Udalricus ¬de¬
→ **Udalricus ⟨de Weilheim⟩**

Weimarer Meister
→ **Meister des Tiermusterbuchs von Weimar**

Weinreich, Caspar
15. Jh.
Danziger Chronik 1461 - 1496
Potth. 1108
Caspar ⟨Weinreich⟩
Gaspar ⟨Weinreich⟩
Weinreich, Gaspar

Weinsberg, Konrad ¬von¬
→ **Konrad ⟨von Weinsberg⟩**

Weinsheim, Johannes ¬de¬
→ **Johannes ⟨de Weinsheim⟩**

Weise, Johannes ¬der¬
→ **Johannes ⟨der Weise⟩**

Weiss, Andreas
→ **Andreas ⟨Weiss⟩**

Weißenburg, Heinrich ¬von¬
→ **Vigilis, Heinrich**

Weißenburg, Hermann ¬von¬
→ **Hermann ⟨von Weißenburg⟩**

Weißenburg, Johannes ¬von¬
→ **Johannes ⟨von Weißenburg⟩**

Weißenburg, Konrad ¬von¬
→ **Konrad ⟨von Weißenburg⟩**

Weißenburg, Otfrid ¬von¬
→ **Otfrid ⟨von Weißenburg⟩**

Weißenburg, Richard ¬von¬
→ **Richard ⟨von Weißenburg⟩**

Weissensee, Burchardus ¬de¬
→ **Burchardus ⟨de Weissensee⟩**

Weißensee, Heinrich Hetzbold ¬von¬
→ **Hetzbold, Heinrich**

Weissenstein, Albertus ¬de¬
→ **Albertus ⟨de Albolapide⟩**

Weitmil, Benessius ¬de¬
→ **Benessius ⟨Krabice de Weitmühl⟩**

Weitra, Erhardus ¬de¬
→ **Erhardus ⟨Vogt de Weitra⟩**

Weizlan, Einwicus
→ **Einwicus ⟨Weizlan⟩**

Welf ⟨Spoleto, Herzog⟩
1115 – 1191
LMA,VIII,2146/47
Guelfe ⟨Bavière, Duc, VI.⟩
Guelfe ⟨Corse, Prince⟩
Guelfe ⟨Sardaigne, Prince⟩
Guelfe ⟨Spolète, Duc, VI.⟩
Guelfe ⟨Toscane, Marquis⟩
Guelff ⟨Bayern, Herzog⟩
Guelphe ⟨Bavière, Duc, VI.⟩
Guelphe ⟨Corse, Prince⟩
Guelphe ⟨Sardaigne, Prince⟩
Guelphe ⟨Spolète, Duc, VI.⟩
Guelphe ⟨Toscane, Marquis⟩
Welf ⟨Spoleto, Herzog, VI.⟩
Welf ⟨Tuszien, Markgraf⟩
Welf ⟨VI.⟩

Welle, Johannes
→ **Johannes ⟨Welle⟩**

Wellendarfer, Virgilius
→ **Wellendorffer, Virgilius**

Wellendorffer, Virgilius
um 1495
Trilogium de mirifico verbo intelligibili mentis et cordis; Moralogium; Heptalogium; etc.
Virgile ⟨de Salzbourg⟩
Virgile ⟨Wellendarfer⟩
Virgile ⟨Wellendarfer de Salzbourg⟩
Virgilius ⟨Salisburgensis⟩
Virgilius ⟨Saltzburgensis⟩
Virgilius ⟨Salzburgensis⟩
Virgilius ⟨Wallendorfer von Salzburg⟩
Virgilius ⟨Wellendörfer⟩
Wallendorfer, Virgilius
Wallendorffer, Virgilius
Wellendarfer, Virgile
Wellendarfer, Virgilius
Wellendarffer, Virgile
Wellendarffer, Virgilius
Wellendorfer, Virgilius
Wellendörfer, Virgilius
Wellendorffer, Vergilius

Wellens, Petrus
→ **Petrus ⟨Wellens⟩**

Wellensis Canonicus
→ **Canonicus ⟨Wellensis⟩**

Wellin de Rutlingen, Conradus
→ **Conradus ⟨Wellin de Rutlingen⟩**

Welling, Conradus
→ **Conradus ⟨Welling⟩**

Welling, Udalricus
→ **Udalricus ⟨Welling⟩**

Welling, Ulrich
→ **Udalricus ⟨Welling⟩**

Wellis, Henricus ¬de¬
→ **Henricus ⟨de Wellis⟩**

Wells, Johannes
→ **Johannes ⟨Wells⟩**

Welming, Johannes ¬de¬
→ **Johannes ⟨de Welming⟩**

Welter, Georg
→ **Falder-Pistoris, Georg**

Wembertus ⟨de Sankt Gallen⟩
→ **Wernbertus ⟨Sangallensis⟩**

Wen, Tingyun
812 – ca. 870
Chines. Lyriker
Wen, T'ing-yün

Wenceslai, Nicolaus
→ **Nicolaus ⟨Wenceslai⟩**

Wenceslai de Praga, Johannes
→ **Johannes ⟨Wenceslai de Praga⟩**

Wenceslas
→ **Karl ⟨Römisch-Deutsches Reich, Kaiser, IV.⟩**

Wenceslas ⟨Bohème, Roi⟩
→ **Wenzel ⟨Römisch-Deutsches Reich, König⟩**

Wenceslas ⟨Bohême, Roi, II.⟩
→ **Václav ⟨Čechy, Král, II.⟩**

Wenceslas ⟨Brabant, Duc⟩
→ **Wenceslas ⟨Luxembourg, Duc⟩**

Wenceslas ⟨Brack⟩
→ **Brack, Wenceslaus**

Wenceslas ⟨de Bohème⟩
→ **Wenceslas ⟨Luxembourg, Duc⟩**

Wenceslas ⟨d'Olmütz⟩
→ **Wenzel ⟨von Olmütz⟩**

Wenceslas ⟨Luxembourg, Duc⟩
1337 – 1383
Poésies lyriques
LMA,VIII,2192
Wenceslas ⟨Brabant, Duc⟩
Wenceslas ⟨de Bohème⟩
Wenceslas ⟨Luxembourg et Brabant, Duc⟩
Wenceslaus ⟨Luxemburg and Brabant, Duke⟩
Wenzel ⟨Böhmen, Prinz⟩
Wenzel ⟨Brabant, Herzog⟩
Wenzel ⟨Luxemburg, Herzog⟩
Wenzel ⟨Luxemburg und Brabant, Herzog⟩
Wenzel ⟨von Böhmen⟩

Wenceslas ⟨Pologne, Roi, II.⟩
→ **Václav ⟨Čechy, Král, II.⟩**

Wenceslaus ⟨Bohemia, Dux⟩
→ **Václav ⟨Svatý⟩**

Wenceslaus ⟨Bohemia, Rex⟩
→ **Wenzel ⟨Römisch-Deutsches Reich, König⟩**

Wenceslaus ⟨Bohemia, Rex, II.⟩
→ **Václav ⟨Čechy, Král, II.⟩**

Wenceslaus ⟨Brack⟩
→ **Brack, Wenceslaus**

Wenceslaus ⟨de Horazdierowicz⟩
um 1450/54
In Posteriora
Lohr
Horazdierowicz, Wenceslaus ¬de¬

Wenceslaus ⟨de Olmüz⟩
→ **Wenzel ⟨von Olmütz⟩**

Wenceslaus ⟨Imperium Romanum-Germanicum, Rex⟩
→ **Wenzel ⟨Römisch-Deutsches Reich, König⟩**

Wenceslaus ⟨Luxemburg and Brabant, Duke⟩
→ **Wenceslas ⟨Luxembourg, Duc⟩**

Wenceslaus ⟨Sanctus⟩
→ **Václav ⟨Svatý⟩**

Wenceslaus ⟨von Frankenstein⟩
→ **Frankenstein, Wenceslaus ¬von¬**

Wenck, Johannes
→ **Johannes ⟨Wenck⟩**

Wendock, Alexander
→ **Alexander ⟨Wendock⟩**

Wendover, Richardus ¬de¬
→ **Richardus ⟨de Wendover⟩**

Wendover, Roger ¬of¬
→ **Rogerus ⟨de Windesora⟩**

Wenericus ⟨Virdunensis⟩
→ **Winricus ⟨Treverensis⟩**

Wenk, Johannes
→ **Johannes ⟨Wenck⟩**

Wenric ⟨de Verceil⟩
→ **Winricus ⟨Treverensis⟩**

Wenric ⟨de Verdun⟩
→ **Winricus ⟨Treverensis⟩**

Wenrich ⟨von Trier⟩
→ **Winricus ⟨Treverensis⟩**

Wenricus ⟨Virdunensis⟩
→ **Winricus ⟨Treverensis⟩**

Went, Johannes
→ **Johannes ⟨Went⟩**

Went, Oliverius ¬de¬
→ **Oliverius ⟨de Went⟩**

Wentzel ⟨König⟩
→ **Wenzel ⟨Römisch-Deutsches Reich, König⟩**

Wenyan
864 – 949
Meister vom Wolkentor-Berg
Meister vom Wolkentorberg
Wenyan, Yunmen
Wen-yen
Yunmen ⟨Meister⟩
Yunmen Wenyan

Wenzel
→ **Karl ⟨Römisch-Deutsches Reich, Kaiser, IV.⟩**

Wenzel ⟨Böhmen, König, II.⟩
→ **Václav ⟨Čechy, Král, II.⟩**

Wenzel ⟨Böhmen, König, IV.⟩
→ **Wenzel ⟨Römisch-Deutsches Reich, König⟩**

Wenzel ⟨Böhmen, Prinz⟩
→ **Wenceslas ⟨Luxembourg, Duc⟩**

Wenzel ⟨Brabant, Herzog⟩
→ **Wenceslas ⟨Luxembourg, Duc⟩**

Wenzel ⟨der Heilige⟩
→ **Václav ⟨Svatý⟩**

Wenzel ⟨Germany, Emperor⟩
→ **Wenzel ⟨Römisch-Deutsches Reich, König⟩**

Wenzel ⟨Gruber⟩
→ **Gruber, Wenzel**

Wenzel ⟨Luxemburg, Herzog⟩
→ **Wenceslas ⟨Luxembourg, Duc⟩**

Wenzel ⟨Römisch-Deutsches Reich, König⟩
1361 – 1419
Potth. 1110; LMA,VIII,2190/91
Vaclav ⟨Böhmen, König, IV.⟩
Venceslaus ⟨Böhmen, König, IV.⟩
Wenceslas ⟨Bohème, Roi⟩
Wenceslaus ⟨Bohemia, Rex⟩
Wenceslaus ⟨Germania, Rex⟩
Wenceslaus ⟨Germany, Emperor⟩
Wenceslaus ⟨Imperium Romanum-Germanicum, Rex⟩
Wenceslaus ⟨Romanorum Bohemiaeque Rex⟩
Wentzel ⟨König⟩
Wenzel ⟨Böhmen, König, IV.⟩
Wenzel ⟨Germany, Emperor⟩

Wenzel ⟨von Böhmen⟩
→ **Wenceslas ⟨Luxembourg, Duc⟩**

Wenzel ⟨von Olmütz⟩
um 1481
Kupferstecher und Goldschmied
Thieme-Becker
Olmütz, Wenzel ¬von¬
Václav ⟨z Olomouce⟩
Venceslaus ⟨de Olmuc⟩
Wenceslas ⟨d'Olmütz⟩
Wenceslaus ⟨de Olmüz⟩

Wenzeslaus ⟨Böhmen, Herzog⟩
→ **Václav ⟨Svatý⟩**

Wenzeslaus ⟨von Frankenstein⟩
→ **Frankenstein, Wenceslaus ¬von¬**

Werbenwag, Hugo ¬von¬
→ **Hugo ⟨von Werbenwag⟩**

Werda, Guilelmus ¬de¬
→ **Guilelmus ⟨de Werda⟩**

Werdea, Johannes ¬de¬
→ **Hieronymus ⟨de Mondsee⟩**

Werden, Heinrich ¬von¬
→ **Heinrich ⟨von Werden⟩**

Werden, Johannes ¬de¬
→ **Johannes ⟨de Wardo⟩**
→ **Johannes ⟨de Werdena⟩**

Wereferth ⟨of Worcester⟩
→ **Werferth ⟨of Worcester⟩**

Werembert ⟨de Coire⟩
→ **Wernbertus ⟨Sangallensis⟩**

Werembert ⟨de Fulde⟩
→ **Wernbertus ⟨Sangallensis⟩**

Werembert ⟨von Sankt Gallen⟩
→ **Wernbertus ⟨Sangallensis⟩**

Werferth ⟨of Worcester⟩
gest. ca. 915
LMA,VIII,1892/93
Waerferth ⟨Bishop⟩
Waerferth ⟨von Worcester⟩
Wereferdius ⟨Wigorniensis⟩
Wereferth ⟨of Worcester⟩
Worcester, Werferth ¬of¬

Werigehale, Guilelmus ¬de¬
→ **Guilelmus ⟨de Werigehale⟩**

Werinbrath ⟨de Sankt Gallen⟩
→ **Wernbertus ⟨Sangallensis⟩**

Werinharius
→ **Wezilo ⟨Moguntinus⟩**

Werinher ⟨...⟩
→ **Werner ⟨...⟩**

Werinnerus ⟨...⟩
→ **Wernerus ⟨...⟩**

Werla, Henricus ¬de¬
→ **Henricus ⟨de Werla⟩**

Wernbertus ⟨Sangallensis⟩
gest. 884 · OSB
Stegmüller, Repert. bibl. 8345-8351
Wembertus ⟨de Sankt Gallen⟩
Werembert ⟨de Coire⟩
Werembert ⟨de Fulde⟩
Werembert ⟨de Saint-Gall⟩
Werembert ⟨von Sankt Gallen⟩
Werembertus ⟨de Sankt Gallen⟩
Werembertus ⟨Monachus⟩
Werembertus ⟨Sancti Galli⟩
Werinbrath ⟨de Sankt Gallen⟩
Wernbertus ⟨de Sankt Gallen⟩

Werner ⟨Abt des Trudpertklosters⟩
→ **Wernerus ⟨Sancti Trudberti⟩**

Werner ⟨Bruder⟩
→ **Werner ⟨der Bruder⟩**

Werner ⟨de Bonn⟩
→ **Wernerus ⟨de Hasselbecke⟩**

Werner ⟨de Hasselbecke⟩
→ **Wernerus ⟨de Hasselbecke⟩**

Werner ⟨de Königstein⟩
→ **Werner ⟨von Falkenstein⟩**

Werner ⟨de Kussenberg⟩
→ **Wernerus ⟨de Sancto Blasio⟩**

Werner ⟨de Liège⟩
→ **Wernerus ⟨de Hasselbecke⟩**

Werner ⟨de Markdorf⟩
→ **Wernerus ⟨Weingartensis⟩**

Wernheer ⟨de Onsshusen⟩
→ **Onsshusen, Wernherus ¬de¬**

Werner ⟨de Ratisbonne⟩
→ **Wernerus ⟨Ratisbonensis⟩**

Werner ⟨de Saint-Blaise⟩
→ **Wernerus ⟨de Sancto Blasio⟩**

Werner ⟨de Saulheim⟩
→ **Werner ⟨von Saulheim⟩**

Werner ⟨de Tuinder⟩
→ **Werner ⟨der Gärtner⟩**

Werner ⟨de Weingarten⟩
→ **Wernerus ⟨Weingartensis⟩**

Werner ⟨der Bruder⟩
13. Jh.
LThK; VL(2); LMA,IX,9/10
Bruder, Werner ¬der¬
Werner ⟨Bruder⟩
Werner ⟨le Frère⟩
Wernher ⟨Bruder⟩
Wirner ⟨der Bruder⟩

Werner ⟨der Gärtner⟩
13. Jh.
VL(2); Meyer; LMA,IX,10
Gartenaere, Werner ¬der¬
Gärtner, Werner ¬der¬
Werner ⟨de Tuinder⟩
Werner ⟨der Gaertenaere⟩
Werner ⟨der Gartenaere⟩
Werner ⟨le Jardinier⟩
Wernher ⟨der Gaertenaere⟩
Wernher ⟨der Gartenaere⟩
Wernher ⟨der Gärtner⟩

Werner ⟨der Pfaffe⟩
um 1172
Nicht identisch mit Wernerus ⟨Tegernseensis⟩; Marienleben
LThK; VL(2); Meyer; LMA,IX,10/11
Pfaffe, Werner ¬der¬
Werinher ⟨der Priester⟩
Werner ⟨der Priester⟩
Werner ⟨Pfaffe⟩
Wernher ⟨der Pfaffe⟩
Wernher ⟨Pfaffe⟩
Wernher ⟨Priester⟩

Werner ⟨der Priester⟩
→ **Werner ⟨der Pfaffe⟩**

Werner ⟨der Schweizer⟩
um 1382
Marienleben
VL(2),10,953
Schweizer, Werner ¬der¬
Werner ⟨le Suisse⟩
Wernher ⟨der Schweizer⟩

Werner ⟨d'Onsshusen⟩
→ **Onsshusen, Wernherus ¬de¬**

Werner ⟨Ernesti⟩
→ **Ernesti, Werner**

Werner ⟨le Frère⟩
→ **Werner ⟨der Bruder⟩**

Werner ⟨le Jardinier⟩
→ **Werner ⟨der Gärtner⟩**

Werner ⟨le Suisse⟩
→ **Werner ⟨der Schweizer⟩**

Werner ⟨Lorevinch⟩
→ **Rolevinck, Werner**

Werner ⟨Overstolz⟩
→ **Overstolz, Werner**

Werner ⟨Pfaffe⟩
→ **Werner ⟨der Pfaffe⟩**
→ **Werner ⟨von Elmendorf⟩**

Werner ⟨Rolevinck⟩
→ **Rolevinck, Werner**

Werner ⟨Trier, Erzbischof⟩
→ **Werner ⟨von Falkenstein⟩**

Werner ⟨vom Niederrhein⟩
12. Jh.
Der wilde Mann
VL(2)
Niederrhein, Werner ¬vom¬
Niederrhein, Wernher ¬von¬
VomNiederrhein, Werner
Werner ⟨von Niederrhein⟩
Wernher ⟨vom Niederrhein⟩

Werner ⟨von Basel⟩
→ **Warnerius ⟨Basiliensis⟩**

Werner ⟨von Elmendorf⟩
um 1170
Tugendspiegel
VL(2)
Elmendorf, Werner ¬von¬
Elmindorf, Wernher ¬von¬
Wernher ⟨Pfaffe⟩
Wernher ⟨von Elmendorf⟩
Wernher ⟨von Elmindorf⟩

Werner ⟨von Falkenstein⟩
gest. 1418
LMA,IX,7
Falkenstein, Werner ¬von¬
Werner ⟨de Königstein⟩
Werner ⟨Trier, Erzbischof⟩
Werner ⟨Trier, Kurfürst⟩

Werner ⟨von Lüttich⟩
→ **Wernerus ⟨de Hasselbecke⟩**

Werner ⟨von Niederrhein⟩
→ **Werner ⟨vom Niederrhein⟩**

Werner ⟨von Onnshusen⟩
→ **Onsshusen, Wernherus ¬de¬**

Werner ⟨von Regensburg⟩
→ **Wernerus ⟨Ratisbonensis⟩**

Werner ⟨von Saulheim⟩
um 1314 · OFM
Erzählung über die Stiftung des Klosters Clarenthal bei Wiesbaden
Potth. 1111
Saulheim, Werner ¬von¬
Saulnheym, Wirnher ¬von¬
Werner ⟨de Saulheim⟩
Wirnher ⟨Broider⟩
Wirnher ⟨Bruder⟩
Wirnher ⟨von Saulnheym⟩

Werner ⟨von Schussenried⟩
→ **Wernerus ⟨Sorotensis⟩**

Werner ⟨von Tegernsee⟩
→ **Wernerus ⟨Tegernseensis⟩**

Werneri de Steynsberg, Conradus
→ **Conradus ⟨Werneri de Steynsberg⟩**

Wernerius ⟨Bononiensis⟩
→ **Irnerius ⟨Bononiensis⟩**

Wernerus ⟨Abbas Sancti Trudberti in Brisgoia⟩
→ **Wernerus ⟨Sancti Trudberti⟩**

Wernerus ⟨Abbas Weingartensis⟩
→ **Wernerus ⟨Weingartensis⟩**

Wernerus ⟨Canonicus Bonensis⟩
→ **Wernerus ⟨de Hasselbecke⟩**

Wernerus ⟨de Botis⟩
um 1314/43 · OP
Schneyer,V,714
Botis, Wernerus ¬de¬
Warnerus ⟨de Botis⟩
Warnherus ⟨de Botis⟩
Wernerus ⟨de Bota⟩
Wernerus ⟨de Botis Teutonicus⟩

Wernerus ⟨de Ellerbach⟩
→ **Wernerus ⟨de Sancto Blasio⟩**

Wernerus ⟨de Hasselbecke⟩
gest. 1384
Chronica; Wahrscheinlich Verfasser eines Teils der Vitae pontificum Romanorum
Potth. 1111
Hasselbecke, Wernerus ¬de¬
Werner ⟨de Bonn⟩
Werner ⟨de Hasselbecke⟩
Werner ⟨de Liège⟩
Werner ⟨von Lüttich⟩
Wernerus ⟨Canonicus Bonensis⟩
Wernerus ⟨Leodiensis⟩
Wernherius ⟨de Hasselbecke⟩

Wernerus ⟨de Laer⟩
→ **Rolevinck, Werner**

Wernerus ⟨de Sancto Blasio⟩
gest. 1126 · OSB
Liber de auctoritate divina; Liber deflorationum
Schneyer,V,714; DOC,2,1800
Guernerus ⟨Sancti Blasii⟩
Sancto Blasio, Wernerus ¬de¬
Werner ⟨de Kussenberg⟩
Werner ⟨de Saint-Blaise⟩
Wernerus ⟨de Ellerbach⟩
Wernerus ⟨Sancti Blasii⟩
Wernerus ⟨Sancti Blasii in Silva Nigra⟩

Wernerus ⟨d'Onnshusen⟩
→ **Onsshusen, Wernherus ¬de¬**

Wernerus ⟨Franciscanus⟩
→ **Wernerus ⟨Ratisbonensis⟩**

Wernerus ⟨Lector⟩
→ **Wernerus ⟨Ratisbonensis⟩**

Wernerus ⟨Leodiensis⟩
→ **Wernerus ⟨de Hasselbecke⟩**

Wernerus ⟨Monachus⟩
→ **Wernerus ⟨Tegernseensis⟩**

Wernerus ⟨of Schussenried⟩
→ **Wernerus ⟨Sorotensis⟩**

Wernerus ⟨Ratisbonensis⟩
um 1290 · OFM
Onomasticon sacrum; Liber soliloquiorum
LThK; LMA,IX,7/8
Werner ⟨de Ratisbonne⟩
Werner ⟨von Regensburg⟩
Wernerus ⟨Franciscanus⟩
Wernerus ⟨Lector⟩

Wernerus ⟨Rolewinck⟩
→ **Rolevinck, Werner**

Wernerus ⟨Sancti Blasii⟩
→ **Wernerus ⟨de Sancto Blasio⟩**

Wernerus ⟨Sancti Trudberti⟩
um 1280
Vita S. Trudberti (vita tert.)
Potth. 1111, 1610
Sancti Trudberti, Wernerus
Werner ⟨Abt des Trudpertklosters⟩
Wernerus ⟨Abbas Sancti Trudberti in Brisgoia⟩

Wernerus ⟨Sorotensis⟩
um 1475
Modus legendi abreviaturas
VL(2)
Schussenried, Werner von
Werner ⟨von Schussenried⟩
Wernerus ⟨of Schussenried⟩

Wernerus ⟨Tegernseensis⟩
gest. 1198 · OSB
Tegernseer Annalen
LThK; LMA,IX,9
Werinnerus ⟨Tegernseensis⟩
Werner ⟨von Tegernsee⟩
Wernerus ⟨Monachus⟩

Wernerus ⟨Weingartensis⟩
gest. 1188
Chronicon de Guelfis principibus S. Genealogia Welphonis ducis. 810-1180 (=Historia Welforum Weingartensis); Annales Weingartenses Welfici
Potth. 791; 1111
Monachus ⟨Weingartensis⟩
Mönch ⟨von Weingarten⟩
Werner ⟨de Markdorf⟩
Werner ⟨de Weingarten⟩
Wernerus ⟨Abbas Weingartensis⟩

Wernerus ⟨Westphalus⟩
→ **Rolevinck, Werner**

Wernher ⟨...⟩
→ **Werner ⟨...⟩**

Wernherius ⟨...⟩
→ **Wernerus ⟨...⟩**

Wernherus ⟨de Onsshusen⟩
→ **Onsshusen, Wernherus ¬de¬**

Werricho ⟨von Igny⟩
→ **Guerricus ⟨Igniacensis⟩**

Werricus ⟨Abbas Lobiensis⟩
→ **Werricus ⟨Lobiensis⟩**

Werricus ⟨de Sancto Quentino⟩
→ **Guerricus ⟨de Sancto Quintino⟩**

Werricus ⟨Flandrensis⟩
→ **Guerricus ⟨de Sancto Quintino⟩**

Werricus ⟨Lobiensis⟩
gest. 1204
Vita Alberti episcopi Leodiensis
Potth. 1111; DOC,2,1800
Werric ⟨de Lobbes⟩
Werricus ⟨Abbas Lobiensis⟩
Werricus ⟨Lobbiensis⟩

Wervia, Gualterus ¬de¬
→ **Gualterus ⟨de Wervia⟩**

Wesalia, Johannes ¬de¬
→ **Johannes ⟨de Wesalia⟩**

Wesalia Inferiori, Theodoricus ¬de¬
→ **Theodoricus ⟨de Wesalia Inferiori⟩**

Wesel, Dietrich ¬von¬
→ **Dietrich ⟨von Wesel⟩**

Wesel, Johann ¬von¬
→ **Johannes ⟨de Wesalia⟩**

Weser, Chirurg ¬von der¬
→ **Chirurg ⟨von der Weser⟩**

Wessel ⟨Gansfort⟩
→ **Gansfort, Johannes**

Wessel, Johannes
→ **Gansfort, Johannes**

Wesselius ⟨Groningensis⟩
→ **Gansfort, Johannes**

Wessofontanus, Benedictus
→ **Benedictus ⟨Wessofontanus⟩**

Westerburg, Reinhart ¬von¬
→ **Reinhart ⟨von Westerburg⟩**

Westerfeld, Johannes
→ **Johannes ⟨Westerfeld⟩**

Westernach, Hans ¬von¬
→ **Hans ⟨von Westernach⟩**

Westerrodus, Bernardus
um 1367 · OSB
Planctus (Gedicht)
Potth. 1111
Bernard ⟨de Westerrode⟩
Bernardus ⟨Westerrodes⟩
Bernardus ⟨Westerrodus⟩

Westfal, Joachim
um 1489
Buchdrucker in Magdeburg und Stendal
ADB
Joachim ⟨Westfal⟩
Joachim ⟨Westual⟩
Joachimus ⟨Westfal⟩
Westfael, Joachim
Westuael, Joachim
Westval, Joachim

Westhausen, Conradus ¬de¬
→ **Conradus ⟨de Westhausen⟩**

Westlaris, Johannes ¬de¬
→ **Lange, Johannes**

Westminster, Sulcardus ¬de¬
→ **Sulcardus ⟨de Westminster⟩**

Westval, Joachim
→ **Westfal, Joachim**

Wetekre, Nigellus
→ **Nigellus ⟨de Longo Campo⟩**

Wetheringsett, Richardus ¬de¬
→ **Richardus ⟨de Wetheringsett⟩**

Wetherset, Richard
→ **Richardus ⟨de Wetheringsett⟩**

Wetti ⟨von Reichenau⟩
→ **Wettinus ⟨Augiensis⟩**

Wettinus ⟨Augiensis⟩
gest. 824 · OSB
Vita S. Galli abbatis
DOC,2,1800; Potth. 1111; LMA,IX,49/50
Guettinus ⟨Augiensis⟩
Wetti ⟨von Reichenau⟩
Wettin ⟨Bénédictin⟩
Wettin ⟨de Reichenau⟩
Wettinus ⟨Monachus Augiae⟩
Wettinus ⟨Monachus Augiensis⟩
Wettinus ⟨von Reichenau⟩

Wetzlar, Johannes ¬de¬
→ **Lange, Johannes**

Wevele, Godeverd ¬van¬
→ **Godeverd ⟨van Wevele⟩**

Wevelinghoven, Florenz ¬von¬
→ **Florenz ⟨von Wevelinghoven⟩**

Wey, William
um 1456
Itineraries to Jerusalem a.D. 1462, and to St. James of Compostella a.D. 1456
Potth. 1111
Guillaume ⟨Wey⟩
Wey, Guillaume
William ⟨Wey⟩

Weyden, Konrad ¬von der¬
→ **Konrad ⟨von der Weyden⟩**

Weyden, Rogier ¬van¬
ca. 1390 – 1464
LMA,VII,947
Pasture, Rogier ¬de le¬
Pasture, Rogier ¬de¬
Rogelet ⟨de le Pasture⟩
Roger ⟨de le Pasture⟩
Rogier ⟨de le Pasture⟩
Rogier ⟨de LePasture⟩
Rogier ⟨van der Weyden⟩

Weydenbosch, Nicolaus
→ **Nicolaus ⟨de Saliceto⟩**

Weyle, Nicolaus ¬von¬
→ **Wyle, Niklas ¬von¬**

Wezel
→ **Wezilo ⟨Moguntinus⟩**

Wezilo ⟨Moguntinus⟩
gest. 1088
Die Streitschriften Altmanus von Passau und Wezilos von Mainz (Teile)
Potth. 1111
Moguntinus, Wezilo
Werinharius
Wezel
Wezilo
Wezilo ⟨Archiepiscopus Moguntinus⟩
Wezilo ⟨von Mainz⟩
Wizilo

Wężyk, Andreas
→ **Serpens**

Whapelade, Thomas ¬de¬
→ **Thomas ⟨de Whapelade⟩**

Wheatley, Guilelmus
→ **Guilelmus ⟨Wheatley⟩**

Whelpdale, Rogerus
→ **Rogerus ⟨Whelpdale⟩**

Whethamstede, Johannes
→ **Johannes ⟨Whethamstede⟩**

Whitby, Adamus ¬de¬
→ **Adamus ⟨de Whitby⟩**

Whitby, Stephanus ¬de¬
→ **Stephanus ⟨de Whitby⟩**

Whytleseye, Walterus ¬de¬
→ **Gualterus ⟨de Witlesey⟩**

Wibald ⟨de Cambrai⟩
→ **Guibaldus ⟨Cameracensis⟩**

Wibald ⟨de Frisen⟩
→ **Wibaldus ⟨Stabulensis⟩**

Wibald ⟨of Arras⟩
→ **Guibaldus ⟨Cameracensis⟩**

Wibald ⟨of Cambrai⟩
→ **Guibaldus ⟨Cameracensis⟩**

Wibald ⟨of Stavelot and Corvey⟩
→ **Wibaldus ⟨Stabulensis⟩**

Wibald ⟨von Corvey⟩
→ **Wibaldus ⟨Stabulensis⟩**

Wibald ⟨von Monte Cassino⟩
→ **Wibaldus ⟨Stabulensis⟩**

Wibald ⟨von Stablo⟩
→ **Wibaldus ⟨Stabulensis⟩**

Wibaldus ⟨Abbas⟩
→ **Wibaldus ⟨Stabulensis⟩**

Wibaldus ⟨Cameracensis⟩
→ **Guibaldus ⟨Cameracensis⟩**

Wibaldus ⟨Casinensis⟩
→ **Wibaldus ⟨Stabulensis⟩**

Wibaldus ⟨Corbeiensis⟩
→ **Wibaldus ⟨Stabulensis⟩**

Wibaldus ⟨de Pratis⟩
→ **Wibaldus ⟨Stabulensis⟩**

Wibaldus ⟨de Stablo⟩
→ **Wibaldus ⟨Stabulensis⟩**

Wibaldus ⟨Stabulensis⟩
1098 – 1158 · OSB
Epistolae 3 ad monachos Casinenses
Tusculum-Lexikon; LThK; Meyer; LMA,IX,57/58
Guibaldus ⟨Corbeiensis⟩
Guibaldus ⟨Leodiensis⟩
Guibaldus ⟨Stabulensis⟩
Guicboldus
Wibald ⟨de Frisen⟩
Wibald ⟨de Stavelot⟩
Wibald ⟨de Stavelot-Malmédy⟩
Wibald ⟨of Stavelot and Corvey⟩
Wibald ⟨von Corvey⟩
Wibald ⟨von Monte Cassino⟩
Wibald ⟨von Stablo⟩
Wibaldus ⟨Abbas⟩
Wibaldus ⟨Casinensis⟩
Wibaldus ⟨Corbeiensis⟩
Wibaldus ⟨de Pratis⟩
Wibaldus ⟨de Stablo⟩
Wibaldus ⟨de Stavelot⟩
Wibaldus ⟨Stabulensis et Corbeiensis⟩
Wibaud ⟨de Stavelot⟩

Wibert ⟨de Toul⟩
→ **Wibertus ⟨Tullensis⟩**

Wibert ⟨von Gembloux⟩
→ **Guibertus ⟨Gemblacensis⟩**

Wibert ⟨von Nogent⟩
→ **Guibertus ⟨de Novigento⟩**

Wibert ⟨von Ravenna⟩
→ **Clemens ⟨Papa, III., Antipapa⟩**

Wibert ⟨von Toul⟩
→ **Wibertus ⟨Tullensis⟩**

Wibertus ⟨Archidiaconus⟩
→ **Wibertus ⟨Tullensis⟩**

Wibertus ⟨de Nogent⟩
→ **Guibertus ⟨de Novigento⟩**

Wibertus ⟨de Novigento⟩
→ **Guibertus ⟨de Novigento⟩**

Wibertus ⟨Parmensis⟩
→ **Clemens ⟨Papa, III., Antipapa⟩**

Wibertus ⟨Tornacensis⟩
→ **Gilbertus ⟨Tornacensis⟩**

Wibertus ⟨Tullensis⟩
gest. 1058
Tusculum-Lexikon; CSGL; Potth.
Gilbertus ⟨Tullensis⟩
Guibert ⟨de Toul⟩
Guibert ⟨of Toul⟩
Guibert ⟨the Archdeacon⟩
Guibertus ⟨Tullensis⟩
Wibert ⟨de Toul⟩
Wibert ⟨the Archdeacon⟩
Wibert ⟨von Toul⟩
Wibertus ⟨Archidiaconus⟩
Wicbertus ⟨Tullensis⟩

Wibold ⟨de Cambrai⟩
→ **Guibaldus ⟨Cameracensis⟩**

Wiboldus ⟨Cameracensis⟩
→ **Guibaldus ⟨Cameracensis⟩**

Wiboldus ⟨de Levin⟩
→ **Guibaldus ⟨Cameracensis⟩**

Wicardus ⟨Lugdunensis⟩
→ **Guichardus ⟨Lugdunensis⟩**

Wicbertus ⟨Monachus⟩
→ **Agius ⟨Corbeiensis⟩**

Wicbertus ⟨Tullensis⟩
→ **Wibertus ⟨Tullensis⟩**

Wicbodus
→ **Wigbodus**

Wichingham, Simon
→ **Simon ⟨Wichingham⟩**

Wichinghamus, Henricus
→ **Henricus ⟨Wichinghamus⟩**

Wichius, Richardus
→ **Richardus ⟨de Wicio⟩**

Wichmann ⟨von Arnstein⟩
→ **Wichmannus ⟨de Arnstein⟩**

Wichmann ⟨von Rupin⟩
→ **Wichmannus ⟨de Arnstein⟩**

Wichmann, Petrus
→ **Petrus ⟨Wichmann⟩**

Wichmann, Theodoricus
→ **Theodoricus ⟨Wichmann⟩**

Wichmannus ⟨de Arnstein⟩
gest. ca. 1270 · OPraem, dann OP
Epistulae sive collationes spirituales
Kaeppeli,IV,482/483; LMA,IX,62
Arnstein, Wichmannus ¬de¬
Wichmann ⟨d'Arnstein⟩
Wichmann ⟨von Arnstein⟩
Wichmann ⟨von Rupin⟩
Wichmannus
Wichmannus ⟨Rupinensis⟩
Wichmannus ⟨Ruppinensis⟩

Wichmannus ⟨Rupinensis⟩
→ **Wichmannus ⟨de Arnstein⟩**

Wichwolt ¬Meister¬
→ **Babiloth ⟨Meister⟩**

Wicio, Richardus ¬de¬
→ **Richardus ⟨de Wicio⟩**

Wickliff, John
→ **Wyclif, Johannes**

Widbaldus
→ **Wigbodus**

Widekind
→ **Widukindus ⟨Corbeiensis⟩**

Widenbrugge, Johannes ¬de¬
→ **Johannes ⟨de Widenbrugge⟩**

Widman, Matthias
→ **Matthias ⟨von Kemnat⟩**

Widmann de Dinkelsbühl, Johannes
→ **Johannes ⟨Widmann de Dinkelsbühl⟩**

Widmundus ⟨de Aversa⟩
→ **Guitmundus ⟨de Aversa⟩**

Wido ⟨Ambianensis⟩
→ **Guido ⟨Ambianensis⟩**

Wido ⟨Aretinus⟩
→ **Guido ⟨Aretinus⟩**

Wido ⟨Curiensis⟩
gest. 1122
Epistolae
Potth. 1112
Guy ⟨de Chur⟩
Guy ⟨de Coire⟩
Wido ⟨Episcopus Curiensis⟩

Wido ⟨de Castro⟩
→ **Guigo ⟨de Castro⟩**

Wido ⟨Episcopus Curiensis⟩
→ **Wido ⟨Curiensis⟩**

Wido ⟨Episcopus Osnabrugensis⟩
→ **Guido ⟨Osnabrugensis⟩**

Wido ⟨Ferrariensis⟩
→ **Guido ⟨Ferrariensis⟩**

Wido ⟨Italia, Imperator⟩
→ **Guido ⟨Italia, Re⟩**

Wido ⟨Monachus⟩
→ **Guido ⟨Aretinus⟩**

Wido ⟨Osnabrugensis⟩
→ **Guido ⟨Osnabrugensis⟩**

Wido ⟨von Amiens⟩
→ **Guido ⟨Ambianensis⟩**

Wido ⟨von Ferrara⟩
→ **Guido ⟨Ferrariensis⟩**

Widric ⟨Abbé⟩
→ **Widricus ⟨Tullensis⟩**

Widric ⟨Correspondant d'Hugues de Cluny⟩
→ **Widricus ⟨Danobriensis⟩**

Widric ⟨de Saint-Evre⟩
→ **Widricus ⟨Tullensis⟩**

Widric ⟨de Saint-Ghislain⟩
→ **Widricus ⟨Sancti Ghisleni⟩**

Widric ⟨de Toul⟩
→ **Widricus ⟨Tullensis⟩**

Widricus ⟨Abbas⟩
→ **Widricus ⟨Sancti Ghisleni⟩**

Widricus ⟨Abbas Tullensis⟩
→ **Widricus ⟨Tullensis⟩**

Widricus ⟨Danobriensis⟩
11./12. Jh.
Epistula ad Hugonem Cluniacensem
Widric ⟨Correspondant d'Hugues de Cluny⟩

Widricus ⟨Sancti Ghisleni⟩
um 1055/68 · OSB
Epistula ad Henricum III imperatorem
Potth. 1113
Sancti Ghisleni, Widricus
Widric ⟨de Saint-Ghislain⟩
Widricus ⟨Abbas⟩

Widricus ⟨Sancti Mansueti⟩
→ **Widricus ⟨Tullensis⟩**

Widricus ⟨Tullensis⟩
gest. ca. 1050
Vita S. Gerhardi
DOC 2,1808; Potth. 1098
Sancti Apri, Vindricus
Vindricus
Vindricus ⟨Sancti Apri⟩
Vindricus ⟨Tullensis⟩
Widric ⟨Abbé⟩
Widric ⟨de Saint-Evre⟩
Widric ⟨de Toul⟩
Widric ⟨Sancti Apri⟩
Widricus
Widricus ⟨Abbas⟩
Widricus ⟨Abbas Sancti Mansueti Tullensis⟩
Widricus ⟨Abbas Tullensis⟩
Widricus ⟨Sancti Mansueti⟩

Widukind
→ **Widukindus ⟨Corbeiensis⟩**

Widukindus ⟨Corbeiensis⟩
ca. 925 – 973 · OSB
Rerum Saxonicarum libri III
Tusculum-Lexikon; LThK; VL(2); LMA,IX,76/78
Corvey, Widukind ¬von¬
Guidukindus ⟨Corbeiensis⟩
Korvei, Widukind ¬von¬
Vitichindo ⟨di Corvey⟩
Wedekind
Widekind
Widukind
Widukind ⟨von Corvei⟩
Widukind ⟨von Corvey⟩
Widukind ⟨von Korvei⟩
Widukindus
Widukindus ⟨Corbejensis⟩
Widukindus ⟨Monachus⟩
Widukindus ⟨Monachus Corbeiensis⟩
Widuking ⟨von Korvey⟩
Wiedekind
Witichind
Witichindus ⟨Corbeiensis⟩
Witichindus ⟨Saxo⟩
Witikind ⟨von Korvei⟩
Wittekind
Wittekindus ⟨Corbeiensis⟩
Wittichindus
Wittichindus ⟨Corbejensis⟩
Wittichindus ⟨Monachus Corbejensis⟩

Wiechs, Petrus
→ **Petrus ⟨de Rosenheim⟩**

Wiedekind
→ **Widukindus ⟨Corbeiensis⟩**

Wiedenbach, Hermann ¬von¬
→ **Hermann ⟨von Wiedenbach⟩**

Wiegand ⟨von Marburg⟩
→ **Wigand ⟨von Marburg⟩**

Wielki Kozmin, Lucas ¬de¬
→ **Lucas ⟨de Wielki Kozmin⟩**

Wien, Thomas ¬von¬
→ **Thomas ⟨von Wien⟩**

Wierstraat, Christian
um 1474
Histori des beleegs van Nuis
Potth. 1115; VL(2),10,1055
Christian ⟨Wierstraat⟩
Christian ⟨Wierstraet⟩
Christianus ⟨Wierstraat⟩
Christianus ⟨Wierstrait⟩
Cristianus ⟨Wierstraat⟩
Wierstraat, Christianus
Wierstraat, Cristianus
Wierstraet, Christian
Wierstrait, Christianus

Wies, Schuster ¬an der¬
→ **Schuster ⟨an der Wies⟩**

Wiesbaden, Berthold ¬von¬
→ **Berthold ⟨von Wiesbaden⟩**

Wigand ⟨de Tharis⟩
→ **Wigandus ⟨Tharisiensis⟩**

Wigand ⟨von Marburg⟩
14. Jh.
Reimechronik
LMA,IX,94; VL(2),4,964/68
Marburg, Wigand ¬von¬
Wiegand ⟨von Marburg⟩
Wigand ⟨Marburgensis⟩
Wigandus ⟨Marburgensis⟩

Wigandi, Nicolaus
→ **Nicolaus ⟨Wigandi⟩**

Wigandus ⟨Bilefeldensis⟩
→ **Wigandus ⟨Presbyter⟩**

Wigandus ⟨Marburgensis⟩
→ **Wigand ⟨von Marburg⟩**

Wigandus ⟨Presbyter⟩
13. Jh.
Vita Waldgeri comitis
Potth. 1115
Presbyter, Wigandus
Wigandus
Wigandus ⟨Bilefeldensis⟩
Wigandus ⟨Plebanus⟩

Wigandus ⟨Tharisiensis⟩
um 1127
Epistula ad Ottonem Bambergensem
DOC,2,1808
Guigandus ⟨Tharisiensis⟩
Wigand ⟨de Tharis⟩
Wigang ⟨Abbé⟩
Wigang ⟨de Tharis⟩
Wigang ⟨Tharisiensis⟩

Wigbaldus
→ **Wigbodus**

Wigbert
→ **Wipo ⟨Presbyter⟩**

Wigbodus
um 778
Liber quaestionum super librum Genesis cap. 1-3; Versus ad Carolum Magnum
DOC,2,1807; Stegmüller, Repert. bibl. 8376; Potth. 1115; LMA,IX,95; VL(2),10,1063
Guicbodus
Vicbodus
Wicbodus
Widbaldus
Wigbaldus
Wigbod
Wigbode ⟨Commentateur de l'Heptateuque⟩
Wigbodo
Wigboldus

Wigelius, Nicolaus
→ **Nicolaus ⟨Weigel⟩**

Wigo ⟨de Castro⟩
→ **Guigo ⟨de Castro⟩**

Wigo ⟨de Feuchtwangen⟩
gest. 980
Epistulae
DOC,2,1808; Potth. 1115
Feuchtwangen, Wigo ¬de¬
Guigo ⟨Feuchtwangensis⟩
Guigo ⟨Pheuhtwangensis⟩
Guigues ⟨de Feuchtwangen⟩
Guigues ⟨de Phyuhtwangen⟩
Wigo ⟨Decanus Monasterii Phyuhtwangensis⟩
Wigo ⟨Decanus Phyuhtwangensis Monasterii⟩
Wigo ⟨Feuchtwangensis⟩
Wigo ⟨Phyuhtwangensis⟩

Wigo ⟨de Pino⟩
→ **Guigo ⟨de Castro⟩**

Wigo ⟨Decanus Monasterii Phyuhtwangensis⟩
→ **Wigo ⟨de Feuchtwangen⟩**

Wigorniensis Monachus
→ **Monachus ⟨Wigorniensis⟩**

Wigpertus ⟨Comes⟩
→ **Wipertus**

Wiho
→ **Agius ⟨Corbeiensis⟩**

Wihtred ⟨Kent, King⟩
um 695/725; LMA,IX,96
Iudicia et privilegia Withraedi
Cpl 1829; LMA,IX,96
Wihtred ⟨Kent, König⟩
Wihtred ⟨King of Kent⟩
Withraedus ⟨Rex Anglorum⟩

Wikes, Thomas
→ **Thomas ⟨de Wykes⟩**

Wil, Niclas ¬von¬
→ **Wyle, Niklas ¬von¬**

Wilars ⟨de Honecort⟩
→ **Villard ⟨de Honnecourt⟩**

Wilbertus ⟨Gemblacensis⟩
→ **Guibertus ⟨Gemblacensis⟩**

Wilbrandus ⟨Oldenburgensis⟩
ca. 1170/80 – 1233
Peregrinatio in terram sanctam
LMA,IX,112; Potth. 1116; VL(2),10,1071
Oldenborg, Wilbrandus ¬de¬
Wilbrand ⟨d'Oldenbourg⟩
Wilbrand ⟨d'Utrecht⟩
Wilbrand ⟨Oldenburg, Graf⟩
Wilbrand ⟨von Oldenburg⟩
Wilbrand ⟨von Paderborn⟩
Wilbrandus ⟨Aldemburgensis⟩
Wilbrandus ⟨Canonicus Oldenburgensis⟩
Wilbrandus ⟨de Oldenborg⟩
Wilbrandus ⟨Paderbornensis⟩
Wilbrandus ⟨Traiectensis⟩
Wilbrandus ⟨Ultraiectinus Episcopus⟩
Willebrand ⟨von Oldenburg⟩
Willebrandus ⟨de Oldenburg⟩

Wilchard ⟨von Lyon⟩
→ **Guichardus ⟨Lugdunensis⟩**

Wilchelmus ⟨...⟩
→ **Guilelmus ⟨...⟩**

Wild, Ingold
→ **Ingold ⟨Meister⟩**

Wildberg, Iodocus Sifridus ¬de¬
→ **Wilperg ⟨Teutonicus⟩**

Wildeshusen, Johannes ¬de¬
→ **Johannes ⟨Teutonicus de Wildeshusen⟩**

Wildonie, Herrand ¬von¬
→ **Herrand ⟨von Wildonie⟩**

Wile, Nikolaus ¬von¬
→ **Wyle, Niklas ¬von¬**

Wilfridus ⟨Eboracensis⟩
634 – 709/10
Petitio ad Agathonem papam; Epitaphium
Cpl 1329; DOC,2,1808; LMA,IX,123/125
Guilfridus ⟨Eboracensis⟩
Vilfrido ⟨di York⟩
Wilfrid ⟨Bishop⟩
Wilfrid ⟨de Hexham⟩
Wilfrid ⟨de York⟩
Wilfrid ⟨Evêque⟩
Wilfrid ⟨Saint⟩
Wilfried ⟨von York⟩
Wilfrith ⟨Bischof⟩
Wilfrith ⟨von York⟩

Wilgelmus ⟨Magister⟩
12. Jh.
Introductiones dialecticae; Identität mit Guilelmus ⟨de Campellis⟩ umstritten
Lohr
Magister Wilgelmus

Wilhelm ⟨Abt von Saint-Trond⟩
→ **Guilelmus ⟨de Afflighem⟩**

Wilhelm ⟨Amidani⟩
→ **Guilelmus ⟨de Cremona⟩**

Wilhelm ⟨Anglia, Rex, I.⟩
→ **William ⟨England, King, I.⟩**

Wilhelm ⟨Aquitanien, Herzog, VIIII.⟩
→ **Guillaume ⟨Aquitaine, Duc, VIIII.⟩**

Wilhelm ⟨Arnaud⟩
→ **Guilelmus ⟨Arnaldi⟩**

Wilhelm ⟨av Aebelholte⟩
→ **Guilelmus ⟨de Paraclito⟩**

Wilhelm ⟨Baufeti⟩
→ **Guilelmus ⟨Baufeti⟩**

Wilhelm ⟨Brito⟩
→ **Guilelmus ⟨Brito⟩**
→ **Guilelmus ⟨Brito, Exegeta⟩**

Wilhelm ⟨Burgensis⟩
→ **Guilelmus ⟨de Congenis⟩**

Wilhelm ⟨Calculus⟩
→ **Guilelmus ⟨Gemeticensis⟩**

Wilhelm ⟨de Campellis⟩
→ **Guilelmus ⟨de Campellis⟩**

Wilhelm ⟨de Congenis⟩
→ **Guilelmus ⟨de Congenis⟩**

Wilhelm ⟨de la Mare⟩
→ **Guilelmus ⟨de Lamara⟩**

Wilhelm ⟨de Lexovio⟩
→ **Guilelmus ⟨de Lissy⟩**

Wilhelm ⟨de Luxeuil⟩
→ **Guilelmus ⟨de Lissy⟩**

Wilhelm ⟨de Melrose⟩
→ **Guilelmus ⟨de Melrose⟩**

Wilhelm ⟨de Montibus⟩
→ **Guilelmus ⟨de Montibus⟩**

Wilhelm ⟨de Rockenhusen⟩
→ **Scheneck, Wilhelm**

Wilhelm ⟨de Rubió⟩
→ **Guilelmus ⟨de Rubione⟩**

Wilhelm ⟨de Tudela⟩
→ **Guillaume ⟨de Tudèle⟩**

Wilhelm ⟨der Bretone⟩
→ **Guilelmus ⟨Brito⟩**

Wilhelm ⟨der Eroberer⟩
→ **William ⟨England, King, I.⟩**

Wilhelm ⟨der Tapfere⟩
→ **Wilhelm ⟨Thüringen, Landgraf, III.⟩**

Wilhelm ⟨Durandus⟩
→ **Durantis, Guilelmus**

Wilhelm ⟨Durandus, Junior⟩
→ **Durantis, Guilelmus ⟨Iunior⟩**

Wilhelm ⟨England, König, I.⟩
→ **William ⟨England, King, I.⟩**

Wilhelm ⟨Filastre⟩
→ **Fillastre, Guilelmus ⟨...⟩**

Wilhelm ⟨Grimoard⟩
→ **Urbanus ⟨Papa, V.⟩**

Wilhelm ⟨Hofer⟩
→ **Hofer, Wilhelmus**

Wilhelm ⟨Holland, Graf, II.⟩
→ **Wilhelm ⟨Römisch-Deutsches Reich, König⟩**

Wilhelm ⟨Jordaens⟩
→ **Jordaens, Wilhelm**

Wilhelm ⟨Jülich, Herzog, II.⟩
gest. 1393
Epistolae (viginti quattuor) ad Bonifacium IX papam; Zählung „VI." entspricht B 1986
Rep.Font. V,307
Guilelmus ⟨Dux Iuliacensis, II.⟩
Guillaume ⟨de Juliers⟩
Guillaume ⟨Juliers, Duc, VI.⟩
Guillaume ⟨le Vieux⟩
Wilhelm ⟨von Jülich⟩

Wilhelm ⟨Langland⟩
→ **Langland, William**

Wilhelm ⟨Lissovius⟩
→ **Guilelmus ⟨de Lissy⟩**

Wilhelm ⟨Lorris⟩
→ **Guillaume ⟨de Lorris⟩**

Wilhelm ⟨Luxemburg, Herzog, III.⟩
→ **Wilhelm ⟨Thüringen, Landgraf, III.⟩**

Wilhelm ⟨Meißen, Markgraf, III.⟩
→ **Wilhelm ⟨Thüringen, Landgraf, III.⟩**

Wilhelm ⟨of Dijon⟩
→ **Guilelmus ⟨Sancti Benigni⟩**

Wilhelm ⟨of Saint Thomas⟩
→ **Guilelmus ⟨de Paraclito⟩**

Wilhelm ⟨Parvus⟩
→ **Guilelmus ⟨Neubrigensis⟩**

Wilhelm ⟨Pembroke, Graf, I.⟩
→ **William ⟨Pembroke, Earl, I.⟩**

Wilhelm ⟨Peraldus⟩
→ **Guilelmus ⟨Peraldus⟩**

Wilhelm ⟨Petri de Godino⟩
→ **Petrus ⟨de Godino⟩**

Wilhelm ⟨Prior von Wavre⟩
→ **Guilelmus ⟨de Afflighem⟩**

Wilhelm ⟨Römisch-Deutsches Reich, König⟩
1227/28 – 1256
Guilelmus ⟨de Hollandia⟩
Guilelmus ⟨Imperium Romanum-Germanicum, Imperator⟩
Hollandia, Guilelmus ¬de¬
Wilhelm ⟨Holland, Graf, II.⟩
Wilhelm ⟨von Holland⟩

Wilhelm ⟨Rotvellus⟩
→ **Guilelmus ⟨Rothwell⟩**

Wilhelm ⟨Rovelus⟩
→ **Guilelmus ⟨Rothwell⟩**

Wilhelm ⟨Rubió⟩
→ **Guilelmus ⟨de Rubione⟩**

Wilhelm ⟨Salicetus⟩
→ **Guilelmus ⟨de Saliceto⟩**

Wilhelm ⟨Scheneck⟩
→ **Scheneck, Wilhelm**

Wilhelm ⟨Sizilien, König, III.⟩
→ **Guglielmo ⟨Sicilia, Re, III.⟩**

Wilhelm ⟨Sudbery⟩
→ **Guilelmus ⟨de Sudbery⟩**

Wilhelm ⟨Thüringen, Landgraf, III.⟩
1425 – 1482
Pilgerfahrt zum heiligen Lande im Jahre 1461
Potth. 1116
Guillaume ⟨le Courageux⟩
Guillaume ⟨Luxembourg, Duc, III.⟩
Guillaume ⟨Thuringe, Landgrave, III.⟩
Wilhelm ⟨der Tapfere⟩
Wilhelm ⟨Luxemburg, Herzog, III.⟩
Wilhelm ⟨Meißen, Markgraf, III.⟩

Wilhelm ⟨Tyrius⟩
→ **Guilelmus ⟨de Tyro⟩**

Wilhelm ⟨Tzewers⟩
→ **Guilelmus ⟨Textor⟩**

Wilhelm ⟨von Affligem⟩
→ **Guilelmus ⟨de Afflighem⟩**

Wilhelm ⟨von Almorc⟩
→ **Guilelmus ⟨Alaunovicanus⟩**

Wilhelm ⟨von Alnwick⟩
→ **Guilelmus ⟨Alaunovicanus⟩**

Wilhelm ⟨von Altona⟩
→ **Guilelmus ⟨de Altona⟩**

Wilhelm ⟨von Apulien⟩
→ **Guilelmus ⟨Apuliensis⟩**

Wilhelm ⟨von Aquitanien⟩
→ **Guillaume ⟨Aquitaine, Duc, VIIII.⟩**

Wilhelm ⟨von Armoyt⟩
→ **Guilelmus ⟨Alaunovicanus⟩**

Wilhelm ⟨von Auberive⟩
→ **Guilelmus ⟨de Alba Ripa⟩**

Wilhelm ⟨von Aurillac⟩
→ **Guilelmus ⟨Baufeti⟩**

Wilhelm ⟨von Auvergne⟩
→ **Guilelmus ⟨Arvernus⟩**

Wilhelm ⟨von Auxerre⟩
→ **Guilelmus ⟨Altissiodorensis⟩**

Wilhelm ⟨von Blois⟩
→ **Guilelmus ⟨Blesensis⟩**

Wilhelm ⟨von Boldensele⟩
→ **Guilelmus ⟨de Boldensele⟩**

Wilhelm ⟨von Brescia⟩
→ **Guilelmus ⟨Brixiensis⟩**

Wilhelm ⟨von Champeaux⟩
→ **Guilelmus ⟨de Campellis⟩**

Wilhelm ⟨von Chartres⟩
→ **Guilelmus ⟨Carnotensis⟩**

Wilhelm ⟨von Chiusa⟩
→ **Guilelmus ⟨Clusiensis⟩**

Wilhelm ⟨von Clifford⟩
→ **Guilelmus ⟨de Clifford⟩**

Wilhelm ⟨von Cluse⟩
→ **Guilelmus ⟨Clusiensis⟩**

Wilhelm ⟨von Conches⟩
→ **Guilelmus ⟨de Conchis⟩**

Wilhelm ⟨von Congenie⟩
→ **Guilelmus ⟨de Congenis⟩**

Wilhelm ⟨von Crathorn⟩
→ **Crathorn**

Wilhelm ⟨von Cremona⟩
→ **Guilelmus ⟨de Cremona⟩**

Wilhelm ⟨von Dijon⟩
→ **Guilelmus ⟨Sancti Benigni⟩**

Wilhelm ⟨von Drogheda⟩
→ **Guilelmus ⟨de Drogeda⟩**

Wilhelm ⟨von England⟩
→ **William ⟨England, King, I.⟩**

Wilhelm ⟨von Falgar⟩
→ **Guilelmus ⟨de Falgar⟩**

Wilhelm ⟨von Gliers⟩
→ **Gliers, ¬Der von¬**

Wilhelm ⟨von Gouda⟩
→ **Guilelmus ⟨de Gouda⟩**

Wilhelm ⟨von Guarro⟩
→ **Guilelmus ⟨de Wara⟩**

Wilhelm ⟨von Heytesbury⟩
→ **Guilelmus ⟨Hentisberus⟩**

Wilhelm ⟨von Hirsau⟩
→ **Guilelmus ⟨Hirsaugiensis⟩**

Wilhelm ⟨von Holland⟩
→ **Wilhelm ⟨Römisch-Deutsches Reich, König⟩**

Wilhelm ⟨von Hothum⟩
→ **Guilelmus ⟨de Hothum⟩**

Wilhelm ⟨von Jülich⟩
→ **Wilhelm ⟨Jülich, Herzog, II.⟩**

Wilhelm ⟨von Jumièges⟩
→ **Guilelmus ⟨Gemeticensis⟩**

Wilhelm ⟨von Lissy⟩
→ **Guilelmus ⟨de Lissy⟩**

Wilhelm ⟨von Lorris⟩
→ **Guillaume ⟨de Lorris⟩**

Wilhelm ⟨von Lucca⟩
→ **Guilelmus ⟨Lucensis⟩**

Wilhelm ⟨von Macclesfield⟩
→ **Guilelmus ⟨de Macklesfield⟩**

Wilhelm ⟨von Malmesbury⟩
→ **Guilelmus ⟨Malmesburiensis⟩**

Wilhelm ⟨von Mandagout⟩
→ **Guilelmus ⟨de Mandagoto⟩**

Wilhelm ⟨von Martin⟩
→ **Martin ⟨Alchemist⟩**

Wilhelm ⟨von Melitona⟩
→ **Guilelmus ⟨de Melitona⟩**

Wilhelm ⟨von Middleton⟩
→ **Guilelmus ⟨de Melitona⟩**

Wilhelm ⟨von Moerbeke⟩
→ **Guilelmus ⟨de Moerbeka⟩**

Wilhelm ⟨von Montelauduno⟩
→ **Guilelmus ⟨de Monte Lauduno⟩**

Wilhelm ⟨von Nangis⟩
→ **Guilelmus ⟨de Nangiaco⟩**

Wilhelm ⟨von Newbourgh⟩
→ **Guilelmus ⟨Neubrigensis⟩**

Wilhelm ⟨von Nogaret⟩
→ **Nogaret, Guillaume ¬de¬**

Wilhelm ⟨von Nottingham⟩
→ **Guilelmus ⟨de Nottingham⟩**
→ **Guilelmus ⟨de Nottingham, Lector Oxoniensis⟩**

Wilhelm ⟨von Ockham⟩
→ **Ockham, Guilelmus ¬de¬**

Wilhelm ⟨von Osma⟩
→ **Guilelmus ⟨de Osma⟩**

Wilhelm ⟨von Padua⟩
→ **Guilelmus ⟨Paduanus⟩**

Wilhelm ⟨von Paris⟩
→ **Guilelmus ⟨Parisiensis⟩**

Wilhelm ⟨von Pembroke⟩
→ **William ⟨Pembroke, Earl, I.⟩**

Wilhelm ⟨von Piacenza⟩
→ **Guilelmus ⟨de Saliceto⟩**

Wilhelm ⟨von Poitiers⟩
→ **Guilelmus ⟨Pictaviensis⟩**
→ **Guillaume ⟨Aquitaine, Duc, VIIII.⟩**

Wilhelm ⟨von Ramsey⟩
→ **Guilelmus ⟨de Ramsey⟩**

Wilhelm ⟨von Ringenstein⟩
→ **Affenschmalz**

Wilhelm ⟨von Rubruk⟩
→ **Rubruquis, Guilelmus ¬de¬**

Wilhelm ⟨von Saint-Amour⟩
→ **Guilelmus ⟨de Sancto Amore⟩**

Wilhelm ⟨von Saint-Bénigne⟩
→ **Guilelmus ⟨Sancti Benigni⟩**

Wilhelm ⟨von Saint-Denis⟩
→ **Guilelmus ⟨Sandionysianus⟩**

Wilhelm ⟨von Saint-Thierry⟩
→ **Guilelmus ⟨de Sancto Theodorico⟩**

Wilhelm ⟨von Saint-Trond⟩
→ **Guilelmus ⟨de Afflighem⟩**

Wilhelm ⟨von Saliceto⟩
→ **Guilelmus ⟨de Saliceto⟩**

Wilhelm ⟨von Sankt Thierry⟩
→ **Guilelmus ⟨de Sancto Theodorico⟩**

Wilhelm ⟨von Sankt-Benignus⟩
→ **Guilelmus ⟨Sancti Benigni⟩**

Wilhelm ⟨von Shyreswood⟩
→ **Guilelmus ⟨de Shyreswood⟩**

Wilhelm ⟨von Signy⟩
→ **Guilelmus ⟨de Sancto Theodorico⟩**

Wilhelm ⟨von Tocco⟩
→ **Guilelmus ⟨de Tocco⟩**

Wilhelm ⟨von Tournai⟩
→ **Guilelmus ⟨Tornacensis⟩**

Wilhelm ⟨von Tripolis⟩
→ **Guilelmus ⟨Tripolitanus⟩**

Wilhelm ⟨von Tyrus⟩
→ **Guilelmus ⟨de Tyro⟩**

Wilhelm ⟨von Valle Rouillonis⟩
→ **Guilelmus ⟨de Valle Rouillonis⟩**

Wilhelm ⟨von Varro⟩
→ **Guilelmus ⟨de Wara⟩**

Wilhelm ⟨von Velde⟩
→ **Guilelmus ⟨de Velde⟩**

Wilhelm ⟨von Vorillon⟩
→ **Guilelmus ⟨de Valle Rouillonis⟩**

Wilhelm ⟨von Ware⟩
→ **Guilelmus ⟨de Wara⟩**

Wilhelm ⟨von Wavre⟩
→ **Guilelmus ⟨de Afflighem⟩**

Wilhelm ⟨von Weyarn⟩
→ **Guilelmus ⟨de Vivaria⟩**

Wilhelm ⟨Zwers⟩
→ **Guilelmus ⟨Textor⟩**

Wilhelm Petrus ⟨von Godino⟩
→ **Petrus ⟨de Godino⟩**

Wilhelm, Martin
→ **Martin ⟨Alchemist⟩**

Wilhelmiter, Nikolaus ¬der¬
→ **Nikolaus ⟨der Wilhelmiter⟩**

Wilhelmus ⟨...⟩
→ **Guilelmus ⟨...⟩**

Wilhelmus ⟨Hofer⟩
→ **Hofer, Wilhelmus**

Wilhymleyd, Petrus
→ **Petrus ⟨Wilhymleyd⟩**

Wiliam ⟨...⟩
→ **William ⟨...⟩**

Wilibald
→ **Willibaldus ⟨Moguntinensis⟩**

Wilibertus ⟨Tornacensis⟩
→ **Gilbertus ⟨Tornacensis⟩**

Wilibrord ⟨Sankt⟩
→ **Willibrordus ⟨Traiectensis⟩**

Wilich, Gerardus
→ **Gerardus ⟨Vilichius⟩**

Wilielmus ⟨...⟩
→ **Guilelmus ⟨...⟩**

Wilkens, Ludolphus
→ **Ludolphus ⟨Wilkens⟩**

Will. ⟨Magister⟩
→ **Willermus ⟨Magister⟩**

Willam ⟨...⟩
→ **Willem ⟨...⟩**

Wille, Kunz ¬von¬
→ **Kunz ⟨von Wille⟩**

Willebrandus ⟨de Oldenburg⟩
→ **Wilbrandus ⟨Oldenburgensis⟩**

Willelmus ⟨...⟩
→ **Guilelmus ⟨...⟩**

Willem ⟨Absel van Breda⟩
→ **Guilelmus ⟨Abselius de Breda⟩**

Willem ⟨de Pastoor⟩
→ **Sluys, Willem ¬van¬**

Willem ⟨Gilliszoon van Wissekerke⟩
→ **Guilelmus ⟨Gilliszoon de Wissekerke⟩**

Willem ⟨Hermansz⟩
→ **Guilelmus ⟨de Gouda⟩**

Willem ⟨Jordaens⟩
→ **Jordaens, Wilhelm**

Willem ⟨te Rotterdam⟩
→ **Sluys, Willem ¬van¬**

Willem ⟨van Aquitanië⟩
→ **Guillaume ⟨Aquitaine, Duc, VIIII.⟩**

Willem ⟨van Congeinna⟩
→ **Guilelmus ⟨de Congenis⟩**

Willem ⟨van de Velde⟩
→ **Guilelmus ⟨de Velde⟩**

Willem ⟨van Gouda⟩
→ **Guilelmus ⟨de Gouda⟩**

Willem ⟨van Hildgaersberch⟩
um 1380
LMA,V,13
Hildgaersberch, Willem ¬van¬
Hillegaersberch, Willem ¬van¬
Willem ⟨van Hildegaersberch⟩

Willem ⟨van Saint Thierry⟩
→ **Guilelmus ⟨de Sancto Theodorico⟩**

Willem ⟨van Sluys⟩
→ **Sluys, Willem ¬van¬**

Willem ⟨van Tyrus⟩
→ **Guilelmus ⟨de Tyro⟩**

Willem ⟨van Vottem⟩
→ **Guilelmus ⟨de Vottem⟩**

Willem ⟨von Affligem⟩
→ **Guilelmus ⟨de Afflighem⟩**

Willeram ⟨de Bamberg⟩
→ **Willeramus ⟨Eberspergensis⟩**

Willeraminus
→ **Willeramus ⟨Eberspergensis⟩**

Willeramus ⟨Eberspergensis⟩
1010 – 1085 · OSB
Expositio in Cantica canticorum
Tusculum-Lexikon; LThK; LMA,IX,216/17
Waldramnus ⟨de Merseburg⟩
Waldramus ⟨de Merseburg⟩
Walram ⟨de Mersebourg⟩
Walramus ⟨de Merseburg⟩
Waltram
Willeram ⟨de Bamberg⟩
Willeram ⟨de Saint-Michel de Bamberg⟩
Willeram ⟨d'Ebersberg⟩
Willeram ⟨Franconien⟩
Willeram ⟨of Ebersberg⟩
Willeram ⟨von Ebersberg⟩
Willeraminus
Willerammus ⟨Eberspergensis⟩
Willeramus ⟨Ebersbergensis⟩
Willeramus ⟨Merseburgensis⟩
Williram ⟨Ebersbergensis⟩
Williram ⟨Eberspergensis⟩
Williram ⟨von Ebersberg⟩
Williram ⟨von Ebersberg⟩
Willirammus ⟨Ebersbergensis⟩
Williramus ⟨de Ebersberg⟩
Williramus ⟨Eberspergensis⟩
Wilram
Wilrammus ⟨Eberspergensis⟩
Wilramus ⟨Eberspergensis⟩
Wilramus ⟨Merseburgensis⟩
Wiltram

Willeramus ⟨Merseburgensis⟩
→ **Willeramus ⟨Eberspergensis⟩**

Willermus ⟨...⟩
→ **Guilelmus ⟨...⟩**
→ **Guillermus ⟨...⟩**

Willermus ⟨Magister⟩
um 1230/50
Quaestio de primis motibus; De fine theologiae; Identität des Verf. von „Quaestio de primis motibus" (Schönberger/Kible, Repertorium, 15404) mit dem Verf. von „De fine theologiae" (Schönberger/Kible, Repertorium, 18990) möglich (vgl. Sileo, Leonardo: Teoria della scienza teologica. Roma, 1984, Bd. 1, S. 73)
Schönberger/Kible, Repertorium, 15404 und 18990
Guilelmus ⟨Magister⟩
Magister Willermus
W. ⟨Magister⟩
Will. ⟨Magister⟩

William ⟨Albon⟩
→ **Albon, Guilelmus**

William ⟨Aquitaine, Duke, VIIII.⟩
→ **Guillaume ⟨Aquitaine, Duc, VIIII.⟩**

William ⟨Bateman⟩
→ **Guilelmus ⟨Bateman⟩**

William ⟨Boderisham⟩
→ **Guilelmus ⟨de Boderisham⟩**

William ⟨Bonkis⟩
→ **Guilelmus ⟨de Bonkes⟩**

William ⟨Buser⟩
→ **Guilelmus ⟨Buser⟩**

William ⟨Caoursin⟩
→ **Caoursin, Guillaume**

William ⟨Caxton⟩
→ **Caxton, William**

William ⟨Courtenay⟩
→ **Guilelmus ⟨Herefordensis⟩**

William ⟨de Boys⟩
→ **Guilelmus ⟨de Bosco⟩**

William ⟨de Brailes⟩
um 1240/50
Buchillustrator und -illuminator
Brailes, William ¬de¬
William ⟨de Brail⟩

William ⟨de Chambre⟩
→ **Guilelmus ⟨de Chambre⟩**

William ⟨de Gainsborough⟩
→ **Guilelmus ⟨de Gaynesburgh⟩**

William ⟨de Lincoln⟩
→ **Guilelmus ⟨de Montibus⟩**

William ⟨de Macclesfield⟩
→ **Guilelmus ⟨de Macklesfield⟩**

William ⟨de Mirica⟩
→ **Guilelmus ⟨de Mirica⟩**

William ⟨de Montibus⟩
→ **Guilelmus ⟨de Montibus⟩**

William ⟨de Norton⟩
→ **Guilelmus ⟨Norton⟩**

William ⟨de Norwell⟩
→ **Guilelmus ⟨de Northwell⟩**

William ⟨de Norwico⟩
→ **Guilelmus ⟨Bateman⟩**

William ⟨de Paul⟩
→ **Guilelmus ⟨de Pagula⟩**

William ⟨de Rishanger⟩
→ **Rishanger, Guilelmus**

William ⟨de Rothwell⟩
→ **Guilelmus ⟨Rothwell⟩**

William ⟨de Shoreham⟩
→ **William ⟨of Shoreham⟩**

William ⟨d'Eyncourt⟩
→ **Guilelmus ⟨Encourt⟩**

William ⟨Durant⟩
→ **Durantis, Guilelmus ⟨...⟩**

William ⟨England, King, I.⟩
1027 – 1087
Diplomata 34; Liber censualis
LThK; CSGL; Potth.; LMA,IX,127/129
Guilelmus ⟨Anglia, Rex, I.⟩
Guilelmus ⟨Anglorum Rex⟩
Guilelmus ⟨Conquestor⟩
Guilelmus ⟨Northmannorum Conquestor⟩
Guilielmus ⟨Anglia, Rex, I.⟩
Guilielmus ⟨Conquestor⟩
Guillaume ⟨Angleterre, Roi, I.⟩
Guillaume ⟨d'Angleterre⟩
Guillaume ⟨le Bâtard⟩
Guillaume ⟨le Conquérant⟩
Guillaume ⟨Normandie, Duc, II.⟩
Guillelme ⟨Ynglaterra, Rei, I.⟩
Vilhelm ⟨af Normandiet⟩
Wilhelm ⟨Anglia, Rex, I.⟩
Wilhelm ⟨der Eroberer⟩
Wilhelm ⟨England, König, I.⟩
Wilhelm ⟨von England⟩
Wilhelmus ⟨Conquestor⟩
William ⟨England, König, I.⟩
William ⟨Grossbritannien, König, I.⟩
William ⟨of Normandy⟩
William ⟨the Conqueror⟩
Williaume ⟨le Bastard⟩

William ⟨Fitzstephen⟩
→ **Guilelmus ⟨Stephanides⟩**

William ⟨Flete⟩
→ **Flete, William**

William ⟨Gainesburg⟩
→ **Guilelmus ⟨de Gaynesburgh⟩**

William ⟨Glastymbury⟩
→ **Glastymbury, William**

William ⟨Gregory⟩
→ **Gregory, William**

William ⟨Grossbritannien, König, I.⟩
→ **William ⟨England, King, I.⟩**

William ⟨Herebert⟩
→ **Guilelmus ⟨Herebertus⟩**

William ⟨Hestilibiry⟩
→ **Guilelmus ⟨Hentisberus⟩**

William ⟨Heytesbury⟩
→ **Guilelmus ⟨Hentisberus⟩**

William ⟨Hittylysbiry⟩
→ **Guilelmus ⟨Hentisberus⟩**

William ⟨Kingsam⟩
→ **Guilelmus ⟨de Kingsham⟩**

William ⟨Knight-Marshal of the King's Horse⟩
→ **William ⟨Pembroke, Earl, I.⟩**

William ⟨Langland⟩
→ **Langland, William**

William ⟨le Petit⟩
→ **Guilelmus ⟨Neubrigensis⟩**

William ⟨Lissy⟩
→ **Guilelmus ⟨de Lissy⟩**

William ⟨Litle⟩
→ **Guilelmus ⟨Neubrigensis⟩**

William ⟨Longland⟩
→ **Langland, William**

William ⟨Lyndwood⟩
→ **Guilelmus ⟨Lyndwood⟩**

William ⟨Malmesbury⟩
→ **Guilelmus ⟨Malmesburiensis⟩**

William ⟨Marshal of Pembroke⟩
→ **William ⟨Pembroke, Earl, I.⟩**

William ⟨Norton⟩
→ **Guilelmus ⟨Norton⟩**

William ⟨Ockham⟩
→ **Ockham, Guilelmus ¬de¬**

William ⟨of Alnwick⟩
→ **Guilelmus ⟨Alaunovicanus⟩**

William ⟨of Alvernia⟩
→ **Guilelmus ⟨Arvernus⟩**

William ⟨of Apulia⟩
→ **Guilelmus ⟨Apuliensis⟩**

William ⟨of Aragon⟩
→ **Guilelmus ⟨de Aragonia⟩**

William ⟨of Auvergne⟩
→ **Guilelmus ⟨Arvernus⟩**

William ⟨of Auxerre⟩
→ **Guilelmus ⟨Altissiodorensis⟩**

William ⟨of Baglione⟩
→ **Guilelmus ⟨de Baliona⟩**

William ⟨of Blois⟩
→ **Guilelmus ⟨Blesensis⟩**

William ⟨of Brescia⟩
→ **Guilelmus ⟨Brixiensis⟩**

William ⟨of Champeaux⟩
→ **Guilelmus ⟨de Campellis⟩**

William ⟨of Conches⟩
→ **Guilelmus ⟨de Conchis⟩**

William ⟨of Doncaster⟩
→ **Guilelmus ⟨de Donekastria⟩**

William ⟨of Drogheda⟩
→ **Guilelmus ⟨de Drogeda⟩**

William ⟨of Eskilsoe⟩
→ **Guilelmus ⟨de Paraclito⟩**

William ⟨of Hereford⟩
→ **Guilelmus ⟨Herefordensis⟩**

William ⟨of Heusden⟩
→ **Guilelmus ⟨Buser⟩**

William ⟨of Heytesbury⟩
→ **Guilelmus ⟨Hentisberus⟩**

William ⟨of Hirsau⟩
→ **Guilelmus ⟨Hirsaugiensis⟩**

William ⟨of Jumièges⟩
→ **Guilelmus ⟨Gemeticensis⟩**

William ⟨of la Mare⟩
→ **Guilelmus ⟨de Lamara⟩**

William ⟨of Malmesbury⟩
→ **Guilelmus ⟨Malmesburiensis⟩**

William ⟨of Melitona⟩
→ **Guilelmus ⟨de Melitona⟩**

William ⟨of Middleton⟩
→ **Guilelmus ⟨de Melitona⟩**

William ⟨of Moerbeke⟩
→ **Guilelmus ⟨de Moerbeka⟩**

William ⟨of Montoriel⟩
→ **Guilelmus ⟨de Montoriel⟩**

William ⟨of Morimond⟩
→ **Guilelmus ⟨de Morimond⟩**

William ⟨of Nassington⟩
→ **Nassington, Guilelmus**

William ⟨of Newbridge⟩
→ **Guilelmus ⟨Neubrigensis⟩**

William ⟨of Newburgh⟩
→ **Guilelmus ⟨Neubrigensis⟩**

William ⟨of Newbury⟩
→ **Guilelmus ⟨Neubrigensis⟩**

William ⟨of Normandy⟩
→ **William ⟨England, King, I.⟩**

William ⟨of Nottingham⟩
→ **Guilelmus ⟨de Nottingham⟩**
→ **Guilelmus ⟨de Nottingham, Lector Oxoniensis⟩**

William ⟨of Ockham⟩
→ **Ockham, Guilelmus ¬de¬**

William ⟨of Pagula⟩
→ **Guilelmus ⟨de Pagula⟩**

William ⟨of Paris⟩
→ **Guilelmus ⟨Arvernus⟩**

William ⟨of Pembroke⟩
→ **William ⟨Pembroke, Earl, I.⟩**

William ⟨of Poitiers⟩
→ **Guilelmus ⟨Pictaviensis⟩**

William ⟨of Poitou⟩
→ **Guillaume ⟨Aquitaine, Duc, VIIII.⟩**

William ⟨of Saint Jacques⟩
→ **Guilelmus ⟨de Sancto Jacobo Leodiensis⟩**

William ⟨of Saint Thierry⟩
→ **Guilelmus ⟨de Sancto Theodorico⟩**

William ⟨of Saliceto⟩
→ **Guilelmus ⟨de Saliceto⟩**

William ⟨of Sherwood⟩
→ **Guilelmus ⟨de Shyreswood⟩**

William ⟨of Shoreham⟩
um 1320
Poems
Guillaume ⟨de Shoreham⟩
Shoreham, William ¬of¬
William ⟨de Shoreham⟩

William ⟨of Shyreswood⟩
→ **Guilelmus ⟨de Shyreswood⟩**

William ⟨of Thetford⟩
→ **Guilelmus ⟨de Thetford⟩**

William ⟨of Tournai⟩
→ **Guilelmus ⟨Tornacensis⟩**

William ⟨of Tyre⟩
→ **Guilelmus ⟨de Tyro⟩**

William ⟨of Vaurouillon⟩
→ **Guilelmus ⟨de Valle Rouillonis⟩**

William ⟨of Ware⟩
→ **Guilelmus ⟨de Wara⟩**

William ⟨of Worcester⟩
→ **Guilelmus ⟨Worcestrius⟩**

William ⟨Pembroke, Earl, I.⟩
ca. 1144 – 1219
Histoire de Guillaume le Maréchal
Rep.Font. V,339; V,526;LMA,VI,330
Guilelmus ⟨Marescallus⟩
Guillaume ⟨Angleterre, Régent⟩
Guillaume ⟨le Maréchal⟩
Guillaume ⟨Pembroke, Comte, I.⟩
Guillaume ⟨Striguil, Comte⟩
Maréchal, Guillaume ¬le¬
Marshal, William
Pembroke, Wilhelm ¬von¬
Pembroke, William ¬of¬
Wilhelm ⟨Pembroke, Graf, I.⟩
Wilhelm ⟨von Pembroke⟩
William ⟨Knight-Marshal of the King's Horse⟩
William ⟨Marshal⟩
William ⟨Marshal of Pembroke⟩
William ⟨of Pembroke⟩

William ⟨Penbegyll⟩
→ **Guilelmus ⟨Penbygull⟩**

William ⟨Poitiers, Count, VII.⟩
→ **Guillaume ⟨Aquitaine, Duc, VIIII.⟩**

William ⟨Powell⟩
→ **Guilelmus ⟨de Pagula⟩**

William ⟨Rishanger⟩
→ **Rishanger, Guilelmus**

William ⟨Rothwell⟩
→ **Guilelmus ⟨Rothwell⟩**

William ⟨Shirwood⟩
→ **Guilelmus ⟨de Shyreswood⟩**

William ⟨Slade⟩
→ **Slade, Guilelmus**

William ⟨the Conqueror⟩
→ **William ⟨England, King, I.⟩**

William ⟨Thorne⟩
→ **Guilelmus ⟨Thorne⟩**

William ⟨Twici⟩
→ **Twici, William**

William ⟨Twiti⟩
→ **Twici, William**

William ⟨Vorilong⟩
→ **Guilelmus ⟨de Valle Rouillonis⟩**

William ⟨Wallace⟩
→ **Wallace, William**

William ⟨Wallingford⟩
→ **Walingforde, Guilelmus**

William ⟨Wey⟩
→ **Wey, William**

William ⟨Woodford⟩
→ **Guilelmus ⟨de Woodford⟩**

William ⟨Worcester⟩
→ **Guilelmus ⟨Worcestrius⟩**

William ⟨Wyrcestre⟩
→ **Guilelmus ⟨Worcestrius⟩**

Williaume ⟨...⟩
→ **William ⟨...⟩**

Willibaldus ⟨Eichstetensis⟩
ca. 700 – 786
LThk(2),X,1165; CSGL; Meyer; LMA,IX,211/12
Guillibaldus ⟨Eichstetensis⟩
Willibald ⟨d'Eichstätt⟩
Willibald ⟨of Eichstätt⟩
Willibald ⟨von Eichstätt⟩
Willibaldus ⟨Sanctus⟩

Willibaldus ⟨Moguntinensis⟩
8. Jh.
Vita S. Bonifacii
Tusculum-Lexikon; LThK; CSGL
Wilibald
Wilibaldus ⟨Moguntiensis⟩
Willibald
Willibald ⟨de Mayence⟩
Willibald ⟨der Presbyter⟩
Willibald ⟨Presbyter⟩
Willibald ⟨von Mainz⟩
Willibaldus
Willibaldus ⟨Moguntinus⟩
Willibaldus ⟨Presbyter⟩
Willibaldus ⟨Presbyter Moguntiae⟩

Willibrordus ⟨Clemens⟩
→ **Willibrordus ⟨Traiectensis⟩**

Willibrordus ⟨Echternacensis⟩
→ **Willibrordus ⟨Traiectensis⟩**

Willibrordus ⟨Sanctus⟩
→ **Willibrordus ⟨Traiectensis⟩**

Willibrordus ⟨Traiectensis⟩
658 – 739
Mutmaßl. Verf. von Iudicium Clementis; Kalendarium
Cpl 1890; DOC,2,1810; LThK; Cpl 2037; LMA,IX,213
Villibrordo ⟨di Utrecht⟩
Wilibrord ⟨d'Epternach⟩
Wilibrord ⟨Sankt⟩
Willibrord ⟨Heiliger⟩
Willibrord ⟨Saint⟩
Willibrord ⟨Sint⟩
Willibrordus ⟨Clemens⟩
Willibrordus ⟨Echternacensis⟩
Willibrordus ⟨Episcopus⟩

Willibrordus ⟨Sanctus⟩
Willibrordus ⟨Ultraiectensis⟩

Willibrordus ⟨Ultraiectensis⟩
→ **Willibrordus ⟨Traiectensis⟩**

Willielmus ⟨...⟩
→ **Guilelmus**

Willihelmus ⟨...⟩
→ **Guilelmus ⟨...⟩**

Williramus ⟨de Ebersberg⟩
→ **Willeramus ⟨Eberspergensis⟩**

Wilperg ⟨Teutonicus⟩
um 1480/90 · OP
Sermo in Parasceve; vermutlich identisch mit Iodocus Sifridus ⟨de Wilperg⟩
Kaeppeli,IV, 483/484; VL(2),10,1170
Iodocus Sifridus ⟨de Wildberg⟩
Iodocus Sifridus ⟨de Wilperg⟩
Iudocus Sifridus ⟨de Wilperg⟩
Teutonicus, Wilperg
Wildberg, Iodocus Sifridus ¬de¬
Wilperg ⟨Vater⟩

Wilperg ⟨Vater⟩
→ **Wilperg ⟨Teutonicus⟩**

Wilram
→ **Willeramus ⟨Eberspergensis⟩**

Wilton, Johannes
→ **Johannes ⟨Wilton⟩**

Wilton, Richard ¬de¬
→ **Richardus ⟨de Wilton⟩**

Wiltram
→ **Willeramus ⟨Eberspergensis⟩**

Wimannus ⟨...⟩
→ **Guimannus ⟨...⟩**

Winandus ⟨de Stega⟩
1371 – 1453
Correctorium interpretationum Bibliae; In libros Moysi; Adamas colluctantium aquilarum
Stegmüller, Repert. bibl. 8380-8382; VL(2),10,1181
Stega, Winandus ¬de¬
Winand ⟨von Steeg⟩
Winandus ⟨Ort de Steeg⟩
Wynandus ⟨de Stega⟩

Wincent ⟨Bogusławicz⟩
→ **Kadlubek, Vincentius**

Wincenty ⟨z Kielc⟩
→ **Vincentius ⟨de Kielce⟩**

Winchelsea, Johannes ¬de¬
→ **Johannes ⟨de Winchelsea⟩**

Winchester, Elie ¬de¬
→ **Elie ⟨de Winchester⟩**

Windeck, Eberhard
ca. 1380 – 1440
LThK; VL(2),4,1001/06; LMA,IX,232/33; Potth.
Eberhard ⟨Windeck⟩
Windecke, Eberhart
Windek, Eberhard

Windesora, Rogerus ¬de¬
→ **Rogerus ⟨de Windesora⟩**

Windsberger de Basilea, Ludovicus
→ **Windsperger, Ludwig**

Windsor, Édouard ¬de¬
→ **Edward ⟨England, King, III.⟩**

Windsperger, Ludwig
um 1460/80 · OP
Diße stucklein dy prediget
Kaeppeli,III,97; VL(2),10,1213
Ludovicus ⟨de Basilea⟩
Ludovicus ⟨Windsberger de Basilea⟩
Ludovicus ⟨Windsperger⟩
Ludwig ⟨Windsperger⟩
Windsberger de Basilea, Ludovicus
Windsperger, Ludovicus
Wintzperger, Ludwig

Winenburg und Beilstein, Kuno ¬von¬
→ **Kuno ⟨von Winenburg und Beilstein⟩**

Winfrid
→ **Bonifatius ⟨Sanctus⟩**

Winfried, Paul
→ **Paulus ⟨Diaconus⟩**

Winitharius ⟨Sangallensis⟩
8. Jh. · OSB
Liber Peritimologiarum, id est proprietatis sermonum
Stegmüller, Repert. bibl. 8383; Potth. 1118; VL(2),10,1214
Winidharius ⟨de Saint-Gall⟩
Winidharius ⟨Moine à Saint-Gall⟩
Winidharius ⟨Monachus Sangallensis⟩
Winidharius ⟨Sangallensis⟩
Winithaire ⟨de Saint-Gall⟩
Winithar ⟨de Saint-Gall⟩
Winithar ⟨Moine⟩
Winitharius ⟨Dekan⟩
Winitharius ⟨OSB⟩
Winitharius ⟨Priester⟩

Winnian ⟨Saint⟩
→ **Finnianus**

Winrich ⟨von Trier⟩
→ **Winricus ⟨Treverensis⟩**

Winricus
13. Jh.
Liber ordinarius der Stiftskirche St. Aposteln in Köln

Winricus ⟨Treverensis⟩
gest. ca. 1088/96
Carmen de arte coquendi; De unitate Ecclesiae conservanda et de schismate quod fuit inter Heinricum IV imp. et Gregorium VII; Streitschrift gegen Gregor VII.
DOC,2,1800; Potth. 1085; LMA,VIII,2185; VL(2),10,1219
Guenricus ⟨Virdunensis⟩
Pseudo-Wenricus ⟨Trevirensis⟩
Venericus ⟨Episcopus Vercellensis⟩
Venericus ⟨Trevirensis⟩
Venericus ⟨Vercellensis⟩
Vinricus ⟨Placentinus⟩
Vinricus ⟨Trevirensis⟩
Weneric ⟨de Trèves⟩
Weneric ⟨de Verceil⟩
Weneric ⟨de Verdun⟩
Wenericus ⟨Virdunensis⟩
Wenric ⟨de Trèves⟩
Wenric ⟨de Verceil⟩
Wenric ⟨de Verdun⟩
Wenrich ⟨von Trier⟩
Wenricus ⟨Canonicus Virdunensis⟩
Wenricus ⟨Scholasticus Treverensis⟩
Wenricus ⟨Trevirensis Scholasticus⟩
Wenricus ⟨Virdunensis⟩
Winrich ⟨von Trier⟩

Winterbourne, Gualterus ¬de¬
→ **Gualterus ⟨de Winterbourne⟩**

Winteren, Ulricus
→ **Ulricus ⟨Umbtuer⟩**

Winterstetten, Ulrich ¬von¬
→ **Ulrich ⟨von Winterstetten⟩**

Winterswijk, Hermannus ¬de¬
→ **Hermannus ⟨de Winterswijk⟩**

Wintner, Ulricus
→ **Ulricus ⟨Umbtuer⟩**

Winton, Richardus ¬de¬
→ **Richardus ⟨de Winton⟩**

Wintonia, Henricus ¬de¬
→ **Henricus ⟨Wintoniensis⟩**

Wintter, Ulricus
→ **Ulricus ⟨Umbtuer⟩**

Wintzperger, Ludwig
→ **Windsperger, Ludwig**

Wipert ⟨Magdeburg, Burggraf⟩
→ **Wiprecht ⟨von Groitzsch⟩**

Wipertus
11. Jh.
Acta S. Brunonis-Bonifacii (martyr.); Martirium S. Brunonis archiepiscopi
DOC,2,1810; Potth. 1118, 1225
Guipertus ⟨Brunonis Querfurtensis Comes⟩
Guipertus ⟨Comes⟩
Wigpertus ⟨Brunonis Comes⟩
Wigpertus ⟨Comes⟩
Wipertus ⟨Comes⟩
Wipertus ⟨Comes Brunonis⟩

Wipertus ⟨Groicensis⟩
→ **Wiprecht ⟨von Groitzsch⟩**

Wipo ⟨Presbyter⟩
gest. ca. 1050
Tusculum-Lexikon; LThK; CSGL; LMA,IX,243/44
Guipo ⟨Presbyter⟩
Guippo ⟨Presbyter⟩
Presbyter, Wipo
Wigbert
Wipo
Wipo ⟨Capellanus Regius⟩
Wipo, Wigbert
Wippo ⟨Presbyter⟩

Wipo, Wigbert
→ **Wipo ⟨Presbyter⟩**

Wiprecht ⟨Graf⟩
→ **Wiprecht ⟨von Groitzsch⟩**

Wiprecht ⟨von Groitzsch⟩
ca. 1050 – 1124
LMA,IX,244/45
Groitzsch, Wiprecht ¬von¬
Wipert ⟨Magdeburg, Burggraf⟩
Wipertus ⟨Groicensis⟩
Wiprecht ⟨Graf⟩
Wiprecht ⟨Lausitz, Markgraf⟩
Wiprecht ⟨le Jeune⟩
Wiprecht ⟨Meißen, Markgraf⟩
Wiprecht ⟨Ostmark, Markgraf⟩
Wiprecht ⟨von Groitzsch, der Jüngere⟩

Wireker, Nigellus
→ **Nigellus ⟨de Longo Campo⟩**

Wirner ⟨...⟩
→ **Werner ⟨...⟩**

Wirtenberger, Stephanus
→ **Stephanus ⟨Wirtenberger⟩**

Wisbrodelin, Godefridus
→ **Godefridus ⟨Wisbrodelin⟩**

Wischler, Johannes
→ **Johannes ⟨de Spira⟩**

Wissekerke, Guilelmus Gilliszoon ¬de¬
→ **Guilelmus ⟨Gilliszoon de Wissekerke⟩**

Wissenburck, Heinrich ¬von¬
→ **Vigilis, Heinrich**

Wissenburg, Johannes ¬de¬
→ **Johannes ⟨von Weißenburg⟩**

Wissenloh
um 1250
Badischer Minnesänger
Wissenlo

Wistasse ⟨d'Arras⟩
→ **Eustachius ⟨Atrebatensis⟩**

Witelo
ca. 1220 – ca. 1275
Tusculum-Lexikon; LThK; Meyer; LMA,IX,264/65
Ciolek ⟨Vitellius⟩
Vitalio
Vitellio
Vitellio ⟨Mathematicus⟩
Vitellius
Vitellius, Ciolek
Vitello ⟨Thuringopolonus⟩
Vitellus
Vitelo
Witilo

Witgerius ⟨Compendiensis⟩
um 951/959 · OSB
Genealogia Arnulfi comitis Flandriae - 951
Potth. 1119; DOC,2,1810; PL 209,928
Guitgerus ⟨Presbyter⟩
Witger ⟨de Saint-Bertin⟩
Witgerus ⟨Presbyter⟩

Withraedus ⟨Rex Anglorum⟩
→ **Wihtred ⟨Kent, King⟩**

Withso
→ **Wizo**

Witiches ⟨Ostgotischer König⟩
→ **Witigis ⟨Ostgotenreich, König⟩**

Witichind
→ **Widukindus ⟨Corbeiensis⟩**

Witigis ⟨Ostgotenreich, König⟩
gest. ca. 542
Epistulae im Corpus des Cassiodor
Cpl 896; LMA,VIII,1774/75
Vitigès ⟨Roi des Ostrogoths⟩
Vitigis ⟨Ostgotenreich, König⟩
Vitigis ⟨Rex⟩
Witiches ⟨Ostgotischer König⟩
Witigis ⟨König der Ostgoten⟩
Witigis ⟨Ostgotischer König⟩

Witikind ⟨von Korvei⟩
→ **Widukindus ⟨Corbeiensis⟩**

Witilo
→ **Witelo**

Witiza
→ **Benedictus ⟨Anianus⟩**

Witlesey, Gualterus ¬de¬
→ **Gualterus ⟨de Witlesey⟩**

Witold ⟨Litauen, Großfürst⟩
→ **Vytautas ⟨Lietuva, Did-Kunigaikštis⟩**

Wittehenne, Gregorius
gest. 1498
Forts. des Chronicon Huxariense von Visselbeccius, Petrus
Potth. 1119
Grégoire ⟨Wittehenne⟩
Gregorius ⟨Wittehenne⟩
Wittehenne, Grégoire

Wittekind
→ **Widukindus ⟨Corbeiensis⟩**

Wittelsbach, Conradus ¬de¬
→ **Conradus ⟨de Wittelsbach⟩**

Wittenberga, Stephanus ¬de¬
→ **Stephanus ⟨Wirtenberger⟩**

Wittenwiler, Heinrich
um 1400
VL(2); Meyer; LMA,IX,274/75
Heinrich ⟨von Wittenwil⟩
Heinrich ⟨Wittenwiler⟩
Wittenweiler, Heinrich

Wittichindus
→ **Widukindus ⟨Corbeiensis⟩**

Wittiza, Benedictus
→ **Benedictus ⟨Anianus⟩**

Wittlich, Johannes ¬de¬
→ **Johannes ⟨de Wittlich⟩**

Witto
→ **Wizo**

Witzlaw ⟨von Rügen⟩
→ **Wizlav ⟨von Rügen⟩**

Wizilo
→ **Wezilo ⟨Moguntinus⟩**

Wizlav ⟨von Rügen⟩
ca. 1265 – 1325
Minnesänger und Sangspruchdichter
LMA,IX,283
Rügen, Wizlav ¬von¬
Witzlav ⟨Rugen, Prince, III.⟩
Witzlaw ⟨Rügen, Prince, III.⟩
Witzlaw ⟨von Rügen⟩
Wizlav ⟨der Junge⟩
Wizlaw ⟨Rügen, Fürst, III.⟩
Wizlaw ⟨Rügen, Fürst, IV.⟩

Wizo
gest. ca. 805
Dicta de imagine Dei; Opusculum de passione Domini
LMA,II,1432; CC Clavis, Auct. Gall. 1,254 ff.
Candide ⟨Disciple d'Alcuin⟩
Candide ⟨Wizon⟩
Candidus ⟨Hwitto⟩
Candidus ⟨Presbyter⟩
Candidus ⟨Theologe⟩
Candidus ⟨Withso⟩
Candidus ⟨Witto⟩
Candidus ⟨Wizo⟩
Candidus-Wizo
Hwita
Hwitto
Withso
Witto

Wladimir Wsewolodowitsch ⟨Monomach⟩
→ **Vladimir Vsevolodovič ⟨Monomach⟩**

Wladimis, Simon ¬de¬
→ **Simon ⟨Vladimirskij⟩**

Wladislaus ⟨Hungaria, Rex, ...⟩
→ **László ⟨Magyarország, Király, ...⟩**

Wladislaw ⟨der Grammatiker⟩
→ **Vladislav ⟨Gramatik⟩**

Wode ⟨Cantuariensis⟩
→ **Odo ⟨Cantuariensis, Abbas de Bello⟩**

Wodeham, Adam
→ **Adamus ⟨Goddamus⟩**

Wölfel de Wuldersdorf, Thomas
→ **Thomas ⟨Wölfel de Wuldersdorf⟩**

Woerda, Nicasius ¬de¬
→ **Voerda, Nicasius ¬de¬**

Woitkysdorff, Franciscus
→ **Franciscus ⟨Woitkysdorff⟩**

Wojciech ⟨Blar z Brudzewa⟩
→ **Albertus ⟨de Brudzewo⟩**

Wojciech ⟨z Brudzewa⟩
→ **Albertus ⟨de Brudzewo⟩**

Wolbero ⟨Coloniensis⟩
→ **Wolbero ⟨de Sancto Pantaleone⟩**

Wolbero ⟨de Sancto Pantaleone⟩
gest. 1167 · OSB
Commentaria super Canticum Canticorum; Eccl.
DOC,2,1810; Stegmüller, Repert. bibl. 8394;8395
Sancto Pantaleone, Wolbero ¬de¬
Wolbero ⟨Abbas⟩
Wolbero ⟨Abbas Coloniensis⟩
Wolbero ⟨Abbé⟩
Wolbero ⟨Coloniensis⟩
Wolbero ⟨de Cologne⟩
Wolbero ⟨de Saint-Pantaléon⟩
Wolbero ⟨of Cologne⟩
Wolbero ⟨Sancti Pantaleonis⟩
Wolberon ⟨Bénédictin⟩
Wolberon ⟨de Cologne⟩
Wolberon ⟨de Saint-Pantaléon⟩

Wolckman
→ **Volmar**

Wolcuinus ⟨von Sittichenbach⟩
→ **Folcuinus ⟨Sichemensis⟩**

Wolf ⟨Nesteler von Ulm⟩
→ **Nestler ⟨von Speyer⟩**

Wolf ⟨Schilhing⟩
→ **Schilhing, Wolf**

Wolfelmus ⟨Pataviensis⟩
um 1275
Notae 1265-1275
Potth. 1120
Wolfelme ⟨Chanoine à Saint-Nicolas de Padoue⟩
Wolfelmus ⟨Canonicus Sancti Nicolai Pataviensis⟩
Wolfelmus ⟨Sancti Nicolai⟩

Wolfelmus ⟨Sancti Nicolai⟩
→ **Wolfelmus ⟨Pataviensis⟩**

Wolferus ⟨Hildesheimensis⟩
→ **Wolfherius ⟨Hildesheimensis⟩**

Wolff, Johannes
→ **Lupi, Johannes**

Wolffhardus ⟨Hasenrietanus⟩
→ **Wolfhardus ⟨Hasenrietanus⟩**

Wolffis de Arnstede, Johannes
→ **Johannes ⟨Wolffis de Arnstede⟩**

Wolffram ⟨von Eschenbach⟩
→ **Wolfram ⟨von Eschenbach⟩**

Wolfgang ⟨Aitinger⟩
→ **Aytinger, Wolfgang**

Wolfgang ⟨Aschel⟩
→ **Aschel, Wolfgang**

Wolfgang ⟨Aytinger⟩
→ **Aytinger, Wolfgang**

Wolfgang ⟨Bischof⟩
→ **Wolfgang ⟨Heiliger⟩**

Wolfgang ⟨de Melk⟩
→ **Wolfgangus ⟨de Styra⟩**

Wolfgang ⟨de Ratisbonne⟩
→ **Wolfgang ⟨Heiliger⟩**

Wolfgang ⟨de Steier⟩
→ **Wolfgangus ⟨de Styra⟩**

Wolfgang ⟨Evêque⟩
→ **Wolfgang ⟨Heiliger⟩**

Wolfgang ⟨Heiliger⟩
gest. 994
Sakramentar-Pontifikale
LMA,X,306/308; Meyer
Regensburg, Wolfgang ¬von¬
Wolfgang ⟨Bischof⟩
Wolfgang ⟨de Ratisbonne⟩
Wolfgang ⟨Evêque⟩
Wolfgang ⟨Regensburg, Bischof⟩
Wolfgang ⟨Saint⟩
Wolfgang ⟨von Pfullingen⟩
Wolfgang ⟨von Regensburg⟩
Wolfgangus ⟨Sanctus⟩
Wolfkangus ⟨Episcopus⟩
Wolfkangus ⟨Ratisponensis⟩

Wolfgang ⟨Kydrer⟩
→ **Kydrer, Wolfgang**

Wolfgang ⟨Sandizeller⟩
→ **Sandizeller, Wolfgang**

Wolfgang ⟨von Pfullingen⟩
→ **Wolfgang ⟨Heiliger⟩**

Wolfgang ⟨von Regensburg⟩
→ **Wolfgang ⟨Heiliger⟩**

Wolfgang ⟨von Steyr⟩
→ **Wolfgangus ⟨de Styra⟩**

Wolfgangus ⟨de Schwadorf⟩
→ **Wolfgangus ⟨Haindl⟩**

Wolfgangus ⟨de Styra⟩
1402 – 1491 · OSB
Itinerarium ab a. 1414-1463.1484
Potth. 1120
Styra, Wolfgangus ¬de¬
Wolfgang ⟨de Melk⟩
Wolfgang ⟨de Steier⟩
Wolfgang ⟨de Styra⟩
Wolfgang ⟨von Steyr⟩
Wolfgangus ⟨Mellicensis⟩

Wolfgangus ⟨Haindl⟩
um 1472
Quaestiones in Exod.
Stegmüller, Repert. bibl. 8396-8399
Haindl, Wolfgangus
Heindl, Wolfgangus
Hewndl, Wolfgangus
Wolfgangus ⟨de Schwadorf⟩
Wolfgangus ⟨Heindl⟩
Wolfgangus ⟨Hewndl⟩

Wolfgangus ⟨Mellicensis⟩
→ **Wolfgangus ⟨de Styra⟩**

Wolfgangus ⟨Sanctus⟩
→ **Wolfgang ⟨Heiliger⟩**

Wolfger ⟨von Passau⟩
→ **Wolfgerus ⟨Ellenbrechtskirchensis⟩**

Wolfger ⟨von Prüfening⟩
→ **Wolfgerus ⟨Pruveningensis⟩**

Wolfgerus ⟨Aquileiensis⟩
→ **Wolfgerus ⟨Ellenbrechtskirchensis⟩**

Wolfgerus ⟨Ellenbrechtskirchensis⟩
gest. 1218
Itinerarium cum computationibus
Potth. 1120; LMA,IX,308
Ellenbrechtskirchen, Wolfger ¬von¬
Ellenbrechtskirchen, Wolfgerus
Volchero ⟨Patriarca⟩
Wolfger ⟨von Ellenbrechtskirchen⟩
Wolfger ⟨von Passau⟩
Wolfgerus ⟨Aquileiensis⟩
Wolfgerus ⟨Pataviensis⟩
Wolfker ⟨de Passau⟩
Wolfker ⟨d'Aquilée⟩
Wolfker ⟨d'Ellenbrechtskirchen⟩
Wolger ⟨von Passau⟩

Wolfgerus ⟨Pataviensis⟩
→ **Wolfgerus ⟨Ellenbrechtskirchensis⟩**

Wolfgerus ⟨Pruveningensis⟩
ca. 1100 – ca. 1173
Vita Ottonis Bambergensis III.; Schriftstellerkatalog
Tusculum-Lexikon; LMA,I,673; LMA,IX,308/09
Anonymus ⟨Mellicensis⟩
Prüfening, Wolfger ¬von¬
Wolfger ⟨von Prüfening⟩
Wolfgerus ⟨Prufeningensis⟩

Wolfhagen, Tilemann Elhen ¬von¬
→ **Elhen von Wolfhagen, Tilemann**

Wolfhard ⟨Priester⟩
→ **Wolfhardus ⟨Hasenrietanus⟩**

Wolfhard ⟨von Herrieden⟩
→ **Wolfhardus ⟨Hasenrietanus⟩**

Wolfhardus ⟨Hasenrietanus⟩
gest. 902
LThK; CSGL; LMA,IX,309
Guolfardus ⟨Hasenrietanus⟩
Guolfardus ⟨Haserensis⟩
Hasenriet, Wolffard
Hasenrietanus, Wolffardus
Hasenrietanus, Wolfhardus
Wolffardus ⟨Hasenrietanus⟩
Wolffhardus ⟨de Hasenrietanus⟩
Wolfhard ⟨Priester⟩
Wolfhard ⟨von Herrieden⟩
Wolfhardus ⟨Haserensis⟩
Wolfhardus ⟨Monachus⟩
Wolfhardus ⟨Presbyter⟩

Wolfhardus ⟨Haserensis⟩
→ **Wolfhardus ⟨Hasenrietanus⟩**

Wolfhardus ⟨Monachus⟩
→ **Wolfhardus ⟨Hasenrietanus⟩**

Wolfhelmus ⟨Brunvilarensis⟩
gest. 1091 · OSB
Versus de utroque testamento; De sacramento altaris
DOC,2,1811; Stegmüller, Repert. bibl. 8399; LMA,IX,309/10
Guolphelmus ⟨Brunwill⟩
Wolfhelm ⟨de Brauweiler⟩
Wolfhelmus ⟨Brunwilarensis⟩
Wolfhelmus ⟨Brunwillarensis⟩
Wolphelm ⟨de Brauweiler⟩
Wolphelmus ⟨Brunwillerensis⟩
Wolphelmus ⟨Brunwilleriensis⟩
Wolphelmus ⟨OSB⟩

Wolfherius ⟨Hildesheimensis⟩
11. Jh.
Tusculum-Lexikon; CSGL
Guolfherius ⟨Hildesheimensis⟩
Wolferus ⟨Hildesheimensis⟩
Wolfhere ⟨von Hildesheim⟩
Wolfherius ⟨Canon⟩
Wolfherr ⟨von Hildesheim⟩

Wolfherr ⟨von Hildesheim⟩
→ **Wolfherius ⟨Hildesheimensis⟩**

Wolfker ⟨d'Aquilée⟩
→ **Wolfgerus ⟨Ellenbrechtskirchensis⟩**

Wolfker ⟨de Passau⟩
→ **Wolfgerus ⟨Ellenbrechtskirchensis⟩**

Wolfram ⟨von Eschenbach⟩
ca. 1170/80 – ca. 1220
LThK; Meyer; LMA,IX,310/13
Eschenbach, Wolfram ¬von¬
Eschilbach, Wolfram ¬von¬
Wolffram ⟨d'Eschenbach⟩
Wolffram ⟨von Eschenbach⟩
Wolfram ⟨d'Eschenbach⟩
Wolfram ⟨von Eschilbach⟩

Wolgemuth, Johannes
→ **Ludovicus ⟨de Prussia⟩**

Wolger ⟨von Passau⟩
→ **Wolfgerus ⟨Ellenbrechtskirchensis⟩**

Wolkenstein, Oswald ¬von¬
→ **Oswald ⟨von Wolkenstein⟩**

Wolphelm ⟨de Brauweiler⟩
→ **Wolfhelmus ⟨Brunvilarensis⟩**

Wolstan ⟨de Winchester⟩
→ **Wolstanus ⟨Wintoniensis⟩**

Wolstanus ⟨Cantor⟩
→ **Wolstanus ⟨Wintoniensis⟩**

Wolstanus ⟨Sanctus⟩
→ **Wolstanus ⟨Wintoniensis⟩**

Wolstanus ⟨Wintoniensis⟩
gest. ca. 990 · OSB
Hymni; De sancto Suithuno; Vita Aethelwoldi Wintoniensis
DOC,2,1811; Tusculum-Lexikon; CSGL; LThK; LMA,IX,349
Guolstanus ⟨Wigorniensis⟩
Guolstanus ⟨Witoniensis⟩
Wolstan ⟨de Saint-Pierre à Winchester⟩
Wolstan ⟨de Winchester⟩
Wolstan ⟨Préchantre⟩
Wolstan ⟨von Sankt Peter zu Winchester⟩
Wolstan ⟨von Sankt Swithuns zu Winchester⟩
Wolstan ⟨von Winchester⟩
Wolstanus ⟨Cantor⟩
Wolstanus ⟨Sanctus⟩
Wulfstan ⟨von Winchester⟩
Wulfstanus ⟨Cantor⟩
Wulfstanus ⟨Monachus⟩
Wulstan ⟨Chantre⟩
Wulstan ⟨de Winchester⟩
Wulstan ⟨von Winchester⟩

Wolter, Henricus
um 1463
Archiepiscopatus Bremensis chronicon 788-1463
Potth. 1120
Heinrich ⟨Wolter⟩
Henri ⟨Wolter⟩
Henricus ⟨Wolter⟩
Henricus ⟨Wolteri⟩
Wolter, Heinrich
Wolter, Henri
Wolteri, Henricus

Wolthus von Herse, Johann
→ **Johann ⟨Wolthus von Herse⟩**

Wonck, Humbertus ¬de¬
→ **Humbertus ⟨de Pas⟩**

Wonsidel, Erasmus
→ **Erasmus ⟨Friesner de Wunsiedel⟩**

Woodford, Guilelmus ¬de¬
→ **Guilelmus ⟨de Woodford⟩**

Woodlock, Henry
→ **Henricus ⟨Wintoniensis⟩**

Woodstock, Edward ¬of¬
→ **Edward ⟨Wales, Prince⟩**

Worcester, John ¬of¬
→ **Johannes ⟨Wigorniensis⟩**

Worcester, John Tiptoft ¬of¬
→ **Tiptoft, John**

Worcester, Werferth ¬of¬
→ **Werferth ⟨of Worcester⟩**

Worcestrius, Guilelmus
→ **Guilelmus ⟨Worcestrius⟩**

Worczyn, Paulus ¬de¬
→ **Paulus ⟨de Worczyn⟩**

Wormditt, Petrus ¬de¬
→ **Petrus ⟨de Wormditt⟩**

Wormonocus ⟨Landevenecensis⟩
um 880
Vita S. Pauli (Aureliani) episc. Leonensis
Potth. 1120
Wormonoc ⟨de Landévennec⟩
Wormonoc ⟨Hagiographe⟩
Wormonocus ⟨Monachus Landevenecensis⟩

Worms, Abraham ¬von¬
→ **Abraham ⟨von Worms⟩**

Worms, Amandus ¬von¬
→ **Amandus ⟨von Worms⟩**

Worms, Bernhard ¬von¬
→ **Bernhard ⟨von Worms⟩**

Worms, Eleasar ¬von¬
→ **El'āzar Ben-Yehûdā**

Worms, Peter ¬von¬
→ **Peter ⟨von Worms⟩**

Woxbrygge, Gualterus ¬de¬
→ **Gualterus ⟨de Uxbrigge⟩**

Wratingus, Johannes
→ **Johannes ⟨Wratingus⟩**

Wratislaus ⟨Böhmen, König, I.⟩
→ **Vratislav ⟨Čechy, Král, I.⟩**

Wratislaus ⟨Polen, König⟩
→ **Vratislav ⟨Čechy, Král, I.⟩**

Wratislavia, Petrus ¬de¬
→ **Peter ⟨von Breslau⟩**

Wratislavia, Stanislaus ¬de¬
→ **Stanislaus ⟨de Wratislavia⟩**

Wratislavia, Thomas ¬de¬
→ **Thomas ⟨de Wratislavia⟩**

Wrench, Elias
→ **Elias ⟨Wrench⟩**

Wright, Thomas
→ **Thomas ⟨Wright⟩**

Wrmnith, Nicolaus ¬de¬
→ **Nicolaus ⟨de Wrmnith⟩**

Wrothamus, Johannes
→ **Johannes ⟨Wrothamus⟩**

Wroxham, Reginaldus ¬de¬
→ **Reginaldus ⟨de Wroxham⟩**

Wu, Daoyuan
8. Jh.
Chines. Maler
Wu, Daozi
Wu, Tao-tze
Wu, Tao-tzu
Wu, Tao-yüan

Wu, Daozi
→ **Wu, Daoyuan**

Wu, Tao-tze
→ **Wu, Daoyuan**

Wu, Tao-tzu
→ **Wu, Daoyuan**

Wu, Tao-yüan
→ **Wu, Daoyuan**

Wuel de Pruck, Johannes
→ **Johannes ⟨Wuel de Pruck⟩**

Wünschelburg, Johannes ¬de¬
→ **Johannes ⟨de Wünschelburg⟩**

Würzburg, Johann ¬von¬
→ **Johann ⟨von Würzburg⟩**

Würzburg, Johann Schenck ¬von¬
→ **Schenk, Johann**

Würzburg, Konrad ¬von¬
→ **Konrad ⟨von Würzburg⟩**

Würzburg, Ruprecht ¬von¬
→ **Ruprecht ⟨von Würzburg⟩**

Wuldersdorf, Jacobus ¬de¬
→ **Jacobus ⟨de Wuldersdorf⟩**

Wuldersdorf, Thomas ¬de¬
→ **Thomas ⟨Wölfel de Wuldersdorf⟩**

Wulemarus
um 800
Iudicia
Potth. 1120
Wulemar ⟨Législateur de la Frise⟩
Wulemarus ⟨Frisicus⟩
Wulemarus ⟨Legis Dictator Frisicus⟩

Wulfinus ⟨Boethius⟩
um 830
Vita S. Funiani abbatis
DOC,2,1795; Potth. 1101
Boethius, Wulfinus
Vulfin ⟨Boèce⟩
Vulfin ⟨Evêque⟩
Vulfinus ⟨Boetius⟩
Vulfinus ⟨Pictaviensis⟩

Wulfinus ⟨Diensis⟩
→ **Vulfinus ⟨Diensis⟩**

Wulfstan ⟨of Worcester⟩
→ **Wulfstanus ⟨Wigorniensis⟩**

Wulfstan ⟨of York, I.⟩
gest. 956
Möglicherweise keine Schriften
Wulfstan ⟨von York, I.⟩
Wulfstan ⟨York, Erzbischof, I.⟩
Wulfstanus ⟨Eboracensis Archiepiscopus⟩
Wulstan ⟨Archevêque⟩
Wulstan ⟨de York⟩

Wulfstan ⟨of York, II.⟩
gest. 1023
Homiliae; Canon Edgari (engl.); Sermo ad Anglos, quo miserrimum huius nationis statum tempore invasionis Danorum exponit a. 1013
Potth. 753; LMA,IX,347/48
Lupus ⟨Episcopus⟩
Wulfstan ⟨Archbishop⟩
Wulfstan ⟨of Worcester⟩
Wulfstan ⟨of York⟩
Wulfstan ⟨von Worcester⟩
Wulfstan ⟨von York, II.⟩
Wulfstan ⟨Worcester, Bischof⟩
Wulfstan ⟨Worcester, Bishop⟩
Wulfstan ⟨York, Archbishop, II.⟩
Wulfstan ⟨York, Erzbischof, II.⟩
Wulfstanus ⟨Eboracensis Archiepiscopus⟩
Wulstan ⟨Archevêque de York⟩
Wulstan ⟨Evêque de Worcester⟩

Wulfstan ⟨Saint⟩
→ **Wulfstanus ⟨Wigorniensis⟩**

Wulfstanus ⟨Cantor⟩
→ **Wolstanus ⟨Wintoniensis⟩**

Wulfstanus ⟨Eboracensis Archiepiscopus⟩
→ **Wulfstan ⟨of York, ...⟩**

Wulfstanus ⟨Monachus⟩
→ **Wolstanus ⟨Wintoniensis⟩**

Wulfstanus ⟨Wigorniensis⟩
ca. 1008 – 1095
Vita metrica Portiforium
LThK; LMA,IX,348/49
Wulfstan ⟨Bischof⟩
Wulfstan ⟨of Worcester⟩
Wulfstan ⟨Saint⟩
Wulfstan ⟨von Worcester⟩
Wulfstanus ⟨Wigorniensis Episcopus⟩
Wulstan ⟨de Worcester⟩
Wulstan ⟨Saint⟩
Wulstan ⟨von Worcester⟩

Wulpertus
→ **Volpertus ⟨Benedictinus⟩**

Wulstan ⟨de York⟩
→ **Wulfstan ⟨of York, ...⟩**

Wulstan ⟨von Winchester⟩
→ **Wolstanus ⟨Wintoniensis⟩**

Wulstan ⟨von Worcester⟩
→ **Wulfstanus ⟨Wigorniensis⟩**

Wumen Huikai
→ **Huikai**

Wunsiedel, Erasmus ¬de¬
→ **Erasmus ⟨Friesner de Wunsiedel⟩**

Wurdestinus ⟨Landevenecensis⟩
9. Jh.
Vita S. Winwaloei
Potth. 1120, 1640; LMA,IX,372
Gurdestinus ⟨Landevenecensis⟩
Gurdestinus ⟨Monachus⟩
Wurdestinus ⟨Monachus⟩

Wurm, Nicolaus
→ **Nicolaus ⟨Wurm⟩**

Wurmelingen, Conradus ¬de¬
→ **Conradus ⟨de Wurmelingen⟩**

Wusterwitz, Engelbert
gest. 1433
Märkische Chronik; Bericht über die Ereignisse seiner Zeit, 1388 - 1425
Potth. 1120; LMA,IX,383
Engelbert ⟨Wusterwitz⟩

Wyclif, Johannes
ca. 1326 – 1384
Tusculum-Lexikon; LThK; Meyer; LMA,IX,391/93
Jean ⟨de Wycliffe⟩
Johann ⟨von Wiclif⟩
Johannes ⟨Wicleffus⟩
Johannes ⟨Wiclif⟩
Johannes ⟨Wiclifus⟩
Johannes ⟨Wyclevus⟩
Johannes ⟨Wyclif⟩
John ⟨Wyclif⟩
Lelando ⟨Wicoclivus⟩
Wicklieffe, John
Wicklif, John
Wickliff, John
Wickliffe, John
Wiclef, Joannes
Wiclef, Johannes
Wicleff, John
Wiclif, Johannes
Wiclif, John
Wicliffe, John
Wycklyffe, John
Wyclif, John
Wycliffe, John
Wyclyf, John
Wykliffe, John

Wydenbosch, Nikolaus
→ **Nicolaus ⟨de Saliceto⟩**

Wydford, Guillaume ¬de¬
→ **Guilelmus ⟨de Woodford⟩**

Wykes, Thomas ¬de¬
→ **Thomas ⟨de Wykes⟩**

Wykliffe, John
→ **Wyclif, Johannes**

Wyle, Niklas ¬von¬
ca. 1410 – ca. 1478
Schweizer. Humanist, Übersetzer
Meyer; LMA,VI,1163
Nichlas ⟨von Wyle⟩
Niclas ⟨von Wyle⟩
Nicolai ⟨von Wyle⟩
Nicolas ⟨de Wyl⟩
Nicolaus ⟨de Vuile⟩
Nicolaus ⟨von Weil⟩
Nicolaus ⟨von Weyl⟩
Nicolaus ⟨von Wile⟩
Nicolaus ⟨von Wyle⟩
Niklas ⟨von Wyle⟩
Nikolaus ⟨von Wyle⟩
Weil, Nicolaus ¬von¬
Weyl, Nicolaus ¬von¬
Weyle, Nicolaus ¬von¬
Wil, Niclas ¬von¬
Wile, Nicolaus ¬de¬
Wile, Nikolaus ¬von¬
Wyl, Niclas ¬von¬
Wyle, Niclas ¬von¬
Wyle, Niclasens ¬von¬
Wyle, Nicolaus ¬von¬

Wylkini, Ludolphus
→ **Ludolphus ⟨Wilkens⟩**

Wylton, Thomas ¬de¬
→ **Thomas ⟨de Wylton⟩**

Wynandus ⟨de Stega⟩
→ **Winandus ⟨de Stega⟩**

Wynfrith ⟨Moguntinus⟩
→ **Bonifatius ⟨Sanctus⟩**

Wyninghen, Johannes ¬de¬
→ **Johannes ⟨de Wyninghen⟩**

Wyrcestre, William
→ **Guilelmus ⟨Worcestrius⟩**

Wysz, Petrus
→ **Petrus ⟨de Radolin⟩**

Wyszheller, Johannes
→ **Johannes ⟨de Spira⟩**

Xanten, Hendrik ¬van¬
→ **Hendrik ⟨van Santen⟩**

Xanthopulus, Callistus
→ **Callistus ⟨Xanthopulus⟩**

Xanthopulus, Ignatius
→ **Ignatius ⟨Xanthopulus⟩**

Xanthopulus, Nicephorus Callistus
→ **Nicephorus Callistus ⟨Xanthopulus⟩**

Xantius ⟨Mulerii⟩
→ **Sancius ⟨Mulerii⟩**

Xenaias
→ **Philoxenus ⟨Mabbugensis⟩**

Xenodamus ⟨Cythereus⟩
7. Jh.
CSGL
Cythereus, Xenodamus
Xenodemus ⟨Cythereus⟩

Xenos ⟨Korones⟩
→ **Korones, Xenos**

Xiao, Ji
gest. 614
Chines. Polyhistor

Xicco ⟨Polentonus⟩
→ **Polentonus, Sicco**

Ximenes, Francesc
→ **Francesc ⟨Eiximenis⟩**

Ximenes, Pedro
→ **Petrus ⟨Ximenius de Prexano⟩**

Ximenes, Rodericus
→ **Ximenius de Rada, Rodericus**

Ximenès, Rodrigue
→ **Ximenius de Rada, Rodericus**

Ximenes de Cisneros, García
→ **Cisneros, García Jiménez ¬de¬**

Ximenes de Rada, Rodericus
→ **Ximenius de Rada, Rodericus**

Ximenius de Prexano, Petrus
→ **Petrus ⟨Ximenius de Prexano⟩**

Ximenius de Rada, Rodericus
1170 – 1247
De rebus Hispaniae
Rep.Font. VI,564; LMA,VII,930/31
Jiménez de Rada, Rodrigo
Rada, Rodericus Ximenes ¬de¬
Rada, Rodericus Ximenius ¬de¬
Roderic ⟨Ximenes⟩
Rodericus ⟨Archiepiscopus⟩
Rodericus ⟨Semenus⟩
Rodericus ⟨Simonis⟩
Rodericus ⟨Simonis Toletanus⟩
Rodericus ⟨Toletanus⟩
Rodericus ⟨Ximenès Toletanus⟩
Rodericus ⟨Ximenez⟩
Rodericus ⟨Ximenius de Rada⟩
Roderigo ⟨Ximenes de la Rada⟩
Rodrigo ⟨de Rada⟩
Rodrigo ⟨el Toletano⟩
Rodrigo ⟨Jiménez de Rada⟩
Rodrigue ⟨de Rada⟩
Rodrigue ⟨de Tolède⟩
Rudericus ⟨Toletanus⟩
Ximenes, Rodericus
Ximenès, Rodrigue
Ximenes de Rada, Rodericus
Ximenez, Rodericus
Ximenez de Rada, Rodrigo
Ximenius ⟨de Rada⟩

Xingxiu
1166 – 1246
Cong-rong-lu
Hsing-hsiu

Xiphilinus, Johannes
→ **Johannes ⟨Xiphilinus⟩**
→ **Johannes ⟨Xiphilinus, Iunior⟩**

Xiyun
gest. 850
Huang, Po
Huangbo
Huangbo ⟨Meister⟩
Huang-po
Huang-po

Xodelrius ⟨Vitalis⟩
→ **Ordericus ⟨Vitalis⟩**

Xuanjue
665 – 713
Chen-chüeh-ta-shih
Genkaku
Hiuan-Kio
Hsüan-chüeh
Hyŏngak
Shinkaku Daishi
Yoka, Daishi
Yoka Daishi
Yōka Genkaku Daishi
Yōka Shinkaku
Yŏngga
Yung-chia-ta-shih

Xuanzang
600 – 664
Hsüan-tsang

Ya'aqov Ben-Abbâ Mârî ⟨Anaṭôlî⟩
→ **Anaṭôlî, Ya'aqov Ben-Abbâ Mârî**

Ya'aqov Ben-Āšēr
ca. 1270 – 1340
LMA,V,291
Ben-Āšēr, Ya'aqov
Jakob ⟨Ben Ascher⟩

Ya'aqov Ben-Mākîr ⟨Ibn-Tibbōn⟩
→ **Ibn-Tibbōn, Ya'aqov Ben-Mākîr**

Ya'aqov Ben-Šelomo ⟨Ibn-Ḥavîv⟩
→ **Ibn-Ḥavîv, Ya'aqov Ben-Šelomo**

Ya'aqov Ben-Yiṣḥāq ⟨Qirqisânî⟩
→ **Qirqisânî, Ya'aqov Ben-Yiṣḥāq**

Yāburī, 'Abd-al-Maǧīd Ibn-'Abdallāh ¬al-¬
→ **Ibn-'Abdūn, 'Abd-al-Maǧīd Ibn-'Abdallāh**

Yādavaprakāśa
11. Jh.
Yādava Prakāśa

Yāfi'ī, 'Abdallāh Ibn-As'ad ¬al-¬
ca. 1298 – 1367
'Abd Allāh ibn Asād, al-Yāfi'ī
'Abdallāh Ibn-As'ad al-Yāfi'ī
Ibn-As'ad, 'Abdallāh al-Yāfi'ī
Jāfi'ī, 'Abdallāh Ibn-Asād ¬al-¬

Yaḥṣubī, 'Iyāḍ Ibn-Mūsā ¬al-¬
→ **'Iyāḍ Ibn-Mūsā**

Yāhūdī, Isḥāq Ibn-Sulaimān al-Isrā'īlī
→ **Isrā'īlī, Isḥāq Ibn-Sulaimān ¬al-¬**

Yaḥyā Ibn Abī Manẓūr
→ **Yaḥyā Ibn-Abī-Manẓūr**

Yaḥyā Ibn Sarāfyūn
→ **Serapio ⟨Iunior⟩**
→ **Serapio ⟨Senior⟩**

Yaḥyā Ibn-Abī-Bakr al-'Āmirī
→ **'Āmirī, Yaḥyā Ibn-Abī-Bakr ¬al-¬**

Yaḥyā Ibn-Abī-Bakr al-Warǧalānī
→ **Warǧalānī, Yaḥyā Ibn-Abī-Bakr ¬al-¬**

Yaḥyā Ibn-Abī-Manẓūr
gest. ca. 830
LMA,IX,407
Abī Manṣūr, Yaḥyā Ibn Yaḥyā Ben Ben-Abī Manṣūr, Yaḥyā Ibn Yaḥyā
Ibn-Abī-Manẓūr, Yaḥyā
Manṣūr, Yaḥyā Ibn Yaḥyā Ben Abī
Yaḥyā Ibn Abī Manẓūr

Yaḥyā Ibn-'Adī
893 – 974
Ibn-'Adī, Yaḥyā

Yaḥyā Ibn-Aḥmad Ibn-Baqī
→ **Ibn-Baqī, Yaḥyā Ibn-Aḥmad**

Yaḥyā Ibn-'Alī at-Tibrīzī
→ **Tibrīzī, Yaḥyā Ibn-'Alī ¬at-¬**

Yaḥyā Ibn-Ġālib al-Ḫaiyāṭ, Abū-'Alī
→ **Abū-'Alī al-Ḫaiyāṭ, Yaḥyā Ibn-Ġālib**

Yaḥyā Ibn-Ḥabaš as-Suhrawardī
→ **Suhrawardī, Yaḥyā Ibn-Ḥabaš ¬as-¬**

Yaḥyā Ibn-Ḥakam al-Ġazāl
→ **Ġazāl, Yaḥyā Ibn-Ḥakam ¬al-¬**

Yaḥyā Ibn-Ḥamīd Ibn-Abī-Ṭaiyi'
→ **Ibn-Abī-Ṭaiyi', Yaḥyā Ibn-Ḥamīd**

Yaḥyā Ibn-Ḥamza al-Mu'aiyad
Billāh
→ **Mu'aiyad Billāh, Yaḥyā Ibn-Ḥamza ¬al-¬**

Yaḥyā Ibn-ʿĪsā Ibn-Maṭrūḥ
→ **Ibn-Maṭrūḥ, Yaḥyā Ibn-ʿĪsā**

Yaḥyā Ibn-Maʿīn
775 – 847
Ibn-Maʿīn, Yaḥyā

Yaḥyā Ibn-Muḥammad
Ibn-al-ʿAuwām
→ **Ibn-al-ʿAuwām, Yaḥyā Ibn-Muḥammad**

Yaḥyā Ibn-Muḥammad
Ibn-Hubaira
→ **Ibn-Hubaira, Yaḥyā Ibn-Muḥammad**

Yaḥyā Ibn-Muḥammad Ibn-Ṣāʿid
→ **Ibn-Ṣāʿid, Yaḥyā Ibn-Muḥammad**

Yaḥyā Ibn-Šākir Ibn-al-Ǧaiʿān
→ **Ibn-al-Ǧaiʿān, Yaḥyā Ibn-Šākir**

Yaḥyā Ibn-Salām at-Taimī
→ **Taimī, Yaḥyā Ibn-Salām ¬at-¬**

Yaḥyā Ibn-Sarābiyūn
→ **Serapio ⟨Iunior⟩**

Yaḥyā Ibn-Šaraf an-Nawawī
→ **Nawawī, Yaḥyā Ibn-Šaraf ¬an-¬**

Yaḥyā Ibn-Ziyād al-Farrā'
→ **Farrā', Yaḥyā Ibn-Ziyād ¬al-¬**

Yaʿīš Ibn-ʿAlī Ibn-Yaʿīš
→ **Ibn-Yaʿīš, Yaʿīš Ibn-ʿAlī**

Yaʿīš Ibn-Ibrāhīm al-Umawī
→ **Umawī, Yaʿīš Ibn-Ibrāhīm ¬al-¬**

Yakub Ibn-Mehmed Fahri,
Fahreddin
→ **Fahri, Fahreddin Yakub Ibn-Mehmed**

Yaman, Waḍḍāh ¬al-¬
→ **Waḍḍāh al-Yaman**

Yamānī, ʿAbd-al-Bāqī Ibn-ʿAbd-al-Maǧīd ¬al-¬
1281 – 1342
ʿAbd-al-Bāqī
Ibn-ʿAbd-al-Maǧīd al-Yamānī
Ibn-ʿAbd-al-Maǧīd,
ʿAbd-al-Bāqī al-Yamānī
Qurašī, ʿAbd-al-Bāqī
Ibn-ʿAbd-al-Maǧīd ¬al-¬
Yamānī, Abu-'l-Maḥāsin
ʿAbd-al-Bāqī
Ibn-ʿAbd-al-Maǧīd ¬al-¬

Yamānī, Abu-'l-Maḥāsin
ʿAbd-al-Bāqī
Ibn-ʿAbd-al-Maǧīd ¬al-¬
→ **Yamānī, ʿAbd-al-Bāqī Ibn-ʿAbd-al-Maǧīd ¬al-¬**

Yamānī, Yaḥyā Ibn-Ḥamza
¬al-¬
→ **Mu'aiyad Billāh, Yaḥyā Ibn-Ḥamza ¬al-¬**

Yancong
um 649/650
Biograph von Xuanzang

Yáñez, Rodrigo
→ **Rodrigo ⟨Yáñez⟩**

Yaʿqob ⟨Baradaeus⟩
→ **Jacobus ⟨Baradaeus⟩**

Yaʿqob ⟨von Edessa⟩
→ **Jacobus ⟨Edessenus⟩**

Yaʿqob Bar Salibi
→ **Dionysios Bar-Ṣalibi**

Yaʿqūb al-Kaškarī
10. Jh.
Abu-'l-Ḥusain Ibn-Kaškarīya
Ibn-Kaškarīya, Abu-'l-Ḥusain
Kaškaranī, Yaʿqūb ¬al-¬
Kaškarī, Yaʿqūb ¬al-¬
Yaʿqūb al-Kashkarī
Yaʿqūb al-Kaškaranī

Yaʿqūb al-Qirqisānī
→ **Qirqisânî, Yaʿaqov Ben-Yiṣḥāq**

Yaʿqūb Ibn-Ibrāhīm, Abū-Yaʿqūb
→ **Abū-Yūsuf Yaʿqūb Ibn-Ibrāhīm**

Yaʿqūb Ibn-Ibrāhīm, Abū-Yūsuf
→ **Abū-Yūsuf Yaʿqūb Ibn-Ibrāhīm**

Yaʿqūb Ibn-Isḥāq al-Isfarayīnī,
Abū-ʿAwāna
→ **Abū-ʿAwāna al-Isfarayīnī, Yaʿqūb Ibn-Isḥāq**

Yaʿqūb Ibn-Isḥāq Ibn-al-Quff
→ **Ibn-al-Quff, Yaʿqūb Ibn-Isḥāq**

Yaʿqūb Ibn-Isḥāq Ibn-as-Sikkīt
→ **Ibn-as-Sikkīt, Yaʿqūb Ibn-Isḥāq**

Ya'qūb Ibn-Mehmed Faḫreddīn
→ **Fahri, Fahreddin Yakub Ibn-Mehmed**

Yaʿqūbī, Aḥmad Ibn-Abī-Yaʿqūb ¬al-¬
gest. 897
Aḥmad Ibn-Abī-Yaʿqūb
al-Yaʿqūbī
Ibn-Abī-Yaʿqūb, Aḥmad
al-Yaʿqūbī
Jakûbî, Ahmed ibn abi Jakûb
ibn Wâdhih ¬ad-¬
Kātib al Yaʿqūbī ¬al-¬

Yāqūt al-Ḥamawī
→ **Yāqūt Ibn-ʿAbdallāh ar-Rūmī**

Yāqūt ar-Rūmī
→ **Yāqūt Ibn-ʿAbdallāh ar-Rūmī**

Yāqūt Ibn ʿAbd Allāh al-Rūmī
→ **Yāqūt Ibn-ʿAbdallāh ar-Rūmī**

Yāqūt Ibn-ʿAbdallāh ar-Rūmī
1179 – 1229
Ibn-ʿAbdallāh, Yāqūt ar-Rūmī
Ibn-ʿAbdallāh ar-Rūmī, Yāqūt
Jacut
Jakut ar-Rumi al-Hamawi
Jāqūt ar-Rūmī
Jāqūt Ibn-ʿAbdallāh ar-Rūmī
Rūmī, Yāqūt Ibn-ʿAbdallāh
¬ar-¬
Yāqūt al-Ḥamawī
Yāqūt ar-Rūmī
Yāqūt Ibn ʿAbd Allāh al-Rūmī

Yaškurī, Suwaid Ibn-Abī-Kāhil
¬al-¬
→ **Suwaid Ibn-Abī-Kāhil**

Yausep ⟨Ḥazzāyā⟩
7./8. Jh.
Briefe über das geistliche Leben
Cpg 6084
Ḥazzāyā, Joseph
Ḥazzāyā, Yausep
Jausep ⟨Ḥazzāyā⟩
Jausep Ḥazzaya
Joseph ⟨Ḥazzāyā⟩
Josephus ⟨Hazzaya⟩

Yazīd Ibn-al-Muntaṣir
→ **Yazīd Ibn-aṭ-Ṭaṯrīya**

Yazīd Ibn-aṭ-Ṭaṯrīya
gest. 744
Ibn-aṭ-Ṭaṯrīya, Yazīd
Yazīd Ibn al-Ṭathriyya
Yazīd Ibn aṭ-Ṭathriyya
Yazīd Ibn-al-Muntaṣir

Yefimia ⟨Moniale⟩
→ **Jefimija ⟨Monahinja⟩**

Yĕhošúʾa ⟨ha-Lorquí⟩
→ **Hieronymus ⟨a Sancta Fide⟩**

Yehôšuaʿ ⟨Ibn-Šuʿaib⟩
→ **Ibn-Šuʿaib, Yehôšuaʿ**

Yehoudah ben Chemouel
⟨hê-Hassid⟩
→ **Yehûdā BenŠemûʾēl ⟨he-Ḥāsîd⟩**

Yehuda ⟨Barṣelonî⟩
→ **Yehûdā Ben-Barzillay**

Yehuda ⟨Ben-Eliyahu Hadassi⟩
→ **Hadassî, Yehûdā Ben-Ēliyyāhû**

Yehuda ⟨he-Hasid⟩
→ **Yehûdā BenŠemûʾēl ⟨he-Ḥāsîd⟩**

Yehuda ⟨of Regensburg⟩
→ **Yehûdā BenŠemûʾēl ⟨he-Ḥāsîd⟩**

Yehûda Ben Ēliyyāhû ⟨Hadassî⟩
→ **Hadassî, Yehûdā Ben-Ēliyyāhû**

Yehûdā Ben-Barzillay
11./12. Jh.
Sēfer haš-šeṭarôt; Sēfer Jeṣīrā
Enṣ.Ivrīt
Ben-Barzillay, Yehûdā
Jehuda Bar-Barsilai
Jehuda Bar-Barzilaj
Jehuda Ben-Barsilai
Jehuda Ben-Barsilai
⟨hab-Barṣelōnî⟩
Yehuda ⟨Barṣelonî⟩

Yehûdā Ben-Dāniyyêl ⟨Rômanô⟩
ca. 1292 – ca. 1350
Giuda ⟨Romano⟩
Jehudah ⟨el Romano⟩
Jehudah ⟨Rabbi⟩
Jehudah ben Mošeh ⟨ben
Danj'el⟩
Jehudah ben Mošeh ⟨ben
Jekutj⟩
Jehudah ben Mošeh ⟨ben
Mošeh⟩
Jehudah ben Mošeh ben
Dani'èl ⟨Romano⟩
Jehudah BenMošeh
BenDani'èl ⟨Romano⟩
Romano, Jehuda Ben-Daniel
Rômanô, Yehûdā B.

Yehûdā Ben-Šelomo Ḥarîzî
→ **Alḥarîzî, Yehûdā Ben-Šelomo**

Yehûdā BenŠemûʾēl ⟨he-Ḥāsîd⟩
ca. 1150 – 1217
LMA,V,347
Jehudah ben Chemouel ⟨le
Hassid⟩
Jehudah ben Samuel ⟨hä
Chasid⟩
Juda ⟨le Hassid⟩
Judah ⟨ben Samuel⟩
Judah ⟨of Regensburg⟩
Judah ben Samuel ⟨he-Ḥasid⟩
Yehoudah ben Chemouel
⟨hê-Hassid⟩
Yehuda ⟨he-Hasid⟩
Yehuda ⟨of Regensburg⟩
Yehûdah ben Samuel
⟨he-Ḥasîd⟩

Yehuda Ben-Yehiel
→ **Yehûdā Meser Lêʾôn**

Yehûdā hal-Lēwî
1079 – 1140
LMA,V,347
Abu'l-Hassan al-Lawi
Giuda Levita
Halevi, Jehuda
Jehuda ⟨Levita⟩
Jehuda ⟨Leviter⟩
Jehuda ha-Levi
Jehuda Halevi
Jehuda Levi
Jehudah ⟨Levita⟩
Jehūdāh hal-Lēwī
Jehudah Levita
Juda Hallévi
Juda Levita
Judah, ha-Levi
Judah Halevi
Judah Hallevi
Levita, Jehudah
Yehuda Halevi
Yehudah Halevi

Yehûdā Meser Lêʾôn
15. Jh.
Enṣ. ʿIvrit; Enc. Judaica
Jehuda Ben-Jehiel
Jehudah Ben-Jehiel
Juda ⟨Messer Leon⟩
Judah, Ben-Jehiel Rophé
Judah Ben-Jehiel
Leon ⟨Messer⟩
Leon, Judah Messer
Yehuda Ben-Yehiel
Yehûdā Messer Lêʾôn

Yehûdah ben Samuel ⟨he-Ḥasîd⟩
→ **Yehûdā BenŠemûʾēl ⟨he-Ḥāsîd⟩**

Yehudah Halevi
→ **Yehûdā hal-Lēwî**

Yeretz, Samuel
→ **Samuel ⟨Aniensis⟩**

Yešaʿyā ⟨der Ältere⟩
→ **Yešaʿyā Ben-Mâlî ⟨di Ṭranî⟩**

Yešaʿyā ⟨der Jüngere⟩
→ **Yešaʿyā ⟨di Ṭranî⟩**

Yešaʿyā ⟨di Ṭranî⟩
13./14. Jh.
Isaias ⟨Tranensis⟩
Ṭranî, Yešaʿyā ¬di¬
Yešaʿyā ⟨der Jüngere⟩

Yešaʿyā Ben-Mâlî ⟨di Ṭranî⟩
ca. 1200 – 1272
Enzycl. Jud. IX (1932), 19-22
Stegmüller, Repert. bibl. 5158
Isaias ⟨Rabbi⟩
Isaias ⟨Tranensis⟩
Ṭranî, Yešaʿyā B. ¬di¬
Yešaʿyā ⟨der Ältere⟩
Yešaʿyā ⟨di Ṭranî⟩

Ye-śes-mtsho-rgyal
757 – 817
Tibet. Schülerin des
Padmasambhava aus dem
mKhar-chen-Klan; Padma
thaṅ-yig
Tshogyal, Yeshey
Tsogyal, Yeshe
Yeshe Tsogyal
Ye-she-tsho-gyal
Yeshey Tshogyal
Yes'e-ts'o-gyal

Yes'e-ts'o-gyal
→ **Ye-śes-mtsho-rgyal**

Yeshaq ⟨von Ninive⟩
→ **Mār Isḥāq ⟨aus Ninive⟩**

Yeshe Tsogyal
→ **Ye-śes-mtsho-rgyal**

Ye-she-tsho-gyal
→ **Ye-śes-mtsho-rgyal**

Yeshey Tshogyal
→ **Ye-śes-mtsho-rgyal**

Yeshua ⟨the Stylite⟩
→ **ʾIšoʿ ⟨Stylites⟩**

Yēshūdādh ⟨Bishop⟩
→ **Išoʿdad ⟨Marw⟩**

Yeuda Aben Tibon
→ **Ibn-Tibbôn, Yehûdā Ben-Šāʾûl**

Yijing
635 – 713
Da-Tang-Xiyu-qiufa-gaosengz-
huan
Chang, Wen-ming
I Ching
I-ching
I-ching Sha-men
I-tsing
San-tsang-fa-shih I-ching
Sanzangfashi Yijing
Yijing Shamen
Zhang, Wenming

Yijing Shamen
→ **Yijing**

Yiṣḥāq ⟨ʿArâmā⟩
→ **ʿArâmā, Yiṣḥāq**

Yiṣḥāq ⟨Qimḥî⟩
→ **Qimḥî, Yiṣḥāq**

Yiṣḥāq ben Šelomo Yīsrāʾelī
→ **Isrāʾīlī, Isḥāq Ibn-Sulaimān ¬al-¬**

Yiṣḥāq Ben-Arama
→ **ʿArâmā, Yiṣḥāq**

Yiṣḥāq Ben-Moše ⟨Eśtôrî
hap-Parḥî⟩
→ **Eśtôrî hap-Parḥî, Yiṣḥāq Ben-Moše**

Yiṣḥāq Nātān Ben-Qālônîmôs
um 1450
Ben-Qālônîmôs, Yiṣḥāq Nātān
Isaac Nathan ⟨ben Kalonymus⟩
Isaac Nathan ⟨Mardochai⟩
Mardochai, Isaac N.
Mardochai, Nathan
Nathan ⟨Mardochai⟩

Yixuan
gest. 866/67
I-hsüan
Lin Chi I Hsüan
Lin-chi
Lin-chi, Yi-hsüan
Linji
Linji ⟨der Meister⟩
Linji-Yixuan
Rinzai ⟨der Meister⟩
Rinzai Gigen

Yixuan, Linji
→ **Linji**

Ymarus
→ **Imarus**

Ymbertus ⟨de Garda⟩
→ **Humbertus ⟨de Garda⟩**

Ymenhusen, Johannes ¬de¬
→ **Johannes ⟨de Ymenhusen⟩**

Yoḥannan ⟨Apameia⟩
5./6. Jh.
Apamea, Johannes ¬von¬
Apameae, Johannes
Apameia, Yoḥannan
Jean ⟨d'Apamée⟩
Johannes ⟨Apameae⟩
Johannes ⟨Apamensis⟩
Johannes ⟨der Einsiedler⟩
Johannes ⟨Lycopolitanus⟩
Johannes ⟨Solitarius⟩
Johannes ⟨von Apamea⟩
Johannes ⟨von Lykopolis⟩

Yôḥannān ⟨Bēt Aptonyā⟩
6. Jh.
Vita Severi; nicht identisch mit Yôḥannān Bar-Aptonyā
Cpg 7527
Bēt Aptonyā, Yôḥannān
Jean ⟨Supérieur du Monastère de Beith-Aphtonia⟩
Jōhannān ⟨von Bēt Aphtōnjā⟩
Johannes ⟨Beth-Aphtoniensis⟩
Johannes ⟨von Bet Aphtonia⟩

Yoḥannan ⟨de-Māron⟩
7./8. Jh.
Historizität umstritten
De-Māron, Yoḥannan
Jean ⟨Maron⟩
Jean ⟨Saint⟩
Jean Maron ⟨Saint⟩
Johannes ⟨Maro⟩
John ⟨of Antioch⟩
John ⟨Patriarch⟩
John ⟨the Maronite⟩
Maron, Jean
Maron, John
Yuḥanan ⟨d-Mārun⟩

Yôḥannān ⟨von Dalyatā⟩
7./8. Jh.
Briefe
Dalyatā, Yôḥannān ¬von¬
Dalyatha, Jean ¬de¬
Jean ⟨Dalyata⟩
Jean ⟨de Dalyatha⟩
Johannes ⟨von Dalyatha⟩

Yôḥannān Bar-Aptonyā
gest. 537
Commentarii in Canticum canticorum; Hymni (syr.)
Cpg 7484-7485
Bar-Aptonyā, Yôḥannān
Jean ⟨Abbé de Kennesré⟩
Jean ⟨Bar Aphtonia⟩
Johannes ⟨Bar-Aphthonia⟩
Johannes ⟨bar-Āphtonaja⟩
Johannes ⟨Monophysit⟩
Johannes ⟨von Keneschre⟩

Yoka Daishi
→ **Xuanjue**

Yōka Genkaku Daishi
→ **Xuanjue**

Yōka Shinkaku
→ **Xuanjue**

Yomtob ⟨Lipmann⟩
→ **Mühlhausen, Yôm-Ṭôv**

Yôm-Ṭôv ⟨Mühlhausen⟩
→ **Mühlhausen, Yôm-Ṭôv**

Yônā ⟨Ibn-Ǧanāḥ⟩
→ **Ibn-Ǧanāḥ, Yônā**

Yōngga
→ **Xuanjue**

Yôsēf ⟨Albô⟩
→ **Albô, Yôsēf**

Yôsēf ⟨Ḥayyûn han-Nāśî'⟩
→ **Ḥayyûn, Yôsēf ⟨han-Nāśî'⟩**

Yôsēf ⟨Kaspî⟩
→ **Kaspî, Yôsēf**

Yôsēf ⟨Qimḥî⟩
→ **Qimḥî, Yôsēf**

Yôsēf Ben-Avrāhām ⟨Ǧîqaṭîlā⟩
→ **Ǧîqaṭîlā, Yôsēf Ben-Avrāhām**

Yôsēf Ben-Šemû'ēl ⟨Ṭôv-'Elem⟩
→ **Ṭôv-'Elem, Yôsēf Ben-Šemû'ēl**

Yôsēf hā-Rô'e
→ **Yūsuf ⟨al-Baṣīr⟩**

Yoseph Ibn-Kaspi
→ **Kaspî, Yôsēf**

Yoshida, Kenkō
ca. 1283 – 1350
Kaneyoshi, Yoshida N.
Kaneyoshi
Kenkō
Kenkô
Kenko Hoshi
Kenko-khosi
Urabe, Kaneyoshi
Urabe, Kenko
Yoshida, Kaneyoshi
Yoshida no Kaneyoshi

Yoshitsune ⟨Minamoto⟩
→ **Minamoto, Yoshitsune**

Youlanjushi
→ **Meng, Yuanlao**

Yovhan ⟨Mamikonean⟩
ca. 580 – 642
Haykakan sovetakan hanragitaran
Hovhan ⟨Mamikonyan⟩
Hovhannês ⟨Mamikonean⟩
Iogan ⟨Mamikonian⟩
Jean ⟨de Mamigonean⟩
Mamigonean, Jean ¬de¬
Mamikonean, Hovhan
Mamikonyan, Hovhan
Yovhannês ⟨Mamikonean⟩

Yovhannēs ⟨Drasxanakertc'i⟩
gest. 929
Drasxanakertc'i, Hovhannes
Joannes ⟨von Tras-chanagerd⟩
Johannes ⟨Catholicos⟩
Johannes ⟨Patriarcha Armeniae⟩
Johannes ⟨von Tras-chanagerd⟩
Yovhannēs ⟨Drasxanakertc'i⟩
Yovhannēs ⟨Katholikos⟩

Yovhannēs ⟨Drasxanakertc'i⟩
→ **Hovhannes ⟨Drasxanakertc'i⟩**

Yovhannês ⟨Mamikonean⟩
→ **Yovhan ⟨Mamikonean⟩**

Yovhannês ⟨Sarkavag⟩
1045 – 1129
Hovhannes ⟨Imastaser⟩
Johannes ⟨Sarkavag⟩
John ⟨the Philosopher⟩
Sarkavag, Hovhannes

Yperman, Jehan
→ **Jehan ⟨Yperman⟩**

Yrnerius ⟨Bononiensis⟩
→ **Irnerius ⟨Bononiensis⟩**

Ysaac
→ **Isrā'īlī, Isḥāq Ibn-Sulaimān ¬al-¬**

Yso
→ **Iso ⟨Sangallensis⟩**

Yuanwu
1063 – 1135
Huan Wu
Huan-wu
Yüan-wu

Yüan-wu
→ **Yuanwu**

Yueh-chen lun shih
→ **Candrakīrti**

Yuḥanan ⟨d-Mārun⟩
→ **Yoḥannan ⟨de-Māron⟩**

Yuḥannā ⟨Sedrā, I.⟩
ca. 600 – 648
Jean ⟨Patriarche⟩
Jean ⟨Sedra⟩
Johannes ⟨Patriarcha⟩
Johannes ⟨Sedra, I.⟩

Yuḥannā Ibn-Sarābiyūn
→ **Serapio ⟨Iunior⟩**
→ **Serapio ⟨Senior⟩**

Yūḥannān Abū'l-Farağ b. al-'Ibrī
→ **Barhebraeus**

Yu-lan-chü-shih
→ **Meng, Yuanlao**

Yung-chia-ta-shih
→ **Xuanjue**

Yunmen Wenyan
→ **Wenyan**

Yunus Emre
1238 – 1320
Altanatolisch-türk. Dichter und Mystiker
LMA,IX,429
Amrī
Emre, Junus
Emre, Yunus
Junus Emre

Yūsaki, Saburô
→ **Zeami**

Yūsuf ⟨al-Baṣīr⟩
11. Jh.
LMA,IX,430
Al-Baṣīr, Yūsuf
Baṣīr, Yūsuf ¬al-¬
Joseph ⟨al-Baṣīr⟩
Joseph ⟨Ben Abraham⟩
Yôsēf hā-Rô'e

Yūsuf Ibn-'Abdallāh Ibn-'Abd-al-Barr
→ **Ibn-'Abd-al-Barr, Yūsuf Ibn-'Abdallāh**

Yūsuf Ibn-'Abdallāh Ibn-Taġrībirdī
→ **Ibn-Taġrībirdī, Abu-'l-Maḥāsin Yūsuf Ibn-'Abdallāh**

Yūsuf Ibn-'Abd-ar-Raḥmān Ibn-al-Ǧauzī
→ **Ibn-al-Ǧauzī, Yūsuf Ibn-'Abd-ar-Raḥmān**

Yūsuf Ibn-Abī-Bakr as-Sakkākī
→ **Sakkākī, Yūsuf Ibn-Abī-Bakr ¬as-¬**

Yūsuf Ibn-al-Ḥasan as-Sīrāfī
→ **Ibn-as-Sīrāfī, Yūsuf Ibn-al-Ḥasan**

Yūsuf Ibn-al-Ḥasan Ibn-al-Mibrad
→ **Ibn-al-Mibrad, Yūsuf Ibn-al-Ḥasan**

Yūsuf Ibn-al-Ḥasan Ibn-as-Sīrāfī
→ **Ibn-as-Sīrāfī, Yūsuf Ibn-al-Ḥasan**

Yūsuf Ibn-az-Zakī al-Mizzī
→ **Mizzī, Yūsuf Ibn-az-Zakī ¬al-¬**

Yūsuf Ibn-Hārūn ar-Ramādī
→ **Ramādī, Yūsuf Ibn-Hārūn ¬ar-¬**

Yūsuf Ibn-Ḥasan Ibn-'Abd-al-Hādī
→ **Ibn-al-Mibrad, Yūsuf Ibn-al-Ḥasan**

Yūsuf Ibn-Muḥammad al-Baiyāsī
→ **Baiyāsī, Yūsuf Ibn-Muḥammad ¬al-¬**

Yūsuf Ibn-Muḥammad as-Surramarrī
→ **Surramarrī, Yūsuf Ibn-Muḥammad ¬as-¬**

Yūsuf Ibn-Muḥammad Ibn-Qāḍī Šuhba
→ **Ibn-Qāḍī Šuhba, Yūsuf Ibn-Muḥammad**

Yūsuf Ibn-Qiz-Uġlū Sibṭ-Ibn-al-Ǧauzī
→ **Sibṭ-Ibn-al-Ǧauzī, Yūsuf Ibn-Qiz-Uġlū**

Yūsuf Ibn-Rāfi' Ibn-Šaddād
→ **Ibn-Šaddād, Yūsuf Ibn-Rāfi'**

Yūsuf Ibn-Sulaimān al-A'lam aš-Šantamarī
→ **A'lam aš-Šantamarī, Yūsuf Ibn-Sulaimān ¬al-¬**

Yūsuf Ibn-Yaḥyā Ibn-az-Zaiyāt at-Tādilī
→ **Ibn-az-Zaiyāt at-Tādilī, Yūsuf Ibn-Yaḥyā**

Yusuf Sinaneddin
→ **Şeyhî**

Yuzaki, Motokiyo
→ **Zeami**

Yves ⟨de Chartres⟩
→ **Ivo ⟨Carnotensis⟩**
→ **Ivo ⟨Carnotensis Magister⟩**

Yvo ⟨Brito⟩
um 1250/60 · OP
Miraculum intercessione b. Dominici patratum moniali in civ. Tripoli Syriae
Kaeppeli,IV,484/485
Brito, Yvo
Ives ⟨Dominicain⟩
Ives ⟨le Breton⟩
Ives ⟨Provincial de Terre-Sainte⟩
Ivo ⟨Prior Provincialis in Terra sancta⟩
Yvo ⟨Provincialis Terrae Sanctae⟩

Yvo ⟨Carnotensis⟩
→ **Ivo ⟨Carnotensis⟩**

Yvo ⟨de Begaignon⟩
→ **Hugo ⟨de Vitonio⟩**

Yvo ⟨de Britannia⟩
→ **Yvo ⟨Leonensis⟩**

Yvo ⟨de Cadomo⟩
um 1303/14 · OP
Responsio ad quaestionem utrum habitus theologiae sit res alicuius generis absoluti; Quodlibet; Quaestiones variae a Prospero de Regio OESA recollectae ac summatim notatae
Kaeppeli,IV,485/487
Cadomo, Yvo ¬de¬
Yvo ⟨de Caen⟩
Yvo ⟨Normannus⟩

Yvo ⟨de Saint-Pol de Léon⟩
→ **Yvo ⟨Leonensis⟩**

Yvo ⟨Frater⟩
→ **Ivo ⟨de Sancto Victore⟩**

Yvo ⟨Leonensis⟩
um 1314 · OP
Sententia circa doctrinam Durandi de S. Porciano OP in scripto super Sent.
Kaeppeli,IV,487
Yvo ⟨de Britannia⟩
Yvo ⟨de Saint-Pol de Léon⟩

Yvo ⟨Normannus⟩
→ **Yvo ⟨de Cadomo⟩**

Yvo ⟨Provincialis Terrae Sanctae⟩
→ **Yvo ⟨Brito⟩**

Zabarellis, Bartholomaeus ¬de¬
→ **Bartholomaeus ⟨de Zabarellis⟩**

Zabarellis, Franciscus ¬de¬
→ **Franciscus ⟨de Zabarellis⟩**

Zabbān Ibn-'Ammār Abū-'Amr Ibn-al-'Alā'
→ **Abū-'Amr Ibn-al-'Alā'**

Zabelstein, Arnoldus ¬de¬
→ **Arnoldus ⟨de Gabelstein⟩**

Zabernia, Conradus ¬de¬
→ **Conradus ⟨de Zabernia⟩**

Zabīdī, 'Abd-al-Laṭīf Ibn-Abī-Bakr ¬az-¬
1347 – 1400
'Abd-al-Laṭīf Ibn-Abī-Bakr az-Zabīdī
Ibn-Abī-Bakr, 'Abd-al-Laṭīf az-Zabīdī
Sarǧī, 'Abd-al-Laṭīf Ibn-Abī-Bakr ¬as-¬
Zubaidī, 'Abd-al-Laṭīf Ibn-Abī-Bakr ¬az-¬

Zaccaria ⟨Benedetti⟩
→ **Benedetti, Zaccaria**

Zaccaria ⟨di Gerusalemme⟩
→ **Zacharias ⟨Hierosolymitanus⟩**

Zaccaria ⟨di Martino⟩
→ **Zacharias ⟨Martini⟩**

Zaccaria ⟨Papa⟩
→ **Zacharias ⟨Papa⟩**

Zaccaria ⟨Scolastico⟩
→ **Zacharias ⟨Gazaeus⟩**

Zacchia, Laudivio
→ **Laudivius ⟨Hierosolymitanus⟩**

Zachariae, Johannes
→ **Johannes ⟨Zachariae⟩**

Zachariah ⟨of Mitylene⟩
→ **Zacharias ⟨Gazaeus⟩**

Zacharias ⟨Benedictus⟩
→ **Benedetti, Zaccaria**

Zacharias ⟨Bishop⟩
→ **Zacharias ⟨Episcopus⟩**

Zacharias ⟨Bisuntinus⟩
→ **Zacharias ⟨Chrysopolitanus⟩**

Zacharias ⟨Brixiensis⟩
→ **Zacharias ⟨Episcopus⟩**

Zacharias ⟨Chrysopolitanus⟩
gest. ca. 1155 · OPraem
LThK; CSGL; LMA,IX,436
Chrysopolitanus, Zacharias
Zacharias ⟨Bisuntinus⟩
Zacharias ⟨de Goldsborough⟩
Zacharias ⟨Exegeta⟩
Zacharias ⟨Vezuntini⟩
Zacharias ⟨Vezuntini Episcopus⟩
Zacharias ⟨von Besançon⟩
Zacharie ⟨de Besançon⟩
Zachary ⟨of Besançon⟩

Zacharias ⟨de Goldsborough⟩
→ **Zacharias ⟨Chrysopolitanus⟩**

Zacharias ⟨Episcopus⟩
12. Jh.
Sermo de Sancto Georgio martyre
DOC,2,1814; Potth. 1124; Cpg 5610
Episcopus Zacharias
Zacharias ⟨Bishop⟩
Zacharias ⟨Brixiensis⟩
Zacharias ⟨Episcopus Ignotae Sedis⟩
Zacharias ⟨Evêque⟩
Zacharias ⟨Ignotae Sedis⟩
Zacharias ⟨Ignotae Sedis Episcopus⟩
Zacharias ⟨Incertae Sedis⟩

Zacharias ⟨Incertae Sedis Episcopus⟩
Zacharias ⟨Interpres⟩
Zacharias ⟨Übersetzer Gregors des Großen⟩
Zacharias ⟨Vescovo⟩

Zacharias ⟨Exegeta⟩
→ **Zacharias ⟨Chrysopolitanus⟩**

Zacharias ⟨Gazaeus⟩
6. Jh.
Cpg 6995-7001; CSGL; LMA,IX,436; Tusculum-Lexikon; LThK
Gazaeus, Zacharias
Zaccaria ⟨Scolastico⟩
Zachariah ⟨of Mitylene⟩
Zacharias ⟨Maiumaeus⟩
Zacharias ⟨Mitylenaeus⟩
Zacharias ⟨Mitylenensis⟩
Zacharias ⟨Mytilenaeus⟩
Zacharias ⟨Rhetor⟩
Zacharias ⟨Scholasticus⟩
Zacharias ⟨von Gaza⟩

Zacharias ⟨Hierosolymitanus⟩
um 609/28
Epistula ad Hierosolymitanos
Cpg 7825; DOC,2,1814
Hierosolymitanus, Zacharias
Zaccaria ⟨di Gerusalemme⟩
Zacharias ⟨Hierosolymitanus Patriarcha⟩
Zacharias ⟨Patriarch⟩
Zacharias ⟨Patriarcha⟩
Zacharias ⟨von Jerusalem⟩
Zacharie ⟨de Jérusalem⟩
Zacharie ⟨Patriarche⟩

Zacharias ⟨Ignotae Sedis⟩
→ **Zacharias ⟨Episcopus⟩**

Zacharias ⟨Interpres⟩
→ **Zacharias ⟨Episcopus⟩**

Zacharias ⟨Maiumaeus⟩
→ **Zacharias ⟨Gazaeus⟩**

Zacharias ⟨Martini⟩
13. Jh.
Summa artis notarie
Çacharias
Martini, Zacharias
Martinus ⟨Notarius⟩
Martinus ⟨Tabernarius⟩
Zaccaria ⟨di Martino⟩
Zacharie ⟨de Bologne⟩

Zacharias ⟨Mytilenaeus⟩
→ **Zacharias ⟨Gazaeus⟩**

Zacharias ⟨Papa⟩
gest. 752
LMA,IX,435/36
Zaccaria ⟨Papa⟩
Zacharias ⟨Pontifex⟩
Zacharias ⟨Sanctus⟩
Zacharie ⟨Pape⟩
Zachary ⟨Pope⟩

Zacharias ⟨Patriarch⟩
→ **Zacharias ⟨Hierosolymitanus⟩**

Zacharias ⟨Rhetor⟩
→ **Zacharias ⟨Gazaeus⟩**

Zacharias ⟨Sanctus⟩
→ **Zacharias ⟨Papa⟩**

Zacharias ⟨Scholasticus⟩
→ **Zacharias ⟨Gazaeus⟩**

Zacharias ⟨Übersetzer Gregors des Großen⟩
→ **Zacharias ⟨Episcopus⟩**

Zacharias ⟨Vezuntini⟩
→ **Zacharias ⟨Chrysopolitanus⟩**

Zacharias ⟨von Besançon⟩
→ **Zacharias ⟨Chrysopolitanus⟩**

Zacharias ⟨von Gaza⟩
→ **Zacharias ⟨Gazaeus⟩**

Zacharias ⟨von Jerusalem⟩
→ **Zacharias ⟨Hierosolymitanus⟩**

Zacharie ⟨de Besançon⟩
→ **Zacharias ⟨Chrysopolitanus⟩**

Zacharie ⟨de Bologne⟩
→ **Zacharias ⟨Martini⟩**

Zacharie ⟨de Jérusalem⟩
→ **Zacharias ⟨Hierosolymitanus⟩**

Zacharie ⟨Pape⟩
→ **Zacharias ⟨Papa⟩**

Zachariou, Johannes
→ **Johannes Zacharias ⟨Actuarius⟩**

Zachary ⟨of Besançon⟩
→ **Zacharias ⟨Chrysopolitanus⟩**

Zachary ⟨Pope⟩
→ **Zacharias ⟨Papa⟩**

Zacut ⟨Rabbi⟩
→ **Avrāhām Ben-Semû'ēl Zakkût**

Zacutus, Abrahamus
→ **Avrāhām Ben-Semû'ēl Zakkût**

Zadith ⟨Senior⟩
→ **Ibn-Umail, Muḥammad**

Zadjdjādjī, 'Abd al-Raḥmān B. Isḥāq
→ **Zağğāğī, 'Abd-ar-Raḥmān Ibn-Isḥāq ¬az-¬**

Zadjdjālī, 'Ubayd Allāh Ibn Aḥmad
→ **Zağğālī, 'Ubaidallāh Ibn-Aḥmad ¬az-¬**

Zādsparam
9. Jh.
Pers. Medizinschriftsteller
Zādspram

Zādspram
→ **Zādsparam**

Zadube, Johannes
→ **Johannes ⟨Zadube⟩**

Zär'a Ya'eqob ⟨of Ethiopia⟩
→ **Zar'a Yā'qob ⟨Äthiopien, Kaiser⟩**

Zärtel de Engelsdorf, Johannes
→ **Johannes ⟨Zärtel de Engelsdorf⟩**

Zağğāğ, Abū-Isḥāq Ibrāhīm Ibn-as-Sarī ¬az-¬
→ **Zağğāğ, Ibrāhīm Ibn-as-Sarī ¬az-¬**

Zağğāğ, Ibrāhīm Ibn-as-Sarī ¬az-¬
ca. 844 – 923
Ibn-as-Sarī, Ibrāhīm az-Zağğāğ
Ibrāhīm Ibn-as-Sarī az-Zağğāğ
Zağğāğ, Abū-Isḥāq Ibrāhīm Ibn-as-Sarī ¬az-¬

Zağğāğī, 'Abd-ar-Raḥmān Ibn-Isḥāq ¬az-¬
gest. 949
'Abd-ar-Raḥmān Ibn-Isḥāq az-Zağğāğī
Ibn-Isḥāq, 'Abd-ar-Raḥmān az-Zağğāğī
Zadjdjādjī, 'Abd al-Raḥmān B. Isḥāq
Zağğāğī, Abu-'l-Qāsim Abd-ar-Raḥmān Ibn-Isḥāq ¬az-¬
Zajjājī, 'Abd al-Raḥmān Ibn Isḥāq

Zağğāğī, Abu-'l-Qāsim Abd-ar-Raḥmān Ibn-Isḥāq ¬az-¬
→ **Zağğāğī, 'Abd-ar-Raḥmān Ibn-Isḥāq ¬az-¬**

Zağğālī, Abū-Yaḥyā 'Ubaidallāh Ibn-Aḥmad ¬az-¬
→ **Zağğālī, 'Ubaidallāh Ibn-Aḥmad ¬az-¬**

Zağğālī, 'Ubaidallāh Ibn-Aḥmad ¬az-¬
1220 – 1294
Abū-Yaḥyā az-Zağğālī
Ibn-Aḥmad, 'Ubaidallāh az-Zağğālī
'Ubaidallāh Ibn-Aḥmad az-Zağğālī
Zadjdjālī, 'Ubayd Allāh Ibn Aḥmad
Zağğālī, Abū-Yaḥyā 'Ubaidallāh Ibn-Aḥmad ¬az-¬
Zajjālī, 'Ubayd Allāh Ibn Aḥmad

Zāhid, Abū-'Umar ¬az-¬
→ **Ġulām Ṯa'lab, Muḥammad Ibn-'Abd-al-Wāḥid**

Zāhid, Ibrāhīm Ibn-Adham ¬az-¬
→ **Ibrāhīm Ibn-Adham az-Zāhid**

Ẓāhirī, 'Alī Ibn-Ḥazm ¬aẓ-¬
→ **Ibn-Ḥazm, 'Alī Ibn-Aḥmad**

Ẓāhirī, Dāwūd Ibn-Ḫalaf ¬aẓ-¬
→ **Dāwūd Ibn-Ḫalaf aẓ-Ẓāhirī**

Ẓāhirī, Ḫalīl Ibn-Šāhīn ¬aẓ-¬
→ **Ibn-Šāhīn aẓ-Ẓāhirī, Ḫalīl**

Zahrāwī, Abu-'l-Qāsim Ḫalaf Ibn-'Abbās ¬az-¬
→ **Zahrāwī, Ḫalaf Ibn-'Abbās ¬az-¬**

Zahrāwī, Ḫalaf Ibn-'Abbās ¬az-¬
gest. ca. 1009
Aboulcasis
Abu l-Kasim
Abū l-Qāsim az-Zahrāwī
Abul Casim Chalaf
Abul-Casim Chalaf Ben Abbas es-Zahrawi
Abulcasis ⟨al-Zahrāwī⟩
Albucasis
Alsaharavius
Alzaharavius
Alzahravi
Bucasis
Ḫalaf Ibn-'Abbās az-Zahrāwī
Ibn-'Abbās, Ḫalaf az-Zahrāwī
Zahrāwī, Abu-'l-Qāsim Ḫalaf Ibn-'Abbās ¬az-¬

Zaid Ibn-'Alī
ca. 698 – 740
Ibn-'Alī, Zaid

Zaid Ibn-Ṯābit
gest. ca. 666
Ibn-Ṯābit, Zaid

Zain-ad-Dīn Ibn-al-Wardī, Abū-Ḥ.
→ **Ibn-al-Wardī, 'Umar Ibn-Muẓaffar**

Zain-al-'Ābidīn, 'Alī Ibn-al-Ḥusain
658 – ca. 715
'Alī Ibn-al-Ḥusain Zain-al-'Ābidīn
Ibn-al-Ḥusain, 'Alī Zain-al-'Ābidīn

Zajjājī, 'Abd al-Raḥmān Ibn Isḥāq
→ **Zağğāğī, 'Abd-ar-Raḥmān Ibn-Isḥāq ¬az-¬**

Zajjālī, 'Ubayd Allāh Ibn Aḥmad
→ **Zağğālī, 'Ubaidallāh Ibn-Aḥmad ¬az-¬**

Zakarīyā' Ibn-Muḥammad al-Qazwīnī
→ **Qazwīnī, Zakarīyā' Ibn-Muḥammad ¬al-¬**

Ẓālim Ibn-'Amr ad-Du'alī, Abu-'l-Aswad
→ **Abu-'l-Aswad ad-Du'alī, Ẓālim Ibn-'Amr**

Zalka, Blasius ¬de¬
→ **Blasius ⟨de Zalka⟩**

Zamachschari, ...
→ **Zamaḫšarī, Maḥmūd Ibn-'Umar ¬az-¬**

Zamaḫšarī, Abu-'l-Qāsim
→ **Zamaḫšarī, Maḥmūd Ibn-'Umar ¬az-¬**

Zamaḫšarī, Maḥmūd Ibn-'Umar ¬az-¬
1075 – 1144
Ibn-'Umar, Maḥmūd az-Zamaḫšarī
Ibn-'Umar az-Zamaḫšarī, Maḥmūd
Samachschari
Samachschari, Abu'
Zamachschari, ...
Zamaḫšarī, Abu-'l-Qāsim
Zamakhsharī, Maḥmūd Ibn 'Umar

Zamakhsharī, Maḥmūd Ibn 'Umar
→ **Zamaḫšarī, Maḥmūd Ibn-'Umar ¬az-¬**

Zambonino ⟨da Gazzo⟩
→ **Iamboninus ⟨Cremonensis⟩**

Zamometic, Andreas
1420 – 1484
CSGL; Meyer
Andreas ⟨Carnensis⟩
Andreas ⟨Craynensis⟩
Andreas ⟨de Craina⟩
Andreas ⟨of Carniola⟩
Andreas ⟨von Krain⟩
Andreas ⟨Zamometic⟩
Craina, Andreas ¬de¬

Zamora, Johannes Aegidius ¬de¬
→ **Johannes Aegidius ⟨de Zamora⟩**

Zanachis, Simon ¬de¬
→ **Simon ⟨de Zanachis⟩**

Zanchini da Castiglionchio, Lapo ¬dei¬
→ **Lapus ⟨de Castellione⟩**

Zand Ibn-al-Ğaun, Abū-Dulāma
→ **Abū-Dulāma Zand Ibn-al-Ğaun**

Zanebonus ⟨Vicentinus⟩
um 1357/76 · OP
Tractatus de translatione et festo coronae et de aedificatione Vincentini conventus...
Kaeppeli,IV,488
Johannes Bonus ⟨de Monticulo Maiori⟩
Pseudo-Zanebonus
Vicentinus, Zanebonus
Zanebonus ⟨de Vicenza⟩
Zanebonus ⟨Prior Vicentinus⟩

Zanğānī, 'Abd-al-Wahhāb Ibn-Ibrāhīm ¬az-¬
um 1257
'Abd-al-Wahhāb Ibn-Ibrāhīm az-Zanğānī
Ibn-Ibrāhīm, 'Abd-al-Wahhāb az-Zanğānī
Senis Alemami

Zangpo, Ngulchu Gyalsas Thogmed
→ **Thogs-med-bzaṅ-po ⟨dṄul-chu⟩**

Zangpo, Thogmed
→ **Thogs-med-bzaṅ-po ⟨dṄul-chu⟩**

Zanobi ⟨de'Guaschoni⟩
→ **Zenobius ⟨de Guasconi⟩**

Zanobi ⟨Maestro⟩
→ **Zenobius ⟨de Guasconi⟩**

Zantfliet, Cornelius
→ **Cornelius ⟨de Santvliet⟩**

Zaparus Fendulus, Georgius Zothorus
→ **Georgius ⟨Zothorus Zaparus Fendulus⟩**

Zar'a Yā'qob ⟨Äthiopien, Kaiser⟩
1434 – 1468
Selbst nicht Verf., unter seiner Herrsch. wurde Marienliteratur geschaffen
Zar'a Jacob ⟨von Abessinien⟩
Zär'a Ya'eqob ⟨Emperor⟩
Zär'a Ya'eqob ⟨of Ethiopia⟩
Zar'a-Jacob

Zarandī, 'Alī Ibn-Yūsuf ¬az-¬
ca. 1308 – 1370
'Alī Ibn-Yūsuf az-Zarandī
Ibn-Yūsuf, 'Alī az-Zarandī

Zarkashī, Muḥammad Ibn Bahādur
→ **Zarkašī, Muḥammad Ibn-Bahādur ¬az-¬**

Zarkašī, Muḥammad Ibn-Bahādur ¬az-¬
1344 – 1392
Ibn-Bahādur, Muḥammad az-Zarkašī
Ibn-Bahādur az-Zarkašī, Muḥammad
Muḥammad Ibn-Bahādur az-Zarkašī
Zarkashī, Muḥammad Ibn Bahādur

Zarnūdjī, Burhān al-Dīn
→ **Zarnūğī, Burhān-ad-Dīn ¬az-¬**

Zarnūğī, Burhān-ad-Dīn ¬az-¬
um 1200
Alzernouchus, Borhaneddinus
Borhaneddin, Alzernuchi
Borhaneddin, Alzernusch
Borhan-ed-Dini es-Sernudji
Burhān Al-Dīn al-Zarnūjī
Burhān-ad-Dīn az-Zarnūğī
Sernudji, Borhan-ed-Dîni ¬es-¬
Zarnūdjī, Burhān al-Dīn
Zarnūğī, Burhān-ad-Dīn
Zarnūğī, Burhānaddīn
Zarnūjī, Burhān al-Dīn
Zarnúkhí, Burhán al-Dín

Zarqālī, Ibrāhīm Ibn-Yaḥyā ¬az-¬
gest. ca. 1087
Canones Azarchelis supra tabulas astronomiae constitutas ad meridiem civitatis Toleti
LMA,V,321; Schönberger/Kible, Repertorium, 11794
Azarchel
Azarquiel
Ibn-an-Naqqāš az-Zarqālluh
Ibn-az-Zarqāla, Ibrāhīm Ibn-Yaḥyā
Ibn-Yaḥyā, Ibrāhīm az-Zarqālī
Ibrāhīm b. Yaḥyā az-Zarqālī, Abū Isḥāq
Ibrāhīm Ibn-Yaḥyā an-Naqqāš Ibn-az-Zarqāla al-Qurṭubī, Abū-Isḥāq
Ibrāhīm Ibn-Yaḥyā az-Zarqālī
Zarqālī, Abū-Isḥāq Ibrāhīm Ibn-Yaḥyā ¬az-¬

Zarrūq, Aḥmad Ibn-Aḥmad ¬az-¬
1442 – 1493
Aḥmad Ibn-Aḥmad az-Zarrūq
Burnusī, Aḥmad Ibn-Aḥmad ¬al-¬
Ibn-Aḥmad, Aḥmad az-Zarrūq

Zarza, Šemû'ēl Ibn-Seneh
14. Jh.
Samuel ⟨Ben Zarza⟩
Samuel ⟨Tsartsah Ibn Sanah⟩
Samuel ⟨Zarza Ibn Seneh⟩
Šemû'ēl Ibn-Seneh ⟨Zarza⟩
Zarza, Samuel

Žatec, Johannes Nemec ¬de¬
→ **Johannes ⟨Nemec de Žatec⟩**

Žatecký, Petrus
→ **Petrus ⟨Zatecensis⟩**

Zatočnik, Daniil
→ **Daniil ⟨Zatočnik⟩**

Zatzikhoven, Ulrich ¬von¬
→ **Ulrich ⟨von Zatzikhoven⟩**

Zauzanī, al-Ḥusain Ibn-'Alī ¬az-¬
gest. 1093
Ḥusain Ibn-'Alī az-Zauzanī ¬al-¬
Ibn-'Alī, al-Ḥusain az-Zauzanī

Zawada, Stanislaus ¬de¬
→ **Stanislaus ⟨de Zawada⟩**

Zazenhausen, Johannes ¬von¬
→ **Johannes ⟨von Zazenhausen⟩**

Zazikhoven, Ulrich ¬von¬
→ **Ulrich ⟨von Zatzikhoven⟩**

Zbigneus ⟨a Nasięchowice⟩
um 1390
Rationes (Rechnungen)
Potth. 1125
Nasięchowice, Zbigneus ¬a¬
Zbigneus ⟨Archidiaconus Cracoviensis⟩
Zbigneus ⟨Archidiacre de Cracovie⟩
Zbigneus ⟨Cracoviensis⟩

Zbigneus ⟨Cracoviensis⟩
→ **Zbigneus ⟨a Nasięchowice⟩**

Zbigniew ⟨Oleśnicki⟩
→ **Oleśnicki, Zbigniew**

Zbraslavský, Otto
→ **Otto ⟨Zbraslavský⟩**

Zeami
1363 – 1443
Jusaki, Motokijo
Kanze, Motokiyo
Kanze, Zeami
Motokiyo, Seami
Motokiyo, Seani
Motokiyo, Zeami
Motokiyo, Zeani
Seami
Seami, Motokiyo
Seani ⟨Meister⟩
Yūsaki, Saburô
Yuzaki, Motokiyo
Zeami, Motokiyo
Zeami, Saburô Motokiyo

Zeami, Motokiyo
→ **Zeami**

Zeami, Saburô Motokiyo
→ **Zeami**

Zech ⟨de Pulka⟩
→ **Petrus ⟨de Pulka⟩**

Zecutus
→ **Avrāhām Ben-Semû'ēl Zakkût**

Zedlitz, Heinrich ¬von¬
→ **Heinrich ⟨von Zedlitz⟩**

Zeebout, Ambrosius
→ **Ambrosius ⟨Zeebout⟩**

Zeger ⟨van Kortrijk⟩
→ **Sigerus ⟨de Cortraco⟩**

Zegerus ⟨de Insulis⟩
→ **Sigerus ⟨de Insulis⟩**

Zeghers, Aegidius
→ **Aegidius ⟨Zeghers⟩**

Zegherus ⟨Flander⟩
→ **Sigerus ⟨de Insulis⟩**

Zeize, Heinrihs
→ **Seuse, Heinrich**

Zelento, Petrus ¬de¬
→ **Petrus ⟨de Zelento⟩**

Želiva, Jan ¬z¬
→ **Jan ⟨z Želiva⟩**

Zemecke, Johannes
→ **Johannes ⟨Teutonicus⟩**

Zenevera ⟨Nogarola⟩
15. Jh.
Epistulae; Carmina
Ginevra ⟨Nogaròla⟩
Nogaròla, Ginevra
Nogarola, Zenevera

Zengg, Dietrich ¬von¬
→ **Dietrich ⟨von Zengg⟩**

Zenggius, Burckardus
→ **Zink, Burkhard**

Zen-Meister Verrückte Wolke
→ **Ikkyū, Sōjun**

Zenn, Conradus ¬de¬
→ **Conradus ⟨de Zenn⟩**

Zeno, Jacobus
→ **Zenus, Jacobus**

Zenobius ⟨de Guasconi⟩
gest. 1383 · OP
Liber novus; Sermones; „Volgarizzamento" epistulae S. Hieronymi ad Demetriadem; etc.
Kaeppeli,IV,488/490
Guasconi, Zanobio
Guasconi, Zenobius ¬de¬
Zanobi ⟨de'Guaschoni⟩
Zanobi ⟨Maestro⟩
Zenobio ⟨Guasconi⟩
Zenobius ⟨Bonaccii de Guasconibus Florentinus⟩
Zenobius ⟨Filius Bonaccii⟩
Zenobius ⟨Filius Bonacii⟩

Zenobius ⟨Filius Bonacii⟩
→ **Zenobius ⟨de Guasconi⟩**

Zenone ⟨da Pistoia⟩
→ **Cinus ⟨de Pistorio⟩**

Zenser, Johannes
→ **Johannes ⟨von Paltz⟩**

Zenuno, Manfredus
um 1268
Chronica Bergomensis ab a. 305-1268
Potth. 1125
Manfredo ⟨Zenunone⟩
Manfredus ⟨Notarius⟩
Manfredus ⟨Zenuno⟩
Zenunone, Manfredo

Zenus, Jacobus
1417 – 1481
Vita Nicolai Albergati; Vita Zeni (Carol.)
Potth. 1125
Giacomo ⟨Zeno⟩
Gianiacomo ⟨Feltrense⟩
Giovanni Giacomo ⟨Feltrense⟩
Jacobus ⟨Zeno⟩
Jacobus ⟨Zenus⟩
Jacopo ⟨Zeno⟩
Jacques ⟨Zeno⟩
Zeno, Giacomo
Zeno, Jacobus
Zeno, Jacopo
Zeno, Jacques

Zenzelinus ⟨de Cassanis⟩
gest. ca. 1330
CSGL; LMA,IX,543
Cassagnies, Gencelinus
Cassanhis, Genselinus
Cassanis, Zenzelinus ¬de¬
Gaucelin ⟨de Cassagnes⟩
Gaucelin ⟨de Cassaignes⟩
Gaucelinus ⟨Cassanhis⟩
Gaucelinus ⟨de Cassanhis⟩
Gecellinus ⟨de Cassanhis⟩
Genselinus ⟨Cassanhis⟩
Genselinus ⟨de Cassanhis⟩
Genzelinus ⟨de Cassanis⟩
Jesselin ⟨de Cassagnes⟩
Jesselinus ⟨de Cassanis⟩
Zenzelin ⟨de Cassanis⟩
Zenzelinus ⟨Cassanus⟩
Zenzelinus ⟨de Cassanhis⟩

Zeraldi, Gulielmo ¬di¬
→ **Giraldi, Guglielmo**

Zerbold, Gerard
→ **Gerardus ⟨de Zutphania⟩**

Zerclaere, Thomasin ¬von¬
→ **Thomasin ⟨Circlaere⟩**

Zerlis, Lancillotus ¬de¬
→ **Lancillotus ⟨de Zerlis⟩**

Zetzighofen, Ulrich ¬von¬
→ **Ulrich ⟨von Zatzikhoven⟩**

Zevio, Altichiero ¬da¬
→ **Altichiero ⟨da Zevio⟩**

Zewers, Wilhelm
→ **Guilelmus ⟨Textor⟩**

Zhang, Wenming
→ **Yijing**

Zhang, Zai
1020 – 1078
Zhengmeng
Chang, Tsai

Zhao, Huili
→ **Huili**

Zhengjue
1091 – 1157
Cheng-chüeh
Hongzhi
Hongzhi ⟨Zen Master⟩
Hongzhi Zhengjue

Zhen-heng
→ **Zhu, Zhenheng**

Zhiyi
538 – 597
Mohe-zhiguan
Chi-Chi
Chih-i

Zhu, Danxi
→ **Zhu, Zhenheng**

Zhu, Xi
1130 – 1200
Chu, Hsi

Zhu, Yan-xiu
→ **Zhu, Zhenheng**

Zhu, Yuanzhang
→ **Ming Taizu ⟨China, Kaiser⟩**

Zhu, Yuanzhong
→ **Ming Taizu ⟨China, Kaiser⟩**

Zhu, Zhenheng
1281 – 1358
Danxi-zhifa-xinyao; Gründer einer medizin. Schule der Jin-Yuan-Dynastie
Dan-xi
Dan-xi ⟨Master⟩
Dan-xi ⟨Master of Cinnabar Creek⟩
Danxi ⟨Reverend⟩
Zhen-heng
Zhu, Danxi
Zhu, Yan-xiu

Ziaa al-Din Barni
→ **Ḍiyā'-ad-Dīn Baranī**

Ziaa Barni
→ **Ḍiyā'-ad-Dīn Baranī**

Ziani, Sebastiano
gest. 1179
Doge von Venedig
LMA,IX,594
Sebastiano ⟨Ziani⟩
Sébastien ⟨Ziani⟩
Ziani, Sébastien

Ziegenhals, Bertholdus Iodocus
→ **Iodocus Bertholdus ⟨de Glucholazow⟩**

Zierer, Johannes
→ **Johannes ⟨Zierer⟩**

Zierikzee, Johannes Aegidius ¬de¬
→ **Johannes Aegidius ⟨de Zierikzee⟩**

Ziernberge, Tielemann ¬von¬
→ **Rasche, Tilman**

Zigabenus, Euthymius
→ **Euthymius ⟨Zigabenus⟩**

Zigabenus, Johannes
→ **Euthymius ⟨Zigabenus⟩**

Zimmern, Johannes Werner ¬von¬
→ **Johannes Werner ⟨von Zimmern⟩**

Zinck, Bourkard
→ **Zink, Burkhard**

Zinedolus, Jacobus
→ **Jacobus ⟨Zinedolus⟩**

Zingel de Schlierstadt, Georgius
→ **Georgius ⟨Zingel de Schlierstadt⟩**

Zink, Burkhard
1396 – 1474/75
Chronicon Augustanum 1368 - 1468
Potth. 1125; LMA,IX,619/20
Bourkard ⟨Zinck⟩
Burchard ⟨Zenggius⟩
Burchard ⟨Zingg⟩
Burchard ⟨Zink⟩
Burkard ⟨Zingg⟩
Burkard ⟨Zink⟩
Burkart ⟨Zink⟩
Burkhard ⟨Zink⟩
Zenggius, Burchard
Zenggius, Burckardus
Zinck, Bourkard
Zingg, Burchard
Zingg, Burkard
Zink, Burchard
Zink, Burkart

Zink de Herzogenburg, Johannes
→ **Johannes ⟨Zink de Herzogenburg⟩**

Žiovanni ⟨del' Plano Karpini⟩
→ **Johannes ⟨de Plano Carpini⟩**

Zirardi, Gulielmo ¬di¬
→ **Giraldi, Guglielmo**

Zirclaria, Thomassinus ¬de¬
→ **Thomasin ⟨Circlaere⟩**

Zittart, Hermannus
→ **Hermannus ⟨Zittart⟩**

Ziyād Ibn-Abīh
geb. ca. 622
Ibn-Abīh, Ziyād

Ziyād Ibn-Mu'āwiya an-Nābiġa aḏ-Ḏubyānī
→ **Nābiġa aḏ-Ḏubyānī ¬an-¬**

Zla-ba-grags-pa
→ **Candrakīrti**

Zla-ba-grags-poa, Slob-dpon
→ **Candrakīrti**

Zla-'od-gźon-nu
→ **sGam-po-pa**

Zmaragdus
→ **Smaragdus ⟨Sancti Michaelis⟩**

Żnin, Jacobus ¬de¬
→ **Jacobus ⟨de Żnin⟩**

Znoyma, Stanislaus ¬de¬
→ **Stanislaus ⟨de Znoyma⟩**

Zocchis, Jacobus ¬de¬
→ **Jacobus ⟨de Zocchis⟩**

Zölestin ⟨Papst, ...⟩
→ **Coelestinus ⟨Papa, ...⟩**

Zoemeren, Henricus ¬de¬
→ **Henricus ⟨de Zoemeren⟩**

Zoestius, Hermannus
→ **Hermannus ⟨de Soest⟩**

Zohayr, al-Bahā'
→ **Bahā' Zuhair ¬al-¬**

Zolner, Johannes
→ **Johannes ⟨Zolner⟩**

Zomeren, Henricus ¬de¬
→ **Henricus ⟨de Zoemeren⟩**

Žomij, Abdurahmon
→ **Ǧāmī, Nūr-ad-Dīn 'Abd-ar-Raḥmān Ibn-Aḥmad**

Zonaras, Johannes
→ **Johannes ⟨Zonaras⟩**

Zonare, Jean
→ **Johannes ⟨Zonaras⟩**

Zongmi
780 – 841
Yuanrenlun; chines. Zen-Meister; 5. Patriarch der Huayan-Schule
Chongmil
Dinghuichanshi
Guifeng ⟨Mönch⟩
Guifeng Zongmi
He, Zongmi
Ho, Tsung-mi
Keihō ⟨Mönch⟩
Keihō Shūmitsu
Kuei-feng ⟨Mönch⟩
Kuei-feng Tsung-mi

Shūmitsu
Ting-hui-ch'an-shih
Tsung-mi
Tsung-mih

Zorzi ⟨Dolfin⟩
→ **Dolfin, Zorzi**

Zosimus ⟨Abbas⟩
5./6. Jh.
Alloquia
Cpg 7361; DOC,2,1817
Abbas Zosimus
Zosimas
Zosimas ⟨Caesareus⟩
Zosimas ⟨von Kaisareia⟩
Zosime ⟨Abba⟩
Zosimus ⟨Abbas Sanctus⟩
Zosimus ⟨Palaestinus⟩

Zosimus ⟨Ascalonius⟩
5./6. Jh.
Grammatiker, Lexikograph
CSGL
Ascalonius, Zosimus
Zosime ⟨de Gaza⟩
Zosime ⟨d'Ascalon⟩
Zosimus ⟨Gazaeus⟩

Zosimus ⟨Gazaeus⟩
→ **Zosimus ⟨Ascalonius⟩**

Zosimus ⟨Palaestinus⟩
→ **Zosimus ⟨Abbas⟩**

Zothorus Zaparus Fendulus, Georgius
→ **Georgius ⟨Zothorus Zaparus Fendulus⟩**

Zoticus ⟨Paraspondylus⟩
15. Jh.
Tusculum-Lexikon; CSGL
Paraspondylos, Zōtikos
Paraspondylus, Zoticus
Zōtikos ⟨Paraspondylos⟩

Zredna, Johannes Vitez ¬de¬
→ **Vitez, Johannes**

Zubaidī, 'Abd-al-Laṭīf Ibn-Abī-Bakr ¬az-¬
→ **Zabīdī, 'Abd-al-Laṭīf Ibn-Abī-Bakr ¬az-¬**

Zubaidī, Muḥammad Ibn-al-Ḥasan ¬az-¬
ca. 928 – 989
Ibn-al-Ḥasan, Muḥammad az-Zubaidī
Muḥammad Ibn-al-Ḥasan az-Zubaidī

Zucchero ⟨Bencivenni⟩
→ **Bencivenni, Zucchero**

Zuendeboldus ⟨Lotharingia, Rex⟩
→ **Zwentibold ⟨Lothringen, König⟩**

Zuentibold ⟨Saint⟩
→ **Zwentibold ⟨Lothringen, König⟩**

Zürich, Heinrich ¬von¬
→ **Heinrich ⟨von Zürich⟩**

Zuhair al-Bahā'
→ **Bahā' Zuhair ¬al-¬**

Zuhair al-Muhallabī Bahā'-ad-Dīn
→ **Bahā' Zuhair ¬al-¬**

Zuhair Ibn Abi Sulma
→ **Zuhair Ibn-Abī-Sulmā**

Zuhair Ibn-Abī-Sulmā
gest. 609
Ibn-Abī-Sulmā, Zuhair
Suhair Ibn Abi Sulma
Zuhair Ibn Abi Sulma

Zuhair Ibn-Muḥammad al-Muhallabī Bahā'-ad-Dīn
→ **Bahā' Zuhair ¬al-¬**

Zuhr Ibn-'Abd-al-Malik, Abu-'l-A'lā
→ **Abu-'l-A'lā Zuhr Ibn-'Abd-al-Malik**

Zuhr Ibn-'Abd-al-Malik Ibn-Zuhr
→ **Abu-'l-A'lā Zuhr Ibn-'Abd-al-Malik**

Zuhrī, Muḥammad Ibn-Muslim ¬az-¬
670 – 742
Ibn-Muslim, Muḥammad az-Zuhrī
Ibn-Muslim az-Zuhrī, Muḥammad
Muḥammad Ibn-Muslim az-Zuhrī

Zuhrī, Muḥammad Ibn-Sa'd ¬az-¬
→ **Ibn-Sa'd az-Zuhrī, Muḥammad**

Zulian
→ **Iulianus ⟨Andrea⟩**

Zumbacho, Johannes ¬de¬
→ **Johannes ⟨de Tambaco⟩**

ZumRavensberg, Otto
→ **Otto ⟨von Ravensberg⟩**

ZumTurm, Otto
→ **Otto ⟨zum Turm⟩**

Zuppardus, Matthaeus
→ **Matthaeus ⟨Zuppardus⟩**

Zurara, Gomes Eanes ¬de¬
1405/20 – 1473/74
Cronica da Guiné
LMA,I,1318
Azurara, Gomes Eanes ¬de¬
Eanes de Azurara, Gomes
Eannes, Gomez de Azurara
Eannes, Gomez de Zurara
Gomes Eanes ⟨da Zurara⟩
Gomes Eanes ⟨Dazurara⟩
Gomes Eanes ⟨de Azurara⟩
Gomes Eanes ⟨de Zurara⟩
Gomes Eannes ⟨de Azurara⟩

Zusaria, Guido ¬de¬
→ **Guido ⟨de Susaria⟩**

Zutphania, Gerardus ¬de¬
→ **Gerardus ⟨de Zutphania⟩**

Źva-nag Karma-pa ⟨III.⟩
→ **Raṅ-byuṅ-rdo-rje ⟨Źva-nag Karma-pa, III.⟩**

Zweder ⟨van Culenburch⟩
→ **Sueder ⟨de Culenburch⟩**

Zwentibold ⟨Lothringen, König⟩
ca. 870 – 900
Urkunden; Diplomata 5, a. 895-897
Potth. 1127
Zuendeboldus ⟨Lotharingia, Rex⟩
Zuentibolche ⟨Lorraine, Roi⟩
Zuentibolche ⟨Lotharingie, Roi⟩
Zuentibold ⟨Lorraine, Roi⟩
Zuentibold ⟨Saint⟩
Zwentibold ⟨Lorraine, Roi⟩
Zwetibold ⟨Lothringen, König⟩

Zwers, Wilhelm
→ **Guilelmus ⟨Textor⟩**

Zweter, Reinmar ¬von¬
→ **Reinmar ⟨von Zweter⟩**

Zwetibold ⟨Lothringen, König⟩
→ **Zwentibold ⟨Lothringen, König⟩**

Zwickau, Römer ¬von¬
→ **Römer ⟨von Zwickau⟩**

Zygabenos, Euthymios
→ **Euthymius ⟨Zigabenus⟩**